PHYSIKALISCHES HANDWÖRTERBUCH

HERAUSGEGEBEN VON

ARNOLD BERLINER UND KARL SCHEEL

MIT 573 TEXTFIGUREN

SPRINGER-VERLAG BERLIN HEIDELBERG GMBH 1924

MITARBEITER:

BASCHIN, O., BERLIN
BOEGEHOLD, H., JENA
BORINSKI, W., BERLIN
BOTTLINGER, K. F., NEUBABELS-
BERG
CASSEL, H., BERLIN
CRANZ, C., BERLIN
DITTLER, R., LEIPZIG
EBERHARD, O. v., ESSEN A. R.
EGGERT, J., BERLIN
ERFLE†, H., JENA
ESAU, H., BERLIN
ETTISCH, M., BERLIN
FRANK, PH., PRAG
FREUNDLICH, E., POTSDAM
GEHRTS, A., BERLIN
GERLACH, W., FRANKFURT A. M.
GRAMMEL, R., STUTTGART
GREBE, L., BONN
GRÖBER, H., MÜNCHEN

GUMLICH, E., BERLIN
GÜNTHER, P., BERLIN
HARTINGER, H., JENA
HENNING, F., BERLIN
HESS, V. F., WIEN
HOFFMANN, F., BERLIN
HOPF, L., AACHEN
JAEGER, G., WIEN
JAEGER, R., BERLIN
JAEGER, W., BERLIN
KALLMANN, H., BERLIN
KLEIN, P., BERLIN
KOHLRAUSCH, K.W.F., WIEN
KRUSE, W., BERGEDORF
LADENBURG, R., BRESLAU
LIEBENTHAL, E., BERLIN
LÖWE, F., JENA
MARTIENSSEN, O., KIEL
MARX, G., MÜNCHEN
MEISSNER, A., BERLIN

MERTÉ, W., JENA
NIPPOLDT, A., POTSDAM
NOETHER, F., BERLIN
PAULI JR., W., HAMBURG
PREY, A., PRAG
REICHENBACH, H., STUTTGART
ROHR, M. v., JENA
ROTHER, E., KIEL
RUKOP, H., BERLIN
SCHALLER, R., JENA
SCHIEBOLD, E., BERLIN
SCHMIDT, R., BERLIN
SCHNEIDER, L., MÜNCHEN
SCHÖNROCK, O., BERLIN
SMEKAL, A., WIEN
STÜVE, G., KIEL
TETENS, O., LINDENBERG
WAETZMANN, E., BRESLAU
WESTPHAL, W., BERLIN
ZERKOWITZ, W., MÜNCHEN

ISBN 978-3-662-35573-2   ISBN 978-3-662-36402-4 (eBook)
DOI 10.1007/978-3-662-36402-4

WALTHER NERNST

ZUM

SECHZIGSTEN GEBURTSTAGE

AM 25. JUNI 1924

DIE HERAUSGEBER

Vorwort.

Die Vorrede zu einem Buche soll nach einer Anweisung Lessings nichts enthalten als seine Geschichte. Dieser Anweisung folgen wir.

Der Plan zu dem Buche entstand — noch während des Krieges — aus einer Erörterung zwischen einigen Mitgliedern der Deutschen Physikalischen Gesellschaft über die Schwierigkeit, sich über einen physikalischen Begriff, eine Theorie u. dgl. einigermaßen schnell und zuverlässig zu unterrichten. Der Weg über die Lehrbücher, Monographien usw. ist zeitraubend und meist unbefriedigend. Der Vorschlag, ein „Physikalisches Handwörterbuch" zu veranstalten, ergab sich so fast von selbst. Es sollte über die Einzelheiten der Physik und der physikalischen Technik eine erste Belehrung geben, sollte auch den Physiker über das unterrichten, was seinem eigenen Arbeitsgebiet fern liegt, aber noch mehr als für die Physiker für diejenigen bestimmt sein, die die Physik als Hilfsfach gebrauchen. Daraus ergaben sich die Form und der Inhalt seiner Artikel.

Ein Probebogen mit Beiträgen von präsumtiven Mitarbeitern, obendrein mit leicht zu befolgenden Anweisungen über Umfang der Artikel, Aufstellung der Stichwortliste u. dgl. mehr trug für das einigermaßen Voraussehbare Sorge. Da die Herausgeber wußten, wer für ein gegebenes Gebiet zuständig ist, so waren Fehler hier kaum zu befürchten. Der Zweck des Buches war durch den Probebogen deutlich bezeichnet und die Aufstellung der Stichwortliste aus naheliegenden Gründen den Bearbeitern überlassen. Die Zusage der Mitarbeit war im allgemeinen nicht schwer zu erhalten, und so schien alles in bester Ordnung — schien!

Ob Lessing zur Geschichte eines Buches auch die Naturgeschichte des Autors rechnet, ist nicht gesagt — gleichviel: an der Geschichte dieses Handwörterbuches hat die Psychologie der Autoren bestimmenden Anteil.

Aller Anfang ist leicht. Einige Stichwortlisten kamen überraschend pünktlich, und zeigten, daß wirklich nur der mit dem Gebiet Vertraute eine gute Stichwortliste aufstellen kann. Die Photometrie, die theoretische Mechanik, die Meteorologie, die Geophysik, die Astronomie u. dgl. mehr beweisen es. Und diese Pünktlichen waren später ebenso pünktlich und sorgsam mit der Ablieferung des Manuskriptes. Aber dafür kamen andere Stichwortlisten trotz erneuter Zusage überhaupt nicht, ungeachtet wiederholter Bitten und Hinweise darauf, daß es zu spät sei, einen anderen Mitarbeiter zu gewinnen. Wir haben in dieser Beziehung alles erfahren, was es an Unbekümmertheit um Rücksichten auf das Recht des andern gibt. Wir geben zwei Beispiele: A sagt Mitarbeit zu, lehnt aber die wiederholte Bitte um die Stichwortliste ab, da die Zusage der Mitarbeit ja genüge, das Manuskript werde pünktlich eingehen. Das Manuskript kam nicht. Eine Mahnung lange nach dem Ablauf des Termins blieb ohne jede Antwort, und ein Appell von anderer uns befreundeter Seite, der wir die Empfehlung dieses „Mitarbeiters" zu verdanken hatten, brachte die Antwort, es sei ihm nicht geglückt, Herrn Soundso dazu zu bewegen usw. Hier handelte es sich um ein so kleines Gebiet, auf dem es überdies viele kompetente Mitarbeiter gab, daß es glückte, den Ausfall zu ersetzen. Unglücklicher liegt der zweite Fall. B — ein auf seinem Gebiete besonders angesehener Forscher — sagt nicht

nur sofort zu, sondern sendet auch bald die sehr gut unterteilte Stichwortliste. Dieser „Mitarbeiter" hat nicht nur das Manuskript nicht geliefert, sondern ist auch zu keiner Antwort
mehr zu bewegen gewesen. Nur die Mitteilung, die Vorrede werde darauf hinweisen, daß
das betreffende Gebiet ausfalle, weil Herr X die Bearbeitung zugesagt und die Herausgeber in dem Glauben an sein Wort gelassen habe und diese erst zu spät die Täuschung
erkannt hätten, schreckte ihn und er sagte dem einen von uns mündlich zu, das Manuskript
werde in „drei Wochen" in unsern Händen sein, er habe es schon längst senden wollen,
da es so gut wie fertig sei. Und nun begann dieselbe Komödie von neuem — mit dem
Erfolge, daß das Gebiet fast völlig fehlt, bis auf einige von einem hilfsbereiten Kollegen
geschriebene ausgezeichnete Artikel.

Zwischen den Zuverlässigen und den zuletzt beschriebenen hoffnungslosen Fällen finden
sich Übergänge in allen Schattierungen. Die Folge ist, daß das Buch — ungefähr wie die erste
Auflage des Landolt-Börnstein — ein Torso oder vielmehr ein Anfang ist —, aber ein
Anfang, der die Nützlichkeit des Unternehmens in helles Licht setzt. Noch länger mit
der Veröffentlichung des Vorhandenen zu warten, ging nicht an — aus Rücksicht auf
die Mitarbeiter, aus Rücksicht auf den stets einsichtsvollen und großzügigen Verleger,
vor allem aber aus Rücksicht auf den Stoff, um ihn vor dem Veralten zu bewahren. Was
das Handwörterbuch enthält, ist natürlich durchaus zuverlässig, dafür bürgen die Namen
der Verfasser.

Fassen wir alles zusammen — Vorzüge und Mängel des Buches, so dürfen wir sagen:
die Vorzüge liegen in dem Vorhandenen, die Mängel in dem Fehlenden. Die Herausgeber
haben kein Verdienst um die Vorzüge und keine Schuld an den Mängeln. Und deswegen
können sie das Buch mit gutem Gewissen hinausgehen lassen mit dem von Logau stammenden Geleitwort:

> Geh hin, mein Buch, in alle Welt; steh aus was dir kömmt zu.
> Man beiße dich, man reiße dich: nur daß man mir nichts thu.

Berlin, im April 1924.

Die Herausgeber.

A

Abbildung, elektrische. Die Methode der elektrischen Abbildung findet weitgehende Anwendung bei elektrostatischen Problemen, insbesondere, wenn es sich darum handelt, eine Kapazitäts- und Ladungsverteilung zu ermitteln. Dabei ist zunächst die Erscheinung der Influenz zu betrachten (s. diese). Hat man einen mit der Ladung $+e$ geladenen Punkt A im freien Raume, so ist die Potentialverteilung seines Feldes durch die Gleichung $\varphi = e/r$ gegeben; bringt man diesem Punkt eine unendliche leitende Ebene gegenüber, so wird das Feld modifiziert. Für die Berechnung macht man dann die Ebene dadurch zu einer Äquipotentialfläche, daß man sich auf der dem Punkt A entgegengesetzten Seite einen zweiten Punkt P mit der Ladung $-e$ denkt, der in bezug auf die Ebene das Spiegelbild des Punktes A darstellt. Dieser Punkt heißt der Bildpunkt. Das Potential ergibt sich dann zu $\varphi = e/r - e/r'$, wo r wieder die Entfernung eines Aufpunktes von A, r′ die Entfernung desselben vom Bildpunkt B bedeuten. Die gesamte Ladung der Ebene ist somit $-e$ (vgl. unter Influenz). W. Thomson hat die Lösung des Problems durch elektrische Abbildung auch auf kugelförmige Leiter ausgedehnt. Man kann auf diese Weise z. B. die Kapazität zweier paralleler exzentrischer Zylinder (Doppelleitung) sowie den Spezialfall, die Kapazität eines Zylinders und einer Ebene (Einzelleitung) berechnen. Die beistehende Fig. stelle den Schnitt durch eine Zylinder-

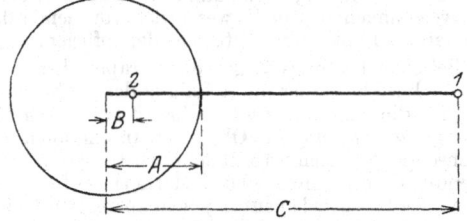

Erläuterung der elektrischen Abbildung.

fläche vom Radius A dar, parallel zu deren Achse im Abstand C die Grade 1 mit der Ladung $-q$ laufe. Man ersetzt für die Rechnung die Zylinderfläche durch eine Gerade 2 mit der Ladung $+q$. Diese so abgebildete Gerade habe von der Zylinderachse

den Abstand B. Dann muß die Bedingung erfüllt sein: $B \cdot C = A^2$, d. h. der Radius A muß die mittlere Proportionale zwischen den beiden Abständen sein. Man nennt die auf der Figur durch 1. und 2. bezeichneten Durchstoßungspunkte inverse Punkte in bezug auf die Zylinderfläche. Ganz analog verfährt man in dem Fall, daß zwei parallele Zylinderflächen vorliegen und führt die Aufgabe auf Berechnung des Potentials zweier paralleler Geraden zurück. Alle derartigen Betrachtungen gelten aber nur unter der Voraussetzung, daß alle anderen Leiter genügend weit entfernt sind, um ihren Einfluß vernachlässigen zu können. — Eine Abbildung formaler Natur benutzt W. Rogowski[3]. Mit Hilfe der gleich gebauten Ausdrücke $\mathfrak{H} = \mathrm{rot}\,\mathfrak{A}$ und $4\,\pi\,\mathfrak{J} = \mathrm{rot}\,\mathfrak{H}$ bildet er das Vektorpotential $\mathfrak{A}$ durch ein magnetisches Feld $\mathfrak{H}$, $\mathfrak{H}$ dagegen durch eine elektrische Strömung $4\,\pi\,\mathfrak{J}$ ab.

Literatur: 1. Maxwell. Treat. I. Teil Kap. XI. 2. Riemann-Weber. Die partiellen Differentialgleichungen der mathematischen Physik. Vieweg 1910. I. Bd. 351 ff. 3. W. Rogowski, Archiv f. Elektrotechnik **2**, 234. 1914. 1. 290. 1912.

R. Jaeger.

Abbildung durch photographische Objektive. Eine photographische Aufnahmelinse hat in der Regel die Aufgabe, eine zu ihrer optischen Achse senkrechte Ebene, die Einstellebene, wieder in eine extremsenkrechte Ebene, die Mattscheibenebene, abzubilden. Diese Abbildung muß immer reell sein, da ja das Bild auf der lichtempfindlichen Schicht eines Films oder einer Platte aufgefangen werden soll. Ist a die Entfernung der Einstell- oder Dingebene von dem dingseitigen Hauptpunkt, und b die Entfernung der Bildebene vom bildseitigen Hauptpunkt, so ist

$$(1) \qquad \frac{1}{a} + \frac{1}{b} = \frac{1}{f} \cdot$$

Dabei sei hier bemerkt, daß es in der photographischen Literatur üblich ist, sowohl die vordere und die hintere Brennweite gleichbezeichnet, und zwar als positiv zu wählen, als auch a in der Richtung von dem zugehörigen Hauptpunkt zur Dingebene bzw. b von seinem zugehörigen Hauptpunkt zur Bildebene als positiv zu rechnen. Führt man m als Abbildungsmaßstab ein, d. h. m gibt das Vielfache bzw. den Bruchteil einer Strecke in der Dingebene von ihrer Bildstrecke an, so gelten weiter die Beziehungen

(2) $$x = m \cdot f$$ und

(3) $$x' = \frac{f}{m}$$ oder

(4) $$x \cdot x' = f^2.$$

Hierbei ist x die Entfernung der Dingebene und x′ die der Bildebene von dem entsprechenden Brennpunkte. Aus der Gleichung (1) oder (4) kann man also unmittelbar zu einem auf der Achse gelegenen Dingpunkt, wenn die Haupt- bzw. Brennpunkte und die Brennweite bekannt sind, den zugehörigen Bildpunkt finden. Das Bild eines im Unendlichen liegenden Dingpunktes, der nicht auf der Achse liegt, und dessen von ihm ausgehendes Parallelstrahlenbündel gegen die optische Achse unter dem Winkel w geneigt sei, liegt in der Brennebene von der optischen Achse um h′ entfernt, wobei

(5) $$h' = f \cdot \operatorname{tang} w$$ ist.

Die photographische Abbildung erfolgt heutzutage fas ausschließlich durch Linsen. Die durch diese bedingten Fehlerabweichungen von der Idealabbildung führen zu gewissen Einschränkungen der Gültigkeit der Beziehungen (1)—(5). Der Idealfall nämlich, daß die sämtlichen Lichtstrahlen, die von einem Punkte der Einstellebene ausgehen und durch die Aufnahmelinse hindurchgelangen, sich wieder in einem Punkte der Bildebene vereinigen, ist selbstverständlich bei einem photographischen Objektiv nicht verwirklicht. Es kann sich bei ihm wie bei jedem korrigierten optischen Linsensystem nur darum handeln, eine möglichst weitgehende Hebung der störenden Abbildungsfehler herbeizuführen. Gerade bei photographischen Objektiven ist die Lösung dieser Aufgabe ziemlich schwierig, da es sich bei solchen Linsen darum handelt, durch weitgeöffnete Bündel ein ausgedehntes Gesichtsfeld abzubilden. Die Fehler, die die Abbildungsgüte einer photographischen Aufnahmelinse beeinflussen, sind die sphärischen Aberrationen, die Nichterfüllung der Sinusbedingung, die Koma, die sagittale und tangentiale Bildfeldwölbung bzw. der Astigmatismus. Als weiterer Fehler, der allerdings nicht die Bildschärfe beeinträchtigt, ist noch die Verzeichnung zu beseitigen. Hierzu treten außerdem die Farbenfehler.

Man pflegt ein photographisches Linsensystem als „sphärisch korrigiert" zu bezeichnen, wenn der von einem auf der Achse gelegenen Dingpunkt ausgehende Randstrahl, d. i. der Strahl, der gerade noch am Rande der Eintrittspupille vorbeigeht, dieselbe Schnittweite (Entfernung des Schnittes des Strahles mit der Achse vom letzten Linsenscheitel) besitzt, wie der Null-Strahl, der von jenem Dingpunkt kommend im „fadenförmigen Raum um die Achse" verläuft. Die übrigen zwischen Rand- und Nullstrahl liegenden Strahlen des Dingpunktes besitzen im allgemeinen andere Schnittweiten als die Null- und Randstrahlen des sphärisch korrigierten Systems. Diese Abweichungen von der idealen Strahlenvereinigung, die man „Reste der sphärischen Aberration" oder auch „sphärische Zonen" nennt, sind vom Einfluß auf die Mittelschärfe des Bildes. Je geringer sie sind, um so besser wird diese in der Regel sein. Nimmt man beispielsweise an, daß der axiale Dingpunkt, dessen sphärische Aberrationen graphisch dargestellt werden sollen, im Unendlichen liegt, so laufen alle von ihm ausgehenden Strahlen der optischen Achse parallel, und es wird aus dieser Strahlenmannigfaltigkeit durch die Eintrittspupille ein körperlicher Zylinder

von Strahlen ausgeschnitten, die für die Abbildung wirksam werden. Man kann sich dann den Verlauf der sphärischen Aberrationen dadurch anschaulich darstellen, daß man die Größenunterschiede der Schnittweiten der Strahlen verschiedener Einfallshöhen von der Schnittweite des Null-Strahls in ein Koordinatenkreuz einträgt. Um solche Kurven der sphärischen Aberrationen für die verschiedensten Objektive miteinander vergleichen zu können, pflegt man sie, wie das v. Rohr („Theorie und Geschichte des photographischen Objektivs") getan hat, sämtlich für die Objektiv-Brennweite f = 100 mm in einem verabredeten passenden Maßstab zu geben. Die untenstehenden Figuren zeigen die Kurven eines sphärisch unterkorrigierten, eines sphärisch überkorrigierten und eines sphärisch korrigierten Objektivs.

Fig. 1. Kurve der sphärischen Aberrationen eines sphärisch unterkorrigierten Objektivs.

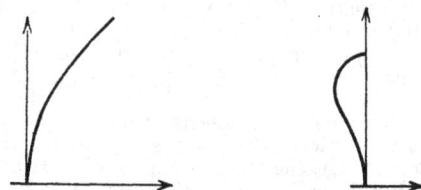

Fig. 2. Kurve der sphärischen Aberrationen eines sphärisch überkorrigierten Objektivs.
     Fig. 3. Kurve der sphärischen Aberrationen eines sphärisch korrigierten Objektivs.

Neben der Beeinträchtigung der Mittelschärfe durch große sphärische Zonen können diese der Grund zur „Einstellungsdifferenz" sein, einer Erscheinung, die darin besteht, daß für verschiedene Blendenöffnungen die Lage des Achsenbildpunktes, d. h. der Stelle der besten Strahlenvereinigung auf der Achse, ebenfalls verschieden ist. In den meisten Fällen genügt es, die sphärischen Aberrationen für den unendlich fernen Achsenpunkt zu kennen, da auch für solche Achsenpunkte, die nicht sehr nahe am Objektiv liegen, Größe und Sinn der sphärischen Abweichungen sich nicht wesentlich von denen des ∞ fernen Punktes zu unterscheiden pflegen.

Bei einer leistungsfähigen photographischen Aufnahmelinse ist ferner die Erfüllung der Abbeschen Sinusbedingung zu fordern. Ihre Befriedigung für die ganze Öffnung des Objektivs, für die auch der Achsenpunkt streng abgebildet wird, ist ein notwendiges und hinreichendes Merkmal dafür, daß auch das Flächenelement in jenem aberrationsfreien Punkte senkrecht zur Achse streng abgebildet wird. Rückt der zu dem Flächenelement gehörige Achsenpunkt — er heiße P — ins Unendliche, so lautet die Abbesche Sinusbedingung

(6) $$\frac{h}{\sin u'} = f_0.$$

Hierin ist f_0 die Brennweite der achsenbenachbarten Strahlen (d. h. des bereits erwähnten fadenförmigen

Raumes um die Achse herum), h die Einfallshöhe eines von dem ∞ fernen Achsenpunkte herkommenden Strahles und u′ der Winkel, unter dem dieser nach Durchlaufung des Objektivs die Achse schneidet. Entsprechend den Kurven der sphärischen Abweichungen kann man durch Abtragung der Werte von $\frac{h}{\sin u'} - f_0$ als Abszissen und der Höhen h als Ordinaten eine Schaulinie für die Erfüllung der Sinusbedingung erhalten. Legt man auch für diese Kurven ein für allemal denselben Maßstab für die Abszissen und ebenso für die Ordinaten fest, und geht stets von der Brennweite $f_0 = 100$ mm aus, so kann man auch diese graphischen Darstellungen für die verschiedensten Objektive untereinander vergleichen.

Wesentlich verwickelter liegen die Verhältnisse bei der Abbildung von Punkten der Einstellebene, die außerhalb der Achse liegen. Das hat seinen Grund hauptsächlich darin, daß da nicht mehr die Betrachtung des Verlaufs der Strahlen in einem Meridianschnitt genügt. Wird ein solcher außerhalb der Achse gelegener Punkt durch ein weitgeöffnetes Bündel abgebildet, so pflegt man die Abweichungen von der idealen, punktuellen Vereinigung der zugehörigen Bildstrahlen mit dem Sammelnamen „Koma" zu bezeichnen. Eine größere Zahl von graphischen Darstellungen von Koma-Abweichungen, etwa entsprechend den Schaulinien der sphärischen Aberrationen oder der Abweichungen von der Sinusbedingung sind in der Literatur nicht bekannt geworden. Bei der rechnerischen Untersuchung der Abbildung eines außeraxialen Dingpunktes durch ein weitgeöffnetes Strahlenbündel betrachtet man meist nur die Vereinigung der in der durch den Dingpunkt und die optische Achse bestimmten Meridianebene verlaufenden Strahlen und nennt dann die Abweichung von der punktuellen Vereinigung „meridionale Koma". Die Durchrechnung windschiefer Strahlen ist an sich nicht schwierig, erfordert aber langwierige Rechnungen, und unterbleibt deswegen fast immer. Die experimentelle Untersuchung der Kaustik eines durch ein weitgeöffnetes Strahlenbündel abgebildeten, außerhalb der Achse gelegenen Dingpunktes zeigt, daß diese Kaustik sehr kompliziert gebaut ist.

Rechnerisch einfacher zu verfolgen und daher besser bekannt ist der Astigmatismus. Denkt man sich, im Gegensatz zu der bei der Besprechung der Koma zugrunde gelegten Annahme, die Abbildung eines außerhalb der Achse gelegenen Dingpunktes, zunächst durch ein unendlich enges Bündel abgebildet, so lassen sich für ihn im Bildraume zwei Stellen bester Strahlenvereinigung finden, die man „sagittalen" und „tangentialen" Bildpunkt nennt. Werden in der geschilderten Weise sämtliche Punkte der Dingebene durch die Aufnahmelinse abgebildet, so besteht das Bild der Dingebene in der Regel aus zwei Flächen, der sagittalen und der tangentialen Bildschale. Diese Bildschalen berühren sich in der optischen Achse und haben dort als gemeinschaftliche Tangentialebene die der Dingebene entsprechende Bildebene der idealen Abbildung. Um letzterer möglichst nahezukommen, wird von einem gut korrigierten photographischen Objektiv verlangt, daß diese beiden Bildschalen sich auch außerhalb der optischen Achse möglichst eng an die ideale Bildebene und damit auch aneinander anschmiegen; man nennt dann das Objektiv „anastigmatisch geebnet". Es ist üblich geworden, die sagittale bzw.

tangentiale Bildfeldwölbung, d. h. die senkrechten Abstände jener Bildschalen von der idealen Bildebene ebenfalls nach der Art des v. Rohrschen Buchs („Theorie und Geschichte des photographischen Objektivs") anschaulich in einem Koordinatenkreuz darzustellen. Als Ordinaten trägt man die Winkel ab, unter denen die Dingpunkte von der Mitte der Eintrittspupille aus erscheinen, als Abszissen die sagittale und tangentiale Bildfeldwölbung. Legt man wieder stets für die verschiedensten Objektive die Brennweite $f_0 = 100$ mm zugrunde, und hält an dem in dem genannten Buch benutzten Maßstab fest, so kann man die sagittalen und tangentialen Bildfeldwölbungen der einzelnen Objektive untereinander vergleichen. Die Abszissendifferenz je eines Punktes der beiden Kurven für die Bildfeldkrümmung, der dieselbe Ordinate besitzt, ist dann ein Maß für den Astigmatismus. Nebenstehende Figur zeigt beispielsweise die sagittale und tangentiale Bildfeldwölbung für ein Zeiß-Planar, und zwar für die Abbildung der ∞ fernen Dingebene.

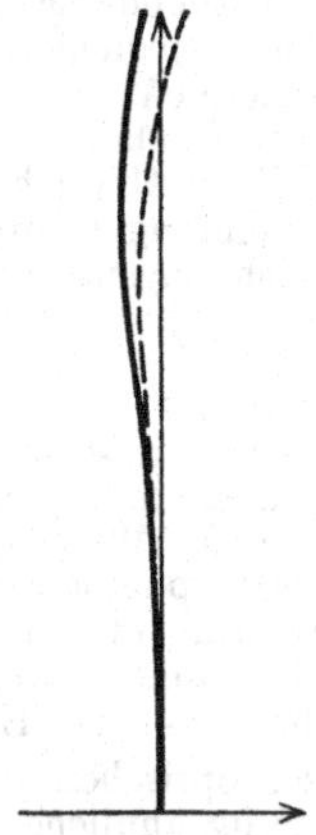

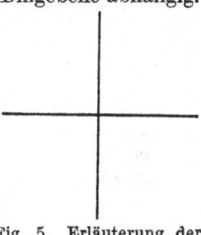

Fig. 4. Kurven der sagittalen und tangentialen Bildfeldwölbungen. — sagittale Bildfeldwölbungskurve. - - - tangentiale Bildfeldwölbungskurve.

Selbstverständlich sind Astigmatismus und Bildfeldwölbung von der Lage der Dingebene abhängig. Um die Wirkung des Astigmatismus auf die Abbildung zu erläutern, kann z. B. ein kleines Kreuz, das außerhalb der Achse liegt, und in Figur 5 dargestellt ist, dienen. Stellt man die lichtempfindliche Schicht in die Fläche der sagittalen Bildpunkte ein, so erscheint der Vertikalstrich scharf abgebildet, der Horizontalstrich dagegen unscharf. Umgekehrt verhält

Fig. 5. Erläuterung der Wirkung des Astigmatismus auf die Abbildung. Außerhalb der Achse liegendes Kreuz.

sich die Schärfe der beiden Bildlinien, wenn die lichtempfindliche Schicht in die Fläche der tangentialen Bildpunkte eingestellt ist. Die beiden Figuren 6 und 7 zeigen diesen Sachverhalt.

Fig. 6. Abbildung bei Einstellung der lichtempfindlichen Schicht in die Fläche der sagittalen Bildpunkte.

Fig. 7. Abbildung bei Einstellung der lichtempfindlichen Schicht in die Fläche der tangentialen Bildpunkte.

Damit sind die Bildfehler, nämlich die sphärischen Aberrationen, die Abweichungen von der Sinusbedingung, die Koma, die sagittale und tangentiale Bildfeldkrümmung und der Astigmatismus, die sämtlich für die Bildschärfe einer photographischen Linse maßgebend sind, besprochen, und zwar zunächst unter der Annahme, daß monochromatisches Licht von dem abzubildenden Ding

1*

ausgeht. Sind diese Fehler bei einem gut berichtigten photographischen Objektiv als möglichst klein zu fordern, so ist noch ferner zu verlangen, um einer idealen Abbildung nahe zu kommen, daß der Abbildungsmaßstab m für das ganze Bildfeld einen möglichst einheitlichen Wert hat, oder, mit anderen Worten, daß die Dingebene möglichst ähnlich abgebildet wird.

Die Abweichung von der streng ähnlichen Abbildung nennt man „Verzeichnung". Die Verzeichnungswerte v, die man durch die Gleichung

$$(7) \qquad v = \frac{h' - \overline{h'}}{\overline{h'}}$$

festsetzen kann, findet man für eine große Zahl von photographischen Linsen in einer Abhandlung von E. Wandersleb (Über die Verzeichnungsfehler photographischer Objektive, Zeitschrift für Instrumentenkunde 1907, S. 33—37, und S. 75—85) anschaulich dargestellt. In Gleichung (7) ist h' die wirkliche Entfernung eines Bildpunktes von der optischen Achse, und $\overline{h'}$ die Entfernung bei streng ähnlicher Abbildung. Je nachdem der Abbildungsmaßstab von der Mitte des Bildfeldes nach dem Rande ab- oder zunimmt, spricht man von tonnen- oder kissenförmiger Verzeichnung. Diese Benennung erklärt sich aus der Krümmung der Bildlinien eines verzeichnenden photographischen Objektivs, die den geraden Linien in der Dingebene, die die optische Achse nicht schneiden, entsprechen. Die Fig. 8 zeigt ein quadratisches Ding, zu dessen Ebene die optische Achse senkrecht steht

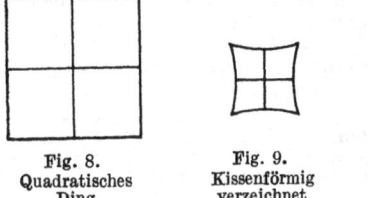

Fig. 8.   Fig. 9.   Fig. 10.
Quadratisches   Kissenförmig   Tonnenförmig
Ding.   verzeichnet.   verzeichnet.

und dessen Mittelpunkt sie durchsetzt. Fig. 9 zeigt dieses Ding kissenförmig und Fig. 10 tonnenförmig verzeichnet.

Mit der Schärfe und der Ähnlichkeit der Abbildung für Licht einer bestimmten Wellenlänge ist es allein nicht getan, sondern es ist notwendig, auch Farbenreinheit des Bildes herbeizuführen. Abgesehen von einigen Sonderfällen, etwa von denen der Himmelsphotographie, achromatisiert man die photographischen Objektive für die Wellenlängen, die den Linien D und G' des Spektrums entsprechen, und zwar ist es notwendig, für diese beiden Lichtarten sowohl die Brennpunkte wie die Hauptpunkte zusammenfallen zu lassen. Die Aufnahmelinse ist dann stabil-achromatisch, d. h. sie ist frei von chemischem Focus für verschiedene Dingabstände. In der Regel ist dann auch der Abbildungsmaßstab für beide Farben der gleiche. Bei Dreifarbenaufnahmen ist auch eine Beseitigung der Fehler für drei Farben notwendig; man hat dann z. B. für die Farben: rot, gelb und blau die Schnitt- und Brennweiten gleichzumachen. Auch die übrigen oben besprochenen Fehler, wie die sphärischen Aberrationen usw., haben für die einzelnen Farben des Spektrums verschieden große Werte, und es ist dafür zu sorgen, daß diese für die Zwecke, denen die Aufnahmelinse dienen soll, noch erträglich bleiben.

Die bisherigen Überlegungen legten als Aufgabe einer photographischen Linse die Abbildung einer Ebene in eine Ebene zugrunde. In der Praxis liegen die Verhältnisse in der Regel nicht so einfach. Abgesehen von Reproduktionen von Zeichnungen oder ähnlichen Gegenständen wird es sich meist darum handeln, ein räumlich ausgedehntes Ding auf die lichtempfindliche Schicht zur Abbildung zu bringen. An Stelle dieses dreidimensionalen Gebildes tritt für die Abbildung durch die photographische Linse eine ebene Perspektive. Diese wird gewonnen durch die Zentralprojektion der einzelnen Raumpunkte von der Eintrittspupille aus auf die Einstellebene, d. h. eine Ebene, die passend durch den räumlichen Aufnahmegegenstand gelegt ist. Eigentlich scharf werden selbstverständlich nur die Punkte, die in der Dingebene liegen, abgebildet. Alle übrigen Punkte sind ersetzt zu denken durch kleine Zerstreuungskreise, die aus den Strahlenkegeln, die die Dingpunkte zur Spitze und die Eintrittspupille zur Basis haben, von der Einstellebene ausgeschnitten werden. Sieht man für die hier in Frage kommenden Betrachtungen von den Bildfehlern der Linse ab, so kann man streng den Bereich der vor und hinter der Einstellebene liegenden Punkte angeben, der noch scharf abgebildet wird. Es ist dann die Vordertiefe gegeben durch Gleichung

$$(8) \qquad t_V = \frac{a \cdot \delta}{D + \delta} = \frac{a \cdot (a - f)\, \varepsilon}{\dfrac{f^2}{k} + (a - f)\, \varepsilon}$$

die rückwärtige Tiefe durch

$$(9) \qquad t_r = \frac{a \cdot \delta}{D - \delta} = \frac{a\, (a - f)\, \varepsilon}{\dfrac{f^2}{k} - (a - f)\, \varepsilon}$$

und die Gesamttiefe durch

$$(10) \qquad T = t_V + t_r = \frac{2\, a\, \delta\, D}{D^2 - \delta^2} = \frac{2\, a\, (a - f)\, \varepsilon\, \dfrac{f^2}{k}}{\dfrac{f^4}{k^2} - (a - f)^2\, \varepsilon^2}$$

Darin bedeuten D den Durchmesser der Eintrittspupille, a den Abstand der Einstellebene von der Eintrittspupille und δ den Durchmesser des in der Einstellebene noch als zulässig betrachteten Zerstreuungskreises, ferner f die Brennweite und $\frac{1}{k}$ die relative Öffnung des Objektivs, weiter ist $\delta = \frac{a - f}{f} \cdot \varepsilon$, d. h. ε der Durchmesser des Zerstreuungskreises in der Bildebene. Man ersieht aus den Formeln (8)—(10), daß die Tiefenschärfe hinsichtlich des Objektivs von der Größe der Eintrittspupille und der Entfernung der Dingebene abhängt. Da mit der Eintrittspupille auch die Lichtstärke eines Objektivs wächst, so ist also die Tiefenschärfe bei den lichtstärksten Objektiven am geringsten. Blendet man das Objektiv ab, so nimmt die Tiefenschärfe zu.

Bezeichnet man die Brennweite des Objektivs mit f und den Durchmesser der Eintrittspupille mit D, so nennt man $\frac{D}{f}$ die relative Öffnung des Objektivs. Dem Quadrat dieses Bruches ist die Beleuchtungsstärke in dem Bildelemente, das dem ∞ fernen Achsenelement entspricht, proportional. Trotzdem können Objektive gleicher relativer Öffnung verschieden lichtstark sein, da beim Passieren der Strahlen durch das Objektiv hindurch Lichtverluste durch Absorption in den Gläsern und durch Reflexion an den Linsenflächen eintreten. Sind auch die Absorptionsverluste bei den üblichen photographischen Objektiven verhältnismäßig gering, da die Glasdicken meist nicht allzu groß sind, so sind immerhin die Reflexionsverluste nicht ganz unbedeutend. Für Paraxialstrahlen ist der Reflexionsverlust zu berechnen mit Hilfe des Ausdruckes:

$$(11) \qquad \left(\frac{n-1}{n+1}\right)^2$$

für eine Fläche unter der Annahme, daß auf diese die Lichtintensität 1 auffällt. Darin bedeutet n die Brechungszahl des Glases der brechenden Fläche gegen Luft.

Außerdem kann das eine gerade Anzahl mal zurückgespiegelte Licht störende Lichtflecke auf der Bildschicht hervorrufen, d. h. die Brillanz des Bildes beeinflussen. Nach dem Rande des Bildfeld s zu nimmt die Lichtstärke erheblich ab. Bei nicht zu großen Bildfeldern weicht allerdings der Reflexionsverlust von dem des Paraxialstrahlenbündels nur unerheblich ab; dagegen sind von bedeutenderer Wirkung die Neigungen der Strahlenbündel und ferner die Vignettierung oder Abschattung. *W. Merté.*

Näheres s. v. Rohr, Theorie und Geschichte des photographischen Objektivs. Berlin: Julius Springer 1899.

Abbildung (Optik) s. Gaußische Abbildung.

Abdampfturbine. Die Dampfturbine arbeitet besonders im Gebiete des niedrig gespannten Dampfes (unter 1 Atm. abs.) günstig. Deshalb wird zuweilen der Abdampf von Auspuffmaschinen, wie Fördermaschinen, Walzenzugmaschinen, Dampfhämmern gesammelt und in einer Abdampfturbine verarbeitet. Wesentlich dabei ist, daß die Turbine mit hohem Vakuum laufen kann. Die Leistung der Turbine schwankt nach dem Grade der Abdampflieferung; ein Dampfspeicher wirkt in gewissem Umfang ausgleichend. Oft findet man der Abdampfturbine einen mit Frischdampf beaufschlagten Hochdruckteil vorgeschaltet, wobei die Leistung des Frischdampfteiles selbsttätig so geregelt wird, daß die geforderte Gesamtleistung der Turbine bei stets voller Ausnützung des Abdampfes erreicht wird. Man bezeichnet eine solche Turbine als Frischdampf-Abdampf oder als Zweidruckturbine. *L. Schneider.*

Aberration (Optik) s. Farbenabweichung und Sphärische Abweichung.

Aberration des Lichtes (s. Artikel Optik bewegter Körper). Wir sehen jede Lichtquelle in der Richtung der Lichtstrahlen, die von ihr in unser Auge gelangen. Da aber in der Zeit, die das Licht braucht, um von den Sternen zu uns zu gelangen, sowohl der aussendende Himmelskörper als der Beobachter mit der Erde sich bewegt haben, sehen wir die Himmelskörper nicht an der Stelle, wo sie sich zur Zeit der Beobachtung befinden, ihrem „wahren" Orte, sondern an einem „scheinbaren" Orte. Diese Erscheinung nennt man Aberration des Sternlichtes.

Wir legen der Erklärung und Berechnung dieser Erscheinung die durch die Optik bewegter Körper gut begründete Annahme zugrunde, daß sich die von den Himmelskörpern ausgesendeten Lichtstrahlen relativ zum optischen Fundamentalsystem mit der konstanten Geschwindigkeit c geradlinig fortpflanzen, ohne Rücksicht darauf, wie sich der aussendende Himmelskörper bewegt, und daß sie diese Geschwindigkeit nach Größe und Richtung auch beim Durchgang durch die Erdatmosphäre beibehalten. Dabei sind unter Lichtstrahlen einfach die Linien der Fortpflanzung der Lichtenergie zu verstehen, ohne daß eine bestimmte Aussage gemacht wird, ob es sich dabei etwa um eine Wellenbewegung handelt und wie diese Richtung etwa mit der Wellennormalen zusammenhängt.

Die Bewegung des aussendenden Körpers hat zur Folge, daß bei Ankunft des Strahls im Auge die Lichtquelle sich gar nicht mehr an dem Ort befindet, woher sie den Strahl ausgesendet hat. Dieser Effekt ist nur dann merkbar, wenn der Körper in der Zeit der Lichtfortpflanzung schon einen merklichen Weg zurückgelegt hat und kann nur dann in Rechnung gezogen werden, wenn wir die Entfernung der Lichtquelle vom Beobachter kennen. Beide Bedingungen sind wohl für die Planeten, aber nur sehr wenig für die Fixsterne erfüllt. Man pflegt daher das genannte Phänomen unter dem Namen „Planetenaberration" zu behandeln, obwohl es natürlich prinzipiell auch bei den Fixsternen auftritt.

Unter „Fixsternaberration" versteht man hingegen die scheinbare Verschiebung der Sternorte, die durch die Bewegung des Beobachters zustandekommt.

Hier unterscheidet man wieder eine tägliche und eine jährliche Aberration, je nachdem man die Wirkung der täglichen oder jährlichen Erdbewegung ins Auge faßt. Wir wollen uns hier vorwiegend mit dem letzteren Phänomen beschäftigen. Wir betrachten einen Fixstern in der astronomischen Breite β. Dann schließen die von ihm zur Erde kommenden Strahlen, die wir für alle Lagen der Erde als parallel ansehen, mit der Ebene der Erdbahn (Ekliptik) den Winkel β ein. Wir benützen ein Koordinatensystem, dessen Ursprung im Beobachtungsorte mit der Erde fest verbunden ist und dessen Achsen während der jährlichen Erdbewegung sich selbst parallel bleiben. Die positive z-Achse möge gegen den wahren Sternort hinzeigen, so daß die x-, y-Ebene den Winkel $\frac{\pi}{2} - \beta$ mit der Ebene der Ekliptik einschließt. Nehmen wir die Sonne als ruhend im Fundamentalsystem an und seien v_x, v_y, v_z die Komponenten der Erdgeschwindigkeit v relativ zur Sonne, so sind die Gleichungen der Lichtfortpflanzung des betrachteten Strahls relativ zu unserem Koordinatensystem:

$$x = -v_x t, \quad y = -v_y t, \quad z = -c t - v_z t \qquad 1)$$

Wir nehmen nun näherungsweise die Erdbahn als eine mit konstanter Geschwindigkeit durchlaufene Kreisbahn um die Sonne mit dem Radius R an. Legen wir in die Ekliptik ein Koordinatensystem ξ, η mit der Sonne als Ursprung und bezeichnen wir mit λ die Längenkoordinate der Erde von der ξ-Achse aus gezählt, so sind die Gleichungen der Erdbahn

$$\xi = R \cos \lambda, \quad \eta = R \sin \lambda \ . . . 2)$$

und die Komponenten $\dot\xi$, $\dot\eta$ ihrer Geschwindigkeit in der Erdbahn

$$\left. \begin{aligned} \dot\xi &= -R \sin \lambda \, \frac{d\lambda}{dt} = -v \sin \lambda \\ \dot\eta &= R \cos \lambda \, \frac{d\lambda}{dt} = v \cos \lambda \end{aligned} \right\} \ . . 3)$$

Um daraus die Komponenten im System x, y, z zu berechnen, nehmen wir die ξ-Achse so an, daß sie der x-, z-Ebene parallel ist. Dann ist die

η-Achse parallel der y-Achse und die x-Achse schließt mit der ξ-Achse den Winkel $\frac{\pi}{2} - \beta$ ein. Daher ist

$$v_x = \dot{\xi} \sin \beta, \quad v_y = \dot{\eta}, \quad v_z = \dot{\xi} \cos \beta \ . \ . \ 4)$$

und durch Einsetzen von 3) in 4) und dann in Gleichung 1) folgt

$$x = v \, t \sin \beta \sin \lambda, \quad y = - v \, t \cos \lambda \ . \ . \ 5)$$
$$z = - c \, t + v \, t \cos \beta \sin \lambda$$

Wenn wir aus diesen Gleichungen t eliminieren, so erhalten wir für jede Lage der Erde (für jeden Wert von λ) die Gleichung einer Geraden, die uns den vom Stern kommenden Lichtstrahl relativ zur Erde darstellt, also die Richtung angibt, in der wir den Stern erblicken, d. h. die Richtung nach dem scheinbaren Sternort. Führen wir diese Elimination unter Vernachlässigung von Größen zweiter und höherer Ordnung in $\frac{v}{c}$ durch, so erhalten wir aus (5)

$$x = - \frac{v}{c} z \sin \beta \sin \lambda, \quad y = \frac{v}{c} z \cos \lambda \quad 6)$$

Bezeichnen wir den Winkel zwischen der Richtung nach dem wahren Sternort (der z-Richtung) und der nach dem scheinbaren Sternort mit α, so ist dieser „Aberrationswinkel" durch

$$\operatorname{tg} \alpha = \frac{\sqrt{x^2 + y^2}}{z} \ . \ . \ . \ . \ . \ 7)$$

bestimmt, woraus nach Gleichung 6) bis auf Größen höherer Ordnung

$$\alpha = \frac{v}{c} \sqrt{1 - \cos^2 \beta \sin^2 \lambda} \ . \ . \ . \ 8)$$

folgt. In dieser Formel ist λ die Längendifferenz zwischen Fixstern und Erde. Hat die Erde die Länge des Fixsterns, so folgt daraus die elementare Aberrationsformel $\alpha = \frac{v}{c}$, ist hingegen die Längendifferenz $\lambda = \frac{\pi}{2}$ folgt

$$\alpha = \frac{v}{c} \sin \beta$$

Verfolgen wir die Richtung nach dem scheinbaren Sternort im Laufe eines Jahres, wo λ alle Werte von 0 bis 2π durchläuft, so beschreibt sie einen Kegel mit elliptischem Querschnitt um die Richtung nach dem wahren Sternort als Mittellinie. Die Gleichung dieses Kegels erhalten wir durch Elimination von λ aus den Gleichungen 6). Sie lautet:

$$\frac{x^2}{\sin^2 \beta} + y^2 - \frac{v^2}{c^2} z^2 = 0 \ . \ . \ . \ . \ 9)$$

Schneiden wir diesen Kegel durch die zur Mittellinie normale Ebene $z = 1$, so erhalten wir als Schnittfigur die Ellipse

$$\frac{x^2}{\sin^2 \beta} + y^2 = \frac{v^2}{c^2} \ . \ . \ . \ . \ . \ 10)$$

mit den Halbachsen $\frac{v}{c}$ und $\frac{v}{c} \sin \beta$, welche die Richtungen senkrecht und parallel zu der Ebene haben, durch die der Stern normal auf die Ekliptik projiziert wird. Eine dieser Ellipse ähnliche und ähnlich gelegene schneidet unser Kegel auch auf der Sphäre aus. Und diese Ellipse wird von dem scheinbaren Sternort im Laufe eines Jahres beschrieben. Und gerade diese Erscheinung ist es, die von den Astronomen unter dem Namen „jährliche

Aberration der Fixsterne" beobachtet wird. Die Winkel, unter denen die Halbachsen dieser „Aberrationsellipse" gesehen werden, sind dann offenbar die Halbachsen der durch Gleichung (10) gegebenen Ellipse. Man bezeichnet die große Halbachse der Aberrationsellipse als Aberrationskonstante. Wird sie beobachtet, so läßt sich aus ihr die Lichtgeschwindigkeit c berechnen.

Berücksichtigt man den Umstand, daß die Erdbahn in Wirklichkeit kein Kreis, sondern eine Ellipse mit dem Exzentrizitätswinkel φ ist, und führt die Rechnung ganz analog wie oben durch, so wird man ganz ebenso auf eine Ellipse für die Bewegung des scheinbaren Sternortes auf der Sphäre geführt, nur haben die Sehwinkel, unter denen die Halbachsen gesehen werden, etwas andere Werte. Wenn wir zur Längeneinheit die mittlere Entfernung der Sonne von der Erde wählen und mit M die mittlere Anomalie der Erde bezeichnen, tritt an Stelle der nicht mehr konstanten Erdgeschwindigkeit v jetzt $\frac{dM}{dt}$ und für die große Halbachse der Aberrationsellipse, die sog. Aberrationskonstante A, erhalten wir

$$A = \frac{1}{c \cos \varphi} \frac{dM}{dt}$$

Wählen wir zur Zeiteinheit den mittleren Sonnentag, so ist die mittlere tägliche Bewegung $\frac{dM}{dt} = 3548'' \, 19283$, der Exzentrizitätswinkel der Erdbahn $\varphi = 0^0 \, 57' \, 35'' \cdot 3$, die Lichtgeschwindigkeit $c = \frac{1}{0{,}00577}$ und daher $A = 20'' \cdot 47$. Wenn man die Aberrationsellipse aus den Sternbeobachtungen entnimmt, kann man umgekehrt aus A die Lichtgeschwindigkeit berechnen.

Es sei noch schließlich bemerkt, daß die Richtung der Lichtstrahlen relativ zur Erde nach der üblichen Undulationstheorie unter Annahme der Fresnelschen Hypothese nicht mit der Wellennormale der relativ zur Erde dargestellten Wellenbewegung übereinstimmt, daß aber diese Übereinstimmung nach der Einsteinschen Relativitätstheorie vorhanden ist.   *Philipp Frank.*

Näheres s. J. B a u s c h i n g e r , Die Bahnbestimmung der Himmelskörper. Abschnitt VI. Leipzig 1906.

Aberration des Lichtes, die scheinbare Verschiebung der Einfallsrichtung eines Lichtstrahles infolge der Erdbewegung in Richtung auf deren augenblicklichen Apex, das ist um 90^0 vermehrte heliozentrische Länge der Erde. Ist ω der wahre Abstand eines Gestirnes vom Apex, v die Erdgeschwindigkeit, c die Lichtgeschwindigkeit, dann ist der Aberrationswinkel α ausgedrückt durch

$$\sin \alpha = \frac{v}{c} \sin \omega.$$

$\frac{v}{c}$ heißt die Aberrationskonstante und beträgt $20''{,}5$. Infolge der Aberration beschreiben die Sterne in der Nähe des Poles der Ekliptik ungefähr ein um 90^0 verschobenes Abbild der Erdbahn, in der Nähe der Ekliptik führen sie eine lineare Oszillation aus. Dazwischen eine Ellipse, deren große Achse parallel zur Ekliptik liegt. Die halbe große Achse beträgt stets $20''{,}5$, die kleine $20''{,}5 \sin \beta$, wo β die Breite des Gestirnes ist. Die Aberration wurde von B r a d l e y und M o l i n e u x um 1725 bei der Suche nach Parallaxen entdeckt, aber erst einige Jahre später von B r a d l e y richtig erklärt. Die zu $20''$

gefundene Aberration wurde von Bradley zur Bestimmung der Lichtgeschwindigkeit verwandt.

Außer dieser jährlichen Aberration gibt es noch die tägliche, die durch die Rotation der Erde zustande kommt, am Pol Null ist und am Äquator, wo sie am größten ist, nur $0''{,}3$ beträgt, sowie die sog. säkulare, d. h. konstante Aberration infolge der Sonnenbewegung.　　　　*Bottlinger.*

Näheres: Jedes Lehrbuch der Sphärischen Astronomie.

Abfangen heißt in der Fliegekunst das Manöver, durch welches ein Flugzeug aus dem schnellen nach unten gerichteten Flug in einen langsamen, horizontal gerichteten Flug übergeführt wird. Der Anstellwinkel und mit ihm der Auftriebsbeiwert gehen dabei von kleinen zu großen Werten über. Bei dieser Bewegung tritt eine starke Zentrifugalkraft auf, das Flugzeug, insonderheit die Flügel werden sehr stark beansprucht; man hat Belastungen von der $2\frac{1}{2}$fachen Größe des Flugzeuggewichts beobachtet, theoretisch sind noch höhere Belastungen möglich; doch wird der Flugzeugführer die Überlastung durch die Kraft, welche ihn auf den Sitz drückt, fühlen und sie von selbst nicht so groß werden lassen. Man verlangt in Rücksicht auf die Überbelastung beim Abfangen, daß Flügel kleiner Flugzeuge das 6,5 fache des Flugzeuggewichtes aushalten können, ohne zu brechen; bei großen Flugzeugen, die nie in die Lage kommen, solch rapide Bewegungen auszuführen, wird weniger verlangt; doch soll selbst ein Riesenflugzeug b im Abfangen das 4 fache seines Gewichtes aushalten können.
　　　　L. Hopf.

Abgangsfehlerwinkel s. Flugbahnelemente.

Abgangswinkel s. Flugbahnelemente.

Abklingen der Tonempfindung s. Unterschiedsempfindlichkeit des Ohres.

Abklingungsgesetz der Radioaktivität s. Zerfallsgesetz.

Abkommen s. Zielfernrohr.

Ablation. Eine Art der Erosion (s. diese) insofern, als man unter Ablation (Abhebung, Abspülung) die Abfuhr des lockeren Bodenmaterials (Ackerboden, Verwitterungskrume, Sand, Kies, Schutt) durch die abtragenden Kräfte des Festlandes (s. Exogene Vorgänge) versteht. Auch den Abschmelz- und Verdunstungs-Vorgang an einem Gletscher durch Sonnenstrahlung, warme Luft, Regen oder Erdwärme bezeichnet man als Ablation.
　　　　O. Baschin.

Ableitung. Bei Freileitungen und Kabeln, bei Wicklungen von Maschinen und Transformatoren, allgemein bei Leitern, die auf größeren Strecken nahe beieinander liegen und die eine gewisse Kapazität gegeneinander oder gegen Erde besitzen, ist die Ausbildung des elektrischen Wechselfeldes, da die dielektrische Verschiebung in der Phase hinter der Feldstärke zurückbleibt (dielektrische Nachwirkung), mit Verlusten verbunden. Hierzu treten bei Kabeln mit künstlicher Isolierhülle die Verluste (Joulesche Wärme) infolge unvollkommener Isolation, bei Freileitungen für hohe Spannungen die Verluste infolge von Glimmentladungen durch die Luft (Koronaerscheinungen). Die Gesamtheit dieser Verluste wird besonders in der Kabeltechnik als Ableitungsverluste bezeichnet; den auf die Einheit der Leitungslänge bezogenen Leitwert (das Reziproke des Widerstandes) — bedingt durch unvollkommene Isolation und durch die bei Kabeln überwiegenden dielektrischen Energieverluste — nennt man die Ableitung.
　　　　R. Schmidt.

Ablenkungswinkel s. Lichtbrechung.

Ablesemikroskop s. Meridiankreis.

Abplattung. Rotierende flüssige (oder ehemals flüssige) Himmelskörper haben eine von der Kugelform abweichende Gestalt, indem die Rotationsachse kürzer ist als der Äquatorealdurchmesser. Bisher kennt man bloß abgeplattete Rotationsellipsoide, sog. Mac-Laurinsche Ellipsoide; nach der Theorie gibt es auch stabile dreiachsige, sog. Jacobische Ellipsoide, bei denen wiederum die Rotationsachse die kürzeste ist. Bei allen Körpern des Sonnensystems ist die Abplattung verhältnismäßig klein. Ist c die halbe Rotationsachse des Körpers, a der Radius einer Kugel von gleichem Volumen wie dieser, so nennt man $A = \dfrac{a-c}{a}$ die Abplattung. Unter Abplattungsfaktor versteht man das Verhältnis zwischen Zentrifugalkraft und Schwerkraft am Äquator. $F = \dfrac{z}{g}$. Ist die Abplattung klein, so wäre bei homogener Dichte des Körpers $A = \dfrac{5}{4}\,F$, bei Vereinigung aller Masse im Mittelpunkt $A = \dfrac{1}{2}\,F$. Die Abplattung der Himmelskörper muß demnach zwischen diesen Grenzen liegen. Die Abplattungsfaktoren und Abplattungen der Planeten sind in folgender Tabelle zusammengestellt. Die Abplattung liegt überall zwischen 1,25 F und 0,5 F.

	F	A = a — c	A : F
Merkur	$\ll 1$	0	?
Venus	$\ll 1$	0	?
Erde	0,00346	0,00341	0,99
Mars	0,00493	0,00526	1,06
Jupiter	0,083	0,067	0,81
Saturn	0,167	0,100	0,60
Uranus.	0,074	0,0 67	0,91
Neptun	?	?	?
Sonne	0,00002	0	?

Es zeigt sich hiernach, daß die großen Planeten eine stärkere Dichtezunahme nach dem Mittelpunkt aufweisen als die Erde, der Mars eine geringere. Die Planeten Merkur und Venus, die keine Trabanten haben, aus deren Bewegung sich die Abplattung berechnen läßt, haben für die direkten Messungen eine unmerkliche Abplattung. Ebenso ist ihre Rotationsdauer unbekannt.　　　　*Bottlinger.*

Abplattung. Unter Abplattung versteht man den Unterschied zwischen dem Äquatorradius a der Erde und dem Polarradius c. In linearem Maße also die Größe a—c, als Verhältniszahl die Größe $a = \dfrac{a-c}{a}$.

Zur Bestimmung der Abplattung dienen die folgenden Methoden:

1. Die Gradmessungen. a) Breitengradmessungen. Bestimmt man an einer Stelle der Erde die Länge b eines Meridianstückes zwischen zwei Punkten, deren geographische Breiten B_1 und B_2 sind, und ist ϱ der zugehörige Krümmungsradius in der Richtung des Meridians, so ist
$$b = \varrho\,(B_2 - B_1).$$

Faßt man die Erde als Rotationsellipsoid von der Exzentrizität e auf, so ist
$$\varrho = \frac{a\,(1-e^2)}{(1-e^2 \sin^2 B)^{\frac{3}{2}}},$$
wo für B: $\dfrac{B_1 + B_2}{2}$ gesetzt werden kann, da der Unterschied $B_2 - B_1$ nur gering ist. Somit

$$b = \frac{a\,(1 - e^2)}{(1 - e^2 \sin^2 B)^{\frac{3}{2}}} \cdot (B_2 - B_1) \qquad 1)$$

Führt man die gleiche Operation an einer anderen Stelle der Erde durch, so erhält man

$$b' = \frac{a\,(1 - e^2)}{(1 - e \sin^1 B')^{\frac{3}{2}}} (B'_2 - B'_1) \qquad 2)$$

Aus den beiden Gleichungen 1) und 2) findet man die beiden Unbekannten a und e. Die Bestimmung wird am sichersten, wenn von den beiden Gradmessungen die eine möglichst nahe zum Äquator, die andere möglichst nahe zum Pole fällt. Da $c = a\sqrt{1 - e^2}$ ist, so erhält man bis auf Größen zweiter Ordnung für die Abplattung

$$a = \frac{e^2}{2}.$$

Von großen Arbeiten dieser Art, die zum Teil auch noch nicht vollendet sind, sei erwähnt: die französische Gradmessung in Ecuador, die russisch-schwedische in Spitzbergen: diese beiden können als Erneuerung der alten französischen Gradmessungen in Peru und Lappland in der ersten Hälfte des 18. Jahrhunderts angesehen werden, die zuerst zu einem richtigen Werte der Abplattung geführt haben; ferner die amerikanischen Arbeiten im 109. Meridian und endlich der russische Bogen im 34. Meridian, der später seine Fortsetzung durch einen großen Bogen durch den afrikanischen Kontinent finden soll.

b) Längengradmessung. Die Länge eines Bogens, der einem geographischen Längenunterschied λ entspricht, ist gegeben durch

$$l = \frac{a \cos B}{\sqrt{1 - e^2 \sin^2 B}}.$$

Aus zwei solchen Messungen müssen sich ebenfalls die beiden Unbekannten a und e^2 bestimmen lassen.

Hier sei erwähnt die europäische Längengradmessung in 52° Breite von Greenwich bis Warschau und der transkontinentale Bogen in den Vereinigten Staaten von Nord-Amerika. Wegen des geringen Breitenunterschiedes reichen diese Arbeiten vorläufig noch nicht aus, die beiden Unbekannten zu bestimmen, doch gestatten sie den Vergleich mit den Resultaten der Breitengradmessungen.

Aus allen diesen Messungen geht hervor, daß von einer gleichen Abplattung aller Meridianschnitte nicht die Rede sein kann. Es ist also eine hinlänglich gute Darstellung der ganzen Erdoberfläche durch ein einziges Rotationsellipsoid nicht möglich.

2. Die Schwerebeobachtungen. Auf Grund zahlreicher, über die ganze Erdoberfläche verteilter Beobachtungen des Schwerewertes gelingt es, den Verlauf der Schwere in der Form

$$g = g_0\,(1 - b \sin^2 B)$$

darzustellen, wo g_0 die Schwere am Äquator, B die geographische Breite und b eine Konstante bedeutet.

Ist c das Verhältnis der Fliehkraft am Äquator zur Schwere, eine Größe, die bekannt und gleich $\frac{1}{289}$ zu setzen ist, so besteht nach Clairaut die Beziehung

$$a + b = \frac{5}{2} c$$

aus welcher Gleichung die Abplattung a bestimmt werden kann.

3. Die Mondbewegung. Ist M die Erdmasse und A und C die beiden Hauptträgheitsmomente der Erde, n die mittlere Bewegung des Mondes, r seine Entfernung von der Erde und δ seine Deklination, so ist das Potential V der Erdanziehung auf den Mond:

$$V = \frac{k^2\,M}{r} + \frac{3}{2} \cdot \frac{C - A}{M} \cdot n^2\left(\frac{1}{3} - \sin^2 \delta\right).$$

Das erste Glied entspricht der Anziehung einer Kugel von der Masse M, das zweite stellt die durch die Abweichung von der Kugelgestalt bedingte Verbesserung dar. Ihr entspricht eine kleine Störung in der Mondbewegung, welche einen Wert von 7—8″ in beiden Koordinaten erreichen kann. Daraus bestimmt sich die Größe $\frac{C - A}{M}$. Die Beziehung zur Abplattung stellt die Gleichung

$$a = \frac{c}{2} + \frac{3}{2} \cdot \frac{C - A}{M} \cdot \frac{1}{a^2}$$

her.

4. Die Beobachtung der Mondparallaxe. Da der Wert der Mondparallaxe für jeden Ort von der Länge des zugehörigen Radiusvektors abhängt, so muß sich aus einer größeren Anzahl von Parallaxenbestimmungen des Mondes die Figur der Erde finden lassen. Da diese Methode nur unsichere Resultate liefert, so sei sie hier nur erwähnt.

Die Untersuchungen von Bessel ergaben für die Abplattung den Wert 1:299,15; Clarke fand 1:293,5. Heute gilt als wahrscheinlichster Wert 1:297,8. Der lineare Wert beträgt etwa 21 km.   *A. Prey.*

Näheres s. R. Helmert, Die mathem. und physik. Theorien der höheren Geodäsie.

Abrasion. Eine Art der Erosion (s. diese), die durch brandende Meereswellen an Steilküsten ausgeübt wird. Die Abrasion arbeitet hauptsächlich in der Zone zwischen Niedrigwasser und Hochwasser, wo die mechanische Energie der Brandung (s. Meereswellen) am größten ist, indem sie eine hohlkehlenartige Vertiefung in der Steilwand der Küste ausarbeitet, bis die unterwaschenen Partien abstürzen und nun das Material zur weiteren Korrasion liefern. Auf diese Weise rückt die Küstenlinie allmählich vor und nur der Unterbau der Felsen bleibt als flach seewärts geneigte Abrasionsplatte oder Strandterrasse zurück. Bei langsamer Senkung des Landes kann das Meer durch Abrasion die höchsten Gebirgsmassen abhobeln und ausgedehnte Abrasions-Ebenen schaffen, bei denen nur der geologische Unterbau der übrig gebliebenen Rumpffläche über die Art ihrer Entstehung Aufschluß gibt. Denn das Meer allein ist zu dieser Art von flächenhafter Erosion imstande, die an ein bestimmtes Niveau gebunden ist und schließlich harte wie weiche Gesteine in gleichem Maße nivelliert, indem sie stark korradierend alle Unebenheiten beseitigt.   *O. Baschin.*

Abscheidung von Metallen aus Lösungen ihrer Salze s. Elektrolyse, Galvanismus, (elektrolytisches) Potentia, Galvanostegie, Zersetzungsspannung.

Abschußknall s. Mündungsknall.

Absehen s. Zielfernrohr.

Absolute Bewegung. Man beschreibt die Bewegung eines Körpers, indem man die Lagen angibt, die er im Laufe der Zeit einnimmt. Wenn wir uns den einfachsten Fall, einen auf einen Punkt zusammengeschrumpften Körper, einen sog. materiellen Punkt, vorstellen, so gibt man seine Lage am einfachsten dadurch an, daß man seine Entfernungen von drei aufeinander senkrechten starren Ebenen angibt. Diese drei Zahlen heißen die Koordinaten des Körpers, die drei Ebenen die Koordinatenebenen. Die Bewegung wird nun beschrieben, indem man angibt, wie sich diese Koordinaten mit der Zeit verändern. Unveränderlichkeit der Koordinaten heißt Ruhe. Wenn ich statt der ursprünglichen Koordinatenebenen, des Koordinatensystems, ein neues einführe, das gegenüber dem alten in Bewegung begriffen ist, so werden im allgemeinen die im alten unveränderten Koordinaten sich ändern und umgekehrt. Körper, die in bezug auf das alte Koordinatensystem (oder wie man auch sagt, Bezugssystem) ruhten, werden in bezug auf das neue sich bewegen und umgekehrt. Zur Beschreibung einer Bewegung gehört also unbedingt nicht nur die Angabe der Koordinaten des bewegten Körpers, sondern auch die Aufweisung des Bezugssystems, auf welches sich diese Koordinaten beziehen, weil sonst augenscheinlich die Behauptung, daß eine Koordinate sich verändert oder nicht, ganz unbestimmt ist. In der Beschreibung der Bewegung eines Körpers steckt also notwendig noch ein zweiter Körper, der Bezugskörper. Er macht erst die Beschreibung eindeutig. Die Behauptung, ein bestimmter Körper bewege sich absolut, sagt nun aus, daß er sich nicht nur in bezug auf ein angegebenes Bezugssystem (oder wie man auch sagt, relativ zu einem Bezugssystem) bewegt, sondern ohne Rücksicht auf alle Bezugssysteme, daß ihm die Bewegung als eine Eigenschaft seiner selbst, nicht als eine Eigenschaft relativ zu einem anderen Körper zukomme. Da nach unserer Analyse der Bewegungsbeschreibung in der Erfahrung uns Bewegung immer nur als relative Eigenschaft zweier Körper gegeben ist, steht der so definierte Begriff der „absoluten" im Widerspruch mit dem aus der Erfahrung abstrahierten Begriff der Bewegung. Im eigentlichen Wortsinne genommen ist also „absolute Bewegung" ein Widerspruch in sich, also absurd.

Man kann dem Begriff aber einen Sinn verleihen, wenn man nicht versucht, den Bezugskörper ganz aus dem Begriff der Bewegung auszuschalten, sondern die möglichen Bezugskörper nach irgendwelchen Eigenschaften klassifiziert und dann die Bewegung relativ zu gewissen ausgezeichneten Bezugskörpern als absolute Bewegung bezeichnet, wobei es, wenn wenigstens ein Schatten der Wortbedeutung von absolut übrigbleiben soll, gelingen muß, einen einzigen Bezugskörper aus allen möglichen durch angebbare Merkmale herauszuheben. Aus der Erfahrung, daß in unserer Umgebung sich kleinere Körper leichter in Bewegung setzen lassen als große, kommt man zu dem rohen Prinzip, die Bezugskörper nach der Größe zu klassifizieren und die Bewegung relativ zu dem größeren als eine wahrere Bewegung anzusehen. Da nach den primitiven Vorstellungen des Altertums die ganze Welt in eine starre Schale eingeschlossen ist, hat man naturgemäß diese Schale als ausgezeichneten Bezugskörper zugrunde gelegt und die Bewegung relativ zu dieser Schale als absolut betrachtet. Dieser antike Begriff liegt wohl der üblichen Vorstellung von absoluter Bewegung unbewußt zugrunde, wenn man sie analysiert und die eingangs erwähnte Absurdität ausschaltet. In der modernen Physik erscheint der die ganze Welt erfüllende Äther, der nach Fresnel und Lorentz in allen seinen Teilen relativ unbeweglich ist, als ein derartiger größtmöglichster Bezugskörper, der die relativ zu ihm beschriebenen Bewegungen als absolut auszuzeichnen gestattet.

Nun versucht die moderne Physik die Bezugskörper, z. B. auch den genannten Äther, auch nach tiefergehenden Gesichtspunkten zu klassifizieren als nach der Größe. Nach der Galilei-Newtonschen Mechanik sucht jeder Körper seine anfängliche Geschwindigkeit nach Größe und Richtung beizubehalten, solange keine äußere Kraft auf ihn einwirkt. Da nun die Geschwindigkeit eines Körpers immer nur relativ zu einem angegebenen Bezugskörper definiert ist und konstante Geschwindigkeit in einem Bezugssystem in bezug auf ein anderes veränderlich ist, sind durch das Grundgesetz der Mechanik, das Trägheitsgesetz, die Bezugskörper, relativ zu denen es gilt, vor allen anderen ausgezeichnet. Sie werden Inertialsysteme (inertia = Trägheit) genannt. Darauf beruht der Newtonsche Begriff der absoluten Bewegung als der Bewegung relativ zu einem System, dem gegenüber sich selbst überlassene Körper ihre Geschwindigkeit beizubehalten suchen. Da aber jedes relativ zu einem Inertialsystem gleichförmig geradlinig bewegte System wieder ein Inertialsystem ist (s. Relativitätsprinzip nach Galilei und Newton), kann auf diese Weise wohl absolute Beschleunigung und Drehungsgeschwindigkeit, aber nicht absolute (fortschreitende) Geschwindigkeit definiert werden, da die Auszeichnung eines einzelnen unter den Inertialsystemen unmöglich ist.

Ähnlich wie durch das Grundgesetz der Mechanik kann man versuchen, die Bezugskörper durch das Grundgesetz der elektromagnetischen Strahlung zu klassifizieren, indem man diejenigen auszeichnet, relativ zu denen sich die Strahlung nach allen Seiten mit gleicher Geschwindigkeit fortpflanzt. Durch dieses Merkmal ließe sich auch der Äther vor anderen Bezugssystemen auszeichnen. Da aber nach Einstein (s. Relativitätsprinzip nach Einstein, spezielles) dieses Grundgesetz der Strahlung, wenn es relativ zu einem Bezugssystem gilt, auch relativ zu allen gleichförmig ihm gegenüber bewegten gültig bleibt, läßt sich auch auf diese Weise kein Bezugskörper auszeichnen. Es ist also auf keine Weise möglich, mit dem Worte absolute Bewegung einen in physikalische Begriffe faßbaren Sinn zu verbinden, solange die Relativitätsprinzipe Newtons und Einsteins als richtige Zusammenfassung des empirischen Tatbestandes angesehen werden.

Näheres s. M. Schlick, Raum und Zeit in der gegenwärtigen Physik. Berlin 1917.

Absolute Feuchtigkeit s. Wasserdampfgehalt der atmosphärischen Luft.

Absolute Messung. Unter absoluter Messung versteht man die quantitative Bestimmung der Maßzahl einer physikalischen Größe in den Einheiten des cm = gr = sec = Maßsystems oder einer an dasselbe angeschlossenen Einheit (z. B. erg, Coulomb, Gauß). *Gerlach.*

Absoluter Nullpunkt. Der absolute Nullpunkt, oder vollständiger der absolute Nullpunkt der Temperatur, ist nach den Gesetzen der klassischen Gastheorie als diejenige Temperatur gekennzeichnet, bei der ein ideales Gas (s. d.) von konstantem Volumen den Druck $p = 0$ hat oder ein ideales Gas vom konstanten Druck das Volumen $v = 0$ annimmt. Für ein ideales Gas gilt nach dem Mariotte-Gay-Lussacschen Gesetz $p = p_0 (1 + \beta t)$ und $v = v_0 (1 + \alpha t)$, wenn p_0 bzw. v_0 den Druck bzw. das

Volumen des Gases beim Schmelzpunkt des Eises bedeuten und t die Temperatur in der Celsiusskala angibt. Spannungskoeffizient β und Ausdehnungskoeffizient α haben für ein ideales Gas den gleichen Wert, nämlich $\alpha = \beta = 0,0036604$. Man gelangt zu dieser Zahl, indem man die Spannungs- und Ausdehnungskoeffizienten realer Gase bei verschieden hohen Eispunktsdrucken p_0 beobachtet und auf den Druck $p_0 = 0$ extrapoliert oder indem man die Abweichung des Ausdehnungskoeffizienten eines wirklichen Gases von demjenigen eines idealen Gases mittels des Joule Thomson-Effektes (s. d.) bestimmt. Mit der angegebenen Zahl folgt, daß p bzw. v den Wert 0 annehmen, wenn t = $-\dfrac{1}{\beta} = -\dfrac{1}{\alpha} = -273,20^0$ C ist. Dies ist die Temperatur des absoluten Nullpunktes. Dem entsprechend ist dem Eispunkt in der Celsiusstraße die absolute Temperatur T = 273,20^0 zuzuordnen.

Die kinetische Gastheorie, der zufolge der Druck eines Gases durch die Stöße der sich in völlig ungeordneter Weise bewegenden Moleküle zustande kommt, nimmt in ihrer klassischen Form an, daß mit abnehmender Temperatur die Geschwindigkeit der Moleküle ständig geringer wird und am absoluten Nullpunkt zu Null wird. Nach neueren Forschungen ist man aber zu der Annahme gezwungen, daß die Gasmoleküle auch am absoluten Nullpunkt, also für T = 0, noch eine gewisse Bewegungsenergie besitzen und daß darum auch ein äußerst verdünntes reales Gas am absoluten Nullpunkt noch einen gewissen endlichen Druck besitzt (s. Gasentartung), der aber in der Nähe von T = 0 praktisch unabhängig von der Temperatur ist. Innerhalb des Moleküls scheint allerdings die Bewegung der Atome bereits vor Erreichung des absoluten Nullpunkts aufzuhören, wie man aus der spezifischen Wärme des zweiatomigen Wasserstoffs geschlossen hat, die bei gewöhnlicher Temperatur einen Wert besitzt, der 5 Freiheitsgraden entspricht, während sie bei -250^0 bereits auf einen Wert gesunken ist, der nur einem einatomigen Gas von 3 Freiheitsgraden zuhört.

Die tiefste Temperatur, welche bisher hergestellt werden konnte, hat Kamerlingh Onnes dadurch erreicht, daß er verflüssigtes Helium unter vermindertem Druck sieden ließ. Er erzielte auf diese Weise eine Temperatur, die nur um etwa 1^0 vom absoluten Nullpunkt entfernt war. Die Messung so niedriger Temperaturen kann nur mit einem Heliumthermometer konstanten Volumens erfolgen, dessen Gasdruck geringer ist als der Sättigungsdruck des Heliums bei der gleichen Temperatur. Es zeigte sich, daß in diesem Bereich die meisten physikalischen Eigenschaften der Materie nicht mehr von der Temperatur abhängen oder den Wert 0 erreichen. Dies gilt besonders für die Thermokraft, den Peltiereffekt, den elektrischen Widerstand und die spezifischen Wärmen. Weitgehendes Interesse erregte die Entdeckung von Kamerlingh Onnes, daß in der Nähe des absoluten Nullpunktes eine Reihe von Metallen in den Zustand der „Supraleitfähigkeit" kommt, indem ihr Widerstand plötzlich auf einen unmeßbar kleinen Wert sinkt; dies tritt ein für Quecksilber bei T = 4,2^0, für Zinn bei T = 3,8^0, für Blei bei etwa T = 6^0. Es scheint, als wenn im Gebiet tiefster Temperaturen die Merkmale verschwinden, die eine Veränderung der Temperatur erkennbar machen können. Ja, der Begriff der Temperatur

scheint seinen Sinn zu verlieren, da man nach den Folgerungen der Quantentheorie annehmen muß, daß die bei gewöhnlicher Temperatur über sehr weite Bereiche unregelmäßig, gewissermaßen in idealer Unordnung verteilte Zustandsvariablen (räumliche Anordnung und Geschwindigkeit) am absoluten Nullpunkt alle in ein enges Gebiet rücken und die Molekularbewegung den Charakter einer geordneten Bewegung erhält, also die Vorbedingung für die molekulare kinetische Definition der Temperatur nicht mehr vorhanden ist.

Es ist nun noch die Frage zu erörtern, ob es gelingen kann, den absoluten Nullpunkt zu erreichen. Leicht läßt sich zeigen, daß es mit Hilfe eines umgekehrten Carnotschen Prozesses (s. d.), indem unter Aufwendung von Arbeit einem Wärmebehälter sehr tiefer Temperatur Wärme entzogen wird und diese einem Behälter höherer Temperatur zugeführt wird, nicht möglich ist, da durch einen solchen Prozeß der zweite Hauptsatz verletzt würde. Infolge des Nernstschen Wärmetheorems (s. d.), welches für dieses Gebiet die notwendige Ergänzung der beiden Hauptsätze (s. d.) der Thermodynamik bildet, kann in der Nähe des absoluten Nullpunktes mittels eines Carnotschen Prozesses überhaupt kein Energieumsatz mehr stattfinden.

Auch der letzte, zunächst so aussichtsreiche Weg, daß man infolge der sehr kleinen spezifischen Wärme fester Körper bei tiefer Temperatur durch deren adiabatische Dilatation leicht den absoluten Nullpunkt erreichen könnte, erweist sich als trügerisch, weil nach dem Nernstschen Wärmegesetz die Druckänderung mit der Temperatur von derselben Ordnung klein wird als die spezifische Wärme.

Der absolute Nullpunkt kann also lediglich in theoretischen Überlegungen eine Rolle spielen. Er ist experimentell nicht erreichbar, und könnte man ihn erreichen, so besäße man kein Mittel, um dies zu erkennen.   *Henning.*

Absolute Temperatur s. Temperaturskalen.

Absorption, Absorptionsvermögen. Unter wahrer Absorption versteht man die Umsetzung von Strahlungsenergie in Wärmeenergie des absorbierenden Körpers. Das Absorptionsvermögen gibt den Betrag dieser Größe an, wenn die auffallende Strahlung zu 100 gesetzt wird. Im allgemeinen Fall wird von einem Körper auffallenden Energie ein Teil reflektiert, ein Teil durchgelassen, ein Teil absorbiert. In besonderen Fällen erregt die absorbierte Strahlung eine Strahlungsemission statt eine Temperaturerhöhung. Das sind die Erscheinungen der Fluoreszenz, Phosphoreszenz und Resonanz. Auch kann absorbierte Strahlung chemische Veränderungen hervorrufen statt Wärme (Photochemie).

Wahre Absorption, die mit einer Erwärmung des absorbierenden Körpers verbunden ist, ist mit einer der Temperaturerhöhung gegen die Umgebung entsprechenden Emission von Wärmestrahlung verbunden. Man wird streng genommen auch diesen Vorgang als eine Phosphoreszenz aufzufassen haben. Der Elementarvorgang der Absorption von Strahlung ist noch ungeklärt. Man neigt heute mehr der Ansicht zu, daß auch die Absorption von Strahlung quantenmäßig (im Sinne von Planck und von Bohrs Theorie) erfolgt, wobei die Größe der absorbierten Quanten von der Natur des absorbierenden Körpers abhängig sein wird. Wahre Absorption zerfällt so in zwei Vorgänge: den primären Vorgang der Absorption von Strahlung durch ein Atom oder Molekül, wodurch dasselbe in einen energiereicheren Zustand übergeführt wird, und den sekundären Vorgang der Umwandlung der absorbierten, potentiellen Energie des Moleküls in kinetische Energie. Von diesem Standpunkt aus sind alle obengenannten Absorptionserscheinungen so zu fassen, daß der primäre Vorgang stets prinzipiell der gleiche ist, der sekundäre Vorgang aber verschieden. Die Verschiedenheit wird durch die auf das energiereichere Molekül wirkenden elektrischen und magnetischen Kräfte innerhalb der Materie bedingt sein.

Bezügl. Absorptionsvermögen schwarzer Flächen s. Reflexionsvermögen. *Gerlach.*

Absorption, atmosphärische, der Strahlung. Der Teil der gesamten ausgestrahlten Energie, der durch die Leitfähigkeit und Reflektionen in der Atmosphäre vernichtet wird (s. Ausbreitung längs Erde). *A. Meissner.*

Absorption des Lichtes im Weltraum s. Kosmische Absorption.

Absorption des Schalles. Wegen der allgemeinen Schwierigkeit, Schallintensitäten (s. d.) zu messen, sind unsere Kenntnisse von den Absorptionsverhältnissen noch recht dürftig und unsicher. Besonders stark absorbieren feine poröse Stoffe, teils wegen der großen Reibung und teils wegen der günstigen Verhältnisse (große Oberflächen) der Wärmeübertragung von der in den Poren enthaltenen Luft auf die festen Teile des Stoffes und umgekehrt.

Sabine hat aus Versuchen über die Dauer des Nachhalles (s. d.) die Absorption verschiedener Stoffe zu bestimmen versucht. Wird der „Absorptionskoeffizient" einer in dem Meßraum enthaltenen Seitenöffnung (Fenster) von 1 qm Fläche gleich Eins gesetzt, so ergeben sich pro Quadratmeter die Absorptionskoeffizienten von einer Wandbekleidung in Hartfichte zu 0,06, von Glas zu 0,03, von Linoleum auf dem Fußboden zu 0,12, von Teppichen zu 0,20—0,30, von „Publikum" zu 0,96 usw. Wenn diese Werte auch sehr fragwürdig sind, so geben sie doch wenigstens gewisse Anhaltspunkte, z. B. für die Probleme der Raumakustik (s. d.).

Die Absorption des Schalles in Luft vermindert die nach den sonstigen theoretischen Gesetzmäßigkeiten zu erwartende Reichweite einer Schallquelle erheblich.

Eine scheinbare Absorption des Schalles kann auch dadurch zustande kommen, daß zwischen Schallquelle und Beobachter Resonatoren eingeschaltet werden. So soll eine zwischen eine Klangquelle, die eine große Zahl von Tönen gibt, und den Beobachter gestellte Harfe den Schall schwächen. Das ist aber keine Absorption in dem Sinne, daß Schallenergie in Wärme umgesetzt wird, sondern die einzelnen Saiten der Harfe nehmen Energie auf, indem sie zum Mitschwingen kommen, und zerstreuen hierdurch den Schall, so daß sich die Intensität der Töne für den Beobachter verringert. *E. Waetzmann.*

Näheres s. jedes größere Lehrbuch der Akustik.

Absorption der radioaktiven Strahlung. Wenn α-, β- oder γ-Strahlen Materie durchlaufen, so tritt ein Energieverlust ein, indem eine Teil der Energie in andersgeartete (Wärme, Sekundärstrahlung, chemische Wirkungen etc.) umgewandelt, der andere, ohne Veränderung der Energiequalität aus seiner Ursprungsrichtung durch Reflexion oder Streuung abgelenkt wird. — Der Energieverlust

kann sich dadurch äußern, daß die Amplitude der elektromagnetischen Welle (γ-Str.) stetig abnimmt, oder im Falle der Korpuskularstrahlung dadurch, daß die Geschwindigkeit herabgesetzt wird, womit auch eine Änderung der Zahl jener Korpuskeln verbunden sein wird, deren Geschwindigkeit einen gewissen kritischen Wert noch übersteigt. Die theoretisch einfachste Absorption erfährt ein paralleles, homogenes γ-Bündel. Wenn seine Qualität ungeändert bleibt, muß jede Schichtdicke gleichartig wirken und den gleichen Bruchteil der auffallenden Strahlung absorbieren, so daß die Intensitätsabnahme gegeben ist durch $\dfrac{d\,J}{d\,x} = -\mu\,J$, woraus durch Integration folgt: $J = J_0\,e^{-\mu x}$; darin ist J_0 die Intensität für $x = 0$, und μ der sog. Absorptionskoeffizient (Dimension cm^{-1}), eine für die Wellenlänge der Strahlung und für das Absorbermaterial charakteristische Konstante, statt derer in der Literatur wohl auch folgende Ausdrücke verwendet werden: Die Schichtdicke $\delta = \dfrac{1}{\mu}$ (dann wird für $x = \delta$, $J = J_0\,e^{-1}$) wird als „mittlere Reichweite", die Schichtdicke $D = 0{\cdot}6932\,\dfrac{1}{\mu}$ (dann wird für $x = D$, $J = J_0\,e^{-0,6932} = \dfrac{1}{2}\,J_0$) als „Halbierungsdicke" bezeichnet. In dem angenommenen einfachsten Fall müssen die für verschiedene Schichtdicken x gemessenen Intensitäten J logarithmisch als $f(x)$ aufgetragen eine Gerade ergeben (denn es ist $\lg J = \lg J_0 - \mu\,x$), deren Neigung den gesuchten Wert für μ, deren Schnittpunkt mit der Ordinatenachse J_0 liefert. Bezeichnet ϱ die Dichte, A das Atomgewicht des absorbierenden Elementes, h die Masse des Wasserstoffatomes, so gibt $\lg J$ als $f(\varrho\,x)$ bzw. als $f\left(\dfrac{\varrho\,x}{h\,A}\right)$ aufgetragen, eine Gerade, deren Neigung den „Massenabsorptionskoeffizient" $\dfrac{\mu}{\varrho}$, bzw. das „Absorptionsvermögen des Atomes" $\dfrac{\mu\,A\,h}{\varrho}$ liefert. $\left(\dfrac{\varrho}{A\,h}\right.$ ist die Zahl N der Atome pro Volumeneinheit, daher $\dfrac{\mu\,A\,h}{\varrho} = \dfrac{\mu}{N}$ die Absorption pro Atom). — Im Falle inhomogener Strahlung mit z. B. zwei verschieden harten Komponenten gilt: $J = J_0'\,e^{-\mu' x} + J_0''\,e^{-\mu'' x}$; $\lg J$ als $f(x)$, graphisch dargestellt ergibt nun zur Abszissenachse konvexe Kurven, deren Neigung anfangs mit wachsendem x abnimmt, so daß μ mit zunehmender Schichtdicke kleiner wird; eine unter dem Namen „Härtungseffekt" bekannte Erscheinung, die sich bei γ-Strahlen wohl immer, so wie dies hier abgeleitet wurde, auf Inhomogenität zurückführen läßt und nicht eine sukzessive Qualitätsänderung eines ursprünglich homogenen Bündels zur Ursache hat. — Ungleich schwieriger werden die Absorptionsprobleme, selbst Homogenität vorausgesetzt, für nicht parallele Strahlen. Es treten sofort komplizierte e-Funktionen (Exponential-Integral, Kingsche Funktionen usw.) auf. — Und unlösbare Komplikationen entstehen, wenn noch der Einfluß der im Absorber erzeugten Sekundärstrahlung oder Streustrahlung hinzutritt, was kaum zu vermeiden ist, wenn bei schwachen Präparaten mit weitgeöffneten Strahlenbündeln und daher am Ionisationsgefäß anliegenden Absorbern gearbeitet werden muß. So daß dieses anscheinend so einfache Problem theoretisch und experimentell zu den größten Schwierigkeiten führt, die nur in einigen besonders günstigen Fällen geklärt werden konnten. Es ergab sich für die γ-Strahlen, daß für die kürzesten Wellenlängen der C-Produkte (vgl. den Artikel „γ-Strahlung") der Massenabsorptionskoeffizient $\frac{\mu}{\varrho}$ nahe konstant, für längere Wellen dagegen eine Funktion des Atomgewichtes ist.

Ebenfalls sehr unübersichtlich in theoretischer und experimenteller Hinsicht liegen die Verhältnisse bei der Absorption von Korpuskularstrahlen, bei denen sowohl die Geschwindigkeit von Punkt zu Punkt des Absorbers sich ändert, als auch die Inhomogenität und die Nichtpunktförmigkeit der Strahlungsquelle erschwerend eingreifen.

Was zunächst die α-Strahlen betrifft, bei denen, solange mit Strahlen einer zerfallenden Atomart gearbeitet wird, wenigstens die Inhomogenität wegfällt, so äußert sich der Einfluß der Geschwindigkeitsabnahme darin, daß keine exponentielle Absorptionsschwächung eintritt, die Absorbierbarkeit zugleich mit der Geschwindigkeitsabnahme bei wachsender Schichtdicke zunimmt, so daß bereits endliche Schichtdicken eine völlige Absorption bewirken. Es kann somit kein wie oben definierter Absorptionskoeffizient angegeben werden, vielmehr wird als für die Strahlung und für das absorbierende Medium charakteristische Konstante die „Reichweite" (s. d.) eingeführt. Die Zahl der α-Partikel bleibt bis nahe zum Ende der Reichweite konstant. Die Geschwindigkeitsänderung längs der Absorptionsbahn wird desto größer, je kleiner an der betrachteten Stelle die Geschwindigkeit selbst ist und wächst angenähert proportional mit $\sqrt{A}$. Über die gleichzeitig auftretenden Ablenkungen aus der geradlinigen Bahn vgl. den Artikel „Zerstreuung".

Bei den β-Strahlen sind die Absorptionserscheinungen am wenigsten geklärt. Aus der magnetischen Spektralzerlegung (s. d.) ist bekannt, daß die Strahlung selbst einer einzigen Art von zerfallenden Atomen nicht homogen ist, sondern sich aus Gruppen von β-Teilchen verschiedener Geschwindigkeit zusammensetzt. Bewiesen ist ferner, daß die β-Teilchen beim Durchdringen von Materie sowohl eine Geschwindigkeitsabnahme als auch eine derartige Zerstreuung erleiden, daß selbst eine ursprünglich vorhandene Homogenität und Parallelität verloren gehen muß. In Konsequenz dessen kann man experimentell zeigen, daß ein künstlich auf das sorgfältigste homogen und parallel gemachtes β-Bündel nicht exponentiell absorbiert wird. Und endlich ergeben Zählungen, daß die Zahl der β-Partikel längs der Absorptionsstrecke stetig, aber nicht exponentiell abnimmt. Jeder dieser Punkte für sich allein betrachtet würde ein kompliziertes Abklingungsgesetz erwarten lassen und trotzdem findet man einfache exponentielle Absorptionskurven, wenn alle zusammen wirken; sogar in dem Falle, daß divergente β-Strahlen zur Absorption gelangen, wobei doch in jeder möglichen Strahlenrichtung die Absorberdicke eine andere ist. Es ist daher in Anbetracht des Nichtzutreffens aller Voraussetzungen nicht angängig, aus der Linearität der gemessenen logarithmischen Intensitätsänderungskurve Rückschlüsse auf die Homogenität der verwendeten β-Strahlung zu ziehen. Anscheinend kompensieren sich verschie-

dene entgegengesetzt wirkende Effekte derart, daß die immer etwas problematische Angleichung an eine logarithmische Gerade möglich ist. — Doch lassen sich für eine mehr qualitative Betrachtung immerhin wertvolle Erfahrungstatsachen durch diese theoretisch nicht einwandfreie Beobachtungsmethode gewinnen. Man findet z. B. den aus derartigen exponentiellen Absorptionskurven gerechneten Massenstrahlungskoeffizienten in erster Annäherung für ein und dieselbe Strahlentype konstant. Die bei Elementen vorkommenden Abweichungen machen im allgemeinen mit dem Atomgewicht des Absorbers ansteigend periodische Schwankungen durch. So nimmt z. B. für die β-Strahlung von U X $\frac{\mu}{\varrho}$ von Bor bis Uran zu und zeigt, darübergelagert, sekundäre Maxima bei S, Se, Te, Minima bei C, Ti, Pd, Ba. — Bei Verbindungen ist das Durchdringungsvermögen $\left(\text{proportional } \frac{1}{\mu}\right)$ vom Atomgewicht der Bestandteile abhängig und kann aus deren Durchdringungsvermögen additiv berechnet werden.   *K. W. F. Kohlrausch.*

Absorptionsindex. Der Absorptionsindex $\varkappa$ elektromagnetischer Wellen, welche durch ein Dielektrikum treten, ist dadurch definiert, daß längs einer Welle von der Länge λ' die Amplitüde der Schwingung im Verhältnis $1 : \text{e}^{-2\pi\varkappa}$ abnimmt. Da der Brechungsindex durch $n = \lambda : \lambda'$ bestimmt ist, nimmt die Amplitüde im leeren Raum, wo die Wellenlänge λ ist, im Verhältnis $1 : \text{e}^{-2\pi n\varkappa}$ ab. Die Größe $n \cdot \varkappa$ findet man als Extinktionskoeffizienten bezeichnet. Da die Maxwellsche Relation $\varepsilon = n^2$ nur für nicht absorbierende Körper ($\varkappa = 0$) streng erfüllt ist, muß bei absorbierenden Substanzen an ihre Stelle die erweiterte Gleichung
$$\varepsilon = n^2 (1 - \varkappa^2)$$
treten.

Legt man die reine Maxwellsche Theorie zugrunde, so wird die Absorption dadurch verursacht, daß bei den unvollkommenen Isolatoren, also Körpern, die noch eine gewisse Leitfähigkeit σ besitzen, außer den Verschiebungsströmen auch noch Leitungsströme entstehen, die sich im Körper in Joulesche Wärme umsetzen. Die Theorie ergibt für die Berechnung des Absorptionsindexes dann folgende Formel:
$$\varkappa = \frac{\dfrac{2\,\sigma}{\varepsilon\,\nu}}{1 + \sqrt{1 + \left(\dfrac{2\,\sigma}{\varepsilon\,\nu}\right)^2}}$$
worin ν die Schwingungszahl bedeutet. Für zahlreiche Elektrolyte und verdünnte Gase hat sich der Ausdruck durch Versuche von J. J. Thomson, Stefan, Erskine, Nordmann u. a. qualitativ bestätigt gefunden, für wässerige Salzlösungen sogar quantitativ (Karoly). In allen diesen Fällen, in denen die Leitfähigkeit und Absorption in solchem Zusammenhang stehen, liegt sog. normale Absorption vor. Doch kommt, wie Drude zuerst gezeigt hat, auch starke Absorption vor, die mit der Leitfähigkeit in keinem Zusammenhang steht und als anomale Absorption bezeichnet wird. Es scheint besonders die Hydroxylgruppe zu sein, die bei den betreffenden Substanzen die anomale Absorption verursacht. Zu ihrer theoretischen Darstellung muß man die Elektronentheorie in Verbindung mit der Helmholtzschen Dispersionstheorie heranziehen (s. dort).   *R. Jaeger.*

Absorptionsvermögen, Verhältnis des absorbierten Energiestromes zum auffallenden s. Reflexions-, Durchlässigkeits- und Absorptionsvermögen, Nr. 1; s. auch Energetisch-photometrische Beziehungen, Nr. 3.

Absteigender Ast s. Flugbahnelemente.

Abstimmschärfe. Eigenschaft eines Empfangsapparates für drahtlose Signale durch Anwendung scharf abgestimmter, schwach gedämpfter, elektrischer Schwingungskreise, die zu empfangende Wellenlänge frei zu halten von benachbarten Störwellen. *A. Esau.*

Abstoßung, elektrostatische. Der elektrostatischen Anziehung (s. diese) steht die elektrostatische Abstoßung gegenüber. Zu den Grundgesetzen der Elektrostatik gehört der Satz, daß gleichartig elektrisch geladene Körper sich gegenseitig abstoßen. Die elektrische Abstoßung ist im Gegensatz zu der Anziehung imstande, zu entscheiden, welcher Art der elektrische Zustand des einen Körpers ist; denn ein elektrisch geladener Körper zieht auch einen ungeladenen an und umgekehrt. Als erster beobachtete Otto v. Guericke (1672) die elektrische Abstoßung. Die mathematische Formulierung derselben ist durch das Coulombsche Gesetz gegeben (s. dieses). *R. Jaeger.*

Abwärmeverwertung s. Verbrennungskraftmaschinen.

Abweichung, mittlere usw. s. Bernouillsches Theorem.

Abwind nennt man die senkrecht zur Flugrichtung gerichtete Komponente der Luftbewegung, die sich hinter dem Flügel eines Flugzeuges ausbildet. Der Abwind rührt von der Zirkulation der Luft um den Flügel, welche den Auftrieb hervorruft, her; der Abwind ist daher um so größer, je größer der Auftrieb der Flügel ist. Der Abwind ist praktisch von großer Wichtigkeit für die Dimensionierung des Höhenleitwerks; er setzt dessen Empfindlichkeit gegen Anstellwinkeländerung und damit dessen stabilisierende Wirkung herab und zwar um einen Betrag von etwa 40—50 v. H. *L. Hopf.*

Achromat s. Mikroskop.

Achromatische Linsen s. Farbenabweichung.

Achsenfehler von Quarzplatten s. Quarz.

Actinium. Von den drei radioaktiven Zerfallsreihen (vgl. das zusammenfassende Kapitel „Radioaktivität") Uran-Radium-, Thorium- und Actinium-Reihe ist die letztere noch am wenigsten erforscht und enthält noch eine große Zahl von Unsicherheiten und Fragen, die der Aufklärung harren. Zunächst ist von Bedeutung die Tatsache, daß in den Uranerzen immer Uran und Actinium in einem nahezu konstanten Mengenverhältnis vorkommen, und zwar macht die den Ac-Produkten (das sind insgesamt 6 α-Strahler) zuzuschreibende Aktivität etwa 28% der Uran- (U_I + U_II) Aktivität aus. Diese Konstanz macht einen genetischen Zusammenhang zwischen Uran und Actinium sehr wahrscheinlich. Wäre nun das Atomgewicht des Ac oder eines seiner Zerfallsprodukte genau bekannt, so könnte man die Stelle der Uranreihe, wo die Ac-Reihe abzweigt, mit einiger Sicherheit angeben. Da dies nicht der Fall ist, ist man auf die aus chemischen Eigenschaften folgende Stellung der einzelnen Glieder im periodischen System angewiesen, welche Kenntnis aber nur Wahrscheinlichkeitsgründe für die Wahl einer bestimmten Abzweigungsstelle liefert. So weiß man, daß Ac in der dreiwertigen Lantangruppe steht; daß sein Vorgänger, das Protoactinium, als α-Strahler daher fünfwertig

sein und in der Tantalgruppe liegen muß (vgl. die Artikel „Isotopie" und „Verschiebungsregel"). Setzt man nun das Atomgewicht des Protoactiniums mit 230 an, so ergibt sich zwanglos seine Entstehung durch β-Zerfall aus Uran Y (s. d.). Und dies steht andrerseits im Einklange damit, daß etwa 92% der U_II-Atome (s. d.) in Ionium, dessen Zerfall Radium bildet, und 8% in Uran Y zerfallen, die im weiteren die Ac-Reihe bilden sollen. Aus dem oben angegebenen Verhältnis für

$$\frac{\text{Uran-Aktivität}}{\text{Actinium-Aktivität}}$$ in Uranerzen errechnet sich

aber ebenfalls, daß etwa 7—8 Ac-Atome auf 100 Ra-Atome in solchen Erzen gefunden werden. So daß man im Verein mit anderen Gründen dazu neigt, die Ac-Reihe bei U_II abzweigen zu lassen. Ob sich diese Anschauung nicht einmal bei einer direkten Atomgewichtsbestimmung des Actiniums oder Protoactiniums verschieben wird müssen, bleibt dahingestellt. Im folgenden wird im Sinne dieser Auffassung, die das Atomgewicht des Protoactiniums zu 230, bzw. das des Actiniums zu 226 festlegt, vorgegangen und es werden die Glieder der Zerfallsreihe in der Folge ihres sukzessiven Entstehens einzeln besprochen.

Protoactinium (Pa). Das zuletzt (1918) entdeckte Element der Ac-Reihe soll nach dem vorstehenden als Tochtersubstanz des Uran Y (s. d.) angesehen werden, aus dem es durch β-Zerfall entstanden zu denken ist. Demzufolge (vgl. „Verschiebungsregel") rückt es, da UY gemeinsam mit Ionium das Atomgewicht 230 und Vierwertigkeit besitzt, in die fünfwertige Plejade (s. d.) des U X_2, mit dem es chemisch gleich, also isotop ist, und wo es als das derzeit stabilste Atom in dieser Plejade ihr den Namen gibt. Pa besitzt eine α-Strahlung, deren Reichweite zu 3,31 cm bei 0° C und 760 mm Druck beobachtet wurde (3,44 cm bei 15° C), seine Halbwertszeit soll zwischen 1200 und 180 000 Jahren liegen (nach den letzten Beobachtungen 12000 Jahre betragen). Entsprechend seiner Stellung im periodischen System der Elemente, als höheres Homolog zu Tantal, folgt es im wesentlichen dessen Reaktionen. Seine Darstellung geht von der in Salpetersäure unlöslichen Rückständen der Pechblende aus mit der Tendenz, alle tantalhältigen Substanzen daraus zu isolieren. Nach mühsamen Verfahren kommt man endlich zu einem Rückstand (73 mgr aus 1 kg U), der die geringen Mengen des Protoactiniums in möglichst konzentrierter und von anderen radioaktiven Substanzen (U, Ra, Jo, Radioblei) freier Form enthält. Seine Aktivität nimmt unter Entwicklung der Folgesubstanzen stetig zu, um nach Jahren endlich mit Annäherung an den Gleichgewichtszustand nahe konstant zu werden. Es ist zu hoffen, daß es auf dem oben angegebenen Wege gelingt, wägbare Mengen eines Pa-Präparates herzustellen, mit dem dann Atomgewichtsbestimmungen vorgenommen werden können.

Actinium, in älterer Literatur auch unter dem Namen „Emanium" geführt, entsteht durch α-Zerfall aus Protoactinium und rückt nach den Verschiebungsregeln (s. d.) somit in die dreiwertige Lantangruppe, wo es zusammen mit Mesothor 2 einen noch unbesetzten Platz des periodischen Systems ausfüllt. Sein Atomgewicht ist unter den eingangs gemachten Annahmen 226, also dem des Radiums gleich. Von den Ceriterden steht es am nächsten dem Lantan, dem es bei den meisten Fraktionierungen folgt, doch läßt es sich von ihm teilweise trennen durch Fraktionieren mit Magnesiumnitrat. Aus Radiummutterlaugen wird Ac durch Bariumsulfatfällungen mit dem Ba mitgerissen. Die Ac-Fällung mit Ammoniak aus basischer Lösung wird bei Gegenwart von Mangan fast quantitativ. Um das Actinium von seinen langlebigen Folgeprodukten Rd Ac und Ac X zu befreien, wird das mit Thorium isotope Rd-Ac nach Zusatz von etwas Zirkon und Thorammoniumnitrat mit Natriumthiosulfat entfernt. Aus der vom Rd-Ac gereinigten Ac-Lösung wird das Ac mit Ammoniak gefällt, nachdem durch Zusatz von etwas Bariumnitrat das leicht adsorbierende Tc X (isotop mit Ra, homolog zu Ba) fixiert wurde. Nach einiger Nachbehandlung erhält man auf diesem Wege ein Ac-Präparat, das sich einerseits durch Nacherzeugen der Ac-Emanation unzweifelhaft als Ac erkennen läßt, das aber andrerseits fast strahlenlos ist. Wohl zeigt sich eine α-Strahlung mit der Reichweite 3,56 cm (15^0 C), doch beträgt ihre Intensität, gemessen am Sättigungsstrom, nur $0,2\%$ derjenigen Wirkung, die ein Ac-Präparat im Gleichgewicht mit seinen Folgeprodukten ausübt. Da nun in letzterem Falle 5 α-Strahlen beteiligt sind, die im Gleichgewichtsfalle dieselbe α-Teilchen-Zahl pro Zeiteinheit aussenden und in roher Annäherung (unter Vernachlässigung der Verschiedenheit in den Reichweiten) alle gleich ionisieren, so sollte der auf Ac allein entfallende Bruchteil $1/_5$, d. i. 20%, ausmachen, beobachtet wurde aber nur der hundertste Teil davon. Diese α-Strahlung ist also viel zu schwach, als daß sie die den Zerfall des Ac nach Rd-Ac begleitende Strahlung sein könnte. Was sie wirklich ist, ist noch unaufgeklärt. Da auch keine β-Strahlung konstatiert werden kann, so muß der Ac-Zerfall als strahlenlos angesehen werden. Für die Halbwertszeit des Ac wird neuerdings der Wert 20 Jahre angegeben, so daß die Zerfallskonstante (s. d.) $\lambda = 1,1 \cdot 10^{-9}$, die Lebensdauer (s. d.) $\tau = 29$ Jahre wird. Wegen der geringen verfügbaren Mengen konnte bisher ein neues Spektrum, wie man es von Ac als Vertreter einer neuen Plejade erwarten sollte, nicht gefunden werden. Bei Rotglut ist es nicht flüchtig; Diffusionsversuche ergaben seine Dreiwertigkeit.

Radioactinium (Rd Ac). Sein Atom ist durch anscheinend strahlenlose Umwandlung aus Ac entstanden, so daß man zunächst keinen Anhaltspunkt für Atom-Gewicht und -Wertigkeit hat, da die Verschiebungsregel (s. d.) nicht anwendbar ist. Empirisch ergibt sich seine in chemischer Hinsicht völlige Identität mit Thorium und dessen Isotopen. Es steht somit um eine Gruppe höher als Ac, so daß eine strahlenlose Umwandlung sich in bezug auf die Verschiebung ebenso äußert, wie eine β-Umwandlung. Wegen seiner Isotopie mit Thorium wird es aus Ac-Lösungen durch alle Thorabscheidungen gewonnen, z. B. nach Zusatz von Spuren eines Th-Salzes durch Fällen desselben mit Wasserstoffsuperoxyd bei etwa 60^0. Zur Reinigung des Rd-Ac vom aktiven Niederschlag wird die Fällung von Hg S in saurer Lösung empfohlen (vgl. Ac X). Rd Ac sendet α-, β- und γ-Strahlen aus. Die α-Strahlung hat bei 15^0 C und 760 mm Druck in Luft zwei Reichweiten von 4,60 und 4,2 cm. Die β-Strahlung weist einige Geschwindigkeitsgruppen zwischen 1,1 und $1,6 \cdot 10^{10}$ cm/Sek. auf. Die γ-Strahlung ist schwach und durchdringend. Aus dem zweiartigen Zerfall (α- und β-Strahlung) muß man auf ein kurzlebiges Folgeprodukt oder

auf Dualität des Zerfalles (s. d.) schließen. Noch komplizierter wird die Sache durch den Umstand, daß der α-Zerfall selbst nicht einheitlich ist und zwei Reichweiten ergibt. Bisher ist eine Klärung dieser Schwierigkeiten noch nicht gelungen. Die Zerfallskonstante wurde bestimmt zu $\lambda = 4,25 \cdot 10^{-7}$ sec., daher ist die mittlere Lebensdauer $\tau = 27,24$ Tage, und die Halbwertszeit $T = 18,88$ Tage.

Actinium X. Aus dem vorigen Atom durch den Verlust eines α-Partikels (Helium-Atom mit Atomgewicht 4 und der Ladung $+9,54 \cdot 10^{10}$ st. E.) entstanden, gelangt Ac X nach der Verschiebungsregel in die Plejade des Radiums, ist also mit diesem isotop, wodurch auch seine sämtlichen chemischen und physikalischen Eigenschaften gegeben sind. Das Atomgewicht wäre, wenn dem Actinium der Wert 226 zukäme, mit 222 anzusetzen. — Die Reindarstellung kann durch Ausnutzung des Rückstoßvorganges (s. d.) geschehen, indem einer mit Rd Ac belegten Platte ein negativ aufgeladener Empfänger gegenübergestellt wird, auf dem sich das durch Rückstoß von der ersten Platte abgeschleuderte Ac X ansammelt. Die chemische Darstellung aus einem Rd Ac-Präparat geschieht z. B. nach folgender, schnell arbeitender Methode: Nach Zusatz von Al-, Ba- und NH_4-Chlorid wird mittels Ammoniak das Rd Ac-haltige Al gefällt. Dem Filtrat wird Quecksilberchlorid zugesetzt und durch Einleiten von Schwefelwasserstoff Quecksilbersulfid gefällt. Aus dem neuen Filtrat wird durch Eingießen heißer, verdünnter Schwefelsäure das Ba ausgeschieden und mit ihm, frei von Ac und aktivem Niederschlag das Ac X. — Ac X sendet eine α-Strahlung der Reichweite 4,26 cm und der Anfangsgeschwindigkeit $1,64 \cdot 10^9$ cm/Sek. aus. Seine Zerfallskonstante ist $\lambda = 6,9 \cdot 10^{-7}$ sec., die mittlere Lebensdauer $\tau = 16,7$ Tage, die Halbwertszeit $T = 11,6$ Tage. (Neuerdings wird letztere zu 11,2 Tagen angegeben.) Beim Zerfall rückt der Verlust des α-Partikels das nächste entstehende Atom in die nullwertige Gruppe und gibt ihm ein um 4 Einheiten verringertes Atomgewicht, nach früheren Annahmen also 218. Die entstehende Substanz führt den Namen:

Actinium Emanation (Ac Em) und ist ein schweres, inertes Gas, isotop mit der Radium- und Thoriumemanation (Gruppe der Edelgase) und unterscheidet sich von ihnen nur durch sein Atomgewicht (218) und durch sein radioaktives Verhalten. Und in letzterer Beziehung ist es insbesondere die abnorm kurze Lebensdauer, die ein charakteristisches Merkmal für die Ac-Em. ist; die Zerfallskonstante wurde zu $\lambda = 1,77 \cdot 10^{-1}$ sec^{-1} bestimmt, welchem Wert die mittlere Lebensdauer $\tau = 5,66$ sec., die Halbwertszeit $T = 3,92$ sec. entspricht. Die Emanation zerfällt unter Anwendung einer α-Strahlung von der Reichweite 5,57 cm und der Anfangsgeschwindigkeit $1,79 \cdot 10^9$ cm/Sek. Die Rückstoßatome haben bei 20^0 und 760 mm Druck eine Reichweite von 0,092 cm. Als weitere physikalische Konstanten seien angegeben: Kondensation bei etwa -100^0, Siedepunkt bei -65^0, Löslichkeit in Wasser von 18^0 etwa $\alpha = 2$, Diffusionsgeschwindigkeit in Luft 0,98 bis 1,09 cm² pro Tag; Atomgewicht aus Diffusions- und Effusionsbestimmungen um 218 herum. Die Okklusionsfähigkeit der einzelnen Ac-Präparate für die Ac Em hängt von der Natur des Salzes und von der Temperatur ab, mit deren Steigen sie abnimmt, so daß das Emanierungsvermögen von -80^0 bis $+800^0$ um etwa das 40fache zunimmt. Die in weiterer Folge entstehenden Zerfallsprodukte werden ebenso wie bei den anderen beiden Zerfallsreihen unter dem Sammelnamen „aktiver Niederschlag" oder „induzierte Aktivität" zusammengefaßt. So wie bei den entsprechenden Gliedern der Radium- oder Thoriumfamilie ist als Bezeichnung die Buchstabenfolge A, B, C usw. eingeführt. Aus Actiniumemanation entsteht zunächst durch α-Zerfall das neue Atom des

Actinium A (Ac A), das wie alle A-Produkte dem Polonium isotop und damit das höhere Homolog zu Tellur ist. Es zerfällt außerordentlich schnell, so daß es besonderer Kunstgriffe zur Bestimmung der Zerfallskonstanten (s. d.) bedurfte. Man fand: $\lambda = 3,5 \cdot 10^2$ sec^{-1}, also $\tau = 3,10^{-3}$ sec., $T = 2,10^{-3}$ sec. Seine α-Strahlung hat die Reichweite 6,27 cm entsprechend einer Anfangsgeschwindigkeit von $1,89 \cdot 10^9$ cm/Sek. Wie alle A-Produkte ist auch Ac A bei seiner Entstehung positiv geladen, scheidet sich somit vorwiegend auf negativ geladenen Elektroden ab. Durch α-Zerfall entsteht das um 4 Einheiten leichtere und um zwei Valenzgruppen nach links gerückte

Actinium B (Ac B), welches chemisch identisch mit Blei ist, das Atomgewicht 210 hat, weiche

β-Strahlung ($\mu_{A\,l} = 10^3$ cm^{-1}) und schwache γ-Strahlung aussendet. Es beginnt bei 400° zu verdampfen; in Anwesenheit von Halogenwasserstoffsäuren schon früher, wohl infolge Bildung chemischer Verbindungen. Seine Zerfallsgeschwindigkeit ist gegeben durch $\lambda = 3,20 \cdot 10^{-4}$ sec^{-1}; $\tau = 52,1$ m; $T = 36,1$ m. Sein durch β-Zerfall entstehendes Zerfallsprodukt steht um eine Valenzgruppe höher und ist mit

Actinium C (Ac C) bezeichnet. Dieses ist mit Ra C und Th C sowie mit Wismut isotop und folgt allen chemischen Reaktionen derselben. Aus saurer Lösung des aktiven Niederschlages kann es durch Elektrolyse abgeschieden werden. Aus kochender salzsaurer Lösung scheidet es sich auf eingetauchte Ni-Bleche ab, wobei aber zuweilen Ac B mitgerissen wird; daher empfiehlt es sich, vorher spurenweise Bleisalze zuzusetzen, wodurch diese Erscheinung zurückgedrängt wird. Ac C verdampft bei höherer Temperatur (700°) als Ac B und kann so durch Erhitzen eines mit Ac-Niederschlag bedeckten Bleches bis zur Rotglut von Ac B befreit werden. Die Zerfallskonstante wurde zu $\lambda = 5,33 \cdot 10^{-3}$ sec bestimmt, also $\tau = 3,12$ m, $T = 2,15$ m. Es weist eine α-Strahlung

Die Actinium-Reihe.

Symbol und Zerfallschema	Name	T Halbwerts-Zeit	λ Zerfallskonst. in sec^{-1}	Strahlung	v Geschwindigkeit in cm/Sek	R	μ Absorptionskoeff. in Al in cm^{-1}	Gleichgewichts-Menge	Plejade	A Atomgewicht
Uy	Uran Y	25,5 h	$7,55 \cdot 10^{-6}$	β		ca. 300		$2,10^{-4}$	Nr. 90; Th 232,1	230
Pa	Proto-Actinium	1200 bis 180000a	$2,10^{-11}$ bis $2,10^{-13}$	α	$1,54 \cdot 10^9$	3,44		60 bis $6,10^3$	Nr. 91 Pa (230)	(230)
Ac	Actinium	20a	$1,1 \cdot 10^{-9}$	(α) sehr schwach	$1,54 \cdot 10^9$	3,56		1	Nr. 89 Ac (226)	(226)
Rd Ac	Radio-Actinium	18,9 d	$4,25 \cdot 10^{-7}$	α β γ	$1,68 \cdot 10^9$; $1,63 \cdot 10^9$ 1,14, 1,26, 1,47, $1,59 \cdot 10^{10}$	4,60 4,2	175 25; 0,19	$3,10^{-3}$	Nr. 90 Th 232,1	(226)
Ac X	Actinium X	11,6 d	$6,9 \cdot 10^{-7}$	α	$1,64 \cdot 10^9$	4,26		$1,10^{-3}$	Nr. 88; Ra 226	(222)
Ac Em	Actinum-Emanation	3,92 s	$1,77 \cdot 10^{-1}$	α	$1,79 \cdot 10^9$	5,57		$6,10^{-9}$	Nr. 86; Em 222	(218)
Ac A	Actinium A	$2,10^{-3}$ s	$3,5 \cdot 10^2$	α	$1,86 \cdot 10^9$	6,27		$3,10^{-12}$	Nr. 84; Po 210	(214)
Ac B	Actinium B	36,1 m	$3,2 \cdot 10^{-4}$	β γ			groß 120, 31, 0,45	$3,10^{-6}$	Nr. 82; Pb 207,2	(210)
Ac C 99·85%	Actinium C	2,15 m	$5,33 \cdot 10^{-3}$	α β	$1,17 \cdot 10^9$	5,15		$2,10^{-7}$	Nr. 83; Bi 208,0	(210)
0·15% Ac C"	Actinium C"	4,71 m	$2,45 \cdot 10^{-3}$	β γ	1,8, 1,98, 2,22, $2,73 \cdot 10^{10}$		28,5 0,198	$4,10^{-7}$	Nr. 81; Tl 210	(206)
Ac C'	Actinium C	$(5,10^{-3}$s$)$	$(1,4 \cdot 10^2)$	α		(6,4)		$7,10^{-12}$	Nr. 84; Po 204	(210)
Ac D	Actinium D	∞	$\frac{1}{\infty}$						Nr. 82; Pb 207,2	(206)

Erklärung. ⇓ bedeutet α-Zerfall; ↓ β-Zerfall; ⇣ strahlenlose Umwandlung. Wie das Zerfallschema zeigt, treten manchmal zwei oder gar drei Umwandlungsarten zugleich auf. Die beigeschriebenen Zahlen geben dort, wo eine experimentelle Bestimmung möglich war die Verteilung in % an. — Bei den Zahlenangaben für die Halbwertszeit T bedeutet: a .. Jahre, d .. Tage, h .. Stunden; m .. Minuten; s .. Sekunden. — Die Reichwerte R ist in Zentimetern für Luft bei 15° Celsius und 760 mm Druck angegeben. — Die in Grammen ausgedrückte Gleichgewichtsmenge ist auf Actinium als Einheit bezogen. Die Zahlen sind abgerundet. — In der vorletzten Kolonne steht die Atomnummer (Kernladungszahl), das Atomgewicht und das Symbol der Dominante, welche der Plejade, in die das betreffende Radioelement gehört, den Namen gibt. — Die in der letzten Kolonne angeführten Atomgewichte der Ac-Zerfallsprodukte sind experimentell noch nicht bestätigt und daher geklammert. Auch ist U Y als Anschlußstelle an die Uranreihe (s. d.) noch nicht sicher.

auf, deren Reichweite zu 5,15 cm entsprechend einer Anfangsgeschwindigkeit von $v_0 = 1{,}74 \cdot 10^9$ cm/Sek. gemessen wurde. Eine ganz schwache β-Strahlung scheint auch vorhanden zu sein, so daß, analog wie bei Ra C und Th C, mit einem dualen Zerfall gerechnet werden muß. Während dort aber der Hauptteil der C-Atome β-strahlend zerfällt, ist hier bei 99,85% der Atome α-Zerfall vorhanden. Es gabelt sich somit die Zerfallsreihe an dieser Stelle nach folgendem Schema

$$\text{Ac B} \xrightarrow{\ \beta\ } \text{Ac C} \underset{\underset{0,15\%}{\searrow}\ \beta}{\overset{\alpha\ \overset{99,85\%}{\nearrow}}{}} \quad \begin{array}{l} \longrightarrow \text{Ac C}'' \xrightarrow{\ \beta\ } \text{Ac D} \\[2em] \longrightarrow \text{Ac C}' \xrightarrow{\ \alpha\ } \end{array}$$

Aus dem α-zerfallenden C-Bestandteil entsteht Ac C'', aus dem β-zerfallenden ist ein α-strahlendes Ac C' zu erwarten von sehr kurzer Lebensdauer.

Actinium C'' (Ac C'') ist β und γ-strahlend und gehört mit seinem Atomgewicht von etwa 206 in die Thalliumgruppe; es ist mit Thallium, Th C'', Ra C'' isotop. Die Darstellung bedient sich des Rückstoßvorganges oder es wird aus saurer Lösung des aktiven Niederschlages Ac C'' durch Schütteln mit Tierkohle oder Platinschwamm an diese gebunden. Seine Zerfallskonstante wurde bestimmt zu $\lambda = 2{,}45 \cdot 10^{-3}$ sec^{-1}; $\tau = 6{,}8$ m; $T = 4{,}71$ m.

Actiniumendprodukt (Ac D). Das nächste aus Ac C'' entstehende Element muß nach der Verschiebungsregel in der Bleiplejade liegen. Da ein einstabiles derartiges Ac-Zerfallsprodukt nicht gefunden werden konnte, nimmt man an, daß eine für unsere Beobachtungsmöglichkeiten genügend stabile Gleichgewichtskonfiguration des Atomgebäudes an dieser Stelle erreicht ist, daß somit Blei das Endprodukt der Ac-Reihe darstellt. Und zwar ein Blei, das ebenso wie das Endprodukt der Ra-Reihe ein Atomgewicht 206 hat, sofern die zu Beginn gemachte Annahme über das Atomgewicht des Protoactinium zutrifft.

Die umstehende Tabelle gibt eine Übersicht über die Zerfallsprodukte der Actiniumreihe, ihren genetischen Zusammenhang und ihre Eigenschaften. *K. W. F. Kohlrausch.*

Adaptation des Auges. Es ist eine Eigentümlichkeit des Auges, daß es unter der Einwirkung jedes Reizes eine funktionelle Umstimmung erfährt; grundsätzlich verläuft diese Erscheinung in dem Sinne, daß sich der Stoffwechsel der direkt oder indirekt von der Erregung betroffenen Elemente des Sehorganes auf die durch den Reiz geschaffenen neuen Bedingungen einstellt (adaptiert), was zur Folge hat, daß ihre Erregbarkeit für den betreffenden Reiz mit der Dauer seiner Einwirkung mehr und mehr abnimmt. Der Richtung dieser Erregbarkeitsänderung nach könnte man also von einer Ermüdungserscheinung sprechen. Ein weißes Papierscheibchen auf mittelgrauem Grunde z. B. erscheint im ersten Moment der Betrachtung hell weiß, verliert bei längerer Fixierung dann immer mehr von seiner Weiße und kann schließlich dem Grunde ganz gleich werden. Für farbig wirkende Reizlichter gilt grundsätzlich dasselbe, auch dann, wenn die ganze Netzhaut vom gleichen Reiz getroffen wird. Durch diese Umstimmungsvorgänge kann die bunte Komponente eines Reizlichtes, z. B. des Lichtes einer Kohlenfadenlampe, das dem helladaptierten Auge sehr auffallend rötlich-gelb erscheint, ihren Reizwert vollkommen verlieren, so daß ein von ihm beschienenes weißes Papier unserem Auge schließlich ganz farblos erscheint (chromatische Adaptation). Von einer Helladaptation im strengen Sinne darf man daher nur sprechen, wenn das Auge an das Licht einer chromatisch indifferenten Lichtquelle adaptiert und nicht durch einseitige chromatische Verstimmung einen Teil seiner Farbentüchtigkeit eingebüßt hat. Im weiteren Sinne freilich ist das Auge auch in diesem Zustand als helladaptiert zu bezeichnen, insofern es von den Eigentümlichkeiten der Funktionsweise des dunkeladaptierten Auges nichts erkennen läßt, nur muß bei der Beurteilung der Reizwerte farbig wirkender Lichter die Abweichung seiner Stimmung von der chromatisch-neutralen entsprechend in Rechnung gezogen werden.

Bei längerem vollkommenem Lichtabschluß ändert sich die Funktionsweise des Auges in tiefgreifender Weise, und zwar in dreierlei Hinsicht: erstens nimmt seine Weißerregbarkeit in enormem Maße zu. Nach Maßgabe der Schwellenreizbestimmungen kann die Erregbarkeit der Netzhautperipherie nach etwa $1/2$—1stündigem Lichtabschluß auf ein Mehrtausendfaches ihres früheren Wertes steigen. Die Erregbarkeitssteigerung der Netzhautmitte bleibt dagegen in verhältnismäßig engen Grenzen (10—20faches); auch treten die adaptativen Veränderungen hier merklich langsamer ein. Schwach leuchtende kleine Objekte, die im Verlauf der Dunkeladaptation peripher bereits ganz deutlich wahrgenommen werden, können dadurch, daß man sie zentral fixiert, zum Verschwinden gebracht werden (physiologische Hemeralopie des Netzhautzentrums). Die Erscheinung der Erregbarkeitssteigerung kann aus den oben gegebenen allgemeinen Gesichtspunkten verstanden werden. Charakteristisch ist, daß das Gesichtsfeld des vor Lichteinfall geschützten Auges höchstens anfänglich (durch Kontrast, s. dort) schwarz erscheint, sich aber mit dem Vorschreiten der Dunkeladaptation mehr und mehr aufhellt (s. Eigenlicht der Netzhaut).

Als zweite Änderung bringt der Eintritt der Dunkeladaptation eine weitgehende Herabsetzung der Sehschärfe (s. dort) mit sich. Daß man zwei leuchtende Punkte mit dunkeladaptiertem Auge nicht mehr beim gleichen Winkelabstand gesondert wahrzunehmen vermag wie mit helladaptiertem Auge, ist verständlich, da die enorm gesteigerte Netzhauterregbarkeit ein Konfluieren benachbartliegender Erregungen natürlich begünstigt.

Drittens unterscheidet sich das dunkeladaptierte Auge dadurch vom helladaptierten, daß es nurmehr farblose Empfindungen auszulösen vermag. Alle farbigen Valenzen fallen unter diesen Bedingungen des Sehens weg; es ist so, wie wenn die für die Vermittlung bunter Farbenempfindungen in Frage kommenden „Apparate" (nach v. Kries die Netzhautzapfen, nach Hering die rotgrüne und die blaugelbe Sehsinnsubstanz) funktionell einfach ausgeschaltet wäre. Das (lichtschwache) Spektrum erscheint dem dunkeladaptierten Auge als ein Band farbloser Helligkeiten, die sich in ganz gesetzmäßiger Abstufung aneinanderreihen, wobei ein deutliches Überwiegen des Reizwertes der kurzwelligen Lichter gegenüber den langwelligen sich zeigt. Zwischen normalen und anomalen Trichromaten, Protanopen und Deuteranopen sowie Totalfarbenblinden ist in dieser Hinsicht kein

Unterschied nachzuweisen. Wegen weiterer, auch theoretischer, Einzelheiten s. Farbenblindheit, Helligkeitsverteilung im Spektrum, Hemeralopie, Purkinjesches Phänomen, Sehpurpur.

Bei längerem Aufenthalt in sehr stark herabgesetzter Beleuchtung (Bedingungen des „Dämmerungssehens") sind die Erscheinungen grundsätzlich die gleichen wie bei völligem Lichtabschluß. Die adaptativen Veränderungen des Sehorgans, sowohl die chromatischen wie die bei der Dunkeladaptation, bleiben bei isolierter Beeinflussung nur eines Auges streng auf eine Seite lokalisiert.

Dittler.

Näheres s. v. Helmholtz, Physiol. Opt., III. Aufl., Bd. 2. 1911.

Additamentenmethode ist eine Methode zur Berechnung sphärischer Dreiecke, wie sie bei den Triangulierungen vorkommen; der Grundgedanke besteht darin, daß die Umrechnung der in km gegebenen Seitenlängen in Bogen vermieden wird. Ist ϱ der Erdradius und s die Dreieckseite in km, so setzt man

$$\log \sin \frac{s}{\varrho} = \log \frac{s}{\varrho} - A_s = \log s - \log \varrho - A_s.$$

Die Größe A_s ist das Additament; es kann mit Hilfe einer Tafel berechnet werden, welche nach den Werten von s fortschreitet. Man kann aber auch die in den Logarithmenbüchern gegebene Größe S benützen, welche definiert ist durch

$$S = \log \sin \frac{s}{\varrho} - \log\left(\frac{s}{\varrho} \cdot 206\,265\right).$$

Es ist dann

$$A_s = -S - \log 206\,565 = -S - 5 \cdot 314\,425.$$

A. Prey.

Näheres s. A. Helmert, Die math. und physik. Theorien der höheren Geodäsie. Bd. I. S. 103. 1880.

Additionstheorem der Wahrscheinlichkeiten s. Wahrscheinlichkeitsrechnung.

Additive Eigenschaften. In den messenden Naturwissenschaften pflegt man den Eigenschaften der Körper — im physikalischen wie im chemischen Sinne — bestimmte numerische Werte nach einem einheitlichen Maßsystem zuzuordnen. So hat jeder Körper seine numerisch genau festgelegte oder meßbare Masse, Ausdehnung, Temperatur, elektrische Ladung, Farbe usw.

Bringt man zwei Körper mit numerisch festgelegten Eigenschaften zusammen, etwa indem man sie als Pulver mengt, als Flüssigkeiten oder Gase mischt oder endlich sie chemisch miteinander verbindet, so ist es möglich, daß die numerischen Werte der Eigenschaften der einzelnen Körper sich nach dem Zusammenbringen derselben einfach addieren, d. h. daß man die Eigenschaften des neuen Gesamtsystems nach der Gesellschaftsrechnung berechnen kann. Eigenschaften, die diese Bedingung erfüllen, nennt man nach Ostwald: additive Eigenschaften.

Abstrakt betrachtet müßten die meisten Eigenschaften der Körper additives Verhalten zeigen, wie z. B. in der reinen Mechanik die Länge eine additive Eigenschaft ist.

In den Fällen dagegen, die die Natur uns wirklich darbietet, ist die Sachlage wesentlich komplizierter. Die Additivität der Eigenschaften ist qualitativ oft unverkennbar, quantitativ jedoch meist nicht streng erfüllt; sie zeigt größere oder kleinere Abweichungen, ist äußeren Einflüssen wie Schwankungen des Druckes und der Temperatur unterworfen usw. Es fragt sich nun: gibt es eine

Eigenschaft, die wirklich und unter allen Umständen streng additives Verhalten zeigt?

Diese Frage darf man mit ja beantworten. Es ist die Energie. Denn der Satz von der Erhaltung der Energie sagt aus: Bringt man zwei Systeme in irgendwelche Verbindung miteinander, so ist die Summe ihrer Energieinhalte vor und nach der Vereinigung konstant, vorausgesetzt, daß die beiden Systeme von der Umgebung abgeschlossen sind.

Von allen übrigen Eigenschaften können wir ein streng additives Verhalten von vornherein nicht behaupten; doch gilt, wie die Erfahrung zeigt, abgesehen von sehr selten verwirklichten Ausnahmen, ein ähnliches Gesetz wie für die Energie auch für die Masse eines Systems.

So darf man z. B. bei allen chemischen Reaktionen unbedenklich von einem Gesetz der Erhaltung der Materie sprechen. Das Gesetz der Erhaltung der Materie wird aber in einer Reihe von Fällen durchbrochen, bei denen gewaltige Energieumsätze stattfinden, so z. B. bei den Prozessen des radioaktiven Zerfalls, wo die ausgeschleuderten α und β-Teilchen abnorm hohe Geschwindigkeiten und damit größere Masse besitzen als die langsameren Teilchen gleicher Art in den Kathodenröhren. Diese Abweichungen vorausgesehen und quantitativ berechnet zu haben, ist das Verdienst der speziellen Relativitätstheorie. Das Energieprinzip bleibt natürlich auch hier in voller Gültigkeit.

Bei allen übrigen Eigenschaften findet man bei genügend genauer Beobachtung stets Abweichungen vom additiven Verhalten. Die Eigenschaften der meisten Gase z. B. sind ungefähr in derselben Annäherung additiv, daß die für die Komponenten des betreffenden Gasgemisches die Gasgleichungen gelten, vorausgesetzt, daß die Gase nicht chemisch aufeinander wirken. Flüssigkeitsgemische zeigen additives Verhalten nur sehr angenähert. Immerhin sind auch hier z. B. Volumen, Wärmekapazität usw. additiv im weiteren, weniger strengen Sinne.

Über weitere additive Eigenschaften im festen, flüssigen und gasförmigen Aggregatzustande siehe die einzelnen Artikel: Atom- bzw. Molekularvolumen, -Refraktion, -Dispersion, -Rotation.

Zusammenfassend läßt sich sagen: die Eigenschaften der Körper sind um so strenger additiv, je mehr sie spezifische Eigenschaften der Atomkerne sind (wie die Masse), d. h. Eigenschaften, die Gebieten sehr großen Energieinhalts angehören und die demgemäß auch äußeren Einflüssen wenig unterworfen sind. Eigenschaften, die zu Gebieten niederen Energieinhaltes gehören, insbesondere zu den äußersten Elektronenschalen des Atoms (alle optischen) werden oft große Abhängigkeit von den äußeren Bedingungen zeigen. Eigenschaften schließlich, die aus den inneren Elektronenschalen stammen, zeigen nur sehr geringe Abweichungen vom additiven Verhalten (z. B. die Absorptionsbandkanten der charakteristischen Röntgenstrahlung).

Werner Borinski.

Näheres s. die zitierten Artikel.

Adhäsionsplatte. Unter Adhäsionsplatte versteht man eine an einem Arme einer Wage aufgehängte kreisförmige Platte mit scharfem Rande, deren untere Fläche mit der Oberfläche einer Flüssigkeit in Berührung ist. Es wird bestimmt das Gewicht, welches zum Abreißen der Platte erforderlich ist. Entfernt man die Platte von der Flüssigkeitsoberfläche, so wird ein Teil der Flüssigkeit gehoben, welcher vom Rande der Platte mit einer gekrümmten Oberfläche nach außen abfällt. Das Gewicht G, welches die Platte im Gleichgewicht hält, ist gleich dem Gewicht P der Platte vermehrt um das Gewicht der gesamten gehobenen Flüssigkeitsmasse, wo sämtliche Gewichte um den Auftrieb (in Luft) zu korrigieren sind. Die Hebung der Platte bewirkt eine Abnahme des Winkels zwischen der unteren Fläche der Platte und der Oberfläche der gehobenen Flüssigkeitsschicht; sobald der Randwinkel erreicht ist, zerreißt die Flüssigkeitsschicht. Das die Zerreißung bedingende Gewicht ist gegeben durch den Ausdruck

$$G = P + sQa \sqrt{1 + \cos \varphi} + a U \sin \varphi,$$

wo Q und U Querschnitt und Umfang der Platte a^2, s, a spezifische Kohäsion, spezifisches Gewicht und Oberflächenspannung der Flüssigkeit, φ den Randwinkel bedeuten.

Die Anordnung wurde zur Messung von Oberflächenspannungen benutzt.   *G. Meyer.*

Adiabate in der Meteorologie = Kurve für die Beziehung zwischen Temperatur und Druck der atmosphärischen Luft, wenn diese adiabatisch, d. h. ohne Änderung des Energiegehalts, auf- oder absteigt. Die Gleichung der Adiabate, wenn keine Wasserdampfkondensation eintritt, ist $dT = \dfrac{ART}{p \cdot c_p}\,dp$ oder, bei Einführung der Höhe statt des Druckes, $dT = -\dfrac{A}{c_p}\,dh$. Für Luft innerhalb der Troposphäre (s. d.) ist also $dT = -0,0098\,dh$ (vgl. vertikaler Temperaturgradient), für sehr große Höhen (s. Atmosphäre) folgt (für c_p [Wasserstoff] $= 3,424$), $dT = -0,000684\,dh$, wesentlich weniger als in den unteren Schichten.

c_p und R ändern sich für ungesättigt aufsteigende feuchte Luft, das Trockenstadium, nur wenig; bis zum Eintreten von Kondensation kann man deshalb für eine adiabatisch aufsteigende Luftmasse mit der obigen oder der daraus folgenden Poissonschen Gleichung rechnen: $\dfrac{T}{T_0} = \left(\dfrac{p}{p_0}\right)^{\frac{AR}{c_p}}$ oder $c_p \log T - AR \log p = $ konst.

Tritt Kondensation und Regen ein, so ergibt sich statt dessen vom Taupunkte ab

$$c_p \log T - AR \log p + 0,623 \cdot \frac{\lambda \cdot e_m}{p \cdot l} = \text{konst.},$$

wenn $\lambda = 596 - 0,6\,t$ cal/g die Verdampfungswärme und e_m die maximale Dampfspannung ist, die der Temperatur T entspricht. Fällt nun Niederschlag heraus, so nimmt die potentielle Temperatur (s. diese) zu, es ergibt sich eine „pseudoadiabatische" Zustandsänderung. Mit dem Aufhören des Niederschlags — also z. B. vom Beginne des Wiederabsteigens an — behält nämlich die Luftmasse ihre potentielle Temperatur bei, die absteigende Luft trifft deshalb ihren Ausgangsdruck bei höherer Temperatur als zu Beginn des Aufsteigens. Der Unterschied rührt somit daher, daß die herausgefallene Wassermenge bei der mit dem Absteigen verbundenen Kompression nicht innerhalb der bisherigen Luftmasse zum Verdampfen gelangt, also in dieser die Temperaturzunahme ohne das Herausfallen langsamer gewesen wäre. Der Zustand der absteigenden Luftmasse ändert sich also im Vergleich mit dem vorangegangenen Aufsteigen so, als würde eine Wärmemenge im Betrage der ersparten Verdampfungswärme zugeführt. — Ebenso ist es im Hagelstadium, wenn die Luftmasse neben dem Wasser Eis enthält; nach dessen Aus-

fallen wird seine Sublimationswärme beim Absinken erspart. Im Hagelstadium bleibt die Luft auf dem Gefrierpunkte, es ändert sich nur Druck und Eisgehalt. — Ist bei höherem Aufsteigen alles Wasser zu Eis geworden, so folgt das Schneestadium mit zunehmenden Kältegraden. Hier tritt in der letzten Formel (Regenstadium) noch zu r die Schmelzwärme des Eises mit 80 kg-Kalorien hinzu; e_m und damit das betr. Glied ist bei tiefer Temperatur nur unbedeutend, so daß man hier wieder mit den Formeln des Trockenstadiums rechnen kann. — Siehe auch „Gleichgewicht der Atmosphäre" und „Vertikaler Temperaturgradient".
Tetens.

Näheres s. Hann, Lehrb. d. Met. 3. Aufl. S. 317/18, 826/28 nebst Tafel 28.

Adiabate. Adiabate heißt die Kurve einer Zustandsänderung für den Fall, daß das System keine Wärme mit der Umgebung austauscht. Man erhält den mathematischen Ausdruck für die Adiabate, wenn man in der Gleichung für den ersten Hauptsatz (s. d.) dq = 0 setzt, so daß die Beziehung $du + dA = 0$ gilt. Für den Fall eines idealen Gases, das in allen seinen Teilen stets denselben Druck p besitzt, folgen hieraus die 3 Gleichungen $p \cdot v^k = $ const., $p^{\frac{1}{k} - 1} T = $ const., $v^{k-1} T = $ const., in denen k das Verhältnis der spezifischen Wärmen bei konstantem Druck und konstantem Volumen bedeutet, während v das Volumen und T die absolute Temperatur bezeichnet.

Man kann ein Gas einer adiabatischen Zustandsänderung unterziehen, wenn man es plötzlich unter vermindertem Druck bringt derart, daß die hierbei eintretende Abkühlung nicht sofort durch Wärmeaufnahme aus der Umgebung ausgeglichen werden kann. Hierauf begründeten Clément und Desormes eine Methode, das Verhältnis k der spezifischen Wärmen von Gasen zu bestimmen.

Die bei den Schallschwingungen in einem Gase auftretenden umkehrbaren Dichtänderungen erfolgen so schnell, daß ein Wärmeausgleich in merklichem Betrage nicht stattfinden kann. Für sie sind deshalb auch die Gesetze der adiabatischen Zustandsänderung gültig.

Nimmt man an, daß Druck und Temperatur der atmosphärischen Luft mit der Höhe sich ebenso verändern wie dieselben Größen bei einem adiabatisch auf geringeren Druck gebrachten idealen Gase, so kann man die Höhe H einer solchen sog. adiabatischen Atmosphäre berechnen und erhält, falls man die Bodentemperatur zu 0^0 ansetzt, H = 28 km.   *Henning.*

Adiabatenhypothese. Bezeichnet man die *innere* mechanische Bewegung eines Atoms oder Moleküls in seinen nach der *Quantentheorie* allein zulässigen *stationären Zuständen* als „quantentheoretisch erlaubt", im Gegensatz zu allen übrigen, nach der gewöhnlichen oder Relativitätsmechanik möglichen Bewegungen, so besagt die von Ehrenfest eingeführte, von Einstein mit dem Namen *Adiabatenhypothese* belegte Annahme allgemein: Bei *adiabatisch-reversibler* Beeinflussung eines Atomsystems gehen „quantentheoretisch erlaubte" Bewegungen stets wieder in solche „erlaubte" Bewegungen über. Das soll folgendes bedeuten: Ändert man irgendwelche an dem Atomsystem auftretende *Parameter*, z. B. die Feldstärke eines äußeren elektrischen Feldes, „unendlich langsam", so bleibt, da diese

Systeme im allgemeinen stabil sind, der Energiesatz zu jedem Zeitpunkt erhalten, so daß der Ausgangszustand durch Vorzeichenumkehr der Parameteränderung stets wieder erreichbar ist; bei einem solchen Vorgang müssen nun die Quantenbedingungen (s. d.) unverändert bleiben, wenn man die eintretenden Änderungen der Bewegung auf Grund der Mechanik berechnet. Den Anstoß zu dieser Hypothese gab das *Wiensche Verschiebungsgesetz* (s. d.), das, obwohl der seinem Beweise zugrundegelegte *adiabatisch-reversible* Idealprozeß mittels klassischer Hilfsmittel ausgewertet wird, sich für die Quantenlehre als bindend erwiesen hat.

Jede *adiabatische* oder *Parameterinvariante* (s. d.) eines gegebenen mechanischen Systems steht also in einer gewissen Beziehung zu dem zugehörigen Quantenproblem, insbesondere zur Bestimmung der Quantenbedingungen, doch ist die Aufsuchung aller derartigen Invarianten an sich eine Aufgabe der Dynamik, unabhängig von der Quantentheorie. In der Tat hat sich gezeigt, daß die nach den Regeln von Sommerfeld, Schwarzschild und Epstein für periodische und bedingt periodische Systeme (s. d.) aufgestellten Quantenbedingungen adiabatisch-invariant sind; auch ohne Adiabatenhypothese kann der Grund hierfür mittels des Bohrschen Korrespondenzprinzipes (s. d.) aufgedeckt oder auf die Forderung zurückgeführt werden, daß die Quantentheorie nur eine Auswahl unter allen mechanisch möglichen Bewegungen trifft, ohne denselben weitergehende außermechanische Bedingungen aufzuerlegen. *A. Smekal.*

Näheres s. Smekal, Allgemeine Grundlagen der Quantentheorie usw. Enzyklopädie d. math. Wiss. Bd. V.

Adiabatische Invarianten oder **Parameterinvarianten** heißen jene von der Zeit unabhängigen Integrale eines mechanischen Problems, welche die Eigenschaft haben, bei unendlich langsamer, umkehrbarer Verschiebung irgendwelcher in dem Problem auftretender *Parameter*, z. B. merklich konstant bleibender äußerer Kraftfelder, unverändert zu bleiben. Eine notwendige Bedingung für die Existenz adiabatischer Invarianten, die dann durch Integration eines Systems von partiellen Differentialgleichungen gefunden werden können, welche mit den mechanischen kanonischen Differentialgleichungen in bestimmter Weise zusammenhängen, ist, daß Koordinaten und Impulse des mechanischen Systems für alle Zeiten zwischen *endlichen* Grenzen eingeschlossen bleiben (*Stabilität*), falls man ganz beliebige funktionale Abhängigkeit von beliebig vielen Parametern zuläßt. Kann die Energie eines beliebigen mechanischen Systems als Funktion der Parameter und einer gewissen Anzahl voneinander *unabhängiger* adiabatischer Invarianten dargestellt werden, so bezeichnet man letztere als *essentielle* adiabatische Invarianten. Ihre Anzahl ist für ein *nicht-entartetes bedingt periodisches System* (s. d.) gleich der Anzahl r der Freiheitsgrade; in diesem Falle können die essentiellen adiabatischen Invarianten stets auf die Form $\oint p_i dq_i$ (i = 1, 2, 3, ...r) gebracht werden, wenn q_i die Koordinaten und p_i die zugehörigen Impulse bedeuten und der Kreis am Integralzeichen darauf hinweist, daß die Integration über eine ganze Periode von q_i zu erstrecken ist. Diese Form läßt erkennen, daß die *Quantenbedingungen* (s. d.) solcher Systeme adiabatische Invarianten sind, wie es die *Adiabatenhypothese* (s. d.) fordert. Im Spezialfall eines rein *periodischen* Systems beliebiger Anzahl von Freiheitsgraden fällt die einzige essentielle adiabatische Invariante

mit der schon seit Boltzmann bekannten Invariante: Zeitmittel der kinetischen Energie mal Periode zusammen. *A. Smekal.*

Näheres s. Smekal, Allgemeine Grundlagen der Quantentheorie usw. Enzyklopädie d. math. Wiss. Bd. V.

Adiabatisches System s. Koordinaten der Bewegung.

Advektion bezeichnet in der Aerologie die Zufuhr von Luft zu einer bestimmten Stelle der Atmosphäre. Diese Zufuhr findet überwiegend in horizontaler Richtung statt. (Vgl. auch Konvektion.) *Tetens.*

Äoline nannte C. Marx einen von ihm konstruierten akustischen Apparat, dessen Hauptbestandteile eine über das eine Ende eines beiderseits offenen Zylinders gespannte Gummimembran und ein Anblaserohr sind. Wird durch das Rohr, dessen Öffnung der Membran gegenübersteht, ein Luftstrom geblasen, so gerät die Membran in Schwingungen und verursacht rückwärts auch Intermittenzen des Luftstromes, die schon für sich einen Ton geben. Je nach der Stellung des Anblaserohres und der Stärke des Luftstromes entstehen verschieden hohe Töne. Die Töne der Äoline können sehr kräftig werden. *E. Waetzmann.*

Näheres s. F. Melde, Akustik. Leipzig 1883.

Äolotropie, magnetische. — Bei vollkommen gleichmäßigem Material ist die Magnetisierbarkeit nach verschiedenen Richtungen hin gleich; das Gegenteil (Äolotropie) tritt ein, wenn das Material durch Kräfte, die in bestimmter Richtung angreifen, vorübergehend oder dauernd deformiert wird. Beispielsweise wird unter der Wirkung einer Zugkraft die Magnetisierbarkeit von Eisen längs der Zugrichtung wenigstens bei kleinen Feldstärken größer, als senkrecht dazu (vgl. auch Villarische Wirkung); bei einer Druckkraft tritt das Umgekehrte ein. Verwickelter sind die Verhältnisse bei einer Torsion, deren Wirkung auf ein Elementarteilchen man sich durch zwei gleiche, entgegengesetzt gerichtete Zugkräfte und zwei senkrecht dazu stehende Druckkräfte ersetzt denken kann. Ist die Elastizitätsgrenze nicht überschritten, so wird nach Aufhören der Kraft das Material wieder in den früheren normalen Zustand zurückkehren; bei stärkeren Eingriffen dagegen bleibt eine Abhängigkeit zurück. So ist beispielsweise bei den gewalzten Dynamo- und Transformatorenblechen die Magnetisierbarkeit in der (letzten) Walzrichtung stets größer als senkrecht dazu, am stärksten aber vielfach unter einem Winkel von 45°, was darauf zurückzuführen ist, daß die Bleche während des Walzprozesses meistens mehrfach um 90° gedreht werden.

Auch Kristalle ferromagnetischer Stoffe (Magnetit, Pyrrotin usw.), zeigen magnetische Äolotropie. *Gumlich.*

Äolsharfe besteht aus mehreren, verschieden abgestimmten, über ein Resonanzbrett gespannten Saiten, die durch den Wind zum Tönen gebracht werden.

Über den Mechanismus des Tönens s. Saitenschwingungen und Hiebtöne. *E. Waetzmann.*

Äquator, magnetischer. Man unterscheidet den dynamischen magnetischen Äquator oder die Linie größter Totalintensität des Erdmagnetismus und den isoklinischen Äquator, die Linie der Inklination Null. Beide schwingen unregelmäßig um den geographischen Äquator herum. *A. Nippoldt.*

Äquatorial s. Refraktor.

2*

Äquinoktien, Tag- und Nachtgleichen: Zeitpunkte, in denen die Sonne im Äquator steht. Frühlings- und Herbstäquinoktium. Vgl. Ekliptik.
Bottlinger.

Äquipartitionsprinzip. Dieses sagt, auf die Gastheorie angewendet, aus, daß die mittlere Energie der fortschreitenden Bewegung für alle Gasmolekeln bei ein und derselben Temperatur dieselbe ist. Wir betrachten ein Gemisch zweier Gase. Beim Zusammenstoß zweier vollkommen elastischer Kugeln von verschiedener Masse werden nur jene Geschwindigkeitskomponenten geändert, die beim Stoß in der Richtung der Zentrilinie liegen. Seien dieselben vor dem Stoß für die Massen m und m' bezügl. c und c', nach demselben v und v', so gilt nach dem Impulssatz $mc + m'c' = mv + m'v'$ und nach dem Energieprinzip $\frac{mc^2}{2} + \frac{m'c'^2}{2} = \frac{mv^2}{2} + \frac{m'v'^2}{2}$. Aus diesen Gleichungen läßt sich folgern

$$\frac{m'v'^2}{2} - \frac{mv^2}{2} = \left[\frac{8\,mm'}{(m+m')^2} - 1\right]\left(\frac{mc^2}{2} - \frac{m'c'^2}{2}\right) + \frac{4\,mm'\,(m'-m)\,cc'}{(m+m')^2}.$$

Bei einer großen Zahl von Zusammenstößen kann c und c' ebenso häufig positiv als negativ sein. Bei der Mittelwertsbildung fällt daher das letzte Glied weg. Nehmen wir $m' > m$, also etwa $m' = m + \mu$ an, so ergibt sich ohne weiteres, daß $\frac{8\,mm'}{(m+m')^2} - 1 < 1$ ist. Infolge der Zusammenstöße wird daher der Unterschied der kinetischen Energien der Molekeln immer kleiner, so daß alle Molekeln dieselbe mittlere Energie der fortschreitenden Bewegung besitzen.
G. Jäger.

Näheres s. v. Lang, Theoret. Physik. 2. Aufl. Braunschweig 1891.

Äquipotentialfläche. Eine Fläche im Raume, auf der überall gleiches Potential herrscht, wird Äquipotentialfläche genannt. *O. Martienssen.*
Näheres s. Potential und Potentialbewegung.

Äquipotentialflächen oder Niveauflächen sind diejenigen Flächen, welche in einem irgendwie gestalteten elektrischen (oder magnetischen) Feld durch Punkte gleichen Potentials gelegt sind. So sind z. B. die Äquipotentialflächen, welche dem Felde eines geladenen Punktes entsprechen, alle konzentrischen Kugeln, die jenen Punkt zum Mittelpunkt haben. Aus der Potentialtheorie (näheres s. dort) folgt, daß keine Arbeit geleistet wird, wenn eine Elektrizitätsmenge längs einer Niveaufläche bewegt wird. Diese Tatsache enthält die Begründung dafür, daß die Niveauflächen überall senkrecht zu den Kraftlinien stehen und Niveaulinien und Kraftlinien ein System orthogonaler Trajektoren bilden. *R. Jaeger.*

Äquivalent des Lichtes, mechanisches: der der Einheit des Lichtstromes (1 Lumen) oder der Einheit der Lichtstärke (1 Hefnerkerze) äquivalente Energiestrom (in Watt) eines Strahlers der auf das Auge (die Zapfen) wirksamsten Wellenlänge $\lambda_{\max}$ (= rund 550 $\mu\mu$), und zwar versteht man darunter

1. den Energiestrom m, welchen dieser Strahler einer beliebigen (z. B. einer den Strahler vollständig umschließenden) Fläche pro Lumen zustrahlt;

oder 2. den Energiestrom m' (= 4π m), welchen der Strahler einer ihn vollständig umschließenden Fläche zustrahlen (in den ganzen Raum, den

Raumwinkel 4π ausstrahlen) muß, um 1 HK mittlere räumliche Lichtstärke (1 HK₀) zu erzeugen.

Die Werte m und m' sind genau definierte, von der Zapfenempfindlichkeit abhängige Größen. Beispielsweise findet A. R. Meyer rechnerisch m = 0,00160 Watt/Lumen; m' = 0,0202 Watt/HK₀ (s. „Energetisch-photometrische Beziehungen", Gleichungen 8 und 9). Meyer schätzt die Genauigkeit dieser Zahlen auf 5 vH.

Ein Energiestrom dieses monochromatischen Strahlers im Betrage von 1 Watt erzeugt also 1/m = 624 Lumen. Es ist dies die Zahl, mit der man einen Energiestrom dieses Strahlers multiplizieren muß, um den durch ihn erzeugten Lichtstrom zu erhalten.

Über die Definition von m mittels des Energie-Lichtstromes einer beliebigen Lichtquelle s. Schlußfolgerung aus Gleichung 4 d in „Energetisch-photometrische Beziehungen".

Früher wurde nach einem von Thomsen (1865) gemachten, von Tumlirz (1888) berichtigten Vorschlage als mechanisches Lichtäquivalent der von der Hefnerlampe horizontal pro Einheit des räumlichen Winkels ausgestrahlte sichtbare Energiestrom verstanden. Wenn man diese Definition auf Lichtquellen verschiedener spektraler Zusammensetzung (z. B. Glühfäden verschiedener Temperatur) anwendet, erhält man wegen der selektiven Empfindlichkeit des Auges mehr oder weniger abweichende Werte. Die Thomsen-Tumlirzsche Definition hat also in dieser Form keine praktische Bedeutung. Wohl aber erweist sie sich als brauchbar, wenn man den sichtbaren Energiestrom durch den Energie-Lichtstrom, also denjenigen Energiestrom der Hefnerlampe ersetzt, der durch ein dem hypothetischen Netzhautfilter nachgebildetes Filter hindurchgegangen ist. Man erhält dann die Größe m (s. „Energetisch-photometrische Beziehungen", Gleichung 4 e).
Liebenthal.

Aerodynamik. Unter Aerodynamik versteht man die Lehre von der Bewegung der gasförmigen Körper. Da sich die Gase in vieler Hinsicht nicht prinzipiell von den Flüssigkeiten unterscheiden, sondern nur durch die Zahlenwerte der betreffenden Koeffizienten, so wird heute eine strenge Trennung von Aerodynamik und Hydrodynamik meistens nicht mehr aufrecht erhalten, sondern es werden die Bewegungen der Gase ebenfalls in der Hydrodynamik behandelt. *O. Martienssen.*

Aerologie ist die wissenschaftliche Erforschung der Erdatmosphäre (s. Atmosphäre), die Ermittlung ihrer physikalischen und chemischen Verhältnisse. Ihre Fortschritte waren auch nach der Erfindung des Luftballons zunächst gering, insbesondere litten die Temperaturbestimmungen bei den Ballonfahrten des unermüdlichen Glaisher in der Mitte des vorigen Jahrhunderts an instrumentellen Mängeln. Diese beseitigte Aßmann durch das Aspirationspsychrometer (s. Z. f. Instrum.-Kunde 1892) und war damit in der Lage, bei den Aufstiegen des Berliner Vereins für Luftfahrt um 1890 die ersten einwandfreien aerologischen Ergebnisse zu erzielen. Bekannt ist besonders die Hochfahrt von Berson und Süring, die am 31. Juli 1901 mehr als 10 000 m Höhe bei —39,7° erreichten.

Unbemannte aerologische Aufstiege mit Ballons und Drachen, mit Registrierapparaten ausgestattet sind (s. aerologische Meßmethoden), werden seit 1894 ausgeführt, regelmäßig und andauernd zuerst von Abbot Lawrence Rotch auf dem Blue Hill bei Boston in den Vereinigten Staaten, dem Léon Teisserenc de Bort in Trappes bei Paris 1896 folgte. Von deutscher Seite wurde die Aerologie an Instituten gefördert, die aus Staatsmitteln gegründet sind, der Drachenstation der Seewarte in Hamburg unter Köppen, ferner der unter einem Kuratorium stehenden Drachenstation Friedrichshafen am Bodensee, sowie besonders an dem von Aßmann begründeten Preußischen Aeronautischen Observatorium, zuerst in Reinickendorf bei Berlin, seit 1905 bei Lindenberg, Kreis Beeskow. Die aerologischen Verhältnisse in den anderen Zonen der Erde wurden durch vorübergehende Expeditionen erforscht, von dauernden Einrichtungen ist besonders das Observatorium bei Batavia auf Java zu nennen. Internationale aerologische Zusammenarbeit ist durch die Kommission für wissenschaftliche Luftfahrt herbeigeführt und bis zum Weltkriege unter dem Vorsitz von Hergesell unterhalten worden (s. die Veröffentlichungen dieser Kommission). *Tetens.*

Aerologische Meßmethoden. Die ersten Messungen meteorologischer Elemente in der freien Atmosphäre geschahen im bemannten Freiballon mittels Augenablesungen. Um an der zu hebenden Last und damit an Kosten zu sparen und andauernd regelmäßige aerologische Beobachtungen zu ermöglichen, begann man am Ende des vorigen Jahrhunderts die Augenablesungen durch Registrierungen zu ersetzen. Die hierfür konstruierten Instrumente, Meteorographen, haben je nach dem für den unbemannten Aufstieg benutzten Flugkörper verschiedene Form: 1. Der Drachenmeteorograph registriert meist Luftdruck, Temperatur, Feuchte und Windgeschwindigkeit als Funktion der Zeit. Die Windrichtung ergibt sich aus dem Stande des Drachens, der den Apparat trägt. Es werden meist mehrere Drachen in bestimmten Abständen am Haltedraht befestigt, von denen nur der oberste ein Registrierinstrument trägt, während die andern dazu bestimmt sind, die Last des Haltedrahtes zu tragen. 2. Der Fesselballonmeteorograph unterscheidet sich von dem vorigen dadurch, daß keine Windregistrierung vorhanden ist. Die Fesselballonaufstiege dienen als Ergänzung der Drachenaufstiege, wenn nicht genügend Wind vorhanden ist. Um einwandfreie Registrierungen zu erhalten, werden die Ballonmeteorographen bisweilen mit Ventilation ausgestattet.

Unter günstigen äußeren Verhältnissen lassen sich bei gut ausgebildeter Drachen- und Fesselballontechnik mittlere Höhen von 4—5 km erreichen. Die bisher höchsten Aufstiege haben in Deutschland am Observatorium Lindenberg mit Drachen 9740 m und mit Fesselballonen 9200 m erreicht. Mit diesen beiden Methoden ist es möglich geworden, jahrelang ununterbrochene Reihen täglicher Aufstiege zu gewinnen. Die Höhe der Aufstiege ist beschränkt durch extrem starke Winde, ungünstige Windschichtungen und im Winter durch Reifansatz. 3. Diese Schwierigkeiten werden neuerdings zum Teil durch Flugzeugaufstiege überwunden. Hier aber verhindern wieder schlechte Sicht und dickere Wolken einen regelmäßigen Betrieb. Als Registrierinstrument dient hier meist ein Drachenmeteorograph ohne Anemometer. 4. Gänzlich unabhängig vom Wetter ist die Registrierballonmethode. Man benutzt meist mit Wasserstoff gefüllte Gummiballone von einiger Kubikmetern Inhalt, an denen das Instrument mit Fallschirm aufgehängt wird. Der Ballon steigt ungefesselt auf und platzt nach etwa einer Stunde in 10—15, bisweilen über 20 km Höhe, worauf der Fallschirm mit dem Instrument langsam wieder zur Erde sinkt. Der Finder benachrichtigt das Observatorium. Die benutzten Meteorographen sind verschieden gebaut, je nach dem zur Verfügung stehenden Auftrieb des Ballons. Die größten registrieren Druck, Temperatur und Feuchte als Funktion der Zeit, die kleineren nur Druck und Temperatur. Will man auch das Gewicht der Uhr sparen, so registriert man die Temperatur als Funktion des Druckes.

Die Auswertung der gewonnenen Registrierungen geschieht in der Weise, daß man mit Hilfe der erhaltenen Werte von Druck, Temperatur und Feuchte die Beziehung zwischen Druck und Höhe ableitet (s. barometrische Höhenmessung). Dann kann man für jede gewünschte Höhe die meteorologischen Elemente angeben, andererseits für jeden markanten Punkt der Zustandskurve (s. diese) auch die Höhe. 5. Nur zur Bestimmung der Windgeschwindigkeit und Windrichtung in der freien Atmosphäre dienen Pilotballone (s. diese). In Schichten, wo sich Wolken befinden, läßt sich die Luftversetzung auch aus diesen bestimmen u. a. der Wolkenspiegel, der Wolkenrechen sowie photographische Aufnahmen mit besonders gebauten Wolkentheodoliten oder dauernd zenitwärts gerichteter Apparaten. *G. Stüve.*

Näheres s. Aßmann, Das Kgl. Pr. Observatorium Lindenberg. Braunschweig 1915.

Aeromechanik. Die Aeromechanik ist die Mechanik der gasförmigen Körper. Sie läßt sich in die beiden Sondergebiete der Aerostatik und der Aerodynamik zerlegen, je nachdem die Eigenschaften ruhender oder bewegter Gasmassen behandelt werden. Die kinetische Gastheorie, sowie alle Erscheinungen, welche auf die molekulare Konstitution der Gase zurückgeführt werden müssen, werden gewöhnlich nicht mit zur Aeromechanik gerechnet. *O. Martienssen.*

Aeroplan s. Flugzeug.

Aerostatik. Die Aerostatik ist die Lehre von den Eigenschaften der ruhenden Gase. In ihr werden in erster Linie Druck und Dichte ruhender Gase behandelt und die mit diesen Eigenschaften zusammenhängenden Fragen. *O. Martienssen.*

Aestuarium s. Flußgeschwelle.

Aethrioskop, Thermometer in einem Hohlspiegel zur Messung der Raumstrahlung. s. Pyrgeometer. *Gerlach.*

Das **Ätzen** des Glases beruht auf der Eigenschaft des Fluorwasserstoffs, das Glas heftig anzugreifen. Fluorwasserstoff verbindet sich mit Kieselsäure zu gasförmigem Siliziumfluorid, das bei Gegenwart von genügend Wasser in Kieselflußsäure übergeht. Auf Silikate wirkt wässeriger Fluorwasserstoff (Flußsäure) unter Bildung von Salzen der Kieselflußsäure ein. Einige dieser Salze sind schwer löslich, sie können sich beim Ätzvorgang in Form von Kristallen fest an das Glas ansetzen; die Säure wirkt dann ungleichmäßig auf das Glas ein, die Ätzfläche bekommt ein mattes Aussehen. Gasförmiger Fluorwasserstoff gibt matte Ätzflächen. Man entwickelt das Gas aus Flußspatpulver, das in einem Bleitrog mit Schwefelsäure zu einem Brei angerührt wird. In der Technik wendet man zum Mattätzen konzentrierte Lösungen von sauren Alkalifluoriden an. Mit verdünnter wässeriger Flußsäure werden blanke Ätzflächen erhalten, zumal wenn etwa sich ansetzende Salze durch Bewegen der Flüssigkeit oder durch Abpinseln der Flächen beseitigt werden. Die chemische Zusammensetzung des Glases hat ebenfalls einen Einfluß auf die Beschaffenheit der Ätzfläche.

Zum Einätzen von Schrift- und sonstigen Zeichen überzieht man das Glas mit einer dünnen Wachsschicht, ritzt die Zeichen mit einem Griffel in das

Wachs ein und überstreicht sie mittels einer Feder-
fahne oder einem an Draht befestigten Wattebausch
mit Flußsäure. Nach dem Abwaschen mit Wasser
erwärmt man und wischt das Wachs ab.

Mit käuflicher Ätztinte, einer gesättigten Lösung
von Fluorammon in Flußsäure, die mit gefälltem
Schwerspatpulver versetzt ist, lassen sich auf Glas
dauerhafte matte Schriftzeichen schreiben. — Matte
Stempeldrucke erhält man, wenn man auf das Glas
mit einem Stempel Fett aufdruckt, den Abdruck mit
fein gepulvertem Ammonfluorid einpinselt und ge-
linde erwärmt.   *R. Schaller.*

Äußere Charakteristik der Gleichstrommaschinen.

Man versteht hierunter eine Kurve, welche den
Zusammenhang zwischen der Klemmenspannung
und dem Belastungsstrom eines Gleichstromgenerators darstellt, der bei unverändertem Widerstand im Erregerkreis mit konstanter Umdrehungszahl betrieben wird. Sie ist besonders wichtig für
die Frage des störungsfreien Parallelbetriebes
mehrerer Generatoren, die auf ein gemeinsames
Netz arbeiten. Da hierfür in erster Linie fremd-
oder selbsterregte Nebenschlußmaschinen in Frage
kommen, sollen nur diese besprochen werden; man
rüstet sie zwar aus bestimmten Gründen (Stabilität,
Spannungsregulierung!) häufig mit einer sog.
Hilfs-Compoundwicklung, d. h. einigen wenigen
Serienwindungen, auf den Polen aus, doch kann
für prinzipielle Betrachtungen deren Einfluß vernachlässigt werden.

Die Kurve hat einen wesentlich verschiedenen
Charakter, je nachdem man es mit Fremd- oder
Selbsterregung zu tun hat. Wir betrachten zunächst
den ersteren Fall (siehe Fig. 1):

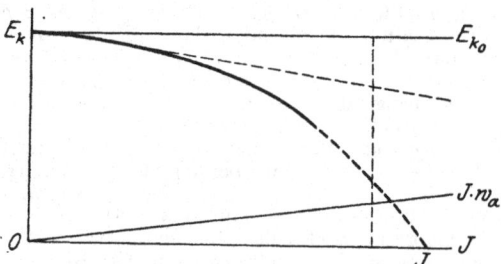

Fig. 1. Äußere Charakteristik der Gleichstrommaschinen.

Wie ersichtlich, sinkt mit zunehmendem Belastungsstrom die im Leerlauf eingestellte
Klemmenspannung anfangs langsam, dann sehr
rasch und würde bei völligem Kurzschluß (Widerstand im äußeren Stromkreis = 0!) den Wert 0
erreichen, der dem Maximalwert des Stromes
entspricht. In der Praxis wäre dies freilich ein
gefährliches Experiment, sobald es sich um irgendwie namhafte Maschinenleistungen handelt, da der
Kurzschlußstrom bei modernen Maschinen den
Normalstrom, besonders bei plötzlichem Kurzschluß,
um ein Vielfaches übertrifft. Die Erhitzung des
Ankers und die Funkenbildung am Kommutator
würden in kurzer Zeit die ganze Maschine zerstören.
Wo derartige Kurzschlüsse des voll erregten
Generators nicht zu vermeiden sind (Bahnanlagen,
Schweißmaschinen u. a. m.!), müssen sie durch
besondere Bauart unschädlich gemacht, oder ihre
Dauer muß durch automatisch wirkende Schalter
beschränkt werden.

Als Ursache für das Sinken der Klemmenspannung
mit der Belastung leuchtet zunächst ohne weiteres
der mit dem Belastungsstrom ungefähr proportional
steigende ohmsche Abfall im inneren Widerstand w_a
der Maschine (Ankerwicklung, Übergangswiderstände am Kommutator!) ein. Zeichnet man sich
aber in das auf dem Prüffeld aufgenommene
Diagramm einer Maschine die Gerade $J w_a = f(J)$
ein und vergleicht deren Ordinaten mit der tatsächlichen Verminderung der Spannung ihrem
Ausgangswert gegenüber, so findet man meist,
daß zumindest nach Überschreiten des Normal-
stromes der gesamte Abfall sehr erheblich größer
als der Ohmsche ist. Der Grund hierfür liegt in
der Störung des fremderregten, induzierenden
Feldes durch das von der stromdurchflossenen
Ankerwicklung erzeugte Feld (siehe Ankerrückwirkung!). Wie groß diese Störung ist, hängt sehr
wesentlich von der Bauart der Maschine ab. Große,
moderne Gleichstrom-Turbogeneratoren mit sog.
Kompensationswicklung haben z. B. eine verschwindend kleine Ankerrückwirkung und entsprechend enorme Kurzschlußstromstärken.

Bei Selbsterregung einer Nebenschlußmaschine
muß der Spannungsabfall bei Belastung größer
und die Kurzschlußstromstärke kleiner sein als
bei Fremderregung, weil Klemmen- und Erregerspannung hier identisch sind; bei vollem, äußerem
Kurzschluß verschwindet auch der Erregerstrom
und mit ihm das induzierende Feld. Da dieser
Vorgang aber infolge der hohen Induktivität der
Erregerwicklung recht erhebliche Zeit in Anspruch
nimmt, ist auch der plötzliche Kurzschluß einer
größeren, selbsterregten Nebenschlußmaschine nichts
weniger als ungefährlich. Bei langsamer Verminderung des äußeren Widerstandes dagegen läßt sich
bei modernen Maschinen der Kurzschluß mit einiger
Vorsicht durchführen; Fig. 2 zeigt ein Bild der sich
ergebenden äußeren Charakteristik.

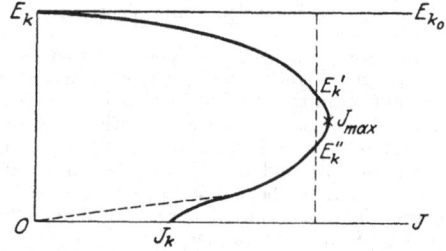

Fig. 2. Äußere Charakteristik der Gleichstrommaschinen.

Bei der Selbsterregung fallen, wie ersichtlich,
maximaler Strom J_{max} und Kurzschlußstrom J_k
nicht zusammen, und zu jeder Stromstärke J
gehören im allgemeinen 2 Werte der Klemmenspannung. Daß J_k nicht = 0 wird, sondern einen
bei derselben Maschine meist stark variablen
endlichen Wert behält, ist eine Folge der Remanenz.
Praktische Bedeutung hat natürlich nur der obere
Ast der Kurve, da die Maschinen ihren Maximal-
strom niemals dauernd vertragen würden, und der
dazugehörige Spannungsabfall viel zu groß wäre.
Die Ursachen des letzteren sind außer der oben
erwähnten Verminderung der Erregung selbstverständlich genau die gleichen wie bei der fremderregten Maschine.

In der Praxis kommt als Ursache des Spannungsabfalls zwischen Leerlauf und Vollast noch ein

anderer wichtiger Faktor in Frage. Es ist dies die Tourenänderung der Antriebsmaschine, die ihrerseits wiederum von deren Regulator abhängt und immerhin einige Prozente beträgt (bei kleinen Verbrennungskraftmaschinen, z. B. bis zu 5 vH!). Zieht man alle diese Ursachen in Rechnung, so kommt man zu Spannungsänderungen von 5—15 vH bei Fremderregung, 7—20 vH bei Selbsterregung. Im allgemeinen wird eine Maschine um so schwerer und teurer, je geringer ihre Spannungsänderung ist. Die obigen Werte gelten für normale, kleine und mittelgroße Maschinen. Große Gleichstrom-Turbogeneratoren mit richtig dimensionierter Hilfs-Serienwicklung geben praktisch konstante Spannung zwischen Leerlauf und Vollast, da bei ihnen der Ankerwiderstand sehr klein, die Ankerrückwirkung, wie schon oben erwähnt, durch eine sog. Kompensationswicklung beseitigt ist.   *E. Rother.*
Näheres s. Linker, Elektrotechnische Meßkunde.

Äußere Charakteristik der Wechselstromgeneratoren. Diese für den praktischen Betrieb wichtigste Kennlinie gibt genau wie bei Gleichstrommaschinen (siehe dies!) den Zusammenhang zwischen Klemmenspannung und Belastungsstrom bei unveränderter Felderregung. Quantitativ wie qualitativ ist aber der Unterschied bezüglich der Spannungsänderung zwischen Leerlauf und Vollast sehr erheblich, wie Fig. 1 zeigt; dieselbe ist unter der ge-

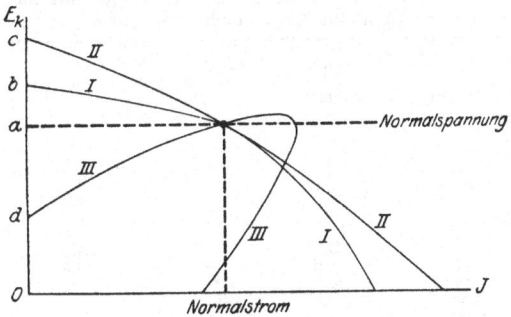

Fig. 1. Äußere Charakteristik der Wechselstromgeneratoren.

bräuchlichen Annahme gezeichnet, daß die Felderregung so einreguliert ist, daß der Generator bei Normalstrom gerade die Normalspannung liefert.

Der Verlauf der Charakteristik ist ein völlig verschiedener, je nachdem der betreffende Generator rein ohmisch, z. B. mit Glühlampen, belastet wird (Kurve I), auf ein reines Kraftnetz mit Freileitung für Asynchronmotoren arbeitet (Kurve II) oder schließlich ein ausgedehntes Kabelnetz für Lichtbetrieb speist (Kurve III).

Die Spannungsänderung zwischen Vollast und Leerlauf wird durch die Strecken ab, ac und ad dargestellt; sie kann sowohl positiv wie negativ sein. Die Spannungserhöhung ist um so erheblicher, je größer bei Vollast die nacheilende Stromkomponente ist. Es tritt aber bei Entlastung Spannungserniedrigung auf, wenn ein erheblicher, voreilender Ladestrom im äußeren Schließungskreis fließt.

Die erste Ursache für diese Erscheinung ist der induktive Widerstand der Statorwicklung des Generators, der neben dem unvermeidlichen Ohmschen Widerstand stets auftritt und sehr erhebliche Werte erreicht, da sämtliche Streufelder wenigstens teilweise eisengeschlossen sind.

Ist eine Maschine rein ohmisch belastet, so bedeutet dies, daß Klemmenspannung und Strom in Phase sind; für diesen einfachsten Fall gilt Fig. 2:

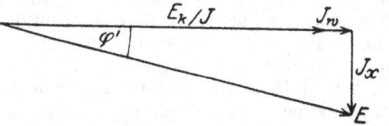

Fig. 2. Äußere Charakteristik der Wechselstromgeneratoren. Klemmenspannung und Strom in Phase.

Von der wirklich induzierten konstanten Spannung E müssen die Reaktanzspannung J.x und die Resistanzspannung J.w vektoriell abgezogen werden, um die dem Strom J entsprechende Klemmenspannung E_K zu erhalten. Es ist stets

$$E_K < E.$$

In verstärktem Maß tritt dies ein, wenn der Belastungsstrom der Klemmenspannung erheblich nacheilt. Der Grund hierfür ist in der Praxis in der Regel außer der erheblichen Induktivität ausgedehnter Freileitungen für mittelhohe Spannungen der relativ große Blindstrom, den normale Asynchronmotoren zur Erzeugung ihrer Drehfelder brauchen. Fig. 3 veranschaulicht, daß in diesem Fall die Spannungsänderung bei gleichem Strom gegenüber Fig. 2 wesentlich größer ausfallen muß.

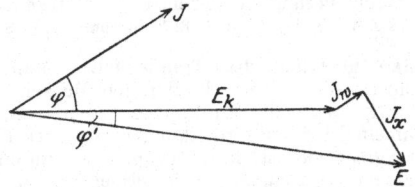

Fig. 3. Äußere Charakteristik der Wechselstromgeneratoren. Belastungsstrom eilt der Klemmenspannung nach.

Die Verhältnisse kehren sich um, wenn der Strom der Spannung voreilt (s. Fig. 4).

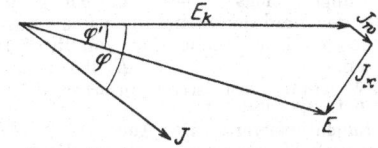

Fig. 4. Äußere Charakteristik der Wechselstromgeneratoren. Belastungsstrom eilt der Klemmenspannung vor.

Wie ersichtlich, kann in diesem Fall bei kleinem Ohmschen Widerstand, d. h. bei großen Generatoren, die Klemmenspannung sogar größer als die induzierte Spannung werden.

Geht man aber mit der Nachprüfung von auf dem Versuchsstand experimentell aufgenommenen äußeren Charakteristiken ins Einzelne, so findet man analog wie bei Gleichstrommaschinen, daß die Impedanz des Stators allein nicht entfernt so große Spannungsänderungen zwischen Leerlauf und Vollast hervorrufen kann, als man sie tatsächlich, besonders in den Fällen b und c beobachtet (15 bis 30 vH!). Der Grund hierfür liegt auch hier in der magnetischen Rückwirkung des Belastungsstromes auf das induzierende Feld (s. „Ankerrückwirkung bei Wechselstromgeneratoren").   *E. Rother.*
Näheres s. Handbuch der Elektrotechnik, Bd. IV. Ein- und Mehrphasen-Wechselstrom-Erzeuger von Dr. F. Niethammer. 2. Aufl. 1906.

Aggregatszustände s. Koexistierende Phasen.

Agone. Auf der Erde die Linie ohne magnetische Deklination, scheidet westliche von östlicher Mißweisung. Der Hauptzweig z. Zt. geht durch beide magnetische und geographische Pole und berührt folgende Punkte: Westküste der Hudsonbay, Orinocomündung, Rio de Janeiro, Westaustralien, Persischer Golf, Krim, Petersburg, Nordkap und Westspitzbergen. Außerdem liegt eine ovale Agone in Ostasien.   *A. Nippoldt.*

Akkommodation (Anpassung), magnetische, bezeichnet die Eigentümlichkeit ferromagnetischer Substanzen, hauptsächlich sehr weichen Eisens, bei sprungweiser Änderung der Feldstärke von einem positiven zu einem gleich hohen negativen Wert erst nach einer Anzahl derartiger „Kommutierungen" (vgl. Magnetisierungskurven) den endgültigen Zustand anzunehmen; auch bei kleineren, sprungweisen Änderungen zeigen sich derartige, mit der Hysterese zusammenhängende Erscheinungen. Bei der Aufnahme einer Kommutierungskurve mit dem ballistischen Galvanometer ist es daher erforderlich, mit jeder Feldstärke vor der endgültigen Ablesung eine größere Anzahl (mindestens 10 bis 20) von Kommutierungen auszuführen. Die wahre Natur der Erscheinung ist noch nicht völlig geklärt, doch scheint nach Velander ein Zusammenhang zwischen der Akkommodation und der Güte der vorhergegangenen Entmagnetisierung zu bestehen.   *Gumlich.*

Näheres s. Velander, Arch. f. Elektrotechn. Bd. 6, S. 409. 1918.

Akkommodation des Trommelfells. Man hat verschiedentlich einem bestimmten Muskel, dem Tensor tympani, die Funktion zugeschrieben, das Trommelfell bei der Einwirkung verschieden hoher Töne verschieden stark zu spannen und durch die veränderte Spannung seinen Eigenton zu verändern, derart daß das Trommelfell dadurch zur Resonanz auf den betreffenden Ton eingestellt wird. Jedoch hat sich diese Vermutung bisher nicht bestätigen lassen. Zwar scheinen Versuche von W. Köhler zu zeigen, daß das Trommelfell beim Erklingen eines Tones plötzlich gespannt wird, aber der Grad der Spannung scheint nur von der Stärke der Töne, nicht aber von ihrer Höhe abzuhängen.   *E. Waetzmann.*

Näheres s. W. Köhler, Akustische Untersuchungen I. Zeitschrift f. Psychologie 54.

Akkommodationsbreite. Das Auge hat die Fähigkeit, Gegenstände aus verschiedener Entfernung auf der Netzhaut deutlich abzubilden; man nennt sie das Akkommodationsvermögen. Das Mittel dazu liegt einmal in der Möglichkeit, die Krümmungen der Außenflächen der Kristallinse zu ändern. Wird der Ziliarmuskel erschlafft, so wölben sich beide Außenflächen weiter vor, wird er angespannt, so flachen sie sich ab. Im ersten Falle ist das Auge zur Wahrnehmung näherer, im zweiten fernerer Außendinge befähigt. Gullstrand hat ferner darauf hingewiesen, daß der geschichtete Bau der Kristallinse bei gleicher Krümmungsänderung der Außenflächen eine größere Verschiedenheit der Brennweiten ermögliche als bei homogener Anlage, und daß darin wohl die Rechtfertigung jenes Baus zu suchen sei. In seinem schematischen Auge, der — soweit bis jetzt bekannt — genauesten theoretischen Annäherung an die tatsächlichen Verhältnisse, ändert sich durch die Akkommodationsbetätigung die Brennweite von 17,1 mm im Ruhezustand bis auf 14,2 mm, beides

auf Luft bezogen. — Nennt man den Achsenpunkt, auf den das Auge in Akkommodationsruhe eingestellt ist, R (emotum) = Fernpunkt und den bei ergiebigster Akkommodationsanstrengung P (roximum) = Nahepunkt und bezeichnet mit H den vorderen Augenhauptpunkt, dessen Lagenänderung bei der Akkommodation wegen ihrer Geringfügigkeit (unter 0,5 mm) hier unberücksichtigt bleibe, so ist die von F. C. Donders eingeführte Akkommodationsbreite zu bestimmen, durch die Beziehung

$$A_{kk} = \frac{1}{HR} - \frac{1}{HP}.$$

Dabei ist das zweite Glied bei Emmetropen und Myopen, häufig auch bei Hyperopen, negativ, weil bei reellen Objekten in P die Strecke H P als gegen die Lichtrichtung gemessen negativ gerechnet wird. In emmetropischen Augen liegt R in weiter Ferne, H R = ∞, und es verschwindet für sie das erste Glied. A_{kk} hat also stets einen positiven Wert. — Nach dem heutigen Stande der Kenntnis (man ist nicht merklich über die Donderschen Ansichten von 1876 hinausgekommen) ist die Akkommodationsbreite vom Refraktionszustande nicht wesentlich abhängig, wohl aber vom Lebensalter, wie das erkennen läßt die nachfolgende Zusammenstellung von Durchschnittswerten emmetropischer Augen.

Die Änderung der Akkommodationsbreite mit zunehmendem Alter nach Donders.

Lebensalter in Jahren	Abstand von P in cm	Abstand von R in cm	A_{kk} in dptr
10	− 7,1	∞	14
15	− 8,3	∞	12
20	− 10,0	∞	10
25	− 11,8	∞	8,5
30	− 14,3	∞	7
35	− 18,2	∞	5,5
40	− 22,2	∞	4,5
45	− 28,6	∞	3,5
50	− 40		2,5
55	− 66,6	400	1,75
60	−200	200	1,0
65	400	133	0,5
70	100	80	0,25
75	57,1	57,1	0
80	40	40	0

Rückt der Nahepunkt weiter fort als 21,7 cm (8 Pariser Zoll), so bezeichnet man das Auge nach Donders als presbyopisch, ein Fall, der nach der Tabelle etwa mit 40 Jahren einzutreten pflegt.

Zuerst fiel die Akkommodation wohl 1619 dem Jesuiten Chr. Scheiner auf, der auch schon zwei Erklärungsmöglichkeiten dafür angab, die richtige der Krümmungsänderung der Flächen der Kristallinse und die falsche der akkommodativen Abstandsänderung zwischen Kristallinse und Netzhaut. Im späteren 17. und im 18. Jahrhundert findet man, wenn überhaupt die Akkommodation besprochen wird, diese Möglichkeiten wiederholt. Eine Wiederaufnahme ihres Studiums griff auf A. Cramer 1851 zurück, und gleich danach gibt Helmholtz seine oben geschilderte Akkommodationstheorie, um 1853, die später von A. Gullstrand gegen die Angriffe M. Tschernings siegreich verteidigt wurde.
    v. Rohr.

Näheres s. Helmholtz, Physiologische Optik, 3. Aufl. Band 1. Leipzig. L. Voss 1909.

Akkord nennt man ein Zusammenklingen von mehr als zwei Einzelklängen. Die einfachsten und wichtigsten Akkorde sind die dreistimmigen oder Dreiklänge. Damit ein Akkord „konsonant" (s. Konsonanz) ist, müssen sämtliche Einzelklänge desselben untereinander konsonant sein. Innerhalb des Intervalles einer Oktave sind nur folgende sechs konsonanten Dreiklänge möglich:

c	e	g	} Durdreiklang.
1	$\frac{5}{4}$	$\frac{3}{2}$	
c	es	g	} Molldreiklang.
1	$\frac{6}{5}$	$\frac{3}{2}$	
c	es	as	} Dur-Terzsextenakkord.
1	$\frac{6}{5}$	$\frac{8}{5}$	
c	e	a	} Moll-Terzsextenakkord.
1	$\frac{5}{5}$	$\frac{5}{3}$	
c	f	a	} Dur-Quartsextenakkord.
1	$\frac{4}{3}$	$\frac{5}{3}$	
c	f	as	} Moll-Quartsextenakkord.
1	$\frac{4}{3}$	$\frac{8}{5}$	

In diesen sechs Akkorden treten an Intervallen (s. d.) je zweier Einzelklänge auf: Quinte, Quarte, große und kleine Terz, große und kleine Sexte.
E. Waetzmann.

Näheres s. H. v. Helmholtz, Die Lehre von den Tonempfindungen. Braunschweig 1912.

Aktinometer. Meßapparate der Sonnenstrahlung ("actine". Wärmeaktinometer (Herschel, Pouillet), chemisches Aktinometer (E. Becquerel). Näheres s. Pyrheliometer. *Gerlach.*

Aktinophon s. Bestrahlungstöne.

Aktiver (elektrischer) Zustand s. Passivität.

Aktivierungszahl. Wird ein, gewöhnlich auf hohes negatives Potential geladener blanker Draht in einer Atmosphäre, die radioaktive Emanationen in beliebiger Konzentration enthält, durch eine Anzahl von Stunden exponiert, so sammeln sich auf ihm zunächst die aus den Emanationen entstehenden positiv geladenen A-Produkte an, aus denen sich im weiteren die B- und C-Substanzen bilden (vgl. "Radioaktivität"). Der Draht wird nach der Exposition in ein Ionisationsgefäß gebracht und die durch ihn bewirkte Erhöhung der Zerstreuung gemessen. Der so gewonnene Spannungsabfall in Volt pro Stunde ausgedrückt und durch die Länge des Drahtes in Metern dividiert wird als Aktivierungszahl bezeichnet und soll als relatives Maß für die in der betreffenken Atmosphäre enthaltenen radioaktiven Zerfallsprodukte dienen. Das Ergebnis hängt, selbst wenn das Potential des Drahtes, die Expositionszeit, sowie die Meßanordnung (Kapazität, Empfindlichkeit usw.) konstant gehalten werden, noch von der Luftbewegung, von der Verteilung der radioaktiven Stoffe im Expositionsraum, von der Beweglichkeit der A-Produkte usw. ab. *K. W. F. Kohlrausch.*

Akustik ist erstens die Lehre vom Schall (s. d.) und zweitens die Gesamtheit der Eigenschaften eines Raumes, von welchen die mehr oder weniger gute Hörbarkeit von Sprache und Musik in dem betreffenden Raume abhängt. Über Akustik im letzteren Sinne s. Raumakustik.

Die Lehre vom Schall oder die Akustik pflegt man nach Helmholtz einzuteilen in physikalische und physiologische Akustik.

Die physikalische Akustik hat die Aufgabe, die Bewegungen zu untersuchen, welche feste, flüssige oder gasförmige Körper ausführen, wenn sie einen dem Ohre vernehmbaren Schall hervorbringen. Sie gehört also ihrem Wesen nach unter die Lehre von den Bewegungen elastischer Körper und ist nur deshalb als selbständige Wissenschaft von der Elastizitätslehre abgetrennt, weil — nach einem Ausspruche von Helmholtz — durch die Anwendung des Ohres als Hilfsapparat

"eigentümliche Arten von Versuchen und Beobachtungsmethoden herbeigeführt wurden". Das Ohr und das Hören interessieren in der physikalischen Akustik also nur als bequemste und nächstliegende Hilfsmittel zur Untersuchung der betreffenden elastischen Schwingungen.

Die physiologische Akustik hat sich einerseits mit dem Ohre und den Vorgängen im Ohre beim Hören und andererseits mit dem Stimmorgan und den Vorgängen beim Singen, Sprechen usw. zu befassen. Innerhalb der physiologischen Akustik sind nun teils wieder rein physikalische Untersuchungen auszuführen, teils physikalisch-physiologische, teils physiologische und anatomisch-physiologische und teils psychologische. Es ist hierbei nicht möglich, eine strenge Begrenzung der einzelnen Teilgebiete gegeneinander durchzuführen.

Leider ist besonders in Deutschland das Interesse der Physiker an akustischen Fragen seit längerer Zeit ein unverdient geringes. *E. Waetzmann.*

Näheres s. H. v. Helmholtz, Die Lehre von den Tonempfindungen. Braunschweig 1912.

Akustikon wird eine von Rayleigh angegebene, aus einem möglichst empfindlichen Mikrophon und einem Telephon zusammengesetzte Apparatur genannt, welche dem Schwerhörigen das Hören erleichtern soll. Alle derartigen Apparate haben den grundsätzlichen schweren Mangel, daß das Mikrophon auch die störenden Nebengeräusche verstärkt, und zwar oftmals mehr als den Schall (Sprache), den es verstärken soll. S. auch Schalltrichter. *E. Waetzmann.*

Akustische Abstoßung und Anziehung. Die älteste hierher gehörige Beobachtung war die, daß eine an einem dünnen Faden hängende Scheibe aus Papier, Holundermark od. dgl. von einer tönenden Stimmgabel angezogen wurde, wenn sie sich in etwa 1 cm Abstand von der Gabel befand und ihre Ebene senkrecht zur Schwingungsrichtung der Gabel stand. Befestigt man an der einen Zinke der Gabel noch ein Kartonblatt, dessen Ebene der beweglichen Scheibe parallel ist, so wird die Wirkung entsprechend der Vergrößerung der "anziehenden" Fläche noch verstärkt. W. Thomson wies zur Erklärung der Erscheinung auf mögliche Druckverminderungen in dem Raume zwischen der schwingenden Gabel und der "angezogenen" Platte hin. Schellbach fand, daß Körper, die im Vergleich zu dem Medium (Luft), in welchem sich der Vorgang abspielt, spezifisch schwerer sind, angezogen, spezifisch leichtere dagegen abgestoßen werden. Als Tonquellen wurden vielfach die Resonanzkästen tönender Stimmgabeln benutzt. Leichte Glasballone, die mit Kohlensäure gefüllt waren, wurden zu der Öffnung des Resonanzkastens hingezogen, solche mit Wasserstofffüllung von ihr fortgestoßen. Dvořák ließ die Gase oder Dämpfe direkt an der Erregeröffnung vorbei aufsteigen oder absteigen und fand die Schellbachschen Resultate bestätigt. Aus der Thomsonschen Theorie der Druckverteilung lassen sich diese Ergebnisse auch theoretisch begründen.

Benutzt man als reagierende Körper Luftresonatoren (s. d.), z. B. kleine, einseitig offene Zylinder aus Papier oder Aluminium, und hängt einen solchen Resonator vor dem Resonanzkasten einer tönenden Stimmgabel in der Weise auf, daß ihre Öffnungen einander parallel gegenüberstehen, so wird der bewegliche Resonator in der Regel "abgestoßen" (Dvořák). Diese Erscheinung beruht darauf, daß, wie Rayleigh gefunden hat, aus der Öffnung eines tönenden Resonators ein Luftstrom austritt. Bei sehr starker Erregung kann dieser Luftstrom (Wirbelringe) so kräftig werden, daß er eine Kerze auslöscht. Die beobachtete „Abstoßung" ist dann eine Reaktionswirkung gegen den austretenden Luftstrom. Natürlich kann bei geeigneter Anordnung des Resonators die fortschreitende Bewegung in eine Rotationsbewegung umgewandelt werden. Befestigt man vier gleiche Resonatoren (Öffnungsebene senkrecht) je an den vier Enden eines auf einer Spitze in horizontaler Ebene drehbaren leichten Holz- oder Aluminiumkreuzes, so hat man damit ein Schallreaktionsrad. Auch sog. Schallradiometer sind konstruiert worden (Dvořák).

Je nach der Form der Öffnung kann ein Luftresonator statt abgestoßen auch angezogen werden. Überhaupt zeigt sich ein großer Reichtum von verschiedenen Erscheinungen, und diese hängen in sehr verwickelter Weise von den verschiedensten Faktoren ab (Dvořák, Neesen).

In einer sehr schönen Untersuchung hat Lebedew eine gesetzmäßige Wechselwirkung zwischen den erregenden und den im beweglichen Resonator erregten Schwingungen festgestellt. Diese Wechselwirkung war bei früheren Versuchsanordnungen in der Regel durch andere Effekte (die genannte Reaktionswirkung und die direkte Einwirkung einer auf eine feste Wand auftreffenden Schallwelle) überdeckt worden.

Die Gesamtheit der Erscheinungen, die man als akustische Abstoßung und Anziehung oder als akustische Bewegungserscheinungen oder auch als akustische ponderomotorische Wirkungen bezeichnet, bedürfen noch dringend weiterer Untersuchung und Klärung.
E. Waetzmann.
Näheres s. P. Lebedew, Wied. Ann. 62, 1897.

Akustische Durchlässigkeit der Atmosphäre. Sie ist in sehr verwickelter Weise von den verschiedensten Faktoren bestimmt. Besonders auffällige Erscheinungen können durch eigenartige Temperaturschichtungen (s. Echo) veranlaßt werden. Des Nachts „trägt" die Atmosphäre den Schall im allgemeinen besser als bei Tage, namentlich an sonnigen Tagen. Allgemein gültige Regeln lassen sich bisher kaum angeben. S. auch Beugung, Brechung und Reflexion des Schalles.
E. Waetzmann.
Näheres s. J. Tyndall, Der Schall. Deutsch von A. v. Helmholtz und Cl. Wiedemann. Braunschweig 1897.

Akustische Linse s. Brechung des Schalles.
Akustische Wolke s. Reflexion des Schalles.
Akzeleration der Mondbewegung. Von Halley durch Vergleich neuer Beobachtungen mit alten Finsternisaufzeichnungen entdeckte Beschleunigung der mittleren Bewegung des Mondes von etwa 10″ im Jahrhundert. Laplace glaubte die Störung damit erklären zu können, daß die Exzentrizität der Erdbahn im Abnehmen sei. Indes wies Adams nach, daß auf diese Weise nur 6″ erklärt werden können und nach den neuesten Untersuchungen von Brown bleiben mindestens 3″ unerklärt. Zur Erklärung dieses Restes hat G. H. Darwin die Flutreibung (s. d.) herangezogen.   *Bottlinger.*
Näheres s. Die Lehrbücher der Himmelsmechanik.

Akzente der Sprache. Man unterscheidet den musikalischen, den dynamischen und den temporalen Akzent. Der musikalische Silbenakzent ist die Tonhöhenbewegung innerhalb der einzelnen Silbe, während die Unterschiede der absoluten oder durchschnittlichen Tonhöhen der einzelnen Silben im Worte bzw. Satze den Wort- bzw. Satzakzent ergeben. Der dynamische Akzent beruht in der Hervorhebung einer Silbe mittels eines intensiveren akustischen Eindruckes. Dieser kann durch kräftigere und bestimmtere Artikulation oder durch größere Intensität der Schallwellen hervorgerufen werden. Der temporale Akzent beruht in der Zeitdauer der einzelnen Vokale, Konsonanten und ihrer Übergänge.
E. Waetzmann.
Näheres s. H. Gutzmann, Physiologie der Stimme und Sprache. Braunschweig 1909.

Alarmthermometer s. Fernthermometer.

Albedo ist nach Lambert das Verhältnis der diffus reflektierten zur auffallenden Lichtmenge bei einer matten Oberfläche. Die Albedo spielt in der Beleuchtungstheorie der nichtleuchtenden Himmelskörper eine große Rolle. Da verschiedene matte Flächen sich durchaus verschieden verhalten, lassen sich mehrere plausible mathematische Definitionen für die Albedo geben, die jedoch nur bei wenigen Himmelskörpern die Abhängigkeit von der Phase (s. dort) einigermaßen darstellen. Eine umfassende Beleuchtungstheorie ist von Seeliger mit dem Lommel-Seeligerschen Reflexionsgesetz entwickelt worden (Abhandl. Bayr. Akad. 1888). Neuerdings sind von H. N. Russel (Astrophysical Journ. Bd. 43, 1916) mit der Bondschen Definition die Albedowerte der Planeten neu errechnet worden. Folgende Tabelle gibt einen Überblick.

Erdmond	0,073
Merkur	0,069
Venus	0,59
Erde	0,45
Mars	0,154
Jupiter	0,56
Saturn	0,63
Uranus	0,63
Neptun	0,73?

Die Albedowerte einiger Gesteinsarten sind nach der gleichen Quelle:

Bimsstein	0,56
Gelber Sandstein	0,38
Trachyt-Lava	0,10
Basalt	0,06
Wolken	0,65

Daraus ergibt sich, was auch mit anderen Beobachtungen übereinstimmt oder durch sie nahegelegt wurde, daß Mond und Merkur keine nennenswerte, Mars eine geringe, Venus und die äußeren Planeten eine dichte Atmosphäre haben, während die Erde in dieser Beziehung zwischen Mars und Venus steht.

Die Albedo der Erde wurde von Very aus der Stärke des Erdscheins bestimmt, jenes schwachen Lichtes, in dem die volle Scheibe des Mondes bei schmaler Mondsichel erscheint und das durch die Erde reflektiertes Sonnenlicht ist.   *Bottlinger.*

Algol s. Veränderliche Sterne.

Alhidade. Der bewegliche Arm an geteilten Kreisen, der die Nullmarke oder den Nonius trägt.
Bottlinger.

Alkoholometer. Alkoholometer sind Aräometer (s. dort), an denen der Alkoholgehalt einer Mischung von Wasser und Alkohol direkt abgelesen werden kann. Da reiner Alkohol ein spezifisches Gewicht von 0,794 hat, liegt das spezifische Gewicht einer Wasser- und Alkoholmischung zwischen dieser Zahl und 1; es kann demnach das spezifische Gewicht als Maß für den Alkoholgehalt dienen. Indessen muß die Teilung des Aräometers empirisch hergestellt werden, da bei der Mischung eine

Volumenkontraktion stattfindet, welche bei der Eichung zu berücksichtigen ist. So geben z. B. 50 Volumenteile Wasser, gemischt mit 50 Volumenteilen Alkohol nur 96,3 Volumenteile.

O. Martienssen.

Näheres s. Dr. H. Homann, Das Gewichtsalkoholometer und seine Anwendung. Berlin 1889.

Alkoholometer s. Aräometer.

Alkoholthermometer s. Flüssigkeitsthermometer.

Alpha-Strahlen usw. s. S. 68 ff.

Altazimut s. Universalinstrument.

Alter der Erde und Mineralien nach radioaktiven Methoden bestimmt. Die Gesetze des radioaktiven Zerfalles liefern wertvolle Anhaltspunkte für das Alter der Erde. Denn in den Stammkörpern der Zerfallsreihen, in Uran und Thorium, haben wir Substanzen, von denen wir wissen, daß sie, obwohl sie mit ihrem Bestehen sich stetig und mit uns bekannter Geschwindigkeit verringert haben müßten, doch noch vorhanden sind. Nimmt man z. B. an, der ganze Erdball habe ursprünglich aus Uran bestanden und von dieser ganzen Menge sei heute nur mehr 1 kg vorhanden, so müßte, damit infolge ihres spontanen Zerfalles die Menge von $6,10^{24}$ kg auf 1 kg abnimmt, eine Zeit von $4,10^{11}$ Jahren verstreichen. Wenn derzeit z. B. noch 10^{17} kg Uran vorhanden sind, so verringert sich die dazu nötige Zerfallszeit auf $1,3 \cdot 10^{11}$ Jahre. Das sind Maximalschätzungen, denn jedenfalls hat nicht der ganze Erdball, sondern nur ein Teil von ihm aus Uran bestanden, daher brauchte es auch weniger Zeit, um auf die jetzt vorhandenen Quantitäten abzusinken. Aber diese obere Grenze ist recht sicher, denn mit einer Veränderung der bei der Rechnung in Anwendung gebrachten Zerfallsgesetze, oder mit einer Nacherzeugung des Urans aus einem längerlebigen und heute noch unbekannten Element braucht man kaum zu rechnen.

Ebenso gestattet die Radioaktivität relativ gute Schätzungen über das Alter der einzelnen Mineralien. Dazu sind vorwiegend zwei Überlegungen geeignet. 1. Da sich aus Uran im Verlaufe des Zerfalles endlich stabiles Blei entwickelt und da die Bleiproduktion durch Uran leicht zu rechnen und bekannt ist, so gibt das Gewichtsverhältnis von Blei zu Uran, wie es in Uranmineralien gefunden wird, ein Maß für das Alter des Minerales. Aus 1 g Uran entsteht $1,2 \cdot 10^{-10}$ g Blei in einem Jahr. Würde in dem betreffenden Uranmineral $\frac{\text{Pb-Menge}}{\text{U-Menge}} = X$ gefunden, so ist $\frac{x}{1,2 \cdot 10^{-10}}$ sein Alter in Jahren. (Diese Berechnung ist wegen Vernachlässigung eines quadratischen Gliedes nur auf einige Prozente genau.) Für eine Reihe von Uranmineralien, deren wahrscheinlichste geologische Epoche hinzugefügt ist, gibt die folgende Tabelle den gemessenen Wert für $\frac{\text{Pb}}{\text{U}}$ und das zugehörige Alter.

Geologische Epoche	Pb/U	Alter in Millionen Jahren
Kohlenzeit	0,041	340
Devon	0,045	370
Vorkohlenzeit	0,050	410
Silur oder Ordovician .	0,053	430
Prae-Cambrium	0,125—0,20	1025—1640

Das so errechnete Alter ist wieder eine obere Grenze, denn es braucht nicht die ganze vorgefundene Bleimenge durch Uranzerfall entstanden sein, vielmehr kann ein Teil des Bleies schon bei der Bildung des Minerales vorhanden gewesen sein als „gewöhnliches Blei". 2. Eine untere Grenze erhält man aus der Bestimmung des Heliumgehaltes der Gesteine; die beim Zerfall der radioaktiven Umwandlungsprodukte abgestoßenen α-Partikel sind ja Heliumatome. Bleiben diese alle im Mineral, so gibt wieder die Menge des vorgefundenen Heliums im Verhältnis zu den Mengen des gleichzeitig vorhandenen Urans und Thoriums ein Altersmaß. Z. B. wurden im Thorianit (Ceylon) 11 vH Uran, 68 vH Thorium und $8,9$ cm³ Helium pro g Substanz festgestellt. Nun entsteht aus 1 g Uran pro Jahr $1,1 \cdot 10^{-4}$ mm³ Helium, aus 1 g Thorium — beide Substanzen im Gleichgewicht mit ihren Zerfallsprodukten — $3,1 \cdot 10^{-5}$ mm³ Helium. Daher werden pro g Thorianit obiger Zusammensetzung im Jahre $3,3 \cdot 10^{-5}$ mm³ He erzeugt; damit sich die beobachtete Menge von $8,9$ cm³ ansammeln konnte, mußten demnach 270 Millionen Jahre vergehen. Es ergibt sich aus derartigen Untersuchungen wiederum, daß der relative He-Gehalt und mit ihm das Alter der Mineralien zunimmt von der Tertiär- über die Devon- zur archäischen Epoche; und man erhält Zahlen, die zwischen 8 und 710 Millionen Jahren liegen. Diese Altersbestimmung liefert offenbar eine untere Grenze, da ein Teil des Heliums sicher entwichen ist, zur unverminderten Menge aber eine längere Entwicklungszeit ausgerechnet worden wäre.

Endlich kann man auch aus den Verfärbungen, die eingesprengte winzige radioaktive Kriställchen im Glimmer hervorrufen (pleochroitische Höfe, vgl. „Färbung"), einen Schluß auf das Alter ziehen. Denn die Färbung wird abhängen von der Stärke und Art der Radioaktivität, die der Einschlußkörper trägt, und von der Einwirkungsdauer. Bestimmt man erstere durch Ausmessung der Größe des Kernes und der, den vorkommenden α-Strahl-Reichweiten entsprechenden Dimensionen der Höfe und stellt man sich durch künstliche Verfärbungen eine empirische Schwärzungsskale her, so kann man die Einwirkungsdauer schätzen. Man erhält Werte der gleichen Größenordnung, wie die oben angegebenen.

Zum Vergleich seien die Resultate einiger anderer Altersschätzungen angegeben. Aus dem Temperaturgradienten in der Erdoberfläche und dem nach der Fourierschen Wärmeleitungstheorie gerechneten Wärmeverlust wurde je nach mehr oder weniger plausibeln Annahmen über die Anfangstemperatur des Erdkörpers und ihre Verteilung für die Zeit, die die Erde nötig hatte, um aus dem flüssigen in den jetzigen Zustand überzugehen, 20 bis 65000 Jahre errechnet (vgl. dazu das Kapitel „Wärmehaushalt"). Aus der Größe der Oberflächenschrumpfung, derzufolge der Erdradius um 50—60 km seit der Silurzeit abgenommen hat, ergeben sich 500 bis 2000 Millionen Jahre. Unter der Annahme, daß alle Kalksteine in der Erdkruste aus dem Kalziumkarbonat gebildet wurden, welches von dem Wasser der Flüsse zum Ozean getragen wird, erhält man 10 bis 1000 Millionen Jahre. Aus der Bildungsgeschwindigkeit sedimentärer Schichten (1 m in 3000 bis 23000 Jahren) folgen etwa 1000 Millionen Jahre für die Entstehung der beobachteten Schichtdicken der Erdkruste. Andere geologische Daten geben ungefähr dasselbe, so daß nach ihnen für die Existenzzeit der Organismen auf unserer Erde eine Milliarde Jahre angesetzt werden kann.

K. W. F. Kohlrausch.

Altern (magnetischer Stoffe); **Alterungskoeffizient.** Die ferromagnetischen Stoffe (Eisen, Nickel, Kobalt) ändern im allgemeinen mit der Zeit, besonders unter der Einwirkung von Erschütterungen und Erwärmungen, ihre magnetischen Eigenschaften, und zwar in dem Sinne, daß sie sich für eine bestimmte Art von derartigen Einwirkungen (Erschütterungen von gegebener Größe, Erwärmungen auf bestimmte Temperatur) einem Grenzzustand nähern, nach dessen Erreichung geringere Erschütterungen oder Erwärmungen keine Wirkung mehr ausüben, wohl aber stärkere, für welche wieder ein neuer Grenzzustand existiert. Derartige Vorgänge bezeichnet man im allgemeinen als Alterung, abgesehen davon, ob sie beabsichtigt sind oder nicht. Für die Technik wichtig ist besonders das Altern der Dynamo- und Transformatorenbleche und das Altern permanenter Magnete. Bei den ersteren zeigt sich dies darin, daß die Leistungen der aus solchen Materialien hergestellten Apparate sinken, was auf eine Verringerung der Permeabilität und auf eine Vergrößerung des Hystereseverlusts zurückzuführen ist; derartig verschlechtertes Material kann durch Glühen bei etwa 800° vorübergehend, aber nicht dauernd verbessert werden. Mit 3—4 vH Silizium oder Aluminium „legiertes" (s. dort) Blech altert fast gar nicht, dagegen gewöhnliches Material aus der Thomasbirne besonders stark. Anscheinend hängt diese Art der Alterung mit einem hohen Gehalt des Eisens an gelöstem Sauerstoff zusammen. Um ein Maß für die Erscheinung zu gewinnen, hat der Verband deutscher Elektrotechniker festgesetzt, daß unter „Alterungskoeffizient" das Verhältnis der Verlustziffern (s. dort) für die Induktion 10 000 CGS-Einheiten nach und vor 600stündiger, erstmaliger Erwärmung auf 100° verstanden werden soll.

Um späteren unerwünschten Änderungen permanenter Magnete vorzubeugen, werden sie bei der Herstellung „gealtert", d. h. sie werden (nach Vorschrift von Strouhal und Barus) dauernd mehrere Stunden auf 100° erhitzt und dann nach der Magnetisierung abwechselnd einer größeren Anzahl von Erwärmungen auf 100° und darauf folgenden Abkühlungen, sowie heftigen Erschütterungen (sanften Schlägen mit einem Holzhammer od. dgl.) ausgesetzt. Das magnetische Moment nimmt durch diese Behandlung zwar etwas ab, bleibt aber dann konstant und zeigt bei Temperaturänderungen nur noch die als „Temperaturkoeffizient" bekannten reversibelen Änderungen.

Das Altern der Heuslerschen Legierungen (s. dort) bezweckt, im Gegensatz zu dem bisher erwähnten, durch längere Erhitzung auf eine bestimmte, für jede Legierung charakteristische Temperatur die Herbeiführung der größtmöglichen Magnetisierbarkeit, also gewissermaßen die Herstellung eines Zustandes, wie er beim Eisen schon von vornherein vorhanden ist.   *Gumlich.*

Altern eines Thermometers s. Glas für thermometrische Zwecke.

Althoboe s. Zungeninstrumente.

Althorn s. Zungeninstrumente.

Amicisches Prisma s. Dispersion des Lichtes.

Amorph nennt man diejenige Erscheinungsform der Materie, die sich im Gegensatz zum kristallinen Zustand durch völlige Isotropie in allen Richtungen auszeichnet. Neben Gasen, Flüssigkeiten gibt es amorphe feste Körper, z. B. Opal, natürliche und künstliche Gläser, Harze. Das isotrope Verhalten der physikalisch-chemischen Eigenschaften zeigt sich beispielsweise darin, daß ein amorpher fester Körper nie ebene Spaltbarkeit, sondern stets krumme Bruchflächen aufweist, daß die Härte in allen Richtungen gleich bleibt, daß die elektrische und Wärmeleitfähigkeit überall dieselbe ist. Die Lichtbrechung ist stets einfach, solange keine Spannungszustände auftreten. Infolge der nach allen Richtungen gleichen Wachstumsgeschwindigkeit ist die freie Oberfläche der amorphen Substanzen eine Kugel (Gasbälle Flüssigkeitstropfen, traubige und knollige Ausbildung amorpher Mineralien). Ist die Möglichkeit der freien Entwicklung nicht vorhanden, so treten erborgte oder Scheinformen auf, die keine Gesetzmäßigkeiten erkennen lassen. Feste Körper bilden dann halbkugelige, zylindrische, zapfenförmige Formen (Opal) oder Überzüge und Krusten, korallenähnliche Gebilde (Eisenblüte) oder gleichmäßig dichte, derbe Massen. Auch das chemische Verhalten eines amorphen Körpers (Löslichkeit, Reaktionen) ist in allen Richtungen gleich, eine Glaskugel löst sich in Flußsäure völlig gleichmäßig auf, so daß sie stets eine Kugel bleibt.

Feinbau der amorphen Materie: Während im kristallinen Zustand die Atome in dreidimensional-periodischer Anordnung gesetzmäßig orientiert sind, erfüllen in einem amorphen Körper die Massenteilchen (Moleküle, Atome) den Raum in völlig ungeordneter Weise und in allen möglichen Orientierungen zueinander. Diese unregelmäßige Orientierung kommt in Gasen und Flüssigkeiten nach der kinetischen Theorie der Materie durch die ständige Bewegung der Moleküle zustande. In verdünnten Gasen befinden sich die Massenteilchen in verhältnismäßig großem mittleren Abstand voneinander, so daß keine merklichen Kräfte zwischen ihnen auftreten, außer beim Zusammenstoß. In komprimierten Gasen ist eine mit der Dichtigkeit wachsende Kohäsion nachgewiesen. Die Flüssigkeiten unterscheiden sich nicht prinzipiell von den Gasen, der mittlere Abstand der Moleküle, durch den sie infolge der Kondensation gelangt sind, ist sehr viel verkleinert, so daß die gegenseitigen Anziehungs- und Abstoßungskräfte stark zunehmen, in festem Zustande erreichen diese Kräfte durch weitere Annäherung der Massenteilchen maximale Werte (kleinste Entfernung etwa $1,5 . 10^{-8}$ cm), wie die starke Zunahme der inneren Reibung und Verschiebungselastizität und die Abnahme der Wärmeschwingungen beweist.

Die Isotropie im amorphen Zustand ist in der völlig regellosen Verteilung der Massenteilchen begründet. Zwar wird längs einer bestimmten Richtung die Zahl der getroffenen Teilchen sowie die Anordnung der übrigen um diese Richtung an jeder Stelle völlig verschieden sein, es ist aber bei der Kleinheit der absoluten Entfernungen (10^{-8} cm) mit gewöhnlichen Hilfsmitteln unmöglich, die Zustände zu erkennen, die auf einer wenige Atomabstände umfassenden Teilstrecke herrschen. Die beobachteten Effekte sind Mittelwerte und beziehen sich auf viele Millionen von Atomen. Infolge der völligen Unordnung der Atome ist der Wechsel der Eigenschaften ein so vielfacher, daß auch für ganz verschiedene Richtungen die Mittelwerte praktisch völlig gleich herauskommen. Die Isotropie ist eine statistische, sie wird bei Gasen und Flüssigkeiten um so mehr realisiert, als die Massenteilchen in ständiger Bewegung sind und somit das

Verteilungsbild in jedem Augenblick wechselt, so daß der Effekt, den wir in einer Richtung studieren, gleichzeitig das zeitliche Mittel sämtlicher Richtungsverschiedenheiten darstellt. Auch die Homogenität der amorphen Materie ist nur in statistischem Sinne zu verstehen.

Die Bildung amorpher fester Körper bedarf noch einer näheren Erklärung. Die Abscheidung eines festen Körpers aus dem Gas- oder Flüssigkeitszustand geschieht in der Richtung der Verkleinerung des Energieinhaltes. Nun ist aber letzterer im kristallisierten Zustand ein Minimum, der Kristall stellt somit den stabilen Endzustand der Kondensation dar. Der amorphe feste Zustand ist in diesem Sinne als Zwischenzustand anzusehen, der nur beim absoluten Nullpunkt der Temperatur stabil, sonst instabil ist. Tatsächlich haben amorphe Substanzen bei gewöhnlicher Temperatur das Bestreben, allmählich in die stabile, kristallisierte Form überzugehen. Die Zeiträume, in denen sich die ersten Anfänge zeigen, sind sehr verschieden, manche Substanzen, wie Opal, zeigen in endlicher Zeit keine Spur von Kristallisation, natürliche Gläser, wie sie im Obsidian, Bimsstein vorkommen, weisen häufig Trübungen infolge gebildeter Kriställchen auf, künstliche Gläser werden im Laufe der Zeit entglast und in porzellanartige Körper verwandelt (Entglasung). Daneben gibt es amorphe Substanzen, die in kurzer Zeit, manchmal sogar explosionsartig in die kristalline Phase umgewandelt werden (z. B. explosives Antimon, Grove 1885). Die ganze Erscheinungsweise und das Verhalten läßt uns diesen instabilen Zwischenzustand erkennen, als den Zustand einer Flüssigkeit mit so großer innerer Reibung, daß die Moleküle in mittleren Abständen festgebannt, nur noch kleine Wärmeschwingungen vollführen können. Dies hat eine starke, in allen Richtungen gleiche Verschiebungselastizität zur Folge. Der Übergang zum kristallinen Zustand (Entglasung) besteht in einer allseitigen Umorientierung und regelmäßigen Gruppierung der Atome durch Diffusion. Damit steht im Einklang die starke Beschleunigung der Umänderung bei höherer Temperatur, durch mechanische Bearbeitung usw. Der Zustand einer solchen Flüssigkeit mit sehr großer innerer Reibung wird praktisch realisiert, wenn eine übersättigte Lösung oder Schmelze rasch auf tiefe Temperatur abgekühlt (Unterkühlung) oder durch bestimmte Zusätze ihre innere Beweglichkeit fast oder gänzlich aufgehoben wird (Mineralien) Ähnliche Verhältnisse liegen bei kolloidalen Lösungen vor, infolge Zusatzes fremder Substanzen oder auch freiwillig tritt Gerinnung (Gelatinieren) ein, da sie in diesem Zustande als übersättigt und als labil anzusehen sind. Die gebildeten Gele sind gewöhnlich amorph. In der Natur sind derartig entstandene amorphe Mineralien weit verbreitet.

Nachweis des „amorphen" Zustandes. Die mikroskopische Untersuchung hat in vielen Fällen ergeben, daß Substanzen, die man im gewöhnlichen Sinne als amorph bezeichnete, in Wirklichkeit aus äußerst feinkörnigen kristallinen Aggregaten bestehen. Nachdem neuerdings die Röntgenographie in der Methode von Debye und Scherrer ein neues weitgehendes Hilfsmittel zur Verfügung gestellt hat, haben die klassischen Untersuchungen der genannten Forscher ergeben, daß die Bezeichnung amorph bei vielen Stoffen erheblich eingeschränkt werden muß. Die sogenannten „amorphen" festen Körper sind meistens nur mehr oder minder hochdisperse Systeme kristallisierter Aggregate, so ist z. B. der amorphe Kohlenstoff im Ruß nur ein Graphit mit äußerst kleinen Teilchengrößen (Komplexe von nur 30 Atomen). In ähnlicher Weise hat Hedvall nachgewiesen, daß viele „amorphe" Metalloxyde und Hydroxyde in Wahrheit kristallinisch sind. Wirklich amorphe feste Körper d. h. gänzlich unregelmäßige

Atom- bzw. Molekülkonglomerate sind viel seltener als die kristallinen Aggregate. Es gibt jedenfalls alle möglichen Übergänge vom amorphen zum kristallinen Zustand, so ist z. B. Kieselgel nach Scherrer ein amorphes Gel mit eingestreuten Quarzkriställchen. *E. Schiebold.*

Näheres s. P. Niggli, Lehrbuch d. Mineralogie. Berlin: Gebr. Borntraeger 1920. G. Tammann, Schmelzen und Kristallisieren. Leipzig: A. Barth 1903.

Amperemeter s. Galvanometer, Strommesser, Dynamometer.

Ampèresche Molekularströme s. Magnetismus.

Ampèresche Regel. Die Ampèresche Regel, auch Ampèresche Schwimmregel genannt, gibt die Richtung des durch den Strom hervorgerufenen Magnetfeldes an. (Siehe Biot-Savartsches Gesetz und Elektromagnetismus.)

Die Ampèresche Regel besagt: Bringt man über einer Magnetnadel einen stromdurchflossenen Draht an und denkt sich in Richtung des Stromes schwimmend das Gesicht der Magnetnadel zugekehrt, so wird der Nordpol der Magnetnadel nach links abgelenkt, die Richtung des Magnetfeldes geht also ebenfalls nach links.

Aus dieser Regel folgt für die Richtung eines von einem Kreisstrom im Innern des Kreises erzeugten Magnetfeld, daß die Richtung des Feldes im Innern des Kreises parallel der Blickrichtung ist, wenn der Strom im Sinne des Uhrzeigers fließt (also im Sinne des Uhrzeigers die Blickrichtung umläuft). *H. Kallmann.*

Ampèrestundenzähler s. Elektrizitätszähler.

Ampèrewindungszahl. Das Magnetfeld im Innern einer stromdurchflossenen Spule (von genügender Länge oder einer geschlossenen Spule) beträgt

$$\mathfrak{h} = 0{,}4 \; \pi \; \frac{N}{l} \, i \text{ Gauß. (Näheres siehe Elektromagnet.)}$$

Dabei bedeutet i die Stromstärke in Ampère, l die Länge der gleichmäßig bewickelten Spule, N die gesamte Anzahl der auf die Spule gewickelten Drahtwindungen. Das Produkt aus $\frac{N\,i}{l}$ bezeichnet man als Ampèrewindungszahl. Bei gegebener Spullänge hängt die Stärke des Magnetfeldes nur von diesem Produkt ab. Bezeichnet n die Windungszahl pro Längeneinheit, so wird $\mathfrak{h} = 0{,}4\,\pi\,n\,i$ Gauß. *H. Kallmann.*

Amphidromie ist eine Form des Flutphänomens, welche an den Küsten kleiner Meeresteile beobachtet wird. Sie besteht darin, daß sich das Hochwasser, unabhängig von der Zeit der Mondkulmination, längs der Küste von Ort zu Ort mehr und mehr verspätet. Das Hochwasser läuft dann mit ungleichförmiger Geschwindigkeit um den ganzen Meeresteil herum. Die Amphidromie entsteht durch Interferenz zweier stehender Flutwellen, deren Knotenlinien gekreuzt sind. *A. Prey.*

Näheres s. O. Krümmel, Handbuch der Ozeanographie. Bd. II. S. 257.

Amplitude s. Wechselströme.

Analogieprinzip, soviel wie Bohrsches Korrespondenzprinzip (s. d.).

Analysator s. Polarisationsapparat.

Analysator, harmonischer. Dieser Apparat dient zur mechanischen Zerlegung von zusammengesetzten Wechselstrom- und Spannungskurven in ihre Teilwellen gemäß der Fourierschen Reihe. Dabei wird meist das Prinzip benutzt, die der Zeitachse proportionale Drehung eines Rades in eine hin- und hergehende Bewegung umzusetzen, um so auf mechanischem Wege eine Projektion der Kurvenfläche auszuführen, aus der sich durch mechanische Integration mittels Planimeters usw. die Konstanten der Fourierschen Reihe ergeben. Für die verschiedenen Sinuswellen, aus denen die Kurve zusammengesetzt ist, dienen dann Räder verschiedenen Durchmessers. Der älteste Apparat von Lord Kelvin besteht aus einer Kugel und einem Zylinder, die auf einer proportional der Zeitachse gedrehten Scheibe rollen, arbeitet aber beim Gebrauch nicht exakt genug. Bei dem Apparat von Yule und Le Conte, mit dem im Prinzip auch der Apparat von Mader (von der Firma Stärzel, München geliefert) übereinstimmt, ist ein Lineal längs der Zeitachse auf Rollen verschiebbar. Das Lineal trägt auf der einen Seite eine Zahnung, in welche ein Zahnrad eingreift. Der Mittelpunkt dieses Zahnrades wird auf der Kurve geführt; es ist mit einem Hebel verbunden, dessen Ende bei der Bewegung des Lineals und Zahnrades auf dem Papier eine Kurve beschreibt. Durch Planimetrieren der Kurve erhält man dann die betreffende Konstante. Die Radien der verschiedenen Rädchen, die den Einzelwellen entsprechen, stehen im Verhältnis: 1, $\frac{1}{3}$, $\frac{1}{5}$ usw. Wenn die Kurve nicht die passende Größe besitzt, muß sie durch einen Storchschnabel umgezeichnet werden. Es gibt viele Konstruktionen ähnlicher Art. Der Apparat von Stratton und Michelson kann nicht nur zur Analyse, sondern auch zur Zusammensetzung von Teilschwingungen benutzt werden. Bei diesem Apparat sind die einzelnen Elemente, welche den verschiedenen Koeffizienten entsprechen, mit Federn verbunden, die auf ein gemeinsames Organ wirken und diesem eine Bewegung erteilen, welche der Summe der Spannungen der einzelnen Federn entspricht. Auch auf elektrischem Wege unter Benutzung des Resonanzprinzips können Wechselstromkurven analysiert werden, aber naturgemäß nicht solche, die bereits aufgezeichnet sind.   *W. Jaeger.*

Näheres s. Orlich, Aufnahme und Analyse von Wechselstromkurven. Braunschweig 1906.

Anastigmate. Unter dem Namen Anastigmat faßt man alle diejenigen photographischen Linsen zusammen, die ein ausgedehntes anastigmatisch geebnetes Bildfeld besitzen. Diese Eigenschaft haben fast ausnahmslos die leistungsfähigen modernen Aufnahmelinsen. Bei den mittleren Lichtstärken, die etwa der relativen Öffnung 1 : 4,5 bis 1 : 7 entsprechen, wird in der Regel von den Anastigmaten ein Bildfeld für einen weit entfernten Aufnahmegegenstand ausgezeichnet, dessen Durchmesser mindestens gleich der Brennweite der Aufnahmelinse ist. Bei größeren relativen Öffnungen, wie man sie vornehmlich für Bildnis- und Kino-Aufnahmen benutzt, ist meist jener Bilddurchmesser kleiner, bei kleineren relativen Öffnungen oft erheblich größer (Weitwinkel-Objektive). Zu Anastigmaten mittlerer Lichtstärke gehören die Universal-Objektive, die man nach ihrer Linsenanordnung, einmal in verkittete und unverkittete Anastigmate einzuteilen pflegt, andererseits nach der Verwendbarkeit des Gesamt-Objektivs allein oder des Gesamt-Objektivs und einzelner seiner Teile als Anastigmate schlechthin oder Satz-Anastigmate bezeichnet. Die ersten Anastigmate wurden von der Firma Carl Zeiß auf Grund der rechnerischen Untersuchungen ihres Mitarbeiters P. Rudolph hergestellt. Während bei ihrer Fabrikation die neuen Glasarten der Firma Schott & Gen., Jena, benötigt wurden, ist es später gelungen, Anastigmate auch

aus alten Glasarten herzustellen. Als einige der bekannteren Anastigmate seien hier genannt:

Glaukar (E. Busch); Dagor, Syntor, Dogmar (C. P. Goerz); Aristostigmat, Euryplan (H. Meyer & Co.); Cooke-Linse (Taylor, Taylor & Hobson); Heliar, Helomar, Dynar (Voigtländer & Sohn); Protar, Doppel-Protar, Tessar, Triotar (Carl Zeiß).
                                                      W. Merté.

Anastigmatische Abbildung s. Sphärische Abweichung.

Andenleuchten. W. Knoche hat in den Kordilleren (Anden) in Südamerika sehr häufig stille leuchtende Entladungen beobachtet, welche man Andenleuchten nennt. Ihre Natur ist noch keineswegs aufgeklärt. Ähnliche Erscheinungen beobachtete L. Brunton im Berner Oberland nach längerem trockenen und heißen Wetter. Das Aufleuchten erfolgte in halbkreisförmigen Lichtbüscheln, die sich etwa 30 mal in der Minute wiederholten. Brunton findet, daß dieses Leuchten den tiefliegenden Nordlichtern, welche Lemström beschreibt, sehr ähneln.   *V. F. Hess.*

Andrews' Diagramm. Andrews veröffentlichte im Jahre 1869 seine ausgedehnten Versuche über die Kompressibilität der flüssigen und gasförmigen Kohlensäure, die er graphisch durch Isothermen (s. d.) im Druck-Volumen-Diagramm (s. beistehende Fig.) zur Darstellung brachte. Durch diese Untersuchungen wurden zum erstenmal weitgehende Aufklärungen über die Beziehungen zwischen Flüssigkeiten und Gasen gegeben. Die ausgezogenen Linien des Diagramms sind Isothermen. Links der Kurve ka befindet sich das Gebiet des flüssigen Zustandes, in welchem das Volumen v wenig vom Druck p abhängig ist und also die Kompressibilität geringe Werte besitzt. Rechts der Kurve kb ist das Gebiet des gasförmigen Zustandes und großer Kompressibilität dargestellt. Innerhalb der Fläche a k b, die das Sättigungsgebiet oder das Gebiet der Ko-existenz zweier Phasen

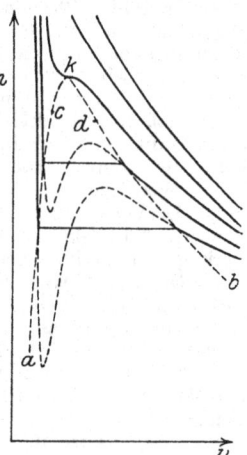

Andrewssches Diagramm.

umfaßt, verlaufen die Isothermen geradlinig. An der Grenze dieses Gebietes in k, dem kritischen Punkt (s. kritischer Zustand), besitzt die (kritische) Isotherme einen Wendepunkt. Die gestrichelten Teile der Isothermen innerhalb des Gebietes a k b wurden von J. Thomson konstruiert, um die Einheitlichkeit aller Isothermen deutlich zu machen. Später fanden die Thomsonschen Teile der Isothermen durch van der Waals ihre physikalische Deutung.

Aus dem Diagramm geht hervor, 1. daß flüssige und dampfförmige Phase gleichzeitig nur unterhalb einer gewissen Temperatur, der kritischen Temperatur, bestehen können und 2. daß der Übergang von einem Punkt c (Flüssigkeit) zu einem Punkt d (Dampf) entweder durch das Sättigungsgebiet mit deutlich unterschiedener flüssiger und gasförmiger Phase hindurch oder auf einer oberhalb k verlaufenden Kurve erfolgen kann, die nur Zustände völliger Homogenität durchschreitet. *Henning.*

Anemometer. Instrumente zur Messung des Winddruckes oder der Windgeschwindigkeit. Druck-Anemometer messen den Druck des Windes auf eine, an horizontaler Achse frei aufgehängte Platte oder auf eine Flüssigkeitssäule im Glasrohr. Durch Anwendung von U-förmigen Doppelröhren läßt sich die Druckwirkung des auf der einen Seite in das Rohr hineinblasenden, mit der Saugwirkung des an dem anderen Röhrenende vorbeiblasenden Windes kombinieren. Auch einfache Saug-Anemometer sind, namentlich in England, in Gebrauch. Am verbreitetsten ist das Robinsonsche Schalenkreuz-Anemometer, das aus vier halbkugelförmigen Schalen besteht, die an den Enden von gleich langen Armen eines horizontalen Kreuzes befestigt sind, das um eine vertikale Achse drehbar ist. Die Umdrehungen werden durch ein Zählwerk angezeigt. Die Geschwindigkeit des Windes ist 2 bis $2\frac{1}{2}$mal so groß als die Geschwindigkeit, mit der sich die Mittelpunkte der Schalen bewegen. *O. Baschin.*

Aneroidbarometer s. Barometer.

Anfangsgeschwindigkeit s. Flugbahnelemente.

Anionen die als Träger negativer Elektrizität im elektrischen Felde zur Anode wandernden Bestandteile eines Elektrolyten s. Ionen, Leitvermögen der Elektrolyte.

Anisotropie. Unter Anisotropie versteht man einen gesetzmäßigen Wechsel von Eigenschaften mit der Richtung, der für den kristallisierten Zustand charakteristisch ist. Diese Anisotropie der kristallisierten Phase zeigt sich

a) in gestaltlicher Hinsicht: Der Begriff des Kristalles als eines von scharfen Kanten und ebenen Flächen umgrenzten Körpers im populären Sinne kommt durch die Anisotropie der Wachstumsgeschwindigkeit zustande. Wenn ein Kristallkeim in einer übersättigten Lösung oder Schmelze weiter wächst, so erfolgt die Anlagerung der Substanz nicht in allen Richtungen gleichmäßig schnell (dann würde ein kugelförmiges Gebilde entstehen) (vgl. amorphe Körper), sondern sie wechselt mit der Richtung allem Anschein nach diskontinuierlich, so daß in gewissen Richtungen Flächen, in anderen

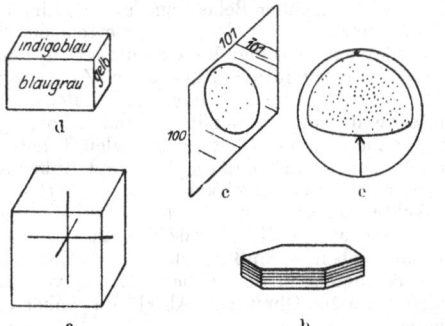

a   b
Anisotropie der Materie im kristallisierten Zustand.

Kanten oder Ecken zustande kommen, z. B. Würfel von Steinsalz (siehe a der beist. Figur).

b) in physikalischer Hinsicht: Von den unzähligen physikalischen Eigenschaften, die im Kristall von der Richtung abhängen, seien nier nur einige besonders kennzeichnende genannt. Bekanntlich tritt bei vielen Kristallen eine deutliche Spaltbar-

keit nach ebenen Flächen auf. Bekannt ist die außerordentlich gute Spaltbarkeit bei Glimmer und Gips (siehe b der beist. Figur). Es lassen sich noch Blättchen von $\frac{1}{100}$ mm (Gipsblättchen von Rot I. Ordnung), wie sie in der Kristalloptik benutzt werden, abspalten. Auch die Härte ist in Kristallen eine Richtungseigenschaft. So ist der Granat nach Schleifversuchen von P. J. Holmquist auf den Würfelflächen härter als auf den Oktaeder- und Rhombendodekaederflächen. Die Ritzhärte wechselt auf ein und derselben Fläche mit der Orientierung des Nadelstriches. Sehr auffällig sind die Resultate der Kugeldruckprobe bei Einkristallen von Metallen. Während polykristallines Material stets kreisrunde Eindrücke liefert, finden sich z. B. bei Al- und Fe-Kristallen rautenförmige bzw. quadratische Vertiefungen als deutliches Kennzeichen der Anisotropie der Plastizität. Figur c zeigt den bekannten Versuch von Sénarmont an einem Gipskristall, die Wärmeausbreitung ist abhängig von der Richtung. Vor allem die Kristalloptik zeigt die Verhältnisse der Anisotropie in besonders klarer und anschaulicher Weise, weshalb auch ursprünglich der Ausdruck „Anisotrop" nur im optischen Sinne verstanden wurde. Ein herauspräparierter Würfel aus den rhombischen Kristallen von Cordiérit (eisenhaltiges Magnesium-Alumosilikat) zeigt beim Durchblicken je nach der Richtung blaugraue, gelbe oder indigoblaue Farbe im Tageslicht. Die verschiedenen Farben kommen durch verschiedenes Absorptionsvermögen für die Lichtstrahlen zustande (vgl. Pleochroismus) (siehe d der beist. Figur). Sehr interessant ist die Anisotropie der Kristalle in chemischer Hinsicht: Die Angreifbarkeit des Calcits durch Salzsäure entsprechend der Formel $CaCO_3 + 2\,HCl \rightarrow CaCl_2 + H_2O + CO_2 \nearrow$ wechselt mit der Richtung gesetzmäßig, wie durch die verschieden großen Mengen Kohlensäure, die entwickelt werden, nachgewiesen wird. Quarzkristalle werden nach Mügge durch Flußsäure etwa 150 mal leichter in Richtung der optischen (dreizähligen) Achse zersetzt, als senkrecht dazu. Besonders schön lassen sich diese Verhältnisse an Kugeln demonstrieren, wo durch chemische Einwirkungen krummflächige Polyeder (Lösungskörper) entstehen. Das anisotrope Verhalten von Richtung und Gegenrichtung tritt nach L. Kulaszewski am Turmalin durch Behandeln mit Kalilauge drastisch hervor (siehe e der beist. Figur).

Ursache der Anisotropie: Unter Zugrundelegung der neueren, durch die Röntgenographie gesicherten Anschauungen über den Feinbau der Kristalle läßt sich ihr anisotropes Verhalten wenigstens qualitativ leicht verstehen. Infolge der dreidimensional periodischen Atomanordnungen (Raumgitter) im Kristall treffen wir, von einem Atom ausgehend, in einer bestimmten Richtung Massenteilchen in ganz bestimmter Anordnung und Abstand, in einer anderen Richtung in anderer Anordnung. Da die sämtlichen überhaupt von der Richtung abhängigen Eigenschaften der Kristalle durch die Art der Verteilung der Atome und Elektronen bedingt sind, ist eine Richtungsverschiedenheit zu erwarten. Durch die praktisch unendliche Zahl der Teilchen, die in einer Richtung liegen, kommt die betreffende Richtungseigenschaft klar zum Ausdruck. *E. Schiebold.*

Näheres s. F. Rinne, Das feinbauliche Wesen der Materie nach dem Vorbilde der Kristalle. Berlin: Gebr. Borntraeger 1922.

Ankerrückwirkung bei Gleichstrommaschinen.
Man versteht hierunter eine ganze Folge von Er-
scheinungen, deren schließliche Wirkung ist, daß
die einfachen Bedingungen bezüglich der Form
und Stärke des induzierenden Feldes, die der
Berechnung der Klemmenspannung elektrischer
Maschinen zugrunde liegen, tatsächlich nur bei
Leerlauf, nicht aber bei Belastung, erfüllt sind.
Sobald z. B. ein Belastungsstrom nennenswerter
Stärke einer fremderregten Nebenschlußmaschine

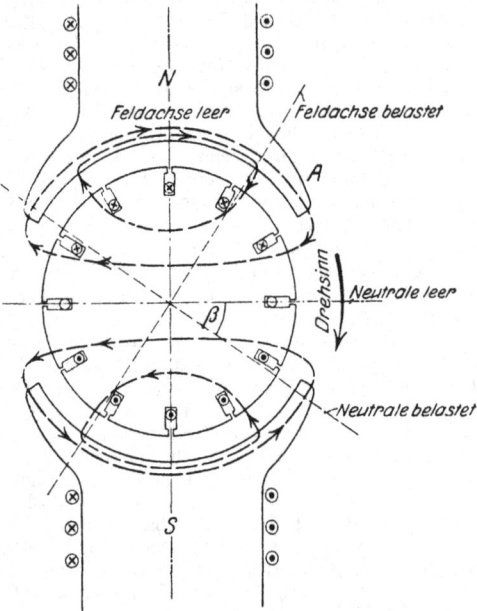

Fig. 1. Erregungszustand in Gleichstrommaschinen bei
Entnahme von Belastungsstrom.

entnommen wird, bildet sich der in der Fig. 1
dargestellte Erregungszustand heraus:

Auf den mit N und S bezeichneten Feldspulen
sitzt die gewöhnliche Spulenwicklung, die bei der
in üblicher Weise durch Kreuz und Punkt angedeuteten Richtung des konstanten Erregerstromes
ein in wesentlichen von oben nach unten, d. h. in
Richtung der Mittelachse der Pole, durch den
Anker tretendes Feld erzeugt. Wird der Anker
im Uhrzeigersinn gedreht, so fließt durch die Stäbe
auf seinem Umfang bzw. den äußeren Schließungskreis der Nutzstrom, dessen Richtung in den
Stäben wiederum markiert ist. Jeder Stab unter
dem Nordpol bildet mit einem korrespondierenden
Stab unter dem Südpol eine ebene Stromschleife;
die Achsen aller dieser idellen Schleifen fallen
zusammen und stehen senkrecht auf der Polachse.
Aus der einfach erregten Maschine ist also eine
doppelt erregte geworden, die Richtung der konstanten M.M.K. der Feldwicklung und die der dem
Belastungsstrom proportionalen, variablen M.M.K.
des Ankers stehen senkrecht aufeinander, wie es
Fig. 1b, etwa auf den Mittelpunkt des Ankers
bezogen, darstellt.

Während also im Leerlauf nur der fremderregte
Kraftfluß den Anker durchsetzt, erzeugt dieser bei
Belastung selbst einen zweiten Kraftfluß (Querkraftfluß!), der sich im wesentlichen in der angedeuteten Weise durch den Luftspalt und das Eisen
erd Polschuhe schließt. Unter dem Nordpol stehen

daher sämtliche Ankerstäbe links von der Mittellinie der Pole unter dem Einfluß der Differenz des
fremderregten Hauptfeldes und des selbsterregten
Querfeldes, alle Stäbe rechts davon desgleichen
unter der Summenwirkung beider Felder. Hatte
die Maschine z. B. im Leerlauf ein von der Polkante E
bis zur Polkante A im wesentlichen homogenes Feld,
so wird dieses durch die Wirkung des Ankerstromes
bzw. -feldes in der Weise deformiert, daß es an der
linken Polkante sehr erheblich geschwächt, an der
rechten aber ebensoviel verstärkt wird, während
es in der Polmitte unverändert bleibt. Eine merkliche Veränderung des Gesamtkraftflusses kommt
demnach bei vernachlässigbarer Eisensättigung
in den Polschuhen und im Ankereisen nicht zustande,
doch werden die pro Stab bzw. Windung induzierten
Spannungen ganz ungleich. In extremen Fällen
kann der größte Teil der gesamten induzierten Ankerspannung auf so wenige Windungen sich verteilen,
daß die Spannung zwischen 2 benachbarten Kommutatorlamellen unzulässig hoch wird ($> 25 - 35$ V)
und schließlich Lichtbogenbildung hervorruft.

Unter „Kommutierende Gleichstromgeneratoren" wurde gezeigt, daß die sog. „Neutrale
Zone", die für die Bürstenstellung maßgebend ist,
stets senkrecht auf der Symmetrieachse des induzierenden Feldes steht. Da nun durch den Querkraftfluß das Gesamtfeld, wie oben gezeigt, nach
der Polkante A gedrängt, die
Achse des induzierenden Gesamtkraftflusses also in demselben Sinne gleichsam gedreht
wird, verdreht sich damit auch
mehr oder weniger die neutrale
Zone bzw. die richtige Bürstenstellung. Grobsinnlich veranschaulicht Fig. 2, bezogen
auf den Ankermittelpunkt, die
Drehung der resultierenden
M.M.K. AW_R gegenüber der
M.M.K. der Fremderregung AW_P
durch die M.M.K. des Ankers
AW_A; die Neutrale unter Last
müßte hiernach gegenüber der
Neutralen im Leerlauf um den
Winkel β gedreht sein. Tatsächlich mußten früher die

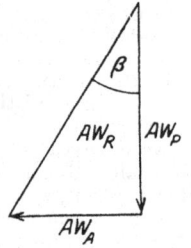

Fig. 2. Ankerrück-
wirkung bei Gleich-
strommaschinen. Dre-
hung der resultieren-
den M.M.K. AW_R
gegenüber der M.M.K.
der Fremderregung
AW_P durch die M.M.K.
des Ankers AW_A.

Bürsten bei steigender Belastung der Maschinen erheblich verschoben werden, um zu erreichen, daß
die von ihnen jeweilig kurzgeschlossenen Leiter
wirklich in der feldfreien, neutralen Zone liegen,
d. h. die Maschinen funkenfrei laufen. Die
Bürstenverstellung hat nun ihrerseits zur Folge, wie
eine genaue Untersuchung eines jeden beliebigen
Winkelschemas lehrt, daß die Feld- und Anker-AW
sich teilweise entgegenwirken, d. h. es tritt außer
der Feldverzerrung eine recht merkbare Feldschwächung auf. Soll die Maschine also konstante
Spannung geben, so muß mit steigendem Nutzstrom
die Felderregung in weit höherem Maße verstärkt
werden, als dem Ohmschen Abfall im Anker entspricht.

Alle diese Vorgänge sind rechnerisch leidlich
genau nur so lange verfolgbar, als Sättigungser-
scheinungen im Eisen nicht auftreten. Moderne
Maschinen sind aber stets hoch gesättigt, wenigstens
in den Ankerzähnen, und gestatten daher nur eine
näherungsweise richtige Vorausberechnung der
Ankerrückwirkung. Für die praktische Elektrotechnik ist dies aber nicht allzu schwerwiegend,
da hohe Sättigung in den Zähnen die Rückwirkung

vermindert; es genügt also stets, die Rechnung unter näherungsweiser Berücksichtigung der Permeabilitätsänderung durchzuführen.

Bei großen modernen, raschlaufenden Gleichstromgeneratoren (Turbodynamos!) wird die gesamte Ankerrückwirkung durch eine sog. Kompensationswicklung unterdrückt. Diese ist ihrem Wesen nach nichts anderes als eine genaue aber räumlich stillstehende Wiederholung der Ankerwicklung, deren Stäbe in Nuten in den Polschuhen liegen und vom Belastungsstrom in entgegengesetzter Richtung durchflossen werden wie die unter dem Pol vorbeirotierenden Ankerstäbe. Das Prinzip derartiger Kompensationswicklungen stammt von Menges.   *E. Rother.*

Näheres s. Steinmetz: Elements of Electrical Engineering.

Ankerrückwirkung bei Wechselstrommaschinen. Es handelt sich hierbei um im wesentlichen der Ankerrückwirkung bei Gleichstrommaschinen vollkommen analoge Vorgänge, die nur in der quantitativen Behandlung, besonders bei Einphasengeneratoren, schwieriger zu fassen sind. Mit Rücksicht hierauf soll im vorliegenden Fall nur die leichter zu übersehende Ankerrückwirkung bei Mehrphasenmaschinen behandelt werden. Ausdrücklich erwähnt sei, daß die übliche Bezeichnung „Ankerrückwirkung" recht unglücklich ist und leicht zu falschen Vorstellungen führt, wenn man sich daran klammert, den bewegten Teil einer Dynamomaschine „Anker" zu nennen. Der heute ganz allgemein üblichen Bauweise der Wechselstromerzeuger entsprechender wäre es, von „Statorrückwirkung" zu sprechen.

Betrachtet man Fig. 1 unter „Wechselstromgeneratoren", so ist es klar, daß die in den drei Phasen des Stators bei Belastung fließenden Ströme in irgend einer Weise auf das umlaufende Feld (Polrad!) zurückwirken müssen. Diese Rückwirkung muß sowohl eine Ortsfunktion sein, denn die einzelnen Spulen 1—1', 2—2' usw. haben verschiedene räumliche Lage am inneren Statorumfang, als auch eine Zeitfunktion, denn die Ströme der 3 Phasen sind zeitlich um $1/_3$ Periode gegeneinander verschoben. Um die folgende Betrachtung möglichst zu vereinfachen, sei angenommen, daß die Statorströme reine Sinuslinien seien, und daß die in der Fig. 1 in je 2 Nuten untergebrachten Stäbe pro Pol und Phase in einer einzigen Nut vereinigt seien. Jede Spule einer Phase umfaßt dann den vollen Kraftfluß eines erregenden Poles.

Fließt in einer solchen konzentriert gedachten Spule ein Wechselstrom, so erzeugt dieser ein Wechselfeld, dessen Querschnitt über dem zugehörigen Stück des Statorumfangs, dem sog. Polbogen τ, ein einfaches Rechteck ist, d. h. auf jeden beliebigen Umfangspunkt wirkt in einem bestimmten

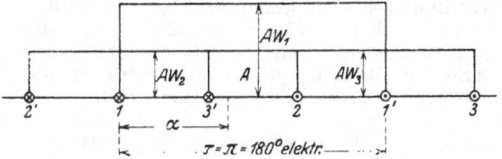

Fig. 1. Ankerrückwirkung bei Wechselstrommaschinen.

Augenblick die gleiche erregende Kraft AW_1, die sich zeitlich nach einer Sinusfunktion ändert (s. Fig. 1).

Auf den Polbogen τ greifen nun aber auch die den Spulen 3'—3 und 2—2' entsprechenden AW_3 und AW_2 über. Um daher für jeden beliebigen Augenblick die auf einen beliebigen, durch die Abszisse a gekennzeichneten Punkt A einwirkenden $AW_S a$ des Stators bestimmen zu können, entwickelt man zweckmäßig das AW-Diagramm jeder Spule in eine Fourierreihe, in der wie stets in der Wechselstromtechnik die gradzahligen Harmonischen aus Symmetriegründen fortfallen. Bedeutet Z_S die Windungszahl jeder Spule, J den Effektivwert der untereinander gleichen Phasenströme, so gilt für Spule 1—1' die Reihe

$$AW_1 =$$
$$\sqrt{2} \cdot J \cdot Z_S \cdot \sin \omega\, t \,[\sin a + a_3 \cdot \sin 3\, a + \ldots] \frac{4}{\pi}.$$

Desgleichen unter Berücksichtigung der zeitlichen und räumlichen Verschiebung um je 120^0 für die Spulen 2—2' und 3'—3:

$$AW_2 = \sqrt{2} \cdot J \cdot Z_S \cdot \sin (\omega\, t - 120^0)\,[\sin (a - 120^0)$$
$$+ a_3 \cdot \sin 3\, (a - 120^0) + \ldots] \frac{4}{\pi}$$

$$AW_3 = \sqrt{2} \cdot J \cdot Z_S \cdot \sin (\omega\, t - 240^0)\,[\sin (a - 240^0)$$
$$+ a_3 \cdot \sin 3\, (a - 240^0) + \ldots] \cdot \frac{4}{\pi}.$$

Bei den heute ausschließlich angewendeten Nutzahlen pro Pol und Phase (≥ 3!) verschwinden praktisch die räumlichen Amplitüden a_3 usw. gegenüber der Grundwelle. Addiert man unter dieser Voraussetzung die Momentanwerte AW_1, AW_2 und AW_3 zu der Resultierenden $AW_S a$, so erhält man für diese

$$AW_S a = \frac{3}{2} \cdot \sqrt{2} \cdot J \cdot Z_S \cdot \frac{4}{\pi} \cdot \cos (a - \omega\, t)$$

bzw. bei Zusammenziehung der Konstanten

I) $AW_S a = AW_{S\,max} \cdot \cos (\omega\, t - a).$

Aus dieser Gleichung folgt für einen Punkt mit der Abszisse $(a + d\,a)$:

$$AW_S a + d\,a = AW_{S\,max} \cdot \cos \big(\omega\, (t + dt) - (a + d\,a)\big)$$
$$AW_S a + d\,a = AW_{S\,max} \cdot \cos (\omega\, t - a + \omega\, dt - d\,a).$$

Die Stator-AW für zwei um $d\,a$ elektrische Grade verschobene Punkte werden also gleich für

$$\omega \cdot dt = d\,a \text{ bzw.}$$

II) $\dfrac{d\,a}{dt} = \omega.$

Aus den Gleichungen I und II ist ersichtlich, daß die Statorrückwirkung sich darstellt als eine fortschreitende AW-Welle, die sich mit praktisch genügender Genauigkeit durch eine einfache Kosinusfunktion der Zeit und des Ortes ausdrücken läßt. Die Wellengeschwindigkeit ist konstant und stets gleich der Winkelgeschwindigkeit des Stromvektors jeder Phase, d. h. auch proportional der des Polrades. Die AW des Läufers und Stators ruhen mithin relativ zueinander für einen bestimmten Betriebszustand der Maschine.

Bezüglich der räumlichen Lage der beiden mit gleicher Winkelgeschwindigkeit umlaufenden AW-Systeme gilt die einfache Regel, daß das Maximum der Statorwelle jeweilig über der Mitte derjenigen Spule liegen muß, in der der Strom gerade durch sein Maximum geht. Die AW_1 erreichen z. B. für $\omega\, t = \dfrac{\pi}{2}$ ihr zeitliches Maximum; da für die Mitte der Spule $1-1'$ die Abszisse α ebenfalls $= \dfrac{\pi}{2}$ ist, gilt nach Gleichung I für diesen Augenblick:

$$AW_{S\,\frac{\pi}{2}} = AW_{S\,max}.$$

Die Fig. 2 soll diese Lage der AW bzw. Felder veranschaulichen:

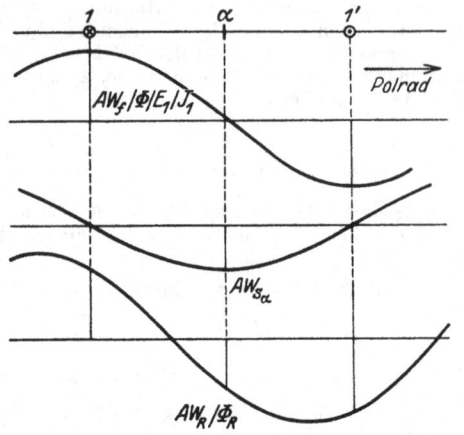

Fig. 2. Ankerrückwirkung bei Wechselstrommaschinen.
Lage der AW bzw. Felder.

In den Seiten 1 und $1'$ einer beliebigen Spule der Phase 1 wird die maximale E.M.K. in dem Augenblick induziert, in dem sie von den Amplituden des mit den AW_f des Feldes phasengleich gedachten sinusförmig verteilten Kraftflusses Φ geschnitten werden, bzw. der verkettete Kraftfluß $= 0$ ist. Aus der angenommenen Bewegungsrichtung des Polrades folgt nach Lenz die angedeutete Stromrichtung in den Spulenseiten und damit das Vorzeichen der nach obigem über der Spulenmitte a stehenden Amplitude der AW_S unter der Voraussetzung, daß zwischen der induzierten Spannung und dem erzeugten Strom keine Phasenverschiebung besteht. Das bei dem Nutzstrom J_1 pro Phase wirklich auftretende Feld Φ_R wird aber von der Resultierenden AW_R der AW_f und AW_S erzeugt genau wie bei der Gleichstrommaschine und kann unschwer berechnet werden nach vektorieller Addition der AW_f und AW_S. Unmittelbar aus der Fig. 2 ersichtlich ist, daß bei nennenswerter Größe der AW_S gegenüber den AW_f der Kraftfluß Φ_R bei Belastung gegenüber dem Kraftfluß Φ bei Leerlauf in der Phase verzögert wird, das Bild also streng genommen nur für geringe Belastung gilt, da die Voraussetzung, daß induzierte Spannung und Strom phasengleich sein sollen, nicht in Strenge bestehen bleibt, weil mit dem induzierenden Kraftfluß auch die Spannung ihre Phase ändert. Sind aber E_1 und J_1 stark phasenverschoben, so tritt, wie die Fig. 2 erkennen läßt, für nacheilenden Strom eine erhebliche Gegenwirkung (Feldschwächung) auf (die $AW_S\,\alpha$-Welle verschiebt sich nach links!), desgleichen für voreilenden Strom eine Feldverstärkung (die $AW_S\,\alpha$-Welle wandert nach rechts).

Zusammengefaßt ergibt sich demnach als Regel, daß das resultierende Feld Φ_R eines belasteten Mehrphasengenerators von dem bei Leerlauf einregulierten Felde Φ in Größe und Phase ganz erheblich abweicht. Es erfährt eine erhebliche

Schwächung beim Arbeiten auf einen induktiven Belastungskreis, desgleichen eine Verstärkung im Falle kapazitiver Last. Normalerweise tritt Feldschwächung auf, auch bei rein ohmischer Last, da bereits der Generator selbst eine erhebliche Streuinduktivität besitzt (siehe „Äußere Charakteristik der Wechselstromgeneratoren"!). Da letztere im Verein mit der Resistanz an sich schon einen Spannungsabfall hervorruft, muß der Gesamtspannungsabfall eines induktiv belasteten Mehrphasengenerators, der z. B. ausschließlich Asynchronmaschinen speist, sehr erheblich sein.

Das einfachste und älteste Gegenmittel ist, der Maschine einen großen Überschuß an Feld-AW gegenüber den normalen Stator-AW zu geben, d. h. im Leerlauf mit hoch übersättigtem Eisenkreis zu arbeiten. Es wird bei langsam laufenden Mehrphasengeneratoren (Gasmaschinenantrieb!) auch heute noch angewendet, versagt aber häufig bei Turbogeneratoren, bei denen der Platz für die Feldwicklung beschränkt ist. Um bei letzteren die Spannung bei allen Belastungen konstant zu halten, müssen besondere Hilfsmittel, meist sog. Schnellregler (siehe diese!) vorgesehen werden.

Wesentlich schwieriger in Theorie wie Praxis ist die Frage der Statorrückwirkung bei Einphasengeneratoren, die wenigstens in Europa ebenfalls für sehr große Leistungen (Vollbahnbetrieb!) gebaut werden. Das räumlich ruhende pulsierende Wechselfeld (Stehfeld) des Stators wirkt natürlich auch zurück auf das Drehfeld des Läufers; am einfachsten wird die Vorstellung, wenn man sich das Wechselfeld in 2 gegenläufige Drehfelder der halben Amplitude zerlegt denkt, von denen demgemäß das eine räumlich gegenüber dem Polrad ruht (mitlaufendes Feld!), das zweite gegenüber letzterem die doppelte synchrone Umlaufzahl hat (gegenläufiges Feld!). Das mitlaufende Feld hat dieselbe Rückwirkung, wie oben bei der Mehrphasenmaschine beschrieben, das gegenläufige Feld induziert in der Wicklung des Polrades hohe Spannungen der doppelten Betriebsfrequenz, die technisch sehr unangenehm sind. Um sie zu beseitigen, schließt man bei Turbogeneratoren häufig die metallenen Nutkeile, die die Feldwicklung gegen die Wirkung der Fliehkraft schützen, durch Ringe an den Stirnseiten der Trommel kurz, d. h. man versieht das Polrad mit einem sog. Dämpferkäfig. Das gegenläufige Feld schneidet, wie oben erwähnt, diese Wicklung mit hoher Geschwindigkeit und erzeugt dadurch kräftige Ströme, die nach Lenz ihrer Ursache, d. i. dem Felde, entgegenwirken müssen. Bei richtiger Dimensionierung ist es auf diese Weise möglich, das gegenläufige Feld bis auf einen unschädlichen Betrag zu beseitigen.

Auch Mehrphasengeneratoren versieht man zweckmäßig mit einer solchen Dämpferwicklung, teils zur Sicherung des Parallelarbeitens mit anderen Synchronmaschinen (siehe diese!), teils weil bei der praktisch nie völlig gleichmäßigen Belastung der Phasen dem reinen Drehfeld des Stators stets ein Stehfeld überlagert ist, das die oben erwähnten, unangenehmen Erscheinungen hervorruft.

E. Rother.

Näheres s. u. a. Pichelmayer, Wechselstromerzeuger.

Anklingen der Tonempfindung s. Grenze der Hörbarkeit.

Anode s. Elektrode.

Anodenrückwirkung s. Verstärkerröhre.

Anomalie des Erdmagnetismus. Eine örtliche Störung des erdmagnetischen Feldes. Man stellt sie dar durch Linien gleichen Betrags der Störung, das sind „Isanomalen" (s. Erdmagnetismus, Landesaufnahmen). Die größte Anomalie liegt im Gouvernement Kursk in Rußland, wo sie das Erdfeld übertrifft. In Deutschland zeigen Ost- und Westpreußen die stärksten Anomalien. *A. Nippoldt.*

Anomalien der Schwerkraft s. Schwerkraft.

Anomaloskop. Das Anomaloskop von W. Nagel ist ein für bestimmte Zwecke eingerichteter, im Gebrauch sehr handlicher Farbenmischapparat für Spektralfarben, in dessen einem Halbfeld das Licht der Natriumlinie (589 $\mu\mu$) fest, d. h. nur in seiner Lichtstärke variabel, eingestellt ist und in dessen zweitem Halbfeld die Lichter der Lithium- (670 $\mu\mu$) und der Thalliumlinie (535 $\mu\mu$) gemischt werden. Die Summe der Intensitäten letzter beider Lichter ist konstant, ihr gegenseitiges Verhältnis in der Mischung dagegen variabel. Da zwischen einem Gemisch dieser Lichter und dem Natriumlicht auf fovealem Gebiet (s. Gelber Fleck) von jedem Beobachter eine vollständige Gleichung erzielt werden kann, so ist der Apparat sehr geeignet, die drei Typen der Trichromaten (normal, protanomal, deuteranomal; s. Farbenblindheit) an ihren Einstellungen zu unterscheiden. Die für die Herstellung der Gleichung erforderlichen Mengen der drei Lichter sind an den Nonien der Spalteinstellschrauben abzulesen.

Die Beschränkung auf die drei genannten Wellenlängen bringt den Vorteil mit sich, daß der Apparat immer gebrauchsfertig ist (wiederholte Eichungen desselben im Gebrauch erübrigen sich) und daß er auch von weniger Geübten ohne weiteres gehandhabt werden kann. Um ihn indessen auch für andere Zwecke als den genannten nutzbar zu machen, wird er in einer zweiten Ausführung angefertigt, die dadurch bedeutend kompendiöser ist, daß das Okularrohr verschieblich angebracht ist und alle drei Lichter, gleichzeitig, im selben Sinne, im Spektrum geändert werden können. *Dittler.*

Näheres s. Tigerstedt, Handb. d. physiol. Meth., Bd. 3, II. Abt. S. 73 f., 1909.

Anruf, Anrufapparat. Vorrichtung in drahtlosen Empfangstationen, die dem Aufnahmebeamten anzeigt, daß eine Sendestation mit ihm zu verkehren wünscht. *A. Esau.*

Anschiebezylinder s. Längenmessungen.

Anstellwinkel eines Flugzeugflügels heißt der Winkel zwischen der Flügelsehne und der Flugrichtung; dieser Winkel muß nicht über den ganzen Flügel denselben Wert haben; meist werden die Flügel aus Rücksicht auf die Querstabilität verwunden, d. h. sie haben außen kleinere Anstellwinkel wie innen. Vom Anstellwinkel hängen alle Luftkräfte wesentlich ab; bei kleinen Anstellwinkeln (— 4⁰ bis 10⁰), die für den normalen Flug ausschließlich in Betracht kommen, wächst der Auftrieb sehr stark mit dem Anstellwinkel und zwar ungefähr linear; der Widerstand wächst langsamer, etwa parabolisch. Bei größeren Anstellwinkeln wächst der Widerstand weiter, der Auftrieb erreicht aber ein Maximum und sinkt wieder. Beim Anstellwinkel Null verschwindet der Auf-

trieb nur bei ebenen Flügeln, bei gewölbten ist er nicht unerheblich positiv. *L. Hopf.*

Anstiegwinkel eines Flugzeuges ist der Winkel zwischen der Bahn eines Flugzeugs und der Horizontalen. Er ist nicht mit dem Anstellwinkel zu verwechseln. *L. Hopf.*

Antenne. Ist ein offener Oszillator für die Aussendung und Absorption elektrischer Wellen. Die in der Luft hochgeführten Teile der Antenne werden auch als Luftleiter bezeichnet. Die einfachste Antennenform ist der gerade Draht, der auch heute noch bei Luftschiffen und Flugzeugen zur Anwendung gelangt. Zur Unterbringung größerer Energiemengen ist eine größere Anzahl von parallel geschalteten Drähten erforderlich (Harfen, Doppelkonus, L-, T- und Schirm-Antenne). Es handelt sich hier immer darum, in möglichst großer Höhe ökonomisch eine möglichst große Fläche anzu-

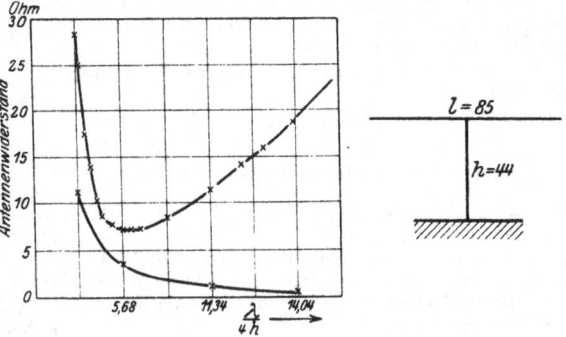

Fig. 1 u. 2. Landantenne. Ausgezogene Kurve: Strahlungswiderstand.

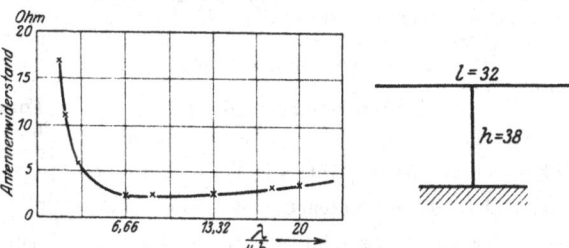

Fig. 3 u. 4. Schiffsantenne.

ordnen. Bei Großstationenantennen kommt man so auf Höhen bis über 200—300 m und Längenausdehnungen bis über 1 km. Die statische Kapazität einer solchen Antenne gegen Erde beträgt dann 30—100 000 cm bei einer Aufnahmefähigkeit von 400—1500 kW Hochfrequenzenergie. Die Grenze der Belastung einer Antenne ist durch die Isolatoren gegeben, meist bei einer Spannung von nicht über 120 000 Volt.

Für die Sendeantenne gilt der Strahlungswiderstand $w_s = \dfrac{160 \cdot \pi^2 \cdot h^2}{\lambda^2}$; h ist die mittlere geometrische Höhe. Die Wirkung ist also proportional dem Quadrat der Höhe und umgekehrt proportional dem Quadrat der Welle. In der Eigenschwingung des geraden Drahtes ist $w_s = 36{,}6$ Ohm. Die Form der Antenne ist unwesentlich, dagegen die Erdungs- und sonstigen Widerstände (Spulen) von größter Bedeutung. Fig. 1 u. 3

3*

zeigen die für den Strahlungswirkungsgrad in Betracht kommenden Widerstände für Land- und Schiffsantennen. Die untere Kurve Fig. 1 ist hier der reine Strahlungswiderstand. Man sieht, die Bodenbeschaffenheit unter der Antenne ist von größter Bedeutung. Um den mit zunehmender Wellenlänge wieder zunehmenden Erdwiderstand zu vermindern, ist man zu Gegengewichten übergegangen, d. h. man verbindet die Antenne statt mit der Erde mit einem Drahtnetz, das isoliert von der Erde parallel zu derselben ausgespannt ist (meist mehr als 12—50 bis 100 m lange Drähte in 1—5 m Höhe über dem Boden). Das Gegengewicht ist aufzufassen als eine Kapazität, welche zwischen Antenne und Erde gelegt ist und die Antennenkapazität C_A verkleinert, so daß C_{Ar} dann gleich

$$C_{Ar} = \frac{C_A \cdot C_G}{C_A + C_G}.$$

Die Antennenkapazität läßt sich aus der wechselseitigen Kapazität der einzelnen Antennenelemente berechnen. Angenähert gilt für eine nicht zu lang gestreckte Antenne (Drähte nicht zu weit auseinander)

$$C = \left(4\sqrt{a} + 0{,}88\,\frac{a}{h}\right) \cdot 10^{-5}\,\text{Mi}\quad \begin{array}{l} a = \text{Fläche in m}^2 \\ h = \text{Höhe in m} \end{array}$$

für eine lange Antenne $1 > 8$ fache Breite

$$C = \left(4\sqrt{a} + 0{,}88\,\frac{a}{h}\right)\left(1 + 0{,}015\,\frac{l}{b}\right) \cdot 10^{-5}\,\text{Mi},$$

d. h. C ist gleich der Kapazität einer Scheibe frei im Raum und derjenigen eines Plattenkondensators ohne Randwirkung. Dazu kommt noch die Kapazität der Durchführung.

Die Kapazität der Sendeantenne ist an sich gleichgültig und nur bestimmt aus der Energie, die die Antenne aufnehmen soll. Bei großen Antennenverlängerungen ist eine große Kapazitätfläche günstiger: es reduziert sich der Erdwiderstand. Der Wirkungsgrad der Antenne ist gegeben durch

$$\frac{\text{Strahlungswiderstand}}{\text{Strahlungswiderstand} + \text{Verlustwiderstand}}.$$

Für den Empfang gilt: Die Wirkung ist proportional $\left(\frac{h}{\lambda}\right)^2$. Bei Antennen mit h unter 20 m ist wegen der Grundwassereinflüsse die Wirkung geringer als proportional h^2. Kapazität und Form der Antenne sind von Einfluß. Die Breite der Antenne erhöht die Lautstärke nicht, wohl aber die Länge und es kann hier teilweise die Höhe durch die Länge ersetzt werden. Große Antennenhöhen sind hier auch deshalb nicht immer erforderlich, da bei Empfang beliebige Verstärkungsmittel angewendet werden können. Das Verhältnis Lautstärke zu Störungen, auf das es hier ankommt, ist bei den verschieden großen Antennen in den meisten Jahres- und Tageszeiten dasselbe.

Über Eigenschwingungen der Antenne s. Eigenschwingung.   *A. Meissner.*

Antiapex s. Apex.

Anticohärer s. Cohärer.

Antiphon nennt man einen kleinen Körper von passender Form und genügender Nachgiebigkeit, der in den Gehörgang eingeführt wird, um das Ohr gegen das unerwünschte Eindringen von Schall (Lärm) nach Möglichkeit zu schützen.

E. Waetzmann.

Näheres s. M. Plessner, Das Antiphon. Rathenow 1885.

Antipoden. Viele der optisches Drehvermögen besitzenden Körper treten in mehreren sich ungleich verhaltenden isomeren Formen auf. Dreht von zwei isomeren aktiven Modifikationen unter sonst gleichen Umständen die eine ebenso stark rechts, wie die andere links, so werden sie als optische Antipoden bezeichnet, und zwar als die d-Form und l-Form (d Zeichen für rechtsdrehend oder dextrogyr, l für linksdrehend oder lävogyr). Solche inaktive Modifikationen, welche Verbindungen oder Mischungen von gleichen Mengen optischer Antipoden sind und sich durch geeignete Mittel in die einzelnen Antipoden spalten lassen, heißen Razemkörper und tragen die Zeichen r (als chemische Verbindung) oder dl (als mechanisches Gemenge). Für die anderen inaktiven Formen, welche sich nicht in aktive Komponenten zerlegen lassen, ist das Zeichen i in Anwendung.

Zwei zusammengehörige Antipoden unterscheiden sich nur in denjenigen physikalischen Eigenschaften, welchen der Gegensatz von + und — eigentümlich ist. Dahin gehören außer der optischen Rechts- und Linksdrehung die Enantiomorphie der Kristalle und ihre Pyroelektrizität. Bei einer Reihe von Kristallen, welche fest oder gelöst zugleich optische Aktivität besitzen, wie z. B. Quarz, Weinsäure, Carvoxim usw., zeigt sich das Erscheinen entgegengesetzt elektrischer Pole während des Erwärmens oder Abkühlens, sowie bei Einwirkung einseitigen Druckes oder Zuges. Dagegen sind alle anderen physikalischen Eigenschaften bei den Antipoden völlig übereinstimmend.

Weiter haben sich physiologische Unterschiede zwischen zusammengehörigen Antipoden zu erkennen gegeben. Einige Sorten von Schimmelpilzen und verschiedene Hefearten bringen bei ihrem Wachstum in Lösungen von Razemkörpern die eine Antipode zum Verschwinden, während die andere erhalten bleibt. Auf diese Weise kann aus vielen Razemkörpern bei der Berührung mit Pilzen entweder die d-Form oder in anderen Fällen die l-Form gewonnen werden. Dabei läßt der nämliche Pilz von manchen Razemsubstanzen die d-Form, von anderen dagegen die l-Form unangegriffen. In einigen Fällen kann man aus dem Razemkörper durch gewisse Pilze die rechtsdrehende Antipode, durch andere Pilze die linksdrehende gewinnen. Weitere Unterschiede zwischen optischen Antipoden sind noch in vereinzelten Fällen in bezug auf Giftigkeit und Geschmack beobachtet worden. So ist z. B. die l-Weinsäure ein etwa doppelt so starkes Gift als die d-Säure; während d-Asparagin-Kristalle einen süßen Geschmack besitzen, sind die l-Asparagin-Kristalle wie das gewöhnliche Asparagin fade schmeckend.

In manchen Fällen läßt sich entscheiden, ob bei einem Razemkörper eine Verbindung oder Mischung der Antipoden vorliegt. Während kristallisierbare Antipoden stets den Kristallgruppen mit gewendeten Formen angehören, kristallisieren dagegen die Razemverbindungen immer nur in solchen Gruppen, bei welchen das Erscheinen gewendeter Formen ausgeschlossen ist. In dieser Verschiedenheit liegt das hauptsächlichste Kennzeichen der wahren Razemverbindungen. Das Vorkommen flüssiger Razemverbindungen ist indessen unwahrscheinlich und bis jetzt nicht mit Sicherheit nachgewiesen.

Razemkörper können auf folgenden Wegen entstehen: 1. durch direktes Zusammenbringen gleicher Mengen der aktiven Antipoden, 2. aus einer der beiden aktiven Formen durch Erhitzen, 3. bei der chemischen Umwandlung asymmetrischer Körper in asymmetrische Derivate, 4. beim Überführen inaktiver symmetrischer Körper in asymmetrische Verbindungen. In manchen Fällen hat sich gezeigt, daß die Razemisierung unter Einwirkung höherer Temperatur durch Zusatz gewisser Stoffe beschleunigt wird und dann auch bei viel niedrigeren Temperaturen als sonst erfolgt. Die Spaltung der Razemkörper in ihre Antipoden kann erfolgen: 1. durch Kristallisation, 2. vermittels aktiver Verbindungen (Alkaloide und Weinsäure), 3. mit Hilfe von Pilzen. Bemerkenswert ist noch, daß es in einzelnen Fällen gelungen ist, durch chemische Einwirkungen eine gegenseitige Umwandlung der aktiven Antipoden hervorzubringen; so läßt sich l-Äpfelsäure in d-Säure überführen, aus welcher dann wieder l-Äpfelsäure erhalten werden kann.

Der Typus der konfigurationsinaktiven nicht spaltbaren Modifikationen i kann bei denjenigen Molekülen auftreten, deren Formel sich in zwei gleiche Hälften teilen läßt. Die Inaktivität erklärt sich dann aus dem entgegengesetzten, gleich starken Drehungsvermögen dieser beiden Teile, die sich in ihrer Wirkung kompensieren. Die Richtigkeit dieser Vorstellung folgt aus der Tatsache, daß ein aktives Produkt entsteht, sobald die Symmetrie eines solchen Moleküls aufgehoben wird. So liefert, wie zuerst E. Fischer nachgewiesen hat, die inaktive Schleimsäure CO_2H — $(CH \cdot OH)_4$ — CO_2H bei ihrer Reduktion razemische Galaktonsäure $CH_2(OH)$ — $(CH \cdot OH)_4$ — CO_2H, welche sich in ihre aktiven Antipoden spalten läßt, und umgekehrt kann man diese Antipoden durch Oxydation wiederum in konfigurationsinaktive i-Schleimsäure umwandeln. *Schönrock.*

Näheres s. H. Landolt, Optisches Drehungsvermögen. 2. Aufl. Braunschweig 1898.

Antizyklone. (Barometrische Maxima, Hochs). Gebiete hohen Luftdruckes, in denen die Luft in absteigender Bewegung begriffen ist, so daß sie in den unteren, der Erdoberfläche nahen Schichten nach außen hin abströmen muß, jedoch nicht in radialer Richtung, sondern mit der, durch die Erdrotation hervorgerufenen Ablenkung. Auf der nördlichen Halbkugel zeigen also die ausfließenden Luftströmungen eine Drehung mit dem Uhrzeiger. Je höher der Luftdruck in einer Antizyklone ist, um so geringer ist der Ablenkungswinkel, zwischen Gradienten (s. Luftdruckgradient) und Windrichtung, dessen Wert für den Atlantischen Ozean und Europa in der geographischen Breite von 51° bis 56° Nord zu 38° bis 53° ermittelt wurde. Gradient und Windstärke wachsen kontinuierlich bei der Annäherung an das Gebiet der Zyklone (s. diese). Die normale Form der Antizyklonen ist oval. Sie bewegen sich in Europa meist nach dem östlichen Quadranten hin mit einer mittleren Geschwindigkeit von 7 m pro s. In der Höhe geht die vom Zentrum nach außen strömende antizyklonale Luftbewegung in die einströmende, zyklonale über, ein Beweis dafür, daß die antizyklonale Luftdruckverteilung in der Höhe allmählich in eine zyklonale übergeht. Die Temperaturabnahme mit der Höhe ist in den Antizyklonen im allgemeinen gering.

In ihrem Gebiet herrscht eine Witterung, die gerade das Gegenteil von dem Wetter in den Zyklonen zu sein pflegt. Schwache Luftbewegung, heiterer Himmel und Mangel an Niederschlägen sind ihre wesentlichsten Züge. *O. Baschin.*

Antrieb s. Impulssätze.

Anzapfturbine wird eine Dampfturbine genannt, der in irgend einer Stufe ein Teil des Dampfes zum Kochen oder Heizen entnommen wird. Eine Vorrichtung hat dafür zu sorgen, daß der Entrahmedruck bei jeder Belastung der Turbine gleich bleibt. Es werden auch Turbinen mit zwei Entrahmestellen gebaut. *L. Schneider.*

Näheres s. L. Schneider, Abwärmeverwertung im Kraftmaschinenbetrieb. 4. Aufl. Berlin.

Anziehung, elektrostatische. Die elektrostatische Anziehung, welche z. B. geriebener Bernstein auf leichte Teilchen ausübt, war bereits um 600 v. Chr. bekannt. Ein elektrisch geladener Körper zieht sowohl einen ungeladenen wie einen ungleichartig geladenen Körper an. Die Stärke der Anziehung bestimmt sich durch das Coulombsche Gesetz (s. dieses). Die praktische Anwendung der elektrostatischen Anziehung zu Meßzwecken zeigen das Elektroskop, das Elektrometer, die Potentialwage, und schließlich alle elektrostatischen Meßinstrumente mit gegenüberstehenden Platten.

R. Jaeger.

Anziehung (Abstoßung), magnetische. — Eisen, Nickel, Kobalt und Heuslersche Legierungen werden von permanenten Magneten oder anderen magnetischen Feldern stark, paramagnetische Substanzen nur sehr schwach angezogen, diamagnetische abgestoßen, und zwar von beiden Polen. Für Magnetpole gilt der Satz, daß sich gleichnamige Pole abstoßen, ungleichnamige anziehen, und zwar proportional den beiden Polstärken m und umgekehrt proportional dem Quadrat der Entfernung r der Pole voneinander: $P = m_1 m_2/r^2$; vgl. auch Zugkraft. *Gumlich.*

Aperiodischer Kreis. Ein Kreis, welcher keine Schwingungsdauer hat, die im Betriebszustand zur Geltung kommt. Enthält er Kapazität und Selbstinduktion, so muß sein Widerstand $>$ als $2\sqrt{\dfrac{L}{C}}$ sein (s. Schwingungen). *A. Meissner.*

Aperiphraktisch. Nach Maxwell wird ein abgegrenztes Gebiet aperiphraktisch genannt, wenn jede geschlossene Fläche in ihm zu einem Punkt zusammengezogen werden kann, ohne das Gebiet zu verlassen; andernfalls ist das Gebiet periphraktisch. Ein zweidimensionales periphraktisches Gebiet ist zugleich mehrfach zusammenhängend. Der Unterschied periphraktischer und aperiphraktischer Räume hat für die Potentialtheorie und die klassische Hydrodynamik Bedeutung. *O. Martienssen.*

Apertur s. Mikroskop.

Apex. Mit dem Worte „Apex" bezeichnen wir den Zielpunkt der Bewegung z. B. von Sternen an der Himmelssphäre oder auch den momentanen Zielpunkt der Erde bei seiner Bewegung um die Sonne. Gewöhnlich aber versteht man jetzt schlechthin darunter den Zielpunkt (Apex) der Bewegung des ganzen Sonnensystems am Himmel.

Schon im Jahre 1783 leitete William Herschel aus den scheinbaren Bewegungen von nur 7 hellen Sternen einen Apex der Sonnenbewegung a und bezeichnete als solchen einen Punkt, der in der Tat ganz nahe zu demjenigen liegt, welcher nach den vielen verschiedenen Bestimmungen heute als Apex angesprochen wird. Die Erfahrungstatsache, welche uns den Zielpunkt der Sonnenbewegung im System der Fixsterne zu bestimmen erlaubt, ist folgende. Ebenso wie die Bäume einer Allee, durch welche wir mit einer gewissen Geschwindigkeit hindurchfahren, vor uns auseinander zu strömen, hinter uns sich wieder zu schließen scheinen, ebenso müßten die Sterne, auf die das Sonnensystem sich hinbewegt, den Anschein erwecken, als strömten sie auseinander. Es handelt sich also bei jeder Bestimmung des Apex um die Aufgabe, aus den mehr oder minder regellosen Eigenbewegungen der Sterne die in ihnen verborgene „parallaktische Bewegung", herrührend von der Bewegung der Sonne relativ zu den betrachteten Sternen auszusondern. Zu dem Zwecke teilt man die Himmelsphäre in eine geeignete Anzahl von Arealen ein und bildet für jedes Areal den Mittelwert der aus Katalogbeobachtungen gewonnenen Eigenbewegungen der Sterne in Rektaszension und Deklination. Enthält jedes Areal genügend viele Sterne, so darf man voraussetzen, daß die individuellen Eigenbewegungen der Sterne sich im Mittel aufheben. Bezeichnet man dann mit X, Y, Z die Komponenten des gesuchten Vektors der parallaktischen Bewegung bezogen auf ein rechtwinkliges Koordinatensystem, dessen X-Achse nach dem Äquinox hinzielt, Y-Achse nach dem Punkte mit der Rektaszension $\alpha = 90^0$ und Z-Achse nach dem Nordpol $\delta = 90^0$, so bestehen zwischen diesen Komponenten und den mittleren Eigenbewegungen $\mu\alpha$ bzw. $\mu\delta$ der Sterne eines Areals zwei Gleichungen der Gestalt:

$$- X \sin \alpha + Y \cos \alpha = \mu\alpha;$$
$$- X \cos \alpha \sin \delta - Y \sin \alpha \sin \delta + Z \cos \delta = \mu\delta.$$

Diese Gleichungen stellt man für jedes Areal auf und gleicht sie nach der Methode der kleinsten Quadrate aus. Als Koordinaten des gesuchten Apex gewinnt man dann

$$A = \frac{Y}{X}, \qquad D = \frac{Z}{\sqrt{X^2 + Y^2}}.$$

So hat man nach verschiedenen Methoden den Apex der Sonnenbewegung bestimmt und fand dafür $A = 270^0, D = + 34^0$, als wahrscheinlichste Werte. Dieser Punkt an der Sphäre liegt nicht weit vom Sternbild der Leyer. Abgeschlossen ist die Diskussion dieser Frage noch keineswegs; denn erstens liefert die Bestimmung des Apex aus den Radialgeschwindigkeiten der Sterne — diese Methode liefert übrigens zugleich als absoluten Betrag der Sonnengeschwindigkeit den Wert 19,5 km pro Sekunde — in Deklination einen um 10^0 niedrigeren Wert für den Apex, zweitens hat sich gezeigt, daß die Koordinaten dieses Punktes je nach dem Spektraltyp oder der Helligkeit der benützten Sterne in systematischer Weise anders herauskommt; eine Erscheinung, die noch nicht aufgeklärt ist.

E. Freundlich.

Näheres s. W. W. Campbell, Stellar motions.

Aphelium s. Planetenbahn.

Aplanate. Die Aplanate sind infolge ihrer geringeren Leistungsfähigkeit seit Einführung der Anastigmate immer mehr in den Hintergrund getreten. Ihr scharfes Bildfeld ist verhältnismäßig klein, da bei ihnen eine anastigmatische Ebnung des Bildfeldes nicht durchgeführt ist. Im Jahre 1866 trat A. Steinheil mit einem Aplanaten, der nach den Seidelschen Formeln berechnet war, an die Öffentlichkeit. Für die verschiedenen Zwecke der Photographie, wie Bildnis-, Landschafts- und Architektur-Auf-

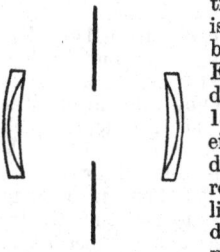

Fig. 1. Steinheils Aplanat 1. Form.

nahmen und Reproduktionen hat er im Laufe der Zeit verschiedene Aplanate herausgebracht, von denen vorstehend sein Aplanat erster Form (s. von Rohr: „Theorie und Geschichte des photographischen Objektivs", Fig. 110) abgebildet ist. Diese Steinheilischen Aplanate haben sich seinerzeit einer großen Verbreitung erfreut. Verschiedene optische Firmen stellen auch heute noch Aplanate her.

W. Merté.

Tele-Objektive. Das Tele-Objektiv besteht aus einer vorderen lichtsammelnden Linsengruppe und einer hinteren lichtzerstreuenden Wirkung. Schematisch zeigt das die untenstehende Fig. 2.

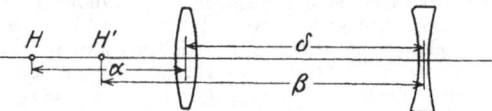

Fig. 2. Schema eines Tele-Objektivs.

Nimmt man die beiden Linsengruppen als unendlich dünn an, bezeichnet die Brennweite der vorderen mit f_1, die der hinteren mit f_2 und ihren gegenseitigen Abstand mit δ, so ergibt sich für die Brennweite f des Tele-Objektivs der Ausdruck

$$f = \frac{f_1 \cdot f_2}{f_1 + f_2 - \delta}.$$

Der vordere Hauptpunkt des Tele-Objektivs liegt vom Vorderglied um die Strecke

$$\alpha = \frac{\delta \cdot f_1}{f_1 + f_2 - \delta}$$

und der hintere von dem Hinterglied um die Strecke

$$\beta = - \frac{\delta \cdot f_2}{f_1 + f_2 - \delta}$$

entfernt.

Da α sowohl wie β, wie eine einfache Überlegung zeigt, negative Werte sind und wie üblich die positive Richtung des Lichtes von links nach rechts gerechnet ist, so liegt der vordere Hauptpunkt des Tele-Objektivs vor der Vorderlinse und der hintere vor der lichtzerstreuenden Linsengruppe. Daraus folgt, daß der vordere Brennpunkt sich um einen größeren Betrag, als wie der der Brennweite f ist, vor dem Tele-Objektiv befindet, d. h. daß bei Nah-Aufnahmen das Tele-Objektiv bei gleichem Abbildungs-Maßstab eine größere Dingweite verlangt als eine photographische Linse üblicher Bauart der gleichen Brennweite. Hierdurch wird bei Nahaufnahmen eine günstiger wirkende Perspektive des Bildes erzielt. Die Lage des hinteren Hauptpunktes vor dem Negativ-Glied führt dazu, daß bei der Abbildung eines weit entfernten Gegenstandes die Entfernung des Bildes vom Hintergliede nicht unwesentlich kürzer als die Brennweite ist, daß also bei Benutzung langbrennweitiger Fern-Objektive der Kammerauszug verhältnismäßig kurz sein kann.

Das Tele-Objektiv, das schon im Anfang des 17. Jahrhunderts J. Kepler bekannt war, aber dann wieder in Vergessenheit geriet, wurde zum ersten Male in der Photographie von J. Porro in den fünfziger Jahren des vergangenen Jahrhunderts angewandt, ohne daß es des Interesses der Fachwelt teilhaftig werden konnte. Erst in den letzten Jahrzehnten hat sich das Tele-Objektiv in der photographischen Optik einen dauernden Platz erobert.

Im wesentlichen sind 2 verschiedene Bauarten der Tele-Objektive bekannt geworden. Als erste sei hier genannt die Zusammenstellung eines auch für sich allein benutzbaren photographischen Objektivs mit einer meist sphärisch und chromatisch korrigierten Negativlinse. Verbindet man diese beiden Bestandteile durch einen Tubus, der den Luftabstand zwischen Vorder- und Hinterglied, d. h. unseren obigen Wert δ zu verändern gestattet, so kann man auf diese Weise eine unendlich große Anzahl von Brennweiten f erhalten. Derartige Tele-Objektive werden von einer großen Reihe von optischen Fabriken hergestellt. Ihre optische Leist ngsfähigkeit ist für sehr viele Aufgaben der Photographie nicht ausreichend. Bei geringer Lichtstärke zeichnen sie nur ein kleines Bildfeld scharf aus. Besser in dieser Hinsicht sind die Tele-Objektive der zweiten Bauart. Bei ihnen ist die lichtsammelnde Linsengruppe in der Regel nicht für sich allein photographisch benutzbar, und der Abstand der beiden Bestandteile ist unveränderlich. Sie bilden ein einheitliches Ganzes. Die Hebung der Abbildungsfehler ist besonders bei den neuesten Objektiven in weitgehendem Maße gelungen. Die Lichtstärke und das scharfe Bildfeld ist bedeutend größer als bei den Tele-Objektiven veränderlicher Brennweite. Zunächst sei hier das von Carl Zeiß hergestellte „Magnar" genannt, das eine relative Öffnung von 1 : 10 besitzt. Seine Bild-

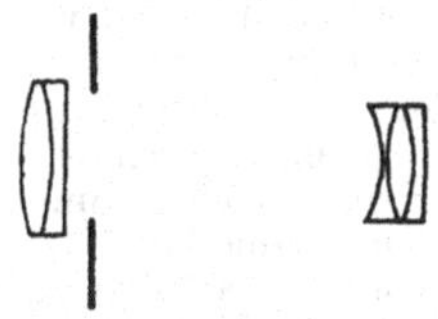

Fig. 3. Querschnitt des Magnars.

schnittweite, d. h. die Entfernung vom letzten Linsenscheitel bis zur Brennebene, beträgt ungefähr ⅓ der Brennweite. Die obenstehende Figur zeigt die heutige Ausführungsform des Magnars im Querschnitt.

Läßt man eine noch geringere Verkürzung des Kammerauszuges, als wie die des Magnars ist, zu, so ist es möglich, eine größere Lichtstärke und ein größeres Bildfeld bei gleichzeitig guter Bildschärfe zu erreichen. Als Beispiele von Tele-Objektiven, die nach diesen Gesichtspunkten gebaut sind und bei denen die Bildschnittweite immerhin schon etwa die Hälfte der Brennweite ausmacht, nennen wir folgende Objektive:

Bis-Telar (E. Busch); Dallon-Telephoto Lens (J. H. Dallmeyer, Ltd.); Tele-Centric-Lens (Roß, Ltd.); Teletessar (Carl Zeiß). *W. Merté.*

Apochromat s. Mikroskop.

Aräometer. Das Aräometer, auch Senkwage genannt, dient zur Ermittelung des spezifischen Gewichts einer Flüssigkeit. Es besteht (s. beist. Fig.) aus einem gläsernen Hohlkörper a, an welchen sich nach unten ein kleineres mit Quecksilber beschwertes Gefäß b ansetzt, das infolge der Verlegung des Schwerpunktes weit nach unten dem Apparat die Fähigkeit des aufrechten Schwimmers verleiht. Nach oben setzt sich der gläserne Hohlkörper in einen dünnen Stiel s, die sog. Spindel fort, welche eine Teilung trägt. Bringt man das Aräometer in eine Flüssigkeit, so wird es bis zu einem bestimmten Skalenteil einsinken, der unmittelbar das spezifische Gewicht, manchmal auch noch die früher sehr gebräuchlichen, jetzt veralteten sog.

Aräometer. Dichtigkeitsgrade (Beaumé, Tralles,

Twaddel) angibt. Die Teilung auf der Spindel nach spezifischem Gewicht wächst von oben nach unten, entsprechend dem Umstande, daß das Aräometer um so tiefer in die Flüssigkeit einsinkt, je leichter diese ist. Das Aräometer ist kein absolutes Instrument, sondern muß durch Eintauchen in Flüssigkeiten von bekanntem spezifischen Gewicht geeicht werden. — Außer den für verschiedenste Flüssigkeiten brauchbaren Aräometern werden solche für besondere Zwecke, für Alkohol (Alkoholometer), Schwefelsäure, Milch und vieles andere mehr benützt. Diese sind dann nicht nach spezifischem Gewicht, sondern nach Prozentgehalt der Mischungen und Lösungen, nach dem Fettgehalt und dgl. geteilt. *Scheel.*

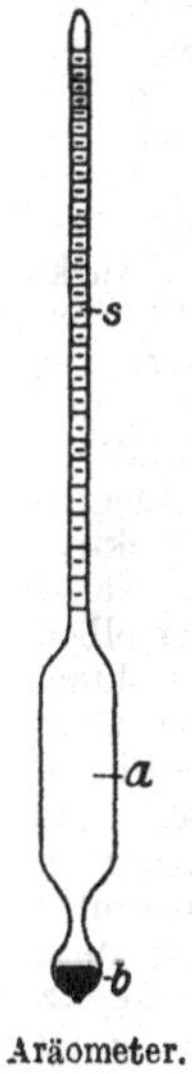

Näheres s. Domke und Reimerdes, Handbuch der Aräometrie. Berlin 1912.

Aräometer. Aräometer, von dem Worte ἀραιός (leicht) abgeleitet, dienen zur Messung des spezifischen Gewichtes fester Körper und Flüssigkeiten. Für ersteren Zweck benutzt man Aräometer mit variablem Gewicht, die auch Gewichtsaräometer genannt werden. In der jetzt üblichen Form wurden sie zuerst von Charles und Fahrenheit angegeben und sind unter dem Namen Nicholsonsche Aräometer bekannt. Das Altertum kannte bereits ein ähnliches Instrument unter dem Namen Baryllium. In der jetzt üblichen Anordnung (Fig. 1) besteht das Instrument aus einem Hohlzylinder A, an dessen oberem Ende sich eine dünne mit Marke a versehene Spindel anschließt, welche eine kleine Schale B trägt. Am unteren Ende des Hohlzylinders hängt ein schweres Körbchen C, so daß das Aräometer in einer Flüssigkeit aufrecht schwimmt. Ein Stückchen des festen Körpers, dessen spezifisches Gewicht bestimmt werden soll, wird einmal in die Schale B, ein zweites Mal in das Körbchen C gelegt, während das Aräometer in reinem Wasser schwimmt; beide Male werden ferner in B so viel Gewichte zugelegt, bis das Aräometer bis zur Marke a eintaucht. Die Differenz beider Zusatzgewichte sei d. Sodann wird das Stückchen ganz fortgenommen und das Gewicht b bestimmt, welches auf B an Stelle des Stückchens zugelegt werden muß, um das Aräometer bis zur Marke a einzutauchen. Das gesuchte spezifische Gewicht ist dann $\frac{b}{d}$.

Zur Bestimmung der Dichte von Flüssigkeiten dienen Aräometer mit konstantem Gewicht, auch Skalenaräometer genannt. Solche wurden zuerst von Baumé hergestellt. Diese Aräometer (Fig. 2) sind spindelförmige allseitig geschlossene Glaskörper, welche am unteren Ende beschwert sind, während an der oberen Spindel eine gleichmäßige Teilung angebracht ist. In einer Flüssigkeit taucht das Instrument in vertikaler Lage mehr oder minder tief ein, und man

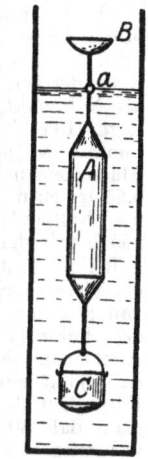

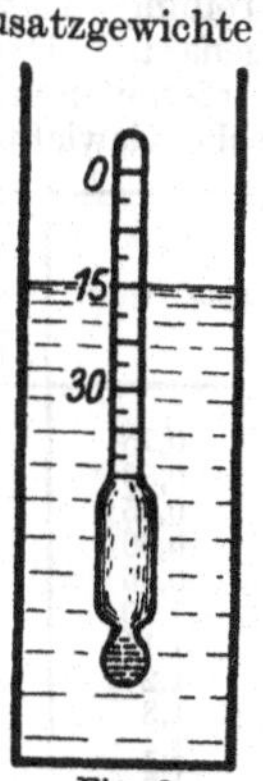

Fig. 1. Gewichtsaräometer.

Fig. 2. Skalenaräometer.

bekommt ein Maß für die Dichte der Flüssigkeit, wenn man beobachtet, bis zu welchem Teilstrich das Instrument eintaucht.

Die Teilung von Baumé ist eine willkürliche. Das Instrument für Flüssigkeiten schwerer als Wasser beschwerte er so weit, daß es in reinem Wasser von 10^0 Réaumur bis zum obersten Teilstrich eintauchte, welchen er mit Null bezeichnete; die Stelle dagegen, bis zu welcher das Aräometer in einer Lösung von 15 Teilen Kochsalz in 85 Teilen Wasser eintauchte, bezeichnete er mit 15 und teilte das Intervall Null bis fünfzehn in 15 gleiche „Baumé-Grade". Die gleichmäßige Teilung wurde dann über den Teilstrich 15 hinaus bis 70 fortgesetzt. Für leichtere Flüssigkeiten setzte Baumé den Teilstrich Null an das untere Ende der Spindel und wählte das Gewicht des Aräometers so, daß dieses bis zu dem genannten Teilstrich in einer 10%igen Kochsalzlösung untertauchte. Der Wasserpunkt erhielt bei diesem Instrument die Bezeichnung 10 und die gleichmäßige Teilung wurde über 10 hinaus bis zum Teilstrich 40 verlängert.

Cartier wählte an seinem Aräometer die Grade etwas größer, so daß 15 Cartier gleich 16 Baumé sind.

Bei der Teilung von Beck dient der Wasserpunkt als Nullpunkt, der in etwa $^2/_3$ Höhe der Spindel liegt. Der Teilstrich 30 liegt oberhalb des Nullpunktes so hoch, daß das Aräometer in einer Flüssigkeit mit einem spezifischen Gewichte von 0,85 bis zu diesem Teilstrich eintaucht. Unterhalb des Nullpunktes setzt Beck die Teilung mit gleichen Teilgrößen fort.

Bei der Teilung von Gay-Lussac endlich wird der Wasserpunkt mit 100 bezeichnet und das Intervall zwischen zwei Teilstrichen ist so groß, daß das Volumen der Spindel zwischen zwei Teilstrichen gleich $^1/_{100}$ des untergetauchten Volumens ist. Sinkt ein solches Aräometer z. B. in einer Flüssigkeit bis zum Teilstrich 80 ein, so weiß man, daß 80 Volumenteile dieser Flüssigkeit so viel wiegen wie 100 Volumenteile Wasser. Die Flüssigkeit hat also dann ein spezifisches Gewicht 1,25. Je nachdem das Instrument für Flüssigkeiten leichter oder schwerer als Wasser bestimmt ist, wird der Teilstrich 100 am unteren oder oberen Ende der Spindel angebracht. Aräometer mit der Teilung Gay-Lussacs werden auch Volumeter genannt. Dagegen bezeichnet man als Densimeter Aräometer mit einer Teilung, welche direkt spezifische Gewichte abzulesen gestattet.

Spez. Gew.	Ablesung am Aräometer mit Teilung nach			
	Gay-Lussac	Baumé	Cartier	Beck
0,75	133,3	58,4	—	56,7
0,80	125	46,3	43,0	42,5
0,85	117,6	35,6	33,6	30,0
0,90	111,1	26,1	25,2	18,9
0,95	105,2	17,7	17,7	8,9
1,00	100	10	11	0,0
1,1	90,9	13,2	—	15,4
1,2	83,3	24,3	—	28,3
1,3	76,9	33,7	—	39,2
1,4	71,4	41,8	—	48,6
1,5	66,6	48,8	—	56,7
1,7	58,8	60,0	—	70,0
2,0	50	73	—	85

Vorstehende Tabelle gibt die Teilstriche der verschiedenen Aräometer an, welche gleichen spezifischen Gewichten der Flüssigkeit entsprechen.

Zur Bestimmung des Alkoholgehaltes einer Mischung von Wasser und Alkohol (s. Alkoholometer) oder des Zuckergehaltes des Traubenmostes (s. Mostwage) erhalten die Aräometer besondere empirisch hergestellte Skalen.

Alle Aräometer werden ungenau durch die Kapillarkräfte, die an der Spindel des eingetauchten Aräometers wirken. Denn dem Auftrieb wirkt nicht nur das Gewicht, sondern auch die Oberflächenspannung entgegen, welche mit dem Radius der Spindel proportional zunimmt. Bei Aräometern, welche für eine bestimmte Flüssigkeit vorgesehen sind, kann der Einfluß der Oberflächenspannung eingeeicht werden, bei Benutzung ein und desselben Aräometers für verschiedene Flüssigkeiten ist dies aber nicht möglich, da bei gleichem spezifischen Gewicht durchaus nicht die Kapillarkonstanten die gleichen sind. *O. Martienssen.*

Näheres s. Violle, Lehrbuch der Physik 1, 2. Berlin 1893.

Aragoscher Versuch. Im Jahre 1824 stellte Arago folgenden Versuch an. Befestigt man über einer um ihre Achse drehbaren Metallscheibe eine Magnetnadel, die um dieselbe Achse drehbar ist, und versetzt nun die Scheibe in Rotation, so wird die Magnetnadel zunächst in der Drehrichtung abgelenkt und allmählich bei genügend schneller Rotation der Platte ebenfalls im gleichen Sinne in Drehung versetzt. Eine mechanische Übertragung der Drehbewegung von der Scheibe auf die Nadel findet nicht statt, da die Erscheinung unverändert fortbestehen bleibt, wenn zwischen Nadel und Metallscheibe z. B. eine Glasplatte gelegt wird. Da zu Aragos Zeit das Wesen der elektromagnetischen Induktion noch unbekannt war, erklärte Arago diese Erscheinung durch die Annahme eines besonderen durch Rotation hervorgerufenen Magnetismus (Rotationsmagnetismus).

Auf Grund der Erscheinungen der elektromagnetischen Induktion erklärt sich der Aragosche Versuch auf folgende Weise. Wird ein Leiterstück in einem Magnetfeld bewegt, so wird in demselben eine elektromotorische Kraft erzeugt. Es werden daher in allen Stücken der im Felde der Magnetnadel rotierenden Platte elektromotorische Kräfte erzeugt. Diese elektromotorische Kraft ist gerade unterhalb der Magnetnadel am stärksten, da dort die meisten Kraftlinien geschnitten werden. Ist die Drehung eine Rechtsdrehung, so fließt der durch die induzierte elektrische Kaft erzeugte Strom in der Nähe der Nadel vom Nord- zum Südpol, bei einer Linksdrehung umgekehrt. (Siehe Faradaysches Induktionsgesetz.) An den Rändern der Platte fließt der Strom dann wieder zurück. Der Umlaufsinn des Stromes ist daher in der Plattenhälfte, die sich dem Nordpol nähert, stets ein solcher, daß der Strom den Nordpol abzustoßen, den Südpol mitzunehmen sucht; in der anderen Plattenhälfte ist der Umlaufsinn des Stromes entgegengesetzt (siehe Biot-Savartsches Gesetz und Elektromagnetismus). Die in Summen auf die Nadel wirkenden Kräfte suchen also die Nadel in derselben Richtung wie die Platte zu bewegen. Diese Wirkung der in der Platte induzierten Ströme folgt auch unmittelbar aus der Lenzschen Regel (siehe diese). Nach dieser wird bei der Bewegung eines Leiters stets ein solcher Strom erzeugt, der die Bewegung zu hemmen sucht. Da hier die Platte mit konstanter Geschwindigkeit rotiert, wird nicht die Bewegung der Platte gehemmt, sondern nach dem Gesetz von Aktion und Reaktion die Nadel in Bewegung gesetzt. Daß in der Tat der Aragosche Versuch auf Grund der elektromagnetischen Induktion zu erklären ist, wird noch dadurch bestätigt, daß der Effekt mit wachsender Leitfähigkeit des Plattenmaterials zunimmt und andererseits, wenn die Platte radial aufgeschlitzt wird, der Effekt verschwindet, weil sich die Ströme in der Platte nicht mehr ausbilden können. *H. Kallmann.*

Arbeit, innere und äußere. Unter der inneren Arbeit eines Körpers versteht man diejenige Energie, welche verbraucht wird, wenn bei einer Volumenänderung die Moleküle entgegen ihrer Anziehungskraft voneinander entfernt werden. Bei einem idealen Gas sind keine Anziehungskräfte der Moleküle untereinander vorhanden, darum kann in diesem Falle auch die innere Arbeit nicht von 0 verschieden sein. Bei den gewöhnlichen Gasen spielt die innere Arbeit, welche bei der Gasausdehnung zu leisten ist, eine wichtige Rolle für den Vorgang der Verflüssigung. Die von einem Körper zur Leistung innerer Arbeit aufgenommene Energie bildet einen Teil seiner inneren Energie.

Während die innere Arbeit keine nach außen sichtbare mechanische Wirkung auszuüben vermag, ist das Gegenteil bei der äußeren Arbeit der Fall. Dehnt sich ein Gas, das sich in einem Zylinder befindet, aus, indem es einen Stempel verschiebt, so kann dadurch der Luftdruck überwunden oder ein Gewicht gehoben werden. Die Größe der äußeren Arbeit wird bestimmt durch das Produkt der überwundenen Kraft mit dem zurückgelegten Weg, welches gleich ist dem Produkt des äußeren Druckes mit der Volumenänderung.

Als äußere Arbeit ist auch die von einem galvanischen oder thermoelektrischen Element erzeugte elektrische Energie anzusehen. *Henning.*

Arbeit, maximale Arbeit. Unter der maximalen Arbeit A_m versteht man diejenige äußere Arbeit, welche ein System unter den theoretisch günstigsten Bedingungen zu leisten vermag. Für ein Gasvolumen, das in einem Zylinder mit beweglichem Kolben eingeschlossen ist, sind diese Bedingungen dann gegeben, wenn der Prozeß umkehrbar, d. h. unendlich langsam verläuft, so daß stets in allen Teilen des Gases der Druck p herrscht, der der Kolbenbelastung entspricht. Man muß bei dem Ausdehnungsprozeß also den Kolben nach und nach um unendlich kleine Teilgewichte entlastet denken. Bei der Volumenvergrößerung von v_a bis v_b wird dann die Arbeit $A_m = \int_{v_a}^{v_b} p\, dv$ geleistet, wobei p von v abhängt. Diese Abhängigkeit ist je nach der Art des Prozesses sehr verschieden; sie ist eine gänzlich andere für einen isothermen als für einen adiabatischen usw. Prozeß. Das absolute Maximum der Arbeit würde bei einem Gase auftreten, wenn während der Volumenvergrößerung unendl ch viel Wärme zugeführt wird, der Druck p ebenfalls ∞ wird. Im allgemeinen bezieht man den Begriff der maximalen Arbeit auf einen isothermen Prozeß. Bei einem solchen möge $v = v_a$ für $p = p_a$ und $v = v_b$ für $p = p_b$ sein. Da p der Gasdruck ist, so gilt im Falle eines idealen Gases, dessen Volumen sich isotherm ändert,

$A_m = RT \ln \frac{v_b}{v_a}$. Könnte man den Prozeß so

ablaufen lassen, daß der Druck auf den Kolben plötzlich von p_a auf p_b abnimmt, so würde sich das Volumen von v_a bis v_b vergrößern, während $p = p_b$ nahezu konstant bleibt und die Arbeit

wäre $A = p_b \int_{v_a}^{v_b} dv$; da p_b aber der kleinste Wert des Druckes ist, der bei unendlich langsamer Ausdehnung von v_a bis v_b auftritt, so ist $A < A_m$.

Handelt es sich um eine Kompression des Gases von v_b bis v_a und um eine gleichzeitige Druckzunahme von p_b bis p_a, so ist die bei einem unendlich langsamen Prozeß aufgewendete Arbeit

$A'_m = \int_{v_b}^{v_a} p\, dv$. Erhöht man aber den Druck plötzlich von p_b auf p_a, so ist die aufgewendete Arbeit

$A' = p_a \int_{v_b}^{v_a} p\, dv$.

Da p_a der größte von allen zwischen p_b und p_a liegenden Druckwerten ist, so folgt $A' > A'_m$ oder $-A' < -A'_m$. Rechnet man die aufgewendete Arbeit als negativ gewonnene Arbeit, so findet man also den an die Spitze gestellten Satz bewiesen, daß bei einem unendlich langsamen Prozeß die größte Arbeit gewonnen wird.

Es ist besonders zu betonen, daß die maximale Arbeit, die ein Körper leistet, wenn er von einem Zustand 1 in einen Zustand 2 übergeht, von dem Weg, längs dessen die Zustandsänderung erfolgt, abhängig ist. Der Grund hierfür liegt darin, daß p dv kein vollständiges Differential ist, da p nicht allein von v, sondern auch der Temperatur T abhängt.

Trägt man p als Ordinate und v als Abszisse auf (s. beist. Fig.) und wird der Integrationsweg durch die Kurve I zwischen den Punkten A und B bezeichnet, so ist das Integral der maximalen Arbeit durch die Fläche AB B₁A₁ gegeben. Handelt es sich um einen Kreisprozeß und ist die Zustandsänderung vom Punkt B aus durch die Kurve II gegeben, so wird das Integral der maximalen Arbeit durch die

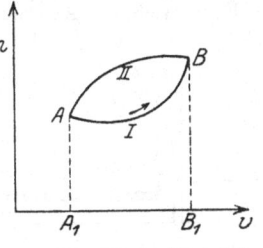

Integral der maximalen Arbeit.

Fläche zwischen den beiden Kurven I und II dargestellt. Die maximale Arbeit wäre in diesem Falle 0, wenn die Zustandsänderung von A bis B und von B bis A beidemal durch dieselbe Kurve wiederzugeben wäre. Eine wichtige, von Carnot zuerst angestellte Überlegung (s. Carnotscher Prozeß) erlaubt bei jedem Kreisprozeß die maximale Arbeit durch die gleichzeitig aufgenommene Wärmemenge auszudrücken.

Wird die Bedingung eingeführt, daß der Prozeß isotherm verlaufen soll, wie es bei sehr vielen thermodynamischen und chemischen Vorgängen (Verdampfung, Dissoziation, chemische Umsetzung im galvanischen Element) der Fall ist, so ist damit der Weg genau vorgeschrieben und die maximale Arbeit (welche auch als Maß für die Affinität bei einem chemischen Vorgang dient) bei dem Übergang von einem Zustand 1 in einen Zustand 2 ist unabhängig von der Vorrichtung, mittels deren man die Arbeit gewinnt. Bei einem isothermen Kreisprozeß, der umkehrbar verläuft und bei dem also in jedem Abschnitt die maximale Arbeit geleistet wird, muß demnach die Summe der Arbeiten Null sein. *Henning.*

Arbeit s. Energie (mechanische).

Arbeitsprinzip. Einfache Maschinen haben bereits im Altertum zur Erkenntnis der „Goldenen Regel der Statik" geführt: Wenn es mittels einer Maschine gelingt, eine schwere Last Q mit geringer Kraft P zu heben, so ist dafür der Weg des Angriffspunktes der Kraft um so größer gegen die Hubhöhe der Last, und zwar stehen beide Wege im umgekehrten Verhältnis der zugehörigen Kräfte. Wird z. B. eine Last mittels eines Hebels gehoben, so stehen die zurückgelegten Wege im Verhältnis der Arme, also im umgekehrten Verhältnis der Kräfte. So ist bei der losen Rolle die wirkende Kraft gleich der Hälfte des gehobenen Gewichts, aber ihr Weg der doppelte des Gewichtsweges. Beim Flaschenzug mit n losen Rollen ist das entsprechende Verhältnis 2n, beim Differentialflaschenzug mit äußerem Radius R, innerem r: 2 R/(R — r).

Galilei erkannte die gleiche Eigenschaft bei der schiefen Ebene (Neigungswinkel a), wenn eine Last Q von einer zweiten, P = Q sin a gehalten wird, die, mit der ersten durch ein über die Kante laufendes Seil verbunden, frei herabhängt. Dabei muß aber nicht der Weg der Last Q selbst, sondern nur seine Projektion auf die Kraftrichtung, hier die Vertikale, betrachtet werden. So wird der Arbeitsbegriff: Kraft × Weg × Cosinus des eingeschlossenen Winkels eingeführt. Einen anschaulichen Ausdruck findet die Regel in der Tatsache, daß ihr zufolge der Gesamtschwerpunkt von Last und Gewicht weder gehoben noch gesenkt wird.

Eine wichtige Anwendung findet die Regel auch bei der Konstruktion der Brückenwage (s. beist. Fig.). Bei ihr ist durch geeignete Kombination mehrerer Hebel dafür gesorgt, daß die die Last tragende Brücke bei Verschiebungen des Systems ihrer Ausgangslage parallel bleibt. (Es muß zu dem Zweck a : b = c : d sein.)

Anwendung der Arbeitsregel bei der Brückenwage.

Die einer Verschiebung entsprechende Arbeit ist daher unabhängig von der Lage der Last auf der Brücke; daher wird das Gleichgewicht durch Verschiebung der Last längs der Brücke nicht gestört.

Es handelte sich hier, außer im letzten Beispiel, um den „astatischen" Fall (siehe Stabilität), in die Regel bei endlichen Verschiebungen gilt. Wenn sich aber die Kraftverhältnisse bei endlichen Wegen ändern, z. B. bei Hebung der Last auf gekrümmter Bahn, so wird diese wenigstens für unendlich kleine Verschiebungen durch eine Ebene ersetzt werden können (Joh. Bernouilli). Es kann sich daher jetzt nur um den Fall des Gleichgewichts, nicht der gleichförmigen Bewegung, handeln und die Verschiebungen sind nur gedachte, nach den Bedingungen des Systems mögliche (virtuelle). Man hat dann das Arbeitsprinzip oder Prinzip der virtuellen Arbeit: **An einem System herrscht Gleichgewicht, wenn bei jeder virtuellen Verschiebung desselben die Summe der von den Kräften geleisteten Arbeit verschwindet.** In dieser Form wird es sowohl zur Bestimmung von Gleichgewichtslagen, als auch zur Bestimmung der zur Aufrechterhaltung des Gleichgewichts erforderlichen Kräfte verwendet und ist in jedem Fall völlig ausreichend zur Bestimmung dieser statischen Fragen. Auf ihm gründet sich ferner, durch Einbeziehung der Spannungen und Deformationen (s. Spannungszustand) die Statik der elastischen Felder.

Sein eigentlicher Gehalt ist die Aussage, daß die Reaktionen keine Arbeit leisten. Diese Aussage, auf die Kinetik übertragen, führt zum D'Alembertschen Prinzip, der Grundlage der Kinetik (s. Prinzipe der Mechanik).

Unter Reaktionen sind in der Mechanik Verbindungskräfte zwischen mehreren starren Körpern oder den Elementen von solchen (Fadenspannung, gegenseitiger Druck an Berührungsstellen) zu verstehen, denen aber keine Deformation des Materials entspricht. Vom Standpunkt der Elastizitätstheorie aus haben die Elemente, die Reaktionen hervorbringen, also unendlich große elastische Konstanten.

F. Noether.

Näheres s. Lehrbücher der Mechanik, z. B.: Hamel, Elementare Mechanik. 1912.

Archimedisches Prinzip. Taucht ein fester Körper ganz oder teilweise in eine Flüssigkeit oder ein Gas ein, so erleidet er einen Auftrieb, also einen scheinbaren Gewichtsverlust, der gleich dem Gewichte der von ihm verdrängten Flüssigkeit ist. Dieses Gesetz ist das Prinzip von Archimedes. Nach der Erzählung von Vitruv in seinem Buche de architectura lib. IX 3 entdeckte Archimedes dieses Prinzip, als ihm von König Hiero von Syrakus die Aufgabe gestellt war, nachzuweisen, daß eine dem Jupiter zu weihende goldene Krone Silber an Stelle von Gold im Innern enthielt.

Das Archimedische Prinzip bekommt man ohne weiteres durch Integration des Druckes der Flüssigkeit über die benetzte Oberfläche des eingetauchten Körpers. Eine einfache Betrachtungsweise führt zu demselben Resultat: Denken wir uns, der Raum, welchen der in Flüssigkeit eingetauchte Körper einnimmt, sei selbst mit Flüssigkeit erfüllt, so bliebe dieser Flüssigkeitskörper sicher in Ruhe, d. h. schwebend, so daß sein Auftrieb gleich seinem Gewichte ist. Ersetzen wir sodann den Flüssigkeitskörper durch den festen Körper, so wird dadurch an den Druckkräften gegen die Oberfläche nichts geändert; also muß der Auftrieb des festen Körpers ebenfalls gleich dem Gewicht des Flüssigkeitskörpers sein. *O. Martienssen.*

Argon-Röhre s. Heliumröhre.

Aspirationsthermometer. Das Aspirationsthermometer wird in der Meteorologie gebraucht und dient dazu, die wahre Lufttemperatur zu ermitteln. Ein Flüssigkeitsthermometer steckt in einer hochglanzpolierten Metallhülse, durch welche mittels einer durch Uhrwerk angetriebenen Zentrifuge ein Luftstrom an der Thermometerkugel vorbei mit einer Geschwindigkeit von 2 bis 3 m in der Sekunde hindurchgesaugt wird. Das Thermometer gibt dann die wahre Lufttemperatur an; man kann das Instrument selbst im hellen Sonnenschein benutzen, ohne einen Einfluß der Strahlung zu bemerken.

Scheel.

Näheres s. Aßmann, Berliner Sitzungsberichte 1887. S. 938.

Ast, aufsteigender bzw. absteigender, s. Hystereseschleife.

Astatik s. Stabilität.

Astatisches Galvanometer s. Nadelgalvanometer.

Asterismus. a) Asterismus in gewöhnlichem Licht. Gewisse Mineralien zeigen beim Hindurchsehen nach einer hellen Lichtquelle (bzw. bei Reflexion) einen eigentümlichen nach bestimmten Richtungen orientierten Lichtschein. So zeigt eine senkrecht zur optischen Achse geschliffene Saphirplatte die Lichtfigur in Form eines sechsstrahligen Sternes. Nach Tschermak ist dieser Effekt höchstwahrscheinlich einer Reflexion des Lichtes an den Wänden sehr feiner Hohlräume zu verdanken, welche kristallographisch orientiert sind (parallel zu den Seiten des hexagonalen Prismas). In ähnlicher Weise wirkt eine kristallographisch orientierte Faseranordnung in manchen Mineralien. Ein parallelfaseriger Gipskristall zeigt senkrecht zur Faserrichtung einen annähernd geradlinigen Lichtstreifen, in Richtung der Fasern einen ringförmigen Lichthof (Halo). Der Asterismus, der in Form eines scharfen sechsstrahligen Sternes bei manchen Glimmern (Phlogopiten) zu sehen ist, ist durch feine, nadelförmige Rutilkriställchen, welche in drei sich unter 60^0 schneidenden Richtungen eingelagert sind, hervorgerufen.

b) Asterismus der Röntgenstrahlen. Als Röntgenstrahlen-Asterismus bezeichnet man eine regelmäßige Beugungserscheinung, die bei der Durchleuchtung von solchen Kristallen mit heterogenen Röntgenstrahlen zustande kommt, welche Deformationen, sei es durch mechanische Bearbeitung (Verbiegen, Walzen, Recken, Stauchen), sei es durch innere Veränderungen infolge chemischer Reaktionen (z. B. Entwässerung, Wasseraufnahme,

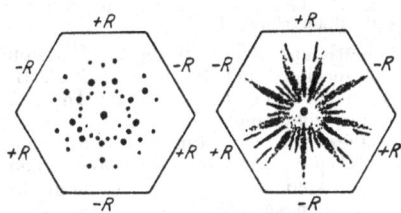

Asterismus der Röntgenstrahlen.

Zersetzung) erfahren haben. Die Beugungsbilder haben die Form mehr oder minder regelmäßig orientierter radialer Streifen (vgl. die beist. Fig.). Diese Erscheinung deutet darauf hin, daß die Deformation des Raumgitters nicht völlig regellos von statten geht, sondern ganz bestimmten Gesetzmäßigkeiten folgt.

Das Beispiel zeigt den Asterismus am Brucit Mg(OH)₂ beim Eintreten der chemischen Reaktion Mg(OH)₂ $\xrightarrow{> 400^0}$

MgO + H₂O. Der Anblick der Lauediagramme lehrt, daß mit dem Wasseraustritt beträchtliche innere Veränderungen zusammengehen. Diese Änderungen finden in gesetzmäßiger Weise statt, wobei die trigonale Symmetrie des Kristalles erhalten bleibt. Jedem Punkt des ursprünglichen Diagrammes (links) entspricht ein Streifen im rechten Bild. Rein geometrisch betrachtet, läßt sich die Erscheinung durch eine Verbiegung der Netzebenen des Raumgitters erklären, wodurch der Glanzwinkel kontinuierlich ändert und daher an Stelle eines scharfen Bündels ein ganzer Spektralbereich des einfallenden Primärstrahles reflektiert wird. Künstlich ist diese Erscheinung zuerst von Polanyi am Glimmer nachgemacht worden. Über die geometrische Erklärung der Radialdiagramme vgl. M. Polanyi und E. Schiebold.

E. Schiebold.

Näheres s. Tschermak, Lehrbuch der Mineralogie. Wien u. Leipzig 1915. Röntgenstrahlenasterismus, Marx Handbuch der Radiologie. Bd. V, S. 603.

Asteroiden = Planetoiden s. Planeten.

Astigmatismus s. Sphärische Abweichung.

Astrometrie. Unter Astrometrie versteht man den Zweig der Astronomie, der sich ausschließlich mit der Messung der Positionen der Himmelskörper befaßt und daraus Schlüsse über deren Bewegungen zieht. In ihr Gebiet fallen also Beobachtungen über die Bahnbewegungen der Planeten und ihrer Monde, ferner der Kometen und Meteore; ferner alle Koordinatenbestimmungen der Fixsterne zur Ableitung ihrer Himmelsörter, ihrer sphärischen Eigenbewegungen und ihrer Entfernung, soweit diese aus parallaktischen Bewegungen der Sterne gegeneinander erschlossen werden kann. Noch vor weniger als einem Jahrhundert glaubte man, daß unsere gesamte astronomische Erkenntnis auf diese Forschungsmethoden beschränkt sei, zu denen nur noch Helligkeitsmessungen an Himmelskörpern hinzutreten könnten (Photometrie), bis die Entdeckungen der modernen Physik, von Fraunhofers Entdeckung der Spektrallinien an, der Astronomie ein neues großes Forschungsgebiet, die Astrophysik, erschlossen. *E. Freundlich.*

Astronomie, Sternkunde, zerfiel früher in zwei Hauptgebiete, einerseits die Astrometrie oder messende und sphärische Astronomie, die gewissermaßen zweidimensional sich mit dem Ort der Gestirne am Himmel befaßte, andererseits die theoretische Astronomie auf der Grundlage des Newtonschen Gravitationsgesetzes, die in der Himmelsmechanik (Störungstheorie, 3 u. n-Körperproblem) ihre Hauptleistungen aufweist. Von der theoretischen Astronomie hat sich, seit Seeligers Forschungen vor einigen Jahrzehnten die auf ganz neuen Methoden beruhende Stellarstatistik oder Stellarastronomie abgespalten, die sich die Erforschung der Struktur und Dimensionen des Fixsternsystems zur Aufgabe macht.

Um die Mitte des vergangenen Jahrhunderts bildete sich der Zweig der Astrophysik (s. dort). *Bottlinger.*

Astronomisches Fernrohr s. Himmelsfernrohr.

Astrophysik. Verhältnismäßig junger Zweig der Astronomie, der sich mit der physischen Beschaffenheit der Gestirne befaßt; zerfällt in zwei Hauptgebiete, die spektroskopischen und die photometrischen Untersuchungen. Aus den Linien in Sternspektren läßt sich auf die in den Sternatmosphären vorhandenen Stoffe schließen, aus dem Dopplereffekt dieser Linien auf die Bewegung im Visionsradius, an deren Veränderlichkeit wir die spektroskopischen Doppelsterne erkennen. Die Intensitätsverteilung im Spektrum liefert die Temperatur der Gestirne. Ein besonderer Zweig, die Physik der Sonne, wurde außerordentlich gefördert durch monochromatische Sonnenbilder mittels des Spektroheliographen, der es gestattet, die einzelnen Stoffe sogar gesondert in verschiedenen Höhenschichten zu photographieren. Ferner gelang die Feststellung des Zeemanneffektes.

Die Photometrie, angewandt auf das Studium der veränderlichen Sterne hat ein großes neues Arbeitsgebiet geschaffen, in dessen Bereich erst wenig Klarheit herrscht.

Die Photometrie der Sterne ohne Helligkeitsschwankung und die Messung der Radialgeschwindigkeiten ohne Rücksicht auf Duplizität liefern vor allem Material für die Stellarastronomie (siehe Astronomie). Der Dopplereffekt wurde bei einigen Planeten dazu verwandt, ihre Rotation zu untersuchen.

Eine scharfe Abgrenzung der Astrophysik gegen die anderen Teilgebiete der Astronomie ist nicht möglich.   *Bottlinger.*

Näheres s. Newcomb-Engelmann, Populäre Astronomie.

Asymmetrie, molekulare. Die natürlich-aktiven Körper, welche die Polarisationsebene des Lichtes drehen, können in optischer Hinsicht keine Symmetrieebene besitzen. Während bei den aktiven Kristallen die Unsymmetrie in der gegenseitigen Anordnung der Moleküle liegt, kann sie in den Lösungen aktiver Substanzen nur durch die asymmetrische Gestaltung des Moleküls selbst bedingt sein. Die aktiven Kristalle erscheinen in rechts- und linksdrehenden Individuen; hierbei ergibt sich die Drehrichtung aus der Enantiomorphie der Kristalle, die sich in der geometrischen Kristall-Ausbildung oft durch das Auftreten hemiedrischer, an den verschiedenen Individuen entgegengesetzt geordneter Flächen kenntlich macht. Diese Erscheinung heißt nach Pasteur auch „nicht überdeckbare Hemiedrie"; die eine Kristallfigur stellt nämlich das Spiegelbild der anderen dar und läßt sich von dieser nicht überdecken.

Das Drehungsvermögen der organischen Kohlenstoffverbindungen in Lösungen haben van't Hoff und Le Bel direkt mit der chemischen Konstitutionsformel in Beziehung setzen können. Der dissymmetrische, atomistische Bau des Moleküls einer aktiven Substanz wird nämlich durch das asymmetrische Kohlenstoffatom verursacht. In der Stereochemie, der Lehre von der Lagerung der Atome im Raume, nimmt man für die Kohlenstoffverbindungen gewöhnlich eine tetraedrische Lagerung der Atome an. Man denke sich das Kohlenstoffatom in der Mitte und die vier mit ihm verbundenen Radikale (Atome oder Atomgruppen) an den Ecken eines Tetraeders, dann wird diese Struktur-Figur, wenn die Radikale untereinander verschieden sind, keine Symmetrieebene mehr besitzen. Es ergeben sich zwei nicht überdeckbare Struktur-Formen, von denen die eine das Spiegelbild der anderen ist. Ein Körper mit solch einem asymmetrischen Kohlenstoffatom muß daher optisch aktiv sein und in einer rechts- sowie gleich stark linksdrehenden Modifikation auftreten.

Die Asymmetrie eines Kohlenstoffatoms braucht nicht durch die unmittelbar angrenzenden Gruppen bedingt zu sein, sondern kann auch von entfernter liegenden Gruppen herrühren. Auch in den Fällen, wo das Molekül mehrere asymmetrische Kohlenstoffatome enthält und seine Strukturformel bekannt ist, läßt sich stets durch Überlegung feststellen, wie viele von den verschiedenen optischen Isomeren entstehen müssen und ob sie aktiv sein werden oder nicht. Im letzteren Falle hat man es mit inaktiven, nicht spaltbaren Formen zu tun, deren Formel aus zwei gleich zusammengesetzten Hälften besteht, die gleich starkes, aber entgegengesetztes Drehungsvermögen aufweisen; das Molekül ist also infolge intramolekularer Kompensation inaktiv. Ferner ist auch durch direkte Versuche das Auftreten bzw. Verschwinden des Drehvermögens mit der Erzeugung bzw. der Vernichtung asymmetrischer Kohlenstoffatome nachgewiesen worden. Das weitere ist es für das Erscheinen der optischen Aktivität gleichgültig, welche Zusammensetzung die vier mit einem asymmetrischen Kohlenstoffatom verbundenen Radikale besitzen.

Was den asymmetrischen Stickstoff betrifft, so sind die Verbindungen des dreiwertigen Stickstoffs mit ungleichen Radikalen inaktiv. Dagegen hat man aktive Verbindungen des fünfwertigen Stickstoffs herstellen können.

Wie auf experimentellem Wege erwiesen worden ist, wird in den Verbindungen, die mehrere asymmetrische Kohlenstoffatome enthalten, die Drehwirkung jeder einzelnen asymmetrischen Gruppe durch die andere nicht geändert, so daß sich die einzelnen Dreheffekte je nach ihrem Vorzeichen addieren oder subtrahieren. Man hat also in dieser Hinsicht einfache optische Superposition der Drehwirkungen. — Die numerische Relation zwischen Drehung und atomistischem Bau der Moleküle aufzudecken, hat Guye mit seiner Hypothese vom Asymmetrieprodukt versucht. Nach dieser hängt der Drehwert eines aktiven Atomkomplexes ab von den relativen Massen der vier an das asymmetrische Kohlenstoffatom gebundenen Gruppen, sowie von ihrer gegenseitigen Orientierung. Hierfür leitete Guye in speziellen Fällen mathematische Ausdrücke ab und prüfte diese durch eingehende Untersuchungen geeigneter aktiver Substanzen. Seine Voraussagungen wurden auch bei der Prüfung anfangs gut bestätigt, aber zahlreiche weitere Untersuchungen führten doch zur Kenntnis mancher Tatsachen, die sich mit den Forderungen der Hypothese nicht in Einklang bringen ließen. Dies dürfte daher rühren, daß das Asymmetrieprodukt auch merklich beeinflußt wird von der Natur der Elemente in den vier Gruppen, von ihrer Konfiguration und schließlich noch von den Wirkungen, die die Gruppen aufeinander ausüben. *Schönrock.*

Näheres s. H. Landolt, Optisches Drehungsvermögen. 2. Aufl. Braunschweig 1898.

Asymmetrietöne stehen in engster Beziehung zu den Kombinationstönen (s. d.). Nach F. Lindig nennt man Asymmetrietöne solche Töne, welche infolge eines unsymmetrischen Kraft- bzw. Dämpfungsgesetzes für den durch einen Primärton erregten Körper neben dem Primärton neu entstehen. Sie sind zu letzterem harmonisch. Beobachtet werden sie namentlich an Stimmgabeln. Die harmonischen Oberschwingungen des Grundtones einer Gabel können nach Lindig nicht in den Schwingungen der Stimmgabel selbst enthalten sein, sondern erst in der umgebenden Luft entstehen. Und zwar soll die Ursache für ihre Entstehung die sein, daß die Schwingungen der Luftteilchen bei ihrer Bewegung gegen die Zinken von diesen gehemmt werden, bei entgegengesetzter Bewegung aber frei ausschwingen können („Asymmetrie" der Schwingungen). Die Phasenverhältnisse zwischen Grundton und Oktave der Gabel fand Lindig in Übereinstimmung mit dieser Vorstellung stehend.   *E. Waetzmann.*

Näheres s. F. Lindig, Ann. d. Phys. **11**, 1903.

Asynchronmotoren. Die Technik versteht hierunter dem überwiegenden Sprachgebrauch nach mehr- bzw. auch einphasige Wechselstrommotoren, die elektrisch prinzipiell völlig den gewöhnlichen Transformatoren (siehe diese!) entsprechen, sich von diesen aber dadurch unterscheiden, daß sie im normalen Betrieb, d. h. bei Lauf, die primär zugeführte elektrische Energie sekundär nicht wieder in elektrischer, sondern in mechanischer Form abgeben. Bei Stillstand ist dagegen zwischen dem Verhalten eines Transformators und eines Asynchronmotors überhaupt kein Unterschied vorhanden. Sämtliche heute üblichen Asynchronmotoren arbeiten mit recht vollkommen Kreisdrehfeldern und gehen im Prinzip auf die schon durch Arago (1824) bekannte und von Faraday näher untersuchte Wirbelstromerzeugung in einer Kupferscheibe zurück, die in einem sich drehenden Magnetfeld selbst frei drehbar gelagert ist und nach dem Lenzschen Gesetz von diesem mitgenommen wird.

Mit ihrer Theorie hat sich zuerst Ferraris um 1885 ernstlich befaßt, doch blieb es in Europa vornehmlich Dolivo-Dobrowolsky und Brown, in Amerika Tesla vorbehalten, in der Zeitspanne 1887—91 aus den physikalischen Erwägungen Ferraris, der bezüglich der Verwendbarkeit der Drehfeld-Induktionsmaschinen merkwürdigerweise zu einem negativen Resultat kam, den technisch brauchbaren Kern mit dem sicheren Instinkt des Ingenieurs herauszuschälen und damit eine von Anfang an sehr vollkommene Maschinengattung zu schaffen, ohne die eine Zentralversorgung mit elektrischer Energie in der Form von Mehrphasensystemen in dem gegenwärtig bereits erreichten Maße undenkbar ist. Der moderne Drehstrommotor unterscheidet sich nur in technischen Einzelheiten von den Erstausführungen Dolivo-Dobrowolskys, die in den Laboratorien der A.E.G. noch heute erhalten sind. Bezüglich der Leistungen und Spannungen, für welche Asynchronmotoren gebaut werden, sind Grenzen zur Zeit noch nicht erkennbar; sie sind wirtschaftlich wie technisch ausführbar ebenso gut für einen Bruchteil einer Pferdekraft wie für viele Tausende an PS, wie sie z. B. der moderne Walzenzug- oder Schiffsschraubenantrieb verlangt.

In ihrer Theorie schließen sich, wie schon oben erwähnt, die Induktionsmotoren eng an die Transformatoren, in ihrem technischen Aufbau an die Synchrongeneratoren (siehe diese!) bzw. -motoren an. Es ist unter diesen Stichworten, sowie unter „Drehfeld" näher auseinandergesetzt, wie durch das elektrische und magnetische Zusammenwirken, z. B. dreier zeitlich um $^1/_3$-Periode verschobener Wechselströme in 3 symmetrisch um je 120° el. im Raum verschobenen, untereinander völlig gleichen Wicklungen im Stator einer Synchronmaschine Dreh-AW bzw. ein Drehfeld entstehen, wobei das Letztere mit völlig ausreichender Annäherung als sinusförmig über der Polteilung verteilt angenommen werden darf. Wie schon unter „Klemmenspannung" betont, ist ein Unterschied in der Wirkung zwischen statischer und dynamischer Induktion nicht feststellbar, sobald die zeitliche Kraftflußänderung unverändert bleibt, d. h. die in einem beliebigen Wickelelement (Spule!) induzierte E.M.K. ist dieselbe, gleichviel ob z. B. der verkettete Kraftfluß statisch wie beim gewöhnlichen Transformator oder dynamisch wie beim Drehfeld eines Induktionsmotors zeitlich nach einem Sinusgesetz ändert. Schließt man also den Stator einer Maschine, der dem der Figur unter „Synchrongeneratoren" entspricht, an ein Dreiphasennetz an und sorgt dafür, daß der magnetische Widerstand des Luftspaltes wie des Rotors (Polrad der Synchronmaschine!) möglichst klein wird, so werden vom Netz her nur relativ kleine Ströme in die Maschinenwicklungen eintreten, deren äquivalente Dreh-AW gerade ausreichen, um ein Drehfeld zu erzeugen, dessen Induktionswirkung auf die Statorwicklung der aufgedrückten Klemmenspannung das Gleichgewicht hält. Der Stator eines ruhenden, sekundär „offenen" Drehstrommotors stellt nichts anderes dar als eine mehrphasige Drosselspule bzw. einen mehrphasigen, sekundär „offenen" Transformator, der ohmsche Widerstand der Wicklungen ist völlig vernachlässigbar gegenüber der Induktanz. Es ist aber zu beachten, daß es sich hier um kombinierte Selbst- und wechselseitige Induktion handelt. Da die „sekundär offene" ruhende Maschine weder mechanische noch elektrische Energie abgibt, so ist bei Vernachlässigung der in praxi freilich nicht unbedeutenden Eisenverluste der vom Netz auf-

genommene sog. Magnetisierungsstrom völlig wattlos; seine Größe beträgt hinauf bis zu 50% des Vollaststromes bei sehr kleinen, herab bis zu etwa 10% bei sehr großen Motoren. Das sind recht bedeutende Werte gegenüber dem Magnetisierungsstrom ruhender Transformatoren, sie sind aber bedingt durch den unvermeidlichen mechanisch notwendigen Luftspalt zwischen Stator und Rotor. Die vom Netz aufgenommene Leistung ist dagegen gering und beträgt nur einige Prozent der Leistungsaufnahme bei Vollast (vgl. hierzu „Drosselspule").

Im Gegensatz zu den Synchronmaschinen wird der Rotor der Asynchronmaschinen nahezu niemals aus massivem Eisen bzw. Stahl hergestellt, sondern ebenso wie der Stator aus dünnen Scheiben besten Dynamobleches aufgeschichtet, in die am Umfang Nuten gestanzt sind, in denen eine der Statorwicklung völlig entsprechende, stets mehrphasige Wicklung liegt. Da das vom Ständer in den Läufer übertretende Drehfeld die Leiter dieser Sekundärwicklung genau so „schneidet", bzw. mit ihr verkettet ist, wie im Stator, so müssen an ihren Enden E.M.K.—e auftreten, die durch die allgemeinen Induktionsgesetze (siehe „Klemmenspannung") gegeben sind. Die Wicklungsenden werden zu Metallringen geführt, die sorgfältig isoliert auf der Achse des Rotors sitzen; auf diesen im Betrieb umlaufenden sog. Schleifringen schleifen Stromabnehmer aus Graphitkohle, die völlig den „Bürsten" bei Gleichstrommaschinen entsprechen und auch den gleichen Zweck der Stromleitung nach außen dienen. Werden diese Bürsten, zwischen denen genau wie zwischen den Statorklemmen verkettete Wechselspannungen herrschen, durch mehrphasige Widerstände miteinander verbunden, etwa in der Art der beist. Figur (Sternschaltung

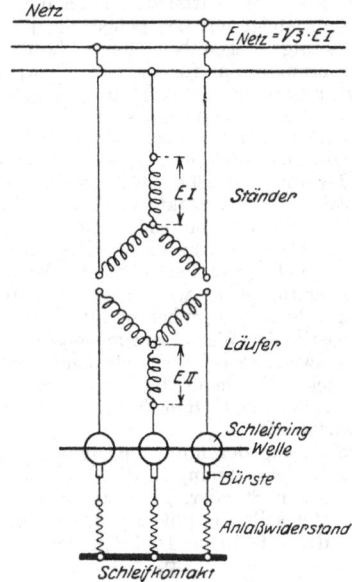

Schaltungsschema bei Asynchronmotoren.

durchweg!), die prinzipiell der Schaltung eines normalen Dreiphasenmotors entspricht, so müssen im Rotor wie im Widerstand Wechselströme fließen, genau wie in einem ohmisch belasteten

Mehrphasentransformator. Da aber in dem vorliegenden Sonderfall des allgemeinen Induktionsapparates der Sekundärteil frei drehbar ist, so muß nach dem Lenzschen Gesetz der Läufer infolge der Wechselwirkung des umlaufenden Drehfeldes und der induzierten Sekundärströme zu rotieren beginnen. Da durch die Rotation die Relativgeschwindigkeit zwischen dem induzierenden Feld und den induzierten Leitern in den Nuten des Rotors sinkt, sinken auch mit wachsender Umdrehungszahl die sekundären E.M.K.-e und Ströme, doch muß der Läufer so lange beschleunigt werden, bis das Gleichgewicht zwischen treibendem und widerstehendem Drehmoment wieder hergestellt ist, d. h. bis bei z. B. leerlaufender Maschine der Rotor mit dem Drehfeld nahezu synchron umläuft. Durch die Überlegung, daß völlig genauer Synchronismus im Gegensatz zum Synchronmotor (siehe dies!) theoretisch wie praktisch nie erreicht werden kann, weil mit der verschwindenden Relativgeschwindigkeit auch die E.M.K.-e und Ströme im Läufer, d. s. die Ursachen des treibenden Drehmoments, verschwinden würden, ist die Bezeichnung „Asynchronmotor" begründet.

Die Theorie dieser Maschinengattung liegt heute in ihren Grundzügen fest, erfordert aber einen solchen Aufwand algebraischer und vektorischer, meist graphisch durchgeführter Rechnung, daß ein näheres Eingehen hier unmöglich ist. Um die Entwicklung der graphischen Methoden, deren Grundlage Heyland schuf, haben sich nahezu sämtliche Pioniere der wissenschaftlichen Elektrotechnik verdient gemacht. Technisch gesprochen hat der asynchrone Drehstrommotor „Nebenschlußcharakteristik", d. h. seine Umdrehungszahl sinkt genau wie beim normalen Gleichstromnebenschlußmotor mit zunehmender Belastung bei gleichzeitig wachsendem Wattstrom; auch die wattlose Komponente steigt mit der Belastung, jedoch nur relativ wenig gegenüber dem Leerlaufstrom (Magnetisierungsstrom für das Treibfeld), so daß der Leistungsfaktor (cos φ!) im allgemeinen von Nullast an rasch steigt und schon bei Halb- bis Dreiviertellast, spätestens bei Vollast ein Maximum erreicht, das bei modernen Maschinen nicht allzu kleiner Leistung zwischen 0,78 und 0,95 liegt. Der niedrige Leistungsfaktor bei schwacher Last d. h. der relativ hohe sog. „Blindstrom" der Asynchronmotoren, ist ihr schwerwiegendster Nachteil, da er völlig nutzlose ohmsche Verluste im gesamten Leitungsnetz wie in der Zentrale sowie Spannungsschwankungen hervorruft (siehe „Äußere Charakteristik der Wechselstromgeneratoren" und „Ankerrückwirkung bei Wechselstrommaschinen"). Die möglichst weitgehende Beseitigung dieses Nachteils ist eine der wichtigsten Fragen der elektrischen Energiewirtschaft.

Mit Benützung der unter „Klemmenspannung" festgesetzten Bezeichnungen, die durch den Index „I" als auf den Ständer, „II" als auf den Läufer bezogen gelten sollen, ergibt sich für eine bestimmte Maschine der arbeitende Drehflux nach

$$\Phi_p = \frac{E_I \cdot 10^8}{k_I \cdot f_I \cdot z_{s\,I}}, \quad \ldots \ldots \ 1)$$

d. h. proportional der primären Klemmenspannung pro Phase, umgekehrt proportional der Netzfrequenz und der Zahl der pro Phase in Serie liegenden Leiter im Stator. Hierdurch ist naturgemäß auch der Magnetisierungsstrom bestimmt, sinngemäß wie bei Gleichstrommaschinen.

Während das Drehfeld mit einer durch die Netzfrequenz f_I und die Polzahl 2p des Motors gegebenen sekundlichen Umlaufzahl rotiert, dreht sich der Läufer mit einer, wie erwähnt, stets kleineren sekundlichen Umlaufzahl, der eine Frequenz f_r entspricht, aus der nach

$$E_r = k_{II} \cdot f_r \cdot z_{s\,II} \cdot \Phi_p \cdot 10^{-8}\,V \ \ . \ . \ . \ 2)$$

die nutzbare, arbeitende Gegen-E.M.K. pro Läuferphase berechnet werden kann; sie unterscheidet sich bei mittleren und großen Maschinen nur wenig von der bei Stillstand und offenem Läuferkreis an den Schleifringen meßbaren Spannung, natürlich unter Beachtung der sekundären Phasenzahl, die im Gegensatz zur Polzahl 2p mit der primären durchaus nicht übereinzustimmen braucht.

Fließt nun in jeder Rotorphase ein Strom J_{II}, der gegen E_r eine (relativ kleine!) Phasenverschiebung cos φ_{II} hat, so findet man das vom Läufer ausgeübte mechanische Drehmoment genau wie bei Gleichstrom- und Synchronmotoren nach

$$M_d = 3{,}3 \cdot z_{s\,II} \cdot J_{II} \cdot \cos \varphi_{II} \cdot \Phi_p \cdot p \cdot 10^{-10}\ mkg. \ 3)$$

Die Konstante 3,3 entspricht den üblichsten Wicklungssystemen.

Die Differenz der primären und sekundären Frequenz $f_s = (f_I - f_r)$ bezeichnet man technisch als „Schlüpfung", die sich bei gegebener minutlicher Umlaufzahl n des Läufers berechnet nach

$$f_s = f_I - \frac{n \cdot p}{60}. \quad \ldots \ldots \ 4)$$

Durch einfache Umrechnungen ergibt sich mit dieser praktisch sehr wichtigen Größe die für den Asynchronmotor besonders charakteristische Drehmomentgleichung

$$M_d = C \cdot E_I^2 \cdot f_s \quad \ldots \ldots \ 5)$$

in der C eine Maschinenkonstante bedeutet.

Aus dem Vorhergehenden ist ersichtlich, daß das Drehmoment, bzw. die ihm nahezu proportionale Leistung, quadratisch mit der Klemmenspannung und proportional der Schlüpfung wächst, d. h. genau wie beim Gleichstrom-Nebenschlußmotor. Auch bezüglich der minutlichen Umlaufzahl n ist die Analogie vollkommen, denn Gleichung 4 und 5 ergeben die einfache Beziehung

$$n = c \cdot f_I - c_1 \cdot M_d, \quad \ldots \ldots \ 6)$$

in der c und c_I für eine bestimmte Maschine und gegebene Klemmenspannung konstant sind; die Umdrehungszahl sinkt proportional dem Drehmoment. Eine gute, d. h. verlustlose und kontinuierliche, Tourenregulierung ist im allgemeinen nur durch Frequenzänderung möglich wie beim Synchronmotor. Alle obigen Gleichungen gelten aber nur angenähert für das mittlere Arbeitsgebiet eines bestimmten Asynchronmotors. Schon bei Vollast, ganz besonders aber bei Überlast, führt die genaue, die magnetische Streuung berücksichtigende Theorie zu viel verwickelteren Beziehungen.

Auch der Asynchronmotor ist „umkehrbar", d. h. er kann durch mechanischen Antrieb von außen in einen Generator umgewandelt werden, wovon die Praxis reichlichen Gebrauch macht. Die charakteristischen Eigenschaften eines Asynchrongenerators sind ebenfalls denen eines Nebenschluß-Gleichstromgenerators ähnlich. Er kann entweder (fremderregt) mit Synchrongeneratoren, die den Magnetisierungsstrom liefern und die Frequenz bestimmen, zusammenarbeiten oder durch Parallelschalten von Kondensatoren zum Ständer oder Läufer selbsterregend werden. In ersterem Fall ist Energielieferung nur dann möglich, wenn $f_r > f_l$ ist. *E. Rother.*

Näheres s. Niethammer, Die Elektromotoren. Bd. 1.

Atherman. Undurchlässig für Wärmestrahlen; Abkürzung von adiatherman [a = privativum, $\delta\iota\alpha$ durch $\vartheta\epsilon\varrho\mu\eta$ Wärme (griechisch)], Atherman ist Wasser; für kurzwellige Wärmestrahlung verdünnte Lösung von Kupfersulfat + Ammoniak oder Mohrschem Salz (FeSO$_4$. (NH$_4$)$_2$SO$_4$ + 6 aqua). Glas ist für lange Wellen (größer als 4 μ) atherman. *Gerlach.*

Atmosphäre. 1. Räumliche Erstreckung. Als untere Grenzfläche betrachtet man die physische Erdoberfläche, wenn auch die Luft in Klüften und Höhlen des Gesteins, sowie in die Poren des lockeren Erdbodens als Bodenluft noch tiefer eindringt. Eine obere Grenzfläche ist nicht vorhanden, da die Luft mit stetig abnehmender Dichte allmählich in den interplanetarischen Raum übergeht, und nirgends eine Grenzfläche den lufterfüllten von dem luftleeren Raum scheidet. Solange die Anziehungskraft der Erde noch die mit der Entfernung vom Erdmittelpunkt zunehmende Fliehkraft der Erdrotation überwiegt, ist also eine Atmosphäre der Erde vorhanden. Die Grenze zwischen beiden Kräften berechnet sich in der Äquator-Ebene zu etwa 6,6 Erdhalbmessern. Die Gestalt der Atmosphäre schmiegt sich der Form der Erdmasse an; ihre Niveauflächen haben also die Gestalt von Rotationssphäroiden, deren kleine und große Halbmesser an der unteren Grenze 6356 oder 6377 km, also gleich denjenigen des Erdsphäroids an der Grenze zwischen Anziehungskraft und Fliehkraft aber 28 000 und 42 000 km betragen. Über das Vorhandensein der Atmosphäre in den für Menschen nicht mehr zugänglichen Höhen geben uns einige Lichterscheinungen Auskunft, nämlich:

a) aus Höhen von etwa 60—70 km die Erscheinungen der Dämmerung, b) aus Höhen von etwa 70—80 km die Leuchtenden Nachtwolken (s. Wolken), c) aus Höhen zwischen 50 und 400 km das Polarlicht (s. dieses), d) aus Höhen zwischen 100 und 300 km die Sternschnuppen (s. diese).

2. Masse. Würde die atmosphärische Luft überall dieselbe Dichte haben wie im Meeresniveau, so müßte ihre obere Grenzfläche in etwa 7800 m Höhe liegen, ein Betrag, der deshalb häufig als „Höhe der homogenen Atmosphäre" bezeichnet wird. Aus ihm läßt sich die Masse der gesamten Lufthülle der Erde zu $5{,}2 \times 10^{18}$ (5,2 Trillionen) kg berechnen, d. i. noch nicht 1 Milliontel der Masse des Erdkörpers.

3. Zusammensetzung. Die Atmosphäre besteht aus einem Gemisch verschiedener Gase, unter denen Stickstoff mit 76 und Sauerstoff mit 23 Gewichtsprozenten weitaus überwiegen. Doch wird der prozentuale Anteil der Einzelgase, da sie verschiedene spezifische Gewichte besitzen, anders, wenn man ihn nicht nach Gewichts-, sondern nach Raumteilen berechnet. Nach dem gegenwärtigen Stand unserer Kenntnisse gestaltet sich die Zusammensetzung der trockenen Atmosphäre im Meeresniveau folgendermaßen:

Da es sich nicht um eine chemische Verbindung, sondern um ein mechanisches Gemisch von einzelnen Gasen handelt, so gilt das Daltonsche Gesetz (s. dieses), nach dem die Verteilung eines Gases im Raume unabhängig von dem Vorhandensein anderer Gase im gleichen Raume ist. Der prozentische Anteil der schwereren Gase nimmt also mit zunehmender Höhe immer stärker ab zugunsten der leichteren, und in den größten Höhen dürfen wir schließlich eine reine Wasserstoff-Atmosphäre erwarten, bzw. ein noch leichteres Gas, das hypothetische Geocoronium, dessen Existenz jetzt vielfach angenommen wird. Die folgende Tabelle gibt in abgerundeten Zahlen die Anteile der einzelnen Gase in Volumprozenten für verschiedene Höhen:

Höhe in km	15	20	30	40	50	100
Stickstoff . .	79,5	81,2	84,2	86,5	87,5	3,0
Sauerstoff . .	19,7	18,1	15,2	12,6	10,3	0,0
Argon. . .	0,8	0,6	0,3	0,2	0,1	0,0
Wasserstoff .	0,0	0,0	0,2	0,7	2,9	96,4

Man darf annehmen, daß sich der Übergang von einer überwiegend Stickstoff enthaltenden Atmosphäre zu einer wesentlich aus Wasserstoff bestehenden in der Höhenzone zwischen 70 und 80 km ziemlich schnell vollzieht, so daß dort eine Art Schichtgrenze entsteht, welche die oberste Grenze der Dämmerungserscheinungen bildet. Sicher festgestellt dagegen ist eine in rund 10 km Höhe liegende Schichtgrenze, welche die untere Troposphäre (s. diese), in der sich die wechselnden Witterungserscheinungen abspielen, von der oberen Stratosphäre (s. diese) trennt, in der Strahlungsgleichgewicht herrscht. Innerhalb der ersteren findet durch das Spiel der Winde und der auf- und absteigenden Luftströmung beständig eine Durchmischung der verschiedenen Gase statt, so daß ihr Mengenverhältnis auf der ganzen Erde bis zu allen Höhenlagen, die für Menschen erreichbar sind, unverändert bleiben muß.

Außer den normalen Bestandteilen enthält die Erde noch verschiedene Beimengungen, deren Mengen von Ort zu Ort und im Wechsel der Zeit außerordentlich großen Schwankungen unterworfen sind. In erster Linie kommt der Wasserdampf in Betracht, der durch Verdunstung (s. diese) in die Luft gelangt, und dessen Menge durch die Angabe der Luftfeuchtigkeit (s. diese) näher bezeichnet wird. Auch kleine Wassertröpfchen oder Eispartikelchen in Form von Nebel, Wolken, Regen, Schnee, Graupeln, Hagel (s. diese) gehören zu den natürlichen Beimengungen. Gegen diese aus H$_2$O bestehenden treten alle anderen, die mehr den Charakter von Verunreinigungen haben, stark zurück. Zu den letzteren gehören gewisse Gase, die durch Fäulnisprozesse, Feuerungsanlagen oder chemische Betriebe in die Luft gelangen, sowie feste Partikelchen, die man als Staub zusammenfaßt, und die größtenteils mineralischen Ursprungs sind, wie vulkanischer Staub, Sand, Ton, Ruß, Salz usw., aber auch animalischer oder vegetativer Natur sein können.

Gas	Stickstoff	Sauerstoff	Argon	Kohlensäure	Wasserstoff	Neon	Helium	Krypton	Xenon
Spez. Gewicht	13,92	15,94	19,82	22,01	1,00	9,91	1,97	40,8	64
Volumprozente	78,03	20,99	0,94	0,03	0,01 (?)	0,0012 (?)	0,0004 (?)	0,000 000 05	0,000 000 006

Unter letzteren spielen namentlich die Pilze und Bakterien eine für die Hygiene wichtige Rolle. Während die Luft in großen Höhen und über dem offenen Ozeane nur wenig Staub enthält, hat man in verkehrsreichen Großstädten bis zu $1/2$ Mill. Staubpartikelchen pro Kubikzentimeter gezählt.

4. Physikalische Eigenschaften. a) Dichte: Ein Kubikmeter atmosphärischer Luft bei 0° und 760 mm Druck wiegt unter 45° Breite im Meeresniveau 1,29305 kg. Die Dichte ist also 0,001 293 05, sie nimmt aber mit der Höhe in einer geometrischen Progression ab, und zwar in so gesetzmäßiger Weise, daß man für eine ruhende Atmosphäre die jeder Höhe zukommende Luftdichte berechnen könnte, wenn die Temperatur nicht durch ihre unregelmäßige Änderung die Genauigkeit des Resultates beeinträchtigen würde (s. Barometrische Höhenmessung).

b) Wärmeleitungsfähigkeit. Die absolute Leitungsfähigkeit der Luft ist, wenn man als Wärmeeinheit die Kalorie (s. diese) nimmt, nur 0,000053, also mehr als 3000 mal kleiner wie die des Eisens. Diese Leitungsfähigkeit ist vom Druck unabhängig, also in allen Höhen die gleiche. Nimmt man aber als Wärmeeinheit diejenige Wärmemenge, welche die Volumeinheit der Substanz selbst um 1° erwärmt, so erhält man das Maß der Fortpflanzungsgeschwindigkeit thermischer Wirkungen in dieser Substanz. In der Meteorologie aber handelt es sich um die Frage, mit welcher Geschwindigkeit sich Temperaturdifferenzen in ruhender Luft durch Leitung fortpflanzen. Daher kommt hier die letztere Art, die „Temperaturleitungsfähigkeit", in Betracht, die 0,173, also nahezu gleich der des Eisens ist. Sie nimmt in demselben Verhältnis zu, in dem die Dichte der Luft abnimmt, und kommt daher schon in Höhen von 10 km derjenigen des Kupfers nahe.

c) Absorption und Reflexion. Die Atmosphäre absorbiert hauptsächlich infolge ihres Kohlensäure- und Wasserdampfgehaltes vor allem gewisse Strahlengattungen im roten und ultraroten Teil des Spektrums. Im Gegensatz zu diesen dunklen Wärmestrahlen unterliegen die leuchtenden kurzwelligen Strahlen der Sonne im gelben bis violetten Teil des Spektrums nur geringer Absorption. Diese selektive Absorption zeigt gewisse noch wenig erforschte Änderungen, die mit den Vorgängen in höheren Luftschichten zusammenzuhängen scheinen.

Ein ganz anderes Verhalten weist die diffuse Reflexion auf, welche in der Atmosphäre stattfindet, weil letztere durch die feinen, in ihr suspendierten Teilchen als trübes Medium wirkt. Durch die diffuse Reflexion kommen die Blaue Himmelsfarbe, sowie die Farbenerscheinungen bei der Dämmerung (s. diese) zustande.

d) Durchsichtigkeit. Man darf annehmen, daß die Atmosphäre in reinem Zustande farblos und völlig durchsichtig wäre. Die Durchsichtigkeit wird herabgesetzt und ändert sich fortwährend durch Trübungen, die teils mechanischer Art, und durch feine Wassertröpfchen, Staubteilchen, Rauch usw. verursacht, teils aber rein optischer Natur sind. Vor allem bilden die an sonnigen Tagen von dem erhitzten Boden aufsteigenden Luftströme leicht Schlieren und beeinträchtigen so die Fernsicht, weil sie die Luft optisch heterogen machen. Da das von den Schlieren reflektierte Licht polarisiert ist, so kann die hierdurch hervor-

gerufene Störung durch Vorschaltung eines Nicolschen Prismas unschädlich gemacht werden.

O. Baschin.

Näheres s. J. v. Hann, Lehrbuch der Meteorologie. 3. Aufl. 1915.

Atmosphäre (Druckmaß). Als eine Atmosphäre bezeichnet man den Druck, den eine Quecksilbersäule von 76 cm Höhe bei 0° Celsius im Meeresniveau auf 45° nördlicher Breite gegen die Unterlage ausübt. Da die Dichte des Quecksilbers bei 0° Celsius 13,596 und die Erdbeschleunigung g bei 45° nördlicher Breite 980,62 ist, so entspricht eine Atmosphäre einem Drucke von $76 \cdot 13,596 \cdot 10^{-3}$; das sind 1,0333 kg pro Quadratzentimeter oder $1013,3 \cdot 10^3$ Dynen pro Quadratzentimeter. Der Ausdruck „1 Atmosphäre" rührt daher, daß die Atmosphäre der Erde etwa diesen Druck im Mittel im Meeresniveau aufweist. Während früher die technischen Druckmesser meistens in Atmosphären geeicht wurden, geschieht die Eichung heute fast stets in Kilogramm pro Quadratzentimeter. Der geringe Unterschied beider Maßeinheiten bringt es mit sich, daß sie in der Praxis als gleichbedeutend genommen werden. *O. Martienssen.*

Atmung s. Stimmorgan.

Atombau s. Atommodelle, Bohr - Rutherfordsches Atommodell und Atomkern.

Atomdispersion. Bestimmt man die Atom- bzw. Molekularrefraktion eines Stoffes für zwei verschiedene Spektrallinien — meist wählt man die C- und F-Linie des Wasserstofflichtes —, so ist die Differenz der beiden gefundenen Werte die sogenannte Atom- bzw. Molekulardispersion. Als Differenz zweier von der Temperatur unabhängiger Werte ist natürlich auch die Atomdispersion von der Temperatur unabhängig. Doch sei ausdrücklich erwähnt, daß es bis jetzt nicht gelungen ist, die Atomdispersion als eine Funktion der Atomrefraktion darzustellen. Auch die Atomdispersion ist wie die Atomrefraktion eine in gewissen Grenzen additive Eigenschaft. Sie eignet sich ebenfalls, ja oft noch in höherem Maße als die Atomrefraktion, zum Hilfsmittel bei der Konstitutionsbestimmung chemischer Verbindungen.

Werner Borinski.

Näheres s. W. Nernst, Theoretische Chemie, II. Buch, 6. Kapitel.

Atomgewichtstabelle s. S. 49 bis 51.

Atomgröße. Als Atomgröße bezeichnet man nach Sommerfeld den Radius der äußersten Elektronenschale des Bohr-Rutherfordschen Atommodells. Enthält letztere nur wenige Elektronen, so kann deren Anordnung eine *ebene* sein und ihre Dimensionen werden in keiner einfachen Beziehung zu der gewöhnlich als *Atomvolumen* (s. d.) bezeichneten Größe stehen. Man sieht also, daß der Gang der Atomgröße von Element zu Element im periodischen System im allgemeinen nur qualitativ durch die *Kurve der Atomvolumina* wiedergeben wird. Trotzdem lassen sich alle ihre wesentlichen Eigenschaften auf Grund der Atomgrößen verstehen.

A. Smekal.

Atomkern. Nach dem *Rutherfordschen Atommodell* ist der Atomkern als Träger der Hauptmasse und der gesamten *positiven* elektrischen Ladung des Atoms, als Zentralkörper des atomaren Planetensystems anzusehen. Nach van den Broeck umfaßt diese Kernladung soviel Einheiten des positiven Elementarquantums der Elektrizität, als die Nummer des betreffenden Elementes in der Aufeinanderfolge der Elemente im periodischen System beträgt.

Atomgewichtstabelle.

Tabelle der chemischen Elemente und Atomarten in der Reihenfolge der Ordnungszahlen[1]).

Ord-nungs-zahl	Symbol	Bezeichnung des Elementes	„Praktisches Atom-gewicht"	Bezeichnung der Atomart	Atom-zeichen	„Einzel-Atom-gewicht", soweit bisher fest-gestellt
1	H	Wasserstoff	1.008	Wasserstoff	H	1,008
2	He	Helium	4,00	Helium	He	4,0
3	Li	Lithium	6,94	Lithium$_6$		6,0
				Lithium$_7$		7,0
4	Be	Beryllium	9,1			
5	B	Bor.............	10,9	Bor$_{10}$		10,0
				Bor$_{11}$		11,0
6	C	Kohlenstoff........	12,00	Kohlenstoff	C	12,0
7	N	Stickstoff	14,008	Stickstoff	N	14,0
8	O	Sauerstoff	16,000	Sauerstoff	O	16,000
9	F	Fluor...........	19,00	Fluor	F	19,0
10	Ne	Neon	20,2	Neon		20,0
				Metaneon		22,0
				Neon$_{21}$?		21,0 ?
11	Na	Natrium	23,00	Natrium		23
12	Mg	Magnesium	24,32	Magnesium$_{24}$		24
				Magnesium$_{25}$		25
				Magnesium$_{26}$		26
13	Al	Aluminium	27,1			
14	Si	Silicium	28,3	Silicium$_{28}$		28,0
				Silicium$_{29}$		29,0
				Silicium$_{30}$?		30,0 ?
15	P	Phosphor..........	31,04	Phosphor	P	31,0
16	S	Schwefel	32,07	Schwefel	S	32,0
17	Cl	Chlor	35,46	Chlor$_{35}$............		35,0
				Chlor$_{37}$		37,0
				Chlor$_{39}$?		39,0 ?
18	Ar	Argon	39,9	Argon$_{36}$		36,0
				Argon$_{40}$		40,0
19		*Kalium*	39,10	*Kalium$_{39}$* [2])		39
				Kalium$_{41}$		41
20	Ca	Calcium	40,07			
21	Sc	Scandium	45,10			
22	Ti	Titan	48,1			
23	V	Vanadium	51,0			
24	Cr	Chrom	52,0			
25	Mn	Mangan	54,93			
26	Fe	Eisen	55,84			
27	Co	Kobalt	58,97			
28	Ni	Nickel	58,68	Nickel$_{58}$		58
				Nickel$_{60}$.............		60
29	Cu	Kupfer...........	63,57			
30	Zn	Zink	65,37			
31	Ga	Gallium	69,9			
32	Ge	Germanium	72,5			
33	As	Arsen	74,96	Arsen................	As	75,0
34	Se	Selen	79,2			
35	Br	Brom	79,92	Brom$_{79}$................		79,0
				Brom$_{81}$................		81,0
36	Kr	Krypton	82,92	Krypton$_{78}$		78,0
				Krypton$_{80}$		80,0
				Krypton$_{82}$		82,0
				Krypton$_{83}$		83,0
				Krypton$_{84}$		84,0
				Krypton$_{86}$		86,0
37	*Rb*	*Rubidium*	85,5	*Rubidium$_{85}$*[2])		85
				Rubidium$_{87}$		87
38	Sr	Strontium	87,6			
39	Y	Yttrium...........	88,7			
40	Zr	Zirkonium	90,6			
41	Nb	Niobium	93,5			
42	Mo	Molybdän	96,0			
43	—	—	—			
44	Ru	Ruthenium	101,7			
45	Rh	Rhodium	102,9			
46	Pd	Palladium	106,7			
47	Ag	Silber	107,88			
48	Cd	Cadmium	112,4			
49	In	Indium	114,8			

[1]) Die Bestimmung der „Einzel-Atomgewichte" bis zum Quecksilber geschah nach den Methoden der „Kanastrahlen-Analyse".

Die kursiv gedruckten Elemente und Atomarten sind radioaktiv; die kursiv gedruckten Atomgewichte sind auf Grund feststehender genetischer Zusammenhänge berechnet, die eingeklammerten kursiven Zahlen sind hypothetisch.

[2]) Es ist nicht entschieden, ob beide oder nur eine der beiden Atomarten des Kaliums radioaktiv sind. Dasselbe gilt für R u b i d i u m.

Ordnungs-zahl	Symbol	Bezeichnung des Elementes	„Praktisches Atom-gewicht"	Bezeichnung der Atomart	Atom-zeichen	„Einzel-Atom-gewicht", soweit bisher fest-gestellt
50	Sn	Zinn	118,7			
51	Sb	Antimon	120,2			
52	Te	Tellur............	127,5			
53	J	Jod	126,92	Jod	J	127
54	X	Xenon	130,2	Xenon₁₂₉		129
				Xenon₁₃₁		131
				Xenon₁₃₂		132
				Xenon₁₃₄		134
				Xenon₁₃₆		136
				Xenon₁₂₈ ?		128 ?
				Xenon₁₃₀ ?		130 ?
55	Cs	Cäsium	132,8			
56	Ba	Barium	137,4			
57	La	Lanthan	139,0			
58	Ce	Cer	140,25			
59	Pr	Praseodym	140,9			
60	Nd	Neodym	144,3			
61	—	—	—			
62	Sm	Samarium	150,4			
63	Eu	Europium	152,0			
64	Gd	Gadolinium.......	157,3			
65	Tb	Terbium	159,2			
66	Dy	Dysprosium	162,5			
67	Ho	Holmium.........	163,5			
68	Er	Erbium	167,7			
69	Tu	Thulium	169,4			
70	Yb	Ytterbium.......	173,5			
71	Lu	Lutetium.........	175,0			
72	—	—	—			
73	Ta	Tantal..........	181,5			
74	W	Wolfram	184,0			
75	—	—	—			
76	Os	Osmium..........	190,9			
77	Ir	Iridium	193,1			
78	Pt	Platin	195,2			
79	Au	Gold.............	197,2			
80	Hg	Quecksilber	200,6	Quecksilber₁₉₇₋₂₀₀		197—200 (noch nicht aufgelöst)
				Quecksilber₂₀₂		202
				Quecksilber₂₀₄		204
81	Tl	Thallium	204,0	*Actinium C″*	*Ac″*	*(206)*
				Thorium C″...........	*Th C″*	*208*
				Radium C″	*Ra C″*	*210*
82	Pb	Blei	207,2	Radium G (Uranblei)...	Ra G	206
				Actinium D		*(206)*
				Thorium D (Thorblei) ..	Th D	208
				Radium D	*Ra D*	*210*
				Actinium B	*Ac B*	*(210)*
				Thorium B	*Th B*	*212*
				Radium B	*Ra B*	*214*
83	Bi	Wismut	209,0	*Radium E*	*Ra E*	*210*
				Actinium C	*Ac C*	*(210)*
				Thorium C	*Th C*	*212*
				Radium C	*Ra C*	*214*
84	*Po*	*Polonium*		*Polonium (Radium F)*..	*Po (Ra F)*	*210*
				Actinium C′	*Ac C′*	*(210)*
				Thorium C′	*Th C′*	*212*
				Radium C′	*Ra C′*	*214*
				Actinium A	*Ac A*	*(214)*
				Thorium A	*Th A*	*216*
				Radium A	*Ra A*	*218*
85	—	—	—			
86	*Em*	*Emanation*	222	*Actinium-Emanation*	*Ac Em*	*(218)*
				Thorium-Emanation	*Th Em*	*220*
				Radium-Emanation	*Ra Em*	*222¹)*
87	—	—	—			
88	*Ra*	*Radium*	226,0	*Actinium X*	*Ac X*	*(222)*
				Thorium X	*Th X*	*224*
				Radium	*Ra*	*226,0*
				Mesothorium 1..........	*Ms Th₁*	*228*
89	*Ac*	*Actinium*.........		*Actinium*	*Ac*	*(226)*
				Mesothorium 2..........	*Ms Th₂*	*228*

¹) Der Wert wurde durch direkte Dichte-Bestimmung innerhalb der Versuchsfehler bestätigt.

Ord-nungs-zahl	Symbol	Bezeichnung des Elementes	„Praktisches Atom-gewicht"	Bezeichnung der Atomart	Atom-zeichen	„Einzel-Atom-gewicht", soweit bisher fest-gestellt
90	*Th*	*Thorium*	232,1	*Radioactinium*	*Ra Ac*	*(226)*
				Radiothorium	*Ra Th*	*228*
				Ionium	*Io*	*230¹)*
				Uran Y	*U Y*	*(230)*
				Uran X₁	*U X₁*	*234*
91	*Pa*	*Protactinium*	,	*Protactinium*	*Pa*	*(230)*
				Uran X₂ (Brevium)	*U X₂ (Br)*	*234*
92	*U*	*Uran*	238,2	*Uran II*	*U II*	*234*
				Uran I	*U I*	*238*

¹) Der Wert wurde durch experimentelle Atomgewichts-Bestimmung eines Ionium-Thorium-Gemisches gestützt.   *Otto Hahn.*

Die *Atomnummer* oder *Ordnungszahl* ist daher gleich der *Kernladungszahl* (konventionelles Zeichen: Z). Diese Annahme ist durch Versuche über die Zer-streuung der α-Strahlen beim Durchgang durch Materie von Chadwick mit einer Genauigkeit von $1^1/_2\%$ experimentell bewiesen, während die richtige Numerierung der Elemente mittels der Röntgen-spektren (s. d.) sichergestellt werden konnte. Die Kernladungszahl von Wasserstoff ist danach 1, jene von Helium 2, von Lithium 3, usw. endlich die von Uran 92. Auf Grund ähnlicher Versuche wurde ferner der Durchmesser der Atomkerne zu etwa $10^{-12}-10^{-13}$ cm bestimmt. Da die Masse der Atomelektronen (Masse des Elektrons : Wasser-stoffatomkernmasse gleich 1 : 1850) gegen die *Kern-massen* praktisch vernachlässigt werden kann, dürfen an Stelle der letzteren die *Atommassen* ge-nommen werden, welche neben der Ladung die einzigen für die Atomkerne gegenwärtig bekannten charakteristischen Größen sind. Seit den Kanal-strahlversuchen von Aston weiß man, daß die Elemente im allgemeinen *Gemische* von *Isotopen* (s. d.) mit praktisch *ganzzahligen* Atomgewichten sind, eine Tatsache, welche an den radioaktiven Elementen schon früher bekannt und auf Grund der Rutherfordschen Kerntheorie der Atome gedeutet worden war (s. Zerfallstheorie). Es gibt also Atomkerne *gleicher Ladung,* deren *Massen verschieden,* und zwar ganzzahlig sind, wenn die Sauerstoffatommasse wie üblich gleich 16 (kon-ventionelles Sauerstoffatomgewicht) gesetzt wird. Von den hinreichend genau bekannten Atom- bzw. Kernmassen ist auffallenderweise nur jene des Wasserstoffatoms merklich *unganzzahlig,* nämlich 1,008, wahrscheinlich aber auch die des Stickstoff-atoms (Z = 7, m = 14,008).

Radioaktivität und allgemeine Isotopie der Ele-mente zeigen, daß die Atomkerne eine bestimmte im allgemeinen komplizierte *Struktur* besitzen müssen. Daß an ihrem Aufbau auch *negative* Elementarquanten (*Elektronen*) teilnehmen, be-weisen die radioaktiven β-Strahler; die Anteilnahme *einzelner positiver* Elementarquanten an ihrer Kon-stitution ergaben Rutherfords Versuche über die Zertrümmerung von Atomkernen leichter Ele-mente durch α-Strahlen. *Elektronen* und *Protonen,* wie Rutherford die positiven Elementarquanten (Wasserstoffkerne) nennt, haben also nach dem heutigen Stande der Forschung als letzte Bausteine aller Materie zu gelten. Offenbar ist eine gewisse

Zahl von Elektronen notwendig um den Zusammen-halt der positiven Ladungen im Atomkerne zu ermöglichen. Da die *Kernelektronen* eine ihrer Anzahl n entsprechende Zahl von Protonen bezüglich ihrer Ladung neutralisieren, gibt die Kernladungs-zahl Z die *Differenz* der Protonen- bzw. Elektronen-anzahl an: Z = p — n. Atomkerne *isotoper* Ele-mente haben nun verschiedene Kernelektronen- und Protonenanzahlen, dagegen dasselbe Z. Hieraus folgt sofort die Verschiedenheit ihrer Atomge-wichte bzw. Kernmassen m. Letztere sind offen-bar gleich der Anzahl der Protonen, also p = m; denn die Masse der Protonen ist rund Eins, jene der Elektronen aber wie bereits erwähnt, vernachlässig-bar klein. So ergibt sich beispielsweise die Ladung Z = 2 und Masse m = 4 des mit einem α-Teilchen identischen Heliumatomkernes auf Grund der An-nahme, daß dieser aus p = 4 Protonen und n = 2 Elektronen besteht. Das Auftreten von α-Strahlen beim radioaktiven Zerfall sowie die Teilbarkeit vieler Atomgewichte durch 4 beweist übrigens, daß dieser Konfiguration von 4 Protonen und 2 Elektronen infolge hoher Stabilität im Aufbau vieler Atomkerne eine gewisse weitgehende Sonder-existenz als Baustein zukommt.

Setzt man für die Masse der Protonen irgend-eines Atomkernes an Stelle der Einheit den ge-naueren Wert 1,008, so ergeben sich für die nach obiger Regel gefundenen Massen der Atomkerne Abweichungen von der Ganzzahligkeit, die viel zu groß sind, als daß sie bei den Atomgewichts-bestimmungen der Messung hätten entgehen können. Eine bezüglich Vorzeichen und Größenordnung zutreffende Erklärung dieser Massendefekte liefert die *Relativitätstheorie* auf Grund des Satzes von der Trägheit der Energie. Hiernach müssen die Atomkerne Kohäsionsenergien von der Größen-ordnung 10^{-6} bis 10^{-3} erg besitzen. Auf diesem Wege gelingt es auch die erwähnte außer-ordentliche Stabilität des α-Teilchens und seine ausgezeichnete Rolle beim Kernaufbau verständlich zu machen.

Um die Dimensionen der Atomkerne zu erklären, hat Lenz vorgeschlagen, in ihnen die Protonen nach Quantengesetzen um die Elektronen kreisend anzunehmen. Solche *Kernmodelle* lassen sich durch eine Art *Inversion,* d. h. Vertauschung der Rolle der positiven und negativen Ladungen aus den gewöhnlichen Bohrschen Atom- bzw. Molekül-modellen gewinnen (*invertierte Modelle*), doch zeigt sich dann, das Zutreffen dieser Vorstellungen vorausgesetzt, daß innerhalb der Kerndimensionen von rund 10^{-13} cm das *Coulombsche Gesetz* nicht mehr gültig sein kann, sondern durch ein mit der Entfernung rascher veränderliches Kraftgesetz ersetzt werden muß.

Über den Einfluß des Atomkernes auf das vom Atom ausgesandte Spektrum s. Wasserstoffatom.

A. Smekal.

Näheres s. Sommerfeld, Atombau und Spektrallinien. III. Aufl. Braunschweig 1922. 2. Kap. § 6.

Atommodelle. Eine große Anzahl physikalischer Erscheinungen, wie beispielsweise Elektrolyse, lichtelektrischer Effekt, Radioaktivität usw. beweisen, daß am Aufbau der Atome positive und negative elektrische Ladungen teilnehmen müssen. Alle Atommodelle, die je ernstlich in Betracht gezogen worden sind, gehen daher von der Annahme einer *elektrischen* Konstitution der Materie aus und bilden die im Normalzustande elektrisch neutralen Atome auf Grund der Vorstellung einer Atomistik der Elektrizität. Da die *negativen* Elementarquanten erfahrungsgemäß stets einzeln auftreten, die *positiven* hingegen in größeren Zusammenfassungen, müssen auch diese Tatsachen an den Atommodellen verständlich werden. Diesen Bedingungen genügt sowohl das *Rutherfordsche Atommodell* als jenes von *J. J. Thomson.* Nach Rutherford (1911) bestehen die Atome aus einem positiv geladenen Kern, der von einer Anzahl von Elektronen umkreist wird. Einen Vorläufer besitzt dieses Atommodell in der *Dynamidentheorie* Lenards (1903), welche aber noch nicht die fundamentale Vorstellung eines *einzigen* positiv geladenen Zentrums enthält. Während die mangelnde Stabilität des Rutherfordschen Atommodells für dasselbe von vornherein eine große Schwierigkeit bedeutete, ist diese beim älteren *Thomsonschen Atommodell* (1904) von Anfang an gesichert. Letzteres besteht aus einer gleichmäßig von positiver Raumladung erfüllten Kugel (Durchmesser von der Größenordnung 10^{-8} cm), innerhalb deren sich Elektronen stationär auf Kreisbahnen bewegen oder Gleichgewichtskonfigurationen bilden. Während das Thomsonsche Atommodell aber ungeeignet ist, die Zerstreuung der α-Strahlen beim Durchgang durch die Materie zu erklären, gelang es Bohr 1913 das speziell auf Grund dieser Erscheinungen geschaffene Rutherfordsche Atommodell durch Anwendung der *Quantentheorie* zu stabilisieren und ihm durch Erklärung der Spektralerscheinungen zum endgültigen Siege zu verhelfen. S. Bohr - Rutherfordsches Atommodell.

A. Smekal.

Näheres s. Sommerfeld, Atombau und Spektrallinien. III. Aufl. Braunschweig 1922.

Atomnummer s. Atomkern, Periodisches System der Elemente und Bohr - Rutherfordsches Atommodell.

Atomrefraktion. Der Brechungsexponent n eines Körpers ist abhängig von der Wellenlänge des angewandten Lichtes (man wählt meist die D-Linie des Natriumlichtes oder die C- oder F-Linie des Wasserstofflichtes), der Temperatur des Körpers und von Änderungen des Aggregatzustandes. Um sich vom Einfluß der Temperatur unabhängig zu machen, genügt es im allgemeinen, wie Landolt zeigte, statt des Brechungsexponenten n das spezifische Brechungsvermögen: $\dfrac{n-1}{d}$ zu wählen, wo d die Dichte des Stoffes ist.

Gehen die Ansprüche weiter, wird im besonderen auch Unabhängigkeit vom Aggregatzustand verlangt, so wählt man besser eine modifizierte Form, die aus der Theorie der Dielektrika von Clausius hervorgegangen ist: $\dfrac{u}{d} = \dfrac{n^2-1}{n^2+2} \cdot \dfrac{1}{d} = R$. Diese Funktion R heißt die spezifische Refraktion. Hierin ist u der Bruchteil des Gesamtvolumens, den die Moleküle wirklich einnehmen, und d wieder die Dichte. R ist weitgehend unabhängig von der Temperatur; denn es ist ja gleich $\dfrac{u}{d}$, also nichts anderes als das Volumen, das die Moleküle eines Grammes Substanz unter verschiedenen Bedingungen tatsächlich einnehmen.

Multipliziert man R mit dem Atomgewicht, so erhält man die sogenannte Atomrefraktion; multipliziert man R mit dem Molekulargewicht, so erhält man die Molekularrefraktion, also das Volumen, das die in einem Grammatom bzw. in einem Mol enthaltenen Moleküle tatsächlich einnehmen. Die Atomrefraktion ist zumindest für einwertige Elemente eine additive Eigenschaft d. h., man kann die Molekularrefraktion einer Verbindung, die aus nur einwertigen Elementen besteht, aus den Atomrefraktionen der Elemente berechnen durch einfache Addition. Für mehrwertige Elemente gilt das im allgemeinen nicht; so muß man für Kohlenstoff, Sauerstoff oder Stickstoff, je nach der Art wie sie gebunden sind, andere Atomrefraktionen ansetzen. Man spricht z. B. in der organischen Chemie direkt von der Molekularrefraktion einer doppelten oder dreifachen Bindung der Kohlenstoffatome.

Hierzu gibt W. Nernst folgendes Beispiel: Für die rote Linie des Wasserstofflichtes hat man nach Roht und Eisenlohr folgende Atomrefraktionen einzusetzen: Kohlenstoff: 2,413; Wasserstoff: 1,092; Äthylenbindung: 1,686; daraus berechnet sich die Molekularrefraktion des Benzols zu:

$$
\begin{aligned}
\text{6 Kohlenstoff} & \ldots\ldots = 6 \cdot 2,413 = 14,48 \\
\text{6 Wasserstoff} & \ldots\ldots = 6 \cdot 1,092 = 6,55 \\
\text{3 Doppelbindungen} & \ldots = 3 \cdot 1,686 = 5,06 \\
\hline
& MR = 26,09
\end{aligned}
$$

Die Beobachtung lieferte: $n = 1,4967$; $d = 0,8799$; $M = 78$;

$$ MR = \frac{n^2-1}{n^2+2} \cdot \frac{M}{d} = 25,93. $$

Daraus ergibt sich, daß die Bestimmung von Molekularrefraktionen ein beachtenswertes Hilfsmittel für die Konstitutionsbestimmungen ist.

Werner Borinski.

Näheres s. W. Nernst, Theoretische Chemie, II. Buch, 6. Kap.

Atomrotation. Befindet sich ein lichtdurchlässiger Stoff in einem magnetischen Felde, so dreht er die Schwingungsebene polarisierten Lichtes. Der Drehungssinn ist für die meisten Gase der gleiche, nämlich gleich dem des Kreisstromes, der das magnetische Feld erregt. Die Stärke der Drehung hängt sowohl von der Stärke des magnetischen Feldes ab, als auch von der Dicke der durchstrahlten Schicht, und ist natürlich für verschiedene Körper verschieden. Unter spezifischer Rotation versteht man den Drehungswinkel dividiert durch den einer Wasserschicht gleicher Dicke und dividiert durch die Dichte des drehenden Körpers. Multipliziert man die spezifische Rotation mit dem Atom- bzw. Molekulargewicht des Körpers, so erhält man die Atom- bzw. Molekularrotation. Auch die Atomrotation ist wie die Atomrefraktion (siehe diese) für einwertige Elemente eine additive

Eigenschaft; für mehrwertige Elemente ist die Art ihrer Bindung zu berücksichtigen.

Werner Borinski.

Näheres s. S. Smiles, Chemische Konstitution und physikalische Eigenschaften. Herausgegeben von R. O. Herzog, Dresden 1914.

Atomstrahlungskoeffizient. Das ist die auf das einzelne Atom bezogene Sekundärstrahlungsfähigkeit, also derjenige Prozentsatz der einfallenden primären Strahlung, der von einem Atom zur Sekundärstrahlung umgeformt wird. Ist A (bezogen auf $A_H = 1$) das Atomgewicht der betrachteten Substanz, ϱ ihre Dichte und h die Masse des Wasserstoffatomes, so ist $\dfrac{\varrho}{A\,h}$ die Zahl der Atome pro Volumeneinheit, und $\dfrac{k \cdot A \cdot h}{\varrho}$ das Strahlungsvermögen des einzelnen Atomes, wenn k dasjenige der Volumeneinheit ist. In ganz gleichem Sinn versteht man unter $\dfrac{\mu\,Ah}{\varrho}$ das Absorptionsvermögen (μ Absorptionskoeffizient) des Atomes, und gleicherweise definiert wird man einen „Atomstreuungskoeffizient" in der Literatur finden.

K. W. F. Kohlrausch.

Atomvolumen. Das in Kubikzentimetern ausgedrückte Volumen, welches ein Grammatom eines Elementes im festen Zustand einnimmt, bezeichnet man als das Atomvolumen des Elementes. Es ist gleich dem mit dem Atomgewicht multiplizierten spezifischen Volumen des Elementes. Multipliziert man das spezifische Volumen einer Verbindung im festen Aggregatzustand mit ihrem Molekulargewicht, so erhält man das Molekularvolumen derselben. Dieses Molekularvolumen kann für einen Körper, der sich aus nur einwertigen Elementen zusammensetzt, einfach additiv aus den Atom-

volumina seiner Komponenten berechnet werden. Enthält jedoch der Körper Elemente höherer Wertigkeit (Sauerstoff, Stickstoff, Kohlenstoff usw.), so ist das Atomvolumen dieser Elemente je nach Art ihrer Bindung verschieden anzusetzen z. B. für Karbonylsauerstoff ($= C = O$) anders als für Sauerstoff, der an zwei Kohlenstoffatome gebunden ist ($\equiv C - O - C \equiv$). Die Additivität ist nicht streng, sondern kann um einige Prozent schwanken. Nach Kopp kann man das Molekularvolumen einer flüssigen organischen Substanz beim Siedepunkt nach folgender Formel berechnen: Es ist

M. V. $= 11{,}0\,m + 12{,}2\,n_1 + 7{,}8\,n_2 + 5{,}50 + 22{,}8\,p$
$\qquad\qquad + 27{,}8\,q + 37{,}5\,r + 22{,}6\,s.$

Hierin ist: m die Anzahl Atome Kohlenstoff, n_1 Karbonylsauerstoff, n_2 Sauerstoff, der an zwei Kohlenstoffatome oder andere Elemente gebunden ist, o Wasserstoff, p Chlor, q Brom, r Jod, s Schwefel, aus denen sich die Verbindung zusammensetzt. Die Faktoren sind empirische Konstanten.

W. Nernst gibt zu dieser Regel folgendes Beispiel: Die Messung des Molekularvolumens des Acetons beim Siedepunkt ergibt: 77,5. Aceton hat die Formel: $OC\!\!\begin{smallmatrix} CH_3 \\ CH_3 \end{smallmatrix}$; dann berechnet sich das Molekularvolumen des Acetons zu:

3 Kohlenstoff	33,0
1 Karbonylsauerstoff	12,2
6 Wasserstoff	33,0
Summa:	78,2

Abgesehen von dieser Additivität des Verhaltens nehmen jedoch die Atomvolumina der Elemente aus einem ganz anderen, allgemein theoretischen Grunde das besondere Interesse des Physikers und Chemikers in Anspruch. Lothar Meyer untersuchte die Abhängigkeit der Atomvolumina vom Atomgewicht oder besser, wie wir heute sagen, von der Ordnungszahl der Elemente. Er gelangte 1870 zu der, im Artikel: „Periodisches System der Elemente" abgedruckten Kurve (s. beistehende Fig.).

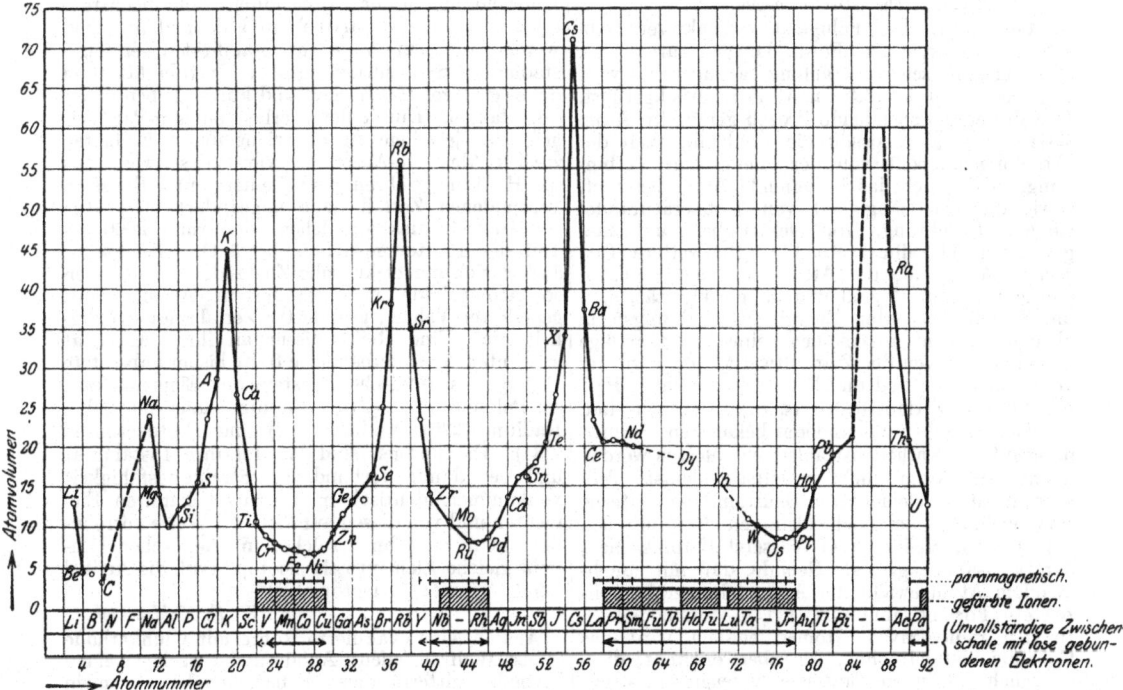

Periodisches Verhalten der Atomvolumina.

Auf der Abszissenachse sind die Atomgewichte aufgetragen, auf der Ordinatenachse die zugehörigen Atomvolumina. Wie man sieht, weist die Kurve scharfe Maxima auf, die bei den Alkalien liegen, und flache Minima, die von einer größeren Anzahl von Elementen (Schwermetallen) besetzt sind. Es zeigt sich eine deutliche Periodizität der Atomvolumina, die Hand in Hand geht mit den Perioden im periodischen System der Elemente von Mendelejeff (siehe dieses), nur noch geschlossener, einheitlicher. Vor allem fällt die Unterteilung der großen Perioden von je 16 oder 32 Elementen in zwei oder vier Achterperioden weg.

Über einen Versuch zur theoretischen Erklärung der Periodizität der Atomvolumina mit der Ordnungszahl siehe: A. Sommerfeld, Atombau und Spektrallinien. Fr. Vieweg und Sohn, Braunschweig. *Werner Borinski.*

Näheres s. die Zusammenstellung von Horstmann in Graham Ottos Lehrbuch der Chemie, Abschnitt „Raumerfüllung fester und flüssiger Körper". Braunschweig. 1893.

Atomwärme. Molekularwärme. In manchen Fällen ist es von Vorteil und erleichtert die Überlegungen, wenn man die spezifische Wärme nicht auf 1 g der Substanz, sondern auf ein Grammatom oder ein Grammolekül bezieht, d. h. nicht die gewöhnlichen spezifischen Wärmen c_p und c_v, sondern die Atomwärmen oder Molekularwärmen, das sind die mit dem Atomgewicht oder dem Molekulargewicht M multiplizierten spezifischen Wärmen $Mc_p = C_p$, $Mc_v = C_v$ in Rechnung setzt. Beispielsweise nimmt dann die Differenz der beiden spezifischen Wärmen für ein vollkommenes Gas, d. h. für ein Gas, in dem die Ausdehnung nicht von einer inneren Arbeitsleistung begleitet ist, die einfache Form an

$$C_p - C_v = R,$$

wo R = 1,987 die Gaskonstante bedeutet. *Scheel.*

Näheres s. Nernst, Theoretische Chemie.

Atomzerfall. Die Fähigkeit radioaktiver Substanzen, Energie in Form korpuskularer oder elektromagnetischer Strahlung abzugeben, wird auf den Zerfall des aktiven Atomes zurückgeführt. Daß der energiespendende Prozeß gerade im Atom stattfindet, dafür spricht die Unabhängigkeit der Strahlungsfähigkeit von der chemischen Verbindung, in der sich das betreffende Atom befindet, sowie die Unabhängigkeit von Temperaturänderungen, Belichtung, von elektrischer und magnetischer Behandlung etc. etc. Die weitere Tatsache, daß gerade die Atome mit den höchsten Gewichten „aktiv" sind und diese Aktivität, d. i. die Fähigkeit, spontan Energie in Strahlungsform abzugeben, im allgemeinen eine gesetzmäßige Abhängigkeit von der Zeit aufweist, führte zu der von E. Rutherford und F. Soddy im Jahre 1901 formulierten Zerfallstheorie (s. d.). Darnach sind, wie ja auch schon aus anderen bekannten Erscheinungen (z. B. Kathodenstrahlen) geschlossen werden konnte, die Atome nicht unteilbare kleinste Teilchen, nicht die elementaren Bausteine der Materie, sind vielmehr aus noch kleineren Bestandteilen (Elektronen, Helium- und Wasserstoffatomkernen) derart zusammengesetzte Gebilde, daß mit zunehmendem Atomgewicht der Aufbau immer kompliziertere Formen annimmt (vgl. „Atommodelle"). In den radioaktiven Atomen endlich wird das Gebäude instabil; ohne, wie oben erwähnt, diesbezüglich auf äußere Einflüsse zu reagieren, strebt es stabileren Konfigurationen der subatomistischen Bausteine zu. Der Zeitpunkt der Umlagerung ist durch Ursachen bedingt, die wir nicht aufzeigen können und als zufällig (vgl. den Artikel „Schwankung") betrachten müssen, weil die Abweichungen vom Mittel dem Fehlergesetze folgen. Und die Umlagerung selbst ist im allgemeinen mit der Abstoßung von Atombestandteilen verbunden, die, mit beträchtlicher Anfangsgeschwindigkeit begabt, als α- oder β-Strahlung in Erscheinung treten und die Träger der abgegebenen Energie sind. Da sich die α-Strahlen (s. d.) als positiv geladene Helium-Atome, die β-Strahlen als negativ geladene Elektronen erweisen, folgert man, daß in ihnen, sowie eventuell noch im Wasserstoffatom die Elemente zu suchen seien, aus denen das Atom besteht. Die Verlegung der Reaktion in das Atominnere macht es verständlich, daß der hierbei eintretende Energieumsatz Werte erreicht, die cet. par. als außerordentlich groß gegen die bisher bekannten energischesten chemischen Reaktionen bezeichnet werden müssen.

Der Atomzerfall erweist sich als irreversibel und verläuft wie eine monomolekulare Reaktion derart, daß die Zerfallsgeschwindigkeit $\frac{dN}{dt}$ (d. i. die „Aktivität" der Substanz, oder die Änderung der Atomzahlen mit der Zeit) zu jeder Zeit proportional ist der noch vorhandenen Anzahl N an unversehrten Atomen. Es ist somit nur ein veränderliches System da und das Zerfallsgesetz ist unabhängig von der Menge der aktiven Materie. — Beim Aufsuchen der stabileren Gleichgewichtslage geht die zerfallende Substanz im allgemeinen nicht direkt in den stabilen Endzustand über, sondern nimmt zunächst nur jenen Zustand an, den sie mit dem geringsten Aufwand an innerer Energie erreichen kann, gleichgültig ob dieser Zustand ein besseres oder schlechteres Gleichgewicht darstellt. Dementsprechend erfolgt die Umwandlung unter Aussendung von höchstens einem α- oder β-Partikel, und dementsprechend werden auf dem Wege zur Stabilität Übergangsstadien von eventuell großer Instabilität und daher geringer Haltbarkeit und kurzer Lebensdauer durchlaufen. Durch den Verlust eines α-Partikels geht das jeweilige Atomgewicht um 4 Einheiten zurück (das He-Atom ist viermal schwerer als das H-Atom), während es bei einem mit β-Emission verbundenen Zerfall nahe ungeändert bleibt (da das Gewicht des β-Teilchens den rund 2000sten Teil des H-Atomgewichtes beträgt). Gleichzeitig ändert sich der elektrische Zustand. Es entstehen so Atomgebilde mit geändertem Atomgewicht, geänderter Valenz, geänderter Zerfallsgeschwindigkeit etc. Eine Reihe dieser an ihrer Aktivität erkannten neuen Substanzen füllte bisher unbesetzte Plätze im periodischen System der Elemente aus, so Polonium (A = 210), Radiumemanation (222), Radium (226), Actinium (?) und Protoactinium (234). Die übrigen sind bis auf ihre Instabilität und der damit verbundenen Strahlungsfähigkeit vollkommen identisch mit bereits bekannten Elementen und von diesen auf keinerlei Weise abtrennbar; man bezeichnet solche, in chemischer Hinsicht gleiche Elemente als „isotop" (vgl. die Artikel „Zerfallsgesetz", „Isotopie"). *K. W. F. Kohlrausch.*

Audion, eine evakuierte Röhre mit Glühkathode (meist Wolframfaden), Anode und zwischen beiden liegender gitterförmiger Hilfselektrode, allgemein „Gitter" genannt, als Detektor für elektrische

Wellen in der drahtlosen Telegraphie verwendet (Lee De Forest). Die „Audionschaltung" ist folgende: zwei Punkte großer Spannungsdifferenz im Empfänger, also etwa die beiden Enden der Abstimmspule in der Antenne oder der Sekundärkreisspule, werden an Kathode und Gitter der Audionröhre angeschlossen; jedoch wird in die Gitterzuleitung ein kleiner Kondensator gelegt. Die Kathode ist ferner mit der Anode über eine Batterie (die Anodenbatterie) von ca. 10—100 Volt, je nach dem Bau des Audions, sowie über das Telephon oder den Telephontransformator zu einem Kreise (Anodenkreis) verbunden. Zum Telephon parallel liegt ein Kondensator als Brücke für die Hochfrequenz. Bei Zuführung von Hochfrequenz z. B. von einem Tonsender stammend zum Gitterkreis würde diese zunächst im Anodenkreis genau abgebildet wie in einer Verstärkerröhre. Der Gitterkondensator bewirkt jedoch eine einseitige Aufladung des Gitters durch die Elektronen der Glühkathode, wodurch neben der Hochfrequenz ein der Funkenzahl des Senders entsprechendes An- und Absteigen des Anodenstromes und ein entsprechender Wechselstrom durch das Telephon entsteht. Beim Empfang eines ungedämpften Senders kann durch Einführung einer „Rückkopplung" (s. diese) eine lokale Schwingung erzeugt werden, welche durch Überlagerung mit der ankommenden eine Anzahl Schwebungen pro Sekunde ergibt, was ähnlich wie die entsprechende Funkenzahl vom Sender einen hörbaren Wechselstrom im Telephon erzeugt. Diese Methode des Empfanges ungedämpfter Schwingungen wird verschiedentlich bezeichnet als: „Audionrückkopplungs-", „Schwingaudion-", „Autheterodyne-", „Endodyneempfang". Sie ist eine Art des Interferenzempfange (s. diesen).

H. Rukop.

Näheres s. Jahrb. Drahtl. Tel. **12**, 241; 1917.

Aufhängung (Julius). Empfindliche Nadelgalvanometer und ähnliche Instrumente, bei denen das bewegliche System durch äußere Erschütterungen so beeinflußt wird, daß dadurch die Beobachtung des Spiegelbildes erschwert oder unmöglich gemacht wird, können durch eine passende Aufhängung vor den störenden Einflüssen geschützt werden. Oft genügt schon eine schwere Grundplatte, welche an drei langen dünnen Stahldrähten aufgehängt ist. Um die Schwankungen der Aufhängevorrichtung selbst zu dämpfen, kann diese mit Platten versehen sein, welche in Öl eintauchen; meist genügt aber eine Dämpfung mit etwas Watte, die auch die Erschütterungen weniger überträgt. Fertige Aufhängungen werden von den bekannten elektrotechnischen Firmen geliefert.

W. Jaeger.

Näheres s. Julius, Ann. Phys. **18**, 206; 1905.

Aufnahmefähigkeit, magnetische, s. Suszeptibilität.

Aufpunkt. Der Aufpunkt hat zunächst eine rein mathematische Bedeutung, die allerdings verschieden benutzt wird, indem man teils den Nullpunkt des Koordinatensystems (Ignatowski), teils den Endpunkt des Vektors (Leitstrahls) darunter versteht. Für die Elektrostatik und insbesondere die Potentialtheorie stellt er u. a. denjenigen Punkt dar, auf den sich eine irgendwie gestaltete Feldverteilung bezieht.

R. Jaeger.

Aufsatzwinkel s. Flugbahnelemente.

Aufschlagzünder s. Sprenggeschosse.

Aufspaltung von Spektrallinien. Werden leuchtende Atome der Einwirkung magnetischer oder elektrischer Felder ausgesetzt, so werden viele ihrer ursprünglich einfachen Spektrallinien in mehrere Komponenten *aufgespalten* (Zeeman-Effekt, Stark - Effekt). Diese Ausdrucksweise hat sich in der Quantentheorie der Spektrallinien so eingebürgert, daß man dort auch beispielsweise von einer *relativistischen Aufspaltung* der Wasserstofflinien spricht, indem man dabei jene „Feinstrukturkomponenten" meint, welche sich aus der Theorie an Stelle einfacher Spektrallinien ergeben, wenn man den Einfluß der Relativitätstheorie auf die Elektronenbewegung im H-Atom berücksichtigt.

A. Smekal.

Aufsteigender Ast s. Flugbahnelemente.

Auftrieb. Unter dem Auftrieb eines Körpers versteht man eine Kraft, die ihn der Schwerkraft entgegen zu heben sucht. Man unterscheidet statischen und dynamischen Auftrieb.

Ersterer wird durch Eintauchen des Körpers in eine Flüssigkeit erzielt. Die Größe dieses Auftriebes ist durch das Archimedische Prinzip (s. dort) gegeben. Der Angriffspunkt des Auftriebes ist der Schwerpunkt der verdrängten Flüssigkeit. Ist der Auftrieb kleiner als das Gewicht des Körpers, so sinkt dieser, andernfalls steigt er. Hat die Flüssigkeit eine freie Oberfläche, so taucht er in letzterem Falle so weit aus der Flüssigkeit aus, daß Auftrieb und Gewicht einander gleich werden; er schwimmt dann auf der Oberfläche.

Liegt bei einem völlig untergetauchten Körper der Schwerpunkt nicht vertikal unter dem der verdrängten Flüssigkeit, so dreht sich der Körper, bis diese Bedingung erfüllt ist. Bei einem schwimmenden Körper kann jedoch der Schwerpunkt ohne Störung der Stabilität auch oberhalb des Schwerpunktes der verdrängten Flüssigkeit liegen; bei einem solchen wird nämlich die Stabilität lediglich durch die Lage des Metazentrums (s. dort) bedingt.

Der Auftrieb, den Körper im Wasser erleiden, ermöglicht die Herstellung von Schiffen usw.; der Auftrieb von Körpern in Luft führt dagegen zur Herstellung von Luftballons und Luftschiffen.

Der Auftrieb in Luft bedingt ferner, daß das Gewicht jedes Körpers auf der Wage zu klein erscheint. Will man zwecks genauer Gewichtsbestimmung nicht die Wägung im luftleeren Raum ausführen, so muß man nach der Wägung das Gewicht der verdrängten Luft aus dem Körpervolumen, dem Barometerstand und der Temperatur bestimmen und dieses zum auf der Wage bestimmten Gewicht addieren. Nimmt man das spezifische Gewicht des Messing zu 8,39, das der Luft bei 0º C und 760 mm Barometerstand zu 0,001293 an, so ergibt sich, daß Messing- Gewichte um 0,01541% zu leicht erscheinen.

Dynamischen Auftrieb bekommt man durch Bewegung eines festen Körpers in einer Flüssigkeit. Wird z. B. ein Brett F

Dynamischer Auftrieb.

(s. beistehende Fig.) mit einer Geschwindigkeit v in einer Flüssigkeit bewegt, so wirkt auf die Fläche ein Druck P, der senkrecht oder nahezu senkrecht zur bewegten Fläche steht. Denselben kann man in zwei Komponenten zerlegen. Die Komponente W, welche der Bewegung entgegengesetzt

gerichtet ist, ist der Bewegungswiderstand (s. dort);
die zweite Komponente A, welche der Erdschwere
entgegen wirkt, ist der dynamische Auftrieb. Bei
einer planen Fläche F und in einer idealen Flüssigkeit (s. dort) ist $A = P \cos \alpha$, $W = P \sin \alpha$, vorausgesetzt, daß v horizontal gerichtet ist, dem-
nach ist $W : A = \mathrm{tg}\,\alpha$. Es wird also der Widerstand W bei kleinem Anstellwinkel α klein gegenüber dem Auftrieb.

Der dynamische Auftrieb wird benutzt, um
Flugzeuge der Schwerkraft entgegen schwebend
zu halten. Durch geeignete Formgebung der Tragflächen kann das Verhältnis Bewegungswiderstand
zu Auftrieb besonders günstig gestaltet werden
(s. Tragflächen).

Bei Luftschiffen und Unterseebooten gestattet
der dynamische Auftrieb resp. Abtrieb gegen verstellbare Höhensteuer das Schiff in Höhenlagen
zu halten, in denen der statische Auftrieb nicht
gleich dem Gewichte ist.   *O. Martienssen.*

Auge als optisches System. Das Auge des Menschen und das entsprechend gebaute vieler Tiere
kann mit hinreichender Annäherung als ein nur
drei sphärisch gekrümmte Trennungsflächen enthaltendes zentriertes optisches System aufgefaßt
werden. Die erste der drei brechenden Flächen
wird von der Hornhaut mit der ihr aufliegenden
Tränenschicht gebildet, die beiden anderen von der
Vorder- und der Hinterfläche der Augenlinse. Vernachlässigt werden bei dieser Betrachtungsweise
lediglich die praktisch unwesentliche Verschiedenheit der Brechungsindizes von Tränenflüssigkeit,
Hornhautsubstanz und Kammerwasser sowie der
geschichtete Aufbau der Linse aus optisch nicht
ganz gleichwertigem Material, der eine Zunahme
des Brechungsindex nach der Linsenmitte hin zur
Folge hat. Hinsichtlich der absoluten Abmessungen
und der Brechungsindizes bestehen zwischen den
Augen verschiedener Individuen natürlich geringfügige Unterschiede. Auf Grund der aus zahlreichen Einzelmessungen gewonnenen Durchschnitts-
werte gelangt man zum sog. „schematischen Auge",
in welchem für die Lage der Kardinalpunkte die
in der Tabelle zusammengestellten Werte gelten.

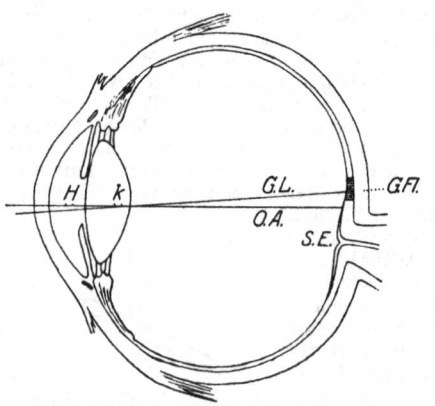

Das Auge als optisches System.

Die Längen sind hier in Millimetern angegeben, die
Orte der verschiedenen Punkte und Flächen sind,
wo nichts Besonderes angegeben ist, auf den Hornhautscheitel bezogen. (Siehe auch beistehende
Figur.)

Durch Messung gewonnene Durchschnittswerte	ohne	bei voller
	Akkommodation	
Brechungsindex der Tränenflüssig-keit, des Kammerwassers und des Glaskörpers	1,3365	1,3365
Durchschnittlicher Brechungsindex der Linse	1,4371	1,4371
Krümmungsradius der Hornhaut	7,829	7,829
Krümmungsradius der vorderen Linsenfläche	10,0	6,0
Krümmungsradius der hinteren Linsenfläche	—6,0	—5,5
Ort der vorderen Linsenfläche	3,6	3,2
Ort der hinteren Linsenfläche	7,2	7,2
Linsendicke	3,6	4,0

Hieraus berechnet	ohne	bei voller
	Akkommodation	
Vordere Brennweite der Hornhaut	+23,266	+23,266
Hintere Brennweite der Hornhaut	—31,095	—31,095
Vordere Brennweite der Linse	+50,6	+39,1
Hintere Brennweite der Linse	—50,6	—39,1
Abstand des vorderen Haupt-punktes der Linse von ihrer Vorderfläche	+2,1	+2,0
Abstand des hinteren Haupt-punktes der Linse von ihrer Hinterfläche	—1,3	—1,8
Abstand beider Hauptpunkte der Linse voneinander	0,2	0,2
Vordere Brennweite des ganzen Auges	+15,5	+14,0
Hintere Brennweite des ganzen Auges	—20,7	—18,7
Ort des vorderen Hauptpunktes	+1,8	+1,9
Ort des hinteren Hauptpunktes	+2,1	+2,3
Abstand der beiden Hauptpunkte voneinander	0,3	0,4
Ort des vorderen Knotenpunktes	+7,0	+6,6
Ort des hinteren Knotenpunktes	+7,3	+7,0
Abstand eines Knotenpunktes von dem entsprechenden Haupt-punkte	—5,2	—4,7
Ort des vorderen Brennpunktes	—13,7	—12,1
Ort des hinteren Brennpunktes	+22,8	+21,0

Vernachlässigt man den geringen gegenseitigen
Abstand der beiden Hauptebenen und denkt man
sich diese in eine zusammenfallend, so wird das
Auge als sog. „reduziertes Auge" auf die Verhältnisse des einfachen optischen Systems gebracht,
und man trifft die wirklichen Verhältnisse dann
ziemlich genau, wenn man nach Listing den
Krümmungsradius der einzigen (gegen das schwächer brechende Medium konvexen sphärischen)
Trennungsfläche gleich 5,1248 mm setzt und als
Brechungsindex des stärker brechenden Mediums
1,338 annimmt, wobei man dem Hauptpunkt die
Entfernung von 2,3448 mm vom Hornhautscheitel
zu geben hat.

Wie unter anderen schon v. Helmholtz gezeigt
hat und vor allem aus den neuen Entwicklungen
Gullstrands hervorgeht, weist das Auge als
optisches System eine Reihe von Unvollko mmen-
heiten auf, so daß mit einer anastigmatischen Abbildung der Außenpunkte nur in besonderen Fällen
zu rechnen ist. Außer der chromatischen Aberration, die für die Fraunhoferschen Linien B und H
eine Differenz der Brennweiten von 0,75 mm bedingen kann, kommt hier der Astigmatismus infolge
der ungleichmäßigen Krümmung der Hornhaut und
der unvollkommenen Zentrierung der verschiedenen
Trennungsflächen in Betracht, zu dem sich die
Wirkung der (bei der durchschnittlichen Pupillenweite wesentlich in Betracht kommenden) sphärischen Aberration im Auge addiert. Auch die

Lichtbeugung an den Pupillenrändern ist nicht ganz zu vernachlässigen. Bei schiefer Inzidenz der Lichtstrahlen resultiert fernerhin eine Unschärfe der Abbildung, die in ihrer Ursache mit der sphärischen Aberration wesensgleich ist. Endlich sind für den Strahlengang im Auge die an anderer Stelle erwähnten Inhomogenitäten der Medien (s. Entoptische Erscheinungen) nicht ohne Einfluß. Daß durch Spiegelung an den brechenden Flächen etwa 2,6% des einfallenden Lichtes verloren geht, was lediglich für die Lichtstärke der Netzhautbilder von Bedeutung ist, sei nebenbei erwähnt.

Die aus den dioptrischen Mängeln des Auges sich ergebende Unvollkommenheit der Netzhautbilder wird großenteils durch die Wirkung des Simultankontrastes (s. Kontrast) ausgeglichen. Dies erhellt in schlagender Weise daraus, daß der von einem fernen Objektpunkte entworfene Bildkreis bei Annahme einer Pupillenweite von 4 mm und einer Einstellung des Auges auf den kleinsten Kreis der sphärischen Aberration etwa 0,1 mm, bei einer Einstellung auf den Vereinigungspunkt der Zentralstrahlen sogar etwa 3 mm breit ist, Werte, hinter denen die unter gleichen Bedingungen der Lichtstärke aus den Sehschärfenbestimmungen zu errechnende Breite des einzelnen Empfindungskreises weit zurückbleibt. Der Simultankontrast wirkt also dahin, daß der wahrnehmbare Teil des von einem Objektpunkt entworfenen Bildkreises wesentlich kleiner ist als der Bildkreis selbst. Diese Wirkung hat die bei zweckmäßiger Einstellung der Akkommodation tatsächlich bestehende ungleiche Lichtverteilung auf Zentrum und Peripherie des Bildkreises zur Voraussetzung.   *Dittler.*

Näheres s. Nagels Handb. d. Physiol. d. Mensch., Bd. 3. S. 30 ff. 1904.

Augendrehung beim Blicken. Die Blickbewegungen sind schon früh bemerkt worden, so erwähnt sie bereits Klaudios Ptolemaios (um 150 n. Chr.) in dem umfassendsten optischen Lehrbuch der griechischen Wissenschaft. Er glaubte, beim Sehen gelte der Mittelpunkt der Hornhautkrümmung als Zentrum, unterschied aber noch nicht zwischen indirektem und direktem Sehen. — Die Optik der Araber, namentlich Ibn-al Haithams (965—1039) und der von diesen sehr stark beeinflußten Mönche ist auf diesem Gebiete über die Vorstellungen der Griechen nicht hinausgekommen. — Wie in so mancher Hinsicht leitet J. Kepler (1571—1630) einen Umschwung ein. Er erkannte 1604 die Notwendigkeit, zwischen der Pupillenmitte und dem in die Mitte des Augapfels verlegten Mittelpunkt der Augenbewegung zu unterscheiden, und sprach sich 1611 dahin aus, daß man die scheinbare Größe eines durch eine Lupe betrachteten Gegenstandes von jener Mitte des Augapfels aus bestimmen müsse. Weitere Erkenntnis geht 1619 auf den Jesuiten Chr. Scheiner (1575—1650) zurück, der sich über die Verschiedenheit der beiden Perspektiven des Auges völlig klar war. Er unterschied den Gesichtswinkel des ruhenden Auges, dessen Spitze er allerdings noch nicht deutlich in die Pupillenmitte verlegte, von dem Gesichtswinkel beim Blicken, der seine Spitze in der Mitte des Augapfels habe und für Messungen allein in Betracht käme. — Leider hat die Optik des 17. Jahrhunderts auf diesem von Scheiner gelegten Grunde nicht weiter gebaut; im Gegenteil geriet seine Lehre völlig in Vergessenheit und wurde erst von J. Müller von neuem entwickelt, als er 1826, also 207 Jahre später, auf die Bedeutung des Mittelpunkts der hinteren konvexen Augenfläche als des Mittelpunkts der Augenbewegung hinwies. Diesen Gedanken nahm A. W. Volkmann 1836 auf, führte die heutige Bezeichnung Drehpunkt für diesen Punkt ein und bestimmte seine Lage mit beachtenswerter Genauigkeit im Mittel zu 12,6 mm vom Hornhautscheitel nach innen. Zehn Jahre darnach unterschied er den Drehpunkt deutlich von dem vorderen Knotenpunkt des Auges, womit dann die heutigen Grundlagen gelegt waren.

Diese Lehre verbreitete sich leider vom einsamen L. Schleiermacher († 1844) abgesehen zunächst unter den Optikern nicht, diese nahmen vielmehr bei der Zusammensetzung mit optischen Instrumenten das Auge immer als ruhend an. Infolgedessen konnte auch keine brauchbare Theorie der Brille gegeben werden, für die ja die Drehung des blickenden Auges von überragender Wichtigkeit ist. Nach verschiedenen, mehr tastenden Ansätzen wurde hauptsächlich durch eine Reihe von Ärzten, A. Müller 1889, Fr.

Ostwalt 1898 und namentlich M. Tscherning 1899, die Aufgabe richtig ausgesprochen. Die technische Optik nahm die Beschäftigung mit Instrumenten zur Unterstützung des blickenden Auges, von A. Gullstrand angeregt, 1902 zunächst mit der Verantlinse auf, die 1903 auf den Markt gebracht wurde. Damit war eine nicht unwichtige Vorarbeit für die Berechnung von achsensymmetrischen und astigmatischen Brillen geleistet, mit deren Herstellung im Jahre 1908 begonnen wurde.   *v. Rohr.*

Ausführlicheres s. M. v. Rohr, Zeitschr. f. Instrumentenkunde, 1915. 35. 197—215.

Augenempfindlichkeit für Licht verschiedener Wellenlänge. Es bezeichne für ein normales Spektrum (s. „Photometrie im Spektrum", Nr. 1) in willkürlichem Maße

$G\lambda$ den zwischen den Wellenlängen λ und $\lambda + d\lambda$ liegenden Energiestrom (Energie pro Zeiteinheit, s. „Energiestrom", letzter Absatz).

$h\lambda\, d\lambda$ die Helligkeit dieses Bereiches.

Wir wollen dann nennen:

$G\lambda$ und $h\lambda$ den Energiestrom bzw. die Helligkeit für die Wellenlänge λ.

Die für die verschiedenen Wellenlängen λ geltenden Werte $h\lambda/G\lambda$ geben mithin in relativem Maße die Helligkeiten an, welche durch die Einheit des Energiestroms (oder auch durch gleiche Energiestrombeträge) dieser Wellenlängen hervorgerufen werden. Sie sind also ein relatives Maß für die *Empfindlichkeit* des Auges für die verschiedenen Wellenlängen. Die Bestimmung der Augenempfindlichkeit läuft demnach darauf hinaus, in ein und demselben Spektrum die Verteilung der Helligkeit $h\lambda$ und der Energie $G\lambda$ zu ermitteln.

Trägt man in rechtwinkligen Koordinaten die Empfindlichkeit als Funktion der Wellenlänge auf, so erhält man die *Augenempfindlichkeitskurve;* diese ist demnach die Kurve der Helligkeitsverteilung in einem Normalspektrum, in welchem $G\lambda$ für alle Wellenlängen den gleichen Wert hat. Um vergleichbare Zahlen zu erhalten, pflegt man die höchste Ordinate der Kurve, also die größte Empfindlichkeit, gleich 1 zu setzen, mithin die Empfindlichkeit für die Wellenlänge λ als Bruchteil der größten Empfindlichkeit anzugeben. Die so definierte Empfindlichkeit werde im folgenden mit

$$\varphi\lambda$$

bezeichnet; sie ist demnach eine zwischen 0 und 1 liegende physiologisch beeinflußte reine Zahl.

Nach der „Farbentheorie von Kries" (s. dort) haben von den beiden Netzhautelementen die Zapfen als der farbentüchtige „Hellapparat" wesentlich andere Funktionen als die Stäbchen, welche den totalfarbenblinden „Dunkelapparat" bilden, zu verrichten. In umstehender Figur gibt Kurve a die Empfindlichkeit der Zapfen auf der fovea centralis, Kurve b die Empfindlichkeit der Stäbchen wieder. Die photometrischen Messungen zur Bestimmung der Zapfenempfindlichkeit sind wegen der großen Färbungsunterschiede der Vergleichsfelder außerordentlich schwierig (s. „Photometrie verschiedenfarbiger Lichtquellen"); um möglichst zuverlässige Mittelwerte (die Werte für ein Durchschnittsauge) zu erhalten, haben die verschiedenen Beobachter eine größere Anzahl von Personen (bis zu 200) zu den Messungen hingezogen. Langley (1888), der als erster derartige Untersuchungen ausführte, benutzte die Sehschärfenmethode; A. König, der bald darauf seine Versuche anstellte, benutzte die Methode der gleichen Helligkeit; die neueren Versuche [z. B. von Stiller, Thürmel (1910); Ives (1912); Bender (1914); Ives und Kingsbury (1915);

Hyde, Forsythe und Cady (1918)] wurden vorwiegend nach der Flimmermethode vorgenommen. Über die Versuchsanordnungen von Langley; Ives und Kingsbury; Thürmel; Bender s. „Photometrie im Spektrum", Nr. 3—5. Die photometrischen Messungen zur Ermittelung der Stäbchenempfindlichkeit [z. B. von König (1888), Ebert (1888), Pflüger (1903)] sind ebenfalls sehr unsicher, da sie bei sehr geringer Helligkeit vorgenommen werden müssen.

Die Kurve a ist die von Hyde, Forsythe und Cady gefundene; sie deckt sich im wesentlichen

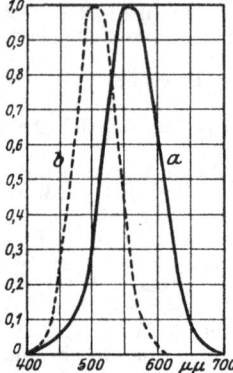

Spektrale Augenempfindlichkeit: a Zapfen, b Stäbchen.

mit den übrigen neueren Kurven. Das Maximum liegt bei allen diesen Kurven in der Nähe von 550 $\mu\mu$.

Die Kurve b gibt die Königschen Werte wieder; sie erreicht ihr Maximum bei 509 $\mu\mu$, während Ebert und Pflüger das Maximum bei 495 bzw. 530 $\mu\mu$ finden.

Das Ergebnis der Versuche ist mithin folgendes: *Die Zapfen sind für die gelbgrünen Strahlen in der Nähe von 550 $\mu\mu$* (wahrscheinlich näher an 555 als an 550 $\mu\mu$), *die Stäbchen für die blaugrünen Strahlen von etwa 510 $\mu\mu$ am empfindlichsten.* Die Empfindlichkeit φ_λ der beiden Sehorgane nimmt schnell ab, wenn man von 550 bzw. 510 $\mu\mu$ zu größeren oder kleineren Wellenlängen übergeht.

Nach Heß u. a. deckt sich, in Übereinstimmung mit der Farbentheorie von Kries, die bei fovealer Beobachtung aufgenommene Empfindlichkeitskurve Totalfarbenblinder mit der Stäbchenempfindlichkeitskurve Farbentüchtiger.

Für die praktische Photometrie kommt fast ausschließlich die Empfindlichkeitskurve der Zapfen als der bei hinreichender Helligkeit allein wirksamen Netzhautelemente in Betracht.

Schlußfolgerung aus den Untersuchungen über die Augenempfindlichkeit s. „Energetisch-photometrische Beziehungen", Nr. 1.   *Liebenthal.*

Augenmuskeln. Der Augapfel liegt, in lockeres Fettgewebe eingebettet, in der knöchernen Augenhöhle, die die Form eines schiefen Kegels hat. Zu seiner Bewegung besitzt er 6 Muskeln, die 4 Musc. recti und die 2 Musc. obliqui. Die ersteren 4 greifen von schräg hinten, die letzteren 2 von schräg vorne am Bulbus an. Die Augenmuskeln können mit genügender Annäherung als 3 Antagonistenpaare aufgefaßt werden, da sie den Augapfel paarweise um annähernd die gleiche Achse, aber im umgekehrten Sinne, drehen. Die Achse für den äußeren und den inneren geraden Muskel steht senkrecht auf der Gesichtslinie in der Äquatorialebene des Bulbus; bei der isolierten Betätigung eines dieser Muskeln folgt die Gesichtslinie also einer *geraden* Linie im Außenraume. Die Drehungsachsen der 4 anderen Augenmuskeln gehören dagegen nicht der Äquatorialebene des Bulbus an, sondern bilden mit der Gesichtslinie einen Winkel von etwa 66° bzw. 33°. Unter der Wirkung jedes einzelnen dieser Muskeln folgt die Gesichtslinie somit einer ge-

bogenen Bahn im Außenraum; sie beschreibt einen Teil eines Kegelmantels. Bei dieser Bewegungsform bleibt die absolute Orientierung der Hauptschnitte der Netzhaut natürlich nicht gewahrt, vielmehr ist die eigentliche Exkursion der Gesichtslinie mit einer sog. Raddrehung, d. h. einer Rollung des Bulbus um die Gesichtslinie verbunden. Die Eigenart der Wirkung des einzelnen Muskels bringt es mit sich, daß schon verhältnismäßig einfache Augenbewegungen, wie z. B. die reine Blickhebung, die Zusammenarbeit mehrerer Augenmuskeln voraussetzt. Auf der anderen Seite aber kommt ihrer anatomischen Anordnung wegen der Ermöglichung der erwähnten Rollungen für die Aufrechterhaltung einer konstanten Orientierung der Netzhaut den Außendingen gegenüber (s. Listingsches Gesetz und Donderssches Gesetz) eine hohe Bedeutung zu. Die bei einer bestimmten Augenbewegung mitwirkenden Muskeln sowie das Verhältnis ihrer Beteiligung sind auf geometrischem Wege leicht zu ermitteln, wenn man auf der Halbachse, die der zu analysierenden Bewegung nach den Grundsätzen der Mechanik zugeordnet ist, die beabsichtigte Winkelexkursion als Strecke abträgt und diese Strecke (als die Resultante) durch Konstruktion des Parallelogrammes der Drehungsmomente nach den benachbarten Muskelhalbachsen hin in ihre Komponenten zerlegt. Das Verhältnis der auf den Muskelhalbachsen abgeschnittenen Strecken entspricht dann dem Verhältnis der Drehungsmomente, mit dem die beteiligten Muskeln in die Augenbewegung eingehen. In beistehender Figur ist das beschriebene Verfahren für den einfachen Fall einer

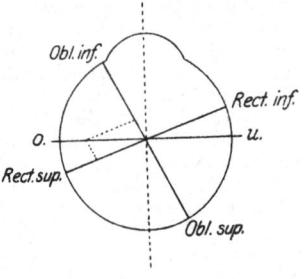

Augenmuskeln.

reinen Blickhebung durchgeführt (die Bezeichnungen gelten für das von oben gesehene linke Auge): dieser Bewegung ist die linke Hälfte der im horizontalen Mittelschnitt senkrecht auf der Gesichtslinie stehenden Achse zugeordnet, und als beteiligte Muskeln ergeben sich nach Aussage der Konstruktion, in bestimmtem Verhältnis der Mitwirkung, der Rect. sup. und der Obl. inf., von denen ersterer die Blicklinie in nach einwärts gekrümmter, letzterer in (stärker) nach auswärts gekrümmter Bahn hebt.   *Dittler.*
Näheres s. Hering, Hermanns Handb. d. Physiol., Bd. 3,   S. 512, 1879.

Ausbildung der Kristalle. Ideale und reelle Kristallausbildung. Ein ideal ausgebildeter Kristall muß sowohl in seiner äußeren Erscheinungsform wie im inneren Aufbau vollkommen sein. Dazu ist notwendig, daß der Kristall ringsherum von Wachstumsflächen begrenzt ist, daß dieselben eben und glatt, daß alle Kanten und Ecken scharf und gut ausgebildet sind, daß die physikalisch gleichwertigen Flächen einer Kristallform (z. B. des Würfels), gleiche Größe und Umrisse haben und daß die Winkel entsprechender Flächen konstant sind. Ferner soll der Kristall überall homogen und gleichmäßig sein, d. h. jeder Teil des Kristalles soll dieselbe physikalische und chemische Natur haben wie ein benachbarter. Dazu soll der Kristall keine Einschlüsse enthalten. Vom praktischen Standpunkt ist schließlich noch eine gewisse Minimalgröße der Kristalle erforderlich, um eine sichere Bestimmung zuzulassen.

Äußere Ausbildung der reellen Kristalle. Die genannten Voraussetzungen sind in der Natur nur in den seltensten Fällen erfüllt. Die reellen Kristalle weisen vielmehr Unvollkommenheit in Gestalt und Aufbau auf. Ihre Ursache liegt in den komplizierten Verhältnissen des Kristallwachstums. Die Wechselwirkung zwischen Kristall und Mutterlauge ist einerseits von der Kristallstruktur, andererseits von dem physikalisch-chemischen Zustand der Lösung abhängig. Der Einfluß dieser Faktoren soll in folgendem kurz erläutert werden. Eigene Begrenzung der Kristalle. Der Kristall wird nur in den Fällen ringsum von Wachstumsflächen umgeben sein, wenn er nach allen Seiten genügenden Raum zur Ausbildung hat. Dazu muß er in einer Mutterlauge schwebend gebildet sein, die nur wenige zum gleichzeitigen Wachstum befähigte Kristallkeime enthält. Ringsherum vollständig ausgebildete Kristalle heißen Idiomorph bzw. Automorph. Durch Absinken der Kristalle während der Bildung oder durch Kristallisation vom Rande aus entstehen aufgewachsene Kristalle, die wenigstens in einer Richtung im Wachstum begrenzt sind (hypidiomorphe bzw. autallotriomorphe Kristalle). Sind dagegen viele Keime in der Lösung enthalten, so hindern sich die entstehenden Kriställchen gegenseitig beim Wachstum und es kommt nicht oder nur unvollständig zur Ausbildung eigener Kristallformen (xenomorphe, allotriomorphe Kristalle). Größe der Kristalle. Sind viele Keime in der Lösung, so muß sich die zur Verfügung stehende Stoffmenge sehr verteilen, so daß die Einzelkristalle klein bleiben, da sie bald an den Korngrenzen zusammenstoßen. Da die Keimzahl von der Übersättigung bzw. Temperatur der Lösung oder Schmelze abhängt, bedeutet dies, daß bei starker Übersättigung bzw. rascher Abkühlung kleine Kristalle, im anderen Falle große Kristalle gebildet werden. Solche „Pegmatite" entstehen besonders gern in Schmelzlösungen, die an leichtflüchtigen Stoffen angereichert sind (Mineralisatoren).

Die Kristallgröße ist außerordentlich schwankend. Von Kriställchen in Größenordnung einer Lichtwellenlänge und darunter gibt es alle Übergänge bis zu meterlangen Kristallen, z. B. Lithiumaugite der Black Hills, Dakota. Daher die Ausdrücke Phanerokristallin, Mikrokrtsiallin und Kryptokristallin (Ultramikrokristallin). Mikroskopische Kriställchen mit nadelförmiger bzw. langgestreckter Säulenform und kolbigen Verdickungen an den Enden heißen nach H. Vogelsang Mikrolithe.

Ausbildung der Flächen und Kanten. Die Kristallflächen erscheinen nicht eben und glatt, sondern vielfach uneben oder gar gekrümmt, gerieft, fein gezeichnet, matt, rauh, drusig. Dies rührt von den Umständen bei der Bildung der Kristalle her. Die Riefung besteht in vielfacher Wiederholung von feinen Kanten (Kombinationskanten, Zwillingskanten). Die feine Zeichnung, Körnigkeit, Strichelung, Täfelung und Parkettierung, welche die Kristallflächen oft aufweisen, sind graduelle Unterschiede von Vertiefungen und Erhabenheiten der Oberfläche, die durch Aufbau von regelmäßig orientierten kleinen Kriställchen (Subindividuen nach Sadebeck) zustande kommen. Im extremen Falle ist überhaupt keine einheitliche Ebene mehr erkennbar (Kristallstock).

Die Krümmung der Kristallflächen ist durch verschiedene Ursachen bedingt. Einmal kann sie bei vollkommen einheitlichem Bau des Kristalles durch Vizinalflächen hervorgerufen sein, die manchmal noch merkbar gegeneinander absetzen, bisweilen aber zu einer kontinuierlich gekrümmten Fläche verschmelzen (Gips, Diamant), oder sie ist durch nachträgliche Biegung oder Torsion des Kristalles durch äußere Kräfte entstanden (Gips, Antimonglanz). Die mikroskopische Betrachtung und vor allem die Röntgenuntersuchung hat ergeben, daß die Kristalle in den seltensten Fällen vollkommen einheitlich sind, in der Regel sind sie aus einer Anzahl von nahezu parallelorientierten Teilkristallen aufgebaut. Die Kristallflächen sind dann durch das Zusammentreffen zahlreicher Facetten entstandene Scheinflächen (z. B. Flußspat). Krumme und unebene Flächen sind oft nur Bruchflächen, die durch den Gesteinsdruck zustandekommen. Unechte Flächen entstehen durch submikroskopische Riefung oder durch Abformungen an anderen Kristallen. Die Abrundung der Kanten und Ecken ist eine Erscheinung der Kristallauflösung.

Verzerrungen der Kristallform. Oft erscheinen die gleichartigen Flächen einer Form am Kristall außerordentlich verzerrt. Ihre Größe wie auch Umrisse sind verschieden, was rein geometrisch auf die wechselnde Zentraldistanz der Flächen in Kombination mit den übrigen Kristallflächen zurückzuführen ist. Diese Verzerrungen kommen durch die Diffusions- und Konzentrationsströme in der Mutterlauge zustande, welche die Materialzufuhr in unberechenbarer Weise verändern. Infolgedessen wird auf den einzelnen Flächen mehr Material abgesetzt, als auf den ungünstiger gelegenen. Dadurch verändern sich die Zentraldistanzen, die bei gleichwertigen Flächen am idealen Kristalle gleiche Größe haben. Die physikalische Gleichheit zusammengehöriger Flächen und die Konstanz der Neigungswinkel bleibt dabei erhalten. Vgl. Fig. 1 Quarzkristall ideal und verzerrt.

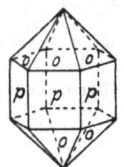 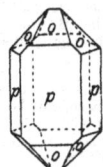

Fig. 1. Ideale und verzerrte Ausbildungsweise eines Quarzkristalles.

Kristallskelette. Mit der Art der Materialzufuhr steht die vorherrschende Ausbildung der Kanten und Ecken beim Wachstum der Kristalle in Zusammenhang. Um jeden Kristall bildet sich ein Kristallisationshof aus verdünnter Lösung, in welchen hinein fortwährend frische, konzentriertere Lösung diffundiert, aus der der Kristall das Material zur Ablagerung entnimmt. Weist man jedem Kristallelement ein bestimmtes Gebiet dieses Kristallisationshofes zu, so sind, rein geometrisch betrachtet, die scharfen Elemente: Kanten und Ecken, gegenüber den Flächen im Vorteil, da ihr Ernährungsgebiet viel größer ist. Infolgedessen setzt sich auf den Kanten und Ecken in der Zeiteinheit eine dickere Schicht in Form kleiner Kriställchen ab, als auf den Flächen, die im Wachstum zurückbleiben. Bei rascher Kristallisation kommen auf diese Weise treppenförmige Kristalle und skelettartige Bildungen zustande, wie man dies an den Schneesternen sehr schön beobachten kann. Baumförmige, moos-, draht- und haarförmige Gerippe sind namentlich bei den Metallen Gold, Silber und Eisen an der Tagesordnung. Bei langsamer Kristallisationsgeschwindigkeit und mäßiger Übersättigung werden durch allmähliche Ausfüllung der Lücken ebene Flächen gebildet.

Die verschiedenen Habitusbilder der Kristalle. Hinge die Ausbildung der Kristalle nur von ihrem Feinbau und dem gesetzmäßigen Einfluß der physikalisch-chemischen Faktoren in der Lösung ab, so wäre allein das Verhältnis der Wachstumsgeschwindigkeiten in den verschiedenen Richtungen maßgebend, ob eine Fläche am fertigen Kristall groß oder klein oder überhaupt nicht ausgebildet ist. Unterscheiden sich die relativen Wachstumsgeschwindigkeiten nur wenig voneinander, so würden tropfenähnliche Kristallgebilde entstehen, es gibt in der Tat solche kubischen Granatkristalle. Säulige, stengelige und nadelförmige Kristalle kommen zustande, wenn die Wachstumsgeschwindigkeit in einer Richtung relativ groß; tafelige, blättchenförmige Gebilde, wenn sie in einer Richtung besonders klein ist. Die wahre Erscheinungsform der Kristalle tritt aber nur bei Kristallisation aus reiner Lösung zutage. Bei Anwesenheit von Lösungsgenossen, wie es in natürlichen Lösungen und Schmelzflüssen die Regel ist, werden die relativen Wachstumsgeschwindigkeiten in zum Teil noch völlig unbekannter Weise abgeändert.

Nach R. Marc ist die Habitusbeeinflussung durch die Lösungsgenossen besonders groß, wenn die betreffenden Stoffe, z. B. Farbstoffe vom Kristall adsorbiert werden. Die Figur 2 zeigt, wie sich der Habitus von Steinsalzkristallen

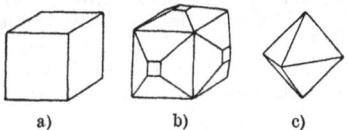

a)   b)   c)

Fig. 2. Beeinflussung des Kristallhabitus durch die Lösungsgenossen bei Steinsalz. a) Kristallisation aus reiner, b) aus glykokollhaltiger, c) aus formamidhaltiger wässeriger Lösung.

ändert, wenn sie aus reiner, glykokollhaltiger, oder formamidhaltiger wässeriger Lösung kristallisieren. Es entstehen Würfel, Pyramidenwürfel und Oktaeder. Dieses Verhalten findet sich bei vielen natürlich gebildeten Mineralien, wie z. B. Calcit, der sich als ein wahrer Proteus in seiner mit dem Fundort in charakteristischer Weise wechselnden Gestalt zeigt. Da die Verhältnisse in dieser Hinsicht noch sehr wenig erforscht sind, ist es zur Zeit unmöglich aus der äußeren Formentwicklung eines Kristalles mit Sicherheit seine Struktur abzuleiten.

Innere Beschaffenheit der Kristalle. Auch die Forderung der Homogenität ist bei den reellen Kristallen nur angenähert erfüllt. Es kommen alle Grade der Abweichung von der idealen Ausbildungsweise vor. Die meisten makroskopischen Kristalle sind aus mehr oder minder gut parallelorientierten Subindividuen aufgebaut. Die Röntgenuntersuchung zeigt, daß auch in scheinbar optisch vollkommenen Kristallen die einheitlichen Raumgitterbereiche nur klein sind (Größenordnung etwa $^1/_{100}$ mm). Dazu kommt bei vielen Mineralien noch einfache oder vielfache Zwillingsbildung, die oft bis ins Feinste geht. Fremde Einschlüsse sind in Mineralien sehr häufig, im extremen Falle stellt der betreffende Kristall ein hochdisperses System dar. (Blaues Steinsalz, Rauchquarz.) Gesetzmäßige Inhomogenitäten führen zur Zonenstruktur, sie ist bei Mischkristallen physikalisch-chemisch begründet. Die einzelnen Zonen zeigen wechselndes Mischungsverhältnis des isomorphen Materials (isomorphe Schichtung). Ändert sich während der Kristallisation die Zusammensetzung der Mutterlauge etwa durch Zufluß fremder Stoffe, dann entstehen Umrindungen bzw. Zonen chemisch nichtisomorpher Zusammensetzung.

Die verschiedenen, von der zufälligen Art der Materialzufuhr abhängigen Ausbildungsweisen der Kristalle, werden als Kristalltrachten bezeichnet, während die gesetzmäßige

Beeinflussung der physikalisch-chemischen Größen auf die Wachstumsminima den Kristallhabitus bedingt (R. Groß).

E. Schiebold.

Näheres s. unter Kristallwachstum und Auflösung, sowie Naumann-Zirkel, Elemente der Mineralogie, Leipzig 1898. P. Niggli, Lehrbuch der Mineralogie. Berlin 1920.

Ausbreitung der Wellen längs Drähten. (Telegraphie und Telephonie längs Drähten.) Für kurze am Ende offene Drähte siehe Lecher-System.

Für eine Doppelleitung (eine Leitung kann eventuell durch das Spiegelbild in der Erde ersetzt gedacht werden) gilt:

$$-\frac{dV}{dx} = (W + i\omega L)\, J \left.\right\}$$
$$-\frac{dJ}{dx} = (A + i\omega C)\, J$$

W, A, L, C. Widerstand, Ableitung, Selbstinduktion und Kapazität pro cm

setzt man

$$\sqrt{(W + i\omega L)(A + i\omega C)} = \alpha i + \beta$$

so erhält man die Gleichung

$$\frac{d^2V}{dx^2} = \gamma^2 \cdot V$$

deren Integral die Form hat

$$V = a_1 e^{\gamma x} + a_2 e^{-\gamma x},$$

dann ist

$$J = \frac{V}{Z} = \frac{a_1}{Z} e^{\gamma x} - \frac{a_2}{Z} e^{-\gamma x}.$$

$$Z = \sqrt{\frac{W + i\omega L}{A + i\omega L}} = \text{der Charakteristik der Leitung,}$$

setzen wir $I - x = y$, so ist

$$V = V_1 e^{\beta \cdot y} \cdot \cos(\omega t + \alpha y + x_1) +$$
$$V_2 e^{-\beta y} \cos(\omega t - \alpha y + x_2),$$

$$\alpha = \omega \sqrt{L \cdot C} = \frac{2\pi}{\lambda}, \quad v = \frac{\omega}{\alpha} = \frac{1}{\sqrt{L \cdot C}}.$$

Die genaueren Werte von α und β sind

$$2\alpha^2 = (\omega^2 \cdot L \cdot C + AW) + \sqrt{(\omega^2 L^2 + W^2)(\omega^2 C^2 + A^2)},$$
$$2\beta^2 = -(\omega^2 C \cdot L - AW) + \sqrt{(\omega^2 L^2 + W^2)(\omega^2 C^2 + A^2)}.$$

Die Spannung besteht demnach aus 2 Teilen, das erste entspricht einer einfallenden Welle, der zweite einer vom Ende reflektierten. Für größere Entfernungen ist die letztere zu vernachlässigen. Es gilt dann $J_l = \frac{V_l}{Z}$. Für Freileitungen ist $Z = \sqrt{\frac{L}{C}}$

$$\beta = \frac{W}{2} Z + \frac{A}{2} Z. \quad L = 120 \lg n \frac{2d}{\varrho} \text{ Abstand der Dr.}$$

$d = 20\ \varrho = 2$, $L = 1{,}8 \cdot 10^3$ cm/km $C = 6000$ cm/km, d. h. hier bedeutet die Leitung für jede beliebige Frequenz einen Widerstand von 550 OHM.

A. Meißner.

Ausbreitung der elektrischen Wellen längs der Erde. Die Ausbreitung erfolgt in einem Raum zwischen der Erde und einer hoch in der Atmosphäre liegenden leitenden Schicht (Heavesideschicht $\sim$ Höhe 100 km Leitfähigkeit = $\sim 7 \cdot 10^5\ \Omega/\text{cm}^3$) durch aufs engste miteinander verknüpfte Oberflächen und Raumwellen (Sommerfeld) mit der Lichtgeschwindigkeit ($V = 3 \cdot 10^{10}$). Die elektrischen Induktionslinien stehen senkrecht auf der Erde, die magnetischen sind parallel zur Erde, beide sind gleichphasig. Die Ausbreitung erfolgt so, daß der Strom J in einem Empfangsgebilde umgekehrt proportional der Entfernung r vom Sender abnimmt; bei einer Höhe h_s des Senders und h_e des Empfängers und einem Widerstand des Empfangsgebildes = W, der Wellenlänge λ

ist

$$J_e = \frac{h_s \cdot h_e \cdot J_s}{r \cdot \lambda \cdot W} \cdot e^{-0{,}000047 \frac{r}{\sqrt{\lambda}}}.$$

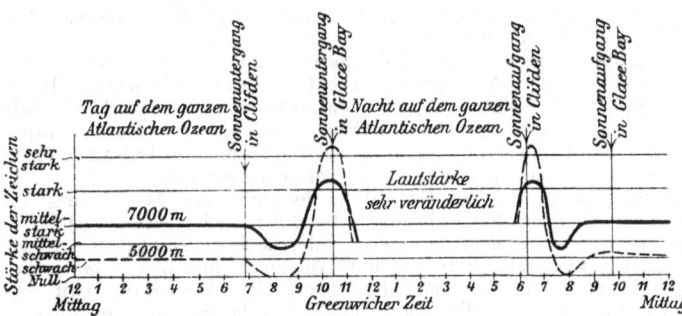

Lautstärkenschwankungen elektrischer Wellen im Transatlantischen Verkehr.

Die e-Potenz ist von Austin empirisch angegeben und gilt annähernd für Entfernungen bis 3000 km über See. Je mehr Land zwischen Sender und Empfänger liegt, und je größer der Erdwiderstand ist, desto größer ist die Absorption. Theoretisch ergibt sich, daß durch die Wirkung des Erdwiderstandes die Wellenfront sich nach vorne neigt und man dann mit einer horizontalen und vertikalen Feldkomponente zu rechnen hat, die gegeneinander eine Phasenverschiebung zeigen. Hohe Gebirge, Waldungen, große Städte verursachen erhebliche Energieabsorptionen. Durch noch nicht ganz geklärte Erscheinungen treten häufig starke Schwankungen der Reichweite auf, besonders bei Sonnenauf- und -untergang (s. obenstehende Figur, Lautstärkenschwankungen im Transatlantischen Verkehr). Hoher Ionengehalt der Luft wirkt hier ähnlich wie ein trübes Medium für das Licht. Am Tag ist die Lautstärke wesentlich schlechter als bei Nacht (die Reichweiten bei Tag und bei Nacht verhalten sich bei Entfernungen von 500 bis 1000 km wie 1 : 2), in der Nacht dagegen ist sie vielfach unregelmäßiger als am Tag. Im Winter besser als im Sommer. Die Absorption in der Richtung NS ist geringer als in der Richtung OW. Auch die Wellenfront kann sich drehen oft auf kurze Momente fast 90°. Die Unregelmäßigkeit der Übertragung und die Absorption werden gemildert durch Übergehen auf lange Wellen. Im transatlantischen Verkehr sind deshalb meist Wellen von 10—17 000 m in Verwendung. Da mit zunehmender Wellenlänge der Strahlungswirkungsgrad des Sendergebildes immer ungünstiger wird (die Strahlung nimmt ab mit dem Quadrat der Welle), so ergibt sich das Vorhandensein einer günstigsten Welle für eine bestimmte Entfernung. Diese ist z. B. bei einer 25 m hohen Antenne in einer Entfernung von 500 km annähernd 900 bis 1200 m.

Die bisher nachgewiesenen größten drahtlos überbrückten Entfernungen sind > 20 000 km (Nauen-Sidney). *A. Meißner.*

Näheres s. Zenneck, Lb. S. 294.

Ausbreitung von Flüssigkeiten aufeinander. Wenn man einen Tropfen einer Flüssigkeit 1 auf die Oberfläche einer Flüssigkeit 2 bringt und 1 und 2 miteinander nicht mischbar sind, so nimmt, während beide Flüssigkeiten an Luft oder irgend ein Gas 3 grenzen, der Tropfen eine linsenförmige Gestalt an. Am Umfange der Berührungsfläche von 1 und 2 greifen die Oberflächenspannungen a_{12} und a_{13} von 1 gegen 2 in den Richtungen ab und ac an. In der Gleichgewichtslage muß die Resultierende ac

von a_{12} und a_{13} der durch ad dargestellten Oberflächenspannung a_{23} gleich und entgegengesetzt gerichtet sein. Ist $a_{23} > a_{12} + a_{13}$, so ist eine Gleichgewichtslage nicht möglich und 1 wird durch den Zug a_{23} zu einer dünnen Schicht ausgebreitet. — Das Phänomen läßt sich demonstrieren, wenn man den Boden einer schwarzen Schale mit einer dünnen Wasserschicht bedeckt und in die Mitte einige Tropfen Alkohol bringt. Die dort eintretende Verminderung bewirkt, daß die gesamte Flüssigkeit sich von der Mitte nach den Rändern der Schale zieht. Öl breitet sich auf Wasser zu so dünnen Schichten aus, daß diese die Farben dünner Blättchen zeigen. Die zugehörigen Oberflächenspannungen sind: a_{23} Wasser/Luft; a_{13} Olivenöl/Luft;

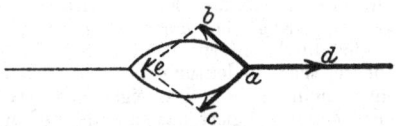

Ausbreitung von Flüssigkeiten aufeinander.

a_{12} Wasser/Olivenöl; und zwar ist $a_{23} > a_{13} + a_{12}$. Das Ausbreitungsphänomen ist von Röntgen zuerst benutzt, um Flüssigkeitsoberflächen von Verunreinigungen (Fett, Öl) zu befreien, indem er z. B. Wasser durch das Rohr eines Trichters eintreten und über den Rand abfließen ließ. Etwaige Verunreinigungen, deren Oberflächenspannung geringer ist als diejenige des Wassers, werden durch die fortgesetzte Ausbreitung auf der dauernd erneuerten Oberfläche des Wassers verbraucht, welche schließlich die dem reinen Wasser zukommende Oberflächenspannung zeigt. *G. Meyer.*

Ausbrennung der Geschützrohre s. Pulverkonstanten.

Ausdehnung durch die Wärme. Alle Körper erleiden Dimensionsänderungen durch die Änderung der Temperatur. Ist l_0 die Länge eines Maßstabes bei 0°, l_t seine Länge bei t°, so ist

$$l_t = l_0 \, (1 + \beta t)$$

wo man β als linearen Ausdehnungskoeffizienten bezeichnet. Ebenso erleiden feste, flüssige und gasförmige Körper bei einer Temperaturänderung eine Änderung ihres Volumens. Ist v_0 das Volumen bei 0°, v_t das Volumen bei t°, so ist

$$v_t = v_0 \, (1 + at)$$

Hier ist a der kubische Ausdehnungskoeffizient, den man bei festen Körpern mit einem hohen Grade der Annäherung $a = 3\,\beta$ setzen kann.

a und β variieren von Material zu Material; sie können sogar für feste Körper, die vom gleichen Material verfertigt sind, ja für solche, die dem gleichen Guß entstammen, erheblich verschiedene Beträge haben. Auch die mechanische Bearbeitung sowie kleine Verunreinigungen können die Größe der thermischen Ausdehnung stark beeinflussen, so daß sich z. B. dünne Drähte ganz anders verhalten wie dickere Stäbe, aus denen die Drähte gezogen sind.

Die Wärmeausdehnung eines Körpers ist nicht bei allen Temperaturen die gleiche, sondern a und β nehmen in der Regel mit steigender Temperatur stark zu. Eine Ausnahme bildet das Wasser, das vom unterkühlten Zustande her bis $+4^0$ sein Volumen verringert und erst von da ab mit steigender Temperatur einen immer größeren Raum einnimmt. In gleicher Weise zeigt das durch Schmelzen des kristallinischen Quarzes gewonnene Quarzglas einen bei etwa -60^0 liegenden Umkehrpunkt. Ein Stab aus diesem Material wird mit steigender Temperatur zunächst kürzer, um erst von -60^0 ab in normaler Weise zu wachsen.

Für größere Temperaturintervalle reichen somit die obigen einfachen Gleichungen zur Darstellung der Längen- und Volumenänderung eines Körpers mit der Temperatur nicht mehr aus. Man pflegt sie in Potenzreihen von der Form

$$l_t = l_0 \ (1 + at + bt^2 + ct^3 + \ldots)$$

zu schreiben, wo die a, b, c... Konstante bedeuten. Man nennt solche Potenzreihen Interpolationsformeln, das sind Formeln, mit denen man aus Beobachtungen der Länge bei verschiedenen Temperaturen die Länge bei einer zwischenliegenden Temperatur durch Interpolation berechnen kann. Eine theoretische Bedeutung besitzen die Interpolationsformeln nicht; das eigentliche Gesetz, das die Erscheinung regiert, hat ganz andere Formen, die aber bisher nur vereinzelt erforscht sind.

Die lineare Ausdehnung eines Stabes ermittelt man mit Hilfe des Komparators (s. d.). Man bringt den Stab in Bädern (s. d.) auf verschiedene konstante Temperaturen und vergleicht seine Länge jedesmal mit derjenigen eines beliebigen, nahezu gleichlangen Stabes, der während aller Versuche auf einer und derselben Temperatur (etwa auf 0^0 in schmelzendem Eise) gehalten wird.

Ist die Wärmeausdehnung des Versuchsstabes bekannt, so kann man auch während aller Versuche beide Stäbe immer im gleichen Temperaturbad lagern; man mißt dann nur die Ausdehnungsdifferenz beider Stäbe, aus welcher man leicht die absolute Ausdehnung des unbekannten Stabes berechnen kann.

Eine elegante Form dieser letzteren Methode ist die sog. Rohrmethode. Der mit ebenen Endflächen versehene Versuchsstab befindet sich vertikal in einem unten geschlossenen Umhüllungsrohr (Vergleichsrohr), auf dessen Boden er sich durch Vermittlung einer eingeschmolzenen, flachen Spitze aufstützt. Auf die obere Fläche des Versuchsstabes setzt sich — wiederum mit einer flachen Spitze — ein Stab auf, der bis an das Ende des Umhüllungsrohres reicht. Stab und Umhüllungsrohr sind hier auf die Hälfte abgeschliffen und mit Teilungen versehen; eine Längenänderung des Versuchsstabes gibt sich durch eine Verschiebung beider Teilungen gegeneinander zu erkennen und kann aus der Größe der Verschiebung berechnet werden. Das Umhüllungsrohr, die untere eingeschmolzene Spitze und der aufgesetzte Stab bestehen aus dem gleichen Material, am besten einem solchen von kleiner thermischer Ausdehnung. Der Apparat taucht so weit in ein Bad konstanter Temperatur ein, daß sich die obere Spitze noch mehrere Zentimeter unter der Flüssigkeitsoberfläche befindet. Dann ergibt die gegenseitige Verschiebung der Teilungen die Differenz der Ausdehnung des Versuchsstabes und eines gleichlangen Stückes des Vergleichsrohres, woraus sich, wenn die letztere

bekannt ist, die Ausdehnung des Versuchsstabes berechnet.

Eine weitere Methode zur Ermittlung der linearen Ausdehnung bedient sich des Fizeauschen Dilatometers, das in einem besonderen Artikel behandelt wird; die kubische Ausdehnung fester Körper kann nach der Methode der hydrostatischen Wägung (s. d.) gefunden werden.

Zur Ermittlung der kubischen Ausdehnung von Flüssigkeiten bedient man sich meist des Dilatometers. Die zu untersuchende Flüssigkeit befindet sich in einem thermometerähnlichen Gefäße; ihre Volumenänderung mit der Temperatur wird entweder, wie beim Quecksilberthermometer, in einer angesetzten Kapillare verfolgt, oder man läßt die sich ausdehnende Flüssigkeit aus dem Dilatometer austreten und wägt sie. — Nach der dilatometrischen Methode wird nur die scheinbare Ausdehnung der Flüssigkeit im Dilatometer gefunden, d. h. die wahre Ausdehnung, vermindert um die Ausdehnung des Dilatometers, welche dieses ebenfalls mit der Erwärmung erleidet. Um das wahre Volumen der Flüssigkeit zu erhalten, muß man also das Volumen des Dilatometers und dessen Änderung mit der Temperatur kennen und in Rechnung ziehen. Umgekehrt kann man, wenn die Ausdehnung der Flüssigkeit bekannt ist, nach dieser Methode die kubische Ausdehnung des Dilatometer-Materials ermitteln.

In anderer Weise kann man die kubische Ausdehnung von Flüssigkeiten nach der Methode der hydrostatischen Wägung und nach der Methode der kommunizierenden Röhren messen; über beide möge man in besonderen Artikeln nachlesen.

Die kubische Ausdehnung von Gasen kann man nach den gleichen Methoden ermitteln, wie diejenige der Flüssigkeiten. Bevorzugt wird die dilatometrische Methode; die kubische Ausdehnung von Gasen ist deshalb von besonderer Bedeutung, weil sie die Grundlage der Temperaturmessung bildet; vgl. den Artikel Temperaturskalen. Die Ausdehnung eines idealen Gases ist proportional der absoluten, d. h. der vom absoluten Nullpunkt ($-273,1^0$) in Celsiusgraden gerechneten Temperatur; je mehr sich die Gase von diesem idealen Zustand entfernen, um so mehr weicht auch ihre Ausdehnung von diesem einfachen Gesetze ab.

Die folgenden Tabellen, welche dem Anhang zu Schlömilchs fünfstelligen logarithmischen und trigonometrischen Tafeln (Braunschweig, Friedr. Vieweg & Sohn. 7. Aufl. 1919) entnommen sind, geben die Wärmeausdehnung der gebräuchlichsten Materialien. Umfassendere Angaben, namentlich über die Änderung des Ausdehnungskoeffizienten in Abhängigkeit von der Temperatur findet man in den Landolt-Börnsteinschen Physikalisch-Chemischen Tabellen (Berlin, Springer) und in den Wärmetabellen der Physikalisch-Technischen Reichsanstalt (Braunschweig, Vieweg & Sohn, 1919).

a) Linearer Ausdehnungskoeffizient fester Körper für 1^0 C bei 18^0.

Aluminium . .	0,000 022	Kobalt	0,000 012
Antimon	11	Kohlenstoff, Diamant	12
Arsen	05	„ Graphit	08
Blei	29	„ Anthracit	21
Cadmium	29	Kupfer	16
Eisen	11	Magnesium . .	25
Gold	14	Messing	19
Iridium	06$_4$	Natrium	72
Kalium	83	Nickel	13

Palladium .	0,000 012	Zinn	0,000 022
Phosphor..	120	Eis	40
Platin	009	Quarz, ⊥ zur Achse	14
Schwefel ..	60	„ ‖ .. „	07
Selen	36	„ amorph	
Silber	19	(Quarzglas)	00₄
Silicium ..	07	Hartgummi	80
Tantal	08	Holzfaser..	03-09
Wismut ..	13	Porzellan .	03
Wolfram ..	03₅	Glas......	04-09
Zink	29		

b) **Kubischer Ausdehnungskoeffizient von Flüssigkeiten für 1⁰ C bei 18⁰.**

Quecksilber..	0,00 018₂	Essigsäure	0,00 107
Äther	163	Glyzerin ..	050
Alkohol	110	Petroleum	092
Anilin	085	Schwefelkohlen-	
		stoff ...	121
Benzol	124	Terpentinöl	094

Volumenänderung des Wassers (Volumen bei 4⁰ = 1).

Temperatur	Volumen	Temperatur	Volumen
— 10⁰	1,001 86	50	1,012 07
0	1,000 132	60	1,017 05
10	1,000 273	70	1,022 70
20	1,001 773	80	1,028 99
30	1,004 346	90	1,035 90
40	1,007 819	100	1,043 43

c) **Kubischer Ausdehnungskoeffizient der Gase** bei genügender Entfernung vom Kondensationspunkte 0,003 67. *Scheel.*

Näheres s. Scheel, Grundlagen der praktischen Metronomie. Braunschweig 1911.

Ausdehnungsthermometer sind solche Thermometer, deren Anzeige im Gegensatz zu den Strahlungspyrometern, Thermoelementen, Widerstandsthermometern (s. d.) auf der Längen- oder Volumenausdehnung durch die Wärme beruht. Die hierher gehörenden Thermometer, einerseits die Metallthermometer, andererseits die Flüssigkeitsthermometer, Gasthermometer und Quecksilberthermometer sind besonders behandelt; es sei auf die betreffenden Artikel verwiesen. *Scheel.*

Ausfällung von Metallen aus Lösungen ihrer Salze s. Galvanismus, Galvanostegie.

Ausflußgeschwindigkeit. Fließt eine inkompressible Flüssigkeit aus einem weiten Gefäße durch eine kleine Öffnung aus, so ist die Ausflußgeschwindigkeit durch das Toricellische Theorem (s. dort) gegeben, welches für die Geschwindigkeit v die Gleichung liefert:

$$v = \sqrt{2gh} \quad\ldots\ldots\ldots 1)$$

Hier ist h die Höhe der Öffnung unter dem Flüssigkeitsspiegel und g die Erdbeschleunigung. Da die Flüssigkeit von allen Seiten zur Öffnung hinfließt, also gegen den Mittelpunkt der Öffnung konvergiert, so ist der Druck in der Mitte des austretenden Flüssigkeitsstrahles stets etwas größer als am äußeren Rande, wo Atmosphärendruck herrscht; dadurch wird bedingt, daß in der Mitte der Austrittsöffnung die Geschwindigkeit etwas kleiner ausfällt, als dieser Formel entspricht.

Findet der Ausfluß aus einem Gefäße, in welchem der Druck p_1 herrscht, in ein anderes Gefäß statt, in welchem der Druck p_2 herrscht, so geht die Formel für die Ausflußgeschwindigkeit über in:

$$v = \sqrt{\frac{2(p_1 - p_2)}{\varrho}} \quad\ldots\ldots 2)$$

wo ϱ die Dichte der Flüssigkeit angibt.

Für Gase ist diese Formel indessen nur anwendbar, wenn ihre Dichte bei den Drucken p_1 und p_2 als gleich angesehen werden kann, also nur so lange, als der Druckunterschied sehr klein ist.

Bei größeren Druckunterschieden muß die Veränderlichkeit der Dichte der Gase mit dem Druck berücksichtigt werden. Wir haben dann zwei Fälle zu unterscheiden:

1. Nehmen wir an, daß der Vorgang unter völligem Temperaturausgleich stattfindet, was nur bei sehr kleinen Geschwindigkeiten erwartet werden kann, so gilt das Mariottesche Gesetz, und es wird

$$v = \sqrt{\frac{2p_1}{\varrho_1} \lg \frac{p_1}{p_2}} \quad\ldots\ldots 3)$$

wo ϱ_1 die Dichte des Gases im Gefäße mit dem Drucke p_1 angibt.

2. Nehmen wir adiabatisches Ausströmen an, welches bei großen Geschwindigkeiten angenähert erwartet werden kann, so wird

$$v = \sqrt{\frac{2\varkappa p_1}{(\varkappa - 1)\varrho_1}\left(1 - \left(\frac{p_2}{p_1}\right)^{\frac{\varkappa - 1}{\varkappa}}\right)} \quad . \; 4)$$

Hier ist $\varkappa$ das Verhältnis der spezifischen Wärme bei konstantem Druck zu der bei konstantem Volumen.

Diese Formel liefert beim Ausströmen eines Gases ins Vakuum, also für $p_2 = 0$, das überraschende Resultat, daß die Ausflußgeschwindigkeit unabhängig vom Drucke im Gefäße wird, da p_1 und ϱ_1 einander proportional sind. Für Luft von 15⁰ C und 760 mm Barometerstand ist $\varrho_1 = 0,001225$ und $\varkappa = 1,405$ und die Formel liefert

$$v = 753 \text{ Meter pro Sekunde,}$$

das ist die Grenzgeschwindigkeit (s. dort) für Luft, welche durch keine Druckerhöhung im Gefäß vergrößert werden kann. *O. Martienssen.*

Näheres s. Chwolson, Lehrbuch der Physik I. Braunschweig 1902.

Ausflußmenge. Fließt eine Flüssigkeit aus einem Gefäße aus, so ist die Ausflußmenge pro Sekunde nicht ohne weiteres gleich dem Produkt aus dem Querschnitt der Ausflußöffnung und der Ausflußgeschwindigkeit, die sich aus dem Toricellischen Theorem errechnet; sie hängt vielmehr noch von der contractio venae (s. dort) und von der Form der Ausflußöffnung ab.

Ist die Öffnung lediglich ein Loch in der Wand des Gefäßes, so ist die Ausflußmenge (Volumen) pro Sekunde durch die Formel gegeben

$$M = \sigma \cdot s\sqrt{2gh},$$

wo s der Querschnitt der Öffnung, h die Höhe des Flüssigkeitsspiegels über der Öffnung, g die Erdbeschleunigung und σ der Kontraktionskoeffizient ist, welcher für runde Öffnungen mit 0,62 angesetzt werden kann.

Hat die Öffnung ein nach innen gerichtetes konisches Ansatzstück (Fig. 1), so ist die Ausflußmenge ein Minimum und durch obige Formel gegeben, wenn $\sigma = 0,5$ gesetzt wird.

Ist das konische Ansatzstück nach außen gerichtet (Fig. 2) und etwa von der Form des Strahles

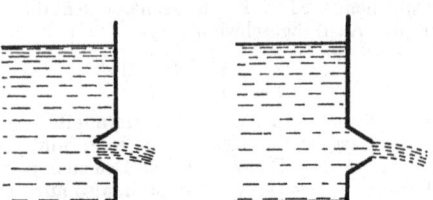

Fig. 1. Ausfluß durch einen nach innen gerichteten Konus.

Fig. 2. Ausfluß durch einen nach außen gerichteten Konus.

bis zur Vena contracta, so bleibt die Ausflußmenge durch das Ansatzstück unverändert.

Ist dagegen das Ansatzstück zylindrisch, und ragt es über die Vena contracta hinaus, so erweitert sich der Flüssigkeitsstrahl und nimmt den Querschnitt des Ansatzstückes an. Die Ausflußmenge wird entsprechend vergrößert und es muß in der Formel $\sigma = 0{,}82$ gesetzt werden.

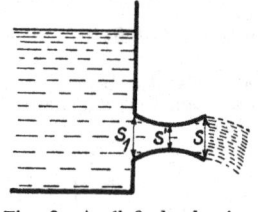

Fig. 3. Ausfluß durch einen Doppelkonus.

Wird ein konisch erweitertes Ansatzstück gemäß Fig. 3 benutzt, so ist $\sigma = 1$ zu setzen, wenn man unter s_1 die äußere Öffnung des Ansatzstückes versteht. Ist diese merklich größer als die innere Öffnung s_1, so wird durch ein solches Ansatzstück die Ausflußmenge vermehrt und kann ein Vielfaches der Ausflußmenge ohne Ansatzstück werden. Indessen gilt dies nur, solange $\dfrac{s}{s_1} < \sqrt{1 + \dfrac{p_0}{\varrho \cdot h}}$ ist, wo p_0 der äußere Druck ist. Es kann demnach durch Erweiterung des Ansatzstückes die Ausflußmenge nicht größer als $s_1 \sqrt{2\,g\,h + \dfrac{2\,g\,p_0}{\varrho}}$ werden.

Fließt die Flüssigkeit durch ein Rohr von größerer Länge aus, so wird die Ausflußgeschwindigkeit und Ausflußmenge im wesentlichen durch den Widerstand bestimmt, den das Rohr dem Durchfluß entgegensetzt. Bei kleinen Geschwindigkeiten und engen Rohren ist die Ausflußmenge durch das Poiseuillesche Gesetz (s. dort) gegeben. Bei weiten Rohren, in denen turbulente Bewegung (s. dort) herrscht, wird die Ausflußmenge durch die Gesetze dieser Strömungsart bestimmt. Die Hydraulik rechnet in diesem Falle meistens mit rein empirischen Formeln.

Nach diesen ist der Widerstand des Rohres proportional seiner Länge l, dem benetzten Umfang u und der 1,75ten bis 2ten Potenz der Geschwindigkeit, ferner proportional der Dichte der Flüssigkeit und stark abhängig von der Rauhigkeit der Rohrwandungen, aber nicht abhängig vom Material des Rohres.

In der Praxis wird der Widerstand zwecks bequemerer Rechnung meistens dem Quadrat der Geschwindigkeit proportional gesetzt, also die Formel benutzt

$$W = \frac{1}{2}\gamma \cdot \varrho \cdot u \cdot l \cdot v^2,$$

wo γ ein Zahlenfaktor ist, der allerdings etwas

von v abhängt, weil das quadratische Widerstandsgesetz nicht streng richtig ist. Man bezeichnet ferner den Ausdruck $\dfrac{v^2}{2g} = h$ als die Geschwindigkeitshöhe, das ist die theoretische Fallhöhe zur Erzeugung der Geschwindigkeit v ohne Widerstand. Diese wird durch den Widerstand um einen Betrag $w = \zeta\,\dfrac{v^2}{2g}$ verringert, so daß nur die Höhe (h — w) als Fallhöhe zur Erlangung der Geschwindigkeit v übrig bleibt. w wird Widerstandshöhe, ζ wird Widerstandszahl genannt. Dann haben wir die Beziehungen:

$$\zeta = \gamma\,l\,\frac{u}{s}, \quad w = \gamma\,l\,\frac{u}{s}\,\frac{v^2}{2\,g}, \quad v = \sqrt{\frac{2\,g\,h}{1 + \zeta}},$$

$$M = s\,\sqrt{\frac{2\,g\,h}{1 + \zeta}}.$$

In diesen Formeln kann nach Weisbach für Wasser in ganz glatten Rohren $\lambda = 4\,\gamma = 0{,}014 + \dfrac{0{,}084}{\sqrt{v}}$ gesetzt werden, wenn v in Zentimetern pro Sekunde gemessen wird.

H. Lang setzt mit genügender Annäherung für die Praxis bei runden gußeisernen Rohren mit dem Durchmesser d $w = \left(0{,}1 + \dfrac{0{,}1}{\sqrt{v \cdot d}}\right)\dfrac{l}{d}\,v^2$, wo d in Zentimetern gemessen wird, dagegen w, l und v in Metern. Ist die Geschwindigkeit im Rohr gleichmäßig, so gibt w gleichzeitig das gesamte Gefälle an zur Erreichung der Geschwindigkeit v.

Der Rohrwiderstand ist für die meisten Flüssigkeiten, wie Quecksilber, Alkohol, Terpentin nicht wesentlich anders wie für Wasser. Für dickflüssige Substanzen wie Schmieröle usw. ist er wesentlich größer.   *O. Martienssen.*

Näheres s. Ph. Forschheimer, Hydraulik, Enzyklopädie der mathematischen Wissenschaften IV. 20. Leipzig 1908.

Ausflußthermometer s. Flüssigkeitsthermometer.

Ausflußtöne gehören zu der Klasse der Spalttöne (s. d.). Es gehört eine große Fülle von Erscheinungen hierher, und es ist noch nicht gelungen, überall volle Klarheit zu schaffen, obwohl durch die neueren Untersuchungen an Hiebtönen (s. d.) usw. die Grundvorgänge geklärt sein dürften.

Mit die ältesten Beobachtungen sind die von Savart an einem ausfließenden Flüssigkeitsstrahl. Ein langes Rohr, dessen unteres Ende durch eine Messingplatte verschlossen ist, wird teilweise mit Wasser gefüllt. In der Messingplatte befindet sich ein kreisförmiges Loch, dessen Durchmesser gleich der Plattendicke ist. Strömt jetzt das Wasser aus, so entsteht ein Ton. Tyndall führt die Erscheinung darauf zurück, daß jede Reibung rhythmisch sei, und hat eine größere Zahl von einschlägigen Demonstrationsversuchen angegeben.   *E. Waetzmann.*

Näheres s. J. Tyndall, Der Schall. Deutsch von A. v. Helmholtz und Cl. Wiedemann. Braunschweig 1897.

Ausgleichrechnung s. Fehlertheorie.

Ausgleichsfläche s. Isostasie.

Ausglühen, Wirkung auf die Magnetisierbarkeit. Durch Ausglühen mit darauffolgendem langsamem Abkühlen lassen sich die magnetischen Eigenschaften von Eisen meist erheblich verbessern; dies hat verschiedene Gründe: 1. die Beseitigung der durch mechanische Bearbeitung, wie Walzen, Schneiden, Pressen usw. hervorgerufenen Härtung. 2. Die Entgasung und teilweise Entkohlung des

Materials; 3. bei sog. legiertem Blech (s. dort), die Umwandlung des als Verunreinigung im Material in Form von Zementit oder von Martensit enthaltenen äußerst schädlichen Kohlenstoffgehalts in nahezu unschädliche Temperkohle (Graphit). Zu 2. ist noch folgendes zu bemerken: Wasserstoff ist in größerer Menge nur in dem jetzt ebenfalls bereits technisch hergestellten und immer mehr zur Verwendung gelangenden, sehr reinen Elektrolyteisen vorhanden; er macht das Eisen außerordentlich spröde und magnetisch hart, d. h. er erhöht die Koerzitivkraft und den Hystereseverlust und verringert die Perm·abilität, ist aber durch Glühen ohne weiteres leicht zu beseitigen. Letzteres ist nicht der Fall mit Sauerstoff, der fast in jedem technischen Eisen in größerer Menge vorhanden ist und ebenfalls die magnetischen Eigenschaften sehr ungünstig beeinflußt; für sich allein kann er durch Glühen nicht ausgetrieben werden, wohl aber zusammen mit dem stets vorhandenen Kohlenstoff als CO oder CO_2. Ist von beiden Verunreinigungen gerade so viel vorhanden, daß sie nahezu restlos beseitigt werden, so kann das Ausglühen auch bei gewöhnlichem, technischem Material eine außerordentlich große Verbesserung hervorbringen, dagegen wirkt der Glühprozeß nach Beendigung der Entgasung schädlich. Günstiger als lange anhaltendes Glühen ist, namentlich bei dickeren Stücken, die Wiederholung kürzerer, nur wenige Stunden dauernder Glühprozesse mit tagelangen Zwischenpausen. Besonders vorteilhaft ist zum Zwecke leichterer Entgasung das Glühen im Vakuum; noch gründlicher erfolgt die Entgasung durch Schmelzen im Vakuum (Heraeus.Hanau).

Bei den Eisenwalzwerken erfolgt das Glühen der Bleche in der Weise, daß große Stapel der mit Eisenkappen bedeckten Bleche auf Wagen langsam durch einen glühenden, langgestreckten Ofen gezogen werden.

Als günstigste Glühtemperatur hat sich bei systematischen Versuchen in der Physikalischen technischen Reichsanstalt in Übereinstimmung mit den Erfahrungen der Technik die Temperatur 800⁰ ergeben; wesentlich höhere Temperatur wirkt, namentlich bei längerer Dauer, schädlich. Alterungserscheinungen (s. dort) können durch Ausglühen ebenfalls, wenigstens vorübergehend, beseitigt werden, dagegen ist das von vielen Lehrbüchern noch immer empfohlene Entmagnetisieren durch Ausglühen streng zu vermeiden, da, wie aus obigem hervorgeht, jeder Ausglühprozeß eine mehr oder weniger starke Änderung der magnetischen Eigenschaften des Materials hervorbringt. *Gumlich.*

Auspuffmaschine. Auspuffmaschine nennt man eine Dampfmaschine, deren Abdampf in die freie Atmosphäre strömt. Im Gegensatz hierzu steht die Kondensationsmaschine, deren Abdampf in einem Kondensator niedergeschlagen wird, in welchem eine Luftpumpe das Vakuum von 0,15 bis 0,20 Atm. abs. Druck aufrechterhält. Der Abdampf der Gegendruckmaschine wird mit höherem als atmosphärischen Druck für Heizungs- oder technologische Zwecke verwendet. Im Indikator-, Kolbendruck- oder Dampfdruckdiagramm (s. dort) werden die Auspuff-, Kondensations- und die Gegendruckmaschine durch die Austrittslinien a, b und c gekennzeichnet (s. beistehende Figur). *L. Schneider.*

Ausreißer-Regeln s. Geschoßabweichungen, zufällige.

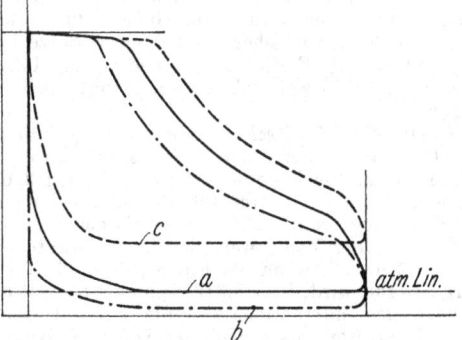

Diagramme der Auspuff- (a), Kondensations- (b) und Gegendruckmaschine (c).

Aussichtsweite. Die Größe des sphärischen Radius (a) für die Kugelkappe, die wir bei der Erhebung (h) über dem Horizont erblicken können. Es ist $a = \sqrt{\dfrac{2\,R}{1-k}} \cdot \sqrt{h}$, wobei R den Erdradius und k den Refraktionskoeffizienten (s. diesen) bedeutet. Setzt man R = 6370 km und k = 0,13, so ergibt sich $a = 3{,}827 \cdot \sqrt{h}$ in km.

h	a	h	a
2 m	. . . . 5,4 km	400 m	. . . 76,6 km
50 ,,	. . . . 27,1 ,,	500 ,,	. . . 85,6 ,,
100 ,,	. . . . 38,3 ,,	600 ,,	. . . 93,7 ,,
150 ,,	. . . . 46,9 ,,	700 ,,	. . . 101,3 ,.
200 ,,	. . . . 54,1 ,,	800 ,,	. . . 108,2 ,,
300 ,,	. . . . 66,3 ,,	900 ,,	. . . 114,8 ,,

h	a	h	a
1000 m	. . . 121,0 km	6000 m	. . . 296,4 km
1500 ,,	. . . 148,2 ,,	7000 ,,	. . . 320,2 ,.
2000 ,,	. . . 171,1 ,,	8000 ,,	. . . 342,3 ,.
3000 ,,	. . . 209,6 ,,	9000 ,,	. . . 363,0 ,.
4000 ,,	. . . 242,0 ,,	10000 ,,	. . . 382,7 ,.
5000 ,,	. . . 270,6 ,,		

Wegen der wechselnden Größe von k ist die Unsicherheit dieser mittleren Zahlenwerte recht beträchtlich. Die Aussichtsweite kann in extremen Fällen bis zu 10% größer oder kleiner sein.

Noch einfacher ist die angenäherte Berechnung der aus der Höhe h überblickbaren Fläche (F). Macht man nämlich die vereinfachende Annahme, daß die überschaute Kugelkappe einer ebenen Kreisfläche gleich ist, so ist $F = a^2 \cdot \pi = 46{,}012 \cdot h$. Man hat also nur die Höhe (in m) mit 46 zu multiplizieren, um einen angenäherten Wert für die Aussichtsfläche (in qkm) zu bekommen.

Diese theoretische Aussichtsweite wird in Wirklichkeit erheblich verkleinert durch die Trübungen der Atmosphäre, so daß die obigen Zahlenwerte in der Regel nur einen maximalen Grenzwert darstellen. Die Sichtweite von Punkten der festen Erdoberfläche, die durch deren Unebenheiten stark beschränkt wird, erleidet manchmal im Laufe der Zeit Änderungen. Man hat solche an mehreren Stellen nachgewiesen und führt sie auf langsame Senkungen bzw. Hebungen des Erdbodens zurück. *O. Baschin.*

Ausschuß für Einheiten und Formelgrößen (AEF). Der AEF hat folgende Aufgaben: 1. Wissenschaftliche und technische Maßeinheiten einheitlich zu benennen, zu bezeichnen und zu definieren; 2. die Zahlenwerte wichtiger Größen einheitlich festzusetzen; 3. die in Formeln vorkommenden Größen einheitlich zu benennen und zu definieren und für diese Größen einheitliche Zeichen einzuführen;

4. sonstige einheitliche Abmachungen in Form-fragen auf wissenschaftlichem Gebiete zu treffen. Die wichtigsten bisher beschlossenen Sätze und Zeichen des AEF sind im folgenden aufgeführt; eine große Zahl weiterer Entwürfe wird noch be-raten.

I. Der Wert des mechanischen Wärmeäquivalents. 1. Der Arbeitswert der 15°-Grammkalorie ist 4,184 internationale Joule = 4,186 · 10⁷ Erg; 2. der Arbeitswert der mittleren (0° bis 100°)-Kalorie ist dem Arbeitswert der 15°-Kalorie als gleich zu er-achten; 3. der Zahlenwert der Gaskonstante ist: $R = 8,316 \cdot 10^7$, wenn als Einheit der Arbeit das Erg gewählt wird; $R = 8,312$, wenn als Einheit der Arbeit das internationale Joule gewählt wird; $R = 1,987$, wenn als Einheit der Arbeit die Kalorie gewählt wird; 0,08207, wenn als Einheit der Arbeit die Literatmosphäre gewählt wird; 4. das Wärme-äquivalent des internationalen Joule ist 0,2390 15°-Kalorie; 5. der Arbeitswert der 15°-Kalorie ist 0,4269 kgm, wenn die Schwerkraft bei 45° Breite und an der Meeresoberfläche zugrunde gelegt wird.

II. Leitfähigkeit und Leitwert. Das Reziproke des Widerstandes heißt Leitwert, seine Einheit im praktischen elektromagnetischen Maßsystem Siemens; das Zeichen für diese Einheit ist S. Das Reziproke des spezifischen Widerstandes heißt Leitfähigkeit oder spezifischer Leitwert.

III. Temperaturbezeichnungen. 1. Wo immer an-gängig, namentlich in Formeln, soll die absolute Temperatur, die mit T zu bezeichnen ist, benutzt werden. 2. Für alle praktischen und viele wissen-schaftlichen Zwecke, bei denen an der gewöhnlichen Celsiusskala festgehalten wird, soll empfohlen wer-den, lateinisch t zu verwenden, sofern eine Ver-wechselung mit dem Zeitzeichen t ausgeschlossen ist. — Wenn gleichzeitig Celsiustemperaturen und Zeiten vorkommen, so soll für das Temperatur-zeichen das griechische ϑ verwendet werden.

IV. Die Einheit der Leistung. Die technische Einheit der Leistung heißt Kilowatt. Sie ist prak-tisch gleich 102 Kilogrammeter in der Sekunde und entspricht der absoluten Leistung 10¹⁰ Erg in der Sekunde. Einheitsbezeichnung kW.

V. Formelzeichen.
(Nur die wichtigsten sind angeführt.)

(Lateinische Kursiv- und griechische Buchstaben.)

Länge	l	Schubmodul	G
Masse	m	Normalspannung	σ
Zeit	t	Spezifische Dehnung	ε
Halbmesser	r	Schubspannung	τ
Durchmesser	d	Schiebung (Gleitung)	γ
Wellenlänge	λ	Spezifische Querzusam-	
Fläche	F	menziehung $\nu = 1/m$	
Körperinhalt, Volumen	V	(m Poissonsche Zahl)	ν
Winkel, Bogen	α, β	Widerstandszahl für Flüs-	
Voreilwinkel, Phasenver-		sigkeitsströmung	ζ
schiebung	φ	Reibungszahl	μ
Geschwindigkeit	v	Temperatur, absolute	T
Winkelgeschwindigkeit	ω	Temperatur, vom Eis-	
Umlaufzahl (Drehzahl)		punkte aus	t
(Zahl der Umdrehungen		Temperatur, vom Eis-	
in der Zeiteinheit)	n	punkte aus (mit der Zeit	
Schwingzahl in der		zusammentreffend)	ϑ
Zeiteinheit	n	Wärmemenge	Q
Fallbeschleunigung	g	Mechanisches Wärmeäqui-	
Kraft	P	valent	J
Druck (Druckkraft durch		Entropie	S
Fläche)	p	Spezifische Wärme	c
Elastizitätsmodul	E	Spezifische Wärme bei	
Arbeit	A	konstantem Druck	c^p
Energie	W	Spezifische Wärme bei	
Moment einer Kraft	M	konstantem Volumen	c_v
Leistung	N	Wärmeausdehnungskoef-	
Wirkungsgrad	η	fizient	α
Trägheitsmoment	J	Verdampfungswärme	r
Zentrifugalmoment	C	Heizwert	H

Brechungsquotient	n	Magnetische Aufnahme-	
Hauptbrennweite	f	fähigkeit (Suszeptibili-	
Lichtstärke	J	tät)	$\varkappa$
Magnetisierungsstärke	$\mathfrak{J}$	Elektromotorische Kraft	E
Stärke des magnetischen		Stromstärke, elektrische	I
Feldes	$\mathfrak{H}$	Widerstand, elektrischer	R
Magnetische Dichte (In-		Elektrizitätsmenge	Q
duktion)	$\mathfrak{B}$	Induktivität(Selbstinduk-	
Magnetische Durchlässig-		tionskoeffizient)	L
keit (Permeabilität)	μ	Elektrische Kapazität	C

VI. Zeichen für Maßeinheiten.
(Nur in Verbindung mit Zahlen; gerade lateinische Buch-staben.)

Meter	m	Stunde	h
Kilometer	km	Minute	m
Dezimeter	dm	Minute, alleinstehend	min
Zentimeter	cm	Sekunde	s
Millimeter	mm	Uhrzeit: Zeichen erhöht.	
Mikron	μ		
Ar	a		
Hektar	ha	Celsiusgrad	°
Quadratmeter	m²	Kalorie	cal
Quadratkilometer	km²	Kilokalorie	kcal
Quadratdezimeter	dm²		
Quadratzentimeter	cm²		
Quadratmillimeter	mm²		
Liter	l	Ampere	A
Hektoliter	hl	Volt	V
Deziliter	dl	Ohm	Ω
Zentiliter	cl	Siemens	S
Milliliter	ml	Coulomb	C
Kubikmeter	m³	Joule	J
Kubikdezimeter	dm³	Watt	W
Kubikzentimeter	cm³	Farad	F
Kubikmillimeter	mm³	Henry	H
		Milliampere	mA
		Kilowatt	kW
Tonne	t	Megawatt	MW
Gramm	g	Mikrofarad	μF
Kilogramm	kg	Megohm	$M\Omega$
Dezigramm	dg	Kilovoltampere	kVA
Zentigramm	cg	Amperestunde	Ah
Milligramm	mg	Kilowattstunde	kWh

Der Ausschuß für Einheiten und Formelgrößen (AEF) ist als Nachfolger des vom Elektrotechnischen Vereins i. J. 1901 eingesetzten „Unterausschusses für einheitliche Bezeichnungen" auf Einladung wiederum des Elektrotechnischen Vereins i. J. 1907 begründet worden. Ihm gehören jetzt die folgenden Vereine an, welche bestrebt sind, die vom Ausschuß festge-setzten Bezeichnungen und sonstige von ihm gefaßten Be-schlüsse in ihren Veröffentlichungen, Vereinszeitschriften usw. nach Möglichkeit durchzuführen: Elektrotechnischer Verein, Verband Deutscher Elektrotechniker, Verein deutscher In-genieure, Verband Deutscher Architekten- und Ingenieur-Vereine, Deutsche Physikalische Gesellschaft, Deutsche Gesell-schaft für technische Physik, Deutsche Bunsen-Gesellschaft für angewandte physikalische Chemie, Österreichischer Ingenieur-und Architekten-Verein, Elektrotechnischer Verein in Wien, Schweizerischer Elektrotechnischer Verein, Deutscher Verein von Gas- und Wasserfachmännern, Verband Deutscher Zentral-heizungsindustrieller, Deutsche Beleuchtungstechnische Ge-sellschaft, Berliner Mathematische Gesellschaft, Wissenschaft-liche Gesellschaft für Flugtechnik, Deutsche Chemische Gesell-schaft, Vereinigung der Elektrizitätswerke, Zentralverband der deutschen Elektrotechnischen Industrie, Deutsche Maschinentech-nische Gesellschaft. Geschäftsführender Verein ist der Elektro-technische Verein, Geschäftsstelle Berlin W, Potsdamerstr. 68.

Scheel.

Literatur: Verhandlungen des AEF, herausgegeben von Karl Strecker zu beziehen von der Geschäftsstelle des AEF.

Austausch. In der Höhe k über der betrachteten Ausgangshöhe h sei bei linearer Geschwindigkeits-änderung die wagerechte Geschwindigkeit $v + k\dfrac{dv}{dh}$.

Ein Teilchen mit der Masse m bringt also, wenn es aus der Schicht mit der Höhe h + k stammt, die Bewegungsgröße $m\left(v + k\dfrac{dv}{dh}\right)$ mit sich. Für alle abwärts wandernden Teilchen folgt dann die transportierte Bewegungsgröße $v \Sigma m + \dfrac{dv}{dh} \Sigma m k$.

ebenso für die aufwärts wandernden Teilchen $v \, \Sigma m - \dfrac{dv}{dh} \, \Sigma m\,k$, wenn diese Teilchen aus der Schicht h—k stammen. Im ganzen folgt also für die Zunahme an Bewegungsgröße der Unterschied beider Beträge:

$$v \left(\underset{+}{\Sigma m} - \underset{-}{\Sigma m} \right) + \frac{dv}{dh} \left(\underset{+}{\Sigma m\,k} - \underset{-}{\Sigma m\,k} \right)$$

oder $= \dfrac{dv}{dh} \, \Sigma m\,k$, wobei nun $\underset{+}{\Sigma m} = \underset{-}{\Sigma m}$ angenommen wird, was in Strömungsflächen genau der Fall ist. Nennt man die Größe, die der in der Zeiteinheit durch die Flächeneinheit von oben nach unten wandernden Bewegungsgröße entspricht, B, so ist $B = \dfrac{dv}{dh} \cdot \dfrac{\Sigma m\,k}{F \cdot t}$. Der „Austausch" $A = \dfrac{B}{\dfrac{dv}{dh}} = \dfrac{\Sigma m\,k}{F \cdot t}$ entspricht bei turbulenter Bewegung (s. Turbulenz) (auch der Dimension nach) dem Reibungskoeffizienten bei laminarer Bewegung $\left(\underset{+}{\Sigma m} = \underset{-}{\Sigma m} = 0 \right)$.

In derselben Weise kann man den Austausch auf andere Größen s (z. B. potent. Temp., spez. Feuchtigkeit, Ionen- oder Bakteriengehalt) beziehen. Es tritt dann in dem Ausdruck für A der Differentialquotient $\dfrac{ds}{dh}$ an die Stelle des Geschwindigkeitsgefälles $\dfrac{dv}{dh}$. In diesem allgemeinen Falle ist $\gamma = A \cdot \sigma \, \dfrac{ds}{dh}$, wo γ (der Austauschertrag) eine Größe, z. B. eine Wärmemenge ist, die der Größe B entspricht, und $\dfrac{d\gamma}{dt} = \sigma \cdot \dfrac{ds}{dt}$ ist (d. h. z. B. Änderung der Wärmemenge = Änderung der potent. Temp. mal spez. Wärme). Bei fehlendem Zu- und Abfluß ist Dauerzustand nur denkbar, wenn der Austauschertrag $\gamma = 0$ ist, d. h. wenn $\dfrac{ds}{dh} = 0$, also s in der ganzen Säule denselben Wert hat. Besteht Zu- und Abfluß nur an der oberen und unteren Grenze der betrachteten Schicht, so ist Dauerzustand $\dfrac{d\gamma}{dt} = 0$ nur möglich, wenn der Austauschertrag $\gamma = A \sigma \dfrac{ds}{dh}$ eine Konstante ist; mithin muß dann der Austausch A umgekehrt proportional dem Gefälle sein. Ist also der Austausch überall gleich, so ist das Gefälle linear $\left(\dfrac{ds}{dh} = c \right)$.

Lit. W. Schmidt, Sitzungsber. Wien. Akad. 126, 757 (17).

Tetens.

Austritts-Strahlung. Trifft eine radioaktive (oder Kathoden- oder Röntgen-) Strahlung ein Volumelement an der Stirnfläche V und verläßt es an der Rückfläche R, so pflegt man von der im Volumelement erregten Sekundärstrahlung die aus R austretende, als „Austrittsstrahlung" (engl. emergence radiation), die bei V austretende als „Eintrittsstrahlung" (engl. incidence radiation) zu bezeichnen. *K. W. F. Kohlrausch.*

Auswägen eines Gefäßes s. Raummessung.

Auswahlprinzip. Die *Bohrsche Frequenzbedingung* (s. d.) macht eine Aussage darüber, welche *Frequenz* die beim Übergang zwischen zwei beliebigen stationären Quantenzuständen eines Atoms oder Moleküls aus- oder eingestrahlte monochromatische Energiestrahlung besitzt; sie besagt aber nicht, zwischen *welchen* derartigen Zuständen Übergänge überhaupt möglich sind. Auf Grund von Betrachtungen über die Erhaltung des *Drehimpulsmoments* bei der Ausstrahlung eines eine Symmetrieachse besitzenden Atoms, die zum Teil von der klassischen Elektrodynamik Gebrauch machen, gelang es Rubinowicz zu zeigen, daß die „azimutale" Quantenzahl, welche das Gesamt-Dreh-

impulsmoment mißt, sich bei einem Quantenübergang nur um ± 1 ändern kann oder überhaupt unverändert bleiben muß. Dieses *Auswahlprinzip*, dem noch eine Regel über die *Polarisation* des ausgestrahlten Lichtes (zirkular und senkrecht zur Elektronenbahnebene im Falle einer Änderung um ± 1, sonst lineare Polarisation) zur Seite gestellt werden konnte, schränkt die Zahl der möglichen Quantenübergänge erheblich ein, indem nur solche stationäre Zustände unmittelbar miteinander in Verbindung treten können, in denen sich der Drehimpuls des Atoms um nicht mehr als $h/2\pi$ unterscheidet. In wesentlich allgemeinerer und systematisch befriedigenderer Weise ergeben sich die Auswahl- und Polarisationsverhältnisse für ganz beliebige Atome und Molekeln auf Grund des *Bohrschen Korrespondenzprinzipes* (s. d.).

A. Smekal.

Näheres s. Sommerfeld, Atombau und Spektrallinien. III. Aufl. Braunschweig 1922.

Autoheterodyne s. Audion.

Autoluminiszenz radioaktiver Substanzen s. Leuchterscheinungen.

Automobilscheinwerfer s. Scheinwerfer.

Autorotation s. Eigendrehung.

Autotransformator s. Spartransformator.

Auxetophon ist eine Abart des Grammophons (s. Phonograph). Statt der üblichen Membran des Grammophons wird durch den auf der Klangplatte entlang laufenden Wiedergabestift ein Metallgitter in Schwingungen versetzt, welches sich vor den spaltförmigen Öffnungen der festen Wand der Schallkapsel befindet. Durch die Schallkapsel strömt von der Seite der festen Gitterwand her ein konstanter Luftstrom unter etwa $^1/_7$ Atmosphäre Überdruck. Dieser Luftstrom wird synchron mit den Schwingungen des durch den Wiedergabestift bewegten Gitters abgeschnitten oder durchgelassen. Auf diese Weise erhält man Klangwellen von sehr großer Intensität und verhältnismäßig großer Naturtreue. *E. Waetzmann.*

Avanzinisches Gesetz besagt, daß bei ebenen Flächen im Luftstrom mit abnehmendem Anstellwinkel der Druckpunkt (s. d.) gegen die Vorderkante der Fläche rückt. Bei gewölbten Flächen im flugtechnisch wichtigen Bereich ist es umgekehrt. *L. Hopf.*

Avogadrosches Gesetz. Nach diesem Gesetz ist das Volumen V, das eine bestimmte Masse M eines genügend verdünnten Gases bei gegebener absoluter Temperatur T und gegebenem Druck p einnimmt, unabhängig von der spezifischen Beschaffenheit des Gases, lediglich durch die Zahl der vorhandenen Moleküle bestimmt. Ein Volumen Wasserstoff von der Masse 2 g enthält hiernach also unter sonst gleichen Bedingungen ebensoviel Moleküle wie das gleiche Volumen Sauerstoff oder irgend eines anderen Gases. Die Massen dieser Volumina verhalten sich für die verschiedenen Gase wie deren Molekulargewichte, so daß also 2 g Wasserstoff ebenso viel Moleküle enthält wie 32 g Sauerstoff. Die Anzahl dieser Moleküle, deren Gesamtmasse in Gramm durch die Zahl des Molekulargewichts ausgedrückt ist, d. h. die Zahl der im Mol enthaltenen Moleküle, wird durch die Loschmidtsche Zahl $\mathfrak{N} = 6{,}09 \cdot 10^{23}$ angegeben.

Sind in einem Gasvolumen V im ganzen ν Moleküle vom Molekülgewicht μ vorhanden, so gilt nach der Zustandsgleichung des idealen Gases $pV = MRT$, wenn p den Druck und R die Gaskonstante (s. d.) für die Masseneinheit bedeutet und $M = \nu\,\mu$ ist. Führt man noch das Molekular-gewicht m des Gases ein, so ist $m = \mu\,\mathfrak{R}$ oder $pV = \dfrac{\nu}{\mathfrak{R}} \cdot m\,R\,T$ zu setzen.

Da nun $\mathfrak{R}$ unabhängig vom Gas ist, so folgt hieraus nach dem Avogadroschen Gesetz, daß V unabhängig von m R sein muß, oder daß die mit dem Molekulargewicht multiplizierte Gaskonstante $\mathfrak{R} = m\,R$, welche als die molekulare Gaskonstante bezeichnet wird, unabhängig von der speziellen Beschaffenheit des Gases ist.

Auf dem Avogadroschen Gesetz beruht die wichtigste Methode zur Bestimmung des Mole-kulargewichts eines Gases, das aus chemischen Verbindungen allein nicht immer eindeutig zu ermitteln ist. Nachdem das Molekulargewicht des Sauerstoffs willkürlich zu 32 festgesetzt ist, ergibt das Verhältnis der Dichte eines Gases $D = \dfrac{M}{V} = \dfrac{p}{RT}$ zur Dichte des Sauerstoffs $D_0 = \dfrac{M_0}{V_0} = \dfrac{p}{R_0\,T}$ bei gleichem Druck p und gleicher Temperatur T die Beziehung $\dfrac{D}{D_0} = \dfrac{R_0}{R} = \dfrac{m}{m_0} = \dfrac{m}{32}$ oder $m = 32\,\dfrac{D}{D_0}$. Dient nicht Sauerstoff, sondern Luft als Vergleichs-gas, so hat der Zahlenfaktor den Wert 28,95.

Es gibt Fälle, bei denen das Molekulargewicht eines Gases sich nicht für alle Temperaturen und Drucke als gleichwertig ergibt. Sind die Änderungen gering und treten sie bei großen Gasdichten auf, so ist in den meisten Fällen der Grund darin zu suchen, daß die Zustandsgleichung nicht in der Form der idealen Gase angesetzt werden darf. Bedeutende Änderungen des Molekulargewichts beruhen immer auf chemischen Einflüssen, Disso-ziation oder Assoziation der Moleküle. Bei der Dissoziation wächst die Molekülzahl; dagegen nimmt die Dichte und mit ihr das Molekulargewicht ab; bei der Assoziation ist das Gegenteil der Fall.
Henning.

Avogadros Regel. Diese sagt aus, daß Gase **unter gleichem Druck bei derselben Tem-peratur in gleichen Räumen gleich viel Molekeln haben.** Nach dem Äquipartitions-prinzip (s. dieses) haben die Molekeln verschiedener Gase bei derselben Temperatur dieselbe mittlere Energie der fortschreitenden Bewegung. Nennen wir die Geschwindigkeit der Molekeln zweier ver-schiedener Gase c bezügl. c', die Masse m bezügl. m', so ist also $\dfrac{m\,\bar{c}^2}{2} = \dfrac{m'\,\bar{c}'^2}{2}$. Beziehen wir alles auf die Volumeinheit des Gases und nennen wir die Anzahl der Molekeln in derselben N bez. N', so gilt für gleichen Druck (s. Boyle-Charlessches Gesetz) $p = \dfrac{N\,m\,\bar{c}^2}{3} = \dfrac{N'\,m'\,\bar{c}'^2}{3}$, daher mit Rücksicht auf die frühere Gleichung $N = N'$, was den Inhalt der Regel von Avogadro ausmacht. *G. Jäger.*
Näheres s. G. Jäger, Fortschr. d. kin. Gasth. 2. Aufl. Braun-schweig 1919.

Avogadrosche Temperaturskala. Reduziert man die Temperaturangaben eines Gasthermometers von endlichem Eispunktsdruck auf die Angaben eines gleichartigen Thermometers von unendlich kleinem Eispunktsdruck, d. h. auf den Avogadroschen Zu-stand (s. d.), so erhält man die von Kamerlingh Onnes sog. Avogadrosche Temperaturskala, die sich praktisch nicht von der thermodynamischen Skala unterscheidet. Im Prinzip kann indessen zwischen beiden Skalen dann ein Unterschied er-wartet werden, wenn man bei der Extrapolation vom endlichen Druck auf den Druck null von so geringen Gasdichten ausgeht, daß für den Fall eines mehratomigen Gases bereits Dissoziation ein-tritt, oder wenn es sich um so tiefe Temperaturen handelt, daß die Gesetze der Gasentartung (s. d.) in Frage kommen. *Henning.*

Avogadrosche Zahl s. Loschmidtsche Zahl.

Avogadroscher Zustand wird von Kamerlingh Onnes und Keesom (Enzyklopädie der mathe-matischen Wissenschaften V,1) derjenige Zustand eines Gases genannt, der durch die Gleichung $p\,v = RT$ dargestellt wird. Er soll wesentlich dadurch charakterisiert werden, daß alle Gase, die sich in diesem Zustand befinden, bei gleicher Temperatur T und gleichem Druck p gleich viel Moleküle in der Volumeneinheit besitzen. Für sie soll also das Avogadrosche Gesetz (s. d.) streng gelten. — Der Avogadrosche Zustand läßt sich für einatomige Gase bei sehr geringem Druck verwirk-lichen. Bei mehratomigen Gasen muß die Bedin-gung hinzugefügt werden, daß keine Dissoziation eintritt. — Der Avogadrosche Zustand ist von dem idealen Gaszustand (s. d.) insofern zu unterschei-den, als für ihn die spezifische Wärme nicht un-abhängig von der Temperatur sein und die innere Arbeit beim Joule Thomson-Effekt nicht verschwin-den muß, wie es für den idealen Gaszustand ge-fordert wird. *Henning.*

Azimut, astronomisches, eines Punktes B, ge-messen vom Beobachtungspunkte A aus, ist der Winkel, den eine durch die Vertikale in A und den Punkt B gelegte Ebene mit der Meridianebene in A bildet. Man zählt das Azimut meist von Süden in der Richtung nach Westen. Die Be-stimmung dieses Winkels erfolgt auf astronomischem Wege. *A. Prey.*
Näheres s. R. Helmert, Die mathem. und physikal. Theorien der höheren Geodäsie, Bd. I. S. 134 ff.

Azimut, geodätisches, eines Punktes B, gemessen vom Ausgangspunkte A an, ist der Winkel, welchen die A mit B verbindende geodätische Linie auf der Erdoberfläche mit der Meridianlinie bildet. Auf der Kugel fällt das geodätische Azimut mit dem astronomischen (siehe dieses) zusammen. Auf dem Rotationsellipsoid ist der Unterschied zwischen beiden eine Größe, die von der Abplattung abhängt. Bei Distanzen, wie sie in geodätischen Dreiecks-netzen vorkommen, ist der Betrag so klein, daß er meist vernachlässigt werden kann. Er nimmt aber mit der Entfernung rasch zu und erreicht für diametrale Punkte der Erde den Wert 180° (s. Ver-tikalschnitt). *A. Prey.*
Näheres s. R. Helmert, Die mathem. und physikal. Theorien der höheren Geodäsie. Bd. I, S. 321 ff.

Azimut s. Himmelskoordinaten.

α-Strahlen. Bei der Umwandlung des nicht beständigen Atomes einer radioaktiven Substanz werden in fast allen bekannten Fällen Elementar-bestandteile des Atomes mit großer Gewalt abgestoßen, der verbleibende Rest bildet das Atom des neuentstandenen „Zerfallsproduktes". Die abgeschleuderten Korpuskeln können negativ oder positiv geladen sein; erstere werden als β-Strahlen (s. d.), letztere als α-Strahlen bezeichnet. Als bewegte Träger von Elektrizität werden sie in longitudinalen elektrischen Feldern verzögert oder beschleunigt, in transversalen elektrischen oder magnetischen Kraftfeldern aus ihrer ursprüng-lichen Bahn abgelenkt; Größe und Richtung dieser

Ablenkung hängt bei vorgegebener Feldstärke von Größe und Vorzeichen der Teilchenladung e sowie von der Geschwindigkeit v und der mitgeführten Masse m ab und erlaubt daher einerseits die entgegengesetzt geladenen α- und β-Strahlen räumlich zu trennen, andrerseits v und $\frac{e}{m}$ zu bestimmen, wo $\frac{e}{m}$ als „spezifische Ladung", d. i. Ladung der Massen-Einheit, bezeichnet wird. Endlich ermittelt eine direkte Messung der von den α-Teilchen mitgeführten Ladung den Wert für e und damit auch für m. Es ergibt sich: Die Ladung der α-Teilchen beträgt zwei Elementarquanten (s. d.), also $e = 9,54 \cdot 10^{-10}$ st. E. Ihre Masse beträgt $6,59 \cdot 10^{-24}$ g und sie erweisen sich als Heliumatome, die durch den Verlust zweier Elektronen einen positiven Ladungsüberschuß obiger Größe zeigen. Die Anfangsgeschwindigkeiten v sind je nach dem zerfallenden Atom, dem die α-Teilchen (α-T) entstammen, verschieden, für eine bestimmte Atomart aber immer dieselben, demnach charakteristisch für den Zerfallsprozeß. Die bisher beobachteten v-Werte (vergl. die Tabelle am Schlusse dieses Kapitels) liegen zwischen 1 und $2 \cdot 10^9 \frac{cm}{Sek}$. — Bei jedem einzelnen Atomzerfall wird ein einziges α-T. abgestoßen. Eine Zählung (vgl. w. u.) der von einem Präparat entsendeten α-T gibt daher die Zahl der im Präparat in der Zeiteinheit zerfallenden Atome; man findet. daß z. B. 1 g Radium $3,72 \cdot 10^{10}$, 1 g Thorium $4,5 \cdot 10^3$ α-T. pro Sek. abstoßt. Werden diese α-T. alle in einem abgeschlossenen Raum aufgefangen, so muß sich, wenn sie Heliumatome darstellen, eine Heliumentwicklung nachweisen lassen, die von einem g Ra in einem Jahr 174 mm³ ausmachen sollte. In der Tat wurde experimentell die Jahresproduktion zu 169 mm³ festgestellt.

Der nach Ausschleuderung eines α-T. verbleibende Atomrest erfährt einen Rückstoß derart, daß seine Bewegungsgröße m′v′ gleich der des α-T. mv ist. Seine Geschwindigkeit v′ wird demnach $3-4 \cdot 10^7 \frac{cm}{Sek}$; seine Ladung ist, was nur im Hochvakuum konstatierbar ist, zunächst negativ, geht aber durch Abstoß von Elektronen bald in eine positive über (vgl. „Rückstoß"). — Beim Durchdringen von Materie geht dem α-T. infolge von Zusammenstößen mit den Molekülen des Mediums Energie verloren; seine Geschwindigkeit nimmt infolgedessen ab, bis das α-T. stecken bleibt, „absorbiert" ist. Der ganze dabei zurückgelegte Weg heißt die „Reichweite" (s. d.) und ist bei Beobachtung an parallelen α-Strahlen und bei vorgegebenem Medium (gewöhnlich Luft) eine für die Anfangsgeschwindigkeit des α-T. und damit für den Atomzerfall charakteristische Größe. Der Betrag, um den die Reichweite in Luft vermindert wird, wenn zuvor ein anderes Medium bestimmter Dicke zu durchlaufen war, heißt dessen „Luftäquivalent". — (Hierüber, sowie über die Beziehung zwischen Reichweite, Anfangsgeschwindigkeit und Lebensdauer vgl. den Artikel „Reichweite".)

Die beim Zusammenstoß mit den Molekülen verlorene Energie zeitigt nun eine Reihe Erscheinungen, deren praktisch wichtigste die Ionisierung ist: Elektrisch neutrale Moleküle eines Gases (aber auch von Flüssigkeiten) werden unter Einwirkung der α-Strahlung in positiv und negativ geladene Bestandteile gespalten, die, längs der Kraftlinien eines elektrischen Feldes wandernd, eine Leitfähigkeit des vorher isolierenden Gases bedingen und so eine bequeme und ungemein empfindliche Meßmethode für die Zahl der ausgeschleuderten α-Partikel und dadurch auch für Stärke des α-strahlenden Präparates ermöglichen. Das Ionisierungsvermögen, das ist die Zahl der pro Längeneinheit der Flugbahn erzeugten Ionenpaare, ist verkehrt proportional der Geschwindigkeit des α-T., so daß die ionisierende Wirkung gegen das Ende der Reichweite zu wächst, um scharf auf Null zu sinken, wenn die Reichweite überschritten ist. Die gesamte, durch ein α-T. bewirkte Ionisierung k ist von der Größe der Reichweite R abhängig, und zwar nach der empirischen Beziehung $k = k_0 R^{3/2}$, worin die Konstante k_0 (d. i. die Zahl der von einem α-T. der Reichweite $R = 1$ erzeugten Ionenpaare) den Wert $6,76 \cdot 10^4$ für Luft, von 0° Celsius und 760 mm Druck hat. Durch Anlegen sehr hoher Spannungen an die Elektroden des Kondensators, in dem die Ionisierung durch α-T. erfolgt, gelingt es, den frisch erzeugten Ionen eine derartige Beschleunigung zu erteilen, daß sie nun ihrerseits imstande sind, zu ionisieren; dadurch erfolgt eine so kräftige Verstärkung des Ionisierungseffektes, daß jedes einzelne α-T. eine deutlich meßbare Wirkung hervorruft und entsprechend schwache Präparate mit genügend langsamer Folge der α-T. eine Zählung (s. d.) durchgeführt werden kann. — Die Ionisierung flüssiger Dielektrika beträgt etwa 1 Promille des Wertes in Luft und ist wegen der starken Absorption auf dünne Flüssigkeitsschichten in unmittelbarer Umgebung des Ionisators beschränkt. In festen Isolatoren ist eine Ionisierung bisher nicht mit Sicherheit nachgewiesen. Insoferne die in Luft erzeugten Ionen in einer schwach mit Wasserdampf übersättigten Atmosphäre als Kondensationskerne dienen, werden sich entlang der Bahn der α-T. Nebelstreifen ausbilden, die subjektiv beobachtet oder photographisch festgehalten eine Sichtbarmachung des Weges der α-Partikel ermöglichen.

Wird die gesamte Energie der α-T. absorbiert und in Wärme verwandelt, so läßt sich der Effekt vorausberechnen zu $\frac{1}{2} Z m v^2$ Erg/Sek $= \frac{\frac{1}{2} Z m v^2}{4,19 \cdot 10^6} \frac{cal}{Stunde}$, wenn Z die Zahl der pro Sekunde ausgeschleuderten α-T. bedeutet. Handelt es sich um den gleichzeitigen Zerfall mehrerer Atomarten mit verschiedenen Anfangsgeschwindigkeiten ihrer α-T., so ist obiger Ausdruck für jede α-Type getrennt zu rechnen und dann zu summieren über alle Typen. Bei Ra im Gleichgewicht mit seinen Zerfallsprodukten bis inklusive Ra-C sind z. B. 91% des gesamten Wärmeeffektes auf Rechnung der α-Strahlung zu setzen (vgl. den Artikel „Wärmeentwicklung").

Wie die Ionisierung dürften auch die chemischen Wirkungen größtenteils auf Dissoziierung der von den α-T. getroffenen Moleküle beruhen. So werden Halogenwasserstoffe zersetzt und zum Teil in Chlor- bzw. Brom- oder Jodsauerstoffverbindungen übergeführt. Oder man kann Brom und Jod aus den zugehörigen Wasserstoffsäuren abspalten. Leicht konstatierbar ist die Bildung von Ozon (0,72 g in der Stunde von 1 g Ra). Ammoniak wird in H und N zerlegt, Kohlensäure in CO und O etc. —

Papier wird brüchig, Kautschuk hart, Quarzglas bekommt Risse unter dem Einfluß der a-Strahlung; Hg, Al, Pb etc. oxydieren, eine Reihe organischer Substanzen werden unter Gasentwicklung zersetzt (z. B. Hahnfett unter Bildung von CO_2, worauf bei der Aufbewahrung von Präparaten zu achten ist); auch ein Einfluß auf die Koagulierung von Eiweiß ist konstatierbar u. a. m. Die Ionisation des Wassers scheint von chemischer Dissoziation des Moleküles begleitet. Ob der Effekt ein direkter oder ein indirekter ist, ist nicht zu entscheiden. Er vermag die Emanation von 1 g Ra während ihrer ganzen Lebensdauer 136,7 cm³ Gas zu bilden, wovon 4,5 cm³ den β-Strahlen, der Rest der Wirkung der a-Strahlen zuzuschreiben ist.

Einige Substanzen, insbesondere Diamant und Zinksulfit (Sidotblende) werden zur Fluoreszenz erregt, und zwar zerlegt sich unter der Lupe das gleichmäßige Aufleuchten der getroffenen Fläche in eine Reihe einzelner Lichtblitze, die, wie man durch Abzählen nachweisen kann, beim Auftreffen je eines a-T. entstehen. Auch die Präparate selbst leuchten (Autoluminiszenz), hauptsächlich unter dem Einfluß ihrer eigenen a-Strahlung (vgl. den Artikel „Leuchterscheinungen", „Szintillation", „Spinthariskop").

Unmittelbar an den a-Strahlern anliegende Gläser weisen meistens Verfärbungserscheinungen auf, die sich genau über die Eindringungstiefe der a-T. (0,04 mm in Glas) erstrecken; ähnlich kommen die in pleochroitischen Kristallen manchmal auftretenden Halo-Erscheinungen zustande (vgl. den Artikel „Verfärbung").

Auf photographischen Platten bilden sich bei senkrechtem Einfall der a-T. Schwärzungspunkte, bei streifender Inzidenz geradlinige Punktfolgen, entsprechend der a-Reichweite in Gelatine, aus. Die Zahl der zu einer solchen Punktfolge gehörigen Schwärzungspunkte ist kleiner als die auf dieser Strecke vorhandene Kornzahl, ein Zeichen, daß nicht jedes Silberpartikel beeinflußt wird.

Die physiologischen Wirkungen der a-Teilchen dürften wegen ihrer geringen Eindringungstiefe (0,1 mm) in den lebenden Organismus nur bei injizierten Präparaten in Betracht kommen. Die Hauptsache des beobachteten Einflusses radioaktiver Präparate wird den β-Strahlen zuzuschreiben sein.

a-T. können auch sekundäre Strahlen auslösen. So werden beim Auftreffen auf Wasserstoffatome,

sei es in reinem Wasserstoff oder in wasserstoffhaltigen Verbindungen (z. B. Wachs) positiv geladene Korpuskeln (vgl. „H-Strahlen") erzeugt. In fast allen Materialien werden ferner Elektronen (negativ mit einem Elementarquantum geladen) ausgelöst, die wegen ihrer kleinen Anfangsgeschwindigkeit — die sich als unabhängig von der Natur des Sekundärstrahlers erweist — nur geringes Ionisierungsvermögen besitzen. Vgl. den Artikel „δ-Strahlung". —

Untenstehende Tabelle enthält die a-strahlenden radioaktiven Substanzen, die Reichweite R in cm für Luft von 760 mm Druck und 15° Celsius, die Anfangsgeschwindigkeit v in 10^9 cm/Sek. und k, die Gesamtzahl der von jedem a-T. auf seinem Wege in Luft erzeugten Ionenpaare.

K. W. F. Kohlrausch.

a-**Strahlen** s. Rückstoß.

a-**Umwandlung** nennt man den Zerfall eines instabilen radioaktiven Atomes, der dadurch charakterisiert ist, daß der Übergang in die neue Gleichgewichtslage durch Abstoßung eines a-Partikels (d. i. ein Heliumatom, geladen mit 2 positiven Elementarquanten) aus dem Atomkerne eingeleitet wird. Dadurch wird erstens das Atomgewicht um die dem Heliumatom zukommenden 4 Einheiten verringert. Zweitens wird durch den Verlust der beiden positiven Elektrizitätsquanten die Kernladung verkleinert, das Kraftfeld innerhalb des Atomes geändert und es wird auch zu Veränderungen in dem den Kern umkreisenden Elektronensystem kommen, was wiederum seinen Einfluß auf die chemischen, spektralen, elektrochemischen Eigenschaften des neuentstandenen Atomes haben muß. Alle diese Konsequenzen der a-Umwandlung lassen sich kurz zusammenfassen in der Konstatierung, daß bei einem a-Zerfall das neuentstandene Atom im periodischen System der Elemente um zwei Stellen nach links rückt. Vgl. dazu den Artikel „Verschiebungsregel" und die daselbst gegebene Abbildung.

a-Umwandlungen finden statt bei den folgenden der bisher bekannten radioaktiven Substanzen: U I, U II, Io, Ra, Ra Em, Ra A, Ra C, Ra C', Po; Pa, Rd Ac, Ac X, Ac Em, Ac A, Ac C, Ac C'; Th, Rd Th, Th X, Th Em, Th A, Th C, Th C'.

K. W. F. Kohlrausch.

Substanz	U I	U II	Jo	Ra	RaEm	RaA	RaC	RaC'	Po	Th	RdTh	ThX
R cm =	2·50	2·90	3·07	3·30	4·16	4·75	3·80	6·94	3·83	2·72	3·87	4·30
$v \cdot 10^{-9} \frac{cm}{Sek}$ =	1·37	1·44	1·46	1·50	1·62	1·69	1·58	1·92	1·58	1·40	1·58	1·64
k 10^{-5} =	1·20	1·33	1·38	1 45	1·69	1·84	1·60	2·37	1·60	1·26	1·61	1·72

Substanz	ThEm	ThA	ThC	ThC'	Pa	Ac	RdAc	RdAc	AcX	AcEm	AcA	AcC'
R =	5·00	5·70	4·95	8·60	3·31	3·56	4·61	4·20	4·26	5·57	6.27	5 15
$v \cdot 10^{-9} \frac{cm}{Sek}$ =	1·72	1·80	1·71	2·06	1·50	1·54	1·68	1·63	1·64	1·79	1·86	1·74
k . 10^{-5} =	1·90	2·08	1·89	2·73	1·45	1·52	1·80	1·71	1·72	2·05	2·21	1·95

B

Babinets Kompensator kommt bei der Untersuchung elliptisch polarisierten Lichtes zur Verwendung. Mit seiner Hilfe läßt sich in den Weg eines Lichtstrahles eine Kristallplatte von beliebiger wirksamer Dicke einschalten und somit in den Lichtstrahl eine beliebige Phasendifferenz einführen. Der Kompensator besteht aus zwei sehr spitzwinkligen Quarzkeilen von gleichem Keilwinkel, von denen der längere durch eine Mikrometerschraube mit Meßtrommel verschiebbar ist. Die optischen Achsen der Keile sind senkrecht zueinander orientiert und liegen parallel AB (Fig. 1) bzw. senkrecht

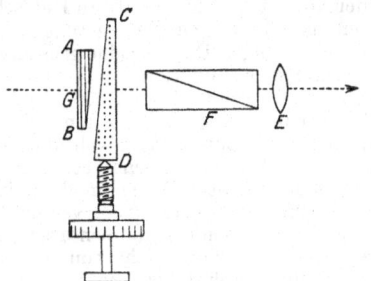

Fig. 1. Babinetscher Kompensator.

zu CD (zur Zeichenebene), was in der Figur durch die Schraffur bzw. Punktierung angezeigt wird. Daher geht der ordentliche Strahl, welcher den ersten kurzen Keil senkrecht zum Hauptschnitt (d. i. zur Zeichenebene) schwingend durchsetzt hat, durch den zweiten Keil als außerordentlicher Strahl und umgekehrt. Da sich nun im Quarz der außerordentliche Strahl langsamer fortpflanzt als der ordentliche, so wird der resultierende Phasenunterschied sich bei Verschiebung des längeren Keiles ändern.

Mit der Lupe E visiert man durch den Analysator F nach der Mitte G des feststehenden Keils, die durch eine Blende markiert sei. Liegen an dieser Stelle gleich dicke Schichten der beiden Keile hinter einander, so heben sich die Wirkungen beider Keile auf. Sobald man aber aus dieser Stellung den beweglichen Keil verschiebt, resultiert ein Phasenunterschied, dessen Betrag der Verschiebung des Keiles proportional ist. Auf diese Weise kann man den Gangunterschied messen, der zur Phasendifferenz der Komponenten des auf den Kompensator fallenden, elliptisch oder zirkular polarisierten Lichtes hinzugefügt werden muß, um linear polarisiertes Licht zu erzeugen. Damit ist dann auch die ursprüngliche Phasendifferenz der Lichtstrahlen bestimmt.

Zur Eichung des Instrumentes läßt man einfarbiges, geradlinig polarisiertes Licht einfallen und wertet die Meß-

trommel in Gangunterschied für die betreffende Farbe aus. Die Polarisationsebene des das Licht polarisierenden Nicols wird unter 45° gegen die Hauptschnitte der Keile geneigt, der Analysator zum Polarisator gekreuzt, dann ist das Gesichtsfeld von schwarzen Streifen durchzogen, die parallel zu den Keilkanten d. i. senkrecht zur Zeichenebene verlaufen. Durch Drehen der Trommel stellt man nun zwei benachbarte Streifen nacheinander zentrisch in die Blende bei G ein; sind p_0 und p_1 diese beiden Trommeleinstellungen, so entsprechen die $p_1 - p_0$ Trommelteile gerade dem Gangunterschied einer Wellenlänge λ, d. h. der Phasenverschiebung 2π. Bedeutet demnach die Konstante ε die durch Drehung der Trommel um 1 Trommelteil erzeugte Phasenverschiebung, so wird einfach $\varepsilon = \dfrac{2\pi}{p_1 - p_0}$.

An den dunklen Stellen beträgt die durch den Kompensator bewirkte relative Phasenverschiebung der beiden Komponenten $\pm 2 k \pi$, wo k eine ganze Zahl ist. Den absoluten Nullpunkt des Kompensators, d. h. die Trommeleinstellung, bei der an der Blende gleich dicke Schichten der beiden Quarze hinter einander liegen, folglich k = 0 ist, findet man bei Beleuchtung mit weißem Lichte. Dann erscheint nur ein Streifen beim Einstellen in die Blende wirklich dunkel, für den eben k = 0 ist, während alle anderen Streifen gefärbt sind, weil ε von der Wellenlänge abhängt.

Will man Gangunterschiede in einem größeren Gesichtsfelde kompensieren, so muß die Konstruktion des Kompensators etwas geändert werden. An Stelle der Quarzkeile muß dann nämlich eine planparallele Quarzplatte von veränderlicher Dicke verwendet werden. Man erhält so den Soleil-Babinetschen Kompensator, der in Fig. 2 skizziert ist. Er besteht aus der Quarzplanplatte A und den beiden Quarzkeilen B und C, von welchen der letztere wieder durch eine Mikrometerschraube verschoben werden kann. Die optischen Achsen der Keile einerseits und der Platte andrerseits sind senkrecht zueinander orientiert, was in der Figur durch die Punktierung bzw. Schraffur angezeigt wird. Hier ist der Nullpunkt diejenige Trommeleinstellung, bei der das ganze Gesichtsfeld dunkel wird. Will man z. B. die Änderungen bestimmen, welche geradlinig polarisiertes, einfallendes Licht durch Reflexion an der Metallfläche D erfährt, so setzt man diese auf das Tischchen eines Spektrometers, dessen Spaltrohr außen

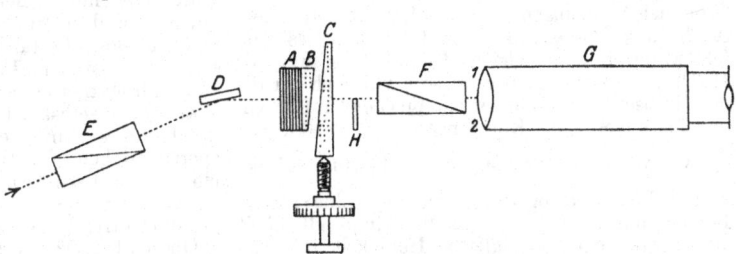

Fig. 2. Soleil-Babinetscher Kompensator mit Halbschatteneinstellung.

am Objektiv den Polarisator E trägt, während der Kompensator nebst Analysator F an dem Fernrohr G vorgesteckt werden. Da dieses auf unendlich eingestellt ist, so werden im vorliegenden Falle die Nicol und der Kompensator von Parallelstrahlen-Büscheln durchsetzt.

Mit dem Soleil-Babinetschen Kompensator beläuft sich bei den Einstellungen auf größte Dunkelheit der mittlere Fehler e einer einzelnen Einstellung des verschiebbaren Keiles auf etwa $\pm 1/_{450}$ bis $1/_{180}$ λ Phasenunterschied je nach den vorliegenden Umständen. Diese Einstellungsgenauigkeit e hat man auf verschiedene Weise durch Halbschattenvorrichtungen, ähnlich wie bei den Polarisationsapparaten, zu steigern versucht. Eine sehr große Genauigkeit von e = $1/_{17000}$ λ ist mit dem elliptischen Halbschatten-Polarisator und Kompensator von Brace erreichbar. Indessen lassen sich mittels dieser Anordnung direkt nur kleinere Phasenverzögerungen ausmessen, wobei die Berechnung der Resultate eine recht umständliche ist. Um Gangunterschiede beliebiger Größe bestimmen zu können, hat dann Tool die Methode von Brace mit derjenigen von Stokes vereinigt, bei welcher elliptisches Licht mit Hilfe eines Kompensators von angenähert $1/_4$ Wellenlänge in lineares verwandelt wird. Aber auch diesem Halbschattenpolarimeter für elliptisches Licht ist die Kompliziertheit der Beobachtung und Ausrechnung eigen. Wesentlich einfacher in dieser Hinsicht ist das Halbschattenpolarimeter von Zehnder, welches eine Phasenverschiebung von e = $1/_{1000}$ λ noch deutlich erkennen läßt. Schulz hat einen Apparat zur Untersuchung der Doppelbrechung optischer Gläser angegeben, bei welchem e = $1/_{2200}$ λ beträgt. Weiter ist von Szivessy der Kompensator durch Hinzufügen einer Halbschattenplatte bedeutend empfindlicher gemacht worden, ohne die übliche einfache Gebrauchsart des Soleilschen Kompensators grundsätzlich zu ändern. Er setzt die Halbschattenvorrichtung aus zwei Quarzplatten und vier Quarzkeilen mit bestimmten Lagen der optischen Achsen zusammen und erzielt damit eine Einstellungsgenauigkeit von e = $1/_{4100}$ λ.

Da aber diese Vorrichtung, um völlig störungsfrei zu sein, eine sehr genaue Schleifarbeit und Justierung erfordert, die nicht ganz einfach ist und deshalb auch mit sehr hohen Herstellungskosten verknüpft wäre, so ist sie neuerdings von Szivessy durch eine einzige einfache Halbschattenplatte H (Fig. 2) ersetzt worden. Diese besteht aus einer sehr dünnen, doppelbrechenden, planparallelen Kristallplatte und bedeckt nur die eine Gesichtsfeldhälfte 2. Mit dem Fernrohr G ist nunmehr scharf auf die Begrenzungslinie von H einzustellen. Die Verhältnisse gestalten sich besonders einfach, wenn die Hauptschwingungsrichtungen von H mit den optischen Achsenrichtungen des Kompensators zusammenfallen. Bezeichnet man dann diejenigen Trommeleinstellungen, bei welchen das aus dem Analysator F tretende Licht in den beiden Gesichtsfeldhälften 1 und 2 gleiche Intensität besitzt, als Halbschattenstellungen, so ergibt sich für die den Halbschattenstellungen entsprechenden Phasenverzögerungen φ_1 des Kompensators: $\varphi_1 = \pm k \pi - \dfrac{\delta}{2}$, worin k eine ganze Zahl und δ die durch H bewirkte Phasenverzögerung bedeutet. Eine nähere Berechnung lehrt nun, daß die Empfindlichkeit der Einstellungen auf gleiche Helligkeit der Gesichtsfeldhälften am größten wird, wenn die Po-

larisationsebenen der beiden Nicol unter 45° gegen die optischen Achsen des Kompensators geneigt sind. In diesem Falle und bei der üblichen Anordnung mit gekreuzten Nicol werden alsdann die Bestimmungen der Halbschattenstellungen besonders genau, wenn $\varphi_1 = \pm 2 k \pi - \dfrac{\delta}{2}$ ist und δ nahe gleich $\pm 4 n \pi$ gewählt wird, unter n wieder eine ganze Zahl verstanden. Das Gesichtsfeld wird hierbei ziemlich dunkel erscheinen.

Die empfindlichen Halbschattenstellungen liegen, wie man erkennt, sehr nahe bei den dunklen Nullstellungen des Kompensators ohne Halbschattenplatte. Um von einer dieser empfindlichen Halbschattenstellungen zur folgenden zu gelangen, muß φ_1 eine Änderung von $\pm 2 \pi$ erhalten; wie beim einfachen Soleil-Babinetschen Kompensator entsprechen also auch beim Halbschattenkompensator die Umdrehungen der Trommel zwischen zwei aufeinander folgenden dunklen Halbschattenstellungen einer relativen Verzögerung von einer ganzen Wellenlänge. Da δ für eine gegebene Halbschattenplatte eine Funktion von λ ist, so wird offenbar eine sehr dünne Platte, deren δ für sichtbares Licht nahe bei Null liegt, am geeignetsten sein. Als Material kommt dabei wohl nur Glimmer in Frage, der allein die Eigenschaft vorzüglicher Spaltbarkeit mit geringer Doppelbrechung in Richtung senkrecht zur Spaltfläche vereinigt. Mit einem solchen Halbschattenkompensator beobachtete Szivessy für grünes Licht von $\lambda = 0,546$ μ und für ein Glimmerblättchen von $\delta = 0,142$ π die Einstellungsgenauigkeit zu e = $\pm 1/_{1900}$ λ Phasenunterschied. *Schönrock.*

Näheres s. Zeitschr. f. Instrumentenkunde 1906, S. 94; 1909, S. 296; 1911, S. 129; 1913, S. 205, 247; 1914, S. 131; 1920, S. 217.

Bäder konstanter Temperatur. Bäder konstanter Temperatur (Thermostaten) werden in fast allen Zweigen der experimentellen naturwissenschaftlichen Forschung benutzt. Besonders ausgedehnt ist ihre Verwendung in der Physik, wo man ihrer z. B. für die Vergleichung von Thermometern oder für andere thermische Arbeiten bedarf.

1. Zwischen 0° und 100° verwendet man in der Regel kleine oder große Wasserbäder, die nach Bedarf durch Eis oder Schmelzwasser unter Zimmertemperatur abgekühlt oder durch warmes Wasser, mittels durchströmenden Dampfes oder durch elektrische Heizung erwärmt werden. Bei Thermometervergleichungen ist zwecks guter Ausbildung der Quecksilberkuppen meist eine langsam ansteigende Badtemperatur erwünscht, man reguliert dann von Hand, was nur geringe Übung erfordert. Verlangt man wirklich konstante Temperaturen, so bedarf man zur Heizung eines über längere Zeit konstanten elektrischen Stromes, wie er von großen Akkumulatorenbatterien geliefert wird; oder aber man heizt mit Leuchtgas, dessen Zufuhr durch einen Gasdruckregulator abgedrosselt wird. Der wirksame Bestandteil eines solchen Gasdruckregulators ist ein Flüssigkeits- oder Gas- oder Dampfdruckthermometer, dessen Gefäß sich in dem Wasserbade selbst befindet. Steigt die Temperatur des Bades, so wird die Thermometer- bzw. die Absperrflüssigkeit vorgetrieben und engt die Gaszufuhr ein. — Die Badflüssigkeit muß gut durchgemischt werden; man bedient sich dazu kräftig wirkender, meist elektrisch angetriebener Rührvorrichtungen.

Oberhalb 100° bis 250° verwendet man ähnlich gebaute Bäder, die an Stelle des Wassers mit Öl gefüllt sind Früher benutzte man zu diesem Zwecke gern Palmin, das in frischem Zustande fast ebenso durchsichtig ist wie Wasser; jetzt, wo Palmin knapp ist, muß man sich mit hochsiedenden Schmierölen begnügen.

Zwischen 225⁰ und 600⁰ dient das Salpeterbad; die Füllung besteht aus Kali- und Natronsalpeter im Verhältnis der Molekulargewichte (101 : 85). Diese Bäder werden fast immer elektrisch geheizt; die Heizspule aus Nickeldraht wird auf ein durch Asbestpappe isoliertes Eisengefäß außen aufgewickelt und ist vor Berührung mit der sich über den Gefäßrand ausbreitenden Flüssigkeit durch einen mit diesem verschweißten Eisenblechmantel geschützt. Der Boden des Gefäßes wird mittels eines rostförmigen Heizkörpers erwärmt Auch das Salpeterbad soll mit einer kräftigen Rührvorrichtung versehen sein.

Oberhalb 600⁰ bedient man sich eines — bis 300⁰ abwärts brauchbaren — elektrisch geheizten Luftbades Eine Röhre aus Porzellan oder dergleichen trägt die Heizspule, die für Temperaturen bis 1000⁰ aus Nickel, bis 1500⁰ aus Platin, bis 1800⁰ aus Iridium besteht. Der Verschleiß der beiden letztgenannten Metalle, von denen Iridium immer, Platin vielfach nicht als Draht, sondern als dünnes Blech in Zylinder- oder Bandform verwendet wird, ist bei der höchsten Temperatur groß wegen der Zerstäubung bei Zutritt von Sauerstoff; man verwendet deshalb eine Stickstoffatmosphäre. Die Enden des Heizrohres erhalten einen Zusatz an Windungen oder an besonderen Spulen, um eine gleichmäßigere Verteilung der Temperatur im Innern des Rohres zu erzielen und den Temperaturabfall nach den Enden des Rohres zu vermeiden. Gasdichten Abschluß gewährt bis 1300⁰ außer Quarzglas glasiertes Porzellan, bis 1500⁰ glasierte Marquardtsche Masse. Doch schmilzt die Glasur beider Stoffe schon bei 1100⁰ und hält alsdann nur noch Unterdruck aus. Die Ofentemperatur steigt bei Heizspulen aus einfachen Metallen oberhalb 200⁰ ziemlich proportional der Stärke des Heizstromes an.

2. Neben den Flüssigkeits- und Luftbädern werden schmelzende und verdampfende Körper als Bäder konstanter Temperatur verwendet. Für die Zwecke der Thermometrie ist das schmelzende Eis von allergrößter Bedeutung; s. d. Artikel Eispunkt; für die Verkörperung der thermodynamischen Temperaturskale werden außerdem die Schmelzpunkte einer Reihe von Metallen (Quecksilber, Zinn, Cadmium, Zink, Antimon, Silber, Gold, Kupfer, Palladium, Platin) benutzt; s. d. Artikel: Temperaturskalen.

Unter den siedenden Flüssigkeiten steht das Wasser (100⁰) an erster Stelle; der Wassersiedepunkt ist neben dem Eispunkt der hauptsächlichste Fixpunkt der Thermometrie. Außer ihm sind folgende Siedepunkte von Bedeutung:

Aceton	57⁰	Terpentinöl	160⁰
Chloroform	61⁰	Orthotoluidin	197⁰
Methylalkohol	65⁰	Methylbenzoat	199⁰
Äthylalkohol	78⁰	Äthylbenzoat	212⁰
Isobutylbromid	88⁰	Naphthalin	218⁰
Propylalkohol	96⁰	Chinolin	235⁰
Toluol	109⁰	Amylbenzoat	257⁰
Paraldehyd	124⁰	Glyzerin	285⁰
Amylacetat	141⁰	Phenylxyläthan	300⁰
Metaxylol	149⁰	Benzophenon	306⁰

Endlich ist an dieser Stelle auch der Schwefelsiedepunkt (444,55⁰) zu erwähnen, der in der Platin-thermometrie eine Rolle spielt; s. die Artikel Temperaturskalen und Widerstandsthermometer.

Die angegebenen Siedepunkte gelten nur für den normalen Luftdruck von 760 mm Quecksilber; ändert sich der äußere Druck, so ändern sich auch die Siedepunkte nicht unbeträchtlich. Das macht nichts aus, solange man die aus der siedenden Flüssigkeit entwickelten Dämpfe nur als Bäder benutzt und die Temperatur unmittelbar, etwa durch ein eintauchendes Thermometer ermittelt. Will man dagegen ein Thermometer mit Hilfe der bekannten Siedetemperatur eichen, so hat man die Abhängigkeit der Siedetemperatur vom Druck zu berücksichtigen, die aber nur in wenigen Fällen (Wasser, Naphthalin, Benzophenon, Schwefel; s. d. Artikel Temperaturskalen) hinreichend genau bekannt ist. In diesem letzteren Falle muß man auf die Konstruktion der Siedegefäße große Sorgfalt verwenden. Man benutzt doppelwandige Siederöhren, in denen der im Innern aufsteigende Dampf durch den im Mantel absteigenden oder bereits kondensierenden Dampf vor Wärmeabgabe nach außen möglichst geschützt wird. Als Druck ist in Rechnung zu stellen der äußere Luftdruck vermehrt um den Überdruck im Siedeapparat, der deshalb sorgfältig gemessen werden muß.

3. Für konstante Temperaturen unterhalb 0⁰ kommen zunächst die Gemische von Eis und verschiedenen Salzen (Kältemischungen, Kryohydrate) in Betracht, und zwar geben mit 100 Teilen Eis

10	Teile	Kaliumsulfat	— 1,9⁰
13	„	Kaliumnitrat	— 2,9⁰
30	„	Kaliumchlorid	—10,6⁰
25	„	Ammoniumchlorid	—15,0⁰
33	„	Natriumchlorid	—21,2⁰
200	„	Calciumchlorid	—35,0⁰

Ferner erhält man mit

Natriumphosphat	—0,5⁰
Natriumsulfat	—1,1⁰
Bariumchlorid	—7,0⁰

wenn man Eis in kleinen Mengen zusetzt und während des Melzens stets nachgibt. Weiter haben sich bewährt

zwischen —65⁰ und 0⁰ ein Alkoholbad, das durch Verdampfen flüssiger Kohlensäure gekühlt wird;

bei —78,3⁰ ein Gemisch von Alkohol und fester Kohlensäure, im Vakuummantelgefäß angesetzt. Die Temperatur schwankt etwas mit dem Luftdruck und ist ein wenig höher als der nach dem statischen Verfahren beobachtete Siedepunkt der Kohlensäure;

zwischen —150 und 0⁰ ein Alkohol- oder Petrolätherbad, das durch verdampfende flüssige Luft gekühlt wird;

zwischen —195 und —183⁰ ein Bad aus einem Gemisch von flüssigem Stickstoff und flüssigem Sauerstoff (flüssiger Luft) oder aus einem Bestandteil allein;

bei —252⁰ ein Bad aus flüssigem Wasserstoff.

Scheel.

Näheres s. Holborn, Scheel, Henning, Wärmetabellen S. 17—20. Braunschweig 1919.

Baersches Gesetz. Aus der Tatsache, daß bei vielen russischen Flüssen das rechte Ufer hoch (Bergufer), das linke niedrig (Wiesenufer) ist, folgerte K. E. von Baer 1860, daß hier eine Wirkung der ablenkenden Kraft der Erdrotation vorläge. Durch die auf der nördlichen

Halbkugel nach rechts gerichtete Kraft der Ablenkung, die v. Baer auf Bewegungen in meridionale Richtung beschränkt glaubte, während sie tatsächlich bei jeder Bewegungsrichtung auf der Erdoberfläche wirksam ist, wird nach seiner Ansicht der Fluß gezwungen, allmählich sein Bett so lange nach rechts zu verlegen, bis höheres Gelände dieser Wanderung ein Ziel setzt.

Gegen dieses Gesetz wird vielfach geltend gemacht, daß die Wirkung der Rechtsablenkung viel zu gering sei, um eine derartige Verlegung der Stromläufe zu verursachen. Man glaubt, daß mehr die Bodenbeschaffenheit und die Formen des Geländes sowie das Vorherrschen bestimmter Windrichtungen und andere exogene Vorgänge (s. diese) von bestimmendem Einfluß auf die Erscheinung sind.   *O. Baschin.*
Näheres s. K. E. v. Baer, Über ein allgemeines Gesetz in der Gestaltung der Flußbetten. Bull. Ac. des Sc., St. Pétersbourg, 1860, II.

Bahnbestimmung. Hierunter versteht man im allgemeinen die Bestimmung der Keplerschen Bahnelemente eines Himmelskörpers (Komet oder Planet) aus geozentrischen Beobachtungen. Den ersten Versuch dieser Art machte der englische Astronom Halley an dem nach ihm benannten Kometen nach einer geometrischen Methode. Es gibt eine Menge von Methoden, die nicht alle angeführt werden können, die aber in zwei Hauptgruppen zerfallen, die Näherungs- und die analytischen Methoden. Erstere suchen zunächst rasch rohe Elemente zu erhalten, die dann durch eine zweite und dritte Rechnung verbessert werden. Die analytischen Methoden führen direkt zu den Elementen.

Die allgemeine Bahnbestimmung beruht auf drei Beobachtungen des Gestirnsortes mit den dazugehörigen Zeiten. Diese 3 Beobachtungen sind gerade notwendig, um eine Bahn zu bestimmen. Die Bewegung eines Körpers wird durch 6 Größen gegeben (6 Elemente) und ebensoviele Größen sind in 3 Beobachtungen nach Rektaszension und Deklination enthalten. Durch die 3 Beobachtungen werden 3 Gerade im Raum festgelegt, auf denen je ein Punkt der Bahn liegen muß. Diese 3 Punkte haben nun folgende Bedingungen zu erfüllen:

1. Sie müssen mit der Sonne in einer Ebene liegen.

2. Sie müssen auf einem Kegelschnitt liegen, dessen einer Brennpunkt die Sonne ist (1. Keplersches Gesetz).

3. Für die Bewegung des Körpers in seiner Bahn müssen das zweite und dritte Keplersche Gesetz Geltung haben.

Die Näherungsmethode wurde von Gauß ausgearbeitet und in einigen Punkten von Encke verbessert. Es wird hier ein mathematischer Ausdruck für die heliozentrische Distanz des Gestirnes im mittleren der 3 Beobachtungsörter gebildet, der durch eine Gleichung 8. Grades dargestellt wird. Diese Methode ist jetzt noch am meisten unter dem Namen der Gauß-Enckeschen im Gebrauch. Will man eine genähere Kometenbahn rechnen, so ist die Annahme einer Parabel (Exzentrizität = 1,00) zulässig. Hierzu findet die Methode von Olbers Anwendung, die auf eine Gleichung 6. Grades führt und bei der von der mittleren Beobachtung nur eine Koordinate verwandt wird.

Für eine genäherte Planetenbahn (Kreisbahn) genügen 2 Beobachtungen.

In Amerika ist die auf Laplace zurückgehende Methode von Leuschner seit einiger Zeit üblich geworden.

Die bekannteste analytische Methode stammt von Charlier.   *K. F. Bottlinger.*
Näheres s. Bauschinger, Lehrb. d. Bahnbestimmungen.

Bahnelemente s. Planetenbahn.

Balalaika s. Saiteninstrumente.

Ballistik. Die praktische Ballistik umfaßt den Betrieb des praktischen Schießens. Die theoretische Ballistik, von der allein hier die Rede ist, hat es zu tun mit dem Studium der beim Schuß aus der Waffe auftretenden Bewegungserscheinungen, also mit den Bewegungen des Geschosses und der Waffe und den daran sich anschließenden Fragen, soweit diese der mathematischen und physikalischen bzw. chemischen Untersuchungsweise unterliegen können. Und zwar verfolgt die sog. innere Ballistik das Verhalten des Geschosses, der Waffe und der Ladung von dem Moment der Entzündung des Pulvers ab bis zum Durchgang des Geschosses durch die Mündung des Geschützes oder Gewehrs; die äußere Ballistik weiterhin von dem letztgenannten Moment ab bis zu demjenigen, wo das Geschoß in das Ziel eingedrungen ist und daselbst zur Ruhe kommt.

Hinsichtlich der dabei in Betracht kommenden Aufgaben ist folgendes zu sagen: Bei dem speziellen innerballistischen Hauptproblem handelt es sich darum, den Gasdruck und die Geschoßgeschwindigkeit innerhalb des Rohrs als Funktion der Zeit und des Geschoßwegs zu ermitteln und für irgend einen Moment den Bruchteil der Ladung zu finden, der bis dahin verbrannt ist; dabei ist angenommen, daß für die gewählte Pulversorte die verschiedenen Pulverkonstanten (s. d.) bekannt und daß das Kaliber, die Rohrlänge, der Verbrennungsraum, die Drallkurve, das Geschoßgewicht und das Ladungsgewicht gewählt seien. Sekundäre Probleme zu diesem Hauptproblem beziehen sich auf die Bewegungen der Waffe, einschließlich der Rohrschwingungen, auf die günstigste Gestalt der Drallkurve, auf die Rohrerwärmung beim Schuß, auf die Ausbrennungserscheinungen und damit auf die Lebensdauer der Rohre, auf die Ermittelung des Widerstandes beim Einpressen des Geschosses in die Züge und des Widerstands in den Zügen, auf die Bewegung des verbrannten und des unverbrannten Pulvers und auf die Nachwirkung der aus der Mündung ausströmenden Pulvergase gegenüber Geschoß und Waffe, auf den Mündungsknall und dessen Abdämpfung, endlich auf die Ursache des „Mündungsfeuers" und des „Feuers aus der Mündung" und auf deren Beseitigung.

Ferner das spezielle außerballistische Problem im engsten Sinne ist die Aufgabe, bei gegebenen Anfangsdaten die verschiedenen Flugbahnelemente (s. d.) zu berechnen oder graphisch zu ermitteln, wenn für die betreffende Geschoßform der Luftwiderstand in Funktion der Geschoßgeschwindigkeit und die Luftdichte in ihrer Abhängigkeit von der augenblicklichen Höhe des Geschosses über dem Erdboden bekannt ist; bei diesem speziellen Problem ist vorausgesetzt, daß die Geschoßlängsachse dauernd in der Bahntangente liege und daß von störenden Einflüssen wie Wind, Geschoßpendelungen, Erdrotation usw. abgesehen werden dürfe. Der Einfluß des Winds, der Geschoßrotation, der Erdrotation, sowie einer Eigenbewegung der Waffe oder des Ziels oder der Waffe und des Ziels, ferner die Wirkung des Geschosses im Ziel, speziell die sog. Dum-Dum-Wirkung, und umgekehrt die Wirkung des Ziels auf das Geschoß, das Verhalten der Zündergeschosse, endlich die zufälligen und die konstanten Geschoßabweichungen bilden wichtige sekundäre Probleme der äußeren Ballistik.

Die experimentelle Ballistik umfaßt die sämtlichen Messungs-, Beobachtungs- und Registriermethoden, die sich auf die mannigfaltigen Bewegungen von Geschoß, Waffe und Pulver beziehen.

C. Cranz und O. v. Eberhard.

Näheres s. Lehrbuch der Ballistik von C. Cranz unter Mitwirkung von K. Becker. Bd. 1: Äußere Ballistik; Bd. III: Experimentelle Ballistik; Bd. IV: Tabellen, Diagramme und photographische Aufnahmen; (Bd. II, Innere Ballistik unter Mitwirkung von O. Poppenberg, in Vorbereitung). Dort zahlreiche Literaturangaben. Leipzig 1910/18. — P. Charbonnier, Balistique intérieure. Paris 1908.

Ballistische Galvanometer. Galvanometer, die zur Messung eines Stromstoßes bzw. einer Elektrizitätsmenge dienen. Diese wird aus dem ersten maximalen Ausschlag des Galvanometers berechnet, wenn man seine Gleichstromempfindlichkeit und die Dämpfungskonstante kennt. Die Galvanometer, wofür man solche nach dem Nadel- und dem Drehpulsystem verwenden kann, dürfen keine zu kurze Schwingungsdauer besitzen, da der Stromstoß im wesentlichen schon abgelaufen sein muß, ehe eine merkliche Bewegung des drehbaren Systems eingetreten ist. Auch die Ablesung des Umkehrpunktes wird bei kurzer Schwingungsdauer schwierig; es wird daher meist eine halbe Schwingungsdauer von wenigstens 10 Sek. angewendet.

W. Jaeger.

Näheres s. Jaeger. Elektr. Meßtechnik. Leipzig 1917.

Ballistische Messung einer Elektrizitätsmenge (vgl. auch „Ballistisches Galvanometer"). Eine Elektrizitätsmenge Q, welche eine gewisse Zeit t fließt, wird durch $\int i \, dt$ bestimmt und gemessen. Direkt läßt sich das Integral durch die verschiedenen Voltameter und Elektrizitätszähler ermitteln. Speziell die auf einem Kondensator befindliche Menge Q wird außer durch Bestimmung der Kapazität und der Spannung vornehmlich durch Entladung des Kondensators über ein ballistisches Galvanometer gemessen. In diesem Fall wird die Elektrizitätsmenge aus dem sog. „ballistischen" Ausschlag berechnet, wozu aber die Kenntnis der nötigen Konstanten des ballistischen Galvanometers notwendig ist (s. daselbst). Die Berechnung hat jedoch nur dann strenge Gültigkeit, wenn die Schwingungsdauer des Galvanometersystems so groß ist, daß der Stoß innerhalb einer Zeit verläuft, in der das System noch in Ruhe ist.

Durch den Stromstoß erhält das System eine Anfangsgeschwindigkeit, die der Elektrizitätsmenge proportional ist, und einen ersten, ballistischen Ausschlag, der dieser Geschwindigkeit, also auch der Strommenge Q, nahe proportional ist. Die quantitative Messung beruht auf folgender Überlegung. Die dynamische Galvanometerkonstante des Instrumentes, d. h. das in elektromagnetischem Maße ausgedrückte Drehmoment des Stroms von 1 CGS (= 1 Ampere) sei q. das Trägheitsmoment des Systems K. Dann ist die Geschwindigkeit u_0, welche dem Stromstoß $\int i \, dt$ entspricht. gegeben durch:

$$u_0 = \frac{q}{K} \int i \, dt = \frac{q}{K} \cdot Q.$$

Unter Berücksichtigung der Gleichung, welche die Abhängigkeit des ersten Ausschlages φ_1 von der Geschwindigkeit u_0 zum Ausdruck bringt.

gelangt man nach einigen Umformungen zu dem Ausdruck

$$Q = \frac{c \cdot T_0}{2\pi} k^{(1/\pi)} \operatorname{arctg} (\pi/\Lambda) \cdot \varphi_1$$

worin k das Dämpfungsverhältnis, Λ das logarithmische Dekrement, T_0 die ganze Schwingungsdauer in ungedämpftem Zustand und c die Galvanometerkonstante in Ampere/Skalenteil bedeuten. Die Elektrizitätsmenge Q erhält man dann in Coulomb. Für den aperiodischen Grenzfall, der, wie H. Diesselhorst gezeigt hat, für den ballistischen Gebrauch des Drehpulsgalvanometers am vorteilhaftesten ist, ergibt sich

$$Q = c \cdot T_0 \cdot e \, \varphi_1/2\pi$$

(e = Basis der nat. Logarithmen).

Bei einem völlig ungedämpften System erhält man

$$Q = \frac{c \cdot T_0}{2\pi} \cdot \varphi_1,$$

wobei der Faktor des Ausschlages φ_1 als ballistische Empfindlichkeit bezeichnet wird. *R. Jaeger.*

Ballistische Methode. Bei der ballistischen, für genauere magnetische Messungen wohl verbreitetsten Methode bildet die zu untersuchende Probe, an der sich, im Gegensatz zur magnetometrischen Methode, keine Pole ausbilden sollen, einen sog. magnetischen Kreis (s. dort) oder einen Teil desselben von möglichst gleichförmigem Querschnitt. Man verwendet also als Probe entweder einen bewickelten Ring, oder einfacher einen zylindrischen Stab bzw. ein Blechbündel, das durch ein Joch (s. dort) zu einem magnetischen Kreis zusammengeschlossen wird. Die Probe ist umgeben von einer eng anschließenden, mit dem ballistischen Galvanometer verbundenen Sekundärspule und einer vom Magnetisierungsstrom durchflossenen Primärspule. Beim Einschalten des Stroms, der in der Primärspule ein Feld von bestimmter Größe erzeugt, wird die vorher unmagnetische Probe magnetisiert; dadurch entsteht an den Enden der Sekundärspule eine der Windungszahl und der Größe des Induktionsflusses entsprechende Spannung, die sich in Form eines Stromstoßes ausgleicht, der das Galvanometer zum Ausschlagen bringt. Der Ausschlag ist direkt proportional der verwendeten Feldstärke in der Magnetisierungsspule, dem Querschnitt und der Permeabilität der Probe, der Zahl der Sekundärwindungen und der Empfindlichkeit des Galvanometers sowie umgekehrt proportional dem Widerstand im Sekundärkreis. Man wird also unter Berücksichtigung dieser Daten, die natürlich bekannt sein müssen, aus dem Galvanometerausschlag einen Schluß auf die Permeabilität des Materials ziehen können, d. h. man wird aus der bekannten Feldstärke, welche sich aus der Windungszahl pro Zentimeter und der Stärke des Magnetisierungsstroms ergibt, die zugehörige Induktion der Probe finden können.

Genau derselbe Vorgang spielt sich ab, wenn man die Stärke des Magnetisierungsstromes, also die Größe des bereits bestehenden Feldes, plötzlich ändert; auch dann kann man aus der Größe des Galvanometerausschlags auf die Änderung des Induktionsflusses im Innern der Probe schließen, so daß man schließlich in der Lage ist, mit Hilfe der gemessenen Ausschläge und der zugehörigen Stromstärken eine ganze Magnetisierungskurve bzw. eine Hystereseschleife zusammenzusetzen. Als ballistisches Galvanometer verwendet man, um magnetische Störungen von außen zu vermeiden, vorteilhaft ein Drehspulengalvanometer. Dies muß natürlich geeicht werden, d. h. es muß bestimmt werden, welcher Ausschlag bei Verwendung eines bestimmten Vorschaltwiderstandes erfolgt, wenn durch eine mit dem Galvanometer verbundene Sekundärspule von gegebener Windungszahl ein bestimmter Kraftlinienfluß tritt. Hierzu dient entweder ein käufliches Normal gegenseitiger Induktion, oder besser eine sog. Normalspule, d. h. eine lange, sehr gleichmäßig bewickelte Primärspule von bekanntem, gleichförmigem Querschnitt und bekannter Windungszahl/cm, welche in der Mitte eine mit dem Galvanometer verbundene Sekundärspule von ebenfalls bekannter Windungszahl trägt. Aus dem Ausschlag des Galvanometers beim Kommutieren eines bekannten, die Primärspule durchfließenden Stromes läßt sich dann die Empfindlichkeit des Galvanometers ohne weiteres berechnen.

Gumlich.

Näheres s. G u m l i c h , Leitfaden der magnetischen Messungen.

Ballistisches Pendel s. Pendel (math. Theorie).
Ballistisches Problem s. Wurf.
Ballonaufstiege s. Aerologie und aerologische Meßmethoden.

Bandenspektren und Quantentheorie. Die Bohrsche Quantentheorie der Spektrallinien ordnet in Übereinstimmung mit zahlreichen experimentellen Ergebnissen den Bandenspektren die *Molekeln* als deren Träger zu. Der Umstand, daß man zur Zeit noch über kein einziges brauchbares Molekülmodell (s. d.) auf Bohr-Rutherfordscher Grundlage verfügt, hat zur Folge, daß es auch noch nicht gelungen ist, irgendein Bandenspektrum quantitativ mit Hilfe universeller Konstanten allein, darzustellen. In qualitativer Hinsicht hingegen kann der Bau der Bandenspektren quantentheoretisch als in den wesentlichsten Zügen geklärt gelten, namentlich durch die Arbeiten von Schwarzschild, Heurlinger, Lenz und K r a t z e r. Es zeigte sich hierbei, daß die Bandenemission im wesentlichen durch *drei* verschiedene Teilvorgänge an der Molekel bedingt wird: die *Rotation* der Molekel als Ganzes überlagert gewisse ihrer Konfigurationsänderungen, nämlich Übergänge zwischen verschiedenen *Schwingungszuständen* der Atome, welche die Molekel bilden, gegeneinander und *Übergänge peripherer Elektronen* der Molekel zwischen verschiedenen ihrer Quantenbahnen. Alle drei Vorgänge werden nach der Theorie „gequantelt" und bedingen, wie sich leicht zeigen läßt, das Auftreten von mindestens fünf verschiedenen Quantenzahlen in der allgemeinen Bandenformel. Entsprechend diesen drei Teilvorgängen ergibt sie auch die drei hinsichtlich ihrer Wellenlängen-Größenordnung scharf voneinander getrennten Arten von Bandenspektren: das *reine Rotationsspektrum* im langwelligen, das *Rotationsschwingungsspektrum* im kurzwelligen Ultrarot, sowie das eigentliche *Bandenspektrum* im sichtbaren und ultravioletten Teil des Spektrums.

Charakteristisch für die Bandenformeln ist infolge der Molekelrotation das Auftreten der *molekularen Trägheitsmomente*, welche in denselben, dem gegenwärtigen Stande der Theorie entsprechend, noch die Rolle empirisch zu bestimmender Konstanten spielen. Da diese Trägheitsmomente bei sonst ungeänderter Konfiguration für aus Atomen *isotoper* Elemente bestehende Molekeln offensichtlich *verschieden* ausfallen müssen, konnten meßbare Isotopieeffekte an den Bandenlinien ge-

wisser Gase als möglich vorhergesagt werden; eine quantitative Bestätigung dieser Folgerung ist 1920 an den von Imes gemessenen Rotationsschwingungsbanden des HCl-Gases nachgewiesen worden. — Da aus der Konstitution einzelner Bandenspektren mittels der Theorie bereits mehrfach Rückschlüsse auf gewisse Eigenschaften ihrer Träger gezogen werden konnten, ist zu erwarten, daß sich diese Spektren auch weiterhin für die Erforschung der Molekularkonstitution nützlich erweisen werden.

Betreffs der allgemeinen theoretischen Grundlagen s. Bohrsche Theorie der Spektrallinien.

A. Smekal.

Näheres s. Sommerfeld, Atombau und Spektrallinien. III. Aufl. Braunschweig 1922; 7. Kapitel.

Bandmaße s. Längenmessungen.

Banjo s. Saiteninstrumente.

Baretter heißt eine Weatstonesche Brücke, deren einer Zweig von einem zu messenden Wechselstrom durchflossen ist, dessen Widerstandsänderung, im Brückengalvanometer gemessen, proportional dem Quadrat des Stromes ist. Die Methode eignet sich wegen ihrer hohen Empfindlichkeit zu quantitativen Messungen des drahtlosen Empfangs. Empfehlenswerte Baretter für höchste Empfindlichkeit bei Dr. R. Hase, Fabrik elektrischer Meßinstrumente, Hannover, s. Bolometer.   *Gerlach.*

Baretter. Ein von Feßenden u. a. verwendeter Wellenanzeiger, der im wesentlichen aus einem sehr dünnen Platindraht in einem evakuierten Glasgefäß besteht. Schaltet man ihn mit einem Telephon in den Stromkreis eines Elementes, so reagiert das Telephon unmittelbar auf die durch die Widerstandsänderungen des Drahtes hervorgerufenen Stromschwankungen. Die Widerstandsänderungen erfolgen im Takt der ankommenden Signale.

In einer etwas veränderten Schaltung wird der Baretter als Meßinstrument für die Intensität elektrischer Schwingungen angewendet.   *A. Esau.*

Barisches Windgesetz. Von Bays-Ballot aufgestellter Satz über die Beziehungen zwischen Luftdruckverteilung und Windrichtung: Auf der nördlichen Halbkugel hat ein Beobachter, der den Wind im Rücken hat, den Ort niedrigsten Luftdruckes stets zu seiner Linken, auf der südlichen Halbkugel zu seiner Rechten.   *O. Baschin.*

Barlowsches Rad. Führt man einem um eine Achse drehbaren Rade an der Achse elektrischen Strom zu und sorgt dafür, daß der Strom an der Peripherie wieder abgenommen wird, so fängt das Rad an zu rotieren, wenn man es zwischen die Pole eines Magneten bringt. Diese Bewegung rührt daher, daß ein Magnetfeld auf ein stromdurchflossenes Leiterstück (s. Elektromagnetismus) eine Kraft ausübt. Auf die radialen Stromfäden im Rade werden also Kräfte ausgeübt und diese setzen das Rad in Bewegung. Beläßt man die Stromzuführungen an dem Rade, schickt aber keinen Strom hindurch, so wird, sobald das Rad künstlich gedreht wird, ein Strom fließen. Bei der Bewegung wird nämlich in den Leiterstücken eine elektromotorische Kraft erzeugt. Ist in dem ersten und zweiten Fall der Drehsinn der gleiche, so fließt der Strom im zweiten Fall in entgegengesetzter Richtung wie im ersten, denn nach dem Lenzschen Gesetz sucht der durch Bewegung reduzierte Strom stets die Bewegung zu schwächen. Dieser Rotationsmechanismus wurde zuerst von Barlow angegeben.

H. Kallmann.

Barogramm eines Flugzeugs heißt die Kurve, welche beim Anstieg eines Flugzeugs von einem registrierenden Barometer aufgezeichnet wird. Das Barogramm dient als Unterlage für die Steigfähigkeitswertung; doch darf seine Angabe nicht direkt dazu verwendet werden; denn der Abstand zweier Schichten bestimmten Druckes ist von Tag zu Tag verschieden, und die Steigfähigkeit in einer bestimmten Höhe hängt nicht vom Druck, sondern von der Luftdichte in dieser Höhe ab. Zum Zwecke der Wertung muß also das an einem beliebigen Tage erflogene Barogramm umgerechnet werden auf das Barogramm, welches vom gleichen Flugzeug bei einer bestimmten normalen Dichte- und Druckverteilung in der Atmosphäre erflogen worden wäre. Zu diesem Zweck muß nur noch die Temperatur in allen Höhen am Versuchstage gemessen sein. *L. Hopf.*

Barograph. Als Barograph bezeichnet man ein registrierendes Barometer, welches den Luftdruck auf einem durch ein Uhrwerk vorgetriebenen Papierstreifen kontinuierlich aufzeichnet. Da es zur Beurteilung meteorologischer Verhältnisse in erster Linie auf den Verlauf des Luftdruckes mit der Zeit ankommt, ist der Barograph einer der wichtigsten Apparate der Meteorologie.

Außerdem gehört er zur Ausrüstung jedes Luftschiffes und Flugzeuges, um aus der Änderung des Luftdruckes auf die Steig- und Fallgeschwindigkeit zu· schließen. Die Teilung an derartigen Barographen wird dann nicht in Millimeter Quecksilbersäule, sondern direkt in Meereshöhen ausgeführt unter Annahme normaler Luftdruckverhältnisse und einer Temperatur von 10° C. Folgende Tabelle gibt die korrespondierenden Werte der Höhen- und Barometersäule, ausgedrückt in Millimeter Quecksilbersäule:

Höhe in m	Bar.-St. in mm	Höhe in m	Bar.-St. in mm	Höhe in m	Bar.-St. in mm
0	760	700	699	4000	470
100	751	1000	674	5000	418
200	742	1500	635	7500	307
300	733	2000	598	15000	124
500	716	3000	529	55000	1

Zur Konstruktion von Barographen werden vielfach Heberbarometer (s. Barometer) verwandt, bei denen ein Schwimmer auf dem Quecksilberspiegel im kurzen Schenkel angebracht ist, dessen auf- und abwärtsgehende Bewegungen durch einen feinen Draht auf eine Schreibfeder übertragen werden. Diese zeichnet die Barometerschwankungen auf einer Registriertrommel auf, deren Umfang einen Registrierstreifen trägt. Die Firma Fueß setzt den Schwimmer in den langen Schenkel ins Vakuum und befestigt am Schwimmer einen kleinen Stahlmagneten, welcher einen zweiten Magneten außerhalb des Barometerrohres durch magnetische Anziehungen mitnimmt, der seinerseits die Bewegung auf einen Schreibhebel überträgt.

Sehr genau ist der Laufgewichtsbarograph nach Sprung, welcher ebenfalls von Fueß angefertigt wird. Bei diesem Barographen wird das veränderliche Gewicht des Barometerrohres zur Anzeige benutzt, und zwar derartig, daß dieses an einer Wage mit Laufgewicht ausbalanciert wird. Die verschiedenen Laufgewichtsstellungen werden registriert. Druckänderungen von 0,1 mm Quecksilbersäule sind noch gut ablesbar.

Für alltägliche Zwecke und für Zwecke der Luftfahrt sind fast ausschließlich Barographen nach Richard im Gebrauch. Diese Instrumente sind Aneroide mit einer größeren Anzahl übereinander angebrachter Barometerkapseln zur Vergrößerung der Bewegung des Deckels der obersten Kapsel. Diese Bewegung wird mittels Doppelhebel auf die Schreibfeder übertragen. Die Registriertrommel mit Uhrwerk im Innern macht je nach Verwendungszweck in 6, 12, 24 Stunden oder in 8 Tagen eine Umdrehung; nach vollendeter Umdrehung muß stets ein neuer Registrierstreifen aufgelegt werden. Für meteorologische Zwecke entspricht die ganze Papierbreite einer Druckänderung von 720—800 mm. Für Zwecke der Luftschiffahrt ist die Empfindlichkeit wesentlich geringer, so daß z. B. ein Ausschlag über die ganze Papierbreite einem Höhenunterschied von 3500 m entspricht.

Die Aneroid-Barographen haben dieselben Fehler wie die Aneroid-Barometer. Am störendsten ist die elastische Nachwirkung der Kapseln. Diese kann bei Steilflügen und den entsprechenden schnellen Druckänderungen bewirken, daß der Barograph Höhen angibt, die über 100 m fehlerhaft sind.

Neuerdings fertigt C. P. Goerz, A.-G., Friedenau, nach den Angaben von Bennewitz Barographen an, bei denen die schädliche elastische Nachwirkung fast ganz durch eine sinnreiche Anordnung ausgeschaltet wird. *O. Martienssen.*

Näheres s. Winkelmann, Handbuch der Physik I, 2. Leipzig 1908.

Barometer. Barometer sind Instrumente, die den Druck der Atmosphäre am Aufstellungsort anzeigen.

Man unterscheidet Flüssigkeits- und Metallbarometer; wird Quecksilber als Flüssigkeit benutzt, so spricht man von einem Quecksilberbarometer.

Das einfachste Quecksilberbarometer liefert der Torricellische Versuch (s. dort). Ein über 76 cm langes einseitig geschlossenes Glasrohr wird mit absolut reinem Quecksilber gefüllt und dann mit dem offenen Ende in ein teilweise mit Quecksilber gefülltes Gefäß gesetzt (Fig. 1). An einem Maßstab wird die vertikale Höhendifferenz der Quecksilberspiegel im offenen Gefäß und im Rohr abgelesen und gilt als Maß für den Luftdruck am Orte des Instrumentes.

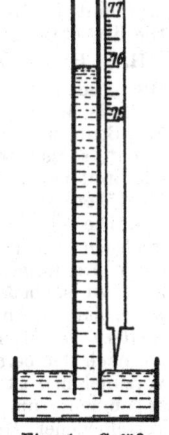

Fig. 1. Gefäßbarometer.

Derartige Barometer werden wegen des offenen Gefäßes „Gefäßbarometer" genannt. Der Maßstab wird gewöhnlich verschiebbar angeordnet, derartig, daß er mittels Mikrometerschraube so eingestellt werden kann, daß seine untere Spitze gerade den Quecksilberspiegel berührt. Dies ist sehr genau durch Beobachtung des Spiegelbildes der Spitze im Quecksilber zu erkennen. Der Maßstab trägt am oberen Ende Teilung und eine Visiereinrichtung, um auf mindestens $1/10$ mm genau die Höhe des oberen Quecksilbermeniskus ablesen zu können. Bezüglich der konstruktiven Einzelheiten der Konstruktion der Visiereinrichtung zur Vermeidung der

Parallaxe, der Einstellvorrichtung des Maßstabes usw. muß auf die umfangreiche Literatur und die Kataloge der Fabrikanten verwiesen werden.

Da das spezifische Gewicht des Quecksilbers 13,596 bei 0° C ist, entspricht einer Barometerhöhe von 76 cm ein Druck von

$$p_0 = 76 \cdot 13,596 = 1033,3 \text{ gr oder } 1013,3 \cdot 10^3$$
Dynen pro cm².

Die Größe dieses Druckes bezeichnet man als eine „Atmosphäre".

Um den richtigen Barometerstand zu erhalten, sind an der tatsächlich abgelesenen Barometerhöhe H eine Anzahl von Korrekturen anzubringen:

1. Korrektion auf die Temperatur 0°: Da der kubische Ausdehnungskoeffizient des Quecksilbers $\beta = 0,000181$ ist, so ist das Gewicht von 1 ccm Quecksilber bei t° C entsprechend geringer als bei 0° und die Quecksilberhöhe größer. Andererseits ist der Maßstab bei t° länger als bei 0°, für welche Temperatur er gewöhnlich geteilt wird, und deswegen wird die abgelesene Barometerhöhe zu klein. Mit hinreichender Annäherung bekommt man die wahre Barometerhöhe H_0, wenn man setzt: $H_0 = H (1 - (\beta - \gamma) t)$. Hier ist bei einem Maßstab aus Messing $\gamma = 0,000019$, bei einem Maßstab aus Glas $\gamma = 0,000009$ zu setzen. Diese Korrektur beträgt z. B. bei einem abgelesenen Wert von 76 cm bei 20° C 2,45 mm.

2. Korrektion wegen Kapillardepression des Quecksilbers: Wegen des Meniskus, den das Quecksilber im Standrohr bildet, ist die abgelesene Barometerhöhe zu niedrig. Bei einem Randwinkel des Quecksilbers gegen Glas von 36° sind z. B. bei einem Rohr von 10 mm lichter Weite 0,32 mm, bei einem Rohr von 20 mm lichter Weite 0,03 mm zur abgelesenen Barometerhöhe zu addieren. Da der Randwinkel durch geringfügige Verunreinigungen leicht verändert werden kann, vermeidet man diese Korrektion am besten durch genügende Weite des Standrohres im Ablesebereich; 16 mm Weite gilt meistens als ausreichend.

3. Korrektion wegen der Änderung der Schwerkraft mit der Höhe und der geographischen Breite: Die Korrektionsformel ist

$$H_0 = H (1 - 0,00259 \cos 2\varphi - 314 \cdot 10^{-9} h).$$

Hier bedeutet φ die geographische Breite, h die Höhe in Metern über dem Meeresspiegel. Werden die Beobachtungen auf einem Hochplateau gemacht, so ist statt 314 die Zahl 196 zu schreiben. Die Breitenkorrektion beträgt am Äquator 2,97 mm, die Höhenkorrektion z. B. auf der Zugspitze 0,71 mm.

4. Die Höhenkorrektion zu 3. ist nicht zu verwechseln mit der Korrektur, die notwendig ist, um von dem gemessenen Wert auf die Barometerhöhe zu schließen, die an dem Orte vorhanden wäre, falls er nicht in einer bestimmten Höhe, sondern im Meeresniveau läge; diese Korrektur, die nach der barometrischen Höhenformel (s. dort) vorzunehmen ist, wird in der Meteorologie oftmals angebracht, um die Barometerstände von Orten verschiedener Höhenlage vergleichen zu können.

5. Korrektion wegen des Druckes der Quecksilberdämpfe im Torricellischen Vakuum: Diese Korrektion ist nur ganz gering, sie beträgt bei 20° C 0,02 mm, bei 40° C 0,03 mm. Große Fehler können indessen entstehen, wenn bei nicht peinlich sorgfältiger Füllung des Barometerrohres Luft oder Wasserdampf im Torricellischen Vakuum enthalten ist.

Den Gefäßbarometern prinzipiell gleich sind die Heberbarometer. Sie bestehen aus einem U-förmig gebogenen Rohre (Fig. 2) mit einem langen geschlossenen Schenkel und einem kurzen Schenkel, der bei a eine kleine Öffnung zum Eintritt der Luft hat. Gemessen wird mittels verschiebbarer Skala die Höhendifferenz der Menisken in beiden Schenkeln. Ist das Rohr in beiden Schenkeln gleich weit und haben die Menisken gleiche Randwinkel, so heben die Kapillarkräfte sich in beiden Rohren auf, und die obige Korrektion ad 2. fällt fort. Indessen ist gleicher Randwinkel meistens nicht vorhanden, da der Luftzutritt im kurzen Schenkel die Quecksilberoberfläche oxydiert. Es muß demnach zur Vermeidung von Fehlern durch Kapillardepression das Rohr in beiden Schenkeln in der Gegend der Ablesung genügend weit genommen werden.

Über die verschiedenen Ausführungsformen dieses Barometers als Standinstrument oder transportables Instrument, z. B. durch Wild-Fueß, gibt nachstehende Literaturstelle Auskunft.

Um die Empfindlichkeit des Barometers zu erhöhen, hat man verschiedentlich versucht, andere Flüssigkeiten als Quecksilber zu benutzen. Indessen haben fast alle den Nachteil, daß ihre Dampfspannung groß ist. Dadurch wird die Korrektur ad 5. bedeutend und vor allem unsicher, weil die Dampfspannung von der Temperatur abhängt, die Temperatur aber innerhalb des Torricellischen Vakuums nicht genau gemessen werden kann. Die einzigste Flüssigkeit, die sich außer Quecksilber bewährt hat, ist Glyzerin. Da das spezifische Gewicht des Glyzerins 1,26 ist, entsprechen einer Höhe von 760 mm Quecksilber 8200 mm Glyzerin, und die Schwankungen des Barometerstandes erscheinen etwa 11 mal vergrößert. Bei dem Glyzerinbarometer muß man auf den Flüssigkeitsspiegel im offenen Gefäß etwas Steinöl gießen, um Absorption von Wasserdampf aus der Luft zu verhindern. Zur besseren Sichtbarkeit färbt man das Glyzerin mit Anilinfarbstoff rot. Natürlich sind Glyzerinbarometer wegen des sehr langen Schenkels unhandlich und nur für besondere Zwecke verwendbar.

Fig. 2. Heberbarometer.

Wesentlich einfacher und handlicher, aber weniger genau als die Flüssigkeitsbarometer sind die Metallbarometer, von denen zwei typische Formen im Gebrauch sind.

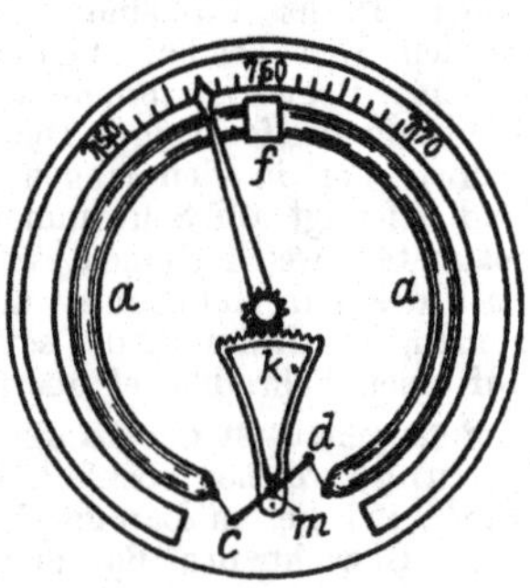

Das Metallbarometer von Bourdon (Fig. 3) besitzt als wesentlichsten Bestandteil eine dünne, kreisförmig gebogene Röhre a mit elliptischem Querschnitt aus federhartem Metall, die luftleer gepumpt ist und bei f auf dem Instrumentensockel

Fig. 3. Metallbarometer mit Bourdonscher Röhre.

befestigt ist. Bei Vergrößerung des äußeren Druckes rücken die zwei Enden des Rohres wegen der elastischen Deformation etwas näher zusammen und drehen mit Hilfe des Hebelarmes c d und des mit diesem um m drehbaren Zahnbogensegments k den Zeiger im Uhrzeigersinn. Die Eichung des Instrumentes geschieht empirisch durch Vergleich mit einem Quecksilberbarometer.

Am meisten im Gebrauch sind heute die Metallbarometer von Vidi; dieser nannte seine Instrumente Aneroidbarometer, eine Bezeichnung, die sich allmählich für alle Metallbarometer eingebürgert hat. Der wichtigste Teil dieses Barometers ist eine luftleere Metallkapsel a (Fig. 4) mit gewelltem federndem Deckel. Dieser biegt sich je nach dem äußeren Luftdruck mehr oder minder stark durch, und seine Bewegung wird mittels doppelter Hebelübertragung und Zugkette auf die Zeigerachse übertragen, die sich bei zunehmendem Druck im Uhrzeigersinn dreht.

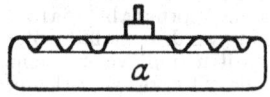

Fig. 4. Aneroidbarometer.

Alle Metallbarometer haben den Nachteil, daß die Reibung des Übertragungsmechanismus die Einstellung ungenau macht. Außerdem ist die elastische Nachwirkung der Barometerkapsel resp. -röhre sehr störend. Sie bewirkt, daß die Angaben des Instrumentes den Druckänderungen nachhinken. Die Metallbarometer sind daher für wissenschaftliche Messungen nicht verwendbar. Dagegen sind sie für den täglichen Gebrauch als Zimmerbarometer oder als Höhenmesser mit Druck- und korrespondierender Höhenskala sehr gebräuchlich. *O. Martienssen.*

Näheres s. Winkelmann, Handbuch der Physik 1, 2. Leipzig 1908.

Barometrische Höhenformel s. hydrostatischer Druck.

Barometrische Höhenmessung. Sie beruht auf der Tatsache, daß der Luftdruck bei ruhender, in stabilem Gleichgewichtszustande befindlicher Atmosphäre in geometrischer Progression nach oben hin abnimmt. Die barometrische Höhenformel, nach der sich die Höhendifferenz zweier Punkte berechnen läßt, lautet: $Z = 18\,400$

$$(1,00157 + 0,00367\,\vartheta)\left(\frac{1}{1 - 0,378\,\frac{\varphi}{\eta}}\right)(1 + 0,00259$$

$$\cos 2\,\lambda)\left(1 + \frac{Z + 2\,z}{R}\right)\log\frac{H_0}{H}.$$ In dieser Formel bedeutet:

Z = die Höhendifferenz der unteren und oberen Station,

ϑ = die mittlere Temperatur der Luftsäule,

φ = die mittlere Spannkraft des Wasserdampfes der Luftsäule,

η = den mittleren Luftdruck,

λ = die geographische Breite,

z = die Seehöhe der unteren Station,

R = den Erdradius,

H_0 = den Luftdruck an der unteren Station,

H = den Luftdruck an der oberen Station.

Unter der barometrischen Höhenstufe versteht man für irgend eine Höhenschicht jene Höhendifferenz, die einer Luftdruckdifferenz von 1 mm entspricht. Sie nimmt mit der Höhe, also mit abnehmendem Luftdruck zu, wie die folgenden für eine Luftdrucktemperatur von 0° geltenden Zahlen zeigen:

| Luftdruck . | 760 | 700 | 650 | 600 | 550 | mm |
| Höhenstufe | 10,5 | 11,4 | 12,3 | 13,3 | 14,5 | m |

| Luftdruck . | 500 | 450 | 400 | 350 | mm |
| Höhenstufe | 15,9 | 17,8 | 20,0 | 22,8 | m |

Eine einfache Regel gestattet die angenäherte Berechnung der mittleren Höhenstufe bei 0° im Kopfe auszuführen: Man dividiert die Zahl 16 000 durch die Summe der unten und oben gemessenen Luftdruckwerte. Die so ermittelte Höhenstufe wird dann um 0,4 % für jeden Grad der mittleren Lufttemperatur erhöht (bei negativen Temperaturen vermindert). Um die Höhendifferenz selbst zu erhalten, muß die Differenz beider Luftdruckwerte mit der so korrigierten Höhenstufe multipliziert werden. Die Genauigkeit der einzelnen barometrischen Höhenmessung wird vor allem beeinträchtigt durch die Schwierigkeit einer genauen Bestimmung von ϑ, sowie durch den Mangel an Ruhe und Gleichgewicht in der Atmosphäre. In umgekehrter Weise wie die Berechnung einer Höhe erfolgt die Reduktion des Luftdruckes auf das Meeresniveau. Sie bietet nur für geringe Höhen bis zu etwa 500 m ausreichende Genauigkeit. *O. Baschin.*

Näheres s. J. v. Hann, Lehrbuch der Meteorologie. 3. Aufl. 1915.

Barotropisches Phänomen. Bei einem binären Gemisch zweier Stoffe von beträchtlich verschiedener kritischer Temperatur kann es vorkommen, daß im Falle der koexistierenden flüssigen und dampfförmigen Phasen letztere die größere Dichte besitzt. Dann sinkt das Gas unter die Flüssigkeit. Diese Erscheinung heißt das barotropische Phänomen. Sie wurde zuerst von Kamerlingh Onnes im Jahre 1906 an einem Gemisch von einem Teil Helium und sechs Teilen Wasserstoff beobachtet, und zwar bei einem Druck von 49 Atmosphären und der Temperatur des siedenden Wasserstoffs. *Henning.*

Barre s. Flutbrandung.

Barriere-Eis. Ein in der Südpolarregion vorkommender Eistypus. Zahlreiche aus dem antarktischen Plateau herabströmende und in das Meer mündende Gletscher vereinigen sich vor der Küste zu einer gemeinsamen schwimmenden Eismasse, die durch den auf sie fallenden Schnee verebnet wird und eine Eistafel von gewaltigen Dimensionen bildet. An dem Außenrande stürzt die Eistafel, deren Oberfläche im Durchschnitt etwa 40 m über dem Meere liegt, in senkrechten Mauern zum Meere ab. Das erste, durch die Entdeckung von J. C. Roß 1841 im Süden des Roßmeeres bekannt gewordene Barriere-Eis-Vorkommen bedeckt eine Fläche von etwa 300 000 qkm. *O. Baschin.*

Barygyroskop. So heißt ein von Ph. Gilbert erdachter Kreiselapparat zum Nachweise der Erddrehung. Ein mit dem Drehimpuls $\mathfrak{S}$ (s. Impuls) begabter Kreisel (s. beistehende Figur) ist in einem in wagerechten Schneiden schwingenden Kardanring so gelagert, daß seine Figurenachse immer in der Meridianebene des Beobachtungsorts von der geographischen Breite φ bleibt. Durch ein bewegliches Übergewicht g in der Entfernung a unter dem Mittelpunkt des Kardanringes kann der ursprünglich genau mit jenem Punkte sich deckende Schwerpunkt des schwingenden Systems so weit aus seiner astatischen Lage entfernt werden, daß die Achse des Kreisels, solange dieser noch keine Eigendrehung besitzt, die Lotlinie anzeigt. Nachdem der Kreisel angetrieben worden ist, tritt seine

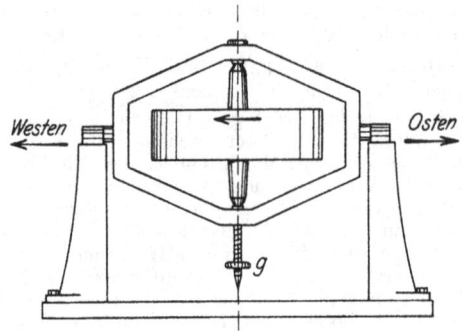

Gilbertsches Barygyroskop.

Achse unter dem Einfluß der Erddrehung $\omega =$ 7,3 . 10^{-5} sek^{-1} aus der Lotrechten heraus und stellt sich nach dem Abklingen etwaiger Schwingungen unter einem Winkel ϑ_0 gegen die Lotlinie ein, für den

$$\operatorname{tg} \vartheta_0 = \frac{\mathfrak{S}\,\omega\cos\varphi}{\mathfrak{S}\,\omega\sin\varphi \pm a\,G}$$

wird; es gilt das obere oder untere Vorzeichen, je nachdem der Kreisel von oben gesehen im Gegenzeigersinne oder im Uhrzeigersinne läuft; im ersten Falle erfolgt der Ausschlag ϑ_0 des Übergewichts G nach Süden, im zweiten Falle nach Norden, und zwar mit größerem oder kleinerem Betrage als im ersten Falle, je nachdem die geographische Breite nördlich oder südlich ist.
R. Grammel.
Näheres s. Ph. Gilbert, Journ. de Phys. Paris 2 (1883), S. 106.

Basen — Salze — Säuren. Die Tatsachen, welche der Theorie der elektrolytischen Dissoziation (s. d.) zugrunde liegen, stehen im besten Einklang mit der Auffassung, daß das wirksame Agens aller Säuren freies Wasserstoff-Ion und das der Basen freies Hydroxylion ist, während bei der Salzbildung diese Ionengattungen zu Wasser zusammentreten (s. Neutralisation und Hydrolyse), so daß in der Lösung eines Salzes lediglich oder im wesentlichen die Metallionen der Base und die Anionen des Säurerestes neben unzerspaltenen Salzmolekülen in Lösung vorhanden sind. So entsteht das Kochsalz bei der Einwirkung von Chlorwasserstoffsäure auf Natronlauge. Die Stärke einer Base oder Säure richtet sich nach dem Werte der Konzentration an freien OH.$^-$- bzw. H$^+$-Ionen. Daher ist das elektrische Leitvermögen dieser Stoffe ein sicheres Kennzeichen für ihren Gehalt an freien Ionen.

Während im allgemeinen der Neutralisationsvorgang oder seine Umkehrung, die Hydrolyse, in unmeßbar kurzer Zeit abläuft, ist neuerdings eine Klasse von Körpern bekannt geworden, bei denen diese Umwandlungen allmählich in meßbarer Zeit vor sich gehen. Nach Hantzsch bezeichnet man derartige Verbindungen als Pseudobasen- oder Pseudosäuren. Diese Stoffe sind in zwei tautomeren Formen nebeneinander existenzfähig, einer neutralen und einer mit basischem oder saurem Charakter. Zum Beispiel wandelt sich neutrales Phenylnitromethan in sauer reagierendes Isophenylnitromethan.

J. Ch. Ghosh versucht das Verhalten aller schwachen organischen Basen und Säuren als „Pseudoverbindungen" im Sinne der Gleichgewichtsisomerie zu deuten.   *H. Cassel.*
Näheres in den Lehrbüchern der Chemie- und Elektrochemie und bei J. Ch. Ghosh, Zeitschr. f. physik. Chem. Bd. 98. 1921. Siehe auch unter Maßanalyse.

Basilarmembran s. Ohr.

Basisapparate sind Meßapparate, welche dazu dienen, die Grundlinie (Basis) zu messen, von der die Berechnung eines Triangulierungsnetzes ihren Ausgang nimmt. Bis vor kurzem waren hierfür ausschließlich feste Meßstangen in Verwendung, deren Länge vor dem Gebrauche durch Vergleich mit einem Normalmaßstab (étalon) aufs Genaueste bestimmt werden mußte. Zur Durchführung de Meßarbeiten muß vorerst eine entsprechend lange gerade Strecke vorgerichtet werden durch Entfernung von Buschwerk, Ausfüllen von Gräben etc. Die Meßstangen werden auf eigene Unterlagen gelegt, welche nicht nur eine sichere Lagerung ermöglichen, sondern auch noch mit Hilfe von Schrauben kleine Verschiebungen der Stangen gestatten, um dieselben genau in die richtige Richtung zu bringen und an die bereits liegende Stange nahe genug und ohne Stoß anschließen zu können. Es erscheint praktischer, die Stangen nicht aneinander zu stoßen, sondern einen kleinen Zwischenraum zu lassen, der nun mit möglichst großer Genauigkeit zu messen ist; dazu dienen Meßkeile, Schieber mit Nonien, Mikroskoptheodolit etc. Die meisten Apparate bestehen aus mehreren Stangen von etwa 4 m Länge; es gibt aber auch Apparate mit nur einer Meßstange (spanischer Basisapparat).

Besondere Aufmerksamkeit muß der Temperatur der Stangen zugewendet werden. Es werden entweder die Quecksilberkugeln von Thermometern in den Stangenkörper eingebettet (österreichischer Apparat), oder die Stangen als Metallthermometer aus zwei übereinanderliegenden Lamellen von Metallen mit verschiedenem Ausdehnungskoeffizienten gebildet (Bessel). Die Ausdehnungskoeffizienten müssen auf das Genaueste ermittelt werden.

In neuester Zeit verwendet man statt der festen Maßstäbe die sogenannten Jäderin-Drähte oder -Bänder, welche über zwei Böcke gelegt und durch Gewichte gespannt werden; man wählt sie in einer Länge von 24 oder 50 m. Die Messung mit diesen Instrumenten geht viel rascher von statten, als mit den Stangenapparaten. Man vermeidet auch die Vorrichtung des Terrains und kann kleine Hindernisse leicht überspannen. Die Länge der Drähte wird an einer mit Stangenapparaten vorher gemessenen Hilfsbasis bestimmt. Sie muß häufig kontrolliert werden, da die Drähte oder Bänder empfindlich sind und leicht mikroskopischen Knickungen unterliegen, wodurch die Länge verändert wird.

Die Länge einer Basis für eine große Triangulierung wurde früher meist mit 3—10 km angenommen. Mit den Drähten kann man leicht auf 30—40 km gehen. Die Genauigkeit einer modernen Basismessung ist etwa 1:1 000 000 bis 1: 2 000 000.   *A. Prey.*
Näheres s. W. Jordan, Handbuch der Vermessungskunde. Bd. 3.

Basismessung s. Basisapparate und Triangulierung.

Baßtuba s. Zungeninstrumente.

Bauakustik behandelt vorwiegend diejenigen akustischen Fragen, welche sich auf den Schutz von Gebäuden und Wohnräumen gegen das Eindringen von Schall beziehen. Der Bauakustiker muß zunächst darauf achten, daß alle unvermeidbaren Geräusche der Großstadt (Wagenrasseln, Rattern der elektrischen Bahn usw.) nach Möglichkeit vermindert werden (Holz oder Asphalt statt Steinpflaster, gutes Verlegen der Bahnschienen usw.). Ferner muß er die Fortleitung des unvermeidbar erzeugten Schalles nach Möglichkeit zu verhindern suchen. Z. B. können Gebäude gegen die Übertragung von Bodenschall bis zu einer gewissen Grenze durch Dazwischenbringen schlecht leitender Materialien geschützt werden. Wie jeder weiß, sind die bisherigen praktischen Erfolge der Bauakustik äußerst dürftig.

Über die Frage der „Akustik" innerhalb eines Raumes s. Raumakustik. *E. Waetzmann.*
Näheres s. Weisbach. Bauakustik. Berlin 1919.

Beckmannsche Thermometer sind Quecksilberthermometer mit einem nur wenige Grade in weiter Teilung umfassenden Skalenumfang, die mit einer Vorrichtung versehen sind, Teile des Quecksilberfadens in eine oberhalb der Teilung befindliche Erweiterung (vgl. die schematische Figur) abzuwerfen. Man kann so den tiefsten vorkommenden Temperaturgrad auf den Anfang der Teilung verlegen und von diesem aus jede höhere Temperatur messen, solange sie nur in dem Bereich der Teilung bleibt. — Das Beckmannsche Thermometer dient zur genauen Messung von Temperaturdifferenzen und wird bei physikalisch-chemischen Arbeiten, z. B. bei der Molekulargewichtsbestimmung durch Gefrierpunktserniedrigung viel benutzt. — Die abgelesene Temperaturdifferenz bedarf noch einer Korrektur, weil der Gradwert des Instruments (s. d. Artikel Quecksilberthermometer) von der wirksamen Quecksilbermenge abhängt und um so kleiner wird, je mehr Quecksilber in die obere Erweiterung abgeworfen worden ist. *Scheel.*

Beckmannsches Thermometer.

Näheres s. Beckmann, Zeitschrift für physikalische Chemie. 51, 329—343. 1905.

Becquerelstrahlung. Zusammenfassender Ausdruck für die von radioaktiven Substanzen spontan, unbeeinflußt durch chemische oder physikalische Einwirkungen, ausgesendeten α-, β- und γ-Strahlen, deren Vorhandensein an ihren ionisierenden, fluoreszenzerregenden, photographischen, physiologischen, erwärmenden etc. Wirkungen erkannt wird. Diese Benennung stellt eine Ehrung Henry Becquerels vor, dessen Untersuchungen im Jahre 1896 den Anstoß zu den epochalen Entdeckungen auf dem Gebiete der Radioaktivität gegeben hatten.
K. W. F. Kohlrausch.

Bedingte Beobachtungen s. Quadrate, Methode der kleinsten.

Bedingt periodische Systeme heißen jene mechanischen Probleme, deren Hamilton-Jacobische Differentialgleichung sich durch Separation der Variablen vollständig integrieren läßt und bei welchen die Koordinaten und Impulse durch die Integration exakt als *mehrfach-periodische* Funktionen der Zeit darstellbar werden. Im Gegensatz zu den gewöhnlichen (*einfach-*)*periodischen* Problemen eignet diesen eine größere Anzahl voneinander unabhängiger Perioden. Erreicht dieselbe ihre Höchstzahl, nämlich die Anzahl der

Freiheitsgrade des Problems, so heißt dieses *nichtentartet*, ist die Anzahl der unabhängigen Perioden (ihr *Periodizitätsgrad*) geringer, so spricht man von *entarteten* Problemen. Im rein periodischen Fall liegt also unter Umständen der höchste Grad von „Entartung" vor und kann dann aus dem allgemeineren dadurch erhalten werden, daß man den verschiedenen Perioden desselben lineare ganzzahlige Bedingungen von genügender Anzahl auferlegt, woraus sich der Name erklärt. Die Bahnkurve eines bedingtperiodischen Systems erfüllt im Phasenraum ein bestimmtes endliches Volumen überall *dicht*, dessen Dimensionszahl gleich der Zahl der unabhängigen Perioden ist.

Ebenso wie es beim 3- und n-Körperproblem Klassen von rein periodischen Lösungen gibt, existieren auch bedingt-periodische Lösungstypen dieser Probleme. Bedingt-periodische Systeme sowie analoge Lösungstypen allgemeinerer Probleme spielen eine große Rolle in der statistischen Mechanik und Quantentheorie, in letzterer namentlich mit Rücksicht auf das Bohrsche Korrespondenzprinzip. *A. Smekal.*
Näheres s. Charlier, Mechanik des Himmels. 2 Bde. Leipzig 1902—1907; für die physikalischen Anwendungen vgl. Smekal, Allgemeine Grundlagen der Quantentheorie usw. Enzyklopädie d. math. Wiss. Bd. V.

Beharrungsgesetz s. Impulssätze.

Belegung, elektrische. Unter elektrischer Belegung versteht man zunächst die an der Oberfläche eines Leiters mit einer gewissen Flächendichte verteilte Elektrizitätsmenge. In zweiter Linie benutzt man den Ausdruck „Belegung" bei Kondensatoren aus Glimmer, Papier, Glas oder dgl. zur Bezeichnung der leitenden Zwischenlagen, die aus Zinn, Kupferfolie oder ähnlichem bestehen können. *R. Jaeger.*

Beleuchtung (Beleuchtungsstärke), eine photometrische Größe. Definition s. Photometrische Größen und Einheiten; s. auch Photometrische Gesetze und Formeln Nr. 2. Horizontale, vertikale, normale — s. Beleuchtungsanlagen A 1. Messung s. Universalphotometer.

Beleuchtungsanlagen. A. Definitionen. 1. Es sei (Fig. 1) L eine Lichtquelle in der Höhe h = A L über der

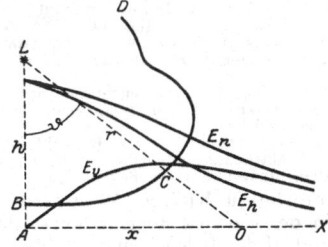

Fig. 1. Zur Definition der verschiedenen Beleuchtungsstärken.

Horizontalebene A X und O ein beliebiger Punkt von A X. Ist I die Lichtstärke von L unter dem Ausstrahlungswinkel ϑ = A L O, so ergibt sich die Beleuchtung von A X im Punkte O zu

$$E_h = I \cos \vartheta / r^2 \dots \dots \dots 1)$$

die Beleuchtung des durch O senkrecht zu L O gelegten Flächenelementes zu

$$E_n = I / r^2 \dots \dots \dots \dots 2)$$

die Beleuchtung des durch O senkrecht zum Seitenabstand x = A O gelegten Flächenelementes zu

$$E_v = I \sin \vartheta / r^2 \dots \dots \dots 3)$$

E_h wird die *horizontale*, E_v die *vertikale*, E_n die *normale* (besser: die maximale) Beleuchtung im Punkte O genannt. E_h läßt sich auch schreiben als

$E_h = I\,h/r^3 = I\,h/(h^2 + x^2)^{3/2} = I\cos^3\vartheta/h^2 =$
$= I\sin^2\vartheta\cos^2\vartheta/x^2$ . . . . . 1a) bis 1d)
Entsprechende Gleichungen gelten für E_n und E_v.

Für gewöhnlich ist die Lage von O durch x und h festgelegt. Man kann dann unmittelbar Gleichung 1b) und die ihr entsprechenden durch Umformung der Gleichungen 2) und 3) entstehenden anwenden. Um auch die ϑ enthaltenden Gleichungen benutzen zu können, hat man ϑ zu bestimmen aus

$$\operatorname{tg}\vartheta = x/h \quad . . . . 4)$$

Häufig ist die Lichtstärke I in der speziellen Richtung L O nicht gegeben, wohl aber die räumliche Lichtverteilungskurve (s. „Lichtstärken-Mittelwerte", Nr. 6) bekannt. Man trägt dann die Kurve entweder direkt in die Figur ein (Kurve B C D) und erhält I dargestellt durch die Linie L C, wo C der Schnittpunkt von L O mit dieser Kurve ist. Oder man zeichnet die Kurve auf einem besonderen Blatte auf und entnimmt aus dieser unter dem sich aus Gleichung 4) ergebenden ϑ den zugehörigen Lichtstärkenwert.

B e i s p i e l. Es sei gegeben $x = 7\,m$; $h = 8\,m$; $I = 990\,HK$. Dann ist nach Gleichung 1b) und den entsprechenden durch Umformung der Gleichungen 2) und 3) entstehenden

$E_h = 6{,}59$ Lux; $E_n = 8{,}76$ Lux; $E_v = 5{,}77$ Lux.

Zur Vereinfachung der Rechnung benutzt man zuweilen geeignete Tabellen oder ein rein graphisches Verfahren (M a r é c h a l, B l o n d e l, L o p p é).

2. Beleuchtungskurven. Trägt man die für eine Reihe von Seitenabständen x ermittelten Beleuchtungsstärken E_h, E_v und E_n in rechtwinkligen Koordinaten als Funktionen der x auf, so erhält man die sog. B e l e u c h t u n g s - k u r v e n. In Figur 1 sind die der Lichtverteilungskurve B C D entsprechenden Kurven E_h, E_n, E_v eingezeichnet.

3. Unter der *mittleren* Beleuchtung E_m einer Fläche S versteht man das Verhältnis aus dem auf die Fläche auffallenden Lichtstrom Φ und der Größe S der Fläche, also

$$E_m = \Phi/S \quad . . . . 5)$$

Der Einfachheit halber wollen wir uns hier nur mit horizontalen Flächen beschäftigen.

Mit einer im allgemeinen ausreichenden Genauigkeit findet man mit Bloch E_m, indem man S in gleiche, hinreichend kleine Quadrate teilt, für die Mitten derselben E_h, etwa unter Benutzung der zugehörigen Beleuchtungskurve, bestimmt und aus diesen Werten das Mittel nimmt. Wenn S eine k r e i s f ö r m i g e Fläche ist, die durch eine einzige in ihrer Mitte aufgehängte Lichtquelle beleuchtet wird, benutzt B l o c h Lichtstromkurven, die er für eine Reihe von Lampenarten mit typischen Lichtverteilungskurven berechnet hat. Ähnlich geht H ö g n e r bei rechteckigen Flächen vor, die durch eine oder mehrere Lichtquellen beleuchtet werden. Mittels der „Raumwinkel- und Lichtstromkugel" von T e i c h m ü l l e r" (siehe dort) kann man E_m für jede beliebige Gestalt von S bestimmen.

B. Beleuchtungsanlagen (I und II). Der Verband Deutscher Elektrotechniker hat für die Beurteilung der Beleuchtung folgende Grundsätze aufgestellt.

Als praktisches Maß für die Beleuchtung im Freien (von Straßen und Plätzen) oder in Innenräumen gilt die mittlere Horizontalbeleuchtung in 1 m Höhe über der Bodenfläche. Außerdem ist jeweils das maximale und minimale Horizontalbeleuchtung der ganzen zu beleuchtenden Fläche anzugeben.

Die Ungleichmäßigkeit der Beleuchtung wird durch das Verhältnis der maximalen zur minimalen Horizontalbeleuchtung gekennzeichnet.

Als spezifischer Verbrauch einer Beleuchtung gilt der Verbrauch (bei elektrischer Energie in Watt) für 1 Lux mittlere Horizontalbeleuchtung und 1 qm Bodenfläche.

I. S t r a ß e n beleuchtung. Meist werden gleiche Lampen in der gleichen Höhe so angeordnet, daß sich der Verlauf der Beleuchtung symmetrisch und periodisch wiederholt. Für die Berechnung der Beleuchtung kann man sich dann auf einen kleinen Teil der beleuchteten Fläche beschränken. Beispielsweise braucht man für die in Fig. 2 angegebene versetzte Anordnung nur den schraffierten Teil zu berücksichtigen. Überdies genügt es im allgemeinen, nur bis 4 benachbarte Lampen in Rech-

nung zu ziehen. Um ein übersichtliches Bild über die erzielte horizontale Beleuchtung zu erhalten, empfiehlt es sich schließlich, noch eine Reihe von Isoluxkurven, d. h. Kurven gleicher Horizontalbeleuchtung zu ziehen. Fig. 3 zeigt die Isolux-

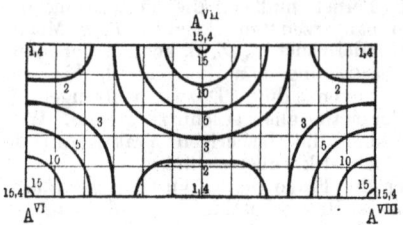

Fig. 3. Isoluxkurven für die in Fig. 2 skizzierte Lampenanordnung.

kurven für Lampen, welche die in Fig. 1 angegebene Lichtverteilung besitzen und gemäß Fig. 2 zu beiden Seiten einer 20 m breiten Straße 8 m über dem Straßendamm aufgehängt sind, wobei die Lampen auf jeder Seite 48 m voneinander entfernt sind. Die größte Beleuchtung beträgt hier 15,4, die kleinste 1,4 Lux. Die Beleuchtung ist also eine recht ungleichförmige; um sie gleichförmiger zu machen, müßte man die Lampen höher aufhängen.

II. B e l e u c h t u n g v o n I n n e n r ä u m e n. Hier ist das von Decken, Wänden usw. reflektierte Licht wichtig. Die Reflexwirkung entzieht sich jedoch einer genaueren Berechnung; man muß sich deshalb mit empirischen Formeln begnügen.

a) Für die Berechnung der Beleuchtung mit *künstlichem* Licht bedient man sich nach dem Vorgange von Högner jetzt vielfach der *Lichtstrommethode* in Verbindung mit der *Wirkungsgradmethode*. Es sei Φ der gesamte in den Raum ausgestrahlte Lichtstrom (Bruttolichtstrom). Von diesem gelangt nur ein gewisser Bruchteil η, also der Betrag $\eta\,\Phi$ (Nettolichtstrom), teils direkt, teils nach Reflexion an Decke, Wänden und Einrichtungsgegenständen auf die Bodenfläche. Ist S die Größe dieser Fläche, so beträgt die auf ihr erzeugte mittlere horizontale Beleuchtung E_m nach Gleichung 5)

$$E_m = \eta \cdot \Phi/S \quad . . . . 6)$$

Die Größe η, also das Verhältnis des Nettolichtstromes zum Bruttolichtstrom, wird Wirkungsgrad oder Nutzfaktor genannt. Sie ist empirisch zu bestimmen. Sie beträgt je nach Anwendung direkter, halb direkter oder ganz indirekter Beleuchtung und je nach dem Reflexionsvermögen von Decke, Wänden und Einrichtungsgegenständen, mit Einschluß des Lichtverlustes durch die Armaturen, 0,2 bis 0,6. Der Bruttolichtstrom Φ ist je nach dem Verwendungszweck des Raumes mit starken Einzellichtquellen oder mit einer größeren Anzahl kleinerer Lichtquellen zu erzielen.

Zur Vorausberechnung der Beleuchtung dient die aus Gleichung 6) folgende Formel

$$\Phi = E_m \cdot S/\eta \quad . . . . 7)$$

Beispiel. Es sei gegeben: $E_m = 50$ Lux; $S = 200$ qm; $\eta = 0{,}25$ (Werkstätte mit nicht reflektierender Decke, z. B. Schlosserei). Dann ergibt sich der für das vorgeschriebene E_m aufzuwendende Bruttolichtstrom Φ zu 40000 Lumen.

b) Für die Berechnung der Beleuchtung mit *Tageslicht* (in Schulräumen, Museen) benutzt man nach L. W e b e r die Formel

$$E = (R + D)e \quad . . . . 8)$$

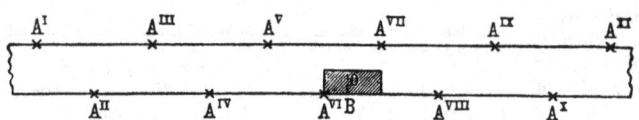

Fig. 2. Beispiel einer Straßenbeleuchtungsanlage. (Lampen versetzt angeordnet.)

Hierin ist E die Beleuchtung eines beliebigen Arbeitsplatzes, e die Flächenhelle der vorgelagerten Himmels, R der reduzierte Raumwinkel, unter welchem das Himmelsstück vom Platze aus erscheint (s. „Photometrische Gesetze und Formeln", Nr. 4), D eine von den reflektierenden Wandflächen herrührende Größe. Die Lichtgüte eines Platzes wird im wesentlichen durch die Größe $(R + D)$ bestimmt, welche man den Tageslichtfaktor nennt. Am einfachsten bestimmt man diesen Faktor mittels des Weberschen Relativphotometers (s. „Universalphotometer") als das Verhältnis E/e. Die Größe e ändert sich stark mit der Tages- und Jahreszeit und ist außerdem zuweilen noch beträchtlichen augenblicklichen Schwankungen unterworfen. Für die Beurteilung der Beleuchtung muß man sich deshalb mit Durchschnittswerten von e begnügen. Diese sind von L. Weber mittels jahrzehntelang fortgesetzten Messungen für unsere Breiten bestimmt. Aus diesen Werten und aus $(R + D)$ kann man also die Beleuchtung E des Arbeitsplatzes im Mittel für jede Stunde und jeden Tag berechnen.

Liebenthal.

Literatur zu 1) bis 5) in jedem Lehrbuch der Photometrie, zu 6: L u x , Das Beleuchtungswesen in der Architektur, Zeitschr. für Beleuchtungswesen Bd. 24, S. 94 (1918); H e y c k und H ö g n e r , Projektierung von Beleuchtungsanlagen, ebenda Bd. 25, S. 22 (1919).

Beleuchtungstechnik s. Lichttechnik.

Benedicks-Effekt s. Magnusscher Satz.

Benndorf-Elektrometer. Es ist dies ein speziell für luftelektrische Untersuchungen vorzüglich geeignetes Quadrantenelektrometer, welches selbsttätig die Stellung der Nadel durch Niederdrücken eines mit ihr starr verbundenen Zeigers auf mechanischem Wege in regelmäßigen Intervallen registriert. Das Elektrometer selbst ist dem Thomsonschen Quadrantenelektrometer nachgebildet. Die Quadranten werden auf entgegengesetztes, gleiches Potential, z. B. ± 100 Volt geladen gehalten. Die Nadel ist bifilar und nach oben isoliert aufgehängt. Unten taucht die Achse der Nadel mit ihrer Fortsetzung, die durch ein kleines Pt-Blech gebildet wird, in ein Gefäß mit konzentrierter Schwefelsäure (Dämpfungsvorrichtung), welches selbst sorgfältig isoliert montiert ist. Von dort führt ein Draht zu jenem Punkte, dessen Potential registriert werden soll (z. B. zum Kollektor, falls das atmosphärische Potentialgefälle gemessen werden soll). Am Gehäuse des Elektrometers ist seitlich das Registrierwerk angebracht, ein Uhrwerk, welches einen Streifen Papier zwischen zwei Walzen um 40 mm pro Stunde weiterschiebt. Alle 2 Minuten wird durch einen Kontakt ein Elektromagnet angeregt, der den mit der Nadelachse fest verbundenen Eisenzeiger fest gegen die Walze mit dem Papier drückt und so auf mechanischem Wege die Stellung der Nadel registriert. Der Meßbereich des Elektrometers geht gewöhnlich bis 1000 Volt. A. Sprung hat eine Vorrichtung angegeben, welche automatisch die Empfindlichkeit des Instrumentes herabsetzt, sobald das zu registrierende Potential so hoch wird, daß der Zeiger über den Papierstreifen heraus ausschlägt. Das Elektrometer wurde mit großem Vorteil auch für andere luftelektrische Messungen (Registrierung der Regenladung, der Leitfähigkeit der Luft) von Benndorf u. a. verwendet. *V. F. Hess.*

Näheres s. M a c h e und v. S c h w e i d l e r , Atmosphärische Elektrizität. 1909.

Benzoltheorie. Aus Elementaranalyse und Molekulargewichtsbestimmung ergibt sich für das Benzol die Bruttoformel C_6H_6 (s. Konstitution). K é k u l é war der erste Forscher, der für die Struktur des Benzols einen geschlossenen, aus 6 Kohlenstoffatomen bestehenden Ring annahm, in dem jedes Kohlenstoffatom nach einer Seite mit einer einfachen, nach der anderen mit einer doppelten Bindung mit den beiden benachbarten Kohlenstoffatomen verkettet ist, während die vierte Valenz durch Wasserstoff gebunden wird.

Das Benzol setzt sich also aus 6 gleichwertigen Karbingruppen (CH) zusammen. Aus dieser Ringstruktur läßt sich die große Beständigkeit des Benzols, z. B. gegen Oxydationsmittel, erklären. Bei der Behandlung mit stark oxydierenden Körpern jedoch, etwa mit Kaliumchlorat, wird Benzol in β-Trichlorazetylakrylsäure aufgespalten,

was in chemischer Beziehung durchaus in Einklang mit der K é k u l éschen Auffassung steht. (Näheres s. R i c h t e r , Organische Chemie, Bd. II.) Auch die Benzolsynthese aus aliphatischen Verbindungen — aus Azetylen bildet sich in der Glühhitze Benzol und umgekehrt — lassen sich zwanglos durch dieses Formelbild erklären. Benzol vermag ferner unter Addition von 6 Wasserstoffatomen in Hexahydrobenzol überzugehen, woraus man auf das Vorhandensein von Doppelbindungen schließen kann, doch erfolgt diese Addition bedeutend schwerer als bei allen anderen ungesättigten Verbindungen.

Auch das molekulare Brechungsvermögen, und das Molekular-Volumen des Benzols lassen auf doppelte Bindungen und zwar auf drei Äthylengruppen schließen.

Mit Hilfe der K é k u l éschen Formel lassen sich eine große Reihe der Eigenschaften des Benzols erklären. Unberücksichtigt läßt sie seinen stark gesättigten Charakter (oben wurde schon erwähnt, daß Additionsreaktionen nur schwer vonstatten gehen), ferner die symmetrischen Eigenschaften, die das Benzol nach der K é k u l éschen Formel nicht haben dürfte. Nach seiner Strukturannahme müßte es zwei isomere Orthosubstitutionsprodukte geben: In 1,2 und 1,6-Stellung

z. B. 1,2-o Xylol und 1,6 o-Xylol. Im ersten Falle sind die Substituenten an Kohlenstoffatome gekettet, die eine einfache Bindung zwischen sich haben; im zweiten Falle sind die Kohlenstoffatome doppelt gebunden. Eine derartige Isomerie konnte indes bis jetzt nicht bestätigt werden.

Durch diese Unstimmigkeiten veranlaßt, wurden von anderen Forschern neue Formeln aufgestellt, die aber nicht vermochten, die K é k u l é sche zu verdrängen. C l a u s mit seiner Diagonalformel (1) und L a d e n b u r g mit seiner Prismenformel (2) kommen ohne Doppelbindungen aus, desgleichen B a y e r (3), der eine zentrische Formel annimmt, die der C l a u s schen sehr ähnlich ist, zum Unterschied von ihr jedoch die Art der Bindung der vierten Valenzen untereinander offen läßt.

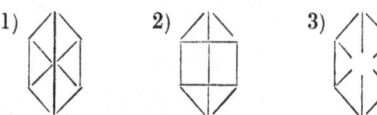

Den meisten Anklang hat die Benzolformel von T h i e l e gefunden. Sie ist prinzipiell die gleiche, wie sie K é k u l é aufgestellt hat, doch verleiht ihr T h i e l e durch Einführung von sog. Restvalenzen symmetrische Gestalt. Er nimmt an, daß bei der Bildung einer Doppelbindung die Valenzen sich nicht völlig absättigen, sondern daß noch Rest-, Residualvalenzen übrig bleiben, die die Bildung von Additionsreaktionen (s. ungesättigte Verbindungen) erklären. Nach v a n 't H o f f sind die Valenzen des Kohlenstoffs nach den Ecken eines regulären Tetraeders gerichtet, in dessen Mitte ein Kohlenstoffatom steht. Stellt man sich die Valenz als eine Art Kraft vor, so kann man die T h i e l e sche Auffassung derart verdeutlichen, daß die Valenzkraft beim Abbiegen aus ihrer natürlichen Richtung — wie dies beim Zustandekommen einer Doppelbindung der Fall sein muß — eine Zerlegung in zwei Komponenten erfährt, von denen die eine zur Bildung der doppelten Bindung benutzt wird, während die zweite als Restvalenz bestehen bleibt. Sind zwei oder mehrere solche, durch eine einfache Bindung getrennte Doppelbindungen (konjugierte Doppelbindungen) vorhanden, so können nach T h i e l e auch die Restvalenzen sich gegenseitig verketten.

Auf den Benzolkern angewendet, müssen also alle Restvalenzen abgesättigt sein, wodurch folgendes Bild entsteht

1)   H ... 2)   H

Im zweiten Falle ist der Benzolkern ganz symmetrisch gebaut, die Unmöglichkeit isomerer Orthosubstitutionsprodukte klargestellt, und der stark gesättigte Charakter des Benzols erklärt.

M. Ettisch.

Näheres s. N e r n s t, Theoretische Chemie; M e y e r - J a c o b s o n, Organische Chemie.

Beringte Rohre s. Rohrkonstruktion.

Berliner Schrift s. Phonograph.

Bernoullische Gleichung der Hydrodynamik. Aus den Eulerschen Gleichungen (s. dort) ergibt sich für den Druck p in einer reibungslosen Flüssigkeit

mit der Dichte ϱ und der Geschwindigkeit q im stationären Falle die Beziehung

$$\int \frac{d\,p}{\varrho} = -\,\Omega - \frac{1}{2}\,q^2 + C, \quad \ldots \ldots 1)$$

welche als die Bernoullische Gleichung bezeichnet wird. Hier ist Ω das Potential der äußeren Kräfte.

Ist die Flüssigkeit inkompressibel, also ϱ unabhängig von p, und ist nur die Schwerkraft als äußere Kraft vorhanden, die in Richtung der z-Achse wirken mögen, so wird $\Omega = -\,g\,z$ und $\int \frac{d\,p}{\varrho} = \frac{p}{\varrho}$, und die Druckgleichung lautet:

$$\frac{q^2}{2} + \frac{p}{\varrho} - g\,z = \text{Const.} \quad \ldots \ldots 2)$$

In dieser Gleichung wird oftmals statt ϱ das Gewicht pro Volumeneinheit $\delta = g\,\varrho$ eingeführt, so daß dann die Bernoullische Gleichung lautet

$$\frac{q^2}{2\,g} + \frac{p}{\delta} - z = \text{Const.} \quad \ldots \ldots 3)$$

Hier wird $\frac{q^2}{2\,g}$ die Geschwindigkeitshöhe genannt; es ist dies diejenige Höhe, von welcher ein Körper frei herabfallen muß, um die Geschwindigkeit q zu erlangen. Der zweite Summand $\frac{p}{\delta}$ ist die Druckhöhe; es ist dies die Höhe, die eine Flüssigkeit haben muß, um durch ihr Gewicht den Druck p zu erzeugen. Der dritte Summand ist die Ortshöhe, das ist die Höhe des betrachteten Punktes unter irgendeiner festgelegten Horizontalebene.

Sind keine äußeren Kräfte vorhanden, oder kann für den ganzen betrachteten Raum Ω als konstant angesehen werden, so geht die Bernoullische Gleichung für inkompressible Flüssigkeiten über in die Form

$$p = p_0 - \frac{1}{2}\,\varrho\,q^2, \quad \ldots \ldots 4)$$

wo p_0 der Druck in der ruhenden Flüssigkeit wäre. Die Strömung vermindert also den Druck um den Betrag der lebendigen Kraft pro Volumeneinheit. Ist die Flüssigkeit kompressibel, so können wir zwei Grenzfälle unterscheiden:

1. Die Geschwindigkeit ist so langsam, daß ein völliger Temperaturausgleich stattfindet und das Mariottesche Gesetz gilt $\frac{p}{\varrho} = \frac{p_0}{\varrho_0}$; wir erhalten dann die Gleichung

$$\lg p = \lg p_0 - \frac{1}{2}\,\frac{\varrho_0}{p_0}\,q^2 \quad \ldots \ldots 5)$$

Hier ist p_0 und ϱ_0 Druck und Dichte der ruhenden Flüssigkeit.

2. Die Bewegung ist so schnell, daß die Druckänderung adiabatisch vor sich geht; dann gilt die Beziehung $\frac{p}{p_0} = \left(\frac{\varrho}{\varrho_0}\right)^{\varkappa}$, wo $\varkappa$ das Verhältnis der spezifischen Wärme bei konstantem Druck zu der bei konstantem Volumen ist. Dann liefert die Bernoullische Gleichung die Beziehung

$$p = p_0 \left\{ 1 - \frac{\varkappa - 1}{2\,\varkappa}\,\frac{\varrho_0}{p_0}\,q^2 \right\}^{\frac{\varkappa}{\varkappa - 1}}.$$

Für Luft, für welche $\varkappa = 1,405$ ist, geben beide Gleichungen für Geschwindigkeiten bis etwa 100 m pro Sekunde Drucke, die nur 1 bis 2 % von dem Werte abweichen, welchen man unter der Annahme bekommt, daß die Luft inkompressibel ist.

Die Konstante in den Gleichungen 1 bis 3 ist in der ganzen Flüssigkeit konstant, solange wir es mit einer Potentialströmung zu tun haben. Ist die Flüssigkeit in Wirbelbewegung begriffen, so gilt die Konstanz nur auf ein und derselben Stromlinie.

O. Martienssen.

Näheres s. La m b, Lehrbuch der Hydrodynamik. Leipzig 1907.

Bernoullisches Theorem ist der Name für das Grundproblem der Wahrscheinlichkeitsrechnung (s. d.). Sei die Wahrscheinlichkeit, daß ein Ereignis E eintritt, = p, so wird in einer großen Zahl N von Wiederholungen die Anzahl P der Fälle, in denen es eintritt, zwar nicht genau p entsprechen, aber es wird doch mit wachsendem N die relative Häufigkeit $\frac{P}{N}$ nach p konvergieren.

Das Bernoullische Theorem untersucht diese Konvergenz und die Verteilungsgesetze, die dabei befolgt werden. Der leitende Gedanke ist dabei der, daß alle Fälle, die gleich wahrscheinlich sind, auch gleich häufig auftreten. Ob dies in der Anwendung auf wirkliche Dinge erfüllt ist, ist eine andere Frage; sie interessiert aber das Bernoullische Theorem nicht, sondern dieses Theorem ist eine rein mathematische Fragestellung, die mit den Gesetzen des Naturgeschehens zunächst nichts zu tun hat. Da die Voraussetzung jedoch in vielen Fällen erfüllt ist, so ergeben sich zahlreiche praktische Anwendungen des Theorems. — Aus dem genannten Grundsatz folgt, daß nicht einfach p = $\frac{P}{N}$ sein kann, denn Abweichungen von der normalen Verteilung sind ja wenigstens möglich, und müssen von dem Theorem deshalb auch ihrer Wahrscheinlichkeit entsprechend angenommen werden. So kommt es, daß nach dem Theorem auch die unwahrscheinlichen Reihenfolgen einmal vorkommen; aber sie treten stets innerhalb noch größerer Serien auf, derart, daß die Gesamtzahl aller Fälle doch wieder der normalen Verteilung nahekommt.

Das erste Resultat ist folgendes. Sei die Abweichung δ nach N Wiederholungen $\delta = p - \frac{P}{N}$, so läßt sich eine Wahrscheinlichkeit w dafür berechnen, daß δ eine verlangte Grenze nicht überschreitet. Vergrößert man jetzt die Zahl N, so werden die Grenzen für δ enger; d. h. es ist jetzt mit derselben Wahrscheinlichkeit w zu erwarten, daß die Verteilung besser der idealen Verteilung entspricht. Jedoch steigt die Genauigkeit nicht proportional zu N, sondern nur zu $\sqrt{N}$; d. h. bei festgehaltenem w verengen sich die Grenzen für δ proportional mit $\sqrt{N}$. Der Anstieg mit $\sqrt{N}$ ist ein wichtiges Gesetz der Wahrscheinlichkeitsrechnung; er bewirkt, daß bei allzu großer Zahl der Wiederholungen die Genauigkeit nur sehr langsam wächst. Aber sie wächst unbegrenzt. Je enger man die Grenzen für δ verlangt, desto kleiner ist natürlich auch die Wahrscheinlichkeit w, daß δ in diese Grenzen fällt, und die Wahrscheinlichkeit w_0, daß genau δ = O wird, ist sehr klein; aber sie ist immer noch größer als die Wahrscheinlichkeit, daß δ irgend einen anderen Einzelwert annimmt. Darum nennt man δ = O die *wahrscheinlichste Abweichung.*

Neben der Konvergenzfrage entsteht das Problem, die *Streuung* oder *Dispersion* der Reihe zu charakterisieren. Ist nur eine Reihe von N Wiederholungen ausgeführt, so entsteht auch nur eine Abweichung δ; führt man aber r Reihen von je N Wiederholungen aus, so kann man nach dem Verteilungsgesetz der entstehenden δ fragen. Dieses Verteilungsgesetz ist rein mathematisch bestimmt, weil man alle möglichen Kombinationen der möglichen Fälle auszählen kann; ob es in der Wirklichkeit befolgt wird, hängt wieder nur davon ab, ob alle gleich wahrscheinlichen Fälle auch gleich oft realisiert werden. Der Mittelwert der δ wird O, weil positive und negative δ gleich oft vorkommen; er eignet sich daher nicht zur Charakterisierung. Dagegen bildet man folgende Begriffe:

Wahrscheinliche Abweichung ω. Ordnet man die r Abweichungen δ der Größe nach, so lassen sich Grenzen + ω angeben, innerhalb deren die Hälfte aller δ liegen. ω ist also diejenige Grenze der Abweichung, die mit der Wahrscheinlichkeit $w = \frac{1}{2}$ eingehalten wird. Es berechnet sich

$$\omega = \pm 0{,}476936 \sqrt{\frac{2\,p\,(1-p)}{N}}.$$

Durchschnittliche Abweichung ϑ ist das Mittel aus den Absolutwerten der δ; es wird

$$\vartheta = \sqrt{\frac{2\,p\,(1-p)}{\pi\,.\,N}}.$$

Mittlere Abweichung μ ist die Quadratwurzel aus dem Mittelwert der Quadrate der Abweichungen, also $\mu = \sqrt{\frac{\Sigma\,\delta^2}{r}}$. Es wird $\mu = \sqrt{\frac{p\,(1-p)}{N}}$.

Es wird $\mu > \vartheta > \omega$. In den genannten Formeln für diese 3 Größen kommt r nicht vor; dies ist so aufzufassen, daß sie einen Grenzwert für r = ∞ bedeuten. Dieser Grenzwert hängt nur von der Wiederholungszahl N der einzelnen Reihe ab. Mit einer der 3 Größen sind die beiden andern bestimmt; gewöhnlich benutzt man nur μ zur Charakterisierung der Streuung. Erhält man bei einer größeren Reihenzahl r ein μ, welches größer ist als das durch N geforderte μ, so spricht man von *übernormaler Dispersion.* Man muß dann schließen, daß noch besondere Ursachen für die Streuung vorhanden sind. Entsprechend liegt es bei *unternormaler Dispersion.* Die störenden Ursachen können in einer Abhängigkeit der einzelnen Ereignisse voneinander bestehen (Wahrscheinlichkeitsnachwirkung, s. d.).

Eine noch allgemeinere Fragestellung behandelt das *Poissonsche Problem;* es läßt auch noch Schwankungen der Wahrscheinlichkeit p zu.

Reichenbach.

Näheres s. Czuber, Wahrscheinlichkeitsrechnung. Leipzig 1908.

Berthelotsche Bombe s. Kalorimetrische Bombe.

Berührungselektrizität. Die Berührungselektrizität wird auch als Kontaktelektrizität bezeichnet. Sie tritt auf, wenn sich zwei Metalle, wie z. B. Zink und Kupfer berühren. Die Größe der dabei auftretenden Potentialdifferenz ist abhängig von der Größe der Berührungsfläche und der Natur der Metalle. Über die Entstehungsart dieser „Voltaspannungen" bestehen verschiedene Anschauungen. Volta, der die Galvanischen Versuche wiederholte, sah als Ursache die an der Berührungsstelle zweier Metalle auftretende kontaktelektromotorische Kraft an. Der Nachweis dieser E.M.K. kann auf folgende Weise geschehen. Die durch eine Glimmerscheibe oder Luftschicht getrennte Kupfer- und Zinkplatte werden leitend verbunden. Dann erhalten die beiden Platten die Kontaktpotentialdifferenz gegeneinander und wenn man sie voneinander entfernt, so ist das erhöhte Potential auf jeder Platte mit dem Elektroskop nachweisbar. Die Zinkplatte erweist sich stets als positiv, die Kupferplatte als negativ. Diese Eigenschaft der Metalle führt dazu, sie sämtlich in eine sog. Spannungsreihe einzuordnen, so daß jedes Metall durch Berührung mit dem folgenden positiv elektrisch wird. Eine solche Spannungsreihe kann folgendermaßen aussehen: +Rb K Na Al Zn Pb Sn Sb Bi Fe Cu Ag Au Pt Pd C —. Die beiden hauptsächlichen Theorien, die man für die Erscheinung anwendet, sind die Kontakttheorie und die Chemische Theorie. Die erstere nimmt an, daß die wesentliche Spannung zwischen den Metallen liegt (Cu—Zn). Die chemische Theorie dagegen setzt eine Abhängigkeit der Voltaschen Spannung von der Luft voraus. Nach ihr ist die Spannung zwischen den Metallen (Cu—Zn) verschwindend klein, die hauptsächliche Spannung liegt in Cu → Luft und Luft → Zn. Streng richtig ist keine der Theorien. Die Spannung CuZn ist aber tatsächlich sehr gering.

In einer aus mehreren Metallen gebildeten Kette addieren sich die einzelnen elektromotorischen Kräfte. Aus diesem Satz folgt dann letzten Endes das Gesetz der Spannungsreihe, welches besagt, daß in einem vollkommen metallischen, geschlossenen Kreis die Summe aller kontaktelektromotorischen Kräfte gleich Null ist, ein Fließen von Elektrizität ist in diesem Fall unmöglich.

. Legt man zwei Metallplatten unter Einschaltung eines Elektrometers aufeinander und reißt sie dann voneinander ab, so entsteht ebenfalls ein Ausschlag, der ein Maß für das Kontaktpotential darstellt. Die Vorstellung, die sich derjenigen von H. v. Helmholtz anschließt, geht von elektrischen Doppelschichten aus, die sich bei dem Kontakt zweier Substanzen infolge der Anziehung der entgegengesetzten Elektrizitäten, die teils an den Molekülen hängen, teils frei beweglich sind, ausbilden. Die neuere Anschauung stützt sich auf eine Diffusion der Elektronen in Richtung des Konzentrationsgefälles, vom elektronenreicheren Metall zum andern mehr als umgekehrt, bis die entstehende Potentialdifferenz den Überschuß an Diffusion in einer Richtung verhindert.

Bei Flüssigkeiten oder überhaupt Leitern zweiter Ordnung hat das Gesetz der Spannungsreihe keine Gültigkeit mehr.   *R. Jaeger.*

Beschleunigung. Wie der Geschwindigkeitsbegriff sich am Falle der gleichförmigen Bewegung, so hat sich der Beschleunigungsbegriff am Falle der gleichförmig beschleunigten Bewegung, d. i. der Galileischen Fall- und Wurfbewegung im luftleeren Raum, entwickelt. Die Beschleunigung ist hier das Maß, um das die Geschwindigkeit in der Zeiteinheit anwächst oder das Verhältnis des Geschwindigkeitszuwachses zur verflossenen Zeit. Wenn die so definierte Beschleunigung sich nicht unabhängig von der Wahl des Zeitintervalls ergibt, so ist die Bewegung ungleichförmig beschleunigt und die Beschleunigung für einen bestimmten Zeitpunkt ist der Grenzwert, den obiges Verhältnis für ein sehr kleines Zeitintervall annimmt:

$$w = dv/dt = d^2x/dt^2.$$

Bei krummliniger Bewegung ist die Beschleunigung ein Vektor, nämlich die mit der Zeit dt dividierte geometrische Differenz der Geschwindigkeitsvektoren zu den Zeitpunkten t + dt bzw. t, seine Komponenten sind d^2x/dt^2, d^2y/dt^2, d^2z/dt^2. Seine Komponente w_s in Richtung der Bahntangente bestimmt die Geschwindigkeitsänderung, dv/dt, seine dazu senkrechte (in der Schmiegungsebene gelegene) Komponente w_ν bestimmt den Krümmungsradius ϱ der Bahn: $w_\nu = v^2/\varrho$, die Zentripetalbeschleunigung.

Die letztere ist besonders wichtig für das Verständnis relativer Bewegungsvorgänge. Damit ein Körper beispielsweise relativ zu einem mit der Winkelgeschwindigkeit ω gleichförmig rotierenden System ruhen kann (z. B. ein Eisenbahnzug in einer Kurve), muß eine Kraft auf ihn wirken, die ihm, im festen System, die Zentripetalbeschleunigung erteilt. Seine „relative" Beschleunigung (w*) ist also verschieden von der „absoluten" (w), die dynamisch durch die Newtonschen Grundgesetze bestimmt wird. Hat er relativ zum bewegten System auch Eigengeschwindigkeit, so ist: w* — w = — Zentripetalbeschleunigung + Coriolisbeschleunigung.

Die erstere ist im Abstand r von der Drehachse: $r\omega^2$, die Coriolisbeschleunigung ist senkrecht zur Achse und zur relativen Geschwindigkeit v* gerichtet, entgegen dem Sinn von ω gegen letztere gedreht und von der Größe 2 v*w. Diese Auffassung ist grundlegend für die Erscheinungen der relativen Bewegung, z. B. auf der rotierenden Erde (Foucaultsches Pendel). Für einen auf der Erde mitgeführten Beobachter scheint nämlich der Körper die diesen Beschleunigungen entsprechenden Kräfte tatsächlich zu erfahren, da der Beobachter nur die relative Beschleunigung unmittelbar zu messen imstande ist.

Die Winkelbeschleunigung eines starren Körpers, für seine Drehung um einen festen Punkt, ist, analog, die mit dt dividierte geometrische Differenz der Vektoren der Winkelgeschwindigkeit in den Zeitpunkten t und t + dt. Die Betrachtung der Winkelbeschleunigung in einem sich drehenden Koordinatensystem führt hier auf die der Coriolis- und Zentripetalbeschleunigung analogen zusammengesetzten Kreiselbeschleunigungen (s. Kreisel).   *F. Noether.*

Näheres s. Lehrbücher der Mechanik, z. B. Hamel, Elementare Mechanik 1912.

Beschleunigungsmesser werden in Flugzeugen gebraucht, um die unter den verschiedenen Verhältnissen auftretenden Beanspruchungen der Flügel zu messen. Sie messen natürlich nicht die Beschleunigung des Flugzeugs gegenüber der Erde, sondern nur die Resultierende aus dieser und der Erdbeschleunigung. Die Konstruktion beruht meistens darauf, daß die Trägheit eines Versuchskörpers an einer Feder oder Membran gemessen wird, wobei natürlich auf große Dämpfung und auf Vermeidung von Eigenschwingungen geachtet werden muß. Als Beispiel sei in der beistehenden Figur das Meßgerät von Klemperer angeführt. Dort werden zwei Scheiben durch die Trägheit zweier exzentrisch angebrachten Massen gegeneinander verdreht, wenn die Gesamtbeschleunigung in der Meßrichtung geändert wird. Die eine Scheibe ist durch eine Feder gehalten und durch ein Zahnrad mit Luftdämpfung zwangläufig mit der anderen verbunden. Der an der einen Scheibe feste Zeiger zeigt auf der Skala der anderen Scheibe die gesamte Beanspruchung an.   *L. Hopf.*

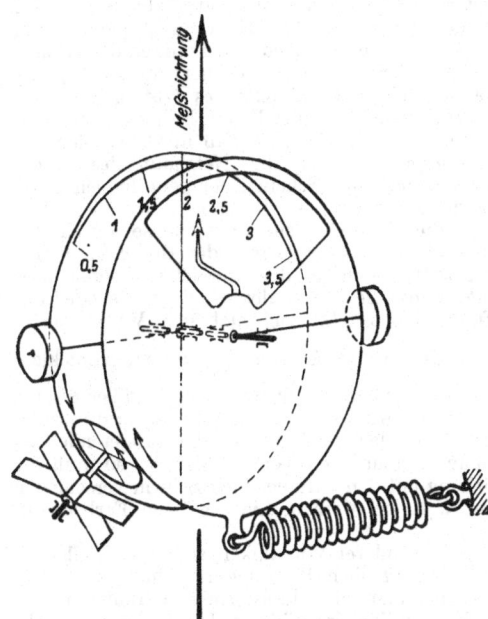

Flügelbeanspruchungsmesser nach Klemperer.

Bestrahlungstöne können entstehen, wenn eine Gasmasse der intermittierenden Einwirkung von Wärmestrahlen ausgesetzt wird. Voraussetzung für gutes Gelingen des Versuches ist, daß das betreffende Gas die Wärmestrahlen kräftig absorbiert. Auch an festen Stoffen sind derartige Wirkungen beobachtet worden, die auch hier im wesentlichen auf Druckschwankungen der eingeschlossenen oder anhaftenden Gasmassen zurückzuführen sein dürften. Auf diese Vorgänge sind besondere Tonapparate wie Actinophon, Radiophon, Photophon aufgebaut worden, die aber keine besondere Bedeutung besitzen.

S. auch Erhitzungstöne.   *E. Waetzmann.*
Näheres s. E. Mercadier, Comptes Rendus 92, 1881.

Beta-Strahlung usw. s. S. 113ff.

Betriebskapazität. Bei einem komplizierteren Leitergebilde kann man nicht mehr von der Kapazität schlechthin sprechen. Geht man von einem beliebigen, aus n geladenen Leitern bestehendem und in eine Hülle eingeschlossenen System aus, so wird dieses ganz allgemein durch $\frac{1}{2} n \cdot (n+1)$ Koeffizienten bestimmt, die durch die Lage der Leiter zueinander und der Anordnung des Systems gegenüber anderen gegeben sind (s. auch Teilkapazität). Um die Kapazität eines Leitersystems anzugeben, müssen also bestimmte Festsetzungen über Ladungen und Potentiale der einzelnen Leiter getroffen sein. Die unter Zugrundelegung dieser Festsetzungen bestimmte Kapazität, die den bei irgend welchen praktischen Betriebsbedingungen geltenden Verhältnissen entspricht, nennt man „Betriebskapazität". Bei einem System von mehr als zwei Leitern, wie es beispielsweise das Dreileiterkabel darstellt, würde man die Berechnung der Betriebskapazität unter der Bedingung durchführen, daß jeder der 3 Leiter die gleiche Ladung besitzt und die Kapazität der Leiter gegen die geerdete Hülle berücksichtigt wird. Auch bei dem gewöhnlichen Zweiplattenkondensator ist es notwendig, soweit genauere Angaben in Frage kommen, statt von der Kapazität schlechthin von der Betriebskapazität

zu sprechen, wie die folgende Überlegung zeigt. (Siehe beistehende Figur.) Denkt man sich den Zweiplattenkondensator in eine leitende isolierte Hülle eingeschlossen, so setzt sich seine Gesamtkapazität folgendermaßen zusammen. 1. aus der Teilkapazität der beiden leitenden Platten aufeinander c_{12} oder c_{21}. Es ist stets $c_{12} = c_{21}$. 2. Aus der Teilkapazität c_1 der Platte 1 gegen die Hülle und 3. der Teilkapazität der Platte 2 gegen die Hülle. Daher ist die Gesamtkapazität

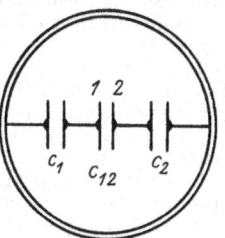

Erläuterung der Betriebskapazität.

$C = c_{12} + c_1 c_2 / (c_1 + c_2)$. Ist keine isolierte Hülle vorhanden, so stellen c_1 und c_2 die Teilkapazitäten der Leiter gegen die umgebenden Leiter dar.

Im allgemeinen werden die Kapazitäten c_1 und c_2 der Platten gegen die Umgebung bzw. gegen Erde klein gegen c_{12} sein und man ist dann berechtigt, c_{12} als „Kapazität" des Kondensators zu bezeichnen, wie es meist geschieht. Streng genommen stellt sie aber die „Betriebskapazität" des Kondensators dar unter der Bedingung, daß die Ladungen der beiden Platten entgegengesetzt gleich sind. Hat man es aber mit kleinen Kondensatoren zu tun, bei denen c_{12} einen geringen Wert besitzt, so werden die Ladungen der beiden Platten je nach der Lage des Kondensators verschieden groß. So übt bei den kleinen Drehkondensatoren der Platz des Beobachters bereits eine Wirkung aus. Ein Beispiel möge zeigen, wie sich die „Betriebskapazität" bei einem gewöhnlichen Wellenmesserkondensator zusammensetzt.

Belegung 1 isoliert, 2 an
Erde . . . . $c_{12} + c_{10} = 25{,}6 \cdot 10^{-6}$ mF
Belegung 2 isoliert, 1 an
Erde . . . . $c_{12} + c_{20} = 24{,}1 \cdot 10^{-6}$ mF
Belegung 1 und 2 miteinander verbunden,
Kapazität gegen Erde $c_{10} + c_{20} = 9{,}0 \cdot 10^{-6}$ mF.

Daraus folgt
$c_{10} = 5{,}3 \cdot 10^{-6}$ mF, $c_{20} = 3{,}7 \cdot 10^{-6}$ mF, $c_{12} = 20{,}3 \cdot 10^{-6}$ mF

und die durch obige Gleichung gegebene Betriebskapazität wird für diesen Fall:

$$c_{12} + \frac{c_{10} \cdot c_{20}}{c_{10} + c_{20}} = 22{,}5 \cdot 10^{-6} \text{ mF}.$$

Der Kondensator stand dabei auf einem Tische von größeren Körpern möglichst weit entfernt.
                                        R. Jaeger.

Beugung. Ein großer Teil der Lichterscheinungen läßt sich durch die Annahme darstellen, das Licht pflanze sich von der Lichtquelle geradlinig fort, ändere seine Richtung nur beim Auftreffen auf die Grenze zweier Mittel durch Brechung oder Spiegelung und erfahre eine Abnahme der Helligkeit im quadratischen Verhältnis des Abstandes von der Lichtquelle, ferner durch Verschluckung je nach der geringeren oder größeren Durchsichtigkeit der Mittel. — Als man jedoch in den Lichtverlauf dünne, schattengebende Körper oder umgekehrt Schirme mit feinen Öffnungen einschaltete, zeigte es sich, daß weder im geometrischen Schatten volle Dunkelheit, noch außerhalb gleichmäßige Beleuchtung auftritt, vielmehr dunkle, helle und (bei weißem Licht) farbige Streifen erscheinen, deren Form und Ausdehnung vom schattenwerfenden Körper oder der Eintritt gewährenden Öffnung abhängt. Später erkannte man, daß allgemein die Umrandung zweier verschieden durchsichtiger oder auch verschieden brechender Körper der geometrisch abgeleiteten Gesetze ändert. Man bezeichnet diese Abweichungen als Beugung (auch Diffraktion) des Lichtes. Sie können beobachtet werden, indem man den Schatten auf einem Schirm auffängt (Fresnelsche Beugungserscheinungen), oder indem man die Lichtquelle mit bewaffnetem oder unbewaffnetem Auge beobachtet, worauf eine mehr oder weniger verwickelte Lichterscheinung in der Entfernung der Lichtquelle (häufig im Unendlichen) erscheint (Fraunhofersche Beugungserscheinung)[1]).

Wie Fresnel gezeigt hat, läßt sich die Beugung mit Hilfe einer Vorstellung über das Wesen des Lichtes erklären, die schon von Huygens herrührt. Darnach ist das Licht eine Erregung eines Körpers (Äther), die sich nicht nur vom leuchtenden Punkte A aus in allen Richtungen A B C, A B′ C′, A B″ C″

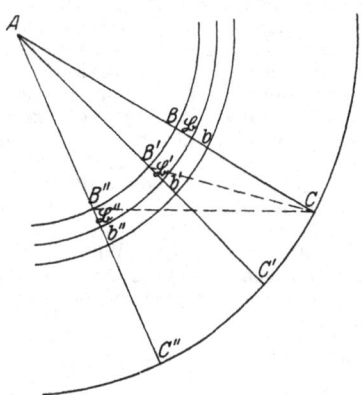

Ausbreitung der Lichterregung nach Huygens und Fresnel. Die Erregung pflanzt sich von A nach C nicht nur in den Geraden A B C fort, sondern von jedem Punkte BB′B″ geht eine neue Erregung aus, doch heben die von seitlichen Punkten ausgehenden einander auf.

fortpflanzt, sondern von jedem zwischenliegenden Punkte B, B′, B″ in allen Richtungen; wobei jedoch die Erregungen B′ C, B″ C .... einander aufheben. — Man kommt zu diesem Ergebnis, wenn man annimmt, daß die Erregungen in einem regelmäßigen Wechsel verlaufen. — In einem Zeitpunkt besteht auf dem Kreise B B′ B″ derselbe Zustand, der (abgesehen von einer Schwächung) auf b b′ b″ in einer bestimmten Entfernung λ (der Wellenlänge) wiederkehrt. Mitten dazwischen in 𝔅 𝔅′ 𝔅″ besteht der entgegengesetzte Zustand[2]). — Die Erregung ändert sich überall, nach einer gewissen Zeit $\frac{T}{2}$ ist in B, b der Zustand wie anfangs in 𝔅 und umgekehrt, nach der Zeit T (der Schwin-

---

[1]) Fresnel und Fraunhofer haben die Beugung nicht zuerst gesehen, aber zuerst im Zusammenhange behandelt. — Zu den Fraunhoferschen Erscheinungen gehören die durch Dunst in der Luft hervorgebrachten Höfe um Sonne und Mond und ähnliche, schon von Descartes erwähnte Beobachtungen bei künstlichen Lichtquellen. — Grimaldi beobachtete die (Fresnelsche) Erscheinung, indem er den Schatten eines Haares auffing, weitere Beobachtungen stellte Newton an.
[2]) Die Art der Erregung nahm man früher als eine elastische an (einer schwingenden Saite vergleichbar), später als eine elektromagnetische (seit der Theorie von Maxwell und der Entdeckung der elektrischen Wellen durch Hertz).

gungsdauer) ist der alte Zustand wieder hergestellt. Da nun die Wege B′ C, B″ C nicht gleich sind, würden von den verschiedenen Punkten des Kreises B B′ B″ Erregungen in C hervorgebracht, die einander teilweise aufheben, es läßt sich zeigen, daß nur die aus unmittelbarer Nähe von B kommenden übrig bleiben, so daß in C, wo sich der Auffangeschirm oder die Netzhaut des Auges befinden mag, der Schein einer geradlinigen Fortpflanzung entsteht. — Es ändert sich dies aber, wenn die Lichterscheinung teilweise durch ein Hindernis abgefangen wird oder durch eine Öffnung tritt, es wird die Abweichung sofort auffällig, wenn die Größe des Hindernisses oder der Öffnung nicht sehr viel mal den Wert von λ übertrifft, also, da λ etwa $\frac{1}{2000}$ mm ist, recht klein ist. — λ ist ferner für rotes Licht größer als für grünes, für grünes größer als für blaues; da weißes Licht aus allen gemischt ist, die auftretende Erscheinung aber auch von λ abhängt, so muß die Wirkung auf den auffangenden Schirm verschieden sein, d. h. bei weißem Licht müssen Farben auftreten.

Von besonderer Wichtigkeit sind zwei Fälle von Fraunhoferschen Beugungserscheinungen.

Nimmt man eine kreisförmige Öffnung an, so erhält man bei einfarbigem Licht um eine helle Mitte eine Reihe heller und dunkler Ringe mit nahezu gleichem Abstande. Für den sinus des Winkels, unter dem ein dunkler Ring von der Mitte entfernt ist, hat man nach Schwerd

$$2 \sin C_n = \frac{\lambda w_n}{\varrho},$$

wo ϱ der Halbmesser der Öffnung, $w_1 = 1,22$; $w_2 = 2,23$; $w_3 = 3,24$ ist. Zwischen den dunklen Ringen liegen helle, doch hat schon der erste nur $^1/_{60}$ der Helligkeit der Mitte, und die folgenden sind noch schwächer.

Die Ringe sind um so breiter, je kleiner ϱ ist; da λ nur etwa 0,0005 mm, sind sie nur bei ganz enger Öffnung zu unterscheiden, sonst hat die Beugung nur die Wirkung, daß das Bild eines Lichtpunktes bis zum ersten dunklen Ringe ausgedehnt erscheint. Da auch unsere Pupille und ebenso die Öffnung eines Fernrohrs, Mikroskopes eine Beugungswirkung hat, muß jede Beobachtung dadurch beeinflußt sein. Bei allen optischen Instrumenten legt sich die Beugung über die sphärische und die Farbenabweichung und wird im Gegensatz zu diesen Abweichungen um so größer, je kleiner die Öffnung ist. — Über die besondere Bedeutung der Beugung beim Mikroskop vergl. den betr. Artikel.

Eine wichtige Anwendung hat die Beugung zur Erzeugung von Spektren gefunden. Man macht das von einem hellen Spalt kommende Licht durch eine Linse angenähert parallel und läßt es auf eine Platte fallen, deren Durchsichtigkeit in sehr zahlreichen zur Lichtlinie parallelen Streifen regelmäßig wechselt. — Hier überdecken sich die Wirkungen der einzelnen Streifen so, daß sie sich verstärken und gleichzeitig sehr stark zusammenziehen. Nennt man ε den Abstand zwei entsprechender Stellen, so erhält man bei einfarbigem Licht helle Linien, deren Winkelabstand durch

$$\sin C' = 0, \frac{\lambda}{\varepsilon}, \frac{2\lambda}{\varepsilon} \ldots \ldots$$

gegeben ist. Man kann durch deren Beobachtung mit einem Fernrohr oder auch durch Photographie

λ messen. Da weißes Licht verschiedene Werte von λ hat, so erhält man statt der Linien eine Reihe von Spektren, die sich von dem prismatischen Spektrum dadurch unterscheiden, daß Licht mit größeren Wellenlängen weiter von der geraden Richtung entfernt ist. Sie werden zur Beobachtung der Fraunhoferschen Linien (spektralanalytischen Messungen) benutzt.

Nähere Angaben über die Beugung, auch Quellenangaben finden sich in jedem Lehrbuch der Physik oder der Optik. *H. Boegehold.*

Beugung des Schalles ist nicht nur theoretisch (auf der Grundlage des Huygensschen Prinzips), sondern auch experimentell namentlich von Rayleigh untersucht worden. Wegen der großen Länge der Schallwellen spielt die Beugung in der Akustik eine sehr auffallende Rolle, während es in der Optik zu ihrem Nachweis im allgemeinen erst besonderer Maßnahmen bedarf. Ein Schallschatten (s. d.) kann namentlich bei sehr tiefen Tönen nur hinter sehr großen Objekten sicher beobachtet werden. Die Beugung des Schalles an einem Gitter ist von Altberg, einem Schüler Lebedews, quantitativ untersucht worden. Als Schallquelle diente eine Funkenstrecke, durch welche eine Leydener Batterie unter Vorschaltung einer Selbstinduktion entladen wurde. Mit den Entladungen gehen periodische Änderungen in der Erwärmung der Funkenstrecke, also Luftschwingungen, Hand in Hand. Die Schallintensität hinter dem Gitter wurde mit einem Druckapparat gemessen, und auf diese Weise kann ein Schallspektrum aufgenommen werden. Mit der skizzierten Schallquelle erhielt Altberg Wellenlängen bis zu 0,8 mm herab. *E. Waetzmann.*
Näheres s. Altberg, Ann. d. Phys. Bd. 23. 1907.

Beugungsgitter. Einer der wichtigsten Apparate zur Erzeugung von Spektren ist das auf den Fraunhoferschen Beugungserscheinungen (s. Beugung) beruhende Beugungsgitter. Es besteht aus einer großen Anzahl aequidistanter Spalte in einem undurchsichtigen Schirm oder von Furchen in einer durchsichtigen oder reflektierenden Platte.

Die Wirkungsweise eines solchen Gitters ergibt sich aus den Fraunhoferschen Beugungserscheinungen an Spalten. Nehmen wir an, wir haben ein paralleles Strahlenbündel, wie es z. B. durch eine weit entfernte Lichtquelle und durch eine Linse geliefert wird, die sich um ihre Brennweite entfernt von einer punktförmigen Lichtquelle befindet. Dann sind die Flächen, auf denen die Lichterregung gleiche Phase hat, die sog. Wellenflächen, Ebenen senkrecht zur Strahlenrichtung. Nach dem Huygensschen Prinzip (s. d.) können wir nun die Punkte der Wellenfläche A B (**Fig. 1**) als neue Lichtzentren auffassen, die nach einem in der Brennebene der Sammellinse L befindlichen Punkte C Strahlen **xx′ yy′ zz′ uu′** senden. Für jeden Strahl **xx′** läßt sich aber, wenn das einfallende Bündel hinreichend dick ist, ein anderer **uu′** finden, für den der Gangunterschied δ eine halbe Wellenlänge ist, so daß die beiden Strahlen sich durch Interferenz vernichten. In jedem Punkte C also, der nicht der Vereinigungspunkt des einfallenden Parallel-

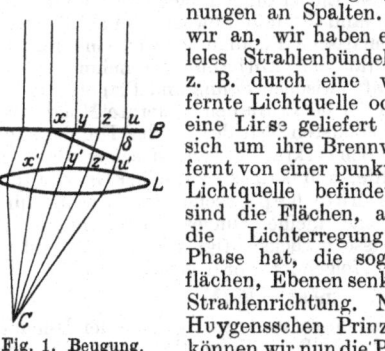
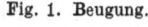
Fig. 1. Beugung.

strahlbüschels ist, muß also die Lichtwirkung verschwinden. Das wird jedoch anders, wenn wir in die Wellenebene A B feine Spalte bringen. Wir wollen nur den Fall betrachten, daß wir 4 Spalte in gleichem Abstand haben (**Fig. 2**). Dann haben wir in einer bestimmten Richtung von der Wellenfläche A B nach dem Huygenschen Prinzip ausgehend 4 Bündel I bis IV. Der erste Strahl des ersten und der erste Strahl des zweiten Büschels haben einen Gangunterschied δ. Ist dieser gleich der Wellenlänge λ des einfallenden Lichtes, ist also

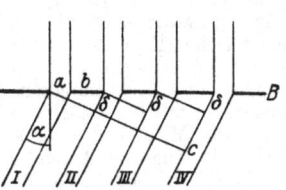
Fig. 2. Beugungsgitter.

$$\delta = (a + b) \cdot \sin \alpha$$

(wo a die Breite eines Spaltes, b die eines Balkens zwischen den Spalten und α der Beugungswinkel ist), so verstärken sich die Strahlen. Gleichzeitig ist dann der Gangunterschied gegen den ersten Strahl des dritten Büschels 2λ gegen den des vierten 3λ, so daß alle diese Büschel sich verstärken müssen. Für die Winkel α, bei denen $\delta = \frac{\lambda}{2}$ ist, vernichten sich erstes und zweites Büschel, für $\delta = \frac{\lambda}{4}$ erstes und drittes, zweites und viertes Büschel, so daß also zwei Minima zwischen dem vom direkt durchgegangenen Licht herrührenden und dem eben betrachteten Maximum auftreten. Bei sehr vielen Spalten bleiben die oben betrachteten Maxima bei

$$(a + b) \sin \alpha = \lambda$$

erhalten, die Minima werden häufiger und dadurch die Maxima ganz scharf. Ebenso müssen Maxima bei $(a + b) \sin \alpha = 2\lambda, 3\lambda, 4\lambda$ usw. auftreten, die auf beiden Seiten des unabgebeugten Lichtes auftreten und die man als Helligkeitsmaxima erster, zweiter, dritter usw. Ordnung bezeichnet. Da der Winkel, unter dem die Maxima auftreten, von der Wellenlänge abhängig ist, ist das Gitter geeignet, zusammengesetztes Licht zu zerlegen. Die langwelligen Strahlen werden unter größerem Winkel abgebeugt wie die kurzwelligeren. Der Sinus des Abbeugungswinkels ist der Wellenlänge proportional. Die Trennungsfähigkeit oder auflösende Kraft ist von der Schärfe der Maxima, also der Zahl der beugenden Spalte und von der Ordnung abhängig.

Man hat solche Gitter als durchsichtige Gitter auf Glas oder als Reflexionsgitter auf Spiegelmetall hergestellt. Die Zahl der Spalte ist bis auf 1700 pro Millimeter gesteigert worden. Von Rowland in Baltimore sind auch Gitter auf sphärische Hohlspiegel, sog. Konkavgitter, hergestellt worden, bei denen die Furchen die Schnittlinien einer Schar aequidistanter Ebenen mit der Hohlspiegelfläche bilden. Diese Gitter gestatten eine besonders einfache Verwendung als Spektralapparat. Eine weitere Art von Beugungsgittern s. u. Stufengitter.

Über die Verwendung der Gitter zur Erzeugung von Spektren s. Gitterspektroskope. *L. Grebe.*
Näheres s. Winkelmann, Handbuch d. Physik. 2. Aufl. Bd. 6. Kayser, Spektralanalyse.

Beweglichkeit und Diffusion von Gasionen. Ein in einem Gase befindliches positives oder negatives Ion (s. Artikel Ionen) nimmt unter der Wirkung eines elektrischen Spannungsgefälles eine bestimmte mittlere Geschwindigkeit an, etwa wie ein unter der Wirkung der Schwere in Luft herabfallender leichter Körper, indem die beschleunigenden Kräfte durch die Reibungskräfte gerade kompensiert werden. Es ist dies so zu verstehen, daß das Ion zwar momentan durch das herrschende elektrische Feld beschleunigt wird, jedoch bei jedem Zusammenstoß mit einem Gasmolekül wieder an Geschwindigkeit verliert, so daß eine konstante mittlere Geschwindigkeit resultiert, wenn man den Mittelwert über eine gegen die mittlere freie Weglänge (s. Artikel Kinetische Gastheorie) große Strecke bildet. Es gilt demnach zwischen der Geschwindigkeit v des Ions und der örtlichen Feldstärke f die Beziehung

$$v = u \cdot f$$

u ist eine von der Art, dem Druck und der Temperatur des Gases und dem Vorzeichen der Ionenladung abhängige Größe, die man als die Beweglichkeit des Ions bezeichnet. Sie ist gleich der Geschwindigkeit des Ions in einem Felde von der Stärke 1 Volt/cm. Die Definition der Beweglichkeit verliert ihren Sinn, wenn die Beschleunigungen zwischen zwei Zusammenstößen erheblich sind, also bei tiefen Drucken oder sehr großen Feldstärken. Aus den gleichen und weiteren Gründen versagt der Begriff der Beweglichkeit ebenfalls bei Elektronen. Die Beweglichkeit der negativen und der positiven Ionen eines Gases ist nicht die gleiche. Das Verhältnis $u_- : u_+$ der negativen und der positiven Ionen scheint von dem elektropositiven oder elektronegativen Charakter des Gases abzuhängen. Es beträgt z. B. in Wasserstoff 1,41, in Stickstoff 1,34, in Schwefeldioxyd und in Wasserdampf 0,9. Die gemessenen Werte der Ionenbeweglichkeiten liegen in der Größenordnung zwischen 8,0 und 0,2 cm²/Volt-Sek. In stark elektropositiven Gasen, z. B. den Edelgasen und sehr reinem Stickstoff ergeben sich Werte für u_- bis zu 500. In diesen Fällen aber handelt es sich um das Auftreten von freien Elektronen, für die, wie gesagt, der Begriff der Beweglichkeit nicht anwendbar ist.

Die Beweglichkeiten in verschiedenen Gasen sind angenähert umgekehrt proportional den Molekulargewichten der Gase. In Dämpfen gilt dies nicht. Aus den Werten der Ionenbeweglichkeit folgt, daß die Gasionen in den Fällen, wo sie nicht unter der Wirkung hoher Spannungen Ionenstrahlen bilden, nicht einzelne Gasmoleküle, sondern größere Molekülkomplexe sind.

Außer den gewöhnlichen, durch die oben genannten Grenzen der Beweglichkeit charakterisierten Gasionen beobachtet man unter verschiedenen besonderen Bedingungen auch Ionen von sehr viel kleinerer Beweglichkeit (zwischen 0,01 und 0,0003), sog. Langevin-Ionen. Diese bestehen aus sehr viel größeren Komplexen, als die gewöhnlichen Gasionen.

Für die Beweglichkeit der Ionen sind von verschiedenen Autoren theoretische Formeln abgeleitet worden, die in mehr oder minder guter Übereinstimmung mit der Erfahrung stehen.

Mit der Beweglichkeit der Ionen ist ihre Diffusionskonstante D verknüpft durch die Beziehung

$$\frac{u}{D} = \frac{N \cdot e}{P}$$

N ist die Anzahl der Gasmoleküle im Kubikzentimeter, e die Ladung des Ions in elektrostatischen Einheiten, p der Druck des Gases in dyn.

Erwähnt seien schließlich noch, ihrer großen, experimentellen Bedeutung wegen, die mikroskopisch sichtbaren Ladungsträger, z. B. durch besondere Methoden erzeugte feine, elektrisch geladene, Partikel von Metallen, Wasser- und Öltröpfchen. Ihre Beweglichkeit b wird meist auf die Ladungseinheit bezogen. Ihre Geschwindigkeit v ist also gegeben durch die Gleichung

$$v = b \cdot e \cdot f$$

Die so definierte Beweglichkeit berechnet sich theoretisch nach der Formel von Stokes

$$b = \frac{1}{6 \pi \varrho \eta}$$

(ϱ Radius des Teilchens, η Reibungskoeffizient des umgebenden Gases), oder genauer durch die erweiterte Formel von Cunningham

$$b = \frac{1}{6 \pi \varrho \eta} \left[1 + \frac{1,63}{2 - f} \cdot \frac{\lambda}{\varrho} \right]$$

(f = Verhältnis der elastischen Zusammenstöße mit Gasmolekülen zur Gesamtzahl der Stöße, λ = mittlere freie Weglänge der Moleküle).

Die Beziehung zwischen b und dem Diffusionskoeffizienten D dieser Teilchen, der z. B. aus der Brownschen Bewegung bestimmt werden kann, lautet

$$D = \frac{R \cdot T}{N} \cdot b$$

(R = allgemeine Gaskonstante, T = absolute Temperatur.) *Westphal.*
(Näheres s. J. Franck, Jahrb. d. Radioaktivität u. Elektronik 9, S. 235 und 247, 1912.

Beweglichkeit der Ionen s. Leitvermögen der Elektrolyte.

Bewegungsgesetze, Keplersche Gesetze. Aus den Beobachtungen Tycho Brahes leitete Kepler seine 3 Bewegungsgesetze der Planeten ab, die lauten:

1. Die Planeten bewegen sich in Ellipsen, in deren einem Brennpunkt die Sonne steht.

2. Der Fahrstrahl (Radiusvektor) eines Planeten zur Sonne bestreicht in gleichen Zeiten gleiche Flächen.

3. Die Quadrate der Umlaufzeiten der einzelnen Planeten verhalten sich wie die dritten Potenzen der mittleren Entfernungen von der Sonne.

Newton fand für diese Bewegung eine Erklärung. Die mathematische Bedingung war eine reziprok dem Quadrat der Entfernung abnehmende Anziehungskraft zwischen Sonne und Planet. Er fand ferner, daß der 60 Erdradien entfernte Mond durch den $60^2 = 3600$sten Teil der an der Erdoberfläche wirkenden Schwerkraft gerade in seiner Bahn gehalten werde, und kam so zu seiner Gravitationslehre. Das dritte Keplersche Gesetz erlitt durch Newton eine kleine Umgestaltung, indem die Planetenmasse berücksichtigt wurde. Es wird gewöhnlich in folgender Form geschrieben:

$$n^2 a^3 = k^2 (M + m),$$

wo n die mittlere Bewegung, eine der Umlaufszeit reziproke Größe, a die mittlere Entfernung von der Sonne, k^2 die Gravitationskonstante, M und m die Massen von Sonne und Planet bedeuten.
Bottlinger.

Bewegungsgesetze s. Impulssätze.

Bewegungsgröße s. Impuls.

Bewegungsnachbild. Nach längerer Betrachtung bewegter Objekte, deren Bild in gleichmäßigem Fluß und in gleicher Richtung über die Netzhaut hingleitet, erscheinen ruhende Gegenstände, deren Bilder mit denselben Netzhautstellen gesehen werden, in einer der vorher beobachteten entgegengesetzten scheinbaren Bewegung: sog. negatives Bewegungsnachbild. Diese Erscheinung ist von Beobachtungen im fahrenden Eisenbahnwagen sowie vom sog. Uferphänomen her wohl ziemlich allgemein bekannt. Experimentell ist sie z. B. leicht erzeugbar, wenn man eine um ihren Mittelpunkt rotierende stern- oder strahlenförmige Figur bei passend gewählter Rotationsgeschwindigkeit längere Zeit betrachtet und sie dann plötzlich anhält. Besonders eindringlich ist das Phänomen im Plateauschen Versuch mit der rotierenden Spirale, zumal wenn man allzu starke Helligkeitskontraste zwischen der Spirale und dem Untergrund vermeidet. Während der Rotation hat man, je nach der Drehungsrichtung, den Eindruck, daß von dem (fixierten) Zentrum der Spirale aus fortwährend neue Ringe entstehen, sich erweitern und sich nach außen schließlich verlieren, oder daß die Ringe von der Peripherie her konzentrisch zusammenschrumpfen. Nach Anhalten der Spirale sieht man an dieser oder auch an anderen großen Objekten die umgekehrt gerichtete Erscheinung. Auch über die Beobachtung positiver Bewegungsnachbilder liegen einzelne Angaben vor. Eine erschöpfende Erklärung des Phänomens steht zur Zeit noch aus.

Dittler.

Näheres s. v. Szily, Zeitschr. f. Psychologie, Bd. 38, S. 81, 1905.

Bewegungsschraube s. Geschwindigkeit.

Bewegungswiderstand in einer Flüssigkeit. Wird ein fester Körper innerhalb einer Flüssigkeit der Dichte ϱ mit der Geschwindigkeit v bewegt, so ist hierzu ein Kraftaufwand erforderlich, welcher gleich dem Bewegungswiderstand ist, den die Flüssigkeit der Bewegung des festen Körpers entgegensetzt. Dieser Widerstand ist gleich der Kraft, welche eine strömende Flüssigkeit auf einen ruhenden Körper ausübt, wenn die Geschwindigkeit der ungestörten Strömung v ist. Ist die Flüssigkeit Wasser, so spricht man vom Wasserwiderstand, ist sie Luft, vom Luftwiderstand.

Nach Newton ist der Widerstand W einer Fläche der Größe F, die senkrecht zu ihrer Ebene mit der Geschwindigkeit v bewegt wird

$$W = \frac{1}{2}\varrho\, F\, v^2. \quad \ldots \ldots \quad 1)$$

Schließt die Ebene der Fläche mit v einen Winkel α ein, so wird

$$W = \frac{1}{2}\varrho\, F\, v^2 \sin^2 \alpha. \quad \ldots \ldots \quad 2)$$

Diese Gleichungen geben den Widerstand in Dynen, wenn F in Quadratzentimeter, v in Zentimeter pro Sekunde gemessen wird. Wollen wir W in Kilogramm erhalten und messen wir F in Quadratmetern, v in Metern pro Sekunde und setzen wir an Stelle von ϱ das Gewicht δ von 1 cbm Flüssigkeit in Kilogrammen, so müssen wir rechts noch mit g = 9,81 dividieren.

Diese Newtonschen Formeln folgen aus der Gleichsetzung der lebendigen Kraft der bewegten Flüssigkeit mit der aufgewandten Arbeit unter der Annahme, daß nur die vor der Fläche befindliche Flüssigkeit die gleiche Geschwindigkeit v wie die Fläche annehmen muß, um dadurch der Fläche Platz zu machen, während die Flüssigkeit in der Nachbarschaft in Ruhe bleibt. Die Gleichungen stimmen nur in sehr roher Weise mit dem Versuch überein.

Die klassische Hydrodynamik sucht in anderer Weise einen Ausdruck für den Bewegungswiderstand zu gewinnen. Da sich der Druck nur stetig von Ort zu Ort in einer kontinuierlich verbreiteten Flüssigkeit ändern kann, muß gegen jedes Oberflächenelement eines untergetauchten Körpers der Druck wirken, der in der benachbarten Flüssigkeit herrscht. Wir bekommen daher den Widerstand des untergetauchten Körpers, wenn wir die Druckkomponenten in der Bewegungsrichtung berechnen und über die Oberfläche des Körpers integrieren.

Vernachlässigen wir die innere Reibung der Flüssigkeit, nehmen also Potentialströmung an, so ermöglicht die Bernoullische Gleichung den Druck p als Funktion der Geschwindigkeit q in der Umgebung des festen Körpers zu berechnen, wenn man als Grenzbedingung berücksichtigt, daß in großer Entfernung des eingetauchten Körpers die Flüssigkeit die Geschwindigkeit v haben soll, daß dagegen an der Oberfläche des Körpers die Normalkomponente der Geschwindigkeit Null sein muß.

Diese Berechnungsart liefert indessen das Resultat, daß der Bewegungswiderstand unabhängig von Größe und Form des untergetauchten Körpers Null ist, ein Resultat, das mit der Beobachtung in keiner Weise übereinstimmt. Einwandfrei ist indessen die aus der geschilderten Überlegung sich ergebende Folgerung, daß sich tropfbarflüssige und gasförmige Körper bis zu erheblichen Geschwindigkeiten ganz gleich verhalten, so daß z. B. für Luft bis zu Geschwindigkeiten von 50 Metern pro Sekunde dieselben Gleichungen wie für Wasser gelten.

Der starke Widerspruch in dem theoretischen Resultat mit der Beobachtung ist 1906 von Prandtl aufgeklärt worden.

Prandtl wies darauf hin, daß jede Flüssigkeit an einem festen Körper haftet, und daß infolgedessen an der Oberfläche des eingetauchten Körpers nicht nur die Normalkomponente, sondern die ganze Geschwindigkeit der Flüssigkeit Null sein muß. Die Potentialströmung verlangt aber in der Nähe der Körperoberfläche eine erhebliche Geschwindigkeit, und daraus folgt, daß dem festen Körper unmittelbar benachbart eine „Grenzschicht" (s. dort) von Flüssigkeit liegt, in welcher in Richtung der Normalen ein sehr großes Geschwindigkeitsgefälle herrscht. Da nun die Reibung dem Reibungskoeffizienten und dem Geschwindigkeitsgefälle proportional ist, so folgt, daß trotz der Kleinheit des ersteren die Reibung nicht vernachlässigt werden darf. Wir müssen infolgedessen bei der Berechnung des Druckes in der Flüssigkeit nicht von der Bernoullischen Gleichung resp. den Eulerschen Gleichungen, sondern von den Navier-Stokesschen Gleichungen (s. dort) ausgehen. Diese sind aber nicht allgemein integrabel, so daß sie nicht zu einer stets gültigen Formel für den Widerstand führen. Nur wenn die konvektiven Glieder der Gleichungen zu vernachlässigen sind, können sie integriert werden und führen z. B. für eine Kugel mit dem Radius r_0 zu dem Stokesschen Gesetz (s. dort)

$$W = 6\,\pi\,\mu\,r_0 \cdot v, \quad \ldots \ldots \quad 3)$$

welches aber nur gilt, so lange $r_0 v$ klein gegenüber dem kinematischen Reibungskoeffizienten der Flüssigkeit ist.

Die Navier-Stokesschen Gleichungen liefern uns indessen die Bedingung, unter welcher die Strömungsbilder um ähnliche eingetauchte Körper herum ebenfalls ähnlich sind. Diese Bedingung, welche als Reynoldssches Ähnlichkeitsgesetz (s. dort) bezeichnet wird, besagt, daß bei ähnlichen Strömungen $\frac{q\,l}{\nu}$ = Const. sein muß, wenn l eine Länge und q eine Geschwindigkeit der verglichenen Strömungen bedeuten und ν der kinematische Reibungskoeffizient der Flüssigkeit ist.

Demzufolge kann man innerhalb eines Geschwindigkeitsbereiches, in welchem $\int \frac{d\,p}{\varrho} = \frac{p}{\varrho}$ gesetzt werden kann, und die Grenzgeschwindigkeit (s. dort) nicht überschritten wird, den Ansatz machen

$$W = f\,(R)\,\varrho \cdot F\,v^2, \ldots \ldots 4)$$

wo f (R) eine Funktion der Reynoldsschen Zahl $R = \frac{q\,l}{\nu}$ ist; f (R) hat also für gleiche Reynoldssche Zahlen denselben Wert. Die Fläche F mißt den Querschnitt des eingetauchten Körpers senkrecht zu v. Wenn ich daher an einem Modell mit dem Querschnitt F_1 und der Länge l_1 bei der Geschwindigkeit v_1 in einer Flüssigkeit mit dem kinematischen Reibungskoeffizienten ν_1 und der Dichte ϱ_1 einen Widerstand W_1 messe, so ergibt sich der Widerstand W_2 eines ähnlichen Körpers mit dem Querschnitt F_2, der Länge l_2 bei einer Geschwindigkeit v_2 in einer Flüssigkeit mit ν_2 und ϱ_2 zu:

$$W_2 = W_1 \frac{\varrho_2}{\varrho_1} \frac{F_2}{F_1} \frac{v_2{}^2}{v_1{}^2}, \ldots \ldots 5)$$

wenn ich den Modellversuch so einrichte, daß $\frac{l_1\,v_1}{\nu_1} = \frac{l_2\,v_2}{\nu_2}$ ist.

Diese Modellregel ist in der Praxis kaum anwendbar, denn sie verlangt bei ein und derselben Flüssigkeit, daß das Modell mit einer erheblich höheren Geschwindigkeit bewegt wird als das Fahrzeug selbst. Dies ist aber nicht möglich, da andererseits die Grenzgeschwindigkeit nicht überschritten werden darf.

Für eine unendlich dünne in ihrer Ebene bewegte plane Platte der Länge l in der Bewegungsrichtung und der Breite b senkrecht zur Bewegungsrichtung ist es Blasius gelungen, die Funktion f (R) direkt aus den Navier-Stokesschen Gleichungen zu berechnen und diese gibt in Formel 4 eingesetzt für den Widerstand den Wert

$$W = 1,33\ b\sqrt{\varrho\,\mu\,l\,v^3}. \ldots \ldots 6)$$

(μ Koeffizient der inneren Reibung.)
Diese Formel, welche den Widerstand der 1,5 Potenz der Geschwindigkeit proportional findet, gilt aber

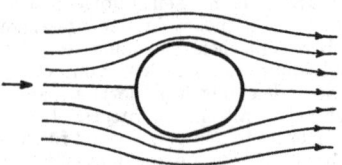

Fig. 1. Potentialströmung.

nur bei laminarer Flüssigkeitsbewegung (s. dort), welche zwar stets möglich ist, aber bei größeren Geschwindigkeiten instabil wird, und daher in der Praxis durch die kleinste Störung abgeändert wird.

Das Auftreten des Bewegungswiderstandes entgegen den Folgerungen der Eulerschen Gleichungen erklärt sich nach Prandtl physikalisch dadurch, daß die Potentialströmung außerhalb der Grenz-

schicht und das starke Geschwindigkeitsgefälle innerhalb der Grenzschicht bewirken, daß sich die Strömung von der Wand des eingetauchten Körpers ablöst, so daß nicht eine Strömung gemäß Fig. 1

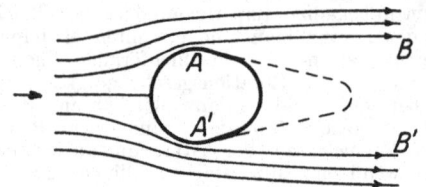

Fig. 2. Strömung mit Diskontinuitätsflächen.

(Potentialströmung), sondern gemäß Fig. 2 entsteht, also analog einer Strömung mit Helmholtzschen Diskontinuitätsflächen (s. dort). Indessen bedingt die innere Reibung, daß sich an Stelle der letzteren Wirbel ausbilden, die an der Ablösungsstelle den Körper verlassen und in die Flüssigkeit hinauswandern. Diese Wirbel, deren Bewegungsenergie sich allmählich durch Reibung verzehrt, veranlassen eine Energiedissipation (siehe Dissipationsfunktion) und dadurch den Druckwiderstand. Vor der Ablösungsstelle A — A' haben wir einen sich aus der Potentialströmung ergebenden Staudruck, hinter der Ablösungsstelle aber Unterdruck, indem in dem Totwasser AB — A'B' der Druck herrscht, welcher der vermehrten Geschwindigkeit an den Grenzflächen AB und A'B' entspricht. Da indessen durch die Energiedissipation die Geschwindigkeit in Richtung A — B resp. A' — B' abnimmt, nimmt der Druck im Totwasser in größerer Entfernung von AA' zu. Daraus ergibt sich, daß der Unterdruck auf der Rückseite des eingetauchten Körpers und damit der Widerstand durch Verlängerung des Körpers nach rückwärts unter Umständen vermindert wird.

Zu diesem Druckwiderstand kommt noch der Reibungswiderstand hinzu, welcher durch die Reibung in der Grenzschicht selbst entsteht. Dieser letztere, welcher mit der Geschwindigkeit linear wächst, hängt naturgemäß von der Größe der umströmten Oberfläche ab, und ist meistens bei größeren Geschwindigkeiten zu vernachlässigen, es sei denn, daß der Körper eine sehr große Oberfläche relativ zum Querschnitt besitzt, also sehr lang gestreckt ist.

Die Lage des Ablösungsquerschnittes hängt von der Reynoldsschen Zahl ab. Indessen ergibt der Versuch, daß dieser Querschnitt von einer gewissen Größe von R ab in einem ziemlich weiten Bereich von R unverändert etwas hinter dem größten Körperquerschnitt liegen bleibt. Daraus folgt, daß von einer gewissen Reynoldsschen Zahl an, und solange der Reibungswiderstand in der Grenzschicht zu vernachlässigen ist, die Funktion f (R) = ψ der Formel 4 bei gegebener Körperform einen bestimmten nicht stark veränderlichen Wert annimmt. Der Versuch ergibt für die untenstehenden Körperformen etwa folgende Werte:

Fig. 3. Quadratische Platte   Fig. 4. Kreiszylinder, Länge
ψ = 0,55.   gleich dem dreifachen größ
                              ten Durchmesser ψ = 0,42.

Fig. 5. Kreiszylinder mit kugelförmigen Endflächen, Länge gleich dem achtfachen größten Durchmesser $\psi = 0.1$.

Fig. 6. Länge gleich dem 3,5 fachen größten Durchmesser $\psi = 0,084$.

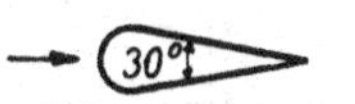

Fig. 7. Länge gleich dem 3,5 fachen größten Durchmesser $\psi = 0,045$.

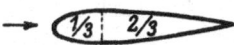

Fig. 8. Luftschiffform kleinsten Widerstandes, Länge gleich dem sechsfachen größten Durchmesser $\psi = 0,02$.

Diese Werte gelten für Körper mit glatter Oberfläche; Rauhigkeit vermehrt den Widerstand stark, da sie vermehrte Wirbelbildung veranlaßt.

Diese Werte vom Widerstandskoeffizienten ψ sind indessen mit großer Vorsicht zu gebrauchen, da ψ unter Umständen auch sehr stark von R abhängen kann. Über einen größeren Bereich von R hat neuerdings Wieselsberger diese Abhängigkeit untersucht, und zwar bei Kreiszylindern (Drähten), die senkrecht zur Längsachse angeblasen werden. Das Resultat der Untersuchung ist in untenstehender Fig. 9 im logarithmischen Maßstab dargestellt.

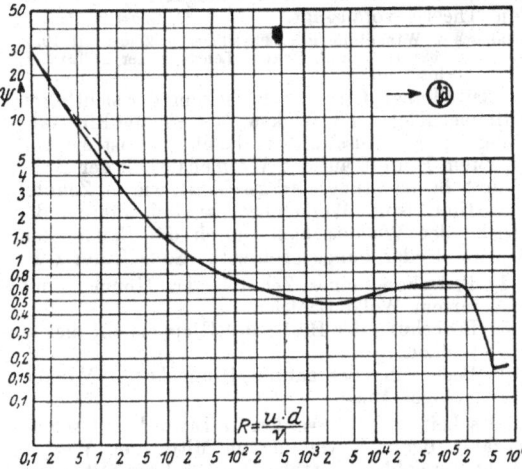

Fig. 9. Widerstandskoeffizient von senkrecht zur Längsachse angeblasenen Kreiszylindern.

Die Reynoldssche Zahl ist hier aus der Luftgeschwindigkeit v, dem Zylinderdurchmesser d und dem kinematischen Reibungskoeffizienten ν gebildet. Die gestrichelte Kurve bezieht sich auf eine Formel von Lamb, die unter denselben Bedingungen abgeleitet wurde, wie die Stokessche Formel für die Kugel, also für $R \ll 1$. Nach dieser Formel wäre $\psi = \dfrac{8\,\pi}{R\,(2 - \lg R)}$. Die Kurve für ψ in Fig. 9 läßt drei Teile erkennen: der erste Teil von etwa $R = 0,1$ bis $R = 500$ gilt für den Übergang der Laminarströmung ohne Wirbelablösung zur Strömung mit laminarer Grenzschicht und Wirbelablösung; es sinkt in diesem Gebiet ψ von

30 auf etwa 0,55 hinab. Der zweite Teil der Kurve gilt für $R = 500$ bis etwa $R = 200\,000$ mit annähernd konstantem $\psi = 0,55$. Bei $R = 200\,000$ wird die Grenzschicht turbulent und der Widerstandskoeffizient sinkt auf etwa 0,16 hinab, um dann wiederum annähernd konstant zu bleiben (s. auch turbulente Bewegung). Der starke Abfall von ψ bedingt, daß der Widerstand selbst in einem bestimmten Geschwindigkeitsgebiet mit zunehmender Geschwindigkeit nicht steigt, sondern fällt. Nebenstehende Fig. 10 zeigt dies z. B. für einen Zylinder von 30 cm Durchmesser und 1 Meter Länge bei einer Geschwindigkeit zwischen 15 und 20 Metern pro Sekunde.

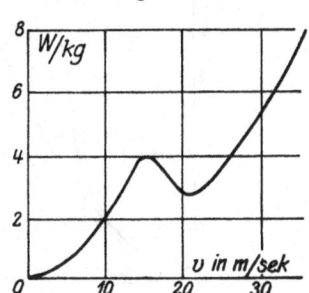

Fig. 10. Abhängigkeit des Strömungswiderstandes von der Geschwindigkeit.

Übrigens tritt der plötzliche Abfall von ψ bei kleineren Reynoldsschen Zahlen ein, wenn in der Strömung und der Grenzschicht künstlich Turbulenz erzeugt wird. Sonst ist seine Lage abhängig von der Form des umströmten Körpers. Bei einer Kugel geht nach Prandtl der Widerstandskoeffizient von 0,24 auf etwa 0,11 über zwischen $R = 200\,000$ bis $300\,000$, solange der Luftstrom wirbelfrei ist. Bei künstlicher Turbulenzerzeugung sinkt ψ schon bei $R = 80\,000$ bis $200\,000$ auf 0,08. Bei einem Zylinder mit einem Querschnitt gemäß Fig. 11 fand Wieselsberger einen Abfall auf 0,04 zwischen $R = 60\,000$ und $100\,000$.

Fig. 11. Querschnittsform eines Strömungskörpers.

Bei einer scharfkantigen Platte ist der Abfall, wenn überhaupt, erst bei sehr viel höheren Reynoldsschen Zahlen, bei schlanken Körpern wie Luftschiffformen dagegen bei sehr viel kleineren Zahlen zu erwarten.

Bewegt sich der Körper an einer freien Flüssigkeitsoberfläche (Schiff), so kommt zu dem bisher behandelten Bewegungswiderstande noch der Wellenwiderstand (s. Schiffswiderstand) hinzu, welcher größer als der erste sein kann, und zur Aufstellung der Froudeschen Modellregel (s. dort) geführt hat.

Für Bewegungen in Gasen sind, wie erwähnt, die Formeln nur verwendbar, solange $\displaystyle\int \frac{1}{\varrho}\,\mathrm{d}\,p = \frac{p}{\varrho}$ gesetzt werden kann, d. h. in Luft unter Atmosphärendruck etwa für Geschwindigkeiten bis 50, höchstens 100 m pro Sekunde. Bei höheren Geschwindigkeiten und adiabatischer Zustandsänderung des Gases führt die entsprechend veränderte Bernoullische Gleichung (s. dort) selbst bei konstanter Reynoldsscher Zahl zu einer wesentlich anderen als quadratischen Abhängigkeit von der Geschwindigkeit.

In umstehender Fig. 12, in welcher der Luftwiderstand W in willkürlichen Einheiten eingetragen ist, würde die Kurve I quadratische Abhängigkeit, die Kurve II dagegen die Abhängigkeit von der Geschwindigkeit unter Berücksichtigung der

Kompressibilität ergeben; Kurve III dagegen läßt die tatsächliche Abhängigkeit des Widerstandes von der Geschwindigkeit nach einem Versuche mit einem Kruppschen Normalgeschoß erkennen.

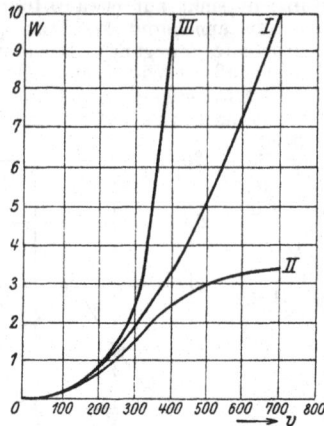

Fig. 12. Abhängigkeit des Luftwiderstandes von der Geschwindigkeit.

Die starke Widerstandserhöhung gemäß dieser Kurve III gegenüber der Rechnung ist durch Dichtewellen, die das Geschoß in dem kompressiblen Gase hervorruft, veranlaßt. Solange das Geschoß mit einer Geschwindigkeit unter Schallgeschwindigkeit (332 m pro Sekunde) fliegt, verlassen die Wellen das Geschoß in allen Richtungen und entführen ihm Energie, vermehren infolgedessen den Widerstand. Diese Widerstandserhöhung nimmt bei Überschallgeschwindigkeit noch erheblich zu. Denn dann kann die Schallwelle das Geschoß in der Flugrichtung nicht verlassen. Die Folge ist eine erhebliche Dichte- und Druckvermehrung vor und neben der Geschoßspitze. Mach fand z. B. mit Hilfe der Messung des Lichtbrechungsexponenten im Scheitel der Kopfwelle eines 11 mm Infanteriegeschosses drei Atmosphären Überdruck. Die Wirkung ist demnach die, als wenn das Geschoß in merklich dichterem Medium flöge.

In der Ballistik ist es üblich, den Widerstand W durch eine Formel

$$W = F \frac{\delta}{1,22} i \cdot f(v) \quad \ldots \ldots 7)$$

auszudrücken, und W in Kilogramm, F in Quadratzentimeter zu messen, während δ das Luftgewicht in Kilogramm pro Kubikmeter angibt und i ein Formfaktor ist, der nur von der Geschoßform abhängen sollte, tatsächlich aber von Geschoßform und Geschwindigkeit abhängt.

Setzt man für Kruppsche Normalgeschosse mit ogivaler Spitze i = 1, und setzt $K = \frac{f(v)}{v^2}$, so gibt nach Kruppschen Versuchen Kurve I der Fig. 13 die Werte für 10^6 K. Dagegen gibt die Kurve II die Werte 10^6 K für zylindrische Artilleriegeschosse, wenn für diese i = 1 gesetzt wird. Der Unterschied im Verlauf beider Kurven läßt erkennen, daß die Abhängigkeit des Luftwiderstandes von der Geschwindigkeit sich mit der Geschoßform ändert. Für andere als die genannten Geschoßformen ist es Ritter von Eberhard gelungen, für i lineare Funktionen von v aufzustellen, die den Widerstand der Geschosse aus Gleichung 7 und Kurve I berechnen lassen.

Bei der Verwertung der Versuche wurde angenommen, daß die Geschoßachse in Richtung der Flugbahn läge. Dies ist nicht genau der Fall, und deswegen sind die Widerstandswerte der Fig. 13 etwas zu hoch. Die Kurven dieser Figur lassen

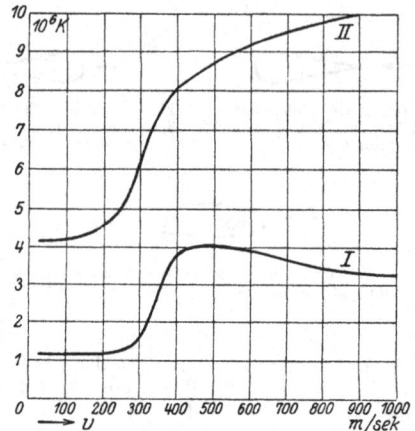

Fig. 13. Abhängigkeit des Koeffizienten K von der Geschwindigkeit für Kruppsche Normalgeschosse (I) und zylindrische Artilleriegeschosse (II).

übrigens erkennen, daß der Koeffizient K bei Geschwindigkeiten unter 100 m pro Sekunde konstant wird, also das quadratische Abhängigkeitsgesetz von der Geschwindigkeit gilt, wie es die Theorie voraussagt.   *O. Martienssen.*

Näheres s. Wieselsberger, Physikalische Zeitschrift 1921, S. 321 ff. und C. Cranz, Lehrbuch der Ballistik I. Leipzig 1917.

Bewölkung. Grad der Bedeckung der sichtbaren Himmelsfläche mit Wolken. Da sie die Einstrahlung wie die Ausstrahlung hemmt, so ist sie von größtem Einfluß auf den Wärmehaushalt der Erde. Durch Beobachtung wird geschätzt, wieviel Zehntel des Himmels mit Wolken bedeckt sind, während die Dicke der Wolkenschicht durch die Exponenten 0, bzw. 1 oder 2 angegeben wird. So bedeutet z. B.

1^0 Bedeckung eines Zehntels des Himmels mit zartem Wolkenschleier,

5^2 Bedeckung der Hälfte des Himmels mit dicken Wolken,

10^1 Bedeckung des ganzen Himmels mit Wolken mäßiger Dicke.

Als heitere Tage werden in Deutschland solche gezählt, deren Bewölkung im Mittel den Wert 2 nicht erreicht, als trübe Tage solche mit einer Bewölkung von mehr als 8. Die Bewölkung ist am größten über den Meeren und in den Küstengegenden hoher Breiten. Sie erreicht Minima in der Nähe der Wendekreise und nimmt nach dem Äquator hin wieder zu. An den Luvseiten der Gebirgszüge ist sie meist größer als an den Leeseiten.

Der tägliche Gang der Bewölkung ist in den einzelnen Erdstrichen sehr verschieden. Da jede einzelne Wolkenform zudem eine andere tägliche Periode hat, so ist der Gang ziemlich kompliziert. Die Wolkenform des aufsteigenden Luftstroms, vor allem die Kumuluswolken (s. Wolken), haben ihr Maximum meist um die Mittags- und Nachmittagsstunden. Der jährliche Gang verläuft meist parallel mit dem jährlichen Gange des Regenfalls; es kommen jedoch auch Fälle vor, wo beide Perioden einen völlig entgegengesetzten Gang aufweisen. *O. Baschin.*

Näheres s. J. v. Hann: Lehrbuch der Meteorologie. 3. Aufl. 1915.

Biegsame Welle. Die Laval-Dampfturbinen müssen zwecks rationeller Ausnutzung des Dampfes mit minutlichen Umdrehungszahlen von 9000 bis 30000 laufen. Schon die geringste Exzentrizität der Radscheibe ergibt bei den höheren Tourenzahlen gewaltige Fliehkräfte, denen keine starre Welle standhält. Laval dimensionierte die Welle lang und schwach und löste dadurch das Problem glänzend. Ein auf einer biegsamen Welle mit geringer Exzentrizität befestigter Körper führt eine Bewegung aus, die sehr wesentlich von der Schwingungsdauer der Welle, also ihrer Elastizität abhängt. Bei der kritischen Tourenzahl ist die Schwingungsdauer der Welle gleich der Zeit einer Umdrehung; in diesem Fall liegt die Gefahr der Zerstörung vor. Bei den erwähnten Umdrehungszahlen befindet man sich weit über der kritischen und eine Zerstörung der Welle durch Fliehkraftwirkung ist ausgeschlossen. Die kritische Tourenzahl einer Welle ist

$$n_k = 300 \sqrt{\frac{P}{Q}},$$

worin P jene Kraft ist, die, als Biegungslast an der ruhenden Welle angebracht, einen Biegungspfeil von 1 cm hervorbringen würde, und das Gewicht des Turbinenrades mit Q bezeichnet ist. Die Theorie der elastischen Welle ist erstmals von A. Föppl sen. aufgestellt worden.

L. Schneider.

Biegung. Die Biegungstheorie ist ein Teil der Anwendungen der Elastizitätstheorie auf den Fall von Körpern mit in einer oder zwei Richtungen kleinen Dimensionen (Platten bzw. Balken). Im letzteren Fall können aus den äußeren Kräften und Reaktionen (die in statisch unbestimmten Fällen allerdings nicht von vornherein bekannt sind), die Spannungsresultanten (genauer Resultanten der Kräfte: Spannung mal Flächenelement) und resultierenden Momente der Spannungen für einen Querschnitt stereostatisch bestimmt werden. Die Resultante der Längsspannungen wird in der Technik als Längs- (Zug- bzw. Druck-)kraft, die Resultante der Schubspannungen als Schubkraft, das Moment der Längsspannungen als Biegungsmoment, das der Schubspannungen als Torsionsmoment (s. Torsion) bezeichnet. Der Übergang von der Kenntnis der Spannungsresultanten zur entsprechenden elastischen Deformation geschieht nun in der technischen Festigkeitslehre durch einfache Hypothesen, die zum Teil von der Elastizitätstheorie bestätigt, bzw. auf das Maß ihrer Richtigkeit geprüft werden können.

Balkenbiegung: (der Fall, daß alle äußeren Kräfte parallel und quer zur Richtung des Balkens sind). Technische Annahme: 1. Es gibt einen Längsschnitt, die neutrale Ebene des Balkens, die ohne Dehnung verbogen wird. Nach beiden Seiten von dieser Fläche wachsen die Dilatationen und die zugehörigen Längsspannungen linear an, so daß die Querschnitte eben bleiben. Die Fasern der neutralen Ebene werden so zur Elastika gebogen. 2. Den Schubkräften entsprechend wird eine zur Elastika hinzukommende „zusätzliche" Ausbiegung angenommen.

Mittels dieser Hypothesen folgt die Biegungsgleichung: $M = EJ/\varrho$ (M = Biegungsmoment, E = Elastizitätsmodul, J = quadratisches Flächenmoment des Querschnittes, bezogen auf den Durchschnitt mit der neutralen Ebene, ϱ = Krümmungsradius der Elastika). Voraussetzung für ebene Verbiegung ist, daß das Zentrifugalmoment $\Sigma xy\, df$ für den Schwerpunkt des Querschnittes verschwindet.

Die Elastizitätstheorie, gestützt auf das Saint-Venautsche Prinzip (daß die Verteilung der äußeren Kräfte über den Querschnitt nur in nächster Nähe der Angriffsstellen maßgebend ist), bestätigt die Hypothese der linearen Spannungsverteilung, nicht aber die der linearen Verteilung der Dilatation. Die Querschnitte bleiben daher nicht eben, sondern verwölben sich. Die Schubkraft zeigt sich weniger durch eine zusätzliche Durchbiegung, als durch diese Verwölbungen hervorgerufen. Außerdem werden die Querschnitte auf der konkaven Seite der neutralen Ebene verbreitert, auf der konvexen verengert. Die neutrale Ebene selbst wird dadurch zu einer Fläche negativer Krümmung (antiklastische Fläche) verzerrt.

Knickung: Das ist der Fall, daß ein Balken nur durch Längskräfte P gebogen wird. Für kleine Kräfte erweist sich dann die gerade Lage des Balkens als einzige, daher stabile, Gleichgewichtslage. Für größere Kräfte aber ist eine Ausbiegung möglich, für die in jedem Querschnitt das Biegungsmoment die Größe der Ausbiegung zum Hebelarm hat. In der Nähe der elastischen Stabilitätsgrenze wird die Knickgrenze angenommen, die aber natürlich nicht mehr mit der auf dem Hookeschen Gesetz fußenden Elastizitätstheorie genau bestimmt werden kann.

Als Grenze für die Stabilität der geraden Lage ergibt die Theorie der Elastika: $Pl^2 = \pi^2\,EJ$ (l = Balkenlänge) für den Fall des an beiden Seiten drehbar befestigten Balkens, ähnliche Werte für andere Einspannungsart (Eulersche Knickformeln).

Die Verteilung der Biegungsmomente ist eine wesentliche Frage für die technische Ausnützung der Materialien. Der Zweck, sie möglichst gleichmäßig zu verteilen, wird vielfach durch durchlaufende Träger mit mehreren Unterstützungsstellen erreicht. Die statische Bestimmtheit erfordert dann Unterteilung des Trägers durch Gelenke (Gerberscher Träger).

Für die Biegung von belasteten Platten oder Schalen sind in ähnlicher Weise wie bei Balken die Resultanten und resultierenden Momente in Querschnittselementen maßgebend, die aber nicht, wie oben, aus der Stereostatik bestimmt werden können. Die technischen Theorien beschränken sich daher, unter Einführung ähnlicher Hypothesen, meist auf kreissymmetrische Fälle, die analoge Behandlung wie die Balken zulassen.

F. Noether.

Näheres s. Love, Lehrbuch der Elastizitätstheorie (deutsch von A. Timpe). 1907.

Bifilarer Oszillograph s. Schleifenoszillograph.

Bifilarmagnetometer. Gebräuchlichstes Instrument zur Messung der zeitlichen Variationen der erdmagnetischen Horizontalintensität, früher auch zu absoluten Messungen vorgeschlagen. Der wagerecht angebrachte Magnet hängt an zwei vertikalen Drähten, deren Torsion ihn senkrecht gegen die Deklination erhält, so daß er die auf diese Richtung senkrechte Komponente des Erdfeldes, d. h. die Horizontalintensität, mißt.

A. Nippoldt.

Näheres s. Müller-Pouillet, Lehrb. d. Physik. 10. Aufl. IV. 2. Braunschweig, Vieweg & Sohn 1914.

Bildfeldebnung s. Sphärische Abweichung.

Bildfeldwölbung s. Sphärische Abweichung.

Bildkraft. In der Elektrostatik benutzt man häufig die Methode der elektrischen Abbildung. Es sei z. B. ein Punkt mit der Ladung $+e$ gegeben, der sich vor einer unendlich großen geladenen Metallplatte befinde. Dann muß durch den Punkt $+e$ eine solche Ladungsverteilung hervorgerufen werden, daß auf der ganzen Metallplatte das Potential 0 herrscht. Diese Wirkung kann aber als von einer Ladung $-e$ herrührend angesehen werden, die sich im Spiegelbild des Punktes +e befindet. Das bedeutet, daß der Punkt +e mit einer Kraft angezogen wird, die eine Ladung −e in der doppelten Entfernung seines Abstandes von der Metallplatte ausübt. Diese Kraft wird „Bildkraft" genannt. Die Methode der elektrischen Bilder findet besondere Anwendung bei den Kugelflächen.   *R. Jaeger.*

Billets Halblinsen s. Interferenz.

Binäres Gemisch heißt ein Gemisch zweier verschiedener Substanzen. Die Eigenschaften eines binären Gemisches zweier Gase oder zweier Flüssigkeiten sind von van der Waals und seinen Schülern untersucht worden. Er erweiterte die von ihm aufgestellte Zustandsgleichung (s. Zustandsgleichung) für einfache Substanzen auf den Fall eines binären Gemisches, das x Mole der einen Komponente vom Molekulargewicht M_x und $y = 1 - x$ Mole der anderen Komponente vom Molekulargewicht M_y enthält, indem er setzte

$$p = \frac{RT}{v - b} - \frac{a}{v^2}; \quad a = a_x x^2 + 2 a_{xy} \cdot x (1 - x) +$$
$a_y (1 - x^2); \quad b = b_x x^2 + 2 b_{xy} \cdot x (1 - x) +$ $b_y \cdot (1 - x)^2$. Hierbei beziehen sich die Größen a_x, b_x, a_y, b_y auf die einheitlichen Komponenten; die Größen a_{xy} und b_{xy} rühren von der gegenseitigen Einwirkung der verschiedenartigen Moleküle aufeinander her.

Auf Grund der genannten Formel hat van der Waals in dem zweiten Teil seines Buches „Die Kontinuität des gasförmigen und flüssigen Zustandes" die Eigenschaften der binären Gemische ermittelt, indem er die von ihm als ψ bezeichnete freie Energie des Gemisches eingehend untersuchte.   *Henning.*

Binantenelektrometer. Eine Abart des Quadrantenelektrometers (s. d.), bei dem die Nadel in zwei Teile zerlegt ist. Die eine Hälfte derselben wird positiv, die andere negativ geladen, wodurch manche Unzuträglichkeiten des Quadrantenelektrometers vermieden werden; vor allem wird die bei diesem auftretende Kraftlinienstreuung vermieden. Bei dem von Dolezalek angegebenen Instrument schwingt die Nadel in einer Schachtel, die in Form konzentrischer Kugelschalen ausgebildet ist. Der Krümmungsmittelpunkt dieser Schalen liegt im Aufhängepunkt der Nadel; die Nadel ist an einem Platindraht aufgehängt. Die Schachtel besteht aus zwei Binantenhälften, deren Trennungslinie senkrecht zu derjenigen der Nadel steht. Die Schaltungsweise kann wie bei den anderen Elektrometern vorgenommen werden (s. Quadrantenelektrometer). Das Elektrometer wird auch als Zeigerinstrument ausgebildet (Bezugsquelle: S. Bartels, Göttingen). Die Einstellung der Nadel ist auch ohne besondere Dämpfung nahe aperiodisch. Die Eichung kann mit Gleichstrom erfolgen; bei Wechselstrom ist der Ausschlag unabhängig von Periode und Kurvenform.   *W. Jaeger.*
Näheres s. Jaeger, Elektr. Meßtechnik. Leipzig 1917.

Binaurales Hören s. Schallrichtung.

Binodalkurve s. ψ-Fläche von van der Waals.

Biot-Mitscherlischer Polarisationsapparat s. Polarimeter.

Biot-Savartsches Gesetz. Bekanntlich ruft das Fließen eines elektrischen Stromes in der Umgebung eines Leiters ein magnetisches Feld hervor. Das von einem vom Strome J durchflossenen Leiterelement d s in einem Raumpunkte hervorgerufene magnetische Feld ist durch folgende Gleichung $\mathfrak{h} = \frac{J \, ds}{c \, r^2} \sin \varphi$ gegeben. r stellt die Entfernung des Punktes, in dem das Magnetfeld zu bestimmen ist, von dem Leiterstück ds dar. φ ist der Winkel zwischen ds und r. Diese Gleichung wurde zuerst von Biot und Savart auf Grund empirischen Materials für einen geraden Stromdurchflossenen Draht aufgestellt. Das Biot-Savartsche Gesetz erlaubt das von einem beliebigen Strom erzeugte Magnetfeld zu berechnen. Und zwar besagt es, daß die magnetische Feldstärke, die in einem Punkte von einem Stromelement erzeugt wird, proportional der Stromstärke und der Länge des Stromelements, umgekehrt proportional dem Quadrat der Entfernung des Raumpunktes von dem Leiterstück ist. Da $\mathfrak{h}$ ferner proportional dem sin des Winkels zwischen r und ds ist, so ist $\mathfrak{h}$ sehr gering, wenn r mit ds einen spitzen Winkel bildet, ein Maximum, wenn r senkrecht auf ds steht. Die Richtung der magnetischen Feldstärke wird dabei durch die Amperesche Schwimmregel gegeben. Man kann die Gleichung für die magnetische Feldstärke auch so schreiben, daß gleichzeitig Größe und Richtung gegeben wird. Diese Gleichung lautet dann $\mathfrak{h} = \frac{J}{c} \frac{1}{r^3} [d\mathfrak{s} \, r]$; $d\mathfrak{s}$ gibt Länge und Richtung des Stromelements; r ist der r entsprechende Vektor, und $[d\mathfrak{s} \, r]$ stellt das Vektorprodukt der Vektoren $d\mathfrak{s}$ und r dar. Man sieht sofort, daß diese Gleichung mit der ersten identisch ist, sofern man von der Richtung von $\mathfrak{h}$ absieht, denn der absolute Betrag des Vektorprodukts $[d\mathfrak{s} \, r]$ ist bekanntlich gleich r ds sin φ. Die Richtung von $\mathfrak{h}$ ergibt sich auf folgende Weise: Nach bekannter Regel der Vektorrechnung stellt $[d\mathfrak{s} \, r]$, also auch $\mathfrak{h}$ einen auf der durch $d\mathfrak{s}$ und r gehenden Ebene senkrechten Vektor dar. Fällt die duch $d\mathfrak{s}$ und r gelegte Ebene mit der z-x-Ebene eines rechtshändigen Koordinaten-Systems zusammen, und liegt etwa $d\mathfrak{s}$ in der z-Richtung und hat dann r einen positiven x-Komponenten, so ist die Richtung von $\mathfrak{h}$ die der positiven y-Achse. Diese Aussage ist mit der Amperèschen Schwimmregel identisch. Will man nicht nur die Wirkung eines Stromelements kennen, sondern die des ganzen Stromkreises, so muß man über alle Stromelemente summieren. Die von einem geschlossenen Stromkreis an einem Raumpunkt erzeugte Feldstärke ist dann $\mathfrak{h} = \frac{J}{c} \oint \frac{1}{r^3} [d\mathfrak{s} \, r]$. Der Kreis am Integral bedeutet, daß über die geschlossene Strombahn zu integrieren ist.

Das Biot-Savartsche Gesetz gilt nur dann, wenn überall in der Umgebung die gleiche Permeabilität herrscht. Sind Körper verschiedener Permeabilität in der Nähe des Leiters, so sind bei der Berechnung von $\mathfrak{h}$ noch die Wirkungen der Grenzflächen zu berücksichtigen.

Zur Ableitung des Biot-Savartschen Gesetzes sei folgendes bemerkt. Man kann dies Gesetz als Erfahrungsgesetz hinstellen (z. B. auf Grund der Biot-Savartschen Messungen und der Amperèschen Schwimmregel) und andere Gesetze daraus herleiten oder man kann aus anderen Erfahrungsgesetzen dieses Gesetz herleiten; dieser Weg sei hier noch angedeutet. $\mathfrak{B}$ sei der Vektor der magnetischen Induktion. Als Lösung der Gleichung div $\mathfrak{B} = 0$ kann man setzen $\mathfrak{B} = $ curl $\mathfrak{A}$, wobei $\mathfrak{A}$ eine beliebige Ortsfunktion ist. Diese kann man nun stets so wählen, daß div $\mathfrak{A} = 0$ ist.

Dann folgt aus dem Gesetz $\oint \mathfrak{h}_s \, ds = \dfrac{4\pi J}{c}$ (wobei das Integral über einen den Strom J umschließenden Weg zu nehmen ist), daß das sog. Vektorpotential $\mathfrak{A}$ durch folgende Gleichung gegeben ist $\mathfrak{A} = \dfrac{\mu}{c} J \oint \dfrac{d\sigma}{r}$ (s. Maxwellsche Gleichung). Setzt man dies in $\mathfrak{B} = \operatorname{curl} \mathfrak{A}$ ein, so folgt unmittelbar das Biot-Savartsche Gesetz. Das erste der beiden Gesetze, aus denen das Biot-Savartsche Gesetz hergeleitet wurde, spricht die allgemeinen Erfahrungstatsachen aus, daß es keine Quellen von wahrem Magnetismus gibt; das zweite Gesetz kann geradezu als Definition der magnetischen Feldstärke angesehen werden. Es besagt, daß, wenn man sich einen magnetischen Einheitspol um einen Strom herumgeführt denkt, die dabei geleistete Arbeit gleich $\dfrac{4\pi J}{c}$ ist. *H. Kallmann.*

Näheres s. Vektorpotential.

Birotation s. Multirotation.

Blasinstrumente s. Zungeninstrumente.

Blattelektrometer s. Goldblattelektrometer.

Bleiakkumulator s. Sekundärelement.

Blickfeld. Unter dem Blickfeld versteht man die Gesamtheit aller Punkte einer (ebenen oder auch kugeligen) Fläche des Außenraumes, die sukzessive auf der Fovea centralis (s. Gelber Fleck) eines Auges bzw. beider Augen zugleich zur Abbildung gebracht werden können (monokulares bzw. binokulares Blickfeld). Die Bestimmung des Blickfeldes bedeutet somit eine Prüfung auf die Beweglichkeit des einzelnen Auges bzw. der zu einem Doppelorgan verkoppelten beiden Augen. Da die Beurteilung nicht ganz sicher ist, ob ein Außending wirklich mit der Stelle des direkten Sehens oder nur mit einer ihr benachbart liegenden parafovealen Netzhautstelle gesehen wird, pflegt man sich zur Bestimmung des Blickfeldes der Nachbildmethode zu bedienen und zu untersuchen, wie weit ein in der Fovea erzeugtes dauerhaftes Nachbild in der Projektion auf eine frontalparallele Fläche aus der Mittellage nach den verschiedenen Richtungen hin bewegt werden kann. Nach innen zu ist das Blickbild durch Teile des eigenen Körpers eingeengt, nach außen ist ihm in der Beweglichkeit des Bulbus seine Grenze gesetzt. Die beiden monokularen Blickfelder haben nach innen zu einen großen gemeinsamen Bezirk, der sich aber nicht etwa mit dem binokularen Blickfeld deckt. Dieses ist auf jeden Fall bedeutend enger umgrenzt als jener, da die koordinierten Bewegungen des Doppelauges den freien Bewegungen des einzelnen Auges gegenüber wesentlich beschränkt sind. *Dittler.*

Näheres s. Nagels Handb. d. Physiol. d. Menschen, Bd. 3, 1904.

Blinder Fleck. Die Sehnervenfasern als solche werden durch das in das Auge gelangende Licht nicht erregt, vielmehr ist die Umsetzung der strahlenden Energie in Nervenerregung an die Ausbildung besonderer Aufnahmeapparate, der Stäbchen und Zapfen, gebunden. An der Eintrittsstelle des Sehnerven in die Netzhaut (s. Figur, S. 56) fehlt ein solches Sinnesepithel; das auf die Papill. nerv. opt. fallende Licht wird daher nicht empfunden, das Auge ist an dieser Stelle blind. Daß man den hierdurch bedingten Ausfall nicht ohne weiteres als Lücke im Gesichtsfeld wahrnimmt, liegt beim binokularen Sehen daran, daß die blinden

Stellen beider Netzhäute nicht die Lage identischer Netzhautstellen (s. Raumwerte der Netzhaut) haben, die beiden monokularen Gesichtsfelder (s. dort) sich also gegenseitig ergänzen; beim Sehen mit einem Auge kommt der blinde Fleck infolge einer psychischen Ergänzung des Gesichtsfeldes von der Umgebung her im allgemeinen nicht zur Beobachtung. Unter Verwendung kleiner Prüfungsobjekte, deren Bild ganz in den blinden Fleck fällt, gelingt es indessen leicht, seine Existenz nachzuweisen und seine Lage, Größe und Form in der Projektion nach außen zu bestimmen. Solche Bestimmungen ergeben, daß die Mitte des blinden Fleckes auf der Netzhaut durchschnittlich 4 mm von der Stelle des direkten Sehens (s. Gelber Fleck) entfernt liegt, und zwar nach innen und etwas nach oben von dieser, woraus sich seine Identität mit der Sehnervenpapille sicher erweisen läßt. Die Breite des blinden Fleckes beträgt etwa 1,5 mm, so daß auf seinem Durchmesser 11 Vollmonde Platz finden würden und daß in ihm ein 2,5—3 m entferntes menschliches Gesicht verschwinden kann. *Dittler.*

Näheres s. v. Helmholtz, physiol. Optik, 3. Aufl., Bd. 2, S. 24—28. Leipzig 1911.

Blindspannung, -strom, -leitwert, -leistung, -widerstand s. Wechselstromgrößen.

Blinkgerät s. Signalgeräte, optische.

Blitz. Der Blitz ist eine der häufigsten, in den unteren Schichten der Atmosphäre sich ausbildenden Formen der leuchtenden elektrischen Entladungen. Er ist meist von heftigen Kondensationsvorgängen begleitet und stellt den Potentialausgleich zwischen zwei verschieden geladenen Wolken oder zwischen Wolke und Erde dar. Blitzentladungen können nur dann eintreten, wenn das elektrische Feld so stark geworden ist, daß Ionisierung durch Ionenstoß möglich wird. Man unterscheidet vier Arten von Blitzentladungen:

a) der Funken- oder Linienblitz. Dies ist der Blitz im landläufigen Sinne des Wortes. Die Entladung folgt einer meist vielfach verästelten gekrümmten Bahn (die Zickzackform wird in Wirklichkeit fast nie beobachtet). Die Farbe des Blitzes ist meist weißlich, rötlich oder bläulich. Die Spektralanalyse zeigt, daß in der Blitzbahn ein Leuchten des Stickstoffes, Sauerstoffes und Wasserstoffes, sowie der atmosphärischen Edelgase stattfindet. Es wird ein Linienspektrum emittiert. Über Entstehung und Dauer der Blitzentladungen gaben insbesondere photographische Aufnahmen mit bewegter Kamera guten Aufschluß. Es zeigte sich, daß, ähnlich wie bei künstlich erzeugten Funken zuerst einige rasch aufeinanderfolgende, immer intensiver und größer werdende Vorentladungen eintreten, die dann in den eigentlichen Funkenblitz übergehen. Meist besteht der Funkenblitz aus mehreren, rasch aufeinanderfolgenden Partialentladungen. Die einzelnen Entladungen dauern oft kaum 1/1000 sec. Die Gesamtdauer eines aus mehreren Partialentladungen bestehenden Funkenblitzes kann einige Zehntelsekunden betragen. Das Auftreten oszillatorischer (d. h. die Stromrichtung wechselnder) Entladungen beim Blitz ist nicht sichergestellt. Elster und Geitel haben aus Blitzbeobachtungen bei gleichzeitiger Feststellung der Richtung des Erdfeldes die Regel gefunden, daß bei rötlichen Blitzen die Stromrichtung Erde-Wolke, bei bläulichen, die umgekehrte Stromrichtung herrsche. Pockels hat die maximale Stromstärke bei Funkenblitzen aus der remanenten

Magnetisierung von Basaltstäben bestimmt, die in der unmittelbaren Nähe von Blitzableiterkabeln gelegen waren. Seine Schätzungen bewegen sich zwischen 9000 und 20000 Ampere. Toepler hat dieselbe Methode auch dazu benutzt, um die Stromrichtung zu bestimmen. Er fand, daß in $^2/_3$ der Fälle die Erde Anode war. Daraus ist aber nicht etwa zu schließen, daß diese Stromrichtung wirklich doppelt so häufig ist. Töpler erklärt vielmehr diese Feststellung durch die Verästelung, welche die Blitzbahn in der Richtung von Anode zur Kathode erfährt: ist die Erde Kathode, so ist die Einschlagstelle auf der Erde auf mehrere Stellen und größere Fläche verteilt, daher die Magnetisierung oft gar nicht nachzuweisen. Die Elektrizitätsmenge, die sich in einem Funkenblitze entlädt, läßt sich aus den oben gegebenen Daten über maximale Stromstärke und Dauer der Entladung auf 1 bis 100 Coulomb schätzen.

b) Flächenblitze. Häufig wird darunter die Erhellung einer größeren Wolkenpartie durch einen nicht direkt sichtbaren Linienblitz verstanden. Es gibt aber auch eigentliche, dem Funkenblitz nicht wesensähnliche Flächenblitze im besonderen Sinne des Wortes: kurzdauernde leuchtende Entladung über ein größeres Flächenstück einer Wolke, welche ein Bandenspektrum aufweist. Solche Flächenblitze kommen nicht nur beim eigentlichen Gewitterwolken, sondern auch in Stratus-wolken und in Bodennebel vor. Sie sind meist mit keiner Schallerregung verknüpft. v. Schweidler nimmt an, daß Flächenblitze entstehen, wenn in bestimmten Wolkenteilen durch Ansammlung von Elektrizität zwar die zur Stoßionisation ausreichende Feldstärke erreicht wurde, wenn aber die Zufuhr neuer Elektrizitätsmengen so langsam erfolgt, daß der vorhandene Ladungsvorrat erschöpft ist, bevor der einer Glimmentladung verwandte Entladungsstrom in die einer viel höheren Stromstärke entsprechende Form der Funkenentladung (Linienblitz) übergegangen ist.

c) Kugelblitze. Diese Blitzform ist noch nicht völlig geklärt und zählt jedenfalls zu den merkwürdigsten Naturerscheinungen. Sie entstehen gewöhnlich unmittelbar nach einem einschlagenden Funkenblitz („Initialblitz") als eine leuchtende Entladung in Form einer faust- bis kopfgroßen Kugel, die sich ziemlich langsam in horizontaler, manchmal auch vertikaler oder schiefer Richtung fortbewegt, um dann nach einiger Zeit (bis zu einer Minute) geräuschlos, bisweilen auch mit explosionsartigem Knall (Endentladung oder Funkenblitz) zu verschwinden. Sie treten auch in geschlossenen Räumen auf und sind eine sehr seltene Erscheinung. Nach M. Toepler, der in den künstlich erzeugten „Büschellichtbogen" zwischen Halbleitern eine ähnliche Erscheinung auffand, sind die Kugelblitze als eine Form nahezu kontinuierlicher Entladung aufzufassen, bei welcher an Punkten besonders hoher Stromdichte ein starkes Leuchten eintritt.

d) Perlschnurblitze. Bei diesen Blitzen ist die Bahn durch länger dauerndes Leuchten einzelner Punkte besonders charakterisiert. Sie scheinen eine Übergangsform zwischen Funken- und Kugelblitz zu sein und treten äußerst selten auf.

V. F. Hess.

Näheres s. H. Mache und E. v. Schweidler, Atmosphärische Elektrizität. 1909.

Blitzableiter. Benjamin Franklin hat, nachdem es gelungen war, die elektrische Ladung von Gewitterwolken durch in die Höhe gelassene Drachen qualitativ nachzuweisen, vorgeschlagen, durch Aufstellung von hohen, mit Spitzen versehenen Auffangstangen die Ladung der vorüberziehenden Wolke in Form stiller Spitzenentladungen unschädlich zur Erde abzuleiten. 1765 wurde von Franklin nach diesem Prinzip der erste Blitzableiter konstruiert. Die Funktion des Blitzableiters ist jedoch, wie man später erkannte, wohl wesentlich anders, als Franklin sich vorstellte. Die aufragende Spitze der Stange verursacht eine starke Zusammendrängung der Niveauflächen des elektrischen Erdfeldes und dadurch bewirkt, daß die selbständige Entladung des Blitzes wesentlich an diesen Stellen, wo der Potentialgradient die größten Werte erreicht, einsetzt: Die Entladung geht dann den Weg des kleinsten elektrischen Widerstandes, d. h. durch die Eisenstange und die damit verbundene gute metallische Leitung zur Erde, wo eine im feuchten Boden eingelassene größere Kupferplatte das Ende der Erdleitung bildet.

Die Spitze des Blitzableiters ist gewöhnlich aus vergoldetem Kupfer. Sie soll die umliegenden Gebäude um mindestens einige Meter überragen. Die Leitung, mit der alle ausgedehnteren Metallbestandteile eines Hauses z. B. die Dachrinnen verbunden werden, muß genügend großen Querschnitt haben, so daß kein Abschmelzen infolge der Wärmewirkung der durchfließenden Elektrizitätsmenge der Entladung zu befürchten ist. Bei Kupferleitungen genügt ein Querschnitt von 50 mm². Die beste Erdleitung bildet das in Städten meist vorhandene System der Wasserleitungsröhren, an welchen direkt die Enden der Kupferleitung angeschlossen werden. Einen guten Blitzschutz gewähren auch die oberirdisch laufenden zahlreichen Telephondrähte in Großstädten, welche ähnlich wirken, wie ein Faradayscher Käfig. Über Hörnerblitzableiter vgl. Blitzschutzvorrichtungen für Starkstromleitungen. *V. F. Hess.*

Blitzschutzvorrichtungen: a) für Starkstromleitungen. Bei solchen genügt es nicht, die Stangen der Fernleitungen mit den gewöhnlichen Blitzableitern zu versehen. Denn wenn eine noch so schwache Blitzentladung eine Starkstromleitung trifft, tritt gewöhnlich zwischen den auf verschiedener Spannung geladenen Teilen der Leitung oder zwischen Draht und Erdleitung eine Lichtbogenentladung auf, die, einmal ausgelöst, von selbst nicht erlischt, sondern dem Starkstromnetz dauernd Stromenergie entnehmen würde, bis der örtliche Schaden entdeckt wird, oder bis ein Durchschmelzen der Leitung eintritt. Zur Vermeidung solcher Schäden dient der Hörnerblitzableiter. Dieser besteht (s. die nebenstehende Figur)

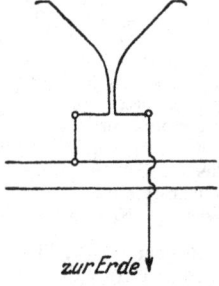

zur Erde

Hörnerblitzableiter.

aus zwei hörnerförmig symmetrisch gebogenen Kupferbügeln, deren einer mit der Fernleitung verbunden ist, während der andere zur Erde abgeleitet ist. Wird durch Blitzschlag ein Lichtbogen ausgelöst, so entsteht dieser am unteren Ende der Bügel, wo sie sich ganz nahe gegenüberstehen. Durch den Lichtbogen entsteht eine augenblickliche beträchtliche Erhitzung der Luft, wodurch der Lichtbogen mit in die Höhe gerissen wird. Dadurch wird er immer länger und reißt schließlich von selbst ab.

b) Bei Telephon- und Telegraphennetzen. Obwohl man die Stangen der Leitungen stets mit Blitzableitern versieht, muß dennoch außerdem Vorsorge getroffen werden, daß nicht gefährliche Entladungen ihren Weg durch die Apparate nehmen können.

Dies geschieht durch Einschaltung der „Blitzschutzplatten". Diese sind Messingplatten von 10 × 10 cm Größe, welche mit scharfen, regelmäßig in Reihen angeordneten Furchen durchzogen sind, und zwar so, daß die Spitzen der einen Platte in ganz geringem Abstand von den Spitzen der gegenübergestellten zweiten Platte sich befinden. Die letztere wird mit einer guten Erdleitung verbunden. Die erste Platte führt von der Luftleitung zum Apparat. Kommt eine höhere Potentialdifferenz in die Leitung, so gleicht sie sich durch das Spitzensystem gefahrlos aus und fließt zur Erde ab, ohne in den Apparat eindringen zu können, dessen Spulen überdies durch ihre Selbstinduktion gegen plötzliche Potentialschwankungen sich wie hohe Widerstände verhalten. Überdies bringt man bei der Einmündungsstelle der Luftleitung ins Haus noch Schmelzsicherungen an.

V. F. Hess.

Blockkondensator. In der Technik viel benutzter Apparat, um den unerwünschten Durchgang von Gleichstrom oder Wechselstrom durch gewisse Leitungsteile zu verhindern. *A. Esau.*

Blondel. Lumenmeter und Photomesometer s. Lichtstrommesser.

Blondel und Broca. Universalphotometer s. Universalphotometer.

Blondel-Oszillator. Ein geschlossener Oszillator für sehr rasche elektrische Schwingungen. Es wird ein dicker Draht zu einem Kreis gebogen und an diametralen Stellen aufgeschnitten. Die Flächen des einen Schnittes bilden die Kapazitäten des Kreises, am anderen Schnitt werden kleine Entladungskugeln eingesetzt. *A. Meißner.*

Näheres s. Handbuch 5, S. 659.

Blondlot-Oszillator, Erreger für sehr schnelle elektrische Schwingungen von ca. 20 cm bis einigen Metern Wellenlänge. Er besteht aus zwei halbkreisförmigen Drahtbügeln, die fast zu einem Kreise aneinander gelegt sind. An der einen offenen Stelle liegt die durch ein Induktorium gespeiste Funkenstrecke, die andere bildet eine Kapazität. Dieses Primärsystem wird konzentrisch von einem Drahtringe als Sekundärsystem umgeben, der an einer Stelle offen ist und dort in zwei Lechersche Drähte ausläuft. Beide Systeme liegen meist in Petroleum, aus dem die Lecherschen Drähte herausführen. Der Blondlot-Oszillator wirkt bei sorgfältiger Einstellung durch Stoßerregung. C. R. 113. 628. 1892.

H. Rukop.

Bodenarten. Das Produkt der Verwitterung (s. diese) des festen Gesteins ist die lockere Erdkrume, deren Zusammensetzung und Feinkörnigkeit für die landwirtschaftliche Brauchbarkeit und die technische Ausnutzung maßgebend ist. So unterscheidet man bei uns nach der Zusammensetzung Sand-, Mergel-, Ton-, Lehm-, Löß-, Humusboden, zu denen in anderen Ländern noch Schwarzerde, Laterit (in den Tropen), vulkanische Aufschüttungsböden usw. kommen. Nach der Größe dagegen klassifiziert man die Bodenbestandteile in Blöcke mit einem Durchmesser von > 20 cm Geröll

200—20 mm, Kies 20—2 mm, Sand 2—0,2 mm, Feinsand (Mo) 0,2—0,02 mm, Lehm (Schluff) 0,02—0,002 mm, Ton < 0,002 mm. Die Größe ist namentlich für die kapillare Wasserzirkulation von Wichtigkeit, die in Bodenteilchen von 0,2 bis 0,005 mm Durchmesser am stärksten ist.

Folgende Prozentanteile der Bodenarten sind durch Ausmessungen für das gesamte Festland gefunden worden:

I. Eisboden 10,7%
II. Felsboden
    1. Durch glaziale Denudation . . 4,5 } 9,8%
    2. Durch äolische Denudation . 5,3 }
III. Wechselboden 3,6%
IV. Lockerboden
    1. Eluvialboden
      a) Lehm . . . . 16,1 }
      b) Laterit . . . . 22,3 } 38,4%
      c) Gebirgsschutt . . . . . 0 }
    2. Aufschüttungsboden
      a) Marine Aufschüttung . . 0
      b) Gletscherschutt . . . 7,1
      c) Alluvionen 4,5
      d) Äolische Aufschüttung: } 37,5%
        α) Flugsand . . . 6,2 }
        β) Feinerdige Ablagerung . . 15,2 } 25,0
        γ) Löß . . . . . 3,6 }
      e) Vulkanische Aufschüttung 0,9
                            100,0%

Wichtiger jedoch als die Zusammensetzung der Bodenarten ist die Unterscheidung zwischen Feucht- und Trockenböden. In ersteren überwiegt der Niederschlag die Verdunstung, so daß das Wasser in die Tiefe sinkt und dabei die löslichen Bestandteile mit sich fortführt, der Boden also ausgelaugt wird. Bei Trockenböden dagegen steigt das Grundwasser kapillar an die Oberfläche und führt gelöste Salze empor, mit denen nach der Verdunstung des Bodenwassers die Oberfläche angereichert wird. Zwischen beiden Typen gibt es zahlreiche Übergänge. *O. Baschin.*

Näheres s. E. Ramann. Bodenkunde, 3. Aufl. 1911.

Bodenatmung, Eberts Theorie der —. Die in den Hohlräumen des Erdbodens (Bodenkapillaren) befindliche Luft ist viel stärker ionisiert als die freie Atmosphäre, da der Gehalt des Erdbodens an radioaktiven Substanzen im Mittel mindestens 10000 mal größer ist, als der der Luft (vgl. „Bodenluft"). Zur Erklärung der Aufrechterhaltung der negativen Erdladung trotz des fortwährend im ausgleichenden Sinne wirkenden vertikalen Leitungsstromes in der Atmosphäre nahmen Elster und Geitel an, daß ein ungeladener Körper, der von bewegter, ionenhaltiger Luft umgeben ist, sich infolge der größeren Diffusionsgeschwindigkeit der negativen Ionen gegen die den Luftstrom umgebenden Wände negativ auflädt, bis die erreichte negative Ladung durch ihre elektrostatische Gegenwirkung den Diffusionsstrom aufhebt. In feldfreien Räumen in der Nähe der Erdoberfläche, z. B. unter Bäumen, überhaupt an vegationsreichen Flächen könnte so eine negative Ladung der Erde und eine positive Raumladung der in die freie Atmosphäre austretenden Luft erzeugt werden („Ionenadsorptionstheorie"). Experimente von Simpson sowie von Ebert und Ewers zeigten indes, daß der Grundeffekt — negative Ladung eines Leiters in bewegter, ionisierter Luft nicht existiert. Nun hat Ebert eine sehr bedeutsame

Modifikation dieser Theorie aufgestellt, welche auf experimentell fundierter Basis aufgebaut wurde: er denkt sich den Ionenadsorptionsprozeß als schon in den Erdkapillaren vor sich gehend. Zeleny und Simpson haben nämlich gefunden, daß, wenn man ionisierte Luft durch enge Kapillaren (Diaphragmen) strömen läßt, die Wände sich negativ laden. Ebert konnte unter möglichster Nachahmung der natürlichen Verhältnisse zeigen, daß die ionisierte Bodenluft, welche durch Erwärmung des Bodens, Barometerdepressionen oder durch einfache Diffusion aus dem Boden austritt, ähnliche Ladungseffekte bewirkt: die Bodenkapillaren laden sich also negativ auf, während die austretende Luft mit einem Überschuß an positiven Ionen behaftet ist. Diesen Prozeß nennt Ebert Bodenatmung. Die später gegen Eberts Theorie geltend gemachten Einwände gehen nur dahin, daß der Prozeß der Bodenatmung quantitativ nicht ausreiche, um die Regeneration der Erdladung zu erklären. Die Einwände hat indes Ebert der Hauptsache nach wohl entkräften können. Hierzu hat im wesentlichen eine größere Experimentaluntersuchung beigetragen, welche von Ebert und K. Kurz 1909 ausgeführt worden ist. Die beiden Forscher haben nämlich durch längere Zeit die luftelektrische Zerstreuung an der Grenzschicht zwischen Erdboden und Luftmeer registriert. Sie fanden erstens, daß die dort beobachtete Zerstreuung hauptsächlich von der Strahlung der aus dem Erdboden dringenden Emanationen und deren Zerfallsprodukte erzeugt wird. Durch die Beschaffenheit der obersten Bodenschicht wird nun zweitens nicht nur der Gesamtbetrag der am Erdboden überhaupt zu erhaltenden Zerstreuungswerte wesentlich bedingt, sondern vor allem auch das Verhältnis der positiven zu negativen Zerstreuung: Während nämlich bei dem Münchener steinigen Boden das Verhältnis der Menge der dem Erdboden entquellenden positiven Ionen zu der der negativen 1,07 betrug, konnte durch Überdecken des Bodens mit einer nicht 2 cm dicken Schicht feinen Sandes dieses Verhältnis auf 1,11 gesteigert werden. Der Überschuß an positiven Ionen beim Austritt der Ionen und der sie erzeugenden Agentien (Emanationen etc.) aus dem Boden ergab sich zu rund 1 E. S. E. pro qm Bodenfläche und Stunde. Bei Überdecken mit Sand steigerte sich dieser Überschuß auf 2,5 E. S. E. Die Realität der Bodenatmung folgt ferner aus dem beobachteten engen Parallelismus zwischen den austretenden Ionenmengen und den Luftdruckschwankungen. Diese beiden Faktoren gehen spiegelbildlich zueinander, wobei die Ionenschwankung der Luftdruckschwankung mit einer Phasenverzögerung von ca. $1\frac{1}{2}$ Stunden nachfolgt. Die Ionisierungsstärke der Bodenluft beträgt nach den Münchener Registrierungen etwa 330 Ionen pro ccm und sec. Näheres vgl. „Elektrizitätshaushalt der Erde".   *V. F. Hess.*

Näheres s. H. Mache und E. v. Schweidler, Atmosphärische Elektrizität. 1909.

Bodeneis. Innerhalb der Jahresisotherme der Lufttemperatur von 0° vorkommender Bodentypus, der durch seinen ständigen Eisgehalt charakterisiert ist, den auch die Sommerwärme nur oberflächlich aufzutauen vermag, so daß die Hauptmasse des in den tieferen Bodenschichten vorhandenen Eises auch in geologischem Sinne alt ist und daher häufig als fossiles Eis bezeichnet wird. Sein Vorkommen hängt nicht nur von der Temperatur, sondern auch von seiner Lage gegen die Richtung der einfallenden Sonnenstrahlen, sowie von Schneebedeckung, Windstärke und andere klimatischen Faktoren ab. Es ist eine echt polare Erscheinung und nimmt in vielen Polarländern, namentlich in Nordsibirien, große Gebiete ein, wo es in Tiefen bis weit über 100 m hinabreichen soll und die Kadaver großer, seit der Eiszeit ausgestorbener Tiere (Mammuth) einschließt, die es bis auf die Gegenwart konserviert hat.   *O. Baschin.*

Bodenluft, Verhalten der — in luftelektrischer Beziehung. Elster und Geitel haben schon im Jahre 1902 festgestellt, daß die abgeschlossene Luft in natürlichen Höhlen, in Kellern und dgl. eine abnorm hohe elektrische Leitfähigkeit besitzt. Wenn man einen Hohlzylinder in den Boden einsenkt, ihn nach oben mit einem Deckel verschließt und durch eine Saugpumpe mittels einer Rohrleitung Luft aus diesem Zylinder ansaugt, erhält man desgleichen vielmal größere elektrische Zerstreuung, als bei gewöhnlicher Freiluft. Exponiert man in solcher Bodenluft einen negativ geladenen Draht, so erhält man deutliche Mengen radioaktiven Niederschlags, ein Zeichen, daß in der Bodenluft nicht unbeträchtliche Mengen von Radium- und Thoriumemanation enthalten sind. Ebert gelang der direkte Nachweis des Emanationsgehaltes der Bodenluft durch Ausfrieren der Emanation bei Abkühlung mittels flüssiger Luft. Daß auch Thoriumemanation neben der Radiumemanation anwesend ist, bewies zuerst Dadourian durch Analyse der Zerfallskurven der in Bodenluft exponierten negativ geladenen Drähte (vgl. Induktionsgehalt). Der Emanationsgehalt der Bodenluft ist von Ort zu Ort sehr verschieden und auch an einem und demselben Orte unterliegt er regelmäßigen Schwankungen, die mit gewissen meteorologischen Vorgängen sowie mit der Durchlässigkeit des Bodens in Zusammenhang stehen. Wenn Emanation mit der Bodenluft in die freie Atmosphäre austritt, wird die Ionisation der Freiluft größer. Man nennt das Übertreten der Bodenluft aus den feinen Poren des Erdbodens in die Atmosphäre nach Eberts Vorschlag Bodenatmung (über die Bedeutung dieses Prozesses für den Elektrizitätshaushalt der Atmosphäre vgl. die Artikel „Bodenatmung" und „Elektrizitätshaushalt"). Ebert hat eine sehr sinnreiche Vorrichtung zur Registrierung des Emanationsgehaltes der Bodenluft angegeben: in einem 1 m tiefen Loch im Erdboden wurde ein unten offener 1 m hoher Metallzylinder eingesetzt, in dessen Innern ein isolierter, mit einer Batterie verbundener hohler Zerstreuungszylinder sich befand, dessen Bodenfläche aus einem Metallnetz bestand. Wurde dieser Hohlzylinder aufgeladen, so konnte in das Innere desselben nur Emanation, nicht aber außen erzeugte Ionen eintreten. Durch Anbringung eines koaxialen, mit einem Registrierelektrometer verbundenen Zerstreuungsstiftes im Innern des letzterwähnten Hohlzylinders konnte nun die von den Emanationen des Radiums und Thoriums erzeugte Ionisation fortlaufend gemessen werden. Eine Registrierreihe in München und eine ähnliche in Potsdam ergab, daß der Emanationsgehalt der Bodenluft am stärksten von der Sonnenstrahlung beeinflußt wird: zur Zeit der stärksten Sonnenstrahlung findet man ein Minimum des Emanationsgehaltes der Bodenluft. Ähnliche Wirkung übt fallender Luftdruck aus, was sich durch das Emporsteigen der emanationshaltigen Bodenluft aus den Erdkapillaren erklärt. Doch wird dieser Effekt oft durch sekundäre Vorgänge (Verstopfung der Bodenkapillaren durch Niederschlagswasser u. a.) überdeckt. Der Emanationsgehalt der Bodenluft ist etwa tausendmal größer wie der der freien Luft. In dem sandigen Boden bei Potsdam fand Kähler etwa 6 mal geringeren Emanationsgehalt als Ebert und Endrös in München.

Blanc fand durch Analyse der Abklingungskurven von Drähten, die direkt in Bodenluft aktiviert waren, daß der Anteil der Thoriumemanation an der Gesamtwirkung 60—80 $^0/_0$ beträgt. Nach Messungen, welche mittels eines Absaugverfahrens von Sandersson, ferner von Joly und Smyth ausgeführt worden sind, enthält die Bodenluft pro ccm etwa $2,10^{-13}$ Curie an Radiumemanation und eine Menge Thoriumemanation, die der Gleichgewichtsmenge von etwa 10^{-6} g Thorium entspricht. Die im Mittel aus 1 qcm Bodenfläche emporquellende Menge Radiumemanation gibt Smyth zu 7.10^{-17} Curie an. V. F. Hess und W. Schmidt haben auf theoretischem Wege gefunden, daß Emanationsmengen dieser Größenordnung ausreichen, um den wirklich beobachteten Emanationsgehalt der Freiluft trotz des radioaktiven Zerfalls aufrecht zu erhalten.

Bemerkenswert ist neben dem großen Emanationsgehalt der Bodenluft ihre Ionisation: es zeigt sich nämlich, daß in Bodenluft ein negativ geladener Zerstreuungskörper stets etwas rascher seine Ladung verliert, als ein positiv geladener. Es überwiegen also in Bodenluft die positiven Ionen stets um einige Prozent. Die Ursache dieser Unipolarität liegt in der verschieden schnellen Diffusion der beiden Ionenarten. Daß die Bodenluft mit einem Überschusse an positiven Ionen aus dem Erdboden austritt, ist von großer Wichtigkeit. *V. F. Hess.*
Näheres s. „Bodenatmung“ und „Elektrizitätshaushalt der Erde“, vgl. auch die dortigen Literaturangaben.

Böen. Starke, mitunter orkanartige Windstöße, die eine häufige Begleiterscheinung der Gewitter (s. diese) sind und namentlich an der Gewitterfront auftreten. Durch Beobachtungen in der Natur wie durch Experimente ist die Mechanik des Böenvorganges aufgeklärt worden. Es handelt sich um einen Einbruch kälterer Luftmassen in eine wärmere Luftschicht, wobei es zur Ausbildung eines Wirbels um eine horizontale Achse kommt. So erklärt sich die Tatsache, daß die Windgeschwindigkeit in der Sturmböe größer ist, als das Fortschreiten des ganzen Phänomens. An der Böenfront kommt es häufig zu Graupel- oder Hagelbildung (s. diese), weil der Vorgang demjenigen in einer Kältemaschine gleicht.
O. Baschin.

Böhmisches Glas ist ein Kali-Kalkglas. Es ist schwer schmelzbar und hat einen hohen Grad von Farblosigkeit und Glanz. Es dient an Stelle von Bleikristallglas als Böhmischer Kristall für feinere Gebrauchs- und für Schmuckzwecke, ferner wird es für chemische Geräte verwendet. Oft wird der leichteren Schmelzbarkeit wegen ein Teil des Kalis durch Natron ersetzt (vgl. Thüringer Glas).
R. Schaller.

Böschung. Der Neigungswinkel (i) der Erdoberfläche gegen die Horizontalebene, der bei lockeren Bodenarten 30° nur selten überschreitet, sich bei festem Fels jedoch bis zu Überhängen steigern kann. Nennt man die horizontale Entfernung s und den Höhenunterschied g, so heißt g:s das Gefälle oder die Steigung. Da man in den Zahlenangaben gewöhnlich g = 1 setzt, so gibt s die

Strecke an, welche man in horizontaler Richtung zurückzulegen hat, damit die Höhe sich um 1 ändert. Bei Wegen rechnet man vielfach nach Prozenten (p); es ist dann $p = 100 \cdot \frac{g}{s}$.

Die Böschung spielt eine wichtige Rolle bei der Darstellung der Erdoberfläche auf Karten. Sie vergrößert die physische Erdoberfläche gegenüber ihrer auf den Karten zur Darstellung gebrachten Horizontalprojektion. Bei einem mittleren i von 5° ist die wirkliche Fläche um 0,4 $^0/_0$, bei 10° um 1,5 $^0/_0$, bei 24$^1/_2$° um 10 $^0/_0$ und bei 30° um 15 $^0/_0$ größer als ihre Horizontalprojektion. Erreicht die Böschung hohe Beträge, wie es auf dem Festland vielfach der Fall ist, so erhält die Erdoberfläche eine nach oben konkave Krümmung, während am Meeresboden das Gefälle nur ausnahmsweise den sogenannten kritischen Böschungswinkel überschreitet, bei welchem der Übergang zur Konkavität stattfindet. Für die Ermittlung dieses kritischen Böschungswinkels hat O. Krümmel die folgende Regel aufgestellt: Der kritische Böschungswinkel, der zwischen zwei Lotungspunkten den Übergang vom konvexen zum konkaven Verlauf des Bodenreliefs bezeichnet, ist in Bogenminuten ausgedrückt gleich dem halben Betrage des in Seemeilen angegebenen Abstandes der beiden Lotungspunkte. Die geringste Böschung, die das menschliche Auge noch als Abweichung von der Horizontalen deutlich wahrnehmen kann, dürfte 1:200 oder 0°17′ sein. *O. Baschin.*
Näheres s. O. Krümmel, Handbuch der Ozeanographie. 2. Aufl. Bd. I. 1907.

Bogenspektrum s. Spektralanalyse.

Bohrsche Frequenzbedingung heißt die II. Grundhypothese der Bohrschen Theorie. Bedeuten E_1 und E_2 die Energiewerte eines Atoms oder einer Molekel in zwei beliebigen ihrer stationären Quanten-Zustände und h das Plancksche Wirkungsquantum, so ist die Frequenz v der bei einem vollständigen Übergange des betreffenden Systems zwischen diesen Zuständen emittierten ($E_1 > E_2$) bzw. absorbierten ($E_2 > E_1$) *monochromatischen* Energiestrahlung gegeben durch die Gleichung:
$$E_1 - E_2 = h\,v.$$
Dividiert man beiderseits durch h, so erscheint die Frequenz v als Differenz zweier *Terme* dargestellt, genau so wie dies in den sog. *Serienformeln* der Fall ist (s. Seriengesetze). Wie man sieht, führt die Frequenzbedingung von selbst zum Ritzschen *Kombinationsprinzip* (s. d.): verbindet man nämlich zwei Gleichungen der obigen Form, die je einen Term *gemeinsam* haben, so miteinander, daß man diesen durch Addition oder Subtraktion wegschafft, so bleibt wieder eine Differenz zweier Terme übrig, die nach der Frequenzbedingung eine monochromatische Strahlung bestimmt. Man erhält also durch geeignete *Kombination* (Addition oder Subtraktion) zweier Spektralfrequenzen eines Atoms weitere derartige Frequenzen. Daß nicht alle möglichen Kombinationen zu wirklich beobachteten Spektrallinien führen, erklärt das *Bohrsche Korrespondenzprinzip* (s. d. und Auswahlprinzip).

Wendet man die Bohrsche Frequenzbedingung nicht bloß auf die Quantenzustände eines neutralen oder ionisierten Atoms oder Moleküle *für sich* an, sondern dehnt sie auch auf das System: ionisiertes Atom oder Molekül plus freies Elektron aus, so gelangt man zur *Einsteinschen Quantengleichung* (s. d.). Der Geltungsbereich dieser allgemeinsten Formulierung der Frequenzbedingung ist ein ungeheurer, sie beherrscht nicht nur die sichtbaren Linien- und Banden-Spektren, die Röntgenlinienspektren, die kontinuierlichen sichtbaren und Röntgenspektren, sondern damit auch den lichtelektrischen Effekt, die photochemischen Erscheinungen usw. Sie widerspricht den Folgerungen der klassischen Maxwell-Lorentzschen Elektrodynamik, nach der jedes Atom im Falle mehrerer Eigenfrequenzen stets eine große Anzahl von Frequenzen gleichzeitig emittieren müßte. Die Aufklärung dieses Widerspruches ermöglicht das Bohrsche Korrespondenzprinzip (s. d.).

Wie Einstein gezeigt hat, steht der obigen *Energiefrequenzbedingung* eine Art *Impulsfrequenzbedingung* zur Seite, indem jedem aufgenommenen oder abgegebenen Energiebetrag h ν eine Impulsänderung $\dfrac{h\,\nu}{c}$ des strahlenden Atoms entspricht (c = Lichtgeschwindigkeit) (s. Nadelstrahlung). Die Tatsache, daß nach der Frequenzbedingung Anfangs- und Endzustand des strahlenden Gebildes für die ausgesandte Frequenz maßgebend sind, hat mehrfach Bedenken hinsichtlich der Erfüllung der Kausalitätsforderung hervorgerufen, über die sich zur Zeit ein völlig abschließendes Urteil noch nicht geben läßt.

Über die Beziehungen der Frequenzbedingung zu den anderen Postulaten der Bohrschen Theorie s. Bohrsche Theorie der Spektrallinien, über ihre Bedeutung für die Strahlung s. Quantentheorie.

A. Smekal.

Näheres s. Sommerfeld, Atombau und Spektrallinien. III. Aufl. Braunschweig 1922.

Bohrsches Korrespondenzprinzip (*Analogieprinzip*), das III. Postulat der Bohrschen Theorie. Die Ausstrahlung eines elektromagnetischen Gebildes ist nach der klassischen Elektrodynamik wesentlich durch seine mechanischen Eigenschaften bedingt. Kann man seine Bewegung mit Hilfe von im allgemeinen mehrfach-periodischen Funktionen der Zeit (s. bedingt periodische Systeme) darstellen und entwickelt sie nach einer mehrfachen Fourierschen Reihe, so treten außer den *Eigenschwingungen* der Bewegung auch noch im allgemeinen abzählbar unendlich viele „Ober-" und „Kombinationsschwingungen" in dieser Reihe auf, nämlich alle ganzzahligen Vielfachen der Grundschwingungen und deren lineare Kombinationen. Alle diese *mechanischen* Schwingungszahlen sind nach der klassischen Elektrodynamik zugleich *optische;* beim klassischen Ausstrahlungsvorgang werden sie alle vom Einzelatom *gleichzeitig* ausgesandt.

Bohr fordert nun, daß die auf Grund seiner Frequenzbedingung (s. d.)

$$E_1 - E_2 = h\,\nu$$

berechneten Frequenzen ν im Falle langer Wellen (d. h. hoher Quantenzahlen in den die stationären Zustände bestimmenden Quantenbedingungen) in jene der klassischen Elektrodynamik übergehen. Dies läßt sich durch direkte Ausrechnung leicht nachweisen. Jedem monochromatischen Quantenübergang *korrespondiert* sonach eine ganz bestimmte Frequenz der obengenannten Fourierschen Reihe. Im Grenzfall langer Wellen besteht also kein Widerspruch mit der klassischen Theorie hinsichtlich irgend einer Einzelfrequenz, fundamental bleibt hingegen der Unterschied, daß bei jedem Ausstrahlungsvorgang des Quantenatoms stets nur eine *einzige* Frequenz zur Aussendung gelangt. Nimmt man an, daß die relative *zeitliche Häufig-*keit der verschiedenen möglichen Quanten-Ausstrahlungsvorgänge des Einzelatoms im Grenzfall langer Wellen den *relativen Intensitätsverhältnissen* der nach der klassischen Elektrodynamik *gleichzeitig* ausgesandten mechanischen Frequenzen entspricht, so ist damit nun wenigstens *im Zeitmittel* auch jener letzte Unterschied aufgehoben. Für diese Intensitäten sind die Koeffizienten der erwähnten Fourierschen Reihe maßgebend, ebenso für die Polarisation der einzelnen Schwingungen. Indem Bohr diese für lange Wellen (hohe Quantenzahlen) gültigen Ergebnisse nun auch auf kurze Wellen (kleine Quantenzahlen) überträgt, gewinnt er Aussagen über Intensität und Polarisation für alle mittels seiner Frequenzbedingung berechneten Spektrallinien, die mit dem Experiment in überraschend guter Übereinstimmung stehen, ohne daß man über die Einzelheiten des Schwingungsvorganges selbst etwas zu wissen braucht. Ist der Koeffizient irgendeines Gliedes der Fourierschen Reihe Null, so bedeutet das, daß die Schwingungen, welche diesem Gliede korrespondieren, überhaupt nicht auftreten können. Auf diese Weise gelingt es, jene Übergänge zwischen den Quantenzuständen *auszuwählen,* welche „erlaubt" sind und zu beobachtbaren Spektrallinien führen. Für eine spezielle Klasse von Problemen ergibt sich daher auf diesem Wege das *Auswahlprinzip* von Rubinowicz (s. d.) samt der dazugehörigen Polarisationsregel.

Nach dem Gesagten stellt also das Bohrsche Korrespondenzprinzip die Verbindung zwischen klassischer Elektrodynamik und Quantentheorie her und beweist zugleich, daß die klassische Elektrodynamik *statistischen* Charakters ist, ähnlich wie dies von den thermodynamischen Sätzen ja schon seit langem bekannt ist.

A. Smekal.

Näheres s. Smekal, Allgemeine Grundlagen der Quantentheorie usw. Enzyklopädie d. math. Wiss. Bd. V.

Bohrsches Magneton s. Magnetonentheorie und Quantentheorie.

Bohrsche Theorie der Spektrallinien. Diese im Jahre 1913 begründete Theorie stellt neben der allgemeinen Relativitätstheorie die bedeutendste Schöpfung der theoretischen Physik des letzten Jahrzehnts dar. Auf dem von der Planckschen Quantentheorie der Wärmestrahlung her vorbereiteten Boden weiterbauend, hat Bohr mittels weniger, im nachfolgenden formulierter Postulate eine Theorie der Spektrallinien zu geben vermocht, die in ihrer Anwendung auf das *Rutherfordsche Atommodell* bis jetzt zum Verständnis einer Fülle von bisher bloß formalen spektroskopischen Gesetzmäßigkeiten sowohl der Linien-, Banden- als Röntgenspektren geführt hat, sowie Aufschluß gibt über viele Einzelheiten, welche mit dem Erscheinen dieser Spektren verknüpft sind. Ihre Hauptleistung besteht in der zahlenmäßig völlig exakten Vorausberechnung aller spektralen Äußerungen des Wasserstoff- und des einfach positiv geladenen Heliumatoms auf Grund universeller Konstanten allein. Daß ein gleicher Erfolg bis jetzt für nichtwasserstoffähnliche Spektren nicht erzielt worden ist, liegt abgesehen von den außerordentlichen mathematischen Schwierigkeiten, die hier zu überwinden sind, auch an prinzipiellen Schwierigkeiten die der Durchführung der Theorie hier noch entgegenstehen. Bezüglich der außerordentlichen Bedeutung der Theorie für die Fragen des Atombaues s. Bohr-Rutherfordsches Atommodell.

Die Grundannahmen der Bohrschen Theorie sind folgende:

I. *Existenz stationärer Zustände* (s. d.). Jedes Atom, jede Molekel kann nur in einer gewissen Reihe von Zuständen *stationär* bleiben, welchen eine Reihe von *diskreten* Energiewerten entspricht. In diesen stationären Zuständen ist beim H- und He·Atom die gewöhnliche bzw. Relativitätsmechanik mit genügender Annäherung gültig.

II. *Bohrsche Frequenzbedingung.* Die bei einem vollständigen Übergang zwischen zwei solchen Zuständen absorbierte oder emittierte Strahlung ist *monochromatisch* und ihre Frequenz ν ist durch die Beziehung bestimmt:

$$E_1 - E_2 = h\,\nu,$$

worin $E_1 - E_2$ die Energiedifferenz der stationären Zustände und h das Plancksche Wirkungsquantum bedeutet. Hiezu tritt noch:

III. Das *Bohrsche Korrespondenzprinzip* (s. d.), welches das Verhältnis der beiden ersten Postulate zur klassischen Elektrodynamik betrifft und

IV. die *Adiabatenhypothese* (s. d.), welche bei Bohr in Gestalt des *Prinzips der mechanischen Transformabilität der stationären Zustände* auftritt. Die aufgezählten Postulate der Bohrschen Theorie sind übrigens nicht alle voneinander völlig unabhängig. Zur Festlegung der stationären Zustände verwendet Bohr die von Sommerfeld, Schwarzschild und Epstein herrührenden *Quantenbedingungen* (s. d.), welche im wesentlichen aus II. und III. gefolgert werden können. Die Frequenzbedingung (II.) kann, wie Einstein sehr allgemein bewiesen hat, auf Grund von I. und einer erweiterten Fassung des Korrespondenzprinzipes (III.) abgeleitet werden, s. Quantentheorie. Schließlich kann auch gezeigt werden, daß die Adiabatenhypothese nicht eine in jeder Hinsicht selbständige, neue Annahme bedeutet.

Während die Postulate der Bohrschen Theorie zur Zeit ihrer Begründung experimentell noch keineswegs als sichergestellt gelten konnten, ist das gegenwärtig bereits weitgehend der Fall. Daß der Frequenzbedingung (II.) allgemeine Gültigkeit zukommt, hat sich allmählich auf allen in Frage kommenden Gebieten erweisen lassen, zuletzt bei den Röntgenspektren. Das Vorhandensein diskreter stationärer Atomzustände (I.) kann nach den Elektronenstoßversuchen von Franck, Knipping und Einsporn an Helium und Quecksilberdampf (1920) als direkt nachgewiesen gelten, nachdem schon vorher eine große Anzahl von experimentellen Gründen das Gleiche zu fordern schien. Für das Zutreffen der übrigen Annahmen der Theorie sprechen vor allem ihre bereits eingangs angedeuteten Erfolge. Doch muß auch hervorgehoben werden, daß die Theorie noch keineswegs eine erschöpfende Beschreibung aller elektromagnetischen, insbesondere aber der Licht-Vorgänge zu geben imstande ist, so daß ihr in dieser Hinsicht die Aufgabe noch weiterer Vervollkommnung bevorsteht. Siehe diesbezüglich Quantentheorie.

A. Smekal.

Näheres s. Smekal, Allgemeine Grundlagen der Quantentheorie usw. Enzyklopädie d. math. Wiss. Bd. V.

Bohr-Rutherfordsches Atommodell. Beim *Rutherfordschen Atommodell* (s. Atommodelle) wird in bester Übereinstimmung mit der experimentellen Erfahrung angenommen, daß die gesamte *positive* Elektrizität, die am Aufbau eines Atoms teilnimmt, auf einen sehr kleinen Raum (Radius etwa 10^{-12} bis 10^{-13} cm) zusammengedrängt ist, den *Atomkern.*

(Daher der Ausdruck *Kerntheorie der Atome.*) Die positive *Kernladung Z (Ordnungszahl, Atomnummer)* ergibt sich als Differenz der Anzahlen der im Kerne vorhandenen positiven und negativen Elementarquanten der Elektrizität *(Protonen* und *Elektronen)* und nimmt im *periodischen System* von Element zu Element um eine Einheit zu (s. Atomkern und Periodisches System der Elemente). Der Kern eines Atoms von der Ordnungszahl Z wird von Z *einzeln umlaufenden Elektronen* umgeben *(Elektronenhülle, Elektronenwolke)*, entsprechend dem Umstande, daß die Atome gewöhnlich elektrisch *neutral* sind. Die Zahl der äußeren Atomelektronen nimmt daher im periodischen System von Element zu Element ebenfalls um eine Einheit zu.

Würde die Bewegung dieser Elektronen mittels der *klassischen Elektrodynamik* beschrieben werden, welche für *beschleunigte* elektrische Ladungen *Ausstrahlung* elektromagnetischer Energie folgert, so ergäbe sich ein dauernder Verlust von elektromagnetischer Energie für die Atome, verursacht durch die *Ausstrahlung* der in ihrer Zentralbewegung notwendig *beschleunigten* Elektronen. Um diesen Widerspruch zu der aus zahlreichen chemischen und physikalischen Gründen erforderlichen *Stabilität der Atome* zu beheben, hat Bohr die *Quantentheorie* (s. d.) auf die Elektronenbewegungen angewendet und dementsprechend die Existenz *stationärer Elektronenbahnen* in den Atomen abgenommen, in denen *keinerlei Energieausstrahlung* stattfinden kann. Nach der *Bohrschen Theorie der Spektrallinien* (s. d.) besitzt jedes Atom eine ganze Reihe *stationärer Zustände*, in denen die Elektronen in strahlungsfreien Bahnen umlaufen; dem Zustand geringster Energie unter ihnen entspricht der *Normalzustand* des Atoms.

Nachdem man anfänglich auf Grund gewisser vereinfachender Annahmen *(Elektronenring-Vorstellung, Kubische Atommodelle*, s. d. betr. Art.) geglaubt hat, den Normalzustand der Atome hinreichend beschreiben zu können, hat Bohr 1921/22 eine konsequente Methode zur Bestimmung dieser Normalzustände aufgefunden. Einstweilen ist es zwar nicht möglich, diese und auch die übrigen stationären Zustände der Atome auf Grund der *Quantenbedingungen* (s. d.) allgemein voraus zu berechnen, wie dies beim *Wasserstoffatom* (s. d.) und beim einfach ionisierten *Heliumatom* (s. d.) bereits seit längerer Zeit gelungen ist. Hingegen hat Bohr gezeigt, daß man unter Zuhilfenahme der von den Atomen ausgesandten *Spektrums*, sowie des *Korrespondenzprinzipes* (s. Bohrsches Korrespondenzprinzip) und der Ehrenfestschen *Adiabatenhypothese* (s. d.) die Normalzustände doch hinreichend quantentheoretisch charakterisieren kann. Bohr findet, daß man die Bewegung jedes einzelnen Atomelektrons in der Hauptsache durch *zwei* Quantenzahlen beschreiben kann, eine *Hauptquantenzahl* n und eine *Impulsquantenzahl* k. Das einfachste Beispiel einer solchen n_k-*Bahn* bietet die rotierende, nahezu elliptische Elektronenbahn im Wasserstoffatom (s. d.). Hier reichen diese beiden Quantenzahlen in Strenge aus, um die Elektronenbewegung festzulegen: die Länge der großen Achse 2a und des „Parameters" 2p (d. i. die im Brennpunkt errichtete, zur großen Achse senkrechte Sehne) der Ellipse sind durch die Formeln gegeben

$$2\,\mathrm{a} = \mathrm{n}^2 \cdot \frac{\mathrm{h}^2}{2\,\pi^2\,\mathrm{e}^2\,\mathrm{m}}, \quad 2\,\mathrm{p} = \mathrm{k}^2 \cdot \frac{\mathrm{h}^2}{2\,\pi^2\,\mathrm{e}^2\,\mathrm{m}}$$

(h Plancksches Wirkungsquantum, e Elektronenladung, m Elektronenmasse). Setzt man für n und k, die in den stationären Zuständen des Wasserstoffatoms *beliebige ganzzahlige* Werte annehmen, den Wert 1, so erhält man den stationären Zustand geringster Energie: im Normalzustand beschreibt das Wasserstoffelektron demnach eine 1_1-Bahn.

Nachfolgend sind die von Bohr ermittelten Elektronenanzahlen in den n_k-Bahnen für die *Edelgase* zusammengestellt:

Element	Atomnummer Z	1_1	2_1	2_2	3_1	3_2	3_3	4_1	4_2	4_3	4_4	5_1	5_2	5_3	5_4	5_5	6_1	6_2	6_3	..
Helium . .	2	2																		
Neon . .	10	2	4	4																
Argon. .	18	2	4	4	4	4	–													
Krypton .	36	2	4	4	6	6	6	4	4	–	–									
Xenon .	54	2	4	4	6	6	6	6	6	6	–	4	4	–	–	–				
Niton . . (=Emanation)	86	2	4	4	6	6	6	8	8	8	8	6	6	6	–	–	4	4	–	

Die hohe Symmetrie dieser Zahlen zeigt, welch einfachen Bauplan die Elektronenhülle der Atome des periodischen Systems besitzt; sie stehen mit der Bedeutung der Edelgase in den verschiedenen *Valenztheorien* (s. d.), namentlich jener von Kossel, in vollkommener Übereinstimmung und begründen die Länge der einzelnen Perioden des periodischen Systems, wie auch schon aus dem Folgenden andeutungsweise hervorgehen wird.

Bezüglich der Dimensionen der in der Tabelle angegebenen Typen von Elektronenbahnen, gibt das oben angeführte Beispiel des Wasserstoffatoms bereits einige Anhaltspunkte; die dort angegebenen Formeln zeigen, daß für zunehmende n und k die Größen 2a und 2p rasch anwachsen. Die Bahnen verlaufen im allgemeinen also in desto größerer Entfernung vom Atomkern, je größer ihre Hauptquantenzahl n ist; die Impulsquantenzahl k gibt hingegen, wenn auch in sehr roher Annäherung, eine Vorstellung von der Elliptizität der Bahnen. Insbesondere gibt k = 1 die langgestrecktesten Bahnen. Die Bahnen der Elektronen mit der *größten* Hauptquantenzahl bilden also die *Atomoberfläche* und umschließen alle übrigen Bahnen; sie sind in Anbetracht der wachsenden Kernladung stets von der Größenordnung der Wasserstoffelektronenbahn (10^{-8} cm) und bestimmen das *Atomvolumen* (s. d.), bzw. die *Atomgröße* (s. d.).

Die genaue Ermittlung der Elektronenanordnung bei den übrigen Elementen beschränkt sich einstweilen vorwiegend auf die Anfänge der Perioden. So hat z. B. *Natrium* (Z = 11) 2 Elektronen in 1_1-Bahnen, je 4 in 2_1- bzw. 2_2-Bahnen und ein Elektron (das *Valenzelektron*) in einer 3_1-Bahn. Beim *Magnesium* (Z = 12) kommt ein weiteres Elektron in einer 3_1-Bahn hinzu, beim *Aluminium* (Z = 13) zu diesen beiden ein Elektron in einer 3_2-Bahn, usf. Im *Ionenzustande* *verlieren* die drei genannten Elemente ihre äußeren, in 3_1- bzw. 3_2-Bahnen gebundenen Atomelektronen; dementsprechend findet sich in ihren Salzen das *einwertige Natriumion* einfach, das *zweiwertige Magnesiumion* zweifach, das *dreiwertige Aluminiumion dreifach positiv* elektrisch geladen vor, usw. Die Anordnung der auf den Oberflächen dieser Ionen in zwei Vierergruppen von 2_1- bzw. 2_2-Bahnen umlaufenden Elektronen entspricht, abgesehen von

den absoluten Bahnabmessungen, vollständig jener des *vorangehenden Edelgases Neon* (Z = 10). Ganz Ähnliches gilt von den *negativen* Ionen der am Ende der Perioden des periodischen Systems stehenden Elemente; durch *Aufnahme* einer entsprechenden Zahl von Elektronen bilden sie die äußere Elektronenkonfiguration des ihnen *nachfolgenden Edelgases.* So stimmt z. B. die Elektronenanordnung des *einwertigen, einfach negativ* geladenen *Chlorions* (Chlor, Z = 17) vollständig mit jener des nachfolgenden *Argons* (Z = 18) überein.

Der älteren Terminologie entsprechend, welche die einzelnen Elektronengruppen (noch vor ihrer oben angedeuteten Bestimmung) nach ihrer Wirksamkeit im *Röntgenspektrum* des Atoms (s. d.) unterschied, werden alle Elektronen, deren n_k-Bahnen eine gemeinsame Hauptquantenzahl n besitzen, zu einer *Elektronen,,schale"* zusammengefaßt gedacht. Die *K-Schale* (n = 1) verdankt ihren Namen dem Umstande, daß die beiden innersten Elektronen bei der Aussendung der *K-Serie* des Röntgenspektrums der Atome die Hauptrolle spielen; den Bezeichnungen der langwelligeren Röntgenserien entsprechend heißt die Gesamtheit der Elektronen mit n = 2: *L-Schale,* mit n = 3: *M-Schale,* usf. Beim letzten Element des periodischen Systems, dem *Uran* (Z = 92), sind somit 6 Elektronenschalen: K, L, M, N, O, P, entwickelt (ebenso schon beim *Niton* (Z = 86, s. Tabelle); außerdem besitzt das Uranatom noch 6 äußere Valenzelektronen. Nach obiger Tabelle ist die Besetzungszahl der nahe der Atomoberfläche befindlichen Elektronenschalen von Periode zu Periode *verschieden;* Bohr hat zeigen können, daß die Elemente, bei denen eine Vervollständigung von *bereits gebildeten* Elektronenschalen eintritt, gerade für die Erklärung jener scheinbaren Anomalien des periodischen Systems in Betracht kommen, welche durch die sogenannten *Triaden* (Fe, Co, Ni, Z = 26 bis 28; Ru, Rh, Pd, Z = 44 bis 46) und die große Gruppe der *seltenen Erden* (La bis Lu, Z = 57 bis 71) gebildet werden.

Wie man der Tabelle entnimmt, verteilen sich die den einzelnen Elektronenschalen zugezählten Elektronen auf verschiedene *Untergruppen.* Die Bahnen der einer Untergruppe zugehörigen Elektronen weisen besondere Symmetrieverhältnisse auf (,,harmonische Wechselspiele" nach Bohr), wie auch aus ihren immer wiederkehrenden Besetzungszahlen 2, 4, 6, 8, hervorgeht. Anderseits sind die n_k-Bahnen verschiedener Untergruppen keineswegs räumlich getrennt und voneinander unabhängig; so dringt z. B. die 3_1-Bahn des Natrium-Valenzelektrons durch die Elektronen der weiter innen befindlichen L- und K-Schale bis in die unmittelbare Nähe des Atomkerns vor (,,Tauchbahn"). Das weitgehende Zusammenspiel aller Elektronen des Atoms ist nach Bohr von größter Bedeutung für die energetische Stabilität der einzelnen Elektronenbahnen und damit für die spektralen Eigenschaften der Atome. Die Festigkeit der Bindung des etwa durch Elektronenstoß am leichtesten ablösbaren Elektrons ist insbesondere maßgebend für die *Anregungs-* und *Ionisierungsspannung* (s. d. betr. Art.) des Atoms, sowie für die Beschaffenheit seines *optischen Emissions-* und *Absorptionsspektrums* (s. Serienspektren). Vgl. ferner Art. Röntgenspektren.   *A. Smekal.*

Näheres s. Bohr, Drei Aufsätze über Spektren und Atombau, Braunschweig 1922 und Sommerfeld, Atombau und Spektrallinien. III. Aufl. Braunschweig 1922.

Bolometer. Das Bolometer ist ein für Strahlungsmessungen eingerichtetes Widerstandsthermometer (s. d.), das im wesentlichen aus einem oder mehreren („Linear-" bzw. „Flächen"-Bolometer) sehr dünnen Platinstreifen besteht. Es mißt die Energie der von ihm absorbierten Strahlung, und zwar durch die Änderungen seines elektrischen Widerstandes, die der Änderung seiner Temperatur proportional ist. Um diese zu messen, schaltet man das Bolometer in einen Zweig einer Wheatstoneschen Brücke ein. Das bei verdecktem Bolometer auf Null gebrachte Galvanometer in der Brücke gibt bei Bestrahlung des Bolometers Ausschläge, deren Größe der von dem Bolometer absorbierten Energie proportional sind. Um große Temperaturänderungen, also hohe Empfindlichkeit des Bolometers zu erzielen, muß die zu erwärmende Bolometermasse klein und der Widerstandskoeffizient des Materials groß sein. Man wählt gewöhnlich Platin, das man in Dicken bis zu $0,8\,\mu$ erhält, wenn man dickeres Platinblech mit 10 mal so dickem Silberblech zusammenschweißt, auswalzt und dann das Silber abätzt (durch verdünnte, auf etwa 40^0 C angewärmte Salpetersäure; ähnliches Verfahren: Wollastondrähte [s. diese]). Damit das Bolometer die gesamte auffallende Energie absorbiert, schwärzt man es elektrolytisch mit Platinmoor (s. dieses).

Lampenruß ist zur Schwärzung im allgemeinen ungeeignet, denn eine dicke Rußschicht leitet die Wärme schlecht und läßt deshalb die der Vorderschicht zugestrahlte Wärme nur unvollkommen zum Bolometer durchdringen.

Das Bolometer dient sowohl zur Messung der Gesamtstrahlung als auch zur Messung der Energie einzelner Spektrallinien (Spektralbolometer, s. d.).

Statt die Energie der auffallenden Strahlung durch den Ausschlag des Galvanometers relativ zu messen, kann man sie auch absolut messen (in cal pro sec oder Watt), wenn man (nach Abschirmung der Strahlung) den Strom in der Wheatstoneschen Brücke so verstärkt, daß die im Bolometer erzeugte Joulesche Wärme in ihm die gleiche Widerstandsänderung erzeugt, wie die Bestrahlung sie erzeugt hatte. Die hierzu erforderliche elektrische Leistung im Bolometerstreifen — z. B. in Watt gemessen — ist dann die gleiche wie bei Bestrahlung. Die Empfindlichkeit wird durch Einschließen des Bolometers in ein evakuiertes Gefäß vergrößert (Vakuumbolometer, s. d.).

Über eine andere Anwendung des Bolometers s. Baretter. *Gerlach.*

Näheres s. in Müller - Pouillets Physik, Bd. 2; ferner Kohlrausch, Lehrbuch der Physik.

Bolometer s. Strahlungspyrometer.

Boltzmannsches Prinzip s. Maxwellsche Geschwindigkeitsverteilung.

Boltzmannsches Prinzip s. Quantenstatistik.

Boltzmanns H-Theorem. Wir setzen ein einfaches Gas mit lauter gleichartigen Molekeln voraus. Die Zahl der Molekeln in der Volumeinheit, die Geschwindigkeitskomponenten zwischen ξ und $\xi + d\xi$, η und $\eta + d\eta$, ζ und $\zeta + d\zeta$ haben, seien eine Funktion von ξ, η, ζ und der Zeit t. Wir wollen sie schreiben

$$f(\xi, \eta, \zeta, t)\,d\xi\,d\eta\,d\zeta = f\,d\omega.$$

Analogerweise fassen wir eine zweite Art von Molekeln in Auge, für welche wir

$$f(\xi_1, \eta_1, \zeta_1, t)\,d\xi_1\,d\eta_1\,d\zeta_1 = f_1\,d\omega_1$$

haben. Die Molekeln erster Art werden mit jenen zweiter Art unter gewissen Bedingungen Zusammenstöße machen derart, daß die Molekeln erster Art nach dem Stoß Geschwindigkeitskomponenten zwischen ξ' und $\xi' + d\xi'$ usw. haben, während jene zweiter Art Komponenten zwischen ξ_1' und $\xi_1' + d\xi_1'$ usw. erlangen sollen. Es läßt sich nun, wie Boltzmann nachgewiesen hat, zeigen, daß die Änderung von f mit der Zeit sich darstellen läßt durch

$$\frac{df}{dt} = \int (f'f_1' - ff_1)\,g\,d\omega\,dG,$$

wobei g die relative Geschwindigkeit zwischen den Molekeln erster und zweiter Art bedeutet und G gewisse geometrische Bedingungen enthält.

Bilden wir für eine Molekel die Logarithmusfunktion lf und addieren wir die Werte sämtlicher Logarithmusfunktionen der Molekeln in der Volumseinheit des Gases, so ergibt dies

$$H = \int lf \cdot f\,d\omega.$$

Dasselbe können wir für die Molekeln zweiter Art, sowie für sämtliche Molekeln nach dem Stoß bilden. Differenzieren wir H nach der Zeit, so ergibt dies mit Benützung der früheren Beziehung für $\dfrac{df}{dt}$

$$\frac{dH}{dt} = \int lf\,(f'f_1' - ff_1)\,g\,d\omega\,d\omega_1\,dG.$$

Denselben Wert erhalten wir für die übrigen Arten von Molekeln, so daß wir für $\dfrac{dH}{dt}$ auch deren arithmetisches Mittel setzen können und so erhalten

$$\frac{dH}{dt} =$$
$$-\frac{1}{4}\int [l(f'f_1') - l(ff_1)]\,(f'f_1' - ff_1)\,g\,d\omega\,d\omega_1\,dG.$$

Die Funktionen f, f_1, f', f_1' sind alle positive Zahlen, desgleichen muß auch dG immer positiv sein. Da nun auch der Logarithmus mit dem Numerus wächst und abnimmt, so muß das gesamte Integral positiv, mithin $\dfrac{dH}{dt}$ stets negativ sein, d. h. H muß infolge der Stöße der Molekeln beständig abnehmen, oder das Gas muß sich beständig einem Zustand nähern, für den $ff_1 = f'f_1'$ ist. Ist dieser Zustand erreicht, so bleibt er stationär. Das Gas ist dann im thermischen und mechanischen Gleichgewicht. Aus dieser letzten Funktionalgleichung folgt dann ohne weiteres der Maxwellsche Verteilungszustand der Geschwindigkeiten (s. diesen).

Boltzmann hat nun weiter gezeigt, daß die Größe $-H$ in enger Beziehung zur Entropie des Gases steht. Wie sich $-H$ ohne unser Zutun einem Maximum nähert, so tut es auch die Entropie. Dabei erscheint uns also die Eigenschaft der Entropie, einem Maximum beständig zuzustreben, als ein Streben des Gases, von einem weniger wahrscheinlichen zu einem wahrscheinlicheren Verteilungszustand zu gelangen. Die Eigenschaft der Funktion H pflegt man wegen dieses von Boltzmann gewählten Buchstabens das Boltzmannsche H-Theorem zu nennen. *G. Jäger.*

Näheres s. L. Boltzmann, Vorl. über Gastheorie. 2 Bd. Leipzig 1896 bis 1898.

Bombardon s. Zungeninstrumente.

Bombe, Kalorimetrische s. Kalorimetrische Bombe.

Bora. Ein kalter, antizyklonischer, böiger Fallwind (s. Wind), der an Steilküsten vorkommt, mit denen ein kaltes Hinterland gegen ein warmes Meer abfällt, wie es an der Küste von Istrien und Dalmatien der Fall ist. Die Bora hat eine ausgesprochene tägliche Periode. In einzelnen Stößen erreicht sie Orkanstärke. *O. Baschin.*

Bordasches Mundstück. Unter einem Bordaschen Mundstück versteht man in der Hydrodynamik eine Ausflußöffnung eines weiten Gefäßes, die aus einem in das Gefäß hineinragenden Kanal besteht

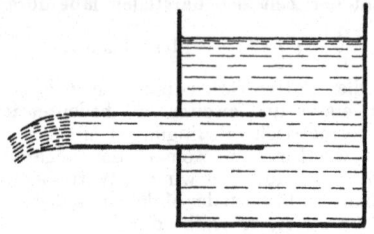

Bordasches Mundstück.

(s. obenstehende Figur). Der Ausfluß aus einem derartigen Kanal wurde zuerst von I. C. Borda 1766 behandelt und hat in der Hydrodynamik theoretische Bedeutung erlangt.					*O. Martienssen.*
Näheres s. unter „zweidimensionale Flüssigkeitsbewegung" und „Diskontinuitätsfläche".

Bordasche Wägung durch Substitution s. Wägungen mit der gleicharmigen Wage.

Bore s. Flutbrandung.

Bougie décimale, eine Einheit der Lichtstärke s. Einheitslichtquellen B 6.

Bouguer, Photometer s. Photometer zur Messung von Lichtstärken.

Boulengé-Apparat s. Geschoßgeschwindigkeit.

Boyle-Charlessches Gesetz. Den Druck eines Gases haben wir uns als Gesamtwirkung der außerordentlich zahlreichen Stöße der Molekeln auf die Gefäßwände vorzustellen. Wirkt eine Kraft auf eine Masse, so erteilt sie ihr eine Beschleunigung und das Produkt aus Masse und Beschleunigung, d. i. die Zunahme der Bewegungsgröße in der Sekunde, ist das Maß der Kraft. Jeder Druck kann daher definiert werden als jene Bewegungsgröße, die auf die Einheit der Fläche in der Sekunde übertragen wird. Der Gasdruck ist also die Bewegungsgröße, die infolge der Stöße der Gasmolekeln auf die Flächeneinheit der Wand in der Sekunde übertragen wird. Haben wir in der Volumeinheit des Gases ν Molekeln von der Geschwindigkeitskomponente u senkrecht gegen die Wand, so treffen in der Sekunde νu Molekeln die Flächeneinheit. Beim Stoß muß die Wand die Molekel zur Ruhe bringen und ihr außerdem die Geschwindigkeitskomponente u in entgegengesetzter Richtung erteilen. Die Wand überträgt also auf die Molekel und umgekehrt die Molekel auf die Wand die Bewegungsgröße 2 m u, wenn m die Masse der Molekel ist. Multiplizieren wir die Zahl der Stöße mit der Bewegungsgröße und summieren wir über sämtliche Geschwindigkeitskomponenten, so erhalten wir den Druck des Gases. Dieser wird also sein $p = \Sigma \nu u \cdot 2\,m\,u = \Sigma 2\,\nu\,m\,u^2$. Befinden sich überhaupt in der Volumeinheit N Molekeln, so fliegen $\frac{N}{2}$ gegen die Wand, $\frac{N}{2}$ davon weg. Führen wir den Mittelwert $\overline{u^2}$ sämtlicher Molekeln ein, so können wir $\frac{N\overline{u^2}}{2} = \Sigma \nu u^2$ setzen, was für den Druck $p = N\,m\,\overline{u^2}$ gibt. Hat eine Geschwindigkeit c die Komponenten u, v, w, so ist $c^2 = u^2 + v^2 + w^2$ und analog der Mittelwert, über viele Molekeln genommen, $\overline{c^2} = \overline{u^2} + \overline{v^2} + \overline{w^2} = 3\,\overline{u^2}$, da ja wegen der gleichmäßigen Verteilung aller Geschwindigkeiten nach den verschiedenen Richtungen des Raumes $\overline{u^2} = \overline{v^2} = \overline{w^2}$ sein muß. Wir erhalten so schließlich $p = \frac{N\,m\,\overline{c^2}}{3}$. Haben wir n Molekeln in einem Gefäß vom Volumen v, so gehen auf die Volumeinheit deren $N = \frac{n}{v}$. Folglich kann p auch geschrieben werden $p = \frac{n\,m\,\overline{c^2}}{3\,v}$ oder

$$p\,v = \frac{n\,m\,\overline{c^2}}{3}.$$

Das ist das Boyle-Charlessche Gesetz. Es wird gewöhnlich in der Form $p v = RT$ geschrieben. Man nennt es auch die Zustandsgleichung idealer Gase. Da für eine bestimmte Gasmenge sowohl n als m konstante Größen sind, so muß c^2 proportional der absoluten Temperatur sein.

Bezieht man das Boyle-Charlessche Gesetz auf eine Grammolekel („Mol") des Gases, so wird die sog. „Gaskonstante" $R = 8,315 \cdot 10^7 \frac{erg}{grad}$. Für ein Gramm des Gases gilt dann $p\,v = \frac{RT}{M}$, wenn wir unter M sein Molekulargewicht verstehen.
						G. Jäger.
Näheres s. O. E. Meyer, Die kinetische Theorie der Gase. 2. Aufl. Breslau 1899.

Boylepunkt. Stellt man die Isothermen (s. d.) eines Gases im pv — p-Diagramm dar, so besitzt jede derselben, solange man eine bestimmte Temperatur nicht überschreitet, ein Minimum, in dem also $\left(\frac{dpv}{dp}\right)_T = o$ ist. Diese Bedingung sagt aus, daß an dieser Stelle der Isotherme das Produkt pv nicht vom Druck abhängt, daß also das Boylesche Gesetz hier Gültigkeit besitzt. Verbindet man alle Minima der Isothermen, so erhält man die sog. Boyle-Kurve. Diejenige Stelle des Isothermennetzes, in der die Boylekurve die Achse $p = o$ schneidet, heißt nach Kamerlingh Onnes der Boylepunkt. Aus der van der Waalsschen Gleichung (s. d.) folgt für kleine Drucke, daß das Boylesche Gesetz nur dann streng erfüllt ist, wenn die absolute Temperatur $T = T_B = \frac{a}{Rb}$ ist. Drückt man die Größen a, b, R durch die kritischen Größen (s. d.) aus, so erhält man (vgl. Zustandsgleichung) $T_B = 3,375\,T_k$, wenn T_k die kritische Temperatur bezeichnet.

Die so berechnete Temperatur ist die Boyletemperatur. Der Boylepunkt spielt bei der Verflüssigung der Gase eine wichtige Rolle. Theoretisch läßt sich zeigen, daß nach der van der Waalsschen Gleichung oberhalb der Temperatur $2\,T_B$ keine Abkühlung durch den Joule-Thomson-Effekt entstehen kann. Praktisch aber wird die Verflüssigung eines Gases mittels des Joule-Thomson-Effektes erst möglich, wenn das Gas auf mindestens die Boyletemperatur vorgekühlt ist. Für Helium liegt dieselbe bei $T = 18,2^0$, während die kritische Temperatur von Kamerlingh Onnes zu $5,19^0$ abs. gefunden wurde. Die Boyle-Temperatur beträgt also in diesem Falle das 3,5fache der kritischen, wodurch sich die Verflüssigung des Heliums etwas günstiger gestaltete als zu erwarten stand. Der betreffende Zahlenfaktor beträgt für Stickstoff 2,4 und für Wasserstoff 3,3. Er scheint in Abweichung von der van der Waalsschen Gleichung mit abnehmender kritischer Temperatur etwas zuzunehmen. *Henning.*

Bratsche s. Streichinstrumente.

Braunscher Sender. Besteht aus einem Kondensatorkreis, dem Erregerkreis als Primärsystem und

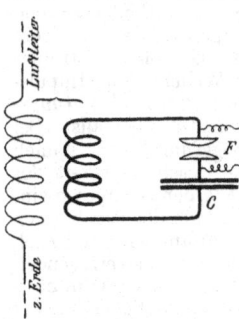
Braunscher Sender.

der Antenne als Sekundärsystem. BeideSysteme sind aufeinander abgestimmt und gekoppelt (s. beistehende Figur). Bei Verwendung einer Knallfunkenstrecke darf die Kopplung nicht größer als 3 : 5 % sein, da sonst Zweiwelligkeit auftritt. Bei festerer Kopplung kann man durch Verstimmung (nur wenn $d_1 > d_2$ ist) die Amplitude in der Antenne steigern (Max. 30 %). Der Wirkungsgrad des Braunschen Senders ist < 15 %. *A. Meißner.*

Brechung der elektrischen Kraftlinien. Betrachtet man zwei Medien verschiedener Dielektrizitätskonstante, die von einem elektrostatischen Feld durchsetzt werden, so gilt folgendes: Läuft das Feld parallel zur Trennungsfläche beider Medien, so findet an der Grenzfläche ein Sprung der elektrischen Feldstärke statt, wogegen die Feldstärke die gleiche bleibt, wenn Kraftlinien und Trennungsfläche senkrecht zueinander stehen. Mit anderen Worten, geht man von dem einen Medium zu dem andern über, so ändert sich die tangentiale Feldstärke nicht, die normal gerichtete dagegen erleidet einen Sprung. Dieser Sprung ist derart, daß sich die beiden (normal gerichteten) Feldstärken umgekehrt wie die Dielektrizitätskonstanten der beiden Medien verhalten. Liegt der allgemeine Fall vor, daß das Feld die Grenzfläche der beiden Medien schief durchschneidet, so tritt eine **Brechung der Kraftlinien** ein, deren Größe sich leicht feststellen

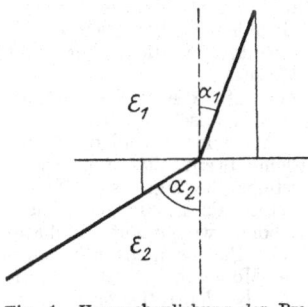
Fig. 1. Veranschaulichung der Brechung elektrischer Kraftlinien.

läßt, wenn man das Feld in seine normale und tangentiale Komponente zerlegt. Ein Beispiel solcher Zerlegung ist an nebenstehender Figur gezeigt, in der die Richtung des Feldes durch die ausgezogene Linie dargestellt wird. Dann ergibt sich aus dem oben angedeuteten ohne weiteres, daß $\tan \alpha_1 : \tan \alpha_2 = \varepsilon_1 : \varepsilon_2$ ist, d. h. die trigonometrischen Tangenten von Einfallswinkel und Brechungswinkel verhalten sich wie die Dielektrizitätskonstanten der entsprechenden Medien. Zum Unterschied von dem ähnlichen Snelliusschen Gesetz der Optik stehen hier die tang statt der sin, was zur Folge hat, daß bei den Kraftlinien niemals Totalreflexion eintreten kann. Der größeren Dielektrizitätskonstante gehört der größere Winkel zu.

Mit der Brechung der Kraftlinien ist notwendigerweise auch eine Änderung ihrer Dichte, bzw. eine Änderung des Induktionsflusses verbunden (s. Figur 2).

Für die beiden Grenzfälle gilt folgendes: Bei normaler Inzidenz verhalten sich die Feldstärken umgekehrt wie die Dielektrizitätskonstanten, wie oben gezeigt. Da nun der Induktionsfluß $N = \varepsilon \cdot \mathfrak{E}$ ist, so wird für senkrechte Inzidenz $N_1 = N_2$. Je schiefer aber die Inzidenz wird, desto

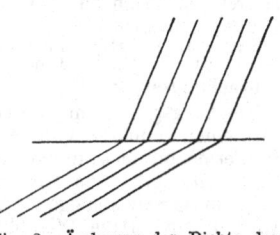
Fig. 2. Änderung der Dichte der Kraftlinien bei der Brechung.

mehr verändert sich die Dichte der Kraftlinien in dem Sinne, daß der Unterschied der Feldstärken mehr und mehr verschwindet. Aus diesem Grunde erhält man für streifende Inzidenz $\mathfrak{E}_1 = \mathfrak{E}_2$.

Diese Ergebnisse lassen sich nach dem oben Gesagten auch leicht rechnerisch ableiten. *R. Jaeger.*

Brechung des Schalles. Es gelten hier, soweit der Wellentyp keine Rolle spielt und die Größenordnung der Wellen nicht in Betracht kommt, ebenso wie bei der Reflexion des Schalles (s. d.) die gleichen Theorien und Gesetze wie beim Licht. Die Brechungsrichtung ist — ebenso wie die Reflexionsrichtung — durch das gleiche Gesetz wie in der Optik gegeben. Die Erklärung erfolgt auf der Grundlage des Huygensschen Prinzips. Im akustisch „dichteren" Medium wird der Schallstrahl auch zum Einfallslot gebrochen, wenn — analog wie in der Optik — dasjenige Medium als das dichtere bezeichnet wird, in welchem die Schallgeschwindigkeit die kleinere ist. In Kohlensäure ist sie kleiner als in Luft. Infolgedessen wirkt ein mit Kohlensäure gefüllter Kollodiumballon auf Schallstrahlen analog wie eine Sammellinse auf Lichtstrahlen. Die von einer in der Achse der Kohlensäure-Linse befindlichen Taschenuhr ausgehenden Schallstrahlen können in passendem Abstande auf der anderen Seite der Linse verstärkt wahrgenommen werden (Versuch von Sondhauß). Da die meisten Medien (feste und flüssige), welche optisch dichter als Luft sind, akustisch dünner als dieselbe sind, müssen sich die akustischen Verhältnisse in bezug auf Konvergenz und Divergenz gegenüber den optischen im allgemeinen umkehren.

Die Brechung spielt eine große Rolle bei der Schallfortleitung in der freien Atmosphäre. Da normalerweise die Temperatur nach oben hin abnimmt und damit die Schallgeschwindigkeit sich ändert, müssen schon unter normalen Verhältnissen Schallstrahlen im allgemeinen gekrümmt werden. Hiermit hängt auch die eigenartige Erscheinung zusammen, daß bei starken Explosionen u. dgl. in der Regel auf einen Bereich rings um den Explosionsherd, in welchem die Explosion gut zu hören ist, eine „Zone des Schweigens" folgt, und daß außerhalb dieser der Schall wieder gehört wird. Das gelegentlich einer großen Explosion in London (19. Januar 1917) gesammelte Material ergab zwei Hörbarkeitsbereiche, welche durch eine 51 bis 79 km breite „tote" Zone voneinander getrennt waren. Die größte festgestellte Entfernung, in welcher die Explosion angeblich gehört worden ist, betrug 234 km. In der „inneren" Hörbarkeitszone wurde im allgemeinen nur ein Schalleindruck

beobachtet, während in der „äußeren" zwei bis
vier kurz aufeinanderfolgende Schalle beobachtet
wurden. Unhörbare Luftwellen machten sich an
zahlreichen Orten durch Erschütterungen (Fenster
u. dgl.) bemerkbar.   *E. Waetzmann.*
Näheres s. J. Tyndall, Der Schall, deutsch von A. v. Helm-
    holtz und Cl. Wiedemann, Braunschweig 1897.

Brechungsexponent s. Lichtbrechung.

Brechungsgesetz, magnetisches. Beim Übertritt einer Induktionslinie aus einem Medium mit
der Permeabilität μ_1 in ein anderes mit der Permeabilität μ_2 gilt das dem bekannten optischen
Brechungsgesetz analoge Gesetz $\mathrm{tg}\alpha : \mathrm{tg}\beta = \mu_1 : \mu_2$,
worin α und β die Winkel bedeuten, welche die
Induktionslinie im ersten bzw. im zweiten Medium
mit der Normalen auf der Grenzfläche einschließt
(Einfalls- und Austrittswinkel). Für den Übertritt
der Linie aus Eisen in Luft, für welche $\mu_2 = 1$ gesetzt
werden kann, gilt also $\mathrm{tg}\alpha = \mu_1\,\mathrm{tg}\beta$ oder einfach
$\mathrm{tg}\alpha = \mu\,\mathrm{tg}\beta$, wobei α den Einfallswinkel im Eisen,
β den in Luft und μ die jeweilige Permeabilität
des Eisens bezeichnet.   *Gumlich.*

Brechungsindex s. Lichtbrechung.

Brechungsindex der brechenden Medien des Auges
s. Auge.

Brechungsquotient s. Lichtbrechung.

Brechungsverhältnis s. Lichtbrechung.

Brechungsvermögen s. Lichtbrechung.

Breite: 1. Geographische, ist der Winkel, den
die Lotlinie eines Ortes mit dem Äquator bildet:
Winkel B **der Figur**;

2. geozentrische (verbesserte), ist der Winkel,
den die Verbindungslinie eines Ortes mit dem
Erdmittelpunkte mit
dem Äquator bildet:
Winkel φ der Figur.

3. reduzierte:
schlägt man um den
Mittelpunkt der Meri-
dianellipse einen Kreis,
verlängert die Ordinate
des Erdortes M bis zum
Schnittpunkte M' mit
diesem Kreise und ver-
bindet M' mit dem Erd-
mittelpunkt, so ist der
Winkel, den diese Ver-
bindungslinie mit dem
Äquator bildet, die re-
duzierte Breite: Winkel β **der Figur.**

B geographische Breite, φ geozentrische (verbesserte) Breite,
β reduzierte Breite.

Ist a die halbe Äquator-, b die halbe Polarachse,
so bestehen die Beziehungen

$$\tan B = \frac{a}{b}\tan\beta = \frac{a^2}{b^2}\tan\varphi.$$

A. Prey.
Näheres s. R. Helmert, Die mathem. und physikal. Theorien
    der höheren Geodäsie. I. Bd.

Breitengradmessung ist die Bestimmung der
Länge eines Grades in geographischer Breite zum
Zwecke der Berechnung der Größe der Erde (s.
auch Abplattung).   *A. Prey.*

Breitenkreise, magnetische, auch magnetische
Parallele genannt, sind Linien gleichen erdmagnetischen Potentials, oder auch gleicher magnetischer
Breite. Sie stehen senkrecht auf den magnetischen
Meridianen oder magnetischen Längen, das ist
den Linien gleicher Richtungsebene der erdmagnetischen Kraft.   *A. Nippoldt.*

Bremsdruck bei Geschützen s. Rohrrücklaufgeschütze.

Brems-Strahlung. Das ist die bei der Geschwindigkeitsabnahme (Bremsung) eines schnell bewegten
Elektrons — Kathodenstrahl im Röntgenrohr, β-
Strahlung radioaktiver Substanzen — erzeugte
elektromagnetische Wellenstrahlung. Eine solche
Bremsung tritt ein, wenn Elektronen auf Materie
treffen; so entstehen an der von Kathodenstrahlen
getroffenen Antikathode Röntgenstrahlen, an einem
von β-Strahlen getroffenen beliebigen Strahler
sekundäre γ-Strahlen. Die Wellenlänge (Impulsbreite) derselben variiert mit der Beobachtungsrichtung, die Strahlungsintensität ebenfalls. Bei
Beschleunigung oder Verzögerung sehr schnell
bewegter Elektronen — die Geschwindigkeit der
β-Partikel erreicht bis zu 99,8% der Lichtgeschwindigkeit — drängt sich die Energie der zugehörigen
elektromagnetischen γ-Welle zusammen auf Kegel,
die um die Bewegungsrichtung des erregenden
β-Strahles zu schlagen sind und deren Öffnungswinkel mit Zunahme der β-Geschwindigkeit kleiner
wird. Die Energieverteilung des γ-Impulses ist
daher nicht gleichmäßig im Raume, sondern
anisotrop. —   *K. W. F. Kohlrausch.*

Bremsvermögen s. Reichweite.

Brennpunkt s. Gaußsche Abbildung.

Brennstoffelement. Die Affinität vieler chemischer Reaktionen läßt sich, wenn man die an der
Reaktion teilnehmenden Stoffe in geeigneter Weise
trennt, zur Gewinnung elektrischer Energie aus
galvanischen Elementen benutzen (s. Galvanismus).
Die galvanische Kette arbeitet mit maximalem
Nutzeffekt, wenn der elektrochemische Prozeß an
den Elektroden reversibel verläuft. Während die
modernen thermischen Kraftmaschinen besten-
falls 40% der Verbrennungsenergie des Heiz- oder
Treibmittels auszunutzen vermögen, läßt sich dem
Ideal der vollkommenen Reversibilität mit Hilfe
galvanischer Kombinationen bedeutend näher
kommen. So arbeiten gute Akkumulatorenbatterien selbst bei voller Belastung mit einem Nutzeffekt (bezogen auf Wattsekunden) von 80%. Daher ist es eine verlockende Aufgabe, die Energie
der Brennstoffe auf elektrochemischem Wege in
Arbeit zu verwandeln. Einer praktisch befriedigenden Lösung dieses Problems stehen aber gewisse
natürliche Hindernisse entgegen, die bisher nicht
überwunden werden konnten.

Der wichtigste Brennstoff, die Kohle, verhält
sich in jeder Form elektrochemisch gänzlich neutral
oder passiv (s. Passivität), wie es wohl durch die
Zugehörigkeit dieses Elements zur mittelsten Gruppe
des periodischen Systems bedingt ist. Kohle-
elektroden dienen ja stets als Ersatz für „unangreifbare" Platinelektroden, wo es auf die katalytischen Wirkungen des Platins nicht ankommt.
Es bleibt indessen die Möglichkeit bestehen, die
erste Oxydationsstufe des Kohlenstoffs, das Kohlenoxyd, welches in großen Mengen als Abgas der
Hochofenprozesse und als Bestandteil des Leuchtgases verfügbar ist, elektrochemisch wirksam zu
machen. Bei einem derartigen Gaselement (s. Gasketten), wie es z. B. von K. A. Hofmann (vgl.
F. Auerbach, Zeitschr. f. Elektrochem. Bd. 25, 82,
1918) beschrieben wurde, stehen sich eine von
Kohlenoxyd und eine von Luft umspülte Kupfer-
oxydelektrode in wässeriger Kalilauge gegenüber.
Bei Betätigung des Elementes verschwinden äquivalente Mengen der Gase unter Bildung von Kohlensäure, die sich als Karbonat im Elektrolyten löst.
Nur bei Anwesenheit geeigneter Katalysatoren (hier
des Kupferoxyds) läuft der stromerzeugende

Vorgang schnell genug ab, um ein allzu starkes Sinken der elektromotorischen Kraft dieser Kette zu verhüten. Jedoch selbst im stromlosen Zustand stellt sich das Gleichgewicht an den Elektroden nur so langsam ein, daß die E. K. dieses Elementes, wenn man es überhaupt als reversibel arbeitendes betrachten darf, anfänglich um 30% hinter dem von der Theorie geforderten Betrage zurückbleibt.

Wegen der Leichtigkeit, mit der sich Wasserstoffgas mit den Wasserstoffionen ins Gleichgewicht setzt, erscheint die Verwendung von Wasserstoff an Stelle des Kohlenoxyds als elektrochemischen Reduktionsmittels bei weitem aussichtsreicher, zumal es von der chemischen Großindustrie als Nebenprodukt in hinreichender Menge geliefert wird. Die Knallgaskette erscheint demzufolge als das zweckmäßigste Brennstoffelement, und zwar nach dem Vorschlage von Nernst in der Form, daß die Elektroden mit einem Oxydations- bzw. Reduktionsmittel umgeben sind, welche durch Zufuhr von Sauerstoff oder Luft und Wasserstoff dauernd regeneriert werden (s. Oxydation). Indessen scheitert die praktische Ausführung dieses Gedankens an der Kostspieligkeit der bislang noch nicht durch anderes Material ersetzbaren Platinelektroden.

Die geschilderten Schwierigkeiten betrafen die Vorgänge an der Reduktionselektrode des Brennstoffelements. Aber auch der zur Verbrennung notwendige Sauerstoff reagiert elektrochemisch äußerst träge, d. h. die Neubildung von Sauerstoffionen geht so langsam vonstatten, daß der Verbrauch an Hydroxylionen bei der Stromentnahme nicht annähernd gedeckt wird. Mannigfache Versuche, die Ionenbildung des Sauerstoffs durch geeignete Katalysatoren oder durch Benutzung geschmolzener Elektrolyte bei hoher Temperatur zu beschleunigen, führten bisher zu keinem praktisch brauchbaren Ergebnis. Dagegen verspricht der Ersatz des Sauerstoffs durch das überreichlich vorhandene Chlor, das ohne Verzögerungserscheinungen elektromotorisch in Aktion tritt, wenigstens für die Oxydationselektrode des Brennstoffelements eine technisch und wirtschaftlich befriedigende Konstruktion.

Cassel.

Näheres s. F. Foerster, Elektrochemie wässeriger Lösungen. Leipzig 1915.

Brennweite s. Gaußische Abbildung.

Brennzünder s. Sprenggeschosse.

Brevium s. Uran X_2.

Brille. Die Brille ist eine Vorrichtung, die geeignet ist, dauernd vor den Augen getragen zu werden. Wenn man dabei zunächst auch an ein Hilfsmittel zum beidäugigen Sehen denkt, so wird das Folgende im wesentlichen nur von der Bewaffnung eines einzelnen Auges handeln, und erst am Schluß soll es sich ganz kurz um die Darstellung der Schwierigkeiten handeln, auf die eine Durcharbeitung der beidäugigen Brille führen würde. Wenn man von Einzelheiten absieht, die in einer kurzen Übersicht doch nicht behandelt werden können, so sind als große Gruppen die Schutzbrillen und die zur Verbesserung der Sehleistung dienenden Brillen aufzuführen.

Die ganz kurz zu berührenden Schutzbrillen dienen zunächst gegen mechanische Angriffe, wie sie bei gewissen Arbeiten (etwa dem Steinschlagen) vorkommen oder auch durch Staub und Luftzug (etwa bei Kraftwagenfahrern) ausgeübt werden können. Ferner ist das Auge aber auch vor grellem Licht zu schützen, wie es bei verschiedenen technischen Arbeiten (etwa am elektrischen Flammenbogen, beim Löten und Schweißen) vorkommt, sodann aber auch bei den Benutzern von Kraftwagen (von den Scheinwerfern entgegenkommender Wagen). Auch früher bedurften schon leidende,

lichtscheue Augen Schutz vor greller Beleuchtung, und so hat man schon lange daran gearbeitet, durch Verwendung von rauchgrauen und farbigen (blauen, grüngelben) Gläsern eine im ganzen Blickfelde möglichst gleichmäßige Dämpfung der allzuhohen Leuchtkraft zu erzielen.

Geht man nun zu den wichtigeren Brillengläsern zur Verbesserung der Sehleistung über, so kann man sie nach den Augenfehlern einteilen, zu deren Hebung sie beitragen.

Dünne, achsensymmetrische Fernbrillengläser zur Ausgleichung von Ametropien. Ist das Auge im Hinblick auf seine Brechkraft von unrichtiger Länge, so daß — im Falle des *Kurzsichtigen* oder *Myopen* — das im Glaskörper entstehende Bild (Fig. 1) des fernen Achsenpunkts

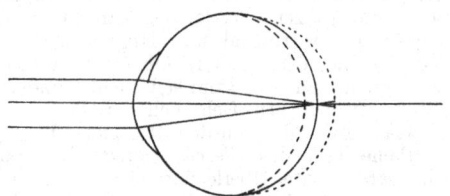

Fig. 1. Achsenschnitt, darstellend ein hyperopisches – – –, ein emmetropisches ⸺ und ein myopisches ······ Auge mit entspannter Akkommodation. Der ferne Achsenpunkt wird der Reihe nach hinter, auf und vor der Netzhautgrube abgebildet.

die Netzhaut nicht erreicht, so muß man ihm zur Korrektion (Fig. 2) ein solches zerstreuendes Glas vorhalten, daß nunmehr das vom Brillenglase entworfene Bild des fernen Achsenpunktes in den

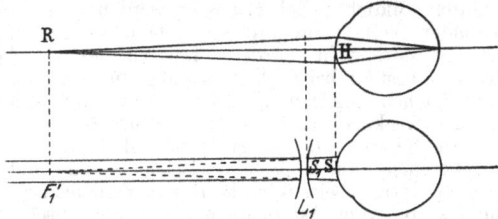

Fig. 2. Das Fernbrillenglas L_1 für ein kurzsichtiges Auge im Abstand S_1S. R und F_1' fallen zusammen.

Fernpunkt **R** (s. unter Akkommodationsbreite) des kurzsichtigen Auges fällt. Im Falle des *Übersichtigen* oder *Hyperopen*, bei dem das Bild (Fig. 1) des fernen Achsenpunkts wegen zu geringer Achsen-

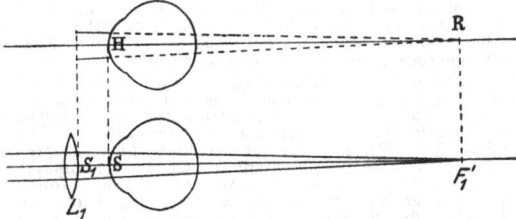

Fig. 3. Das Fernbrillenglas L_1 für ein übersichtiges Auge im Abstande S_1S. R und F_1' fallen zusammen.

länge erst hinter der Netzhaut zustandekommen würde, bedarf es zur Korrektion eines zweckmäßig ausgewählten sammelnden Glases (Fig. 3). Diese *korrigierenden* oder *Fernbrillengläser* werden in der Nähe des vorderen Augenbrennpunkts, gewöhnlich in einem Abstand von $S_1S = 12$ mm zwischen Hornhaut- und innerem Brillenscheitel angebracht und geben dann bis auf belanglose Abweichungen ferne Gegenstände im achsennahen Raume auf der Netzhaut in derselben Größe wieder, die für Augen derselben Brechkraft aber richtiger Achsenlänge, — *emmetropische* Augen — gelten würde. Bei einem beliebigen (also nicht bloß möglichst dünnen) Brillenglase wird die Korrektion dann erreicht, wenn der Abstand s′ zwischen hinterer Linsenfläche und hinterem Brennpunkt richtig gewählt ist; nur in dem Sonderfalle dünner Linsen wird er zu der für die Herbeiführung der Korrektion an sich gleichgültigen Brennweite. Den reziproken Wert 1:s′ führt man neuerdings ziemlich allgemein als *augenseitige Scheitelrefraktion* in die Brillenkunde ein und gibt ihn in Dioptrien (1 dptr = 1:1 m) an. — Bei dieser ganzen Überlegung war das Auge stillschweigend als ruhend und längs der Achse (also durch die Glasscheitel) schauend vorausgesetzt worden, und man kann sich nicht wundern, daß beim gewöhnlichen Gebrauch der Brille, wo das *blickende* Auge sich um den *Drehpunkt* bewegt und seitliche Teile des Glases benutzt, diese gar zu sehr vereinfachte Überlegung nicht mehr anwendbar ist. Für die beim Blicken vorliegenden Bedingungen müssen alle Hauptstrahlen im Augenraum durch den rund 25 mm hinter dem inneren Brillenscheitel liegenden Drehpunkt Z′ gehen, und Z′ wirkt somit für das Brillenglas als der Mittelpunkt einer ideellen, in der angegebenen Entfernung des Bildraums angebrachten Blende. Damit sind nun auch die Hauptstrahlen bestimmt, die das Brillenglas schief durchsetzen und im allgemeinen mit dem als *Astigmatismus schiefer Büschel* bekannten Bildfehler behaftet sein werden. Er ist besonders beim photographischen Objektiv (s. d.) genauer untersucht worden. Das einzige Mittel dagegen besteht bei verhältnismäßig dünnen, von Kugelflächen begrenzten, einfachen Brillengläsern in einer zweckmäßigen Formgebung (Durchbiegung), und sie führt für die überwiegende Mehrzahl der angeborenen Ametropien (zwischen — 25 und + 7 ½ dptr Scheitelrefraktion) auf Brillengläser, die als frei vom Astigmatismus schiefer Büschel mit dem Ausdruck *punktuell abbildend* bezeichnet werden.

Versuche zur empirischen Verbesserung achsensymmetrischer Brillengläser sind schon seit langer Zeit, namentlich 1804 von Wollaston, gemacht worden. Eine deutliche Berücksichtigung des Augendrehpunkts als einer ideellen Blende für das Brillenglas geht, von L. Schleiermachers († 1844) Arbeiten abgesehen, erst auf die Arbeiten von A. Müller 1888 und Ostwalt und Tscherning um die Jahrhundertwende zurück. Doch wurden erst im Laufe des ersten Jahrzehnts dieses Jahrhunderts erfolgreiche Schritte zur öffentlichen Empfehlung und zur Einführung der punktuell abbildenden Brillengläser getan.

Ein wichtiger Sonderfall dieses Abschnitts wird von den Starlinsen gebildet. Sie sind von besonders hoher Sammelwirkung, da durch sie der Brechkraftverlust ersetzt werden muß, der sich durch die Entfernung der Kristallinse des Auges ergeben hat. War das Auge vor dem Eingriff emmetropisch gewesen, so wird für die Starlinse eine Scheitelrefraktion von ungefähr 11 dptr erforderlich. Wie man aus dem Vorhergehenden erkennt, reicht zur Herbeiführung punktueller Abbildung die Durchbiegung bei sphärisch begrenzten Einzellinsen nicht aus. Man gibt entweder die Beschränkung auf eine Einzellinse auf, oder man bringt an einer solchen eine nicht-sphärische Fläche an. Wie es scheint, ist das letztgenannte Mittel, das ebenfalls aus der Vergangenheit stammt, für die Herstellung von Starlinsen von einer ganz besonders hohen Bedeutung.

Einen anderen Sonderfall bilden die Fernrohrbrillen. Bei geringer Sehschärfe, wie sie sich häufig bei Kurzsichtigen höchsten Grades findet, ist es notwendig, das Netzhautbild merklich, etwa 30 bis 80%, zu vergrößern. Alsdann muß die Brennweite des Brillenglases wesentlich von dem oben eingeführten Brennpunktabstande s′ abweichen. Diese Forderung kann man erfüllen, wenn man ein starkes Sammelglas in endlichem Abstande mit einem starken Zerstreuungs-

glase verbindet, also ein Linsenpaar für jedes Auge bereit hält, das in seiner Anlage einem holländischen Fernrohr ähnlich ist. Diese schon sehr frühzeitig vorgeschlagenen Fernrohrbrillen gestatten die Herbeiführung eines recht vollkommenen Korrektionszustandes, namentlich auch die Hebung des Astigmatismus schiefer Büschel und haben sich, als erst ihre Durchbildung gelungen war, namentlich zur Unterstützung von Kriegsverletzten vorteilhaft eingeführt.

Die achsensymmetrischen Nahbrillen und die Doppelstärkengläser. Das unvermeidliche Hinausrücken des Nahepunkts beim emmetropischen Auge (s. unter Akkommodationsbreite) machte schon frühzeitig die Verwendung von schwachen Sammelgläsern als Nahbrillen zu einer Notwendigkeit. Ihre Wirkungsweise kann man sich auch so vorstellen, daß sie die Lesefläche ganz oder nahezu im Unendlichen abbilden und sie dadurch dem presbyopisch gewordenen Emmetropenauge ohne besondere Anstrengung darbieten. Eine entsprechende Überlegung gilt verständlicherweise dann auch für das presbyopisch gewordene Auge eines durch ein Fernbrillenglas korrigierten Ametropen. Ein solches bedarf für ein bequemes Nahesehen ebenfalls eines schwachen zusätzlichen Sammelglases, das zwar auch gesondert als Vorhänger benutzt werden kann, verständlicherweise aber meist mit dem Fernbrillenglase zu einem Arbeitsglase (der Nahbrille) verschmolzen wird. Man kann sich leicht vorstellen, daß man diese Gläser für Arbeits- und Lesebrillen von Ametropen ebenfalls — wenn sie nur keine allzugroße Sammelwirkung haben — durch zweckmäßige Durchbiegung auch mit sphärischen Begrenzungsflächen zu punktuell abbildenden machen kann. Die Sonderfälle der Starbrillen mit einer nicht-sphärischen Fläche und der Fernrohrbrillen lassen sich verständlicherweise auch bei den Nahbrillen verwirklichen.

Vereinigt man ein Fern- und ein Nahbrillenglas derart, daß man den oberen Teil des ganzen Glases der Fernwirkung, den unteren Teil — entsprechend dem bei Naharbeiten in der Regel gesenkten Blick — der Nahwirkung zuweist, so erhält man eine *Doppelstärken (Bifokal-)brille*, die dem Altersauge besonders bequem ist. Die erste Veröffentlichung dieses Gedankens geht auf B. Franklin und das Jahr 1784 zurück, doch ist es wohl möglich, daß diese Vorkehrung schon etwas früher von Londoner Optikern geliefert wurde. In der Neuzeit ist dieser Gedanke namentlich in Nordamerika aufgenommen worden, und bei dort herrschenden Brauche, an den Kosten für eine Brille nicht zu sparen, sind den amerikanischen Herstellern auch große Erfolge bei der Einführung dieser Formen gelungen.

Die astigmatischen Brillen. Sehr häufig kommt es vor, daß die Brechungswirkung in dem optischen System des Auges nicht allseitig symmetrisch zur Achse angeordnet ist. Daraus entsteht dann auch für achsennahe Büschel Astigmatismus (sei es *Hornhaut-* oder *Linsen*astigmatismus oder, wenn beide vorhanden sind, *Total*astigmatismus). Dieser Fehler wurde bereits vor mehr als 100 Jahren von Th. Young nachgewiesen und ist gelegentlich auch schon früh durch eine entgegengesetzt wirkende zweifach symmetrische Linse (d. i. ein einfaches zylindrisches oder ein sphäro-zylindrisches Glas) ausgeglichen worden, doch haben die Augenärzte seine regelmäßige Beobachtung und Ausgleichung nicht vor den 60er Jahren des vorigen Jahrhunderts aufgenommen. Als Mittel dienten fast ausschließlich die bereits erwähnten Formen der einfach zylindrischen und der sphäro-zylindrischen Brillengläser: diese hatten in der überwiegenden Mehrzahl der Fälle den Nachteil, daß sie den Astigmatismus des blickenden, das Brillenglas in schiefer Richtung benutzenden Auges nicht ausglichen. Sie erfüllten eben in keiner Weise die Bedingung, daß die Größe der astigmatischen Wirkung von der Schiefe der

Blickrichtung wenigstens im großen und ganzen unabhängig sei. Als Hilfsmittel bot sich in einer zu weit getriebenen Analogie zu den Wollastonschen Ansichten eine starke Durchbiegung der zweifach symmetrischen Gläser dar, und zwar erhielt man dadurch im allgemeinen sphäro-torische Gläser, wenn man unter einer torischen eine Fläche versteht, die zustandekommt, wenn man einen Kreisbogen um eine in seiner Ebene liegende, aber nicht durch seinen Mittelpunkt gehende Achse umlaufen läßt. Spätere, im ersten und zweiten Jahrzehnt dieses Jahrhunderts angestellte Rechnungen haben auf gewisse, im allgemeinen nicht besonders stark durchgebogene sphäro-torische Linsen (*astigmatische Linsen zweckmäßiger Durchbiegung*) geführt, bei denen die astigmatische Wirkung längs schiefen Hauptstrahlen sehr merklich mit der für die Glasmitte vorgeschriebenen übereinstimmt. Die allgemeine Behandlung beliebig schief verlaufender Hauptstrahlen gehört, wenn ein zweifach symmetrisches Glas vorliegt, zu den schwierigsten Aufgaben der rechnenden Optik. Bei stark sammelnden astigmatischen Linsen, etwa solchen, die zur Unterstützung von Staraugen nach der Linsenentfernung dienen, muß man eine nichtsphärische Fläche zu Hilfe nehmen und stellt in solchen Fällen mit Vorteil *asphäro-torische Stargläser* her.

Die prismatischen Brillen. Sie sollen im Falle des Schielens das ordnungsmäßige Zusammenwirken beider Augen ermöglichen, doch hat dabei bisher nur die durch die Mitte des Glasrandes tretende Hauptstrahlenrichtung berücksichtigt werden können; für das Blickfeld Schielender fehlt es durchaus an Untersuchungen.

Bisher ist es auch für die beidäugige Brille im allgemeinen unbekannt, bis zu welchem Grade die mit der Korrektion schiefer Büschel eingeführten Änderungen der augenseitigen Blickrichtungen das beidäugige Sehen beeinträchtigen. Die Hauptgefahr, vor der man sich vorläufig nicht hüten kann, besteht in der Möglichkeit, daß beiden schief durch die zugehörigen Gläser blickenden Augen ein seitlicher Dingpunkt unter einem Paar von Richtungen erscheint, die zueinander windschief sind. Wie weit es die Augen aber vermögen, durch Überwindung solcher Höhenfehler auch unter diesen Umständen einen einfachen Eindruck herbeizuführen, ist augenblicklich noch nicht so gut bekannt, wie man wünschen möchte.   *v. Rohr.*

Näheres s. M. von Rohr, Die Brille als optisches Instrument. 1911.

Brixsche Grade. Zur Bestimmung der Trockensubstanz in Zuckerlösungen ermittelte man bis vor einigen Jahren in der Zuckertechnik das spezifische Gewicht der Lösungen mit Spindeln, deren Skalen gleich die Gewichtsprozente an Trockensubstanz ablesen lassen. Diese Skale ist von Balling und später von Brix so berechnet worden, daß sie für Lösungen von reinem Zucker richtig die Gewichtsprozente an Zucker angibt. Man nimmt dann an, daß in Flüssigkeiten, welche neben dem Zucker auch gelöste Nichtzuckerstoffe enthalten, diese das spezifische Gewicht der Lösung in merklich gleicher Weise wie der Zucker beeinflussen, und nennt die abgelesenen Gewichtsprozente an Trockensubstanz die Brixschen Grade. Ist die Spindel z. B. für 17,5° justiert, so sollen die Lösungen auch bei dieser Temperatur gemessen werden. Bei davon abweichender Temperatur sind die abgelesenen Grade Brix nach Maßgabe aufgestellter Korrek

tions-Tabellen zu berichtigen. — Jetzt wird allgemein in der Zuckerpraxis zur Ermittelung der scheinbaren Trockensubstanz von ZuckerfabrikProdukten aller Art gewöhnlich das optische Zuckerrefraktometer benutzt.   *Schönrock.*

Brochsches Verfahren zur Bestimmung der Rotationsdispersion s. Rotationsdispersion.

Brodhun. Rotierender Prismenapparat und rotierender Sektor s. Lichtschwächungsmethoden. Spiegelapparat und Universalphotometer s. Universalphotometer.

Brodhun s. auch Lummer.

Brownsche Bewegung. Die Teilchen einer Gummiguttemulsion befinden sich, wie Brown mit Hilfe des Mikroskops zuerst festgestellt hat, beständig in lebhafter Bewegung, die angeregt wird durch die thermische Bewegung der Molekeln des Lösungsmittels.

Wir denken uns eine Emulsion, deren Konzentration in der Richtung der x-Achse sich ändert, so daß die Zahl der Teilchen in der Volumseinheit $N = N_0 - ax$ ist. Wir schreiben jedem Teilchen die Eigenschaft zu, daß es sich infolge der Brownschen Bewegung von der ursprünglichen Lage entfernen muß und in der Zeit t parallel zur x-Achse den Weg ξ zurücklegt. Das wird also so zu verstehen sein, daß die Teilchen in einer bestimmten Entfernung x in der Zeit t zur Hälfte sich in der Richtung der positiven, zur Hälfte entgegengesetzt im Mittel um die Strecke ξ von der Lage x entfernen. Wir denken uns um die x-Achse einen Zylinder vom Querschnitt Eins und in der Entfernung x und $x + dx$ zwei Ebenen senkrecht zur x-Achse gelegt. Diese schneiden aus dem Zylinder das Volumen dx heraus, das die Zahl Ndx Teilchen enthält. Von diesen wandern $\dfrac{N\,dx}{2}$ nach rechts und ebensoviel nach links. Letztere werden in der Zeit t die (y, z)-Ebene passiert haben, wenn $x < \xi$ ist und die Zahl sämtlicher in dieser Richtung passierender Teilchen wird

$$\frac{1}{2}\int_0^\xi N\,dx = \frac{1}{2}\int_0^\xi (N_0 - ax)\,dx = \frac{1}{2}\left(N_0\xi - a\frac{\xi^2}{2}\right)$$

sein. Gleicherweise finden wir für die von links nach rechts passierenden Teilchen $\frac{1}{2}\left(N_0\xi + a\frac{\xi^2}{2}\right)$. Von diesen die ersteren subtrahiert, ergibt die Zahl der Teilchen, um welche die rechte Seite der (x, y)-Ebene bereichert wurde. Diese ist also $\dfrac{a\xi^2}{2}$. Diese Zahl können wir aber auch darstellen durch (s. Diffusion) $-\delta\dfrac{dN}{dx}t$. Da $\dfrac{dN}{dx} = -a$ ist, so haben wir $\dfrac{a\xi^2}{2} = a\,\delta t$ oder

$$\xi^2 = 2\,\delta t$$

(Einstein). Messen wir also an sehr vielen Teilchen die Größe ξ und bilden den Mittelwert von ξ^2, so sind wir in der Lage, den Diffusionskoeffizienten δ einer Emulsion zu bestimmen. Setzen wir die Gültigkeit des osmotischen Drucks auch für Emulsionen (s. diese) voraus, so läßt sich aus einer bekannten Formel für den Widerstand, den eine sich in einer Flüssigkeit bewegende Kugel erfährt, ebenfalls ein Ausdruck für den Diffusionskoeffizienten und somit für ξ^2 finden. Wir sind so in der Lage, durch Messungen der Brownschen Bewegung und des Durchmessers der Gummigutteilchen die Loschmidtsche Zahl (s. diese), und zwar in Übereinstimmung mit anderen Methoden zu erhalten.

G. Jäger.

Näheres s. G. Jäger, DieFortschr. d. kinet. Gastheorie. 2. Aufl. Braunschweig 1919.

Brown-Relais. Apparat zur Vergrößerung der Lautstärke bei telephonischer Aufnahme. Der im Telephon zur Wirkung kommende Strom wirkt zunächst auf eine Art Mikrophon und wird dann erst dem Fernhörer zugeführt. *A. Esau.*

Brown-Telephon. Von Brown hergestelltes Telephon besonderer Ausführung für die Aufnahme drahtloser Signale. *A. Esau.*

Brückenwage. Die Brückenwage ist eine Kombination von ungleicharmigen Hebeln, welche in festen, teilweise in dezimalen Verhältnissen ($^1/_{10}$ oder $^1/_{100}$; Dezimalwage, Zentesimalwage) stehen. Eine Kombination von mehreren Hebeln ist deswegen gewählt, um die Last nicht an Wageschalen aufhängen zu müssen, sondern die Möglichkeit zu haben, sie an beliebiger Stelle auf eine Unterlage, die Brücke, aufsetzen zu können. — Die Last ruht (s. untenstehende Fig.) auf der Brücke AB, deren

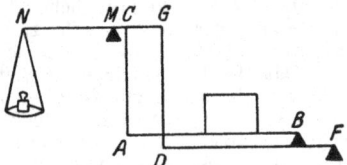

Brückenwage, Dezimalwage.

einer Endpunkt A mittels einer Stange AC an C, d. h. an dem kürzeren Arm des Wagebalkens angreift. Das andere Ende B der Brücke ruht auf einer zweiten Brücke DF, die in F drehbar gelagert ist und in D ebenfalls mittels einer Stange an dem entfernt liegenden Punkt G des kürzeren Wagearms wirkt. Das Verhältnis MC : MG ist dasselbe wie dasjenige von FB : FD, bei Dezimalwagen in der Regel = 1 : 5. Wird nun eine Last L auf die Brücke aufgesetzt, so wird sich die Last auf die beiden Stützpunkte der Brücke verteilen, derart, daß etwa a in A, b in B angreift (L = a+b); a greift somit auch in C an. Der Anteil b kann statt in B in der fünffachen Entfernung von F als $^1/_5$ b in D und damit auch in G angreifend gedacht werden und an seine Stelle kann man wieder das Fünffache, also $5 \cdot ^1/_5$ b = b in C versetzen, so daß tatsächlich die ganze Last a+b = L in C vereinigt ist. Ist nun MC : MN = 1 : 10, so kann der ganzen Last L = a+b in C durch $^1/_{10}$ L in N das Gleichgewicht gehalten werden. *Scheel.*

Brückenwage s. Arbeitsprinzip.

Brummkreisel. Wird ein hohler Blech- oder Holzkörper, in welchen ein Loch geschnitten ist, in rasche Rotation versetzt, so wird das Loch von dem Luftstrom angeblasen. Es entstehen periodische Luftbewegungen (s. Hieb- und Schneidentöne), und die Luft im Innern des Kreisels kommt zum Mittönen. Bei passender Rotationsgeschwindigkeit tritt Resonanz ein. *E. Waetzmann.*

Näheres s. F. Melde, Akustik. Leipzig 1883.

Bruns, Theorem. Es sei W das Potential der Schwerkraft und W = W_0 die Gleichung des Geoides (s. dieses). Es sei U ein Näherungsausdruck für W; somit U = W_0 die Gleichung eines Niveausphäroides von gleichem Potentialwert. In einem beliebigen Punkte der Fläche W = W_0,

dessen Abstand von der Fläche U = W_0 gleich N sei, nähme U den Wert U + T an. Ist dann γ der zugehörige Wert der Schwere, so ist nach dem Theorem von Bruns:

$$N = \frac{T}{\gamma}.$$

A. Prey.

Näheres s. H. Bruns, Figur der Erde. Publik. d. preuß. geod. Institutes, 1878.

Bruttoformel s. Konstitution.

Bürette und **Pipette** heißen die Meßgefäße, die in der Maßanalyse zum Abmessen der unmittelbar gegeneinander zu titrierenden Flüssigkeitsmengen gebraucht werden. Die gebräuchlichste Form der Bürette besteht aus einem oben offenen und unten durch einen Hahn verschlossenen Glasrohr, das 50 ccm faßt und in 0,2 ccm geteilt ist. Die Teilung ist auf Ausguß geeicht, d. h. die beim Ausfließen der Flüssigkeit an den Wänden durch Adhäsion haften bleibende Schicht ist bei der Kalibrierung in Abzug gebracht. Zum Arbeiten mit luftempfindlichen Flüssigkeiten wie Zinnchlorürlösung oder Barytlauge sind besondere, unter Kohlensäure- oder Wasserstoffdruck stehende Büretten konstruiert worden. Da der breite, konkave Meniskus farbloser wässeriger Lösungen zum Ablesen an sich wenig geeignet ist, wird zweckmäßig hinter die Bürette eine weiße, von einem dunklen Strich durchzogene Fläche so angebracht, daß eine zur Ablesung geeignete optische Brechungsfigur entsteht. Der Bürette ähnlich ist die seltener gebrauchte Voll-pipette, die am unteren Ende keinen Hahn hat. Man füllt sie durch Aufsaugen und hindert das Auslaufen der Flüssigkeit dadurch, daß man das obere Ende mit dem Finger gegen Luftzutritt verschließt. Die gewöhnliche Pipette besteht aus einer dünnen, in der Mitte zylindrisch erweiterten Glasröhre, die auf dem oberen Teil des dünnen Rohres einen einzigen Eichstrich trägt. Da der Durchmesser dieses Rohres erheblich kleiner ist als bei der Bürette, ist die Abmessung mit der Pipette genauer. Beim Titrieren zweier Lösungen gegeneinander wird von der einen ein bestimmtes Volumen mit der Pipette abgemessen und von der anderen das unbekannte, zu bestimmende Volumen aus der Bürette zugegeben. *Günther.*

Büschelentladung. Entladung, die stattfindet, wenn das Potential einen gewissen Wert überschritten hat, aber noch nicht so hoch ist, daß ein Funke oder Lichtbogen einsetzt. Sie ist begleitet von einem zischenden Geräusch. Sie tritt früher an der Kathode auf als an der Anode. (Weiteres s. Sprühen.) *A. Meißner.*

Näheres s. Handbuch 4. Seite 559.

Bumerang. Der Bumerang ist ein Wurfgeschoß der Eingeborenen Australiens, das durch besondere Formgebung durch den Luftwiderstand aus seiner

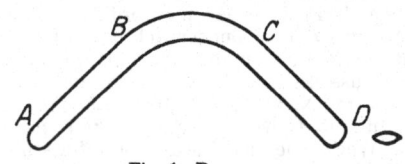

Fig. 1. Bumerang.

normalen Flugbahn so abgelenkt wird, daß es zum Ausgangspunkt zurückkehrt. Der Bumerang wird am besten aus Eschenholz gefertigt und besitzt die Form beistehender Fig. 1; der Querschnitt des Holzes ist neben die Figur gezeichnet und ist auf der einen Seite etwas stärker gewölbt als auf der anderen. Die etwa senkrecht zueinander stehenden Arme AB und CD sind aus der Ebene ABCD heraus um die Linien AB und CD im Sinne einer rechtsgängigen Schraube 2° bis 3° verdreht, so daß die breiten Flächen des Bumerang sich als flache rechtsgewundene Schraubenflächen darstellen.

Beim Werfen hält man den Bumerang so, daß die Ebene ABCD vertikal steht, die Schenkel des Winkels nach vorne und die gewölbte Seite des Holzes nach links zeigen, und wirft ihn dann horizontal ab. Dabei versetzt man ihn gleichzeitig in Drehung um eine horizontale Achse. Die Bahn, welche der Schwerpunkt des Bumerang beschreibt, ist im einfachsten Falle bei nicht zu starker Anfangsgeschwindigkeit in Fig. 2 in Aufriß und Grundriß im

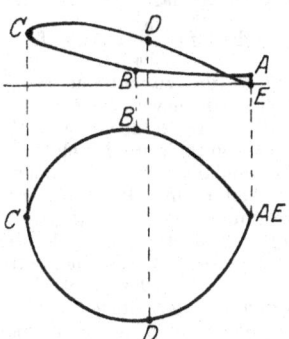

Fig. 2. Schwerpunktsbahn des Bumerang.

Maßstabe von etwa 1 : 1000 gezeichnet. Beim Wurf dreht sich die Rotationsachse einmal um eine vertikale Achse entgegengesetzt der Bewegung des Uhrzeigers, zweitens dreht sich die Achse im Uhrzeigersinn um die Flugrichtung des Bumerang, so daß die beiden Schenkel desselben etwa im Punkte C der Flugbahn horizontal liegen.

Bei einer größeren Anfangsgeschwindigkeit beschreibt der Bumerang komplizierte Schleifen.

O. Martienssen.

Näheres s. Riecke, Lehrbuch der Physik I. Leipzig 1912.

Bunsen. Photometer s. Photometer zur Messung von Lichtstärken.

Bunsensches Eiskalorimeter s. Eiskalorimeter.

Bunsen-Element. Von der Groveschen Kette (s. d.) unterscheidet sich das Bunsenelement dadurch, daß an Stelle des Platins, Kohle, d. h. ein aus Steinkohle und Koks nach besonderem Verfahren hergestelltes Präparat, zur Verwendung gelangt.

Als eine Modifikation des Bunsenelementes muß das Chromsäure-Element gelten, bei welchem die durch die Entwicklung nitroser Gase unbequeme Salpetersäure durch Chromsäure ersetzt ist und durch Zumischung von verdünnter Schwefelsäure die poröse Scheidewand entbehrlich wird. Von den verschiedenen Formen dieser Kette haben sich besonders die Tauchbatterien bewährt, bei denen die amalgamierten Zinkelektroden nur während des Gebrauches in die Flüssigkeit hinabgelassen werden. Die elektromotorische Kraft einer derartigen Zelle beträgt in unverbrauchtem Zustande ungefähr 2 Volt. Die den Strom erzeugende chemische Reaktion besteht in der Oxydation des Zinks und in der Reduktion der Chromsäure zu Chromisulfat. *H. Cassel.*

Näheres in den Lehrbüchern der Elektrochemie; s. a. unter Galvanismus.

Bureau international des Poids et Mesures. Das internationale Maß- und Gewichtsbureau begann seine Tätigkeit am 1. Januar 1876 in dem ihm von der französischen Regierung eingeräumten

Pavillon de Breteuil in Sèvres bei Paris. Seine Hauptaufgabe war die Schaffung des internationalen Meters und des internationalen Kilogramms, die Herstellung von Kopien und ihre genaue Vergleichung mit den Urmaßen, die Verteilung dieser Kopien an die der Meterkonvention beigetretenen Staaten, endlich die nach längeren Zeiträumen wiederholte Vergleichung der Kopien mit den Urmaßen. — Daneben führte das Bureau eine Reihe wissenschaftlicher Untersuchungen durch, unter denen besonders die Arbeiten zur Sicherung des metrischen Maßsystems genannt sein mögen, nämlich die Auswertung des Meters in Lichtwellenlängen (vgl. den Artikel: Längeneinheiten) und die Bestimmung des Verhältnisses des Kilogramms zu seinem Definitionswert (vgl. den Artikel: Masseneinheiten). Andere umfangreiche Arbeiten liegen auf dem Gebiete der Thermometrie. — Die Untersuchungen des Bureaus sind in den Travaux et Mémoirs du Bureau international des Poids et Mesures, Paris, Gauthier-Villars, veröffentlicht. *Scheel.*

Näheres s. La convention du mètre et le Bureaus international des Poids et Mesures. Paris 1902.

Bussole s. Kompaß.

Bussole s. Galvanometer.

β - Strahlung. So werden die beim Zerfall gewisser radioaktiver Atome abgestoßenen Korpuskeln mit negativer Ladung und sehr hoher Anfangsgeschwindigkeit genannt. Als bewegte Träger von Elektrizität werden sie im transversalen elektrischen oder magnetischen Feld abgelenkt, im longitudinalen elektrischen Feld verzögert oder beschleunigt je nach der Feldrichtung. Aus der Größe und Richtung der beobachteten Feldwirkungen sind bei geeigneter Kombination der Messungen das Verhältnis $\dfrac{e}{m}$ von Ladung zu Masse, das Vorzeichen der Ladung und die Translationsgeschwindigkeit v bestimmbar. Wird weiters die von dem β-Strahl-Bündel im Hochvakuum (mit Ausschaltung aller Ionisierungseffekte) einem isolierten Empfänger zugeführte elektrische Ladung q gemessen und gleichzeitig die Zahl N der hieran beteiligten β-Teilchen (β-T.) abgezählt, so gibt $\dfrac{q}{N}$ die von einem β-T. mitgeführte Ladung e. Man erhält so: das β-T. ist der Träger eines „Elementarquantums", ist also zu $-4{,}77 \cdot 10^{-10}$ st. E. geladen. Die Anfangsgeschwindigkeit v variiert je nach der Provenienz von etwa 1 bis $2{,}94 \cdot 10^{10}$ cm und erreicht in extremen Fällen $99{,}8\%$ der Lichtgeschwindigkeit. Die scheinbare Masse ergab sich in guter Übereinstimmung mit der Lorenzschen Auffassung über die Kontrahierbarkeit des Elektrons in der Bewegungsrichtung zu $m = \dfrac{m_0}{\sqrt{1 - \beta^2}}$, also abhängig von der Geschwindigkeit, da $\beta = \dfrac{v}{c}$ (Verhältnis von β-Strahl- zur Licht-Geschwindigkeit) und m_0 die „Ruhmasse" (d. i. Masse für $v = 0$) darstellt. Für $\dfrac{e}{m_0}$ ergab sich in Übereinstimmung mit den Messungen an Kathodenstrahlen der Wert $\dfrac{e}{m_0} = 5{,}31 \cdot 10^{17} \dfrac{\text{st. E.}}{\text{g}}$, woraus mit obigem Wert für c folgt: $m_0 = 0{,}898 \cdot 10^{-27}$ g, das ist der $\dfrac{1}{1840}$ Teil der Masse eines Wasserstoff-Atomes. Die Energie des bewegten β-T. ist (Relativitätstheorie!) gegeben durch $E = m_0 c^2 \left[\dfrac{1}{\sqrt{1-\beta^2}} - 1 \right]$. — Ist einmal die Einzelladung eines β-T. bekannt, dann ergibt jede Messung des durch sie bewirkten negativen Ladungstransportes bzw. der durch ihre Abstoßung hervorgerufenen positiven Selbstaufladung des Präparates unmittelbar die Zahl der emittierten β-T. und man kann so bei Kenntnis der Lebensdauer der aktiven Substanz die Frage entscheiden, ob einem β-strahlenden Atomzerfall die Aussendung von nur einem oder mehrerer Elektronen entspricht. Bei α-Strahlen, wo die Beobachtungen technisch leichter sind, weiß man, daß jedem Atomzerfall je ein α-Partikel zukommt und daß von einem g Ra im Gleichgewicht mit seinen kurzlebigen Zerfallsprodukten (Ra + Em + A + B + C) insgesamt $4 \times 3{,}72 \cdot 10^{10} = 14{,}88 \cdot 10^{10} \dfrac{\alpha\text{-Teilchen}}{\text{Sek.}}$ ausgeschleudert werden. Würden auch die β-Strahler (Ra B, Ra C) pro Atomzerfall je ein β-T. entsenden, so wären cet. par. $7{,}44 \cdot 10^{10} \dfrac{\beta\text{-T}}{\text{Sek.}}$ zu erwarten. Obwohl die Trennung der von den Elektronen geführten Ladung von der den α-Teilchen, Rückstoß-Atomen, sekundären Strahlen etc. zuzuschreibenden schwierig ist, so ist es doch, mit geeigneten Vorsichtsmaßregeln gelungen, in unabhängigen Beobachtungsreihen Werte wie 5,3 bzw. $5{,}0 \cdot 10^{10}$ zu erhalten, so daß man es als zum mindesten sehr wahrscheinlich ansehen kann, daß einem β-strahlenden Atomzerfall auch nur ein einziges abgeschleudertes β-Partikel entspricht.

Da alle β-T. gleiche Ladung haben und ihre Masse so nahe dieselbe ist, daß nur die subtilsten Messungen Unterschiede nachweisen, so sind sie untereinander je nach ihrer Provenienz im wesentlichen nur durch ihre Anfangsgeschwindigkeit und, damit zusammenhängend, durch ihre Fähigkeit, Materie zu durchdringen, unterschieden. Es wäre also naheliegend, nach einer für die β-strahlende Substanz charakteristischen Reichweite zu suchen, so wie dies bei den α-Strahlen mit Erfolg durchgeführt wurde. Es ergibt sich nun, daß die β-T. in bezug auf ihr Durchdringungsvermögen etwa zwischen den α- und γ-Strahlen stehen, indem die Halbierungsdicke (s. d.) in Aluminium die Größenordnung 10^{-2} cm hat; durch 0,2 cm Blei werden sie zur Gänze absorbiert. Ebenso wie bei den γ-Strahlen findet man auch hier, daß die Absorption (s. d.) Exponentialgesetzen von relativ einfacher Form folgt; man könnte daraus, der Erfahrung mit Wellenstrahlung entsprechend, Schlüsse auf die Homogenität ziehen. Da aber durch Ablenkungsversuche im Magnetfeld unzweifelhaft feststellbar ist, daß die verwendete β-Strahlung nicht nur weit komplexer sein muß, als es die Form der Absorptionskurven gestatten würde, sondern daß die Geschwindigkeit auch eine Funktion der durchlaufenen Absorptionsstrecke ist, daß die ursprüngliche Bewegungsrichtung durch Streuung verändert wird und dgl. mehr, daß also alle für die Anwendbarkeit eines exponentiellen Absorptionsgesetzes nötigen Voraussetzungen nicht zutreffen, so kommt man zu dem Schlusse, daß die Interpretation der Absorptionskurven als Äußerungen eines einfachen Exponentialgesetzes sowie die daraus auf die Qualität der Strahlung gezogenen Folgerungen unstatthaft sind. — Ist aber einmal die Abhängigkeit für $\dfrac{e}{m_0}$ von v festgelegt (s. o.), so genügt es, das zu untersuchende parallele β-Bündel durch ein transversales Magnetfeld zu schicken und die dadurch bewirkte Aufspaltung des Bündels photographisch oder elektrometrisch zu beobachten, um daraus die vorkommenden Anfangsgeschwindigkeiten und damit die gewünschte Qualitätsbestimmung zu erhalten, die die Reichweitemessung an α-Strahlen und die Härtemessung an γ-Strahlen ersetzt. Die magnetische Zerlegung liefert ein für jeden β-Strahler charakteristisches Spektrum (vgl. „magnetisches Spektrum"), in dem scharfe Linien, schmale und breite Bänder vertreten sind, entsprechend dem Vorhandensein von mehr oder weniger scharf begrenzten Geschwindigkeitsgruppen. — In der folgenden Tabelle sind diejenigen radioaktiven Substanzen, deren Zerfall mit β-Strahlung verbunden ist, angeführt, und darunter die nach der eben erwähnten magnetischen Analyse bestimmten extremen unteren und oberen Geschwindigkeitswerte. Eine einwandfreie Zuordnung der gefundenen β-Qualitäten zum Mutter-Atom ist in manchen Fällen noch ausständig. Im allgemeinen ist die β-Geschwindigkeit um so größer, je kürzerlebig das Zerfallsprodukt ist, dem sie entstammt.

Das Eindringen der β-T. in Materie ist von einer Reihe von Erscheinungen begleitet, die im folgenden kurz besprochen werden. Zunächst sind außerhalb der Ursprungsrichtung β-Strahlen konstatierbar, deren Anfangsgeschwindigkeit die der primären erreicht. Inwieweit es sich dabei um eine wahre Sekundärstrahlung oder nur um gestreute Primärstrahlung (vgl. „Streuung") handelt, deren Ablenkung durch das Vorbeipassieren an den positiv geladenen Atomkernen der Materie zustande kam, läßt sich experimentell schwer entscheiden, da Qualitätsänderungen, sonst ein Kriterium für die Sekundärerscheinung, hier in allen Fällen eintritt. Man unterscheidet gewöhnlich nach der Vorderseite des bestrahlten Querschnittes gehende Sekundär- (bzw. Streu-) Strahlung als „Austrittsstrahlung" von der die Rückseite verlassenden als „Eintrittsstrahlung". Die Intensität der Sekundärstrahlung in einer bestimmten Richtung nimmt mit dem Atomgewicht des Strahlers und auch mit der Geschwindigkeit der primären β-Strahlen zu. —

Substanz $v \cdot 10^{-10} \dfrac{\text{cm}}{\text{Sek.}}$	U X$_1$, U X$_2$, U Y	Ra	RaB	RaC	RaD	RaE
	1,44—2,89	1,56—1,95	1,09—2,39	2,03—2,96	0,99—1,18	2,10—2,82

Substanz $v \cdot 10^{-10} \dfrac{\text{cm}}{\text{Sek.}}$	Rd Ac, Ac B, Ac C, Ac D	M Th$_2$	Ra Th	Th B, Th C, Th D
	1,14—2,73	1,11—1,98	1,41—1,53	1,89—2,85

Eine wahre Sekundärstrahlung ist jedenfalls die weiche — unter δ-Strahlung (s. d.) bekannte — β-Strahlung, sowie die sekundäre γ-Strahlung (s. d.), die beim Auftreffen der β-T. auf Materie, sei es als „Bremsstrahlung", sei es als für das betreffende Material charakteristische „Fluoreszenzstrahlung" (s. d.) auftritt.

Von großer experimenteller Wichtigkeit ist die Ionisierungsfähigkeit der β-Strahlen. Dieselbe beginnt erst, wenn eine minimale Energie von $1{,}78 \cdot 10^{11}$ Erg, entsprechend einer Geschwindigkeit $v = 1{,}97 \cdot 10^8$ cm/Sek. überschritten ist. Mit steigender Geschwindigkeit nimmt die Gesamtzahl der erzeugten Ionenpaare in Luft zu, die auf der Längeneinheit des Weges erzeugte Ionenzahl k, nachdem sie knapp ober jener Minimalgeschwindigkeit ein Maximum erreicht hat, ab. In Luft normaler Dichte findet man für $v = 0{,}084 \cdot 10^{-10} \ldots$

$$k = 7600; \text{ für } v = 2{,}90 \cdot 10^{10} \ldots k = 46\frac{\text{Ionenpaare}}{\text{cm}};$$

k ist für ein und dasselbe Gas der Dichte proportional, doch ist beim Vergleich verschiedener Gase das Dichtengesetz bzw. die Konstanz von $\frac{k}{\varrho}$ nur angenähert erfüllt. — Auch flüssige Dielektrika werden durch Bestrahlen mit β-T. ionisiert und erhalten erhöhte Leitfähigkeit derart, daß die Stromspannungskurve wie in Gasen einem Sättigungswert zustrebt. Die „Beweglichkeit" der Ionen ist hier von der Größenordnung 10^{-4} bis $10^{-7} \frac{\text{cm/Sek.}}{\text{Volt/cm}}$, während sie in Luft von der Ordnung 1 bis 2 ist. Infolge dieser stark verminderten Beweglichkeit ist auch die „Wiedervereinigung" der Ionen herabgesetzt und es treten Nachwirkungen auf, die sich durch erhöhte Leitfähigkeit auch nach Entfernen des Ionisators bemerkbar machen. Ähnliche Erscheinungen sind noch deutlicher bei der Ionisierung fester Dielektrika. —

Ebenso wie bei der α-Strahlung gelingt auch bei den β-T. die Sichtbarmachung der Bahn mit der Wilsonschen Methode, indem die Kondensation von übersättigtem Wasserdampf an den entlang der β-Bahn erzeugten und als Kondensationskerne dienenden Ionen bewirkt und die so entstehenden Nebelstreifen photographiert werden. — Die Auslösung von Spitzentladung (s. d.) oder von Ionenstoß (s. d.) ermöglicht eine derartige Verstärkung der Ionisationswirkung, daß der von einem einzelnen β-Teilchen hervorgebrachte Effekt beobachtbar und damit eine Zählung der β-T. ermöglicht wird.

Die bei der vollständigen Abbremsung der Bewegung frei werdende Energie setzt sich in Wärme um, die bei β-T. von 1 g Ra + seinen Zerfallsprodukten $3{,}34\%$ der Gesamtwärmeentwicklung, also $4{,}7 \frac{\text{cal}}{\text{Stunde}}$ ausmacht. — Als Beispiele für chemische Veränderungen unter dem Einfluß der β-T. seien angeführt: Verwandlung weißen Phosphors in roten, Rotfärbung von in Chloroform gelösten Jodoform, Verbindung von Wasserstoff und Chlor zu Salzsäure, Erhöhung der Kristallisationsgeschwindigkeit des Schwefels (durch Erleichterung der Kondensations-Kerne-Bildung), Änderung der Valenz (Bildung von Ferro-Salzen aus Ferri-Salzen); die mit 1 g Ra im Gleichgewicht stehende Emanationsmenge erzeugt durch β-Strahlung während ihrer Lebensdauer $4{,}5$ cm^3 Gas durch Zersetzung von Wasser etc. etc. Alle diese sowie die im folgenden erwähnten Einwirkungen haben wegen der qualitativen Identität der β-Strahlen mit den Kathodenstrahlen, größte Ähnlichkeit mit den von letzteren hervorgerufenen Effekten. So die Wirkung auf die photographische Platte, die Leuchterscheinungen und die Verfärbungen. Durch Abgabe der negativen Elektronenladung an den bestrahlten Körper, werden daselbst positive Ionen entladen bzw. die Bindungsstufe erniedrigt. Die damit verbundenen Umlagerungen im Atom sind mit Fluoreszenzerscheinungen und Verfärbungen verbunden und streben einem Sättigungszustand („Ermüdung", s. d.) zu. Durch Einwirkung von Licht, insbesondere ultraviolettem, oder durch Erhitzung, wird diese Umlagerung meist wieder rückgängig gemacht, die fremden Elektronen werden abgestoßen („Halbwachseffekt", s. d.) und die Verfärbung verschwindet, eventuell unter neuerlichen Leuchterscheinungen (Phosphoreszenz). Als besonders gut auf β-Strahlung fluoreszierende Stoffe seien erwähnt: Willemit, Kunzit, Diamant, Scheelit, Bariumplatincyanür. Sidotblende. Schwach fluoreszieren Hornhaut, Linse und Glaskörper des Auges. Stundenlanges Nachleuchten beobachtet man bei Flußspat und Kunzit (vgl. die Artikel „Leuchterscheinungen", „Färbung"). — Die physiologischen Wirkungen erweisen sich bei stärkerer Dosierung als entwicklungshemmend, bei schwächerer als fördernd (vgl. die Artikel „Ra-Therapie" und „Radioaktivität").

Außer den primären, direkt von zerfallenden Atomen stammenden β-T. gibt es noch sekundär erregte, also durch Strahlung in Materie ausgelöste β-Partikel. Dazu gehören die bei Bestrahlung mit α- oder β-Korpuskeln entstehenden δ-Strahlen (s. d.), die einer β-Strahlung sehr geringer Geschwindigkeit entsprechen; sowie die von primärer γ-Strahlung ausgelösten β-T. hoher Geschwindigkeit (vgl. den Artikel „Sekundärstrahlen").

K. W. F. Kohlrausch.

β-Umwandlung. Das ist ein solcher Zerfall eines instabilen radioaktiven Atomes, der mit der Ausschleuderung eines β-Partikels verbunden ist. (Im Gegensatz zur „α-Umwandlung", s. d.) Da das Gewicht eines (ruhenden) β-Teilchens ungefähr $\frac{1}{2000}$ des Gewichtes eines Wasserstoffatomes beträgt, so wird durch seine Entfernung aus dem Atom an dessen Masse fast nichts geändert. Wohl aber geht mit dem β-Teilchen ein negatives Elementarquantum verloren und die Konsequenzen davon auf die verschiedenen Eigenschaften des neu entstandenen Zerfallsproduktes lassen sich kurz zusammenfassen durch die Regel: bei β-Umwandlung rückt das Folgeprodukt um eine Stelle des periodischen Systems (in der üblichen graphischen Darstellung) nach links. Vgl. dazu den Artikel „Verschiebungsregel" und die daselbst gegebene Abbildung. β-Umwandlungen finden statt bei: U X$_1$, U X$_2$, Ra, Ra B, Ra C, Ra C'', Ra D, Ra E; U Y, Ac, Rd Ac, Ac B, Ac C', Ac C''; Ms Th$_1$, Ms Th$_2$, Rd Th, Th B, Th C, Th C''.

K. W. F. Kohlrausch.

C

Cagniard de la Tourscher Zustand. Cagniard de la Tour entdeckte im Jahre 1822, daß eine Flüssigkeit, welche in einem völlig abgeschlossenen Rohr erhitzt wird, bei ständiger Steigerung der Temperatur schließlich eine Dichte annimmt, welche derjenigen des gesättigten Dampfes gleicher Temperatur sehr nahe kommt und daß man für den Ausdehnungskoeffizienten und die Kompressibilität einer solchen Flüssigkeit Werte findet, die größer sind als für ein gewöhnliches Gas. Cagniard de la Tour bemerkte auch bereits das völlige Verschwinden des Flüssigkeitsmeniskus bei der sog. kritischen Temperatur und dessen plötzliches Wiederauftreten bei Abkühlung des Rohres. Die vollständige Deutung dieses Zustandes, der jetzt der kritische heißt, früher aber als der Cagniard de la Toursche Zustand bezeichnet wurde, wurde im Jahre 1869 von Andrews auf Grund seiner Beobachtungen an Kohlensäure gegeben (s. Andrews Diagramm). *Henning.*

Carcellampe s. Einheitslichtquellen.

Cardanische Hängung s. Eulersche Winkel.

Carnotscher Kreisprozeß. Der auf beliebige Körper anwendbare Carnotsche Kreisprozeß besteht in folgenden Zustandsänderungen: Vom Punkt 1 $(v_1 p_1 T_1)$ des Druck-Volumen-Diagrammes (s. Fig.) wird der Körper zunächst adiabatisch (d. h. ohne Wärmeaustausch mit der Umgebung) komprimiert, bis er im Punkt 2 $(v_2 p_2 T_2)$ eine Temperaturerhöhung von $T_2 - T_1{}^0$ und eine Volumenverminderung von $v_1 - v_2$ erreicht hat. Sodann unterzieht man ihn bei konstant bleibender Temperatur T_2 einer (isothermen) Volumenvergrößerung bis zum Punkt 3, die auf adiabatischem Wege bis zum Punkt 4, wo die Ausgangstemperatur T_1 wieder erreicht wird, fortzusetzen ist. Endlich wird der Kreisprozeß durch die isotherme Volumenverminderung bis zum Punkt 1 geschlossen. Während der isothermen Teile dieses Prozesses, also auf dem Weg von 2—3 und von 4—1, tritt der Körper, der die Zustandsänderungen erleidet, in Wärmeaustausch mit der Umgebung. Auf der Strecke 2—3 nimmt er die Wärme Q_2 auf, auf dem Wege 4—1 gibt er die Wärme Q_1 ab. Es wird angenommen, daß diese Wärmemengen mit Wärmebehältern so großer Kapazität ausgetauscht werden, daß sich deren Temperatur dabei nicht ändert.

Eine wesentliche Bedingung des Carnotschen Prozesses ist, daß alle Veränderungen so langsam erfolgen, daß der Prozeß umkehrbar ist und daß die Arbeit bei einer Volumenveränderung von v_a auf v_b durch das Integral $\int_{v_a}^{v_b} p \, dv$ dargestellt werden kann. Nach Ablauf des beschriebenen Prozesses besteht dann gegen den Anfangszustand keine weitere Veränderung, als daß die Wärme-

mengen Q_1 und Q_2 ausgetauscht sind, und daß eine gewisse Arbeit A geleistet ist, die in dem Diagramm durch den Inhalt der umlaufenen Fläche dargestellt ist (s. maximale Arbeit).

Die Größe dieser Arbeit läßt sich berechnen, falls für den Versuchskörper die Zustandsgleichung bekannt ist. Am einfachsten läßt sich der Ausdruck für ein ideales Gas herleiten und führt zu dem Ergebnis $A = R (T_2 - T_1) \ln \frac{v_3}{v_2} = R (T_2 - T_1) \ln \frac{v_4}{v_1}$, wenn R die Gaskonstante bedeutet. Auch die Wärmemengen Q_1 und Q_2 sind in diesem Fall berechenbar und zwar ist $Q_1 = RT_1 \ln \frac{v_4}{v_1}$; $Q_2 = RT_2 \ln \frac{v_3}{v_2}$, so daß dem ersten Hauptsatz der Wärmelehre entsprechend $A = Q_2 - Q_1 = Q_2 \frac{T_2 - T_1}{T_2} = Q_1 \frac{T_2 - T_1}{T_1}$ oder $\frac{Q_2}{T_2} - \frac{Q_1}{T_1} = o$ folgt.

Nach dem 2. Hauptsatz der Thermodynamik (s. d.) ist die hier aufgestellte Beziehung zwischen der maximalen Arbeit A, den Wärmemengen Q_1 und Q_2 und den Temperaturen T_1 und T_2 nicht nur auf das ideale Gas beschränkt, sondern allgemein für alle Körper gültig.

Die fortlaufende Wiederholung der Carnotschen Prozesse stellt den idealisierten Vorgang der Arbeitsgewinnung bei allen Wärmekraftmaschinen dar. $\frac{T_2 - T_1}{T_2}$ gibt den (stets positiven) Bruchteil der aufgenommenen Wärme Q_2 an, der im günstigsten Falle in Arbeit verwandelt werden kann. Der Rest jener Wärmemenge ist für Gewinnung von Arbeit verloren und fließt in den Behälter tieferer Temperatur.

Da der Carnotsche Prozeß umkehrbar ist, so kann man ihn auch so verlaufen lassen, daß er vom Punkt 1 ausgehend hintereinander die Punkte 4, 3, 2, 1 durchschreitet. Dann wird unter Aufwendung der Arbeit A die Wärme Q_1 dem kälteren Wärmebehälter entzogen und die Wärme Q_2 dem wärmeren Behälter zugeführt. Die fortlaufende Wiederholung eines umgekehrten Carnotschen Prozesses ist der idealisierte Vorgang bei den Kältemaschinen. *Henning.*

Cartesianischer Taucher. Unter einem Cartesianischen Taucher versteht man einen Apparat nach beistehender Figur. In einem Glaszylinder schwimmt ein Gummimännchen aus Hohlgummi, der so weit beschwert ist, daß er gerade eben leichter ist als die verdrängte Wassermasse, so daß er nach dem Archimedischen Prinzip (s. dort) im Glaszylinder aufsteigt. Der völlig mit Wasser gefüllte Glaszylinder ist oben mit einer Membran geschlossen. Drückt man auf diese Membran, so überträgt sich der Druck auf das

Cartesianischer
Taucher.

Druck-Volumen-Diagramm
beim Carnotschen Kreisprozeß.

Wasser und der erhöhte Wasserdruck drückt das Gummimännchen etwas zusammen, so daß sein Volumen kleiner wird. Dadurch wird sein Gewicht größer, als das Gewicht des durch ihn verdrängten Wassers, und er sinkt zu Boden. Man kann demnach durch Druck auf die Membran den „Taucher" nach Belieben im Zylinder auf- und absteigen lassen. *O. Martienssen.*

Castiglianosches Prinzip s. Statische Bestimmtheit.

Celsiussche Skale s. Temperaturskalen.

Chalkographie s. Erze.

Chandlersche Periode s. Polhöhenschwankung.

Chaperonwicklung s. Normalwiderstände.

Charakteristik, auch Kennlinie genannt; Strom-Spannungskurve, Kurve, die die Abhängigkeit des Stromes durch irgend einen Leiter von der anliegenden Spannung angibt. Es ist merkwürdigerweise üblich, bei den Leitern mit positiver oder steigender Charakteristik (s. Erklärung unten) die Spannung als Abszisse und den Strom als Ordinate zu zeichnen, bei den Leitern mit negativer oder fallender Charakteristik (Glimmentladung, Lichtbogen) umgekehrt. Bei reinen Ohmschen Widerständen ist die Charakteristik eine gerade, durch den Koordinatenanfangspunkt gehende Linie, bei vielen Leitern ist sie jedoch infolge Temperaturkoeffizientes, Thermokraft, Polarisation, chemischer Umwandlung, Ionisation, Sättigung usw. gekrümmt. Eine Charakteristik heißt positiv oder steigend, wenn stets einem vergrößerten Strom eine vergrößerte Spannung, und zwar beide vom gleichen Vorzeichen, entspricht. Treten dagegen in der Charakteristik Teile auf, wo eine Stromvergrößerung eine Spannungserniedrigung ergibt, so heißt dieser Teil negativ oder fallend. Solche negative Teile enthalten die Charakteristik der Glimmentladung und des Lichtbogens. Die Darstellung der Eigenschaft eines Leiters durch seine Charakteristik wird besonders dort angewendet, wo sich kein einfacher Ausdruck für seinen Widerstand angeben läßt, so bei elektrolytischen Zellen, Detektoren für elektrische Schwingungen, insbesondere allen Gas- und Vakuumentladungen. Wenn eine Charakteristik positive und negative Teile hat, so sind bei einem bestimmten Vorschaltwiderstand R und einer bestimmten Quellenspannung V oft mehrere Zustände möglich, wenigstens algebraisch möglich. Unter diesen unterscheidet man labile und stabile. Physikalisch möglich sind nur die stabilen, d. h. erstens alle Zustände auf positiven Teilen der Charakteristik, zweitens von den auf negativen Teilen die, für welche: $\frac{dV}{dJ} + R > 0$ ist. (Kaufmannsches Kriterium.) Gesetzmäßige Ausdrücke für die Charakteristik existieren nur in wenigen Fällen, so z. B. für das Einsetzen einer Glimmentladung (Townsend) oder für die Glühkathoden-Hochvakuumentladung (Langmuir). Für letztere lautet das Gesetz: $J = C \cdot V^{\frac{3}{2}}$, wobei C von einigen Autoren die „Steilheit" der Charakteristik genannt wird. Im allgemeinen versteht man aber unter der Steilheit der Charakteristik die Größe: $\frac{dJ}{dV}$, jedoch ist es auch gebräuchlich, die Größe $\frac{dV}{dJ}$ zu betrachten, die der „Widerstand" an dieser Stelle der Charakteristik heißt (richtiger der Widerstand gegen Änderungen). Von Interesse ist die Größe $\frac{dV}{dJ}$ besonders dann, wenn man es mit einem negativen Teil einer Charakteristik zu tun hat; dann ist sie selbst auch negativ, sie wird dann oft „negativer Widerstand" genannt. Ein solcher Leiter wirkt, wie man sich durch eine Differentialgleichung überzeugen kann, tatsächlich wie ein negativer Widerstand, und hieraus ergibt sich, daß man ihn sowohl zur Verstärkung von Wechselströmen als auch zur Schwingungserzeugung verwenden kann. Die Verstärkung kommt folgendermaßen zustande: Legt man in einen Kreis in Serie den negativen Widerstand $\frac{dV}{dJ}$, genannt $\bar{\varrho}$, und den gewöhnlichen Widerstand R, und induziert man eine EMK. von der Größe E sin ω t auf den Kreis, so ergibt sich der Strom $J = \frac{E \sin \omega t}{R + \bar{\varrho}}$. Es muß dabei die Leistung J E sin ω t $= \frac{E^2}{2 (R + \bar{\varrho})}$ aufgewendet werden. Mit Hilfe des positiven Widerstandes R läßt sich die Leistung $R J^2 = \frac{R E^2}{2 (R + \bar{\varrho})^2}$ aus dem Kreis entnehmen, so daß das Verhältnis der entnommenen zur aufgewendeten Leistung, d. h. die Leistungsverstärkung $M = \frac{R}{R + \bar{\varrho}}$ wird. Macht man nun den Widerstand R sehr nahe gleich aber größer dem Widerstand $\bar{\varrho}$, so läßt sich der Nenner fast auf Null bringen, d. h. die Verstärkung beliebig steigern.

Eine Kombination von einer Gleichstromquelle, einem Organ negativer Charakteristik (negativer Widerstand) und einem schwingungsfähigen Kreise aus Kapazität, Selbstinduktion und Widerstand ist ferner fähig, elektrische Schwingungen zu erzeugen, die in der Eigenfrequenz des Kreises verlaufen (mit kleiner Abweichung). Die Schwingungserzeugung läßt sich so darstellen, daß durch Kombination des negativen und des wahren (positiven) Widerstandes ein Überschuß an negativem verbleiben muß, der das log. Dekrement negativ macht und daher zu einem Ansteigen der Schwingungen führt. Daraus ergibt sich die Bedingung $R + \bar{\varrho} < 0$ (Duddell), die aber nur für eine Serienschaltung von L, C, R, $\bar{\varrho}$, zutreffend ist. Für die sogenannte Schwungradschaltung, in der L, C, R in Serie, $\bar{\varrho}$ dagegen parallel zu L oder C liegt, heißt die Bedingung $\bar{\varrho} + \frac{L}{C R} > 0$ oder auch $R + \frac{L}{C \bar{\varrho}} < 0$. Eine andere Darstellungsweise der Schwingungserzeugung durch fallende Charakteristik ist die, daß an einem solchen Organ bei Durchgang von Wechselstrom eine dem Strom entgegengesetzt gerichtete Wechselspannung auftritt, die ja eine EMK. vorstellt. Ist diese Wechsel-EMK. wiederum imstande, einen Strom von der gleichen oder größeren Stärke zu erzeugen, so werden die Schwingungen bestehen oder ansteigen. Die Bedingungen sind dann genau die gleichen wie oben gesagt. Derartige Schwingungserzeuger durch negativen Widerstand sind: Lichtbogen (Poulsenlampe), Glimmlichtsender, Dynatron (s. diese), jedoch lassen sich auch Erreger mit Rückkopplung, wie Röhrensender, Telephon, Mikrophon, Summer, Selbstunterbrecher mathematisch als negative Widerstände deuten. *H. Rukop.*

Charakteristik, dynamische: Die in einer Kurve dargestellte Abhängigkeit einer einem Leiter aufgedrückte Wechsel-EMK. mit dem Strom als Abszisse, wobei die Frequenz konstant ist und die

EMK immer in denselben Grenzen variiert (s. Lichtbogen).   *A. Meißner.*

Charakteristik, statische: Eine Kurve, welche die
dem Leiter aufgedrückte EMK als Ordinate und
den durch den Leiter gehenden Strom als Abszisse
darstellt; beides aufgenommen bei Gleichstrom,
beim Lichtbogen $V = a + \dfrac{b}{J}$ (s. Lichtbogen, Zenneck 271).   *A. Meißner.*

**Charakteristische Kurven dynamo-elektrischer
Maschinen.** Graphisch dargestellte Kurven, die
das Verhalten elektrischer Maschinen für einen
bestimmten Betriebszustand kennzeichnen, werden
in der Technik charakteristische Kurven oder kurz
Charakteristiken genannt. Ihre Zahl wird sehr
groß, wenn man die verschiedenen Möglichkeiten
der Schaltungen und Erregungsmethoden der
Gleich- und Wechselstrommaschinen berücksichtigen will. Siehe die wichtigsten Charakteristiken
unter Leerlaufcharakteristik der Gleichstrommaschinen, Leerlaufcharakteristik der Wechselstromgeneratoren, äußere Charakteristik der
Gleichstrommaschinen, äußere Charakteristik der
Wechselstromgeneratoren.   *F. Rother.*

Chemische Harmonika s. singende Flamme.

Chemische Widerstandsfähigkeit. Glas soll in Berührung mit anderen Stoffen möglichst unverändert
bleiben. Nun enthalten die meisten Glassorten in
Wasser lösliche und durch es zersetzliche Bestandteile; die Widerstandsfähigkeit kann daher nicht
vollständig sein. Sind diese angreifbaren Bestandteile nur in geringem Betrage im Glase vorhanden,
so werden sie von den wasserbeständigen Anteilen
ziemlich weitgehend geschützt; eine Herauslösung
erfolgt meist nur an der Oberfläche. Überwiegen
die löslichen Bestandteile, so ist eine vollständige
Zerstörung der Glasmasse leicht möglich und wenn
die Vorbedingungen gegeben sind, so kann dabei
ein Lösen sonst unlöslicher Stoffe in kolloidaler
Form zustande kommen. Im Glase, als einer erstarrten Schmelzlösung, sind die Stoffe ja von
vornherein hochgradig zerteilt zugegen. Eine solche
Lösung ist die Wasserglaslösung. Die silikatischen
Gläser, sogar Wasserglas, werden nur langsam zersetzt, mit steigender Temperatur nimmt aber die
Schnelligkeit des Vorgangs rasch zu; bei hoher
Temperatur werden auch gute Gläser überraschend
schnell zerstört, z. B. die Wasserstandsgläser an
Dampfkesseln.

Das Glas, soweit es ein Gemisch verschiedener
Stoffe in Form einer Lösung ist, verhält sich Lösungsmitteln gegenüber also anders, als reine Stoffe; es
bildet mit dem Lösungsmittel im allgemeinen keine
gesättigte Lösung, es bildet sich kein Gleichgewichtszustand zwischen beiden heraus. Neue Glasgegen-
stände geben an Wasser mehr lösliche Stoffe ab,
als gebrauchte; durch Auskochen oder Ausdämpfen
können Glasgefäße widerstandsfähiger gegen den
Angriff des Wassers gemacht werden. Gute Gläser
werden so praktisch unlöslich.

Im einzelnen geht die Zersetzung auf folgende
Weise vor sich: Wasser entzieht dem Glase zunächst
Alkali, die entstandene Alkalilösung wirkt dann auf
die Kieselsäure lösend ein und zwar um so stärker,
je konzentrierter sie ist. Deshalb wirken kleine
Mengen Wasser stärker zersetzend als große.

Der wässerige Auszug der gewöhnlichen Gläser
enthält neben Alkali und Kieselsäure immer auch
die übrigen im Glase anwesenden Oxyde. Diese

können das Glas vor dem stärkeren Angriff der
Alkalilösung dadurch schützen, daß sie einen unlöslichen Belag auf dem Glase bilden.

Enthält das Wasser andere Stoffe gelöst, so wird
die Wirkung durch diese beeinflußt. Aus dem Vorhergehenden ergibt sich, daß Alkalilaugen stärker
angreifen als reines Wasser. Ein dabei entstehender
weißer Belag braucht nicht ein Zeichen von
schlechtem Glase zu sein. — Wässerige Salzlösungen greifen teils schwächer, teils stärker an
als reines Wasser. — Wässerige Säurelösungen
wirken zunächst wie Wasser, das in Lösung gegangene Alkali wird aber neutralisiert und so seine
sekundäre Wirkung aufgehoben; saure Flüssigkeiten
wirken daher in der Regel schwächer als reines
Wasser. Flußsäure zersetzt das Glas vollständig
(s. Ätzen).

Bei der Verwitterung an der Luft ist ebenfalls
das Wasser das zersetzende Mittel. An feuchter
Luft bedeckt sich Glas mit einer feuchten Schicht,
die in trockener Luft nur teilweise wieder verschwindet. Diese eintrocknende Feuchtigkeits-
schicht wurde von Warburg und Ihmori temporäre Wasserhaut genannt, im Gegensatz zur
permanenten Wasserhaut, die ihr Wasser erst beim
Erhitzen auf über 500° völlig abgibt. Die Wasserhaut enthält im wesentlichen Alkali und Kieselsäure
gelöst. Jenes geht an der Luft in Karbonat über,
das sich bei Natrongläsern als kristallinischer weißer
Belag bemerkbar machen kann, wogegen das ungleich hygroskopischere Kaliumkarbonat in Lösung
bleibt. Die permanente Wasserhaut verhält sich
bezüglich des Wasserverlustes beim Erhitzen wie
Kieselsäuregel; die Verwitterungsschicht kann als
wasserhaltiges Kieselsäuregel angesprochen werden.
Bei alkalireichen Gläsern kann die Verwitterungsschicht stark anwachsen, ja es kann, besonders bei
kalireichen Gläsern, die ganze Glasmasse Wasser
aufnehmen, ohne daß die glasige Beschaffenheit verloren geht. Der Quellungsvorgang macht sich an
Fensterscheiben gelegentlich dadurch bemerkbar,
daß bei Trockenheit, wenn sie z. B. den Strahlen
der Sonne ausgesetzt sind, feine Risse entstehen, die
in feuchter Luft wieder ausheilen können. Beim
Erhitzen wird stark verwittertes Glas rauh, die
Oberfläche wird rissig, zerklüftet, es lösen sich Teile
in Form sich krümmender Schüppchen los usw.
Beim Erhitzen bis zur Erweichung kann die Masse
sich bimssteinartig aufblähen.

Die chemische Widerstandsfähigkeit ist um so
besser, je geringer der Alkaligehalt und je höher
der Kieselsäuregehalt ist. Andere Metalloxyde, auch
Borsäure, erhöhen im allgemeinen die Haltbarkeit,
sofern ihr Anteil nicht zu groß wird; Kalk wirkt
dabei besser als andere Metalloxyde, Zinkoxyd besser
als Kalk. Ein größerer Gehalt an Metalloxyden
macht das Glas leicht angreifbar von Säuren; schwere
Bleigläser werden durch wässerige Säuren leicht
vollkommen zersetzt.

Prüfungsmethoden: Qualitativ nach Weber:
Die Glasprobe wird unter einer Glasglocke feuchten
Salzsäuredämpfen ausgesetzt. Gute Gläser zeigen
nach dem Trocknen keinen oder einen kaum sichtbaren weißen Beschlag von Chloriden. — Zschimmer bestimmt die Hygroskopie von optischen
Gläsern, indem er sie einer bis 80° erwärmten,
nahezu mit Wasserdampf gesättigten Atmosphäre
aussetzt und die Stärke des Tropfenbeschlages nach
dem Abkühlen in nahezu wassergesättigter Luft mit

dem Mikroskop abschätzt. Zur Prüfung auf Fleckenempfindlichkeit von säureempfindlichen Gläsern, die sich z. B. beim Berühren mit schweißigen Fingern bemerklich macht, läßt derselbe einen Tropfen einer Lösung von $0,5\%$ Essigsäure und $0,05\%$ Glyzerin in Wasser 24 Stunden lang einwirken. Nach dem Abwaschen und Trocknen bleibt bei empfindlichen Gläsern ein besonders im reflektierten Lichte sichtbarer Fleck.

Quantitative Methoden. Am besten durchgearbeitet ist die Jodeosinmethode nach Mylius. Jodeosin ist ein in Wasser fast unlöslicher Farbstoff, der aber von Äther gelöst wird; er gibt mit Alkali in Wasser leicht lösliche Salze, die in Äther hingegen sich nicht lösen. Läßt man eine wasserhaltige ätherische Jodeosinlösung auf alkalihaltiges Glas einwirken, so entzieht die alkalihaltige Wasserhaut des Glases, deren Bildung durch die Feuchtigkeit des Äthers gesichert wird, der ätherischen Farbstofflösung Jodeosin und zwar in Mengen, die der Alkalimenge der Wasserhaut äquivalent sind. Der Farbstoff lagert sich als in Äther unlösliches Alkalisalz auf dem Glase ab, seine Menge wird nach dem Ablösen mit Wasser kolorimetrisch bestimmt und gilt als Maß der Zersetzlichkeit des Glases. Mylius läßt die Farbstofflösung auf frische Bruchflächen einwirken und bekommt so die natürliche Alkalität des Glases, oder er läßt sie auf Bruchflächen, die 7 Tage bei 18^0 in feuchter Luft verwittert waren, einwirken, und mißt so die Verwitterungsalkalität. Er hat ferner noch den Begriff der Lösungsalkalität aufgestellt, die gemessen wird durch die Alkalimenge, die eine bestimmte ungebrauchte Glasoberfläche an Wasser nach einer Vorbehandlung bei 18^0 (1. Auszug) in einem zweiten Auszug (7 Stunden bei 18^0) und schließlich in einem dritten Auszug (3 Stunden bei 80^0) abgibt.

Mylius teilt die Gläser nach ihrem Verhalten gegen Wasser gemäß der folgenden Tabelle in 5 Klassen ein:

Milligramme Jodeosin auf ein Quadratmeter Glasoberfläche.

Klassen	Glasarten	Verwitterungs-alkalität	Lösungsalkalität	
			II.Auszug	III.Auszug
I	Wasserbeständige Gl. z. B. Jenaer Gl. 59III	0—5	0—5	0—20
II	Resistente Gl. z. B. Stassches Glas	5—10	5—16	20—61
III	Härtere Apparategl. z. B. Jenaer Normalgl. 16III	10—20	16—49	61—202
IV	Weichere Apparategl. z. B. Bleikristallglas	20—40	49—202	202—809
V	Mangelhafte Gl.	über 40	über 202	über 809

R. Schaller.

Chladnische Klangfiguren, nach ihrem Entdecker Ernst Chladni benannt, zeigen den Verlauf der Knotenlinien von schwingenden Platten an, indem sich auf die Platten gestreuter Sand od. dgl. in den Knotenlinien ansammelt. S. auch Plattenschwingungen.

Im Jahre 1809 führte Chladni seine Entdeckung Napoleon vor, was den Erfolg hatte, daß ein Preis für die mathematische Behandlung der Plattenschwingungen ausgesetzt wurde, der Sophie Germain zufiel.

E. Waetzmann.

Näheres s. E. F. F. Chladni, Entdeckungen über die Theorie des Klanges. Leipzig 1787.

Chromatische Abweichung s. Farbenabweichung.
Chromatische Adaptation des Auges s. Adaptation des Auges.
Chromatische Differenz der sphärischen Aberration s. Farbenabweichung.
Chromatische Vergrößerungsdifferenz s. Farbenabweichung.
Chromosphäre s. Sonne.
Chronograph. Apparat zum Aufzeichnen von Zeitsignalen. Auf einen bewegten Papierstreifen werden mittels eines Magneten und Ankers auf elektrischem Wege Sekundenzeichen einer Uhr aufgeschrieben. Ein zweiter Anker zeichnet daneben die vom Beobachter gegebenen Signale auf, die dann mittels einer Glasskala auf hundertstel Sekunden abgelesen und zwischen die Uhrsignale interpoliert werden. Der Druckchronograph drückt in Ziffern auf hundertstel Sekunden die Zeitsignale auf einen Papierstreifen auf, ist aber noch ziemlich wenig in Gebrauch. *Bottlinger.*

Clairauts Theorem. Ist α die Abplattung der Erde, $\mathfrak{b}$ die Änderung der Schwere vom Pol zum Äquator im Verhältnis zur Schwere am Äquator, endlich $\mathfrak{c}$ das Verhältnis der Fliehkraft am Äquator zur Schwere, so ist

$$\alpha + \mathfrak{b} = \frac{5}{2}\mathfrak{c}.$$

Dieser Satz gilt unter der Annahme, daß die Erde ein Rotationskörper ist, unabhängig von der Art der Dichtezunahme im Erdinnern.

Für die Erde ist

$$\alpha = \frac{1}{297,8} \qquad \mathfrak{b} = \frac{1}{189} \qquad \mathfrak{c} = \frac{1}{289}.$$

A. Prey.

Näheres s. R. Helmert, Die mathem. und physikal. Theorien der höheren Geodäsie, II. Bd., S. 75.

Clapeyron-Clausiussche Gleichung. Diese Gleichung ist eine der wichtigsten Folgerungen aus den beiden Hauptsätzen der Thermodynamik. Sie setzt die Wärmemenge λ, welche nötig ist, um 1 g Substanz aus einem Aggregatzustand (1) in einen anderen Aggregatzustand (2) überzuführen, in Beziehung zu der absoluten Temperatur T und dem Druck p, bei denen dieser Vorgang stattfindet, sowie zu den spezifischen Volumen v_1 und v_2, welche die Substanz in den beiden Aggregatzuständen besitzt. Die Gleichung lautet $\lambda = T(v_2 - v_1)\dfrac{dp}{dT}$. Ist die Wärmemenge λ in Kalorien, $v_2 - v_1$ in Kubikzentimeter und der Druck p in Millimeter Quecksilber gemessen, so ist wegen des mechanischen Wärmeäquivalentes auf der rechten Seite der Gleichung noch ein Zahlenfaktor $A = 3,1841 \cdot 10^{-5}$ hinzuzufügen.

Die Gleichung findet auf die Schmelzwärme, die Verdampfungswärme oder die Sublimationswärme Anwendung, je nachdem sich die Aggregatzustände (2) und (1) auf den flüssigen und festen, auf den dampfförmigen und flüssigen, oder auf den dampfförmigen und festen Zustand beziehen. Da λ stets positiv ist, so besitzt $v_2 - v_1$ dasselbe Vorzeichen wie $\dfrac{dp}{dT}$. Beide sind in der Regel positiv; für Wasser (2) und Eis (1) indessen negativ. Schreibt man die Gleichung in der Form $\dfrac{d\ln T}{dp} = \dfrac{v_2 - v_1}{\lambda}$, so kann man aus ihr entnehmen,

wie sich die Schmelz-, Siede- oder Sublimations-
temperatur T mit dem Druck p ändert. Z. B. ergibt sich auf diese Weise, daß sich die Schmelztemperatur des Eises um $0,0075^0$ erniedrigt, wenn
man den Druck, unter dem das Schmelzen stattfindet, um 1 Atmosphäre erhöht.

Die genannte Gleichung wurde bereits von
Clapeyron aus der Carnotschen Theorie, welche
die Wärme noch als einen Stoff ansah, abgeleitet,
aber erst von Clausius streng begründet.

Henning.

Clark-Element. Das von Clark angegebene
Zink-Quecksilber-Element war das erste wirklich
brauchbare Normalelement (s. d.), ist aber jetzt
fast völlig durch das Westonelement verdrängt
worden, hauptsächlich aus dem Grunde, weil dessen
Temperaturkoeffizient nur etwa $1/50$ von dem des
Clarkelements ist. Dieses ist ein reversibles Element von der schematischen Zusammensetzung
$Zn—ZnSO_4—Hg_2SO_4—Hg$. Näheres über seine Zusammensetzung siehe unter „Normalelement".
Das Element besitzt bei 15^0 C, welche als Normaltemperatur für dasselbe betrachtet wird, $1,432_4$
int. Volt. Die Spannung desselben ändert sich
nach einer quadratischen Formel; bei 15^0 beträgt
die Änderung für 1 Temperaturzunahme — 0,00119
Volt; bei 20^0 hat das Element eine EMK von
$1,426_3$ int. Volt. Bei schnelleren Temperaturänderungen dauert es längere Zeit, bis das Element
seine normale Spannung angenommen hat, da sich
die der Temperatur entsprechende Sättigung des
Elektrolyts erst durch Auflösen oder Abscheiden
von Zinksulfathydrat herstellen muß. Beim Gebrauch des Elements ist daher eine gewisse Vorsicht geboten. Zuverlässiger und bequemer ist das
Westonelement (s. d.).   *W. Jaeger.*

Näheres s. Jaeger, Elektr. Meßtechnik. Leipzig 1917.

Clément- und Desormessche Methode s. Verhältnis
der spezifischen Wärme c_p/c_v der Gase.

Colley-Oszillator, Erreger für sehr schnelle elektrische Schwingungen von ca. 10 cm bis mehreren
Metern Wellenlänge. Er hat zwei gekoppelte
Systeme, von denen das Primärsystem aus zwei
eng nebeneinander liegenden Stäben und einem
kurzen U-förmigen Drahtbügel besteht, dessen
Spitzen mit je einem Ende der Stäbe je eine Funkenstrecke bilden, so daß ein langes U mit zwei nahe
am geschlossenen Ende symmetrisch in Serie liegenden Funkenstrecken gebildet wird. Die kurze Seite
des U, also das Querstück des Drahtbügels steht
in direkter Kopplung mit dem schmalen rechteckigen aus Draht bestehenden Sekundärsystem,
dessen eine Schmalseite sie gleichzeitig bildet. Die
beiden Langseiten des rechteckigen Sekundärsystems setzen sich in Lechersche Drähte mit
Brücken fort. Die Erregung geschieht durch ein
Induktorium, dessen Zuleitungen über Vorfunkenstrecken auf den beiden Stäben in unmittelbarer
Nähe der Hauptfunkenstrecken münden. Das
Primärsystem liegt in Petroleum, die Wirkung ist
als reine Stoßerregung zu bezeichnen. *H. Rukop.*

Näheres s. A. R. Colley, Phys. Zeitschr. 10, 329 u. 471,
1910.

Compoundmaschine s. Selbsterregung.

Compoundmotor s. Gleichstrommotoren.

Contractio venae. Strömt Flüssigkeit aus einer
kleinen Öffnung aus einem großen Gefäß aus,
so nimmt der Flüssigkeitsstrahl nicht sofort zylindrische Form an, sondern er zieht sich, wie schon
Newton erkannte, in kurzer Entfernung von der
Öffnung von dem größeren Querschnitt s (s. Figur)

auf den kleineren Querschnitt s_1 zusammen, um
dann zylindrische Form anzunehmen. Der Querschnitt s_1 wird als „Vena contracta" und die ganze
Erscheinung als „Contractio
venae" bezeichnet. Das Ver-
hältnis $\sigma = \frac{s_1}{s}$ ist der Kontraktionskoeffizient des
Strahles.

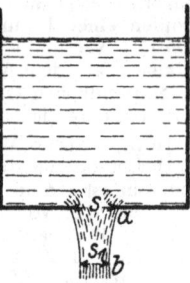

Contractio venae.

Die Erscheinung rührt
in erster Linie daher, daß
die Flüssigkeit von allen
Seiten gegen die Öffnung
hinströmt und nicht nur
vertikal abwärts. Für be-
sonders einfache Fälle läßt
sich der Kontraktionskoeffizient berechnen, so z. B. für
den Fall, daß die Öffnung
ein schmaler Schlitz ist. In diesem Fall ist $\sigma =$
$\frac{\pi}{\pi+2} = 0,611$ (s. Diskontinuitätsfläche). Borda
hat 1766 gezeigt, daß auf alle Fälle σ zwischen
0,5 und 1 liegen muß. W. Wien findet durch theoretische Überlegung, daß für kreisförmige Öffnungen
σ zwischen 0,536 und 0,71 liegen muß; der Versuch gibt für diesen Fall 0,62.

Ein weiterer Grund für die Erscheinung ist in der
Oberflächenspannung des freien Flüssigkeitsstrahles
zu suchen; diese hat dieselbe Wirkung, als wenn ein
elastischer Ring den Strahl umgibt und ihn zusammendrückt. Daher fließt Alkohol schneller
wie Wasser aus. Der Ausfluß vom Wasser kann
dadurch vergrößert werden, daß man in der Nähe
des Strahles Äther verdampft; denn hierdurch
wird die Oberflächenspannung verringert und folglich die Vena contracta vergrößert.

Die Entfernung a—b des kleinsten Querschnittes
von der Öffnung ist bei runden Öffnungen etwa
gleich dem halben Durchmesser derselben, sie kann
aber auch bis zum $1\frac{1}{2}$fachen Durchmesser anwachsen. (Weiteres s. unter Ausflußgeschwindigkeit.)   *O. Martienssen.*

Corbino-Effekt. Corbino machte (1911) folgende
Beobachtung: Leitet man durch eine kreisförmige
Metallplatte, die sich in einem magnetischen Felde
senkrecht zu dessen Kraftlinien befindet, einen
radialgerichteten elektrischen Strom, so wird in ihr
ein zirkular gerichteter Strom erzeugt. Ist die
Platte beweglich, so treten auch Drehmomente auf.
Diese Effekte, die schon von Boltzmann voraus-
gesagt wurden, sind nur als eine durch die besondere
Versuchsanordnung bedingte Äußerung der nach
dem Hall-Effekte zu erwartenden Widerstandsänderung einer radialdurchströmten Kreisplatte im
magnetischen Felde anzusehen.   *Hoffmann.*

Corioliskraft s. Trägheitskräfte.

Cornuscher Halbschatten-Polarisator s. Polarimeter.

Cortisches Organ s. Ohr.

Coulomb. Das Coulomb bildet die technische
Einheit der Elektrizitätsmenge und ist der 10. Teil
der absoluten Einheit. Seine Dimension ist im
e.m.-Maßsystem: $[L^{1/2} M^{1/2}]$, im elektrostatischen:
$[L^{3/2} M^{1/2} T^{-1}]$. Die theoretische Größe ist 10^{-1}
e.m.-CGS $= 3 \cdot 10^9$ ES oder elektrostatische CGS-
Einheiten. Das Coulomb bildet die international
festgesetzte gesetzliche Grundlage für die Bestimmung des Ampere. Ein Coulomb = 1

Amperesekunde soll im Silbervoltameter 0,00118 g Silber abscheiden. *R. Jaeger.*

Coulombsches Gesetz. Das Coulombsche Gesetz beherrscht die elektrostatische Massenanziehung.

Befinden sich zwei elektrische Massenpunkte M_1 und M_2 in der gegenseitigen Entfernung r, so ist die aufeinander ausgeübte Kraft in Richtung von r

$$K = \frac{k \cdot M_1 \cdot M_2}{r^2}$$

wo k einen Proportionalitätsfaktor darstellt. Im Falle ungleichnamiger Ladung findet Anziehung, im Fall gleichnamiger Ladung Abstoßung statt. Während in dem entsprechenden Newtonschen Gesetz die Gravitationskonstante g ihrer Dimension nach gegeben ist, ist im Coulombschen Gesetz k unbestimmt. Dadurch, daß man k den dimensionslosen Zahlenwert 1 gibt, legt man eine Definition für die Einheit der Elektrizitätsmenge fest. Sie ist gleich derjenigen, welche eine ihr gleiche in der Entfernung 1 cm mit der Kraft 1 Dyn abstößt bzw. anzieht. *R. Jaeger.*

Coulometer s. Voltameter.

Curie-Einheit. Zu Ehren des französischen Forscherehepaares Marya und Pierre Curie wurde die mit 1 g Radiumelement im Gleichgewicht (s. d.) stehende Menge Emanation ein Curie genannt. Diese Einheit wird im Bedarfsfalle unterteilt in Milli-, Micro-Curie etc. 1 Curie Ra-Emanation erfüllt bei 0^0 C und 760 mm Druck ein Volumen von 0,6 mm³, wiegt $6{,}10^{-6}$ g, enthält $1{,}7 \cdot 10^{16}$ Atome, liefert pro Stunde eine Wärmemenge von 29 cal und entsprechend der mittleren Lebensdauer von 133 Stunden insgesamt 3860 cal; 1 Curie vermag im Falle vollkommener Ausnützung seiner α-Partikel einen Sättigungsstrom von $2{,}75 \cdot 10^6$ stat. Einheiten zu erhalten. Diesem experimentellen Wert steht der gerechnete Wert von $2{,}99 \cdot 10^6$ nahe. — *K. W. F. Kohlrausch.*

γ-Strahlen. Bei dem Zerfall der instabilen Atome der Radio-Elemente werden drei Strahlenarten ausgesendet, die mit α-, β-, γ-Strahlen bezeichnet werden. Im Gegensatz zu den beiden ersteren sind die γ-Strahlen im Magnetfeld nicht ablenkbar, können demnach nur schnell bewegte, elektrisch neutrale Partikel oder eine Wellenstrahlung darstellen. Trotz verschiedener Schwierigkeiten, die derzeit noch nicht geklärt sind (siehe weiter unten), ist die letztere Auffassung akzeptiert worden und man denkt sich die γ-Strahlen als Licht von extrem kurzer Wellenlänge, noch kürzerer, als selbst bei den härtesten Röntgenstrahlen gefunden wird; immerhin stehen ihnen diese der Härte nach ziemlich nahe und man wird ähnliche Erscheinungen zu erwarten haben.

Die folgende Tabelle enthält alle jene Substanzen, bei deren Zerfall γ-Strahlen beobachtet wurden. Die Zahlen darunter geben ihre Absorptionskoeffizienten μ in cm⁻¹ an, die bei der Absorption in Aluminium gemessen wurden. Es zeigt sich zunächst, daß fast ausnahmslos nur jene Substanzen γ-Strahler sind, die auch β-Partikel (s. d.) emittie-

ren; und in Anbetracht der Tatsache, daß die wesensgleichen Röntgenstrahlen (s. d.) durch die Geschwindigkeitsänderung schnell bewegter negativer Elektronen entstehen, liegt die Vermutung eines genetischen Zusammenhanges zwischen den gleichzeitig auftretenden β- und γ-Strahlen nahe (vgl. den Schluß dieses Artikels). Die in der Tabelle angeführten und in vier Größenklassen geteilten Absorptionskoeffizienten μ sind ein Maß des Durchdringungsvermögens. Unter der Voraussetzung (vgl. den Artikel „Absorption"), daß die betreffende Wellenstrahlung homogen ist, d. h. nur einen schmalen Wellenlängenbereich umfaßt, ist μ definiert durch die Proportionalität zwischen Energieabnahme $-\dfrac{d\,E}{d\,x}$ und absorbierender Schichtdicke x, also durch $-\dfrac{d\,E}{d\,x} = \mu\,x$; $\left(\dfrac{0{,}693}{\mu}\right.$ bzw. $\dfrac{2{,}303}{\mu}$, $\dfrac{4{,}605}{\mu}$, $\dfrac{6{,}908}{\mu}$ geben dann an, welche Schichtdicke des Materiales, in dem μ bestimmt wurde, nötig ist, um die Strahlung auf $\dfrac{1}{2}$, bzw. $\dfrac{1}{10}$, $\dfrac{1}{100}$, $\dfrac{1}{1000}$ ihrer Anfangsintensität zu schwächen). Für die durchdringendste (härteste) γ-Strahlung, d. i. die 4. Klasse obiger Tabelle, für die im Mittel $\mu_{Al} = 0{,}15$ cm⁻¹ gilt, wären demnach z. B. Aluminiumschirme von 46 cm Dicke nötig, um die Strahlungsintensität auf $1^0/_{00}$ ihres Anfangswertes herabzusetzen. Unter der gerade für diese Härteklasse angenähert zutreffenden Voraussetzung, daß die Absorptionsfähigkeit eines Materiales seiner Dichte ϱ proportional ist, daß also $\dfrac{\mu}{\varrho}$, die sog. „Massenabsorption", konstant ist, läßt sich leicht berechnen, daß zur Erzielung der gleichen Schwächung auf $1^0/_{00}$ 11 cm Blei, 16 cm Eisen, 140 cm Wasser, 180 cm Holz, 1 km Luft nötig wären.

Man entnimmt ferner dieser Tabelle, daß die einer bestimmten Substanz zugehörige γ-Strahlung keineswegs homogen zu sein braucht, indem z. B. bei U X drei, bei Ra drei, bei Ra B drei u. s. f. Strahlengattungen mit verschiedenem Absorptionskoeffizienten auftreten. Die von Rutherford getroffene Einteilung in obige vier Größenklassen läßt nun gewisse Regelmäßigkeiten erkennen: Klasse 1: sehr weiche γ-Strahlen, vorwiegend bei „B"-Produkten. Klasse 2: etwas härtere γ-Strahlen, ungefähr der charakteristischen L-Serie der Röntgenstrahlung entsprechend. Klasse 3: harte γ-Strahlen, vorwiegend wieder bei B-Produkten. Klasse 4: sehr harte γ-Strahlen, etwa der K-Serie entsprechend, und vorwiegend von C-Produkten stammend. — Die schwierigen Absorptionsmessungen sind, obwohl sie fast das einzig praktisch verwendbare Mittel zur Agnoszierung und Charakterisierung der γ-Strahlen darstellen, keineswegs noch einwandfrei und abgeschlossen. So zeigen neuere Beobachtungen, daß die harte γ-Strahlung von Ra-C selbst wieder inhomogen ist und sich aus zwei Komponenten zusammensetzt.

Substanz		UX	Ra	RaB	RaC	RaD	RaE	Po	RdAc	AcB	AcC	AcD	M·Tb₂	ThB	ThD
μ	1		354	230				580		120				160	
	2	24	16	40		45	45		25	31			26	32	
	3	0,70	0,27	0,51		0,99	0,99			0,45	0,20			0,36	
	4	0,14			0,12				0,19			0,12			0,10

Ähnliche Ergebnisse werden bei genauerer Analyse auch für andere γ-Typen zu erwarten sein.

Wirkungen der γ-Strahlen: 1. Beim Auftreffen auf Materie (den sog. „Strahler") werden einerseits sekundäre Elektronen ausgelöst, andererseits sekundäre γ-Strahlen erzeugt. Erstere, die sekundäre β-Strahlung, ist für ein gegebenes Strahlermaterial bezüglich ihrer Intensität asymmetrisch verteilt und bevorzugt die Richtung der erregenden γ-Strahlen. Ihre Anfangsgeschwindigkeit und damit ihre Härte oder ihr Durchdringungsvermögen nimmt mit zunehmendem Emissionswinkel (der vom Primärstrahl aus gezählt wird) ab. Variation des Strahlermateriales ergibt zunächst Konstanz der pro Masseneinheit ausgelösten β-Strahlen bis zu Strahlern, deren Atomgewicht < 60 ist, darüber hinaus nimmt der Massenstrahlungskoeffizient (s. d.) mit dem Atomgewicht zu. Die Härte ist für eine gegebene Emissionsrichtung unabhängig vom Material und von gleicher Größenordnung wie die Härte der, die primären γ-Strahlen begleitenden β-Partikel. Die sekundäre γ-Strahlung ist ebenfalls asymmetrisch bezüglich ihrer Intensität verteilt, wieder bei Bevorzugung der Primärrichtung. Ihre Härte ist nach neuesten Versuchen dieselbe wie die der erregenden γ-Strahlen, weshalb sie in Analogie mit den Erscheinungen an Röntgenstrahlung als „gestreute γ-Strahlung" aufzufassen ist. Die Asymmetrie nimmt zu, die Streufähigkeit der Masseneinheit nimmt ab mit dem Atomgewicht. Das Auftreten von, für den Strahler charakteristischen Sekundärstrahlen (Fluoreszenzstrahlung) ist noch nicht einwandfrei nachgewiesen, aber zu erwarten.

Auch die von den γ-Strahlen getroffene Materie selbst erleidet im allgemeinen Veränderungen, die sich wohl in den meisten Fällen auf eine Ionisierung, d. h. auf die Spaltung von neutralen Molekülen in zwei entgegengesetzt geladene Bestandteile, die Ionen, und auf die daraus sich ergebenden Konsequenzen elektrischer und chemischer Natur zurückführen lassen. Ob diese Spaltung durch den γ-Strahler selbst oder indirekt durch die sekundär erregten β-Teilchen erfolgt, läßt sich nicht mit Sicherheit entscheiden. Insbesondere die Wilsonsche Methode, die Bahnspur durch Kondensation von übersättigtem Wasserdampf an den längs der Bahn erzeugten Ionen sichtbar zu machen, spricht für den letzteren Mechanismus.

2. Die Ionisation der Luft ist es, die die am meisten verwendete relative Intensitätsmessung der γ-Strahlen ermöglicht, indem die pro cm³ erzeugte Ionenzahl cet. par. der γ-Strahlen-Intensität proportional ist. Die Relationierung von γ-Strahlen verschiedener Härte stößt aber wegen der verschiedenen Ionisierungsfähigkeit auf Schwierigkeiten. Ebenso sind die Messungen in verschiedenen Ionisationsgefäßen nicht ohne weiteres miteinander vergleichbar, da die erregte Sekundärstrahlung, die an der Ionisation mitbeteiligt ist, mit dem Material und der Dicke der Gefäßwände variiert. Um ein Maß für die Ionisierungsfähigkeit der γ-Strahlen zu geben, sei angeführt: Die mit 1 g Ra im Gleichgewicht (s. d.) stehende Menge Ra C erzeugt in 1 cm Entfernung pro cm³ und Sekunde $4,10^9$ Ionenpaare; bei voller Ausnützung der γ-Reichweite in Luft ergibt sich durch Integration über den Raum die Gesamtzahl zu 10^{15} Ionenpaaren.

3. Die Wärmewirkung der γ-Strahlen ist klein im Verhältnis zu der der α-Strahlen. 1 g Ra im Gleichgewicht mit seinen Folgeprodukten bis inklusive Ra C hat einen Gesamteffekt von $135 \frac{cal}{Stunde}$, wovon 4,7 auf β-Strahlen, 6,4 auf γ-Strahlen entfallen.

4. Die Wirkungen auf die photographische Platte sind die gleichen, wie die der Röntgenstrahlen, nur modifiziert durch die geringere Absorption, also schwächer. Das Gleiche gilt für die physiologischen und für die Luminiszenzwirkungen (vgl. die Artikel: Radioaktivität, Ra-Therapie, Leuchterscheinungen und Färbungserscheinungen).

Was endlich die Frage nach der Entstehung und nach dem Wesen der γ-Strahlen anbelangt, so sind die Verhältnisse derzeit noch nicht restlos aufgeklärt. Nachdem es Rutherford gelungen ist, mit der Drehkristallmethode (vgl. den Artikel „Röntgenspektren") von den γ-Strahlen des Ra B + Ra C ein Interferenzspektrum zu erhalten und daraus Wellenlängen von $0,07 \cdot 10^{-8}$ cm bis $1,37 \cdot 10^{-8}$ cm zu berechnen, scheint ein Zweifel an der Wellennatur der γ-Strahlen fast ausgeschlossen. Andrerseits ergeben sich aber, wenn diese Auffassung akzeptiert ist, doch recht gewichtige Schwierigkeiten: Da die Energie eines sekundär ausgelösten β-Teilchens bereits der des gesamten γ-Strahlers gleichkommt, muß man annehmen, daß diese γ-Energie sich nicht gleichmäßig über den Raum ausbreitet, sondern auf kleine Querschnitte um die gegebene Fortpflanzungsrichtung konzentriert bleibt. (— Dieser Umstand hat ursprünglich zu einer korpuskularen Auffassung, später zu einer „Lichtquanten"-Hypothese geführt.) Sommerfeld ist es gelungen, eine wenigstens annähernd entsprechende theoretische Vorstellung zu entwickeln. Das beim Atomzerfall ausgeschleuderte β-Partikel ist durch seine Beschleunigung Ursache einer mit Lichtgeschwindigkeit fortschreitenden elektromagnetischen Störung, die sich mit zunehmender Endgeschwindigkeit des β-Teilchens immer mehr um dessen Beschleunigungsrichtung zusammendrängt und wobei die Störungsbreite, auch Impulsbreite oder Quasiwellenlänge genannt, immer kürzer, der γ-Impuls immer durchdringender wird. So erklärt sich der Umstand, daß in den meisten Fällen diejenigen Präparate, deren β-Strahlen große Anfangsgeschwindigkeit besitzen, wie z. B. die C-Produkte, auch eine sehr harte γ-Strahlung aufweisen. Es folgt daraus weiter die Anisotropie der γ-Strahlen derart, daß ein γ-Impuls sich nicht gleichmäßig über den ganzen Raum, sondern nur in bestimmte, durch die Beschleunigungsrichtung des β-Partikels gegebene Richtungen ausbreitet, sich also ähnlich wie ein bewegtes Korpuskel benimmt. Eben dieses forderte aber die experimentell gefundene hohe Energie der sekundären β-Strahlen. Und direkte Versuche, z. B. die Tatsache, daß aus Zählversuchen dieselben Absorptionskoeffizienten erhalten werden, wie aus Energiemessungen, scheinen damit übereinzustimmen. — Jede Bremsung, d. i. Verzögerung eines primären β-Teilchens müßte gleichfalls von γ-Strahlen begleitet sein; so entstehen sekundäre γ-Strahlen, wenn β-Partikel auf Materie auffallen und dort absorbiert werden, aber auch dann, wenn die β-Teilchen, aus dem Atom fortgeschleudert, die Atomhülle durchqueren oder auf Nachbaratome treffen und Absorption erleiden; so dürfte die Entstehung von γ-Strahlen verschiedener Wellenlänge bzw. Härte aus ein und demselben Atomzerfall (vgl. die Härteklassen der eingangs angeführten Tabelle) zu erklären sein. In quantitativer Hinsicht sind jedoch die meisten dieser Fragen noch ungeklärt. *K. W. F. Kohlrausch.*

D

Dachprisma s. Umkehrprismensystem.

Dämmerungssehen s. Adaptation des Auges.

Dämmerungswerte homogener Lichter s. Helligkeitsverteilung im Spektrum.

Dämpfung s. Dekrement.

Dämpfungsfaktor. Fällt die Amplitude einer Schwingung in einem Kondensatorkreis nach einer Exponentialfunktion $J_1 = J_0 \, e^{\beta t}$ ab, so wird β der Dämpfungsfaktor genannt und ist ein Maß für die Größe der Dämpfung im Kreis. $\beta T = \delta$ ist das logarithmische Dekrement (T Dauer einer Periode).
A. Meißner.

Dämpfungsfläche, älterer Ausdruck für Flosse eines Flugzeugs (s. d.).

Dämpfungsmesser. Ein Instrument zur Messung und meist direkten Ablesung des logarithmischen Dekrementes eines Kreises oder eines Wellenzeigers nach den unter: „Logarithmisches Dekrement" beschriebenen Verfahren zur Dämpfungsmessung aus der Resonanz oder $J_1 \cdot J_2$-Kurve. Soll die Dämpfung direkt abgelesen werden, so sind für die Drehkondensatoren besondere Eichungen erforderlich.
A. Meißner.

Dämpfungsreduktion bei Empfang drahtloser Schwingungen — die Erhöhung einer sonst abklingenden Amplitude eines Kreises durch Verbindung desselben mit einem Gas- oder Elektronenrelais durch Rückkopplung in der Art, daß die Amplitude erhöht wird, ohne daß Selbsterregung auftritt. Es wird hierdurch, sowohl für ungedämpfte Schwingungen wie für tönende Funken eine wesentliche Steigerung der Empfangslautstärke bzw. wesentlich größere Abstimmschärfe erzielt.
A. Meißner.

Dämpfungsreduktion. Herabsetzung des Widerstandes in einem elektrischen Schwingungskreis mittels einer als Generator geschalteten und mit dem Kreise verbundenen Vakuumröhre. *A. Esau.*

Daltonismus s. Farbenblindheit.

Daltonsches Gesetz. Werden mehrere ideale und gegenseitig indifferente Gase gleicher Temperatur, die unter demselben Druck p stehen und die Volumina v_1, v_2, v_3 ... einnehmen, miteinander gemischt, so bleibt der Druck p ungeändert und die Mischung nimmt das Volumen $V = v_1 + v_2 + v_3 + \ldots$ ein. Jedes einzelne Gas breitet sich in dem ganzen Volumen V aus und gelangt dabei unter einen entsprechend geringeren Partialdruck (s. d.). Unter Anwendung des Boyle-Mariotteschen Gesetzes folgt hieraus das Daltonsche Gesetz, welches besagt, daß die Partialdrucke der Gase in der Mischung den Wert $p_1 = p \, \dfrac{v_1}{V}$, $p_2 = p \, \dfrac{v_2}{V}$,

$p_3 = p \, \dfrac{v_3}{V}$; ... besitzen und daß die Summe der Partialdrucke gleich dem Gesamtdruck p ist.

Unter Berücksichtigung des Avogadroschen Gesetzes (s. d.), demzufolge sich bei gleicher Temperatur und gleichem Druck die Volumina mehrerer Gase wie die Zahlen n der von ihnen vorhandenen Moleküle verhalten, ergibt sich $p_1 : p_2 .. = n_1 : n_2 ..$, d. h. die Partialdrucke verhalten sich wie die Molekülzahlen der in der Mischung vorhandenen Gase.

Leitet man Dampf in einen mit Luft gefüllten Raum, so ist der Partialdruck des Dampfes der gleiche wie der Druck des Dampfes, wenn die Luft nicht vorhanden wäre. Die Einstellung des Gleichgewichts erfolgt aber im lufterfüllten Raum erheblich langsamer als beim Eintritt ins Vakuum.

Für nicht ideale Gase und Dämpfe gilt das Daltonsche Gesetz mit großer Näherung, solange es sich um geringe Dichten handelt.

Bei sehr hohen Drucken sind starke Abweichungen vom Daltonschen Gesetz zu beobachten, da dann die Anziehungskräfte der Gasmoleküle einer Art auf diejenigen der anderen Art ins Spiel treten (s. Binäres Gemisch.)

Über das Daltonsche Dampfdruckgesetz s. Dührings Gesetz. *Henning.*

Daltonsches Gesetz. Aus der Formel für den Gasdruck (s. Boyle-Charlessches Gesetz) und dem Äquipartitionstheorem (s. dieses) folgt, daß der Gasdruck immer proportional der Anzahl der Molekeln in der Volumeinheit sein muß unabhängig von der Art der Molekeln, woraus unmittelbar das Daltonsche Gesetz folgt, daß für ein Gasgemisch der Gesamtdruck gleich der Summe der Partialdrucke sein muß. *G. Jäger.*

Näheres s. G. Jäger, Die Fortschr. d. kinet. Gastheorie. 2. Aufl. Braunschweig 1919.

Dampfdichte s. Gasdichte.

Dampfdruck. Verstehen wir unter r die Verdampfungswärme einer Flüssigkeit, unter p den Druck ihres gesättigten Dampfes, unter u und u' das spezifische Volumen des Dampfes bzw. der Flüssigkeit, so besteht die bekannte Beziehung $r = T \, \dfrac{dp}{dT} \, (u - u')$. Denken wir uns nun eine Flüssigkeit, für welche r unabhängig von der Temperatur T und u' gegen u zu vernachlässigen ist, ferner soll der Dampf das Boyle-Charlessche Gesetz befolgen, also $pu = RT$ sein, so läßt sich leicht finden

$$p = C \, e^{-\frac{r}{RT}}.$$

Bringen wir eine Molekel aus der Flüssigkeit in den Dampf, so muß eine Arbeit a zur Überwindung der Kapillarkräfte geleistet werden. Hat die Masseneinheit n Molekeln, so ist na = r nichts anderes als die Verdampfungswärme.

Nach der kinetischen Theorie des Boyle-Charlesschen Gesetzes (s. dieses) ist $\dfrac{n m c^2}{3} = RT$, daher $\dfrac{r}{RT} = \dfrac{3a}{mc^2}$ und

$$p = C \, e^{-\frac{3a}{mc^2}}.$$

Eine analoge Formel können wir auch aus der kinetischen Theorie gewinnen. Wir haben uns vorzustellen, daß vom Dampf in die Flüssigkeit beständig Molekeln hineinfliegen. Gleicherweise müssen zur Erhaltung des thermischen Gleichgewichts ebensoviel Molekeln aus der Flüssigkeit in den Dampf übergehen. Dies ist nur vorstellbar unter der Voraussetzung eines Verteilungsgesetzes der Geschwindigkeiten. Wir können z. B. ganz allgemein die Zahl der Flüssigkeitsmolekeln, die mit einer Geschwindigkeitskomponenten zwischen u und u + d u in der Sekunde senkrecht gegen die Flüssigkeitsoberfläche fliegen, durch φ (u) d u darstellen. Dann werden von diesen Molekeln nur jene die Flüssigkeit verlassen können, die eine Energie $\frac{m\,u^2}{2} > a$ haben, wobei a die Arbeit ist, welche die Molekel zu leisten hat, wenn sie aus der Flüssigkeit in den Dampf gelangen will. Es wird also ihre Geschwindigkeitskomponente $u > \frac{2\,a}{m}$ sein müssen.

Die Zahl der Molekeln, welche die Flächeneinheit der Flüssigkeit in der Sekunde verlassen, wird daher sein

$$\int_{\sqrt{\frac{2a}{m}}}^{\infty} \varphi\,(u)\,d\,u$$

und diese Zahl muß gleichgesetzt werden der Zahl der aus dem Dampf zurückfliegenden Molekeln. Auf diese Weise erhalten wir eine Gleichung für den Dampfdruck p und benutzen wir die aus der mechanischen Wärmetheorie dafür erhaltene Formel, so können wir direkt die Funktion φ (u) bestimmen. Wir erkennen so, daß auch für die Flüssigkeit das Maxwellsche Verteilungsgesetz (s. dieses) gültig ist. Wir erhalten ferner einen Ausdruck für den inneren Druck P und die Beziehung

$$p = P\,e^{-\frac{3\,a}{m\,c^2}}.$$

Die willkürliche Konstante C, die uns die mechanische Wärmetheorie liefert, ist also nichts anderes als der innere Druck der Flüssigkeit. Wenden wir dies auf Quecksilber an, das unseren Voraussetzungen sehr nahe kommt, so erhalten wir für P einen Druck von der Größenordnung 15 000 Atmosphären.　　　　　　　　　　*G. Jäger.*

Näheres s. G. Jäger, Die Fortschr. d. kinet. Gastheorie. 2. Aufl. Braunschweig 1919.

Dampfdruck s. Sättigungsdruck.

Dampfdruckdiagramm. Das Dampfdruckdiagramm oder Indikatordiagramm gibt ein Bild von dem Verlauf der Dampfdruckänderungen im Zylinder einer Dampfmaschine, die sich während eines Hin- und Herganges des Kolbens auf einer Kolbenseite abspielen. Als Abszisse wählt man das Zylindervolumen, als Ordinaten die Dampfdrücke in Kilogramm pro Quadratzentimeter. Die Länge des Diagrammes entspricht dem Hubvolumen; dazu kommt noch eine Strecke, die gleich dem Bruchteil des schädlichen Raumes vom Hubvolumen ist. Der schädliche Raum wird gebildet aus dem Dampfzuleitungskanal und dem dampferfüllten Raum, der zwischen Dampfkolben und Zylinderdeckel übrig bleibt, wenn das Dampfzuführungsorgan geschlossen, der Kolben aber in seiner Endlage (Totlage) ist. Beträgt z. B. der schädliche Raum 8 % des Hubvolumens und ist die Diagrammlänge 80 mm, so wird er im Diagramm durch eine Strecke von 80 · 0,08 = 6,4 mm dargestellt. Die Hauptzüge des Dampfdruckdiagrammes sind (s. Figur):

a — b Einströmlinie
b — c Expansionslinie } Kolbenhingang,
c — d Vorausströmung
d — e Ausströmlinie
e — f Kompressionslinie } Kolbenrückgang.
f — g Voreinströmung

Die Dampfdruckkurve entsteht auf folgende Weise:

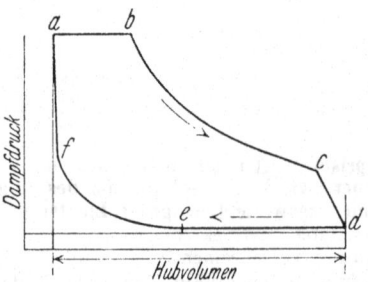

Dampfdruckdiagramm.

Während der Zeit, die der Kolben braucht, um von a nach b zu gelangen, strömt der Dampf durch das von der Steuerung geöffnete Dampfeinlaßorgan in den Zylinder ein. Bei b schließt sich dieses Organ, der im Zylinder befindliche Dampf expandiert. Wenn der Kolben in c angelangt ist, öffnet sich das Dampfauslaßorgan und bleibt auch nach der Umkehr des Kolbens bei d geöffnet, bis er e erreicht. Die im Zylinder befindliche Dampfmenge wird nun bei geschlossenem Ein- und Auslaßorgan komprimiert, bis bei f das Einlaßorgan sich wieder öffnet und den Frischdampf erneut in den Zylinder eintreten läßt.

In der vollkommenen Maschine würden die Expansion (Dampfdehnung) und die Kompression (Dampfverdichtung) nach dem Gesetz der Adiabate erfolgen, also

nach dem Gesetz p $v^{1,135}$ = c für anfänglich trocken gesättigten,
„　　„　　„　p $v^{1,3}$ = c „ überhitzten Dampf.

Praktisch erfolgt die Expansion nach dem Gesetz der gleichseitigen Hyperbel p v = c bei Sattdampf, nach dem Gesetz p $v^{1,15}$ = c bis p $v^{1,25}$ = c bei Heißdampf. Die Kompressionskurve verläuft nach der Polytrope (so genannt, weil der Dampf während der Zustandsänderung seine Entropie ändert) p $v^{1,2}$ bis p $v^{1,3}$ = c.

Die vom Linienzug abcdef eingeschlossene Fläche stellt das Produkt Druck mal Hubvolumen, $\frac{kg}{cm^2} \times cm^3$ = kg cm, also eine Arbeitsgröße dar, nämlich die Leistung der Maschine auf einer Kolbenseite während eines einfachen Kolben-Hin- und Herganges. Durch Planimetrieren der Fläche läßt sich der während eines Doppelhubes auf den Kolben wirkende mittlere Druck p_i ermitteln (vgl. Dampfmaschine). Bei Mehrzylindermaschinen ist das Diagramm der beiden Zylinderseiten von sämtlichen Zylindern der Leistungsberechnung zugrunde zu legen.

Das Dampfdruckdiagramm kann man von der Maschine selbst mit Hilfe des Indikators (s. dort) aufzeichnen lassen. Es gibt wertvolle Aufschlüsse über die Vorgänge im Zylinder, insbesondere über das Verhalten der Steuerung und des Regulators, die Dampfdichtheit der Dampfabsperrorgane und des Kolbens, ausreichende Bemessung der Weite der Dampfwege, richtige Arbeitsweise der Kondensation usw.

Wie die Dampfdruckdiagramme bei der Dampfmaschine, werden Druckdiagramme auch für sonstige Kolbenmaschinen usw., Gaskraftmaschinen,

Explosionsmotoren, Ölmotoren, Pumpen, Gebläse entworfen und mit dem Indikator abgenommen.
L. Schneider.

Dampfdruckthermometer s. Fernthermometer und Stocksches Thermometer.

Dampfdüse. Man unterscheidet a) einfache Mündungen (Fig. 1), b) erweiterte Düsen oder Laval-Düsen (Fig. 2). Erstere haben einen im

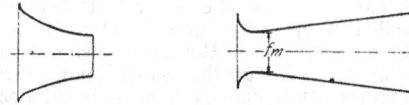

Fig. 1. Dampfdüse mit ein-   Fig. 2. Erweiterte Dampf-
facher Mündung.   düse nach Laval.

Sinne der Strömungsrichtung stetig abnehmenden Querschnitt, bei letzteren nimmt der Querschnitt erst bis zu einem Kleinstwert ab, dann zu. Die Wirkungsweise ist auf Grund der Energiegleichung im Verein mit der Stetigkeitsbedingung zu beurteilen, wobei in vielen Fällen die Betrachtung des „mittleren Stromfadens" für praktische Zwecke genügt. Wenn aus einem Gefäß, in dem der Druck durch Zufluß ständig auf den Wert p_1 gehalten wird, Dampf oder Gas durch eine Düse ausströmt, so erreicht der austretende Strahl eine Geschwindigkeit w, die sich bei richtiger Bemessung der Düse aus der Energiegleichung

$$A\frac{w^2}{2\,g} = i_1 - i = H \quad\quad\quad (1)$$

berechnet. Darin ist A der Wärmewert der Arbeitseinheit, i_1 und i der Wärmeinhalt am Anfang und am Ende des Vorganges, H das Wärmegefälle (s. auch Wärmediagramm). Gleichung (1) gilt auch, falls Widerstände auftreten. Für reibungsfreie Strömung gilt

$$\frac{w^2}{2\,g} = \int_{p_1}^{p} v\,d\,p \quad\quad\quad (2),$$

worin v den Rauminhalt der Gewichtseinheit bedeutet. Da hierbei die Expansion nach der Adiabate erfolgt, für die $p\,v^k$ = konst. ist, so erhält man

$$\frac{w^2}{2\,g} = \frac{k}{k-1}(p_1 v_1 - p\,v) \quad\quad (2\,a)$$

oder

$$w = \sqrt{2\,g\,\frac{k}{k-1}\,p_1\,v_1\left[1 - \left(\frac{p}{p_1}\right)^{\frac{k-1}{k}}\right]} \quad (2\,b)$$

Führt man die Stetigkeitsbedingung der eindimensionalen Strömung ein

$$G\,v = f\,w \quad\quad\quad\quad (3)$$

worin f den Durchströmquerschnitt, G die in der Zeiteinheit durchströmende Gewichtsmenge bedeutet, so erhält man

$$G = f\sqrt{\frac{2\,g\,k}{k-1}\frac{p_1}{v_1}\left[\left(\frac{p}{p_1}\right)^{\frac{2}{k}} - \left(\frac{p}{p_1}\right)^{\frac{k+1}{k}}\right]} =$$
$$= f\,\lambda\,(p) \quad\quad\quad\quad (4)$$

wenn man p_1 als unveränderlich ansieht. Die Funktion $\lambda\,(p)$ wird für einen bestimmten Wert $p = p_m$ ein Maximum und es ist

$$p_m = p_1\left(\frac{2}{k+1}\right)^{\frac{k}{k-1}} \quad\quad (5)$$

Für diesen Druck p_m, den man nach **Zeuner** als „kritischen" Druck bezeichnet, wird somit $f = f_m$ ein Kleinstwert. Dem Drucke p_m entspricht eine Strömungsgeschwindigkeit, die gleich der „Schallgeschwindigkeit" der Adiabate ist;

$$w_m = \sqrt{kg\,p_m\,v_m} = \sqrt{2\,g\,\frac{k}{k+1}\,p_1\,v_1}. \quad (6)$$

Diese Geschwindigkeit hängt also nur vom Anfangszustand des Treibmittels ab. Sie kann nur im Innern einer divergenten Düse oder in der Austrittsöffnung der einfachen Mündung auftreten; das letztere kann nur dann stattfinden, wenn der Gegendruck, d. i. der Druck in dem Raume, in den der Strahl tritt, gleich oder kleiner als p_m ist. Überschallgeschwindigkeit im Innern einer Düse kann nur erzielt werden, wenn sie erweitert wird, nicht aber wenn sie im engsten Querschnitt senkrecht abgeschnitten wird. Ist der Gegendruck wesentlich kleiner als p_m, so soll man nach de **Laval** erweiterte Düsen benützen. Wird aber der kritische Druck nicht wesentlich unterschritten, so genügt auch die einfache Mündung. Versuche von **Stodola** haben gezeigt, daß in diesem Falle der Dampfstrahl im freien Außenraum weiter expandiert, allerdings in anderer Weise als bei Laval-Düsen; es treten unter plötzlicher Strahlverbreiterung Schwingungen auf, die allmählich abklingen. Die Anwendung des Impulssatzes lehrt, wie **Zerkowitz** gezeigt hat, daß die erzielbare „mittlere" Geschwindigkeit bei dieser freien Expansion bei mäßiger Unterschreitung des kritischen Druckes nicht wesentlich hinter der adiabatischen Geschwindigkeit zurückbleibt.

Das in der Zeiteinheit durchströmende Dampfgewicht bleibt unveränderlich, sobald im Endquerschnitt der einfachen Mündung bzw. im engsten Querschnitt f_m der erweiterten Düse, der kritische Druck auftritt. Das hierbei durchströmende sekundliche Dampfgewicht beträgt:

$$G = f_m\sqrt{2\,g\,\frac{k}{k+1}\left(\frac{2}{k+1}\right)^{\frac{2}{k-1}}} =$$
$$= \psi\,f_m\sqrt{\frac{p_1}{v_1}} \quad\quad\quad (7)$$

Für Wasserdampf im trocken gesättigten Zustande berechnet sich $\psi = 1{,}99$, im überhitzten Zustande $\psi = 2{,}09$. Versuche von **Bendemann** und **Loschge** haben indessen ergeben, daß in beiden Fällen $\psi = 2{,}03$ ist. Der Wert 2,03 gegenüber 2,09 im überhitzten Gebiet ist auf den Einfluß der Strömungswiderstände zurückzuführen; daß dieser Wert aber auch für anfänglich trocken gesättigten Dampf gilt, ist nach **Stodola** auf den Einfluß der Unterkühlung zurückzuführen, demzufolge sich anfänglich gesättigter Dampf in der Düse zunächst wie überhitzter Dampf verhält; erst in der Erweiterung findet eine teilweise Kondensation statt. Der Energieverlust infolge der Strömungswiderstände beträgt bei gut gebauten Düsen 5—10 v. H., dementsprechend ist die wirkliche Geschwindigkeit $w_{eff} = \varphi\,w$, wobei $\varphi = 0{,}95$ — 0,97 ist. Die Erweiterung muß allmählich erfolgen, da sonst ein Ablösen des Dampfstrahls von den Wandungen stattfinden kann.

Ist bei einer erweiterten Düse der Gegendruck $p > p_m$, so wirkt die Düse als Diffusor. Der Druck sinkt an der engsten Stelle unter den Gegendruck, im divergenten Teil findet dann eine Verdichtung

statt. Auf dieser Eigenschaft beruht die Verwendbarkeit der erweiterten Düse als Dampfmesser.

Die Düsen des praktischen Dampfturbinenbaues
dienen als Leitvorrichtungen. Sie erhalten aus
baulichen Gründen einen Schrägabschnitt. Dieser
ist auf die Strömung ohne Einfluß, wenn eine
eigentliche Erweiterung nicht vorgesehen ist, und
der Gegendruck p > p_m ist. Hierbei erfolgt die
Strömung mit Unterschallgeschwindigkeit. Ist aber
bei einer solchen einfachen Leitvorrichtung der
Gegendruck p<p_m, so wirkt der Schrägabschnitt
wie eine Erweiterung und es wird in ihr Überschallgeschwindigkeit erreicht. Diese Weiterexpansion
im Schrägabschnitt ist mit einer Ablenkung des
ganzen Dampfstrahls verbunden (vgl. Zerkowitz,
Zeitschr. d. Ver. dtsch. Ing. S. 869. 1917 und
S. 533, 1922; Stodola, Dampfturbinen. 5. Aufl.).
G. Zerkowitz.

Dampfdynamo. Dampfdynamo heißt man eine
Dynamomaschine (Generator), die durch eine
Kolbendampfmaschine angetrieben wird. Turbodynamo wird die von einer Dampfturbine angetriebene Dynamomaschine genannt. Beide unterscheiden sich grundsätzlich durch die Betriebs-
tourenzahl, die bei der Dampfdynamo 90 bis 250,
bei der Turbodynamo 1000 bis 3000 in der Minute
beträgt. *L. Schneider.*

Dampfentöler. Auf der Tatsache beruhend, daß
das Öl rund 1500 mal spezifisch schwerer ist als
Dampf von 100° C, werden Stoßkraft- oder
Fliehkraftentöler gebaut. Sie bezwecken entweder durch wiederholte scharfe Richtungsänderung
des Dampfstromes oder durch die Zentrifugalkraft
die im Dampf schwebenden Öltröpfchen von demselben zu trennen. Der Druckverlust des Dampfes
im Ölabscheider darf 2 cm Quecksilbersäule
nicht überschreiten. Für die meisten Zwecke genügt eine Entölung des Dampfes bis auf 10—15 g
Öl auf 1000 kg Dampfwasser. Überhitzter Sattdampf
läßt sich unvollkommener entölen als Sattdampf.
L. Schneider.

Dampferzeugung. Die drei Aggregatzustände
der chemischen Verbindung H_2O — Eis, Wasser,
Dampf — unterscheiden sich durch verschiedenen
Gehalt an latenter Wärme. Um Wasser von 100°
in Dampf von 100° zu verwandeln, ist einem Kilogramm dieses Stoffes eine Wärmemenge von
536,5 Kalorien zuzuführen. Das Wasser geht
vom flüssigen in den gasförmigen Aggregatszustand über, es siedet, ohne bei gleichbleibendem
Druck seine Temperatur zu erhöhen. Je höher
der Druck, unter welchem das Wasser siedet,
desto höher die Siedetemperatur. Das Wasser
siedet an der Meeresoberfläche bei 100° C; bei
20 Atm. abs. Druck beträgt die Siedetemperatur
bereits 211°. Die technische Dampferzeugung
geschieht fast ausschließlich auf dem Weg der
Wärmeübertragung von Verbrennungsgasen an
Wasser durch metallische Heizflächen hindurch.
Der Wirkungsgrad dieses Vorganges wird gekennzeichnet durch das Verhältnis der wirklichen
Verdampfungsziffer zur theoretischen. Die
theoretische Verdampfungsziffer ist das Verhältnis
des Heizwertes von 1 kg des Brennstoffes zur
Wärmemenge, welche zur Bildung von 1 kg Dampf
nötig ist. Theoretisch könnten also soviel Kilogramm Dampf erzeugt werden, als die hierzu
nötige Wärme in der bei der Verbrennung von
1 kg Brennstoff frei werdenden Wärme enthalten
ist. Die wirkliche Verdampfungsziffer erhält man,
wenn man die in der Zeiteinheit gebildete Dampf-

menge durch die in derselben Zeit verbrauchte
Heizstoffmenge teilt. *L. Schneider.*

Dampfkalorie s. Kalorimetrie.

Dampfkalorimeter. Der zu untersuchende Körper
von der Masse m hängt an einer Wagschale einer
empfindlichen Wage und befindet sich in einem
allseitig geschlossenen Raum, durch dessen Decke
der Aufhängedraht in einer engen Öffnung hindurchgeht. Zunächst wird die Wage mit dem daran-
hängenden Körper äquilibriert. Dann läßt man
schnell durch ein weites Rohr siedenden gesättigten
Wasserdampf in den geschlossenen Raum eintreten.
Eine gewisse Dampfmenge wird sich auf dem zu
untersuchenden Körper niederschlagen und ihn dabei allmählich von der Anfangstemperatur t_1 auf
die Siedetemperatur t_2 des eintretenden Dampfes
erwärmen. Ist die kondensierte Menge Wasser,
die man durch abermaliges Äquilibrieren der Wage
als Differenz beider Wägungen erhält, gleich w, so
sind 539 w cal an den zu untersuchenden Körper
abgegeben, der sich dabei von t_1 auf t_2 erwärmt hat.
Ist c seine mittlere spezifische Wärme zwischen t_1
und t_2, so gilt also c · m · ($t_2 - t_1$) = 539 w, woraus
folgt

$$c = \frac{w}{m} \cdot \frac{539}{t_2 - t_1}.$$

In neuerer Zeit ist die Methode des Dampfkalori-
meters vielfach in umgekehrter Form benutzt
worden, indem man die spezifische Wärme nicht
aus einer kondensierten Wassermenge, sondern aus
der verdampften Menge einer Substanz ermittelte,
z. B. in der Art, daß man den Körper, der sich auf
Zimmertemperatur befand oder auf eine andere
Temperatur vorgewärmt oder abgekühlt war, in
flüssige Luft, flüssigen Sauerstoff, flüssigen Wasserstoff od. dgl. einsenkte. Die verdampfte Substanz
wird gefunden, indem man das gebildete Gas auffängt und volumetrisch bestimmt. Ist v das Volumen des gebildeten Gases von der Dichte s, so
ist m = v · s und man rechnet nach der obigen
Formel, wobei man nur für 539 die entsprechenden
Verdampfungswärmen (Luft 50, Sauerstoff 51,
Wasserstoff 123 cal) einzusetzen hat. *Scheel.*

Dampfkessel. Die Dampfkessel haben den Zweck,
die aus dem Brennmaterial frei werdende Wärme
möglichst verlustlos an Wasser abzugeben, um
Dampf von bestimmter Spannung zu erzeugen.
Die von 1 kg Brennstoff erzeugte Dampfmenge
hängt von der Heizkraft des Brennstoffes, der
Temperatur des Speisewassers, dem im Kessel
herrschenden Dampfdruck und dem Wirkungsgrad
der Kesselfeuerung ab. Um 1 kg Wasser von 0° C
in Dampf von der Spannung p und Temperatur t
zu verwandeln, ist an Wärme nötig:

$$\lambda = 6\ 6,5 + 0,305\,t = q + \varrho + A\,p\,u.$$

Dabei ist q die Flüssigkeitswärme $\sim$ t, ϱ die
innere Verdampfungswärme, A p u die äußere
Verdampfungswärme. Von der Heizkraft des
Brennstoffes wird nur ein Teil zur Dampfbildung
ausgenützt. Verlustquellen sind: Zurückbleiben
von Brennbarem in den Verbrennungsrückständen
(Abbrandverlust), unvollständige Verbrennung durch
Bildung von Ruß und Kohlenoxyd anstatt Kohlen-
dioxyd, Abgang von Wärme mit den Verbrennungsgasen durch den Schornstein (Abwärmeverlust),
Strahlungs- und Leitungsverluste an die Umgebung. Aufgabe der Technik ist es, die Verluste
auf ein Mindestmaß zu beschränken.

Dies geschieht hinsichtlich des Abbrandverlustes durch
geeignete Auswahl des Rostes für den in Aussicht genommenen

Brennstoff, Regelung der Zugstärke, Verwertung der Rost- und der Rauchkammerrückstände. Die Bildung von Ruß und von Kohlenoxyd wird vermieden durch entsprechende Ausbildung des Verbrennungsraumes und geeignete Anlage der Luftzuführung. Der Abwärmeverlust wird auf ein geringes Maß beschränkt durch weitgehende Ausnützung des Wärmeinhaltes der Heizgase im Kessel, großes Verhältnis von Heizfläche zu Rostfläche, Verwertung der Abgase zur Speisewasservorwärmung. Die Strahlungs- und Leitungsverluste können durch gute Einmauerung und Isolierung niedrig gehalten werden.

Außer den Verlusten bei der Verbrennung treten noch solche bei der Dampfbildung auf, durch **Überreißen von Wasser in den Dampf**, durch **Ablagerung von Flugasche, Ruß, Kesselstein oder Öl auf den Heizflächen**.

Die ersteren Verluste werden verringert durch beständige Zirkulation des Wassers und Schaffung eines genügend großen Wasserspiegels, um die Trennung des Dampfes vom Wasser ohne Aufschäumen zu gestatten, letztere durch mechanische Reinigung der Heizflächen, Anwendung von Speisewasserreinigern, Vorwärmern, Ölabscheidern.

Der Dampfkessel besteht aus der Feuerung, den Rauchgaszügen und dem eigentlichen Kessel. Die Feuerung erhält ihre Gestalt durch das verwendete Brennmaterial. Als solches kommen nicht nur Kohle jeder Sorte, Torf, Holz, Koks, Erdölrückstände, sondern auch technische und landwirtschaftliche Abfälle, wie Lohe, Sägespäne, Reishülsen, grüne Bagasse, Hausmull in Betracht. Der Rost wird als wagrechtliegender Planrost oder als Schrägrost ausgebildet. Die Aufgabe des Brennmaterials geschieht von Hand oder durch Mechanismen, wie z. B. bei den verschiedenen Wurffeuerungen und der Kettenrostfeuerung. Ein Nachteil der letzteren ist, daß sie nur für gewisse Sorten von Brennmaterial verwendbar sind. Ihr großer Vorteil liegt in einem guten Wirkungsgrad und Einsparung von Bedienungspersonal.

Der eigentliche Kessel wird in zwei grundsätzlich verschiedenen Bauarten ausgeführt, nämlich als Zylinderkessel oder als Röhrenkessel. Die ersteren, nicht ganz genau als Großwasserraumkessel bezeichnet, umfassen die Walzenkessel, Flammrohrkessel und Batteriekessel, die letzteren die zahlreichen Systeme der Rauchröhren- und der Wasserrohrkessel. Kombinierte Kessel sind Vereinigungen beider Grundarten. Bei dem Einflammrohrkessel (Fig. 1) liegt der Planrost in einem Wellrohr. Die Verbrennungsgase geben ihre Wärme zunächst durch das Flammrohr an das im Walzenkessel befindliche Wasser ab, ziehen in einem gemauerten Rauchgaskanal der Außenseite des Walzenkessels entlang nach vorne und wieder zurück und verlassen den Kessel durch den Fuchs oder Rauchabzugskanal. Der Zweiflammrohrkessel enthält statt einem zwei Wellrohre.

Fig. 2 zeigt einen **Batteriekessel mit Stufenrost**, einer Abart des Schrägrostes. Der Batteriekessel besteht aus mehreren über- und nebeneinander liegenden Walzenkesseln, welche von den Feuer-

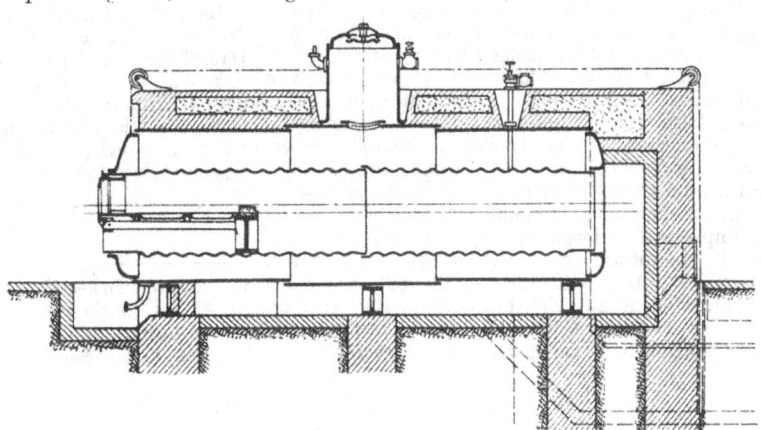

Fig. 1. Einflammrohr-Dampfkessel.

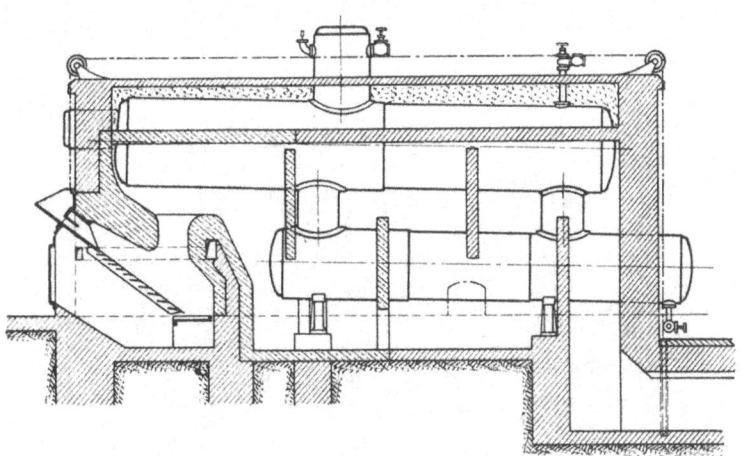

Fig. 2. Batterie-Dampfkessel mit Stufenrost.

gasen bestrichen werden. Zwischenwände, in den ersten Zügen aus feuerfestem Stein, lenken die Heizgase. Wie beim Flammrohr- und dem folgenden Wasserrohrkessel bestreichen die Heizgase nur die Oberfläche des vom Wasser, nicht vom Dampf, erfüllten Teiles des Kessels.

Rauchröhrenkessel, d. h. solche, bei denen der Walzenkessel mit einem System von Röhren ausgestattet ist, durch welche die Heizgase ziehen, sind der ortsveränderliche Lokomobil- und Lokomotivkessel. Oft werden Rauchröhrenkessel in ortsfesten Anlagen über Walzen- oder Flammrohrkessel gestellt.

In größeren Einheiten wird heute fast ausschließlich der **Wasserrohrkessel** verschiedener Systeme

gebaut. Fig. 3 zeigt den Babcock-Wilcoxkessel mit
Kettenrostfeuerung. Das Brennmaterial, meist
kleinstückige Kohle (Nußkohle), wird durch die
mechanische Beschickungsvorrichtung dem sich
langsam nach hinten bewegenden Rost, einem
endlosen Band von Kettengliedern aus kurzen
Roststäben, zugeführt. Die Feuergase streichen
durch ein geneigtes System von wassererfüllten
Rohren und am Oberkessel entlang. In Fig. 3
sind die U-förmigen, wagrecht liegenden Rohre
des Dampfüberhitzers im ersten und zweiten Zug
erkennbar. Die Wasserrohre münden beiderseits
in Wasserkammern, durch deren Ausbildung und
Anordnung sich die einzelnen Kesselsysteme unterscheiden. Die Wasserkammern stehen mit dem
Oberkessel in Verbindung. Die Wasserzirkulation
ist infolge der geneigten Rohrlage den Heizgasen
entgegengesetzt. Um trockenen Dampf zu erhalten, erfolgt bei allen Kesselsystemen die Dampf-
entnahme am höchsten Teil des Kessels, bei Wasser-
rohrkesseln an dem dem aufsteigenden Wasser- und
Dampfstrom entgegengesetzten Ende, am Dom
oder Dampfsammler. Wasserrohrkessel werden,
besonders als Schiffskessel, auch mit stehenden
Rohrsystemen ausgeführt. Vorteile der Wasserrohrkessel sind: Geringer Raumbedarf, rasches
Dampfmachen, große Explosionssicherheit.

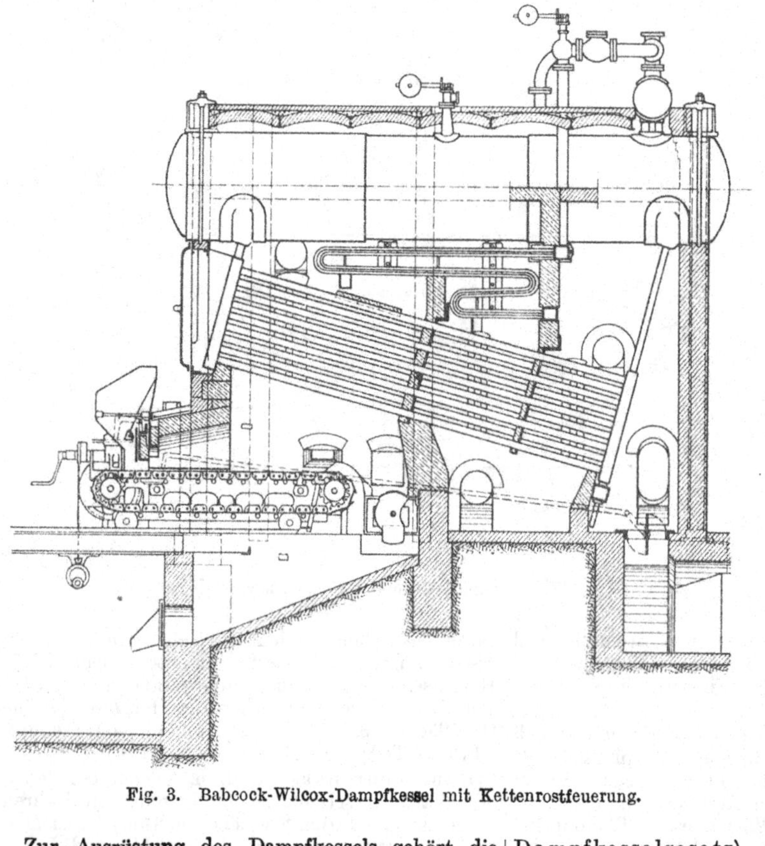

des Wasserraumes mit dem gleichen Zweck als
das Wasserstandsglas, der Ablaßhahn zum Ent-
leeren des Wasserraumes, das Manometer oder
Dampfdruckmesser. Zuweilen treten noch hinzu
Pyrometer, Zugmesser, Apparate zur Kontrolle
der chemischen Zusammensetzung der Verbrennungsgase, Wassermesser, Dampfmesser. Die Ausrüstung des Kesselhauses wird vervollständigt durch
Speisepumpen, Kohlen-, Asche- und Schlacken-
förderungsanlage, Wasserreinigung, Speisewasservorwärmung.

Dampfkessel werden gewöhnlich gebaut für Überdrücke von 5 bis 16 Atm. Bei Erzeugung von
Dampf für den Betrieb von Dampfmaschinen jeder
Art sind in ortsfesten Anlagen Überdrücke von
8 bis 13 Atm. üblich. Ein Maß für die Dampfleistung
eines Kessels ist die Kesselbeanspruchungs-
zahl, d. i. das pro 1 m² Heizfläche in der Stunde
erzeugte Dampfgewicht in kg. Diese Zahl beträgt:

	bei mäßigem Betrieb	bei ange- strengtem Betrieb
für Flammrohrkessel .	12	22
„ Wasserrohrkessel .	16	35
„ Schiffskessel . . .	18	40
„ Lokomotivkessel .	40	60

Fig. 3. Babcock-Wilcox-Dampfkessel mit Kettenrostfeuerung.

Die Kesselleistung wird
bestimmt durch die
Rostbeanspruchung.
Man versteht darunter
die auf 1 m² Rostfläche
in der Stunde verbrannte
Heizstoffmenge. DieHöhe
der Rostbeanspruchung
ist nach der Art des
Brennstoffes sehr ver-
schieden und richtet sich
außerdem nach der Zug-
stärke. Während im orts-
festen Kesselbetrieb die
Verbrennung von 150 kg
guter Kesselkohle auf
1 m² schon als hohe
Rostbeanspruchung gilt
und man bei mäßigem
Betrieb kaum über die
Hälfte dieser Zahl geht,
erreicht man bei moder-
nen Schiffskesseln 220 kg
und bei Lokomotiven
500 kg in der Stunde.

Der Wirkungsgrad
eines guten Dampfkessels
einschließlich Überhitzer
und Ekonomiser (s. dort)
beträgt 80 bis 82%.

Gesetzliche Bestim-
mungen über den Bau,
die Ausrüstung, die Prü-
fung und die Aufstellung
der Dampfkessel sind im
Reichsgesetzblatt vom
9. Januar 1909 (sog.
Dampfkesselgesetz) niedergelegt. Mit der
ständigen Untersuchung der im Betrieb befindlichen Dampfkessel hinsichtlich ihrer Betriebssicherheit befassen sich die Dampfkesselrevisions-
oder Überwachungsvereine. *L. Schneider.*

Zur Ausrüstung des Dampfkessels gehört die
Armatur, d. i. das Sicherheitsventil zum Abblasen des Dampfes bei Überschreitung des zulässigen Druckes, das Wasserstandsglas zum Erkennen des jeweiligen Wasserstandes im Kessel,
die Probierhähne an der Grenze des Dampf- und

Näheres s. F. Tetzner, Die Dampfkessel. Berlin 1914.

Dampfkesselexplosion. An den verheerenden Explosionen der letzten Jahrzehnte sind vorwiegend Großwasserraumkessel (s. Dampfkessel) beteiligt. Vorwiegende Ursachen von Explosionen sind: Schwache Konstruktion, unsachgemäße Bedienung, Erglühen durch Wassermangel oder Kesselstein- bzw. Ölablagerung, Blechschwächung durch Rost, Einwirkung von Säuren, Rißbildung, schlechtes Material. *L. Schneider.*

Dampfkolben. Der Dampfkolben ist jener Maschinenteil einer Dampfmaschine, der im Zylinder unmittelbar den Dampfdruck aufnimmt und durch das Gestänge (Kolbenstange, Kreuzkopf, Triebstange) auf die Kurbel überträgt. Der Kolben ist aus Gußeisen, bei größeren hochbeanspruchten Ausführungen aus Stahlformguß. Seine dampfdichte Passung im Zylinder wird durch selbstspannende gußeiserne Ringe gewährleistet, die in Nuten am Kolbenumfange liegen und sich federnd gegen die Zylinderwand pressen.
L. Schneider.

Dampfkraftanlage. Eine Dampfkraftanlage besteht im wesentlichen aus drei Teilen: Kesselanlage, Rohrleitungsanlage, Maschinenanlage. Dazu tritt zahlreiches Zubehör. Das Speisewasser wird durch Dampfkolben- oder Dampfstrahlpumpen (Injektoren) in den Kessel gedrückt, nachdem es vorher einen Vorwärmer (Ekonomiser) und unter Umständen einen Wasserreiniger passiert hat. Der im Kessel erzeugte Sattdampf wird zuweilen in einem Überhitzer überhitzt. In der Leitung zur Maschine sind Wasserabscheider eingebaut zum Zweck, das in der Rohrleitung gebildete Niederschlagswasser oder vom Kessel herübergerissene Wasser aus dem Dampf zu entfernen. Die Dampfmaschine ist häufig mit einem Kondensator ausgerüstet, der entweder als Strahlkondensator ausgebildet oder mit einer Kolben-, Luft- und Wasserpumpe verbunden ist. Soll das Kondensat von Dampfmaschinen zur Kesselspeisung Verwendung finden, so muß es in einem Ölabscheider von Ölspuren sorgfältig gereinigt werden. Findet der Maschinenabdampf technische Verwertung, so wird er bei Austritt aus der Maschine im Dampfentöler vom Zylinderschmieröl befreit. Oft steht nicht genügendes frisches Wasser (aus Brunnen oder Bächen) zur Verfügung, um die Kondensation zu betreiben. Das schon verwendete Wasser wird alsdann in Rückkühlanlagen wieder auf niedrige Temperatur gebracht. Die Brennmaterialversorgung der Kessel geschieht oft maschinell, mit meist elektrisch angetriebenen Aufzügen, Förderschnecken, Förderbändern, Kettenrosten. Der Kohlenverbrauch kann durch selbstschreibende Wägevorrichtungen kontrolliert werden. Auch Asche und Schlacke wird bei großen Anlagen mit mechanischen Transportvorrichtungen entfernt.

Die Einrichtung einer Dampfkraftanlage wird vervollständigt durch Anzeige- und Warnungsapparate, Sicherheitsvorrichtungen, sekundäre Dampf- und Wasserleitungen, Ölleitungen, Rohrausgleichvorrichtungen und Ventile.
L. Schneider.

Dampfmantel. Der Zylinder von Dampfmaschinen wird, insbesondere bei Einzylinder-Sattdampfmaschinen oder bei Niederdruckzylindern von Verbundmaschinen, mit einem zylindrischen, dampferfüllten Ring umgeben. Man nimmt hierzu Frischdampf bzw. Dampf aus dem Aufnehmer.

Die Mantelheizung, zuweilen durch Deckelheizung vervollständigt, hält die Wandungstemperatur hoch und verringert die Kondensation des Arbeitsdampfes im Zylinder, besonders den schädlichen Eintrittswärmeverlust. Das Kondensat im Dampfmantel wird dem Dampfverbrauch der Maschine zur Last gelegt. Die Heizung ist nur wirtschaftlich bei Maschinen mit einem Wärmeverbrauch für die indizierte Pferdekraftstunde von mehr als 3500—4000 Kal. *L. Schneider.*

Näheres s. Mitteilungen über Forschungsarbeiten, herausgegeben vom Verein Deutscher Ingenieure. Heft 101.

Dampfmaschine. Die Dampfmaschine dient zur Umwandlung des im hochgespannten Dampf enthaltenen latenten Arbeitsvermögens in mechanische Arbeit. Bei der Kolbendampfmaschine — im Gegensatz zur Dampfturbine, kurz Dampfmaschine genannt — erfolgt die Arbeitsleistung des Dampfes durch Druckwirkung auf einem hin- und hergehenden Kolben. Ist der mittlere Dampfdruck auf den Kolben während eines Kolben-Hin- und Rückganges p_i kg$\times$cm^{-2}, F cm^2 die Oberfläche des Kolbens, s der einfache Kolbenweg (Hub) in Metern ausgedrückt, n die Anzahl der Doppelhübe des Kolbens in der Minute, so beträgt die Leistung der Maschine in Pferdestärken:

$$N = \frac{p_i \times F \times s \cdot 2n}{60 \cdot 75} \text{ PS.}$$

Der mittlere Kolbendruck p_i wird dem Dampfdruckdiagramm (s. dort) oder Indikatordiagramm entnommen. Diese Leistung wird auf den Dampfkolben abgegeben (indiziert). Sie heißt indizierte (innere) Leistung im Gegensatz zur effektiven (äußeren), die um die Reibungsverluste der Maschine kleiner ist als die erstere. Nur die effektive oder Nutzleistung steht nach außen zur Verfügung.

Das Verhältnis $\dfrac{\text{effektiver}}{\text{indizierter}}$ Leistung heißt mechanischer Wirkungsgrad.

Bereits die indizierte Leistung wird unter Verlusten gewonnen. Solche sind: Teilweises Entweichen des Dampfes durch Undichtheiten der Maschine, Abkühlung des Dampfes durch Leitung und Strahlung, Druckverluste durch Drosselung. Das Verhältnis der indizierten Leistung zur Leistung der als vollkommen gedachten Maschine heißt der indizierte Wirkungsgrad. Endlich bezeichnet man mit indiziertem thermischen und effektivem thermischen Wirkungsgrad das Verhältnis des Wärmeäquivalents einer Pferdekraftstunde, d. s. 632 kcal, zum Wärmeaufwand für die tatsächlich erzeugte indizierte oder effektive Pferdekraftstunde. Bei guten, normalen Dampfmaschinen beträgt der mechanische Wirkungsgrad 85 bis 92%, der indizierte 60 bis 80%, der indizierte thermische 16 bis 20%.

Man verringert die Drosselverluste durch Einhaltung mäßiger Dampfgeschwindigkeiten. Der adiabatischen und bis an den Gegendruck im Zylinder reichenden Expansion sucht man nahezukommen durch Behinderung des Wärmeaustausches zwischen Dampf- und Zylinderwandung und entsprechend große Bemessung der Zylinderinhalte. Anwendung des überhitzten Dampfes und Verteilung der Dampfdehnung auf zwei oder mehrere Zylinder, guter Wärmeschutz nach außen vermindern die Abkühlungsverluste. Sorgfältige Werkstättenausführung und aufmerksame Wartung verringern die Lässigkeitsverluste. Die Reibungsverluste werden niedrig gehalten durch Verminderung der Anzahl und richtige Bemessung der reibenden Flächen und gute Wartung und Schmierung derselben.

Die Dampfmaschine kann zum direkten oder indirekten Antrieb von Arbeitsmaschinen verwendet werden. Im ersteren Fall, z. B. beim Antrieb von Pumpen und Gebläsen, sitzen die Kolben der treibenden und der getriebenen Maschine auf einer gemeinsamen Kolbenstange. Im anderen Fall, beim Betrieb von Transmissionen, oder rotierenden Arbeitsmaschinen benützt man das Kurbelgetriebe zur Umwandlung der hin- und hergehenden Kolbenbewegung in eine Drehbewegung. Eine Dampfmaschine mit Kurbelgetriebe hat folgende Hauptteile:

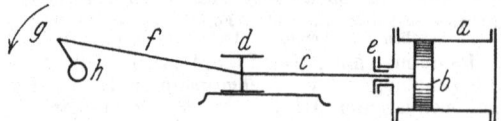

Fig. 1. Schema der Dampfmaschine mit Kurbelgetriebe.

Der Zylinder a dient zur Aufnahme des Dampfes, welcher abwechselnd von beiden Seiten auf den

mit höherem Druck als atmosphärischem, so bezeichnet man die Maschine als Gegendruckmaschine. Der Abdampf der Auspuffmaschine besitzt atmosphärische Spannung, während die Kondensationsmaschine die Dampfspannung bis unter den Druck der Außenluft ausnützt. Dies ist nur möglich dadurch, daß der die Maschine verlassende Dampf in einem Kondensator niedergeschlagen und das dabei entstehende Vakuum durch eine Luftpumpe dauernd aufrechterhalten wird. Der Kraftbedarf der Kondensation ist etwa 4 bis 6% der Normalleistung der Maschine, der Arbeitsgewinn der Dampfmaschine durch die Kondensation beträgt aber 25 bis 30%. Als Einzylindermaschinen werden Dampfmaschinen bezeichnet, deren Leistung in nur einem Zylinder erzeugt wird. Arbeiten zwei gleiche Zylinder unter gleichen Verhältnissen auf die Kurbelwelle oder auf eine unmittelbar angetriebene Arbeitsmaschine, so spricht man von einer Zwillings-

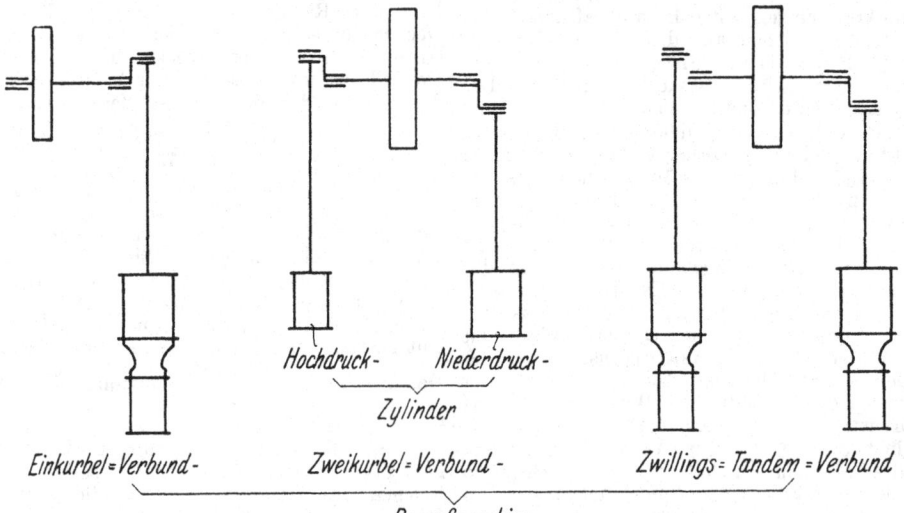

Fig. 2—4. Einteilung der Dampfmaschinen.

Kolben b wirkt. Dieser sitzt auf der Kolbenstange c, die durch den vorderen Zylinderdeckel nach außen geht und im Kreuzkopf d endigt. Eine Stopfbüchse e im Zylinderdeckel verhindert den Austritt des Dampfes aus dem und den Eintritt der Luft in den Zylinder. Der Kreuzkopf d macht im Maschinengestell auf der Gleitbahn dieselbe hin- und hergehende Bewegung wie der Kolben b. Die Pleuel-, Trieb- oder Kurbelstange f verbindet den Kreuzkopf d mit dem Zapfen g der Kurbel, die auf der Kurbelwelle h sitzt. Der Kurbelzapfen g rotiert im Kurbelkreis (s. Fig. 1). Die Zahl der Umdrehungen der Kurbelwelle ist gleich der Anzahl der Doppelhübe des Dampfkolbens. Auf der Kurbelwelle sitzt das Schwungrad.

Einteilung der Dampfmaschinen. Bei der liegenden oder horizontalen Dampfmaschine liegt die Zylinderachse wagrecht, bei der stehenden oder vertikalen Dampfmaschine steht sie senkrecht, und zwar sind der oder die Zylinder oben, die Welle unten. Je nach dem Zustand des zur Verwendung kommenden Dampfes unterscheidet man Sattdampf- und Heißdampfmaschinen. Verläßt der Abdampf die Maschine

maschine. Die Verteilung des ganzen Druckgefälles des Dampfes auf zwei oder mehrere Zylinder ist das Kennzeichen der Verbund- (Compound-) Maschine, Zweifach- oder Mehrfachexpansionsmaschine. Entsprechend dem wachsenden Volumen des Dampfes bei sinkendem Druck ist der Hochdruckzylinder der kleinste, der Mitteldruckzylinder größer, der Niederdruckzylinder am größten. Nach der Anordnung der Zylinder werden die Dampfmaschinen bezeichnet als Tandem- oder Einkurbelverbundmaschinen, Zweikurbelverbundmaschinen, Zwillingstandemmaschinen usw. (s. Fig. 2 bis 4).

Steuerung der Dampfmaschinen. Je nach der augenblicklich geforderten Leistung der Dampfmaschine ist dem Zylinder bzw. Hochdruckzylinder eine mehr oder minder große Dampfmenge durch die Einlaßorgane zuzuführen. Auslaßorgane müssen dafür sorgen, daß der verbrauchte Dampf rechtzeitig den Zylinder wieder verläßt. Diesen Ein- und Auslaß des Dampfes regelt die Steuerung. Je nachdem die Steuerung mittels Schieber, Hähnen oder Ventilen erfolgt, spricht man von einer Schieber-, Hahn- oder Ventildampfmaschine.

Ist die Steuerung so eingerichtet, daß die Maschine vor- und rückwärts laufen kann, so bezeichnet man letztere als Umsteuerungs- oder Reversiermaschine.

Bei älteren oder ganz einfachen Dampfmaschinen geschieht die Regelung der Leistung durch Veränderung des Dampfdruckes vor der Maschine (Drosselregelung), bei der überwiegenden Mehrzahl der heute im Betrieb befindlichen Dampfmaschinen jedoch durch Veränderung der dem Zylinder zugeführten Dampfmenge (Füllungsregelung). Kann die Füllung durch einen Regler (Regulator) in weiten Grenzen eingestellt werden, so bezeichnet man eine solche Maschine als Präzisionsdampfmaschine. Die Einlaßsteuerung wird durch den Regulator automatisch verstellt bei jeder Änderung der Umdrehungszahl der Maschinenwelle, die hervorgerufen wurde durch Zu- oder Abnahme der von der Maschine zu leistenden Arbeit. Der Regulator muß so beschaffen sein, daß bei allen Belastungen der Maschine die Umdrehungszahl fast konstant bleibt. Schwankungen in der Winkelgeschwindigkeit der Maschinenwelle, hervorgerufen durch den in jedem Augenblick wechselnden Dampfdruck auf den Kolben (s. Dampfdruckdiagramm), oder durch die Art der Kraftübertragung mittels des Kurbelgetriebes, müssen je nach dem Verwendungszweck der Maschine mehr oder minder vollkommen durch das Schwungrad ausgeglichen werden. Je größer das Schwungmoment, desto gleichmäßiger ist die Winkelgeschwindigkeit v der Maschinenwelle. Man bezeichnet den Quotient

$$\frac{v_{max} - v_{min}}{\frac{v_{max} + v_{min}}{2}} = \delta$$

als Ungleichförmigkeitsgrad der Maschine. Er darf bei gewöhnlichen Werksantrieben $1/_{30}$ bis $1/_{40}$ betragen, beim Antrieb von Wechselstromdynamos z. B. jedoch $1/_{250}$ nicht überschreiten.

Dampfmaschinen werden heute gebaut in Größen von etwa 15 bis 2500 PS. Der übliche Dampfdruck vor der Maschine beträgt 8 bis 16 Atm. abs., die Dampftemperatur bei Heißdampfmaschinen 250 bis 330⁰ C. Die minutlichen Tourenzahlen normaler Betriebsmaschinen liegen zwischen 60 und 150.

Rotierende Dampfmaschinen, bei welchen der Dampf nicht auf einen hin- und hergehenden, sondern auf einen rotierenden Kolben drückt, sind in verschiedenen Bauarten ausgeführt worden. Praktische Nachteile, insbesondere die Schwierigkeit der dauernden Dampfdichtheit, behinderten die Verbreitung dieser Sonderarten, welche heute überdies von der Dampfturbine (s. dort) überholt sind.

(Siehe auch Auspuffmaschine, Dampfdruckdiagramm, Dampfdynamo, Dampfkolben, Dampfkraftanlage, Dampfmantel, Dampfverteilung, Gleichstromdampfmaschine, Heizungskraftmaschine, Lokomobile, Lokomotive, Sattdampfmaschine, Schädliche Oberfläche, Schiffsmaschine, Wärmeverbrauch der Kraftmaschinen.)

L. Schneider.

Näheres s. Conrad Matschoß, Die Entwicklung der Dampfmaschine. Berlin 1908. (Geschichtliches.) — W. Schüle, Technische Thermodynamik. Berlin 1917. (Theorie.) — H. Dubbel, Entwerfen und Berechnen der Dampfmaschinen. Berlin 1919. (Konstruktives.)

Dampfmesser. Dampfmesser sind Apparate, die angeben, welche Gewichtsmenge Dampf durch eine Rohrleitung fließt. Die Messung beruht auf dem Prinzip des Schwebekegels, der Drosselscheibe oder der Dampfdüse. *L. Schneider.*

Näheres s. Dr. A. Röver, Einiges über Dampfmesser. Zeitschrift des Vereins deutscher Ingenieure 1919. S. 100.

Dampfspannung s. Sättigungsdruck.

Dampfspannung von Lösungen s. Lösungen.

Dampfspeicher. Der Dampf kann als Niederdruckdampf mit rd. 1 Atm. abs. Druck oder als Hochdruckdampf mit 2 bis 10 Atm. abs. aufgespeichert werden. Dies geschieht a) in mit Wasser gefüllten Behältern unter Druckschwankungen von einigen Zehntel Atmosphären (Rateau) bis zu mehreren Atmosphären (Ruths). Der aufzuspeichernde Dampf gibt seine Wärme an das Wasser ab; umgekehrt verdampft das Wasser, wenn der Speicher entleert wird; b) in raumveränderlichen Behältern, ähnlich den Gasometern (Harlé-Balcke); c) in Behältern mit gleichbleibendem Rauminhalt, indem der weiter hinzutretende Dampf die schon im Raum befindliche Dampfmenge komprimiert (Balcke, Ladewig). Wichtig ist es die Dampfspeicher gut zu isolieren. Die Dampfspeicherung bezweckt, bei der Abdampfverwertung zu Kraftzwecken einen gewissen Ausgleich zwischen momentan anfallender Abdampfmenge und dem Abdampfbedarf herbeizuführen. Durch die Hochdruckdampfspeicherung nach Ruths wird eine gleichmäßige Belastung der Kesselanlage bei sehr schwankendem Dampfbedarf erreicht, z. B. in Papierfabriken, Brauereien, Elektrizitäts- und Heizungskraftwerken.

L. Schneider.

Dampfstrahlpumpe. Zweck der Dampfstrahlpumpe (Injektor) ist die Beförderung einer Wassermenge vermittels Dampf gegen einen bestimmten Druck, wie z. B. bei der Kesselspeisung. Während im Pulsometer die Dampfspannung ohne Vermittlung eines Kolbens direkt auf die Flüssigkeit wirkt und in der Dampfpumpe der Dampfdruck durch den Kolben auf die Flüssigkeit übertragen wird, gelangt in der Dampfstrahlpumpe die Geschwindigkeit des Dampfes zur Wirkung.

Die Arbeitsweise einer Dampfstrahlpumpe ist folgende: Hochgespannter Dampf wird durch eine Düse geleitet, hinter welcher der mit hoher Geschwindigkeit austretende Dampfstrahl eine Luftverdünnung erzeugt, durch die das Wasser aus der Saugleitung angesaugt wird. Das angesaugte Wasser wirkt nun kondensierend auf den Dampf, wodurch die Luftleere noch vergrößert wird. Es bildet sich ein zusammenhängender Wasserstrahl, dessen Geschwindigkeit in einer sich allmählich erweiternden Fangdüse in Druck umgesetzt wird, der imstande ist, ein Rückschlagventil gegen das unter Druck stehende Gefäß zu öffnen. Die Saughöhe des Wassers sei kleiner als 6 m, seine Temperatur geringer als 50⁰ C (s. a. Pulsometer).

Die Konstruktion der Dampfstrahlpumpe rührt von dem französischen Ingenieur Henri Giffard (1858) her. Wesentliche Verbesserungen hat sie durch Ernst Körting in Hannover und Alex. Friedmann in Wien erfahren.

L. Schneider.

Näheres s. F. Tetzner, Die Dampfkessel. Berlin 1914.

Dampfturbine. Im Gegensatz zur Kolbendampfmaschine erfolgt die Arbeitsleistung des Dampfes in der Dampfturbine nicht durch unmittelbare Druckwirkung, sondern durch Umsetzung der lebendigen Kraft eines mit hoher Geschwindigkeit strömenden Dampfstrahles. Die Arbeit einer verlustlosen Dampfturbine ist

$$A L = A \int_{p_0}^{p} v \, dp = i - i_0 = A \frac{w_0^2}{2 g}.$$

Dabei bedeutet $i - i_0$ das adiabatische Wärmegefälle des Dampfes in der Turbine, w die diesem

Wärmegefälle entsprechende Geschwindigkeit des auf das Turbinenlaufrad auftreffenden Dampfstrahles. Die Dampfturbine baut sich auf aus einem Düsen- oder Leitapparat, in welchem die Druckenergie des Dampfes in lebendige Kraft, kurz ausgedrückt in Geschwindigkeit, umgesetzt wird und aus einem Laufapparat, der die lebendige Kraft des Dampfstrahles auf eine umlaufende Welle überträgt. Der Laufapparat besteht aus einem Rad, dessen Umfang mit gekrümmten Schaufeln besetzt ist, die in Richtung der Radachse vom Dampf durchströmt werden. Da die Dampfgeschwindigkeit w_0 für die üblichen Dampfdruckgrenzen vor und hinter der Turbine sehr hoch ist, ergibt sich bei wirtschaftlicher Ausnützung des Dampfes eine Radumfangsgeschwindigkeit von 300 m/sec und darüber. Die ersten Turbinen (De Laval 1884) liefen deshalb mit 20 000 bis 30 000 Umdrehungen in der Minute. In der Folgezeit, ja schon gleichzeitig mit de Laval, suchte man diese unpraktischen Drehzahlen dadurch zu verringern, daß man statt eines einzigen Rades deren mehrere oder eine mit Schaufeln besetzte vielkränzige Trommel verwendete, wobei das Druckgefälle mehrfach unterteilt wird (Parsons 1884, Rateau, Zoelly) oder der Dampf innerhalb eines Raumes gleichen Druckes seine lebendige Kraft (kurz Geschwindigkeit) stufenweise abgibt (Curtis).

Teile der Dampfturbine.

Nebenstehende Figur zeigt im Aufriß und Grundriß den Leitapparat oder die Düsen, sodann einen auf dem Rad sitzenden Laufkranz, einen im feststehenden Turbinengehäuse befestigten Leitschaufelkranz, der die Dampfstrahlen lediglich umlenkt und einen zweiten Laufkranz. Bei den Gleichdruckturbinen wird nur in den Düsen oder in ihnen und den Leitschaufeln das Druckgefälle des Dampfes in lebendige Kraft umgewandelt; bei den Überdruckturbinen (Parsons) findet diese Umwandlung zum Teil auch in den Laufschaufeln statt. Die heute gebräuchlichste Bauart der Dampfturbinen nützt im Hochdruckgebiet (Kesseldruck bis auf 1—3 Atm.) den Dampf in einer Druckstufe mit 2—3 Geschwindigkeitsstufen (Curtisrad), im Niederdruckgebiet in einigen Gleichdruckrädern oder in einer Überdruckschauflung aus. Übliche Umdrehungszahlen dieser kombinierten Bauarten sind bei Antrieb von Dynamomaschinen 1500 bis 3000 pro Min. Mit einer Maschine können 30 000 kW. und mehr bewältigt werden.

Verluste entstehen in der Dampfturbine durch Reibung des Dampfes an den Schaufeln, durch Undichtheiten in den nötigen Spielräumen zwischen Schaufelende und Gehäuse oder Trommel und durch zu hohe Austrittsgeschwindigkeit des Dampfes aus dem letzten Laufkranz.

(Siehe auch Gegendruckturbine, Anzapfturbine, Abdampfturbine.)

L. Schneider.

Näheres s. A. Stodola, Dampf- und Gasturbinen. 5. Aufl. Berlin.

Dampfüberdruck. Die technischen Angaben des Dampfdruckes in kg/qcm beziehen sich häufig auf den Atmosphärendruck als Nullpunkt. Es ist folglich x Atm. Überdruck = x + 1 Atm. absoluter Druck (Atm. abs.). Wo Mißverständnisse möglich sind, sollte jede Druckangabe mit einem entsprechenden erläuternden Zusatz versehen sein. Zuweilen wird der Dampfüberdruck auch als effektiver Dampfdruck bezeichnet.

L. Schneider.

Dampfüberhitzung. Die Erzeugung des überhitzten Dampfes geschieht durch die Überhitzer der Kesselanlage, indem man Sattdampf bei konstantem Druck Wärme zuführt. Man verwendet sowohl gußeiserne als auch (häufiger) schmiedeeiserne Überhitzer. Sie bestehen meist in einer Anzahl von Rohren, deren Inneres vom Dampf erfüllt und deren äußere Oberfläche den Heizgasen ausgesetzt ist. Die Rohre münden in zwei getrennte Dampfkammern, die Sattdampf- und die Heißdampfkammer. Die Überhitzer werden sowohl mit eigener Feuerung versehen, meist aber in die Heizgaszüge der Kessel eingebaut und im letzteren Fall meist so, daß die Gase zunächst einen Teil der Kesselfläche, sodann gleichzeitig Kessel und Überhitzer und hierauf wiederum nur die Kesselheizfläche bestreichen. Zur Regelung der Überhitzung können Klappen die Gase mehr oder minder vom Überhitzer fernhalten oder es wird ein entsprechender Teil des Heißdampfes durch Rohre, die in den Wasserraum des Kessels verlegt sind, geleitet und nach seiner Abkühlung mit dem Rest wieder vermengt oder endlich, es wird dem Heißdampf Sattdampf zugesetzt. Die Heißdampftemperatur beträgt am Kessel in der Regel 300 bis 380° C.   *L. Schneider.*

Näheres s. F. Tetzner, Die Dampfkessel. Berlin.

Dampfverteilung. Das Zu- und Abströmen des Dampfes am Zylinder einer Dampfmaschine regeln die Dampfverteilungsorgane und zwar die Einlaßorgane den Voreintritt und den Expansionsbeginn, die Auslaßorgane den Vorauslaß und den Kompressionsbeginn (s. Dampfdruckdiagramm). Der Expansionsbeginn, mit anderen Worten der Füllungsgrad, muß gewöhnlich in weiten Grenzen veränderlich sein, je nach der Belastung der Maschine; je größer dieselbe, desto höher der Füllungsgrad. Das Gestänge, welches die Dampfverteilungsorgane antreibt, heißt äußere Steuerung. Die innere Steuerung oder die Dampfverteilungsorgane können Schieber, Ventile und Hähne sein. Man spricht somit von Schiebersteuerung, Ventilsteuerung usw. Die Einlaßsteuerung wird vom Regulator verstellt.

An eine gute Dampfverteilung werden folgende Anforderungen gestellt: Freigabe der erforderlichen Dampfquerschnitte, um Drosselverluste zu vermeiden, dichter Abschluß der Dampfräume, Unveränderlichkeit im Betrieb, geräuschloses Arbeiten.

Maschinen, welche gelegentlich auch rückwärts laufen müssen, wie Lokomotiven, Schiffsmaschinen, Fördermaschinen, Walzenzugmaschinen, erhalten eine Umsteuerung. Diese beruht darauf, daß die Bewegung der Dampfverteilungsorgane von einer Schwinge (Kulisse) abgeleitet wird, die um einen Punkt pendelt. Je nach dem Sinn, in welchem der Angriffspunkt des Steuermechanismus von dem Schwingungsmittelpunkt der Kulisse absteht, wirkt die Steuerung für Vorwärtsgang oder Rückwärtsgang der Maschine.   *L. Schneider.*

Daniellsche Ketten. Galvanische Elemente, deren wirksame Elektroden beiderseits aus Metallen bestehen, die in aneinander grenzende Lösungen eines ihrer Salze eintauchen, werden als Daniellsche Ketten bezeichnet. Das bekannteste Beispiel hierfür bildet das Element, das nach dem Schema aufgebaut ist:

$$Cu \mid CuSO_4 \mid ZnSO_4 \mid Zn.$$

In diesen Ketten besteht der den Strom liefernde chemische Prozeß (s. auch Galvanismus) darin, daß das weniger edle Metall in Lösung geht, während das edlere aus seiner Lösung abgeschieden wird. Indessen kann, wie die Theorie lehrt und das Experiment bestätigt, bei hinreichender Verdünnung, der Lösung des edleren Metalles auch der umgekehrte Vorgang stattfinden, wobei das „edlere" Metall den negativen Pol bildet.

H. Cassel.

Näheres in den Lehrbüchern der Elektrochemie; z. B. bei M. Le Blanc. Leipzig 1920.

D'Arsonvalgalvanometer s. Drehspulgalvanometer.

Deckplatten der Flüssigkeitsröhren s. Polarisationsröhre.

Deckpunkte s. Raumwerte der Netzhaut.

Deflation. Von J. Walther eingeführte Bezeichnung für die Ablation (s. diese) durch den Wind. Sie spielt namentlich in Wüstengebieten eine große Rolle, wo sie imstande ist, durch Ausräumung des Verwitterungsschuttes muldenförmige Vertiefungen auszuhöhlen und so Hohlformen zu schaffen, die bis unter das Meeresniveau hinabreichen können, weil der aufwärts wehende Wind bei seiner Erosionsarbeit an keine Erosionsbasis (s. diese) gebunden ist.

O. Baschin.

Deflektoren s. Lokalvariometer.

Deformation des Erdkörpers s. Festigkeit der Erde.

Deformation durch Magnetisierung. Wie die Magnetisierbarkeit einer Probe durch Zug oder Druck beeinflußt wird, so ändert sich auch umgekehrt die Länge einer ferromagnetischen Probe, also beispielsweise eines zylindrischen Stabes, in Richtung des Feldes durch die Magnetisierung, jedoch zeigen in dieser Beziehung die drei hauptsächlichen ferromagnetischen Metalle ganz verschiedenes Verhalten. Am einfachsten verhält sich Nickel, das sich mit wachsender Feldstärke dauernd verkürzt, und zwar bei niedrigen Feldstärken mehr, bei nahem immer weniger bis zur Erreichung eines Grenzzustandes (Größenordnung 0,000025 der ganzen Länge). Auch bei Kobalt nimmt die Länge zunächst mit steigender Feldstärke ab, erreicht aber zwischen 250 und 500 Gauß ein Minimum (Verkürzung von der Größenordnung 0,000005 der Länge), um dann mit weiter wachsender Feldstärke wieder zuzunehmen, so daß sogar eine Verlängerung resultieren kann.

Gerade umgekehrt verhält sich Eisen: die bei niedrigen Feldstärken eintretende Verlängerung (Größenordnung 0,000002 der Länge) erreicht bald ein Maximum, nimmt dann wieder ab und geht bei höheren Feldstärken zwischen 250 und 500 Gauß in eine einem Grenzzustand zustrebende Verkürzung über (Größenordnung 0,000007 der Länge). Bei der größten Verlängerung scheint der Zustand reinen Eisens ziemlich labil zu sein; die Größe der Deformation hängt in hohem Maße von der Beschaffenheit der Probe ab.

Eine gleichzeitige longitudinale und zirkulare Magnetisierung, die man erhält, wenn man durch einen von einer Magnetisierungsspule umgebenen Eisen- oder Nickeldraht einen Strom schickt, bewirkt eine Torsion des Drahtes, indem sie eine schraubenförmige Magnetisierung erzeugt, und da sich Eisen längs dieser Induktionslinien ausdehnt, während Nickel sich zusammenzieht, so muß bei beiden eine Torsion im entgegengesetzten Sinne eintreten.

Gumlich.

Deformationstöne werden nach Auerbach solche Töne genannt, welche bei der Fortleitung einer Schallwelle durch verschiedene Schwingungssysteme infolge einer „Verzeichnung" der Schwingungsform der ursprünglichen Welle zustande kommen. So soll die Form einer auf das Ohr treffenden (Luft-) Welle auf dem Wege durch das Mittel- zum Innenrohr infolge des eigentümlichen Baues des Ohres geändert werden. Es treten dann im Innenrohr Sinuskomponenten auf, die in der Luftwelle nicht enthalten waren.

S. auch Kombinationstöne. *E. Waetzmann.*

Näheres s. Everett, Phil. Mag. 41, 1896.

Deformationszustand eines stetig ausgedehnten Mediums (Kontinuums). Der einfachste Fall ist der Zustand der reinen Dehnung (bzw. Kompression), zusammengefaßt unter dem Namen Dilatation, bei dem alle Punkte des Kontinuums relativ zueinander nur in einer bestimmten Richtung verschoben sind und diese Verschiebung für alle Punkte einer Normalebene zu dieser Richtung den gleichen Betrag hat. Die relative Änderung des Abstandes zweier solcher Ebenen ist die Dilatation des Materials.

Hat dagegen die Verschiebung den gleichen Betrag für alle Punkte paralleler Ebenen zur Verschiebungsrichtung, so liegt der Zustand der reinen Scherung vor. Der Winkel, um den dabei eine zu diesen Ebenen senkrechte Gerade gedreht wird, heißt der Gleitwinkel. Endlich ist der Deformation auch der Zustand der reinen Drehung anzurechnen, bei dem das Kontinuum ohne Gestaltsänderung nur in eine gedrehte Lage übergeführt ist.

Diese Zustände, an genügend klein gewählten Volumenelementen ausgeführt, bestimmen den örtlich veränderlichen, allgemeinen Deformationszustand des Kontinuums. Die Scherung läßt sich indes noch ersetzen durch Dehnung, bzw. Kompression in zwei zur Scherungsrichtung unter 45^0 geneigten Richtungen und eine Drehung, so daß Dilatation und Drehung die ursprünglichen Elemente des Deformationszustandes bleiben.

Statt von der Deformation des Volumelements auszugehen, pflegt man das Kontinuum als Punkthaufen aufzufassen, dessen Elemente nur Verschiebungen erfahren. Primär sind in dieser Auffassung die drei Verschiebungskomponenten u, v, w eines Punktes, die ihrerseits stetige (oder ausnahmsweise unstetige) Funktionen des Ortes sind. Die Deformation hängt natürlich von den relativen Verschiebungen benachbarter Punkte, also den Differentialquotienten

$$\frac{\partial u}{\partial x} \quad \frac{\partial u}{\partial y} \quad \frac{\partial u}{\partial z}$$
$$\frac{\partial v}{\partial x} \quad \frac{\partial v}{\partial y} \quad \frac{\partial v}{\partial z}$$
$$\frac{\partial w}{\partial x} \quad \frac{\partial w}{\partial y} \quad \frac{\partial w}{\partial z}$$

ab. Da diese 9 Größen die Komponenten eines allgemeinen Tensors (s. diesen) sind, zerfallen sie in zwei Teile, einen symmetrischen und einen schief symmetrischen:

$$(1)\quad \begin{matrix} e_{xx} & e_{xy} & e_{xz} \\ e_{yx} & e_{yy} & e_{yz} \\ e_{zx} & e_{zy} & e_{zz} \end{matrix} \quad \text{und} \quad (2)\quad \begin{matrix} 0 & \omega_{xy} & \omega_{xz} \\ \omega_{yx} & 0 & \omega_{yz} \\ \omega_{zx} & \omega_{zy} & 0 \end{matrix}$$

$$e_{xx} = \frac{\partial u}{\partial x}; \quad e_{xy} = e_{yx} = \frac{1}{2}\left(\frac{\partial u}{\partial y} + \frac{\partial v}{\partial x}\right);$$

$$\omega_{xy} = -\omega_{yx} = \frac{1}{2}\left(\frac{\partial u}{\partial y} - \frac{\partial v}{\partial x}\right) \text{ usw.}$$

Die Größen e_{xx}, e_{yy}, e_{zz} bedeuten Dilatationen, die Größen e_{xy}, e_{xz}, e_{zy} Scherungen, die Größen ω_{xy} usw. Drehungen. Die Hauptachsentransformation des ersten Tensors entspricht der oben erwähnten Zurückführung auf reine Dilatation und Drehung, welch letztere im zweiten Tensor enthalten ist.

Die Volumänderung infolge der Deformation wird, wenn die Deformation hinreichend klein ist, durch die Divergenz des Verschiebungsvektors:

$$\frac{\partial u}{\partial x} + \frac{\partial v}{\partial y} + \frac{\partial w}{\partial z}$$

gemessen, deren Verschwinden also volumbeständige Deformation anzeigt.

In der Hydrodynamik besteht die nämliche Auffassung des infolge der Strömung ständig stattfindenden Deformationszustandes, wobei u, v, w die pro Zeiteinheit stattfindende Verschiebung, d. h. die Strömungsgeschwindigkeit, bedeutet. Man pflegt diese Komponenten in Abhängigkeit vom Ort x, y, z zu suchen (Eulersche Gleichungen). Da dann die momentan betrachtete Verschiebung u d t, v dt, w dt immer unendlich klein ist, mißt wie oben, die Divergenz die Volumdeformation, ihr Verschwinden ist der Ausdruck inkompressibler Flüssigkeit. Gleichwohl fällt die in endlicher Zeit erreichte Deformation endlich aus. Mit diesen endlichen Verschiebungen beschäftigt sich die Lagrangesche Form der Strömungsgleichungen (s. Hydrodynamik). Der schiefsymmetrische Tensor (2) mißt im Falle der Hydrodynamik die Wirbelung, d. h. die Drehgeschwindigkeit des Volumelements. Die ω_{xy} bilden einen axialen Vektor, eben den Rotationsvektor des Elements.

Die Auffassung, daß der Deformationszustand der Kontinua sich auf stetige Verschiebungen seiner „Punkte" zurückführen lasse, also auf drei Komponenten an jeder Stelle, läßt sich mit molekulartheoretischen(atomistischen)Vorstellungen natürlich nur durch das Bindeglied von Mittelbildungen in Einklang bringen, so daß die Verschiebung in dieser Auffassung eine mittlere Verschiebung darstellt. Die 9 Deformationsgrößen e_{xx} usw. sind nun durch die 3 Komponenten u, v, w ausgedrückt, so daß sie nicht unabhängig wählbar, sondern durch mindestens 6 Beziehungen verknüpft sind, und zwar handelt es sich um Beziehungen zwischen den zweiten partiellen Ableitungen der Deformationskomponenten. Diese Beziehungen heißen die Kompatibilitätsbedingungen.

Sie lauten z. B.:

$$\frac{\partial^2 e_{yy}}{\partial z^2} + \frac{\partial^2 e_{zz}}{\partial y^2} = 2\frac{\partial^2 e_{zy}}{\partial y\,\partial z};$$

$$\frac{\partial\, e_{xx}}{\partial y\,\partial z} = \frac{\partial}{\partial x}\left(-\frac{\partial\, e_{yz}}{\partial x} + \frac{\partial\, e_{zx}}{\partial y} + \frac{\partial\, e_{xy}}{\partial z}\right)$$

und weitere von analoger Bauart. Natürlich gelten sie nicht, wenn die Deformation nicht auf die mittleren Verschiebungen, sondern unmittelbar auf den molekularen Vorgang zurückzuführen sind. Solche allgemeinere Ansätze sind in der historischen Entwicklung, nicht mehr aber in der heute gebräuchlichen Form der Elastizitätstheorie enthalten. *F. Noether.*

Näheres s. Love, Lehrbuch der Elastizität (deutsch von A. Timpe, 1907, insbesondere historische Einleitung und Kap. I).

Dehnung s. Deformationszustand.

Deklination s. Himmelskoordinaten.

Deklination, magnetische. Der Winkel zwischen dem magnetischen und dem astronomischen Meridian eines Orts. Genaue Messung erfordert einen magnetischen Theodoliten (s. d.). Mit ihm visiert man eine wagerecht schwebende Magnetnadel an, welche man, um die Schiefe der magnetischen Achse gegen die Absehlinie zu eliminieren, um 180° um ihre Längsachse dreht. Hängt der Magnet, wie bei einer genauen Messung gegeben, an einem Faden, so ist das Torsionsverhältnis (s. d.) zu berücksichtigen. Für Reisebeobachtungen kann der Magnet auf einer Metallspitze, der Pinne, ruhen. Die Schiffahrt bestimmt die magnetische Deklination mit dem Kompaß (s. d.). Die niedere Landesvermessung benutzt den Dosenkompaß oder die „Bussole", hat aber keine umlegbare Nadeln und daher mit einer Instrumentalkonstanten zu rechnen. *A. Nippoldt.*

Deklinometer. Instrument, die zeitlichen Veränderungen der magnetischen Deklination zu messen, bestehend aus einem Magnet, der an einem Faden oder Draht so aufgehängt, daß er wagerecht schwebt, daher auch Unifilar genannt, und einem Skalenfernrohr, das einen mit dem Magneten fest verbundenen Spiegel betrachtet. Im Gesichtsfeld des Fernrohrs scheint sich der vertikale Faden des Fadenkreuzes über die Skala zu bewegen. Der etwa in Bogenminuten ausgedrückte Wert eines Intervalls der Skala ist der „Skalenwert", sein Reziprokes die „Empfindlichkeit". Ist A die Entfernung der Skala vom Spiegel, Θ der Torsionskoeffizient des Fadens, so ist der Skalenwert

$$\varphi = 1718',9\,\frac{n}{A}.$$

Sie ist also eine Indikatorempfindlichkeit, doch kann das Deklinometer auch magnetometrisch empfindlich gemacht werden, und zwar durch untergelegte Magnete. Sind diese mit dem Erdfeld gleichgerichtet, so wird das Deklinometer unempfindlich, im anderen Fall überempfindlich (s. a. Magnetometer). *A. Nippoldt.*

Dekrement, logarithmisches, ist bei einem Schwingungsvorgang der natürliche Logarithmus des Verhältnisses zweier aufeinander folgender Amplituden gleicher Richtung; wenn die Amplituden in einem Kondensatorkreis abfallen nach $J = J_0 e^{\beta t}$, so ist

$$\frac{J_0}{J_1} = \frac{e^{-\beta t}}{e^{-\beta(t+T)}} = e^{\beta T} = e^b$$

$$b \text{ also} = \log n \frac{J_0}{J_1} = \beta T = \frac{\beta}{n} = \frac{\frac{1}{2}\,J_0{}^2 W T}{2\cdot\frac{1}{2}\,L\,J_0{}^2},$$

d. h. = der während einer Periode verzehrten Energie zu der während derselben Periode im Kreise umgesetzten Energie.

$$b \text{ ist ferner} = \frac{W}{2\,n\,L} = \frac{C\,cm\,W\,\Omega\,2}{\lambda\,m\,300}$$

$$= \frac{\pi\,W}{\omega\,L} = \pi\,\cos\varphi \cong \pi\,\varphi \quad (\varphi\text{ Verlustwinkel im Kreis})$$

$1/b$ = Anzahl der ganzen Schwingungen, bis die

Amplitude auf $\frac{1}{e}$ gesunken ist. Die Amplituden sind abgefallen auf $^1/_{10}$ bei einer Dämpfung von

nach	Perioden
0,2	11,5
0,1	23
0,05	46
0,02	115

Messung des logarithmischen Dekrements.

A. Aus der Resonanzkurve. 1. Bei ungedämpften Schwingungen. Wirkt auf einen Schwingungskreis (L, C, n_2) eine sinusförmige elektromotorische Kraft (n_1), so ist

$$J = \frac{E}{\Sigma W} = \frac{E}{\sqrt{W^2 + \left(2\pi n_1 L - \frac{1}{2\pi n_1 C}\right)^2}}.$$

Verändert man die Periodenzahl des Schwingungskreises (n_2) kontinuierlich z. B. indem man C verändert, so erhält man in dem Kreis den maximalen Strom bei Resonanz, d. h. wenn $n_1 = n_2 = \frac{1}{2\pi\sqrt{LC}}$ ist, dann ist $J \max. = \frac{E}{W} = J_r$ und man erhält für das Verhältnis des Stromwertes im Kreise bei einer beliebigen Abstimmung n_2 zu der bei Resonanz die Bezeichnung

$$\left(\frac{J}{J_r}\right)^2 = \frac{1}{1 - \frac{1}{w^2}\left(2\pi n_1 L - \frac{1}{2\pi n_1 C}\right)}$$

da $(2\pi n_2)^2 LC = 1$ und $(2\pi r_1)^2 LC = 1$

$$\left(\frac{J}{J_r}\right)^2 = \frac{1}{\frac{1}{w^2(2\pi n_1)^2}C^2\cdot\left(\frac{n_1^2}{n_2^2}-1\right)^2} \quad \text{da } \mathfrak{d} = \frac{W}{2n_1 L}$$

ist $\mathfrak{d}^2 = \pi^2\left(\frac{n_1^2}{n_2^2}-1\right)\cdot\frac{J^2}{J_r^2 - J^2}$,

also $\quad\quad \mathfrak{d} = \pi\frac{C - Cr}{Cr}\sqrt{\frac{J^2}{J_r^2 - J^2}}.$

$\mathfrak{d}$ ergibt sich also in der Art, daß man aus der Resonanzkurve die C-Werte für den größten Strom (Cr) und einen anderen beliebigen Stromwert abliest und oben einsetzt. Zweckmäßiger setzt man in die Formel die beiden Kapazitätswerte ein, welche den gleichen Stromwerten zu beiden Seiten der Resonanzkurve entsprechen, d. h.

$$\mathfrak{d} = \frac{\pi}{2}\frac{C_1 - C_2}{Cr}\frac{J^2}{J_r^2 - J^2}.$$

Stellt man so ein, daß

$$J^2 = \frac{J_r^2}{2},$$

also z. B. auf halben Ausschlag eines Wattzeigers, dann ist

$$\mathfrak{d} = 1{,}57\frac{C_1 - C_2}{Cr}.$$

Enthält also ein Kreis einen Drehkondensator, dessen Kapazität geeicht ist und wirkt auf ihn eine sinusförmige EMK., so erhält man durch einfaches Ablesen zweier Kapazitätswerte die Dämpfung des Kreises.

2. Bei gedämpften Schwingungen. Wirkt auf einen Kreis eine gedämpfte Schwingung von der Dämpfung $\mathfrak{d}_1$, so erhält man durch Einstellen des Kreises (Dämpfung $\mathfrak{d}_2$) auf Resonanz, sowie durch Verstimmen zu beiden Seiten der Resonanz auf

die Stromwerte J_2 $(C_1$ und $C_2)$ die Summe der Dämpfungen beider Kreise, also

$$\mathfrak{d}_1 + \mathfrak{d}_2 = 1{,}57\frac{C_1 - C_2}{Cr}\sqrt{\frac{J_1^2}{J_r^2 - J_1^2}},$$

d. h. ist jetzt eine der beiden Dämpfungen bekannt, z. B. der eine Kreis wäre ein Wellenmesser mit der Dämpfung $\mathfrak{d}_2$, so erhält man die Dämpfung $\mathfrak{d}_1$, die Dämpfung des Senders.

Eine Bedingung für die Dämpfungsmessung ist, daß die Kopplung zwischen dem Erreger und dem Meßkreis ganz lose ist; die Kopplung (k) muß kleiner sein als

$$k^2 \lll 1 < \frac{\mathfrak{d}_1\mathfrak{d}_2}{\pi^2} < 5\cdot 10^6$$

Ist Rückwirkung vorhanden, so ist die Resonanzkurve breiter.

B. Dämpfungsmessung durch Einschaltung von Widerstand.

a) Bei ungedämpften Schwingungen. Es wird in den zu messenden Kreis ein zusätzlicher Widerstand Δw_2 geschaltet. Der Strom sinkt auf i_2. Da die ungedämpfte EMK. konstant ist, gilt

$$e = i_1 w_2 = i_2 (w_2 + \Delta w_2)$$

Daraus ergibt sich der unbekannte Widerstand

$$w_2 = \Delta w_2\frac{i_2}{i_1 - i_2}$$

oder wenn $\quad i_2 = \frac{i_1}{2}\quad\quad w = \Delta w_2.$

b) Bei gedämpften Schwingungen (Stoßerregung und lose Kopplung). Ist die Funkenzahl a, so zeigt ein Hitzdrahtinstrument den Wert

$$W_1 = i_1^2 w_H = a w_H\int_0^2 i^2\,dt =$$

$$= \varepsilon w_H\int J_0^2 e^{-2\beta T}\sin^2 2\pi n t\cdot dt \cong a\frac{J_0^2 w_H}{4\beta},$$

fügt man in den Kreis durch Δw eine zusätzliche Dämpfung ein $(\Delta\beta_2)$, so ist

$$W_2 = i_2^2 w_h = a\frac{J_0^2 w_H}{4(\beta_2 + \Delta\beta_2)}$$

$$\frac{\mathfrak{d}_2}{\Delta\mathfrak{d}_2} = \frac{i_2^2}{i_1^2 - i_2^2}\quad\quad w_2 = \Delta w_2\frac{i_2^2}{i_1^2 - i_2^2}$$

Macht man $i^2 = \frac{i_1^2}{2}$, so ist $w_2 = \Delta w_2.$

c) Aus der Resonanzkurve des Dynamometereffektes (Mandelstamm und Papalexi) (s. Dynamometereffekt). Eine feste Spule (Strom J_1) wirkt auf eine in ihrem Felde drehbare Spule (Strom J_2); dann ist die Wirkung auf die drehbare Spule der Mittelwert von $J_1\cdot J_2$. Sei J_1 der Strom in einem Primärsystem, J_2 der Strom in einem mit diesem lose gekoppelten veränderlichen Sekundärsystem (Wellenmesser), so zeigt der $J_1\cdot J_2$-Wert die in der Figur dargestellte Abhängigkeit von der Frequenz bzw. Kapazität des Sekundärsystems. Bei Resonanz (C r bzw. λ r) ist $J_1\cdot J_2 = 0$. Die Dämpfung ergibt

Abhängigkeit des Stromproduktes von der Frequenz bzw. Kapazität des Sekundärsystems.

sich jetzt aus den Maximalwerten der Kurve bei λ_1 und λ_2 ebenso wie früher zu

$$\mathfrak{d}_1 + \mathfrak{d}_2 = 1{,}57\, \frac{\lambda_1 - \lambda_2}{\lambda\, r}.$$

A. Meißner.

Näheres s. Zenneck, S. 158, Fig. 16.

Dekrementer s. Dämpfungsmesser.

Delta. Schwemmlandkegel an Flußmündungen, deren Name aus dem Altertum von der Δ förmigen Mündung des Nils überliefert ist. Sie bilden eine Mündungsform von Flüssen, bei welcher die von dem Flusse ins Meer geführten Schlammassen schnell zur Ablagerung gelangen und ein Hinauswachsen der Landmassen in das Meer zur Folge haben. Bei der Deltabildung spielt die Tatsache eine große Rolle, daß die im Flußwasser suspendierten festen Bestandteile durch die Mischung mit dem Salzwasser des Meeres schnell zum Niedersinken gebracht werden, doch ist es bisher noch nicht gelungen, einwandfrei nachzuweisen, warum bei manchen Flüssen eine starke Neigung zur Deltabildung vorhanden ist, während sie bei anderen völlig fehlt. Offenbar sind die Strömungsverhältnisse in der Zone, in welcher Fluß- und Meerwasser sich mischen, von großem Einfluß. Besonders weit ist das fingerförmige Delta des Mississippi in das Meer hinausgebaut. Sein Südwestarm verlängert sich jährlich um etwa 100 m. Das Delta des Terek rückt jährlich sogar um fast 500 m in das Kaspische Meer hinein vor, während das Nildelta seine Strandlinie nur um etwa 4 m jährlich vorschiebt.

Auch in Landseen kommt es zur Deltabildung, namentlich an den Mündungen von Hochgebirgsflüssen in Gebirgsseen oder bei der Einmündung von Steppenflüssen in abflußlose Seen.

O. Baschin.

Densimeter s. Aräometer.

Denudation. Der Vorgang der Entblößung der festen Erdkruste von den lockeren Bodenbestandteilen. Die Denudation ist somit ein Teilvorgang der Destruktion (s. diese).

Denudierende Kräfte sind die Schwerkraft und die Energie des fließenden Wassers, des gleitenden und stürzenden Gletschereises, der brandenden Meereswelle und der bewegten Luft. Diese Agentien wirken selten allein, sondern unterstützen einander meist. Vor allem ist die Schwerkraft fast stets in hervorragendem Maße beteiligt, so daß die Denudation im allgemeinen eine Verebnung der Erdoberfläche begünstigt. Man kann eine trockene und eine nasse Abfuhr unterscheiden, wenn auch in der Natur gewöhnlich beide zusammenwirken. Auch die sogenannten Bodenversetzungen (Gekriech, Erdfließen, Muren, Felsstürze usw.) fallen unter den Begriff der Denudation. Das Ziel des Denudationsprozesses ist die Bloßlegung des Felsbodens, wodurch den zerstörenden Atmosphärilien wieder neue Angriffsflächen geboten werden.

Die Denudation arbeitet aus leicht verwitterbaren Gesteinen die festeren Teile heraus, die als ruinenhaft gestaltete Gipfel, Felsmauern oder „Steine" ihre Umgebung überragen oder als Felsenmeere Hochflächen bedecken. Auch die sogenannten Erdpyramiden sind eine Folge der Denudation: Der Regen spült den lehmigen Boden fort, der nur dort erhalten bleibt, wo ein, dem Boden aufliegender Stein die darunter liegende Lehmmasse vor der Wegspülung schützt, so daß schließlich ein Pfeiler herausgearbeitet wird, der auf seiner Spitze den schützenden Stein trägt.

Während die Denudation also Unebenheiten schafft und zunächst eine stärkere vertikale Gliederung des Geländes zur Folge hat, trägt sie bei längerer Dauer dazu bei, diese Unebenheiten abzutragen, so daß die Oberfläche sich wieder mehr und mehr einer Ebene nähert, die als der übrig gebliebene Rumpf eines früheren Gebirgs- oder Hügellandes zu betrachten ist und daher Rumpffläche genannt wird. O. Baschin.

Depolarisator s. Normalelemente.

Depression des Eispunktes s. Glas für thermometrische Zwecke.

Deprez- bzw. Deprez-d'Arsonvalgalvanometer s. Drehspulgalvanometer.

Derivation s. Geschoßabweichungen, konstante.

Desaggregationstheorie der Radioaktivität s. Zerfallsgesetze.

Desemer s. Schnellwage.

Destruktion. Zusammenfassende, von A. Supan eingeführte Bezeichnung für die Gesamtheit der abtragenden endogenen Vorgänge (s. diese). Der Prozeß der Abtragung zerfällt in drei Akte: Zerstörung (im wesentlichen Verwitterung), Abfuhr (Denudation) und Ablagerung (Sedimentation). Die Destruktion wirkt durch das fließende Wasser punktweise (Löcher) oder linear (Täler), durch das Meer oder den Wind flächenhaft.

O. Baschin.

Detektor. Derjenige Teil der Empfangsapparatur, der, verbunden mit einem die hochfrequenten Schwingungen führenden Kreise, ihre Energie umsetzt in eine Form, die entweder für die Betätigung einer Telephonmembran oder eines Relais geeignet ist (s. auch Empfang). A. Esau.

Detektorgegenschaltung. Vorrichtung um die schädliche Einwirkung atmosphärischer Störungen auf die Empfangsapparate für drahtlose Signale abzuschwächen mittels zweier Detektoren, D_1 und D_2, die parallel und gegeneinander geschaltet sind (s. Figur). Bei normalem Betrieb wirkt nur der eine von ihnen, während bei starken atmosphärischen Störungen beide ansprechen. Der Strom wird also in beiden Richtungen durchgelassen und das Telephonschaltschema T spricht nicht an. A. Esau.

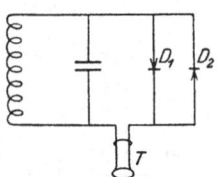

Detektorgegenschaltung.

Detonation s. Explosion.

Deuteranopie s. Farbenblindheit.

Deviation s. Kompaß.

Deviationskraft s. Kreisel.

Deviationsmoment s. Kreisel und Trägheitsmoment.

Dezimalwage s. Brückenwage.

Diamagnetismus. — Als diamagnetisch bezeichnet man diejenigen Körper, deren Permeabilität (s. dort) geringer ist, als diejenige des leeren Raumes, die infolgedessen die Kraftlinien eines sie umgebenden Feldes nicht in sich hineinzuziehen, sondern um sich herumzuleiten suchen, und die sich daher auch, an einem Faden zwischen den Polen eines starken Elektromagnets drehbar aufgehängt, senkrecht zur Richtung der Verbindungslinie dieser Pole stellen, während umgekehrt die paramagnetischen und noch mehr die ferromagnetischen Körper, deren Permeabilität größer ist, als diejenige des leeren Raumes, sich in diese Verbindungslinie einstellen. Wenn, wie durch die Versuche von

Einstein und de Haas als erwiesen angesehen werden kann, der Magnetismus der kleinsten Teilchen durch rotierende, wahrscheinlich im Innern der Atome befindliche Elektronen hervorgebracht wird, welche in der Art der Ampèreschen Molekularströme wirken, so muß die Erzeugung eines magnetischen Feldes diese Ströme, d. h. also die Rotationsgeschwindigkeit der Elektronen, durch Induktionswirkung schwächen und so die diamagnetischen Erscheinungen hervorbringen. Der von der Temperatur unabhängige, weil innerhalb der Atome sich abspielende Diamagnetismus ist also eine allen Körpern, auch den ferromagnetischen, eigentümliche Eigenschaft, und die rein diamagnetischen Körper sind vor den anderen nur dadurch ausgezeichnet, daß das resultierende magnetische Moment der Bahnen sämtlicher Elektronen eines Moleküls dauernd Null ist, wozu offenbar eine besondere Symmetrie im Aufbau der Moleküle gehört, während bei den para- und ferromagnetischen Körpern ein solches Moment vorhanden ist, dessen Orientierung gleichzeitig vom äußeren Magnetfeld und von der thermischen Agitation abhängt. Wenn bei einer bestimmten Temperatur der Zustand der sog. Sättigung erreicht ist, dann ist diese Orientierung bereits vollkommen, eine weitere Steigerung des Feldes kann also die magnetischen Eigenschaften nicht mehr erhöhen, wohl aber die diamagnetischen, und infolgedessen müßte der scheinbare Sättigungswert ferromagnetischer Substanzen ein Maximum erreichen und darnach infolge der dauernden Zunahme des Diamagnetismus wieder abnehmen. Diese Erscheinung hat sich bis jetzt noch nicht mit Sicherheit nachweisen lassen, offenbar wegen der außerordentlich geringen Größe der diamagnetischen Wirkungen gegenüber den bei der Messung der Sättigungswerte unvermeidlichen Fehlerquellen, wohl aber ist es gelungen, bei den als diamagnetisch angenommenen Körpern die Größe der Suszeptibilität mit einiger Sicherheit festzustellen. Weitaus der wichtigste Stoff in dieser Beziehung ist das Wasser, da bei der Bestimmung der Suszeptibilität in Wasser gelöster Stoffe die Suszeptibilität des Wassers nach der Beziehung

$$\varkappa_1 = \frac{p}{100}\varkappa + \left(1 - \frac{p}{100}\right)\varkappa_0$$

mit eingeht, worin $\varkappa_1$, $\varkappa$ und $\varkappa_0$ die Suszeptibilitäten der Lösung, des gelösten Stoffes und des Lösungsmittels bedeuten. Vielfach bezieht man hierbei die Suszeptibilität nicht auf die Volumeneinheit, sondern auf die Masseneinheit, und bezeichnet sie dann als spezifische Suszeptibilität mit dem Buchstaben χ. So fanden S è v e, Weiß und Piccard in guter Übereinstimmung für 1 g Wasser den Wert $\chi = 0,72 \times 10^{-6}$. Weiter ergaben sich für

Wismut	$\varkappa = -14$	$\times 10^{-6}$
Gold	$= -3$	
Quecksilber	$= -2,6$	
Phosphor	$= -1,6$	
Silber	$= -1,5$	
Zink	$= -0,9$	
Schwefel	$= -0,8$	
Kupfer	$= -0,7$	

doch sind die Werte, wie bei ihrer geringen Größe leicht ersichtlich ist, wenig genau. *Gumlich.*

Diatherman (griechisch δια durch, θερμη Wärme) durchlässig für Wärmestrahlen. Gegenteil athermman, s. d. Vollständig diatherman scheinen alle elementaren Gase zu sein. Glas in dünner Schicht durchlässig bis etwa 4 μ, Quarz bis etwa 8 μ und jenseits 80 μ, Flußspat bis etwa 15 μ, Steinsalz und Sylvin bis etwa 30 μ. Ruß wird für Wellen über 20 μ durchsichtig, über 100 μ auch Pappe und Ebonit. *Gerlach.*

Näheres s. Originalarbeiten von R u b e n s. Berl. Ber. von 1910 an. Tabellen iu C h w o l s o n Physik. Bd. II. 2. Auflage unter Infrarot.

Dichromatisches Farbensystem s. Farbenblindheit.

Die **Dichte** der Gläser bewegt sich etwa innerhalb der Grenzen 2,2 und 6,3. Die zuletzt genannte Zahl bedeutet das spez. Gewicht eines Glases, das 82 v. H. Bleioxyd enthält. Bleigläser zeichnen sich durch große Dichte aus. Die Dichte der gewöhnlichen Apparatengläser beträgt etwa 2,5, die des Jenaer Normalglases 16^{III} 2,58, des Borosilikatglases 59^{III} 2,37. Über ihre Berechnung für Gläser bekannter Zusammensetzung s. Glaseigenschaften. *R. Schaller.*

Dichte s. Spezifisches Gewicht.

Dichte im Erdinneren. Da die mittlere Dichte der Erde 5,5, die Oberflächendichte aber nur 2,7 beträgt, so folgt, daß im Innern der Erde eine noch bei weitem höhere Dichte herrschen muß. Einen Anhaltspunkt für die Bestimmung der Dichte des Erdinnern gibt uns die Abplattung, da sie mit den Trägheitsmomenten der Erde und damit mit der Massenlagerung im Erdinneren im direkten Zusammenhang steht. Sind A und C die Hauptträgheitsmomente der Erde und M ihre Masse, so ist die hier auftretende Größe: $\frac{C - A}{M}$. Diese Größe spielt auch in der Veränderung der Schwere längs der Erdoberfläche, und endlich in gewissen kleinen Störungen der Mondbewegung eine Rolle (s. Abplattung). In den Ausdrücken für das Zurückweichen des Nachtgleichenpunktes tritt die Größe $\frac{C - A}{C}$ auf, die somit ebenfalls von der Art der Massenlagerung im Erdinneren abhängig ist.

Die Bestimmung der Dichteverhältnisse im Erdinnern muß sich also auf folgende 4 Bedingungen stützen:

1. Oberflächendichte . . . . = 2,7
2. mittlere Dichte . . . . = 5,5
3. Abplattung . . . . = 1 : 297,8
4. $\frac{C - A}{C} = $ . . . . = 1 : 305,6

Mit der Erfüllung der 3. Bedingung wird auch der Forderung der Schwerbeobachtung und der Mondbewegung Genüge geleistet.

Dazu tritt noch eine Bedingung, welche ausdrückt, daß die Flächen gleicher Dichte mit den Niveauflächen zusammenfallen müssen, daß also im Inneren hydrostatisches Gleichgewicht herrschen muß (s. auch die Festigkeit der Erde).

Man kann sich über die Dichteverhältnisse zweierlei Vorstellungen machen: 1. Die Dichte nimmt gegen das Innere kontinuierlich zu. Man findet, daß in diesem Falle der Wert der Dichte im Mittelpunkt etwa 10—12 sein muß. 2. Die Dichte nimmt sprunghaft zu. Solche Unstetigkeiten scheinen aus den Beobachtungen der Erdbeben zu folgen. Unter der Annahme von 2 Dichtesprüngen (erweiterte Wichertsche Hypothese) in den Tiefen von beiläufig 1200 km und 2500 km findet Klußmann für die Dichte des Kernes einen Wert, der auf Eisen, Nickel und Kobalt als Material hinweist (7,8—8,9); für die Mittelschichte kämen Eisenerze mit einer Dichte von etwa 5,5 in Betracht. Dem Gesteinsmantel kommt die Dichte 3,4 zu.   *A. Prey.*

<small>Näheres s. W. Klußmann, Über das Innere der Erde (Gerlands Beiträge zur Geophysik, XIV. Bd.).</small>

Dichte, mittlere, der Erde. Fassen wir die Erde als Kugel vom Radius r und der mittleren Dichte ϑ auf, und ist k^2 die Gravitationskonstante, so ist die Schwere an der Oberfläche gegeben durch

$$g = \frac{4\,\pi}{3}\,k^2\,\vartheta\,r.$$

Hierin ist $k^2\,\vartheta$ die einzige Unbekannte und läßt sich somit bestimmen. Ist k^2 bekannt, so ergibt sich daraus die Größe ϑ. Die Bestimmung der mittleren Dichte der Erde fällt also mit der Bestimmung der Gravitationskonstante zusammen. Diese wird gefunden aus der Anziehung von Gegenständen, deren Masse bekannt ist. Man verwendet z. B. große Bleimassen, deren Stellung und Gestalt auf das genaueste ermittelt werden kann. Als Instrument verwendet man die gewöhnliche Wage (Jolly, Poynting, Richarz u. Krigar-Menzel) oder die Drehwage (Cavendish, Boys) oder auch das Pendel (Wilsing). Statt der Größe der Schwere kann man auch ihre Richtung beobachten und den Betrag der Lotstörungen ermitteln, der durch bekannte Massen (Wilsing) oder durch hohe Berge verursacht werden, die durch ihre einfache Form und isolierte Lage die genaue Ermittlung der nötigen Daten gestatten (Maskelyne, Preston).

Eine dritte Methode besteht in der Beobachtung der Zunahme der Schwere beim Eindringen in die Erdrinde in Bergwerken. Diese Methode liefert jedoch weniger genaue Resultate (Airy, Sterneck). Der Wert der mittleren Dichte der Erde ist nach den neuesten Untersuchungen gleich 5,5.   *A. Prey.*

<small>Näheres s. J. H. Poynting, On a determination of the mean density of the earth. Phil. Trans. of London. Ser. A. Bd. 182.</small>

Dielektrikum. Ein Medium, mit welchem ohne allzu große Verluste ein elektrisches Feld aufrecht erhalten werden kann, welches also eine ganz geringe oder vernachlässigbare Leitfähigkeit hat.
            A. Meißner.

Dielektrische Hysteresis s. Hysteresis.

Dielektrisierungszahl. Die Dielektrisierungszahl k entspricht der magnetischen Suszeptibilität und ist mit der Dielektrizitätskonstanten durch die Gleichung

$$\varepsilon = 1 + 4\,\pi\,k$$

verknüpft.   *R. Jaeger.*

Dielektrizitätskonstante eines Mediums. Das Verhältnis der Kapazität eines Kondensators, der das betreffende Medium als Dielektrikum hat, zu demselben Kondensator, der Vakuum bzw. Luft als Dielektrikum hat.

Dielektrizitätskonstanten der verschiedenen Stoffe

Wasser	80
Olivenöl	3
Paraffinöl	2—2,6
Petroleum	2
Ebonit	2—2,7
Glas	3—7
Guttapercha . . .	4
Glimmer	8
Papier	2—2,8
Quarz	4
Schellack	2,7

            A. Meißner.

Dielektrogene (vgl. unter Dielektrophore). Unter Dielektrogenen versteht man elektropositive Gruppen wie

$$H,\ CH_3,\ CH_0,\ C_0H_0,$$

also Wasserstoff und die Alkyl- und Allylreste, welche notwendig sind, um die Wirkung der Dielektrophore zu ermöglichen.   *R. Jaeger.*

Dielektrophore. Die Dielektrophore spielen eine Rolle in der Theorie, welche die Beziehungen zwischen Dielektrizitätskonstante und chemischer Konstitution aufdecken will (s. insbesondere P. Walden, Zeitschr. f. phys. Chemie **70**, 584, 1910). Walden, der die früheren Arbeiten von Thwing, Traube und Eggers erweiterte, betont, daß die dielektrischen Eigenschaften der einzelnen Atome und Atomgruppen nicht additiv die Dielektrizität des Moleküls und seiner Verbände bestimmen, sondern sich in ihrer Wirkung gegenseitig erheblich beeinflussen. Hohe Dielektrizitätskonstanten werden durch gewisse elektronegative Radikale, die sog. Dielektrophore, verursacht. Als Dielektrophore gelten:

$$\text{I. OH, } NO_2 \text{, CO (bzw. } \overset{\mid}{CO}, \ \overset{\overset{\displaystyle H}{\mid}}{\underset{\mid}{C}} =, \text{ COOH), } SO_2.$$

II. CN, SCN, NCS (Isorhodan), NH_2.

III. F, Cl, Br, J.

Beispiele für deren Wirkung sind: Wasser $\varepsilon \sim 80$, Methylalkohol $\varepsilon \sim 35$, Cyanwasserstoff $\varepsilon \sim 95$, CH_3NO_2 $\varepsilon \sim 40$ (vgl. dagegen die niederen D.-K. der Kohlenwasserstoffe). Für die Einwirkung verschiedener der genannten Radikale wurden Regeln aufgestellt. Werden alle Wasserstoffatome durch elektrophore Gruppen ersetzt, so ergeben sich ebenso wie bei Verbindung zweier solcher Gruppen zu einem Molekül kleine D.K. Als Beispiel seien genannt: O_2 $\varepsilon = 1,49$, Br_2 $\varepsilon = 3,18$, $(CN)_2$ $\varepsilon = 2,5$, $C(NO_2)_4$ $\varepsilon = 2,13$, CCl_4 $\varepsilon = 2,25$.   *R. Jaeger.*

Dieselmotor s. Verbrennungskraftmaschinen.

Differentialgalvanometer. Bei diesem Galvanometer (s. d.) bestehen die Spulen aus zwei gleichzeitig nebeneinander aufgewickelten Windungen gleichartigen Drahtes, die beim Gebrauch des Galvanometers von Strömen in entgegengesetzter Richtung durchflossen werden; die Wirkung derselben auf die Nadel hebt sich bei Gleichheit der Ströme auf. Das Galvanometer dient also als Nullinstrument. Das Instrument kann z. B. bei Widerstandsmessung Verwendung finden (Kohlrauschsche Methode). Im Prinzip kann jedes Galvanometer zum Differentialinstrument ausgestaltet werden, meist benutzt man aber zur Zeit hierzu Nadelgalvanometer.   *W. Jaeger.*

<small>Näheres s. Jaeger, Elektr. Meßtechnik. Leipzig 1917.</small>

Differentialtelephon. Ein Telephon, akustisches oder optisches, bei dem auf den Magnet gleichzeitig zwei Wicklungen gleicher Dimension aufgebracht sind. Diese werden beim Gebrauch des Instruments von Strömen in entgegengesetzter Richtung durchflossen; sind beide Ströme gleich stark, so hebt sich ihre Wirkung auf das Telephon auf und man kann dieses daher als Nullinstrument benutzen.
            W. Jaeger.

Differentielle Permeabilität bzw. Suszeptibilität. — Während die gewöhnliche Permeabilität (bzw. Suszeptibilität) definiert ist durch das Verhältnis $\mathfrak{B}/\mathfrak{H}$ (bzw. $\mathfrak{J}/\mathfrak{H}$), also durch das Verhältnis der gesamten, durch die Feldstärke $\mathfrak{H}$ hervorgerufenen Induktion (bzw. Magnetisierungsintensität) zur Feldstärke, ist die differentielle Permeabilität (bzw. Suszeptibilität) definiert durch das Verhältnis $\varDelta\mathfrak{B}/\varDelta\mathfrak{H}$ (bzw. $\varDelta\mathfrak{J}/\varDelta\mathfrak{H}$), d. h. also durch die Zunahme der Induktion $\mathfrak{B}$ (bzw. Magnetisierungsintensität $\mathfrak{J}$) bei der Vermehrung irgend einer Feldstärke $\mathfrak{H}$ um die kleine Größe $\varDelta\mathfrak{H}$. Sie ergibt sich graphisch aus dem Verlauf der Magnetisierungskurve (s. dort), ist verhältnismäßig klein bei ganz niedrigen und sehr hohen Feldstärken, wo im allgemeinen nur reversibele Magnetisierungsvorgänge (s. dort) in Betracht kommen, kann dagegen auf dem steilen Teil der Magnetisierungskurve, wo es sich im wesentlichen um irreversibele Vorgänge handelte, außerordentlich hohe Werte erreichen. *Gumlich.*

Differenztöne s. Kombinationstöne.

Diffraktion s. Beugung.

Diffus leuchtende Fläche, vollkommen: eine im eigenen oder reflektierten oder durchgelassenen Licht proportional cos ε leuchtende Fläche s. Photometrische Gesetze und Formeln, Nr. 9; ferner Photometrische Größen und Einheiten, Nr. 6.

Diffusion. In einem vertikalen Zylinder vom Querschnitt eins sei oben ein leichteres, unten ein schwereres Gas. Die Zahl der Molekeln des oberen Gases sei per Volumseinheit $N_1 = \mathsf{N}_1 + az$, folglich, da wegen der Konstanz des Drucks im ganzen Gefäß $N = N_1 + N_2$ sein muß, wenn N_2 die Zahl der Molekeln des zweiten Gases in der Volumeinheit bedeutet, so ist $N_2 = \mathsf{N}_2 - az$. Es wandern nun die Gase gegeneinander und es geht vom ersten Gas in der Sekunde die Menge δa durch den Querschnitt nach unten und vom zweiten ebensoviel nach oben. Man nennt dann δ den Diffusionskoeffizienten.

Wir fassen nun eine bestimmte Horizontalebene ins Auge. Der Einfachheit halber nehmen wir an, ein Drittel der Molekeln fliege parallel zur x-Achse, ein Drittel parallel zur y-Achse und ein Drittel parallel zur z-Achse. Die Geschwindigkeit der Molekeln des ersten Gases sei c_1, ihre mittlere Weglänge λ_1. Alle Molekeln des ersten Gases, die unsere Ebene durchfliegen, kommen im Mittel aus der Höhe λ_1 über derselben. Dort ist ihre Konzentration $N_1 + a\lambda_1$. In der Sekunde fliegen daher $\frac{1}{6}(N_1 + a\lambda_1)c_1$ Molekeln von oben nach unten und gleicherweise $\frac{1}{6}(N_1 - a\lambda_1)c_1$ Molekeln von unten nach oben. (Eine analoge Betrachtung siehe im Artikel „Innere Reibung".) Der Überschuß der nach abwärts wandernden Molekeln ist also $\frac{1}{3}a\lambda_1 c_1$. Vom zweiten Gas wandern nach aufwärts $\frac{1}{3}a\lambda_2 c_2$ Molekeln. Da diese Zahlen im allgemeinen verschieden sein werden, so werden, falls z. B. $\lambda_1 c_1 > \lambda_2 c_2$ ist, im ganzen $\frac{1}{3}a(\lambda_1 c_1 - \lambda_2 c_2)$ Molekeln nach abwärts wandern. Das hätte eine Druckerhöhung im unteren Teil des Gefäßes zur Folge, was durch eine Verschiebung des Gasgemisches nach oben ausgeglichen werden muß. Die Konzentrationen in der fixierten Ebene seien N_1 und N_2, wobei $N_1 + N_2 = N$ ist. Von den $\frac{1}{3}a(\lambda_1 c_1 - \lambda_2 c_2)$ Molekeln werden daher vom ersten Gas $\frac{1}{3}a(\lambda_1 c_1 - \lambda_2 c_2)\frac{N_1}{N}$, vom zweiten $\frac{1}{3}a(\lambda_1 c_1 - \lambda_2 c_2)\frac{N_2}{N}$ nach oben wandern. Ziehen wir

das alles in Betracht, so erhalten wir für die Anzahl der nach unten wandernden Molekeln des ersten Gases

$$\frac{1}{3}a\lambda_1 c_1 - \frac{1}{3}a(\lambda_1 c_1 - \lambda_2 c_2)\frac{N_1}{N} = \frac{1}{3}a\lambda_1 c_1\left(1 - \frac{N_1}{N}\right)$$
$$+ \frac{1}{3}a\lambda_2 c_2\frac{N_1}{N} = \frac{a}{3N}(\lambda_1 c_1 N_2 + \lambda_2 c_2 N_1).$$

Folglich ist nach dem früheren der Diffusionskoeffizient

$$\delta = \frac{1}{3N}(\lambda_1 c_1 N_2 + \lambda_2 c_2 N_1).$$

Die mittlere Weglänge (s. diese) ist verkehrt proportional der Zahl der Molekeln, daher ist der Klammerausdruck in unserer Formel vom Druck unabhängig. Nach dem Boyle-Charlesschen Gesetz (s. dieses) ist $N = \frac{3p}{mc^2}$. Folglich ist der Diffusionskoeffizient dem Ausdruck $\frac{c^3}{p}$ proportional oder proportional $\frac{T^{3/2}}{p}$. Die Abhängigkeit vom Druck bestätigt sich, mit der Temperatur wächst δ jedoch rascher als die Formel verlangt. Die Ursache davon ist dieselbe wie bei der inneren Reibung (s. diese).

Aus den Formeln für die innere Reibung, Wärmeleitung (s. diese) und Diffusion erkennt man einen innigen Zusammenhang dieser Größen, so daß sich z. B. der Diffusionskoeffizient direkt durch die Reibungskoeffizienten der diffundierenden Gase darstellen läßt. *G. Jäger.*

Näheres s. G. Jäger, Die Fortschr. d. kinet. Gastheorie. 2. Aufl. Braunschweig 1919.

Diffusion von Gasionen s. Beweglichkeit und Diffusion von Gasionen.

Diffusionsluftpumpe (Gaede 1913). — Durch Erhitzen des Quecksilbers (A s. Figur) im Siede-

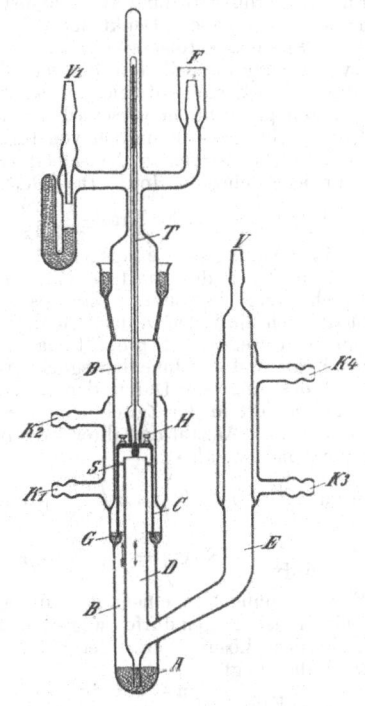

Diffusionsluftpumpe (Gaede).

gefäß wird ein Quecksilberdampfstrom erzeugt, der in der Pfeilrichtung längs B emporsteigt, in dem oberen Teile des Metallzylinders C nach unten umgelenkt wird und durch D hindurch nach E gelangt, wo er in dem Kühler K_3K_4 kondensiert wird. Ein Diffusionsvorgang durch enge Spalte S übermittelt dem Quecksilberdampfstrom die Gasmoleküle aus dem Hochvakuum F. Der durch die (etwa 0,04 mm weiten) Spalte den Gasmolekülen entgegen diffundierende Quecksilberdampf wird durch Kühlung im Hochvakuum (Kondenser K_1K_2) niedergeschlagen und kehrt über die Überlaufrinne G zum Siedegefäß A zurück. Bei der Kondensation im Kühler K_3K_4 gibt der Quecksilberdampfstrom die mitgeführten Gasmoleküle aus dem Hochvakuum F an das Vorvakuum V ab. Im Gegensatz zu den Quecksilberdampfstrahlpumpen (s. d.), bei denen die freie Strahlfläche den Ausgleich der Druckdifferenz Hochvakuum-Vorvakuum verhindert, sind in der Diffusionsluftpumpe die engen Diffusionsspalte Träger dieser Druckdifferenz. Die Pumpgeschwindigkeit beträgt etwa 80 ccm/sec für Luft und ist erheblich von der Temperatur des Quecksilberdampfes abhängig.

A. Gehrts.

Näheres s. W. G a e d e, Ann. d. Phys. **46**, 357—392, 1915.

Diffusionspotential. Die Zersetzungsprodukte der elektrolytischen Dissoziation lassen sich durch Diffusion nicht in wägbarer Menge trennen. Die Ursache dieser auch Elektroneutralität genannten Erscheinung ist zweifellos in den elektrostatischen Anziehungskräften zu erblicken, mit welchen die Ladungen der Ionen (s. d.) sich gegenseitig festzuhalten suchen. Die verschiedene Beweglichkeit (s. Leitvermögen) der Ionen läßt aber vermuten, daß wenigstens auf kurze Strecken die schnelleren den langsameren Ionen vorauseilen und daß sich diese spurenweise Scheidung der Ionen wegen ihrer außerordentlich großen Ladung als elektrostatische Wirkung erkennen lasse. Denkt man sich nach Nernst (1888) einen Diffusionszylinder mit einem nahezu vollständig dissoziierten binären Elektrolyten gefüllt, dessen Konzentration η (gemessen in g-Äquivalenten pro ccm) in verschiedenen achsenparallelen Schichten kontinuierlich von links nach rechts zunimmt, so wirken in demselben zweierlei **Kräfte** auf jedes einzelne Ion: Das Gefälle des osmotischen Druckes mit der Kraft $\dfrac{1}{\eta N}\dfrac{dp}{dx}$ und das von den Ionenladungen $\pm e$ ausgehende elektrostatische Feld $\mathfrak{E}$ mit der Kraft $\pm e\mathfrak{E}$, wo N die Avogadrosche Zahl bedeutet. Die Geschwindigkeit, mit der sich die Ionen in dem widerstehenden Lösungsmittel bewegen, ist proportional der bewegenden Kraft und der Ionenbeweglichkeit u des Kations, v des Anions. Durch den Querschnitt von 1 qcm wandert in der Zeiteinheit eine Ionenmenge M, die ihrer Anzahl und ihrer Geschwindigkeit proportional ist, also

$$M_K = u\left(\frac{dp}{dx} + \eta\, Ne\, \mathfrak{E}\right) = u\left(\frac{dp}{dx} + \eta\, F\, \mathfrak{E}\right)$$

$$M_A = v\left(\frac{dp}{dx} - \eta\, Ne\, \mathfrak{E}\right) = v\left(\frac{dp}{dx} - \eta\, F\, \mathfrak{E}\right)$$

wenn F die Ladung von einem g-Äquivalent ist. Diese beiden Ionenmengen dürfen wegen der Elektroneutralität der Lösung einander gleichgesetzt werden. Daher folgt

$$F\,\mathfrak{E} = -\frac{u-v}{u+v}\frac{1}{\eta}\frac{dp}{dx}.$$

Berücksichtigt man, daß $p = \eta\, RT$, und integriert, so erhält man die E. K. zwischen zwei verschiedenen aber stark verdünnten Lösungen desselben Elektrolyten:

$$E = \frac{u-v}{u+v}\frac{R}{F}\, T \ln \frac{\eta_2}{\eta_1}.$$

In den Fällen, wo die Beweglichkeit der Anionen und Kationen nahezu einander gleich ist, kann diese E. K. praktisch vernachlässigt werden.

H. Cassel.

Siehe auch die Artikel „Konzentrationsketten, Flüssigkeitsketten". Näheres z. B. N e r n s t, Theoretische Chemie. Stuttgart 1913.

Digression der Planeten. Die unteren Planeten, Merkur und Venus, die der Sonne näher stehen als die Erde, können sich in Winkelabstand nicht beliebig weit von der Sonne entfernen. Den Winkelabstand nennt man Digression oder Elongation.

Die größte Elongation beträgt für Merkur im Mittel 23°, im besten Falle infolge seiner starken Bahnexzentrizität 28°. Bei Venus, die eine sehr geringe Bahnexzentrizität besitzt, beträgt die größte Elongation durchweg 46°. *Bottlinger.*

Dilatation s. Deformationszustand.

Dilatometer s. Ausdehnung durch die Wärme und Fizeausches Dilatometer.

Dimensionen der Erde. Die Dimensionen der Erde werden durch Gradmessungen (s. Abplattung) bestimmt. Nach den Berechnungen von Bessel ist
die halbe Äquatorachse = $6\,377\,397 \cdot 155$
die halbe Polarachse . = $6\,356\,078 \cdot 963$
Neuere Untersuchungen gaben um etwa 500 bis 1000 m größere Werte. *A. Prey.*

Näheres s. R. H e l m e r t, Die Größe der Erde. Sitzungsbericht der preuß. Akademie der Wissenschaften 1906, XXVIII.

Dioptrie. Von einem lichtbrechenden System (Linse, Brille), das die Brennweite f hat, sagt man: es hat die Brechkraft (Stärke) $1/f$. Als Maß für die Brechkraft benützt man die Dioptrie (dptr.). Man definiert sie als die Brechkraft einer Linse von 1 m Brennweite, d. h. durch $1 : 1$ m. Eine Linse von $\frac{1}{2}$, $\frac{1}{3}$ .... $1/n$ Meter Brennweite nennt man eine Linse von 2, 3 .... n Dioptrien. Man mißt auch die Brechkraft eines Brillenglases in Dioptrien (Vorschlag des Straßburger Ophthalmologen Monoyer Anfang der siebziger Jahre des vorigen Jahrhunderts). Früher maß man f in rheinländischen (preußischen) Zoll und nannte die Brillennummer nach der Brennweite, z. B. ein Konkavglas von 10 Zoll Brennweite = — 10. Genügend genau für die Praxis rechnet man die Zollzahl in die Dioptriezahl um, wenn man die Zollzahl in 40 dividiert. Der früheren Bezeichnung: — 10 entspricht z. B. die jetzige: — 4 Dioptrien. *Berliner.*

Diotisches Hören s. Schallrichtung.

Dipol. Zwei Kugeln oder Platten oder ähnliche Kapazitäten, die durch einen Draht miteinander verbunden sind, so daß sie einen symmetrischen Hertzschen Oszillator bilden. *A. Meißner.*

Direktionskraft (Richtkraft), magnetische. — Auf eine aufgehängte oder auf Spitzen gelagerte Magnetnadel vom magnetischen Moment $\mathfrak{M}$, die mit der Richtung des magnetischen Feldes von der Größe $\mathfrak{H}$ den Winkel α bildet, wirkt die Direktionskraft $\mathfrak{M}\mathfrak{H}\sin\alpha$. Die Stelle der Magnetnadel kann auch eine stromdurchflossene Spule vertreten. *Gumlich.*

Diskontinuierliche Flüssigkeitsbewegung. Unter einer diskontinuierlichen Flüssigkeitsbewegung versteht man eine Strömung, bei welcher die Geschwin-

·digkeit keine stetige Funktion des Ortes ist, sondern sprunghafte Änderungen aufweist. Eine solche Bewegung ist nur in einer idealen reibungslosen Flüssigkeit denkbar, nicht aber in einer wirklichen Flüssigkeit. Eine diskontinuierliche Bewegung erhalten wir, wie Helmholtz zuerst nachwies, beim Umströmen einer scharfen Kante eines festen Körpers durch Ausbildung von Diskontinuitätsflächen (s. dort) oder bei der Bildung von Flüssigkeitsstrahlen. Die innere Reibung aller Flüssigkeiten veranlaßt indessen, daß alle etwa auftretenden Diskontinuitäten in kurzer Zeit unter Bildung von Wirbeln verschwinden.

Um einen Begriff von der Wirkung der Reibung zu bekommen, wollen wir eine diskontinuierliche Bewegung betrachten, bei welcher die Geschwindigkeitskomponente u in Richtung von x nur Funktion der y-Koordinate und der Zeit t ist, während die beiden anderen Geschwindigkeitskomponenten in Richtung der y- und z-Achse Null sind und keine Wirkung äußerer Kräfte in Frage kommt. Zur Zeit t gleich Null sei $u = 0$ für $0 < y < {}^1/_2$ und $u = 1$ für $\frac{1}{2} < y < 1$, so daß wir also eine ebene Laminarströmung haben, die aus zwei Hälften besteht, die durch eine ebene Diskontinuitätsfläche im Abstande $\frac{1}{2}$ von der xz-Ebene getrennt sind. Auf beiden Seiten dieser Fläche herrscht der Geschwindigkeitsunterschied 1. Die Strömung ist mit Ausnahme eines unendlich dünnen Flächenwirbels bei $y = \frac{1}{2}$ wirbelfrei.

Die Navier-Stokesschen Gleichungen (s. dort) liefern uns dann die Differentialgleichung

$$\frac{\partial u}{\partial t} = \nu \frac{\partial^2 u}{\partial y^2},$$

in der ν der kinematische Reibungskoeffizient der Flüssigkeit ist. Diese Gleichung hat unter Berücksichtigung der genannten Grenz- und Anfangsbedingungen die Lösung

$$u = y - \frac{1}{\pi}\left\{ e^{-4\pi^2\nu t}\sin 2\pi y - \frac{1}{2} e^{-16\pi^2\nu t}\sin 4\pi y \right.$$
$$\left. + \frac{1}{3} e^{-36\pi^2\nu t}\sin 6\pi y - \ldots\ldots \right\}.$$

Mit $\nu = 0{,}01$ (Wasser von 17° C) wird der Exponentialfaktor des dritten Gliedes schon bei $t = 1$ Sekunde kleiner als 0,01, so daß schon nach wenigen Sekunden nur das erste Glied der Reihe berücksichtigt zu werden braucht. Nach etwa 13 Sekunden kann mit 1% Genauigkeit $u = y$ gesetzt werden. Dies ist bei Luft mit $\nu = 0{,}13$ schon nach etwa einer Sekunde der Fall.

Obenstehende Figur läßt erkennen, wie der Geschwindigkeitssprung, welcher zur Zeit $t = 0$ angenommen wurde, mit der Zeit verschwindet. An Stelle des Sprunges treten indessen Wirbel auf, denn für großes t ergibt sich in Richtung der Z-Achse eine Wirbelkomponente

$$r = \frac{1}{2}\left(\frac{\partial v}{\partial x} - \frac{\partial u}{\partial y}\right) = \frac{1}{2},$$

also ein konstanter Wirbel in der ganzen Flüssigkeitsschicht.

In analoger Weise verliert ein aus einer Öffnung austretender Flüssigkeitsstrahl, wie z. B. der Rauch eines Schornsteines, sehr bald nach dem Austritt unter Wirbelbildung seine freie Oberfläche. Bei

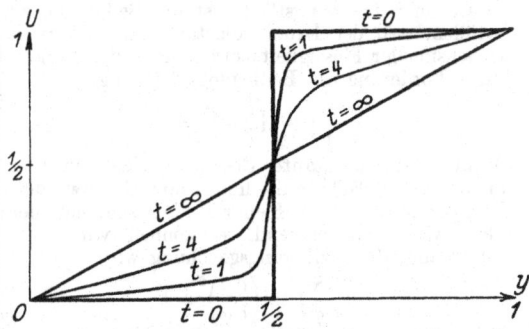

Verschwinden des Geschwindigkeitssprungs bei der diskontinuierlichen Flüssigkeitsbewegung.

gleicher Austrittsgeschwindigkeit wird ein Wasserstrahl in Wasser sich auf längerer Strecke erhalten können, als ein Luftstrahl in Luft wegen des größeren kinematischen Reibungskoeffizienten der Luft.

Ebenso, wie sich bei dem beschriebenen Versuch die Wirbel einer unendlich dünnen Wirbelfläche unter der Wirkung der inneren Reibung schnell über die ganze Flüssigkeit ausbreiten, dringen auch die Wirbel, die sich an jeder festen Wand innerhalb einer Flüssigkeit bilden müssen, in die ganze Flüssigkeit ein. Eine Potentialströmung würde demnach schon nach sehr kurzer Zeit in einem geschlossenen Gefäße zerstört sein, wenn sie für einen Augenblick gebildet sein sollte.

O. Martienssen.

Näheres s. Schäfer, Einführung in die theoretische Physik I. Leipzig 1914.

Diskontinuitätsfläche. Die Eulerschen hydrodynamischen Gleichungen (s. dort) ergeben speziell beim Umströmen von festen Körpern Strömungsbilder, welche mit der Beobachtung nicht übereinstimmen. Helmholtz wies zuerst darauf hin, daß der Fehler sich daraus ergibt, daß die Geschwindigkeiten der strömenden Flüssigkeiten als stetige Funktionen der Koordinaten angenommen wurden, während es in der Natur einer reibungslosen Flüssigkeit liegt, daß zwei dicht aneinander grenzende Flüssigkeitsschichten aneinander mit endlicher Geschwindigkeit vorbei gleiten können. An der Grenzfläche solcher Schichten erleidet demnach die tangentiale Geschwindigkeitskomponente einen endlichen Sprung, während der Druck auf beiden Seiten der Fläche der gleiche ist. Wegen der Diskontinuität der Bewegung werden derartige Grenzflächen Diskontinuitätsflächen genannt.

Die Bildung derartiger Flächen ist in folgender Weise verständlich: der Druck innerhalb einer Flüssigkeit nimmt mit zunehmender Geschwindigkeit ab und wird bei der Grenzgeschwindigkeit (s. dort) negativ. An Stellen negativen Druckes muß aber die Flüssigkeit zerreißen, und es gehen infolgedessen von ihnen Trennungs- oder Diskontinuitätsflächen aus. Das ist immer der Fall, wenn Flüssigkeit um scharfe Kanten herumfließen soll.

Die Trennungsfläche kann eine freie Oberfläche sein, so daß sich nur auf der einen Seite der Fläche Flüssigkeit befindet, oder auch eine innere Fläche, etwa derartig, daß die Flüssigkeit auf der einen Seite eine bestimmte Geschwindigkeit hat, auf der anderen Seite aber in Ruhe bleibt. Solche in Ruhe bleibende Flüssigkeit wird bei Wasser Totwasser genannt.

An einer Trennungsfläche ist die Bedingung zu erfüllen, daß der Druck konstant ist. Bei zweidimensionaler Flüssigkeitsbewegung (s. dort) ergibt diese Forderung die Bedingungsgleichung

$$\left(\frac{\partial x}{\partial \varphi}\right)^2 + \left(\frac{\partial y}{\partial \varphi}\right)^2 = \frac{1}{c^2},$$

wenn c^2 die konstante Geschwindigkeitsdifferenz an der Grenzfläche mißt und φ das Geschwindigkeitspotential ist. Wählen wir die Maßeinheit der Geschwindigkeit passend, so können wir $c = 1$ setzen und die Bedingungsgleichung wird

$$\left(\frac{\partial x}{\partial \varphi}\right)^2 + \left(\frac{\partial y}{\partial \varphi}\right)^2 = 1.$$

Da außerdem die Fläche aus Stromlinien besteht, muß auf ihr die Bedingung $\psi = $ Const. erfüllt sein. Es können demnach nur solche Funktionen $w = f(x+iy) = \varphi + i\psi$ Lösungen möglicher Strömungen sein, bei welchen unter Einhaltung gewisser konstanter Werte der Strömungsfunktion ψ die von Helmholtz zuerst aufgestellte obige Bedingung erfüllt ist.

Bei der Suche nach passenden Funktionen betrachtet man vorteilhaft nicht $w = \varphi + i\psi$ als Funktion von $z = x + iy$, sondern z als Funktion von w und macht sich die Beziehung zunutze, daß allgemein gilt:

$$\frac{dz}{dw} = \frac{\partial y}{\partial \varphi} + i\frac{\partial y}{\partial \varphi}.$$

Wählen wir z. B.

$$\frac{dz}{dw} = 1 + e^w - \sqrt{(1 + e^w)^2 - 1},$$

so führt dieser Ansatz zu einer Strömung aus einem Bordasschen Mundstück (s. dort), wie sie durch untenstehende Fig. 1 angedeutet ist. Die Flüssigkeit füllt den Kanal nicht völlig aus, sondern es bildet sich im Kanal ein freier Strahl von der Dicke 2π, wenn die Breite des Kanals zu 4π

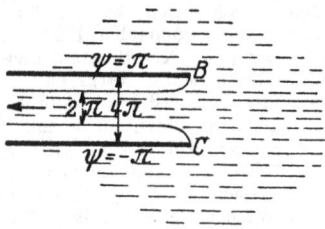

Fig. 1. Strömung aus einem Bordasschen Mundstück.

angenommen wird. Die Geschwindigkeit ist links von B außerhalb des Kanals in großer Entfernung von der Kanalwand 0, steigt dann längs der Kanalwand an und erreicht in B, wo die Stromlinie die feste Wand verläßt, den Wert 1. Diesen Wert behält sie längs der ganzen freien Oberfläche des Strahles bei, nimmt also nirgends unzulässig hohe Werte an.

Wählen wir als zweites Beispiel den Ansatz

$$\frac{dz}{dw} = e^w + \sqrt{e^{2w} - 1},$$

so stellt diese Formel den Ausfluß aus einem unendlich großen Gefäße durch einen Spalt dar (Fig. 2). Ist die Breite des Spaltes $\pi + 2$, so zieht sich der freie Strahl nach dem Austritt zur Breite π zusammen, und es ist der Kontraktionskoeffizient

(s. Contractio venae) $\sigma = \dfrac{\pi}{\pi + 2} = 0{,}611$. Wo der

freie Strahl an der Wand ansetzt, also an den Punkten A und B, herrscht die Geschwindigkeit 1, und diese Geschwindigkeit herrscht an der ganzen freien Oberfläche des Strahles; in großer Entfernung von der Ausflußöffnung in dem Gefäße bekommen wir dagegen die Geschwindigkeit 0.

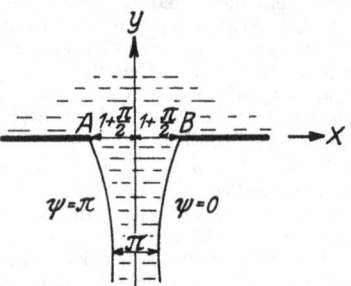

Fig. 2. Ausfluß durch einen Spalt.

Zu einer Strömung, welche entsteht, wenn man in eine Flüssigkeit eine unendlich lange feste Lamelle senkrecht zur Strömungsrichtung bringt, führt der Ansatz

$$\frac{dz}{dw} = \frac{1}{\sqrt{\varphi + i\psi}}\sqrt{\frac{1}{\varphi + i\psi} - \frac{1}{c_0^2}}.$$

Die Strömung ist durch untenstehende Fig. 3 gekennzeichnet. Die Strömung teilt sich an der Lamelle und läßt hinter der Lamelle das Totwasser. Dies letztere ist durch die Diskontinuitätsflächen AC und BD, an welchen die konstante Geschwindigkeit c_0 herrscht, von der strömenden Flüssigkeit getrennt. Nach diesem Strömungsbild wird der Druck gegen die Vorderseite der Lamelle pro Quadratzentimeter gegeben durch

$$p = \frac{\pi}{4 + \pi}\,\varrho\,c_0^2.$$

Da reibungslose Flüssigkeiten nicht existieren, so folgt, daß in Wirklichkeit Wirbel entstehen müssen, wo nach dieser von Helmholtz und Kirchhoff entwickelten Theorie Diskontinuitätsflächen angenommen werden. Die in der Natur tatsächlich auftretende Strömung weicht deswegen erheblich von den hier abgeleiteten theoretischen Resultaten ab.

O. Martienssen.

Fig. 3. Strömung hinter einer Lamelle.

Näheres s. Cl. Schäfer, Einführung in die theoretische Physik. Leipzig 1914.

Diskret ist der Gegensatz von kontinuierlich. Z. B. bilden die ganzen Zahlen eine diskrete Reihe, während die Punkte einer geometrischen Linie kontinuierlich aufeinander folgen.

Reichenbach.

Dislokation. Störung der ursprünglichen Anordnung der festen Erdkruste durch tektonische Vorgänge, die namentlich an den Lageveränderungen der ursprünglich in horizontalen Schichten abgelagerten Sedimentgesteine erkennbar und nachweisbar ist. Sie kann in horizontaler und vertikaler Richtung erfolgen. Erstere wird als Blattverschiebung bezeichnet, die in einer Horizontal-Verschiebung der Gesteinsschichten längs einer Bruchspalte besteht, ein Vorgang, der gelegentlich bei Erdbeben auftritt. So ist z. B. bei dem Kalifornischen Erdbeben am 18. April 1906 eine Horizontalverschiebung bis zu 6 m längs der entstandenen Erdbebenspalte nachgewiesen worden. Bei den vertikalen Dislokationen unterscheidet man Verwerfungen und Falten. Erstere sind Vertikalverschiebungen längs einer Bruchspalte, die meist größere Erdschollen betreffen und deren „Sprunghöhe" Tausende von Metern erreichen kann. Bleibt bei einer geringen Vertikalverschiebung der Zusammenhang der Gesteinsschichten bestehen, so daß dieselben nicht zerbrochen, sondern nur „geschleppt" werden, so spricht man von einer Flexur. Sie bildet den Übergang zu den Falten, deren einfachste Art die normale stehende Falte ist. Sie besteht aus dem Sattel, von dem die Schichten beiderseits abfallen (Antiklinale) und der Mulde, der sich die Schichten beiderseits zuneigen (Synklinale). Die Form der in der Natur vorkommenden Falten ist außerordentlich mannigfaltig. Oft sind sie asymmetrisch, nach einer Seite verschoben, ja ganz umgelegt und auf sehr weite Entfernungen hin über andere Schichten hinübergeschoben (Deckfalte). Mitunter sind primär gefaltete Schichten nachträglich noch mehrmals gefaltet worden, so daß die Schichten förmlich zerknittert sein können. Der Vorgang der Faltung beweist, daß die festesten Gesteinsschichten durch den Druck der überlagernden Massen, wahrscheinlich in Verbindung mit der hohen Temperatur in größeren Tiefen, plastisch geworden sind und in diesem Zustande einer weitgehenden Umformung fähig waren (s. Gesteine).

Ob die Faltung oder die Verwerfung eine wichtigere Rolle in der Physiognomie der Erdoberfläche spielt, darüber sind die Meinungen geteilt.

Die Dislokationen entstehen durch Auslösung von Spannungen in der Erdkruste, deren Ursachen komplexer Natur zu sein scheinen. Die große Mehrzahl der Forscher steht auf dem Standpunkt, daß letzten Endes die säkulare Abkühlung des gesamten Erdkörpers als Hauptursache zu betrachten sei, weil mit ihr eine Verringerung des Volumens der Erde und daher eine Schrumpfung der äußeren Rinde verbunden sein müsse. Aber auch diese Kontraktionshypothese stützt sich auf Annahmen über die Tektonik der Erdkruste, die nicht sicher verbürgt sind. Zahlreiche Dislokationen dürften auch durch die Tendenz zur Wiederherstellung eines durch Massenumsetzungen gestörten isostatischen Gleichgewichtes (s. Isostasie) veranlaßt sein.   *O. Baschin.*

Disparate Netzhautpunkte s. Raumwerte der Netzhaut.

Disperse Systeme. Disperse Systeme sind inhomogene Systeme, in denen ein Stoff in mehr oder minder feinzerteiltem Zustande von einem anderen umgeben ist (z. B. Kristalle in der Mutterlauge). Der verteilte Stoff ist die disperse Phase, das Medium, in dem sich die Teilchen befinden, ist das Dispersionsmittel (Wo. Ostwald).

Einteilung der dispersen Systeme. Eine Klassifikation der dispersen Systeme ist von den verschiedensten Gesichtspunkten aus unternommen worden. Am gebräuchlichsten ist die Einteilung nach dem Aggregatzustand des Dispersionsmittels (Zsigmondy) und der dispersen Phase (Ostwald), sowie nach dem Dispersitätsgrad (vgl. Tabelle I).

Tabelle I.

Einteilung nach dem Aggregatzustand.

Disperse Phase	Dispersionsmittel		
	a) gasförmig	b) flüssig	c) fest
1. Fest	Schneewolken, Rauch, Staub, kosmischer Staub, Vulkanaschen.	Quarzaufschlämmung, Weizenstärke, Tontrübungen, kolloide Metalle, Eiweißkörper.	Rubinglas, gefärbte Mineralien, z. B. blaues Steinsalz, Rauchquarz.
2. Flüssig	Nebel, Regen.	Öltröpfchen in Wasser	Mineralien mit Flüssigkeitseinschlüssen.
3. Gasförmig	—	Schaum	Mineral mit gasförmigen Einschlüssen.

Die Abteilungen I a, b, c sind nach Zsigmondy allgemein korrekt durchführbar, während die Unterteilungen 1, 2, 3 von Ostwald nur dann ohne Bedenken gemacht werden können, wenn der Aggregatzustand der dispersen Phase bekannt ist.

Tabelle II.

Einteilung nach dem Dispersitätsgrad.

	Dispersionen	Dispersoide	Maximaldisperse Systeme
Teilchengröße	> 1000 Å $(1$ A $= 10^{-8}$cm$)$	1000 Å bis ca. 10 Å	< 10 Å bei anorgan. Stoffen < 300 Å bei organ. Stoffen
Teilchenzahl in 1 ccm	$< 10^{15}$	$10^{15} - 10^{21}$	$10^{21} - 10^{22}$
Gesamtoberfläche aller Teilchen in 1 ccm[1]	< 60 qm	60–6000qm	> 6000 qm
Bezeichnung	Suspensionen Emulsionen	Kolloide	Echte Lösungen
	Trübungen	Semikolloide	

[1] Bei Voraussetzung von Würfelgestalt und dichtester Packung.

Die Angaben der Tabelle II beziehen sich auf die mittlere Teilchengröße. Die Einteilung in Dispersionen, Dispersoide und maximaldisperse Systeme ist durch den Grad der Sichtbarkeit bestimmt. Im Mikroskop liegt die Grenze bei 1100 Å, im Ultramikroskop bei 60 Å, wenn Goldteilchen, 300 Å wenn organische Stoffe beobachtet werden. Eine schärfere Einteilung der dispersen Systeme nach der Teilchengröße begegnet Schwierigkeiten, da die Eigenschaften der dispersen Systeme außer von der Teilchengröße von anderen Faktoren abhängen (Chemische Natur von Stoff und Medium, Vorhandensein anderer Stoffe).

Eigenschaften der dispersen Systeme. Das physikalische und chemische Verhalten der dispersen Systeme steht zwischen den molekularen Lösungen und den groben Suspensionen und hängt mehr oder minder von der Teilchengröße ab. Eine vergleichende Übersicht findet sich in Tabelle III.

Tabelle III.
Eigenschaften disperser Systeme.

Bezeichnung	Dispersionen	Dispersoide	Maximaldisperse Systeme
Einfluß der Gravitation	Freiwillige Sedimentation, freiwillige Entrahmung	Keine direkte Sedimentation, nur Koagulation	Keine Sedimentation
Stabilität	Nicht stabil	Im allgemeinen wenig stabil	Stabil
Diffusion im System	Diffusion nicht merklich	Vorhanden, sehr langsam	Relativ groß
Diffusion durch Filter	Teilchen passieren Papierfilter nicht	Teilchen passieren Papierfilter, Ultrafilter nicht	Teilchen passieren auch Ultrafilter
Innere Reibung	Größer als bei Kolloiden	Größer als bei echten Lösungen	—
Osmotischer Druck der dispersen Phase gegen Dispersionsmittel	Kein meßbarer osmotischer Druck	Osmotischer Druck klein	Osmotischer Druck zum Teil beträchtlich
Brownsche Bewegung der Teilchen	Nicht merklich	Deutlich wahrnehmbar, langsam	Lebhafte Bewegung der Moleküle
Verhalten im elektrischen Felde	Auftreten von Ladungen der Teilchen, Teilchenwanderungen in feinen Suspensionen merklich (Kataphorese Elektroosmose), Leitfähigkeit nicht nachweisbar	Z. T. beträchtliche Ladung, Teilchenwanderung ähnlich wie bei Elektrolyse. Leitfähigkeit minimal, nicht sicher feststellbar	Ionenbildung. Ionenüberführung (Elektrolyse), Leitfähigkeit in Elektrolyten beträchtlich
Optisches Verhalten	Teilchen objekttreu abgebildet (Mikronen)	Teilchen bis 60 Å cm im Ultramikroskop wahrnehmbar, keine objekttreue Abbildung Tyndallphänomen (Submikronen)	Ultramikroskopisch nicht wahrnehmbar (Amikronen) optisch leer
Struktur der Teilchen	Kristalle bzw. kristalline Aggregate u. amorphe Molekülaggregate	Z. T. Mikrokristalle (koll. Metalle), z. T. amorphe Teilchen (b. koll. organ. Stoffen), z. T. beide Zustände nebeneinander	Moleküle, Atome, Ionen
Fällungserscheinungen	—	Bei Mischung zweier Kolloide Fällung nur in bestimmten Mengenverhältnissen der Komponenten (Fällungszone)	Bei Mischung zweier Elektrolyte Fällung in belieb. Verhältn. der Komponenten (keine Fällungszone)
Molekulargewicht	Kein bestimmtes Molekulargewicht	Molekulargewichtsbestimmung nur bei hoch molekularen Stoffen zulässig. Sehr großes Molekulargewicht	Molekulargewicht konstant relativ klein

Es zeigt sich, daß bei Unterteilung in die 3 Klassen Dispersionen, Dispersoide und maximaldisperse Systeme von gewissen charakteristischen Unstetigkeiten getrennt sind. Doch ist eine prinzipielle Verschiedenheit im allgemeinen nicht vorhanden, da ja alle möglichen Übergänge vorkommen (Trübungen und Semikolloide), erstere an der Grenze von Suspension zu Kolloid und Semikolloid an der Grenze von Kolloid zur echten Lösung. Die Kolloide neigen im allgemeinen mehr nach den echten Lösungen als nach den Suspensionen (Nernst), wie das osmotische Verhalten und das Diffusionsvermögen beweisen.

Nachweis der Teilchengröße und Struktur. Soweit es sich um mikroskopisch sichtbare Teilchen handelt, läßt sich die Teilchengröße direkt ermitteln. Ultramikroskopische Teilchen können nicht mehr in ihrer wahren Gestalt gesehen werden. Nur ihr Vorhandensein läßt sich feststellen, wenn ihre Größe mit der der Lichtwellenlängen vergleichbar ist. Die Teilchen erscheinen dann bei Bestrahlung mit intensivem Licht selbstleuchtend, da sie die Lichtstrahlen nach allen Seiten hin diffus zerstreuen. Die Deutlichkeit dieser Erscheinung (Tyndallphänomen) hängt sehr von der Größe und Gestalt der Teilchen, sowie von ihrem Brechungsexponenten ab (Goldteilchen in Hydrosolen sind bis 60 Å, organische Teilchen nur bis 300 Å herab wahrnehmbar). Näheres s. unter Ultramikroskop. Durch Auszählung aller Teilchen in einem bestimmten Volumen läßt sich unter gewissen Vorsichtsmaßregeln die Teilchengröße ermitteln. Sehr kleine Teilchen, die auch mit dem Ultramikroskop nicht mehr wahrnehmbar sind (Amikronen), lassen sich nach Zsigmondy nach einer an die photographische Entwicklung erinnernde Methode vergrößern. Ein neues Hilfsmittel zur Bestimmung der Teilchengröße in dispersen Systemen ist die Röntgenuntersuchung nach der Methode von Debye und Scherrer. Die Breite der Beugungsringe, die infolge der inneren Interferenzen an den Atomen der Teilchen im homogenen Röntgenlicht entstehen, ist ein Maß für die Größenordnung (Scherrer). Während echte Lösungen nur einen (eventuell 2) verwaschenen Beugungsring aufweisen, der durch den mittleren Abstand der Moleküle bzw. Ionen bedingt ist, nimmt bei Kolloiden und Suspensionen die Zahl der Interferenzlinien und ihre Schärfe mit wachsender Teilchengröße immer mehr zu. Auch die Gestalt und innere Struktur der Teilchen in dispersen Systemen läßt sich mit Hilfe röntgenographischer Methoden bestimmen. So erwiesen sich die Teilchen in hochkolloidalen Goldlösungen als Mikrokristalle mit dem gleichen Raumgitter, wie die makroskopischen Goldkristalle. *E. Schiebold.*

Näheres s. Kolloide.

Dispersion s. Bernoullisches Theorem.

Dispersion, anomale, s. Dispersion des Lichtes.

Dispersion der Doppelbrechung, Verschiedenheit in der Stärke der Doppelbrechung für verschiedene Farben s. Polarisiertes Licht.

Dispersion, elektrische. Vom Standpunkte der elektromagnetischen Lichttheorie aus hat man die Ausdrücke der optischen Schwingungen auch auf das Gebiet der elektromagnetischen Schwingungen übertragen. So entspricht der Abhängigkeit des Brechungsindex von der Wellenlänge des angewandten Lichtes in der Optik die Abhängigkeit des Brechungsindex von der Frequenz der elektromagnetischen Schwingungen. Um die Bedeutung der elektrischen Dispersion verstehen zu können ist es notwendig, zunächst auf den Zusammenhang des elektromagnetischen Brechungsindex mit den übrigen elektrischen Größen, insbesondere der Dielektrizitätskonstante näher einzugehen. Durch geeignete Umformung der Maxwellschen Feldgleichungen gelangt man zu der bekannten Wellengleichung

$$\triangle \mathfrak{E} - \frac{\varepsilon}{c^2} \ddot{\mathfrak{E}} - \frac{4\pi\sigma}{c^2} \dot{\mathfrak{E}} = 0,$$

wo $\mathfrak{E}$ = Feldstärke, ε = Dielektrizitätskonstante (D.K.), σ = Leitfähigkeit und c = elektromagnet. Konstante bedeuten. Der reelle Teil der Lösung enthält in seinem exponentiellen Dämpfungsglied den sog. Absorptionsindex $\varkappa$ (s. diesen) und die Fortpflanzungsgeschwindigkeit der Welle V. Für den freien Äther ergibt sich ($\varepsilon = 1$, $\sigma = 0$) $\varkappa = 0$ und V = c, im ideal nichtleitenden Dielektrikum $\varkappa = 0$ und $V = c/\sqrt{\varepsilon}$, also kleiner als im Äther, aber in beiden Medien findet nach der Maxwellschen Theorie weder Absorption noch Dispersion statt. Da nun nach dem eingangs Gesagten der elektrische Brechungsindex n = c/V zu setzen ist, so gelangt man zu der bekannten Maxwellschen Relation $n^2 = \varepsilon$. Für $\mu \neq 1$ ist zu setzen $n^2 = \mu\varepsilon$. Dieser Formel darf eine allgemein gültige Bedeutung nicht zugesprochen werden, insofern als nach ihr der optische Brechungsindex von der Schwingungszahl unabhängig und gleich der Wurzel aus der D.K. ist. Die Erfahrung lehrt, daß sowohl im optischen wie im elektrischen Spektralgebiet Dispersion und Absorption vorkommt. Nach Maxwell tritt diese dann auf, wenn der Körper merkliche Leitfähigkeit besitzt, also wenn $\sigma \neq 0$ ist. Es wird dann $\varepsilon = n^2 (1 - \varkappa^2)$. Die experimentelle Untersuchung der elektrischen Dispersion bot so lange Schwierigkeiten, als man nicht in der Lage war, wirklich reine ungedämpfte Sinusschwingungen zur Messung zu verwenden, denn ε und n sind nur für eine ganz bestimmte Frequenz streng definiert. Oft täuschen Leitfähigkeit, elektrolytische Polarisation usw. eine Dispersion vor. Am schwersten ins Gewicht fällt aber die Rückstandsbildung des Dielektrikums, die ebenfalls bei tiefen Frequenzen am größten ist[1]. Diese Erscheinung ist mit dem Wesen des Dielektrikums so eng verknüpft, daß es zweifelhaft ist, wo die Grenzen zwischen Dispersion und dielektrischer Nachwirkung zu suchen sind (vgl. die Arbeiten von K. W. Wagner, Arch. f. Elekt. 2, 371, 1914 und Ulfilas Meyer, Verhandl. d. D. Phys. Ges. 19, 139, 1917).

Die Messung der elektrischen Dispersion geht auf die Messung der Dielektrizitätskonstanten zurück, und da diese sich durch kleine Beimengungen der Substanz ändert, so sind die vielen Messungen verschiedener Beobachter kaum zu vergleichen. Im großen und ganzen scheint — mit Ausnahme der festen Körper — der Brechungsindex mit steigender Frequenz abzunehmen; nach dem Gebrauch der Optik aber nennt man diesen Fall anomale Dispersion, den umgekehrten normale Dispersion.

Eine gute Zusammenstellung der experimentellen Ergebnisse bis Ende 1912 findet man im Handbuch der Elektrizität und des Magnetismus von Graetz, Bd. I. S. 199; Schrödinger: Dielektrizität.

Während nun bei vielen Flüssigkeiten elektrische Dispersion von erheblichem Betrage unzweifelhaft festgestellt wurde, ist die Dispersion fester Körper insbesondere im Gebiet Hertzscher Wellen noch nicht bewiesen. Die Debyesche Theorie der molekularen Dipole läßt für feste Körper, bei denen die innere Reibung im Verhältnis zu derjenigen der Flüssigkeiten unendlich groß ist, keine Dispersion erwarten[1]). *R. Jaeger.*

Dispersion des Lichtes heißt die Zerlegung gemischten, z. B. weißen Lichtes in seine Bestandteile, die Spektralfarben, gleichviel ob die Zerlegung durch Lichtbrechung oder durch Beugung an einem Gitter stattfindet. Die Dispersion durch Brechung des Lichtes wird in der Regel durch die farbenzerstreuende Wirkung eines Prismas veranschaulicht, ist aber an die prismatische Lichtbrechung nicht gebunden; sie findet vielmehr bereits bei dem Durchgange des Lichtes durch eine Trennungsfläche zweier durchsichtigen Mittel statt, außer in dem Falle, daß das Strahlenbüschel eine ebene oder sphärische Trennungsfläche senkrecht durchsetzt. Die Ursache der Dispersion durch Brechung ist die allgemeine Eigenschaft aller lichtdurchlässigen Körper, daß der Brechungsindex für wechselnde Lichtarten (Farben) wechselnde Werte hat, ein Gesetz, von dem es keine Ausnahme gibt, und dem selbst die Gase mit ihrem so geringen Brechungsindex unterworfen sind; die Ursache für die Dispersion durch Beugung ist die Abhängigkeit des Beugungswinkels von der Wellenlänge des Lichts. So willkommen die genannte Eigenschaft der durchsichtigen Körper für die Erzeugung von Spektren, also für den Bau spektroskopischer Einrichtungen irgendwelcher Art ist, so störend ist sie im allgemeinen bei dem Bau optischer Instrumente, da die von einfachen Linsen und von Ablenkungsprismen entworfenen Bilder eben wegen der Dispersion der Glasarten, oder der Kristalle, aus denen die optischen bilderzeugenden Teile bestehen, bei der Benutzung gemischten Lichtes bunte Ränder haben, mit anderen Worten, da die aus verschiedenfarbigem Lichte erzeugten Bilder verschiedene Lage und sogar Größe haben. Die Überwindung der durch die Dispersion hervorgerufenen Bildverschlechterung durch „Achromatisierung" der Linsen und Prismen war eine große Leistung und eine unerläßliche Vorbedingung für den Fortschritt im Bau der optischen Instrumente. Näheres hierüber findet sich bei Czapski - Eppenstein, Grundzüge der Theorie optischer Instrumente nach Abbe, II. Aufl. S. 169 (Leipzig: A. Barth).

Die Abhängigkeit der Lichtbrechung einer festen, flüssigen oder gasförmigen Substanz von der Wellenlänge λ des Lichtes läßt sich allgemein darstellen durch die Gleichung n = f (λ). Die Betrachtung des Differentialquotienten $\dfrac{dn}{d\lambda}$ führt zur Aufstellung zweier grundlegenden Begriffe der Dispersion. Bei der überwiegenden Mehrzahl aller Substanzen ist $\dfrac{dn}{d\lambda} < 0$, d. h. es nimmt in der Regel mit wachsender Wellenlänge der Brechungsindex stetig ab; dieser Verlauf der Funktion f (λ) findet sich bei allen Körpern mit „normaler Dispersion". Hat jedoch f (λ) für einen oder mehrere Werte von λ eine Unstetigkeit $\left(\dfrac{dn}{d\lambda} = \pm\infty\right)$ oder

[1]) H. Rubens, Verh. d. Deutschen Phys. Ges. 17, 315. 1915.

[1]) R. Jaeger, Ann. d. Phys. 53, 409. 1917.

wächst sie zugleich mit $\lambda\left(\dfrac{d\,n}{d\,\lambda}>0\right)$, so liegt „anomale Dispersion" vor, die in ursächlichem Zusammenhange mit der Absorption des Lichtes steht (s. u.).

Zum Studium der normalen Dispersion der durchsichtigen Körper, von denen die Gläser vor allem die optische Industrie, die flüssigen oder festen organischen Verbindungen dagegen den nach Aufschlüssen über die chemische Konstitution suchenden Chemiker beschäftigen, ist die Messung des Brechungsindex für eine Anzahl von Farben des sichtbaren und (seltener) des ultravioletten Spektrums erforderlich. Die beiden obengenannten Berufskreise haben sich auf dieselben Normalfarben geeinigt, nämlich auf die 5 Spektrallinien:

Bezeichnung der Linie	Element	λ in Ångström-Einheiten	Lichtquelle
A′ (Mitte)	Kalium	7685	Bunsenflamme
C	Wasserstoff	6563	Geißlersche Röhre
D$_1$—D$_2$ (Mitte)	Natrium	5893	Bunsenflamme
F	Wasserstoff	4861	Geißlersche Röhre
G′	Wasserstoff	4341	Geißlersche Röhre

Neuere Bestrebungen zielen auf Ersatz der Na-Doppellinie mit ihrer bei manchen Stoffen störend großen Unschärfe durch die benachbarte außerordentlich helle Linie D$_3$ des Helium-Spektrums ($\lambda = 5869$ Å. E.) (vgl. H. Harting, Arch. f. Optik 1, 97, 1908 und Zeitschr. f. Instrkde. 28, 273, 1908) oder durch die ebenfalls sehr helle, im Spektrum gut in der Mitte gelegene grüne Quecksilberlinie ($\lambda = 5461$ Å. E.), sie sind aber noch nicht durchgedrungen. Der Haupteinwand gegen deren Einführung ist die ungeheure Arbeit, die die Ergänzung der Tausende vorliegender Wertereihen von Atom- und Molekularrefraktionen durch Interpolationsrechnungen oder, was besser wäre, durch nachträgliche Messungen den neuvorgeschlagenen, in vieler Hinsicht sehr zweckmäßigen Farben den Forschern auferlegen würde. — Für die Messungen ist das Spektrometer oder neuerdings überwiegend das Pulfrichsche Refraktometer für Chemiker im Gebrauch. Ein anschauliches Maß für die Dispersion eines durchgemessenen Körpers liefert die Nebeneinanderreihung der fünf Werte n_{A}', n_{C}, n_{D}, n_{F}, n_{G}' ebensowenig, wie diejenige der drei mittleren, dem Chemiker vielfach genügenden Werte n_{C}, n_{D} und n_{F}. Dagegen haben die von E. Abbe in die Glasindustrie eingeführten Werte der mittleren, der relativen und der partiellen Dispersion ihre große praktische Bedeutung erwiesen. Als mittlere Dispersion wird der Wert $n_{F} - n_{C}$ bezeichnet; da aber z. B. zwei Gläser von verschiedener optischer Lage denselben Wert $n_{F} - n_{C}$ haben können, so ist die mittlere Dispersion einer Glasart noch kein genügend sicheres Kennzeichen für den Charakter der Dispersion einer Probe. Teilt man aber den Wert $n_{F} - n_{C}$ noch durch die Größe $n_{D} - 1$, so stellt $\dfrac{n_{F} - n_{C}}{n_{D} - 1}$ ein brauchbares Maß für die Dispersion einer Substanz dar, das als „relative Dispersion" bezeichnet wird, aber noch den Nachteil hat, ein kleiner Dezimalbruch zu sein. Die Praxis arbeitet daher mit dem Reziproken der relativen Dispersion, dem Werte $v = \dfrac{n_{D} - 1}{n_{F} - n_{C}}$,

einer zweistelligen Zahl, die fast immer zwischen 10 und 100 liegt. So bezeichnet ein großer v-Wert (z. B. $v = 95$ des Fluorits) eine kleine, ein kleiner v-Wert (z. B. $v = 20$ eines schweren Flintglases) eine große Dispersion. Gibt so der v-Wert Aufschluß über die Dispersion im mittleren Teile des Spektrums, so sind die Werte $n_{D} - n_{A}'$, $n_{F} - n_{D}$ und $n_{G}' - n_{F}$ Maße für den Gang der Dispersion in einzelnen Abschnitten des Spektrums; sie stellen also, noch geteilt durch $n_{F} - n_{C}$, die relativen partiellen Dispersionen $\dfrac{n_{D} - n_{A}'}{n_{F} - n_{C}}$ usf. dar, die dem rechnenden Optiker wertvolle Fingerzeige für die Kombination von Glasarten zu achromatischen Prismen und Linsen, d. h. zur Aufhebung der Dispersion geben. Dieselben Maßzahlen dienen andererseits zur Auswahl verschiedener Glasarten bei der Berechnung von einfachen oder mehrteiligen Prismen mit hoher oder höchster Dispersion, die entweder ein Spektrum liefern sollen (in Spektroskopen und Spektrographen) oder eines vernichten sollen (als sogenannte Kompensatorprismen in technischen Refraktometern). Über Prismenkonstruktionen für diese Zwecke s. u. Dispersionsprismen.

Dispersion, anomale. Wie oben abgeleitet, gibt es durchsichtige — meist gefärbte — flüssige und feste Körper, bei denen der Brechungsindex n mit wachsender Wellenlänge λ zunimmt, oder bei denen die Funktion n = f (λ) trotz im allgemeinen normalen Verlaufes unstetige Stellen hat, so daß für mehrere, wenn auch enge Spektralbereiche der Wert des Brechungsindex aus der sonst stetigen Reihe seiner Nachbarn herausfällt.

Diese auffällige, zuerst von Christiansen (1870) an Fuchsinlösungen studierte Erscheinung wurde von A. Kundt auf Grund theoretischer Erwägungen mit einer anderen seltenen Eigenschaft gefärbter Körper in ursächlichen Zusammenhang gebracht, mit den Oberflächenfarben. Kundt wies nach, daß alle Körper mit Oberflächenfarben, die in Lösung eine auswählende starke Absorption zeigen, auch anomal dispergieren. So konnte er die Liste der Substanzen mit anomaler Dispersion mit einem Schlage bedeutend erweitern und die Lehre von der anomalen Dispersion mit der Theorie der Absorption fest verknüpfen. Zur Veranschaulichung der Erscheinung eignen sich außer Fuchsin z. B. Lösungen von Anilin, Cyanin und Chlorophyll. Da die Dispersionsanomalie mit wachsendem Absorptionsvermögen wächst, bei sehr stark gefärbten, d. h. dunklen Lösungen also am stärksten in Erscheinung tritt, hat die Untersuchung fester Körper besonderen Wert, insbesondere auch deshalb, weil so der Einfluß eines Lösungsmittels wegfällt. Die mühsamen Studien sind nach dem Vorgange von Wernicke besonders von A. Pflüger mit Erfolg angestellt worden, dem es gelang, sie ins Ultraviolett auszudehnen; R. W. Wood verdanken wir die Fortbildung des Beobachtungsverfahrens bis zur Projektion; seine „Prismen" haben nur noch 10—15 Minuten Keilwinkel. Kundt, Lummer, E. Pringsheim und Wood haben die anomale Dispersion der Gase untersucht (vgl. Müller-Pouillet-Lummer, Bd. II).

Dispersionsprismen sind einfache oder zusammengesetzte Prismen aus Glas, Quarz, Flußspat oder Steinsalz, die die Aufgabe haben, als Bestandteil von Spektroskopen oder Spektrographen das ultrarote, sichtbare oder ultraviolette Licht so stark zu zerstreuen, daß ein für Messungen geeignetes Spektrum entsteht. Am verbreitetsten war früher das 60⁰-Prisma, das jetzt in seiner einfachen Form fast nur noch aus Flußspat oder Steinsalz angefertigt wird. Selbst das 60⁰-Quarzprisma ist in der Regel ein zusammengesetztes Prisma, das aus zwei spiegelgleichen Halbprismen — das eine aus rechtsdrehendem, das andere aus linksdrehendem Quarze — besteht. Die Einzelprismen sind aus den Kristallen so geschnitten, daß die optische Achse senkrecht auf den Kittflächen beider Prismen steht. Da das im Minimum der Ablenkung durchtretende Strahlenbüschel diese Fläche, die Halbierungsebene des Prismenwinkels, senkrecht durchsetzt, verlaufen diese Strahlen in der Richtung der Achse, und zwar hat jeder Strahl eine gleiche Strecke in einem rechtsdrehenden und einem linksdrehenden Quarzstück zu durchlaufen, so daß er im ganzen keine Drehung der Polarisationsebene erleidet und ohne Doppelbrechung das Prisma verläßt. So liefert ein Cornusches Doppelprisma einen großen Teil des ultravioletten Spektrums mit nicht verdoppelten Spektrallinien. Eine andere Vervollkommnung der einfachen Prismen stellen die Prismen mit fester Ablenkung dar, die auf E. Abbe zurückgehen und später von Pellin und Broca, Hilger u. a. verbreitet worden sind. Sie sind entstanden durch Anlegen je eines Halbprismas an die Ein- und Austrittsfläche eines Reflexionsprismas. Jeder durch die Kittflächen senkrecht ein- und austretende Strahl wird um genau den Reflexionswinkel (z. B. 90⁰) abgelenkt, so daß Kollimator und Fernrohr miteinander unter diesem Winkel festgelagert sind, und das Spektrum durch das Gesichtsfeld des nicht drehbaren Fernrohres nur durch Drehen des Prismentischs hindurchgeführt wird. Die festarmigen Prismen findet man in allen modernen monochromatischen Beleuchtungsapparaten für sichtbares, und mit Quarzprismen nach Straubel auch für ultraviolettes Licht. Ein anderes Verfahren, aus einem einfachen oder zusammengesetzten Prisma (s. u.) ein festarmiges zu machen, ist das auf Littrow und Abbe zurückgehende, das Prisma zu halbieren, die Schnittfläche eben zu polieren und zu versilbern. Das auf diese Halbierungsebene senkrecht auftreffende Strahlenbüschel kehrt genau auf dem Wege, auf dem es eingefallen ist, in sich zurück in den Kollimator, der nun als Fernrohr dient. Derartige Spektroskope heißen daher Autokollimations-Spektroskope (Littrow, Pulfrich). Reicht die Dispersion eines Prismas nicht aus, so werden mehrere hintereinander gestellt und zweckmäßig mit mechanischen Prismentischen verbunden, die so eingerichtet sind, daß jedes Prisma unter dem Minimum der Ablenkung durchsetzt wird, d. h. unter den günstigsten Bedingungen für die Reinheit und die Helligkeit des Spektrums.

Handelt es sich nur darum, etwa den doppelten Betrag der Dispersion eines 60⁰-Prismas zu erzielen, so umgeht man die kostspielige mechanische Einrichtung durch Wahl von dreiteiligen Prismen, deren mittelstes aus Flint mit einem brechenden Winkel von etwa 90⁰ besteht, während die äußeren Prismen aus einem Glase von recht geringer Dispersion (Kron) hergestellt werden. Ein 90⁰-Flintprisma in Luft würde das Strahlenbüschel aus seiner zweiten Fläche nicht austreten lassen, sondern an dieser total reflektieren; durch die angekitteten Kronprismen werden die Brechungswinkel an den Flintflächen so verkleinert, daß das Licht, allerdings

mit gewissen Reflexionsverlusten, hindurchtritt. Derartige dreiteilige Dispersionsprismen sind z. B. mit einer mittleren Ablenkung von 45⁰ als Rutherfordsche Prismen (auch mit Autokollimation, also als Halbprismen) in Spektroskopen weit verbreitet. Die dreiteilige Form gestattet, durch besondere Verfügung über die Winkel der Kronprismen, eine ganz andere Ablenkung einer der Rechnung zugrunde gelegten Farbe (z. B. der D-Linie, $\lambda = 5893$ Å. E.) zu erzielen, nämlich die Ablenkung Null. Ein solches Prisma (nach Amici) führt den Namen geradsichtiges Prisma (Prisme à vision directe); es ist der wesentliche Bestandteil der weitverbreiteten Handspektroskope nach Browning. Eine historische Untersuchung über das Rutherfordsche und das Amicische Prisma verdanken wir H. Erfle (Zeitschr. f. Physik 2, S. 343 ff.), eine systematische Abwägung der Vor- und Nachteile der drei- und fünfteiligen Geradsichtprismen dagegen H. Krüß (Zeitschr. f. Instrumentenkde. 43, 133, 162). Zwei passend gefaßte, gleichzeitig um gleiche Beträge, aber in entgegengesetztem Sinne drehbare Amici-Prismen stellen einen geradsichtigen Prismensatz von meßbar veränderlicher Dispersion dar, der auch spektroskopisch verwendbar ist. Mit einem solchen ist das Abbesche Refraktometer ausgestattet; er hat aber hier die Aufgabe, als „Kompensator" den aus lauter einfarbigen Grenzlinien bestehenden Farbensaum im Fernrohr zu einer achromatischen Grenze an der Stelle der Grenzlinie des Natriumlichts zusammenzudrängen, also sozusagen ein Spektrum zu vernichten.

Dispersionsformel. Die Abhängigkeit des Brechungsindex n von der Wellenlänge λ bei normaler Dispersion (s. d.) ist nicht von theoretischem Interesse, sondern von großer praktischer Bedeutung für feinere spektralanalytische Arbeiten. Zur Ermittelung der Wellenlänge einer Linie im prismatischen Spektrum mißt man mikrometrisch die Abstände der Linie von drei oder mehr genau bekannten Spektrallinien, um die unbekannte Linie durch Interpolation an bekannte anzuschließen; genau so wird bei Spektrogrammen des sichtbaren oder des unsichtbaren Spektrums verfahren.

Die Interpolation kann graphisch oder rechnerisch vorgenommen werden. Für sehr viele Aufgaben der Wellenlängen-Ermittelung dürfte das folgende graphische Verfahren ausreichen. Man entwirft auf dem von J. Hartmann angegebenen „Dispersionsnetz", einem besonderen Koordinatenpapier der Firma Schleicher und Schüll (Düren, Rheinld.), auf Grund der beobachteten Wertepaare (Wellenlänge und Messungsergebnis) eine Dispersionskurve, die auf dem Dispersionsnetz meist eine gerade Linie wird, und interpoliert aufs Bequemste die Wellenlängen aus den Messungsergebnissen. Die genauesten Ergebnisse liefert nach den vielfältigen Erfahrungen von J. Hartmann dessen aus einer Verbesserung der Cauchyschen Formel hervorgegangene empirische Dispersionsformel $n = n_0 + \dfrac{C}{(\lambda - \lambda_0)^a}$. Aus mindestens 5 bekannten Wertepaaren (n, λ) berechnet man nach dem Verfahren der allmählichen Näherung die vier Konstanten n_0, λ_0, C und a nach den ausführlichen Regeln Hartmanns (Zeitschr. f. Instrumentenkde. 19, 57, 1899 und 37, 166 ff., 1917) und prüft sie vor der Benutzung mit anderen

10*

bekannten Wertepaaren. Die dabei etwa noch erhaltenen Abweichungen berechneter von beobachteten Werten sind graphisch zu interpolieren. Über seine Erfahrungen mit der Hartmannschen Formel berichtete H. Krüß (Zeitschr. f. Instrumentenkde. **37**, 1, 1917).   *F. Löwe.*

Dispersion und Quantentheorie. Die Dispersion gehört zu jenen Erscheinungen, welche der Quantentheorie (s. d.) zur Zeit noch die größten Schwierigkeiten bereiten. Zwar ist es Debye gelungen, auf Grund des Bohrschen Wasserstoffmoleküls (s. Molekülmodelle) und mit im wesentlichen klassisch-elektromagnetischen Hilfsmitteln die Dispersion des Wasserstoffes zutreffend wiederzugeben, doch haben neuere Untersuchungen die Unmöglichkeit dieses Modells und damit die erzielte Übereinstimmung als für die Theorie nicht beweiskräftig dargetan. Aus ähnlichen Gründen muß auch der Versuch Sommerfelds, die Dispersion von Stickstoff und Sauerstoff theoretisch abzuleiten, als gescheitert angesehen werden. S. auch Quantentheorie.   *A. Smekal.*

Dispersion, relative s. Dispersion des Lichtes.

Dispersion des Schalles ist von Rayleigh für den Fall theoretisch behandelt worden, daß es sich um ganz regelmäßig angeordnete Hindernisse im Raume handelt. Entsprechende Experimente sind von Kasterin in der Weise angestellt worden, daß die Fortpflanzungsgeschwindigkeit verschieden hoher Töne durch ein langes Rohr mit Hilfe der Kundtschen Staubfiguren (s. d.) gemessen wurde, einmal, wenn sich in dem Rohre nur Luft befand, und das andere Mal, wenn eine oder mehrere Reihen von Glaskugeln hineingebracht waren. Das Verhältnis der Fortpflanzungsgeschwindigkeiten in beiden Fällen ändert sich tatsächlich mit der Tonhöhe. Auch die Erscheinungen „anomaler" Dispersion konnten festgestellt werden.
                    E. Waetzmann.
Näheres s. Kasterin, Kon. Akad. v. Wetensch. Versl. v. 26. 2. 1898.

Dispersion der Zirkularpolarisation, Verschiedenheit des Drehungsvermögens für verschiedene Farben bei optisch-aktiven (zirkularpolarisierenden) Kristallen s. Polarisiertes Licht.

Dispersionsprismen s. Dispersion des Lichtes.

Dissipationsfunktion. Bezeichnen wir mit q^i die Koordinaten eines Systems, mit P_i äußere auf das System wirkende Kräfte, mit T die kinetische Energie und V die potentielle Energie, so können wir die Energiegleichung des Systems in der Form aufstellen:

$$\frac{d}{dt}\{T+V\} + 2F = \sum_i P_i \frac{dq_i}{dt} \quad \ldots \; 1)$$

Die rechte Seite der Gleichung gibt den Betrag an, mit welchem die äußeren Kräfte pro Zeiteinheit Arbeit leisten. Ein Teil dieser Arbeit trägt zur Vermehrung der gesamten Energie $T+V$ des Systems bei. Der übrige Teil der Arbeit in der Größe von $2F$ wird zerstreut und geht dem System verloren. Diese Funktion F wird nach Lord Rayleigh „Dissipationsfunktion" genannt.

Bezieht man diese Formel auf die Energie, die in einer inkompressiblen Flüssigkeit durch innere Reibung zerstreut wird, so erhält man:

$$2F = \mu \int\int\int \left(\left\{\frac{\partial w}{\partial y}-\frac{\partial v}{\partial z}\right\}^2 + \left\{\frac{\partial u}{\partial z}-\frac{\partial w}{\partial x}\right\}^2 + \right.$$
$$\left(\frac{\partial v}{\partial x}-\frac{\partial u}{\partial y}\right)^2\right\} - 4\left\{\frac{\partial v}{\partial y}\cdot\frac{\partial w}{\partial z}-\frac{\partial v}{\partial z}\cdot\frac{\partial w}{\partial y}+\frac{\partial w}{\partial z}\cdot\frac{\partial u}{\partial x}\right.$$

$$\left. -\frac{\partial w}{\partial x}\cdot\frac{\partial u}{\partial z}+\frac{\partial u}{\partial x}\cdot\frac{\partial v}{\partial y}-\frac{\partial u}{\partial y}\cdot\frac{\partial v}{\partial x}\right\}\right) dx\cdot dy\cdot dz \quad 2)$$

Hier sind u, v, w die Geschwindigkeitskomponenten, x, y, z die rechtwinkligen Ortskoordinaten und μ der Koeffizient der inneren Reibung der Flüssigkeit.

Ist an den Grenzen des Gebietes, über welches wir integrieren, u = v = w = 0, wie es z. B. für eine tropfbare Flüssigkeit in einem geschlossenen Gefäß der Fall wäre, so bekommt man

$$2F = 4\,\mu \int\int\int (\xi^2 + \eta^2 + \zeta^2)\, dx\cdot dy\cdot dz; \quad 3)$$

hier sind ξ, η, ζ die Wirbelgeschwindigkeiten der Flüssigkeit.

Ist andererseits die Strömung der Flüssigkeit wirbelfrei, während an den Grenzen des Gebietes u, v, w von 0 verschieden sind, so erhält man

$$2F = -\,\mu \int\int \frac{\partial\, q^2}{\partial n}\, dS \quad \ldots\ldots\; 4)$$

Hier ist das Integral über die ganze Oberfläche des betrachteten Raumes zu erstrecken, dS ist ein Element der Oberfläche, ∂n ist ein Element der Normalen zur Oberfläche und q die resultierende Geschwindigkeit.

Sind in einer inkompressiblen Flüssigkeit die Geschwindigkeiten so klein, daß in den Navier-Stokesschen Gleichungen die Trägheitsglieder vernachlässigt werden können, so ergibt sich, daß unter der Wirkung konstanter Kräfte mit einwertigem Potential die Dissipation bei stationärer Strömung am kleinsten wird und daß sie bei nicht stationärer Strömung fortgesetzt abnimmt. Es strebt demnach die Bewegung einem stationären, stabilen und eindeutigen Zustande zu.

Dies ist aber nicht der Fall, wenn die Trägheitsglieder nicht vernachlässigbar sind. Deswegen entwickelt sich aus einer turbulenten Bewegung (s. dort) unter der Wirkung konstanter Kräfte im allgemeinen keine stationäre Strömung.
                    O. Martienssen.
Näheres s. Lamb, Lehrbuch der Hydrodynamik. Leipzig 1907.

Dissipativ heißt eine Kraft, die nicht nur vom Ort des *Aufpunktes* (d. h. des Punktes, auf welchen die Kraft wirkt), sondern auch von dessen Bewegungsform (Geschwindigkeit) abhängt. Sie verzehrt mechanische Energie; den Energieverlust in der Zeiteinheit nennt man häufig die *Dissipationsfunktion.*   *R. Grammel.*

Dissonanz s. Konsonanz.

Dissoziation. Die Geschwindigkeiten der Molekeln eines Gases sind nach dem Maxwellschen Gesetz (s. dieses) verteilt. Bei mehratomigen Molekeln hat jeder Freiheitsgrad (s. spezifische Wärme) im Mittel dieselbe Energie. Mit wachsender Temperatur nehmen alle kinetischen Energien proportional dieser zu. Erlangt eine Molekel eine sehr hohe Energie, so liegt die Möglichkeit vor, daß die Atome sich voneinander trennen; es tritt Dissoziation ein. Die getrennten Teile können aber, nachdem sie durch Zusammenstöße ihre hohe Energie abgegeben haben, sich auch wieder zur ursprünglichen Molekel vereinigen; es erfolgt Assoziation. Ein stationärer Zustand wird vorhanden sein, wenn in einer bestimmten Zeit ebensoviel Molekeln dissoziieren, als sich durch Assoziation neue bilden. Die Dissoziation wird mit wachsender Temperatur zunehmen müssen. Sie wird aber auch vom Volumen abhängen, da sowohl Dissoziation als Assoziation durch die Stoßzahl (s. diese) und diese durch das Volumen bedingt ist. Es lassen sich in der Tat diese Überlegungen, allerdings in nicht sehr einfacher Weise in mathematische Formeln fassen, die mit den Tatsachen vollständige Übereinstimmung zeigen. *G. Jäger.*

Näheres s. G. Jäger, Art. „Die kinetische Theorie der Gase" in Winkelmanns Handb. d. Physik. 2. Aufl. Breslau 1906.

Dissoziierende Kraft. Ist das Molekül eines binären Elektrolyten durch Zusammenstoß oder durch andere Ursachen in seine Ionen gespalten worden, so wird die elektrostatische Anziehung ihrer Ladungen zur Wiedervereinigung hindrängen. Diese Kraft ist umgekehrt proportional der Dielektrizitätskonstante (s. d.) des Mediums, das sich zwischen den Ionen befindet. In diesem Sinne spricht man von einer „D. K." des Lösungsmittels (Nernst 1893). Der Vergleich der Dielektrizitätskonstanten verschiedener Lösungsmittel und des in ihnen von einer gegebenen Menge eines Elektrolyten erreichten Dissoziationsgrades läßt in der Tat einen gewissen Parallelismus deutlich erkennen. So stimmt beim Wasser der auffallend hohe Wert der Dielektrizitätskonstanten 81 gut mit der meist sehr starken Dissoziation wässeriger Lösungen zusammen, während Benzol mit der Dielektrizitätskonstante 2,3 nur ein äußerst geringes Leitvermögen besitzt, so daß der Dissoziationsgrad der darin gelösten Elektrolyte niedrig sein muß. Diese Beispiele lassen sich noch vermehren. Indessen besteht zwischen Dielektrizitätskonstante und Dissoziationsgrad keineswegs strenge Proportionalität. Zahlreiche Abweichungen von dieser Regel deuten darauf hin, daß die D. K. auch von anderen Umständen abhängt, insbesonders mag chemische Bindung des Lösungsmittels an die freien Ionen (Solvatation) von großem Einfluß sein. *H. Cassel.*

Näheres s. W. Nernst, Theoretische Chemie. Stuttgart 1913.

Distarlinsen. Um den unsymmetrischen Universal-Objektiven, die an Kammern mit mehrfachem Auszug benützt werden, einen ähnlichen Anwendungsbereich, wie der der Satz-Objektive ist, zu verleihen, ist vorgeschlagen worden, vor oder auch hinter das unsymmetrische Objektiv einfache Linsen lichtzerstreuender Wirkung zu schalten. Die hierdurch bewirkte Zerstörung der Abbildungsgüte des Objektivs ist in erheblichem Maße bei den Distarlinsen der Firma C. Zeiß vermieden. Diese sind negative Menisken, die dem Objektiv, z. B. dem Tessar, vorgeschaltet werden können und dessen Brennweite um das $^4/_3$-, $^5/_3$- oder 2fache vergrößern. Ähnlich wie die punktuell abbildenden Brillengläser sind sie im wesentlichen frei von Astigmatismus, wobei ihrer Berechnung als Hauptstrahlkreuzungspunkt die Eintrittspupille des Objektivs, dem sie vorgeschaltet sind, zugrunde gelegt ist. *W. Merté.*

Dombra s. Saiteninstrumente.

Donderssches Gesetz der Netzhautorientierung. Aus der Gültigkeit des Listingschen Gesetzes (s. d.) ergibt sich, daß die meisten unserer Augenbewegungen mit Rollungen des Auges um seine Gesichtslinie verbunden sind. Diese Rollungen verlaufen so, daß sich der für unsere optische Orientierung den Außendingen gegenüber wichtige Tatbestand ergibt, daß jeder bestimmten Lage der Gesichtslinie im Verhältnis zu den Hauptschnitten des Kopfes auch eine (unter physiologischen Bedingungen ein- für allemal gegebene) bestimmte Orientierung der Hauptschnitte der Netzhaut relativ zu diesen entspricht. Dies bedeutet, daß bei unveränderter Kopfstellung ein ruhig stehendes Außending sich Punkt für Punkt immer wieder auf den gleichen Netzhautstellen abbildet, einerlei, auf welchem Wege die Gesichtslinie in die betreffende Endeinstellung gebracht wird. In der Tat ist es leicht zu zeigen, daß das auf dem vertikalen und horizontalen Mittelschnitt der Netzhaut erzeugte dauerhafte Nachbild eines leuchtenden Kreuzes bei gut fixiertem Kopfe in der Projektion nach einem bestimmten Punkte der ebenfalls feststehenden Projektionsfläche hin eine scheinbare Lage und Art der Winkelverzerrung zeigt, die absolut konstant und von den vorangegangenen Augenbewegungen gänzlich unabhängig ist. E. Hering hat dieses im Donderschen Gesetze ausgesprochene „Prinzip der leichtesten Orientierung" in die Form gekleidet, „daß bei gleicher Blicklage auch die Netzhautlage immer die gleiche ist". *Dittler.*

Näheres s. E. Hering, Hermanns Handb. d. Physiol. ,Bd. 3, S. 485 ff., 1879.

Donner. Die durch den Blitz (s. diesen) hervorgerufenen abwechselnden Ausdehnungen und Verdichtungen der Luft verursachen Schallwellen von erheblicher Länge, so daß ein tiefer Ton erzeugt wird. Das lang anhaltende Donnerrollen wird durch verschiedene Ursachen bewirkt: 1. Wegen der großen Länge der Blitzbahn gelangt der Donner erst nach und nach an unser Ohr. 2. Der Donner wird an den Grenzen von Luftschichten verschiedener Dichte sowie an Wolkenflächen reflektiert. 3. Die Schallwellen des Donners branden an der Erdoberfläche.

Die Hörweite des Gewitterdonners bleibt sehr erheblich hinter derjenigen des Geschützdonners zurück. Während letztere mehrere hundert Kilometer beträgt, überschreitet die des Gewitterdonners kaum 25 km, wie sich aus der Zeitdifferenz zwischen Blitz und Donner feststellen läßt. Sie ist um so geringer, je schneller die Temperaturabnahme mit der Höhe, um so größer, je höher der Standpunkt des Beobachters ist. *O. Baschin.*

Doppelbilder s. Raumwerte der Netzhaut.

Doppelbrechung des Lichts s. Polarisiertes Licht.

Doppeldecker. Flugzeug mit zwei übereinander angeordneten Flügelpaaren. Eine Abart ist der sog. Anderthalbdecker, bei welchem die untere Fläche wesentlich kleiner ist wie die obere. Außer durch solche verschiedene Flächenverteilung hat man beim Doppeldecker noch die Möglichkeit verschiedener Konstruktion durch Staffelung, d. i. Zurückrücken einer Fläche gegen die andere und durch Schränkung (Voranstellung), d. i. Herausdrehen der Flächen aus ihrer parallelen Stellung. Die aerodynamischen Vorteile solcher Maßnahmen bei der Konstruktion sind gering. Die Staffelung wird meistens aus Rücksicht auf die Sicht angewandt; die Schränkung ist nur wesentlich für die Verteilung der Last auf die beiden Flächen. *L. Hopf.*

Doppelempfang Gleichzeitige Aufnahme zweier von verschiedenen Sendestationen ausgesandten Signale unter Benutzung eines einzigen Empfangsluftleiters. *A. Esau.*

Doppelgitterröhre s. Raumladungsgitterröhre und Schutzgitterröhre.

Doppelpendel s. Pendel (math. Theorie).

Doppelplatte von Savart s. Polarimeter.

Doppelquarz von Soleil s. Polarimeter.

Doppelsalze. Kristallisieren zwei Salze in molekularen Verhältnissen zusammen aus einer Lösung aus, so spricht man von einer Doppelsalzbildung, wenn die Salze nicht in der Lage sind, auch in anderen als molekularen Verhältnissen Mischkristalle zu bilden. Beispiele für solche Salze bilden vor allem die Alaune vom Typus: $AlK(SO_4)_2 + 12 H_2O$. Indem man das Kalium durch Natrium, Ammonium, Rubidium, Cäsium oder das Aluminium durch ein anderes dreiwertiges Metall wie Eisen, Chrom, Vanadin ersetzt, erhält man eine ganze Reihe von Alaunen. Weitere Beispiele von Doppelsalzen sind: Dolomit: $CaMg (CO_3)_2$; Blödi⁺: $NaMg (SO_4)_2 \cdot 4 H_2O$; Kuprikaliumchlorid: $CuCl_2KCl$ usw.

Die Doppelsalze unterscheiden sich dadurch von den Komplexsalzen (siehe diese), daß sie in wässeriger Lösung völlig dissoziieren und alle ihre Komponenten die typischen Ionenreaktionen geben, also z. B. der Alaun die Reaktionen auf Aluminium-, Kalium- und Schwefelsäureionen, wie sie aus der qualitativen Analyse bekannt sind.

Doch gibt es natürlich keine scharfe Grenze zwischen Komplex- und Doppelsalzen. Dies zeigt am besten ein bekanntes Beispiel aus dem analytischen Trennungsgang der Kupfergruppe. Nachdem nämlich Quecksilber, Blei und Wismut entfernt sind, bleibt eine ammoniakalische Lösung zurück, die noch Kupfer und Kadmium als Ammoniakkomplexe enthält: $\left[Cu (NH_3)_4\right]^{\cdot\cdot}$ und $\left[Cd (NH_3)_6\right]^{\cdot\cdot}$. Leitet man in diese, vom Kupferammoniakkomplex kornblumenblau gefärbte Lösung Schwefelwasserstoff, so werden Kupfer und Kadmium als Sulfide gefällt, d. h. die beiden Ammoniakkomplexe verhalten sich gegen Schwefelwasserstoff wie zwei Doppelsalze. Versetzt man aber die Lösung mit Zyankali bis zur völligen Entfärbung, so bilden sich die beiden Zyankomplexe: $\left[Cu(CN)_4\right]^{\prime\prime\prime}$ und $\left[Cd(CN)_4\right]^{\prime\prime}$. Leitet man nun wieder Schwefelwasserstoff ein, so fällt nur das gelbe Kadmiumsulfid; auch der Kadmiumzyankomplex verhält sich gegen Schwefelwasserstoff wie ein Doppelsalz, der Kupferzyankomplex aber wie ein Komplexsalz: das Kupfer bleibt in Lösung. *Werner Borinski.*
Näheres s. W. Nernst, Theoretische Chemie, I. Buch, 4. Kap.

Doppelschaltung von Elektrometern s. Idiostatische Schaltung.

Doppelschicht, elektrische. S. auch Berührungselektrizität. Die Theorie der Doppelschichten wurde von H. v. Helmholtz zur Erklärung der Kontaktpotentiale herangezogen. Die Doppelschicht selbst ist als flächenhaft aufeinander gelegte verschiedenartige Elektrizität vorzustellen. Ihr Sitz ist in die Trennungsfläche zweier elektrisch verschiedener Medien zu verlegen. Ist i das Produkt aus der elektrischen Flächendichte und Abstand, so beträgt der Potentialsprung beim Durchschreiten der Doppelschicht $4 \pi i$. Die Bildung von Doppelschichten wird auch zur Erklärung der Vorgänge bei der Polarisation angewendet. Da aber der Potentialsprung von der Ladung und der Dicke der Doppelschicht abhängt und man die Dicke der bei der Polarisation der Elektrolyte auftretenden Doppelschichten nicht kennt, so entstehen auch bei dieser Theorie vorläufig noch Schwierigkeiten.
R. Jaeger.

Doppelsirene s. Sirene.

Doppelsterne. Schon bald nach Erfindung des Fernrohres zeigte sich, daß eine Reihe von Sternen doppelt erscheinen. Besonderes Interesse gewannen diese Doppelsterne erst dadurch, daß man an ihnen Bahnbewegungen erkennen konnte. Gegenwärtig

kennt man etwa 20 000 Doppelsterne. Bei Messungen werden Positionswinkel und Distanz der beiden Komponenten angegeben. Seit etwa 1830, als man die Bewegung der Komponenten umeinander bei einigen Doppelsternen erkannt hatte, wurden verschiedene Methoden zur Bahnbestimmung ausgearbeitet. Man hat hier das Newtonsche Gravitationsgesetz bestätigt gefunden oder im allgemeinen wenigstens keine Widersprüche entdeckt, da man bei der geringen Genauigkeit der Doppelsternmessungen von einer Bestätigung kaum reden kann. Wo sich Unstimmigkeiten zeigten, lassen sie sich meistens durch Annahme eines dritten unsichtbaren Körpers beseitigen. Es gibt auch drei- und mehrfache Systeme, aber überall gilt hier ein Gesetz der Zweiteilung, daß z. B. in einem System A B C die Körper A und B umeinander kreisen und C in weit größerem Abstande mit dem Doppelstern A B wiederum einen Doppelstern (A B) C bildet. Ist C ebenfalls doppelt, so ist das System das typische vierfache. Nirgends hat ein Körper etwa zwei oder mehrere Begleiter, wie etwa die Sonne oder einige der großen Planeten. Nur bei verhältnismäßig wenigen Sternen läßt sich die Bahnbewegung erkennen, da die Umlaufszeit bei vielen zweifellos nach Jahrtausenden zählt. Die kürzeste Umlaufszeit sicher trennbarer Doppelsterne ist 5.7 Jahre bei δ Equulei. Die Helligkeitsdifferenz zwischen den beiden Komponenten ist häufig sehr groß, während das Massenverhältnis 1 : 3 nicht überschreitet. So ist bei Sirius das Helligkeitsverhältnis von Begleiter zu Hauptstern etwa 1 : 10 000, das Massenverhältnis 1 : 2.

Die scheinbare Bahn des Begleiters um den Hauptstern, d. h. die Projektion der wahren Bahn an die Himmelssphäre ist eine Ellipse, in deren Innern der Hauptstern irgendwo stehen muß; wo, das hängt ganz von der Lage der Bahn ab. Es gilt der Flächensatz auch für die projizierte Bewegung.

Aus der scheinbaren Bahn kann man folgende Elemente der wahren Bahn ableiten:

  a die große Halbachse in Bogenmaß;
  U die Umlaufszeit;
  e die Exzentrizität;
  ω Länge des Periastrons;
  i Neigung, wobei das Vorzeichen unbestimmt bleibt;
  Ω Länge des Knotens um 180° unbestimmt;

ferner eine Größe Mp^3, worin M die Masse, p die Parallaxe bedeutet. Ist die Parallaxe bekannt, so kennt man auch die Masse und die linearen Dimensionen des Systems.

Ist eine Komponente unsichtbar, so zeigt der Hauptstern veränderliche Eigenbewegungen, woran man z. B. die Duplizität von Sirius und Prokyon erkannte, ehe man ihre schwachen Begleiter im Fernrohr erblickte. Die Massen sind meistens von der Größenordnung der Sonnenmasse.

Stehen die Komponenten so eng, daß wir sie mit den größten Fernrohren nicht mehr trennen können, so kann nur das Spektroskop Aufschluß über Duplizität geben, nämlich durch veränderliche Radialgeschwindigkeit. Man nennt solche Sterne **spektroskopische Doppelsterne**. Ist nur eine Komponente im Spektrum sichtbar, so lassen sich nur sehr unvollständige Elemente geben, nämlich:

  a sin i   a ist die Halbachse der Bahn des Hauptsterns um den Schwerpunkt in Kilometern;
  U   die Umlaufszeit;
  e   die Exzentrizität;
  ω Länge des Periastrons;
  Ω Länge des aufsteigenden Knotens;

sowie die Größe $\dfrac{m_2^3 \sin^3 i}{(m_1 + m_2)^2}$, wo m_1 die Masse des sichtbaren, m_2 die des unsichtbaren Körpers ist.
Die Neigung bleibt gänzlich unbestimmt.

Geben beide Komponenten ein meßbares Spektrum, treten also in den Elongationen Linienverdoppelungen auf, so ist a die Halbachse der ganzen Bahn und man erhält die Gesamtmasse bis auf den unbekannten Faktor $\sin^3 i$.

Kennt man von einem Doppelstern die visuellen und die spektroskopischen Bahnelemente, so kann man hieraus die Parallaxe sehr genau bestimmen.

Schließlich gibt es noch eine dritte Möglichkeit, die Duplizität zu erkennen, die sog. Verdunkelungsveränderlichen. Die Erde und Sonne befinden sich in diesem Falle nahe der Bahnebene des Doppelsterns, so daß die Komponenten einander jedesmal in Konjunktion teilweise oder vollständig bedecken. Die Ableitung der Bahnelemente ist recht unsicher, weil wir über die Helligkeitsverteilung auf der Oberfläche bzw. über den Helligkeitsabfall nach dem Rande der Scheiben dieser Sterne nichts wissen und diese relativ engen Doppelsterne oftmals auch von der Kugelgestalt erheblich abweichen. Eine Größe, die wir hier mit ziemlicher Sicherheit angeben können, ist die mittlere Dichte des Systems. Man erhält meist erheblich geringere Dichten als bei der Sonne, in einzelnen Fällen 10^{-6} bis 10^{-8} der Sonnendichte. Vgl. auch Kosmogonie.

Bottlinger.

Näheres s. Newcomb-Engelmann, Populäre Astronomie.

Dopplersches Prinzip. Es wird angenommen, daß die Wellenlänge des von einer monochromatischen Lichtquelle emittierten Lichtes unabhängig ist von der Bewegung der Lichtquelle. Dabei ist vorausgesetzt, daß die Messung der Wellenlänge von einem Punkte aus vorgenommen wird, der sich mit der Lichtquelle bewegt. Befinden sich Lichtquelle und Beobachter nicht im Zustande der relativen Ruhe, sondern in Bewegung gegeneinander, so ist die vom Beobachter gemessene Frequenz des Lichtes abhängig von der Geschwindigkeit v der Lichtquelle in einem mit dem Beobachter verbundenen Koordinatensystem und dem Winkel zwischen der Richtung der Geschwindigkeit und der Richtung des Lichtstrahls. Bezeichnen v die Ruhefrequenz der Lichtquelle, v' die durch den Beobachter gemessene Frequenz, c die konstante Lichtgeschwindigkeit, so wird die Abhängigkeit durch das Dopplersche Prinzip ausgedrückt:

$$v' = v \frac{1 + \dfrac{v}{c} \cos \vartheta}{\sqrt{1 - \dfrac{v^2}{c^2}}}.$$

Da die Geschwindigkeit der Himmelskörper selbst in extremen Fällen (500 km/sec.) im Vergleich zur Lichtgeschwindigkeit klein ist, spielt der Nenner $\sqrt{1 - \dfrac{v^2}{c^2}}$ in der Astronomie vorläufig keine Rolle. Im Falle der Annäherung von Beobachter und Lichtquelle ergibt sich eine Vergrößerung der Schwingungszahl, also eine Verschiebung der Spektrallinien nach dem violetten Ende des Spektrums, im entgegengesetzten Falle der Entfernung eine Verkleinerung der Schwingungszahl und Verschiebung der Linien nach der Seite des langwelligen Lichtes. Ist in einer Lichtquelle die Frequenz v' gemessen und die Ruhefrequenz v der betreffenden Strahlung bekannt, so gibt das Dopplersche Prinzip die relative Bewegung in der Richtung des benutzten Lichtstrahls ($v \cdot \cos \vartheta$) in km/sec. Einer Verschiebung von 1 AE entspricht eine Radialgeschwindigkeit von 75 km/sec bei λ 4000, von 50 km/sec bei λ 6000.

Im kontinuierlichen Spektrum kann sich die Änderung der Frequenz nicht bemerkbar machen. Durch die Verschiebung der Absorptionslinien wird die Bewegung der absorbierenden Gase bestimmt, die entweder Ziel der Untersuchung ist (Sonne) oder als Bewegung des ganzen Weltkörpers aufgefaßt wird (Fixsternastronomie). Wird die Linienverschiebung durch Vergleich mit dem Spektrum einer irdischen Lichtquelle bestimmt, so ergibt sich die Geschwindigkeit relativ zur Erde. Soll die Sonne Koordinatenursprung sein, so muß der in diesem System aus der bekannten Bewegung der Erde folgende Dopplereffekt nach der obigen Formel in Rechnung gesetzt werden.

Das Dopplersche Prinzip hat sich als äußerst fruchtbar erwiesen. Im Sonnensystem gestattet es die Bestimmung der Rotation der Sonne und der Planeten durch die Verdoppelung der Absorptionslinien bei der Überlagerung der Spektren des auf uns zu und des von uns weg bewegten Randes. In der Sonnenphysik liefert es die in die Blickrichtung fallende Komponente aller Bewegungen, besonders in den Flecken und Protuberanzen. Dabei muß entschieden werden, bis zu welchem Grade die Linienverschiebungen als Dopplereffekt gedeutet werden dürfen, da auch andere Ursachen (wie Druck) Linienverschiebungen hervorrufen. In der Fixsternastronomie hat die Bestimmung der Radialgeschwindigkeiten von der flächenhaften Betrachtung der Eigenbewegungen an der Sphäre zu der räumlichen der wirklichen Bewegungen hinübergeführt. Ist die Entfernung bekannt, so ergibt sich aus Eigenbewegung und Radialgeschwindigkeit die wirkliche Bewegung; umgekehrt kann bei Sterngruppen mit gemeinsamer Bewegung von bekannter Richtung aus Eigenbewegung und Radialgeschwindigkeit die Entfernung berechnet werden. Bei Doppelsternen zeigen entsprechende Linien der beiden Komponenten eine in der Periode der Umlaufszeit veränderliche Verschiebung gegeneinander, da außer der gemeinsamen Bewegung (Schwerpunktsbewegung) eine Umlaufsbewegung der Komponenten um den Schwerpunkt vorhanden ist, deren in den Visionsradius fallender Teil variabel ist; die Doppelsternbahn läßt sich aus den Linienverschiebungen bestimmen. Ihre höchste Bedeutung erreicht diese spektroskopische Methode bei Doppelsternen, die visuell als solche nicht erkannt werden können, entweder, weil die Komponenten zu eng benachbart sind, oder weil eine Komponente unsichtbar ist und sich nur durch die veränderliche Radialgeschwindigkeit der anderen bemerkbar macht (spektroskopische Doppelsterne).

W. Kruse.

Näheres s. Newcomb-Engelmann, Populäre Astronomie.

Dopplersches Prinzip (s. Artikel Optik bewegter Körper). Das Dopplersche Prinzip ist nicht irgend eine zu den übrigen Prinzipien der Optik hinzukommende neue grundlegende Annahme, sondern besteht in der von Doppler 1842 zuerst gemachten Bemerkung, daß aus den üblichen Vorstellungen der Undulationstheorie sich ergibt, daß durch eine Bewegung der Lichtquelle oder des Beobachters sich die Frequenz des Lichtes gegenüber dem im Ruhezustand beobachteten Wert in bestimmter Weise ändern muß.

Wir betrachten etwa eine ebene Licht- oder Schallwelle, die sich in einem Medium (z. B. beim Schall die Luft, beim Licht der Äther) mit einer Geschwindigkeit c relativ zu diesem Medium fortpflanzt. Denken wir uns das Koordinatensystem, in dem die Koordinaten x, y, z heißen mögen, in dem Medium ruhend und bezeichnen wir die Richtungskosinusse der Fortpflanzungsrichtung des Lichtes mit α, β, γ, so ist die Elongation e des Mediums zu irgend einer Zeit, t in irgend einem Punkte durch

$$e = a \cos 2\,\pi\,\nu\left(t - \frac{\alpha x + \beta y + \gamma z}{c}\right) \quad .\ .\ 1)$$

gegeben. Dabei bedeutet a die Amplitude der Schwingung und ν die Schwingungszahl an einem relativ zum Medium ruhenden Punkt oder, wie wir kurz sagen wollen, die Frequenz relativ zum Medium oder zum System S. Bewegt sich nun ein Koordinatensystem S' mit der Geschwindigkeit v in der positiven x-Richtung relativ zu S, und bezeichnen wir die Koordinaten des Punktes x, y, z im neuen System mit x', y', z', so ist

$$x = x' + vt, \quad y = y' \quad z' = z \quad .\ .\ .\ 2)$$

Setzen wir diese Werte in Gleichung 1) ein, so erhalten wir die Darstellung derselben Wellenbewegung in bezug auf das System S'. Wir finden

$$e = a \cos 2\,\pi\,\nu'\left(t - \frac{\alpha x' + \beta y' + \gamma z'}{c'}\right) \quad .\ 3)$$

wobei

$$\nu' = \nu\left(1 - \frac{\alpha v}{c}\right), \quad c' = c - \alpha v \quad .\ .\ 4)$$

Die Frequenz derselben Welle relativ zum bewegten System ist also eine andere, und zwar eine größere oder kleinere als ν, je nachdem ob α negativ oder positiv ist, d. h. ob der Winkel φ zwischen der Geschwindigkeit des Systems und der Fortpflanzungsrichtung der Welle ein stumpfer oder spitzer ist. Die Gleichungen 4) oder wie wir sie auch schreiben können

$$\nu' = \nu\left(1 - \frac{v \cos \varphi}{c}\right) \quad .\ .\ .\ .\ .\ 5)$$

ist der Ausdruck des Dopplerschen Prinzips.

Denken wir uns z. B. eine Licht- oder Schallquelle von der Frequenz ν relativ zum Medium ruhend (wobei unter Frequenz einer Lichtquelle immer die Frequenz relativ zu einem System, in dem sie ruht, zu verstehen ist), und einen Beobachter, der sich mit der Geschwindigkeit v unter einem Winkel φ gegen die Fortpflanzungsrichtung des Lichtes oder Schalles bewegt, so ruht der Beobachter relativ zu System S' und die von ihm beobachtete Frequenz ν' ist mit der Frequenz der Quelle durch Gleichung 5) verknüpft. Wenn sich aber eine Lichtquelle von der Frequenz ν_0 relativ zum Medium mit der Geschwindigkeit v' unter dem Winkel φ' gegen die Richtung des Lichtstrahles bewegt, so ruht die Licht- oder Schallquelle jetzt im System S' es ist natürlich in Gleichung 2) anstatt v jetzt v' und in Gleichung 1) anstatt α jetzt $\alpha' = \cos \varphi'$ einzusetzen) die Frequenz relativ zu S' ist jetzt die Frequenz der Lichtquelle und diese ist nach Gleichung 5) durch

$$\nu_0 = \nu\left(1 - \frac{v' \cos \varphi'}{c}\right) \quad .\ .\ .\ .\ .\ 6)$$

gegeben, wobei ν die von einem im Medium (d. h. System S) ruhenden Beobachter beobachtete Frequenz dieser Lichtquelle ist. Wenn sich Lichtquelle und Beobachter relativ zum Medium bewegen, die erstere mit der Geschwindigkeit v' und unter dem Winkel φ', der letztere mit der Geschwindigkeit v und unter dem Winkel φ gegen die Richtung des

Strahls, so erhalten wir für die beobachtete Frequenz ν' aus Gleichung 5) und 6)

$$\nu' = \nu_0\,\frac{1 - \dfrac{v \cos \varphi}{c}}{1 - \dfrac{v' \cos \varphi'}{c}} \quad .\ .\ .\ .\ 7)$$

Ist insbesondere die Licht- oder Schallquelle relativ zum Beobachter in Ruhe oder ist wenigstens die Projektion ihrer Geschwindigkeiten auf die Richtung des Strahles dieselbe, so ist $v \cos \varphi = v' \cos \varphi'$ und daher nach Gleichung 7) auch $\nu' = \nu_0$. Eine gemeinsame Bewegung von gegeneinander ruhender Quelle und Beobachter relativ zum Medium kann also nicht an einer Änderung der Frequenz bemerkt werden. Haben sie hingegen eine Relativgeschwindigkeit gegeneinander, so ist nach Gleichung 7) die Änderung der Frequenz der Lichtquelle durch die Bewegung nicht nur von dieser Relativgeschwindigkeit $v \cos \varphi - v' \cos \varphi'$ abhängig, sondern von den Werten der Geschwindigkeit beider gegenüber dem Medium. Wenn wir hingegen nur Größen erster Ordnung in $\dfrac{v}{c}$ berücksichtigen, so wird aus Gleichung 7)

$$\nu' = \nu_0\left(1 = \frac{v \cos \varphi}{c}\right)\left(1 + \frac{v' \cos \varphi'}{c}\right)$$

$$= \nu_0\left(1 - \frac{v \cos \varphi - v' \cos \varphi'}{c}\right) \quad .\ .\ .\ 8)$$

und die Frequenzänderung der Lichtquelle hängt in dieser Annäherung nur von ihrer Relativgeschwindigkeit zum Beobachter ab und nicht von einer etwa noch vorhandenen gemeinsamen Geschwindigkeit gegen das Medium. Exakt verschwindet der Einfluß dieser gemeinsamen Geschwindigkeit aber nur für verschwindende Relativgeschwindigkeit zwischen Beobachter und Lichtquelle.

Nun ist aber nach der Einsteinschen Relativitätstheorie durch die Gleichungen 2) die Längen- und Zeitmessungen relativ zum bewegten System S' nur für sehr kleine Werte von $\dfrac{v}{c}$ annähernd richtig wiedergegeben, während im allgemeinen an Stelle der Galilei-Transformation Gleichung 2) die Lorentz-Transformation tritt. Es ist also (s. Artikel Relativitätsprinzip nach Einstein)

$$x = \frac{x' + v\,t'}{\sqrt{1 - \dfrac{v^2}{c^2}}}, \qquad y = y' \qquad z = z' \quad .\ .\ 9)$$

$$t = \frac{t' + \dfrac{v}{c^2}\,x'}{\sqrt{1 - \dfrac{v^2}{c^2}}}$$

Setzen wir jetzt diese Werte anstatt in Gleichung 1) ein, so erhalten wir

$$e = a \cos 2\,\pi\,\nu'\left(t' - \frac{\alpha' x' + \beta' y' + \gamma' z'}{c'}\right) \quad 10)$$

dabei ist, wie durch Vergleich von Gleichung 1) und 10) hervorgeht

$$\nu' = \nu\,\frac{1 - \dfrac{\alpha v}{c}}{\sqrt{1 - \dfrac{v^2}{c^2}}} = \nu\,\frac{1 - \dfrac{v \cos \varphi}{c}}{\sqrt{1 - \dfrac{v^2}{c^2}}} \quad .\ 11)$$

Nach der Einsteinschen Relativitätstheorie lautet also das Dopplersche Prinzip nicht, wie es Gleichung 5) angibt, sondern an ihre Stelle tritt Gleichung 11). Beide Formeln stimmen überein, wenn man nur Größen erster Ordnung in $\frac{v}{c}$ berücksichtigt, aber schon in der zweiten Ordnung weichen sie voneinander ab. Am deutlichsten zeigt sich diese Abweichung, wenn man die Frequenzänderung eines Strahles betrachtet, der sich senkrecht zur Bewegungsrichtung des Systems S' fortpflanzt. Dann ist $\cos \varphi = 0$ und nach der klassischen Gleichung 5) ist $\nu' = \nu$, während nach der Einsteinschen Gleichung 11) aber

$$\nu' = \frac{\nu}{\sqrt{1 - \frac{v^2}{c^2}}} \quad \ldots \ldots 12)$$

Es ist also hier im Gegensatz zur klassischen Theorie auch ein „transversaler" Dopplereffekt zu erwarten, der allerdings nur von der Ordnung $\frac{v^2}{c^2}$ ist. Ist z. B. ν_0 die Frequenz einer mit der Geschwindigkeit v bewegten, also im S' ruhenden Lichtquelle und ν ihre Frequenz relativ zum System S, in dem sie die Geschwindigkeit v hat, so ist nach Gleichung 12)

$$\nu_0 = \frac{\nu}{\sqrt{1 - \frac{v^2}{c^2}}}, \text{ also } \nu = \nu_0 \sqrt{1 - \frac{v^2}{c^2}} \quad 13)$$

Eine Lichtquelle von der Frequenz ν_0 hat also, wenn sie bewegt wird, relativ zum ruhenden System die kleinere Frequenz ν (Gleichung 13). Da jedes schwingende Molekül als Uhr angesehen werden kann, so wird durch diese Frequenzabnahme einer bewegten Lichtquelle das Zurückbleiben bewegter Uhren, wie es die Einsteinsche Theorie fordert, wohl am deutlichsten vor Auge geführt.

Wenn wir das Dopplersche Prinzip auf akustische Erscheinungen anwenden, so hat es zur Folge, daß eine Schallquelle, die sich auf einen Beobachter zu bewegt, in ihm einen höheren Ton erregt als wenn sie ruht oder sich gar von ihm fortbewegt. Dasselbe ist der Fall, wenn ein bewegter Beobachter eine ruhende Schallquelle beobachtet. Eine Lokomotive gibt zum Beispiel für einen auf der Station stehenden Beobachter einen höheren Ton, wenn sie sich nähert, einen tieferen, wenn sie sich von ihm entfernt. Beim Durchfahren des Zuges durch die Station geht der Ton plötzlich in einen tieferen über. Mach hat auch einen Apparat konstruiert, wobei eine in Rotation befindliche Pfeife sich dadurch periodisch vom Beobachter entfernt und wieder ihm nähert und ein periodisches Tiefer- und Höherwerden des Tones hören läßt.

Wichtiger und interessanter sind die Anwendungen des Dopplerschen Prinzips auf optische Erscheinungen. Wenn eine bestimmte Lichtquelle Licht von der Frequenz ν_0 aussendet, so sieht ein Beobachter, auf den sich die Lichtquelle zubewegt, Licht von größerer Frequenz als ν_0, also wenn die Lichtquelle eine einzige Spektrallinie aussenden würde, eine Verschiebung dieser Linie gegen das violette Ende des Spektrums, die „Dopplersche Verschiebung", während durch Entfernen der Lichtquelle eine Verschiebung nach Rot stattfindet. Dasselbe gilt, wenn die Lichtquelle ein Linienspektrum aussendet, für jede einzelne Linie des Spektrums. Da diese Verschiebung, soweit Größen erster Ordnung in Betracht kommen, nur von der

Projektion der Relativgeschwindigkeit zwischen Lichtquelle und Beobachter in die Bewegungsrichtung abhängt, so ist nach Gleichung 8) die beobachtete Frequenz ν

$$\nu = \nu_0 \left(1 - \frac{v_r}{c} \right) \quad \ldots \ldots 14)$$

wenn wir mit

$$v_r = v \cos \varphi - v' \cos \varphi'$$

die „radiale" Komponente der Relativgeschwindigkeit von Lichtquelle und Beobachter bezeichnen. Aus der Beobachtung der Verschiebung der Spektrallinien eines Körpers läßt sich also seine radiale Geschwindigkeitskomponente v_r in bezug auf den Beobachter berechnen. Nachdem schon Doppler den mißglückten Versuch gemacht hatte, aus diesem Prinzip die sichtbaren Farben der Fixsterne zu erklären, wendete es Fizeau 1848 dazu an, aus der verschiedenen Lage der Spektrallinien derselben Substanz in irdischen Lichtquellen und im Fixsternlicht die radiale Komponente der Geschwindigkeit der Fixsterne zu berechnen, während durch direkte Beobachtung doch immer nur die zur Visierrichtung senkrechte Bewegung der Fixsterne gesehen werden kann.

Infolge der Bewegung um die Sonne und der dadurch bedingten periodischen Annäherung und Entfernung der Erde von jedem einzelnen Fixstern zeigen die Spektra aller Fixsterne eine gemeinsame Verschiebung der Linien gegen Rot und wieder gegen Violett. Bringt man diese jährliche Periode der Verschiebung in Abzug, so bleibt noch eine allen Fixsternspektren gemeinsame Verschiebung übrig, die von der translatorischen Bewegung des Sonnensystems relativ zum Fixsternhimmel herrührt. Aus dieser Verschiebung, die natürlich für die einzelnen Fixsterne je nach dem Winkel, den die Blickrichtung zu ihnen mit der Richtung der Bewegung des Sonnensystems einschließt, verschieden ist, kann man die Richtung und Größe dieser Geschwindigkeit berechnen. So bestimmte Campbell 1901 diese Geschwindigkeit auf etwa 20 km/sec. Bringt man diese auf eine für alle Fixsterne gemeinsame Ursache zurückgehende Verschiebung in Abzug, so bleiben noch für jeden Fixstern individuelle Verschiebungen seiner Spektrallinien übrig, aus denen sich die Radialkomponente seiner Eigenbewegung relativ zur Gesamtheit der Fixsterne berechnen läßt. Diese Geschwindigkeiten halten sich alle in mäßigen Grenzen, wenn man sie etwa mit der Fortpflanzungsgeschwindigkeit des Lichtes vergleicht, eine Tatsache, die für die Vorstellung über die Kräfteverhältnisse im Kosmos von großer Bedeutung ist. Die größte bisher beobachtete Geschwindigkeit findet sich bei Cassiopejae und beträgt 95 km/sec.

Durch ein irdisches optisches Experiment hat Belopolski 1900 das Dopplersche Prinzip bestätigt, indem er als bewegte Lichtquelle das Bild einer ruhenden Lichtquelle in einem bewegten Spiegel verwendete und die dadurch hervorgerufene Verschiebung der Spektrallinien feststellte. Im Jahre 1906 gelang es J. Stark, die Dopplersche Verschiebung auch an bewegten irdischen Lichtquellen nachzuweisen. Er benützte die Kanalstrahlteilchen, geladene Molekeln, deren Geschwindigkeit bis zu $1/300$ der Lichtgeschwindigkeit geht, die also eine stärkere Dopplerverschiebung erwarten lassen als selbst die Fixsterne. Stark fand, daß bei Wasserstoffkanalstrahlen alle Wasserstofflinien doppelt auftreten. Dieser „Dopplereffekt" rührt daher, daß sowohl das von den ruhenden Gasmolekülen als das von den bewegten Kanalstrahlteilchen ausgesendete Licht zur Beobachtung gelangt. Für diese Teilchen ist $\frac{vr}{c}$ so groß, daß Einstein auf die Möglichkeit hinwies, auch noch Effekte zweiter Ordnung in $\frac{v}{c}$ zu konstatieren und so zu untersuchen, ob der von der Relativitätstheorie vorausgesehene transversale Dopplereffekt (Gleichung 13) wirklich existiert und so eine neue experimentelle Prüfung der Grundannahmen dieser Theorie zu ermöglichen. Doch sind bisher Versuche von genügender Genauigkeit nicht möglich gewesen.   *Philipp Frank.*

Näheres s. J. Scheiner, Populäre Astrophysik. Kap. 24. Leipzig 1912.

Dopplersches Prinzip in der Akustik. Da die Höhe eines Tones durch die Zahl der pro Sekunde in das Ohr des Hörers gelangenden Tonwellen gegeben ist, muß sich die Tonhöhe ändern, wenn sich die Tonquelle während des Tönens dem Beobachter nähert oder von ihm entfernt, und ebenso, wenn sich der Beobachter auf die Tonquelle hin- oder von ihr fortbewegt. Nähern sich Tonquelle und Beobachter, so gelangen pro Sekunde mehr Tonwellen zum Ohre als im Zustande der relativen Ruhe, und entfernen sie sich voneinander, so verringert sich für das Ohr des Beobachters die Zahl der pro Sekunde auffallenden Tonwellen. Dieses Gesetz hat Doppler im Jahre 1842 mitgeteilt und sogleich auf optische Vorgänge (Doppelsterne, Verschiebung der Spektrallinien) angewandt. Da Doppler selbst sein Prinzip nicht exakt abgeleitet hat, ist es vielfach angefochten worden; erst W. Voigt hat es auf eine strenge theoretische Basis gestellt.

Eine ganz elementare Überlegung führt zu folgendem Resultat: Ist n die Schwingungszahl der (ruhenden) Tonquelle, λ die zugehörige Wellenlänge und v die Fortpflanzungsgeschwindigkeit des Schalles, so erreichen den stillstehenden Beobachter pro Sekunde $n = \frac{v}{\lambda}$ Wellen. Bewegt sich nun der Beobachter mit der Geschwindigkeit v_0 auf die Schallquelle hin, so werden ihn $\frac{v_0}{\lambda}$ Wellen mehr treffen. Die Zahl der Wellen n′, die den bewegten Beobachter im ganzen erreichen, wird also sein: $n' = \frac{v + v_0}{\lambda} = n\left(1 + \frac{v_0}{v}\right)$, d. h. also, der Ton erhöht sich im Verhältnis $1 : 1 + \frac{v_0}{v}$, während sich bei entgegengesetzter Bewegungsrichtung der Ton im Verhältnis $1 : 1 - \frac{v_0}{v}$ erniedrigt. Wenn jetzt der Beobachter ruht und sich die Schallquelle mit der Geschwindigkeit v_0 in der Verbindungslinie Schallquelle—Beobachter bewegt, so erhält man nur dann die gleichen quantitativen Werte wie im erstbesprochenen Falle, wenn v_0 sehr klein gegen v ist, so daß gewisse Vernachlässigungen eingeführt werden können.

Besitzt die Luft zwischen Schallquelle und Beobachter, die relativ zueinander ruhen, eine konstante Geschwindigkeit (Wind) in der Verbindungsrichtung von beiden, so ändert sich die Tonhöhe nicht. Zwar muß die Fortpflanzungsgeschwindigkeit etwas zunehmen bzw. abnehmen,

aber im gleichen Verhältnis nimmt dann auch die Wellenlänge zu bzw. ab, so daß die Schwingungszahl konstant bleibt.

Die qualitative Gültigkeit des Dopplerschen Prinzips kann man im täglichen Leben oft beobachten (Pfeifen einer Lokomotive, Klingeln eines Radfahrers usw.). Die ersten Versuche unter Benutzung der Eisenbahn wurden 1845 von Buys-Ballot in Holland angestellt. Für Demonstrationszwecke ersetzte Mach die fortschreitende Bewegung durch eine rotierende.

Der etwas abgeänderte Machsche Apparat besitzt folgende Gestalt: An den beiden Enden eines Rohres, welches um eine senkrecht zur Längsrichtung durch die Mitte des Rohres gehende horizontale Achse drehbar ist, befinden sich je eine Pfeife, die genau gleich gestimmt sind. Werden die Pfeifen angeblasen, während das Rohr ruht, so hört man einen Ton von konstanter Intensität. Wird jetzt das Rohr in Rotation versetzt und befindet sich der Beobachter in der Rotationsebene, so müssen für ihn die Töne der beiden Pfeifen abwechselnd höher und tiefer werden und zwar immer im entgegengesetzten Sinne, da sich die eine Pfeife nähert, während sich die andere entfernt, und umgekehrt. Es müssen also Schwebungen (s. d.) entstehen. Übrigens können hierbei die Verhältnisse durch Nebenerscheinungen (s. Variationstöne) kompliziert werden.   *E. Waetzmann.*

Näheres s. E. Mach, Beiträge zur Dopplerschen Theorie. Prag 1873.

Dosenkompaß s. Kompaß.

Drachenaufstiege s. Aerologie und aerologische Meßmethoden.

Drahtkopien s. Normalwiderstände.

Drahtlose Telephonie. Die Übertragung der Sprache mittels ungedämpfter Schwingungen durch den Raum. Es werden einem kontinuierlichen Wellenzug mit den beim Sprechen auftretenden Variationen quantitativ übereinstimmende Schwankungen aufgedrückt. An der Empfangsstelle gibt der Empfänger die durch die Strahlung übertragenen Schwankungen wieder. Fig. 1 gibt das Schema des Schwingungsverlaufes vom Sender bis zum Empfang. Die technische Ausgestaltung der drahtlosen Telephonie umfaßt drei Probleme.

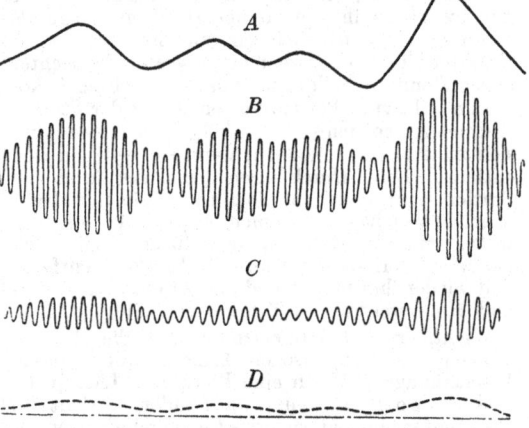

Fig. 1. Schwingungsverlauf vom Sender bis zum Empfang.

1. Die Erzeugung kontinuierlicher ungedämpfter Schwingungen; 2. das Starkstrommikrophon zur Beeinflussung der Schwingungen und die Anpassung des Mikrophons an den Sender; 3. Ausbildung einer der Drahttelephonie ähnlichen Gegensprechanordnung für beliebige Teilnehmer.

Als Energiequelle werden Lichtbogen-, Röhrensender- und Hochfrequenzmaschinen benützt. Fig. 2a

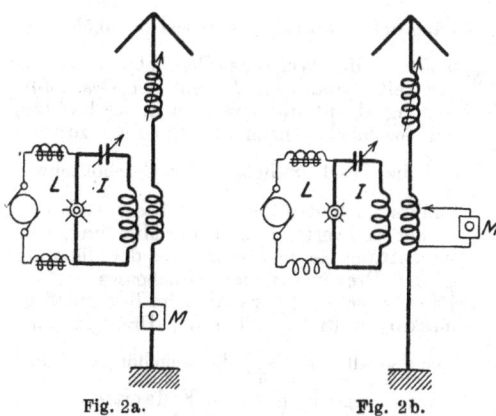

Fig. 2a.   Fig. 2b.

Lichtbogensenderanordnung.

u. b zeigen eine Lichtbogen-, Fig. 3 eine Röhren- und Fig. 4 eine Maschinensenderanordnung.

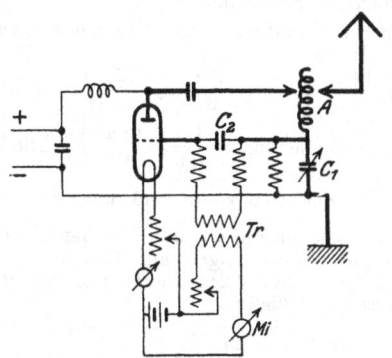

Fig. 3. Röhrensenderanordnung.

In Fig. 2a liegt das Mikrophon direkt in der Antenne und beeinflußt den Antennenstrom. Der

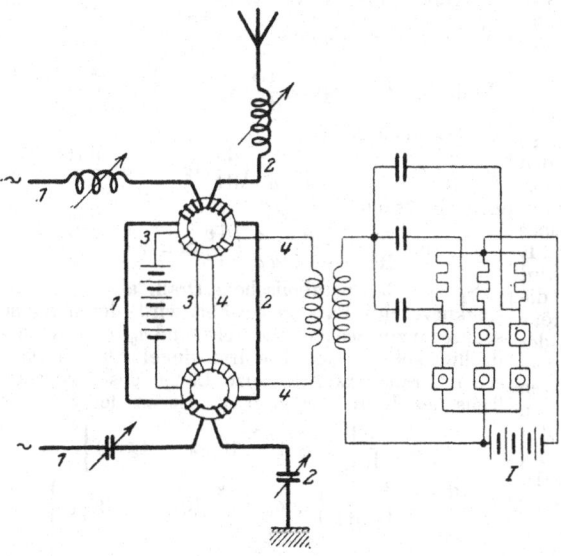

Fig. 4. Maschinensenderanordnung.

Mikrophonwiderstand ist annähernd gleich dem Antennenwiderstand beim Besprechen. Für größere Energien werden mehrere Mikrophone parallel geschaltet bzw. kommen hydraulische Mikrophone zur Anwendung; siehe Starkstrommikrophon. In Fig. 2b ist das Mikrophon parallel einem Teil der Antennenselbstinduktion, d. h. es wird beim Sprechen die Welle der Antenne verändert.

Fig. 4 zeigt eine Anordnung mit Periodenverdopplern (Telefunken) zur Beeinflussung von etwa 100 kW Schwingungsenergie. 1 die primäre Windung der letzten Verdopplerstufe, 2 die sekundäre, 3 der Gleichstromkreis, 4 die zusätzliche Magnetisierung, welche von dem Wechselstrom der Mikrophonkreise gespeist wird.

Die Mikrophonanordnung ist so, daß einerseits parallel zu je 2 bzw. mehreren in Serie geschalteten Mikrophonen über einen Widerstand W eine Batterie I liegt, andererseits direkt von den Mikrophonen über den Kondensatoren C die Sprachströme abgenommen werden. Eine der häufig verwandten Schaltungen für Telephonie mit Kathodenröhrengeneratoren zeigt Fig. 3.

Es wird die für die Schwingungserzeugung erforderliche Gitterspannung — sie ist hier gegeben für die betreffende Röhre durch die Bemessung des Kondensators C — durch den in der Gitterzuführung liegenden Kondensator C_2 vermindert. Über den Transformator T_R wird diesem Kondensator die vom Mikrophon Mi erzeugte Sprachspannung zugeführt und durch diese Sprachschwankungen wird die Gitterspannung beim Sprechen teilweise wieder auf ihren ursprünglichen Wert ergänzt bzw. noch mehr reduziert, d. h. im Rhythmus der Sprache mehr oder weniger Hochfrequenz erzeugt. Es ergibt sich hierdurch eine sehr starke Relaiswirkung. Die meisten anderen Sprachschaltungen beruhen auf der Benützung der Kathodenröhren als Starkstromverstärker vielfach unter Benützung mehrerer Röhren hintereinander. Es kommen u. a. Schaltungen in Verwendung in der Art, daß eine Absorptionsröhre, die parallel zu einem Teil der Antennenselbstinduktion bzw. der Antenne eines Zwischenkreises oder direkt parallel der Senderöhre liegt und durch das Besprechen ihres Gitters mehr oder weniger die Antennenenergie entzieht bzw. verstimmt, oder daß in die Anodenstromzuführungen der Röhre eine weitere Röhre geschaltet wird, welche beim Sprechen die zugeführte Spannung mehr oder weniger ändert. Bei großen Sendern (5—10 kW) kommt vielfach eine Anordnung in Verwendung, bei der ein kleiner Telephoniegenerator die Gitter mehrerer parallel geschalteter Röhren steuert (Fremdsteuerung).

Das Gegensprechen, die wechselseitige Verständigung zweier Telephoniestationen, erfolgt entweder derart, daß durch einen Druckknopf und ein Relais die Antenne vom Sender auf den Empfänger umgeschaltet wird, oder daß man ohne Umschaltung arbeitet. Dann kommt es darauf an, daß der Empfänger sorgfältigst gegen die Schwingungen des eigenen Senders geschützt wird. Bei großen Anlagen sind Sender und Empfänger räumlich auseinander gelegt und durch Niederfrequenzleitungen miteinander nach Fig. 5 verbunden. Bei diesen Anordnungen kann unter Zwischenschaltung einer Ausgleichsanordnung, wie bei der normalen Sprachverstärkung zur Verhinderung des

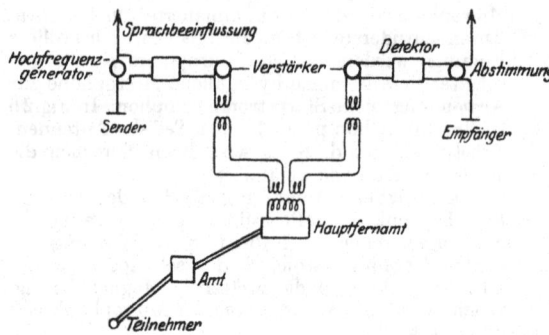

Fig. 5. Räumliche Trennung von Sender und Empfänger bei
großen Anlagen.

Übergehens der ankommenden Sprache auf das
Senderohr jeder beliebige Teilnehmer über den
drahtlosen Sender und Empfänger sich verstän-
digen, d. h. der Teilnehmer weiß von der Zwischenschaltung der drahtlosen Übertragung nichts.

A. Meißner.

Literatur: Zenneck, Lehrb. S. 445.

Drahttöne s. Hiebtöne.

Drall einer Schußwaffe. Auf gezogene Rohre,
also auf die Anwendung von Schraubenzügen im
Rohr eines Geschützes oder einer Handfeuerwaffe
wurde man durch das Bestreben geführt, aus einem
Rohr ohne Vergrößerung des Rohrkalibers eine
größere Geschoßmasse verschießen zu können, als
bei Benützung von kugelförmigen Geschossen möglich gewesen war, und gleichzeitig die Streuungen
zu verringern, die man bei Kugeln beobachtet hatte.
Auf diese Weise gelangte man zu Langgeschossen.
Aber die Verwendung von Langgeschossen wiederum
führte, wegen der Notwendigkeit, das Langgeschoß
vor dem Überschlagen in der Luft zu bewahren,
zur Anbringung von Schraubenzügen im Rohr, wodurch dem Geschoß eine rasche Rotation um seine
Längsachse und damit eine Stabilität bei seinem
Flug in der Luft erteilt wurde. (Dieser Zweck der
Stabilisierung läßt sich zwar auch auf andere Weise
bei glatten Rohren, z. B. durch Pfeilform des Geschosses, erreichen; aber mit der Pfeilform ist der
Übelstand verbunden, daß der Schwerpunkt des
Langgeschosses weit nach dem vorderen Ende zu
gelegt werden muß.)

Denkt man sich die ebene Abwickelung eines
solchen Schraubenzuges oder einer Drallkurve, so
versteht man unter dem Drallwinkel α den
Winkel zwischen der Richtung der Seelenachse des
Rohrs und der Tangente an die Drallkurve; unter
Drallänge D (mm) versteht man die Höhe eines
Schraubengangs, so daß $\operatorname{cotg} \alpha = D : 2\,R\,\pi$; (2 R
in mm das Kaliber). Bei Handfeuerwaffen wird
fast allgemein der Drallwinkel α und damit die
Drallänge D konstant gehalten — und die Größe
von α und damit von D ergibt sich dabei aus der
Bedingung der Stabilität des Geschosses entlang
der Flugbahn; s. Drallgesetze —; bei Geschützen
läßt man α entweder ebenfalls konstant, oder man
läßt α nach bestimmtem Gesetz von einem Anfangswert α_0 bis zu einem Endwert α_e zunehmen;
in dem letzteren Fall des sog. Progressivdralls ist
die Stabilitätsbedingung maßgebend für den Betrag
des Enddrallwinkels α_e.

Es sei m die Geschoßmasse, 2 R das Kaliber;
ϱ der Trägheitshalbmesser des Geschosses um dessen

Längsachse (dabei $\dfrac{\varrho^2}{R^2}$ zwischen 0,55 und
0,65); x der Weg des Geschoßbodens nach
der Zeit t Skd. vom Beginn der Geschoßbewegung ab, positiv gerechnet in der Richtung
der Seelenachse nach der Mündung zu; $v =$
$\dfrac{dx}{dt}$ die Geschwindigkeit des Geschoßschwerpunkts nach der Zeit t in dieser Richtung;
v_e der Endwert von v an der Mündung, beim
Austritt des Geschoßbodens aus der Mündung;
φ der Drehwinkel des Geschosses um die
Längsachse nach der Zeit t, im Bogenmaß gemessen, positiv im Sinn der Drehung durch
Rechtsdrall; $\omega = \dfrac{d\varphi}{dt}$ die zugehörige Winkelgeschwindigkeit, mit dem Endwert ω_e an der
Mündung, n bzw. n_e die betreffende Tourenzahl;
α der Drallwinkel und D die Drallänge an der Stelle
x; N der zu den Zugflanken senkrechte Druck auf
das Geschoß an gleicher Stelle, λ der Reibungskoeffizient des Geschosses in den Zügen, so hat
man folgende Beziehungen:

1. Bei konstantem Drall, also bei konstantem
α und D:

$$\omega = \frac{\operatorname{tg}\alpha}{R}\cdot v;\ \ \omega_e = \frac{\operatorname{tg}\alpha}{R}\cdot v_e = \frac{2\,\pi\,v_e}{D};\ n_e = \frac{v_e}{D}.$$

Winkelbeschleunigung $\dfrac{d\omega}{dt} = \dfrac{\operatorname{tg}\alpha}{R}\cdot\dfrac{dv}{dt}$. Die Werte
von $\dfrac{dv}{dt}$ in Funktion von x sind dabei als bekannt
vorausgesetzt, entweder durch Rücklaufmessungen
oder durch Berechnungen auf Grund einer der
Methoden zur Lösung des innerballistischen Hauptproblems (s. Ballistik).

Leistendruck $N = m\cdot\dfrac{\varrho^2}{R^2}\cdot\dfrac{\operatorname{tg}\alpha}{\cos\alpha - \lambda\sin\alpha}\cdot\dfrac{dv}{dt}$;

Gesamter Zugwiderstand $W = N\sin\alpha + \lambda N\cos\alpha$

$$= m\cdot\frac{\varrho^2}{R^2}\cdot\operatorname{tg}\alpha\cdot\frac{\operatorname{tg}\alpha + \lambda}{1 - \lambda\operatorname{tg}\alpha}\cdot\frac{dv}{dt}.$$

2. Bei veränderlichem Drall, also wenn α eine
gegebene Funktion von x ist:

Winkelgeschwindigkeit $\omega = \dfrac{\operatorname{tg}\alpha}{R}\cdot v$;

Winkelbeschleunigung $\dfrac{d\omega}{dt} = \dfrac{\operatorname{tg}\alpha}{R}\cdot\dfrac{dv}{dt} + \dfrac{v^2}{R}\cdot\dfrac{d(\operatorname{tg}\alpha)}{dx}$;

Leistendruck $N =$
$$m\cdot\frac{\varrho^2}{R^2}\cdot\frac{1}{\cos\alpha - \lambda\sin\alpha}\cdot\left(\frac{dv}{dt}\operatorname{tg}\alpha + v^2\frac{d(\operatorname{tg}\alpha)}{dx}\right);$$

Zugwiderstand $W =$
$$m\cdot\frac{\varrho^2}{R^2}\cdot\frac{\operatorname{tg}\alpha + \lambda}{1 - \lambda\operatorname{tg}\alpha}\left(\frac{dv}{dt}\operatorname{tg}\alpha + v^2\frac{d(\operatorname{tg}\alpha)}{dx}\right).$$

Speziell bei parabolischem Drall, also wenn als
Zugkurve eine Parabel gewählt wird, deren Achse
senkrecht zur Seelenachse steht, und α_0 den Anfangsdrallwinkel, α_e den Enddrallwinkel des parabolischen Dralls, x_e die ganze Länge des gezogenen
Teils des Rohrs bedeutet, so ist an der Stelle x

$$\omega = \frac{v}{R}\left\{\operatorname{tg}\alpha_0 + \frac{x}{x_e}(\operatorname{tg}\alpha_e - \operatorname{tg}\alpha_0)\right\},$$

$$\frac{d\omega}{dt} = \frac{1}{R}\cdot\frac{dv}{dt}\left\{\operatorname{tg}\alpha_0 + \frac{x}{x_e}(\operatorname{tg}\alpha_e - \operatorname{tg}\alpha_0)\right\}$$
$$+ \frac{v^2}{R\,x_e}(\operatorname{tg}\alpha_e - \operatorname{tg}\alpha_0).$$

Der Ausdruck für $\frac{d\,\omega}{d\,t}$ bei konstantem Drall läßt erkennen, daß die Winkelbeschleunigung proportional der Translationsbeschleunigung $\frac{d\,v}{d\,t}$ des Geschosses verläuft. Beide Werte werden somit zu gleicher Zeit ihr Maximum annehmen. Nun ist $m\,\frac{d\,v}{d\,t}$ maßgebend für die Beanspruchung des Geschosses auf Stauchung durch den Trägheitswiderstand und durch die sonstigen Widerstände in Richtung der Seelenachse; $m\,\varrho^2\,\frac{d\,\omega}{d\,t}$ ist maßgebend für die Beanspruchung des Geschosses auf Abwürgen. Folglich wird bei konstantem Drall das Geschoß am Ort der maximalen beschleunigenden Kraft $m\,\frac{d\,v}{d\,t}$ in Richtung der Seelenachse auch maximal auf Verdrehung beansprucht. In solchen Fällen, in denen das Geschoßmaterial dieser zweifachen Beanspruchung nicht genügend Stand zu halten vermag, verwendet man daher häufig veränderlichen Drall. Damit läßt sich z. B. erreichen, daß die Winkelbeschleunigung $\frac{d\,\omega}{d\,t}$ anfangs klein ist und erst, nachdem $\frac{d\,v}{d\,t}$ sein Maximum schon überschritten hat, gleichfalls seinen Höchstwert annimmt; und den Betrag des Höchstwerts von $m\,\varrho^2\,\frac{d\,\omega}{d\,t}$ sucht man dabei kleiner zu halten, als dies bei konstantem Drall der Fall wäre; hierzu ist, wenn parabolischer Drall gewählt wird, ein bestimmter Anfangsdrallwinkel a_0 erforderlich.

Diesem Nachteil des konstanten und Vorteil des veränderlichen Dralls stehen Vorteile des ersteren und entsprechende Nachteile des letzteren Dralls gegenüber: Beim konstanten Drall können, im Fall starker Beanspruchung des Führungsmaterials, mehrere Führungsbänder oder kann ein einziges breites Band gewählt werden; auch kann, wie dies bei Gewehren und Pistolen fast durchweg geschieht, der ganze Geschoßmantel zur Führung des Geschosses in den Zügen verwendet werden. Die Benützung mehrerer Führungsbänder ist dagegen bei Progressivdrall ausgeschlossen, weil sich bei solchem Drall das vordere Band zu gleicher Zeit unter einem anderen Winkel gegen die Zugachse stellen würde, als das hintere Band; auch ein breites Band würde zu sehr abgenützt werden. Es kann sich also beim variablen Drall nur um ein einziges und zwar um ein schmales Band zur Führung handeln. Ferner ist anzunehmen, daß bei variablem Drall infolge der allmählichen Vorstellung der Leisten des Geschoßführungsbands der Pulvergase mehr als beim konstanten Drall die Möglichkeit erhalten, sich zwischen Geschoß und Seelenwandung nach der Mündung hin durchzuzwängen und dadurch zur Zerstörung der Züge beizutragen.

Das Verhältnis der Energie der Drehbewegung zu der Energie der fortschreitenden Bewegung des Geschosses ist, wenn das Trägheitsmoment des Geschosses um seine Längsachse in roher Annäherung gleich $\frac{m}{2}\,R^2$ gesetzt wird, angenähert gleich

$$\frac{\pi^2}{2\cdot d^2},$$

wo $d = \frac{D}{2\,R} = \pi \cdot \operatorname{cotg} a$ die in Kalibern ausgedrückte Drallänge bedeutet. Für Drallwinkel a zwischen $a = 2^0$ und $a = 16^0$ oder für Werte von d zwischen 90 und 11 Kalibern bewegt sich jenes Verhältnis der beiden Energien ungefähr zwischen 0,0006 und 0,04 oder zwischen 0,06 und 4 Prozent. Daraus läßt sich ermessen, daß von der ganzen in der Pulverladung vorhandenen Energiemenge im allgemeinen ein verhältnismäßig nur kleiner Bruchteil auf die Drehbewegung des Geschosses verwendet wird.   *C. Cranz* und *O. v. Eberhard.*

Betr. Literatur s. Ballistik.

Drall s. Impuls.

Drallgesetze. Der Zweck der Züge ist in erster Linie, dem rotierenden Langgeschoß bei seinem Flug durch die Luft die notwendige Stabilität zu sichern. Das rotierende Langgeschoß spielt die Rolle eines K r e i s e l s (in historischer Hinsicht wohl die erste Verwendung des Kreisels in der Technik). Beim schweren Drehkreisel besteht die Bedingung

$$\sigma = \frac{J^2{}_l \cdot \omega^2}{4\,J_q \cdot W \cdot a} > 1$$

dafür, daß der Kreisel, wenn er sachte, ohne seitlichen Anstoß, schief auf den Tisch aufgesetzt wird, nicht umfällt, und daß er auch nicht, unter der Einwirkung der Schwere, zu große Schwankungen ausführt. (Dabei ist J_l das Trägheitsmoment des Kreisels um die Längsachse oder Kreiselachse, J_q das Trägheitsmoment um die Querachse durch den Unterstützungspunkt, ω die Winkelgeschwindigkeit um die Kreiselachse, W das Gewicht des Kreisels, a der Abstand zwischen dem Unterstützungspunkt und dem Schwerpunkt auf der Achse.) Der Unterstützungspunkt des schweren Kreisels entspricht beim fliegenden Geschoß dem Schwerpunkt des Geschosses; das Gewicht W des schweren Kreisels dem resultierenden Luftwiderstand; der Schwerpunkt des schweren Kreisels entspricht dem Angriffspunkt der Luftwiderstandsresultanten auf der Geschoßachse, also ist a beim Geschoß der Abstand zwischen Schwerpunkt und Angriffspunkt des resultierenden Luftwiderstands. Der Unterschied ist in mechanischer Hinsicht nur der, daß beim schweren Kreisel die Größe und die Richtung der Kraft W und die Größe des Abstands a konstant ist, daß dagegen beim Geschoß die Größe und die Richtung des Luftwiderstands W sich entlang der Flugbahn fortwährend ändert und auch der Abstand a zwischen Schwerpunkt und Angriffspunkt der Luftwiderstandsresultante nicht konstant ist, sondern um so kleiner wird, je mehr sich der Winkel zwischen Geschoßachse und Bahntangente vergrößert.

1. Wenn die entsprechende Stabilitätsbedingung beim fliegenden Geschoß von Anfang an erfüllt ist, darf man sicher sein, daß die durch den Luftwiderstand allein bewirkten stoßfreien Nutationen des Geschosses, also diejenigen Nutationen, die auch dann auftreten, wenn das Geschoß ohne seitlichen Anstoß die Mündung der Waffe verlassen hat, bei dem Flug des Geschosses durch die Luft keine unzulässig große Amplitude annehmen.

Diese Bedingung $\sigma > 1$ genügt jedoch nicht für einen richtigen Geschoßflug. Selbst dann, wenn der Stabilitätsfaktor σ genügend größer als 1 ist, etwa $\sigma > 3$, also selbst dann, wenn unzulässig große stoßfreie Nutationsschwankungen des Geschosses bei dessen Flug durch die Luft ausgeschlossen sind, kann das Geschoß noch unrichtig fliegen, und zwar aus zwei Gründen.

2. Große Nutationspendelungen des Geschosses können schon von der Mündung der Waffe ab dadurch entstehen, daß bei dem Austritt des Geschosses aus der Mündung die Pulvergase unsymmetrisch mit austreten, das Geschoß eine Strecke weit überholen und dabei auf das Geschoß seitliche Stöße ausüben, deren Resultante nicht durch den Schwerpunkt geht. Die Folge davon ist ein Drehimpuls um eine Querachse durch den Schwerpunkt des Geschosses, und wegen der Rotation des Geschosses um die Längsachse entstehen daraus Nutationen um den Schwerpunkt. Diese Stoßnutationen können zwar, nachdem sie in der Nähe der Mündung entstanden sind, unter Umständen weiterhin eine Abdämpfung erfahren — um so leichter, je größer σ ist —, aber sie können auch während des ganzen Geschoßflugs anhalten. Jedenfalls können sie auch ihrerseits eine Verminderung der Schußweite und eine Vergrößerung der Streuung bewirken. Es muß also eine zweite Bedingung hinzutreten, die besagt, daß die Stoßnutationen keine ungeeignete Größe annehmen sollen. Diese Bedingung, die aufgestellt werden kann, enthält die Trägheitsmomente, den Enddrallwinkel, die Pulverladung, den Mündungsgasdruck und die Geschoßlänge.

3. Ferner soll das Geschoß mit der Spitze, nicht mit dem Geschoßboden oder mit dem Mantel voran auf dem wagrechten Erdboden ankommen — schon wegen eines sicheren Funktionierens des Zünders —; aber auch während des ganzen Geschoßflugs durch die Luft muß sich das Geschoß, damit der Luftwiderstand möglichst wenig auf das Geschoß einwirken kann, genügend genau mit seiner Längsachse in die Bahntangente einstellen; es muß also ähnlich fliegen, wie ein richtig konstruierter Pfeil fliegt. Allerdings ist ein eigentlicher Pfeilflug beim rotierenden Geschoß wegen der Kreiselwirkung niemals vollkommen möglich; aber man kann wenigstens bewirken, daß der Geschoßflug angenähert ein pfeilflugartiger wird, daß sich nämlich die Geschoßspitze immer wieder der Bahntangente nähert, so daß das Geschoß (bei nicht zu großem Abgangswinkel) schließlich als „Spitzentreffer", nicht als „Bodentreffer" im wagerechten Ziel ankommt. Die entsprechende dritte Bedingung, die als Voraussetzung für einen guten Geschoßflug noch hinzutreten muß, ist also die, daß das Geschoß nicht überstabilisiert ist. Wenn nämlich zwar unzulässig große Nutationen jeder Art ausgeschlossen, also die zwei ersten Bedingungen erfüllt sind, dagegen der erwähnte pfeilartige Geschoßflug nicht vorliegt, so bleibt die Geschoßachse allzusehr sich selbst parallel. Diese dritte Bedingungsgleichung läßt sich aufstellen; sie enthält das Luftwiderstandsmoment und die Translationsgeschwindigkeit des Geschosses im Scheitelpunkt der Bahn, ferner das Längsträgheitsmoment und die Winkelgeschwindigkeit des Geschosses um die Längsachse an der Mündung. Die Frage der Einstellung der Geschoßachse in die Bahntangente kommt hauptsächlich bei Steilfeuergeschützen, Mörsern, Minenwerfern und Haubitzen in Betracht. Dagegen bei Flachbahngeschützen und bei Gewehren spielt die erwähnte dritte Bedingung keine oder nur eine geringere Rolle, weil bei diesen der benützte Teil der Flugbahn eine geringere Krümmung aufweist; die untere Grenze des Enddrallwinkels ist deshalb bei Flachbahngeschützen und bei Gewehren durch die erste Bedingung (die Stabilitätsbedingung $\sigma > 1$) gegeben, die obere Grenze nicht durch die erwähnte dritte Bedingung,

sondern durch die Vorschrift, daß das Geschoß imstande sein muß, den Zügen zu folgen, daß also der Mantel des Gewehrgeschosses bzw. das Führungsband des Artilleriegeschosses der Drehbeanspruchung gewachsen sein muß.

An Stelle der ersten Bedingung ($\sigma > 1$) sind von verschiedenen Ballistikern, Vallier, Sabudski, Greenhill, Charbonnier, Kaiser u. a., kurze praktische Näherungsregeln oder Tabellen aufgestellt worden. Z. B. gibt Sabudski für Geschütze die folgende Konstruktionsregel. Es soll sein

$$D^2 H^3 = D'^2 H'^3.$$

Dabei bedeutet D die Enddrallänge (in m) für das zu konstruierende Geschütz, H die Gesamtlänge (in m) für das zugehörige Geschoß. D' bzw. H' sind das Analoge für ein ähnliches Geschütz- und Geschoßsystem, bei dem sich die Stabilitätsverhältnisse praktisch gut bewährt haben. Ferner empfahl F. W. Hebler für Gewehre die empirische Regel:

$$D_e = \frac{v_0 \cdot q^2}{a\,H},$$

D_e die Enddrallänge in m; q der Geschoßquerschnitt in mm²; v_0 die Anfangsgeschwindigkeit des Geschosses in m/sec; H die Gesamtlänge des Geschosses in mm; a ist die Zahl 332 000 bei Stahlmantelgeschossen, dagegen 263 000 bei Papierumhüllung des Geschosses. Z. B. für ein 8 mm Stahlmantel-Gewehrgeschoß von 900 m/sec Anfangsgeschwindigkeit und 28 mm Länge ist q = 50, v_0 = 900, H = 28; a = 332 000, also die (konstante) Drallänge $D = \dfrac{900 \cdot 50^2}{332\,000 \cdot 28} = 0{,}24$ m (gewählt ist 0,250 m).

Für die Wahl des Anfangsdrallwinkels α_0 bei veränderlichem Drall hat W. Heydenreich eine empirische Beziehung aufgestellt. Was die Wahl der Drallkurve anlangt, so hat sich gezeigt, daß, wenn der Anfangsdrallwinkel α_0 und der Enddrallwinkel α_e festgelegt sind, die übrige Gestalt der Drallkurve von keinem sehr bedeutenden Einfluß ist. Mitunter findet man die Drallkurve mit Hilfe der Bedingung festgelegt, daß der Leistendruck konstant bleiben soll; häufig wird parabolischer Drall gewählt, wenn es sich überhaupt um einen Progressivdrall handeln soll und nicht vielmehr konstanter Drall vorgezogen wird.   *C. Cranz* und *O. v. Eberhard.*

Betr. Literatur s. Ballistik.

Drapersches Gesetz (auch Drapersche Regel) heißt die Tatsache, daß alle Temperaturstrahler bei Temperaturen wenig über 500⁰ zu leuchten beginnen. Es ist dies eine selbstverständliche Folge aus der Energie-Wellenlängenkurve der Temperaturstrahler (s. Strahlungsgesetze) und der Wellenlängenempfindlichkeit des menschlichen Auges. Bei der genannten Temperatur verläuft nämlich die Strahlungskurve so, daß gerade noch merkbare Beträge roter Strahlung emittiert werden.

                             Gerlach.

Drehende Körper s. Drehvermögen.

Drehfeld. Es stellte $\mathfrak{B}$ (s. Figur) den Vektor eines elektromagnetischen Feldes dar, das mit der konstanten Winkelgeschwindigkeit ω in der Pfeilrichtung rotiert. Zu jedem Zeitpunkte t kann man sich dieses Feld in zwei zueinander senkrechte Komponenten $\mathfrak{B}_1$ und $\mathfrak{B}_2$ zerlegt denken, deren Momentanwerte durch die Gleichungen dargestellt werden

$$\mathfrak{B}_1 = \mathfrak{B} \cos \omega\,t = \mathfrak{B} \sin (90^0 + \omega\,t)$$
$$\mathfrak{B}_2 = \phantom{\mathfrak{B} \cos \omega\,t = } \mathfrak{B} \sin \omega\,t.$$

Diesen Gleichungen entsprechen zwei sinusförmige Wechselfelder von der Kreisfrequenz ω, deren maximale Amplitude gleich $\mathfrak{B}$ ist und deren Phase um 90⁰ gegeneinander in dem Sinne verschoben ist, daß $\mathfrak{H}_1$ dem Felde $\mathfrak{B}_2$ voraneilt. Es folgt hieraus: die Superposition von zwei räumlich und zeitlich um 90⁰ gegeneinander verschobenen Wechselfeldern ergibt ein Drehfeld, dessen konstante Amplitude gleich dem Maximum der Amplitude der beiden Einzelfelder ist, und das mit konstanter Winkelgeschwindigkeit rotiert, und zwar derart, daß während einer Zeit T der Winkel $\omega T = 2\pi f T = 2\pi$, also eine Umdrehung zurückgelegt wird; die Rotation erfolgt entgegengesetzt dem Umlaufsinne der Vektoren der Einzelfelder. In physikalischer Betrachtungsweise würde man eine Schwingung, deren Amplitude und Lage durch den Vektor $\mathfrak{B}$ dargestellt ist, als zirkular polarisierte Schwingung bezeichnen. Sind die Maximalamplituden $\mathfrak{B}$ ihrer Komponenten nicht gleich groß, oder ist ihr Phasenunterschied von 90⁰ verschieden, so würde eine elliptisch polarisierte Schwingung resultieren.

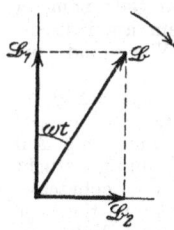

Zusammensetzung des Drehfeldes aus 2 Vektoren.

Von besonderer Wichtigkeit in der Elektrotechnik sind Drehfelder, die durch Superposition von drei um 120⁰ räumlich und zeitlich verschobenen Wechselfeldern entstehen, und zu deren Erregung der Dreiphasenwechselstrom (s. Mehrphasenwechselstromsystem) ein einfaches Mittel bietet. Die Vektoren der Einzelfelder sind gegeben durch

$$\mathfrak{B}_1 = \mathfrak{B} \sin (\omega t + 240⁰)$$
$$\mathfrak{B}_2 = \mathfrak{B} \sin (\omega t + 120⁰)$$
$$\mathfrak{B}_3 = \mathfrak{B} \sin \omega t.$$

Diese 3 Vektoren kann man zu zwei aufeinander senkrechten Komponenten derart zusammensetzen, daß man für die Komponenten die Gleichungen erhält

$$\mathfrak{Y} = \frac{3}{2} \mathfrak{B} \sin (\omega t + 90⁰)$$
$$\mathfrak{X} = \frac{3}{2} \mathfrak{B} \sin \omega t.$$

Damit ist dieser Fall auf den eingangs behandelten zurückgeführt. Die Superposition von drei räumlich und zeitlich um 120⁰ verschobenen Wechselfeldern ergibt ebenfalls ein mit der Winkelgeschwindigkeit ω rotierendes Drehfeld; seine konstante Amplitude beträgt jedoch das $1\frac{1}{2}$fache der Amplitude der Einzelfelder.

Über die räumliche Verteilung der Einzelfelder ist in den vorstehenden Betrachtungen keine Aussage gemacht; sind die Felder homogen, so ist auch das resultierende Drehfeld in dem betrachteten Raume homogen. In den für die Anwendung des Drehfeldes praktisch wichtigen Fällen, z. B. bei Asynchronmotoren (s. dort), hat man es in der Regel mit einer sinusförmigen räumlichen Verteilung der Induktion über die Polflächen zu tun. Der Augenblickswert $\mathfrak{B}_x$ des Feldes im Abstande x von der neutralen Zone des Feldes ist gegeben durch

$$\mathfrak{B}_x = \mathfrak{B} \sin \frac{x}{\tau} \pi \sin \omega t.$$

worin τ die Polteilung, d. h. der 2te Teil des Um-

fanges ist, wenn p die Zahl der Polpaare ist. Zwei räumlich und zeitlich um 90⁰ verschobene Wechselfelder von räumlich und zeitlich sinusförmig verteilter Induktion haben also an der Stelle x die Augenblickswerte

$$\mathfrak{B}_{1x} = \mathfrak{B} \cos \frac{x}{\tau} \pi \cos \omega t$$

$$\mathfrak{B}_{2x} = \mathfrak{B} \sin \frac{x}{\tau} \pi \sin \omega t.$$

Die Zusammensetzung beider ergibt das resultierende Feld

$$\mathfrak{B}_x = \mathfrak{B} \cos \left(\omega t - \frac{x}{\tau} \pi \right).$$

Die Gleichung stellt eine mit der Winkelgeschwindigkeit ω fortschreitende Welle, d. h. das resultierende Drehfeld dar; seine räumliche Verteilung ist ebenfalls sinusförmig.

In ähnlicher Weise ergibt die Superposition von n Wechselfeldern von gleicher Größe, die räumlich und zeitlich um $\frac{2\pi}{n}$ gegeneinander verschoben sind, die allgemeine Gleichung des Drehfeldes

$$\mathfrak{B}_x = \frac{n}{2} \mathfrak{B} \cos \left(\omega t - \frac{x}{\tau} \pi \right).$$

R. Schmidt.

Näheres s. z. B. Kittler-Petersen, Allgemeine Elektrotechnik. Bd. III. Stuttgart.

Drehfeldinstrumente s. Ferrarisinstrumente.
Drehimpuls s. Impuls.
Drehkondensator. Ein aus zwei Platten- oder Zylinder-Systemen, einem festen und einem beweglichen, bestehender variabler Kondensator. Um das Volumen besser (doppelt) auszunützen, wird vielfach das drehbare und das feste System aus je zwei Systemen hergestellt und je ein festes mit einem beweglichen leitend verbunden (s. Fig.).
Man erhält so bei

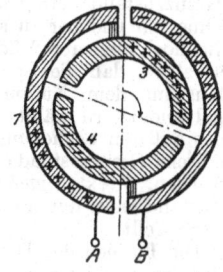

Drehkondensator.

demselben Volumen die doppelte Kapazität (Marconi). *A. Meißner.*

Drehkondensator s. Kapazitätsvariometer.
Drehpunkt s. Augendrehung und Brille.
Drehspulenmethode. — Eine in einem Magnetfeld aufgehängte stromdurchflossene Spule sucht sich so zu stellen, daß die Ebene ihrer Windungen senkrecht zur Richtung der Kraftlinien des Feldes steht. Die auf die Spule wirkende Richtkraft ist um so größer, je stärker das Feld, je stärker der Strom und je größer die Windungsfläche (Produkt aus der Anzahl der Windungen und dem Flächeninhalt einer einzelnen Windung) der Spule ist. Mißt man diese elektromagnetische Richtkraft mittels einer entgegengesetzt wirkenden bekannten Richtkraft einer Feder oder der Torsionskraft eines Aufhängedrahts, und kennt man alle übrigen Größen, bis auf eine, so kann man diese aus dem beobachteten Ausschlag des Systems bestimmen, und zwar entweder die Größe des die Spule durchfließenden Stroms bei bekanntem Feld (Drehspulgalvanometer) oder die Größe des magnetischen Feldes bei bekanntem Strom. Auf letzterer Anordnung beruht der von Köpsel angegebene

von Kath verbesserte, in technischen Betrieben vielfach verwendete Magnetisierungsapparat (s. dort) von Siemens & Halske, der zur Bestimmung der Permeabilität von kompaktem Eisen oder von Eisenblech dient.   *Gumlich.*

Drehspulgalvanometer. Die auch Deprez-, d'Arsonval- oder auch Deprez-d'Arsonval-Galvanometer genannten Strommesser sind nach dem Prinzip der Dynamomaschine gebaut: sie bestehen aus einer Drahtspule, die zwischen den Polen eines starken permanenten Magneten oder Elektromagneten drehbar angebracht ist. Dem Drehmoment, das der zu messende Strom auf die Spule ausübt, wirkt die Torsion eines Drahtes oder einer Spirale, an dem die Spule hängt, entgegen; der Winkelausschlag der Spule ist ein Maß für den Strom, der durch sie fließt. Da die Instrumente ein sehr starkes künstliches Magnetfeld besitzen, zeichnen sie sich durch ihre weitgehende Unabhängigkeit von äußeren magnetischen Feldern aus. Das Erdfeld übt nur einen geringen Einfluß auf die Einstellung der Spule aus. Nahe beieinander aufgestellte Instrumente können dagegen durch ihre starken Felder einander beeinflussen. (Darauf ist bei Benutzung der direkt zeigenden Instrumente zu achten.) Die Dämpfung des schwingenden Systems ändert sich, wenn keine künstliche (Luftdämpfung oder Dämpfung durch Kurzschlußwindungen) vorhanden ist infolge der Ströme, die das Magnetfeld in dem bewegten System induziert, im wesentlichen mit dem Widerstande des Schließungskreises. Bei einem bestimmten Widerstande tritt der aperiodische Grenzzustand ein: das System geht sofort, d. h. ohne hin und her zu schwingen, in die Ruhelage. Bei noch kleinerem Widerstande wird die Dämpfung so stark, daß die Spule „kriecht", d. h. sich nur langsam dem Nullpunkt nähert. Bei Spiegelgalvanometers wählt man daher den Widerstand des äußeren Schließungskreises so, daß der aperiodische Grenzzustand erreicht wird; bei den technischen, direkt zeigenden Instrumenten ist dieser Zustand meist durch künstliche Dämpfung (s. oben) hergestellt.

Die Formen der Drehspulgalvanometer sind wie die der Nadelgalvanometer sehr mannigfaltig. Bei den Spiegelgalvanometern hängt die Spule meist an einem feinen Metallfaden oder -bande, durch das man gleichzeitig den Strom zuführt, während man die zweite Stromzuführung durch eine in das untere Ende der Spule mündende Drahtspirale bildet. Man kann die Spiegelgalvanometer in zwei Klassen teilen. Bei der einen schwingt die Spule in einem engen ringförmigen Raum, einem Zwischenraum zwischen einem feststehenden Zylinder aus weichem Eisen und den zylindrisch ausgebohrten (ihn konaxial umgebenden) Polschuhen des Magneten. Bei der anderen fehlt der Eisenzylinder und die Spule ist sehr schmal. Die erste Bauart ist für die Proportionalität des Ausschlags günstiger, also besonders für die direkt anzeigenden Instrumente wichtig. Die zweite Bauart erlaubt, die Trägheit der Spule und dadurch die Schwingungsdauer klein zu machen.

Die Nadelgalvanometer arbeiten am günstigsten, wenn der Spulenwiderstand gleich dem Widerstande des äußeren Schließungskreises ist; das Drehspulgalvanometer dagegen fordert, daß der Widerstand des Instruments klein ist gegen den Gesamtwiderstand des Schließungskreises und daß dieser den aperiodischen Grenzzustand darstellt. Um sich den daraus entspringenden verschiedenen Forderungen anpassen zu können, verwendet man Instrumente mit mehreren auswechselbaren Spulen, die verschiedenen Gesamtwiderständen entsprechen. Soll das Galvanometer mit geringerer Empfindlichkeit arbeiten, so schließt man den Galvanometerkreis zweckmäßig durch einen dem aperiodischen Grenzzustand entsprechenden Widerstand und zweigt von diesem ab.

Bei den technischen Zeigerinstrumenten ist das schwingende System meist in Spitzen gelagert, doch gibt es auch Zeigerinstrumente mit Aufhängung; die Dämpfung ist meist eine künstliche. Die von Weston zuerst in den Handel gebrachten Strom- und Spannungsmesser mit proportional geteilter Skala (Präzisionsampere- und Voltmeter, Millivoltmeter usw.) spielen jetzt eine große Rolle in der elektrischen Meßtechnik. Sie zeigen die zu messende Größe unmittelbar an oder nach Multiplikation der abgelesenen Zahl mit einer Zählerpotenz oder einer einfachen ganzen Zahl.

Man kann die Strommesser durch Nebenschlüsse, die Spannungsmesser durch Vorschaltwiderstände für mehrere Meßbereiche nutzbar machen. Man baut diese Widerstände häufig in das Instrument ein. Beträgt der Widerstand des Instruments R Ohm, so gibt man den Strommessern zur Erzielung runder Reduktionsfaktoren Nebenschlüsse $R/9$, $R/99$.... Ohm, den Spannungsmessern Vorschaltwiderstände $9 R$, $99 R$.... Ohm. Man eicht die Instrumente mit dem Kompensator (s. diesen).   *W. Jaeger.*

Näheres s. Jaeger, Elektr. Meßtechnik. Leipzig 1917.

Drehstrom, eine Interferenzerscheinung im Gezeitenphänomen, welche darin besteht, daß die Gezeitenströmung nicht direkt aus einer Richtung in die entgegengesetzte kentert, sondern sich durch alle Windrichtungen dreht.   *A. Prey.*

Näheres s. O. Krümmel, Handbuch der Ozeanographie, Bd. II, S. 279.

Drehstrom s. Mehrphasenwechselstromsysteme.

Drehungen, Zusammensetzung von, s. Geschwindigkeit.

Drehvermögen, optisches. Diejenigen Substanzen, welche die Eigenschaft besitzen, die Polarisationsebene eines durchgeleiteten polarisierten Lichtstrahles um einen gewissen Winkel gegen ihre ursprüngliche Lage zu drehen, werden als zirkularpolarisierende oder optisch aktive bezeichnet. Die Eigenschaft selbst nennt man das optische Drehungsvermögen der betreffenden Substanz. Die Drehung der Polarisationsebene wurde zuerst im Jahre 1811 von Arago an Quarzplatten beobachtet, und später 1815 von Biot an Zucker in wässerigen Lösungen. Im Jahre 1896 war die Anzahl der aktiven Substanzen bereits auf über 700 gestiegen.

Als optische Ursache der Aktivität läßt sich folgendes angeben. Der eindringende linear polarisierte Lichtstrahl wird in zwei Komponenten zerlegt, welche sich in schraubenförmigen Bahnen fortpflanzen, und zwar die eine rechts gedreht, die andere links gedreht, mit anderen Worten der Lichtstrahl zerfällt in zwei entgegengesetzt zirkular polarisierte Strahlen. Beim Austritt vereinigen sich diese beiden dann wieder zu einem linear polarisierten Strahle. In den aktiven Körpern bewegen sich nun aber die beiden Komponenten mit verschiedener Geschwindigkeit fort, und somit wird die Polarisationsebene des austretenden Strahles gegen diejenige des ursprünglichen gedreht erscheinen. Sie hat sich in der Richtung des Uhrzeigers.

d. h. nach rechts gedreht, wenn der im gleichen Sinne zirkular polarisierte Strahl die größere Fortpflanzungsgeschwindigkeit besaß, und umgekehrt. Das Vorhandensein dieser beiden zirkularen Komponenten wurde zuerst von Fresnel am Quarz experimentell nachgewiesen. Der Körper heißt rechtsdrehend oder positiv, wenn die Schwingungsebene des Lichtes dem empfangenden Auge in der Richtung des Uhrzeigers gedreht erscheint, im entgegengesetzten Falle linksdrehend oder negativ.

In Übereinstimmung mit dieser Theorie hat die Erfahrung ergeben, daß die Größe des Drehungswinkels, welchen ein aktiver Körper im Polarisationsapparat zeigt, genau proportional der Länge der durchstrahlten Schicht ist. Bei festen Körpern (Kristallen) bezeichnet man als Drehung (α) den Drehungswinkel in Kreisgraden für 1 mm Kristalldicke. So ist z. B. für Quarz bei der Temperatur t = 20° und für Natriumlicht (die Mitte der beiden D-Linien) die Drehung $(\alpha)_2^D = 21{,}73^0$. Es sei darauf hingewiesen, daß bei flüssigen Kristallen $(\alpha)^D$ bis zu 11000° betragen kann.

Um die Stärke der optischen Aktivität flüssiger oder gelöster aktiver Substanzen auszudrücken, dient der von Biot eingeführte Begriff der spezifischen Drehung $[\alpha]$. Man versteht darunter denjenigen Drehungswinkel, welchen eine Lösung erzeugen würde, die 1 g aktive Substanz in 1 ccm enthält und in einer Schicht von 1 dm Länge auf den polarisierten Strahl wirkt. Bei Lösungen handelt es sich zumeist um Lösungen aktiver Körper in einem inaktiven Lösungsmittel. Dreht daher eine Lösung von dem spezifischen Gewicht s, dem Prozentgehalt p (Anzahl der Gramm aktiver Substanz in 100 g Lösung) und dem Volumgehalt q (Anzahl der Gramm aktiver Substanz in 100 ccm Lösung) in der Länge l Dezimeter um den Winkel α Grad, so hat man für die spezifische Drehung der aufgelösten aktiven Substanz

$$[\alpha] = \frac{100\,\alpha}{l\,q} = \frac{100\,\alpha}{l\,p\,s}.$$

Für einen reinen flüssigen aktiven Körper ist p = 100 zu setzen. Als Normaltemperatur wird gewöhnlich t = 20° gewählt. Für eine bestimmte Temperatur t ist natürlich

$$[\alpha]_t = \frac{100\,\alpha_t}{l_t\,p\,s_t}.$$

So ist z. B. für Zucker in wässeriger Lösung die spezifische Drehung $[\alpha]_{20}^D = 66{,}49$.

Als molekulares Drehvermögen oder Molekularrotation [M] bezeichnet man die mit dem Molekulargewicht M der aktiven Substanz multiplizierte spezifische Drehung; um unbequem große Zahlen zu vermeiden, ist es jedoch gebräuchlich, den hundertsten Teil des Betrages zu nehmen. Demnach wird

$$[M] = \frac{M\,[\alpha]}{100}.$$

In diesem Falle drückt [M] den Drehungswinkel aus, welcher sich ergeben würde, wenn ein Grammmolekül des aktiven Stoffes in 1 ccm Lösung enthalten ist und die Dicke der durchstrahlten Schicht 1 mm beträgt. Das molekulare Drehvermögen findet besonders Anwendung zu Zwecken stöchiometrischer Vergleiche.

Bei den Körpern, welche nur in kristallisierter Form die Polarisationsebene zu drehen vermögen, diese Eigenschaft aber vollständig verlieren, sobald sie durch Schmelzung oder Lösung in den amorphen Zustand übergeführt werden, ist als Ursache der Drehung die kristallinische Struktur, d. h. eine bestimmte Anordnung von Kristallmolekülen anzusehen. Diese wird durch das Schmelzen oder Auflösen der Substanz zerstört, und damit erlischt gleichzeitig die optische Aktivität. Die Eigenschaft ist also hier eine rein physikalische. Die Kristalle in dieser Klasse von Körpern erscheinen zumeist in rechts- und linksdrehenden Individuen, deren Drehungen (α) dem absoluten Betrage nach genau übereinstimmen. Dabei steht die Drehrichtung im Zusammenhange mit der Enantiomorphie der Kristalle, welche sich in der geometrischen Ausbildung der letzteren häufig durch das Auftreten sekundärer kleiner, an den verschiedenen Individuen entgegengesetzt geordneter Kristallflächen kenntlich macht. Das bekannteste Beispiel hierfür bietet der Quarz SiO_2 mit $(\alpha)_{20}^D = \pm 21{,}73^0$, ein weiteres Natriumchlorat $NaClO_3$ mit $(\alpha)_{20}^D = \pm 3{,}170^0$.

Eine zweite Klasse bilden die Körper, welche nur im amorphen, flüssigen oder gelösten Zustande optisch aktiv sind; zu dieser Klasse gehören ausschließlich Kohlenstoffverbindungen. Manche dieser Verbindungen sind auch im dampfförmigen Zustande auf ihr Drehvermögen geprüft worden. Dabei erhielt man für den flüssigen oder geschmolzenen, sowie dem dampfförmigen Körper das gleiche Drehungsvermögen $[\alpha]$. Weil die Dampfdichte normal war, d. h. sehr nahe mit der theoretischen übereinstimmte, so können zum überwiegenden Teile nur Einzelmoleküle (nicht Molekülgruppen) auf den polarisierten Lichtstrahl gewirkt haben. Bei dieser Klasse von Körpern ist daher die Aktivität eine chemische Erscheinung des Moleküls, da sie von der Anordnung der Atome im Molekül herrühren muß. Als Beispiel sei erwähnt:

l — Terpentinöl $C_{10}H_{16}$ ohne Lösungsmittel.

Aggregatzustand	t	$[\alpha]_t^{0{,}556\,\mu}$
flüssig	11	— 36,53
,, ...	98	— 36,04
,, ...	154	— 35,81
dampfförmig . . . (Druck 761,7 mm)	168	— 35,49

Zu einer dritten Klasse gehören einige wenige Körper, welche sowohl im kristallisierten wie amorphen Zustande drehen. Bei ihnen wird die Aktivität teilweise durch die kristallinische Struktur, teilweise durch die Lagerung der Atome im Molekül erzeugt. Die beiden dem entsprechenden, einzelnen Beiträge zur Gesamtdrehung lassen sich bestimmen, wenn man den Körper das eine Mal im kristallisierten, das andere Mal im geschmolzenen Zustande auf Drehvermögen untersucht. Denn im letzteren Falle äußert sich nur die Wirkung der Einzelmoleküle, während im anderen Falle noch der Einfluß des kristallinischen Baues hinzutritt. Je nach dem Drehungssinn werden sich dann die Molekulardrehung und die Kristalldrehung entweder summieren oder teilweise aufheben. So ist z. B. für Maticokampfer $C_{12}H_{20}O$ geschmolzen $[\alpha]_{100}^D = -28{,}45$ und $[\alpha]_{185}^D = -28{,}24$, in Chloroform gelöst $[\alpha]_{15}^D = -28{,}73$, also die Molekulardrehung rund $[\alpha]_{20}^D = -29$; für den kristallisierten Kampfer folgt aus $(\alpha)_{20}^D = -1,92^0$ rund $[\alpha]_{20}^D = -178$. Die Kristalldrehung allein beträgt daher rund $[\alpha]_{20}^D = -149$, und somit rührt die zirkular-polarisierende Wirkung der Kristalle zu etwa $^1/_6$ von der Molekulardrehung und zu $^5/_6$ von der Kristalldrehung her.

Die spezifische Drehung $[\alpha]$ ändert sich meist ein wenig mit der Temperatur t und der Konzentration q der Lösung, dagegen zuweilen stark mit dem Lösungsmittel. Sie hängt ferner stark von der Farbe des benutzten Lichtes ab, und man spricht in diesem Sinne von der Rotationsdispersion einer aktiven Substanz. Dabei wird zumeist brechbareres Licht stärker gedreht; andernfalls liegt anomale Rotationsdispersion vor. Gewöhnlich kann das Drehvermögen (α) bzw. $[\alpha]$ als Funktion der Wellenlänge λ durch den Ausdruck $\frac{a}{\lambda^2} + \frac{b}{\lambda^4} + \dots$ dargestellt werden. *Schönrock.*

Näheres s. H. Landolt, Optisches Drehungsvermögen, 2. Aufl. Braunschweig 1898.

Drehwage ist ein Instrument, welches zur Messung kleiner Horizontalkräfte dient. Sie besteht der Hauptsache nach aus einem etwa 40 cm langen horizontalen Stabe (oder Rohre), welcher an beiden Enden durch kleine Gewichte einfacher Form (kugel- oder zylinderförmig) beschwert und in seiner Mitte an einem sehr dünnen Metalldraht oder Quarzfaden aufgehängt ist. Die Aufhängevorrichtung läßt sich um eine vertikale Achse drehen und die Größe der Drehung kann an einem Kreise abgelesen werden. An den Enden des horizontalen Stabes sind kleine Spiegel angebracht, welche die Schwankungen des Stabes durch Spiegelablesung festzustellen gestatten.

Bleibt der Stab sich selbst überlassen, so stellt er sich auf eine gewisse Lage ein, bei welcher der Aufhängedraht keine Drillung erleidet. Wird der Stab aber aus seiner Ruhe gebracht, so wird in dem Draht die Torsionselastizität geweckt, welche den Stab in die Anfangslage zurückzudrehen sucht. Ihre Größe ist proportional der Verdrehung. Nennen wir f die Kraft, welche wir anbringen müssen, um den Querbalken in seiner neuen Lage zu erhalten, so ist

$$f = C \cdot \omega$$

wenn ω die Größe der Ablenkung und C eine Konstante bedeutet. C ist also die Kraft, die einer Drillung um die Winkeleinheit das Gleichgewicht hält. Die Größe von C bestimmt man aus den Schwingungen des Wagebalkens. Wird derselbe nämlich aus seiner Gleichgewichtslage gebracht und dann sich selbst überlassen, so vollführt er unter dem Einfluß der elastischen Kraft Schwingungen. Da die Kraft, wie beim Pendel mit kleiner Schwingungsweite, dem Ausschlag proportional ist, so kann die Schwingungsdauer nach dem gleichen Gesetz bestimmt werden. Ist K das Trägheitsmoment des Wagebalkens bezüglich der Mitte, so gilt die Differentialgleichung

$$K \cdot \frac{d^2\omega}{dt^2} = C\omega$$

und die Schwingungsdauer wird

$$T = \pi \sqrt{\frac{K}{C}}.$$

Wir finden somit

$$C = \frac{\pi^2 K}{T^2}$$

und

$$f = \frac{\pi^2 K\omega}{T^2}.$$

Die Größe f hat den Charakter eines Drehmomentes. Denken wir uns dasselbe durch ein Kräftepaar erzeugt, welches an den Enden des Wagebalkens, dessen Länge l sei, senkrecht zu diesem angreift, so muß es die Form haben:

$$f = \frac{\pi^2 K\omega}{T^2 \cdot l} \cdot l$$

und die Kräfte sind gleich

$$\frac{1}{2} \frac{\pi^2 K\omega}{T^2 l}.$$

Wenn also die Drehwage bei einem Ausschlage ω sich im Gleichgewichte befindet, so muß ein Kräftepaar von der angegebenen Größe der elastischen Kraft entgegenwirken. Die Größe der ablenkenden Kraft kann daher berechnet werden.

Die Drehwage wurde schon von Coulomb konstruiert und zur Messung magnetischer und elektrischer Kräfte verwendet. Dann brauchte sie Cavendish bei seinen Untersuchungen über die mittlere Dichte der Erde, zu welchem Zwecke sie auch später wiederholt herangezogen wurde.

Die Voraussetzung, daß die ungestörte Drehwage eine Ruhelage einnimmt, bei welcher der Aufhängedraht keine Drillung erfährt, ist nur so lange richtig, als man annehmen kann, daß die Richtung und Größe der Schwere für alle Teile der Drehwage die gleiche ist. Das ist nun aber nicht der Fall, und wenn das Instrument hinlänglich empfindlich ist, muß es auf das daraus entspringende Drehmoment mit einem entsprechenden Ausschlage reagieren. Eötvös ist es nun wirklich gelungen, das Instrument mit einer solchen Empfindlichkeit auszustatten. Es ist somit jetzt möglich, solche kleine Änderungen der Schwere innerhalb eines Raumes von der Länge des Wagebalkens nachzuweisen. Die Größenordnung der zu messenden Kräfte ist 10^{-9} cgs.

Da die Schwerkomponente durch die ersten Differentialquotienten des Potentiales gegeben sind, so sind ihre Veränderungen mit dem Orte durch die zweiten Differentialquotienten ausgedrückt. Es lassen sich daher mit der Drehwage gewisse Kombinationen der zweiten Differentialquotienten des Potentiales U bestimmen, und zwar, wenn die z-Achse nach abwärts gerichtet ist:

$$\frac{d^2 U}{d y^2} - \frac{d^2 U}{d x^2} \text{ und } \frac{d^2 U}{dz\,dy}.$$

Eötvös hat der Drehwage noch eine zweite Form gegeben, bei welcher das Gewicht am zweiten Ende des Wagebalkens um 65 cm tiefer gehängt ist. Mit diesem Instrument lassen sich auch noch

$$\frac{d^2 U}{dz\,dx} \text{ und } \frac{d^2 U}{dz\,dy}$$

bestimmen. Daraus lassen sich dann ableiten: Die Gradienten der Schwerkraft in der Niveaufläche, der Krümmungsradius der Lotlinie, die Abweichung der Niveaufläche von der Kugelgestalt, und die Richtung der Krümmungslinien. Da diese Größen in engster Beziehung zu den Schwerestörungen stehen, so ist die Drehwage eines der wichtigsten Hilfsmittel zum Studium derselben geworden.   *A. Prey.*

Näheres s. Verhandl. d. XV. allgem. Konferenz der internationalen Erdmessung in Budapest 1906. G. Reimer in Berlin; J. Brill in Leyden 1908.

Drehwage. Ein Elektrometer nach dem Prinzip der Coulombschen Drehwage. *W. Jaeger.*

Dreieckschaltung s. Mehrphasenwechselstromsysteme.

Dreiecksnetz s. Triangulierung.

Dreigelenkbogen s. Statische Bestimmtheit.

Dreigitterröhre, eine Verstärkerröhre, welche neben dem Steuergitter sowohl ein Raumladungsgitter als auch ein Schutzgitter hat (s. Raumladungsgitter und Schutzgitter). *H. Rukop.*

Dreiklang s. Akkord.

Dreiphasenwechselstromsystem s. Mehrphasenwechselstromsysteme.

Das **Drosselkalorimeter** dient zur Bestimmung des Wassergehaltes von feuchtem Dampf. Es besteht im wesentlichen aus einer Drosselstelle, wie sie bei den Versuchen über den Joule Thomson-Effekt (s. d.) zur Verwendung gelangt, durch die der Dampf hindurchströmt. Entsprechend den theoretisch geforderten Versuchsbedingungen kommt es auf gute thermische Isolation der Drosselstelle an. Die Messung beschränkt sich auf die Beobachtung der Dampftemperaturen t_1 und t_2 sowie der Drucke p_1 und p_2 vor und hinter der Drosselstelle. — Die Theorie des Versuches ist kurz folgende: Bezeichnet man den Wärmeinhalt von 1 g gesättigten Dampfes vor und hinter der Drosselstelle mit i_1 und i_2 und kommen vor der Drosselung auf $1-x$ Gramm Dampf x Gramm Wasser vom Wärmeinhalt q, während nach der Drosselung der Dampf trocken sein soll, so gilt die Beziehung $Q+i_2 = (1-x) i_1 + x q$, wenn Q diejenige Wärme angibt, welche zur Überhitzung von 1 g Dampf von der zum Druck p_2 gehörigen Sättigungstemperatur t_2' auf die Temperatur t_2 benötigt wird. Es ist also $Q = \int_{t_2'}^{t_2} c_p\, dt$ zu setzen und man erhält den gesuchten Wassergehalt x zu

$$x = \frac{i_1 - i_2 - \int_{t_1'}^{t_2} c_p\, dt}{L},$$ wenn man noch die Differenz zwischen den Wärmeinhalten des Dampfes i_1 und der Flüssigkeit q_1, welche gleich der Verdampfungswärme ist, mit L bezeichnet.

Wird Dampf desselben Wassergehalts x und desselben anfänglichen Wärmeinhalts i_1 verschieden stark gedrosselt, so gestatten diese Versuche die Berechnung der spezifischen Wärme c_p des Wasserdampfes. *Henning.*

Drosselkreis. Ein auf eine abzuschirmende Frequenz abgestimmter Kreis, eingeschaltet in den abzuschirmenden Kreis. Der Kreis wird so dimensioniert, daß er für die Frequenz des Arbeitskreises keinen merklichen Hochfrequenzwiderstand hat bzw. dieser kompensiert wird, dagegen einen großen Widerstand hat für die störende Frequenz. Sein Widerstand ergibt sich für diese zu $\frac{L}{C \cdot W} = \frac{\omega^2 L^2}{W}$

$= \omega L \frac{\pi}{b}$, d. h. gleich dem $\frac{\pi}{b}$ fachen des Hochfrequenzwiderstandswertes der Selbstinduktion ohne parallelgeschalteten Kondensator (b = Dämpfung des Kreises). L C W die Dimensionen des Drosselkreises. *A. Meißner.*

Drosselspule ist eine Spule so großer Selbstinduktion, daß ihre Impedanz vor allem durch ihre Selbstinduktion gegeben ist und nicht mehr merklich vom Widerstand abhängt, derart, daß sie in einem Wechselstromkreise eingefügt, der EMK des Kreises mit einer Gegenspannung $= 2\pi n \cdot L \cdot J$ entgegenwirkt und so den Strom mit verhältnismäßig kleinen Verlusten verringert. Bei Hochfrequenz benutzt man meist Luftspulen als Drosseln (s. Solenoid), bei Niederfrequenz Eisenspulen. Für letztere ergibt sich die Selbstinduktion aus den Dimensionen wie folgt

a) Geschlossene Eisenspule

$$L = \frac{45 \cdot \mu N^2}{w} \cdot 10^{-9},$$

$$\Phi = \frac{0,4\, J_{max} \cdot N}{w} \cdot 10^8,$$

$$w = \text{magnetischer Widerstand} = \frac{l}{\mu q},$$

N = Windungszahl, l Eisenweg, q Querschnitt. Die Spannung an der Spule $E = 4,44 \cdot n \cdot N \cdot q \cdot B \cdot 10^{-8} = 2\pi n L \cdot J$ in Volt.

b) Offene Spule mit Eisenkern

Für $l > 10\, d$, L 55 bis 85 mal so groß, wie die gleiche Spule ohne Eisenkern ($\mu = 200$ bzw. 5000).

$$L = 55-85 \frac{(\pi \cdot N \cdot d)^2}{l}$$

$$l < 10\, d \qquad L = 10-15 \frac{(\pi N \cdot d)^2}{l}.$$

A. Meißner.

Literatur: Martens Elektrotechnik 2. S. 329.

Drosselspule. Magnetisierender Strom und magnetischer Induktionsfluß haben bei Wechselstrom nur dann die gleiche zeitliche Phase, wenn die Induktionslinien lediglich in Luft verlaufen. Durchsetzen sie Eisen, so hat der Magnetisierungsstrom infolge der Hysterese und der Wirbelstromverluste eine gewisse Voreilung gegenüber dem Flusse (näheres s. Erregerstrom). Bei eisengeschlossenen Spulen erreicht der Winkel der Voreilung erhebliche Werte, so daß z. B. bei einem leerlaufenden Transformator die Phasenverschiebung zwischen Klemmenspannung und Strom etwa 50° beträgt (an Stelle von 90° bei der eisenlosen Spule); der aufgenommene Strom ist dagegen gering. Unterbricht man den Eisenweg durch einen Luftspalt, wie es bei den sog. Drosselspulen der Fall ist, so nähert sich die Spule in ihrem Verhalten schon bei geringer Breite des Luftspaltes dem Verhalten der eisenfreien Induktionsspule. Ist z. B. die Permeabilität des Eisens $\mu = 2000$, und beträgt die Länge des Luftweges der Induktionslinien $1/100$ ihres Weges im Eisen, so ist der 20fache Betrag der Amperewindungen erforderlich, um durch die Luft den gleichen Induktionsfluß zu treiben, wie durch das Eisen. Man kann sich daher den Magnetisierungsstrom aus zwei Komponenten bestehend denken, deren eine den magnetischen Widerstand im Eisen, deren andere denjenigen in Luft überwindet. In dem angeführten Beispiel hat die Letztere den 20fachen Betrag der Ersteren; sie bestimmt daher überwiegend die Eigenschaften des Magnetisierungsstromes, d. h. der Magnetisierungsstrom einer Drosselspule hat gegen die Klemmenspannung eine Phasenverschiebung von angenähert 90°; die aufgenommene Wirkleistung ist sehr gering, während die Stromstärke beträchtlich sein kann; die Kurvenform des Stromes entspricht annähernd der der Klemmenspannung.

Drosselspulen werden in der Technik dort verwendet, wo man ohne wesentlichen Verlust einen Teil einer Wechselspannung vernichten (abdrosseln) will, z. B. beim Anschluß von Bogenlampen an ein Wechselstromnetz. *R. Schmidt.*

Näheres s. Kittler-Petersen, Allgemeine Elektrotechnik. Bd. II. Stuttgart 1909.

Drosselventil. Während beim Joule-Thomson-Effekt (s. d.) zur Erzielung des Druckgefälles zunächst ein poröser Pfropfen verwendet wurde, durch den Gas hindurchströmte, bediente man sich später, insbesondere bei technischen Versuchen, statt dessen eines sog. Drosselventils, das aus einem sehr engen und kurzen Kanal gebildet wird. Durch die auf der Hochdruckseite des Drosselventils zugeführte und auf der Niederdruckseite abgesaugte Gasmenge kann die Drosselung des Gasdruckes verändert werden. Für genaue wissenschaftliche Versuche empfiehlt sich solch Drosselventil nicht, da es die Entstehung störender Gaswirbel begünstigt.
Henning.

Drosselversuche. Unter einem Drosselversuch versteht man die Beobachtung des Joule Thomson-Effektes (s. d.) an einem Gase oder Dampf. Der Name rührt daher, daß das Gas durch einen porösen Pfropfen oder eine enge Öffnung (eine sog. Drosselstelle) strömt, an der er einen Druckabfall erleidet. Hiermit ist gleichzeitig eine Temperatur-änderung des Gases verbunden. Der Quotient der Temperaturänderung durch die Druckänderung heißt Drosselkoeffizient. Denkt man sich das Gas von einem Druck p_0 und einer Temperatur t_0 aus nacheinander mehrere Drosselstellen durchlaufen, bis es endlich den Druck p_1 und die Temperatur t_1 erreicht, so erhält man zwischen diesen Grenzen eine Reihe zusammengehöriger Wertepaare p, t, die den Zustand des Gases zwischen je zwei Drosselstellen bestimmen. Diese in ein Diagramm eingetragenen Werte von p und t liefern die sog. Drosselkurve. Es ist von Interesse, die Drossel-kurven zwischen zwei gegebenen Drucken p_0 und p_1 und verschiedene Anfangstemperaturen t_0 zu bestimmen, da aus einer solchen Beobachtungsreihe auf die spezifische Wärme des Gases geschlossen werden kann. Ist bei der Ausgangstemperatur t_1 der Drosseleffekt die Temperaturänderung Δ_1 und bei der Ausgangstemperatur t_2 durch die Größe Δ_2 gegeben, so gilt ohne Einschränkung

$$\frac{c_{p_0}}{c_{p_1}} = 1 - \frac{\Delta_2 - \Delta_1}{t_2 - t_1} = 1 - \frac{d\,\Delta}{dt},$$

wenn c_{p_0} bzw. c_{p_1} die mittlere spezifische Wärme im Temperaturintervall t_1 bis t_2 bei den konstanten Drucken p_0 und p_1 bezeichnen. Bei differentialen Druckänderungen ist unter Einführung des Drossel-koeffizienten α die Größe $\Delta = \alpha\,dp$ zu setzen und man erhält nach Integration zwischen den Grenzen p_0 und p_1

$$\ln\frac{c_{p_1}}{c_{p_0}} = \int_{p_0}^{p_1}\left(\frac{d\,\alpha}{d\,t}\right)\,dp.$$

Henning.

Druckkoeffizient von Thermometern s. Queck-silberthermometer.

Druckmessung. Drucke werden durch die Höhe von Flüssigkeitssäulen gemessen, die ihnen das Gleichgewicht halten, oder durch die Kraft, welche sie auf ein das Druckgefäß begrenzendes Flächen-stück ausüben. Sehr kleine Drucke, die an Flüssig-keitssäulen nicht mehr wahrnehmbar sind, werden nach anderen Methoden gemessen, die in dem Kapitel Vakuummeter näher beschrieben sind.

Die Einheit des Druckes bildet die Atmosphäre (Atm.), d. h. die 76 cm hohe Quecksilbersäule, die auf die Temperatur 0^0 und die normale Schwere von 980,655 cm sec^2 zu beziehen ist. In der Technik rechnet man nach kg/cm^2 (technische Atmosphäre; at). Die Einheit des Druckes im absoluten Maß-system, Dyn/cm^2, heißt Bar; $10^6\,Dyn/cm^2 = 1$ Mega-bar. Es bestehen die Beziehungen:

1 Atm. $= 1,03328$ kg/cm^2
1 Atm. $= 1,01325$ Megabar
1 $kg/cm^2 = 735,52$ mm Hg
1 m Hg $= 1,35958$ kg/cm^2
1 m Hg $= 1,33322$ Megabar
1 Megabar $= 750,06$ mm Hg.

Werden andere Flüssigkeiten als Meßflüssigkeiten benutzt, so ist zu berücksichtigen, daß sie bei gleicher Höhe einen im Verhältnis der spezifischen Gewichte kleineren Druck ausüben als Quecksilber (spez. Gew. bei 0^0 13,596). Solche Flüssigkeiten sind z. B. Wasser (spez. Gew. gleich 1), konzentrierte Schwefelsäure (1,83), Glyzerin (1,26).

Die gemessene Druckhöhe ist noch wegen des Kapillardruckes der gekrümmten Oberfläche zu verbessern, welcher eine bis zur Kuppenhöhe ge-rechnete Quecksilbersäule zu niedrig, Säulen von Wasser, Schwefelsäure, Glyzerin u. dgl. zu hoch erscheinen läßt. Die Korrektion wegen des Kapillar-drucks nimmt mit zunehmender Rohrweite ab; bei Glasröhren von 1 cm Weite beträgt sie für Quecksilber 0,2 - 0,3 mm, selbst bei Röhren von 5 cm Weite ist sie noch merklich. Man vermeidet den Kapillareinfluß nahezu ganz, wenn man die Flüssigkeitssäule in kommunizierenden Röhren von gleicher Weite bestimmt.

Mit Flüssigkeitsmanometern mißt man in der Regel nur die Druckunterschiede zu beiden Seiten der Kuppen; vielfach handelt es sich nur um die Ermittlung des Unter- oder Überdrucks, welchen ein Gasraum gegen die umgebende Luft besitzt; man läßt dann den einen Schenkel des Manometers in freier Verbindung mit der Atmosphäre. Will man absolute Drucke bestimmen, wie zum Beispiel den Druck der Atmosphäre selbst mit Hilfe des Quecksilberbarometers, so muß die obere Kuppe an den luftleeren Raum grenzen (Toricellische Leere).

Druckunterschiede zwischen zwei verschiedenen Gasräumen kann man ferner aus den Durch-biegungen einer zwischen ihnen ausgespannten Membran erschließen. Es ist dann Sorge zu tragen, daß die Größe der Durchbiegung objektiv durch Zeigerübertragung, oder auf andere Weise sub-jektiv meßbar gemacht wird. Ein solches Membran-manometer liefert die Druckunterschiede nur in willkürlichem Maße; um absolute Drucke zu er-halten, muß das Membranmanometer mit Hilfe eines Quecksilbermanometers eichen. Auf dem Prinzip der Durchbiegung einer Membran be-ruhen die Aneroidbarometer und Aneroidmanometer, kurz Aneroide genannt.

Die Messung der Höhe einer Flüssigkeitssäule geschieht im einfachsten Falle derart, daß man mit dem Auge oder einem parallel verschiebbaren Fern-rohr auf einen hintergestellten Maßstab projiziert. Im ersteren Falle erleichtert die Benützung eines Spiegels das Vermeiden der Parallaxe. Ist größere Genauigkeit erforderlich, so messe man mit dem Kathetometer (s. d.). Abgelesen wird immer die horizontale Tangente an die Kuppe (Meniskus), also an Quecksilberflächen der obere, an den übrigen Flüssigkeiten der untere Rand.

Um die schwierige Einstellung auf spiegelnde Quecksilberkuppen zu erleichtern, wird empfohlen, das Manometerrohr mit schräg schraffiertem Papier zu hinterlegen. Auf die Spitzen, in denen die Striche und ihre Spiegelbilder zusammenstoßen, kann bequem eingestellt werden. Trotz aller

Vorsicht wird es jedoch selten gelingen, die mit dem Kathetometer an und für sich erreichbare Genauigkeit tatsächlich zu erzielen, weil die Glasröhren, durch die man hindurchsehen muß, niemals ganz schlierenfrei und vollkommen zylindrisch sind, und zudem durch Brechung und Reflexion des Lichtes an den Röhrenwänden in der Regel eine falsche Lage der Kuppe vorgetäuscht wird.

Mit Vorteil kann zur Bestimmung der Lage eines Meniskus ein sogenanntes Visier benutzt werden, das aus zwei miteinander verbundenen Schneiden besteht, welche passend geführt stets in derselben Horizontalebene liegen; die eine der Schneiden befinde sich vor, die andere hinter der Quecksilberkuppe. Man schiebt das Visier von oben an die Quecksilberkuppe heran und stellt so ein, daß der zwischen der Verbindungsebene der Schneiden und der Kuppe verbleibende Lichtschein gerade verschwindet. Die Lage der Visiere wird dabei an einer Skale bestimmt.

Eine andere Methode zur Messung von Quecksilberhöhen ist von Thiesen angegeben worden. Sie besteht darin, daß man hinter der das Quecksilber enthaltenden Glasröhre — die besser noch durch einen Trog mit ebenen Glaswänden ersetzt wird — einen Maßstab aufstellt und durch mikrometrische Messung des Abstandes zwischen einem direkt und einem in der Quecksilberoberfläche gespiegelten Striche die Lage der Quecksilberoberfläche gegen die Teilung festlegt. Man sieht also die Quecksilberoberfläche selbst gar nicht, sondern berechnet sie als die Mitte zwischen Strich und Spiegelbild. Diese Methode setzt große Quecksilberoberflächen voraus, bei denen von einer Krümmung wenigstens in der Mitte abgesehen werden kann. Andernfalls treten Bildverzerrungen auf, die nur durch eine komplizierte Berechnungsweise berücksichtigt werden können.

Noch eine andere Methode zur Bestimmung der Lage eines Quecksilbermeniskus macht von dem Gesetze der Spiegelung Gebrauch: Man nähert der Mitte der Kuppe eine Metall- oder Glasspitze, deren Verschiebung gegen eine Skale gemessen wird, auf sehr geringen Abstand und stellt auf die Mitte zwischen Spitze und Spiegelbild ein. — Diese Methode ist die vollkommenste bei großer Einfachheit. — In manchen Fällen kann es von Vorteil sein, die Berührung einer Spitze und einer Kuppe als elektrischen Kontakt auszubilden.

Weiteres über Druckmessung siehe in den Artikeln Manometer und Vakuummeter. *Scheel.*

Druckmittelpunkt beim Flugzeugflügel. Dieser Ausdruck wird manchmal gleichbedeutend mit Druckpunkt gebraucht (s. d.), manchmal für den Schnittpunkt der Kraftrichtungen bei verschiedenen Anstellwinkeln; ein Druckmittelpunkt im letzteren Sinn existiert nur für kleine Anstellwinkelbereiche. *L. Hopf.*

Druckphosphen. Außer durch Licht kann die Netzhaut auch durch elektrische und mechanische Reize erregt werden. Nach dem Gesetz von der spezifischen Sinnesenergie lösen solche (nicht adäquate) Reize ebenfalls ausschließlich Gesichtsempfindungen aus, und zwar je nach den Reizbedingungen kurze Lichtblitze oder länger dauernde Licht- oder Farbenempfindungen. Die mechanische Netzhautreizung hat dadurch eine besondere methodische Bedeutung erlangt, daß sie sich infolge ihrer Lokalisierbarkeit auf einen relativ engumschriebenen Bezirk als geeignet erwiesen hat, die Verteilung der Raumwerte auf der Netzhaut einer

grundsätzlichen Prüfung zu unterwerfen. Drückt man irgendwo am Rande der Augenhöhle mit einer stumpfen Spitze gegen den Bulbus, so entsteht ein lokales „Druckbild" oder „Phosphen", das an derjenigen Stelle des Sehfeldes erscheint, welche der durch den Druck gereizten Netzhautstelle funktionell zugeordnet ist, und es konnte an Blindgeborenen, denen jede „optische Erfahrung" fehlte, in geeigneten Fällen einwandfrei festgestellt werden, daß die einer außengelegenen Netzhautstelle entsprechende Lichtempfindung nach innen zu, die einer unten gelegenen nach oben lokalisiert wird usw. Der Sehende kann sich weiterhin leicht überzeugen, daß ein lokaler Druck in der Gegend des Augenäquators zu einem Druckbilde führt, das von dem direkt gesehenen Punkte des Außenraumes weit abliegt und ziemlich der äußersten Peripherie des Sehfeldes angehört, während es bei extrem seitlich gewendetem Blick durch Druckreizung im inneren Augenwinkel gelingt, das Phosphen dem fixierten Punkte erheblich näher zu bringen. *Dittler.*

Näheres s. v. Helmholtz, physiol. Optik, 3. Aufl., Bd. 2, S. 7, 1911.

Druckpumpen. Druckpumpen dienen zur Kompression von Flüssigkeiten und Gasen. Bei Flüssigkeiten, die sich nur wenig zusammenpressen lassen, erreicht man dieses Ziel leicht dadurch, daß man den Raum, in welchem die Flüssigkeit eingegossen ist, durch Einschieben eines Stempels etwas verkleinert. Für Gase, bei welchen die Halbierung des eingenommenen Volumens den Druck erst auf das Doppelte steigert, versagt dies Mittel sehr bald; man benutzt hier Kolbenpumpen, welche weitere Gasmengen oder auch Flüssigkeiten aus einem unter niedrigerem Druck stehenden Vorratsgefäß ansaugen und in den Hochdruckraum überführen. Eine solche Vorrichtung ist die in physikalischen Laboratorien viel benutzte von Cailletet konstruierte Pumpe, die in Fig. 1 dargestellt ist.

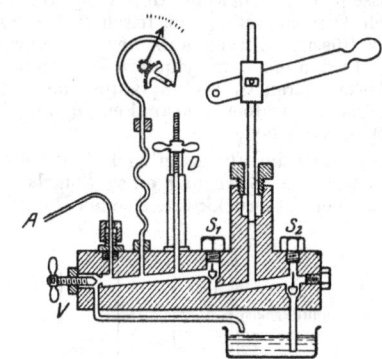

Fig. 1. Cailletetsche Druckpumpe.

In einem Metallblock ist durch mehrfache Bohrungen ein Kanal hergestellt, der bei A mit dem Hochdruckraum in Verbindung steht und in dem zwei Ventile S_1 und S_2 spielen. Durch Hochziehen eines Kolbens wird automatisch das Ventil S_1 geschlossen und S_2 geöffnet und dabei Wasser oder Öl aus dem darunter befindlichen Gefäß unter den Kolben gesaugt. Beim Niederdrücken des Kolbens wird S_2 geschlossen, so daß der angesaugten Flüssigkeit der Rückweg versperrt ist; sie wird vielmehr gezwungen durch das Verbindungsrohr A in den Druckraum überzutreten. Nach

Erreichen höherer Drucke, wenn der Kolben nur noch schwer beweglich ist, bewirkt man eine weitere Verkleinerung des Druckraumes durch Betätigung eines Schraubkolbens D. Das Schraubventil V dient zum Abspannen des Druckes; die Flüssigkeit fließt dann in das Vorratsgefäß zurück. Pumpwerke für größere Gasmengen, die zu hohen Drucken verdichtet werden sollen, z. B. die Kompressoren bei der Gasverflüssigung, arbeiten vielfach in mehreren Stufen.

Zum Komprimieren reiner Gase benutzt man nach Holborn und Schultze (vgl. Kohlrausch, Prakt. Physik, 14. Aufl., S. 46) Quecksilberpumpen, die durch Preßluft betätigt werden, welche käuflichen Bomben entnommen wird. Fig. 2 stellt eine solche Vorrichtung dar, die aus zwei Stahlzylindern von je 1 Liter Inhalt besteht. Durch die Verbindungsröhre strömt das Quecksilber von dem Zylinder Z_1, wenn die Druckluft durch b nach Öffnen des Ventils v_2 einströmt, nach dem Zylinder Z_2 und treibt das komprimierte Gas, welches vorher bei Atmosphärendruck durch das Ventil d eingelassen wurde, durch das Ventil v_3 und die Röhre c in den Druckraum. Füllt das Queck-

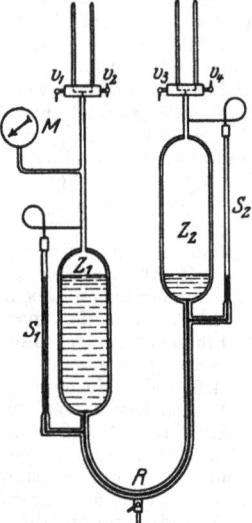

Fig. 2. Pumpe zum Komprimieren von Gase.

silber den Zylinder Z_2 an, so wird das Ventil v_3 geschlossen, die Druckluft durch v_2 abgelassen, Z_2 durch Öffnen von v_4 mit frischem Gas gefüllt und der flüssige Kolben aufs neue in Bewegung gesetzt. In den mit den Zylindern kommunizierenden Glaskapillaren S_1 und S_2 kann man die Bewegung des Quecksilbers und am Federmanometer M den Druck verfolgen.   *Scheel.*

Druckpunkt beim Flugzeugflügel. Setzt man die gesamten bei der Bewegung eines Flügels in der Luft entstehenden Druckkräfte zu einer Resultieren-

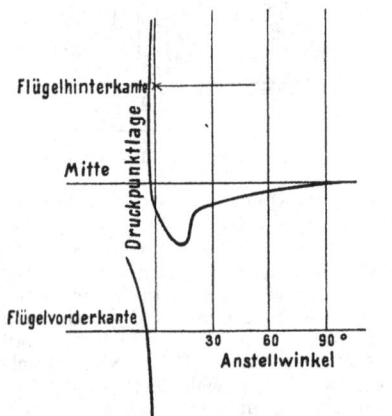

Druckpunkt beim Flugzeugflügel für verschiedene Anstellwinkel.

den zusammen, so schneidet diese die Flügelsehne in einem Punkte, den man Druckpunkt nennt. Die Lage dieses Punktes ist maßgebend für das Moment, welches die Luftkräfte ausüben, und welches sehr wesentlich für die Höhensteuerung und die Stabilität des Flugzeugs ist. Der Druckpunkt liegt an ebenen Flächen für den Anstellwinkel Null ganz vorne und rückt mit wachsendem Anstellwinkel nach hinten; bei 90° erreicht er die Mitte. Bei gewölbten Flächen jedoch, und somit für alle praktisch wichtigen Flügel, liegt er bei verschwindendem Auftrieb (kleinem negativen Anstellwinkel) im Unendlichen hinter der Fläche, d. h. auch bei verschwindendem Auftrieb erfährt der Flügel ein Drehmoment, das ihn vorne nach unten zu drücken strebt; mit wachsendem Anstellwinkel rückt der Druckpunkt nach vorne; bei Anstellwinkeln, die nur wenig größer sind als die des normalen Flugs kehrt der Druckmittelpunkt aber um und verhält sich dann ebenso wie bei ebenen Flächen. Die Abbildung zeigt die Lage des Druckpunktes für verschiedene Anstellwinkel (s. a. Flügel).   *L. Hopf.*

Druckregler ist ein Apparat, um einen Luftstrom, welcher von einem Ventilator erzeugt wird, gleichmäßig zu erhalten. Der Hauptbestandteil des in der Göttinger Modellversuchsanstalt verwendeten, von Prandtl konstruierten Druckreglers ist eine manometrische Wage, die an den Raum vor und hinter dem Ventilator angeschlossen ist und bei einer einstellbaren Druckdifferenz, also bei einer bestimmten Luftstromgeschwindigkeit einspielt. Ändert sich nun diese, so betätigt der Ausschlag der Wage durch elektrische Kontakte einen automatischen Nebenschlußregulator am Ventilator und stellt dadurch die alte Luftgeschwindigkeit wieder her.   *L. Hopf.*

Druckschraube nennt man im Gegensatz zur Zugschraube eine Luftschraube, welche hinter dem Motor angebracht ist, bei welcher also durch den Motor oder andere Körper nur die Ansaugung der Luft, nicht das Ausblasen gestört wird. Man hält im allgemeinen Druckschrauben für wirkungsvoller als Zugschrauben; aus Gründen der Flugzeugkonstruktion werden sie aber heutzutage seltener gebraucht.   *L. Hopf.*

Dualer Zerfall. Eine spezielle Form des „multiplen Zerfalles“, worunter eine solche Aufspaltung einer radioaktiven Substanz verstanden wird, bei der aus N gegebenen gleichartigen Atomen n_1 Atome der Art A, n_2 der Art B, n_3 der Art C u.s.f. entstehen, so daß $n_1 + n_2 + n_3 + \ldots = N$ ist; während beim einfachen Zerfall, wie er in den überwiegend meisten der uns bekannten Fälle beobachtet wird, aus den N gegebenen Mutteratomen N Atome ein und derselben Art, nämlich der des Zerfallsproduktes, hervorgehen. Für die erwähnte allgemeine Form wurde bisher kein Beispiel gefunden; für den sogenannten dualen Zerfall, wo n_1-Atome der Art A, n_2-Atome der Art B entstehen und $n_1 + n_2 = N$ ist, bereits mehrere Beispiele. Die Konstitution des instabilen Mutteratomes ist dabei offenbar eine derartige, daß irgendwelche, uns ganz unbekannte Bedingungen entweder zu einer A-Gruppierung oder zu einer B-Gruppierung der atomistischen Bausteine des Folgeproduktes führen. Da die beiden entstehenden Atomgebäude verschieden sind, werden es auch die Gleichgewichtsverhältnisse und damit die zugehörigen Lebensdauern der A- und B-Atome sein. Der Zerfallsmechanismus wird entsprechend dem verschiedenen Resultat ebenfalls verschiedenartig sein und das ist am einfachsten realisiert durch einen α- und einen β-Zerfall, wie dies in der Tat auch beobachtet wurde. Je nach der leichteren oder schwereren Realisierbarkeit der für den einen oder den anderen Zerfall nötigen Bedingungen wird die Häufigkeit des Eintretens solcher Bedingungen und dadurch das Verhältnis $\frac{n_1}{n_2}$ geregelt sein. Bei sehr vielen vorhandenen Mutteratomen werden immer für eine Anzahl n_1 derselben die Bedingungen für einen α-Zerfall, für die Zahl n_2 derselben die Bedingungen für einen β-Zerfall günstig liegen, so daß „gleichzeitig" aus der Muttersubstanz zwei neue Substanzen entstehen. An dieser Stelle gabelt sich daher die Zerfallsreihe, wie dies aus den folgenden Beispielen, den C-Produkten, zu entnehmen ist.

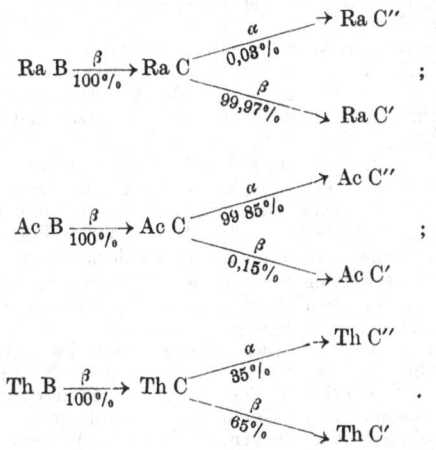

Man erkennt, daß die Wahrscheinlichkeit eines zu C″ führenden α-Zerfalles in Ra kleiner als in Th und hier kleiner als in Ac ist, da nur 0,03% Ra C″ gegen 35% Th C″ und 99,85% Ac C″ entstehen. Für den β-Zerfall liegen die Verhältnisse umgekehrt.

Außer bei den C-Produkten wurden α- und β-Strahlen als von ein- und derselben Substanz ausgehend gefunden bei Ra, Rd Ac und Rd Th; Zweigprodukte, entsprechend einer Gabelung an dieser Stelle, also Nebenprodukte zu Ra Em, Ac X und Th X wurden aber noch nicht beobachtet. Vielleicht handelt es sich hier um kurzlebige Zwischenprodukte, die wohl durch ihre Strahlung bemerkbar, für eine Abtrennung aber in zu geringer Menge vorhanden sind.

Dagegen tritt in der Uran-Reihe eine Gabelung ein, die sich von den bisher besprochenen Fällen insoferne unterscheidet, daß die beiden Folgesubstanzen gleicherweise durch α-Zerfall entstehen. Und zwar wahrscheinlich an der Stelle U II, welche Substanz sich einerseits in Ionium, zur Radiumreihe führend, andrerseits in U Y, zur Actinium-Reihe führend, verwandelt. — In den letzteren Fällen sind die Verhältnisse jedenfalls noch der näheren experimentellen Untersuchung bedürftig, bevor weitgehende Schlüsse gezogen werden dürfen. *K. W. F. Kohlrausch.*

Dublettheorie der Röntgenspektren s. Feinstrukturtheorie und Röntgenspektren und Quantentheorie.

Duddellsche Bedingung s. Charakteristik und Lichtbogenschwingungserzeugung.

Dünen. Äolische, d. h. durch den Wind verursachte Ablagerungen von Flugsand, die namentlich dort, wo eine bestimmte Windrichtung die vorherrschende ist, regelmäßige Formen annehmen. Die normale Form der Einzeldüne, die in Wüstengebieten häufig vorkommt, ist die Bogendüne, nach der in Turkestan üblichen Bezeichnung auch Barchan genannt, während an den Meeresküsten die Dünen meist zu langen wellenähnlichen Zügen zusammenwachsen. Der Dünenkamm verläuft senkrecht zur Windrichtung. Das Profil der Luvseite bildet eine geschwungene Linie, deren Böschungswinkel vom Fuße der Düne nach aufwärts zunächst zunimmt, mitunter eine Steilheit von etwa 20° erreicht, dann aber wieder flacher wird und in der Nähe des Kammes sich der Horizontalen nähern kann. Dann erfolgt ein plötzlicher Absturz zur Leeseite, die in ihrer ganzen Ausdehnung fast den gleichen Böschungswinkel aufweist, nämlich den natürlichen Maximalböschungswinkel, der dem Material zukommt, aus dem die Düne besteht. Für Quarzsand, der als Dünenmaterial hauptsächlich in Frage kommt, beträgt er rund 30 bis 35°. Dieses Normalprofil der Düne entspricht einem dynamischen Gleichgewichtszustande (s. dynamische Gleichgewichtsformen), der eine Störung erleidet, sobald Richtung oder Geschwindigkeit des Windes sich wesentlich ändern oder andere Einflüsse, vor allem die Vegetation eine Wirkung auszuüben vermögen. Dann entstehen Störungsformen, wie z. B. Parabeldünen, Strichdünen usw. Aus der Form alter (fossiler) Dünen kann man die zur Zeit ihrer Bildung vorherrschende Windrichtung ableiten.

Am gewaltigsten tritt das Dünenphänomen in den Sandwüsten auf, wo Höhen bis zu 200 m erreicht werden können. Die Dünen sind in beständiger Umlagerung begriffen, indem der Wind den Sand an der Luvseite emporrollt und über den Kamm nach der Leeseite transportiert, wo er hinabgleitet. Die Düne wandert daher allmählich von Luv nach Lee und zwar ist die Geschwindigkeit des Wanderns naturgemäß bei kleinen Dünen schneller als bei großen. Niedrige Dünen von 1 m Höhe und darunter können mehrere Meter pro Tag vorwärts rücken, während bei hohen Wanderdünen die gleiche Entfernung mitunter erst im Laufe eines Jahres zurückgelegt wird.

Zwischen den Dünenzügen finden sich in der Regel Wannen äolischen Ursprungs, die Dünenwannen.

Außer Quarz bilden auch andere Mineralsande sowie Schnee, letzterer namentlich in den Polargebieten, das Material der Dünen.

Die Ursache der Dünenbildung dürfte auf das durch H. von Helmholtz für die Entstehung der Meereswellen (s. diese) nachgewiesene Prinzip der Wogenbildung an der Grenzfläche zweier mit verschiedener Geschwindigkeit bewegter Medien zurückzuführen sein. *O. Baschin.*

Dührings Gesetz. In dem Bestreben, die Abhängigkeit des Dampfdruckes einer Substanz von der Temperatur zu der Dampfdruckkurve einer anderen genau durchgemessenen Substanz in Beziehung zu bringen, sind verschiedene Gesetze aufgestellt, die aber mit der Erfahrung meist nicht sehr gut übereinstimmen oder nur auf chemisch ähnliche Verbindungen Anwendung finden können. Unter diesen scheint nächst dem Gesetz von

Ramsay und Young (s. d.) das Gesetz von Dühring der Wirklichkeit am nächsten zu kommen. Es sagt aus, daß folgende Beziehung zwischen den Siedetemperaturen t_0 und t_0' zweier Substanzen beim Druck p_0 und den Siedetemperaturen t und t' derselben Substanzen beim Druck p besteht: $\frac{t_0 - t}{t_0' - t'} = $ const. Dies Verhältnis soll unabhängig vom Sättigungsdruck sein, aber für jedes Paar von Substanzen verschiedene Werte besitzen. Beziehen sich die gestrichenen Größen auf Wasser, und setzt man $p_0 = 760$ mm Quecksilber, also $t_0' = 100^0$, so fand Dühring die Konstante für Kohlensäure zu 0,522, für Schwefel zu 2,292.

Das Gesetz von Dühring ist die Erweiterung des Daltonschen Dampfdruckgesetzes, demzufolge die Konstante stets gleich 1 zu setzen ist.

Henning.

Dulong-Petitsches Gesetz. Das Dulong-Petitsche Gesetz besagt, daß die Atomwärme aller chemischen Elemente im festen Aggregatzustand ungefähr denselben Wert 6,4 besitzt. Dies Gesetz, dem früher eine große Bedeutung beigemessen wurde, hat von dieser Bedeutung sehr viel eingebüßt, nachdem neuere Versuche eine starke Temperaturabhängigkeit der spezifischen Wärme der festen Körper, namentlich nach tiefen Temperaturen hin ergeben haben. *Scheel.*

Dumdum-Wirkung der neueren Infanteriegeschosse. Die Wirkung eines Infanteriegeschosses auf einen Körper, dessen Teile sich leicht gegeneinander verschieben lassen und in den das Geschoß mit großer Geschwindigkeit eindringt, ist eine ganz ähnliche, wie wenn innerhalb des Körpers oder innerhalb des Geschosses eine Sprengladung sich befunden hätte und wie wenn durch den Schuß diese Sprengladung zur Entzündung gebracht worden wäre. Solche Körper mit leicht verschiebbaren Teilchen sind insbesondere die flüssigen und halbflüssigen Körper, Wasser, Kleister, feuchter Ton, und von den Körpern des tierischen Organismus sind es besonders das Gehirn, die Leber, die Nieren, die Milz, das Herz im gefüllten Zustand, der Magendarm, die gefüllte Blase und das Mark der Knochen.

Die erwähnte Wirkung der neueren Infanteriegeschosse heißt Dumdum-Wirkung; bei den älteren Infanteriegeschossen trat die Wirkung nicht in der gleich auffallenden Weise auf, weil die Anfangsgeschwindigkeit dieser Geschosse selten über 500 m/sec hinausging.

Zur Erklärung dieser scheinbaren Sprengwirkung wurden von verschiedenen Seiten die folgenden Umstände herangezogen:

1. Die Deformation des Geschosses: Indem das Geschoß sich beim Auftreffen abplattet, bewegen sich Teile des Geschosses auch nach der Seite und nach rückwärts; diese wirken in gleicher Richtung auf die Umgebung. Bei der Dumdum-Wirkung spielt dieser Umstand zweifellos eine Rolle; dies ergibt sich daraus, daß die (z. B. von den Jägern benützten) Teilmantelgeschosse, ferner die Mantelgeschosse mit angebohrter oder abgebrochener Spitze, sowie die in umgekehrter Stellung, mit Geschoßboden voraus, verfeuerten Infanteriegeschosse, überhaupt alle Geschosse, die sich am vorderen Ende leicht deformieren können, eine kräftige Dumdum-Wirkung zeigen. Aber die einzige Erklärungsursache für diese Wirkung kann nicht in der Deformation des Geschosses liegen; denn massive Stahlgeschosse, die beim Einschießen z. B. in

Wasser keine Deformation erleiden, ergeben auch eine scheinbare Explosivwirkung.

2. Beim Einschießen in den flüssigen oder halbflüssigen Körper soll Dampf erzeugt werden; der Dampfdruck soll die Sprengwirkung verursachen. Doch war bis jetzt von Dampf nichts wahrzunehmen.

3. Die durch die Geschoßrotation bewirkten kräftigen Geschoßpendelungen sollen bewirken, daß die Teile des getroffenen Körpers auch nach der Seite geschleudert werden. Doch ergaben Versuche mit rotationslosen Geschossen, die aus glattem Lauf unter sonst gleichen Umständen verfeuert wurden, annähernd die gleiche Dumdum-Wirkung wie rotierende Geschosse.

4. Der Druck der das fliegende Geschoß begleitenden Luftwellen ist ebenfalls nicht die Ursache der Erscheinung, wie systematische Versuche gezeigt haben.

5. Ebenso nicht die Viskosität.

6. Ferner nicht der durch die Flüssigkeitsverdrängung hervorgerufene hydraulische Druck.

7. Auch nicht der hydrodynamische Druck der durch den Stoß des Geschosses gegen den flüssigen oder halbflüssigen Körper erzeugten Verdichtungswelle.

Vielmehr hat man sich auf Grund von Versuchen mit einem elektrischen Kinematographen, der mehrere tausend Einzelbilder der Durchschießung pro Sekunde lieferte, die folgende Vorstellung von dem Vorgang der scheinbaren Explosion zu bilden:

Die Bewegungsenergie des Geschosses wird ganz oder zum großen Teil auf den durchschossenen Körper übertragen, indem das Geschoß von seiner Energie den nächstliegenden Teilchen des Körpers abgibt, diese wiederum einen Teil ihren Nachbarn usw. Die Teilchen des Körpers werden dadurch gewissermaßen zu Geschossen, die mit großer Geschwindigkeit wegfliegen, bis durch die Widerstände der Umgebung die Geschwindigkeit Null wird. Dabei setzen sich die Massen mit den größten Beschleunigungen nach denjenigen Richtungen in Bewegung, in denen diese Widerstände, einschließlich des Widerstands, der von der Trägheit der Massen selbst herrührt, am kleinsten ist. Deshalb treten z. B. beim Einschießen in feuchten Ton die Tonteile zuerst am Einschuß nach der Waffe zu aus, weil anfangs hier, am Einschuß, der Widerstand am kleinsten ist, später auch nach der Seite und nach vorne. Das Wegschleudern der Teilchen des getroffenen Körpers erfolgt dann am stärksten und die scheinbare Explosivwirkung ist folglich dann am größten, wenn sich die Teilchen des Körpers leicht gegeneinander verschieben lassen, also bei Flüssigkeiten. Dagegen fällt die Wirkung weg, wenn zwischen den Teilchen des Körpers große Reibung besteht, z. B. bei trockenem Quarzsand; im letzteren Fall wird die Geschoßenergie zum größten Teil unmittelbar in Reibungswärme umgewandelt.

Der Vorgang der scheinbaren Explosivwirkung ist also in der Tat sehr ähnlich demjenigen beim Zerreißen eines Körpers durch eine Sprengladung. Der Unterschied ist nur der, daß die Massenteile ihre Beschleunigung beim Durchschießen durch den Stoß des Geschosses, beim Sprengen durch den Druck der erzeugten Gase erhalten. Auch bei Sprengungen bilden sich die Krater derart, daß ihre Achsen in die Richtung des kleinsten Widerstandes fallen. *C. Cranz und O. v. Eberhard.*

Näheres s. Lehrbuch der Ballistik von C. Cranz u. K. Becker. Bd. I, 3. Aufl., S. 482—494. Leipzig 1918.

Dunkeladaptation s. Adaptation des Auges.

Duplexempfang. Empfang drahtloser Signale ohne Störungen seitens der gleichzeitig arbeitenden Sendestation. Sender und Empfänger sind räumlich voneinander getrennt. Um störungsfrei zu arbeiten, muß man dem Sender eine Wellenlänge geben, die etwas verschieden ist von derjenigen, die zur gleichen Zeit empfangen wird. *H. Esau.*

Duplexverkehr. Das gleichzeitige Senden von Signalen und Empfangen von Signalen über derselben Linie oder in der drahtlosen Telegraphie über dieselbe Station. Station bedeutet hier die Sende- und Empfangsanlage zusammengefaßt, auch wenn sie in getrennten Gebäuden untergebracht sind, z. B. in Nauen für den Amerikaverkehr in einer Entfernung von 30 km. *A. Meißner.*

Duplexverkehr. Gleichzeitiger Wechselverkehr zweier drahtloser Stationen, wobei jede Station zur selben Zeit sendet und empfängt. *H. Esau.*

Duplikator. Der Duplikator ist ein Vorläufer des Multiplikators (s. dort), d. h. einer Apparatur, die imstande ist, durch mechanische Arbeit kleine Elektrizitätsmengen zu vergrößern. Als erster Apparat ist der im Jahre 1786 von Bennet konstruierte zu erwähnen. Er besteht aus drei Metallplatten A B C (s. Fig.), von denen A an der oberen, C an der unteren, B auf beiden Seiten lackiert ist. B und C besitzen isolierte Handgriffe. Durch Influenz wird zunächst B geladen, dann nach Isolation C. Dadurch erhält man auf A und C etwa die gleiche Menge gleichnamiger Elektrizität, d. h. die ursprüngliche Elektrizität ist verdoppelt worden. Durch mehrmalige Wiederholung dieser Manipulation

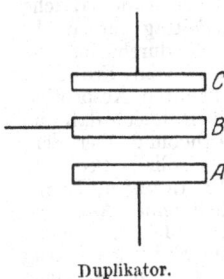

Duplikator.

lassen sich größere Elektrizitätsmengen aufspeichern. Es ist dabei zu beachten, daß schon die kleinste zufällig vorhandene Elektrizitätsmenge genügt, um schließlich merkbare Größen zu erhalten; auch ist durch nicht zu vermeidende Reibungen bei dem Vorgang eine Selbsterregung leicht möglich. Aus diesen Gründen ist eine solche Apparatur zu Meßzwecken, wie man es beispielsweise mit einer Messung des beliebig vervielfachten Elementarquantums im Auge hatte, nicht zu verwenden.

Die späteren Erfinder, wie Cavallo (1795) legten das Hauptgewicht auf schnelle und bequeme Handhabung.

Der erste Apparat, welcher das Prinzip drehbarer isolierter Metallteile benutzte und so schon nahe an die spätere Influenzmaschine herankam, war Nicholsons Revolving Doubler. *R. Jaeger.*

Duplizitätstheorie. Die Verschiedenheit der Funktionsweise des Sehorgans im Zustande der Hell- und der Dunkeladaptation sowie die Verschiedenheit des Verhaltens, welche in dieser Hinsicht zwischen den einzelnen Netzhautbezirken besteht, hat den Gedanken nahegelegt, die Leistungen des Sehorgans aus der Annahme zweier gesondert funktionierender Apparate in der Netzhaut zu erklären und für die Stäbchen und die Zapfen eine verschiedene Rolle bei der Vermittlung der Gesichtsempfindungen anzunehmen. Die Art der Verteilung der beiden Elemente auf das Sinnesepithel der einzelnen Netzhautteile (s. Stäbchen und Zapfen) ist

dieser Auffassung entschieden günstig, da die örtlichen Besonderheiten der Funktionsweise dem Gehalt der Netzhaut an Stäbchen und Zapfen vielfach parallel gehen. Die „Duplizitätstheorie", wie sie auf Grund dieser Feststellungen von M. Schultze inauguriert und von Parinaud und v. Kries zu ihrer jetzigen Form weiter entwickelt wurde, hat folgenden wesentlichen Inhalt: sie schreibt den Stäbchen die Eigenschaft zu, sehr stark durch adaptative Einwirkungen in ihrer Erregbarkeit beeinflußbar zu sein, dabei ausschließlich farblose Helligkeitsempfindungen auszulösen, endlich von den verschiedenen spektralen Lichtern in eben denjenigen Verhältnissen affiziert zu werden, wie es der beim Dämmerungssehen gegebenen Helligkeitsverteilung (s. d.) im Spektrum entspricht. Dagegen wird den Zapfen eine relativ geringe Adaptationsfähigkeit für Hell und Dunkel zuerkannt; sie sind die farbentüchtigen Elemente der Netzhaut und werden, wie die Helligkeitsverteilung im Spektrum beim Tagessehen lehrt, im Unterschied zu den Stäbchen gerade von den langwelligen Lichtern relativ stark erregt.

Eine weitere Stütze findet die Duplizitätstheorie in dem Parallelismus, der einerseits zwischen dem Sehpurpurgehalt der Stäbchenaußenglieder und der Erregbarkeit des Auges, andererseits zwischen den Dämmerungswerten der spektralen Lichter und ihrer Bleichungswirkung auf den Sehpurpur (den sog. Bleichungswerten) besteht. Man wird hiernach zu der Vermutung geführt, daß der Vorgang der Stäbchenerregung in irgend einer Weise mit der Zersetzung des Sehpurpurs zusammenhängt und daß die enorme Erregbarkeitssteigerung der Netzhaut bei der Dunkeladaptation auf ihrem zunehmenden Purpurgehalt beruht. Es sei aber bemerkt, daß trotz dieser Beziehungen über die physiologische Bedeutung des Sehpurpurs (s. d.) noch keine endgültige Einigung erzielt werden konnte. *Dittler.*

Näheres s. v. Kries, Nagels Handb. d. Physiol., Bd. 3, S. 184 ff. 1904.

Durchdringende Strahlung. Nicht nur die atmosphärische Luft, sondern auch die in geschlossenen Gefäßen abgesperrte Luft weist stets eine gewisse elektrische Leitfähigkeit auf, die, wie Rutherford und Cooke sowie Mc. Lennan und Burton 1903 zuerst gezeigt haben, zum Teil einer allerorts stets vorhandenen durchdringenden Strahlung von ähnlicher Natur, wie der Gammastrahlung radioaktiver Substanzen ihren Ursprung verdankt. Man findet nämlich, wenn man ein vollkommen abgeschlossenes Ionisationsgefäß allseitig mit möglichst dicken Schichten von Materie umgibt, die frei von radioaktiven Verunreinigungen ist, daß die Ionisation im Gefäß wesentlich verringert ist. Die Erforschung der Eigenschaften und des Ursprunges der durchdringenden Strahlung hat seither viele Forscher beschäftigt und hat zu Ergebnissen und neuen Problemstellungen geführt, welche weit über den Rahmen der ursprünglichen recht speziellen und kaum allgemein interessierenden Frage hinausreichen. Das Prinzip der Messung ist folgendes: Man mißt den Sättigungsstrom, den die im Gefäße wirkenden Ionisierungsquellen hervorbringen. Bezeichnen wir die Kapazität des Ionisierungsgefäßes mit C, den beobachteten Voltabfall pro Zeiteinheit mit dV/dt, das Volumen des Gefäßes mit v, das Elementarquantum mit e, so ist die Zahl der pro sec und ccm erzeugten

Ionenpaare q („Ionisierungsstärke") aus der Beziehung $\frac{C}{300} \cdot dV/dt = q \cdot e \cdot v$ zu berechnen. In Gefäßen, welche frei von radioaktiven Verunreinigungen sind, ist der Betrag von q sehr gering (etwa 10 bis 20 Ionen/ccm · sec). Um daher hinreichenden Voltabfall zu erhalten, muß man die Kapazität des Ionisationsgefäßes und des damit verbundenen Elektrometers so klein als möglich wählen. Bei größerer Eigenkapazität des Elektrometers muß mit entsprechend großer Voltempfindlichkeit gearbeitet werden. Die beobachteten Stromstärken betragen in Gefäßen von einigen Litern Inhalt der Größenordnung nach nur 10⁻¹⁵ Ampere. Einen für diese subtilen Messungen sehr geeigneten Apparat hat Th. Wulf angegeben: dieser „Wulfsche Strahlungsapparat" ist eine Modifikation des Wulfschen Zweifadenelektrometers, wobei die Fäden selbst als Zerstreuungskörper dienen und eine besondere Vorrichtung die gesonderte Bestimmung des Isolationsverlustes gestattet. Die Fäden sind im Zentrum eines zylindrischen Zinkgefäßes von 2—3 Litern Rauminhalt angebracht. Die Kapazität des Instruments beträgt nur ca. 1 cm, so daß man innerhalb einer Stunde ablesbare Spannungsverluste von 20 Volt und mehr erhält.

Ein Teil der Ionisation rührt immer von einer dem Gefäß eigentümlichen Eigenstrahlung der Gefäßwände her, die zum Teil von den bei der hüttenmäßigen Darstellung der Metalle unvermeidlichen, wenn auch minimalen Beimengungen an radioaktiven Substanzen, zum Teil vielleicht auch von einer schwachen Eigenaktivität der Metalle erzeugt wird. Den Gesamtbetrag der nach Abschirmung der durchdringenden Strahlung im Gefäß noch vorhandenen Ionisation nennt man „Restionisation". Diese Restionisation entspricht meist einer Ionisierungsstärke von 5—10 Ionen/ccm · sec. Der kleinste Wert für die Restionisation wurde von K. Bergwitz mit einem Wulfschen Apparat aus Zink im Innern eines Steinsalzbergwerks gefunden (q = 0,8). Um den Betrag der durchdringenden Strahlung zu erhalten, muß man zuerst die Gesamtionisation im geschlossenen Apparat messen, dann durch Umgeben des Apparats mit inaktivem Wandmaterial (am besten durch Einsenken unter Wasser, in Eishöhlen oder Gletscherspalten) die durchdringende Strahlung abschirmen und den so erhaltenen Betrag an Restionisation von der Gesamtstrahlung abziehen. Derartige Versuche wurden von Wulf, Gockel, Hess, Mc. Lennan, Schweidler, Bergwitz u. a. an verschiedenen Orten ausgeführt und ergaben, daß die durchdringende Strahlung örtlich recht erheblich verschieden sein kann, wie aus folgender kleinen Tabelle ersichtlich:

Ort	Betrag der durchdringenden Strahlung (nach Abzug der Restionisation) Ionenpaare/ccm. sec
Valckenburg (Holland)	10
Paris	6
Braunschweig	7,2
Wien	2—3
Seeham (Salzburg)	4
Innsbruck	14

Die angegebenen Ionisierungsstärken sind meist mit Zinkgefäßen erhalten worden. Es ist klar, daß in Gefäßen aus anderen Metallen wegen der Verschiedenheit der von der durchdringenden Strahlung an den Gefäßwänden erregten weichen Sekundärstrahlung etwas abweichende Werte sich ergeben. Der Anteil der durchdringenden Strahlung an der Ionisation der Freiluft ist geringer, als die oben gegebenen Ionisierungsstärken in Metallgefäßen angeben. Nach Bergwitz ist in Zinkgefäßen die Wirkung der primären durchdringenden Strahlung beiläufig ebenso stark, wie die der von ihr erregten sekundären Strahlen der Wand des Gefäßes.

Im folgenden sei unter „durchdringender Strahlung" immer die Wirkung der primären und der von ihr im Metall erregten sekundären Strahlung verstanden. Über den Ursprung der durchdringenden Strahlung geben am besten die Beobachtungen der örtlichen Verschiedenheiten der Strahlung Aufschluß. Übereinstimmend finden alle Beobachter, daß die Strahlung über Wasserflächen geringer ist, als über Festland. Ein Teil der Strahlung rührt also von den Bestandteilen des Bodens, und zwar offenbar von den radioaktiven Beimengungen desselben her. Überschlagsrechnungen zeigten, daß der Radium- und Thoriumgehalt der meisten Gesteine und Bodenarten ausreicht, um durch Gammastrahlung die beobachteten Effekte zu erzeugen. Die radioaktiven Beimengungen der Luft (Emanationen und Zerfallsprodukte) sowie der Oberflächenbelag der gegen die Atmosphäre negativ geladenen Erdoberfläche liefern keinen nennenswerten Beitrag zur durchdringenden Strahlung. Wenn die durchdringende Strahlung der Hauptsache nach vom Erdboden ausgeht, läßt sich aus der bekannten Absorption der Gammastrahlen in Luft berechnen, daß die Strahlung mit zunehmender Erhebung über dem Boden ziemlich rasch abnehmen sollte. Beobachtungen auf Türmen (Wulf, Mc. Lennan, Bergwitz) zeigten auch tatsächlich eine Abnahme der Strahlung mit der Höhe. Die gefundene Abnahme gegen den Betrag am Erdboden betrug aber nur etwa 3 Ionen/ccm · sec. Beobachtungen von Gockel, Bergwitz und Hess im Freiballon lieferten dann das Resultat, daß die Abnahme der durchdringenden Strahlung nur innerhalb des ersten Höhenkilometers der Atmosphäre merklich ist. In Höhen von 1000—2000 m wurde die Strahlung fast konstant und von nicht geringerem Betrag als am Erdboden gefunden. Später fand zuerst Hess bei einer Ballonfahrt bis über 5000 m eine unzweifelhafte, beträchtliche Zunahme der durchdringenden Strahlung, die erst bei 4000 m stark merklich zu werden beginnt. In 5000 m wurde q = 16—18 Ionen höher gefunden, als am Erdboden. Kolhörster konnte später diese Ergebnisse bei Fahrten bis zu 9000 m Höhe vollinhaltlich bestätigen und ergänzen. Hess nahm zur Erklärung dieser Beobachtungen an, daß eine Strahlung von sehr hoher Durchdringungskraft von oben her in die uns zugänglichen Schichten der Atmosphäre eindringt und auch noch in deren untersten Schichten einen Teil der in geschlossenen Gefäßen beobachtbaren Ionisation hervorruft. Die Quelle dieser neuen, nach Schweidlers Vorschlag „Hesssche Strahlung" benannten Strahlung ist noch nicht sichergestellt. Einige der zu ihrer Erklärung aufgestellten Hypothesen sind von Schweidler als unhaltbar zurückgewiesen worden. Am besten kann die beobachtete Zunahme der Strahlung mit der Höhe mit der Annahme eines fein verteilten in der Stratosphäre schwebenden, harte Gammastrahlen aussendenden kosmischen Staubes (nach Linke) oder mit der Annahme gleichmäßiger

Erfüllung des Weltenraumes durch radioaktive Materie in äußerster Verdünnung (nach Schweidler) erklärt werde. An der Erdoberfläche ist der Anteil der neuen Strahlung an der beobachteten Gesamtionisation mit etwa 1,5 Ionen/ccm · sec zu veranschlagen. Dort also machen die Gammastrahlen der radioaktiven Beimengungen der Erdrinde das Doppelte bis Sechsfache aus. Dagegen steigt die Wirkung der neuen Strahlung in 9 km Höhe auf etwa 60 Ionen pro ccm und sec. Sie scheint zeitlich keine merklichen Veränderungen zu erleiden, soweit man aus dem bisherigen spärlichen Beobachtungsmaterial schließen kann. Dafür sprechen insbesondere Beobachtungen auf Berggipfeln (Gockel, Hess und Kofler).

An der Erdoberfläche wurden mannigfache Änderungen der durchdringenden Strahlung festgestellt. Eine tägliche Periode ist an vielen Orten nicht feststellbar. An anderen Orten wurde eine doppelte tägliche Periode mit Maximas um 8 bis 10 Uhr morgens und abends und Minimas um 2—4 Uhr früh und nachmittags festgestellt. Niederschläge bringen oft Erhöhung der durchdringenden Strahlung (Ausfällung radioaktiver Suspensionen aus der Luft). Die Einflüsse der übrigen meteorologischen Faktoren sind nicht sehr deutlich. Eine jährliche Periode wurde von Mache, Gockel und Hess-Kofler gefunden: das Minimum der Strahlung fällt auf Februar, das Maximum auf die Sommermonate. Nach Gockel verhalten sich Maximum zu Minimum wie 12,2 zu 10,6. Die beobachteten Änderungen der durchdringenden Strahlung an der Erdoberfläche lassen sich durch die Verschiedenheiten der Menge und Verteilung der Zerfallsprodukte der Radium- und Thoriumemanation im Boden und in der Atmosphäre ausreichend erklären. *V. F. Hess.*

Näheres s. St. Meyer und E. v. Schweidler, Radioaktivität. VII. Kapitel. 1916.

Durchdringungsvermögen. Die Fähigkeit radioaktiver und verwandter Strahlen, Materie zu durchdringen, bezeichnet man als D.; je größer dieses, desto „härter" die Strahlung, desto kleiner der Absorptionskoeffizient μ; so daß $\dfrac{1}{\mu}$ ein Maß für D. darstellt. Zum Beispiel werden die härtesten Sorten der γ-Strahlung erst von 46 cm Aluminium, die härteren β-Strahlen von 0,5 cm Al auf ein Promille ihres Anfangswertes geschwächt, während α-Strahlen bereits 0,01 cm Al nicht mehr zu durchdringen vermögen (vgl. den Artikel „Absorption"). *K. W. F. Kohlrausch.*

Durchflutung s. Erregerstrom.

Durchgangsinstrument s. Passageninstrument.

Durchgreifen s. Durchgriff.

Durchgriff, eine dimensionslose Konstante, welche in einer elektrostatischen Anordnung mit mindestens drei Elektroden angibt, wie groß der Einfluß der Potentialänderung einer Elektrode auf das Potential oder die Feldstärke an einem bestimmten Orte des elektrischen Feldes im Vergleich zu dem entsprechenden Einfluß der Potentialänderung der zweiten Elektrode ist. In dieser allgemeinen Form wird der Begriff „Durchgriff" nur selten gebraucht, er ist meistens auf folgenden Fall beschränkt: Zwischen zwei Elektroden K und G besteht ein elektrisches Feld; die eine Elektrode, etwa G, ist durchlöchert oder gitterförmig gestaltet; außerhalb des Raumes zwischen K und G, etwa hinter G, liegt die dritte Elektrode A; es ändert sich das Potential P an einem bestimmten Punkte des Raumes K G (hier soll K das Potential Null haben) proportional dem Potential Pg von G, als auch proportional dem Potential P_A von A, und zwar ist, wie aus der Potentialtheorie hervorgeht: $P_X = g\,P_g + a\,P_A$, wobei g und a Konstanten sind. Der Quotient der beiden Einflüsse von P_A und P_g, d. h. $\dfrac{a}{g} = \alpha$ heißt der Durchgriff des Potentials P_A durch die Elektrode G, oder kurz gesagt, der Durchgriff der Elektrode A durch die Elektrode G. Das Durchgriffproblem ist schon von J. C. Maxwell sowie von P. Lenard behandelt worden. In neuerer Zeit hat es durch die Theorie der Glühkathodenröhren mit Gitter vielfache Behandlung gefunden. Hierbei kommen auch bei derselben Anordnung mehrere Durchgriffskonstanten vor. Ist z. B. eine Anordnung von vier Elektroden in der Reihenfolge K, G, S, A gegeben, von denen G und S gitterförmig sind, und gibt α den Durchgriff der Elektrode A durch S an, ferner σ der Durchgriff von S durch G, dann ist $\alpha\,\sigma$ der Durchgriff von A durch S und G zusammen. In diesen Fällen sind die Durchgriffskonstanten stets Zahlen, die kleiner als 1 sind; sie lassen sich bei Gittern, die aus parallelen Drähten von kreis- oder ellipsenförmigem Querschnitt in gleichen Abständen zu Zylinderflächen oder Ebenen angeordnet sind, berechnen. Ihre Messung kann bei Glühkathodenröhren dadurch geschehen (W. Haußer), daß man zwei Elektrodenpotentiale so ändert, daß sich die Änderungen in ihrem Einfluß auf den Strom gerade aufheben. Der Durchgriff wächst an, wenn das Gitter weitermaschig wird, sowie wenn die durchgreifende (dritte) Elektrode näher an das Gitter herankommt, während er sich mit der Entfernung der ersten Elektrode vom Gitter nicht ändert, solange die Maschenweite klein gegen diese Entfernung ist. *H. Rukop.*

Näheres s. M. v. Laue, Ann. d. Phys. 59, 465, 1919.

Durchlässigkeitsvermögen, Verhältnis des durchgelassenen Energiestroms zum auffallenden s. Reflexions-, Durchlässigkeits- und Absorptionsvermögen, Nr. 1 und 3.

Durchscheinende Platten, Platten, welche die Gestalt der dahinter liegenden Gegenstände nicht mehr erkennen lassen, s. Reflexions-, Durchlässigkeits- und Absorptionsvermögen, Nr. 3.

Durchschiebemethode s. Teilungsfehler.

Dynamische Gleichgewichtsformen. In der geographischen Wissenschaft bezeichnet man damit häufig wiederkehrende Oberflächenformen, die auf dynamische Wirkungen der umgestaltenden Kräfte (s. Exogene Vorgänge) zurückzuführen sind. Sie treten besonders deutlich an den Grenzflächen von Luft, Wasser oder Festland auf, wenn erhebliche Geschwindigkeitsdifferenzen zwischen diesen Medien vorhanden sind. Meereswellen (s. diese), Dünen (s. diese), Rippelmarken (s. diese), Hakenbildungen an Anschwemmungsküsten und Mäander (s. diese) bei Flüssen sind besonders auffällige Typen derartiger Formen. Solche Gebilde sind als sichtbare Wirkungen eines geographischen Gestaltungsgesetzes, des Gleitflächengesetzes (s. dieses) aufzufassen, das sich dem aufmerksamen Auge an zahlreichen Stellen auf unserer Erde offenbart, und das die Herstellung eines dynamischen Gleichgewichtszustandes zum Endziel hat. Sind die Grenzflächen der verschiedenen Medien leicht beweglich, wie es bei Luft und Wasser der Fall ist, so kann es zur Ausbildung von Wogen

kommen, deren Größe und Gestalt der Theorie
entspricht, die H. von Helmholtz für die Luftwogen (s. diese) und die Meereswellen (s. diese)
gegeben hat. Bei der Bewegung von Luft oder
Wasser gegen das Festland dagegen wird es wegen
der Unnachgiebigkeit des Landes nur höchst selten
zur vollen Ausbildung der Gleichgewichtsformen
kommen, die als solche dadurch charakterisiert
sind, daß nach einer künstlichen Zerstörung die
alte Form sich von selbst wieder herstellt. Dagegen
wird die Tendenz zur Herstellung eines dynamischen Gleichgewichtszustandes sehr häufig erkennbar sein. Auch bei der gleitenden Reibung fester
Körper gegeneinander kommt es gelegentlich zur
Bildung von wellenförmigen Rippeln.

O. Baschin.

Näheres s. O. Baschin, Der Einfluß des dynamischen Gleichgewichtes auf die Formen der festen Erdoberfläche.
Die Naturwissenschaften. Bd. 6, S. 355—358, 521
bis 522. 1918.

Dynamische Korrektion s. Nivellement.

Dynamische Theorie der Gezeiten. Diese Behandlungsweise des Flutproblemes, die von Laplace
stammt, beruht auf den Grundgleichungen der
Hydrodynamik. Es werden jene Bewegungen untersucht, die das Wasser unter dem Einfluß der fluterzeugenden Kraft ausführt. Indem von den freien
Schwingungen der Wassermasse abgesehen wird,
unter der Annahme, daß diese durch innere Reibung
vernichtet werden, enthält die Lösung nur solche
Bewegungen, deren Perioden durch die Perioden
der störenden Kraft gegeben sind: die sogenannten
erzwungenen Schwingungen.

Die hebende Komponente der Flutkraft kommt
gegenüber der Schwere kaum in Betracht; Laplace
vernachlässigt sie daher ganz. Das Wesentliche
ist die Horizontalkomponente, welche dem Wasser
eine seitliche Geschwindigkeit erteilt. Das Steigen
des Wassers kommt nur durch das Zusammen-
strömen zustande. Zu den vereinfachenden Voraussetzungen, die die Lösung des Problems ermöglichen,
gehört die Annahme, daß alle Wasserteilchen,
welche sich in einer Vertikalen befinden, während
der ganzen Bewegung in dieser gegenseitigen Lage
bleiben. Es wird ferner angenommen, daß das
Meer die ganze Erde bedeckt, und von konstanter
oder nur mit der Breite veränderlicher Tiefe ist.
Es gelingt auf Grund dieser Theorie, manche
Eigentümlichkeit des Gezeitenphänomens zu erklären.

Die Theorie wurde weiter ausgebaut und ergänzt
von Hough. Er untersucht besonders die freien
Schwingungen eines Meeres von konstanter Tiefe,
welches die ganze Erde bedeckt. Die Kenntnis
ihrer Perioden ist von großer Wichtigkeit. Erstens
scheint die innere Reibung des Wassers doch nicht
groß genug zu sein, um die stets neu erregten freien
Schwingungen sofort zu vernichten; sie spielen
vielleicht eine nicht unbedeutende Rolle; zweitens
wird bei genauem Zusammentreffen einer Periode
der freien Schwingung mit einer der erzwungenen,
die zugehörige Amplitude durch Resonanz bedeutend
verstärkt werden. Das Zusammentreffen muß aber
sehr genau sein (auf ca. 1 Minute).

Unter Heranziehung der Theorie der Kugelfunktionen werden die Ausdrücke für die Fluthöhe
entwickelt (s. auch Gezeiten).   *A. Prey.*

Näheres s. H. Lamb, Lehrbuch der Hydrodynamik (deutsche
Ausgabe von Friedel). 1907.

Dynamoblech. Zur Verringerung der in kompaktem Eisen bei raschen Ummagnetisierungen
auftretenden Wirbelströme (s. dort), welche einen
erheblichen Energieverlust bedingen, pflegt man
das zu Dynamoankern und Transformatorenkernen
bestimmte Material zu Blech von 0,3 bis 0,5 mm
Dicke auszuwalzen und es zur besseren Isolation
mit Seidenpapier oder einer dünnen Lackschicht
zu überziehen. Man unterscheidet „normales" und
„legiertes" (s. dort) Blech; das erstere besteht aus
gewöhnlichem, möglichst reinem Eisen, das letztere
enthält einen mehr oder weniger hohen Zusatz von
Silizium (bis 4%), der zwar den Sättigungswert
des Materials herabsetzt, aber die Permeabilität bei
niedrigen Feldstärken erhöht und den Wirbelstromverlust verringert. Nach dem Auswalzen muß
das Dynamoblech zur Beseitigung der durch das
Walzen entstandenen mechanischen und magnetischen Härtung usw. mehrere Stunden bei etwa
800° geglüht und langsam abgekühlt werden. Die
magnetische Untersuchung des fertigen Materials
erfolgt nach den Vorschriften des Verbandes
Deutscher Elektrotechniker zumeist im Epsteinschen Apparat.   *Gumlich.*

Dynamobolometer (Paalzow - Rubens). Ein
für Wechselstrommessungen bestimmtes Hitzdrahtinstrument (s. d.), bei dem der Hitzdraht den einen
Zweig einer Wheatstoneschen Brücke bildet.
Die durch den Wechselstrom bewirkte Widerstandsänderung des Hitzdrahtes wird dann durch
eine Gleichstrommessung in der Brücke bestimmt.

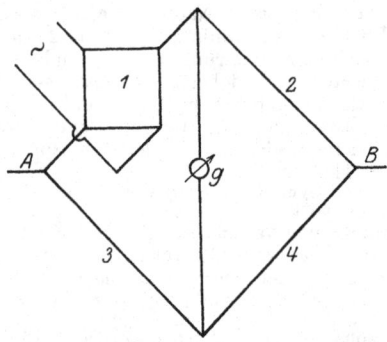

Dynamobolometer.

In der Figur ist der den Wechselstrom führende
Hitzdraht, der selbst Brückenform besitzt, mit
1 bezeichnet; die anderen Zweige der Brücke mit
2, 3, 4, das Galvanometer mit g. Der Hitzdraht
besitzt die angegebene Form, damit die Gleich-
strombrücke nicht durch den Wechselstrom beeinflußt wird. Bei A und B wird der Brücke der
Gleichstrom zugeführt.   *W. Jaeger.*

Näheres s. Paalzow und Rubens, Wied. Ann. **37**, 529; 1889.

Dynamoelektrisches Prinzip s. Selbsterregung.

Dynamomaschinen. Die Technik versteht hier-
unter alle Vorrichtungen, die mit Hilfe der Relativbewegung zweier magnetisch verketteter Wicklungssysteme gegeneinander mechanische in elektrische
Energie (Generatoren), elektrische in mechanische
Energie (Motoren) oder elektrische Energie der einen
Form in elektrische Energie einer anderen Form
(Umformer) umwandeln. Die magnetelektrische
Maschine, die nur ein Wicklungssystem benutzt
und vor der Veröffentlichung des sog. dynamo-
elektrischen Prinzips (vgl. Selbsterregung) durch
Werner v. Siemens allein bekannt war, stellt
einen Sonderfall dar, der heute nur noch für Spezial-
aufgaben der Elektrotechnik Bedeutung hat (In-
duktoren der Fernmeldetechnik, Zünddynamos für

Verbrennungskraftmaschinen u. a. m.) und auf die Lieferung kleinster elektrischer Leistungen beschränkt ist. Zum Dynamobau im weitesten Sinne zählt die Technik gelegentlich auch den Bau ruhender Umformer (Transformatoren), bei denen ein pulsierendes magnetisches Feld die elektrische Energie von dem einen Wicklungssystem auf ein anderes überträgt (vgl. Gleichstromgeneratoren, Wechselstromgeneratoren). *E. Rother.*
Näheres s. Gisbert Kapp, Dynamomaschinen für Gleich- und Wechselstrom.

Dynamometer. Wie der Indikator zur Bestimmung der inneren (indizierten) Leistung der Kolbenkraftmaschinen dient, so wird die Nutz- (effektive) Leistung jeder Art von Kraftmaschinen und von Transmissionen mittels des Dynamometers festgestellt. Die gebräuchlichsten und ihre Art kennzeichnenden Apparate sind:

a) der Pronysche Zaum (s. Fig. 1). Dieser ist ein Bremsdynamometer einfachster Art. Auf

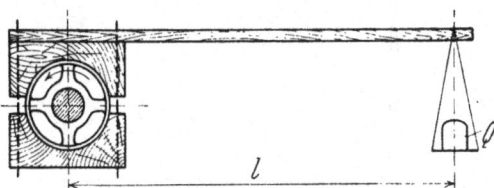

Fig. 1. Pronyscher Zaum.

die Maschinenwelle wird eine gußeiserne Scheibe aufgekeilt, welche von zwei meist hölzernen Bremsbacken umschlossen wird. Die Bremsbacken werden durch Schrauben gegeneinander gehalten. Einer derselben ist durch eine Stange verlängert, an dessen Ende eine Belastung Q angebracht werden kann. Die Backenschrauben werden so stark angezogen, daß das Reibungsmoment dem Moment Q mal l das Gleichgewicht hält. Ist n die minutliche Umdrehungszahl der Scheibe, so beträgt die Leistung

$$N = \frac{2\,\pi\,l\,n\,Q}{60 \times 75} \sim \frac{l\,n\,Q}{716} \text{ PS.}$$

b) Die Bandbremse (s. Fig. 2) beruht auf demselben Grundgedanken wie der Pronysche Zaum.

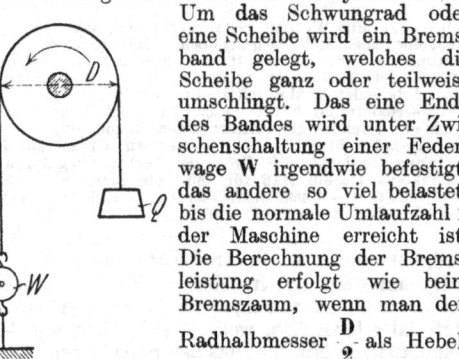

Fig. 2. Bandbremse.

Um das Schwungrad oder eine Scheibe wird ein Bremsband gelegt, welches die Scheibe ganz oder teilweise umschlingt. Das eine Ende des Bandes wird unter Zwischenschaltung einer Federwage W irgendwie befestigt, das andere so viel belastet, bis die normale Umlaufzahl n der Maschine erreicht ist. Die Berechnung der Bremsleistung erfolgt wie beim Bremszaum, wenn man den Radhalbmesser $\frac{D}{2}$ als Hebelarm l in die Formel einsetzt und als Nettobelastung Q vermindert um die Angabe q der Federwage annimmt.

c) Die Wasserbremse besteht aus zwei oder mehreren runden Scheiben, die auf der Welle der Kraftmaschine aufgekeilt sind und in einem mit Wasser angefüllten Gehäuse rotieren. Das Wasser

vernichtet durch Wirbelbildung die Energie der Maschine, wobei es sich erwärmt. Das Gehäuse ist auf einem Zapfen, dessen Achse die Verlängerung der Wellenachse bildet, leicht drehbar gelagert und an seinem Umfang mit einem Tangentialhebel versehen, der die Umfangskraft (Reaktion der im Wasser vernichteten Leistung an der Gehäusewandung) mit einer Schneide auf die Schale einer Dezimalwage überträgt. Das Wasser fließt dauernd durch das Gehäuse. Durch Änderung des Wasserinhaltes wird der Bremswiderstand variiert. Ist die Länge des Tangentialhebels l, der Druck auf die Wage Q und die Umdrehungszahl n, so ist die abgebremste Leistung

$$N = \frac{2\,\pi\,l\,n\,Q}{60 \times 75} \text{ PS.}$$

Während die Dynamometer a und b nur für Leistungen bis zu einigen hundert PS verwendet werden können, ist die Wasserbremse noch bei Leistungen von mehreren tausend PS bei schnelllaufenden Maschinen (Turbinen!) brauchbar. (Bauarten der Wasserbremse von Stumpf und von Brotherhood.)

d) Die Wirbelstrombremse. In einem durch Gewichtshebel in Ruhe erhaltenen Aluminiumgehäuse sind eine Anzahl von Elektromagneten derart gelagert, daß ihre Kraftlinienströme durch zwei von der Welle der zu prüfenden Maschine angetriebene kupferne Ringe hindurchtreten müssen. Die Rückwirkung der in den Ringen geweckten Wirbelströme auf das Magnetgehäuse wird durch Gewichte gemessen. Die Stärke der Wirbelströme wird durch verschiedene Erregung der Elektromagnete geändert. Die Kupferringe erwärmen sich derart, daß ihre Bremskraft sich ändert. In eigenen Eichkurven werden deshalb die Beziehungen zwischen Umlaufszahl, Bremsleistung und Dauer des Bremsversuches zusammengestellt. Man kann z. B. eine und dieselbe Bremse bei $n = 100$ eine Stunde lang mit 8, eine Viertelstunde mit 12, drei Minuten mit 18 und eine Minute mit 24 PS belasten, ohne die Temperatur von 60° C zu überschreiten.

e) Das Hefner-Altenecksche Einschaltdynamometer. Während bei den bisher besprochenen Dynamometern die Leistung abgebremst, d. h. vernichtet wurde, dient das Einschaltdynamometer dazu, aus der Spannungsdifferenz in den beiden Trums eines Riemens oder Seiles und der Laufgeschwindigkeit die durch das Zugorgan übertragene Leistung festzustellen. Die zum Ausgleich der Spannungsdifferenz in den Trums erforderliche Kraft in Kilogramm wird unmittelbar festgestellt und ergibt mit der Riemengeschwindigkeit multipliziert die Kraftleistung bzw. den Kraftbedarf der mit dem Riemen laufenden Maschine.

f) Torsionsdynamometer. Auch diese vernichten nicht die festzustellende Leistung, sondern beruhen auf Messung des durch eine Welle geleiteten Torsionsmomentes auf mechanischem, elektrischem oder optischem Weg durch den Verdrehungswinkel der Wellenoberfläche.

α) Der Torsionsindikator von Föttinger ermittelt auf mechanische Weise die Verdrehung einer umlaufenden Welle in jedem Zeitpunkt einer Umdrehung und schreibt dieselbe stetig auf. (Näheres s. Jahrb. d. schiffbautechn. Gesellsch. 1903 und 1905.)

β) Der Torsionsmesser von Denny-Edgecombe mißt die Verdrehung eines Wellenstückes zwischen einem über die Welle geschobenen und dort befestigten Rohr und einem gegenüberliegenden Arm. Diese Verdrehung wird durch einen gezahnten Bogen und ein Rädchen auf eine Aluminiumtrommel übertragen, über die eine endlose Schnur gelegt ist. Bei der Verdrehung der Welle wird die Trommel gedreht und ein an der Schnur befestigter Schlitten in der Längsrichtung der Welle verstellt, während gleichzeitig ein Papierband durch eine gegen einen Flansch des Rohres anliegende Rolle proportional zur Umlaufsgeschwindigkeit der Welle abgewickelt wird. Das Gerät hat den Vorteil, daß es wie der Torsionsindikator von Föttinger auch den Wechsel des Drehmomentes während einer Wellenumdrehung erkennen läßt im Gegensatz zu den im folgenden beschriebenen Apparaten, die nur einen Mittelwert anzeigen. (Näheres s. The Engineer 1909 vom 5. November.)

γ) Der Torsionsmesser von Gardner besteht aus zwei zweiteiligen metallenen Scheiben a und b, die in einer gewissen Entfernung voneinander auf der Welle angebracht sind und gegen deren Umfang sich stromführende Federn anlegen. Bei Verdrehung der Welle durch Belastung werden Stromstöße hervorgerufen, dadurch daß die Scheiben auf ihrem Umfang mit genau gleichweit voneinander entfernten isolierenden Unterbrechungen versehen und bei unbelasteter Welle so eingestellt sind, daß eine der Federn eine leitende Stelle, die andere eine nicht leitende gerade verläßt. Je größer der Torsionswinkel, desto länger dauert der Stromstoß, der durch ein empfindliches Galvanometer geschickt und an der Größe des Zeigerausschlages gemessen wird. (Näheres s. Zeitschrift d. Vereins deutscher Ingenieure 1908. S. 679.)

δ) Der Torsionsmesser von Denny und Johnson beruht darauf, daß in bestimmtem Längenabstand auf der Maschinenwelle Dauermagnete befestigt sind, die vor Elektromagneten vorbeigeführt werden. Die Induktionsströme werden durch einen Telephonhörer geschickt, in welchem sie sich bei Leerlauf ausgleichen, bei Verdrehung der Welle jedoch ein Geräusch hervorrufen. Durch Verstellung eines der Elektromagnete mittels Mikrometerschraube oder durch Einschalten von fein abgestuften Widerständen in die Stromkreise der beiden Magneten wird das Geräusch wieder beseitigt. Die Größe der Verstellung der Mikrometerschraube oder des eingestellten Widerstandes ergibt ein Maß für die Verdrehung der Welle. (Näheres s. Zeitschrift d. Vereins deutscher Ingenieure 1908, S. 680.)

ε) Der Torsionsmesser von Hopkinson und Thring arbeitet mittels eines Lichtstrahles dadurch, daß auf der Welle ein Spiegel und etwa 300 mm davon entfernt ein Arm befestigt ist, der den Spiegel je nach der dazwischenliegenden Torsion um ein gewisses Maß verdreht. Eine Lichtquelle, deren Strahlen bei jeder Umdrehung der Welle den Spiegel treffen, erzeugt bei Leerlauf auf einem Schirm ein Bild, das sich, wenn die Welle belastet wird, verschiebt. Aus der Größe dieser Verschiebung läßt sich die Winkelverdrehung der Welle rechnerisch bestimmen. (Näheres s. Engineering 1907 vom 14. Juni.)

ζ) Das Torsionsdynamometer von Bevis-Gibson wird in verschiedenen Bauarten ausgeführt und beruht auf Fortleitung eines Lichtstrahles durch feine Schlitze zweier in bestimmtem Abstand auf der Welle befestigten Scheiben oder Hohlzylinder. (Näheres s. Engineering 1908 vom 7. Februar.)

η) Der Spiegeltorsionsmesser von Görges und Weidig (s. Fig. 3) beruht auf einem rein optischen Verfahren. Von

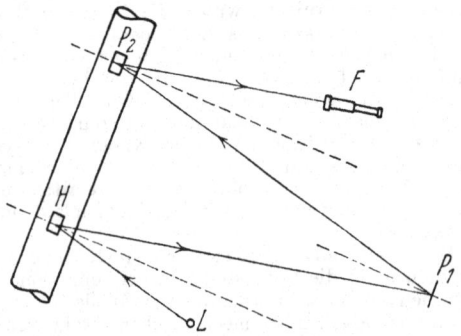

Fig. 3. Spiegeltorsiometer von Görges und Weidig.

der Lichtquelle L (Glühfaden) wird durch den mit der Welle festverbundenen Hohlspiegel W auf oder nahe dem im Raum feststehenden Planspiegel P_1 ein reelles Bild entworfen, das durch den mit der Welle festverbundenen Planspiegel P_2 im Fernrohr F beobachtet wird. Findet eine Torsion der Welle statt, so muß die Lichtquelle L verschoben werden, damit das Bild im Fernrohr wieder in die ursprüngliche Lage zurückkehrt. Die Größe der Verschiebung ist ein Maß für die Verdrehung. Die Meßgenauigkeit ist etwa 1 v. T. der

Höchstleistung. (Näheres s. Elektrotechn. Zeitschrift 1913, S. 739.)

ι) Der optische Torsionsindikator von Bauersfeld arbeitet mit einem Prismenpaar, das einen Winkelspiegel bildet. Je ein Prisma sitzt auf einer über die Welle geschobenen Hülse, die um die Meßlänge entfernt auf der Welle befestigt sind. In der Drehebene der Prismen ist ein Autokollimationsfernrohr aufgestellt (s. Kohlrausch, Lehrbuch der Physik, 11. Aufl., S. 271). Die aus diesem austretenden Strahlen durchsetzen beide Prismen, werden von einem Spiegel zurückgeworfen und gelangen auf dem gleichen Wege in das Fernrohr zurück. Das Bild der Marke im Fernrohr fällt bei richtiger Einstellung mit der Marke selbst zusammen. Bei Verdrehung der Welle ändert sich der wirksame Winkel des Prismenpaares und das Bild der Marke verschiebt sich im Fernrohr. Die Verdrehung des Spiegels, welche nötig ist, um das Bild in die ursprüngliche Lage zurückzuführen, gibt ein Maß für die Größe der Verdrehung. (Näheres s. Zeitschrift d. Vereins deutscher Ingenieure 1914, S. 615.)

ϰ) Das Prismen-Torsionsdynamometer von Vieweg und Wetthauer (s. Fig. 4), ähnlich einfach wie der Torsionsmesser

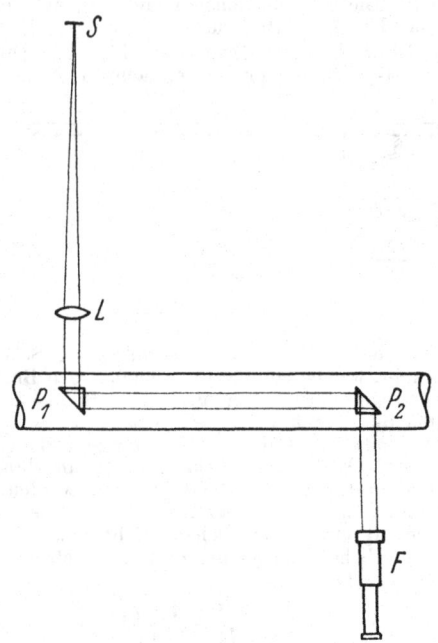

Fig. 4. Prismen-Torsionsdynamometer von Vieweg und Wetthauer.

von Görges und Weidig, bedarf weder eines Zwischenspiegels noch eines über die Welle geschobenen Rohres, das die relative Verdrehung der Querschnitte zur Messung in eine Ebene verlegt. Die Meßteilung S die sich in der Brennebene der Linse L befindet, wird durch die Prismen P_1 und P_2 mit einem Fadenkreuzfernrohr F betrachtet. Tritt bei Verdrehung der Welle eine Drehung der Prismen gegeneinander ein, so werden die parallelen Strahlen um den gleichen Winkel aus ihrer Richtung abgelenkt. Die Größe der Verschiebung gegen das Fadenkreuz ist ein Maß für den Torsionswinkel δ. Meist kann man tg δ = δ setzen. (Näheres s. Zeitschrift d. Vereins deutscher Ingenieure 1914, S. 616.)

L. Schneider.

Dynamometer s. Elektrodynamometer.

Dynamostahl, Dynamoblech. — Zur Konstruktion von Dynamomaschinen, Transformatoren usw. ist Material erforderlich, welches sich leicht und hoch magnetisieren läßt und das den remanenten Magnetismus (s. dort) leicht wieder abgibt, also Material von hoher Permeabilität, hoher Sättigung und geringer Koerzitivkraft; dann ist auch der Energieverbrauch bei der Ummagnetisierung von selbst gering. Diese Bedingungen sind um so besser erfüllt, je reiner das verwendete Eisen ist, und namentlich in dem durch Ausglühen vom Wasserstoffgehalt befreiten Elektrolyteisen besitzt man heute ein geradezu ideales Material für diese Zwecke. Abgesehen von den hohen Herstellungskosten hat es nur den einen Nachteil, daß es infolge seiner hohen elektrischen Leitfähigkeit das Entstehen von Wirbelströmen begünstigt, die beim Gebrauch dauernd Energieverluste bedingen. Um diese herabzusetzen, gibt es zwei Wege: weitgehende Unterteilung des Materials, also Auswalzen zu möglichst dünnen Blechplatten bzw. Ausziehen zu Drähten, und Legierung mit Materialien, die magnetisch möglichst unschädlich sind, aber die elektrische Leitfähigkeit herabsetzen. Das erstere Verfahren ist allgemein üblich; die verwendeten Blechdicken betragen zumeist 0,35 bzw. 0,5 mm; für schnelle Schwingungen, wie sie die drahtlose Telegraphie gebraucht, werden schon Eisenbleche von einigen hundertel Millimeter hergestellt, doch ist bei ihnen wegen der unvermeidlichen Oxydschicht („Zunderschicht") und auch wegen der zwischen den einzelnen Tafeln erforderlichen Isolationsschicht die Raumausnützung sehr schlecht. Es war deshalb ein großer Fortschritt, als es auf Vorschlag der Physikalischen Technischen Reichsanstalt den Eisenwerken gelang, die etwas spröden Legierungen von Eisen mit 4—5% Silizium, welche etwa den 5-6fachen spezifischen Widerstand besitzen wie reines Eisen, ebenfalls zu Blech auszuwalzen. Dies Material, das sog. legierte Blech (s. dort), welches in kurzer Zeit beim Transformatorenbau alles andere verdrängt hat, besitzt nebenbei auch noch vorzügliche magnetische Eigenschaften, nur der Sättigungswert sinkt entsprechend dem durch das Silizium verdrängten reinen Eisen; es ist also da nicht verwendbar, wo es auf besonders hohe Induktionen ankommt, beispielsweise in den Zähnen der Dynamoanker usw.

Das Auswalzen und das unumgänglich notwendige Ausglühen (s. dort) der Dynamobleche erfolgt in den sog. Feinblechwalzwerken. *Gumlich.*

Dynatron, eine Hochvakuumröhre mit Glühkathode, zur Verstärkung von Wechselströmen sowie zur Schwingungserzeugung, welche durch sekundäre Kathodenstrahlung wirkt. Die Anordnung der Röhre ist: Die von einer Glühkathode (mit dem Potential Null) emittierten Elektronen werden von einer der Glühkathode zunächst stehenden durchbrochenen Elektrode (einem Gitter), welche eine hohe positive Spannung (z. B. 1000 Volt), von einer Batterie herstammend, hat, beschleunigt und treten zum größten Teil durch die Öffnungen des Gitters in den Raum hinter dem Gitter ein, wo sich eine dritte Elektrode, eine Platte oder ein Zylinder, befindet. Diese Platte hat ebenfalls eine positive Spannung, die variabel gedacht sei. Bei der Spannung Null erhält die Platte keinen Strom, bei allmählich ansteigender Spannung nimmt sie den größten Teil des Elektronenstromes auf. Es tritt jedoch bald mit höherwerdender Plattenspannung und infolgedessen erhöhter Geschwindigkeit der Elektronen beim Auftreffen auf die Platte eine sekundäre Kathodenstrahlung ein, welche zu dem hoch positiven Gitter hinübertritt. Daher nimmt der Elektronenstrom zu der Platte durch die abgegebenen sekundären Elektronen nach Erreichung eines Maximums wieder ab, und da bei größeren Primärgeschwindigkeiten pro auftreffendes Elektron mehrere sekundäre austreten, kehrt sich der Plattenstrom sogar um, nachdem er durch Null hindurchgegangen war, und erreicht beträchtliche negative Werte, die das Mehrfache des Emissionsstromes der Glühkathode betragen können. Nähert sich die Plattenspannung der Gitterspannung, so kann die Sekundärstrahlung nicht mehr an das Gitter gelangen, so daß der Plattenstrom nach Erreichung eines Minimums wieder ansteigt und durch Null hindurch zu der Stromrichtung übergeht, die der Elektronenaufnahme entspricht.

Zwischen dem genannten Maximum und Minimum sinkt der Plattenstrom also, trotz steigender Spannung zwischen Kathode und Platte, d. h. er hat dort ein Gebiet negativer Charakteristik. Daher ist dieses Gebiet, wie jedes negativer Charakteristik, zur Verstärkung und zu Erzeugung von elektrischen Schwingungen geeignet. Man kann die Röhre in diesem Gebiet einen negativen Widerstand nennen, dessen Größe gleich der Spannungsänderung dividiert durch die entsprechende Stromänderung ist.

H. Rukop.

Näheres s. A. W. Hull, Jahrb. Drahtl. Tel. **14**, 47 u. 157, 1919.

Dyne (oder Dyn) ist im absoluten Maßsystem (cm-g-s) die Krafteinheit. Sie ist für die Messung der Kraft, was die Sekunde, das Gramm, das Zentimeter für die Messung der Länge, der Masse, der Zeit sind. Man definiert sie durch die Größe derjenigen Kraft, die, wenn sie eine Zeiteinheit (Sekunde) lang auf die Masseneinheit (Gramm) wirkt, dieser eine Beschleunigung von der Geschwindigkeitseinheit (1 cm/s) erteilt. — Anschaulich wird die Größe der Dyne durch folgende Überlegung: Die Kraft $m \cdot g$ Dynen, mit der die Schwerkraft auf m Gramm Masse wirkt — g ist die durch die Erdschwere hervorgerufene Beschleunigung $(g$ cm/s$)$ — ist die Schwere (das Gewicht) von m. Unter 45° n. Br. ist $g = 980$ cm/s. Das Gewicht von 1 Gramm ist dort also 1.980 Dynen, daher ist 1 Dyne gleich dem Gewicht von 1 : 980 Gramm, d. h. etwas mehr als das Gewicht von 1 mg.

Berliner.

δ-Strahlen. Wenn α-Strahlen (s. d.) auf Materie treffen, so werden langsame β-Strahlen (s. d.), das sind negative, mit einem Elementarquantum $(4,77 \cdot 10^{-10}$ st. E.) geladene Korpuskeln mit rund $\frac{1}{2000}$ der Masse des Wasserstoffatomes, ausgelöst, die sich nur qualitativ, nämlich durch ihre wesentlich kleinere Geschwindigkeit von den stammverwandten β-Strahlen unterscheiden und unter dem Namen δ-Strahlen bekannt sind. Ihre Geschwindigkeit ist unabhängig vom Strahlermaterial, in dem sie ausgelöst werden, und sie gelangen wegen der Kleinheit dieser Geschwindigkeit und daher der Reichweite (s. d.) nur aus den äußersten Oberflächenschichten — etwa 10—20 Moleküle stark — ins Freie. Sie wirken weder ionisierend noch fluoreszenzerregend und sind in praxi vorwiegend deshalb bemerkenswert, weil sie anfangs den Nachweis der zu erwartenden negativen Selbstladung eines positive α-Partikel abgebenden Strahlers verhinderten, ja im Gegenteil eine positive Selbstaufladung vortäuschten. Da die α-Teilchen sowohl in der radioaktiven Schicht selbst, als auch in dem Unterlagsmaterial solche Elektronen auslösen, durch deren negativen Ladungstransport der von den α-Teilchen getragene positive überkompensiert werden kann, ist dieses Ergebnis begreiflich. Erst durch Verwendung schwacher Magnetfelder, welche die langsamen δ-Strahlen auf Schraubenlinien wieder zu ihrem Ausgangspunkt zurückführen, lernte man ihren Einfluß zu vermeiden.

Auch β-Strahlen erregen sekundär die δ-Strahlen, ja nach neueren Versuchen zu schließen scheint es fast so, als ob die Erregung durch α-Strahlen nur eine mittelbare wäre, indem von den primären α-Strahlen zuerst sekundäre β-Strahlen, deren Geschwindigkeit gegenüber normalen β-Strahlen klein, gegenüber den δ-Strahlen groß ist, ausgelöst wurden, die nun ihrerseits, also tertiär, die δ-Strahlen erregen.

Die Unabhängigkeit der Geschwindigkeit vom Strahlenmaterial sowie der Umstand, daß z. B. an luftfrei hergestellten Zinkflächen im Hochvakuum keine δ-Strahlen-Erregung zustande kommt, sprechen dafür, daß die an der Metalloberfläche anliegenden (adsorbierten) Gas-Schichten Sitz der Emission sind.

K. W. F. Kohlrausch.

E

Ebertscher Ionenaspirator s. Ionenzähler und Ionenzahl.

Echelon s. Stufengitter.

Echo nennt man einen reflektierten Schall, wenn der primäre Schall so kurzdauernd und die Schallquelle von der reflektierenden Wand so weit entfernt ist, daß der reflektierte und der primäre Schall zeitlich deutlich getrennt sind. Bezüglich der relativen Intensität des Echos ist in erster Linie das Material der reflektierenden Wand maßgebend. Eine feste, zusammenhängende Wand reflektiert anders als der Rand eines Waldes. Bezüglich der Tonhöhe sind die sog. harmonischen Echos zu erwähnen, bei welchen der reflektierte Schall eine andere Tonhöhe haben soll als der primäre. Das dürfte stets darauf zurückzuführen sein, daß der primäre Schall schon aus mehreren Partialtönen besteht, von denen infolge der Beschaffenheit der reflektierenden Wand der eine oder andere in einer bestimmten Richtung besonders gut reflektiert wird („selektive" Reflexion).

Infolge eigenartiger Beschaffenheit der Atmosphäre (Temperatur-Inversion) können auch sog. Luftechos auftreten. So wurden nach einer heftigen Detonation (1917 in Flandern) mehrere aus der Luft kommende Echos gehört, ähnlich, als wenn sich der ganze Vorgang in einer großen, geschlossenen Glasglocke abspielte.

Über „pfeifende" oder „flötende" Echos s. Reflexionstöne. S. auch Reflexion des Schalles.

E. Waetzmann.

Näheres s. jedes größere Lehrbuch der Akustik.

Edison-Akkumulator s. Sekundärelement.

Edison-Schrift s. Phonograph.

Effektive Kernladung. Befinden sich innerhalb einer Elektronenschale oder eines Elektronenringes irgendwelche dem Atomkern näherstehende Elektronen (s. Bohr-Rutherfordsches Atommodell), so „schirmen" diese einen Teil der Kernladung $Z \cdot e$ ab, wodurch die betrachtete Schale (bzw. der Ring) als unter der Wirkung einer kleineren, ebenfalls als punktförmig gedachten sog. „effektiven" Kernladung $Z' \cdot e$ stehend angesehen werden kann (dieser fiktive Kern wird oft auch als „Ersatzkern" bezeichnet). Befinden sich p Elektronen (Ladung e) innerhalb der betrachteten Schale, so ist $Z' \cdot e = Z \cdot e - p \cdot e = (Z - p)e$. Eine weitere Verminderung der Kernwirkung auf ein Einzelelektron einer Schale wird durch die gegenseitige Abstoßung der Elektronen dieser Schale selbst verursacht, welche somit die „effektive Kernladung" noch um einen

von der Besetzungszahl dieser Schale abhängigen, im allgemeinen unganzzahligen Betrag verkleinert.

A. Smekal.

Effektive Temperatur s. Fixsternastronomie.

Effektivwert s. Mittelwert von Wechselströmen.

Eigenbewegungen der Fixsterne. Die räumliche Bewegung der Fixsterne wird durch 2 Komponenten in der Tangentialebene an die Himmelssphäre im Sternort und eine radiale Komponente bestimmt. Erstere beiden Komponenten werden schlechthin mit Eigenbewegung bezeichnet und sind nur im Bogenmaß angebbar, letztere, die Radialgeschwindigkeit (s. d.) wird mit dem Spektroskop in linearem Maßstab gemessen.

Die Eigenbewegungen, deren Vorhandensein Halley nachwies, sind seitdem in weitem Maße studiert worden. Vor allem wurde zuerst von Herschel aus den Eigenbewegungen die Sonnenbewegung abgeleitet (s. Apex). Ist die mittlere Translationsgeschwindigkeit der Sterne in verschiedenen Himmelsgegenden gleich, so muß die mittlere Eigenbewegung mit der Parallaxe abnehmen. Diese Überlegung hat Kapteyn veranlaßt, eine Interpolationsformel aufzustellen, aus der man für Sterne mit unmeßbar kleinen Parallaxen aus der Eigenbewegung parallaktische Mittelwerte erhält. Ein Teil der scheinbar hellsten Sterne hat unmeßbar kleine Eigenbewegungen. Daß die Ursache hiervon nicht darin liegt, daß diese Sterne keine Relativbewegungen zur Sonne ausführen, also etwa eine Gruppe mit dieser bilden, folgt aus ihren Radialgeschwindigkeiten, die von 0 verschieden sind. Sie sind somit sehr entfernte und absolut sehr helle Sterne, meistens Vertreter der Spektraltypen O und B, aber auch andere von den sogenannten späten Typen.

Kapteyn hat die Entdeckung gemacht, daß es im Sternsystem 2 bevorzugte Richtungen der Sternbewegung gibt und daß sich scheinbar 2 Schwärme von Sternen durchdringen. Ihre gegenseitige Bewegungsrichtung, der Vertex, liegt in der Milchstraße. Die frühen Spektraltypen O und B gehören scheinbar keinem der Ströme an, sondern ruhen gegen das Gesamtsystem. Schwarzschild hat gezeigt, daß man nicht 2 getrennte Schwärme annehmen müsse, sondern nur, daß die Häufigkeit der Bewegungen nach den verschiedenen Richtungen ungleich sei und durch ein Ellipsoid dargestellt werde. Die Längsachse des Ellipsoides entspricht der Durchdringungsrichtung der beiden Schwärme, ihre Endpunkte sind die Vertices der Eigenbewegung.

Bei den schnellstbewegten, ohne Ausnahme teleskopischen Sternen beträgt die Eigenbewegung 7'' bis 10″ im Jahr, bei einigen dem bloßen Auge sehr hellen 0,01″ bis 0,02″. Bei Sternen, für welche Eigenbewegung, Parallaxe und Radialgeschwindigkeit bekannt sind, läßt sich die räumliche Bewegung nach Richtung und Größe bestimmen. Für die schnellsten beträgt sie fast 500 km/sek und läuft stets einigermaßen der Milchstraßenebene parallel. *Bottlinger.*

Näheres s. S. Eddington, Stellar Movements.

Eigendrehung (Autorotation) eines Flügels. Bringt man das Modell eines Flügels oder Flugzeugs so im Luftstrom an, daß es um die Luftstromachse frei rotieren kann, so steht es infolge eines großen der Drehung entgegenwirkenden Dämpfungsmomentes bei kleinen Anstellwinkeln still. Bei Anstellwinkeln, welche größer sind als der zum Auftriebsmaximum gehörige, tritt an Stelle dieses dämpfenden ein anfachendes Moment, das zu einem stationären Gleichgewichtszustand mit bestimmter Drehgeschwindigkeit führt, der sog. Eigendrehung; diese Drehgeschwindigkeit hängt von der Luftstromgeschwindigkeit, dem Anstellwinkel und der Spannweite des Flügels ab. Die praktische Bedeutung der Eigendrehung liegt in der Gefahr, welche mit ihrem „Trudeln" genannten Auftreten im Fluge verbunden ist. *L. Hopf.*

Eigenlicht der Netzhaut. Wenn man die Augen vor jeglichem Lichteinfall schützt und das Abklingen der bestehenden Netzhauterregungen abwartet, so erscheint das Gesichtsfeld keineswegs schwarz, sondern es machen sich eigenartige Lichterscheinungen bemerkbar, die wegen ihrer Unabhängigkeit von äußeren Lichtreizen als das Eigenlicht der Netzhaut bezeichnet wird. Einerseits handelt es sich um bewegte Lichtphänomene, die bald als wallende Nebel, bald als wandernde konzentrische Ringe, gefäßartig verzweigte Figuren oder auch als zahlreiche kleine Flecke oder Pünktchen beschrieben werden und um so deutlicher hervortreten, je mehr bei der fortschreitenden Dunkeladaptation die Erregbarkeit des Sehorgans sich steigert. Ihre Entstehung verdanken sie „inneren Reizungen" offenbar vorwiegend mechanischer Natur, worauf ihre häufig nachweisbaren nahen Beziehungen zu Augenbewegungen sowie zu den periodischen Vorgängen im Kreislaufsystem hindeuten. Andererseits sind auch die zwischen diesen bewegten Lichterscheinungen liegenden Teile des Gesichtsfeldes keineswegs „lichtfrei", sondern erscheinen in einem, je nach den Kontrastverhältnissen, helleren oder dunkleren Grau. Während eine Reihe von Autoren geneigt ist, auch diese allgemeine Aufhellung des Gesichtsfeldes mit inneren Reizvorgängen zu erklären, entspricht sie nach E. Hering dem beim Fehlen äußerer Reize bestehenden autonomen Gleichgewicht der Schwarzweiß-Substanz, dessen psychisches Korrelat nach seiner Theorie der Gegenfarben (s. Farbentheorie) das mittlere Grau ist. In diesem Sinne spricht Hering auch vom Eigengrau der Netzhaut. Bei der Beurteilung der Reizwirkung schwacher objektiver Lichter darf das Eigenlicht der Netzhaut nicht unberücksichtigt bleiben. *Dittler.*

Näheres s. v. Helmholtz, Handb. d. physiol. Opt., III. Aufl., Bd. 2, 1911.

Eigenschwingung, elektrische (freie Schwingung), ist eine Schwingung, welche sich in einem Kondensatorkreis nach einer einmaligen Erregung desselben eine Zeitlang aufrecht erhält, ohne daß während dieser Zeit eine Beeinflussung von außen erfolgt. Sie ist demnach nur abhängig von den

Konstanten des Kreises. Entladet sich ein Kondensator über eine Selbstinduktion und Widerstand, so gilt die Gleichung

$$J + WC \frac{dJ}{dt} + LC \frac{d^2J}{dt^2} = 0,$$

die Lösung ist, wenn $W^2 < \dfrac{4}{C} \dfrac{L}{}$

$$J = J_0 e^{-\beta t} \sin \omega t \quad \beta = \frac{W}{2 L},$$

d. h. wir erhalten eine abklingende Schwingung, deren Schwingungszahl gegeben ist durch

$$\omega = \sqrt{\frac{1}{LC} - \left(\frac{W}{2 L}\right)^2} \quad \text{(Thomsonsche Formel)}$$

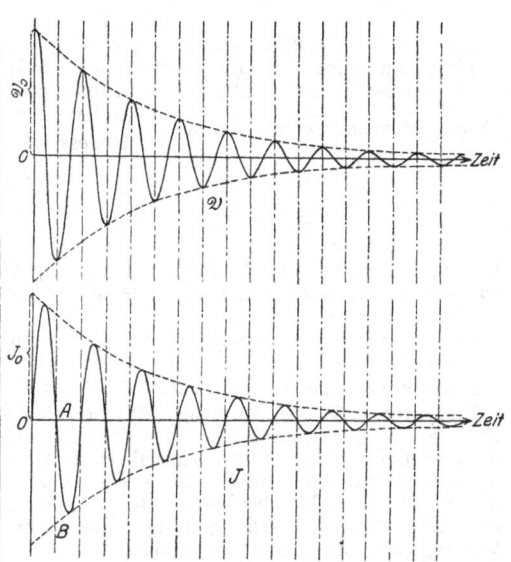

Abklingende Schwingung.

bzw. $\lambda = \lambda_0 \left[1 + \left(\dfrac{b}{2\pi}\right)^2\right]$ das letzte Glied ist selbst bei $b = 0,5$ kleiner als $\dfrac{1}{180}$, also immer zu vernachlässigen.

Die Spannung am Kondensator ist

$$V = J_0 \cdot \sqrt{\frac{L}{C}} \cos (\omega t + \varphi).$$

$\operatorname{tg} \varphi = \dfrac{\beta}{\omega} = \dfrac{W}{\omega L} \sim \text{meist} = \varphi \text{ (sehr klein)} = \dfrac{\beta}{\pi}$ (Verlustwinkel des Kreises). β ist andererseits gegeben durch die Dämpfung:

$\dfrac{J_1}{J_0} = e^{\beta T} = \dfrac{e^{-\beta t}}{e^{-\beta (t+T)}} = e^b \quad b = \beta T = \log.$ Dekrement. *A. Meißner.*

Literatur: Zenneck, Lehrb. S. 2.

Eigenschwingung einer Antenne. Für jede Antenne lassen sich einfache empirische Beziehungen der Eigenschwingungen zu den Längenabmessungen der Antenne aufstellen:

$\lambda_0 = k \cdot l$ und zwar ist dann l die größte in dem Gebilde auftretende Längendimension. Der Faktor k ist um so größer, je größer bei gleicher Antennenkapazität das Verhältnis der Antennenkapazität zur Selbstinduktion und je großflächiger die Antenne ist.

12

Für den geraden Draht gilt . . . $\lambda_0 = 4{,}1\,l$
Neigt er sich mehr zu Boden, d. h.
   wird die Kapazität größer, so gilt $\lambda_0 = 4{,}2\,l$
Wird die Antenne breiter, z. B. für
eine Antenne mit einer Breite

$= \frac{1}{2}\,l$ . . . . $\lambda_0 = 5-7\,l$

Z. B. alte ⌐-Antenne Nauen . . . $\lambda_0 = 5{,}5\,l$
Für eine schmale T-Antenne, z. B.
  Schiff gilt . . . . $\lambda_0 = 4{,}5-5\,l$
Für eine Schirmantenne je nach Draht-
  zahl . . . . $\lambda_0 = 6-8\,l$
Bei sehr großer Drahtzahl und ge-

ringere Höhe $h < \frac{1}{3}$ . . . . . $\lambda_0 = 8-10\,l$

A. Meißner.

Literatur: Meißner, Physikal. Zeitschr. 1919, S. 130.

Eigenschwingung von Spulen (beide Enden frei).
Auch hier ist λ_0 eine Funktion der Drahtlänge l,
aber stark abhängig vom Verhältnis $\dfrac{\text{Höhe}}{\text{Durchmesser}} \dfrac{h}{2\,r}$

$\frac{h}{2r} =$	6	1	0,1
λ_0	1,3 l	2,6 l	3,6 l

Das Verhältnis Ganghöhe zu Drahtdurchmesser
hat eine untergeordnete Bedeutung. Ist die Spule
auf Hartgummi gewickelt, sind obige Werte um
$8-25\%$ höher.

Spulen und Antennen zeigen meist gleichzeitig
mehrere Obertöne.   *A. Esau.*

Einankerumformer s. Umformer.

Eindecker heißt ein Flugzeug mit nur einem
Flügelpaar. Beim Eindecker kann die Tragfähigkeit
der Flügel besser ausgenützt werden als beim Mehrdecker; die früher nötige umständliche Verspannung
brachte den Eindecker aber konstruktiv bald hinter
den Doppeldecker zurück. Seit man (nach dem
Vorgang von Junkers) verspannungslose Eindecker bauen konnte, trat diese Konstruktion
wieder mehr in den Vordergrund.   *L. Hopf.*

Einfach zusammenhängender Raum. Der Unterschied einfach und mehrfach zusammenhängender
Räume ist in der Potentialtheorie und der Hydrodynamik von Wichtigkeit. Ein Raum heißt „zusammenhängend", wenn es möglich ist, in ihm
von einem Punkt zu einem anderen auf unendlich
vielen Wegen zu gelangen, ohne den Raum zu
verlassen. Zwei solche Wege heißen „ineinander
überführbar", wenn sie durch stetige Veränderung
zum Zusammenfallen gebracht werden können,
ohne den Raum zu verlassen. Zwei ineinander
überführbare Wege bilden zusammen eine „reduzier-

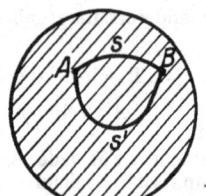 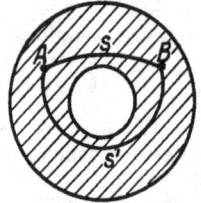

Fig. 1. Einfach zusammen-   Fig. 2. Zweifach zusammenhängender Raum.   hängender Raum.

bare" geschlossene Kurve. Eine solche Kurve kann
auf einen Punkt zusammengezogen werden, ohne
daß der Raum verlassen wird. In Fig. 1 ist z. B.
die geschlossene Kurve As Bs'A reduzierbar.

Dies vorausgeschickt bezeichnet man als „einfach zusammenhängenden Raum" einen solchen,
in welchem alle geschlossenen Kurven reduzierbar
sind, also alle Wege, die zwei beliebige Punkte
miteinander verbinden, ineinander überführbar
sind. Ein „zweifach zusammenhängender Raum"
ist dagegen ein solcher, in welchem eine und nur
eine nicht reduzierbare geschlossene Kurve gezogen werden kann, während alle anderen geschlossenen Kurven entweder durch stetige Veränderung
in diese überführt werden können, ohne den Raum
zu verlassen, oder reduzierbar sind. Demgemäß
stellt Fig. 1 einen einfach zusammenhängenden
Raum dar, in dem die beliebig gezogene geschlossene
Kurve ss' reduzierbar ist. In Fig. 2 haben wir
dagegen einen zweifach zusammenhängenden Raum.
Denn hier ist die geschlossene Kurve ss' nicht reduzierbar; wollten wir sie nämlich zu einem Punkt
zusammenziehen, so müßte sie unbedingt den ringförmigen Raum verlassen. Das Kurvenstück s ist
nicht in das Kurvenstück s' überführbar, ohne zum
Teil in den Hohlraum zu geraten, welcher nicht
schraffiert ist und nicht zu dem betrachteten
Raum gehören soll. Andererseits sind alle derartige
nicht reduzierbare Kurven in einen den Hohlraum
umschließenden Kreis überführbar.

Ganz analog bezeichnet man einen Raum „m-
fach" zusammenhängend, wenn m nicht überführbare unabhängige Linien zwischen zwei Punkten
in ihm gezogen werden können. *O. Martienssen.*

Einfallswinkel s. Reflexion des Lichts.

Eingeprägte Kräfte nennt man in der Regel
solche, die, wie die Massenanziehung oder die
elektrischen oder magnetischen Kräfte, nicht von
den kinematischen Bedingungen des Systems abhängen. Zuweilen (jedoch schwankt hier der
Sprachgebrauch) werden auch noch solche Kräfte
zu den eingeprägten gezählt, die, wie die Gleitreibung, nicht von den kinematischen Bedingungen allein abhängen.   *R. Grammel.*

Einheit der Elektrizitätsmenge s. Coulomb.

Einheitsgeschosse s. Sprenggeschosse.

Einheitslichtquellen (Einheitslampen, Lichtmaße,
weniger genau auch wohl Normallampen oder
Normallichtquellen genannt). Hierunter werden
Lichtquellen verstanden, welche die *Einheit der
Lichtstärke (Lichteinheit)* verkörpern.

1. Die Einheitslichtquellen zerfallen in solche,
bei denen ein Stoff mittels Flammenbildung verbrennt (Flammeneinheitslichtquellen), und
in solche, bei denen ein Körper glüht (Glüh-
körpereinheitslichtquellen).

Die Grundbedingung einer Lichteinheit besteht
darin, stets in der *gleichen Stärke* herstellbar *(reproduzierbar)* zu sein. Hierzu ist erforderlich:

a) der Brennstoff oder der Glühkörper der Einheitslichtquelle muß sich stets in der gleichen
Zusammensetzung herstellen und auch während
des Leuchtens unverändert erhalten lassen;

b) die Abmessungen der wichtigsten Teile der
eigentlichen Lampe müssen sich genau definieren
und einhalten lassen; die Temperatur des Glüh-
körpers muß genau reproduzierbar sein.

Von einzelnen Photometrikern wird außerdem noch
gefordert, daß die Lichtstärke möglichst groß ist und daß die
Lichtfarbe mit der der gebräuchlichsten Beleuchtungs-
lampen übereinstimmt.

A. Flammeneinheitslichtquellen.

2. Die Kerze. Sie ist die älteste, aber auch die unvoll-
kommenste aller solcher Lichtquellen und wird deshalb
heute kaum noch gebraucht.

Die englische Kerze wird aus echtem Walratöl nach genauen Vorschriften für Gewicht und Durchmesser hergestellt. In England läßt man die Kerze ungestört brennen, und es wird die horizontale Lichtstärke bei einem stündlichen Verbrauch von 120 grains (7,78 g) als normal (= 1) angesehen. Liegt der Verbrauch zwischen 114 und 126 grains, so wird die Lichtstärke diesem Verbrauch proportional gerechnet; liegt er außerhalb dieser Grenzen, so ist die Messung zu verwerfen. Die Bestimmung nach Gewicht ist sehr ungenau. In Deutschland läßt man die Kerze bei einer Flammenhöhe von 45 mm brennen, bei welcher sie etwa die gleiche Lichtstärke wie bei der Gewichtsbestimmung besitzt. Es ist dann

$$1 \text{ englische Kerze} = 1,14 \text{ HK} \quad . \quad . \quad . \quad . \quad 1)$$

Die deutsche Vereinsparaffinkerze wird seit 1868 unter Aufsicht des Deutschen Vereins von Gas- und Wasserfachmännern hergestellt und bei einer Flammenhöhe von 50 mm gebrannt. Sie hat dann eine Lichtstärke von 1,20 HK.

3. Die Carcellampe, die 1800 von Carcel eingeführt wurde, wird mit Colzaöl (Sommerrapsöl) gespeist. Das Öl wird durch eine mittels Uhrwerks beschriebene Pumpe aus dem im Fuße der Lampe befindlichen Behälter einem Argandbrenner (Hohldochtbrenner mit Luftzufuhr von außen und innen) zugeführt. Der auf und nieder bewegbare Glaszylinder ist in der Nähe der Flamme mit einer Einschnürung versehen. Nach den Vorschriften von Dumas und Regnault soll der Brenner eine lichte Weite von 23,5 mm besitzen, die Oberkante des Dochtes 10 mm, die Einschnürung des Zylinders 17 mm über der oberen Dochtrohrkante liegen, und es soll die horizontale Lichtstärke als normal angesehen werden, wenn der stündliche Ölverbrauch 42 g beträgt. Bleibt er zwischen 39 und 45 g, so soll, wie bei den englischen Vorschriften für die Kerze, die Lichtstärke dem Konsum proportional gesetzt werden. Verbraucht die Lampe weniger als 39 g oder mehr als 45 g, so ist die Messung zu verwerfen. Nach Versuchen von Laporte wird ein Verbrauch zwischen 41 und 43 g erreicht, wenn Docht und Zylindereinschnürung 3 mm tiefer als nach obigen Vorschriften gestellt werden.

Um einen einigermaßen zuverlässigen Lichtstärkenwert zu erhalten muß man wie bei der Kerze viele Messungen machen.

Auf Grund von vergleichenden Versuchen, welche die Staatslaboratorien Deutschlands, Englands und Frankreichs zwischen der Carcellampe, der Hefnerlampe und der 10-Kerzen-Pentanlampe anstellten, hat die Internationale Lichtmeßkommission im Jahre 1907 in Zürich festgesetzt

$$1 \text{ Carcel (10 l Feuchtgk.)} = 10,75 \text{ HK} \quad . \quad . \quad . \quad 2)$$

4. Die Hefnerlampe wurde 1884 von Hefner-Alteneck vorgeschlagen. Sie wird mit chemisch reinem Amylazetat (Essigsäure-Isoamyläther $C_7H_{14}O_2$) gespeist. Der Brennstoff wird aus dem etwa $^1/_{10}$ l fassenden Behälter A (Fig. 1) mittels

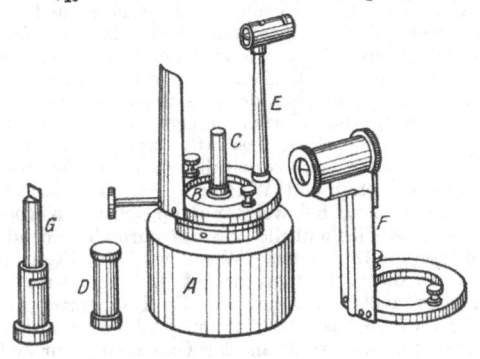

Fig. 1. Hefnerlampe.

Dochtes zu dem 25 mm aus dem Brennerkopf B hervorragenden Dochtrohr C von 8 mm innerem und 8,3 mm äußerem Durchmesser emporgeführt. Nach den Vorschriften von v. Hefner-Alteneck soll die horizontale Lichtstärke der in ruhig stehender, reiner atmosphärischer Luft frei brennenden Flamme bei einer Flammenhöhe von 40 mm gemessen werden. Diese Höhe muß sehr genau ein-

gestellt werden, da einer Änderung derselben um 1 mm eine Änderung der Lichtstärke um etwa 3% entspricht. Die Flammenhöhe wird mittels eines Visiers nach v. Hefner-Alteneck E oder mittels eines optischen Flammenmessers nach Krüß F eingestellt. D ist ein Deckel, G eine Lehre zur Kontrolle des Flammenmessers.

Die Lichtstärke hängt außer von der Flammenhöhe noch stark vom Kohlensäuregehalt der Luft und von der *Luftfeuchtigkeit*, ferner noch in geringerem Maße vom Barometerstande ab. Der erstere Übelstand kann durch Benutzung größerer gut ventilierter Arbeitsräume vermieden werden. Nach dem Vorgange der Physikalisch-Technischen Reichsanstalt wird der *Mittelwert*, den die Lichtstärke der Hefnerlampe im Laufe mehrerer Jahre in Charlottenburg zeigte, als Lichteinheit angenommen. Diese Einheit wird mit **Hefnerkerze** (*Abkürzungszeichen HK*) bezeichnet. Ihr entspricht eine Feuchtigkeit von 8,8 Liter in 1 cbm Luft und ein Barometerstand von 760 mm. Für den Barometerstand b und die Luftfeuchtigkeit x (= 1000 e/b, wo e die — am besten mittels eines Aßmannschen Aspirationspsychrometers zu bestimmende — Dunstspannung bedeutet) ist dann nach Liebenthal die Lichtstärke y in Hefnerkerzen

$$y = 1,050 - 0,0057\,x + 0,0011\,(b - 760) \quad . \quad . \quad 3)$$

Gemäß den Schwankungen der Feuchtigkeit x ist die Lichtstärke im Winter durchschnittlich größer, im Sommer kleiner als 1 HK, im Frühjahr und Herbst gleich 1 HK, und es ist in Charlottenburg der höchste Wert (bei x = etwa 3 l an kalten Wintertagen mit starkem Ostwind) um etwa 8% größer als der kleinste Wert (bei x = etwa 18 l an heißen Sommertagen).

Die Hefnerkerze ist auf etwa 1% genau reproduzierbar; sie genügt also allen praktischen Bedürfnissen. Die Hefnerlampe wird seit 1893 von der Physikalisch-Technischen Reichsanstalt beglaubigt.

5. Die Harcourtsche 10-Kerzen-Pentanlampe. Sie ist die wichtigste der 5 von Harcourt angegebenen Lampenformen. Die Lampe wurde zuerst 1898 beschrieben und ist von den Gas-Referees in London sowie vom National Physical Laboratory in Teddington als offizielle Einheitslampe anerkannt. Das flüssige Pentan (C_5H_{12}, ein Destillat des amerikanischen Petroleums) befindet sich im Metallgefäß A (Fig. 2), welches durch einen Gummischlauch B mit dem Brenner C verbunden ist. Der ringförmige Specksteinkopf ist außen 24, innen 14 mm weit und enthält 30 Löcher; für den Durchmesser der Löcher ist — was als ein Übelstand zu bezeichnen ist — ein gewisser Spielraum (1,25 bis 1,5 mm) gelassen. Genau 47 mm über dem Brenner sitzt ein Metallschornstein E, der von einem unten offenen Metallmantel F umgeben ist. Die Luft dringt durch den Hahn S_1 in den Behälter A und mischt sich mit Pentandampf. Das Gemisch tritt durch den Hahn S_2 aus und fällt zum Brenner C. Die Flamme ragt in den Schornstein E hinein, leuchtet also nur mit dem unteren Teile; ihre Höhe kann an einem in E angebrachten Glimmerfenster beobachtet werden. Zum Schutz gegen Luftzug dient der konische Metallschirm D, der auf der dem Photometerschirm zugewandten Seite einen Ausschnitt besitzt.

Die Lampe wird nach Liebenthal und nach Paterson durch die Feuchtigkeit ebenso stark, durch den Barometerstand aber weit stärker als die Hefnerlampe beeinflußt. Der zehnte Teil der Lichtstärke, der nach der Absicht des Herstellers gleich der englischen Kerze, nach Gleichung 1) also gleich 1,14 HK sein sollte, wird mit **Pentankerze** bezeichnet.

Auf Grund der in Nr. 3 erwähnten vergleichenden Versuche hat die Internationale Lichtmeßkommission im Jahre 1911 der Verhältniszahl

$$\text{1 Pentankerze (81 Feuchtgk.)} = 1{,}11 \text{ HK} \quad . \quad 4)$$

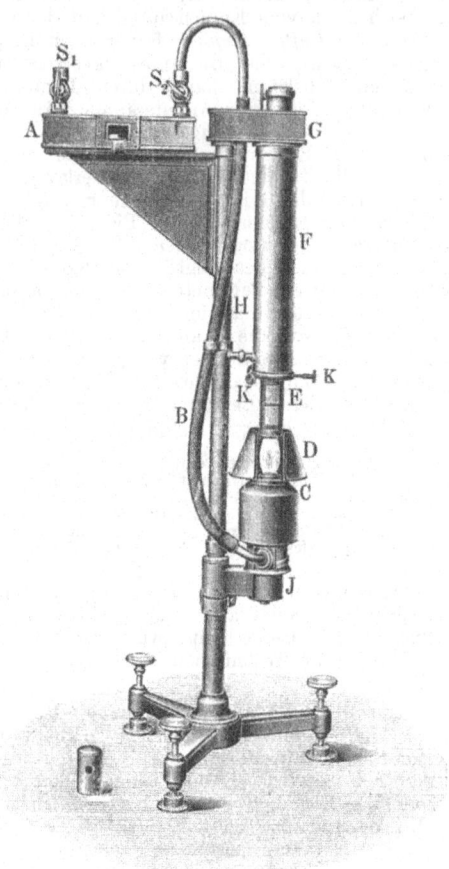

Fig. 2. Harcourtsche 10-Kerzen-Pentanlampe.

zugestimmt, nachdem sie 1907 für 10 l die Zahl 1,095 HK angenommen hatte.

Die 10-Kerzen-Pentanlampe steht der Hefnerlampe an Reproduzierbarkeit der Lichtstärke nach, zeichnet sich vor ihr aber durch größere Lichtstärke, weißere Lichtfarbe und größere Steifigkeit der Flamme aus.

B. Glühkörpereinheitslichtquellen.

6. Die Viollesche Platin-Einheitslichtquelle. In einem Schmelztiegel aus ungelöschtem Kalk wird Platin mittels eines Sauerstoffleuchtgasgebläses bis weit über den Schmelzpunkt (1775° C) erhitzt. Sodann wird eine wassergekühlte Blende von genau 1 qcm Öffnung über das Platin gebracht und das vom Platin vertikal nach oben gehende Licht durch einen Metallspiegel auf das Photometer geworfen. Nach Abstellung des Gebläses nimmt die Lichtstärke zunächst sehr schnell, bei der Annäherung an den Erstarrungspunkt immer langsamer ab und bleibt nach Violle, solange die geschmol-

zene Masse im Erstarren begriffen ist, konstant. Während dieser Periode, deren Ende durch ein Aufleuchten gekennzeichnet sein soll, ist zu photometrieren. Als Einheit der Lichtstärke soll demnach die Lichtstärke von 1 qcm erstarrenden Platins senkrecht zur Oberfläche dienen.

Violle fand seine Einheit zu 2,08 Carcel. Hieraus würde nach Gleichung 2) folgen

$$\text{1 Violle} = 22{,}4 \text{ HK} \quad . \quad . \quad . \quad . \quad . \quad 5)$$

während Violle durch direkten Vergleich 19,5 HK gefunden hatte. Diese Werte sind jedoch unsicher, weil sich beim Schmelzverfahren nach Viollescher Vorschrift Verunreinigungen des Platins durch Kohlenwasserstoffe nicht vermeiden ließen. Lummer ermittelte bei elektrischen Schmelzversuchen, bei denen eine Verunreinigung durch den Schmelzprozeß ausgeschlossen war, für sog. reines Platin die Einheit zu 26 HK. Bis heute ist ihre Größe nicht einmal angenähert festgestellt. Nach E. Warburg ist ihre Reproduzierbarkeit durch Versuche von Lummer und Kurlbaum, nach welchen die Strahlung des Platins relativ stark von seiner Reinheit abhängt, in Frage gestellt, da es chemisch reine Metalle nicht gebe.

Die Pariser internationale Elektrikerkonferenz nahm 1884 die Viollesche Einheit, der Pariser internationale Kongreß vom Jahre 1889 den zwanzigsten Teil dieser Einheit unter dem Namen **bougie décimale** als internationale Lichteinheit an. Der internationale Elektrikerkongreß zu Genf vom Jahre 1896 wählte die bougie décimale zur theoretischen, die Hefnerkerze zur praktischen Lichteinheit. Man ging hierbei von der irrigen Annahme aus, daß beide Einheiten nahezu übereinstimmten. Nach Gleichung 5) wäre vielmehr, falls die Viollesche Zahl 2,08 Carcel richtig ist

$$\text{1 bougie décimale} = 1{,}12 \text{ HK} \quad . \quad . \quad . \quad 6)$$

7. Der **schwarze Körper** hat vor den bisher benutzten Einheitslichtquellen den sehr großen Vorzug, daß seine Strahlung von der Beschaffenheit des Materials unabhängig ist, vielmehr nur durch die Temperatur des strahlenden Körpers und die Größe der strahlenden Blendenöffnung bedingt ist. Der Vorschlag, die Lichteinheit an die Strahlung des schwarzen Körpers anzuknüpfen, ist bereits mehrfach, zuerst wohl von Lummer gemacht und neuerdings von E. Warburg (1917) weiter verfolgt worden, der es sich zur Aufgabe gemacht hat, die Normaltemperatur unabhängig von einer Materialeigenschaft, wie z. B. dem Schmelzpunkte zu verwirklichen. Als Normaltemperatur empfiehlt Warburg eine Temperatur von 2300° abs., bei welcher der schwarze Körper die gleiche Flächenhelle wie die normalbrennende Wolframlampe besitzt. Wenn wir die Flächenhelle bei dieser Temperatur auf $\frac{1}{2}\%$ genau reproduzieren wollen, müssen wir die Temperatur auf 1° genau reproduzieren können. Nach Vorversuchen liegt diese Forderung an der Grenze des zur Zeit Erreichbaren.

8. Internationale Kerze. Auf Grund der in den Gleichungen 4) und 6) angegebenen Verhältniszahlen haben sich die Staatslaboratorien von England, Frankreich und den Vereinigten Staaten 1908 auf eine neue Einheit geeinigt, die den Wert

$$1{,}11 \text{ HK} \ (= 10/9 \text{ HK}) \quad . \quad . \quad . \quad . \quad 7)$$

hat und von ihnen als „Internationale Kerze" bezeichnet wird.

Diese Einheit, für welche man passender den Namen Standardkerze vorgeschlagen hat, soll

jedoch nicht durch Zurückgehen auf eine Einheitslichtquelle, sondern durch einen Satz von elektrischen Glühlampen aufrecht erhalten werden.

Liebenthal.

Näheres s. Liebenthal, Praktische Photometrie.
Braunschweig, Vieweg & Sohn 1907.

Einphasige Wechselstrom-Kommutatormotoren.
Der einphasige Kommutatormotor entstand seinerzeit aus dem Bestreben, in Anlehnung an den
bereits leidlich erprobten Gleichstrommotor mit
Ring- oder Trommelwicklung einen brauchbaren
Wechselstrommotor zu schaffen, war also zunächst
ein Produkt des von etwa 1880—1890 während
Kampfes um die Vorherrschaft zwischen der
Energieverteilung mit Gleich- bzw. einphasigen
Wechselstrom. Kaum bekannt geworden, wurde
er in der Zeit von 1890—1900 wiederum völlig in
den Hintergrund gedrängt von den kommutator-
losen, mehrphasigen Drehfeldmaschinen, bis um
die Jahrhundertwende, eine relativ schlechte
Eignung für Vollbahnbetrieb seine Neuentdeckung
bzw. stürmische Fortentwicklung bewirkte, die
u. a. an die Namen Lamme, Déri, Latour,
Winter, Eichberg und Alexanderson geknüpft
ist, die auf den früheren Arbeiten Eickemeyers,
Thomsons und Atkinsons weiterbauten. Von
den unzähligen, meist patentierten Bauarten der
einphasigen Kollektormotoren ist, wenigstens für
ihre Verwendung im Vollbahnwesen, nur die einfachste, d. i. die als sog. kompensierter Serienmotor, übriggeblieben, auf die nachstehend kurz
eingegangen sei.

Der Versuch, einen normalen Gleichstrom-
Serienmotor mit Wechselstrom zu betreiben, würde
zunächst an den ganz unzulässig hohen Eisenverlusten scheitern, die der rasch pulsierende Kraftfluß im massiven Eisen des Polgehäuses (Magnetgestell!) hervorrufen würde. Diese Schwierigkeit
läßt sich beseitigen durch Lamellierung des letzteren,
d. h. seine Aufschichtung aus dünnem Eisenblech
analog dem Ankeraufbau des Gleichstrommotors.

Der zweite, ebenfalls durch den pulsierenden
Charakter des treibenden Feldes hervorgerufene
Übelstand ist die relativ hohe E.M.K. der Selbstinduktion, die an den Feldklemmen auftritt und
von der totalen, aufgedrückten Spannung (geometrisch!) abzuziehen ist, um die für die eigentliche
Arbeitsleistung allein nutzbare Ankerspannung zu
erhalten; die Ohmschen Verlustspannungen sind,
wie stets in der Wechselstromtechnik, gegenüber
den Reaktanzspannungen bei nicht allzu kleinen
Maschinen völlig vernachlässigbar. Als E.M.K. der
Selbstinduktion wirkt die reaktive Feldspannung
stark verschlechternd auf den Leistungsfaktor
der Maschine ein, d. h. die Felderregerwicklung
stellt elektrisch eine dem Anker vorgeschaltete
Drosselspule dar. Um wenigstens bei Lauf einen
relativ hohen cos φ zu erzielen, muß demgemäß
das treibende Feld am Ankerumfang eines Einphasen-Serienmotors schwach sein.

Auf diese Maßnahme wirkt auch ein weiterer
Gesichtspunkt hin: Die Figur unter „Kommutierung
bei Gleichstrommaschinen" zeigt, daß jede Anker-
spule einer Gleichstrom-Trommelwicklung im Augenblick der Stromwendung bzw. des Kurzschlusses
durch die Bürste von dem vollen Treibfeld eines
Polpaares durchsetzt wird. Da dieses im vorliegenden Fall ein Wechselfeld ist, würde in der
kurzgeschlossenen Spule durch Transformatorwirkung während der Kommutierung ohne beson-

dere Vorbeugungsmaßregeln ein sehr hoher Kurzschlußstrom entstehen, dessen Unterbrechung
heftiges Feuer am Kollektor hervorrufen müßte.
Bedingt also die Rücksicht auf den Leistungsfaktor schon an sich ein schwaches Treibfeld, so
muß dieses mit Rücksicht auf den notwendigen
funkenfreien Lauf noch weitgehend unterteilt
werden, um kleine Kurzschlußspannungen bzw.
-ströme zu erzielen. Der Einphasenkollektormotor
wird demnach im allgemeinen stets mehr Pole
haben müssen als der gleichwertige Gleichstrommotor.

Das Drehmoment einer jeden dynamoelektrischen
Maschine ist von 2 Faktoren abhängig: Dem sog.
Stromvolumen und dem (phasengleichen!) Treibfeld am Ankerumfang. Das Stromvolumen stellt
seinerseits das Produkt aus der Summe aller Leiter
in den Nuten mit dem sie durchfließenden Strom
dar, also eine magnetmotorische Kraft. Ist demnach für ein bestimmtes gefordertes Drehmoment
ein relativ schwaches Treibfeld wie im vorliegenden
Fall vorgeschrieben, so muß das Stromvolumen
am Ankerumfang groß werden. Das hat aber,
wie unter „Ankerrückwirkung bei Gleichstrommaschinen" ausgeführt wurde, ein starkes Querfeld
zur Folge, das sich infolge des mit Rücksicht auf
das Treibfeld bzw. den cos φ relativ klein zu wählenden Luftspaltes gerade beim Einphasen-Kollektor-
motor gut ausbilden kann und das Treibfeld stark
verzerrt. Verzerrung des letzteren bedeutet
wiederum schlechte Kommutatierung bzw. Lauf
bzw. verlangt starken Bürstenrückschub bei Last,
der z. B. bei Bahnmotoren nicht ausführbar ist.
Da außerdem das Ankerquerfeld genau so eine
den Leistungsfaktor stark herabsetzende E.M.K. der
Selbstinduktion zwi-
schen den Bürsten er-
zeugt wie das Trieb-
feld an den Klemmen
der Erregerwicklung des
Ständers, muß es un-
bedingt unterdrückt
werden, um die Ma-
schine technisch brauch-
bar zu machen. Hier-
zu dient eine besondere,
im Ständer unterge-
brachte Kompensa-
tionswicklung, die der
unter „Ankerrück-
kung bei Gleichstrom-
maschinen" beschrie-
benen völlig gleicht.
Nach dem Vorhergehen-
den dürfte nunmehr das prinzipielle Schaltbild
nebst Diagramm der Fig. 1a und b im Verein
mit den folgenden Grundformeln verständlich
sein.

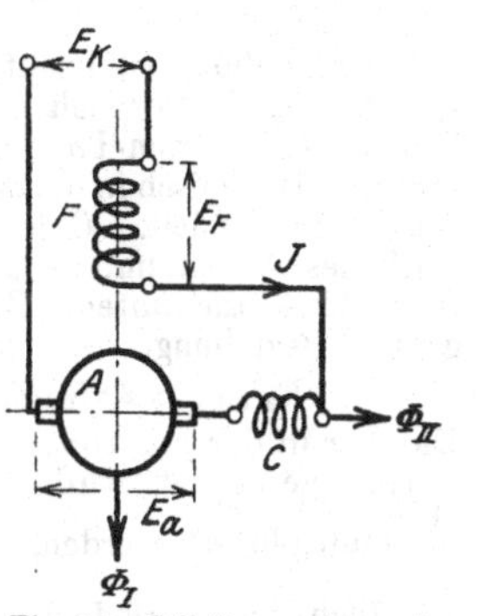

Fig. 1a. Schaltungsschema des
einphasigen Wechselstrom-
Kommutatormotors.

E_K: Klemmenspannung (Netzspannung!).
E_f: Reaktanzspannung an den Feldklemmen.
E_a: Arbeitende Rotationsspannung an den An-
kerbürsten.
J: Maschinenstrom.
Φ_I: Treibfeld.
Φ_{II}: Querfeld (unterdrückt durch die Kompen-
sationswicklung C).

Die Spannung E_f an den Klemmen der Erregerwicklung F ist analog jeder statisch induzierten

Wechsel-E.M.K. mit den unter „Klemmenspannung" gegebenen Bezeichnungen bestimmt aus

$$E_f = k_f f \cdot z_{f\,s} \cdot \Phi_{Ip} \cdot 10^{-8} \text{ V} \quad . \quad . \quad . \quad . \quad 1)$$

Da die Feldwicklung häufig keine einfache Spulenwicklung (konzentrierte Wicklung!) ist, sondern

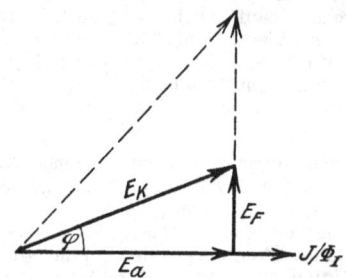

Fig. 1b. Zusammenhang zwischen Klemmenspannung, Rotationsspannung und Reaktanzspannung.

genau wie bei Asynchronmotoren (siehe dies!) in mehreren Statornuten verteilt liegt, ist es zweckmäßig, anstatt mit „Windungen" wie bei Drosselspulen mit „Stäben in Serie" zu rechnen; die Konstante k_f ist unter dieser Voraussetzung näherungsweise $= 2$. Nach den Grundgesetzen der Wechselstromtechnik ist E_f gegen Φ_I bzw. den erregenden Maschinenstrom J um $^1/_4$-Periode phasenverschoben.

Im Gegensatz hierzu muß die arbeitende Rotationsspannung E_a an den Ankerbürsten in Phase mit dem Treibfeld sein. Ihre algebraische Größe ist gegeben durch:

$$E_a = \frac{2}{\sqrt{2}} \cdot f_r \cdot Z_{a\,s} \cdot \Phi_{Ip} \cdot 10^{-8} \text{ V} \quad . \quad . \quad 2)$$

Die Beziehung ist leicht verständlich durch die Überlegung, daß es sich um eine in einer gewöhnlichen Gleichstrom-Trommelwicklung mit Kommutator dynamisch in einem Wechselfeld induzierte Spannung handelt. Geht Φ_{Ip} gerade durch sein zeitliches Maximum, so gilt offenbar für diesen Augenblick die unter „Gleichstrommotoren" gegebene Beziehung.

$$E_{a\,max} = 2 \cdot f_r \cdot Z_s \cdot \Phi_{Ip} \cdot 10^{-8} \text{ V}.$$

Da aber in der Elektrotechnik meist mit Effektivwerten gerechnet wird, muß hierfür noch mit $\frac{1}{\sqrt{2}}$ multipliziert werden. f_r bedeutet selbstverständlich die Periodenzahl der Rotation (siehe „Klemmenspannung"!).

In erster Annäherung, d. h. unter der praktisch selten zulässigen Vernachlässigung aller induktiven Abfälle durch Streufelder, der Einwirkung der Bürstenkurzschlußströme usw., ergibt sich die Klemmenspannung gemäß Fig. 1b zu

$$E_K = \sqrt{E_a^2 + E_f^2}. \quad . \quad . \quad . \quad . \quad 3)$$

Die strichlierten Linien der Fig. 1b sollen zeigen, wie bedeutend sich der Leistungsfaktor verschlechtern würde, wenn die mit E_f phasengleiche induktive Ankerspannung nicht unterdrückt würde. Unmittelbar aus der Figur folgt ferner, daß bei konstanter Stromstärke die Phasenverschiebung um so kleiner wird, je größer die dynamische Ankerspannung E_a ist, d. h. je rascher eine gegebene Maschine läuft.

Bezüglich der Umdrehungszahl läßt Gl. 2 erkennen, daß sie proportional E_a, also auch bei

konstantem Strom J bzw. konstantem Treibfeld mit E_k wachsen muß. Ferner ist sie umgekehrt proportional Φ_{Ip}, d. h. auch der Wechselstromserienmotor geht genau wie der Gleichstrom-Serienmotor bei völliger Entlastung durch.

Die Drehmomentbildung verläuft insofern ungünstig, als das Moment mit doppelter Netzfrequenz zwischen 0 und einem Maximum schwankt, denn es gilt nach den Grundgesetzen der Wechselstromtechnik

$$i = J_{max} \cdot \sin \omega t = J \cdot \sqrt{2} \cdot \sin \omega t$$
$$\varphi = \Phi_{Ip} \cdot \sin \omega t$$
$$M_d = C \cdot J \cdot \sqrt{2} \cdot \Phi_{Ip} \cdot \sin^2 \omega t$$
$$M_d = \frac{C}{\sqrt{2}} \cdot J \cdot \Phi_{Ip} (1 - \cos 2 \omega t). \quad . \quad . \quad . \quad 3)$$

Den notwendigen Ausgleich schafft also bei konstantem Lastmoment nur die kinetische Energie der umlaufenden Massen. Aus Gleichung 3 folgt sehr einfach unter Anlehnung an die Drehmomentbeziehung für Gleichstrommotoren (siehe dies!) und mit den gleichen Bezeichnungen das mittlere Drehmoment des Einphasen-Serienmotors.

$$M_d = \frac{3{,}24}{\sqrt{2}} \cdot Z_s \cdot J \cdot p \cdot \Phi_{Ip} \cdot 10^{-10} \text{ mkg} \quad . \quad 4)$$

Auch hier steigt also, solange die Sättigung vernachlässigt ist, d. h. J und Φ_{Ip} einander proportional sind, das Drehmoment ungefähr quadratisch mit dem Strom.

Aus dem Vorhergehenden dürfte ersichtlich sein, wie ungünstig eine relativ hohe Netzfrequenz auf den Leistungsfaktor und die Kommutierungsbedingungen dieser Maschinengattung einwirken muß. Dies ist auch der Grund für die Tatsache, daß die europäischen Vollbahnen, die mit Wechselstrom-Serienmotoren betrieben werden, ihre Periodenzahl auf den dritten Teil, d. h. $16^2/_3$, der üblichen Frequenz 50 herabgesetzt haben, trotzdem dadurch der an und für sich wirtschaftlich sehr erwünschte, direkte Anschluß der Bahnnetze an die Überlandzentralen unmöglich wird.

Außer den oben behandelten Grundmaßnahmen zur Erzielung einer guten Kommutierung werden zur weiteren Verbesserung ähnlich wie bei Gleichstrommotoren Wendepole angewendet, die aber in ihrer Wirksamkeit hier wesentlich komplizierter und daher auch beschränkter sind.

Zusammenfassend kann man sagen, daß verglichen mit dem Gleichstrom-Serienmotor der Wechselstrom-Serienmotor in Entwurf wie Betrieb selbst in seiner relativ einfachsten Ausführung eine recht verwickelte Maschine ist. Wenn er trotz dessen z. B. auf den deutschen wie schwedischen Staatsbahnen in großem Maßstabe zur Einführung gelangt ist, verdankt er dies in erster Linie folgenden grundlegenden Vorzügen: Die Fahrdrahtspannung kann bei Wechselstrombetrieb praktisch beliebig hoch gewählt werden, während bei Gleichstrom rund 3000 Volt bisher die Grenze bilden, die mit Rücksicht auf Generatoren wie Motoren nicht überschritten wird. Die Geschwindigkeitsregulierung kann verlustlos von einem Transformator mit variablem Übersetzungsverhältnis aus in beliebig feiner Stufung erfolgen, während beim Gleichstrombetrieb bei einem Antriebsmotor praktisch auch nur eine wirtschaftliche Geschwindigkeitsstufe, bei mehreren Motoren (Serien-Parallelschaltung!) immerhin nur eine begrenzte Anzahl von Stufen vorhanden ist. Letzteres trifft auch für Drehstrombetrieb zu, bei dem im übrigen die Fahrdrahtspannung nur durch die umständliche Isolation der beiden Oberleitungen gegeneinander begrenzt ist. Es kann heute aber noch nicht entschieden werden, ob der Wechselstrom-Serienmotor sich auf die Dauer in seiner vorherrschenden Stellung behaupten wird.

Der einfache kompensierte Serienmotor ist eine sog. Stehfeldmaschine, d. h. der wirksame Wechselkraftfluß steht im Raume still. Im Gegensatz hierzu arbeitet eine andere Gruppe einphasiger Kommutatormotoren, deren bekanntester Vertreter der Repulsionsmotor ist, bei Lauf mit einem mehr oder minder vollkommenen, d. h. elliptischen, 2-phasigen Drehfeld. Von den zahllosen Bauarten dieser Motoren kann nur die einfachste, d. i. der Atkinson-Motor, wenigstens kurz besprochen werden.

Schaltungstechnisch entsteht diese Maschine aus dem einfachen Serienmotor durch Abtrennung und Kurzschließen der Ankerbürsten (siehe Fig. 2).

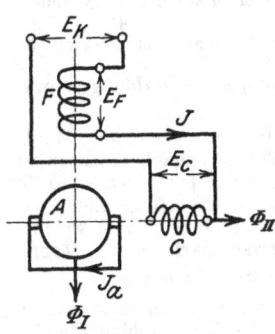

Fig. 2. Schaltung des Repulsionsmotors.

Durch diese Maßnahme wird offenbar bezüglich des Treibfeldes Φ_I nichts geändert, in der Achse des Querfeldes Φ_{II} (Bürstenachse!) dagegen entsteht eine Transformatorwirkung, indem ein dem in der früheren Kompensationswicklung C fließenden Strom J äquivalenter Ankerstrom J_a (statisch!) induktiv erzeugt wird, der mit dem Treibfeld Φ_I zusammen das nutzbare Drehmoment liefert. Sobald der Anker sich zu drehen beginnt, entsteht durch dynamische Induktion in Φ_I eine Rotations-E.M.K., E_a zwischen den Bürsten, die der statisch induzierten Spannung E_a genau so entgegenwirkt, d. h. eine Arbeit-E.M.K. ist, wie die Gegen-E.M.K. eines jeden Gleichstrommotors der aufgedrückten Bürstenspannung. Der Repulsionsmotor unterscheidet sich von dem einfachen Serienmotor also nur dadurch, daß die Leistung dem Anker nicht wie bei letzterem direkt, sondern durch Transformatorwirkung zugeführt wird, was bei hoher Klemmenspannung des beliebig wählbaren Übersetzungsverhältnisses der Spannungen zwischen C und A wegen sehr vorteilhaft ist, da Gleichstromkollektorwicklungen für Spannungen von mehr als einigen 100 Volt schwierig herzustellen sind.

Vernachlässigt man wiederum alle Resistanzen und Streureaktanzen, so müssen für den kurzgeschlossenen Bürstenkreis nach dem Gesagten folgende Beziehungen gelten:

$$E_{ai} = \frac{2}{\sqrt{2}} \cdot f \cdot Z_{as} \cdot \Phi_{IIp} \cdot 10^{-8} \text{ V}, \ldots 1)$$

$$E_{ar} = \frac{2}{\sqrt{2}} \cdot f_r \cdot Z_{as} \cdot \Phi_{Ip} \cdot 10^{-8} \text{ V}, \ldots 2)$$

$$E_{ar} = E_{ai} \ldots \ldots \ldots \ldots 3)$$

und demgemäß

$$\Phi_{IIp} = \frac{f_r}{f} \cdot \Phi_{Ip} \ldots \ldots 4)$$

Aus diesen Gleichungen ist bereits die wichtigste Eigenschaft des Repulsionsmotors erkennbar: Die statisch induzierte Spannung E_{ai} und die dynamisch induzierte E_{ar} können nur dann einander gleich und in genauer Gegenphase sein, wenn Φ_{Ip} bzw. Φ_{IIp} zeitlich um 90^0 phasenverschoben sind. Da nun ferner nach Gleichung 4 das Querfeld sich proportional der Rotationsfrequenz f_r von 0 im Stillstand an entwickelt, so arbeitet die Maschine bei Lauf im allgemeinen mit einem elliptischen Zweiphasenfeld, das für Synchronismus ($f_r = f$) in ein vollkommenes Kreisdrehfeld übergeht, da die erregenden Wicklungssysteme auch räumlich einen Winkel von 90^0 el. bilden. Im Gegensatz zu dem einfachen kompensierten Serien-Motor ist also, wie schon eingangs erwähnt, der Repulsionsmotor eine Drehfeldmaschine, was kommutationstechnisch sehr wichtig ist, denn sobald Anker und Drehfeld annähernd synchron laufen, wird auch in den durch die Bürsten kurzgeschlossenen Ankerspulen eine nur noch sehr kleine E.M.K. induziert, die bei genauem Synchronismus = 0 wird. Durch richtige Wahl der Ankerspannung bzw. Wicklung ist es infolgedessen möglich, dem Repulsionsmotor ohne besondere Mittel wie Wendepole bei nicht allzu starker Abweichung von der synchronen Drehzahl (ca. $\pm 25 - 30^0/_0$!) funkenlose Kommutierung zu sichern.

Bezüglich Drehmoment und Umdrehungen gelten genau die gleichen Beziehungen wie für den einfachen Serienmotor, denn aus der vorhergehenden Überlegung bezüglich Φ_{Ip} und Φ_{IIp} folgt sehr einfach, daß sich die E.M.K. E_f an den Klemmen der Treibfeldwicklung F (Drosselspulenspannung!) bzw. E_c an den Klemmen der sog. Arbeitswicklung C (Primär-E.M.K. eines Transformators!) wiederum geometrisch unter 90^0 addieren müssen zur Klemmenspannung E_k; da ferner der Arbeitsstrom unter den eingangs erwähnten, vereinfachenden Bedingungen in Phase mit E_c ist, so wird der Leistungsfaktor wiederum durch die E_c äquivalente Rotationsspannung E_{ar} bestimmt, d. h. er steigt mit der Umdrehungszahl. In seinem allgemeinen Verhalten zeigt also der Atkinson-Motor keinen Unterschied gegenüber dem einfachen Serienmotor.

In der Praxis wesentlich verbreiteter, aber dem Verständnis schwerer zugänglich ist die von E. Thomson herrührende Bauart des Repulsionsmotors, bei dem die Erregerwicklung F und die Arbeitswicklung C in einer Wicklung vereinigt sind, deren Achse bei Lauf um $20-30^0$ el. gegenüber der Bürstenkurzschlußachse geneigt ist. Diese Ausführungsform, die sich in ihrer Theorie eng dem Atkinson-Motor anschließt, hat den vor allem praktisch wichtigen Vorteil, daß ein solcher Motor allein durch Bürstenverschiebung angelassen, reguliert und umgesteuert werden kann, was besonders für Maschinen mittlerer und kleiner Leistung beachtenswert ist, zumal auch, wie übrigens bei allen Repulsionsmotoren, die Ständerwicklung für mehrere 1000 Volt noch gut ausführbar ist. Eine weitere Verbesserung des Thomsonmotors ist der Dérimotor mit Doppelbürstensatz, der spez. für Hebezeugbetrieb häufig verwendet wird. Im Gegensatz zum Einphasen-Kommutatormotor mit Seriencharakteristik haben die gleichen Maschinen mit Nebenschlußcharakteristik bei gewöhnlicher 2-Bürstenschaltung pro Polpaar entsprechend der gewöhnlichen Gleichstromschaltung infolge prinzipieller Fehler (große Phasenverschiebung zwischen Treibfeld und Arbeitsstrom, also schlechte

Drehmomentbildung und niedriger Leistungsfaktor)
keine nennenswerte Verbreitung gefunden. Durch
Hinzufügung eines zweiten Bürstensatzes pro Polpaar können aber auch sie in Drehfeldmaschinen
mit guten Betriebseigenschaften umgewandelt werden.   *E. Rother.*
Näheres s. u. a. Niethammer, Die Elektromotoren. Bd. II.

Einpressungswiderstand s. Geschosse.

Einschienenbahn s. Stabilisierung (gyroskopische).

Einschlußthermometer s. Flüssigkeitsthermometer.

Einsteinsche Quantengleichung. Die 1905 von
Einstein aufgestellte Gleichung

$$e\,V - P = h\,\nu \quad \ldots \ldots (1)$$

(e Elementarquantum der Elektrizität, h Plancksches Wirkungsquantum) besagt, daß ein irgendwie gebundenes Elektron, welches Strahlung von
der Frequenz ν absorbiert, nach Überwindung
einer „Austrittsarbeit" P jene Energie besitzt,
die dem Durchlaufen einer Potentialdifferenz V
entspricht (*Lichtelektrischer Effekt*). Wird das
Elektron von einem Atom oder Molekül entfernt, so heißt P in Volt gemessen, bei peripheren
Elektronen insbesondere „Ionisierungs-" oder „Ab-
lösespannung", bei den Röntgenspektren „An-
regungspotential". Die Einsteinsche Gleichung
gilt aber auch für den zur gänzlichen Entfernung
eines Elektrons durch Strahlungsabsorption inversen Vorgang, d. h. wird ein freies Elektron von
der Energie e V an ein Atom oder Molekül ange-
lagert und dabei mit der Energie P gebunden, so
wird bei diesem Vorgang *monochromatische* Strahlung von der Frequenz ν emittiert. Die Einsteinsche Gleichung stellt somit nur eine andere, gegen
die eigentliche Fassung allerdings erweiterte Form
der *Bohrschen Frequenzbedingung* (s. d.)

$$E_1 - E_2 = h\,\nu$$

dar. (E$_1$ und E$_2$ bedeuten hier die Energie des Gebildes: Atom plus Elektron vor und nach der
Emission.)

Für V = 0 erhält man aus (1) die Grenze der
durch den Term P/h (s. Bohrsche Frequenzbedingung) charakterisierten Spektrallinsenserien
des Atoms. Da nun V eine stetig veränderliche
Größe ist, im Gegensatz zu P, das nach der Quantentheorie nur diskreter Werte fähig ist, erzeugt Anlagerung verschieden schneller Elektronen ein
kontinuierliches Spektrum, das sich — in voller
Übereinstimmung mit der Erfahrung — an die
verschiedenen, den Werten von P entsprechenden
Seriengrenzen gegen den *kurzwelligen* Teil des
Spektrums hin anschließt. Besitzt die Elektronen-
geschwindigkeit, oder damit gleichbedeutend V,
eine obere Grenze, wie das z. B. in den Röntgenröhren der Fall ist, die mit einer bestimmten konstanten Spannung betrieben werden, so folgt aus
der Einsteinschen Gleichung (1) das Auftreten
einer *scharfen kurzwelligen Grenze* des kontinuierlichen Spektrums. Wenn V, wie stets im Röntgen-
gebiete, sehr groß ist, kann P meist gegen e V vernachlässigt werden und man erhält:

$$e\,V = h\,\nu \quad \ldots \ldots \ldots (2)$$

welche Gleichung ebenso die kurzwellige Grenze
bestimmt.

Die exakte Gültigkeit der Einsteinschen Quantengleichung ist bis zu den kürzesten Röntgenwellen
und den γ-Strahlen experimentell gesichert. Duane
und seine Mitarbeiter, sowie Wagner haben auf
(2) eine Präzisionsmessung des Zahlenfaktors h/e
(rund $1{,}36 \cdot 10^{-17}$ abs. Einh.) gegründet, welcher

mit Millikans e-Wert kombiniert, das Wirkungsquantum h ergibt. Innerhalb des gewöhnlichen
lichtelektrischen Gebietes hat Millikan selbst die
Einsteinsche Gleichung (1) zur h-Bestimmung
herangezogen. Schließlich sei noch hervorgehoben,
daß (2) durch Messung von V zur Zeit die einzige
Möglichkeit der Wellenlängen- (bzw. ν-)Bestim-
mung innerhalb der Lücke zwischen Millikanschem
Ultraviolett (300 Angström) und langwelligstem
Röntgengebiet (13 Angström) darstellt. Sie ist
von amerikanischen Forschern bereits erfolgreich
zur Anwendung gebracht worden (s. Röntgenspektren).

Als rein energetische Beziehung sagt die Einsteinsche Gleichung nichts über die Wahrscheinlichkeit dafür aus, welche Elektronen eines Atoms
bei der Absorption monochromatischer Strahlung
aus demselben am ehesten entfernt werden können.
Während ähnliche Fragen (Intensität der Spektrallinien) im Gebiete der Linienspektren durch das
Bohrsche Korrespondenzprinzip ihre Beantwortung
finden, fehlt hier gegenwärtig noch eine gesicherte
Erklärungsmöglichkeit.   *A. Smekal.*
Näheres s. Sommerfeld, Atombau und Spektrallinien.
III. Aufl. Braunschweig 1922.

Einsteinsche Schwankungen s. Strahlungsschwankungen.

Einstellwinkel heißt beim Flugzeug der Winkel
zwischen Flügelsehne und Flugzeugachse (Schrauben-
achse). Dieser Winkel ist durch die Konstruktion
fest gegeben und während des Flugs nicht veränderlich, wie der „Anstellwinkel", mit welchem
er nicht verwechselt werden darf.   *L. Hopf.*

Eintrittstrahlung s. Austrittstrahlung.

Eis. Das Eis tritt in der Natur in verschiedenen
Formen auf, als meteorischer Niederschlag, Glatteis,
Graupeln, Hagel, Rauhfrost, Reif, Schnee (s. diese)
als Bedeckung der Erdoberfläche in Form der
Schneedecke, des Firns und des Gletschereises
(s. Gletscher), als Bestandteil des Erdbodens
(s. Bodeneis), als Eisdecke und Grundeis (s. dieses)
in Flüssen (s. diese) und Seen (s. diese) und als
schwimmendes Eis des Meeres (s. Eisberge und
Meer). Die eigentümlichen physikalischen Eigenschaften des Eises, insbesondere sein hoher Ausdehnungskoeffizient, der hohe Betrag seiner spezifischen wie seiner Schmelzwärme, seine Plastizität
bei Druck, seine innere kristallinische Struktur,
die Fähigkeit der Regelation und seine in der
Gletscherbewegung sich äußernde Tätigkeit als
Transportmittel verleihen ihm eine große morphologische wie klimatische Bedeutung. Der lockere
Schnee, das durch Regelation unter Druck aus ihm
entstandene Landeis, das Süßwassereis der Flüsse
und Seen und das durch Gefrieren des salzigen
Meerwassers entstandene Meereis (s. dieses) weisen
bedeutende physikalische Unterschiede auf, die
auch geographisch wichtig sind.

Die für die Geographie, Geologie und Meteorologie wichtigsten physikalischen Konstanten des
reinen Eises sind:

1. Dichte bei $0^0 = 0{,}9167$.

2. Für die linearen Ausdehnungskoeffizienten
sind Werte bestimmt worden, die zwischen 0,00024
und 0,000054 liegen. Er ist also noch ziemlich
ungenau bekannt, jedenfalls aber ganz erheblich
größer, als derjenige fast aller anderen festen
Körper.

3. Schmelzwärme bei 0^0 -2^0 -4^0 -6^0
                  cal   79,2   77,7   76,8   76,0

4. Schmelzpunkt bei 13000 Atmosphären Druck = —18⁰.

5. Dampfdruck bei

	0⁰	—5⁰	—10⁰	—15⁰
mm	4,58	3,03	1,97	1,26

Dampfdruck bei

	—20⁰	—25⁰	—30⁰	—35⁰
mm	0,79	0,48	0,29	0,17

Dampfdruck bei

	—40⁰	—45⁰	—50⁰
mm	0,095	0,053	0,029

6. Härte = 1,5 der 10 teiligen Mohsschen Skala.

7. Die Druckfestigkeit des Eises beträgt etwa 25, die Zugfestigkeit 7 bis 8 kg pro qcm.

8. Seine Kristallform ist dihexagonal-bipyramidal.

O. Baschin.

Eisberge. Im Meere schwimmende hohe Eismassen, die sich durch Abbruch (vielfach infolge des Auftriebs) von den ins Meer vorgeschobenen polaren Gletschern, Inlandeis (s. dieses) oder Barriere-Eis (s. dieses) losgelöst haben, ein Vorgang, den man als Kalbung bezeichnet. Meist den Meeresströmungen (s. diese) folgend, können sie weite Strecken zurücklegen und bis in die Nähe der Tropen gelangen. Ihre Reste sind noch bis 35⁰ nördlicher und 26¹/₂⁰ südlicher Breite nachgewiesen worden. Sie erreichen mitunter gewaltige Dimensionen von vielen Kilometern Länge und Breite und mehr als 100 Metern Höhe. Nur ein relativ kleiner Teil, dessen Größe von dem Unterschied zwischen der Dichte des (oft stark lufthaltigen) Eises und des Meerwassers abhängt und im Durchschnitt etwa ¹/₆ ausmacht, ragt über die Meeresspiegel empor. Die Eisberge bilden namentlich im Nordatlantischen Ozean, wo sie wegen ihres großen Tiefganges von mehreren hundert Metern in großen Mengen auf dem flachen Meeresboden des von Nebeln häufig heimgesuchten Gebietes südlich von Neufundland festsitzen, eine große Gefahr für die Schiffahrt.

Nach dem Untergang des Schnelldampfers „Titanic" am 14. April 1912 infolge Zusammenstoßes mit einem Eisberg versucht man durch Messung von Wassertemperaturen, Bestimmung des Salzgehaltes und der elektrischen Leitfähigkeit des Wassers, akustische Methoden (Echo), sowie Warnungen durch besondere Eis-Wachtschiffe den Gefahren zu begegnen.

Die nordpolaren Eisberge haben sehr mannigfaltige, oft phantastische Formen, weil sie den stark zerklüfteten Inlandeisströmen Grönlands entstammen, welche durch enge Fjorde ins Meer hinausgepreßt wurden. Im Südpolargebiet dagegen, wo das Inlandeis ungehindert in breiter Front am Meere endet, brachen die Eisberge meist als Eistafeln mit ungestörter horizontaler Schichtung ab und erleiden erst später durch die Abschmelzung wesentliche Gestaltsveränderungen. Aus dem gleichen Grunde übertreffen die antarktischen Eisberge diejenigen der Arktis beträchtlich an Größe. *O. Baschin.*

Eisenprüfapparate s. Magnetisierungsapparate.

Eisenverluste. Unter Eisenverlusten versteht die Technik den Energieverlust, der bei zyklischer Magnetisierung des Eisens durch Hysteresis und Wirbelströme entsteht.

Steinmetz hat für die Hysteresisverluste in 1 cm³ die empirische Beziehung aufgestellt.

$$N_h = \eta \cdot f \cdot \mathfrak{B}_m^{1,6},$$

worin f die Frequenz des Wechselstromes, $\mathfrak{B}_m$ die maximale Induktion und η eine vom Material abhängige Konstante ist, deren Werte bei den heute gebräuchlichen Eisensorten zwischen 0,001 und 0,025 liegen.

Die Wirbelströme entstehen im Eisen durch Induktion, ihre Bahnen verlaufen senkrecht zu den Induktionslinien; mit ihrem Auftreten sind Energieverluste durch Joulesche Wärme verbunden. Um sie klein zu halten, setzt man den Eisenkern aus dünnen Blechen (bei Transformatoren und Dynamomaschinen in Dicken von 0,3—0,5 mm) zusammen und verwendet Eisenlegierungen (Silizium) von hohem elektrischen Widerstand. Die Größe des Energieverlustes durch Joulesche Wärme in 1 cm³ ist bei Blechen von der Dicke d cm und bei den Frequenzen der Starkstromtechnik durch die Beziehung gegeben

$$N_w = \beta \cdot \mathfrak{B}^2 \, d^2 \, f^2,$$

worin $\beta = \dfrac{\pi}{6\varrho}$ eine durch die elektrische Leitfähigkeit ϱ des Materials bestimmte Konstante ist.

Der gesamte Verlust in 1 kg Eisen bei der Frequenz 50 bei 30⁰ C und bei einer bestimmten Induktion $\mathfrak{B}$ wird als Verlustziffer bezeichnet. Nach den Vorschriften des Verbandes Deutscher Elektrotechniker ist die Qualität des Eisens durch Angabe der Verlustziffern bei $\mathfrak{B}_m = 10000$ und $\mathfrak{B}_m = 15000$ (C.G.S.) zu kennzeichnen. *R. Schmidt.*

Näheres s. K. Strecker, Hilfsbuch für die Elektrotechnik. Berlin 1921.

Eishöhlen. Höhlen, in denen die Lufttemperatur auch im Sommer unter dem Gefrierpunkt zu bleiben pflegt, so daß alles durch die Gesteins-Poren einsickernde Wasser gefriert. Nicht nur die Wände sind daher mit Eis überzogen, sondern auch die Stalagmiten und Stalaktiten (s. Höhlen) bestehen aus Eis. Der Eingang der Eishöhlen liegt höher als das Innere, so daß die dichtere kalte Luft des Winters sich ansammeln und durch die warme Sommerluft nicht verdrängt werden kann. Sie kommen deshalb nur in Gebieten vor, in denen die klimatischen Verhältnisse diese Art der Bildung zulassen, wo also namentlich die Wintertemperatur längere Zeit erheblich unter dem Gefrierpunkte bleibt. *O. Baschin.*

Eiskalorie s. Kalorimetrie.

Eiskalorimeter. Das Eiskalorimeter wurde zuerst von Black in der Mitte des 18. Jahrhunderts benutzt. Es besteht in seiner einfachen Form aus einem mit einer Höhlung versehenen Eisblock, in welche man den auf der Temperatur t befindlichen Versuchskörper vom Gewicht Mg einlegt. Der Körper kühlt sich dadurch auf 0⁰ ab, verliert also, wenn man seine spezifische Wärme c bezeichnet, die Wärmemenge M · c · t cal. Befindet sich in der vorher ausgetrockneten Höhlung nach dem Versuch die durch Wägung feststellbare Wassermenge mg, so sind von dem heißen Körper, da zum Schmelzen von 1 g Eis 79,7 cal nötig sind, 79,7 m cal abgegeben; es ist also 79,7 m = M · c · t, also die mittlere spezifische Wärme des Versuchskörpers zwischen 0 und t⁰

$$c = \frac{1}{t} \cdot \frac{m}{M} \cdot 79,7.$$

Einen ganz neuen Weg beschritt Bunsen mit der Konstruktion des nach ihm benannten und seither viel gebrauchten Eiskalorimeters. Bunsen ermittelte zwar auch die Menge des geschmolzenen Eises, aber nicht wie seine Vorgänger durch Wägung des Schmelzwassers, sondern aus der Volumenverminderung, die das Eis beim Schmelzen erfährt. Anderweitig ausgeführte Untersuchungen haben ergeben, daß 1 g Eis von 0⁰ das Volumen 1,0908 cm³, 1 g Wasser von 0⁰ dagegen den Raum von 1,0001 cm³ einnimmt. Beim Schmelzen von 1 g Substanz tritt also eine Volumverminderung um 0,0907 cm³ ein; umgekehrt: hat sich das Volumen um 1 cm³ vermindert, so folgert man daraus, daß die Eismenge $^{1}/_{0,0907}$ g = 11,03 g geschmolzen ist.

Die neuere Form des Bunsenschen Eiskalorimeters ist in beistehender Figur veranschaulicht.

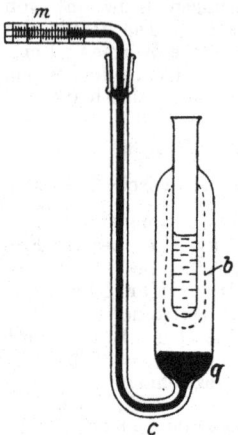

Das eigentliche Kalorimeter ist ein etwa 6 cm weites Rohr, in welches von oben her ein engeres reagenzglasähnliches Rohr eingeschmolzen ist. Das Kalorimeterrohr verjüngt sich nach unten in ein weiteres Kapillarrohr c, das zweimal im rechten Winkel nach oben gebogen ist. Das Kalorimeterrohr ist um das reagenzglasähnliche Rohr herum mit einem Eismantel b, der dann noch verbleibende Raum mit Wasser gefüllt. Nach außen wird das Wasser durch Quecksilber q begrenzt, welches auch noch das Kapillarrohr erfüllt

Bunsensches Eiskalorimeter.

und in ein engeres horizontal verlaufendes Kapillarrohr m übertreten kann, das mittels Schliff in das Rohr c luftdicht eingesetzt ist.

Die Bildung des Eismantels erfolgt von innen her durch Abkühlung im inneren Röhrchen. Man füllt das Röhrchen mit einer Kältemischung. Später wird das wieder gut gesäuberte Röhrchen zur Erleichterung der Wärmeübertragung mit Alkohol gefüllt.

Um mit dem Bunsenschen Eiskalorimeter die spezifische Wärme eines Körpers von der Masse M zu ermitteln, erwärmt man ihn zunächst wieder auf eine höhere Temperatur t und läßt ihn dann in das Röhrchen fallen. In demselben Maße, wie sich der Körper abkühlt, wird Eis geschmolzen, das Volumen Eis + Wasser verringert sich und infolgedessen wird Quecksilber in das Innere des Kalorimeters eingesaugt. Man beobachtet das Volumen v des eingesaugten Quecksilbers an dem zu diesem Zweck geteilten und kalibrierten, genügend langen horizontalen Rohre m. Die mittlere spezifische Wärme des Versuchskörpers zwischen 0 und t⁰ berechnet sich dann zu

$$c = \frac{1}{T} \cdot \frac{v}{M} \cdot 11,03 \cdot 80,0 = \frac{1}{T} \cdot \frac{v}{M} \cdot 882.$$

Scheel.

Näheres s. Kohlrausch, Praktische Physik. Leipzig.

Eispunkt. Der Eispunkt ist der wichtigste Fundamentalpunkt der Thermometrie, auf den man immer wieder zurückgreift, um die Unversehrtheit eines Thermometers zu prüfen. Das Eisbad wird aus feingeschabtem Eise bereitet, das mit destilliertem Wasser ausgewaschen und angefeuchtet wird. Die am meisten gefürchtete Verunreinigung des Eises ist diejenige durch Kochsalz, das bei der Herstellung des künstlichen Eises verwendet wird (0,03 Gew.-Proz. Kochsalz geben bereits eine Schmelzpunktserniedrigung von 0,01⁰); man erkennt es durch die Chlorprobe: Entstehung eines

weißlichen Niederschlages bei Zusatz von Silbernitrat zum Schmelzwasser. — Gewöhnliches salzfreies Natureis liefert den Eispunkt auf 0,003 bis 0,004⁰ sicher. — Bei einer Druckerhöhung um 1 Atm. erniedrigt sich die Schmelztemperatur des Eises um 0,0074⁰. Weiteres über die Bedeutung des Eispunktes für die Thermometrie s. z. B. in den Artikeln: Glas für thermometrische Zwecke, Quecksilberthermometer, Temperaturskalen. *Scheel.*

Eiszeit. Vergangene Epochen der Erdgeschichte, die ihr Gepräge durch Ansammlung gewaltiger Gletschermassen erhalten haben. Man findet ihre Spuren unter allen Breiten, in denen Land über die damalige Schneegrenze emporragte. Am stärksten entwickelt war sie in Nordeuropa und Nordamerika, wo ihre Wirkungen auch am gründlichsten untersucht worden sind.

Die gewaltigste Ausdehnung von allen Eiszeiten, die wir kennen, hat in der Diluvialzeit (s. Geologie) die große nordische Eiszeit erreicht, deren Eismassen die nördlichen Teile von Europa und von Nordamerika bedeckten und den Oberflächen großer Kontinentalgebiete Formen verliehen, denen der Stempel einer glazialen Entstehung deutlich aufgeprägt ist. Diese Eiszeit ist so starken Schwankungen unterworfen gewesen, daß die Rückzugsphasen der Eismassen nach Dauer und Intensität für gewisse Gebiete als völlige Unterbrechungen der Eiszeit (Interglazialzeiten) betrachtet werden können. Die meisten Forscher nehmen daher mehrere, bis zu sechs, durch Interglazialzeiten getrennte Eiszeitstadien für die große diluviale Eiszeit an, die auch für zahlreiche andere Teile der Erde, insbesondere in Gebirgsländern, wie z. B. den Alpen, nachgewiesen werden konnten. Selbst in tropischen Hochgebirgen sind Eiszeiten festgestellt worden. Auch in den älteren Perioden der Erdgeschichte treten mehr oder weniger deutliche Spuren von Eiszeiten auf, unter denen diejenige im Perm (s. Geologie) am sichersten verbürgt ist.

In geophysikalischer Hinsicht hat die Ansammlung solcher großer Eismassen verschiedenartige Wirkungen: 1. Das Volumen des flüssigen Wassers auf der Erde wird um einen entsprechenden Teil vermindert, was in einer Senkung des Meeresniveaus zum Ausdruck kommen muß. 2. Die übermäßige Belastung der von der Eiszeit betroffenen Landflächen und die Entlastung anderer Gebiete durch Entziehung des Wassers muß eine Verbiegung der Erdkruste, vor allem ein Einsinken des Landes unter der Eislast zur Folge haben. 3. Durch diese Deformationen, aber auch durch die Anziehungskraft der Eismassen, ändern die Niveauflächen der Schwere ihre Gestalt, und das Geoid (s. dieses) seine Form. Beim Abschmelzen des Eises stellen sich dann die früheren Zustände allmählich wieder her.

Die Ursachen der Eiszeit können in einer Abnahme der Lufttemperatur oder einer Zunahme der festen Niederschläge begründet sein. Wahrscheinlich liegt ein Zusammenwirken beider Einflüsse vor. Zur Klärung der Frage ist die Feststellung von Wichtigkeit, ob die Eiszeiten gleichzeitig auf der ganzen Erde oder alternierend in den einzelnen Gebieten aufgetreten sind, ein Problem, das bisher noch keine befriedigende Lösung gefunden hat. Selbst über die Zeit, in welcher die nordische diluviale Eiszeit geherrscht hat, ist noch keine Einigung erzielt worden, doch scheint es sich nur um einige zehntausende von Jahren vor der Jetztzeit zu handeln. Die tieferen Ursachen der die Eiszeit bedingenden Faktoren decken sich mit denen, die für die Klimaänderungen (s. diese) in Betracht kommen. *O. Baschin.*

Ekakantal s. Uran X_2.

Ekliptik. Bahnebene der Erde um die Sonne. Auf sie bezieht man die Bewegung der Körper des Sonnensystems. Die Lage der Ekliptik ist langsam veränderlich. Die unveränderliche Ebene, in der das Rotationsmoment aller Körper des Sonnensystems ein Maximum ist, kennt man nicht genau genug, um sie als Hauptkoordinatenebene zu benutzen. Die Schiefe der Ekliptik ist der Winkel zwischen Äquator und Ekliptik. Sie ist langsam veränderlich und beträgt nach Newcomb

$$23^\circ\ 27'\ 31'',\!68 - 0'',\!4685\ (t - 1850),$$

wo t die Jahreszahl ist.

Unter Ekliptik versteht man ferner die scheinbare Bahn der Sonne im Laufe des Jahres an der Himmelskugel. Die Parallelkreise zum Äquator, welche die Ekliptik an ihrer nördlichsten und südlichsten Stelle berührt, heißen Wendekreise. Über das System der Ekliptik s. Himmelskoordinaten. *Bottlinger.*

Ekonomiser. Ekonomiser, vom engl. to economise = sparen, sind Einrichtungen zur Vorwärmung des Speisewassers der Dampfkessel mittels der Abgase des Kessels. Durch die teilweise Übertragung der Abwärme an das Speisewasser wird Brennmaterial gespart, außerdem wird der Kessel durch Anwendung vorgewärmten Wassers sehr geschont, da in ihm geringere Temperaturdifferenzen und Spannungen auftreten, auch weniger Luft und Schlamm bzw. Kesselstein in den Kessel gelangt. Die üblichen Bauarten der Ekonomiser bestehen im wesentlichen aus einer großen Zahl stehender, meist gußeiserner Rohre von etwa 120 mm Durchmesser, durch welche das Wasser von unten nach oben strömt. Die Rohre sind in Gruppen geordnet, welche durch Klappen ausgeschaltet werden können und von außen durch Kontrolltüren im Mauerwerk zugänglich gemacht sind. Vom Ruß werden diese Rohre durch langsam auf- und abzubewegende Kratzer oder durch Abblasen mittels Dampf gereinigt. Das Wasser durchströmt die Rohre im Gleich- oder im Gegenstrom zu den Abgasen und wird hoch, oft bis zur Kesseltemperatur erwärmt. Im Dauerbetrieb rechnet man mit einer Wärmedurchgangzahl durch die Ekonomiserrohre von 8 bis 13 Cal/m²St ⁰ C. *L. Schneider.*

Elastizität. Der Elastizitätsmodul bewegt sich zwischen den Beträgen 4900 und 8000 kg/mm². Die Werte wurden von Winkelmann und Schott aus Biegungsversuchen an rechtwinkeligen Stäben gewonnen. Die folgenden Zahlen stammen teils aus diesen Messungen, teils aus anderen.

Jenaer Normalglas 16^{III} . . 7340 kg/mm²
Jenaer Borosilikatglas 59^{III} 7260 „
Quarzglas . . . . 6970 „
Spiegelglas . . . . . . 7000—7200 kg/mm².

Die Elastizitätszahl, das Verhältnis von Querkontraktion und Längsdilatation, wurde von Straubel gemessen. Der höchste Wert ist 0,319, der niedrigste 0,197; für Jenaer Normalglas ist er 0,228.

Die elastische Nachwirkung ist nach Versuchen von Weidmann in Gläsern, die zugleich Kali und Natron enthalten, am größten. Reine Natrongläser haben größere Nachwirkung als reine Kaligläser. Die gleichen Regelmäßigkeiten gelten für die thermische Nachwirkung (s. Thermometer-

glas), jedoch sind nach Weidmann die thermische und die elastische Nachwirkung nicht vergleichbar; diese werden in kürzerer Zeit rückgängig gemacht, während die Depression nur langsam verschwindet. *R. Schaller.*

Elastizität der Erde s. Festigkeit der Erde.

Elastizitätsgesetz (s. auch Deformationszustand, Spannungszustand). Die theoretische Elastizitätslehre beschränkt ihre Untersuchungen auf das Gebiet der vollkommenen Elastizität (s. Festigkeit) und läßt im allgemeinen auch die elastische Hysteresis und Nachwirkung außer acht, die einer gesonderten Theorie angehören. Die Spannungen werden also als eindeutige Funktionen der Deformationskomponenten betrachtet. Das Differential der Arbeit, die die Spannungen r_{xx} usw. bei einer unendlich kleinen Deformation, mit den Komponenten $d\,e_{xx}$ usw. leisten, nimmt dann wegen der Symmetrie des Spannungstensors die Gestalt an

$$(1)\quad \begin{aligned} &r_{xx}\,d\,e_{xx} + 2\,r_{xy}\,d\,e_{xy} + r_{yy}\,d\,e_{yy} +\\ &2\,r_{xz}\,d\,e_{xz} + 2\,r_{yz}\,d\,e_{yz} + r_{zz}\,d\,e_{zz}. \end{aligned}$$

Das Energieprinzip fordert, daß die elastische Energie des Volumelements, unabhängig von der Art, wie die Deformationen hervorgebracht werden, in bestimmter Weise durch diese festgelegt, also eine Funktion U dieser Komponenten sei (so wie die „potentielle" Energie eines Körpers nur von seiner Höhenlage, nicht von der Art abhängt, wie er in diese gebracht wurde). Der Ausdruck (1) ist dann das totale Differential d U dieser Funktion und es folgen die Beziehungen:

$$(2)\quad r_{xx} = \frac{\partial U}{\partial e_{xx}};\quad r_{xy} = \frac{1}{2}\frac{\partial U}{\partial e_{xy}}\ .\ .\ \text{usw.}$$

In dem besonderen Fall des Hookeschen Gesetzes werden die r_{xx} . . . . usw. lineare Ausdrücke in den e_{xx} . . . . usw., die Funktion U daher eine homogene, quadratische Funktion der Deformationskomponenten, deren Koeffizienten die elastischen Konstanten sind, und zwar ist U eine positive Form, damit die Stabilität des Körpers gesichert ist (s. Stabilität). Es gibt somit im allgemeinen Fall äolotroper kristallinischer Körper 21 elastische Konstanten. Die Symmetrien der verschiedenen Kristallsysteme reduzieren, wenn man die Koordinatenachsen, soweit als möglich, in die Kristallsymmetrieachsen legt, die Konstantenzahl je nach dem Grad der Symmetrie auf 13, 9, 6, 3 und schließlich im isotropen Falle reduziert sich die Energiefunktion auf die 2-konstantige Form:

$$2\,U = \lambda\,(e_{xx} + e_{yy} + e_{zz})^2 + 2\,\mu\,(e_{xx}{}^2 + e_{yy}{}^2 + e_{zz}{}^2 + 2\,e_{xy}{}^2 + 2\,e_{xz}{}^2 + 2\,e_{yz}{}^2),$$

so daß

$$(3)\quad \begin{aligned} r_{xx} &= \lambda\,(e_{xx} + e_{yy} + e_{zz}) + 2\,\mu\,e_{xx}\ .\ .\ \text{usw},\\ r_{xy} &= \mu\,e_{xy}\ .\ .\ .\ .\ .\ .\ .\ .\ .\ .\ .\ .\ \text{usw.} \end{aligned}$$

Durch Spezialisierung auf spezielle Spannungszustände (reine Dilatation, reiner Schub) erhält man die elastischen Modulen (s. Festigkeit):

$$E = \mu\,\frac{(3\,\lambda + 2\,\mu)}{\lambda + \mu};\quad \frac{1}{m} = \frac{\lambda}{2\,(\lambda + \mu)};$$

$$G = \mu = \frac{m\,E}{2\,(m+1)}.$$

Bei allseitig gleichem Druck erhält man den **Kompressionsmodul** (Druck / kubische Kompression):

$$K = \lambda + \frac{2}{3}\,\mu.$$

In der Entwicklung der Elastizitätstheorie spielten eine große Rolle Hypothesen, nach denen das elastische Kontinuum aus Punkten aufgebaut sei, die von ihrer Entfernung abhängige Zentralkräfte aufeinander ausübten. Nach dieser Hypothese ergäbe sich im isotropen Medium nur eine Konstante (und entsprechend im kristallinischen eine beschränktere Anzahl als die obigen, daher „Rarikonstantentheorie"), nämlich $\lambda = \mu$ und somit m = 4. Diese Folgerung der Hypothese ist nur für wenige Materialien bestätigt. Indessen führt die den modernen, molekulartheoretischen Anschauungen besser entsprechende Auffassung des isotropen Mediums als eines ungeordneten Konglomerats kristallinischer Fragmente durch Mittelbildungen ungezwungen auf die 2konstantige, bzw. multikonstantige Theorie.

Die Gleichungen (3) ergeben in Verbindung mit den Gleichgewichtsbedingungen des Spannungszustandes (s. diesen) die genügenden Bedingungsgleichungen zur Bestimmung der elastischen Verschiebungen bei gegebenen äußeren Kräften. Wenn man die Gleichungen (3) nach den e_{xx} usw. auflöst und diese in die Kompatibilitätsbedingungen (s. Deformationszustand) einsetzt, so erhält man Gleichungen für die Spannungen, die mit deren Gleichgewichtsbedingungen ausreichen, um direkt den resultierenden Spannungszustand zu bestimmen, ohne weiteres Eingehen auf die Deformationen. Dieser Auffassung entspricht die Methode des Castiglianoschen Prinzips (s. Statische Bestimmtheit).   *F. Noether.*

Näheres s. Love, Lehrbuch der Elastizität (deutsch von A. Timpe). 1907. — Voigt, Lehrbuch der Kristall-Physik. 1910.

Elektrische Eigenschaften. Leitfähigkeit. Glas, bei Zimmertemperatur ein Nichtleiter, wird in der Wärme ein Elektrolyt. Zwischen Quecksilberelektroden scheidet der Strom bei einem Natronglas an der Kathode Natrium ab, an der Anode bildet sich eine schlecht leitende Schicht von Kieselsäure. Leitfähigkeitsbestimmungen wurden an einer Reihe von Jenaer Gläsern von Denizot bei 220—250° ausgeführt. Als niedrigster Wert des spezifischen Widerstands in Quecksilbereinheiten bei 250° wurde gefunden $5,27 \times 10^9$, als höchster $7,34 \times 10^{13}$. Das Leitvermögen von Gläsern mit großem Natrongehalt ist höher als von Gläsern mit niedrigem Gehalt; Bleioxyd und Bariumoxyd vermindern es.

Das Isolationsvermögen der Gläser hängt in der Hauptsache von deren Verhalten gegen Wasser ab. Hygroskopische Gläser entladen ein Goldblattelektroskop bei einer Luftfeuchtigkeit von 50—60% fast augenblicklich, mittlere Gläser, wie Bleikristallglas und Jenaer Normalglas tun das bei 70—80%; Böhmisches Kaliglas zeigte die ersten Spuren der Leitung oberhalb 50%, bis 75% war die Isolation recht gut; ein Jenaer alkalifreies Glas isolierte bis über 60% vollkommen und selbst bei 80% noch recht gut.

Dielektrizitätskonstanten wurden an einer Anzahl Jenaer Gläsern bestimmt: niedrigster Wert 5,25, höchster 9,14; ein bestimmter Zusammenhang mit der chemischen Zusammensetzung konnte nicht gefunden werden.

Die Durchlässigkeit für Röntgenstrahlen ist bei Gläsern, die Bleioxyd oder Baryt enthalten, am geringsten. Sie scheint überhaupt durch die Gegenwart von Elementen mit hohem Atomgewicht vermindert zu werden.   *R. Schaller.*

Elektrische Kalorimetrie. Ein elektrischer Strom von der Stärke I Ampere entwickelt in einem Draht vom Widerstande R Ohm, an dessen Enden eine Spannungsdifferenz E Volt herrscht eine Wärmemenge, deren Betrag in 1 Sekunde der Leistung $A = I^2 R$ Watt = EI Watt äquivalent ist. Besteht die Leistung während t Sekunden, so wird durch den elektrischen Strom insgesamt eine Energie entwickelt, welche gleich $A \cdot t$ Joule ist und einer Wärmemenge $0,2390 \, A \cdot t$ cal_{15} gleichgesetzt werden kann (vgl. den Artikel Kalorimetrie). Erfährt ein Körper von der Masse m durch die Zuführung der elektrischen Energie die Temperaturerhöhung δ, so läßt sich seine spezifische Wärme berechnen aus der Gleichung

$$m \cdot c \cdot \delta = 0,2390 \, A \cdot t.$$

Die Methoden der elektrischen Kalorimetrie sind neuerdings viel zur Ermittelung von spezifischen Wärmen benutzt worden; hier einige Beispiele:

1. Pfaundler hat die elektrische Methode auf Flüssigkeiten zuerst in der Weise angewendet, daß er in zwei möglichst gleichen Kalorimetern zwei Flüssigkeitsmengen durch gleiche, hintereinander geschaltete Drahtwiderstände mittels desselben elektrischen Stromes erhitzte. Dann gilt, wenn m_1 und m_2 die Gewichte, c_1 und c_2 die spezifischen Wärmen der beiden Flüssigkeiten, w_1 und w_2 die Wasserwerte beider Kalorimeter, δ_1 und δ_2 die Temperaturerhöhungen bedeuten $(m_1 c_1 + w_1) \delta_1 = (m_2 c_2 + w_2) \delta_2$. Ist für eine Flüssigkeit c_2 bekannt (z. B. Wasser $c_2 = 1$), so ist c_1 für die andere Flüssigkeit leicht zu berechnen.

2. Nach Nernst wird einer Substanz, welche die Gestalt eines festen Blockes hat, die elektrische Energie durch einen Platindraht zugeführt, der in den Block eingelassen ist und nach Abstellen der Heizung als Widerstandsthermometer dient; der Block befindet sich in einem Gefäß, das möglichst gut evakuiert wird. Metalle werden ohne jede Umhüllung benutzt; schlecht leitende Substanzen werden in ein Silbergefäß gefüllt, dessen Wärmekapazität in Rechnung gezogen wird. Auf diese Weise wurde die spezifische Wärme einer Reihe von Substanzen in tiefen Temperaturen ermittelt. Da das Intervall, um welches die Temperatur des Probekörpers durch die elektrische Heizung erhöht wird, nur klein ist, erhält man bei einer solchen Messung die wahre spezifische Wärme (vgl. den Artikel Spezifische Wärme). — Die Methode ist von Eucken zur Ermittelung der spezifischen Wärme des Wasserstoffs bei konstantem Volumen in tiefen Temperaturen benutzt worden. Der stark komprimierte Wasserstoff befand sich dabei in einem Stahlgefäß.

3. Nach Lecher wird der zu untersuchende Körper als dicker Draht verwendet, der von einem starken Wechselstrom durchflossen wird. Der Draht befindet sich in einem evakuierten Porzellanrohr, das in einem elektrischen Ofen auf diejenige Temperatur erhitzt wird, bei welcher die wahre spezifische Wärme ermittelt werden soll. Die Temperaturerhöhung im Draht wird mittels Thermoelementen gemessen, die innig mit dem Draht verbunden sind.

4. Methode der kontinuierlichen Strömung. Die Methode ist zuerst von Callendar und Barnes zur Ermittelung der spezifischen Wärme des Wassers benutzt worden. Das Wasser strömte durch eine enge, 0,5 m lange und 2 mm weite Glasröhre und umspülte dabei den die elektrische Energie zuführenden Platindraht. Man beobachtete die Temperaturen des in das Rohr eintretenden und des austretenden Wassers. Mögen auch beide infolge

äußerer Einflüsse sich langsam verändern, so wird doch nach einiger Zeit ein Beharrungszustand eintreten, in dem die kleine, nur wenige Grade betragende Temperaturdifferenz δ konstant wird; diese Temperaturdifferenz wird gemessen. Bezeichnet dann Q die in der Sekunde durch das Rohr fließende Wassermenge, so gilt $Q \cdot c \cdot \delta = 0{,}2390 \, \Lambda$. — Der Wärmeverlust wurde von Callendar und Barnes dadurch wesentlich herabgedrückt, daß sie das Strömungsrohr mit einem Vakuummantel umgaben. Die noch übrig bleibenden Verluste wurden durch Beobachtung bei zwei Strömungsgeschwindigkeiten eliminiert; immerhin sind sie aber noch recht beträchtlich.

Scheel und Heuse gelang es bei einer Anwendung der Methode auf Gase die Wärmeverluste noch erheblich zu verringern; das von ihnen benutzte Kalorimeter ist in beistehender Figur dargestellt. Das auf die konstante Versuchstemperatur gebrachte Gas tritt von unten her in das Kalorimeter ein, passiert eine als Feder gegen etwaige Spannungen wirkende Glasspirale und gelangt nach Durchströmen zweier Glasmäntel C und B in das innere Rohr A, das die Heizvorrichtung enthält. Zur Messung der Temperatur des ein- und des austretenden Gases dienen nackte Platinwiderstandsthermometer P_1 und P_2. Das Ganze ist von einem evakuierten, innen versilberten Glasmantel umgeben und befindet sich in einem Bade konstanter Temperatur (Zimmertemperatur, Temperatur des flüssigen Sauerstoffs usw.).

Für die Einfügung der Mäntel B und C war folgende Überlegung maßgebend. Durch das Vakuum werden Wärmeverluste aus dem inneren Rohr A zwar sehr stark herabgemindert, aber doch nicht vollständig vermieden. Die Mäntel B und C dienen nun zur Unterstützung der Wirkung des Vakuums, indem mit ihrer Hilfe die vom Rohr A abgegebene Wärmemenge nach dem Gegenstromprinzip dem Innenraum zum größten Teile wieder zugeführt wird.

Bei der Bestimmung der spezifischen Wärme der Luft wurde diese mit Hilfe von Wasserluftpumpen aus der Atmosphäre durchs Kalorimeter gesaugt. Zur Konstanterhaltung des Luftstromes dienten Regulatoren; die Stärke des Luftstromes hängt von den Dimensionen einer in den Luftweg eingeschalteten Kapillare ab.

Die Menge Q der in der Sekunde durch das Kalorimeter gesaugten Luft wurde in der Weise ermittelt, daß man zeitweilig an Stelle der aus der freien Atmosphäre eintretenden Luft Luft aus einem Gefäße bekannten Volumens unter sonst gleichbleibenden Verhältnissen durch das Kalorimeter trieb und die hierzu nötige Zeit mit Hilfe eines Chronographen ermittelte.

Ist wieder die elektrisch zugeführte Wärmemenge in der Sekunde der Leistung Λ äquivalent und

Strömungskalorimeter für Gase.

nimmt man in analoger Weise an, daß die Wärmeverluste in der Sekunde einer Leistung λ äquivalent sind, so gilt

$$c = 0{,}2390 \, \frac{\Lambda - \lambda}{Q \, \delta},$$

wo δ wiederum die Temperaturdifferenz des aus- und eintretenden Gases ist. Versuche und theoretische Überlegungen haben nun ergeben, daß man die Wärmeverluste $\lambda = \mathrm{k} \, \dfrac{\Lambda}{Q_2}$ setzen kann, wenn k eine Konstante bedeutet. Es wird also

$$c = 0{,}2390 \, \frac{\Lambda}{Q \, \delta} \left(1 - \frac{\mathrm{k}}{Q^2}\right).$$

Bei jedem Versuch werden die Größen Λ, Q und δ experimentell ermittelt; unbekannt bleiben nur c und k, zu deren Bestimmung zwei Versuche mit geänderten Versuchsbedingungen ausreichen würden. Zweckmäßigerweise begnügte man sich nicht mit einer solchen Variation, sondern suchte eine größere Anzahl entsprechender Gleichungen zu gewinnen, aus denen man dann die c und k nach einem Ausgleichungsverfahren ermittelte.

Außer auf Luft ist die Methode auch auf eine große Anzahl chemisch reiner Gase (Helium, Argon, Wasserstoff, Sauerstoff usw.) angewendet worden. Für diese Gase, von denen jedesmal nur wenige Liter zur Verfügung standen, wurde es nötig, statt der offenen Zirkulation eine geschlossene auszubilden, bei der das aus dem Kalorimeter austretende Gas ihm durch ein Pumpwerk immer aufs neue wieder zugeführt wurde.　*Scheel.*

Näheres s. Kohlrausch, Praktische Physik. Leipzig.

Elektrische Lokomotive. Die elektrischen Zugförderungsmaschinen können eingeteilt werden in:

1. solche mit **Akkumulatorenbetrieb**, sog. Speichertriebwagen oder Speicher-Lokomotiven. Neben den gewöhnlichen Bleiakkumulatoren sind besonders die leichteren Edisonakkumulatoren in Verwendung. Bei diesen besteht der Plattensatz aus vernickeltem Eisenblech; als Flüssigkeit dient geruchlose Kalilauge von 21 % und als wirksame Masse auf der positiven Seite Nickelhydroxyd mit Zusatz von Graphit oder metallischen Nickelflocken, auf der negativen Seite Eisenoxyd mit einer Beimischung von Quecksilberoxyd. Die mittlere Entladespannung einer solchen Zelle im Dauerbetrieb beträgt etwa 1,23 V. Für einen Dreiwagenzug mit Personen-, Post- und Gepäckabteil ergeben sich folgende Verhältnisse:

	Fahr- gäste	Gewicht voll besetzt	Fahr- bereich
Bleiakkumulatoren	120	93 t	180 km
Edisonakkumulatoren	144	79 t	210 km

Die Speichertriebwagen oder Lokomotiven sind mit Serien-Nebenschluß- oder Hauptstrommotoren ausgerüstet. Zwecks Verbilligung des Betriebes hat man auch die Rückgewinnung von Strom auf Gefällen eingeführt.

2. Elektrische Triebwagen mit **Verbrennungskraftmaschinen**. Diese sind gekennzeichnet durch das Vorhandensein einer Stromerzeugungsanlage auf dem Fahrzeug selbst. Je nach Art der Primärmaschine spricht man von Benzol-, Benzin-, Gasolin-, Dieselelektrischen Triebwagen oder Lokomotiven. Auch Dampfturbinen wurden schon als Antriebsmaschinen benützt.

3. Triebwagen- oder Lokomotiven mit **Stromzuführung**. Benützt wird Gleichstrom von 1200 bis 1750 V Motorspannung, also bei Reihenschaltung von 2 Motoren 2400 bis 3500 V Fahrdrahtspannung,

Einphasenwechselstrom von 350 bis 1200 V Motor-spannung, 10 000 bis 16 000 V Fahrdrahtspannung und bis 80 000 V Spannung in der Netzspeise-leitung. Die Periodenzahl beträgt 15 oder $16^2/_3$, selten 25. Schließlich wird, allerdings seltener als Gleich- oder Einphasenwechselstrom, auch Dreh-strom verwendet bei 650 bis 1250 V Motorspannung, 3000 bis 3300 V Fahrdrahtspannung und ebenfalls 15 oder $16^2/_3$ Perioden. Der Drehstrombetrieb erlaubt die Rückgewinnung von Strom im Gefälle.

Der hochgespannte Gleichstrom wird häufig durch Umformen aus Wechsel- oder Drehstrom erzeugt und zwar sowohl in Umformerwerken als auch auf Umformerfahrzeugen. Die gewöhn-lichen für diesen Zweck benützten Umformer haben 94 bis 96 % Wirkungsgrad, der Quecksilber-dampf-Gleichrichter 98 bis 99 %.

Für die Art des Betriebsstromes gelten keine festen Regeln. Der Einphasenwechselstrom hat jedoch im Vollbahnwesen eine vorherrschende Stellung.

Die elektrischen Lokomotiven werden mit einem, zwei oder mehreren Motoren ausgerüstet. Die New-York-Zentralbahn besitzt B+B+B+B ge-kuppelte Lokomotiven (s. Lokomotive), deren 8 Motoren unmittelbar auf den Fahrzeugachsen sitzen und 100 km Geschwindigkeit bei 5000 PS Fünfminutenleistung erzeugen. In Europa bevor-zugt man hochliegende Anordnung der Motoren wegen der Vorteile vollständiger Abfederung und größerer Freiheit in den Abmessungen. Bei Ver-wendung von zwei oder mehreren Motoren werden die Achsen unter Zwischenschaltung von Blind-wellen durch Dreieckstangen (Brown, Boveri & Co.) angetrieben. Die Schwierigkeiten der Übertragung der Bewegung bei Fahrzeugen mit mehreren Triebmaschinen hat auch zur Ver-wendung von Zahnrädern geführt, welche heute Wirkungsgrade von über 95 % erreichen. Mit der Verwendung von mehreren Triebmaschinen erfolgt häufig die Teilung des Fahrzeug-Unterge-stelles in einzelne Triebgestelle oder auch die des ganzen Fahrzeuges in zwei oder mehrere kurz gekuppelte einzelne Fahrzeuge mit Einzelantrieb. Solche Fahrzeuge sind z. B. von der Kupplung 2 B + B 1, C + C, D + D, 1 C + C 1, 2 D + D 2, B + B + B usw. (s. a. Lokomotive).

Die Ausrüstung der elektrischen Lokomotiven ist nach der Stromart verschieden. Außer dem oder den Motoren sind meist vorhanden: Transformatoren, Umformer, Haupt- und Umschalter, Ventilatoren, Heizungskessel. Dazu kommt eine mehr oder minder verwickelte Steuerung, so daß eine elektrische Lokomotive 20 bis 40 elektromagnetisch betätigte Schalter mit einer Unsumme von Haupt- und Verriegelungs-kontakten, Haupt-, Steuer- und Verriegelungsleitungen, Fahrtschalter, Handhebel, Drehschalter und Zeigerinstrumente enthält.   *L. Schneider.*

Elektrische Strahlung der Sonne. Die Polar-lichter (s. d.) sind als Wirkung einer elektrischen Strahlung erkannt, die von außen in die Lufthülle eindringen. Schon 1896 nahm daher Birkeland an, daß von der Sonne eine elektrische Strahlung ausgehe, wie er meinte, eine Kathodenstrahlung, also eine negative. Vegard und J. Stark waren für eine α-Strahlung, eine positive. Vor allem war es die Breite der Maximalzone der Polar-lichter von etwa 20°, die für positive Strahlung sprach, weil deren Steifigkeit auf denselben Wert führte. Stark findet aus dem täglichen Gang der Nordlichthäufigkeit, allerdings jenem innerhalb der Maximalzone, daß die Geschwindigkeit der Strahlen 10^7 cm sec^{-1}. Das ist aber dieselbe, als wenn positive Heliumteilchen wirksam wären

$(10^7—10^8)$. Vegard gibt zu, daß auch β-Strahlen beteiligt sein können, nur treten sie polnäher ein. Den äquatoriellen Ringstrom (s. Polarlichter) hält er für außerstande, den Kathodenstrahlen etwa durch elektromagnetische Ablenkung eine Ablenkung bis in die Maximalzone zu erteilen, da die abstoßende elektrostatische Ablenkung der Ringstromteilchen 50 000 mal größer sei als ihre elektromagnetische Wirkung, es können aber einander benachbarte Bahnen sich sehr stören. Auch die photographisch ermittelte Verteilung der Lichtintensität von oben nach unten im Polar-licht stimme besser mit α-Strahlen. Die Störmer-sche Theorie der Bahnformen (s. Polarlicht) für die elektrische Strahlung der Sonne ist von der Natur der Strahlen unabhängig und auch für positive anwendbar.

Die Halesche Entdeckung des Sonnenmagnetis-mus (s. d.) lehrt uns die physikalische Möglichkeit, wie eine elektrische Strahlung der Sonne zustande kommen könnte, kennen. Vor allem birgt der Son-dereinfluß der Fackeln und Flecke auf den Erd-magnetismus (s. erdmagnetische Variationen) nun-mehr kein Rätsel mehr. Die Frage ist nun dahin zurückverlegt, woher die magnetischen Felder auf der Sonne stammen.   *A. Nippoldt.*

Näheres s. L. Vegard. Jahrb. f. Radioakt. 14, 1917.

Elektrizität, freie. Die freie Elektrizität ist im Gegensatz zu der wahren Elektrizität, von der das Erhaltungsgesetz gilt, diejenige Elektrizität, welche die „Fernwirkung" ausübt. Betrachtet man eine „wahre" Elektrizitätsmenge e, so ist die ent-sprechende „freie" Elektrizität $= e/\varepsilon$, wo ε die Dielektrizitätskonstante bedeutet. Daraus ist zu folgern, daß in Luft „freie" und „wahre" Elektrizität identisch werden. Hat man z. B. eine Kugel mit der Ladung +e geladen, und bringt sie aus Luft in Benzol, so bleibt e das gleiche, dagegen wird das elektrostatische Feld ein anderes. Statt der „wahren" Elektrizität ist jetzt die „freie" maß-gebend.

In Leitern ist $\varepsilon = \infty$ zu setzen, also die freie Ladung gleich Null. „Freie" Elektrizität tritt nur an der Grenzfläche zweier Dielektrika, also auch an der Oberfläche eines Leiters auf. *R. Jaeger.*

Elektrizitätshaushalt der Erde und Atmosphäre. Eine vollständige Theorie der luftelektrischen Er-scheinungen hat die Aufgabe, die beobachteten Haupterscheinungen, nämlich den Ionisations-zustand der Luft, das Vorhandensein des elek-trischen Feldes und dessen Aufrechterhaltung trotz der vorhandenen ausgleichenden elektrischen Strömungen in der Atmosphäre qualitativ und quantitativ zu erklären. Es muß im voraus betont werden, daß insbesondere die quantitative Er-klärung derzeit noch bei weitem nicht erreicht ist. Es mag hier nur eine Übersicht, eine Art Bilanz über das Zusammenwirken aller jener Faktoren auf-gestellt werden, welche in ihrer Gesamtheit den elektrischen Zustand unserer Erde und Atmo-sphäre bedingen.

I. Erklärung der Ionisation der Atmo-sphäre. In der Luft wird im Durchschnitt eine Ionendichte von etwa 700 Ionen/ccm beobachtet. Nach den neuesten Korrekturen, die Schweidler durch Berücksichtigung der Wiedervereinigungs-prozesse der leichtbeweglichen mit den schwer-beweglichen Ionen und den neutralen Staubkernen an der Größe des sogenannten „Wiedervereinigungs-koeffizienten" angebracht hat (vgl. „Wiedervereini-gung") entspricht dieser Ionenzahl bei stationärem

Zustand eine Ionisierungsstärke von etwa 14 Ionen pro ccm und sec. Es ist nun zu fragen, ob die uns bekannten, in der Luft wirkenden Ionisatoren ausreichen, um die beobachtete Ionisierungsstärke zu liefern. Diese Frage läßt sich derzeit bereits mit einem Ja beantworten: Als Ionisierungsquellen der Luft in der Nähe des Erdbodens kommen in Betracht: 1.) die radioaktiven Substanzen in der Luft, hauptsächlich Radium- und Thoriumemanation und deren Zerfallsprodukte. Bei einem mittleren Gehalt der Luft an Radiumemanation von $9 \cdot 10^{-17}$ Curie/ccm berechnet Schweidler die ionisierende Wirkung dieser Emanation samt Zerfallsprodukte zu 1,9 Ionen/ccm · sec. Die Thoriumprodukte sind unsicher einzuschätzen, dürfte aber in der Nähe des Erdbodens beiläufig ebensoviel zur Ionisation beitragen. Die Summe ergibt etwa 4 Ionen/ccm · sec. 2.) Die von Ort zu Ort ziemlich stark variierende Beta- und Gammastrahlung des Erdbodens. Die Gammastrahlung des Bodens gibt in Metallgefäßen eine Ionisierungsstärke von rund 7 Ionen/ccm · sec, in freier Luft wird die Wirkung etwa halb so stark anzusetzen sein. Die Wirkung der Betastrahlung kann in roher Annäherung als von gleicher Größenordnung wie die der Gammastrahlen eingesetzt werden. Die Summe beider gibt also in Freiluft eine Ionenerzeugung von 7 Ionen/ccm · sec. 3.) Die von oben kommende harte durchdringende Strahlung („Hesssche Strahlung"). Diese gibt am Erdboden etwa 1—2 Ionen pro ccm/sec. Die Summe aller dieser ionenerzeugenden Prozesse ergibt somit eine Ionisierungsstärke von etwa 12 Ionen/ccm · sec, einen Wert, der mit der oben erwähnten beobachteten Gesamtionisation genügend übereinstimmt. Die bekannten Ionisatoren reichen also aus, um die beobachteten Wirkungen zu liefern.

II. Die Aufrechterhaltung des Erdfeldes. Infolge der durch die eben betrachteten Prozesse bedingten Leitfähigkeit und des gleichzeitig bestehenden elektrischen Feldes der Erde besteht fortwährend in der Atmosphäre ein vertikaler (normal nach abwärts gerichteter) Leitungsstrom, der in kurzer Zeit das elektrische Feld der Erde zum Verschwinden bringen würde, wenn nicht ein entgegenwirkender Prozeß dauernd das Feld Erde-Atmosphäre regenerieren würde. Schweidler nennt diesen Effekt den „Gegenstrom". Er unterscheidet prinzipiell drei mögliche Formen desselben: a) Transport positiver Ladungen von unten nach oben; b) Transport negativer Ladungen von oben nach unten; c) Übereinanderlagerung beider Vorgänge analog wie bei der Ionenleitung. Ferner für jede dieser drei Formen zwei Unterarten, je nachdem der vertikale Ladungstransport am selben Ort stattfindet, wo der vertikale Leitungsstrom herrscht oder an davon entfernten Orten, so daß horizontale Ströme (in der Luft zum Beobachtungsort hin, in der Erdoberfläche als Erdströme von dort weg) den Stromkreis schließen müsse.

Bei der unzureichenden Kenntnis über die mittleren Geschwindigkeiten der in der Luft herrschenden vertikalen Bewegungen ist eine auch nur halbwegs sichere Schätzung der Größe des Gegenstromes derzeit noch nicht möglich. Eine Zeit lang nahm man an, daß der oben unter b) genannte Transport negativer Ladungen von oben nach unten durch die Niederschläge eine ausschlaggebende Rolle spiele (vgl. Niederschlagselektrizität). Die Experimente haben aber später im Gegenteil einen Überschuß positiver Niederschlagsladungen geliefert, so daß diese Hypothese fallen gelassen werden mußte. Auch ist allgemein in Überlegung zu ziehen, daß, wenn durch Kondensationsvorgänge, Einspritzen der fallenden Tropfen etc. eine Trennung der Elektrizitäten erfolgt und ein Überschuß z. B. positiver Ladung durch die fallenden Niederschläge der Erde zugeführt wird, die in der Höhe übrig bleibenden negativen Ladungen sich doch notwendigerweise später oder an anderen Orten (Transport durch horizontale Luftströmungen) durch den (dann entgegengesetzt fließenden) vertikalen Leitungsstrom ausgleichen müssen. Schweidler nennt diesen Strom, der in Niederschlagsgebieten zweifellos oft und bei umgekehrter Richtung des Potentialgradienten stattfindet, den „gestörten Leitungsstrom". Die Rolle, die dieser „gestörte Leitungsstrom" quantitativ gegenüber dem normalen positiven Leitungsstrom in nicht gestörten Gebieten spielt, läßt sich vorläufig noch nicht annähernd abschätzen. Simpson hat in Simla (Indien) eine Statistik der relativen Häufigkeit des Vorkommens des gestörten Leitungsstromes angestellt, auf Grund deren er eine Kompensation des normalen Leitungsstromes durch das zeitweilige Eintreten des gestörten Stromes für nicht wahrscheinlich hält. Zu einem abschließenden Urteil könnte man aber erst dann kommen, wenn Dauerregistrierungen des Leitungsstromes an vielen Punkten der Erdoberfläche vorliegen.

Den oben unter a) erwähnten Transport positiver Raumladungen von unten nach oben zieht Ebert bei seiner Theorie der Bodenatmung zur Erklärung der Regeneration des Erdfeldes in Betracht. Ebert und seine Schüler haben nachgewiesen, daß die aus dem Boden austretende stark ionisierte Luft wegen der vermehrten Adsorption der negativen Ionen an den Erdkapillaren mit einem Überschuß an positiver Ladung behaftet ist. Der pro Quadratmeter und Stunde austretende mittlere Überschuß an positiver Raumladung wurde zu ca. 1 E. S. E. ermittelt (vgl. „Bodenatmung"). Diese positiven Raumladungen würden dann durch die allgemeine Zirkulation der Luft, durch aufsteigende Luftströme in die höheren Luftschichten getragen. Bei den weiten, nicht an der Bodenatmung beteiligten Wasserflächen und Eisflächen müßte dann die Zufuhr positiver Raumladungen durch die Winde zur Erklärung der Erzeugung des Feldes herangezogen werden. Die Einwände, welche Gerdien und Simpson gegen die quantitative Seite der Ebertschen Theorie erhoben haben, sind von Ebert wohl im wesentlichen entkräftet worden. Es ist natürlich zur Beurteilung der Größe des von aufsteigenden Luftströmen transportierten „Gegenstromes" die genaue Kenntnis der Raumladung der untersten Luftschichten nötig. Nimmt man hierfür den (allerdings aus positiven Sommerwerten und negativen Winterwerten gebildeten) Jahres-Mittelwert Daunderers 10^{-7} E. S. E. pro cbm an, so würde schon eine mittlere aufsteigende Luftströmung von 6 cm/sec ausreichen, um den normalen positiven Leitungsstrom zu kompensieren. Schwierigkeiten entstehen dagegen für die höheren Schichten, für welche, da der Leitungsstrom konstant bleibt, auch Konstanz des „Gegenstromes" angenommen werden müßte. Bei der geringen Raumladung der höheren Luftschichten muß man dann zur Annahme sehr beträchtlicher Vertikalgeschwindigkeiten daselbst übergehen, deren Existenz zumindest in den Mittelwerten äußerst fraglich ist.

Zusammenfassend kann man also sagen, daß die quantitative Erklärung des „Gegenstromes" und der Aufrechterhaltung des elektrischen Feldes der Erde noch nicht in befriedigender Weise gelungen ist.   *V. F. Hess.*

Näheres s. E. v. Schweidler und K. W. F. Kohlrausch, Atmosphärische Elektrizität, im Handb. d. Elektr. u. d. Magnetism. Von L. Grätz, Bd. III. 1915.

Elektrizitätsleitung in Gasen. Gase sind in ihrem normalen Zustand elektrische Nichtleiter, da die elektrisch neutralen Gasmoleküle einen Stromtransport nicht vermitteln können. Es ist nur unter besonderen Bedingungen möglich, elektrische Ströme durch Gase hindurchzuschicken. Hierzu ist es erforderlich, daß in dem Gase auf irgend eine Weise elektrisch geladene (positive oder negative) Teilchen erzeugt werden. Man bezeichnet dies als Ionisation des Gases, die elektrisch geladenen Teilchen als Ionen (s. diese). Die Ionen sind Atome oder Moleküle des Gases oder Komplexe einer Anzahl von Molekülen, welche mit einer elektrischen Ladung behaftet sind. Auch freie Elektronen treten unter gewissen Bedingungen als Träger auf. In einem ionisierten Gase fließt unter der Wirkung einer elektrischen Spannungsdifferenz ein Strom, dessen Stärke von der angelegten Spannung und der Anzahl der verfügbaren Ladungsträger abhängt, und zwar fließt der Strom positiver Ionen von der Anode zur Kathode, der Strom negativer Ionen umgekehrt. Je nachdem, ob die Ionisation des Gases als Folge einer im Gase erzeugten Spannungsdifferenz entsteht, oder ob sie durch äußere Mittel aufrecht erhalten wird, unterscheidet man eine selbständige und eine unselbständige Entladung. Hier soll allein von letzterer die Rede sein. Erstere wird an anderer Stelle behandelt (s. Kathodenstrahlen, Funkenentladung, Lichtbogen).

Die Ionisation des Gases kann an den Molekülen des Gases selbst stattfinden (Volumionisation). Näheres darüber s. Ionen in Gasen. Es entstehen alsdann gleiche Mengen von positiver und negativer Ladung. Eine zweite Art der Ionisation eines Gases ist die sog. Oberflächenionisation, indem nur an der Oberfläche einer Elektrode Ladungsträger erzeugt werden. Es kann dies so geschehen, daß entweder Ionen aus einem benachbarten ionisierten Gasraum durch feine Öffnungen in der Elektrode (Drahtnetz) in das Gas eintreten oder daß eine Elektrode unmittelbar als Quelle der Ladungsträger wirkt. So sendet z. B. eine glühende Elektrode Elektronen und in geringerem Maße auch positive Ionen aus (s. Artikel Glühelektronen). Eine mit kurzwelligem Licht oder Röntgenstrahlen bestrahlte Metallelektrode gibt ebenfalls Elektronen ab (s. lichtelektrischer Effekt). Diese an einer Elektrode erzeugten Ladungsträger wandern unter der Wirkung einer angelegten Spannung geeigneter Richtung an die andere Elektrode und bewirken dadurch einen Stromdurchgang durch das Gas.

Die an die Elektroden in einem ionisierten Gase angelegte Spannung erteilt den im Gase befindlichen Ladungsträgern eine gewisse Geschwindigkeit, welche von der Größe dieser Spannung abhängt (s. Beweglichkeit von Ionen in Gasen). Erreichen die Ionen unter der Wirkung einer genügend hohen Spannung eine bestimmte, für das betreffende Gas charakteristische Geschwindigkeit, so sind sie imstande, ihrerseits neutrale Gasmoleküle durch Stoß zu ionisieren. Hierdurch wird also von einem bestimmten Wert der angelegten Spannung an

die Ionisation des Gases mit steigender Spannung dauernd vermehrt. Wenn sich andererseits zwei Ionen entgegengesetzter Ladung bis auf eine genügend kleine Entfernung nähern, so vereinigen sie sich unter Neutralisation ihrer Ladungen. Man bezeichnet diesen Vorgang als Wiedervereinigung oder Rekombination. Wiedervereinigung findet um so leichter statt, je kleiner die Ionengeschwindigkeiten sind, also je kleiner die Feldstärke im Gase ist. Hiernach verläuft das Anwachsen des durch ein ionisiertes Gas hindurchfließenden Stromes mit steigender Spannung folgendermaßen: Bei sehr kleiner Spannung steigt die Zahl der für den Stromtransport verfügbaren Ionen ziemlich proportional der Spannung, entsprechend der mit zunehmender Feldstärke abnehmenden Wiedervereinigung. In diesem Bereich gilt also angenähert das Ohmsche Gesetz, daß Strom und Spannung einander proportional sind. Mit weiter steigender Spannung nähert sich die Stromstärke einem Grenzwert (Sättigungsstrom), welcher dann erreicht wird, wenn praktisch keine Wiedervereinigungen mehr stattfinden. Von einer bestimmten Spannung an, wenn die primär vorhandenen Ionen anfangen, durch Stoß weitere Ionen im Gase zu bilden, beginnt die Stromstärke wieder zu steigen und nimmt mit wachsender Spannung weiter schnell zu, um schließlich in eine der Formen der selbständigen Entladung überzugehen. Bei großer Dichte der Ionen tritt die Stoßionisation bereits vor Sättigung des Stromes ein.   *Westphal.*

Elektrizitätsmenge s. Coulomb.

Elektrizitätszähler. Die Elektrizitätszähler dienen zur Messung der elektrischen Arbeit.

Gleichstromzähler. Die elektrische Arbeit während eines Zeitraumes T ist bestimmt durch das Zeitintegral $\int^T E I\, dt$, wenn E die Spannung, I die Stromstärke ist. Kann E als konstant angesehen werden, so ist die Arbeit $E \int^T I\, dt$. Diesen beiden Ausdrücken entsprechend unterscheidet man *Wattstunden-* und *Amperestundenzähler.* Als Wattstundenzähler sind *Motorzähler* und *Pendelzähler* im Gebrauch. Bei den ersteren durchfließt der Arbeitsstrom I eine oder mehrere sog. Hauptstromspulen, in deren Feld sich ein Anker dreht (s. Figur). Der Anker liegt mit einem geeigneten

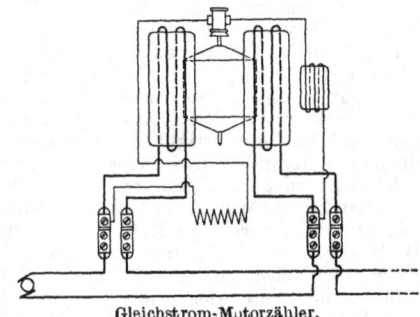

Gleichstrom-Motorzähler.

Vorwiderstand an der Netzspannung E; der ihn durchfließende Strom ist der Spannung E proportional. Das durch die elektrodynamischen Kräfte des „Hauptstroms" und des „Spannungsstroms" erzeugte Drehmoment ist daher der Leistung EI proportional. Die Umdrehungen des Ankers werden mit Hilfe einer Aluminiumscheibe gebremst, die auf der Ankerachse befestigt ist und die sich im Felde eines permanenten Magneten dreht (Wirbelstrombremse). Das bremsende Drehmoment ist proportional der Umlaufgeschwindigkeit. Im stationären Zustand ist das bremsende Drehmoment gleich dem treibenden, und die Umlaufgeschwindigkeit in jedem Augenblick proportional der Leistung EI. Überträgt man die Ankerdrehungen auf ein Zählwerk, so summiert dieses die Augenblickswerte der Leistung, es gibt also bei geeigneter Wahl des Übersetzungsverhältnisses die Arbeit in Kilowattstunden an.

Eine Abart des Motorzählers ist der oszillierende Zähler der AEG. Bei diesem ist die Drehung des Ankers durch zwei Anschläge begrenzt; der Anker besteht aus zwei nebeneinander liegenden Spulen von gleichen Dimensionen. Bei der Berührung der Anschläge wird ein Relais betätigt, das den Spannungsstrom einmal der einen Wicklung, und einmal der anderen Wicklung, aber mit umgekehrter Stromrichtung zuführt. Auf diese Weise entsteht an Stelle der rotierenden Bewegung des Ankers eine oszillierende.

Bei den *Pendelzählern* von Aron durchfließt der Spannungsstrom die Windungen von zwei Spulen, die auf zwei gleich langen Pendeln derart angebracht sind, daß ihre Wicklungsebenen horizontal liegen. Dicht unter diesen Spulen sind zwei vom Arbeitsstrom durchflossene Hauptstromspulen angebracht, deren Wicklungen so geführt sind, daß sie auf das eine Pendel anziehend, auf das andere abstoßend wirken, daß sie also den Gang des einen Pendels beschleunigen, den des anderen verzögern. Die hervorgerufene Gangdifferenz ist dem Produkt von Strom und Spannung proportional, sie wird mit Hilfe eines Differentialgetriebes auf ein Zählwerk übertragen.

Als Ampèrestundenzähler dienen die sog. *Magnetmotorzähler* und *elektrolytische* Zähler. Der Anker der Magnetmotorzähler liegt im Nebenschluß zu einem von dem Arbeitsstrom I durchflossenen Widerstand; der Ankerstrom ist daher proportional I. Der in der Regel scheibenförmig ausgebildete Anker dreht sich im Felde eines permanenten Magneten. der gleichzeitig als Bremsmagnet dient.

Elektrolytische Zähler haben erst in den letzten 15 Jahren in der Form der von Schott und Genossen in Jena hergestellten Stia-Zähler in Deutschland Verbreitung gefunden. Der Elektrolyt bei diesen Zählern ist eine wässerige Lösung von Jodquecksilber und Jodkalium; die Kathode bildet ein Iridiumblech oder ein Kohlekegel, die Anode Quecksilber. Beim Stromdurchgang wird an der Kathode Quecksilber abgeschieden, das sich in einem in KWh geeichten Meßrohr ansammelt. Sobald dieses gefüllt ist, wird das Quecksilber durch Kippen des Rohrs an die Anode bzw. in einen Speiser zurückgeführt.

Wechselstromzähler. Die Arbeit eines Wechselstroms während eines Zeitraums T ist bestimmt durch das Zeitintegral $\int_0^T EI \cos \varphi \, dt$, wenn E und I die Effektivwerte von Spannung und Strom, und φ die Phasenverschiebung ist (s. Leistung, elektrische).

Für die Messung der Wechselstromarbeit kommen fast ausschließlich die sog. *Induktionsmotorzähler* in Betracht. Sie sind ihrer Wirksamkeit nach Induktions- (asynchrone) Motoren, deren Kurzschlußanker aus einer Aluminiumscheibe besteht und ähnlich wie bei den Gleichstromzählern durch

eine Wirbelstrombremse gebremst wird. Das treibende Drehmoment wird durch die Wechselwirkung der räumlich und in der Phase gegeneinander verschobenen Felder des Hauptstroms und des Spannungsstroms auf die in der Ankerscheibe induzierten Wirbelströme erzeugt. Die Phasenverschiebung zwischen beiden Feldern ist durch besondere Hilfsmittel so eingestellt, daß der Winkel der Phasenverschiebung 90° beträgt, wenn Arbeitsstrom und Netzspannung gleiche Phase haben, d. h. wenn der Leistungsfaktor $\cos \varphi = 1$ ist. Das erzeugte treibende Drehmoment ist dann proportional $EI \sin(90° - \varphi) = EI \cos \varphi$, d. h. der Leistung. Bezüglich der Übertragung der Umdrehungen auf die Zählwerke gilt das für Gleichstrommotorzähler Gesagte.

Zählerprüfung. Die rotierenden Zähler tragen auf dem Zifferblatt die Angabe 1 KWh = n Umdrehungen. Zählt man während einer Zeit t (in s) u Umdrehungen, und ist die während dieser Zeit konstant gehaltene Leistung N Watt, so erhält man die **Zählerkonstante**

$$C = \frac{N \cdot t \cdot u}{3600 \cdot 1000 \cdot u}.$$

C ist die Zahl, mit der man die Zählerangaben zu multiplizieren hat, um den tatsächlichen Verbrauch zu erhalten. Der Fehler des Zählers, in Prozenten des Sollwertes, ist dann

$$F = 100 \frac{1 - C}{C}.$$

Gesetzliche Bestimmungen. Das Gesetz betr. die elektrischen Meßeinheiten im Deutschen Reich verbietet den Gebrauch unrichtiger Meßgeräte; als unrichtig ist ein Zähler anzusehen, wenn seine Angaben außerhalb der Verkehrsfehlergrenzen liegen. Ist die Belastung des Zählers gleich $1/p$ seiner Nennlast, so berechnen sich die Verkehrsfehlergrenzen nach der Formel

$F = \pm (6 + 0,6 p)$ Prozent für Gleichstromzähler,

$F = \pm (6 + 0,6 p + 2 \operatorname{tg} \varphi)$ Prozent für Wechselstromzähler (φ Phasenverschiebung).

Für die amtliche Beglaubigung sind von der Physikalisch-technischen Reichsanstalt engere Fehlergrenzen (etwa die Hälfte der Verkehrsfehlergrenzen) festgesetzt. Amtliche Prüfungen und Beglaubigungen werden von der PTR. sowie den Elektrischen Prüfämtern in Ilmenau, Hamburg, München, Nürnberg, Chemnitz, Frankfurt a. M., Bremen ausgeführt.   *R. Schmidt.*

Näheres s. K. Schmiedel, Wirkungsweise und Entwurf der Motor-Elektrizitätszähler. Stuttgart 1916.

Elektrochemie ist die Lehre von den Umwandlungen chemischer Energie in elektrische und umgekehrt. Hierbei gilt als Maß der chemischen Energie die Wärmemenge (Wärmetönung), die der innerhalb eines Kalorimeters von konstantem Volum bei konstanter Temperatur sich abspielende chemische Vorgang nach außen entwickelt; die frei verwandelbare elektrische Energie wird gemessen als das Produkt von Elektrizitätsmenge und elektromotorischer Kraft. Nach dem ersten Hauptsatz der Wärmelehre sind beide Energiearten einander äquivalent, und zwar ergibt die Messung, daß eine Wattsekunde der Wärmemenge von 0,239 kleinen 15° Kalorien entspricht. Damit ist nicht gesagt, daß chemische Energie stets restlos in elektrische verwandelt werden kann, vielmehr wird das Quantum dieser Umwandlungen, wenigstens sofern sie umkehrbar sind, durch den zweiten Hauptsatz der Thermodynamik bestimmt. Zur Elektrochemie im engeren und eigentlichen Sinne des Wortes gehören die das Strömen von Elektrizität begleitenden physikalisch-chemischen Prozesse, nämlich die Elektrolyse und die elektrolytische Polarisation (s. d.), sowie die Umkehrung derselben, nämlich die Erzeugung elektrischen Stromes mit Hilfe galvanischer Ketten (s. Galvanismus), alles Vorgänge, die von dem Faradayschen elektrochemischen Äquivalentgesetz beherrscht werden (s. d.), an denen also Leiter zweiter Klasse (s. d.) beteiligt sein müssen. Es ist lediglich historisch begründet, wenn unter den Begriff Elektrochemie auch die durch Funken- oder stille elektrische Entladung verursachten Gasreaktionen subsumiert werden, welche dem Faradayschen Gesetz nicht gehorchen, sondern wegen des mit ihnen verknüpften Auftretens von Strahlungsenergie den photochemischen Prozessen (s. d.) zuzurechnen sind. Schließlich grenzt an das Gebiet der Elektrochemie auch die Theorie der kataphoretischen und endosmotischen Erscheinungen (s. d.), doch wird ihre Behandlung neuerdings mit besserem Recht der Kolloidchemie (s. d.) zugewiesen.   *H. Cassel.*

Näheres in den Lehrbüchern z. B. von M. Le Blanc und F. Foerster, veraltet, aber zur Einführung empfehlenswert: W. Ostwald, Elektrochemie. 1896 und F. Haber, Technische Elektrochemie. 1898.

Elektroden, nennt man an gewissen elektrischen Apparaten, und zwar nach unserem Sprachgebrauch insbesondere an solchen für elektrolytische, Flüssigkeits-, Gas- oder Vakuumentladungen die aus Metall oder einem anderen gut leitenden Material, Kohle, Graphit usw. bestehende Zuleitungen oder Feldkörper, während die Zuleitungsteile an allerhand Elektrizitätsquellen, Meßinstrumenten, Widerständen oder anderen metallischen Leitern meistens Pole, Klemmen oder schlechtweg Zuleitungen genannt werden. Die Elektrode zur Zuführung der negativen Spannung heißt Kathode, die für die positive Spannung Anode, bei Röntgenröhren auch Antikathode. Für Vakuumentladungen verwendet man oft Kathoden, die Elektronen oder Ionen emittieren, insbesondere Glühkathoden (Edison) aus Metall oder Kohle, auch mit Oxydüberzug (Wehneltkathode), ferner lichtelektrisch emittierende Metalle (Hallwachs).

Außer Anoden und Kathoden gibt es für viele Zwecke besondere Elektroden, die Sonden, Gitter, Feldkörper usw. genannt werden.

Bei der Elektrolyse werden oft als Elektrodenmaterial Platin oder Kohle verwendet, für Metallisierungszwecke die betreffenden Metalle. Für Gas- und Vakuumentladungen sind Aluminium, Platin, Iridium, Molybdän, Tantal, Wolfram, gelegentlich auch Kupfer, Nickel, Eisen, für spezielle Zwecke Kalium, Natrium und Quecksilber in Gebrauch.
                                        H. Rukop.

Elektrodynamometer. Die elektrischen Dynamometer sind Galvanometer (s. d.), die zwei von Strömen durchflossene Spulen, eine feste und eine bewegliche, besitzen, welche anziehend aufeinander wirken. Die Dynamometer dienen in mannigfacher Ausbildung als Strom-, Spannungs- und Leistungsmesser (Wattmeter) bei Gleich- und Wechselstrommessungen und sind für Spiegel- oder Zeigerablesung eingerichtet. Sie spielen, besonders in der Meßtechnik bei Wechselstrom als Präzisionsinstrumente eine hervorragende Rolle. Die bewegliche, mit Stromzuführungen versehene Spule ist entweder aufgehängt oder in Spitzen bzw. Zapfen drehbar eingerichtet. Werden beide Spulen von demselben Strom hintereinander durchflossen, so ist das Drehmoment beider Spulen aufeinander proportional dem Quadrat der Stromstärke; allgemein ist es proportional dem Produkt beider Ströme. Aus diesem Grunde sind auch die Instrumente für Wechselstrom zu gebrauchen, da für die Augenblickswerte des Stroms die angegebene Beziehung besteht und das Instrument den zeitlichen Mittelwert mißt, der den Effektivwerten der Ströme proportional ist. Wird die eine Spule, in der Regel die drehbare, an Spannung gelegt, so wird das Dynamometer zu einem Leistungsmesser; doch ist dabei der in der Spannungsspule fließende Strom, der einen Energieverbrauch des Instruments zur Folge hat, in Rechnung zu setzen (s. Leistungsmessung). Die Dynamometer können mit Gleichstrom geeicht werden. Dabei muß die bewegliche Spule senkrecht zum Meridian stehen, damit der Erdmagnetismus keine Wirkung ausübt; die bewegliche Spule darf keine Ablenkung erfahren, wenn durch sie allein Strom fließt. Außerdem müssen beide Spulen senkrecht zueinander stehen, was dadurch geprüft werden kann, daß man die bewegliche Spule kurz schließt und durch die feste einen Stromstoß oder Wechselstrom schickt; es darf dann ebenfalls keine Ablenkung erfolgen. Die noch vorhandenen kleinen Fehler kann man durch Kommutieren des Stroms bei den Messungen eliminieren. Bei den zu Wechselstrommessungen bestimmten Instrumenten dürfen keine Wirbelströme auftreten; daher müssen alle störenden Metallteile in der Nähe der Spulen vermieden werden. Die technischen Instrumente besitzen meist Zeigerablesung und sind häufig für mehrere Meßbereiche eingerichtet. Die Bauart ist verschieden, je nachdem die Dynamometer als Universalinstrumente, als Strom-, Spannungs- oder Leistungsmesser dienen sollen. Sie besitzen meist Luftdämpfung (Scheibe in kreisförmig gebogener Röhre); zwecks größerer Empfindlichkeit ist bei den Zeigerinstrumenten die bewegliche Spule mitunter an Metallfäden, die gleichzeitig zur Stromzuführung dienen, aufgehängt. Bei den technischen Wattmetern kann eine angenäherte Proportionalität der Skala durch besondere Form und Abmessung der Spule erreicht werden, was bei den dynamometrischen Strom- und Spannungsmessern nicht der Fall ist. Die bei größeren Phasenwinkeln auftretenden Fehler sind bei den neueren Instrumenten meist vermieden; auch die Korrektion wegen des Eigenverbrauchs der Wattmeter läßt sich durch Kompensationswicklungen beseitigen. Die Spannungsspule besitzt meist eine zu vernachlässigende Selbstinduktion, die sonst bei Wechselstrommessungen leicht Fehler verursacht und besonders berücksichtigt werden muß, vor allem auch wenn das Instrument im Nebenschluß gebraucht wird. Es werden auch zwei mechanisch gekuppelte, übereinander gelagerte Wattmeter (Hartmann & Braun) gebaut, die zu Leistungsmessungen bei Drehstrom dienen (s. d.). Bei den Spannungsmessern (Voltmetern) sind die beiden Spulen hintereinander geschaltet; für Meßbereiche höherer Spannung werden induktionslose Widerstände vorgeschaltet, analog wie bei den Gleichstromvoltmetern. Die Stromzuführung geschieht durch Spiralfedern, die gleichzeitig die Richtkraft liefern. Bei den Strommessern (Amperemetern) können die beiden Spulen für größere Stromstärken nicht hintereinander geschaltet werden, da die Spannungsspule nur schwache Ströme verträgt; mitunter sind Stöpsel vorhanden, um die Spulen hintereinander oder parallel schalten zu können; bei der Parallelschaltung können Fehler durch die Induktivität der Spulen auftreten. Auch die Stromerwärmung kann Fehler verursachen, da die Spulen aus Kupfer bestehen und sich dann die Widerstandsverhältnisse ändern; die Fehler können durch besonders geschaltete Manganinwiderstände zum Teil kompensiert werden. (Vgl. auch „Torsionsdynamometer".) *W. Jaeger.*

Näheres s. Jaeger, Elektr. Meßtechnik. Leipzig 1917.

Elektroendosmose. Unter dem Einfluß eines elektrischen Feldes verschiebt sich eine mit einer festen Wand in Berührung stehende Flüssigkeit längs den zur Wand parallelen Feldlinien. Diese Fortführung der Flüssigkeit wird als Elektroendosmose bezeichnet. Dieselbe kann am leichtesten beobachtet werden, wenn zwei Flüssigkeitsvolumina durch ein poröses Diaphragma (z. B. aus Ton, aus feinem Pulver eines beliebigen Stoffes, oder auch aus einem kolloidalen Gel) voneinander getrennt werden und an den beiden Seiten dieser Wand eine EMK angelegt wird. Ein solches Diaphragma wirkt wie ein Bündel von Kapillaren, längs deren Wandung unter dem Einfluß des angelegten Feldes eine Überführung der Flüssigkeit stattfindet. Es kann daher schon nach kurzer Zeit die Zunahme des einen Flüssigkeitsvolums beobachtet werden.

Die ersten quantitativen Messungen auf diesem Gebiete stammen von Wiedemann und Quincke. Der letztgenannte Forscher gab auch eine Theorie der Erscheinung, welche Helmholtz zuerst rechnerisch verfolgt und später von anderen Autoren ergänzt wurde. Nach dieser Theorie entsteht an der Grenzfläche der Flüssigkeit und des festen Körpers eine elektrische Doppelschicht. Die eine Belegung derselben ist gleichsam mit dem festen Körper unbeweglich verbunden, die andere dagegen liegt bereits in einer Schicht der Flüssigkeit, welche sich gegen die Wand verschieben kann. Letztere muß demnach durch die auf die bewegliche Ladung der Doppelschicht wirkende Feldstärke mit einer bestimmten Geschwindigkeit fortgeführt werden. Infolge der inneren Reibung nimmt allmählich auch die von der Wand entfernter gelegener Flüssigkeit dieselbe Geschwindigkeit an.

Vorausgesetzt, daß die hydrodynamischen Gleichungen auch für den ganzen Bereich der Doppelschicht gültig sind, und die Strömungslinien parallel der Achse der Kapillaren verlaufen, ergibt sich für diese Geschwindigkeit:

$$(1) \qquad v = v_0 + \frac{i s D e}{4 \pi m}$$

Hierbei bezeichnet v_0 die durch hydrostatischen Überdruck erzeugte Geschwindigkeit, i die Stromdichte, s den spezifischen Widerstand der Flüssigkeit, m die innere Reibung und D die Dielektrizitätskonstante derselben, e die Potentialdifferenz zwischen den Belegungen der Doppelschicht. Unter Berücksichtigung des Ohmschen Gesetzes kann die Gleichung 1) auch geschrieben werden in der Form:

$$(2) \qquad v = v_0 + \frac{E e q D}{4 \pi m l}$$

Hierin bedeutet q den Querschnitt, l die Länge der Kapillaren und E die zwischen ihren Enden herrschende Spannung.

Wie Smoluchowski gezeigt hat, sind diese Gleichungen nicht nur für Kapillaren, sondern für Gefäße beliebiger Form gültig, solange die Flüssigkeitsströmung ohne Turbulenz vonstatten geht.

Ist kein hydrostatischer Überdruck vorhanden, so besagt die Gleichung (1), daß die in der Zeiteinheit überführte Flüssigkeitsmenge bei Verwendung einer konstanten Stromstärke unabhängig von den Dimensionen der Kapillare ist.

Aus Gleichung (2) geht sodann hervor, daß die Menge der durch Elektroendosmose transportierten Flüssigkeit der angelegten Spannung, der Dielektrizitätskonstante, dem Potentialsprung in der Doppelschicht, sowie dem Querschnitt der Kapillare direkt und der inneren Reibung der Flüssigkeit, umgekehrt proportional ist.

Wird dagegen der hydrostatische Überdruck z.B. bei Anwendung eines Steigrohres nicht kompensiert, so bildet sich ein stationärer Gleichgewichtszustand aus, der dadurch gekennzeichnet ist, daß die Elektroendosmose längs der Rohrwandung in einer Richtung und der hydrostatische Druck in der Mitte des Rohres in entgegengesetzter Richtung die gleiche Flüssigkeitsmenge pro Zeiteinheit transportieren.

Bei Verwendung einer Kapillaren mit dem Durchmesser $2 r$, für die das Poiseuillesche Gesetz gültig ist, ergibt sich so im Falle des stationären Gleichgewichtes die Größe des Überdruckes zu:

$$P = \frac{2 E D e}{\pi r^3}$$

Die angegebenen Gleichungen konnten durch eine große Anzahl von Versuchen bestens bestätigt werden. Bei derartigen Experimenten verdient der Einfluß der Temperatur, der sich durch Änderung der Größen m, e und s geltend macht, besondere Beachtung. Diese Gleichungen gelten indessen nur für den Fall, daß die Wand aus isolierendem Material besteht. Bei Verwendung von Leitern verlieren sie daher im allgemeinen ihre Gültigkeit und behalten dieselbe nur, wenn das Gefäß eine Kapillare ist, da in diesem Falle die Stromlinien stets parallel der Achse verlaufen. Wenn eine Gleitung der äußeren Belegung an der Wand stattfindet, so muß dieselbe in der Weise berücksichtigt werden, daß in die Gleichungen eine Größe eintritt, welche e verkleinert.

Über die Natur der an der Grenzfläche von Flüssigkeit und fester Wand bestehenden elektrischen Doppelschicht sind mannigfache Vermutungen ausgesprochen worden, ohne daß bis jetzt eine allgemein anerkannte Theorie vorliegt.

1. Nach Coehn entsteht bei der Berührung zweier Stoffe von verschiedener Dielektrizitätskonstante die elektrische Doppelschicht stets in dem Sinne, daß die Substanz mit der geringeren Dielektrizitätskonstante negativ aufgeladen wird. Diese Regel ist in der angegebenen allgemeinen Fassung keinesfalls richtig (ihre Gültigkeit wurde auch von Coehn selbst auf „Dielektrika" eingeschränkt). Versuche haben nämlich ergeben, daß bereits sehr geringe Elektrolytzusätze eine Umladung der Doppelschicht bewirken. So konnte zuerst Perrin feststellen, daß insbesondere die H^+- und OH^--Ionen eine außerordentlich starke Wirkung in diesem Sinne ausüben. Bezüglich der anderen Ionen konnte gezeigt werden, daß deren Wirkung mit ihrer Wertigkeit wächst. Im allgemeinen verstärkten die Ionen die Ladung der festen

Wand, wenn sie das gleiche Vorzeichen mit derselben hatten. Im entgegengesetzten Fall wurde die Wand entladen oder auch — wenn die Konzentration genügend groß war — umgeladen.

2. Auf Grund dieser Versuche erklärte Perrin die Entstehung der Doppelschicht durch die Annahme, daß die H^+- und OH^--Ionen entsprechend ihrer großen Beweglichkeit ein sehr geringes Volum haben und daher näher an die Wand herankommen können, als die anderen Ionen. Es würde daher die Ladung der Wand von den in der Lösung vorhandenen H^+ bzw. OH^--Ionen bestimmt werden. Andererseits würden bei Verwendung von Wänden basischen oder sauren Charakters die OH^-- bzw. H^+-Ionen derselben am leichtesten in die Flüssigkeit diffundieren und dadurch die Ladung der Doppelschicht bedingen. Gegen beide Überlegungen können jedoch gewichtige Gründe angeführt werden. (Vgl. z. B. den am Schluß zitierten Artikel im Handbuche von L. Graetz.)

3. Die „osmotische" Theorie identifiziert den Potentialsprung der Doppelschicht mit den durch die Nernstsche Lösungstension definierten elektromotorischen Kräften. Indessen muß unter anderem gegen diese Hypothese der Einwand erhoben werden, daß der mittels Elektroendosmose, Kataphorese (s. d.) und Strömungsströmen experimentell bestimmte Potentialsprung ε die Größenordnung von nur einigen Hundertstel Volt (z. B. für Wasser-Glas 0,05 Volt) hat; der Nernstsche Potentialsprung dagegen ganze oder Zehntel Volt beträgt.

4. Auf Grund dieser Tatsache kann mit Freundlich und Smoluchowsky der Schluß gezogen werden, daß bei den elektrokinetischen Erscheinungen (d. s. Elektroendosmose, Kataphorese, Strömungsströme und Ströme durch fallende Teilchen) die Potentialdifferenz zwischen dem festen Körper und der Flüssigkeit der Hauptsache nach nicht in Betracht kommt. Es handelt sich hier vielmehr um einen Potentialsprung zwischen zwei Flüssigkeitsschichten, und zwar einer beweglichen und einer mit der Wand fest verbundenen.

Nach Freundlichs Annahme würde die Nernstsche Doppelschicht nur bis zu den der Wand am nächsten liegenden und an ihr haftenden Flüssigkeitslamellen reichen, so daß hier überhaupt noch keine Verschiebung stattfinden kann. Diese Potentialdifferenz superponiert sich einfach derjenigen zwischen den zwei oben genannten Flüssigkeitsschichten, die ihrerseits durch die verschiedene Adsorbierbarkeit der verschiedenen Ionen zustandekommt. Diese Annahme erklärt u. a. mit Leichtigkeit die besonders starke Wirksamkeit der H^+- und OH^--Ionen dadurch, daß eben diese Ionen äußerst leicht adsorbiert werden. Auch die mit der Wertigkeit wachsende Wirkung äquivalenter Lösungen von verschiedenen Leichtmetallkationen stimmt zu dieser Erklärung. Ihre Richtigkeit wird weiterhin erhärtet durch die Tatsache, daß die verschiedenen Leichtmetallkationen aus Lösungen gleicher molarer Konzentration gleichstark adsorbiert werden. Aus dieser Theorie würde nun folgen, daß bei Verwendung von Lösungen der Leichtmetallsalze organischer Säuren die sehr stark adsorbierbaren Anionen die negative Ladung z. B. einer Glaswand vergrößern müßten. Versuche von Freundlich und Elisafoff haben jedoch das Gegenteil ergeben.

5. Freundlich verwarf deswegen diese Theorie (4) des Adsorptionspotentialsprunges und läßt in einer modifizierten Theorie die Möglichkeit offen, daß die elektrischen Eigenschaften der Wand eine eigene — bisher ungeklärte — Ursache haben, die von der stofflichen Beschaffenheit der Wand sowohl als der Flüssigkeit abhängen und nur mittelbar von der Adsorption beeinträchtigt werden.

Die elektroendosmotischen Erscheinungen spielen neuerdings in der Technik eine wichtige Rolle. Ihre Nutzanwendungen beruhen im Prinzip auf der Trennung von Flüssigkeit und festem Stoff durch elektroendosmotische Fortführung. Hiermit kann z. B. eine Reinigung durch gleichzeitige Entfernung der Elektrolyte mit der Flüssigkeit bewirkt werden. Durch Kombination von Elektroendosmose und Kataphorese (s. d.) läßt sich auch eine weitergehende Reinigung und unter Umständen eine Art fraktionierter Zerlegung des festen Körpers erreichen.

Die meisten derartigen Verfahren sind in den Patentschriften der Elektroosmose A.-G. niedergelegt. Insbesondere sei auf die elektroosmotische Torftrocknung, Ton- und Leimreinigung sowie auf die serologischen Anwendungen solcher Vorgänge hingewiesen.

Zur Nomenklatur sei noch bemerkt, daß manche Autoren für die Elektroendosmose ebenfalls die Bezeichnung Kataphorese benutzen. Nach einem Vorschlage von Freundlich erscheint es jedoch zweckmäßig, für die hier geschilderte Gruppe von Erscheinungen ausschließlich den Terminus Endosmose zu verwenden.

In der folgenden Tabelle ist eine Zusammenstellung der Richtung des Flüssigkeitstransportes für verschiedene Kombinationen angegeben. + bedeutet eine Wanderung zur Kathode.

Flüssigkeit	Wand	Wanderungsrichtung
Wasser	Glas	+
,,	Schellack	+
,,	Ton	+
,,	Karborundum	+
,,	Schwefel	+
Glyzerin	Glas	+
Alkohol	,,	+
Aceton	,,	+
Anilin	,,	+
Schwefelkohlenstoff	,,	—
Benzol	,,	—
Terpentinöl	,,	—
,,	Schellack	—
,,	Schwefel	+

Paul Klein.

Näheres s. L. Graetz, Handbuch der Elektrizität und des Magnetismus. Bd. II, S. 366—428. Leipzig 1912.

Elektrolyse. Wenn zwei gleichartige metallisch leitende Elektroden aus unangreifbarem Material wie Platin oder Kohle an einen Leiter zweiter Klasse grenzen, so fließt bei hinreichend großer Spannung zwischen den Elektroden durch den Leiter zweiter Klasse ein elektrischer Strom, der innerhalb des Leiters zweiter Klasse eine Verschiebung von Materie und eine Zersetzung derselben an den Grenzflächen der Elektroden hervorruft. Dieser Vorgang heißt Elektrolyse. Hierbei treten an den Elektroden stets verschiedene Zersetzungsprodukte auf, deren Wiedervereinigung einen Elektrolyten liefert und die deswegen als elektropositiver Bestandteil des Elektrolyten, der am negativen Pol, und als elektronegativer Bestandteil, der am positiven Pol entwickelt wird, unterschieden werden. Man hat nach Faraday anzunehmen, daß die kleinsten Teile der Zersetzungsprodukte vor ihrer Abscheidung an den Elektroden mit elektrischen Ladungen entgegengesetzten Vorzeichens behaftet als Ionen (s. d.) unter der Wirkung des elektrischen Feldes durch den Elektrolyten zu den Elektroden getrieben werden, die negativen Anionen zur positiven Anode, die positiven Kationen zur negativen Kathode, und dort unter Verlust ihrer Ladungen als neutrale Stoffe entweder selbst zur Abscheidung gelangen oder im chemischen Umsatz mit dem Lösungsmittel (oder auch mit angreifbaren Elektroden) Bestandteile des letzteren in Freiheit setzen. So wird geschmolzenes NaCl in metallisches Na und gasförmiges Cl zerlegt. Verdünnte Schwefelsäure ist teilweise in einfach positiv geladene H-Ionen und in doppelt negativ geladene SO_4-Ionen gespalten. Dieser Komplex ist als neutraler Körper nicht existenzfähig und setzt sich daher, wie man sagt, sekundär bei seiner Entladung mit Wasser zu Schwefelsäure und Sauerstoff um, welcher bei der Elektrolyse an der Anode entwickelt wird. Die Menge der Zersetzungsprodukte wird nach dem Faradayschen Gesetz (s. d.) durch die Menge der durch den Leiter zweiter Klasse hindurchgeströmten Elektrizität bestimmt.   *H. Cassel.*

Näheres in den Lehrbüchern der Physik und Chemie.

Elektrolytischer Detektor s. Schlömilchzelle.

Elektrolytische Dissoziation. Mit der Forderung der Theorie der verdünnten Lösungen (s. d.), daß der osmotische Druck, oder die Gefrierpunktserniedrigung, oder die Siedepunktserhöhung einer verdünnten Lösung der Anzahl der Mole des gelösten Stoffes proportional sein soll, ist die auffallende Tatsache in scheinbarem Widerspruch, daß gerade diejenigen Stoffe, welche dem Lösungsmittel Leitfähigkeit für den galvanischen Strom erteilen, also die Elektrolyte, einen bedeutend höheren osmotischen Druck ausüben, eine größere Siedepunktserhöhung bzw. Gefrierpunktserniedrigung erwirken, als ihrem Molekulargewicht entsprechen sollte. Es ist das Verdienst von Arrhenius, diesen Widerspruch durch die Annahme der „elektrolytischen Dissoziation" nicht bloß behoben, sondern hierdurch zugleich die Tatsache der Leitfähigkeit von Flüssigkeiten in befriedigender Weise erklärt zu haben. Nach dieser Theorie spalten sich die Moleküle eines Elektrolyten teilweise oder sämtlich in polar verschiedene Teile, in die durch die Forschungen Faradays erkannten „Ionen", welche ihrer entgegengesetzten elektrischen Ladung entsprechend unter dem Einfluß einer äußeren Spannung in entgegengesetzter Richtung wandern und dadurch den als galvanischen Strom nachweisbaren konvektiven Transport von Elektrizität hervorrufen. Demnach bestände zwischen der elektrolytischen Dissoziation und der thermischen die vollkommenste Analogie allein mit dem Unterschied, daß bei ersterer die Spaltungsprodukte mit entgegengesetzten Ladungen versehen sind. Tatsächlich zeigt z. B. gasförmiger Chlor-Wasserstoff zwischen zwei mit einer galvanischen Batterie verbundenen Platin-Elektroden keine wahrnehmbare elektrische Leitfähigkeit. Kaum merklich größer ist die Leitfähigkeit sehr reinen Wassers. Wohl aber findet ein außerordentlich leichter Stromübergang statt, wenn die Elektroden in Wasser eintauchen, das Chlorwasserstoffgas in Lösung aufgenommen hat. Die Leitfähigkeit einer salzsauren Lösung beruht also darauf, daß der Chlorwasserstoff in positiv geladene Wasserstoffionen und negativ geladene Chlorionen mehr oder

weniger vollständig dissoziiert ist. Diese Spaltung erfolgt nicht erst unter der Wirkung des elektrischen Feldes, sondern wie eben die Abweichungen von dem normalen thermodynamischen Verhalten nicht elektrolytischer Stoffe in verdünnter Lösung zeigen, bei dem Prozeß der Lösung selbst. In einer elektrolytischen Lösung sind daher unter allen Umständen freie Ionen ausschließlich oder neben einem Rest unzerspalteter neutraler Moleküle jederzeit vorhanden. So gut diese Theorie mit einer großen Reihe experimentell erhärteter Tatsachen im Einklang steht und so sehr sie dem Bedürfnis nach einer molekular kinetischen Deutung der Naturvorgänge genügt, so wenig durften die Ausnahmen übersehen werden, welche das Verhalten der starken Elektrolyte darzubieten schien, solange man auf sie das für thermische Vorgänge gültige Gesetz der chemischen Massenwirkung anzuwenden versuchte. Diese Schwierigkeiten konnten erst behoben werden, als nach dem Vorgang von P. Hertz und J. Ch. Ghosh auf die elektrische Ladung der gespaltenen Teilchen gebührende Rücksicht genommen wurde (s. auch Verdünnungsgesetz von Ostwald). Auf Grund dieser Vorstellung sollen sämtliche Moleküle eines Elektrolyten in der Lösung in Ionen zerfallen sein und die als „Dissoziationsgrad" oder Aktivitätskoeffizient für das Verhalten der Lösung maßgebende Größe von dem durch die Konzentration bestimmten gegenseitigen Potential der freien Ionen abhängen.   *H. Cassel.*

Näheres s. P. Hertz, Ann. d. Physik. Bd. 37. S. 1. 1912 und J. Ch. Ghosh, Zeitschr. f. physikal. Chem. Bd. 98. 1921.

Elektrolytisches Potential. Unter E. P. versteht man den Wert der elektromotorischen Kraft eines in wässerige Lösung von 18° C und „normaler" Konzentration der zugehörigen Ionen eintauchenden Metalles (elektropositiven oder elektronegativen Elementes) gemessen gegen die Wasserstoff-Normalelektrode, deren Potential gleich Null gesetzt wird. Hierbei ist zu beachten, daß die Ionenkonzentration nicht durch die chemische Analyse der Lösung bestimmbar ist; sie kann vielmehr nur auf Grund besonderer Annahmen über den Dissoziationsgrad z. B. aus Leitfähigkeitsmessungen berechnet werden. Das E.P. ist ein Maß für die Abnahme der freien Energie beim Übergang aus dem metallischen in den gelösten Zustand (s. Galvanismus) bzw. für die Zunahme derselben bei Umkehrung dieses Vorganges und daher um so größer, je „edler" sich eine Substanz verhält. Da die Änderung der Ionenkonzentration um eine Zehnerpotenz, solange die Lösung als verdünnt angesehen werden kann, den Betrag des Einzelpotentials um höchstens 0,058 Volt ändert, so kann die nach der Größe geordnete Reihe der Elektrolyte der chemischen Elemente als „Spannungsreihe" dienen. Es ist jedoch zu bedenken, daß die hieraus ersichtliche Affinität (s. d.) der Elemente von der Temperatur und von der Konzentration der benetzenden Lösung abhängig ist.

Tabelle.

Elektrolytisches Potential (in Volt, bezogen auf Wasserstoff) für den Übergang aus dem metallischen in den Ionenzustand).

Li +	—3,02	Ca + +	—2,5
K +	—2,92	Mg + +	—1,55
Ba + +	—2,8	Mn + +	—1,0
Na +	—2,71	Zn + +	—0,76
Sr + +	—2,7	Cr + +	—0,5

T a b e l l e (Forts.).

Fe++	—0,43	Co+++	+0,4
Cd++	—0,40	Cu+	+0,52
Tl+	—0,33	Hg+	+0,75
Co++	—0,29	Ag+	+0,80
Ni++	—0,22	Hg+	+0,86
Pb++	—0,12	Au+++	+1,3
Sn++	—0,10	Au+	+1,5
Fe+++	—0,04	J—	+0,54
H+	0,00	S—	+0,55
Sb+++	+0,1	Br—	+1,08
Bi+++	+0,2	O—	+1,23
As+++	+0,3	Cl—	+1,36
Cu++	+0,34	F—	+1,9

Die auf die Normalkalomelelektrode bezogenen Werte sind um 0,275 Volt kleiner.

Für radioaktive Stoffe gilt die Regel, daß das bei α-strahlenden Umwandlungen entstehende Produkt edler ist als die Muttersubstanz, umgekehrt bei β-strahlenden. (G. v. Hevesy, 1912.)
H. Cassel.

Näheres s. R. Abegg, Fr. Auerbach und R. Luther,
Messungen elektromotorischer Kräfte. Halle 1912.
(Abhandlungen der Bunsen-Gesellschaft.)

Elektrolytischer Strommesser s. Voltameter.

Elektrolytische Zähler s. Elektrizitätszähler.

Elektromagnet. — Die Konstruktion des Elektromagnets beruht auf der Tatsache, daß der aus weichem Eisen bestehende Kern einer stromdurchflossenen Spule beim Stromschluß magnetisch wird, beim Öffnen des Stroms aber seinen Magnetismus zum großen Teil wieder verliert. Gerade in dieser willkürlichen Betätigung des Magnets liegt ein erheblicher Vorzug vor dem permanenten Magnet, ein zweiter in seiner viel höheren Wirksamkeit, ein Nachteil dagegen in dem Energieverbrauch durch den elektrischen Strom und den dadurch bedingten Kosten; auch die Konstanz des magnetischen Feldes ist im allgemeinen bei einem sorgfältig gealterten permanenten Magnet besser, als bei einem Elektromagnet. Diese Gesichtspunkte werden bei der Frage, ob man für bestimmte Zwecke einen Elektromagnet oder einen permanenten Magnet wählen soll, den Ausschlag geben.

Stabförmige Elektromagnete kommen seltener zur Verwendung, zumeist handelt es sich um solche von ringförmiger, hufeisenförmiger oder rechteckiger Gestalt, bei welcher dem Induktions-

fluß ein nahezu geschlossener magnetischer Kreis (s. dort) zur Verfügung steht, der nur in dem mehr oder weniger breiten Luftspalt, in welchem der Kraftlinienfluß durch Anziehen des Ankers oder dgl. sich betätigen soll, unterbrochen ist. Die bewickelten Seitenteile werden, wie beim permanenten Magnet, als Schenkel bezeichnet; an den Enden befinden sich zumeist sog. Polschuhe, die vielfach in Polspitzen und dgl. auslaufen (s. Figur). Je größer die „Durchflutung" (Produkt aus Windungszahl und Stromstärke in Ampere), je größer der Querschnitt und je geringer die mittlere Länge des Eisenkerns, je höher dessen Permeabilität bzw. Sättigungswert, je schmaler der Luftspalt zwischen den Polstücken ist, desto höher ist der gesamte Induktionsfluß im Eisen, der sich natürlich durch die Luft schließt. Dieser Schluß erfolgt aber nicht nur zwischen den Polen, wo man ihn braucht, sondern auch schon vorher von Schenkel zu Schenkel durch die sog. Streulinien, die infolgedessen für den eigentlichen Zweck verloren gehen. Um dies möglichst einzuschränken, vermeidet man die früher vielfach übliche schmale U-förmige Gestalt und verstärkt die Wickelung noch besonders in der Nähe der Pole, so daß die Induktionslinien gezwungen werden, möglichst vollzählig an der gewünschten Stelle durch das Interferrikum hindurchzutreten. Will man ein besonders gleichmäßiges Feld haben, so verwendet man ausgedehnte, meist kreisförmige Polplatten, von deren Abstand auch die Stärke des Feldes in hohem Maße abhängt. Braucht man dagegen sehr starke Felder von geringer Ausdehnung, so verwendet man kegelförmig zugespitzte, an der Spitze nur wenig abgeplattete Polstücke, in welchen der Induktionsfluß der Schenkel konzentriert wird, und die man am besten aus einer Legierung von Eisen mit etwa $^1/_3$ Kobalt herstellt, deren Sättigungswert noch erheblich höher liegt, als derjenige des reinen Eisens: In schmalen Luftspalten zwischen derartigen Polspitzen lassen sich mit großen Elektromagneten Felder von 40—60 000 Gauß herstellen, doch sind sie natürlich ihrer geringen Ausdehnung wegen nur für ganz bestimmte wissenschaftliche Zwecke zu verwenden.

Sind die Schenkel des Elektromagnets sehr dick und nicht unterteilt, so treten, trotzdem die Magnetisierung der magnetischen Kraft außerordentlich rasch folgt, wegen der Selbstinduktion der Spulen erhebliche Verzögerungen ein, so daß die Feldstärke erst nach längerer Zeit konstant wird; bei großen Elektromagneten kann diese Relaxationsdauer bis zu Minuten betragen.

Die ersten größeren Elektromagnete hat Rühmkorff konstruiert, der einen Eisenkern von rechteckiger Form nur in der Nähe der Polstücke sehr stark mit Drahtwindungen versah, den übrigen unbewickelten Teil aber gewissermaßen als Joch (s. dort) behandelte. Dieselbe Konstruktion hat neuerdings P. Weiß wieder verwendet, da sie für bestimmte Zwecke sehr bequem ist; insbesondere läßt sich mit Hilfe axial verschiebbarer und zur Durchsicht mit zylindrischer Bohrung versehener Polstücke sowie mit Hilfe der vorhandenen Drehvorrichtungen auch mit dem außerordentlich schweren Apparat bequem arbeiten. Magnetisch die besten Ergebnisse, d. h. die stärksten Felder bei geringstem Eigengewicht und geringstem

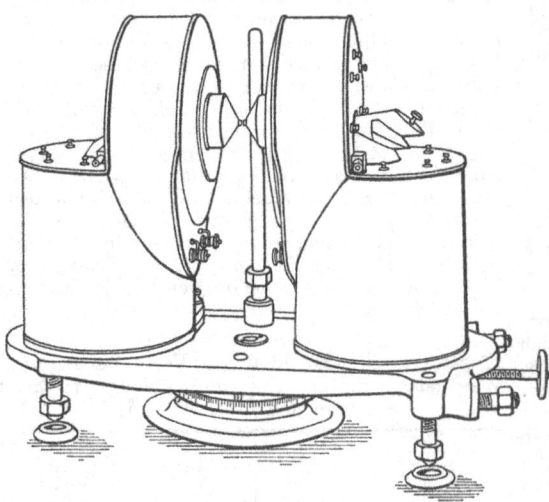

Elektromagnet.

Energieverbrauch, liefern die von du Bois angegebenen und von der Firma Hartmann & Braun in Frankfurt a. M. hergestellten Vollring- und Halbringmagnete verschieden großer Typen.

Man kann die Wirkung der Elektromagnete dadurch noch erheblich steigern, daß man mit der Erregung noch weit über die Sättigung des Eisens hinausgeht und diejenigen Kraftlinien mit benützt, welche die Spule selbst liefert; je höher also die verwendeten Stromstärken sind, desto stärker wird das Feld. Dies findet aber unter gewöhnlichen Verhältnissen sehr bald seine Grenze in der Wärmeentwicklung des Stromes, infolge deren die Isolation leidet; außerdem würde man zur Erzeugung eines sehr starken Stroms in den dünnen Drähten außerordentlich hoher Spannungen bedürfen. Deslandres und Pérot haben deshalb versucht, den Widerstand der Wickelung dadurch herabzusetzen und die entstehende Joulesche Wärme dadurch zu beseitigen, daß sie dauernd einen Strom kalten Wassers zwischen den aus Silberbandstreifen bestehenden Windungen hindurchpreßten. Auf diese Weise erzielten sie mit unverhältnismäßig kleinen und leichten Elektromagneten das höchste bisher erreichte Feld von 64 000 Gauß, doch ist der Betrieb (5000 A. bei 68 V.) außerordentlich kostspielig.

In der Technik haben die Elektromagnete bereits eine weite Verbreitung gefunden. So beruht beispielsweise beim Morseapparat usw. das Zeichengeben darauf, daß ein beim Niederdrücken eines Tasters in bestimmten Intervallen geschlossener Strom, der am Bestimmungsort die Wickelung eines Elektromagnets umfließt, in dem gleichen Rhythmus einen Anker anzieht, welcher längere oder kürzere Striche als Zeichen für die Buchstaben auf ein vor dem Anker abrollendes Band schreibt. In ganz ähnlicher Weise arbeitet der Elektromagnet in den bekannten elektrischen Klingeln, bei welchen der Strom die notwendige Unterbrechung selbst besorgt. Im Gegensatz zu dieser Kleinarbeit stehen die mächtigen Wirkungen der Anker der Elektromotoren, deren Zugkraft genügt, um die schwersten Eisenbahnzüge in Bewegung zu setzen usw. Eine besonders vorteilhafte Anwendung von den Elektromagneten macht man neuerdings in den Eisenhütten, wo man schwere Eisenblöcke ebenso wie den kleinen Schrott einfach mittels eines passend geformten, starken Elektromagnets transportiert, der ohne jedes Greifwerkzeug die zu befördernden Eisenlasten so lange festhält, als der Strom geschlossen bleibt, und sie am gewünschten Ort beim Öffnen des Stroms fallen läßt.

Für die Zugkraft P zwischen einem ebenen Pol vom Querschnitt q und einem entsprechenden ebenen Anker gilt angenähert die Beziehung $P = q \dfrac{\mathfrak{B}^2}{4\,\pi}$ in Dynen, wobei $\mathfrak{B}$ die Anzahl der senkrecht zur Polfläche austretenden Kraftlinien bezeichnet. Bei ungefährer Sättigung des Eisens ($\mathfrak{B}$ etwa = 21 000) würde sie rund 30 kg/cm² betragen, doch wird dieser Wert in der Praxis wohl selten erreicht. *Gumlich.*

Elektrometer. Bei den Elektrometern wird in der Regel die elektrostatische Anziehung oder Abstoßung zur Messung einer Spannung benutzt. Dabei werden die auftretenden Kräfte entweder durch irgend eine andere Kraft (Gewicht, Feder) kompensiert, oder es wird ein Ausschlag gemessen. Hierzu gehören auch die als Elektroskope bezeichneten Apparate, die zu roheren Messungen oder nur zur Erkennung des Vorhandenseins einer Spannung dienen. Man kann folgende Formen von Elektrometern unterscheiden: 1. die auf dem Kondensatorprinzip beruhenden Instrumente (Schutzringelektrometer, Kirchhoffsche Wage), bei denen die Anziehung zweier Platten aufeinander benutzt wird, 2. die Quadranten-, Binanten- bzw. Schachtelelektrometer, bei denen eine Nadel, die über oder zwischen Platten von verschiedener Spannung drehbar aufgehängt ist, ein Drehmoment erfährt, 3. die Faden- und Blatt-Elektrometer, zu denen auch das Saitenelektrometer gehört. Diese Instrumente zeigen sehr verschiedene Formen, als deren Grundtyp das Goldblattelektrometer anzusehen ist, 4. Kapillarelektrometer, bei dem die Änderung der Kapillarkonstante von Quecksilber zur Messung benutzt wird, 5. Piezoelektrometer und ähnliche Instrumente. Über diese verschiedenen Gattungen von Instrumenten vgl. die Einzelartikel.

Allgemein ist noch folgendes zu bemerken. Meßbar sind nur Potentialdifferenzen, z. B. Spannung gegen Erde oder zwischen Batteriepolen oder zwischen zwei Stellen eines stromdurchflossenen Leiters usw. Die Elektrometer können auch bei Wechselstrommessungen Anwendung finden; sie messen dann die Effektivspannung. Gegenüber den elektrodynamischen Instrumenten besitzen sie den Vorteil, daß sie keine Energie verbrauchen. Von sehr großer Wichtigkeit besonders bei statischen Messungen ist eine gute Isolation der in Betracht kommenden Teile, die am besten aus Bernstein oder geschmolzenem Quarz hergestellt wird. Glas zeigt vielfach Oberflächenleitung, die auch oft durch Abwaschen und Auskochen nicht zu beseitigen ist. Die besten Resultate gibt Flintglas oder Jenaer alkalifreies Glas Nr. 122 und 477. Ebonit zeigt gleichfalls häufig Oberflächenleitung, die aber nach Schering dadurch beseitigt werden kann, daß man ihn mit tiefen Rillen versieht, die mit filtrierter heißer Schellacklösung getränkt werden, worauf bei 100⁰ im Luftbad getrocknet wird. Bei der Messung kleiner Elektrizitätsmengen ist auch die Kapazität der Zuleitungsdrähte und der Elektrometer selbst zu berücksichtigen; man nimmt daher die Zuleitungen aus möglichst dünnen Drähten. Ferner ist auf Schutz gegen äußere Einflüsse (Influenzwirkung, Ladung benachbarter Isolatoren) zu achten. Die Apparate müssen daher, soweit sie nicht schon an sich geschützt sind, durch metallisch leitende Hüllen (Drahtnetze, Hüllen aus Stanniol, Nickelpapier u. ä.), die geerdet sind, abgeschirmt werden. Die Isolatoren schützt man gegen hohe Spannungen durch Verbindung mit geerdeten Schutzringen. Spitzen und Kanten sind wegen der Ausstrahlung der Elektrizität möglichst zu vermeiden; bei hohen Spannungen läßt man die Drähte usw. in Kugeln enden, die bei Hochspannung zum Teil großen Durchmesser erhalten müssen. Ferner muß das Auftreten von Reibungselektrizität beim Kommutieren der Spannungen vermieden oder unschädlich gemacht werden. Der Gebrauch der Elektrometer erfordert daher häufig große Vorsichtsmaßregeln. Die Genauigkeit gegenüber den dynamischen Spannungsmessern ist ziemlich gering, so daß man im allgemeinen, wenn es die Meßverhältnisse zulassen, diese gebrauchen wird. *W. Jaeger.*

Näheres s. Jaeger, Elektr. Meßtechnik. Leipzig 1917.

Elektronen s. Elektrizitätsleitung in Gasen.

Elektronenladung. (Vgl. auch Elektronentheorie und Elementarquantum.) Die Größe der Ladung eines Elektrons, das sog. Elementarquantum, läßt sich unter Benutzung der kinetischen Gastheorie berechnen. Die Loschmidtsche Zahl, d. h. die Anzahl der Molekel im Kubikzentimeter bei 0^0 und Atmosphärendruck ergibt sich zu $N = 3 \cdot 10^{19}$, und da bei der Elektrolyse ein Grammolekül 96500 Coulomb transportiert, so beträgt die Elektronenladung $e = 5 \cdot 10^{-10}$ elektrostatische C.G.S.-Einheiten oder $1,6 \cdot 10^{-19}$ Coulomb. *R. Jaeger.*

Elektronenringvorstellung. Nach dieser von Bohr provisorisch zum Aufbau seiner Atom- und Molekülmodelle verwendeten Annahme (s. Bohr-Rutherfordsches Atommodell und Molekülmodelle) sollten die Elektronen sich im wesentlichen auf Kreisbahnen äquidistant hintereinander herlaufend um den Atomkern bzw. um die Verbindungslinie der Kerne der Molekeln bewegen (s. aber auch Ellipsenverein). Der Vorteil dieser Annahme lag vor allem darin, daß auf diese Bahnen verhältnismäßig leicht die Quantentheorie anwendbar war, so daß sie längere Zeit trotz entgegenstehender Bedenken, wie mangelnde Stabilität, nicht beobachtete große magnetische Momente usw. viel verwendet worden ist. Born und Landé haben später an der Kompressibilität kubischer Kristalle, Smekal an den Röntgenspektren und schließlich Bohr ganz allgemein auf Grund des *Korrespondenzprinzipes* gezeigt, daß die Ringvorstellung als zu idealisiert fallen gelassen werden muß. *A. Smekal.*

Elektronenschale, *räumliche* Anordnung von Elektronen um den Atomkern oder um andere ähnliche Elektronenanordnungen, für deren Elektronen eine bestimmte Quantenzahl den gleichen Wert besitzt. In diesem Sinne spricht man von der *ein*quantigen K-Schale, der *zwei*quantigen L-Schale der Atome usw. S. Bohr-Rutherfordsches Atommodell. *A. Smekal.*

Elektrooptik. Lehre vom Einfluß elektrischer Kräfte auf optische Erscheinungen (s. besonders Starkeffekt, elektrooptische Doppelbrechung, Kerreffekt, elektrischer). *R. Ladenburg.*

Elektrooptische Doppelbrechung oder **elektrooptischer Kerreffekt** ist die Doppelbrechung (D.), die in festen, flüssigen und gasförmigen Körpern entsteht, falls diese in ein starkes, senkrecht zur Beobachtungsrichtung gerichtetes elektrisches Feld gebracht werden (entdeckt von Kerr an Glasplatten 1875). Zur Beobachtung der Erscheinung benutzt man geradlinig, etwa in einem Nikol polarisiertes Licht, dessen Polarisationsebene unter 45^0 gegen die Richtung des elektrischen Feldes geneigt ist. Das Licht durchsetzt die zu untersuchende Substanz zwischen den z. B. mit einer Elektrisiermaschine und Leidner Flaschen (oder besser mit einer Hochspannungsbatterie) verbundenen Platten eines „Kondensators" und fällt dann z. B. auf einen „Babinetschen Kompensator" (s. d.) oder einen deformierten Glasstreifen (s. natürliche Doppelbrechung), die in Verbindung mit einem 2. Nikol die im elektrischen Felde entstandene Elliptizität der Polarisation zu untersuchen erlauben. In der im elektrischen Feld befindlichen Substanz wird nämlich das geradlinig polarisierte Licht in eine außerordentliche, parallel den Kraftlinien und eine senkrecht zu ihnen schwingende ordentliche Welle gespalten, die die betreffende Substanz mit verschiedener Geschwindigkeit durchsetzend mit einem Gangunterschied austreten. Das Feld erteilt also der Substanz die Eigenschaften eines (senkrecht zur Achse untersuchten) Kristalls, dessen Achse in die Richtung der elektrischen Kraftlinien fällt. Glas verhält sich wie ein negativ ein-

achsiger Kristall (z. B. Kalkspat), in dem die außerordentliche Welle die größere Geschwindigkeit besitzt, ebenso verhalten sich einige Öle und höhere Alkohole, während Schwefelkohlenstoff, die meist untersuchte Substanz, ebenso wie das außerordentlich stark doppelbrechende Nitrobenzol positive Doppelbrechung (wie Quarz) zeigen. Die Versuche an Flüssigkeiten lassen relativ leicht entscheiden, daß es sich um eine unmittelbare optische Wirkung des elektrischen Feldes handelt (Röntgen, Brongersma); bei festen Körpern können dagegen leicht mechanische Spannungen die Doppelbrechung verursachen, die ihrerseits durch den elastischen Druck der Kondensatorplatten oder durch ungleichmäßige Joulesche Erwärmung der stets ein wenig leitenden Substanz entstehen können. Hier wurde bei Kristallen die unmittelbare optische Wirkung erwiesen, indem die optische Wirkung der im elektrischen Felde entstehenden mechanischen Deformation eliminiert werden konnte (Pockels 1893).

Theoretisch unterscheidet man die „Theorie des Zeemaneffektes" (Voigt) und die molekulare Orientierungstheorie (Cotton-Mouton, Langevin). Die erstere ist, wie die des Zeemaneffektes selbst, eine Erweiterung der Elektronentheorie der Dispersion (s. d.), in der die quasielastische Kraft auf das Elektron infolge des starken äußeren Feldes nicht mehr proportional der Verrückung aus der Gleichgewichtslage gesetzt wird, ähnlich wie das Hookesche Gesetz bei starken Kräften zu gelten aufhört. So erhält die quasielastische Kraft die Vorzugsrichtung des elektrischen Feldes, sie wird anisotrop wie in einem einachsigen Kristall, dessen Achse den elektrischen Kraftlinien parallel ist. Diese Theorie müßte freilich heute durch die Quantentheorie ersetzt werden (s. d., sowie Zeeman- und Starkeffekt), wenn ihre Durchführung für die Dispersion gelungen sein wird.

Die molekulare Orientierungstheorie (m. O.-Theorie) beruht auf der Annahme stets anisotroper Moleküle (ähnlich elektrischen Dipolen), die sich unter dem Einfluß des äußeren elektrischen Feldes einzustellen suchen, aber durch die unregelmäßigen Stöße infolge der Wärmebewegung hierin behindert werden. Infolgedessen ist der Temperatureinfluß ein gutes Kriterium für die Gültigkeit der Theorie, neuere Versuche an verschiedenen Flüssigkeiten haben zu ihren Gunsten entschieden (Bergholm, Szivessy).

Andererseits sprechen Versuche an Kristallen zugunsten der Voigtschen Theorie des Zeemaneffekts, daher kann man *vorläufig* sagen, daß z. T. eine elektrische Beeinflussung der Elektronen, z. T. eine Orientierung der Moleküle die Doppelbrechung verursacht, — vorläufig: bis die Durchführung der Quantentheorie (s. oben) lehrt, ob und wie weit diese auch hier mitspricht.

Der durch die D. erzeugte Gangunterschied Δ der ordentlichen und außerordentlichen Welle ist nach Kerr proportional der Schichtlänge l und dem Quadrat des Verhältnisses Ladung dividiert durch Plattenabstand des Kondensators, d. h. der elektrischen Feldstärke $\mathfrak{E}$, $\Delta = K \cdot l \cdot \mathfrak{E}^2$, wo K die Kerrsche oder elektrooptische Konstante heißt (bei Messung von l und E in absoluten Einheiten) und außer von der betreffenden Substanz von Wellenlänge und Temperatur abhängt. Andererseits hängt Δ mit l, λ und dem Unterschied $n_1 - n$ der beiden Brechungsquotienten durch die Gleichung

$\Delta = l\dfrac{n_1 - n_2}{\lambda}$ zusammen, indem einem Gangunterschied von einer Wellenlänge eine Änderung
$n_1 - n_2 = \dfrac{\lambda}{l}$ entspricht (s. Brechungsquotient).
Also ist $n_1 - n_2 = K \cdot \lambda \cdot \mathfrak{E}^2$.

Als Normalwert dient meist Schwefelkohlenstoff,
dessen Kerrsche Konstante bei 20^0 und $\lambda = 589\,\mu\mu$
(Natriumlicht) $K_0 = 3{,}226 \times 10^{-7}$ ist.

Einige andere Werte gibt folgende Tafel:

Substanz	$K \cdot 10^7$	K/K_0
Schwefelkohlenstoff	3,2	1
Benzol	0,6	0,19
Chlorbenzol	10	3,06
Nitrotoluol	121	38
Nitrobenzol	256	80
Chloroform	−3,4	−1,06
Äthylchlorid bei 160 mm .		0,0027
Cyan bei 160 mm		0,00021
Schwefeldioxyd		−0,00005

Bei Gasen ist die D. außerordentlich klein und
nur mit den feinsten Mitteln nachweisbar, ist aber
dem Druck proportional, so daß sie durch erhöhten
Druck wesentlich gesteigert werden kann.

Die Abhängigkeit der Kerrkonstante von der
Wellenlänge wird durch die Havelocksche Formel

$$K = k\frac{(n^2 - 1)^2}{\lambda \cdot n}$$

für Schwefelkohlenstoff gut bestätigt; sie ergibt
sich aus jeder Theorie, in der, wie in den beiden
obengenannten, die Feldwirkung quadratisch in den
Bewegungsgleichungen auftritt. In der Nähe einer
Absorptionslinie unterscheiden sich die beiden
Theorien grundsätzlich, doch sind entsprechende
Versuche bisher nicht gelungen (1920).

Eine Trägheit des Effektes ließ sich bisher nicht
nachweisen, auch dies ist ein Beweis für die unmittelbare optische Wirkung: bereits $0{,}5 \cdot 10^{-8}$ Sekunden nach Anlegen des elektrischen Feldes ist
die D. verschwunden (Abraham und Lemonie
1899); bei den betreffenden Versuchen diente als
Lichtquelle ein Funken, der von der gleichen
Wechselspannung wie das elektrische Feld zwischen
den Kondensatorplatten erzeugt wurde.

Von besonderer theoretischer Bedeutung ist
die absolute Geschwindigkeitsänderung, die
polarisierte Wellen im elektrischen Felde erleiden.
Übereinstimmend ergeben die sehr schwierigen
Messungen verschiedener Forscher, daß in Substanzen mit positiver D. (s. o.) die außerordentliche
Welle verzögert, die ordentliche beschleunigt wird.
Aber gerade das theoretisch wichtige Verhältnis der
Verzögerungen beider Wellen wird durch Nebenumstände (Elektrostriktion, Leitfähigkeit) so beeinflußt, daß eine Entscheidung zwischen den verschiedenen Theorien durch diese Versuche vorläufig
nicht erbracht ist (Himstedt 1915). Anderweitige
Untersuchungen (Temperaturabhängigkeit der Dielektrizitätskonstante, Van der Waalsche Kohäsionskräfte, s. d.) zeigen, daß in vielen Fällen
elektrisch orientierbare Moleküle (Dipole usw.) existieren; andererseits lehrt der Starkeffekt (s. d.)
und seine Deutung durch die Quantentheorie den
unmittelbaren Einfluß eines elektrischen Feldes
auf die die Spektrallinien emittierenden Elektronen.
R. Ladenburg.

Näheres s. G. Szivessy, Jahrb. d. Rad. u. El. 16, 241—252, 1920.

Der **Elektrophor.** Von phoros = Träger. Der
Elektrophor dient zur Hervorrufung einer elektrischen Ladung. Er setzt sich folgendermaßen zusammen: Eine runde Ebonitscheibe, Glasscheibe
oder ein sog. Harzkuchen (Mischung aus Kolophonium, Wachs und Schellack) ruht in einem
Metallteller, der sog. Form, oder ist auf der Unterseite mit Zinnfolie beklebt. Auf die Hartgummischeibe wird mittels eines isolierenden Griffes eine
Metallplatte aufgesetzt.

Nach Abheben dieser Platte wird die Hartgummischeibe durch Reiben negativ geladen. Wird dann
der Deckel aufgesetzt, so wird an dessen Unterseite
positive, an seiner Oberseite negative Elektrizität
influenziert. Nachdem diese durch Ableitung mit
dem Finger entfernt ist, kann die nach Abheben
des Deckels auf diesem vorhandene positive Elektrizität durch Funkenbildung nachgewiesen werden.
Allerdings ist diese meist als selbstverständlich
gegebene Erklärung nicht einwandfrei. Denn die
Praxis zeigt, daß ein Elektrophor eine desto bessere
Wirkung zeigt, je inniger die Metallplatte mit der
Hartgummischeibe in Berührung kommt. In
diesem Fall ist nicht einzusehen, weshalb nicht sehr
bald ein Ausgleich zwischen der primär erregten
negativen und der auf der Metallplatte induzierten
positiven Elektrizität eintreten sollte. Die Annahme, daß beim Aufsetzen der Metallplatte direkte
Berührung nur in wenigen Punkten eintritt und
am größten Teil der Oberfläche eine Trennungs-
schicht vorhanden ist, trifft nicht zu. Die Energiequelle der elektrischen Ladung des Deckels besteht
in mechanischer Arbeit. Diese kann leicht demonstriert werden, indem man den Deckel isoliert an
einem Wagebalken aufhängt und den geladenen
Kuchen von unten nähert. Bestimmt man das
Gewicht, welches imstande ist, den Deckel gerade
vom Kuchen abzuheben, so findet man dieses nach
Ableiten der negativen Ladung um einen Zusatz
vergrößert, der ein Maß für die positive Ladung des
Deckels darstellt. *R. Jaeger.*

Elektroskop s. elektrische Meßinstrumente.
Elektroskop s. Elektrometer.
Elektrostatik. Die Elektrostatik bildet die Lehre
von der ruhenden Elektrizität und ihren Wirkungen.
In historischer Hinsicht ist sie der älteste Teil der
Elektrizitätslehre überhaupt. Die statische Elektrizität des Bernsteins (Elektron) war schon Thales
von Milet (600 v. Chr.) bekannt infolge der Eigenschaft, nach dem Reiben leichte Teilchen anzu-
ziehen. Gilbert (1540—1603) entdeckte, daß Glas,
Harze und andere Substanzen dieselbe Eigenschaft
zeigten. Im 17. Jahrhundert wurde von O. v.
Guericke die elektrische Abstoßung entdeckt und
die erste, aus einer rotierenden Schwefelkugel bestehende Elektrisiermaschine (1663) gebaut, bei
der die Hand das eine Reibzeug bildete. Die von
ihm aufgestellten Unterschiede zwischen Leitern
und Nichtleitern präzisierte Stephen Gray (gest.
1736 in London), worauf dann du Fay (1698—1793)
durch die Gegenüberstellung von Glas- und Harz-
elektrizität die dualistische Theorie begründete.
Die Grundlagen der Influenz (s. diese) wurden um
die Mitte des 18. Jahrhunderts von Wilke und
Aepinus aufgestellt. Der von Wilke gebaute
Elektrophor wurde durch Allessandro Volta
(1745—1827) vervollkommnet, der aus ihm schließlich den zerlegbaren Kondensator entwickelte.
Gleichzeitig (1787) baute der englische Pfarrer
Bennet seinen Duplikator. Pyroelektrische Erscheinungen (s. daselbst) wurden von Aepinus

zusammen mit Joh. Gottlieb Lehmann, die tierische Elektrizität (s. dort) von John Walsh entdeckt. Des weiteren sind an Namen, die mit der Entwicklung der Elektrostatik verknüpft sind, zu nennen: Lichtenberg, bekannt durch die nach ihm benannten Lichtenbergschen Figuren, ferner E. G. v. Kleist, Muschenbrock und Cunäus, die fast gleichzeitig (1746) den ersten Kondensator bauten (s. Leidener Flasche), schließlich Franklin (1706—1790), populär durch die Franklinsche Tafel und den Blitzableiter (s. dort). Michael Faraday (1791—1867) stellte Untersuchungen über die elektrische Influenz an, die ihn zu der Annahme veranlaßten, daß die elektrostatischen Wirkungen einer Ladung von der Natur des raumerfüllenden Dielektrikums abhängen. Er legte damit die Grundlage zu der späteren Anschauung über die Natur der elektrischen Erscheinungen überhaupt. Die Theorie des Potentials, welche den wesentlichen Inhalt der Elektrostatik ausmacht, wurde von Green (1793 bis 1841) und Gauß (1777—1855) begründet und entwickelt. Die Faradayschen Ideen gewannen ihren vollen Wert erst, als sie J. C. Maxwell (1831—1879) in exakte mathematische Form brachte und die nach ihm benannte Maxwellsche Theorie aufstellte. Diese Faraday-Maxwellschen Anschauungen gewannen immer mehr an Boden und erhielten später durch die Versuche von H. Hertz (1888) noch eine besondere Stütze.

In bezug auf die genauere Darlegung der Elektrostatik muß im einzelnen auf die Sonderdarstellungen des elektrostatischen Feldes, der Potentialverteilung in Luft oder in einem Dielektrikum usw. verwiesen werden.   *R. Jaeger.*

Elektrostatische Kopplung s. Kopplung.

Elektrostatisches Telephon s. Kondensatortelephon.

Elektrostriktion. Unter Elektrostriktion ist die Bildung elastischer Deformationen zu verstehen, die ein Körper unter dem Einfluß eines elektrostatischen Feldes annimmt.

Bei der Erklärung der Elektrostriktion unterscheidet man im allgemeinen zwei Arten derselben. Der Hauptanteil wird den elektrostatischen Kräften selbst zugeschrieben. Nach Faraday sind diese Kräfte als Druck in Richtung der Kraftlinien und als Zug senkrecht zu diesen anzusehen. Die Größe der Kraft wird nach Maxwell dargestellt durch den Ausdruck: $\pm \mathfrak{E}^2 \varepsilon / 8\pi$ (+senkrecht zum Feld, — parallel zum Feld), wo $\mathfrak{E}$ die Feldstärke und ε die D.K. bedeute.

Da die daraus berechnete Größe jedoch in vielen Fällen zur Erklärung des beobachteten Effektes nicht ausreicht, sehen sich einige Forscher veranlaßt, zur Erklärung als sekundäre Faktoren noch die Joulesche Wärme, Rückstandsbildung usw. heranzuziehen. Von wesentlichem Einfluß zur Deutung des Effektes wird jedoch zweifellos die Dielektrizitätskonstante für den Fall, daß sie sich mit dem Druck ändert[1]. Aus dem Energieprinzip folgt, daß der Körper sich im Feld zusammenziehen muß, wenn ε durch äußeren Druck wächst, und daß er sich ausdehnen muß, wenn ε abnimmt. Der entsprechende Druck hat nach Korteweg die Größe:

$$\triangle p = \frac{\mathfrak{E}^2 \cdot \varepsilon}{8\pi} - \frac{\mathfrak{E}^2}{8\pi} \cdot \frac{\partial \varepsilon}{\partial p} \cdot \frac{U}{\dfrac{\partial U}{\partial p}}$$

wo p den Druck und U das Volumen bedeuten.

---

[1] Elektrostriktion II. Art.

Die Elektrostriktion wurde zum erstenmal 1776 von Volta erwähnt. Als ihre späteren Erforscher sind zu nennen Boltzmann (Fernkräfte, Poissonsche Theorie), Korteweg, der zum erstenmal die Elektrostriktion II. Art berücksichtigte, Helmholtz (Maxwellsche Spannungen, Änderung von ε mit dem Druck bei Flüssigkeiten und Gasen), Lippmann, Lorberg, Kirchhoff, Duhem, Pockels (Kristalle), Sacerdote. Die experimentellen Ergebnisse (Righi, Cantone, Dessau, Quincke, Wüllner und Wien, Corbino usw.) stehen häufig miteinander in Widerspruch.

Die Deformation piezoelektrischer Kristalle, die ebenfalls unter den Begriff der Elektrostriktion fällt, ist unter Piezoelektrizität behandelt. Die Elektrostriktion der Flüssigkeiten kann nicht als nachgewiesen gelten, dagegen gelang es Gans, mittels der verfeinerten Quinckeschen Apparatur zu zeigen, daß bei Gasen (Luft und CO_2) Elektrostriktion II. Art vorkommt.   *R. Jaeger.*

Elementarquantum, elektrisches. Auf Grund der Faradayschen Äquivalenzgesetze schloß Helmholtz auf eine den Atomen der Materie anhaftende atomistisch konstituierte elektrische Ladung: jedes einwertige elektrolytische Ion, d. h. elektrisch geladene Atom oder Radikal — gleichgültig welcher Substanz — führt nämlich dieselbe Ladung, das elektrische Elementarquantum, mit sich. Die Faraday-Maxwellsche Theorie enthält keinerlei Angaben über die Natur der Ladungen, von denen die elektrischen Kräfte ausgehen, kann daher z. B. auch keine Rechenschaft über die Vorgänge bei der Elektrolyse geben, die auf eine derartige atomistisch konstituierte Ladung hindeuten.

Die Elektronentheorie nimmt die Existenz freier, selbständig bestehender Elektronen an. Die Theorie der Elektrizitätsleitung in metallischen Leitern, vor allem aber in Gasen, baut sich auf der Annahme von Elektronen auf und liefert gleichzeitig einen umfassenden Beweis für die Existenz des Elementarquantums.

Da durch den Strom 1 (1 elektromagn. Einheit = 10 Ampere) in der Sekunde 1,23 cm³ Wasserstoff elektrolytisch abgeschieden werden, deren jeder N Moleküle, also entsprechend der Zweiatomigkeit des Wasserstoffmoleküls, 2 N Atome enthält (N = Avogadrosche Zahl, s. d.), so werden pro Sekunde $2 \times 1{,}23$ N = 2,46 N Ionen transportiert. Diese tragen die Ladung 2,46 N . e statische Einheiten, wenn jedes einzelne einwertige Atom die Elementarladung e haben soll. Mit dem aus theoretischen Überlegungen und aus Experimenten ungefähr bekannten Wert N wird e zu rund 4 bis 5×10^{-10} elektrostatischen Einheiten berechnet. Einen ähnlichen Wert liefern analoge Messungen der Elektrizitätsleitung in ionisierten Gasen.

Eine Präzisionsmessung des Elementarquantums — und damit wohl auch der Abschluß der Frage nach seiner Existenz — ist Millikan im Anschluß an eine von J. J. Thomson stammende Methode geglückt.

Einfach geladene negative Ionen und damit Träger je eines Elementarquantums waren die einzelnen Tröpfchen eines Wasserdampfnebels, der im Zwischenraume zwischen den Belegungen eines Plattenkondensators bei der Expansion von Wasserdampf unter bestimmten Bedingungen in ionisierter Luft erzeugt war. Die Gesamtladung des Nebels und die Zahl der Tröpfchen können ermittelt und daraus die Ladung je eines Tröpfchens abgeleitet werden. Besser benutzt man nur einzelne geladene Flüssigkeitströpfchen, und zwar Öl oder Quecksilber, um die bei der großen Menge der Teilchen in einem Nebel unvermeidliche Unsicherheit der Massen- und Anzahlbestimmung zu vermeiden. Die Größe der Teilchen, die zu Messungen verwendet wurden, beträgt $10^{-4}-10^{-5}$ cm Radius (Millikan, Ehrenhaft u. a.). (Über die Methode der Massenbestimmung kleiner Kugeln mit Radius 10^{-5} cm siehe „Stokes Gesetz".)

Millikan hat mit einer Genauigkeit von wenigen Promille als Größe des Elementarquantums gefunden $\varepsilon = 4,774 \times 10^{-10}$ elektrostatische Einheiten. Ehrenhaft und seine Mitarbeiter finden abweichende Zahlen. Sie deuten die Abweichung dahin, daß die Existenz eines Elementarquantums noch nicht feststeht oder wenigstens seine Größe um einige Größenordnungen kleiner ist, s. Subelektron.

Neuerdings sind die Gründe für die abweichenden Ergebnisse Ehrenhafts von R. Bär aufgeklärt worden.

Außer der Elektronentheorie und ihrer experimentellen Bestätigung gibt es eine große Zahl anderer Theorien und Tatsachen, welche die Existenz des Elementarquantums beweisen und seine Größe aus anderen physikalischen Konstanten zu berechnen gestatten. Planck zeigte den Zusammenhang zwischen den Konstanten der Strahlungsgesetze und dem Elementarquantum, Sommerfeld leitete Beziehungen zwischen der Bohrschen Atomtheorie und dem Elementarquantum ab, welche aus anderweitig experimentell bestimmbaren Größen das Elementarquantum zu berechnen gestatten. Schließlich ist die ganze Quantentheorie der Spektralserien und des daraus gefolgerten Atombaues auf der Existenz und der oben gegebenen Größe von ε aufgebaut.

Auch die radioaktiven α-Strahlen haben eine genaue Messung der elektrischen Elementarladung ermöglicht. Aus der durch Szintillationszählung erhaltenen Anzahl von α-Teilchen und der von ihnen mitgeführten elektrischen Ladung ergibt sich die Ladung des einzelnen Teilchens zu $2\,\varepsilon$, in vollkommener Übereinstimmung mit der Theorie, daß die α-Teilchen doppelt positiv geladene Heliumatome (Heliumatomkerne) sind. *Gerlach.*

Näheres s. R. Pohl, Jahrb. d. Radioaktivität 1911; ferner Konstantinowski, Die Naturwissenschaften H. 29/32. 1918, W. König, Die Naturwissenschaften H. 23. 1917, R. Bär, Die Naturwissenschaften H. 14/15. 1922, E. Regener, Die Naturwissenschaften H. 2. 1923.

Elemente des Erdmagnetismus. Die der leichten Beobachtung zugänglichen Bestimmungsstücke des erdmagnetischen Feldes, also Deklination, Inklination, Horizontalintensität. Über die Ableitung der anderen s. „Erdmagnetismus".
A. Nippoldt.

Ellipsenverein, ein von Nicholson und Bohr in die Atomlehre eingeführter, von Sommerfeld mit diesem Namen belegter Bewegungstypus eines ebenen Ringes von mehreren Elektronen (s. Bohr-Rutherfordsches Atommodell und Elektronenringvorstellung), bei dem jedes von q Elektronen um den Atomkern als Brennpunkt eine gegen die vorangehende um den Winkel $2\,\pi/q$ gedrehte kongruente Ellipse beschreibt, wobei sämtliche Elektronen sich stets auf einer um den Kern als Mittelpunkt beschriebenen Kreisperipherie befinden. Die „effektive Kernladung" (s. d.), unter deren Wirkung die Elektronen sich bewegen, ist dann von den Momentanwerten des Radius dieses pulsierenden Kreises unabhängig. Obwohl der Begriff des Ellipsenvereines besonders zur Erklärung des L-Dubletts der Röntgenspektren brauchbar zu sein schien, kommt ihm heute nur mehr historisches Interesse zu, nachdem sich die Elektronenringvorstellung als unhaltbar erwiesen hat.

Über das dreidimensionale Analogon zum Ellipsenverein, vgl. Kubische Atommodelle.
A. Smekal.

Elmsfeuer. So nennt man eine Lichterscheinung, die sich bei Gewittern und sonstigen böigen Niederschlägen, auch bei Schneestürmen an emporragenden Gegenständen z. B. auf Blitzableitern, Turmspitzen, Mastbäumen u. a. bisweilen ausbildet. Das Elmsfeuer erscheint manchmal als eine Art leuchtende Haut, manchmal als leuchtendes Büschel. Das Elmsfeuer ist eine leuchtende elektrische Entladung, die bei besonders hohem atmosphärischen Potentialgefälle, wie es vor und bei Gewittern vorkommt, an allen über die Erdoberfläche spitz herausragenden Gegenständen leicht eintreten kann. Oft läßt sich auch, ebenso wie bei den Spitzenentladungen bei Influenzmaschinen, aus der Form des Elmsfeuers erkennen, ob die Spitze, auf dem es aufsitzt, positiv oder negativ elektrisch ist. In ersterem Falle erscheint ein gestieltes weit verästeltes Büschel, im letzteren Falle fast nur ein Lichtpunkt auf der höchsten Spitze. Das Elmsfeuer ist, wie auch die künstliche Spitzenentladung, eine Erscheinung der Stoßionisation: an den Spitzen wegen der hohen Feldstärke die Geschwindigkeit der Ionen so groß, daß sie beim Zusammenstoß mit Luftmolekülen diese selbst ionisieren. Die Stromstärken bei diesen leuchtenden Entladungen sind nicht unerheblich. Toepler schätzt sie bei büschelförmigen Elmsfeuern auf 0,1 bis 2,0 Milliampere pro qcm. Die Elmsfeuer treten häufig im Hochgebirge, manchmal auch auf dem Meere, selten in der Ebene auf. Bei Seeleuten waren sie in früherer Zeit Gegenstand abergläubischer Furcht. *V. F. Hess.*

Näheres s. E. v. Schweidler und K. W. F. Kohlrausch, Atmosphärische Elektrizität, im Handb. d. Elektr. u. d. Magnetism. von L. Grätz. Bd. III. 1915.

Emanation. In jeder der drei radioaktiven Zerfallsreihen (vgl. „Radioaktivität"), der Uran-Radiumreihe, der Actinium-Reihe und der Thorium-Reihe, befindet sich ein gasförmiges Umwandlungsprodukt, die sogenannte Emanation. Alle drei Emanationen, die sich in ihrem radioaktivem Gehaben (Lebensdauer bzw. Stabilität des Atomes) wesentlich voneinander unterscheiden, bilden eine Plejade (s. d.), das heißt sie besetzen gemeinsam ein- und denselben Platz im periodischen System der Elemente; dieser trägt die Ordnungsnummer (Kernladungszahl) 86 und liegt in der letzten Stelle der nullwertigen Edelgasgruppe mit den Homologen Xenon, Krypton, Argon, Helium. Die Emanationen sind somit inerte schwere Gase, deren materielle Natur am schlagendsten durch ihre Kondensationsfähigkeit bewiesen ist. Ihre Atomgewichte sind verschieden, indem der Ra Em der Wert 222, der Th Em 220, der Ac Em 218 (?) zukommt. Näheres über ihre radioaktiven Eigenschaften und charakteristischen Elementar-Konstanten siehe in dem allgemeinen Artikel „Radioaktivität" sowie in den Spezialkapiteln „Radium-Emanation", „Thorium-Emanation" und „Actinium-Emanation". *K. W. F. Kohlrausch.*

Emanationsgehalt der Luft. In der Atmosphäre sind allerorts geringe Mengen von Radium- und Thoriumemanation vorhanden. Letztere ist, da ihre Lebensdauer sehr kurz ist (Halbwertzeit 54 sec) nur in den untersten Schichten der Atmosphäre vorhanden und auch da nur indirekt — durch Messung ihrer Umwandlungsprodukte — nachweisbar. Die Radiumemanation dagegen

verbreitet sich wegen ihrer relativ langsamen Umwandlung (Halbwertzeit 3,86 Tage) auch bis in
höhere Luftschichten fast gleichmäßig und kann
nach mehreren Methoden direkt nachgewiesen
werden: 1. Ausfrieren der Emanation durch Verflüssigung der Luft mit der Lindeschen Maschine
(Ebert, 1903). 2. Anreicherung der Emanation
in Flüssigkeiten, welche speziell für Radiumemanation bei niedrigen Temperaturen ein hohes
Absorptionsvermögen besitzen, z. B. in Kohlenwasserstoffen, Petroleum, Toluol. 3. Anreicherung
der Emanation in adsorbierenden festen Substanzen,
z. B. in feinstgepulverter gekühlter Holzkohle
(Mache und Rimmer) oder in Kokosnußkohle
(A. S. Eve, J. Satterly). Bei allen diesen
Methoden muß das Durchströmen der emanationshaltigen Luft durch die absorbierende Substanz
hinreichend langsam erfolgen, um fast vollständige
Absorption zu ermöglichen. Bei dem geringen
Emanationsgehalt der Freiluft ist daher die Dauer
des Durchströmens meist mit 20—24 Stunden
bemessen worden. Die absorbierten Mengen werden
nach Beendigung der Aspiration gewöhnlich durch
Erhitzen des Absorbers verflüchtigt und im Zirku-
lationsstrom in ein Ionisationsgefäß übergeführt,
wo sie in der üblichen Weise durch ihren Ionisationseffekt gemessen werden. Länger dauernde,
verläßliche Versuchsreihen liegen bis jetzt vor von
Eve in Montreal, Satterly in Cambridge, Wright
und Smith in Manila und von Ashman in
Chicago. Der letztgenannte arbeitete mit einer
Modifikation der unter 1. erwähnten Methode,
die übrigen nach dem Absorptionsverfahren in
Kohle. Im Mittel ergibt sich, daß in der Luft
pro ccm eine Radiumemanationsmenge von etwa
$90 \cdot 10^{-18}$ Curie enthalten ist. Es ergab sich
eine starke Abhängigkeit des Emanationsgehaltes
von der Bodendurchlässigkeit, wodurch die Anschauung bestätigt erscheint, daß die Emanation
primär vom Erdboden bzw. den radiumhaltigen
Gesteinen und Verwitterungsprodukten des Bodens
stammt. Bei fallendem Barometer wächst der
Emanationsgehalt der Luft (vgl. „Bodenatmung").
Winde, die vom Meere her wehen, führen weniger
Emanation als die Landwinde. Die beschriebenen
Methoden zur Bestimmung des Emanationsgehaltes sind ziemlich umständlich und eigentlich
nur in einem Laboratorium auszuführen. Es fehlt
bisher an einem einfachen, leicht transportablen
Instrumentarium zur Bestimmung des Emanationsgehaltes. Daher sind auch noch keine Messungen
im Ballon oder über dem Ozean nach einem dieser
absoluten Meßverfahren ausgeführt worden, und
man ist zur raschen Orientierung über die Radioaktivität der Luft immer noch auf das indirekte
und unverläßliche Drahtaktivierungsverfahren von
Elster und Geitel angewiesen (vgl. Induktionsgehalt).   *V. F. Hess.*
Näheres s. St. Meyer und E. v. Schweidler, Radioaktivität.
1916.

Emanatorium. Zur Ausführung von Inhalationskuren wird Ra-Emanation in größere geschlossene
Kabinen oder Zimmer gebracht, deren Luft zur
Entfernung der ausgeatmeten Kohlensäure, sowie
zum Ersatz des eingeatmeten und verbrauchten
Sauerstoffes und der Emanation ständig entsprechend gereinigt und regeneriert wird. Die
Emanation entstammt entweder künstlichen
Radiumlösungen, denen sie durch ein Quirlverfahren
entnommen wird, oder sie wird aus emanationshaltigen (Thermal-) Quellen gewonnen, deren

Wasser durch ein Berieselungs- oder Zerstäubungs-
verfahren auf große Oberflächen verbreitert und
dabei entgast wird.   *K. W. F. Kohlrausch.*

Emanierungsvermögen. Das ist die Fähigkeit
radioaktiver Präparate ihre Emanation abzugeben.
Die inverse Eigenschaft, die Emanation festzuhalten, wird Okklusionsvermögen genannt. Das
Emanierungsvermögen hängt bei radioaktiven
Salzen von der Natur des Salzes, von der Temperatur und Oberflächenbeschaffenheit, Feuchtigkeit usw. ab. Tiefe Temperaturen, Dicke der
Schichte, Trockenheit des Salzes, Grobkörnigkeit
begünstigen die Okklusion und verringern das
Emanierungsvermögen. Sekundäre Prozesse, wie
das Auftreten chemischer oder physikalischer Modifikationen des Salzes machen die Abhängigkeit
noch unübersichtlicher. Im allgemeinen emanieren
Karbonate und Sulfate weniger als Oxyde, Hydroxyde, Bromide und Chloride; Actinium-Präpa-
rate haben cet. par. ein viel größeres Emanierungsvermögen als Radium- und Thorium-Präparate.
                                  K. W. F. Kohlrausch.

Emanium s. Actinium.

Emanometer s. Fontaktometer.

Emissionsvermögen. Wird die von einem schwarzen Körper der Temperatur T bei der Wellenlänge λ
emittierte Energie gleich 100 gesetzt, so ist das
Emissionsvermögen eines beliebigen Strahlers der
Prozentsatz der relativ zum schwarzen Körper bei
gleicher Temperatur und Wellenlänge ausgestrahlten
Energie. Das Emissionsvermögen ist für alle Temperaturstrahler — mit Ausnahme von schwarzen
und grauen Körpern und (für einen weiten Glüh-
bereich auch) von Platin — eine Funktion der
Wellenlänge. Ob das relative Emissionsvermögen
sich mit der Temperatur verändert, kann als nicht
sicher betrachtet werden. Das Emissionsvermögen
ist nicht nur eine Materialeigenschaft, sondern auch
abhängig von der Oberflächenbeschaffenheit. S.
auch Kirchhoffsches Gesetz. Nach diesem ist das
Emissionsvermögen eines Temperaturstrahlers gleich
dem Produkt aus dem Emissionsvermögen des
schwarzen Körpers und dem Absorptionsvermögen
des Temperaturstrahlers.   *Gerlach.*

Emmetrop s. Brille.

Empfang ungedämpft-gedämpft. Je nachdem es
sich um den Nachweis oder den Empfang gedämpfter
oder ungedämpfter elektrischer Schwingungen handelt, sind die Empfangsmittel verschieden. Gedämpfte Wellen sind ohne weiteres mit jedem
beliebigen Detektor in Verbindung mit dem Telephon aufnehmbar, während die Aufnahme ungedämpfter Signale besondere Wellenanzeiger (Tikker,
Schleifer, Tonrad usw.) oder einen Überlagerer
erfordert (Schwebungsempfang).   *A. Esau.*

Empfindliche Farbe s. Polarimeter.

Empfindliche Flamme s. schallempfindliche
Flamme.

Empfindlichkeit des Ohres s. Grenze der Hörbarkeit.

Empfindlichkeit der Wage s. Gleicharmige Wage.

Emulsionen. Lösen wir Gummigutt oder Mastix in Wasser, so werden diese Substanzen nicht
in ihre Molekeln zerlegt, sondern in Molekel-
komplexe, die so groß sind, daß sie unter einem
guten Mikroskop wahrgenommen und ihre Größe
gemessen werden kann. Derartige Lösungen nennt
man Emulsionen. Das Äquipartitionsprinzip (s.
dieses) lehrt, daß die mittlere Energie der fortschreitenden Bewegung eines Teilchens von seiner
Masse und Größe unabhängig ist. Wir können es

daher auch auf emulgierte Teilchen anwenden. Wir können vom osmotischen Druck einer Emulsion sprechen. Unter dem Einfluß der Schwere müssen sich die Emulsionsteilchen ähnlich anordnen wie die Molekeln eines Gases. Da die Emulsionsteilchen im Vergleich zu den Molekeln des Lösungsmittels sehr groß sind, so erhalten sie einen dem Archimedischen Prinzip entsprechenden Auftrieb. Hat die emulgierte Substanz die Dichte σ, das Lösungsmittel σ', so haben wir für statische Probleme der emulgierten Substanz die scheinbare Dichte $\sigma - \sigma'$ einzuführen.

Die Abnahme der Dichte ϱ mit der Höhe ist für ein Gas durch die Gleichung $\ln \dfrac{\varrho}{\varrho_0} = -\dfrac{M\,g}{R\,T}\,x$ gegeben, wenn ϱ_0 die Dichte in der Höhe $x = 0$, M das Molekulargewicht, g die Beschleunigung der Schwere, R die Gaskonstante (s. diese), T die absolute Temperatur bedeutet. Suchen wir für zwei verschiedene Gase die Höhe für dasselbe Verhältnis $\dfrac{\varrho}{\varrho_0}$ auf, so muß $\dfrac{M\,g}{R\,T}\,x = \dfrac{M'\,g}{R\,T}\,x'$ oder $Mx = M'x'$ sein. Die Molekulargewichte M und M' verhalten sich wie die Massen m und m' der entsprechenden Molekeln. Wenden wir dies auf eine Emulsion an, so haben wir nach dem Obigen für m' den Wert $m'\,\dfrac{\sigma - \sigma'}{\sigma}$ zu setzen. Wir können also auch schreiben

$mx = m'\,\dfrac{\sigma - \sigma'}{\sigma}\,x'$. Wir sind nun in der Lage mit Hilfe des Mikroskops die Höhe x' zu bestimmen, in welcher die Konzentration der Gummiguttteilchen etwa auf die Hälfte abnimmt (Perrin). Desgleichen läßt sich durch mikroskopische Messung m' die Masse eines Gummiguttteilchens ermitteln. Die Höhe, in der die Dichte des Wasserstoffs auf den halben Wert sinken würde, läßt sich berechnen. Folglich sind wir in der Lage, die Masse m einer Wasserstoffmolekel zu bestimmen, wodurch auch die Loschmidtsche Zahl (s. diese) gegeben ist, die auf diese Weise von gleicher Größenordnung wie nach anderen Methoden erscheint. *G. Jäger.*

Näheres s. G. Jäger, Die Fortschr. d. kinet. Gastheorie. 2. Aufl. Braunschweig 1919.

Enantiomorphie s. Asymmetrie, molekulare.

Endmaße s. Längenmessungen.

Endodyne s. Audion.

Endogene Vorgänge. Die Dynamik des Landes wird in erster Linie von Kräften beherrscht, die geophysikalischer Natur, also durch die physikalischen Eigenschaften des Erdkörpers als Ganzem bedingt sind. Da ihr Sitz meist im Inneren der Erde (unterirdische Kräfte) liegt, so bezeichnet man die durch sie hervorgerufenen Wirkungen in der Geographie als endogene Vorgänge, denen man die exogenen (s. diese) gegenüberstellt.

Endogene Vorgänge sind z. B. Gestaltsveränderungen des Erdkörpers, Bewegungen der Erdkruste, wie Dislokationen (s. diese), Niveauveränderungen (s. Strandverschiebungen) und Erdbeben, sowie Bewegungen des Magmas, vor allem vulkanische Ausbrüche (s. Vulkanismus). Die endogenen Erscheinungen sind zwar vielfach mit Zerstörung verbunden, aber hauptsächlich wirken sie doch aufbauend. Sie gestalten die Kontinente, türmen die Gebirge auf und schaffen somit die großen Züge im Antlitz der Erde. Da ihre Wirkung sich also wesentlich in der Hervorbringung von Unebenheiten äußert, so halten sie damit den abtragenden exogenen Vorgängen in gewissem Sinne das Gleichgewicht. *O. Baschin.*

Energetisch-photometrische Beziehungen. 1. Folgerungen aus den Untersuchungen über die „Augenempfindlichkeit für Licht verschiedener Wellenlänge" (s. dort). Die Lichtmessungen laufen darauf hinaus, benachbarte Flächen eines Photometers (s. „Photometrie gleichfarbiger Lichtquellen") auf gleiche Helligkeit (oder gleichen Kontrast) einzustellen. In der praktischen Photometrie wählt man hierbei eine hinreichend große Helligkeit, bei welcher von den beiden Netzhautelementen: den Zapfen und Stäbchen nur die ersteren (s. Farbentheorie von Kries") wirksam sind. Im folgenden wollen wir deshalb eine *hinreichend große Helligkeit* voraussetzen. Wenn wir wieder die Zapfenempfindlichkeit für die Wellenlänge λ (Kurve a in „Augenempfindlichkeit") mit

$$\varphi_\lambda$$

bezeichnen, ergibt sich aus den Untersuchungen über die Augenempfindlichkeit folgendes:

Die subjektive Wirkung einer monochromatischen Strahlung auf das Auge ist gerade so groß, als ob sich vor der Netzhaut eine (hypothetische) Schicht befände, welche alle nicht sichtbaren Wellenlängen absorbiert und von jeder beliebigen sichtbaren Wellenlänge λ einen φ_λ gleichen Bruchteil durchläßt, und als ob gleich große auf die Netzhaut auffallende Energieströme verschiedener Wellenlänge die Zapfen gleich stark erregen würden.

Dieselbe Schlußfolgerung gilt auch für eine *gemischte* Strahlung, unter der wohl als richtig anzusehenden Annahme, daß die Wirkung eines Farbengemisches gleich der Summe der Wirkungen der einzelnen Komponenten ist (vgl. Gleichungen 4, 4a, 4b).

Es sei nun L_λ eine monochromatische Lichtquelle der Wellenlänge λ, und es sei ferner G_λ der Energiestrom, welchen L_λ einer beliebigen Fläche, z. B. einer den Strahler L_λ vollständig umschließenden Fläche F, zustrahlt. Nach obigem messen wir mit dem Auge von G_λ nur den Anteil $\varphi_\lambda G_\lambda$, gerade so als ob L_λ nicht den Energiestrom G_λ ausstrahlt, sondern den Energiestrom

$$\varphi_\lambda G_\lambda.$$

Diesen Betrag nennen wir in Anlehnung an Blondel den energetisch-physiologischen Lichtstrom oder kurz den Energie-Lichtstrom von L_λ.

Den photometrischen Wert von $\varphi_\lambda G_\lambda$, den wir mit Φ_λ bezeichnen wollen, erhalten wir, wenn wir L_λ unter Ausführung einer photometrischen Messung mit einer „Einheitslichtquelle" (s. dort) oder einer Normallampe (s. „Zwischenlichtquellen") vergleichen. Diesen photometrischen Wert nennt man den photometrischen Lichtstrom oder kurz **Lichtstrom,** und zwar ergibt sich, da Φ_λ den Größen φ_λ und G_λ proportional ist

$$(1) \qquad \Phi_\lambda = \varkappa\,\varphi_\lambda\,G_\lambda$$

wo $\varkappa$ eine ganz bestimmte von der Wahl der Einheiten für Φ_λ und G_λ abhängige Konstante ist.

Dementsprechend sagen wir:

Die Lichtquelle L_λ sendet der Fläche F den Lichtstrom $\Phi_\lambda = \varkappa\,\varphi_\lambda\,G_\lambda$ zu.

In der praktischen Photometrie wird Φ_λ in Lumen (Lm) — s. „Photometrische Größen und Einheiten" — der Energiestrom meist in Watt gezählt.

Ist speziell λ_{max} die Wellenlänge der größten Zapfenempfindlichkeit (= rund 550 $\mu\mu$), so ist der Definition gemäß

$$\varphi_{\lambda max} = 1;$$

für $\lambda = \lambda_{max}$ geht demnach Gleichung (1) über in

(1a) $$\varkappa = \Phi_{\lambda max}/G_{\lambda max}$$

Der Umrechnungsfaktor $\varkappa$ von energetischem auf photometrisches Maß ist mithin gleich der Anzahl Lumen, welche ein monochromatischer Strahler der Wellenlänge λ_{max} (Gelbgrünstrahler oder Maximalstrahler, s. unten Nr. 2) pro Watt ausstrahlt; mit anderen Worten: $\varkappa$ ist gleich demjenigen Lichtstrom in Lumen, welcher dem vom Strahler der Wellenlänge λ_{max} ausgestrahlten Energiestrom 1 Watt *äquivalent* ist. Die Größe $\varkappa$ wird von der **Amerikanischen Beleuchtungstechnischen Gesellschaft als Sichtbarkeitskoeffizient für** die Wellenlänge λ_{max} bezeichnet.

Der reziproke Wert

(1b) $$m = 1/\varkappa$$

ist demnach gleich demjenigen Energiestrom des Strahlers der Wellenlänge λ_{max} in Watt, welcher *einem* Lumen äquivalent ist. Er wird vielfach als das *mechanische Äquivalent des Lichtes* bezeichnet.

Es sei jetzt, um gleich zum allgemeinsten Fall überzugehen, L eine beliebige Lichtquelle, welche alle Grade der Wellenlängen, z. B. sogenanntes weißes (farbloses) Licht aussendet, und zwar sei $G_\lambda\,d\lambda$ der in Wellenlängenbereich λ und $\lambda + d\lambda$ von L nach F gesandte Energiestrom. Alsdann ist der von L nach F gestrahlte Gesamtenergiestrom G

(2) $$G = \int_0^\infty G_\lambda\,d\lambda$$

der sichtbare Energiestrom G_l

(3) $$G_l = \int_{\lambda_1}^{\lambda_2} G_\lambda\,d\lambda$$

und es ist ferner unter der bereits erwähnten Annahme, daß sich die von den einzelnen Spektralbezirken hervorgerufenen physiologischen Wirkungen addieren, gemäß Gleichung (1) der gesamte von L auf F gestrahlte **Lichtstrom**

(4) $$\Phi = \varkappa \int_{\lambda_1}^{\lambda_2} \varphi_\lambda\, G_\lambda\,d\lambda$$

oder wenn wir zur Abkürzung

(4a) $$\psi = \int_{\lambda_1}^{\lambda_2} \varphi_\lambda\, G_\lambda\,d\lambda$$

setzen

(4b) $$\Phi = \varkappa\,\psi$$

Hierin sind λ_1 und λ_2 die äußersten sichtbaren Wellenlängen, und zwar wird λ_1 gewöhnlich zu 380 bis 400 $\mu\mu$, λ_2 zu 700 bis 800 $\mu\mu$ angenommen.

Trotz der unsicheren Grenzen für λ_1 und λ_2 ist ψ eine auf Bruchteile eines Prozents genau definierte Größe, da φ_λ schon bei 400 und 700 $\mu\mu$ praktisch gleich Null ist. Dagegen ist G_l keine genau definierbare Größe (s. die Schlußbemerkung über die Zahlenbeispiele für den optischen Nutzeffekt in der nachstehenden Nummer 2 b).

Erweitert man die rechte Seite von Gleichung (4 b) mit G_l und setzt $\varkappa\,\psi/G_l = \varkappa'$, so wird

(4c) $$\Phi = \varkappa'\, G_l$$

wo $\varkappa'$ für *gleichfarbige* Lichtquellen den *gleichen* Wert hat. (Anwendung s. „Photometrie, objektive", Nr. 2.)

Die Größe ψ ist, entsprechend den Größen $\varphi_\lambda\, G_\lambda$, aus denen sie durch Integration hervorgeht, der

gesamte Energie-Lichtstrom von L. Sie läßt sich experimentell darstellen, wenn man zwischen L und F ein der hypothetischen Netzhautschicht nachgebildetes Absorptionsfilter einschaltet. (Anwendung s. „Photometrie, objektive", Nr. 3.)

Der sich für den Strahler der Wellenlänge λ_{max} ergebende Umrechnungsfaktor $\varkappa$ läßt sich nach Gleichung (4 b) auch schreiben

(4d) $$\varkappa = \Phi/\psi$$

d. h. es ist, bezogen auf eine beliebige Lichtquelle L, $\varkappa$ auch der Lichtstrom in Lumen pro Watt des Energie-Lichtstromes (pro Licht-Watt nach **I v e s** scher Bezeichnung); demnach ist gemäß Gleichung (1 b) das mechanische Lichtäquivalent $m = 1/\varkappa$ auch der Energie-Lichtstrom in Watt (die Anzahl Licht-Watt) pro Lumen.

Ist speziell L_n eine nach allen Richtungen mit der Lichtstärke 1 HK leuchtende punktförmige Lichtquelle von derselben spektralen Zusammensetzung wie die Hefnerlampe, ist ferner F_n ein 1 qm großes Stück einer um L_n mit dem Radius 1 m beschriebenen Kugelfläche, also eine Fläche, die von L_n aus gesehen unter dem räumlichen Winkel 1 erscheint, so ist nach Nr. 2 in „Photometrische Größen und Einheiten" $\Phi_n = 1$ Lumen. Bezeichnet man den von L_n auf F_n gestrahlten Energie-Lichtstrom mit ψ_n, so ist

(4e) $$m = 1/\varkappa = \psi_n$$

2. Anwendung auf den schwarzen Körper. a) Der von 1 cm² bei der absoluten Temperatur T in die hemisphärische Umgebung, d. h. in den Raumwinkel 2π (s. „Raumwinkel") ausgesandte Gesamtenergiestrom G (Gleichung 2) ist nach dem **S t e f a n - B o l t z m a n n** schen Gesetz

(5) $$G = 5{,}70 \cdot 10^{-12}\, T^4 \text{ in Watt/cm}^2$$

und die Größe G_λ ist nach dem **W i e n - P l a n c k** schen Gesetz

(6) $$G_\lambda = c_1\,\lambda^{-5}\,(e^{c_2/\lambda T}-1)^{-1}$$

wo, wenn λ in cm gemessen wird, $c_2 = 1{,}43$ cm Grad und $c_1 = 3{,}67 \cdot 10^{-12}$ Watt cm² ist. Dieser Wert von G_λ ist in die Gleichungen (3) und (4) einzusetzen.

Die Integrale G_l und ψ werden gewöhnlich graphisch bestimmt, indem man bei der gegebenen Temperatur zunächst G_λ für eine Reihe von Wellenlängen berechnet, sodann die Größen G_λ und $\varphi_\lambda\, G_\lambda$ als Funktionen der Wellenlängen aufträgt und die beiden erhaltenen Kurven planimetriert. In nebenstehender Figur gibt die punktierte Kurve die G_λ-Kurve, die ausgezogene die $\varphi_\lambda\, G_\lambda$-Kurve für eine Temperatur T = 3500° abs. Die von der punktierten Kurve, der Abszissenachse und den Endordinaten 400 und 700 $\mu\mu$ begrenzte Fläche stellt demnach die Größe G_l, die von der ausgezogenen Kurve und der Abszissenachse begrenzte Fläche die Größe ψ dar.

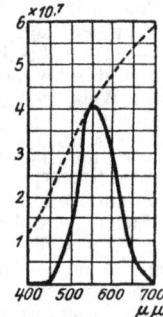

Gesamtenergiestrom des schwarzen Körpers.

b) **B e r e c h n u n g photometrischer Größen.** Nach dem Vorgange von **E i s l e r** (1904) haben seit dem Jahre 1910 bis in die neueste Zeit hinein **P i r a n i** und **M i e t h i n g**, **A. R. M e y e r**, **I v e s** und **K i n g s - b u r y**, **L u m m e r** und **K o h n**, **L a n g m u i r**, **H e n n i n g**, **H y d e**, **F o r s y t h e** und **C a d y** u. a. mittels obiger Gleichungen verschiedene photometrischen Größen für den schwarzen Körper berechnet.

Zur Erläuterung mögen die Arbeiten von A. R. **M e y e r** herangezogen werden, deren Ergebnisse sich in guter Übereinstimmung mit denen der anderen Forscher befinden. **M e y e r** bestimmt zunächst die Größen G_l und ψ für Temperaturen von 1500 bis 10 000° abs. und nimmt dann als Bezugswert für 2000° die Flächenhelle zu 46,4 HK/cm² als Mittelwert aus zwei in der Literatur mitgeteilten Zahlen an. Er ermittelt hierauf für die verschiedenen T die Flächenhelle e, den Gesamtlichtstrom Φ_0 (= π e, s. „Photometrische Gesetze und Formeln", Gleichung (13), die mittlere räumliche Lichtstärke I_0 (= $\Phi_0/4\pi$ = e/4, s. „Lichtstärken-Mittelwerte", Gleichung (2). Danach bestimmt er u. a. die in „Wirtschaftlichkeit" unter B definierten Größen: optischer Nutzeffekt G_l/G, spezifische Lichtleistung G/I_0, Lichtausbeute I_0/G bzw. Φ_0/G und stellt die Ergebnisse in Tabellen- oder Kurvenform zusammen.

Der **o p t i s c h e N u t z e f f e k t** beträgt für 2000° 0,0083; für 3000° 0,082; für 4000° 0,216 und erreicht seinen Höchstwert von 0,394 bei rund 7000° abs.; die günstigste Ausnutzung der Gesamtstrahlung ist also mit 39,4% erreicht.

Bei dem für die künstlichen Lichtquellen in Frage kommenden Temperaturbereich von 2000° bis 3000° ist also die Ausnutzung der Gesamtstrahlung nur sehr gering. Die angegebenen Zahlen beziehen sich auf den Wellenlängenbereich von 400 bis 700 $\mu\mu$; wenn man den Bereich bis auf 750 $\mu\mu$ ausdehnt, erhält man für G_1 und demnach auch für den optischen Nutzeffekt natürlich größere Werte, z. B. statt 39,4% rund 43,5%. Auf jeden Fall ist selbst der Maximalwert noch weit vom absoluten Maximum 100% entfernt.

Die *Flächenhelle* e und die Größen I_0 und Φ_0 nehmen mit wachsender Temperatur zuerst sehr schnell, dann immer langsamer zu; z. B. ergibt sich für

T =	2000°	3000°	4000°	10000° abs.
e =	46,4	2810	24700	1257000 HK/cm²
p =	13,1	8,7	6,6	3,1%

wenn p die Anzahl Prozente angibt, um die e, I_0 und Φ_0 zunehmen, wenn T um 1% zunimmt.

Die spezifische Lichtleistung ergibt sich bei 2000° zu 7,0; bei 2500° zu 1,62; bei 3000° zu 0,66; bei 4000° zu 0,24 Watt/HK_0 und erreicht mit 0,139 Watt/HK_0 bei rund 6500° abs. ihren geringsten Wert. Der schwarze Körper leuchtet also, vom photometrischen Standpunkte aus, bei dieser Temperatur am günstigsten; seine Lichtausbeute beträgt dann $1/0,139 = 7,2$ HK_0/Watt bzw. $7,2 \times 4\pi = 90$ Lumen/Watt. Wenn wir die Temperatur über 6500° abs. steigern, nimmt die Lichtausbeute wieder ab; *es würde also vom wirtschaftlichen Standpunkte aus keinen Zweck haben, mit der Temperatur des schwarzen Körpers über 6500° hinauszugehen.*

Ein *Idealstrahler*, d. h. ein (allerdings nicht realisierbarer) Strahler, der im sichtbaren Gebiet wie ein schwarzer Körper strahlt, sonst aber nicht strahlt (optischer Nutzeffekt = 100%), ergibt bei rund 4250° die günstigsten Werte, nämlich 0,051 Watt/HK_0; 19,7 HK_0/Watt bzw. 248 Lm/Watt.

Ein monochromatischer Gelbgrünstrahler der auf das Auge wirksamsten Wellenlänge λ_{max} (= 550 $\mu\mu$) ergibt als entsprechende Zahlen 0,0202 Watt/HK_0; 49,6 HK_0/Watt bzw. 624 Lm/Watt; zur Erzeugung von 1 Lm sind also 1/624 = 0,00160 Watt/Lm erforderlich. Es sind dies die günstigsten Werte, die sich überhaupt erzielen lassen, und deshalb wird dieser Strahler vielfach als *Maximalstrahler* bezeichnet.

Folgerungen: Die Lichtausbeute Φ_0/G des Maximalstrahlers ist gemäß Gleichung (1a), wenn man sie auf eine den Strahler ganz umschließende Fläche F (den ganzen Raum oder den Raumwinkel 4π) anwendet, identisch mit dem Umrechnungsfaktor $\varkappa$ von energetischem auf photometrisches Maß (Gleichungen 1 u. 4b). Es ist demnach

$$(7) \qquad \varkappa = 624 \text{ Lm/Watt}$$

Mithin ist nach Gleichung 1b das **mechanische Lichtäquivalent** m

$$(8) \qquad m = 0,00160 \text{ Watt/Lm}$$

Von einzelnen Photometrikern wird der zur Erzeugung von 1 HK in den ganzen Raum zu entsendende Energiestrom m′ des Maximalstrahlers, also seine spezifische Lichtleistung, als mechanisches Lichtäquivalent bezeichnet. Nach obigem ist

$$(9) \qquad m' = 0,0202 \text{ Watt/}HK_0$$

S. auch „Äquivalent des Lichtes, mechanisches".

3. Anwendung auf den grauen Körper und blanke Metalle. Wird der schwarze Körper durch einen beliebigen Temperaturstrahler ersetzt, so erhält man nach dem Kirchhoffschen Gesetz über die Emission und Absorption die Strahlungsfunktion G_λ für 1 cm² strahlender Fläche und die Temperatur T, wenn man die rechte Seite von Gleichung (6) mit A_λ multipliziert, wo A_λ das Absorptionsvermögen des Strahlers (s. „Reflexions-, Durchlässigkeits- und Absorptionsvermögen", Nr. 1) für die Wellenlänge λ und die Temperatur T ist.

Für einen diffus reflektierenden *grauen Körper* (s. unter demselben Stichwort, Nr. 2) ist A_λ eine für alle Wellenlängen gleiche unter 1 liegende Konstante c. Demnach sind für die gleiche Temperatur T seine energetischen und photometrischen Größen G_λ, G, G_1, e, Φ_0, J_0 im Verhältnis c : 1 kleiner als die entsprechenden Werte des schwarzen Körpers; mithin sind die spektrale Energieverteilung und die wirtschaftlichen Größen G_1/G, G/J_0, G/Φ_0 für beide Strahler gleich. Wie Lummer feststellte, ist der Kohlenfaden in den Glühlampen ein grauer Körper.

Für *blanke Metalle* setzt Aschkinaß unter vereinfachenden Annahmen $A_\lambda = c' \lambda^{-s}$, wo c′ für jedes Metall

eine bestimmte Konstante ist. Demnach haben alle blanken Metalle bei der gleichen Temperatur die gleiche spektrale Energieverteilung, und es sind auch die entsprechenden wirtschaftlichen Größen G_1/G usw. einander gleich. Mithin gelten die für ein Metall gefundenen Werte auch für die übrigen Metalle. Für das blanke Platin gelangt Lummer zu folgendem Ergebnis. Der optische Nutzeffekt. G_1/G und die Lichtausbeute G/J_0 erreichen mit steigender Temperatur wie beim schwarzen Körper Maximalwerte, und zwar bei etwa derselben Größe wie dieser, aber beide bei der gleichen, tieferen Temperatur von 5900° abs. Bis zu relativ hohen Temperaturen sind die Werte von G_1/G und G/J_0 für blankes Platin größer als für den schwarzen Körper. Daraus folgt, daß innerhalb dieses Temperaturbereiches das blanke Metall dem schwarzen, mithin auch dem grauen Körper, also beispielsweise der in den elektrischen Lampen glühende Wolframdraht dem Kohlenfaden als Lichtquelle vorzuziehen ist.

4. Eine Bestimmung des photometrischen Durchlässigkeitsvermögens (s. „Reflexions-Durchlässigkeits- und Absorptionsvermögen" Nr. 1) von farbigen Filtern, wie man sie benutzt, um das Licht der Normallampe so zu färben, daß es mit dem zu messenden Lampe übereinstimmt, ist von Pirani rechnerisch ausgeführt worden. Er bestimmt zunächst die schwarze Temperatur T der zur Normallampe dienenden Kohlenfadenlampe, d. h. die Temperatur, die der schwarze Körper haben müßte, um im roten Lichte die gleiche Flächenhelle wie der Glühlampenfaden zu besitzen; es ergab sich T = 1940° abs. Er bestimmt ferner mittels des Königschen Spektralphotometers das Durchlässigkeitsvermögen D_λ für die verschiedenen Wellenlängen λ, was, da man es stets mit gleichfarbigem Licht zu tun hat, keine Schwierigkeiten bereitet. Er berechnet sodann, unter der Annahme, daß der Kohlenfaden wie ein grauer Körper strahlt, die Größe G_λ — mittels Gleichung (6) — für T = 1940° und für verschiedene Wellenlängen, trägt hierauf einmal die Größen $D_\lambda \varphi_\lambda G_\lambda$, ein andermal die Größen $\varphi_\lambda G_\lambda$ als Ordinaten zu λ als Abszissen auf und planimetriert die beiden Kurven. Das Verhältnis des Inhaltes der ersten zum zweiten Kurvenfläche ergibt das gesuchte photometrische Durchlässigkeitsvermögen D für die benutzte Normallampe.

Liebenthal.

Näheres zu Nr. 2 s. A. R. Meyer, „Die Grenzen der Lichterzeugung durch Temperaturstrahlung", Zeitschr. f. Beleuchtungswesen, Bd. 22, S. 133 (1916); „Die Umsetzung von Energie in Licht bei Temperaturstrahlern", ebenda Bd. 27, S. 35 (1921); Lummer, „Grundlagen, Ziele und Grenzen der Leuchttechnik", München und Berlin, R. Oldenbourg, 1918.

Energie, magnetische. — Die magnetische Energie W in einem Raum V, in welchem die Feldstärke $\mathfrak{H}$ und die Permeabilität μ herrscht, ist im einfachsten Fall, d. h. beim Fehlen von Hysterese, gegeben durch $W = \dfrac{1}{8\pi} \int \mu \, \mathfrak{H}^2 \cdot dV$.

Gumlich.

Näheres s. Gans, Einführung in die Theorie des Magnetismus.

Energie, mechanische. **1. Leistung.** Wenn ein Massenpunkt sich unter der Einwirkung einer durch den Vektor $\mathfrak{k}$ dargestellten Kraft mit dem Geschwindigkeitsvektor $\mathfrak{v}$ bewegt, so nennt man das sog. skalare Produkt aus $\mathfrak{k}$ und $\mathfrak{v}$ (d. h. das Produkt aus der Geschwindigkeit v in die Projektion des Kraftvektors auf den Geschwindigkeitsvektor) die Leistung n der Kraft an dem Massenpunkt:

$$(*) \qquad n = \mathfrak{k}\,\mathfrak{v}\,\{= k\,v\,\cos(\mathfrak{k}, \mathfrak{v})\}.$$

Es besitzt also nur die tangentiale Komponente der Kraft eine Leistung, nicht aber die normale (zentripetale) Komponente. Wenn ein ganzes System von Punkten (die möglicherweise einen Körper bilden) sich unter dem Einfluß von äußeren und inneren Kräften bewegt, so heißt die Summe

$$N = \Sigma n$$

die Leistung des Kraftsystems an dem Punktsystem. Bildet das Punktsystem einen starren Körper, so kann man die Bewegung zerlegen in die Fortschreitgeschwindigkeit $\mathfrak{v}'$ eines im Körper festen Bezugspunktes O und in eine Drehung ω um den Bezugspunkt. Ist alsdann $\mathfrak{R}$ die Resultante aller äußeren Kräfte, $\mathfrak{M}$ das resultierende Moment derselben in bezug auf O, so kann man die Leistung N in zwei Teile spalten, nämlich die *Fortschreitleistung* $\mathfrak{K} \mathfrak{v}'$ und die *Drehleistung* $\mathfrak{M} \mathfrak{v}$. Hiebei sind die skalaren Produkte ebenso aufzufassen wie in (*), und $\mathfrak{v}$ bedeutet den axial aufzutragenden Vektor der Drehung ω. Die inneren Kräfte erzeugen beim starren Körper keine Leistung.

2. **Arbeit.** Als Arbeitselement dl einer Kraft $\mathfrak{k}$ bei der Bewegung eines Massenpunktes definiert man das Produkt

$$dl = \mathfrak{n}\,dt = k_s\,ds,$$

wo k_s die Projektion von k auf das Bahnelement ds ist, als Gesamtarbeit das sog. *Linienintegral der Kraft*

$$l = \int k_s\,ds.$$

Wenn der Weg geradlinig ist, so kommt auf die Bahnlänge a die Arbeit

$$l = k_a \cdot a.$$

Bei einem Punktsystem ist das Arbeitselement

$$dL = \Sigma\,dl = N\,dt.$$

Die Arbeit des ganzen beteiligten Kräftesystems ist bei einem starren Körper wieder zerlegbar in die am Bezugspunkt O geleistete *Fortschreitarbeit* $\int K_s\,ds$ und in die *Dreharbeit* $\int M_\varphi\,d\varphi$, falls M_φ die Projektion des resultierenden Momentes auf die Drehachse und $d\varphi$ den Drehwinkel bedeutet.

3. **Energie.** Die Arbeitsfähigkeit eines Massenpunktes, der sich in einem Kraftfelde befindet, heißt seine *Energie*. Sie rührt teils von dem ihm zufolge seiner Bewegung innewohnenden Impuls (s. d.) her und heißt dann *Bewegungsenergie, kinetische Energie T* (veraltet auch: *lebendige Kraft*), teils von seiner Lage im Kraftfelde und heißt dann *Energie der Lage, potentielle Energie, Potential U*. Die Bewegungsenergie (man hat neuerdings das Wort *Wucht* vorgeschlagen) ist so aufzufassen, daß der Punkt, wenn er auf Ruhe abgebremst würde, dabei an dem bremsenden System eine Arbeit l_1 zu leisten vermöchte. Die Energie der Lage (man hat neuerdings das Wort *Macht* vorgeschlagen) ist so aufzufassen, daß der Punkt, wenn er dem Kraftfelde von einer hochwertigen in eine niederwertige Lage folgen würde, seinerseits imstande wäre, bei unendlich langsamer Bewegung eine der Feldkraft gleiche Kraft auf ein ihm angehängtes System auszuüben und an diesem eine dementsprechende Arbeit l_2 zu leisten. Das aus den Impulssätzen (s. d.) ableitbare *Energiegesetz* sagt nun aus, daß an dem Massenpunkt genau die Arbeit l_1 wieder zu leisten ist (sei es vom Kraftfeld, sei es von besonderen „Reaktionskräften"), um ihn von der Ruhe auf seinen Bewegungszustand vor der Bremsung zu bringen, und genau die Arbeit l_2, um ihn von der niederwertigen in die hochwertige Lage zu „heben". In differentieller Form und sofort auf ein ganzes System oder einen Körper übertragen, lautet das Energiegesetz also

$$dL = dT + dU$$

oder auch

(**) $$N = \frac{d}{dt}(T + U),$$

sofern dL bzw. N von den Reaktionskräften herrührt. Sind insbesondere keine Reaktionskräfte vorhanden, was voraussetzt, daß das System skleronom (s. Koordinaten der Bewegung) ist, so lautet mit N = o das Energiegesetz

$$T + U = h.$$

Die Bewegungsenergie des einzelnen Massenpunktes berechnet sich zu $\frac{1}{2}\,m\,v^2$, diejenige eines ganzen Systems von der Masse $m = \Sigma\,\varDelta m$ ist

$$T = \Sigma\,\frac{1}{2}\,\varDelta m\,v^2$$

und setzt sich zusammen aus der Bewegungsenergie des Schwerpunkts $\frac{1}{2}\,m\,v_0^2$, wo v_0 die Geschwindigkeit des Schwerpunkts ist, in welchem man sich die ganze Masse vereinigt zu denken hat, und aus der Summe der relativen Bewegungsenergien der einzelnen Massen gegen den Schwerpunkt $\Sigma\,\frac{1}{2}\,\varDelta m v'^2$, wo v' die relativen Geschwindigkeiten der Massenpunkte gegen den Schwerpunkt sind. Bei einem starren Körper wird einfach

$$T = \frac{1}{2}\,m\,v_0^2 + \frac{1}{2}\,S\,\omega_0^2,$$

unter ω_0 die Drehgeschwindigkeit um den Schwerpunkt, unter S aber das Trägheitsmoment (s. d.) um die Drehachse verstanden. Den ersten Teil wird man als *Fortschreit-*, den zweiten als *Drehwucht* anzusprechen haben.

Bemerkung: Wenn es sich nicht um rein mechanische (makroskopische) Vorgänge handelt, so muß im Energiesatz (**) rechter Hand zu T + U noch die innere Energie der molekularen und intramolekularen Spannungen (elastische und elektromagnetische Energie, chemische Affinität) sowie die innere Energie der molekularen Wärmebewegung hinzugefügt werden. Andererseits kann die Erhöhung der Gesamtenergie außer durch die Leistung wirklicher Kräfte auch durch Wärmezufuhr verursacht sein, so daß zu N noch die sekundlich zugeführte Wärme Q hinzutritt.

Führt man, wie in der analytischen Mechanik, verallgemeinerte Koordinaten (s. d.) q_i ein, so wird häufig (z. B. im Falle eines skleronomen Systems) die Bewegungsenergie eine definite, positive, quadratische Form der verallgemeinerten Geschwindigkeitskoordinaten $\dot{q}_i$,

$$T = \Sigma\Sigma\,a_{ik}\,\dot{q}_i\,\dot{q}_k,$$

aber ebenso auch eine definite, positive, quadratische Form der verallgemeinerten Impulskoordinaten p_i

$$T_1 = \Sigma\Sigma\,b_{ik}\,p_i\,p_k,$$

wobei die Koeffizienten a_{ik} und b_{ik} noch die Koordinaten q_i enthalten können.

Ist das Kraftfeld *konservativ* (s. d.), d. h. existiert eine Kräftefunktion V, so ist (bis auf eine belanglose additive Konstante, die von dem Nullniveau der Energie der Lage abhängt)

$$U = -V.$$

Denkt man sich in diesem Falle U als Funktion der verallgemeinerten Koordinaten q_i (und im Falle rheonomer Systeme der Zeit t) angeschrieben, so heißt die für die analytische Mechanik (s. Impulssätze) wichtige Differenz

$$L = T - U = T + V$$

die *Lagrangesche Funktion* oder das *kinetische Potential* des Systems.   *R. Grammel.*

Näheres s. R. Marcolongo, Theoretische Mechanik, deutsch von H. E. Timerding, Bd. 2, Leipzig 1912, Kap. 3 und 4.

Energiemessung. Die verschiedenen Methoden, die zur Messung der uns von den Gestirnen zugestrahlten Energie angewandt werden, greifen jede einen durch die Eigenart der benutzten Instrumente bestimmten spektralen Bereich aus der Gesamtstrahlung heraus; mit verschiedenartigen Hilfsmitteln gemessene Energiemengen sind nicht unmittelbar miteinander vergleichbar, selbst die

Ergebnisse verschiedener Instrumente gleicher Art weisen oft Differenzen auf.

Das *Bolometer* und die *Thermosäule* messen den Gesamtbetrag der Energie. Sie sind für Strahlung aller Wellenlängen gleich empfindlich, ihre Reaktion ist, unabhängig von der Wellenlänge, der Intensität der Strahlung proportional. Der spektrale Bereich solcher Messungen (Aktinometrie im engeren Sinne) wird daher durch die optischen Medien bestimmt, welche die Strahlung zu durchlaufen hat (Atmosphäre, Fernrohrobjektiv). Außer auf die Sonne hat die thermoelektrische Methode bisher nur auf die helleren Fixsterne Anwendung finden können. Die Kenntnis der Gesamtstrahlung ist erwünscht für die Bestimmung der effektiven Temperatur der Sterne (durch Vermittlung des Stefanschen Gesetzes).

Spektral zusammenhängende Teile der Gesamtstrahlung werden durch die photometrischen Hilfsmittel: das *Auge*, die *photographische Platte* und die *lichtelektrische Zelle* aufgenommen (s. Photometrie der Gestirne). Jedes dieser Instrumente zeigt eine mit der Wellenlänge veränderliche, zu einem Maximum ansteigende und wieder abfallende Reaktionsstärke bei gleicher Intensität der wirkenden Strahlung. Das Empfindlichkeitsmaximum liegt für das Auge im gelben ($570\,\mu\mu$), für die gewöhnliche photographische Platte im violetten Abschnitt des Spektrums ($430\,\mu\mu$), bei der Zelle wird seine Lage durch das verwendete Alkalimetall bestimmt. Die Wirkung der Strahlung ergibt sich aus der Kombination der Empfindlichkeitskurve des Instruments mit der Energiekurve (Intensitätsverteilung im Spektrum) der Lichtquelle. Die maximale Wirkung wird demnach erreicht, wenn die Maxima beider Kurven zusammenfallen; zwei verschiedene Instrumente (z. B. Auge und photographische Platte) reagieren auf dieselbe Intensität mit verschiedener Stärke, wenn ihre Empfindlichkeitsmaxima verschieden weit vom Energiemaximum der Quelle entfernt liegen. Bei der Vergleichung zweier Strahlungsquellen mit (bolometrisch) gleicher Gesamtstrahlung kann im Auge die eine, in der Platte die andere eine intensivere Wirkung hervorrufen; der Unterschied (Farbenindex) gibt an, daß in den Spektren der beobachteten Lichtquellen das Intensitätsmaximum an verschiedenen Stellen liegt (verschiedene effektive Temperatur).

Die vollständige Energiekurve wird durch die *spektralphotometrischen* Methoden erkannt, welche die in eng begrenzten Bezirken des Spektrums wirkende Energie messen (s. Spektralanalyse der Gestirne und Mikrophotometer). Hierfür kommen Bolometer, Thermosäule, Auge, photographische Platte und lichtelektrische Zelle gleichmäßig in Betracht, da beim Vergleich mit derselben Wellenlänge des schwarzen Strahlers die Lage des Empfindlichkeitsmaximums keine Rolle spielt. Die effektive Temperatur wird mit Hilfe der Planckschen Strahlungsformel errechnet. *W. Kruse.*

Näheres s. Newcomb-Engelmann, Populäre Astronomie.

Energiequanten. In der ursprünglichen Formulierung der *Quantenhypothese* durch Planck wurde jedem linearen Oszillator von der Frequenz ν die Bedingung auferlegt, daß seine Energie E nur ganzzahlige Vielfache von $h\,\nu$ betragen könne (h Plancksches Wirkungsquantum). Die Quantenhaftigkeit der *Energie* wurde also als wesentlicher Punkt der neuen Theorie angesehen. Später erst erkannte man, daß eigentlich nur der *Wirkungsgröße* E/ν eine invariante Bedeutung zukomme und

dies nur bei periodischen Systemen (hier stimmt E/ν auch mit dem Doppelten der Boltzmannschen *adiabatischen Invariante* (s. d.): Zeitmittel der kinetischen Energie mal Periode überein). Besonders deutlich erwies es sich bei der Ausdehnung der Quantentheorie auf Systeme von mehreren Freiheitsgraden (s. Quantenbedingungen), daß die Theorie wesentlich auf die Hypothese von *Wirkungsquanten* beruht. *A. Smekal.*

Energieschaltung, Braunsche. Kann die Ladespannung eines Kondensators nicht weiter gesteigert werden, so kann man noch erheblich größere Schwingungsenergien erzeugen, indem eine Reihe von Kondensatoren parallel aufgeladen und hintereinander entladen werden. Die Figur zeigt die Schaltungsanordnung. Die Punkte P_1 und P_2 sind an den Transformator angeschlossen und über hohe Selbstinduktionswiderstände mit den Elektroden der Funkenstrecken verbunden. Man erhält bei m Kreisen eine Energie $= m\,\dfrac{CV^2}{2}$. Die

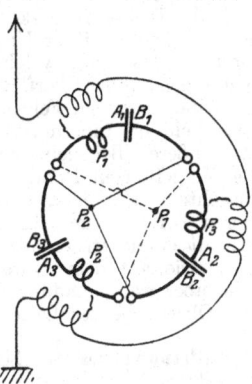

Energieschaltung.

Schwingungsdauer des ganzen Systems ist dieselbe wie diejenige des Einzelsystems. Die Selbstinduktion der Kreise kann wie in der Figur verteilt sein und jede Selbstinduktion einzeln auf die Antenne einwirken oder es können auch alle Selbstinduktionen zusammengelegt werden, so daß nur eine Kopplungsspule mit der Antenne vorhanden ist. *A. Meißner.*

Energieschwelle des Ohres s. Grenze der Hörbarkeit.

Energiestrom. Eine Strahlungsquelle ist eine Quelle, welche Energiestrahlen aussendet.

Eine Lichtquelle ist eine Strahlungsquelle, welche Lichtstrahlen, d. h. Strahlen aussendet, die im Auge eine Lichtempfindung hervorrufen; in den meisten Fällen sendet eine Lichtquelle außerdem noch unsichtbare Strahlen aus.

Energiestrom einer Strahlungsquelle (Strahlungsenergiestrom, hier in der Photometrie kurz Energiestrom genannt) ist die von einer Strahlungsquelle ausgesandte Energie pro Zeiteinheit.

Die *Energie* hat die Dimensionen einer *Arbeit*, der *Energiestrom* also die Dimensionen einer *Leistung*.

Die Erfahrung lehrt, daß die durch Lichtstrahlen auf das Auge ausgeübte Wirkung nicht mit der Einwirkungsdauer anwächst. Daraus folgt, daß für die *Wirkung auf das Auge* nicht die Energie, sondern der *Energiestrom* maßgebend ist (vgl. ,,Augenempfindlichkeit für Licht verschiedener Wellenlänge''; Absatz 1). *Liebenthal.*

Energievergeudung, magnetische s. Hystereseverlust.

Englisch Horn s. Zungeninstrumente.

Entalpie heißt nach Kamerlingh Onnes die um das Produkt von Druck mit Volumen vermehrte innere Energie eines Stoffes U + p V, das ist diejenige Größe, welche bei dem Joule Thomson-Prozeß (s. d.) eines Gases konstant bleibt. Statt Entalpie wird auch die Bezeichnung: Wärmeinhalt für gleichen Druck oder Erzeugungswärme für konstanten Druck gebraucht.   *Henning.*

Entartete Systeme s. Bedingt periodische Systeme.

Ente heißt die Flugzeugkonstruktion, bei welcher die zur Steuerung dienenden Flächen, das „Leitwerk", vor den tragenden Flügeln sitzen. Enten sind in der ersten Zeit der Flugtechnik verschiedentlich gebaut worden, in der Kriegszeit existierte keine derartige Konstruktion.   *L. Hopf.*

Entelektrisierende Wirkung. Eine entelektrisierende Wirkung wird beispielsweise von einer isolierenden Platte ausgeübt, die senkrecht zu den Kraftlinien in ein elektrisches Feld gebracht wird, falls die Dielektrizitätskonstante der Platte größer ist als diejenige ihrer Umgebung; denn in diesem Fall ist das Feld, welches von den scheinbaren Ladungen auf der Oberfläche des Isolators herrührt, dem induzierenden Feld entgegengesetzt gerichtet. Das Feld im Innern des Isolators ist kleiner als das äußere. Bei kleinerer Dielektrizitätskonstante des eingeführten Isolators sind die Felder gleichgerichtet. Hat man dagegen Leiter eingeführt, deren D.K. als unendlich groß anzusehen ist, so tritt die entelektrisierende Wirkung in jedem Medium auf. Die auf dem Leiter induzierten Ladungen sind aber wahre Ladungen, da die Kraftlinien auf der Oberfläche der Leiter frei endigen.
                    R. Jaeger.

Entfernungsmesser. Sehen wir von den verschiedenen Verfahren der optisch-trigonometrischen Entfernungsbestimmung mit Richtkreisen bzw. Theodoliten ab, deren Grundlage darin besteht, daß in den beiden Endpunkten P_1 und P_2 einer Standlinie in einer Ebene durch diese Standlinie und den Zielpunkt Z (dessen Entfernung von P_1 bzw. P_2 zu bestimmen ist) die Winkel ZP_1P_2 und ZP_2P_1 gemessen werden, dann können wir die optisch-trigonometrischen Entfernungsmesser in zwei Klassen einteilen, da entweder die Basis am Ziel oder die Basis am Standort bekannt sein kann. Vorher sei noch kurz auf rein optische Entfernungsmesser hingewiesen, die nicht zu den trigonometrischen Entfernungsmessern gehören und für den praktisch in Frage kommenden Ausführungsmaßstab für große Entfernungen vollkommen unbrauchbar sind; es sind dies solche Entfernungsmesser, bei welchen aus der Wanderung des Bildes längs der optischen Achse einer Linse auf den Abstand vom Gegenstand bis zur Linse geschlossen wird.

1. **Entfernungsmesser mit bekannter oder geschätzter Basis am Ziel.** Hierher gehören die Tachymeter, die Fernrohre (Feldstecher) mit Strichplatte, die Doppelbildentfernungsmesser (bei denen vom gleichen Gegenstand zwei Bilder erzeugt werden entweder dadurch, daß die beiden Hälften des Objektivs nach Art des Heliometers nicht genau einander ergänzen, sondern gegeneinander verschiebbar sind, oder dadurch, daß vor dem Objektiv oder hinter dem Okular oder auch im Fernrohr Vorrichtungen eingeschaltet sind, welche aus einem Strahl zwei einen bestimmten Winkel einschließende Strahlen erzeugen), die Fernrohre mit parallelen in ihrem gegenseitigen Abstand veränderlichen Fäden in der Brennebene. Aus der Brennweite des Objektivs, der Länge der Basis und dem Abstand der Bilder der Basisenden in der Brennebene kann die Entfernung in leicht ersichtlicher Weise berechnet werden. Für militärische und für Jagdzwecke kann die Strichplatte Marken enthalten, die bestimmten Gegenstands-

größen entsprechen und so ohne weiteres die Entfernung angeben. Gegenüber solchen Fernrohren mit Strichplatten oder mit verstellbaren Fäden in der Brennebene haben alle Doppelbildentfernungsmesser grundsätzlich den Vorteil, daß bei relativer Bewegung des Ziels gegenüber dem Fernrohr der Abstand zwischen den beiden Bildern ein und desselben Dingpunktes unverändert bleibt; man kann also beim Doppelbildentfernungsmesser das Bild des einen Endes der als Basis gewählten Strecke mit dem Bild des anderen Endes dieser Basis auch bei schwankendem Schiff zur Deckung bringen und so die Entfernung bestimmen.

Abbildung eines Doppelbildentfernungsmessers beispielsweise in den im Artikel „Sehrohr" genannten Aufsätzen von Weidert, Fig. 30, und von Erfle, Fig. 24. Eine eingehende Darstellung gibt L. Ambronn auf S. 552—620 seines im Artikel „Zielfernrohr" genannten Handbuchs im Kapitel „Doppelbildmikrometer".

2. **Entfernungsmesser mit bekannter Basis am Standort.** Hier kann man unterscheiden: wagrechte Standlinie und senkrechte Standlinie. Bei den nicht ortsfesten Entfernungsmessern wird fast ausnahmslos wagrechte Standlinie angewandt; die senkrechte Standlinie kommt in Betracht bei Küstenentfernungsmessern, die im einfachsten Falle aus einem in senkrechter Ebene neigbaren Fernrohr bestehen, dessen Abstand von der Meeresoberfläche bekannt ist (senkrechte Standlinie) und dessen Winkel (Winkel der Ziellinie) zur Horizontalen meßbar ist; dabei müssen die Erdkrümmung und die Krümmung des Lichtstrahls infolge der „terrestrischen Refraktion" berücksichtigt werden.

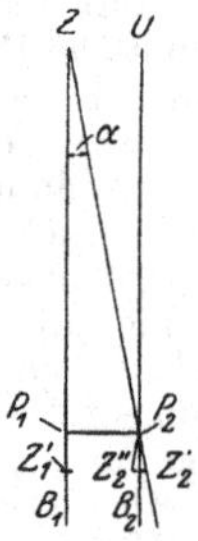

Um die nicht ortsfesten Basisentfernungsmesser, die meistens mit wagrechter Standlinie benutzt werden, kurz zu beschreiben, gehen wir aus von den Fig. 1 und 2. Seien in Fig. 1 P_1P_2 die Länge der Basis des Entfernungsmessers und die zur Richtung der Basis senkrechten optischen Achsen P_1B_1, P_2B_2 der Objektive, dann fällt das Bild Z_1' eines genügend weit entfernten Punktes Z, der in der Verlängerung von B_1P_1 liegt, praktisch mit dem Brennpunkt B_1 zusammen. In der Brennebene der rechten Entfernungsmesserhälfte liegt das Bild Z_2' des gleichen Zielpunktes Z. Aus $\dfrac{P_1Z}{P_1P_2} = \dfrac{P_2B_2}{B_2Z_2'}$, folgt $P_1Z = \dfrac{P_1P_2 \cdot P_2B_2}{B_2Z_2'}$.

Fig. 1.
Die Grundlage der Entfernungsmessung.

Wird zwischen jedem Objektiv und der Brennebene eine bildumkehrende Vorrichtung, beispielsweise ein ähnlich wie das Amicische Dachprisma wirkendes Umkehrprisma (s. den Artikel Umkehrprismensystem) eingeschaltet, dann bleibt die optische Achse P_1B_1 unverändert und an Stelle von Z_2' tritt Z_2'', so daß $B_2Z_2' = Z_2''B_2$.

Es kommt also bei jeder Entfernungsmessung darauf an, entweder den Winkel α (s. Fig. 1) durch B_2Z_2'' und die Brennweite P_2B_2 zu messen oder aber durch geeignete optische Zusatzvorrichtungen zu erreichen, daß auch bei einer von ∞ abweichenden Entfernung das Bild des Zielpunktes immer mit B_2 zusammenfällt. Die Fig. 1, die nur die Grundlage der Entfernungsbestimmung darstellen soll, hat man sich durch Hinzufügung des bildumkehrenden (Prismen- oder Linsen-) Systems und durch Okulare ergänzt zu denken. Ein solcher Entfernungsmesser, dessen größte Abmessung in die Richtung der Ziellinie fiele, wäre für den Gebrauch unbequem; man gibt deshalb einem Entfernungsmesser (wir gebrauchen von nun an diese Bezeichnung an Stelle der ausführlicheren: Entfernungsmesser mit kurzer Basis am Standort) in groben Umrissen etwa die in Fig. 2 gezeichnete Form, bei der das für die technische Ausführung (Unabhängigkeit von äußeren Einflüssen, hauptsächlich von Temperaturschwankungen) wichtige Innenrohr weggelassen ist; dieses Innenrohr enthält alle diejenigen optischen Teile, deren gegenseitige Lagerung durch Strahlungs- und Erschütterungseinflüsse nicht verändert werden darf.

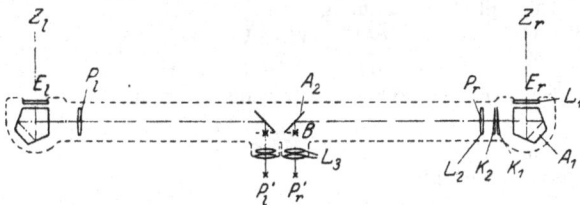

Fig. 2. Übersichtsbild für den Bau eines Entfernungsmessers.

Zu der Fig. 2 ist zu bemerken, daß sie nur die allgemeine Anordnung der optischen Teile wiedergibt: die beiden Entfernungsmesserhälften Z_l bis P_l' und Z_r bis P_r' stimmen nicht miteinander überein; in der rechten Hälfte ist ein Drehkeilpaar (auch Kompensator genannt) K_1K_2 eingezeichnet, das aus zwei schwach brechenden Prismen gleichen Prismenwinkels besteht, dessen Gesamtablenkung im „Hauptschnitt" des Entfernungsmessers verändert werden kann, durch Drehen der beiden Keile K_1 und K_2 um entgegengesetzt gleiche Beträge um die optische Achse als Drehachse. (Die brechenden Winkel des Drehkeilpaares sind bei der im Entfernungsmesserbau vorkommenden Anwendung so klein, daß tatsächlich ein im Hauptschnitt einfallender Strahl auch nach dem Durchsetzen des Drehkeilpaares im Hauptschnitt bleibt.) Der Spiegel A_2 vor der Brennebene und die entsprechende ablenkende Vorrichtung vor der Brennebene der linken Hälfte sind bei der angenommenen Form des Objektivprismas (Fünfseitprisma) beiderseits durch ein Dachprisma ersetzt zu denken, wenn beiderseits ein aufrechtes und seitenrichtiges Bild gefordert wird. Ist ein solcher für beidäugige Beobachtung bestimmter Entfernungsmesser so justiert, daß die Ziellinien von E_l und E_r nach dem unendlich fernen Gegenstand auch nach dem Durchlaufen des Entfernungsmessers parallel bleiben, dann ist er ohne weiteres zu Entfernungsmessungen brauchbar, wenn in den beiden Brennebenen Markenbilder angebracht sind mit nach Entfernungen bezifferten Zeichen, die man beim Beobachten gleichsam über dem Ziel schweben sieht; man braucht dann das Drehkeilpaar oder eine andere die Ziellinie der einen Entfernungsmesserhälfte ablenkende Vorrichtung — beispielsweise einen in der Richtung der optischen Achse verschiebbaren schwach brechenden Keil zwischen Objektiv L_2 und Ablenkungsprisma A_2 — überhaupt nicht mehr. Ordnet man dagegen in den beiden Brennebenen nur eine bestimmte „Meßmarke" an, die keine verschiedenen Zeichen für die verschiedenen Entfernungen trägt, dann muß man mittels eines Drehkeilpaares oder einer anderen

Vorrichtung mit einstellbarer Ablenkung die durch die Meßmarke festgelegte Ziellinie auf dem Ziel so lange wandern lassen, bis Ziel und Meßmarke in gleicher Entfernung erscheinen. Für alle Beobachter, die im stereoskopischen Sehen geübt sind, ermöglichen sowohl der stereoskopische Entfernungsmesser mit fester Skala als auch der mit Wandermarke eine bequeme und genaue Entfernungsmessung, auch bei bewegten Zielen oder bei schwankendem Aufstellungsort. Diese Entfernungsmesser sind fast ausschließlich durch die Firma Carl Zeiß gebaut worden; um ihre mit H. de Grousilliers (1893) beginnende Entwicklung haben sich besonders C. Pulfrich und später O. Eppenstein verdient gemacht.

Der Vollständigkeit halber kann noch erwähnt werden, daß die von den stereoskopischen Entfernungsmessern abweichenden Formen von Entfernungsmessern mit zwei getrennten Okulargesichtsfeldern für eine schnelle Messung der Entfernung und für die Messung der Entfernung beweglicher Ziele (oder ruhender Ziele vom bewegten Standort aus) praktisch nicht in Betracht kommen.

Im wesentlichen die gleichen Vorteile wie der stereoskopische Entfernungsmesser bieten der Schnittbildentfernungsmesser (Koinzidenztelemeter) und der Kehrbildentfernungsmesser (Gegenbildentfernungsmesser, Invertteletmeter). Den Schnittbildentfernungsmesser kann man sich aus Fig. 2 dadurch entstanden denken, daß man in einem besonderen Okularprisma das Dach A_2 und das entsprechende Dach in der linken Entfernungsmesserhälfte zusammenfaßt und dadurch die beiden Bilder einem gemeinsamen Okular zuführt, in dem eine senkrechte Linie des Ziels nur dann die wagerechte Trennungslinie ohne Knick durchsetzt, wenn durch das Drehkeilpaar K_1K_2 (allgemein durch eine verstellbare Ablenkungsvorrichtung in der einen Entfernungsmesserhälfte) eine Einstellung auf die Entfernung des Ziels erreicht worden ist. Diese Einstellung der beiden Hälften zueinander bleibt auch erhalten, wenn der Entfernungsmesser in einer wagerechten Ebene gedreht wird oder wenn sich das Ziel senkrecht zur Sehlinie bewegt.

Beim Kehrbildentfernungsmesser erblickt man entweder im oberen Teil des Gesichtsfeldes oder in einem fensterförmigen Ausschnitt des Gesichtsfeldes ein höhenverkehrtes, aber noch seitenrichtiges Bild des Gegenstandes, mit anderen Worten, dieses zweite Bild ist ein Spiegelbild in bezug auf die Trennungslinie. Während also die Entfernungsmesserhälfte mit aufrechtem Bild im Okularprismensystem Spiegelungen in solcher Anordnung enthält, daß es wie ein um 90° ablenkendes Dachprisma wirkt, ist das Okularprisma der anderen Entfernungsmesserhälfte einem zum Hauptschnitt senkrechten um 90° ablenkenden einfachen Spiegel gleichwertig. Während für Feldziele die Einstellung vorteilhaft ist, in der über der Trennungslinie das umgekehrte Bild und unter der Trennungslinie das aufrechte Bild symmetrisch zu dieser Trennungslinie erscheinen, ist für Luftziele (Luftschiffe, Flugzeuge) eine Einstellung günstiger, bei der über einer Trennungslinie das aufrechte Bild und darunter das umgekehrte Bild erscheint. Diesen Übergang von der Messung gegen Feldziele zu der gegen Luftziele kann man durch absichtliche Einschaltung eines „Höhenfehlers" erreichen (dabei entweder Benutzung der beiden Ränder des vorhin erwähnten fensterartigen Ausschnitts oder auch eines zweiten Okulars).

Über die erreichbare Meßgenauigkeit eines jeden Entfernungsmessers gibt die Betrachtung des Dreiecks P_1P_2Z der Fig. 1 Aufschluß. Berücksichtigt man noch, daß der parallaktische Winkel a im Bildraum infolge der Fernrohrvergrößerung v des Entfernungsmessers (oder des Beobachtungsfernrohrs, wenn man die Basis b am Ziel annimmt) im Bildraum vergrößert dargeboten wird, dann kommt man zu folgendem Zusammenhang zwischen dem Entfernungsfehler ΔE, dem Auflösungsvermögen f des Entfernungsmessers im Bildraum, das bei einwandfreiem Bau des Entfernungsmessers und bei günstigen Luftverhältnissen dem Auflösungsvermögen des Auges gleichzusetzen ist, der Basis b (entweder am Standort oder am Ziel) und der Vergrößerung v: $\Delta E = \dfrac{f \cdot E^2}{v \cdot b \cdot 206000} \cdot$ [$\Delta E, b$, E in m und f in Winkelsekunden].

Setzt man hierin $f = 10''$, dann kommt man, um zwei Beispiele anzuführen, für $E = 10$ km $= 10^4$ m, $b = 10$ m, $v = 20$ zu $\Delta E = 24$ m, und für $E = 1$ km $= 10^3$ m, $b = 1,5$ m, $v = 8$ zu $\Delta E = 4$ m.

Es versteht sich, daß Entfernungsmesser auch als Sehrohre ausgeführt werden können insofern, als man die Strahlenbündel beider Entfernungsmesserbasishälften entweder getrennt oder gemeinsam durch ein senkrechtes Rohr (in der Mitte der Basis oder an einer der Basisenden) einer unterhalb des Entfernungsmesserhauptschnittes liegenden Einblickstelle zuführt. Außerdem kann auch ein Entfernungsmesser durch besondere Ausgestaltung des Okularprismas als Fernrohr mit geneigtem Einblick (s. den Artikel „gebrochene Fernrohre") ausgeführt werden.

Außer den im Artikel „Zielfernrohr" genannten Büchern von A. Gleichen, S. 192—226, Kapitel „Entfernungsmesser" und von Chr. von Hofe, S. 104—133, sei noch auf die Arbeit von H. Schulz „Über Meßfehler einstationärer Entfernungsmesser", Zeitschr. f. Instrumentenkunde 1919, **39**, 91—96, 124—132, 242—252 verwiesen. Die zahlreichen Patentschriften auf diesem Gebiete auch nur zu nennen würde hier zu weit führen. Eine geschichtliche Darstellung der Entfernungsmesser vor dem Jahre 1880 gibt J. de Marre in seinem Buche „Des instruments pour la mesure des distances. Paris, Ch. Tanera, 1880. 8°. 320 Seiten mit 92 Textabbildungen und einem 17 Tafeln enthaltenden Atlas. Zur Geschichte der stereoskopischen Entfernungsmesser sei auf die 2. Auflage (1920) des im Artikel „Prismenfeldstecher" genannten Buches von M. v. Rohr über die binokularen Instrumente, S. 137 bis 139, 134—178, 199—203, 231—234 verwiesen.

H. Erfle.

Entglasung. Darunter versteht man die Vorgänge, durch die das Glas seine Durchsichtigkeit, überhaupt seine homogene Beschaffenheit einbüßt. Das kann geschehen durch Zersetzungserscheinungen chemischer Natur, die Fremdstoffe verursachen können (s. Widerstandsfähigkeit), ferner dadurch, daß der glasige Zustand von selbst in den kristallisierten übergeht. Der zuletzt genannte Vorgang, die eigentliche Entglasung, tritt in der Regel innerhalb eines gewissen Temperaturbereichs ein. Sie ist nur möglich unterhalb der Sättigungstemperatur, wo die Schmelzlösung in bezug auf einen Bestandteil gesättigt ist, oder bei Gläsern, die reine Stoffe sind, unterhalb des Schmelzpunktes der kristallisierten Phase. Nach unten zu ist der Entglasung dadurch eine Grenze gesetzt, daß sich bei fallender Temperatur die Hindernisse (innere Reibung), die sich der Kristallisation entgegenstellen, rasch vermehren. Die Geschwindigkeit der Ent-

glasung und wohl auch ihre untere Grenze kann durch Fremdstoffe katalytisch beeinflußt werden. Die Entglasungsfähigkeit hängt von der Zusammensetzung des Glases ab. Fensterglas (Natron-Kalkglas) bekommt beim Erweichen schnell eine rauhe Oberfläche, es eignet sich daher nicht zur Verarbeitung vor der Glasbläserlampe; borsäurereiche Gläser trüben sich beim Erweichen leicht.

R. Schaller.

Entladung eines Kondensators. a) Über einen Widerstand. Sie erfolgt aperiodisch

$$J = \frac{V_0}{W} \cdot e^{-\frac{t}{C\,W}}.$$

b) Über Widerstand und Selbstinduktion. Es gilt die Gleichung

$$\frac{d^2 V}{d t^2} + \frac{W}{L} \cdot \frac{d V}{d t} + \frac{V}{L \cdot C} = 0.$$

Die Entladung ist aperiodisch, wenn

$$W^2 > \frac{4\,L}{C}$$

sonst gilt

$$V = V_0 \cdot e^{-\frac{W}{2\,L} \cdot t} \left(\cos \omega t + \frac{W}{2\,\omega\,L} \cdot \sin \omega t \right)$$

$$\omega = \sqrt{\frac{1}{L \cdot C} - \frac{W^2}{4\,L^2}}$$

angenähert

$$V = V_0 \cdot e^{-\frac{W}{2\,L} \cdot t} \cdot \cos \omega t$$

$$J = \frac{V_0}{\sqrt{\dfrac{L}{C}}} e^{-\frac{W}{2\,L}} \sin \omega t$$

(siehe Eigenschwingung). *A. Meißner.*

Entmagnetisieren. — Jeder Magnetisierungsprozeß hinterläßt nach seinem Aufhören in dem betreffenden Körper noch einen mehr oder weniger großen Rest von remanentem Magnetismus, den wir beim permanenten Magnet hochschätzen, in den meisten anderen Fällen dagegen, beispielsweise bei der Aufnahme einer Magnetisierungskurve oder dgl., störend empfinden und beseitigen müssen. Zu diesem Zweck unterwirft man den Körper einer wechselnden Magnetisierung von abnehmender Stärke, d. h. man läßt ihn Hystereseschleifen (s. dort) von abnehmender Größe durchlaufen. Handelt es sich beispielsweise um die Entmagnetisierung eines Probestabs, so bringt man diesen in eine stromdurchflossene Spule, deren Feld höher sein muß, als dasjenige, welchem der Stab vorher ausgesetzt war, läßt den Strom bis auf Null abnehmen, kehrt seine Richtung um, läßt ihn wieder anwachsen bis etwas unter die vorherige Höhe, läßt ihn dann wieder bis auf Null abnehmen usw., bis das Feld verschwindend klein geworden ist; dann ist auch der remanente Magnetismus beseitigt. Ist der Körper nicht sehr dick, so kann man Wechselstrom mäßiger Periodenzahl benützen, dessen Stärke man langsam und gleichmäßig abnehmen läßt; bei dickeren Stäben hindern die entstehenden Wirbelströme das Eindringen der magnetischen Wirkungen bis in die Mitte des Körpers (Schirmwirkung, Hauteffekt.), man muß dann langsam abnehmenden Gleichstrom verwenden. Bei der Ausgangsfeldstärke ist die bei kurzen und dicken Körpern mitunter außerordentlich hohe entmagnetisierende Wirkung der

Enden (s. Entmagnetisierungsfaktor) zu berücksichtigen; die Feldstärke ist also, wenn der Entmagnetisierungsfaktor nicht wenigstens angenähert bekannt ist, lieber möglichst hoch zu nehmen. Zur gleichmäßigen Schwächung des Feldes genügen in den meisten Fällen schon die bekannten Ruhstrat-Widerstände; bei außergewöhnlich hohen Anforderungen muß man zu besonders konstruierten Apparaten greifen.

Durchaus fehlerhaft ist das auch in Lehrbüchern immer noch empfohlene Entmagnetisieren durch Ausglühen, da die Probe durch jeden Ausglühprozeß stets ihre magnetischen Eigenschaften ändert.

Gumlich.

Näheres s. G u m lich, Leitfaden der magnetischen Messungen.

Entmagnetisierungsfaktor. — An allen den Stellen, wo magnetische Induktionslinien aus dem Innern des Körpers in Luft oder in andere unmagnetische Körper übergehen bzw. von dort in den Körper eintreten, wie dies z. B. bei allen nicht zu einem magnetischen Kreis zusammengeschlossenen Probekörpern, Stäben oder Ellipsoiden der Fall ist, die in freier Spule untersucht werden sollen, bilden sich magnetische Belegungen, die entmagnetisierend auf den Körper wirken, d. h. die Feldstärke im Innern des Körpers verringern. Infolgedessen ist die wahre Feldstärke $\mathfrak{H}$ im Innern der Probe geringer als die scheinbare Feldstärke $\mathfrak{H}'$, die an derselben Stelle herrschen würde, wenn statt des Körpers nur Luft vorhanden wäre, und die man aus der Windungszahl pro Zentimeter der Spule und der Stromstärke berechnen kann. Es gilt dann $\mathfrak{H} = \mathfrak{H}' - N\mathfrak{J}$, wobei $\mathfrak{J}$ die Intensität der Magnetisierung und N den sog. Entmagnetisierungsfaktor bezeichnet, der jedoch nur beim Ellipsoid konstant ist und sich aus den Dimensionen berechnen läßt. Infolgedessen kann man — abgesehen vom Ring — nur mit dem Ellipsoid vollkommen einwandfreie magnetische Messungen ausführen, da man nur hier die zu einer gemessenen Magnetisierungsintensität $\mathfrak{J}$ gehörige wahre Feldstärke bestimmen kann. In allen anderen Fällen ist dies nicht möglich, namentlich nicht beim zylindrischen Stab in freier Spule, bei welchem der Entmagnetisierungsfaktor nicht konstant ist, sondern von der Magnetisierungsintensität abhängt. Man muß infolgedessen bei der Untersuchung von zylindrischen Stäben zu anderen Methoden greifen (s. Joch), mit Hilfe deren die Wirkung der freien Enden nach Möglichkeit beseitigt wird.

Gumlich.

Näheres s. G u mlich, Leitfaden der magnetischen Messungen.

Entoptische Erscheinungen. Unter den entoptischen Erscheinungen versteht man Gesichtsempfindungen, die von im Auge selbst befindlichen Objekten herrühren. Zu ihrem Auftreten bedürfen sie bestimmter, zuweilen zufällig sich ergebender, meist aber experimentell zu schaffender Voraussetzungen. Sieht man von pathologischen Verhältnissen ab, so handelt es sich um das Sichtbarwerden meist sehr zarter und kleiner, im Strahlengange des Lichtes liegender undurchsichtiger Gebilde, die unter den gewöhnlichen Bedingungen des Sehens im allgemeinen deshalb unsichtbar bleiben, weil sie wegen ihrer geringen Ausdehnung gegenüber der Pupillarfläche und ihres relativ großen Abstandes von der Netzhaut auf letztere keinen Schatten werfen. Wo sie (wie dies für die Netzhautgefäße zutrifft) der lichtperzipierenden Schicht an sich nahe genug liegen, um trotz ihrer Feinheit einen wirksamen Kernschatten zu geben, kann die Adap

tationsfähigkeit der beschatteten Netzhautteile ihrem Sichtbarwerden entgegen wirken.

Um die in den durchsichtigen Augenmedien gelegenen schattengebenden Gebilde sichtbar zu machen, verwendet man am besten eine von einer Lichtquelle hinreichend beleuchtete feine Öffnung in einem Schirm (stenopäische Lücke) und bringt diese etwa in den vorderen Brennpunkt des Auges, so daß die von ihr ausgehenden Strahlen im Auge angenähert parallel verlaufen. Man sieht dann einen großen kreisscheibenförmigen Zerstreuungskreis des Lichtpunktes (s. untenstehende Figur) und in ihm, deutlich sich abhebend, eine

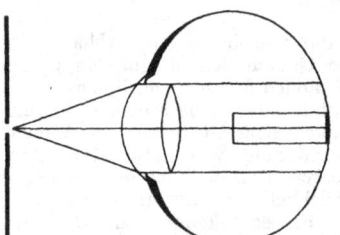

Entoptische Erscheinungen.

Reihe ihrer Form nach charakteristische, z. T. bewegliche, z. T. feststehende Schattenfiguren. Diese können herrühren:

1. von der Hornhaut; hier handelt es sich im wesentlichen um Schleimklümpchen, die mit jedem Lidschlag ihre Lage und ihr Aussehen ändern oder auch ganz beseitigt werden können; auch Epithelunebenheiten kommen entoptisch zur Wahrnehmung;

2. von der Linse, bedingt durch Inhomogenitäten der vorderen Linsenfläche (als helle Streifen oder dunkle Flecke) sowie durch die radiäre Struktur des Linsenkörpers (sog. Linsenstern); diese Figuren zeigen naturgemäß eine für jedes Auge charakteristische, unveränderliche Form und Anordnung;

3. von Trübungen im Glaskörper als freibewegliche Gebilde („fliegende Mücken"), die sowohl vereinzelt als in Form sog. Perlschnüre auftreten können.

Zur Bestimmung der Lage der schattengebenden Körperchen relativ zur Pupillarebene benutzt man die Scheinverschiebung, welche die Schatten gegenüber der kreisförmigen Begrenzung des Gesichtsfeldes erfahren, wenn das Auge in bestimmter Weise gegenüber der Lichtquelle bewegt wird (sog. relative entoptische Parallaxe). Diese Scheinverschiebung muß für Objekte vor und hinter der Pupillarebene verschiedenes Vorzeichen haben, für solche in der Pupillarebene selbst ist sie gleich Null.

Wenn man, am besten unter Zwischenschaltung eines dunklen blauen Glases, nach einer ausgedehnten hellen Fläche blickt, so kann man auch die in den Netzhautgefäßen vorüberziehenden Blutkörperchen entoptisch wahrnehmen und an ihnen die Strömungsverhältnisse in einzelnen Gefäßstämmen studieren. Über die entoptische Beobachtung des gesamten Gefäßbaumes der Netzhautgefäße s. Purkinjesche Aderfigur. *Dittler.*

Näheres s. v. H e l m h o l t z, Physiol. Optik, 3. Aufl., Bd. 1, 1909.

Entropie. Geht ein System von einem Zustand **A** in irgend einer Weise zu einem Zustand **B** über, so läßt sich ganz unabhängig von dem wirklichen

Prozeß ein Carnotscher Kreisprozeß (s. d.) konstruieren, der durch die Zustände A und B läuft. Man kann auf exakte Weise den Beweis erbringen, daß bei einem solchen idealen Kreisprozeß das über die geschlossene Bahn erstreckte Integral

$$\int \frac{du + p\,dv}{T}$$ (du Änderung der inneren Energie,

dv Änderung des spezifischen Volumens, p Druck, T absolute Temperatur) unter allen Umständen den Wert 0 annimmt. Daraus folgt, daß das Integral zwischen den Zuständen A und B, nämlich

$$\int_A^B \frac{du + p\,dv}{T}$$ unabhängig vom Integrationsweg

ist und nur von den Werten abhängt, welche die einzelnen Größen des Integranden in den beiden Grenzzuständen A und B annehmen. Jenes Integral heißt nach Clausius die Entropieänderung $s_A - s_B$ des Systems beim Übergang von A nach B. Die Entropieänderung wird also stets durch einen umkehrbaren Prozeß gemessen, gleichgültig, wie in Wirklichkeit die Zustandsänderung vor sich geht. — Ferner erkennt man, daß man einem System für jeden Zustand eine bestimmte Entropie s zuschreiben kann, die allerdings nur bis auf eine additive Konstante festlegbar ist, im übrigen aber lediglich eine Funktion des betreffenden Zustandes ist und nicht etwa von den Veränderungen abhängt, die das System vor Erreichung dieses Zustandes durchlaufen hat. Über die Bestimmung der additiven Konstanten vgl. Nernstscher Wärmesatz. Im Falle einer homogenen einheitlichen Phase konstanter Masse läßt sich also die Entropie, ähnlich wie etwa die Energie, als eine Funktion von zwei der Zustandsgrößen: Temperatur, Druck und Volumen darstellen. Man kann somit setzen $s = f_1(p, T) = f_2(v, T) = f_3(p, v)$. Aus dieser Erkenntnis, die auch so ausgesprochen werden kann,

daß $ds = \dfrac{du + p\,dv}{T}$ ein vollständiges Differential

ist, lassen sich in Verbindung mit dem Energieprinzip eine große Zahl wichtiger Gleichungen herleiten. — Erfolgt die Zustandsänderung des wirklichen Prozesses unendlich langsam, so kann man p dv durch d A, d. h. das Differential der geleisteten Arbeit ersetzen. Für diesen speziellen Fall ist nach dem 1. Hauptsatz du + p dv gleich der aufgenommenen Wärmemenge d Q, und also

die Entropieänderung $ds = \dfrac{dQ}{T}$. Da aber p dv der

maximale Wert der Arbeitsleistung ist (vgl. maximale Arbeit), so ist bei allen wirklichen Vorgängen

$pdv \geqq dA$ und daher $ds \geqq \dfrac{dQ}{T}$. — Betrachtet

man den Fall der Wärmeleitung, nämlich daß ein Teil a eines Systems von der Temperatur T_a die Wärme d Q abgibt und der Teil b desselben Systems von der Temperatur $T_b \leqq T_a$ die Wärme d Q aufnimmt, so gelten also die Beziehungen

$ds_a \geqq -\dfrac{dQ}{T_a}$; $ds_b \geqq \dfrac{dQ}{T_b}$ und die Entropieänderung

des ganzen Systems findet man zu ds = ds_a +

$ds_b \geqq dQ \left(\dfrac{1}{T_b} - \dfrac{1}{T_a} \right)$, also Null oder positiv. Die

Ausgleichung von Wärmen durch Leitung, die bei allen in der Natur vorkommenden Vorgängen, wo eine Temperaturdifferenz Ta — Tb > 0 vorhanden ist, erfolgt also unter Vergrößerung der Entropie. Die Wärmeleitung ist ein irreversibler Vorgang,

d. h. ein solcher, der auf keine Weise rückgängig gemacht werden kann, wenn nicht Veränderungen in Körpern außerhalb des betrachteten Systems vorgenommen werden. Es läßt sich nachweisen, daß bei allen irreversiblen Vorgängen die Entropie des Systems zunehmen muß. Da aber alle wirklichen (nicht idealen) Zustandsänderungen irreversibel sind, so gibt die Vergrößerung der Entropie den Richtungssinn, in dem alle Vorgänge ablaufen. Deshalb wird der zweite Hauptsatz der Thermodynamik auch als das Prinzip von der Vermehrung der Entropie bezeichnet. — Nur bei gewissen idealen Prozessen, wie dem Carnotschen Kreisprozeß, bleibt die Entropie konstant. Bei

jeder differentialen Veränderung ist hier ds = $\dfrac{dQ}{T}$,

und zwar sowohl für den arbeitenden Körper als auch für die Wärmebehälter. Allgemein kann man den Satz aufstellen, daß ein System, welches in verschiedenen Zuständen denselben Wert S der Entropie besitzt, sich von dem einen in den anderen dieser Zustände durch einen reversiblen Prozeß überführen läßt, ohne daß in anderen Körpern Veränderungen zurückbleiben.

Als Beispiel mag die Entropie für ein ideales Gas berechnet werden. Für dasselbe ist du = c_v dt

und p = $\dfrac{\Re\,T}{m\,v}$, wenn c_v die spezifische Wärme

konstanten Volumens, $\Re$ die molekulare Gaskonstante und m das Molekulargewicht bezeichnet. Für die Veränderung der Entropie erhält man dann

$ds = c_v \dfrac{dT}{T} + \dfrac{\Re}{m} \dfrac{dv}{v}$ oder integriert als die Entropie

s der Masseneinheit eines idealen Gases s =

$c_v \ln T + \dfrac{\Re}{m} \ln v + $ const. Man erkennt aus dieser

Gleichung, daß auch der Vorgang der Diffusion bei konstanter Temperatur mit einer Vergrößerung der Entropie verbunden ist, da v in diesem Falle zunimmt. *Henning.*

Entzündung s. Entflammung.

Entzündungspunkt. Die Geschwindigkeit, mit der sich selbst überlassene, reaktionsfähige Stoffe aufeinander wirken, ist niemals als unendlich klein anzusehen, wohl aber ist sie häufig so geringfügig, daß sich der Nachweis von Reaktionsprodukten jeder Art chemischer Analyse entzieht. Derartige Stoffe befinden sich in einer Art labilen Gleichgewichts, aus dem sie erst dann heraustreten können, wenn die thermischen Zustandsbedingungen eine spontane Steigerung der Reaktionsgeschwindigkeit infolge der bei der Reaktion frei werdenden Wärme zulassen. Demzufolge ist der Entflammungspunkt bestimmt durch Druck, Temperatur, Reaktionsgeschwindigkeit und Wärmetönung des chemischen Vorganges, sowie durch Wärmeleitvermögen und Oberflächenbeschaffenheit des explosiblen Körpers. Im allgemeinen wird die Entflammungstemperatur bei Vergrößerung des äußeren Druckes erniedrigt und bei Verkleinerung des Volumens infolge der damit verbundenen relativen Vergrößerung der Oberfläche erhöht. Jedenfalls muß Entflammung eintreten, sobald die Wärmeverluste durch Leitung und Strahlung von dem Gewinn an Reaktionswärme überwogen werden, wobei der Explosivstoff mit wachsender Reaktionsgeschwindigkeit einem stabileren thermischen Zustand zustrebt. Bei dieser Definition ist vorausgesetzt, daß der explosible Körper zu Beginn und in allen Phasen seiner Veränderung ein chemisch homogenes Gebilde im hydrostatischen Gleichgewicht darstellt, daß also Druckschwankungen, welche unter Umständen die Entstehung von Stoß- oder Detonationswellen bedingen, ebenso ausgeschlossen sind, wie katalytische Wirkungen der Gefäßwände, durch welche die chemische Homogeneität gestört würde.

Bei der experimentellen Bestimmung des Entflammungspunktes kommt es darauf an, die beiden zuletzt bezeichneten Fehlerquellen nach Mögli.hkeit zu vermeiden. Dieser Forderung genügt die Methode der adiabatischen Kompression des Explosivstoffes in einem Stahlzylinder nach dem Vorbild des pneumatischen Feuerzeuges (s. d.). Hierbei ist zu beachten, daß vom Moment der Zündung bis zur vollen Entwicklung der Explosion eine merkliche Zeit benötigt wird. Deswegen muß die Bewegung des Kompressionsstempels rechtzeitig, und zwar in dem Augenblick aufgehalten werden, in dem der eben zur Zündung ausreichende Kompressionsgrad erreicht wird. Eine andere Methode zur Bestimmung des Entzündungspunktes explosibler Gasgemische besteht darin, daß man die reaktionsfähigen Komponenten getrennt aber in gleicher Weise bis zur Entflammungstemperatur erhitzt und sodann die Zündung durch Zertrümmern einer Scheidewand ermöglicht.

In der Technik versteht man vielfach unter Entzündungstemperatur diejenige Temperatur, die ein entzündbarer Körper haben muß, damit durch elektrischen Funken, offene Flamme, oder Berührung mit stark erhitzten Körpern Verbrennung an der Luft eingeleitet wird. *H. Cassel.*

Näheres z. B. bei H. Mache, Die Physik der Verbrennungsvorgänge. Leipzig 1918.

Ephemeride nennt man eine nach den Kalenderdaten tabellierte Angabe der Örter eines Himmelskörpers, wie man dieselben für einen Planeten, Kometen oder Satelliten aus den Bahnelementen abzuleiten vermag. Für die großen Planeten und einige ihrer Monde, für die Sonne und den Erdmond werden solche Ephemeriden in den jährlich erscheinenden Jahrbüchern (Berliner Astronomisches Jahrbuch für Deutschland) veröffentlicht. Für neuentdeckte kleine Planeten bzw. Kometen werden Ephemeriden in den Astronomischen Nachrichten, Kiel, veröffentlicht, sobald, wenn auch nur provisorische, Elemente einer Bahn abgeleitet sind, um die weitere Auffindung der oft schnell bewegten, schwachen Gebilde zu ermöglichen *E. Freundlich.*

Erdantenne. Erdantennen sind auf dem Boden oder in geringer Höhe über dem Boden liegende isolierte Drähte für Sende- und Empfangszwecke, meist angeordnet in Form einer symmetrischen (gerichteten) V-Antenne. Die Antennendrähte können am Ende frei endigen oder über einen Kondensator geerdet sein (elektrisch nahezu gleichwertig). Bei Antennen mit mehr als 0,5 m Höhe über dem Grundwasser beruht die Strahlungswirkung der Antenne in der Hauptsache auf der Höhenwirkung. Bei geringerer Höhe kommen horizontale Komponenten, hervorgerufen durch in der Erde erregte Ströme, in Betracht. Die Antennen haben, wenn die Drähte unmittelbar am Boden liegen, einen großen Widerstand -- 10—50 Ohm und mehr -- und die Kapazität ist dann meist auch sehr erheblich (25—30 cm pro 1 m), so daß das Antennensystem aperiodisch erscheint und nur abstimmfähig dadurch wird, daß ein kleinerer Kondensator zur Verkürzung in die Antenne geschaltet wird. Für Sender ist die Antenne wenig brauchbar, für Empfang sehr zweckmäßig, da hier die Höhe zum Teil durch Länge der Antenne ersetzt werden kann. *A. Meißner.*

Literatur: Zennek, Lehrb. S. 447.

Erddruck. Die Erddrucktheorie, die, wie die Theorie der Reibung fester Körper, (s. Reibungskoeffizient) von Coulomb begründet wurde, behandelt das Gleichgewicht erdförmiger Massen, die dem Eigengewicht, sowie äußeren (belastenden und stützenden) Kräften unterworfen sind. Erdförmige Massen werden meist charakterisiert durch folgende Eigenschaften, die die Resultate experimenteller Untersuchungen gut wiedergeben: 1. Sie sind inkompressibel. 2. Sie sind kohäsionslos, können also in ihrem Innern wohl Druckspannungen, aber keine Zugspannungen aufnehmen. 3. Die Schubspannung in einem beliebigen Flächenelement ist nur auf Reibungswirkung (nicht Gestaltselastizität) zurückzuführen. Sie ist daher mit der Druckspannung im gleichen Element durch das Reibungsgesetz verbunden, wonach sie nicht größer als die mit dem Haftungskoeffizienten multiplizierte Druckspannung sein kann, also die resultierende Spannung höchstens um den Haftungswinkel gegen die Flächennormale geneigt ist. Diese Gesetze haben zur Folge, daß meist nur Grenzfälle des Gleichgewichts diskutierbar sind, während innerhalb der Gleichgewichtsgebiete der Spannungszustand in weitgehendem Maße unbestimmt bleibt, bzw. erst durch weitere physikalische Verhältnisse bestimmt wird.

Die in Betracht kommenden wesentlichsten Aufgaben sind zweierlei Art: a) Frei aufgeschüttete Erdmassen bilden eine Böschung von bestimmter Neigung, dem Böschungswinkel, der annähernd mit dem Haftungswinkel des Materials übereinstimmt (s. Reibungskoeffizient). Er ist, bei losem Material, etwas kleiner als dieser, da für die an der Oberfläche liegenden Teilchen auch Rollbewegung in Betracht kommt. Wenn die Massen durch eine unter steilerem Winkel geneigte Wand (oder mehrere solche) gehalten werden, so üben sie somit einen Druck auf diese aus (aktiver Erddruck). Soll umgekehrt die Erdmasse durch den Druck der Wand bewegt werden, so setzt sie den passiven Erddruck entgegen.

Die Coulombsche Näherungstheorie nimmt an, daß das Abgleiten der Erdmassen längs „Gleitflächen", das sind geneigte Ebenen durch die untere Mauerkante, stattfindet. Der Gegendruck der Mauer, dessen Richtung auch durch den Haftungswinkel bestimmt ist, muß dann mindestens so groß sein, daß er die auf jeder solchen Gleitfläche liegende Masse, di se als starren Körper betrachtet, im Gleichgewicht halten kann. Als „gefährlichste" Gleitfläche ergibt sich im Fall einer ebenen Mauer die den Winkel zwischen der Mauer und der oben bezeichneten natürlichen Böschungsebene halbierende. Diese Näherungstheorie stimmt in den meisten praktischen Fällen mit den Forderungen der strengen Theorie gut überein.

b) Erdförmige Massen liegen in einer tiefen Röhre (Silo). Welchen Bodendruck üben sie mindestens aus? Wegen der zunächst nach dem hydrostatischen Gesetz nach unten erfolgenden Zunahme des Drucks nimmt auch die Reibung im Innern der Masse und an den Wänden zu. Die tiefer liegenden Massen können daher von der Reibung getragen werden und der Druck nimmt nach unten nicht weiter zu. Unter der Annahme, daß überall der Maximalwert der möglichsten Haftung herrsche, ergibt sich so ein bestimmter Bodendruck.

F. Noether.

Näheres s. in Enzyklopädie der math. Wissensch. IV (28, H. Reißner) und Fr. Kötter, Die Entwicklung der Lehre vom Erddruck (Jahresber. d. deutschen Mathem. Ver. 2 (1891/92).

Erde. Der dritte Planet von der Sonne aus gerechnet und größte der 4 inneren Planeten. Ihr Durchmesser beträgt 12 740 km, die Abplattung aus der Gradmessung 1/298, aus der Mondtheorie 1/293. Diese Werte müssen wegen der inhomogenen Dichteverteilung differieren. Die mittlere Dichte der Erde beträgt das 5,6fache der des Wassers. Sie ist somit der Himmelskörper mit der größten bekannten Dichte, wenn man vom Merkur, dessen Masse nur sehr ungenau bestimmt werden konnte, absieht. Sie dreht sich in 24 Stunden um ihre kürzeste Achse, die um $23^1/_2°$ gegen den Pol der Ekliptik geneigt ist und deren Neigung langsam veränderlich ist. Außerdem beschreibt diese Achse einen Kegelmantel um den Pol der Ekliptik in 25 700 Jahren (Präzession). In einem Jahr dreht sie sich um die Sonne. Durch diese Bewegungen entstehen Tag und Nacht, sowie die Jahreszeiten.

Physisch nimmt die Erde offenbar eine Zwischenstellung zwischen den Nachbarplaneten Venus und Mars ein, von denen erstere eine dichte Atmosphäre und eine scheinbar stets geschlossene Wolkendecke, letzterer nur eine spärliche Lufthülle mit selten auftretenden Wolken besitzt. Auch ihr Reflexionsvermögen (Albedo) scheint zwischen beiden zu stehen (s. dort). Über Erddichte und Dichteverteilung im Erdinnern usw. vgl. die vielen einschlägigen Artikel. Über den Trabanten der Erde s. Mond.

In folgendem ist eine kurze Tabelle der Konstanten der Erde und Erdbahn gegeben.

Dimensionen nach Helmert.

Äquatorealhalbmesser	a = 6378,200 km
Polarhalbmesser	b = 6356,818
Radius einer raumgleichen Kugel	R = 6371,1
Abplattung	p = 1/298.3
Mittlere Dichte	5.6 (Wasser = 1)

$\left\{\begin{array}{l}\text{Schwere als Funktion der}\\\text{geographischen Breite } \varphi\\\text{und Seehöhe h}\end{array}\right\}$ $\begin{array}{l}g = 9,80632 - 0,02593 \cos 2\,\varphi\\+ \,0,00007 \cos^2 2\,\varphi - 2\,\dfrac{h}{R}\,g\end{array}$

Umdrehungszeit (Sterntag) . .	$23^h\ 56^m\ 4^s$
Siderisches Jahr	365,25636 Tage
Tropisches Jahr	365,24220 ,,
Schiefe der Ekliptik	23° 27' 30''
Jährliche Präzession	50'',252

Bottlinger.

Erdfeld, elektrisches. Schon seit der Mitte des 18. Jahrhunderts weiß man, daß die Erde gegenüber der Atmosphäre eine Potentialdifferenz von wechselnder Größe und Vorzeichen aufweist. Gewöhnlich ist die Luft gegenüber der Erde positiv geladen. Die Potentialdifferenz zwischen Erde und einem gewählten Punkt der Luft wird um so größer, je höher der Punkt über der Erdoberfläche gelegen ist. Als Maß für die Stärke des Erdfeldes nimmt man das Potentialgefälle (Gradient), d. h. die Differenz der Potentiale eines Punktes der Erdoberfläche und eines 1 m darüber liegenden Punktes (ausgedrückt in Volt pro 1 m Höhendifferenz). Über die Methoden zur Bestimmung dieser Größe vgl. den Artikel „Potentialgefälle" (vgl. auch den dortigen Literaturhinweis).

Das atmosphärische Potentialgefälle ist eine Größe, die außerordentlich starke örtliche und zeitliche Variabilität aufweist, abgesehen von den Änderungen, die es durch gewisse meteorologische Faktoren (z. B. bei Gewittern, bei Sand- und Schneestürmen, und dgl.) erleidet. Nicht selten kommt es vor, daß das Gefälle negativ wird, d. h. die Atmosphäre gegen Erde negative Potentialdifferenz zeigt: solche Fälle sind natürlich bei der Mittelwertsbildung, welche die Aussuchung der Regelmäßigkeiten in den Änderungen des Potential-gefälles (im folgenden kurz P. G. genannt) bezweckt, auszuschließen. Tage, an welchen abnorme P. G.-Werte beobachtet werden, sind also als „gestörte Tage" im folgenden nicht mitverwendet worden.

Da das P. G. regelmäßige tägliche und jährliche Veränderungen aufweist, kann man zur Beurteilung der Absolutwerte des P. G. an verschiedenen Orten eigentlich nur Mittelwerte über längere Zeit, wenigstens über Winter und Sommer, mit mehrmaliger täglicher Beobachtung verwenden. Solche größere Beobachtungsreihen liegen vor: von Chree in Kew (England), von Zölß, Blumenschein und P. Rankl in Kremsmünster (Oberösterreich), Mazelle und Brommer in Triest, von Lüdeling und Kähler in Potsdam, Lutz in München, Angenheister auf Samoa, Rouch auf der Petermannsinsel u. a. In Europa beträgt der Mittelwert des P. G. etwa 150 Volt/m. Die Messungen über dem Meere ergaben Werte zwischen 50—150 V/m.

Jährliche Periode: Das P. G. zeigt in Europa übereinstimmend einen sehr ausgesprochenen jährlichen Gang. Das Maximum fällt in den Monat Januar, das Minimum (nicht so scharf ausgeprägt) in die Sommermonate, Maximum und Minimum verhalten sich meist etwa wie 2 : 1.

Tägliche Periode. Auch die Veränderung des P. G. innerhalb eines Tages zeigt ausgesprochene Regelmäßigkeiten: die Tageskurve des P. G. hat ihr Hauptminimum zwischen 3 und 4 Uhr a. m. Der weitere Verlauf läßt zwei Typen erkennen. Bei der einen wird ein Maximum um etwa 9 Uhr a. m. erreicht, dann fällt das P. G. zu einem sekundären Minimum um 1—4 h p. m., steigt zu einem zweiten Maximum (9 Uhr abends), um schließlich wieder um 3 Uhr a. m. zum Hauptminimum zu fallen („doppelte tägliche Periode"). Dagegen zeigen die Tageskurven von Triest, Samoa, Cap Thordsen, Batavia, Karasjok (Lappland) und Kremsmünster eine einfache tägliche Periode mit dem Hauptminimum um 3 Uhr a. m., Hauptmaximum 3 Uhr p. m. Die doppelte tägliche Periode ist an manchen Orten (z. B. Kew, Potsdam, Perpignan) deutlicher ausgeprägt, als die einfache Hauptwelle. Im Sommer ist der Einfluß der Doppelwelle immer stärker ausgeprägt. Durch harmonische Analyse lassen sich die beobachteten Tageskurven als Summe von Gliedern einer Fourierschen Sinusreihe darstellen.

Einfluß meteorologischer Elemente, Ursache der Änderungen des P. G. Der Einfluß meteorologischer Faktoren ist indirekt: er betrifft direkt die Leitfähigkeit der Luft, welche durch Prozesse der Ionenadsorption (Nebel), Förderung ionenreicher Bodenluft bei zyklonaler Wetterlage, Stagnieren staubreicher Luft bei antizyklonaler Wetterlage u. a. in der mannigfachsten Art verändert werden kann. Jeder Erhöhung der Leitfähigkeit entspricht dann eine Verminderung des atmosphärischen P. G. und umgekehrt. Auch die täglichen und jährlichen Änderungen des P. G. können in allgemeinen Zügen durch die spiegelbildliche Beeinflussung der Leitfähigkeit erklärt werden. Die doppelte tägliche Periode hängt mit der Doppelwelle des Luftdruckes zusammen. Nichtperiodische Luftdruckänderungen zeigen keinen deutlichen Einfluß auf den Gang des P. G. Dagegen besteht eine deutliche Abhängigkeit des P. G. vom Dunstdruck, die nach Exner durch die Formel $dV/dh = \dfrac{A}{1 + B\,p}$ (p bedeutet den

Dunstdruck, dV/dh das P. G., A und B Konstante) dargestellt wird.

Lufttrübungen verursachen Verminderung der Leitfähigkeit und entsprechend Erhöhung des P. G. Bei Gewittern treten starke unregelmäßige Schwankungen auf, die manchmal so stark sind, daß der Meßbereich der Registrierapparate nicht ausreicht. Bei Regen herrscht anfangs häufig negatives P. G. Bei Stürmen kann, wie insbesondere Douglas Rudge aus Südafrika berichtet, durch Elektrisierungserscheinungen von seiten des aufgewirbelten Staubes starke Störung des P. G. bewirkt werden. Ein Einfluß kosmischer Faktoren auf das P. G. besteht nach den bisherigen Beobachtungen nicht.

Das P. G. nimmt mit zunehmender Erhebung über der Erdoberfläche zuerst rasch, dann immer langsamer ab. In 1000 m beträgt das P. G. nur mehr etwa 25 Volt/Meter. In 9000 m beobachtete Everling Werte von 3,5 Volt/m. Das P. G. scheint sich also an der Grenze der Atmosphäre asymptotisch dem Wert Null zu nähern.

V. F. Hess.

Erdfernrohr. Das Erdfernrohr gibt im Gegensatz zum astronomischen Fernrohr ein aufrechtes und seitenrichtiges Bild eines weit entfernten Gegenstandes; und zwar soll unter Erdfernrohr nur eine solche Anordnung verstanden werden, welche das Bild mittels Linsen erzeugt (im Gegensatz zum Prismenfeldstecher, bei dem die Aufrichtung des durch ein astronomisches Fernrohr erzeugten umgekehrten Bildes durch ein Prismenumkehrsystem erfolgt). Das Erdfernrohr läßt sich stets zerlegen in eine aus Objektiv, Umkehrsystem und astronomischem Okular bestehende Linsenfolge. Das Objektiv ist im allgemeinen eines der bei astronomischen Fernrohren gebräuchlichen; es wird im Hinblick auf möglichst geringen Lichtverlust (bei nicht zu großem Durchmesser, ungefähr bis 50 mm) meist verkittet ausgeführt. Für größere Durchmesser (beispielsweise bei Aussichtsfernrohren) wird das Objektiv unverkittet ausgeführt zur Vermeidung von Spannungen. Nur in dem besonderen Falle, daß Bildfehler des Erdfernrohrokulars durch Bildfehler entgegengesetzten Vorzeichens im Objektiv aufgehoben werden sollen, wird ein Objektiv besonderer Bauart gewählt (beispielsweise bei Anwendung eines Fraunhoferschen Erdfernrohrokulars ein Objektiv mit positiver chromatischer Längsabweichung).

Das Umkehrsystem des Erdfernrohrokulars enthält in den meisten Fällen eine die Regelung des Hauptstrahlengangs bewirkende Feldlinse (*Kollektiv*) als ersten Teil und in vielen Fällen zwei („gegeneinandergeschaltete") Objektive als das den zweiten Teil bildende eigentliche Umkehrsystem. Auch die erste Linse des astronomischen Okulars wirkt meistens hauptsächlich als Feldlinse. Es sei noch erwähnt, daß in vielen Fällen die das gesamte Erdfernrohr bildende Linsenfolge aus zwei hintereinandergeschalteten astronomischen Fernrohren besteht, derart daß die Austrittspupille des ersten astronomischen Fernrohres mit der Eintrittspupille des zweiten zusammenfällt.

Der geschichtlichen Entwicklung nach war der Zweck des Erdfernrohrs zunächst die *Vergrößerung des kleinen* (natürlichen oder dingseitigen) *Sehwinkels,* unter dem *ferne Gegenstände* dem freien Auge erscheinen. Für stärkere Vergrößerungen ist dem deutlich abbildbaren Bereich des Gegenstandsraums (also dem dingseitigen Gesichtsfeld) im wesentlichen durch das Okular eine Grenze gesetzt dadurch, daß je nach der Bauart des Erdfernrohr-Okulars das scheinbare (oder bildseitige) Gesichtsfeld einen bestimmten Betrag nicht übersteigen kann, der für ältere Okulare 30° erreichte und in der Neuzeit bis auf 70° gesteigert werden konnte. Für schwächere Vergrößerungen muß auch bei der Anlage des Objektivs auf die durch dieses erzeugte Bildwölbung (allgemein gesprochen auf die außeraxialen Bildfehler) Rücksicht genommen werden. Das Erdfernrohrokular hat im Vergleich mit einem astronomischen Okular gleicher Brennweite größere Länge wegen des in ihm enthaltenen Linsenumkehrsystems. Diese größere Länge ist für die Verwendung im Handfernrohr ein Nachteil, für die seit Anfang des 20. Jahrhunderts mehr und mehr in Gebrauch kommenden *Zielfernrohre* (siehe diese) und *Sehrohre* (siehe diese) in den meisten Fällen ein Vorteil. Beim Sehrohr für Unterseeboote ist zugunsten des möglichst großen Blickfeldes fast ganz auf die Vergrößerungswirkung verzichtet, so daß es also zu den wiederholenden Instrumenten zu zählen ist. (Die *Einteilung in wiederholende und vergrößernde Linsenfolgen* wurde eingeführt durch *M. von Rohr.*)

a) **Erdfernrohr mit einer einzigen Vergrößerung.** Die Möglichkeit der Verwandlung eines astronomischen in ein Erdfernrohr mittels einer zwischen Objektiv und Okular angeordneten Umkehrlinse ist schon von Kepler im Jahre 1611 erkannt worden. Einen weiteren Fortschritt verdanken wir dem Mönch A. M. Schyrl (1645), der sogar schon ein Mittel angegeben hat, um das durch ihn für *beidäugige Beobachtung* eingerichtete Erdfernrohr *dem Augenabstande anzupassen.* Die Erdfernrohrokulare sind gegen Ende des 18. und zu Anfang des 19. Jahrhunderts besonders durch Dollond, Ramsden, Fraunhofer vervollkommnet worden. Die untenstehende Figur stellt ein Fraunhofersches Okular dar und gründet sich auf die Angaben in Prechtls praktischer Dioptrik (1828). Die Regelung des Hauptstrahlengangs übernehmen in diesem Falle sämtliche vier Linsen, auch haben alle vier Linsen vergrößernde oder verkleinernde Wirkung. (Eine nur als Feldlinse wirkende Linse hat Vergrößerung 1.) Die erste Linse L_1 lenkt die von der Mitte der Objektivfassung (im allgemeinen Falle von der Mitte des durch das Objektiv erzeugten Bildes der Eintrittspupille) kommenden Hauptstrahlen nach der Mitte der Öffnungsblende B_2 hin; die zweite Linse L_2 lenkt die nunmehr von der optischen

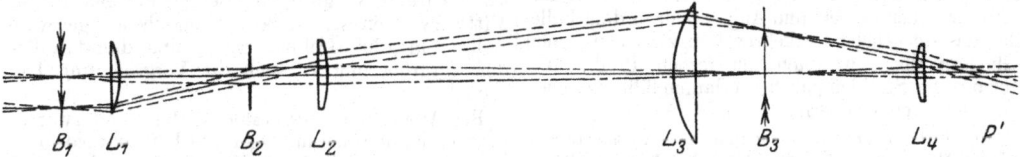

Fraunhofersches Okular; Brennweite f = 25 mm (¹/₂ nat. Gr.) zu einem Objektiv F = 525 mm passend. Es sind die dem Mittelpunkte des Gesichtsfeldes und die einem Randpunkte des Gesichsfeldes entsprechenden Strahlen eingezeichnet.

Achse weglaufenden Hauptstrahlen wieder auf die optische Achse zu. Dieselbe Wirkung haben die dritte Linse L_3 und die vierte Linse L_4, so daß sich die Hauptstrahlen schließlich in der Mitte der Austrittspupille P' schneiden. Die von den Neigungswinkeln der Hauptstrahlen zur optischen Achse abhängigen sphärischen Abweichungen beim Verlauf der Hauptstrahlen kommen im allgemeinen nicht störend in Betracht, solange Austrittspupille und Augenpupille nicht zu klein sind.

Zählt man ab, *wie oft ein von einem außerhalb der optischen Achse gelegenen Gegenstandspunkt kommender Hauptstrahl die optische Achse des Fernrohrs schneidet*, dann findet man in dem behandelten Beispiel drei Schnittpunkte bis zum Eintreffen auf der Netzhaut, d. h. die Zahl der beim natürlichen Blicken vorhandenen Schnittpunkte (nämlich ein mit dem *Augendrehpunkt* zusammenfallender) ist durch das Erdfernrohr um eine gerade Anzahl vermehrt worden, und dies entspricht einem aufrechten Bild. Die bildaufrichtende Wirkung des im Erdfernrohr enthaltenen Umkehrsystems ist auch gekennzeichnet durch das *negative Vorzeichen der Vergrößerung dieses Umkehrsystems*, jedoch erhält man bei dieser Kennzeichnung nur einen oberflächlichen Einblick in die Wirkungsweise des Fernrohrs. Ein dritter, ebenfalls gangbarer Weg besteht in der Abzählung der (zugänglichen oder „reellen") Schnittpunkte eines im Dingraum parallel zur optischen Achse verlaufenden Strahles mit der optischen Achse; hierbei soll an den Stellen, an denen der Strahl parallel der optischen Achse verläuft, kein Schnittpunkt gezählt werden. Auch für die Anzahl dieser Schnittpunkte hat das aufrechte Bilder ergebende Fernrohr eine *Zunahme um eine gerade Zahl* (beim holländischen Fernrohr $= 0$, beim Erdfernrohr mit Fraunhoferschem Okular und auch bei den meisten anderen Erdfernrohren $= 2$, bei Erdfernrohren größerer Länge $= 4$, sehr selten eine größere gerade Zahl) bewirkt.

Ein *zweites Beispiel* eines Erdfernrohrs mit einer einzigen Vergrößerung ist *in dem Abschnitt „Zielfernrohr"* mit der Darstellung des Strahlengangs wiedergegeben.

b) Erdfernrohr mit mehreren Vergrößerungen. In diesem Abschnitt sollen verschiedene Mittel besprochen werden, mittels deren die Vergrößerung eines Erdfernrohrs *sprungweise* verändert werden kann. Die meisten der in diesem Abschnitt beschriebenen optischen Mittel werden auch bei den im folgenden Abschnitt (c) *Erdfernrohr mit stetig veränderlicher Vergrößerung, pankratisches Fernrohr*) zu besprechenden Fernrohren angewandt, dort allerdings in Verbindung mit geeigneten mechanischen Mitteln.

Ein Mittel zur Veränderung der Vergrößerung besteht in der *Hinzufügung eines* holländischen *Fernrohrs* (oder im allgemeinen Falle eines für sich allein ein aufrechtes Bild liefernden Fernrohrs) entweder vor dem Objektiv (also zwischen Gegenstand und Erdfernrohr), oder hinter dem Okular (also zwischen Okular und Auge), oder in dem Falle, daß das eigentliche Umkehrsystem zwischen seinen Gliedern die vom unendlich fernen Punkt ausgegangenen Strahlen parallel verlaufen läßt, zwischen diesen beiden Gliedern.

(T. R. Dall meyer hat in der deutschen Patentschrift 120 480 vom 13. 12. 1899 angegeben, wie man ein photographisches Objektiv in ein solches mit längerer Brennweite dadurch verwandeln kann, daß man ein holländisches oder auch ein astronomisches Fernrohr vorschaltet. Beispiele für die Vorschaltung eines holländischen Fernrohrs bei einem Fernrohr finden sich in der englischen Patentschrift 10 701 von Denston aus dem Jahre 1906 und in der österreichischen Patentschrift 35 218 von Reichert aus dem Jahre 1908, ferner in der deutschen Patentschrift 237 072 von C. Zeiß aus dem Jahre 1910),

Ein zweites Mittel besteht in der *Änderung der Objektivbrennweite* entweder durch Verschiebung der Bestandteile des Objektivs gegeneinander in Richtung der optischen Achse (das Objektiv kann dabei etwa als Teleobjektiv gebaut sein) oder durch Auswechseln von Objektivbestandteilen oder Vorschaltlinsenfolgen oder Einschaltlinsenfolgen untereinander. Diese Auswechselung kann entweder durch Drehung dieser Bestandteile um eine geeignet gewählte Achse oder durch Verschiebung dieser Teile in einer bestimmten Richtung (die beispielsweise auf der optischen Achse senkrecht stehen kann) erfolgen. Oder es wird durch Umschaltung von geeigneten Prismen dafür gesorgt, daß je nach der Vergrößerung das eine oder das andere Objektiv wirksam ist.

Ein drittes Mittel besteht in der *Änderung der Okularbrennweite*. Und zwar wollen wir dabei zunächst nur an *das eigentliche* (im Erdfernrohr enthaltene) *astronomische Okular* denken, das im einfachsten Falle durch Einstecken eines anderen Okulars in die Okularhülse ausgewechselt werden kann. Eine bessere Bauart für den Okularwechsel wird durch Anordnung mehrerer Okulare verschiedener Brennweite in einem sogenannten *Okularrevolver* erzielt, oder auch durch Verschiebung der Bestandteile des astronomischen Okulars gegeneinander in Richtung der optischen Achse.

Als *viertes Mittel* wollen wir die *Änderung der Brennweite des Erdfernrohrokulars* und damit die Veränderung der Vergrößerung des Erdfernrohrs mittels der Verschiebung des Umkehrsystems in Richtung der optischen Achse oder mittels axialer gegenseitiger Verschiebung der Glieder des Umkehrsystems behandeln. Hierbei ändert sich im allgemeinen die Fernrohrlänge. Die *axiale Verschiebung des Umkehrsystems* war wohl von allen vier besprochenen Mitteln zum Zwecke des Vergrößerungswechsels das am frühesten bekannte *(mindestens schon am Ende des 18. Jahrhunderts bekannt)*. Das zweite und vierte Mittel haben insofern keine scharfe Grenze gegeneinander, als die in einem Erdfernrohr enthaltene Feldlinse gelegentlich auch zum Objektiv gerechnet werden kann. Sind die beiden Vergrößerungen v_1 und v_2 des Umkehrsystems derart gewählt worden, daß ihr Produkt $= 1$ ist (also $v_1 = 1/v_2$), dann bleibt die Fernrohrlänge für beide Vergrößerungen dieselbe. Ferner kann auch bei Verschiebung der vorhin genannten Feldlinse erreicht werden, daß die Fernrohrlänge für zwei Vergrößerungen die gleiche bleibt, wenn zwischen den beiden Vergrößerungen der Feldlinse die Beziehung $v_1 = 1/v_2$ besteht. Eine andere Möglichkeit, ein Verhältnis der beiden Fernrohrvergrößerungen $v_1^2 : 1$ zu erreichen, besteht darin, daß man das eigentliche Umkehrsystem (seine Vergrößerung sei v_1) um eine in der Mitte zwischen seinen beiden Bildebenen gelegene Achse um 180° drehbar macht und damit außer der Vergrößerung v_1 auch die Vergrößerung $1/v_1$ erreicht.

Bei Anwendung des ersten Mittels (und zwar in dem Falle, daß das hinzugefügte Fernrohr vor dem Objektiv angeordnet wird), bei Anwendung des zweiten Mittels und in einem Sonderfalle bei

Anwendung des vierten Mittels kann durch geeignete Wahl der Abmessungen (Abstände, Durchmesser und Brennweiten) erreicht werden, daß die *Lage und Größe der Austrittspupille* des Erdfernrohrs *bei* zwei oder *mehreren Vergrößerungen unverändert bleibt.* Bei Anwendung des dritten Mittels und, abgesehen von dem vorhin genannten Sonderfalle, bei Anwendung des vierten Mittels, ist fast immer das Produkt aus der Vergrößerung des Fernrohrs und dem Durchmesser der Austrittspupille von der Fernrohrvergrößerung unabhängig gleich dem durch den Objektivdurchmesser bedingten Durchmesser der Eintrittspupille. Bei Anwendung des vierten Mittels wirkt allerdings in manchen Fällen die Öffnung eines der Glieder des Umkehrsystems als Öffnungsblende für die schwächere Vergrößerung. Das Produkt aus dingseitigem Gesichtsfeld und Fernrohrvergrößerung ist für die verschiedenen Vergrößerungen bei ein und demselben Fernrohr angenähert gleich dem bildseitigen Gesichtsfeld des Okulars. Genauer gilt, falls das Erdfernrohr den Gegenstand verzeichnungsfrei abbildet, die Beziehung $\mathrm{tg}\,\dfrac{\alpha'}{2} = \mathrm{v}\cdot\mathrm{tg}\,\dfrac{\alpha}{2}$, wobei α das dingseitige und α' das bildseitige Gesichtsfeld des Fernrohrs bezeichnet (v = Fernrohrvergrößerung).

c) **Erdfernrohr mit stetig veränderlicher Vergrößerung** (*pankratisches Fernrohr*). In diesem ist im allgemeinen als Mittel zur Vergrößerungsänderung das im Abschnitt b) besprochene *zweite Mittel* oder das ebenfalls dort besprochene *vierte Mittel* angewandt. Die Entwicklung des pankratischen Fernrohrs ist, um nur ein paar Namen zu nennen, seit 1878 durch F. C. Donders (zugehörige Rechnungen von Grinwis), J. A. C. Oudemans, J. Bosscha, Hugo Schröder, A. C. Biese (Gleichen, Voigtländer), William Ottway (englisches Patent Nr. 4063 aus dem Jahre 1905), Fr. L. G. Kollmorgen, C. P. Goerz, Carl Zeiß gefördert worden. Ein pankratisches Erdfernrohr bietet den großen *Vorteil*, daß man zunächst mit eingeschalteter schwacher Vergrößerung ein großes Gesichtsfeld absuchen kann und dann den bildseitigen Sehwinkel einer genauer zu untersuchenden Einzelheit innerhalb gewisser Grenzen (beispielsweise bis auf das Dreifache des für die schwache Vergrößerung gültigen Betrags, neuerdings im Verhältnis 1:5 und noch mehr) allmählich steigern kann, bis man diese genügend erkennt oder soweit es die Luftdurchlässigkeit zuläßt. Im allgemeinen wird man, um bei allen Vergrößerungen ein genügend scharfes (und deutliches) Bild zu erhalten, *die Bildfehler der einzelnen Teile* des pankratischen Fernrohrs derart verkleinern müssen, daß mindestens die verschiebbaren Glieder für sich allein achromatisiert sind, daß ferner die sphärische Abweichung bei der Abbildung eines Achsenpunktes für die verschiedenen Vergrößerungen in gleichem Maße beseitigt ist, daß die Abweichung von der Erfüllung der Sinusbedingung für die beiden Grenzstellungen die gleiche und möglichst klein ist. Außerdem soll die Bildwölbung (in manchen Fällen auch der Astigmatismus schiefer Büschel) des gesamten Erdfernrohrs einen bestimmten Betrag nicht übersteigen bei allen Vergrößerungen.

Die selbsttätige stetige Veränderung der Vergrößerung erfolgt dadurch, daß beim Drehen eines Rändelrings oder einer Kurbel mittels einer geeigneten mechanischen Übertragung gleichzeitig die beiden verschiebbaren Glieder des Erdfernrohrokulars um verschiedene Beträge in Richtung der optischen Achse bewegt werden, so daß für alle Vergrößerungen das Bild des Gegenstandes in derselben achsensenkrechten Ebene (im Unendlichen) liegt. Behält das Fernrohr für alle Vergrößerungen dieselbe Länge, dann sind die verschieblichen Glieder Teile des Umkehrsystems. Das *mechanische Mittel* besteht meistens in der Anwendung von *zwei* in ein zylindrisches Rohr eingeschnittenen *schraubenförmigen Kurven*, von denen im allgemeinen nur die eine längs ihres Umfangs eine gleichbleibende Steigung hat. Jede dieser beiden Kurven bewirkt die Verschiebung eines der Glieder, und zwar durch Vermittlung eines Stiftes (eines sog. *Gleitbackens*). Meist wird noch, um eine Drehung der verschiebbaren Glieder um die optische Achse zu verhindern, in einem besonderen Rohr ein der optischen Achse paralleler Schlitz als *Geradführung für die beiden Gleitbacken* angeordnet.

Bezüglich der Angabe von Einzelheiten über den Bau der verschiedenen Erdfernrohre muß auf die zahlreichen Patentschriften verwiesen werden. Angaben über die Lichtdurchlässigkeit von Erdfernrohren findet man in § 3 der Arbeit von H. Erfle in der deutschen optischen Wochenschrift 1919, 351—355, 367—369 und 1920, 3—5, 29—30. Zur Einführung in das völlige Verständnis der Wirkungsweise des Erdfernrohrs und der optischen Instrumente überhaupt sei das Büchlein von M. von Rohr: „Die optischen Instrumente" in der Sammlung: Aus Natur und Geisteswelt, 88. Bändchen, 3. Auflage, 1918, empfohlen. Ausführliche Angaben über die grundlegenden Begriffe finden sich in: Grundzüge der Theorie der optischen Instrumente nach Abbe von S. Czapski, zweite Auflage unter Mitwirkung des Verfassers und mit Beiträgen von M. von Rohr herausgegeben von O. Eppenstein, 1904, und in der Theorie der optischen Instrumente I. Band, bearbeitet von wissenschaftlichen Mitarbeitern an der optischen Werkstätte von Carl Zeiß, herausgegeben von M. von Rohr, 1904. Außerdem gehören hierher die im Artikel „Prismenfeldstecher" genannten Bücher von A. Gleichen und Chr. von Hofe. *H. Erfle.*

Erdinduktion. Die Erweckung von Magnetismus in magnetisierbaren Körpern durch die Gegenwart des Erdmagnetismus. Außer von der Magnetisierungsfähigkeit des Körpers und der Größe des Erdfeldes an dem betreffenden Ort hängt sie von der Lage gegenüber der Richtung des Erdmagnetismus ab, und man spricht daher von einem „Magnetismus der Lage". Unter sonst gleichen Umständen ist der induzierte Magnetismus am größten, wenn die Längsachse des Körpers mit der Richtung des Erdfeldes zusammenfällt. Im übrigen gelten alle Gesetze der Magnetinduktion. Praktisch wichtig wird die Erdinduktion vor allem bei dem durch sie erzeugten „Schiffsmagnetismus" (s. d.), ferner bei allen magnetischen Messungen, bei denen die Lage von Magneten geändert werden muß (z. B. Bestimmung der Intensität des Erdmagnetismus oder des Moments eines Magneten). Auch die Wirksamkeit der Lloydschen Deflektoren (s. Deflektoren) beruht auf der Erdinduktion. Auf die Erdinduktion ist auch ein großer Teil des Gesteinsmagnetismus zurückzuführen.

A. Nippoldt.

Erdinduktor. — Dreht man eine Spule in einem parallel der Spulenachse gerichteten Magnetfeld um 180°, so wird an den Enden der Spule eine elektrische Spannung erzeugt, die sich über ein angeschlossenes ballistisches Galvanometer in Form eines Stromstoßes ausgleicht und dadurch einen Ausschlag des Galvanometers hervorbringt. Der Stromstoß, also auch der Ausschlag, ist um so stärker, je höher das magnetische Feld, je größer die Windungsfläche der Spule (Produkt aus der Zahl der Windungen und dem Flächeninhalt einer Windung) und je geringer der Widerstand des

Kreises ist. Man kann also mit Hilfe einer derartigen Vorrichtung, falls das ballistische Galvanometer geeicht ist, die Größe des betreffenden magnetischen Feldes bestimmen, beispielsweise auch diejenige des überall vorhandenen, aber vielfachen Störungen unterworfenen magnetischen Erdfeldes. Die dabei benützte Spule, die meist nur aus wenigen Windungen von genau bekanntem Flächeninhalt besteht und mit einer Vorrichtung zum Umklappen versehen ist, bezeichnet man als Erdinduktor.
Gumlich.

Erdinduktor. Für erdmagnetische Zwecke hat der Erdinduktor eine gegen das W. Webersche Modell wesentliche Umarbeitung erfahren und ist dadurch fähig geworden, die Inklination auf einige Hundertstel Bogenminute genau zu messen. Seitdem ist er das Normalinstrument zur Ermittelung dieser Größe geworden. Er hat nunmehr nur eine Spule, die um drei Achsen drehbar ist. Zunächst wird die Rotationsachse in den magnetischen Meridian gedreht, dann erhält sie in dieser Ebene eine solche Neigung, daß sie nur noch wenig gegen die Inklinationsrichtung geneigt ist, und schließlich wird die Spule um die Rotationsachse gedreht. Im Galvanometer entstehen dann nur noch kleine Schwankungen, ꞏund falls man durch weitere Feinverstellung Koinzidenz mit der Inklination erreicht hat, geben auch schnelle Rotationen keine Ablenkungen mehr. Die Stellung der Achse wird nun an einem vertikalen Teilkreis abgelesen und gibt zusammen mit seinem Horizontalpunkt unmittelbar die Inklination. Letzterer wird meist durch eine an der Spule angebrachte Libelle ermittelt. Der Nullmethode wegen liegt keine Strommessung vor, es sind auch nicht, wie bei dem Modell von L. Weber, Widerstände zu messen. Die einzige wesentliche Fehlerquelle bilden eine eventuelle unrichtige Setzung der Unterbrecherstellen des Kommutators gegen die Bürsten und Induktionsströme im metallenen Rahmen der Spule. Dem Nadelinklinatorium ist der Erdinduktor bei weitem überlegen.   *A. Nippoldt.*
Näheres s. O. Venske, Gött. Nachr. 1909.

Erdkugel. Eine Kugel vom Radius 6370,3 km hat bis auf Größen von der Ordnung des Quadrates der Abplattung die gleiche Oberfläche und das gleiche Volumen wie die Erde.   *A. Prey.*
Näheres s. R. Helmert, Die mathem. und physikal. Theorien der höheren Geodäsie. Bd. I, S. 68.

Erdmagnetismus. Überall auf der Erde beobachtet man das Bestehen eines natürlichen magnetischen Feldes; da es seinen Sitz hauptsächlich unterhalb der Erdoberfläche hat, spricht man vom Erdmagnetismus. Es gibt aber auch magnetische Kräfte, welche ihren Sitz in der Atmosphäre haben und solche, welche ganz außerhalb der Erde entstehen, aber auf ihrer Oberfläche zur Wirkung kommen. Der Sprachgebrauch rechnet auch sie dem Erdmagnetismus zu. Die wichtigsten Beweise für das Bestehen des Feldes sind: 1. die auf eine im Schwerpunkt aufgehängte Magnetnadel ausgeübte Richtkraft, 2. die Induktion von Magnetismus der Lage (Induktion durch den Erdmagnetismus), vornehmlich im weichen Eisen, 3. die Induktion von elektrischen Strömen in bewegten Metallen (s. Erdinduktor), 4. die ablenkende Wirkung auf die von der Sonne ausgehende elektrische Strahlung (s. erdmagn. Variationen).

Die Ursache des inneren Feldes ist zum Teil die Magnetisierung der Erdrinde. Ein großer Teil der Gesteine ist magnetisch, darunter besonders stark der Magneteisenstein (s. d.), der Hauptbestandteil aller natürlichen Magnete (s. d.). In Form von Magnetitkristallen durchsetzt er vor allem die Eruptiva und deren Verwitterungsprodukte. Seine Magnetisierungsfähigkeit ist die größte aller natürlichen und technisch hergestellten irdischen Körper. Die in den oberflächlichen Schichten vorkommende Menge an Magnetit erklärt die meisten beobachteten örtlichen Störungen des Erdmagnetismus der Gestalt und Größe nach, nicht aber den gesamten Erdmagnetismus. Da wir aus potentialtheoretischen Gründen aus Messungen auf der Erdoberfläche nichts über die Verteilung des Magnetismus in der Erde aussagen können, die geologische Forschung aber nicht tief genug reicht, so sind wir für alles weitere auf Hypothesen angewiesen. Zwischen 20 und 25 km Tiefe treten Temperaturen ein, bei denen jeder Körper die Magnetisierungsfähigkeit verliert, es sei denn, daß unter den großen Drucken die Materie andere magnetische Eigenschaften annimmt, als im Laboratorium. Auf die uns bekannte Weise kann jedenfalls nur eine vergleichsweise dünne Schicht wirksam sein. Nach geologischen Anschauungen wird der Eisengehalt der Gesteine jedoch mit der Tiefe wachsen, so daß mit der Suszeptibilität des Magnetits dennoch das ganze Feld aus einer Magnetisierung nur der Rinde erklärbar wäre. Noch weniger wissen wir aus unserer Laboratoriumserfahrung über die Möglichkeit eines Eigenfeldes des Erdkernes. Doch zeigt das Bestehen eines magnetischen Feldes der Sonne (s. Sonnenmagnetismus), daß auch das Erdinnere ein magnetisches Feld tragen kann. Von den verschiedenen aufgestellten Arbeitshypothesen hat nur die von W. Sutherland eingeführte und von L. A. Bauer etwas veränderte sich als einigermaßen brauchbar erwiesen. Sie nimmt an, daß das Erdinnere eine gleichmäßige negative und eine positive el. Raumladung enthalte, wovon die eine — den Ergebnissen der Rechnung nach die negative — einen größeren Raum einnehme. Die Größenordnung des Abstands beider Kugeln müßte 8×10^{-9} cm, also von molekularen Dimensionen sein.

Die Magnetisierung der Volumeinheit der ganzen Erde ist 0,08, ihr Moment $8,55 \times 10^{25}$ cm^3. Die magnetische Achse ist parallel einem Durchmesser durch $\varphi = +78^0,4$, $\lambda = -67^0,8$ ö. v. Gr., also $11^0,6$ geneigt gegen die Drehungsachse. Die Feldstärke erreicht an den Polen rund 0,66, am Äquator 0,34 cm$^{-1/2}$ g$^{1/2}$ s^{-1}.

Das erdmagnetische Gesamtfeld wird für jeden Ort und jederzeit durch seine „Elemente" festgelegt, d. h. durch Beobachtung der Deklination, Inklination und Horizontal- oder Vertikalintensität (die Meßverfahren siehe unter den einzelnen Stichworten). Üblicherweise bezieht man sie auf ein Koordinatensystem, dessen X-Achse nach astronomischen Nord, dessen Y-Achse nach Ost und dessen Z-Achse radial nach unten gerichtet ist. Letztere Komponente ist übereins mit der Vertikalintensität. X wächst nach Norden, Y nach Osten, Z nach unten. Der Zusammenhang der Größen, zu denen noch die resultierende Kraft, die Totalintensität, kommt, ist

$$X = H \cos D, \qquad Y = H \sin D, \qquad Z = H \operatorname{tg} I;$$
$$H = \sqrt{X^2 + Y^2}, \; H = T \cos I, \; T = \sqrt{X^2 + Y^2 + Z^2},$$
$$\operatorname{tg} I = Z/H, \; \operatorname{tg} D = Y/X.$$

Neben der üblichen Einheit des „Gauß" für die Feldstärke ist noch deren hunderttausendster Teil in Gebrauch und wird als γ bezeichnet. Das erdmagnetische Feld kennen wir an den besten Observatorien in D auf 0',2, in H auf 0,00008 H, in I auf 0',2 genau.

Die Verteilung der erdmagnetischen Elemente über die Erde ist in erster Näherung eine solche, wie sie nach außen einer homogen magnetisierten Kugel entspricht, doch ist es fast ausgeschlossen, daß eine solche tatsächlich besteht. Die geringe Neigung der magnetischen gegen die Drehungsachse weist darauf hin, daß die Umdrehung der Erde maßgebend sein wird. Die nächste Näherung zeigt denn auch den Einfluß der durch das Schwerepotential bedingten Form der Erde als Rotationssphäroid. Weiter prägt sich die Verteilung von Land und Wasser aus, und schließlich bekunden sich teils ausgedehnte, teils beschränkte örtliche Störungen oder Anomalien, bis schließlich einzelne Felsenmassen ganz örtliche Störungspunkte abgeben (s. magnetische Landesaufnahmen), Gesteinsmagnetismus, Gebirgsmagnetismus). Man stellt die geographische Verbreitung der erdmagnetischen Größen kartographisch durch Linien gleicher Werte dar, sog. „isomagnetische Linien". So insbesondere die Deklination durch „Isogonen", die Inklination durch „Isoklinen", die Intensität durch „Horizontal"- bzw. „Vertikal"- bzw. „Total-Isodynamen". Geben diese die beobachteten Werte, so nennt man sie „wahre" Isomagnetiks gegenüber den aus der Theorie berechneten „terrestrischen". Oft gewinnt man aus der Vermessung eines Gebiets durch rechnerische Ausgleichung erhaltene und insofern als „normal" bezeichnete Kurven. Aus den Unterschieden gegen die wahren Werte ergibt sich die Anomalie. Geht man von den rechtwinkeligen Komponenten aus, so sind die Komponenten der Anomalie oder des „Störungsvektors" $X_s = X_b — X_n$, $Y_s = Y_b — Y_n$, $Z_s = Z_b — Z_n$, wobei s den gestörten, n den normalen, b den beobachteten Wert bedeutet, woraus sich Azimut und Größe des Vektors berechnen (s. Vektor). Die störenden Kräfte sollen so bestimmt werden, daß sie nur den an die Örtlichkeit gebundenen Anteil des Feldes enthalten.

Das permanente oder beharrliche Feld des Erdkörpers durchläuft nach Größe und Richtung Veränderungen, die sich für Jahrhunderte zwischen bestimmten Grenzen bewegen und daher „säkulare Variationen" heißen. Der mittlere Betrag im Jahre, d. i. die „mittlere jährliche Änderung" ist örtlich und zeitlich verschieden. Für Europa erwecken die vorhandenen Beobachtungen den Anschein einer Periode von etwa 470 Jahren, doch gibt es auch weite Gebiete, für die eine Periode noch nicht nachgewiesen. Der Sitz der variierenden Kräfte ist zum größten Teil innerhalb der Erde gelegen. Der äußere Teil ist von der Natur der übrigen zeitlichen Veränderungen. Die Ursache des inneren Anteils ist unbekannt. Karten oder Berechnungen des erdmagnetischen Feldes gelten, des Bestehens der säkularen Variation wegen, nur für einen bestimmten Augenblick: die „Epoche". Am augenfälligsten ist die säkulare Verlegung der magnetischen Pole der Erde, doch ist es noch zweifelhaft, was an den so festgelegten Polwegen reell ist und was auf Rechnung der ungenauen Beobachtungen älterer Zeiten zu setzen ist. Ob das Moment sich verändert, bedarf noch der Prüfung (s. Pole, magnetische, der Erde).

Die zeitlichen Veränderungen des Erdmagnetismus (s. Variationen des Erdmagnetismus) sind ihrer Hauptursache nach wohl ganz auf Rechnung äußerer Kräfte zu setzen, doch spielen durch sie induzierte innere Kräfte mit. Ihr Entstehen ist fast restlos geklärt. Der Umstand, daß die Erde ein Magnet ist, bedingt im Verein mit dem Bestehen einer Atmosphäre das Auftreten der Polarlichter (s. d.). Sehr eng ist der Zusammenhang mit den Erdströmen (s. d.), lose aber der mit den luftelektrischen Vorgängen (s. Luftelektrizität), am stärksten noch über die Erdströme hin. Die Verbindung mit der Sonnentätigkeit ist sehr rege (s. Variationen). Mit meteorologischen Zuständen ist keine meßbare Beziehung zu finden.

Die Theorie des Erdmagnetismus. Für die äußeren Kräfte besitzen wir eine alle Haupteigenschaften qualitativ und quantitativ erklärende Theorie (s. Variationen); sie erklärt auch die Polarlichter. Für die inneren gibt es eine solche noch nicht, doch hat Gauß durch die Anwendung der Potentialtheorie auf den Erdmagnetismus die theoretische Erforschung wesentlich gefördert. Er stellt das Feld der Erde auf ihrer Oberfläche und im Außenraum durch Reihen von Kugelflächenfunktionen dar, deren numerische Koeffizienten mittels Ausgleichung aus den Beobachtungen abgeleitet werden. Eine wahre physikalische Bedeutung kommt den einzelnen Gliedern und auch der gesamten Darstellung nicht zu, vielmehr ist ihre physikalische Deutung, wie Gauß zeigte, unendlich-deutig, d. h. es lassen sich unendlich viele einander gleichwertige physische Ursachen für dieselbe Gestalt des Feldes angeben. Die oben erwähnte Hypothese von Sutherland ist eine derselben.

Gauß geht von einer Funktion aus, die er in späteren Arbeiten das „Potential" (s. d.) nennt, d. h. derjenigen Funktion, deren Differentialquotient nach einer Richtung die Kraft in dieser Richtung gibt, hier also die Komponenten der Intensität. Dementsprechend zeichnet man auch „Isopotentialen" des Erdmagnetismus (magnetische „Breitenkreise"); auf ihnen senkrecht stehen die „magnetischen Meridiane". Für die Kräfte innerhalb der Erde gilt das Potential für einen Punkt auf der Erde mit der Breite (90—u) und der Länge λ.

$$V_i = R \, \Sigma \, P(n-2); \quad X = — \Sigma \frac{d P(n)}{d n};$$

$$Y = \frac{1}{\sin u} \Sigma \frac{d P(n)}{d \lambda}; \quad Z = \Sigma (n+1) P(n)$$

für die äußeren

$$V_a = R \, \Sigma \, p(n); \quad X = — \Sigma \frac{d p(n)}{d n};$$

$$Y = \frac{1}{\sin u} \Sigma \frac{d p(n)}{d \lambda}; \quad Z = — \Sigma n \, p(n),$$

worin die $P(n)$ bzw. $p(n)$ gegeben sind durch die Kugelflächenfunktionen

$$g^{n,0} P_{n,0} + \sum_{m=1}^{n} (g^{n,m} \cos m \, \lambda + h^{n,m} \sin m \, \lambda) P_{n,m},$$

die g h sind die zu berechnenden Zahlwerte und heißen die „Elemente der Theorie". Die Rechnung geht aus von den rechtwinkeligen beobachteten Komponenten. Da dieselben Kugelfunktionen in X, in Y, in Z vorkommen, so liefert der Vergleich ein Urteil darüber, ob noch magnetische Kräfte ohne Potential vorkommen, d. h. elektrische Ströme, die die Erde vertikal durchsetzen. Es finden sich in der Tat Andeutungen solcher Erd-Luftströme, die aber nicht mit dem luftelektrischen Vertikalstrom identisch sind. Das Verhalten von Z bewirkt nach obigen Formeln die Entscheidung darüber, ob der Sitz außerhalb oder innerhalb der Erde. Schon Gauß und alle späteren Berechner erkannten, daß der Hauptteil des Magnetismus des Erdkörpers ein innerer ist. Schuster wies später auf dieselbe Art nach, daß das Feld der zeitlichen Variationen ein vorwiegend äußeres ist (s. Variationen d. Erdm.).

A. Nippoldt.

Näheres s. A d. Schmidt, Enzyklopädie d. Math. Wissensch. XI. 1. B. Leipzig. B. G. Teubner 1917.

Erdmessung, internationale. Die Notwendigkeit, alle geodätischen Arbeiten der einzelnen Staaten, welche auf die genaue Bestimmung der Erdgestalt abzielen, in einheitlicher Weise durchzuführen, veranlaßte General Baeyer im Jahre 1864 die „mitteleuropäische Gradmessung" ins Leben zu rufen, welche schon 1867 zur „europäischen Gradmessung" und durch die Konvention von 1886 zur internationalen Erdmessung erweitert wurde. *A. Prey.*

Näheres s. Verhandl. d. XVII. allg. Konferenz d. intern. Erdmessung in Hamburg 1912.

Erdoberfläche. Die Oberfläche des Erdsphäroids umfaßt eine Fläche von 509 950 714 qkm nach W. Bessel, 510 100 779 qkm nach F. R. Helmert. Von diesen rund 510 Millionen entfallen nach unserer heutigen Kenntnis etwa 361 auf das Meer, 149 auf das Festland (s. Land), das am stärksten, nämlich mit 71,4% in der Zehngrad-Breitenzone zwischen 60° und 70° Nord vertreten ist, während der Anteil des Meeres mit 99,2% am meisten in der Zone zwischen 50° und 60° Süd überwiegt. Die Größe der Landoberfläche verhält sich zu der des Meeres wie 1:2,42 oder wie 29,2%:70,8%. Die Verteilung von Land und Wasser ist aber auch im gewissen sehr unregelmäßig, und die Formen der Landumrisse zeigen eine überaus mannigfaltige Gliederung und eine verwirrende Vielgestaltigkeit. Gewisse Wiederholungen der Umrißformen, wie die Zuspitzung der Kontinente und der meisten Halbinseln nach Süden, die Verschiebung der Südkontinente nach Osten, die girlandenförmige Anordnung der ostasiatischen Inselketten, sind jedoch auffällige Beispiele für Eigentümlichkeiten, die auf gesetzmäßige Beziehungen hindeuten. Man hat mehrfach versucht, die Verteilung von Wasser und Land durch geometrische Gesetze zu erklären, von denen Greens Tetraederhypothese (1875) am bekanntesten geworden und auch von anderen Gelehrten weiter ausgebaut worden ist. Aber erst A. E. H. Love gelang es in exakter Weise nachzuweisen, daß die Verteilung der Landmassen im großen und ganzen durch Kugelfunktionen der ersten drei Grade darstellbar, die Gestaltung der Kontinente in roher Annäherung also unter relativ einfachen Annahmen physikalischer Erklärung zugänglich ist.

In der Geographie (s. diese), deren Forschungsobjekt in erster Linie die Erdoberfläche ist, betrachtet man diese jedoch nicht nur als mathematische Fläche, sondern als jene dreidimensionale Schicht, in welcher die, den drei verschiedenen Aggregatzuständen des Erdballes angehörigen Be-

standteile der festen Erdkruste, des Wassers und der Luft sich gegenseitig durchdringen und beeinflussen, und in der sich das Leben von Pflanzen, Tieren und Menschen abspielt. Da die Landoberfläche fast nie völlig horizontal ist, vielmehr oft erhebliche Unebenheiten aufweist, so ist die Erdoberfläche in Wirklichkeit größer, als die oben angegebenen Zahlenwerte (s. Böschung). Sie zeigt eine so große Mannigfaltigkeit von Formen, daß es nicht möglich ist, alle im einzelnen zu beschreiben. Man muß sich daher damit begnügen, die Einzelformen in schematischen Zeichnungen, den Landkarten (s. Karten) graphisch darzustellen und sie zum Zweck der Beschreibung und Erklärung in Kategorien zusammenzufassen. Diese Arbeit der Einordnung der Vielgestaltigkeit der Oberflächenformen in Kategorien, die Erklärung ihres Vorkommens, ihrer Entstehung und Umbildung fällt der Geomorphologie (s. diese) zu. *O. Baschin.*

Erdoberfläche, physische, ist die sichtbare, äußere Begrenzung des Erdkörpers; vom Luftmeere wird dabei abgesehen. *A. Prey.*

Erdoberfläche, theoretische, ist das Geoid (s. dieses) oder irgendeine geometrische Fläche, welche sich demselben genügend genau anschließt (Erdellipsoid, Niveausphäroid). *A. Prey.*

Näheres s. R. Helmert, Die mathem. und physikal. Theorien der höheren Geodäsie.

Erdrotation, Abweichungen durch s. Geschoßabweichungen, konstante.

Erdschein s. Albedo.

Erdstrom. Die Gesamtheit der in der Erde aus natürlichen Ursachen fließenden elektrischen Ströme (gegenüber den vagabundierenden Strömen elektrischer Anlagen). Zunächst induzieren die erdmagnetischen Variationen Erdströme, die ihrer Änderungsgeschwindigkeit proportional sind; so ist insbesondere die Verbindung zwischen der magnetischen Ostwestkomponente und der Südnordkomponente des Erdstroms. Sodann bewirken die luftelektrischen Vorgänge zum mindesten in der Horizontalen eine elektrische Strömung. Weiterhin induzieren auch die Polarlichter am Ort ihrer Entstehung Erdströme und auch die elektrische Strahlung der Sonne kann wirksam sein.

Man mißt den Erdstrom, indem man zwei Erdplatten versenkt, sie durch eine Luftleitung verbindet und die Variationen galvanometrisch abliest oder photographisch registriert, doch erhält man derart nur die Schwankungen der Spannung. Da über den Widerstand im natürlichen Boden nichts bekannt ist, kann man keine absoluten Messungen der Stromstärke erhalten. Da dieser Widerstand außerdem sicherlich nicht konstant bleibt, sondern durch luftelektrische Veränderungen (Schwankungen der Leitfähigkeit der Bodenluft, Sickerwässer und dgl.) erheblich geändert werden wird, so geben die Beobachtungen vorab in kurzen Leitungen überwiegend Variationen luftelektrischer Natur. Dies zeigt sich in den täglichen Verläufen und in deren Schwankungen im Jahr, die in kurzen Leitungen über alle Stunden gleichmäßig verteilt und im Winter größer sind als im Sommer. Mitwirkend sind dabei die durch dieselben Umstände beeinflußten Fehlerquellen, der galvanische Strom zwischen den Platten und sein Polarisationsstrom. Benutzt man aber Telegraphenleitungen von vielen Kilometern Länge, so tritt diese Art Ströme gegen die großen terrestrischen zurück, namentlich gegenüber den durch die erdmagnetischen Variationen induzierten. Diese Erdströme haben in ihren Variationen ganz das Verhalten der magnetischen, d. h. sie sind in den Tagesstunden stark und im Sommer mehr schwankend als im Winter. Die Westostkomponente des Erdstroms hat prozentual eine geringere Beimischung an luftelektrischen Einflüssen, was sich darin bekundet, daß die magnetische Nordsüdkomponente der täglichen Schwankung rein als eine Wirkung des auf ihr senkrechten Anteils des Erdstroms erscheint.

Werden die Erdplatten nicht in der Horizontalen verlegt, so fließt schon bei einer geringen Überhöhung der Strom nach der oberen Platte. Bei stärkerer Steigung verschwinden die täglichen Variationen. Da dies in besonderem Maße an Vulkanen eintritt, wo die Flammengase entladend wirken werden, so setzt man auch die Wirkung der Neigung an anderen Hängen auf Rechnung einer Spitzenwirkung der Berge. Ähnliches bekundet das Verhalten der Erdstrommessungen auf Hochebenen.

Unsere Kenntnis vom Erdstrom ist im ganzen noch sehr gering, insbesondere wissen wir noch gar nichts über seine vertikale Komponente. Die Richtung des horizontalen Anteils ist in Europa etwa von SW nach NE mit einer geringen täglichen Schwankung. Der Erdstrom, welcher rein rechnerisch dem beharrlichen Magnetismus der Erde äquivalent ist, ist rein hypothetisch und mit dem beobachteten nicht in Verbindung; er würde auch von Ost nach West fließen müssen.

Außer den Strömen in der Erde beobachten wir auch solche in der unteren Atmosphäre (s. Luftelektrizität), sie sind in ihrer magnetischen Wirkung unterhalb der Schwelle der Beobachtungsgenauigkeit. Umgekehrt lassen sich die auf kein Potential zurückzuführenden erdmagnetischen Kräfte (s. Erdmagnetismus) auch nicht durch die luftelektrischen Vertikalströme berechnen; es müssen demnach noch andere vertikale Ströme vorhanden sein, entweder in der Erde oder in hohen Regionen über ihr (s. Polarlicht). *A. Nippoldt.*

Näheres s. Nippoldt, Meteorol. Zeitschr. 28, 1914.

Erdung. Leitende Verbindung mit dem Boden zwecks Ableitung von elektrischen Strömen zur Erde, meist bestehend aus einer großen Anzahl von Metallplatten oder Drähten. Bei Schiffen erfolgt die Erdung durch Anschluß an den metallischen Schiffskörper. *A. Meißner.*

Erdwiderstand. Man kann rechnen bei einer Fläche der Erdung von etwa 1 qm mit einem Widerstand von mehr als 10—30 Ohm. In der drahtlosen Telegraphie versteht man unter E alle Verlustwiderstände einer Antenne, die dadurch entstehen, daß die Antenne nicht gegen einen metallisch leitenden Spiegel schwingt, sondern gegen einen Halbleiter. Der kleinste hier, mit der besten Erdung erreichte Erdwiderstand ist $< 0,1$ Ohm. Meist liegt der Erdwiderstand über 2 Ohm und nimmt mit zunehmender Welle zu und nimmt ab mit zunehmender Antennenfläche. Der spezifische Widerstand des gefrorenen Bodens beträgt $\varrho = 1,2 \cdot 10^{-13}$. Der spezifische Widerstand des sehr feuchten Bodens beträgt $\varrho = 7 \cdot 10^{-14}$. *A. Meißner.*

Ergodenhypothese. Nach der kinetischen Theorie der Materie ist ein Gas ein Gemisch von N Molekülen; sein Zustand ist erst durch Lage und Geschwindigkeit sämtlicher Moleküle festgelegt. Sei der Zustand der einzelnen Moleküle durch r Para-

meter $p_1 \ldots p_r$ bestimmt (dazu gehört außer Lage und Translationsgeschwindigkeit auch Rotation und innere Schwingungsbewegung des Moleküls), so ist der Gaszustand, die *Phase*, durch $N \cdot r$ Parameter bestimmt. Diese kann man als kartesische Koordinaten in einem $N \cdot r$ dimensionalen Raum, dem *Phasenraum*, auffassen; der Gaszustand ist dann durch einen Punkt dieses Raumes festgelegt, und im Laufe der Zeit beschreibt dieser *Phasenpunkt* eine Kurve. Ist das Gas ein isoliertes System, so muß seine Energie konstant bleiben; der Phasenpunkt ist dann in seiner Bewegung an eine Hyperfläche des Phasenraums, die *Energiefläche*, gebunden. Durch jeden Punkt der Fläche gibt es nur eine einzige Bahnrichtung, denn mit der Gesamtheit aller Parameter ist auch die Weiterentwicklung des Systems, also die folgenden Phasenpunkte, eindeutig bestimmt. Boltzmann hat nun seinen statistischen Überlegungen, insbesondere dem H-Theorem (s. d.), das Axiom zugrunde gelegt, daß jeder Punkt der Energiefläche von dem Phasenpunkt auf seiner Wanderung schließlich einmal erreicht wird. Diese Annahme nennt er *Ergodenhypothese*. (ἔργον = Energie, ὁδός = Weg). Sie bewirkt, daß alle möglichen Phasenbahnen in eine einzige fortlaufende Kurve zusammenfallen, d. h. daß alle endlichen Bahnen von Systemen nur Teilstücke der einen fortlaufenden ergodischen Bahn sind. Die Ergodenhypothese ist jedoch aus mathematischen Gründen unmöglich; sie wurde deshalb durch die begrifflich einwandfreie Formulierung ersetzt, daß die Phasenbahn jedem Punkt der Energiefläche beliebig nahe kommt (*Quasiergodenhypothese*). Diese Hypothese geht weniger weit, aber sie ist ebenfalls hinreichend. Sie läßt sich als einzige Wahrscheinlichkeitshypothese der Statistik voranstellen; außer ihr sind nur noch mechanische Hypothesen nötig, um alle Resultate abzuleiten. Aber die Berechtigung auch der Quasiergodenhypothese ist sehr zweifelhaft, da sie immer noch zu weit geht; es gibt keine so gut isolierten Systeme, daß sie längere Zeit auf der quasiergodischen Bahn bleiben. Auch kann sie den Umkehr- und Wiederkehreinwand (s. d.) bisher nicht befriedigend aufklären.

Die Gibbsschen Betrachtungen unterscheiden sich von den Boltzmannschen dadurch, daß Gibbs nicht nur ein einziges Gassystem auf seiner Phasenbahn verfolgt, sondern eine Gesamtheit von Systemen annimmt, die einzeln ihre Phasenbahn beschreiben. Die Verteilung der Systeme über den Phasenraum ist durch die *Verteilungsdichte* charakterisiert. Ist die räumliche Verteilungsdichte

$$\varepsilon = N \cdot e^{\frac{\psi - U}{kT}}$$

(Ψ-freie Energie, U-Energie k-Boltzmannsche Konstante, T-Temperatur), so heißt die Gesamtheit *kanonisch*. Die Systeme liegen dann fast alle in einer dünnen Schale um die Energiefläche herum. Liegen sie alle genau auf der Energiefläche, aber wieder mit einer gewissen (der ergodischen) Flächendichte $\sigma = \dfrac{1}{\text{1 Grad U l}}$

(1 Grad U l = $N \cdot r$ dimensionaler Gradient der Funktion U) verteilt, so heißt die Gesamtheit *mikrokanonisch*. Beide Gesamtheiten sind *stationär*, d. h. ihre Dichte erhält sich konstant in der Wanderung der Phasenpunkte. *Reichenbach.*

Literatur: C. Schaefer, Einführung in die theoretische Physik, II, 1, 10. Kap.

Erhaltung der Masse. Das Gesetz von der Erhaltung der Masse ist grundsätzlich bei keiner Veränderung in der Natur streng erfüllt, da, wie Einstein in der speziellen Relativitätstheorie gezeigt hat, der Energie selbst eine ponderable Masse zukommt. Der Ausdruck für das Gewicht der Energie m in Gramm ist durch die Formel

$$m = \frac{e}{c^2}$$

gegeben, wobei die Energie e in Erg. und die Lichtgeschwindigkeit c in Zentimetern zu messen ist ($c = 3 \cdot 10^{10}$ cm). Jedoch ist die Massenänderung, die durch die mit chemischen Prozessen verbundene Energieänderung entsteht, so gering, daß sie sich der genauesten Messung entzieht. Daß für chemische Reaktionen das Prinzip von der Konstanz der Masse mit der größten Genauigkeit erfüllt ist, hat noch 1905 Landolt in einer Präzisionsuntersuchung gezeigt. Auf der Voraussetzung der Richtigkeit dieses Prinzips beruht die gesamte quantitative chemische Analyse. Übrigens liegt der strengste Beweis für die praktische Richtigkeit des Gesetzes von der Erhaltung der Masse in einer Beobachtung auf astronomischem Gebiete. Auf der Sonne gehen ununterbrochen physikalisch-chemische Prozesse in extremen Größenverhältnissen vor sich und, wenn sich die Masse der Sonne hierdurch geändert hätte, so müßte das äußerst empfindlich an einer Veränderung der Dauer des Erdumlaufs um die Sonne erkannt werden können.

Ein experimenteller Beweis dafür, daß der Energie ein Gewicht zukommt, liegt darin, daß die Masse der Elektronen, die sich in Kathodenstrahlen frei bewegen, bei sehr hohen Geschwindigkeiten größer gemessen wird als bei den geringen Geschwindigkeiten. Auch die in den Atomen um den Kern kreisenden Elektronen haben zuweilen eine so hohe Geschwindigkeit, daß man ihre Masse nicht mehr gleich derjenigen, die ihnen im ruhenden Zustande zukommt, betrachten kann, was, wie Sommerfeld gezeigt hat, zu gewissen Erscheinungen in der Feinstruktur der optischen Spektren Anlaß gibt. Fernerhin sind die Energieemissionen, die den radioaktiven Zerfall der Atomkerne begleiten, so groß, daß sie als Massenverluste in Erscheinung treten, was man daran erkennt, daß die Summe der Atomgewichte der Zerfallsprodukte nicht ganz gleich dem Atomgewicht des Ausgangsproduktes ist.

Die gesamte Energie, die ein mit der Geschwindigkeit v bewegter Körper von der im Ruhezustande gemessenen Masse m enthält, ist nach Einstein

$$\frac{mc^2}{\sqrt{1 - \frac{v^2}{c^2}}} = m^2 + m\frac{v^2}{2} + \frac{3}{8}m\frac{v^4}{c^2} + \cdots$$

In der abgebrochenen unendlichen Reihe auf der rechten Seite der Gleichung enthält das erste Glied die Energiemenge, die der im ruhenden Zustande gemessenen Masse des Körpers entspricht, das zweite Glied ist der klassische Ausdruck für die lebendige Kraft, d. h. für den dem Unterschied zwischen dem Ruhezustand und dem Bewegungszustand des Körpers entsprechenden Energiebetrag, und das dritte Glied, das nur dann eine meßbare Größe annimmt, wenn die Geschwindigkeit der Bewegung v sich der Lichtgeschwindigkeit c nähert, trägt der Massenänderung mit der Bewegung Rechnung. Allgemein nähert sich die Masse eines Körpers dem Werte unendlich, wenn seine Geschwindigkeit sich der Lichtgeschwindigkeit nähert.
Günther.

Näheres s. A. Einstein, Die Relativitätstheorie. Samml. Vieweg Nr. 38.

Erhitzungstöne. Von Pinaud wurde 1837 beobachtet, daß ein an einem Ende zu einer Kugel ausgeblasenes dünnes Glasrohr einen selbständigen Ton gab, solange die Kugel hinreichend erhitzt wurde und sich etwas Flüssigkeit (Wasser) bzw. Dampf in dem Rohre befand. Die Ursache des Tönens dürfte darin liegen, daß das Wasser verdampft, der Dampf aus der Kugel in das Rohr strömt, sich hier wieder kondensiert usw. Ähnlich dürften gelegentlich in der freien Natur beobachtete Töne auf Temperaturschwankungen und durch sie erzeugte Luftströmungen zurückzuführen sein. S. auch Bestrahlungstöne und Trevelyan-Instrumente.
E. Waetzmann.

Näheres s. H. Pflaum, Zeitschr. f. physik. u. chem. Unterricht 29, 1917.

Erkaltungsmethode. Wird ein erwärmter Körper im Vakuum innerhalb eines auf konstanter Temperatur gehaltenen Gefäßes aufgehängt, so wird er sich durch Strahlung langsam abkühlen. Die Abkühlungszeit von einer Temperatur zu einer anderen ist abhängig von der spezifischen Wärme des betreffenden Körpers, und zwar ist sie dieser proportional. Die Erscheinung läßt sich zur Bestimmung der spezifischen Wärme einer Substanz benutzen, indem man zwei möglichst gleich angeordnete Versuche ausführt, einmal mit dem Probekörper, das andere Mal mit einem Körper von bekannter spezifischer Wärme.
Scheel.

Erosion. Die Entfernung fester Partikelchen der Erdkruste aus ihrer Ruhelage durch strömende Agentien (Luft, Wasser, Eis). Die Erosion ist somit ein Teil der Denudation (s. diese) und zwar der wirksamste und wichtigste. Sie wirkt teils chemisch, teils mechanisch, und die mechanische Erosion löst sich bei genauerer Betrachtung in die beiden Vorgänge der Ablation (s. diese) und der Korrasion (s. diese) auf. Über Einzelheiten des Erosionsvorganges siehe: Flußerosion, Gletschererosion und Winderosion. Die lebendigen Energien gleich r Volumina von Wasser, Eis und Luft verhalten sich bei gleicher Geschwindigkeit wie 1000 : 900 : 1,293. Falls also gleiche Volumina dieser drei Agentien dieselbe Arbeit leisten sollen, müssen sich ihre Geschwindigkeiten verhalten wie 1 : 1,05 : 27,81. Da jeder Massentransport auf Kosten der lebendigen Energie des Transportmittels erfolgt, so muß theoretisch die Geschwindigkeit der erodierenden Agentien mit der Menge des erodierten Materials abnehmen, doch kommt die Abnahme praktisch kaum zur Geltung.

Je nachdem die Erosion den Boden oder die Wände der Täler angreift, unterscheidet man zwischen Tiefenerosion und Seiten- oder lateraler Erosion.
O. Baschin.

Erosionsbasis. Die tiefste Stelle, bis zu der die Erosion (s. diese) wirken kann. Weit verbreitet ist die Annahme, daß die Erosionsbasis eine Niveaufläche sein müsse (unteres Denudationsniveau) und für die Flußerosion (s. diese) wird daher meist das Meeresniveau als Erosionsbasis bezeichnet. Da jedoch der Boden aller großen, in das Meer mündenden Ströme tiefer liegt als dessen Oberfläche, so ist diese Definition nicht haltbar. Für die Erosion durch Wasser hat vielmehr die tiefste in Betracht kommende Stelle der festen Erdkruste zu gelten. Auf die Gletschererosion (s. diese) und die Winderosion (s. diese) läßt sich der Begriff der Erosionsbasis nicht anwenden, da der erodierenden Tätigkeit der Gletscher und des Windes keine untere Grenze gesetzt ist.   *O. Baschin.*

Erregbarkeit des Auges s. Adaptation des Auges.

Erregermaschine s. Wechselstromgeneratoren.

Erregerstrom. Als Erregerstrom wird in der Technik der für die Erregung eines bestimmten magnetischen Induktionsflusses Φ erforderliche Strom bezeichnet. Da der Induktionsfluß bei Maschinen usw. der Hauptsache nach im Eisen verläuft, so ist für die Beziehungen des Erregerstromes zum erregten Fluß und für seine Eigenschaften das Verhalten des Eisens maßgebend. Die Grundlage für seine Berechnung bildet die

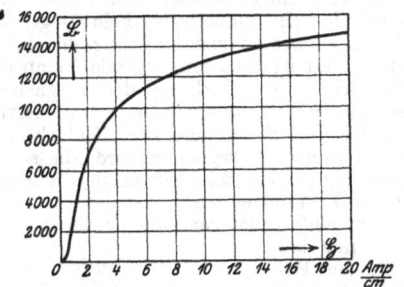

Fig. 1. Magnetisierungskurve $\mathfrak{B} = f(\mathfrak{H})$ für Dynamoblech.

Magnetisierungskurve $\mathfrak{B} = f(\mathfrak{H})$, die in Fig. 1 für Dynamoblech gezeichnet ist. Die Feldstärke $\mathfrak{H}$ ist in A/cm angegeben.

Bei der Berechnung des Erregerstromes ist man mehr oder weniger auf Näherungsmethoden angewiesen, da der Verlauf des Induktionsflusses im Eisen nur in Ausnahmefällen genauer bekannt ist. Für einen gleichmäßig mit w Windungen bewickelten sog. pollosen Eisenring von rechteckigem Querschnitt Q und mittlerem Durchmesser D kann man die mittlere Induktion $\mathfrak{B} = \Phi/Q$ setzen. Zu $\mathfrak{B}$ wird aus der Magnetisierungskurve die zugehörige Feldstärke $\mathfrak{H}$ entnommen, dann ist die Stärke des Erregerstromes

$$J = \pi D \mathfrak{H}/w,$$

da die Feldstärke im Abstand D/2 vom Mittelpunkt des Ringes

$$\mathfrak{H} = Jw/\pi \cdot D \text{ Amperewindg./cm}$$

ist. Jw, die „Durchflutung", ist gleich

$$V_0 = \int \mathfrak{H}_s \cdot ds.$$

V_0 heißt **magnetische Umlaufspannung**, das ist die Arbeit, die von den magnetischen Feldkräften geleistet wird, wenn ein Einheitspol auf einer geschlossenen Bahn herumgeführt wird.

Schreibt man die Beziehung zwischen Induktion und Fluß in der Form

$$\Phi = Q \cdot \mathfrak{B} = \frac{0,4 \pi w J}{\left(\dfrac{1}{\mu Q}\right)},$$

(Einheit der Feldstärke 1 Gauß $= \dfrac{1}{0,4 \pi}$ Amperewindg./cm, wo l der mittlere Umfang des Ringes ist, so bezeichnet man in Analogie dem Ohmschen Gesetz $0,4 \pi \cdot w I$ auch als „magnetomotorische

Kraft" und $\left(\dfrac{1}{\mu Q}\right)$ als „magnetischen Widerstand".

Magnetisierung mit Wechselstrom. Hier wird das Verhalten des Erregerstromes durch die bei zyklischer Magnetisierung auftretende Hysterese des Eisens bedingt.

Der gesamte Induktionsfluß der Spule ist gleich

$$w \cdot \Phi$$

Ist R der Wirkwiderstand der Spule, so ist die Klemmenspannung

$$v = i \cdot R + w \frac{d \cdot \Phi}{dt},$$

oder unter der Annahme, daß $i \cdot R$ vernachlässigbar klein ist,

$$v = w \cdot \frac{d \Phi}{dt}.$$

Die Integration dieser Gleichung liefert für eine sinusförmige Spannung

$$v = V_m \cdot \sin \omega t$$

den Fluß

$$\Phi = -\Phi_m \cdot \cos \omega t = -\Phi_m \sin \left(\omega t - \frac{\pi}{2} \right)$$

mit der Amplitude

$$\Phi_m = \frac{V_m}{\omega \cdot w}.$$

Der Fluß ist sinusförmig und eilt der Klemmenspannung um 90° nach. Trägt man nun zu jedem Wert von Φ nach der Magnetisierungskurve (Hysteresisschleife) den zugehörigen Wert des Stromes auf, so erhält man eine stark verzerrte Kurve für

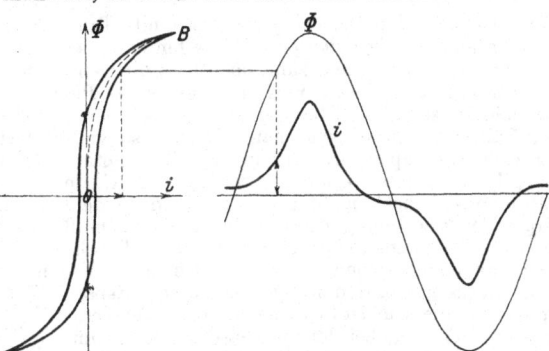

Fig. 2. Magnetisierungskurve und Erregerstrom.

den Erregerstrom. Er ist wegen der Remanenz des Eisens mit dem Fluß nicht in Phase, sondern gegen diesen voreilend (s. Fig. 2).

Man pflegt den Erregerstrom in zwei Komponenten zu zerlegen, in einen Strom i_μ, der mit dem Fluß in Phase ist, und in einen Strom i_h, der die durch Hysteresis bedingten Verluste deckt und dem Flusse um 90° voraneilt, also mit der Spannung in Phase ist (s. Fig. 3).

Tritt zu der sinusförmigen Spannung ein Ohmscher

$$w \frac{d \Phi}{dt}$$

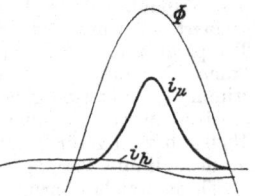

Fig. 3. Die Komponenten des Erregerstroms: i_μ und i_h.

Spannungsabfall iR von nennenswertem Betrage so kann die Klemmenspannung nicht mehr sinusförmig sein, da der Spannungsabfall iR die gleiche Kurvenform haben muß wie der Erregerstrom. Legt man also eine sinusförmige Klemmenspannung an die Spule, so bewirkt umgekehrt der Spannungsabfall iR eine Verzerrung der Spannung w $\frac{d\Phi}{dt}$ und des Flusses Φ. Das gleiche gilt auch für den Fall, daß der Spule, z. B. der Primärwicklung eines Transformators, ein Widerstand vorgeschaltet wird.

Die Berechnung der Effektivwerte der Erregerstromstärke ist infolge der beschriebenen Erscheinungen mit erheblichen Unsicherheiten behaftet.

R. Schmidt.

Näheres s. Fraenkel, Theorie der Wechselströme. Berlin, 1921.

Ersatzkern s. Effektive Kernladung.

Ersatzkraft s. Kräftereduktion.

Erstarrungswärme s. Schmelzwärme.

Erwartung, mathematische. Wenn jemand mit einer Wahrscheinlichkeit p darauf rechnen darf, daß ihm eine Geldsumme s ausgezahlt wird, so ist das Produkt p·s die mathematische Erwartung. Die Bezeichnung rechtfertigt sich daraus, daß bei häufiger Wiederholung solcher Fälle der auf den Einzelfall durchschnittlich entfallende Gewinn = p·s wird. Der Begriff ist entsprechend auch in der physikalischen Statistik anwendbar. *Reichenbach.*

Erweichung. Es läßt sich keine bestimmte Temperatur angeben, bei der ein Glas schmilzt, oder bei der es erweicht; man kann höchstens die Temperatur feststellen, bei der es eine bestimmte Beweglichkeit seiner Teilchen, einen gewissen Grad der Zähflüssigkeit erreicht hat. Es gibt so viele Erweichungstemperaturen für ein Glas als es Methoden gibt, sie zu messen; auf eine bestimmte Methode hat man sich noch nicht geeinigt. Je nach dem Grade der Erweichung, den man im Auge hat, muß man sich die geeignete heraussuchen. In der Tabelle sind für einige Jenaer Gläser verschiedene Erweichungstemperaturen angegeben; unter Entspannung sind die von Schott bestimmten Temperaturen verzeichnet, bei der die Gläser nach 24 stündigem Verweilen einen Teil ihrer Spannung verloren hatten. Eine Verschiebung der kleinsten Teilchen tritt dabei nur unter Einwirkung sehr großer Kräfte ein, denn Schott konnte ein Thermometer aus dem Glase 59III mit Gasfüllung mehrere Tage auf eine wesentlich höhere Temperatur erhitzen (470⁰), ohne daß, trotz des im Innern herrschenden Druckes von 27—28 Atm., das Quecksilbergefäß sich erweitert hätte. Es ergab sich vielmehr ein Anstieg des Eispunktes, das Gefäß hatte sich also verkleinert. — Unter 1000 g- und 1 g-Zähigkeit sind Temperaturen angegeben, bei der sich ein Glasfaden, der auf eine Strecke von 50 mm mit bestimmter Geschwindigkeit des Temperaturanstiegs erwärmt wird, bei einer Belastung auf Zug von 1000 g bzw. 1 g für 1 mm² Querschnitt um 1 mm in der Minute verlängert. Der Glasfaden hängt durch die axiale Bohrung eines Metallzylinders von 50 mm Länge, der durch elektrische Widerstandserhitzung angewärmt wird.

Glasart	Ent-spannung	1000 g-Zähigkeit	1 g-Zähigkeit
Normalglas 16III	400—410⁰	562⁰	685⁰
Borosilikatglas 59III	430—440⁰	615⁰	733⁰
Verbrennungs-röhrenglas .		697⁰	847⁰

Sehr leicht schmelzbar sind die bleireichen Silikat- und Boratgläser. *R. Schaller.*

v. Ettingshausen-Effekt. Der von A. v. Ettingshausen (1887) entdeckte Effekt ist das vollkommene Analogon zum „Hall-Effekt" (s. d.): Wird in einem von einem elektrischen Strom durchflossenen Leiter ein magnetisches Feld erregt, dessen Kraftlinien senkrecht zur Richtung des Stromes verlaufen, so tritt eine transversale Temperaturdifferenz auf. Die Wirkung des magnetischen Feldes kann so aufgefaßt werden, als ob senkrecht zum elektrischen Strom und zum Feldvektor eine Wärmeströmung hervorgerufen wird, die so lange andauert, bis infolge Rückleitung der Wärme ein stationärer Zustand eintritt.

Die Beobachtung ist ganz analog der des Hall-Effektes, nur daß an Stelle der Potentialdrähte an zwei senkrecht zur Stromrichtung gelegenen Punkten Thermoelemente angebracht werden. Der Eintritt des stationären Zustandes ist natürlich abzuwarten. Als positiv wird der Effekt bezeichnet, wenn die Drehung der Isotherme, in der Richtung der magnetischen Kraftlinie gesehen, im positiven Drehungssinne erfolgt (s. Figur), wenn also A warm und B kalt wird. Die Messung selbst ist wegen verschiedener störender Einflüsse nur schwierig auszuführen und hat in allen Fällen nur angenäherte Werte ergeben. *Hoffmann.*

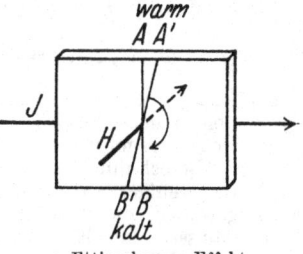

v. Ettingshausen-Effekt.

Näheres s. K. Baedecker, Die elektrischen Erscheinungen in metallischen Leitern. Braunschweig 1911.

Eulersche hydrodynamische Gleichungen. Es sind dies die Differentialgleichungen, welche die Bewegung einer reibungslosen Flüssigkeit darstellen. Bezeichnen wir mit u, v, w die Geschwindigkeitskomponenten einer Flüssigkeit an einem Punkte mit den Koordinaten x, y, z, mit p den Druck, mit ϱ die Dichte und mit X, Y, Z die Komponenten äußerer Kräfte bezogen auf die Masseneinheit, so lauten die Eulerschen Gleichungen:

$$\frac{\partial u}{\partial t} + u\frac{\partial u}{\partial x} + v\frac{\partial u}{\partial y} + w\frac{\partial u}{\partial z} = X - \frac{1}{\varrho}\frac{\partial p}{\partial x}$$

$$\frac{\partial v}{\partial t} + u\frac{\partial v}{\partial x} + v\frac{\partial v}{\partial y} + w\frac{\partial v}{\partial z} = Y - \frac{1}{\varrho}\frac{\partial p}{\partial y}$$

$$\frac{\partial w}{\partial t} + u\frac{\partial w}{\partial x} + v\frac{\partial w}{\partial y} + w\frac{\partial w}{\partial z} = Z - \frac{1}{\varrho}\frac{\partial p}{\partial z}$$ . . 1)

$$\frac{\partial \varrho}{\partial t} + \frac{\partial}{\partial x}(\varrho u) + \frac{\partial}{\partial y}(\varrho v) + \frac{\partial}{\partial z}(\varrho w) = 0$$

Die ersten drei Gleichungen ergeben sich ohne weiteres aus dem Newtonschen Trägheitsprinzip, die letztere ist die sog. Kontinuitätsgleichung (s. dort), welche angibt, daß keine Masse verschwinden kann.

Da im allgemeinen in einer reibungslosen Flüssigkeit nur potentielle Kräfte wirken können, gibt es in einer solchen stets ein Geschwindigkeitspotential φ, so daß man setzen kann

$$u = -\frac{\partial \varphi}{\partial x}, \quad v = -\frac{\partial \varphi}{\partial y}, \quad w = -\frac{\partial \psi}{\partial z}.$$

Dann ergibt die Integration der ersten drei Gleichungen

$$\frac{\partial \varphi}{\partial t} = \Omega + \int \frac{1}{\varrho}\, dp + \frac{1}{2}\, q^2 + f(t), \quad \cdot \cdot \quad 2)$$

wo Ω das Potential der äußeren Kräfte, $q = \sqrt{u^2 + v^2 + w^2}$ die resultierende Geschwindigkeit und $f(t)$ eine nur von t abhängige willkürliche Funktion ist. Die Kontinuitätsgleichung bekommt durch Einführung des Geschwindigkeitspotential φ die Form

$$\frac{\partial \varphi}{\partial t} + \frac{\partial}{\partial x}\Big(\varrho\, \frac{\partial \varphi}{\partial x}\Big) + \frac{\partial}{\partial y}\Big(\varrho\, \frac{\partial \varphi}{\partial y}\Big) + \frac{\partial}{\partial z}\Big(\varrho\, \frac{\partial \varphi}{\partial z}\Big) = 0 \quad 3)$$

Zu den Gleichungen 2 und 3 tritt noch die Zustandsgleichung hinzu, welche eine Beziehung zwischen der Dichte ϱ und dem Druck p enthält. Es stehen demnach zur Bestimmung von φ, p und ϱ drei Gleichungen, sowie die Anfangs- und Grenzbedingungen zur Verfügung.

Die klassische Hydrodynamik behandelt vornehmlich den Sonderfall, daß man es mit einer stationären Strömung einer inkompressiblen Flüssigkeit zu tun hat, so daß in den Gleichungen die Differentialquotienten der Geschwindigkeiten nach der Zeit verschwinden und die Dichte ϱ konstant ist. Dann lautet die Kontinuitätsgleichung

$$\frac{\partial^2 \varphi}{\partial x^2} + \frac{\partial^2 \varphi}{\partial y^2} + \frac{\partial^2 \varphi}{\partial z^2} = \varDelta\, \varphi = 0, \quad \cdot \cdot \cdot \cdot \quad 4)$$

und die Integration der Eulerschen Gleichungen liefert, wenn auch das Potential der äußeren Kräfte konstant ist, die Beziehung

$$p = p_0 - \frac{1}{2}\, \varrho\, q^2 \quad \cdot \cdot \cdot \cdot \cdot \quad 5)$$

Diese Gleichung sagt aus, daß der hydrodynamische Druck um den Betrag $\frac{1}{2}\, \varrho\, q^2$, das ist die kinetische Energie pro Volumeneinheit, kleiner ist, als der hydrostatische Druck p_0 ceteris paribus wäre.

Diese hydrodynamische Grundgleichung hat deswegen hohe Bedeutung, weil die Annahme einer konstanten Dichte nicht nur für alle tropfbarflüssigen Körper zulässig ist, sondern für Geschwindigkeiten bis etwa 100 m pro Sekunde auch für gasförmige Körper. Denn der Wert des Integral $\int \frac{1}{\varrho}\, dp$ weicht dann bei den Grenzannahmen einer Zustandsänderung der Gase ohne jeden Temperaturausgleich und bei völligem Temperaturausgleich nur um wenige Prozente von dem Werte ab, den es bei konstanter Dichte hat.

Die Gleichungen 4 und 5 bestimmen die Strömung einer idealen inkompressiblen Flüssigkeit eindeutig, wenn die Grenzbedingungen gegeben sind. Diese sind dadurch vorgeschrieben, daß an der Grenze von festen Körpern, welche die Flüssigkeit einschließen oder in die Flüssigkeit eingetaucht sind,

die Normalkomponente der Flüssigkeitsbewegung Null sein muß. Diese Grenzbedingung läßt sich auf die Form bringen

$$u\, \frac{\partial F}{\partial x} + v\, \frac{\partial F}{\partial y} + w\, \frac{\partial F}{\partial z} = 0,$$

wenn $F(x, y, z) = 0$ die Gleichung der Oberfläche des von der Flüssigkeit benetzten Körpers ist. Für eine etwaige freie Oberfläche der Flüssigkeit kommt noch die Bedingung p = Constans hinzu.

O. Martienssen.

Näheres s. Lamb, Lehrbuch der Hydrodynamik. Leipzig 1907.

Eulersche Periode s. Polhöhenschwankung.

Eulersche Winkel. Die Lage eines starren Körpers in einem raumfesten Achsenkreuz kann durch die Koordinaten eines seiner Punkte, sowie die Lage eines in diesem Punkt errichteten körperfesten Achsenkreuzes beschrieben werden. Dessen Lage ist durch 3 unabhängige Richtungsparameter bestimmbar, als welche man am naheliegendsten die Eulerschen Winkel wählt. Seien mit x, y, z die Koordinaten im raumfesten, mit x', y', z' die im körperfesten System bezeichnet, so ist der erste dieser Winkel der Winkel ϑ der z'- gegen die z-Achse.

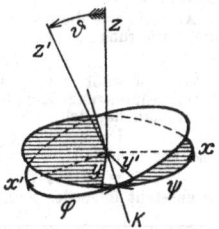

Fig. 1. Eulersche Winkel.

Ferner sei die Schnittgerade der xy-Ebene mit der x'y'-Ebene als Knotenlinie bezeichnet: Der Winkel ψ der Knotenlinie gegen die x-Achse und der Winkel φ der x'-Achse gegen die Knotenlinie bestimmen, in Verbindung mit ϑ, eindeutig die Lage des Körpers. ϑ, φ, ψ heißen die Eulerschen Winkel.

Sie haben besonders für die Theorie des schweren symmetrischen Kreisels und verwandte Systeme große Bedeutung, wenn als z'-Achse die Symmetrieachse des Kreisels (Figurenachse), als z-Achse die Vertikale gewählt wird. Die Winkel φ und ψ spielen dann die Rolle von zyklischen Koordinaten (s. Kreisel). Diese dreifache Beweglichkeit des Kreisels mit festem Punkt wird direkt durch die Cardanische Hängung (Cardano um 1550) realisiert. Die Figurenachse wird als Durchmesser in einen Ring eingebaut, in dem ihre in Spitzen auslaufenden Enden drehbar sind. Die Endpunkte des zu diesem senkrechten Durchmessers des Ringes sind gleichfalls als Spitzen ausgebildet und in den horizontalen Durchmesser eines zweiten, vertikal stehenden Ringes eingelegt, in dem sie wiederum drehbar sind. Dieser zweite Durchmesser ist die Knotenlinie, um die somit die Figurenachse in einer Vertikalebene frei beweglich ist; ihre jeweilige Neigung gegen die Vertikale ist der Eulersche Winkel ϑ, während die Drehung um die Figurenachse durch den Eulerschen Winkel φ gemessen wird. Endlich ist der vertikalstehende Ring um die Vertikale drehbar und realisiert damit den 3. Freiheitsgrad, den Eulerschen Winkel φ. Ein so eingebauter Kreisel verhält sich bei genügender Kleinheit der Ringmassen gegen die

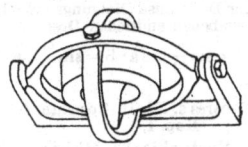

Fig. 2. Cardanische Hängung.

15*

	x	y	z
x'	$\cos \varphi \cos \psi - \cos \vartheta \sin \varphi \sin \psi$	$- \sin \varphi \cos \psi - \cos \vartheta \cos \varphi \sin \psi$	$\sin \vartheta \sin \psi$
y'	$\cos \varphi \sin \psi + \cos \vartheta \sin \varphi \cos \psi$	$- \sin \varphi \sin \psi + \cos \vartheta \cos \varphi \cos \psi$	$- \sin \vartheta \cos \psi$
z'	$\sin \vartheta \sin \varphi$	$\sin \vartheta \cos \varphi$	$\cos \vartheta$

Kreiselmasse, auch dynamisch wie ein Kreisel mit einem festen Punkt.

Bekanntlich bestehen zwischen den in den beiden obigen Achsenkreuzen gemessenen Koordinaten lineare Transformationsformeln:

$$x' = a_{11} x + a_2 y + a_{12} z$$
$$y' = a_{21} x + a_{22} y + a_{23} z$$
$$z' = a_{31} x + a_{32} y + a_{33} z$$

wobei die a_{ik} den Kosinus des Neigungswinkels zwischen den betreffenden Achsen, z. B. a_{21} zwischen der y'- und der x-Achse, bedeuten. Durch die unabhängigen Eulerschen Winkel drücken sich diese 9 Größen a_{ik} durch obiges Schema aus.

Ähnlich, wie die ebene Drehung um den Winkel ψ durch die Einführung komplexer Koordination in der einfachen Form:

$$x' \pm i y' = e^{i\psi} (x \pm i y)$$

zusammengefaßt werden kann, kann auch obiges Schema durch Einführung komplexer Größen vereinfacht werden. Setzt man nämlich:

$$\xi = x + i y; \quad \eta = - x + i y; \quad \zeta = - z$$

und entsprechend

$$\xi' = x' + i y'; \quad \eta' = - x' + i y'; \quad \zeta' = - z',$$

so entsteht folgendes Schema:

	ξ	η	ζ
ξ'	α^2	β^2	$2 \alpha \beta$
η'	γ^2	δ^2	$2 \gamma \delta$
ζ'	$\alpha \gamma$	$\beta \delta$	$\alpha \delta + \beta \gamma$

wobei

$$\alpha = \cos \frac{\vartheta}{2} e^{i \frac{\varphi + \psi}{2}}; \quad \beta = i \sin \frac{\vartheta}{2} e^{i \frac{-\varphi + \psi}{2}}$$

$$\gamma = i \sin \frac{\vartheta}{2} e^{i \frac{\varphi - \psi}{2}}; \quad \delta = \cos \frac{\vartheta}{2} e^{i \frac{-\varphi - \psi}{2}}$$

durch die Relation $\alpha\delta - \beta\gamma = 1$ verknüpft sind. Diese Größen sind in kinematischer und analytischer Hinsicht die einfachsten Elemente für die Theorie des symmetrischen Kreisels. Ihre reellen, bzw. komplexen Teile:

$$A = - i \frac{\gamma + \beta}{2}; \quad B = \frac{\gamma - \beta}{2}; \quad C = - i \frac{\alpha - \delta}{2}; \quad D = \frac{\alpha + \delta}{2},$$

die die Relation $A^2 + B^2 + C^2 + D^2 = 1$ erfüllen, werden als Quaternionengrößen bezeichnet. Sie führen zu einer einfachen (aber analytisch weniger wichtigen) symbolischen Darstellung der Drehungen. Die A, B, C, D sind aber die einfachsten Elemente zur Darstellung einer durch die Richtung der Drehachse (Neigungswinkel a, b, c) und den Drehwinkel ω gegebenen endlichen Drehung. Dann wird nämlich:

$$A = \sin \frac{\omega}{2} \cos a; \quad B = \sin \frac{\omega}{2} \cos b; \quad C = \sin \frac{\omega}{2} \cos c; \quad D = \cos \frac{\omega}{2}.$$

F. Noether.

Näheres s. Klein-Sommerfeld, Theorie des Kreisels, Heft 1. Kap. I.

Eustachische Röhre s. Ohr.

Exazeration. Von J. Walther eingeführte Bezeichnung für die Korrasion (s. diese) durch Gletscher (s. Gletschererosion). *O. Baschin.*

Exogene Vorgänge. Während die Gestaltung der Erdoberfläche in ihren großen Zügen im wesentlichen durch endogene Vorgänge (s. diese) bedingt wird, beruht die Mannigfaltigkeit der Einzelformen im wesentlichen auf exogene Wirkungen von verschiedenen Kräften, die ihren Sitz meist außerhalb der Erde haben und in letzter Linie hauptsächlich auf die Sonnenstrahlung zurückzuführen sind (solare Wirkungen). Die exogenen Vorgänge bestehen in zahllosen, kleinen, von außen auf die Oberfläche wirkenden Vorgängen, die in ihrer Gesamtheit wesentlich dazu beitragen, die Erhöhungen abzutragen, die Unebenheiten auszugleichen und die Erdoberfläche einer Niveaufläche der Schwere näher zu bringen. Im einzelnen seien als exogene Vorgänge genannt: Abrasion (s. diese), Deflation (s. diese), Denudation (s. diese), Erosion (s. diese), Exazeration (s. diese), Sedimentation (s. diese), Verwitterung (s. diese). Die wichtigsten destruktiven Agentien (s. Destruktion), welche exogene Wirkungen ausüben, sind die Luft, das Wasser in flüssiger wie in fester Form und die organische Welt.

Während die endogenen Vorgänge auf der gesamten Erdoberfläche wirksam sind, spielen sich die exogenen im wesentlichen nur auf der Oberfläche des Landes ab, wogegen die ruhende Wasserbedeckung den Grund der Seen und der Meere der Einwirkung dieser von außen wirkenden Kräfte größtenteils entzieht. Im Gegensatz zu den endogenen hängen die exogenen Vorgänge in hohem Maße von Relief, Bodenbeschaffenheit und Klima ab. Ihre praktische Bedeutung ist daher auch viel größer als die jener. *O. Baschin.*

Explosion. Alle Explosivstoffe haben das Gemeinsame, daß bei ihrer Zersetzung Gase von hoher Temperatur in so kurzer Zeit gebildet werden, daß die Möglichkeit einer Druckentwickelung und Drucksteigerung innerhalb eines beschränkten Raumes gegeben ist. Man hat zwei Gruppen von Explosivstoffen zu unterscheiden: erstens die Geschoßtreibmittel oder Pulver und zweitens die Sprengstoffe.

Ein Pulver liegt vor, wenn bei geeigneter Auslösung des explosiven Vorgangs die Geschwindigkeit der chemischen Umsetzung beeinflußbar ist, nämlich verschieden gewählt werden kann, je nachdem man nur die Form oder die Dichte oder die Oberfläche des Korns oder aber die sog. Ladedichte, d. h. das Verhältnis zwischen Ladung und Ladungsraum anordnet. Die Verbrennung wird meistens eingeleitet durch den Zündstrahl des Zündhütchens, also durch den Initialimpuls einer Knallquecksilberkapsel; man denkt sich alsdann, nach Berthelot und van t'Hoff, die Verbrennung eines Pulvers durch eine Wärmewelle vor sich gehend, die von einer Schichte zur anderen fortschreitet. Die Fortpflanzungsgeschwindigkeit der Explosion eines Pulvers hängt dann bei gegebener Pulversorte vom Druck ab. Die Regulierung der Verbrennungsgeschwindigkeit eines Pulvers bei gleicher Ladedichte erfolgt durch Regulierung der Form, der Dichte und der Oberfläche des Korns und ist bei den Schwarzpulversorten ohne weiteres möglich; bei den Nitrozellulosepulvern und den nitroglyzerinhaltigen Nitrozellulosepulvern ist die Regulierung möglich, wenn das Pulver gelatiniert wurde, und das geschieht dann durch Zusatz von Kampfer. Die Veränderlichkeit der Verbrennungsgeschwindigkeit ist bei Pulvern aus dem Grunde notwendig, weil in der Schußwaffe der Gasdruck nicht zertrümmernd, sondern schiebend auf das Geschoß wirken soll; der Druck in der Waffe darf daher nicht, ehe das Geschoß sich vorwärts bewegt hat, seinen Höchstwert annehmen (weil dieser sonst zu hoch würde), sondern muß allmählich ansteigen; andererseits muß die ganze Pulverladung vollständig verbrannt sein, bevor das Geschoß die Mündung des Rohrs verläßt, weil andernfalls das Pulver nicht genügend ausgenützt würde und weil Mündungsfeuer in störender Weise auftreten würde.

Dagegen bei Sprengstoffen ist die Zersetzungsgeschwindigkeit ganz oder nahezu konstant und zugleich außerordentlich groß. Der Zerfall eines Sprengstoffs wird nach Berthelot durch eine Stoßwelle hervorgebracht. Der Gasdruck erhält fast momentan seinen Höchstwert, und da zum Ausweichen des einschließenden oder anliegenden Materials keine Zeit ist, so wird dieses Material zertrümmert. Je nachdem die Zertrümmerung eine mehr oder weniger weitgehende sein soll, werden die Sprengstoffe ausgewählt: In der Kriegstechnik benützt man für die Minen, die Torpedos und die Sprenggranaten die brisantesten Sprengstoffe, nämlich einheitliche Stoffe, wie Schießwolle, Pikrinsäure, Trinitrotoluol, Ammonal u. a.; dagegen im Kohlenbergbau und in den Steingruben sollen Stücke von brauchbarer Größe abgesprengt werden, weshalb passende Mischungen verwendet werden. Die besonders rasche Explosion heißt Detonation. Die Detonationsgeschwindigkeit eines Sprengstoffs ist, wenigstens bei Verwendung von Knallquecksilber als Initiator, wie schon erwähnt, nahezu konstant; ihr Zahlenwert wird ermittelt mit Hilfe des Funkenchronographen, indem in zwei, um mehrere Meter voneinander entfernten Punkten einer Sprengstoffstrecke je der Primärkreis eines Funkeninduktors unterbrochen wird; in dem Sekundärkreise springen nacheinander Funken auf eine rasch rotierende berußte Trommel über. Dautriche mißt die Detonationsgeschwindigkeit eines Sprengstoffs durch den Vergleich mit der bekannten Detonationsgeschwindigkeit einer mit Trinitrotoluol gefüllten Zündschnur. Nach Poppenberg beträgt die Detonationsgeschwindigkeit von Pikrinsäure 8000, von Trinitrotoluol 7200, von Gurdynamit 6800, von Sprenggelatine 7700, von Ammonkarbit 3000 m/sec.

Übrigens ist der Unterschied zwischen Pulvern und Sprengstoffen keineswegs ein scharfer; vielmehr sind Übergänge möglich. Auch bei Pulvern, die als Geschoßtreibmittel verwendet werden, kann sich unter Umständen der Druck so steigern, daß sich eine Stoßwelle ausbildet und daher eine Detonation eintritt. Dies kann z. B. der Fall sein, wenn durch ungünstige Wahl des Verhältnisses von Geschoßkaliber und Seelenkaliber die Forcierung des Geschosses zu groß ist oder wenn die Pulverkörner für die betreffende Waffe oder für die betreffende Geschoßmasse zu klein gewählt sind oder wenn die Pulverröhren, aus denen die Ladung besteht, zertrümmert werden, ehe sie abgebrannt sind, oder wenn durch Anwendung von zuviel Knallquecksilber in der Zündkapsel oder einer zu großen und zu brisanten Beiladung zu der Geschützkartusche die Entzündung eine zu intensive wird. Die Größe der Pulverkörner muß der Waffe angepaßt sein; ein brauchbares Pistolenpulver ohne weiteres für ein Gewehr zu verwenden oder ein brauchbares Gewehrpulver ohne weiteres in einem Geschütz zu verschießen, kann daher schlimme Folgen haben. Auch bei sog. Hohlladung, wenn z. B. versucht wird, ein im Lauf steckengebliebenes Geschoß mit blinder Ladung normaler Größe herauszuschießen, kann, wie es scheint, durch den heftigen Anprall der unverbrannt gebliebenen Pulverkörner eine Detona-

tionswelle entstehen, so daß der Lauf dicht hinter dem steckengebliebenen Geschoß ausgebaucht wird.

C. Cranz und *O. v. Eberhard.*

Betr. Literatur s. Ballistik.

Explosion. Im Sprachgebrauch der Technik wird als Explosion jede plötzliche Entspannung hoher Drucke unter Zertrümmerung des Gefäßes bezeichnet (Dampfkesselexplosion). Unter Explosion im engeren Sinne versteht man eine chemische Reaktion, die mit extrem hoher Geschwindigkeit unter starker Volumvermehrung (also unter Gasentwickelung) exotherm verläuft. Im strengsten Sinne wird von der Explosion noch die Detonation dadurch unterschieden, daß bei letzterer das räumliche Fortschreiten der Reaktion durch die Masse des Systems hindurch mit konstanter und dann auch für das betreffende System maximaler Geschwindigkeit erfolgt, während der explosive Reaktionsvorgang sich mit geringerer und meist inkonstanter Geschwindigkeit fortpflanzt. Am einfachsten liegen die Verhältnisse bei Gasexplosionen, wo, wie Berthelot zeigte, eine explosionsartige Reaktion in der Weise fortschreiten kann, daß eine reagierende Schicht die benachbarte durch Wärmeleitung bis zum Entzündungspunkt erwärmt, und im anderen Falle dadurch, daß eine adiabatische Kompressionswelle, in deren Kopf jeweils die Entzündungstemperatur entsteht, die Gasmasse durchläuft. Die Geschwindigkeit dieser adiabatischen Welle ist die für das Gemisch charakteristische konstante Detonationsgeschwindigkeit. Auch bei flüssigen und festen Explosivstoffen, wo die Verhältnisse sehr viel komplizierter liegen als bei Gasen und zum Teil noch unaufgeklärt sind, tritt eine konstante Detonationsgeschwindigkeit auf, die jedoch außer von der chemischen Beschaffenheit des Sprengstoffes auch von der physikalischen abhängig ist. In der Regel hat bei festen Explosivstoffen die Detonationsgeschwindigkeit bei einer ganz bestimmten kubischen Dichte, die z. B. durch einen bestimmten Druck beim Pressen des Sprengkörpers eingestellt werden kann, ein Maximum.

Explosion und Detonation können im allgemeinen durch plötzliche Temperaturerhöhung und durch Schlag ausgelöst werden. Es sind Substanzen von extrem verschiedener Schlagempfindlichkeit bekannt. So detoniert Chlorstickstoff bei der leisesten Berührung, während Benzol durch die stärksten Schläge einer anderen Detonation noch eben selbst zur Detonation gebracht werden kann.

Günther.

Explosionsmaschine s. Verbrennungskraftmaschine.

Explosionsmethode. Die Methode dient zur Ermittlung der spezifischen Wärme c_v der Gase bei konstantem Volumen. In einer starkwandigen Bombe wird ein explosives Gemisch zweier Gase mit Hilfe des elektrischen Funkens zur Explosion gebracht. Die Mengen der beiden chemisch aufeinander reagierenden Gase, z. B. Sauerstoff und Wasserstoff mit Wasserdampf als Endprodukt seien m_1 und m_2; ihre Verbindungswärme sei Q. Außer m_1 und m_2 sei in der Bombe noch eine dritte Gasmenge m_3 enthalten, die an der Explosion nicht teilnimmt, entweder ein chemisch träges Gas wie Argon oder einer der beiden reagierenden Bestandteile im Überschuß. Ist t_0 die Anfangstemperatur der Gasmischung, t_1 die Endtemperatur nach der Explosion, c_v die mittlere spezifische Wärme des Endprodukts,

c_v' die mittlere spezifische Wärme von m_3, beide zwischen t_0 und t_1, so gilt

$$(t_1 - t_0)\,[(m_1 + m_2)\,c_v + m_3 c_v'] = Q.$$

In dieser Gleichung kann je nach der Problemstellung c_v oder c_v' unbekannt sein; beispielsweise könnte bei bekannter spezifischer Wärme c_v' des Argons, die spezifische Wärme c_v des Wasserdampfes ermittelt werden. Man kann aber auch durch gegenseitige Variation der Mengen $m_1 + m_2$ und m_3 eine Reihe von Gleichungen der obigen Form aufstellen, aus denen man c_v und c_v' einzeln, gegebenenfalls nach einem Ausgleichsverfahren berechnet.

Die Schwierigkeit der Methode liegt darin, die meist sehr hohe Temperatur t_1 zu finden. Man ermittelt sie indirekt aus dem gemessenen Explosionsdruck. Eine weitere Schwierigkeit entsteht dadurch, daß dieser Druck in der direkten Messung zu klein gefunden wird, weil ein Teil der Explosionswärme sofort von den Wandungen der Bombe aufgenommen wird. Diese Fehlerquelle läßt sich aber durch passende Anordnung der Versuche beseitigen.   *Scheel.*

Näheres s. Pier, Zeitschrift für Elektrochemie 1909, S. 536.

Explosivstoffe (vgl. Explosion). Unter den sehr zahlreichen Verbindungen und Gemischen, die einer explosiven Reaktion fähig sind, kommen für die technische Verwendung als Explosivstoffe nur diejenigen in Frage, deren Explosion eine hinreichende Intensität und deren Empfindlichkeit zwischen den Grenzen genügender Handhabungssicherheit einerseits und sicherer Zündfähigkeit andererseits liegt. Für die Wirksamkeit eines Sprengstoffs ist außer seiner chemischen Natur noch die technische Anwendungsform (ob geschmolzen oder gepreßt und bis zu welcher kubischen Dichte) maßgeblich. Um Substanzen von großer Handhabungssicherheit, also geringer Schlagempfindlichkeit technisch verwerten zu können, wird die Zündung heute ganz allgemein nach dem von Nobel erfundenen Prinzip der Initialzündung ausgeführt. Eine kleine Menge eines hochempfindlichen Sprengstoffs, der gar nicht energiereich zu sein braucht, wird in eine Metallhülse (Sprengkapsel) eingefüllt in die zu zündende Sprengstoffmasse hineingebracht und löst bei ihrer eigenen Detonation dadurch die Detonation der großen unempfindlichen Sprengstoffmenge aus.

Fast alle technisch verwerteten Explosionen sind Oxydationsreaktionen, wobei als Sauerstoffträger Kalisalpeter und Ammonsalpeter sowie Kaliumperchlorat verwandt werden. Verbrannt werden damit vermischte Kohlenstoffverbindungen sehr verschiedener Art. Besonders wirksam sind diejenigen Sprengstoffe, bei denen Kohlenstoff und Sauerstoff schon innerhalb desselben Moleküls vorhanden, aber noch nicht unmittelbar aneinander gebunden sind. Von solcher Art sind die chemisch einheitlichen Nitrosprengstoffe (Trinitrophenol und Trinitrotoluol) sowie das Nitroglyzerin, das wohl der stärkste der praktisch verwendeten Sprengstoffe ist.

Explosivstoffe finden auch als Treibmittel in Geschützrohren Verwendung, wobei die explosive Reaktion dann nicht mit maximaler, sondern mit einer den ballistischen Zwecken besonders angepaßten Geschwindigkeit verlaufen soll. Als Treibmittel finden schwarzpulverähnliche Sätze, sowie Nitrozellulose-Präparate Anwendung. Bei Treibmitteln spielt die gegenständliche Form der Explo-

sivstoffmasse eine entscheidende Rolle (Blättchenpulver, Röhrenpulver, Stangenpulver).

Die technische Bedeutung der Explosion beruht ausschließlich auf der Geschwindigkeit des Energieumsatzes und keineswegs auf dessen besonderer Größe. So entwickelt 1 kg Nitroglyzerin bei der Detonation etwa 1700 cal, während die gleiche Gewichtsmenge Petroleum bei der Verbrennung mit 12 000 Luftsauerstoff etwa 11 000 cal ergibt.   *Günther.*

Exponentialgesetz s. Fehlertheorie.

Extinktion. Infolge von Absorption und Zerstreuung wird ein Teil der die Erdatmosphäre durchsetzenden Strahlung umgesetzt oder aus der Strahlrichtung abgelenkt. Der Betrag der durchgelassenen Strahlung hängt von der Länge des durchlaufenen Weges (also von der Zenithdistanz der Strahlungsquelle), der Dichte der Luft und der Wellenlänge der Strahlung ab. Die ursprüngliche Lichtmenge I und die durchgelassene i verbindet das exponentiale Absorptionsgesetz:

$$i = e^{-k\,\sigma} \cdot I$$

k ist der Absorptionskoeffizient für die Längeneinheit, σ der vom Strahl durchlaufene Weg. k wird proportional der Luftdichte δ angenommen:

$$k = C \cdot \delta.$$

Die Dichte δ ist mit σ veränderlich zwischen den Grenzen δ_0 an der Erdoberfläche und 0 an der Grenze der Atmosphäre, das Absorptionsgesetz muß also in der Differentialform angesetzt werden:

$$i = e^{-C\,\delta\,d\,\sigma} \cdot I,$$
$$\log i = \log I - C\,\delta\,d\,\sigma,$$

woraus sich für den gesamten durchlaufenen Weg ergibt (Fundamentalformel der Extinktionstheorie):

$$\log i = \log I - C\,\delta_0 \int_0^s \frac{\delta}{\delta_0}\,d\,\sigma.$$

Durchsetzt ein Lichtstrahl von der Intensität I die Atmosphäre in radialer Richtung (Zenithdistanz $z = 0$), so gilt für ihn:

$$\log i_0 = \log I - C\,\delta_0 \int_0^H \frac{\delta}{\delta_0}\,d\,h = \log I - C\,\delta_0 \cdot \lambda,$$

h bezeichnet die Höhe über der Erdoberfläche, H die Höhe der Atmosphäre, λ daher die vertikale Luftmasse über dem Einheitsquerschnitt. Für eine beliebige Zenithdistanz gilt entsprechend:

$$\log i_z = \log I - C\,\delta_0 \int_0^s \frac{\delta}{\delta_0}\,d\,\sigma.$$

Es kommt auf die Differenz dieser beiden Intensitäten an:

$$\log i_z = \log i_0 + C\,\delta_0 \left(\lambda - \int_0^s \frac{\delta}{\delta_0}\,d\,\sigma \right).$$

Wird

$$\frac{1}{\lambda} \int_0^s \frac{\delta}{\delta_0}\,d\,\sigma = F(z)$$

gesetzt, so entsteht die Form:

$$\log i_z = \log i_0 + C\,\delta_0\,\lambda\,\big(1 - F(z)\big).$$

Da für einen vertikalen Lichtstrahl

$$i_0 = e^{-C\,\delta_0\,\lambda} \cdot I$$

ist, wird

$$p = e^{-C\,\delta_0\,\lambda}$$

der Transmissionskoeffizient der Atmosphäre genannt. Mit ihm wird die Gleichung, welche die in einer beliebigen Richtung durchgelassene Lichtmenge mit der in vertikaler Richtung durchgehenden verbindet:

$$\log i_x = \log i_0 - \log p\,\big(1 - F(z)\big).$$

Die Bestimmung der von der Atmosphäre nicht beeinflußten Strahlung (I) ist nur für wenige Probleme von Bedeutung (Solarkonstante, effektive Temperaturen der Fixsterne); die Befreiung der Beobachtungen von dem Einfluß der Zenithdistanz ist eine primitive Notwendigkeit für jede Strahlungsmessung.

Die Auswertung des Integrals F(z) setzt wie die des entsprechenden Integrals in der Theorie der Refraktion (siehe Refraktion) bestimmte Annahmen über die Konstitution der Atmosphäre voraus. Bemporads Annahme einer gleichmäßigen Temperaturabnahme mit der Höhe entspricht dem wirklichen Zustand am meisten und führt zu einer gut konvergierenden Reihe. Auch die Laplacesche Extinktionstheorie steht sehr gut mit den Beobachtungen (Potsdamer Extinktionstabelle) im Einklang und bietet den Vorteil, daß die Zenithreduktion F(z) aus den Refraktionstafeln entnommen werden kann $\left(F(z) = const. \cdot \dfrac{Refr.}{\sin z} \right)$.

Die spezifische Absorption C (mit ihr der Transmissionskoeffizient p) ändert sich mit der Wellenlänge. Rote Strahlen erleiden durch die ganze Atmosphäre nur eine Schwächung um wenige Prozente ihrer Intensität, bei Wellenlängen unterhalb 157 $\mu\mu$ absorbieren wenige Zentimeter Luft bereits die gesamte Strahlung. Die exakte Bestimmung der Absorptionskonstante kann sich daher nur auf spektralphotometrische oder spektralbolometrische Beobachtungen stützen. Da diese bisher nicht in ausreichendem Maße vorliegen, wird vorläufig eine durchschnittliche, etwa für das Gebiet maximaler optischer Wirksamkeit geltende Konstante verwendet. Daß eine solche mittlere Konstante für die Darstellung der Extinktion nicht ausreicht, hat sich bei Beobachtungen in verschiedenen Höhen über der Erdoberfläche (mit verschieden dicken Luftschichten) gezeigt. Die mittlere Extinktion für die photographisch wirksamen Strahlen ist bislang keiner erschöpfenden Untersuchung unterworfen worden; sie wird in der Praxis als doppelt so groß wie die visuelle angenommen.

In der photometrischen Praxis benutzt man allgemein die aus Beobachtungen (Vergleichungen derselben Sterne in verschiedenen Zenithdistanzen mit dem Polarstern) abgeleiteten Extinktionstabellen für Potsdam (100 m über dem Meeresniveau) und für den Säntis (2500 m über dem Meeresniveau), aus denen man für die Höhe des Beobachtungsortes eine Tabelle interpoliert. In Größenklassen ausgedrückt beträgt die Differenz zwischen der Helligkeit in der tabulierten wahren Zenithdistanz und der Zenithhelligkeit:

z	Ext. in Potsdam m	Ext. auf dem Säntis m
10⁰	0,00	0,00
20⁰	0,01	0,01
30⁰	0,03	0,02
40⁰	0,06	0,04
50⁰	0,12	0,08
60⁰	0,23	0,14
70⁰	0,45	0,26
80⁰	0,98	0,63
85⁰	1,72	1,26
88⁰	3,10	2,34

An den Mittelwerten der Potsdamer Tabelle ist durch andere Beobachtungen nichts geändert worden. Die Berücksichtigung der Extinktion bei photometrischen Messungen bleibt trotzdem sehr unsicher, weil die Tafelwerte für dunstfreie Luft gelten, die Extinktion aber durch Staub, Rauch und andere Beimengungen der Luft sehr stark geändert wird. Die Extinktion ist infolgedessen verschieden an verschiedenen Orten, an demselben Orte kann sie in verschiedenen Azimuten verschieden sein. Man legt daher die Beobachtungsreihen nach Möglichkeit so an, daß die Extinktion eliminiert oder aus den Beobachtungen selbst bestimmt wird.

Über Extinktion des Lichtes im Weltraum siehe Kosmische Absorption. *W. Kruse.*

Näheres s. Enzyklopädie der mathematischen Wissenschaften. Band VI 2, Heft 2.

Exzentrische Geschosse s. Geschosse.

Exzentrizität. 1. Bei Planetenbahnen. Lineare Exzentrizität ist der Abstand des Brennpunktes der Bahnellipse vom Mittelpunkt. Numerische Exzentrizität ist das Verhältnis der linearen Exzentrizität zur halben großen Achse. Sie wird bei den Bahnelementen als e geführt.

2. Bei geteilten Kreisen von Meßinstrumenten der Abstand von Kreismittelpunkt und Drehpunkt. Die durch Exzentrizität bedingten Ablesefehler werden durch Anbringung zweier Ablesevorrichtungen in 180⁰ Abstand eliminiert. *Bottlinger.*

Exzeß, sphärischer, der Überschuß der Winkelsumme eines sphärischen Dreieckes über 180⁰. Er ist dem Flächeninhalt des Dreieckes gerade, dem Quadrate des Kugelradius verkehrt proportional. *A. Prey.*

F

Fackeln sind hell leuchtende Gebiete auf der Sonne, die besonders zahlreich in der Umgebung der Flecke auftreten und auch deren Periodizität folgen. In ihrem Spektrum machen sich Wasserstoff und Kalzium am deutlichsten bemerkbar. Kalzium- und Wasserstoffspektroheliogramme zeigen die aus Kalzium oder Wasserstoff bestehenden Fackeln (Flocculi, Flocken) auf der ganzen Sonnenscheibe, der direkten Beobachtung sind sie nur in der Nähe des Sonnenrandes erreichbar. *W. Kruse.*

Näheres s. Newcomb-Engelmann, Populäre Astronomie.

Faden, Fadenpaare s. Längenmessungen.

Fadenelektrometer. Diese als Elektrometer oder Elektroskope benutzten Instrumente beruhen auf dem gleichen Prinzip wie die Goldblattelektroskope (s. d.), indem die Abstoßung zweier auf das gleiche Potential geladener Fäden als Maß der Spannung dient. Bei dem Wulffschen Fadenelektrometer sind die beiden am oberen Ende an einem gemeinsamen Zuführungsdraht befestigten Fäden an ihrem unteren Ende durch ein kleines Gewicht beschwert oder sie werden durch einen horizontalen Quarzfaden gespannt. Die Spreizung der Fäden bei der Aufladung wird durch ein Mikroskop abgelesen. Wird nur ein einziger Faden verwendet, der sich zwischen zwei geladenen Schneiden befindet, so entsteht das Saitenelektrometer (s. d.).

W. Jaeger.

Näheres s. Jaeger, Elektr. Meßtechnik. Leipzig 1917.

Fadenthermometer s. Herausragender Faden von Thermometern.

Färbungserscheinungen durch radioaktive Strahlung. Unter dem Einfluß der α-, β- und γ-Strahlen treten chemische Veränderungen ein, die sich bei einer Reihe von Substanzen durch Verfärbung äußern. So wird Glas gelb, braun bis dunkelviolett, Steinsalz gelb, Kadmiumsulfat (geschmolzen) grünlich-blau, Amethyst dunkelviolett, blauer Saphir wird gelb, Diamant zuweilen bläulich, Kunzit grün u.s.f. Durch Erhitzen können die meisten Substanzen wieder entfärbt werden, wobei Luminiszenzerscheinungen auftreten; ebenso durch Bestrahlung mit ultraviolettem Licht, wobei gleichzeitig photoelektrische Elektronen (Halbwachseffekt) beobachtbar sind. Durch Eintritt der β-Partikel scheint im bestrahlten Atome eine Änderung des Elektronengleichgewichtes stattzufinden, die (vgl. den Artikel Leuchterscheinungen) von Luminiszenz oder von Verfärbung oder von beidem zugleich begleitet ist. Diese Änderungen streben einer Sättigung zu, wie aus den Ermüdungserscheinungen folgt. Durch Temperaturerhöhung oder ultravioletter Bestrahlung wird das neue Gleichgewicht wieder gestört, die fremden Elektronen verlassen das Atom und treten durch Luminiszenzerregung oder als lichtelektrische Elektronen in Erscheinung, wobei das Erreichen des früheren Zustandes durch die begleitende Entfärbung erkennbar ist.

Von großem Interesse sind auch die Erklärungsversuche für das natürliche Vorkommen der pleochroitischen Höfe in Glimmer, Steinsalz, Biotit usw. Solche Halo-Erscheinungen bestehen aus konzentrischen Ringen verschiedener Färbung, in deren Zentrum sich meist ein winziger fremder Kristall befindet. Unter der Annahme, daß dieser Kern radioaktiv ist und α-Strahlen verschiedener Reichweite entsendet (die Reichweite der α-Strahlen von Uran beträgt in Biotit 0,013, von Ra C 0,033, von Th C 0·04 mm), lassen sich diese Höfe, die in homogenem Material zweifellos kugelförmig wären, einfach erklären. Ein radiumhaltiger Kern würde mit seinen drei festen α-Strahlen (nämlich: Ra, Ra A, Ra C) drei Ringzonen verschiedener Färbung erzeugen. Die Verschiedenheit der Färbung hängt mit der Strahlungsdichte und mit der individuellen α-Geschwindigkeit zusammen. — Dadurch, daß man hier die Wirkung des Integraleffektes über geologische Epochen vor sich sieht, hat man es mit einer ungemein empfindlichen Reaktion zu tun, die die Anwesenheit eines Kernes von nur $10{-}17$ g Ra erkennen läßt, während die üblichen elektrischen Methoden ihre untere Detektorgrenze bei $10{-}12$ g haben. — Aus der Tatsache, daß solche Verfärbungen lokal begrenzt sind, folgt weiter,

daß das Gesteinsmaterial selbst im übrigen völlig inaktiv sein muß.   *K. W. F. Kohlrausch.*

Fagott s. Zungeninstrumente.

Fahrenheitsche Skale s. Temperaturskalen.

Fahrgestell nennt man den Unterbau eines Landflugzeugs, die Räder samt ihrer Verbindung mit den übrigen Teilen. Das Fahrgestell hat den Stoß bei der Landung auszuhalten; es muß sehr gut gefedert sein.   *L. Hopf.*

Fallbewegung. Läßt man einen Körper im luftleeren Raume mit der Anfangsgeschwindigkeit v_0 (positiv abwärts gerechnet) fallen, so hängen die

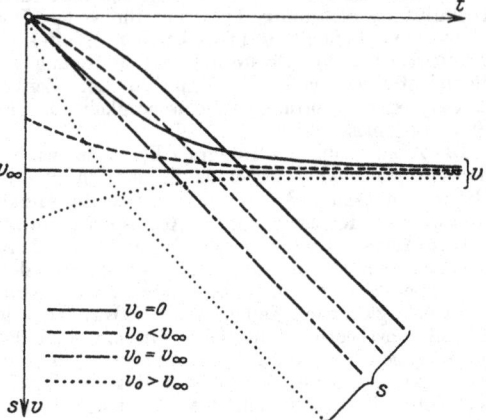

Weg-Zeit- und Geschwindigkeits-Zeit-Bilder des Falles mit Luftwiderstand.

Fallhöhe s, die Falldauer t und die erreichte Geschwindigkeit v, wenn man die Veränderlichkeit der Schwerebeschleunigung g außer acht läßt, zusammen durch die Beziehungen

$$s = v_0\, t + \frac{g}{2}\, t^2,$$

$$v = v_0 + gt,$$
$$2\,gs = v^2 - v_0^2.$$

Wichtiger als der Einfluß der Änderung von g ist die Wirkung des Luftwiderstandes. Für sehr kleine Partikelchen (Staub) zunächst darf man diesen Widerstand proportional zur Geschwindigkeit setzen. Mit einer Widerstandszahl $\varkappa$ lautet dann die Bewegungsgleichung

$$\frac{dv}{dt} = g - \varkappa v;$$

sie hat die Integrale

$$v = v_\infty + (v_0 - v_\infty)\, e^{-\varkappa t},$$
$$s = v_\infty t + \frac{v_0 - v_\infty}{\varkappa}\, (1 - e^{-\varkappa t}),$$

wo

$$v_\infty = \frac{g}{\varkappa}$$

der asymptotische Wert der Geschwindigkeit ist.

Für größere Körper darf man den Widerstand proportional zu v^2 setzen und hat als Integrale der Bewegungsgleichung

$$\frac{dv}{dt} = g - \lambda v^2$$

mit der Widerstandsziffer λ je nach der Anfangsgeschwindigkeit

$$\left.\begin{array}{l} v = v_\infty\, \mathfrak{Tg}\,(t\,\sqrt{\lambda g} + \varepsilon) \\ s = \dfrac{1}{\lambda}\,[\ln \mathfrak{Sin}\,(t\,\sqrt{\lambda g} + \varepsilon) - \ln \mathfrak{Sin}\,\varepsilon] \end{array}\right\} \begin{array}{l} \text{falls} \\ v_0 > v_\infty \end{array}$$

bzw.

$$\left.\begin{array}{l} v = v_\infty \, \mathfrak{Tg}\,(t\sqrt{\lambda\,g} + \varepsilon') \\[2mm] s = \dfrac{1}{\lambda}\,[\ln\mathfrak{Cof}\,(t\sqrt{\lambda\,g} + \varepsilon') - \ln\mathfrak{Cof}\,\varepsilon'] \end{array}\right\} \begin{array}{l} \text{falls} \\ v_0 < v_\infty \end{array}$$

bzw.

$$\left.\begin{array}{l} v = v_\infty \\ s = v_\infty\,t \end{array}\right\} \ \text{falls } v_0 = v_\infty.$$

Hiebei ist die asymptotische Geschwindigkeit

$$v_\infty = \sqrt{\frac{g}{\lambda}},$$

und zur Abkürzung ist gesetzt

$$\varepsilon = \frac{1}{2}\ln\frac{v_0 + v_\infty}{v_0 - v_\infty},\quad \varepsilon' = \frac{1}{2}\ln\frac{v_\infty + v_0}{v_\infty - v_0}.$$

[Die (st)- und (vt)-Bilder sind denen des linearen Widerstandsgesetzes qualitativ ganz ähnlich.]

Sobald die Fallgeschwindigkeit von der Größenordnung der Schallgeschwindigkeit wird, gilt ein wesentlich verwickelteres Widerstandsgesetz. Der Art nach sind aber die Schlüsse, die man dann aus der Bewegungsgleichung

$$\frac{d\,v}{d\,t} = g - f\,(v)$$

ziehen kann, die nämlichen; insbesondere ist die asymptotische Geschwindigkeit v_∞ durch die Gleichung bestimmt

$$f\,(v_\infty) = g.$$

Die Funktion $f\,(v)$ ist immer so beschaffen, daß spezifisch schwerere Körper schneller fallen als spezifisch leichtere und größere schneller als kleinere von gleichem Stoff und ähnlicher Gestalt.

Von Bedeutung ist endlich die Abweichung der Fallinie von der Lotlinie infolge der Erddrehung vom Betrag $\omega = 7,3 \cdot 10^{-5}$ sek^{-1}. Man findet bei einer Fallzeit t unter der geographischen Breite φ eine östliche Abweichung

$$x = \frac{\omega\,t - \sin\omega t\cos\omega t}{2\,\omega^2}\,g\cos\varphi \approx \frac{1}{3}\,\omega g\,t^3\cos\varphi$$

und eine südliche

$$y = \frac{\omega^2 t^2 - \sin^2\omega t}{2\,\omega^2}\,g\sin\varphi\cos\varphi \approx \frac{1}{6}\,\omega^2 g t^4\cos\varphi\sin\varphi.$$

Die östliche Abweichung ist durch die Versuche von Guglielmini (1791), Benzenberg (1802), Reich (1831), Hall (1902) und Flammarion (1903) bestätigt worden; die südliche entzieht sich dem Nachweis durch ihre Kleinheit.

R. Grammel.

Fallende Charakteristik s. Charakteristik.

Falsett s. Stimmorgan.

Faltenpunkt s. ψ-Fläche von van der Waals.

Faltenpunktskurve. Der Faltenpunkt (s. ψ-Fläche von van der Waals) ist als bestimmter Punkt der Fläche definiert, die man erhält, wenn man die freie Energie ψ eines binären Gemisches bei konstanter Temperatur als Funktion des spezifischen Volumens und des prozentischen Gehaltes x der Mischung an der einen Komponente darstellt. Die Faltenpunktskurve ist die Verbindungslinie aller Faltenpunkte bei kontinuierlicher Veränderung der Temperatur.

Der Faltenpunkt ist der eigentliche kritische Punkt einer binären Mischung. *Henning.*

Faradays elektrochemisches Äquivalentgesetz (1833). „Die bei der Elektrolyse an den Elektroden abgeschiedene oder aufgelöste Menge der Zersetzungsprodukte des Elektrolyten ist der durch ihn hindurch gegangenen Elektrizitätsmenge propor-

tional. Durch gleiche Elektrizitätsmengen werden chemisch äquivalente Mengen Stoff umgesetzt. Zur Abscheidung oder Auflösung von einem g-Äquivalent ist die Elektrizitätsmenge 96500 Coulomb erforderlich." Z. B. wird bei der elektrolytischen Zersetzung des Wassers auf ein Volumteil H_2 an der Kathode $^1/_2$ Volumteil O_2 an der Anode entwickelt, wie es der Zweiwertigkeit des O entspricht. Der Strom von ein Ampere scheidet in einer Sekunde 1 : 96500 Äquivalente, also 0,01044 mg H_2 und 0,08287 mg O_2 ab. Ist in denselben Stromkreis noch eine Zelle mit konzentrierter Chlorwasserstofflösung hinter die Knallgaszelle geschaltet, so gelangt in ihr an der Kathode dieselbe Menge Wasserstoff wie in der ersten Zelle zur Abscheidung und an der Anode das gleiche Volum, also eine chemisch äquivalente Menge Chlor. Das Faradaysche Gesetz konnte wie wenige Naturgesetze unter den verschiedensten Versuchsbedingungen als gültig nachgewiesen werden, unabhängig von Temperatur, Druck, Stromstärke, Größe und Abstand der Elektroden. Es gilt in gleicher Weise für gelöste, geschmolzene und feste amorphe oder kristallinische Elektrolyte mit gasförmigen, flüssigen oder festen Zersetzungsprodukten. Die Genauigkeit des Nachweises seiner Gültigkeit wird teils durch sekundäre Reaktionen der Zersetzungsprodukte, teils, bei den Metallen, durch das Vorkommen mehrerer Wertigkeitsstufen erschwert. Diese störenden Faktoren können aber so weitgehend eliminiert werden, daß die elektrochemische Strommessung mit Hilfe der Coulometer jedem beliebigen Anspruch an Genauigkeit genügt. *H. Cassel.*

Näheres in den Lehrbüchern der Physik und Chemie.

Faradays elektrochemische Gesetze s. Elektrochemisches Äquivalentgesetz.

Faradaysches Gefäß. Unter einem Faradayschen Gefäß ist ursprünglich ein Faradaykäfig zu verstehen, den Faraday anwandte, um nachzuweisen, daß im Innern eines leitenden Hohlkörpers keine elektrischen Kräfte wirken können. Faraday führte 1836 die Versuche in größerem Maßstabe aus, indem er selbst mit einem Elektroskop in einen isolierten Metallkäfig stieg, mit dem er leitend verbunden war. Die starken Ladungen, welche dem Käfig mitgeteilt wurden, geben weder irgendwelche Empfindung noch einen Ausschlag an dem Elektroskop. — Wird dagegen der Käfig geladen, während das Elektroskop zur Erde abgeleitet ist, ohne mit dem Käfig in Verbindung zu stehen, so gestalten sich die Verhältnisse wesentlich anders, da jetzt das Elektroskop die Potentialdifferenz zwischen mitgeteilter Ladung und Nullpotential anzeigt.

In der Meßtechnik macht man insofern Anwendung von dem Faradayschen Gefäß, als man das Elektroskop mit einem leitenden Gehäuse verbindet, das zur Erde abgeleitet ist, um sicher zu gehen, daß das Gehäuse das Potential Null besitzt. Diese Maßnahme ist bei allen elektrometrischen und ionometrischen Messungen von Wichtigkeit.

R. Jaeger.

Faradayeffekt, magnetische Drehung der Polarisationsebene in durchsichtigen Körpern, s. d.

Faraday-Maxwellsche Theorie s. Elektrostatik.

Farbe, chemische Theorie der. Eine Substanz erscheint gefärbt, wenn sie im sichtbaren Teil des Spektrums ein Absorptionsgebiet besitzt, das von dem auf- oder durchfallenden weißen Licht gewisse Bestandteile auszulöschen vermag. Welcher Art letzten Endes die resonierenden Frequenzen jener Absorptionsgebiete sind, ist bisher im einzelnen unbekannt; immerhin existieren unzweifelhafte Anzeichen dafür, daß die chemische Konstitution der Moleküle für die Lage des Absorptionsgebietes von grundlegender Bedeutung ist. O. N. Witt zeigte ganz allgemein für organische Farbstoffe, daß die Vorbedingung für den Farbstoffcharakter einer Verbindung die Anwesenheit einer „chromophoren Gruppe" ist. Als solche sind z. B. anzusehen: das Radikal NO_2 (Nitrofarbstoffe), die Gruppe — N = N — (Azofarbstoffe), ferner der Komplex — C = C — (Indigofarbstoffe) oder die Bindungsform ⟨═══⟩═ im Benzolkern (Chinonfarbstoffe). Sind diese Gruppen mit einem aromatischen Rest verknüpft, so haben wir das „Chromogen", z. B. C_6H_5 — N = N — C_6H_5 vor uns, das selbst gefärbt sein kann und überdies die Anlagerung weiterer „auxochromer" Gruppen, nämlich „hypsochromer" oder „bathochromer" zur Erhöhung oder Vertiefung der Farbe gestattet.

Der einfachste Fall von Farbvertiefung durch Vergrößerung der Molekülmasse (dies kommt der Einführung bathochromer Gruppen gleich) liegt bei den Halogenen Fluor, Chlor, Brom, Jod vor. Das Fluor, dessen Absorptionsbande im Ultraviolett gelegen ist, ist nur ganz schwach gelblich gefärbt; Chlor besitzt eine ähnliche Absorptionsbande im Violett und zeigt daher grüne Färbung; beim Brom verschiebt sich die Bande noch weiter nach Rot hin (braunrote Farbe) und beim Jod ist sie so weit ins Rot gewandert, daß das Violett gar nicht mehr absorbiert wird und als Eigenfarbe des Jodmoleküls erscheint. Die Ausbreitung und Tiefe der Absorptionsbanden der Halogene ist übrigens ein treffendes Beispiel für die Tatsache, daß chemisch ähnliche Substanzen auch ähnliche Absorptionsspektra besitzen.

Das Jod bestätigt noch in anderer Weise die zu Anfang aufgestellte Arbeitshypothese, daß die Farbe einer Substanz weitgehend von ihrer chemischen Konstitution abhängig ist. Wässerige, alkoholische und ätherische Jodlösung sind nämlich braun gefärbt, im Gegensatz zu Lösungen dieser Substanz in Chloroform oder Schwefelkohlenstoff, in denen das Jod die Farbe seines Dampfes besitzt. Es hat sich zeigen lassen, daß die erstgenannten, sich scheinbar anomal verhaltenden Lösungen ihre nicht violette Färbung aus dem Grunde tragen, weil das Jodmolekül hier „solvatisiert", d. h. mit den Molekülen des Lösungsmittels in eine chemische Verbindung getreten ist. Die Beschwerung ist so stark, daß eine neue Absorptionsbande des Jods aus dem Ultraviolett in das sichtbare Gebiet hineinrückt und damit eine andere Färbung der Substanz erzeugt. Allgemein kann man aus dieser und aus ähnlichen Tatsachen, wie Hantzsch und seine Schule gezeigt haben, den Schluß ziehen, daß umgekehrt jeder in einem System beobachteten Farbänderung eine chemische Umbildung des Moleküls parallel geht. Für die Chemie der wässerigen Lösungen, insbesondere anorganischer Stoffe, zeigten sich als farbtragende Gruppen die vollgesättigten Atomkomplexe im Sinne der Wernerschen Koordinationslehre (s. d.). Nach dieser Theorie besitzt z. B. Kupfersulfat (sonst $CuSO_4 \cdot 5H_2O$ formuliert) die Konstitution $[Cu(H_2O)_4]SO_4 \cdot H_2O$. Der farbtragende Bestandteil dieser Verbindung ist die Gruppe $[Cu(H_2O)_4]$, denn der feste Kristall, wie auch seine wässerige Lösung, in der jene Gruppe unverändert erhalten bleibt, zeigen das gleiche Absorptionsspektrum; eine durchgreifende Verschiebung desselben ereignet sich erst, wenn der Komplex

durch Einführung von Ammoniak völlig umgebildet wird, nämlich zu $[Cu(NH_3)_4]SO_4 \cdot H_2O$. Wesentlich an dieser Betrachtung, die übrigens in gleicher Weise für die Gruppen SO_4'', $PtCl_6''$, MnO_4' usw. gilt, ist die Rolle, die der elektrolytischen Dissoziation zugewiesen wird: der Dissoziationsvorgang, der früher in erster Linie für die Farbänderung in manchen Fällen (z. B. bei den Indikatoren) verantwortlich gemacht wurde, ist, solange er keinen chemischen Eingriff in die spektral wichtigen Atomgruppen enthält, optisch völlig unwirksam, wie auch z. B. bei dem eben behandelten Fall des Kupfersulfats.

Es sei schließlich erwähnt, daß die Erforschung der Farbe und ihrer Veränderungen in vielen Fällen wichtige Aufschlüsse über die Konstitution der betreffenden Verbindungen gebracht hat, z. B. ist auf diesem Wege die Klasse der Pseudosäuren (s. d.) entdeckt worden (Hantzsch).

Neuerdings wird die Fähigkeit einer Verbindung, Licht zu absorbieren, also selbst gefärbt zu erscheinen, im Anschluß an die Bohrsche Theorie darauf zurückgeführt, daß sich in ihr Elektronen befinden, die locker genug gebunden sind, um durch auftreffende Lichtquanten aus ihrer Bahn gehoben zu werden. Insbesondere ist diese Fähigkeit den mittelständigen Atomen einer Periode des periodischen Systems der Elemente (s. d. Tabelle) eigen, sowie den eingangs behandelten „chromophoren" Gruppen (J. Stark, Ladenburg, Meisenheimer).

J. Eggert.

Näheres s. H. Ley, Farbe und Konstitution. Leipzig 1911.

Farben dünner Blättchen. Durchsichtige Körper in genügend dünner Schicht erscheinen gefärbt, wenn man sie mit weißem Licht beleuchtet. Diese Erscheinung beruht auf Interferenz des Lichtes, indem die an der Vorder- und Rückfläche des Körpers reflektierten Strahlen interferieren. Sind A B und A' D auf eine dünne planparallele Platte auffallende Parallel-Strahlen homogenen Lichtes, so werden sie durch Brechung und Reflexion in die Strahlen B B', D D', B C D D', B C D E F F' usw. zerlegt, die miteinander interferieren können. Infolge der verschiedenen Wege

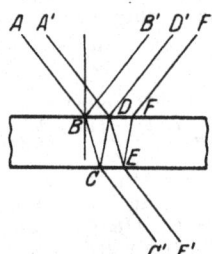

Farben dünner Blättchen.

haben diese Strahlen Gangunterschiede. Bei einem Gangunterschied von $\frac{\lambda}{2}$ tritt Vernichtung ein, bei einem solchen von λ oder einem Vielfachen davon verstärken sich die Strahlen. Da die Wege vom Einfallswinkel abhängen, so tritt je nach der Größe desselben Helligkeit oder Dunkelheit auf. Außerdem ist natürlich bei gleichen Einfallswinkeln die Dicke des Blättchens für den Gangunterschied und damit für das Auftreten von Helligkeit oder Dunkelheit maßgebend. Bei senkrechter Inzidenz ist der Gangunterschied des direkt an der Oberfläche und des ersten an der Hinterfläche reflektierten Strahls gleich der doppelten Plattendicke gemessen in Lichtwellenlängen. Dabei ist die Lichtwellenlänge in der Platte gleich $\frac{\lambda}{n}$, wenn λ die Wellenlänge in Luft und n der Brechungsexponent der Platte ist. Zu dem so bestimmten

Gangunterschied kommt noch ein solcher von einer halben Wellenlänge hinzu, bedingt durch den Phasensprung bei der Reflexion, der um diesen Betrag verschieden ist, weil einmal die Reflexion am dichteren, das andere Mal am dünneren Medium stattfindet.

Ist das verwendete Licht nicht einfarbig, so tritt die Anslöschung bei einem bestimmten Einfallswinkel nur für die Farben ein, für die der Gangunterschied ein ungerades Vielfaches der halben Wellenlänge ist. Die übrigen Farben setzen sich zu einer Mischfarbe zusammen. Daher rührt die oben erwähnte Färbung dünner Blättchen, wie sie etwa bei Seifenlamellen, dünnen Ölschichten usw. zu beobachten ist. Die Färbung ist außer von der Zusammensetzung des einfallenden Lichtes von der Einfallsrichtung und der Dicke des Blättchens abhängig. *L. Grebe.*

Näheres s. jedes Lehrbuch der Physik, z. B. Müller-Ponillet Bd. Optik.

Farbenabweichungen. Nach der Entdeckung Newtons ist das Brechungsverhältnis zweier Mittel von der Farbe oder physikalisch gesprochen von der Wellenlänge abhängig. Nimmt man nun an, eine Linsenfolge bilde einen Gegenstand ab, so kommt in den im Artikel Gaußische Abbildung gegebenen Formeln für die Brennweite, also auch für den Ort der Abbildung wie für die Vergrößerung das Brechungsverhältnis vor. Nun ist das gewöhnlich benutzte weiße Licht aus Licht der Farben von rot bis violett zusammengesetzt. Nimmt man eine unendlich dünne Linse an, so ist nach den (Gaußische Abbildung) gegebenen Formeln $\frac{1}{f} = (n-1)\left(\frac{1}{r_1} - \frac{1}{r_2}\right)$. Hier ist f aber die Entfernung, in der das Bild eines unendlich fernen Punktes von der Linse liegt. Nun ist für violettes Licht das Brechungsverhältnis größer als für grünes, für grünes als für rotes ($n_v > n_g > n_r$), also $f_v < f_g < f_r$ oder in der Figur $AF_v < AF_g < AF_r$. Denkt man sich die Erscheinung in F_r aufgefangen, so werden die nach F_r zielenden roten (und gelben) Strahlen die Auffangebene außerhalb der Achse treffen und daher einen gelbroten Rand hervorbringen. Ebenso entsteht in F_r durch die blauen und violetten Strahlen ein

Farbenabweichung einer einfachen Sammellinse. F_v, F_g, F_r Brennpunkte für violettes, grünes, rotes Licht.

blauvioletter Rand. Beim Auffangen in F_g, wo die hellsten Strahlen sich in der Achse vereinigen, die roten und violetten die Auffangebene außerhalb schneiden, ist zwar ein farbiger Rand nicht zu erkennen, wohl aber wird eine allgemeine Undeutlichkeit des Bildes erzeugt. — In ähnlicher Weise wirkt die Farbenabweichung, wenn ein endlicher Gegenstand abgebildet oder mit dem Auge beobachtet wird.

Die Brennweiten und Schnittweiten einer Linse für violettes und rotes Licht verhalten sich zueinander wie $(n_v - 1):(n_r - 1)$. Hätte, wie Newton glaubte, für alles Glas $(n_v - 1):(n_r - 1)$ also auch $(n_v - n_r):(n_r - 1)$ denselben Wert, so würde auch das Hintereinanderschalten von Linsen nichts an dem Unterschiede ändern können. Dies ist indessen nicht der Fall. Nimmt man nun 2 Linsen von verschiedenen Glasarten hintereinander an, bezeichnet die Brechungsverhältnisse

mit den Zeigern 1 und 2, für beide Linsen $\frac{1}{r_1} - \frac{1}{r_2}$ mit K_1 und K_2, so ist

$$\frac{1}{f_v} = (n_{v1} - 1) K_1 + (n_{v2} - 1) K_2;$$

$$\frac{1}{f_r} = (n_{r1} - 1) K_1 + (n_{r2} - 1) K_2.$$

Ist

$$\frac{1}{f_v} - \frac{1}{f_r} = n_{v1} - n_{r1}) K_1 + (n_{v2} - n_{r2}) K_2 = 0$$

oder $K_1 : K_2 = -(n_{v2} - n_{r2}):(n_{v1} - n_{r1})$, so sind Brenn- und Schnittweite für beide Farben gleich. Nun hat für gewöhnliches Flintglas $n_{v2} - n_{r2}$ etwa den doppelten Wert als $n_{v1} - n_{r1}$ für gewöhnliches Kronglas, die Brechungsverhältnisse für rotes Licht sind etwa 1,61 und 1,51, nimmt man nun $K_2 = -\frac{1}{2} K_1$, so wird

$$\frac{1}{f_v} = \frac{1}{f_r} = 0{,}51 K_1 - 0{,}305 K_1 = 0{,}205 K_1,$$

man hat also die Farbenabweichung gehoben, ohne daß die Linsenfolge brennpunktlos geworden wäre (achromatische Linse).

Für grünes Licht ist

$$\frac{1}{f_g} = n_{g1} - 1) K_1 + (n_{g2} - 1) K_2;$$

$$\frac{1}{f_g} - \frac{1}{f_r} = n_{g1} - n_{r1}) K_1 + (n_{g2} - n_{r2}) K_2;\quad \text{wäre}$$

nun allgemein $(n_{g1} - n_{r1}):(n_{v1} - n_{r1}) = (n_{g2} - n_{r2}):(n_{v2} - n_{r2})$ so würde auch $f_g = f_r = f_v$ sein, dies ist jedoch nicht der allgemeine Fall, in der Regel ist $f_g < f_r = f_v$. Daher treten auch bei achromatischen Linsen noch Farbenfehler, nur in bedeutend verringertem Grade auf (sekundäres Spektrum).

Das sekundäre Spektrum kann durch Anwendung besonderer Mittel (Glasschmelzen von besonderer Zusammensetzung oder Flußspat) verringert oder gehoben werden. Sind diese Mittel zu kostspielig, so muß man das Farbenpaar auswählen, für das die Brennweiten gleich sein sollen. Legt man etwa die den Fraunhoferschen Linien C und F entsprechenden Strahlen zusammen, so sind die Schnittweiten für die hellsten Strahlen des Spektrums auf ein möglichst kleines Gebiet zusammengedrängt.

Hat man es bei einer unendlich dünnen Linsenfolge erreicht, daß die Schnittweiten für verschiedene Farben einander gleich sind, so sind es auch die Brennweiten. Durch diese wird die Größe des Bildes bestimmt. Dies ist nicht mehr allgemein der Fall, wenn die Linsen endliche Dicke oder endlichen Abstand haben, und es kommt dann auf den Zweck der Linsenfolge an, ob man den Farbenunterschied in der Schnittweite oder in der Vergrößerung (chromatische Vergrößerungsdifferenz) oder beide heben muß.

Da der Farbenfehler bei einer dünnen Linse nur von der Differenz $\frac{1}{r_1} - \frac{1}{r_2}$ abhängt, kann man durch Änderung der einzelnen Radien (Durchbiegung der Linse) gleichzeitig die sphärischen Abweichungen heben. Doch hat der Unterschied im Brechungsverhältnis auch die Folge, daß eine solche Hebung in der Regel nur für eine einzelne Farbe gelingt, ist z. B. für rotes Licht die sphärische Abweichung im engeren Sinne gehoben, so ist die für blaues im allgemeinen überkorrigiert („chromatische Differenz der sphärischen Aberration", Farbenunterschied der sphärischen Abweichung).

H. Boegehold.

Farbenblindheit. Das normal farbentüchtige Auge empfindet in den Farben des Sonnenspektrums die vier Grundqualitäten Rot, Gelb, Grün und Blau. Die allgemeinen Erfahrungen sprechen dafür, daß der Reizwert der einzelnen Lichter beim Farbentüchtigen im ganzen nur unbedeutende Unterschiede aufweist, da die von einem farbentüchtigen Beobachter eingestellten Mischungsgleichungen recht genau auch für andere zu gelten pflegen. Geringe Differenzen, die zwischen verschiedenen Individuen in dieser Beziehung vorkommen, sind wahrscheinlich auf einen verschiedenen Pigmentgehalt der Macula lut. (s. Gelber Fleck) zu beziehen. Eine Ausnahme hiervon dürften gewisse relativ seltene Fälle machen, in denen bei der Einstellung der Gleichung Rot + Grün = Gelb entweder bedeutend größere Beträge an Rot, oder aber an Grün gebraucht werden, als es dem Durchschnitt der übrigen Farbentüchtigen entspricht (Rayleigh). In Anlehnung an die Vorstellungen der Young-Helmholtzschen Farbentheorie (s. Farbentheorie), nach welcher das Auge als ein trichromatischer Apparat anzusehen ist, pflegt man Individuen mit dieser Art der Abweichung im Farbensehen, bei der es sich nicht um einen Ausfall einer der drei Komponenten handelt, als anomale Trichromaten zu bezeichnen und sie nach ihrem Verhalten als Rot- und Grünanomale zu unterscheiden.

Anders liegen die Dinge bei der sog. partiellen Farbenblindheit („Daltonismus"). Hier handelt es sich, in der Ausdrucksweise der Helmholtzschen Theorie gesprochen, um eine Reduktionsform des normalen trichromatischen Farbensystems in ein dichromatisches. Nach der Heringschen Auffassung (s. Farbentheorie) fehlen im Spektrum die Qualitäten Rot und Grün überhaupt, und es werden, ohne daß eine Verkürzung des Spektrums vorhanden zu sein brauchte oder seine Kontinuität gestört wäre, nur die beiden Farbentöne Gelb und Blau empfunden. Das langwellige Ende des Spektrums, das normal rot erscheint, wird gesättigt gelb gesehen; mit abnehmender Wellenlänge nimmt diese Sättigung mehr und mehr ab, bis man bei der Wellenlänge von ungefähr 500 $\mu\mu$ zu einer rein weiß erscheinenden Stelle gelangt, der sog. neutralen Zone des Rot-Grünblinden, die den langwelligen (gelben) Teil des Spektrums vom kurzwelligen (blau erscheinenden) Teile trennt. Während die Helligkeitsverteilung im Dunkelspektrum für alle Rot-Grünblinden mit der des normal Farbentüchtigen übereinstimmt, wird das Maximum der Helligkeit im Hellspektrum von etwa der Hälfte der Dichromaten etwas nach dem kurzwelligen Ende zu verschoben gesehen, was zu einer erheblichen Verdunklung und relativen Verkürzung des Spektrums am langwelligen Ende führt. Man hat diese Gruppe der Rot-Grünblinden deshalb früher als Rotblinde, die andere als Grünblinde bezeichnet; heute unterscheidet man sie meist als Protanope und Deuteranope (v. Kries), weil nach der Helmholtzschen Auffassung im einen Fall die erste, im anderen die zweite der drei farbigen Komponenten des Sehorganes in Wegfall kommt. Die Rot-Grünblindheit ist eine angeborene Anomalie des Farbensinnes, die beim männlichen Geschlecht viel häufiger ist (4%) als beim weiblichen ($^1/_4$%).

Eine Form der partiellen Farbenblindheit, bei der die Blau- bzw. die Gelb-Blauempfindung gegenüber der Norm verändert wäre, ist bis jetzt nur in ganz vereinzelten Fällen beobachtet und noch nicht eingehend genug untersucht worden, um Sicheres über sie auszusagen.

Dagegen ist die totale Farbenblindheit trotz ihres seltenen Vorkommens in ihren Eigentümlichkeiten zuverlässig erkannt. Dem Totalfarbenblinden fehlt jede bunte Farbenempfindung; das Spektrum sieht er als völlig tonfreien grauen Streifen, und zwar bei allen Intensitätsgraden in derselben Verteilung der Helligkeiten, wie sie für den Farbentüchtigen im Zustande der Dunkeladaptation charakteristisch ist (s. Adaptation des Auges). Im Unterschiede zu den Augen des partiell Farbenblinden, die sich, von der abweichenden Qualität ihrer Farbenempfindung abgesehen, als funktionell vollwertig erweisen (Sehschärfe, Hell-Dunkeladaptation), sind die Augen der meisten Totalfarbenblinden infolge einer äußerst geringen Sehschärfe, großer Lichtscheu, mangelnden Fixationsvermögens infolge von Augenzittern (s. Nystagmus) eines geregelten Sehaktes kaum fähig.

Die Netzhaut unseres Auges besitzt schon physiologischerweise nicht in allen ihren Teilen jenes volle Maß von Farbentüchtigkeit, das oben als der Norm entsprechend gekennzeichnet wurde, vielmehr ist lediglich das Netzhautzentrum mit seiner nächsten Umgebung fähig, uns neben den tonfreien auch sämtliche bunten Farbenempfindungen zu geben. Die Prüfung mit kleinen farbigen Objekten führt in allen Fällen zur Feststellung, daß die Grenze des vollfarbentüchtigen Bereiches bei einer Winkelabweichung von 20—25° bereits überschritten wird. Man gelangt dann in eine Zone, die an bunten Empfindungen nur noch Gelb und Blau zu vermitteln vermag und in Form eines dichromatischen Ringes konzentrisch um den vollfarbentüchtigen Mittelbezirk angeordnet ist. Außerhalb dieses Ringes ist die normale Netzhaut totalfarbenblind, ohne aber, bei freilich ziemlich geringer Sehschärfe, die störenden Begleiterscheinungen der pathologischen totalen Farbenblindheit zu zeigen. Vor allem ist sie durch ihr außerordentlich entwickeltes Dunkeladaptationsvermögen ausgezeichnet.

Dittler.

Näheres s. v. Kries, Nagels Handb. d. Physiol., Bd. 3, 1904.

Farbenindex s. Photometrie der Gestirne.

Farbenindex der Sterne s. Helligkeit.

Farbenkreisel. Der Farbenkreisel ist eine der handlichsten Vorrichtungen zur additiven Mischung von Farben. Auf einer durch Motorkraft oder (unter mehrfacher Schnurlaufübertragung) mit der Hand gedrehten Achse werden Scheiben mit verschieden gefärbten Sektoren in so rasche Umdrehung versetzt, daß sie eine ganz stetige Empfindung hervorrufen. Um die zu mischenden Lichter leicht in jeder gewünschten Kombination zusammenstellen und die Sektorengröße beliebig ändern zu können, verwendet man wohl allgemein die nach dem Vorgang von Maxwell radiär geschlitzten (matten) Pigmentpapierscheiben. Marbe hat einen Farbenkreisel konstruiert, der die Veränderung der Sektorengröße während des Ganges gestattet.

Hinsichtlich des Aussehens der bei der Mischung entstehenden Farbe sagt das Talbotsche Gesetz aus, daß der resultierende stetige Eindruck jenem gleich ist, der entstehen würde, wenn das während eines jeden Scheibenumganges die einzelne

Netzhautstelle treffende Licht gleichmäßig über die ganze Dauer dieser Periode verteilt wäre. Es ist für das Ergebnis also z. B. gleichgültig, ob man die Scheibe mit einem halben Sektor Schwarz und einem halben Sektor Weiß belegt oder ob man die beiden Halbscheiben in beliebig viele kleinere Sektoren beliebiger Anordnung zerlegt, wenn nur die Summe der Weiß- und der Schwarzsektoren je 180° beträgt.

Reicht bei zu geringer Rotationsgeschwindigkeit der Reizwechsel nicht hin, um eine ganz stetige Empfindung auszulösen, ist er aber zu groß, als daß der einzelne Reizwechsel als solcher aufgefaßt werden könnte, so erhält man die Empfindung des Flimmerns, d. h. man hat den Eindruck einer eigentümlichen Unruhe, eines „Wimmelns" mit scheinbar regellosem Wechsel der örtlichen Ungleichheiten im Gesichtsfeld. In diesem Stadium sind auch bei Verwendung rein weißer und schwarzer Sektoren vielfach Farbenerscheinungen, namentlich Gelb und Blau, beobachtet worden, die vielleicht von einer schwachen Färbung der Gesamtbeleuchtung (Tageslicht) herrühren, vielleicht aber auch andere Gründe haben. Die zur Erzeugung einer stetigen Empfindung notwendige Frequenz des Reizwechsels, die sog. Flimmergrenze (auch Verschmelzungsfrequenz) hat für die verschiedenen Netzhautteile verschiedene Werte, die auch für diese, je nach der augenblicklichen Netzhautstimmung, wieder verschieden gefunden werden. So wird angegeben, daß bei ausgiebig dunkel adaptiertem Auge ebenso wie bei helladaptiertem die Flimmergrenze für die Netzhautperipherie höher liegt als für das Netzhautzentrum, daß sich aber innerhalb eines gewissen mittleren Adaptationsbereiches dies Verhältnis umkehrt und hinsichtlich einer Auflösung der sich folgenden Reize eine Überlegenheit des Zentrums über die Peripherie nachweisen läßt. Für alle Netzhautteile gilt gemeinsam, daß die Flimmergrenze mit zunehmender Dunkeladaptation, absolut genommen, sinkt.

Dittler.

Näheres s. v. Helmholtz, Handb. d. physiol. Optik., 3. Aufl., Bd. 2., 1911.

Farbenmischung. Eine Farbenmischung im physiologischen Sinne kommt zustande, wenn ein und dieselbe Netzhautstelle gleichzeitig von mehreren qualitativ verschiedenen Lichtreizen getroffen wird. Die Verarbeitung der aus der Wirkung der einzelnen Reize entspringenden Erregungen zu einer Gesamterregung bleibt hierbei dem Sehorgan überlassen und erfolgt nach Maßgabe seiner inneren Organisation, wie die Erfahrung lehrt, in ganz gesetzmäßiger Weise (additive Farbenmischung). Das genauere Studium dieser Verhältnisse hat zunächst zu der allgemeinen Erkenntnis geführt, daß gleich aussehende Lichter gemischt gleich aussehende Mischungen ergeben, auch wenn die physikalischen Bedingungen der Farbenerzeugung in den Vergleichsfällen ganz verschieden sind, und daß die optischen Gleichungen bei proportionaler Intensitätsänderung aller Lichter stets gültig bleiben. Andererseits ergeben ungleiche Lichter zu gleichen gemischt immer ungleiche Mischungen.

Im einzelnen gilt, daß die Grundfarben (s. d.) paarweise entweder so kombiniert werden können (Rot-Gelb, Rot-Blau, Grün-Gelb, Grün-Blau), daß bei ihrer Mischung ein Farbton resultiert, der die beiden Grundqualitäten in sich erkennen läßt (hier stehen die Grundfarben im Verhältnis zweier Nach-

barfarben), oder aber so (Rot-Grün, Gelb-Blau), daß ihre bunten Komponenten nicht zu einer Mischfarbe verschmelzen, sondern sich gegenseitig vernichten, so daß bei richtig gewähltem Mischungsverhältnis eine rein tonfreie Empfindung übrig bleibt (hier stehen sie im Verhältnis zweier Gegenfarben). Da erfahrungsgemäß also jede der vier bunten Grundfarben zwei Nachbarfarben und eine Gegenfarbe besitzt, so ist die gegebene Anordnung der Grundfarben in einem System der bunten Farben die, daß man sie auf die vier Quadranten einer Kreisperipherie so verteilt, daß die Gegenfarben einander paarweise gegenüberstehen; jede Grundfarbe liegt dann jenen beiden Grundfarben benachbart, mit denen sie in jedem Verhältnis zu einer bunten Mischfarbe verschmelzbar ist. Denkt man sich endlich zwischen je zwei Nachbarfarben die ganze Reihe jener Übergangstöne eingetragen, so umfaßt der Farbenkreis die Gesamtheit aller nur denkbaren bunten Empfindungsqualitäten in einer nach ihren Mischbarkeitsverhältnissen bzw. ihrer Entstehungsart rationellen Anordnung. Die Grundfarben Weiß und Schwarz stellen sich vom Standpunkte ihrer Mischbarkeit dar als ein Paar von Nachbarfarben, die als Endglieder der Reihe der ungetönten Farben die verschiedenen dunkleren und helleren Abstufungen des Grau zwischen sich schließen. Jede Farbe dieser Reihe ist mit jeder bunten Farbe in beliebigen Verhältnissen mischbar (Nuancierung); es resultieren die entsättigten, mit Schwarz, Weiß, oder Grau mehr oder weniger „verhüllten" bunten Farben.

Die Ergebnisse der „subtraktiven" Farbenmischung, wie sie bei der Kombinierung farbiger Pigmente außerhalb des Sehorganes stattfindet, weichen in einigen ausgezeichneten Fällen (Gelb + Blau = Grün, Rot + Grün = Schwarz) von jenen der „additiven" völlig ab, sind aber aus den Absorptionsverhältnissen der verwendeten Pigmente d. h. aus der Qualität des restierenden, wirklich ins Auge gelangenden Lichtes in ihrer Entstehung verständlich.

Zur praktischen Durchführung der additiven Farbenmischung ist jedes Verfahren geeignet, durch das es gelingt, ein- und dasselbe Netzhautelement der Wirkung zweier oder mehrerer qualitativ verschiedener Reize auszusetzen. Bei der Mischung farbiger Pigmentlichter spielt der Farbenkreisel (s. d.) eine hervorragende Rolle. Auch die Spiegelungsmethode sowie die Mischung vermittels des Doppelspates findet hier viel Verwendung. Bei letzterer werden die zu mischenden Pigmentpapierscheibchen unter dem Doppelspat so angeordnet, daß auf der Netzhaut das ordinäre Bild des einen mit dem extraordinären des anderen zur Deckung kommt. Bringt man zwischen den Doppelspat und das Auge außerdem einen Nicol, so lassen sich die in die Mischung eingehenden relativen Beträge der beiden Reizlichter in sehr handlicher Weise während der Beobachtung kontinuierlich verändern. Endlich sei der in der Reproduktionstechnik und der Farbenphotographie viel gebrauchten Raster- und Pointillierungsverfahren Erwähnung getan. Die zur Mischung spektraler Lichter konstruierten Farbenmischapparate (v. Helmholtz, Hering, Asher) sind Spektralapparate, bei denen von zwei oder mehr Kollimatorspalten aus eine entsprechende Anzahl von Spektren entworfen und so gegeneinander verschoben werden können, daß die im Reizlicht zu kombinierenden

Wellenlängen miteinander zur Deckung gebracht und zur Beleuchtung des Okularfeldes aus dem übrigen Spektrum ausgeschnitten werden können. Für exakte Bestimmungen sind Vorrichtungen getroffen, um jedes Reizlicht isoliert um meßbare Beträge nach Wellenlänge und Intensität zu variieren und außerdem beide Reizlichter proportional in ihrer Intensität abzustufen. Das Bedürfnis nach der Möglichkeit der Einstellung optischer Gleichungen macht es weiterhin erforderlich, daß das Okularfeld in zwei Halbfelder geteilt ist, die ihr Licht von verschiedenen Spalten her bekommen und von denen mindestens das eine für die Einstellung binärer Lichtgemische eingerichtet sein muß. Der große Heringsche Farbenmischapparat (s. Garten, Zeitschr. f. Biol. **72**, 90. 1920) gestattet im einen Halbfeld drei, im anderen zwei homogene Lichter in exakt abstufbarer Weise miteinander zu mischen, und bietet außerdem die Möglichkeit, jedem der beiden Halbfelder zum Zwecke der Nuancierung unzerlegtes weißes Mischlicht zuzuspiegeln oder es ausschließlich mit solchem zu beleuchten.   *Dittler.*

Näheres s. Hering, 6 Mitteilungen über die Lehre vom Lichtsinn. Wien 1872—74.

Farbentheorie. Die Farbentheorie hat die Aufgabe, eine Vorstellung von der inneren Organisation und Funktionsweise des Sehorganes zu entwickeln, die imstande ist, uns die qualitative Verschiedenheit der im Bereich des Gesichtssinnes vorkommenden Empfindungen in ihrer Abhängigkeit von den äußeren und inneren Bedingungen möglichst zwanglos und erschöpfend verständlich zu machen. Das Problem geht also dahin, die Möglichkeit für das Zustandekommen ebenso vieler verschiedenartiger materieller Prozesse aufzuzeigen, als es Qualitäten der Gesichtsempfindung gibt. Die Lösung dieser Aufgabe ist auf verschiedenen Wegen versucht worden, so von Wundt durch die Annahme mit der Wellenlänge stufenförmig veränderlicher chemischer Vorgänge in ein- und demselben Substrat, von Franklin und von Pauli ebenfalls durch die Entwicklung besonderer Vorstellungen über die Differenzierung des chemischen Geschehens, von Rählmann sowie neuerdings von v. Dungern unter theoretischer Verwertung der Plättchenstruktur der Zapfenaußenglieder im Sinne der Lippmannschen Farbenphotographie, von Bernstein unter Heranziehung spezieller Vorstellungen über die Erregungs- und insbesondere die Hemmungsvorgänge im Zentralnervensystem usf. Eine allgemeine dauernde Anerkennung haben sich nur die Theorien von Young-Helmholtz und von Hering erworben, in denen eine beschränkte Anzahl spezifischer Elementarvorgänge angenommen wird, aus deren geeigneter Kombinierung die Entstehung von Gesichtsempfindungen der verschiedensten Qualität verständlich wird. Die wesentlichen Züge dieser beiden Theorien, die späterhin im einzelnen weiterentwickelt und modifiziert wurden (Schenck, v. Kries, G. E. Müller, Schjelderup) sind folgende:

1. Die Young-Helmholtzsche Theorie versucht die Mannigfaltigkeit der Gesichtsempfindungen aus der Annahme dreier Erregungsqualitäten zu erklären, hat also die Erfahrung zur Grundlage, daß man auf dem Wege der additiven Farbenmischung aus drei geeignet gewählten bunten Komponenten durch Variation ihres Mischungsverhältnisses sämtliche Farbenempfindungen darstellen kann. Im Anschluß an eine ältere Hypothese Youngs wurde die

Theorie auch von Helmholtz zunächst als Dreifasertheorie, d. h. von der Annahme aus diskutiert, daß an den voll farbentüchtigen Stellen der Netzhaut drei gesonderte Faserarten (Zapfenarten) gegeben seien, die, einzeln erregt, je eine der drei Grundempfindungen (gelbliches) Rot, Grün und Violett (oder Blau) auszulösen imstande seien. Aus untenstehenden schematischen Erregbarkeitskurven nach Helmholtz ist ersichtlich, daß jede

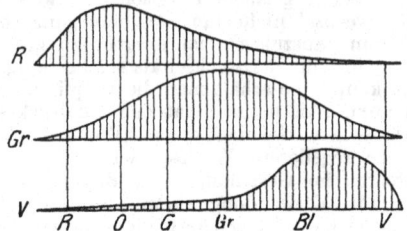

Erregbarkeit der Netzhautfasern für Rot (R),
Grün (Gr) und Violett (V).

der drei Faserarten von einem ziemlich breiten spektralen Bereich aus, in freilich sehr verschiedenem Maße, erregbar gedacht ist, so zwar, daß sie, unabhängig von der erregenden Wellenlänge, nach dem Gesetze von der spezifischen Nervenenergie immer mit der gleichen Qualität der Empfindung reagiert. Um hinsichtlich des speziellen physiologischen Substrates nichts zu präjudizieren, wird von der Annahme dreier verschiedener Faserarten aus mancherlei Gründen neuerdings abgesehen und schlechthin von einer Dreikomponententheorie gesprochen (v. Kries). Das Wesentliche aber bleibt, daß außer den drei Empfindungen Rot, Grün und Violett sämtliche Farbenempfindungen, einschließlich die relativ ungesättigten und ganz farblosen, durch Mischung aus mindestens zwei, meist drei bunten Komponenten zustande kommen. Die relativ gesättigten Farbenempfindungen sind bei möglichst isolierter Erregung je einer der drei Komponenten zu erwarten, weil bei jeder denkbaren Kombinierung auch nur zweier Komponenten die komplementäre Ergänzung der gegenfarbigen Bestandteile zu einer Weißverhüllung der resultierenden bunten Farbe führen muß. Bei gleich starker Erregung aller drei Komponenten resultiert aus eben diesem Grunde das reine Weiß. Das Gelb ergibt sich bei gleichstarker Erregung der Rot- und der Grünkomponente, unter nur ganz schwacher Miterregung der Violettkomponente. Das Schwarz entspricht dem erregungsfreien Zustande des Sehorganes und wird nach der Theorie als ein extrem geschwächtes Weiß angesprochen, so daß zwischen Schwarz und Weiß nur ein quantitativer, kein qualitativer Unterschied bestünde.

Für die Tatsachen der Licht- und Farbenmischung, an deren Hand sie entwickelt wurde, gibt die Helmholtzsche Theorie eine zwanglose und ansprechende Erklärung. Dasselbe gilt für die verschiedenen Formen der Farbenblindheit; insbesondere bietet sich die Möglichkeit, unter der Annahme eines isolierten funktionellen Ausfalles der Rot- bzw. der Grünkomponente die verschiedenen Typen der Rot-Grünblindheit, die Protanopie und Deuteranopie, sowie die Eigentümlichkeiten im Sehen der anomalen Trichromaten zu verstehen. Die Erscheinungen des sukzessiven Kontrastes (der negativen Nachbilder) werden im Rahmen der

Theorie als Ermüdungserscheinungen aufgefaßt und erfahren ihre Erklärung somit aus einem erschwerten und verminderten Ansprechen des ermüdeten Sehfeldbezirkes auf die äußeren oder inneren Netzhautreize. Die Erklärung des simultanen Kontrastes ist in etwas gezwungener Weise nur unter Zuhilfenahme von Urteilstäuschungen, also von interkortikalen Prozessen möglich, was deshalb wenig befriedigt, weil gerade diese Erscheinungen zweifellos zum primären Empfindungsinhalt gehören (s. Kontrast).

Näheres s. v. Helmholtz, Handb. d. physiol. Optik, III. Aufl., 1909—11.

2. Die Heringsche Farbentheorie wurzelt in der Lehre vom psycho-physischen Parallelismus, es liegt ihr also der Gedanke zugrunde, daß aus der Art der bei Sinnesreizung auftretenden Empfindungen auf die Art der Stoffwechselvorgänge in den an der Erregung beteiligten Elementen des Sehorganes (d. h. der Netzhaut mit den nächst angeschlossenen Hirnteilen) geschlossen werden könne. Wie sich nun aus der psychologischen Farbenanalyse sechs Grundempfindungen (Urfarben) ergeben (s. Grundfarben), so werden in der Heringschen Theorie als das physische Korrelat dieser Empfindungen sechs Stoffwechselvorgänge eigener Art im somatischen Geschehen des Sehorganes gefordert, die sich nach Herings Vorstellung in drei besonders differenzierten Sehsinnsubstanzen abspielen. Mit dieser Dreizahl ist auszukommen, da nach der Grundidee der Theorie der aufsteigenden (assimilatorischen) stofflichen Änderung jeder Substanz ebensowohl die Vermittlung einer Empfindungsqualität zuerkannt werden kann wie der absteigenden (dissimilatorischen), ein Gedanke, welcher der Theorie ihr eigenes Gepräge gibt und angesichts der paarweisen Gegensätzlichkeit der sechs Grundempfindungen (s. Farbenmischung) im Rahmen des Ganzen sehr fruchtbar ist. Jedes Paar von Gegenfarben wird also einer Sehsinnsubstanz als seinem somatischen Substrat zugeordnet; man hat mit einer Weiß-Schwarzsubstanz, einer Rot-Grünsubstanz und einer Gelb-Blausubstanz zu rechnen, und innerhalb jeder Gruppe ist nach Maßgabe der Verhältnisse der spezifischen Helligkeit der Farben (s. Helligkeitsverteilung im Spektrum) die weitere Verteilung so vorgenommen, daß Weiß, Rot und Gelb als die der überwiegenden Dissimilation (= D), Schwarz, Grün und Blau als die der überwiegenden Assimilation (= A) entsprechenden Farben aufgefaßt werden.

Zum Verständnis des Geschehens in den Sehsinnsubstanzen sind die Vorstellungen zu berücksichtigen, die Hering über die Vorgänge in der lebendigen Substanz überhaupt entwickelt hat. Als wesentlich kommt in Betracht, daß die Substanz, sich selbst überlassen, in einem Zustand mittlerer stofflicher Zusammensetzung (mittlerer Wertigkeit) sich erhält und daß sie diesem infolge einer Selbststeuerung des Stoffwechsels, aus sich selbst heraus, immer wieder zustrebt, sobald sie durch einen einseitig wirkenden D- oder A-Reiz in den Zustand der Unterwertigkeit oder Überwertigkeit gebracht wird. Hiernach ruft jeder Reiz neben seiner eigentlichen spezifischen Reizwirkung nicht nur eine mit der Dauer seines Bestehens sich zunehmend steigernde Disposition zur gegensinnigen Änderung in der Substanz hervor, sondern sogar eine Steigerung de gegensinnigen Prozesse selbst.

Das Auftreten von Farbenempfindungen denkt sich Hering in der Rot-Grün- und Gelb-Blausub-

stanz an den Ablauf einer auf- oder absteigenden stofflichen Änderung, d. h. an ein Überwiegen der A- bzw. der D-Prozesse in denselben gebunden. Besitzen die beiden Prozesse die gleiche Größe, was beim Fehlen jeglichen Reizes der Fall ist (autonomes Gleichgewicht), aber infolge der Selbststeuerung des Stoffwechsels auch bei langdauernder Einwirkung desselben Reizes schließlich eintritt (allonomes Gleichgewicht), so fehlt jedes psychische Korrelat (Möglichkeit der chromatischen Adaptation). Die Weiß-Schwarzsubstanz verhält sich hierin anders, indem auch dem Stoffwechselgleichgewicht eine Empfindung parallel läuft, die dem mittleren Grau entspricht (s. Eigenlicht der Netzhaut) und bei einseitigem Überwiegen der D- und A-Prozesse nach der Seite der D- bzw. der A-Farbe hin sich ändert. Im übrigen trifft das Gesagte auch hier zu, vor allem gilt für die drei Sehsinnsubstanzen übereinstimmend, daß nach Aufhören eines Reizes, der die Substanz durch einseitige Beeinflussung ihres Stoffwechsels von dem Zustande der Mittelwertigkeit entfernt hat, der gegensinnige Prozeß so lange überwiegt, bis jener Zustand wieder erreicht ist (sukzessiver Kontrast, s. Kontrast).

Die im sichtbaren Teil des Spektrums vertretenen Wellenlängen des Lichtes als die adäquaten Reize für das Sehorgan sind nach dem Gesagten z. T. als A-, z. T. als D-Reize anzusprechen. Die als ihre Valenz zu bezeichnende spezifische Reizwirkung ist absolut festgelegt; hierüber darf man sich dadurch nicht täuschen lassen, daß ihre Wirkung im sichtbarwerdenden Effekt durch die der Selbststeuerung des Stoffwechsels entspringenden Farbenempfindungen unter Umständen vollkommen verdeckt oder sogar in das Gegenteil verkehrt erscheinen kann. Hering hat als spezifische Reize für die Urempfindungen, d. h. als diejenigen Reize, die ganz isoliert eine gesteigerte D. oder A. nur in der Rot-Grün- oder der Gelb-Blausubstanz bewirken, die Wellenlängen 575 $\mu\mu$ für das Urgelb, 495 $\mu\mu$ für das Urgrün und 472 $\mu\mu$ für das Urblau angegeben mit der Einschränkung freilich, daß die durch diese Reize im völlig neutralgestimmten Auge ausgelösten Empfindungen den supponierten Urempfindungen nur im Farbenton, nicht in der Sättigung ganz entsprechen. Für Urrot existiert im Spektrum kein in diesem Sinne einfacher Reiz; diese Empfindung kann nur durch Mischung ganz lang- und kurzwelliger Lichter (da sich die gleichzeitig erfolgende D- und A-Reizwirkungen auf die Gelb-Blausubstanz aber die Wage halten, natürlich ebenfalls ohne jede Miterregung dieser Sehsinnsubstanz) ausgelöst werden. Das Weiß resultiert nach Hering aus der bei jeder, auch streng monochromatischen Netzhautreizung erfolgenden dissimilatorischen Miterregung der Weiß-Schwarzsubstanz. In jeder homogenen Strahlung steckt nach Herings Auffassung neben der bunten auch eine sog. weiße Valenz, die isoliert zur Empfindung kommt, wenn bei der Dunkeladaptation (s. d.) oder aus pathologischen Gründen bei der totalen Farbenblindheit (s. Farbenblindheit) die Rot-Grün- und Gelb Blausubstanz ganz außer Funktion bleiben. Beim Zusammenwirken sämtlicher spektraler Lichter oder auch nur zweier entsprechend abgestufter, gegenfarbig wirkender Lichtreize hoher Intensität führt diese D-Reizung der Weiß-Schwarzsubstanz zu einer mehr oder weniger reinen Weißempfindung. Ein unmittelbar assimilatorisch wirkender Reiz für diese Sehsinnsubstanz ist nicht gegeben. Die aufsteigende Änderung kann hier nur indirekt entweder dadurch hervorgerufen werden, daß man die Substanz dissimilatorisch reizt und dann sich selbst überläßt (Sukzessivkontrast) oder daß man die Umgebung des engbegrenzten lichtfreien Beobachtungsfeldes stark zur Weißerregung bringt (Simultankontrast).

Die Stärke der Heringschen Theorie liegt entschieden darin, daß sie nicht nur die Gesetzmäßigkeiten der Farbenmischung zwanglos erklärt, sondern auch für das große Gebiet der Erscheinungen der Netzhautumstimmung (Adaptation, Kontrast) eine ansprechende Erklärung auf ausgesprochen physiologischer Grundlage liefert. Von den verschiedenen Formen der Farbenblindheit können die wichtigsten, wie die periphere und die totale Farbenblindheit, die Rot-Grünblindheit ohne Verkürzung des Spektrums sowie die sehr seltene Blau-Gelbblindheit durch die Annahme des Funktionsausfalles einer oder mehrerer Sehsinnsubstanzen ebenfalls ganz gut verstanden werden. Auf der anderen Seite ist freilich nicht zu leugnen, daß jener Tatbestand, der zur Unterscheidung einer Rot- und einer Grünblindheit geführt hat und in graduell gemilderter Form das Sehen der sog. anomalen Trichromaten ausmacht, im Rahmen der Heringschen Theorie keine Erklärung findet.

Ein integrierender Bestandteil der Heringschen Theorie ist die Lehre von der Wechselwirkung der Sehfeldstellen, in der ausgesprochen wird, daß ein Lichtreiz nicht nur die unmittelbar von ihm getroffenen Teile des somatischen Sehfeldes in ihrem Stoffwechsel beeinflußt, sondern in gegensinniger Richtung auch die ganze übrige Netzhaut. Diese Wirkung ist in der nächsten Umgebung der direkt alterierten Stelle am stärksten, und nimmt mit wachsender Entfernung rasch an Stärke ab. Auch diese sekundär ausgelösten Stoffwechseländerungen sind in ihrem Ablauf den Gesetzen der Selbststeuerung unterworfen und wirken ihrerseits wieder auf das Geschehen in den direkt gereizten Sehfeldbezirken zurück. In dieser Vorstellung engster gegenseitiger Wechselbeziehungen liegt der Schlüssel zum Verständnis der Erscheinungen des simultanen Kontrastes und der Lichtinduktion.

Dittler.

Näheres s. E. Hering, Sechs Mitteilungen zur Lehre vom Lichtsinn, Wien 1872—74, und Fünf Reden, herausgeg. von H. E. Hering, Leipzig 1921.

Farbentheorie von Kries. Bekanntlich besitzt ein farbentüchtiges Auge in der Netzhautgrube (fovea centralis), also derjenigen Stelle der Netzhaut, an welcher das Bild des vom Auge fixierten Gegenstandes entworfen wird, nur Zapfen, während auf den übrigen (peripherischen) Stellen der Netzhaut beide Elemente vorkommen, und zwar derart, daß sich nach dem Rande zu mehr Stäbchen als Zapfen befinden.

Über das Zustandekommen der Farbenempfindung sind verschiedene Theorien aufgestellt. Die bekanntesten sind die von Young-Helmholtz, Hering, A. König und Kries.

Die Theorie von Kries hat vor den anderen den Vorzug, daß sie eine Reihe von Erscheinungen u. a. das Purkinjesche Phänomen, in zwangloser Weise erklärt. Nach ihr sind die Zapfen der farbentüchtige „Hellapparat", welcher die Empfindung der Farbe hervorruft; die Stäbchen dagegen bilden den totalfarbenblinden, die Empfindung der farblosen Helligkeit erweckenden „Dunkelapparat". Bei großer Helligkeit sind die Zapfen allein wirksam, bei sehr geringer Helligkeit die Stäbchen allein; die Empfindlichkeit des letzteren nimmt im Dunkeln außerordentlich zu (Dunkeladaptation). Die Totalfarbenblinden besitzen nur Stäbchen. Nach Lummer besitzen die Partiellfarbenblinden (die Rot- und Grünblinden) auf der fovea centralis außer den Zapfen auch noch Stäbchen, welche ihr Dunkeladaptationsvermögen verloren haben, dabei aber auch beim Hellsehen mit einer größeren Empfindlichkeit als die Stäbchen der Farbentüchtigen ausgestattet sind.

Das Purkinjesche Phänomen, d. h. die Erscheinung, daß mit abnehmender Helligkeit die Empfindlichkeit für blau zunimmt (s. „Photometrie verschiedenfarbiger Lichtquellen", A), erklärt sich nach der Kriesschen Theorie als ein Wettkampf der Stäbchen und Zapfen bei einer mittleren Helligkeit. In der Nähe der oberen Helligkeitsgrenze überwiegt die Wirksamkeit der Zapfen, welche für die grüngelben Strahlen in der Nähe der Wellenlänge $\lambda = 550 \, \mu\mu$ am empfindlichsten sind (s. „Augenempfindlichkeit . . ."); bei geringerer Helligkeit überwiegt die Wirksamkeit der Stäbchen, welche ihre größte Empfindlichkeit bei etwa $510 \, \mu\mu$ haben. Daß das Purkinjesche Phänomen für sehr kleine Vergleichsfelder (Gesichtswinkel höchstens 45′) überhaupt nicht auftritt, rührt daher, daß die Netzhautbilder dann höchstens die fovea centralis bedecken.   *Liebenthal.*

Näheres s. Liebenthal, Praktische Photometrie, Braunschweig, Vieweg & Sohn, 1907.

Farbgläser. Als Stoffe, die das Glas färben, werden gebraucht: 1. Oxyde von Metallen, deren Salze farbig sind. — 2. Sulfide und Selenide. — 3. Metalle in kolloidaler Form. — Bei 1. scheint der Farbstoff in der Regel im Zustand einer wirklichen Lösung, als Silikat, im Glase vorhanden zu sein. Der Farbton ist in diesem Falle bei gleicher Zusammensetzung des Glases immer derselbe, es sei denn, daß Reduktions- oder Oxydationsvorgänge oder ähnliches ihn beeinflussen. Bei den Gläsern, die unter 2. und 3. fallen, wird er von der Behandlung der fertigen Schmelze, besonders von der Art und Dauer der Abkühlung oftmals beeinflußt. Der färbende Stoff scheint in dieser Gruppe meist in kolloidaler Form im Glase gelöst zu sein, die Farbe hängt dann von der Art und der Größe der kolloidalen Teilchen ab, die sich beim Abkühlen der Schmelze innerhalb gewisser Temperaturgrenzen bilden und bei gewissen Temperaturen am schnellsten wachsen (s. Rubinglas).

Der Farbton der meisten Farbgläser hängt außer vom färbenden Zusatz oft noch von der chemischen Zusammensetzung des Glases, in dem der Farbstoff gelöst ist, ab. Auch die Konzentration des Farbstoffes im Glase ist in einigen Fällen, besonders stark in Kupferoxydgläsern, von Einfluß auf die Farbe. Es ist also nicht immer möglich, aus Gläsern von verschiedenem Farbstoffgehalt durch Änderung der Schichtdicke Platten mit gleicher Lichtabsorption herzustellen. In der Regel haben die Farbgläser eine merkliche Absorption auch in den Teilen des Spektrums, die dem Glase die Farbe geben, und die Durchlässigkeit in den anderen Teilen ist nicht vollständig aufgehoben. Daher kommt es, daß in dünner werdenden Schichten die Farben schnell verblassen, und daß von dickeren Schichten kein Licht mehr durchgelassen wird, daß deren Aussehen also schwarz wird. Die Löslichkeit des Farbstoffes im Glase ist beschränkt; Glas läßt sich also nicht in beliebig dünner Schicht färben.

Die hauptsächlichsten färbenden Stoffe sind folgende:

Kobaltoxyd. Es färbt blau bis blauviolett. Alle Kobaltgläser sind für Rot durchlässig; sie absorbieren das gelbe Licht der Natriumflamme und lassen das rote der Kaliumflamme durchtreten, daher ihre Anwendung beim Nachweis von Kalium mittels der Flammenfärbung. — Nickeloxyd färbt Natrongläser gelbbraun bis rotviolett, Kaligläser violett. — Manganoxyd in Form von Braunstein färbt violett. Der grüne Teil des Spektrums wird am meisten ausgelöscht, daher dient es in der Glasfabrikation als Entfärbungsmittel gegen das Grün der Eisenfärbung. Solche Gläser nehmen im Sonnenlicht oder überhaupt kurzwelliger Strahlung ausgesetzt, einen violetten Ton an, der beim Erhitzen wieder verschwindet. — Eisenoxyd. Die grüne Färbung der Weinflaschen rührt von Eisenverbindungen her. Wird eisenoxydhaltiges Gemenge mit starken Reduktionsmitteln geschmolzen, so erhält man ein blaues bis blaugrünes Glas, das die roten und ultraroten Strahlen stark absorbiert. Solches Glas schlug Zsigmondy als Schirmglas gegen strahlende Wärme vor. — Chromoxyd ist nur in geringer Menge im Glase löslich; in der Schmelze überschüssig gelöstes Oxyd scheidet sich beim Erkalten in glänzenden Kristallblättchen wieder aus. Es wird als Bichromat in das Glas eingeführt, das meist eine gelbgrüne Färbung erteilt, schwach reduzierend geschmolzen wird die Farbe grasgrün. Bei Anwendung starker Reduktionsmitte bekommt man ein schönes violettes Glas. — Sulfide. Es wird dem Gemenge meist Schwefel und ein Reduktionsmittel beigegeben, alkalihaltige Gläser färben sich dadurch unter Sulfidbildung gelb. Kieselsäurereiche Gläser eignen sich nicht dazu. — Kadmiumsulfid gibt ein besonders schönes Gelb. — Selen färbt rosenrot, mit Kadmiumsulfid zusammen liefert es ein prachtvolles feuriges Rot (Selenrubin). — Gold und Kupfer (s. Rubingläser) färben rot, Silber gelb. Das letzte wird nicht mit dem Glase zusammen verschmolzen, sondern die Silberverbindung (z. B. Chlorsilber) wird mit einem indifferenten Mittel gemischt auf das Glas gleichmäßig aufgetragen und in einer Muffel bis zur beginnenden Erweichung des Glases erwärmt; das Silber wandert dabei in das Glas hinein und färbt dessen Oberfläche gelb. — Kupferoxyd färbt in geringen Mengen in der Regel blau, mit steigender Konzentration wird die Färbung je nach der Zusammensetzung des Glases mehr oder weniger schnell grün. — Uranoxyd, als Natriumuranat eingeführt, färbt gelb. Die Gläser besitzen eine prächtige grüne Fluoreszenz, die indes den Bleigläsern abgeht.

Die untenstehende Tabelle, die die Durchlässigkeitsfaktoren von Gläsern, die als Lichtfilter gebraucht werden, enthält, ist der Verkaufsliste des Jenaer Glaswerks entnommen. *R. Schaller.*

Farbgläser, Jenaer. Diese gefärbten Gläser finden als Strahlenfilter für weißes Licht zu wissenschaftlichen und technischen Zwecken Verwendung. Sie lassen einzelne Teile des Spektralgebietes ziemlich ungeschwächt hindurch, absorbieren dagegen die anderen Teile sehr vollständig. Von den Glaswerken können jetzt rote, gelbe, grüne, blaue und violette Gläser in den verschiedensten Nuancen und von guter optischer Homogenität in beliebigen Größen bezogen werden. Diese Lichtfilter besitzen zumeist eine hohe Unveränderlichkeit und sind auch aus diesem Grunde den früher gewöhnlich verwendeten, gefärbten Lösungen vorzuziehen.

Als sehr brauchbar haben sich auch Gelatinefilter erwiesen. Es sind dies Farbfilter, bei denen sich durchsichtige, passend gefärbte Gelatinehäutchen zwischen Glasplatten befinden.

Schönrock.

Näheres s. R. Zsigmondy und C. Grebe, Zeitschr. f. Instrumentenkunde 1901, S. 97.

Farbige (gefärbte) **Filter,** Körper mit auswählender Durchlässigkeit s. Reflexions-, Durchlässigkeits- und Absorptionsvermögen, Nr. 3. Zum Ausgleichen von Farbenunterschieden s. Photometrie verschiedenfarbiger Lichtquellen B Nr. 1. Zur Photometrie mittels objektiver Strahlungsmessungen s. Photometrie, objektive, Nr. 3.

Liebenthal.

Fechnersches Gesetz. Das Fechnersche Gesetz knüpft an die im Weberschen Gesetz aufgestellte Forderung an, daß der eben merkliche Reizzuwuchs immer einen bestimmten Bruchteil des bereits bestehenden Reizes ausmache, und entwickelt sie weiter durch die Annahme, daß der an der Grenze der Merklichkeit stehende Empfindungszuwuchs seinerseits auf jeder Intensitätsstufe eine Vermehrung von gleicher Größe darstelle. Hinsichtlich der Beziehung zwischen Reizstärke und Empfindungsstärke führt diese Annahme zu der bedeutungsvollen Folgerung, daß die Stärke der Empfindung immer um den gleichen Betrag wächst, wenn der Reiz in einem bestimmten Verhältnis verstärkt wird, oder, mathematisch formuliert, daß die Stärke der Empfindung proportional dem Logarithmus des Reizes wachse. Das Fechnersche Gesetz läuft also, wie man sieht, auf den

Farbglas Typus	Glasart	Dicken-einheit mm	Wellenlänge in $\mu\mu$											
			Sichtbares Spektrum						Ultraviolettes Spektrum					
			644	578	546	509	480	436	405	366	334	³¹³/₁₁	302	281
F 7822	Neutralglas hell	1	0,59	0,58	0,57	0,56	0,55	0,49						
F 7839	Neutralglas mittel	1	0,26	0,24	0,22	0,21	0,21	0,15						
F 3818	Neutralglas dunkel	0,1	0,34	0,33	0,34	0,33	0,32	0,26	0,15					
F 4512	Rotfilter	0,1	0,99	0,71	0,66	0,54	0,48	0,37	0,27					
F 2745	Kupferrubin	0,1	0,93	0,43	0,49	0,52	0,48	0,43	0,48					
F 4313	Gelbglas dunkel	1	0,98	0,97	0,96	0,89	0,70	0,19	0,10					
F 4351	Gelbglas mittel	1	0,98	0,98	0,96	0,93	0,41	0,15	0,10					
F 4937	Gelbglas hell	1	0,99	0,99	0,99	0,99	0,93	0,52	0,24	0,16	0,08	0,05	0,03	
F 4930	Grünfilter	1	0,18	0,45	0,64	0,62	0,44	0,11						
F 3878	Blaufilter	1		0,01	0,01	0,16	0,47	0,74	0,72	0,43	0,03	0,01		
F 3654	Kobaltglas durchläss. f. d. äußerste Rot	1	0,03	0,04	0,14	0,44	0,86	0,07	0,07	0,08	0,64	0,40	0,04	
F 3653	Blau-Uviolglas	1		0,01	0,03	0,03	0,11	0,66	0,92	0,96	0,93	0,88	0,69	0,19
F 3728	Didymglas m. stark. Bandenabsorption	1	0,99	0,72	0,99	0,96	0,96	0,96	0,99	0,97	0,79	0,45	0,24	0,02

Versuch einer quantitativen Festlegung der Wechselwirkung zwischen Physischem und Psychischem hinaus und wurde von seinem Schöpfer dementsprechend auch als ein „psychophysisches" Gesetz bezeichnet. Es ist aber sehr fraglich, inwieweit es bei der großen Unsicherheit, die einer Vergleichung von Erregungsgrößen immer anhaftet, überhaupt möglich ist, für die einer Intensitätsreihe angehörigen Empfindungsgrade einen zuverlässigen zahlenmäßigen Ausdruck zu finden. Da dieses Bedenken natürlich schon für die Grundannahme des Gesetzes gilt und da uns für die Entscheidung, ob die eben merklichen Empfindungszuwüchse wirklich überall gleich groß sind, jedes bestimmte Kriterium fehlt, so erfreut sich das Fechnersche Gesetz seitens der Physiologen (ebenso wie seitens der Erkenntnistheoretiker) im allgemeinen keiner Anerkennung.

Dittler.

Näheres s. G. E. Müller, Ergebnisse der Physiologie. Bd II, 2, S. 267, 1903.

Federwage. Die Wirkung der Federwage beruht auf dem Widerstand, welchen eine elastische Feder der Schwerkraft entgegensetzt. Die Feder kann auf Zug (s. Figur) oder auf Druck beansprucht werden. Innerhalb gewisser Grenzen ist die Deformation der Feder der wirkenden Kraft, also dem Gewicht proportional. Man kann also ein unbekanntes Gewicht aus der Verlängerung oder Verkürzung der Feder ableiten, wenn man die Feder für eine bestimmte Belastung geeicht hat. Die Verlängerung der auf Zug beanspruchten Feder mißt man in der Regel aus der Verschiebung eines mit dem unteren Ende verbundenen Index gegen eine feststehende Skala. Bei den auf Druck beanspruchten Federn ist meist das obere Ende der Feder mit einem Zeiger verbunden, der über einer Kreisteilung spielt.

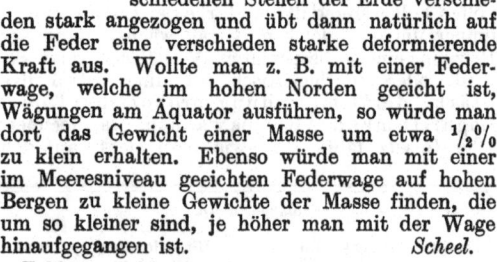

Federwage.

Mit der Federwage mißt man streng genommen nur Gewichte, Massen nur, solange man an derselben Stelle der Erdoberfläche wägt. Denn ein und dieselbe Masse wird ja auf den verschiedenen Stellen der Erde verschieden stark angezogen und übt dann natürlich auf die Feder eine verschieden starke deformierende Kraft aus. Wollte man z. B. mit einer Federwage, welche im hohen Norden geeicht ist, Wägungen am Äquator ausführen, so würde man dort das Gewicht einer Masse um etwa $1/2\%$ zu klein erhalten. Ebenso würde man mit einer im Meeresniveau geeichten Federwage auf hohen Bergen zu kleine Gewichte der Masse finden, die um so kleiner sind, je höher man mit der Wage hinaufgegangen ist. *Scheel.*

Fehler s. Fehlertheorie.

Fehler s. Korrektion.

Fehler des Auges (dioptrische) s. Auge.

Fehlertheorie. Bei jeder experimentellen Messung entstehen kleine Fehler; ihre Elimination ist das Problem der Fehlertheorie. Die Ursachen der Fehler sind einerseits kleine Wirkungen äußerer Einflüsse, die sich wegen ihrer Kleinheit der Berechnung entziehen, (objektive Fehler), andrerseits die Ungenauigkeiten der menschlichen Sinneswahrnehmung (subjektive Fehler).

Die Fehlertheorie beruht auf der Annahme, daß die regellos verteilten Fehler sich in größerer An-

zahl zu einer bestimmten Gesetzlichkeit zusammenfügen; sie ist daher ein Spezialkapitel der Wahrscheinlichkeitsrechnung (s. d.) und führte in ihren Grundlagen auf philosophische Fragen (s. Wahrscheinlichkeit). Die einfachste Annahme ist, daß sich die Fehler im Mittel aufheben; doch ist erstens diese Annahme nicht mehr erfüllt, wenn einseitig wirkende Ursachen vorliegen (systematische Fehler), und zweitens ist sie nie streng erfüllt. Es interessiert daher zu erfahren, wie sich die Fehler bei wiederholten Messungen verteilen. Die Antwort gelingt mit Benutzung von Wahrscheinlichkeitsfunktionen (s. Wahrscheinlichkeitsrechnung), da es sich bei Fehlern um stetige Größen handelt. Für den Fall, daß sehr viele Fehlerursachen gleicher Größenordnung zusammenwirken und kein systematischer Fehler existiert (d. h. rein *zufällige Fehler*), hat Gauß das *Exponentialgesetz* abgeleitet (s. Figur). Danach beträgt die Wahrscheinlichkeit

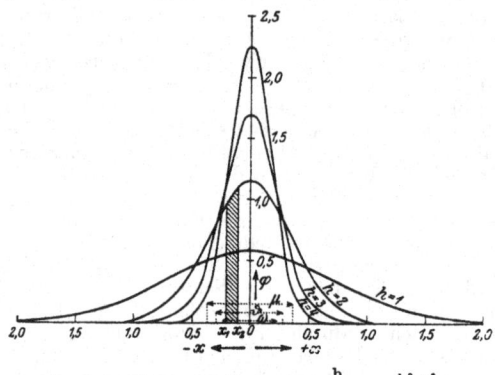

Gaußsche **Exponentialkurve** $\varphi = \dfrac{h}{\sqrt{\pi}} \cdot e^{-h^2 x^2}$.

φ dafür, daß eine einzelne Messung um den Betrag x von dem wahren Wert abweicht, $\varphi = \dfrac{h}{\sqrt{\pi}} \cdot e^{-h^2 x^2}$. Genauer formuliert heißt dies: die Wahrscheinlichkeit, daß die Abweichung zwischen x und $x + dx$ liegt, beträgt $\varphi(x) \cdot dx$; oder: die Wahrscheinlichkeit, daß die Abweichung zwischen die Grenzen x_1 und x_2 fällt, beträgt $\int_{x_1}^{x_2} \varphi(x)\, dx$ (= dem schraffierten Flächenstreifen in der Figur). Das Exponentialgesetz ist eine glockenförmige Kurve, deren höchster Punkt bei $x = 0$ liegt. Daher ist $x = 0$ der *wahrscheinlichste Fehler*, und der Mittelwert vieler Messungsresultate nähert sich mit wachsender Zahl der Messungen dem wahren Wert. Wenn h groß ist, wird die Glockenkurve steil, d. h. die Messungen häufen sich dicht um den wahren Wert; daher heißt h das Präzisionsmaß. h hängt von der Güte der Versuchsanordnung ab. Zur Charakterisierung der Meßgenauigkeit werden auch folgende Größen benutzt:

Der *wahrscheinliche Fehler* ω ist diejenige Abweichung vom wahren Wert, innerhalb deren die Hälfte aller Messungen liegt; es berechnet sich aus dem Exponentialgesetz $\omega = \dfrac{1}{h} \cdot 0,476936$.

Der *durchschnittliche Fehler* ϑ ist das Mittel aus den Absolutwerten aller Fehler; es wird $\vartheta = \dfrac{1}{h \cdot \sqrt{\pi}}$.

Der *mittlere Fehler* μ ist die Quadratwurzel aus dem Mittelwert aller Fehlerquadrate, also

$$\mu = \sqrt{\frac{\Sigma \, \varepsilon^2}{\mathrm{n}}},$$

wenn ε den einzelnen Fehler, n die Zahl der Messungen bezeichnet. Es wird $\mu = \dfrac{1}{\mathrm{h} \cdot \sqrt{2}}$.

Es ist $\mu > \vartheta > \omega$. Mit einer dieser Größen sind stets auch die beiden anderen und h bestimmt. Vorausgesetzt ist dabei immer, daß die Fehler das Exponentialgesetz befolgen.

Bei der praktischen Anwendung dieser Begriffe kommt dadurch eine Schwierigkeit hinein, daß der wahre Wert nicht bekannt ist, und man nur die Abweichungen ε^* vom Mittelwert zur Berechnung des mittleren Fehlers benutzen kann; da der Mittelwert im allgemeinen nicht mit dem wahren Wert zusammenfällt, sondern ihm nur mit großer Wahrscheinlichkeit nahekommt, befolgen die ε^* ein anderes Verteilungsgesetz als die ε. Es ergibt sich aus längeren theoretischen Überlegungen, daß die ε^* auch eine Exponentialkurve bilden, aber mit einem im Verhältnis $\sqrt{\dfrac{n-1}{n}}$ kleineren Präzisionsmaß. Daraus ergeben sich die für die praktische Rechnung brauchbaren Formeln:

Der *mittlere Fehler der einzelnen Messung* μ beträgt

$$\mu = \sqrt{\frac{\Sigma \, \varepsilon^{*\,2}}{n-1}}.$$

Der *mittlere Fehler des Mittelwerts* $\overline{\mu}$ beträgt

$$\overline{\mu} = \sqrt{\frac{\Sigma \, \varepsilon^{*\,2}}{n\,(n-1)}}.$$

Es ist $\overline{\mu} = \dfrac{1}{\sqrt{n}} \cdot \mu$. Hier bedeutet μ dieselbe Größe wie oben, nur ist es aus den ε^* gebildet. Aus μ berechnen sich mit Hilfe der obigen Zusammenhänge auch ϑ und ω; es wird $\omega = 0{,}67449 \; \mu$,

$$\vartheta = \sqrt{\frac{2}{\pi}} \cdot \mu.$$

Das *Wahrscheinlichkeitsintegral* $\int \mathrm{e}^{-\mathrm{h}^2 \mathrm{x}^2} \, \mathrm{dx}$ ist allgemein nicht mathematisch auflösbar; aber für die numerische Anwendung existieren Tabellen, z. B. in Czuber, Wahrscheinlichkeitsrechnung. Teubner, Leipzig 1908. Aber es ist

$$\frac{\mathrm{h}}{\sqrt{\pi}} \int_{-\infty}^{+\infty} \mathrm{e}^{-\mathrm{h}^2 \mathrm{x}^2} \, \mathrm{dx} = 1.$$

Liegen jedoch einseitig wirkende Ursachen vor, so tritt ein systematischer Fehler σ auf, und das Exponentialgesetz nimmt die allgemeinere Form

$$\varphi = \frac{\mathrm{h}}{\sqrt{\pi}} \, \mathrm{e}^{-\mathrm{h}^2 (\mathrm{x} - \sigma)^2}$$

an. Die Glockenkurve hat dadurch ihre Gestalt nicht geändert, sondern ist nur seitlich verschoben. Der *wahrscheinlichste Fehler* ist jetzt $\mathrm{x} = \sigma$, und der Mittelwert aller Messungen weicht um σ von dem wahren Wert ab. Aus den Messungen selbst ist aber σ nicht zu ermitteln, denn diese zeigen untereinander dieselbe Struktur wie im Falle $\sigma = 0$. Es müssen deshalb besondere Versuche angestellt werden, um σ zu bestimmen. Im allgemeinen wird man aus den Versuchsbedingungen schließen können, ob einseitig wirkende Fehlerursachen vorliegen oder nicht. Die 3 Größen ω, ϑ, μ behalten auch für $\sigma \neq 0$ ihre Bedeutung, da sie in bezug auf den Scheitelwert der Glockenkurve definiert sind.

Bisher ist nur von den Messungsfehlern bei einer einzigen Größe gesprochen worden. Noch schwierigere Probleme ergeben sich aber, wenn mehrere Größen S gemessen werden, die in gegenseitiger Abhängigkeit stehen. Werden etwa bei einer Landesvermessung die 3 Winkel eines Dreiecks wiederholt gemessen, so darf man nicht einfach jeden Winkel durch den Mittelwert der Messungen bestimmen, weil die Bedingung erfüllt sein muß, daß die Summe der 3 Winkel = 180° wird. Es entsteht das Problem, die Abweichung von 180° möglichst günstig auf die 3 Winkel zu verteilen. Derartige Probleme der Kombination von Beobachtungen werden von der *Ausgleichungsrechnung* behandelt, die ebenfalls auf Gauß zurückgeht. Ihr liegt die Gaußsche *Methode der kleinsten Quadrate* zugrunde. Es müssen dann den Messungsgrößen Werte S zugeteilt werden, die um systematische Fehler σ von dem betreffenden Mittelwert abweichen. Die einzelnen Beobachtungen der betreffenden Größe weichen dann von S um einen Betrag ε ab, der nicht mehr symmetrisch um S gruppiert ist. Nach Gauß ist die Zuteilung der günstigsten Werte S so vorzunehmen, daß $\Sigma \, \varepsilon^2$ ein Minimum wird; dabei sind nicht nur die Messungen an einer Größe S, sondern an allen Größen S zusammenzuzählen. Dann besteht die größte Wahrscheinlichkeit, daß die S den wahren Werten entsprechen. Sind die einzelnen Messungen ungleichwertig, so werden die Fehler mit *Gewichten* multipliziert, und dann ausgeglichen. Die Durchführung dieser Methode ist rechnerisch recht kompliziert; ihre Berechtigung beruht auf der Geltung des Exponentialgesetzes.

Besonders ausgedehnte Anwendung findet die Fehlerrechnung in der Astronomie und Geodäsie.

Reichenbach.

Fehlingsche Kupferlösung. Wegen der geringen Haltbarkeit dieser Flüssigkeit müssen die Lösungen ihrer Bestandteile getrennt aufbewahrt werden. Die eine ist eine Kupfervitriollösung (34,639 g reiner kristallisierter Kupfervitriol zu 500 ccm gelöst), die andere eine Seignettesalz-Natronlauge (173 g kristallisiertes Seignettesalz mit Wasser zu 400 ccm gelöst und dies vermischt mit 100 ccm einer Natronlauge, welche 500 g Natronhydrat im Liter enthält). Durch Zusammengießen gleicher Raumteile dieser beiden Lösungen erhält man dann die Fehlingsche Lösung. Siehe auch Saccharimetrie.

Schönrock.

Näheres s. R. Frühling, Anleitung zur Untersuchung der für die Zucker-Industrie in Betracht kommenden Rohmaterialien. Braunschweig.

Feinstrukturtheorie der Spektrallinien. Nach dem I. Postulat der Bohrschen Theorie der Spektrallinien (s. d.) ist die Bewegung der Elektronen um den Atomkern in den stationären Zuständen in erster Annäherung durch die Gesetze der Mechanik bestimmt. Während für nicht zu große Geschwindigkeiten hiezu die klassische Mechanik ausreicht, hat man für größere Geschwindigkeiten die von der Relativitätstheorie gefolgerte Abhängigkeit der Masse von der Geschwindigkeit zu berücksichtigen. Berechnet man beispielsweise die Energie des Wasserstoffatoms (s. d.) in einem beliebigen seiner stationären Zustände, so sind zur Festlegung derselben im Falle einer Berücksichtigung der Relativitätstheorie *zwei* verschiedene Quantenbedingungen (s. d.) erforderlich, im Falle der gewöhnlichen Mechanik hingegen nur *eine*. Die Rechnung zeigt dann, daß einem beliebigen Quantenzustande des nach der gewöhnlichen Mechanik behandelten Wasserstoff-atoms, charakterisiert durch die *einzige* Quantenzahl n, alle jene durch die *zwei* Quantenzahlen n′ und n″ gekennzeichneten relativistisch berechneten Quantenzustände entsprechen, für die n = n′ + n″ ist. Wendet man nun die Bohrsche Frequenzbedingung (s. d.)

$$E_1 = E_2 = h \nu$$

zur Berechnung der beim Übergange des Atoms aus dem Zustand 1 (charakterisiert etwa durch n_1 bzw. n'_1, n''_2; Energie E_1) in den Zustand 2 (n_2, bzw. n'_2, n''_2; Energie E_2) ausgesandte Spektrallinie von der Frequenz ν an, so entsprechen dem *einen* klassisch berechneten Übergang $n_1 \rightarrow n_2$, *sämtliche* relativistisch berechneten Übergänge $(n'_1; n''_1) \rightarrow (n'_2; n''_2)$, für welche $n_1 = n'_1 + n''_1$ und $n_2 = n'_2 + n''_2$ ist. An Stelle der *einen* klassisch berechneten Spektrallinie erhält man so eine *Mehrzahl* zugehöriger „Feinstrukturkomponenten", deren Anzahl offenbar von Linie zu Linie mit steigendem n′ bzw. n″ zunimmt. Da der Abstand dieser Feinstrukturkomponenten beim Wasserstoff proportional dem Quadrat der Sommerfeldschen „Feinstrukturkonstante" $a = \dfrac{2\pi e^2}{h c} = 7{,}30 \cdot 10^{-3}$ wird (e Elementarquantum, h Wirkungsquantum, c Lichtgeschwindigkeit), also einer sehr kleinen Größe, so liegen diese so dicht beieinander, daß sie voneinander getrennt, nur in Spektralapparaten von höchster Auflösung sichtbar gemacht werden könnten, wodurch sich der Name erklärt. In der Tat sind die Linien der Balmerschen Wasserstoffserie mit den heutigen Mitteln als Dubletts von konstanter Frequenzdifferenz erkennbar.

Sommerfeld, dem diese Theorie zu verdanken ist, hat sich bei ihrer Aufstellung von Anfang an nicht bloß auf Wasserstoff beschränkt, sondern sogleich den allgemeineren Fall eines Atoms von beliebiger Kernladung Z · e ins Auge gefaßt, unter deren Anziehung sich von allen übrigen Elektronen im wesentlichen ungestört, ein einzelnes Elektron bewegt. In diesem „wasserstoffähnlichen" Falle findet er die dem erwähnten Wasserstoffdublett entsprechenden Dubletts, in Frequenzen gemessen, proportional der 4. Potenz der Kernladungszahl Z.

Die Prüfung der Feinstrukturtheorie an der Erfahrung stößt bei Wasserstoff auf gewisse experimentelle Schwierigkeiten, welche bisher nur eine qualitative Bestätigung ergeben haben. Eine ausgezeichnete Bestätigung lieferte hingegen das Spektrum des ionisierten Heliumatoms (s. d.), nicht nur hinsichtlich der Dublettgröße, sondern auch bezüglich der von Kramers auf Grund des Bohrschen Korrespondenzprinzipes berechneten Intensitätsverhältnisse. Hier ist Z = 2 und daher das Dublett $2^4 = 16$ mal so groß wie beim Wasserstoff. Theoretisch noch ungeklärt ist die Tatsache, daß ein dem Wasserstoffdublett entsprechendes Dublett auch im Lithiumspektrum auftritt. Bei den Röntgenspektren, wo Z sehr große Werte annimmt (für Uran ist Z = 92), findet sich das Wasserstoffdublett als L-Dublett in voller Schärfe bei allen Elementen des periodischen Systems, für welche die „L-Serie" gemessen werden konnte. Obwohl Zweifel am relativistischen Ursprung des L-Dubletts so gut wie ausgeschlossen gelten können, ist eine vollständig befriedigende modellmäßige Erklärung desselben noch nicht möglich gewesen.

Unter *Feinstrukturtheorie der Röntgenspektren* wird in einem allgemeineren Sinne gelegentlich nicht bloß die oben besprochene relativistische Erklärung des L-Dubletts verstanden, sondern die Klarstellung der durch das *Kombinationsprinzip* (Bohrsche Frequenzbedingung) und das *Auswahlprinzip* geforderten Zusammenhänge zwischen den einzelnen Röntgenlinienfrequenzen überhaupt. S. Röntgenspektren und Quantentheorie.

A. Smekal.

Näheres s. Sommerfeld, Atombau und Spektrallinien. III. Aufl. Braunschweig 1922; 8. Kap.

Feld, elektrostatisches. Stellt man sich auf den Boden der Faraday-Maxwellschen Anschauungsweise, so kann man sagen, daß jeder geladene Körper in seiner Umgebung ein elektrostatisches Feld, ein Kraftfeld, erzeugt. Dabei ist es zunächst gar nicht notwendig, auf die Art der Zustandsänderung des umliegenden Mediums näher einzugehen. Das Feld ist überall durch eine bestimmte Intensität (Feldstärke) $\mathfrak{E}$ und Richtung bestimmt (Vektor). Die jeweilige Richtung ist durch die „Kraftlinien" gegeben, welche dadurch eine anschauliche Bedeutung gewinnen, daß ein in das Feld eingeführtes Probekörperchen sich in Richtung der Kraftlinien bewegt. Die Kraftlinien eines von allen übrigen Körpern genügend weit entfernten, elektrisch geladenen Punktes sind Kugelradien mit jenem Punkt als Mittelpunkt.

Der Zustand des einen Körper umgebenden elektrischen Feldes wird durch das elektrische Potential bestimmt (s. dieses), d. h. durch die Arbeit, welche nötig ist, um die elektrostatische Einheit aus dem Unendlichen an den bestimmten Punkt zu bringen.

Da es keine in sich geschlossene Kraftlinien gibt, ist das elektrostatische Feld wirbelfrei. Es ist stets rot $\mathfrak{E} = 0$ zu setzen (s. Vektoranalysis). Senkrecht zu den Kraftlinien oder Kraftröhren (s. diese) treten keine Kräfte auf. In Richtung der Röhre ist die auf die Einheitsmenge ausgeübte Kraft:

$$\varepsilon\, \mathfrak{E} = 4\,\pi\,\vartheta$$

Die Verschiebung (vgl. Verschiebungselektrizität) ϑ kann also als Maß für die elektrostatische Kraft angesehen werden. *R. Jaeger.*

Feld, magnetisches. — Die Umgebung eines Magneten, eines stromdurchflossenen Leiters, namentlich auch das Innere einer stromdurchflossenen Spule usw. bezeichnet man als deren magnetisches Feld; es läßt sich dadurch leicht sichtbar machen, daß die in diese Wirkungssphäre gebrachten Eisenkörper eine Magnetisierung erleiden, die sich in einer Anziehung oder in einer Drehung des auf Spitzen gelagerten Körpers äußert (Kompaß). Zumeist ist das Feld recht ungleichmäßig; es ist am stärksten in der Nähe des Pols eines Magnets und nimmt umgekehrt proportional dem Quadrat der Entfernung von diesem ab. Man kann sich dies dadurch versinnbildlichen, daß man annimmt, es gingen von einem punktförmigen magnetischen Pol etwa n Kraftlinien aus, in denen man sich die magnetische Wirkung konzentriert denkt; diese wird naturgemäß um so stärker, je dichter die Kraftlinien sind. Denkt man sich um den Pol eine Anzahl konzentrischer Kugelflächen mit den Radien 1, 2, 3 . . . . cm beschrieben, deren Oberfläche also sein würde $4 r^2 \pi = 4\pi$; 16π; 36π usw. Quadratzentimeter, so würden auf das Quadratzentimeter der Oberflächen der einzelnen Kugeln

$$\frac{n}{4\,r^2\pi} = \frac{n}{4\,\pi};\ \frac{n}{16\,\pi};\ \frac{n}{36\,\pi} = \frac{n}{4\,\pi}\,\frac{1}{1^2};\ \frac{n}{4\,\pi}\,\frac{1}{2^2};\ \frac{n}{4\,\pi}\,\frac{1}{3^2}$$

usw. Kraftlinien entfallen; setzt man im obigen Falle n = 4 π, so kommt auf jedes Quadratzentimeter der ersten Kugel eine Kraftlinie. Dieser

Fall, wo eine senkrecht zur Richtung der Kraftlinien gedachte Fläche pro Quadratzentimeter von
einer einzigen Kraftlinie geschnitten wird, gibt die
Einheit der Feldstärke, also ihr Maß.

Die Richtung der Kraftlinien an einer beliebigen
Stelle des Raumes erkennt man am besten mittels
einer kleinen Magnetnadel, die sich immer in die
Richtung der Kraftlinien einstellt. Da unsere
ganze Erdoberfläche als großes Magnetfeld angesehen werden kann, das durch die magnetischen
Pole der Erde hervorgebracht wird, so weist auch
die Magnetnadel stets auf diese Pole hin, wird aber
durch magnetische eiserne Gegenstände, welche
die Gleichmäßigkeit des Erdfeldes stören, stark
beeinflußt. Bei einem ungeschlossenen Magnet
verlaufen die Kraftlinien durch den Luftraum
von einem Pol zum anderen, wie man sich leicht
dadurch veranschaulichen kann, daß man ein
über den Magnet gedecktes Papier mit feiner
Eisenfeile bestreut, die sich beim Klopfen in
Richtung der Kraftlinien anordnet (s. Figur).

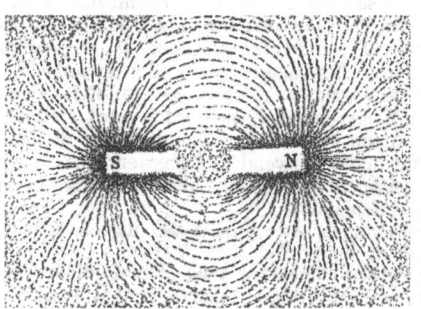

Magnetische Kraftlinien.

Die Messung der Feldstärke geschieht 1. mittels
einer kleinen, mit dem ballistischen Galvanometer
verbundenen Prüfspule, deren Windungsfläche man
senkrecht zur Richtung des Feldes aufstellt und
die man plötzlich aus dem Feld herauszieht oder
um 180° dreht (s. „Erdinduktor"). Zur Auswertung des der Feldstärke proportionalen Galvanometerausschlags muß das Galvanometer mit Hilfe
einer bekannten Feldstärke (Normalspule; s. dort)
geeicht sein. 2. Mittels einer Spirale aus Wismut-
draht, deren elektrischer Widerstand mit der
Feldstärke wächst, aber nicht genau proportional
derselben; es ist deshalb eine empirische Eichung
jeder Spirale erforderlich (Lenard). Mehrere
andere Methoden kommen wegen der Schwierigkeit der Anwendung oder wegen der Ungenauigkeit
des Ergebnisses praktisch kaum in Betracht.
Gumlich.

Feldstärke, elektrische. Die elektrische Feldstärke
fällt ihrer Richtung nach mit den Kraftlinien zusammen, jedoch ist sie selbst der Dimension nach
erst nach Multiplikation mit der elektrischen Menge
eine Kraft (vgl. Coulomb). Die Feldstärke ist definiert als der negative Differentialquotient des elektrischen Potentials:

$$\mathfrak{E} = -\nabla V \text{ oder } -\text{grad } V$$

Nach Faraday stellt man die Feldstärke als
Kraftlinienzahl pro Quadratzentimeter oder als
Kraftliniendichte dar. Die Dimension der elektri-
schen Feldstärke ist

$$[l^{-1/_2} m^{1/_2} t^{-1}]$$

Die Einheit der Feldstärke hat ein Feld, in dem auf
die Mengeneinheit die Kraft von 1 Dyn ausgeübt
wird. *R. Jaeger.*

Fernrohr s. Himmelsfernrohr, Holländisches Fernrohr, Erdbebenfernrohr, gebrochene Fernrohre,
Prismenfeldstecher, Sehrohr, Zielfernrohr.

Fernthermometer. Fernthermometer sind solche
Thermometer, welche die Temperatur eines Raumes
in der Ferne anzeigen. Sie werden seit langer Zeit
für die Zwecke der Feuermeldung benutzt. In der
Regel handelt es sich dabei um eine sehr einfache
Form von Meßinstrumenten, welche man auch wohl
Alarmthermometer nennt und deren Aufgabe
darin besteht, die Überschreitung einer Höchst-
temperatur der Überwachungsstelle bekannt zu
geben.

Wesentlich höhere Anforderungen stellt der
Heizungsingenieur an das Fernthermometer. Er
verlangt nicht nur die Fernmeldung einer höchsten
und einer niedrigsten Temperatur, sondern er
wünscht meist auch noch eine Kenntnis vom
Steigen oder Fallen der Temperatur am fernen Ort
zu erlangen, um danach die Zentralheizung für die
verschiedenen von ihm versorgten Teile eines Gebäudes einstellen zu können.

Ähnliche Wünsche hat der Maschineningenieur,
wenn er den Wärmezustand der empfindlichen Teile
seiner Maschinen überwachen soll; namentlich die
auf einen engen Raum zusammengedrängten Maschinen eines Schiffes bedürfen sorgfältiger Wartung.

In neuerer Zeit gewinnen auch technische Betriebe in immer steigendem Maße Interesse an der
Fernmeldung von Temperaturen; die hier zutage
tretenden Bedürfnisse beschränken sich nicht mehr
auf enge Bereiche, sondern erstrecken sich auf alle
der Messung überhaupt zugänglichen tiefen, mittleren und hohen Temperaturen.

1. Alarmthermometer. Ihr wirksamer Teil ist
ein Quecksilber- oder ein Metallthermometer. In
ein Quecksilberthermometer gewöhnlicher Art ist
unten in die Kugel und bei einem bestimmten Grad-
strich je ein Platindraht eingeschmolzen. Werden
beide Drähte mit Zwischenschaltung einer galvanischen Batterie und eines Läutewerkes miteinander
verbunden, so wird der durch Temperaturanstieg
sich verlängernde Quecksilberfaden den Stromkreis
schließen und das Läutewerk in Tätigkeit setzen.

Es sind zahlreiche Versuche unternommen, die
Alarmtemperatur am selben Thermometer veränderlich zu machen. Die bekanntesten Mittel zur
Erreichung dieses Zieles sind einerseits die Veränderung der Quecksilbermenge im Thermometer,
wie sie dem Chemiker vom Gebrauch der sog.
Beckmannschen Thermometer (s. d.) geläufig ist;
anderseits hat man statt des festen eingeschmolzenen oberen Kontaktes einen Kontakt durch ein
Eisenstäbchen vorgesehen, das an einer schwachen
Spiralfeder hängend durch einen von außen wirkenden Magneten mit mäßiger Reibung in der Thermometerkapillare verschoben werden kann. Endlich
hat man das Ziel der Fernmeldung mehrerer Temperaturen dadurch zu erreichen gesucht, daß man
statt eines in die Kapillare eingeschmolzenen Metalldrahtes deren mehrere anordnet, die gleich weit,
etwa um je einen Temperaturgrad voneinander
entfernt sind. Da jeder neu hinzugefügte Kontakt
eine weitere Leitung zum Beobachtungsort bedingt
wird ein solches Mehrfach-Alarmthermometer ein
recht ungeschicktes Instrument.

2. Thermometer mit mechanischer Übertragung. Im Gegensatz zu den Alarmthermometern zeigen die übrigen Fernthermometer nicht einzelne Temperaturen sprungweise, sondern alle Temperaturen in einem größeren oder kleineren Bereich kontinuierlich an. Die ältesten und auch heute wohl noch am meisten verbreiteten Instrumente dieser Art benutzen eine mechanische Übertragung. Letzten Endes ist in diesem Sinne jedes Quecksilberthermometer, dessen Teilung nicht unmittelbar an die Kugel anschließt, als ein Fernthermometer anzusprechen. Man hat in der Tat gläserne Quecksilberthermometer von 3—4 m Länge, deren Kugel nur wenige Zentimeter lang und deren Skala nicht länger als $1/_2$ m ist. Zwischen Kugel und Teilung ist ein Halsstück mit engem Kaliber zwischengeschmolzen, durch das hindurch das Quecksilber aus der Kugel in die Teilungskapillare hinübergeschoben wird. Solche Thermometer sind zum festen Einbau in hoch oder tief temperierte Räume (Schornsteine oder Kühlhäuser oder dergleichen) bestimmt. Das lange Halsstück befindet sich in der Wand; das enge Kaliber dieses Stückes ist erforderlich, um die von der wechselnden Temperatur der Wand herrührende Unsicherheit, die eine ähnliche Rolle spielt wie die Unsicherheit in der Kenntnis der Temperatur des herausragenden Fadens eines Quecksilberthermometers, nach Möglichkeit herabzumindern.

Die schwierige Herstellung solcher gläserner Ungeheuer und ihre leichte Verletzbarkeit hat zur Konstruktion metallischer Quecksilberthermometer geführt. Als Fernthermometer sind sie ganz wie die eben beschriebenen gläsernen Thermometer eingerichtet. Die Übertragung der Ausdehnung des Quecksilbers im Gefäß geschieht durch ein nach Bedarf mehrere Meter langes biegsames enges Stahlrohr, die Ablesung an einem geteilten Glasrohr, das an das Ende der Stahlkapillare angekittet ist.

Gebräuchlicher ist es, nicht die durch die Temperaturerhöhung hervorgerufene Ausdehnung des Quecksilbers selbst zu beobachten, sondern den bei der Ausdehnung entstehenden inneren Druck des Thermometers auf ein mit dem Ende der Stahlkapillare verbundenes Manometer wirken zu lassen, das man zu diesem Zweck in Temperaturgrade einteilt.

Bei Anwendung langer Leitungen werden die Angaben der Metall-Quecksilberthermometer gleich denen der gläsernen Thermometer mit langem Halsstück von der Temperatur der Übertragungskapillare abhängig.

3. Spannungsthermometer. Von dieser Fehlerquelle wird man bei den Spannungsthermometern unabhängig, deren Wirksamkeit nicht auf der Ausdehnung einer Flüssigkeit, sondern auf dem Druck ihres gesättigten Dampfes beruht. Das vielfach als Tauchkörper bezeichnete Gefäß eines solchen Thermometers ist je nach der zu messenden Temperatur mit einer leichter oder schwerer siedenden Flüssigkeit teilweise gefüllt. Die Flüssigkeit steht unter ihrem eigenen Sättigungsdruck, der mit steigender Temperatur des Tauchkörpers beschleunigt anwächst und durch ein längeres oder kürzeres Verbindungsrohr auf ein Manometerzeigerwerk übertragen wird. Die Übertragung wird dadurch möglich, daß ein Teil der Flüssigkeit des Tauchkörpers in die niedriger temperierte Leitung hinüberdestilliert und diese und auch die Manometerfeder anfüllt. Wir haben es hier also mit einer rein hydrostatischen Übertragung des Druckes vom Tauchkörper auf das Zeigerwerk zu tun, die von der Art und von der Temperatur der Übertragungsflüssigkeit vollkommen unabhängig ist. Schäffer und Budenberg in Magdeburg-Buckau, welche die SpannungsthermometerThalpotasimeter nennen, verwenden für Temperaturen von $+35^0$ bis $+180^0$ C Äther, oberhalb 360 bis 750° C Quecksilber als Füllflüssigkeit.

4. Thermometer mit elektrischer Übertragung. Der Wirkungsbereich aller mechanisch übertragenden Fernthermometer ist naturgemäß ein beschränkter. Entfernungen von 50 m werden selten erreicht, Entfernungen von 100 m nur unter besonders günstigen Umständen überschritten. Bei noch größeren Entfernungen ist man einzig und allein auf die einer räumlichen Beschränkung kaum unterworfene elektrische Übertragung angewiesen.

Über die elektrischen Fernthermometer ist hier wenig zu sagen. Es werden sowohl das Thermoelement (s. d.) wie das Widerstandsthermometer (s. d.) benutzt, beide in der Form, daß sie auf eine selbstzeigende Meßvorrichtung geschaltet sind. An die Meßvorrichtung können in der Regel mehrere Thermometer gleichzeitig angeschlossen und durch Betätigung eines Umschalters hintereinander abgelesen werden. — An Stelle der einfachen Zeigerinstrumente werden jetzt vielfach für beide Arten elektrischer Thermometer Registriervorrichtungen verwendet, darunter solche, welche gleichzeitig die Temperaturen mehrerer Thermometer aufzeichnen.   *Scheel.*

Näheres s. Scheel, Fernthermometer. Halle a. S. 1898 und Dingl. Journal 332, 1—6. 1917.

Ferrarisinstrumente, auch Drehfeldinstrumente genannt, sind nur für Wechselstrom benutzbare, technische Strommesser, bei denen das Drehfeld durch eine Kunstphase erzeugt wird. Der zu den Klemmen geführte Wechselstrom wird durch eine Induktionsspule in zwei um nahe 90° verschobene Ströme zerlegt, welche zwei räumlich um 90° gegeneinander versetzte Polpaare erregen und dadurch auf eine drehbare Aluminiumtrommel infolge der induzierten Ströme ein Drehmoment ausüben, dem eine Feder entgegenwirkt. Durch eine besondere Anordnung der Feder kann es erreicht werden, daß die Skalenteilung von einem bestimmten Meßbereich an nahe proportional ausfällt. Die Instrumente zeichnen sich durch gute Konstanz, gute Dämpfung und verhältnismäßige Unempfindlichkeit gegen fremde Magnetfelder aus.   *W. Jaeger.*

Näheres s. z. B. Heinke, Handbuch der Elektrotechnik. Leipzig.

Ferromagnetismus (s. auch Magnetismus). — Unter Ferromagnetismus versteht man die besonders starke Magnetisierbarkeit hauptsächlich des Eisens, sodann auch des Nickels, Kobalts und der sog. Heuslerschen Legierungen. Aber nicht nur im Grad, sondern auch in der Art der Magnetisierbarkeit zeigt sich ein gewisser Unterschied gegen den Paramagnetismus insofern, als bei letzterem die Suszeptibilität (s. dort) bis zu sehr hohen Feldstärken hinauf konstant bleibt, während sie bei den ferromagnetischen Körpern mit wachsender Feldstärke erst zu-, dann abnimmt. Außerdem zeigen alle ferromagnetischen Körper im Gegensatz zu den paramagnetischen die Erscheinung der Hysterese (s. dort), die darin besteht, daß nach Aufhören der magnetisierenden Kraft der Körper nicht direkt den unmagnetischen Zustand wieder annimmt, sondern einen anderen, der durch die

Wirkung der vorhergehenden Magnetisierung bedingt ist.

Die höchste Permeabilität (s. dort) besitzt reinstes Eisen, namentlich durch Glühen vom Wasserstoffgehalt befreites Elektrolyteisen, bei welchem schon Werte von 10—20 000 beobachtet wurden, während die Permeabilität von gutem technischen Material etwa bis zu 5000 steigt. Auch der Sättigungswert (s. dort) $4 \pi \mathfrak{J}$ wächst mit zunehmender Reinheit und erreicht im günstigsten Falle beim Eisen 21 600; eine Ausnahme bilden nur die Eisenkobaltlegierungen, deren Sättigungswerte noch höher liegen, und die infolgedessen für die Pole der Elektromagnete mit Vorteil verwendet werden. *Gumlich.*

Festigkeit. Die Zugfestigkeit bewegt sich zwischen 3,5 und 8,5 kg/mm² nach Messungen von Winkelmann und Schott an gekühlten und geschliffenen Stäben von quadratischem Querschnitt. Die niedrigen Zahlen wurden an schweren Bleigläsern erhalten. Die Zugfestigkeit, an dünnen Fäden gemessen, ergibt höhere Werte; in der Wärme nimmt sie im allgemeinen ab.

Die Druckfestigkeit ist sehr viel größer als die Zugfestigkeit; sie wurde von Winkelmann und Schott gemessen an gekühlten und geschliffenen Würfeln unter ansteigendem Druck bis plötzliches Zerbersten eintrat. Die erhaltenen Werte bewegen sich zwischen 60 und 126 kg/mm²; schweres Bleiglas hatte niedrige Druckfestigkeit.

Die Festigkeit von Wasserstandsröhren gegen einen im Rohr herrschenden Druck von kaltem Wasser wurde bei einer Wandstärke von 2,5 mm und bei einem äußeren Durchmesser von 18—20 mm auf 170—240 Atmosphären festgestellt. — Champagnerflaschen halten in einzelnen Fällen bis zu 40 Atmosphären aus; von einer größeren Anzahl widerstanden 97% einem Druck von 20 Atmosphären.

Über den Einfluß der Spannung auf die Festigkeit s. Spannung. *R. Schaller.*

Festigkeit. Die Fragen der Festigkeit betreffen zunächst den Zusammenhang zwischen den einfachen Spannungszuständen (reine Längsspannung und reine Schubspannung) und den zugehörigen Deformationen; die in der Elastizitätstheorie zugrunde gelegten Zusammenhänge zwischen allgemeinem Spannungs- und Deformationszustand s. bei Elastizitätsgesetz.

Sowohl Zug-, Druck- als Schubbeanspruchungen des Materials bringen Deformationen hervor, Materialien, die schon im normalen Zustand keine Tendenz der Rückkehr in eine feste Gestalt zeigen (z. B. Blei), sondern dem wirkenden Druck frei nachgeben, heißen plastische. Ein gewisses Maß von Plastizität kommt übrigens bei geeigneten Bedingungen auch den elastischen Materialien zu. Fast alle nicht plastischen Materialien zeigen ein ziemlich einheitliches Verhalten gegenüber Spannungen. Sie bringen Deformationen hervor, die innerhalb einer gewissen Grenze der aufgetragenen Spannung nach Aufhören derselben wieder verschwinden. Dieses Gebiet wird als das der vollkommenen Elastizität, seine obere Grenze als die Elastizitätsgrenze bezeichnet. Unterhalb (bei einigen Materialien dicht an) dieser Grenze liegt die Proportionalitätsgrenze, bis zu der die hervorgerufene Deformation proportional der Spannung ist. Im Falle der Zug- oder Druckbeanspruchung ist das Verhältnis der Spannung zur Dehnung (bzw. Kompression) der Elastizitätsmodul E, im Falle der Schubbeanspruchung

das Verhältnis derselben zum Gleitwinkel der Gleitmodul G. Von E und G abhängig ergibt sich die Poissonsche Konstante 1/m, die das Verhältnis der durch Längszug bewirkten Querkontraktion zur Längsdehnung angibt (s. Elastizitätsgesetz). Diese Sätze bilden den Inhalt des Hookeschen Gesetzes. Bei wenigen Materialien (z. B. Gußeisen) ist das Gebiet des Hookeschen Gesetzes praktisch sehr klein zum Elastizitätsgebiet.

Beanspruchungen über die Elastizitätsgrenze hinaus führen dauernde Formänderungen herbei. Oberhalb dieser Grenze (und meist nahe bei ihr) liegt die Grenze der Maximalspannung, die auch direkt als Festigkeit bezeichnet wird, nach deren Überschreiten die Spannung wieder abnehmen kann, während weitere Deformation und schließlich der Bruch herbeigeführt wird. Zwischen Elastizitätsgrenze und Maximalspannung liegt häufig ein Fließgebiet: Plötzliche Zunahme der Deformation bei gleichbleibender Spannung bis zu einer Grenze, von der ab die Spannung wieder steigt. Seine Grenzen heißen untere und obere Fließgrenze. Wenn im Zustand der bleibenden Formänderung die Spannung nachgelassen wird, so zeigt der Körper relativ zu der neugewonnenen Gestalt wieder Verhalten nach dem Hookeschen Gesetz, aber mit vergrößerten Modulen (Härtung).

Der Bruch kann durch Überschreitung sowohl der maximalen Längsspannung, als auch Schubspannung eintreten. Es ist daher bei allgemeinen Spannungszuständen verständlich, daß, je nach Material und Kräfteverteilung, „Trennungsbrüche" und „Verschiebungsbrüche" eintreten können. Endlich sind für die Bruchgefahr auch Knickerscheinungen maßgebend (s. Biegung).

Genauere Beobachtung zeigt, daß die dargestellten Erscheinungen, insbesondere bei Stoffen mit geringem Hookeschen Gebiet, noch durch die Erscheinungen der elastischen Hysteresis und der elastischen Nachwirkung modifiziert sind. Unter der ersteren versteht man die Tatsache, daß beim Aufhören der Spannung die hervorgerufene Deformation nicht völlig verschwindet, sondern ein „Deformationsrest" bleibt, entsprechend gewissen nicht umkehrbaren, thermodynamischen Prozessen, die mit dem Deformationsvorgang verbunden sind. In Zusammenhang damit steht es, daß bei häufig wiederholten Beanspruchungen der Bruch viel früher eintreten kann, als bei statischen Verhältnissen.

Die zweite betrifft die zeitliche Nachwirkung bei rasch veränderlicher, elastischer Beanspruchung (Schwingungen): Es zeigt sich, daß die elastische Enddeformation nicht unmittelbar eintritt, sondern eine gewisse Ausgleichszeit beansprucht (verzögerte Deformation). Als unmittelbare Folge derselben nimmt bei konstant gehaltener Deformation die Spannung allmählich ab (Relaxation). Nach Maxwells Vorstellungen ist auf eine verstärkte Relaxation auch die innere Reibung (Zähigkeit) zurückzuführen: Indem jeder Deformation eine rasch abnehmende Spannung entspricht, wird die erzeugte Spannung annähernd abhängig von der Deformationsgeschwindigkeit. *F. Noether.*

Näheres s. Th. v. Karman, Physikalische Grundlagen der Festigkeitslehre (Enzykl. d. math. Wissensch. Bd. IV, Art. 31).

Festigkeit (Starrheit) der Erde. Die moderne Forschung hat ergeben, daß die Erde gegenüber den auf sie wirkenden Kräften nicht als absolut fester Körper aufzufassen ist, sondern eine gewisse Nachgiebigkeit besitzt. Zur Bestimmung des Festigkeitskoeffizienten der Erde stehen uns mehrere Methoden zur Verfügung.

1. Die Bestimmung aus der Periode der Polhöhenschwankung (s. diese). Wäre die Erde absolut fest, so müßte in der Veränderlichkeit der Polhöhe die Eulersche Periode von 305 Tagen zum Ausdruck kommen. Durch die Nachgiebigkeit der Erdmasse wird diese Periode auf etwa 430 Tage (Chandlersche resp. Newcombsche Periode) verlängert. Aus dem Unterschied der beiden Perioden läßt sich auf den Grad der Festigkeit schließen. Unter Einführung des Wiechertschen Dichtegesetzes (s. Dichte im Erdinnern) findet Herglotz den Starrheitskoeffizienten gleich $11{,}68 \times 10^{11}$ cgs.

Durch die Verschiebung der Erdachse im Erdkörper, die ja die Veranlassung zur Polschwankung ist, wird das Meer gezwungen, jeweils eine andere Gleichgewichtsfigur anzunehmen (Polflut), wodurch der Druck der Wassermassen auf den Erdkörper sich ständig verändert. Bringt man die dadurch bedingte Deformation der Erde in Rechnung, so erhält man nach Schweydar für den Starrheitskoeffizienten den Wert $16{,}4 \times 10^{11}$ cgs.

2. Bestimmung aus der Bewegung von Horizontalpendeln unter dem Einfluß der fluterzeugenden Kräfte. Die Gleichgewichtslage eines Horizontalpendels ist durch die Bedingung gegeben, daß der Schwerpunkt des Pendels mit der Achse in eine Vertikalebene fallen muß. Ändert sich die Richtung der Lotlinie durch den Einfluß einer Gravitationskraft, oder ändert sich die Richtung der Achse durch Verschiebung der Erdscholle, auf welcher das Instrument steht, so antwortet das Pendel in beiden Fällen mit einem entsprechenden Ausschlag. Bleibt also die Scholle fest und ändert sich nur die Lotlinie, so kommt der ganze Betrag der Störung im Ausschlage des Pendels zum Ausdruck. Gibt aber die Scholle selbst nach, und folgt in gewissem Maße dem Einflusse der Kraft, so wird der Ausschlag kleiner ausfallen. Wäre die Nachgiebigkeit der Erde eine vollständige, so müßte der Ausschlag ganz verschwinden. Der Vergleich des theoretisch für die feste Erde berechneten Ausschlages mit dem beobachteten Werte zeigt den Einfluß der Nachgiebigkeit der Erde. Schweydar findet wieder mit Berücksichtigung des Gezeitendruckes den Wert $19{,}3 \times 10^{11}$ cgs, für Kern und Rinde getrennt: $19{,}7 \times 10^{11}$ cgs und $6{,}8 \times 10^{11}$ cgs.

Nimmt man eine stetige Zunahme der Festigkeit gegen das Innere an, so erhält man die Werte:
im Mittelpunkte . . . . $29{,}03 \times 10^{11}$ cgs
an der Oberfläche . . . $2{,}64 \times 10^{11}$ cgs.

3. Bestimmung aus der Fortpflanzungsgeschwindigkeit der Erdbebenwellen. Die longitudinalen Wellen liefern für die Erdoberfläche Werte zwischen $2{,}8$ und $3{,}1 \times 10^{11}$ cgs, die transversalen $3{,}83 \times 10^{11}$ cgs, somit Werte, welche mit denen der anderen Methoden hinlänglich übereinstimmen. Eine solche Übereinstimmung ist übrigens keine unbedingte Notwendigkeit. Ein und dasselbe Material reagiert auf Beanspruchung verschiedener Art in verschiedener Weise.

Die Möglichkeit, daß sich unter der Erdrinde eine zähflüssige Schicht, die etwa mit geschmolzener Lava vergleichbar wäre, befindet, muß nach den neuesten Untersuchungen Schweydars geleugnet werden. *A. Prey.*

Näheres s. W. Schweydar, Theorie der Deformation der Erde durch Flutkräfte (Veröffentl. des preuß. geod. Institutes Neue Folge Nr. 66).

Feuchtigkeitsabnahme mit der Höhe. Ließe sich der atmosphärische Wasserdampf als ideales Gas behandeln, so könnte man nach dem Daltonschen Gesetz (s. d.) aus dem Partialdruck am Boden den Druck in jeder beliebigen Höhe ableiten. Tatsächlich nimmt der Druck wegen der bei tiefen Temperaturen eintretenden Kondensation wesentlich schneller ab (vgl. Luftfeuchtigkeit). Die Verteilung in der Troposphäre ist jedoch, wie das Auftreten von Wolken beweist, sehr unregelmäßig, so daß man auf empirische Formeln angewiesen ist. Aus Aufstiegen am Aeronautischen Observatorium Lindenberg folgt für die Meereshöhe h in km für den Logarithmus des Mittelwerts der Dampfspannung f nach Hergesell

$$\text{Log } f = 0{,}848 - \frac{h}{8}\left(1 + \frac{h}{6}\right).$$

Es empfiehlt sich indessen, als Argument nicht die Seehöhe, sondern den Mittelwert der Temperatur in ^{0}C, geteilt durch den der absoluten Temperatur, zu wählen. Dann folgt die Formel:

$$\text{Log } f = 0{,}49 + 10{,}2\,\frac{t}{T}.$$

Die so berechneten Mittelwerte gelten auch für andere Klimate mit befriedigender Genauigkeit. Für die Stratosphäre, in der keine wesentlichen Vertikalbewegungen (s. d.) aufzutreten scheinen, könnte man eher die Gültigkeit des Daltonschen Gesetzes voraussetzen (Kondensation findet ja in ihr nicht mehr statt), der Dampfdruck müßte dann (bei 11 km und -55^0 0,0137 mm angenommen) in 40 km auf 0,0008 mm und die relative Feuchtigkeit auf 9% gesunken sein. *Tetens.*

Feuerkugeln s. Meteore.

Feuerlose Lokomotive s. Wärmespeicher.

Fieberthermometer s. Maximumthermometer.

Filter. Filter, die die Photographie verwendet, haben den Zweck, Licht gewisser Wellenlänge bei der Abbildung entweder ganz auszuschalten, oder doch wenigstens in seiner Wirkung abzuschwächen. Diese Filter bestehen meist aus Glas, und zwar kann man da etwa zweierlei verschiedene Arten unterscheiden, einmal solche, bei denen die Glasmasse gefärbt ist und ferner solche, die zwischen 2 Glasplatten eine gefärbte Gelatineschicht oder auch eine gefärbte Flüssigkeit (Küvetten) enthalten. Sind letztere leichter für eine gewisse Farbenabsorption abzustimmen, so sind die ersteren billiger herzustellen und haltbarer. Die Filter werden vor, zwischen oder hinter den Linsen des Objektivs angeordnet, oder auch unmittelbar vor der lichtempfindlichen Schicht. Die Gelbglasfilter sind für die gewöhnlichen Schwarz-Weiß-Aufnahmen bestimmt und werden in Verbindung mit orthochromatischen Platten benutzt. Ihre Anwendung ist geboten bei Landschaftsaufnahmen mit weiter Fernsicht, bei Reproduktion farbiger Bilder, Winterlandschaften usw. Ihrer Aufgabe, die Abstufungen in der Deckung des Negativs möglichst den sich dem Auge darbietenden Helligkeitswerten im Aufnahmegegenstand entsprechen zu lassen, können die Gelbgläser nur gerecht werden, wenn die Dichte der Gelbscheibe, der Farbenreichtum und die Beleuchtung des Aufnahmeobjekts und die Empfindlichkeit der Platte zueinander stimmen. Für besondere Zwecke werden auch Filter mit anderer als gelber Färbung benutzt. Außer für farbtonrichtige Schwarz-Weiß-Aufnahmen werden auch bei der Dreifarben-Photographie Filter benötigt, die sog. Dreifarbenfilter. Bei den Autochromplatten sind diese zwischen die lichtempfindliche Schicht und die Platte in großer Anzahl und sehr geringer Größe eingebettet.

Die Bildschnittweite ist abhängig davon, ob bei der Aufnahme das Objektiv mit oder ohne Filter benutzt wird. Ist das Filter hinter dem Objektiv angeordnet, so verlängert sich die Bildschnittweite stets um den Betrag $v = \dfrac{n-1}{n} \cdot d$, worin n die Brechungszahl und d die Dicke des Filters ist. Ist das Filter am Objektiv oder in seiner Nähe angebracht, so wird es optisch wie dieses beansprucht, es muß also mit gleicher Sorgfalt und Genauigkeit ausgeführt werden. *W. Merté.*

Finsternisse. Sonnen- und Mondfinsternisse treten auf, wenn Sonne, Mond und Erde in einer geraden Linie stehen. Sonnenfinsternisse nur bei Neumond, wenn der Mond die Sonne verdeckt, Mondfinsternisse bei Vollmond, wenn der Mond durch den Erdschatten geht. Daß nicht bei jedem Mondumlauf Verfinsterungen eintreten, rührt davon her, daß die Mondbahn gegen die Erdbahn geneigt ist; nur wenn Voll- oder Neumond in der Nähe der Knoten eintreten, entsteht eine Finsternis.

Da die scheinbaren Durchmesser von Sonne und Mond nahezu gleich sind, aber je nach Entfernung dieser Himmelskörper um ein geringes schwanken, haben wir drei Arten von Sonnenfinsternissen, partielle, totale und ringförmige. Bei partiellen Verfinsterungen geht der Mondmittelpunkt um ein beträchtliches nördlich oder südlich vom Sonnenmittelpunkt vorüber; bei beiden anderen Arten, die man deswegen zentrale nennt, geht der Mittelpunkt des Mondes genau über den Mittelpunkt der Sonnenscheibe. Zentralität tritt jedesmal nur auf einer Linie der Erdoberfläche ein, der sog. Zentralitätszone. Man nennt eine Verfinsterung nur dann partiell, wenn die Zentralitätszone die Erde gar nicht streift. Ist bei zentraler Verfinsterung der Monddurchmesser größer als der Sonnendurchmesser, so ist die Finsternis total, im anderen Falle ringförmig, ändert sich der Monddurchmesser während der Verfinsterung stark, so kann diese zum Teil total, zum Teil ringförmig sein. Man nennt sie ringförmig-total. Der Gürtel, in dem Totalität eintritt, ist stets schmal und überschreitet selten eine Breite von 200 km. Für die Erforschung der obersten Schichten der Sonnenatmosphäre und der Korona (s. Sonne) ist diese Gleichheit der scheinbaren Durchmesser von größter Bedeutung.

Mondfinsternisse rechnen wir gewöhnlich erst dann als solche, wenn der Mond den Kernschatten der Erde berührt. Da der Kernschatten der Erde in Mondentfernung wesentlich größer ist, als der Mond selbst, so sind auch totale Mondfinsternisse möglich, ja die Totalität kann bis $2^1/_2$ Stunden dauern. Im Kernschatten wird der Mond nicht völlig unsichtbar, sondern erscheint in mattem rotem Lichte, das von der Strahlenbrechung in der Erdatmosphäre herrührt. Wenn der Mond nur durch den Halbschatten der Erde geht, entstehen die wenig auffälligen Halbschattenfinsternisse, die meistens gar nicht in den Jahrbüchern und ebensowenig im Kanon aufgeführt sind. Bei partiellen und totalen Finsternissen gibt man den Grad der Verfinsterung in Teilen des Durchmessers der größten Phase an; die alten Astronomen teilten Sonnen- und Mond-durchmessern in 12 Zoll und gaben die Größe der Verfinsterung in Zollen an. Jetzt bezeichnet 1,00 eine Finsternis, die einen Augenblick total ist.

Genaue Messungen ergaben, daß der Erdschatten etwa $^1/_{20}$ größer ist, als er geometrisch sein sollte. Seeliger zeigte, daß diese Vergrößerung physiologische Ursachen hat, und konnte sie einwandfrei erklären.

Da die Knotenlinie der Mondbahn eine Umlaufzeit von $18^1/_2$ Jahren hat und außerdem 242 Mondumläufe sehr genau 19 Jahre sind, kehren die Finsternisse in nahezu derselben Reihenfolge nach 18 Jahren um 10—11 Tage verspätet wieder. Dieser Zyklus war schon den Babyloniern bekannt und wurde von den Griechen Saros genannt.

In Oppolzers Kanon der Finsternisse sind 8000 Sonnenfinsternisse vom Jahre — 1207 bis + 2161 und 5200 Mondfinsternisse von — 1216 bis + 2163 berechnet.

Ganz analoge Verhältnisse treten auch bei den Planetentrabanten auf, sowie bei einer Art veränderlicher Sterne, den Verdunkelungsveränderlichen vom Algol- und β Lyrae-Typus (s. d.). *Bottlinger.*

Näheres s. Newcomb-Engelmann, Populäre Astronomie.

Fixsternastronomie. Eine vollständige Kenntnis der Fixsternwelt verlangt, daß wir über (1) die Verteilung und (2) die Bewegungen der Sterne im Raume, ferner über (3) die physikalische Beschaffenheit und die Entwicklung der Sterne orientiert sind. In den Problemen (1) und (2) tritt der Stern als Mitglied einer Menge gleichartiger Individuen auf, in (3) richtet sich das Interesse auf den einzelnen Stern und seine Geschichte. Die unter (1) und (2) fallenden Fragen kann man unter dem Namen *Stellarstatistik* zusammenfassen und (3) den Namen *Astrophysik* geben. Während die Forschungen zu (3) den eigentlich astrophysikalischen Methoden, der Spektralanalyse und der Photometrie, überlassen sind, bedient sich die Stellarstatistik aller in der astronomischen Forschung überhaupt verwendbaren Methoden.

Zur Lösung der Probleme (1) und (2) liefert die astronomische Beobachtung folgende Angaben: die Helligkeit der Sterne und Schwankungen der Helligkeit, das Spektrum und seine Eigentümlichkeiten, die Bewegungen der Sterne an der scheinbaren Himmelskugel (in Winkelmaß), die Bewegungen in der Blickrichtung (in km/sec.), die Zahl der Sterne zwischen beliebigen Grenzen der scheinbaren Helligkeit bis zu einer Grenzhelligkeit, über die hinaus unsere optischen Hilfsmittel nicht reichen.

Die Untersuchung der Verteilung der Sterne im Raume läuft auf die Bestimmung ihrer Entfernung hinaus. Durch direkte Messung der periodischen Bewegung, die jeder Stern als Projektion der Bewegung der Erde um die Sonne ausführt, können, da die Größe dieser scheinbaren Bewegung mit der Entfernung abnimmt, nur Entfernungen bis zu etwa 50 Sternweiten gemessen werden (trigonometrische Parallaxen). Eine Basis von dauernd zunehmender Länge ist der gerade Weg, den das Sonnensystem im Raume zurücklegt (20 km/sec.), dessen Projektion auf die scheinbare Himmelskugel sich als nach einem festen Punkt am Himmel, dem Zielpunkt (Apex) der Sonnenbewegung, gerichtete Komponente der Eigenbewegungen der Sterne wiederfindet. Bei gegebener Grenzleistung der Meßinstrumente, die sich nur noch langsam verbessern, hängt die Reichweite dieser Methode (säkulare Parallaxen) von dem Zeitraum ab, während dessen hinreichend genaue Sternörter geme en worden sind; sie nimmt also fortlaufend zu und beträgt zur Zeit etwa 300 Sternweiten (1 Sternweite = $30,7 \cdot 10^{12}$ km). Die säkulare Parallaxe bestimmt exakt die durchschnittliche Entfernung einer hinreichend großen Zahl von Sternen, bei einem einzelnen Stern kann die parallaktische Komponente durch die Spezialbewegung des Sterns vergrößert oder verkleinert sein. Die jährlichen und die säkularen Parallaxen dienen zur Eichung für alle Methoden der Entfernungsmessung, die auf der Bestimmung der absoluten Helligkeit (Helligkeit in einer Normalentfernung, Leuchtkraft) beruhen. Ist die absolute Helligkeit eines Sterns bekannt, so ist seine scheinbare Helligkeit ein Maß seiner Entfernung. Die absolute Helligkeit kann aus dem Intensitätsverhältnis der Linien im Spektrum, bei veränderlichen Sternen des δ Cepheitypus aus der Länge ihrer Periode bestimmt werden, für die Zukunft sind weitere physikalische Kennzeichen der absoluten Helligkeit zu erwarten. Die Genauigkeit der physikalischen Parallaxen hängt von der Methode, aber nicht von der Entfernung ab, ihre Reichweite ist nur durch die optischen Mittel begrenzt.

Innerhalb des engeren Sternsystems bieten sich scheinbare Helligkeit und Größe der Eigenbewegung als Mittel dar, über den Bereich der säkularen Parallaxen hinauszugehen. Hätten alle Sterne dieselbe absolute Helligkeit, so wäre die scheinbare Helligkeit ein Maß der Entfernung; hätten alle Sterne räumliche Bewegungen von gleicher Größe, so wäre im Mittel einer größeren Zahl von Sternen die Entfernung durch die Eigenbewegung bestimmt. Beide Voraussetzungen treffen nicht vollkommen zu, wohl aber zeigen die absoluten Helligkeiten wie die räumlichen Bewegungen eine starke Häufung um bestimmbare Werte, so daß sie gemeinsam als statistisches Entfernungsmaß brauchbar sind. Werden im Bereiche der bekannten Entfernungen die Koeffizienten der Gleichung

$$\log \pi = A + Bm + C \cdot \log \mu$$

(π Parallaxe = reziproker Wert der Entfernung, m scheinbare Helligkeit, μ Eigenbewegung an der Sphäre) bestimmt, so kann sie umgekehrt außerhalb dieses Bereiches zur Bestimmung von π dienen, wenn die Eigenbewegungen der Sterne einer bestimmten Helligkeit bekannt sind. Dieses Verfahren (Kapteynsche Methode) führt zur Kenntnis der Leuchtfunktion Φ (M) (prozentuale Verteilung der Sterne auf gleiche Intervalle der absoluten Helligkeit) und der Sterndichte ϱ (Zahl der Sterne in der Kubiksternweite) als Funktion der Entfernung ϱ. Φ (M) hat die Gestalt einer Gaußschen Fehlerkurve und darf wahrscheinlich im Bereich des engeren Sternsystems als von der gleichen Form angenommen werden. Geschieht das, so kann durch Zählung aller Sterne bis zu stufenweise fortschreitenden Grenzen der scheinbaren Helligkeit der Bereich der Entfernungsbestimmungen weiter ausgedehnt werden.

Die Sterndichte nimmt nach außen ab, in Richtungen, die in der Ebene der Milchstraße liegen, langsamer als in der dazu senkrechten Richtung. Die Flächen gleicher Dichte sind nahezu Rotationsellipsoide, deren kurze Achse Rotationsachse ist und die Pole der Milchstraße verbindet. Die Fläche $\Delta = \Delta_0/_{100}$ (Δ_0 zentrale Dichte) ist in der galaktischen Ebene 8000, in der Richtung der galaktischen Pole 1200 Sternweiten vom Zentrum entfernt. Die Sonne steht wahrscheinlich etwas nördlich von der galaktischen Ebene in weniger als 1000 Sternweiten Entfernung vom Zentrum.

Die Bewegungen der Sterne sind aus den als Änderungen des Ortes an der Sphäre gemessenen Eigenbewegungen und den spektroskopisch bestimmten linearen Geschwindigkeiten im Visionsradius zu erschließen. Die Eigenbewegungen liegen in allen beliebigen Richtungen an der Sphäre. Bildet man jedoch in hinreichend großen Flächen des Himmels Mittelwerte, so haben die resultierenden größten Kreise verschiedener Areale (nahezu) einen gemeinsamen Schnittpunkt. Die in dieser Richtung liegende Komponente der Eigenbewegungen ist die Projektion der räumlichen Bewegung des Sonnensystems auf die scheinbare Himmelskugel (parallaktische Bewegung), der rückwärtige Schnittpunkt ist der Zielpunkt (Apex) der Sonnenbewegung. Der Apex liegt in der Gegend des Sternbildes Leyer für Sterne des Boßschen Generalkatalogs. Seine Koordinaten (besonders die Deklination) ergeben sich verschieden je nach der Helligkeit und dem Spektraltypus der Sterne, aus deren Eigenbewegungen seine Lage abgeleitet wird. Dadurch ist ein Anzeichen gegeben, daß innerhalb des Sternsystems Gruppen in relativer Bewegung vorhanden sind. Eine entsprechende Behandlung der Radialgeschwindigkeiten führt ebenfalls zu einer Bestimmung des Apex der Sonnenbewegung und ergibt außerdem die lineare Geschwindigkeit des Sonnensystems in dieser Richtung (21,5 km/sec.). Die zur parallaktischen Bewegung senkrechten Komponenten der Eigenbewegungen zeigen keine rein zufällige Verteilung. Durch eine anders orientierte Zusammenfassung der Eigenbewegungen hat sich ergeben, daß bei aller Unordnung zwei Zielpunkte bevorzugt werden, deren bei der Ableitung der Sonnenbewegung automatisch gebildetes Mittel der Apex ist. Die Bewegung beider Sternströme erfolgt parallel zur galaktischen Ebene, ihre relative Geschwindigkeit beträgt 40 km/sec. Ein Versuch Kapteyns, unsere Kenntnisse über die Anordnung und die Bewegungen der Sterne im lokalen Fixsternsystem zusammenzufassen, behandelt die Sterne des Systems wie Moleküle eines Gases, das seiner eigenen Schwere unterworfen ist und um eine Achse (die kurze Achse des Systems) rotiert; die ungeordneten Spezialbewegungen der Sterne entsprechen der Wärmebewegung des Gases. Für größere Entfernungen von der Rotationsachse ergibt sich eine konstante mittlere Rotationsgeschwindigkeit von 20 km/sec. Nimmt man an, daß Sterne in beiden Richtungen umlaufen, so werden an jeder Stelle des Systems, die weit genug von der Rotationsachse entfernt ist, zwei Sternströme mit einer Relativgeschwindigkeit von 40 km/sec. beobachtet. Diese Konsequenz entspricht vollauf der Erfahrung, setzt aber voraus, daß die Sonne weit genug vom Zentrum des Systems entfernt ist.

Die räumliche Bewegung ergibt sich in jedem Falle als Resultante aus Eigenbewegung und Radialgeschwindigkeit, wenn die Entfernung bekannt und dadurch die Verwandlung der Winkelbewegung in lineares Maß möglich ist. Einen Mittelwert kann man aus den Radialgeschwindigkeiten ableiten; er beträgt etwa 13 km/sec. Sterne mit mehr als 70 km/sec. Geschwindigkeit sind selten und scheinen eine systemfremde Gruppe zu bilden.

Es ist für diese und einige andere Fragen schon heute, in nächster Zukunft für alle Probleme der Stellarstatistik nicht mehr möglich, die Sterne als völlig gleichartige Individuen zu betrachten; ihre physikalische Verschiedenheit macht sich auch in allen stellarstatistischen Beziehungen bemerkbar. Kennzeichen des physikalischen Zustandes ist das Spektrum. Ähnliche Spektren werden zu Spektralklassen (Typen) zusammengefaßt. Die Harvardklassifikation, die nach Vorkommen und Intensität der Absorptionslinien ordnet, hat die folgenden Klassen:

B: Heliumlinien kräftig, Wasserstofflinien vorhanden.

A: Wasserstofflinien vorherrschend, Kalziumlinien und Metallinien schwach.

F: Kalziumlinien H und K kräftig, Wasserstofflinien stärker als Metallinien.

G: H, K und die Liniengruppe G auffällig, Metallinien sehr zahlreich, Wasserstofflinien schwach (Sonnentypus).

K: H, K, g und G sehr kräftig. Jenseits K ist das kontinuierliche Spektrum merklich schwächer als im Typus G.

M: H, K, g noch stärker; das violette Ende des Spektrums ist noch schwächer als in K, im blauen und blaugrünen Teile treten Absorptionsbänder auf, die nach der violetten Seite hin scharf begrenzt sind (Titanoxyd). Die Klasse Md nimmt eine Sonderstellung ein, in ihr treten helle Wasserstofflinien auf.

N: Violetter Teil des Spektrums sehr schwach; Absorptionsbänder, die auf der roten Seite scharf begrenzt sind (Kohlenwasserstoffe, Zyan).

R: Absorptionsbänder wie N, aber kontinuierliche Spektrum wie K. Wahrscheinlich existieren von G ab zwei Reihen, eine über K nach M, die andere über R nach N.

P: Gas- und planetarische Nebel; helle Linien, zum Teil unbekannten Ursprungs.

O: Kontinuierliches Spektrum und helle Bänder.

Die Merkmale sind scharf genug, um noch innerhalb jeder Klasse eine Unterteilung in 10 Stufen zu gestatten. Die Untertypen werden nach dem Schema B0, B1, B2 ..... B9, A0, A1 ..... A9, F0 .... bezeichnet einschließlich K. M hat die Abteilungen Ma, Mb, Mc und die Sondergruppe Md. In der Klasse O (die der Klasse B vorangesetzt wird) werden Oa bis Od, Oe und Oe5 als Übergang zu B0 unterschieden.

Der Draperkatalog klassifiziert etwa 225 000 Spektren. Davon gehören nur wenige hundert den Klassen P, O, N, R an, mehr als 99% lassen sich in die normale Folge B bis M einordnen. Von allen Sternen des Katalogs liegen in B0 bis B5 2%, B8 bis A3 29%, A5 bis F2 9%, F5 bis G0 21%, G5 bis K2 33%, K5 bis Mc 6%. Die auf F5 bis G0 entfallende Prozentzahl nimmt für schwache Sterne bedeutend zu, die Zahl der B-Sterne nimmt sehr rasch mit der scheinbaren Helligkeit ab.

Hierin sprechen sich charakteristische Eigenheiten der Typen hinsichtlich Leuchtkraft und Entfernung aus. Solche Besonderheiten zeigen sich auch in allen anderen statistischen Zusammenhängen. Die Eigenbewegungen zeigen sich am größten für die Klasse F. Das ist zum Teil eine Folge der geringeren Entfernung dieser Sterne; aber wie die Radialgeschwindigkeiten zeigen, ist auch die absolute Geschwindigkeit der Sterne vom Spektraltypus abhängig, sie steigt von 7 km/sec. in Klasse B bis 17 km/sec. in M an. Die Verteilung der Sterne im Raume ist sicher nicht dieselbe für alle Spektraltypen, und auch die Richtung der Bewegungen ist nicht davon unabhängig. Deutliche Anzeichen hierfür sind vorhanden, doch wird erst das vollkommenere Material der nächsten Zukunft

erlauben, die Untersuchungen, die bisher nur für das Gemisch aller Sterne möglich waren, mit derselben Sicherheit für jeden Spektraltypus durchzuführen.

Das durch die stellarstatistischen Methoden erforschte Fixsternsystem umfaßt nicht alle für uns sichtbaren Fixsterne. Es ist, wie aus seinen Gesetzmäßigkeiten hervorgeht, ein in sich geschlossenes System, doch reichen unsere optischen Mittel aus, noch weit über die Grenzen dieses Systems hinauszudringen. In der galaktischen Ebene ist es von einem Gürtel von Sternwolken umgeben, die uns als leuchtendes Band (Milchstraße) erscheinen. Die nächsten dieser Wolken sind unserem System eng benachbart; wie weit in den Raum hinein sie sich erstrecken, ist noch nicht erforscht, dagegen ist mit Hilfe der kugelförmigen Sternhaufen (s. Sternhaufen) erkannt worden, daß die physikalische Bedeutung der galaktischen Ebene noch in Entfernungen von 60 000 Sternweiten merklich ist.

In der astrophysikalischen Betrachtungsweise wird das Spektrum zur Quelle aller Erkenntnis. Die Absorptionslinien unterrichten uns über das Vorkommen der chemischen Elemente in den (sehr oberflächlichen) Schichten, in denen die Absorption erfolgt. Nicht alle irdischen Elemente machen sich in den Spektren der Sterne bemerkbar, umgekehrt kann die Hälfte der in Sternspektren vorkommenden Linien nicht mit Linien irdischer Elemente identifiziert werden. Hieraus kann aber weder geschlossen werden, daß die nicht feststellbaren Elemente tatsächlich nicht in den Sternen vorhanden sind, noch, daß eine große Zahl von fremden Elementen dort vorhanden wäre. Es hängt ganz wesentlich von den physikalischen Bedingungen (Anregungsbedingungen) ab, ob ein vorhandenes Element im Spektrum auftritt oder nicht; andererseits kennen wir durchaus nicht alle Spektren, deren die irdischen Elemente fähig sind. Der physikalische Zustand der Atome (neutrale, einfach oder doppelt ionisierte Atome) bestimmt, welches von den möglichen Spektren ein Gas absorbiert und emittiert (Flammen-, Bogen-, Funken-, Überfunkenspektrum), der Grad der Ionisation ist maßgebend für die relative Intensität der Linien bei gleichzeitigem Auftreten. In den B-, A- und F-Spektren herrschen die Funkenlinien der Elemente vor, in den G- und K-Spektren die Bogenlinien, in den Klassen M und N treten außerdem die Absorptionsbänder von chemischen Verbindungen auf. Kennzeichnend für die Anregungsbedingungen ist (neben der Dichte) die Temperatur. Die Harvardklassifikation bildet daher eine Temperaturfolge. Parallel damit läuft die effektive Temperatur der unmittelbar darunter liegenden Schichten, die sich aus der Lage des Intensitätsmaximums oder durch die Intensität enger Bezirke im kontinuierlichen Spektrum (durch das Wiensche Verschiebungsgesetz oder die Plancksche Strahlungsformel) ergibt. Für diese effektive Temperatur (d. h. die Temperatur, die man den kontinuierlich strahlenden Schichten zuschreiben muß, falls sie wie der vollkommene Strahler emittieren) ergeben sich die Mittelwerte:

B0	18 300°	G0	5 900°
A0	11 000°	K0	4 600°
F0	7 700°	Ma	3 800°
		Mb	3 400°

Durch die Temperatur ist die Flächenhelligkeit bestimmt; aus ihr und der Gesamthelligkeit ergeben sich die Oberfläche und mit ihr die linearen Dimensionen der Sterne. Aus der Erfahrung ist bekannt, daß es Sterne desselben Spektraltypus (derselben effektiven Temperatur) gibt, die sich in ihrer Gesamthelligkeit um sehr große Beträge unterscheiden. Es gibt eine ziemlich scharfe untere Grenze der absoluten Helligkeit, die in der Reihe B bis M von Klasse zu Klasse stetig um etwa 2 Größenklassen absteigt. Die obere Grenze verläuft nicht so einfach. In den Typen B bis G ist sie der unteren Grenze nahezu parallel und liegt 4—5 Größenklassen darüber (d. h.: die Gesamthelligkeit der hellsten Sterne ist, von Ausnahmen abgesehen, 40—100mal so groß wie die der schwächsten); in den Typen K und M finden sich aber wieder Sterne von derselben Helligkeit wie in den Klassen B und A, so daß in diesen Typen zwischen den hellsten und den schwächsten Sternen ein Abstand von 10 Größenklassen (einem Intensitätsverhältnis 10 000 : 1 entsprechend) vorhanden ist. Da andererseits aus den Bahnverhältnissen der Doppelsterne bekannt ist, daß die Massen der Sterne bei weitem nicht in diesem Verhältnis schwanken (Verhältnisse über 20 : 1 sind bei den Massen schon sehr selten), muß für die mittlere Dichte der Sterne ein sehr großer Spielraum angenommen werden. Das entspricht auch ganz den Resultaten, die sich aus den Lichtkurven von Verfinsterungsveränderlichen ergeben. Wenn auch die Dichten der weitaus meisten Sterne zwischen den Grenzen 1 und 10^{-2} liegen (1 = Dichte der Sonne), so kommen auch Dichten auf der einen Seite bis 3, auf der anderen bis 10^{-8} vor. Die Sterne aller Typen mit großer absoluter Helligkeit und geringer mittlerer Dichte bezeichnet man als Riesen, die an der unteren Grenze der absoluten Helligkeit liegenden Sterne mit nach M hin zunehmender Dichte als Zwerge. Die B- und A-Sterne haben durchweg Riesencharakter, im Typus F sind nur wenige Riesensterne bekannt (δ Cephei-Veränderliche), und nur in den Typen K und M stehen sich typische Riesen und Zwerge getrennt gegenüber. Neben aller Übereinstimmung des Spektrums, die zu ihrer Einordnung in dieselbe Spektralklasse veranlaßt, bestehen zwischen Riesen und Zwergen Unterschiede in der relativen Intensität der Spektrallinien, aus denen sich der Riesen- oder Zwergcharakter, bei quantitativer Behandlung auch der Wert der absoluten Helligkeit bestimmen läßt.

Wenn man voraussetzt, daß sich die zeitliche Entwicklung eines Sterns nach außen hin durch Veränderungen der effektiven Temperatur (des Spektraltypus) und der Gesamtstrahlung (der absoluten Helligkeit) bemerkbar macht, liegt es nahe, das statistische Bild des Zusammenhangs zwischen Spektraltypus und absoluter Helligkeit gleichzeitig als Bild der Sternentwicklung aufzufassen. Zur Zeit neigt man zu der Anschauung, daß eine mögliche Entwicklung vom M-Riesen mit zunehmender effektiver Temperatur und fast konstanter Gesamtstrahlung nach B und von dort mit abnehmender effektiver Temperatur und abnehmender Gesamtstrahlung in der Zwergreihe zum Typus M zurückführt; die Dichte würde während der ganzen Entwicklung kontinuierlich zunehmen. Eine von Eddington durchgeführte Theorie versucht, diesen Entwicklungsgang aus einigen wenigen Grundannahmen über die Konstitution der Fixsterne herzuleiten. Die Fixsterne werden als Gaskugeln angesehen, für die im Riesenstadium die Gleichung der idealen Gase, im Zwergstadium eine speziellere Zustandsgleichung gilt. Als Bedingung für das mechanische Gleichgewicht wird angenommen, daß an jeder Stelle im Sterninnern der nach dem

Zentrum wirkenden Schwere durch die Summe von Gasdruck und Strahlungsdruck (der nach außen wirkt) das Gleichgewicht gehalten wird. Zu diesen beiden Gleichungen zwischen Druck, Temperatur und Abstand vom Mittelpunkt tritt als dritte die Gleichung des Strahlungsgleichgewichts, die auf der Voraussetzung beruht, daß der Energietransport im Innern der Sterne überwiegend durch Strahlung stattfindet. Die Energiequelle bleibt zunächst unbekannt, dürfte aber im Atomaufbau zu suchen sein (der Kontraktionsprozeß liefert zu geringe Energiemengen). Mit Hilfe dieser drei Differentialgleichungen lassen sich aus den der Beobachtung zugänglichen Eigenschaften eines Fixsterns (Masse, absolute Helligkeit, effektive Temperatur) für jeden inneren Punkt die Werte der Temperatur und der Dichte berechnen. Für den Mittelpunkt ergibt sich z. B. bei der Sonne eine Temperatur von 5 000 000⁰. Die Höhe der Temperatur, die ein Stern erreichen kann, hängt in Eddingtons Theorie von der Masse ab (den B-Typus erreichen nur Sterne großer Masse, die Sonne hat nie den Typus A erreicht).

Die Eddingtonsche Theorie ist ebenso wie der Kapteynsche Versuch, die stellarstatistischen Tatsachen dynamisch zu deuten, als ein vorläufiger Abschluß anzusehen. Mit dem reichen Beobachtungsmaterial der nächsten Zukunft wird in beiden Hauptproblemen der Astronomie eine bedeutende Verfeinerung unserer Anschauungen zu erreichen sein.   *W. Kruse.*

Näheres s. Newcomb-Engelmann, Populäre Astronomie, und Scheiner-Graff, Astrophysik.

Fizeausches Dilatometer. Das Fizeausche Dilatometer benutzt die Interferenz des Lichtes (s. d.) zur Messung der Ausdehnung eines Körpers durch die Wärme. Eine ältere Form des Apparates ist folgende. Eine Grundplatte T aus Stahl mit ebener polierter Fläche ist von drei gleichlangen Stahlschrauben durchsetzt; auf den Spitzen dieser Schrauben ruht eine planparallele Glasplatte P. Man justiert die Vorrichtung so, daß zwischen der unteren Ebene von P und der Ebene von T ein schwacher Keilwinkel entsteht; bei Beleuchtung mit einfarbigem Licht kann man zwischen beiden Ebenen die Newtonschen Interferenzen (s. d.) in der Form der geraden Fizeauschen Interferenzstreifen beobachten. Um die Lage dieser Interferenzstreifen zu fixieren, befindet sich an der Unterseite der Deckplatte ein kleines Silberscheibchen als Marke.

Jede infolge von Temperaturveränderungen eintretende Längenänderung der Schrauben verursacht eine Änderung der Entfernung von T und P, d. h. der Dicke der zwischen T und P befindlichen „Luftplatte" und damit eine Verschiebung des Interferenzstreifensystems gegen die Marke in solchem Betrage, daß jeder Abstandsänderung um eine halbe Wellenlänge des benutzten Lichtes die Verschiebung des Streifensystems um eine Streifenbreite entspricht. — Mißt man umgekehrt die Streifenverschiebung, so kann man daraus die Dickenänderung der Luftplatte berechnen.

Hat man aus der Anzahl der durchgewanderten Streifen einmal die Ausdehnung der Schrauben für eine gemessene Temperaturdifferenz ermittelt, so ist es ein leichtes, die Ausdehnung anderer Körper, welche inmitten der Stahlschrauben auf dem Stahltischchen aufgebaut, oberflächlich plan geschliffen und bis zur Spiegelung poliert sind, relativ zum Stahl zu messen und daraus ihre absolute Ausdehnung abzuleiten. Bei diesen relativen Messungen wird die Luftplatte durch die Oberfläche des zu untersuchenden Körpers einerseits, andererseits wieder durch die Unterfläche von P gebildet. Durch Hinein- oder Heraustreten der Stahlschrauben kann man dabei die Luftplatte so dünn wie möglich machen, was zur Schärfe der Interferenzstreifen wesentlich beiträgt.

Das Fizeausche Dilatometer ist von Pulfrich wesentlich vervollkommnet worden. Er wählte als einheitliches Material Bergkristall, aus dem eine Boden- und eine Deckplatte als Begrenzungen der Luftplatte senkrecht zur Achse geschliffen wurden. Die Dicke der Luftplatte wurde durch einen zwischen Boden- und Deckplatte gebrachten Ring, ebenfalls aus Bergkristall und senkrecht zur Achse geschliffen, gegeben. Der obere und untere Rand des Ringes sind in der Weise ausgearbeitet, daß beiderseits nur drei symmetrisch angeordnete Auflageflächen übrig blieben, welchen die Form kleiner Dreiecke gegeben ist. — Um die Erzeugung von Interferenzstreifen zu ermöglichen, ist der Ring schwach keilförmig geschliffen.

In neuerer Zeit hat die Firma Carl Zeiß in Jena aus Bodenplatte, Ring und Deckplatte bestehende Fizeausche Dilatometer anstatt aus Bergkristall aus dem nur eine sehr geringe Ausdehnung besitzenden Quarzglas in den Handel gebracht.

Die Verschiebung des Interferenzstreifensystems ist außer von der geometrischen Änderung der Luftplatte auch von deren optischen Beschaffenheit, der Größe des Brechungsexponenten abhängig, welcher sich mit der Temperatur und dem Druck ändert. Diesem Einfluß muß durch Einführung einer Korrektion Rechnung getragen werden. — Für dickere Luftplatten, also z. B. bei der Messung der absoluten Ausdehnung des Quarzringes, wird die Ermittelung der Korrektion unsicher; man vermeidet deshalb dann die Korrektion lieber ganz, indem man solche Beobachtungen statt in Luft im Vakuum anstellt.

Die bei Temperaturänderungen durch die Marke im Gesichtsfeld wandernden Interferenzstreifen kann man zählen, wobei man die am Anfang und am Ende der Wanderung auftretenden Bruchteile der Streifenintervalle schätzt oder noch besser mikrometrisch mißt. Das Zählen erfordert aber unausgesetzte Beaufsichtigung des Streifensystems während der ganzen Versuchsdauer und führt zur vorzeitigen Ermüdung des Beobachters. Ferner treten beim Zählen leicht Irrtümer auf; manchmal wird auch die Kontinuität der Streifenwanderung, etwa durch Beschlagen im Strahlengang liegender Glasflächen mit Wasserdampf, zeitweise für die Beobachtung unterbrochen. Es wird darum meist ein von Abbe angegebenes Verfahren, statt einer Wellenlänge deren mehrere zu benutzen, mit Vorteil angewendet. Die Dickenänderung der Luftplatte bei der Fizeauschen Anordnung ist nämlich, wie schon angedeutet, gegeben durch die Anzahl in der durch das Gesichtsfeld gewanderten Streifenintervalle, deren jedes einer Dickenänderung um eine halbe Wellenlänge $\lambda/2$ entspricht. Das Produkt $n \cdot \lambda/2$ drückt die Dickenänderung in metrischem Maß, etwa in $\mu = 0,001$ mm aus, wenn auch λ in μ gegeben war. Die Größe $n \cdot \lambda/2$ ist somit unabhängig von der benutzten Wellenlänge; führt man daher die Messung in mehreren Wellenlängen gleichzeitig aus, so müssen alle so erhaltenen Produkte $n_1 \lambda_1/_2$; $n_2 \lambda_2/_2 \ldots$ einander gleich sein.

Die Zahlen n sind im allgemeinen gebrochene Zahlen, d. h. sie geben mehrere ganze Streifenintervalle und einen Bruchteil derselben. Wird der überschießende Bruchteil durch mikrometrische Messung genügend scharf bestimmt und ist außerdem die Dickenänderung der Luftplatte, was fast stets der Fall ist, in grober Annäherung bekannt, so lassen sich mit Hilfe der Bedingung der Gleichheit der Produkte $n \lambda/2$ die ganzen durchgegangenen Streifenintervalle auch ohne Zählen für jede benutzte Spektralfarbe rechnerisch erschließen.

Die mit dem Fizeauschen Dilatometer gemessenen Größen sind im allgemeinen nur klein. Ist ein 1 cm hoher Platinzylinder in einen wenig höheren Ring aus Quarzglas eingebaut, so beträgt die Ausdehnungsdifferenz beider zwischen 0 und 100^0 nur 9 μ und es wird demnach in Rot eine Verschiebung von etwa 27, in Violett von etwa 36 Streifen beobachtet. Da man die Lage des Streifensystems auf wenige hundertstel Streifenbreiten genau feststellen kann, so würde man bei der Messung der Ausdehnung des Platinzylinders eine Genauigkeit von 1 Promille erreichen, was einer Genauigkeit der Temperaturmessung von $0,1^0$ C entspricht. Mit dieser Genauigkeit ist die Fizeausche Methode der Komparatormethode (s. den Artikel: Ausdehnung durch die Wärme) völlig gleichwertig. *Scheel.*

Näheres s. Scheel, Praktische Metronomie. Braunschweig 1911.

Fizeauscher Versuch (s. Artikel Optik bewegter Körper). Wenn sich Licht in einem Körper vom Brechungsexponenten n fortpflanzt, hat es relativ zum Fundamentalsystem die Geschwindigkeit $\frac{c}{n}$, wenn c die Lichtgeschwindigkeit im Vakuum bedeutet. Wenn der betrachtete Körper sich aber relativ zum Fundamentalsystem mit der Geschwindigkeit v in der Richtung der Lichtfortpflanzung bewegt, teilt der Körper einen durch den Mitführungskoeffizienten μ bestimmten Bruchteil seiner Geschwindigkeit dem Körper mit, das sich also jetzt mit der Geschwindigkeit

$$c' = \frac{c}{n} + \mu v \ldots \ldots 1)$$

relativ zum Fundamentalsystem bewegt. Für diesen Mitführungskoeffizienten ergibt die Theorie von Fresnel den Wert

$$\mu = 1 - \frac{1}{n^2} \ldots \ldots 2)$$

H. Fizeau unternahm es nun im Jahre 1851, diese Fresnelsche Theorie durch einen direkten Versuch zu prüfen. Er verwendete als bewegten Körper Wasser, das er durch zwei parallele Röhren R_1 und R_2 von der Länge l mit der Geschwindigkeit v relativ zur Erde fließen ließ. Dabei war die Strömungsrichtung in den beiden Röhren einander entgegengesetzt. Vor dem Apparat war ein Schirm mit zwei parallelen Spalten S_1 und S_2 aufgestellt. Fizeau ließ nun Sonnenlicht durch eine Spalte

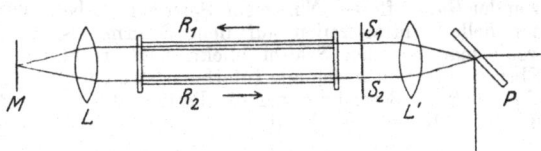

Fizeauscher Versuch.

auf den Schirm auffallen. Durch die beiden Schirmspalten wurden die Sonnenstrahlen geteilt und gelangten teils in die erste, teils in die zweite Röhre.
Nach dem Durchgang durch diese wurden sie durch
eine Linsenkombination L und einem Spiegel M
wieder in die Röhren zurückgeworfen, und zwar so,
daß die durch R_1 gekommenen Strahlen jetzt
durch R_2 gingen und umgekehrt, durchsetzten
wieder die beiden Schirmspalten S_1 und S_2, wurden
vor dem Apparat durch eine Linse L' vereinigt
und durch eine unter 45^0 geneigte planparallele
Platte P senkrecht zur ursprünglichen Achse der
Versuchsanordnung abgelenkt. Auf einem Schirm,
der diesen abgelenkten Strahlen senkrecht in den
Weg gestellt wird, entstehen dann Interferenzstreifen. (Praktisch wird die Erscheinung natürlich
besser durch ein Fernrohr beobachtet.) Ist das
Wasser in beiden Röhren in Ruhe, so ist die Erscheinung dieselbe, als wären die Spalten S_1 und S_2
zwei Lichtquellen, die kohärentes Licht von gleicher
Phase aussenden. Es ergibt sich eine Erscheinung
wie bei dem einfachen Fresnelschen Spiegelversuch,
wobei in der Mitte des Interferenzbildes eine helle
Linie auftritt, das Ergebnis der Interferenz von
Strahlen vom Gangunterschied Null. Parallel dazu
folgen helle Streifen von geringerer Leuchtkraft
im regelmäßigen Abstand, der Streifenbreite δ,
die der Wellenlänge λ des verwendeten Lichtes
proportional ist. Nennen wir den gesamten Lichtweg der Strahlen, die sich in der zentralen hellen
Linie vereinigen, 2 L, so ist L im wesentlichen
durch die Röhrenlänge l gegeben, und die gemeinsame Lichtzeit dieser interferierenden Strahlen ist,
wenn wir von dem Weg außerhalb des Wassers,
an dem ja während des ganzen Versuches sich nichts
ändert, absehen

$$\tau = \frac{2\,l\,n}{c} \quad \ldots \ldots \ldots \; 3)$$

Lassen wir nun das Wasser in der angedeuteten
Art strömen, wie es die Pfeile in Abb. 1 anzeigen,
so laufen die durch S_1 eintretenden Strahlen auf
ihrem ganzen Wege im Sinne der Bewegung des
Wassers, die durch S_2 eintretenden im entgegen-
gesetzten. Nennen wir die Lichtzeiten dieser beiden
Arten von Strahlen τ_1 bzw. τ_2, so ist nach
Gleichung 1)

$$\tau_1 = \frac{2\,l}{\dfrac{c}{n} + \mu\,v} \qquad \tau_2 = \frac{2\,l}{\dfrac{c}{n} - \mu\,v} \quad . \; . \; 4)$$

Daraus ergibt sich, wenn wir nur Größen erster
Ordnung in $\dfrac{v}{c}$ berücksichtigen, zwischen den beiden Strahlen ein Gangunterschied

$$\tau_2 - \tau_1 = \frac{4\,l\,\mu\,v\,n^2}{c^2}$$

oder, wenn der Fresnelsche Wert Gleichung 2)
für μ eingesetzt wird,

$$\tau_2 - \tau_1 = \frac{4\,l\,(n^2 - 1)}{c^2}\,v \quad . \; . \; . \; . \; 5)$$

Dadurch wird der Vereinigungspunkt der Strahlen
von der Gangdifferenz Null gegen S_1 zu verschoben,
der helle Zentralstreifen auf dem Schirm also,
wenn man auf den Schirm blickt, nach rechts.
Ebenso verschieben sich alle Interferenzstreifen um
ein Stück x. Bezeichnen wir die Periode des verwendeten Lichtes mit T, also

$$T = \frac{\lambda}{c} \quad \ldots \ldots \ldots \; 6)$$

so ist die Verschiebung in Bruchteilen der Streifenbreite offenbar

$$\frac{x}{\delta} = \frac{\tau_2 - \tau_1}{T} = \frac{4\,l\,(n^2 - 1)}{\lambda}\,\frac{v}{c} \; . \; . \; . \; 7)$$

Fizeau verwendete Röhren von der Länge
1,487 m und Wasser von einer Geschwindigkeit v
7,06 m in der Sekunde. Setzt man dann für Wasser
n = 1,333 und für die Wellenlänge des verwendeten
Lichtes $\lambda = 0,53\ \mu$, so erhält man aus Gleichung 7)
$\dfrac{x}{\delta} = 0,203$. Wenn man nicht die Verschiebung der
Streifen beim Übergang von ruhendem zu be-
wegtem Wasser betrachtet, sondern die Verschiebung bei der Umkehrung der Bewegungsrichtung
des gesamten Wasserstromes, so muß sich natürlich
die doppelte Streifenverschiebung ergeben, also
$\dfrac{x}{\delta} = 0,406$. Tatsächlich erhielt Fizeau als Mittelwert aus seinen Versuchen $\dfrac{x}{\delta} = 0,46$. Der Fizeausche Versuch wurde 1886 von Michelson und
Morley mit Anwendung der feinsten Präzisions-
methoden wiederholt. Sie benützten Röhren von
6 m Länge und erzielten Verschiebungen der Interferenzlinien bis zu $^1/_{10}$ der Streifenbreite. Aus ihren
Beobachtungen ergab sich, wenn man rückwärts aus
der Verschiebung den Mitführungskoeffizienten berechnet, der Wert von 0,434 mit einem möglichen
Fehler von ± 0,02, während der nach Fresnel
für Wasser berechnete Wert 0,438 beträgt. Man
kann also sagen, daß durch den Fizeauschen Versuch die Fresnelsche Annahme über die Mitführung
sichergestellt ist. Der Versuch wurde auch mit
strömender Luft von 25 m/sec Strömungsgeschwindigkeit angestellt und überhaupt keine wahrnehmbare Verschiebung der Streifen gefunden, was die
Fresnelsche Annahme, daß strömende Luft wegen
ihres geringen Brechungsvermögens den Gang der
Lichtstrahlen überhaupt nicht merkbar beeinflußt,
direkt ins Auge springen läßt.

H. A. Lorentz hat als erster darauf aufmerksam gemacht, daß zu der Fresnelschen Mitführung
noch ein Effekt der Bewegung auf die Lichtgeschwindigkeit hinzutritt. Wenn nämlich Licht einen bewegten Körper durchläuft, so hat es relativ zu ihm
nicht dieselbe Schwingungsfrequenz und also auch
nicht dieselbe Wellenlänge, als wenn der Körper
im Fundamentalsystem ruhen würde. Diese Veränderung ist eine Folge des Dopplerschen Prinzips.
Ist nun der Körper ein dispergierender, so hat
jede Änderung der Wellenlänge auch eine Änderung
des Brechungsquotienten zur Folge und infolgedessen auch eine Änderung der Lichtgeschwindigkeit $\dfrac{c}{n}$. Es sei n das Brechungsvermögen unseres
Körpers, wenn er ruht, für eine bestimmte Lichtsorte von der Frequenz v. Bewegt er sich mit der
Geschwindigkeit v in der Richtung der Lichtfortpflanzung, so hat dieselbe Lichtsorte jetzt
relativ zu ihm eine Frequenz v', die nach dem Dopplerschen Prinzip (s. Artikel Dopplersches Prinzip)

$$v' = v\left(1 - \frac{v\,n}{c}\right) \quad \ldots \ldots \; 8)$$

beträgt. Setzten wir Änderung der Frequenz
$v' - v = dv$, so ist

$$d\,v = -\,v\,\frac{v\,n}{c} \quad \ldots \ldots \; 9)$$

Die Wellenlänge dieser Lichtsorte im Vakuum

$$\lambda = \frac{c}{v} \quad \ldots \ldots \ldots \; 10)$$

erleidet dann dementsprechend eine Änderung

$$d\lambda = \lambda \frac{v\,n}{c} \quad \ldots \ldots \; 11)$$

Wenn n (λ) die durch die Dispersion gegebene funktionale Abhängigkeit des Brechungsexponenten von der Lichtsorte ist, geht der Brechungsexponent n durch die Bewegung in einen Wert n′ über, wobei

$$n' = n + \frac{d\,n}{d\,\lambda} d\lambda \quad \ldots \ldots \; 12)$$

wo $\frac{d\,n}{d\,\lambda}$ den Differentialquotient der Funktion n (λ) bedeutet. In Gleichung 1) muß dann an Stelle von $\frac{c}{n}$ für die Lichtgeschwindigkeit ohne Berücksichtigung der Mitführung $\frac{c}{n'}$ treten. Nun ist aber bis auf Größen höherer Ordnung nach Gleichung 12) und 11)

$$\frac{c}{n'} = \frac{c}{n} - \frac{\lambda}{n} \frac{d\,n}{d\,\lambda} v \quad \ldots \ldots \; 13)$$

Setzten wir das anstatt $\frac{c}{n}$ in Gleichung 1) ein, so kommt das auf dasselbe hinaus, als würden wir Gleichung 1) beibehalten und nur für μ an Stelle des Fresnelschen Wertes Gleichung 2) den Wert

$$\mu = 1 - \frac{1}{n^2} - \frac{\lambda}{n} \frac{d\,n}{d\,\lambda} \quad \ldots \ldots \; 14)$$

setzen. Berechnen wir diesen Wert z. B. für die Frequenz der D-Linie des Natriums, so ergibt sich aus Gleichung 14) μ = 0,451, während der Fresnelsche Wert Gleichung 2) μ = 0,438 ergibt. Mit dem von Michelson und Morley experimentell gefundenen Wert von 0,434 ± 0,02 sind beide vereinbar. Erst 1915 hat Zeeman durch Versuche über die Mitführung des Lichtes durch dispergierende Körper auch experimentell für die Richtigkeit des Lorentzschen gegenüber dem ursprünglichen Fresnelschen Wert entschieden. *Philipp Frank.*
Näheres s. M. E. Mascart, Traité d'optique. Band 3. Paris 1893.

Fläche s. Äquipotentialflächen.

Flächenbelastung eines Flugzeugs ist die Last, welche die Flächeneinheit des Flügels zu tragen hat, also der Quotient $\frac{\text{Gewicht des Flugzeugs}}{\text{Flügelfläche}}$. Mit wachsender Flächenbelastung vermehrt sich die Schnelligkeit eines Flugzeugs, dagegen vermindert sich die Steigfähigkeit. Kleine Flugzeuge weisen in der Regel eine Flächenbelastung von 40 bis 45 kg/m² auf, große von 30 bis 35 kg/m²; doch gibt es auch Konstruktionen von etwa 80 kg/m².
L. Hopf.

Flächenblitz s. Blitz.

Flächendichte, elektrische. Im stationären Zustand befindet sich freie Elektrizität nur auf der Oberfläche der Leiter, an der Grenzfläche zwischen Leiter und Dielektrikum oder zwischen zwei Dielektriken. Dort hat man sich die Elektrizität in flächenhafter Verteilung vorzustellen; die Elektrizitätsmenge pro Flächeneinheit wird dabei als Flächendichte bezeichnet.

Geht man durch eine Fläche mit der elektrischen Flächendichte σ in Richtung der Normalen zur Fläche (n) hindurch und besitzen die Potentiale zu beiden Seiten der Fläche die Werte +V und —V, so gilt in der Elektrostatik der Satz, daß dabei ein Potentialsprung auftritt, der sich aus dem Ausdruck ergibt:

$$\frac{\partial V_+}{\partial n} - \frac{\partial V_-}{\partial n} = -4\pi\sigma$$

Demnach berechnet sich die Flächendichte der freien Elektrizität an der Grenzfläche zu

$$\sigma = \frac{1}{4\pi}\left(\frac{\partial V_+}{\partial n} - \frac{\partial V_-}{\partial n}\right).$$

Gleichförmige Verteilung der Elektrizität, d. h. eine konstante Flächendichte, findet sich nur auf der Oberfläche einer allein im Raume befindlichen Kugel, einer unendlichen Ebene und eines unendlich langen Zylinders.

Ist die geometrische Form eine andere oder befinden sich andere Isolatoren oder Leiter in der Nähe, so ist die elektrische Flächendichte verschieden.

Im allgemeinen läßt sich die Abhängigkeit der elektrischen Flächendichte von der Form dadurch kurz charakterisieren, daß man sagt, die Flächendichte ist um so größer, je stärker der Leiter an der betreffenden Stelle gekrümmt ist. Man kann dies leicht zeigen, wenn man zwei metallische Kugeln betrachtet, eine von kleinem, die andere von großem Radius, die durch einen feinen Draht verbunden sind. Mit Rücksicht darauf, daß das Potential sich auf beiden Kugeln ausgleicht, findet man durch eine elementare Rechnung, daß sich die Flächendichten umgekehrt wie die Kugelradien verhalten. Die Elektrizitätsmenge ist auf der kleineren Kugel wohl im Verhältnis der Radien kleiner, die Oberflächendichte aber in demselben Verhältnis größer.

Wird die Kugel schließlich unendlich klein, so wird die Flächendichte theoretisch unendlich groß, was jedoch in Wirklichkeit nie eintritt. Oberhalb einer gewissen Flächendichte findet ein „Ausströmen" der Elektrizität statt, was unter dem Namen „Spitzenentladung" (s. diese) bekannt ist. Richtiger ist es aber wahrscheinlich, für diese Erscheinung nicht die Flächendichte, sondern die mit dieser parallel gehende Feldstärke in der unmittelbaren Umgebung der Spitze verantwortlich zu machen. *R. Jaeger.*

Flächeneinheiten. Die Flächeneinheiten sind aus dem Meter und seinen Unterabteilungen abgeleitet: 1 Quadratmeter (m²) = 100 Quadratdezimeter (dm²) = 10 000 Quadratzentimeter (cm²) = 1 000 000 Quadratmillimeter (mm²), 1 000 000 Quadratmeter (m²) = 10 000 Ar (a) = 100 Hektar (ha) = 1 Quadratkilometer (km²).
Scheel.
Näheres über ältere Einheiten s. Landolt-Börnstein, Physikalisch-chemische Tabellen. Berlin.

Flächenhelle, eine photometrische Größe. Definition s. Photometrische Größen und Einheiten, Nr. 4, ferner Photometrische Gesetze und Formeln, Nr. 3. Messung s. Universalphotometer.
Liebenthal.

Flächensatz s. Impulssätze.

Flageoletton nennt man den Oberton einer Saite, wenn derselbe, ohne daß die tieferen Partialtöne mitklingen, dadurch in großer Stärke erzeugt wird, daß die Saite, während sie angestrichen wird, in einem passenden Knoten der betreffenden Oberschwingung lose mit dem Finger berührt wird. S. auch Monochord und Saitenschwingungen.
E. Waetzmann.
Näheres s. jedes größere Lehrbuch der Akustik.

Flammenapparat von R. König besteht aus einer größeren Anzahl von manometrischen Flammen (s. d.), deren Kapselmembranen noch mit je einem Luftresonator (s. d.) in Verbindung stehen, so daß die Luftschwingungen in den Resonatoren die zugehörigen Membranen zum Mitschwingen bringen. Die Resonatoren sind verschieden abgestimmt. Die Flammen werden in einem rotierenden Spiegel betrachtet.

Der Apparat dient zur Demonstration der Klanganalyse (s. d.) durch Resonanz. Wird ein Klang angegeben, z. B. ein Vokal gesungen, so kommen damit alle diejenigen Resonatoren (und damit die zugehörigen Flammen) zum Mitschwingen, deren Eigentöne als Partialtöne in dem Klange enthalten sind. *E. Waetzmann.*

Näheres s. R. König, Quelques expériences d'Acoustique. Paris 1882.

Flammenbilder s. manometrische Flammen.

Flammenbogenlampe s. Wirtschaftlichkeit von Lichtquellen.

Flammenkaleidophon s. Sichtbarmachung von Schallschwingungen.

Flammenleitung. Ein in die Nähe einer Flamme gebrachter geladener Körper verliert seine Ladung. Bringt man in einer Flamme zwei Elektroden an, so geht bereits bei sehr kleiner Spannungsdifferenz ein elektrischer Strom zwischen diesen Elektroden über. Eine Flamme besitzt also elektrische Leitfähigkeit. Diese rührt davon her, daß in jeder Flamme freie Elektrizitätsträger, — Ionen und Elektronen (s. diese) — vorhanden sind, welcher unter der Wirkung einer in der Flamme herrschenden Spannungsdifferenz an die Elektroden wandern und den Übergang eines Stromes vermitteln. Besonders verstärkt wird die Leitfähigkeit durch die Einführung von Metalldämpfen in die Flamme. Alle Salze desselben Metalles bewirken bei äquivalenter Konzentration nahezu die gleiche Leitfähigkeit. Außerdem sind verschiedene weitere Gesetzmäßigkeiten gefunden worden.

Nach Lenard bestehen die positiven Elektrizitätsträger in der metalldampfhaltigen Bunsenflamme aus Metallatomen, welche durch Abgabe eines Elektrons eine positive Ladung angenommen haben. Jedoch werden die Zeiten, in denen diese Atome geladen sind, durch lange Zwischenräume unterbrochen, in denen sie durch Wiederaufnahme eines Elektrons neutralisiert sind. Die negativen Ladungsträger sind in der Bunsenflamme freie Elektronen, dagegen sind in der Chlorflamme die Elektronen an Chlor gebunden. In den von der Flamme abstreichenden Verbrennungsgasen bestehen in der Regel die Ladungsträger beiderlei Vorzeichens infolge Anlagerung neutraler Moleküle aus Kernen von relativ erheblicher Masse.

Das Auftreten freier Ladungsträger in Flammen ist als Folge der sich in der Flamme abspielenden chemischen Prozesse anzusehen.

Die Anzahl der Ladungsträger ist in den einzelnen Bereichen einer Flamme verschieden und steht in engem Zusammenhang mit der Lichtemission der Flamme. *Westphal.*

Näheres s. A. Becker, Jahrb. d. Radioaktivität u. Elektronik, 13, S. 139, 1916.

Flammenrohr von Rubens. Ein horizontal stehendes, etwa 2 m langes (Messing-) Rohr von mehreren Zentimetern Durchmesser, welches an einem Ende durch eine feste Wand und am anderen Ende durch eine empfindliche Membran (Kautschuk) verschlossen ist ist oben mit einer Reihe von dicht aneinanderliegenden Löchern versehen.

Durch ein oder mehrere Ansatzstücke wird Leuchtgas in das Rohr geleitet, welches zu den Löchern ausströmt und hier entzündet wird. Solange die Membran in Ruhe ist, brennen alle Flammen gleich hoch. Wird jetzt die Membran durch eine Schallquelle (Stimmgabel, Pfeife usw.) erregt, so entstehen in dem Leuchtgas stehende Wellen, deren Form durch die verschiedene Höhe der einzelnen Flammen kenntlich wird. Mit der Theorie des Flammenrohres, die recht kompliziert ist, hat sich Kriegar-Menzel beschäftigt.

Waetzmann hat zu dem Hauptrohr ein seitliches Ansatzrohr von gleichem Durchmesser und am Ende mit einem verschiebbaren Stempel versehen, hinzugefügt, um auch die Interferenz des Schalles mit Hilfe des Flammenrohres nachzuweisen.

Der Apparat gehört zu den schönsten Demonstrationsapparaten der Akustik, ist allerdings nicht ganz leicht zu bedienen. *E. Waetzmann.*

Näheres s. E. Waetzmann, Ann. d. Phys. 31, 1910.

Flaschentöne sind die Töne, welche beim Anblasen von Flaschen entstehen (s. Zungen, Zungeninstrumente und Pfeifen). *E. Waetzmann.*

Flashspektrum heißt das früher nur im Moment der Totalität einer Sonnenfinsternis zu beobachtende Emissionsspektrum der Chromosphäre (siehe Sonnenspektrum). *W. Kruse.*

Flatternde Herzen. Farbige Papierschnitzel, die auf einer anders farbigen Unterlage befestigt sind, scheinen sich dieser gegenüber zu verschieben, d. h. ihrer Bewegung vorauszueilen bzw. hinter ihr zurückzubleiben, wenn man die Unterlage (samt den Papierschnitzeln) mit einer gewissen Geschwindigkeit vor dem ruhig stehenden Auge hin und her bewegt. Der Grund dieser Erscheinung dürfte darin liegen, daß der Lichteindruck im Auge bei den verschiedenen Farben nicht gleich schnell zustandekommt und wieder verschwindet. Am deutlichsten ist das Phänomen, wenn man rote Schnitzel auf blauem Grunde (oder umgekehrt) verwendet und die Beobachtung bei einer Beleuchtung vornimmt, die den Bedingungen des Dämmerungssehens nahekommt. Das Blau bleibt dann immer beträchtlich hinter dem Rot zurück. Dies führt zu der Deutung, daß das Anklingen der Erregung in dem „Dämmerungsapparat" (s. Duplizitätstheorie) deutlich langsamer vonstatten geht als in dem Hellapparat, wofür ja auch andere Erfahrungen sprechen (s. Nachlaufendes Bild). Möglicherweise wird der Tatbestand jedoch hierdurch nicht erschöpft, sondern muß mit Rücksicht auf die Beobachtungen bei stärkerer Beleuchtung (s. o.) angenommen werden, daß auch das Ansprechen der verschiedenen Farben im Hellapparat mit verschiedener Geschwindigkeit erfolgt, wobei ebenfalls das Blau hinter dem Rot nachhinkt. *Dittler.*

Näheres s. v. Helmholtz, Handb. d. physiol. Optik, III. Aufl.. Bd. 2, 1911.

Flecnodalkurve ist der Ort derjenigen Punkte, die in der Schnittkurve ihrer Berührungsebene mit einer Gibbschen Fläche (s. thermodynamische Blätter) als Flecnode (Doppelpunkt, in dem der eine Zweig der Kurve einen Inflexionspunkt hat) auftreten und in denen einer der Tangenten mit der Fläche eine Berührung dritter Ordnung hat. *Henning.*

Flemingdetektor. Von Fleming angegebener Wellenanzeiger, bei dem die Ventilwirkung einer Gasstrecke Anwendung findet. Er besteht aus einer durch Gleichstrom zum Glühen gebrachten und in diesem Zustand Elektronen aussendenden Kathode K und einer ihr gegenüberliegenden Anode A, die beide über ein Telephon und eine Selbstinduktionsspule miteinander verbunden sind. Wird diese Spule von elektrischen Schwingungen durchflossen, so wird im Telephon T ein Knacken hörbar, das wieder verschwindet, sobald die Schwingungen aufhören.

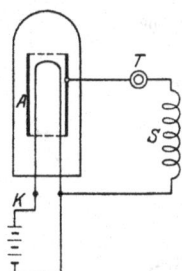

Fleming-Detektor.

A. Esau.

Fleming-Röhre, evakuierte Entladungsröhre mit einem Glühfaden als Kathode und einer Anode als Detektor für elektrische Schwingungen. Die Detektorwirkung beruht auf der vollkommenen Ventilwirkung einer evakuierten Röhre mit Glühkathode, die nur Elektronenstrom in der Richtung Kathode-Anode übergehen läßt. (Siehe auch Detektoren.) Die Glühkathode hat gewöhnlich einen Heizstrom von ca. einem halben Ampere bei etwa 3 Volt nötig. Die Anode ist ein Blech von wenigen Quadratzentimetern Größe in einer Entfernung von 1—3 mm von der Glühkathode. Es sind einige Volt Gleichspannung im Anodenkreise notwendig, um an einer günstigen, d. h. besonders stark gekrümmten Stelle der Charakteristik zu arbeiten. Das gewöhnliche Schaltschema ist: Induktionsspule, Röhre, Hilfsspannung und Telephon, sämtlich in Serie zu einem Kreise geschlossen, zum Telephon parallel ein Kondensator als Brücke für die Hochfrequenz. Die Flemingröhre kommt an Empfindlichkeit den Kontaktdetektoren etwa gleich, ist ihnen jedoch bei guter Konstruktion und hohem Vakuum an Gleichmäßigkeit und Überlastungsfähigkeit überlegen. Ihr scheinbarer Widerstand hat die Größenordnung von 10 000 Ohm. *H. Rukop.*

Näheres s. J. Zenneck, Lehrb. d. drahtl. Tel. 338.

Fliegerhorizont s. Kreiselpendel.

Fliehkraft s. Trägheitskräfte.

Flimmerphotometer von Bechstein, Krüß, Rood s. Photometrie verschiedenfarbiger Lichtquellen.

Flint- und **Kronglas,** im Sinne der angewandten Optik gebraucht, sind Glaspaare, die miteinander so kombiniert werden, daß unerwünschte Eigenschaften, insbesondere die Farbenabweichung der Linsen, die bei Anwendung nur eines Glases in Kauf genommen werden müssen, durch das andere aufgehoben werden (s. Glaseigenschaften, Lichtbrechung). Die Bezeichnungen stammen aus dem Englischen. Krone wurde seiner Gestalt wegen eine bei der früher üblichen Fensterscheibenfabrikation entstehende Zwischenform genannt; der Name wurde dann auf das Glas selbst übertragen: Kronglas hatte die chemische Zusammensetzung des Fensterglases, es war ein Alkali-Kalkglas. Flintglas war Bleikristallglas, genannt nach Flint-Feuerstein, der früher in England als Rohstoff für dieses Glas gebraucht wurde. Heute werden nach dem Vorgang von Abbe die optischen Gläser mit hohem *ν*-Wert Krongläser genannt, Flintgläser heißen die mit niedrigem *ν*-Wert. *R. Schaller.*

Flocculi oder Flocken nennt man die hellen oder dunklen Kalzium- und Wasserstoffwolken, die sich auf spektroheliographischen Aufnahmen der Sonne im Lichte der Kalzium- oder Wasserstofflinien

zeigen (s. Spektroheliograph). Die Spektroheliogramme haben eine der Granulation der Photosphäre ähnliche Struktur, doch sind häufig große Flächen mit hellen oder dunklen Wolken überdeckt. Helle Wasserstoffflocculi treten besonders in der Umgebung aktiver Sonnenflecke auf. Große Flocculi werden am Rande der Sonne als Protuberanzen sichtbar. *W. Kruse.*

Näheres s. Newcomb-Engelmann, Populäre Astronomie.

Flöte s. Pfeifen.

Flosse heißt der am Flugzeugrumpf feste Teil eines Leitwerks; die Flosse bildet mit dem beweglichen Teil, dem sog. Ruder zusammen, ein Organ, durch welches das Flugzeug gedreht und somit gesteuert wird. Zum Höhenleitwerk gehört die Höhenflosse, zum Seitenleitwerk die Kielflosse. Bei kleinen Flugzeugen fehlen die Flossen oft, so daß nur mit beweglichen Flächen gesteuert wird. Durch Anbringung von Flossen wird jedoch das Moment, welches der Führer aufwenden muß, um das Ruder in die zum Steuern nötige Lage zu bringen, bedeutend verkleinert, also die Steuerung erleichtert. Daß der Widerstand dabei etwas erhöht wird, spielt demgegenüber keine Rolle; denn das Leitwerk ist ein kleines Organ, das für den Kräfteausgleich nicht bedeutungsvoll ist. *L. Hopf.*

Flügel (Tragfläche) ist das tragende Organ eines Flugzeugs. Seine Wirkung beruht auf dem Umstand, daß er bei richtiger Anstellung gegen die Fahrtrichtung eine große Kraft erfährt, die fast ganz senkrecht zur Bewegungsrichtung wirkt; der „Auftrieb" ist groß im Vergleich zum „Widerstand"; eine große Kraftwirkung (Tragen des Gewichtes) wird auf Kosten einer relativ kleinen Leistung (des Motors) erzielt.

Die auf einen bewegten Flügel wirkenden Kräfte sind proportional der Luftdichte ϱ, der Fläche F des Flügels und dem Quadrat der Geschwindigkeit v. Beim Fluge ist der Anstellwinkel der Flügelsehne gegen die Fahrtrichtung stets klein (— 4° bis 10°). In diesem Bereich wächst mit wachsendem Anstellwinkel der Auftrieb sehr stark, der Widerstand langsamer. Dadurch wird der Flug möglich. Setzt man

$$\text{den Auftrieb } A = c_a \cdot \frac{\varrho}{2} v^2 \cdot F,$$

$$\text{den Widerstand } W = c_w \cdot \frac{\varrho}{2} v^2 \cdot F,$$

so sind die Beiwerte c_a und c_w nur von der Form des Flügels und vom Anstellwinkel abhängig. Die Größenordnung veranschaulichen die Figuren; darin

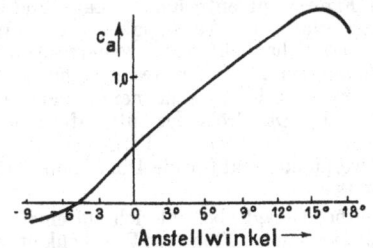

Fig. 1. Auftriebsbeiwert.

sind für ein normales Flügelprofil c_a und c_w in Abhängigkeit vom Anstellwinkel aufgetragen. Eine andere in der Praxis bedeutungsvolle Darstellung

s. u. dem Stichwort „Polardiagramm". Die Form des Flügels ist für die Kräfte von großer Bedeutung; den Einfluß des Grundrisses überblickt man heute theoretisch recht vollständig auf Grund der Zirkulationstheorie; darüber s. „induzierter Widerstand". Über den Einfluß des Querschnittes oder Profils kennt man trotz sehr vieler und guter Modellmessungen nicht viele allgemeinen Gesetz-

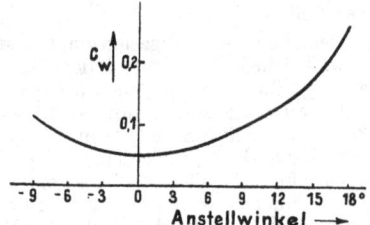

Fig. 2. Widerstandsbeiwert.

mäßigkeiten. Große Wölbung erhöht den Auftrieb; spitzes Zugehen am Hinterende ist wesentlich für die Ausbildung der Zirkulation, welche den Auftrieb hervorruft; runde Ausgestaltung des Vorderendes setzt den Widerstand herunter. Aus Gründen der Festigkeit kann man einen Flügel nicht zu dünn gestalten; auf besonders dicke Flügelquerschnitte ist man angewiesen,

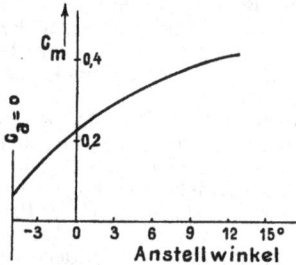

Fig. 3. Momentenbeiwert.

wenn man nach Junkers'Vorgang Flugzeuge ohne Außenverspannungen baut. Ein dicker Flügel ist aber durchaus nicht ungünstiger wie ein dünner, wenn sein Profil richtig gestaltet ist. Außer den Kraftkomponenten übt die Luft auch ein Moment auf den Flügel aus. Dies Moment sucht im praktischen Bereich der Anstellwinkel den Flügel um seine Spitze nach unten zu drehen; es wird dimensionslos angegeben durch die Beziehung

$$\text{Moment um die Spitze } M = c_m \frac{\varrho}{2} v^2 \cdot F \cdot t,$$

wobei t die Tiefe des Flügels (Abmessung in der Bewegungsrichtung) bedeutet. Auch die Größe c_m ist den Figuren zu entnehmen. Lage und Größe der Flügelkräfte in Abhängigkeit vom Anstellwinkel veranschaulicht eine weitere Abbildung. Den Schnittpunkt dieser resultierenden Kraftstrahlen mit der Flügelsehne nennt man „Druckpunkt" (s. d.). Die Größe der Luftkraftmomente ist wesentlich für die richtige Verlegung des Flugzeugschwerpunkts und für die Dimensionierung des Höhenleitwerks.

Das bisher Gesagte bezieht sich auf einen durchweg gleichgestalteten Flügel; in Wirklichkeit werden die Flügel aus Rücksicht auf die Seitenstabilität meist ein wenig „verwunden", d. h. die äußeren Teile des Flügels stehen nicht parallel zu den inneren, sondern sind etwas flacher eingestellt, so daß sie einen kleineren Winkel mit des Fahrtrichtung einschließen, daher kleinere Kräfte erfahren.

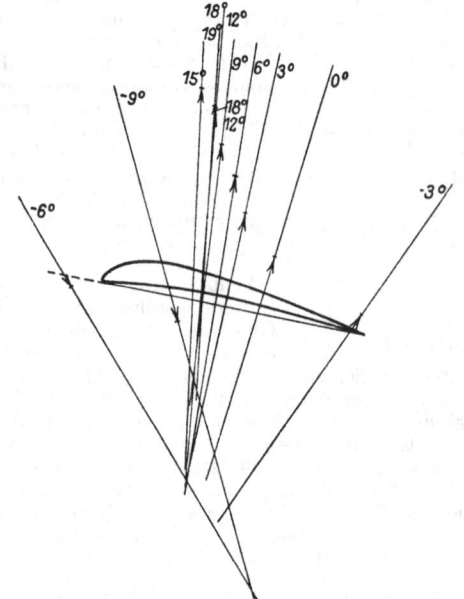

Fig. 4. Flügelprofil mit Kraftstrahlen.

Ferner zeigen die Flügel auf beiden Seiten eines Flugzeugs oft „Pfeilstellung" und „V-Stellung" (s. d.). *L. Hopf.*

Flügel s. Klavier.

Flüsse. Zusammenhängende, unter dem Einfluß der Schwerkraft in fließender Bewegung befindliche Wassermassen, die man nach ihrer Größe folgeweise als Bäche, Flüsse und Ströme zu bezeichnen pflegt.

Wassermenge. Das Wasser der Flüsse wird durch atmosphärischen Niederschlag (s. diesen), Grundwasser (s. dieses), Quellen (s. diese) und Gletscher (s. diese) geliefert, seine Menge hängt aber doch letzten Endes von der Höhe des Niederschlags ab, da auch Grundwasser, Quellen und Gletscher nur aufgespeicherte Niederschlagsmengen darstellen. Im mehrjährigen Mittel ist also die den Fluß an einer bestimmten Stelle passierende Wassermenge, der Abfluß (A), gleich der Differenz von Niederschlag (N) und Verdunstung (V) in der gesamten oberhalb dieser Stelle gelegenen Fläche, innerhalb deren der Abfluß dorthin erfolgt, dem Stromgebiete (F). Der Abflußfaktor $\left(\frac{A \cdot 100}{N}\right)$ schwankt nach H. Keller in den mitteleuropäischen Stromgebieten zwischen 20 (Flachland von 400—500 m Meereshöhe) und 68 (Gebirge über 1100 m). H. Keller hat für das Gebiet dieser Ströme die Abflußformel A = 0,942 (N — 405) aufgestellt, wobei A und N in mm Wasserhöhe auf F verteilt ausgedrückt sind. Doch wirken auf A noch zahlreiche andere Faktoren ein, wie Gefälle des Geländes, Bodenbeschaffenheit, Vegetationsbedeckung, zeitliche Verteilung der Niederschläge und dgl., so daß dieser, wie ähnlichen Formeln, keine allzu große Bedeutung zukommt. Wie verschieden sich der Wasserhaushalt eines Flusses in den beiden Jahreshälften bei uns gestaltet, dafür mag eine von W. Ule für die Thüringische Saale berechnete Aufstellung als Beispiel dienen. Es ergab sich in Prozenten des

Niederschlags für das Jahr und die hydrologischen Halbjahre (November bis April und Mai bis Oktober):

	Jahr	Winter	Sommer
Abfluß, gesamter	27,5	46,0	16,5
„ unmittelbarer . .	17,5	32,5	10,5
„ durch Quell- und Grundwasser . .	10,0	13,5	6,0
Verlust, gesamter	72,5	54,0	83,5
„ Verdunstung . . .	51,5	53,0	51,0
„ sonstiger Verbrauch	21,0	1,0	32,5

Auch die Jahreskurve des Wasserstandes, die in erster Linie von der jahreszeitlichen Verteilung der Niederschläge abhängt, wird durch zahlreiche örtliche Nebenumstände beeinflußt. In den Kulturstaaten werden an mehreren Stellen aller bedeutenderen Flüsse Wasserstandsmessungen angestellt, die in Preußen durch die Landesanstalt für Gewässerkunde bearbeitet werden. Aus Messungen leitet man für die einzelnen Monate und Jahre den mittleren Wasserstand (MW), sowie mittleres Hochwasser (MHW) und mittleres Niedrigwasser (MNW) ab. Daneben unterscheidet man noch die höchsten und niedrigsten bekannten Wasserstände (HHW und NNW). Mit den Wassermengen schwanken die Abflußmengen in erheblichem Maße, und naturgemäß sind diese Schwankungen bei größeren Flüssen in der Regel geringer als bei kleineren. Namentlich bei einigen Nebenflüssen des Rheins sind nach W. Halbfaß die bei HHW abfließenden Wassermengen um ein vielfaches größer als bei NNW, nämlich bei der Mosel 78 mal, Main 91, Lahn 172 und bei der Nahe sogar 300 mal. Das Verhältnis NNW : HHW verringert sich jedoch von der Quelle nach der Mündung zu. So beträgt es z. B. für die Elbe bei Melnik 1 : 113, bei Dresden 1 : 82, bei Torgau 1 : 60, bei Magdeburg 1 : 43, und oberhalb Hamburg 1 : 23. In manchen Trockengebieten der Erde, z. B. im Innern Australiens, wechseln gewaltige Überschwemmungen, deren Wasser Monate braucht, um abzufließen, mit Trockenzeiten, in denen die Flüsse überhaupt versiegen. Die Menge des jährlich dem Meere zufließenden Flußwassers hat man zu 30 640 Millionen cbkm berechnet. Von großem Einfluß auf den Abflußvorgang ist die winterliche Eisdecke.

Temperatur. Die Temperatur des Flußwassers wird mehr durch die Sonnenstrahlung als durch die Lufttemperatur bestimmt. Die tägliche Temperaturschwankung ist gering. Meist ist der Fluß wärmer als die Luft, vor allem im Flachlande. Wegen der starken Bewegung des Flußwassers kommt es in der Regel erst dann zur Eisbildung, wenn die Abkühlung unter 0⁰ herabgegangen ist. Eine feste Eisdecke setzt eine andauernde strenge Frostperiode voraus, ist daher nur in Klimaten mit niedriger Wintertemperatur möglich. Die Dauer der winterlichen Eisdecke nimmt in Eurasien, entsprechend den klimatischen Verhältnissen, von Westen nach Osten hinzu. Sie beträgt in derselben geographischen Breite von 53⁰ Nord für die Weser 29, Weichsel 64, Wolga 130, Ob 168, Amur 192 Tage. Linien, welche die Orte miteinander verbinden, an denen Aufgang oder Zugang der Gewässer gleichzeitig erfolgt, nennt Hildebrandt son Äquiglazialen. Neben dem Oberflächeneis bildet sich in den Flüssen häufig Grundeis (s. dieses).

Die Geschwindigkeit des Wassers im Flusse ist in erster Linie abhängig von dem Gefälle, aber auch von der Form des Bettes. Sie ist am größten über den tiefsten Stellen, nahe der Mitte des Stromes und dicht unter der Oberfläche. Die Linie, welche die größte Strömungsgeschwindigkeit an der Oberfläche bezeichnet, heißt der Stromstrich. Die Linien gleicher Geschwindigkeit in einem Querprofil (Isotachen) verlaufen im allgemeinen parallel zur Begrenzung und umgeben in geschlossenen Kurven den Punkt des Stromstriches. Von diesem nimmt die Geschwindigkeit nach dem Boden etwa im umgekehrten Verhältnis wie das Quadrat der Tiefe ab.

Chemische Beschaffenheit. Das Flußwasser enthält meist Salze, deren chemische Natur von der Bodenzusammensetzung im Flußgebiete abhängig ist. Sie bestehen durchschnittlich etwa aus 60 % Karbonaten, 10 % Sulfaten, 5 % Chloriden und 25 % verschiedenen anderen Verbindungen. Hauptbestandteil ist in der Regel kohlensaurer Kalk. 180 bis 200 g gelöster Stoffe im cbm kann als Mittelzahl gelten. Die Menge der in suspendiertem Zustande mitgeführten festen Bestandteile, von deren Beschaffenheit auch im wesentlichen die Farbe des Flußwassers abhängt, ist starkem Wechsel unterworfen. Der Ohio-Fluß entführt jedem Quadratkilometer seines Gebietes alljährlich mehr als 200 000 kg Bodenbestandteile, davon $\frac{1}{3}$ in gelöstem, $\frac{2}{3}$ in ungelöstem Zustande. Der Indus soll alljährlich etwa eine halbe Billion Kilogramm an Schlammbestandteilen ins Meer führen. Das gesamte von allen Flüssen der Erde ins Meer geschaffte Gesteinsmaterial wird auf viele Milliarden Kubikmeter geschätzt.

Durch Erosion (s. Flußerosion) gräbt der Fluß allmählich sein Bett immer tiefer in den Boden ein, bis ein gewisser Gleichgewichtszustand erreicht ist. Unterbrechungen der so geschaffenen Gefällskurve werden gebildet durch Seen (s. diese) und Wasserfälle, die infolge der Erosionstätigkeit langsam nach dem Oberlauf hin zurückverlegt werden. Im allgemeinen herrscht im Oberlaufe eines Flusses die Erosion vor, während im Unterlaufe die Aufschüttung (Akkumulation) überwiegt. Flüsse mit starker Schlammführung bauen an ihrer Mündung durch Ablagerung der Sinkstoffe ein Delta (s. dieses) oft weit ins Meer hinaus; doch kommen auch andere Formen der Flußmündung vor, z. B. weite offene Mündungstrichter (Ästuare), denen jedoch oft auch Küstenanschwemmungen quer vorgelagert sind, so daß ein Strandsee abgeschnürt wird. Man bezeichnet solche Mündungen als Limane.

Der geographische Bau der Flußsysteme ist sehr verschiedenartig. Unter Stromentwicklung (E) versteht man das Verhältnis der Stromlänge (L) zu der kürzesten Entfernung von Quelle und Mündung (S). E erreicht nach C. Ritter bei der Wolga ein Maximum, nämlich 430 : 210 km = 2,05, bei dem Dniestr ein Minimum 96 : 87 km = 1,07. Setzt man aber für L nicht die aus den Übersichtskarten entnommene rohe Flußlänge, sondern ihre wahre Länge mit allen kleinsten Biegungen und Krümmungen ein, so erhält man natürlich viel größere Werte für E, so daß bei solchen Berechnungen die Angabe der Karte, auf welcher die Messungen ausgeführt wurden, erforderlich ist. Die Anordnung der Nebenflüsse zum Hauptfluß bietet große Mannigfaltigkeit. Die Flußdichte (mittlere Flußlänge in km pro qkm) schwankt selbst innerhalb Deutschlands beträchtlich. Nach L. Neumann beträgt sie bei den Flüssen der

Pommerschen Seenplatte 0,36, im Harz dagegen 1,77. Sie wächst im allgemeinen mit der Regenmenge. Selten ist die Gabelung (Bifurkation) eines Flusses. Langsame Änderungen kommen in jedem Stromsystem vor, gelegentlich aber erfolgen auch gewaltsame Durchbrüche, vor allem beim Hoangho in China, der 1887 seine Mündung von $39^2/_3^0$ nach 34^0 nördlicher Breite verlegte. Durch Anschwemmungen im Mündungsgebiet können verschiedene Flüsse zu einem einzigen Stromsystem vereinigt werden, wie dies z. B. noch in historischer Zeit beim Euphrat und Tigris geschehen ist. Zahllose andere sehr verschiedenartige Veränderungen des Laufes einzelner Flüsse und der Anordnungen von Stromsystemen sind durch historische und geologische Untersuchungen festgestellt worden.

Mitunter verläuft ein Teil des Flusses unterirdisch. Eines der bekanntesten Beispiele ist der 13 km lange unterirdische Abfluß der Donau bei Immendingen, der einen Teil des versickerten Donauwassers dem in den Bodensee mündenden Flüßchen Aach zuführt.

Die größten Flüsse sind die folgenden:

	Stromlänge (L)	Areal des Stromgebietes (F)
Amazonenstrom . .	4900 km	7 050 000 qkm
Kongo	4200 ,,	3 690 000 ,,
Mississippi-Missouri .	6530 ,,	3 248 000 ,,
La Plata	4700 ,,	3 104 000 ,,
Ob	5200 ,,	2 915 000 ,,
Nil	6500 ,,	2 803 000 ,,
Jenissei	5200 ,,	2 510 000 ,,
Lena	4600 ,,	2 320 000 ,,
Niger	4160 ,,	2 092 000 ,,
Amur	4480 ,,	2 010 000 ,,

O. Baschin.

Näheres s. H. Gravelius, Flußkunde. 1914.

Flüssigkeit. Von alters her unterscheidet man drei Aggregatzustände, den festen, flüssigen und gasförmigen Zustand. Als gebräuchlichstes Charakteristikum der Flüssigkeit wird das Fehlen einer eigenen Gestalt angesehen. Die Flüssigkeit nimmt jede beliebige Form, nämlich die des Gefäßes an. Da die Gase ebenfalls jede Form annehmen können, werden sie vielfach zu den Flüssigkeiten gerechnet, und man unterscheidet dann tropfbare (eigentliche) Flüssigkeiten und Gase, welch letztere die weitere Eigenschaft haben, jeden ihnen zur Verfügung stehenden Raum vollständig auszufüllen. Der Unterschied zwischen Gasen und Flüssigkeiten ist nicht streng; in der Nähe der kritischen Temperatur (s. dort) verschwindet der Unterschied ganz. Andererseits können Gase auch „Tropfen" in Form von Gaskugeln bilden, wenn sie sich im leeren Raum fern von anderen Massen befinden. Auch der erwähnte Unterschied zwischen Flüssigkeiten und festen Körpern ist insofern nicht strenge, als eine Tropfenbildung eine Formgebung und Formerhaltung unabhängig vom Gefäß bedeutet.

Als strengere Definition der Flüssigkeit (inkl. der Gase) gegenüber festen Körpern mag gelten, daß bei unendlich langsamen Bewegungen innerhalb der Flüssigkeiten keine Tangentialspannungen (Schubkräfte) auftreten. Indessen gibt es auch bei dieser Definition Übergänge, indem plastische Körper oft noch als fest bezeichnet werden, wenn sie auch unter dem Einfluß schon minimaler Schubkräfte merkliche Formänderungen im Laufe der Zeit erleiden.

Als ein Übergangszustand zwischen Gasen und Flüssigkeiten sind im gewissen Sinne die Nebel anzusehen und als Übergangsform zwischen Flüssigkeiten und festen Körpern die Emulsionen oder Suspensionen und die Kolloide. Bei diesen Stoffformen ist die Materie nicht homogen, sondern die Körper sind dadurch ausgezeichnet, daß eine physikalisch feststellbare Heterogenität der Stoffverteilung besteht, indem abgetrennte Teilchen mit einer angebbaren Oberfläche in einer anderen Grundmasse eingebettet sind. Bei einem Nebel sind flüssige Teilchen in einem Gase vorhanden, bei einer Emulsion feste oder flüssige Teile in einer Flüssigkeit. Im letzteren Fall, wenn die Teilchen selbst flüssig sind, haben sie eine andere Dichte oder Konstitution als das Dispersionsmittel, so daß ausgesprochene Trennungsflächen vorhanden sind. Bei den Kolloiden sind die eingebetteten Teilchen ultramikroskopisch klein und von einem Durchmesser von etwa $^1/_{10}\,\mu$ bis $^1/_{1000}\,\mu$; sie bestehen aber stets aus einer großen Zahl gleichartiger Moleküle im Gegensatz zu den Lösungen (s. dort).

Von den Eigenschaften der Flüssigkeiten seien an dieser Stelle nur folgende erwähnt:

Die Dichte der eigentlichen Flüssigkeiten ist bei normalem Druck und normaler Temperatur nicht sehr verschieden und liegt bei den meisten Flüssigkeiten zwischen 0,6 und 3. Eine Ausnahme bildet nur Quecksilber mit 13,6. Die Dichte nimmt mit zunehmender Temperatur im allgemeinen ab, und zwar im Durchschnitt um etwa 1 pro Mille bei 1^0 C Temperaturerhöhung und einer Temperatur von 10^0. Bei Quecksilber beträgt die genannte Abnahme nur 0,18 pro Mille, bei Schwefelsäure 0,56 pro Mille. Bei höheren Temperaturen wird die Dichteänderung pro Grad größer. Eine Ausnahme bildet allein das Wasser, dessen Dichte bei 4^0 C am größten ist. Bei 0^0 und 8^0 ist sie um 0,23 pro Mille kleiner, bei 16^0 um 1 pro Mille, bei 46^0 um 1 Proz. Die Dichte der Gase ist sehr verschieden, sie liegt zwischen 0,0000895 bei Wasserstoff und 0,00993 bei Radiumemanation bei 0^0 C und 760 mm Barometerstand.

Mit zunehmendem Druck nimmt die Dichte zu (s. Kompressibilität). Die Kompressibilität der tropfbaren Flüssigkeiten ist indessen unter normalen Verhältnissen gegenüber der der Gase außerordentlich gering. Dieser Unterschied kann demnach auch als Unterscheidungsmerkmal zwischen tropfbaren Flüssigkeiten und Gasen gelten. Als Beispiel der Kompressibilität der tropfbaren Flüssigkeiten sei erwähnt, daß das Volumen von Quecksilber um 3,7, von Wasser um 48, von Äther um 168 Millionstel bei einer Druckerhöhung um eine Atmosphäre bei 10^0 C abnimmt. Entgegen der üblichen Ansicht ist es auch möglich, auf tropfbare Flüssigkeiten Zugkräfte auszuüben, wenn man vorher alle absorbierten Gase und Beimengungen entfernt hat. Die Flüssigkeit zeigt dann eine entsprechende Dilatation. Unter großer Vorsicht ist es gelungen, in Flüssigkeiten Zugkräfte bis 70 Atmosphären wirken zu lassen, ohne daß sie zerrissen.

Die Abhängigkeit der Dichte der Gase vom Druck und der Temperatur ist durch die Zustandsgleichung (s. dort) gegeben.

Eine wichtige Eigenschaft der tropfbaren Flüssigkeiten ist es, bei Temperaturerhöhung in den Dampfzustand überzugehen. Ein Dampf heißt gesättigt, wenn er in Berührung mit der tropfbaren Flüssigkeit, bei gegebenem Druck, Volumen und Temperatur, weder zu- noch abnimmt, wenn also keine weitere Verdampfung (s. dort) oder Kondensation (s. dort) eintritt. Der Druck in dem gesättigten Dampf heißt der Dampfdruck. Dieser ist Null bei der absoluten Temperatur Null (— 273° C). Der Dampfdruck nimmt mit der Temperatur zu bis zum kritischen Druck (s. dort), über den hinaus der Unterschied zwischen Dampf und Flüssigkeit aufhört. Der Dampfdruck ist z. B. bei 0° C für Quecksilber 0,0004, bei Wasser 4,58, bei Äthyläther 184,9 mm Quecksilbersäule, dagegen bei 100° C für Quecksilber 0,27, für Wasser 760, für Äthylalkohol 1692 mm Quecksilbersäule. Die Temperatur, bei welcher der Dampfdruck 760 mm erreicht, ist die Siedetemperatur (s. dort). Denn die Flüssigkeit siedet gewöhnlich bei dieser Temperatur. Es ist indessen möglich, sehr reine Flüssigkeiten bei gleichmäßiger Erwärmung merklich über den Siedepunkt zu erhitzen, ohne daß direktes Sieden eintritt; so kann z. B. Wasser bei Atmosphärendruck auf 200° C gebracht werden.

Die Verdampfung findet stets unter Wärmeverbrauch statt. Die Verdampfungswärme (s. dort) beträgt z. B. für 1 kg Wasser bei Atmosphärendruck 536 kleine Kalorien, für Quecksilber 62, für Petroleum 75.

Eine weitere wichtige Eigenschaft aller Flüssigkeiten (der tropfbaren sowohl wie der Gase) ist die innere Reibung (s. dort) oder Viskosität. Diese ist dadurch bedingt, daß in Flüssigkeiten Schubspannungen auftreten, welche den Geschwindigkeitsunterschieden proportional sind. Die innere Reibung ist bei den tropfbaren Flüssigkeiten außerordentlich verschieden und nimmt sehr stark mit der Temperatur ab. Bei großer innerer Reibung spricht man von dickflüssigen, bei kleiner innerer Reibung von leichtflüssigen Flüssigkeiten. Die innere Reibung der Gase nimmt mit der Temperatur zu.

Sehr bezeichnend für die Eigenschaft aller tropfbaren Flüssigkeiten ist die Kapillarität oder Oberflächenspannung (s. dort), welche die Tropfenbildung veranlaßt. Sie wird gemessen durch die Kapillarkonstante (s. dort), welche z. B. für Quecksilber 475, für Wasser 72,5, für Alkohol 21,9 ist.

O. Martienssen.

Flüssigkeitsketten. Von dem Diffusionspotential (s. d.) zwischen zwei Lösungen, welche beide den nämlichen Elektrolyten, aber in verschiedener Konzentration enthalten, ist die E. K. einer Flüssigkeitskette zu unterscheiden, bei welcher im einfachsten Falle zwei verschiedene binäre Elektrolyte aneinander grenzen, die verschiedenes Metall und nur das Anion gemeinsam haben. Bei den Konzentrationsketten (s. d.) beruht die Berechnung der Berührungspotentialdifferenz darauf, daß man Übergangsschichten annimmt, deren Zustand durch das Mischungsverhältnis der beiden Elektrodenflüssigkeiten an jeder Stelle eindeutig bestimmt ist. Bei einer Flüssigkeitskette, z. B. HCl/KCl sind aber Übergangsschichten denkbar, die, durch Diffusion infolge der ungleichen Beweglichkeiten der Kationen entstanden, allein durch Mischung der beiden Endlösungen nicht hergestellt werden können. Dieser Vielheit möglicher Übergänge entspricht eine Vielheit möglicher Werte der Potentialdifferenz, welche auch als in der Natur vorkommend anzusehen sind. Diese Zustände unterscheiden sich jedoch durch die Dauer, während der sie sich zu erhalten vermögen. Für die Messung zugänglich und verwertbar sind nur quasistabile Dauerzustände, die dadurch ausgezeichnet sind, daß erstens die Kon-

zentration der Zwischenschichten sich nur unendlich langsam ändert, und zweitens die gemessene Potentialdifferenz von der Dicke der Berührungsschicht (welche nicht beobachtet werden kann) unabhängig ist. Beide Forderungen können indessen niemals ganz streng realisiert sein und deshalb bleiben immer noch verschiedene gleichberechtigte Möglichkeiten für die Art des Grenzüberganges offen. Planck (1890) charakterisiert den stabilen Zustand der Berührungsschichten dadurch, daß in ihnen die „Gesamtkonzentration" beider (aller) Metallionen eine lineäre Funktion des Abstandes von der Anode sein soll. Bei der experimentellen Bestimmung des Flüssigkeitspotentials wird man nun, um der ersten obiger Forderungen zu genügen, stets dahin streben, durch Diaphragmen oder Gelatinierung die Diffusion in der Berührungsschicht auf ein Minimum herabzudrücken. Daher ist es erlaubt, bei der Entstehung der Berührungsschicht von der Diffusion ganz abzusehen und anzunehmen, daß im quasistabilen Endzustand die Übergangsschichten kontinuierlich aus allen Mischungen der Elektrodenflüssigkeiten zusammengesetzt sind (F. Dolezalek - P. Henderson). Ohne Beschränkung auf verdünnte Lösungen führt dieser Ansatz in einfacher Weise zur thermodynamischen Berechnung des Berührungspotentials beliebiger (auch mehrwertiger) Elektrolyte. Für Ketten vom Typus HCl/KCl ergeben unter der Voraussetzung vollständiger Dissoziation beide Theorien dasselbe Resultat:

$$EF = RT \ln \frac{u_H + v_{Cl}}{u_K + v_{Cl}},$$

wo u und v die Beweglichkeiten des Kations und Anions (s. Leitvermögen) bedeuten und angenommen ist, daß beide Lösungen von gleicher Konzentration sind.

In Übereinstimmung mit diesen Anschauungen und im Gegensatz zu der älteren Auffassung, nach der für das Zustandekommen elektromotorischer Kräfte stets die Mitwirkung von metallischen Leitern notwendig sein sollte, steht die fundamentale Tatsache, daß in einem aus Leitern zweiter Klasse verschiedener Art und Konzentration geschlossenen Kreise sehr wohl ein von außen nicht induzierter galvanischer Strom fließen kann, solange noch eine weitere Vermischung der Flüssigkeiten möglich ist (Nachweis durch Ablenkung einer Magnetnadel).

H. Cassel.

Näheres s. M. Planck, Wied. Ann. 40, 561, 1890. P. Henderson, Zeitschr. f. phys. Chem. 59, 118, 1907.

Flüssigkeitsstrahl. Fließt Flüssigkeit aus einer kleinen Öffnung eines Gefäßes unter Druck aus, so bekommt man einen Flüssigkeitsstrahl. Ist die Öffnung kreisrund, so ist es auch der Querschnitt des Strahles in seiner ganzen Länge. Indessen schnürt er sich durch die Contractio venae (s. dort) dicht unterhalb der Öffnung auf einen kleineren Durchmesser zusammen, um dann auf einer längeren Strecke zylindrische Form anzunehmen. Indessen wird der Strahl nach einer gewissen Entfernung von der Ausflußöffnung trübe und bekommt in regelmäßigen Abständen Bäuche und Einschnürungen, bis er sich schließlich in sichtbare Tropfen auflöst. Bei stroboskopischer Betrachtung erkennt man, daß auch der trübe Teil des Strahles bereits aus einzelnen sich dicht aneinanderschließenden Tropfen besteht, wie in der Figur vergrößert gezeigt ist. Diese Erscheinung rührt daher, daß die

Kapillarkraft die Flüssigkeit in Tropfen aufzulösen trachtet. Bevor diese indessen Kugelgestalt angenommen haben, schwingen sie aus der langgestreckten Form, aus welcher sie entstehen, über die Kugelgestalt hinaus in die Linsenform über, und wieder zurück in die gestreckte Form. Diese Gestaltsschwingungen der Tropfen bewirken, daß der ganze Strahl periodisch dicker und dünner erscheint. Übrigens setzt die Tropfenausbildung schon im durchsichtigen Teil des Strahles ein, indem sich auch hier, allerdings weniger deutlich, Bäuche ausbilden. Da zur Tropfenbildung eine gewisse Zeit nötig ist, die um so größer ausfällt, je kleiner die Kapillarkonstante der Flüssigkeit und die Dicke des Strahles ist, so ist die Länge des klaren kohärenten Strahles der Ausflußgeschwindigkeit proportional, dagegen dem Durchmesser der Ausflußöffnung umgekehrt proportional.

Fließt der Strahl nicht aus einer runden, sondern aus einer rechteckigen Öffnung aus, so erleidet sein Querschnitt auch im klaren Teil periodische Schwankungen, indem der Strahl in Richtung der kleineren Dimension der Öffnung in einiger Entfernung von dieser die Breite der größeren Dimension annimmt und umgekehrt. Auch diese Erscheinung wird durch die Kapillarkräfte verursacht.

O. Martienssen.

Flüssigkeitsstrahl. Näheres s. Violle, Lehrbuch der Physik I, 2.

Flüssigkeitstheorie, kinetische. Die Van der Waalssche Zustandsgleichung (s. diese) stellt in gewisser Annäherung sowohl den gasförmigen als auch den flüssigen Zustand dar. In diesem Zustand sind die Molekeln einander sehr nahe, so daß die mittlere Weglänge (s. diese) im Vergleich zur Größe der Molekeln als klein angenommen werden muß. Die Anziehungskräfte, welche die Molekeln aufeinander ausüben, kommen im Innern der Flüssigkeit in Betracht, da die Kräfte, die auf eine Molekel von den umgebenden ausgeübt werden, sich gegenseitig aufheben. Es wird infolgedessen auch in der Flüssigkeit das Maxwellsche Gesetz (s. dieses), als auch das Äquipartitionsprinzip (s. dieses) seine Gültigkeit haben. Die Stoßzahl (s. diese) der Molekeln muß im Vergleich zum gasförmigen Zustand außerordentlich groß sein und damit auch der Druck, den die Molekeln erzeugen. Daß sich dieser nach außen nicht merkbar macht, rührt davon her, daß die Oberflächenmolekeln durch die Anziehungskräfte einen sehr starken Zug gegen das Innere der Flüssigkeit erfahren und so den Gegendruck zum inneren Druck (s. diesen) der Flüssigkeit bilden. Trotz der großen Kraft, mit welcher die Oberflächenmolekeln gegen das Flüssigkeitsinnere gezogen werden, wird es doch immer solche geben, die eine derartig große Geschwindigkeit nach außen haben, daß sie die Flüssigkeit vollständig verlassen können. Auf diese Weise kommt das Verdampfen zustande. Die Arbeit, die bei der Überwindung der Kapillarkräfte zu leisten ist, entspricht der Verdampfungswärme. In einem geschlossenen Gefäß wird sich Gleichgewicht zwischen Dampf und Flüssigkeit herstellen, das dann erreicht ist, wenn in einer bestimmten Zeit ebensoviel Molekeln aus dem Dampf in die Flüssigkeit als umgekehrt fliegen. Dadurch ist der Dampfdruck (s. diesen) der Flüssigkeit bestimmt. In ähnlicher Weise wie bei Gasen läßt sich auch eine Theorie der inneren Reibung der Flüssigkeiten (s. diese) entwickeln und ein Weg zur Bestimmung der Größe der Molekeln finden. Einen speziellen Teil der Flüssigkeitstheorie bildet die Theorie der Lösungen (s. diese).   *G. Jäger.*

Näheres s. G. Jäger, Die Fortschr. d. kinet. Gastheorie. 2. Aufl. Braunschweig 1919.

Flüssigkeitsthermometer beruhen auf der Ausdehnung einer Flüssigkeit, die in ein Glasgefäß oder (seltener) in ein Metallgefäß eingeschlossen ist (s. Fernthermometer, Metallthermometer, Quecksilberthermometer). Außer der Flüssigkeit dehnt sich auch das Gefäß bei der Temperaturerhöhung aus; die Ausdehnung der Flüssigkeit wird dadurch scheinbar verkleinert. Die scheinbare Ausdehnung der Flüssigkeit kann man ermitteln, indem man aus dem bis zum Rande gefüllten Gefäße die Flüssigkeitsmenge, die bei der Temperaturerhöhung keinen Platz mehr darin hat, in ein anderes Gefäß treten läßt und in diesem wägt (Ausflußthermometer). Gewöhnlich mißt man die Volumenzunahme unmittelbar. An dem Gefäß, das zylindrisch oder meist kugelförmig ist, sitzt ein Kapillarrohr, in dem die Flüssigkeit bei der Temperaturerhöhung ansteigt. Die Teilung befindet sich entweder auf dem dickwandigen Kapillarrohr (Stabthermometer) oder auf einem Papierstreifen oder auf einem Milchglasstreifen hinter der dünnwandigen Kapillare angeordnet, das Ganze vielfach in ein Schutzrohr eingeschlossen (Einschlußthermometer). Als Thermometerflüssigkeit verwendet man in Glasthermometern meist Quecksilber, in gewöhnlichen Handelsthermometern auch gefärbten Alkohol oder gefärbtes Petroleum, in tieferen Temperaturen dessen niedrig siedenden Bestandteil, den Petroläther. Auch meteorologische Thermometer, namentlich solche für tiefere Temperaturen (unterhalb des Erstarrungspunktes des Quecksilbers, -39^0 C), sind oft Alkoholthermometer, auch Toluol wird benutzt. Für tiefe Temperaturen, etwa von -100 bis -200^0, dient nach dem Vorgange der Reichsanstalt das Pentan als Füllflüssigkeit. Pentan wird zwar gegen die untere Grenze dieses Intervalles schon zähflüssig, doch stört das nicht, wenn man das Instrument langsam abkühlt, um dem Faden Zeit zu lassen, sich ohne Benetzung von den Wandungen der Kapillare zu lösen. Die Teilung der Flüssigkeitsthermometer ist ungleichmäßig; die Teilstriche rücken (mit wachsender Temperatur wächst die Ausdehnung der Thermometerflüssigkeit) nach höheren Temperaturen hin auseinander; im übrigen wird der Verlauf der Teilung durch die Natur der Flüssigkeit und durch die Glasart des Thermometers bestimmt.   *Scheel.*

Näheres s. Henning, Temperaturmessung. Braunschweig 1915.

Flüstergewölbe s. Reflexion des Schalles.

Flugbahnberechnung. Es bedeute v_0 die Anfangsgeschwindigkeit des Geschosses; φ den Abgangswinkel; (xy) die Koordinaten eines beliebigen Flugbahnpunkts (die x-Achse wagerecht und positiv in der Schußrichtung, die y-Achse lotrecht und positiv nach oben, der Koordinatenanfang im Abgangspunkt); ϑ den Horizontalneigungswinkel der Flugbahntangente in diesem Punkt (xy); t die Flugzeit des Geschosses bis zum Erreichen des Punkts; v die Bahngeschwindigkeit des Geschosses daselbst; $cf(v)$

die Verzögerung durch den Luftwiderstand für die betreffende Geschoßform; c der ballistische Koeffizient, der von der Masse, dem Querschnitt und der Form des Geschosses, sowie von der Luftdichte im Punkt (xy) abhängt. Falls die beschränkenden Voraussetzungen des sog. außerballistischen Hauptproblems im engeren Sinne gelten sollen (vgl. „Ballistik" und „Flugbahneigenschaften"), so wird bei Flachbahnen (nämlich bis höchstens $\varphi = 45^0$), meistens die Näherungslösung von F. Siacci verwendet. Darnach erhält man x, y, ϑ, t, v in Funktion des Parameters u durch die folgenden Gleichungen:

$$x = \frac{\sigma^2}{\gamma\,c}\Big(D\,(u) - D\,(u_0)\Big); \quad t = \frac{\sigma}{c\,\gamma}\Big(T\,(u) - T\,(u_0)\Big);$$

$$\operatorname{tg}\vartheta = \operatorname{tg}\varphi - \frac{1}{2\,c\,\gamma}\Big(J\,(u) - J\,(u_0)\Big),$$

$$y = x\operatorname{tg}\varphi - \frac{\sigma^2}{2\,c^2\,\gamma^2}\Big\{A\,(u) - A\,(u_0) - J\,(u_0)$$

$$\Big(D\,(u) - D\,(u_0)\Big)\Big\}; \quad v = \frac{\sigma}{\cos\vartheta}\cdot u; \; v_0 = \frac{\sigma}{\cos\varphi}\cdot u_0.$$

Hier sind σ und γ konstante Mittelwerte für gewisse Größen, die entlang der Flugbahn tatsächlich etwas variabel sind; dafür wählte Didion und

Siacci 1880: $\sigma = \gamma = \dfrac{\operatorname{tg}\vartheta - \operatorname{tg}\varphi}{\displaystyle\int_{\varphi}^{\vartheta}\sec^3\vartheta\cdot d\,\vartheta}$; Siacci 1896

wählte: $\sigma = \cos\varphi$, $\gamma = \beta\cos^2\varphi$, wobei er selbst für β zum praktischen Gebrauch eine Tabelle gibt, dagegen E. Vallier einen auf dem Restglied der Taylorschen Reihenentwickelung in der Integralform beruhenden Formelausdruck, der allgemeiner verwendbar und zutreffender ist, als die Tabelle von Siacci. Die Werte D, T, I, A sind die sog. primären Siaccischen Funktionen:

$$D\,(u) = -\int\frac{u\,d\,u}{f\,(u)}; \quad T\,(u) = -\int\frac{d\,u}{f\,(u)};$$

$$J\,(u) = -2\,g\int\frac{d\,u}{u\,f\,(u)}; \quad A\,(u) = -\int\frac{J\,(u)\,u\,d\,u}{f\,(u)}.$$

Die Lösung der einzelnen Flugbahnaufgaben, zumal derjenigen betr. des Endpunkts der Flugbahn im Mündungshorizont, gestaltet sich bequemer durch Einführung der sog. sekundären ballistischen Funktionen; diese enthalten die 2 Argumente u_0 und $\dfrac{\gamma\,c}{\sigma^2}\cdot x$; und ihre Werte werden entweder einer Tabelle mit doppeltem Eingang entnommen (Fasella) oder aus Diagrammen abgelesen (Abaken, s. „Ballistik").

Falls es sich um Steilbahnen ($\varphi > 45^0$) handelt, die nicht durch photogrammetrische Messungen aufgenommen, sondern berechnet werden sollen, oder um sehr große Flugbahnen, entlang deren die Luftdichte bedeutend variiert (z. B. die von O. v. Eberhard als erreichbar erkannten und berechneten Flugbahnen des Ferngeschützes), so muß entweder eine streckenweise Berechnung der Bahn eintreten (vgl. z. B. O. Wiener, Leipzig bei Teubner 1919) oder muß ein graphisches Verfahren zur Integration der Differentialgleichungen verwendet werden (vgl. das Lehrbuch der Ballistik von Cranz u. Becker, Band I, Auflage von 1918, S. 529f.). Über die Entwickelung der Methoden, sowie über ihre Verwendung für die Aufstellung von Schußtafeln, sowie über die Lösung der sonstigen in der Praxis vorkommenden zahlreichen Aufgaben vgl. die Literatur (s. „Ballistik").

C. Cranz und *O. v. Eberhard.*

Flugbahneigenschaften. Das außerballistische Hauptproblem im engsten Sinne (s. Ballistik) besteht in der Aufgabe, aus den gegebenen Anfangsbedingungen und unter Voraussetzung eines bestimmten Luftwiderstandsgesetzes die Elemente der Flugbahn des Geschosses unter den folgenden beschränkenden Voraussetzungen zu ermitteln: Erstens soll die Resultante des Luftwiderstands gegen das Geschoß durchweg mit der Tangente an die Flugbahn des Geschoßschwerpunkts zusammenfallen; dies schließt in sich die Annahme, daß die Achse des Langgeschosses dauernd in der Bahntangente liegt oder daß, wenn es sich um ein kugelförmiges Geschoß handelt, die Kugel keinerlei Rotation um einen Durchmesser erfährt. Zweitens soll von sekundären Einflüssen wie Wind, Geschoßrotation, Erdrotation usw. abgesehen werden; an äußeren Kräften soll nur der Luftwiderstand und die Schwere, diese als konstante Parallelkraft ohne Rücksicht auf die allgemeine Gravitation, angenommen werden, so daß die Flugbahn eine ebene Kurve ist. Drittens soll für die Luftdichte, die mit wachsender Entfernung vom Erdboden abnimmt, ein konstanter Mittelwert entlang der Flugbahn benützt werden.

Der Abgangspunkt O des Geschosses sei Mittelpunkt eines Koordinatensystems der x und y, die x-Achse horizontal und positiv in der Schußrichtung, die y-Achse vertikal und positiv nach oben. t Sek. nach Beginn der Geschoßbewegung in der Luft habe der Geschoßschwerpunkt die Koordinaten x und y und die Geschwindigkeit in der Bahn v; die Bahntangente den Winkel ϑ gegen die positive x-Achse. Die Verzögerung durch den Luftwiderstand sei zur Zeit t gleich $c\cdot f\,(v)$, wo nach der Voraussetzung der Faktor c, der von der Geschoßform und der Geschoßmasse, ferner von der Luftdichte abhängt, als konstant angenommen ist; die Luftwiderstandsfunktion $f\,(v)$ sei stetig und sei für die betreffende Geschoßform bekannt.

Dann besteht jene Aufgabe in der Integration der Differentialgleichungen:

(1) $d\,(v\cos\vartheta) = -\,c\cdot f\,(v)\cdot\cos\vartheta\cdot d\,t$;
(2) $d\,(v\sin\vartheta) = -\,c\cdot f\,(v)\cdot\sin\vartheta\cdot d\,t - g\,d\,t.$

Durch Elimination von t erhält man

(3) $g\cdot d\,(v\cos\vartheta) = v\cdot c\cdot f\,(v)\cdot d\,\vartheta.$ Diese Differentialgleichung zwischen v und ϑ ist die Differentialgleichung des Hodographen der Flugbahn. Sie kann auch in den anderen Formen (3a), (3b), (3c) geschrieben werden:

(3a) $\dfrac{d\,v}{v} = \dfrac{d\,\vartheta}{\cos\vartheta}\cdot\Big(\dfrac{c\,f\,(v)}{g} + \sin\vartheta\Big) = \dfrac{d\,q}{1 - q^2}$

$\Big(\dfrac{c\,f\,(v)}{g} + q\Big)$, wo $q = \sin\vartheta$; oder

(3b) $\dfrac{d\,u}{d\,z} = \mathfrak{Tg}\,z + F\,(u)$, wo $u = \log\operatorname{nat} v$ und $\sin\vartheta$

$= \mathfrak{Tg}\,z$ bedeutet und $\dfrac{c\,f\,(v)}{g} = F\,(u)$ geschrieben ist; oder

(3c) $\dfrac{d\,\tau}{d\,\omega} = -\dfrac{1 - \tau^2}{F\,(\omega) - \tau}$, wo $v = e^\omega$, $\dfrac{c\,f\,(v)}{g} = F\,(\omega)$, $\sin\vartheta = \tau.$

Kennt man durch Integration von (3) oder von (3a) oder von (3b) oder von (3c) die Beziehung zwischen v und ϑ, so ergeben sich x, y, t, sowie die Bogenlänge s für jeden Flugbahnpunkt mittels der Gleichungen:

(4) $g\cdot d\,x = -\,v^2\cdot d\,\vartheta,$
(5) $g\cdot d\,y = -\,v^2\cdot\operatorname{tg}\vartheta\cdot d\,\vartheta,$

(6) $\quad g \cdot d\,t = -\dfrac{v \cdot d\,\vartheta}{\cos\vartheta}$,

(7) $\quad g \cdot d\,s = -\dfrac{v^2 \cdot d\,\vartheta}{\cos\vartheta}$.

Aus diesen Differentialgleichungen (1) bis (7) lassen sich die folgenden Flugbahneigenschaften ablesen, die von der Annahme eines besonderen Luftwiderstandsgesetzes $cf(v)$ unabhängig sind, folglich unter den obigen Voraussetzungen für jede Flugbahn im lufterfüllten Raum gelten:

1. Die Horizontalkomponente $v\cos\vartheta$ der Bahngeschwindigkeit v des Geschosses nimmt entlang der Flugbahn fortwährend ab.

2. Sind A und A_1 zwei Flugbahnpunkte gleicher Ordinatengröße y, A auf dem aufsteigenden Ast der Flugbahn, A_1 auf dem absteigenden Ast gelegen, so ist der spitze Horizontalneigungswinkel der Tangente in A_1 größer als derjenige in A. Speziell ist also der spitze „Auffallwinkel" ω in dem Auffallpunkt O_1 des Mündungshorizonts größer als der „Abgangswinkel" φ im Anfangspunkt O.

3. Die Scheitelhöhe y_s der Flugbahn, d. h. die Flugbahnordinate y_s im Scheitelpunkt der Bahn (mit $\vartheta = o$) liegt der Größe nach zwischen $\frac{1}{4}\,\mathrm{X}\,\mathrm{tg}\,\varphi$ und $\frac{1}{4}\,\mathrm{X}\,\mathrm{tg}\,\omega$, wo X die Schußweite OO_1 im Mündungshorizont bedeutet.

4. Sind wieder A und A_1 zwei Flugbahnpunkte von derselben Höhe y über dem Mündungshorizont OO_1, so ist die Geschwindigkeit v des Geschosses im Punkt A des aufsteigenden Astes der Flugbahn größer als die Geschwindigkeit v_1 im Punkt A_1 des absteigenden Astes.

5. Der Scheitelpunkt S der Flugbahn liegt, in horizontaler Richtung gemessen, dem Auffallpunkt O_1 näher als dem Abgangspunkt O.

6. Der kleinste Wert $v_{\min}$, den die Geschoßgeschwindigkeit v annimmt, ist an die Bedingung gebunden $cf(v_{\min}) = -g\sin\vartheta$; (kennt man also die Beziehung zwischen v und ϑ, so kennt man $v_{\min}$ und die zugehörige Tangentenneigung). Der Flugbahnpunkt M, in dem dieser kleinste Wert erreicht wird — und bei konstantem c kann nur ein einziges Minimum vorkommen — liegt jenseits des Scheitels, also auf dem absteigenden Ast.

7. Der absteigende Ast der Flugbahn besitzt eine vertikale Asymptote, die den Abstand

$$\frac{1}{g}\int_{-\frac{\pi}{2}}^{\varphi} v^2 \cdot d\,\vartheta$$

vom Anfangspunkt O hat. Die Bahngeschwindigkeit v nimmt dabei von dem Punkt M ab wieder zu und nähert sich einem endlichen Grenzwert v' („Fallschirmgeschwindigkeit"), der sich aus der Gleichung $cf(v') = g$ berechnet.

8. Krümmung der Flugbahn: Der Punkt K der größten Krümmung der Bahn ist durch die Bedingung gegeben

$$cf(v) = -\frac{3}{2}\,g\sin\vartheta;$$

er liegt jedenfalls auf dem absteigenden Ast und zwar zwischen dem Scheitelpunkt S und dem Punkt M der kleinsten Bahngeschwindigkeit.

9. Die vertikale Geschwindigkeitskomponente wächst auf dem ganzen absteigenden Ast. Sie ist in zwei Punkten A und A_1 gleicher Ordinatengröße y auf dem aufsteigenden Ast (in A) absolut genommen größer als auf dem absteigenden Ast (in A_1).

10. Die Flugzeit ist auf dem absteigenden Ast bis zum Mündungshorizont (also auf dem Flugbahnbogen SO_1) größer, als auf dem Flugbahnbogen OS des aufsteigenden Astes.

11. Der aufsteigende Ast OS des Flugbahnbogens, vom Abgangspunkt O bis zum Scheitel S ist jedoch länger als der absteigende Ast SO_1 des Flugbahnbogens vom Scheitel S bis zum Auffallpunkt O_1 im Mündungshorizont.

12. Die orthogonalen Trajektorien zu der Hodographenkurve lassen sich in geschlossener Integralform aufstellen, welches auch die Luftwiderstandsfunktion $cf(v)$ sein möge (C. Jacob).

Durch den Einfluß des Winds und der Änderung der Luftdichte mit der Höhe y über dem Mündungshorizont können sich die erwähnten allgemeinen Eigenschaften wesentlich ändern; die Geschoßrotation und die Erdrotation haben zur Folge, daß die Flugbahn eine doppeltgekrümmte Kurve ist. Der Abgangswinkel der größten Schußweite X im Mündungshorizont ist für die üblichen Geschosse und Geschützarten etwas kleiner als 45^0; bei großer Anfangsgeschwindigkeit und großer Geschoßmasse jedoch kann, insbesondere wegen der Abnahme der Luftdichte mit der Höhe, der Abgangswinkel größter Schußweite über 45^0 liegen und bis zu 55^0 ansteigen.

C. Cranz und O. v. Eberhard.

Betr. Literatur s. Ballistik.

Flugbahnelemente im engeren Sinn sind diejenigen Bestimmungsstücke, durch welche die Form und Lage einer Geschoßflugbahn im Raum eindeutig festgelegt ist. Die Form der Flugbahn ist im allgemeinen bekannt, wenn die Anfangsgeschwindigkeit des Geschosses, sein Gewicht und sein Kaliber, der Abgangswinkel, das ist der Winkel, welcher die anfängliche Flugrichtung des Geschosses mit dem Horizont einschließt, der mittlere Formwert des Geschosses (vgl. Luftwiderstand) als Mittelwert der Formwerte während der ganzen Flugbahn bekannt sind. Als Flugbahnelemente zweiter Ordnung, welche die Form der Normalflugbahn abändern, sind ferner die Tageseinflüsse (s. d.) zu betrachten. Zur Kenntnis der Lage im Raum ist dann nur noch notwendig zu wissen, welchen Winkel die Rohrebene, d. h. die Vertikalebene durch die Anfangsrichtung des Geschosses mit einer Nullrichtung z. B. der Nord-Südrichtung einschließt.

Die obengenannten Bestimmungsstücke sind indessen meist an den Schießwaffen nicht explizite erkennbar. Man bezeichnet deshalb im weiteren Sinn als Flugbahnelemente Bestimmungsstücke, aus welchen sich die oben genannten Größen indirekt ergeben. Derartige Bestimmungsstücke sind der Geländewinkel, das ist der Winkel zwischen dem Sehstrahl zum Ziel und der Horizontalebene am Geschütz, der Schußwinkel d. h. der Winkel zwischen der Seelenachse der Schußwaffe vor dem Schuß und der Visierlinie, der Abgangsfehlerwinkel nach der Höhe und der Abgangsfehlerwinkel nach der Seite. Seelenachsenrichtung und Anfangsrichtung der Geschoßflugbahn differieren nämlich im allgemeinen um einen kleinen Winkel voneinander, der einerseits dadurch hervorgerufen wird, daß das Rohr bereits einen gewissen Weg zurückgelegt hat, wenn das Geschoß die Mündung verläßt und dadurch aus der Richtung gekommen ist, der andererseits durch senkrecht zur Rohrachse gerichtete Zusatzgeschwindigkeiten hervorgerufen wird, die das Geschoß durch Transversalschwingungen des Laufes, und eventuell durch Eigengeschwindigkeiten des Geschützes, falls dieses von in Bewegung begriffener Aufstellung aus schießt, erhält. Zu den Flugbahnelementen ist auch die Seitenverschiebung zu zählen, die notwendig ist, um die seitliche Abweichung des Geschosses durch den Drall auszugleichen und die Höhen- und Seitenvorhalte, welche den Windeinfluß, den Einfluß des Tagesluftgewichtes und den Einfluß einer vorhandenen Zielbewegung ausgleichen sollen.

Die Schußweiten ergeben sich aus der Form der Flugbahn und ihrer Lage zum Sehstrahl nach dem Ziel, zu der sog. Visierlinie. Den höchsten Punkt der Flugbahn bezeichnet man als Scheitel, den Teil bis zum Scheitel als aufsteigenden Ast, den Teil vom Scheitel abwärts als absteigenden Ast.
C. Cranz und O. v. Eberhard.

Flugweite s. Sprenggeschosse.

Flugzeitmesser s. Geschoßgeschwindigkeit.

Flugzeug (Aeroplan) heißt jedes Luftfahrzeug, das schwerer wie die Luft ist, im Gegensatz zum Luftschiff. Das Flugzeug wird nur durch den dynamischen Auftrieb der Flügel in die Höhe gehoben und schwebend erhalten; kann also nicht in der Luft ruhen. Seine Hauptbestandteile sind: das „Triebwerk“, bestehend aus Motoren und Schrauben, welche die zum Auftrieb nötige Geschwindigkeit unter Überwindung des Widerstandes erzeugen; das „Tragwerk“, bestehend aus den Flügeln und deren Verspannungen; der „Rumpf“, welcher Führer, Nutzlast usw. aufnimmt und die einzelnen Flugzeugteile verbindet; das „Fahrgestell“ bzw. beim Wasserflugzeug das „Schwimmergestell“, welches die Landung ermöglicht; das „Leitwerk“, bestehend aus kleinen Flächen, welche mit großem Hebelarm meist hinter den Flügeln, und an den äußeren Spitzen der Flügel angeordnet sind und den Ausgleich der Drehmomente regeln.

Die auf das Flugzeug wirkenden Kräfte sind: Gewicht, Schraubenzug und Luftkraft. Die letztere ist fast ausschließlich durch Modellversuche erforscht. Die Leistungen eines Flugzeugs hängen in erster Linie von seinem Gewicht ab; genauer gesagt, je geringer das Gewicht für die Einheit der Motorleistung, welche die Schraubenkraft liefert, um so schneller und steigfähiger ist ein Flugzeug. Dieser Größe ist aber eine untere Grenze gesetzt durch die notwendige Festigkeit des Flugzeugs, das beim Fluge oft Beanspruchungen von einem Vielfachen seines Gewichts aushalten muß. In allen Staaten sind darum Vorschriften erlassen, welche ein gewisses — natürlich vom Flugzeugtyp abhängiges — Maß von Festigkeit verlangen; die Prüfung geschieht durch ausführliche statische Rechnung oder durch Zerbrechen eines Probeflugzeugs. Die Berechnung der Flugzeugleistungen, sowie die Dimensionierung eines Flugzeugs zum Erreichen bestimmter Leistungen ist leicht, wenn man die Luftkräfte und die Schraubenkraft in Abhängigkeit von Anstellwinkel und Geschwindigkeit kennt; kompliziertere theoretische Probleme bietet der Kurvenflug und besonders die Stabilität (s. d.) und Steuerung der Flugzeuge.

Einige technische Einzelheiten und Zahlenangaben s. „Eindecker“, „Doppeldecker“, „schädl. Widerstand“ u. a. L. Hopf.

Fluida, elektrische. Die ältere Theorie der elektrischen Vorgänge nahm die Existenz einer oder zweier elektrischer Fluida an (unitaristische bzw. dualistische Theorie). Sie sollen analog den mechanischen Massen die anziehenden bzw. abstoßenden Kräfte aufeinander ausüben, und im ruhenden Zustand die Ursache der elektrostatischen, in der Bewegung Ursache der elektromagnetischen Er-

scheinungen sein. Diese unter dem Namen Fernwirkungstheorie bekannte Anschauung reicht für die Darstellung der Elektrostatik und Magnetostatik mit Hilfe der Potentialtheorie aus, führt dagegen in der Elektrodynamik zu Schwierigkeiten. Sie muß dann durch die **Maxwellsche Theorie** abgelöst werden. R. Jaeger.

Fluidität s. Innere Reibung von Flüssigkeiten.

Fluidkompaß s. Kompaß.

Fluoreszierendes Okular dient zur subjektiven Beobachtung ultravioletter Spektrallinien. Es besteht gewöhnlich aus einer Quarzplatte, welche mit einer fluoreszierenden Substanz bestrichen ist, auf welche die Okularlupe eingestellt wird. Um von Störungen durch fremdes Licht frei zu sein, setzt man die Lupe schräg zum Strahlengang des Spektralapparates (vgl. Fig.). Das

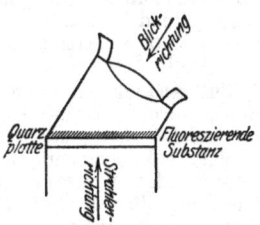
Fluoreszierendes Okular.

Okular kann auch zur subjektiven Beobachtung von Röntgenspektren dienen. Gerlach.

Fluß, magnetischer, s. Induktionsfluß.

Flußerosion. Von allen Arten der Erosion (s. diese) ist diejenige des fließenden Wassers die wichtigste, weil sie, vielleicht mit Ausnahme des zentralen Teiles der Antarktis, wohl überall auf der festen Erdoberfläche ihre Wirkung ausübt. Die Rinnsale, die das abfließende Wasser in dem Boden ausgräbt, werden allmählich zu Tälern (s. diese) vertieft, in denen das Gefälle stromabwärts geringer wird. Alle Hindernisse, die einer stetigen Abnahme des Gefälles entgegenstehen, wie z. B. Felsriegel, die oberhalb zur Aufstauung von Seen, unterhalb zur Entstehung von Wasserfällen Veranlassung geben können, werden im Laufe der Zeit durchnagt, und es stellt sich ein Gleichgewichtszustand her, der in einer Normal-Gefällskurve seinen Ausdruck findet, deren Krümmungsradius stromaufwärts stetig abnimmt. Da diese Kurve der weiteren Tiefenerosion praktisch eine Grenze setzt, hat sie A. Philippson als Erosionsterminante bezeichnet. Die Erosion ist am größten bei starkem Gefälle, aber noch bei einem Neigungswinkel von wenigen Minuten kann sie ihre Wirkung ausüben. Sie ist selbstverständlich abhängig von der Wassermasse und deren Geschwindigkeit, aber auch in hohem Maße von der Menge und der Härte des mitgeführten Gesteinsmaterials, das selbst auf felsigen Untergrund stark korradierend wirkt, während eine Panzerung des Flußbettes mit schweren Geröllen einen Schutz gegen weitere Tiefenerosion bilden kann. Bei starker wirbelnder Bewegung, in welche einzelne Blöcke von dem strudelnden Wasser versetzt werden, vermögen diese in felsigen Untergrund topfartige Löcher (Strudellöcher) auszuhöhlen, ein Vorgang, den E. Geinitz als Evorsion bezeichnet. Die Flußerosion arbeitet nicht nur in die Tiefe und greift nicht nur durch Seitenerosion die Talgehänge an, sondern sie rückt auch im obersten Teile des Tales gegen die Wasserscheiden hin vor, und verlegt so den Anfang des Flußlaufes nach rückwärts (rückschreitende Erosion), so daß schließlich Ortsveränderungen der Wasserscheiden (s. diese) in der Vertikalen und Horizontalen stattfinden.

Die Erosion des fließenden Wassers äußert sich zwar am häufigsten und stärksten, aber nicht ausschließlich in der Schaffung von Tälern. Auch zahlreiche Kleinformen, wie unterirdische Höhlen, trichterförmige Vertiefungen (Dolinen), scharfe Rippen und Zacken der Felsoberfläche (Karren) usw., die namentlich in Kalkgesteinen häufig auftreten, entstehen durch die Erosion des Wassers, wobei allerdings Lösungsvorgänge wohl eine Hauptrolle spielen.   *O. Baschin.*

Flußgeschwelle (Aestuarium) ist derjenige Teil einer Flußmündung, in dem sich die Fluterscheinung noch geltend macht.   *A. Prey.*
Näheres s. O. Krümmel, Handbuch der Ozeanographie. Bd. II, S. 287.

Flutbrandung (bore, barre, pororoca, Sprungwelle, Stürmer) ist eine eigenartige Fluterscheinung, bei welcher das Ansteigen des Wassers so rasch erfolgt, daß es mauerartig, oder wie ein mächtig schäumender Wasserfall heranrückt. Diese Erscheinung findet ihre physikalische Erklärung darin, daß in sehr seichten Gewässern sich der Wellenberg rascher fortpflanzt als das Wellental. Die Welle muß also an der Vorderseite immer steiler werden, bis es zum Überstürzen kommt. Diese Form der Flut wird in vielen Flußmündungen beobachtet. Am berühmtesten ist sie beim Amazonenstrom und beim Tsien-tang-kiang in China. Auch die Seine zeigt sie deutlich.   *A. Prey.*
Näheres s. O. Krümmel, Handbuch der Ozeanographie. Bd. II, S. 290.

Flutmesser. Ein Instrument zur Beobachtung der Gezeiten. Es besteht im wesentlichen aus einem Schwimmer, der an einer Schnur hängt. Diese Schnur führt über eine Rolle zu einem Gegengewicht. Der Schwimmer macht die Hebung und Senkung des Wassers mit, und die Rolle, welche dadurch gedreht wird, setzt einen Zeiger in Bewegung, dessen Stellung an einer Skala abgelesen wird. Selbstregistrierende Instrumente haben statt des Zeigers einen Stift, der auf einem durch ein Uhrwerk vorbeigeführten Papierstreifen schreibt. Der Schwimmer muß in einer 8—15 cm weiten Röhre eingeschlossen sein, die 2—3 m unter das tiefste Niedrigwasser reicht; eine solche gewährt dem Wasser hinlänglich Zutritt, hält aber doch den Einfluß des Wellenschlages ab.   *A. Prey.*
Näheres s. O. Krümmel, Handbuch der Ozeanographie. Bd. II, S. 205.

Flutreibungstheorie von G. H. Darwin. Infolge der Erdrotation gleitet die von Sonne und Mond hervorgerufene Flutwelle über den Meeresboden hinweg und übt eine Bremsung auf die Erdrotation aus. Die Hauptwirkung rufen indes die an den nordsüdlichen Küsten anschlagenden Flutwellen hervor. Weil infolge dieser Flutreibung die Flutwelle von der Erde ein Stück mitgeschleppt wird, dem Mond gewissermaßen vorauseilt, übt sie auf den Mond eine Anziehung aus, die nicht nach dem Erdmittelpunkt gerichtet ist, sondern als beschleunigende Zusatzkraft auftritt. Infolgedessen wird die Achse der Mondbahn und zugleich die Umlaufszeit des Mondes vergrößert.

Darwin hat gezeigt, daß die Verlangsamung der Erdrotation größer ist als die der Mondbewegung, somit der Mond scheinbar beschleunigt wird. Diese Berechnung wurde von Darwin zur Erklärung der Akzeleration der Mondbewegung herangezogen (vgl. dort).¶

Kosmologisch hat die Flutreibung zweifellos große Bedeutung.   *Bottlinger.*
Näheres s. G. H. Darwin, Die Gezeiten.

Flutstunde (Mondflutstunde) ist der Zeitunterschied zwischen der Kulmination des Mondes und dem darauffolgenden Hochwasser. Die Flutstunde zur Zeit des Neumondes heißt Hafenzeit.   *A. Prey.*
Näheres s. O. Krümmel, Handbuch der Ozeanographie. Bd. II, S. 233.

Flutstundenlinien (Isorrhachien) sind Linien, welche Punkte gleichzeitigen Hochwassers miteinander verbinden.   *A. Prey.*
Näheres s. O. Krümmel, Handbuch der Ozeanographie. Bd. II, S. 233.

Föhn. Warmer, trockener, von Gebirgshöhen herabwehender Wind (s. diesen), dessen Eigenschaften eine Folge der dynamischen Erwärmung herabsinkender Luftmassen sind. Er ist in weiten Kreisen durch sein Vorkommen in den Alpen bekannt, woher auch der Name stammt. Doch hat man später auch echte Föhnwinde in zahlreichen anderen Gebirgen kennen gelernt. In einer langen und breiten Zone am Ostfuße des nordamerikanischen Felsengebirges ist der Föhn unter dem Namen Chinook bekannt und von großem Einfluß auf das Klima dieser Gebiete. Sein Vorkommen in Grönland, wo er als warmer Wind aus dem durch eine mächtige Inlandeisdecke völlig vergletscherten Binnenlande herabweht, hat bewiesen, daß seine Wärme erst beim Herabsinken durch dynamische Vorgänge entsteht, eine Erklärung, die zuerst H. v. Helmholtz im Jahre 1865 gegeben hat, während J. Hann bald darauf die Anwendung der mechanischen Wärmetheorie auf das Phänomen der Föhnwinde fester begründete.   *O. Baschin.*

Forcierung s. Geschosse.

Form s. Elektrophor.

Formanten s. Vokale.

Formfaktor s. Wechselströme.

Formwiderstand s. Schiffswiderstand.

Fortpflanzungsgeschwindigkeit der Strahlung. In Luft $= 3 \cdot 10^{10}$.   *A. Meißner.*

Fortschreitende Schraubenfehler s. Mikrometerschrauben.

Foucault. Photometer s. Photometer zur Messung von Lichtstärken.

Foucaultsches Pendel (s. Artikel Relativbewegung). Wenn ein Pendel so aufgehängt ist, daß es vollkommen frei um seinen Aufhängepunkt drehbar ist (Cardanische Aufhängung), so bleibt seine Schwingungsebene, wenn man die Schwingungen lange genug verfolgt, nicht in ihrer ursprünglichen Stellung relativ zu den das Pendel umgebenden mit der Erde fest verbundenen Gegenständen (etwa den Mauern eines Hauses), sondern dreht sich gleichförmig mit einer Winkelgeschwindigkeit, die von der geographischen Breite des Standortes abhängt. Diese Beobachtung wurde zuerst 1851 von Foucault in Paris gemacht. Er verwendete, um die Schwingungen recht lange und deutlich verfolgen zu können, ein Pendel von 67 Meter Länge mit einer Kugel von 28 kg Gewicht, das er im Pantheon herabhängen ließ. Doch hatte er das Phänomen bereits an einem Pendel von 2 m Länge beobachten können.

Die Erklärung dieser Erscheinung ist folgende: Wir denken uns das Pendel etwa anfangs in der Meridianebene des Beobachtungsortes schwingend. Die Elongationen mögen so klein sein, daß wir die Bahn des Pendelkörpers als eine geradlinige ansehen

können, die in der Tangentenrichtung des Meridians
erfolgt. Nach den Newtonschen Bewegungsgesetzen
sucht ein Körper seine Bewegungsrichtung relativ
zum Initialsystem beizubehalten. Der Meridian
des Beobachtungsortes wechselt aber seine Richtung
relativ zum Inertialsystem im Laufe der Zeit,
so daß ein Winkel zwischen der Schwingungsrichtung des Pendels und dem Meridian des Ortes
entstehen muß, der eben beim Foucaultschen
Versuch zur Beobachtung gelangt. Da die Aufhängung des Pendels an einem mit der Erde fix
verbundenen Punkt den Pendelkörper zwingt,
immer in der Tangentialebene der Erde am Beobachtungsorte zu bleiben, so kann seine Bewegungsrichtung niemals wirklich seiner Anfangsrichtung
relativ zum Inertialsystem parallel bleiben, weil
die zur Tangente des Meridians ursprünglich
parallele Richtung nach der Drehung nicht in
der Tangentialebene der Erde liegt. Es findet
also durch die Wirkung der Aufhängevorrichtung
eine Ablenkung der Richtung statt, so daß die
wirkliche Bewegungsrichtung des Pendelkörpers
nicht die Parallele zu seiner Anfangsrichtung
ist, sondern die Projektion dieser Parallelen auf
die Tangentialebene der Kugel (man spricht
dann auch von „Parallelismus auf der Kugel"
im Sinne der von Levi-Givitá und Weyl eingeführten Verallgemeinerung des Parallelismus-
begriffes auf krumme Flächen und Räume). Es
ist also nur zu berechnen, welchen Winkel diese
zur ursprünglichen parallelen Richtung nach der

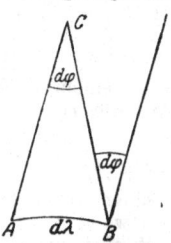

Fig. 1. Zur Berechnung
des Foucaultschen
Pendelversuchs.

Drehung mit dem Meridian
des Beobachtungsortes einschließt. Wir betrachten zu
diesem Zwecke (Fig. 1) zwei
Punkte A und B auf dem
Parallelkreis mit der Breite β,
die den infinitesimalen Längenabstand dλ voneinander
haben. Die Tangenten an die
Meridiane in A und B mögen
sich in C schneiden. Wir
ziehen nun in B die zur Tangente des Meridians in A
Parallele; so ist deren Winkel
mit dem Meridian in B als Wechselwinkel gleich
dem Winkel dφ bei C des Dreiecks ABC. Projizieren
wir diese Parallele auf die Tangentialebene in B,
so erhalten wir die Schwingungsrichtung des
Pendels. Sehen wir dλ und dφ als infinitesimale
Größen erster Ordnung an, so ist die Ebene ABC
bis auf Größen höherer Ordnung eine Tangentialebene der Kugel, die Parallele BD liegt auch in
dieser Ebene und der Winkel zwischen ihrer Projektion auf die Tangentialebene und dem Meridian
in B ist daher bis auf Größen höherer Ordnung
mit dem Winkel dφ identisch. Aus Fig. 1 ergibt
sich ohne weiteres

$$d\varphi = \frac{AB}{AC} \quad \ldots \ldots \ldots 1)$$

Wenn R der Erdradius ist, hat der Halbmesser
des betrachteten Parallelkreises den Betrag R cos β
und daher AB = R dλ cos β. Die Länge der Strecke
AC ergibt sich aus der Fig. 2, wo P die Projektion
des Punktes A auf die Erdachse und der gezeichnete
Kreis der Meridiankreis des Punktes A ist. In dem
Dreieck APC ist AP der Radius des Parallelkreises,
also R cos β, der Winkel bei C als Normalwinkel
gleich der geographischen Breite β und daher
AC = R cotg β. Aus Gleichung 1) ergibt sich also

$$d\varphi = d\lambda \cdot \sin \beta \quad \ldots \ldots 2)$$

Diesen Winkel schließt also die Schwingungsrichtung eines Pendels, das anfangs parallel dem
Meridian schwingt, mit dem
Meridian ein, nachdem sich
die Erde um die infinitesimale Länge dλ gedreht hat.
Da dieselbe Formel auch für
eine infinitesimale Drehung
der Erde gilt, wenn die anfängliche Richtung nicht gerade die Meridianrichtung war,
so kann man die Gleichung 2)
auch integrieren und erhält
für die Änderung φ der
Schwingungsrichtung des Pendels, die einer endlichen Drehung der Erde um den Län-
genwinkel λ entspricht, den
Wert

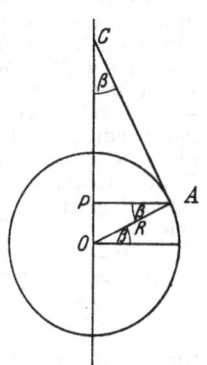

Fig. 2. Zur Berechnung
des Foucaultschen
Pendelversuchs.

$$\varphi = \lambda \sin \beta \quad \ldots 3)$$

also für die Drehung im Laufe
eines Tages ($\lambda = 2\pi$) den bekannten Wert

$$\varphi_{2\pi} = 2\pi \sin \beta \quad \ldots \ldots 4)$$

Wenn wir nicht nur wissen wollen, wie sich die
Schwingungsrichtung des Pendels im Laufe des
Tages relativ zum Meridian des Beobachtungsortes
ändert, sondern genau die Bahn des Pendels
relativ zur Erde verfolgen, so müssen wir die allgemeinen Gesetze für die Bewegung relativ zu einem
rotierenden Bezugssystem anwenden. Wie in dem
Artikel „Relativbewegung" gezeigt ist, besagen
diese Gesetze, daß man ganz so zu rechnen hat,
als würde die Erde ruhen, nur muß zu der auf den
Körper wirkenden Kraft, die von seiner Lage
relativ zu den anderen Körpern abhängt, noch die
Zentrifugalkraft und die Coriolissche Kraft hinzugefügt werden.

Wir denken uns das Pendel kleine Schwingungen
ausführen, so daß wir die Bahn als eine ebene
in der Tangentialebene der Erde gelegene ansehen
können. Die Ruhelage des Pendels (den Berührungspunkt der Tangentialebene) wählen wir zum
Koordinatenursprung. Senkrecht zur Tangentialebene vom Erdmittelpunkt wegzeigend wählen
wir die z-Achse eines Koordinatensystems, die
also die Richtung der scheinbaren Schwere (d. h.
der Resultierenden aus Schwerkraft und Zentrifugalkraft) hat. Die x-Achse ziehen wir nach
Westen, die y-Achse nach Süden. Das Pendel
schwingt dann in der x-y-Ebene. Wenn wir mit m
die Masse des Pendels, das als mathematisches
Pendel von der Länge 1 vorausgesetzt wird, bezeichnen und mit g die scheinbare Schwerbeschleunigung, so wird das Pendel durch eine
Direktionskraft mit den Komponenten X, Y.

$$X = -\frac{mg}{l} x, \quad Y = -\frac{mg}{l} y \ldots 5)$$

(s. Artikel Pendel) in seine Ruhelage zurückgetrieben.
Wenn wir aber die Beschleunigung relativ zur
bewegten Erde berechnen wollen, mit der unser
Koordinatensystem starr verbunden gedacht ist,
müssen wir noch die Komponenten C_x, C_y der
Coriolisschen Kraft hinzufügen. Die Zentrifugalkraft und Schwerkraft ist schon in der Direktionskraft berücksichtigt. Nennen wir die Geschwindigkeitskomponenten des Pendels relativ zur Erde
in unserem Koordinatensystem u, v, und bezeichnen wir den Winkel zwischen der Richtung
der scheinbaren Schwere und der Ebene des Parallel-
kreises mit ε, wobei ε nahezu mit der geographischen

Breite β des Beobachtungsortes zusammenfällt, ergibt die Geschwindigkeitskomponente u eine Coriolissche Kraft vom Betrag $2\,\mathrm{m}\,\omega\,\mathrm{u}$ (s. Art. Relativbewegung); sie liegt in der Ebene des Parallelkreises senkrecht zur Richtung von u, also in der Meridianebene. Ihre x-Komponente verschwindet also und ihre y-Komponente ist $-\,2\,\mathrm{m}\,\omega\,\mathrm{u}\sin\varepsilon$. Von der Komponente v der Pendelgeschwindigkeit ist nur ihre Projektion in die Ebene des Parallelkreises für die Coriolissche Kraft wirksam, die also den Betrag $2\,\mathrm{m}\,\omega\,\mathrm{v}\sin\varepsilon$ hat und ganz in die x-Richtung fällt. Es ergibt sich also

$$C_x = 2\,\mathrm{m}\,\omega\,\mathrm{v}\sin\varepsilon \quad C_y = -\,2\,\mathrm{m}\,\omega\,\mathrm{u}\sin\varepsilon \quad 6)$$

Die allgemeinen Bewegungsgleichungen

$$\mathrm{m}\frac{d^2\,x}{dt^2} = X + C_x, \quad \mathrm{m}\frac{d^2\,y}{dt^2} = Y + C_y \quad .\ 7)$$

lauten also in unserem Falle, wenn wir die Ableitungen nach der Zeit durch Punkte bezeichnen, also $\mathrm{u} = \dot{x}$, $\mathrm{v} = \dot{y}$ setzen,

$$\ddot{x} = -\frac{g}{l}\,x + 2\,\omega\,\dot{y}\sin\varepsilon \quad .\ .\ .\ .\ 8)$$

$$\ddot{y} = -\frac{g}{l}\,y - 2\,\omega\,\dot{x}\sin\varepsilon$$

Diese Differentialgleichungen integriert man am einfachsten, indem man die Koordinaten in eine komplexe Koordinate s

$$x + iy = s \quad .\ .\ .\ .\ .\ .\ 9)$$

zusammenfaßt. Dann wird aus 8) einfach

$$\ddot{s} + 2\,\gamma\,i\,\dot{s} + n^2 s = 0 \quad .\ .\ .\ .\ 10)$$

wobei

$$\frac{g}{l} = n^2 \quad \omega\sin\varepsilon = \gamma \quad .\ .\ .\ .\ 11)$$

gesetzt ist. Setzen wir die Lösung in der Form $s = l^{\nu t}$ an, so ergibt sich für ν die charakteristische Gleichung

$$\nu^2 + 2\,\gamma\,i\,\nu + n^2 = 0 \quad .\ .\ .\ .\ 12)$$

Ihre beiden Wurzeln sind:

$$\nu_1 = i\,a_1, \qquad \nu_2 = -\,i\,a_2 \quad .\ .\ .\ 13)$$

wobei a_1 und a_2 die folgenden positiven Zahlen bedeuten:

$$a_1 = \sqrt{n^2 + \gamma^2} - \gamma$$

$$a_2 = \sqrt{n^2 + \gamma^2} + \gamma \quad .\ .\ .\ .\ 14)$$

Die Anfangsbedingungen wählen wir so, daß wir das Pendel zur Zeit Null im Punkte x_0 der x-Achse sich selbst überlassen, d. h. für

$$t = 0, \qquad s = x_0, \qquad \dot{s} = 0 \quad .\ .\ 15)$$

Daraus ergibt sich als Auflösung von 10)

$$s = \frac{x_0}{a_1 + a_2}\left(a_2\,e^{i\,a_1\,t} + a_1\,e^{-i\,a_2\,t}\right) \quad .\ 16)$$

Die Bewegung des Pendels ist im allgemeinen jetzt keine periodische, weil a_1 und a_2 im allgemeinen in keinem rationalen Verhältnis stehen. Bei den wirklichen Versuchen ist aber immer γ^2 gegen n^2 sehr klein. Nehmen wir etwa eine Pendellänge von 10 m, so hat n^2, wenn wir für g den runden Wert 10 m/sec² nehmen, ungefähr den Wert 1. Da die Winkelgeschwindigkeit ω der Erde aber den Wert

$$\omega = \frac{2\,\pi}{24 \times 60 \times 60} \quad .\ .\ .\ .\ 16')$$

hat, kann γ nach Gleichung 11) höchstens denselben Wert haben, also ungefähr 7×10^{-5}. Es ist also γ^2 gegen n^2 sehr klein und daher a_1 und a_2 beide nahezu gleich n. Die Pendelbewegung relativ zur Erde weicht also nur langsam von der Bewegung

ab, wie sie ohne Erdbewegung herrschen würde, wo sie rein periodisch mit der Schwingungszahl n in $2\,\pi$ Sekunden wäre. Betrachten wir die Zeitpunkte t_k, zu denen unser Pendel aus der größten Elongation sich wieder der Ruhelage nähert, so finden wir sie aus der Bedingung $s = 0$ mit Hilfe von 16). Sie erfüllen die Gleichung

$$e^{i\,(a_1 + a_2)\,t_k} = 0 \quad .\ .\ .\ .\ .\ 17)$$

also

$$t_k = \frac{2\,k\,\pi}{a_1 + a_2} \quad .\ .\ .\ .\ .\ 18)$$

wobei k eine beliebige ganze Zahl ist. Aus 14) folgt dann

$$t_k = \frac{k\,\pi}{\sqrt{\gamma^2 + n^2}} \quad .\ .\ .\ .\ 19)$$

also für die Zeit T zwischen zwei Umkehrpunkten

$$T = \frac{\pi}{\sqrt{n^2 + \gamma^2}} \quad .\ .\ .\ .\ .\ 20)$$

was nur wenig von der Halbperiode $\frac{\pi}{n}$ der Pendelbewegung relativ zum Inertialsystem abweicht. Wegen der langsamen Abweichung von der gewöhnlichen geradlinigen Pendelbahn können wir die Erscheinung des Foucaultschen Pendels so auffassen, daß die Schwingung während einer Periode geradlinig ist, von Schwingung zu Schwingung sich aber die Richtung dieser Geraden ändert. Die Drehungsgeschwindigkeit dieser Richtung läßt sich leicht berechnen. Für die Lage der Umkehrpunkte ergeben sich durch Einsetzen von 18) in 16) die komplexen Koordinaten s_k

$$s_k = x_0\,e^{i\,a_1\,t_k} \quad .\ .\ .\ .\ .\ 21)$$

Die Umkehrpunkte liegen also auf einem Kreis vom Radius x_0 und haben die Azimute φ_k

$$\varphi_k = a_1\,t_k = k\,\pi\left(1 - \frac{\gamma}{\sqrt{n^2 + \gamma^2}}\right) \quad .\ .\ 22)$$

Der Winkelabstand zwischen einem Umkehrpunkt und dem übernächsten (also etwa dem ersten und dritten) ergibt offenbar den Winkel, um den sich die Schwingungsrichtung während eines Hin- und Herganges des Pendels gedreht hat. Dieser Winkelabstand ergibt sich aus 22), als

$$\varphi_{k+2} - \varphi_k = -\frac{2\,\pi\,\gamma}{\sqrt{n^2 + \gamma^2}} \quad .\ .\ .\ .\ 23)$$

Suchen wir die Drehung in einer Sekunde, so müssen wir noch durch die Vollperiode 2 T (Gleichung 20) dividieren und erhalten für die gesuchte Winkelgeschwindigkeit Φ der Richtungsdrehung

$$\Phi = \gamma = \omega\sin\varepsilon \quad 24)$$

Während einer vollen Erdumdrehung verfließt die Zeit $24 \times 60 \times 60$ Sek., also dreht sich die Pendelebene wegen 24) und 16') um den Winkel $2\,\pi\sin\varepsilon$, was mit Gleichung 4) übereinstimmt.

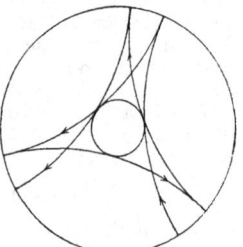

Fig. 3. Zum Foucaultschen Pendelversuch.

Der Übergang von einer Schwingungsrichtung in eine andere erfolgt so, daß das Pendel eine Sternfigur beschreibt, die zwischen den Kreisen vom Radius x_0 und $x_0\,\dfrac{\gamma}{\sqrt{n^2 + \gamma^2}}$ verläuft und die mit übertriebener Drehungsgeschwindigkeit der Schwingungsrichtung in Fig. 3 wiedergegeben ist.

Philipp Frank.

Näheres s. R. Marcolongo, Theoretische Mechanik. Band 2. Leipzig 1912.

Foutaktometer (Foutaktoskope, Emanometer). Apparate zur Bestimmung des Emanationsgehaltes von Quellen, Emanatorien usw. In einem großen 12—15 Liter fassenden zylindrischen Blechgefäß wird die aus einer gemessenen Flüssigkeits- oder Luftmenge entstammende Emanation (entweder durch kräftiges Schütteln des Flüssigkeitsquantums im Zylindergefäß selbst, oder durch Ausquirlen in einem Hilfsgefäß der Flüssigkeit entzogen) auf ihre Ionisationswirkung hin beobachtet. In das zylindrische Gefäße ragt ein geladener, isolierter Stift, der mit einem Elektroskop entsprechender Empfindlichkeit verbunden ist. Die von der Emanation und ihren Zerfallsprodukten erzeugte Leitfähigkeit entladet die Sonde und die gemessene Entladungsgeschwindigkeit gibt nach Anbringung verschiedener Korrektionen ein Maß für die ursprünglich vorhandene Emanationsmenge, meist ausgedrückt in Mache-Einheiten (s. d.). Das Meßgefäß soll mindestens die angegebenen Dimensionen haben, damit diejenigen α-Partikel, die von den zerfallenden Atomen nahe den Gefäßwänden erzeugt werden und deren ionisierende Wirkung nicht voll ausgenützt wird, nur einen kleinen — übrigens berechenbaren — Bruchteil ausmachen.

K. W. F. Kohlrausch.

Fovea centralis s. Gelber Fleck.

Franklinsche Tafel. Die Franklinsche Tafel ist ein besonders für Demonstrationszwecke geeigneter Kondensator, der im wesentlichen aus einer Glasplatte besteht, auf deren beiden Seiten Stanniolbelegungen befestigt sind.

Die ältere Physik studierte daran besonders die gegenseitige Einwirkung der leitenden Platten nach den Gesetzen der Elektrisierung durch Verteilung.

R. Jaeger.

Fraunhofersche Linien s. Sonnenspektrum.

Freie Achsen s. Kreisel.

Freie Elektrizität s. Elektrizität, freie.

Freie Schwingung s. Eigenschwingung.

Freiheitsgrade schreibt man einem mechanischen System so viele zu, als es voneinander unabhängige Bewegungsmöglichkeiten besitzt. Ein frei beweglicher Punkt hat drei Freiheitsgrade; ist er auf eine Fläche gebannt, zwei; ist er auf eine Kurve beschränkt, einen. Ein starrer freier Körper hat sechs Freiheitsgrade; wird einer seiner Punkte festgehalten, drei; werden zwei seiner Punkte festgehalten, einen; zwei starre freie Körper besitzen zusammen zwölf Freiheitsgrade; wenn sie in einem gemeinsamen Punkt durch ein Kugelgelenk verbunden sind, neun; wenn durch ein Scharniergelenk, sieben (soweit sie außerhalb der Gelenke nicht weiter aneinander anstoßen). Muß ein starrer Körper eine Fläche einmal (d. h. an einer Stelle) berühren, so besitzt er, wenn sonst nicht behindert, fünf Freiheitsgrade; darf er dabei auf der Fläche nicht gleiten, wohl aber tanzen, drei; darf er auch nicht auf ihr tanzen, zwei.

Ist ein System holonom (s. Koordinaten der Bewegung sowie Impulssätze), so reichen genau so viele (i. a. verallgemeinerte) Koordinaten q_i, als es Freiheitsgrade besitzt, aus, um seine Bewegung zu beschreiben. Ist das System nicht holonom, so braucht man mehr Koordinaten q_i dazu.

R. Grammel.

Frequenz s. Wechselströme.

Frequenzbedingung s. Bohrsche Frequenzbedingung.

Frequenzmesser. Instrument zum Anzeigen der Frequenz eines Wechselstroms. Die technischen F. beruhen meist auf der mechanischen Resonanz von Federn (Zungen). *A. Meißner.*

Frequenzwandler (Frequenzumformer). Eine Anordnung, welche einen Wechselstrom in einen solchen höherer Frequenz umwandelt. Die Umformung erfolgt innerhalb oder außerhalb der Maschine. Dementsprechend wird unterschieden zwischen ruhenden Frequenzumformern (statischen) und rotierenden Frequenzumformern (Goldschmidtmaschine).

1. **Ruhende Frequenzverdopplung.** a) Verdopplung durch Ventilzellen. Schickt man einen Wechselstrom nach Schaltung von Fig. 1 durch eine bzw.

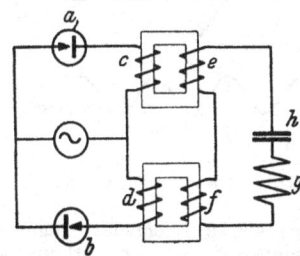

Fig. 1. Schaltungsschema der ruhenden Frequenzverdopplung.

zwei Ventilzellen (Quecksilberdampfgleichrichter oder Aluminiumzellen) derart, daß durch jede Zelle nur während je einer halben Periode Strom hindurch geht (Fig. 2) und läßt die Stromstöße auf einen

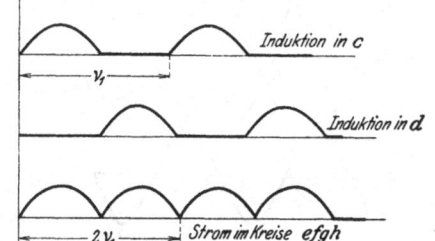

Fig. 2. Stromformen bei der ruhenden Frequenzverdopplung durch Ventilzellen.

dritten Kreis wirken, der auf die doppelte Frequenz abgestimmt ist, so erhält man in diesem einen Wellenzug doppelter Frequenz. Das Verfahren wird technisch nicht ausgenutzt.

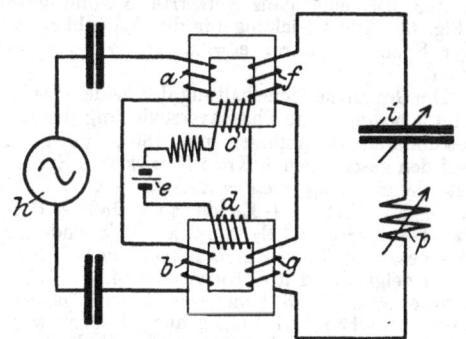

Fig. 3. Schaltungsschema der ruhenden Frequenzverdopplung durch gesättigte Eisentransformatoren.

b) **Verdopplung durch gesättigte Eisentransformatoren** (Joly und Epstein, Telefunken). Zwei geschlossene Eisentransformatoren (Fig. 3) tragen je eine primäre und sekundäre Wicklung. Die sekundären Wicklungen der zwei Kerne sind gegengeschaltet. Sind die Transformatoren durch eine Gleichstromwicklung bis zur Sättigung magnetisiert, dann tritt während einer halben Periode in dem einen Transformator keine Fluxänderung ein. Derselbe wirkt also nicht als Energieübertrager (Fig. 4a). Im zweiten Transformator tritt in derselben Zeit starke Fluxänderung ein (Fig. 4b); er

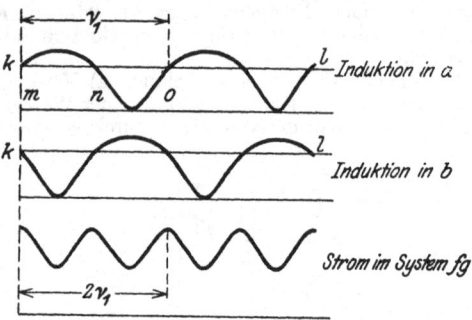

Fig. 4. Transformator-Stromkurven.

bewirkt also starke Energieübertragung. In der zweiten Halbperiode ist die Wirkung der Transformatoren vertauscht. Da beide Transformatorhälften entgegengesetzt geschaltet sind, wirken jetzt die Fluxänderungen nicht im Sinne des ursprünglichen Wechselstromes, sondern wie eine Stromumklappung bei Ventilzellen, d. h. es entsteht ein Wechselstrom doppelter Periode. Jeder Transfor-

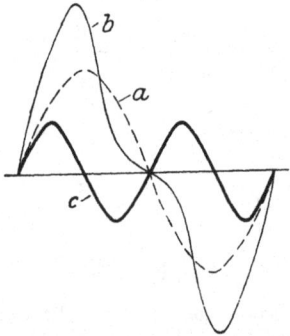

Fig. 5. Verzerrte Transformator-Spannungskurve.

mator hat eine ganz verzerrte Spannungskurve (Fig. 5). Die Gleichung für die Augenblickswerte der Spannung wäre: $e_t = E_v \sin \pi t + E_{2v} \cdot \sin 2\pi t$.

Die Gegeneinanderschaltung der beiden Spulen f_1 und g bedingt eine Phasenverschiebung der beiden sekundären Spannungen um 180°, die gesamte auf den geschlossenen Kreis II wirkende Spannung ist daher $= e_{1t} + e_{2t} = E_v \; e_{1t} + e_{2t} = E_v \; \sin \pi t + E_{2v} \sin 2\pi t + E_v \sin (\pi t + 180) + E_{2v} \sin (2\pi t + 2\cdot 180) = 2 E_{2v} \sin 2\pi t$. Die Änderungen des gesamten Fluxes in bezug auf den Sekundärkreis zeigt die d itte Kurve Fig. 4. — Aus der Kurve nach Fig. 5 können noch eine ganze Anzahl von Oberschwingungen ausgesondert werden. — Das Verfahren kommt in der Technik meist in mehreren Stufen hintereinander zur Anwendung,

indem jede Frequenz durch Resonanz ausgesondert wird. Begonnen wird mit einer Grundfrequenz von etwa 6000 bis 8000 Perioden (Nauen). Der Wirkungsgrad ist dann für jede Verdopplungsstufe etwa 90%. Bei Frequenzen über 100 000 werden die Eisenverluste groß.

c) **Vervielfachung.** Durch Kombination eines gesättigten und ungesättigten Transformators bzw. durch eine gesättigte Spule allein kann die Strombzw. Spannungskurve so verzerrt werden, daß die dreifache oder eine beliebig höhere Periode besonders hervortritt. Eine Verdreifachung läßt sich auch erzielen durch Kombinationen der drei Phasen eines Drehstromnetzes.

2. **Rotierende Frequenzumformer** s. Goldschmidtmaschine.   *A. Meißner.*

Literatur: Rein, Lehrb. S. 222.

Fresnels Biprisma s. Interferenz.

Fresnelscher Spiegelversuch s. Interferenz.

Fresnelsche Theorie der Zirkularpolarisation s. Drehvermögen, optisches.

Fritter s. Cohärer.

Froschschenkelversuch. Als Luigi Galvani 1780 enthäutete Froschschenkel mit Kupferhaken an einem eisernen Geländer aufhängte, beobachtete er Zuckungen, sobald die Schenkel mit dem Geländer in Berührung kamen. Zwar täuschte er sich hinsichtlich der Quelle der Elektrizitätsentwicklung insofern, als er diese in einer Wechselwirkung der Muskeln und Nerven der Froschschenkel zu sehen glaubte und dem Metall nur eine sekundäre Bedeutung zuschrieb. Aber die Entdeckung Galvanis gab den Anstoß zu den ersten Untersuchungen über die Kontakt- oder Berührungselektrizität (vgl. dort), welche Volta (1745—1827) als erster aufgriff und zu dem Resultat führte, daß die Benutzung zweier verschiedener Metalle, bei Galvanis Versuch beispielsweise Kupfer und Eisen, die entscheidende Rolle spielt, während der Froschschenkel selbst nur zum Nachweis der Elektrizität diente.
                    R. Jaeger.

Froudesche Modellregel. Die Froudesche Modellregel wird zur Bestimmung des Widerstandes bestimmter Schiffsformen benutzt, solange der Widerstand in erster Linie durch die Wellenbildung bei der Fahrt des Schiffes bedingt ist. Die Regel besagt, daß in der Widerstandsformel (s. Bewegungswiderstand)

$$W = \psi \cdot \varrho \cdot F \cdot v^2$$

der Faktor ψ für Modell und ausgeführtes Schiff derselbe ist, wenn das Modell mit einer Geschwindigkeit geprüft wird, die sich zur Schiffsgeschwindigkeit verhält wie die Wurzel der linearen Modelldimension zur Wurzel aus der linearen Schiffsdimension. Es ist demnach der Widerstand W eines Schiffes der Länge L bei der Geschwindigkeit U gegeben durch die Gleichung

$$W = W_1 \frac{L^2}{L_1^2} \frac{U^2}{U_1^2} = W_1 \frac{L^3}{L_1^3},$$

wenn W_1 der Widerstand eines ähnlichen Modelles der Länge L_1 ist, welcher bei der Geschwindigkeit $U_1 = U \sqrt{\frac{L_1}{L}}$ in derselben Flüssigkeit gemessen wurde.

Die Froudesche Modellregel ergibt sich aus den Eulerschen Gleichungen (s. dort) einer reibungslosen Flüssigkeit. Betrachten wir die erste der Gleichungen

$$\frac{\partial u}{\partial t} + u \frac{\partial u}{\partial x} + v \frac{\partial u}{\partial y} + w \frac{\partial u}{\partial z} = g - \frac{1}{\varrho} \frac{\partial p}{\partial x},$$

die durch bestimmte Werte der Variablen erfüllt sein möge, so ist auch die Gleichung erfüllt

$$\frac{\partial u_1}{\partial t_1} + u_1 \frac{\partial u_1}{\partial x_1} + v_1 \frac{\partial u_1}{\partial y_1} + w_1 \frac{\partial u_1}{\partial z_1} = g - \frac{1}{\varrho}\frac{\partial p_1}{\partial x_1},$$

wenn $x_1 = \varepsilon x$, $y_1 = \varepsilon y$, $z_1 = \varepsilon z$, $t_1 = \sqrt{\varepsilon}\, t$, $u_1 = \sqrt{\varepsilon}\, u$, $v_1 = \sqrt{\varepsilon}\, v$, $w_1 = \sqrt{\varepsilon}\, w$, $p_1 = \varepsilon p$, genommen wird. Sind also die linearen Dimensionen des Schiffes ε mal größer als die des Modells, so muß, da die Erdbeschleunigung g konstant bleibt, die Schiffsgeschwindigkeit $\sqrt{\varepsilon}$ mal größer als die Modellgeschwindigkeit sein, wenn die Gleichung für die neuen Dimensionen erfüllt bleiben soll. Der Druck wird dann bei den veränderten linearen Dimensionen und Geschwindigkeiten ebenfalls ε mal größer, also der Widerstand, welcher durch Druck × Fläche gegeben ist, ε^3 mal größer. Dann sind die Strömungsbilder in beiden Fällen einander ähnlich. Ein und dasselbe Strömungsbild kann also nur dann die Strömung um zwei ähnliche Körper darstellen, von denen der zweite ε mal größer als der erste ist, wenn gleichzeitig die Darstellung der Streckeneinheit durch eine ε mal kleinere Strecke, die Darstellung der Zeiteinheit durch eine $\sqrt{\varepsilon}$ mal kleinere Strecke und also auch die Darstellung der Geschwindigkeitseinheit durch eine $\sqrt{\varepsilon}$ mal kleinere Strecke erfolgt. Die Froudesche Modellregel ist aber nur in reibungslosen Flüssigkeiten unter der Wirkung der Schwerkraft streng richtig. Sie ist wesentlich anders als die Reynoldsche Modellregel (s. dort), welche in zähen Flüssigkeiten beim Fehlen äußerer Kräfte gilt. Daraus folgt, daß sich eine allgemein gültige Modellregel nicht aufstellen läßt, nach welcher aus dem gemessenen Widerstand eines Modells auf den Widerstand eines Schiffes in einer zähen Flüssigkeit unter der Wirkung der Schwerkraft geschlossen werden kann. Trotzdem wird die Froudesche Modellregel viel benutzt; erfahrungsgemäß gibt sie für den Schiffswiderstand etwas zu große Werte, so daß ihr Resultat mit einem Erfahrungsfaktor multipliziert werden muß, wenn nicht ein besonderer Summand für den Reibungswiderstand berücksichtigt wird (weiteres s. Schiffswiderstand). *O. Martienssen.*

Näheres s. Lorenz, Technische Hydromechanik. München 1910.

Fuchs. Fuchs wird der zwischen Dampfkessel und Schornstein gelegene Rauchkanal genannt. In den Fuchs ist häufig ein Ekonomiser (s. dort) eingebaut. *L. Schneider.*

Führungsband s. Geschosse.

Fundamentalabstand s. Quecksilberthermometer.

Funken. Leuchtende Entladung durch ein Gas, getragen mehr von den Ionen des Gases als von den Elektronen. Der Funken setzt ein bei einer ziemlich defini1ten Spannung (V), die von den Eigenschaften und vor allem vom Druck des Gases abhängt. Es gilt $V = a + \beta l$. Elektrodenabstand a beträgt mehrere 100 V. *A. Meißner.*

Näheres s. Überschlagspannung und Funkendekrement.

Funkenchronograph s. Geschoßgeschwindigkeit.

Funkendekrement. Eine in einem Kondensatorkreis eingeschaltete Funkenstrecke erhöht die Dämpfung des Kreises wesentlich. Die Amplitudenkurve ist hier jedoch keine exponentielle Kurve, sondern eine Grade, da für den Energieverbrauch im Funken nicht die Beziehungen gelten wie für den Energieverbrauch in einem Ohmschen Widerstand, sondern ähnliche wie für den Lichtbogen. Trotzdem rechnet man vielfach mit einem konstanten Funkenwiderstand, r_f, und einem Funkendekrement $\mathfrak{d}_f = \pi\, r_f \sqrt{\dfrac{L}{C}}$. *A. Meißner.*

Näheres s. Zenneck, S. 16.

Funkenmikrometer. Einstellbare Kugelfunkenstrecke zur Spannungsmessung durch Überschlag. *A. Meißner.*

Funkenpotential s. Entladung.

Funkenschlagweite s. Entladung.

Funkenspektrum s. Spektralanalyse.

Funkenstrecke. Zwei Metallelektroden, platten-, stab- oder kugelförmig, durch einen Gasraum getrennt derart ausgebildet, daß zwischen ihnen häufig ein Ausgleich der an ihnen liegenden Ladungen eintreten kann. *A. Meißner.*

Funkenwärme. Der zwischen zwei Elektroden übergehende Entladungsfunke ist imstande, eine ziemliche Wärmeentwicklung hervorzurufen, wenn er im sog. Funkenkanal einer sehr kleinen Luftmenge zugeführt wird. Man benutzt diesen Umstand, um Pulver durch einen elektrischen Funken zur Explosion zu bringen. Dabei ist jedoch zu beachten, daß bei metallischem Schließungsbogen das Pulver fortgeschleudert wird, so daß man gezwungen ist, als Funkenweg einen schlechten Leiter, meist eine feuchte Schnur, zu wählen.

Die spektrale Zerlegung gewöhnlichen Funkenlichts zeigt, daß auch schwerflüchtige Metallteile, die in den Elektroden enthalten waren, zum Verdampfen gebracht werden können. *R. Jaeger.*

Funkenwiderstand s. Funkendekrement.

Funkenzahl. Anzahl der Funken einer drahtlosen Sendeeinrichtung in der Sekunde. Die älteren Sender arbeiteten mit 5—10 Funken (50 Perioden — Resonanzfunken, Knallfunken). Die Sender ab 1909, meist mit 300, 1000 bis 2000 Funken (tönende Funken). *A. Meißner.*

Fußmaße s. Längeneinheiten.

G

Galileisches Fernrohr s. Holländisches Fernrohr.

Galvanismus. Unter Galvanismus versteht man seit Galvanis Entdeckung (1789) die Lehre von der Berührungselektrizität, insbesondere die Theorie der galvanischen Elemente. Volta fand (1792), daß bei dem Versuch von Galvani die Anwesenheit zweier verschiedener Metalle notwendig ist, um einen von ihnen berührten Froschschenkel in Zuckungen zu versetzen. Volta glaubte daher, daß die hier in Erscheinung tretende elektromotorische Kraft (E.K.) an der Berührungstelle der beiden Metalle ihren Ursprung habe. Folgender Versuch sollte den Beweis für die Richtigkeit dieser Annahme erhärten. Man bilde aus einer Zinkplatte, einer sehr dünnen Glimmerscheibe und einer Kupferplatte einen Kondensator. Stellt man darauf mit einem Kupferdraht vorübergehend leitende Verbindung zwischen den Belegungen her, so nehmen sie die Kontaktpotentialdifferenz gegeneinander an. Entfernt man nun die Platten voneinander, so läßt sich mit Hilfe des Elektroskops leicht zeigen, daß die Zinkplatte positiv elektrisch, die Kupferplatte negativ elektrisch geworden ist. Die Untersuchung verschiedener Metallkombinationen führte zur Aufstellung einer sog. Spannungsreihe, in welcher die Metalle derart geordnet sind, daß jedes bei Berührung mit einem rechts davon stehenden positiv elektrisch wird; etwa wie folgt: +Al, Zn, Pb, Sn, Sb, Bi, Fe, Cu, Ag, Au, Pt. Es gilt nun das nach Volta benannte Gesetz der Spannungsreihe: in einer geschlossenen Kette aus mehreren hintereinander geschalteten Metallen heben sich die Kontaktkräfte gegenseitig auf, so daß kein Strom darin fließen kann. Voltas Annahme über den Sitz der Berührungselektrizität erwies sich indessen neueren Versuchen gegenüber nicht als stichhaltig. Wenn man nämlich die Metalle durch Erhitzen im Vakuum entgast, so bleiben nach dieser Behandlung die früher beobachteten Effekte aus. Andererseits lassen sich diese durch Anfeuchten merklich vergrößern. Das Auftreten der elektrischen Potentialdifferenzen zwischen Metallen ist also an das Vorhandensein feuchter Oberflächenbeläge gebunden. Der Voltaversuch mit Cu und Zn wäre demnach so zu deuten: Vor der Berührung ist das Zn negativ gegen seine Feuchtigkeitshülle aufgeladen, das Cu positiv. Berühren sich die Metalle, so wird an der Berührungsstelle die Haut durchbrochen, die Potentiale der Metalle gleichen sich aus, die Oberflächenschicht wird beim Zn positiv, beim Cu negativ elektrisch, also Träger der früher auf dem Metall lokalisierten Ladung. Das Gesetz der Spannungsreihe erscheint dann als selbstverständlich.

Auch die Erzeugung galvanischer Ströme kann nicht durch bloße Berührung von Metallen erklärt werden. Das Gesetz der Spannungsreihe fordert, daß im galvanischen Stromkreis nichtmetallische Leiter enthalten sein müssen. Die Energie, die ein Element mit der E.K'. E in der Zeit t liefert, kann als Joulesche Wärme in einem Kalorimeter gemessen werden und hat, wenn der innere Widerstand verschwindend klein gegen den des äußeren Schließungskreises w ist, den Betrag: $\frac{E^2 t}{w}$. Diese Energie muß nach dem Energieprinzip in dem Verbrauch anderer Energiearten ihr Äquivalent haben. Als Quellen derselben kommen hier nur in Betracht der Wärmeinhalt der das arbeitende Element umgebenden Körper und die chemische Energie der bei Stromentnahme stattfindenden Reaktion zwischen den Elektroden und dem Elektrolyten. Die Theorie des Galvanismus beschäftigt sich in erster Linie mit den letzteren Vorgängen.

Bei allen bekannten galvanischen Elementen ist das Hindurchfließen von Elektrizität mit der Auflösung, Ausfällung oder chemischen Veränderung des Elektrodenmaterials verbunden, und zwar wird nach dem Gesetz von Faraday bei Umsatz von einem g-Äquivalent Substanz, die Elektrizitätsmenge F = 96500 C., also, wenn man für die Stromstärke E/w in obige Gleichung F/t einsetzt, die Energie EF geliefert. Von dem Mechanismus der Stromerzeugung entwickelte Nernst (1888) auf der Grundlage der Theorie des osmotischen Druckes und der elektrolytischen Dissoziation ein anschauliches Bild, das uns das Wesen der Berührungs-

elektrizität in deutlicheren Umrissen zeigt, wenn es auch zu einer restlos befriedigenden Aufklärung nicht ausreicht.

Wie in einer Flüssigkeit der osmotische Druck zwischen den Ionen wirkt und diese aus der Lösung herauszutreiben sucht, so kommt hiernach den Metallen in Berührung mit einer Flüssigkeit eine „elektrolytische Lösungstension" zu, vermöge deren die Metallatome unter Abspaltung eines oder mehrerer Elektronen als Träger positiver Elektrizität in die Flüssigkeit gedrängt werden. Diese ladet sich hierbei positiv, das Metall negativ. An der Grenzfläche entsteht eine elektrische Doppelschicht, deren Feldstärke einerseits dem weiteren Übertritt positiver Ionen aus dem Metall entgegenwirkt und andererseits die in der Lösung befindlichen Ionen in das Metall zurückzutreiben sucht. Dieses Kräftespiel kann ins Gleichgewicht kommen, z. B. wenn Silber in eine neutrale Salzlösung eintaucht. Oder die positive Ladung der Lösung kann infolge des Lösungsdruckes einen so hohen Betrag erreichen, daß andere darin befindliche positive Ionen aus der Lösung heraus zum Metall gestoßen werden. In diesem Falle beobachten wir das Ausfällen eines Metalles durch ein zweites, z. B. beim Eintauchen von Eisen in die Lösung eines Kupfersalzes. Hierbei gehen Eisenatome in Lösung und die elektrisch äquivalente Menge Cu-Ionen, getrieben von der Abstoßung der gleichnamig geladenen Lösung und der Anziehung des ungleichnamigen Metalles, schlägt sich auf diesem nieder, indem es seine Ladung abgibt.

Dieselben Vorstellungen bewähren sich in Anwendung auf die Wasserstoffentwicklung beim Eintauchen von Zink in saure Lösung. Man verfährt nur konsequent, wenn man ferner den elektronegativen Elementen O, F, Cl usw. einen elektrolytischen Lösungsdruck negativer Ionen zuschreibt.

Die Vorgänge in einem galvanischen Element, beispielsweise vom Typus der Daniellschen Kette

$$Zn|ZnSO_4|CuSO_4|Cu$$

gestalten sich dann folgendermaßen. Solange der äußere Kreis offen ist, gehen nur so viel (unwägbare Mengen) Ionen beider Metalle in Lösung, als im Felde der elektrischen Doppelschicht an den Berührungsflächen von Metall und Lösung unter der Wirkung des Lösungsdrucks einerseits und des osmotischen Druckes andererseits im Gleichgewicht sein können. Ein chemischer Umsatz kann erst stattfinden, sobald durch leitende Verbindung der Pole des Elements ein Ausgleich ihrer Ladungen und damit ein Sinken der Feldstärke in den Doppelschichten ermöglicht wird. Dasjenige Metall geht nun in Lösung, bei welchem das Übergewicht der Lösungstension über den dagegen wirkenden osmotischen Druck seiner Ionen den größeren Betrag hat, während das Metall mit kleinerem wirksamem Lösungsdruck umgekehrt aus der Lösung ausfällt. Beim Daniellelement bewegt sich demgemäß mit den Metallionen ein Konvektionsstrom positiver Elektrizität vom Zn zum Cu und daher im äußeren Schließungskreis ein galvanischer Strom vom Cu zum Zn.

Unter der vereinfachenden Annahme, daß die elektrolytische Lösungstension ebenso wie der osmotische Druck in stark verdünnter Lösung dem Gasgesetz gehorcht, wird die elektrische Arbeit beim Übergang von 1 g-Aqu. der Ionen aus dem metallischen Zustand in die Lösung vergleichbar mit der mechanischen Arbeit, welche nötig ist, um 1 Mol eines Gases vom Druck p auf den größeren Druck P zu komprimieren

$$A = EF = RT \ln \frac{P}{p}$$

oder, weil der osmotische Druck der Konzentration proportional ist

$$EF = RT \ln \frac{C}{c}.$$

Wenn man von dem (sehr kleinen) Diffusionspotential (s. d.) in der Berührungsschicht der beiden Elektrolyte absieht, so haben wir es beim Daniellelement nur mit den beiden Potentialsprüngen an den Elektroden zu tun. Somit ergibt sich für die E. K. des Daniellelements der Ausdruck:

$$2 EF = RT \left\{ \ln \frac{C_{zn}}{c_{zn}} - \ln \frac{C_{cu}}{c_{cu}} \right\}$$

(der Faktor 2 wegen der Zweiwertigkeit der Metallionen). Diese Formel enthält das Verhältnis $\frac{C_{zn}}{C_{cu}}$ als Unbekannte und gestattet daher nicht die Berechnung des absoluten Betrages der E. K., sondern nur, wenn ein Wert E_1 und der dazu gehörige Salzgehalt gemessen sind, die E. K. für beliebige andere Konzentrationen der Lösungen vorauszusagen. Ist z. B. E_1 der Wert für das Konzentrationsverhältnis 1, so folgt nach Einführung dekadischer Logarithmen und für Zimmertemperatur

$$E = E_1 - \frac{1}{2} \cdot 0,0577 \log^{10} \frac{C_{zn}}{c_{cu}} \text{ Volt.}$$

Die Ermittelung der Lösungstension selbst oder, was dasselbe besagt, die Messung des Potentialsprunges zwischen Metall und Lösung ist zwar im Prinzip mittels der Tropfelektrode (s. d.) möglich, aber praktisch mit zu großen Schwierigkeiten verknüpft. Man ist daher übereingekommen, den Potentialsprung einer gut reproduzierbaren Elektrode, der Wasserstoffelektrode (s. Gasketten) unter dem Druck einer Atmosphäre in saurer Lösung von normalem Titer gleich Null zu setzen. Diese Willkür kann nicht zu Widersprüchen mit der Erfahrung führen, da in den Anwendungen der Theorie, z. B. in obiger Formel, immer nur das Verhältnis zweier Lösungstensionen vorkommt.

Kann die bei Stromentnahme eingetretene chemische oder physikalische Veränderung im Zustand einer Elektrode und ihres Elektrolyten durch Umkehr des Stromes vollständig rückgängig gemacht werden, arbeitet also die Elektrode reversibel wie eine ideale Maschine ohne Reibungsverluste, so ist, weil elektrische Energie sich restlos in mechanische transformieren läßt, die von der Elektrode gelieferte Energie dem Maximum mechanischer Arbeit gleich, die bei dem betreffenden Prozeß überhaupt gewonnen werden kann. Diese Größe ist aber ganz allgemein ein Maß für die Triebkraft, welche isotherme Zustandsänderungen in der Natur herbeiführt. Daher ist die elektromotorische Kraft reversibler galvanischer Elemente ein Maß für die chemische Affinität der an der Reaktion beteiligten Stoffe. Darin liegt die Bedeutung einer Spannungsreihe der chemischen Elemente; zugleich erkennen wir ihre nur relative Geltung, da die Größe des Einzelpotentials durch die Ionenkonzentration in der die Elektrode benetzenden Lösung mitbestimmt wird (s. Elektrodenpotential).

Was nun die oben berührte Frage nach der Energiebilanz des galvanischen Elements anbetrifft, so ist die Regel von W. Thomson (1851), daß die chemische Energie der Kette bei Umsatz eines

g-Aqu. (gemessen als Wärmetönung U in einem Kalorimeter) durch den Prozeß der Stromerzeugung restlos in elektrische verwandelt werde: EF = U nur in Ausnahmefällen zutreffend. Vielmehr gibt es Elemente, deren chemische Energie 0 ist und bei denen die Stromentnahme mit einer Abkühlung der Umgebung parallel geht, nämlich die Konzentrationsketten (s. d.). Im allgemeinen ist der Verbrauch chemischer Energie bei den stromliefernden Vorgängen verknüpft mit positiver oder negativer Abgabe von Wärme Q an die Umgebung:

$$U = EF + Q.$$

Für reversible galvanische Elemente gilt nach dem zweiten Hauptsatz der Thermodynamik:

$$EF = U + TF \frac{dE}{dT}$$

(Braun 1878, Helmholtz 1882). Zur Integration dieser Gleichung führt das Nernstsche Wärmetheorem (s. d.), so daß dadurch die Berechnung elektromotorischer Kräfte aus rein thermischen Größen ermöglicht ist.   *H. Cassel.*

Näheres s. M. Trautz, Galvanische Elemente. In Graetz' Handbuch der Elektrizität und des Magnetismus. Bd. I. Leipzig 1918.

Galvanomagnetische Effekte. Durch die Einwirkung eines magnetischen Feldes werden die elektrischen und thermischen Erscheinungen in metallischen Leitern in charakteristischer, durch die Vektornatur des magnetischen Feldes bestimmte Weise modifiziert. Es entsteht so eine Gruppe von Effekten, von denen diejenigen, bei denen ein durch den Leiter fließender **galvanischer Strom** in seinen elektrischen und thermischen Folgeerscheinungen beeinflußt wird, als „galvanomagnetische Effekte" zusammengefaßt werden.

Steht der **magnetische Vektor senkrecht** zum Vektor des elektrischen Stromes, so treten vier Effekte auf: 1. zwei „Transversal-Effekte": der „Hall-Effekt", bei dem eine transversale Potentialdifferenz und der „v. Ettingshausen-Effekt", bei dem eine transversale Temperaturdifferenz beobachtet wird; 2. zwei „Longitudinal-Effekte", nämlich eine Widerstandsänderung bei transversaler Magnetisierung und eine thermoelektrische Kraft zwischen transversal-magnetisiertem und nicht magnetisiertem Leiter. Ist der **magnetische Vektor parallel** dem Vektor des elektrischen Stromes, so treten zwei „Longitudinal-Effekte" auf, nämlich die Widerstandsänderung bei longitudinaler Magnetisierung und eine thermoelektrische Kraft zwischen longitudinal-magnetisiertem und nicht magnetisiertem Leiter.

Von diesen Effekten sind die beiden transversalen, als die wichtigsten besonders besprochen (s. „Hall-Effekt" und „v. Ettingshausen-Effekt"). Die Widerstandsänderung im magnetischen Felde ist bei Wismut am stärksten; bei ferromagnetischen Metallen mittelstark, bei den übrigen Metallen nur gering. Die Erscheinungen sind dadurch kompliziert, daß der Effekt nicht nur von der Richtung der Magnetisierung im Verhältnis zur Stromrichtung, sondern auch zur Kristallachse abhängt, und daß der Einfluß der Temperatur sehr groß ist. Für die Abhängigkeit von der Feldstärke sind verschiedene Ansätze gemacht worden. Aus Symmetriegründen folgt, daß die Effekte nur quadratische Funktionen der Feldstärke sein können, was die Beobachtung im wesentlichen bestätigt. Die Widerstandsänderung bei transversaler Magnetisierung wird oft auch (nach W. Nernst) als „**Longitudinaler Hall-Effekt**" bezeichnet, da die beobachtete Änderung des Spannungsabfalls zwischen zwei Punkten des Leiters in der Stromrichtung ebenso gut durch Widerstandsänderung wie durch Auftreten einer elektromotorischen Gegenkraft infolge der Erregung des Feldes gedeutet werden kann.

Praktische Verwendung hat die Widerstandsänderung des Wismut im Magnetfeld in der „Wismutspirale" von Hartmann und Braun zur Messung der Feldstärke gefunden (s. Feld, magnetisches). Einer Induktion von 1000 Gauß entspricht eine Zunahme des spezifischen Widerstandes des Wismut um etwa 5%. Der Einfluß der Temperatur muß jedoch berücksichtigt werden.

Thermoelektrische Kräfte zwischen magnetisiertem und nicht magnetisiertem Metall sind bisher nur bei Wismut und einigen seiner Legierungen gemessen worden. Bei reinem Wismut ergaben sich im Felde von 6000 Gauß Thermokräfte bis zu etwa 11 μV/Grad. *Hoffmann.*

Näheres s. K. Baedecker, Die elektrischen Erscheinungen in metallischen Leitern. S. 94 ff. Braunschweig 1911.

Galvanometer. Unter Galvanometern, zu denen auch die Galvanoskope und Bussolen zu rechnen sind (Instrumente zur Konstatierung eines Stromes), versteht man im allgemeinen solche Strommesser, bei denen die elektrodynamische Wirkung des Stromes auf ein bewegliches, meist drehbares System zur Messung benutzt wird; es gehören hierher deshalb die Mehrzahl der Amperemeter, Volt- und Wattmeter, und die Dynamometer. Man kann folgende Klassen derartiger Strommesser unterscheiden:

1. Feststehende, vom Strom durchflossene Spulen und ein bewegliches System aus permanenten Magneten oder weichem Eisen (Nadelgalvanometer).

2. Feststehende permanente Magnete oder Elektromagnete und ein bewegliches, vom Strom durchflossenes System (Drehspulgalvanometer, zu denen auch die Saiteninstrumente gehören).

3. Feststehende und bewegliche Spulen, die beide vom Strom durchflossen werden (Dynamometer).

4. Auf Induktionsvorgängen (bei Wechselstrom) beruhende Instrumente (z. B. Ferrarisinstrumente).

Die unter 1 bis 3 aufgeführten Galvanometer können für Wechselstrom und Gleichstrom Anwendung finden, 4 nur für Wechselstrom.

Die Vibrationsgalvanometer und Oszillographen gehören zum Teil zu Klasse 1, zum Teil zu Klasse 2; es gibt aber auch elektrostatische Instrumente dieser Art. Die Hitzdrahtgalvanometer gehören nicht hierher, sondern zu den kalorischen Instrumenten. Die Namengebung der Instrumente ist also unsystematisch und richtet sich häufig nach dem Zweck, dem die betreffenden Instrumente dienen, obwohl sie häufig auch noch anderen Zwecken dienen können. Die Dynamometer werden gewöhnlich als eine besondere Klasse von Instrumenten behandelt.

Die Galvanometer können mit Spiegel- oder Zeigerablesung versehen sein; es gibt auch Instrumente, die gleichzeitig für beide Ablesungsmethoden eingerichtet sind; auch mikroskopische Ablesung kommt zur Anwendung (Saitengalvanometer). Der Ablenkung, welche das bewegliche System durch den Strom erfährt, wirkt eine elastische Richtkraft entgegen, die das System in die Ruhelage zurückzuführen sucht und die proportional der Ablenkung gesetzt werden kann. Diese Richtkraft wird durch einen Aufhängefaden oder besondere Federn bzw. (bei 1) durch ein

magnetisches Feld bewirkt. Bei manchen Instrumenten (Torsionsgalvanometer und -Dynamometer) wird nicht der Ausschlag des beweglichen Systems gemessen, sondern dieses wird durch eine Torsionskraft in die Nullstellung zurückgebracht; dann ist der Torsionswinkel ein Maß für die Stromstärke. Das drehbare System ist bei empfindlicheren Instrumenten an einem Faden oder Band aufgehängt, sonst ist es auf einer Spitze oder in Zapfen drehbar.

Bei Galvanometern bezeichnet man das vom Strom auf das bewegliche System ausgeübte Drehmoment q als die „dynamische Galvanometerkonstante"; dabei wird der Strom in absoluten cgs-Einheiten gemessen (1 cgs-Einheit gleich 10 Ampere). Die Größe C = D/q, wobei D die Richtkraft bedeutet, nennt man den „Reduktionsfaktor"; die Empfindlichkeit ist demselben umgekehrt proportional. C (in cgs-Einheiten) gibt diejenige Stromstärke an, welche dem System den Winkelausschlag 1 (= 57,30°) erteilen würde. Ist I die Stromstärke, ϱ der Winkelausschlag in absolutem Maß, so ist wegen qI = D ϱ zu setzen: I = C ϱ. Da in C die Richtkraft D enthalten ist und die Schwingungsdauer des beweglichen Systems durch die Richtkraft bedingt wird, so hängt die Empfindlichkeit des Galvanometers von der Schwingungsdauer ab. Dieser Zusammenhang ist bei den verschiedenen Typen von Galvanometern ein verschiedener, da die Empfindlichkeit auch von q abhängt.

Von Bedeutung für den Gebrauch des Galvanometers ist auch die Dämpfung des beweglichen Systems, von der man meist die Annahme macht, daß sie der Geschwindigkeit der Bewegung proportional ist. Der Proportionalitätsfaktor ist die Dämpfungskonstante p, die sich zusammensetzt aus der Dämpfung p_0 des Systems im offenen Zustand des Galvanometers (Luft-, Öl-, Rahmendämpfung) und der im geschlossenen Zustand bei der Bewegung durch induzierte Ströme hervorgerufenen Dämpfung, die gleich q^2/R ist, wenn R den Widerstand des gesamten Schließungskreises bezeichnet. Bei den Drehspulgalvanometern spielt gerade dieser Teil die Hauptrolle, während bei den Nadelgalvanometern in der Regel zu vernachlässigen ist. Für den Gebrauch der Galvanometer bei Gleichstrom ist in den meisten Fällen eine solche Dämpfung am günstigsten, die den aperiodischen Grenzzustand nahe herbeiführt. Ein stärker gedämpftes Galvanometer ist wegen der kriechenden Bewegung des Systems meist nicht zu brauchen, während bei einem wenig gedämpften Instrument die Schwingungen um die Gleichgewichtslage störend sind. Vgl. die Artikel Nadel-, Drehspul-, Saiten-, Vibrations-, Differential-, ballistische Galvanometer usw. *W. Jaeger.*

Näheres s. Jaeger, Elektr. Meßtechnik. Leipzig 1917.

Galvanoplastik (Jakoby 1838) ist ein Verfahren zur Herstellung genauer und haltbarer negativer Abdrücke von Reliefs, auf denen als Kathoden in einer elektrolytischen Zelle ein ablösbarer Metallniederschlag abgeschieden wird.

Die Kathoden werden, falls sie nicht schon selbst metallisch leitend, durch Graphitüberzüge oberflächlich leitend gemacht. Aneinanderhaften von Metallen wird nötigenfalls durch Niederschlag indifferenter Zwischenschichten (auf Kupfer und Eisen z. B. von Arsen) verhindert. Von technischer Bedeutung ist besonders die Herstellung von Kupfergalvanos zur Vervielfältigung von Kupferstichen, Holzschnitten usw. Von diesen werden zuerst aus Guttapercha Matrizen abgegossen und graphitiert. Als Badflüssigkeit dient angesäuerte Kupfersulfatlösung. Die Anoden, aus denen sich der Metallgehalt der Lösung ergänzt, bestehen aus reinstem Kupferblech, das aber noch von einem Diaphragma umhüllt ist, um den von ihm abfallenden Anodenschlamm von der Kathode fernzuhalten. Die Klemmenspannung ist wenig höher als 1 Volt. Die Elektrolyse wird so lange fortgesetzt, bis die Schichtdicke des Niederschlages etwa 0,2 mm beträgt, so daß er ohne Verbiegung von der Unterlage abgetrennt werden kann. Darauf werden die Abzüge mit einer Zinnlegierung hintergossen. Um die Klischees für häufigeren Druck hinreichend scharf zu erhalten, werden sie noch durch galvanischen Überzug mit (wasserstoffhaltigem) Eisen oder durch Vernickelung „verstählt". Es können dadurch auch nach 1 Million Abdrucken noch alle Feinheiten des Originals gut erhalten bleiben.

H. Cassel.

Näheres s. F. Foerster, Elektrochemie wässeriger Lösungen. Leipzig, Barth, 1915.

Galvanoskop s. Galvanometer.

Galvanostegie ($\sigma\tau\acute{\epsilon}\gamma\eta$ = Dach). Galvanostegie ist die älteste technische Anwendung der Elektrolyse, seit 1840 (in Deutschland zuerst durch Werner Siemens) zu industrieller Bedeutung entwickelt, mit dem Zweck, Metallgegenstände mit einem festhaftenden, glatten und möglichst gleichmäßigen Überzuge eines anderen Metalles zu versehen. Der zu überziehende Gegenstand wird nach gründlicher Reinigung (womöglich im Sandstrahlgebläse) als Kathode in die Lösung eines Salzes des abzuscheidenden Metalls gebracht und auch als Anode letzteres Metall benutzt, damit sie sich bei Stromentnahme löst und die dem Elektrolyten an der Kathode entzogenen Metallmengen ersetzt. Für die Aufnahme des Elektrolyten dienen meist rechteckige Wannen aus Steingut, auf deren oberen Rand in Vertiefungen parallele Kupferstangen aufliegen, welche abwechselnd mit dem positiven und negativen Pol der Stromquelle verbunden sind. Mehrere Bäder werden gewöhnlich nebeneinander geschaltet, so daß sie unabhängig voneinander betrieben werden können. Die Klemmenspannung braucht im allgemeinen 3,5 Volt nicht zu überschreiten. Sie wird im Großbetriebe von besonderen Niedervoltmaschinen geliefert, welche für Leistungen bis zu 100 kW (Unipolarmaschinen) konstruiert worden sind.

Da bekanntlich beim Eintauchen von Metall in die Lösung eines edleren Metalles letzteres sich auf jenem niederschlägt, so könnte zur Herstellung edlerer Überzüge die Anwendung einer Stromquelle entbehrlich erscheinen. Aber abgesehen davon, daß der Elektrolyt an edlerem Metall fortgesetzt verarmen würde und durch unedleres verunreinigt wird, erforderte es der Gleichgewichtszustand zwischen der Lösungstension und dem osmotischen Druck der Ionen des Metalls, daß von diesem wiederum eine entsprechende, wenn auch kleine Menge auf dem edleren Niederschlag ausfallen müßte.

Das Haften wird wesentlich erleichtert durch den Umstand, daß sich viele Metalle nicht bloß im Schmelzfluß, sondern auch bei gewöhnlicher Temperatur legieren können. Bildung von Legierungen im festen Aggregatzustand ist zwischen Zn einerseits Fe, Cu und Pt andererseits, sowie zwischen Cu und Ni einwandfrei nachgewiesen. Doch mögen bloße Adhäsionskräfte (Metallspritzverfahren) manchmal ausreichen, das Abblättern des Überzuges zu verhindern. Jedenfalls hat es sich in vielen Fällen als vorteilhaft erwiesen, durch Vorbehandlung mit Hg-haltigen Lösungen oder durch Verkupferung eine Zwischenschicht zu erzeugen, die sich mit beiden Metallen zu legieren vermag.

Für die Herstellung glatter Oberflächen ist die Erfahrungstatsache maßgebend, daß die Niederschläge aus Lösungen einfacher Neutralsalze meist grob-kristallinisch sind, während die geringere Metallionenkonzentration in Komplexsalzlösungen (Doppelzyanide) glatte und dichte Überzüge begünstigt. Offenbar darf der Prozeß der Abscheidung eine gewisse Geschwindigkeit nicht überschreiten.

Darum wirkt auch die Anwendung zu hoher Stromdichte schädlich auf die Beschaffenheit der Niederschläge. Um auch bei unregelmäßiger Gestalt der zu galvanisierenden Körper an ihrer Oberfläche eine möglichst gleichmäßige Stromdichte und damit eine gleichmäßige Dicke des Überzuges zu erzielen, fügt man den Bädern gut leitende, indifferente, sogenannte Leitsalze (Alkalisulfate, Magnesiumchlorid u. a. m.) zu, wodurch sich die Unterschiede des Spannungsabfalls an der Kathode ausgleichen. Stromdichte, Temperatur und Zusammensetzung der Bäder sind von größtem Einfluß auf Farbe und Konsistenz der Überzüge, insbesondere bei Niederschlag von Legierungen (Vermessingung). Wissenschaftliche Richtlinien lassen sich hier zur Zeit noch nicht im einzelnen angeben, vielmehr verfahren die Fabriken nach empirischen Rezepten, die sich in jahrelanger Praxis bewährt haben.

Infolge ihrer fein kristallinischen Struktur sind alle galvanischen Niederschläge mehr oder weniger porös und daher für Feuchtigkeit durchlässig. Es kann sich daher zwischen Grundlage und Beschlag ein galvanisches Element bilden, in dem sich das unedlere Metall allmählich auflöst oder oxydiert. Nur wenn das deckende Metall unedler ist als die Unterlage, z. B. bei verzinktem Eisen, wirkt dieser Vorgang im Sinne einer Konservierung des Grundmetalls.

H. Cassel.

Näheres s. F. Foerster, Elektrochemie wässeriger Lösungen. Leipzig 1915. Pfanhauser, Galvanoplastik und Galvanostegie. Wien 1900.

Gasdichte. Dampfdichte. Die Dichte, oder wie man richtiger sagt, das spezifische Gewicht (vgl. den Artikel Spezifisches Gewicht und Dichte) der trockenen kohlensäurefreien Luft von 0⁰ und unter Atmosphärendruck (Normalzustand) in bezug auf Wasser von 4⁰ ist 0,0012928. Luft im Normalzustande ist also 773,5mal leichter als Wasser. Das spezifische Gewicht der Luft bei t⁰ und p mm Druck ergibt sich aus dem spezifischen Gewicht im Normalzustande durch Multiplikation mit

$$\frac{p}{760\,(1+0{,}00367\cdot t)}.$$

Der gleiche Faktor ist auch auf andere Gase, wie Sauerstoff, Stickstoff, Wasserstoff, welche weit vom Kondensationspunkte entfernt sind, anwendbar.

Das spezifische Gewicht der übrigen Gase und Dämpfe in bezug auf Luft von gleicher Temperatur und gleichem Druck wird gefunden, indem man das Molekulargewicht des betreffenden Gases oder Dampfes durch 28,98 dividiert. Auf diese Weise ergeben sich z. B. folgende Gas- und Dampfdichten.

Sauerstoff ...	1,1042	Helium	0,1380
Stickstoff	0,9669	Chlor	2,447
Wasserstoff...	0,06956	Bromdampf ...	5,516
Argon	1,3761	Wasserdampf .	0,622

Wenn man die Gas- und Dampfdichten experimentell ermittelt, so erhält man Werte, die von den errechneten meist um kleinere Beträge abweichen. Bei den mehratomigen Dämpfen tritt mit steigender Temperatur ein immer weiter fortschreitender Zerfall der Moleküle ein; die beobachtete Dampfdichte ist dann kleiner als die berechnete und nimmt mit wachsender Temperatur ab.

Experimentell wird das spezifische Gewicht der Gase und Dämpfe in der Regel mittels des Pyknometers (s. d.) in etwas abgeänderter Form ermittelt. Man benutzt dazu Glasballons von 1 l oder weniger Inhalt mit angeschmolzenem Glasrohr, welche

18*

durch einen Glashahn abgesperrt werden können. Der Inhalt des Ballons sei durch Auswägen mit Wasser oder Quecksilber (vgl. den Artikel Raummessung) ermittelt. Man evakuiert den Glasballon und wägt ihn leer; dann füllt man ihn mit dem zu untersuchenden Gase oder Dampf und wägt wieder. Die Gewichtsdifferenz, dividiert durch das Volumen des Ballons, gibt das spezifische Gewicht des Gases oder Dampfes. — Vor dem Abschließen des Ballons muß man Druck (Barometerstand und Über- oder Unterdruck) und Temperatur des Gases oder Dampfes beobachten; die Temperatur ermittelt man am besten in einem Bade konstanter Temperatur, in welchem der Ballon sich während des Füllens befindet.

Zur Messung des spezifischen Gewichtes der Gase bedient man sich in der Technik vielfach der Methode der kommunizierenden Röhren (s. d.); die Methode liefert nur eine geringe Genauigkeit, die Genauigkeit reicht aber in der Regel aus, um aus dem spezifischen Gewicht einen Schluß auf die Zusammensetzung des Gases oder Gasgemisches zu ziehen. — Die Methode kommt darauf hinaus, das spezifische Gewicht des unbekannten Gases mit demjenigen eines bekannten Gases, vielfach atmosphärischer Luft, oft aber auch eines Gases, das mit dem unbekannten nahe identisch ist, zu vergleichen. — Die Apparatur besteht wesentlich aus zwei vertikalen Röhren, welche mit den beiden zu vergleichenden Gasen gefüllt sind. Kommunizieren beide Gassäulen mit ihrem einen, dem oberen oder dem unteren Ende mit der Atmosphäre, d. h. übt die Atmosphäre hier auf beide Gassäulen den gleichen Druck aus, so üben die Gase ihrerseits am anderen freien Ende nicht mehr den gleichen, sondern einen größeren oder geringeren Druck aus, je nachdem das eine oder andere der beiden Gase schwerer oder leichter ist als die atmosphärische Luft. Läßt man also die beiden vertikalen Röhren die Schenkel eines empfindlichen Manometers bilden, so wird dieses, wenn beide Röhren mit verschiedenen Gasen gefüllt sind, einen Druckunterschied anzeigen, aus dem sich das Verhältnis der spezifischen Gewichte beider Gase leicht berechnen läßt.

Soll die beschriebene Methode zur Gasanalyse benutzt werden, so läßt man in der Regel das zu untersuchende Gas in kontinuierlichem Strome die eine vertikale Röhre durchfließen, während die andere mit Luft gefüllt ist. Man hat dann durch die Beobachtung des Manometers eine dauernde Kontrolle über den jeweiligen Zustand des Gases und kann alle zeitlichen Veränderungen der Zusammensetzung des Gases bequem erkennen.

Scheel.

Näheres s. Kohlrausch, Praktische Physik. Leipzig.

Gasdruck s. Boyle - Charlessches Gesetz.

Gasdruckregulator s. Bäder konstanter Temperatur.

Gasentartung. Experimentell ist festgestellt, daß Wasserstoff und Helium, wenn sie bei konstantem Volumen unter Ausschluß von Kondensation abgekühlt werden, schließlich in einen Zustand verschwindend kleiner Wärmekapazität gelangen. Der Abfall der spezifischen Wärme einer gegebenen Gasmasse erfolgt um so früher, je größer die Gasdichte ist. Nernst weist in seinen „Theoretischen und experimentellen Grundlagen des neuen Wärmesatzes" S. 162 darauf hin, daß jedes Gas, das in der angegebenen Art stark abgekühlt wird, entartet

und Eigenschaften annimmt, die jenen eines amorphen festen Körpers ähnlich sind.

Nach Nernst ist auch die Zustandsgleichung eines idealen Gases bei sehr tiefer Temperatur auf Grund verschiedener Versuche gänzlich abzuändern und folgendermaßen anzusetzen:

$$p = \frac{R}{V} \; \frac{\beta v}{1 - e^{-\frac{\beta v}{T}}} \text{ oder in Näherung}$$

$$p\,V = R\,T \left(1 + \frac{A}{m} \cdot \frac{p^{2/3}}{T^{5/3}}\right).$$

Hierbei ist $v = \dfrac{h\,N^{2/3}}{4\,\pi\,m\,V^{2/3}}$, $\beta = \dfrac{h}{k} = 4{,}863 \cdot 10^{-11}$;

h (Plancksche Konstante) $= 6{,}55 \cdot 10^{-27}$; N (Lohschmidtsche Zahl) $6{,}17 \cdot 10^{23}$; m Molekulargewicht.

Diese Zustandsgleichung folgt auch aus der Annahme gewisser valenzartiger Abstoßungskräfte K, die zwischen benachbarten Atomen wirken (Abstand r) und deren Größe, falls die Atome in einem kubischen Raumgitter angeordnet sind, durch den Betrag

$$K = \frac{h^2}{4\,\pi\,m} \; \frac{1}{r^3} \text{ gegeben ist.}$$

Hiernach ist zu folgern, daß selbst ein ideales Gas am absoluten Nullpunkt $T = 0$ noch einen endlichen Druck besitzt. Zu den Abweichungen, welche sich für ideale Gase von der Zustandsgleichung $p = \dfrac{RT}{V}$ berechnen lassen, treten für reale Gase noch diejenigen Korrektionen hinzu, welche durch die Größe der Moleküle und die Kräfte ihrer gegenseitigen Massenanziehung veranlaßt werden.

Henning.

Gasglühlicht, Flächenhelle s. Photometrische Größen und Einheiten, Nr. 4; räumliche Lichtverteilung s. Lichtstärken-Mittelwerte, Nr. 6; Wirtschaftlichkeit s. Wirtschaftlichkeit von Lichtquellen.

Gasharmonika s. singende Flamme.

Gasketten. Zwischen zwei platinierten Platinblechstreifen, die von verschiedenen Gasen oder von demselben Gas, aber unter verschiedenen Drucken umgeben sind und mit ihren unteren Enden in eine elektrolytische Flüssigkeit eintauchen, besteht eine elektromotorische Kraft, deren Größe mit der Natur und dem Druck der angewandten Gase wechselt (Greve 1839). Befindet sich z. B. der eine Pol in einer Atmosphäre von Wasserstoff, der andere von Sauerstoff unter anfänglich gleichem Druck, während der Elektrolyt aus verdünnter Schwefelsäure besteht, so zeigt sich, daß bei Stromnahme der Wasserstoff ungefähr doppelt so schnell verschwindet als der Sauerstoff, ein Phänomen, das als Umkehrung der Elektrolyse angesäuerten Wassers erscheint. In der Tat ist nicht irgendeine Kontaktwirkung zwischen den Gasen und den Elektroden, welche nur als Zwischenträger dienen, sondern die Bildung von Wasser aus den Elementen und im allgemeinen eine Gasreaktion als stromerzeugender Prozeß der Gasketten anzusehen (s. Galvanismus). Eine derartige Gaskette liegt auch vor, wenn auf der einen Seite Wasserstoff, auf der anderen Chlor die von salzsaurer Lösung benetzten Elektroden umspült. Der Wasserstoffpol ladet sich negativ, der Chlorpol positiv. Wird der äußere Stromkreis geschlossen, so geht einerseits Wasserstoff, andererseits die äquivalente Menge Chlor in Lösung. Der wirksame chemische Vorgang ist die Herstellung des thermodynamischen Gleichgewichtes, das der Reaktion $H_2 + Cl_2 = 2HCl$ entspricht. Mit Helmholtz (1883) kann man nämlich von der Annahme ausgehen, daß in der Lösung außer Chlorwasserstoff auch spontan dissoziiertes neutrales Chlorknallgas von bestimmter Konzentration jederzeit als gelöster Stoff enthalten ist. Ist p_H der Partialdruck des Wasserstoffs über der Flüssigkeit, wenn Gleichgewicht in der Lösung herrscht, und P_H der äußere Druck des Wasserstoffs an der Elektrode, so muß beim Übergang von einem g-Äquivalent Wasserstoff in die Lösung die Arbeit

$RT \ln \dfrac{P_H}{p_H}$ gewonnen werden können.

Andererseits beträgt die Arbeit, die das Chlor beim Übergang aus dem gasförmigen in den gelösten Zustand leistet: $RT \ln \dfrac{P_{Cl}}{p_{Cl}}$. Die gesamte Arbeit, die das Verschwinden von je 1 g-Äquivalent der zweiwertigen Gase leistet und welche von der Gaskette als frei verwandelbare elektrische Energie abgegeben wird, ist daher

$$2 EF = RT \{ \ln P_H \, P_{Cl} - \ln p_H \, p_{Cl} \}.$$

Alle in dieser Gleichung vorkommenden Größen sind zwar im Prinzip einzeln der Messung zugänglich. Die Gleichgewichtsdrucke p indessen entziehen sich wegen ihrer Kleinheit bei gewöhnlicher Temperatur der direkten Beobachtung. Ihre Bestimmung wird aber auf Grund thermodynamischer Überlegungen (s. Nernstsches Theorem) aus rein thermischen Daten ermöglicht oder gelingt durch Extrapolation aus Beobachtungen bei höheren Temperaturen. So wurde die E.K. der Knallgaskette unabhängig vom Elektrodenmaterial im Temperaturbereich von 340 bis 1000° C in bester Übereinstimmung mit der Theorie gefunden. Die freie chemische Energie des Knallgases gelangt dort vollständig zur Umwandlung in elektrische. Ist der stromliefernde Prozeß in einer Gaskette umkehrbar, so muß die elektromotorische Kraft der Kette gleich der Zersetzungsspannung sein, die nötig ist, um die gasförmigen Zersetzungsprodukte des Elektrolyten unter dem Druck P durch Elektrolyse abzuscheiden.

Die Theorie der Gasketten läßt sich im Falle verdünnter Lösungen auch mit Hilfe der Vorstellung von Nernst (1889) behandeln, wonach auch den Gasen eine ihrem Druck proportionale elektrolytische Lösungstension zukommt, die sich mit dem osmotischen Druck der in Lösung befindlichen Gasionen ins Gleichgewicht setzt. Demzufolge verhalten sich Gase elektromotorisch genau ebenso wie aus metallisch leitendem Stoff gefertigte Elektroden. Für die elektromotorische Kraft der Knallgaskette: elektropositiver Wasserstoff (wässerige Lösung), elektronegativer Sauerstoff folgt daher

$$2 EF = RT \left\{ 2 \ln \frac{c_{H_2}}{C_H} + \ln \frac{c_{O_2}}{C_O} \right\}$$

darin sind c die Konzentrationen der Wasserstoff- und Sauerstoffionen, C die Lösungstensionen der Gaselektroden, welche hier als unbestimmte Konstanten auftreten. Daher ergibt die Formel nicht (wie bei den Konzentrationsketten, s. d.) den absoluten Wert der E.K. eines einzelnen Elementes, sondern nur die Differenz der EK zweier solcher Zellen, welche Lösungen verschiedener Konzentration enthalten. Diese Berechnung kann in einfachster Weise auch für Elemente mit beliebig stark konzentrierten Lösungen durchgeführt werden, sobald die Wasserdampfspannung derselben bekannt ist. Schaltet man nämlich zwei Knallgasketten

mit Lösungen verschiedener Konzentration gegeneinander, so wird bei Stromentnahme in dem einen Element Wasser gebildet, in dem anderen, nach Faradays Gesetz, ebenso viel zersetzt, so daß die Menge der Gase im ganzen unverändert bleibt. Dieselbe Veränderung des Systems kann aber auch durch isotherme Destillation bewirkt werden. Um ein Mol Wasser aus der konzentrierteren Lösung mit dem Wasserdampfdruck p_1 zu verdampfen, muß die Arbeit $p_1 v_1 = RT$ geleistet werden. Zur Kompression dieser Dampfmenge auf den Druck p_2 der verdünnteren Lösung ist die Arbeit $RT \ln \dfrac{p_2}{p_1}$ erforderlich. Schließlich wird bei der Kondensation in diese Lösung die Arbeit $p_2 v_2 = RT$ gewonnen. Der gesamte Arbeitsgewinn, welcher nach dem zweiten Hauptsatz der Wärmetheorie der auf dem anderen Wege erzielten elektrischen Energie gleich ist, beträgt daher $2 F \varDelta E = RT \ln \dfrac{p_2}{p_1}$. Dieses Resultat ist insofern bemerkenswert, als hiernach die E.K. der Knallgaskette denselben Wert behält, gleichgültig, ob die Dampfdruckerniedrigung der wässerigen Lösung von Salzen, Basen, Säuren oder Nichtelektrolyten herrührt, vorausgesetzt, daß durch diese Zusätze keine Veränderung bedingt wird, die den stromliefernden Vorgang irreversibel macht.

Eine andere Auffassung vom Mechanismus der Gasketten hat E. Warburg (1889) entwickelt. Zwei Elektroden gleichen Metalls (z. B. von Hg), deren eine unter Luftabschluß, die andere unter Luftzutritt in ein und dieselbe vorher sorgfältig ausgekochte und daher nahezu luftfreie Flüssigkeit eintaucht, zeigen eine Potentialdifferenz, derart, daß die Vakuumelektrode stets anodisch gegen die Luftelektrode polarisiert ist. Diese Wirkung nimmt mit der Zeit zu und nähert sich allmählich einem Dauerzustand. Offenbar findet hier Oxydation des Metalls durch den Luftsauerstoff statt, so daß relativ große Mengen der Elektrode in Lösung gehen, während sich auf der von Luft abgeschlossenen Seite nur minimale Spuren lösen können. Demzufolge wäre als treibende Kraft des Elementes der Konzentrationsunterschied der Metallionen in den Elektrodenflüssigkeiten anzusehen, die Gaskette als Konzentrationskette (s. d.) zu verstehen. Beladet man z. B. Platin mit Wasserstoff, so wird das bei weitem edlere Platin aus der Lösung, in der es spurenweise vorhanden war, ausgefällt, umgekehrt bei Sauerstoffbeladung die Konzentration der in Lösung befindlichen Wasserstoffs durch Bindung zu Wasser stark herabgesetzt und dort die Auflösung des Platins erleichtert. Zweifellos ist diese Auffassung, obwohl ihre experimentelle Nachprüfung große Schwierigkeiten macht, konsequent durchführbar und nicht im Widerspruch zu der oben auseinandergesetzten, denn an einer reversiblen Elektrode müssen alle zum Umsatz gelangenden Stoffe mit ihren Ionen und untereinander im Gleichgewicht sein und jeder dieser möglichen Vorgänge muß zu demselben Wert der E.K. Veranlassung geben. *H. Cassel.*

Näheres s. z. B. W. Nernst, Theoretischen Chemie. Stuttgart 1913. F. Haber, Thermodynamik technischer Gasreaktionen. München 1905; s. auch „Brennstoffelement".

Gaskonstante. Die Gaskonstante R ist definiert als diejenige Größe, welche mit der absoluten Temperatur T multipliziert gleich dem Produkt von Druck und spezifischem Volumen eines Gases ist, wenn dieses sich, ohne zu dissoziieren, im Zustand so hoher Verdünnung befindet, daß es dem Gesetz eines idealen Gases $pv = RT$ gehorcht. R ist charakteristisch für jedes Gas. Es hat die Dimension einer Energie dividiert durch eine Temperatur, also $m\, l^2\, t^{-2} \cdot$ Grad^{-1}. Besitzt ein Gas endlicher Dichte bei der absoluten Temperatur des schmelzenden Eises $T_0 = 273{,}2^0$ und dem Druck $p = 1$ Atm. das spezifische Volumen v, so ergibt sich $R = \dfrac{1}{T_0} \dfrac{(pv)}{(1 + \delta)}$, wenn δ die relative Vergrößerung des Produktes pv bei der Druckerhöhung von $p = 0$ bis $p = 1$ Atm. bedeutet. Die Größe δ ist aus Isothermenbeobachtungen zu entnehmen.

Da nach dem Avogadroschen Gesetz (s. d.) für den Fall idealer Gase bei gleicher Temperatur und gleichem Druck jedes Volum gleich viel Gasmoleküle enthält, und also die Gasdichte proportional dem Molekulargewicht M ist, so folgt, daß auch die Gaskonstante R dem Molekulargewicht proportional ist. Bezieht man die Gaskonstante des idealen Gases nicht auf die Masseneinheit, sondern auf das Grammmolekül (auf so viel Gramm M wie dem Molekulargewicht entsprechen), so erhält man die sog. molekulare Gaskonstante $\Re$, die unabhängig von den speziellen Eigenschaften einer Substanz ist und den Wert $8{,}311 \cdot 10^7$ Erg Grad^{-1} = $1{,}985$ cal. Grad^{-1} = $0{,}08203$ Liter-Atm. Grad^{-1} hat. Es gilt dann die Beziehung $\Re = MR$. Die molekulare Gaskonstante in kalorischem Maß ist numerisch gleich der Differenz der Molekularwärmen bei konstantem Druck und konstantem Volumen $\Re = C_p - C_v$.

Mischt man $m_1, m_2, m_3 \ldots$ Gramm von n idealen gegeneinander indifferenter Gase, deren individuelle Gaskonstanten mit $R_1, R_2, R_3 \ldots$ bezeichnet seien, so besitzt das Gemisch die effektive Gaskonstante
$$R = \frac{m_1 R_1 + m_2 R_2 + \ldots}{m_1 + m_2 + \ldots}.$$
Henning.

Gaskonstante s. Boyle - Charlessches Gesetz.

Gasogen s. Liquidogen.

Gasrelais s. Verstärkerröhre.

Gastheorie, kinetische. Die mechanische Wärmetheorie faßt die Wärme als eine Bewegung der kleinsten Teilchen der Körper, der Molekeln, auf. Die Theorie, welche speziell für die Wärmebewegung der Gasmolekeln erdacht wurde, nennt man die kinetische Gastheorie. Ihr Begründer ist Daniel Bernouilli (Hydrodynamica 1738). Seine Zeit war jedoch dafür noch nicht reif, so daß sie erst durch Krönig (1856) und Clausius (1857) neu erfunden werden mußte. Von Clausius schon sehr weit ausgearbeitet, wurde der Gesamtbau der kinetischen Gastheorie hauptsächlich durch J. Cl. Maxwell und L. Boltzmann vollendet. Von der diesbezüglichen Literatur wäre im wesentlichen anzuführen: R. Clausius, Die kinetische Theorie der Gase. 2. Aufl. Braunschweig 1889—1891 — O. E. Meyer, Die kinetische Theorie der Gase. 2. Aufl. Breslau 1899. — L. Boltzmann, Vorlesungen über Gastheorie. 2. Bd. Leipzig 1896—1898. — G. Jäger, Die Fortschritte der kinetischen Gastheorie. 2. Aufl. Braunschweig 1919.

Nach der kinetischen Theorie stellen wir uns die Gase aus Molekeln bestehend vor, die für ein einfaches Gas alle vollkommen kongruent sind, d. h. sie haben dieselbe Masse, dieselbe Größe, dieselbe Gestalt. Bezüglich dieser nimmt man häufig und zwar hauptsächlich, um die Rechnung zu erleichtern, an, die Molekeln seien Kugeln. Es kommt ihnen dann ein bestimmter Durchmesser zu, den man die Größe der Molekeln nennt. Die Gasmolekeln hat man sich unter normalem Druck im Vergleich zu ihrer Größe verhältnismäßig weit entfernt voneinander vorzustellen. Sie bewegen sich mit großer Geschwindigkeit in geradlinigen Bahnen. Wegen ihrer Ausdehnung werden sie sich in ihrer Bewegung gegenseitig stören. Es erfolgen Zusammenstöße. Dabei sollen sie sich wie vollkommen elastische Kugeln verhalten. Für das Verhalten bei Stößen auf die Gefäßwände sind bestimmte Voraussetzungen zu machen. Ist das Gas gegenüber der Gefäßwand in relativer Ruhe, so müssen die Molekeln in derselben Weise aus dem Gas auf die Wände wie von den Wänden in das Gas fliegen, da sich ja im Gas durch die Stöße auf die Wände im Durchschnitt nichts ändern darf. Eine Wand kann also für die Bewegung der Molekeln als vollkommener Spiegel aufgefaßt werden, oder wir können annehmen, daß die gegen die Wand fliegenden Molekeln von dieser nach den Gesetzen der Reflexion zurückprallen wie vollkommen elastische Kugeln von einer vollkommen glatten starren Wand. Jede Molekel wird auf ihrer Bahn beständig auf andere stoßen und dadurch immer Ablenkungen erfahren, so daß sich die Bahn selbst als eine Zickzacklinie darstellen wird. Die Zahl der Stöße, die eine Molekel im Durchschnitt in der Sekunde erfährt, nennen wir die Stoßzahl (s. diese). Der Mittelwert der Länge aller geradlinigen Wegstrecken ist die mittlere Weglänge (s. diese). Die Zeit, während welcher sich ein Stoß abspielt, wird als verschwindend klein gegenüber der mittleren Zeit, die zwischen zwei aufeinander folgenden Stößen verfließt, angenommen, so daß der ganze Energieinhalt des Gases gleich ist der gesamten kinetischen Energie der Molekeln. Wir identifizieren ihn mit dem Wärmeinhalt des Gases. Die kinetische Energie muß daher mit der Temperatur steigen. Wir gelangen so zur spezifischen Wärme (s. diese). Der stationäre Zustand verlangt ein bestimmtes Gesetz, nach welchem die Geschwindigkeiten über die Molekeln verteilt sind (s. Maxwells Gesetz). Der Druck des Gases, der durch das Boyle-Charlessche Gesetz (s. dieses) charakterisiert ist, erscheint als Resultat der zahlreichen Stöße, welche die Molekeln beständig auf die Gefäßwände ausführen. Daraus folgt auch Avogadros Regel (s. diese), Daltons Gesetz (s. dieses) sowie die Geschwindigkeit der Molekeln (s. diese).

Ist ein Gas nicht im Ruhezustand oder nicht im Temperaturgleichgewicht, so wird durch die Zusammenstöße der Molekeln der Gleichgewichtszustand wieder hergestellt werden. Wir gelangen so zu den Erscheinungen der inneren Reibung (s. diese) und der Wärmeleitung (s. diese). Grenzen zwei Gase aneinander, so müssen sie infolge der Bewegung der Molekeln einander durchdringen. Wir haben vor uns das Phänomen der Diffusion (s. diese). Diese Vorgänge hängen so innig mit der mittleren Weglänge zusammen, daß sich deren Zahlenwert, ja sogar die Größe der Molekeln (s. diese) und deren Zahl in einem Mol des Gases, die Loschmidtsche Zahl (s. diese) berechnen läßt.

Um die Abweichung des Gasdrucks vom Boyle - Charlesschen Gesetz zu erklären, reicht man mit den eingangs gemachten Annahmen nicht mehr aus. Unter der Voraussetzung von Anziehungskräften zwischen den Molekeln und mit Berücksichtigung des Volumens derselben läßt sich die Van der Waalssche Zustandsgleichung (s. diese) ableiten. Es läßt sich ferner zeigen, daß mit abnehmender Temperatur Assoziation der Molekeln, mit zunehmender infolgedessen Dissoziation (s. diese) auftritt.

Das thermische Gleichgewicht zwischen einer Flüssigkeit und ihrem gesättigten Dampf führt zur Flüssigkeitstheorie (s. diese).

Die Methoden der kinetischen Gastheorie lassen sich auf die Theorie der Lösungen (s. diese) und Emulsionen (s. diese) übertragen, die uns zur Theorie der festen Körper (s. diese) führt.

Neue Erscheinungen treten bei hochverdünnten Gasen (s. diese) auf, die sich als Gleitung der Gase an festen Körpern, Temperatursprung und thermische Molekularströmung zu erkennen geben. *G. Jäger.*

Näheres s. G. Jäger, Die Fortschr. d. kinet. Gastheorie. 2. Aufl. Braunschweig 1919.

Gasthermometer s. Temperaturskalen.

Gasturbine s. Verbrennungskraftmaschinen.

Gaußsche Abbildung. Bei optischen Instrumenten handelt es sich darum, daß durch Spiegelungen und Brechungen an einer Anzahl Flächen „Bilder äußerer Gegenstände (oder Bilder solcher Bilder) hervorgebracht weıden, und zwar besteht das Zustandekommen solcher Bilder stets darin, daß ein Teil der von je einem Punkte A des Gegenstandes ausgehenden Strahlen durch die Reflexionen und Brechungen, welche er erfährt, so modifiziert wird, daß er wieder nach einem Punkte, dem Bildpunkte A', konvergiert". (Czapski-Eppenstein, Grundzüge der Theorie der optischen Instrumente nach Abbe, 2. Aufl., S. 27.)

Die Gesetze, nach denen die Bilder entstehen, sind selbst im einfachsten Falle verwickelt, wo es sich um Kugelflächen, deren Mittelpunkte auf einer Achse liegen (und um ebene, zur Achse senkrechte Flächen) handelt. Man nimmt daher als Annäherung eine vollkommene Abbildung an, die entstünde, wenn alle durch die Flächen gehenden Strahlen unendlich geringe Neigung gegen die Achse hätten. Dieser Fall ist allgemein zuerst von C. F. Gauß (Dioptrische Untersuchungen, Göttingen 1841) behandelt worden, er bietet einen Idealfall der Abbildung, der nur für unendlich kleine Gegenstände und für unendlich kleine Öffnungen der abbildenden Büschel (einen fadenförmigen Raum um die Achse) richtig wäre.

Nimmt man an, die Achse der gegebenen Linsenfolge[1] sei die X-Achse eines rechtwinkeligen Koordinatensystems, so kann man einen Lichtstrahl durch folgende Gleichungen bestimmt denken (Gauß):

$$y = \frac{\beta}{n}(x-N) + b; \quad z = \frac{\gamma}{n}(x-N) + c.$$

Hier ist N die X-Koordinate des Scheitels der ersten Fläche, n das Brechungsverhältnis des ersten Mittels. Man kann dann nach der Brechung der Gleichung des Strahls dieselbe Form geben

$$y = \frac{\beta'}{n'}(x'-N) + b_1, \quad z = \frac{\gamma'}{n'}(x-N) + c_1$$

(n' Brechungsverhältnis des zweiten Mittels), und Gauß beweist, daß bis auf Größen höherer Ordnung ist:

$$b_1 = b, \ c_1 = c; \ \beta' = \beta + k\,b, \ \gamma' = \gamma + k\,c. \quad (1)$$

----

[1]) Die Gesetze gelten alle auch dann, wenn spiegelnde Flächen vorkommen. Man muß dann das Brechungsverhältnis nach einer solchen entgegengesetzt gleich annehmen.

Hier ist $k = -\dfrac{n'-n}{r}$, r der Halbmesser der ersten Linsenfläche, der positiv gerechnet wird, wenn die Fläche dem einfallenden Lichte die erhabene Seite zukehrt.

Der gebrochene Strahl fällt nun auf die zweite Fläche, für den Scheitel sei x = N'. Die Gleichungen des Strahls vor der zweiten Brechung sind:

$$y' = \frac{\beta'}{n'}(x - N) + b = \frac{\beta'}{n'}(x - N') + b';$$

$$z' = \frac{\gamma'}{n'}(x - N') + c'.$$

Hier ist $b' = b + t\beta'$, $c' = c + t\gamma'$, wo $t = \dfrac{N'-N}{n'}$ ist, und auf die letzten Gleichungen kann man wieder die Gleichungen (1) anwenden, womit man den Strahl nach der zweiten Brechung erhält. Denkt man sich den Strahl durch beliebig viele Flächen verfolgt, so bleibt immer eine Beziehung ersten Grades erhalten, man hat, wenn b^0 usw. vor der ersten, b* usw. nach der letzten Brechung gelten:

$$b* = gb^0 + h\beta^0; \quad c* = gc^0 + h\gamma^0.$$
$$\beta* = kb^0 + l\beta^0; \quad \gamma* = kc^0 + l\gamma^0.$$

Hier sind die Größen g, h, k, l von den Halbmessern und Abständen der Flächen abhängig, und Gauß beweist, daß $gl - kh = 1$ ist.

Er leitet dann in einfacher Weise folgende Tatsache ab:

Es seien ξ, η, ζ die Koordinaten eines Punktes des einfallenden Strahls, so daß vor der Brechung dessen Gleichungen geschrieben werden können:

$$y = \eta + \frac{\beta^0}{n^0}(x - \xi); \quad z = \zeta + \frac{\gamma^0}{n^0}(x - \xi),$$

so kann man sie nach der letzten Brechung schreiben:

$$y = \eta* + \frac{\beta*}{n*}(x - \xi*); \quad z = \zeta* + \frac{\gamma*}{n*}(x - \xi*),$$

wobei $\xi* = N* - \dfrac{n^0 h - g(\xi - N^0)}{n^0 l - k(\xi - N^0)} n*,$ \quad (2)

$$\eta* = \frac{n^0 \eta}{n^0 l - k(\xi - N^0)}, \quad \zeta* = \frac{n^0 \zeta}{n^0 l - k(\xi - N^0)}.$$

Hier ist $\xi*$, $\eta*$, $\zeta*$ unabhängig von b, c, β, γ; d. h. alle Strahlen mit unendlich geringer Neigung durch den Punkt ξ, η, ζ gehen nach der Brechung durch $\xi*$, $\eta*$, $\zeta*$; der letztgenannte Punkt ist ein Bild des erstgenannten (des Objektes, Gegenstandes). Für negatives $\xi - N^0$ handelt es sich um einen wirklichen Gegenstand, für positives $\xi - N^0$, wo der Gegenstand in die Linsenfolge hineinfiele, kann es sich nur um ein von einer vorgeschalteten Linse entworfenes Bild handeln, das der betrachteten Folge als Gegenstand dient und von ihr im allgemeinen an eine andere Stelle, die des Bildes, verlegt wird. — Das Bild ist für positives $\xi* - N*$ auf einem Schirm auffangbar (reell), für negatives $\xi* - N*$ fällt es in die Folge hinein, kann also nicht aufgefangen werden (ist virtuell); es wirkt aber hinter der Folge wie ein Gegenstand, d. h. es kann mit einem entsprechend eingestellten Auge oder einem optischen Instrument gesehen oder photographisch aufgenommen werden.

Ferner ist $\eta* : \zeta* = \eta : \zeta$, d. h. Gegenstand und Bild liegen mit der Achse in einer Ebene.

Indem man die Beziehung zwischen dem abgebildeten Punkte und dem Bildpunkte, die nur für den Fall abgeleitet ist, daß beide der Achse nahe liegen, sich auf den ganzen Raum ausgedehnt vorstellt, kann man folgende mathematische Darstellung geben: Zwischen den Punkten des Gegenstandsraums und denen des Bildraums besteht eine kollineare Beziehung, d. h.

1. Den Punkten einer geraden Linie (wie eines Strahls vor der Brechung) entsprechen die Punkte einer geraden Linie (des gebrochenen Strahls).

2. Den Punkten und Geraden einer Ebene entsprechen die Punkte und Geraden einer Ebene.

Aus der Achsensymmetrie und dem Brechungsgesetz folgt nun weiter:

3. Den Punkten der Achse entsprechen Punkte der Achse.

4. Die Achse enthaltende Ebenen werden in sich selbst abgebildet.

5. Den Punkten einer achsensenkrechten Ebene (Objektebene) entsprechen die Punkte einer achsensenkrechten Ebene; unendlich weit von der Achse entfernten Punkten ebensolche.

Aus 4 und 5 folgt rein mathematisch, daß das Bild einer achsensenkrechten Ebene ähnlich ist, ferner genügt es zur Kennzeichnung der Abbildung, eine die Achse enthaltende Ebene zu betrachten.

Es sind nun zwei Fälle zu unterscheiden, je nachdem der unendlich ferne Punkt der Achse in einen endlichen Punkt F′ (bildseitigen Brennpunkt, Focus) oder in den unendlich fernen Punkt abgebildet wird. Im ersten Falle ist der unendlich ferne Punkt wieder das Bild eines endlich entfernten Punktes F[1]). — Nach den Gesetzen der kollinearen Abbildung entspricht einem Punkte $\mathfrak{F}$ der achsensenkrechten Ebene durch F (vorderen Brennebene), ein unendlich ferner Punkt auf der Bildseite, der eine ist durch seine Höhe h, der andere durch eine Richtung u′ gekennzeichnet, ebenso entspricht einer Richtung u eine Höhe h′. Jedem durch $\mathfrak{F}$ gehenden Strahl entspricht ein Strahl, der den Winkel u′ mit der Achse bildet. — Insbesondere dem achsensparallelen Strahl ein durch F′ gehender Strahl, da F′ dem unendlich fernen Punkte der Achse entspricht. — Nimmt man nun eine andere achsensenkrechte Ebene und die entsprechende an; die Schnittpunkte mit der Achse seien A und A′; F A = $\mathfrak{x}$, F′A′ = $\mathfrak{x}$′, so entsprechen in der Fig. 1 $\mathfrak{A}$ und $\mathfrak{A}$′ einander; das Verhältnis ihrer Abstände von der Achse, $\dfrac{y′}{y}$ ist die Vergrößerung.

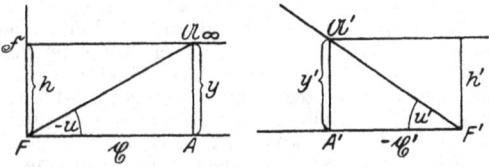

Fig. 1. Begriff der Brennweiten $\dfrac{h}{\operatorname{tg} u′}$ und $-\dfrac{h′}{\operatorname{tg} u}$ Abstände, Gegenstand und Bild von den Brennpunkten (C, C′), Vergrößerung $\beta = \dfrac{y′}{y}$.

$$y′ = -\mathfrak{x}′\,\operatorname{tg} u′; \quad y = h. \tag{a}$$

Auf ganz dieselbe Weise ist aber auch abzuleiten
$$y′ = h′; \quad y = -\mathfrak{x}\,\operatorname{tg} u. \tag{b}$$

[1]) Infolge der Umkehrbarkeit des Lichtweges ist F auch der Punkt, in dem sich der unendlich ferne Punkt der Achse bei umgekehrter Anwendung der Linsenfolge abbildet.

Nun soll für jeden Wert von x′ wegen der Ähnlichkeit der Abbildung $\dfrac{y′}{y}$ = const. sein, d. h.

$-\dfrac{h}{\operatorname{tg} u′}$ und $-\dfrac{h′}{\operatorname{tg} u}$ hängen nicht von der Höhe und Neigung, sondern nur vom System ab. Man setzt:

$$-\dfrac{h}{\operatorname{tg} u} = f′ \;(\text{hintere Brennweite});$$
$$-\dfrac{h′}{\operatorname{tg} u} = f \;(\text{vordere Brennweite}). \tag{I}$$

Aus a) und b) folgt für die Vergrößerung:
$$\beta = \dfrac{y′}{y} = \dfrac{\mathfrak{x}′}{f′} = \dfrac{f}{\mathfrak{x}}. \tag{II}$$

Ferner für die Abstände vom Brennpunkt
$$f\,f′ = \mathfrak{x}\,\mathfrak{x}′. \tag{III}$$

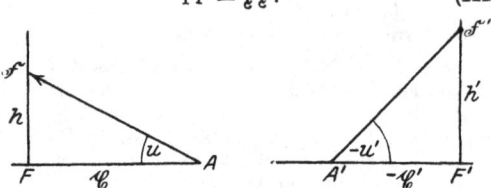

Fig. 2. Abhängigkeit der Winkel mit der Achse (u, u′) im Dingraum und Bildraum.

Denkt man sich durch A und A′ (Fig. 2) entsprechende Strahlen gezeichnet, die mit der Achse die Winkel u und u′ bilden[1]), so wird
$$h = \mathfrak{x}\,\operatorname{tg} u, \quad h′ = \mathfrak{x}′\,\operatorname{tg} u′,$$
hieraus und aus I
$$(h = -f′\operatorname{tg} u′, \; h′ = -f\operatorname{tg} u)$$
folgt nochmals $f\,f′ = \mathfrak{x}\,\mathfrak{x}′$ (III); aber auch
$$\dfrac{\operatorname{tg} u′}{\operatorname{tg} u} = -\dfrac{\mathfrak{x}}{f′} = -\dfrac{f}{\mathfrak{x}′}. \tag{IV}$$

Die Gleichungen zeigen, daß durch die Lage von F, F′; ferner f und f′ die Abbildung völlig gekennzeichnet ist, einander entsprechende Punkte auf der Achse werden durch III, solche außerhalb der Achse durch II, einander entsprechende Strahlen durch IV bestimmt.

Doch verwendet man außer den Brennpunkten und den in ihnen achsensenkrechten Ebenen (Brennebenen) auch andere Ausgangspunkte.

Für $\mathfrak{x} = f$ ist $\mathfrak{x}′ = f′$, $\beta = 1$; der Gegenstand wird in gleicher Größe und Lage abgebildet (Hauptpunkte, Hauptebenen)[2]), für $\mathfrak{x} = -f$, $\mathfrak{x}′ = -f′$, $\beta = -1$; der Gegenstand wird in gleicher Größe und entgegengesetzter Lage abgebildet (negativer Hauptpunkt).

Für $\mathfrak{x} = -f′$ ist $\mathfrak{x}′ = -f$, $\operatorname{tg} u′ = \operatorname{tg} u$; der ausfahrende Strahl ist dem eintretenden parallel (Knotenpunkt), **entsprechend** werden auch negative Knotenpunkte eingeführt.

Abstände und Vergrößerungen bezieht man auch gerne auf die Hauptpunkte, man hat dann zu setzen (Fig. 3): $\mathfrak{x} = f + a$, $\mathfrak{x}′ = f′ + a′$, es wird aus III:
$$aa′ + af′ + a′f = 0; \; \dfrac{f′}{a′} + \dfrac{f}{a} + 1 = 0 \left(a′ = -\dfrac{af′}{a+f}\right) \tag{V}$$

Aus II: $\quad \beta = \dfrac{f′ + a′}{f′} = \dfrac{f}{a + f} = -\dfrac{f}{f′}\cdot\dfrac{a′}{a}. \tag{VI}$

[1]) Obgleich u und u′ andere Winkel sind als in der ersten Zeichnung, folgt aus a) und b), daß sie den nämlichen Wert haben wie dort.

[2]) Aus $\mathfrak{x} = f$, $\mathfrak{x}′ = f′$ folgt die häufig angewandte Erklärung der Brennweite als des negativen Abstandes des Brennpunkts vom Hauptpunkte.

Aus der Formel (2) folgt für $\xi = \infty$

$$\xi^* = N^* - \frac{g}{k}\, n^*.$$

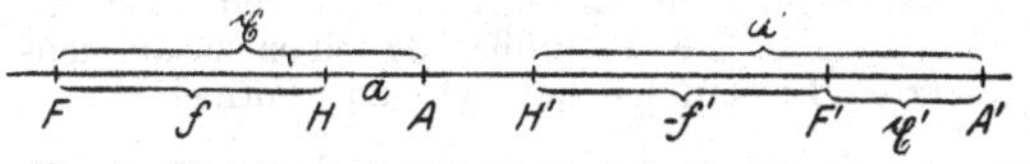

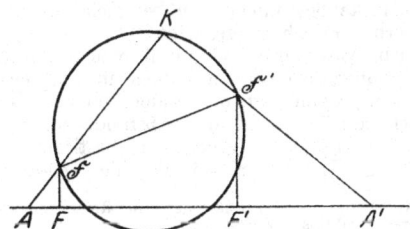

Fig. 3. Beziehung der Abstände auf die Hauptpunkte H und H'.

Bei einer einzelnen Fläche ergibt Formel (1)

$$\xi^* = N + \frac{r}{n'-n}\, n'.$$

Aus $b = b'$ folgt, daß der Hauptpunkt hier mit der Fläche zusammenfällt, es ist also

$$f = -\frac{r}{n'-n}\, n'.$$

Denkt man sich das Licht in umgekehrter Richtung durchgehend, so würden n' und n ihre Rolle vertauschen, r das entgegengesetzte Vorzeichen erhalten:

$$\xi^* = N + \frac{r}{n'-n}\, n.$$

Mit Berücksichtigung der Vorzeichenumkehrung folgt

$$f = \frac{r}{n'-n}\, n, \ \text{also } f' = -\frac{n'}{n}\, f.$$

Statt rechnerisch kann man die Abbildung auch durch Zeichnung bestimmen, wenn die Brennpunkte F, F' und Brennweiten, damit auch Hauptpunkte H, H' und Knotenpunkte K, K' gegeben sind. 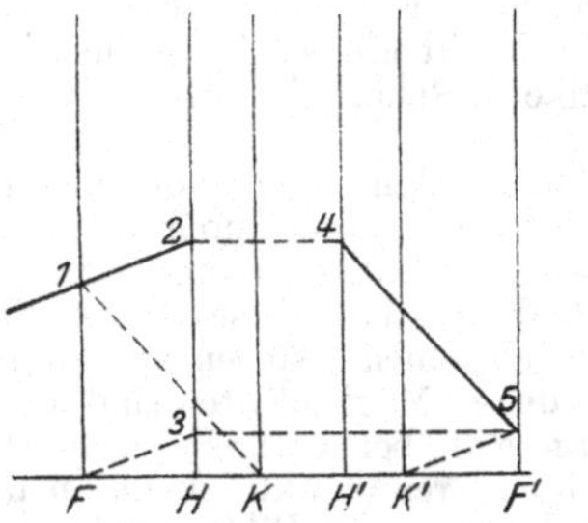
1. Gegeben ein einfallender Strahl 1 2, gesucht der gebrochene Strahl (nach Gauß und Listing, Fig. 4). 1 2 schneide die vordere Brennebene in 1, die Hauptebene in 2, F 3 ‖ 1 2 schneide die vordere Hauptebene in 3; 2 4 parallel zur Achse die hintere Hauptebene in 4, 3 5 parallel zur Achse die hintere Brennebene in 5, 4 5 ist der gesuchte Strahl. (4 entspricht auf der Bildseite 2, 5 entspricht dem unendlich fernen Punkte von F 3 oder 1 2.) Einfacher mit Hilfe der Knotenpunkte, nach Bestimmung von 4 ist K' 5 ‖ 1 2 oder auch 4 5 ‖ 1 K.

Fig. 4. Zeichnung des gebrochenen Strahles 4 5 nach Gauß und Listing, wenn der einfallende Strahl 1 2, die Brennpunkte, Hauptpunkte, Knotenpunkte F, F': H, H': K. K' gegeben sind.

Fig. 5. Bild (A') eines Achsenpunktes A gezeichnet nach Möbius.

2. Gegeben ein Punkt A in der Achse, gesucht sein Bildpunkt. Kann durch zwei Strahlen oder nach Möbius[1]) so geschehen (Fig. 5):
Errichte in beiden Brennpunkten Senkrechte auf der Achse $F\,\mathfrak{F} = f$, $F'\,\mathfrak{F}' = -f'$; beschreibe über $\mathfrak{F}\,\mathfrak{F}'$ als Durchmesser einen Kreis, $A\,\mathfrak{F}$ schneide diesen in K, $K\,\mathfrak{F}'$ die Achse in A', so ist A' der gesuchte Punkt.
Aus $K\,A\,A' + K\,A'\,A = 90^0$ folgt, daß $\triangle A\,F\,\mathfrak{F} \sim \mathfrak{F}'\,F'\,A'$; $F\,A : F\,\mathfrak{F} = F'\,\mathfrak{F}' : F'\,A'$ $-\ \mathfrak{x} : f = -f' : \mathfrak{x}'.$

3. Gegeben ein Punkt B außerhalb der Achse, gesucht sein Bildpunkt, Zeichnung nach Gauß und Listing (Fig. 6). Zieht man B 1 parallel

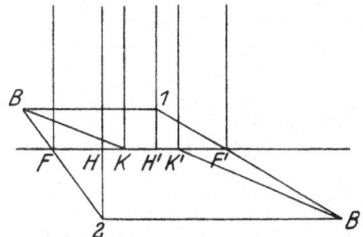

Fig. 6. Bild (B') eines Punktes außer der Achse B, nach Gauß und Listing.

zur Achse bis zum Schnitt mit der hinteren Hauptebene und dann 1 F'; ferner B F bis zum Schnitt 2 mit der vorderen Hauptebene, dann 2 B' parallel zur Achse; endlich B K und K' B' ‖ B K, so entspricht die Linie 1 B' der Linie B 1, die Linie 2 B' der Linie B 2, K' B' entspricht B K, zwei von den Linien bestimmen also den Bildpunkt B'.
Es seien nun zwei Linsenfolgen hintereinander geschaltet, und die Aufgabe gestellt, die kennzeichnenden Werte für die aus beiden zusammengesetzte Folge zu bestimmen.
1. System: Brennpunkte F_1, F_1', Brennweite f_1, f_1'
2. „ „ F_2, F_2', „ f_2, f_2'
Zusammengesetztes System:
Brennpunkte F, F', Brennweite f, f'
Setzt man $F_1' F_2 = \triangle$, so wird der unendlich ferne Punkt durch das erste System in F_1' abgebildet, für das zweite System ist $\mathfrak{x} = -\triangle$, also

$$F_2'\, F' = -\frac{f_2\, f_2'}{\triangle}.$$

Denkt man sich die beiden Linsenfolgen umgekehrt verwandt, so gibt dasselbe Verfahren

$$F_1\, F = \frac{f_1\, f_1'}{\triangle}.$$

Ferner wird

$$\frac{h_1'}{\operatorname{tg} u} = -f_1, \quad \frac{h_2'}{h_1'} = -\frac{f_2}{\triangle}; \ \text{also } f = -\frac{f_1\, f_2}{\triangle}$$

und ebenso $f' = +\frac{f_1'\, f_2'}{\triangle}.$

Die Formeln gelten natürlich auch für zwei einzelne Flächen; die Brechungsverhältnisse der Mittel seien n, n', n''; so ist $f_1' = -\frac{n'}{n}\, f_1;$ $f_2' = -\frac{n''}{n'}\, f_2;$ hieraus folgt: $f' = -\frac{n''}{n}\, f.$

Ist eine dritte Fläche dahinter geschaltet, so ist bei entsprechender Bezeichnung $f_3' = -\frac{n'''}{n''}\, f_3.$

---

[1]) Möbius gibt die Zeichnung nur für den Fall, daß das erste und letzte Mittel dasselbe ist.

woraus für die aus drei Flächen bestehende Folge wieder $f' = -\dfrac{n'''}{n} f$ folgt, allgemein $f' = -\dfrac{n^*}{n^0} f$ (VII), es ist also das Verhältnis der beiden Brennweiten stets gleich dem negativen Verhältnis des ersten und letzten Brechungsverhältnisses. Für den Fall, daß auf beiden Seiten dasselbe Mittel, gewöhnlich Luft ist, sind die Brennweiten entgegengesetzt gleich. Hieraus folgt, daß die Hauptpunkte dann mit den Knotenpunkten zusammenfallen[1]. Hat man zwei Flächen, die einander so nahe sind, daß man den Abstand gegen die beiden Brennweiten vernachlässigen kann, so ist $\triangle = f_1' - f_2$; $f = -\dfrac{f_1 f_2}{f_1' - f_2}$. Ist auf beiden Seiten Luft, so ist

$$f_1 = \frac{r_1}{n-1}; \quad f_1' = -\frac{r_1}{n-1} n; \quad f_2 = -\frac{r_2}{n-1} n,$$ wo

n das Brechungsverhältnis des Mittels; r_1, r_2 die beiden Halbmesser sind:

$$f = -\frac{r_1 r_2}{\dfrac{r_2}{n-1} - \dfrac{r_1}{n-1}}; \quad \frac{1}{f} = (n-1)\left(\frac{1}{r_1} - \frac{1}{r_2}\right),$$

Dies ist die Formel für eine unendlich dünne Linse. Bei einer solchen kann man, da $f = -f'$ ist, sagen: die vordere Brennweite ist der Abstand des Brennpunktes von der Linse. Allgemein kann man dann die Gleichung V schreiben $\dfrac{1}{a'} = \dfrac{1}{a} + \dfrac{1}{f}$. Ist nun f positiv, so erhält man für einen wirklichen Gegenstand (a negativ), ein wirkliches Bild (a' positiv), wenn $-a > f$ ist, für $-a < f$ wird a' negativ und, weil $-a' > -a$, liegt das scheinbare Bild weiter hinter der Linse als der Gegenstand. Solche Linsen machen divergentes Licht konvergent oder weniger divergent. — Für negatives f entspricht negativem a ein negatives a', und $-a' < -a$, das Bild wird genähert, das Licht wird stärker divergent. Man bezeichnet daher dünne Linsen mit positivem f als Sammellinsen, mit negativem f als Zerstreuungslinsen und überträgt den Ausdruck auch auf Linsenfolgen von endlicher Dicke, wo man wohl von „kollektiven und dispansiven Systemen" (sammelnde und zerstreuende Folgen) spricht[2].

Von Wichtigkeit ist nun noch die Zusammensetzung zweier Linsenfolgen, wo $\triangle = 0$, also der vordere Brennpunkt der zweiten Folge mit dem hinteren Brennpunkte der ersten zusammenfällt. Hier wird $f = \infty$, $f' = \infty$. Es entspricht dann für die zusammengesetzte Folge dem unendlich

fernen Punkte der unendlich ferne Punkt. Da kein wirklicher Brennpunkt vorhanden ist, spricht man von afokalen (brennpunktlosen) Systemen, oder, da der Fall beim Fernrohr eintritt, auch von teleskopischen[1]. Für die Vergrößerung einer zusammengesetzten Linsenfolge hat man aus Formel II

$$\beta = \frac{x_1'}{f_1'} \cdot \frac{f_2}{x_2} \,{}^{2)}, \text{ für } \triangle = 0 \text{ ist aber } x_2 = x_1'$$

$$\beta = \frac{f_2}{f_1'}.$$

Aus Gleichung IV folgt:

$$\frac{\operatorname{tg} u'}{\operatorname{tg} u} = \left(-\frac{f_1}{x_1'}\right)\left(-\frac{x_2}{f_2'}\right) = \frac{f_1}{f_2'}.$$

Hieraus folgt zunächst, daß sowohl die Vergrößerung wie das Verhältnis der Winkeltangenten hier für alle Punkte denselben Wert hat.

Bei Fernrohren grenzen beide Linsenfolgen (Objektiv und Okular) stets an Luft, dann ist $\dfrac{\operatorname{tg} u'}{\operatorname{tg} u} = \dfrac{1}{\beta}$. — Da nun der Beobachter das ferne Bild eines fernen Gegenstandes beobachtet, so ist $\dfrac{\operatorname{tg} u'}{\operatorname{tg} u} = N$ die Fernrohrvergrößerung. $\beta = \dfrac{1}{N}$ ist hingegen die Vergrößerung, die das Bild eines endlichen Gegenstandes hat, über ihre Bedeutung vergl. die Artikel: Himmelsfernrohr, Holländisches Fernrohr.

Es ist bei den Gesetzen der Gaußischen Abbildung stets zu beachten, daß sie, um mit Gullstrand zu reden, ein unrealisierbares Ideal ist, und die Realitäten durch Abweichungen von diesem Ideal definiert werden müssen. Über diese Abweichungen vergleiche die Artikel „Sphärische Abweichung, Farbenabweichung".

Da eine Linsenfolge, wenn man von diesen Mängeln absieht, gekennzeichnet ist durch die Lage der Brennpunkte und die beiden Brennweiten, so wird häufig die Aufgabe gestellt, diese Größen zu bestimmen, ohne die einzelnen Flächen zu untersuchen. Die verschiedenen Möglichkeiten sind ausführlich auseinandergesetzt bei Czapski a. a. O. S. 437—456. — Die Brennpunkte kann man meistens festlegen, indem man das Bild eines fernen Gegenstands auf beiden Seiten auffängt und den Abstand der Auffangebene von einer mit der Folge fest verbundenen Ebene (Fassungsrand) bestimmt. — Beobachtet man dann mit einer Lupe die lineare Ausdehnung eines Bildes in der Brennebene, dessen Gegenstand eine unmittelbar zu messende Winkelausdehnung hat, so erhält man die Brennweite aus

$$f = -\frac{h'}{\operatorname{tg} u} \text{ — Liegt das Bild im Sinne der Licht-}$$

bewegung vor der letzten Fläche, ist also nicht auffangbar, so muß man ein Fernrohr dahinter setzen, durch Folge und Fernrohr den Gegenstand beobachten, dann die Folge entfernen und die Lage einer Marke bestimmen, die bei gleichem Auszug des Fernrohrs scharf erscheint.

Gauß wies darauf hin, daß man Brennpunkt und Brennweite einer Linsenfolge in Luft bestimmen kann, wenn man die Bilder von drei Gegenständen auffängt und die Abstände aller sechs Ebenen von einer gegebenen bestimmt. Die Gleichung III ist $xx' = -f^2$; dies geht, wenn

---

[1] Aus VI und VII folgt $\beta = \dfrac{n^0}{n^*} \cdot \dfrac{n'}{a}$; wenn auf beiden Seiten Luft, so $\beta = \dfrac{a'}{a}$; die Vergrößerung ist das Verhältnis der Abstände von den Hauptpunkten (bei einer unendlich dünnen Linse das Verhältnis der Abstände von der Linse).

[2] Für unendlich dünne Linsen fallen beide Knotenpunkte und Hauptpunkte in einen Punkt, den optischen Mittelpunkt der Linse, zusammen. Ein durch diesen Punkt gehender Strahl wird wegen der Eigenschaften der Knotenpunkte nicht abgelenkt. — Ferner sind die negativen Hauptpunkte um die doppelte Brennweite von der Linse entfernt.

Die Vorzeichen der Winkel und Längen (insbesondere der Brennweiten) habe ich überall nach den Vorschriften von Gauß und Abbe angenommen. In der rechnenden Optik (Brillenkunde usw.) geht man jedoch von den Hauptpunkten aus und setzt, da die hintere Brennweite die größere praktische Bedeutung hat, den Abstand des hinteren Brennpunktes vom hinteren Hauptpunkte gleich f'. Hiernach ist umgekehrt wie im Text bei einer Sammellinse oder sammelnden Folge f negativ und f' positiv. In den Formeln wäre also das Vorzeichen zu ändern, oder bequemer bei Folgen in Luft f durch f' zu ersetzen.

[1] Auch eine ebene Fläche oder eine Reihe von solchen sind brennpunktlose Folgen.
[2] x_1' der Abstand des vom ersten Teil entworfenen Bildes vom hinteren Brennpunkt, x_2 der Abstand desselben Bildes vom vorderen Brennpunkt der zweiten Folge.

man die gemessenen Abstände der Gegenstände mit x_1, x_2, x_3; die der Bilder mit x_1', x_2', x_3' bezeichnet, ferner die Abstände der Brennebenen von der festen Ebene mit x_0, x_0' über in:

$$(x_1 - x_0)(x_1' - x_0') = -f^2,$$
$$(x_2 - x_0)(x_2' - x_0') = -f^2,$$
$$(x_3 - x_0)(x_3' - x_0') = -f^2,$$

woraus die drei Unbekannten x_0, x_0', f zu bestimmen sind.

Anstatt dessen kann man die lineare Vergrößerung eines verschiebbaren Gegenstandes in zwei verschiedenen Lagen bestimmen: Es ist $\mathfrak{x}_1 = \frac{f}{\beta_1}$;

$\mathfrak{x}_2 = \frac{f}{\beta_2}$, und für die Verschiebung e folgt

$$e = \mathfrak{x}_2 - \mathfrak{x}_1 = f\left(\frac{1}{\beta_2} - \frac{1}{\beta_1}\right),$$

$$f = \frac{e}{\frac{1}{\beta_2} - \frac{1}{\beta_1}}.$$

Zur Bestimmung der Brennweite braucht man also nur die Verschiebung und die Vergrößerungen zu beobachten. — Bestimmt man den Abstand a_1 der ersten Lage von einer festen Ebene, so ist der Abstand des vorderen Brennpunkts von dieser

$$a_1 - \mathfrak{x}_1 = a_1 - \frac{f}{\beta_1}.$$

Auf diese Weise kann man die Brennweite und den vorderen Brennpunkt festlegen, ohne die Lage eines Bildes einstellen zu müssen und dadurch eine Quelle von Beobachtungsfehlern vermeiden. (Den andern Brennpunkt kann man bestimmen, wenn man die Linsenfolge umkehrt.) Dies Verfahren wird bei dem Fokometer von Abbe angewandt. *H. Boegehold.*

Gaußscher Satz. Der Gaußsche Integralsatz ist eine mathematische Beziehung, die in der Elektrostatik des öfteren herangezogen werden muß, und vermittelt den Übergang vom Flächen- zum Volumintegral (s. Vektoranalysis). Bezüglich des Gaußschen Satzes über den Kraftfluß s. unter „Kraftfluß". Der Gaußsche Satz für eine Stromfläche ist unter Elektromagnetismus behandelt. *R. Jaeger.*

Gaußsche Spiegelablesung. Die Ablesungsgenauigkeit, welche man für den Winkelausschlag bei drehbaren Systemen erhält, die mit einem materiellen Zeiger verbunden sind, wird sehr erheblich vergrößert durch die Verwendung eines Lichtzeigers, dem man eine sehr große Länge erteilen kann. Diesen Zeiger erhält man dadurch, daß man an dem drehbaren System einen Spiegel befestigt, dessen Drehung durch optische Methoden gemessen wird. Je nachdem man eine beleuchtete Skala und Fernrohrablesung oder einen Lichtspalt bzw. leuchtenden Faden benutzt, dessen Bild auf einer Skala entworfen wird, erhält man die subjektive oder objektive Ablesung (s. d.). *W. Jaeger.*

Gaußsche Wägung s. Wägungen mit der gleicharmigen Wage.

Gay Lussacsches Gesetz. Gay Lussac fand auf experimentellem Wege, daß eine große Anzahl Gase, ja sogar Ätherdampf, sich bei Abkühlung von der Temperatur des siedenden Wassers auf diejenige des schmelzenden Eises im Verhältnis von 1,375 : 1 zusammenziehen. Bei Einführung der hundertteiligen Temperaturskala und unter der Annahme, daß der Ausdehnungskoeffizient a der Gase, für

den nach Gay Lussac der Zahlenwert 0,00375 anzusetzen wäre, unabhängig von der Temperatur ist, ergibt sich $v = v_0 (1 + at)$, wenn v_0 das Volumen v des Gases bei $t = 0^0$ bezeichnet. Diese Gleichung, welche der mathematische Ausdruck für das Gay Lussacsche Gesetz ist, gilt indessen nur streng für ein sog. ideales Gas oder für reale Gase, die sich unter geringem Druck befinden. Unter dieser Einschränkung ist nach dem neuzeitlichen Stand der Forschung $a = 0,0036604$ zu setzen. Da $a = \frac{1}{T_0}$ ist, wenn man mit T_0 die absolute Temperatur des Eispunktes bezeichnet, so läßt sich obige Gleichung auch schreiben $v = v_0 \frac{T}{T_0}$.

Alle realen Gase zeigen, außer bei sehr geringen Drucken, Abweichungen vom Gay Lussacschen Gesetz. Diese Abweichung wird bestimmt durch die Größe des Ausdrucks $T\left(\frac{\partial v}{\partial T}\right)_p - v$, der bei Gültigkeit des Gay Lussacschen Gesetzes den Wert 0 hat, im übrigen aber nach einer strengen Folgerung der Thermodynamik durch das Produkt der spezifischen Wärme konstanten Volumens und des differentialen Joule Thomson-Effekts bei der Druckänderung $\Delta p = 1$ gemessen wird. Danach fällt also der Zustand, bei dem das Gay Lussacsche Gesetz bei differentialer Temperaturänderung für ein reales Gas gilt, mit dem Zustand zusammen, in dem bei differentialer Druckänderung das Gas keinen Joule Thomson-Effekt zeigt.

Ist die Zustandsgleichung des Gases gegeben, so läßt sich berechnen, um welchen Betrag der mittlere Ausdehnungskoeffizient eines Gases zwischen den Temperaturen 0 und t von seinem mittleren Wert zwischen 0 und 100^0 abweicht. Aus dieser Abweichung läßt sich weiter der Unterschied ableiten, der zwischen der Temperatur t' eines Gasthermometers konstanten Druckes und der wahren Temperatur t (nach der Skala eines idealen oder stark verdünnten Gases) besteht. Die Differenz $t - t'$ fällt für die Temperaturmessung um so stärker ins Gewicht, je näher die Temperatur t an die Kondensationsgrenze der Gasfüllung rückt. Sie ist für alle Temperaturen außer zwischen 0 und 100^0 positiv.

Nach der Berechnung von D. Berthelot gelten z. B. für Wasserstoff vom Druck einer Atmosphäre folgende Zahlen:

t	1000^0	500^0	100^0	50^0	0^0	-100^0	-200^0
$t-t'$	$+0,58$	$+0,028$	$0,000$	$-0,001$	$0,000$	$+0,016$	$+0,19$

Der zwischen 0 und 100^0 geltende mittlere Ausdehnungskoeffizient a der realen Gase hängt vom Druck ab. Bei Helium und Wasserstoff wird er mit zunehmendem Druck geringer (etwa $0,05\%$ pro Atmosphäre), bei allen übrigen Gasen wächst er mit dem Druck (so bei Stickstoff um etwa $0,35\%$ pro Atmosphäre). *Henning.*

Gebirge. Großformen der Landerhebungen, die beträchtlichen Umfang besitzen, eine gewisse Steilheit in den Böschungsverhältnissen und meist einen mehrfachen Wechsel von Einsenkungen und Aufragungen der Erdoberfläche aufweisen. Einzelgebirge finden sich häufig zu ganzen Gebirgssystemen zusammengeschlossen, die weite Länderräume durchziehen können. Bei der Einteilung nach der Höhe begnügt man sich meist mit der Dreigliederung in Hügelland (bis 500 m), Mittelgebirge (bis 1500 m) und Hochgebirge (über 1500 m). Auf der Art ihrer Entstehung gründen sich zahlreiche verschiedene und zum Teil sehr ins einzelne gehende Einteilungsversuche. Am schärfsten durchführbar ist die Unterscheidung der tektonischen, vulkanischen und Erosions-Gebirge.

1. Die tektonischen Gebirge sind hauptsächlich durch Faltungen und Brüche der Erdkruste (s. Dislokationen) entstanden. Sie umfassen die weitaus größte Mehrzahl aller Gebirge. Die Faltengebirge, die aus mehreren parallel verlaufenden Falten bestehen, erreichen häufig große Höhen. Sie ziehen in der Richtung der Falten, also senkrecht zur Richtung des Gebirgsdruckes, oft viele Tausende von Kilometern weit hin, so daß die langgestreckte, meist etwas bogenförmige Gestalt eine charakteristische Eigenschaft dieses Gebirgstypus ist. Solche Kettengebirge sind z. B. Alpen, Karpathen, Himalaya, Anden und viele andere. Im Querprofil zeigen sie einen unsymmetrischen Bau, indem auf der einen Seite der Faltungszone eine ungefaltete starre Scholle liegt, die sich meist scharf von dem gefalteten Lande abhebt, während auf der anderen Seite die Faltung in einzelnen Wellen gleichsam austönt. Wohl in allen Faltengebirgen treten außerdem Brüche auf, die jedoch auch für sich Gebirge (Schollengebirge) erzeugen können. Man bezeichnet solche als Bruchstufen, wenn durch eine Verwerfung ein Steilabfall geschaffen ist, als Horst, wenn ein Stück der Erdkruste dadurch isoliert worden ist, daß rings herum das Land durch Verwerfungen in die Tiefe gesunken ist. Mannigfaltige Übergänge und Kombinationen mit anderen Gebirgstypen verleihen den tektonischen Gebirgen überaus wechselnde Formen und Landschaftsbilder.

2. Die vulkanischen Gebirge sind durch vulkanische Ausbrüche (s. Vulkanismus), also durch Aufschüttung entstanden. Nach ihrem inneren Bau unterscheidet man einerseits homogene, d. h. aus gleichartigem· ausgeflossenem Lavamaterial aufgebaute Vulkanberge, andererseits Schicht- oder Stratovulkane, bei denen feste Lavaschichten mit lockeren Tuffmassen und anderen vulkanischen Auswurfsprodukten abwechseln. Die ersteren sind selten und weisen wegen der Dünnflüssigkeit der Lava eine flache, meist schildähnliche Form auf. Die letzteren haben eine weite Verbreitung in allen Erdteilen und zeigen in ihrer reinen Gestalt die Form eines Kegels, dessen Wände eine so steile Böschung haben, wie dem Maximalböschungswinkel des Materials entspricht, d. i. meist 30 bis 35⁰. Typisch für alle Vulkanberge ist die auf ihrem Gipfel gelegene Ausbruchsstelle, der Krater, eine nahezu kreisförmige, rings von dem steil nach innen abfallenden Kraterrand umgebene kesselförmige Einsenkung, an deren tiefster Stelle der Eruptionsschlot mündet. Auffällig ist die Tatsache, daß die meisten noch tätigen Vulkane auf Inseln oder in Küstenländern vorkommen.

3. Die Erosionsgebirge sind übrig gebliebene Reste eines Tafellandes, das durch Flußerosion (s. diese) zum großen Teile zerstört oder abgetragen worden ist (s. Denudation). Eines der bekanntesten Beispiele ist das Elbsandsteingebirge.

Die Gebirge sind nicht auf das Land beschränkt. Auch der Meeresboden trägt solche. Von ihnen ist jener untermeerische, mehrere tausend Meter hohe Gebirgszug, der den Atlantischen Ozean in seiner Mitte von Norden nach Süden durchzieht und auch die Krümmungen von dessen Ost- und Westküste mitmacht, einer der gewaltigsten und noch am besten bekannten.

Die Oberflächenentwicklung der Gebirge zeigt im Gegensatz zu der fortschreitenden Entwicklung des organischen Lebens auf der Erde einen Kreislauf (Zyklus): 1. Mächtige Sedimentablagerung auf dem Boden der Ozeane, 2. Faltung und Aufwölbung des Meeresgrundes bis hoch über den Wasserspiegel, 3. Abtragung durch Destruktion (s. diese), die in einer erneuten Ablagerung auf dem Meeresboden endet, womit der Kreislauf geschlossen ist. Neuerdings haben sich daher für die Beschreibung von Bergformen die Bezeichnungen jugendlich, reif und greisenhaft eingebürgert (s. Geomorphologie). Mitunter sind von mächtigen, reich gegliederten Kettengebirgen nur noch verhältnismäßig niedrige abgerundete Erhebungen übrig geblieben, die sich im Greisenstadium befinden. Man bezeichnet sie als Rumpfgebirge. Je länger die Denudation der Denudation ausgesetzt ist, desto mehr verlieren sich in den Höhenverhältnissen seiner einzelnen Gipfel die ursprünglichen Verschiedenheiten, bis schließlich die Gipfelhöhen fast alle in ein und derselben Ebene, der Gipfelflur, liegen. Es gehört daher zu den Seltenheiten, daß sich aus einem niedrigen Gebirge ein einzelner Gipfel zu weit überragender Höhe heraushebt. Der höchste Berg der Erde, der Gaurisankar mit 8840 m Höhe, gehört also nicht durch Zufall dem gewaltigsten Gebirgsmassiv der Erde, dem Himalaya, an. Nur Vulkanberge, die gewissermaßen als parasitäre Gebirge der Erdkruste aufgesetzt sind, können als isolierte Gipfel große Höhen erreichen. In der Breitenzone zwischen 30⁰ und 40⁰ nördlicher Breite drängen sich die höheren Gebirge mehr zusammen als in anderen Zonen, so daß hier die mittlere Höhe am größten ist. Auch sonst weist die Anordnung der Gebirgskämme merkwürdige Züge auf. So herrscht z. B. in der alten Welt eine annähernd west-östliche Streichrichtung vor, während in der neuen Welt der Verlauf hauptsächlich ein meridionaler ist. Von großer Bedeutung für das Wirtschaftsleben sind die Gebirge als Wasser-, Wetter- und Klimascheiden.   *O. Baschin.*

Näheres s. O. Wilckens, Allgemeine Gebirgskunde. 1919.

Gebirgsmagnetismus. Der Eigenmagnetismus der Gebirge; ist auf ihre Zusammensetzung aus magnetischen Gesteinen zurückzuführen (s. Gesteinsmagnetismus).   *A. Nippoldt.*

Gebrochene Fernrohre. Unter diesem Namen sollen alle Fernrohre zusammengefaßt werden, deren optische Achse nicht geradlinig verläuft, sondern vielmehr an einer oder mehreren Stellen Knickungen (Ablenkungen) erfahren hat.

1. Fernrohr mit seitlichem Einblick. Will man ein gerades Erdfernrohr in ein solches mit seitlichem Einblick verwandeln, dann muß man ein in der wagerechten Ebene ablenkendes Prisma an der gewünschten Knickstelle in den Strahlengang einschalten. Als solches Prisma kommt das in der Einleitung des Artikels „Umkehrprismensystem" genannte Gouliersche Fünfseitprisma in Betracht. Dieses Prisma kehrt das Bild weder in der Höhen- noch in der Seitenrichtung um; es lenkt lediglich die gesamte Bildebene um den Winkel zwischen Eintrittsachse und Austrittsachse ab. Ein Fernrohr mit seitlichem Einblick und möglichst einfacher Bauart entsteht aus einem astronomischen Fernrohr dadurch, daß (beispielsweise zwischen Objektiv und Objektivbrennebene) ein (häufig um 90⁰ ablenkendes) Amicisches Dachprisma dazu benutzt wird, gleichzeitig mit

der vollständigen Bildumkehrung (= Bildaufrichtung) die Ablenkung zu liefern. Selbstverständlich können auch statt dieser Prismen andere geeignete Prismenanordnungen (etwa ein Wollastonsches Prisma) oder Spiegel angewandt werden; allerdings bieten zwischen Objektiv und Okular Prismen Vorteile im Vergleich zu Spiegeln. Auf die Zahl der Spiegelungen braucht nur dann nicht geachtet zu werden, wenn das schließliche Bild höhen- oder seitenverkehrt sein darf.

2. Fernrohr mit Einblick senkrecht von oben oder mit schrägem Einblick. Hier sollen nur die einfachsten aus einem astronomischen Fernrohr hervorgegangenen Formen solcher Fernrohre besprochen werden. a) Man lenkt die optische Achse eines astronomischen Fernrohres mittels eines Amicischen Dachprismas (s. den Anfang des Artikels „Umkehrprismensystem") in einer senkrechten Ebene ab, entweder um 90° um einen anderen Winkel; dann erhält man für den Fall, daß der Beobachter zum Gegenstand hin sieht, ein höhen- und seitenrichtiges Gesamtbild. b) Man benützt ebenfalls ein astronomisches Fernrohr und verwandelt es, beispielsweise durch Einschaltung eines Schmidtschen Dreieckprismas mit Dach (s. Fig. 1), in ein Fernrohr mit schrägem Einblick.

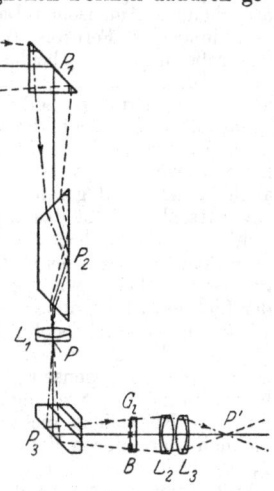

c) Aus einem Erdfernrohr kann man ein Fernrohr mit Einblick entweder senkrecht oder schräg von oben erhalten, indem man das Fernrohr im ganzen zweimal knickt durch insgesamt zwei zur senkrechten Ebene senkrechte Spiegelflächen; als solche wählt man meist total reflektierende Flächen von Prismen.

Fig. 1.
Schmidtsches
Dreieckprisma
mit Dach.

3. Rein äußerlich beurteilt sind zu den gebrochenen Fernrohren mit zweimaliger Knickung der optischen Achse zu zählen das Sehrohr (s. dieses), das Scherenfernrohr und das Stangenfernrohr (s. den Abschnitt 12 des Artikels Umkehrprismensystem).

4. Vier Knickungen erfährt die optische Achse im Feldstecher (s. Prismenfeldstecher), im Hyposkop, im Standsehrohr (s. hierzu den im Artikel „Sehrohr" genannten Aufsatz von Erfle, § 12). Das Hyposkop (D. R.-P. 197327/42h vom 28. 5. 1907) ist ein binokulares Erdfernrohr mit gehobenen Eintrittsöffnungen, bei dem das Objektivgehäuse jedes Einzelfernrohres um einen zum Eintrittsabschnitt parallelen Abschnitt der optischen Achse drehbar ist, so daß unabhängig vom Abstand der Austrittspupillen beider Einzelfernrohre die Lage der Ebene der beiden Eintrittsachsen gegenüber der Ebene der beiden Austrittsachsen verändert werden kann. Die vier ablenkenden Prismen einer Hälfte des Hyposkops sind so angeordnet, daß die zwei ersten Prismen die Ablenkung Null ergeben, ebenso wie die beiden letzten Prismen.

5. Fernrohre mit (nicht stetig) veränderlicher Eintrittsachse. Wir besprechen hier nur das Doppelblickzielfernrohr und das Rückblickzielfernrohr; diese sind in manchen Fällen als Ersatz für das im folgenden Abschnitt 6 beschriebene, allgemeiner verwendbare Rundblickfernrohr angewandt worden. Das Doppelblickzielfernrohr (Carl Zeiß, D. R.-P. 165641/72f vom 26. 3. 1904) läßt zwei in der wagrechten Ebene einen Winkel von 180° miteinander einschließende Lagen der Eintrittsachse zu; die Umschaltung von

einer Eintrittsachse zur anderen (oder auch von einer Lage der Austrittsachse zur andern) ist bei den verschiedenen möglichen Formen dadurch gekennzeichnet, daß die Änderung der Zahl der einander benachbarten zur wagrechten Ebene senkrechten spiegelnden Flächen entweder Null oder eine gerade Zahl beträgt oder aber, daß — bei Anwendung seitlichen Einblicks (s. Abschnitt 1) — das Fernrohr als Ganzes (oder nur mit seinem um 90° ablenkenden Prisma) um die Okularachse um 180° gedreht wird. Das Rückblickzielfernrohr (Carl Zeiß, D. R.-P. 197105/72f vom 8. 3. 1907 und D. R.-P. 202486/72f vom 5. 11. 1907) vereinigt drei Fernrohre in sich; beim einen dieser Fernrohre liegt die Eintrittsachse über der Okularachse zu ihr parallel; in den beiden anderen Fernrohren liegt die Eintrittsachse in einer wagrechten Ebene durch die Okularachse und ist (etwa unter 60°) nach rechts rückwärts bzw. links rückwärts gerichtet; die drei Fernrohre haben ein astronomisches Fernrohr gemeinsam. Die beiden letzten Fernrohre können als Fernrohre mit seitlichem Einblick bezeichnet werden, aus denen das geradsichtige Fernrohr hervorgeht durch Umschaltung des Amicischen Dachprismas in die mittlere Stellung, bei der die Eintrittsachse um 120° nach unten in dieses Dachprisma gelenkt wird mit Hilfe zweier zum senkrechten Hauptschnitt senkrechten Spiegelungen.

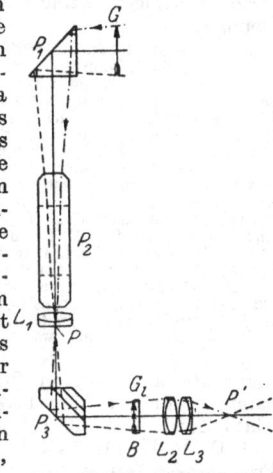

Fig. 2a. Rundblickfernrohr für den Ausblick nach vorn.

Fig. 2b. Rundblickfernrohr für den Ausblick nach rückwärts.

6. Während man in den bisher betrachteten fünf Fällen jedesmal durch Eintritts- und Austrittsachse eine Ebene legen konnte, da diese beiden Achsen entweder parallel waren oder einander schnitten, gilt dies beim Rundblickfernrohr (Panoramafernrohr) nicht mehr für alle Lagen der Eintrittsachse. Bei der von der Firma Goerz (H. Jacob auf Grund der Anregung von Korrodi) ausgearbeiteten Form des Rundblickfernrohrs für Geschütze (s. Fig. 2a und 2b) dreht sich das Amicische Reflexionsprisma P_2 um eine zu seiner spiegelnden Fläche parallele Achse halb so schnell wie das Eintrittsprisma (Reflektorprisma

Objektivprisma) um die gleiche Achse. Das gesamte Rundblickfernrohr enthält im ganzen vier Spiegelungen (zwei davon an einem um 90⁰ ablenkenden Amicischen Dachprisma P₃) und ein astronomisches Fernrohr (meistens mit vierfacher Vergrößerung). Die beiden Figuren zeigen, daß beim Ausblick nach vorn der (in Wirklichkeit in großer Entfernung befindliche) Gegenstand G ebenso aufrecht abgebildet wird wie beim Ausblick nach rückwärts; in beiden Fällen wird in der inneren Brennebene B das Bild Gᵢ entworfen; auch in den nicht gezeichneten Zwischenlagen der Eintrittsachse bleibt das Bild aufrecht und seiten-richtig. „Seitenrichtiges Bild" bedeutet, daß das Bild dem Benützer des Fernrohrs in bezug auf die Seite so erscheint, wie der Gegenstand einem von der Lichteintrittsöffnung aus nach dem Gegenstand Blickenden. Während sich für den Ausblick nach vorn die bildumkehrenden Wirkungen der Spiegelungen in P₁ und P₂ gegenseitig aufheben, würde dies bei unveränderter Stellung von P₁ und P₂ für den Fall des Rückblicks nicht mehr gelten; es muß vielmehr dann durch Verdrehung von P₂ gegenüber P₁ um 90⁰ dafür gesorgt werden, daß im Haupt-schnitt und senkrecht zum Hauptschnitt die Zahl der Spiegelungen sich um eins ändert. Die richtige Verdrehung von P₂ gegenüber P₁ vermittelt, wie oben schon erwähnt wurde, selbsttätig die Kupplung zwischen P₁ und P₂. Dieses Rundblickfernrohr hat als Richtfernrohr für Rohrrücklaufgeschütze zur Einstellung der Geschützrichtung mit Hilfs-zielen beliebigen Azimuts große Bedeutung ge-wonnen.

C. P. Goerz, D. R.-P. 156039/42h vom 24. 6. 1902 und D.R.-P. 162953/72f vom 22. 7. 1902, ferner D.R.-P. 166684/4ih vom 7. 10. 1904, 183424/42h vom 7. 3. 1905, 197737/42h vom 28. 7. 1906. Zu den im Artikel „Zielfernrohr" genannten Büchern von A. Gleichen, S. 172—178 und von Chr. von Hofe, S. 86—91, 104 sei hier noch ergänzend bemerkt: Die Kuppelung zweier Spiegelungen (derart, daß der die optische Achse nicht ablenkende zweite Spiegel sich halb so schnell dreht wie der erste, die optische Achse ablenkende Spiegel) ist schon von C. A. Steinheil im Jahre 1830 (s. Briefwechsel zwischen Bessel und Steinheil, Leipzig, W. Engelmann, 1913, 8⁰. XVI und 249 Seiten; S. 122), dann von H. W. Ferris (Engl. Patent 22528 vom 21. 11. 1894, Fig. 5), Howard Grubb (Engl. Patent 5806 vom 19. 3. 1901, Fig. 32 und 33) vorgeschlagen worden. Ein bildumkehrendes System aus zwei Zylinderlinsen ist vor der Anmeldung des D.R.-P. 197737 schon von G. J. Burch in Proc. Roy. Soc. 1904. 73. 281—286 (und zwar S. 284) beschrieben worden.

7. Von den andern zur Herstellung gebrochener Fernrohre anwendbaren Prismen seien noch ge-nannt der Tripelspiegel und der Tripelstreifen (Carl Zeiß, D. R.-P. 178708/42h vom 8. 11. 1905 und D. R.-P. 216854/42h vom 5. 4. 1908), die Prismen von Heinrich Cranz, D.R.-P. 323501/42h vom 15. 7. 1919 (vier Totalreflexionen; 90⁰ Ab-lenkung ohne Bildumkehr), D. R.-P. 312315 42h vom 26. 6. 1918 (Rückkehrprismen).   *H. Erfle.*

Gebundene Energie heißt nach Helmholtz das Produkt TS aus der absoluten Temperatur und der Entropie eines Systems. Sie ergänzt die freie Energie (s. d.) zu der Gesamtenergie U, indem U = F + TS zu setzen ist. Der Name gebundene Energie rührt daher, daß der Teil TS der Gesamt-energie bei isothermen Prozessen nicht in Arbeit verwandelt werden kann. — Die gebundene Energie TS kann durch Wärmezufuhr und Temperatur-steigerung geändert werden. Durch Differentiation ergibt sich d (TS) = T d S + S d T, wofür im Falle eines reversiblen Prozesses, bei dem T dS gleich der aufgenommenen Wärmemenge dQ ist, d(TS) = dQ + SdT gesetzt werden kann.   *Henning.*

Gefäßbarometer s. Barometer.

Gefrierpunkt s. Schmelzpunkt.

Gefrierpunktserniedrigung von Lösungen s. Lö-sungen, Kinetische Theorie der.

Gegendruckturbine. Die Dampfturbine arbeitet normalerweise mit den besten Vakuum in den letzten Schaufelreihen, das nach Lage der Verhält-nisse erzielt werden kann. Wird der Abdampfdruck absichtlich hoch gehalten, weil der Abdampf etwa zum Kochen oder Heizen verwendet wird, so nennt man die so betriebene Turbine eine Gegendruck-turbine. Sie besteht meist nur aus einem einzigen Curtis-Rad mit 2 Geschwindigkeitsstufen.
L. Schneider.
(Siehe auch Heizungskraftmaschine.)

Gegenfarben s. Farbenmischung.

Gegenschein. Eine Verstärkung des Zodiakal-lichtes im Gegenpunkt der Sonne. Der Gegenschein wurde von Moulton dadurch erklärt, daß in einem singulären Punkt im beschränkten Dreikörper-problem (problème restreint), der auf der Ver-bindungslinie Sonne-Erde außerhalb letzterer liegt. eine Ansammlung von Meteoren stattfinde. Dieser Punkt ist unter gewissen Voraussetzungen stabil und es können sich einmal hineingeratene Meteorite beliebig lange dort aufhalten, wenn sie nicht durch fremde Störungen hinausgeworfen werden.
Bottlinger.
Näheres s. Moulton, Celestial Mechanics.

Gegenstromprinzip. Das Gegenstromprinzip kommt bei der Verflüssigung von Gasen mittels des Joule-Thomsoneffekts zur Anwendung und besteht darin, daß die durch Entspannung abge-kühlten Gase in thermischem Kontakt mit den neu hinzugeführten und noch unter hohem Druck stehenden Gasmassen treten, indem die Rohrlei-tungen der zuströmenden Gase von denen der abströmenden Gase umhüllt werden. Die zu-strömenden Gase werden dadurch vorgekühlt und erreichen nach ihrer Entspannung eine um so tiefere Temperatur. Dieses Prinzip wurde von Linde erfolgreich zur Verflüssigung der Luft verwendet und hat später die Verflüssigung von Wasserstoff und Helium in größeren Mengen ermöglicht. Es wurde bereits im Jahre 1857 von William Sie-mens zur Erzeugung kalter Luft vorgeschlagen, doch von ihm unbenutzt gelassen.

Das Gegenstromprinzip spielt auch eine wichtige Rolle, wenn größere Gasmengen zwecks Reinigung nacheinander auf tiefe Temperatur gebracht werden sollen. Richtet man es so ein, daß die aus der Kühlkammer austretenden Gase mit den hinein-strömenden Gasen in derartigen Wärmeausgleich treten, daß die entgegengesetzten Gasströme an der Grenze des Kältebades nahe gleiche Temperatur haben, so wird dem Bade sehr wenig Wärme zugeführt und also ein sparsames Arbeiten ermög-licht.   *Henning.*

Geiser. Intermittierende Springquellen in vul-kanischen Gegenden, die heißes, meist stark kiesel-säurehaltiges Wasser in gewissen Zwischenräumen unter gewaltiger Dampfentwicklung bis zu be-trächtlichen Höhen emporschleudern. Um die Ausbruchstelle setzen sich in der Regel große Mengen Kieselsinter ab, die häufig prächtige Ter-rassen mit zahlreichen, heißes Wasser enthalten-den Bassins bilden. Die bedeutendsten Geiser finden sich auf Island, nach dessen großem Geysir man diese intermittierenden Springquellen be-nennt, im Yellowstone-Gebiet der Vereinigten Staaten von Amerika und auf Neuseeland.

Die Geiser-Ausbrüche sind gewöhnlich mit unterirdischem Donner verbunden und gewähren ein überaus imposantes Schauspiel. Sie kommen offenbar dadurch zustande, daß ein in die Tiefe führender, mit Wasser gefüllter röhrenförmiger Hohlraum, die Steigröhre, mit einer Wärmequelle, wahrscheinlich vulkanischer Art, in Verbindung steht. Die Siedetemperatur des Wassers ist bei 2 Atmosphären Druck, also in etwa 11 m Tiefe = 120,5°, in 22 m = 134° und in 97 m = 180°. Ist nun durch den Wärmeherd das Wasser in der Steigröhre bis auf die seiner Tiefe zukommende Siedetemperatur erhitzt und steigt die Wassersäule durch Zufluß von unten empor, so fließt das Wasser oben aus. Die Wassersäule kommt dadurch unter einen geringeren Druck, bei dem dann die Siedetemperatur bereits überschritten ist, und die ganze Flüssigkeitssäule verwandelt sich plötzlich in Dampf, der gewaltige Wassermassen emporzuschleudern vermag. Der 1899 in Neuseeland entstandene Waimangu-Geiser hat bei seinen Ausbrüchen nicht weniger als 800 000 l Wasser 460 m hoch geschleudert, doch ist er seit 1904 nicht mehr regelmäßig tätig. In Neuseeland ist es auch gelungen, durch Ableitung einer Wasserschicht von nur 60 cm Höhe eine warme Quelle in einen Geiser mit 9—12 m Ausbruchshöhe zu verwandeln. *O. Baschin.*

Geißlersche Röhren s. Spektralanalyse.

Geländewinkel s. Flugbahnelemente.

Gelber Fleck der Netzhaut. Der gelbe Fleck stellt den anatomischen und funktionellen Mittelpunkt der Netzhaut dar. Seinen Namen trägt er wegen seines Gehaltes an einem gelben Pigment, das, zumal in dieser Art der Anordnung, bisher nur im menschlichen Auge beobachtet worden ist. Von den übrigen Teilen der Netzhaut unterscheidet sich der gelbe Fleck hauptsächlich darin, daß einzelne Netzhautschichten wesentlich reduziert sind und daß sein Sinnesepithel ausschließlich aus (besonders fein gegliederten) Zapfen sich aufbaut. In der Mitte besitzt er eine grubenförmige Vertiefung, die Netzhautgrube oder Fovea centralis. Der gelbe Fleck ist vollkommen frei von Blutgefäßen und ist sowohl entoptisch (s. d.) als im Augenspiegelbild an den in eigenartig kreisförmiger Anordnung ihn umgebenden Netzhautgefäßen zu erkennen. Sehr schön kann der gelbe Fleck infolge seines Pigmentgehaltes entoptisch sichtbar gemacht werden, wenn man durch ein blaues oder violettes Lichtfilter auf eine nicht zu helle, gleichmäßig beleuchtete Fläche blickt: die Stelle des gelben Fleckes erscheint dann (als Kreisscheibe von 40–50′ scheinbarem Durchmesser) merklich dunkler als die Umgebung. Über die Erscheinungen in polarisiertem Licht s. Haidingers Polarisationsbüschel. Funktionell ist die Fov. centr. den übrigen Netzhautteilen bei heller Außenbeleuchtung bedeutend überlegen, sie besitzt die größte Sehschärfe (s. d.), den feinsten optischen Raumsinn sowie die höchste Unterschiedsempfindlichkeit für Farbentöne. Auf ihr als der Stelle des direkten Sehens wird der Punkt des Gesichtsfeldes abgebildet, auf welchem wir den Blick richten; entsprechend dem der Fovea eigentümlichen Raumwerte (s. d.) erscheint der auf ihr abgebildete Punkt als der jeweilige Mittelpunkt des Sehfeldes. Hinsichtlich ihres Dunkeladaptationsvermögens steht die Fovea centralis samt ihrer näheren Umgebung hinter den peripheren Teilen der Netzhaut so deutlich zurück, daß man geradezu von einer relativen Nachtblindheit des gelben

Fleckes sprechen kann. Beim Purkinjeschen Phänomen (s. d.) findet das mangelhafte Adaptationsvermögen des Netzhautzentrums entsprechenden Ausdruck. *Dittler.*

Näheres s. v. H e l m h o l t z, Physiol. Optik, 3. Aufl., Bd. 1, 1909.

Generatoren s. Gleichstromgeneratoren.

Geodätisches Azimut s. Azimut.

Geodätisches Dreieck ist ein Dreieck auf einer gekrümmten Fläche, dessen Seiten von geodätischen Linien gebildet werden. Sie spielen in den Berechnungen zu den Gradmessungsoperationen eine Rolle, wobei die Erde als Rotationsellipsoid angesehen wird. *A. Prey.*

Näheres s. R. H e l m e r t, Die mathem. und physikal. Theorien der höheren Geodäsie. Bd. I, S. 346 ff.

Geodätische Linie. Die kürzeste Verbindungslinie zweier Punkte auf einer gekrümmten Fläche. Auf dem Rotationsellipsoid wird sie durch die einfache Gleichung $\sin \alpha \cos \beta = $ const. dargestellt, wenn α das Azimut bedeutet, in welchem die Linie fortschreitet, und β die reduzierte Breite des betreffenden Punktes ist.

Bei den Berechnungen der Triangulierungsnetze ist die geodätische Linie von theoretischer Bedeutung als eindeutige Verbindungslinie der Dreieckspunkte im Gegensatz zu den zugehörigen Vertikalschnitten (s. diese). *A. Prey.*

Näheres s. R. H e l m e r t, Die mathem. und physikal. Theorien der höheren Geodäsie. Bd. I, S. 212 ff.

Geodätische Übertragung s. Übertragung.

Geographie. Geographie oder Erdkunde ist die Wissenschaft von den Erscheinungen der Erdoberfläche (s. diese) in ihren wechselseitigen Beziehungen und in ihrer räumlichen Anordnung. Ihre Entwicklung seit der griechischen Zeit, in der sie zuerst als Wissenschaft auftritt, hat ihr einen dualistischen Charakter aufgeprägt, indem sie einerseits die Erde als Naturkörper (Physische Geographie), andererseits als Wohnplatz des Menschen (Anthropogeographie) betrachtet. Die Geographie ist also eine naturwissenschaftliche Disziplin mit einem ihr innewohnenden historischen Element. In ähnlicher Weise, wie wir es bei der Astronomie mit der Anwendung von Mathematik, Physik und Chemie auf die Himmelskörper zu tun haben, befaßt sich die physische Geographie mit der Anwendung dieser exakten Naturwissenschaften auf die Erdoberfläche. Während die geographische Forschung früher meist in der Sammlung von topographischem Material und dessen Einordnung in bestimmte Systeme bestand, ist die moderne Geographie bemüht, die Entstehung der einzelnen geographischen Objekte zu erklären, sie unter genetischen Gesichtspunkten zusammenzufassen und ihre gegenseitige Einwirkung aufeinander zu erforschen. Die Allgemeine Geographie betrachtet die allgemeinen Gesetze aller einzelnen Erscheinungsformen des Erdkörpers und der Erdoberfläche ohne Rücksicht auf ihr örtliches Vorkommen, während die Spezielle Geographie eine zusammenfassende Beschreibung und Erklärung der in einem bestimmten abgegrenzten Gebiet vereinigten geographischen Faktoren anstrebt, weshalb man sie auch als Länderkunde bezeichnet. Sie ist in gewissem Sinne die Anwendung der Allgemeinen Geographie auf begrenzte Teile der Erdoberfläche.

Man teilt die Allgemeine Geographie in der Regel in folgende Unterabteilungen, denen in Klammern der hauptsächliche Inhalt der Abteilung hinzugefügt ist.

1. Astronomische Geographie (Die Erde als Weltkörper).
2. Mathematische Geographie (Größe und Gestalt der Erde. Kartenkunde).
3. Geophysik. (Physik des Erdkörpers, z. B. Rotation, Schwere, Dichte, Wärme, Magnetismus.)
4. Geomorphologie. (Formen der festen Erdrinde.)
5. Hydrographie (Gewässer des Festlandes.)
6. Ozeanologie. (Meeresräume, Physik und Chemie des Meerwassers.)
7. Klimatologie. (Mittlere physikalische Beschaffenheit der Lufthülle.)
8. Biogeographie (Pflanzen- und Tiergeographie).
9. Anthropogeographie (Verbreitung der Menschenrassen und Kulturen, Siedlungs-, Wirtschafts-, Verkehrs-, Politische Geographie, sowie historische Geographie, d. i. Geographie der Völkergeschichte).

Die Spezielle Geographie wird nach den einzelnen Erdräumen, den Kontinenten und Meeren, und innerhalb dieser größeren Abteilungen in immer kleiner werdende eingeteilt, wobei für die Landgebiete meist die politische und administrative Abgrenzung als Richtschnur dient.

Es ergibt sich somit, daß für die Geographie zahlreiche andere Wissenschaften als Hilfswissenschaften in Betracht kommen, mit denen sie durch Übergangsgebiete mehr oder weniger fest verknüpft ist. Ganz besonders gilt dies von der Geologie (s. diese), gegen welche eine scharfe Grenze schwer zu ziehen ist, weshalb es hier häufig zu Grenzstreitigkeiten kommt.   *O. Baschin.*

Näheres s. H. Wagner, Lehrbuch der Geographie. 10. Aufl., Bd. 1. Allgemeine Erdkunde. 1920.

Geographische Breite s. Breite.

Geoid ist jene Niveaufläche der Erde, deren sichtbaren Teil die Meeresfläche bildet. Die letztere ist dabei als ruhend zu betrachten, indem von den störenden Einflüssen der Winde, des Luftdrucks, des Salzgehaltes und der Gezeitenkräfte abgesehen wird. Das Geoid ist die theoretische Erdoberfläche, deren Bestimmung der Endzweck aller Erdmessungsarbeiten ist. Es kann mit großer Annäherung durch ein Rotationsellipsoid oder eine ähnliche Rotationsfigur (Niveausphäroid) ersetzt werden.   *A. Prey.*

Näheres s. H. Bruns, Die Figur der Erde. Publik d. preuß. geol. Institutes 1878.

Geologie. Die Wissenschaft von der stofflichen, und zwar besonders der mineralischen Beschaffenheit, sowie dem Bau und der Geschichte unserer Erde, vor allem aber der festen Erdkruste. Die Zusammenfassung der Hauptlehren der mathematischen und physischen Geographie für die Zwecke der Geologie bildet den Inhalt der Allgemeinen Geologie, in der häufig noch die Unterabteilungen der dynamischen und der physiographischen Geologie unterschieden werden. Die Spezielle Geologie umfaßt die Lehre von der Bildung der festen Erdkruste und ihrem inneren Bau. Allgemeine Geologie und allgemeine Geographie stehen also im engen Zusammenhange miteinander und durchdringen sich, ganz besonders auf dem Gebiete der Geomorphologie (s. diese) in weitgehender Weise, so daß hier eine scharfe Grenze nicht gut gezogen werden kann. Dagegen ist die Spezielle Geologie, als die Lehre von der Ablagerung der Gesteinsschichten, der Feststellung von deren Alter, ihrem Aufbau und ihren Um-

formungen ein unbestrittenes Gebiet der geologischen Forschung. Nach der Methode bzw. dem Objekt dieser Forschung wird die Spezielle Geologie auch Historische Geologie oder Stratigraphie genannt. Die Gesteinslehre (Petrographie) und die Lehre von den Fossilien (Paläontologie) sind wichtige Hilfswissenschaften der historischen Geologie (s. Gesteine), als deren Unterabteilungen sie noch häufig betrachtet werden.

Jede Schicht der Erdkruste entspricht einem gewissen Zeitabschnitt, in dem sie sich gebildet hat, doch ist uns das absolute Maß dieser Zeiten nicht bekannt. Man darf jedoch annehmen, daß einige hundert Millionen Jahre zur Ablagerung der gesamten Schichtenreihe erforderlich gewesen sind, die bei lückenloser Ausbildung eine Mächtigkeit von mehreren Zehntausenden von Metern erreichen würde.

Man unterscheidet in der Geschichte der Erde vier große Zeitalter, in denen die verschiedenen Formationsgruppen entstanden. Neben den Sedimentgesteinen (s. Gesteine), welche mehr oder weniger organische Überreste (Fossilien) enthalten, treten in jeder Formation auch Eruptivgesteine auf.

Die Formationsgruppen gliedern sich in einzelne Formationen und weitere Unterabteilungen, die im folgenden von den ältesten bis zur Jetztzeit angeführt sind:

I. Archäische Formationsgruppe.
     1. Azoische Formation ohne alle organischen Einschlüsse;
     2. Eozoische Formation (auch protozoische Formation, Algonkium oder Präkambrium genannt) mit den ersten Spuren organischen Lebens.

II. Paläozoische Formationsgruppe.
     1. Kambrium;
     2. Silur;
     3. Devon;
     4. Karbon oder Steinkohlenformation:
         a) Unter-Karbon (Kulm),
         b) Ober-Karbon (produktive Steinkohlenformation);
     5. Perm oder Dyas;
         a) Rotliegendes,
         b) Zechstein.

III. Mesozoische Formationsgruppe:
     1. Trias:
         a) Buntsandstein,
         b) Muschelkalk,
         c) Keuper (oberste Stufe: Rhät);
     2. Jura:
         a) Lias oder schwarzer Jura,
         b) Dogger oder brauner Jura,
         c) Malm oder weißer Jura;
     3. Kreide oder kretazeische Formation:
         a) Untere Kreide,
           α) Neocom und Wealden,
           β) Gault;
         b) Obere Kreide:
           α) Cenoman,
           β) Turon,
           γ) Senon,
           δ) Danien.

IV. Känozoische Formationsgruppe:
     1. Alt-Tertiär oder Eogen:
         a) Eozän,
         b) Oligozän;

2. Jung-Tertiär oder Neogen:
   a) Miozän,
   b) Pliozän;
3. Quartär:
   a) Diluvium (Pleistozän),
   b) Alluvium (Jetztzeit).

Diese Formationen sind in den einzelnen Teilen der Erde in verschiedener Ausbildung (Fazies), abei nirgends in lückenloser Reihe entwickelt

Die geologische Erforschung wird in den Kulturländern von den staatlichen geologischen Landesanstalten betrieben, denen die geologischen Aufnahmen und deren Verarbeitung obliegt. Zu letzterer gehört vor allem die Darstellung des geologischen Aufbaues in geologischen Spezialkarten, die alle bekannten geologischen Tatsachen für das dargestellte Gebiet in klarer und scharfer Form graphisch zum Ausdruck bringen. Man benutzt auf diesen Karten zur Unterscheidung der verschiedenen geologischen Formationen eine Farbenskala, über deren Grundlagen eine internationale Einigung erfolgt ist. *O. Baschin.*

Näheres s. E. Kayser, Lehrbuch der Geologie. 5. Aufl. 1918.

Geomorphologie. Die Wissenschaft von den Formen der Erdoberfläche, ein Hauptteil der physischen Geographie, der zu deren wichtigster Nachbarwissenschaft, der Geologie, überleitet. Der Geomorphologie fällt die Aufgabe zu, die verschiedenartigen Formen zu beschreiben, nach Kategorien zu ordnen und ihre Entstehung zu erklären. Sie beschäftigt sich demnach hauptsächlich mit der horizontalen und vertikalen Gliederung der festen Erdoberfläche, den einzelnen Typen der Oberflächenformen und den Kräften (s. Endogene Vorgänge und Exogene Vorgänge), welchen dieselben ihre Entstehung verdanken.

Ein wichtiger Unterschied besteht zwischen den erhabenen oder Voll-Formen, deren Krümmungsradius kleiner ist, als der des Geoids an der betreffenden Stelle, und den zwischen ihnen gelegenen Hohlformen. Die Terminologie ist außerordentlich mannigfaltig und noch keineswegs einheitlich. Weite Gebiete mit geringem Wechsel in der Oberflächenneigung pflegt man als Ebenen zu bezeichnen, denen einerseits als Vollformen Hügel, Berge, Gebirge, Massive, Kämme, Rücken, Horste, Landstufen, Landschwellen, Kuppen usw., andererseits als Hohlformen Senken, Täler, Becken, Mulden, Wannen, Gräben, Krater, Dolinen usw. gegenüberstehen.

Nach der Art der Entstehungen unterscheidet man hauptsächlich folgende Formengattungen:

1. Tektonische, durch Dislokationen (s. diese) geschaffene. Zu ihnen gehören z. B. als Vollformen Faltengebirge und Schollengebirge (s. Gebirge), als Hohlformen Gräben (s. Täler), Einbruchswannen usw.

2. Vulkanische. Als Vollformen Vulkanberge, als Hohlformen Krater (s. Vulkanismus).

3. Äolische (s. Winderosion). Als Vollformen Dünen, als Hohlformen Dünenwannen (s. Dünen).

4. Fluviatile (s. Flußerosion). Als Vollformen Erosionsgebirge (s. Gebirge), als Hohlformen Flußtäler (s. Täler).

5. Glaziale (s. Gletschererosion). Als Vollformen Moränen, Drumlins, Åsar (s. Gletscher), als Hohlformen Trogtäler (s. Gletscher), Kare (s. diese). Die beiden ersten Formengattungen faßt man wohl auch als Strukturformen, die drei letzten als Destruktionsformen zusammen. Meist haften diesen

verschiedenen Formen die Kennzeichen ihrer Entstehungsweise noch so deutlich an, daß ein geübtes Auge ihnen sofort die Art ihrer Entstehung ansieht. Dies hat manche Forscher dazu verführt, sich zur Beschreibung von Einzelformen einer Terminologie zu bedienen, die eine bestimmte Entstehungsweise für die betreffende Form in Anspruch nimmt. Dagegen ist von anderer Seite Widerspruch erhoben worden, so daß gegenwärtig das Gebiet der Geomorphologie ein vielumstrittener Kampfplatz zwischen Geologen und Geographen, sowie der letzteren untereinander geworden ist. Zu diesem Streit hat eine von W. M. Davis vorgeschlagene „deouktive" Beschreibungsart der Landformen viel beigetragen. Er verfolgt die Formen nach ihrer von ihm angenommenen Entwicklung von Urformen durch Folgeformen zu den Endformen und faßt diese stark schematisierte Entwicklung als einen „Zyklus" auf. Die Stadien eines solchen Zyklus werden durch die Zeitbegriffe jung, reif und greisenhaft gekennzeichnet. Dieser sehr einseitigen Fassung hat S. Passarge eine physiologische Morphologie gegenübergestellt, in denen die physikalischen Gesichtspunkte mehr zur Geltung kommen.

Über die Morphologie der Meeresräume s. diese.
O. Baschin.

Näheres s. A. Supan, Grundzüge der Physischen Erdkunde. 6. Aufl. 1916.

Geotherme Tiefenstufe. Die Temperaturbeobachtungen in den uns zugänglichen Teilen der Erdrinde zeigen, daß, abgesehen von einer mehrere Meter dicken Schichte, in welcher sich noch der Einfluß der Sonnenwärme geltend macht, die Temperatur nach innen zunimmt. Die Strecke, auf welcher die Temperatur um 1^0 C wächst, bezeichnet man als geotherme Tiefenstufe. Ihre Größe ist sehr verschieden und schwankt zwischen etwa 20 m und 120 m. Sie hängt von dem Wärmeleitungsvermögen des Gesteins ab. Je größer dieses ist, desto größer ist auch die geotherme Tiefenstufe. Im Mittel nimmt man etwa 35 m an. Die Beobachtungen reichen bis zu einer Tiefe von beiläufig 2 km. Über den weiteren Verlauf der Temperatur im Erdinnern sind wir vollständig ununterrichtet. Jedenfalls muß man annehmen, daß die Größe der geothermen Tiefenstufe nach innen sehr stark abnimmt, wenn man nicht zu unwahrscheinlich hohen Temperaturen kommen will. *A. Prey.*

Näheres s. M. P. Rudzki, Physik der Erde. Leipzig 1911.

Geozentrische Breite s. Breite.

Geradlaufapparat s. Gyroskop.

Geradsichtiges Prisma s. Dispersion des Lichtes.

Geräteglas ist das Glas, aus dem die Gefäße des Chemikers angefertigt werden; das Böhmische, das Thüringer und das Jenaer Geräteglas werden meist dazu gebraucht. Das letzte zeichnet sich durch kleine Wärmeausdehnung aus, weshalb es plötzlichen Wechsel großer Temperaturunterschiede vertragen kann, und durch große Widerstandsfähigkeit gegen chemische Angriffe. *R. Schaller.*

Geräusch ist eine spezielle Art von Schall (s. d.). Das Charakteristische an einer Geräuschempfindung ist nicht nur das unangenehm Unharmonische, sondern in vielleicht ebenso hohem Grade das Unruhige, schnell und unregelmäßig Wechselnde. Es gibt sehr verschiedene Arten von Geräuschen; man denke nur daran, wie reich die Sprache an Ausdrücken für Geräuschempfindungen ist. Nicht alle Geräusche sind gleich unangenehm, sondern manche nähern sich schon mehr dem Eindruck von Klängen. Im extremen Falle sind Geräusch und Klang aber doch ganz verschiedene Empfindungen.

Die übliche Ansicht, ein Geräusch sei ein Konglomerat von vielen Klängen, deren Höhe, Stärke und Phasen schnell und unregelmäßig wechseln, hat viel für sich. Ebenso wie bei den übrigen Arten von Schall (Klang, Knall) wird auch der Ausdruck „Geräusch" im doppelten Sinne gebraucht; erstens für die Empfindung und zweitens für das Reizmittel. Während nun ein Klang im physikalischen Sinne des Wortes eine periodische Bewegung eines elastischen Körpers ist, ist ein Geräusch eine nicht periodische Bewegung eines elastischen Körpers.   *E. Waetzmann.*

Näheres s. V. Hensen, Die Empfindungsarten des Schalles. Archiv f. d. ges. Physiologie. 119, 1907.

Gerberscher Träger s. Biegung.

Gerichteter Empfang. Empfangsanordnungen, die es ermöglichen, elektrische Wellen aus einer einstellbaren Richtung besonders kräftig, aus davon abweichenden stark geschwächt zu empfangen.

Eine wesentliche Rolle spielen dabei Art und Aufstellung der Empfangsluftleiter. Für Richtungsempfangszwecke erweisen sich als besonders geeignet: Rahmenantenne, V-Antenne und Luftleiter gewöhnlicher Art, die in einer gewissen Entfernung voneinander aufgestellt sind. Diese Entfernung ist abhängig von der Wellenlänge.

Der Vorteil des gerichteten Empfanges gegenüber dem allseitigen ungerichteten liegt in der erheblich größeren Störungsfreiheit gegenüber fremden Sendern.   *A. Esau.*

Gerichtete Telegraphie. Das Senden in einer bestimmten Richtung oder Empfangen aus einer bestimmten Richtung; beides wird erreicht durch besondere Antennenformen, gerichtete Antennen.

a) Unsymmetrische Antennen. Markoniantennen (L = Antenne — englische Großstationen). Die Antenne hat nach einer Richtung sehr große Längendimersionen z. B. bei einer Höhe von 80 m und einer Breite von 200 m eine Länge von 1200 bis 1500 m. Die Antenne strahlt bei gutleitendem Boden in der Richtung senkrecht zur Länge bei der Eigenschwingung etwa 30°/₀ weniger Energie aus als in der Längsrichtung. Wenn die Antenne auf die mehr als 1,3 fache Eigenschwingung verlängert ist, macht sich die Richtwirkung nicht bemerkbar.

b) Symmetrische Antennen. V-Antennen. Eine horizontale Antenne (s. Figur) wird in der Mitte erregt, so daß jeweils immer die eine Hälfte positiv, die andere Hälfte negativ geladen ist. Die Ladungen schwingen gewissermaßen gegen Erde (Spiegelbild) und das System ist gleichwertig

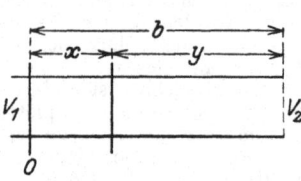

Horizontale Antenne.

zwei ungleichnamigen Dipolen im Abstande d und die Richtwirkung berechnet sich aus der mittleren Entfernung d der Dipole im Verhältnis zur Wellenlänge. Die Strahlungen addieren sich also in der Ebene der Antenne und heben sich auf in der Senkrechten zur Antennenebene. Die Antenne ist gut für Empfang, wegen der großen Erdverluste aber ungünstig für Senden. Für Empfang

können solche Antennen auch unmittelbar auf den Boden gelegt werden; siehe Erdantennen.

c) Rahmenantennen s. Rahmen.

d) Durch Kombination von mehreren in bestimmtem Abstand stehenden, in bestimmter Phase schwingenden Antennensystemen läßt sich ebenfalls eine Richtwirkung erzielen.   *A. Meißner.*

Gesangstechnik s. Stimmorgan.

Geschoßabweichungen, konstante. Um mathematischen Schwierigkeiten aus dem Wege zu gehen, berechnet man in der äußeren Ballistik die Flugbahn eines Geschosses zunächst unter der vereinfachenden Annahme, daß die Geschoßmasse im Geschoßschwerpunkt vereinigt sei und daß auf das Geschoß an Kräften nur die nach Größe und Richtung konstant gesetzte Schwerkraft und — längs der Bahntangente — der Luftwiderstand wirksam sei. Will man die so vereinfachte Lösung mit der Wirklichkeit in nähere Übereinstimmung bringen, so muß man die gleich zu erwähnenden sekundären Einwirkungen auf das Geschoß in einer Störungsrechnung berücksichtigen, also ähnlich vorgehen, wie es in der Astronomie bei der Berücksichtigung sekundärer Einflüsse auf die Planetenbahnen geschieht. Sekundäre Einflüsse, welche konstante Geschoßabweichungen hervorbringen, sind 1. die Scheinkräfte, welche durch die Erdrotation hervorgerufen werden, 2. die konischen Pendelungen des Geschosses, 3. die Krümmung der Erde.

Zu 1. Man bezieht die Geschoßflugbahnen aus praktischen Gründen stets auf ein mit der Erde fest verbundenes, durch ihren Mittelpunkt gehendes mit ihr also mit konstanter Drehgeschwindigkeit

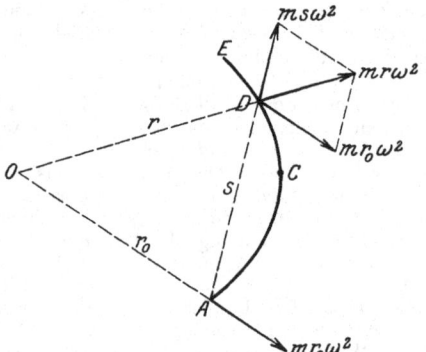

Fig. 1. Zur Theorie der Geschoßabweichungen.

rotierendes Koordinatensystem. Will man eine beliebige Bewegung bezüglich eines solchen Systems richtig beschreiben, so muß man nach den Grundsätzen der Relativbewegung bekanntlich zwei Scheinkräfte den äußeren Kräften zufügen, die Zentrifugalkraft und die Korioliskraft. Erstere weist senkrecht von der Erdachse weg nach außen; ihre Größe ist $m r \omega^2$, wenn m die Geschoßachse, r der augenblickliche Abstand des Geschosses von der Erdachse,

$$\omega = \frac{1}{13\,717}$$ die Rotationswinkelgeschwindigkeit der

Erde ist. Ist ACE die Projektion der Flugbahn auf die Parallelkreisebene, O der Durchstoßpunkt der Erdachse durch diese Ebene, r_0 der Abstand des Anfangspunktes der Flugbahn von O, so kann man $m r \omega^2$ zerlegen in 2 Kräfte $m r_0 \omega^2$ und $m s \omega^2$. Erstere $m r_0 \omega^2$ ist bei der ungestörten Flugbahn mit berücksichtigt, da die gewöhnliche konstante Schwerkraft schon die Resultante der Gravitationskraft und der Kraft $m r_0 \omega^2$ ist. $m r_0 \omega^2$ ist nicht sehr klein, weil ω^2 zwar sehr klein, dafür r_0 aber sehr groß ist. Die Kraft $m s \omega^2$ ist dagegen von zweiter Ordnung klein in ω. Sie wird demzufolge im allgemeinen vernachlässigt. Nicht vernachlässigt werden darf dagegen die Korioliskraft $2\,m v_p \omega$, welche von erster Ordnung klein in ω ist. v_p bedeutet die Geschwindigkeitskomponente längs der Bahnprojektion ACE. Die Korioliskraft DF in dem Punkt der Bahn, dessen Projektion D ist, steht senkrecht auf der Bahntangente im Bahnpunkte und auf der Erdachse, ist also parallel der Ebene AOC und zwar weist sie, wenn man sich im Bahnpunkte parallel der Erdachse so aufstellt, daß die Richtung Süd-Nord von den Füßen zum Kopf geht, nach

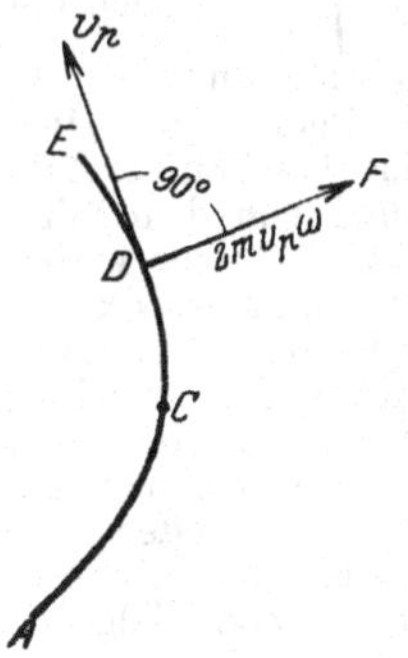

Fig. 2. Zur Theorie der Geschoßabweichungen.

rechts, wenn man in Richtung der Geschwindigkeitskomponente v_p blickt. Wie man leicht aus den Figuren erkennt, hat die Korioliskraft in mittleren Breiten der nördlichen Erdhälfte stets eine Komponente senkrecht zur vertikalen Schußebene, welche eine Rechtsabweichung des Geschosses hervorruft. Aber auch eine Änderung in der Schußweite wird durch die Korioliskraft bewirkt, da diese eine Komponente in der vertikalen Schußebene besitzt, welche teils positiv, teils negativ ist. Die Gesamtwirkung der Erdrotation auf der nördlichen Erdhälfte spricht sich für den luftleeren Raum in folgenden Formeln aus:

Schußweitenänderung =
$$\frac{4\,\omega\,v_0^3}{3\,g^2}\cos\varphi_0\,\sin a\,[4\cos^2 a - 1]\sin\psi,$$

Rechtsabweichung =
$$\frac{4\,\omega\,v_0^3\sin^2 a}{g^2}\left[\cos a \sin\varphi_0 + \frac{\sin a \cos\varphi_0}{3}\cos\psi\right].$$

Dabei bedeutet g die Erdbeschleunigung, v_0 die Anfangsgeschwindigkeit, φ_0 die geographische Breite, a den Abgangswinkel, welchen das Geschoß beim Verlassen des Rohrs mit dem Horizont macht, ψ den Winkel, welchen die Bahnprojektion auf den Horizont mit der Südrichtung in Horizont bildet, positiv gemessen von Süden über Osten nach Norden.

Zu 2. Das Geschoß erhält zu seiner Stabilisierung Drall, d. h. Rotation um seine Längsachse. Es ist infolgedessen ein schnell rotierender Kreisel mit großem Drehimpuls, dessen Richtung jedenfalls zu Anfang mit der Geschoßachse nahezu übereinfällt. Da das Geschoß kein Massenpunkt, sondern ein räumlich ausgedehnter Körper ist, geht die Luftwiderstandsresultante im allgemeinen nicht durch den Schwerpunkt, sondern übt auf das Geschoß in jedem unendlich kleinen Zeitteil einen unendlich kleinen Drehstoß aus, dessen Achse nahezu auf dem Drehimpuls senkrecht steht und somit im wesentlichen nur dessen Richtung im Raum, nicht dessen Größe abändert. Da nun bei großen Drehimpulsen die Hauptachse kleinsten Trägheitsmoments (die Figurenachse des Geschosses), wenn sie ursprünglich nahe der Impulsrichtung lag, dauernd der jeweiligen Impulsrichtung nahe bleibt, so folgt die Geschoßachse im wesentlichen der Bewegung der Impulsachse. Letztere aber wird infolge der dauernden

Drehstöße bei Rechtsdrall in einem Kegel nach rechts und nach abwärts geführt, wenn man dauernd vom Schwerpunkt aus in Richtung der Anfangstangente der Geschoßflugbahn blickt. Da sich die Bahntangente gleichzeitig senkt, beschreibt die Geschoßspitze relativ zur Bahntangente Schleifen, die fast dauernd rechts vom Flugbahn liegen.

Die Wirkung ist die, daß die Luftwiderstandsresultante fast dauernd eine nach rechts gerichtete Komponente hat, deren resultierende Wirkung ist, daß sie das Geschoß nach rechts abdrängt. Die Rechtsabweichung oder Derivation wächst rascher als die Schußweite.

Zu 3. Die Einwirkung der Erdkrümmung und der Abnahme der Schwerkraft mit der Höhe wird erst bei großen Schußweiten merklich. Man berücksichtigt beide, indem man den Unterschied zwischen der Flugbahnparabel im luftleeren Raum (unter Annahme horizontaler Begrenzung der Erdoberfläche und nach Richtung und Größe konstanter Schwerebeschleunigung) und der astronomischen elliptischen Bahn eines mit gleicher Anfangsgeschwindigkeit und Richtung geworfenen Körpers bezüglich der Schußweite auf der Erde berechnet. Der Schußweitenzuwachs beträgt angenähert

$$\Delta X = X \frac{1}{\dfrac{2\,r_0\,\mathrm{tg}\,a}{X} - 1},$$

wo X die Schußweite, ΔX die Schußweitenänderung, r_0 den Erdradius, a den Abgangswinkel bedeutet.

C. Cranz und O. v. Eberhard.

Näheres s. Cranz, Ballistik. Bd. I.

Geschoßabweichungen, zufällige. Gibt man aus einer Waffe unter den gleichen Bedingungen eine Anzahl Schüsse ab, so treffen dieselben trotz aller Sorgfalt beim Richten nicht auf den gleichen Punkt, denn es sind eine sehr große Anzahl von Fehlerursachen vorhanden, welche die Geschoßflugbahn variieren. Solche Ursachen sind z. B. die Variationen in den Anfangsgeschwindigkeiten infolge der Ungleichmäßigkeit der Pulververbrennung, der Pulverzusammensetzung des Ladungsgewichtes und der Pulvertemperatur, das vorzeitige Zerbrechen der Pulverröhren während der Pulververbrennung, Verschiedenheit des Geschoßgewichts u. dgl. m. Sehr ins Gewicht fällt z. B. die Größe des Einpreßwiderstandes der Geschoßführung. Je nach der Kraft, die notwendig ist, um das Geschoß in die Felder und Züge des Rohres einzupressen, je nachdem also mehr oder weniger Pulver verbrennen muß, ehe das Geschoß sich in Bewegung setzt, variiert nämlich die Gasdruckkurve, d. h. der Gasdruck als Funktion des Geschoßweges im Rohr. Ist so die Anfangsgeschwindigkeit von einer Unzahl Faktoren beeinflußt, so wechselt andererseits der Abgangswinkel infolge der Ungenauigkeit des Richtens, und infolge der Variationen des Abgangsfehlerwinkels, d. h. des Winkels, um welchen das Rohr bockt, ehe das Geschoß das Rohr verlassen hat und der noch durch die selbst variierenden seitlichen Schwingungsgeschwindigkeiten des beim Schuß in Schwingungen geratenden Rohres vergrößert wird.

Endlich wird das Geschoß durch seitliche Stöße beim Verlassen des Rohrs und infolge der beim Verlassen des Rohrs voreilenden Pulvergase zu kleinen Nutationspendelungen veranlaßt, welche den auf das Geschoß ausgeübten Luftwiderstand in wechselnder Weise beeinflussen.

Die große Anzahl von zufälligen, voneinander unabhängigen Fehlerursachen bringt es mit sich, daß nach der Theorie der Beobachtungsfehler der aus allen Ursachen entstehende Gesamtfehler mit großer Annäherung das Gaußsche Fehlergesetz befolgen muß. Dieses Gesetz besteht in folgendem: Gibt man eine unendlich große Anzahl von Schüssen ab, und fängt man sie beispielsweise in einer Horizontalebene auf, so entsteht ein sog. Trefferbild. Betrachtet man alle Treffpunkte als Massenpunkte von gleicher Masse, so bezeichnet man den Schwerpunkt dieses Trefferbildes als den mittleren Treffpunkt. Legt man durch diesen mittleren Treffpunkt in der Ebene des Trefferbildes zwei zueinander senkrechte Koordinatenachsen ξ, η, so hat die Wahrscheinlichkeit, mit einem Schuß ein bestimmtes unendlich kleines Rechteck $d\xi\, d\eta$ mit den Koordinaten ξ_1 und η_1 zu treffen, die Form $Ae^{a\,\xi_1{}^2 + b\,\xi_1\,\eta_1 + c\,\eta_1{}^2}d\xi\,d\eta$, wo A, a, b, c Konstanten sind. Zu dieser Form gelangt man übrigens am bequemsten durch die plausible Annahme, daß auch bei einer beschränkten Zahl n von Schüssen die wahrscheinlichste Lage des mittleren Treffpunktes mit dem Schwerpunkt der n Treffpunkte übereinfällt.

Durch Drehung des Koordinatensystems ξ, η, um einen bestimmten Winkel α, der aus der Gleichung $\mathrm{tg}\, 2\,\alpha = \dfrac{b}{a-c}$ folgt, läßt es sich erreichen, daß das Fehlergesetz die Form annimmt:

$$A\, e^{-h_x{}^2 x_1{}^2}\, dx\, e^{-h_y{}^2 y_1{}^2}\, dy$$

was bedeutet, daß bezüglich der aufeinander senkrechten „Gruppierungsachsen" x, y, die Wahrscheinlichkeit der Fehler in der x-Richtung unabhängig von der y-Koordinate ist und umgekehrt. Beachtet man noch, daß die Summe der Wahrscheinlichkeiten aller möglichen Lagen eines einzelnen Treffpunktes, also die Wahrscheinlichkeit, daß der Treffpunkt irgendwo auf der x, y-Ebene liegen muß, zur Gewißheit wird, also gleich 1 sein muß, so ergibt sich das Fehlergesetz in der Form

$$\frac{h_x}{\sqrt{\pi}}\, e^{-h_x{}^2 x_1{}^2}\, dx\, \frac{h_y}{\sqrt{\pi}}\, e^{-h_y{}^2 y_1{}^2}\, dx\, dy.$$

Die x- und die y-Richtungen fallen in der Praxis mit der Schußrichtung und der dazu senkrechten Richtung nahezu überein.

Die Kurve $z = \dfrac{h_x}{\sqrt{\pi}}\, e^{-h_x{}^2 x^2}$ bezeichnet man in der Fehlertheorie als die Gaußsche Fehlerkurve oder als Trefferberg. Je größer das Präzisionsmaß h ist, um so größer ist die Wahrscheinlichkeit eines innerhalb kleiner Grenzen bleibenden Fehlers und um so rascher fällt die Kurve mit wachsendem x zu verschwindend kleinen Werten nach beiden Seiten hin ab.

Im Schießwesen verwendet man statt des Präzisionsmaßes h_x meist die „50prozentige Streuung", d. h. die Breite eines parallel zur y-Richtung und symmetrisch zum mittleren Treffpunkt liegenden Streifens, innerhalb dessen bei unendlich großer Schußzahl 50% aller Schüsse liegen würden. Die sog. wahrscheinliche Abweichung r ist die Hälfte der 50prozentigen Streuung x_m. Es ist $x_m = \dfrac{1}{1,049\, h_x}$, also dem Präzisionsmaß umgekehrt proportional.

Die 50prozentige Streuung x_m in der x-Richtung hängt mit dem arithmetischen Mittel E_1 der Absolutwerte der einzelnen Abweichungen (x) vom wahren mittleren Treffpunkt (also demjenigen mittleren Treffpunkt, der sich bei unendlich großer Schußzahl ergeben würde) nach der Formel zusammen: $x_m = 1,6908\, \varepsilon_1 = 1,6908\, \dfrac{\Sigma\,|x|}{n}$ (für $n = \infty$), ebenso mit der Wurzel ε_2 aus dem arithmetischen Mittel der Fehlerquadrate $\varepsilon_2 = \sqrt{\dfrac{\Sigma\,(x^2)}{n}}$ nach der Formel $x_m = 1,349\, \varepsilon_2$. Zur Bestimmung der 50prozentigen Streuung, also der Treffgenauigkeit einer Waffe stehen aber stets nur eine beschränkte Zahl von Schüssen zur Verfügung, und von dem mittleren Treffpunkt ist nur bekannt, daß seine wahrscheinlichste Lage der Schwerpunkt des Trefferbildes ist. Unter diesen Umständen besitzt man nur Kenntnis von der Abweichung λ der einzelnen Schüsse von diesem Schwerpunkt, von den sog. scheinbaren Fehlern, und man ist nur imstande, den wahrscheinlichsten Wert der Größen ε_1 oder ε_2 zu berechnen. Die Wahrscheinlichkeitsrechnung ergibt, daß diese Werte für endliche n durch folgende Beziehungen gegeben sind $\varepsilon_2 = \sqrt{\dfrac{\Sigma\,(\lambda^2)}{n-1}}$ und $\varepsilon_1 = \dfrac{\Sigma\,|\lambda|}{\sqrt{n\cdot(n-1)}}$. Auch hier ist $x_m = 1,349\,\varepsilon_2 = 1,6908\,\varepsilon_1$.

Die so ermittelten Werte von ε_2 bzw. ε_1 sind selbst wieder mit wahrscheinlichen Fehlern behaftet. Eine genauere Analyse zeigt, daß der wahrscheinliche Fehler von ε_2 etwas geringer ist als der von ε_1. Hieraus erklärt es sich, daß man für genauere Rechnungen die umständlichere Ermittlung von x_m mit Hilfe von ε_2, der bequemeren mit Hilfe von ε_1 vorzieht.

Bis hierher wurden nur zufällige Fehler ins Auge gefaßt. Es kommt aber beim Schießen vor, daß durch allmählich vor sich gehende Änderungen, z. B. langsame Erwärmung des Geschützrohres, Wetteränderungen ein Wandern des mittleren Treffpunktes stattfindet. In solchen Fällen bedient man sich zur Ermittlung der von diesem Wandern befreiten 50prozentigen Streuung statt der Abweichungen λ vom mittleren Treffpunkt der sukzessiven Differenzen in den Lagen zweier aufeinander folgender Schüsse, welche ein Fehlergesetz befolgen, welches $\sqrt{2}$ mal so große Streuung aufweist, wie die einzelnen Schüsse.

Die Ermittelung der wahrscheinlichsten Lage des mittleren Treffpunktes selbst erfolgt stets mit einem Präzisionsmaß h, welches $\sqrt{n}$ mal so groß ist, als dasjenige des einzelnen Schusses.

Ist ein Ziel um x Meter vom Geschütz entfernt, und liegt der mittlere Treffpunkt auf der Entfernung a, so ist die Wahrscheinlichkeit eines Kurzschusses $W_1 = \dfrac{h_x}{\sqrt{\pi}}\displaystyle\int_{-\infty}^{x-a} e^{-h_x{}^2 x^2}\, dx = F(x-a)$, die Wahrscheinlichkeit eines Weitschusses $1 - W_1 = 1 - F(x-a) = F(a-x)$.

Hat man mit den Richtelementen für die Lage a_1 des mittleren Treffpunktes k_1 Kurzschüsse und w_1 Weitschüsse erhalten, ferner mit den Richtelementen für die Entfernung a_2 k_2 Kurzschüsse und w_2 Weitschüsse usw., so ist die Wahrscheinlichkeit, daß alle diese Schüsse zusammentreffen, dem Produkt

$$[F(x-a_1)]^{k_1} \cdot [F(a_1-x)]^{w_1} \cdot [F(x-a_2)]^{k_2} \cdot$$
$$[F(a_2-x)]^{w_2} \ldots$$

proportional. Diejenige Lage des Zieles x — also diejenigen Richtelemente für die beabsichtigte Lage des mittleren Treffpunktes im Ziele — ist die wahrscheinlichste, welche obigen Ausdruck zu einem Maximum macht. Es läßt sich auch der wahrscheinliche Fehler berechnen, mit dem die so bestimmte Zielentfernung x behaftet ist, der sog. wahrscheinliche Einschießfehler.

Indem man in ähnlicher Weise vorgeht, gelingt es, Schießregeln aufzustellen, welche mit der geringsten Schußzahl die Schußelemente mit möglichster Genauigkeit zu ermitteln gestatten.

Für das Schießen mit Luftsprengpunkten finden die obigen Darlegungen, auf 3 Dimensionen erweitert, sinngemäße Anwendung.

Schwierig ist die Feststellung und Ausschaltung von Ausreißern, insofern als die Gaußsche Fehlertheorie nur gestattet anzugeben, wie gering die Wahrscheinlichkeit einer Abweichung über bestimmte Grenzen hinaus ist. Es sind von verschiedenen Autoren Regeln aufgestellt worden. Der Beseitigung von Ausreißern haftet stets eine gewisse Willkürlichkeit an; sie ist mit großer Vorsicht durchzuführen. *C. Cranz* und *O. v. Eberhard.*

Näheres. Sabudski u. v. Eberhard, Die Wahrscheinlichkeitsrechnung, ihre Anwendung auf das Schießen und auf die Theorie des Einschießens. Stuttgart 1906.

Geschosse heißen diejenigen Munitionsbestandteile, welche die Wirkung einer Schußwaffe ins Ziel tragen sollen. In neuerer Zeit verwendet man nur noch Langgeschosse. Kugelgeschosse kommen lediglich noch als Füllung der Schrapnells, Kartätschen und Einheitsgeschosse und bei Schrotepatronen vor. Je nach der Konstruktion unterscheidet man Vollgeschosse und Hohlgeschosse. Über mit Sprengladung versehene Geschosse s. den Artikel über Sprenggeschosse.

Für die Geschoßkonstruktion sind folgende Gesichtspunkte maßgebend: Das Geschoß muß genügende Haltbarkeit gegen den Druck der Pulvergase und gegebenenfalls genügende Festigkeit beim Eindringen in widerstandsfähige Ziele (Panzer, Beton) erhalten. Ferner ist eine günstige Geschoßform zur Überwindung des Luftwiderstandes erforderlich. Außerdem muß das Geschoß, damit es stabilisiert wird, d. h. mit der Spitze voraus am Ziele ankommt, im Geschützrohr eine entsprechende Drehung um seine Achse, den Drall, erhalten.

Die Infanteriegeschosse bestehen meist aus einem widerstandsfähigen Mantel von Stahl oder Kupfer und aus einer Bleifüllung. Das Geschoß liegt vor dem Schuß mit einem geringen Spielraum im Lauf und staucht sich beim Schuß durch den Druck der Pulvergase, so daß es sich in die flachen, schraubenförmigen Züge des Laufes sanft einpreßt, wodurch gasdichter Abschluß der Pulvergase erzielt wird. Die Spitzenform des Geschosses ist meist ein Ogival von 10 Kaliber Radius. Das heißt: Zieht man von einem Punkt A des oberen Endes des zylindrischen Geschoßteiles eine Gerade AB senkrecht zur Mittelachse hin durch diese hindurch und macht AB 10 Kaliber lang, schlägt ferner im Punkte B als Mittelpunkt einen Kreisbogen vom Radius AB durch A nach der Geschoßspitze hin, und benutzt diesen Bogen als Meridianlinie einer Rotationsfläche um die Geschoßachse, so entsteht die „Ogival" genannte Fläche, welche leicht maschinell herzustellen ist und einen günstigen Formwert (vgl. Luftwiderstand) ergibt. Das hintere Geschoßende ist oft verjüngt, um die Luftfäden leichter abfließen zu lassen. Ist der Mantel vorne offen, so entsteht

Dumdum-Wirkung (s. d.). — Für Jagdzwecke bleibt die beste Waffe der Drilling, bestehend aus 2 Schrotläufen und 1 Büchsenlauf. Damit gelegentlich auch der Schrotlauf einer Flinte als Büchsenlauf verwendet werden kann, werden von den Jägern mitunter Spezialgeschosse, sog. Flintenlaufgeschosse, benutzt. Hiervon sind die bekanntesten die Brennecke-, die Kettner-, die Witzleben- und die Stendebach-Geschosse. Die drei ersten sind Bolzengeschosse, die aus einem schweren Geschoßkopf und einem daran nach hinten schließenden leichteren Bolzen bestehen; der Schwerpunkt liegt deshalb weit nach vorne, und der Flug des Geschosses ist aus diesem Grund ein pfeilartiger. Das Witzlebengeschoß enthält einen Geschoßkopf aus Blei und einen Holzschaft mit Längsrillen; statt des Holzschaftes verwendet Brennecke einen Filzpfropfen, Kettner eine Papphülse. Das Stendebachgeschoß besteht ganz aus Metall, ist der Länge nach durchbohrt und besitzt innerhalb 4 schräge Rippen, durch welche dem Geschoß eine Rotation erteilt werden soll; in Wirklichkeit scheint es sich bei diesem Geschoß um eine Kombination des Pfeilprinzips und des Rotationsprinzips zu handeln.

Die Geschosse der Artillerie bestehen aus Stahl und lassen sich im allgemeinen nicht stauchen. Die Führung der Geschosse im Rohr erfolgt deshalb anders als beim Infanteriegeschoß. Um den vordern Teil des Geschosses zentrisch in den Feldern (den zwischen den schraubenförmigen Zügen stehenden Rippen) zu lagern, verdickt man die Geschosse am unteren Ende der Spitze wulstförmig, durch die „Zentrierwulst", während der übrige Teil des Geschosses, um gefährliche Erscheinungen bei Stauchungen zu vermeiden, mit Spiel im Rohre liegt. Die Zentrierwulst ist notwendig, weil Geschosse mit exzentrischer Lage des Schwerpunkts größere Streuungen ergeben. Hinten umgibt man das Geschoß mit Ringen aus Kupfer, in welche sich die Felder einschneiden, während die in den Zügen stehen gebliebenen Kupferrippen dem Geschoß die Rotation um seine Längsachse aufzwingen. Um das Vorbeistreichen der Pulvergase von vornherein zu vermeiden, ist das Geschoßlager hinter dem Beginn der Felder konisch und die Geschosse werden durch einen Stoß „angesetzt", d. h. die Führungsbänder sind mit einem Übermaß, der Forcierung, fertiggestellt, welches Übermaß beim Schuß durch die Rohrwandung weggedrückt werden muß. Die Kraft, welche infolgedessen notwendig ist, das Geschoß in Bewegung zu setzen, bezeichnet man als „Einpressungswiderstand". Der Einpressungswiderstand muß bei Geschossen gleicher Art, welche aus einem Geschütz verfeuert werden sollen, für alle Einzelexemplare möglichst der gleiche sein, wenn man will, daß die Pulverladung sich bei allen Geschossen gleichmäßig verwertet, die Anfangsgeschwindigkeiten also möglichst wenig voneinander abweichen sollen. Bei Artilleriegeschossen schwankt die Spitzenform des Ogivals von 2—10 Kaliber Abrundungsradius. Bei Steilfeuergeschützen mit Anfangsgeschwindigkeiten bis zu etwa 500 m verwendet man die stumpferen Geschosse, ebenso bei Panzergeschossen, der größeren Haltbarkeit der Spitze beim Auftreffen im Ziele wegen; bei Flachbahngeschützen verwendet man die schlanken Spitzen, oder mit Rücksicht auf sonstige Umstände stumpfere Geschosse mit spitzen Geschoßhauben aus dünnem Stahlblech (von der Firma Friedr. Krupp A.G. während des Weltkrieges zur Erreichung großer Schußweiten vorgeschlagen).

Panzergranaten, welche mit größeren Endge-
schwindigkeiten in zementierte Stahlplatten eindringen sollen, werden, um die Spitze haltbarer zu
machen, mit Kappen aus weicherem Material versehen.

Für besondere Zwecke werden Geschosse entsprechender Bauart verwendet, wie z. B. Kartätschen, Flugzeugabwehrgeschosse mit Leucht-
hülsen, Gasgeschosse, Nebelgeschosse, Rauchge-
schosse, Brandgeschosse, Signalgeschosse usw.

C. Cranz und *O. v. Eberhard.*

Geschoßgeschwindigkeit. Die Geschoßgeschwindigkeit, einer der bestimmenden Faktoren für die
Schußweite der Geschosse, konnte seit Einführung
der rauchschwachen Pulver gegenüber der vorhergehenden Zeit beträchtlich gesteigert werden.
Geschwindigkeiten von 900 m/sec waren vor dem
Weltkriege für Marinegeschütze nichts Unerhörtes
mehr, und man hatte zu Versuchszwecken auch
schon Geschwindigkeiten von 1200 m/sec erzielt.
Die Erfordernisse des Weltkrieges veranlaßten die
Firma Krupp, Geschütze zu bauen, deren Anfangsgeschwindigkeit diesen Geschwindigkeitsbereich noch weit überschritten. Nach Rechnungen, die von verschiedenen Seiten angestellt
worden sind, müssen Geschoßgeschwindigkeiten von
etwa 1500—1600 m/sec erreicht worden sein. Was
das bedeutet, macht man sich am besten klar, wenn
man die Energie berechnet, welche ein Geschoß
von etwa 100 kg bei einer derartigen Geschwindigkeit
besitzt. Sie beträgt rund 11 300 000 mkg, entspricht also der Wucht eines 250 Tonnen-Eisenbahn-
zugs bei einer Stundengeschwindigkeit von 108 km.
30 m Geschwindigkeitszuwachs bedeuten ferner
bei 1500 m/sec Geschwindigkeit eine Energiever-
mehrung von 4%, also von 450 000 mkg. Aus dieser
Überlegung geht klar hervor, daß jede auch nur
verhältnismäßig geringe Geschwindigkeitssteigerung
bei derartigen Anfangsgeschwindigkeit nur unter
beträchtlicher Ladungsvermehrung erzielt werden
kann.

Sehr wichtig für die Ballistik ist die Möglichkeit, große Geschoßgeschwindigkeiten einwandfrei messen zu können. Die experimentelle Ballistik
hat eine ganze Anzahl von brauchbaren Methoden
ausgearbeitet, von denen nur die wichtigsten hier
kurz dargelegt werden können.

Der am meisten verwendete Apparat ist der
Geschwindigkeitsmesser von le Boulengé: Ein
mit einer Zinkhülse umkleideter Eisenstab wird
an die konische Spitze des Kerns eines Elektromagneten angehängt und die Stromstärke so reguliert, daß der Eisenstab eben noch hängt. Der
Strom, welcher den Elektromagneten betätigt,
geht durch einen ersten Gitterrahmen, dessen
Draht das fliegende Geschoß zerschießen und damit
eine Stromunterbrechung, welche den Eisenstab
vom Magnetkern abfallen läßt, bewirken soll.
Durch einen zweiten Drahtrahmen fließt ein zweiter
Strom zu einem zweiten Elektromagneten, der
ein Fallgewicht festhält. Wird der zweite Strom
unterbrochen, so fällt das Fallgewicht auf eine
Tellervorrichtung, welche ein Messer vorschnellen
läßt, so daß dieses eine Marke auf der Zinkhülse
des bereits im Fallen begriffenen Eisenstabes
hervorruft. Je nach der Zeit, die zwischen beiden
Stromunterbrechungen verfließt, wird die Marke
auf der Zinkhülse weiter oben oder unten liegen,
und aus ihrer Lage findet man die Zeit, die das
Geschoß braucht, um die Strecke zwischen beiden
Drahtrahmen zu durchfliegen. Das Zeitintervall,

das verstreicht, bis das Fallgewicht auf den Teller
herabgefallen ist und das Messer die Zeitmarke
erzeugt hat, wird erhalten, indem in einem besonderen Versuch mittels eines „Disjunktors" die
beiden Ströme gleichzeitig unterbrochen werden.
Das zu messende Zeitintervall berechnet sich alsdann als die Differenz zweier Fallzeiten. Durch diese
Maßnahme werden gleichzeitig die Fehler, die von
dem nicht momentanen Freilassen der Stäbe, sowie von dem temporären und permanenten Magnetismus des weichen Eisens herrühren, nahezu
ausgeschaltet. Der Boulengé-Apparat arbeitet am
genauesten bei einer Zeitspanne von etwa 0,1 sec.
Die wahrscheinliche Abweichung der Einzelmessung
vom arithmetischen Mittel ist dann etwa 0,2%.
Zu dem Apparat gehören noch eine Anzahl Neben-
apparate, die zu seiner Justierung und Prüfung
dienen. Statt der Drahtrahmen kann man zur
Stromunterbrechung auch Luftstoßanzeiger benutzen (Gossot, Frankreich); das sind empfindliche Mikrophone, welche durch die Kopfwelle
des Geschosses in Tätigkeit gesetzt werden. Sie
haben den Vorteil, daß der Geschoßflug nicht (wie
es beim Durchschießen von Drähten bisweilen
eintritt), gestört werden kann, dafür den Nachteil,
daß die Lage des Geschosses in dem Augenblick,
wo die Kopfwelle den Luftstoßanzeiger überstreicht, nicht immer genau bestimmt werden kann.

Mit den Sekundärströmen von Induktorien, deren
Primärströme durch Drahtgitterrahmen laufen und
vom Geschoß unterbrochen werden, arbeitet der
Funkenchronograph: Der Öffnungsfunke der
einzelnen Sekundärkreise springt von Metallspitzen
auf eine rotierende berußte Trommel über, welche
mit großer Geschwindigkeit (bis 12 000 Touren p.
Min.) rotiert. Aus der mit Resonanztourenzählern
gemessenen Umdrehungsgeschwindigkeit der Trommel und dem Abstand der Funkenmarken läßt sich
die Zeit zwischen 2 Stromunterbrechungen berechnen. Dieser Apparat mißt die absoluten Geschwindigkeiten nicht ganz so genau wie der le Boulengé-Apparat, gestattet aber Geschwindigkeitsdifferenzen mit großer Genauigkeit zu ermitteln.
Er ist deshalb zu Luftwiderstandsmessungen sehr
geeignet.

Eine dritte Methode benutzt den Umstand, daß
die Entladungsdauer einer mit statischer Elektrizität
gefüllten Kapazität aus der Anfangs- und der ver-
bliebenen Restladung berechnet werden kann. Man
bezeichnet den Apparat als Kondensatorchrono-
graphen (Radaković).

Bei dem Polarisationschronographen (Cre-
hore, Squier) wird ein mittels eines Nicols
polarisiertes paralleles Lichtstrahlenbüschel durch
eine mit Schwefelkohlenstoff gefüllte Glasröhre
gesendet, die den Kern eines Solenoides bildet.
Das Solenoid ist von Strom durchflossen und dreht
infolgedessen die Polarisationsebene des Lichtes,
welches in gedrehtem Zustand mittels eines zweiten
Nicols abgeblendet wird, so daß in eine photographische Kamera mit rotierendem Filmband kein
Licht dringt. Jede Stromunterbrechung wird sich
dadurch geltend machen, daß die Drehung der
Polarisationsebene aufgehoben wird.

Eine Methode, welche das Geschoß ungestört läßt
und doch gute Meßresultate gibt, ist die mehrmals
hintereinander erfolgende Photographie des Geschosses mit Hilfe der Beleuchtung einer Anzahl
aufeinander folgender elektrischer Funken im verdunkelten Raum, und zwar auf mit bekannter Geschwindigkeit bewegte Platten oder Filmbänder (Cranz).

Der Apparat von Neesen arbeitet ähnlich. Auch hier wird das Geschoß während der Nacht mehrmals auf rotierendes Filmband photographiert, aber die Beleuchtung des Geschosses erfolgt durch einen von innen heraus brennenden Satz und die Lage im Raum wird durch 2 Phototheodolite bestimmt. Die Methode gibt außer der Bahngeschwindigkeit auch die Flugbahn selbst und die Abnahme der Rotationsgeschwindigkeit des Geschosses.

Die Untersuchungen über die Geschoßgeschwindigkeit haben genaue Luftwiderstandsmessungen ermöglicht. Sie haben auch gestattet, festzustellen, daß die größte Anfangsgeschwindigkeit nicht in dem Augenblick eintritt, wo das Geschoß die Mündung verläßt, sondern erst dann, wenn die Einwirkung der nachfolgenden Pulvergase der Größe nach dem Luftwiderstand gleich geworden ist.

Für Messung größerer Flugzeiten bedient man sich anderer Apparate. Ein solcher ist z. B. die Klepsydra. Sie beruht auf der Messung der Menge Quecksilber, welches aus einem sehr weiten Gefäß durch eine sehr enge Öffnung ohne wesentliche Senkung des Flüssigkeitsspiegels in der zu messenden Zeit ausgeflossen ist. Ein anderes Instrument zur Messung länger dauernder Vorgänge ist die Tertienuhr. Eine Uhr mit sehr rasch umlaufendem Zeiger, der zu Beginn der zu messenden Periode mit dem Uhrwerk verbunden und am Ende des Zeitraums vom Uhrwerk wieder gelöst wird.

Neben der Anfangsgeschwindigkeit des Geschosses ist von Wichtigkeit seine Scheitelgeschwindigkeit oder was beinahe damit zusammenfällt, die Geschwindigkeit im Punkt der größten Flugbahnkrümmung, und zwar insofern, als eben durch diese Geschwindigkeit der Luftwiderstand in diesen Punkten bedingt wird; und von der Größe des Luftwiderstandes in diesen Punkten hängt es ab, ob das Geschoß mit seiner Längsachse genügend rasch der an diesen Punkten der Flugbahn besonders raschen Änderung der Flugbahnrichtung zu folgen vermag, d. h. ob es mit der Spitze voran am Erdboden ankommt, ob es querschlägt, oder ob es schließlich den absteigenden Ast mit dem Boden voran durcheilt, also sich im absteigenden Ast wie ein Geschoß mit Linksdrall verhält, wenn es im aufsteigenden Ast Rechtsrotation besaß. Ein derartiges Geschoß kommt nicht wie ein normal fliegendes mit Rechtsabweichung, sondern mit sehr großer Linksabweichung an. Die Erscheinung tritt bei richtig konstruierten Geschossen und Geschützen regelmäßig auf, wenn mit Abgangswinkeln von über etwa 65° geschossen wird.

Endlich von sehr großer Bedeutung ist die Endgeschwindigkeit des Geschosses. Sie bedingt bei Schrapnells und bei Panzergranaten und bei Geschossen gegen Beton die Möglichkeit, die Geschoßwirkung bis ins Ziel hinein zu tragen. Bei Schrapnells muß die Endgeschwindigkeit in Verbindung mit der Zusatzgeschwindigkeit, welche die Kugeln beim Ausstoßen aus der Geschoßhülle erhalten, ausreichen, um auf eine Entfernung vom Sprengpunkt, wo die Dichte der Kugelgarbe noch ausreicht, eine Auftreffwucht von etwa 8 mkg zu liefern, wenn diese durchschnittlich ausreichen soll, um einen Menschen auẞer Gefecht zu setzen.

Die Endgeschwindigkeit kleinerer Geschosse mißt man oft mit Hilfe des ballistischen Pendels. Ein Pendel trägt an seinem unteren Ende einen mit Sand oder dergleichen gefüllten Kasten, oder eine Stahlplatte. Mit diesem Kasten oder dieser Platte fängt man das Geschoß auf, derart, daß der Stoß als unelastischer Stoß wirkt. Das Pendel macht infolge des Auftreffens des Geschosses einen gewissen Ausschlag, aus dessen Größe man auf die vom Geschoß auf das Pendel übertragene Bewegungsmenge schließt.

Große Schwierigkeiten bietet die Messung der Anfangsgeschwindigkeiten während der Verwendung der Geschütze im Kriege. Die großkalibrigen Geschütze mit großen Anfangsgeschwindigkeiten sind einer großen Abnutzung durch die Ausbrennungen unterworfen. Infolge dieser Ausbrennungen rutscht das Geschoß im Rohr beim Ansetzen immer weiter nach vorn. Leider gibt das Maß des Vorrutschens kein genaues Kriterium für die Anfangsgeschwindigkeit. Denn neben dem anfänglichen Verbrennungsraum bildet der Einpreßwiderstand des Geschosses einen sehr stark beeinflussenden Faktor für die Pulververbrennung. Die Anfangsgeschwindigkeit zu kennen ist aber notwendig, wenn man ohne oder bei mangelhafter Beobachtung richtig schießen will. Andererseits ist es bei der beschränkten Lebensdauer der Geschütze untunlich, einzelne Schüsse nur zur Ermittelung der Anfangsgeschwindigkeit im übrigen nutzlos zu verfeuern. Aus diesem Grunde mußte das Streben dahingehen, auch während der feldmäßigen Verwendung die Anfangsgeschwindigkeit dauernd kontrollieren zu können. Dies ist jetzt möglich geworden (Ladenburg).

C. Cranz und *O. v. Eberhard.*

Näheres s. Cranz, Ballistik. III.

Geschoßknall s. Kopfwelle.

Geschützzielfernrohr s. Zielfernrohr.

Geschwindigkeit. a) Translationsgeschwindigkeit: Hierunter versteht man zunächst den Weg, den ein bewegter Körper in der Zeiteinheit zurücklegt, oder das Verhältnis des Weges zur Zeit, in der er zurückgelegt wurde. Wenn dieses Verhältnis unabhängig ist von der Größe des betrachteten Zeitintervalls, so ist die Geschwindigkeit konstant. Andernfalls ist die Geschwindigkeit der Grenzwert, dem sich das Verhältnis für sehr kleine Zeitintervalle nähert, d. h. der Differentialquotient $v = dx/dt$. Bei krummlinigen Translationen ist jede Komponente der Bewegung eine solche mit veränderlicher Geschwindigkeit, die Geschwindigkeit selbst ein Vektor v mit den Komponenten dx/dt, dy/dt, dz/dt.

b) Winkelgeschwindigkeit. Analog ist bei Drehungen eines starren Körpers um eine feste Achse die Winkelgeschwindigkeit ω aufzufassen als das Verhältnis des bestrichenen Winkels α zur Zeit, bzw. $\omega = d\alpha/dt$. Die allgemeine Drehbewegung eines starren Körpers um einen festen Punkt setzt sich aus der Änderung dreier Koordinaten zusammen, die die Lage des Körpers gegen ein festes Achsenkreuz beschreiben, z. B. der Eulerschen Winkel (s. diese) desselben, und deren zeitliche Differentialquotienten wieder als seine Dreh-Geschwindigkeitskomponenten bezeichnet werden können. Gewöhnlich wird aber die Drehgeschwindigkeit in anderer Weise beschrieben. 2 beliebige Lagen des starren Körpers können stets durch Drehung um eine Achse ineinander übergeführt werden, oder auch durch Aufeinanderfolge von 3 Drehungen um 3 zueinander senkrechte vorgegebene Achsen. Dabei muß man aber beachten, daß das Resultat abhängt von der Reihenfolge der Einzeldrehungen, so daß nicht von einem bestimmten Drehwinkel um jede dieser 3 Achsen gesprochen werden kann.

Beispielsweise führt die Aufeinanderfolge zweier Drehungen eines rechtshändigen Achsenkreuzes im Uhrzeigersinne um je einen rechten Winkel, zuerst um die X-Achse, dann um die Y-Achse eines festen Ko·rdinatensystems die X-, Y-, Z-Achse bzw. in die Z-, X-, Y-Achse über, dagegen die gleichen Drehungen, aber zuerst um die Y-Achse, dann um die X-Achse diese Achsen bzw. in die Y-, – Z-, – X-Achse über.

Nur wenn es sich um unendlich kleine Drehungen handelt, sind die entsprechenden Drehwinkel bestimmte, und zwar die Projektionen des Drehwinkels α um die resultierende Drehachse auf die Koordinatenebenen. Entsprechend kann dann auch die momentane Drehgeschwindigkeit, deren Größe das Verhältnis dieses resultierenden (unendlich kleinen) Drehwinkels zur verflossenen Zeit angibt, als Winkelgeschwindigkeit um eine Achse aufgefaßt und, wie ein Vektor, in Komponenten nach drei zueinander senkrechten Achsen zerlegt werden, ohne daß aber endliche Drehwinkel existieren, auch dann nicht, wenn die Komponenten der Drehgeschwindigkeit konstant bleiben (s. auch Polhodie).

c) Momentanzentrum, Bewegungsschraube. Die ebene Bewegung eines starren Körpers setzt sich aus einer Translation und einer Drehung de selben zusammen. Da die Drehung für die einzelnen Punkte des starren Körpers verschiedene Geschwindigkeit ergibt, je nach dem Abstand und der Lage derselben vom Zentrum, so wird es stets einen Punkt geben, für den Translations- und Drehgeschwindigkeit sich aufheben, so daß die Bewegung des Körpers als reine Drehung um diesen Punkt aufgefaßt werden kann. Er heißt das Momentanzentrum der Bewegung. Z. B. kann die Rollbewegung einer Kreisscheibe als Translation, verbunden mit einer Drehung um den Mittelpunkt, oder auch als reine Drehung um den momentanen Berührungspunkt mit der Unterlage aufgefaßt werden.

Eine entsprechend einfache Darstellung der räumlichen Bewegung gibt es im allgemeinen nicht. Wohl aber kann die Translation in eine Komponente parallel und eine solche senkrecht zur Drehachse zerlegt werden. Die letztere kann mit der Drehung zu einer reinen Drehung um eine Momentanachse vereinigt werden, und es bleibt somit eine Bewegungsschraube, d. h. eine reine Drehung und eine der Drehachse parallele Translation als einfachste Darstellung der räumlichen Momentanbewegung. Es besteht genaue Analogie zwischen dieser Reduktion der Geschwindigkeit einerseits und der Kräftereduktion (s. diese) auf eine Kraftschraube andererseits, wobei die resultierende Drehgeschwindigkeit der Resultante, die Translation dem resultierenden Moment entspricht. In Fortführung dieser Analogie kann der Geschwindigkeitszustand z. B. auf Drehung um 2 zueinander windschiefe Achsen (Drehkreuz) zurückgeführt werden, entsprechend der Reduktion des Kraftsystems auf ein Kraftkreuz, sowie auf weitere, den Kraftreduktionen analoge Elemente.　　　　*F. Noether.*

Näheres s. Die Lehrbücher der Mechanik und Kinematik, z. B. Heun, Kinematik. 1906.

Geschwindigkeit der Ionen s. Leitvermögen der Elektrolyte.

Geschwindigkeit der Molekeln. In der Gleichung für den Gasdruck (s. Boyle-Charlessches Gesetz)
$$p = \frac{N \, m \, \overline{c^2}}{3}$$
ist $N m = \varrho$ die Masse der Volumseinheit, also die Dichte des Gases. Daher ist $p = \dfrac{\varrho \, \overline{c^2}}{3}$

oder $\overline{c^2} = \dfrac{3 \, p}{\varrho}$. Da man $\dfrac{p}{\varrho}$ für jedes Gas experimentell bestimmen kann, so kann auch das mittlere Quadrat der Geschwindigkeit $\overline{c^2}$ zahlenmäßig dargestellt werden. Die Wurzel aus diesem Wert darf zwar nicht mit dem Mittelwert (s. Maxwellsches Gesetz) der Geschwindigkeit verwechselt werden, wird aber der Größenordnung nach mit der mittleren Geschwindigkeit der Gasmolekeln übereinstimmen. Man findet so bei 0^0 C für Luft 485 m, Sauerstoff 461 m, Stickstoff 492 m, Wasserstoff 1844 m.
　　　　　　　　　　　　　　G. Jäger.

Näheres s. G. Jäger, Die Fortschr. d. kinet. Gastheorie. 2. Aufl. Braunschweig 1919.

Geschwindigkeitskoordinaten s. Koordinaten der Bewegung.

Geschwindigkeitspotential s. Potentialströmung.

Gesetz der großen Zahlen. Wenn irgendwelche Ereignisse in großer Zahl stattfinden, so stellt sich eine eigentümliche Regelmäßigkeit ein, obgleich die einzelnen Ereignisse voneinander ganz unabhängig sind. Die Regelmäßigkeit ist um so besser ausgeprägt, je größer die Zahl der Ereignisse ist. Dieses Gesetz bildet die Grundlage aller Statistik (s. d.). Es läßt sich nicht durch Kausalität erklären; im Gegenteil müssen die einzelnen Ereignisse voneinander unabhängig sein, wenn die Regelmäßigkeit normalen Charakter annehmen soll. Über die Frage, ob die Geltung dieses Gesetzes nur durch die Erfahrung gewährleistet ist, oder ob ein notwendiges (apriorisches) Gesetz der Naturerkenntnis vorliegt, bestehen Meinungsverschiedenheiten; jedenfalls darf aber die Antwort hier nicht anders lauten als bei dem Kausalgesetz (s. Wahrscheinlichkeit).　　　*Reichenbach.*

Gesichtsfeld. Als Gesichtsfeld bezeichnet man die Gesamtheit aller Punkte des Außenraumes, die bei bestimmter fester Lage des Auges gleichzeitig auf funktionstüchtigen Stellen der Netzhaut zur Abbildung gelangen und wahrgenommen werden können. Dem Gesichtsfeld sind seine Grenzen gesetzt z. T. durch Teile des Gesichtes in der nächsten Umgebung des Auges, z. T. durch die vordere Begrenzung der Netzhaut an der Ora serrata bzw. in dem (durch die Brechkraft der Augenmedien bestimmten) Grenzwert des Einfallswinkels, bei dessen Überschreitung das Auge kein Licht mehr bekommt. Die Bestimmung der Gesichtsfeldgrenze wird vermittels eines kleinen Objektes vorgenommer, das man an einer am besten kugelförmig um das Auge gelegten Fläche wandern läßt, bis es dem Beobachter im peripheren Sehen verschwindet. Der zu dieser Untersuchung am meisten gebrauchte Apparat ist das Perimeter von Förster, bei dem die als Projektionsfläche für die Netzhaut dienende Kugelfläche durch einen durch Drehung um die Gesichtslinie in die verschiedenen Meridiane einstellbaren Halbkreis ersetzt ist. Die Ausdehnung des Gesichtsfeldes in den verschiedenen Richtungen wird durch die Größe des Winkels angegeben, den die Gesichtslinie mit dem äußersten noch zur Perzeption kommenden Lichtstrahl einschließt. Nach der temporalen Seite hin beträgt dieser Winkel vielfach bis zu 100^0, nach unten bleibt er trotz des Fehlens äußerer Hindernisse meist unter 75^0. Nach innen und oben ist das Gesichtsfeld beim Blick geradeaus durch die Nase und den Augenbrauenbogen wesentlich eingeengt, doch findet man es auch bei entsprechend geänderter Blicklage niemals so ausgedehnt wie nach außen.　　　*Dittler.*

Näheres s. Nagels Handb. d. Physiol., Bd. 3, 1904.

Gesteine. Gemenge verschiedener Mineralien oder auch einzelne Mineralmassen, soweit sie in erheblicher Menge an dem Aufbau der festen Erdkruste beteiligt sind. Nach ihrer Entstehung teilt man sie ein in:

1. Eruptiv- oder Massengesteine, die aus dem geschmolzenen Zustande durch Erstarrung oder Auskristallisieren entstanden sind. Sie drangen und dringen auch heute noch hier und da als feurig-flüssige Massen (Magma) empor. Sie erfüllten unterirdische Räume oder wurden explosionsartig aus vulkanischen Öffnungen herausgeschleudert, überfluteten auch oft Teile der festen Erdoberfläche.

2. Sediment- oder Schichtgesteine, die meist von ihrer ursprünglichen Lagerstätte durch Wind oder Wasser entfernt und an anderen Stellen in übereinanderliegenden Schichten abgelagert worden sind.

3. Metamorphe Gesteine, die durch Umwandlungsvorgänge, namentlich durch hohen Druck und hohe Temperatur aus einer der beiden ersten Typen entstanden und sich in ihrer Zusammensetzung mehr dem ersten, in ihrer Struktur mehr dem zweiten Typus nähern. Man bezeichnet sie daher meist als kristalline Schiefer. Die Frage nach ihrer Entstehung bildet ein noch vielfach umstrittenes Kapitel der Gesteinskunde.

In größerer Tiefe werden die Gesteine unter dem Druck der überlagernden Massen plastisch und schon bei 2000 m Tiefe ist die Druckfestigkeit vieler, in 10 000 m diejenige aller Gesteine überwunden. Dann befinden sie sich in einem plastischen Zustand, in dem sich der Druck hydrostatisch, wie in einer Flüssigkeit, allseitig fortpflanzt, so daß langsam fließende Bewegungen ohne Bruch auch beim festesten Gestein möglich werden. Diese Druckplastizität der Tiefe wird, wie Experimente beweisen, durch die dort herrschende hohe Temperatur gefördert. Ausgedehnte Gesteinsschichten können daher ohne Bruch in Falten gelegt werden.

Mit der Beschaffenheit der Gesteine beschäftigt sich die Wissenschaft der Petrographie, mit ihrer geologischen Altersfolge die Stratigraphie oder Spezielle Geologie. Erleichtert wird die Feststellung des geologischen Alters der Schichtgesteine durch die in ihnen enthaltenen Versteinerungen, die das Forschungsgebiet der Paläontologie, der Lehre von den fossilen Tieren (Paläozoologie) und Pflanzen (Paläophytologie) bilden.

Die Methoden der Gesteinsuntersuchungen beruhen neben der chemischen Analyse und mikrochemischen Untersuchungen hauptsächlich auf den physikalischen Eigenschaften, Dichte, Härte, Schmelzbarkeit usw. Von besonderer Bedeutung sind die optischen Untersuchungen von Dünnschliffen in parallelem und konvergentem, linear polarisiertem Licht. *O. Baschin.*

Näheres s. F. Rinne, Gesteinskunde. 5. Aufl. 1920.

Gesteinsmagnetismus. Der Eigenmagnetismus der Gesteine. Die am stärksten magnetisierten Gesteine verdanken ihre Kraft ihrem Gehalt an Magnetit, d. i. Fe_3O_4, der als Mineral auch „Magneteisenstein" genannt wird; alle „natürlichen Magnete" sind solche. Auch der „Magnetkies" $6FeS + Fe_2S_2$ ist noch stark magnetisch, weniger Brauneisenerze und Eisenglanz; die anderen Eisenmineralien sind unmagnetisch. Sodann sind alle Eruptivgesteine, vorab die jüngeren, magnetisch oder auch die dunklen und basischen. Man kann sie nach der abfallenden Reihe ordnen: Basalt,

Dolorit, Melaphyr, Gabbro, Serpentin, Granit, Trachyt usw. Auch Sande und besonders die Tone können stark magnetisch sein. Der Gesteinsmagnetismus ist der Träger des Gebirgsmagnetismus und der meisten lokalen Störungen oder Anomalien in der Verteilung des Erdmagnetismus (s. Erdmagnetismus, magnetische Landesaufnahmen). Die Suszeptibilität erreicht in Mineralien 0,001 bei losen Gesteinen; dagegen hat der reine Magnetit unter allen Körpern, einschließlich der technischen Eisensorten, den größten spezifischen Magnetismus. In einzelnen, hervorragenden Klippen können sehr starke magnetische Felder bestehen, die sich nur durch besondere magnetisierende Ursachen erklären lassen, wahrscheinlich häufige Blitzschläge. *A. Nippoldt.*

Gesteuerte Wellen bzw. Schwingungen. Ein Verfahren zur Erzeugung kontinuierlicher Schwingungen dadurch gekennzeichnet, daß Löschfunkensender höherer Entladungszahlen (meist 1000) verwendet werden, nicht zu stark gedämpfte Antennen bzw. längere Wellen, und die einzelnen Wellenzüge der aufeinanderfolgenden Funken in richtiger Phase aneinander gereiht werden (Fig. 1),

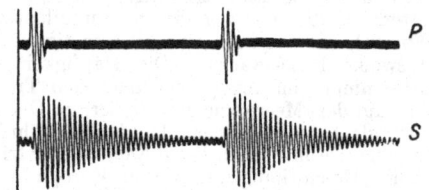

Fig. 1. Gesteuerte Wellen.

so daß an der Empfangsstelle durch Überlagerung ein reiner Interferenzton entsteht. Die Steuerung läßt sich noch gut durchführen, wenn beim Einsetzen des Funkens vom vorhergehenden Wellenzug noch $1/4$ bis $1/2 \%$ der Amplitude vorhanden ist.

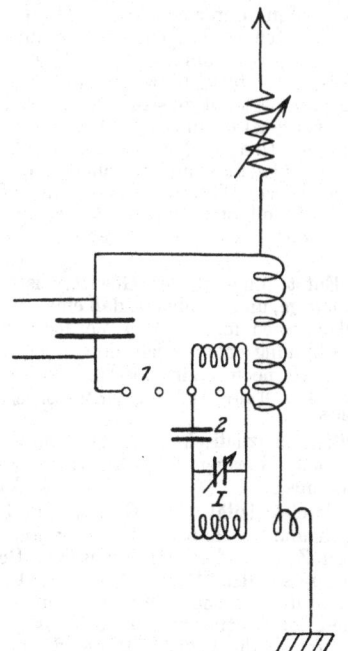

Fig. 2. Steuerschaltung für Wellen.

Die Grenze ist hier z. B. bei einem mit dem Ton 1000 arbeitenden Funkensender die Welle 2000 m und die Dämpfung 0,06. Fig. 2 zeigt eine Steuerschaltung. An der Funkenstrecke liegt ein wenig gedämpfter Kreis I, auf welchen ganz schwach die Antenne induziert. Dieser Kreis hat noch fast volle Energie, wenn die Antenne schon abgeklungen ist. Bei zunehmender Ladespannung an der Funkenstrecke fügt er also zur Ladespannung eine zusätzliche Hochfrequenzspannung, die in Phase mit der abklingenden Schwingung der Antenne steht und löst so den Funken in Phase mit der ursprünglichen Schwingung aus.

Bei den technischen Steuerschaltungen für kürzere Wellen liegt parallel zu den Funkenstrecken 2 eine Löschdrossel und in der Zuführung zu I ein Begrenzungskondensator.   *A. Meißner.*

Gewehrzielfernrohr s. Zielfernrohr.

Gewicht und Masse s. Kilogramm.

Gewichtsaräometer s. Aräometer.

Gewichtssätze s. Massensätze.

Gewichtsfunktion s. Quantenstatistik.

Gewitter. Mit Blitz (s. diesen), Donner, (s. diesen) und meist starken Kondensationsvorgängen verbundene atmosphärische Störung. Der Sitz des Gewitters ist die, meist getürmte Kumuluswolke (s. Wolken), aus der oben eine schirmartige Cirro-Stratuswolke herauswächst. Die Häufigkeit der Gewitter nimmt im allgemeinen nach den Tropen hin zu. Auf dem Meere sind sie seltener, im Gebirge häufiger als auf dem flachen Lande. Gewöhnlich durchziehen sie in breiter Front weite Landstriche mit einer Geschwindigkeit, die in Europa meist 35 bis 40 km pro Stunde beträgt. doch hat diese Fortpflanzungsgeschwindigkeit eine tägliche und eine jährliche Periode. Die Häufigkeit ist in den Tropen und Subtropen am größten während der Regenzeit, in den gemäßigten Breiten im Sommer. Wintergewitter kommen an den Küsten häufiger vor als im Innern des Landes. Die wärmsten Tagesstunden sind der Gewitterbildung besonders günstig. Man unterscheidet Wärmegewitter, die am reinsten in Tropengewittern und den Gebirgsgewittern der Sommernachmittage ausgebildet und meist sehr stark, blitzreich und von schweren Regengüssen begleitet zu sein pflegen, und Wirbelgewitter, die oft bei unruhiger Witterung eintreten, eine größere Unabhängigkeit von der Tages- und Jahreszeit aufweisen, meist schneller fortschreiten, auch häufig von Graupel- oder Schneefällen begleitet sind und öfters einen Witterungsumschlag bringen. Zu diesem Typus gehören die Wintergewitter.

Die Entstehungsart der Gewitter ist eine sehr mannigfaltige, und es scheint, daß eine ganze Anzahl von allgemeinen und lokalen Vorbedingungen zur Gewitterbildung erforderlich sind, über deren Einzelheiten wir noch wenig wissen.   *O. Baschin.*

Näheres s. J. v. Hann, Lehrbuch der Meteorologie. 3. Aufl. 1915.

Gewitter, magnetisches. Bezeichnung für eine magnetische Störung (s. Variationen des Erdmagnetismus).   *Nippoldt.*

Gewitterelektrizität. Die Gewitter und ihre Begleiterscheinungen haben von jeher als die sinnfälligsten Zeichen der luftelektrischen Phänomene das Interesse der Meteorologen und Physiker erregt und die Versuche, ihre Entstehung möglichst detailliert qualitativ und quantitativ theoretisch zu erklären, zählen nach Dutzenden. Nachdem die Meteorologie gezeigt hat, daß zwischen Böen

und Gewittern kein qualitativer, sondern nur ein gradueller Unterschied besteht, liegen die Verhältnisse für die Aufstellung einer einheitlichen, alle elektrischen Erscheinungen der atmosphärischen Kondensationsvorgänge (Regenelektrizität, Wolkenelektrizität, Gewitter) umfassenden Theorie wesentlich günstiger.

Wolken- und Gewitterbildung ist an das Auftreten eines aufsteigenden Luftstromes (Zyklone) gebunden. Solche Zyklone können entweder lokaler Natur, verursacht durch starke Erwärmung der Erdoberfläche, sein (Wärmegewitter) oder sie gehören einer weiter verbreiteten Wirbelbewegung der Atmosphäre an, welche die Luft von unten nach oben saugt und deren Rotationszentrum (Zentrum des barometrischen Tiefdruckgebiets) selbst in bestimmten Richtungen weiter wandert (Wirbelgewitter). Der aufsteigende staub- und wasserdampfhaltige Luftstrom kühlt sich adiabatisch ab und sobald der Sättigungsdruck des Wasserdampfes erreicht ist, erfolgt die erste Kondensation, welche nach den Forschungen von Aitken u. a. an den Staubteilchen und ähnlichen, in normaler Luft zu tausenden pro ccm anwesenden Kondensationskernen erfolgt. So bildet sich eine zunächst ungeladene Wolke, deren Elemente (Nebelteilchen) sich bei weiterem Steigen des Luftstromes sich durch Zusammenfließen und neue Kondensation vergrößern, bis die Tropfen so schwer geworden sind, daß sie im aufsteigenden Luftstrom schweben oder langsam zu fallen beginnen. Das Zusammenfließen der Tröpfchen wird, wie auch Versuche im kleinen zeigen, durch das Bestehen des elektrischen Feldes begünstigt, das stets zwischen Erde und Atmosphäre vorhanden ist. Wie vollzieht sich nun die Trennung der Elektrizitäten, welche Anlaß zur Ladung der Tropfen, zur Verstärkung oder Änderung des Feldes und schließlich zur leuchtenden selbständigen Entladung (Blitz) führt? Die Anschauungen, welche darüber geäußert wurden, sind sehr verschieden. Hier mögen die drei wichtigsten Theorien Erwähnung finden, welche auch heute noch zum Teil oder zum größeren Teil in Geltung stehen:

1. Die Wilson-Gerdiensche Kondensationstheorie. C. T. R. Wilson hat gezeigt, daß in vollkommen staubfreier Luft die Kondensation auch an den Ionen erfolgen kann. In der mit Wasserdampf beladenen Luft tritt bei Abwesenheit von Staubkernen die Kondensation an den Ionen erst bei namhafter Übersättigung und dann zuerst an den negativen Ionen ein. Bei Expansion eines Luftvolumens auf das 1,27fache tritt die Kondensation an den negativen, bei Expansion auf das 1,31fache auch an den positiven Ionen ein. Ersteres Volumverhältnis entspricht einer vierfachen, letzteres einer sechsfachen Übersättigung an Wasserdampf. Gerdien glaubte nun, daß dieser Effekt die Trennung der Elektrizitäten in aufsteigenden Luftströmen ausschließlich bewirkt: in diesen müßte also nach der Ausfällung der Staubkerne die Tropfenbildung von einem bestimmten Niveau an an den negativen Ionen und erst bei erheblich weiterem Steigen auch an den positiven Ionen eintreten. Gerdien hat auf Grund dieses Schemas versucht, den Vorgang auch quantitativ in seinen Einzelheiten zu verfolgen und kommt zu dem Resultat, daß die Gravitationsenergie zur Erzeugung der beobachteten starken Potentialgradienten ausreicht und daß bei Landregen nur ein kleiner Teil, bei Böen

und Gewittern ein größerer Teil dieser Energie in elektrische Energie umgesetzt wird. Die Gerdiensche Theorie hat zahlreiche, gewichtige Einwendungen erfahren, deren Besprechung hier zu weit führen würde (vgl. z. B. Gockel, die Luftelektrizität, Verlag Hirzel, 1908). Insbesondere ist zweifelhaft, ob in der Natur die geforderten Grade der Übersättigung an Wasserdampf jemals wirklich vorkommen. Aber auch wenn dies der Fall wäre, müßte nach den Gerdienschen Anschauungen negativ geladener Regen häufiger vorkommen, was den Beobachtungen vollständig widerspricht (vgl. „Niederschlagselektrizität"). So hat man, seit die Prävalenz der positiven Regenladungen sichersteht, die Gerdiensche Theorie wohl allgemein verlassen und wird das Vorkommen der besprochenen Kondensation an Ionen nur in Ausnahmsfällen zugeben können.

2. Die Simpsonsche Theorie. Diese erklärt die Elektrisierungsvorgänge bei aufsteigenden Luftströmen durch den auf Grund von Laboratoriumsversuchen wohlbekannten „Lenard-Effekt" (Balloelektrizität): haben sich beim Aufsteigen des Luftstromes die ersten Tröpfchen gebildet, so werden diese zunächst mit emporgerissen, bis sie durch Anlagerung weiterer Kondensationsprodukte oder durch Zusammenfließen derart gewachsen sind, daß sie eine merkliche relative Fallgeschwindigkeit erlangen. Lenard hat gezeigt, daß diese Tropfen nur so lange bestehen bleiben, bis der Geschwindigkeitsunterschied gegen den aufsteigenden Luftstrom auf etwa 8 m/sec, das Tropfengewicht auf ca. 130 mg gestiegen ist. Bei weiterer Vergrößerung der Tropfen tritt dann plötzlicher Zerfall in eine Anzahl kleinerer Tröpfchen ein, die dann wieder nach oben mitgeführt werden können. Der Prozeß kann sich in einem heftig aufsteigenden Luftstrome sehr oft wiederholen und jedesmal tritt beim „Tropfenzerfall" eine Elektrizitätserregung ein, derart, daß (nach Simpson) bei jedem Tropfen $5 . 10^{-3}$ E. S. E. negativer Elektrizität als Ionen aus dem Wasser in die Luft entweichen, (wo sie durch Anlagerung von Nebelteilchen sehr rasch zu schwerbeweglichen Trägern werden), während ebensoviel positive Ladung im Wasser zurückbleibt. Die Trennung der Elektrizitäten wird durch die verschiedene Relativgeschwindigkeit der negativen Nebelteilchen und der kleinen positiven Tropfen im aufsteigenden Luftstrom mechanisch besorgt. Die unteren Teile einer Wolke werden so zunehmend stärker positiv geladen, und schließlich muß diese positive Regenladung im Zentrum des Gewitters nach Aufhören der heftigen Aufwärtsbewegung zur Erde gelangen. Nach Simpson sollten daher Gewitterregen vorwiegend positive Ladungen besitzen, was durch die Erfahrung durchaus bestätigt wird. Auch der Wechsel des Vorzeichens der Niederschlagsladung im Verlaufe eines Gewitters ist nach den erwähnten Ideen Simpsons durchaus verständlich. Gegen Simpsons Theorie sind Einwendungen erhoben worden: Lenard und seine Schüler haben den Grundeffekt (Elektrisierung durch Zerreißen von Tropfen) genau untersucht und fanden, daß bloße Zerteilung der Tropfen keine elektrischen Erscheinungen nach sich zieht. An der Grenze der Oberfläche eines Tropfens gegen die umgebende Luft besteht eine elektrische Doppelschicht, deren negative Belegung nach außen gerichtet ist. Die Dicke der Doppelschicht ist von der Größenordnung der molekularen Wirkungssphäre. Nur

wenn Teilchen aus dieser äußersten Grenzschicht herausgerissen werden, tritt wirksame Elektrisierung ein. Lenard glaubt daher, daß dieser Effekt nur in tumultuarisch aufsteigender Luft eintreten könne. Ein anderer Mangel der Simpsonschen Theorie ist ihr Versagen bei der Erklärung der Ladungen der festen Niederschläge. Lenard meint, daß bei tumultuarisch aufsteigenden Luftströmungen eine Elektrisierung der Schneeflocken durch Oberflächenverpulverung stattfinden könne.

3. Die Elster-Geitelsche „Influenz"-Theorie. Diese stützt sich auf die Grundtatsache, daß, wenn ein fallender Tropfen im normalen Erdfeld sich befindet, er durch Influenz an der oberen Seite negativ, an der unteren positiv elektrisch wird. Trifft er nun mit einem kleineren, schwebenden oder langsamer fallenden Tropfen zusammen, so nimmt dieser bei leitender Berührung negative Ladung mit sich fort nach oben: dadurch wird die positive Raumladung der unteren Wolkenteile fortgesetzt verstärkt, die Feldstärke vergrößert, bis selbständige Entladungen einsetzten. Der Vorgang ist ähnlich, wie bei einer Wasser-Influenzmaschine. Simpson hat gegen die Elster-Geitelsche Theorie Einwände erhoben. Insbesondere sind die Vorgänge bei der leitenden Berührung der beiden Tropfen klärungsbedürftig. Auch sind Umkehrungen der Feldrichtung während des Gewitters schwer verständlich. Dennoch erscheint die Elster-Geitelsche Theorie neben der Simpsonschen Theorie ebenso beachtenswert. Ein Vorzug der Influenztheorie ist, daß sie auch ungezwungen — d. h. ohne Hilfshypothese das Zustandekommen der Ladungen bei Schnee, Hagel und Graupeln zu erklären vermag. *V. F. Hess.*

Näheres s. E. v. Schweidler, Atmosphärische Elektrizität in der Enzyklopädie d. math. Wissensch. 1918.

Gezeiten (Tiden) sind die durch die Anziehung von Mond und Sonne auf die Wassermassen der Erde hervorgerufenen periodischen Schwankungen der Höhe des Meeresspiegels. Die dem Monde zugekehrten Teile des Meeres erhalten wegen ihrer größeren Nähe einen Überschuß an Beschleunigung gegenüber dem Erdmittelpunkte und damit einen Impuls nach aufwärts; die vom Monde abgekehrten Teile dagegen haben wegen ihrer größeren Entfernung eine geringere Beschleunigung in der Richtung zum Monde, als der Erdmittelpunkt; sie haben daher das Bestreben, zurückzubleiben und sich so ebenfalls vom Mittelpunkte zu entfernen. Es entstehen somit durch den Mond zwei Flutberge auf entgegengesetzten Seiten der Erde. Während sich die Erde einmal unter dem Monde wegdreht, wird in jedem Orte zweimal Hochwasser und zweimal Niedrigwasser entstehen. Mit dieser Erscheinung kombiniert sich die schwächere Aktion der Sonne, ohne den Charakter derselben wesentlich zu verändern; doch wird der Einfluß der Sonne die Mondflut zu Zeiten verstärken, zu anderen Zeiten abschwächen. Das erste tritt zur Zeit des Voll- oder Neumondes ein, man spricht dann von der Springflut, das zweite zur Zeit des 1. oder letzten Viertels, man spricht dann von der Nippflut. Wären die beiden Gestirne immer im Äquator, so würden die beiden Hochwasser immer ziemlich gleich ausfallen; wegen der unsymmetrischen Stellung aber, die diese Gestirne meistens haben, werden die beiden Hochwasser ungleich: zu der halbtägigen Periode tritt eine ganztägige. Da der Mond alle möglichen Stellungen zum Äquator innerhalb eines Monates, die Sonne innerhalb eines Jahres durchläuft, so entstehen daraus in der Fluterscheinung noch weitere Perioden, und zwar, da es im wesentlichen gleich ist, ob das Gestirn nördlich oder südlich vom Äquator steht, der Hauptsache nach eine halbmonatliche und eine halbjährige Periode (s. harmonische Analyse).

Die theoretische Behandlung des Problemes ist eine sehr schwierige, und es ist noch nicht gelungen, eine befriedigende Lösung zu finden. Die wichtigsten Theorien sind die Gleichgewichtstheorie (s. d.) von Euler, Mac Laurin und Daniel Bernouilli, die dynamische Theorie (s. diese) von Laplace, die von Hough verbessert und erweitert wurde und die Kanaltheorie von Airy (s. diese).

Die Gesamtheit der Erscheinungen kann etwa in folgender Weise charakterisiert werden: Da die Fluthöhe der Tiefe des Meeres proportional ist, so wird in den großen Ozeanen die Flutwelle hauptsächlich entstehen. Von diesen Erregungsstellen laufen die Wellen mit der von der Tiefe des Wassers abhängigen Geschwindigkeit in die seichteren Meeresteile und gegen die Küste. Die Periode dieser fortschreitenden Wellen ist von der Flutkraft abhängig, weil die Erregung in deren Perioden erfolgt. Infolge der verschiedenen Geschwindigkeit der Fortpflanzung erreicht das Hochwasser die Küstenpunkte zu verschiedenen Zeiten; daraus erklärt sich die von dem Mondstande scheinbar ganz unabhängige von Ort zu Ort so verschiedene Hafenzeit.

Trifft die Welle auf ein Hindernis, so wird sie ganz oder teilweise reflektiert; es entstehen durch Interferenz die verschiedensten Formen des Flutphänomens, im kleinen Meere unter günstigen Umständen auch stehende Wellen, Amphidromien usw. (s. diese). Verengt sich eine Flußmündung stetig, so läuft die Welle ohne Reflexion landeinwärts. Da dann die ganze Energie in der Welle bleibt, muß mit dem Schmälerwerden der Flußmündung die Amplitude steigen. Wird dabei auch die Tiefe geringer, so nimmt die Wellenlänge ab.

Unter besonders günstigen Umständen entsteht in den Flußmündungen die von den Seefahrern so gefürchtete Erscheinung der Flutbrandung (s. diese).   *A. Prey.*

Näheres s. H. Lamb, Lehrbuch der Hydrodynamik. Deutsche Ausgabe von Friebel, 1907.

Gezeiten der festen Erde s. Festigkeit der Erde.

Gezeitenströmungen. Bei allen Wellenbewegungen in Flüssigkeiten beschreiben die Teilchen geschlossene Bahnen um eine Ruhelage. Bei dem Gezeitenphänomen sind diese Bahnen sehr langgestreckte Ellipsen, die um so flacher werden, je seichter das Meer ist. In sehr seichten Gewässern resultieren nach Börgen Horizontalgeschwindigkeiten der Teilchen bis zu mehreren Seemeilen in der Stunde. Diese Bewegungen sind die Ursache der sogenannten Gezeitenströmungen. Sie sind in der Richtung des Fortschreitens der Flutwelle am stärksten zur Zeit des Hochwassers, in der Gegenrichtung am stärksten zur Zeit des Niedrigwassers. Es wird daher in Flußmündungen eine flußaufwärts gerichtete Strömung noch zu einer Zeit beobachtet, wo das Wasser schon lange im Sinken ist.

Die Gezeitenströmungen können gerade so interferieren, wie die Wellen des Gezeitenhubes. Es können so Drehströme entstehen (s. diese), welche den sogenannten Amphidromien (s. diese) analog sind.

Es kann auch der Fall eintreten, daß sich zwei entgegengesetzte Strömungen ganz aufheben. Das Gezeitenphänomen besteht dann nur in einem Steigen und Sinken des Meeresspiegels ohne Strömungen. Ein Beispiel hierfür bietet die Fluterscheinung bei der Insel Man. Es kann aber der Vorgang auch nur in Strömungen ohne Gezeitenhub bestehen. Dies tritt z. B. in Surabajo für die halbtägigen Gezeiten ein.   *A. Prey.*

Näheres s. O. Krümmel, Handbuch der Ozeanographie. Bd. II, S. 272.

Gibbssche Flächen s. Thermodynamisches Potential und Thermodynamische Blätter.

Giebesche Brücke. Eine für Wechselstrommessungen bestimmte Form der Wheatstoneschen Brücke (s. d.). Damit die verschiedenen Zweige der Brücke sich nicht infolge ihrer Induktivität und Kapazität beeinflussen, sind die vier Eckpunkte der Brücke nahe zusammengelegt (Fig. 1). Von diesen Punkten A, B, C, D gehen die Zuleitungen zu den einzelnen Brückenzweigen. An den Stellen A, D wird der Strom zugeführt, zwischen B und C befindet sich das Nullinstrument (Te-

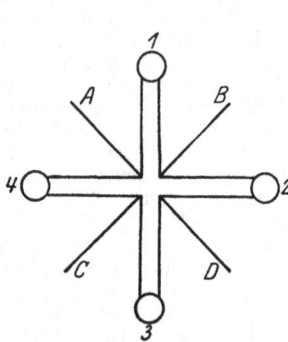

Fig. 1. [Giebesche Brücke.

lephon, Vibrationsgalvanometer usw.) oder [umgekehrt. Die Zuleitungen müssen nach Widerstand, Induktivität und Kapazität bekannt sein oder irgendwie eliminiert werden. Zum Vergleich von Selbstinduktionen oder Kapazitäten kann eine Brücke nach Fig. 2 benutzt werden, bei der die

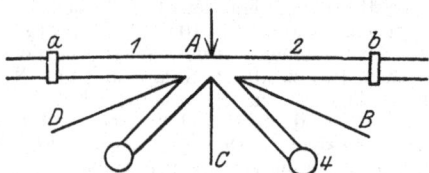

Fig. 2. Giebesche Brücke.

Widerstandszweige 1 und 2 aus dünnen, nahe beieinander in konstanter Entfernung ausgespannten Manganindrähten bestehen, deren Länge durch verschiebbare Klemmen a, b verändert werden kann. Diese beiden Brückenzweige besitzen dann definierte Induktivität und Kapazität und haben bei jeder Länge gleichen Phasenwinkel. Wegen der Teilkapazitäten gegen Erde usw. ist es häufig nötig, die einzelnen Zuleitungen, das Nullinstrument und die zu messenden Größen noch durch geerdete metallische Umhüllungen besonders zu schützen. Aus demselben Grund wird meist der Punkt a bzw. D oder B bzw. C geerdet.   *W. Jaeger.*

Näheres s. Giebe, Zeitschr. f. Instrumentenkunde **31**, 6, 33; 1911.

Gipfelhöhe eines Flugzeugs ist diejenige Höhe, in welcher es gerade noch horizontal zu fliegen, aber nicht mehr zu steigen vermag. Diese Grenze ist allerdings nicht durch die Höhe gesetzt, sondern durch die Luftdichte; die Gipfelhöhe ist daher von Tag zu Tag verschieden. Mit abnehmender Luftdichte werden die Luftkräfte kleiner, da sie der Luftdichte proportional sind, das Gewicht des Flugzeugs bleibt aber natürlich ungeändert; dadurch schon ist die Steigfähigkeit begrenzt. Noch stärker fällt ins Gewicht, daß die Leistung des Motors, welcher mit Hilfe der Schraube die nötige Geschwindigkeit erzeugt, bei abnehmender Luftdichte rasch nachläßt. Man kann die Gipfelhöhe am wirksamsten vergrößern durch Maßnahmen, welche den Motor auch bei kleiner Luftdichte voll arbeiten lassen (Überverdichtung, Überbemessung, Sauerstoffzufuhr, Anwendung von Kompressoren); wirksam ist ferner — wenn auch nicht im gleichen Maß — Gewichtsersparnis, Vergrößerung der Flächen und der Motorleistung und Vermeidung großen aerodynamischen Widerstandes. *L. Hopf.*

Gipsplatte, Material für Photometerschirme. cos ε · cos i-Gesetz s. Photometrische Gesetze und Formeln, Nr. 7.

Gitter als Elektrode in Entladungsröhren s. Verstärkerröhre, Senderöhre, Audion.

Gitterspektroskope. Spektralapparate, bei denen zur Zerlegung des Lichtes Beugungsgitter (s. d.) benutzt werden, heißen Gitterspektroskope. Je nachdem man mit ebenen oder Konkavgittern arbeitet, ist die Anordnung verschieden. Beim ebenen Gitter braucht man wie beim Prismenspektroskop (s. d.) Kollimatorrohr und Fernrohr. Letzteres kann zur photographischen Aufnahme des Spektrums auch durch eine photographische Kamera ersetzt werden. Je nach der Art des verwendeten Gitters hat man Kollimatorrohr und Fernrohr auf derselben Seite des Gitters (Reflexionsgitter) oder auf entgegengesetzter Seite desselben (durchsichtiges Gitter) anzuordnen.

Die Aufstellung eines Konkavgitters ist die folgende: Gitter, Spalt und photographische Platte befinden sich auf einem Kreise, dessen Durchmesser gleich dem Krümmungsradius des Gitters ist. Meist trifft man die Anordnung so, daß Gitter und photographische Platte auf den Enden eines Durchmessers liegen. Rowland erfüllte diese Bedingungen dadurch, daß er das Gitter G und die photographische

Rowlands Konkavgitter.

Kamera K im Abstand des Krümmungsradius auf den Enden einer Schiene parallel zueinander befestigte. Die Schiene lag beiderseitig auf Wagen, die sich um eine zur Schiene vertikale Achse gegen die Schiene drehen konnten. Die Wagen liefen auf zwei zueinander senkrechten Bahnen S A und S B, so daß die Verbindung Gitter-Kamera immer die Hypothenuse eines rechtwinkligen Dreiecks bildete. Der Spalt befand sich beim rechten Winkel S, die Beleuchtung erfolgte in der Pfeilrichtung. Durch Verschieben der Hypothenuse wird dann der Einfallswinkel der Strahlen gegen die Gitterfläche geändert und in der Kamera erscheinen andere und andere Teile des Spektrums. Für die größten Rowlandschen Konkavgitter von etwa 6½ m Krümmungsradius ist die Aufstellung schon sehr groß. Andere Aufstellungen sind von Abney, Paschen und anderen angegeben worden; sie sollen hier nicht besprochen werden. *L. Grebe.*

Näheres s. **Winkelmann**, Handbuch d. Physik. 2. Aufl. Bd. 6, **Kayser**, Spektralanalyse.

Glan-Thompsonsches Prisma s. polarisiertes Licht.

Glas ist ein fester, homogener, völlig richtungsfreier Körper. In ihm sind also im Gegensatz zum Kristall alle von einem Punkte ausgehenden Richtungen in bezug auf alle physikalischen Eigenschaften gleichwertig.

Der glasige Zustand eines Stoffes hängt mit dessen ebenfalls richtungsfreiem **flüssigen** Zustand in durchaus stetiger Weise zusammen: das Glas geht beim Erhitzen unter stetiger Abnahme der Zähigkeit allmählich in die flüssige Schmelze über, wobei sich alle sonstigen physikalischen Eigenschaften ebenfalls in stetiger Weise ändern; der feste glasige und der flüssige Zustand stehen dem kristallisierten Zustand als ein einziger, als der richtungsfreie amorphe Zustand gegenüber.

Im richtungsfreien Zustand haben wir ein ungeordnetes Durcheinander der aufbauenden kleinsten Teile anzunehmen, im kristallisierten kann ein nach bestimmten Gesetzen geordnetes Gefüge als Ursache der gesetzmäßigen Richtungsverschiedenheiten nachgewiesen werden.

Der Übergang des richtungsfreien Zustandes eines Stoffes in den kristallisierten, oder umgekehrt, ist ein plötzlicher. Im allgemeinen findet er an einem bestimmten Temperaturpunkt, beim Schmelzpunkt, statt. Oberhalb des Schmelzpunktes ist nur der richtungsfreie Zustand beständig, unterhalb der kristallisierte; allein beim Schmelzpunkt können beide dauernd nebeneinander bestehen. Der Übergang ist mit einer plötzlichen Änderung der physikalischen Eigenschaften, besonders mit einer Energieänderung verknüpft: es wird beim Schmelzpunkt die Schmelzwärme entwickelt, die beim Erstarren wieder gebunden wird.

Der flüssige Zustand eines Stoffes läßt sich vermöge der Fähigkeit der Unterkühlung (s. d.) auch unterhalb seines Schmelzpunktes erhalten. Meist ist der Temperaturbereich der Unterkühlung beschränkt, bei glasig erstarrenden Schmelzen aber ist diese Fähigkeit sehr stark ausgebildet. Gläser befinden sich in der Regel im Zustande der Unterkühlung.

Der stetige Übergang des flüssigen Zustandes in den glasig-festen, der bei abnehmender Temperatur vor sich geht, ist begleitet oder gleichbedeutend mit der Zunahme der inneren Reibung der Schmelze bis zu den sehr hohen Beträgen des festen Glases. Eine große Zähflüssigkeit, wenigstens in dem Temperaturbereich, wo überhaupt Kristallbildung möglich ist, kennzeichnet die Glasschmelzen. Die große innere Reibung müssen wir nach dem heutigen Stande unseres Wissens als den Faktor ansehen, der in der Hauptsache den Übergang des glasigen Zustandes in den kristallisierten verhindert, indem sie den Kräften, die zur Kristallbildung drängen, einen Widerstand entgegenstellen, den diese schließlich nicht mehr überwinden können.

Liegt der Schmelzpunkt eines kristallisierten Stoffes in einem Temperaturgebiet, wo die innere Reibung der amorphen richtungsfreien Phase sehr groß ist — von Schmelzen kann man dann allerdings kaum noch reden, es wandelt sich der feste Kristall in das feste Glas um —, so treten Überschreitungserscheinungen ein, die sonst beim Schmelzen nicht beobachtet werden; der Übergang erfordert, auch wenn die Übergangstemperatur wesentlich über dem Schmelzpunkt liegt, lange Zeit. Umgekehrt nehmen solche glasig-feste Schmelzen nur schwierig den kristallisierten Zustand an. Ganz im allgemeinen kann gesagt werden, daß diejenigen Stoffe glasig erstarren, deren Schmelzpunkt in ein Temperaturgebiet fällt, wo die Schmelze einen großen Betrag der Zähigkeit besitzt, oder wo dieser durch geringe Temperaturerniedrigung erreicht werden kann. Das darf wohl ausgesprochen werden unbeeshadet der Feststellung Tammanns, daß die Temperaturen größter Befähigung zur spontanen Kristallbildung nicht bei Temperaturen gleicher innerer Reibung liegen.

Große Zähigkeit beim Schmelzpunkt besitzt z. B. das Kieselsäureanhydrid (s. Quarzglas). Von den Feldspäten Orthoklas und Albit konnten lange dünne Splitter in Platintiegel eingespannt 3 Stunden lang auf 1225° erhitzt werden, ohne daß sie eine Durchbiegung zeigten, obwohl sie vollständig amorph geworden waren. Borsäureanhydrid ist überhaupt nur im glasigen Zustand bekannt, vielleicht weil der Umwandlungspunkt kristallisiert-amorph zu weit im starren Gebiet der Schmelzkurve liegt.

Wie chemisch einfache Stoffe können auch Gemische glasig erstarren; die von der Technik hergestellten Gläser sind, mit vereinzelten Ausnahmen, der Regel nach glasig erstarrte Schmelzlösungen. Auf die Glasschmelzen finden daher die Lösungsgesetze sinngemäß Anwendung.

Da der Schmelzpunkt eines Stoffes erniedrigt wird, wenn man in diesem einen zweiten Stoff auflöst, ohne daß dabei die Zähigkeit der Schmelze in gleichem Maße erhöht wird, so sind die Vorbedingungen für das glasige Erstarren von Gemischen, soweit sie Lösungen sind, sogar günstiger als die für reine Stoffe.

Beim Erkalten kann sich ein Teil eines bei höherer Temperatur gelösten Stoffes abscheiden. Bilden sich dabei vereinzelte Kristallkerne aus, die schnell anwachsen, oder vereinigen sich diese zu größeren zusammenhängenden drusigen Bildungen, so wird dadurch die Schmelze als Glasschmelze unbrauchbar. Ist aber die Anzahl der gebildeten Kerne sehr groß, sind sie gleichmäßig in der Schmelze verteilt und bleiben sie durch die glasige Grundmasse getrennt und klein, so kann die Homogenität der Schmelze praktisch gewahrt bleiben; diese kann sich bei der Verarbeitung wie eine Glasschmelze verhalten. Solche Gläser können als kolloidale Systeme aufgefaßt werden (s. Goldrubinglas, Milchglas). Unterbleibt die Ausscheidung ganz, wie bei den gewöhnlichen Klargläsern, so kann das Glas als übersättigte Lösung angesehen werden.

Besteht ein Glas vorwiegend aus einem in Wasser löslichen Bestandteil und enthält es daneben einen kleineren unlöslichen Anteil, so wird es durch Einwirkung von Wasser zersetzt. Da der unlösliche Anteil in molekularer Verteilung im Glase vorliegt, so kann dabei eine kolloidale Lösung entstehen (s. Wasserglas).

Tritt der lösliche Anteil vor dem unlöslichen stark zurück, so ist er vor dem Herauslösen geschützt; auch wasserbeständige Gläser können wasserlösliche Bestandteile haben und haben sie meist.

Glasartige Stoffe können auch aus Flüssigkeiten durch Verdunstung flüchtiger Lösungsbestandteile entstehen, z. B. in der Natur bei der Harzbildung; ferner durch chemische Einwirkung der Lösungsbestandteile aufeinander, z. B. bei der Bildung von Kunstharzen aus Formaldehyd und Phenol.

In den glasigen Zustand lassen sich viele Stoffe überführen, besonders die feuerbeständigen Oxyde des Siliziums, des Bors, des Phosphors, ferner die salzartigen Verbindungen dieser Oxyde und viele Verbindungen des Kohlenstoffs.

Was im täglichen Leben als Glas bezeichnet wird, ist eine erstarrte Schmelzlösung, deren Hauptbestandteile im folgenden gruppenweise geordnet und in der Reihenfolge ihrer Wichtigkeit aufgeführt sind:

1. Kieselsäure und Silikate, einfache und zusammengesetzte, namentlich die des Kalziums, des Bleies, des Aluminiums, des Bariums, des Zinks, des Eisens u. a. Daraus bestehen die Gläser, die im täglichen Gebrauch in größerem Umfang Anwendung finden.

2. Borate, meist in Gläsern, an die besondere Anforderungen gestellt werden.

3. Phosphate und Fluoride; meist in getrübten, auch in einigen optischen Gläsern.   *R. Schaller.*

Näheres s. Tammann, Kristallisieren und Schmelzen. Leipzig 1903.

Glas für thermometrische Zwecke. Nicht jedes Glas ist zum Bau von Thermometern geeignet. Einerseits wird von dem Glase gefordert, daß sein Erweichungspunkt genügend hoch liegt, damit es nicht in höheren Temperaturen dauernde Gestaltsänderungen erleidet, die das Thermometer für die spätere Benutzung unbrauchbar machen. Aber auch in tieferen Temperaturen — etwa im Intervall 0 bis 100° — soll andererseits das Glas eine genügende Unveränderlichkeit zeigen, damit innerhalb gewisser enger Grenzen die Konstanz der Angaben des Instrumentes erhalten bleibt.

Beobachtet man längere Zeit, durch Wochen und Monate hindurch, wiederholt die Angaben eines neu hergestellten Thermometers im schmelzenden Eise, so erkennt man, daß der Eispunkt langsam in die Höhe geht. Es rührt das daher, daß das als Quecksilberbehälter dienende Glasgefäß des Thermometers auch bei wenig veränderter Temperatur der Umgebung sich fortgesetzt ein wenig zusammenzieht; es wird also kleiner und treibt einen Teil seines Inhalts in die Kapillare des Instrumentes. Dieser sog. säkulare Anstieg des Eispunktes wird mit der Zeit immer schwächer und würde schließlich zum Stillstand kommen.

Bringt man das Thermometer vorübergehend auf eine höhere Temperatur, etwa auf 100°, und kühlt es dann schnell auf 0° ab, so erhält man einen Eispunkt, der tiefer liegt, als ein vor der Erwärmung beobachteter. Der Eispunkt erfährt also eine gewisse Senkung, die man als Depression bezeichnet. Sie rührt daher, daß das Quecksilbergefäß nach der Ausdehnung durch die höhere Temperatur bei der Abkühlung nicht sofort wieder auf sein Anfangsvolumen zurückkehrt. Überläßt man das Thermometer wieder der Ruhe, so tritt alsbald wieder ein Anstieg ein und die Depression beginnt, zuerst schnell, später langsamer zu verschwinden.

Der säkulare Anstieg, mehr noch die leichter zu beobachtende Depression des Eispunktes bilden ein Maß für die Güte der verwendeten Thermometerglases. Die Thermometer aus dem gewöhnlichen thüringer Röhrenglase zeigen die Depression in hohem Maße; sie beträgt nach der Erwärmung auf 100° nicht weniger als 0,4 bis 1°. Diese betrübliche Tatsache drohte zu Ende der siebenziger Jahre des vorigen Jahrhunderts der deutschen Thermometerindustrie verhängnisvoll zu werden, um so mehr als es englische und französische Gläser gab, welche dem thüringer Glas erheblich überlegen waren. Insbesondere ein französisches Hartglas (verre dur), aus dem der Pariser Tonnelot seine Thermometer herstellte, fand dank der Tätigkeit des internationalen Maß- und Gewichtsbureaus in der Wissenschaft starke Verbreitung. Die Zusammensetzung dieses Glases ist weiter unten angegeben.

Es ist das Verdienst von O. Schott in Jena und H. F. Wiebe in Berlin, die Ursachen dieser störenden Erscheinung in gemeinsamer Arbeit aufgeklärt zu haben. Sie fanden, daß das Verhältnis der in dem Glase meist gleichzeitig vorhandenen Mengen von Natron- und Kalisilikaten wesentlich die Größe der Nachwirkung bedinge. Reine Kali- und reine Natrongläser sind nahezu nachwirkungsfrei; die größten Nachwirkungen treten auf, wenn das Glas gleiche Anteile von Natron- und Kalisilikaten enthält. Auch der Kalkgehalt übt einen nicht unwesentlichen, die Nachwirkung verringernden Einfluß aus.

In Verwertung dieser Erkenntnis unternahm Schott in seiner neugegründeten Hütte in Jena die systematische Erschmelzung einer großen Anzahl von Gläser, die alle sorgfältig auf ihre Eigenschaften untersucht wurden, von denen aber naturgemäß nur wenige eine dauernde Bedeutung erlangten. Diese wenigen sind das Normal-Thermometerglas mit der Fabriknummer 16III, welches als „Jenaer Glas" die Schottsche Hütte in der ganzen Welt bekannt gemacht hat; die Röhren aus diesem Glase tragen als äußeres Kennzeichen einen violetten Längsstreifen. Sodann das Borosilikatglas 59III mit geringerer Nachwirkung als das Normal-Thermometerglas, endlich das Verbrennungsröhrenglas, wie es für schwerschmelzbare Röhren und Bechergläser verwendet wird; dies Glas dient hauptsächlich zur Herstellung hochgradiger Quecksilberthermometer. Für die Gläser 16III und 59III sind die Zusammensetzung und die hier interessierenden Konstanten in der folgenden Tabelle zusammengestellt. Die Zusammensetzung des Verbrennungsröhrenglases ist nicht allgemein bekannt; seine Erweichungstemperatur in unter Druck gefüllten Thermometern liegt etwa bei 560°, die Depression des Eispunktes für 100° beträgt 0,03°.

Glas	verre dur	Thüringen I	Thüringen II	16 III	59 III
SiO₂	71,5	68,6	66,7	67,5	72,0
Na₂O	11,0	16,9	12,7	14,0	11,0
K₂O	0,4	3,6	10,6	—	—
CaO	14,5	7,4	8,7	7,0	—
Al₂O₃	1,5	2,9	0,5	2,5	5,0
ZnO	—	—	—	7,0	—
MgO	—	0,4	0,2	—	—
MnO	—	0,3	0,1	—	—
B₂O₃	—	—	—	2,0	12,0
As₂O₃	—	—	—	—	—
Erweichungstemperatur .	—	—	—	505°	510°
Depression für 100° . .	0,6°	0,38°	0,66°	0,04°	0,03

Neuerdings hat die Schottsche Hütte ein Glas hergestellt, das die Fabriknummer 1565III trägt und auch wohl als Supremaxglas bezeichnet wird. Sein Erweichungspunkt liegt erst bei 660° und seine Eispunktsdepression für 100° vorhergehende Erwärmung beträgt nur 0,01°; dies Glas eignet sich in hervorragendem Maße zur Herstellung hochgradiger Thermometer.

Außer den Jenaer Gläsern sind nur noch wenige andere Glassorten für thermometrische Zwecke verwendet worden. Genannt sei das nur selten ver-

arbeitete sog. Resistenzglas der Hütte von Greiner & Friedrichs in Stützerbach in Thüringen, ein ziemlich reines Natronglas, das in seinen thermometrischen Eigenschaften dem verre dur nahesteht, und ein Gege-Eff-Glas genanntes Produkt der Firma Gustav Fischer in Ilmenau, das in der Zusammensetzung und seinen sonstigen Eigenschaften dem Jenaer Normal-Thermometerglas 16III ziemlich gleichkommt (Erweichungstemperatur 505°; Eispunktsdepression für 100° 0,04°). Endlich hat man in neuerer Zeit vielfach das Quarzglas zum Bau von Thermometern verwendet. Instrumente aus diesem Glase haben eine sehr geringe, kaum nachweisbare Nachwirkung, sind gegen schroffe Temperaturänderungen unempfindlich und lassen sich bis 750° verwenden. Diesen guten Eigenschaften steht die schwierige Herstellung der Thermometer und demzufolge ihr hoher Preis nachteilig gegenüber; auch lassen sich die Kapillaren aus Quarzglas nicht so gut ziehen wie diejenigen der gewöhnlichen Glasthermometer; sie haben deshalb meist ein recht schlechtes Kaliber.

Um den Verlauf der Nachwirkungserscheinungen der Thermometer abzukürzen, unterwirft man die Thermometer einem künstlichen Alterungsprozeß, der darin besteht, daß man die Instrumente längere Zeit der höchsten, jemals vorkommenden Gebrauchstemperatur aussetzt und sie dann langsam, bei hochgradigen Thermometern während mehrerer Tage, abkühlen läßt. Man erhält dadurch einen beträchtlichen Anstieg des Eispunktes, hat aber andererseits den Vorteil, daß beim späteren Gebrauch das Thermometer seine Angaben nur noch wenig ändert und nur noch geringe Eispunktsdepressionen zeigt. Der durch den Alterungsprozeß hervorgebrachte dauernde Anstieg des Eispunktes kann bei hochgradigen Thermometern 20° und mehr betragen. Ein bereits fertiges Thermometer würde durch das Altern also unbrauchbar werden. Es empfiehlt sich deshalb, das Thermometer vor dem Einfüllen des Quecksilbers zu altern und erst nach der Beendigung des Prozesses endgültig fertigzumachen und abzuschmelzen.

Man hat versucht, die Nachwirkungserscheinungen dadurch unschädlich zu machen, daß man zwei Glasarten von ungleicher Nachwirkung gleichzeitig anwendet, so daß die Nachwirkung der einen durch die der anderen kompensiert wird. Man stellt für diesen Zweck das Thermometergefäß aus dem Glase von geringerer Nachwirkung her und bringt in das Quecksilbergefäß ein richtig bemessenes Volumen des Glases von größerer Nachwirkung. Solche Kompensationsthermometer haben indessen keine größere Verbreitung gefunden. Das liegt wohl daran, daß sich die Thermometer schwer arbeiten lassen und daß die Kompensation doch nur für ein bestimmtes Temperaturintervall vollkommen erreicht werden kann; für andere Temperaturintervalle wird infolge des verschiedenen Verhaltens der Gläser meist ein nicht kompensierter Rest der Nachwirkung übrigbleiben. *Scheel.*

Näheres s. zum Teil: Hovestadt, Jenaer Glas. Jena 1900.

Glasarten. Die Natur der Gläser als homogener Gemische, in die eine große Zahl verschiedener Bestandteile eingehen können, ermöglicht es, ihre Zusammensetzung je nach den gewünschten Eigenschaften abzuändern. Im folgenden sind die wichtigsten Glasarten kurz gekennzeichnet. Die Tabelle gibt die chemische Zusammensetzung einiger Gläser.

	SiO_2	B_2O_3	K_2O	Na_2O	CaO	ZnO	PbO	Al_2O_3
Fensterglas	74,9	—	—	16,7	7.6	—	—	0,8
	71.2	—	—	10,8	16,4	—	—	1,6
Spiegelglas	72,0	—	—	11,5	15,5	—	—	—
Böhmisches Glas	76,5	—	5,5	9,2	8,2	—	—	0,6
	79,1	—	6,7	6,4	7,6	—	—	0,2
Thüringer Glas	73,3	—	5,3	13,4	5,8	—	—	2,2
Bleikristallglas	56,1	—	12,1	0,6	—	—	31,2	—
Jenaer Normalglas 16III	67,3	2,0	—	14,0	7,0	7,0	—	2,5
Jenaer Borosilikatglas 59III	72,0	12,0	—	11,0	—	—	—	5,0

R. Schaller.

Näheres s. Dralle, Die Glasfabrikation.

Glasblasen. Die Tätigkeit des „Glasbläsers" unterscheidet sich von der des „Glasmachers" dadurch, daß dieser die Gegenstände aus der zäh gewordenen Schmelze anfertigt, jener vom Glasmacher gelieferte Halbfabrikate, meist in Gestalt von Röhren, weiter verarbeitet, wobei er die zu bearbeitende Stelle in der Gebläseflamme wieder erweicht; beide formen im wesentlichen durch Aufblasen mit dem Munde. Die Glasbläserei wird besonders im Thüringer Walde betrieben, von wo aus wissenschaftliche Apparate, Thermometer und Christbaumschmuck aus Glas in alle Welt verschickt werden. *R. Schaller.*

Näheres s. Anleitung zum Glasblasen in Ostwald-Luther, Physiko-chemische Messungen.

Glaseigenschaften. Die zahlenmäßigen Beträge der einzelnen Eigenschaften der verschiedenen Gläser bewegen sich im allgemeinen zwischen einem höchsten und einem niedrigsten Werte, innerhalb deren sich grundsätzlich alle zwischenliegenden Werte verwirklichen lassen, gemäß der Natur der Gläser als homogener Mischungen verschiedener Stoffe. Aus demselben Grunde lassen sich in der Regel Gläser verschiedener Zusammensetzung erschmelzen, die denselben Wert für eine Eigenschaft besitzen, in den anderen Eigenschaften sich aber unterscheiden.

Um einen Überblick über die Abhängigkeit der Eigenschaften von der chemischen Zusammensetzung zu gewinnen, hat man die schmelzbeständigen Oxyde, berechnet nach dem Gehalt in 100 Teilen Glas, als wirkliche Lösungsbestandteile angenommen. Trotzdem diese Annahme nicht zutrifft, konnte man das doch mit einigem Erfolge tun, weil die Gläser in ihrer chemischen Natur offenbar einander zum Teil sehr ähnlich sind und diese nicht die Mannigfaltigkeit hat, die man mit Rücksicht auf die große Zahl der in der Natur vorkommenden Kieselsäureverbindungen anzunehmen geneigt ist; im Schmelzfluß ist nur ein kleiner Bruchteil davon möglich. Einen Teil der technisch hergestellten Gläser kann man als Schmelzlösungen, bestehend aus Silikaten, Boraten und Kieselsäure, ansehen. Diese unterscheiden sich dann in der Tat, außer in den Mengenverhältnissen, nur durch die Natur der basischen Anteile der genannten Salze. Es läßt sich also in solchen Gläsern ein basisches Oxyd durch ein anderes ersetzen, ohne daß die übrigen Oxyde in ihrer chemischen Bindung in Mitleidenschaft gezogen würden. Bei ihnen läßt sich z. B. die Wärmeausdehnung als lineare Funktion des prozentischen Oxydgehaltes darstellen, und aus Konstanten, die den einzelnen Oxyden zukommen, errechnen, ohne daß ein größerer Fehler begangen würde.

Für eine andere Gruppe, deren Glieder einen größeren Gehalt an Tonerde haben, trifft das nicht mehr zu; hier beeinflußt offenbar die Tonerde andere Oxyde in ihrer chemischen Bindung, indem sie sich mit ihnen zu Alumosilikaten vereinigt. Die Berechnung der Ausdehnung aus Konstanten würde hier zu ganz verkehrten Werten führen können.

Der allgemeine Ausdruck, nach dem die Errechnung vorgenommen wird, lautet: $C_1 m_1 + C_2 m_2 + C_3 m_3 + \ldots$, wo m_1, m_2, ... die Gewichtsteile der einzelnen Oxyde in 100 Teilen Glas bedeuten, und C_1, C_2 ... die Konstanten der Oxyde. Für die Dichte s, die Ausdehnung 3α, die spezifische Wärme c und den Elastizitätsmodul E sind die Konstanten der gebräuchlichsten Oxyde in folgender Tabelle aufgeführt.

	$\dfrac{100}{s}$	3α	c	E
SiO_2	0,435	$0,8 \times 10^{-7}$	0,191	65
B_2O_3	0,526	0,1 „ „	0,237	20
K_2O	0,357	8,5 „ „	0,186	71
Na_2O	0,385	10,0 „ „	0,267	100
MgO	0,263	0,1 „ „	0,244	600
CaO	0,303	5,0 „ „	0,190	100
BaO	0,143	3,0 „ „	0,067	100
Al_2O_3	0,244	5,0 „ „	0,207	160
ZnO	0,169	1,8 „ „	0,125	15
PbO	0,104	3,0 „ „	0,051	47

Merkwürdige Änderung einiger Eigenschaften bewirkt das Borsäureanhydrit: Es erniedrigt den Ausdehnungskoeffizienten, trotzdem es selbst hohe Ausdehnung besitzt, es verbessert die Widerstandsfähigkeit gegen den zersetzenden Einfluß des Wassers, trotzdem es sich schnell mit Wasser vereinigt. Das Verhalten wird verständlich, wenn man annimmt, daß es sich in der Schmelze auf Kosten des Silikats unter Freiwerden von Kieselsäure zu Borat umsetzt, das sich in den genannten Eigenschaften nicht wesentlich von den Silikaten unterscheidet, wogegen die freie Kieselsäure kleine Ausdehnung und große Widerstandsfähigkeit gegen chemische Einwirkungen hat. *R. Schaller.*

Näheres s. Hovestadt, Jenaer Glas. Jena 1900.

Glasfabrikation. Als Rohstoffe benutzt der Glasschmelzer natürlich vorkommende Gesteine und Erzeugnisse der chemischen Industrie: Quarzsand, dichte Quarzgesteine, Silikatgesteine, Pottasche, Soda, Glaubersalz, künstlichen und natürlichen kohlensauren Kalk, Mennige, Zinkweiß, Borsäure, Borax, sind die wichtigsten.

Die Rohstoffe werden gut zerkleinert und gemischt verschmolzen. Oxyde und Karbonate verbinden sich in der Schmelze leicht mit der Kieselsäure zu Silikaten. Sulfade (Glaubersalz) werden nach Reduktion mit Kohle unter Abgabe von Schwefeldioxyd in Silikate umgesetzt. Das wohlfeile Kochsalz ist unbrauchbar, es ist noch nicht gelungen, Chloride in wirtschaftlich brauchbarer Weise mit Kieselsäure zu Silikaten umzusetzen; die dünnflüssige Chloridschmelze schwimmt ebenso wie unzersetzt geschmolzene Sulfate auf der zähflüssigen Silikatschmelze wie Öl auf Wasser. Der Glasschmelzer nennt diese nicht in die Schmelze eingehenden Stoffe „Glasgalle".

In der Regel werden dem Gemenge arsenige Säure und Salpeter in geringen Mengen zugesetzt, um die Läuterung des Glasflusses zu begünstigen und um die Grünfärbung zu vermindern, die das Glas durch den Eisengehalt der Rohstoffe erhält. Die Gläser enthalten daher meist Spuren von Arsen.

Wird Wert auf die Farblosigkeit gelegt, so setzt man auch wohl besondere Entfärbungsmittel zu; es sind das Stoffe, die dem Glase selbst eine Farbe erteilen und zwar eine, die der zu beseitigenden komplementär ist. Es werden dazu besonders Oxyde des Mangans, des Kobalts, des Nickels und Selen benutzt.

Das Gemenge wird in Häfen, d. s. große Töpfe aus feuerfestem Ton, geschmolzen. Im Großbetrieb bürgert sich mehr und mehr die „Wanne" ein, die in der Anlage zwar kostspieliger ist, dafür aber wirtschaftlicher arbeitet. Beim Wannenbetrieb ist der Ofenraum, in dem sonst die Häfen stehen, als Schmelzgefäß ausgebildet; die in die Mauerfugen eindringende Schmelze erstarrt infolge der Abkühlung durch die umspülende Luft; so wird die Wanne zu einem dichten Schmelzgefäß.

Der Ofen wird meist mit Generatorgas befeuert, das aus verschiedenen Brennstoffen erzeugt wird. Gas und Luft werden, bevor sie zur Verbrennung kommen, durch die abziehenden Verbrennungsgase vorgewärmt; so ist es möglich, die zum Schmelzen erforderliche Ofentemperatur, die bis auf 1500⁰ ansteigen kann, zu erzielen. Die Anwärmung geschieht 1. nach dem Regenerativsystem, oder 2. nach dem Rekuperativsystem.

Nach 1. gehen die abziehenden und einströmenden Gase durch ein System von Kammern, die gitterartig mit Steinen ausgelegt sind. Die Stromrichtung der Gase in den Kammern und die der Flamme im Ofen wird regelmäßig nach Ablauf einer bestimmten Zeit umgekehrt, nämlich dann, wenn die Kammersteine der einen Seite durch die Abgase heiß geworden, die der anderen durch die Luft und das Generatorgas abgekühlt sind.

Nach 2. laufen die Gase, immer dieselbe Richtung beibehaltend, die Abgase den einziehenden Gasen entgegen strömend, durch ein System von Kanälen, wobei die Vorwärmung durch die Kanalwand vor sich geht.

Nachdem alles geschmolzen, wird die Schmelze „gebülwert". Es wird eine Rübe, ein Stück feuchtes Holz oder ähnliches auf eine Eisenstange gespießt in die flüssige Glasmasse untergetaucht. Der in großen Blasen sich entwickelnde Wasserdampf wirft die Schmelze heftig durcheinander und mischt sie.

Nach dem „Läutern", nachdem die Gasblasen an die Oberfläche gestiegen und in die Luft entwichen sind, wird im Hafenbetrieb das Feuer abgestellt, bis die Schmelze die für die Verarbeitung günstige Temperatur, die geeignete Zähigkeit, angenommen hat. Bei dieser Temperatur muß das Glas während des Ausarbeitens gehalten werden.

Nach dem „Abfehmen", d. h. nach dem Abziehen der auf der Oberfläche der Schmelze schwimmenden, nicht in sie eingegangenen Teile, was mit einem an einer eisernen Stange klebenden Glaskuchen bewerkstelligt wird, beginnt das Ausarbeiten.

Da an der Oberfläche der Schmelze leicht Kristallbildung eintritt, diese dort also leicht durch Kristallaggregate („Steine") und andere Fremdkörper verunreinigt wird, entnimmt der Glasmacher das Glas aus einem in der Schmelze schwimmenden Schamottering, „Kranz" genannt, in dem sich die Schmelze aus tiefer liegenden, geläuterten Schichten ergänzt. Er sticht mit einem eisernen Rohr, der Pfeife, in die Glasmasse hinein, indem er jene dabei dreht. Den nun daran klebenden Glasklumpen verteilt er durch Wälzen auf einer eisernen Platte gleich -

mäßig um die verlängert gedachte Achse der Pfeife und bläst ihn dann mit dem Munde zu einer Hohlkugel auf. Nach dem Erkalten sticht er damit wieder in die Schmelze und holt in gleicher Weise einen größeren Klumpen heraus. Durch Drehen in einem angefeuchteten ausgehöhlten Holze formt er die Masse zu einem Rotationskörper, der dann unter geschickter Benutzung der Oberflächenspannung, der Schwerkraft, der Fliehkraft bei fortwährendem Drehen und Schwenken der Pfeife weiter aufgeblasen wird und schließlich, meist durch Ausblasen in eine Form, seine endgültige Gestalt erhält.

Zur Herstellung von Fensterscheiben werden zunächst große walzenförmige Hohlkörper in der beschriebenen Weise ohne Benutzung einer Form aufgeblasen. Nach dem Erkalten sprengt man die beiden Endstücke ab und schlitzt die Walze in der Längsrichtung mit dem Diamanten auf. Im Streckofen wird sie dann bis zum Erweichen wieder angewärmt, auf dem Streckstein zur Scheibe gestreckt und mit einem Holze eben gebügelt.

Maschinenarbeit gewinnt bei der Glasverarbeitung mehr und mehr an Boden, jedoch macht die Herstellung dünnwandiger Gegenstände noch Schwierigkeiten. In Formen gießen läßt sich die Schmelze nicht, die zähe Masse würde die Form nicht ausfüllen; die großen gegossenen Spiegelscheiben stellt man her durch Ausgießen der Glasmasse auf einen eisernen Tisch und nachfolgendes Auswalzen mit einer eisernen Walze; durch Abschleifen und durch Polieren ebnet und glättet man die Oberflächen.

Einfachere und flache Gegenstände können in Metallformen mit einem Stempel gepreßt werden. Tiefere und bauchige Gefäße werden in dieser Weise vorgeformt und dann mit Preßluft ausgeblasen.

Die fertigen Gegenstände müssen gewöhnlich, um die Spannungen, die ein Springen verursachen könnten, zu beseitigen, gekühlt werden. Zu diesem Zweck kommen sie in den Kühlofen, wo man sie wieder bis zur beginnenden Erweichung anwärmt und dann langsam abkühlen läßt. *R. Schaller.*

Näheres s. Dralle, Die Glasfabrikation.

Glastränen sind große Tropfen flüssigen Glases, die unter Wasser erstarrt sind. Sie haben infolge der schnellen Abkühlung starke Spannung (s. d.). Ihr fadenförmiges Ende besitzt auffallend große Elastizität, beim Abbrechen dieses Schwanzes zerfällt der ganze Glaskörper explosionsartig fast zu Pulver. Sie werden dieses merkwürdigen Verhaltens wegen und überhaupt um die latenten Kräfte der Spannung zur Anschauung zu bringen, gezeigt. *R. Schaller.*

Glatteis. Glatter, klarer Eisüberzug auf dem Boden und anderen Gegenständen. Er entsteht nach vorausgegangenem strengen Frost durch sofortiges Gefrieren von Regentropfen, Nebel oder soeben kondensiertem Wasserdampf auf kaltem Boden, Mauern, Bäumen usw. Auch überkalteter Regen, der beim Aufschlagen sogleich gefriert, kann Glatteis bilden. *O. Baschin.*

Gleicharmige Wage. Die gleicharmige Wage ist vielfach im Gebrauch. Man findet sie in jedem Krämerladen, empfindlichere Instrumente in jedem chemischen Laboratorium. Die einfache chemische Wage besteht aus einem Wagebalken, der mit einer stählernen Mittelschneide auf einer eingekerbten oder ebenen Unterlage, der Pfanne ruht, die von einer starken Säule getragen wird und auf dieser Schwingungen vollführen kann. Die Pfanne besteht bei einfacheren Wagen ebenfalls aus Stahl, bei feineren Wagen werden statt dessen vielfach geschliffene

Steine, insbesondere Achat verwendet. — Der Wagebalken trägt in gleicher Entfernung von der Mittelschneide zu beiden Seiten Endschneiden, welche
im Gegensatz zur Mittelschneide nach oben gerichtet
sind und auf denen wieder in eingekerbten oder
ebenen Pfannen die Gehänge ruhen; die Gehänge
tragen Wagschalen, welche zur Aufnahme der
Last und der sie ausgleichenden Gewichte dienen.
Senkrecht zum Wagebalken, meist nach unten
gerichtet, ist vor der Mittelschneide ein langer
Zeiger, die Zunge angebracht, welche bei Schwingungen der Wage vor einer mit der Tragsäule verbundenen Teilung spielt und auf dieser die Lage
des Wagebalkens abzulesen gestattet. Chemische
und Handelswagen sollen der Bedingung genügen,
daß innerhalb zulässiger Fehlergrenzen die Endschneiden gleiche Entfernung von der Mittelschneide haben. Man prüft die Erfüllung dieser
Bedingung dadurch, daß man gleiche Gewichte
auf beide Wagschalen setzt: unabhängig von der
Größe der verwendeten gleichen Gewichte soll
die Zunge immer genau auf den Nullpunkt der
Skala einspielen, d. h. auf einen Teilstrich, der genau
senkrecht unter der Mittelschneide liegt. Handelswagen werden von den zuständigen Eichämtern
auf die Erfüllung dieser Bedingung geprüft.

Unter der Empfindlichkeit einer Wage ver-
steht man die Anzahl von Skalenteilen, um welche
die Zunge der Wage ausschlägt, wenn man die zur
Ruhe gekommene Wage einseitig mit einer kleinen
Gewichtseinheit belastet. Die Empfindlichkeit der
Wage hängt von der Güte der mechanischen
Bearbeitung, namentlich der Schneiden, von der
Masse des schwingenden Systems (Wagebalken
und Skalen) und vielem anderen, bei gegebenen
Verhältnissen insbesondere von der Lage des Schwerpunktes des schwingenden Systems zur Lage der
Unterstützungslinie, d. h. der Mittelschneide, ab.
Je näher der Schwerpunkt der Mittelschneide
kommt, desto empfindlicher wird die Wage, d. h.
um soviel weiter wird sie durch das gleiche Zulage-
gewicht aus der vorherigen Ruhelage abgelenkt.
Zur Änderung der Empfindlichkeit ist deshalb
häufig auf der Zunge der Wage ein Laufgewicht
angebracht, durch dessen Höher- oder Tiefer-
schrauben man den Schwerpunkt des schwingenden
Systems der Mittelschneide nähern oder von ihr
entfernen kann. Auf jeden Fall aber muß, damit
das schwingende System im stabilen Gleichgewicht bleibt, sein Schwerpunkt unterhalb
der Mittelschneide liegen. Hebt man ihn zu sehr,
so daß er in die Mittelschneide fällt, so hört die
Wage zu schwingen auf; sie verharrt in jeder Lage
im indifferenten Gleichgewicht. Hebt man
den Schwerpunkt noch weiter, so wird die Wage
labil, d. h. ein kleines Zusatzgewicht auf einer der
Schalen bringt die Wage zum Umschlagen. — Die
Empfindlichkeit einer Wage ändert sich im allgemeinen etwas mit der Belastung, weil eine größere
Belastung den Wagebalken mehr durchbiegt als
eine kleinere und so die Entfernung zwischen dem
Schwerpunkt des schwingenden Systems und der
Schneide vergrößert.

Die Empfindlichkeit der verschiedenen Arten
von Wagen ist eine sehr verschiedene. Während
eine gewöhnliche Handelswage für 5 kg Tragkraft
in der Regel schon auf 1 g einseitige Überbelastung
kaum noch anspricht, gibt die bessere chemische
Wage noch auf 1 cg = 0,01 g einen merklichen Ausschlag. Die physikalische Wage liefert selbst bei
1 kg Belastung noch für 1 mg einseitige Belastungs-

änderung einen Ausschlag der Zunge um 5 bis
10 Skalenteile; bei Wägungen höchster Präzision
kann man diesen Ausschlag noch durch ein bei
physikalischen Messungen auch sonst viel benutztes
Hilfsmittel, durch Spiegel, Skala und Fernrohr
(s. den Artikel: Poggendorffsche Spiegelablesung) auf mehr als das Zehnfache vergrößern.
Physikalische Wagen für sehr kleine Belastung,
an denen die Schneiden vielfach durch Achat-
spitzen ersetzt sind, geben noch für 0,05 mg einseitige
Belastungsänderung eine Verschiebung der Zunge
um etwa 10 Skalenteile.

Bessere physikalische Wagen, insbesondere solche,
welche in wissenschaftlichen Instituten zur Vergleichung von Gewichtsstücken untereinander oder
zur Erforschung wichtiger Probleme dienen, sind
äußerst komplizierte Mechanismen. Solche Wagen
sind mit einer Vorrichtung ausgestattet, welche
erlaubt, bei Nichtbenützung der Wage den Wagebalken von der Mittelpfanne und die Gehänge von
den Endschneiden abzuheben, oder wie man sagt,
die Wage zu arretieren. Ferner haben solche Wagen
vielfach Vorrichtungen, die gestatten, die zu
vergleichenden Massen links und rechts zu vertauschen und kleine Zulagegewichte aufzulegen,
ohne dabei den Wagekasten öffnen zu müssen.
Endlich sind solche Wagen vielfach von luftdicht
schließenden Glocken bedeckt, die es ermöglichen,
Vergleichungen von Gewichten im Vakuum (Vakuumwagen) auszuführen.   *Scheel.*

Näheres s. Felgentraeger, Theorie, Konstruktion und
    Gebrauch der feineren Hebelwage. Leipzig 1907.

Gleichdruckmaschine s. Verbrennungskraftmaschinen.

Gleichgewicht der Atmosphäre. Herrscht innerhalb einer nur der Schwerkraft unterworfenen
Luftmasse gleichmäßiger vertikaler Temperaturgradient und einheitliche Strömung, so besteht in
ihr indifferentes Gleichgewicht, wenn sich ihre
Dichte mit der Höhe nicht ändert. Hierzu ist, bei
trockener Luft, wenn turbulente Bewegung (s.
Turbulenz) ausgeschlossen wird, eine Temperatur-
abnahme von $\dfrac{1{,}293 \cdot 273}{13{,}596 \cdot 760} = 0{,}0342^{0}$ auf 1 m
Höhenzunahme erforderlich. Stärkere Temperatur-
abnahme ergibt labiles, schwächere stabiles Gleichgewicht. Sobald mit Turbulenz zu rechnen ist,
findet Austausch (s. diesen) zwischen übereinanderliegenden Luftschichten statt. In diesem Falle
besteht indifferentes Gleichgewicht, wenn die Atmosphäre ihre Temperatur mit der Höhe so ändert,
wie es infolge der Kompressionswärme eine auf-
oder abbewegte Luftmasse tun muß. Sieht man
von Kondensationsvorgängen ab, so ergibt sich
dann für das „konvektive" Gleichgewicht als Temperaturgradient das Reziproke des Produktes aus
dem Arbeitsäquivalent der Wärmeeinheit und der
spezifischen Wärme der Luft $\dfrac{1}{427 \cdot 0{,}238} = 0{,}00984^{0}$
auf 1 m Höhenzunahme. Tritt beim Aufsteigen
infolge der mit der Druckabnahme verbundenen
Abkühlung Kondensation des in der Atmosphäre
befindlichen Wasserdampfes ein, so wird dadurch
Wärme frei, die vom Kondensationspunkte ab die
Temperaturabnahme verringert. Dementsprechend
wird in diesem Falle die Temperaturabnahme für
indifferentes Gleichgewicht wesentlich geringer.
Stärkere Temperaturabnahme, als dem indifferenten Gleichgewicht entspricht, bedeutet labiles,

schwächere Abnahme oder gar Zunahme (s. Inversion) stabiles Gleichgewicht. *Tetens.*

Näheres s. **Hann**, Lehrb. d. Meteorol. 3. Aufl. 1915, S. 790 ff.

Gleichgewichtslage der Wage s. Wägungen mit der gleicharmigen Wage.

Gleichgewichtsmenge radioaktiver Substanzen. Ebenso wie das Niveau einer Wassermenge von der Menge des zuströmenden Wassers einerseits, von der Menge des abfließenden andrerseits abhängt, ebenso ist die momentan vorhandene Atomzahl eines nicht von seiner Muttersubstanz getrennten Zerfallsproduktes von der pro Zeiteinheit nachgelieferten und von der infolge der eigenen Instabilität pro Zeiteinheit zerfallenden Zahl von Atomen abhängig. Um den Vergleich genau zu machen, muß man den Mechanismus des Wasserabflusses so konstruieren, daß die Ausflußmenge der Höhe des Niveaus proportional ist. Denn auch die pro Zeiteinheit zerfallenden Atome sind der gerade vorhandenen Atomzahl proportional. Wird dann der Zufluß konstant gehalten, so nimmt mit steigendem Niveau der Abfluß so lange zu, bis in der Zeiteinheit gleichviel Wasser zu- und abfließt. Dann hat das Niveau und damit die im Reservoir enthaltene Flüssigkeitsmenge einen konstanten Wert erreicht. Gleicherweise bei einer radioaktiven Substanz B, die aus einer Muttersubstanz A entstehend sich bis zur „Gleichgewichtsmenge" anreichert. Wird die Muttersubstanz selbst künstlich konstant gehalten oder ist ihre prozentuelle zeitliche Abnahme eine so geringe, daß sie in den zur Beobachtung nötigen Zeiträumen vernachlässigt werden kann, dann entspricht der Fall genau dem Beispiele, man spricht von Dauergleichgewichtsmenge und es verhalten sich im Gleichgewichtsfall die Anzahl N_B der vorhandenen B-Atome zur Zahl N_A der A-Atome verkehrt wie die zugehörigen, die Zerfallsgeschwindigkeit messenden Zerfallskonstanten λ_A und λ_B, also $N_B : N_A = \lambda_A : \lambda_B$. Ist aber die Muttersubstanz selbst einem unersetzten und merkbaren Zerfall unterworfen, so ergibt die mathematische Behandlung des einfachsten Problems (nur zwei Substanzen), daß $N'_B : N_A = \lambda_A : (\lambda_B - \lambda_A)$; da $\lambda_B - \lambda_A < \lambda_B$, so ist cet. par. die Gleichgewichtsmenge N'_B im zweiten Fall größer wie N_B im ersten Fall, und man spricht von „laufendem Gleichgewicht".

Es ist das Verhältnis $\dfrac{N'_B}{N_B}$ zum Beispiel bei der Bildung von Ra A aus Ra Em 1,00053, bei Th B aus Th X 1,1375, bei Ra E aus Ra D = 1,00096.

Bei radioaktiven Substanzen, die man nicht in wägbarer Menge herstellen kann, wie dies mit wenigen Ausnahmen fast immer der Fall ist, bedient man sich der Gleichgewichtsbedingung zur Definition der in Verwendung genommenen Menge, indem mit Hilfe der bekannten Zerfallskonstanten λ und der Atomgewichte die Masse berechnet wird. Und man spricht z. B. von einer Menge Ra C oder Ra B oder Ra A usw. „im Gleichgewicht mit 1 g Ra". Speziell hat die mit 1 g Ra im Gleichgewicht stehende Emanationsmenge den Namen „Curie" erhalten (s. d.). *K. W. F. Kohlrausch.*

Gleichgewichtstheorie der Gezeiten. Diese geht von der Annahme aus, daß die Wassermassen in jedem Augenblicke jenen Gleichgewichtszustand annehmen, der von dem System der fluterzeugenden Kräfte eben gefordert wird. Diese Theorie wurde bald als unzulänglich erkannt: nicht nur, daß die darnach berechneten Fluthöhen viel zu klein ausfallen, sondern es sind auch die dem Wasser beigelegten Eigenschaften physikalisch unhaltbar. Das Wasser müßte eine unendliche Beweglichkeit besitzen, um in jedem Augenblicke sofort die richtige Lage zu erreichen. Es dürfte aber dabei keine Trägheit besitzen, da es sonst in der Gleichgewichtslage nicht zur Ruhe kommen könnte. Die Anwendbarkeit bleibt jedenfalls auf die langperiodischen Wellen beschränkt, bei welchen die Bewegung sehr langsam vor sich geht (s. auch Gezeiten). *A. Prey.*

Näheres s. O. **Krümmel**, Handbuch der Ozeanographie. Bd. II, S. 209 ff.

Gleichmäßigkeit, magnetische. — Nur in den seltensten Fällen ist magnetisches Material vollständig gleichmäßig; im allgemeinen ist die gleichmäßige Grundsubstanz (etwa das reine Eisen, der sog. Ferrit) von Verunreinigungen verschiedener Art, z. B. Kohlenstoff, Mangan, Silizium usw., sowie von verschiedenen Gasen stark durchsetzt, von denen der größte Teil im Eisen gelöst ist und die Magnetisierbarkeit mehr oder weniger stark heruntersetzen muß, wie schon die einfache Überlegung ergibt, daß eben ein entsprechender Teil des magnetisierbaren Eisens durch unmagnetisierbare Fremdstoffe ersetzt ist. Ganz besonders schädlich wirkt in dieser Beziehung Kohlenstoff in gelöster Form (Martensit) oder als Eisenkarbid Fe_3C (Perlit); letzterer tritt meist in Form fein verteilter Nester auf. Das Vorhandensein ungleichmäßig verteilter Perlit-, Schlacken- oder Lufteinschlüsse läßt sich bei stabförmigen Probekörpern am einfachsten mit Hilfe des spezifischen elektrischen Widerstands erkennen: Man schickt einen starken Strom durch den passend eingespannten Stab und bestimmt mittels zweier in unveränderlichem Abstand gehaltenen Schneiden, die mit einem Galvanometer verbunden sind, an verschiedenen Stellen den Potentialabfall (Ebeling).

In der Magnetisierungskurve machen sich derartige nesterförmige Verunreinigungen kaum bemerkbar, sehr stark dagegen solche in Form von Längsschichten aus Material von anderer Magnetisierbarkeit, also z. B. dünne Lamellen von magnetisch hartem Material (Stahl) in weicher Grundmasse, und umgekehrt, wie sie teilweise durch den Walzprozeß usw. entstehen; diese verursachen unter Umständen außerordentlich starke Verzerrungen im Verlauf der Hystereseschleife und Permeabilitätskurve. Auch geringfügige derartige Verzerrungen, namentlich Einbuchtungen des absteigenden Astes zwischen Remanenz und Koerzitivkraft, lassen stets auf das Vorhandensein solcher schichtförmiger Verunreinigungen schließen. *Gumlich.*

Näheres s. **Gumlich**, Veröffentlichungen in Stahl und Eisen oder Arch. f. Elektrotechnik.

Gleichrichter, Einrichtung zur Erzeugung von Gleichstrom oder wenigstens gleichgerichtetem Strom aus Wechselstrom oder Drehstrom, und zwar pflegt man unter Gleichrichter solche Anordnungen zu verstehen, welche beide Stromrichtungen gleichmäßig zu dem Gleichstrom verarbeiten, während solche Apparate, die lediglich die eine Stromrichtung unterdrücken, d. h. eine einseitige Leitfähigkeit haben, „Ventile" genannt werden. Es gibt mechanische Gleichrichter, mit rotierender und mit pendelnder Armatur. Der rotierende Gleichrichter besteht aus zwei Kontakten, die durch einen Synchronenmotor in jeder Halbperiode umgepolt werden; er ist für höchste Spannungen, bis

250 000 V Gleichspannung, in Verwendung. Der
pendelnde Gleichrichter wirkt ebenfalls durch Um-
polung zweier Kontakte; er ist für Niederspannung
in Gebrauch, z. B. um von einem 220 V-Netz Akkumulatoren zu laden. Ferner sind sehr üblich
Gleichrichteranordnungen, die aus zwei (bei Drehstrom drei) Ventilen bestehen. Hierbei werden meist
die Kathoden aneinander gelegt oder zu einer
einzigen vereinigt, an die Mitte einer Transformator-
wicklung geschaltet, während die Anoden an den
Enden der Wicklung liegen. Die gemeinsame Leitung zwischen Kathoden und Transformatormitte
führt dann den gleichgerichteten Strom. Für solche
Gleichrichterschaltungen sind folgende Ventilarten
üblich:

Elektrolytische Ventilzellen, mit getrennten
Kathoden, für Spannungen von wenigen hundert
Volt verwendbar.

Glimmentladungsröhren mit unsymmetrischen Elektroden, für kleine Ströme, jedoch ca.
100 000 V verwendbar (s. Ventil).

Quecksilberlichtbögen (s. Quecksilberdampfgleichrichter), bis etwa 5000 V anwendbar, können
bis mehrere hundert Kilowatt leisten.

Lichtbögen in Edelgas mit Alkalikathode,
für Spannungen bis zu einigen hundert Volt und
einige Kilowatt Leistung.

Wehnelt-Röhren mit Oxydkathode in Gas
(s. Wehnelt-Gleichrichter), für mehrere Kilowatts,
zweckmäßig für kleine Spannungen, jedoch bis
etwa 3000 V verwendbar.

Hochvakuumglühkathodenröhren, zweckmäßig mit getrennten Kathoden, bis 250 000 V
in Verwendung (s. Hochvakuumentladung und
Ventil).

Außerdem sind natürlich zur Erzeugung von
Gleichstrom aus Wechselstrom Motor-Dynamo-
Aggregate vorhanden, die nicht zu den Gleich-
richtern zählen, sondern Umformer genannt werden.
H. Rukop.

Gleichrichter ist eine Vorrichtung, durch welche
einem Luftstrom die Unregelmäßigkeit genommen
wird; der Gleichrichter besteht in der Regel nur
aus einer Schar von Blechen in der Luftstrom-
richtung, welche sich senkrecht kreuzen. Die
großen Wirbel werden dadurch zerstört, die Wirbelung über den ganzen Querschnitt gleichmäßiger
verteilt.
L. Hopf.

Gleichstromdampfmaschine. Das Kennzeichen
der Gleichstromdampfmaschine ist die Dampf-
führung im Zylinder. Wäh-
rend bei der gewöhnlichen
(Wechselstrom-) Dampf-
maschine die Dampfzu-
und Ableitung an den
Zylinderenden erfolgt (Fig.
1), tritt bei der Gleich-
stromdampfmaschine der
Dampf am Zylinderende
ein und strömt bei jedem
Hub in abwechselndem
Sinn gegen die Zylinder-
mitte ab (Fig. 2), wobei
der lange Kolben selbst
den Dampfaustritt und
den Kompressionsbeginn
steuert. Der Kompressions-
weg ist sehr lang, was einen großen schädlichen
Raum bedingt. Die Maschine eignet sich nur für
Kondensationsbetrieb und hat hier Vorteile wegen

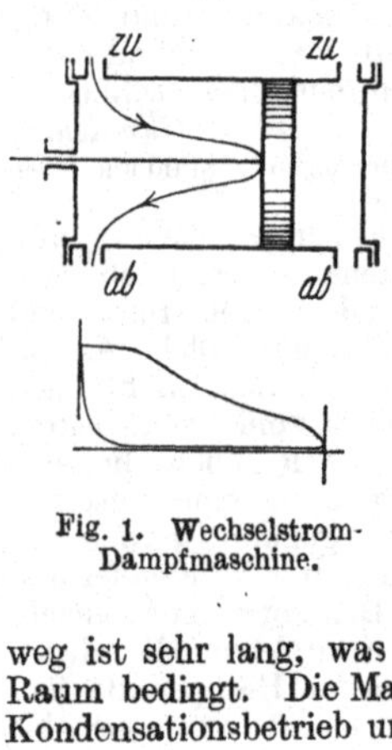

Fig. 1. Wechselstrom-
Dampfmaschine.

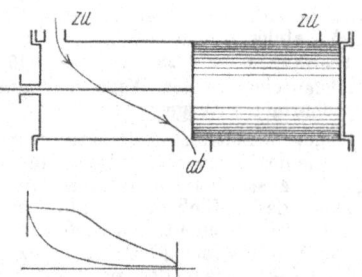

Fig. 2. Gleichstrom-Dampfmaschine.

ihrer Einfachheit und guten thermischen Eigenschaften.
L. Schneider.

Gleichstromgeneratoren. Dieselben zählen seit
der Entdeckung des dynamoelektrischen Prinzips
zu den wichtigsten Maschinengattungen der Elektrotechnik und werden heute in allen Größen von einem
Bruchteil eines KW bis zu etwa 5000 KW gebaut.
Die Herstellung noch größerer Maschineneinheiten
stößt zur Zeit auf technische Schwierigkeiten;
auch liegt dafür relativ selten ein wirtschaftliches
Bedürfnis vor, da sich die elektrische Energie-
versorgung ausgedehnter Gebiete mit Gleichstrom
trotz ihrer unleugbaren Vorteile (Fortfall der Leer-
laufströme im Netz!) gegenüber der mit Mehr-
phasenstrom bisher nicht hat durchsetzen können.
Als höchste in der Technik allgemein verwendete
Spannungen können rund 1500—3000 Volt gelten.
Für Versuchszwecke sind aber bereits in Maschinen
kleinerer Leistung bis zu 5000 Volt mit gutem
Erfolg erzeugt worden. Die gebräuchlichsten
Spannungen sind gegenwärtig 220, 440 und 500 Volt.
Die aus einer Maschine zu entnehmende maximale
Stromstärke beträgt zur Zeit etwa 10 000 Ampere.
Die Umdrehungszahlen pro Minute schwanken je
nach Art der Antriebsmaschine und der Leistung
zwischen ca. 120 (große Kolbendampfmaschine oder
Gasmaschine) und 3000 (kleine Dampfturbine).
(Ausführliches s. kommutierende Gleichstrom-
generatoren und Unipolarmaschinen). *E. Rother.*
Näheres s. Arnold-la Cour, Die Gleichstrommaschine.

Gleichstrommotoren. Die Verwendung der ursprünglich nur von Primärelementen erzeugten
Gleichstromenergie für motorische Zwecke ist
einer der ältesten Zweige der Elektrotechnik, da
sowohl die Kräftewirkung zwischen permanenten
und Elektromagneten wie die zwischen Stromleitern und Magnetfeldern beliebigen Ursprungs
bereits vor Faradays berühmten Untersuchungen
von Oersted, Ampère, Biot, Savart u. a.
vor rund 100 Jahren beobachtet worden waren.
Die erste technisch-praktische Verwendung eines
Gleichstrommotors scheint der elektrische Propeller-
antrieb eines Bootes auf der Newa 1838 gewesen
zu sein, der von Jacobi stammt; seine Maschine
zeigt aber noch alle Kennzeichen eines reinen
Magnetmotors. Gleichstrommotoren im heutigen,
technischen Sinne des Wortes entstanden erst nach
Entdeckung der Reversibilität der Generator- und
Motorwirkung durch Lenz (1838) sowie des dynamo-
elektrischen Prinzips mit allen seinen Folgerungen
durch Werner v. Siemens.

Die moderne Elektrotechnik macht weder theoretisch noch praktisch irgendeinen Unterschied
zwischen einem Gleichstrommotor und -generator.
Jede beliebige Gleichstromdynamo arbeitet in dem

einen oder anderen Sinn, je nachdem ihr mechanische Energie entnommen oder zugeführt wird.
Die Unipolarmaschine (s. dort) hat auch als Motor
bisher nur für ganz bestimmte, meist untergeordnete Zwecke technische Bedeutung erlangt; unbedingt vorherrschend ist der kommutierende
Gleichstrommotor. Alle für kommutierende Gleichstromgeneratoren (s. diese!) entwickelten Beziehungen und dargelegten Eigenschaften gelten
sinngemäß auch für den Motorbetrieb bei Beachtung
der Tatsache, daß im Motor der Strom in jedem
Augenblick die entgegengesetzte Richtung hat wie
im Generator.

Sinngemäß werden demnach auch die Gleichstrommotoren technisch nach der Art ihrer Felderregung eingeteilt in Nebenschlußmotoren
(Erregerstrom unabhängig vom Ankerstrom!),
Serienmotoren (Erregerstrom gleich oder mindestens proportional dem Ankerstrom!) und Com-
poundmotoren (Nebenschluß- und Hauptstromerregung!). Für die meisten gewerblichen und
industriellen Zwecke findet der Nebenschlußmotor
Anwendung, für Bahnen der Serienmotor, für
Hebezeuge der Serien- und der Compoundmotor.

Am einfachsten und anschaulichsten in seinem
Verhalten ist der Nebenschlußmotor, der nachstehend näher besprochen werden soll. Schneidet
man der Antriebsmaschine eines fremderregten
Nebenschlußgenerators, der mit einem zweiten
parallel auf die Sammelschienen einer Zentrale
arbeitet, die Energiezufuhr ab, z. B. einer Dampfturbine den Frischdampf vom Kessel, so sinkt
naturgemäß die Umlaufzahl, da als Antrieb zunächst
nur die kinetische Energie der umlaufenden Massen
vorhanden ist, und damit auch die induzierte
E.M.K. Da der zweite parallelgeschaltete Generator
mit vollen Touren weiterläuft, überwiegt allmählich
seine Klemmenspannung (s. dies!) die des ersten,
d. h. der letztere nimmt einen Strom entgegengesetzter Richtung wie vorher auf, der nach dem
Lenzschen Gesetz ein im alten Drehsinn wirkendes
Drehmoment in dem unverändert gebliebenen
Magnetfeld erzeugt. Die frühere Generatorwirkung
ist damit automatisch in eine Motorwirkung
übergegangen, die Dynamomaschine treibt ihrerseits die Dampfturbine. Wird das Dampfventil
wieder geöffnet, so tritt der umgekehrte Vorgang
ein. In der technischen Praxis freilich liegen die
Dinge, auch bei Gleichstrom, nicht so einfach;
mitbestimmend für den Vorgang kommen hier
besonders die Eigenschaften der automatischen
Regler der Antriebsmaschinen in Frage.

Immerhin dürfte schon hiernach klar sein, daß
bezüglich der induzierten E.M.K., die beim Motor
häufig im Gegensatz zu der von außen wirkenden
Netzspannung Gegen-E.M.K. genannt wird, alle
für die Generatorwirkung mitgeteilten Gesetze
gelten, vornehmlich also das Grundgesetz

$$E = 2 \cdot f \cdot Z_s \varPhi_p 10^{-8} V.$$

(Bezeichnungen s. „Klemmenspannung").
Addiert man zu dieser induzierten Spannung die
unvermeidlichen Ohmschen Verlustspannungen in
den verschiedenen Wicklungsteilen, die der Stromstärke proportional sind, so erhält man die Klemmenspannung E_K, die dem Motor bei einer bestimmten von ihm verlangten mechanischen
Leistung, d. i. das Produkt aus Winkelgeschwindigkeit und Drehmoment, aufgedrückt werden muß.

Für den Motorbetrieb einer Dynamomaschine
praktisch sehr wichtig ist die Größe des Dreh-

momentes, das sie bei einer durch ihre Größe
gegebenen, zulässigen Stromaufnahme vom Netz
her entwickelt.

Bezeichnet J diesen Strom in A, p die Anzahl
der Polpaare der Maschine, M_d das Drehmoment,
so ergibt sich mit Benützung der früheren Bezeichnungen für alle Arten von Gleichstrommotoren
die allgemein gültige Formel

$$M_d = 3,24 \; Z_s \cdot J \cdot p \; \varPhi_p \cdot 10^{-10} \text{ mkg.}$$

Da $\varPhi_p$ bei einem Nebenschlußmotor bei konstanter
Netzspannung ebenfalls konstant ist, so gilt für
eine bestimmte Maschine

$$M_d = C \cdot J,$$

d. h. Drehmoment und Strom sind einander proportional. Beim Serienmotor ($\varPhi_p = F (J)$!) steigt
das Drehmoment bei kleinem Strom zunächst
ungefähr quadratisch, später infolge der hohen
Eisensättigung ebenfalls nahezu proportional dem
Ankerstrom.

Nach dem Vorhergehenden gilt nun weiter

$$E_K = E + J \cdot \Sigma w,$$

wenn mit Σw der Ohmsche Gesamtwiderstand im
Ankerkreis bezeichnet wird. Setzt man diese einfache Beziehung die oben gegebene Formel für die
induzierte E.M.K. ein und berücksichtigt, daß
für die Rotationsperiodenzahl f gilt

$$f = \frac{n \, p}{60},$$

(s. „Klemmenspannung"), worin n die minutliche
Umlaufzahl bedeutet, so erhält man für diese
zweite, im Motorbetrieb außer dem Drehmoment
maßgebende Größe die Gleichung

$$n = \frac{E_K - J \cdot \Sigma w}{2 \cdot p \cdot Z_s \cdot \varPhi_p} \cdot 60 \cdot 10^3.$$

Zieht man die für eine gegebene Maschine konstanten Faktoren zusammen und berücksichtigt,
daß der Ohmsche Abfall bei einigermaßen nennenswerten Motorleistungen nur einige Hundertteile
der Klemmenspannung beträgt, so erhält man die
für alle Gleichstrommotoren gültige Beziehung

$$n = C_1 \cdot \frac{E_K}{\varPhi_p}.$$

Von der hieraus ersichtlichen Eigenschaft des
Gleichstrommotors, daß seine minutliche Umlaufszahl der Klemmenspannung direkt, dem Kraftfluß
umgekehrt proportional ist, macht die Technik
weitgehendsten Gebrauch (Regulierantriebe!), vornehmlich bei Nebenschlußmotoren durch Veränderung von $\varPhi_p$ (verlustlose Regulierung!). Die
Veränderung von E_K bei konstantem $\varPhi_p$ findet
nur in Spezialfällen Anwendung, wo ein großer
Motor aus einem besonderen Generator gespeist
wird (Leonard-Betrieb für Walzwerke und schwere
Schachtfördermaschinen!).

Aus der Gleichung ist ferner ersichtlich, daß
unbelastete Serienmotoren ($J \lessapprox 0$!) infolge allzu
schwachen Kraftflusses gefährlich hohe Umdrehungszahlen annehmen.

Bei gewissen motorischen Antrieben (Bahnen,
Werkzeugmaschinen, Hebezeuge!) wird häufig die
Forderung gestellt, die Drehrichtung ändern zu
können. Wie aus obigem ersichtlich, ändert M_d
sein Vorzeichen mit J oder $\varPhi_p$. Beide Mittel
werden in der Praxis angewendet, doch ist die
Umkehrung des Ankerstromes das gebräuchlichste.

Bezüglich der Ankerrückwirkung und Kommutierung gilt alles, was in den betreffenden Abschnitten zunächst für die Generatorwirkung

Page 310

entwickelt worden ist. Auch beim Gleichstrommotor bewirkt der Querkraftfluß eine Verzerrung des Hauptfeldes, doch erfolgt die Drehung der Neutralen entsprechend der entgegengesetzten Stromrichtung gegen die Drehrichtung der Maschine, d. h. die Bürsten müssen bei Last umgekehrt verschoben werden wie beim Generator. Dieser „Bürstenrückschub" bewirkt dann seinerseits wiederum eine Feldschwächung, deren Einfluß auf die Umdrehungszahl aber meist durch den Ohmschen Abfall im Anker usw. kompensiert wird. Bei modernen Wendepolmotoren bleibt die Bürstenstellung unter allen Betriebsbedingungen ungeändert; bei ihnen kann ein namhafter Bürstenrückschub zu recht störenden Pendelerscheinungen führen.   *E. Rother.*

Näheres s. Niethammer, Die Elektromotoren, Bd. I.

Gleichstromzähler s. Elektrizitätszähler.

Gleichung eines Maßstabes s. Längenmessungen.

Gleichungen der Hydrodynamik. Als Webersche Transformation bezeichnet man eine Umformung der genannten Gleichungen, welche die Geschwindigkeitskomponenten $\frac{dx}{dt}, \frac{dy}{dt}, \frac{dz}{dt}$ eines Teilchens einer reibungslosen Flüssigkeit zur Zeit t durch die Geschwindigkeit u_0, v_0, w_0 desselben Teilchens zur Zeit $t = 0$ ausdrückt. Sind a, b, c die anfänglichen Raumkoordinaten des Teilchens, so lautet die Transformation

$$\frac{dx}{dt}\frac{\partial x}{\partial a} + \frac{dy}{dt}\frac{\partial y}{\partial a} + \frac{dz}{dt}\frac{\partial z}{\partial a} - u_0 = -\frac{\partial \chi}{\partial a}$$

$$\frac{dx}{dt}\frac{\partial x}{\partial b} + \frac{dy}{dt}\frac{\partial y}{\partial b} + \frac{dz}{dt}\frac{\partial z}{\partial b} - v_0 = -\frac{\partial \chi}{\partial b}$$

$$\frac{dx}{dt}\frac{\partial x}{\partial c} + \frac{dy}{dt}\frac{\partial y}{\partial c} + \frac{dz}{dt}\frac{\partial z}{\partial c} - w_0 = -\frac{\partial \chi}{\partial c}.$$

Hier ist χ eine Funktion von a, b, c und t und durch die Gleichung definiert

$$\frac{d\chi}{dt} = \int \frac{1}{\varrho}\,dp + \Omega - \frac{1}{2}\left\{\frac{d^2x}{dt^2} + \frac{d^2y}{dt^2} + \frac{d^2z}{dt^2}\right\},$$

in welcher Ω das Potential der äußeren Kräfte, p den Druck und ϱ die Dichte angibt. Diese vier Gleichungen zusammen mit der Zustandsgleichung bestimmen die fünf Unbekannten u, v, w, p, χ, während als Anfangsbedingung gilt x = a, y = b, z = c, $\chi = 0$ und die Grenzbedingungen dieselben sind wie bei den Eulerschen Gleichungen.

         O. Martienssen.

Näheres s. Lamb, Lehrbuch der Hydrodynamik. Leipzig 1907.

Gleichverteilungssatz s. Äquipartitionsgesetz.

Gleitflächen in der Atmosphäre sind Unstetigkeitsflächen; sie sind meist an einer Inversion (s. diese) oder Isothermie (s. diese) erkennbar. Die Luftmassen oberhalb und unterhalb haben verschiedene Bewegungsrichtung und Geschwindigkeit, mitunter differiert auch nur die Richtung oder die Geschwindigkeit. Die Neigung der Gleitflächen gegen die Horizontale ist sehr gering, sie läßt sich aus den Temperaturen und Windvektoren der beiden durch eine Gleitfläche getrennten Luftmassen berechnen (s. Luftströmungen). Man unterscheidet drei Arten von Gleitflächen:

1. Abgleitflächen. Über diesen gleiten die Luftmassen abwärts; da sie also aus größeren Höhen kommen, wo die Luft weniger Feuchtigkeit enthält, ist die Inversion in diesem Falle von Feuchtigkeitsabnahme nach oben begleitet. Die Neigung der Abgleitflächen beträgt zwischen 1 : 300 und 1 : 1500.

2. Aufgleitflächen. Hier gleiten die Luftmassen aufwärts, haben daher hohen Feuchtigkeitsgehalt, und nähern sich der Kondensation oder sind darin begriffen. Es finden sich also oberhalb der Inversion Wolken, aus denen es oft regnet. Die Neigung der Aufgleitflächen beträgt etwa 1 : 100. Die unteren kälteren Luftmassen haben geringere Bewegung als die oberen aufgleitenden.

3. Einbruchsflächen. Diese unterscheiden sich von den vorigen dadurch, daß die unteren Luftmassen die größere Bewegung besitzen und sich unter die oberen schieben; diese werden dadurch zum Aufgleiten gezwungen, wodurch ebenfalls Kondensation in ihnen hervorgerufen wird. Die Neigung dieser Flächen ist größer als 1 : 100; soweit bisher festgestellt, zwischen 1 : 25 und 1 : 80.

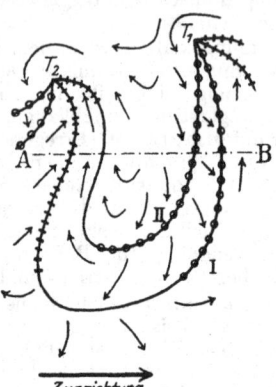

Fig. 1. Kältewelle.

Eine große Rolle spielen in neuester Zeit die Gleitflächen in der Erforschung der Wettervorgänge (s. Wetter) und in der Wetterprognose. Nach den ersten Arbeiten über Kältewellen (s. diese) stellte Bjerknes neuerdings die Polarfronttheorie auf (s. Polarfront). Dieselbe ist dann namentlich am geophysikalischen Institut in Bergen und am Observatorium Lindenberg weiter ausgebaut worden. Es hat sich herausgestellt, daß die Polarfront meist nicht einheitlich ist, sondern daß mehrere Fronten hintereinander vorkommen (vgl. Fig. 1 und 2). Fig. 1 stellt eine Kältewelle dar, wie sie sich an der Erdoberfläche äußert, T_1 und T_2 sind Gegenden tiefsten Luftdrucks. Längs des Parallelkreises AB gibt Fig. 2 einen Vertikalschnitt von West nach

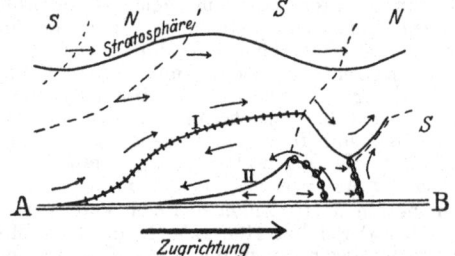

Fig. 2. Vertikalschnitt von West nach Ost durch eine Kältewelle.

Ost durch eine solche Welle. Es ist in beiden Figuren nur die primäre (I) und eine sekundäre (II) Front dargestellt. Eine Abgleitfläche in der Front ist durch eine ausgezogene Linie markiert, bei Einbruchsflächen sind kleine Kreise aufgesetzt, bei Aufgleitflächen kleine Querstriche. Die Pfeile stellen die Strömung relativ zu den Flächen dar. In Fig. 2 sind die Gebiete mit Nord- bzw. Südkomponente mit N und S bezeichnet und durch gestrichelte Linien getrennt. Man sieht: die warme Luft, die an der primären Aufgleitfläche aufsteigt, senkt sich nach Überschreiten des höchsten Punktes der kalten Masse wieder, bis sie mit der vor der Einbruchsfläche gehobenen Luft zusammentrifft und mit dieser gemeinschaftlich wieder aufsteigt. Über einer sekundären Fläche dagegen strömt die vor ihrer Einbruchsfläche gehobene Luft über den höchsten Punkt rückwärts hinüber und gleitet dann weiter an einer Abgleitfläche bis zum Boden hinab. Die Aufgleit- und Einbruchsflächen verursachen Bewölkung und Niederschläge, die Abgleitflächen dagegen heiteren Himmel und Trockenheit. Genaueres s. Arbeiten des Aeronautischen Observatoriums Lindenberg. Bd. XIV.   *G. Stüve.*

Gleitflächengesetz. Das Grundgesetz der Kymatologie (s. diese), dem viele dynamische Gleichgewichtsformen (s. diese) der Erdoberfläche ihre Entstehung verdanken. Es lautet: Wenn Massen sich in gleitender Bewegung gegeneinander befinden, so besteht das Bestreben, ihren Grenzflächen eine Wogenform aufzuzwingen.   *O. Baschin.*

Gleitflug heißt der Flug eines Flugzeugs ohne antreibende Motorkraft; dabei setzen sich die Luftkräfte nur mit der Schwerkraft ins Gleichgewicht. Die experimentelle Erforschung des Gleitflugs durch Lilienthal gab die Grundlage der heutigen Flugtechnik. Bezeichnet man den Winkel der abwärts gerichteten Flugbahn mit der Horizontalen mit φ, so wirkt in der Bahnrichtung die Gewichtskomponente $G \sin \varphi$, ihr entgegen der aerodynamische Widerstand; senkrecht zur Bahn wirkt die Gewichtskomponente $G \cos \varphi$ dem Auftrieb entgegen. Im stationären Gleitflug gilt daher:

$$\operatorname{tg} \varphi = \frac{\text{Widerstand}}{\text{Auftrieb}}.$$

Der „Gleitwinkel" φ ist daher ein schönes Maß für die aerodynamische Vollkommenheit eines Flugzeugs. Das Verhältnis $\frac{\text{Widerstand}}{\text{Auftrieb}}$ nennt man auch die „Gleitzahl"; es nimmt für ein Flugzeug unter den heutigen Verhältnissen Werte bis zu etwa $^1/_{10}$ hinunter an. Gleitwinkel und Gleitzahl hängen natürlich vom Anstellwinkel ab, jedoch im Bereich der günstigen Flugwinkel nicht sehr empfindlich; das Minimum ist ein flaches. Bei Anstellwinkeln unter Null nehmen sie rasch zu, um beim Anstellwinkel verschwindenden Auftriebs (etwa — 4°) zu 90° bzw. ∞ zu werden. Gleitflüge in diesem Anstellwinkelbereich nennt man „Sturzflüge"; sie haben nur bei kleinen (bes. Kampf-)Flugzeugen Bedeutung.   *L. Hopf.*

Gleitmodul s. Festigkeit, Elastizitätsgesetz.

Gleitungskoeffizient. Fließt Flüssigkeit längs einer festen Wand, und hat die Flüssigkeitsschicht die Geschwindigkeit U, die Wand die Geschwindigkeit O, so findet Reibung zwischen Flüssigkeit und Wand statt, und man kann analog den Verhältnissen der inneren Reibung (s. dort) für den Reibungswiderstand pro Flächeneinheit den Ansatz machen:

$$p_{yx} = \beta\, U,$$

wo β „der Koeffizient" der äußeren Reibung genannt wird. Andererseits findet zwischen der der festen Wand benachbarten Flüssigkeitsschicht und der nächst folgenden Schicht innere Reibung statt und es muß infolgedessen an der festen Wand die Gleichung gelten

$$- \mu \left(\frac{\partial q}{\partial n} \right)_0 = \beta\, U \text{ oder } U = - \lambda \left(\frac{\partial q}{\partial n} \right)_0.$$

Hier ist $\left(\dfrac{\partial q}{\partial n} \right)_0$ das Geschwindigkeitsgefälle normal

zur Wand, in deren unmittelbaren Nachbarschaft, während μ der Koeffizient der inneren Reibung ist. $\lambda = \dfrac{\mu}{\beta}$ wird als Gleitungskoeffizient zwischen Flüssigkeit und festem Körper bezeichnet.

Haftet die Flüssigkeit an der Wand, so findet kein Gleiten statt und es ist $\beta = \infty$, $\lambda = 0$.

Ausflußversuche durch Kapillare haben ergeben, daß der Koeffizient der äußeren Reibung für alle tropfbaren Flüssigkeiten, auch für Quecksilber gegen Glas, als unendlich groß angesehen werden kann. Die entgegenstehenden Versuche von Helmholtz und Piotrowski an einer schwingenden Hohlkugel, die für den Gleitungskoeffizienten zwischen Wasser und der vergoldeten Kugelwand $\lambda = 0{,}235$ fanden, scheinen fehlerhaft zu sein.

Dem gegenüber macht sich bei Gasen der Koeffizient der äußeren Reibung bemerkbar, speziell bei geringen Drucken und Dichten. Kundt und Warburg leiteten aus gaskinetischen Betrachtungen die Formel ab

$$\lambda = k\,\bar{l},$$

wenn $\bar{l}$ die mittlere Weglänge der Moleküle angibt, während k ein Koeffizient ist, welchen oben genannte Herren zu 1,4 bestimmten.

Da die freie Weglänge der Moleküle dem Drucke umgekehrt proportional ist, kann diese Formel auch in der Form geschrieben werden $\beta = \vartheta \cdot p$, so daß die äußere Reibung der Gase, ebenso wie die der festen Körper dem Druck proportional erscheint. Gaede findet für Luft bei Zimmertemperatur $\vartheta = 1{,}61 \cdot 10^{-5}$. Da sich bei Drucken über 0,001 mm Quecksilber eine Gashaut in merklicher Dicke an die Wände fester Körper anlegt, erscheint nach den Versuchen von Gaede bei diesen Drucken der Reibungskoeffizient etwas größer.

Die Abnahme der äußeren Reibung mit dem Drucke ermöglichte Gaede die Konstruktion seiner Molekularluftpumpe (s. dort).

Die äußere Reibung bewirkt, daß die innere Reibung beim Durchfluß von Gasen durch Kapillaren oder enge Spalte unter sehr kleinen Drucken ohne Bedeutung wird; die Durchflußmenge ist sehr viel größer, als das Poiseuillesche Gesetz angibt (s. auch Poiseuillesches Gesetz).   *O. Martienssen.*

Näheres s. Winkelmann, Handbuch der Physik I, 2.

Gleitwinkel s. Gleitflug.

Gleitzahl s. Gleitflug.

Gletscher. Gletschereis. Der auf Gebirgshöhen oberhalb der Schneegrenze (s. diese) lagernde lockere Schnee sintert durch gelegentliches Auftauen und Wiedergefrieren zusammen und bildet eine luftärmere Eisart, den Firn, in dem kleine klare Eiskristalle durch trübes Eis zu einer kompakteren Masse vereinigt sind. Dieser Vorgang, der durch den Druck der überliegenden Schneemassen begünstigt wird, bewirkt allmählich eine fortschreitende Vereisung des Firns, bis die Eismasse nur noch aus kristallinischen, aber unregelmäßig geformten klaren Körnern, den Gletscherkörnern, besteht. Während die Dichte des frischgefallenen lockeren Schnees durchschnittlich etwa 0,1 beträgt, erreicht diejenige des Firns 0,6, die des Gletschereises 0,9. Die Gletscherkörner, die anfangs nur wenige Millimeter Durchmesser haben, vergrößern sich auf Kosten ihrer Nachbarn und erreichen schließlich mitunter einen Durchmesser von 10 cm und darüber. Die Oberflächen der Gletscherkörner zeigen bei Schmelztemperatur gradlinige feine

Rippen, die Forelschen Streifen, die senkrecht zur optischen Hauptachse verlaufen. Werden die Körner von Wärmestrahlen getroffen, so entstehen in ihrem Innern die sechsstrahligen Tyndallschen Schmelzfiguren, deren Ebene ebenfalls senkrecht zur optischen Hauptachse des Kristalls steht.

Erscheinungsform. Jedes Teilchen der Gletschermasse rückt im Laufe des Jahres, dem Zuge der Schwere folgend, um ein meßbares Stück abwärts, so daß sich schließlich aus der hoch im Gebirge gelegenen Firnmulde, dem Nährgebiet des Gletschers, eine langgestreckte Eiszunge in das Tal hinein erstreckt und dasselbe mitunter auf weite Strecken hin erfüllt. Die Grenze zwischen dem Nährgebiet, der Firnregion und der schneefreien (aperen) Gletscherzunge, die sog. Firnlinie, bildet einen Teil der wirklichen Schneegrenze (s. diese). Oberhalb von ihr herrscht Anhäufung, unterhalb Abschmelzung vor. Die äußere Erscheinung der Gletscher weist große Verschiedenheiten auf, die in erster Linie von dem Klima, dann aber auch von der orographischen Gestaltung des Gebirges abhängen. Die eben beschriebene Form ist den Gebirgen der gemäßigten Zonen eigentümlich und die weitaus häufigste. Bei hohen isolierten Vulkankegeln, besonders in den Tropen, nehmen die Gletscher nicht aus einzelnen Firnmulden ihren Ursprung, sondern aus der den Gipfel einhüllenden Firnkappe. Sie zeigen dann auch nicht den Typus der eigentlichen Talgletscher, sondern mehr denjenigen der sich an steilen Bergwänden hinabsenkenden Hängegletscher. Sind größere gebirgige Landesteile bis über die Berggipfel hinaus völlig unter Schnee begraben, so treten die Eiszungen der Gletscher am Rande solchen Inlandeises (s. dieses) aus der gemeinsamen Firnregion nach allen Seiten hinaus und erreichen gewaltige Dimensionen. Die Firnschichtung, deren parallele Lagen den Schneefällen je eines Winters entsprechen, wird auch vom Gletschereis beibehalten, so daß man aus der Stellung der Schichten Schlüsse auf die Bewegungsvorgänge der Eismasse ziehen kann. Auf diese Bewegung deuten auch die Spaltensysteme hin, von denen insbesondere die Randspalten in regelmäßiger Anordnung vom Rande der Gletscherzunge gegen dessen Mitte talaufwärts verlaufen. Ihre Bildung ist die notwendige Folge der Bewegung des Eises, die durch Reibung an den Talwandungen verzögert wird. Querspalten entstehen als Folge einer Zunahme des Gefälles an bestimmten Stellen des Gletscherbettes, Längsspalten bei der Erweiterung einer Talenge, wodurch eine seitliche Ausbreitung des Gletschers ermöglicht wird. Die Spalten verlaufen senkrecht zu den Zugkräften. Sie entstehen, weil das Gletschereis sich zwar auf Druck plastisch, auf Zug aber spröde verhält.

Bewegung. Die Geschwindigkeit der Bewegung, die im Sommer größer ist als im Winter, nimmt im Querschnitt vom Rande nach der Mitte hin stetig zu; im Längsprofil dagegen zeigt sich zwar zuerst in der Firnmulde ebenfalls eine talauswärts zunehmende Geschwindigkeit, die jedoch von der Vereinigungsstelle aller Zuflüsse an gegen das Ende des Gletschers hin wieder abnimmt. Sie wächst im allgemeinen mit der Größe des Gletschers und beträgt bei kleinen Gletschern im Mittel wenige Meter im Jahre, beim Rhonegletscher 98 m, beim Aletschgletscher 180 m; bei den Ausläufern des grönländischen Inlandeises hat man Geschwindigkeiten bis zu mehr als 30 m an einem Tage gemessen. Doch zeigt die Geschwindigkeit eine ausgeprägte jährliche Periode. Am Unteraargletscher fand man die Bewegung im Sommer dreimal so schnell als im Winter.

Über die Ursachen der Gletscherbewegung sind zahlreiche Theorien aufgestellt worden, die sämtliche auf den Tatsachen der Physik des Eises beruhen. Zweifellos ist die Schwerkraft die treibende Kraft der Bewegung, welcher der Gletscher Folge geben kann, weil die teilweise Verflüssigung des Eises durch Druck (Erniedrigung des Schmelzpunktes um 0,0074° pro Atmosphäre Druck; ihr entspricht pro Liter Eis eine freiwerdende Wärmemenge von 2,17 g-cal, welche hinreicht, um 0,025 g Eis in Wasser zu verwandeln) mit nachfolgender Regelation diesem eine Plastizität gibt, die es befähigt, sich wie eine zähflüssige Masse zu bewegen. S. Finsterwalder übertrug die Gesetze der stationären Strömung auf die Verhältnisse der Gletscher und schuf damit auf geometrischer Grundlage eine Theorie der Gletscherbewegung, die den Gletscher als Ganzes umfaßt, und die meisten Eigentümlichkeiten der Bewegung einwandfrei erklärt. Ein wesentlicher Vorzug seiner Theorie besteht darin, daß sie auch erlaubt, den Einfluß der Ablation (s. diese) bei der bewegten Eismasse zu berücksichtigen. Aus der rein geometrischen Betrachtungsweise Finsterwalders ergibt sich, daß die Stromlinien in den obersten Teilen des Firngebietes in das Innere des Gletscherkörpers eintreten, also mit dessen Oberfläche bestimmte Winkel bilden, die talabwärts immer kleiner werden und an der Firnlinie den Wert 0 erreichen. An der unterhalb der Firnlinie gelegenen Abschmelzungsfläche des Gletschers, der eigentlichen Eiszunge, treten die Stromlinien in immer größer werdenden Winkeln aus dem Eiskörper heraus.

Haushalt. Man unterscheidet das oberhalb der Firnlinie gelegene Nährgebiet von dem unterhalb desselben gelegenen Zehrgebiet. Die Ernährung erfolgt durch den in dem Firngebiet gefallenen Schnee, die Ablation durch Verdunstung, Schmelzung durch Sonnenstrahlung, warme Luft und Regen (an der Oberfläche), Schmelzwasser (im Innern) und Erdwärme (am Grunde). Die Firnlinie ist keine strenge Scheidelinie für die Elemente der Ernährung und Ablation. Sie trennt nur die Gebiete voneinander, in denen eines der beiden überwiegt. Halten sich Ernährung und Ablation das Gleichgewicht, so bleibt der Gletscher stationär, überwiegt die Zufuhr, so stößt er vor; überwiegt die Ablation, so zieht er sich zurück. Entsprechend der Langsamkeit seiner Bewegung macht sich jedoch der Einfluß solcher Gleichgewichtsstörungen am Gletscherende erst nach einer Reihe von Jahren bemerkbar, die um so länger ist, je größer die Eismasse und je geringer dessen Gefälle ist. Größere Änderungen in den klimatischen Verhältnissen eines Gebietes machen sich daher erst nach mehreren Jahren oder Jahrzehnten durch Vorstoß oder Rückzug der Gletscher bemerkbar. Seit einigen Jahrzehnten werden die Gletscherschwankungen in den verschiedensten Gebieten der Erde durch eine Internationale Gletscherkommission fortlaufend kontrolliert. Vorstöße von Gletschern, die weite Strecken Landes unter Eis begruben, haben zur Ausbildung einer sog. Eiszeit (s. diese) Veranlassung gegeben.

Geographische Verbreitung. Nach der Höhe wird das Vorkommen der Gletscher durch die

Vergletscherungsgrenze (s. Schneelinie) bestimmt. In der horizontalen Verteilung überwiegen die Gletscher naturgemäß in den Polargebieten, während sie in den Tropen nur auf den höchsten Berggipfeln vorkommen. Die geographische Verbreitung der Gletscher ist also abhängig von orographischen wie von klimatischen Verhältnissen, wobei jedoch nicht nur die Gesamtmenge der Niederschläge und die mittlere Lufttemperatur, sondern auch deren beider Verteilung auf die Jahreszeiten von bestimmendem Einfluß ist. In den Polargebieten kommen wahrscheinlich auch die klimatischen Verhältnisse der Vergangenheit in ziemlich weitgehendem Maße in Betracht. Eine Schätzung der vergletscherten Gebiete durch H. Heß ergibt folgende Verteilung:

Europa:	Alpen	> 3 800 qkm
	Pyrenäen	40 ,,
	Skandinavien	5 000 ,,
	Island und Jan Mayen	13 470 ,,
	Kaukasus	> 1 840 ,,
Asien:	Zentralasien und Sibirien	10 000 ,, (?)
Amerika:	Nordamerika und Alaska	20 000 ,, (?)
	Südamerika	10 000 ,, (?)
Afrika:	. . . .	20 ,, (?)
Australien:	Neuseeland	> 1 000 ,,
Polarländer:	Grönland	1 900 000 ,,
	Spitzbergen	56 000 ,,
	Franz-Josefs-Land	17 000 ,,
	Nowaja Semlja	15 000 ,,
	Nordamerikanische Inseln	> 100 000 ,,
	Südseeinseln	3 000 ,,
	Südpolarfestland	13 000 000 ,,

Gesamtfläche der
Gletscher . . > 15 156 000 qkm

Die Gletscherbedeckung beträgt demnach etwa 3% der gesamten Erdoberfläche oder 10% der Landfläche, doch entfallen etwa 99,5% des Gletscherareals auf die Polarzonen, und zwar hauptsächlich in der Form von Inlandeis (s. dieses).

Einwirkung auf die Erdoberfläche. Durch seine Bewegung wirkt der Gletscher als formenbildendes Element auf die Oberflächengestalt der Erde (s. Geomorphologie). Besonders auffällig tritt seine Fähigkeit zutage, große Massen von Gebirgsschutt als sogenannte Moränen talabwärts zu transportieren und an gewissen Stellen abzulagern. Als Oberflächenmoränen bilden sie lange Schuttstreifen auf der Gletscheroberfläche, als Innenmoränen werden sie im Inneren, als Grundmoränen an der Unterseite des Gletschers mitgeführt. Als Seitenmoränen rahmen sie die Gletscherzunge fseitlich ein, und als Endmoränen gelangen sie am Ende des Gletschers zur Ablagerung. Die Blöcke und Gesteinsstücke der Grundmoräne haben durch das Hinschieben auf dem felsigen Untergrunde und die gegenseitige Reibung alle scharfen Kanten und Ecken verloren. Sie stellen gerundete, vielfach mit Schrammen versehene Geschiebe dar und bilden im wesentlichen das Material, mittels dessen der Gletscher durch ständiges Abschleifen seinen Untergrund angreift (s. Gletschererosion). Das Vorkommen von Moränen an Stellen, die jetzt nicht mehr vergletschert sind, erlaubt es, die frühere Ausbreitung der Gletscher, sogar in weit zurückliegenden Zeiten, wie z. B. der

Eiszeit, mit großer Genauigkeit festzulegen. Dazu kommt, daß die Gletscher außer diesem Moränenschutt der Erdoberfläche noch andere typische Vollformen aufprägen, die als deutliche Spuren einer früheren Vergletscherung gelten. Dazu gehören z. B. Drumlins, flache Hügel aus Grundmoränenmaterial von elliptischem Horizontalschnitt, die alle ziemlich gleich hoch und in der Bewegungsrichtung des Eises gestreckt sind, sowie Åsar, langgestreckte Kieswälle, die wahrscheinlich in den Schmelzrinnen am Boden der Gletscher abgelagert wurden. Von glazialen Hohlformen fallen am meisten die Trogtäler ins Auge, die ihr U-förmiges Querprofil der Arbeit des Gletschers verdanken, der einst das Tal bis zu beträchtlicher Höhe ausfüllte und wie ein gewaltiger Hobel wirkend ihm einen breiten flachen Boden und steile Gehänge schuf. Auch die Kare (s. diese) sind charakteristische Hohlformen ehemals vergletscherter Gebiete.

In diesen verschiedenen glazialen Landschaftstypen trägt die Oberfläche überall jene bekannten Spuren der Gletschererosion (s. diese), die wir im kleinen auch an jedem einzelnen Gesteinsstück finden, das der Bearbeitung durch Gletscher ausgesetzt gewesen ist. Es sind dies namentlich die Gletscherschliffe, eine Politur der Felsflächen, über die das Eis während längerer Zeit hinweggeströmt ist, ferner Gletscherschrammen, in den Felsen eingeritzte Furchen, aus denen sich die Bewegungsrichtung der früheren vorhandenen Gletscher ableiten läßt, sowie Rundhöcker, flache, aller scharfen Kanten beraubte, polierte und geschrammte Felsbuckel, an denen man oft die Stoßseite und die Leeseite der Gletscherbewegung unterscheiden kann.   *O. Baschin.*

Näheres s. H. Heß, Die Gletscher. 1904.

Gletschererosion. Bei der Erosion (s. diese) der Gletscher überwiegt die Ablation (s. diese) weitaus die Korrasion (s. diese). Die Ausräumung des Verwitterungsschuttes aus den Tälern durch die Gletscher ist namentlich während der Eiszeit (s. diese) in überaus großem Maßstab erfolgt. Die Wirkung der Ablation läßt sich aus den in und vor den Gebirgen noch heute vorhandenen Ablagerungen von Gletscherschutt auf das deutlichste nachweisen. Dieses Moränenmaterial, aus dessen Gesteinszusammensetzung man meist seine Herkunft ableiten kann, zeigt unwiderlegbar, daß der Transport der Schuttmassen ganz ungeheure Beträge erreicht hat. So ist z. B. der oft mehr als 100 m mächtige lockere Boden des gesamten norddeutschen Tieflandes durch die eiszeitlichen Gletschermassen aus Skandinavien nach seiner jetzigen Lagerstätte verfrachtet worden. Die Möglichkeit einer ausgiebigen Korrasion durch Gletscher, insbesondere der Ausschleifung großer Seebecken, ist dagegen auch heute noch eine viel umstrittene Frage. Die durch Gletschererosion geschaffenen Oberflächenformen (s. Gletscher) sind jedoch so charakteristisch, daß in der geographischen Wissenschaft die korrasive Tätigkeit der Gletscher nicht mehr bezweifelt wird, wenngleich über das Ausmaß derselben noch weitgehende Meinungsverschiedenheiten herrschen.

Der physikalische Vorgang der Korrasion durch Gletscher ist noch keineswegs völlig geklärt. Zweifellos dürfte die Korrasion von reinem Gletschereis nur ausnahmsweise eine merkbare Wirkung haben, am stärksten wohl dort, wo das Eis sich in stürzender Bewegung befindet. Dagegen übt Gletschereis, in dem zahlreiche Gesteinstrümmer eingefroren sind, eine starke korradierende Tätigkeit auf seine Unterlage aus, wenn es unter starkem Druck über diese hinströmt. Der Gletschererosion wird die Fähigkeit zugeschrieben, U-förmige Täler zu schaffen und wannenförmige Vertiefungen auszuhöhlen, also Oberflächenformen zu erzeugen, die sich nicht auf Flußerosion zurückführen lassen. Den Betrag der Gletschererosion hat man aus der Masse der von den Gletscherbächen mitgeführten festen Bestandteile zu ermitteln gesucht und Bruchteile eines Millimeters erhalten, um welchen Betrag alljährlich die Gesteins-Oberfläche unterhalb des Gletschers durchschnittlich erniedrigt wird.   *O. Baschin.*

Glimmerkondensator s. Kondensator.

Glimmlichtoszillograph nach E. Gehrcke, eine Einrichtung zur Untersuchung und Aufzeichnung der Strom- oder Spannungskurven von elektrischen Wechselströmen. Er besteht aus einer Glasröhre mit verdünntem Gas von einigen Millimetern Druck, welche zwei in einer Linie im Abstand von wenigen Millimetern gegenüberstehende Drähte oder schmale Blechstreifen als Elektroden enthält. Hier wird die Erscheinung benutzt, daß die Ausbreitung des negativen Glimmlichtes auf der Kathode bei normalem Kathodenfalle proportional der Stromstärke ist, so daß man an der Länge der leuchtenden Hülle um die Kathode die Stromstärke ablesen kann. Die Anode bleibt dunkel, da die positive Lichtsäule durch Annäherung der Anode bis in den Faradayschen Dunkelraum unterdrückt ist. Die Röhre zeigt daher an der jeweiligen Kathode entlang eine leuchtende Linie, deren Länge momentan den Stromschwankungen folgt. Bei der Betrachtung oder Registrierung des Vorganges durch rotierende Spiegel oder bewegte photographische Platten erhält man leuchtende Flächen, deren Abszissen die Zeit und deren Ordinaten die Stromstärken sind. Durch Vorlegen von viel Vorschaltwiderstand können auch Spannungskurven aufgelöst werden. Die Röhre hat einige hundert Volt Entladungsspannung notwendig, der Entladungsstrom beträgt wenige Milliampere.   *H. Rukop.*

Näheres s. E. Gehrcke, Verh. d. D. Phys. Ges. **6**, 176, 1904.

Glimmlichtsender, Erreger für elektrische Schwingungen, welcher die negative Charakteristik (s. diese) einer Glimmentladung zur Erzeugung der Eigenschwingung eines Kreises benutzt (Gehrcke-Reichenheim). Vorbedingung ist, daß normaler Kathodenfall vorhanden ist, d. h. die Kathode nicht ganz vom Glimmlicht bedeckt ist. Druck von mehreren Zentimetern ist erforderlich, um bei großer Stromstärke die labile Charakteristik zu erhalten. Die Schaltung ist analog der des Lichtbogensenders (z. B. Poulsenlampe).   *H. Rukop.*

Näheres s. E. Gehrcke und O. Reichenheim, D.R.P.

Glimmverluste (Strahlungsverluste, Koronaverluste). Bei Freileitungen für Hochspannung treten, sobald die Spannung einen Wert von etwa 70 000 V erreicht, Glimmentladungen zwischen benachbarten Leitern oder zwischen den Leitern und Erde auf. Unregelmäßigkeiten der Oberfläche des Drahtes, scharfe Kanten und Spitzen, also Stellen, an denen das elektrische Feld sehr ungleichförmig ist und große Werte annehmen kann, ferner Schnee, Regen und Nebel begünstigen das Auftreten der Entladungen.

Nach Versuchen von Peek, Ryan, Görges u. a. ergeben sich die folgenden Beziehungen für Drähte mit glatter Oberfläche. Die effektive Anfangsspannung Eo, bei der das Glimmen beginnt, ist

$$E_0 = \mathfrak{E}_0 \cdot A \cdot d \cdot \ln \frac{2\,a}{d}$$

A = 1 für Gleichstrom,
= 0,707 für sinusförmigen Wechselstrom,
= 0,611 für sinusförmigen Dreiphasenstrom,
d = Durchmesser des Drahtes in Zentimetern,
a = Abstand der Drähte in Zentimetern.

$\mathfrak{E}_0 = 29,7 \left(1 + \dfrac{0,47}{\sqrt{d}}\right)$ ist der der Anfangsspannung entsprechende Scheitelwert der Feldstärke in KV/cm an der Oberfläche des Drahtes.

Mit dem Auftreten der Glimmentladungen sind Energieverluste verbunden. Nach Peek ergibt sich bei Wechselstrom folgende Gleichung zur Berechnung der Verluste N in KW für 1 km Leitungslänge:

$$N = 344 \frac{f}{\delta} \sqrt{\frac{d}{2\,a}} \left(\frac{E - \delta\,m_0\,E_0}{2}\right)^2 \times 10^{-5}.$$

f ist die Frequenz, E die effektive Spannung zwischen den Leitern. $\delta = \dfrac{3,92 \cdot b}{273 + t}$ ist ein Faktor, der den Einfluß des Luftdruckes b (in cm Hg) und der Lufttemperatur t (^{0} C) berücksichtigt; m_0 ist ein Faktor, der von der Beschaffenheit der Drahtoberfläche abhängt. Er ist gleich 1 für blanke Drähte, gleich 0,98—0,88 für rauhe, längere Zeit der Atmosphäre ausgesetzte Drähte, gleich 0,87 bis 0,72 für Seile.

Bei Dreiphasenstrom ist in der Formel an Stelle von $\left(\dfrac{E - \delta m_0\,E_0}{2}\right)$ zu setzen $\left(\dfrac{E - \delta m_0\,E_0}{\sqrt{3}}\right)$.

Die Formel von Peek gibt nur Näherungswerte. Spätere Versuche von Weidig und Jaensch ergaben, daß die Form der Spannungskurve wesentlichen Einfluß hat, und daß die Verluste nicht proportional mit der Frequenz wachsen.
R. Schmidt.

Näheres s. Herbert Kyser, Die elektrische Kraftübertragung. Bd. II. Berlin 1921.

Glocken. Will man den Begriff der „glockenförmigen" Körper möglichst weit fassen, so kann man darunter sämtliche gekrümmten Körper vom zweidimensionalen Typus verstehen. Bei engerer Fassung würde man den Begriff „glockenförmig" etwa auf hohle Rotationskörper beschränken, oder noch enger auf hohle Rotationskörper, die auf einer Seite geschlossen sind. Die eigentlichen Glocken (Kirchenglocken) sind akustisch derart komplizierte Körper, daß ihre Schwingungsweise sowohl experimentell als auch erst recht theoretisch bisher nur wenig geklärt ist. Man hat natürlich versucht, dem Problem der Glockenschwingungen durch die Untersuchung einfacherer Gebilde näher zu kommen. So sind die Schwingungen von Kreiszylindern, hohlen Halbkugeln usw. theoretisch untersucht worden. Ferner hat Rayleigh versucht, für die theoretische Behandlung die Glocke als die eine Hälfte eines Rotationshyperboloids anzusehen, oder auch als einen aus einem einseitig geschlossenen Kreiszylinder und einem angesetzten konischen Stück zusammengesetzten Körper, aber alles ohne wesentlichen Erfolg. Am ehesten ist noch eine Verwandtschaft der Glockenschwingungen mit den Schwingungen einer kreisförmigen Platte (s. d.) festzustellen. Den Knotendurchmessern der Platte entsprechen Knotenmeridiane (Schnitte durch die Achse) der

Glocke und den Knotenkreisen der Platte Knotenkreise (Breitenkreise, Schnitte senkrecht zur Achse der Glocke).

Zur experimentellen Prüfung der Glockenschwingungen im Laboratorium benutzt man den Glocken ähnliche Körper, wie Trichter, Schalen, Glasstülpen, Weingläser usw. Die Erregung dieser „Glocken" geschieht am besten, indem man mit dem Violinbogen senkrecht über ihren Rand streicht.

Zur Sichtbarmachung der Schwingungen einer Glocke hat Melde folgendes Verfahren angegeben: Die Innenfläche der aufrecht stehenden Glocke wird möglichst gleichmäßig mit verdünnter Kalkmilch bestrichen. Darüber streut man grobkörnigen, sorgfältig rein gewaschenen Quarzsand und streicht jetzt die Glocke kräftig an. Es werden dann nicht nur die Knotenlinien kenntlich, sondern man sieht auch, wie sich der Sand in bogenförmigen Bahnen durch die Kalkhaut nach den Knotenlinien hinarbeitet. Ein anderes Verfahren besteht darin, daß die Glocke bis zu passender Höhe mit Wasser gefüllt wird. Auf der Oberfläche des Wassers entstehen dann beim Anstreichen der Glocke an den Bäuchen Kräuselungen, deren Stärke von dem Rande der Glocke nach der Mitte hin abnimmt. Nimmt man nach Melde statt Wasser Alkohol, so lösen sich bei scharfem Anstreichen der Glocke an der Flüssigkeitsoberfläche Tropfen los, die nach den Knotenstellen getrieben werden und auf diese Weise schöne, sternförmige Figuren bilden. Da sich die Tropfen sehr rasch mit der übrigen Flüssigkeit wieder vereinigen, sind die Figuren nach kurzer Zeit verschwunden.

Da mit den transversalen (normalen) Schwingungen der Glocke longitudinale (tangentiale) Schwingungen Hand in Hand gehen, so sind die Knotenlinien keine Stellen völliger Ruhe, sondern es sind nur Knoten in bezug auf die Normalbewegung, während die Tangentialbewegung hier ihre größten Werte hat. Gibt die Glocke ihren tiefsten Ton, so ist sie durch zwei Knotenmeridiane, die sich unter 90⁰ schneiden, in vier schwingende Teile geteilt. Können sich keine Knotenkreise ausbilden, so gehören zu dem nächsten Teilton drei Knotenmeridiane (sechs schwingende Teile), zu dem übernächsten Teilton vier Knotenmeridiane (acht schwingende Teile) usw. Die Schwingungszahlen der Teiltöne sollen dann nach Chladni angenähert in dem Verhältnis der Quadrate von 2, 3, 4 .... stehen; jedoch stimmt diese Regel nicht allgemein. Das ist auch nicht verwunderlich, da selbst bei überall gleicher Dicke der Glockenwandung die Tonhöhen noch von der Form des axialen Durchschnittprofils abhängen müssen. Wird eine aufrecht stehende Glocke teilweise mit Wasser gefüllt, so werden ihre Eigentöne vertieft, da jetzt größere Massen mitzubewegen sind.

Bei den wirklichen (Kirchen-) Glocken gehören zu dem tiefsten Ton (erster Teilton) zwei Knotenmeridiane als Knotenlinien, zu dem zweiten Teilton zwei Meridiane und ein Breitenkreis, zu dem dritten Teilton drei Meridiane, zu dem vierten Teilton drei Meridiane und ein Breitenkreis usw. Die einzelnen Töne stehen im allgemeinen in einem sehr verwickelten Verhältnis und sind nicht harmonisch zu einander. Ein einfaches Gesetz für das Verhältnis der Schwingungszahlen läßt sich um so weniger angeben, als jede Glocke ein Individuum für sich ist. Material, Größe, Form, Gewicht, dann besonders die Dimensionen des Schlagringes usw. bedingen große Verschiedenheiten. Man kann aber wenigstens theoretisch eine Art Idealtypus einer Glocke mit harmonischen Teiltönen konstruieren, dem sich die wirklichen Glocken nach Möglichkeit nähern sollen. Neben diesem idealen Typus unterscheidet Biehle auf Grund zahlreicher Glockenprüfungen unter den wirklichen Glocken einen normalen Typus, der sich dem idealen am meisten nähert, und zwei weitere

Arten, die in extremer Weise von dem normalen Typus durch eine Zusammendrängung oder Auseinanderzerrung der einzelnen Teiltöne abweichen.

In der Tabelle sind in der ersten Reihe die Teiltöne angegeben, in der zweiten die Intervalle der höheren Teiltöne des idealen Typus zu dem tiefsten, in der dritten die zugehörigen Schwingungszahlen des idealen und in der vierten die des normalen Typus. Für den tiefsten Ton ist die Schwingungszahl 100 angesetzt.

Teilton	Intervall	Idealer Typus	Normaler Typus
1. Teilton (Unterton)	—	100	100
2. Teilton (Grund- oder Hilfston)	Oktave	200	191
Schlagton. . .	„	200	191
3. Teilton	große Terz	250	230
4. „	Quinte	300	294
5. „	2. Oktave	400	379
6. „	2. Terz	500	519
7. „	2. Quinte	600	563
8. „	3. Oktave	800	776

Der „Schlagton", der im Moment des Anschlagens das ganze übrige Tongebilde überdeckt, und nach welchem die Tonhöhe der Glocke benannt wird, ist in der Tabelle nicht als Teilton bezeichnet, sondern besonders hervorgehoben. Er unterscheidet sich nämlich von den übrigen Tönen nicht nur durch seine große Stärke im Momente des Anschlagens und durch sein schnelles Abklingen, sondern vor allem auch dadurch, daß er durch Resonanz nicht erregbar und auch sonst durch objektiv-physikalische Methoden bisher nicht nachweisbar war. Eine Begründung dieser überraschenden Tatsache ist noch nicht gefunden worden. Die naheliegende Annahme, daß es ein Differenzton (s. Kombinationstöne) ist, hat auch ihre Bedenken und ist jedenfalls nicht bestätigt. Fällt der Schlagton mit dem zweiten Teilton, dem Grundton der Glocke, völlig oder fast völlig zusammen, so täuscht dieser letztere ein langsames Abklingen des Schlagtones vor und gibt damit der Glocke den ruhigen, gleichmäßigen Klangcharakter. Deshalb wird der zweite Teilton von Blessing als Hilfston bezeichnet. Im allgemeinen ist der Schlagton ungefähr die tiefere Oktave des fünften Teiltones und weicht von dem zweiten Teilton wesentlich ab. Für eine große, besonders wohlklingende Glocke gibt Blessing als Teiltöne c, a, es', g', c'' und als Schlagton c' an.

Bei den meisten Glocken hört man in der Regel einzelne Teiltöne nicht gleichmäßig abfließend, sondern schwebend. Diese Schwebungen (s. d.) beruhen auf der Interferenz zweier verschieden hoher Töne, welche an Stelle des einzelnen Teiltones entstehen, wenn die Masse der Glocke nicht symmetrisch zur Achse verteilt ist, teilweise auch auf dem Dopplerschen Prinzip (s. d.). *E. Waetzmann.*

Näheres s. Biehle, Archiv für Musikwissenschaft I. Bückeburg 1918.

Glockengalvanometer. Ein Nadelgalvanometer (s. d.), dessen Nadel durch einen Hufeisenmagnet mit sehr nahe beieinander befindlichen Polen gebildet wird. Durch diese Gestalt wird das große magnetischem Moment die Trägheit verringert.

W. Jaeger.

Glockenmagnet (Topfmagnet). — Besondere Form eines Elektromagnets in Gestalt einer Glocke. An der Stelle des Klöppels befindet sich der mit der Wickelung versehene Kern des Elektromagnets, der am unteren Ende mit dem eisernen Gehäuse in Verbindung steht; den Anker bildet eine Scheibe, welche den Gehäuserand mit dem oberen Ende des Kerns verbindet. Wegen des guten magnetischen Schlusses ist die Wirkung sehr kräftig. *Gumlich.*

Glockenspiel s. Stabschwingungen.

Glühelektronen. Ein glühendes Stück Metall, welches gegenüber seiner Umgebung negativ geladen ist, verliert seine Ladung, wenn die Spannungsdifferenz nicht künstlich aufrechterhalten wird. Bei konstant gehaltener Spannungsdifferenz fließt ein dauernder Strom zwischen dem glühenden Metall und einer in seiner Nähe angebrachten positiven Elektrode. Wird dagegen das glühende Metall auf eine positive Spannung von einigen Volt gegenüber seiner Umgebung geladen, so fließt kein Strom. Das gleiche Verhalten zeigt Kohle und alle übrigen festen Substanzen, welche eine nicht auf Elektrolyse beruhende Leitfähigkeit besitzen. Der Effekt ist von Art und Druck des umgebenden Gases qualitativ unabhängig und tritt auch im höchsten Vakuum auf. Er beruht auf einer Ausschleuderung von Elektronen (s. diese), also negativen elektrischen Elementarquanten, aus der Oberfläche des glühenden Körpers. Diese Elektronen werden bei negativer Ladung der glühenden Metallelektrode von dieser abgestoßen und tragen ihre Ladung zur positiven Elektrode; es fließt also ein Strom. Bei positiver Ladung des glühenden Körpers hingegen werden die Elektronen an ihrer Ursprungsstelle zurückgehalten; ein Stromtransport findet nicht statt.

Die Stärke des Elektronenstroms wird von verschiedenen Faktoren in erheblichem Maße beeinflußt, so von der Reinheit des Metalles, insbesondere seinem Gasgehalt, und von Art und Druck des umgebenden Gases. Auch steigt die Stärke des Elektronenstroms mit der angelegten Spannung bis zur Erreichung eines konstanten Grenzwerts (Sättigungsstrom). Von besonderer theoretischer Bedeutung ist die Abhängigkeit der Sättigungsstromstärke von der Temperatur des glühenden Körpers. Es gilt für die Sättigungsstromstärke i bei der absoluten Temperatur T die Formel von Richardson

$$i = a\sqrt{T}e^{-\frac{b}{T}}.$$

a und b sind Konstanten. Diese Formel läßt sich theoretisch in bemerkenswerter Weise begründen. Sie folgt aus der Annahme, daß die freien Elektronen im Innern des glühenden Körpers wie ein ideales Gas zu betrachten sind. Die Geschwindigkeit der Elektronen im Innern des Körpers regelt sich nach einem Gesetz, das dem Maxwellschen Geschwindigkeitsverteilungs-Gesetz (s. Artikel Kinetische Gastheorie) zum mindesten nahe verwandt zu sein scheint. Beim Verlassen des Körpers ist eine gewisse Austrittsarbeit zu leisten. Die Geschwindigkeit der austretenden Elektronen ist daher auch keine einheitliche. Das Verteilungsgesetz der Austrittsgeschwindigkeiten läßt sich durch Messung der Anzahl von Elektronen ermitteln, welche noch imstande ist, eine ihre Bewegung verzögernde Spannungsdifferenz zu durchlaufen.

Zur Untersuchung des reinen Effektes ist in erster Linie Wolfram geeignet.

Eine ganz besonders starke Elektronenemission findet, wie Wehnelt gezeigt hat, an gewissen glühenden Oxyden, z. B. Kalziumoxyd, statt. Diese starke Elektronenemission begünstigt die Entstehung von Kathodenstrahlen (s. diese) und gestattet ihre Erzeugung bei erheblich geringeren Spannungen, als an kalten Kathoden. In der Regel bedient man sich hierbei eines elektrisch geglühten, mit Kalziumoxyd bedeckten, Platinstreifens als Kathode.

Neben der Emission von Elektronen wird in vielen Fällen auch die Emission von positiven Ionen an glühenden Körpern, z. B. gewissen Oxyden, beobachtet. *Westphal.*

Näheres s. O. W. Richardson, Jahrb. d. Radioaktivität u. Elektronik 1, S. 300, 1904; W. Schottky, ebenda 12, S. 147, 1915.

Goldblattelektrometer. Ein Elektrometer, bei dem zwei Blätter aus Goldblatt verwendet werden, die am oberen Ende befestigt sind und sich bei Aufladung mit einer Spannung abstoßen. Je nach der Spannung ist die Divergenz der Streifen eine verschiedene; sie kann daher als Maß der Spannung benutzt werden. Statt zweier Streifen kann man auch nur einen benutzen, der an einem feststehenden vertikalen Metallstab angebracht ist und von diesem abgestoßen wird, wenn beide aufgeladen werden. Das Instument muß gut isoliert sein, z. B. durch Bernstein oder geschmolzenem Quarz und sich in einem Glasbehälter befinden, der frei von Oberflächenleitung ist. Die äußere Zuleitung zum Elektrometer besteht aus einem am oberen Ende mit einer Kugel versehenen Stab. Statt Goldblatt kann auch anderes Material, z. B. Aluminium verwendet werden. Mitunter benutzt man auch Strohhalme für diesen Zweck. *W. Jaeger.*

Näheres s. Jaeger, Elektr. Meßtechnik. Leipzig 1917.

Goldene Regel der Statik s. Arbeitsprinzip.

Goldschmidt - Maschine. Ein Hochfrequenzmaschinensystem, bei welchem innerhalb der Maschine die Frequenz stufenweise erhöht wird, für jede Stufe um die Grundfrequenz. Der Rotor und Stator tragen Einphasenwicklung (Fig. 1).

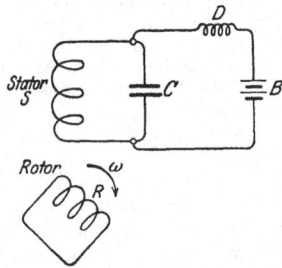

Fig. 1. Einphasenwicklung der Goldschmidt-Maschine.

S wird erregt durch die Gleichstrom-Batterie B, dadurch entsteht im Rotor eine Frequenz von z. B. 9000. Der Strom im Rotor von der Frequenz 9000 wirkt auf die über einen Kondensator C geschlossene Spule S als Erreger. Dieses Wechselfeld des Rotors kann zerspalten werden in zwei in entgegengesetzter Richtung entsprechend der Frequenz f gegen den Rotor rotierende Drehfelder; gegen den Stator rotieren dann diese Drehfelder, da der Rotor selbst entsprechend f rotiert, das eine mit der Frequenz 2f, das andere mit der Frequenz Null (es bildet die Ankerrückwirkung gegen das Gleichstromfeld). Das entsprechend der Frequenz 2f rotierende Feld erzeugt im Stator eine Periodenzahl 2f. Sie wird im Statorkreis durch die Kondensatoren C abgestimmt und ausgesondert. Das Feld der Frequenz 2f wirkt auf den Rotor zurück, erzeugt dort die Frequenz 3f usw. Die verschiedenen Frequenzen werden durch verschiedene Kondensatoren und Drosselspulen (Resonanz) ausgesondert (Fig. 2). Bei der Großstation Eilvese beträgt die Grundperiode 10 000.

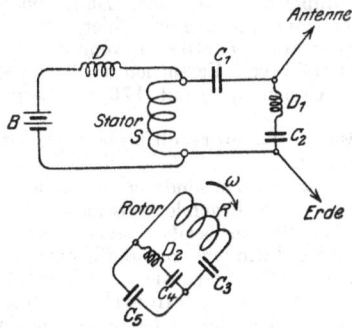

Fig. 2. Aussonderung verschiedener Frequenzen bei der Goldschmidt-Maschine durch Kondensatoren und Drosselspulen.

Die Erhöhung erfolgt in zwei Stufen, so daß in der Antenne die Periodenzahl 30 000 zur Wirkung kommt. Der Wirkungsgrad für die einzelnen Stufen beträgt ca. 60 bis 90%. Die Unterbrechungen des Antennenstromes für das Zeichengeben erfolgt hier durch Unterbrechung der Erregung. *A. Meißner.*
Literatur: Rein, Lehrb. S. 230.

Goniometer. Empfangseinrichtung im besonderen für den Empfang gerichteter drahtloser Telegraphie und Telephonie (s. Peilstation). *A. Esau.*

Gradientwind ist der Wind, der einem an einer bestimmten Stelle konstanten Luftdruckgradienten entspricht. Die beschleunigende Kraft eines horizontalen Luftdruckgradienten (s. d.) beträgt $\dfrac{g \cdot h}{E} = \dfrac{\Delta b}{387} \cdot \dfrac{T}{b}$, wenn $E = 111$ km genommen wird. Nimmt man reibungslose Bewegung senkrecht zum Druckgradienten an, wie sie annähernd dem Zustande in Zyklonen entspricht, so ergibt sich für den Gradientwind die Geschwindigkeit $v = g \dfrac{h}{E} \cdot \dfrac{1}{2 \omega \sin \varphi}$ wenn ω die Winkelgeschwindigkeit der Erdrotation, φ die geographische Breite bezeichnet. Für $T = 273^0$ und $b = 760$ mm wird $v = 6{,}40 \dfrac{\Delta b}{\sin \varphi}$. Die einem bestimmten Gradienten entsprechende Windgeschwindigkeit nimmt also mit wachsender Breite ab. Der wirkliche Wind besitzt über dem Lande etwa von 500 m Höhe an annähernd die Stärke des Gradientwindes, ebenso über dem Meere, nahe über dem Erdboden dagegen kaum die Hälfte.
Tetens.
Näheres s. Hann, Lehrb. d. Meteorol. S. 757 ff.

Gradmessung s. Breitengradmessung, Abplattung.

Grammophon s. Phonograph.

Granaten s. Sprenggeschosse.

Granulation der Sonne. Als Granulation der Sonnenphotosphäre bezeichnet man die feine körnige Struktur der Photosphäre. Mit dem bloßen Auge ist sie nicht wahrnehmbar, im Fernrohr jedoch zu beobachten und photographisch sicher zu fixieren. Die feinen Körnchen, in die die Sonnenscheibe so zerfällt, sind dauernd starken Veränderungen unterworfen; ihre Helligkeit ist sehr verschieden, ihre Größe schwankt zwischen Bruchteilen einer Bogen-

sekunde und mehreren Bogensekunden. Die lineare Ausdehnung dieser Gebilde beträgt also viele Hunderte von Kilometern. Die ganze Erscheinung ist eine Folge der turbulenten Strömungsvorgänge, die sich auf der Sonnenoberfläche abspielen. *E. Freundlich.*
Näheres s. Newcomb-Engelmann, Populäre Astronomie.

Grauer Körper oder Strahler heißt ein Temperaturstrahler, dessen Emissions- bzw. Absorptionsvermögen für alle Wellenlängen und alle Temperaturen denselben Wert hat. Für graue Strahler gelten also die Strahlungsgesetze des schwarzen Körpers, wenn das Absorptionsvermögen, a, berücksichtigt ist. Metalle sind im allgemeinen in gewissen Wellenlängenbereichen grau, haben aber auch selektive Absorptions- bzw. Emissionsbereiche, was z. B. bei der optischen Temperaturbestimmung von Glühlampenfäden zu berücksichtigen ist. Glühende Kohle ist mit großer Annäherung für alle Temperaturen grau. *Gerlach.*

Grauer Körper, Definition s. Reflexions-, Durchlässigkeits- und Absorptionsvermögen, Nr. 2 und 3; Strahlung des diffus reflektierenden grauen Körpers s. Energetisch-photometrische Beziehungen Nr. 3.

Graupeln. Runde, undurchsichtige, schneeballartige, wenige Millimeter große, durch eisiges Bindemittel zusammengebackene Aggregate von Eiskristallen. Sie fallen bei windigem, böigem Wetter in Deutschland hauptsächlich im Frühjahr. Eine rasche Temperaturabnahme mit der Höhe begünstigt ihre Entstehung (s. Niederschlag). *O. Baschin.*

Gravitationelle Stabilität und Instabilität. Wird ein kleiner elastischer Körper deformiert, so suchen ihn die elastischen Kräfte wieder in seine frühere Gestalt zurückzubringen. Bei einem Körper von der Größe der Erde ist aber mit einer elastischen Deformation auch eine bedeutende Verschiebung der Massen verbunden, wodurch sich Anziehungskräfte entwickeln, die der Rückkehr der Massen in ihre Ausgangslage entgegenwirken. Sind die elastischen Kräfte die stärkeren, so kehren die Massen in die Ausgangslage zurück: man spricht von gravitationeller Stabilität. Sind aber die Anziehungskräfte die stärkeren, so kehren die Teile nicht mehr in die Ausgangslage zurück: man spricht von gravitationeller Instabilität. Untersuchungen über diese Verhältnisse bei der Erde hat Love angestellt, um die Verteilung von Land und Wasser zu erklären. Der Erfolg war negativ wegen Widersprüchen mit den Forderungen der Isostasie (s. diese). *A. Prey.*
Näheres s. A. E. H. Love, Some problems of geodynamics. Cambridge, university press. 1911.

Gravitationskonstante nennt man die Konstante G in dem Newtonschen Gravitationsgesetz $k = G \cdot mm/r^2$. Sie bedeutet die Kraft, mit der zwei um die Längeneinheit (cm) voneinander abstehende Massen von der Masseneinheit (g) einander anziehen. Ihr Wert ist $6{,}68 \cdot 10^{-8}$ Dyn., d. h. zwei punktförmige Massen von je 1 g in gegenseitigem Abstande von 1 cm ziehen einander an mit der Kraft $6{,}68 \cdot 10^{-8}$ Dyn.

Die Gravitationskonstante ist ermittelt worden: 1. mit der Coulombschen Drehwage (zuerst Cavendish 1798) und zwar aus der Ablenkung, die der Wagebalken erfährt, infolge der Anziehung, die zwei an seinen Enden befestigte kleine Massenkugeln durch ihnen nahe gebrachte sehr große Massen erfahren. 2. mit der Wage, indem man ermittelt (Jolly), wie sich das Gewicht einer an der Wage hängenden kleinen Masse ändert, wenn man ihr von unten her eine große Masse nähert. oder indem man ermittelt (Richarz und Krigar-Menzel), wie sich das Gewicht ändert, wenn man die an der Wage hängende kleine Masse das eine Mal über, das andere Mal unter jene große Masse bringt. *Berliner.*

Greenscher Satz. Der Greensche Satz vermittelt die Bezeichnung zwischen Raum- und Flächenintegralen (s. Vektoranalysis).

Grenzen der Hörbarkeit. Für die Hörbarkeit von Schwingungen gibt es einmal eine Grenze der Intensität, welche nicht unterschritten werden darf, damit noch eine Schallempfindung entsteht, und zweitens eine Grenze bezüglich der Schwingungsanzahl (Tonhöhe). In bezug auf die Schwingungsanzahl gibt es naturgemäß eine untere und eine obere Grenze. Drittens kann noch gefragt werden, wie lange ein Schwingungsvorgang von pro Sekunde gegebener Schwingungsanzahl einwirken muß, damit eine Tonempfindung entsteht.

Die geringste Energie, welche nötig ist, um noch eine Schallempfindung hervorzurufen, nennt man Energieschwelle oder Schwellenwert der Energie. Diesen Schwellenwert hat man auf verschiedene Weise zu bestimmen versucht. Wenn diese Bestimmungen im einzelnen auch noch sehr der Nachprüfung bedürfen, so scheint doch wenigstens die Größenordnung zweifelsfrei festgelegt (M. Wien). Man wird sagen dürfen, daß die Energieschwelle unter günstigen Bedingungen rund ein hundertmilliontel Erg beträgt.

Toepler und Boltzmann einerseits und Rayleigh andererseits bestimmten die für eine Tonempfindung notwendige Luftamplitude im Ohre aus den Entfernungen, in welchen Pfeifen eben noch hörbar waren, wenn außerdem die Amplitudenwerte in der Nähe der Pfeifen oder das hineingesteckte Energie bekannt waren. Toepler und Boltzmann fanden noch verhältnismäßig hohe Werte, geben aber selbst an, daß die Bedingungen ungünstige waren. Rayleigh fand für eine Pfeife von 2730 Schwingungen eine Schwellenamplitude von rund ein milliontel Millimeter. Mit Hilfe einer Telephonmethode fand M. Wien rund den zehnten Teil davon. Ostmann hat als Grenzamplituden für Stimmgabelschwingungen, bei welchen die Schwingungen unhörbar werden, folgende Werte in milliontel Millimeter gefunden:

Tonhöhe der Gabel	C	c	c_1	c_2	c_3	c_4
Grenzamplitude	71 000	4700	316	21	1,4	0,09

Als Grenzwert der Druckschwankung fand M. Wien rund ein milliontel Millimeter Quecksilber. Er untersuchte auch systematisch die Abhängigkeit der Empfindlichkeit des Ohres von der Tonhöhe. Dabei zeigte sich, daß sich die Empfindlichkeit mit der Tonhöhe sehr stark ändert. In milliontel Erg gemessen fand er die Energieschwelle bei einem Ton von 100 Schwingungen zu rund 1400, bei 800 Schwingungen zu rund $\frac{8}{1000}$ bei 6400 Schwingungen etwa ebenso groß und bei 1600 und 3200 Schwingungen zu rund $\frac{3}{1000}$. Freilich sind andere Beobachter zu stark abweichenden Resultaten gekommen.

Für die Hörgrenzen bezüglich der Schwingungsanzahl sind stark von einander abweichende Angaben gemacht worden. Bei der Bestimmung der unteren Grenze kann das schwer zu vermeidende Auftreten von Obertönen das Resultat fälschen und an der oberen Grenze ist es schwer, überhaupt entsprechend hohe Schwingungszahlen meßbar herzustellen.

Helmholtz fand als untere Grenze mit Hilfe von weiten, gedackten Orgelpfeifen 24 Schwingungen pro Sekunde, mit Stimmgabeln 30 und mit einer zwecks Umwandlung der harmonischen Obertöne in unharmonische passend belasteten Saite sogar 34, während z. B. Bezold 11 angibt. Nach systematischen Versuchen von Karl L. Schaefer auch unter Anwendung von Differenztönen (s. Kombinationstöne) und Unterbrechungstönen (s. Variationstöne) wird man sagen dürfen, daß die äußerste untere Grenze unter besonders günstigen Bedingungen etwa bei 16 liegt, daß sie im allgemeinen aber höher (etwa 24) ist.

Die obere Grenze ist früher in der Regel viel zu hoch angegeben worden, zu 50 000, selbst 70 000

und noch höher. Hauptsächlich lag das daran, daß die Schwingungszahlen der benutzten Tonhöhen falsch bestimmt waren. Was die vielbenutzte Galtonpfeife anlangt, so zeigte F. A. Schulze, daß hier bei nicht genügend gleichmäßigem und starkem Anblasen neben den Haupttönen noch tiefere Töne auftreten. Der Fehler, den man begeht, wird nicht allzu groß sein, wenn man, namentlich auf Grund von Versuchen F. A. Schulzes, die obere Grenze zu rund 17 000 Schwingungen ansetzt.

Der gesamte Tonbereich umfaßt also ungefähr zehn Oktaven.

Damit eine Tonempfindung zustande kommt, muß die zugrunde liegende Schwingung nicht nur eine gewisse Stärke besitzen und bezüglich der Dauer einer Schwingung innerhalb eines gewissen Bereiches liegen, sondern sie muß auch eine gewisse endliche Zeit einwirken. Jede Tonempfindung wird in den ersten Augenblicken ihres Bestehens lauter und auch bezüglich der Höhe klarer. Namentlich die Zunahme der Intensitätsempfindung mit der Reizdauer wird als Anklingen des Tones oder der Tonempfindung bezeichnet. Was die Erkennbarkeit der Tonhöhe anlangt, so darf man nach Versuchen von Abraham und Brühl annehmen, daß in einem weiten Bereich von etwa der Kontraoktave bis zur Mitte der viergestrichenen Oktave schon zwei Schwingungen genügen, und daß für größere Höhen die Zahl der erforderlichen Schwingungen allmählich ansteigt.   *E. Waetzmann.*

Näheres s. Karl L. Schaefer, Der Gehörssinn, in Nagels Handbuch der Physiologie, Band III, 1905.

Grenzfläche zweier Dielektrika. Betrachtet man einen an seiner Oberfläche mit der Flächendichte σ geladenen Leiter in Luft, so springt die Feldstärke bei dem Übergang vom Leiter zur Luft um $4\pi\sigma$, bei dem umgekehrten Weg also um $-4\pi\sigma$. Wenn $\mathfrak{E}_1$ die Feldstärke in Luft, $\mathfrak{E}_2$ die Feldstärke des Dielektrikums und ε_2 seine Dielektrizitätskonstante sind, so ist $\mathfrak{E}_2 = \mathfrak{E}_1/\varepsilon$, und man kann den Betrag, um den die Feldstärke beim Übergang von Luft ins Dielektrikum springt, auch ausdrücken durch $\mathfrak{E}_1\left(\dfrac{\varepsilon_2 - 1}{\varepsilon_2}\right)$. Mit anderen Worten, die den Kraftlinien senkrecht entgegengestellte Oberfläche eines Dielektrikums verhält sich scheinbar wie ein geladener Leiter. Durch Gleichsetzung der beiden oben angegebenen Ausdrücke findet man die Flächendichte der scheinbaren Ladung zu

$$\sigma = \frac{\mathfrak{E}_1}{4\,\pi}\,\frac{1 - \varepsilon_2}{\varepsilon_2}.$$

Hat man nicht Luft, sondern ein Dielektrikum mit der Dielektrizitätskonstante ε_1, so ist allgemeiner zu setzen: $\sigma = \dfrac{\mathfrak{E}_1}{4\,\pi} \cdot \dfrac{\varepsilon_1 - \varepsilon_2}{\varepsilon_2}$.   *R. Jaeger.*

Grenzflächen in der Atmosphäre s. Luftströmungen.

Grenzgeschwindigkeit. Aus der Bernoullischen Gleichung (s. dort)

$$\int \frac{\mathrm{d}p}{\varrho} = -\,\Omega - \frac{1}{2}\,\mathrm{q}^2 + \mathrm{C},$$

welche für inkompressible Flüssigkeiten und konstante äußere Kräfte in die Form übergeht

$$\mathrm{p} = \mathrm{p_0} - \frac{1}{2}\,\varrho\,\mathrm{q}^2,$$

folgt, daß der Druck p innerhalb einer bewegten Flüssigkeit mit zunehmender Geschwindigkeit q kleiner wird, und bei einer bestimmten Geschwindigkeit negativ werden würde. Negative Drucke, das sind Zugkräfte, sind aber unter normalen Verhältnissen in einer kontinuierlich ausgebreiteten Flüssigkeit nicht möglich; denn unter der Wirkung von Zugkräften würde sie zerreißen. Daraus ergibt sich, daß in einer kontinuierlich verbreiteten Flüssigkeit die Geschwindigkeit über einen bestimmten Wert hinaus nicht steigen kann. Dieser Wert ist die Grenzgeschwindigkeit.

Bei Atmosphärendruck ist die Grenzgeschwindigkeit für Wasser 14,15 m pro Sekunde; bei zwei Atmosphären Druck, also unter normalen Umständen in 10 m Wassertiefe 20 m pro Sekunde. In Luft ist die Grenzgeschwindigkeit wesentlich höher. Nehmen wir bei dieser hohen Geschwindigkeit adiabatische Zustandsänderung an, so erhalten wir unter Atmosphärendruck und 15° C eine Grenzgeschwindigkeit von 753 m pro Sekunde.

O. Martienssen.

Näheres s. O. Martienssen, Die Gesetze des Luft- und Wasserwiderstandes. Berlin 1913.

Grenzschicht. Wenn wir einen festen Körper in eine strömende Flüssigkeit geringer Zähigkeit tauchen, so bildet sich vor dem Körper eine Potentialströmung aus, als wenn die Flüssigkeit keine Zähigkeit hätte. An der Wand des festen Körpers bildet sich dagegen eine „Grenzschicht", in welcher die Geschwindigkeit vom Werte 0 an der Wand zu dem durch die Potentialströmung gegebenen Werte in einiger Entfernung von der Wand schnell ansteigt, solange keine oder verschwindend kleine Gleitung an der Wand stattfindet. Der Begriff der Grenzschicht ist von Prandtl zur Erklärung des Bewegungswiderstandes (s. dort) eingeführt worden.

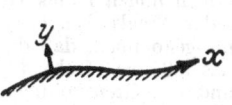

Fig. 1. Zur mathematischen Darstellung der Grenzschicht.

Ist die Zähigkeit der Flüssigkeit klein, wie in Wasser und Luft, so ist die Grenzschicht gegenüber den Dimensionen des festen Körpers dünn. Bei zweidimensionalen Problemen können wir dann die x-Koordinate parallel und die y-Koordinate normal zur Körperoberfläche nehmen (s. Fig. 1), und erhalten für die Grenzschicht aus den Navier-Stokesschen Bewegungsgleichungen die vereinfachten Beziehungen

$$\varrho\left(\frac{\partial u}{\partial t} + u\frac{\partial u}{\partial x} + v\frac{\partial u}{\partial y}\right) = \varrho\left(\frac{\partial \bar{u}}{\partial t} + \bar{u}\frac{\partial \bar{u}}{\partial x}\right) + \mu\frac{\partial^2 u}{\partial y^2}$$

$$\frac{\partial u}{\partial x} + \frac{\partial v}{\partial y} = 0.$$

Ferner sind in der Grenzschicht der Druck p und das Druckgefälle $\frac{\partial p}{\partial x}$ von y unabhängig; sie sind der Grenzschicht von der äußeren Strömung, welche dicht an der Grenzschicht die Geschwindigkeit $\bar{u}$ haben möge, eingeprägt. Als Grenzbedingung haben wir: für y = 0 ist u = v = 0 und für y = ∞ ist u = $\bar{u}$.

Diese Grenzschicht bildet sich indessen nicht rings um den Körper aus, sondern sie löst sich in einem bestimmten Punkte vom Körper ab. Diese

Ablösung erklärt Prandtl folgendermaßen: Das Druckgefälle $\frac{\partial p}{\partial x}$ und somit die Beschleunigung in Richtung der Grenze ist durch die Grenzschicht hindurch konstant, die Geschwindigkeit dagegen in der Nähe der Wand geringer. Daher wird die Geschwindigkeit bei Druckanstieg an der Wand eher als draußen den Wert 0 unterschreiten und so zur Rückströmung und Strahlbildung Veranlassung geben. Beistehende Fig. 2 gibt die Geschwindig-

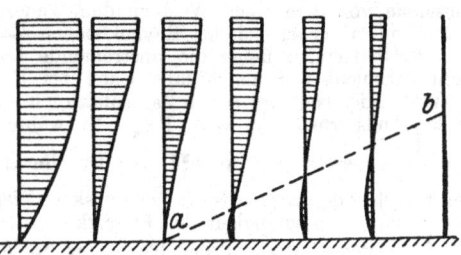

Fig. 2. Geschwindigkeitsprofile bei äußerem Druckanstieg in der Nähe der Wand.

keitsprofile bei äußerem Druckanstieg in der Nähe der Wand, a ist die Ablösungsstelle, a—b die Richtung, in der sich die Grenzschicht ablöst. Die Ablösungsstelle ist gegeben durch die Gleichungen

$$y = 0, \quad \frac{\partial u}{\partial y} = 0.$$

Blasius ist es 1908 gelungen, aus diesen Gleichungen den Widerstand einer ebenen, parallel den Stromlinien eingetauchten Platte, an der keine Ablösung stattfindet, zu berechnen. Er findet W = 1,327 b $\sqrt{\mu \varrho \cdot l \cdot U^3}$, wenn b die Breite der Platte, l ihre Länge in der Stromrichtung, und U die Geschwindigkeit der ungestörten Strömung ist.

Ferner berechnet er die Lage der Ablösungsstelle für einen zylindrischen Körper $x_a = 0,65 \sqrt{\frac{q_0}{q_1}}$, wenn er mit einiger Annäherung die äußere Geschwindigkeit $\bar{u}$ durch die Formel $\bar{u} = q_0 x - q_1 x^3$ angibt, wo die Ordinate x von der Spitze des Körpers an gerechnet wird. Nach diesem Ansatz liegt das Maximum von $\bar{u}$ bei der Ordinate $x_m = 0,577 \sqrt{\frac{q_0}{q_1}}$, während es bei reiner Potentialströmung beim größten Durchmesser des eingetauchten Körpers liegen müßte. Daraus folgt, daß die Ablösungsstelle etwa um 12% der Gesamtlänge der Grenzschicht hinter dem Geschwindigkeitsmaximum (Druckminimum) liegt, unabhängig von Dichte ϱ und Reibungskonstante μ der Flüssigkeit.

Versuche von Prandtl ergaben dagegen an Kugeln bei kleinen Geschwindigkeiten eine Ablösungsstelle 5—8° vor dem Äquator.

Die Formeln und Resultate von Blasius gelten nur so lange, als in der Grenzschicht Laminarbewegung (s. dort) besteht. Bei höheren Geschwindigkeiten und längeren Körpern wird die Laminarbewegung bereits vor der Ablösungsstelle in der Grenzschicht labil und es tritt Turbulenz (s. dort) auf. Dasselbe ist der Fall, wenn die Strömung der Flüssigkeit an und für sich bereits turbulent ist. Durch diese Turbulenz wird die Ablösung verzögert und die Ablösungsstelle in Richtung der Strömung weiter am Körper verschoben. Nach Versuchen von Prandtl liegt sie dann bei einer Kugel $10-25^0$ hinter dem Äquator.

Diese Verschiebung der Ablösungsstelle bringt es mit sich, daß der Widerstand (s. Bewegungswiderstand) merklich geringer wird. So fand Prandtl bei einer Kugel für kleine Geschwindigkeiten einen Widerstandskoeffizienten $\psi = 0,22$, für größere Geschwindigkeiten $0,088$, und der Umschlag von dem einen Wert zu dem anderen trat ziemlich scharf bei der Reynoldsschen Zahl $R = 260\,000$ ein, solange die anströmende Luft nicht turbulent war, andernfalls schon bei $R = 130\,000$. Hier bedeutet ψ den Zahlenfaktor in der Widerstandsformel $W = \psi \cdot F \cdot \varrho\, U^2$, während $R = \dfrac{U \cdot D}{\nu}$ gesetzt ist, wenn D der Durchmesser der Kugel, ν der kinematische Reibungskoeffizient und U die Geschwindigkeit der Flüssigkeit ist.

Infolge des Eintretens der Turbulenz in der Grenzschicht gilt das quadratische Widerstandsgesetz nicht für den ganzen Geschwindigkeitsbereich, und Modellversuche können zu ganz falschen Resultaten führen, wenn in der Grenzschicht beim Modell Laminarbewegung, beim ausgeführten Schiffskörper dagegen Turbulenz herrscht. Bei langgestreckten Körpern (Schiffsform) ist schon bei Modellversuchen mit üblicher Geschwindigkeit Turbulenz vorhanden, nicht aber bei gedrungenen Körperformen. Bei scharfkantigen Platten dürfte es auch bei großen Dimensionen nicht zur Turbulenz vor der Ablösungsstelle kommen.

Wenn die Grenzschicht sich vom Körper abgelöst hat, kann sie, selbst wenn sie vorher Laminarbewegung zeigte, eine solche nicht beibehalten, da Laminarbewegung in freier Flüssigkeit instabil ist. Sie löst sich daher in einzelne Wirbel auf. Karman zeigte 1911, daß nur ganz bestimmte Wirbelsysteme hinter festen Körpern stabil sein können, in welche sich demnach die abgelöste Grenzschicht umbilden muß. Bei zweidimensionalen Strömungen bekommt Karman ein Strömungsbild, wie in Fig. 3 gezeichnet. Hierbei ist der Abstand h

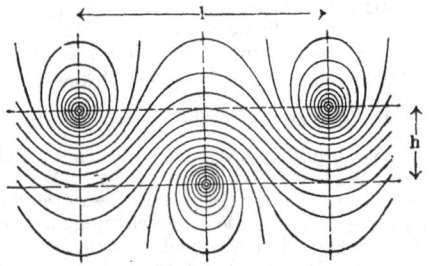

Fig. 3. Wirbelströmung.

der beiden Wirbelreihen voneinander gegeben durch $h = 0,283\, l$, wenn l der Abstand zweier Wirbel in ein und derselben Reihe ist. Hinter dem Körper bilden sich stets neue Wirbel abwechselnd von der rechten und linken Kante ausgehend, aus, und diese wandern mit einer Geschwindigkeit u vom Körper fort, die stets kleiner ist als die ungestörte Geschwindigkeit U der Strömung. Die Wirbel ziehen daher bei einem bewegten Körper

in einer ruhenden Flüssigkeit hinter dem Körper her, aber mit kleinerer Geschwindigkeit.

Diese fortgesetzte Neubildung von Wirbeln veranlaßt den dynamischen Widerstand W (pro Längeneinheit) des Körpers in der Flüssigkeit. Setzen wir $W = a \cdot \varrho \cdot U^2$, so findet Karman für den Koeffizienten a den Wert

$$a = \left\{ 0,799\,\frac{u}{U} - 0,323 \left(\frac{u}{U}\right)^2 \right\} l.$$

Bei Versuchen, bei denen u und l beobachtet wurden, stimmte der nach dieser Formel berechnete Widerstand mit dem direkt gemessenen überein.

O. Martienssen.

Näheres s. Blasius, Grenzschichten in Flüssigkeiten mit kleiner Reibung. Zeitschrift für Mathematik und Physik 56. 1908.

Grenzvolumen oder Limitvolumen heißt das theoretisch kleinste Volumen, das die Masseneinheit einer Substanz unter der Bedingung unendlich hohen Druckes oder bei der absoluten Temperatur 0 annimmt. Setzt man mit van der Waals kugelförmige Moleküle voraus, so erfüllen diese bei dichtester Lagerung das $\dfrac{3\sqrt{2}}{\pi} = 1,35$ fache des von den eigentlichen Molekülen eingenommenen Raumes. Da letzteres Volumen nach van der Waals gleich dem 4. Teil des Kovolumens (s. d.) b ist, so ist das Limitvolumen auch darstellbar als $0,338\,b = 0,11\,v_k$, d. h. etwa gleich dem neunten Teil des kritischen Volumens (s. kritische Größen).

Durch Beobachtung der Dichte bei hohen Drucken und Extrapolation auf unendlich hohen Druck ist man zu dem von der van der Waalsschen Gleichung abweichenden Ergebnis gekommen, daß die Grenzdichte eines Stoffes das 3,8- bis 4fache der kritischen Dichte beträgt und das Grenzvolumen also etwa den 4. Teil des kritischen ausmacht.

Henning.

Grenzwinkel der Totalreflexion s. Lichtbrechung.

Größe der Molekeln. Aus der Gleichung für die mittlere Weglänge (s. diese) $\lambda = \dfrac{3}{4\,N\,\pi\,\sigma^2}$ können wir bilden $\sigma = \dfrac{4}{3}\,N\,\pi\,\sigma^3\,\lambda$. Das Volumen einer Molekel ist $\dfrac{\pi\,\sigma^3}{6}$. Folglich stellt $\dfrac{N\,\pi\,\sigma^3}{6} = v$ das Volumen sämtlicher Molekeln dar, welche die Volumseinheit des Gases enthält. Dieses Volumen nimmt nach Loschmidt das Gas im verflüssigten Zustand nahezu ein. Aus dem früheren finden wir leicht $\sigma = 8\,v\,\lambda$. Es konnte Loschmidt also die Größe der Molekeln bestimmen, da v und λ (s. innere Reibung) der Messung zugänglich sind. Er erhielt so für Wasser $\sigma = 44 \cdot 10^{-9}$ cm, für Kohlensäure $114 \cdot 10^{-9}$ cm.

Anstatt aus den obigen Gleichungen N zu eliminieren, kann man dies mit σ tun und so eine Gleichung für N gewinnen. Man nennt diese Zahl die Loschmidtsche Zahl. Wir können sie auch für ein Mol des Gases berechnen und machen uns so von Nebenbedingungen wie z B. vom Druck unabhängig. Nach dieser Definition ist sie etwa $6 \cdot 10^{23}$.

G. Jäger.

Näheres s. G. Jäger, Die Fortschr. d. kinet. Gastheorie. 2. Aufl. Braunschweig 1919.

Größenklassen der Sterne s. Helligkeit.

Großgasmaschine s. Verbrennungskraftmaschinen.

Grovesches Element. Nach Grove benennt man die als Gasketten bekannten galvanischen Elemente (s. d.) insbesondere aber die Kombination Zink in verdünnter Schwefelsäure, Platin in konzentrierter Salpetersäure. Die Wirkungsweise dieses Elementes unterscheidet sich durch nichts von der des Bunsenelementes (s. d.), bei welchem lediglich das Platin durch Retortenkohle ersetzt ist. Siehe auch Voltaelement und Galvanismus. *H. Cassel.*

Grubentheodolit s. Kompaß.

Grundeis (Siggeis). Eine Eisart, die in klaren, sehr unregelmäßig geformten, häufig stark mit Löchern durchsetzten S.ücken in Flüssen und Seen vorkommt. Es entsteht in ruhigem Wasser an Vorsprüngen des Bodens, und seine Bildung wird durch klares Wetter und eisfreie Wasserfläche begünstigt, was darauf schließen läßt, daß es in erster Linie durch die Ausstrahlung, namentlich während der Nacht, erzeugt wird. Durch den mit der Masse wachsenden Auftrieb wird das Grundeis schließlich vom Boden losgelöst und gesellt sich dem Oberflächeneis zu, von dem es jedoch durch die Form der Stücke, sowie durch seinen Gehalt an Bodenbestandteilen (Sand, Kies, Gerölle, Pflanzenteile usw.) leicht zu unterscheiden ist.
O. Baschin.

Grundfarben. Unter den Grundfarben versteht man nach der psychologischen Farbenanalyse diejenigen Empfindungen im Bereich des Gesichtssinnes, die schlechthin nur eine Empfindungsqualität in sich schließen und nicht irgendwie an Empfindungen anderer Qualität erinnern. Während man z. B. in der Empfindung Grau sowohl eine Weiß- als eine Schwarzkomponente und in der Empfindung Blau-Grün eine Blau- und eine Grünkomponente erkennt, sind die Empfindungen Schwarz, Weiß, Rot, Grün, Gelb, Blau unter der Voraussetzung idealer Sättigung dadurch ausgezeichnet, daß sie Qualitäten eigener Art darstellen, die im Farbenton schlechterdings nichts untereinander gemein haben. Sie werden allen anderen Farben (als den Mischfarben) daher als die Grundfarben gegenüber gestellt.

Da die homogenen Lichter des Spektrums nach Herings Auffassung neben ihrem bunten Reizwert stets auch eine sog. weiße Valenz besitzen, so erscheinen die den Grundfarben entsprechenden Farbentöne, wenn man sie sich nach der an sich vollkommensten Methode der Netzhautreizung mit homogenen Lichtern erzeugt, immer bis zu einem gewissen Grade mit einer tonfreien Farbe „verhüllt". Abstrahiert man von dieser Weißlichkeit, so erhält man jene Qualitäten in absoluter Reinheit, wie sie Hering als Urfarben (Urrot, Urgelb, Urgrün und Urblau) vorschweben (s. Helligkeitsverteilung im Spektrum, Farbenmischung, Farbentheorie). Ausdrücklich sei noch erwähnt, daß auch das äußerste spektrale „Rot" seinem Tone nach nicht dem Urrot im Sinne Herings entspricht, da auch das Licht größter sichtbarer Wellenlänge neben einer roten einen nicht zu vernachlässigenden Betrag gelber Valenz besitzt. *Dittler.*

Näheres s. Hering, Sechs Mitteilungen zur Lehre vom Lichtsinn. Wien 1872—74.

Grundlinie (Basis) s. Triangulierung.

Grundton s. Klang.

Grundwasser. Das Bodenwasser kommt unterirdisch in den kapillaren Poren der Gesteine als sogenannte Bergfeuchtigkeit und in tropfbarflüssiger Form als das eigentliche Grundwasser vor. Es entsteht durch Einsickern des Regen- und Oberflächenwassers, doch kommt daneben wahrscheinlich auch in geringem Maße die Kondensation vom Wasserdampfgehalt der Bodenluft

in Betracht. Das wechselnde Überwiegen von Niederschlag und Verdunstung hat erhebliche Schwankungen in der Höhe des Grundwasserspiegels zur Folge. Seine subterrane Ausbreitung ist abhängig von der Wasserdurchlässigkeit der Bodenarten und Gesteine, sowie von deren Lagerungsverhältnissen. Wechseln durchlässige mit undurchlässige Schichten ab, so können mehrere Grundwasserhorizonte in verschiedenen Tiefen entstehen. In stark zerklüftetem Gestein kommt es zur Erfüllung größerer Hohlräume mit Wasser, das man in solchen Fällen als Kluftwasser, im Karst (s. diesen) als Karstwasser bezeichnet.

Im allgemeinen folgt der Grundwasserspiegel in großen Zügen dem Relief der Erdoberfläche in abgeschwächtem Maße in einem tieferen Niveau. In Brunnen tritt er offen zutage.

Die Aufnahmefähigkeit des Bodens für Grundwasser schwankt zwischen $< 1\%$ (Granit) bis zu 92% (Infusorienerde). Sand vermag 36 bis 42% Wasser aufzunehmen. Neben der Aufnahmefähigkeit kommt jedoch auch die Leitungsfähigkeit in Betracht. Plastischer Ton, Torf und Braunkohle z. B. können bis zu 50% Wasser aufnehmen, doch wird es von ihnen festgehalten, während Schreibkreide und Löß ein sehr großes Fortleitungsvermögen besitzen. Daher ist die Strömungsgeschwindigkeit des Grundwassers, die daneben noch wesentlich von seinem Gefälle und mehreren anderen Faktoren abhängig ist, sehr verschieden. Auch die Mächtigkeit der Grundwasserschicht schwankt von einigen Zentimetern bis zu vielen Metern. Den gesamten Grundwasservorrat der Erde hat man auf etwa 250 000 cbkm geschätzt.
O. Baschin.

Näheres s. K. Keilhack, Lehrbuch der Grundwasser- und Quellenkunde. 1912.

Grunert, Satz von: Sind A, B, C die Winkel eines sphärischen Dreieckes, ε der sphärische Exzeß, so daß $A + B + C = 180^0 + \varepsilon$ ist, sind ferner a, b, c die Seitenlängen des zugehörigen Sehnendreiecks, so ist

$$a : b : c = \sin\left(A - \frac{\varepsilon}{4}\right) : \sin\left(B - \frac{\varepsilon}{4}\right) : \sin\left(C - \frac{\varepsilon}{4}\right).$$

Der Satz findet Anwendung bei der Berechnung der Triangulierungen. *A. Prey.*

Näheres s. R. Helmert, Die mathem. und physikal. Theorien der höheren Geodäsie. Bd. I, S. 107.

Gruppengeschwindigkeit s. Oberflächenwellen.

Gruppierungsachsen eines Trefferbildes s. Geschoßabweichungen, zufällige.

Guckkasten (Verant). Perspektivische Darstellungen, die der Künstler unmittelbar, wie Gemälde und Zeichnungen, dem Beschauer darbietet, lassen sich ohne Hilfsmittel betrachten, wenn nur der — gegebenenfalls bebrillte — Beschauer seinen Betrachtungsabstand übereinstimmend mit dem Arbeitsabstande des Künstlers wählt. Diese einfachen Verhältnisse änderten sich merkbar, als weiteren Kreisen Kupferstiche in verkleinertem Maßstabe zugänglich wurden; diese erforderten hinsichtlich der Richtigkeit des Eindrucks die Einhaltung eines entsprechend verkleinerten Betrachtungsabstandes, was wohl Kurzsichtigen gelang, altersichtig gewordenen Betrachtern aber unmöglich war. Da man nun in älterer Zeit den ziemlich kostspieligen Kupferstichen mit einem heute verschwundenen Verständnis gegenübertrat, so lag die Aufgabe vor, auch altersichtig gewordenen normalen Augen die Einhaltung des richtigen Abstandes zu ermöglichen. Man leistete das zunächst durch Spiegelkästen, um die Mitte des 18. Jahrhunderts durch Linsenvorrichtungen (*Guckkästen*), wobei durch eine Sammellinse einigermaßen kurzer Brennweite — genauer hätte sie dem Abstande des perspektivischen Zentrums von der Ebene des Kupferstichs gleichkommen müssen — das Blatt unter richtigeren Winkeln virtuell (s, Fig.) in einer Entfernung entworfen wurde, auf die der Alterssichtige akkommodieren konnte. Von sehr schönen Guckkästen (*optique, shew-box*) hat man namentlich vom Hofe Ludwigs XV Nachricht, und gegen den Ausgang des 18. Jahrhunderts war der Guckkasten, wie man aus den Werken unserer Klassiker und gleichzeitigen Schriften

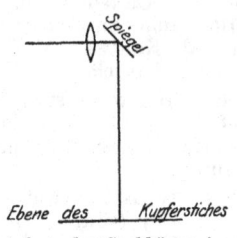

Anlage der Guckkästen im 18. Jahrhundert.

nachweisen kann, zu einem in Bürgerhäusern sehr weit verbreiteten Unterhaltungsmittel geworden. — Störend wirkte der kleine Bildwinkel, den die nicht besonders leistungsfähigen Brillengläser dem Betrachter nur zur Verfügung stellten, und es scheint, als ob die Freude am Guckkasten bereits im ersten Drittel des 19. Jahrhunderts stark nachgelassen habe. Die Verhältnisse änderten sich zum schlechteren, als mit der Entwicklung der Lichtbildverfahren jedenfalls in der zweiten Hälfte des 19. Jahrhunderts große Massen von Landschafts- und Städtebildern billig auf den Markt kamen. Daß es auch bei diesen Perspektiven auf die Einhaltung eines bestimmten Abstandes (gleich der Brennweite der Aufnahmelinse) ankäme, war der Menge der Käufer völlig verborgen, die zum Verständnis der Lichtbilder ja auch in keiner Weise angeleitet wurden. Diese durchaus unrichtige Betrachtung der Mehrzahl der Lichtbilder mit bloßem Auge wurde um so unbefriedigender, je kürzer die Aufnahmebrennweiten wurden, eine Entwicklung, die sich immer mehr durchsetzte. Die nunmehr nötigen Betrachtungslinsen hätten 10 bis 15 cm, ja bei den kleinen Taschenkammern 7 bis 10 cm Brennweite haben müssen. A. Gullstrand schlug 1901 vor, Betrachtungslinsen so kurzer Brennweite für die Unterstützung des blickenden Auges (s. Brille u. Augendrehung) zu berechnen und sie zur Ausrüstung eines neuen Guckkastens für Lichtbilder zu verwenden, bei dem der Spiegel unnötig war. Solche Einrichtungen sind 1903 als Veranten auf den Markt gebracht worden.   *v. Rohr.*

Näheres s. M. v. Rohr, Zeitschr. f. Instrumentenkunde, 1905, 25, 293—305; 329—339; 361—371.

Guitarre s. Saiteninstrumente.

Guyesche Hypothese s. Asymmetrie, molekulare.

Gyralmoment s. Kreisel.

Gyroskop nennt man nach Foucault einen kräftefreien Kreisel (s. d.), welcher zum Nachweis der Erddrehung dienen soll. Foucault verwendete dazu 1852 einen astatisch an einem torsionsfreien Faden in zwei Kardanringen aufgehängten Schwungkörper (der wagerechte innere Ring r_2 in wagerechten Schneiden am lotrechten äußeren Ring r_1 gelagert). Wird dem Schwungring ein nicht zu schwacher Drehimpuls (s. Impuls) um seine Achse erteilt, so besitzt diese eine gewisse,

zeitlich allerdings begrenzte Richtungssteifigkeit gegenüber den unvermeidlichen Störungen der Umwelt (Reibung usw.), ist also befähigt, durch ihre scheinbare Drehung gegenüber der Erde deren wirkliche Drehung gegen den Raum, in welchem unsere Mechanik gilt, anzuzeigen. Sie darf dabei natürlich nicht in die Richtung der Erdachse eingestellt sein, sondern steht am besten senkrecht dazu. Die Möglichkeit, diesen Versuch auszuführen, hat ihre Grenzen lediglich in technischen Schwierigkeiten. Der zu erwartende Betrag von etwa 15 Bogenminuten in der Zeitminute liegt ohne ganz besondere Vorsichtsmaßregeln innerhalb der Fehlergrenzen des Versuches. Als Fehlerquelle kommt in Betracht einerseits ungenaue Astasierung des Kreisels; sobald der Schwerpunkt nicht völlig mit dem Kardanmittelpunkt zusammenfällt, fängt der Kreisel an, eine pseudoreguläre Präzession (s. d.) um die Lotlinie zu beschreiben. Andererseits verursacht die nie ganz zu vermeidende Reibung in den Lagern der Ringe Störungen, deren Einfluß sich im Laufe der Zeit immerhin so stark summiert, daß Foucault mit Mühe nur gerade noch den Sinn der erwarteten Drehung, keineswegs aber ihren Betrag festzustellen vermochte.

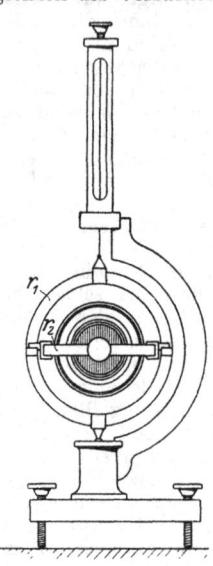

Foucaultsches Gyroskop.

Der Foucaultsche Gedanke ist viel später (1898) von Obry zu einem sehr brauchbaren Instrument durchgebildet worden, das freilich ganz anderen Zwecken dient: es ist der *Geradlaufapparat*, der einen wesentlichen Bestandteil des Whitehead-Torpedos ausmacht. Hier gibt der möglichst sorgfältig astasierte Kreisel mit seiner Figurenachse die ideale Schußrichtung wenigstens einige Zeitlang (mehrere Minuten) sehr genau an. Jede Verdrehung der Torpedoachse aus der Schußrichtung äußert sich dann in einer relativen Verdrehung zwischen Figurenachse und Torpedokörper und wird durch einen vom Kreisel innervierten Steuermotor beseitigt.

Foucault hat noch zwei andere Versuchsanordnungen ausgedacht, um mit Hilfe seines Gyroskopes die Erddrehung zu zeigen. Das eine Mal zwang er die Figurenachse, in der Meridianebene des Beobachtungsortes zu bleiben, in welcher sie sich tunlichst reibungsfrei und völlig astatisch drehen durfte. Der Kreisel war so gezwungen, die tägliche Drehung der Meridianebene mitzumachen und mußte zufolge der Regel vom gleichstimmigen Parallelismus (s. Kreisel) das Bestreben zeigen, sich in die Richtung der Erdachse einzustellen, also unter der Neigung φ gegen den Horizont, wenn φ die geographische Breite (Polhöhe) des Ortes bedeutet. Der Apparat stellt so eine Art geographisches *Inklinatorium* dar. Der Versuch kann nur gelingen, wenn das zur Verfügung stehende außerordentlich kleine Drehmoment von sehr angenähert dem Betrag (s. Kreisel) $\mathfrak{S} \omega \sin \psi$ (wo ψ der Winkel zwischen dem in der Figurenachse liegenden Vektor des Drehimpulses $\mathfrak{S}$ des Kreisels und dem Vektor der Erddrehung ω) die Reibung sowie die unvermeidlichen Fehler der Astasierung übertönt. Dies zu erreichen, gelang Foucault allerdings nicht, sondern erst Ph. Gilbert (s. Barygyroskop).

Das andere Mal zwang Foucault die Figurenachse des Kreisels, in der wagerechten Ebene des Beobachtungsortes zu bleiben. Jetzt mußte sie das Bestreben zeigen, sich unter dem Einfluß eines Momentes $\mathfrak{S}\,\omega\cos\varphi\sin\psi$ (wo ψ die östliche oder westliche Deklination des Vektors $\mathfrak{S}$ ist) nach Norden einzustellen. Ein solches geographisches *Deklinatorium* stellt die primitivste Art der Kreiselkompasse vor. Auch hier ist das experimentelle Ziel erst A. Föppl gelungen, der 1904 durch trifilare Aufhängung die Reibung so sorgfältig auszuschalten vermochte, daß sogar der Betrag ω der Erddrehung ohne irgendwelche astronomische Hilfsmittel bis auf 2% richtig herauskam. *Grammel.*

Näheres s. R. Grammel, Der Kreisel, seine Theorie und seine Anwendungen, Braunschweig 1920, § 18 u. S. 344. Vgl. auch den Artikel „Kreiselkompaß".

Gyroskopisches Pendel s. Kreiselpendel.

Gyrostat heißt nach Lord Kelvin (W. Thomson) ein Kreisel (s. d.), der in der Regel in eine Kapsel eingeschlossen ist und auf einer äquatorialen sektorförmigen Schneide steht, deren geometrischer Mittelpunkt etwas über dem Schwerpunkt liegt. Der Gyrostat dient als Modell für die künstliche Stabilisierung eines an sich labilen mechanischen Systems durch (unsichtbare) zyklische Bewegungen im Innern. Nach den für gyroskopische Stabilisierung (s. d.) gültigen allgemeinen Gesetzen kann der Gyrostat stabil aufrecht stehen, wenn dem Schwungring eine hinreichend starke Drehung mitgegeben wird, und wenn außer dem labilen Freiheitsgrad der Umkippung um die Schneide

noch ein zweiter labiler oder mindestens indifferenter, dann aber keinesfalls irgendwie (z. B. durch bemerkliche Reibung) behinderter Freiheitsgrad für die Drehung um die Lotrechte vorhanden ist. Wird die Schneide also nicht auf eine glatte, sondern auf eine sehr rauhe Unterlage gestellt und somit in ihrer Drehung behindert, so fällt

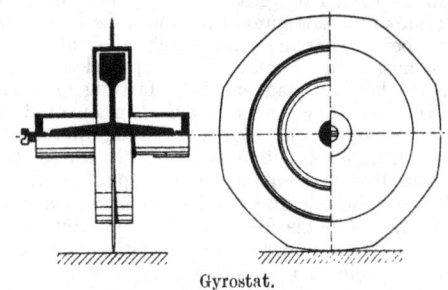

Gyrostat.

der Gyrostat sofort um. Wird die Figurenachse des Kreisels nicht wagerecht, sondern unter der kleinen Neigung α aufgesetzt, so beschreibt sie eine pseudoreguläre Präzession (s. d.) um die Lotlinie mit der Winkelgeschwindigkeit $\alpha\,a\,G/\mathfrak{S}$, wo G das Gewicht des Gyrostaten, $\mathfrak{S}$ sein Drehimpuls (s. Impuls) und a die Entfernung zwischen dem Schwerpunkt und dem untersten Punkt der Schneide ist.

Lord Kelvin hat die Gyrostaten noch viel weitergehend auf ihre Stabilität hin untersucht, und zwar in den verschiedensten Lagen und gegenseitigen Verbindungen, indem er dabei hauptsächlich Ziele verfolgte, welche die Mechanik des Äthers betrafen. *Grammel.*

Näheres s. W. Thomson und P. G. Tait, Treatise on Natural Philosophy, 2. Aufl. Cambridge 1879/83, Bd. I, Art. 345 X.

H

Hängen eines Flugzeugs nennt man einen Flugzustand, bei welchem der Auftrieb der einen Seite den der anderen überwiegt, so daß der Führer durch Ausschlag der Querruder ständig ein Moment um die Längsachse ausüben muß, wenn das Flugzeug im Gleichgewichte bleiben soll. Ein solches Hängen tritt infolge der Reaktion gegen das Motordrehmoment stets auf, wenn die Flügel auf beiden Seiten gleich angestellt sind. Man muß durch richtiges Verspannen den einen Flügel von vornherein etwas flacher anstellen, wie den anderen, wenn ein Hängen vermieden werden soll.
L. Hopf.

Härte. Der Glasschmelzer spricht von harten und weichen Gläsern und meint damit schwer und leicht schmelzende. Er bringt die Härte mit der Schmelzbarkeit in Beziehung und er tut das nicht ganz ohne Berechtigung, da die leicht schmelzbaren Gläser weicher sind, von Schleifmitteln leichter angegriffen werden, als schwer schmelzende, an Kieselsäure reichere Gläser; klare Beziehungen bestehen aber nicht zwischen den beiden Eigenschaften. — Nach systematischen Schleifversuchen, die Lecrenier anstellte, sind die Natrongläser bei gleichem Kieselsäuregehalt härter als die Kaligläser. Bor-

säure erhöht die Härte, Bleiglas wird durch Einführung von Natron und Kalk härter. Auerbach bestimmte die absolute Härte an einer Reihe von Jenaer Gläsern, indem er eine ebene Platte mit einer Linse aus dem gleichen Glase unter Druck in Berührung brachte. Die so erhaltenen Zahlen bewegen sich zwischen 173 und 316 $kg\cdot mm^{-5/3}$. In die Härteskala nach Mohs eingereiht kommt das weichste Glas, ein Bleiglas, zwischen Flußspat und Apatit zu stehen; das härteste, ein Borosilikat, übertrifft den Quarz.
R. Schaller.

Härte von Strahlungen s. Durchdringungsvermögen.

Härtegrad des Wassers. Es ist gebräuchlich, die Güte eines Speisewassers nach seinen Härtegraden zu beurteilen. Ein deutscher Härtegrad entspricht 10 g doppeltkohlensaurem Kalk oder 7,15 g doppeltkohlensaurer Magnesia in 1000 kg Wasser. Man bezeichnet:

Wasser von	0—4	4—8	8—12	12—18	18—30 Härtegraden
als	sehr weich	weich	mittelhart	ziemlich hart	hart.

Für Kesselspeisewasser sind höchstens 12 bis 15 Grad zulässig. Härteres Wasser muß durch Wasserreiniger (s. dort) weich gemacht werden.
L. Schneider.

Härtung, magnetische. — Unter magnetisch weichem Material versteht man solches, welches den Magnetismus leicht annimmt und auch leicht wieder abgibt, wie reines Eisen, legiertes Blech usw.; es besitzt also eine hohe Maximalpermeabilität und kleine Koerzitivkraft, zumeist auch hohen Sättigungswert; magnetisch hartes Material (harter Stahl) dagegen hat verhältnismäßig niedrige Permeabilität und Sättigungswert und hohe Koerzitivkraft; beide Extreme sind durch alle möglichen Übergangsstufen miteinander verbunden. Die hauptsächlichste magnetische Härtung bewirkt der Kohlenstoff, wenn er in gelöstem Zustand im Eisen vorhanden ist. Zur Erreichung dieses Zustands erhitzt man den Körper für kurze Zeit bis oberhalb des ersten Umwandlungspunkts, also je nach seiner Gestalt und der Höhe des Kohlenstoffgehalts auf 800^0 bis 900^0, und schreckt ihn rasch in kaltem Wasser oder Öl unter kräftigem Rühren ab; dann bleibt der im Eisen bei der hohen Temperatur gelöste Kohlenstoff auch bei niedriger Temperatur in Lösung und ruft die erwähnten, dem harten Stahl eigentümlichen magnetischen Eigenschaften hervor, die man bei der Herstellung permanenter Magnete (s. dort) praktisch verwertet.

Aber auch durch mechanische Eingriffe, wie durch Hämmern, Pressen, Walzen, Schneiden und Biegen, kann weiches Material magnetisch mehr oder weniger gehärtet werden, wie es ja auch durch dieselben Eingriffe eine gewisse mechanische Härtung erfährt, die sich durch Federn usw. bemerkbar macht. Diese Tatsache ist von erheblicher Bedeutung bei der Herstellung von Transformatoren, Dynamoankern usw., bei welcher eine starke Pressung beim Stanzen zu vermeiden ist, ganz besonders aber bei der magnetischen Prüfung derartigen weichen Bleches. Dies kann schon durch bloßes Biegen, ganz besonders aber durch Schneiden mit ungeeigneten Scheren an den Rändern eine sehr starke Härtung erfahren, so daß schmale Probestreifen, wie sie bei der Untersuchung im Joch oder im Köpselapparat verwendet werden, vielfach ganz andere magnetische Eigenschaften aufweisen, als das unzerschnittene Blech; die erhaltenen Werte müssen dann noch entsprechend korrigiert werden. *Gumlich.*

Härtungseffekt. Wird eine inhomogene, z. B. aus einer härteren Komponente K_1 und einer weicheren K_2 bestehende radioaktive Strahlung in Materie absorbiert, so wird nicht, wie es bei einer homogenen Strahlung der Fall ist, bei jedem neuerlichen Schichtdickenzuwachs die noch vorhandene Intensität um den gleichen Prozentsatz geschwächt, vielmehr nimmt dieser Prozentsatz ab. Das Strahlengemisch wird also durch schnellere Verbrauchung der weicheren Komponente härter, und zwar so lange, bis K_2 völlig absorbiert ist und nur mehr das eine homogene K_1 überbleibt; von da an ist auch der pro Schichtdickeneinheit absorbierte Prozentsatz konstant und damit auch der Absorptionskoeffizient μ (vgl. die Artikel „Absorption" und „γ-Strahlung").
K. W. F. Kohlrausch.

Hafenzeit ist der Zeitunterschied zwischen dem Augenblick des Neumondes und dem Eintreten des darauffolgenden Hochwassers. *A. Prey.*

Näheres s. O. Krümmel, Handbuch der Ozeanographie. Bd. II, S. 201.

Haftung s. Reibungskoeffizient.

Hagel. Milchig trübe Eisstücke von unregelmäßiger Form, die meist aus helleren und trüben konzentrischen Schichten bestehen. Sie kommen von Erbsengröße bis zu Apfelsinengröße vor und fallen fast stets in Verbindung mit Gewittern (s. diese) strichweise auf Streifen von mehreren Kilometern Breite, in denen die Hagelzüge mit einer Geschwindigkeit von etwa 40 km pro Stunde vorwärts schreiten. Der jährliche und tägliche Gang des Hagelfalls schließt sich in Mitteleuropa sehr nahe den entsprechenden Gewitterperioden an. Ferrel nimmt an, daß die Bildung der Hagelsteine in einem kräftigen aufsteigenden Wirbel erfolgt, der wasserdampfreiche Luft sehr schnell in hohe kalte Schichten führt. Die entstandenen Eisstückchen werden dabei mehrfach nach aufwärts gewirbelt, bis ihr Gewicht so groß wird, daß der aufsteigende Luftstrom sie nicht mehr tragen kann und sie zur Erde fallen müssen (s. auch Niederschlag). *O. Baschin.*

Hagelstadium s. Adiabate in der Meteorologie.

Halbierungsdicke. Diejenige Dicke eines Absorbers, welche die Intensität eines einfallenden homogenen und parallelen Bündels von radioaktiver β- oder γ-Strahlung (s. d.) auf die Hälfte des Anfangswertes I_o herabsetzt, bezeichnet man als Halbierungsdicke D. Wo die Absorption nach einem einfachen Exponentialgesetz $I = I_o\,e^{-\mu x}$ erfolgt, ist jene Dicke D aus der Bedingung $I = \dfrac{I_o}{2}$ oder

$$e^{-\mu D} = \frac{1}{2} \text{ zu } D = 0{,}693\,\frac{1}{\mu} \text{ gegeben.}$$

Für die β-Strahlung liegt bei Gültigkeit obiger Voraussetzung D zwischen 0,001 und 0,05 cm, für die γ-Strahlung zwischen 0,5 und 5 cm, wenn als Absorber Aluminium verwendet wird.
K. W. F. Kohlrausch.

Halbierungszeit (Halbwertszeit, engl. period). Diejenige Zeit, nach der von den ursprünglich vorhandenen N-Atomen einer radioaktiven Substanz A die Hälfte noch vorhanden, die andere Hälfte sich in Atome des Folgeproduktes B verwandelt hat. Da die auf irgend eine Art der üblichen radioaktiven Meßmethoden gemessene Präparatstärke proportional ist der gerade zerfallenden Anzahl von Atomen und da letztere, wie bei den monomolekularen Reaktionen, der in diesem Augenblick vorhandenen Zahl von Atomen proportional ist, so ist auch die Intensität des Präparates nach der Halbierungszeit auf die Hälfte gesunken. Da der Zerfall weiters nach einem e-Gesetz erfolgt, indem $N_t = N_0\,e^{-\lambda t}$ ($\lambda =$ „Zerfallskonstante", s. d.), so wird $N_t = \dfrac{1}{2} N_0$ sein, wenn $e^{-\lambda t} = \dfrac{1}{2}$ ist. Daher erhält man die Halbwertszeit T aus $T = \dfrac{1}{\lambda} \lg$ nat. $2 = 0{,}69315\,\dfrac{1}{\lambda}$.

T wird sowohl in Sekunden (s), als auch in Minuten (m), Stunden (h), Tagen (d), Jahren (a) angegeben, je nach Zweckmäßigkeit. Zahlenangaben bei den einzelnen radioaktiven Substanzen.
K. W. F. Kohlrausch.

Halbleiter s. Leiter.

Halbprisma s. Polarimeter.

Halbrotation s. Multirotation.

Halbschatten s. Finsternisse.

Halbschatten s. Polarimeter.

Halbschattenapparat s. Polarimeter.

Halbschattenkompensator s. Babinets Kompensator.

Halbschattensaccharimeter s. Saccharimetrie.

Hall-Effekt. E. H. Hall entdeckte (1879), in der Absicht, eine Wirkung des Magnetismus auf die bewegte Elektrizität in einem Leiter zu finden, folgende Erscheinung: Wird in einem von einem elektrischen Strom durchflossenen Leiter ein magnetisches Feld erregt, dessen Kraftlinien senkrecht zur Richtung des Stromes verlaufen, so tritt eine transversale EMK auf. Die Erscheinung ist in Fig. 1 schematisch dargestellt. Ein plattenförmiger Leiter wird von dem elektrischen Strom J durchflossen und senkrecht dazu von dem magnetischen Feldvektor H durchsetzt. Die Wirkung des magnetischen Feldes ist dann derart, daß eine elektrische Äquipotentiallinie A B z. B. in die Lage A'B' gedreht wird. Infolgedessen wird zwischen A und B nach Erregung des magnetischen Feldes eine Potentialdifferenz beobachtet.

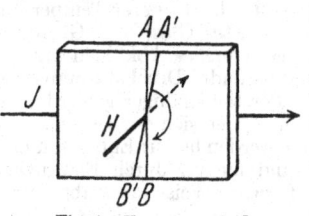

Fig. 1. Erzeugung des Hall-Effektes.

Die Messung des Effektes erfolgt bei metallischen Leitern in der in Fig. 2 dargestellten und daraus

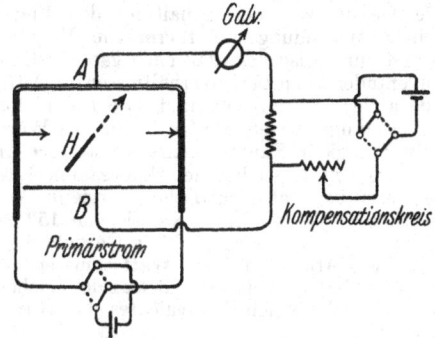

Fig. 2. Messung des Hall-Effektes.

unmittelbar verständlichen Weise. Die zwischen A und B auftretende Spannung wird durch Kompensation bestimmt. Da der Effekt sein Vorzeichen nicht wechselt, wenn Primärstrom und Feldstärke gleichzeitig kommutiert werden, so kann die Messung auch in der Weise erfolgen, daß als Primär- und Erregerstrom des Magneten Wechselstrom verwendet wird.

Die Beobachtungen zeigen, daß der Effekt sehr genau proportional der Primärstromstärke J und in erster Annäherung der magnetischen Feldstärke H und umgekehrt proportional der Dicke der Platte d ist (aus diesem Grunde sind sehr dünne Platten vorteilhaft). Es ist also die Spannung E zwischen A und B:

$$E = R \cdot \frac{J \cdot H}{d}.$$

Als positiv wird der Effekt und damit der „Hall-Koeffizient" R bezeichnet, wenn die Drehung der Äquipotentiallinie AB, in der Richtung der magne-

tischen Kraftlinien gesehen, im positiven Drehungssinne erfolgt (s. Fig. 1), oder wenn der durch den Effekt hervorgerufene Strom von A nach B gerichtet ist.

Die Größe des Hall-Effektes ist für Wismut am größten und zwar negativ, für die ferromagnetischen Metalle kleiner, aber positiv, für die übrigen Leiter meist noch geringer (außer Antimon und Kohle) und von wechselndem Vorzeichen. Durch Zusätze auch geringster Mengen von Fremdmetallen werden die Koeffizienten der Metalle, die an sich große Effekte zeigen, stark beeinflußt. Temperatur und Orientierung des Kristalls im Felde sind ebenfalls oft von großem Einfluß.

Auch in (elektrolytisch wie metallisch leitenden) Flüssigkeiten und in Gasen ist der Hall-Effekt beobachtet worden.

Als „longitudinaler Hall-Effekt" wird oft auch die Erscheinung der Widerstandsänderung bei transversaler Magnetisierung bezeichnet (s. „Galvanomagnetische Effekte").

Eine Modifikation des Hall-Effektes ist der „Corbino-Effekt" (s. d.). *Hoffmann.*

Näheres s. K. Baedecker, Die elektrischen Erscheinungen in metallischen Leitern. Braunschweig 1911.

Hallwachs-Effekt (in spezieller Beziehung zur Luftelektrizität). Im Jahre 1888 fand Hallwachs, daß bestimmte Körper unter Einwirkung von Lichtstrahlen eine negative elektrische Ladung ziemlich rasch verlieren („lichtelektrische Entladung"). Dieselben Körper verlieren, positiv geladen, ihre Ladung nicht rascher, als eben der gerade vorhandenen Leitfähigkeit der umgebenden Luft entspricht. Später fand dann Righi, daß derartige lichtelektrisch empfindliche Körper, wenn sie anfangs ungeladen sind, unter Einfluß der Bestrahlung negative Elektrizität abgeben, d. h. sich selbsttätig positiv aufladen, bis ein gewisser positiver Potentialgrenzwert erreicht ist („lichtelektrische Erregung"). Zur Erklärung dieses lichtelektrischen Effektes nimmt man an, daß die photoelektrisch empfindlichen Substanzen unter Einwirkung des Lichtes verhältnismäßig leicht Elektronen abgeben, die von der exponierten Oberfläche nach allen Richtungen mit ziemlich beträchtlichen Geschwindigkeiten ausgehen. Da diese Geschwindigkeiten 10 bis 100 mal kleiner sind, als die der Kathodenstrahlen, vermögen diese durch den photoelektrischen Effekt ausgelösten Elektronen in Luft von atmosphärischem Druck nur winzige Distanzen frei zu durchlaufen und werden sodann rasch durch Anlagerung an gewöhnliche Molekülaggregate zu Molionen (über den Begriff vgl. dieses Stichwort) umgestaltet. So entstehen im Gas negative Elektrizitätsträger von normaler Ionenbeweglichkeit und daher eine rein unipolare Strömung. Die beiden photoelektrischen Grundeffekte wurden zuerst nur bei Metallen, unter diesen zuerst bei Zink, entdeckt. Später ergab sich, daß auch Aluminium, Magnesium und in viel höherem Maße noch die Alkali-Metalle Na, K, Rb, Cs lichtelektrisch erregbar sind. Elster und Geitel haben 1892 die Frage aufgeworfen, ob der lichtelektrische Effekt nicht auch in der Luftelektrizität eine Rolle spiele. Sie hielten es für möglich, daß auch andere Substanzen, welche an der Oberfläche der Erde weit verbreitet sind, in geringem Grade lichtelektrisch empfindlich seien und daß demzufolge von der Erde unter Einfluß der Sonnenstrahlung beträchtliche Mengen negativer Elektrizität abgegeben würden, wodurch dann die tatsächlich beobachtete Erniedrigung des atmosphärischen Potentialgefälles mit zunehmender Sonnenstrahlung eine Erklärung fände. Seither ist allerdings diese Auffassung in ihren Grundzügen als irrig erkannt worden: man weiß, daß die Anwesenheit positiver Raumladungen in der Atmosphäre und deren Änderungen hauptsächlich den Gang des Potentialgradienten in der unmittelbaren Nähe der Erde beeinflussen. Immerhin regte der Elster-Geitelsche Gedanke zu wichtigen weiteren Forschungen an: Lampa prüfte in der Folge einige weit verbreitete Körper wie Lehm, Backstein, Sandstein, Schiefer, Granit, Holz und Laub auf photoelektrische Empfindlichkeit, kam aber zu negativem Ergebnis. Doch fanden Elster und Geitel mit empfindlicheren Mitteln, daß viel Mineralien dennoch lichtelektrisch erregbar seien: sie stellten dieses positive Ergebnis bei Granit, Feldspat, Kalkspat, Schwerspat, Aragonit u. a. fest, und zwar nur an frischen Bruchflächen derselben. Brillouin und Buisson fanden auch Eis lichtelektrisch erregbar. Benndorf hat später dieses Resultat widerlegt; doch konnte in neuester Zeit Obolensky zeigen, daß für Licht des äußersten ultravioletten Spektralbereichs ($\lambda = 180\ \mu\mu$) auch bei Eis ein deutlicher Photoeffekt vorhanden sei. Die Erregbarkeit durch die dem äußersten Ultraviolett angehörigen Strahlen spielt für unsere Fragen keine Rolle: denn diese ganz kurzwelligen Lichtstrahlen gelangen gar nicht bis zur Erdoberfläche, können daher auch an dieser nicht erregend einwirken.

Um die Zusammenhänge zwischen lichtelektrisch wirksamer Sonnenstrahlung und den luftelektrischen Faktoren messend zu verfolgen, haben Elster und Geitel später das nach ihnen benannte Zinkkugel-Photometer konstruiert: in einer Röhre, deren Achse den Sonnenstrahlen parallel eingestellt wird, befindet sich eine frisch amalgamierte Zinkkugel, welche gut isoliert und mit einem negativ zu ladenden Elektroskop verbunden wird. Die Entladungsgeschwindigkeit bei negativer Ladung gibt ein relatives Maß für die Intensität der photoelektrisch wirksamen Gesamtstrahlung. Später wurde dieses photoelektrische „Aktinometer" bedeutend verbessert. Man verwendet statt der Zinkkugel die viel empfindlicheren Kalium- oder Natriumzellen. Diese sprechen nicht nur bei diffusem Tageslicht, sondern auch noch im ultraroten Spektralgebiet an. *V. F. Hess.*

Näheres über den lichtelektrischen Effekt s. Hallwachs, Lichtelektrizität in Marx, Handb. d. Radiologie. Bd. III.

Hamiltonsche Funktion s. Impulssätze.

Hamiltonsche Gleichungen s. Impulssätze.

Harfe s. Saiteninstrumente.

Harmonie der Sphären s. Konsonanz.

Harmonika s. Zungeninstrumente.

Harmonische Analysatoren s. Analysatoren.

Harmonische Analyse ist ein Rechenverfahren, welches dazu dient, die Gezeitenerscheinung an einem Orte in die einzelnen periodischen Glieder zu zerlegen, aus welchen sie sich zusammensetzt. Es besteht darin, daß die Beobachtungen in einer Weise zusammengefaßt werden, daß gerade das zu bestimmende Glied ein Maximum seines Einflusses gewinnt, während alle anderen sich gegenseitig zerstören. Diese Zusammenfassung wird dadurch ermöglicht, daß die Länge der Perioden aus den astronomischen Daten der Bewegung von Sonne und Mond von vornherein bekannt sind. Als Unbekannte erscheinen die Koeffizienten und die Phasen der einzelnen periodischen Glieder. Das Verfahren wurde von Kelvin erfunden und von Börgen umgestaltet und verbessert. Die Kenntnis der einzelnen Glieder, aus denen sich die Fluterscheinung zusammensetzt, ist für die Seefahrt von größter Wichtigkeit, weil darauf die Möglichkeit der Flutvoraussage beruht. *A. Prey.*

Näheres s. C. Börgen, Über eine neue Methode, die harmonischen Konstanten der Gezeiten abzulesen (Annalen der Hydrographie, 1894).

Harmonium s. Zungeninstrumente.

Hartglas. Darunter versteht man 1. hartes Glas, d. i. Glas von hoher Schmelztemperatur, im Gegensatz zu weichem Glas, das bei niederer Temperatur schmelzbar ist; 2. gehärtetes Glas, d. i. Glasware, die durch planmäßiges schnelles Abkühlen auf der Außenseite der Gegenstände Druckspannung erhalten hat und so widerstandsfähiger geworden ist (s. Spannung) Hierzu eignen sich nur Gegenstände einfacher Gestalt. Sie werden bis zur Entspannungstemperatur erhitzt und hierauf durch Eintauchen in heißes Öl oder auf andere Weise rasch abgekühlt. *R. Schaller.*

Haubengeschosse s. Geschosse.

Hauptachse s. Trägheitsmoment.

Hauptazimut s. Metallreflexion.

Hauptebene s. Trägheitsmoment.

Haupteinfallswinkel s. Metallreflexion.

Hauptlagen, magnetische, s. Magnetometer.

Hauptpunkt s. Gaußsche Abbildung.

Der erste Hauptsatz. Der erste Hauptsatz der Thermodynamik ist das aus der Erfahrung stammende Gesetz von der Erhaltung der Energie in seiner Anwendung auf thermische Vorgänge. Es bringt zum Ausdruck, daß nach ganz bestimmten unveränderlichen Zahlenverhältnissen die Wärme in jede andere Energieform und jede Energieform in Wärme umgewandelt werden kann. Als Wärme wird die Energie in Kalorien gemessen, als mechanische Energie in Erg oder Meterkilogramm, Literatmosphären usw., als elektrische Energie in Wattsekunden oder Joule. Einer Kalorie von 15° entsprechen $4{,}186 \cdot 10^7$ Erg, 426,7 g-Gewicht-Meter 0,04132 Liter-Atm. und 4,184 Wattsekunden oder Joule. Diese Zahlen stellen den Betrag des mechanischen bzw. elektrischen Äquivalentes der Wärmeeinheit dar.

Eine Wärmemenge Q kann man restlos in mechanische Arbeit verwandeln, wenn man dieselbe in einem unendlich langsamen Prozeß einem idealen Gase zuführt, das sich isotherm ausdehnt und bei diesem Vorgang ein Gewicht G um eine Strecke h entgegen der Schwerkraft hebt. Die Umwandlung von mechanischer oder elektrischer Energie in Wärme erfolgt restlos auch bei nicht idealisierten Prozessen, z. B. durch Reibung und Joulesche Wärme.

Bezeichnet man mit dQ die der Masseneinheit zugeführte Wärmemenge, mit du den Zuwachs der inneren Energie. des Körpers und mit dA die gleichzeitig von diesem geleistete Arbeit (s. Arbeit) irgend welcher Art, so ist während einer differentialen Veränderung die von der Masseneinheit gewonnene Energie

$$du = dq - dA.$$

Diese Gleichung ist der mathematische Ausdruck des 1. Hauptsatzes.

Man kann aber den Inhalt des 1. Hauptsatzes auch dahin aussprechen, daß die Energie u der Masseneinheit eines homogenen isotropen Körpers lediglich eine Funktion derjenigen Größen ist, die den Zustand des betreffenden Körpers bestimmen. Da dies durch zwei der Größen: Temperatur T, Druck p, spezifisches Volumen v, oder irgend einer anderen von diesen Größen abgeleiteten Variablen geschehen kann, so läßt sich also die Energie darstellen als $u = f_1(T, v) = f_2(T, p) = f_3(v, p)$ usw. Damit ist sogleich die Unmöglichkeit eines Perpetuum mobile erster Art (s. d.) bedingt, denn es ist durch die Gleichungen ausgedrückt, daß ein Körper, der nach Durchlaufen eines zyklischen Prozesses wieder seinen Anfangszustand annimmt, genau die gleiche Energie wie zu Beginn des Prozesses besitzen muß und also im ganzen keine Energie abgegeben haben kann. Es ist trotz vielfacher Bemühungen kein Versuch bekannt, der mit dieser Folgerung in Widerspruch steht.

Die positive Bestätigung des ersten Hauptsatzes ist dadurch erfolgt, daß sich unabhängig von der speziellen Beschaffenheit eines Körpers und dessen besonderem Zustand der Wert des Wärmeäquivalents stets als derselbe ergeben hat. Die ersten entscheidenden Versuche nach dieser Richtung sind von Joule angestellt, der die mechanische Energie eines herabsinkenden Gewichtes zum Antrieb eines Rührwerkes verwendete, das infolge von Reibungswärme die Temperatur einer Wasser- oder Quecksilbermenge steigerte. Unter sonst gleichen Versuchsbedingungen war in beiden Fällen die Zahl der gewonnenen Kalorien die gleiche.

In der messenden Physik macht man sich sehr häufig die Umwandlung der elektrischen Energie in Wärmeenergie (Joulesche Wärme) zunutze. Fast jeder einzelne dieser zahllosen Versuche bedeutet eine Bestätigung des 1. Hauptsatzes.

Einige der wichtigsten Folgerungen des ersten Hauptsatzes sind folgende Gleichungen, bei denen c_v und c_p die spezifischen Wärmen bei konstantem Volumen und bei konstantem Druck bezeichnen:

$$(1)\ c_v = \left(\frac{\partial u}{\partial T}\right)_v;\ (2)\ c_p = \left(\frac{\partial u}{\partial T}\right)_p + p\left(\frac{\partial v}{\partial T}\right)_p$$

$$(3)\ c_p - c_v = \left[\left(\frac{\partial u}{\partial v}\right)_T + p\right]\left(\frac{\partial v}{\partial T}\right)_p.$$

Für ideale Gase folgt hieraus $m\,c_p - m\,c_v = \mathfrak{R}$, wenn m das Molekulargewicht und $\mathfrak{R}$ die molekulare Gaskonstante bezeichnet, deren Wert 1,985 cal/Grad beträgt. Auch die Gesetze der adiabatischen Zustandsänderung (s. d.) folgen direkt aus dem 1. Hauptsatz. *Henning.*

Der zweite Hauptsatz ist ebenso wie der 1. Hauptsatz lediglich ein Ausdruck der Erfahrung und nicht aus anderen Prinzipien wie dem Energieprinzip ableitbar. Planck spricht ihn in besonders anschaulicher Form folgendermaßen aus: „Es ist unmöglich, eine periodisch funktionierende Maschine zu konstruieren, die weiter nichts bewirkt als Hebung einer Last und Abkühlung eines Wärmereservoirs". Eine solche Maschine, welche gleichzeitig als Energiequelle und als Kältemaschine wirken würde, heißt ein Perpetuum mobile 2. Art. Sie gehorcht zwar dem Satz von der Erhaltung der Energie, aber sie liefert die Energie umsonst und würde, falls sie zu verwirklichen wäre, dieselbe praktische Bedeutung besitzen wie ein wahres Perpetuum mobile.

Aus jenem soeben angeführten Satz läßt sich in aller Strenge ableiten, daß es unmöglich ist, ohne neue Veränderungen irgend welcher Art die durch Reibung entstandene Wärme wieder vollständig in Arbeit zu verwandeln, oder die durch

Leitung an einen Körper tieferer Temperatur abgegebene Wärme wieder einem heißeren Körper zuzuführen, oder ein Gas, das sich ohne Arbeitsleistung und Wärmezufuhr ausgedehnt hat (wie beim Joule-Effekt), wieder auf das ursprüngliche Volumen zu bringen. Das zuletzt genannte Beispiel der Gasausdehnung zeigt, daß sich der zweite Hauptsatz keineswegs nur auf die Zerstreuung der Energie bezieht. Denn in diesem Falle bleibt ebenso wie bei einer sehr verdünnten Lösung, die weiter verdünnt wird, die Energie konstant, aber die Materie wird weiter zerstreut.

Aus der angegebenen Definition des zweiten Hauptsatzes folgt ferner mit mathematischer Strenge, daß die Arbeitsleistung A in einem Carnotschen Kreisprozeß (s. d.) unabhängig von der arbeitenden Substanz ist. Würde z. B. beim Ablauf jenes Prozesses zwischen den Temperaturen T_1 und T_2 ein Körper K' die Wärmemenge Q'_2 aufnehmen, Q_1 abgeben und die Arbeit $A' = Q'_2 - Q_1$ leisten, während ein anderer Körper K die Wärmemenge Q_2 aufnimmt, Q_1 abgibt und die Arbeit $A = Q_2 - Q_1 < A'$ leistet, so könnte man den Carnotschen Prozeß im Sinne eines Arbeitsgewinnes stets mit dem Körper K' und im Sinne eines Arbeitsaufwandes stets mit dem Körper K ausführen und man hätte das dem 2. Hauptsatz widersprechende Perpetuum mobile zweiter Art.

Damit ist bewiesen, daß die in einem Carnotschen Prozeß geleistete Arbeit A unabhängig von der arbeitenden Substanz durch $A = Q_2 \frac{T_2 - T_1}{T_2} = Q_1 \frac{T_2 - T_1}{T_1}$ dargestellt werden kann und daß für einen Carnotschen Prozeß allgemein $\frac{Q_2}{T_2} = \frac{Q_1}{T_1}$ ist.

Mit diesem Ergebnis steht die Aufstellung der von Clausius zuerst eingeführten Entropie (s. d.) in nahem Zusammenhang. Die Entropie ist eine eindeutige Funktion des Zustandes eines Körpers, die bei allen irreversiblen Änderungen, wie sie jeder in der Natur stattfindende Prozeß durchmacht, einen größeren Wert annehmen muß, falls es sich um ein in sich geschlossenes System handelt. Es ist sehr wohl möglich, daß gewisse Teile eines Systems eine Abnahme der Entropie aufweisen können, doch nur dann, wenn in anderen Teilen des Systems die Entropie um so stärker zunimmt. Damit ist gleichzeitig ein allgemeiner Richtungssinn für den Ablauf eines thermodynamischen Prozesses gegeben, der aus dem Energieprinzip nicht gewonnen werden kann.

Im Gegensatz hierzu gibt es in der reinen Mechanik gewisse singuläre Fälle, bei denen der Richtungssinn der Zustandsänderung allein aus dem Energieprinzip abzuleiten ist, nämlich wenn ein System nur potentielle und kinetische Energie enthält und eine dieser beiden Energien Null ist. In der Wärmelehre aber kennt man, solange Temperaturen in der Nähe des absoluten Nullpunktes ausgenommen werden, keinen Zustand minimaler Energie.

Der zweite Hauptsatz wird oft fälschlich dahin ausgesprochen, daß sich wohl Arbeit vollständig in Wärme als die niedrigste Energieform, aber Wärme nur zum Teil in Arbeit verwandeln lasse, indem der übrige Teil der Wärme auf ein tieferes Temperaturniveau abströmt. Die Unrichtigkeit dieser Fassung erkennt man an dem einfachen Beispiel, daß man durch isotherme Ausdehnung

328   Hauptträgheitsmoment – Hefnerlampe.

eines idealen Gases restlos Wärme in Arbeit verwandeln kann.

Die wichtigsten Folgerungen, welche aus dem zweiten Hauptsatz für homogene Phasen abgeleitet werden können, beziehen sich auf die Veränderung der spezifischen Wärmen bei konstantem Druck c_p und bei konstantem Volumen c_v, auf den Joule Thomson-Effekt (s. d.) und die Festlegung der thermodynamischen Temperaturskala (s. d.). Die Formeln über die spezifischen Wärmen lauten:

$$\left(\frac{\partial c_v}{\partial v}\right)_T = T\left(\frac{\partial^2 v}{\partial T^2}\right)_v; \left(\frac{\partial c_p}{\partial p}\right)_T = -T\left(\frac{\partial^2 v}{\partial T^2}\right)_p;$$

$$c_p - c_v = T\left(\frac{\partial p}{\partial T}\right)_v \cdot \left(\frac{\partial v}{\partial T}\right)_p = -T\left(\frac{\partial p}{\partial v}\right)_T \cdot \left(\frac{\partial v}{\partial T}\right)_p^2.$$

Für Systeme mehrerer Phasen fließt aus dem 2. Hauptsatz die sehr wichtige Clausius-Clapeyronsche Gleichung (s. d.), sowie die Formeln für das Gleichgewicht chemischer Reaktionen (vgl. thermodynamisches Gleichgewicht).   *Henning.*

Hauptträgheitsmoment s. Trägheitsmoment.

Hauptvalenz s. Valenztheorien, Absatz E und F.

Havelocksche Formel gibt die Abhängigkeit der elektrischen Doppelbrechung (s. d.) von der Wellenlänge.   *R. Ladenburg.*

Heavisideschicht. Heaviside stellt zuerst die Theorie auf, daß die Ausbreitung der Wellen zwischen der Erde und einer leitenden Schicht in der oberen Atmosphäre erfolgt (80–100 km); zwischen beiden leitenden Flächen werden die Wellen mehrfach reflektiert. Näheres siehe Ausbreitung elektrischer Wellen.   *A. Meißner.*

Hebelgesetz. Dieses Gesetz ist das älteste, quantitativ formulierte Gesetz der Statik und damit auch der Mechanik. Es lautet: Wenn eine gewichtslose, gerade Stange in einem Punkt unterstützt und mit zwei Gewichten P_1, P_2 bzw. im Abstand l_1, l_2 vom Unterstützungspunkt belastet ist, so besteht Gleichgewicht, wenn die beiden Gewichte sich umgekehrt verhalten als die bezüglichen Abstände (Hebelarme)

$$P_1 : P_2 = l_2 : l_1.$$

Dabei ist es gleichgültig, ob die beiden Gewichte nach unten wirken, aber auf verschiedenen Seiten des Stützpunktes (zweiarmiger Hebel), oder das eine nach unten, das andere (mittels Rollenführung) nach oben auf der gleichen Seite des Stützpunktes (einarmiger Hebel).

Archimedes (3. Jahrh. v. Chr.) gab einen Scheinbeweis für das Gesetz: Ausgehend vom Axiom, daß gleiche Gewichte, in gleichem Abstand vom Stützpunkt wirkend, sich Gleichgewicht halten, nimmt er etwa an $P_1 = 4$, $P_2 = 3$ Gewichtseinheiten; $l_1 = 3$, $l_2 = 4$ Längeneinheiten. Dann kann, nach dem Axiom, das erste in 8 halbe Gewichtseinheiten zerlegt werden, die, zu beiden Seiten seines Angriffspunktes, je im Abstand $^1/_2$, $^3/_2$, $^5/_2$, $^7/_2$ Längeneinheiten von diesem angreifen und entsprechend wird das zweite zerlegt. Das Resultat sind je 7 symmetrisch zum Stützpunkt liegende halbe Gewichtseinheiten, also herrscht Gleichgewicht.

Diese Zerlegungsmethode setzt im Grunde schon den Momentbegriff voraus.

Die weitere Fortführung der Hebeltheorie führt zum Begriffe des Moments und des Schwerpunkts (s. diese). Zahlreiche Maschinenkonstruktionen, z. B. Pumpen, Wagen, Wellen, Übersetzungen sind Anwendungen und einfache Beispiele der Hebelgesetze.   *F. Noether.*

Näheres s. E. Mach, Die Mechanik in ihrer Entwicklung, 1. Kapitel. 1883.

Hebelwage s. Wage.

Heber. Ein Heber ist ein Apparat, durch den Flüssigkeit über den Rand eines höher gelegenen

Gefäßes in ein tiefer liegendes gebracht werden kann. Der Apparat Fig. 1 besteht aus einem Rohre mit einem kürzeren und einem längeren Schenkel. Wird er mit Flüssigkeit gefüllt, und mit dem kurzen Schenkel in die Flüssigkeit des oberen Gefäßes getaucht, so fließt diese aus dem Ende B des längeren Schenkels aus. Die Wirkungsweise ergibt sich aus folgender Betrachtung. Am Querschnitt E der Flüssigkeit im Rohr herrscht ein Druck $p - \delta h$, am Querschnitt F ein Druck $p - \delta h_1$, wenn p der Atmosphärendruck und δ das Gewicht der Volumeneinheit der Flüssigkeit ist. Es ist also in E der Druck um den Betrag $\delta(h_1 - h)$ größer als in F, und dieser Überdruck treibt die Flüssigkeit durch das Rohr. Die Ausflußgeschwindigkeit ist demnach

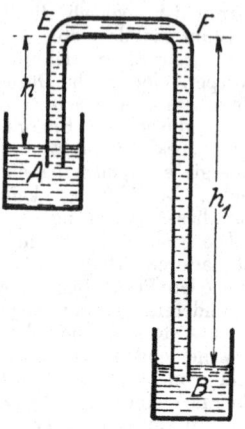

Fig. 1. Gefüllter Heber.

$$v = \sqrt{2g(h_1 - h)}.$$

Die Wirkungsweise des Hebers bleibt die gleiche, wenn das Ende des langen Schenkels nicht unterhalb des Flüssigkeitsspiegels des unteren Gefäßes, sondern in freier Luft liegt. Ist die Ausflußöffnung bei B verengt (Fig. 2), so arbeitet der Heber auch, wenn er nicht vollständig mit Flüssigkeit gefüllt ist, solange nur anfangs $h' > h$ (vgl. Fig.) ist. Es fließt dann die Flüssigkeit vom kurzen Schenkel des Hebers nach dem langen Schenkel über, ohne den Querschnitt des Rohres ganz zu füllen und die Luft mitzureißen.

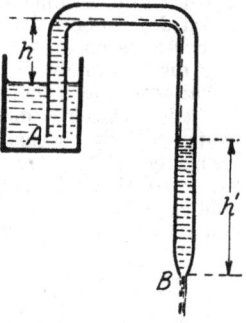

Fig. 2. Nur teilweise gefüllter Heber.

Interessant ist, daß der Heber auch im Vakuum, also mit $p = 0$ arbeitet. Es herrscht dann in den Querschnitten E und F ein negativer Druck, also eine Zugkraft, unter deren Wirkung die Flüssigkeit nicht zerreißt, selbst wenn die Zugkraft mehrere Atmosphären stark wird.   *O. Martienssen.*

Heberbarometer s. Barometer.

Hefnerkerze, eine Einheit der Lichtstärke; Abkürzungszeichen HK s. Einheitslichtquellen.

Hefnerkerze. Hefnerlampenstrahlung. Die in Deutschland als Lichtnormal eingeführte Hefnerlampe ist auch als Strahlungsnormale verwendbar. Ihre Gesamtstrahlung beträgt, entsprechend 1 Meter-Kerze, 0,0000215 g cal = 900 erg-sec^{-1} cm^{-2}. Während die Lichtstrahlung bei den normalen Luftdruck- und Feuchtigkeitsschwankungen sich um mehrere Prozente ändern kann, ist die Gesamtstrahlung auf 2% reproduzierbar und innerhalb dieser Grenze unabhängig von den genannten Faktoren. Die schwarze Temperatur der Hefnerlampe ist 1450°.   *Gerlach.*

Hefnerlampe s. Einheitslichtquellen.

Heißdampfmaschine s. Sattdampfmaschine.

Heizfläche. Die Heizfläche ist jener Teil der Oberfläche eines Kessels, der einerseits vom Wasser, andererseits von den Heizgasen berührt wird. Ohne Zusatz gebraucht, wird darunter immer die den Gasen zugekehrte, allgemein dem Stoff mit dem geringeren Wärmeleitvermögen zugekehrte, Fläche gerechnet. Die Wärmeaufnahme der Heizfläche erfolgt durch Strahlung und durch Leitung. Die Heizfläche soll frei von Ruß, Flugasche, Öl, Kesselstein, Schlamm, Gas- oder Luftblasen sein.

L. Schneider.

Heizungskraftmaschine. Als Heizungskraftmaschinen werden Wärmekraftmaschinen bezeichnet, deren Abwärme für Heizzwecke verwendet werden soll. Wie die Leistung der Wasserkraftmaschinen vom Wasser bestimmt wird, so ist die Kraftabgabe der Heizungskraftmaschine vom Wärmebedarf der Heizung abhängig. Die verbreitetste Heizungskraftmaschine ist die Dampfmaschine, und zwar einmal als Gegendruckmaschine oder Gegendruckturbine. Die letztere liefert eine kleinere Arbeitsausbeute aus einer gewissen Dampfmenge als die Kolbenmaschine, hat aber dagegen den Vorzug, daß sie ölfreien Abdampf liefert. Mit Abdampf von etwa 1 bis 6 Atm. absolutem Druck sowohl eine Raumheizungsanlage als auch eine Warmwasserbereitung oder ein Dampf verbrauchender technischer Betrieb versorgt werden. Als solche Betriebe kommen insbesondere in Betracht Brauereien, Papierfabriken, Färbereien, Zuckerfabriken und chemische Fabriken. Die hervorragende Wirtschaftlichkeit der Heizungskraftmaschine beruht darauf, daß die Erzeugung von hochgespanntem Dampf für die Maschine fast den gleichen Aufwand verlangt als von niedriggespanntem für Heizzwecke. Die dazwischen liegende Druckstufe kann aber in der Heizungskraftmaschine in mechanische Arbeit umgesetzt werden. Der wirtschaftliche Abwärmeverlust einer solchen Dampfmaschine ist fast gleich Null, da die Abwärme für irgendwelche Heizzwecke noch nutzbringend verwertet werden kann. Ist der Kraftbedarf größer als dem Abwärmebedarf entspricht, so wird die Dampfmaschine als Verbundmaschine gebaut und ihr zwischen Hoch- und Niederdruckzylinder eine Dampfmenge von 0 bis etwa 90% der zugeführten bei Drücken von 2 bis 6 Atm. abs. entnommen. Auch hier ist, besonders bei größerer Zwischendampfentnahme, die Kolbenmaschine der Turbine (Anzapfturbine) auf die Abwärme bezogen an Leistung überlegen.

In Sonderfällen kann auch ein Teil der Abwärme von Gasmaschinen, Dieselmotoren und sonstigen Ölmotoren verwendet werden. Die für eine bestimmte Arbeitsleistung verfügbare Abwärme dieser Maschinen ist jedoch gegenüber der Dampfmaschine so gering, daß sie als eigentliche Heizungskraftmaschinen nicht gelten.

L. Schneider.

Näheres s. Dr. L. Schneider, Die Abwärmeverwertung im Kraftmaschinenbetrieb. Berlin 1920.

Heliograph. Heliographen sind optische Signalgeräte (s. diese) zum Geben von Lichtzeichen mittels des Sonnenlichtes. Gewöhnlich besteht ein Heliograph aus 2 Planspiegeln S_1 und S_2 und einer Dioptereinrichtung, die sich aus einer in der Mitte des Spiegels S_2 befindlichen Marke M und dem Diopter D zusammensetzt. Beide Spiegel, der Hilfsspiegel S_1 und der Hauptspiegel S_2, sind um horizontale und vertikale Achsen beliebig drehbar, so daß das vom Hilfsspiegel auf den Hauptspiegel reflektierte Sonnenlicht auf jeden Fall in der Richtung M D auf den Beobachter bzw. die beobachtende Gegenstation geworfen werden kann. Ist der Winkel der Richtungen vom Heliographen zur Sonne und zur Gegenstation spitz, so kann

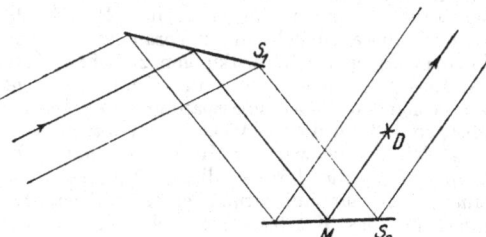

Strahlengang im Heliographen.

man den Hilfsspiegel S_1 entbehren. Der Hauptspiegel S_2 besitzt eine Feineinstellung, deren Betätigung es ermöglicht, die austretenden Strahlen immer wieder nach derselben Richtung zu senden, obwohl die Richtung der einfallenden Strahlen sich infolge der scheinbaren Bewegung der Sonne dauernd ändert. Zum Zwecke des Gebens der Lichtzeichen (Morsezeichen) ist der Hauptspiegel mittels eines Tasters um eine wagerechte Achse leicht kippbar.

Bei mittlerer Sichtigkeit der Luft kann man mit einem Heliographen von 12,5 cm Spiegeldurchmesser eine Reichweite von etwa 75 km erzielen. Der Streuwinkel des Heliographen, d. h. der Winkel, in dem die Lichtzeichen beobachtet werden können, ist gleich dem scheinbaren Sonnendurchmesser, also ca. $1/_2°$.

Für einen bestimmten Beobachter würde die maximale Lichtstärke erreicht sein, wenn von seinem Standpunkt aus gesehen die scheinbare Größe des Heliographenspiegels mit der Sonne übereinstimmte.

Im Jahre 1875 hat H. C. Mance den 1821 von C. F. Gauß zu Triangulierungszwecken konstruierten Heliotropen zu einem Nachrichtenübermittlungsgerät umgebaut und es in den englischen Kolonien verwendet. *Hartinger.*

Heliometer s. Mikrometer.

Heliumatommodell, nächst dem Wasserstoffatommodell das einfachste unter den Atommodellen vom Bohr-Rutherfordschen Typus. Es besteht aus einem doppelt positiv geladenen Kern, der mit einem freien α-Teilchen identisch ist, und von zwei Elektronen umkreist wird. Nach der Bohrschen Theorie sind diesen Elektronen ganz bestimmte Quantenbahnen vorgeschrieben. Ihre Bestimmung ist mit großen rechnerischen Schwierigkeiten verknüpft, da sie eine hinreichend genaue Darstellung dieses 3-Körperproblems mittels periodischer Funktionen (s. Bohrsches Korrespondenzprinzip) voraussetzt, die in Strenge überhaupt nicht möglich wäre. Als ziemlich gesichert kann angesehen werden, daß sich im *Normalzustande* beide Elektronen auf einquantigen, sehr nahe kreisförmigen Bahnen bewegen, deren Ebenen um 120° gegeneinander geneigt sind, während das ganze System zugleich eine langsame Drehung um die unveränderliche Impulsachse des Atoms ausführt. Dieser Normalzustand bestimmt das Endergebnis der mit der Anregung des sog. Parheliumspektrums des He-Bogenspektrums verbundenen Quantenübergänge des He-Atoms. Der Endpunkt der dem sog. *Orthoheliumspektrum* des He-Bogenspektrums entsprechenden Quantenübergänge hingegen stellt einen *metastabilen Zustand* dar (wie von Franck und seinen Mitarbeitern experimentell festgestellt werden konnte), in welchem ein Elektron eine einquantige ebene Bahn um den Kern beschreibt, welche von einer weiteren, zweiquantigen, in der gleichen Ebene beschriebenen Bahn des zweiten Elektrons umgeben wird. Die Durchrechnung dieses Modells unter Voraussetzung rein Coulombscher Wechselwirkungen zwischen Kern und Elektronen hat zu einer der Erfahrung nicht entsprechenden Ionisierungsspannung des He geführt, so daß auf diesem Wege eine Vorausberechnung der Frequenzen der He-Bogenlinien nicht möglich ist. Die Lösung dieser Aufgabe kann daher wohl nur auf Grund eines *anderen* Ansatzes für das Kräftespiel zwischen Kern und Elektronen erwartet werden, der aber einstweilen noch nicht aufgefunden werden konnte.

Das Modell des *einfach ionisierten Heliumatoms* stellt hingegen mit seinen vom Experiment in jeder Hinsicht bestätigten spektralen Konsequenzen eines der Prunkstücke der Quantentheorie dar. Da hier ein Elektron durch den Ionisationsvorgang entfernt ist, beschreibt das übriggebliebene Elektron unter der alleinigen Wirkung der Coulombschen Anziehung des Kernes Ellipsenbahnen, ähnlich denen des Elektrons im Wasserstoffatommodell (s. d.). Hier ist nun eine strenge Berechnung der Quantenbahnen sowohl nach der gewöhnlichen als nach der Relativitätsmechanik leicht durchführbar, dasselbe gilt von der Berücksichtigung des störenden Einflusses durch ein äußeres elektrisches oder magnetisches Feld. Damit ist es möglich, das Funkenspektrum des Heliums, samt Feinstruktur, Stark- und Zeemaneffekt seiner Linien auf Grund weniger universeller Konstanten allein, nämlich Elementarquantum, Wirkungsquantum, Lichtgeschwindigkeit, Elektronenmasse und Heliumatomgewicht, in glänzender Übereinstimmung mit der Erfahrung vorauszuberechnen.

Über den Aufbau des Heliumatom*kernes* s. Atomkern.　　　　　　　　　　　　　　*A. Smekal.*

Näheres s. Sommerfeld, Atombau und Spektrallinien. III. Aufl. Braunschweig 1922.

Heliumröhre, kleine Glimmlichtröhre mit Heliumfüllung, dient in der Hochfrequenztechnik als Indikator für elektrische Schwingungen. Zwei eingeschmolzene Elektroden werden mit zwei Punkten verbunden, zwischen denen einige hundert Volt Wechselspannung entstehen, dann leuchtet die Röhre auf. Es werden für denselben Zweck Neon- und Argonröhren verwendet, auch Röhren mit Außenelektroden oder Alkalielektroden mit und ohne Zuleitungen.　　　　　　　*H. Rukop.*

Helladaptation s. Adaptation des Auges.

Helligkeit, Definition s. Photometrische Gesetze und Formeln, Nr. 5.

Helligkeit (spezifische) der Farben s. Helligkeitsverteilung im Spektrum.

Helligkeit der Sterne. Die Sterne werden nach ihrer Helligkeit in Größenklassen eingeteilt. Die Helligkeiten bilden eine fallende geometrische Progression, wenn die Größenklassen eine steigende arithmetische Progression darstellen. Diese Definition ist natürlich und beruht auf Fechners psychophysischem Gesetz. Man hat festgesetzt, daß dem Intervall einer Größenklasse das Helligkeitsverhältnis 1:2,512.. entspricht, nämlich 0,4 =

$$\log 2{,}512 = \log \frac{h_m}{h_{m+1}};$$

h_m bedeutet die Intensität eines Sternes m-ter, h_{m+1} diejenige eines Sternes m + 1-ter Größe. Ein Unterschied von 5 Größenklassen bedeutet das Helligkeitsverhältnis 1:100.

Man unterscheidet scheinbare und absolute Helligkeit und dementsprechend scheinbare und absolute Größen. Erstere gibt ein Maß für die Helligkeit, welche der irdische Beobachter wahrnimmt. In diese Skala werden auch die Körper des Sonnensystems eingereiht, deren absolute Helligkeit mit der Entfernung von der Sonne variiert. Der Begriff der absoluten Helligkeit, d. h. Helligkeit in Entfernungseinheit wird im allgemeinen nur auf selbstleuchtende Körper (Fixsterne) angewandt.

Ursprünglich bezeichnete man die hellsten Sterne als solche der 1. Größe, die schwächeren sukzessive als solche der 2., 3. usw. Mit Einführung der Photometrie wurde eine zahlenmäßige Definition nötig und die Skala wurde auf nullte und negative Größen erweitert. So hat Venus im hellsten Licht die Größe — 4, Vollmond — 11, Sonne — 26,5. Mit photographischen Aufnahmen erreicht man mit dieser nach beiden Seiten beliebig ausdehnbaren Skala die Größe + 20.

Die absolute Helligkeit ist naturgemäß nur bei den Sternen angebbar, deren Parallaxen (Entfernungen) bekannt sind. Das sind verhältnismäßig wenige. Einige schwache Sterne mit meßbarer Parallaxe ergeben eine mehr als 1000 mal geringere Leuchtkraft als die Sonne, einige der hellsten Sterne mit unmeßbarer kleiner Parallaxe ergeben als Minimum der Leuchtkraft das Mehrhundertfache der Sonnenhelligkeit. Man nennt die absolute Helligkeit eines Sternes diejenige, in der er aus der Entfernung erscheint, die der Parallaxe 0,1″ entspricht. Ist M die absolute, m die scheinbare Größe, π die Parallaxe, dann ist

$$M = m + 5 + 5 \log \pi.$$

Die Sonne hat die Größe + 5. Ferner muß man zwischen visueller und photographischer Größe unterscheiden. Zwei Sterne verschiedener Farbe, die dem Auge gleich hell erscheinen, können photographisch um etwa zwei Größenklassen verschieden sein, da ein roter Stern photographisch weniger wirksam ist. Man unterscheidet daher visuelle und photographische Größe und nennt den Unterschied beider den Farbenindex.　　　*Bottlinger.*

Helligkeitsverteilung im Spektrum. In dem mit helladaptiertem Auge betrachteten lichtstarken Spektrum des Sonnenlichtes sind die Helligkeiten so verteilt, daß das Maximum der Helligkeit in der Gegend der Natriumlinie (589 $\mu\mu$), meist sogar rotwärts von dieser Stelle (bei 605 $\mu\mu$) gesehen wird. Während die dem langwelligen Teil des Spektrums entsprechenden Farben bis in das gelbliche Grün leuchtend hell erscheinen, stehen die gegen das kurzwellige Spektralende sich anschließenden Farben an Helligkeit beträchtlich hinter jenen zurück. Im ganz lichtschwachen Spektrum, in dem das gut dunkeladaptierte Auge nurmehr farblose Helligkeiten wahrnimmt (s. Dunkeladaptation), liegen die Verhältnisse anders: das Maximum der Helligkeit ist deutlich nach dem kurzwelligen Ende verschoben (es liegt etwa bei 529 $\mu\mu$) und, während jetzt die langwelligen Lichter nur ganz unbedeutende Helligkeiten geben, erscheinen die kurzwelligen relativ hell. Die Kurve der „Dämmerungswerte" zeigt die Helligkeitsverteilung im

Dunkelspektrum für das normal farbentüchtige, aber dunkeladaptierte Auge als die gleiche, wie sie der helladaptierte Totalfarbenblinde sieht, und bemerkenswerterweise stimmt sie auch mit der Kurve der Bleichungswerte, die die spektralen Lichter für den Sehpurpur besitzen (s. Duplizitätstheorie) fast vollkommen überein. Stellt man sich auf den Standpunkt von Hering und spricht den mit dunkel adaptiertem Auge im Dunkelspektrum wahrnehmbaren Rest an (farblosen) Helligkeiten als die „Weißvalenzen" der spektralen Lichter, d. h. als Maß ihrer dissimilierenden Wirkung auf die schwarz-weiße Sehsubstanz an, so wird man umgekehrt zur Folgerung geführt, daß beim Übergang von der Dunkel- zur Helladaptation das mit dem Merklichwerden der farbigen Valenzen verbundene Ansteigen der Helligkeiten nach Maßgabe einer spezifischen Eigentümlichkeit der sichtbar werdenden bunten Farben, ihrer sog. spezifischen Helligkeit, verläuft. Nach dieser Anschauung sind, wie obige Angaben über die Helligkeitsverteilung im Hellspektrum lehren, Rot und Gelb als helle Farben, Grün und Blau als dunkle Farben anzusprechen, indem der Helligkeitseindruck des Weiß durch Zusatz von Rot und Gelb erhöht, durch Zusatz von Grün und Blau vermindert wird.   *Dittler.*

Näheres s. Hillebrand, Zeitschr. f. Sinnesphysiol., Bd. 51, S. 46, 1920.

Helligkeitsverteilung im Spektrum s. Photometrie im Spektrum, A 2.

Helmholtzsche Wirbelgleichungen s. Wirbelbewegung.

Hemeralopie. Unter Hemeralopie versteht man eine angeborene oder erworbene Funktionsstörung des Sehorganes, die sich in der Unfähigkeit äußert, bei herabgesetzter Beleuchtung zu sehen (Nachtblindheit). Sie hat ihre Ursache also offenbar in einem mehr oder weniger vollkommenen Fehlen des Vermögens, sich für Dunkel zu adaptieren. Inwieweit eine Anomalie der Sehpurpurbildung (s. d.) hierbei eine Rolle spielt, ist vorderhand nicht zu sagen. Die während des Krieges vielfach beobachtete Form der erworbenen Hemeralopie ist mit dem relativen Fettmangel in unserer Ernährung in Beziehung gebracht und durch reichliche Fettzufuhr mit Erfolg bekämpft worden. — Das relative Zurückbleiben der Erregbarkeitssteigerung der Fovea centralis (s. Gelber Fleck) hinter jener der parazentralen und peripheren Netzhautteile kann als eine physiologische Hemeralopie des Netzhautzentrums bezeichnet werden.   *Dittler.*

Näheres s. Birch-Hirschfeld. Graefes Arch. f. Ophthalm., Bd. 92, S. 273, 1916.

Hemiedrie, nicht überdeckbare s. Asymmetrie, molekulare.

Herausragender Faden von Thermometern. Temperaturmessungen mit Flüssigkeitsthermometern sind häufig deshalb fehlerhaft, weil das Thermometer, dessen Angaben bei ganz eintauchendem Faden zutreffen, sich nur zum Teil in der zu untersuchenden Substanz befindet. Es mag berücksichtigt werden, daß je 100° herausragenden Fadens, die eine um 100° zu niedrige Temperatur gegenüber der Temperatur der Thermometerkugel haben, die Angaben eines Quecksilberthermometers um etwa 1,6° verfälschen. Das sind bei 300°, wenn man $^2/_3$ des Fadens, also 200° herausragen läßt, $1,6 \times 3 \times 2$ also rund 10°. Ein solcher Fehler wird von erfahrenen Experimentatoren selbstverständlich nicht begangen werden; immerhin ist es schwer, die mitt-

lere Temperatur des herausragenden Fadens genau anzugeben und so den Fehler ganz zu vermeiden. — Ein Mittel zur genauen Feststellung der Korrektion ist das von Mahlke vorgeschlagene Fadenthermometer, im wesentlichen nichts anderes, wie ein Thermometer mit einem sehr langen dünnen Gefäß, gleich dem herausragenden Faden selbst, und einer darauf sitzenden sehr engen Kapillare. Das Fadenthermometer wird so neben dem benutzten Thermometer angeordnet, daß das obere Ende seines Gefäßes mit dem Fadenende jenes Thermometers in gleicher Höhe liegt. Beträgt die Gefäßlänge des Fadenthermometers n Grade des Hauptthermometers und zeigt es die Temperatur t' an, so bedeutet das, daß die oberen n Grade des herausragenden Fadens des Hauptthermometers die Temperatur t' an Stelle der Meßtemperatur haben; zu den Angaben des in die Badflüssigkeit tauchenden Thermometers ist dann also der Betrag $1,6 \times \dfrac{t-t'}{100}$

$\dfrac{n}{100}$ Grad zu addieren.   *Scheel.*

Näheres s. Mahlke, Zeitschrift für Instkde. 1893, S. 58; 1894, S. 73.

Heronsball. Der Heronsball ist ein von Heron von Alexandria (ca. 100 v. Chr.), einem Schüler von Ctesibius in seiner Pneumatika angegebener Apparat. Er ist ein luftdicht abgeschlossener Behälter, in welchen bis dicht über den Boden ein mit Hahn versehenes Rohr taucht. Ist der Behälter bis zur halben Höhe mit Wasser gefüllt, und komprimiert man die Luft in dem Behälter durch Hineinblasen oder mittels einer Kompressionspumpe, so drückt die Luft auf das Wasser, und dieses springt als Wasserstrahl aus der freien Öffnung des Rohres (s. Fig.).

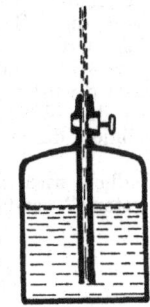

Heronsball.

Ein Heronsball ist auch die bekannte Siphonflasche für moussierende Getränke, bei welcher die aus dem Getränk frei gewordene Kohlensäure den Druck zum Heraustreiben der Flüssigkeit liefert.

O. Martienssen.

Heronsbrunnen. Der Heronsbrunnen ist ein ebenfalls von Heron von Alexandria angegebener Apparat, der in beistehender Figur schematisch abgebildet ist. Gießt man Wasser in die obere Schale C, so fließt es durch das Rohr a—b in die untere Kugel B und verursacht hier einen Überdruck, welcher durch die Höhe des Wassers im Rohr a—b gegeben ist. Da der Behälter B mit dem Behälter A durch das Rohr c—d kommuniziert, herrscht derselbe Überdruck auch im Gefäße A, und dieser treibt das Wasser, mit welchem A zum Teil gefüllt ist, aus dem Rohr e—f als feinen Strahl hinaus.

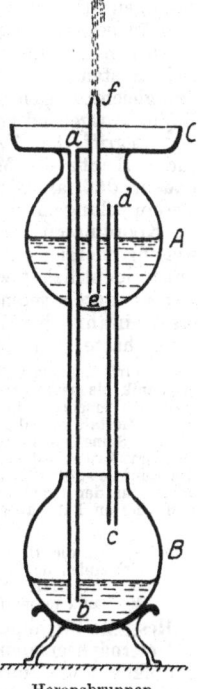

Heronsbrunnen.

Das Wasser des Springbrunnens sammelt sich wieder in der Schale C und hält den Druck in B mit Hilfe der Wassersäule im Rohr ab aufrecht. Sobald der Behälter A entleert ist, hört das Spiel auf; durch Umdrehen des Apparates kann man indessen das Wasser aus B durch das Rohr cd wieder nach A befördern, und das Spiel kann von neuem beginnen.   *O. Martienssen.*

Herpolhodie s. Polhodie.

Herpolhodie(kegel) s. Poinsotbewegung.

Hertzsche Mechanik. Der von Heinrich Hertz in seinen „Prinzipien der Mechanik, Leipzig 1894" eingeschlagene neue Weg, die Mechanik darzustellen, setzt sich zum Ziel, den Begriff der Kraft aus der Mechanik völlig zu entfernen. Hertz sucht dieses Ziel zu erreichen durch Aufstellen seines Prinzipes der geradesten Bahn. Dieses geht aus von folgenden Begriffen. Sind m_i die Massen der Einzelpunkte eines Systems, v_i ihre Geschwindigkeiten, so wird mit der Gesamtmasse m die „Geschwindigkeit v des Systems" definiert durch die Mittelwertsbildung

$$m\,v^2 = \Sigma\, m_i\, v_i^2.$$

Die Bewegung des Systems heißt „gleichförmig", wenn die „Geschwindigkeit des Systems" sich nicht mit der Zeit ändert, während die Einzelmassen sich ganz ungleichförmig bewegen können. Ebenso wird die „Beschleunigung b des Systems" aus den Beschleunigungen b_i der Einzelmassen definiert durch die Mittelwertsbildung

$$m\,b^2 = \Sigma\, m_i\, b_i^2.$$

Endlich wird unter der „Bahnkrümmung k des Systems" verstanden die Größe

$$k = \frac{\sqrt{b^2 - \left(\dfrac{d\,v}{d\,t}\right)^2}}{v^2}.$$

Nennt man ein System „frei", wenn seine Koordinaten nur geometrischen, von der Zeit unabhängigen Bedingungen unterworfen sind, wenn also insbesondere keine eingeprägten Kräfte auf es wirken, so lautet das *Hertzsche Prinzip:* Jedes freie System beharrt im Zustande der Ruhe oder der gleichförmigen Bewegung in einer geradesten Bahn. Ausgehend von diesem Prinzip, aus welchem der Begriff der Kraft völlig verschwunden ist, sucht Hertz die Mechanik in der Weise aufzubauen, daß an die Stelle von Fernkräften die Verkoppelung mit verborgenen zyklischen Systemen (s. Koordinaten der Bewegung) tritt, deren Bewegungsenergie mit dem Potential jener Fernkräfte identifiziert wird. Die Druckkräfte dagegen werden durch geometrische Führungsbedingungen ersetzt in ähnlicher Weise, wie dies bereits Lagrange getan hatte (s. Impulssätze).

Es darf nicht verschwiegen werden, daß die Hertzsche Mechanik bis heute eigentlich nur ein Programm geblieben ist; doch erscheint die moderne Entwicklung der Physik in der Gestalt des allgemeinen Relativitätsprinzipes in gewissem Sinne als Fortsetzung des Hertzschen Gedankens. Das Gravitationsfeld als Träger der metrischen Eigenschaften des Raumes spielt die Rolle der geometrischen Bedingungen, denen das der Gravitation unterworfene System gehorchen muß; dessen Bahn aber ist eine geradeste.
                              R. Grammel.

Näheres über die Hertzsche Mechanik s. außer in Hertz' Prinzipien der Mechanik, Leipzig 1894, insbesondere bei A. Brill, Vorlesungen zur Einführung in die Mechanik raumerfüllender Massen, Leipzig 1909.

Hesssche Strahlung s. Durchdringende Strahlung.

Heterodyneempfang. Ein in neuerer Zeit für den Empfang ungedämpfter Schwingungen sehr wertvoll gewordenes Mittel, bei dem die Signale durch das Zusammenwirken der Sendewelle und einer an der Empfangswelle erzeugten Hilfsfrequenz (Überlagerer) zustande kommen, die zu Schwebungen Anlaß geben.

Die Tonhöhe der Zeichen hängt ab von der Schwebungsfrequenz, die gegeben ist durch die Differenz der Schwingungszahlen der beiden Wellen.
                              A. Esau.

Heterogenes Gleichgewicht s. Thermodynamisches Gleichgewicht.

Heuslersche Legierungen. — Während man früher nur die drei ferromagnetischen Metalle Eisen, Nickel und Kobalt kannte, fand Dr. Heusler im Anfang dieses Jahrhunderts beim Zusammenschmelzen von Kupfer mit Mangan und Aluminium eine Legierung von ausgesprochen ferromagnetischem Charakter. Dieser ist offenbar auf das Mangan zurückzuführen, da sich das Aluminium in der Legierung noch durch zahlreiche andere Stoffe ersetzen läßt, selbst durch das diamagnetische Wismut, das Mangan aber nicht. Selbstverständlich hängen die magnetischen Eigenschaften in hohem Maße von der Zusammensetzung ab; 55% Kupfer, 30% Mangan und 15% Aluminium ergeben z. B. eine Legierung, deren Magnetisierbarkeit von der Größenordnung des Gußeisens ist. Andere Legierungen zeichnen sich durch besonders niedrige Umwandlungspunkte aus; sie verlieren ihre Magnetisierbarkeit schon im Wasserbad und sind daher ganz besonders als Demonstrationsobjekte zu verwenden; wieder andere zeigen sich nach besonderer thermischer Behandlung nahezu hysteresefrei.

Eine besondere Rolle spielt bei den Heuslerschen Legierungen die sog. „Alterung", d. h. eine längere Erwärmung auf bestimmte hohe Temperaturen, welche offenbar das Entstehen der magnetisierbaren Molekülkomplexe begünstigt, und die also hier einen ganz anderen Vorgang bezeichnet, als die sonstige magnetische Alterung (s. dort).

Praktische Verwendung haben die Legierungen bis jetzt wohl kaum in erheblichem Umfang gefunden, da ihre Magnetisierbarkeit gegenüber derjenigen des reinen Eisens doch zu gering und die Herstellung zu kostspielig ist, dagegen sind sie von hohem wissenschaftlichen Interesse. Neben dem Erfinder hat sich namentlich Professor Richarz in Marburg mit seinen Schülern um die Aufklärung der außerordentlich verwickelten Verhältnisse verdient gemacht.   *Gumlich.*

Näheres s. Take, Abh. Kgl. Ges. d. Wissensch. Göttingen (N. F.) 8, H. 2.

Hicksche Vorrichtung s. Maximumthermometer.

Hiebtöne nennt man die Töne, die beim Schlagen eines Stabes durch die Luft oder beim Vorbeiströmen von Luft an Stäben oder Drähten entstehen. Experimentell sind die Hiebtöne schon 1878 von Strouhal sehr genau untersucht worden. Er fand, daß die Schwingungszahl n bei einem zylindrischen Stabe vom Durchmesser d, der mit der Geschwindigkeit v bewegt wird, gegeben ist durch den Ausdruck $n = \text{const.}\ \dfrac{v}{d}$, also proportional der Geschwindigkeit und umgekehrt proportional der Dicke des Stabes ist. Merkliche Abweichungen von diesem Verhalten zeigen nur sehr dünne Drähte, von etwa 0,4 mm Durchmesser an abwärts.

Strouhal führte die Entstehung der Hiebtöne darauf zurück, daß die Luftverdichtung, welche sich vor dem Stabe bildet, infolge der Reibung an den Rändern sich nicht kontinuierlich, sondern ruckweise periodisch mit der Luftverdünnung hinter dem Stabe ausgleicht. Diese Periode ist die Periode des entstehenden Tones, der Reibungston oder

Luftton genannt wird. Fällt die Periode eines Eigentones des Drahtes mit ihr zusammen, so kommt der Draht durch Resonanz zu starkem Mitschwingen (Drahtton), und der vorher schwache Ton schwillt mächtig an.

Die exakte Theorie der Hiebtöne beruht auf einer hydrodynamisch sehr wichtigen Arbeit von Kármán über die Stabilität von Systemen geradliniger Wirbel. Kármán zeigte (unter Beschränkung auf das Problem der ebenen Strömung), daß das Wirbelsystem hinter einem durch eine Flüssigkeit bewegten Stab nur dann stabil ist, wenn die einzelnen Wirbel der beiden parallelen Wirbelreihen um die Hälfte des Abstandes je zweier benachbarter Wirbel einer Reihe gegeneinander versetzt sind. Durch die so bestimmte Wirbelperiode ist die Periode des Hiebtones gegeben. Tritt Resonanz zwischen dem Luftton und einem der Eigentöne des Stabes bzw. Drahtes ein, so kommt derselbe zum Mitschwingen („Summen" der Telegraphendrähte, Äolsharfe), und zwar erfolgen die Schwingungen des Drahtes im allgemeinen nicht in Richtung der Luftströmung, sondern ungefähr senkrecht dazu. Ähnlich wie die Entstehung der Hiebtöne auf Wirbelbildung zurückzuführen ist, werden auch die Spalttöne (s. d.) und Schneidentöne (s. d.) durch Luft- bzw. Flüssigkeitswirbel erzeugt.

E. Waetzmann.

Näheres s. F. Krüger und A. Lauth, Theorie der Hiebtöne. Ann. d. Phys. 44, 1914.

Himmelsfernrohr. Schaltet man hinter eine Sammellinse (Objektiv) eine zweite (Okular), so daß die einander zugewandten Brennpunkte zusammenfallen, so hat man eine brennpunktlose Linsenfolge, einem hinter dem Okular beobachtenden Auge erscheint ein ferner Gegenstand mit der Vergrößerung

$$\frac{\operatorname{tg} u'}{\operatorname{tg} u} = \frac{f_1}{f_2'} = -\frac{f_1}{f_2};$$

einer Größe, die negativ und bei $f_2 < f_1$ größer als 1 ist, das Auge erhält ein vergrößertes, aber ein umgekehrtes Bild. Da der letztgenannte Umstand bei astronomischen Beobachtungen kein Nachteil ist, wird diese zuerst von Kepler vorgeschlagene Zusammenstellung fast ausschließlich dafür benutzt.

In der gemeinsamen Brennebene kann man ein Mikrometer anbringen, das man mit dem Okular fest verbindet und das die Ausdehnung des Gegenstandes zu messen gestattet. Über die Einrichtung des Okulars vergl. den Artikel „Okular".

Das Okular bildet die Objektivöffnung bei starker Vergrößerung in der Nähe seines hinteren Brennpunktes ab. Hier liegt die Austrittspupille des Instrumentes, man bringt das Auge dorthin und beobachtet das Bild wie durch ein Schlüsselloch. Die Größe der Austrittspupille steht zur Objektivöffnung im umgekehrten Verhältnis der Vergrößerung, von ihr die Helligkeit abhängig.

Das Objektivbild ist mit sphärischen und Farbenabweichungen behaftet. Bei Betrachtung durch das Okular erhält man statt dieser linearen Abweichungen Winkelabweichungen, die (genau genommen ihre Tangente) der Brennweite des Okulars (also bei demselben Objektiv der Vergrößerung) proportional sind. — Bei gleichem scheinbaren Gesichtsfelde (gleichem Durchmesser des Okulars) betrachtet man aber nur einen Teil des Bildes, der im Verhältnis der Vergrößerung kleiner wird. Daher wird die sphärische Abweichung des Objektives um so merklicher, je *stärker;* der (mit dem Quadrat des Gesichtsfeldes wachsende) Astigmatis-

mus, je *geringer* die Vergrößerung ist, während die Koma unabhängig von der Vergrößerung wirkt. Im allgemeinen sind die benutzten Vergrößerungen so stark, daß es namentlich auf Hebung des Farbenfehlers in der Achse, der sphärischen Abweichung im engeren Sinne und demnächst der Koma ankommt.

Macht man die Brennweite des Objektivs und bei einer gegebenen Vergrößerung also auch die des Okulars länger, so wird der Einfluß der Objektivfehler verringert. Daher pflegte man in der ersten Zeit, wo man die Fehler noch nicht heben konnte, Objektive von sehr großer Brennweite anzufertigen, man nahm dann kein Rohr, sondern befestigte das Objektiv unabhängig vom Okular etwa an einer Stange. Newton führte einen Hohlspiegel an Stelle des Objektivs ein[1]), wodurch er die Farbenabweichung beseitigte; seit Dollond kommen die aus mehreren Linsen bestehenden, für Farbe und sphärisch möglichst verbesserten Objektive in den Handel, die in der Zwischenzeit vervollkommnet sind, neuerdings auch durch Einführung besonderer Glassorten.

Zur Himmelsphotographie verwendet man Rohre ohne Okulare, bei denen die photographische Platte im Brennpunkt des Objektivs steht, die Grundsätze für die Verbesserung des Objektivs sind etwas anders als für Beobachtung mit dem Auge.

Über das Himmelsfernrohr vom optischen Standpunkt aus vergleiche man: Czapski-Eppenstein, Grundzüge der Theorie der optischen Instrumente nach Abbe. 2. Aufl. Leipzig 1904, S. 397—413; v. Rohr, Die optischen Instrumente (aus Natur und Geisteswelt 88). 3. Aufl. Leipzig und Berlin S. 72—79.

Das Himmelsfernrohr wird je nach dem besonderen Zwecke, dem es dienen soll, an einem Meridiankreis, einem Äquatorial usw. angebracht. Hierüber vergl. man die Lehrbücher der Astronomie, z. B. Valentiner, Handwörterbuch der Astronomie, Breslau 1901. *H. Boegehold.*

Himmelshelligkeit s. Polarlichter.

Himmelskoordinaten. Alle für die messende Astronomie in Betracht kommenden Koordinaten sind sphärische Polarkoordinaten, die nur der Lage nach verschieden sind. Man unterscheidet im allgemeinen 4 Systeme, die Horizontal-, Äquatoreal-, Ekliptikal- und galaktischen Koordinaten.

Im Horizontalsystem gibt man als Ort eines Gestirnes Höhe und Azimut an. Höhe ist die Erhebung über dem Horizont im Winkelmaß. Orte gleicher Höhe bilden die Parallelkreise dieses Systems. Der Ort, dessen Höhe 90° beträgt, wird Scheitel oder Zenit, sein Gegenpunkt Fußpunkt oder Nadir genannt. Das Azimut wird durch Großkreise durch den Zenit bestimmt und am Horizont vom Nord- oder Südpunkt aus gezählt. Statt der Höhe benutzt man meist den Komplementwinkel dazu, die Zenitdistanz. Mit allen beweglichen und nur provisorisch aufgestellten Instrumenten mißt man diese beiden Koordinaten.

Das Äquatorealsystem ist in mancher Hinsicht eine Projektion des irdischen Längen- und Breitennetzes an die Himmelskugel. Dem Erdäquator entspricht der Himmelsäquator, den Erdpolen die Himmelspole, der Breite die Deklination. Da sich beide Systeme aber gegeneinander drehen, muß man die der Länge entsprechende Koordinate, die Rektaszension, von einem am Himmel fixierten

---

[1]) Wenigstens rührt die erste praktische Anwendung des Spiegelfernrohres von Newton her.

Nullpunkt aus zählen. Hierfür hat man den Früh-
lings- oder Widderpunkt ausgesucht, d. i. der Schnittpunkt des Äquators mit der Ekliptik (Sonnenbahn),
und zwar den aufsteigenden, wo die Sonne von
der südlichen auf die nördliche Hemisphäre übertritt. Die Rektaszension wird von West nach Ost
gezählt. Der Winkel zwischen einem beliebigen
Rektaszensionskreis und dem Meridian des Beobachtungsortes wird Stundenwinkel genannt und
wird nach Westen positiv gezählt. Der Stundenwinkel des Widderpunktes heißt Sternzeit, so daß
der Stundenwinkel eines beliebigen Rektaszensions-
kreises Sternzeit minus Rektaszension ist.

Ist ein Fernrohr derart um zwei Achsen beweglich aufgestellt, daß die feste Achse nach dem
Himmelspol weist, die andere im Äquator liegt, so
kann man bei Kenntnis der Sternzeit, einen Ort
am Himmel mit bekannten Koordinaten sofort
einstellen. Ein solches Fernrohr nennt man parallaktisch montiert.

Statt der Deklination wird gelegentlich Nord-
Polar-Distanz angegeben. Rektaszension und Stundenwinkel werden meist nicht in Graden, sondern
Stunden gemessen, wobei $24^h\ 0^m\ 0^s = 360^0\ 0'\ 0''$
gesetzt ist.

Die Neigung zwischen Horizontal- und Äquatorealsystem ist das Komplement der geographischen
Breite des Beobachtungsortes.

Im Ekliptikalsystem entspricht dem Äquator
die Ekliptik, d. h. die Bahnebene der Erde um die
Sonne, oder die scheinbare jährliche Bahn der
Sonne an der Himmelskugel. Die Koordinaten
heißen Länge und Breite. Die Länge wird ebenfalls
vom Widderpunkt im gleichen Sinne wie die
Rektaszension gezählt. Das Äquatoreal- und
Ekliptikalsystem sind um $23^1/_2{}^0$ gegeneinander
geneigt (Schiefe der Ekliptik).

Das Ekliptikalsystem wird zu planetarischen
Rechnungen verwandt, wobei der Anfangspunkt
noch auf die Sonne verlegt werden muß. Man unterscheidet daher geozentrische und heliozentrische
Ekliptikalkoordinaten.

Das galaktische System ist nach der Milchstraße orientiert, dem Äquator entspricht die Mittellinie der Milchstraße. Es dient stellarstatistischen
Untersuchungen.

Bei Messungen auf kleinen Teilen der Himmelssphäre gebraucht man differenzielle Koordinaten.
Entweder mißt man den Unterschied in Rektas-
zension und Deklination, die mit $\varDelta\alpha$ und $\varDelta\delta$ bezeichnet werden, oder man gebraucht rechtwinkelige
Koordinaten x und y oder Polarkoordinaten in
der Tangentialebene an die Himmelskugel im betreffenden Punkt; die letzteren nennt man Positionswinkel p und Distanz s, sodaß

$$s^2 = (\varDelta\,\delta)^2 + (\varDelta\,\alpha)^2\cos^2\delta$$

und

$$\mathrm{tg\ p} = \frac{\varDelta\,\alpha}{\varDelta\,\delta}\cos\alpha. \qquad \textit{Bottlinger.}$$

Näheres: Jedes Lehrbuch der sphärischen Astronomie.

Hitzdrahtinstrumente s. kalorische Instrumente.

Hochfrequenzverstärker, Verstärkungsapparat mit
Gas- oder Vakuumröhren für elektrische Wechselströme von so hohen Frequenzen, wie sie in der
drahtlosen Telegraphie gebraucht werden, d. h.
etwa Frequenzen von 20 000 bis 1 Million. Er unterscheidet sich im Prinzip nicht von Verstärkern für
durchschnittliche Frequenzen, etwa Telephonfre-
quenzen, er hat jedoch den Vorteil, daß er vermöge
seiner Schaltung vor dem Detektor auch noch so

kleine Amplituden hörbar machen kann, die unterhalb des Detektorschwellwertes liegen, und die
sonst trotz beliebig hoher Verstärkung hinter dem
Detektor (Niederfrequenzverstärkung) nicht hörbar
wären. Außerdem verstärkt er bei selektiver Bauart
nicht die sehr häufig vorhandenen niederfrequenten
Störeinflüsse und gibt so einen sauberen und angenehmen Empfang der Signale. Näheres siehe
Verstärker.   *H. Rukop.*

Näheres s. J. Zenneck, Lehrb. d. Drahtl. Tel. IV. Aufl. 1920.

Hochleistungsmaschine s. Verbrennungskraftmaschinen.

Hochspannungsvoltmeter. Zur Messung sehr
hoher Spannungen dienen meist elektrostatische
Instrumente (Elektrometer), die besonders gut
isoliert sein müssen. Bei Spannungen, für welche
das Multizellularvoltmeter nicht mehr ausreicht
(s. d.), dienen Elektrometer, bei denen die sich anziehenden Metallteile, Platten oder Kugeln, von
denen die eine fest, die andere beweglich ist, sich
in einem mit Öl gefüllten Gefäß senkrecht übereinander befinden. Der bewegliche Teil wirkt vermittels eines Hebels auf einen Zeiger, der die
Spannung an einer Skala anzeigt. Nach Tscher-
nitscheff kann die anziehende Kraft auch in der
Weise kompensiert werden, daß der bewegliche
Teil des Elektrometers an einem Ende eines zweiarmigen Hebels (Wagebalkens) angebracht ist,
dessen anderes Ende einen Eisenkern trägt. Dieser
befindet sich in einer stromdurchflossenen Spule,
und die Stromstärke wird so eingestellt, daß der
Wagebalken die Nullstellung einnimmt, was an
einem Zeiger abgelesen wird. Dann ist die abgelesene Stromstärke in der Spule ein Maß für
die Spannung.   *W. Jaeger.*

Hochverdünnte Gase. Bei der Ableitung der Gasgesetze nach der kinetischen Theorie (s. diese) nimmt
man häufig an, daß die Gasmolekeln von den Gefäßwänden nach den Stoßgesetzen zurückgeworfen
werden. Im Vergleich zur Größe der Gasmolekeln
wird man eine Gefäßwand jedoch nie als absolut
glatt ansehen können, sondern jede auftreffende
Gasmolekel wird mehr oder weniger zwischen die
Molekeln der Wand eindringen und erst nach einer
Reihe von Stößen diese wieder verlassen. Eine
„absolut rauhe" Wand wollen wir eine solche
nennen, in welche auftreffende Gasmolekeln eindringen, im Innern so oft Zusammenstöße mit den
Wandmolekeln erfahren, daß sie diese mit einer
mittleren Geschwindigkeit verlassen, die der Wandtemperatur entspricht. Haben wir in einem Gefäß
einen stationären Zustand, so müssen die Flächeneinheit der Wand ebensoviel Molekeln treffen, als
von ihr ausgesandt werden. Ist N die Zahl der Gasmolekeln in der Volumseinheit, c ihre Geschwindigkeit, so läßt sich leicht berechnen, daß $\dfrac{Nc}{4}$ Molekeln
in der Sekunde die Flächeneinheit der Wand treffen.
Dieselbe Zahl muß natürlich von der Wand ausgesandt werden.

Wir setzen nun ein derart verdünntes Gas voraus,
daß von den Zusammenstößen der Molekeln untereinander abgesehen werden kann. Es seien zwei
vollkommen rauhe Platten horizontal übereinander
angeordnet. Die obere habe die Temperatur T_1, die
untere T_2. Die mittlere Geschwindigkeit der
Molekeln, welche die obere Platte aussendet, sei c_1,
die für die untere c_2. Die Flächeneinheit der oberen
Platte sendet also in der Sekunde $\dfrac{1}{4} N_1 c_1$, die untere

$\frac{1}{4} N_2 c_2$ Molekeln aus. Wegen des stationären Zu-

stands muß daher $\frac{N_1 c_1}{4} = \frac{N_2 c_2}{4}$ oder $N_1 c_1 = N_2 c_2$

$= Nc$ sein, wobei wir unter N und c gewisse Mittel-werte verstehen. Die Energie einer von oben

kommenden Molekel ist $\frac{m c^2_1}{2}$. Die Flächeneinheit

sendet daher in der Sekunde die Energie $\frac{N_1 m c^3_1}{8}$

aus, die der unteren Platte zugeführt wird. Diese

emittiert die Energie $\frac{N_2 m c^3_2}{8}$. Die von oben nach

unten wandernde Energie ist daher $\frac{m}{8} (N_1 c^3_1 - N_2 c^3_2)$

$= \frac{N m c}{8} (c^2_1 - c^2_2)$. Nach dem Boyle-Charles-schen Gesetz (s. dieses) läßt sich das verwandeln in

$\frac{N m c}{8} (c^2_1 - c^2_2) = \frac{3}{8} p \sqrt{\frac{3 R}{M T}} (T_1 - T_2)$. Während

also die Wärmeleitung der Gase (s. diese) innerhalb gewisser Druckgrenzen vom Druck unabhängig ist, wird sie bei höherer Verdünnung dem Druck pro-portional. Es leuchtet ja von vornherein ein, daß sie mit verschwindendem Gas ebenfalls aufhören muß.

Ähnliche Überlegungen kann man auch für die innere Reibung hochverdünnter Gase machen. Wir

erhalten dafür $R = \frac{p}{4} \sqrt{\frac{3 M}{R T}} (u_1 - u_0)$, wenn sich das

Gas zwischen zwei Platten befindet, deren obere die Geschwindigkeit u_1, die untere u_0 in ihrer eigenen Ebene hat. Also auch die innere Reibung (s. diese), die bei normalem Druck von diesem unabhängig ist, wird mit abnehmender Dichte schließlich dem Druck proportional.

Wir denken uns jetzt ein Gefäß mit senkrechter Scheidewand, die ein kleines Loch besitzt. Links von der Scheidewand sei die Temperatur T_0, rechts T_1. Hat die Öffnung die Größe d S, so passieren

von links nach rechts durch diese Öffnung $\frac{N_0 c_0}{4} d S$

Molekeln, von rechts nach links $\frac{N_1 c_1}{4} d S$. Im Falle

des Gleichgewichts müssen beide Größen einander gleich sein, d. h. es muß $N_0 c_0 = N_1 c_1$ oder

$\frac{N_0}{N_1} = \frac{\varrho_0}{\varrho_1} = \frac{c_1}{c_0} = \sqrt{\frac{T_1}{T_0}}$ sein.

Hätten wir eine größere Öffnung, so würde für

das Gleichgewicht $\frac{\varrho_0}{\varrho_1} = \frac{T_1}{T_0}$ gelten. Halten wir $\varrho_0 T_0$

und T_1 konstant, so ist für eine große Öffnung

$\varrho_1 = \varrho_0 \frac{T_0}{T_1}$. Wird die Öffnung nun immer kleiner,

so muß schließlich $\varrho_1 = \varrho_0 \sqrt{\frac{T_0}{T_1}}$ werden. Ist $T_1 > T_0$,

so $\frac{T_0}{T_1} < \sqrt{\frac{T_0}{T_1}}$. Daher ist im ersten Fall ϱ_1 kleiner

als im zweiten. Das heißt: machen wir die Öffnung immer kleiner, so muß schließlich eine Strömung des Gases aus dem linken Teil des Gefäßes nach dem rechten, vom kälteren zum wärmeren erfolgen. Analog muß in einem engen Rohr mit verschieden warmen Enden die Luft vom kälteren zum wärmeren Ende strömen. Wenn wir eine poröse Platte haben, die auf einer Seite wärmer ist als auf der anderen,

so strömt beständig Luft von der kälteren durch die Poren zur wärmeren Seite. Man nennt diese Erscheinungen „thermische Molekularströ-mung". *G. Jäger.*

Näheres s. G. Jäger, Die Fortschr. d. kinet. Gastheorie. 2. Aufl. Braunschweig 1919.

Hodograph. Hodograph einer Translations-bewegung heißt nach Hamilton die Kurve, die man erhält, wenn man die sukzessiven Geschwindig-keitsvektoren ihrer Größe und Richtung nach von einem festen Punkt aus aufträgt. Sie stellt daher, in rechtwinkligen Koordinaten aufgefaßt, die Abhängigkeit zwischen den Geschwindigkeits-komponenten, oder, in Polarkoordinaten aufgefaßt, die Abhängigkeit zwischen Größe und Richtung der Geschwindigkeit dar. Die letztere Auffassung ist z. B. wichtig in der Ballistik, wo die Hodographen-gleichung unter Umständen streng integrabel ist, auch wenn das gleiche nicht für die Bewegungs-gleichungen selbst gilt. In anderen Fällen gibt sie ein anschauliches Bild des Geschwindigkeitsver-laufs, so bei der Planetenbewegung, wo sie ein Kreis wird.

Ist nämlich $r = p/(1 + \varepsilon \cos \varphi)$ die Gleichung der Bahn-ellipse, $r^2 d\varphi/dt = C$ die Flächenkonstante, so findet man: $\frac{C}{p} \frac{dx}{dt} = - \sin \varphi$; $\frac{C}{p} \frac{dy}{dt} = \varepsilon + \cos \varphi$. Entsprechend können natürlich auch die Beschleunigungen als Vektoren von einem festen Punkt aufgetragen werden und führen zu Hodo-graphen zweiter Ordnung. *F. Noether.*

Näheres s. Enc. d. math. Wiss. IV, 3, S. 207 (Schoenfließ, Kinematik).

Höchste Töne s. Grenzen der Hörbarkeit.

Höhenleitwerk, bestehend aus fester Höhen-flosse und beweglichem Höhenruder ist das aus kleinen Tragflächen bestehende Organ, welches das Flugzeug um seine Querachse dreht, welches also beim Steigen und Sinken betätigt werden muß. *L. Hopf.*

Höhenmesser werden ausschließlich als Baro-meter konstruiert. An ihnen wird der Druck ab-gelesen bzw. registriert; um die dazu gehörige Höhe zu erhalten, muß man die Temperatur-verteilung in der Atmosphäre kennen. *L. Hopf.*

Höhenmessung. 1. Trigonometrische. Die trigonometrische Höhenmessung (trigonometri-sches Nivellement) besteht darin, daß man mit Hilfe eines mit einem Höhenkreis ausgestatteten Instrumentes (oder auch einem Nivellierinstrument mit Höhenschraube) den Winkel mißt, den die Gesichtslinie nach einem entfernten Objekte mit der Horizontalebene ein-schließt. Die Horizontal-ebene ist die Berührungs-ebene der Niveaufläche der Erde im Beobachtungs-punkt. Wäre nun der weitere Verlauf dieser Fläche bekannt, so ließe sich die Höhe des zweiten Punktes über dieser Ni-veaufläche finden. Dieses ist aber nun nicht der Fall und wir müssen statt der Niveaufläche eine Hilfsfläche (Referenz-ellipsoid) einführen, deren Krümmungsverhält-nisse bekannt sind. Es resultiert also zunächst die Höhe über dieser Hilfsfläche. Der gesamte Komplex der Operationen, welche zu den Triangulierungen gehören (s. diese), liefert nun für die einzelnen Dreieckspunkte den Höhenunterschied zwischen dem

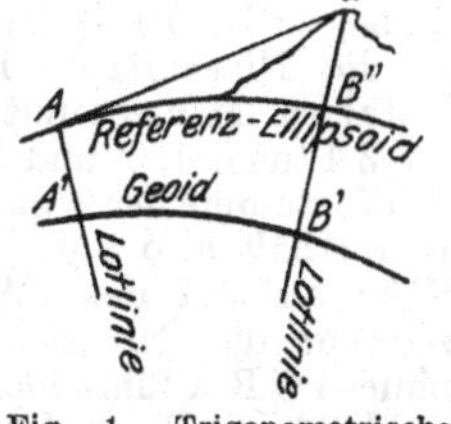

Fig. 1. Trigonometrische Höhenmessung. BB" Höhe über dem Referenz-Ellipsoid. AA' und BB': Meereshöhen.

Geoid und der Hilfsfläche. Durch Hinzufügen dieser Größe erhält man dann die Höhen über dem Geoid oder die Meereshöhen (Fig. 1).

Die Genauigkeit der trigonometrischen Höhenmessung wird wesentlich beeinträchtigt durch die Lichtbrechung in der atmosphärischen Luft (Refraktion), welche von dem Verlauf der meteorologischen Elemente längs des Lichtstrahles abhängt und sich daher nicht mit der nötigen Genauigkeit bestimmen läßt. Wird derselbe Höhenunterschied von beiden Seiten aus beobachtet (gegenseitig), so läßt sich die Refraktion eliminieren, jedoch nur soweit man annehmen kann, daß die Kurve des Lichtstrahles gegenüber der geraden Verbindungslinie der beiden Punkte symmetrisch ist.

R. Helmert, Die mathem. und physikal. Theorien der höheren Geodäsie. Bd. II. S. 550 ff.

2. Geometrisches Nivellement. Dasselbe besteht darin, daß man mit Hilfe eines Nivellierinstrumentes nach vorwärts und nach rückwärts eine horizontale Visur nach aufgestellten Meßlatten herstellt. Die Differenz der Lesungen ergibt den Höhenunterschied. Die Zielweiten wählt man nicht zu groß (ca. 80 m) und möglichst gleich. Dadurch erzielt man den Vorteil, daß der Einfluß der Refraktion und der Erdkrümmung fast vollständig hinausfällt, da die Verhältnisse beiderseits als symmetrisch angenommen werden können. Man bildet nun die Summe der abgelesenen Höhendifferenzen und erhält so einen Wert für den Höhenunterschied der beiden Endpunkte.

Die so gewonnene Größe ist aber nicht der Unterschied der Meereshöhen; er ist genau genommen überhaupt keine mathematisch brauchbare Größe, da sich leicht zeigen läßt, daß der Endwert vom Wege, auf dem er gewonnen wird, abhängt. Der Grund hierfür liegt in dem Nicht-Parallelismus der Niveauflächen. Ist in Fig. 2 A B eine Niveau-

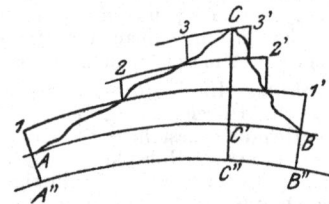

Fig. 2. Schema zum geometrischen Nivellement.

fläche, so ist die Höhe von A und B die gleiche, da die Niveaufläche ihrem Begriffe nach horizontal ist. Man erkennt nun sofort, daß die Summe der 3 Stufen 1, 2 und 3 von A nach C kleiner ist als die Summe der 3 Stufen 1', 2', 3' von B nach C. Man erhält also auf dem Wege A C eine andere Höhe als auf dem Wege A B C. Mit anderen Worten: das Nivellement über die geschlossene Linie A C B A führt nicht auf Null zurück, sondern es bleibt ein Rest: der sphäroidische Schlußfehler.

Um zu eindeutigen Resultaten zu kommen, gehen wir auf die Grundtatsache zurück, daß die Arbeit, die geleistet werden muß, um von einer Niveaufläche zur andern zu gelangen, unabhängig vom Wege ist. Ist der Abstand zweier unendlich naher Niveauflächen an irgend einer Stelle gleich, dh die Schwere daselbst gleich g, so ist

$$g\, dh = \text{const.} \qquad\qquad 1)$$

Mit Hilfe dieser Gleichung können wir die Höhen der einzelnen Stufen, die direkt gemessen wurden, in die entsprechenden Höhenstücke unter C verwandeln. Es wird, wenn die zur Lotlinie in C gehörigen Größen den Index C erhalten

$$dh_C = \frac{g}{g_C} \cdot dh$$

und die richtige Höhe CC' wird

$$CC' = \sum_A^C \frac{g}{g_C}\, dh$$

Da g und g_C nur wenig voneinander verschieden sind, setzen wir

$$\frac{g}{g_C} = 1 + \qquad\qquad 2)$$

und erhalten

$$CC' = \sum_A^C dh + \sum_A^C \delta\, dh \qquad\qquad 3)$$

Das 2. Glied stellt eine kleine Korrektion dar, welche an dem direkten Nivellement-Ergebnis anzubringen ist. Die Größe heißt die orthometrische Korrektion. Der Ausführung stellt sich die Schwierigkeit entgegen, daß man zwar g, die Schwere in den Beobachtungspunkten (Instrumentenständen des Nivellements), nicht aber g_C bestimmen kann, weil die entsprechenden Punkte im Innern der Erde liegen. Man muß sich auf den sogenannten theoretischen Wert der Schwere beschränken, indem ihre Abhängigkeit von der geographischen Breite und der Seehöhe durch eine Formel ausgedrückt wird:

$$g = g_{45}\,(1 - \alpha \cos 2\,\text{B} - \beta\,\text{H}) \qquad 4)$$

(B geogr. Breite, H Seehöhe, g_{45} Schwere unter 45° Breite; α, β Konstante). Die orthometrische Korrektion erhält dann die Form

$$\frac{\alpha}{\omega} \sum_A^C \sin 2\,\text{B}\; d\text{B}\; dh.$$

Hier ist B das Mittel der Breiten des jeweiligen Instrumentenstandes und des Punktes C; dB die zugehörige Breitendifferenz in Bogensekunden, dh die Differenz der Lattenlesungen an den einzelnen Punkten, ω der Verwandlungsfaktor 206265 und $\alpha = 0{,}00265$. Führt man die Summierung über C hinaus weiter bis A zurück, so erhält man den orthometrischen Schlußfehler.

Ist A″ C″ B″ die Meeresfläche, so ist AA″ die Meereshöhe von A, CC″ = C″C′ + CC′ die Meereshöhe von C. C′C″ erhält man aus AA″ ebenfalls durch Anwendung der entsprechenden Schwerwerte und findet

$$C'C'' = AA'' + \frac{\alpha}{\omega}\sin 2\,\text{B}\; d\text{B}\; AA'' \qquad 5)$$

Hier ist B das arithmetische Mittel der geographischen Breite von A und C, dB der Breitenunterschied. Es ist somit

$$CC'' = AA'' + \sum_A^C dh + \frac{\alpha}{\omega}\sum_A^C \sin 2\,\text{B}\; d\text{B}\; dh +$$

$$\frac{\alpha}{\omega}\sin 2\,\text{B}\; d\text{B} \cdot AA''. \qquad 6)$$

Wegen der Eindeutigkeit des Arbeitswertes längs einer Niveaufläche hat man auch vorgeschlagen, statt der Höhe direkt diesen Arbeitswert einzuführen. Statt der Höhe CC′ hätte man dann zu setzen

$$\Delta W = \sum_A^C g\, dh.$$

Da in diese Formel nur die Schwerwerte an den Beobachtungspunkten eintreten, so läßt sich dieser Ausdruck vollständig korrekt ausführen. Es fehlt zur Zeit nur ein Instrument, welches erlaubt, hinlänglich rasch die Schwere zu bestimmen, so daß man mit den Nivellement-Arbeiten Schritt halten könnte. Daß dabei die eine Koordinate der Punkte durch eine Größe ganz anderer Natur ausgedrückt wird, als die beiden Koordinaten der horizontalen Richtung, bildet kein Hindernis; ist doch auch für das menschliche Empfinden die Höhe etwas ganz anderes als eine horizontale Entfernung. Man kann übrigens ΔW leicht wieder in eine Höhe zurückverwandeln, wenn man durch einen konstanten Schwerewert z. B. g_{45} dividiert. Man erhält dann für die Höhe des Punktes C über A

$$H = \frac{1}{g_{45}} \sum_A^C g\,dh.$$

Man nennt solche Höhen: **dynamische Höhen**.

Da wieder $\frac{g}{g_{45}}$ nahe gleich 1 ist, so setzen wir

$$\frac{g}{g_{45}} = 1 + \gamma$$

und es wird

$$H = \sum_A^C h + \sum_A^C \gamma\,dh.$$

Das zweite Glied wird als die **dynamische Korrektion** bezeichnet. Begnügt man sich auch hier mit dem normalen Werte der Schwere, so ist

$$\sum_A^C \gamma\,dh = -\alpha \sum_A^C \cos 2\,B\,dh - \frac{\beta}{2}(H^2_C - H^2_A).$$

Dehnt man die Summe über C hinaus aus bis zum Punkt A zurück, so erhält man den **dynamischen Schlußfehler**, dabei verschwindet das letzte Glied.

Die betrachteten Korrektionen dürfen bei Nivellements, welche größere Höhen überschreiten, nicht vernachlässigt werden, da sie den Betrag von mehreren Dezimetern erreichen können.

Die orthometrisch korrigierten Höhen sind zwar mit den Meereshöhen nicht identisch, da man nur den theoretischen Wert der Schwere statt des wahren verwenden kann, sie sind aber praktisch den Meereshöhen gleichzuhalten. Das geometrische Nivellement wird daher bei allen fundamentalen Höhenbestimmungen verwendet. Es folgt den wichtigsten Straßen- und Eisenbahnlinien, man läßt es geschlossene Züge bilden (Nivellementpolygone, Nivellementschleifen), so daß die zusammenfallenden Anfangs- und Endpunkte, sowie die verschiedenen Anschlußpunkte zur Kontrolle und zur Versteifung dienen. Als Präzisionsnivellement erhält es eine Genauigkeit von ± 3 mm pro km. Den Ausgangspunkt bilden besonders festgelegte Punkte (Repèrepunkte, Normalnull). Die einnivellierten Punkte erhalten Höhenmarken.

Ch. Lallemand, Note sur la theorie de nivellement (Verhandl. d. permanenten Komm. d. intern. Erdmessung in Nizza 1887, Ann. V f.).

3. **Die barometrische Höhenmessung.** Da der Luftdruck von dem Gewichte der über einem Ort lastenden Luftmassen herrührt, so folgt, daß er mit der Höhe nach den im Aufbau der Atmosphäre herrschenden Gesetzen abnehmen muß. Wenn also diese Gesetze bekannt sind, so muß sich aus dem Luftdruck die Höhe bestimmen lassen. Die Schwierigkeit und Unsicherheit des Verfahrens wird aber daraus entspringen, daß wir über diese Gesetze nicht hinlänglich unterrichtet sind. Ist ϑ die Dichte der Luft in irgend einem Punkte und g die Schwere daselbst, so ist die Abnahme des Druckes pro Flächeneinheit bei Erhebung um dh:

$$dp = -g\,\vartheta\,dh \qquad 1)$$

Für g können wir den sogenannten normalen Wert:

$$g = g_{45}(1 - \beta \operatorname{cn} 2\,B)\left(1 - \frac{2\,h}{R}\right)$$

setzen. Da der zweite Faktor wegen der geringen Unterschiede im B als konstant gelten kann, erscheint g als Funktion von h ausgedrückt. Wäre nun ϑ eine Funktion von p allein, so hätten wir in 1. nur die beiden Variablen p und ϑ und könnten die Gleichung integrieren. In die Beziehung zwischen p und ϑ tritt aber die Temperatur t ein, nach dem bekannten Gesetze:

$$\vartheta = \vartheta_0 \frac{p}{p_0} \frac{1}{1 + \alpha t}$$

Wir müssen also die Temperatur als Funktion der Höhe kennen. Hierüber besitzen wir aber nur Mittelwerte, die selbst sehr unsicher sind, und die im einzelnen Falle von der Wahrheit sehr weit entfernt sein können. Es bleibt nichts übrig, als für t den Mittelwert aus den beobachteten Temperaturen der beiden Stationen zu nehmen, deren Höhenunterschied bestimmt werden soll. In ähnlicher Weise muß man den Feuchtigkeitsgehalt der Luft berücksichtigen, indem man das Mittel aus $\frac{e}{p}$ für beide Stationen nimmt, wo e den Dampfdruck, p den Luftdruck bezeichnet. Setzen wir noch $\frac{h_1 + h_2}{2} = h$, so lautet die vollständige Formel:

$$h_2 - h_1 = 18\,400\,\mathrm{m}\,(1 + \alpha t)\left(1 + 0{,}377\frac{e}{p}\right)$$
$$(1 + \beta \operatorname{cn} 2\,B)\left(1 + \frac{2}{R}h\right)\log\frac{p_1}{p_2}$$

$$\alpha = 0{,}003665 \qquad \beta = 0{,}002640 \qquad \frac{2}{R} = 0{,}0000003136.$$

Für p_1 und p_2 sind die absoluten Werte des Luftdruckes einzusetzen. Es sind also an die Ablesungen sämtliche für das betreffende Instrument vorgeschriebenen Korrektionen anzubringen. Wesentlich ist es, daß die eingeführten meteorologischen Elemente gleichen Zeitpunkten entsprechen müssen. Die Genauigkeit kann den Umständen entsprechend nur eine mäßige sein. Nach Jordan beträgt der Fehler schon bei geringen Höhendifferenzen (200 m) 1—2 m. Die größte Unsicherheit rührt dabei von der Unkenntnis der anzuwendenden Temperatur her. Genauere Werte können nur aus längeren Beobachtungsreihen gewonnen werden. *A. Prey.*

Näheres s. W. Jordan, Handbuch der Vermessungskunde. II. Bd.

Höhenmotor s. Verbrennungskraftmaschinen.

Höhlen. Unterirdische Hohlräume, die zumeist in leicht löslichen oder zerstörbaren Gesteinen durch Verwitterung und Erosion (s. diese) entstanden sind. Besonders häufig und zahlreich entstehen Höhlen durch chemische Erosion in Kalkgebirgen, vor allem im Karst (s. diesen). Außer Flußhöhlen, die durch unterirdische Flüsse erodiert werden, gibt es auch Sickerhöhlen, bei denen die Lösung des Kalkes durch einsickerndes Wasser geschieht, das bei der Verdunstung den Kalk teilweise wieder ausscheidet, so daß sich bei der Ablösungsstelle der Tropfen an der Decke der Höhle Tropfsteinzapfen, Stalaktiten, bilden, denen am B den von der Auffallstelle aus analoge Gebilde, die Stalagmiten, entgegenwachsen. In den Eishöhlen (s. diese) vertritt das Eis die Stelle des Tropfsteins. Höhlen mit doppeltem Ausgang heißen Durchgangshöhlen, solche mit einer Öffnung Blindhöhlen. Die größte bekannte Höhle ist die Mammuthöhle in Kentucky, deren zahlreiche Gänge eine Gesamtlänge von 60 km haben.

O. Baschin.

Näheres s. F. Kraus, Höhlenkunde. 1894.

Hörbarkeit. Maß für die Empfangsintensität drahtloser Signale. Ihre Bestimmung geschieht folgendermaßen:

Man schaltet zum Empfangstelephon einen möglichst induktionsfreien Widerstand, dessen Größe, so lange geändert wird, bis die Zeichen gerade noch aufnehmbar bleiben.

Aus der Größe dieses Widerstandes W und dem des Telephones W_T ergibt sich die Hörbarkeit a nach der Formel

$$a = 1 + \frac{W_T}{W}.$$

Angenommen, das Telephon hat einen Widerstand von 2000 Ohm und die Zeichen verschwinden bei einem parallel geschalteten Widerstand W = 10 Ohm, so wird

$$a = 1 + \frac{2000}{10} = 201,$$

d. h. die Intensität der Zeichen war etwa 200 mal größer als die für ihre Wahrnehmbarkeit erforderliche.

Die Methode ist abhängig von den Gehörqualitäten des Beobachters und daher nur für Vergleichsmessungen anwendbar, die von ein- und derselben Person ausgeführt werden.   *A. Esau.*

Hörbarkeit s. Lautstärke.

Hörfrequenz. Elektrische Schwingungen, deren Schwingungszahl in den Hörbereich des menschlichen Ohrs fällt (30—20 000).   *A. Esau.*

Hörgrenze s. Grenzen der Hörbarkeit.

Hörrohr s. Schalltrichter.

Hörschärfe s. Grenzen der Hörbarkeit.

Hörstärke s. Schallintensität.

Hörtheorien. Eine Hörtheorie kann nicht die Aufgabe haben, das Zustandekommen der Schallempfindung zu „erklären". Sie soll nur die akustischen Vorgänge beim Hören bis zur Nervenerregung hin untersuchen, sie soll uns ferner eine befriedigende Vorstellung von dem Zustandekommen des gleichzeitigen Hörens verschiedener Töne ermöglichen, und endlich sollen sich ihr alle sonstigen Tatsachen des Hörens, sei es mit dem gesunden oder mit dem kranken Ohre, widerspruchsfrei unterordnen.

In Physikerkreisen ist noch heute die hauptsächlich von Helmholtz aufgebaute Resonanztheorie (s. d.) die fast ausschließlich herrschende Hörtheorie, während die Physiologen vielfach der Schallbildertheorie (s. d.) von Ewald den Vorzug geben. Andere Hörtheorien, die teils Modifikationen der beiden genannten Theorien sind, teils auch selbständiger vorzugehen versuchen, haben bisher keine wesentliche Bedeutung erlangt.

E. Waetzmann.

Näheres s. H. v. Helmholtz, Die Lehre von den Tonempfindungen. Braunschweig 1921.

Hörverstärker s. Schalltrichter.

Hörzellen s. Ohr.

Hohlraumstrahlung. Die „schwarze Strahlung" wird auch Hohlraumstrahlung genannt, weil sie sich im Innern eines von strahlungsundurchlässigen, gleichtemperierten Wänden umgebenen Hohlraumes, des „schwarzen Körpers" (s. d.), einstellt (s. Strahlungsgleichgewicht).   *Gerlach.*

Hohlspiegel s. Reflexion des Lichts.

Holborn-Kurlbaumsches Pyrometer s. Strahlungspyrometer.

Holländisches Fernrohr. Eine Sammellinse vereinigt die aus dem Unendlichen kommenden Strahlen im hinteren Brennpunkt; eine Zerstreuungslinse macht die nach dem vorderen (hinter der Linse gelegenen) Brennpunkt hinzielenden Strahlen parallel. Stellt man beide so hintereinander, daß die genannten Punkte zusammenfallen, so hat man eine brennpunktlose Linsenfolge, ein hinter der Zerstreuungslinse (Okular) beobachtendes Auge sieht ferne Gegenstände wieder in der Ferne[1]), dabei aber (s. Gaußische Abbildung) mit der Vergrößerung

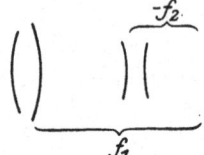

Holländisches Fernrohr.

$$N = \frac{\operatorname{tg} u'}{\operatorname{tg} u} = \frac{f_1}{f_2'} = -\frac{f_1}{f_2},$$

da f_2 negativ, ist dies positiv und ferner größer als 1, d. h. man hat ein aufrechtes vergrößertes Bild.

Diese Linsenzusammenstellung wurde im Anfang des 17. Jahrhunderts in Holland gefunden[2]), für eine Brille gehalten und daher sofort für beidäugige Beobachtung benutzt. Auch jetzt findet sie noch häufig Anwendung für irdische Beobachtungen bei geringen Vergrößerungen. Außer der aufrechten Lage des Bildes ist die geringe Länge von Vorteil (sie ist die Differenz der Brennweiten, beim Himmelsfernrohr die Summe).

Die Anwendung wird beschränkt durch zwei Nachteile:

1. Da kein auffangbares Bild zustande kommt, kann man nicht wie beim Himmelsfernrohr einfache Meßvorrichtungen anbringen.

2. Das Bild der Objektivöffnung wird vor dem Okular entworfen und ist deshalb für das Auge unzugänglich. Infolgedessen ist eine Beobachtung außerhalb der Achse nur durch Drehung um den Augendrehpunkt möglich. Daher wird das scheinbare Gesichtsfeld $\operatorname{tg} u'$ bestimmt durch das Verhältnis der scheinbaren Objektivöffnung zu ihrem Abstand vom Augendrehpunkt. Dieser Punkt liegt aber mindestens 20 mm hinter dem Okular, also noch weiter hinter jenem Öffnungsbilde. Dessen Größe steht aber (s. Gaußische Abbildung) zur Objektivöffnung im umgekehrten Verhältnis der Vergrößerung. Deshalb wird das scheinbare Gesichtsfeld mit stärkerer Vergrößerung immer kleiner.   *H. Boegehold.*

---

[1]) Ist das Auge kurz- oder übersichtig, so kann es mit Brille beobachten. Es kann aber auch der Abstand von Objektiv und Okular geändert werden. — Das nämliche gilt vom Himmelsfernrohr und Mikroskop. Es ist dies hier nirgends berücksichtigt worden.

[2]) Da Galilei zuerst bedeutende Entdeckungen mit ihr gemacht hat, ihm zuweilen auch eine unabhängige Erfindung zugeschrieben war, wird sie wohl auch nach ihm benannt.

Näheres über das holländische Fernrohr und die bei ihm übliche Verbesserung durch Einführung achromatischer Linsen s. Czapski - Eppenstein, Grundzüge der Theorie der optischen Instrumente nach Abbe. 2. Aufl. 1904, S. 389—397. v. Rohr, Die optischen Instrumente (aus Natur und Geisteswelt 88). 3. Aufl. 1918, S. 70—72.

Holonom s. Koordinaten der Bewegung.

Holtzsche Elektrisiermaschine s. Elektrisiermaschine.

Holzblasinstrumente s. Zungeninstrumente.

Holzharmonika s. Stabschwingungen.

Homogene Atmosphäre. Als Höhe der homogenen Atmosphäre bezeichnet man die mit konstanter Luftdichte (s. d.) zu berechnende Höhe der Atmosphäre (s. d.). Herrscht am Erdboden 760 mm Barometerstand und die Temperatur des Gefrierpunktes, so erhält man als Höhe der homogenen Atmosphäre den Wert $\frac{13,596 \cdot 760}{1,293} = 7991$ m. Die Höhe ändert sich proportional der absoluten Temperatur T der Luft am Boden und hat den Wert $7991 \cdot T/273 = 29,272\ T$, so daß die Höhe der homogenen Atmosphäre unabhängig vom Bodendrucke ist. Nimmt der Luftdruck am Boden andere Werte an, so ändert sich der Faktor 760 im Zähler in demselben Verhältnis wie der Nenner. Die obere Grenze der homogenen Atmosphäre wird durch verschwindenden Luftdruck und durch den absoluten Nullpunkt der Temperatur gebildet. Die Temperatur in der homogenen Atmosphäre nimmt nach oben auf je 29,272 m um 1° ab, also aufs m um 0,0342° (s. Gleichgewicht der Atmosphäre). *Tetens.*

Näheres s. Arbeiten des Preuß. Aer. Observatoriums Bd. 13, S. 25 ff.

Homogenes Feld, elektrostatisches. Ein elektrostatisches Feld (s. dieses) von gleichmäßiger Verteilung.

Homogenes Gleichgewicht s. Thermodynamisches Gleichgewicht.

Hookesches Gesetz s. Festigkeit, Elastizitätsgesetz.

Horchtrichter s. Schalltrichter.

Horizont. In der geographischen Wissenschaft bezeichnet man als Horizont die Ebene, welche durch den Standpunkt eines Beobachters senkrecht zur Richtung der Schwere verläuft. In der Astronomie unterscheidet man den so definierten scheinbaren Horizont von dem wahren Horizont, dessen Ebene parallel zu jenem durch den Mittelpunkt der Erde geht und den Himmel in eine sichtbare und eine unsichtbare Halbkugel scheidet. In der Nautik versteht man unter der Bezeichnung Horizont meist den natürlichen Horizont, d. i. die Kreislinie, welche bei erhöhtem Standpunkt in dem Abstand der Aussichtsweite (s. diese) den sichtbaren Teil der Meeresfläche gegen die Luft abgrenzt. Als Depression des Horizontes oder Kimmtiefe bezeichnet man hierbei den Winkel zwischen der durch das Auge gelegten Horizontalebene und der Richtung nach dem natürlichen Horizont. Dieselbe Auffassung des Horizontes als Grenzlinie des sichtbaren Teiles der Erdoberfläche ist in den allgemeinen Sprachgebrauch übergegangen und findet häufig auch bei der unebenen Landoberfläche Anwendung. Die Kreislinie des Horizonts wird nach den Himmelsrichtungen, den 32 Strichen der Kompaßrose zu je $11\frac{1}{4}°$ (N, NzE, NNE, NEzN, NE, NEzE, ENE, EzN, E usw.) oder nach Winkelgraden des Azimuts eingeteilt. Die Zählung der 360 Azimutgrade

beginnt am Nordpunkt und schreitet in der Richtung über Osten, Süden und Westen fort.

In die Meteorologie ist durch M. Möller der Begriff des absoluten Horizontes eingeführt worden, d. i. jener Fläche, die auf der Richtung der Massenanziehung der Erde senkrecht steht. *O. Baschin.*

Horizontalintensität des Erdmagnetismus. Die im magnetischen Meridian gelegene Projektion der magnetischen Gesamtkraft der Erde auf die Horizontale, gemessen in Dyn, Dimension $cm^{-1/2} g^{1/2} s^{-1}$; der $\frac{1}{10000}$ Teil heißt 1γ, in ihm werden namentlich die Variationen der magnetischen Feldstärke angegeben. Die absolute Messung der Horizontalintensität erfolgt entweder mit der von Gauß angegebenen Anordnung, für erdmagnetische Zwecke aber nur nach den genaueren Verfahren mit dem magnetischen Theodolit (s. d.) von Lamont. Beiden Methoden ist gemeinsam, daß einerseits ein Magnet (Ablenkungsmagnet) eine Nadel ablenkt, welche in bekannter Richtung und Entfernung von ihm steht; dies ist gegeben durch kM/r^3H, worin M das magnetische Moment des Ablenkungsmagneten, r seine Entfernung von der Nadel, H die Horizontalintensität und k eine von der gegenseitigen Lage und der Verteilung der Magnetismen der Magnete abhängige Funktion bedeutet, die „Ablenkungsfunktion". Andererseits erhält man eine das Produkt MH gebende Messung, wenn man den Ablenkungsmagneten in einer geeigneten Vorrichtung in der Horizontalen schwingen läßt, indem $MH = \frac{\pi^2 K}{t^2}$, worin K das Trägheitsmoment des schwingenden Systems ist. Aus der Vereinigung beider Messungen ergibt sich sowohl die Horizontalintensität, als auch das Moment des ablenkenden Magneten. Gauß brachte den ablenkenden Magnet magnetisch östlich und westlich (I. Hauptlage) oder nördlich und südlich an (II. Hauptlage). Die Nadel steht dann schief gegen die Achse des ablenkenden Magneten und die von Gauß gegebenen Formeln stimmen dann streng genommen nicht mehr. Bei Lamont befindet sich die Nadel in der Mitte des Theodoliten. Senkrecht zum Fernrohr, mit ihm am besten starr verbunden ist eine sog. Ablenkungsschiene, auf welche der Ablenkungsmagnet eingelegt wird. Man dreht das Fernrohr um den vollen Ablenkungswinkel um die Nadel, so daß der Magnet wieder exakt senkrecht auf die Nadel gerichtet steht. Die Formel für die Lage gelten scharf, der Winkel ist der größtmögliche, seine Fehler gehen am geringsten ein.

Die grundlegende Aufgabe der Wechselwirkung zwischen zwei beliebig zueinander gelagerten Magneten ist erst jüngst von Ad. Schmidt gelöst worden.

Für Beobachtungen minderer Genauigkeit bestimmt man für die benutzten Instrumente durch Vergleich mit absoluten Instrumenten Instrumentalkonstanten und kann dann unter Umständen auf die bei Reisen schwierigeren Schwingungsbeobachtungen verzichten. *A. Nippoldt.*

Näheres s. Ad. Schmidt, Einwirkung zweier Magnete in beliebiger Lage. Terr. Magn. 1912/13.

Horizontalintensitätsvariometer s. Bifilar- und Unifilarmagnetometer.

Horizontalpendel. Das Horizontalpendel ist durch seine Neigungsempfindlichkeit (s. unten) dazu geeignet, die von den Flutkräften (s. d.) bewirkten

Änderungen der Lotrichtung und die von den elastischen Gezeiten (s. d.) der Erdrinde bewirkten Neigungsänderungen der festen Erdoberfläche zu messen. Durch seine lange Schwingungsdauer ist es ein empfindlicher Erdbebenmesser (s. Seismograph). Die Art seiner Bewegung ähnelt der einer einflügeligen Tür, die sich um die vertikal stehende Achse, d. h. die die Angeln verbindende Gerade, dreht. Stehen die Angeln genau vertikal übereinander, so kann die Tür in jeder Lage stehen bleiben. Steht die Drehachse nicht genau vertikal, so bleibt der Türflügel nur in einer bestimmten Lage in Ruhe, oder er schwingt, wenn die Reibung in den Angeln nicht zu groß ist, um diese Lage hin und her. Würde man den Türpfosten, und somit die Drehachse, in einer zur Ruhelage der Tür senkrechten Ebene ein wenig neigen, so würde sich diese Ruhelage stark verändern. Man denke sich den Türflügel durch ein (etwa 80 g wiegendes) Metallstück in ◁- oder in ⊣-Form ersetzt und die Angeln durch feine Stahlspitzen, auf denen das Metallstück in Achatlagern ruht. Die Spitzen sind an Zylindern angeschliffen, die an ein (dem Türpfosten entsprechendes) Stativ befestigt sind; die Achse des oberen Zylinders ist 45° gegen die Vertikale geneigt, die des unteren liegt horizontal. Beide Achsen schneiden einander in einem Punkte senkrecht unter dem Schwerpunkt; dieser steht etwa 25 cm von der Drehachse ab. Je kleiner

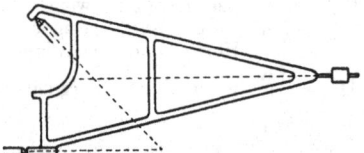

Horizontalpendel. von Rebeursche Aufhängung auf Spitzen.

die Neigung der Drehachse gegen die Vertikale ist, desto größere Schwingungsdauer hat das Pendel. Ist T_0 seine Schwingungsdauer bei horizontal liegender Drehachse, so ist, wenn man die Achse aufrichtet, aber um den Winkel i gegen die Vertikale neigt, die Schwingungsdauer $T = \dfrac{T_0}{\sqrt{\sin i}}$. Neigt man die Drehachse in einer zur Ruhelage des Pendels senkrechten Ebene um den Winkel $\varDelta$, so schlägt das Pendel um den Winkel $\varphi = \dfrac{\varDelta}{\sin i}$ aus. Das Pendel ist also dazu geeignet, sehr kleine Neigungsänderungen der Achse und der Richtung der Schwerkraft vergrößert anzuzeigen. Ist z. B. i = 2' und $\varDelta$ = 0,″01, so wird φ = 17″. Diesen Ausschlag kann man photographisch stark vergrößert registrieren. Man versieht den Pendelkörper mit einem Spiegel, der durch eine Linse einen beleuchteten Spalt auf eine z. B. 3½ m entfernte, mit Bromsilberpapier bespannte, durch ein Uhrwerk gedrehte Walze abbildet. Bewegt sich das Pendel, so verschiebt sich das Bild des Spaltes und zeichnet durch die Schwärzung der Bromsilberschicht seinen Weg auf. In dem durch die Zahlen bezeichneten Falle verschiebt sich das Spaltbild um 0,5 mm, so daß diese verhältnismäßig einfache Einrichtung ein Vertikalpendel von 10 000 m Länge ersetzt. — In neuerer Zeit verwendet man statt der Spitzenaufhängung die Zöllnersche Einrichtung: ein leichtes Metallrohr von etwa 25 cm Länge wird durch zwei dünne Drähte nahezu horizontal gehalten, die an dem Rohr angreifend ober-

halb und unterhalb des Rohres an einem Gestell befestigt sind. Die Verbindungslinie der Befestigungspunkte ist die Drehachse. Man macht die Drähte aus Platin-Iridium, ca. 0,04 mm dick und altert (tempert) sie künstlich, um die Einwirkung der Torsion und des momentanen Spannungszustandes zu beseitigen.

Das Horizontalpendel ist zuerst von Hengler in München 1833 beschrieben und als astronomische Pendelwage bezeichnet worden. Unabhängig von ihm haben Perrot 1862 und Zöllner 1869 das gleiche Prinzip erdacht. Durch Zöllner, der zuerst eine vollkommene Konstruktion durchführte, ist es hauptsächlich bekannt geworden. Ein brauchbares Horizontalpendel in Spitzenlagerung hat zuerst v. Rebeur-Paschwitz konstruiert. *Schweydar.*
Näheres s. Fürst Galitzin, Vorlesungen über Seismometrie. Leipzig 1914.

Horn s. Zungeninstrumente.

Hornhautastigmatismus s. Brille.

Horopter. Unter dem Horopter versteht man den geometrischen Ort aller Punkte des Außenraumes, die sich bei gegebener Augenstellung auf Paaren identischer Netzhautpunkte (s. Raumwerte der Netzhaut) abbilden, also schlechthin einfach gesehen werden. Der dieserart definierte Horopter, der Punkt- oder Totalhoropter, umfaßt die gemeinsamen Punkte der beiden sog. Partialhoropter, des Längs- und des Querhoropters, welche die Gesamtheit derjenigen Außenpunkte darstellen, die bei derselben Blicklage mit identischen Längs- bzw. Querschnitten gesehen werden. Form und Lage des Punkthoropters sind je nach der Augenstellung verschieden: bei parallel in die Ferne gerichteten Gesichtslinien ist er in der unendlich fernen, auf der Blickebene senkrecht stehenden Ebene gegeben; bei symmetrischer Konvergenz der Augen auf einen in endlicher Entfernung befindlichen Fixationspunkt setzt er sich aus dem durch die Knotenpunkte beider Augen und den Fixationspunkt bestimmten Kreis (Müllerschen Horopterkreis) und die im Fixationspunkt errichtete Senkrechte zur Blickebene zusammen. Für das stereoskopische Sehen erlangt bei der anatomischen Anordnung der Augen seitlich nebeneinander der Längshoropter seine besondere Bedeutung darin, daß er alle Punkte des Außenraumes umfaßt, die sich ohne Querdisparation in beiden Augen abbilden und infolgedessen in die sog. Kernfläche des subjektiven Sehraumes lokalisiert werden. Die Kernfläche ist dasjenige Gebilde des Sehraumes, das dem Längshoropter im wirklichen Raume entspricht. *Dittler.*
Näheres s. F. B. Hofmann, Ergebn. d. Physiol., Bd. 15, S. 265 ff., 1916.

Horror vacui s. Torricellischer Versuch.

H-Strahlen. Von α-Strahlen (s. d.) beim Auftreffen auf Wasserstoff-Atome (Wasserstoffgas, Paraffin-, Gummi-Häutchen) ausgelöste Sekundärstrahlung; beim Anprall der α-Partikel werden aus dem H-Atom anscheinend Elektronen abgespalten, der positiv geladene Atomrest fliegt mit großer Geschwindigkeit weiter und gelangt als H-Strahlung zur Beobachtung. Wegen der geringen Masse kann diese Anfangsgeschwindigkeit so hohe Werte annehmen, daß die H-Strahlen bis zu viermal größere Strecken als die erregenden α-Strahlen in Luft zurücklegen können, ehe sie abgebremst sind. *K. W. F. Kohlrausch.*

Hubschraube ist eine Schraube, welche dazu dient, ein Gewicht zu tragen, welche also ihren Ort festhält und nicht fortschreitet. Dabei ist die entstehende Kraft größer als bei der Fahrtschraube.

Sie findet Verwendung beim Schraubenflieger (s. d.). Die Hubkraft P, welche bei einem Leistungsaufwand L erreichbar ist, hängt nach der Strahltheorie der Schraube (s. d.) von der Flächenbelastung P/F (Hubkraft bezogen auf die Flächeneinheit des Schraubenkreises) und der Luftdichte ϱ ab. Die Strahltheorie gibt eine obere Grenze für den Wert P/L und zwar

$$\frac{P}{L} = \sqrt{\frac{z\,\varrho\,F}{P}}.$$

Bei Versuchen sind über 80 v. H. dieses Grenzwertes erreicht worden. *L. Hopf.*

Hufeisenmagnete. Bei den Hufeisenmagneten, die den Namen von ihrer Gestalt tragen, teilweise aber auch in abgeänderter Form in der Technik Verwendungfinden (vgl. Fig. a bis d), unterscheidet

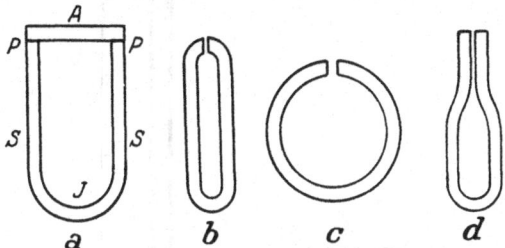

Formen von Hufeisenmagneten.

man die beiden Schenkel S, die im gekrümmten Teil in der nach außen hin keine Wirkung ausübenden Indifferenzzone J zusammenstoßen, und an den Enden die Pole P, die durch den Anker A geschlossen werden; die Öffnung zwischen den Schenkeln bezeichnet man auch als Maul (Maulweite usw.). Die Kraftlinien (oder besser Induktionslinien) sollen von der Indifferenzzone durch den einen Schenkel, den Anker und durch den zweiten Schenkel wieder zurück zur Indifferenzzone verlaufen, so daß also möglichst alle an der Wirkung auf den Anker beteiligt sein würden. Tatsächlich tritt jedoch schon vorher ein erheblicher Bruchteil von sog. Streulinien vom einen Schenkel direkt durch die Luft zum andern Schenkel über und geht so seinem eigentlichen Zweck verloren. Ganz besonders zahlreich sind diese Streulinien beim ungeschlossenen Magnet, wo z. B. beim Typus a nur wenige Prozent bis zu den Enden der Schenkel gelangen, die man in diesem Falle kaum mehr als Pole bezeichnen kann. Sollen nun gerade an dieser Stelle die Kraftlinien auch im ungeschlossenen Zustand zu Bremswirkungen usw. ausgenützt werden, so muß man die beiden Schenkel am Ende kröpfen und so durch Verengerung des Luftspaltes, d. h. durch Verringerung des magnetischen Widerstandes den Übergang der Kraftlinien an dieser Stelle begünstigen (Typus b, d). Als Material für permanente Hufeisenmagnete dient Stahl mit etwa 1% bis 1,5% Kohlenstoff und einem Zusatz von mehreren Prozent Wolfram, Chrom oder Molybdän, dessen eigentliche Wirkungsweise noch wenig geklärt ist; anscheinend verhindert er bis zu einem gewissen Maße die bei reinen Kohlenstoffmagneten stets auftretende Abnahme der Remanenz mit steigendem Gehalt an gelöstem Kohlenstoff; ein erheblicher Kohlenstoffgehalt ist aber notwendig zur Erzeugung einer hinreichend hohen Koerzitivkraft; außerdem verringern die Zusätze auch die Empfindlichkeit der

Magnete gegen Erschütterungen und Erwärmungen. Um den Magneten die für den praktischen Gebrauch unentbehrliche Haltbarkeit zu verleihen, müssen sie nach dem Abschrecken von etwa 850° bis 900° in kaltem Wasser oder Öl einen sog. Alterungsprozeß durchmachen, d. h. sie müssen (nach Strouhal und Barus) etwa 24 Stunden lang auf 100° erhitzt, und nach dem Magnetisieren, das zwischen den Polen eines starken Elektromagnets oder mit Hilfe zweier über die Schenkel geschobenen stromdurchflossenen Spulen erfolgt, abwechselnd auf 100° erhitzt und abgekühlt, auch durch Schläge mit einem Holzhammer oder dgl. erschüttert werden. Durch dies Verfahren verlieren sie zwar einen Teil ihrer Stärke, sie werden aber widerstandsfähig gegen spätere kleine Erwärmungen und Erschütterungen.

Allerdings besitzen auch derartig vorbereitete Magnete noch einen gewissen Temperaturkoeffizient, d. h. ihr magnetisches Moment nimmt mit wachsender Temperatur je Grad um 0,02% bis 0,06% ab, mit abnehmender Temperatur aber um den gleichen Betrag wieder zu. Dieser Temperaturkoeffizient hängt in erster Linie von der chemischen Zusammensetzung des Materials und von der Härtungstemperatur, in zweiter aber auch von der Gestalt, namentlich der Maulöffnung der Magnete, ab.

Die Technik verwendet permanente Hufeisenmagnete in zunehmendem Maße, beispielsweise zu Automobilzündungen, Elektrizitätszählern usw., da sie zwar an Kraft den Elektromagneten nachstehen, dafür aber keinerlei Betriebskosten verursachen. *Gumlich.*

Näheres s. Gumlich, Wissenschaftl. Abh. der Phys. Techn. Reichsanstalt IV, H. 3, 1918 und Ann. d. Phys. (4) 59, S. 668, 1919.

Hyalithglas ist ein schwarzes Glas, dessen Undurchlässigkeit für Licht mit Gemischen von stark färbenden Oxyden, wie denen des Kobalts, des Mangans, des Eisens usw. erreicht wird. *R. Schaller.*

Hydratation. Die klassische Theorie der verdünnten Lösungen geht von der Annahme aus, daß die im Lösungsmittel gelösten Teilchen unabhängig neben den Teilchen des Lösungsmittels existieren und das bei der Ionenbildung lediglich die Dielektrizitätskonstante des Lösungsmittels für die Größe der dissoziierenden Kraft (s. d.) maßgebend ist. Die Theorie des elektrolytischen Leitvermögens (s. d.) ferner sieht davon ab, daß das Lösungsmittel durch Kataphorese (s. d.) am Stromtransport beteiligt sein kann. Indessen gibt es eine Reihe unzweideutiger Beobachtungen, welche eine Verschiebung des Lösungsmittels bei der Elektrolyse erkennen lassen, ohne daß einwandsfrei entschieden werden kann, ob hierbei das Lösungsmittel kataphoretisch wandert, oder ob die Ionen des gelösten Stoffes die Moleküle des Lösungsmittels chemisch gebunden als Ionenhydrate oder lediglich physikalisch gebunden als adhärierende Wasserschicht mit sich führen. Mag es sich nun bei dieser Erscheinung um eine in stöchiometrischem Verhältnis ablaufende chemische Reaktion oder lediglich um eine durch elektrostatische Kräfte bedingte Attraktion der Moleküle und Ionen handeln, man nennt diesen Vorgang Hydratation. Für die letztere Auffassung spricht insbesondere die von Kohlrausch gefundene Gesetzmäßigkeit, daß der Temperaturkoeffizient der Leitfähigkeit bei unendlicher Verdünnung für die einwertigen Ionen im allgemeinen von annähernd gleichem

Betrage und gleich dem Temperaturkoeffizienten der Fluidität des Wassers ist. Unter diesem Gesichtspunkt wird auch die von Walden an zahlreichen Lösungsmitteln bestätigte Regel verständlich, wonach das Produkt aus Äquivalentleitvermögen bei unendlicher Verdünnung und innerer Reibung des Lösungsmittels eine nur von der Temperatur abhängige Konstante sei. Betrachtet man nämlich die Ionen mit ihrer Lösungsmittelhülle als Kugeln, die sich unter der treibenden Kraft des Potentialgefälles mit konstanter Geschwindigkeit bewegen, so kann man wenigstens in erster Annäherung die Stokessche Formel (s. d.) anwenden, wobei l die Beweglichkeit der Ionen und r den Kugelradius der Hülle bedeutet. Durch Kombination derartiger Beobachtungen ist es unter diesen Voraussetzungen möglich, die Hydratation der einzelnen Ionen zu berechnen. So ergeben sich die allerdings mit erheblichen Unsicherheiten behafteten Zahlen der von den Ionen mitgeführten Wassermoleküle:

H	K	Ag	$\frac{1}{2}$ Cd	Cu	Na	Li	OH
0	20	35	55	55	70	150	10

	$\frac{1}{2}$ SO$_4$	JBrCl	NO$_3$	ClO$_3$
	20	3	25	35

H. Cassel.

Näheres in den Lehrbüchern der Elektrochemie, insbesondere auch bei R. Lorenz, Raumerfüllung und Ionenbeweglichkeit. Leipzig 1922.

Hydraulik. Die Hydraulik behandelt die technischen Anwendungen der Lehren der Hydrodynamik. Da es bisher nicht gelungen ist, alle Probleme der Flüssigkeitsbewegung wissenschaftlich exakt zu lösen, sieht sich die Hydraulik genötigt, gerade bei den wichtigsten technischen Aufgaben auf rein empirische, mehr oder minder exakte Erfahrungstatsachen aufzubauen. Die Darstellungen der Hydraulik weichen daher in vieler Hinsicht von denen der exakten Hydrodynamik ab, wenngleich in den letzten beiden Jahrzehnten wieder eine größere Annäherung in der Darstellung beider Wissenschaften Platz gegriffen hat.

In der Hydraulik ist es übrigens Brauch, nur tropfbar flüssige Körper zu behandeln, so daß aerodynamische und aeronautische Probleme aus ihr fern bleiben. *O. Martienssen.*

Hydraulische Presse. Das Prinzip der gleichmäßigen Fortpflanzung des Druckes in einer Flüssig-

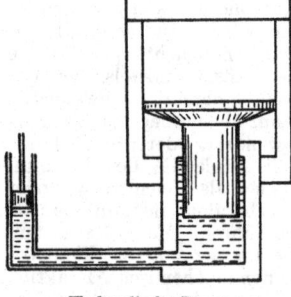

Hydraulische Presse.

keit findet in der hydraulischen Presse Anwendung (s. Fig.), welche zur Erzeugung hoher Kräfte durch verhältnismäßig kleine Kräfte dient. Zwei vertikal stehende Zylinder mit den Querschnitten q und Q sind durch eine Röhre miteinander verbunden, mit Wasser gefüllt und durch verschiebbare Kolben geschlossen. Der zu pressende Körper wird zwischen ein festes Widerlager und einer Druckplatte an den Kolben des weiteren Zylinders gebracht.

Wird der Kolben des engen Zylinders mit der Kraft p niedergedrückt, so wird auf den großen Kolben eine Kraft $p \frac{Q}{q}$ übertragen und mit dieser Kraft der zwischen Kolbenplatte und Widerlager liegende Körper zusammengepreßt. Vorteilhaft bringt man in das Verbindungsrohr beider Zylinder ein Ventil, welches den Rückfluß des Wassers aus dem großen Zylinder in den kleinen verhindert, und bildet den kleinen Kolben als Stiefel einer Pumpe aus. Bei jedem Pumpenhube hebt sich die Druckplatte um einen Teilbetrag im Verhältnis q : Q. *O. Martienssen.*

Hydraulischer Widder. Der hydraulische Widder, auch Stoßheber genannt, dient dazu, Flüssigkeit auf ein höheres Niveau zu heben, als das speisende Reservoir hat. Beistehende Figur gibt ein Schema

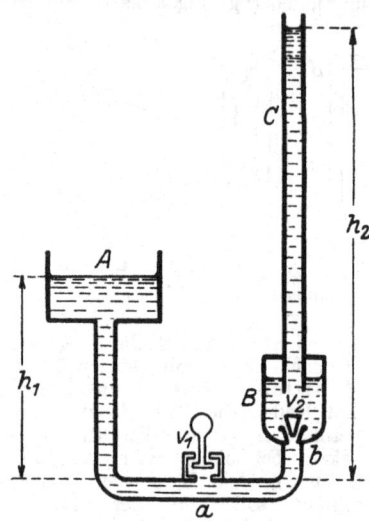

Hydraulischer Widder.

dieses Apparates. Das Wasser des Behälters A, in welchem es durch einen Bach oder dergleichen dauernd auf etwa gleichem Niveau gehalten wird, fließt normalerweise aus dem tiefer liegenden Ventil V_1 aus. Dies Ventil ist so schwer, daß der statische Druck des Wassers auf die untere Ventilplatte kleiner ist als das Ventilgewicht.

Der Querschnitt der Ausflußöffnung ist indessen kleiner, als der Rohrquerschnitt unter dem Ventil, und es fließt infolgedessen das Wasser oberhalb der Ventilplatte schneller als unterhalb derselben, so daß unten ein höherer Druck zustande kommt, als oben. Diese Druckdifferenz nimmt mit zunehmender Ausflußgeschwindigkeit zu und übertrifft mit dem statischen Druck zusammen schließlich das Ventilgewicht. Das Ventil wird demnach bei einer bestimmten Ausflußgeschwindigkeit hochgeworfen, und schließt die Ausflußöffnung. Dadurch erleidet das Wasser im Rohr eine sehr starke momentane Verzögerung, welche eine bedeutende Drucksteigerung bewirkt. Dieser vergrößerte Druck während der kurzen Verzögerungsdauer überträgt sich über die Flüssigkeitssäule a—b auf das Ventil V_2, das sich trotz des hohen im Rezipienten B vorhandenen Druckes öffnet und etwas Flüssigkeit nach B übertreten läßt. Dadurch sinkt der Druck bei a wieder auf den Normalen der Flüssigkeitssäule h_1 entsprechenden statischen Druck, das Ventil V_1 öffnet sich, während sich V_2 schließt. Sobald die Ausflußgeschwindigkeit bei V_1 wieder genügend groß geworden ist, beginnt das Spiel von neuem.

Durch das in den Windkessel B eingedrungene Wasser wird die Luft in ihm komprimiert und das Wasser im Steigrohr C hochgedrückt. Um große Steighöhen zu erzielen, ist es notwendig, die Rohrlänge a—b möglichst kurz zu wählen, da sonst durch die Kompressibilität des Wassers der das Ventil V_2 treffende Momentandruck zu stark herabgesetzt wird. Außerdem muß das Gewicht des Ventils V_1 (eventuell durch Federdruck vermehrt) so abgepaßt werden, daß es kurz vor Erreichung der höchstmöglichen Ausflußgeschwindigkeit hochgeworfen wird. Bei guten Apparaten können Steighöhen h_2 erzielt werden, die mehr als das Zwanzigfache der Fallhöhe h_1 sind. Der größere Teil des dem Gefäße A zufließenden Wassers geht allerdings durch Ausfluß aus dem Ventile V_1 verloren.

O. Martienssen.

Näheres s. Lorenz, Technische Hydromechanik. München 1910.

Hydrodynamik. Die Hydrodynamik ist die Lehre von der Bewegung der Flüssigkeiten. Da auch die gasförmigen Körper als kompressible Flüssigkeiten aufgefaßt werden können, schließt sie die meisten Lehren der Aerodynamik in sich ein.

O. Martienssen.

Hydrodynamischer Druck. Herrscht in einer Flüssigkeit unter der Wirkung äußerer Kräfte ein hydrostatischer Druck p_0, so wird gemäß der Bernoullischen Gleichung der Druck durch Bewegung der Flüssigkeit verringert. Dieser verringerte Druck wird hydrodynamischer Druck genannt. In einer inkompressiblen Flüssigkeit herrscht demnach, wenn mit p_{dyn} der hydrodynamische Druck, mit p_{stat} der hydrostatische Druck bezeichnet wird, die Beziehung

$$p_{dyn} = p_{stat} - \frac{1}{2} \varrho\, q^2,$$

wo q die Geschwindigkeit der Flüssigkeit mit der Dichte ϱ an dem betreffenden Punkte ist. (Weiteres s. unter „Bernoullische Gleichung" und „Grenzgeschwindigkeit".) *O. Martienssen.*

Hydroelement s. Flüssigkeitskette.

Hydrokineter. Hydrokineter nennt man eine Vorrichtung, welche in die unteren Teile eines anzuheizenden Dampfkessels durch eine Düse Dampf eintreten läßt, um eine Zirkulation und Vorwärmung des Kesselwassers herbeizuführen.

L. Schneider.

Hydrolyse. Die Theorie der elektrolytischen Dissoziation, welche das Leitvermögen der Leiter zweiter Klasse auf die Beweglichkeit der in ihnen enthaltenen Ionen zurückführt, zwingt zu der Annahme, daß auch das reine Wasser der elektrolytischen Dissoziation unterliegt. D. h. im reinen Wasser muß zwischen positiv geladenen H-Ionen und negativ geladenen OH-Ionen ein chemisches Gleichgewicht bestehen, so daß nach dem Gesetz der Massenwirkung die Gleichung gilt:

$$H_2O \rightleftarrows H^+ + OH^-\cdot$$

Die Ermittelung der überaus kleinen Gleichgewichtskonstanten ist nach verschiedenen Methoden in guter Übereinstimmung gelungen.

1. Durch außerordentlich sorgfältige Reinigung mittels Destillation im Vakuum und Ausfrierern wurde das Wasser von allen darin gelösten Stoffen so weit befreit, daß die übrigbleibende Leitfähigkeit der Dissoziation des Wassers allein zugeschrieben werden mußte. Für diese ergab sich der Wert

bei 18° C $0,0384 \cdot 10^{-6}$, da nun die Beweglichkeit des Wasserstoff-Ions u = 318 und die des Hydroxylions v = 174 beträgt, so berechnet sich die Ionenkonzentration c des reinen Wassers in g-Äquivalenten pro Liter zu $0,78 \cdot 10^{-7}$ bei 18° C.

2. Auf die Verseifung von Estern in wässeriger Lösung wirkt die Anwesenheit von freien Wasserstoffionen oder Hydroxylionen beschleunigend ein. Die von van't Hoff herrührende Theorie der Reaktionsgeschwindigkeit gestattet aus der Beobachtung des zeitlichen Verlaufs der Verseifung den Betrag der oben definierten Größe c zu berechnen und ergab den Wert $c = 1,2 \cdot 10^{-7}$ bei 25 Grad C.

3. Die Messung der elektromotorischen Kraft der Säure-Alkali-Kette gibt nach der osmotischen Theorie der galvanischen Stromerzeugung die Handhabe zur Berechnung der Konzentration der Wasserstoffionen in einer basischen Lösung. Man findet so z. B., daß sie bei 19 Grad C in einer normalen Lösung einer zu 80% dissoziierten Basis $0,8 \cdot 10^{-14}$ beträgt. Daraus folgt für die Größe c der Wert $0,8 \cdot 10^{-7}$.

Zweifellos ist bei Wasser noch eine zweite elektrolytische Dissoziationsstufe möglich, nämlich:

$$OH^- \rightleftarrows O^{--} + H^+$$

Indessen kann dieser Vorgang als äußerst geringfügig im allgemeinen unberücksichtigt bleiben.

Die Hydrolyse ist nach dem Gesagten nichts anderes als die Umkehrung der Neutralisation (s. d.). Da diese beiden Vorgänge im Sinne des Gesetzes der Massenwirkung niemals vollständig ablaufen, so ist es verständlich, wenn in der Sprache des Elektro-Chemikers die schwache alkalische oder saure Reaktion der Neutralsalze schwacher Säuren (z. B. der Essigsäure) oder schwacher Basen (z. B. des Ammoniaks) als hydrolytische Wirkung bezeichnet wird. *H. Cassel.*

Näheres in den Lehrbüchern der Chemie und Elektrochemie, z. B. auch bei W. Nernst, Theoretische Chemie. Stuttgart 1921.

Hydromechanik. Die Hydromechanik ist die Lehre von den flüssigen Körpern und zerfällt in die beiden Abschnitte der Hydrostatik und Hydrodynamik. Da viele Eigenschaften der gasförmigen Körper denen der tropfbar flüssigen ähnlich sind, wird vielfach die Mechanik der gasförmigen Körper mit zur Hydromechanik gerechnet.

Die klassische Hydromechanik nimmt an, daß die Flüssigkeiten und Gase den Raum kontinuierlich erfüllen und ist die Kontinuitätsgleichung (s. dort) die Fundamentalgleichung ihrer Lehre. Alle Lehren, welche auf die atomistische Natur der Flüssigkeiten und Gase zurückgreifen, wie die kinetische Gastheorie, die Ionisationserscheinungen und anderes, werden im allgemeinen nicht unter der Überschrift der Hydromechanik behandelt. *O. Martienssen.*

Hydrostatischer Druck. Unter dem Druck innerhalb einer Flüssigkeit in einem Punkte A versteht man die Kraft, welche gegen die Flächeneinheit einer am Punkte A konstruierten Fläche wirkt.

Ist die Flüssigkeit in Ruhe, so spricht man von einem hydrostatischen Druck. Dieser ist unabhängig von der Richtung der Fläche und steht stets senkrecht zur Fläche. Er ist aber im allgemeinen innerhalb der Flüssigkeit von Punkt zu Punkt verschieden, also eine Funktion des Ortes.

Befindet sich die Flüssigkeit in Bewegung, ist aber reibungslos, so ist auch dann noch der Druck p unabhängig von der Richtung der Fläche und fällt in die Normale derselben.

Mit diesem Satze von Druck hängt das zuerst von Pascal aufgestellte Prinzip zusammen, daß sich ein irgendwo auf eine Flüssigkeit durch äußere Kräfte ausgeübter Druck ungeändert in der ganzen Flüssigkeit fortpflanzt. Dieses Prinzip ermöglicht die Konstruktion der hydraulischen Presse (s. dort) und vieler technischer Anwendungen, bei welchen der Flüssigkeitsdruck benutzt wird.

Ist eine natürliche Flüssigkeit mit dem Koeffizienten μ der inneren Reibung in Bewegung, so sind außer Normalkräften auch Tangentialkräfte in ihr möglich, und obige Druckgesetze gelten nicht mehr strenge, d. h. der Druck an einem Punkte A ist abhängig von der Richtung der Fläche und steht nicht normal zur Fläche.

Betrachten wir eine Fläche, deren Normale n mit den Koordinatenachsen die Richtungskosinusse l, m, n einschließt, so sind die Komponenten der Zugkraft pro Flächeneinheit (negative Druckkomponenten) p_{nx}, p_{ny}, p_{nz} durch folgende Gleichungen gegeben:

$$\left.\begin{array}{l} p_{nx} = l\,p_{xx} + m\,p_{xy} + n\,p_{xz} \\ p_{ny} = l\,p_{yx} + m\,p_{yy} + n\,p_{yz} \\ p_{nz} = l\,p_{zx} + m\,p_{zy} + n\,p_{zz} \end{array}\right\} \ \dots \ 1)$$

Hier sind p_{xx}, p_{xy}, p_{xz} die Komponenten der Zugkräfte pro Flächeneinheit an einer Fläche, deren Normale in die x-Achse fällt, und entsprechend beziehen sich die p_{yx}, p_{yy}, p_{yz} auf eine zur y-Achse normale Fläche, und p_{zx}, p_{zy}, p_{zz} auf eine zur z-Achse normale Fläche. Für diese neun Zugkräfte ergeben sich die Gleichungen:

$$p_{xx} = -p - \frac{2}{3}\mu\left(\frac{\partial u}{\partial x} + \frac{\partial v}{\partial y} + \frac{\partial w}{\partial z}\right) + 2\mu\frac{\partial u}{\partial x}$$

$$p_{yy} = -p - \frac{2}{3}\mu\left(\frac{\partial u}{\partial x} + \frac{\partial v}{\partial y} + \frac{\partial w}{\partial z}\right) + 2\mu\frac{\partial v}{\partial y}$$

$$p_{zz} = -p - \frac{2}{3}\mu\left(\frac{\partial u}{\partial x} + \frac{\partial v}{\partial y} + \frac{\partial w}{\partial z}\right) + 2\mu\frac{\partial w}{\partial z} \quad . \ 2)$$

$$p_{yz} = p_{zy} = \mu\left(\frac{\partial w}{\partial y} + \frac{\partial v}{\partial z}\right)$$

$$p_{zx} = p_{xz} = \mu\left(\frac{\partial u}{\partial z} + \frac{\partial w}{\partial x}\right)$$

$$p_{xy} = p_{yx} = \mu\left(\frac{\partial v}{\partial x} + \frac{\partial u}{\partial y}\right)$$

Hier ist p der Druck, welcher ohne Reibung herrschen würde, und es gilt die Beziehung

$$-p = \frac{1}{3}(p_{xx} + p_{yy} + p_{zz}), \quad \dots \ 3)$$

p ist also der Mittelwert der Normaldrucke auf drei zueinander senkrecht stehende Flächen.

Der Umstand, daß die innere Reibung der meisten Flüssigkeiten und Gase nur klein ist, bewirkt, daß p_{xx}, p_{yy}, p_{zz} sich fest stets nur wenig von p unterscheiden, und man auch bei sich bewegenden reibenden Flüssigkeiten von einem Drucke p an einem Orte A sprechen kann.

Ist die Flüssigkeit in Ruhe, so geben die Eulerschen Gleichungen (s. dort) für den Druck p und die Komponenten der äußeren Kräfte pro Masseneinheit X, Y, Z die Beziehungen:

$$\varrho X = \frac{\partial p}{\partial x}, \quad \varrho Y = \frac{\partial p}{\partial y}, \quad \varrho Z = \frac{\partial p}{\partial z} \dots \ 4)$$

Falls die Flüssigkeit in Ruhe ist, ist demnach $\varrho(X\,dx + Y\,dy + Z\,dz)$ das vollständige Differential einer einwertigen Funktion des Ortes. Umge-

kehrt kann nur Ruhe herrschen, wenn die äußeren Kräfte ein Potential Ω besitzen.

Setzt man $\int_{p_0}^{p} \frac{1}{\varrho}\,dp = U$, so wird die Gleichgewichtsbedingung

$$\Omega + U = \text{Constans.} \ \dots \dots \ 5)$$

Aus dieser Beziehung ergibt sich, daß die Flächen gleichen Druckes, die „Isobaren", Äquipotential- oder Niveauflächen sind. Da ferner an einer freien Flüssigkeitsoberfläche keine Tangentialkräfte wirken können, — solchen Kräften würde die Flüssigkeitspartikelchen nachgeben — eine freie Oberfläche also stets Niveaufläche ist, so muß sie gleichzeitig auch Fläche gleichen Druckes sein.

Ist im besonderen die Flüssigkeit inkompressibel, also $\int_{p_0}^{p} \frac{1}{\varrho}\,dp = \frac{1}{\varrho}(p - p_0)$, und steht die Flüssigkeit nur unter der Wirkung der Schwerkraft, so daß $\Omega = -g z$ ist (die z-Achse vertikal nach unten gezogen), so lautet die Gleichgewichtsbedingung

$$p - \varrho g z = \text{Constans.} \ \dots \dots \ 6)$$

Liegt auf der freien Oberfläche z = 0 der Atmosphärendruck p_0, so ergibt sich, daß in einer Flüssigkeit der hydrostatische Druck durch den Atmosphärendruck plus dem Gewicht der über der Flächeneinheit stehenden Flüssigkeitssäule gegeben ist (s. auch hydrostatisches Paradoxon von Pascal). Die Isobaren sind in diesem Falle Horizontalebenen.

Rotiert die inkompressible Flüssigkeit mit dem sie enthaltenen Gefäß (s. Fig.) um die Mittelachse mit

Schnitt durch die Oberfläche einer rotierenden Flüssigkeit.

einer Winkelgeschwindigkeit ω, so wirkt außer der Schwerkraft die Zentrifugalkraft auf die Flüssigkeit ein und es wird $\Omega = -g z - \frac{\omega^2}{2} r^2$.

Setzen wir diesen Wert in Gleichung 5 ein, so erkennen wir, daß die Flächen gleichen Druckes Rotationsparaboloide sind. Die Gleichung der freien Oberfläche, an welcher der Atmosphärendruck p_0 herrscht, wird dann

$$r^2 = \frac{2 g}{\omega^2}(z - h_1)$$

die Bedeutung von r, z und h_1 ist aus der Figur zu ersehen. Bezeichnen wir ferner den Radius des Gefäßes mit R, so ist

$$h_1 = h - \frac{\omega^2 R^2}{2 g}, \quad h_2 = h + \frac{\omega^2 R^2}{2 g},$$

wenn h die Höhe ist, bis zu welcher die Flüssigkeit ohne Rotation in dem Gefäße stünde.

Ein Beispiel einer kompressiblen Flüssigkeit liefert die Erdatmosphäre. Nehmen wir isothermen

Zustand an, so gilt $p = \dfrac{\varrho}{\varrho_0} p_0$, wo p_0 und ϱ_0 Druck und Dichte an der Erdoberfläche bedeuten und es wird $U = \dfrac{p_0}{\varrho_0} \lg \dfrac{p}{p_0}$; wenn wir diesmal z vertikal nach oben ziehen und die Abnahme der Erdbeschleunigung g mit der Höhe berücksichtigen, so bekommt Ω den Wert $\Omega = g \dfrac{a\,z}{a+z}$, wo a die Länge des Erdradius angibt. Mit diesen Werten von U und Ω liefert die Gleichung 5 die Beziehung

$$p = p_0 \cdot e^{-\frac{\varrho_0}{p_0} g \frac{a\,z}{a+z}} \quad \ldots \ldots 7)$$

Diese Formel gibt den Druck p als Funktion der Höhe z über der Erdoberfläche an.

Die Annahme gleicher Temperatur trifft indessen bei größeren Höhendifferenzen nicht zu. Besser entspricht die Annahme adiabatischer Zustandsänderung der Wirklichkeit. Dann wird $p = p_0 \left(\dfrac{\varrho}{\varrho_0}\right)^{\varkappa}$; hier ist $\varkappa = 1{,}405$ das Verhältnis der spezifischen Wärme bei konstantem Druck zu der bei konstantem Volumen. Mit diesem Ansatz liefert die Gleichung 5 folgende Beziehung zwischen Druck und Höhe:

$$\left(1 - \dfrac{p}{p_0}\right)^{\frac{\varkappa}{\varkappa-1}} = \dfrac{\varkappa-1}{\varkappa} \dfrac{\varrho_0}{p_0} g \dfrac{a\,z}{a+z}. \ \ldots 8)$$

Bei der praktischen Höhenmessung durch vergleichende Barometerablesungen nimmt man als Temperatur der Luftsäule zwischen den beiden Stationen den Mittelwert $\frac{1}{2}\,(t_0 + t_1)$ der Temperatur t_0 der unteren Station und der Temperatur t_1 der oberen Station an. Berücksichtigt man dann noch die notwendigen Korrekturen an den Barometerablesungen (s. Barometer) und setzt für den Erdradius a den tatsächlichen Wert ein, so ergibt sich mit hinreichender Annäherung an Stelle der Gleichung 7 die „Barometrische Höhenformel":

$$z = \left(18336 \log \dfrac{h_0}{h_1} - 1{,}2843\,(T_0 - T_1)\right)$$
$$\left(1 + 2\,\dfrac{t_0 + t_1}{1000}\right) \left(1 + 0{,}0026 \cos \varphi + \dfrac{z^1 + 15926}{6366198}\right)$$
$$\left(1 + \dfrac{z_0}{3183099}\right). \quad \ldots \ldots 9)$$

Hier bedeutet: z die zu messende Höhendifferenz in Metern, h_0 die unkorrigierte Barometerablesung an der unteren Station bei der Barometertemperatur T_0, h_1 und T_1 die entsprechenden Werte an der oberen Station, φ die geographische Breite, z' der ungefähre Wert von z, und z_0 die ungefähr bekannte Höhe der unteren Station über dem Meeresspiegel. Der Logarithmus ist der gewöhnliche Briggsche Logarithmus. Der Zahlenfaktor von $(T_0 - T_1)$ gilt für Messingskale am Quecksilberbarometer. *O. Martienssen.*

Näheres s. Schäfer, Einführung in die theoretische Physik I. Leipzig 1914.

Hydrostatisches Paradoxon von Pascal. Aus den Gesetzen des hydrostatischen Druckes (s. dort)

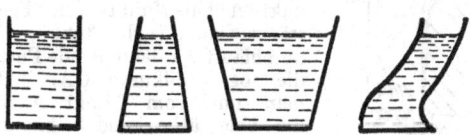

Fig. 1.   Fig. 2.   Fig. 3.   Fig. 4.
Erläuterung des hydrostatischen Bodendruckes.

ergibt sich, daß der Bodendruck in einem mit Flüssigkeit gefüllten Gefäße nur von der Höhe des Flüssigkeitsspiegels über dem Boden und dem spezifischen Gewichte der Flüssigkeit abhängt, aber ganz unabhängig ist von der Form des Gefäßes. Demgemäß ist z. B. der Bodendruck in den in Fig. 1 bis 4 abgebildeten Gefäßen der gleiche.

Diese Tatsache wird „hydrostatisches Paradoxon von Pascal" genannt.

Da die Kraft, welche auf den Boden drückt, stets durch das Produkt p F gegeben ist, so folgt, daß man mit kleinen Flüssigkeitsmengen große Druckkräfte ausüben kann, wenn man auf das Druckgefäß eine dünne, mit Flüssigkeit gefüllte Röhre setzt. Pascal zeigte bereits, daß man durch Aufsetzen einer dünnen mit Flüssigkeit gefüllten Röhre auf ein gefülltes Weinfaß dieses sprengen kann (Fig. 5). *O. Martienssen.*

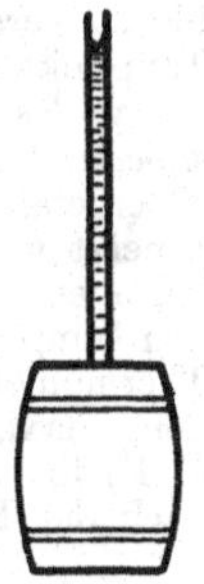

Hydrostatische Wägung. Als hydrostatische Wägung bezeichnet man die Wägung eines Körpers im Wasser; sie dient dazu, das spezifische Gewicht (s. d.) des Körpers zu finden. — Nach dem Archimedesschen Gesetz verliert ein Körper in einer Flüssigkeit so viel an Gewicht, wie die von ihm verdrängte Flüssigkeit wiegt. Wägt man also den Körper einmal in Luft (L) und sodann in Wasser (W), wobei L und W die auf den leeren Raum reduzierten Gewichte (s. den Artikel Wägung) bedeuten, so ist der Gewichtsverlust L—W des Körpers das Gewicht einer Wassermenge, die dasselbe Volumen hat wie der Körper. Nun ist das spezifische Gewicht eines Körpers definiert als die Zahl, die angibt, wieviel mal schwerer der Körper ist als eine gleichgroße Wassermenge, also ist s = L/(L—W). — Streng genommen soll bei solcher Wägung das Wasser die Temperatur seiner größten Dichte (4°) haben; soweit diese Bedingung beim Versuch nicht erfüllt ist, muß man durch eine Korrektionsrechnung nachhelfen.

Durch eine hydrostatische Wägung findet man das spezifische Gewicht des Körpers bei der Versuchstemperatur. Ändert man diese, so erhält man das spezifische Gewicht in Abhängigkeit von der Temperatur, und da das jeweilige Volumen des Körpers v_t umgekehrt proportional dem spezifischen Gewicht s_t ist, so gibt $v_t = v_0\,s_0/s_t \cdot$ Setzt man andererseits $v_t = v_0\,(1 + \alpha t)$, wo α den kubischen Ausdehnungskoeffizienten des Körpers bedeutet (s. den Artikel Ausdehnung durch die Wärme), so kann man aus $1 + \alpha t = s_0/s_t$ das α berechnen.

Umgekehrt kann man, wie leicht einzusehen ist, durch Wägung eines Körpers bekannter Ausdehnung in einer Flüssigkeit bei verschiedenen Temperaturen das spezifische Gewicht dieser Flüssigkeit in Abhängigkeit von der Temperatur und somit die Ausdehnung dieser Flüssigkeit ermitteln. *Scheel.*

Näheres s. Scheel, Praktische Metronomie. Braunschweig 1911.

Hydroxylion, die negativ geladene Gruppe OH, elektrolytisches Dissoziationsprodukt des Wassers und wirksamer Bestandteil der basisch reagierenden Stoffe s. Hydrolyse, Neutralisation, Maßanalyse, Basen.

Hygrometer. Instrumente zur Messung der Luftfeuchtigkeit (s. diese).

Beim Kondensationshygrometer wird durch Abkühlung einer polierten glänzenden Metallfläche

Fig. 5.
Versuch von Pascal.

bis zu deren Beschlagen mit Wassertröpfchen der Taupunkt (s. diesen) ermittelt.

Das Psychrometer besteht aus zwei Queck-silberthermometern, bei deren einem das Queck-silbergefäß durch ein angefeuchtetes Musselingewebe benetzt wird, so daß es infolge der Verdunstungs-kälte eine niedrigere Temperatur annimmt. Aus den Temperaturen des trockenen (t) und des feuchten Thermometers (t′), sowie dem Luftdruck (b) und dem maximalen Dampfdruck bei der Temperatur t′ (E) läßt sich die Dampfspannung (e) berechnen nach der Formel:

$$e = E - A\,b\,(t - t').$$

Dabei ist A eine Zahlengröße, deren Betrag von der Ventilation des Psychrometers abhängt und von Regnault im Freien zu 0,0008 bestimmt wurde. Sprung fand für das Aspirations- und Schleuderpsychrometer A = 0,5 (t - t′): b.

Das Haarhygrometer beruht auf der Eigen-schaft des Frauenhaares mit zunehmender relativer Feuchtigkeit ziemlich gleichförmig an Länge zu-zunehmen. Da es jederzeit eine sofortige direkte Ablesung der relativen Feuchtigkeit gestattet, so wird es in mannigfaltigen Formen für praktische Zwecke gebraucht. Es ist aber nur als Inter-polationsinstrument verwendbar, und seine Skalen-werte müssen empirisch ermittelt werden. Aus anderen hygroskopischen Materialien konstruierte Hygrometer sind meist unzuverlässiger, als die Haarhygrometer.   *O. Baschin.*

Näheres s. C. Jelinek, Psychrometer-Tafeln. 3. Aufl. 1887.

Hyperop s. Brille.

Hypsographische Kurve. Nimmt man den Flächeninhalt der Erde im Meeresniveau als Ab-szissenachse und benutzt die Ordinatenachse zur Darstellung der Höhen und Tiefen, so kann man die Flächen, die den einzelnen Höhenstufen des Festlandes, bzw. den Tiefenstufen des Meeres zu-kommen, in dieses Koordinatensystem eintragen und so die hypsographische Kurve der Erdrinde zeichnen, die ein schematisches Bild von der Massenverteilung an der Erdoberfläche gibt, weil die Profilfläche dem Rauminhalt der Erhebungen und Vertiefungen entspricht. Die untenstehende Figur gibt die Kurve nach dem gegenwärtigen Standpunkt unserer Kenntnis. Ihre Endpunkte bilden die Höhe des Gau-risankar (8840 m) und die größte be-kannte Meerestiefe (9780 m). Die Kurve zeigt sehr anschaulich, wie auf den Kontinenten das Tiefland vorherrscht, während im Meere die Tiefsee über-wiegt. Bemerkenswert ist auch, daß die Abdachung der Kontinente nicht im

Meeresniveau endet, sondern sich noch in das Meer hinein fortsetzt, so daß der Abfall der Kontinental-masse in die Tiefsee erst 200 m unter dem Meeres-spiegel beginnt. Diese unterste, vom Meere nur oberflächlich überspülte Stufe der Kontinental-fläche wird zwar von der Flachsee eingenommen, gehört aber morphologisch den Kontinenten an (s. Meeresräume). Die Hypsographische Kurve gestattet es auch in bequemer Weise Mittelwerte für verschiedene morphologisch wichtige Niveaus zu bestimmen, wie ebenfalls aus der Figur er-sichtlich ist.

Eine andere Art der Darstellung ermöglicht es, die Verteilung der Landhöhen und Meerestiefen in den einzelnen Breitenzonen darzustellen. Dann zeigt sich, daß die mittleren Landhöhen ihren Maximalwert im Südpolargebiet erreichen und sich im allgemeinen viel stärker ändern als die mitt-leren Meerestiefen. Das Mittelniveau der starren Erdrinde erhebt sich im ganzen Südpolargebiet beträchtlich, in der Nähe des Nordpolarkreises nur ein wenig über den Meeresspiegel und erreicht seine tiefste Lage zwischen 40° und 50° südlicher Breite.   *O. Baschin.*

Hypsothermometer s. Siedethermometer.

Hysterese. — Als Hysterese (von ὑστερέω, zurück-bleiben) bezeichnet man die Erscheinung, daß der magnetische Zustand eines magnetisierten Körpers

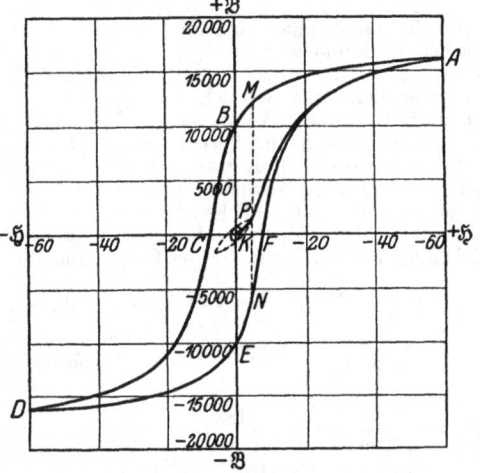

Hysteresiskurve.

nicht allein von der augenblicklich wirkenden ma-gnetischen Feldstärke abhängt, sondern auch von dem früheren magnetischen Zu-stand, falls dessen Wirksamkeit nicht durch besondere Maßnahmen (Entmagnetisieren) s. dort, be-seitigt wurde. Magnetisiert man beispielsweise eine mit Wickelung versehene ringförmige Probe oder einen Stab im Joch allmählich immer höher und trägt die In-duktion $\mathfrak{B}$ als Funktion der Feld-stärke auf (vgl. Figur), so durchläuft der darstellende Punkt die sog. Nullkurve OA: Läßt man nun vom Punkt A aus die Feldstärke wieder bis auf Null abnehmen, so erhält man nicht wieder dieselbe Kurve AO,

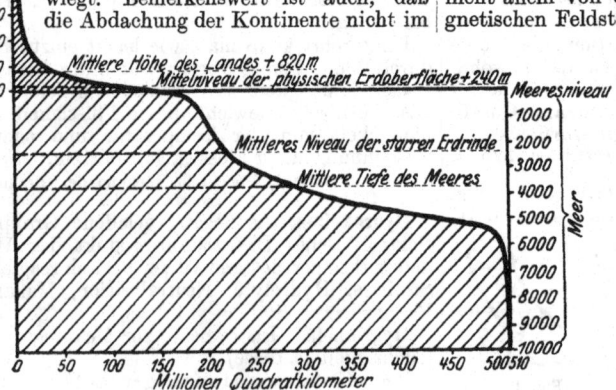

Hypsographische Kurve.

sondern die Kurve AB. Die Magnetisierung ist also gegen den früheren Zustand „zurückgeblieben". Bei der Feldstärke Null ist die Induktion nicht auch wieder Null geworden, sondern sie ist noch = OB, eine Größe, die man als Remanenz bezeichnet; diese verschwindet erst vollständig, wenn man das wirksame Feld umkehrt und bis zur Größe OC, der sog. Koerzitivkraft, anwachsen läßt. Bei weiterer Steigerung der Feldstärke bis zum vorhergehenden Höchstwert, erneuter Abnahme auf Null, nochmaliger Umkehrung und Wiederzunahme bis zum Höchstwert beschreibt der darstellende Punkt die gesamte Hystereseschleife A B C D E F A, deren Flächeninhalt der zu dieser Ummagnetisierung verbrauchten und in Gestalt von Wärme wieder auftretenden Energie entspricht (Warburg), die man auch, da sie für elektrotechnische Zwecke tatsächlich einen Verlust bedeutet, als Hystereseverlust bezeichnet. Wie man aus der Fig. ersieht, gehören zu der Feldstärke OK drei verschiedene Induktionen, nämlich die Werte KP, KM und KN, die sämtlich durch die vorhergehenden magnetischen Zustände bedingt werden.

Die Gestalt und der Flächeninhalt der Hystereseschleife hängt in hohem Maße nicht nur von der Beschaffenheit des Materials, sondern auch vom Höchstwert der Feldstärke ab (vgl. die kleine, von der Feldstärke OK ausgehende Hystereseschleife in der Fig.). Nach Steinmetz soll der Energieverlust E mit der 1,6. Potenz der Induktion wachsen, also $E = \eta \cdot \mathfrak{B}^{1,6}$, wobei η eine dem betreffenden Material charakteristische Konstante, der sog. Hysteresekoeffizient ist, doch gilt das Gesetz nur angenähert. Zur Messung der Hystereseverluste, die im Transformatorenbau usw. eine erhebliche Rolle spielen, sind verschiedene Apparate von Ewing, Blondel, Searle usw. konstruiert worden, sie geben jedoch nur unter bestimmten Bedingungen brauchbare Werte; am genauesten bestimmt man den Hystereseverlust durch Ausmessung (Planimetrieren) der Hystereseschleifen; zumeist wird er zusammen mit den Wirbelstromverlusten im Epsteinschen Apparat bestimmt. (Näheres unter „Magnetisierungsapparate".) *Gumlich.*

Hysteresis, dielektrische. Die Anomalien der dielektrischen Erscheinungen pflegen im allgemeinen auf Anomalien der Struktur, der Leitung und der dielektrischen Verschiebung zurückgeführt zu werden; bei Annahme der letzteren tritt an Stelle der einfachen Proportionalität zwischen der Verschiebung und der Feldstärke eine kompliziertere Beziehung, die den vorhergegangenen Zustand des Dielektrikums berücksichtigt. In Anlehnung an die Erscheinungen des Magnetismus bezeichnet man die darauf beruhenden Vorgänge als Nachwirkung oder Hysteresis.

Eine Hypothese, die zuerst von Beaulard näher gekennzeichnet wurde, setzt die dielektrische Hysteresis in engere Beziehung zu der magnetischen Hysteresis. Diese Theorie, die sich auf die sog. dielektrische Hysteresis im engeren Sinne erstreckt, geht davon aus, daß bei variabler elektrischer Feldstärke $\mathfrak{E}$ die dielektrische Verschiebung ϑ bei abnehmendem $\mathfrak{E}$ größer ist als bei zunehmendem. Daraus wird auf das Vorhandensein einer dielektrischen Koerzitivkraft und einer dielektrischen Remanenz geschlossen. Aus den Versuchen Beaulards, die z. B. ergaben, daß bei der zyklischen Elektrisierung die Periode eine ausschlaggebende Rolle spielt, während bei der zyklischen Magnetisierung die Amplitude von Haupteinfluß ist, mußte ebenso wie aus anderen Versuchen, die eine dielektrische Koerzitivkraft nicht nachzuweisen vermochten (Germanischskaja), auf die Unhaltbarkeit der Theorie geschlossen werden.

Die allgemeine Behandlung der dielektrischen Nachwirkung oder sog. viskosen Hysteresis übertrug zunächst die für die Behandlung der elastischen Nachwirkung geltenden Gesetze auf die dielektrische Nachwirkung. Die Ansätze, die anfänglich von den Boltzmannschen ausgingen, sind sehr verschiedenartig und mußten zum Teil als den experimentellen Ergebnissen widersprechend, abgelehnt werden (Hopkinson, Holevigue, Grover, Décombe, Pellat). Typisch ist die Zerlegung der Verschiebung in zwei Teile, eine „normale" und eine „viskose Verschiebung" (Schweidler). Die Notwendigkeit, die Theorie dem Experiment anzupassen, führte dazu, die viskose Verschiebung in eine beliebige Anzahl von Gliedern zu zerlegen. Dieser zunächst mathematischen Charakter tragende Schritt gestattete eine physikalische Interpretation vom atomistischen Standpunkt aus, die in modifizierter Form auch heute noch das Hauptmerkmal der Theorie der dielektrischen Nachwirkung darstellt (Grover, Wiechert, Wagner). Diese Richtung schließt sich hauptsächlich an die von M. Reinganum und P. Debye gegebene, auf der Annahme elektrischer Dipole von konstantem elektrischen Moment und aperiodisch gedämpfter Bewegung fußenden Vorstellung über die Konstitution der Dielektrika an. *R. Jaeger.*

Hysteresis, elastische s. Festigkeit.

Hysteresisverluste s. Eisenverluste.

I

Ideale Flüssigkeit. In der Hydrodynamik versteht man unter einer idealen Flüssigkeit im weiteren Sinne jede Flüssigkeit ohne innere Reibung, im engeren Sinne solche, die gleichzeitig inkompressibel ist. Da es in der Natur weder reibungslose noch inkompressible Flüssigkeiten gibt, kann die theoretische Annahme einer idealen Flüssigkeit niemals zu Resultaten führen, welche mit dem Experiment völlig übereinstimmen. Der geringe Koeffizient der inneren Reibung von Wasser und Luft scheint seine Vernachlässigung zu berechtigen. Die oftmals geringe Übereinstimmung von Theorie und Experiment zeigt indessen, daß diese Vernachlässigung nur in wenigen praktischen Fällen wirklich zulässig ist. Der Grund hierfür ist darin zu suchen, daß alle Flüssigkeiten an festen Körpern haften, so daß in Strömungen in der Nähe von festen Körpern ein großes Strömungsgefälle herrscht (s. Grenzschicht), und infolgedessen trotz der Kleinheit des Reibungskoeffizienten erhebliche Reibungskräfte auftreten, welche die Strömung ganz verändern können. Sind dagegen feste Körper nicht vorhanden, wie z. B. bei den Wellen auf offenem Meere, so führt die Annahme einer idealen Flüssigkeit zu praktisch richtigen Resultaten.

Die Annahme einer idealen Flüssigkeit ist durch die große Vereinfachung der mathematischen Gleichungen berechtigt. Denn in ihr sind alle tangentialen Kräfte Null, und die Normalkräfte an einem Punkte sind unabhängig von der Richtung. In einer natürlichen Flüssigkeit gilt dieses Gesetz aber nur, solange sie in Ruhe ist (s. hydrostatischer Druck). Ferner hat die Geschwindigkeit in einer idealen Flüssigkeit ein Potential (s. Geschwindigkeitspotential), so daß die Theorie der Bewegung einer idealen Flüssigkeit sich eng an die allgemeine Potentialtheorie anschließt.

O. Martienssen.

Näheres s. Horace Lamb, Lehrbuch der Hydrodynamik. Leipzig 1907.

Ideales Gas. Ein ideales Gas ist dadurch gekennzeichnet, daß es für alle Zustände dem Boyle-Mariotte-Gay-Lussacschen Gesetz gehorcht und daß seine spezifische Wärme unabhängig von der Temperatur ist. Die Zustandsgleichung des idealen Gases wird in der Form $p \cdot v = RT$ geschrieben, in der die Gaskonstante R je nach dem Molekulargewicht des Gases verschieden ist, falls sich das spezifische Volumen v auf ein Gramm Substanz bezieht. — Vom kinetischen Standpunkt aus denkt man sich die Moleküle eines idealen Gases ohne merkliche Ausdehnung und ohne gegenseitige Anziehungskräfte. Dann ist der für die Bewegung der Moleküle zur Verfügung stehende Raum nicht durch das Volumen der Moleküle selbst eingeschränkt, was bei einem wirklichen Gase für den Fall großer Dichten stark in Betracht kommt, und es kann auch die sog. innere Arbeit des Gases, welche bei der Volumenvergrößerung eines wirklichen Gases stets positiv ist, da die Kohäsionskräfte der Moleküle überwunden werden müssen, nicht von Null verschieden sein. — Für Näherungsrechnungen ist es von Wichtigkeit, daß ein gewöhnliches Gas in vieler Beziehung in den idealen Zustand übergeht, wenn man es auf geringen Druck bringt. Während dann in der Tat die Gleichung pv = RT anwendbar wird, bleibt aber ein wesentlicher Unterschied insofern bestehen, als im pv — p-Diagramm die Isothermen eines idealen Gases stets der p-Achse parallel verlaufen, dagegen bei jedem wirklichen Gas auch für unendlich kleinen Druck bald positiv, bald negativ gegen die p-Achse geneigt sind. Hiermit steht in Zusammenhang, daß wohl für ein ideales, aber nicht für ein unendlich verdünntes Gas der Joule-Thomson-Effekt unter allen Umständen verschwindet. — Weiter ist zu beachten, daß man wohl von einem mehratomigen idealen Gas, aber nicht von einem mehratomigen, unendlich verdünnten Gas sprechen kann, da dieses beim Druck Null vollständig dissoziiert sein müßte (vgl. Avogadroscher Zustand). Für das ideale Gas gelten folgende Formeln: Der Ausdruck des Boyle-Mariotteschen Gesetzes ist $\left(\dfrac{\partial p}{\partial v}\right) = -\dfrac{p}{v}$. Nach dem Gesetz von Gay Lussac ist $\left(\dfrac{\partial v}{\partial T}\right)_p = \dfrac{v}{T}$ oder $v = v_0 (1 + \alpha t) = v_0 \alpha T$, wenn α den Ausdehnungskoeffizienten bezeichnet. Für konstantes Volumen gilt entsprechend $\left(\dfrac{\partial p}{\partial T}\right)_v = \dfrac{p}{T}$ oder $p = p_0 (1 + \beta t) = p_0 \beta T$, wenn β den Spannungskoeffizienten bedeutet. Aus-

dehnungs- und Spannungskoeffizient besitzen für das ideale Gas den gleichen Betrag, der gleich der reziproken absoluten Temperatur des Eispunktes, $T_0 = 273{,}2^0$, ist. Demnach gilt für das ideale Gas $\alpha = \beta = 0{,}0036604$. Es ist sowohl sein Volumen bei konstantem Druck als auch sein Druck bei konstantem Volumen der absoluten Temperatur proportional. Mit Hilfe der Gesetze der Thermodynamik folgt weiter, daß die innere Energie u eines idealen Gases nicht von Druck und Volumen abhängt, sondern lediglich eine Funktion der Temperatur ist. Es ist also $\left(\dfrac{\partial u}{\partial p}\right)_T = \left(\dfrac{\partial u}{\partial v}\right)_T = 0$.

Ferner erhält man $u = f(t) = u_0 + \int\limits_0^t c_v\, dt$. Gewöhnlich nimmt man an, daß bei einem idealen Gas auch die spezifische Wärme c_v unabhängig von der Temperatur ist, so daß sich $u = u_0 + c_v T$ ergibt. Endlich ist bei einem idealen Gas die Differenz der spezifischen Wärmen für konstanten Druck und für konstantes Volumen gleich der Gaskonstanten in kalorischem Maß; also $c_p - c_v = R$, oder die Differenz der Molekularwärmen $C_p - C_v = 1{,}985$ cal. Von großer Bedeutung sind auch die Gleichungen für die adiabatischen (s. Adiabate) Zustandsänderungen eines idealen Gases.

Henning.

Ideale (hysteresefreie) Magnetisierung. — Wenn man bei der Magnetisierung einer stab- oder ellipsoidförmigen Probe in einer von Gleichstrom durchflossenen Spule über das konstante Feld mittels einer zweiten, von Wechselstrom durchflossenen Spule noch ein Wechselfeld von abnehmender Stärke überlagert, also ebenso verfährt, wie bei der sog. Entmagnetisierung (s. dort), so erhält man eine, dem jeweiligen konstanten Feld entsprechende ideale, d. h. hysteresefreie Magnetisierung. Diese ist schon bei niedrigen Feldstärken außerordentlich hoch, die in Abhängigkeit von der Feldstärke aufgetragene Magnetisierungskurve steigt also ungemein steil an, um allmählich bei höheren Feldstärken in die gewöhnliche Nullkurve einzubiegen.

Näheres Eingehen auf die Wirkung der einzelnen Magnetisierungsvorgänge in den kleinen, das ferromagnetische Material zusammensetzenden Kristallen zeigt, daß der ideale oder hysteresefreie Zustand aufgefaßt werden kann als Gleichgewicht zwischen dem ordnenden Bestreben des Idealisierungsprozesses und der ordnungstörenden Wirkung der Nachbarkristalle aufeinander. *Gumlich.*

Näheres s. Steinhaus und Gumlich, Verh. d. Phys. Ges. **17**, 369, 1915.

Idealstrahler s. Energetisch-photometrische Beziehungen, Nr. 2; s. ferner Wirtschaftlichkeit von Lichtquellen.

Identische Netzhautpunkte s. Raumwerte der Netzhaut.

Idiostatische oder Doppelschaltung bei Elektrometern (s. d.) ist diejenige Schaltung, bei welcher die Nadel mit einem der Plattenpaare bzw. Platten usw. verbunden und geerdet ist, während das andere Plattenpaar auf das zu messende Potential geladen ist oder umgekehrt. Eine Hilfsspannung ist hierbei nicht erforderlich. *W. Jaeger.*

Immischsches Zeigerthermometer. Das Immischsche Zeigerthermometer ist ein Metallthermometer (s. d.), das als Fieberthermometer (s. den Artikel Maximum- und Minimumthermometer) ausgebildet ist. Der Zeiger betätigt einen Schleppzeiger, welcher das Maximum der erreichten Temperatur, die Fiebertemperatur eines Kranken anzeigt. Immischsche Zeigerthermometer können in der Physikalisch - Technischen Reichsanstalt geprüft werden. *Scheel.*

Impedanz s. Wechselstromgrößen.

Impuls. 1. Unter dem *Impuls* eines Punktes von der Masse m versteht man einen Vektor i, der die Richtung des Geschwindigkeitsvektors $\mathfrak{v}$ des Massenpunktes, aber dessen m-fache Länge besitzt

$$\mathfrak{i} = m\mathfrak{v}.$$

Den absoluten Betrag $i = mv$ nennt man die *Bewegungsgröße*. Der Impuls ist für die Dynamik ein ganz grundlegender Begriff, der, zu Unrecht lange zurückgedrängt, in der modernen Physik wieder seinen ihm schon von Newton erteilten Vorrang erlangt hat. Er hat eine sehr anschauliche Bedeutung: Der Impuls stellt der Stärke und Richtung nach den Stoß dar, den man dem Punkt erteilen muß, um ihn augenblicklich von der Ruhe auf seinen jetzigen Bewegungszustand zu bringen, oder (was auf das gleiche hinauskommt) denjenigen Stoß, den der Punkt ausübte, wenn er augenblicklich auf Ruhe abgebremst würde. Unter Stoßstärke ist dabei in üblicher Weise das Zeitintegral der Stoßkraft verstanden. Der Impuls stellt demnach, ganz im Einklang mit seinem Namen, den *Trieb* dar, der dem Punkt innewohnt.

Unter dem Impuls eines Systems von Massenpunkten (eines Schwarms) oder eines (starren oder unstarren) Körpers (einschließlich der Flüssigkeiten und Gase) versteht man die geometrische Summe der Impulse $\varDelta\mathfrak{i}$ aller einzelnen Massenpunkte $\varDelta m$, die das System oder den Körper bilden,

$$\mathfrak{J} = \varSigma \varDelta\mathfrak{i} = \varSigma \varDelta m\,\mathfrak{v}.$$

Ist $m = \varSigma \varDelta m$ die ganze Masse und $\mathfrak{v}_0$ die Geschwindigkeit des Massenmittelpunktes, so gilt

(*) $$\mathfrak{J} = m\mathfrak{v}_0,$$

d. h. der Impuls eines Systems oder eines Körpers berechnet sich so, wie wenn die ganze Masse im Massenmittelpunkt vereinigt wäre (statt Massenmittelpunkt sagt man, jedoch etwas ungenau in diesem Zusammenhang, auch Schwerpunkt). Für einen starren Körper insbesondere ist die Drehung um den Massenmittelpunkt eine impulsfreie Bewegung (das Wort Impuls im bisherigen Sinne genommen).

2. Unter dem *Impulsmoment* eines Punktes von der Masse m hinsichtlich eines Bezugspunktes versteht man das Produkt des Impulses i und des vom Bezugspunkt auf die Richtungslinie des Vektors i gefällten Lotes (des Hebelarmes des Impulsvektors). Es ist immer zweckmäßig, auch das Impulsmoment durch einen Vektor $\mathfrak{s}$ darzustellen, der im Bezugspunkte auf der durch den Bezugspunkt und den Vektor i gelegten Ebene in solchem Sinne senkrecht steht, daß seine Pfeilrichtung zusammen mit dem Drehsinne des Vektors i um den Bezugspunkt eine Rechtsschraube bildet. Das Impulsmoment ist gleich dem Produkt aus der Masse in die doppelte Flächengeschwindigkeit des vom Bezugspunkt nach dem Massenpunkt gezogenen Fahrstrahles r, d. h. die doppelte in der (unendlich klein zu denkenden) Zeiteinheit vom Fahrstrahl r überstrichene Fläche. Man drückt dies vektorsymbolisch durch

$$\mathfrak{s} = [\mathfrak{r}\,\mathfrak{i}] = m\,[\mathfrak{r}\,\mathfrak{v}]$$

aus.

Unter dem *Impulsmoment* $\mathfrak{S}$ eines Systems oder eines Körpers hinsichtlich eines Bezugspunktes versteht man die geometrische Summe der Impulsmomente $\varDelta\mathfrak{s}$ aller seiner einzelnen Massenpunkte hinsichtlich dieses Bezugspunktes

$$\mathfrak{S} = \varSigma \varDelta\mathfrak{s}.$$

Ist der Körper starr, und besteht die Bewegung aus einer Drehung um eine durch den Bezugspunkt gehende Achse, so nennt man $\mathfrak{S}$ gewöhnlich den *Drehimpuls*, und es stellt $\mathfrak{S}$ seiner Achse und Stärke sowie seinem Drehsinne nach den Drehstoß vor, den man dem Körper erteilen muß, um ihn augenblicklich von der Ruhe auf seine jetzige Drehung zu bringen, oder denjenigen Drehstoß, den der Körper ausübte, wenn er augenblicklich auf Ruhe abgebremst würde. Unter der Stärke des Drehstoßes ist dabei das Zeitintegral des Momentes der Stoßkraft verstanden. Der Drehimpuls stellt demnach den *Schwung* dar, der dem Körper innewohnt. (Statt Drehimpuls ist außer *Schwung* auch die Bezeichnung *Drall* gebräuchlich oder, wo kein Mißverständnis entstehen kann, *Impuls* schlechtweg.) Es ist beachtenswert, daß der Vektor $\mathfrak{S}$ hiebei im allgemeinen nicht in die Drehachse hineinfällt, sondern außer einer Komponente $\mathfrak{S}_1$ in der Drehachse eine zweite $\mathfrak{S}_2$ senkrecht zu ihr besitzen kann, nämlich allemal dann, wenn die Drehachse hinsichtlich des auf ihr liegenden Bezugspunktes keine Hauptachse (s. Trägheitsmoment) ist. (Versetzt man einen festgelagerten Körper, dessen Drehachse keine Hauptachse ist, durch einen Stoß $\mathfrak{S}_1$ um die Drehachse in Rotation, so müssen die Lager einen zur Achse senkrechten Drehstoß $-\mathfrak{S}_2$ aushalten). Übrigens ist

$$\mathfrak{S}_1 = S\mathfrak{v}, \qquad \mathfrak{S}_2 = \omega\mathfrak{T},$$

wenn die Winkelgeschwindigkeit ω als axialer Vektor $\mathfrak{v}$ in die Drehachse gelegt wird, wenn ferner S das axiale Trägheitsmoment und $\mathfrak{T}$ das Deviationsmoment in bezug auf die Achse und den auf ihr liegenden Bezugspunkt bedeuten (s. Trägheitsmoment). Lediglich wenn die Achse eine Hauptachse ist, fällt die zweite dieser Gleichungen fort, und die erste steht dann in einer bemerkenswerten Analogie zu (*).

3. Verallgemeinerter Impulsbegriff s. Koordinaten der Bewegung. *R. Grammel.*

Näheres in den Lehrbüchern der Mechanik, z. B. R. Marcolongo, Theoretische Mechanik, deutsch von H. E. Timerding, Bd. 2, Leipzig 1912.

Impulskoordinaten s. Koordinaten der Bewegung.

Impulsmoment s. Impuls.

Impulssätze. Die beiden Grundbegriffe der Mechanik sind nach der klassischen Auffassung die Kraft (als Ursachenbegriff) und der Impuls (als Wirkungsbegriff). Ihre Verknüpfung wird durch die sog. Lex. II von Newton ausgedrückt: *Die Änderung des Impulses ist nach Größe und Richtung gleich der wirkenden Kraft.* Unter Änderung ist dabei die Änderungsgeschwindigkeit di/dt des Impulsvektors (s. Impuls) zu verstehen. Ist also $\mathfrak{k}$ der Vektor der Kraft, so lautet das Grundgesetz

(1) $$\frac{d\mathfrak{i}}{dt} = \mathfrak{k}.$$

Handelt es sich um einen einzelnen Massenpunkt, so folgt daraus bei konstanter Masse m

(2) $$m\frac{d\mathfrak{v}}{dt} = \mathfrak{k},$$

d. h. Masse mal Beschleunigung ist betrag- und richtungsgleich der Kraft.

Bemerkung: Es ist begrifflich und sachlich zu verwerfen, das Grundgesetz in der Form (2) aufzustellen. Einerseits kann der dynamische Begriff der Kraft nur mit einem dynamischen Begriff (Impulsänderung) verknüpft werden und nicht mit einem kinematischen (Beschleunigung). Andererseits ist das Gesetz (2) falsch, sobald man es, wie in der relativitätstheoretischen Mechanik, aber auch schon in der gewöhnlichen Mechanik der elastischen und flüssigen Kontinua, mit veränderlichen Massen zu tun hat.

In dem Grundgesetz ist mit $\mathfrak{k} = \mathrm{o}$ das sog. *Trägheits-* oder *Beharrungsgesetz* (Lex. I) enthalten: Der Impuls bleibt nach Größe und Richtung unverändert, solange keine Kraft wirkt. Oder im Falle (2) eines Massenpunktes: Ohne die Einwirkung einer Kraft bewegt sich der Massenpunkt geradlinig mit gleichbleibender Geschwindigkeit; war er in Ruhe, so verharrt er in Ruhe.

Ferner folgt aus (1) durch Integration von $\mathrm{i} = \mathrm{o}$ an

$$\mathrm{i} = \int \mathfrak{k}\,\mathrm{d}t.$$

Der Impuls ist gleich dem Zeitintegral der Kraft, welche ihn erzeugt hat. Man nennt dieses Zeitintegral den *Antrieb*.

Nimmt man in (2) beiderseits die Komponenten nach der Bahntangente bzw. nach der inneren (d. h. nach der hohlen Seite der Bahn in der Schmiegungsebene gezogenen) Bahnnormale, so kommt die *natürliche* Zerlegung des Grundgesetzes

$$\begin{cases} m\,\dfrac{\mathrm{d}v}{\mathrm{d}t} = k_t, \\[2mm] m\,\dfrac{v^2}{\varrho} = k_n, \end{cases}$$

wobei k_t und k_n die *Tangential-* und *Normal-* (*Zentripetal-*) Kraft, v den Betrag der Geschwindigkeit und ϱ den Krümmungshalbmesser der Bahn bedeuten.

Zerlegt man dagegen *künstlich* nach einem kartesischen Koordinatensystem x, y, z, so erhält man

(3)
$$\begin{cases} m\,\dfrac{\mathrm{d}v_x}{\mathrm{d}t} = m\,\dfrac{\mathrm{d}^2 x}{\mathrm{d}t^2} = k_x, \\[2mm] m\,\dfrac{\mathrm{d}v_y}{\mathrm{d}t} = m\,\dfrac{\mathrm{d}^2 y}{\mathrm{d}t^2} = k_y, \\[2mm] m\,\dfrac{\mathrm{d}v_z}{\mathrm{d}t} = m\,\dfrac{\mathrm{d}^2 z}{\mathrm{d}t^2} = k_z, \end{cases}$$

wobei k_x, k_y, k_z die Komponenten der Kraft, v_x, v_y, v_z die der Geschwindigkeit und x, y, z die Koordinaten des Massenpunktes sind.

Handelt es sich um ein System von Massenpunkten, welche möglicherweise auch einen (starren oder nichtstarren) Körper bilden, so kann man aus dem Grundgesetz (1) zwei neue Impulssätze herleiten:

(4)
$$\frac{\mathrm{d}\mathfrak{J}}{\mathrm{d}t} = \mathfrak{K},$$

(5)
$$\frac{\mathrm{d}\mathfrak{S}}{\mathrm{d}t} = \mathfrak{M},$$

wobei $\mathfrak{J}$ und $\mathfrak{S}$ die Vektoren des Gesamtimpulses und des Impulsmomentes (s. Impuls), $\mathfrak{K}$ und $\mathfrak{M}$ aber die Vektoren der Resultante und des resultierenden Momentes der *äußeren* Kräfte bedeuten; und zwar ist $\mathfrak{M}$ derjenige axiale Vektor, dessen Länge mit dem Betrage des Momentes übereinstimmt und dessen Richtung zusammen mit dem Drehsinne des Momentes eine Rechtsschraube bildet. Die zwischen den Systempunkten wirkenden *inneren* Kräfte sind ohne Einfluß auf Impuls $\mathfrak{J}$ und Impulsmoment $\mathfrak{S}$.

Ist m die Gesamtmasse, v_0 die Geschwindigkeit des Schwerpunkts des Punktsystems (Körpers), so ist $\mathfrak{J} = m\,v_0$, und mithin kann man statt (4) auch schreiben

(4a)
$$m\,\frac{\mathrm{d}v_0}{\mathrm{d}t} = \mathfrak{K}.$$

In dieser Gestalt wird der Impulssatz (4) in der Regel der *Schwerpunktssatz* genannt: Der Schwerpunkt eines Punktsystems (Körpers) bewegt sich so, wie wenn erstens in ihm alle Massen vereinigt wären, und wie wenn zweitens alle Kräfte (soweit nötig, parallel mit sich verschoben) in ihm angriffen. Damit ist die *Fortschreitbewegung* (v_0) des Systems (Körpers) eine Aufgabe der Punktmechanik geworden. Die *Drehung* des Systems (Körpers) um den Schwerpunkt oder um irgend einen anderen festen oder beweglichen Bezugspunkt wird dann vollends durch den Impulssatz (5) geregelt, wobei natürlich die von der Bewegung des Bezugspunkts geweckten Trägheitskräfte (s. d.) den sonstigen äußeren Kräften zuzufügen sind. Da die Resultante der Trägheitskräfte durch den Schwerpunkt als Massenmittelpunkt hindurchgeht, so brauchen in der Impulsgleichung (5), falls sie auf den Schwerpunkt bezogen wird, die Trägheitskräfte nicht berücksichtigt zu werden: Fortschreitbewegung des Systems (Körpers) und Drehung um den Schwerpunkt sind unabhängig voneinander, wenn sie nicht durch äußere Kräfte gekoppelt sind. Insoferne das Impulsmoment $\mathfrak{S}$ die Vektorsumme der mit den Einzelmassen multiplizierten Flächengeschwindigkeiten ist (s. Impuls) so heißt der Satz (5) häufig der *Flächensatz*. Er heißt insbesondere dann so, wenn $\mathfrak{M} = 0$ ist, wie im Falle von Zentralkräften (s. d.). Auf das Planetensystem mit dem Sonnenmittelpunkt als Bezugspunkt angewandt, bedeutet der alsdann der Größe und Richtung nach konstante Vektor $\mathfrak{S}$ die Normale der sog. invariablen Ebene (welche nahezu mit der Ekliptik zusammenfällt); berücksichtigt man außer der Sonne nur einen Planeten, so ist der Flächensatz (5) identisch mit dem zweiten Keplerschen Gesetze.

Durch innere Kräfte kann die Bewegung des Schwerpunkts eines Systems (Körpers) nicht beeinflußt werden (Beispiel: das explodierende Geschoß). Dagegen kann eine Drehung um den Schwerpunkt bei einem nichtstarren System durch innere Kräfte erzeugt werden (Beispiel: die beim Fallen sich drehende Katze).

Ist der Körper starr, so beherrschen die Sätze (4) und (5) seine Bewegung vollständig. Den Inhalt der Gleichung (5) bildet die Kreiseltheorie (s. Kreisel). Erfolgt die Drehung insbesondere um eine Hauptträgheitsachse des starren Körpers, welche auch den Momentvektor $\mathfrak{M}$ trägt, so kann man (5) umformen zu

(5a)
$$S\,\frac{\mathrm{d}o}{\mathrm{d}t} = \mathfrak{M},$$

wo S das axiale Trägheitsmoment (s. d.) des Körpers um die Drehachse und o den in der Drehachse gelegenen Vektor der Winkelgeschwindigkeit ω bedeutet. Diese Form, die aber an die genannten Voraussetzungen gebunden ist, entspricht völlig dem (allgemein gültigen) Schwerpunktssatze (4a).

Wenn man die Bewegungsgleichungen (3) für alle n Massenpunkte x_i, y_i, z_i eines Punktsystems anschreiben will, so sind häufig gar nicht alle Kräfte von vornherein bekannt, nämlich insbesondere nicht die von irgendwelchen Bewegungs-

einschränkungen herrührenden Reaktionskräfte,
sondern nur die von solchen Einschränkungen
unabhängigen sog. *eingeprägten* Kräfte (dahin
gehören z. B. die Anziehungskräfte). Wenn die
Einschränkungen solche Bedingungen sind, welche
sich durch m endliche Gleichungen zwischen den
3 n Koordinaten x_i, y_i, z_i ausdrücken lassen

(6) $f_k (x_1, y_1, z_1;\ x_2, y_2, z_2;\ \dots x_n, y_n, z_n) = 0$
$(k = 1, 2, \dots m),$

so heißt das System *holonom*, und der Impulssatz
liefert dann an Stelle von (3) die 3 n Gleichungen

(7) $\begin{cases} m_i \dfrac{d^2 x_i}{dt^2} = X_i + \sum\limits_{k=1}^{m} \lambda_k \dfrac{\partial f_k}{\partial x_i}, \\[2mm] m_i \dfrac{d^2 y_i}{dt^2} = Y_i + \sum\limits_{k=1}^{m} \lambda_k \dfrac{\partial f_k}{\partial y_i} \quad (i = 1, 2. \dots n) \\[2mm] m_i \dfrac{d^2 z_i}{dt^2} = Z_i + \sum\limits_{k=1}^{m} \lambda_k \dfrac{\partial f_k}{\partial z_i}. \end{cases}$

Hiebei sind X_i, Y_i, Z_i die Komponenten der auf
den i-ten Massenpunkt wirkenden Gesamtkraft,
λ_1, λ_2.. λ_m aber sog. Lagrangesche *Multiplikatoren*
(deren mechanische Deutung immer möglich ist,
und die beispielsweise für den Fall, daß $f_k = 0$
Flächen vorstellen, auf welchen die Massenpunkte
bleiben müssen, einfach die Reaktionskräfte jener
Flächen darstellen). Die Gleichungen (7) heißen
die *Lagrangeschen Gleichungen erster Art.*

Setzt man das betrachtete System als holonom
voraus und führt dann entsprechend seinen
$n' = 3n - m$ Freiheitsgraden (s. d.) n' voneinander
unabhängige Lagrangesche Koordinaten q_i sowie
die zugehörigen Geschwindigkeitskoordinaten $\dot q_i$
ein, so gehen die Gleichungen (7) über in die sog.
Lagrangeschen Gleichungen zweiter Art

(8) $\dfrac{d}{dt}\left(\dfrac{\partial T}{\partial \dot q_i}\right) - \dfrac{\partial T}{\partial q_i} = P_i \qquad (i = 1, 2, \dots n')$

Hiebei ist T die als quadratische Funktion der
$\dot q_i$ auszudrückende Bewegungsenergie, und die P_i
stellen die sog. *Lagrangeschen (verallgemeinerten)
Kräfte* vor, d. h. diejenigen äußeren (eingeprägten)
Einwirkungen, die die Koordinaten q_i zu vergrößern trachten und mit δq_i multipliziert die bei
einer Vergrößerung δq_i geleistete Arbeit bedeuten.
(Ist also q_i ein Winkel, so ist P_i das zugehörige
eingeprägte Drehmoment; ist q_i eine Fläche, so
ist P_i der zugehörige Druck; ist q_i eine Länge, so
ist P_i eine gewöhnliche Kraft; usw.). Haben die
Kräfte P_i ein Potential U, d. h. lassen sie sich als
Ableitungen $\partial V/\partial q_i$ einer Kräftefunktion V $(= -U)$
darstellen, so lauten die Lagrangeschen Gleichungen
zweiter Art kürzer

(8a) $\dfrac{d}{dt}\left(\dfrac{\partial T}{\partial \dot q_i}\right) = \dfrac{\partial L}{\partial q_i},$

wo $L = T + V$ die sog. *Lagrangesche Funktion* oder
das *kinetische Potential* heißt.

Nimmt man auch noch die verallgemeinerten
Impulskomponenten p_i (s. Koordinaten der Be-
wegung) hinzu, so gewinnt man statt (8a) die
Poissonschen Gleichungen

(8b) $\begin{cases} \dot p_i = \dfrac{\partial L}{\partial q_i}, \\[2mm] p_i = \dfrac{\partial L}{\partial \dot q_i}. \end{cases}$

Indem man endlich mit den p_i auch in T eingeht
und voraussetzt, daß die alsdann mit T_1 bezeichnete

Bewegungsenergie in p_i quadratisch wird, und die
Gesamtenergie als sog. *Hamiltonsche Funktion*

$H = T_1 + U = T_1 - V$

einführt, erhält man als *Hamiltonsche* oder
kanonische Bewegungsgleichungen

(8c) $\begin{cases} \dot p_i = - \dfrac{\partial H}{\partial q_i}, \\[2mm] \dot q_i = + \dfrac{\partial H}{\partial p_i}. \end{cases}$

Diese Formeln stellen doppelt so viele Gleichungen
dar, als das System Freiheitsgrade hat, und sie
bilden die Grundlage der höheren analytischen,
insbesondere der statistischen Mechanik sowie
vieler Zweige der modernen Physik. Für ihre
Integration, d. h. für die Herleitung der Integrale
der Bewegungsgleichungen hat *Jacobi* folgenden,
häufig rasch zum Ziele führenden Weg angegeben.
Man führe für die p_i die Ableitungen

$p_i = \dfrac{\partial W}{\partial q_i},$

der sog. *Wirkungsfunktion* W in die Hamiltonsche Funktion ein

$H(p_i, q_i) \equiv H\left(\dfrac{\partial W}{\partial q_i}, q_i\right)$

und suche eine Lösung der (den Energiesatz darstellenden) partiellen Differentialgleichung (erster
Ordnung zweiten Grades)

$H\left(\dfrac{\partial W}{\partial q_i}, q_i\right) = h$

in der Form
$W = W(q_1, q_2, \dots q_{n'}, h, \alpha_1, \alpha_2, \dots \alpha_{n'})$
mit n' Konstanten α_i, so lauten die Integrale der
Bewegung

$\begin{cases} \dfrac{\partial W}{\partial \alpha_i} = \beta_i, \qquad (i = 1, 2, \dots n') \\[2mm] \dfrac{\partial W}{\partial h} = t + \gamma, \end{cases}$

Von den n' ersten Gleichungen erweisen sich dabei
als wesentlich nur $n'-1$ mit $n'-1$ neuen Konstanten β_i; sie beschreiben die Gestalt der Bahnkurven der einzelnen Punkte. Die letzte Gleichung
ergänzt sie bezüglich des zeitlichen Ablaufs der
Bewegung, und γ ist eine letzte Integrationskonstante. (Es ist hier übrigens vorausgesetzt,
daß H die Zeit nicht explizit enthält; sonst ist
das Verfahren umständlicher.)

Die Bewegungsgleichungen (8) bis (8c) gelten
nur für holonome Koordinaten; sie lassen sich
allerdings auch auf nichtholonome Systeme erweitern, nehmen dann aber eine wesentlich verwickeltere Gestalt an. Benutzt man jedoch für das
System — es möge aus n Massenpunkten bestehen
— die sog. *Gibbs-Appellsche Funktion*

$R = \Sigma \dfrac{1}{2} m_i (\ddot x_i^2 + \ddot y_i^2 + \ddot z_i^2),$

die aus den Beschleunigungskomponenten $\ddot x_i$, $\ddot y_i$, $\ddot z_i$
ebenso zusammengesetzt ist, wie die Bewegungs-
energie T aus den Geschwindigkeitskomponenten,
und führt man in sie die $\ddot q_i$ an Stelle der $\dot x_i$ ein,
so lauten die *Gibbs-Appellschen Bewegungsgleichungen*

(9) $\dfrac{\partial R}{\partial \ddot q_i} = P_i,$

Diese gelten auch für nichtholonome Systeme.
R. Grammel.

Näheres s. C. Schaefer, Die Prinzipe der Dynamik. Berlin
und Leipzig 1919.

352 Indifferenzzone—Induktionsgehalt der Atmosphäre.

Indifferenzzone s. Hufeisenmagnet.

Indikator. Der Indikator (Fig. 1) dient hauptsächlich zur Aufzeichnung des im Zylinder einer Dampf- oder einer sonstigen Kolbenmaschine während ihres Betriebes herrschenden Dampf-, Gas- oder Wasserdruckes. Die Indikatoren werden an die Indikatorstutzen zu beiden Enden des Zylinders geschraubt und stehen mit diesem durch die Indikatorbohrungen in Verbindung.

Der in einem kleinen Holzzylinder steckende Indikatorkolben nimmt den im Zylinder der zu untersuchenden Maschine herrschenden Druck auf und überträgt ihn mittels eines Schreibzeuges auf eine schwingende Trommel, die vom Kreuzkopf der Maschine durch Vermittlung einer Hubreduziervorrichtung angetrieben wird. Auf diese

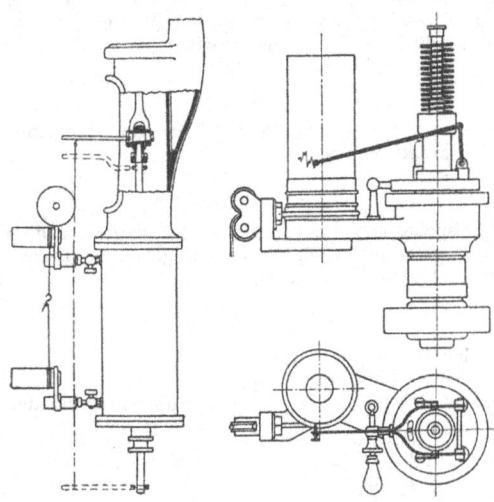

Fig. 1. Schema des Indikators. Fig. 2. Anbringung des Indikators an einer Einzylindermaschine.

Weise entsteht ein Kolbendruckdiagramm, dessen Abszissen proportional dem Kolbenhub und dessen Ordinaten proportional dem im Zylinder herrschenden Druck sind. Dem auf den Indikatorkolben wirkenden Druck hält die Spannung der Indikatorfeder jeweils das Gleichgewicht. Durch passende Auswahl der Feder kann der Indikator für jeden vorkommenden Betriebsdruck verwendet werden. Die Indikatoren und deren Federn müssen von Zeit zu Zeit im Laboratorium geprüft werden. Die gebräuchlichsten Bauarten der Indikatoren sind jene von Dreyer, Rosenkranz und Droop, Maihak und von Schäffer und Budenberg. Sie unterscheiden sich durch Lage der Feder (außen liegende Feder besonders für überhitzten Dampf bevorzugt), Durchbildung des Schreibzeuges und Ausführung verschiedener Details.

Fig. 2 zeigt die Anbringung der Indikatoren an einer Einzylindermaschine. Bei Bestimmung der Leistung aus dem Diagramm einer Maschine (s. Dampfmaschine) sind gleichzeitig die beiden Zylinderseiten zu indizieren (Diagrammsatz). Die der Kurbelwelle zugewandte Zylinderseite wird als Kurbelseite, die andere als Deckelseite bezeichnet. Bei einer normalen Dampfmaschine müssen die Diagramme beider Zylinderseiten einander gleich sein. *L. Schneider.*

Näheres s. F. Seufert, Versuche an Dampfmaschinen usw. Berlin 1919.

Indikatordiagramm s. Dampfdruckdiagramm.

Induktion durch den Erdmagnetismus s. Erdinduktion, Erdinduktor, Erdströme, Lokalvariometer.

Induktion, magnetische. — Bringt man ein Stück Eisen, etwa einen längeren, sehr dünnen Stab, in ein Magnetfeld von der Stärke $\mathfrak{H}$, also beispielsweise in eine stromdurchflossene Spule, und mißt dann mittels einer um den Stab gelegten und mit dem ballistischen Galvanometer verbundenen Sekundärspule die Magnetisierung innerhalb des Stabes (s. ballistische Methode), so findet man nicht mehr $\mathfrak{H}$ Kraftlinien je Quadratzentimeter, sondern sehr viel mehr, nämlich $\mu \cdot \mathfrak{H}$. Man nimmt an, daß das Magnetfeld $\mathfrak{H}$ in dem Stab die Kraftlinienzahl $(\mu - 1)\mathfrak{H} = 4\pi\mathfrak{J}$ induziert habe, und bezeichnet diesen Wert $\mathfrak{B} = \mu\mathfrak{H} = 4\pi\mathfrak{J} + \mathfrak{H}$ als die im Stabe herrschende Induktion; der Faktor $\mu = \mathfrak{B}/\mathfrak{H}$ heißt die Permeabilität (s. dort), $\mathfrak{J}$ die Intensität der Magnetisierung (s. dort). Hierbei ist allerdings die stets vorhandene und bei kurzen und dicken Stäben sehr starke Wirkung des sog. freien Magnetismus an den Enden des Stabes vernachlässigt; genau gilt also die obige Beziehung nur für einen unendlich langen Stab oder für eine ringförmige, bewickelte Probe, bei welcher freie Enden überhaupt nicht vorhanden sind. *Gumlich.*

Induktionsfluß. — Unter Induktionsfluß versteht man die Summe aller einen bestimmten Querschnitt eines ferromagnetischen Körpers senkrecht durchsetzenden Induktionslinien, also bei gleichmäßiger Magnetisierung $\Phi = q\mathfrak{B}$, wenn q den Querschnitt und $\mathfrak{B}$ die Induktion bezeichnet. Die Technik bezeichnet den Induktionsfluß auch vielfach als Kraftlinienfluß, doch ist es vorteilhafter, diese Bezeichnung für die Gesamtheit der aus dem Eisen in die Luft austretenden Kraftlinien zu verwenden. *Gumlich.*

Induktionsfluß. Die sog. Induktionslinien entstehen durch eine Erweiterung des Begriffes der Kraftlinien. Sei N_1 die Anzahl der Kraftlinien, welche eine Fläche S senkrecht durchsetzen, so gilt
$$N_1 = \mathfrak{E}.S. \text{ (Kraftfluß)},$$
wo $\mathfrak{E}$ die absolut gemessene Feldstärke darstellt. Diese Zahl N_1 ist nach dem Gaußschen Satz $= 4\pi e$, der sich aber außerhalb des Vakuums, also in einem beliebigen Dielektrikum mit der Dielektrizitätskonstante ε, auf folgende Form erweitert:
$$N_1 = 4\pi e/\varepsilon$$
Man hat dann nicht mehr die Feldstärke als Anzahl der die Einheitsfläche durchsetzenden Linien anzusehen, sondern das Produkt der Feldstärke und Dielektrizitätskonstante. Die so definierten Linien heißen nicht mehr Kraftlinien, sondern Induktionslinien. Die Anzahl der Linien, welche in einem Feld $\mathfrak{E}$ mit der Dielektrizitätskonstante ε eine Fläche S senkrecht durchsetzen, ist dann
$$N_2 = \varepsilon N_1 = \varepsilon\,\mathfrak{E}.S.$$
N_2 heißt der Induktionsfluß durch die Fläche S. Im Vakuum ist er gleich dem Kraftfluß. In jedem Dielektrikum aber ist der Induktionsfluß $N_2 = 4\pi e$. *R. Jaeger.*

Induktionsgehalt der Atmosphäre. Die festen radioaktiven Zerfallprodukte der Radium-, Thorium- und Actinium-Emanation werden auch allgemein als „radioaktive Induktionen" bezeichnet, da sie sich in einem elektrischen Felde hauptsächlich an der Kathode ansammeln und so Ursache der von dieser Elektrode angenommenen Aktivität, die man „induzierte Aktivität" nannte, werden.

In den letzten Jahren hat man vorgezogen, diese Produkte „radioaktiven Beschlag" zu nennen, welcher Name indes speziell in der luftelektrischen Literatur sich nicht durchzusetzen vermochte. Die „radioaktiven Induktionen" sind also die Zerfallsprodukte Radium A, Ra B, Ra C in der Radiumreihe, und die entsprechenden A-, B-, C-Produkte der Thorium- und Actiniumreihe. Die A-Körper dieser drei Reihen sind die unmittelbaren Zerfallsprodukte der Emanationen und sind bei ihrer Entstehung positiv geladen, so daß sie in einem elektrischen Felde in der Richtung zum negativen Pol wandern. Dort lagern sie sich ab und aus ihnen entstehen dann in normaler Weise durch den radioaktiven Zerfall die Folgeprodukte B, C usw. Die geladenen A-Atome verhalten sich im übrigen ganz wie normale Luft-Ionen. Sie haben beiläufig dieselbe Beweglichkeit im elektrischen Felde, können sich mit entgegengesetzt geladenen Ionen wiedervereinigen und elektrisch neutrale Komplexe bilden oder auch an Staub-Wasserteilchen und dgl. absorbiert werden. Nachdem nun in gewöhnlicher Luft immer kleine Mengen von Radiumemanation und auch Thoriumemanation enthalten sind, die dem Boden entstammen (vgl. Emanationsgehalt der Luft), so müssen auch die „Induktionen" dieser beiden Emanationen in der Luft suspendiert vorhanden sein. Zu ihrem Nachweis werden zwei Methoden benutzt:

1. Die Elster-Geitelsche Drahtaktivierungsmethode. Bei dieser wird ein 10 bis 20 m langer, gewöhnlich auf —2500 Volt geladener dünner Draht an Isolierhaken horizontal in einer Höhe von mehreren Metern über dem Erdboden ausgespannt und so einige Stunden lang exponiert. Die positiv geladenen Atome von Ra A, Th A und eventuell Actinium-A werden dann durch die Wirkung des elektrischen Feldes des Drahtes aus dessen nächster Umgebung herangezogen und abgelagert. Davon kann man sich leicht überzeugen, indem man nach der Aktivierung den Draht mit einem Lederlappen abreibt und diesen in ein mit einem Elektroskop verbundene Ionisierungskammer einbringt: Der Lappen erweist sich dann als merklich radioaktiv. Zur Messung der während der Exposition eingefangenen Mengen radioaktiver Induktionen benützt man nach Elster und Geitel folgendes Verfahren: man rollt nach Beendigung der Exposition den Draht auf eine Trommel aus Drahtgeflecht auf und setzt diese in den auch unten verschlossenen Schutzzylinder des Elster-Geitelschen Zerstreuungsapparates (vgl. „Zerstreuung") ein. Die auf dem Drahte abgelagerten minimalen Mengen von radioaktiven Induktionen genügen, um einen gut nachweisbaren Ladungsverlust des Zerstreuungsapparates pro Zeiteinheit zu bewirken, der dann umgekehrt als Maß der „Aktivität der Luft" benützt wird: Elster und Geitel setzten die Aktivität der Luft gleich 1, wenn nach zweistündiger Exposition je 1 m des aufgewickelten Drahtes einen Voltverlust von 1 Volt pro Stunde in dem Zerstreuungsapparat hervorbrachte. Der jeweils von je 1 m Draht hervorgebrachte Spannungsverlust, ausgedrückt in Volt/Stunde heißt dann „Aktivierungszahl" (A). Es hat sich gezeigt, daß diese Aktivierungszahlen nicht nur von Ort zu Ort, sondern auch an einem und demselben Orte starke zeitliche Schwankungen aufweisen. Es wurden mit dem oben angegebenen einfachen Elster-Geitelschen Instrumentarium sehr zahlreiche Beobachtungen angestellt. Die Akti-

vierungszahlen nehmen im Mittel von der Küste gegen den mitteleuropäischen Kontinent beträchtlich zu (Nordseeküste A = 5 bis 10, Deutschland A = 15—20, Alpengegenden A = bis 100). Über dem Meere werden meist sehr geringe Werte von A gemessen, insbesondere in Gebieten, die weit vom Festland abstehen. Die Radioaktivität der Luft ist also über den Kontinenten beträchtlich größer, wie es auch zu erwarten ist, da nur diese Emanation abgeben (vgl. „Bodenatmung"). Mit zunehmender Höhe über dem Boden findet man gewöhnlich keine wesentliche Änderung von A, erst in 8000 m konnte eine starke Abnahme festgestellt werden. Die täglichen und jährlichen Änderungen der Aktivierungszahl A an einem Orte sind lokal so verschieden, daß von einer allgemeinen Gesetzmäßigkeit kaum gesprochen werden kann. Übereinstimmend finden die meisten Beobachter Anwachsen des A bei fallendem Barometerstand (Austreten emanationsreicher Bodenluft in die freie Atmosphäre) und Kleinerwerden von A während und nach Regen.

Man erkannte sehr bald, daß die „Aktivierungszahlen" keinerlei verläßliches Maß für den Gehalt der Luft an radioaktiven Induktionen darstellen: die Ausbeuten sind nämlich von der Expositionszeit, Spannung, von der mit den Witterungsverhältnissen variierenden Beweglichkeit der „Träger", d. h. der Ra A- oder Th A-Atome und auch von Windrichtung und Windstärke abhängig, so daß man also auch bei Benutzung eines stets gleichen Instrumentariums nie streng vergleichbare Zahlen erhält. Der Anteil der Thoriumgegenüber den Radiuminduktionen läßt sich durch Beobachtung des zeitlichen Abfalls der Aktivität ermitteln: die Thoriumkomponente zerfällt entsprechend der Halbwertzeit von Th B in ca. 11 Stunden auf die Hälfte, während die Radiumkomponente in 4 Stunden schon praktisch vollständig verschwindet. Eine Messung der Aktivität 4 Stunden nach Beendigung der Exposition gibt also bereits die reine Thoriumkomponente und man kann durch Extrapolation leicht ihren Wert zur Zeit der Beendigung der Exposition ermitteln. Die Actiniuminduktionen sind in der freien Luft nur in sehr geringem Grade vorhanden, wohl deswegen, weil die Actiniumemanation (Halbwertzeit 4 sec) die kürzeste Lebensdauer aller drei Emanationen hat. Die Schätzung des Mengenverhältnisses der Thorium- zu den Radiuminduktionen aus den angeführten Messungen mittels der Elster-Geitelschen Drahtaktivierungsmethode sind sehr unzuverlässig. G. A. Blanc hat durch ein Verfahren, bei welchem die Induktionsträger in dem starken elektrischen Felde einer Spitze niedergeschlagen wurden (Sellasche Ausströmungsmethode), gefunden, daß der Thoranteil nur 5—10% der Gesamtaktivität ausmacht.

2. Die Aspirationsmethode (Gerdien, Kohlrausch, Kurz, Hess u. a.). Durch einen Röhrenkondensator, dessen stabförmige innere Elektrode auf negatives Potential aufgeladen ist, während die äußere Elektrode ständig geerdet bleibt, wird ein Luftstrom von bekannter Geschwindigkeit eine bestimmte Zeit z. B. 1 Stunde durchgesaugt. Da man aus Versuchen von Gerdien die Beweglichkeit der positiv geladenen Ra A-Atome beiläufig kennt, kann man die Feldstärke leicht so groß wählen, daß sicher alle in dem aspirierten Luftvolumen anwesenden geladenen Induktionsträger auf dem Mittelstab abgelagert

werden. Die Messung der Aktivität dieser Elektrode nach Beendigung der Exposition gibt dann bei gleichzeitig gemessener Fördermenge des Aspirators ein Maß für die im ccm Luft vorhandene Ra A-Menge. Diese wird dann im Strommaß ausgedrückt: man fand, daß die in 1 ccm Freiluft vorhandene Menge von Ra A einen Sättigungsstrom von etwa 10^{-10} elektrost. Stromeinheiten liefert. Der Ra A-Gehalt zeigt starke lokale und zeitliche Verschiedenheiten. Kohlrausch fand in Seeham (Salzburg) $2 \cdot 10^{-10}$, Hess auf einer Donauinsel bei Wien nur $3 \cdot 10^{-11}$. Da eine Anzahl der Ra A-Träger durch Rekombination seine Ladung verliert, ist die nach der Aspirationsmethode gefundene Ra A-Menge zu klein. J. Salpeter berechnete, daß man, um aus der Menge der geladenen Ra A-Träger die Menge der überhaupt vorhandenen zu finden, erstere mit dem Faktor 1,64 multiplizieren müsse.

Nimmt man so den Mittelwert des Ra A-Gehaltes pro ccm Luft (die ungeladenen Träger eingerechnet) zu $2 \cdot 10^{-10}$ E. S. E. und berücksichtigt, daß die Ionisationswirkung der Alphastrahlen der Emanation zu der der Alphastrahlen von Ra A sich wie 0,92 zu 1 verhält, so ergibt sich der Gehalt der Atmosphäre an Radiumemanation pro ccm zu $1,8 \cdot 10^{10}$ E. S. E. oder $70 \cdot 10^{-18}$ Curie. Die Zahl stimmt befriedigend mit den Ergebnissen der direkten Emanationsgehaltsbestimmungen ($90 \cdot 10^{-18}$ Curie) überein (vgl. Emanationsgehalt der Atmosphäre). Der absolute Gehalt der Luft an Thoriuminduktionen ist bisher noch nicht ermittelt worden.   *V. F. Hess.*

Näheres s. Graetz, Handb. d. Elektr. u. d. Magnetism. Bd. III, S. 212—221. 1915.

Induktionskurve s. Magnetisierungskurve.

Induktionslinien s. Induktionsfluß.

Induktionsmeßinstrumente. Strommesser, die nur für Wechselstrom benutzt werden können und daher mittels anderer Instrumente geeicht werden müssen (vgl. Wechselstrominstrumente). Sie beruhen auf der Anziehung, welche ein Wechselfeld auf einen von diesem in einer Metallscheibe induzierten Wirbelstrom ausübt. Die Gegenkraft wird durch Federn gebildet; ein Bremsmagnet sorgt für ausreichende Dämpfung. Die Scheibe ist drehbar gelagert und mit einem Zeiger verbunden, dessen Stellung an einer Skala abgelesen wird. Die Instrumente dienen nur zu technischen Messungen.
                          W. Jaeger.

Näheres s. z. B. Heinke, Handbuch der Elektrotechnik. Leipzig.

Induktionsmotor s. Asynchronmotoren.

Induktionsspulen. Wenn man einen Draht in einer oder mehreren Lagen z. B. auf eine Zylinderfläche aufwickelt, erhält man Spulen, die außer Widerstand bei Wechselstrom noch Induktivität besitzen. Diese kann berechnet oder gemessen werden (vgl. Induktionsnormale).   *W. Jaeger.*

Induktionsvariometer. Um die Induktivität zwischen zwei Grenzen stetig variieren zu können, benutzt man sogenannte Variatoren, die aus zwei Spulen oder Gruppen von solchen bestehen, deren Lage sich gegeneinander verändern läßt und die hintereinander geschaltet sind. Die Spulen können axial verschoben oder gegeneinander verdreht werden. Erfolgt die Drehung der einen Spule um eine Achse, die in der Ebene beider Spulen liegt, so ist die Induktivität ein Maximum, wenn die Spulen parallel stehen, dagegen Null, wenn sie

senkrecht stehen. Der Drehungswinkel kann an einer geeichten Skala abgelesen werden.   *W. Jaeger.*

Näheres s. Orlich, Kapazität und Induktivität. Braunschweig.

Induktorium (Rühmkorff). Ein Hochspannungstransformator mit offenem Eisenkern, der meist betrieben wird von einem unterbrochenen Gleichstrom und hauptsächlich nur bei Unterbrechung des Stromes einen Induktions-Stoß gibt. Der Eisenkern dient gleichzeitig meist zum Betreiben des Unterbrechers.   *A. Meißner.*

Induzierte Radioaktivität s. A-, B-, C-Produkte unter Radium, Thorium, Actinium.

Induzierter Widerstand (Randwiderstand) eines Flugzeugflügels. Vom Standpunkt der Zirkulationstheorie aus läßt sich der Flügel eines Flugzeugs stets ersetzt denken durch einen Wirbel, der mit der Fluggeschwindigkeit fortschreitet. Auf einen solchen Wirbel wirkt in reibungsloser Flüssigkeit nur eine senkrecht zur Bewegung gerichtete (Auftriebs-)Kraft, wenn er geradlinig beiderseits ins Unendliche geht. Ist dies nicht der Fall, so kann auch der darstellende Wirbel nicht ins Unendliche; aber ein Wirbel kann auch nicht mitten in der Flüssigkeit enden. Daher muß man annehmen, daß der Wirbel sich an den Enden des Flügels ablöst und nach hinten weiterläuft; er zeigt die Hufeisengestalt der Figur. Die beiden nach hinten verlaufenden Zweige des Hufeisenwirbels treiben sich gegenseitig nach unten und schließen sich durch den beim Anfahren des Flugzeugs entstandenen sog. Anfuhrwirbel. Infolge der Wirbelung in diesen beiden Zweigen entsteht auch (in voller Analogie mit dem Biot-Savartschen Gesetz) eine nach abwärts gerichtete Komponente der Flüssigkeitsbewegung am Ort des Flügels. Die am Flügel entstehende Kraft wirkt nun senkrecht zur wirklichen lokalen Richtung der Flüssigkeitsbewegung; also hat sie im allgemeinen eine in die Bewegungsrichtung des Systems fallende Widerstandskomponente, die Energie verzehrt. Diese Komponente wird induzierter Widerstand genannt, weil die Erscheinung eine gewisse Verwandtschaft mit den Induktionserscheinungen der Elektrodynamik aufweist. Der induzierte Widerstand ist, wie eine einfache mathematische Betrachtung zeigt, proportional dem Quadrat des Auftriebs, da die Wirbelstärke selbst dem Auftrieb proportional geht, und bei gleichem Auftrieb umgekehrt proportional dem Quadrat der Spannweite.

Flügel

Hufeisenwirbel.

Der Hufeisenwirbel ist eine Idealisierung, die in Wirklichkeit nur unvollkommen erreicht wird; wenn der Auftrieb nicht gleichmäßig über die ganze Flügelspannweite verteilt ist, so lösen sich die Zirkulationswirbel teilweise schon an irgend einem inneren Punkt des Flügels ab, und das ganze Strömungsbild erscheint als Summation über viele Hufeisenwirbel von verschiedener Spannweite. Am günstigsten in bezug auf den Widerstand erweist sich nach den Untersuchungen von Prandtl die elliptische Verteilung des Auftriebs über den Flügel; dabei gilt für Eindecker die Formel:

$$ W = \frac{A^2}{\pi \varrho \, \frac{v^2}{2} \, l^2} $$

(W induzierter Widerstand, A Auftrieb, ϱ Luftdichte, v Fluggeschwindigkeit, b Spannweite.)

Die ganzen Überlegungen lassen sich auf Doppel- und Mehrdecker übertragen; man hat nur mehrere hufeisenförmige Wirbel, die sich gegenseitig beeinflussen, zu betrachten. Auch in diesen Fällen lassen sich günstigste Verhältnisse berechnen. Die Formel für den induzierten Widerstand unterscheidet sich von der Eindeckerformel nur durch einen Faktor, der von der Anordnung der Flächen und der Auftriebsverteilung auf die Flächen abhängt. *L. Hopf.*

Inertialsystem nennt man nach L. Lange ein Bezugssystem, in welchem, wenn es ruhend gedacht wird, das Trägheitsgesetz (s. Impulssätze) gültig ist. In der klassischen (Newtonschen) Mechanik ist das absolut ruhende System sowie jedes gegen dieses sich gleichförmig geradlinig bewegende System ein Inertialsystem; in der Mechanik des speziellen Relativitätsprinzips sind alle gegeneinander gleichförmig geradlinig sich bewegenden Systeme dann Inertialsysteme, wenn eines davon als ein solches erwiesen ist; in der Mechanik des allgemeinen Relativitätsprinzips kann jedes beliebige System die Rolle eines Inertialsystems übernehmen, wobei allerdings eine wesentlich vertiefte Fassung des Trägheitsprinzips in der Gestalt des sog. Äquivalenzprinzipes zwischen schwerer und träger Masse erforderlich ist.
R. Grammel.

Influenz. Unter elektrischer Influenz oder elektrischer Verteilung versteht man die Aufladung von Körpern, die sie durch die Anwesenheit eines elektrischen Feldes erfahren. Darauf beruht z. B. die Erscheinung, die Canton schon 1754 beschrieb, daß nämlich die Blättchen eines Elektroskops bereits divergieren, wenn sich ein elektrisch geladener Körper noch in großem Abstande von ihm befindet, ebenso, daß sie wieder zusammenfallen, wenn die Ladung auf irgend eine Weise entfernt wird. Andere Beobachtungen in dieser Richtung wurden später von Wilke angestellt (1757), aber erst Faraday (1839) erkannte die innere Zusammengehörigkeit der verschiedenen Erscheinungen und ihren prinzipiellen Charakter, der dann unter dem Namen der Influenz zusammengefaßt wurde.

Die mannigfachen Erscheinungen der Influenz, die bei dem Arbeiten mit Elektroskopen eine wichtige Rolle spielen, pflegen an Probekügelchen aus Holundermark demonstriert zu werden. Als grundsätzliche Regeln gelten,

1. ein Leiter in der Nähe eines elektrischen Körpers durch Verteilung (Influenz, elektrostatische Induktion) elektrisch wird, und zwar an der diesem Körper zugewendeten Seite ungleichnamig, an der ihm abgewendeten Seite gleichnamig,

2. daß die gleichnamige Ladung ableitbar (frei), die ungleichnamige nicht ableitbar (gebunden) ist.

Diese Betrachtungsweise unterscheidet zwei Influenzelektrizitäten, eine positive und eine negative, geht also von dem dualistischen Standpunkt aus.
R. Jaeger.

Infrarot s. Ultrarot.

Ingression. In der Geographie bezeichnet man als Ingression einen Vorgang, bei dem das Meer sich zugunsten des Landes ausbreitet, was im allgemeinen die Folge einer negativen Strandverschiebung (s. diese) sein wird. Es handelt sich jedoch bei der Ingression nicht um eine oberflächliche Überschwemmung küstennaher Niederungen, sondern um ein tiefes Eindringen des Meeres in den Formenschatz des Festlandes. So entstehen u. a. bestimmte Küstenumrisse (s. Küsten), die dem kundigen Auge schon durch ihren äußeren Anblick die Art ihrer Entstehung verraten. Solche Ingressionsküsten sind z. B. die Fjordküsten, Riasküsten, Dalmatinische Küsten. Beispiele für Ingressionsmeere, deren Bodenrelief sich meist durch eine kesselähnliche Form auszeichnet, bieten das Mittelländische Meer, das Karibische Meer, sowie die Ostasiatischen Randmeere und die einzelnen Becken des austral-asiatischen Mittelmeeres. *O. Baschin.*

Injektor s. Dampfstrahlpumpe.

Initialsprengstoffe s. Explosivstoffe. Als Initialsprengstoffe finden Knallquecksilber und neuerdings in steigendem Maße Bleiazid Verwendung. Beide sind nur durch eine hohe Empfindlichkeit und durch die Unfähigkeit, bei Schlag und rascher Erhitzung anders als explosiv zu reagieren, ausgezeichnet. Alle anderen praktisch verwandten Sprengstoffe vermögen unter bestimmten Verhältnissen auch ruhig zu verbrennen. Knallquecksilber und Bleiazid sind an sich schwächer als die anderen praktisch verwandten Explosivstoffe. *Günther.*

Inklination. Der Winkel zwischen der Wagerechten und der Richtung des magnetischen Feldes der Erde. Die absolute Bestimmung der Inklination geschieht am besten mit dem Erdinduktor (s. d.), sonst mit dem Nadelinklinatorium durch unmittelbare Ablesung des Inklinations-Winkels. Das Instrument trägt einen vertikalen Teilkreis, der für die Messung meist in den magnetischen Meridian gedreht wird. In seinem Mittelpunkt befindet sich ein Lager aus Steinen, auf das magnetisierte Nadeln, die „Inklinationsnadeln" gelegt werden. Die Einstellung ihrer Enden auf der Teilung geben die Neigung des Erdfeldes, doch muß die Schiefe der magnetischen Achse gegen die Figurenachse und jene der Lager durch Umlegen der Drehachsen um 180° eliminiert werden. Hat die Drehungsachse eine Exzentrizität gegen den Schwerpunkt, so magnetisiert man die Nadeln um. Kennt man die Richtung des magnetischen Meridians nicht, so beobachtet man am besten in zwei beliebigen, aber aufeinander senkrechten Azimuten, weshalb das Instrument einen Horizontalkreis trägt. Dann ist

$$\cot g^2 J = \cot g^2 J_a + \cot g^2 J_{90} - a.$$

Die meisten Nadelinklinatorien haben beträchtliche Instrumentalkorrektionen. *A. Nippoldt.*
Näheres s. Müller-Pouillet, Lehrb. d. Physik. 10. Aufl. IV. 2. Braunschweig. Vieweg & Sohn 1914.

Inklinometer. Instrument, die zeitlichen Veränderungen der Inklination zu messen, bestehend aus einem Magnet, der wie eine Inklinationsnadel (s. Inklination) nur diesmal mittels einer Schneide auf einem Lager in der Inklinationsrichtung schwebt und einen Spiegel besitzt, dessen Drehungen mit Fernrohr und Skala oder photographisch wie bei anderen Magnetographen verfolgt werden (s. Deklinometer).

Durch Kompensationsmagnete erhält das Inklinometer auch magnetische Empfindlichkeit.
A. Nippoldt.

Inlandeis. Eine Erscheinungsform der Gletscher (s. diese), bei der ein Gebirgsland völlig unter Eis begraben liegt. Das Inlandeis füllt alle Unebenheiten des Landes aus, so daß seine Oberfläche von dem Relief des unter ihm liegenden Erdraumes fast gar nicht beeinflußt wird. Dieser Typus der

Vergletscherung kommt besonders in den Polargebieten vor. Am stärksten und reinsten ist er
in Grönland entwickelt, dessen ganzes Binnenland
von einer zusammenhängenden Inlandeismasse
eingenommen wird, die mehr als 2 Millionen Quadratkilometer Flächeninhalt hat und viele hundert,
wahrscheinlich stellenweise sogar einige tausend
Meter dick ist.

Auf dem Südpolarkontinent scheint, soweit
sich dies bei dem jetzigen Stande seiner Erforschung
übersehen läßt, das Inlandeis beträchtlich größere
Flächen einzunehmen, doch scheint seine Mächtigkeit stellenweise nur gering zu sein.

Solche Länder, die eine Inlandeisbedeckung
tragen, befinden sich also unter den gleichen
physikalischen Bedingungen wie Nordeuropa und
andere, heute von Menschen bewohnte Gebiete
zur Eiszeit (s. diese), und ihr Studium ist daher
in hervorragendem Maße geeignet, die Entstehung
der z. B. in Norddeutschland durch das Inlandeis
geschaffenen Oberflächenformen unserem Verständnis zu erschließen.

Das Inlandeis bildet in seiner reinsten Ausbildung eine schildförmige Eismasse, deren Oberfläche aber nur an den Randgebieten aus Eis,
im Inneren dagegen größtenteils aus Schnee
besteht, der nach der Tiefe zu in Firn und dann
in Gletschereis übergeht, das im Sommer an den
Rändern unterhalb der Firnlinie zutage tritt
und unter hohem Druck in das Meer hinaus gepreßt
wird. Dann geraten die Enden dieser Inlandeis-
ströme, die sich im Südpolargebiet oft zu dem
Typus des Barriere-Eises (s. dieses) vereinigen,
durch den Auftrieb des Meerwassers ins Schwimmen,
und schließlich brechen große Stücke los, die nun
als Eisberge (s. diese) den Meeresströmungen
(s. diese) folgen.   *O. Baschin.*

Näheres s. A. Supan, Grundzüge der physischen Erdkunde.
6. Aufl. 1916.

Innenbeleuchtung, künstliche und natürliche s.
Beleuchtungsanlagen.

Innerer Druck. Der innere Druck eines Körpers
kommt durch die Kräfte zustande, welche die
einzelnen Moleküle aufeinander ausüben. Diese
Kräfte wirken im Sinne einer Anziehung und haben
zur Folge, daß die Moleküle näher aneinander
gerückt werden, als es nach den äußeren Drucken
allein der Fall sein würde. Nach van der Waals
(s. Zustandsgleichung) ist der innere Druck für
Gase und Flüssigkeiten gegeben durch den Aus-

druck $\frac{a}{v^2}$, wenn man mit v das spezifische Volumen

und mit a in erster Näherung eine Konstante
bezeichnet, die durch das kritische Volumen v_k
und den kritischen Druck p_k als $a = 3 p_k v_k^2$
dargestellt werden kann. Hiernach läßt sich berechnen, daß der innere Druck von Stickstoff bei 0^0
und dem äußeren Druck einer Atm. den Wert $p_i =$
0,0022 Atm. besitzt. Für Wasser von 0^0 dagegen
beträgt der innere Druck $p_i = 6000$ Atm.

Es ist zu bemerken, daß die Größe a von der
Temperatur abhängt, worauf indessen die van der
Waalssche Gleichung nicht Rücksicht nimmt.

Im Zustande der Gasentartung (s. d.) hat man
für den Fall eines idealen Gases nach Nernst
abstoßende Kräfte, die einem negativen Druck
entsprechen würden, anzunehmen.   *Henning.*

Innerer Druck der Flüssigkeiten s. Dampfdruck
und Innere Reibung der Flüssigkeiten.

Innere Energie. Unter der inneren Energie eines
Systems versteht man die Energie dieses Systems,
die nach außen nicht ohne weiteres zur Geltung
kommt, also die Energie der Lage und der Bewegung seiner einzelnen Teile, insbesondere auch
der Moleküle gegeneinander. So gehört die Wärmeenergie eines Systems zur inneren Energie; dagegen
stellt die Energie der Lage des ganzen Systems
sowie seine auf die Bewegung des Schwerpunktes
bezogene kinetische Energie die äußere Energie dar.

Die innere Energie eines homogenen isotropen
Körpers gegebener Masse läßt sich aus seiner
Temperatur und seinem spezifischen Volumen ableiten. Der Einfluß des spezifischen Volumens
ist darin begründet, daß die Kräfte, welche die
einzelnen Moleküle bei großer Dichte aufeinander
ausüben, viel stärker sind als bei geringerer Dichte.
Läßt man einen beliebigen Körper, z. B. ein gewöhnliches Gas, bei konstanter Temperatur durch
Druckverminderung sich ausdehnen, so wird es
seine innere Energie erhöhen, weil zur Überwindung
der molekularen Anziehungskräfte Wärmeenergie
aus der Umgebung in das Gas hineinwandern muß.
Nach van der Waals (s. Zustandsgleichung)
sind diese anziehenden Kräfte, die sich in einem
Gase als Zusatzdruck zu dem äußeren Druck äußern,
umgekehrt proportional dem Quadrat des spezifischen Volumens. Bei einem idealen Gas bestehen
keine Anziehungskräfte zwischen den Molekülen.
Darum ist seine innere Energie U unabhängig vom
spezifischen Volumen und nur abhängig von der
kinetischen Energie der Moleküle, d. h. von der
Temperatur. Steht einem idealen Gas, das sich
im Volumen V_1 befindet, und das gegen die Umgebung adiabatisch abgeschlossen ist, plötzlich
ein größeres Volumen $V_1 + V_2$ zur Verfügung,
so tritt keine Temperaturänderung des Gases ein.
Ein reelles Gas dagegen muß sich bei einem derartigen Versuch stets abkühlen, doch ist der Effekt
bei Luft unter gewöhnlichem Druck so gering,
daß Gay Lussac und später Joule experimentell
keine Temperaturänderung feststellen konnten.
                                          Henning.

Innere Reibung der Flüssigkeiten. Wie bei der
inneren Reibung der Gase (s. diese) können wir auch
für jene der Flüssigkeiten leicht eine Formel gewinnen. Wir wollen vorerst einen einfachen Ausdruck für den inneren Druck der Flüssigkeiten (s.
diesen) aufstellen. Wir denken uns die Molekeln als
Kugeln vom Radius σ. Da in einer Flüssigkeit diese
Kugeln sehr nahe aneinander liegen, so werden in
der Einheit der Oberfläche N σ Molekeln vorhanden
sein, falls N die Zahl der Molekeln in der Volums-

einheit bedeutet. Diese Molekeln sollen sich zu $\frac{1}{3}$

senkrecht gegen die Grenzfläche bewegen, zu je $\frac{1}{3}$

parallel zu den zwei anderen Koordinatenachsen.
Wäre die Flüssigkeit in einem festen Gefäß und
würden die Kohäsionskräfte aufgehoben, so würden
die Gefäßwände einen Druck erfahren, der dem
inneren Druck gleichkommt. Diesen Druck können
wir folgendermaßen formulieren. Eine Molekel

macht in der Sekunde Z Stöße. Die halbe Zahl $\frac{Z}{2}$

macht eine Molekel in der Grenzschicht auf die

Wand. $\frac{N \sigma}{3}$ solche Molekeln kommen in Betracht.

Auf die Flächeneinheit der Wand erfolgen $\frac{N \sigma}{6} Z$

Stöße. Jeder Stoß überträgt die Bewegungsgröße
2 mc an die Wand (s. Boyle-Charlessches Gesetz).

Die in der Sekunde an die Flächeneinheit abgegebene Bewegungsgröße ist gleich dem inneren Druck. Dieser wird also sein $P = \dfrac{N \sigma Z m c}{3}$.

Erfährt eine Molekel einen Stoß und trifft sie dann auf eine zweite, so liegen die beiden Stoßpunkte nach unseren vereinfachten Annahmen um den Durchmesser σ der Molekeln auseinander. Wir können daher für die Berechnung der inneren Reibung wie bei einem Gas verfahren (s. innere Reibung der Gase). Es wird die Bewegungsgröße $m\,\sigma$ durch $\frac{1}{6} N \sigma Z$ Stöße von einer Schicht zur nächsten getragen. Folglich ist der Reibungskoeffizient $\eta = \frac{1}{6} N \sigma Z m \sigma = \dfrac{P \sigma}{2 c}$. Da wir in dieser Gleichung alle Größen außer σ bestimmen können, so bietet sie eine Methode zur Berechnung der Größe der Molekeln und liefert mit anderen Methoden übereinstimmende Resultate. *G. Jäger.*

Näheres s. G. Jäger, Die Fortschr. d. kinet. Gastheorie. 2. Aufl. Braunschweig 1919.

Innere Reibung einer Flüssigkeit. Wird die Bewegung einer Flüssigkeit (tropfbar oder gasförmig) nicht durch äußere Kräfte unterhalten, so kommt die Flüssigkeit nach einiger Zeit zur Ruhe. Diese Erscheinung erklärt sich dadurch, daß zwei benachbarte Flüssigkeitsteilchen, die aneinander vorbeigleiten, eine Reibung aufeinander ausüben, gerade so wie feste Körper, nur mit dem Unterschiede, daß diese „innere Reibung" dem Geschwindigkeitsunterschied proportional ist.

Die innere Reibung bewirkt, daß in einer bewegten Flüssigkeit nicht nur Normalkräfte, sondern auch Tangentialkräfte auftreten, und daß die Bewegungen der Flüssigkeiten sich nicht exakt durch die Eulerschen Gleichungen (s. dort) darstellen lassen, sondern nur durch die Navier-Stokesschen Gleichungen (s. dort). Sie führt ferner durch Umwandlung von kinetischer Energie in Wärme zu einer Energiedissipation (s. Dissipationsfunktion).

Da die innere Reibung die Bewegungen der Flüssigkeiten verlangsamt, erscheinen Flüssigkeiten mit großer innerer Reibung zähflüssig. Man spricht demgemäß auch von Zähigkeit oder Viskosität, anstatt von innerer Reibung. Andererseits sind Flüssigkeiten mit kleiner innerer Reibung leichtflüssig, und man nennt die zur Viskosität reziproke Eigenschaft Fluidität.

Die Wirkung der inneren Reibung ist bei einer ebenen Laminarbewegung am klarsten, die dadurch zustandekommt, daß die Flüssigkeit in planparallelen Schichten in konstanter Richtung strömt, die Geschwindigkeit in den verschiedenen Schichten aber verschiedene Größe hat. Nehmen wir also an, daß die Geschwindigkeitskomponente u in Richtung von x (Strömungsrichtung) nur von y abhängt, während die beiden anderen Geschwindigkeitskomponenten v und w Null sind, so bewirkt die innere Reibung zwischen zwei benachbarten Schichten eine Kraftwirkung

$$K = \mu\, F \frac{d u}{d y}, \quad \dots \dots \quad 1)$$

welche die schnellere Schicht zu verzögern, die langsamere zu beschleunigen sucht. Es ist demnach die Reibungskraft dem Geschwindigkeitsgefälle senkrecht zur Fläche und der Flächengröße F proportional. Der Proportionalitätsfaktor μ wird Koeffizient der inneren Reibung genannt, und ist ein Maß für die Zähigkeit oder Viskosität der

Flüssigkeit; der Wert $1/\mu$ ist das Maß für die Fluidität. Bezeichnen wir noch mit p_{yx} die Tangentialspannung pro Flächeneinheit, die an einer Fläche senkrecht zur y-Achse in der x-Richtung wirkt, so ist

$$p_{yx} = \mu \frac{d u}{d y}. \quad \dots \dots \quad 2)$$

Die Reibungskonstante μ hängt von der Natur der Flüssigkeit ab und ändert sich stark mit der Temperatur. Sie wird gewöhnlich in absolutem Maße angegeben. Sie ergibt sich, wenn man in Gleichung 1 die Kraft K in Dyn, die Fläche F in Quadratzentimetern, die Geschwindigkeit u in Zentimetern/Sekunden und die Strecke y in Zentimetern mißt. μ hat die Dimension $[M L^{-1} T^{-1}]$.

Die Bedeutung der Gleichung 2 wird am klarsten, wenn man sich die Laminarbewegung dadurch hervorgerufen denkt, daß sich die Flüssigkeit zwischen zwei übereinander liegenden festen Platten befindet, von denen die untere ruht, die obere aber eine Geschwindigkeit U besitzt. Haftet die Flüssigkeit an den Platten, so ist die Geschwindigkeit u einer Flüssigkeitsschicht im Abstande y von der feststehenden Platte $u = \dfrac{y}{a} U$, wenn a der Abstand der Platten ist. Ferner ist die Kraft, mit welcher die Flächeneinheit der oberen Platte durch die Flüssigkeit festgehalten wird, die also zur Bewegung der Platte überwunden werden muß, durch die Formel gegeben:

$$p_{yx} = \mu \left(\frac{d u}{d y} \right)_{y\,=\,a} = \mu \frac{1}{a} U.$$

Die Annahme, daß die innere Reibung gemäß Gleichung 1 dem Geschwindigkeitsgefälle proportional ist, ist rein heuristischer Natur, sie ist aber durch das Experiment in jeder Hinsicht bestätigt worden, ohne daß es bisher gelungen ist, eine einwandfreie Theorie der Reibung tropfbarer Flüssigkeiten zu finden.

Für Gase bestätigt die kinetische Gastheorie die Gleichung 1. Nach ihr wird

$$\mu = \frac{1}{3} \varrho\, \bar c\, \bar l, \quad \dots \dots \quad 3)$$

wo ϱ die Dichte, $\bar c$ die mittlere Geschwindigkeit und $\bar l$ die mittlere freie Weglänge der Moleküle des Gases ist.

Zur experimentellen Bestätigung der Gleichung 1 und zur Bestimmung von μ dienen drei verschiedene Methoden, laminare Flüssigkeitsbewegungen zu erzeugen: 1. der Durchfluß durch Kapillaren (Transpirationsmethode), welche nach dem Poiseuilleschen Gesetz (s. dort) die genaueste Messung gestattet, 2. die Methode der Dämpfung schwingender Scheiben in der Flüssigkeit und 3. die Methode der Schwingungen einer mit Flüssigkeit gefüllten Hohlkugel. Die meisten Resultate sind durch die erste Methode gewonnen. Bei sehr zähen Flüssigkeiten gibt auch die Beobachtung der Fallgeschwindigkeit von Kugeln gute Resultate, da diese nach dem Stokesschen Gesetz durch die Reibung bestimmt wird.

Die Abhängigkeit der Zähigkeit von Temperatur und Druck ist bei den tropfbaren Flüssigkeiten wesentlich anders, als bei Gasen. Bei ersteren nimmt die Zähigkeit stark mit steigender Temperatur ab, ohne daß es bisher gelungen ist, eine allgemein gültige Formel aufzustellen. Interessant ist, daß Wasser bei 4° C in bezug auf die Zähigkeit keine wesentliche Anomalie zeigt, wie es bei der Dichte der Fall ist.

Mit dem Druck nimmt die Zähigkeit bei den meisten Flüssigkeiten etwas zu, z. B. bei Äther um 0,7⁰/₀₀ pro Atmosphäre; nur im Wasser nimmt die Zähigkeit unter 32⁰ C mit zunehmendem Druck ab, bei 20⁰ C um etwa 0,17% pro Atmosphäre.

Bei Gasen sollte nach der kinetischen Gastheorie der Reibungskoeffizient mit der Wurzel aus der absoluten Temperatur T zunehmen. Tatsächlich beobachtet man auch eine Zunahme, die aber größer ist als die kinetische Gastheorie verlangt. Die Versuchsresultate werden durch die Sutherlandsche Formel

$$\mu = A \, \frac{\sqrt{T}}{1 + \dfrac{C}{T}}$$

gut wiedergegeben, in welcher A und C Konstanten sind.

Vom Druck ist die innere Reibung der Gase entsprechend der Formel 3 unabhängig, da die mittlere Weglänge l̄ mit dem Drucke proportional ab-, die Dichte ϱ zunimmt. Dieses sog. Maxwellsche Gesetz wird auch durch den Versuch bestätigt. Sobald indessen bei sehr kleinen Drucken die freie Weglänge der Moleküle dieselbe Größenordnung bekommt, wie die Dimensionen des gaserfüllten Raumes (Durchmesser der Kapillare), macht sich die Wirkung der äußeren Reibung (s. Gleitungskoeffizient) geltend, welche die innere Reibung scheinbar stark verringert.

Bei sehr hohen Drucken nimmt die innere Reibung gemäß den Forderungen der kinetischen Gastheorie etwas zu.

In nachstehender Tabelle sind die Koeffizienten der inneren Reibung für die wichtigsten Flüssigkeiten bei den Temperaturen 0⁰, 10⁰, 20⁰ C angegeben.

Flüssigkeit	μ_0	μ_{10}	μ_{20}
Äther	0,00289	0,00262	0,00226
Oktan	0,00706	0,00616	0,00541
Quecksilber.	0,0168	0,0162	0,0159
Wasser	0,0179	0,0131	0,0100
Äthylalkohol . . .	0,0184	0,0150	0,0121
Terpentinöl	0,0224	0,0178	0,0148
Schwefelsäure . . .			0,219
Vakuumöl (Masch.-Öl)		3,09	1,54
Rizinusöl		24,7	9,3
Glyzerin	45,0		8,6
Wasserstoff	0,0000822		0,0000970
Kohlensäure	0,000141		0,000157
Luft	0,000172		0,000188
Argon	0,000210		0,000225

(Weiteres siehe unter Kinematischer Reibungskoeffizient.)   *O. Martienssen.*

Näheres s. Winkelmann, Handbuch der Physik. Leipzig 1908.

Innere Reibung der Gase. Bewegen sich zwei einander berührende Schichten eines Gases verschieden schnell, so übt die schnellere auf die langsamere eine Beschleunigung, die langsamere auf die schnellere eine Verzögerung aus. Die schnellere Schicht gibt Bewegungsgröße an die langsamere ab. Die per Flächen- und Zeiteinheit abgegebene Bewegungsgröße nennen wir die innere Reibung des Gases. Nimmt die Geschwindigkeit von Schicht zu Schicht per Zentimeter ebenfalls um einen Zentimeter zu, so nennen wir die eben definierte Kraft den Reibungskoeffizienten η des Gases. Das ist also die Bewegungsgröße, die der Flächeneinheit der Schicht in der Sekunde bei der Geschwindigkeitsänderung Eins zugeführt wird.

Nach der kinetischen Theorie können wir die innere Reibung folgendermaßen darstellen. Die Gasschichten sollen sich in horizontaler Richtung bewegen. Die Bewegung der Molekeln wollen wir der Einfachheit halber in drei aufeinander senkrechte Richtungen zerlegen. In vertikaler Richtung bewegen sich also von N Molekeln in der Volumseinheit des Gases nur $\frac{N}{3}$. Von diesen geht die Hälfte $\frac{N}{6}$ nach oben, ebensoviel nach unten. Durch die Flächeneinheit der Horizontalebene wandern somit in der Sekunde von oben nach unten $\frac{1}{6} Nc$ Molekeln, wenn c ihre Geschwindigkeit ist. Wir nehmen an, daß in horizontaler Richtung die Molekeln im Durchschnitt jene Geschwindigkeit haben, welche die Schichte besitzt, in welcher der letzte Zusammenstoß stattfand (s. Stoßzahl). Nehmen wir an, daß auf 1 cm Höhenzunahme die Geschwindigkeit der Schicht ebenfalls um 1 cm zunimmt und daß der letzte Zusammenstoß über unserer Horizontalebene im Mittel um die mittlere Weglänge (s. diese) von der Horizontalebene absteht, so haben die Molekeln die horizontale Durchschnittsgeschwindigkeit v + λ, wenn v die Geschwindigkeit der Horizontalebene ist. Die Bewegungsgröße einer Molekel parallel zur Horizontalebene ist daher m (v + λ), wenn m die Masse der Molekel ist. Die Gesamtbewegungsgröße, die der Flächeneinheit der unteren Schicht in der Zeiteinheit mitgeteilt wird, ist gleich der Zahl der Molekeln multipliziert mit der Bewegungsgröße einer Molekel, d. i. $\frac{1}{6} N m c (v + \lambda)$. Analog finden wir einen Entgang von Bewegungsgröße durch die aufwärts fliegenden Molekeln von der Größe $\frac{1}{6} N m c (v - \lambda)$. Da der Reibungskoeffizient η gleich dem Überschuß der nach unten wandernden Bewegungsgröße ist, so wird

$$\eta = \frac{1}{6} N m c [(v + \lambda) - (v - \lambda)] = \frac{1}{3} N m c \lambda = \frac{1}{3} \varrho c \lambda,$$

indem N m = ϱ die Dichte des Gases bedeutet. Die mittlere Weglänge $\lambda = \dfrac{3}{4 N \pi \sigma^2}$ (s. mittlere Weglänge), daher ist $\eta = \dfrac{m c}{4 \pi \sigma^2}$. Auf der rechten Seite unserer Gleichung kommt die Zahl der Molekeln in der Volumseinheit nicht mehr vor, d. h. die innere Reibung ist von der Dichte also auch vom Druck des Gases unabhängig, was zuerst von Maxwell gefunden wurde und durch das Experiment innerhalb großer Druckintervalle bestätigt wird.

Aus dem Boyle-Charlesschen Gesetz (s. dieses) folgt, daß das Quadrat der Geschwindigkeit c² proportional der absoluten Temperatur T ist. Folglich müßte die innere Reibung proportional der Wurzel der absoluten Temperatur sein. Tatsächlich nimmt sie mit der Temperatur jedoch rascher zu. Dies läßt sich erklären, wenn man entweder den Durchmesser der Molekeln als Funktion der Temperatur annimmt, was sich so vorstellen läßt, daß bei größerer Geschwindigkeit sich die Molekeln mehr annähern werden als bei geringerer, oder daß die Molekeln Anziehungskräfte aufeinander ausüben, so daß bei geringerer Geschwindigkeit öfter Zusammenstöße stattfinden als bei größerer, d. h. die mittlere Weglänge mit wachsender Temperatur wächst.

Aus der Gleichung $\eta = \frac{1}{3}\,\varrho\,c\,\lambda$ gewinnen wir

$\lambda = \frac{3\,\eta}{\varrho\,c}$, wobei wir auf der rechten Seite lauter experimentell bestimmbare Größen haben, so daß die mittlere Weglänge und damit auch die Stoßzahl (s. diese) ihrem Zahlenwert nach bestimmt werden kann. In folgender Tabelle sind einige Daten angegeben, die sich auf den Druck einer Atm. und die Temperatur 0° C beziehen.

	Weglänge	Stoßzahl
Wasserstoff	0,0000186 cm	948·10⁷
Sauerstoff	106 „	406 „
Stickstoff	96 „	473 „
Kohlensäure	68 „	551 „

$G.\ J\ddot{a}ger.$

Näheres s. G. Jäger, Die Fortschr. d. kinet. Gastheorie. 2. Aufl. Braunschweig 1919.

Inseln. Völlig von Wasser umgebene Landstücke. Man bezeichnet sie als Küsteninseln, wenn es sich um kleine, offensichtlich von der benachbarten Küste abgegliederte Bruchstücke einer größeren Landmasse handelt, als Kontinentalinseln, wenn sie geologisch und morphologisch als Bestandteile eines benachbarten Kontinentes zu betrachten sind, dagegen als ozeanische oder ursprüngliche Inseln, wenn sie fern vom Festlande auf isolierten untermeerischen Erhebungen über den Meeresspiegel emporragen.

Die Küsteninseln sind vielfach durch Senkung von gebirgigen Küsten (s. diese) vom Lande abgesondert worden, oder bei Flachküsten durch Anschwemmungen von lockerem Material entstanden. Bei ihnen kommen durch Angliederung und Abgliederung häufig Übergänge zu Halbinseln vor. Besonders typisch sind sie vor den Fjordküsten als sog. Schären ausgebildet.

Die Kontinentalinseln umfassen alle großen Inseln der Erde bis zu der größten, Grönland, mit mehr als 2 Millionen Quadratkilometer. Besonders groß sind die Anhäufungen von Kontinentalinseln im Norden von Amerika, sowie im Südosten und Osten von Asien, wo ihre bogenförmige Anordnung erkennen läßt, daß es sich um untergetauchte Randgebirge des Kontinentes handelt.

Die ozeanischen Inseln sind fast durchweg entweder vulkanische oder Korallenbildungen, die größtenteils mit steilen Böschungen (bis über 50°) aus tiefem Meeresgrunde aufsteigen. Sie sind durchweg klein, denn die größte, Hawaii, hat nur ein Areal von 11 400 qkm. Während die vulkanischen Inseln in allen Zonen und Breiten vorkommen, sind die Koralleninseln an ein Gebiet gebunden, in dem die Temperatur des Meerwassers nie unter 20° sinkt. Die ozeanischen Inseln haben sich für die physikalische Erforschung unserer Erde als besonders wertvoll erwiesen. Sie ermöglichten frühzeitig die Ausführung von Schweremessungen fernab von den Kontinenten, wodurch die Ausgestaltung der Lehre von der Isostasie (s. diese) wesentlich gefördert wurde. Auch bei der Erforschung der höheren Schichten unserer Atmosphäre, insbesondere bei der Untersuchung der Windverhältnisse auf den Ozeanen in der Passatregion, konnten sie als wichtige Stützpunkte verwendet werden.

Als Insulosität bezeichnet man den prozentualen Anteil der Inseln an dem Areal der Meere.

Sie beträgt für den Atlantischen Ozean 0,05, für den Stillen 0,29, für den Indischen 1,00. Am größten ist der Wert der Insulosität im austral-asiatischen Mittelmeere, nämlich 15,7.

Neben den Inseln der Meere spielen diejenigen der Seen und Flüsse eine untergeordnete Rolle.

Die Existenz fraglicher Inseln, namentlich im Stillen Ozean, ist bis in die Jetztzeit zweifelhaft geblieben, und die Entdeckung neuer, sowie die Feststellung der Nichtexistenz auf den Karten angegebener Inseln dauert gegenwärtig noch an. Überlieferungen von legendären Inseln (Atlantis, Vineta) haben die Phantasie vielfach beschäftigt, doch hat man aus historischer Zeit auch sichere Kunde von versunkenen Inseln. Häufiger dagegen wird das Auftreten von neuentstandenen Inseln, namentlich solchen vulkanischer Natur beobachtet, von denen in diesem Jahrhundert schon einige verzeichnet werden konnten. Wandernde Inseln kommen an Stellen vor, wo starke Meeres- oder Flußströmungen das aus lockeren Anschwemmungen bestehende Material beständig umzulagern vermögen. Schwimmende Inseln lösen sich, namentlich in tropischen Gebieten mit üppiger Vegetation, öfters vom Ufer los und treiben als gewaltige Flöße, die mitunter hohe Bäume tragen, weit in das Meer hinaus.

Die größten Inseln der Erde (mehr als 100 000 qkm) sind:

Grönland	2 150 000	qkm
Neuguinea	771 900	„
Borneo	745 950	„
Madagaskar	591 560	„
Sumatra	433 800	„
Nipon	226 500	„
Großbritannien	217 700	„
Celebes	179 400	„
Neuseeland (Süd)	149 900	„
Java	126 100	„
Cuba	118 830	„
Neuseeland (Nord)	115 160	„
Neufundland	110 670	„
Luzon	106 200	„
Island	104 800	„

Die Gesamtheit aller Inseln dürfte einen Flächeninhalt von etwa 10 000 000 qkm umfassen, also Europa an Größe übertreffen. *O. Baschin.*

Näheres s. A. Supan, Grundzüge der physischen Erdkunde. 6. Aufl. 1916.

Instabilität, gravitationelle, s. Gravitationelle Instabilität.

Integralgesetz s. Stefan-Boltzmannsches Strahlungsgesetz (s. d.).

Intensität des elektrischen Feldes s. Feldstärke.

Intensität der Magnetisierung nennt man das magnetische Moment eines Kubikzentimeters eines gleichmäßig magnetisierten Körpers. Da man mit magnetischem Moment $\mathfrak{M}$ das Produkt aus Polstärke m und Polabstand l bezeichnet, in diesem Fall aber der Polabstand $= 1$ wird, so kann man unter Intensität der Magnetisierung auch die Polstärke verstehen, welche auf das Quadratzentimeter des Querschnitts kommt: Ist $\mathfrak{M}$ das magnetische Moment eines gleichförmig magnetisierten Stabes von der Polstärke m, der Länge l, dem Querschnitt q, also dem Volumen $V = ql$, dann gilt

$$\mathfrak{M} = m \cdot l; \quad \mathfrak{J} = \frac{\mathfrak{M}}{V} = \frac{m\,l}{q\,l} = \frac{m}{q}. \quad Gumlich.$$

Näheres s. Ewing, Magnetische Induktion in Eisen usw. Deutsche Ausg. von Holborn und Lindeck, Berlin. Jul. Springer, 1892.

Intensitätstheorie der Spektrallinien s. Bohrsches Korrespondenzprinzip.

Interferentialrefraktor. Von Jamin ist zuerst ein Apparat konstruiert worden, um mit Hilfe von Interferenzen kleine Verschiedenheiten von Brechungsexponenten zu bestimmen. Dieser Jaminscher Interferentialrefraktor benutzt folgendes von Brewster herrührendes Prinzip: Zwei genau gleich dicke planparallele Glasplatten P_1 und P_2 werden in der durch die Figur dargestellten Weise an-

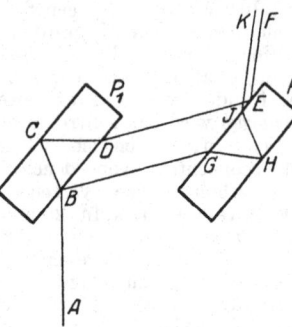

nähernd, aber nicht vollständig parallel zueinander aufgestellt. Ein auf die erste Platte auffallender Lichtstrahl A B wird teils nach C D E F, teils nach G H J K gelangen. Diese Wege wären vollständig gleich, wenn P_1 und P_2 parallel zueinander wären. Wegen der geringen Neigung der beiden Platten sind die Wege etwas verschieden und so werden Interferenzen auftreten und zwar, da die beiden austretenden Strahlen E F und J K parallel sind, im Unendlichen. Ändert sich die Einfallrichtung A B etwas, so ändert sich auch der übrige Strahlengang und damit auch der Gangunterschied der beiden Büschel. Die Folge davon ist, daß man bei Benutzung einer ausgedehnten Lichtquelle bei A im Unendlichen eine Interferenzerscheinung bekommt, die aus Fransen parallel zu der Schnittlinie der beiden Platten besteht. Streng genommen haben die Interferenzstreifen kompliziertere Gestalt. Wenn man nun in den Weg des einen Strahls etwa D E eine Substanz mit einem von Luft verschiedenen Brechungsexponent bringt, so wird der optische Weg dieses Strahles geändert und somit ändert sich der Gangunterschied der Strahlen E F und J K. Die Interferenzfigur wandert und aus der Größe dieser Wanderung kann man die Änderung des optischen Weges und daraus den Brechungsexponent der eingebrachten Substanz berechnen. Der Apparat ist vielfach zur Bestimmung des Brechungsexponenten von Gasen verwendet worden, insbesondere hat ihn auch Puccianti zur Untersuchung des Brechungsexponenten leuchtender Gase, die eine Emission von Spektrallinien zeigen, benutzt und so konnte er die Abhängigkeit dieses Brechungsexponenten von der Wellenlänge, die Dispersion dieses leuchtenden Gases bestimmen. Man erhält dabei anormale Dispersion (s. d.) in der Nähe der Spektrallinien.

Abänderungen des Jaminschen Interferentialrefraktors durch Mach, Zehnder u. A. sollen hier nicht besprochen werden. *L. Grebe.*

Näheres s. Müller-Pouillet, Bd. Optik.

Interferenz. Zwei genau oder nahezu parallele Lichtstrahlenbündel können unter Umständen sich in ihrer Wirkung ganz oder teilweise aufheben, so daß Dunkelheit entsteht. Solche Erscheinungen bezeichnet man als Interferenz des Lichtes. Sie erweisen die Wellennatur des Lichtes. Damit die verwendeten Lichtbündel interferieren können, müssen sie „kohärent" sein, d. h. in ihrer Wellen-

Jamins Interferentialrefraktor.

länge, Schwingungsebene und Schwingungsphase dauernd unverändert bleiben (s. Wellenbewegung).

Der erste beim Licht ausgeführte Interferenzversuch ist der sog. Fresnelsche Spiegelversuch: Eine Lichtquelle L (Fig. 1) wird in zwei unter ge-

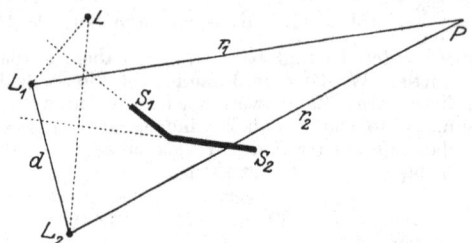

Fig. 1. Fresnelscher Spiegelversuch.

ringem Winkel gegeneinander geneigten Spiegeln S_1 und S_2 gespiegelt. Dann sind in einem Punkte P von den beiden virtuellen Lichtquellen L_1 und L_2 im allgemeinen die Lichtwege r_1 und r_2 verschieden und dementsprechend ist die Phase der Lichtbewegung in P von den beiden nicht die gleiche. Es tritt Interferenz in P ein. Ist a der Abstand der Verbindungslinie $L_1 L_2$ vom Punkte P, und ist diese Verbindungslinie selbst gleich d, so tritt in der durch P parallel $L_1 L_2$ gelegten Geraden ein System von hellen und dunklen Stellen auf, die den Abstand $\dfrac{a \cdot \lambda}{d}$ voneinander haben, wo λ die Wellenlänge des verwendeten Lichtes ist. Eine Abänderung des Fresnelschen Spiegelversuchs benutzt das Fresnelsche Biprisma, das eine sehr viel bequemere Ausführung des Versuchs zuläßt. Der Versuch ergibt sich dann aus Fig. 2. Zwei Prismen

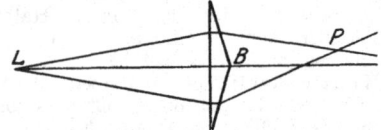

Fig. 2. Fresnels Biprisma.

P_1 und P_2, die mit ihrer Basis B zusammenstoßen, liefern hier durch Brechung Strahlen, die sich in einem Punkte vereinigen und die, wenn der Schnittpunkt nicht auf der Verbindungslinie von L und B liegt, verschiedene Phasen haben.

Auch die sog. Billetschen Halblinsen geben die gleiche Wirkung.

Andere Interferenzapparate s. unter den entsprechenden Stichwörtern. *L. Grebe.*

Näheres in jedem Lehrbuch der Physik, z.B. Müller-Pouillet, Bd. Optik.

Interferenz. Zusammenwirken zweier Wellenbewegungen, wobei je nach der Verschiedenheit ihrer Schwingungszahlen und Schwingungszustände, Verstärkung, Vernichtung oder periodisch sich ändernde Stärkezustände (Schwebungen) auftreten.
A. Esau.

Interferenz des Schalles. Wenn ein Körper, z. B. ein Luftteilchen, gleichzeitig von zwei in der gleichen Richtung laufenden Tonwellen getroffen wird, so ist die jeweilige Elongation dieses Luftteilchens die algebraische Summe derjenigen Elongationen, welche jede Tonwelle für sich allein hervorrufen würde (s. Prinzip der ungestörten Superposition). Haben die beiden Tonquellen gleiche Höhe und die beiden Tonwellen für sich genommen gleiche

Amplitude und treffen sie mit der gleichen Phase auf das Luftteilchen auf, so erhält dasselbe die doppelte Amplitude und, da die Intensität dem Quadrat der Amplitude proportional ist, die vierfache Intensität. Sind dagegen die Schwingungen der zweiten Tonquelle um eine halbe Schwingungsdauer gegen die der ersten verschoben, so heben sie sich gegenseitig auf und die Elongation des Luftteilchens wird Null. Zwei Tonwellen gleicher Länge verstärken sich also maximal, wenn ihr Gangunterschied 0, 1, 2.... Wellenlängen oder ihre gegenseitige Phase 0, 2 π, 4 π.... beträgt, und sie heben sich — bei gleichen Amplituden — völlig auf, wenn ihr Gangunterschied $\frac{1}{2}, \frac{3}{2}, \frac{5}{2}$.... Wellenlängen, oder ihre gegenseitige Phase π, 3 π, 5 π.... beträgt.

Sind die beiden Tonquellen ein wenig gegeneinander verstimmt, also die beiden interferierenden Wellen von etwas verschiedener Länge, so findet eine allmähliche Änderung der gegenseitigen Phase statt und infolgedessen ein allmähliches An- und Abschwellen der resultierenden Amplitude. Haben zwei Töne von den Schwingungszahlen 100 und 101 pro Sekunde zunächst gleiche Phase, so ist der Phasenunterschied nach $^1/_4$ Sekunde gleich $\frac{\pi}{2}$, nach $^1/_2$ Sekunde gleich π und nach einer Sekunde gleich 2 π geworden. Die Zahl der Schwankungen ist also gleich der Differenz der Schwingungszahlen der beiden interferierenden Töne (s. Schwebungen).

Das Auslöschen von Tönen durch Interferenz ist ein gutes Hilfsmittel der Klanganalyse (s. d.). Man hat zu diesem Zwecke besondere Interferenzrohre gebaut. Eine der besten Anordnungen ist die, daß der Klang in einem Hauptrohre entlang geleitet wird, an welches unter rechten Winkeln Nebenrohre angesetzt sind, welche mit verschiebbaren Stempeln versehen sind. Zunächst sollen die Stempel alle bis dicht an das Hauptrohr herangeschoben sein. Wird jetzt ein Stempel um eine Viertelwellenlänge eines durch das Hauptrohr geleiteten Tones herausgezogen, so geht ein Teil seiner Energie in das Nebenrohr und wird an dem Stempel reflektiert. Der Gangunterschied zwischen der direkt fortschreitenden und der an dem Stempel reflektierten Tonwelle beträgt dann gerade eine halbe Wellenlänge. Ist hiermit der Ton noch nicht völlig vernichtet, so werden noch die Stempel in einem zweiten und eventuell dritten Nebenrohr um eine Viertelwellenlänge des betreffenden Tones herausgezogen. *E. Waetzmann.*

Näheres s. E. Waetzmann, Apparat zum Studium der Interferenz des Schalles. Ann. d. Phys. 31, 1910.

Interferenzempfang s. Überlagerer und Audion und Schwebung.

Interferenzfähigkeit des Lichtes. Zur Interferenz des Lichtes sind kohärente Strahlen nötig (s. Interferenz), weshalb im allgemeinen Licht verschiedener Lichtquellen nicht zur Interferenz gebracht werden kann und die Interferenzversuche so angestellt werden müssen, daß Licht einer Lichtquelle durch Zerteilung in mehrere kohärente Bündel zerlegt werden muß. Aber auch in diesem Falle ist die Interferenzfähigkeit nicht unbegrenzt, weil der Schwingungszustand des emittierenden Systems plötzliche Änderungen erfahren kann, nachdem eine Zeitlang in regelmäßiger Folge Lichtwellen ausgesendet worden sind. Man kann mit Hilfe des Interferometer (s. d.) untersuchen, bis zu welchen Gangunterschieden das Licht interferenzfähig bleibt.

Für die homogensten Spektrallinien sind diese Gangunterschiede sehr groß. An der roten Cadmiumlinie hat Michelson Interferenzen bis 300 000 Wellenlängen Gangunterschied beobachtet. Perot und Fabry und Lummer und Gehrcke haben die besonders hohe Interferenzfähigkeit der grünen Quecksilberlinie festgestellt, die Interferenzen bei Gangunterschieden von über eine Million Wellenlängen zeigt. *L. Grebe.*

Näheres Gehrcke, Die Anwendung der Interferenzen in der Spektroskopie und Metrologie. Braunschweig 1906.

Interferenzpreventer. Empfangseinrichtung für drahtlose Telegraphie, bei der durch besondere Schaltmaßnahmen Störungen seitens fremder Sender geschwächt oder verhindert werden sollen. *A. Esau.*

Interferenzrohr s. Interferenz des Schalles.

Interferometer sind Meßapparate, die auf der Interferenz kohärenter Strahlenbündel (s. Interferenz) beruhen und die hauptsächlich zur genauen Wellenlängenmessung verwendet werden. Das Interferometer von Michelson, welches zur Ausführung des für die Relativitätstheorie wichtigen Michelsonschen Versuches konstruiert wurde, besteht aus zwei genau gleich dicken planparallelen Platten P_1 und P_2, auf die Licht unter 45° auffällt.

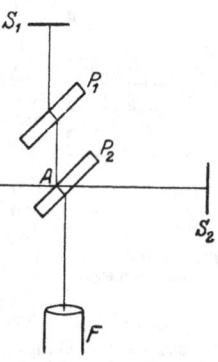

Fig. 1. Michelsons Interferometer.

Das bei A einfallende, an der oberen Fläche von P_2 reflektierte Licht fällt durch P_1 auf den Spiegel S_1, wird reflektiert und gelangt wieder durch P_1 an die Platte P_2 zurück, durchsetzt sie und kommt in das Fernrohr F. Ein anderer Teil des einfallenden Lichtes durchsetzt P_2, wird am Spiegel S_2 gespiegelt, durchsetzt P_2 noch einmal und gelangt durch Reflexion an der oberen Fläche von P_2 nach nochmaliger Durchsetzung dieser Platte ebenfalls in das Fernrohr F, wo er mit dem ersten Strahl zur Interferenz kommt. Jeder der Strahlen hat also zweimal den zwischen dem entsprechenden Spiegel und der Platte P_2 liegenden Luftweg und dreimal denselben Glasweg zurückgelegt, so daß der Gangunterschied der beiden Strahlen nur durch die doppelte Differenz der beiden Luftwege gegeben ist. Ist nun der Spiegel S_1 parallel zu sich selbst durch eine Mikrometerschraube beweglich, so kann die wirksame Luftdicke verändert werden. Die Anordnung wirkt gerade so, als ob die Interferenz an einer planparallelen Luftplatte mit einer Dicke gleich der Differenz der beiden Luftwege zustande käme. Da jedoch die beiden zur Interferenz kommenden Strahlen im Apparat senkrecht zu einander liegende Wege zurücklegen, konnte der eine Strahlenweg in die Richtung der Erdbewegung, der andere senkrecht dazu gestellt und durch Drehung um 90° einmal der eine, das andere Mal der andere Strahl in dieser Weise gerichtet werden. Ein Einfluß der Erdbewegung auf die Interferenzerscheinung konnte nicht nachgewiesen werden (s. Relativitätsprinzip). Mit großem Erfolg hat dann Michelson sein Interferometer zur absoluten Wellenlängenmessung verwendet. Durch Bewegung des Spiegels S_1 wird im Fernrohr an einer Stelle immer abwechselnd Helligkeit und Dunkelheit auftreten. Bei Bewegung des Spiegels um $\frac{\lambda}{4}$ tritt ja immer eine Änderung des Gangunterschieds von $\frac{\lambda}{2}$ auf und damit an Stelle der etwa zuerst vorhandenen Helligkeit Dunkelheit. Durch Abzählen der auftretenden Wechsel bei Verschiebung um einen gemessenen Betrag läßt sich also die Wellenlänge bestimmen. Michelson hat auf diese prinzipiell sehr einfache, praktisch außerordentlich schwierige Weise das Urmeter in Wellenlängen der roten Cadmiumlinie ausgemessen und gefunden 1 m = 1553163,5 rote Cadmiumwellen oder die Wellenlänge der roten Cadmiumlinie ist $\lambda = 6438.4722$ Angströmeinheiten. Dieser Wert wird heutzutage der Wellenlängenmessung zugrunde gelegt, da es verhältnismäßig leicht ist, Wellenlängenmessungen relativ zu einer bekannten Wellenlänge auszuführen.

Zu solchen relativen Messungen der Wellenlänge wird meist das Interferometer von Perot und Fabry benutzt, das im Prinzip sich vom Michelson-Interferometer nicht unterscheidet. Es ist ebenfalls eine planparallele Luftplatte, die hier durch zwei an den einander zugewandten Flächen durchsichtig versilberten planparallelen Glas- oder Quarzplatten mit genau parallelen Innenflächen hergestellt ist. Parallel unter einem bestimmten Winkel einfallendes Licht geht entweder wie der Strahl A A′ B B′CC′ direkt durch, oder wird bei B′ nach D D′ reflektiert, so daß es mit dem Strahl F F′ interferieren kann. Der Gangunterschied ist durch den Weg B B′ D D′ gegeben. Ist dieser ein ganzes Vielfaches der Wellenlänge, so tritt Verstärkung ein und auch der folgende noch einmal mehr reflektierte Strahl

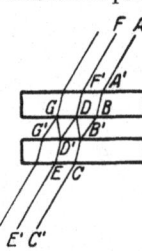

Fig. 2. Perot-Fabry-Interferometer.

G G′ trägt zu dieser Verstärkung bei, da auch der neu hir zutretende Gangunterschied wieder ein ganzes Vielfaches der Wellenlänge ist. Für einen bestimmten Einfallswinkel ist also Helligkeit vorhanden und da bei einer ausgedehnten Lichtquelle dieser Winkel für alle auf einem Kegelmantel liegenden Strahlen auftritt, so wird die Helligke t (die, weil es sich um paralleles Licht handelt, im Unendlichen auftreten muß, also in der Brennebene eines Fernrohrs beobachtet werden kann) einen Kreisring erfüllen. Für einen anderen Einfallswinkel wird Dunkelheit auftreten, so daß die Interferenzfigur ein System von hellen und dunklen Kreisen darstellt. Diese Interferenzkurven nennt man, weil sie durch die Neigung der einfallenden Strahlen bedingt sind, Kurven gleicher Neigung im Gegensatz zu den Kurven gleicher Dicke, wie sie etwa bei den Newtonschen Ringen (s. Farben dünner Blättchen) auftreten. Die hellen Ringe sind um so schärfer, je mehr Reflexionen zwischen den Platten an der Interferenzerscheinung beteiligt sind; denn ist etwa der Gangunterschied zwischen dem direkt durchgehenden und dem einmal reflektierten Strahl noch nicht $\frac{\lambda}{2}$ sondern etwa $\frac{\lambda}{4}$, so ist er gegen den zweimal reflektierten $\frac{\lambda}{2}$ und wird von diesem ausgelöscht; und je mehr Reflexionen vorhanden sind, um so sicherer wird der zur Auslöschung notwendige Gangunterschied eines Vielfachen von $\frac{\lambda}{2}$

auftreten. Die Versilberung befördert das Zustandekommen der Reflexionen und damit die Schärfe der Erscheinung. Wenn man nun wie beim Michelsoninterferometer die eine Platte mikrometrisch verschiebbar macht, so kann man wie dort den Apparat zur absoluten Wellenlängenmessung verwenden. Zur relativen Wellenlängenmessung ist das nicht nötig. Man braucht bei feststehenden Platten nur die unbekannte Wellenlänge mit einer bekannten gleichzeitig zu untersuchen. Dann erhält man zwei Ringsysteme, die sich überlagern und an manchen Stellen Koinzidenzen geben. Für diese ist der Gangunterschied n · λ bzw. $n_1 \cdot \lambda_1$, wo n und n_1 ganze Zahlen, die sog. Ordnungszahlen der Ringe sind. Also ist $n \cdot \lambda = n_1 \cdot \lambda_1$. Die Ordnungszahlen lassen sich bei feststehenden Platten bestimmen und dann aus der bekannten die unbekannte Wellenlänge berechnen.

Ein weiteres Interferometer, die Lummer-Gehrckesche Platte, soll hier nicht besprochen werden.

L. Grebe.

Näheres s. Gehrcke, Die Anwendung der Interferenzen in der Spektroskopie u. Metrologie. Braunschweig 1906.

Interferrikum. Der durch Luft oder sonstige unmagnetische Stoffe ausgefüllte Zwischenraum zwischen den magnetisierbaren Teilen eines ferromagnetischen Körpers, also beispielsweise der Luftspalt eines geschlitzten Ringes, der Zwischenraum zwischen den Polen eines Hufeisenmagnets oder eines Elektromagnets, der Luftspalt zwischen Pol und Anker einer Dynamomaschine usw.

Gumlich.

Intermittenztöne s. Variationstöne.

Interpolationsformel s. Ausdehnung durch die Wärme.

Interpolationsverfahren bei Wägungen s. Wägungen mit der gleicharmigen Wage.

Intervall, musikalisches, ist gegeben durch das Verhältnis der Schwingungszahlen der beiden das Intervall bildenden Töne. In der folgenden Tabelle sind die musikalischen Namen einiger der wichtigsten Intervalle nebst ihren Zahlenverhältnissen zusammengestellt:

Prim	1 : 1
Oktave	2 : 1
Duodezime	3 : 1
Quinte	3 : 2
Quarte	4 : 3
Große Terz	5 : 4
Kleine Terz	6 : 5
Große Sexte	5 : 3
Kleine Sexte	8 : 5
Große Septime	15 : 8
Kleine Septime	9 : 5
Große Sekunde	9 : 8
Kleine Sekunde	16 : 15

Aus dem „großen Ganzton" $\frac{9}{8}$ entsteht der „kleine Ganzton" $\frac{10}{9}$ durch Multiplikation mit $\frac{80}{81}$ („Komma"); ferner ist $\frac{10}{9} = \frac{16}{15} \cdot \frac{25}{24}$ also zerlegbar in das Intervall des „großen Halbtones" $\frac{16}{15}$ und des „kleinen Halbtones" $\frac{25}{24}$. E. Waetzmann.

Näheres s. H. v. Helmholtz, Die Lehre von den Tonempfindungen. Braunschweig 1912.

Intramolekularbewegung ist die innere Bewegung der Moleküle (Rotation, Pendelung) im Gegensatz zur translatorischen Bewegung. Sie spielt in der kinetischen Gastheorie eine Rolle. *Reichenbach.*

Invar s. Längenmessungen.

Invariable Ebene s. n-Körperproblem und Poinsotbewegung.

Inverser Zeemaneffekt. Dem direkten Zeemaneffekt (s. d.) an Emissionslinien der Gasspektra entspricht der „inverse" oder indirekte Effekt an den Absorptionslinien in allen Einzelheiten. Die besonders von Drude, Lorentz und Voigt ausgearbeitete Elektronentheorie der Absorption und Dispersion (s. d.) erlaubt die genaue Berechnung dieser Erscheinungen dadurch, daß zu den Grundgleichungen die vom Magnetfeld auf das bewegte Elektron ausgeübte Kraft, analog der Biot-Savartschen Kraft zwischen Magnetpol und fließendem Strom, hinzugenommen wird. Diese Theorie liefert ferner unmittelbar die quantitative Erklärung für die Begleiterscheinungen des Z., die anomale magnetische Drehung der Polarisationsebene (s. d.) in der Nähe der Absorptionslinien bei longitudinaler Beobachtung, den Faradayeffekt, d. h. die gewöhnliche magnetische Drehung (s. d.), sowie die magnetische Doppelbrechung bei transversaler Beobachtung (s. d.). Denn da verschieden polarisierte Lichtstrahlen im Magnetfeld ihr Absorptionsmaximum an verschiedenen Wellenlängen haben, besitzen sie auch verschiedene Fortpflanzungsgeschwindigkeit, d. h. der ins Magnetfeld gebrachte Körper wird doppelbrechend. Bei longitudinaler Beobachtung erzeugt die verschiedene Geschwindigkeit der entgegengesetzt zirkular polarisierten Komponenten nach Fresnel eine Drehung der Polarisationsebene (s. d.).

Über Beobachtungen des Zeemaneffektes und seiner Begleiterscheinungen an schmalen Absorptionslinien von Kristallen s. Magnetooptische Effekte an Kristallen.   *R. Ladenburg.*

Näheres s. Handb. d. Elektr. u. d. Magn. Bd. IV, 2. S. 393 bis 406, 1915 (bearbeitet von W. Voigt).

Inversion. Inversion liegt vor, wenn die Temperatur mit der Höhe, statt, wie gewöhnlich, abzunehmen, zunimmt. Bei der „idealen Inversion" geschieht diese Zunahme sprungweise. Durch Mischungsvorgänge erstreckt sich die Temperaturzunahme auf eine mehr oder weniger ausgedehnte Schicht. Die Inversion ist meist mit Änderungen der Feuchtigkeit und des Windes verbunden. Die Inversionsschichten pflegen annähernd horizontal zu verlaufen und besitzen oft eine Ausdehnung von mehreren 100 km. Eine Inversion bildet die obere Grenze einer Wolkenschicht, wenn die darunter liegende Schicht mit Feuchtigkeit gesättigt ist und der Dampfdruck nach oben hin nicht so stark zunimmt, daß auch in der Inversionsschicht Sättigung herrscht (vgl. Feuchtigkeitsabnahme mit der Höhe). Die Sätze über Zusammenhang von Druck und Temperatur (vgl. Gradient) ergeben, daß eine Schicht von unteradiabatischem Gradienten beim Absteigen zur Isothermie und zur Inversion werden kann. Z. B. eine Luftmasse in 5500 m Höhe mit Temperaturabnahme von 0,5⁰ für 100 m $\left(\gamma = \dfrac{\gamma_0}{2}\right)$, deren Druck sich beim Herabsinken auf den Meeresspiegel verdoppelt $\left(\dfrac{p'}{p} = 2\right)$, erreicht bei gleichbleibendem Querschnitt den Meeresspiegel als isotherme Schicht ($\gamma' = 0$). Wächst der Querschnitt dabei auf das 1,5fache, so ergibt sich eine Inversion mit $\gamma' = -0,5^0$ für 100 m. Da in Antizyklonen, in denen die Luft am Boden ausströmt, eine solche Querschnittsvergrößerung absteigender Luft entstehen kann, treten in Antizyklonen häufig starke Bodeninversionen auf. „Obere Inversion" wird vielfach gleichbedeutend mit Stratosphäre (s. d.) benutzt.   *Tetens.*

Inversionskurve. Unterzieht man ein Gas einem Joule-Thomson-Versuch (s. d.), so tritt unter gewissen Versuchsbedingungen Abkühlung, unter anderen Bedingungen Erwärmung des Gases ein. Findet überhaupt kein Temperatureffekt statt, so liegen die Bedingungen der „Inversion" vor. Aus der thermodynamisch begründeten Gleichung $dT = \dfrac{1}{c_p}\left[T\left(\dfrac{\partial v}{\partial T}\right)_p - v\right] dp$ ersieht man, daß im Falle einer differentialen Druckänderung die Temperaturänderung verschwindet, wenn $\left(\dfrac{\partial v}{\partial T}\right)_p = \dfrac{v}{T}$ ist.

Trägt man in ein $v - T$-Diagramm die Isobaren des Gases ein, so findet man für jede dieser Linien im allgemeinen einen Punkt, in dem die Tangente $\left(\dfrac{\partial v}{\partial T}\right)_p$ die Neigung $\dfrac{v}{T}$ besitzt. Die Verbindungslinie dieser so ausgezeichneten Punkte, welche selbst als eine meist gekrümmte Linie im $v - T$- bzw. $p - T$-Diagramm darstellbar ist, heißt die Inversionskurve des Joule-Thomson-Effekts. Damit folgt, daß also ganz allgemein für jeden Druck p, bei dem der differentiale Joule-Thomson-Effekt vorgenommen wird, eine Temperatur T_1 der Inversion vorhanden ist. Für $T > T_1$ findet Erwärmung, für $T < T_1$ Abkühlung statt. Bei kleinen Drucken liegt die Inversionstemperatur aller Gase außer Wasserstoff, Helium und Neon, oberhalb Zimmertemperatur. Die Inversionstemperatur des Wasserstoffs liegt für den Druck $p = 100$ Atm. bei $t = -80^0$. Bei Luft und Sauerstoff sind Drucke von mehr als 300 Atm. nötig, um die Inversionstemperatur auf $t = +10^0$ herabzusetzen.

Findet der Joule-Thomson-Effekt nicht zwischen benachbarten, sondern erheblich verschiedenen Drucken statt, so ist die Bedingung der Inversion sowohl von der Anfangstemperatur als auch dem Anfangs- und Enddruck abhängig und nur angebbar, wenn die Zustandsgleichung des Gases bekannt ist.   *Henning.*

Inversions-Methode s. Saccharimetrie.

Inversionsmethode von Rudzki. Nach dem Greenschen Satze kann die Form einer Niveaufläche der Erde aus den Schwerewerten auf derselben nur dann bestimmt werden, wenn diese Fläche alle Massen in sich einschließt. Da nun das Geoid, die theoretische Erdoberfläche, mit der Meeresfläche zusammenfällt, so daß die ganzen Kontinentalmassen außerhalb des Geoides fallen, so muß man vor Anwendung des Satzes eine Verlagerung oder Idealisierung der Massen vornehmen. Eine solche wird auch aus Konvergenzgründen verlangt. Es sei Q ein Punkt des Geoides GG', so ist die Entfernung dieses Punktes vom

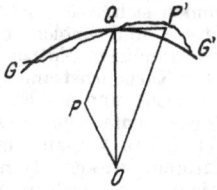

Fig. 1. Innerer (P) und äußerer Punkt (P') der Erde.

Mittelpunkt O größer als für alle Punkte P innerhalb einer Kugel vom Radius O Q. Es läßt sich das Potential aller solcher inneren Punkte nach Potenzen von $\dfrac{OP}{OQ}$ entwickeln. Für alle Punkte aber außerhalb dieser Kugel, wie P', ist $OP' > OQ$ und man kann nur nach Potenzen von $\dfrac{OQ}{OP'}$ entwickeln. Um also mit einer einheitlichen Formel für das Potential in Q auszukommen, muß man sich auch die äußeren Massen nach innen verlegt denken.

Rudzki zeigt, daß man die Massen derart nach innen schaffen kann, daß die Form des Geoides für die neue Massenlagerung die gleiche ist, wie für die ursprüngliche. Im Punkt P (Fig. 2) außerhalb des Geoides befinde

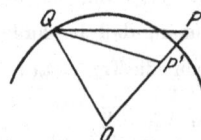

Fig. 2. Zur Inversionsmethode von Rudzki.

sich die Masse m. Diese Masse soll ersetzt werden durch eine Masse m' auf der Verbindungslinie OP, so daß das Potential von m' auf einen beliebigen Punkt Q des Geoides das gleiche ist, wie das von m. Ist λ der Winkel bei 0, so lautet diese Bedingung:

$$\frac{k^2 m}{\sqrt{R^2 + r^2 - 2\,Rr\cos\lambda}} = \frac{k^2 m'}{\sqrt{R^2 + r'^2 - 2\,Rr'\cos\lambda}}$$

wenn $OQ = R$, $OP = r$ und $PO' = r'$ ist.

Man genügt dieser Bedingung durch den Ansatz

$$r' = \frac{R^2}{r} \qquad m' = \frac{R}{r} \cdot m$$

Durch diese Verlagerung und Veränderung der Massen ändert sich also die Geoidfläche nicht. Dagegen ändert sich im ganzen übrigen Raume sowohl das Potential, wie die Schwere, und auch auf dem Geoid selbst bleibt die Schwere nicht die gleiche. Da es sich nur um die Bestimmung der Form des Geoides handelt, so hat dies keine Bedeutung. Die Erdmasse selbst ändert sich nur um den kleinen Betrag $\dfrac{1}{396 \cdot 10^6}$.   *A. Prey.*

Näheres s. M. P. Rudzki, Physik der Erde. 1911.

Invertierte Bohrsche Modelle s. Atomkern.

Invertzucker s. Saccharimetrie.

Ionen in Gasen. Unter Ionen versteht man allgemein Träger elektrischer Ladungen von molekularer Größenordnung. Sie bestehen in Gasen entweder aus einzelnen elektrisch geladenen Molekülen oder Atomen des Gases oder aus geladenen Komplexen einer mehr oder weniger großen Zahl von Molekülen. Neben den Ionen treten unter gewissen Bedingungen, z. B. in Edelgasen und in Stickstoff von sehr hohem Reinheitsgrad, auch freie Elektronen (s. diese) als Ladungsträger auf. Im übrigen finden sich freie Elektronen und geladene Einzelatome und -moleküle in der Regel nur in der selbständigen Entladung bei tiefen Gasdrucken (s. Kathodenstrahlen, Kanalstrahlen, Anodenstrahlen) und in Flammen (s. Flammenleitung). Ionen entstehen aus neutralen Gasmolekülen durch den Vorgang der sog. Ionisation. Als Ionisatoren wirken Röntgenstrahlen, ultraviolettes Licht, die Strahlen radioaktiver Substanzen (s. Radioaktivität), Kathoden- und Kanalstrahlen und andere elektrische Korpuskularstrahlungen von ausreichender Geschwindigkeit. Die Ionisation besteht in der Trennung eines elektrisch neutralen Moleküls in einen elektrisch positiven und einen elektrisch negativen Bestandteil. Diese ziehen in dichten Gasen infolge ihrer elektrostatischen Anziehung eine größere Anzahl von neutralen Molekülen an sich heran und bilden so die oben erwähnten Komplexe (Kerne). Zur Ionisation eines Moleküls ist in jedem Gase eine für das betreffende Gas charakteristische Energie erforderlich. Da diese Energie durchweg dadurch gemessen wird, daß man Elektronen durch eine beschleunigende Spannung die zur Ionisierung der Gasmoleküle erforderliche kinetische Energie mitteilt, so ist es üblich, diese Energie durch Angabe der hierzu erforder-

lichen Spannung (Ionisierungsspannung) zu charakterisieren. Die Kenntnis der Ionisierungsspannung ist von grundlegender Bedeutung für unsere Kenntnis vom Bau der Atome und Moleküle.

Die Ladung eines Ions ist stets ein positives oder negatives Vielfaches der Elektronenladung, des sog. elektrischen Elementarquantums, dessen Größe $4{,}77 \cdot 10^{-10}$ elektrostatische Einheiten beträgt. Man spricht von einfach oder mehrfach geladenen Ionen, je nachdem die Ladung gleich einem oder mehreren elektrischen Elementarquanten ist. Hierbei ist eine negative Ladung als ein Überschuß, eine positive Ladung als ein Mangel an Elektronen gegenüber dem elektrisch neutralen Zustand aufzufassen.

Charakteristische Konstanten der Ionen sind ihre Beweglichkeit, ihre Diffusionskonstante (s. Artikel Beweglichkeit und Diffusion von Gasionen) und ihre Wiedervereinigungskonstante (s. Artikel Elektrizitätsleitung in Gasen), ferner der Quotient aus ihrer Ladung und ihrer Masse (sog. spezifische Ladung).

Selbst die stärksten Ionisatoren vermögen stets nur einen verschwindend kleinen Bruchteil aller in einem Gase befindlichen Moleküle zu ionisieren.

Das Vorhandensein von Ionen in einem Gase begünstigt die Kondensation übersättigter Dämpfe, z. B. des Wasserdampfs, der um die Ionen mikroskopische Tröpfchen bildet. Diese Tatsache ist von besonderer Bedeutung in der Physik der Atmosphäre, welche stets einen, u. a. von der Tageszeit abhängigen, Gehalt an Ionen hat. Die Kondensation des Wasserdampfs kann dazu benutzt werden, um die Bahnen der von einer radioaktiven Substanz ausgehenden α- und β-Strahlen sichtbar zu machen.   *Westphal.*

Ionenbeweglichkeit. Die Geschwindigkeit, welche die Ionen in einem elektrischen Felde von der Feldstärke 1 erlangen, wird als „Ionenbeweglichkeit" definiert. Wenn man von der Beweglichkeit der Gasionen überhaupt oder speziell von der der Ionen in der Luft spricht, nimmt man als Einheit der Feldstärke häufig 1 Volt pro cm (also 1/300 der elektrostatischen Einheit). Das hat den Vorteil, daß dann für die Ionenbeweglichkeit nicht zu große Zahlen resultieren. Die gewöhnlichen Mol-Ionen in Luft haben eine Beweglichkeit von ca. 1 bis 2 cm/sec pro Volt/cm. Die schwer beweglichen Ionen (vgl. „Langevin-Ionen") haben mehr als tausendfach geringere Beweglichkeit. Zur Messung der Ionenbeweglichkeit in atmosphärischer Luft haben Gerdien und Mache spezielle Methoden angegeben.

Mache verwendet den Ebertschen Ionenzähler (vgl. diesen Artikel) und schaltet diesem Kondensator einen auf das gleiche Rohr passenden kleinen Zylinderkondensator vor, in dem mittels einer kleinen Hilfsbatterie von 10—20 Volt ein konstantes Feld erregt wird, dessen Stärke absichtlich so gewählt ist, daß nicht alle Ionen der durchgesaugten Luft entzogen werden. Man mißt nun zuerst in gewöhnlicher Weise die Ionenzahl pro ccm ohne Vorsteckkondensator, sodann unter Vorschaltung des Hilfskondensators. Die Differenz der beiden Messungen bildet dann ein Maß für die am Hilfskondensator niedergeschlagenen Ionen (wobei vorausgesetzt wird, daß sich die Ionendichte während des Versuchs nicht geändert hat. In freier Luft kann diese Voraussetzung nicht immer zutreffen. Daher sind Mittelwerte aus mehreren abwechselnd nacheinander ausgeführten Messungen zuverlässiger). Bezeichnen wir den beobachteten Voltverlust pro Zeiteinheit am Elektrometer ohne Vorschaltkondensator mit V_1, den mit Vorschaltkondensator mit V_2, die Hilfsspannung des Macheschen Vorschaltkondensators mit E, die Menge der pro Zeiteinheit vom Aspirator geförderten Luftmenge mit m, die Radien des Zylinderkondensators mit R und r, die Länge der Innenelektrode des Vorschaltkondensators mit l, so ergibt sich die Beweglichkeit u nach der Formel

$$u = \frac{(V_1 - V_2) \cdot m \cdot \lg R/r}{2\,\pi \cdot l \cdot E \cdot V_1}.$$

Das Gerdiensche Verfahren besteht darin, daß man die Menge der auf dem Hilfskondensator und auf dem Hauptkondensator eines Aspirators niedergeschlagenen Ionen gleichzeitig mißt: dadurch wird man von eventuellen Änderungen der Ionendichte während der Messung unabhängig und gewinnt Zeit. Man braucht dann zwei Elektrometer, von denen das eine die niedrige, das andere die hohe Spannung mißt. Oder man verwendet den Gerdienschen variablen Kondensator, der gestattet, während der Messung die Kapazität des Apparats auf ungefähr den zehnfachen Betrag zu steigern. Man liest also zunächst vor der Aspiration die Spannung an dem Elster-Geitelschen Elektroskop ab, erniedrigt dann durch Zuschalten der bekannten Hilfskapazität das Potential, macht den Aspirationsversuch und erhöht am Schlusse der Aspiration durch Verminderung der Kapazität das Potential auf eine für den Meßbereich des Elektrometers passende Höhe. Die Messung des Spannungsabfalls bei niedriger Spannung während der Aspiration gibt in bekannter Weise ein Maß der polaren elektrischen Leitfähigkeit, welche durch das Produkt aus Elementarquantum, Ionendichte und Beweglichkeit der Ionen des betreffenden Vorzeichens $e \cdot n \cdot u$ definiert ist (vgl. „Leitfähigkeit"), während die Messung bei der ca. 10fach höheren Spannung ein Maß für die Ionendichte $e \cdot n$ ergibt. Division der beiden Größen liefert daher die gesuchte Beweglichkeit u. Sind im Luftstrom Ionen verschiedener Beweglichkeitsgrade enthalten, so erhält man für u einen Mittelwert.

Die Beweglichkeit der negativen Ionen ergibt sich fast stets etwas größer, als die der positiven Ionen. Schweidler und Gockel fanden, daß mit wachsender relativer Feuchtigkeit die Ionenbeweglichkeit abnimmt. Ferner ergab sich entsprechend der theoretisch geforderten inversen Proportionalität zwischen Beweglichkeit und Druck ein Anstieg der bei Ballonfahrten gemessenen Beweglichkeitswerte mit zunehmender Höhe. In 4000 m ist für die positiven Ionen u = 3,2 cm/sec: Volt/cm, für die negativen u = 3,5 cm/sec: Volt/cm. Diese Werte sind mehr als doppelt so groß, als die gewöhnlich am Erdboden gefundenen Werte.

Zwischen den normalen Molionen (u = 1 cm/sec: Volt/cm) und den sehr schwer beweglichen Langevin-Ionen (u = 0,0005) existieren nach Beobachtungen von Pollock (Sydney) noch Typen von Ionen mittlerer Beweglichkeit („intermediäre Ionen"), deren Wert etwa 0,015 cm/sec : Volt/cm beträgt.   *V. F. Hess.*

Näheres s. H. Mache und E. v. Schweidler, Atmosphärische Elektrizität. 1909.

Ionenzähler oder Ionenaspirator heißt ein von H. Ebert angegebener Apparat, welcher dazu dient, den Gehalt der Luft an positiven oder negativen Ionen zu ermitteln. Über den Begriff der „Ionenzahl" vgl. dieses Stichwort. Das Prinzip der Messung des Ionengehaltes der Luft mit dem Ebertschen Apparat besteht darin, daß man mit Hilfe eines durch ein Federuhrwerk betriebenen Aspirators (Luftschraube, Turbine) ein bekanntes Luftquantum durch einen Zylinderkondensator strömen läßt, dessen äußeres Rohr geerdet ist, während die innere Elektrode (ein in der Achse des Rohres angebrachter Stab) positiv oder negativ geladen mit einem Wulfschen Zweifadenelektrometer oder einem Elster-Geitelschen Elektroskop in Verbindung steht (vgl. die schematische Figur). Die in dem angesaugten Luftquantum

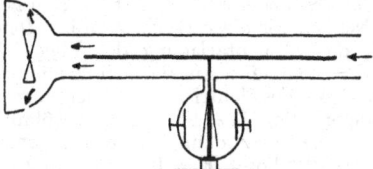

Ionenzähler nach Ebert.

enthaltenden, mit konstanter Geschwindigkeit längs der Rohrachse fliegenden, gegenüber der Innenelektrode ungleichnamig geladenen Ionen beschreiben, sobald sie in das elektrische Feld des Zylinderkondensators eintreten, parabolische Bahnen, welche bei hinreichender Feldstärke an der Oberfläche der Innenelektrode enden. Zwischen Feldstärke und Geschwindigkeit des angesaugten Luftstromes besteht eine Bindungsgleichung, welche von Gerdien aufgestellt worden ist und aussagt, bis zu welcher Spannung die Innenelektrode geladen werden muß, wenn man alle normal beweglichen Ionen aus dem Luftstrom abfangen will. Bei den käuflichen Typen des Ebertschen Ionenzählers (von Firma Günther und Tegetmeyer, Braunschweig, oder Th. Edelmann, München) ist dafür Sorge getragen, daß bei allen möglichen Luft-Geschwindigkeiten, welche die Turbine liefert und bei den üblichen Ladespannungen diese Bedingung erfüllt ist. Bezeichnet n die Zahl der Ionen eines Vorzeichens im ccm, e das Elementarquantum, also $n \cdot e$ die in ccm vorhandene, an Ionen gebundene Ladungsmenge in E. S. E. und beobachtet man an dem Apparat (Kapazität C) während einer Aspirationsdauer von t min. einen Voltabfall von $V_0 - V_1$, so ist bei bekannter Luftfördermenge v (ccm/min) die Ionenzahl

$$n \cdot e = \frac{C\,(V_0 - V_1)}{300 \cdot v \cdot t}.$$

Der Faktor 300 rührt von der Umrechnung der Volt in elektrostatischen Spannungseinheiten her. Der Ionenaspirator ist ein speziell für Reisen, Expeditionen und dgl. eingerichtetes, leicht zu behandelndes Instrument. Bei feuchtem Wetter ist durch Anbringung von Trocknung mit Natrium gegen Versagen der Bernsteinisolation des Elektrometers Vorsorge zu treffen. Um einen gut meßbaren Spannungsrückgang zu erhalten, ist eine Aspirationsdauer von 3 bis 15 Min. (je nach Empfindlichkeit des Elektrometers) erforderlich. Natürlich muß von dem direkt gemessenen Voltabfall noch die „natürliche Zerstreuung", d. h. der Voltabfall bei abgestelltem Aspirator subtrahiert werden. C. Nordmann, sowie P. Langevin und

M. Moulin haben auch Apparate angegeben, um die Ionenzahl fortlaufend zu registrieren.

V. F. Hess.

Näheres s. Graetz, Handb. d. Elektr. u. d. Magnetism., Bd. III. Atmosphärische Elektrizität von E. von Schweidler und K. W. F. Kohlrausch.

Ionenzahl. Unter Ionenzahl oder besser „spezifischer Ionenzahl" versteht man die Zahl der in 1 ccm jeweilig anwesenden freien Gasionen. Über die Methode der Bestimmung der Ionenzahl in der Luft mittels des Ebertschen Aspirators vgl. den Artikel „Ionenzähler". Mit diesem Apparate werden alle in einem bestimmten angesaugten Luftquantum enthaltenen Ionen eines Vorzeichens an einer Elektrode abgefangen: man mißt also eigentlich nur die Gesamtladung, die von den Ionen der einen oder anderen Art pro ccm getragen wird. Nennen wir diese E, die Zahl der Ionen pro ccm n, die Elementarladung der Elektrizität e, so ist $E = n \cdot e$. Bei Angabe von E ist man also von der Größe des elektrischen Elementarquantums unabhängig. Man bezieht nun E gewöhnlich auf 1 cbm, so daß man dann die eben genannte Beziehung in der Form $E = 10^6 \cdot n \cdot e$ zu schreiben hat. E bedeutet dann einfach die elektrische Ladung, die an positive oder negative Ionen gebunden in 1 cbm Luft enthalten ist (E_+, E_-). Das Verhältnis E_+/E_-, welches ein Maß für den Überschuß der einen Ionenart bildet und meist größer als 1 ist (Überschuß an positiven Ionen), wird mit q bezeichnet.

Beobachtungsresultate liegen von fast allen Weltteilen vor. Im Mittel ergibt sich für E_+ 0,3 bis 0,4 E. S. E. pro cbm, für E_- ein um 10 bis 20% kleinerer Wert. Nimmt man für das Elementarquantum den als zuverlässigst geltenden Wert von Millikan ($e = 4,77 \cdot 10^{-10}$ E. S. E.), so entsprechen diesen Mittelwerten Ionenzahlen von 620 bis 840 positiven Ionen und entsprechend weniger negativen Ionen pro ccm.

In den Alpenländern wurden etwas höhere Werte beobachtet, als im übrigen Mitteleuropa: z. B. in Bayern $E_+ = 0,5$, $E_- = 0,4$, $q = 1\,25$, im atlantischen Ozean $E_- = 0,32$ bis 0,39, $E_- = 0,26$ bis 0,30 (Boltzmann, Eve, Berndt), im stillen Ozean 0,20 bis 0,48 (Linke, Knoche), $q = 1,0$. In den Kordilleren erhielt Knoche die extrem hohen Werte $E_+ = 0,97$, $E_- = 0,90$. Bei Messungen im Ballon wurde im allgemeinen ein Anstieg der Ionenzahlen mit der Höhe gefunden. Innerhalb von Wolken (Nebel) kann die Zahl der leichtbeweglichen Ionen auf weniger als $^1/_{10}$ ihres normalen Wertes verringert sein (Adsorption der Ionen an Nebelteilchen).

Die Ionenzahlen zeigen einen jährlichen Gang (Maximum im Sommer oder Frühherbst, Minimum im Winter). Der tägliche Gang ist lokal sehr verschieden. Von meteorologischen Einflüssen ist festgestellt: 1. Ansteigen der mittleren Ionenzahl mit steigender Temperatur, dagegen 2. Verminderung der Ionenzahl mit zunehmender relativer Feuchtigkeit, mit steigendem Luftdruck und steigendem Potentialgradienten.

Bei den erwähnten Messungen mit dem Ebertschen Ionenzähler werden nur die Ionen mit normaler Beweglichkeit (vgl. „Molionen") gezählt. Die schwer beweglichen („Langevinschen") Ionen sind also nicht eingerechnet. Der Anteil der letzteren kann je nach dem Gehalt der Atmosphäre an Staub, Ruß, Wasserteilchen und sonstigen Beimengungen sehr stark variieren. Am Eiffelturm fand Langevin, daß manchmal bis zu 50 mal mehr schwerbewegliche Ionen als Molionen vorhanden waren. Dennoch haben die ersteren für die Elektrizitätsleitung in der Atmosphäre meist nur untergeordnete Bedeutung: ihre Beweglichkeit im elektrischen Felde ist eben so gering, daß ihr Anteil an der gesamten Leitfähigkeit höchstens 2 Prozent beträgt. Wohl aber können sie, wenn eine Ionenart überwiegt, beträchtliche freie Raumladungen in der Luft hervorrufen und so den Potentialverlauf stören (vgl. „Raumladung").

V. F. Hess.

Näheres s. E. v. Schweidler und K. W. F. Kohlrausch, Atmosphärische Elektrizität in L. Graetz, Handb. d. Elektr. u. d. Magnetism. 1915.

Ionisierung durch radioaktive Strahlung. Der Anprall der α- und β-Strahlen — die Ionisierung durch γ-Strahlen dürfte nur eine indirekte sein — spaltet aus getroffenen Gasmolekeln negativ geladene Elektronionen und positiv geladene Atomionen ab, die sich — außer in sehr verdünnten oder heißen Gasen — sofort durch Anlagerung von Gas-Molekel-Aggregaten in die sogenannten „Gasionen", mit der Beweglichkeit $v_- = 1,82$, $v_+ = 1,35 \frac{cm/Sek.}{Volt/cm}$ für die negativ und positiv geladenen verwandeln. Solche Ionen, zwischen den Belegungen eines geeigneten Kondensators erzeugt, wandern im elektrischen Feld und sind die Träger eines leicht zu messenden Stromes, dessen Stärke — hohes Gefälle, d. i. „Sättigungsstrom", vorausgesetzt — ein vergleichbares Maß für die pro Volum- und Zeiteinheit erzeugten Ionen, für die „Ionenzahl", gibt. Diese hängt ab von der Dichte der Strahlung und von der Ionisierungsfähigkeit der verwendeten Strahlenart, die charakterisiert wird durch die Ionisierungsstärke q, d. i. die auf der Längeneinheit des Strahlungsweges erzeugte Zahl von Ionen. Die Ionisierungsstärke nimmt cet. par. zu mit Abnahme der Geschwindigkeit v der Korpuskularstrahlung bis zu einem Grenzwert v', unterhalb dessen das Ionisierungsvermögen erlischt und die Regel den Sinn verliert. Für Überschlagsrechnungen bequem ist die rohe Annäherung, daß sich die ionisierenden Wirkungen der γ-, β- und α-Strahlen verhalten wie $10^4 : 10^2 : 1$ (dünne Strahlerschichte vorausgesetzt).

Im speziellen ergibt sich für die drei Strahlenarten:

1. α-Strahlen: Die Ionisierungsstärke eines α-Partikels steigt bis zum Ende der Reichweite (s. d.) an, um nach Erreichung eines ausgeprägten Maximums am Ende seiner Flugbahn in Luft plötzlich auf Null zu sinken (Braggsche Kurve). Die Ionisierung durch ein homogenes paralleles α-Bündel läßt sich entsprechend diesem Umstande bis zum Maximum darstellen durch

$$q = \frac{konst.}{\sqrt{(R-x)+1,33}},$$ worin R die Reichweite und x den zurückgelegten Weg bedeuten. In Verbindung mit einer ganz ähnlichen Formel für den Zusammenhang zwischen Geschwindigkeit und Reichweite (s. d.) folgt daraus $q = \frac{1}{v}$. Die Zahl der pro Längeneinheit erzeugten Ionenpaare ist verkehrt proportional der Geschwindigkeit. Für ein einzelnes Teilchen folgt weiter für die gesamte längs seiner Bahn erzeugte Ionenzahl $k = k_0 R^{2/3}$, so daß man, wenn einmal die Konstante k_0 (Ionenzahl für $R = 1$) bekannt ist, aus jeder Reichweite die Gesamtionenzahl k

berechnen kann (vgl. die Tabelle im Artikel „α-Strahlen"). Es ist $k_0 = 6,76 \cdot 10^{-4}$. — Als zur Ionisierung eines Luftmolekels nötige Energie berechnet sich der Wert $5,15 \cdot 10^{-11}$ Erg, eine Zahl, die in den meisten Gasen einfacher Zusammensetzung dieselbe bleibt (Luft, N_2, O_2, H_2, CO_2, CO, H_3N). Bei dicken α-strahlenden Schichten sind die Verhältnisse verwickelter, da die α-Partikel erstens aus verschiedenen Tiefen kommen und zweitens mit je nach ihrer Flugrichtung verschiedener Geschwindigkeit an der Oberfläche austreten.

2. β-Strahlen. Das β-Partikel muß mindestens eine Geschwindigkeit von $v = 2,10^{10} \dfrac{cm}{Sek.}$ besitzen, um ionisieren zu können. Mit steigendem v wird die pro Längeneinheit erzeugte Ionenzahl schnell ein Maximum ($v = 0,08 \cdot 10^{10}$, $p = 7600$), und nimmt von da an ab, angenähert verkehrt proportional dem Quadrat von v, so daß für $v = 2,9 \cdot 10^{10}$ nur mehr $p = 46$ beobachtet wurde. In ein- und demselben Gas ist p der Dichte proportional, solange diese gering ist. Für verschiedene Gase gilt die Konstanz von $\dfrac{p}{\varrho}$ nur sehr angenähert.

Die Gesamtzahl k der von einem β-Partikel erzeugten Ionenpaare nimmt mit der Anfangsgeschwindigkeit zu. Es wird k von Ra C ungefähr gleich 19 000.

3. Die Ionisierung durch γ-Strahlen scheint eine vorwiegend indirekte zu sein, indem die Ionisierung durch sekundäre β-Strahlen, die an den getroffenen Gasmolekeln oder an den Gefäßwänden erzeugt werden, erfolgt. In freier Luft (also bei Abwesenheit von Gefäßwänden) von Atmosphärendruck erzeugt ein γ-Strahl von Ra C im ganzen ungefähr $k = 3 \cdot 10^4$ Ionenpaare und die mit 1 g Ra im Gleichgewicht stehende Menge Ra C, die $3,72 \cdot 10^{10}$ γ-Impulse aussendet, demnach zirka 10^{15} Ionenpaare. Bei korpuskularer Auffassung der γ-Strahlung kommt man damit formal auf $p = 1,5 \dfrac{\text{Ionenpaare}}{cm}$. *K. W. F. Kohlrausch.*

Ionium. Das radioaktive Zerfallsprodukt des Uran (U_{II}) (s. d.), aus dem in weiterer Umwandlung Radium (s. d.) entsteht. Da in allen Uranerzen auch Radium gefunden wird und zwar in einem bestimmten und recht konstanten Mengenverhältnis, so war der genetische Zusammenhang zwischen Uran und Radium naheliegend. Da U_{II} jährlich $3,6.10^{11}$ α Partikel/g liefert, so zerfallen ebensoviele U_{II}-Atome und ebensoviele Atome eines neuen Elementes müssen entstehen. Sind dies Ra-Atome — wenn nämlich Ra der direkte Abkomme nach U_{II} wäre — so müßten jährlich $3,6 \cdot 10^{11} \cdot 226 \cdot 1,63 \cdot 10^{-24}$ g $= 1,33 \cdot 10^{-10}$ g Ra entstehen. (A. G. des Ra ist 226, Masse des H-Atomes, auf die als Einheit das Atomgewicht bezogen wird, ist $1,63 \cdot 10^{-24}$ g). Aus vollkommen gereinigtem Uran bildet sich aber jährlich nicht der 1000ste Teil dieser Menge Ra; es muß demnach ein Zwischenprodukt vorhanden sein, das die Ra-Erzeugung verlangsamt. Ferner hat Ra das A.-G. 226 und hat gegen Uran_II mit dem Atomgewicht 234 8 Atomgewichtseinheiten verloren und liegt um 4 Valenzgruppen des periodischen Systemes tiefer als dieses. Eine derartige Veränderung der Atomeigenschaften ist nach unseren Erfahrungen, die kurz in der sog. „Verschiebungsregel" (s. d.) zusammengefaßt sind, nicht durch eine einzige α-Umwandlung, sondern nur durch mindestens

zwei sukzessive ermöglicht. Auch dieser Umstand spricht für ein Zwischenglied zwischen U_{II} und Ra, und zwar für ein α-strahlendes. In der Tat gelang es, aus dem Uran durch Abscheidung des Thoriums zugleich mit diesem eine Substanz abzutrennen, welche entfernt vom Uran Radium und indirekt Ra-Emanation zu erzeugen imstande war und den Namen „Ionium" erhielt. Es sendet eine α-Strahlung von der Reichweite R = 2,95 cm in Luft bei 15^0 C und 760 mm Druck, entsprechend einer Anfangsgeschwindigkeit von $1,47 \cdot 10^9 \dfrac{cm}{Sek.}$.

Sein Atomgewicht ist 230; in seinen chemischen Eigenschaften gleicht es völlig dem Thorium und ist mit diesem sowie mit $U X_1$ isotop. (Mit Th zugleich ausgeschiedenes Io enthält daher anfangs immer auch $U X_1$, das aber schnell zerfällt.) Die Abtrennung des Io aus Uran geschieht — wenn nötig nach geringem Thorzusatz — durch Fällung des Th + Io mit Oxalsäure oder Thiosulfat; wegen der Isotopie ist eine nachträgliche Scheidung des Io vom Th unmöglich. Die Anwesenheit von Io in Th verrät sich daher nur durch geänderte radioaktive Strahlung, unter günstigen Umständen auch durch die Verringerung des Atomgewichtes, das dem reinen Th zukäme. So wurde z. B. für ein aus St. Joachimsthal stammendes Io-Th-Gemisch das Atomgewicht zu 231,51 bestimmt, woraus sich ergibt, daß dieses Gemisch aus 70% Thorium (A.-G. = 232,12) und 30% Io (A.-G. = 230) bestand.

Io ist ungemein langlebig und die sonst übliche direkte Bestimmung der Zerfallskonstante aus Abklingungsmessungen versagt. Eine erste Schätzung für die Lebensdauer liefert die Kenntnis der α-Strahlenreichweite, die mit Hilfe des Geigerschen Gesetzes (vgl. Reichweite) die Halbierungsdauer zu etwa $7 \cdot 10^4$ Jahre liefert. Aus dem Vergleich der Sättigungsströme, die ein Io-Th-Gemisch bekannter Zusammensetzung einerseits, Ra andererseits liefert, erhält man bei Kenntnis der Ionisierungsfähigkeit der auftretenden α-Partikel und der von Ra pro Zeiteinheit ausgehenden Partikelzahl Anhaltspunkte für die Zahl der sekundlich im Io zerfallenden Atome und damit auch für dessen Lebensdauer. Ebenso konnten aus jahrelangen Beobachtungen über die Entwicklung von Ra aus U_{II} Näherungswerte für τ gegeben werden. Aus all diesen Beobachtungen kann man schließen, daß die Halbwertszeit des Ioniums zwischen $1 \cdot 10^5$ und $1,5 \cdot 10^5$ Jahre liegen dürfte. Sein Zerfallsprodukt ist, wie gesagt, Radium (s. d.).

K. W. F. Kohlrausch.

Ionometer. Instrumente, welche die Ionisierungsfähigkeit der von radioaktiven Substanzen ausgehenden Strahlen ausnützend möglichst selbsttätig die Präparatstärke anzeigen sollen. Die Konstruktion ist im wesentlichen die folgende: Ein Blättchen- oder Fadenelektroskop ist einerseits durch einen Zerstreuungskörper dem durch das Präparat ionisierten Luftraum ausgesetzt und gewinnt durch dessen Leitfähigkeit von einer geladenen Gegenelektrode in der Zeiteinheit eine bestimmte Elektrizitätsmenge, durch die sich das isolierte System auf eine seiner Kapazität entsprechende Spannung auflädt. Sein Spannungsgewinn ist unter gewissen einzuhaltenden Bedingungen der Präparatstärke proportional. Andrerseits ist dasselbe System über einen hochohmigen Widerstand (z. B. Bronsonwiderstand) mit der Erde verbunden und verliert auf diesem Wege eine von seiner momentanen Spannung abhängige Elektrizitätsmenge. Sein Spannungsverlust infolge dieses Nebenschlusses ist seiner Spannung proportional. Im Gleichgewichtszustand halten sich Gewinn und Verlust an Elektrizitätsmenge die Wage und die dabei erreichte Spannung, durch den Ausschlag der Blättchen gegeben, ist ein Maß der Präparatstärke. *K. W. F. Kohlrausch.*

Irradiation im Auge. Unter Irradiation versteht man die bekannte Erscheinung, daß helle Flecken auf dunklem Grunde vergrößert erscheinen (positive Irradiation). So erscheint in beistehender Figur der weiße Streifen auf dunkler Fläche deut-

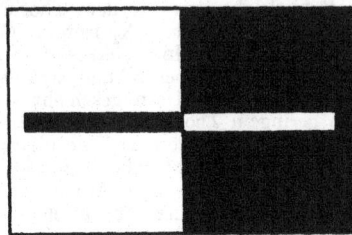

Irradiation im Auge.

lich breiter als der dunkle auf heller Fläche. In entsprechender Weise sieht man den glühenden Faden einer elektrischen Lampe bedeutend dicker als den nicht glühenden. Um die Äußerung derselben Erscheinung handelt es sich, wenn bei einem feinen dunklen Gitter, bei welchem die Stabbreite der Breite der hellen Zwischenräume genau entspricht, die Zwischenräume stets breiter erscheinen als die Stäbe. Allen diesen Fällen ist gemeinsam, daß die Ränder der hellen Felder sich vorschieben und auf das anstoßende dunkle Gebiet übergreifen. Dies kann bei geeigneter Versuchsanordnung dahin führen, daß nahe beisammenliegende helle Flächen miteinander konfluieren (Schachbrettmuster) oder daß der absolut glatte Rand eines zwischen Auge und Lichtquelle befindlichen dunklen Objektes eingekerbt erscheint (Rasiermesserversuch). Man kann die Tatsache der Irradiation auch zur Erzielung additiver Farbenmischung heranziehen, indem man dem Auge beispielsweise ein System paralleler gelber und blauer Streifen von geringer Breite darbietet; infolge der starken Irradiation des kurzwelligen Lichtes können die gelben Streifen, trotz der Kontrastwirkung, ihre bunte Farbe völlig verlieren und scheinbar rein weiß werden. Die Erscheinungen der positiven Irradiation sind bei mangelhafter Akkommodation natürlich auffallender als bei scharfer Abbildung der beobachteten Objekte. Daß sie aber auch bei vollkommenster Einstellung der Akkommodation nicht fehlen, wird von v. Helmholtz auf die optischen Unvollkommenheiten unseres Auges zurückgeführt (sphärische und chromatische Aberration, schlechte Zentrierung der optischen Medien). Freilich dürfte für die Erklärung auch ein physiologischer Faktor in Frage kommen (Irradiation der Erregung, die als solche mit den Wirkungen des simultanen Kontrastes in Konkurrenz steht). Es sind auch umgekehrt liegende Fälle von „negativer Irradiation" mit scheinbarem Kleinerwerden heller Flächen beschrieben worden. Die Größe der Irradiation nimmt mit wachsender Stärke der hellen Lichter zu, wächst aber nicht in gerader Proportion mit dem Unterschied der Lichtstärken auf den an-

einander grenzenden Flächen, sondern langsamer und nähert sich bei steigender Lichtstärke asymptotisch einem Maximum. *Dittler.*

Näheres s. F. B. Hofmann, Der Raumsinn des Auges, 1. Teil. Gräfe-Sämisches Handb. d. Ophth. Berlin 1920.

Isallobaren sind Kurven, auf denen sich der Luftdruck in einer bestimmten Zeit, z. B. 24 Stunden, um denselben Betrag verändert hat, z. B. um 5 mm gefallen ist. Sie pflegen in manchen Gebieten, z. B. Mitteleuropa, ziemlich regelmäßig von West nach Ost zu wandern und finden daher bei der Wettervorhersage Verwendung. *Tetens.*

Isanomalen. In der Meteorologie versteht man darunter meist Linien gleicher thermischer Anomalie, die nach H. W. Dove definiert werden als Abweichung von der mittleren Temperatur des Parallelkreises, unter welchem ein Ort liegt. Isanomalen-Karten der extremen Monate Januar und Juli lassen besonders deutlich den Einfluß der Verteilung von Wasser und Land auf die Verteilung der Lufttemperatur an der Erdoberfläche erkennen. *O. Baschin.*

Isanomalen s. Erdmagnetismus.

Isenerge heißt im Zustandsdiagramm eines Stoffes eine Linie, auf der die innere Energie U des Systems konstant bleibt, auf der also $dU = TdS - pdV = 0$ ist (s. Entropie). *Henning.*

Isentalpe heißt im Zustandsdiagramm eines Stoffes eine Linie, auf der die Entalpie $U + pV$ konstant ist, oder auf der $d(U + pV) = TdS + V\,dp = 0$ ist. Der Name Entalpie ist von Kamerlingh Onnes eingeführt und bezeichnet diejenige Größe, welche für ein dem Joule-Thomsonprozeß (s. d.) unterworfenes Gas konstant bleibt. *Henning.*

Isentrope heißt im Zustandsdiagramm eines Stoffes eine Linie, auf der die Entropie S konstant bleibt. Die Adiabaten (s. d.) werden als isentropische Linien angesehen. Dies gilt mit der Einschränkung, daß bei dem adiabatischen Vorgang der Druck p innerhalb des Systems in jedem Moment als genügend ausgeglichen betrachtet werden kann. *Henning.*

Isobaren, oder gelegentlich auch Isopiesten heißen in einem Diagramm diejenigen Kurven, welche alle Punkte desselben Druckes miteinander verbinden. Stellt man z. B. den Ausdehnungskoeffizienten $\alpha = \dfrac{1}{v_0}\left(\dfrac{\partial v}{\partial t}\right)_p$ eines Gases, der stets auch vom Druck p abhängt, als Funktion der Temperatur t graphisch dar, indem man α als Ordinate, t als Abszisse aufträgt, so stellen die Isobaren die Veränderungen von α bei konstantem Druck dar.

Am bekanntesten sind die Isobaren auf den Wetterkarten. Sie sind über alle diejenigen Orte gezogen, welche zu einer bestimmten Zeit den gleichen Luftdruck besaßen, wobei dieser für alle Punkte so korrigiert ist, als wenn alle Orte in der Höhe des Meeresspiegels lägen. *Henning.*

Isobaren. Flächen gleichen Luftdruckes, die in der dynamischen Meteorologie und Aerologie eine wichtige Rolle spielen. Meist werden sie auf Karten durch die Linien dargestellt, in denen jene Flächen das Meeresniveau schneiden. Man konstruiert solche Linien, indem man alle Orte miteinander verbindet, an denen die auf das Meeresniveau reduzierten Barometerstände den gleichen Luftdruck aufweisen. Sowohl in der synoptischen Meteorologie (s. Wetter) wie in der Klimatologie (s. diese) bilden die Isobarenkarten wichtige Unterlagen zum Verständnis der Luftdruckverteilung. *O. Baschin.*

Isobathen. Linien gleicher Tiefe zur Darstellung des Bodenreliefs von Meeren, Seen und Flüssen auf Karten. Da die Oberflächen der betreffenden Gewässer ihre Höhenlage mitunter innerhalb kurzer Zeiträume beträchtlich verändern, so ist bei den Isobathen in weit höherem Maße als bei den Isohypsen (s. diese) die Kenntnis der Höhe des Nullpunktes der Zählung erforderlich (s. Karten-Nullniveau). *O. Baschin.*

Isobronten. Linien, welche die Orte verbinden, an denen beim Herannahen eines Gewitters der erste Donner gleichzeitig gehört worden ist. Ihre Einzeichnung auf einer Karte gibt einen lehrreichen Überblick über die Art und Geschwindigkeit des Fortschreitens einer Gewitterfront. *O. Baschin.*

Isochore s. Isopykne.

Isochromate (Strahlungsisochromate) heißt die Kurve, welche die Strahlung des schwarzen Körpers als Funktion der Temperatur für dieselbe Wellenlänge darstellt. Sie kann zur optischen (Strahlungs-) Temperaturbestimmung dienen. Im Bereich der Gültigkeit des Wienschen Gesetzes (s. Strahlungsgesetze) sind die Isochromaten gerade Linien, wenn der natürliche Logarithmus der Strahlungsenergie als Funktion der reziproken absoluten Temperatur aufgetragen wird. *Gerlach.*

Isodyname heißt im Zustandsdiagramm eines Stoffes eine Linie, auf der die freie Energie (s. d.) $F = U - TS$ konstant bleibt oder auf der $dF = - pdV - SdT = 0$ ist. Bisweilen werden indessen Isodynamen auch Linien gleicher Gesamtenergie genannt. *Henning.*

Isodynamen s. Erdmagnetismus.

Isogonen s. Erdmagnetismus.

Isohyeten. Linien gleicher Niederschlagsmenge, die auf Karten eingezeichnet eine übersichtliche Darstellung der geographischen Verteilung des Niederschlages bieten. Da jedoch eine Reduktion der Niederschläge auf das Meeresniveau nicht möglich ist, so kommt den Regenkarten nicht die gleiche physikalische Bedeutung zu wie den Isobaren- und Isothermen-Karten. *O. Baschin.*

Isohypsen (Höhenlinien, Horizontalen). Linien gleicher Höhe zur Darstellung des Bodenreliefs auf Karten. Sie schneiden die Linien größten Gefälles stets unter einem rechten Winkel und werden meist in gleichen Höhenintervallen (äquidistant) gezogen; doch erleidet dieses Prinzip eine Durchbrechung, wenn der Böschungswinkel (s. Böschung) auf derselben Karte große Unterschiede aufweist. Eine Isohypsenkarte (Höhenschichtenkarte) erlaubt, den Böschungswinkel aus dem Verhältnis der Entfernung zweier Isohypsen zu ihrem Höhenabstand zu bestimmen. Für eine Höhendifferenz von 5 m z. B. entspricht einer Horizontalentfernung von 300 m ein Böschungswinkel von 1^0, von 150 m = 2^0, von 100 m = 3^0. Für Karten im Maßstabe 1 : 25 000 leitet sich daraus die praktische Regel ab: Der Böschungswinkel ist gleich derjenigen Zahl, die mit der Horizontalentfernung (in mm) der 5 Meter-Isohypsen multipliziert 12 ergibt. Diese Regel gilt annähernd für Böschungswinkel bis etwa 20^0. Die Isohypsen sind Niveaulinien der Schwere und konvergieren also vom Äquator nach den Polen zu. Man kann daher aus Isohypsenkarten nur die dynamischen, nicht die orthometrischen Höhen entnehmen, doch ist dieser begriffliche Unterschied praktisch ohne Bedeutung. Als Nullniveau für Isohypsen-Darstellungen dient meist der Meeresspiegel oder eine diesem benachbarte Fläche (s. Karten-Nullniveau). *O. Baschin.*

Isoklinen s. Erdmagnetismus.

Isolatoren s. Leiter.

Isomagnetische Linien s. Erdmagnetismus, Landesaufnahmen, magnetische.

Isomerie. Verbindungen, die sich bei der Elementaranalyse als gleich zusammengesetzt erweisen, gleiche Bruttoformel haben, dennoch aber sich chemisch oder physikalisch verschieden verhalten, nennt man isomere Verbindungen. Es ist klar, daß der Grund der Isomerie nur in der verschiedenen Molekülgröße der beiden isomeren Verbindungen oder in einer verschiedenen Anordnung oder Bindung der Atome im Molekül zu suchen ist. Den ersten Fall nennt man Polymerie, z. B. NO_2 und N_2O_4, den zweiten Isomerie im engeren Sinne oder Metamerie.

Je nachdem sich nun die Isomerie zurückführen läßt auf verschiedene Anordnung der Atome in einer Ebene oder auf verschiedene Lagerung im Raum, unterscheidet man Struktur- und Stereoisomerie. Ein einfacher Fall von Strukturisomerie ist der des Butans und Isobutans, C_4H_{10}:

$$
\begin{array}{c}
\ \ \text{H} \ \ \text{H} \ \ \text{H} \\
\ \ | \ \ \ | \ \ \ | \\
\text{H—C—C—C—C—H} \\
\ \ | \ \ \ | \ \ \ | \\
\ \ \text{H} \ \ \text{H} \ \ \text{H} \\
\text{normales Butan}
\end{array}
\quad ; \quad
\begin{array}{c}
\ \ \text{H} \ \ \ \ \text{H} \ \ \ \ \text{H} \\
\ \ | \ \ \ \ \ \ | \ \ \ \ \ \ | \\
\text{H—C———C———C—H} \\
\ \ | \ \ \ \ \ \ | \ \ \ \ \ \ | \\
\ \ \text{H} \ \ \text{H—C—H} \ \text{H} \\
\ \ \ \ \ \ \ \ \ | \\
\ \ \ \ \ \ \ \ \ \text{H} \\
\text{Isobutan}
\end{array}
$$

zweier gesättigter Kohlenwasserstoffe, das eine Mal mit normaler, das andere Mal mit verzweigter Kohlenstoffkette.

Das bekannteste Beispiel einer Stereoisomerie bietet die Malein- und Fumarsäure, beide von der Bruttoformel $C_4H_4O_4$. Hier sind nämlich zwei Kohlenstoffe durch eine Doppelbindung gebunden, und damit ist eine ausgezeichnete Ebene im Molekül geschaffen. Je nachdem nun die beiden Karboxylgruppen auf derselben oder auf verschiedenen Seiten dieser Ebene liegen (cis- und trans-Form), erhält man die Malein- bzw. Fumarsäure, die sich in vielen physikalischen Eigenschaften (Schmelzpunkt, Löslichkeit), aber auch in chemischer Hinsicht (Anhydridbildung) unterscheiden. In einer einfachen Projektionsformel kann man ihre Struktur folgendermaßen darstellen:

$$
\text{Maleinsäure:} \quad
\begin{array}{c}
\text{HCCOOH} \\
\| \\
\text{HCCOOH}
\end{array}
\quad ;
$$

$$
\text{Fumarsäure:} \quad
\begin{array}{c}
\text{HCCOOH} \\
\| \\
\text{HOOCCH}
\end{array}
$$

Eine ganze Reihe anderer Isomeriefälle hat A. Werner an anorganischen Verbindungen, besonders des Co, Cr und Pt entdeckt. Wir geben kurz einige Beispiele:

$[(NH_3)_3 Co(NO_2)_3]$ und $[Co(NH_3)_6] \cdot [Co(NO_2)_6]$; Koordinationspolymerie

$[Co(NH_3)_6] \cdot [Cr(CN)_6]$ und $[Co(CN)_6] \cdot [Cr(NH_3)_6]$ Koordinationsisomerie

$$
\begin{array}{c}
Cr(NH_3)_5]X_3 \\
{>}OH \\
Cr(NH_3)_5]X_2
\end{array}
\quad \text{und} \quad
\begin{array}{c}
Cr(NH_3)_5]X_2 \\
{>}O \cdots HX \\
Cr(NH_3)_5]X_2
\end{array}
\quad ;
$$

Rhodosalze \qquad Erythrosalze

Valenzisomerie;

$$\begin{bmatrix} Co & \overset{(NH_3)_4}{\underset{Cl}{NO_2}} \end{bmatrix} Cl \text{ und } \begin{bmatrix} Co & \overset{(NH_3)_4}{Cl_2} \end{bmatrix} NO_2$$

rot   grün
Ionisationsisomerie

Über optische Isomere s. optische Aktivität.

Allotropie ist stets auf Isomerie oder Polymerie zurückzuführen und findet ihren Ausdruck in der Art des Kristallgitters (z. B. rhombischer und monokliner Schwefel).

Lassen sich zwei Isomere ineinander überführen, so ist die Schnelligkeit der Umwandlung in hohem Grade temperaturabhängig. Isomere, deren Umwandlungsgeschwindigkeit bei gewöhnlicher Temperatur (0—100° C) schon so groß ist, daß eine Trennung ihres Gemisches in die Komponenten unmöglich ist, da dieses Gemisch je nach den Versuchsbedingungen nach der Seite der einen oder der anderen Form völlig ausreagiert, nennt man Tautomere, z. B. die Enol- und Keto-Form der β oder 1,3 Diketone:

$$-CO-CH_2-CO- \quad ; \quad -CO-CH=C(OH)-$$

Ketoform   Enolform

Ein besonderer Fall von Tautomerie sind die Pseudosäuren (s. dort).   *Werner Borinski.*

Näheres s. W. Nernst, Theoretische Chemie. II. Buch, 5. Kapitel. Stuttgart 1921, sowie A. Werner, Neuere Anschauungen auf dem Gebiete der anorganischen Chemie. Braunschweig 1920.

Isometrische Linie s. Isopykne.

Isomigne heißt nach Kamerlingh Onnes und Keesom auf der van der Waalsschen ψ-Fläche (s. d.) eine Linie, für die die Zusammensetzung des binären Gemisches (s. d.), also auch der Molekulargehalt x der einen Komponente konstant ist.
                                              Henning.

Isonephen. Linien gleicher Bewölkung. Ihre Konstruktion auf Karten beruht zur Zeit noch auf ziemlich unsicheren Grundlagen.   *O. Baschin.*

Isophasen. Sind zwei verschiedene Phasen, z. B. die flüssige und dampfförmige eines einkomponentigen Stoffes, etwa Wasser, gleichzeitig vorhanden, so fallen in dem Zustandsgebiet, in dem beide Phasen gleichzeitig bestehen können, dem gemeinsamen Existenzgebiet, die Isothermen mit den Isobaren zusammen, wenn man Druck und Volumen als unabhängige Variable in ein Diagramm einzeichnet. Diese den Isothermen und Isobaren gemeinsamen Linien heißen nach Korteweg isophasen. Im mehrphasigen Gebiet können sich dieselben zu einer Fläche ausbreiten. *Henning.*

Isopieste s. Isobare.

Isoplere s. Isopykne.

Isoplethen. Eine von L. Lalanne in die Meteorologie eingebürgerte graphische Darstellungsmethode, welche es ermöglicht, den täglichen und den jährlichen Gang eines meteorologischen Elementes in einem Diagramm zu veranschaulichen. Die Darstellung entspricht etwa den Höhenschichtenkarten (s. Isohypsen).   *O. Baschin.*

Isopotentiale heißt im Zustandsdiagramm eines Stoffes eine Linie, auf der das von Planck mit Φ bezeichnete thermodynamische Potential $\Phi =$
$$S \frac{U+pV}{T}$$ konstant ist, oder auf der d $\Phi =$
$$-\frac{V}{T} dp + \frac{U+pV}{T^2} dT = 0 \text{ ist.}$$
                                              Henning.

Isopykne heißt eine Linie, auf der in einem Zustandsdiagramm (einer p, v, T-Fläche) das Volumen der betrachteten Substanz konstant bleibt.

Die Bezeichnung stammt von Wrobleswky (Wien. Sitzungsber. 1886). Ramsay und Young (1887) bezeichnen die Linien konstanten Volumens als Isochoren, Gibbs als isometrische Linien. Auch findet man bisweilen die Benennung Isoplere oder Isostere.   *Henning.*

Isorhachien s. Flutstundenlinien.

Isostasie ist der Zustand der Erdkruste, welcher von der Gleichgewichtstheorie von Pratt gefordert wird. Darnach befindet sich die Erdrinde im Zustande des hydrostatischen Gleichgewichtes. Diese Vorstellung ist natürlich nur vereinbar mit der Annahme, daß die Massen in größerer Tiefe flüssig oder wenigstens plastisch sind, so daß die festen Schollen der Erdoberfläche auf den unteren Schichten gewissermaßen schwimmen können. Diese letzteren müssen dann jedenfalls ein höheres spezifisches Gewicht besitzen. In der Tat unterscheiden die Geologen in der Erdkruste zwei Schichten: die obere Schichte, welche vorwiegend aus silicium- und aluminiumhaltigen Gesteinen besteht, kurz mit Sal bezeichnet, ist die leichtere; die zweite aus silicium- und magnesiumhaltigen Gesteinen, kurz Sima genannt, ist die schwerere, auf der die Schollen der ersten schwimmen. Eine Scholle, die an Dicke mächtiger ist als ihre Nachbarn, wird nun nicht nur tiefer in die Unterlage eintauchen, sondern auch höher über die Meeresfläche herausragen (s. Fig.). Wir werden C D E F

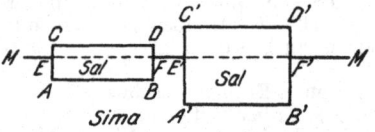

Erdschollen in isostatischer Lagerung.

oder C′ D′ E′ F′ als eine sichtbare Massenanhäufung (Gebirgs-, Kontinentalmasse) betrachten können, welche über die Meeresfläche MM herausragt. A B E F und A′ B′ E′ F′ werden dann zu einem unterirdischen Massendefekt Veranlassung geben, da hier die dichtere Masse der Unterlage durch die minderdichte der Schollen verdrängt ist. Das archimedische Prinzip verlangt nun, daß die äußere Massenanhäufung und der innere Defekt einander gleich sind. Ist ϑ und ϑ' die Dichte von Sal und Sima, so ist

$$\vartheta \cdot CDEF = (\vartheta' - \vartheta) \, ABEF.$$

In diesem Sinne spricht man von einer vollständigen unterirdischen Kompensation der äußeren Massen.

Da wir annehmen müssen, daß die Massenunregelmäßigkeiten auf die Nähe der Oberfläche beschränkt sind, die tieferen Schichten somit immer regelmäßiger und regelmäßiger werden, so muß bis zu einer gewissen Tiefe der Ausgleich perfekt sein. Wir kommen so zum Begriffe der Ausgleichsfläche: sie ist die oberste Niveaufläche im Innern der Erde von der Eigenschaft, daß auf jeder Flächeneinheit gleichviel Masse lastet, wie es das hydrostatische Gleichgewicht verlangt. Eigentlich sollte der Ausgleich nach Gewichten stattfinden und nicht nach Massen, doch pflegt man darauf keine Rücksicht zu nehmen.

Die Tiefe der Ausgleichsfläche läßt sich sowohl aus den Lotstörungen, wie aus den Schwerestörungen bestimmen. Man findet sie zu etwa 120 km.

Man darf sich nicht vorstellen, daß dieser Ausgleich sich bis in alle Einzelheiten genau vollzogen hat, wie auch die Beobachtungen zeigen, daß der Ausgleich nicht überall ein vollständiger ist. Man kann sich dies etwa so erklären: In der Erdoberfläche gehen durch geologische Kräfte stets Veränderungen vor sich. Dadurch entstehen Druckunterschiede, die sich nicht sofort ausgleichen können, da die Massen jedenfalls schwer beweglich, zähflüssig oder plastisch sind. Erst im Laufe langer Zeiten wird der Ausgleich hergestellt werden, wobei offenbar Horizontalverschiebungen der unterirdischen Massen eintreten müssen. Abweichungen vom Gleichgewichtszustande werden somit dort wahrscheinlich sein, wo in jüngster Zeit geologische Veränderungen vor sich gegangen sind. Damit stimmt die Beobachtung von Massenüberschüssen in vulkanischen Gegenden.

Man kann nun den Einfluß der isostatischen Massenanordnung auf die Größe und Richtung der Schwere berechnen. Zu diesem Zwecke berücksichtigt man zunächst die sichtbaren Massen; als Massendefekt nimmt man eine Masse gleicher Größe, die man sich so verteilt denkt, daß der Defekt vom Meeresniveau bis zur Ausgleichsfläche reicht. Wegen dieser großen Ausdehnung wird die Defektdichte ziemlich klein ausfallen; man kann sie als negativ ansehen; bei äußerem Massendefekte hat man den kompensierenden Massen das positive Zeichen zu geben.

Korrigiert man die Werte der Schwere und der Lotstörungen auf Grund der isostatischen Massenlagerung, so muß in allen Gegenden, wo der Ausgleich vollständig ist, ein störungsfreies System bleiben. Gebiete mit unvollkommenem Ausgleich müssen sich durch systematische Störungen verraten. Solche ausgesprochene Störungsgebiete sind nach Helmert z. B. die vulkanischen Inseln Oahu und Hawaii mit Massenüberschuß; ein breiter Streifen im Oberlaufe des Amudarja und Sirdarja in Turkestan mit etwa 1500 km Länge und 500 km Breite scheint dagegen einen Massendefekt zu zeigen, dem vielleicht horizontale Massenverschiebungen in der Richtung gegen das asiatische Hochland entsprechen; auch weiter nördlich am Ob in den Stationen Tobolsk, Beresew und Obdork auf einem Streifen von 3000 km Länge ist die Schwere durchwegs zu klein; an der Oberfläche ist hier von Massenstörungen nichts zu bemerken. In Europa (mit Ausschluß des südlichen Teiles und der Alpen), von England und Schottland angefangen durch die norddeutsche Tiefebene bis zum Ural ist eine positive Störung zu bemerken, speziell der Harz ist gar nicht kompensiert.

Die Ozeane zeigen einen normalen Verlauf der Schwere. Da sie aber wegen des spezifischen Gewichtes 1 gegenüber 2,7 der übrigen Erdoberfläche einen bedeutenden Massendefekt vorstellen, so folgt, daß der Meeresgrund einer Massenanhäufung entspricht. Dagegen zeigen die Binnenmeere deutliche Abweichungen von der Isostasie.

A. Prey.

Näheres s. R. Helmert, Unvollkommenheiten im Gleichgewichtszustande der Erdkruste. Sitzungsber. der preuß. Akademie der Wissenschaften 1908, XLIV.

Isostere s. Isopykne.

Isotherme. Isothermen heißen diejenigen Kurven, welche in einem Diagramm alle Punkte gleicher Temperatur verbinden. Diese Kurven spielen sowohl in der Meteorologie als auch der reinen Physik eine wichtige Rolle, auf letzterem Gebiet insbesondere für das Studium der Gase und Dämpfe. Sehr häufig wird das Produkt des Druckes p mit

dem Volumen v des Gases, also die Größe pv (vgl. Fig.) als Funktion des Druckes p oder der Dichte $\frac{1}{v}$ dargestellt. Für ein ideales Gas ist die Gleichung der Isotherme durch pv = const. gegeben. Das

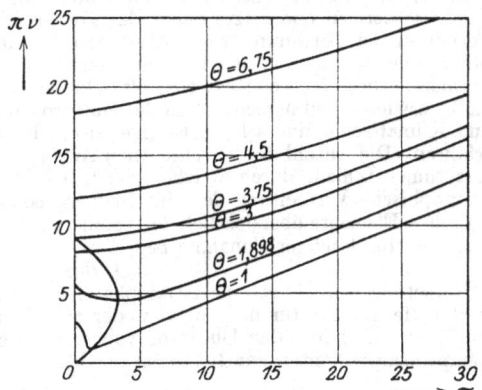

Isothermen für reduzierte Temperaturen.

Produkt ist also unabhängig vom Druck oder der Dichte und die Isothermen verlaufen sämtlich parallel zur p- bzw. $\frac{1}{v}$-Achse. Die Isothermen der wirklichen Gase sind Kurven, die von der geraden Linie besonders stark bei tiefen Temperaturen abweichen. Die Figur stellt die reduzierten Isothermen einer beliebigen Substanz nach der van der Waalsschen Zustandsgleichung (s. d.) für einige reduzierte Temperaturen $\Theta = \frac{T}{T_k}$ (T_k = kritische Temperatur) dar. Als Abszissen sind die reduzierten Drucke $\pi = \frac{p}{p_k}$ (p_k kritischer Druck) und als Ordinaten die reduzierten Produkte $\pi v = \frac{p\,v}{p_k\,v_k}$ (v_k kritisches Volumen) aufgetragen.

Unterhalb $\Theta = 3,375$ besitzt hiernach jede Isotherme ein Minimum, das um so stärker ausgebildet ist, je tiefer die Temperatur Θ liegt. Unter Zuhilfenahme des Gesetzes der übereinstimmenden Zustände (s. d.) kann man aus dem Verlauf einer Isotherme auf die kritische Temperatur eines Gases einen Rückschluß ziehen.

Stellt man die Isothermen in einem Diagramm dar, das p und v als Koordinaten enthält, so müssen sie für den Fall eines idealen Gases als gleichseitige Hyperbeln erscheinen. Bei wirklichen Gasen besitzen sie nur im Falle hoher Temperaturen annähernd die gleiche Gestalt, im übrigen verlaufen sie sehr abweichend davon (vgl. Sättigungsgebiet).

Auf dem Gebiet der Wärmeleitung ist es üblich, von Isothermenflächen zu sprechen. Es sind dies diejenigen Flächen, deren sämtliche Punkte die gleiche Temperatur haben und die in jedem Punkt senkrecht zur Strömungsrichtung der Wärme gelegen sind.

Henning.

Isotherme (Strahlungsisotherme) heißt die Kurve, welche die Strahlung des schwarzen Körpers als Funktion der Wellenlänge darstellt (Plancksches Gesetz; s. Fig. unter Strahlungsgesetze). *Gerlach.*

Isothermen. Flächen gleicher Temperatur. In der Meteorologie bezeichnet dieses Wort, wenn kein

24*

anderer Zusatz gemacht ist, Flächen gleicher Lufttemperatur, die in analoger Weise wie die Isobaren
(s. diese) durch Zeichnung ihrer Schnittlinien mit
dem Meeresniveau kartographisch dargestellt werden
können.

A. v. Humboldt zeichnete als erster 1817
Jahresisothermen und setzte damit das graphische
Verfahren der Zeichnung von Isarythmen an die
Stelle der bis dahin üblichen mathematischen
Formeln. Diese Methode hat sich als sehr zweckmäßig erwiesen und namentlich in der Meteorologie
und Klimatologie eine sehr vielseitige Anwendung
erfahren. Die Anzahl der verschiedenen Arten von
Isarythmen-Linien, durch welche namentlich die
geographische Verbreitung der einzelnen meteorologischen Elemente übersichtlich dargestellt werden
kann, ist in ständiger Zunahme begriffen.

O. Baschin.

Isothermie bezeichnet eine Atmosphärenschicht,
in der die Temperatur nach oben weder ab- noch
zunimmt. Sie bildet den Übergang vom normalen
Temperaturgradienten zur Inversion (s. d.).

Tetens.

Isotopie. Die auf dem Gebiete der Radioaktivität
gewonnenen Erfahrungen haben zur Aufstellung
dieses neuen und für das Verständnis des Charakters eines „chemischen Elementes" ungemein
wichtigen Begriff geführt. Bei dem Zerfall (s. d.)
der radioaktiven Stoffe wird dem neu entstandenen
Zerfallsprodukt sein Platz im periodischen System
der Elemente und damit ein kurzes und vielsagendes
Charakteristikon für sein chemisches Gebaren
zugewiesen durch die sog. „Verschiebungsregel"
(s. d.), derzufolge nach einem α-Zerfall das Umwandlungsprodukt ein um 4 Einheiten vermin-
dertes Atomgewicht besitzt und in eine um zwei
Einheiten tiefer stehende Valenzgruppe rückt,
nach einem β-Zerfall seine Valenz sich bei gleichbleibendem Atomgewicht um eine Einheit vermehrt.
Ist daher — um ein Beispiel herauszugreifen —
eine α-Umwandlung von zwei β-Umwandlungen
gefolgt, so wird die erstere Valenzverschiebung
durch die beiden letzteren wieder rückgängig gemacht, das 3. Zerfallsprodukt liegt somit in derselben Valenzgruppe wie das Ausgangsmaterial
und unterscheidet sich von diesem abgesehen
von seinen geänderten radioaktiven Eigenschaften
jedenfalls durch sein kleineres Atomgewicht. —
So durchlaufen die Zwischenglieder der Uran-
Radiumreihe, ausgehend von dem sechswertigen
Uran, der Reihe nach folgende Valenzgruppen:

von Uran bis Blei waren noch andere, bereits
von chemischen Elementen besetzte Stellen des
periodischen Systemes (vgl. die Fig. am Schlusse
des Kapitels) zu passieren. So kommt das 4-wertige
$U X_1$ auf den Platz des Thoriums, U_{II} auf U_I
(Ausgangspunkt der Ac-Reihe), Io auf Thorium,
Ra B auf Blei, Ra C auf Bi usw. zu liegen. Und
in allen diesen Fällen konnte gezeigt werden,
daß trotz verschiedener Atomgewichte, trotz
anderer Entstehungsgeschichte und Lebensfähig-
keit die sich deckenden Elemente in chemischer
Beziehung als völlig identisch anzusehen sind. —
Ebenso wie die Uranreihe liefern auch die Thorium-
und Actiniumreihe Zerfallsprodukte, die sich als
chemisch gleich mit bereits bekannten Elementen
erweisen. Außerdem wird auch ein Teil der im
Intervall Uran bis Thallium bisher noch unbesetzten Plätze belegt, so die Valenzgruppe ø durch
die Emanationen, —6 durch Polonium, +5 durch
Protoactinium (Pa), +3 durch Actinium und +2
durch Radium.

Solche Elemente nun, die bei verschiedenem
Atomgewicht und bei verschiedener Entstehungsgeschichte völlige chemische Gleichheit zeigen,
werden Isotope genannt. Die einen Platz im
periodischen System belegende Isotopengruppe
nennt man eine Plejade. In der folgenden Tabelle
steht zu Beginn der Isotopen-Zeile deren typischer
Vertreter, dessen chemische Reaktionen von seinen
horizontalen Nachbarn befolgt werden.

Uran	(238,2)	U_I (238), U_{II} (234).
Protoactinium		$U X_1$ (234), Pa (330).
Thorium	(232,2)	$U X_2$ (234), Th (232), Io (230), $U Y$ (230), Rd Th (228), Rd Ac (226).
Actinium		$M Th_2$ (228), Ac (226).
Radium		$M Th_1$ (228), Ra (226), Th X (224), Ac X (222).
Emanationen		Ra Em (222), Th Em (220), Ac Em (218).
Polonium		Ra A (218), Th A (216), Ac A (214), Ra C' (214), Th C' (212), Ac C' (210), Ra F = Po (210).
Wismut	(208,0)	Ra C (214), Th C (212), Ac C (210), Ra E (210).
Blei	(207,2)	Ra B (214), Th B (212), Ac B (210), Ra D (210), Th D (208), Ac D (202?).
Thallium	(204,0)	Ra C'' (210), Th C'' (208), Ac C'' (206).

$$U \xrightarrow{\alpha} UX_1 \xrightarrow{\beta} UX_2 \xrightarrow{\beta} U_{II} \xrightarrow{\alpha} Io \xrightarrow{\alpha} Ra \xrightarrow{\alpha} RaEm \xrightarrow{\alpha} RaA \xrightarrow{\alpha} RaB \xrightarrow{\beta} RaC$$

+VI	+IV	+V	+VI	+IV	+II	0	—VI	—IV	—V
238,2	234,2			230,2	226,2	222,2	218,2	214,2	

$$RaC \xrightarrow{\alpha} RaC''$$
$$RaC \xrightarrow{\beta} RaC' \xrightarrow{\alpha} RaD \xrightarrow{\beta} RaE \xrightarrow{\beta} RaF \xrightarrow{\alpha} RaG$$

—VI	—IV	—V	—VI	—IV

210,2   206,2

Wobei in dem Zerfalls-Schema der Name des
Zerfallsproduktes, die Art des Zerfalles (ob α- oder
β-Zerfall) und darunter die Valenzgruppe angegeben ist; unter letzterer ist dort, wo eine Änderung
gegen früher — also nur nach α-Umwandlung —
eingetreten ist, das Atomgewicht hinzugefügt.
In der negativ vierwertigen Valenzgruppe wird ein
für unsere Meßgenauigkeit stabiles Element, Ra G
erreicht; sein Atomgewicht von 206,2 stimmt
nahe überein mit dem des Bleies (207,2); die Vermutung, daß Ra G identisch sei mit dem ebenfalls
4-wertigen Blei, lag nahe. Aber auf dem Wege

Sind zwei Elemente einer Horizontalreihe einmal
vereint, so gelingt es auf keine Weise, sie nach
den bisher üblichen Methoden zu trennen oder eines
davon relativ anzureichern. Bei allen Fällungen
(oder „Mitreißungen") verteilen sie sich im gleichen
Verhältnis zueinander auf Filtrat und Lösung,
sie zeigen gleiche Verdampfungskurven, also gleiche
Flüchtigkeit, sie zeigen gleiche Dialyse, magnetische
Suszeptibilität und erweisen sich elektrolytisch
gleich, sei es in wässeriger Lösung oder im Schmelzfluß; ihre Zersetzungsspannungen sind identisch,
und sogar im Spektrum, weder im „optischen",

noch im Röntgenspektrum, sind keine Unterschiede wahrnehmbar. Und endlich haben auch diejenigen Vorgänge, bei denen die Masse eine Rolle spielt und wo wegen der Atomgewichtsdifferenzen ein positives Ergebnis zu erwarten wäre, wie bei der Diffusion im Gaszustand, beim Zentrifugieren, bei der elektromagnetischen Analyse der Kanalstrahlen bisher keinen Erfolg gezeitigt.

Dagegen ist die Radioaktivität selbst ein ungemein feines und vollkommenes Hilfsmittel zum Nachweis dessen, daß z. B. irgend eine der oben links stehenden Dominanten eine minimale Spur eines ihr isotopen aktiven Materiales enthält. Man kann mit elektrometrischen Methoden noch die Anwesenheit von 10^{-12} g Ra an seinen α-Strahlen sicher erkennen; wo also mikrochemische (10^{-8} g) und spektralanalytische (10^{-10} g als ungefähre Empfindlichkeitsgrenze) Methoden längst versagen, können durch Zusatz aktiver Isotopen, sog. „Indikatoren" noch quantitative Aussagen gemacht werden, wobei noch der Vorteil erreicht ist, daß Verunreinigungen, die bei mikrochemischer Analyse so einflußreich auf das Ergebnis sind, hier leicht vermieden und unschädlich gemacht werden können.

Aber auch das Hilfsmittel der Radioaktivität versagt, wenn es gilt nachzuweisen, daß in einer Dominante sich ein nicht-aktiver Isotop zugemischt befindet. Dieses Problem taucht z. B. auf, wenn man bestimmen will, ob und wieweit bestimmte Bleisorten als inaktives Folgeprodukt der Uran-, Thorium- oder Actinium-Reihe aufgefaßt werden können, oder allgemeiner, wenn man die naheliegende Vermutung experimentell prüfen will, ob nicht auch andere Elemente, wie die oben angeschriebenen von Uran bis Blei als Dominanten von Plejaden angesehen werden können, deren isotope Glieder inaktiv oder nur so wenig aktiv sind, daß sich ihre Aktivität unseren heutigen Meßmöglichkeiten entzieht. Da eine chemische Unterscheidbarkeit oder Trennung der vermuteten Isotopen anscheinend prinzipiell nicht möglich ist, bleibt nur die absolute oder relative Atomgewichtsbestimmung, die ein Ergebnis zeitigen kann, wann erstens die zu behandelnden Isotopen tatsächlich im Atomgewicht verschieden sind und zweitens in vergleichbaren, wägbaren Mengen vorhanden sind. (Isotopen mit gleichem Atomgewicht bezeichnet man als „isotop höherer Ordnung"; z. B. Io und UY, Ra C' und Ac A usw., wenn unsere Ansichten über die Verzweigungsstelle der Ac-Reihe richtig sind.)

Was die spezielle Frage anbelangt, ob es Bleisorten mit je nach der Entstehungsgeschichte verschiedenem Atomgewicht (A.-G.) gibt, so ist hier eine den Erwartungen entsprechende Entscheidung im bejahenden Sinne bereits getroffen.

Für „gewöhnliches" Blei wurde das
A.-G. bestimmt zu . . . . . . 207,15 ± 0,01
Für thoriumfreies Pb aus dem Uranerz
„Carnotit" (Colorado) . . . . . 206,6 ± 0,01
Für thoriumfreies Pb aus dem Uranerz
„Pechblende" (Joachimsthal) . . 206,6 ± 0,03
Für thoriumfreies Pb aus dem Uranerz
„Uraninit" (Neu Carolina) . . . 206,3 ± 0,1
Für thoriumfreies Pb aus dem Uranerz
„Pechblende" (Morogoro) . . . . 206,05 ± 0,01
Für thoriumfreies Pb aus dem Uranerz
„Bröggerit" . . . . 206,06 ± 0,01

Für das Thoriumerz (60% Th, 40% U)
„Thorianit" . . . . 206,83 ± 0,03
Für das Thoriumerz (1,03% U;
57% Th) „Thorit" . . . . . . 207,77 ± 0,14

Nun sollte ein aus Uran entstandenes Blei das Atomgewicht 206, ein aus Thorium entstandenes 208,2 haben. Und man sieht aus obigen Zahlen, wie das aus thoriumfreien Uranerzen gewonnene Blei fast den Wert 206,0 erreicht, während das aus Thorerzen entstammende Pb auf 206,8, in einem neu untersuchten Fall (Thorit, Norwegen) bis 207,8 steigt. Mit Recht wird man diese Bleisorten als reine bzw. mit gewöhnlichem Pb gemischte Bleiisotopen auffassen. — Die allgemeine Frage, ob auch unter den Elementen, die leichter als Thallium sind, derartige A.-G.-Schwankungen je nach ihrer Herkunft aufzeigbar und daraus weitgehende Schlüsse auf die Existenz weiterer uns noch unbekannter oder überhaupt nur mehr in ihren Endprodukten existierender Zerfallsreihen zu ziehen sind, wurde bisher negativ beantwortet, indem es weder bei Cu, noch bei Fe, Ag, Na, Cl gelungen ist, Atomgewichtsdifferenzen trotz sehr verschiedener Provenienz nachzuweisen. — Außer den eben besprochenen absoluten Atomgewichtsbestimmungen wird oft mit Vorteil eine relative Methode verwendet werden können, die von der durch unsere Vorstellungen über den Atombau nahegelegten Voraussetzung ausgeht, daß isotope Atome, die sich nur durch die Masse und Ladung ihres Kernes, aber nicht durch die Konstitution ihrer Elektronenringe (daher das gleiche chemische und spektrale Verhalten) unterscheiden, gleiches Atomvolumen haben müssen. In diesem Fall müssen sich z. B. Bleisorten verschiedener Abstammung durch ihre entsprechend dem A.-G. geänderte Dichte unterscheiden. So wurde die Dichte des gewöhnlichen Bleies zu 11,337, des von Uran stammenden zu 11,289 bestimmt. In die Atomgewichte von 207,2 bzw. 206,3 hinein dividiert ergibt dies tatsächlich die gleichen Atomvolumina 18,277 bzw. 18,274. Unter gewissen Voraussetzungen, die experimentell bestätigt werden konnten, ist diese relative A.-G.-Bestimmung auch auf Lösungen anwendbar.

Die experimentell genügend fundierte Tatsache der Existenz von Isotopen hat nun weittragende Folgen für den Elementenbegriff. Bisher galten die Eigenschaften der Elemente als periodische Funktionen der Atomgewichte. Diese Auffassung ist nun nicht mehr haltbar, denn einerseits finden wir in den Horizontalreihen der eingangs angeführten Plejaden-Tabelle Elemente mit gleichen Eigenschaften und verschiedenem Atomgewicht, andrerseits lassen sich in vertikaler Richtung leicht Elemente mit gleichem Atomgewicht bei verschiedenen chemischen Eigenschaften finden (Rd Ac und Ac; Ac X und Ra Em, Ra B, Ra C und Ra C' usw.). Das Atomgewicht ist sonach nicht das bestimmende Moment für das chemische Gehaben, was sich ja auch in störenden Abweichungen bei der bisher üblichen Auffassung dokumentiert hat (z. B. in der sinnwidrigen Reihenfolge für die Elementenpaare Ar und Kr, Co und Ni, Te und J usw. oder bei den seltenen Erden). — Nach den neuen Anschauungen wird als Parameter statt des Atomgewichtes die sogenannte Kernladung (vgl. den Artikel Atommodell) eingeführt, die von 1 für Wasserstoff beginnend in der Zahlenreihe ansteigt bis 92 bei Uran. Diese Einführung wird gerechtfertigt durch hypothetische

Vorstellungen über den Bau des Atomes und durch experimentelle Errungenschaften auf dem Gebiete der Röntgenspektroskopie, wonach die Kernladung in bestimmter einfacher Beziehung zur Frequenz der „charakteristischen" Serien und damit im Zusammenhange mit der, auch die chemischen Eigenschaften bedingenden Anordnung der im Atom kreisenden Elektronen zu setzen ist. Im Zusammenhange mit diesen Ausführungen sei eine, diesen neueren Anschauungen entsprechende Darstellung des periodischen Systems der Elemente wiedergegeben. Die verschieden breiten Rahmen sollen den Gang der Atomvolumina schematisch andeuten. Die Maxima der Atomvolumina (Elemente der Alkaligruppen) sind in die Mitte gestellt. Unter jedem Element-Symbol sind Atomgewicht und Ordnungszahl (Kernladung) angegeben.

K. W. F. Kohlrausch.

Periodisches System der Elemente.

Negative Valenz-Zahl der Elektronen die aufgenommen werden können: Positive Valenz-Zahl der Elektronen die abgegeben werden können:

(−7) +1	(−6) +2	(−5) +3	−4 +4	−3 +5	−2 +6	−1 +7	0	+1 (−7)	+2 (−6)	+3 (−5)	+4 −4	+5 −3	+6 −2	+7 −1	+8
							Symbol **Atomgewicht** **Ordnungszahl:** H 1,008 1								
							He 4,00 2	Li 6,94 3	Be 9,1 4	B 11,0 5	C 12,0 6				
				N 14,0 7	O 16,0 8	F 19,0 9	Ne 20,2 10	Na 23,0 11	Mg 24,3 12	Al 27,1 13	Si 28,3 14				
				P 31,0 15	S 32,1 16	Cl 35,5 17	Ar 39,9 18	K 39,1 19	Ca 40,1 20	Sc 45,1 21	Ti 48,1 22	V 51,0 23	Cr 52,0 24	Mn 54,9 25	Fe 55,8 26 · Co 59,0 27 · Ni 58,7 28
Cu 63,6 29	Zn 65,4 30	Ga 69,9 31	Ge 72,5 32	As 75,0 33	Se 79,2 34	Br 79,9 35	Kr 82,9 36	Rb 85,5 37	Sr 87,6 38	Y 88,7 39	Zr 90,6 40	Nb 93,5 41	Mo 96,0 42	? 43	Ru 101,7 44 · Rh 102,9 45 · Pd 106,7 46
Ag 107,9 47	Cd 112,4 48	Jn 114,8 49	Sn 118,7 50	Sb 120,2 51	Te 127,5 52	J 126,9 53	X 130,2 54	Cs 132,8 55	Ba 137,4 56	La 139,0 57	Ce 140,3 58	Pr 140,9 59	Nd 144,3 60	? 61	Sm 150,4 62 · Eu 152,0 63 · Gd 157,3 64
Tb 159,2 65	Dy 162,5 66	Ho 163,5 67	Er 167,7 68	Tu I 168,5 69	Die seltenen Erden sind nicht bestimmt zugeordnet				Ad 173,5 70	Cp 175,0 71	TuII — 72	Ta 181,5 73	W 184,0 74	? 75	Os 190,9 76 · Jr 193,1 77 · Pt 195,2 78
Au 197,2 79	Hg 200,6 80	Tl 204,0 81	Pb 207,2 82	Bi 208,0 83	Po 210 84	? 85	Em 222 86	? 87	Ra 226,0 88	Ac (230) 89	Th 232,1 90	Pa 91	U 238,2 92		
I	II	III	IV	V	VI	VII	0	I	II	III	IV	V	VI	VII	VIII

Gruppen-Nummer   **B** (Die Atomvolumina nehmen von der Mitte nach beiden Seiten ab.) **A**

Isotropes Dielektrikum. Als isotropes Dielektrikum bezeichnet man ein Dielektrikum, das nach keiner Richtung hin irgendwie ausgezeichnet ist, sondern in jeder Dimension dieselben Eigenschaften besitzt. *R. Jaeger.*

Isozyklisches System s. Koordinaten der Bewegung.

Isthmusmethode. Mit den gewöhnlichen Meßanordnungen läßt sich die Untersuchung der Magnetisierbarkeit ferromagnetischer Körper nur bis zu einer mäßigen Feldstärke, etwa von der Größe $\mathfrak{H} = 500$, ohne erhebliche Schwierigkeiten ausdehnen. Zur Erreichung höherer Feldstärken bedient man sich der von Ewing angegebenen Isthmusmethode, bei welcher der hohe, in den Schenkeln eines Elektromagnets erzeugte Induktionsfluß mittels konischer Polstücke in ein kurzes, dünnes Stäbchen, den sog. Isthmus, zusammen-

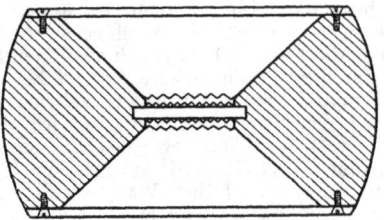

Fig. 1. Verbesserte Isthmusanordnung.

gepreßt wird. Dieses Stäbchen ist mit zwei Sekundärspulen von genau gleicher Windungszahl umgeben, die mit dem ballistischen Galvanometer verbunden werden können. Zwischen der ersten und zweiten Spule ist ein kleiner Zwischenraum gelassen. Dreht man mittels eines Handgriffs das aus Isthmus und den beiden Polstücken bestehende Mittelstück (s. Fig. 1) um 180°, so ist, wenn nur die innere Spule mit dem ballistischen Galvanometer verbunden ist, der entstehende Ausschlag proportional dem Induktionsfluß im Isthmus. Sind jedoch beide Spulen gegeneinander geschaltet, so erfolgt bei der Induktion im Stäbchen selbst kein Stromstoß, da beide Spulen einen gleich großen, aber entgegengesetzt gerichteten hervorbringen würden; dagegen bringt die äußere Spule noch einen Stromstoß hervor, welcher von den Kraftlinien herrührt, die im Zwischenraum zwischen den beiden Spulen verlaufen; diese sind aber proportional der Feldstärke, welche hier und angenähert auch innerhalb des Stäbchens herrscht. Man kann also, vorausgesetzt daß man den Querschnitt des Luftraums zwischen den beiden Spulen genau genug kennt, durch zwei aufeinanderfolgende Galvanometerausschläge sowohl die Induktion im Stäbchen als auch die dazu gehörige Feldstärke ermitteln.

Nimmt man, wie Ewing dies tat, den Isthmus kurz und stellt ihn mit den zugehörigen Polstücken aus einem Stück her, so kann man mit Hilfe eines starken Elektromagnets bis zu sehr erheblichen Feldern von mehreren zehntausend Gauß kommen, man ist jedoch zur Bestimmung des Querschnitts zwischen den beiden Spulen auf die unsichere mechanische Ausmessung durch Taster und dgl. angewiesen, worunter die Genauigkeit der ganzen Messung erheblich leidet. Genauere Werte bei bequemerer Ausführung liefert die Anordnung von Gümlich, welcher stets dieselben Polstücke aus weichem Material verwendet, in deren Bohrung die Isthmusstäbchen aus den verschiedenen Versuchsmaterialien eingelassen werden (s. Fig. 2).

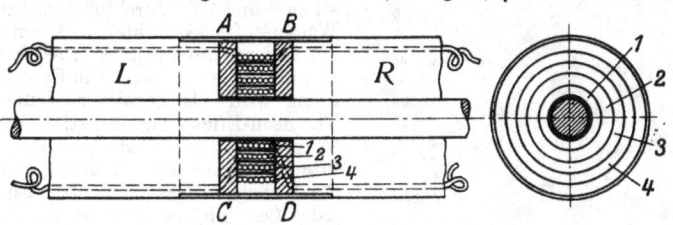

Fig. 2. Joch-Isthmusmethode: Einsatz.

Die Windungsflächen der beiden Meßspulen, die über das Stäbchen geschoben werden, lassen sich in einer Normalspule von bekannter Feldstärke magnetisch sehr genau ermitteln. Die Anordnung bietet im Gegensatz zu der von Ewing einen direkten Anschluß an die Jochanordnung, da sie gestattet, bis auf etwa H = 150 herunterzugehen. Der mit dem kleinsten Modell des Halbringelektromagnets von du Bois erreichbare Höchstwert von 4000 bis 5000 Gauß ist zwar sehr viel niedriger, als bei der Ewingschen Anordnung, reicht aber für die gewöhnlichen Eisensorten zur Bestimmung der magnetischen Sättigung noch aus und läßt sich auch durch Verkürzung des Interferrikums nach Bedarf noch steigern.

Eine weitere Verbesserung stellt die ebenfalls von Gumlich herrührende Joch-Isthmusmethode dar. Als Probe dienen die für die gewöhnlichen Jochmessungen verwendeten zylindrischen Stäbe, die in einem aus zwei Stücken bestehenden ausgebohrten Zylinder L—R aus weichem Eisen Platz finden, welcher seinerseits von der Magnetisierungskurve des Jochs umschlossen wird. Beide durch die Messinghülse F zusammengehaltenen Teile sind magnetisch getrennt durch das Interferrikum A B C D von etwa 1 cm Breite (Fig. 2), welches vier Spulen von gleicher Windungszahl enthält, die in kleinem Abstand voneinander auf einen dünnen Messingkern gewickelt sind; sie lassen sich, wie die Spulen bei der Isthmusmethode, einzeln oder gegeneinander geschaltet mit dem ballistischen Galvanometer verbinden. Durch den in der Jochspule verlaufenden Strom wird der Einsatz L R und der Probestab magnetisiert, und zwar letzterer in dem Interferrikum besonders stark. Der beim Kommutieren des Magnetisierungsstroms beobachtete Ausschlag des Galvanometers, wenn dies mit der innersten Spule allein verbunden ist, entspricht der Induktion im Stab, während die Ausschläge, welche man mit Hilfe der gegeneinander geschalteten Spulen $^1/_2$; $^2/_3$; $^3/_4$ erhält, den Feldstärken in den betreffenden, von den Spulenkombinationen eingeschlossenen Ringzonen proportional sind, deren Querschnitte natürlich durch Messung im Feld einer Normalspule genau bekannt sein müssen. Da sich die Feldstärke in der Nähe des Stabes radial nach außen hin nicht unerheblich ändert, so kann man diese drei Werte dazu benützen, durch Extrapolation die wahre Feldstärke an der Staboberfläche und somit auch im Innern des Stabes zu finden.

Hier, wie auch bei der gewöhnlichen Isthmusmethode, sind bei der Bestimmung der Induktion die zwischen Stab und Induktionsspule verlaufenden Kraftlinien des Feldes, welche bei der Induktionsmessung mitgemessen werden und eine sehr erhebliche Fehlerquelle bilden, zu berücksichtigen.

Die Anordnung liefert in der Ausführung der Reichsanstalt Feldstärken bis zu etwa 7500 Gauß, gibt einen direkten Anschluß an die Jochmessungen und eignet sich in etwas abgeänderter Form auch zur Bestimmung des Sättigungswertes von Dynamoblech. *Gumlich.*

Näheres s. Gumlich, Leitfaden der magnetischen Messungen.

J

Jäderindrähte, Jäderinbänder s. Basisapparate.

Jahr, siderisches und tropisches. Umlaufszeit der Erde um die Sonne. Siderisches Jahr ist die Zeit, die die Sonne in ihrer scheinbaren Bewegung braucht, um wieder zu dem gleichen Fixstern zu gelangen. Die Dauer des siderischen Jahres beträgt 365^d 6^h 9^m 9^s.

Das tropische Jahr ist die Zeit, die verstreicht, bis die Sonne vom Frühlingspunkt zum Frühlingspunkt zurückgekehrt ist. Da die Äquatorebene infolge der Präzessionsbewegung rückwärtsrollt, der Frühlingspunkt also nach Westen rückt, so ist das tropische Jahr um etwa 20^m kürzer als das siderische. Es dauert 365^d 5^h 48^m 46^s. Das tropische Jahr ist für die Jahreszeiten maßgebend, deswegen wird das bürgerliche diesem angepaßt. Vgl. Kalender. *Bottlinger.*

Jeans' Strahlungsgesetz s. Strahlungsgesetze; s. a. Rayleigh-Jeans' Gesetz.

Jelletscher Halbschatten-Polarisator s. Polarimeter.

Jochmethode. — Die Jochmethode dient zur magnetischen Untersuchung von Materialien in Form von Stäben oder von Blechstreifen nach der ballistischen Methode (s. dort). Der zu untersuchende Probekörper wird umschlossen von einer Magnetisierungsspule S (vgl. Fig.) und einer darunter befindlichen Sekundärspule s, die mit dem ballistischen Galvanometer verbunden ist. Durch das Joch J, welches den Probestab mittels der Klemmbacken B zu einem vollkommenen magnetischen Kreise schließt, wird verhindert, daß sich freier Magnetismus an den Enden des Stabes bildet, der entmagnetisierend auf die Probe zurückwirken würde. Vollkommen gelingt dies allerdings nicht; infolgedessen bedürfen die auf diese Weise gewonnenen Magnetisierungskurven stets noch einer Verbesserung, der sog. Scherung;

man erhält sie dadurch, daß man einen im Joch untersuchten Stab von ähnlichen magnetischen Eigenschaften zum Ellipsoid abdreht und mit dem Magnetometer (s. dort) untersucht; ein Vergleich der so gewonnenen absoluten mit den durch die Jochmessung erhaltenen Werte liefert die an der Feldstärke anzubringenden Scherungswerte.

Das Joch soll hohe Anfangspermeabilität und großen Querschnitt besitzen; außerdem muß der

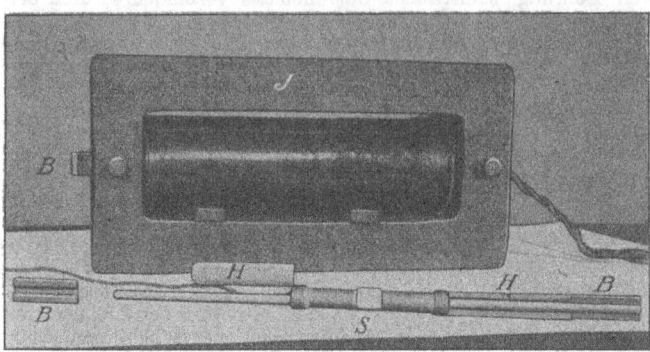

Joch für magnetische Untersuchungen.

Probestab unter Vermeidung größerer Luftschlitze mittels sog. Klemmbacken aus weichem Eisen eng mit dem Joch verbunden werden, damit der magnetische Widerstand, welchen Luftschlitze und Jochteile dem Induktionsfluß entgegensetzen, möglichst gering wird. Auch andere Meßanordnung, wie der Koepselsche Magnetisierungsapparat, die Präzisionswage von du Bois und dgl. machen von der Jochanordnung Gebrauch, obwohl die Meßanordnung auf anderen Prinzipien beruht.

Gumlich.

Näheres s. Gumlich, Leitfaden der magnetischen Messungen.

Jodvoltameter s. Voltameter.

Joule-Thomson-Effekt. Nachdem Joule gefunden hatte, daß der Eintritt eines Gases in ein Vakuum nicht von einer kalorimetrisch nachweisbaren Wärmeumsetzung begleitet ist, erdachte William Thomson (Lord Kelvin) eine empfindlichere Versuchsanordnung, indem er das Gas bei Verhinderung des Wärmeaustausches mit der Umgebung kontinuierlich durch einen porösen Stopfen strömen ließ. Diese in Gemeinschaft mit Joule angestellten Versuche führten zu dem Ergebnis, daß das Gas auf beiden Seiten des Stopfens einen Temperaturunterschied aufwies. Während bei dem ursprünglichen Experiment von Joule allein diejenige Energie in Form von Wärmeabsorption gemessen werden sollte, welche die Gasmoleküle verbrauchen, wenn sie, ihr Volumen vergrößernd, die Kräfte der gegenseitigen Anziehung überwinden, so kam bei dem Versuch von Joule und Thomson neben dieser sog. inneren Arbeit A_i noch eine äußere Arbeit A_a zur Geltung, welche durch die Fortbewegung der Gasmassen entsteht. Besitzt das Gas vor dem Stopfen bzw. der Drosselstelle den Druck p_1 und das spezifische Volumen v_1 und hinter dem Stopfen entsprechend den Druck p_2 und das spezifische Volumen v_2, so muß das Gas zu seiner eigenen Fortbewegung bei unendlich langsamer Strömung, die Arbeit $p_2 v_2$ pro Gramm leisten, während es durch den Kompressor, der für die Aufrechterhal-

tung der Druckdifferenz $p_1 - p_2$ sorgt, die Energie $p_1 v_1$ pro Gramm empfängt, so daß die äußere Arbeit als $A_a = p_2 v_2 - p_1 v_1$ darstellbar ist. Diese Größe kann positiv oder negativ sein; sie kann sogar so stark negativ sein, daß sie den stets positiven Wert A_i überwiegt und die ganze Arbeit $A_i + A_a$ negativ ist. Dann tritt, falls der Vorgang so erfolgt, daß kein Wärmeaustausch mit der Umgebung stattfinden kann, keine Abkühlung des Gases, sondern eine Erwärmung ein. Eine solche wurde von Joule und Thomson, die ihre Versuche zwischen 0 und 100° durchführten, für Wasserstoff beobachtet, während alle anderen untersuchten Gase eine Abkühlung aufwiesen. Die Erwärmung wird als negativer Joule-Thomson-Effekt bezeichnet. Das Vorzeichen sowohl als der absolute Betrag des Effekts hängt von der Versuchstemperatur ab. Für jedes Gas gibt es eine bestimmte Temperatur, bei der der Joule-Thomson-Effekt Null ist. Das ist die sog. Inversionstemperatur (s. Inversionskurve).

Bei Ausschluß jeglichen Wärmeaustausches mit der Umgebung muß die Arbeitsleistung A_a ihr Äquivalent in der Änderung der inneren Energie u des Gases finden. Ist dieselbe vor der Druckänderung u_1, nach der Druckänderung u_2, so gilt die Beziehung $u_1 - u_2 = p_2 v_1 - p_1 v_1$; oder die Größe $u + pv$, welche von Kamerlingh Onnes als Enthalpie bezeichnet wird, häufig aber Wärmeinhalt oder Erzeugungswärme des Gases genannt wird (vgl. auch Wärmefunktion), muß bei dem Prozeß konstant bleiben.

Man unterscheidet zwischen dem differentialen und dem integralen Joule-Thomson-Effekt. Der erstere findet bei einer differential kleinen Druckdifferenz auf beiden Seiten des Stopfens statt, indem das Gas vom Druck p zum Druck p — dp entspannt wird; der zweite findet bei endlicher Druckdifferenz statt, indem das Gas vom Druck p bis zum Druck 1 oder 0 übergeht.

Die Temperaturänderung ΔT des Gases bei der Druckänderung Δp läßt sich aus der Summe von innerer und äußerer Arbeit berechnen, wenn die spezifische Wärme c_p und der Ausdehnungskoeffizient des Gases bekannt sind. Die Thermodynamik liefert folgende streng gültige Beziehung

$$\Delta T = \frac{1}{c_p} \left[T \left(\frac{\partial v}{\partial T} \right)_p - v \right] \cdot \Delta p.$$

Hieraus folgt unter Annahme der vereinfachten Clausiusschen Zustandsgleichung $\left(p + \dfrac{a}{v^2 T} \right)(v - b) =$ RT und nach Ersatz der Konstanten a, b, R durch die kritische Temperatur T_k und das kritische Volumen v_k die Beziehung

$$\Delta T = c_p \left[\frac{3a}{RT^2} - b \right] \Delta p = c_p \left[\frac{9}{2} \left(\frac{T_k}{T} \right)^2 - \frac{1}{4} \right] v_k \cdot \Delta p,$$

welche in geringen Druckgrenzen befriedigend mit der Erfahrung übereinstimmt.

Aus der letzten Gleichung ergibt sich z. B. für Kohlensäure von 0°, daß die Temperatur dieses Gases um 1,4° sinkt, wenn der Druck um 1 Atm. abnimmt. Ferner ersieht man aus ihr, daß für den differentialen Joule-Thomson-Effekt die Inversionstemperatur T_i durch die Beziehung $T_i = \sqrt{18}\,T_k$ gegeben ist.

Bei höheren Drucken zeigt sich indessen eine Abhängigkeit des Joule-Thomson-Effektes vom Druck selbst, so daß auch die Inversionstemperatur (s. Inversionskurve) mit dem Druck wechselt.

Die wichtigste Anwendung hat der Joule-Thomson-Effekt bei der Verflüssigung der Gase, insbesondere der Luft, gefunden. Entspannt man Luft, die bei —100° einen Druck von 136 Atm. besitzt, durch eine Drosselstelle auf 1 Atm., so tritt eine Abkühlung um 92° und damit sofortige Kondensation ein.

Joule und Thomson stellten ihre bis 6 Atm. und im Temperaturintervall zwischen 0 und 100° ausgeführten Versuche durch die Beziehung $\alpha = a\left(\dfrac{273}{T}\right)^2$ dar, in der α die in Celsiusgraden ausgedrückte Abkühlung bedeutet, wenn bei der Anfangstemperatur T (in absoluter Zählung) der Druckabfall 1 Atm. beträgt. Sie fanden für Kohlensäure a = 1,35, für Luft a = 0,27. Spätere Beobachtungen haben gezeigt, daß a eine Funktion des Druckes ist, die für Luft mit steigendem Druck abnimmt. Für ein größeres Temperaturintervall trifft die von Joule und Thomson angegebene Abhängigkeit von der Temperatur nicht mehr zu.
Henning.

Joulesche Wärme. Wird ein elektrischer Strom durch einen Leiter geführt, so entsteht in diesem Wärme, die als Joulesche Wärme bezeichnet wird, da Joule die Gesetzmäßigkeiten dieser Erscheinung für den Fall des Gleichstroms zum erstenmal feststellte. Er beschickte stromdurchflossene Drähte, die in einem Kalorimeter angeordnet waren, mit verschieden starken Strömen und fand, daß die in der Zeit t erzeugte Wärme Q außer der Zeit t sowohl dem Quadrat der Stromstärke i als auch dem Widerstand R des Drahtes proportional ist. Hieraus folgt also die Beziehung $Q = k \cdot i^2 \cdot R \cdot t$, wenn k eine Konstante bezeichnet, die von der Wahl der Einheiten abhängt, in denen die einzelnen Größen der Gleichung gemessen werden. Nach dem Ohmschen Gesetz ist der Widerstand $R = \dfrac{V}{i}$, d. h. gleich dem Quotienten aus der Potentialdifferenz an den Enden des betrachteten Drahtstückes und der Stromstärke. Somit erhält man auch die Gleichung $Q = k\,i\,V\,t$. Die linke Seite stellt eine Energiegröße dar. Man erkennt, daß die rechte Seite als eine Arbeitsgröße zu deuten ist, da die Potentialdifferenz V die Arbeit bezeichnet, welche geleistet wird, wenn die Einheit der Elektrizitätsmenge das Leiterstück durchläuft und die Stromstärke i der Elektrizitätsmenge proportional ist, die pro Sekunde durch den Querschnitt fließt.

Die Größe $i\,V$ bzw. i^2R heißt Watt, falls i in Amp., V in Volt, R in Ohm gemessen wird. Sie stellt eine Leistung (= Energie pro Sekunde) dar. Auf das mechanische Maßsystem umgerechnet ist ein Watt = 10^7 Erg/sec = 0,1020 Meterkilogramm/sec = 0,00136 Pferdestärken, falls die elektrischen Einheiten in absolutem Maße gemessen sind.

Dauert die Leistung von ein Watt eine Sekunde lang, so erhält man die Energie einer Wattsekunde = 1 Joule = 10^7 Erg.

Während das internationale Amp. sehr nahe gleich dem absoluten Amp. ist, muß nach den neuesten Messungen der Physikalisch-Technischen Reichsanstalt ein internationales Ohm gleich 1,00051 absolute Ohm gesetzt werden, so daß ein in internationalen Einheiten gemessenes Watt mit $1,00051 \cdot 10^7$ Erg/sec gleichwertig ist und die übrigen Umrechnungsgrößen entsprechend zu verändern sind.

Bei der Umrechnung auf kalorisches Maß ist, ebenfalls nach neueren Beobachtungen der Physikalisch-Technischen Reichsanstalt, 1 Joule = 0,2390 cal_{15} zu setzen.

Die Joulesche Wärme gestattet auf einfache Weise sowohl sehr hohe Temperaturen, wie etwa in den elektrischen Öfen oder den Metallfadenlampen, zu erzeugen und auch beliebig gewählte Temperaturen konstant zu halten. Die vielseitige Verwendbarkeit der Stromwärme hat Technik und messende Physik außerordentlich gefördert und die Genauigkeit der Beobachtungs-Ergebnisse gegenüber den Zeiten der Gas- und Kohlenfeuerung erheblich verschärft. Man eicht nicht nur Kalorimeter durch rein elektrische Messungen mittels der Stromwärme, sondern man benutzt in den Hitzdrahtinstrumenten auch die Joulesche Wärme zur Messung von Stromstärken bei Gleich- und Wechselstrom oder man bestimmt aus dem Widerstand bzw. der Temperatur eines solchen Hitzdrahtes, dem stets die gleiche elektrische Energie zugeführt wird, die Wärmeableitung und den Druck des ihn umgebenden Gases.

Für den Fall des Wechselstroms ist die in der Zeit t erzeugte Joulesche Wärme durch den Ausdruck $Q = k \int_0^t i\,V\,dt$ gegeben, wenn i und V die Momentanwerte des Stromes und der Spannungsdifferenz bezeichnen. Die durch das Integral dargestellte Stromleistung ist gleich dem Produkt der effektiven Stromstärke i_e mit der effektiven Potentialdifferenz V_e und dem Cosinus des Winkels φ der Phasenverschiebung; also $Q = k \cdot i_e\,V_e \cos \varphi$.

Das Gesetz der Jouleschen Wärme ist für Gleichstrom bis in die neueste Zeit hinein vielfach mit sehr großer Schärfe geprüft worden, insbesondere gelegentlich der Bestimmungen des Wärmeäquivalentes in elektrischen Einheiten. So ist von Dieterici diejenige Eismenge, welche durch die Stromenergie einer Wattsekunde zum Schmelzen gebracht wird, unabhängig von Widerstand und Stromstärke gefunden worden. Dasselbe gilt von der Stromenergie, die nötig ist, um Wasser bei einer bestimmten Temperatur um 1° zu erwärmen.

Unter der Annahme, daß das Gesetz für Gleichstrom ohne Einschränkung Gültigkeit besitzt, läßt sich seine für den Fall des Wechselstroms zutreffende Form aus rein theoretischen Betrachtungen ableiten.
Henning.

Juliussche Aufhängung s. Aufhängung.

Junkerssches Kalorimeter. Das Junkerssche Kalorimeter dient zur Ermittelung der Verbrennungswärme von Gasen, insbesondere von Leuchtgas. Das verbrennende Gas erhitzt einen in einem Rohr vorbeigeführten Wasserstrom. Fließen in 1 sec m g Wasser durch das Rohr und sind die Temperaturen des Wassers beim Eintritt und beim Austritt t_1 und t_2, so nimmt das Wasser in jeder Sekunde $m(t_2 - t_1)$ cal von dem verbrennenden Gase auf. Diese Wärmemenge ist gleich dem Produkt aus der in der Sekunde verbrauchten Gasmenge Mg mit dessen Verbrennungswärme Q, also ist $m(t_2 - t_1) = MQ$, woraus folgt $Q = \dfrac{m}{M}(t_2 - t_1)$ cal. — Die Wärmeverluste sind durch Änderung der Versuchsbedingungen (Ge-

schwindigkeit des Wasserstroms, Gasmenge) zu ermitteln und in Rechnung zu stellen.   *Scheel.*

Näheres s. Zeitschrift für Instrumentenkunde 15, 408—410. 1895.

Jupiter s. Planeten.

K

Kadmiumelement s. Westonelement.

Käfig s. Faradayscher Käfig.

Kälteeinbrüche. Kältere Luft hat das Bestreben, sich unter wärmerer auszubreiten. Aus Laboratoriumsversuchen ergibt sich, daß die kalte Luft an der Front mit einem Kopf vorstößt. Der Vorstoß wird durch Abfall des Geländes verstärkt, wie z. B. an der norwegischen Küste kalte Luft mit großer Energie wasserfallartig vom Gebirge zum Meere abstürzt. Auch auf ebenem Gelände schöpft der Kälteeinbruch seine Energie aus dem Verlust an potentieller Energie beim Niedrigerwerden der kalten Masse. Für die Geschwindigkeit von Kälteeinbrüchen ergibt sich $v = \dfrac{2}{3}\sqrt{\dfrac{2 g h \,\varDelta T}{T}}$, wobei h die Höhe der kalten Luftmasse ist, oder näherungsweise $v = \dfrac{1}{6}\sqrt{h \cdot \varDelta T} = 10\sqrt{\varDelta\, p}$, da $h = -\dfrac{R\,T^2}{p}\cdot\dfrac{\varDelta p}{\varDelta T}$ ist. Die Kaltluft, die aus dem Nordpolarbecken hervorbricht, wird zunächst durch die Erdrotation nach Westen abgelenkt, gerät dann unter den Einfluß der in den oberen Schichten vorherrschenden westöstlichen Strömung und wird nach Osten abgelenkt. Solche Kältewellen wandern durch ganz Asien bis zum Stillen Ozean. (Vgl. Hann, Lehrb. d. Meteorol. S. 556.)   *Tetens.*

Kältemischung s. Bäder konstanter Temperatur.

Kaleidophon s. Sichtbarmachung von Schallschwingungen.

Kalender. Der Kalender dient dem Zeitmaß über längere Zeiträume. Die Einheiten sind Jahr, Monat, Woche, Tag. Da diese Größen nicht kommensurabel sind, es aber von Wichtigkeit ist, daß die gleichen Monate stets mit der gleichen Jahreszeit zusammenfallen, hat man Vereinbarungen über die Zählung getroffen. Der Monat (synodischer Mondumlauf) beträgt $29^1/_2$ Tage, so daß ein Jahr $12^1/_2$ Monate hätte. Statt dessen hat der Julianische Kalender (unter C. J. Caesar eingeführt) das Jahr in zwölf Monate eingeteilt, ferner den Begriff Schaltjahr eingeführt. Die für die klimatischen Jahreszeiten maßgebende Umlaufszeit der Erde um die Sonne ist das tropische Jahr (Dauer der Sonnenbewegung von Frühlingspunkt zu Frühlingspunkt). Es beträgt 365,24220 Sonnentage. Der Julianische Kalender nahm die Näherung 365,25 an, machte das gewöhnliche Jahr zu 365 Tagen und jedes vierte als sog. Schaltjahr zu 366 Tagen. Die Russen rechneten bis zur Revolution 1917 nach diesem Kalender. Erst im 16. Jahrhundert wurde unter Papst Gregor XIII. eine Kalenderreform vorgenommen, die damals schon im ganzen Abendland eingeführt wurde. Die julianische Rechnung war infolge der Näherung 365,25 um 10 Tage zurückgeblieben, es wurden deswegen ebensoviel Tage in der Zeitrechnung übersprungen und der 5. Oktober 1582 alten Stils der 15. Oktober 1582 neuen Stils genannt. Ferner

wurde festgesetzt, daß zur Jahrhundertwende das Schaltjahr ausfalle, mit Ausnahme der durch 4 teilbaren Jahrhundertzahlen. Auf diese Weise bleibt der Fehler nahezu 3000 Jahre kleiner als ein Tag und kann jederzeit durch Einschalten bzw. Fortlassen eines Schalttages behoben werden. Die Wochenrechnung ist seit etwa 3000 Jahren ohne Rücksicht auf Kalenderreformen fortlaufend durchgeführt.

Unzulänglichkeiten des Gregorianischen Kalenders, wie die Beweglichkeit des Osterzyklus, will der von verschiedenen Seiten vorgeschlagene feste Kalender beseitigen. Es soll darin jeder Jahrestag ein bestimmter Wochentag sein. Der eine bei 52 Wochen überzählige Tag soll als Neujahrstag nicht den Namen eines Wochentages tragen und ebensowenig der in den Schaltjahren einzuschaltende Johannistag. Auf diese Weise entspricht jedem Datum durch ein bestimmter Wochentag. Der Osterzyklus ist natürlich bei diesem Kalender festgelegt.   *Bottlinger.*

Näheres s. Newcomb Engelmann, Populäre Astronomie.

Kaliberfaktor s. Quecksilbernormale.

Kalibrierung von Thermometern s. Quecksilberthermometer.

Kalium als radioaktiver Körper. Kalium sendet nicht nur unter Einfluß des sichtbaren und ultravioletten Lichtes eine Elektronenstrahlung (Hallwachseffekt) aus, sondern auch im Dunkeln. Daß diese β-Strahlung nicht etwa eine von der stets vorhandenen „natürlichen" γ-Strahlung hervorgerufene Sekundärstrahlung, der dann ebenfalls lichtelektrischer Charakter zukäme, ist, wurde experimentell bewiesen. Daß die spontane Abgabe von Elektronen eine Atomeigenschaft ist, erkennt man daraus, daß sie weder chemisch noch physikalisch beeinflußbar ist; in jeder beliebigen Existenzform, ob als Mineral oder als in pflanzlichen und tierischen Stoffen vorkommende Salze, ist immer die Aktivität proportional dem Gehalt an Kalium-Element und z. B. durch Temperaturänderungen nicht zu beeinflussen. Kalium sendet nur weiche β-Strahlen aus, keine α-Strahlen. Aus elektrischen und magnetischen Ablenkungsversuchen ergibt sich die Geschwindigkeit der Elektronen zu etwa $2.10^{10}\ \dfrac{cm}{sec}$; die Strahlung ist wenig durchdringlich. Sie vermag von 1 cm² Oberfläche stammend einen Sättigungsstrom von ungefähr 10^{-6} st. E. zu unterhalten, was etwa dem 100sten Teil des von $U_3 O_8$ unter gleichen Umständen erzeugten Sättigungsstrom entspricht. Umwandlungsprodukte wurden bisher keine gefunden, so daß die Annahme gemacht wird, die Elektronen entstammen nicht dem Kern des Atomes, sondern den Ringen. Man kann einen Zusammenhang finden mit der Tatsache, daß Kalium, sowie das an anderer Stelle besprochene Rubidium und das allerdings nicht oder mit einer für den experimentellen Nachweis zu weichen β-Strahlung strahlende Cäsium die Elemente mit dem höchsten Atomvolumen und daher vielleicht von verminderter Stabilität sind (vgl. „Rubidium").

K. W. F. Kohlrausch.

Kalkspat. Als wasserheller Kalkspat wird er wegen seiner Doppelbrechung zu vielen optischen Instrumenten benutzt. Er gehört zu den einachsigen Kristallen des hexagonalen Systems, bei welchem die Richtung der optischen Achse mit der kristallographischen Hauptachse zusammenfällt, und kristallisiert in großen Rhomboedern oder hexagonalen Formen. Seine chemische Zusammensetzung ist $CaCO_3$, also die des Kalziumkarbonats; jedoch sind in den meisten Varietäten kleine Beimischungen der isomorphen Karbonate von Magnesium oder Eisen vorhanden, welche natürlich die Eigenschaften des Kalkspats in geringem Maße beeinflussen werden. Seine Doppelbrechung ist sehr stark, z. B. beträgt das Lichtbrechungsverhältnis, bezogen auf Luft von 18°, für Natriumlicht beim ordentlichen Strahl 1,6585; beim außerordentlichen 1,4864. Gerade wegen seiner starken Doppelbrechung wird der Kalkspat vorzugsweise zu Polarisationsprismen verarbeitet; ausführlicheres darüber s. polarisiertes Licht. *Schönrock.*

Näheres s. jedes größere Lehrbuch der Mineralogie.

Kalorie s. Kalorimetrie.

Kalorifer von Andrews. Der Kalorifer, auch Thermophor genannt, dient zur Vergleichung der spezifischen Wärme zweier Flüssigkeiten; er ist ein Körper mit einer bestimmten Wärmekapazität, die er in zwei verschiedenen Versuchen an die beiden Flüssigkeiten abgibt. Um die Versuchsbedingungen in beiden Fällen einander möglichst gleich zu machen, bringt man beide Flüssigkeiten in gleicher Menge nacheinander in ein und dasselbe Kalorimeter.

Der Wärmeüberträger von Andrews ist ein gläsernes, thermometerähnliches Gefäß, das etwa 100 g Quecksilber enthält; der angesetzte Stiel trägt in größerer Entfernung voneinander zwei Marken, eine obere und eine untere. Man erhitzt den Wärmeüberträger so lange, bis der Quecksilberfaden über die obere Marke gestiegen ist. Dann läßt man das Instrument langsam erkalten und senkt es in dem Augenblick, in dem das sich zusammenziehende Quecksilber die obere Marke gerade passiert, ins Kalorimeter, aus welchem es schnell wieder entfernt wird, wenn das Quecksilber die untere Marke erreicht hat. — Aus dem Verhältnis der Temperaturerhöhungen in beiden Fällen kann man das Verhältnis der spezifischen Wärmen beider Flüssigkeiten ableiten. — Die Methode ist nur einer geringen Genauigkeit fähig. *Scheel.*

Näheres s. Wiebe und Gumlich, Wied. Ann. **66**, 530. 1898.

Kalorimetrie. Die Aufgabe der Kalorimetrie ist die Ermittelung der Wärmemenge, die aufgewendet werden muß oder die gewonnen wird, wenn ein Körper irgendwelche physikalische oder chemische Veränderungen erleidet. Solche Vorgänge sind in der Physik die Erwärmung oder Abkühlung des Körpers (spezifische Wärme, Wärmekapazität, Wärmeinhalt), die Überführung des Körpers aus einem Aggregatzustand in den anderen (Latente Wärme, Schmelz- und Erstarrungswärme; Verdampfungs- und Kondensationswärme, Verdunstungskälte; Sublimationswärme) die Überführung des Körpers aus einem Kristallisationszustand in einen anderen (Umwandlungswärme), die durch den elektrischen

Strom in einem Leiter erzeugte Stromwärme u. a. m. Rein chemisches Interesse bieten die Bildungs- und Verbindungswärme, im Falle der Verbindung eines Körpers mit Sauerstoff auch Oxydations- oder Verbrennungswärme genannt und die den gegenteiligen Vorgang beschreibende Dissoziationswärme. Der physikalische Chemiker unterscheidet außerdem die Lösungswärme, die Absorptions- und Adsorptionswärme, die Hydratationswärme, die Neutralisationswärme u. a. m., die er insgesamt als Wärmetönungen bezeichnet. — Einzelheiten mögen an anderer Stelle dieses Buches nachgelesen werden.

Die Wärmeeinheiten sind zunächst sämtlich von dem Verhalten des Wassers abgeleitet worden und führen hier alle den gemeinsamen Namen Kalorie. In allen Fällen wird neben der schlechtweg Kalorie genannten Wärmeeinheit, der Grammkalorie (cal), welche sich auf die Veränderung von 1 g Wasser bezieht und als Einheit allein mit dem absoluten Maßsystem verträglich ist, bei großen Wärmemengen als abgeleitete Einheit noch die Kilogrammkalorie (Kilokalorie, kcal) benutzt. Man unterscheidet folgende Kalorien:

1. Die 15°-Kalorie (cal_{15}), die Wärmemenge, welche 1 g Wasser bei 15° (von 14,5° auf 15,5°) um 1° erwärmt. Diese ursprünglich von Warburg empfohlene Kalorie ist in neuerer Zeit fast allgemein zur Geltung gelangt; die genaue Temperaturangabe war erforderlich, weil sich die spezifische Wärme des Wassers etwas mit der Temperatur ändert.

2. Die Regnaultsche Kalorie von 0° auf 1°, die lange Zeit gebraucht worden ist; sie ist nahezu gleich $1,008 \ cal_{15}$.

3. Die mittlere Kalorie, der hundertste Teil der Wärmemenge, die 1 g Wasser von 0° auf 100° erwärmt; sie kann der 15°-Kalorie innerhalb der Fehlergrenzen der bisherigen Beobachtungen als gleich erachtet werden.

4. Die Eiskalorie, die zum Schmelzen von 1 g Eis von 0° erforderliche Wärmemenge; sie ist gleich $79,7 \ cal_{15}$.

5. Die Dampfkalorie, die zur Verdampfung von 1 g Wasser von 100° erforderliche Wärmemenge; sie ist gleich $539 \ cal_{15}$.

Die neuere Kalorimetrie berücksichtigt, daß jede Wärmemenge einer Arbeitsmenge äquivalent ist und mißt darum auch die Wärmemengen nach Arbeitseinheiten. Die Arbeitseinheit im absoluten Maßsystem ist das Erg, d. h. diejenige Arbeit, welche 1 g an einem Orte, wo die Beschleunigung durch die Schwere gleich 1 cm/sec² wäre, um 1 cm heben würde. Der Arbeitswert der 15°-g-Kalorie wird zur Zeit gleich $4,186 \cdot 10^7$ Erg oder 4,184 Wattsekunden oder Joule angenommen. Umgekehrt ist dann das Wärmeäquivalent von 1 Wattsekunde oder 1 Joule gleich $0,2390 \ cal_{15}$.

Kalorimetrische Methoden. Unter den kalorimetrischen Methoden nimmt die Mischungsmethode, die auf dem Wärmeausgleich zweier miteinander in direkte Mischung oder Berührung gebrachten Massen beruht, den ersten Platz ein. Ihr Anwendungsgebiet ist ein überaus reichhaltiges; sie dient nicht nur zur Ermittelung der spezifischen Wärme, sondern auch zur Messung aller sonst auf physikalischem, chemischem und physikalisch-chemischem Gebiet vorkommenden Wärmemengen. Einige besonders interessante Apparate, welche gleichfalls die Mischungsmethode zur Voraussetzung haben, werden besonders beschrieben; dahin gehört der Kalorifer von Andrews, die Berthelotsche kalorimetrische Bombe und das Junkerssche Kalorimeter.

Auf der Kenntnis der Schmelz- und Verdampfungswärme beruhen das Eiskalorimeter und das Dampfkalorimeter, von denen namentlich das erstere zeitweilig große Verbreitung gefunden hatte.

Nur noch historisches Interesse besitzt die von Dulong und Petit zuerst angewandte Erkaltungsmethode, die nur einer geringen Genauigkeit fähig ist.

Endlich treten in neuerer Zeit die elektrischen Methoden mehr und mehr in den Vordergrund. Die erste von Pfaundler angegebene Methode benutzt noch die gewöhnliche Form des Mischungskalorimeters und Wasser dient als Vergleichsflüssigkeit. Die neueren Methoden machen sich auch hiervon frei und erhalten den Charakter absoluter Messungen (vgl. das Kapitel: Elektrische Kalorimetrie).

Den wundesten Punkt aller kalorimetrischen Messungen bilden die Wärmeverluste. Im Laufe eines Versuches findet nämlich nicht nur ein Wärmeaustausch innerhalb des Kalorimeters statt, sondern auch zwischen Kalorimeter und Umgebung, sobald beide eine verschiedene Temperatur haben, oder infolge der Erwärmung des Kalorimeters während des Versuches eine verschiedene Temperatur erhalten. Diese Wärmeverluste werden nicht mitgemessen, fälschen also das Resultat. Hier gilt zunächst als oberste Regel, die Wärmeverluste möglichst herabzudrücken, indem man das Kalorimetergefäß außen poliert, es auf eine die Wärme schlecht leitende Unterlage stellt und mit schlechten Wärmeleitern umgibt oder in ein Bad konstanter Temperatur einsetzt. Auch Vakuummantelgefäße können gute Dienste tun. Einige andere Methoden, die Wärmeverluste möglichst herabzudrücken, findet man bei der Besprechung der einzelnen Methoden und Kalorimeter.

Soweit eine Eliminierung nicht möglich ist, muß man die Wärmeverluste während des Versuches selbst durch Beobachtung ermitteln. Die Methoden hierfür sind den jeweiligen Zwecken anzupassen und entziehen sich darum einer kurzen Beschreibung. Im Prinzip laufen alle Methoden darauf hinaus, den Temperaturgang im Kalorimeter vor und nach dem eigentlichen Versuch (Vorperiode und Nachperiode) in genauer Abhängigkeit von der Zeit zu ermitteln. Die graphische oder rechnerische Extrapolation der Verhältnisse der Vor- und Nachperiode erlaubt Annahmen über das wahrscheinliche Verhalten des Kalorimeters während des eigentlichen Versuches zu machen, wenn es auch während dieser Zeit sich selbst überlassen geblieben wäre. Dies in Verbindung mit den unmittelbaren Beobachtungsergebnissen führt zur Ableitung eines korrigierten Wertes der gesuchten spezifischen Wärme.

Scheel.

Näheres s. Kohlrausch, Praktische Physik. Leipzig

Kalorimetrische Bombe. Die kalorimetrische Bombe ist ein mit Platin (Berthelot) oder mit Email (Mahler) ausgekleidetes dickwandiges eisernes Gefäß und dient zur Ermittelung von Verbrennungswärmen. Die zu untersuchende Substanz befindet sich inmitten der Bombe auf einem Tellerchen. Nach Abschluß der Bombe mittels aufschraubbarem Deckel wird die Bombe durch ein Rohr mit Sauerstoff unter einem Druck von 25 bis 30 Atmosphäre gefüllt. Die Einleitung der Ver-

brennung oder der Explosion wird auf elektrischem Wege durch einen Funken oder einen glühenden Draht bewirkt.

Während der Verbrennung befindet sich die Bombe in einem Wasserkalorimeter, aus dessen Temperaturerhöhung die entwickelte Wärmemenge nach der Mischungsmethode gefunden wird. Die Konstanten des Wasserkalorimeters, sein Wasserwert usw. müssen in der gewöhnlichen Weise ermittelt und in Rechnung gesetzt werden. Außerdem muß man den Wasserwert der Bombe nebst allem Zubehör kennen. Dieser wird entweder mit Hilfe einer bekannten Verbrennung oder einer anderen bekannten chemischen Reaktion gefunden (z. B. liefert die Verbrennung von 1 g Naphthalin 9617, Benzoesäure 6320, Rohrzucker 3949 cal_{15}), oder aber man führt der Bombe eine gemessene elektrische Energie zu und ermittelt in beiden Fällen den Wasserwert aus der im Kalorimeter auftretenden Temperaturerhöhung. — Der Wasserwert der kalorimetrischen Bombe wird auf Antrag auch in der Physikalisch-Technischen Reichsanstalt in Charlottenburg bestimmt.   *Scheel.*

Näheres s. Fischer und Wrede, Zeitschr. f. phys. Chem. **69**, 218. 1909.

Kalorische Instrumente zur Strommessung. Die kalorischen Instrumente, zu denen auch die „Hitzdrahtinstrumente" gehören, können sowohl für Gleich- wie für Wechselstrom benutzt werden und sind daher auch mit Gleichstrom eichbar. Bei diesen Instrumenten wird die durch den Strom bewirkte Erwärmung eines Widerstandsdrahtes in verschiedener Weise zur Strommessung verwendet. Bei den Hitzdrahtinstrumenten wird die durch die Stromwärme bewirkte Ausdehnung des Drahtes zur Messung benutzt, oder die erzeugte Wärme wirkt auf ein Thermoelement (Thermokreuz), dessen EMK dann mittels einer Gleichstrommessung bestimmt wird. Die erzeugte Wärme kann auch benutzt werden, um ein Luftthermometer zu betätigen (Ries) oder kann kalorimetrisch gemessen werden. Wenn der Draht durch den Strom zum Glühen kommt, kann auch eine optische Methode zur Bestimmung seiner Temperatur angewandt werden (optisches Pyrometer). Endlich kann auch die durch die Erwärmung hervorgerufene Widerstandsänderung des Drahtes gemessen werden (vgl. z. B. Dynamobolometer). Bei den Hitzdrahtinstrumenten wird die Ausdehnung des Drahtes (Fig. 1) dadurch vergrößert auf eine mit Zeiger

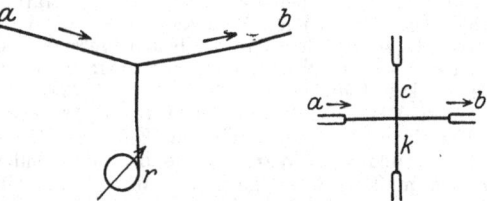

Fig. 1. Hitzdrahtinstrument.   Fig. 2. Thermokreuz.

versehene Rolle r übertragen, daß in der Mitte des vom Strom durchflossenen Drahtes ab ein über die Rolle geschlungener Faden befestigt ist, der bei einer Längenänderung des Widerstandsdrahtes die Rolle dreht. Zur weiteren Vergrößerung der Bewegung ist die Konstruktion noch in mannigfacher Weise abgeändert worden. Die Thermokreuze bestehen aus einem Thermoelement, z. iB. Konstantan-Kupfer K-C (Fig. 2), dessen e ne

Lötstelle dem Hitzdraht ab anliegt. Das Thermo-element und der Hitzdraht sind rechtwinklig ge-kreuzt und bestehen beide aus dünnen Drähten, die in dickere Zuleitungen übergehen. Bei höheren Frequenzen kann das Thermoelement selbst direkt als Hitzdraht dienen. Zur Erreichung großer Empfindlichkeit werden die Drähte möglichst dünn gemacht und, wenn die Wärmeableitung durch die Luft möglichst herabgesetzt werden soll, in gut evakuierte Glasgefäße eingesetzt (vgl. auch „Ther-mogalvanometer"). *W. Jaeger.*

Näheres s. Jaeger, Elektr. Meßtechnik. Leipzig 1917.

Kammerton s. Normalton.

Kanäle des Mars s. Mars unter Planeten.

Kanaltheorie der Gezeiten. Airy wies darauf hin, welch außerordentliche Bedeutung für das Flutphänomen neben der Gestalt des Meeresgrundes auch der Küstenformation zukommt. Er geht von der Untersuchung der Wasserbewegung aus, die durch die fluterzeugenden Kräfte in schmalen Kanälen hervorgerufen werden. Die Resultate gestatten Anwendungen auf die Gezeiten in engen Meeresteilen, Flußmündungen usw.

Für einen Kanal, der die Erde im Äquator umläuft, ergibt sich eine Welle, welche mit der Geschwindigkeit der Mondbewegung fortschreitet. Ist die Geschwindigkeit der freien Welle, die durch die Tiefe des Wassers bestimmt ist, rascher als die Mondbewegung, so fällt das Hochwasser mit der Mondkulmination zusammen; im entgegen-gesetzten Falle herrscht unter dem Monde Niedrig-wasser. Bei den auf der Erde vorhandenen Tiefen kommt nur der 2. Fall vor. Bei Kanälen in höheren Breiten wird sich dies umkehren. Ist der Kanal in einem Meridian gelegen, so herrscht bei ge-wöhnlichen Tiefen südlich von 45° Breite Niedrig-wasser, nördlich von 45° Breite Hochwasser zur Zeit der Mondkulmination.

Hat der Kanal keine konstante Breite, so wird, wenn eine Verkleinerung des Querschnittes an einer Stelle plötzlich erfolgt, daselbst eine Reflexion der fortschreitenden Welle stattfinden. Die Ampli-tude der reflektierten Welle wird um so kleiner sein, je allmählicher der Übergang ist. — Bei ganz lang-samem Übergang tritt keine Reflexion ein; es bleibt die ganze Energie an der fortschreitenden Welle, deren Amplitude bei Verengerung des Kanales größer werden muß. Verengert sich der Kanal bei gleichbleibender Tiefe, so wird die Amplitude wachsen bei gleichbleibender Wellenlänge. Nimmt aber auch die Tiefe ab, so wird mit der Fortpflan-zungsgeschwindigkeit auch die Wellenlänge kleiner. Es erklären sich damit manche Eigentümlich-keiten des Flutphänomens, namentlich das An-wachsen der Flut in engen Meeresteilen und Fluß-mündungen. *A. Prey.*

Näheres s. H. L a m b , Lehrbuch der Hydrodynamik (deutsch von F i e d l e r). 1907.

Kanonische Gesamtheit s. Ergodenhypothese und Quantenstatistik.

Kanonische Gleichungen s. Impulssätze.

Kapazität. Die elektrostatische Kapazität C eines Leiters ist aufzufassen als diejenige Ladung E, die ihn auf das Potential V bringt, wenn die übrigen Körper alle zur Erde abgeleitet sind. Durch das Potential V wird dem Körper mithin die Ladung

$$E = C \cdot V$$

erteilt, so daß die elektrostatische Kapazität defi-niert ist durch

$$C = E/V.$$

Dabei kann man der Anschaulichkeit halber eine Parallele ziehen zu dem räumlichen Fassungsver-mögen eines Volumens R, in dem eine Masse M mit der Dichte D untergebracht ist. Es ist ent-sprechend R = M/D.

Für ein beliebiges Leitersystem hat Maxwell seine bekannten Maxwellschen Kapazitätsgleichun-gen aufgestellt. Von den in ihnen vorkommenden Koeffizienten, den Kapazitäten und den Induktions-koeffizienten sind die letzteren für den Gebrauch in der Praxis unbequem. Man hat die Gleichungen deshalb in eine an-dere Form ge-bracht, die sich auf folgendem Wege auch direkt ablei-ten läßt (s. Fig.).

Greift man aus einem beliebigen Leitersystem $L_1 L_2$ $L_3 \ldots \ldots$ zwei

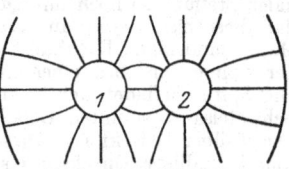

Zur Ableitung der Maxwellschen Kapazitätsgleichungen.

Leiter 1 und 2 heraus, so ist der Kraftlinienfluß zwischen beiden nur abhängig von der Lage, den Dimensionen und dem zwischenliegenden Dielektri-kum. Er ist ferner proportional der Potentialdif-ferenz $v_1 - v_2$. Es zeigt sich, daß die Teilladung e_{12}, welche durch die entsprechende Ladung e_{21} von 2 auf 1 gebunden wird, sich ausdrücken läßt durch

$$e_{12} = c_{12} (v_1 - v_2).$$

c_{12} ist die sog. Teilkapazität, welche von der Wechselwirkung der Leiter 1 und 2 herrührt. Daß $c_{12} = c_{21}$ sein muß, läßt sich leicht zeigen. Werden diejenigen Teilkapazitäten, welche der Wechselwirkung der einzelnen Leiter mit der Hülle entsprechen, mit c_1, c_2 usw. bezeichnet, so ergibt sich, da das Potential der Hülle = Null zu setzen ist, folgendes Gleichungssystem:

$$e_1 = c_1 v_1 + c_{12} (v_1 - v_2) + c_{13} (v_1 - v_3) + \ldots \ldots$$
$$c_{1n} (v_1 - v_n)$$
$$e_2 = c_{21} (v_2 - v_1) + c_2 v_2 + c_{23} (v_2 - v_3) + \ldots \ldots$$
$$c_{2n} (v_2 - v_n) \ldots \ldots \ldots \ldots \ldots \ldots \ldots \ldots$$

$$e_n = c_{n1} (v_n - v_1) + c_{n2} (v_n - v_2) + c_{n3} (v_n - v_3)$$
$$+ \ldots c_n v_n \text{ und schließlich}$$

$$0 = c_1 v_1 + c_2 v_2 + c_3 v_3 + \ldots \ldots c_n v_n$$

Im ganzen kommen also vor: n Teilkapazitäten $c_1 c_2 \ldots c_n$ der Leiter gegen die Hülle und n (n—1)/2 Teilkapazitäten der Leiter untereinander, mithin ist die Summe aller konstanten Koeffizienten n (n+1)/2. Aus dem obigen Gleichungssystem ersieht man, daß es nur unter bestimmten Be-dingungen möglich ist, von einer Kapazität schlecht-hin zu sprechen (vgl. Betriebskapazität, Kirch-hoffsche Formel für Kreisplattenkondensator usw.). *R. Jaeger.*

Kapazitätsvariometer. Hierunter versteht man Kondensatoren (vgl. d.), deren Kapazität stetig verändert werden kann. Die Einstellung wird an einer Teilung abgelesen, die geeicht wird. Hierher gehören die Drehkondensatoren, bei denen das eine Plattensystem drehbar und mit einem Zeiger ver-bunden ist, der über einer Kreisstellung bewegt wird, ferner Zylinderkondensatoren, bei denen das eine System von Zylindern längs der Achse ver-schiebbar ist. Die nach Art der Widerstandssätze gebauten Stöpsel- und Kurbelkondensatoren sind nicht kontinuierlich veränderlich. *W. Jaeger.*

Kapillarelektrische Erscheinungen s. Elektro-kapillarität.

Kapillarelektrometer (Lippmann). Die Kapillarspannung einer Quecksilberoberfläche, die mit verdünnter Schwefelsäure in Berührung steht, wird durch eine elektrische Ladung verkleinert. Dieser Umstand wird bei dem Kapillarelektrometer zur Messung einer Spannung benutzt. Das Elektrometer ist nur für kleine Spannungen brauchbar; bei diesen ist die Änderung der Kapillarkonstante proportional der Spannung. Nach Lippmann besteht das Elektrometer aus einem zu einer sehr feinen Spitze ausgezogenen Glasrohr, das bei vertikaler Stellung so hoch mit Quecksilber gefüllt ist, daß diese bis zu einer an der Spitze angebrachten Marke eindringt. Der Stand des Quecksilbers in der Spitze wird mit einem Mikroskop abgelesen. Die Spitze befindet sich in einem mit verdünnter Schwefelsäure gefüllten Gefäß, dessen Boden mit Quecksilber bedeckt ist. Dieses und das im Glasrohr befindliche Quecksilber stehen mit Klemmen in Verbindung, an welche die zu messende Spannung angelegt wird. Wenn das negative Potential mit dem Glasrohr verbunden ist, tritt das Quecksilber in der Spitze nach oben zurück und kann durch Luftdruck, der an einem Manometer abgelesen wird, wieder in die Nullage gebracht werden; der Manometerstand ist dann ein Maß für die angelegte Spannung. Das Elektrometer muß mittels bekannter Spannungen geeicht werden. Für Nullmethoden sind einfachere Apparate nach demselben Prinzip konstruiert worden (Ostwald).

W. Jaeger.

Näheres s. Jaeger, Elektr. Meßtechnik. Leipzig 1917.

Kapillarität. Die Kapillarerscheinungen treten auf an der Berührungsfläche von Flüssigkeiten mit festen und gasförmigen Körpern, oder an der Grenzfläche zweier sich berührender Flüssigkeiten und machen sich bemerkbar dadurch, daß die Oberflächengestalt der Flüssigkeiten von der horizontalen Ebene abweicht und auf eintauchende feste Körper Kraftwirkungen ausgeübt werden, welche anderweitig nicht erklärbar sind. Die Kapillarkräfte besitzen ein Potential, welches gefunden wird, wenn man die Berührungsfläche multipliziert mit einer von der Beschaffenheit der sich berührenden Körper abhängigen Konstanten.

Die Lehre von der Kapillarität beschäftigt sich mit der Form der Berührungsfläche zweier Flüssigkeiten, wobei in vielen Fällen die eine Flüssigkeit Luft ist, mit der Form dieser Berührungsfläche in der Nähe eines eintauchenden Körpers, mit dem Drucken (Kapillardruck) im Innern der Berührungsflächen und den Kraftwirkungen auf eintauchende Körper.

G. Meyer.

Kappengeschosse s. Geschosse.

Kardinalpunkte des Auges s. Auge.

Kare. Fels-Nischen in der Hochgebirgsregion mit schroffen Wänden und breitem Boden, die in ihrer auffälligen Form riesenhaften Lehnsesseln vergleichbar sind. Ihr beckenförmiger Boden enthält häufig einen kleinen See. Sie kommen nur in ehemals vergletscherten Gebieten vor, so daß die Mitwirkung der Gletscher bei ihrer Bildung höchst wahrscheinlich ist; doch bietet die Art ihrer Entstehung im einzelnen noch manche Rätsel. Die Schwierigkeit der landläufigen Erklärung durch Gletschererosion (s. diese) besteht vor allem darin, daß dem Gletscher schon nahe an seinem Ursprung eine so bedeutende Erosionstätigkeit zugemutet werden soll. Man hat daher auch die gestaltende Kraft des stürzenden Eises für ihre Entstehung in Anspruch zu nehmen

versucht. Vom Gesteinscharakter und dem geologischen Aufbau des Gebirges sind sie völlig unabhängig. In den Pyrenäen werden sie Zirkustäler, in Norwegen Botner genannt. Sehr häufig sind sie in den Alpen, doch kommen sie auch im Riesengebirge (Schneegruben, Teiche) vor. Mitunter liegen sie stufenförmig übereinander (Kartreppe).

O. Baschin.

Karst. Eine Gruppe von Erosionsformen (s. Erosion) im Kalkstein wird nach dem Karst, einem von Kärnten bis nach Griechenland sich erstreckenden Kalkgebirge, in dem diese Formen besonders häufig sind, als Karstphänomen zusammengefaßt. Die Verkarstung ist an bestimmte Gesteine gebunden, die durch kohlensäurehaltiges Wasser aufgelöst werden, so daß sich zu der mechanischen die chemische Erosion gesellt. Die kleinsten Karstformen sind die Karren oder Schratten, scharfe Gesteinsrippen und Spitzen, deren Größe nach Zentimetern zählt. Größere Formen sind die massenhaft vorkommenden Dolinen, trichterförmige Vertiefungen, meist von etwa 50 m Durchmesser und 7—8 m Tiefe, mit flachem lehmerfülltem Boden. Sie entstehen durch Einstürze unterirdischer, durch Erosion und Auslaugung entstandener Hohlräume und bilden sich vielfach auch in der Gegenwart. Noch größere Formen sind die Uvalas, umfangreiche von Wasserläufen durchschnittene Einsenkungen und schließlich die Poljen, trogförmige oder schüsselähnliche Wannen mit ebener Bodenfläche, die Hunderte von Quadratkilometern umfassen können. Die Karstlandschaft ist reich an unterirdischen Flußläufen, Höhlen, Grotten und Naturschächten. Ihre Ausbildung ist in erster Linie dem Regenwasser zuzuschreiben, das in den porösen Boden versickert, dem aber durch die Klüfte im Gestein bestimmte Wege vorgezeichnet sind, auf denen es seine lösende Wirkung zur Geltung bringt. Die Karstformen stehen daher in enger Beziehung zu der subterranen Hydrographie. Ein Ansteigen des Grund- bzw. Kluftwassers verwandelt viele Poljen in Seen.

O. Baschin.

Näheres s. J. Cvijić, Das Karstphänomen. 1893.

Karten. Aus Linien, Punkten und symbolischen Zeichen bestehende schematische Abbildungen der Erdoberfläche und ihrer Teile in stark verkleinertem Maßstabe, bei welchen das Hauptgewicht auf möglichste Annäherung an geometrische Ähnlichkeit gelegt wird. Da die Karte in der Regel auf eine ebene Fläche gezeichnet wird, die Erdoberfläche aber eine nahezu kugelförmige Krümmung hat, so muß deren Abbildung auf die Ebene projiziert werden. Alle Karten, namentlich solche, die größere Gebiete darstellen, weisen daher Verzerrungen auf, deren Größe sich aus der Form der Verzerrungsellipse oder Indikatrix berechnen läßt, als welcher ein kleiner Kugelkreis auf der Karte abgebildet wird. Die Verzerrung besteht in einer Änderung der Flächengröße, der Richtungen oder der Entfernungen. Sie kommt in dem Verhältnis der Halbachsen der Indikatrix deutlich zum Ausdruck.

Das Material für die Konstruktion der Karte liefern Ortsbestimmungen (s. diese) und die topographische Aufnahme, welche einen Zweig der Geodäsie bildet. Die Festlegung der Situation erfolgt hauptsächlich durch Triangulation und Routenaufnahmen, diejenige des Geländes durch Nivellement und andere Methoden der Höhenmessung. Eine willkommene Ergänzung der altbewährten Methoden bildet neuerdings die Photogrammetrie und die Photographie aus Luftfahrzeugen. Die topographischen Originalaufnahmen (in Deutschland die sog. Meßtischblätter im Maßstabe 1: 25 000) bilden das kartographische Quellenmaterial, aus dem durch Generalisierung die anderen Kartenwerke hergestellt werden.

Das Gradnetz ist die Grundlage jeder Karte. Als Ausgangspunkt für die Bezifferung der Meridiane dient meist derjenige von Greenwich, während die Kartenwerke der Preußischen Landesaufnahmen einen Meridian von Ferro als Anfangsmeridian annehmen, dessen Lage 17^0 $39'$ $57''$.6 westlich von Greenwich ist. Die Parallelkreise werden meist in der üblichen Gradeinteilung vom Äquator anfangend beziffert. Neuerdings findet jedoch auch daneben noch die Zentesimaleinteilung des Kreisquadranten auf Karten Anwendung.

Der Maßstab, der sich stets auf die Länge bezieht, wird meist durch das Verjüngungsverhältnis in Form eines Bruches angegeben. Dagegen bezeichnen Russen und Engländer noch heute den Maßstab durch die Zahl von Linieneinheiten, welche auf die Abbildung einer Einheit des geographischen Wegemaßes entfallen, z. B. 1 russischer Zoll = 1 Werst entspricht einem Verjüngungsverhältnis 1: 42 000; 1 englischer Zoll = 1 Statute Mile entspricht einem Verjüngungsverhältnis 1: 63 360.

Durch das Verziehen des Papiers, auf dem die Karten meist gedruckt werden, ändert sich der Maßstab mitunter beträchtlich, so daß seine Nachprüfung an den Längen des Gradnetzes für genaue Messungen stets erforderlich ist.

Als übliche Maßstäbe können der Größenordnung nach die folgenden gelten:

Gebäudepläne . . . . 1 : 100
Grundstückspläne . . . . 1 : 1000
Stadtpläne . . . . 1 : 10 000
Topographische Spezialkarte . . . 1 : 25 000
Generalstabskarte . . . . 1 : 100 000
Wandkarten . . . . 1 : 1 000 000
Atlasblatt . . . . 1 : 10 000 000
Globus . . . . 1 : 100 000 000.

Die Situation der Karte gibt die Lage der einzelnen geographischen Örtlichkeiten in der Horizontalprojektion wieder. Zur Situation gehören u. a. trigonometrische und Nivellementspunkte, Wege und Eisenbahnen, Flüsse und Brücken, Städte, Dörfer und einzelne Wohnplätze, Kirchen und andere hervorragende Gebäude, sowie die Art des Pflanzenkleides, des Anbaues von Kulturflächen usw. Für alle diese Einzelheiten werden besondere Zeichen (Signaturen) verwendet, deren Kenntnis zum Kartenlesen nötig ist.

Die größte Schwierigkeit der Konstruktion von Karten bildet die Darstellung der dritten Dimension durch die Geländezeichnung. Die Unebenheiten der Erdoberfläche werden heute auf Karten kleineren Maßstabes meist durch eine Böschungszeichnung veranschaulicht, deren Prinzip darin besteht, daß man die verschiedene Steilheit der Abhänge durch Systeme von Schattierungen bezeichnet, die um so dunkler sind, je steiler die Böschung ist. Die größte Exaktheit kommt dem Lehmannschen Schraffensystem zu, bei dem schwarze Bergstriche in der Richtung des Gefälles eingetragen werden, deren Dicke in bestimmter Weise mit der Steilheit des Gefälles zunimmt. Die horizontalen Ebenen bleiben ganz weiß, während

ein Gelände von mehr als 45^0 Gefälle völlig schwarz dargestellt wird. Die Beziehung des Böschungswinkels zu dem Anteil von schwarz und weiß zeigt die folgende Tabelle:

Böschungswinkel	schwarz: weiß
0^0— 5^0	0 : 9
5^0—10^0	1 : 8
10^0—15^0	2 : 7
15^0—20^0	3 : 6
20^0—25^0	4 : 5
25^0—30^0	5 : 4
30^0—35^0	6 : 3
35^0—40^0	7 : 2
40^0—45^0	8 : 1
$>45^0$	9 : 0

Bei Karten größerer Maßstäbe bedient man sich meist der Geländedarstellung durch Linien gleicher Höhe, Isohypsen (s. diese), die senkrecht zu der Richtung der Bergstriche verlaufen und manchmal mit diesen zugleich zur Anwendung kommen.

Eine Reihe von sonstigen zeichnerischen Hilfsmitteln, wie Schummerung, Schattenplastik durch die sog. schräge Beleuchtung (meist von links oben einfallend), Farbenplastik durch geschickte Auswahl von Farben für die verschiedenen Höhenstufen, Reliefmanier usw. gestatten es, auf der Karte die Formen des Geländes plastisch erscheinen zu lassen, so daß solche Karten mitunter die Resultate wissenschaftlicher Messungen, technischer Konstruktion und künstlerischer Darstellung in glücklicher Weise vereinigen.

Kartentypen. Neben den eigentlichen Landkarten spielen die Seekarten eine wichtige Rolle. Sie verzeichnen die Küstenumrisse, Meerestiefen und alle künstlichen Einrichtungen für die Sicherheit der Seeschiffahrt (Leuchtfeuer, Baken, Bojen usw.). Eine sehr umfangreiche Kategorie bilden die physikalischen Karten, von denen die geologischen, erdmagnetischen, hydrographischen, ozeanologischen, klimatologischen und Wetterkarten in den betreffenden Abschnitten kurz gekennzeichnet sind. Biologische Karten zeigen die Verbreitung der Pflanzen, Tiere und Menschen. Dazu kommen noch historische, politische, statistische und wirtschaftsgeographische Karten aller Art, Karten der Eisenbahnen und solche für die Benutzung anderer gebräuchlicher Verkehrsmittel, zu denen neuerdings auch die Luftfahrzeuge gerechnet werden müssen.

Kartenmessung. Die Messung von Längen, Flächen und Winkeln läßt sich mit genügender Genauigkeit meist nur auf Karten größeren Maßstabes ohne weiteres ausführen. Bei solchen kleineren Maßstabes spielt die Verzerrung, die der jeweiligen Kartenprojektion eigentümlich ist, eine so große Rolle, daß eine genaue Kenntnis der Projektionslehre erforderlich ist, um beurteilen zu können, welche Größen auf dem betreffenden Kartenblatt überhaupt meßbar sind, bzw. an welchen Stellen die Verzerrung am geringsten ist. Das letztere ist gewöhnlich in der Mitte des Blattes der Fall. Längenmessungen gekrümmter Linien werden zweckmäßig mit dem Kurvimeter, Flächenmessungen mit dem Planimeter ausgeführt. Diese Messungen liefern jedoch nicht die Größe der wirklichen Strecken bzw. Flächen der Erdoberfläche, sondern diejenigen ihrer Horizontalprojektionen, die bei steilen Wegen und stark geneigten Hängen natürlich erheblich kleiner sind. Denn jede Profillinie und jede geneigte Ebene wird durch

die Projektion auf eine Horizontalebene im Verhältnis 1 : cos i verkleinert, wenn i den Böschungswinkel (s. Böschung) bezeichnet. Man benutzt
die Karten, insbesondere Höhenschichtenkarten,
auch zur Feststellung der mittleren Höhen von
geographischen Flächen und zu Inhaltsbestim-
mungen von Massenerhebungen (s. Orometrie).
O. Baschin.

Näheres s. M. G r o l l , Kartenkunde. 2 Bde. 1912.

Kartennullfläche. Die Angaben der Höhen und
Tiefen auf Karten (s. diese), die zur Konstruktion
von Isohypsen (s. diese) bzw. Isobathen (s. diese)
dienen, beziehen sich in ihrem Zahlenwert auf eine
Nullfläche, die meist in der Nähe des Meeresspiegels liegt. Für die Höhen auf Landkarten
wird in der Regel eine Niveaufläche als Ausgang
der Zählung genommen, und zwar für die meisten
modernen deutschen Kartenwerke das Niveau
von Normal-Null (s. dieses). Eine größere Anzahl
von wichtigen topographischen Kartenwerken
jedoch legt andere Nullniveaus ihren Höhenangaben
zugrunde, bei denen daher die beigefügte Anzahl
von Millimetern als Korrektion anzubringen ist,
um die Höhen über Normal-Null zu erhalten:
Portugal +359 mm, Rußland +114 mm, Nieder-
lande + 44 mm, Sachsen — 56 mm, Spanien
—63 mm, Frankreich —110 mm, Hessen —125 mm,
S hweden —150 mm, Dänemark —245 mm,
Rumänien —315 mm, Österreich-Ungarn und
S rbien —378 mm, Norwegen —552 mm, Italien
—571 mm, Bayern —1740 bzw. —2000 mm,
Baden und Württemberg —2022 mm, Belgien
—2399 bzw. —2462 mm, S hweiz —3347 bzw.
—3567 mm.

Die Nullfläche der Seekarten, von der aus
die Tiefenangaben beziffert werden, liegt nicht
unbeträchtlich tiefer als der Meeresspiegel. Aus
praktischen Gründen hat man in küstennahen
Meeresteilen den Wasserstand bei Niedrigwasser
gewählt, in Deutschland (mit Ausnahme der
Ostsee) und England das mittlere Niedrigwasser
bei Springzeit (s. Gezeiten), in Frankreich das
niedrigste beobachtete Niedrigwasser, in Amerika
das Mittel aus allen Niedrigwassern usw. Da nun
der Tidenhub (s. Gezeiten) längs einer Küste von
Ort zu Ort verschieden groß ist, so entsteht eine
wellige Fläche, die sich im allgemeinen gegen den
Strand hin senkt. In der küstenfernen Tiefsee
geben die Tiefenzahlen der Seekarten den Abstand
des Bodens von dem Meeresspiegel zur Zeit der
betreffenden Lotung. Die Nullfläche der Seekarten ist also im Gegensatz zu derjenigen der
Landkarten keine Niveaufläche.   *O. Baschin.*

Näheres s. H. H e y d e , Die Höhennullpunkte der amtlichen
deutschen Kartenwerke. Penck-Festband. 1918.

Kaskadenmethode. Die Kaskadenmethode findet
Anwendung bei der Verflüssigung von Gasen und
besteht darin, daß die hierfür vielfach notwendige
Herstellung von Bädern tiefer Temperatur durch
stufenweise Verflüssigung verschiedener Gase erzielt wird. Pictet benutzte diese Methode zum
erstenmal, und zwar bereits im Jahre 1877. Er
verflüssigte zunächst schweflige Säure (später ein
Gemisch von schwefliger Säure und Kohlensäure),
indem er das Gas bei gewöhnlicher Temperatur
komprimierte. Vermindert man den Druck über
der so gewonnenen Flüssigkeit bis auf 1 Atm.,
so nimmt sie die Temperatur $t_3 = — 33,5^0$ (normale
Siedetemperatur) an und kann leicht auf —70^0
abgekühlt werden, wenn man durch Saugpumpen
den Dampf über der Flüssigkeit auf 80 mm redu-

ziert. Bei der so erzielten Temperatur von —70^0
verflüssigte Pictet lediglich durch Kompression
Stickoxydul, das nun seinerseits unter reduziertem
Druck zum Sieden gebracht, eine Temperatur von
—140^0 annimmt. Damit war die kritische Temperatur des Sauerstoffs und Stickstoffs unterschritten und somit auch die Verflüssigung dieser
Gase, sowie die Verflüssigung von Luft durch reine
Kompression ermöglicht.

Der Kaskadenmethode bedient sich in neuerer
Zeit besonders Kamerlingh Onnes in Leiden,
um Luft in großen Mengen zu verflüssigen. Er
ordnete zu dem Zweck drei vollständig geschlossene
Gaskreisläufe an, die ohne Gasverlust arbeiten und
bezüglich ihrer Temperatur kaskadenartig hintereinander geschaltet werden. Die Kreisläufe sind mit
Methylchlorid (normaler Siedepunkt $t_3 = — 24^0$),
Äthylen ($t_3 = — 103^0$) und Sauerstoff ($t_3 =
— 183^0$) beschickt. Jeder Kreislauf enthält einen
Kompressor zur Verdichtung des Gases und eine
Saugpumpe zur Reduzierung des Dampfdruckes
der siedenden Flüssigkeit. Der unter reduziertem
Druck siedende Sauerstoff besitzt eine genügend
tiefe Temperatur, um Luft bei gewöhnlichem
Druck in den flüssigen Zustand überführen zu
können.   *Henning.*

Kaskadenumformer s. Umformer.

Kataphorese. Unter Kataphorese versteht man
die Wanderung von festen oder flüssigen, in einer
Flüssigkeit suspendierten Teilchen unter dem Einfluß einer EMK.

Kataphorese und Elektroendosmose (s. d.) stehen
in engster Beziehung zueinander. Bei beiden
Erscheinungen erzeugt ein äußeres Potentialgefälle
eine Verschiebung der einen Belegung der an der
Grenzfläche eines festen Körpers und einer Flüssigkeit bestehenden elektrischen Doppelschicht gegen
die andere. Ein Unterschied liegt nur darin, daß
bei der Elektroendosmose der feste Körper, bei
der Kataphorese dagegen die Flüssigkeit unbeweglich ist. (Für die Kataphorese von Emulsionen
fehlt zur Zeit noch das Analogon auf dem Gebiete
der Elektroendosmose, so daß die folgenden Überlegungen eigentlich nur für Dispersionen fester
Körper in Flüssigkeiten streng gültig sind.)

Auf Grund der Verallgemeinerung der Helmholtzschen Theorie der Elektroendosmose für Gefäße beliebiger Gestalt konnte Smoluchowski
auch die kataphoretische Wanderungsgeschwindigkeit berechnen. Wenn ein Kügelchen aus isolierendem Material in einer Flüssigkeit festgehalten
wird, so verschiebt sich die Flüssigkeit unter dem
Einfluß eines äußeren Potentialgefälles gegen das
Kügelchen. Die Geschwindigkeit der Flüssigkeitsbewegung ergibt sich nach der genannten Theorie zu

$$V = \frac{i \sigma D \varepsilon}{4 \pi \mu} = \frac{H D \varepsilon}{4 \pi \mu} \quad \ldots \ldots (1)$$

Es ist i die Stromdichte und H das senkrecht
auf den Potentialsprung ε der Doppelschicht
wirkende äußere Potentialgefälle. D und μ bezeichnen die Dielektrizitätskonstante bzw. die
innere Reibung der Flüssigkeit.

Wird nunmehr die Flüssigkeit festgehalten, so
muß das frei bewegliche Kügelchen — nach dem
Grundsatz der Wirkung und Gegenwirkung —
mit der gleichen Geschwindigkeit in entgegengesetzte Richtung wandern.

Aus Gleichung (1) geht hervor, daß die kataphoretische Wanderungsgeschwindigkeit in

einer Flüssigkeit suspendierter Teilchen unabhängig von den Dimensionen derselben und proportional dem angewandten Potentialgefälle ist.

Diese Schlußfolgerung konnte durch eine große Anzahl von Versuchen mit Teilchen verschiedener Größenordnung bestätigt werden. Sie ergaben für ein Potentialgefälle von 1 Volt/cm stets eine Wanderungsgeschwindigkeit von $19 \cdot 10^{-5} - 33 \cdot 10^{-5}$ cm/sec für die verschiedenen Stoffe. Beachtenswert ist, daß diese Wanderungsgeschwindigkeiten der Größenordnung nach mit jenen der Ionen übereinstimmen (die Wanderungsgeschwindigkeit z. B. eines Na.-Ions beträgt $43, 10^{-5}$ cm/sec für ein Gefälle von 1 Volt/cm). Diese Tatsache gab die Möglichkeit zu theoretischen Erörterungen über die Größe der Teilchenladung.

Auch auf andere Weise konnte die Gültigkeit der Gleichung (1) bestätigt werden. Da die Größe ε durch verschiedene elektrokinetische Versuche experimentell bestimmt wurde, so konnte die Wanderungsgeschwindigkeit berechnet werden. Die so erhaltenen Werte stimmten mit den beobachteten gut überein. *Paul Klein.*

Die experimentelle Bestimmung der Wanderungsgeschwindigkeit kann sowohl makroskopisch wie auch auf mikroskopischem bzw. ultramikroskopischem Wege erfolgen. Bei der ersteren Methode füllt man die Suspension oder das Kolloid in eine lotrecht stehende Röhre, an deren Enden sich die Elektroden befinden und beobachtet das Fortschreiten der Grenzfläche der klaren und getrübten Flüssigkeit. Bei der mikroskopischen Methode wird die Kataphorese in einer kleinen Zelle mit planparallelen Wänden ausgeführt und die Wanderungen der einzelnen Teilchen beobachtet. Hierbei sind möglichst unpolarisierbare Elektroden zu verwenden. Auch soll die Beobachtung nicht in der Nähe derselben erfolgen. Des weiteren ist zu beachten, daß an der Wand der Zelle eine elektroendosmotische Flüssigkeitsströmung stattfindet, welche die entgegengesetzt gerichtete Strömung in der Mitte der Flüssigkeit erzeugt. Diese Strömungen überlagern sich der wahren Verschiebung der suspendierten Teilchen gegen die Flüssigkeit. Die Wanderungsgeschwindigkeit selbst wird also nur in jenen Flüssigkeitsschichten gemessen, in denen die Umkehrung der Strömungsrichtung erfolgt, da deren Geschwindigkeit dort gleich 0 ist. Nach Berechnungen von Smoluchowsky liegen diese Flüssigkeitslamellen in einer Tiefe von 0,2 d und 0,8 d, wenn d den Abstand der beiden Zellwände bedeutet.

Die Kataphorese hat für die Kolloidchemie eine außerordentliche Bedeutung erlangt. Sie bietet eine einfache und sichere Methode, um das elektrische Verhalten kolloider Lösungen zu untersuchen. Auch ergab sich eine wichtige — recht enge — Beziehung zwischen dem Verhalten bei der Kataphorese und der Stabilität der Kolloide.

Über die elektrische Doppelschicht an der Grenze von Dispersionsmittel und disperser Phase vergleiche auch „Elektroendosmose". Die daselbst beschriebene Beeinflussung der Ladung durch Elektrolytzusätze findet in analoger Weise auch bei der Kataphorese statt.

Im folgenden sei noch eine Zusammenstellung der Wanderungsrichtung verschiedener Suspensionen und kolloiden Lösungen in reinem Wasser gegeben:

Es wandern zur Anode: Suspensionen von Quarz, Feldspat, Ton, Graphit, Schwefel, Schellack, Lykopodium, Stärke, den meisten Bakterien u. a., ferner kolloide Lösungen von Platin, Gold, Silber, Metallsulfiden, Silberchlorid, Kieselsäure, Mastix, Gummigutt, Indigo, Eosin, Fuchsin u. a.

Zur Kathode wandern kolloide Lösungen von Eisenoxyd, Aluminiumoxyd, Kadmiumhydroxyd, Chromoxyd, Titansäure, Zirkoniumoxyd, Cerioxyd u. a.

Näheres s. L. Graetz, Handbuch der Elektrizität und des Magnetismus. Bd. II, S. 366—428. Leipzig 1912.

Kathetometer s. Längenmessungen.

Kathode s. Elektrode.

Kathodenstrahlen s. auch Polarlicht, elektrische Strahlung der Sonne, Sonnenmagnetismus.

Kationen die als Träger positiver Elektrizität im elektrischen Felde zur Kathode wandernden Teile eines Elektrolyten, also Wasserstoffionen, Metallionen, NH_4-Ionen s. Basen, Elektrolyse, Leitvermögen der Elektrolyte.

Kaufmannsches Kriterium s. Charakteristik.

Kegelpendel s. Pendel (math. Theorie).

Kegelwinkel s. Sprenggeschosse.

Kehlkopf s. Stimmorgan.

Kelvinskala. Nach der thermodynamischen Temperaturskala (s. d.) ergibt sich, daß dem schmelzenden Eis die Temperatur $T_0 = 273,2^0$ zuzuschreiben ist, falls der Fundamentalabstand zwischen dem Eis- und Siedepunkt des Wassers in 100 Grade geteilt wird. Die in der thermodynamischen Skala ausgedrückten Grade, die sich von den Graden der sog. gewöhnlichen Celsiusskala eines idealen Gasthermometers (s. ideales Gas) um die additive Zahl 273,2 unterscheiden, werden von Kamerlingh Onnes als Kelvingrade bezeichnet und durch ein hinter die Gradzahl gesetztes K gekennzeichnet. In der Kelvinskala sind also alle Temperaturen positiv. Z. B. besitzt Wasserstoff den normalen Siedepunkt von $20,5^0$ K $= -252,7^0$ C. *Henning.*

Kennwert. Bei Übertragung von hydro- und aerodynamischen Erfahrungen auf andere Fälle, insbesondere bei Verwendung von Modellversuchen, kommt es nur auf die sog. Reynoldssche Zahl

$$R = \frac{\varrho \, v \, d}{\mu}$$

an (ϱ Dichte, μ Zähigkeitskoeffizient der Flüssigkeit, v Geschwindigkeit, d eine lineare Abmessung). Wenn eine Übertragung auf eine andere Flüssigkeit nicht in Frage kommt, wie z. B. bei Übertragung von Versuchen im Luftstrom auf Verhältnisse der Flugtechnik, so ist nur das Produkt v d maßgebend. Dieses wird als Kennwert bezeichnet und meist in m/s · mm angegeben.

L. Hopf.

Kenotron, Bezeichnung für eine Hochvakuumentladungsröhre mit Glühkathode zur Verwendung als Wechselstromventil. *H. Rukop.*

Näheres s. S. Dushman, Gen. El. Rev. 18, 156, 1915.

Kernelektronen s. Atomkern.

Kernfläche des Sehraumes s. Horopter.

Kernladungszahl s. Atomkern.

Kernmasse s. Atomkern.

Kernschatten s. Finsternisse.

Kerntheorie der Atome s. Atommodelle und Bohr - Rutherfordsches Atommodell.

Kerntransformator s. Transformator.

Kernvolumen s. Kovolumen.

Kerreffekt. 1. Der magnetische Kerreffekt ist die Änderung in den Polarisationsverhältnissen, die polarisiertes Licht bei der Reflexion an einem im starken Magnetfeld befindlichen ferromagnetischen Spiegel (Eisen, Kobalt, Nickel, Magnetit, Metallen der Heuslerschen Legierungen) erleidet (Kerr 1876, Righi 1885/86, Kundt 1884/85, Dubois 1890). Der Effekt beruht auf der magnetischen Beeinflussung des in die stark absorbierende Metalloberfläche eindringenden Lichtes, das auf das mit ihm gekoppelte reflektierte Licht zurückwirkt; er hängt deshalb mit der magnetischen Drehung der Polarisationsebene in dünnen Eisenschichten (s. d.) eng zusammen. Die Erscheinungen werden dadurch kompliziert, daß geradlinig polarisiertes Licht bei der Reflexion an einem Metallspiegel auch ohne Magnetisierung i. a. in elliptisch polarisiertes verwandelt wird; daher besteht der magnetische Kerreffekt (m. K.) bei willkürlicher Orientierung der Polarisationsebene des einfallenden Lichtes nur in einer geringfügigen Änderung der Amplituden und Phasen (d. h. der Gangunterschiede) der beiden Komponenten (s. Polarisation und Interferenz). Einfacher liegen die Verhältnisse bei senkrecht auf den Spiegel auffallendem Licht, wobei außerdem die stets vorhandenen fremden Oberflächenschichten am wenigsten stören, und bei schräg auffallendem dann, wenn sein elektrischer Vektor in der Einfallsebene oder senkrecht dazu schwingt; ohne Magnetfeld bleibt das Licht in diesem Fall geradlinig polarisiert, mit Magnetfeld entsteht in beiden Fällen elliptische Polarisation, wobei die große Achse der Schwingungsellipse gegen die ursprüngliche Schwingungsrichtung gedreht ist. Dies bedeutet also, daß das Magnetfeld eine Komponente erzeugt, die senkrecht zur ursprünglich reflektierten Schwingungsrichtung steht und eine Phasendifferenz gegen sie hat (Kerrsche Komponente). Durch Anbringen des Kerrschen Submagneten S wird das erforderliche starke Magnetfeld erzeugt (vgl. Figur); wird S

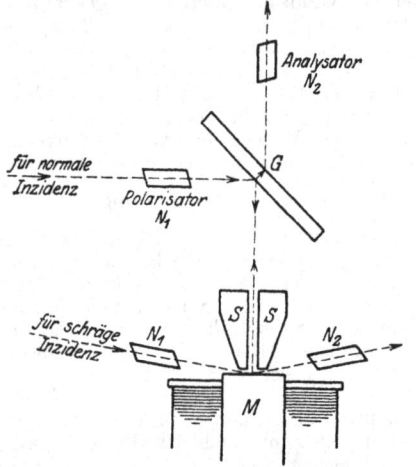

Versuchsanordnung für den magnetischen Kerreffekt.

durch Eisenmassen mit dem anderen Magnetpol verbunden, so entsteht ein nahezu geschlossener Ring und in der schmalen Spalte zwischen S und M ein intensives Magnetfeld. Die Oberfläche von M wird poliert, oder es werden (nach Kundt) dünne Eisenschichten verwendet, die galvanoplastisch auf platiniertem Glas niedergeschlagen sind. Durch Versilberung oder Verkupferung läßt sich zeigen, daß der m. K. wirklich nur in der Eisenschicht (und nicht etwa im Luftraum) entsteht. Bei senkrechter Inzidenz wird das im Polarisator N_1 polarisierte Licht an der Glasplatte G reflektiert und durch den Analysator N_2 betrachtet. Bei gekreuzten Stellungen von N_1 und N_2 wird durch Erregen des Magneten das Gesichtsfeld aufgehellt und kann durch Drehen des Analysators nicht vollständig verdunkelt werden, woraus sich geringe Elliptizität ergibt, die z. B. mit Babinetschem Kompensator oder Glimmerblättchen und einer Halbschattenvorrichtung (s. Polarisation, Magnetorotation und magnetische Doppelbrechung) gemessen werden kann. Die Drehung der Polarisationsebene erfolgt in Fe, Co, Ni entgegen der Richtung der magnetisierenden Ströme (in Magnetit umgekehrt), beträgt auch in den stärksten Feldern nur einige Minuten und ist ebenso wie die magnetische Drehung in dünnen Eisenschichten nicht der äußeren Feldstärke, sondern der Magnetisierung proportional, so daß sie bei Sättigung des Eisens einen Grenzwert erreicht. Bei schräger Inzidenz und Polarisation in oder normal zu der Einfallsebene ist die Elliptizität stärker. In jedem Fall gibt es eine „Minimumdrehung" des Analysators und Polarisators, bei dem

das durchgelassene Licht die geringste Helligkeit besitzt, der Analysator also senkrecht zur großen Achse der Schwingungsellipse steht. Bei einem bestimmten Azimut des Polarisators — bei bestimmtem Winkel zwischen der Polarisations- und der Einfallsebene — gibt es außerdem eine „Nulldrehung" des Analysators, bei der er das auffallende Licht vollständig auslöscht, dieses also wieder geradlinig polarisiert war: hier hebt die magnetisch erzeugte Elliptizität gerade die bei gewöhnlicher Reflexion ohne Feld entstehende wieder auf. Die Messung der Minimum- und Nulldrehung erlaubt Amplitude und Phase der Kerrschen Komponente zu berechnen. Die bei beliebigem Azimut des Polarisators auftretenden komplizierten Erscheinungen lassen sich auf Grund gewisser Reziprozitätssätze bezüglich der Minimum- und Nulldrehung von Polarisator und Analysator (Kaz, Righi) besser übersehen.

Außer bei dieser polaren Magnetisierung entsteht auch bei „meridionaler" Magnetisierung aus geradlinig in oder normal zu der Einfallsebene polarisiertem Licht elliptisch polarisiertes, falls die Einfallsebene in die Richtung der magnetischen Kraftlinien fällt; dabei bildet der magnetische Spiegel eine Brücke zwischen den Magnetpolen, so daß die Kraftlinien in der Spiegelebene verlaufen.

Die Grundzüge des m. K. und die oben angedeuteten Reziprozitätssätze lassen sich durch allgemeine geometrische Überlegungen verständlich machen, die an die übliche Behandlung der optischen Reflexionserscheinungen anknüpfen (Righi, Voigt, s. Reflexionstheorie). Zur Deutung von Einzelheiten ist eine Erweiterung der allgemeinen optischen Differentialgleichungen der elastischen oder der elektromagnetischen Lichttheorie mittels zweier neuer Konstanten erforderlich (Drude, Goldhammer). Ihre Durchführung im Anschluß an die Elektronentheorie der Absorption, Dispersion und des inversen Zeemaneffektes durch Voigt (Elektro- und Magnetooptik, Leipzig 1908) liefert einen guten Anschluß an die Beobachtungen (Ingersoll, Foote Snow 1913). Allerdings fehlt noch eine elektronentheoretische Deutung der zwei für den m. K. neu eingeführten Konstanten.   *R. Ladenburg.*
Näheres s. Graetz, Handb. d. Elektr. u. d. Magn. IV, 2. S. 667—706. Leipzig 1915 (bearbeitet von W. Voigt).

Kerreffekt. 2. Der elektrooptische. Dasselbe wie „Elektrooptische Doppelbrechung" s. d.

Kerrsche Konstante mißt die Größe der elektrooptischen Doppelbrechung (s. d.).   *R. Ladenburg.*

Kerze, Einheit der Lichtstärke: bougie décimale, deutsche, englische, Hefnerkerze, internationale (Standardkerze), Pentankerze. Einheitslichtquellen.

Kesselstein. Die im Wasser gelösten mineralischen und organischen Bestandteile bleiben beim Verdampfen des Wassers im Kessel als Schlamm oder feste kristallinische Ausscheidung (Kesselstein) zurück und geben durch Behinderung des Wärmedurchganges zu Wärmeverlusten, durch die Gefahr des Ausglühens der Bleche zu Explosionen Anlaß. Der Kesselstein besteht im wesentlichen aus einfach kohlensaurem Kalk, kohlensaurer Magnesia und schwefelsaurem Kalk. Die Entfernung des Kesselsteins aus dem Kessel geschieht durch Auswaschen der Kessel, Abklopfen der Bleche mittels Hammer oder Abkratzen mit dem Rohrreiniger. Durch die Wasserreinigung (s. dort) werden die Kesselstein bildenden Salze aus dem Wasser abgeschieden, bevor dasselbe in den Kessel gespeist wird.   *L. Schneider.*

Kielflosse eines Flugzeugs heißt der am Flugzeug feste Teil des Seitenleitwerkes; die Kielflosse ist meist eine vertikale Fläche von dreieckiger oder trapezförmiger Gestalt hinter dem Schwerpunkt; bei kleinen Flugzeugen fehlt sie oft, so daß die ganze vertikale zur Steuerung dienende Fläche beweglich ist. *L. Hopf.*

Kilogramm. Der Physiker betrachtet das Kilogramm als die Einheit der Masse, und als solche ist es auch durch das internationale Maß- und Gewichtskomitee und durch die deutsche Maß- und Gewichtsordnung definiert. Der Ingenieur sieht in dem Kilogramm die Einheit des Gewichts. Eindeutig ist allein die erstere Definition; denn jeder Körper, auch dasjenige Metallstück, welches letzten Endes die Einheit der Masse oder des Gewichtes darstellen würde, hat auf der ganzen Erdoberfläche dieselbe Masse; sein Gewicht ändert sich aber von Ort zu Ort, vom Pol zum Äquator um etwa $1/2\%$; auf hohen Bergen würde das Gewicht dieses Metallstückes leichter sein als in der Ebene usw. Weiteres über das Kilogramm vgl. in dem Artikel Masseneinheiten. *Scheel.*

Kinematischer Reibungskoeffizient. Wenn wir die Wirkung der inneren Reibung (s. dort) von Flüssigkeiten auf die vorhandene Bewegung im Auge haben, so ist nicht der Koeffizient der inneren Reibung μ, welcher die Größe der Tangentialspannungen bestimmt, sondern sein Verhältnis zur Dichte ϱ maßgebend. Man bezeichnet daher das Verhältnis $\frac{\mu}{\varrho} = \nu$ nach dem Vorschlage von Maxwell als den „kinematischen Reibungskoeffizienten" der Flüssigkeit. Er hat die Dimension $[L^2T^{-1}]$.

Der Wert des kinematischen Reibungskoeffizienten ν für die wichtigsten Flüssigkeiten und Gase bei den Temperaturen 0^0, 10^0, 20^0 C ist aus nachstehender Tabelle zu ersehen:

Flüssigkeit	ν_0	ν_{10}	ν_{20}
Äther	0,00393	0,00361	0,00317
Äthylalkohol	0,0228	0,0188	0,0153
Wasser	0,0179	0,0131	0,0100
Quecksilber	0,00123	0,00119	0,00117
Glyzerin	35,8		6,9
Wasserstoff	0,92		1,16
Luft	0,133		0,156

In der Technik ist es speziell bei Öluntersuchungen üblich, die innere Reibung in Engler-Graden zu messen, ein Maß, das man bei Benutzung eines von Engler konstruierten Apparates bekommt. Nachstehende Tabelle erlaubt die Umrechnung von Englergraden in absolutes Maß.

Englergrade	ν absolut	Englergrade	ν absolut
1	0,00554	7	0,2800
2	0,0638	10	0,403
3	0,1104	15	0,609
4	0,1540	20	0,812
5	0,1965	40	1,63

O. Martienssen.

Kinetische Energie s. Energie, mechanische.
Kinetische Gastheorie s. Gastheorie.
Kinetisches Potential s. Energie, mechanische, und Impulssätze.
Kinetische Theorie fester Körper s. Lösungen.
Kirchhoffsche (kinetostatische) Analogie s. Torsion.
Kirchhoffsche Formel für den Kreisplattenkondensator. Die Kapazität eines Kreisplattenkondensators ist von Kirchhoff unter Berücksichtigung der Randwirkung und der Plattendicke berechnet worden[1]. Für Platten von sehr großem Durchmesser R und geringer Entfernung a ist die Kapazität im Vakuum:

$$C = R^2/4 \cdot a.$$

Ein Kondensator, dessen eine Platte geerdet ist und dessen Plattendicke gleich Null gesetzt wird, hat im Vakuum die Kapazität

$$C_g = c_{12} + R/\pi = R^2/4a + \frac{R}{4\pi}\left(\ln\frac{16\pi R}{a} + 1\right).$$

Die Teilkapazität c_{12} ist daher (s. unter Kapazität)

$$c_{12} = \frac{R^2}{4\cdot a} + \frac{R}{4\pi}\left(\ln\frac{16\pi R}{a} - 3\right).$$

Sind die Platten nicht geerdet, so lautet die Formel:

$$C = c_{12} + \frac{R}{2\cdot\pi} = \frac{R^2}{4\cdot a} + \frac{R}{4\pi}\left(\ln\frac{16\pi R}{a} - 1\right).$$

Das Verhältnis a/R ist dabei als sehr klein angenommen.

Für genauere Berechnungen, bei denen die endliche Dicke d der Platten berücksichtigt werden muß, die aber klein gegen den Abstand a ist, muß an Stelle des Ausdrucks

$$\ln\frac{16\pi R}{a}$$

gesetzt werden

$$\ln\frac{16\pi(a+d)R}{a^2} + \frac{d}{a}\ln\frac{a+d}{d}.$$

R. Jaeger.

Kirchhoffsches Gesetz. Das Verhältnis von Emissionsvermögen und Absorptionsvermögen ist für alle Temperaturstrahler (s. d.) für gleiche Wellenlänge und Temperatur eine Konstante und gleich dem Emissionsvermögen des schwarzen Körpers (s. d.). Vgl. auch Strahlungsgesetze. *Gerlach.*

Näheres s. Kirchhoff, Ostwalds Klassiker Bd. 100.

Kirchhoffsche Wage. Die zur Spannungsmessung dienende Wage ist ein Schutzringelektrometer (s. d.), das aber als zweiarmige Wage ausgebildet ist. Die Nullstellung wird durch einen elektrischen Kontakt angezeigt. Die Wage ist zur Messung höherer Spannungen geeignet (von 1000 Volt aufwärts). *W. Jaeger.*

Klärung von Zuckerlösungen. Behufs Bestimmung des Zuckergehaltes in Zuckerfabrik-Produkten müssen diese in Lösung gebracht und darauf im Saccharimeter polarisiert werden. Dazu bedarf man klar durchsichtiger Lösungen. Sind daher diese mehr oder weniger gefärbten Lösungen nicht hinreichend klar, so müssen sie zunächst geklärt werden. Oft genügt schon für 100 ccm Lösung der Zusatz von 2 bis 5 ccm eines dünnen Breies von Tonerdehydrat. Dieses wirkt bei der nachfolgenden Filtration durch Einhüllung aller trübenden Teilchen vorzüglich klärend. Andernfalls nimmt man noch Bleiessig zu Hilfe, eine wässerige Auflösung von basisch-essigsaurem Blei. Diese Flüssigkeit fällt den größten Teil der den Zucker verunreinigenden, organischen Substanzen in Form von Bleisalzen aus. Bis zu höchstens 20 Tropfen Bleiessig sind fast stets ausreichend. Bald nach dem Zusatz bildet sich ein Niederschlag, der beinahe alle trübenden Teilchen in sich schließt. Nachdem die Lösung durch Umschwenken mit dem Bleiessig gehörig gemischt ist, bleibt sie etwa 5 Minuten lang stehen, damit sich der Niederschlag absetzt, und wird

[1] G. Kirchhoff, Ges. Abh. S. 112. Sitzungsberichte der Berliner Akademie 1877, S. 144; Vorl. über Elektr. u. Magnet. (herausgeg. von Dr. M. Planck). Leipzig 1891, S. 109.

alsdann filtriert. Da in der Zuckertechnik jetzt nur noch Halbschatten-Saccharimeter zum Polarisieren der Zuckerlösungen benutzt werden dürfen, so braucht eine Entfärbung des Filtrats nicht mehr vorgenommen zu werden.   *Schönrock.*

Näheres s. R. Frühling, Anleitung zur Untersuchung der für die Zucker-Industrie in Betracht kommenden Roh- materialien. Braunschweig.

Klang ist eine spezielle Art von Schall (s. d.). Im physikalischen Sinne des Wortes ist ein Klang eine komplizierte periodische Be- wegung des („klingenden") Körpers, im psycho- logischen Sinne die Schallempfindung, welche durch diese periodische Bewegung verursacht wird. In dem Spezialfall, daß die periodische Bewegung sinusförmig ist, geht der Klang über in einen Ton (s. d.). Ist die Bewegung dagegen nicht mehr periodisch, so entsteht ein Geräusch (s. d.).

Da jede beliebige periodische Bewegung nach dem Fourierschen Satz in eine Summe von Sinus- schwingungen verschiedener Perioden zerlegt werden kann, und da das Gehör die Fähigkeit besitzt, die entsprechende Analyse auszuführen, so ist ein Klang physikalisch und psychologisch eine Summe von Tönen verschiedener Höhe.

Einen musikalischen Klang oder kurzweg Klang oder Einzelklang erhält man, wenn irgend eine Note auf irgend einem Instrumente angegeben wird. Wird z. B. eine Taste auf dem Klavier angeschlagen, so hört man mehrere Töne, von denen der eine allerdings der bei weitem stärkste und vorherr- schende ist, so daß man ohne genauere Aufmerk- samkeit die übrigen leicht überhört. Im allgemeinen ist dieser stärkste Ton auch der tiefste, und seine Höhe bestimmt die Höhe des ganzen Klanges. Man bezeichnet ihn als den Grundton und die übrigen als seine Obertöne. Zusammenfassend bezeichnet man alle Töne eines Klanges als seine Teiltöne oder Partialtöne. Unter diesen kann es auch Untertöne geben, z. B. bei der Glocke (s. d.), wo der stärkste Ton, der dem ganzen Klange seinen Stempel aufdrückt, nicht der tiefste ist. Ob man in solchen Fällen den tiefsten oder den stärksten Ton als Grundton bezeichnet und im zweiten Falle von Untertönen spricht, ist im übrigen ziemlich gleichgültig. Sind die Schwin- gungszahlen der Obertöne ganzzahlige Vielfache der Schwingungszahl des Grundtones, so bezeichnet man die Obertöne als harmonische, andernfalls als unharmonische. Man spricht auch von der Ordnungszahl der einzelnen Partialtöne, der Grund- ton ist der Partialton 0. Ordnung, während die Obertöne der Reihe nach mit den Ordnungszahlen 1, 2, 3 .... bezeichnet werden.

Wird dieselbe Note gleich laut auf verschiedenen Instrumenten gespielt, so hört man doch noch einen Unterschied heraus, da sich die Klänge verschiedener Instrumente aus verschiedenen Partialtönen zu- sammensetzen. Diese Eigentümlichkeit des Klanges, die also durch das ihn erzeugende Instrument be- dingt ist, bezeichnet man als Klangfarbe. Die Klangfarbe ist bei gegebenem Grundtone bestimmt durch die Anzahl und die relative Lage und Stärke der in dem Klange enthaltenen Ober- töne in bezug auf den Grundton. Besonders eigen- artig liegen die Verhältnisse bei den Vokalklängen (s. Vokale). Gezupfte Saiten geben viele und starke Obertöne, sie klingen scharf und hell (spitz, klim- pernd usw.), gedackte Pfeifen geben Klänge mit sehr wenigen und schwachen Obertönen, sie klingen dumpf und weich. Ob das eine oder andere der Fall ist, sieht man aus der Form der Klangwelle. Auf der anderen Seite können freilich sehr ver- schieden gestaltete Schwingungsformen doch die gleiche Klangfarbenempfindung auslösen, da die- selbe unabhängig ist von der Phase, mit welcher die einzelnen pendelförmigen Schwingungen zu- sammentreffen, während die Form der resultieren- den Schwingung von den relativen Phasen der Partialschwingungen abhängig ist. Phasenunter- schiede zwischen den einzelnen Partialtönen eines Klanges vermag das Ohr also nicht heraus- zuhören (s. Resonanztheorie des Hörens).

Außer durch ihre Farbe können sich zwei Klänge noch durch ihre Höhe und ihre Stärke unter- scheiden. Freilich ist eine strenge Definition, namentlich der Klanghöhe, schwierig. Man identi- fiziert sie in der Regel mit der Höhe des Grundtones (s. Ton und Schallintensität).

S. auch Klanganalyse und Schallregistrierung.
                                        E. Waetzmann.

Näheres s. H. v. Helmholtz, Die Lehre von den Ton- empfindungen. Braunschweig 1912.

Klanganalyse. Sie besteht in der Zerlegung eines Klanges in seine Partialtöne (s. Klang) auf Grund des Ohmschen Gesetzes (s. d.). Schon das bloße Ohr ist befähigt, Klanganalyse auszuüben (s. Reso- nanztheorie des Hörens), indem es bei genügender Aufmerksamkeit und Übung die einzelnen Partial- töne eines Klanges heraushört. Sehr wesentlich kann es hierbei durch Anwendung von Luftresonatoren (s. d.) unterstützt werden. Hat man eine große Menge von verschieden abgestimmten Resonatoren, und fällt eine Klangwelle auf sie auf, so sucht sich jeder Resonator gewissermaßen seinen Eigenton aus dem Klange heraus und tönt auf ihn mit. Es kommen also alle diejenigen Resonatoren zum Mittönen, deren Eigentöne in dem zu unter- suchenden Klange als Partialtöne enthalten sind.

Die Methode der Klanganalyse durch Resonanz kann aber auch objektiviert werden, indem z. B. die Luftresonatoren mit manometrischen Flammen (s. Flammenapparat von König) verbunden werden.

Singt man einen Vokal mit abgehobenem Dämpfer in ein Klavier hinein, so hat der aus dem Klavier herauskommende Klang wieder den Charakter des betreffenden Vokales, denn alle die Saiten tönen mit, deren Eigentöne den Vokal bilden, und zwar in ungefähr dem richtigen Intensitätsverhältnis.

Ein anderes Verfahren zur Klanganalyse, das dem durch Resonanz gewissermaßen entgegen- gesetzt ist, besteht darin, daß durch Interferenz (s. d.) beliebige Partialtöne der Reihe nach aus- gelöscht werden und so geprüft wird, welche Partialtöne überhaupt vorhanden sind.

Für objektive quantitative Zwecke pflegt man die Schwingungsform des zu analysierenden Klanges auf irgend eine Weise aufzuzeichnen (s. Schall- registrierung) und die so gewonnene Kurve auf Grund des Fourierschen Satzes zu zerlegen, wofür man sehr bequem arbeitende Hilfs- apparate (harmonische Analysatoren) benutzen kann.   *E. Waetzmann.*

Näheres s. Auerbach, Akustik, in Winkelmanns Handbuch der Physik, Bd. II, 1909.

Klangfarbe s. Klang und Phaseneinfluß.

Klangverwandtschaft. Nach Helmholtz sind zwei Einzelklänge um so enger „verwandt", je mehr und je kräftigere Partialtöne beide Klänge gemeinsam haben. Die meisten gemeinschaftlichen Partialtöne haben (abgesehen vom Einklang) zwei Klänge, deren Grundtöne im Oktavenverhältnis

(s. d.) zueinander stehen. Sämtliche Teiltöne des höheren Einzelklanges fallen hier mit Teiltönen des tieferen zusammen. Die Wiederholung einer Melodie in einer höheren Oktave ist also nach Helmholtz eine wirkliche Wiederholung von schon Gehörtem, zwar nicht des Ganzen, aber doch eines Teiles. Das Prinzip der Klangverwandtschaft spielt in der Theorie der Konsonanz (s. d.) und Dissonanz eine große Rolle. *E. Waetzmann.*

Näheres s. H. v. Helmholtz, Die Lehre von den Tonempfindungen. Braunschweig 1912.

Klarinette s. Zungeninstrumente.

Klavier (Tonumfang A_2 bis c_5). Die Saiten der modernen Hammerklaviere werden mit weichen Klöppeln angeschlagen. Die Saiten sind in den tiefen Oktaven besponnene Darmsaiten, in den höheren Stahlsaiten. Jede Note wird nicht durch eine, sondern mehrere (meist drei) gleichgestimmte Saiten erzeugt. In der mittleren Lage der Tonskala liegt die Anschlagstelle in der Regel auf $\frac{1}{7}$ bis $\frac{1}{9}$ der Saitenlänge von dem einen Ende der Saite entfernt, in den höheren Lagen oft noch näher am Ende, um den Klang heller zu machen. Die Saitenschwingungen werden durch Vermittlung des hölzernen Resonanzbodens auf die Luft übertragen.

S. auch Saitenschwingungen und Plattenschwingungen.

Das Klavier hat den schweren grundsätzlichen Mangel, daß wegen der beschränkten Zahl der bequem unterzubringenden Tasten temperierte Stimmung (s. d.) angewandt werden muß. Hierdurch trägt es bei seiner weiten Verbreitung zur systematischen Abstumpfung des Gehörs gegen Unreinheiten in erster Linie bei.

Je nach der äußeren Form hat das Klavier verschiedene Namen. In aufrecht stehender Form heißt es Pianino, in Tafelform Pianoforte und in Flügel- oder langgestreckter Form Flügel. Von ähnlichen Instrumenten seien noch genannt das Spinett (älteres Instrument) und das Cymbal (in ungarischen Kapellen). *E. Waetzmann.*

Näheres s. R. Hofmann, Die Musikinstrumente. Leipzig 1903.

Klemmenspannung. Man bezeichnet hiermit in der Elektrotechnik stets die an den Polen (Klemmen!) einer Dynamomaschine beliebiger Stromart meßbare Spannung, wenn erstere entweder ihre volle elektrische Leistung (Generator) oder mechanische Leistung (Motor!) entwickelt. Ihre Größe hängt in erster Linie von der E.M.K. ab, welche die Maschine bei Vollast erzeugt; diese letztere ist im allgemeinen wiederum wesentlich verschieden von jener E.M.K., welche die Maschine entwickeln würde, wenn man sie völlig entlastete (Leerlaufspannung!).

Zu der induzierten Spannung ist unter Berücksichtigung seiner Phase der sog. Spannungsabfall vektoriell zu addieren, um die Klemmenspannung zu erhalten. Man rechnet hierbei aus Zweckmäßigkeitsgründen in der Technik meist getrennt mit Ohmschen Abfällen (Resistanzspannung!) und induktiven Abfällen (Reaktanzspannung) an Stelle der direkten Einführung der Impedanz in die überwiegend graphisch durchgeführte Rechnung. Kapazitätswirkungen sind bei Maschinenberechnungen nahezu stets vernachlässigbar. Bei Gleichstrommaschinen fällt außerdem der Phasenbegriff fort.

Die Berechnung der induzierten E.M.K. einer beliebigen Dynamomaschine beliebiger Stromart geht stets auf das bekannte Induktionsgesetz

$$e = -\,n \cdot \frac{d\,\Phi}{dt} \cdot 10^{-8}\,\mathrm{V}$$

zurück, wenn es auch in der Praxis häufig in zwei äußerlich völlig verschiedenen Formen benützt wird, je nachdem ein zeitlich unveränderliches Feld die induzierten Leiter schneidet (Bewegungsinduktion!) oder ein örtlich festes, mit den Leitern verkettetes Feld sich periodisch mit der Zeit ändert (statische Induktion!).

Geht man von der Tatsache aus, daß ein wesentlicher Unterschied zwischen den Wirkungen dynamischer und statischer Ummagnetisierung nicht besteht, so kann man sämtliche in der Elektrotechnik gebräuchliche Spannungsformeln auf die Form bringen

$$E = k \cdot f \cdot Z_s \cdot \Phi_p \cdot 10^{-8}\,\mathrm{V}.$$

Hierin bedeutet

E... bei Wechselstrommaschinen den Effektivwert der erzeugten E.M.K., bei kommutierenden Gleichstrommaschinen den Mittelwert der sehr schwach pulsierenden E.M.K.

k..... eine Konstante, die bei allen Wechselstrommaschinen stark abhängig ist von der Wicklungsart des induzierten Maschinenteiles und der räumlichen Verteilung des Kraftflusses am Ankerumfang; bei Gleichstrommaschinen ist sie $= 2$ für sämtliche gebräuchliche Wicklungsarten.

f..... die sekundliche Periodenzahl der zyklischen Ummagnetisierung. Geht dieselbe statisch vor sich, so bedarf der Begriff keiner weiteren Erläuterung. Handelt es sich um dynamische Induktion, so gilt hierfür die einfache Beziehung $f =$ sekundliche Umlaufszahl $\times$ Anzahl der Polpaare der Maschine.

Z_s... die Anzahl der pro Stromzweig in einer Maschine in Serie geschalteten induzierten Stäbe; bei Transformatoren und Drosselspulen wird hierfür sinngemäß die Windungszahl gesetzt.

Φ_p... bei dynamischer Induktion in der Regel den gesamten zeitlich konstanten Kraftfluß eines Maschinenpoles, bei Wechselstrommaschinen mit Kommutator den zeitlichen Maximalwert, bei statischer Induktion (Transformatoren) stets den letzteren.

Denkt man sich den gewöhnlichen Trommelanker einer Gleichstrommaschine in seinem Magnetfeld rotierend, so gibt für sinusförmige Verteilung des Kraftflusses eines Poles am Ankerumfang die folgende Tabelle eine Vorstellung von der Veränderlichkeit der Maschinenkonstanten k:

$$E_{\text{Gleichstrom}} = 2 \cdot f \cdot Z_s \cdot \Phi_p \cdot 10^{-8} = 100\,\mathrm{V}$$

$$E_{\text{Einphasenstrom}} = 1{,}42 \cdot f \cdot Z_s \cdot \Phi_p \cdot 10^{-8} = 71\,\mathrm{V}$$

$$E_{\text{Dreiphasenstrom}} = 1{,}84 \cdot f \cdot \frac{2}{3} Z_s \cdot \Phi_p \cdot 10^{-8} = 61{,}2\,\mathrm{V}$$

$$E_{\text{Vierphasenstrom}} = 2{,}02 \cdot f \cdot \frac{1}{4} Z_s \cdot \Phi_p \cdot 10^{-8} = 50{,}5\,\mathrm{V}.$$

Die Zahlenwerte $\frac{2}{3}$ und $\frac{1}{4}$ ergeben sich aus der Tatsache, daß mit Z_s die Anzahl der für Gleichstromentnahme in Serie geschalteten Leiter bezeichnet wurde.

Für den praktisch wichtigsten Fall der Dreiphasenmaschinen schwankt k zwischen 2,22 und 1,84.

Die Ohmschen Abfälle (Resistanzspannungen) einer Maschine, gleichviel ob Motor oder Generator, werden nach den bekannten Grundgesetzen über den Widerstand metallischer Leiter berechnet, wobei nur die Widerstandszunahme mit der Temperatur eine besondere Beachtung finden muß. Im Betrieb mit Vollast dürfen die Ohmschen Widerstände, z. B. bei Maschinen mit Kupferwicklung im Durchschnitt nicht um mehr als 20% der Widerstandswerte steigen, die bei kalter Maschine gemessen wurden, da sonst eine Beschädigung der Isolation (Baumwolle, Papier!) durch allzu hohe Temperaturen im Innern der Wicklungen zu befürchten ist.

Die induktiven Abfälle (Reaktanzspannungen!) der Wechselstrommaschinen sind wesentlich schwieriger vorauszuberechnen, da es sich bei ihnen im wesentlichen um die Wirkung von magnetischen Wechselfeldern handelt, die zu einem erheblichen Teil durch die Luft verlaufen auf Bahnen, die nur sehr näherungsweise angenommen werden und außerdem mit der Belastung sich ändern können.

Die Reaktanzspannungen spielen eine sehr wichtige Rolle beim Entwurf der asynchronen Drehstrommotoren, deren Verhalten im Betrieb durch sie bestimmt wird, desgleichen beim Parallelarbeiten oder Kurzschließen großer Wechselstromgeneratoren und Transformatoren. *E. Rother.*

Näheres s. Pichelmayer, Dynamobau (Handb. d. Elektrotechnik V).

Klepsydra s. Geschoßgeschwindigkeit.

Klimaänderungen. Im Laufe der Erdgeschichte haben sich große Änderungen des Klimas vollzogen, wie aus den Befunden fossiler Pflanzen und Tiere hervorgeht. Eine ausreichende Erklärung hat sich bisher noch nicht geben lassen, doch sind verschiedene, namentlich kosmische Ursachen dafür angenommen worden, von denen erwähnt seien: 1. Änderungen in der Wärmestrahlung der Sonne. 2. Änderungen in der Schiefe der Ekliptik. 3. Änderungen in der Exzentrizität der Erdbahn. 4. Änderungen der Lage der Erdbahn. 5. Ortsveränderungen der Erdpole. 6. Unterschiede in der Dauer der Jahreszeiten. Diese letzte Ursache liegt namentlich den Theorien von Adhémar, J. Croll und R. Ball zugrunde. Auf Änderungen in den Eigenschaften der Atmosphäre glauben L. de Marchi und S. Arrhenius die Klimaänderungen zurückführen zu können (s. auch Eiszeit).

Klimaänderungen in historischer Zeit sind vielfach auf Grund alter Berichte angenommen worden, bei deren Deutung man jedoch sehr vorsichtig sein muß weil die berichteten Änderungen der Anbau- oder Wasser-Verhältnisse häufig anderen Einflüssen als dem Klima zuzuschreiben sind. Auch hat sich in keiner kritisch bearbeiteten langjährigen Reihe von meteorologischen Beobachtungen eine fortschreitende Änderung irgend eines klimatischen Elementes feststellen lassen.

Dagegen scheint es, daß Schwankungen der klimatischen Elemente um einen mittleren Zustand tatsächlich vorkommen. Insbesondere hat E. Brückner eine 35jährige Periode der Klimaschwankungen wahrscheinlich gemacht, deren Ursachen jedoch noch nicht aufgeklärt sind. *O. Baschin.*

Näheres s. J. v. Hann, Handbuch der Klimatologie. 3. Aufl. 3 Bände. 1908—1911.

Klimatologie. Begriffsbestimmung. Unter Klima verstehen wir die Gesamtheit der meteorologischen Erscheinungen, welche den mittleren Zustand der Atmosphäre an einem gegebenen Ort charakterisieren. Die Klimatologie betrachtet im Gegensatz zu der Meteorologie (im engeren Sinne) nicht die Einzelerscheinungen in der Atmosphäre, sondern sie untersucht und beschreibt deren durchschnittliche oder mittlere Zustände an den verschiedenen Punkten der Erdoberfläche, namentlich in ihren Beziehungen zum organischen Leben. Sie bedient sich weniger der physikalischen als der geographischen Betrachtungsweise und benützt zudem in weitem Umfange statistische Berechnungsmethoden. Während die Meteorologie ihrer Natur nach mehr theoretisierend ist, liegt das Hauptgewicht der Klimatologie in der Beschreibung und der Schilderung des Zusammenwirkens der einzelnen klimatischen Elemente an einer Stelle der Erde. Eine scharfe Trennung beider Wissensgebiete ist aber nicht durchzuführen.

Arbeitsmethoden. Bei klimatologischen Untersuchungen handelt es sich im wesentlichen um Bearbeitung der meteorologischen Einzelbeobachtungen nach gewissen Gesichtspunkten, unter die Erzielung einer Vergleichbarkeit der berechneten Zahlenwerte mit anderen, für den gleichen Ort, und mit analogen, für andere Orte berechneten, an erster Stelle steht. Kritik des vorliegenden Beobachtungsmaterial, Bildung von Mittelwerten und Summen, Ermittelung der absoluten Extreme, Berechnung von mittleren Extremen, Abweichungen und Änderungen, Bestimmung der Häufigkeit gewisser meteorologischer Erscheinungen usw. bilden die Hauptarbeit bei der Anfertigung klimatischer Monographien für einzelne Orte. Darüber hinaus jedoch führt die Ermittelung von Zusammenhängen der einzelnen klimatischen Elemente, die Erklärung bestimmter Klimatypen und die Feststellung der Gründe für deren Beschränkung auf gewisse Gebiete der Erdoberfläche zu zahlreichen anderen Methoden der wissenschaftlichen Forschung.

Bestandteile des Klimas. Das wichtigste klimatische Element ist die Temperatur, zu deren Charakterisierung zahlreiche mittlere Zahlenwerte für die einzelnen Monate wie für das Jahr erforderlich sind. Als wesentlichste seien genannt: Die Temperaturen der einzelnen Tageszeiten und des Tagesdurchschnittes, periodische und aperiodische tägliche Temperaturschwankung mittlere Extreme, mittlere Schwankung, absolute Extreme, Veränderlichkeit der Tagestemperatur. Von weiteren klimatischen Elementen seien genannt: Erster und letzter Frost, Zahl der Eis-, Frost- und Sommertage, Bodentemperatur, absolute und relative Feuchtigkeit, Sonnenschein, Bewölkung, Zahl der heiteren, trüben und Nebel-Tage, sowie Dauer des Sonnenscheins, Menge der Niederschläge, Zahl der Niederschlags-, Schnee-, Hagel- und Gewittertage, erster und letzter Schneefall, Luftdruck, Windrichtung und Windstärke. Außer diesen Elementen meteorologischer Natur kommen für das Klima eines Ortes noch klimatische Faktoren geographischer Natur in Betracht, vor allem die geographische Breite, die Lage zum Meere, die Höhe über dem Meeresniveau, die physische Beschaffenheit der Erdoberfläche, deren Neigung zum Horizont und ihre Beziehung zur näheren Umgebung, ihr Pflanzenkleid usw.

Darstellungsmethoden. Die Ergebnisse klimatologischer Untersuchunge werden meist in der Form von Tabellen zusammengestellt und entweder in einzelnen Monographien (vielfach als Doktor-Dissertationen und Schulprogramme) oder in den umfangreichen Tabellenwerken der meteorologischen Zentralanstalten veröffentlicht, die in jedem Kulturstaat alljährlich erscheinen. Zahllose kleinere klimatologische Dartellungen oder Auszüge aus größeren Werken finden sich in der Meteorologischen Zeitschrift, meist aus der Feder von J. Hann. Neben der tabellarischen Form spielt jedoch die kartographische in der Klimatologie eine wichtige Rolle. Die Eintragung vergleichbarer klimatischer Daten in eine geographische Karte und Verbindung der gleichen Zahlenwerte durch Linien führt unter weitgehender Zuhilfenahme der Interpolation zur Konstruktion von Karten gleicher Zahlenwerte (Isarythmen-Karten), deren Wert darauf beruht, daß sie mit einem Blick die geographische Verteilung des betreffenden klimatischen Elementes zu erfassen gestatten. Insbesondere kommt den Isobaren- (s. diese) und Isothermen- (s. diese) Karten eine besondere physikalische Bedeutung zu.

Einteilung der Klimate. Das Klima jedes einzelnen Landes, ja jedes Ortes zeigt uns die klimatischen Elemente in immer neuer, mannigfaltiger Verbindung. Dies im einzelnen zu verfolgen ist Aufgabe der speziellen Klimakunde. Doch lassen sich aus der großen Menge der Einzel-Klimate gewisse Kategorien herausheben, die in großen Zügen manche Übereinstimmung zeigen. Dies gilt vor allem von der zonenförmigen Anordnung der Klimate zwischen Äquator und den Polen, die am reinsten in dem solaren Klima zum Ausdruck kommt, das auf der Erde herrschen würde, wenn keine Atmosphäre und kein Wasser vorhanden wäre. Dann würden die Wärmezonen mit den durch Wende- und Polarkreise abgegrenzten Strahlungszonen zusammenfallen. Durch das Vorhandensein der Atmosphäre und die Ungleichförmigkeit der Erdoberfläche, namentlich durch die unregelmäßige Verteilung von Wasser und Land, wird das solare in das physische Klima übergeführt und die mathematische Abgrenzung der tropischen, gemäßigten und polaren Klimagürtel modifiziert. Das verschiedene Verhalten von Wasser und Land zu den einzelnen klimatischen Elementen, vor allem zu den Temperatureinflüssen, kommt recht deutlich in dem Gegensatz zwischen Land- und Seeklima zum Ausdruck. Eine weitere Hauptform des physischen Klimas ist das Höhenklima, dessen wichtigste Eigentümlichkeiten geringerer Luftdruck und geringere Temperatur, aber größere Intensität der Sonnenstrahlung sind. Neben diese Hauptgruppen treten noch Klimatypen zweiter Ordnung, von denen Küsten-, Wald-, Steppen- und Wüstenklima ihre Bezeichnung von der physischen Beschaffenheit der betreffenden Länderstriche erhalten haben. Als Passat- bzw. Monsunklima dagegen bezeichnet man die klimatischen Erscheinungen, welche durch das Vorherrschen der Passat- (s. diese) und Monsunwinde (s. diese) verursacht werden. *O. Baschin.*

Näheres s. J. v. Hann, Handbuch der Klimatologie. 3. Aufl. 3 Bände. 1908—1911.

Klirrtöne können entstehen, wenn ein tönender fester Körper mit einem anderen festen Körper in lose Berührung gebracht wird. Besonders kräftig treten sie beispielsweise auf, wenn man mit dem Stiele einer stark tönenden Stimmgabel eine Tischplatte oder eine Fensterscheibe lose berührt. Die Schwingungszahlen der Klirrtöne betragen $\frac{1}{2}$, $\frac{1}{3}$, $\frac{1}{4}$ .... der Schwingungszahl des Grundtones der Gabel, sind also harmonisch und werden oft als Untertöne (s. d.) bezeichnet. Ihre Entstehungsweise ist nicht ganz einfach zu übersehen. Der Gabelstiel soll beim Stoß gegen die Platte einen Rückstoß erleiden, durch welchen die Gabel ein wenig gehoben wird, und jetzt nur bei jeder 2., 3., 4. .... Schwingung die Platte wieder berührt. *E. Waetzmann.*

Näheres s. H. Knapman, Proc. Royl. Soc. 74, 1904.

Knall ist eine spezielle Art von Schall (s. d.). Man neigt jetzt zu der Annahme, daß eine Knallempfindung zustande kommt, wenn das Ohr nicht von einer allmählich sich ändernden, sondern plötzlich in voller Stärke einsetzenden Verdichtung oder Verdünnung getroffen wird. Das Bild der Schallwelle würde dann eine steil abfallende Vorderfront zeigen, und der Empfindungseindruck soll sich um so mehr einer ausgesprochenen Knallempfindung nähern, je steiler der Abfall ist. Diese Annahme hat viel Berührungspunkte mit einer von Lummer (1905) aufgestellten Theorie des Knalles.

O. Abraham beschreibt in einer 1919 veröffentlichten Arbeit Beobachtungen, die er an einer Sirenenscheibe über Knalle gemacht hat. Beim Anblasen einer Lochsirene wird der betreffende Ton bei genügend kurzer Dauer von einem (tieferen) Knall („Tonknall") begleitet, der auch dann noch übrig bleiben soll, wenn der Ton durch Interferenz vernichtet ist. Wird nur ein einzelnes Loch angeblasen, so entsteht nur ein Knall („Einlochknall"). An den beobachteten Knallen ist eine bestimmte Tonhöhe erkennbar; sie hängt von der Erregungsdauer ab. Der Sirenenknall entsteht überhaupt nur dann, wenn die Erregungsdauer genügend klein ist, etwa $\frac{1}{150}$ sec nicht überschreitet. S. auch Kopfwelle und Mündungsknall. *E. Waetzmann.*

Näheres s. V. Hensen, Pflügers Archiv f. d. ges. Physiologie, 119, 1907.

Knall-Funken. Die Funken der mit langsamen (50 Perioden) Resonanzfunken arbeitenden Braunschen Sender. *A. Meißner.*

Knallgasvoltameter. Ein Wasservoltameter (s. d.), bei dem das Volumen des bei der Zersetzung gebildeten Knallgases gemessen wird. Die Gasmenge muß unter Berücksichtigung des Drucks (Barometerstand und Höhe der Wassersäule), der Temperatur und des Feuchtigkeitsgrades auf den Normalzustand reduziert werden. Die Elektroden sind bei diesem Voltameter dicht beieinander angebracht, so daß man noch verhältnismäßig hohe Stromstärken messen kann. Das Gas wird in einer kalibrierten zylindrischen Röhre aufgefangen, in der sich auch die Elektroden befinden. Ist v_0 das auf 760 mm Quecksilberdruck und 0° reduzierte Knallgasvolumen, t die Zeit in Sek., so berechnet man den Strom i nach der Formel $i = 5{,}75 v_0/t$ Ampere (s. auch Wasserstoffvoltameter). *W. Jaeger.*

Knickung s. Biegung.

Knie (der Magnetisierungskurve) heißt die Biegung, mittels deren der steil ansteigende Teil der Magnetisierungskurve (s. dort) in den flach ansteigenden übergeht. Unter Umständen, namentlich bei magnetisch sehr weichen Materialien, ist die Biegung ziemlich scharf, nahezu rechtwinkelig, während sie bei härterem Material, namentlich bei gehärtetem Stahl, nur wenig ausgeprägt erscheint. *Gumlich.*

Knoten. In der Meereskunde und Schiffahrtstechnik übliches Geschwindigkeitsmaß, das einzige Beispiel eines eigenen Namens für die Geschwindigkeitseinheit. 1 Knoten = 1 Seemeile (1852 m) pro Stunde = 0,51 m pro Sek. *O. Baschin.*

Knoten s. Planetenbahn.

Knotenpunkt s. Gaußische Abbildung.

Koeffizient der äußeren Reibung von Flüssigkeiten s. Gleitungskoeffizient.

Koeffizient der inneren Reibung von Flüssigkeiten s. innere Reibung.

Königsches Spektralphotometer s. Photometrie im Spektrum.

Koepselscher Magnetisierungsapparat s. Drehspulenmethode.

Koexistierende Phasen. Besteht ein System nicht aus einem einzigen homogenen Körper, sondern aus mehreren räumlich aneinander grenzenden verschiedenartigen Bestandteilen verschiedener Dichte, deren jeder im Falle des Gleichgewichts ein zeitlich unveränderliches Volumen einnimmt, so bezeichnet man diese gleichzeitig nebeneinander bestehenden Bestandteile als koexistierende Phasen. Ein System kann im Gleichgewichtszustand beliebig viele feste und flüssige Phasen, aber nur eine gasförmige Phase besitzen, da verschiedenartige Gase infolge der Diffusion nicht getrennt nebeneinander bestehen können, sondern sich zu einem homogenen Gas mischen. Jedes Gemisch einheitlicher Körper kann bis zu drei Phasen, nämlich die feste, die flüssige und die dampfförmige, gleichzeitig besitzen. Diese drei verschiedenen Phasen bezeichnet man oft auch als die drei Aggregatszustände der einheitlichen Körper oder kurz als Aggregatszustände. Bei einer Gefrierlösung, welche Salz im Überschuß enthält, unterscheidet man 4 Phasen, nämlich Wasserdampf, flüssige Lösung, Eis und Salz, also eine dampfförmige, eine flüssige und zwei feste Phasen.

Die Thermodynamik fordert, daß alle koexistierenden Phasen dieselbe Temperatur, denselben Druck und denselben Wert der Funktion $\zeta =$ $u + pv - Ts$ bzw. $\Phi = -\dfrac{\zeta}{T}$ (s. thermodynamisches Potential) besitzen.

Über die Beziehung zwischen der Anzahl der koexistierenden Phasen und der Anzahl der Komponenten eines Systems gibt die Gibbssche Phasenregel (s. thermodynamisches System) Auskunft.

Ist die Maximialzahl n der koexistierenden Phasen vorhanden, so sind alle Variablen p, T usw. eindeutig bestimmt, d. h. sie können nur in einem einzigen Zustandspunkt existieren, z. B. Eis, Wasser und Dampf im Tripelpunkt (s. d.). Ist die Zahl der Phasen um 1 geringer als die Maximalzahl, also n—1, so ist eine Variable beliebig, z. B. lassen sich viele Drucke angeben, bei denen 2 der Phasen, z. B. Eis, Wasser, Dampf nebeneinander bestehen können. Sind n—2 Phasen, also z. B. nur Eis vorhanden, so lassen sich in weiten Grenzen beliebige Werte des Druckes und der Temperatur angeben, bei denen die Phase möglich ist. *Henning.*

Kohärer, Antikohärer. Früher in der drahtlosen Telegraphie viel benutzter Apparat zum Nachweis und Empfang elektrischer Schwingungen. Der Kohärer (deutsch „Fritter" genannt), besteht aus einer Glasröhre mit zwei Metallelektroden, zwischen denen sich kleine Stücke eines Metalles befinden. Im normalen Zustand besitzt er einen sehr hohen Widerstand. Wird er aber von elektrischen Schwingungen angeregt, so vermindert sich sein Widerstand außerordentlich stark. Mit dem Namen „Antikohärer" bezeichnet man solche Wellenanzeiger, bei denen die Wirkung elektrischer Schwingungen nicht wie beim Kohärer eine Widerstandsabnahme, sondern eine Zunahme zur Folge hat. *A. Esau.*

Kohäsionsdruck. Nach der van der Waalsschen Zustandsgleichung (s. d.) ist zur Berechnung der Eigenschaften eines Gases oder einer Flüssigkeit der äußere Druck p zu erhöhen um ein Glied der Form $\dfrac{a}{v^2}$, wenn a eine Konstante und v das spezifische Volumen der Substanz bedeutet. Dieses Zusatzglied, welches durch die anziehenden Kräfte der einzelnen Moleküle aufeinander herrührt, ist von van der Waals Kohäsionsdruck genannt (s. innerer Druck). *Henning.*

Kohlenfadenlampe, Flächenhelle, s. Photometrische Größen und Einheiten, Nr. 4; Wirtschaftlichkeit s. Wirtschaftlichkeit von Lichtquellen.

Kohlrauschs Gesetz der unabhängigen Ionenwanderung s. Leitvermögen der Elektrolyte.

Kollektoren. Dies sind Vorrichtungen, welche dazu dienen, möglichst raschen Potentialausgleich zwischen der umgebenden Luft und einem Punkte des Apparates herbeizuführen, um dann mit Hilfe eines hiermit in Verbindung gebrachten Elektrometers die Potentialdifferenz zwischen diesem gewählten Punkte der Luft und der Erdoberfläche oder zwischen zwei in verschiedenen Höhen liegenden Punkten der Atmosphäre messen zu können. Die älteste Art des Kollektors ist der Spitzenkollektor. Eine vertikale Spitze wird mit einem Elektroskop verbunden, mit einer isolierenden Stange an jene Stelle gebracht, deren Potentialdifferenz gegen Erde gemessen werden soll. Wegen der bekannten „Spitzenwirkung" erfolgt rasch ein Ausgleich der Elektrizität an der Spitze und die bei geerdetem Gehäuse am Elektroskop abgelesene Spannung gibt die Potentialdifferenz des Ortes der Spitze gegen die Erdoberfläche. Ganz einwandfreie Messungen sind mit Spitzenkollektoren nicht möglich, da die Spitze selbst eine merkliche Deformation der Niveauflächen des elektrischen Feldes der Erde hervorbringt. Eine andere Art von Kollektoren sind die Flammenkollektoren. Diese beruhen darauf, daß brennende oder glimmende Körper, z. B. Lunten, Schwefelfäden, Kerzen und dgl. die Luft in ihrer unmittelbaren Umgebung stark elektrisch leitend machen, d. h. ionisieren, wodurch der Potentialausgleich an der Stelle, wo die Flamme brennt, in relativ kurzer Zeit hergestellt wird. Um auch bei windigem Wetter mit einem Flammenkollektor arbeiten zu können, muß man die Flamme mit einem Schutzgehäuse mit Schornstein umgeben. Der Referenzpunkt, d. h. der Punkt, dessen Potential dann angegeben wird, liegt dann etwas über dem oberen Schornsteinrand. Die damit, insbesondere bei windigem Wetter, verbundene Unsicherheit läßt sich eliminieren, wenn man einen zweiten, gleichen Kollektor, mit dem Gehäuse des Elektroskops verbunden, in einer kleinen Vertiefung direkt am Boden anbringt. Da man das Potentialgefälle in Volt pro Meter angibt, wählt man als Distanz zwischen den beiden Kollektoren gewöhnlich 1 m. Eine auch bei böigem Winde funktionierende Type eines Flammenkollektors wurde von Lutz angegeben. Bei den Flammenkollektoren ist der Potentialausgleich praktisch in 1—3 Minuten erreicht. Sie sind daher nicht geeignet, um sehr rasche Schwankungen des Luftpotentials wiederzugeben. Eine weitere Art von Kollektoren sind die Radio-Kollektoren, auch „radioaktive Elektroden" genannt, welche von Franz Exner eingeführt wurden. An Stelle der Flamme wird ein radioaktives Präparat, auf einer isolierenden Stange befestigt, mit dem Elektroskop verbunden an die gewünschte Stelle gebracht. Um einen möglichst genau definierten Referenzpunkt zu haben, empfiehlt es sich, solche radioaktive Substanzen zu verwenden, welche nur die nächste Umgebung ionisieren, also Substanzen, welche nur Alpha-Strahlen mit kurzer Reichweite aussenden. Ferner darf auch aus demselben Grunde kein Präparat verwendet werden, welches etwa Emanation abgibt. Also eignen sich zu diesem Zwecke nur reine Alpha-Strahler, wie Polonium oder Ionium. — Bei ersterem muß der Belag nach einiger Zeit erneuert werden, da die Wirkung des Poloniums in je 136 Tagen auf die Hälfte abnimmt. Ioniumkollektoren bleiben dagegen in ihrer Wirkung praktisch konstant. Kleine Metallscheibchen, mit Polonium oder Ionium bedeckt, ionisieren die Luft entsprechend der Reichweite ihrer Alpha-Strahlung in einem Umkreis von 3,8 bzw. 3,1 cm. Der Referenzpunkt ist also ziemlich gut definiert. Bei regnerischem Wetter und im Winter können auch diese Radio-Elektroden vollständig versagen, da eine die Oberseite des Präparates bedeckende Wasser- oder Eisschicht die Alpha-Strahlen gänzlich absorbiert. Für Registrierungen sind sie daher nicht so besonders zu empfehlen. Auch bei ruhiger, d. h. vollkommen stagnierender Luft können die Radio-Kollektoren ganz falsche Potentialwerte liefern, da sich dann auch in der weiteren Umgebung des Kollektors Ionen ansammeln, wodurch das Erdfeld wesentlich gestört werden kann.

Auf ganz anderem Prinzip beruhen die Tropf- und Spritzkollektoren. Schon W. Thomson schlug vor, als Ausgleicher tropfendes Wasser zu verwenden. Man verbindet ein mit Wasser gefülltes, isoliert aufgestelltes Metallgefäß mit einem Elektroskop und läßt das Wasser tropfenweise ausfließen. Jeder Tropfen (Kapazität c) nimmt dann einen Teil der Ladung, die sich infolge der ursprünglich bestehenden Potentialdifferenz V zwischen Metallgefäß (Kapazität C) und Umgebung auf dem isolierten System vorfindet, und so verringert sich fortwährend der Potentialunterschied. Der Ausgleich erfolgt asymptotisch, nach einem exponentiellen Gesetz: Werden n-Tropfen pro min abgeschleudert, so ist die von ihnen wegtransportierte Ladung pro min ncV gleich dem Elektrizitätsverlust des Gesamtsystems:

$$n \cdot c \cdot V = -C \cdot \frac{dV}{dt}.$$

Bezeichnen wir mit V_0 die anfängliche Potentialdifferenz zwischen der Mündung des Tropfkollektors und der Umgebung, so erhalten wir, integriert die Formel $V_t = V_0 \cdot e^{-kt}$, d. h. die Potentialdifferenz V_t nach der Zeit t ist gleich der ursprünglichen, V_0, mal einem echten Bruch, der um so kleiner ist, je größer der negative Exponent $k \cdot t$ wird. Der Faktor k ist gleich nc/C, wird also um so größer, je mehr Tropfen pro Zeiteinheit abgeschleudert werden. Es ist also günstig, statt des gewöhnlichen Tropfkollektors einen Spritzkollektor nach Art der Wasserzerstäuber zu gebrauchen. Als „praktische Ladungszeit" bezeichnet man die Zeit, welche nötig ist, bis der ursprüngliche Potentialunterschied an der Abtropfstelle auf 1 Prozent seines Wertes gesunken ist. Diese „Ausgleichzeit" beträgt bei den gewöhnlichen Tropfkollektoren etwa 1 min, bei den Spritzkollektoren nur einige Sekunden. Diese sind somit die bestwirkenden Kollektoren. Bei kaltem Wetter muß das Füll-

wasser mit Alkohol, Glyzerin oder dgl. vermischt werden. Referenzpunkt bei allen Tropf- und Spritzkollektoren ist der Punkt, an welchem das Wasser sich in Tropfen zerteilt. Sie haben also auch den weitaus bestdefinierten Referenzpunkt. Schließlich mag auch noch die von Ebert eingeführte Type der lichtelektrischen Kollektoren erwähnt werden, welche aus lichtelektrisch empfindlichen Metallscheiben bestehen, die sich bei normalem Erdfeld (Erde negativ) rasch mit dem Potential der Umgebung ausgleichen (vgl. Hallwachseffekt). Diese Elektroden sind aber nur bei sonnigem Wetter oder im Ballon sicher anwendbar. *V. F. Hess.*

Näheres s. A. Gockel, In Lichtelektrizität. 1908.

Kollektorplatte. Bei einem Zweiplatten-Kondensator pflegt man die isolierte Platte als Kollektorplatte, die zur Erde abgeleitete als Kondensatorplatte zu bezeichnen. *R. Jaeger.*

Kollimator. Kleines, unbeweglich horizontal in Meridian und Höhe eines Meridianinstrumentes aufgestelltes Fernrohr, dessen Fadenkreuz man mit dem Instrument zur Festlegung einer bestimmten Richtung anvisiert. *Bottlinger.*

Näheres s. L. Ambronn, Handb. d. astronomischen Instrumentenkunde.

Kolorimeter. Die große Bedeutung der Sternfarbe liegt darin, daß sie für die effektive Temperatur der Sterne charakteristisch ist und deren Schätzung ohne Benutzung der schwierigen und daher nur auf eine kleine Zahl von Sternen anwendbaren spektralphotometrischen Methoden gestattet. Die exakte Bestimmung der Sternfarben stößt auf die Schwierigkeit, daß die zum Vergleich benutzten Photometerlampen mit einer Temperatur von 2000 bis 3000° an der unteren Grenze der vorkommenden Sterntemperaturen liegen. Das Wilsingsche Kolorimeter verwendet infolgedessen einen Rotkeil, der die Farbe des natürlichen Sterns unter Beibehaltung des Charakters der Strahlung (schwarze Strahlung bleibt schwarze Strahlung) auf die Farbe des künstlichen Sterns herabsetzt. Nach Eichung des Keils an Sternen mit spektralphotometrisch bestimmten effektiven Temperaturen gibt die lineare Verschiebung des Keils unmittelbar die Temperaturdifferenz zwischen Stern und Photometerlampe und damit die effektive Temperatur des Sterns. *W. Kruse.*

Näheres s. Scheiner-Graff, Astrophysik.

Koma. Es werde durch eine Linsenfolge ein Achsenpunkt abgebildet, der Schnittpunkt der nahe der Mitte durch die Eintrittspupille gehenden Strahlen ist der Gaußische Bildpunkt. Infolge der Symmetrie weicht der Schnittpunkt eines weiter außerhalb verlaufenden Strahls nur um ein Glied zweiter Ordnung der Öffnung m vom Gaußischen Bildpunkte ab und der Strahl trifft die Gaußische Bildebene in einem Punkte, dessen Abweichung von der Ordnung m^3 ist (s. sphärische Abweichung).

Bei einem Punkte außerhalb der Achse hat man keine solche Symmetrie und es treten daher — eine anastigmatische Abbildung vorausgesetzt, s. Astigmatismus — für die Abweichung der Schnittweite Glieder erster Ordnung, für die Undeutlichkeit Glieder zweiter Ordnung in den Öffnungswerten m und M auf, die Glieder niedrigster Ordnung sind

$$l\,m^2,\; l\,m\,M,\; l\,M^2$$

Die Glieder wachsen im nämlichen Verhältnis wie der Abstand des betrachteten Punktes von der

Achse, d. h. wenn die sphärische Abweichung nicht in Betracht kommt, kann der in Rede stehende Fehler schon die Abbildung eines kleinen Gegenstandes in der Ordnung von dessen Größe undeutlich machen. — Da der Astigmatismus im Verhältnis von l^2 wächst, so wird er bei kleinem Gesichtsfeld stets durch diese Fehler verdeckt, bei größerem wird er ihn mehr und mehr verdecken.

Bei anastigmatischer Abbildung (und bei kleinem Gesichtsfelde) haben die betrachteten Glieder die Wirkung, daß an Stelle eines Punktes in der Abbildungsebene eine eigentümliche Figur entsteht, die man als Koma (Haar, vergl. Komet) bezeichnet. — Sind Astigmatismus und Koma gleichzeitig vorhanden, so entstehen verwickeltere Figuren.

Man könnte nach den angegebenen Gliedern annehmen, daß die Koma durch drei verschiedene Zahlen gekennzeichnet wäre, Gullstrand hat indessen bewiesen, daß bloß zwei in Betracht kommen; und für ein kleines Gesichtsfeld sind sie so voneinander abhängig, daß der eine den dreifachen Wert des anderen hat.

Ferner hat Abbe gezeigt, daß für ein kleines Gesichtsfeld und gehobene sphärische Abweichung die Koma dann verschwindet, wenn die Sinus der Öffnung auf Bild- und Gegenstandsseite sich umgekehrt verhalten wie die Vergrößerung (Abbesche Sinusbedingung).   *H. Boegehold.*

Kombinationsdifferenzen. Bei seinem ursprünglichen Entwurf zu einer modellmäßigen Erklärung des Röntgenlinien-Emissionsmechanismus gelangte Kossel (s. Röntgenspektren und Quantentheorie) durch Anwendung des *Kombinationsprinzipes* zu Additionsbeziehungen zwischen gewissen Röntgenlinienfrequenzen, die sich bei der Prüfung an der Erfahrung nicht vollständig erfüllt zeigten. Die stets einen systematischen Charakter tragenden, relativ geringen Abweichungen von den Kosselschen Beziehungen nannte man *Kombinationsdifferenzen* oder *Kombinationsdefekte*. Das Auftreten derselben war darin begründet, daß man den Linien bestimmte Entstehungsweisen zuschrieb, die sich nachher als nicht zutreffend herausstellten. Wie Kossel später selbst an einem Einzelfall, sowie Smekal und Coster allgemein zeigten, ergeben die bei richtiger Interpretation der Röntgenlinien gefundenen Additionsbeziehungen vollkommene Übereinstimmung mit der Erfahrung und somit einen Beweis für die Gültigkeit des Kombinationsprinzipes bzw. der damit äquivalenten Bohrschen Frequenzbedingung auch im Gebiete der Röntgenspektren.   *A. Smekal.*

Kombinationsprinzip, von Ritz 1908 formulierter allgemeiner spektroskopischer Erfahrungssatz, wonach durch beliebige Kombination der Serienformeln bekannter Spektrallinien des gleichen chemischen Elementes, nämlich durch einfache Addition oder Subtraktion, neue Spektrallinien desselben berechnet werden können. Dem Kombinationsprinzip vollständig äquivalent ist die *Bohrsche Frequenzbedingung* (s. d.) der Quantentheorie. Schon vor der Quantentheorie wurde aber bemerkt, daß die Elemente nach dem Kombinationsprinzip viel mehr Spektrallinien besitzen müßten, als tatsächlich beobachtet worden sind. Das Ausfallen ganz bestimmter solcher zahlreicher Kombinationen wurde erst durch das aus dem *Bohrschen Korrespondenzprinzip* (s. d.) hervorgehende allgemeine Auswahlprinzip verständlich.   *A. Smekal.*

Näheres s. Sommerfeld, Atombau und Spektrallinien. III. Aufl. Braunschweig 1922.

Kombinationstöne. Erklingen gleichzeitig zwei (Primär-) Töne von den Schwingungszahlen p und q, so hört man bei geeignetem Intervall und passender Stärke dieser Primärtöne noch neue Töne von den Schwingungszahlen p—q (Tartinischer Ton, nach dem Geiger Tartini, der als einer der ersten auf ihn aufmerksam gemacht hat, oder Differenzton 1. Ordnung oder Stoßton), p+q (Summationston), 2q—p (Differenzton 2. Ordnung) usw. Zusammenfassend sind die Differenz- und Summationstöne von Helmholtz Kombinationstöne genannt worden, während sie von den Engländern oft als resultierende Töne bezeichnet werden. Der Differenzton 1. Ordnung und in geringerem Maße auch noch derjenige 2. Ordnung können verblüffend stark werden. Werden z. B. Königsche Stimmgabeln der viergestrichenen Oktave als Primärtonquellen benutzt, so kann p—q so laut werden, daß er die Primärtöne fast übertönt. Das tritt jedoch nur bei kleinen Intervallen (weit unterhalb einer Oktave) der Primärtöne ein. Alle übrigen Kombinationstöne sind bezüglich der Stärke durch eine große Kluft von p—q und 2q—p getrennt.

Diese Kombinationstöne, die von zwei getrennten Primärtonquellen erzeugt werden, haben die Eigentümlichkeit, daß sich im allgemeinen außerhalb des Ohres keine sinusförmigen Schwingungskomponenten von den ihnen entsprechenden Frequenzen nachweisen lassen; es sind also keine gewöhnlichen „objektiven", sondern „subjektive" Töne, welche erst im Ohre des Beobachters entstehen. Aus diesem Grunde hat sie R. König als Stoßtöne (s. d.) aufgefaßt, und auch sonst ist aus ihrer Existenz immer wieder auf die Unrichtigkeit der Resonanztheorie des Hörens (s. d.) geschlossen worden.

Dagegen führte Helmholtz ihre Entstehung auf Abweichungen von dem Prinzip der ungestörten Superposition (s. d.) bei der Überlagerung der beiden Primärtonschwingungen zurück, indem er dem von den beiden Primärtönen erregten Massenpunkt nicht das gewöhnliche lineare, sondern ein quadratisches, und zwar unsymmetrisches Gesetz für die elastische Kraft zuschrieb. Infolge seines unsymmetrischen Baues soll das Trommelfell (s. Ohr) besonders geeignet sein, einem derartigen Kraftgesetz zu folgen. Nach Helmholtz entstehen die Kombinationstöne also „objektiv" im Trommelfell. Man sollte sie also statt als „subjektive" Töne besser als „physiologisch-objektive" Töne bezeichnen.

Neuerdings ist es gelungen (Waetzmann), auf verschiedene Weise auch außerhalb des Ohres äußerst starke Kombinationstöne (Amplitude ein Mehrfaches von der der Primärtöne) herzustellen und die Theorie durch eine Erweiterung der Helmholtzschen Vorstellungen und einen Kompromiß zwischen Helmholtz und König zu einem gewissen Abschluß zu bringen (Waetzmann).

Neben den bisher besprochenen Kombinationstönen, welche bei getrennten Primärtonquellen entstehen, hat Helmholtz noch auf eine andere Art von Kombinationstönen hingewiesen, die beispielsweise an der Doppelsirene entstehen (s. d.), wenn gleichzeitig zwei Löcherreihen von passendem Intervall angeblasen werden. Jedoch würde man diese Pseudo-Kombinationstöne zufolge ihrer Entstehungsart besser als Variationstöne (s. d.) bezeichnen.   *E. Waetzmann.*

Näheres s. C. Stumpf, Beobachtungen über Kombinationstöne. Zeitschr. f. Psychologie 55, 1910.

Kombinierter Wirbel nach Rankine. Sind in einer inkompressiblen Flüssigkeit geradlinige Wirbel mit vertikaler Wirbelachse in der Nähe einer freien Oberfläche vorhanden, so geben diese die Veranlassung zur Ausbildung sog. kombinierter Wirbel nach Rankine, bei denen die Flüssigkeitsteilchen sich außerhalb des eigentlichen Wirbels in kreisförmigen Bahnen um den Wirbel herumbewegen. Durch diese Bewegung entstehen trichterförmige Vertiefungen in der vorher ebenen Flüssigkeitsoberfläche (Fig. 1), welche auch im alltäglichen

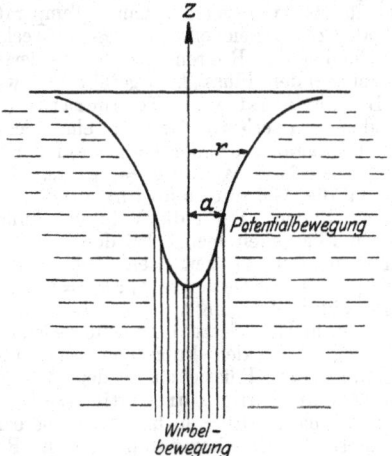

Fig. 1. Wirbel in einer rotierenden Flüssigkeit.

Sprachgebrauch als Wirbel bezeichnet werden. Man beobachtet dieselben z. B. an den Stellen einer Wasseroberfläche, an welchen die Ruder eines Ruderbootes aus dem Wasser gezogen werden.

Rotiert die Flüssigkeit mit einer konstanten Winkelgeschwindigkeit ω um die z-Achse, die wir senkrecht zur Wasseroberfläche nehmen wollen, innerhalb des Zylinders r = 0 bis r = a, so bildet sich außerhalb dieses Zylinders eine Potentialströmung aus, bei welcher die Wasserteilchen mit einer Geschwindigkeit $\frac{\omega a^2}{r}$ um die z-Achse rotieren.

Das Geschwindigkeitspotential dieser letzteren Strömung ist $\varphi = \omega a^2 \operatorname{arctg} \frac{y}{x}$, während die Strömung innerhalb des Zylinders mit dem Radius a kein Potential hat. Der Druck in der Flüssigkeit ist überall durch die Bernoullische Gleichung gegeben. Da andererseits der Druck an der freien Oberfläche konstant sein muß, so tritt unter der Wirkung der Erdschwere eine trichterförmige Einsenkung der Oberfläche ein. Die Vertiefung z unter der normalen Oberfläche ist im Gebiete der

Potentialbewegung $z = \dfrac{\omega^2 a^4}{2 g r^2}$ und im Gebiete der

Wirbelbewegung $z = \dfrac{\omega^2}{2 g} (2 a^2 - r^2)$. — Die größte

Vertiefung in der Mitte des Wirbels ist: $\dfrac{\omega^2 a^2}{g}$.

Zur Demonstration einer derartigen Wirbelbewegung kann man sich eines weiten zylindrischen Gefäßes A A bedienen (Fig. 2), durch dessen Boden eine Walze BB vom Radius a eingeführt ist, welche in rasche Rotation versetzt wird. Denn da wir die Winkelgeschwindigkeit ω im ganzen Wirbel-

gebiet konstant nahmen, so rotiert die Flüssigkeit im Wirbelraum wie ein fester Körper und kann durch die rotierende Walze BB ersetzt werden.

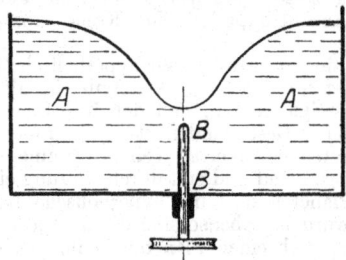

Fig. 2. Zur Demonstration der Wirbelbewegung.

Über dieser Walze nimmt auch die Flüssigkeit die Wirbelgeschwindigkeit ω an, und außerhalb derselben (von einer dünnen Grenzschicht abgesehen) bildet sich die obige Potentialbewegung aus. Die bei der Rotation der Walze BB beobachtete Senkung des Flüssigkeitsspiegels entspricht den obigen Gleichungen. *O. Martienssen.*

Näheres s. Cl. Schäfer, Einführung in die theoretische Physik. Leipzig 1914.

Kometen. Kleine Himmelskörper, die in langgestreckten elliptischen oder in parabolischen Bahnen um die Sonne kreisen. Das Aussehen der Kometen ist sehr verschieden; im allgemeinen unterscheidet man den Kern, die Koma und den Schweif. Der Kern ist bisweilen sternförmig, mitunter auch ganz verwaschen und kaum erkennbar. Er ist umgeben von der Hülle oder Koma, die auf der der Sonne abgewandten Seite in der Regel in den Schweif ausläuft, der meist nur kurz ist (höchstens wenige Grade), in einigen exzeptionellen Fällen sich aber über nahezu 180^0 erstreckte. Das Spektrum der Kometen besteht aus einem kontinuierlichen Untergrund (dem reflektierten Sonnenspektrum), der von einem Bandenspektrum überlagert wird, das wir dem Kohlenoxyd (CO) und dem Cyan (CN) zuschreiben. In einem Falle, bei dem Januarkometen 1910a, der der Sonne außerordentlich nahe kam, konnte man das Resonanzspektrum des Natriumdampfes, hervorgerufen durch weißes Licht, nachweisen.

Man kennt einige zwanzig periodische Kometen, deren Wiederkehr wirklich beobachtet wurde und deren Umlaufszeiten zwischen 3 und 80 Jahren liegen. Sie sind mit wenigen Ausnahmen teleskopische Objekte. Es handelt sich bei den Kometen wahrscheinlich um Agglomerate meteorsteinartiger Gebilde, die auf ihrer Bahn in die Nähe der Sonne gelangen und erhitzt werden. Dabei werden Gase ausgetrieben, die mit Staubteilchen untermischt die Koma bilden. Durch den Strahlungsdruck der Sonne werden die kleinen Staubteilchen von dieser abgestoßen und bilden den von der Sonne abgewandten, etwas zurückgebogenen Schweif.

Die Masse der Kometen ist außerordentlich klein, denn sie üben keine bisher verbürgten Störungen auf die anderen Körper des Sonnensystems aus.

Obgleich wir bei weitaus den meisten Kometen parabolische Bahnen messen, die eine nur einmalige Annäherung an die Sonne bedeuten, scheinen sie doch ständige Mitglieder des Sonnensystems zu sein, deren große Bahnexzentrizität und nach Jahrtausende zählende Umlaufszeit sich infolge der Messungsungenauigkeit nicht von den parabolischen Elementen trennen lassen. Wären die Kometen interstellare, der Sonne auf ihrer Bahn in den Weg gekommene Körper, so müßten ihre Radiationspunkte eine Konzentration zum Apex der Sonnenbewegung zeigen und vor allem wäre auch eine größere Anzahl hyperbolischer Kometenbahnen zu erwarten.

Bisher sind nur ganz wenige hyperbolische Bahnen beobachtet worden und es könnte in all diesen Fällen gezeigt werden, daß der Komet mit etwa parabolischer Geschwindigkeit in den inneren, von den Planeten bevölkerten Teil des Sonnensystems eingedrungen sind und erst durch Störung eines der großen Planeten in seine hyperbolische Bahn abgelenkt wurden. Ebenso sind die kurzperiodischen Kometen durch einen Planeten in ihre enge Bahn eingefangen worden.

Über die Beziehung zwischen Kometen und Meteoren siehe dort.　　　　　*Bottlinger.*

Näheres s. E. Strömgren, Der Ursprung der Kometen. Naturwissenschaften 1920, Heft 25.

Komma, musikalisches, s. Tonleiter und Intervall.

Kommunizierende Röhren. Nach den Gesetzen über den hydrostatischen Druck (s. dort) ist die freie Oberfläche einer unter der Wirkung der Erdschwere stehenden Flüssigkeit eine Horizontalebene. Da dies unabhängig von der Form des Gefäßes gilt, müssen auch die Flüssigkeitsspiegel in den beiden Schenkeln eines U-förmig gebogenen Rohres Fig. 1 in der gleichen Horizontalebene liegen, und ebenso die Spiegel beliebig anders geformter, miteinander kommunizierender Gefäße oder Röhren.

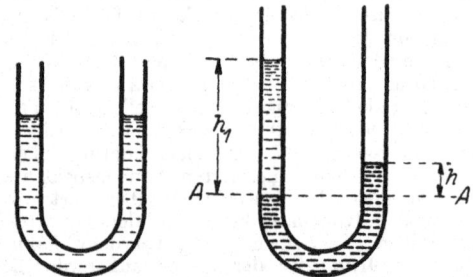

Fig. 1. Mit gleichen　　　Fig. 2. Mit verschiedenen
Flüssigkeiten gefüllte kommunizierende Röhren.

Sind beide Schenkel mit verschiedenen nicht mischbaren Flüssigkeiten, wie z. B. Quecksilber und Wasser gefüllt (Fig. 2), so ergibt sich, da in der Ebene AA konstanter Druck herrscht, für die Höhen h und h_1 über der Trennungsfläche AA die Beziehung

$$h : h_1 = \varrho_1 : \varrho$$

wo ϱ und ϱ_1 die Dichten der beiden Flüssigkeiten sind.

In der Bautechnik werden kommunizierende Röhren als Kanalwagen oder ähnliche Instrumente vielfach als Ersatz von Libellen zur Bestimmung horizontaler Ebenen benutzt.　　*O. Martienssen.*

Kommunizierende Röhren zur Messung der Ausdehnung durch die Wärme. Man denke sich ein U-förmig gebogenes Glasrohr oder zwei vertikalstehende Glasröhren, welche unten durch einen Gummischlauch verbunden sind. Füllt man dies System mit einer Flüssigkeit, etwa Quecksilber, so wird die Flüssigkeit in beiden Schenkeln gleich hoch stehen. Denkt man sich auf das Quecksilber beiderseits zwei verschiedene Flüssigkeiten 1 und 2 geschichtet, derart, daß die Quecksilberkuppen ihre Höhenlage nicht ändern, so werden die Oberflächen der Flüssigkeiten 1 und 2 im allgemeinen nicht mehr in einer Horizontalebene liegen, sondern um h_1 und h_2 über der Quecksilberkuppe; dann verhalten sich die spezifischen Gewichte (s. d.) der beiden Flüssigkeiten s_1 und s_2 umgekehrt wie die Höhen h_1 und h_2, also $s_1 : s_2 = h_2 : h_1$. Ist das spezifische Gewicht der einen Flüssigkeit, etwa s_1, bekannt, so kann man s_2 leicht berechnen.

Die Methode dient im allgemeinen nicht der Laboratoriumspraxis; sie ist aber benutzt worden, um die spezifischen Gewichte einer und derselben Flüssigkeit bei zwei verschiedenen Temperaturen miteinander zu vergleichen. Zu diesem Zweck sind beide Schenkel des Röhrensystems mit derselben zu untersuchenden Flüssigkeit gefüllt und werden durch Bäder konstanter Temperatur (s. d.) verschieden temperiert. Ist der eine Schenkel auf der Temperatur 0⁰, der andere auf der Temperatur t⁰, so erhält man $s_0 : s_t = h_t : h_0$. Hieraus kann man die Wärmeausdehnung (s. d.) der Flüssigkeit finden. Denn die Volumina einer abgewogenen Flüssigkeitsmenge bei den beiden Temperaturen v_0 und v_t verhalten sich umgekehrt wie die spezifischen Gewichte $v_0 : v_t = s_t : s_0$ oder vermöge obiger Gleichung $v_0 : v_t = h_0 : h_t$; es ist also $v_t = v_0\, h_t/h_0$. Setzt man andererseits $v_t = v_0\,(1 + at)$, wo a den kubischen Ausdehnungskoeffizienten der Flüssigkeit bedeutet (s. den Artikel: Ausdehnung durch die Wärme), so kann man aus $1 + at = h_t/h_0$ das a berechnen.

Die Methode der kommunizierenden Röhren wurde zuerst von Regnault zur Ermittelung der Ausdehnung des Quecksilbers mit der Temperatur benützt. In neuerer Zeit ist nach der Methode die Volumänderung des Wassers zwischen 0⁰ und 100⁰ untersucht worden.　　*Scheel.*

Näheres s. Scheel, Praktische Metronomie. Braunschweig 1911.

Kommutatormotoren s. Gleichstrommotoren u. einphasige Wechselstrom-Kommutatormotoren.

Kommutierende Gleichstromgeneratoren. Der Gedanke, die beiden Halbwellen der Wechsel-E.M.K., die bei der gleichförmigen Rotation einer Drahtschleife in einem homogenen Magnetfeld in dieser induziert wird, durch einen Stromwender (Kommutator!) gleichzurichten, wurde sehr bald nach Faradays Entdeckung der elektromagnetischen Induktion von Pixi durchgeführt. Der augenscheinliche Vorteil lag in der Möglichkeit der Erzeugung wesentlich höherer, d. h. auch für die angewandte Physik brauchbarer, Spannungen, als sie mit unipolarer Induktion damals erreichbar waren. Pixis Idee lebt noch heute fort in der von Werner v. Siemens 1856 angegebenen Konstruktionsform des nach letzterem benannten Ankers in Doppel-T-Form.

Tatsächlich genügt nun eine solche einfache kommutierte Wechselspannung infolge der großen Pulsation ihrer Stärke nicht entfernt den Anforderungen der Starkstromtechnik; auch geht bei namhaften Leistungen, d. h. Stromstärken, der einfache 2teilige Kommutator infolge des heftigen Funkens beim Umschalten rasch zugrunde.

In Erkenntnis dieser Tatsache schufen unabhängig voneinander Pacinotti (1860) und Gramme (1870) den bekannten sog. Ringanker, der infolge der praktisch konstanten, großen Windungszahl, die ständig von der vollen Feldstärke induziert wird, eine sehr gleichförmige Spannungskurve liefert, und dessen feinteiliger, aus zahlreichen Seg-

menten zusammengesetzter Stromwender verhältnismäßig leicht zu funkenfreiem Lauf zu bringen
ist. Auf ihm fußend entwickelte sich rasch der
Großmaschinenbau.

Obgleich elektrotechnisch einwandfrei, ist doch
der Ringanker wieder völlig verschwunden infolge
seiner hohen Herstellungskosten. In der Technik
ausschließlich verwendet wird heute der von
Hefner-Alteneck (1872) aus dem Siemens-Anker
entwickelte Trommelanker, der die vom Magnetfeld
induzierten Leiter (Spulenseiten) auf seinem Umfang in Nuten eingebettet trägt; die Nutung wurde
1882 von J. Wenström angegeben und stellte
einen außerordentlich wichtigen Fortschritt dar.
Charakteristisch für den Trommelanker ist, daß er
genau wie der Ringanker eine völlig in sich geschlossene Wicklung hat, die aus mindestens 2, bei
größeren Maschinen aber in der Regel wesentlich mehr parallel geschalteten Zweigen besteht,
Die folgende Figur stellt schematisch und
wesentlich vereinfacht einen modernen Trommelanker dar.

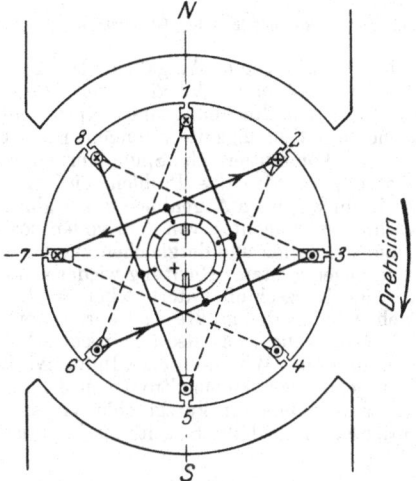

Trommelanker einer kommutierenden Gleichstrommaschine.

Auf den Umfang der Trommel sind in einem
zweipoligen Felde der Einfachheit wegen nur
8 Stäbe (Spulenseiten!) in Nuten angeordnet gedacht
entsprechend einem Kommutator von nur 4 Ring-
segmenten (Lamellen!). Wird die Trommel im
Uhrzeigersinne in der Papierebene gedreht, so
werden in den unter dem Nordpol liegenden Stäben 8,
1 und 2 E.M.K.-e induziert, die von vorn nach
hinten wirken, und deren Richtung durch ein Kreuz
markiert sein möge. Desgleichen entstehen unter
dem Südpol in den Stäben 4, 5 und 6 E.M.K.-e
entgegengesetzter Richtung, die durch einen Punkt
gekennzeichnet sein mögen. In den Leitern 7
und 3, die gerade in einer Zone stehen, in
welcher keine Kraftlinien in das Ankereisen ein-
oder austreten (neutrale Zone!), wird nichts induziert.

Es kommt nun darauf an, die Stäbe in einem
geschlossenen Linienzug so miteinander zu verbinden, daß sich die einzelnen E.M.K.-e der Stäbe
addieren. Die im wesentlichen von Arnold durchgebildeten Wickelgesetze ergeben, daß dies im vorliegenden Fall nur in der Weise möglich ist, wie es
die folgende Tabelle 1 zeigt:

Tabelle 1.

Stab   1
            6
        3
            8
        5
            2
        7
            4
        1

Die vorn liegend gedachten, stark gezeichneten
4 Verbindungen 1—4, 2—7, 3—6 und 5—8 werden
mit den 4 Kommutatorsegmenten verbunden. Die
Stromabnehmer (Bürsten!) müssen in der Feld-
achse (mitten unter den Polen!) stehen. Auf diese
Weise entstehen 2 arbeitende Stromkreise:

— Bürste ⟨Stab 2—5—8—3 / Stab 7—4—1—6⟩ + Bürste

In jedem Stromkreis liegen mithin 3 induzierte
Stäbe und 1 augenblicklich toter Stab in Serie.
Eine kurze Zeit vorher stehen, wie aus der Figur
ersichtlich, 2 der schwarz angedeuteten Isolations-
stücke zwischen den Kommutatorlamellen gerade
unter den Bürsten. In diesem Augenblick werden
also durch die negative Bürste die Leiter 4 und 7,
durch die positive Bürste die Leiter 8 und 3 aufeinander kurz geschlossen. Es ist dies aber bei
dem gewählten Wicklungsbeispiel (Sehnenwicklung!)
belanglos, da sie erstens nur noch in dem sehr
schwachen Feld der Polspitzen stehen und zweitens
die induzierten E.M.K.-e gleich und entgegengesetzt, die Kurzschlußkreise also praktisch stromlos
sind.

Die Arbeitskreise setzen sich dann folgendermaßen zusammen:

— Bürste ⟨Stab 1—6 / Stab 2—5⟩ + Bürste.

Eine so einfache Trommelwicklung in einem homogenen Felde würde also eine Gleichspannung liefern,
die noch immer stark pulsiert. Durch passende
Formgebung der Polschuhe der Magnete kann man
indessen leicht erreichen, daß die Feldstärke am
Ankerumfang sich ungefähr sinusförmig ändert.
Die in jedem Stab induzierte E.M.K. hat dann auch
Sinusform, und für diesen Fall gilt Tabelle 2, aus
der ersichtlich ist, daß bei 8 Stäben die Schwankung
um den Mittelwert nur noch 3,9% ist und bei
22 Stäben auf 0,51 sinkt. In der Praxis liegen bei
den üblichen Mehrschichtwicklungen die Verhältnisse noch günstiger.

Tabelle 2.

Stäbe pro Polpaar: . . .	8	10	12	22
± Schwankung %: . . .	3,9	2,5	1,7	0,5

Aus dem oben erörterten Beispiel geht bereits
hervor, daß jeder Stab auf dem Umfang eines
Trommelankers einem galvanischen Element vergleichbar ist. Dies ist sehr wichtig für die Ankerwicklung größerer Maschinen, die in der Regel mit
mehr als 2 Polen ausgeführt werden müssen.

Einen Anhalt über die Polzahl moderner Generatoren gibt die folgende Tabelle:

Tabelle 3.

Kleinmaschinen bis zu rund 1 KW	2 Pole.
Mittelgroße Maschinen bis zu rund 50 KW für 110—550 V bei 500—1500 U. p. M.	4 Pole.
Große Maschinen für 220—550 V bei 300—1000U. p. M.	6—10 Pole.
Turbogeneratoren je nach Leistung	2—6 Pole.

Eine 2 polige Maschine kann wickeltechnisch mit einer Batterie verglichen werden, die aus 2 dauernd parallel geschalteten Teilen besteht; den einzelnen Elementen einer solchen Batterie entsprechen die induzierten Stäbe am Trommelumfang wie oben erwähnt. Genau so, wie nun mehrere Batterien untereinander in beliebiger Weise in Serien-, Parallel- oder auch gemischter Schaltung kombiniert werden können, ist dies auch mit den Polpaaren bzw. den zu diesen gehörigen Ankerzweigen einer vielpoligen Maschine möglich. Sind die Ankerzweige aller Polpaare in Serie geschaltet, so erhält man die Serien- oder, wie sie in der Technik meist genannt wird, Wellenwicklung. Ihr Gegensatz ist die reine Parallel- oder Schleifenwicklung (Polpaare sämtlich parallel!). Die Kombination beider, die sog. Reihen-Parallelschaltung nach Arnold, hat keine große praktische Bedeutung mehr. Die Wellenwicklung herrscht vor für alle kleinen und mittelgroßen Maschinen normaler Spannung bis zu etwa 300 Ampere, die Schleifenwicklung desgleichen für Großmaschinen und alle Niederspannungsmaschinen. *E. Rother.*

Näheres s. Pichelmayer, Dynamobau (Handb. d. Elektrotechnik V).

Kommutierung. Wie in den Abschnitten „Unipolarmaschinen" und „Kommutierende Gleichstromgeneratoren" dargelegt wurde, sind die sämtlichen heute modernen Gleichstrommaschinen ihrem Wesen nach Wechselstrom- (Vielphasen-) Maschinen. Zur selbsttätigen Gleichrichtung des in jeder aus mindestens 2 Stäben bestehenden Spule (Wickelelement!) ursprünglich erzeugten Wechselstromes dient der sog. Kommutator, ein aus Hartkupferlamellen mit Glimmer-Zwischenlage von rund 0,5—1,5 mm Dicke hergestellter Rotationskörper. In Anlehnung an die Fig. unter „Kommutierende Gleichstromgeneratoren" ist in der nachstehenden Figur, die aus den Stäben 4 und 7 bestehende Spule samt den zu ihr gehörigen Kommutatorlamellen für sich nochmals dargestellt, und zwar in dem ausgezeichneten Augenblick, in dem die Bürste, deren Stärke schon aus mechanischen Gründen selten unter 8—10 mm gewählt wird, die Glimmerisolation überdeckt also 2 Lamellen gleichzeitig berührt. Kurz vor diesem Moment hatte der Strom in Stab 4 die den übrigen Stäben unter dem Nordpol entsprechende Richtung, desgleichen in Stab 7 die Richtung der unter dem Südpol liegenden Stäbe. Sinngemäß muß sich der Strom kurz nach dem dargestellten Augenblick in beiden Stäben umkehren, denn es liegt dann Stab 7 unter dem Nordpol, Stab 4 unter dem Südpol. Während des Durchgangs der Stäbe einer Spule durch die sog. „neutrale Zone" des induzierenden Magnetfeldes, in der, wenigstens bei Leerlauf, keine Kraftlinien in die Ankeroberfläche eintreten, muß sich demnach erstens der Strom in jeder Spule von einem positiven zu einem genau gleichen negativen Wert umkehren, und zweitens ist die betreffende Spule während dieser Umkehrzeit durch die zur Abnahme des Arbeitsstromes notwendige Bürste kurzgeschlossen Diesen Vorgang der Stromumkehrung in einem kurzgeschlossenen Leitergebilde nennt die Elektrotechnik kurzweg „Kommu-

tierung". Seine möglichst genaue theoretische Verfolgung und praktische Durchführung bilden

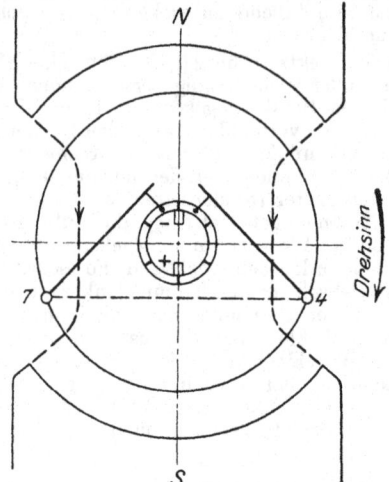

Anker einer kommutierenden Gleichstrommaschine.

eine der schwierigsten Aufgaben des Dynamobaues, deren Lösung schließlich nur durch die Kombination von Rechnung und Experiment mit hinreichender Genauigkeit gelungen ist. Hätte eine solche kommutierende Spule nur Ohmschen Widerstand, so wäre das Problem einfach. Der Strom in ihr würde im Augenblick des beginnenden Kurzschlusses momentan von dem vollen positiven Wert auf 0 abfallen und desgleichen auf den vollen Wert entgegengesetzter Richtung wieder ansteigen, sobald der Kurzschluß unterbrochen wird. Tatsächlich ist aber der größte Teil der Ankerspulen von Eisen umgeben, hat also eine recht erhebliche Selbstinduktion. Wird nun eine Induktivität von L Heury, die von einem Strom von J A. durchflossen wird, momentan kurzgeschlossen, so klingt in ihr der Strom nach der logarithmischen Funktion

$$i = J \cdot \varepsilon^{-\frac{r}{L} \cdot t}$$

ab, d. h. er erreicht den Wert 0 erst nach unendlich langer Zeit. Hierbei bedeutet J den Wert des Stromes vor dem Kurzschluß, r den Ohmschen Widerstand der Induktivität, t die Zeit, die seit dem Beginn des Kurzschlusses verflossen ist und ε die Basis der natürlichen Logarithmen.

Tatsächlich ist nun die Kommutierungszeit sehr kurz (in der Größenordnung von $^1/_{1000}$ Sekunde!), so daß bei der Wiedereröffnung des Kurzschlusses der positive Strom nicht entfernt abgeklungen ist. Dieser Vorgang, d. h. die Abnahme des induktiven Stromes bis auf einen kleinen Wert, kann offensichtlich dadurch wesentlich beschleunigt werden, daß man r groß und L klein macht, d. h. der Spule eine kleine Zeitkonstante gibt, doch sind diesen Maßnahmen enge Grenzen gezogen. Kleines L läßt sich im allgemeinen nur bei kleinen Niederspannungsmaschinen erreichen, großes r dagegen relativ leichter durch Anwendung eines passenden Bürstenmaterials, denn in dem Ohmschen Gesamtwiderstand des induktiven Kreises bilden die Übergangswiderstände von den Lamellen zur Bürste sowie der Widerstand der letzteren selbst einen erheblichen Anteil. Aus diesem Grunde verwendet auch die praktische Elektrotechnik nahezu stets harte Graphitkohlen zur Stromabnahme.

Wenn es nun aber auch durch solche Verbesserungen gelingt, die kurzgeschlossene Spule während der Kommutierungszeit praktisch stromlos zu machen, so spielt ihre Induktivität noch immer die entsprechende erschwerende Rolle bezüglich der Stromumkehr beim Öffnen des Kurzschlusses. Unmittelbar nach diesem soll die Spule den vollen negativen Strom führen; denn wenn dies nicht der Fall ist, muß zwischen der unter der Bürstenkante ablaufenden Lamelle und ersterer selbst ein Stromübergang in Gestalt eines kleinen Lichtbogens stattfinden, was auch bei schlecht kommutierenden Maschinen sehr häufig zu beobachten ist.

Mathematisch drückt sich der Vorgang durch die Beziehung aus

$$i = -J\left(1 - \varepsilon^{-\frac{r}{L} \cdot t}\right),$$

d. h. der Strom in der Spule erreicht erst relativ lange Zeit nach dem Öffnen des Kurzschlusses annähernd den vollen negativen Stromwert.

Es ist hiernach wohl klar, daß funkenfreie Kommutierung ohne weitere besondere Hilfsmittel als oben erwähnt nur dann leidlich gelingen kann, wenn der Wert $\frac{1}{2}$ L J^2, d. i. die in der Induktivität der Spule aufgespeicherte magnetische Energie, klein (kleine Maschinen, niedrige Spannung, wenige Windungen pro Lamelle!) oder die Kommutierungszeit groß ist (langsam laufende Maschinen!). Als Kriterium wird in der Praxis meist nicht die magnetische Energie unmittelbar, sondern die Spannung betrachtet, die sie bei ihrem Freiwerden erzeugt. Sie wird meist nach Näherungsformeln

der Form $\qquad e_r = 2 \cdot J \cdot \dfrac{L}{T} V$

berechnet, in der T die Dauer der Kommutierung bedeutet. Diese sog. Reaktanzspannung soll bei hohen Anforderungen an den funkenfreien Lauf in der Größenordnung von 2—3 Volt liegen. In den weitaus meisten praktischen Fällen trifft dies aber nicht zu. Von den zahllosen vorgeschlagenen Hilfsmitteln zur Beseitigung des Kommutierungsfeuers hat sich nur die sog. erzwungene Stromwendung durch Einführung einer weiteren E.M.K. in den Kurzschlußkreis bewährt, die der induktiven Spannung der Spule entgegenwirkt. Die Stäbe 7 und 4 liegen in diesem Fall während des Kurzschlusses nicht mehr in einer feldfreien Zone, wie bisher angenommen, sondern laufen durch ein magnetisches Hilfsfeld, das in ihnen eine Bewegungs-E.M.K. passender Größe induziert.

Die Theorie der Kommutierung wird durch diese Neueinführung im allgemeinsten Fall erheblich kompliziert. Macht man aber die für den vorliegenden Zweck allgemeinster Darstellung zulässige Annahme, daß der Ohmsche Widerstand des Kurzschlußkreises konstant und immerhin so erheblich ist, daß der Strom während des Kurzschlusses ungefähr geradlinig verläuft, so ist die betreffende Differentialgleichung leicht lösbar. Führt man die weitere Bedingung ein, daß der Strom im Kurzschlußkreis am Ende der Kommutierung gleich dem Belastungsstrom des Ankerzweiges sein soll, so erhält man für die Hilfs-E.M.K. (sog. Wendespannung!) die einfache Beziehung

$$e_w = J \cdot r \cdot \frac{1 + \varepsilon^{-\frac{r}{L} \cdot T}}{1 - \varepsilon^{-\frac{r}{L} \cdot T}},$$

in der T wiederum die Dauer des Kurzschlusses bedeutet. Von diesem Hilfsmittel wird praktisch nahezu stets Gebrauch gemacht, und die Verschiedenheit in der Anwendung liegt nur darin, ob als magnetisches Hilfsfeld das Hauptfeld der Maschine oder ein besonders erregtes Feld benützt wird.

In dem Abschnitt „Ankerrückwirkung bei Gleichstrommaschinen" wurde gezeigt, daß das Hauptfeld jeden Gleichstromgenerators bei Belastung eine Verschiebung erfährt in Richtung der Ankerdrehung, und demgemäß auch die Bürsten verschoben werden müssen, um die Stäbe der kurzgeschlossenen Spule in die Neutrale zu bringen. Aus dem Vorhergehenden geht auf Grund einfacher Betrachtungen hervor, daß die Bürsten bei einem Gleichstromgenerator noch weiter im Sinne der Ankerdrehung verschoben werden müssen, etwa bis dicht an den in der Drehrichtung der Maschine folgenden Pol, wenn man im Kurzschlußkreis eine Wendespannung richtiger Richtung und genügender Größe erzeugen will.

Aus der obigen Gleichung folgt, daß ew dem Belastungsstrom J proportional sein muß. Diese Bedingung ist aber bei Erzeugung der Wendespannung durch das Hauptfeld bei Nebenschlußgeneratoren gar nicht, bei Seriengeneratoren nur sehr unvollkommen erfüllt, denn die Ankerrückwirkung schwächt ja bei steigender Last das Hauptfeld. Man ist also bei mit Bürstenverschiebung arbeitenden Generatoren im allgemeinen gezwungen, für jede Last die günstigste Bürstenstellung zunächst durch Versuch zu bestimmen und festzulegen, während im späteren Betrieb der funkenfreie Lauf von der Aufmerksamkeit des Maschinisten abhängt. Da auf letztere besonders bei raschem Wechsel der Belastung nie zu rechnen ist, werden die Bürsten meist auf eine mittlere Verschiebung gebracht, die gerade noch leidliche Kommutierung zwischen Leerlauf und Vollast sichert.

Von diesem Übelstand in weiten Grenzen frei sind die modernen Wendepolmaschinen, bei denen in der neutralen Zone für Leerlauf kleine Hilfspole angeordnet sind, die vom Belastungsstrom erregt werden. Die kommutierenden Stäbe liegen so stets in einem Feld richtiger Richtung und Größe, da jede Sättigung der Hilfspole sorgfältig vermieden wird; die Bürsten bleiben stets in der Neutralen stehen. Rüstet man Wendepolmaschinen noch mit der unter „Ankerrückwirkung" erwähnten Kompensationswicklung aus, die die Feldverzerrung unterdrückt, so erhält man Gleichstromgeneratoren, die den höchsten Anforderungen genügen.   *E. Rother.*

Näheres s. Steinmetz, Elements of Electrical Engineering.

Kommutierung, abnehmende s. Entmagnetisierung.

Kommutierungskurve s. Magnetisierungskurve.

Komparator s. Längenmessungen.

Kompaß. Ein Instrument zur Bestimmung der azimutalen Himmelsrichtung aus der erdmagnetischen Deklination, bestehend aus einer horizontal beweglichen, auf einer Spitze, der „Pinne" schwebenden Magnetnadel in Verbindung mit einer Kreisteilung. Besitzt es eine um die Pinne als Zentrum drehbare Visiervorrichtung — die „Peilvorrichtung" des Seemanns —, so kann man auch umgekehrt mit ihm die Deklination messen, doch erhält man, da die Nadeln selten umlegbar sind, nur relative Werte.

Der Kompaß ist ein sehr altes Werkzeug der verschiedensten Berufe. Seine Geschichte wird sehr eifrig verfolgt, ist aber noch nicht vollkommen geklärt. Falsch ist jedenfalls, daß der Kompaß von Flavio Gioia erfunden worden sei, vielmehr ist sicher, daß ein Mann dieses Namens nie gelebt hat. In Europa taucht der Kompaß bestimmt im XIII. Jahrhundert auf, ist aber mindestens seit dem Jahre 1000 im Mittelmeer in Benutzung gewesen. Eine frühere Anwendung ist sehr wohl möglich. In der ältesten Form bestand er aus einem natürlichen Magnetstein, der durch einen Schwimmkörper auf Wasser schwebend erhalten werden konnte. Später verwandte man magnetisierte Nadeln aus Eisen. Zu einem auf See brauchbaren, messenden Instrument wurde er etwa um die Wende zum XIV. Jahrhundert in der damals maßgebenden Seestadt Amalfi umgestaltet, indem der schwimmende Magnet in der Pinne einen festen Drehpunkt und eine an ihm befestigte und so mit ihm drehbare Teilung erhielt, die sog. „Rose". Diese alte Teilung nach Windrichtungen ist heute noch die in der Schiffahrt angewandte, nur ist man von der 12- in die 16-teilige übergegangen. Ein Winkel von $11^1/_4$ Grad heißt ein „Strich".

Noch älter als der Schwimmkompaß ist die auf dem Land gebrauchte „Bussole" oder der „Dosenkompaß", bei dem die Teilung nicht fest mit der Nadel verbunden ist, sondern diese wie ein Zeiger sich über einer am Rand der Dose angebrachten Teilung bewegt. Diese war und ist auch heute überwiegend eine Kreisteilung, nur die Bergwerkskompasse teilen in zweimal 12 „Stunden" ein, und wo sie daneben die Himmelsrichtungen angeben, ist Ost und West vertauscht, um unmittelbar das „Streichen" der Gesteine zu erhalten. Auch heute noch bedient sich die „Markscheiderei", d. i. die niedere Geodäsie unter Tage vorwiegend des Kompasses, nur baut sie ihn in ihre Meßinstrumente, die „Grubentheodolite" fest ein. Früher war der Dosenkompaß eine häufige Zugabe von landmesserischem und artilleristischem Gerät, namentlich aber tragbarer Sonnenuhren; daher stammt sein Name.

Der Dosenkompaß ist urkundlich schon 121 n. Chr. in China in Gebrauch gewesen; alle älteren Daten beziehen sich auf Mythen. Bis auf die Jetztzeit ist er dort nie zum seetüchtigen Instument ausgearbeitet worden. Daß dies in Europa geschehen, dem verdanken wir die Vorherrschaft der europäischen Kultur auf der Erde.

Seetüchtig ist aber nur der mit der Teilung, der Rose, fest verbundene Magnet. Die Rose bleibt fest im Raum, das Schiff bewegt sich um sie. In der Kiellinie besitzt der Kompaßkessel eine Marke, deren Stellung am Rand der Rose unmittelbar den augenblicklichen Schiffskurs gibt. Um den Schiffsschwankungen entzogen zu sein, ist der Kompaß kardanisch aufgehängt.

Beim Schiffskompaß unterscheidet man „Trockenkompasse" und „Fluidkompasse". Bei beiden werden stets mehrere symmetrisch angeordnete Magnetnadeln verwandt. Die Trockenrose ruht mit ihrem ganzen Gewicht auf der Pinne, hat daher leichte Nadeln und geringere Richtkraft. Um eine ruhige Einstellung zu bekommen, vergrößert man das Trägheitsmoment, indem man alle Massen möglichst an dem Umfang der Rose anbringt. Die Fluidkompasse haben die Rose in ein Gemisch von Wasser und Alkohol eingetaucht,

so daß der Auftrieb die Pinne entlastet; es können nur größere Magnete benutzt werden.

Auf neuzeitlichen Fahrzeugen sind die Angaben des Kompasses zwei störenden Einflüssen unterworfen: das Schiffseisen lenkt die Nadel aus der wahren magnetischen Nordrichtung ab, erteilt dem Kompaß eine „Deviation" (s. d.) und verringert die Größe der Richtkraft des Erdmagnetismus. Ersteres wird durch Kompensation (s. Schiffsmagnetismus) verringert, der andere Umstand durch möglichst große Richtkraft des Nadelsystems überwunden.

Alle Rosen tragen auf ihrer Oberseite oberhalb dem Nordpol der Nadeln eine ganz bestimmte Marke, die sog. „Bourbonische Lilie"; sie, und damit auch die Wappenlilie, ist nichts anderes als eine Stilisierung des Urbilds des Schwimmkompasses, der Nadel mit den seitlichen Schwimmern, die zur Überwindung der Inklination am Nordende breiter gehalten sind. Die Teilnehmer des ersten Kreuzzuges lernten das Instrument als den Wegweiser zum Heiligen Land kennen. Ältere Rosen tragen daher auch das Malteserkreuz als Ostmarke.   *A. Nippoldt.*

Näheres s. A. Schück, Der Kompaß. I. II. III. Hamburg 1912, 15, 18.

Kompaß, elektrischer. Als elektrischen Kompaß im Gegensatz zum magnetischen Kompaß pflegt man ein Instrument zu bezeichnen, das aus zwei Korkkügelchen besteht, die auf die Enden eines auf einer Bernsteinspitze drehbar befestigten Glasstäbchens aufgesteckt sind. Die beiden Kügelchen sind entgegengesetzt geladen, nach der Richtung der $+$ geladenen Kugel zeigt ein auf dem Glasstab angebrachter Papierpfeil. Mit diesem elektrischen Kompaß kann man dann in analoger Weise wie im Magnetfeld mit der Magnetnadel im elektrischen Feld die Feldlinien veranschaulichen. In zweiter Linie kann man unter elektrischem Kompaß die an Bord von größeren Schiffen vor Erfindung des Kreiselkompasses bestehende Einrichtung elektrischer Kompaßübertragung verstehen.   *R. Jaeger.*

Kompatibilitätsbedingungen s. Deformationszustand.

Kompensationsapparat s. Kompensator.

Kompensationsokular s. Okular.

Kompensationsthermometer s. Glas für thermometrische Zwecke.

Kompensator. Diese auch unter dem Namen „Kompensationsapparat" oder „Potentiometer" bekannte Vorrichtung besteht aus einer Kombination von Widerständen mit einem Normalelement und dient dazu, eine Spannung nach dem Poggendorffschen Kompensationsverfahren zu messen. Um die Spannung bis auf eine Zehnerpotenz direkt der Einstellung des Apparates entnehmen zu können, wird eine runde Stromstärke eingestellt. Kompensiert man z. B. die Spannung des Wetonelements, dessen EMK bei 20^0 C 1,0183 int. Volt beträgt, durch die Spannung an den Enden eines Widerstandes von 10 183 Ohm, so beträgt die Stromstärke in dem Widerstand $^1/_{10000}$ Ampere und man erhält die Spannung an einem anderen, von demselben Strom durchflossenen Widerstand durch Division dieses Widerstandes mit Zehntausend. Die Apparate sind so eingerichtet, daß man zunächst die gewünschte Stromstärke mit Hilfe eines Normalelements und eines Regulierwiderstandes einstellen kann und dann die zu messende Spannung durch Kompensation bestimmt.

Die Einstellung der Kompensationswiderstände erfolgt durch Kurbeln in der Weise, daß dabei der Gesamtwiderstand des Kompensators und damit auch die eingestellte Stromstärke ungeändert bleibt. Zur Durchführung dieses Prinzips sind die Kompensatoren in verschiedener Weise ausgestaltet worden. In der Figur ist das einer Anzahl dieser

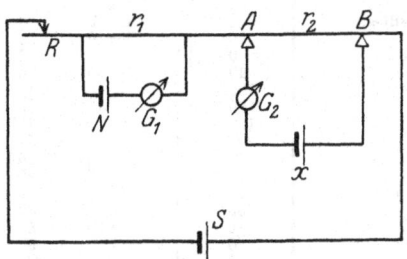

Schema des Kompensators.

Apparate zugrunde liegende Verfahren dargestellt. Darin bedeutet S die Stromquelle (ein oder mehrere Akkumulatoren), R den Regulierwiderstand, mittels dessen die Spannung an den Enden des Widerstandes r_1 derjenigen des Normalelements N gleichgemacht wird. Dann darf das Galvanometer G_1 keinen Strom anzeigen. Die zu messende Spannung x wird dann durch einen Widerstand r_2 kompensiert, der durch Verschieben der Schneiden A und B auf dem Schleifdraht eingestellt wird. Als Nullinstrument dient Galvanometer G_2. Für G_1 und G_2 kann man unter Verwendung eines Umschalters dasselbe Instrument benutzen. Der Widerstand r_2 liefert dann in der oben angegebenen Weise direkt die Spannung x. Diese Einrichtung, bei welcher der Gesamtwiderstand ungeändert bleibt, gestattet aber keine große Meßgenauigkeit. Der Schleifwiderstand mit den beiden Schneiden läßt sich durch zwei Dekaden-Widerstandssätze mit Kurbeln ersetzen, z. B. von 10×1000 und 10×100 Ohm, wobei die Spannung an die Kurbeln angelegt wird; auch hierbei bleibt der Gesamtwiderstand ungeändert. Um aber noch weitere Stellen für die Messung zu erhalten, werden bei dem von Feußner angegebenen Apparat noch Doppelkurbeln benutzt, durch die selbsttätig der in den Kompensationswiderstand eingeschaltete Betrag im äußeren Stromkreis ausgeschaltet wird, so daß der Gesamtbetrag ungeändert bleibt. Bei dem von Raps konstruierten Kompensator dagegen werden Abzweigungen an die beiden Endkurbeln gelegt, die gleichfalls aus Dekadensätzen bestehen. Auf diese Weise werden vier Stellen erhalten. Eine fünfte Dekade, die den kleinsten Widerständen entspricht, verändert den Strom etwas, falls man nicht eine höhere Spannung und großen Vorschaltwiderstand anwendet. Die erwähnten Kompensatoren haben einen Gesamtkompensationswiderstand von 10 000 Ohm. Für manche Messungen (z. B. bei solchen mit Thermoelementen und Widerstandsthermometern) ist es aber zur Erhöhung der Meßgenauigkeit erwünscht, Kompensatoren von kleinem Widerstand (etwa 10 Ohm) zu benutzen, bei denen aber dann eine besondere Schwierigkeit darin besteht, die störenden Thermoströme im Apparat zu vermeiden. Ein thermokraftfreier Kompensator von 10 Ohm Widerstand ist z. B. von Diesselhorst angegeben worden. Zur Vermeidung von Thermoströmen befinden sich hier im Galvanometerkreis keine Kurbelkontakte, was durch eine andere Anordnung der Stromführung erreicht ist. Ähnliche Einrichtungen sind z. B. von Hausrat und von White konstruiert worden. Die Kompensatoren können außer zur Spannungsmessung in mannigfacher Weise benutzt werden, z. B. auch zur Strom- und Widerstandsmessung. Sie dienen in der Praxis zur Eichung von Gleichstrominstrumenten aller Art und zur Zurückführung ihrer Angaben auf die praktischen elektrischen Grundeinheiten, auf Widerstandsnormal und Normalelement. *W. Jaeger.*

Näheres s. Jaeger, Elektr. Meßtechnik. Leipzig 1917.

Komplexe Rechnung s. Symbolische Darstellung von Wechselstromgrößen.

Komplexsalze. Nach der **Valenztheorie** von A. Werner s. Valenztheorien, Abs. 6 u. Koordinationslehre, bezeichnet man das Zentralatom samt allen koordinativ an dasselbe geketteten Atomen und Molekülen als einen Komplex, sobald die koordinativen Bindungen auch in wässeriger Lösung beständig sind, also vor allem nicht dissoziieren. Solche Komplexe sind die Wernerschen Anlagerungs- und der koordinativ gebundene Teil der Einlagerungsverbindungen. Die Einlagerungsverbindungen, bei denen der Komplex — das was Werner in rechteckige Klammern einschließt — positiv oder negativ geladen ist und bei denen sich dementsprechend noch außerhalb des Komplexes entgegengesetzt geladene Atome befinden, nennt man Komplexsalze. Sie können analog den gewöhnlichen Salzen in wässeriger Lösung dissoziieren in ein komplexes und ein normales Ion oder, wenn sie aus zwei entgegengesetzt geladenen Komplexen bestehen, in zwei komplexe Ionen.

Die im Komplex befindlichen Atome zeichnen sich vor den gewöhnlichen Ionen dadurch aus, daß sie keine normalen Ionenreaktionen mehr geben. Doch gibt es da keine strenge Grenze zwischen Komplex und Nichtkomplex. Vielmehr kommt alles auf die Festigkeit des Komplexes an. So ist z. B. der Silber-Ammoniakkomplex $Ag(NH_3)_2$ in Lösung sehr wenig dissoziiert, so daß das Silber nicht mehr mit Cl' gefällt werden kann, da so wenig Silberionen in der Lösung vorhanden sind, daß das Löslichkeitsprodukt (s. dieses) des Chlorsilbers nicht erreicht wird. (Umgekehrt löst sich Chlorsilber in Ammoniak auf.) Setzt man aber Jodkalium zu, so fällt sogleich das gelbe Jodsilber, dessen Löslichkeitsprodukt viel kleiner ist. Benutzt man statt des Ammoniak- den Zyankomplex: $Ag(CN)_2$, so gelingt die Silberfällung nicht einmal mehr mit J', wohl aber mit Schwefelwasserstoff. Hat man ein Komplexsalz, etwa $\left[Pt \begin{smallmatrix} (NH_3)_4 \\ Cl_2 \end{smallmatrix} \right]^{\cdot\cdot} Cl_2''$, so verhalten sich natürlich die beiden ionogen gebundenen Chloratome wie normale Ionen und können als Chlorsilber gefällt werden, nicht aber die beiden koordinativ gebundenen Chloratome innerhalb des Komplexes.

Besonders stabil sind die Komplexe, bei denen eine angelagerte Gruppe, z. B. die Amidogruppe NH_2, nicht nur durch Nebenvalenzen an das Zentralatom, sondern auch noch durch Hauptvalenzen an andere Moleküle gebunden ist, die sich im Komplex befinden, wie z. B. beim Glykokollkupfer:

$$HC—NH \qquad NH—CH$$
$$\diagdown Cu \diagup$$
$$O=C—O \diagup \quad \diagdown O—C=O$$

Solche Salze bezeichnet man nach H. Ley als innere Metallkomplexsalze.

Über den Unterschied von Komplex- und Doppelsalzen, sowie ihre Übergänge ineinander, siehe den Artikel: Doppelsalze.   *Werner Borinski.*
Näheres s. A. Werner, Neuere Anschauungen auf dem Gebiete der anorganischen Chemie. Braunschweig 1920.

Kompressibilität. Das Volumen aller Körper ist von dem Druck abhängig, der auf ihrer Oberfläche lastet, sie sind kompressibel. Während die Kompressibilität der Gase und Dämpfe sehr groß ist — das Volumen ist angenähert dem Druck umgekehrt proportional — ist sie bei den meisten festen Körpern und tropfbaren Flüssigkeiten nur gering, indem große Drucke notwendig sind, um das Volumen um einige Prozente zu verkleinern. In der Hydromechanik werden daher die tropfbarflüssigen Körper fast stets als inkompressibel angesehen. Daß auch die Gase vielfach als inkompressible Flüssigkeiten behandelt werden können, liegt daran, daß die bei den normalen Geschwindigkeiten auftretenden Druckdifferenzen gegenüber dem meistens vorhandenen Atmosphärendrucke klein sind.

Die Kompressibilität der Gase ist durch ihre Zustandsgleichung (s. dort) gegeben, die der festen Körper durch ihre Elastizitätskoeffizienten, also bei den homogenen Körpern durch den Elastizitätsmodul und den Querkontraktionskoeffizienten (s. dort). Auch ist zu beachten, daß alle festen Körper dauernde Strukturänderungen durch starke Drucke erleiden und damit auch dauernde Volumenänderungen, so daß das Volumen nach Aufhören des Druckes nicht mehr dasselbe ist, wie vor der Wirkung des Druckes.

Bei Flüssigkeiten sind derartige elastische Nachwirkungen bisher nicht beobachtet worden.

Daß Flüssigkeiten kompressibel sind, hat zuerst Bacon 1692, nach ihm 1762 Canton einwandfrei nachgewiesen. Genauere Messungen führt man mittels Piezometer (s. dort) aus, das sind Glas- oder Metallgefäße mit angesetzter Kapillare. Das Piezometer wird mit der zu prüfenden Flüssigkeit gefüllt und innen und außen unter gleichen Druck gesetzt. Der Stand der Flüssigkeit in der Kapillare bei den verschiedenen Drucken gibt ein Maß für die Kompressibilität der Flüssigkeit, wenn die Kompressibilität des Materials bekannt ist, aus welchem das Piezometer besteht.

Als Kompressibilitätskoeffizienten $\varkappa$ bezeichnet man den Ausdruck $\varkappa = \dfrac{1}{v}\dfrac{\varDelta v}{\varDelta p}$, wenn $\varDelta v$ die Abnahme des Volumen v bezeichnet, welche bei Zunahme des Druckes um $\varDelta p$ eintritt. Der Druck wird hierbei meistens in Atmosphären ausgedrückt (1 Atmosphäre = 1,033 kg/qcm). Werden diese Werte mit $0,987 \times 10^{-6}$ multipliziert, so erhält man die Kompressibilitätskoeffizienten in absolutem Maße, in welchem der Druck in Dynen pro Quadratzentimeter gemessen wird.

Bei allen Flüssigkeiten nimmt $\varkappa$ mit zunehmendem Drucke ab und scheint bei sehr hohem Drucke nahezu den gleichen Wert anzunehmen. Mit zunehmender Temperatur steigt $\varkappa$ schnell, nur bei Wasser nimmt $\varkappa$ für Temperaturen bis etwa 50^0 C ab, um bei höheren Temperaturen ebenfalls zu steigen. Glyzerin zeigt ein ähnliches Verhalten.

Die Kompressibilität von wässerigen Lösungen nimmt mit zunehmender Konzentration ab, und es gibt für alle Lösungen im allgemeinen eine gewisse Temperatur, bei welcher die Kompressibilität ein Minimum wird.

Die Kompressibilität einiger Flüssigkeiten in reziproken Atmosphären ist in nachstehender Tabelle angegeben, welche zum Vergleich durch die Werte einiger fester Körper ergänzt ist:

Substanz	Temperatur in ° C	Druckintervall in Atmosphären	$10^6\,\varkappa$
Quecksilber . . .	0	1—10	3,92
Glyzerin	20	1—10	25
Wasser	0	}	42
„	40	1—50	46
„	100	}	49
„	40	}	35
„	100	900—1000	37
„	200	}	56
„	0	}	26
„	40	2500—3000	25
Petroleum	15		76
„	35		83
Benzol	16	1—10	82
Alkohol	0		96
„	40		125
„	0	}	52
„	40	900—1000	59
Äther	0	1—10	147
„	40		208
„	0	}	65
„	40	900—1000	77
Platin			0,4
Eisen			0,6
Kupfer			0,8
Silber			1,0
Aluminium . . .			1,4
Jenaer Glas . . .			1,3—2,8
Steinsalz			5
Kautschuk			9—5

O. Martienssen.
Näheres s. Winkelmann, Handbuch der Physik I, 2. Leipzig 1908.

Kondensation. Die Kondensationsanlagen der Kraftmaschinen, durch welche in dem Raume, aus dem der Dampf kommt, ein möglichst niedriger Druck — ein Vakuum — hergestellt und erhalten werden soll, bestehen aus zwei zusammenarbeitenden Teilen

a) dem geschlossenen Raum des Kondensators selbst, dessen Aufgabe es ist, durch eingeführtes Kühlwasser den ankommenden Dampf möglichst vollständig niederzuschlagen und

b) einer Luftpumpe, welche die Luftverdünnung im Kondensator herstellt und unterhält, indem sie die dort eintretende Luft beständig absaugt.

Je nachdem sich der zu kondensierende Dampf mit dem Kühlwasser mischt oder aber durch Metallwandungen von ihm getrennt bleibt, unterscheidet man Mischkondensatoren und Oberflächenkondensatoren. Diese kann man wieder, je nachdem das Niederschlagswasser und die Luft getrennt oder zusammen aus dem Kondensationsraum herausgeschafft werden, einteilen in Kondensatoren mit trockener und in solche mit nasser Luftpumpe, wobei im ersteren Fall das warme Wasser

entweder durch ein 10 m hohes Fallrohr selbsttätig abfließt, oder

durch eine besondere Warmwasserpumpe aus dem Kondensationsraum geschafft wird.

Die Luftleere im Kondensator beträgt bei Betrieb von Dampfmaschinen 80 bis $90^0/_0$, bei Betrieb von Dampfturbinen 90 bis $97^0/_0$.   *L. Schneider.*
Näheres s. F. J. Weiß, Kondensation. Berlin.

Kondensationsmaschine s. Auspuffmaschine.

Kondensationsmethode von Helmert besteht in einer theoretisch durchgeführten Verlagerung der Massen, um Konvergenzschwierigkeiten bei der Entwicklung eines Ausdruckes für das Potential der Erde zu beseitigen. Bezeichnen wir die Entfernung eines Punktes

der theoretischen Erdoberfläche (Geoid) vom Erdmittelpunkte mit r, die Entfernung eines beliebigen
anderen Punktes mit r', so wird es immer Punkte
geben, für welche r < r' ist und solche, für welche
r' < r ist, da die Erhebungen der Erdoberfläche
außerhalb des Geoides fallen. Das Potential der
gesamten Erde wird sich daher nicht nach Po-
tenzen von $\frac{r}{r'}$ entwickeln lassen, da für die äußeren

Massen $\frac{r}{r'} > 1$ wird. Helmert verlegt daher die
äußeren Massen nach innen, auf eine Fläche,
welche parallel zur Oberfläche in 21 km Tiefe
verläuft, so daß sie daselbst als materielle Flächen-
belegung erscheinen.

Durch diese Verschiebung der Massen werden
auch andere Veränderungen bewirkt. Zunächst
verschiebt sich das Geoid selbst um einen Betrag,
den Helmert im Maximum auf $\pm$ 10 m schätzt.
Dieser Änderung der Höhenlage entspricht auch
eine Veränderung der Schwere auf dem Geoid,
die aber höchstens den Betrag von 2×10^{-3} cm erreicht. Dagegen hat die Verlagerung der Massen
einen direkten Einfluß auf die Schwere, der den
immerhin bedeutenden Wert 4×10^{-1} in sehr ungünstigen Fällen erreichen kann, doch wird ein
solcher Fall kaum eintreten.

Seit die Theorie des allgemeinen Massenausgleiches (s. Isostasie) Boden gewonnen hat, hat
die Kondensationsmethode auch rein physikalische
Bedeutung erlangt. Da den sichtbaren Massenanhäufungen unterirdische Defekte entsprechen,
so werden bei der Kondensation die äußeren
Massen in den Boden hineingeschoben, wodurch
ein Ausgleich unter den Massenunregelmäßigkeiten
wenigstens teilweise herbeigeführt wurde. Die
aus der neuen Massenlagerung berechneten Schwerwerte werden einen glatteren Verlauf zeigen,
und sich zur Berechnung einer Formel für die Veränderung der Schwere längs des Meridianes sehr
gut eignen. Die Herstellung einer solchen Formel
war auch das Ziel der Helmertschen Untersuchungen. *A. Prey.*

Näheres s. R. Helmert, Die mathemat. und physik. Theorien
der höheren Geodäsie. Bd. II, S. 141 ff.

Kondensationspumpe s. Quecksilberdampfstrahlpumpen.

Kondensationspunkt s. Siedepunkt.

Kondensationswärme s. Verdampfungswärme.

Kondensator. Unter Kondensatoren versteht man
elektrostatische Systeme, deren Kapazität definiert
ist, wie z. B. bei der Leidner Flasche. Die Leiden
eines Kondensators (Elektrizitätsmenge) ist gleich
dem Produkt von Kapazität und Spannung. Eine
einfache Form des Kondensators ist der Plattenkondensator, der aus zwei in geringer Entfernung
voneinander angebrachten Platten besteht, zwischen
denen sich Luft oder ein anderes Dielektrikum befindet. Je nach der Art des Dielektrikums unterscheidet man Luft-, Glimmer-, Papier-, Ölkonden-
satoren usw. Die Kapazität ist proportional der
Dielektrizitätskonstante ε, so daß Luftkondensatoren c. p. die kleinste Kapazität besitzen. Bei
einem Plattenkondensator, dessen beide Platten
die Fläche F haben und sich in ihrer Entfernung δ
befinden, ist, abgesehen von den Teilkapazitäten
gegen Erde, die Kapazität $C = \varepsilon F/4\pi\delta$, für einen
Zylinderkondensator von der Länge 1, dessen
Zylinderflächen die Radien R_1, R_2 haben, ist
$C = \varepsilon l/2 \log n(R_2/R_1)$ (s. auch Kugelkondensator).

Um die Kapazität zu erhöhen, werden Sätze von
Platten und Zylindern verwendet, bei denen die
einzelnen Elemente wie in der
Figur abwechselnd miteinander verbunden sind. Damit die Kapazität
gut definiert ist, müssen besonders
Kondensatoren kleinerer Kapazität
von einer metallischen Hülle umgeben sein, weil sonst die Teilkapazitäten der einzelnen Belegungen
gegen Erde von der Aufstellung des
Kondensators abhängen.

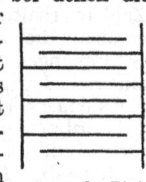

Schema des Plat-
tenkondensators.

Nach Art der Widerstandssätze werden Stöpsel-
und Kurbelkondensatoren gebaut; vgl. auch Kapazi-
tätsvariator. *W. Jaeger.*

Näheres s. Jaeger, Elektr. Meßtechnik. Leipzig 1917.

Kondensatorchronograph s. Geschoßgeschwindigkeit.

Konduktanz s. Wechselstromgrößen.

Konduktor s. Elektrisiermaschine.

Konfigurationsinaktive Modifikationen s. Antipoden.

Konische Pendelungen s. Geschoßabweichungen,
konstante.

Konjugierte Doppelbindungen sind nach Thiele
solche Kohlenstoff-Doppelbindungen, die durch
eine einfache Bindung getrennt sind. Z. B.

$$>C=C-C=C<$$

im Gegensatz zu normalen Doppelbindungen z. B.

$$>C=C=C<$$

Eine wichtige Anwendung vgl. Benzoltheorie.
M. Ettisch.

Näheres s. Nernst, Theoretische Chemie; Meyer-Jacobson,
Organische Chemie.

Konjunktion zweier Gestirne nennt man die Konstellation, in der sie gleiche Länge haben.
Bottlinger.

Konkavgitter s. Beugungsgitter.

Konkavspiegel s. Reflexion des Lichts.

Konnodalkurve s. ψ Fläche von van der Waals.

Konservativ heißt eine Kraft, die sich darstellen
läßt als die nach der Kraftrichtung genommene
Ableitung einer *Kräftefunktion*, nämlich einer Funktion, die nur abhängt von den Koordinaten des
Aufpunktes (d. h. des Punktes, auf welchen die
Kraft wirkt), nicht aber von der Geschwindigkeit
des Aufpunktes. In einem nur von konservativen
Kräften abhängigen System findet keine Umwandlung von mechanischer Energie in Wärme
statt [s. Energie (mechanische)]. *R. Grammel.*

Konsonanten. Ist schon die Untersuchung der
Vokale (s. d.) sehr schwierig, so in noch erhöhtem
Maße die der Konsonanten. Wichtig ist, daß sie
teilweise auch mehr oder weniger ausgesprochene
charakteristische Töne besitzen. Endgültige Ergebnisse sind in der Untersuchung der Konsonanten
noch nicht erzielt. *E. Waetzmann.*

Näheres s. H. Gutzmann, Physiologie der Stimme und
Sprache. Braunschweig 1909.

Konsonanz. Nach Helmholtz ist Konsonanz
eine kontinuierliche, Dissonanz eine intermittierende Tonempfindung. Seine Theorie
geht von den Schwebungen (s. d.) aus, in erster
Linie von den Schwebungen zwischen einem
Partialton des einen und einem in der Nähe liegenden
Partialton des zweiten Grundklanges des Intervalles (s. d.). Eine Konsonanz soll dadurch charakterisiert sein, daß irgend zwei Partialtöne beider

26*

Klänge, die nicht zu hoher Ordnung sind, zusammenfallen (Klangverwandtschaft, s. d.); bei derartigen Zahlenverhältnissen der Grundtöne beider Klänge ergeben die Grundtöne selbst keine störenden Schwebungen; wohl aber können noch irgend welche anderen Partialtöne so nahe aneinanderliegen, daß sie merkliche Schwebungen geben. Je niedriger die Ordnungen der zusammenfallenden Partialtöne sind, um so vollkommener muß die Konsonanz sein. Die Güte einer Konsonanz ist nach Helmholtz also im Grunde genommen in negativer Weise definiert, nämlich durch das Fehlen oder wenigstens einen möglichst geringen Grad von „Rauhigkeit", die von den Schwebungen abhängig ist. Zwar finden sich bei Helmholtz auch positive Merkmale für das Wesen einer Konsonanz angedeutet, wenn er z. B. von der „angenehmen Art sanfter und gleichmäßiger Erregung der Gehörnerven bei konsonanten Zusammenklängen" spricht, aber dies geschieht doch immer mit dem Gedanken, daß der erschöpfende Grund hierfür in dem Fehlen der Schwebungen zu suchen ist.

Wichtige positive Ergänzungen der Helmholtzschen Theorie hat C. Stumpf gegeben. Nach ihm kann der positive Empfindungsinhalt dessen, was wir Konsonanz nennen, nicht durch eine Negation erklärt werden. Stumpf führt deshalb noch den Begriff der Verschmelzung ein, die nicht einen Prozeß, sondern ein vorhandenes Verhältnis angibt. Es ist das Verhältnis zweier Empfindungsinhalte, wonach sie nicht nur im Verhältnis der Gleichzeitigkeit stehen, eine Summe sind, sondern ein Ganzes bilden. Je höher die Stufe der Verschmelzung, um so mehr muß sich der Gesamteindruck unter sonst gleichen Umständen dem einer einzigen Empfindung nähern, und um so schwerer muß die Analyse werden. Den Grund oder das Äquivalent für das Verschmelzen zweier Töne sucht Stumpf in einem noch unbekannten physiologischen Vorgang im Zentralorgan.

Tatsache ist, daß konsonante Intervalle durch das Verhältnis kleiner ganzer Zahlen (eins bis sechs) gegeben sind. (Hierauf beruht schon die Pythagoräische Lehre von der „Harmonie der Sphären"). Die Ansichten über die Grad der Konsonanz bzw. Dissonanz eines Intervalles sind naturgemäß immer schwankend gewesen. Aus der Helmholtzschen Theorie würde sich etwa folgende Reihenfolge ergeben: Absolute Konsonanzen: Einklang und Oktave. Vollkommene Konsonanzen: Quinte und Quarte. Mittlere Konsonanzen: Große Terz und große Sexte. Unvollkommene Konsonanzen: Kleine Terz und kleine Sexte.   *E. Waetzmann.*

Näheres s. C. Stumpf, Tonpsychologie. Leipzig 1883.

Konstantanwiderstände. Das Konstantan (60 Teile Kupfer, 40 Teile Nickel) hat einen großen spezifischen Widerstand (etwa 0,5 Ohm für einen Draht von 1 m Länge und 1 qmm Querschnitt) und ist daher als Widerstandsmaterial sehr geeignet, zumal auch die Änderung des Widerstandes mit der Temperatur nur sehr klein ist (wenige Hunderttausendstel pro Grad). Man verwendet es meist zu Vorschalt- und Regulierwiderständen, während es sich zu Normalwiderständen weniger eignet (s. d.), da es eine große Thermokraft gegen Kupfer besitzt. Es wird daher auch vielfach zu Thermoelementen benutzt. Das Konstantan wird in Draht- oder Bandform verwendet, aufgewickelt oder in der Luft ausgespannt.   *W. Jaeger.*

Konstante Temperatur s. Bäder konstanter Temperatur.

Konstitution. Unter der Konstitution oder der Struktur einer chemischen Verbindung versteht man die bildliche Anordnung der Atome oder Atomkomplexe im Molekülverband. Um die Konstitution eines unbekannten Körpers bestimmen zu können, muß dieser zuerst qualitativ und quantitativ analysiert werden. Aus diesen Analysen ergeben sich die Elemente, die in der Verbindung enthalten sind, ferner deren prozentuale Zusammensetzung. Durch Division der gefundenen Prozentzahlen durch die entsprechenden Atomgewichte der Elemente erhält man das zahlenmäßige Verhältnis der Atome untereinander. Diese Operationen mögen am Benzol erläutert werden.

Die qualitative und quantitative Analyse sagt aus, daß der Körper 92,3 % C und 7,7 % H enthält. Dividiert man diese Prozentzahlen durch die Atomgewichte, so erhält man das Verhältnis

$$\frac{C}{H} = \frac{7,7}{7,7} = \frac{1}{1}.$$

Es müssen also gleich viel Kohlenstoff- und Wasserstoffatome im Molekül enthalten sein, die Formel des Benzols lautet demnach vorläufig: $(CH)_x$, wo x noch unbekannt ist. Der Wert von x ergibt sich durch Molekulargewichtsbestimmungen nach einer der üblichen Methoden (s. diese). Für unser Beispiel erhielte man etwa den Wert 80; daraus folgt die Bruttoformel C_6H_6, da das theoretische Molekulargewicht 78 der gefundenen Zahl am nächsten kommt. Die Bruttoformel gibt also nur an, welche Elemente in der Verbindung und wieviel Atome von jedem dieser Elemente vorhanden sind. Es fehlt in ihr die Angabe über die Stellung, über die Konfiguration der Atome zueinander.

Um diese zu ermitteln, muß man die Kenntnis der Valenz der verschiedenen Elemente voraussetzen, aus ihr folgt unter Umständen die Verkettung der Atome untereinander unmittelbar. Aus Gruppenreaktionen (z. B. auf OH, NH_2, NO_2, $C\diagdown^O_H$ usw.) können die einzelnen Radikale der Verbindung ermittelt werden. Wichtige Aufschlüsse gibt auch der Aufbau aus bekannten und der Abbau zu bekannten einfacheren Verbindungen. Ferner können Substitutionen einzelner Atome oder Atomgruppen vorgenommen werden und aus ihnen Schlüsse über Bau und Isomerie der Verbindungen gezogen werden. Schließlich trägt die Betrachtung der physikalischen Eigenschaften: Brechung, Molekularvolumen, Verbrennungswärme, Schmelz- und Siedepunkt usw. zur Ermittlung der Konstitution bei. — Bei unserm Beispiel, dem Benzol, ist, als besonderem Fall, die Aufstellung einer speziellen Theorie (s. Benzoltheorie) notwendig gewesen.   *M. Ettisch.*

Näheres s. Nernst, Theoretische Chemie. 8. Aufl. 1921.

Kontaktelektrizität s. Berührungselektrizität.

Kontinentale Undulationen sind die durch die Massen der Kontinente hervorgerufenen Ausbiegungen des Geoides gegenüber einem Niveausphäroid. Sie werden berechnet nach einer Formel von Stokes. Es sei

$$r = R\left(1 + \frac{1}{578}\left[\frac{1}{3} - \sin^2 B\right]\right)$$

die Polargleichung des Meridianschnittes des Niveausphäroides. Setzen wir B = 0, so muß r in den Äquatorradius a übergehen. Es ist daher

$$R = a\left(1 - \frac{1}{1734}\right)$$

Es sei ferner

$$\gamma = G\left(1 - \frac{1}{189}\left[\frac{1}{3} - \sin^2 B\right]\right)$$

der Ausdruck für den zugehörigen normalen Verlauf der Schwere. Ist g_a die Schwere im Äquator, so findet man daraus

$$G = g_a\left(1 + \frac{1}{567}\right)$$

(Bezüglich der Konstanten s. Clairautsches Theorem.)

Die Stokessche Formel für die Entfernung N zwischen Geoid und Niveausphäroid lautet dann

$$N = \frac{R}{4\pi}\int_0^{2\pi} d\chi \int_0^{\pi} \frac{\varDelta g}{G}\left\{ \operatorname{cosec}\frac{\psi}{2} + 1 - 6\sin\frac{\psi}{2} - \right.$$

$$\left. 5\cos\psi - 3\cos\psi\, \operatorname{lognat}\left(\sin\frac{\psi}{2}\left[1 + \sin\frac{\psi}{2}\right]\right)\right\} \sin\psi\, d\psi$$

Hier sind χ und ψ die sphärischen Polarkoordinaten eines Punktes der Erde, gemessen von jenem Punkte der Erde, für welchen N bestimmt werden soll; $\varDelta g$ ist die durch die Kontinentalmasse verursachte Schwerestörung, ausgedrückt als Funktion von χ und ψ. Die Integration erstreckt sich über die ganze Erdoberfläche. Die Berechnung des komplizierten Ausdruckes geschieht durch numerische Quadratur. *A. Prey.*

Näheres s. R. Helmert, Die mathem. und physikal. Theorien der höheren Geodäsie. Bd. II, S. 249.

Kontinuitätsgleichung. Alle Untersuchungen der Hydromechanik gehen von der Voraussetzung aus, daß die Flüssigkeit den zur Verfügung stehenden Raum kontinuierlich ausfüllt, also keine Lücken zwischen den einzelnen Partikelchen frei läßt. Die Erfahrung lehrt, daß diese Annahme bei allen Flüssigkeitsbewegungen trotz der atomistischen Struktur aller Körper zulässig ist.

Fließt also in einem abgegrenzten Raum in der Zeiteinheit mehr Flüssigkeit zu als ab, so muß der Überschuß zur Erhöhung der Dichte dienen. Der mathematische Ausdruck für diese Bedingung ist die „Kontinuitätsgleichung", welche lautet:

$$(1) \qquad \frac{d\varrho}{dt} = \frac{\partial}{\partial x}(\varrho\, u) + \frac{\partial}{\partial y}(\varrho\, v) + \frac{\partial}{\partial z}(\varrho\, w).$$

Hier sind u, v, w die Komponenten der Geschwindigkeit an einem Punkte mit den Koordinaten x, y, z, während ϱ die Dichte und t die Zeit mißt.

Ist die Flüssigkeit inkompressibel, also ϱ konstant, so nimmt die Kontinuitätsgleichung die Form an:

$$(2) \qquad \frac{\partial u}{\partial x} + \frac{\partial v}{\partial y} + \frac{\partial w}{\partial z} = 0;$$

die linke Seite dieser Gleichung wird die räumliche Dilatationsgeschwindigkeit oder auch kurz die räumliche Dilatation genannt.

Hat die Geschwindigkeit ein Potential φ, derartig, daß $u = -\dfrac{\partial\varphi}{\partial x}$, $v = -\dfrac{\partial\varphi}{\partial y}$, $w = -\dfrac{\partial\varphi}{\partial z}$ ist, so geht die Kontinuitätsgleichung inkompressibler Flüssigkeiten in die Gleichung über:

$$(3) \qquad \frac{\partial^2\varphi}{\partial x^2} + \frac{\partial^2\varphi}{\partial y^2} + \frac{\partial^2\varphi}{\partial z^2} = \varDelta\varphi = 0.$$

Bei der Lösung hydrodynamischer Probleme handelt es sich darum, Lösungen dieser Differentialgleichung zu finden, die mit gegebenen Randbedingungen vereinbar sind. Der gefundene Wert von φ gibt dann die Werte u, v, w als Funktionen von x, y, z. Diese wieder lassen den Druck p bis auf eine additive Funktion der Zeit t bestimmen. Ist dann noch p für einen Punkt der Flüssigkeit für alle Zeiten gegeben, so ist auch p völlig bestimmt. Indessen ist die Lösung dieser Differentialgleichung nur für vereinzelte Fälle bei gegebenen Grenzbedingungen exakt möglich. Während zweidimensionale Probleme (s. dort) mittels der Theorie komplexer Variablen noch verhältnismäßig leicht lösbar sind, führt in dreidimensionalen Problemen die Theorie der Kugelfunktion vielfach zum Ziel.

O. Martienssen.

Näheres s. Lamb, Lehrbuch der Hydrodynamik. Leipzig 1907.

Kontinuitätstheorie. Die Kontinuitätstheorie ist die Lehre von dem kontinuierlichen Übergang zwischen Gas und Flüssigkeit. Sie wurde zuerst von van der Waals gelehrt. Verkleinert man bei konstanter Temperatur durch Erhöhung des Druckes ständig das spezifische Volumen eines Gases (s. Andrews Diagramm), so kommt man, falls die Temperatur unterhalb der kritischen liegt, schließlich an einen Punkt, wo sich neben dem gasförmigen Bestandteil noch eine flüssige Phase bildet. Der Druck ändert sich dann so lange nicht mit abnehmendem Volumen, bis aller Dampf bzw. alles Gas in Flüssigkeit verwandelt ist. Erst nachdem dies geschehen, steigt der Druck mit weiterer Volumenverminderung, und zwar sehr beträchtlich. Führt man diesen Prozeß aber bei einer Temperatur oberhalb der kritischen aus, so gelangt man von einem Zustand zweifellos gasförmiger Art, ohne durch das Sättigungsgebiet hindurchzuschreiten, also auf ganz kontinuierlichem Wege, in das Gebiet der Flüssigkeit. Es ist an keiner Stelle dieses Prozesses möglich zu sagen, daß der eine Aggregatszustand verlassen und der andere angenommen wird. So kann man z. B. Sauerstoff von Atmosphärendruck, der bei 0° ein spezifisches Volumen von 700 ccm besitzt, durch isotherme Kompression mit etwa 1000 Atm. auf das spezifische Volumen 0,9 ccm bringen. Mit demselben Recht kann man behaupten, daß in diesem Zustand der Sauerstoff gasförmig oder flüssig ist, denn durch Dilatation auf 700 ccm wird er ohne erkennbare Änderung des Aggregatszustandes wieder zweifellos gasförmig und durch isochore Abkühlung auf —183°, wobei der Druck ebenfalls auf 1 Atm. sinkt, der Sauerstoff ohne erkennbare Änderung des Aggregatszustandes zweifellos flüssig. Diese Wesensgleichheit von Flüssigkeit und Gas ist der innere Grund dafür, daß nach dem Vorgange von van der Waals beide Zustände durch dieselbe Zustandsgleichung darstellbar sind, für deren Ableitung nur angenommen werden mußte, daß dieselben anziehenden Kräfte, welche auch durch die Kapillaritätstheorie eingeführt werden, zwischen den einzelnen, eine gewisse räumliche Ausdehnung besitzenden Molekülen wirken.

Auf feste Körper, besonders Kristalle, läßt sich die Kontinuitätstheorie nicht ausdehnen. *Henning.*

Kontrabaß s. Streichinstrumente.

Kontraktionskoeffizient eines Wasserstrahles s. Contractio venae.

Kontrast. Unter der Bezeichnung Kontrast werden zwei Erscheinungsgruppen zusammengefaßt, die zwar phänomenologisch eine gewisse Verwandtschaft besitzen, aber unter ganz verschiedenen Bedingungen auftreten. Beide können sich rein als Phänomene des Lichtsinnes wie auch als solche des Farbensinnes darstellen: Helligkeits- und Farbenkontrast.

1. Die Erscheinungen des sukzessiven Kontrastes spielen sich an der gereizten Sehfeldstelle selbst ab und treten immer dann auf, wenn nach längerer Belichtung der ganzen Netzhaut oder eines Teiles derselben das Reizlicht stark abgeschwächt oder ganz beseitigt wird. Werden die Beobachtungen mit kleinen farbigen Objekten auf einem homogenen mittelhellen Grunde angestellt und alle störenden Nebenwirkungen ausgeschlossen, so schlägt die während der Reizung bestehende Farbenempfindung (im weitesten Sinne) nach Entfernung des Reizlichtes in die Empfindung der Gegenfarbe um: negatives Nachbild. Ein helles Reizobjekt erscheint im Nachbilde dunkel, an Stelle von Rot wird Grün, an Stelle von Blau wird Gelb, an Stelle einer bunten Mischfarbe wird der aus den Gegenfarben ihrer Komponenten gemischte Farbenton gesehen. Eine lichtlose „schwarze" Fläche wird mit Netzhautstellen, die zuvor weißem Mischlicht ausgesetzt worden waren, erheblich schwärzer gesehen als mit der Reizung nicht unterworfen gewesen. Auch bunte Farben lassen sich auf diese Weise in einem hohen Grade der Sättigung zur Anschauung bringen. Ihrer Entstehung nach sind die Erscheinungen des sukzessiven Kontrastes als Äußerung einer Art selektiver, praktisch zunächst lokal bleibender Ermüdung des Sehorganes für die im kontrasterzeugenden Reizlicht enthaltenen Reizqualitäten zu verstehen (s. Adaptation, Farbentheorie).

2. Die Erscheinungen des simultanen Kontrastes betreffen nicht das unmittelbar durch den Reiz beeinflußte Gebiet des Sehfeldes, sondern spielen sich außerhalb desselben ab und bestehen, kurz gesagt, darin, daß ein helles Objekt in dunkler Umgebung an Helligkeit gewinnt, in heller verliert, sowie daß die Färbung eines in farbiger Umgebung gesehenen Objektes im Sinne der Gegenfarbe zur Farbe des kontrastgebenden Umfeldes verändert erscheint. So wird ein kleines weißes Papierscheibchen auf lichtlosem, mittelgrauem und weißem Grunde ganz verschieden hell gesehen, und ein mittelgraues Papierscheibchen, das auf ebensolchem Grunde völlig tonfrei erscheint, kann auf rotem, gelbem usw. Grunde einen deutlich grünen, blauen usw. Farbenton annehmen. Diese Erscheinung wird vor allem dann sehr eindringlich, wenn man das Beobachtungsfeld mit einem dünnen Seidenpapier bedeckt (Florkontrast). Eine der bekanntesten Methoden, um die Erscheinungen des Simultankontrastes hervorzurufen, ist die der farbigen Schatten (Goethe). Das Verfahren besteht darin, daß man eine gleichmäßig weiße Beobachtungsfläche von einer gefärbten und einer ungefärbten Lichtquelle aus beleuchtet und einen schattengebenden Körper möglichst in den Strahlengang bringt, daß die von beiden Lichtquellen entworfenen Schatten dicht nebeneinander liegen. Auf dem von dem Mischlicht beider Lichtquellen beleuchteten Felde hat man (entsprechend dem Schatten der farblosen Lichtquelle) sodann einen Bezirk, der den Farbton des farbigen Reizlichtes in voller Sättigung zeigt, und daneben (entsprechend dem Schatten der farbigen Lichtquelle) einen Bezirk, der rein vom weißen Mischlicht getroffen wird. Dieser letztere erscheint bei geeigneter Abstufung der Lichtstärken überraschend satt gefärbt, und zwar in der Gegenfarbe zu dem verwendeten farbigen Reizlicht. Trifft man die Einrichtung so, daß das farbige Licht während der Beobachtung im Tone nach einer der Nachbar-

farben abgewandelt werden kann, so kann man sich alle nur denkbaren Paare von Gegenfarben in rascher Folge zur Anschauung bringen (Heringsches Fenster).

Die Erscheinungen des simultanen Helligkeits- und Farbenkontrastes sind in der nächsten Nachbarschaft des kontrastgebenden Feldes am stärksten (Randkontrast) und nehmen mit wachsender Entfernung rasch an Eindringlichkeit ab. Die Kontrastwirkung ist stets eine wechselseitige, d. h. vom kontrastleidenden Felde geht, wenngleich dies bei manchen Anordnungen nicht unmittelbar zu bemerken ist, immer auch eine Wirkung auf das kontrastgebende Feld zurück. Zur Erklärung der simultanen Kontrastwirkungen werden von der Helmholtzschen Theorie interkortikale Prozesse („Urteilstäuschungen") herangezogen, während sie die Heringsche Theorie aus der Wechselwirkung der Sehfeldstellen herleitet (s. Farbentheorie).   *Dittler.*

Näheres s. Hering, Sechs Mitteilungen über die Lehre vom Lichtsinn. Wien 1872—74.

Kontrollbeobachtungsröhre s. Polarisationsröhre.

Konvektion bezeichnet vertikale Verschiebungen innerhalb einer Luftmasse (vgl. Vertikalbewegung).   *Tetens.*

Konvektiver Differentialquotient der Geschwindigkeit s. Lokaler Differentialquotient der Geschwindigkeit.

Konvexspiegel s. Reflexion des Lichts.

Konzentrationsketten. Die Entstehung galvanischer Ströme schien den ältern Beobachtern an das Zusammenwirken zweier verschiedener Metalle und einer elektrolytischen Flüssigkeit gebunden zu sein. Dagegen beruht die moderne Theorie des Galvanismus auf der Erkenntnis, daß eine Kombination von zwei gleichartigen Metallelektroden in einer Lösung desselben Metalls aber von verschiedener Konzentration eine E.K. liefert. So wird an einer vorher gleichmäßig konzentrierten Lösung nach der Elektrolyse stets eine Polarisationsspannung beobachtet, falls nicht etwa durch Bodenkörper ungelösten Salzes der Sättigungszustand erhalten blieb. Bei einer derartigen Konzentrationskette z. B.: $Zn/ZnSO_4$, verd./$ZnSO_4$ konz./Zn, besteht der den Strom erzeugende Prozeß nicht in chemischen Umwandlungen, sondern lediglich im Ausgleich der Konzentrationsunterschiede der die Elektroden umspülenden Lösungen. Konzentrationsvermehrung findet notwendig da statt, wo Metall in Lösung geht. Daher fließt innerhalb des Elements der vom Metallion getragene positive Strom von der verdünnteren zur konzentrierteren Lösung, und zwar wird nach Abscheidung von einem Äquivalent Metall an der (in die konzentrierte Lösung eintauchenden) Kathode a Äq. Salz von der Kathode zur Anode überführt sein, wenn mit a die (Hittorfsche) Überführungszahl des Anions bezeichnet wird.

Das Resultat dieses reversiblen Vorganges kann nun dadurch rückgängig gemacht werden, daß in einem mit beliebiger Annäherung auch realisierbaren Gedankenexperiment) aus allen Schichten der Flüssigkeit, wo der Stromdurchgang eine Verdünnung der Lösung bewirkt hat, das überschüssige Lösungsmittel durch Verdampfen entfernt, umgekehrt zu den Schichten mit vergrößertem Salzgehalt Lösungsmittel durch Niederschlag von Dampf hinzugefügt wird.

Der zweite Hauptsatz der Thermodynamik verlangt, daß bei einem isothermen Kreisprozeß die

Summe der gewonnenen und verlorenen Arbeit für sich genommen, ebenso wie die zu- und abgeführte Wärmemenge, gleich Null sei. Indem also die vom Strom geleistete Arbeit der bei der Destillation aufgewandten gleichgesetzt wird, kann, wie Helmholtz 1877 zuerst gezeigt hat, die E. K. der Konzentrationskette bzw. ihre Polarisationsspannung aus dem Dampfdruck p des Lösungsmittels über einer Lösung der Konzentration c berechnet werden:

$$E F = - R T \int_{\text{Anode}}^{\text{Kathode}} \frac{a}{c} d \ln p,$$

worin F die Faradaysche Konstante bedeutet.

Diese Formel enthält keine ihre Gültigkeit einschränkende Voraussetzung außer der Annahme, daß der Dampf auch in der Nähe des Sättigungspunktes den Gasgesetzen gehorche. Um das Integral auswerten zu können, muß Dampfdruck und Überführungszahl in ihrer Abhängigkeit von der Konzentration bekannt sein. Für hinreichend verdünnte Lösungen kann die Überführungszahl als konstant und der Dampfdruck als lineare Funktion des Salzgehaltes angesehen werden. Dann geht obige Formel in den einfacheren Ausdruck über:

$$E = \text{konst.} \cdot \log \frac{c_K}{c_A}.$$

Eine anschauliche Deutung dieses Sachverhaltes gab Nernst (1889), indem er die Begriffe des Diffusionspotentials (s. ds.) und der elektrolytischen Lösungstension in die Theorie des Galvanismus (s. ds.) einführte. Demzufolge ist das Einzelpotential der Elektroden

$$F E_K = R T \ln \frac{C_{zn}}{c_K} \quad \text{bzw.} \quad F E_A = - R T \ln \frac{C_{zn}}{c_A}$$

und der Potentialsprung in der Berührungsschicht der beiden Lösungen

$$F E_D = \frac{u - v}{u + v} R T \ln \frac{c_K}{c_A},$$

wo u und v die Ionenbeweglichkeiten (s. Leitvermögen der Elektrolyte) bezeichnen. Berücksichtigt man die Zweiwertigkeit der Zn-Ionen, so folgt für die Summe dieser drei Großen oder für die E. K. der Konzentrationskette

$$F E = - \frac{2 v}{u + v} R T \ln \frac{c_K}{c_A}, \quad \text{wobei} \quad \frac{v}{u + v} = a.$$

Aus dieser Formel ist die „Lösungstension" der Elektroden vollkommen herausgefallen, so daß sie in Übereinstimmung mit der thermodynamischen Ableitung kein unbestimmtes additives Glied mehr enthält. Doch auch der konstante „Faktor der Dampfspannung" in Helmholtz-Formel für verdünnte Lösungen ist in einfacher Art bestimmt. Auf konzentrierte Lösungen ist die Nernstsche Betrachtungsweise allerdings nicht anwendbar.

Zu den Konzentrationsketten gehören ferner die Amalgamketten vom Typus: Metallamalgam, verd./Lösung des Metalls/ Metallamalgam konz. und die sog. Konzentrationskette zweiter Art, die nach dem Schema Ag, AgCl/KCl verd. C_1/KCl konz. C_2/AgCl, Ag aufgebaut sind. Bei diesen Konzentrationsketten wird durch die Anwesenheit eines Bodensatzes von schwerlöslichem Metallsalz das Löslichkeitsprodukt (s. Löslichkeit) $C_{Ag} \cdot C_{Cl'}$ an beiden Elektroden gleich erhalten, so daß die Metallionenkonzentration in der verdünnten Lösung höher ist als in der konzentrierten. Der positive Strom fließt daher innerhalb der Zelle von der konzentrierten zur verdünnten Salzlösung, wobei pro F-Coulombs $k = 1-a$ Aq. des Salzes von der Kathode zur Anode überführt werden. Für die E. K ergibt sich der Wert:

$$+ E F = 2 R T k \ln \frac{c_1}{c_2},$$

da die Ag-Ionenkonzentration der Cl-Ionenkonzentration umgekehrt proportional ist. Demgemäß kann diese Konzentrationskette auch als mit Cl beladene Gaskette (s. ds.) aufgefaßt werden.
H. Cassel.

Näheres s. W. Ostwald, Allgemeine Chemie. Bd. II. Leipzig 1893.

Koordinaten der Bewegung. Die Bewegung eines Massenpunktes oder eines Systems von Massenpunkten (die möglicherweise einen oder mehrere Körper bilden) kann man kinematisch am anschaulichsten dadurch beschreiben, daß man von einem festen Bezugspunkte aus die Fahrstrahlen r nach den Massenpunkten hinzieht und die Vektoren r als Funktionen der Zeit angibt. Braucht man dazu n voneinander unabhängige Parameter q_i, so sagt man, das System habe n *Freiheitsgrade* (s. d.) und nennt die q_i auch die *Lagrangeschen (verallgemeinerten) Koordinaten* des Systems. (Beispielsweise benützt man bei der Beschreibung eines im Raum frei beweglichen Punktes als Parameter seine kartesischen Raumkoordinaten xyz oder Zylinderkoordinaten $r\varphi z$ oder Kugelkoordinaten $r\varphi\vartheta$ oder allgemein die Parameter dreier, den Raum durchsetzender Flächenscharen, welche die Lage des Punktes definieren. Muß der Punkt auf einer Fläche bleiben, so dienen als Koordinaten die Parameter zweier Kurvenscharen auf der Fläche. Die Lehre von diesen Parameterdarstellungen ist von Gauß entwickelt worden und wird für zweidimensionale Mannigfaltigkeiten in der sog. Flächentheorie, für mehrdimensionale in dem sog. absoluten Differentialkalkül von Ricci und Levi-Civita in ein System gebracht.)

Häufig benutzt man zur Beschreibung eines Systems von n Freiheitsgraden mehr als n Koordinaten q_i, zwischen denen dann noch so viele Bedingungsgleichungen bestehen, als die Zahl der q_i die Zahl n übersteigt. Wenn es möglich oder wenigstens denkbar ist, alle diese Bedingungsgleichungen durch Entfernen der überschüssigen Koordinaten zu beseitigen, so daß nur noch voneinander freie Koordinaten übrig bleiben, so heißt das System nach H. Hertz *holonom*. Seine kinetischen Gleichungen sind dann besonders einfach (s. Impulssätze). Gelingt diese Reduktion dagegen nicht (wenn die Bedingungsgleichungen ganz oder teilweise in Form von Differentialgleichungen vorgelegt sind, welche nicht integrabel erscheinen und auch nicht durch Kombination integrabel gemacht werden können), so heißt das System *nichtholonom*. (Beispielsweise sind in der Regel solche Systeme nichtholonom, bei denen irgend eine Bedingung des Nichtgleitendürfens vorkommt.)

Das System heißt ferner *rheonom* oder *skleronom*, je nachdem außer den Parametern q_i in den Fahrstrahlen r die Zeit t noch explizit vorkommt oder nicht, d. h. je nachdem die q_i als die Parameter von festen oder von beweglichen geometrischen Gebilden (z. B. Kurvenscharen, Flächenscharen usw.) angesehen werden können. (Beispielsweise ist ein Pendel als ein skleronomes oder als ein rheonomes System anzusprechen, je nachdem sein Aufhängepunkt ruht oder willkürlich bewegt wird.)

Man nennt die Ausdrücke

$$\dot{q}_i = \frac{dq_i}{dt} \qquad (i = 1, 2 \ldots n)$$

die (verallgemeinerten) *Geschwindigkeitskoordinaten* (oder *Geschwindigkeitskomponenten*). Bildet man die Bewegungsenergie T [s. Energie (mechanische)] als Funktion der q_i und $\dot{q}_i$, so heißen deren Ableitungen nach den $\dot{q}_i$ die (verallgemeinerten) *Impulskoordinaten* (oder *Impulskomponenten*) p_i

$$(*) \qquad p_i = \frac{\partial T}{\partial \dot{q}}.$$

Diese p_i müssen nicht (wie z. B. noch bei gewöhnlichen kartesischen Koordinaten) einfach proportional mit den $\dot{q}_i$ sein; vielmehr sind im allgemeinen Falle bei holonomen Systemen die p_i lineare Funktionen der $\dot{q}_i$ und umgekehrt, wobei die Koeffizienten noch die Koordinaten q_i selbst enthalten können. (Beispielsweise benützt man bei der auch für die moderne Atomtheorie wichtigen Planetenbewegung als allgemeine Koordinaten den Fahrstrahl r und das Azimut φ des Planeten gegenüber der Sonne und hat als Impulskoordinaten $p_1 = m\dot{r}$ und $p_2 = mr^2\dot{\varphi}$; man kann diese im Sinne des gewöhnlichen Impulsbegriffes (s. Impuls) deuten als radiale Impulskomponente und als Impulsmoment bezüglich der Sonne). Führt man an Stelle der $\dot{q}_i$ die p_i in den Ausdruck für die Bewegungsenergie ein und bezeichnet diese dann mit T_1, so gilt in bemerkenswerter Analogie zu (*)

$$\dot{q}_i = \frac{\partial T_1}{\partial p_i}.$$

Wenn in dem Ausdruck T eine der Koordinaten q_i nicht selbst, sondern nur die zugehörige Geschwindigkeitskoordinate $\dot{q}_i$ auftritt, so heißt q_i nach Helmholtz eine *zyklische* Koordinate, $\dot{q}_i$ aber die *zyklische Geschwindigkeit* oder die *Intensität*. Das ganze System heißt *zyklisch*, wenn die zyklischen Geschwindigkeiten sämtlich groß sind gegenüber den nichtzyklischen. Je nach der Anzahl der zyklischen Koordinaten spricht man von *monozyklisch, dizyklisch* usw. *Isozyklisch* heißt das System, wenn die zyklischen Geschwindigkeiten unveränderlich sind, *adiabatisch* (nach Hertz), wenn die zugehörigen zyklischen Impulskoordinaten p_i konstant bleiben. *R. Grammel.*

Näheres s. A. Brill, Vorlesungen zur Einführung in die Mechanik raumerfüllender Massen. Leipzig 1909, S. 20 und S. 40ff.

Koordinationslehre. Nach A. Werner, dem Schöpfer der Koordinationslehre, können Verbindungen erster Ordnung untereinander Verbindungen zweiter Ordnung eingehen mit Hilfe von Nebenvalenzen. (Siehe Valenztheorien, Absatz 6). A. Werner unterscheidet zwischen Anlagerungs- und Einlagerungsverbindungen. Anlagerungsverbindungen sind Verbindungen, wie sie etwa folgende Beispiele darstellen:

$$\begin{array}{ccc} \text{Cl} - & \text{Cl} - & \text{Cl} - \\ \text{Cl} - \text{Pt} \substack{\cdots \text{NH}_3 \\ \cdots \text{NH}_3}; & \text{Cl} - \text{Pt} \substack{\cdots \text{NH}_3 \\ \cdots \text{ClR}}; & \text{Cl} - \text{Pt} \substack{\cdots \text{Py} \\ \cdots \text{Py}}, \\ \text{Cl} - & \text{Cl} - & \text{Cl} - \end{array}$$

wo — eine Hauptvalenz, .. eine Nebenvalenz, R ein Alkyl- oder Arylrest, Py Pyridin ist. Werner konnte für sie alle als charakteristisch nachweisen, daß alle Chlor-, Ammoniak- bzw. Pyridinmoleküle direkt an das Platin als Zentralatom gebunden sind und auch in Lösung nicht von demselben dissoziieren, also keine Ionenreaktionen zeigen.

Beispiele von Einlagerungsverbindungen stellt die folgende Reihe dar, deren letztes Glied den Übergang von der Einlagerungs- zur Anlagerungsverbindung zeigt:

$$\left[\text{Pt (NH}_3)_6 \right] \text{Cl}_4; \quad \left[\text{Pt} \substack{(\text{NH}_3)_5 \\ \text{Cl}} \right] \text{Cl}_3; \quad \left[\text{Pt} \substack{(\text{NH}_3)_4 \\ \text{Cl}_2} \right] \text{Cl}_2;$$

$$\left[\text{Pt} \substack{(\text{NH}_3)_3 \\ \text{Cl}_3} \right] \text{Cl}; \quad \left[\text{Pt} \substack{(\text{NH}_3)_2 \\ \text{Cl}_4} \right].$$

Hier konnte Werner zeigen, daß alle die Moleküle, die innerhalb der eckigen Klammern stehen, direkt an das Platinatom gebunden, ionogen sind, während die, die außerhalb stehen, ionogen gebunden sind und in Lösung dissoziieren können.

Solche direkt an das Zentralatom durch Haupt- oder Nebenvalenzen gebundenen Moleküle nennt Werner **koordinativ gebunden,** die höchstmögliche Anzahl derselben **Koordinationszahl.** Es zeigt sich, daß diese Größe immer gleich vier oder sechs ist, also ebenso groß oder größer als die Hauptvalenzzahl. Natürlich gibt es auch koordinativ ungesättigte Verbindungen.

Werner ist der Ansicht, daß die Koordinationszahl mit der Valenz an sich nichts zu tun hat. Er ist vielmehr der Meinung, daß die Zahl der Atome oder Moleküle, die sich in der ersten Sphäre d. h. direkt in nächster Nachbarschaft an ein Zentralatom infolge der Valenzkraft anlagern können, aus räumlichen Gründen beschränkt sei. Dementsprechend deutet er die Koordinationszahl vier beim Kohlenstoff analog der van't Hoffschen Anschauung als Tetraeder, beim Platin auf Grund einiger Isomeriefälle als gleichseitiges Viereck, die Zahl sechs aber als oktaedrische Konfiguration. Mit Hilfe dieser Vorstellungen konnte er eine ganze Reihe von Tatsachen, insbesondere anorganische Isomeriefälle voraussagen und experimentell bestätigen. *Werner Borinski.*

Siehe auch den Artikel: Komplexsalze.

Näheres s. A. Werner, Neuere Anschauungen auf dem Gebiete der anorganischen Chemie. Braunschweig 1920.

Koordinationszahl s. Koordinationslehre.

Kopflastigkeit eines Flugzeugs nennt man die Neigung eines Flugzeugs, ohne Betätigung des Höhensteuers sich mit der Spitze nach unten zu drehen. Sie kann von falscher Einstellung der Höhenflosse und von falscher Schwerpunktlage herrühren; im letzteren Falle ist sie im Gleitflug stärker fühlbar als im Motorflug. *L. Hopf.*

Kopfwelle. Eine der Hauptursachen des Luftwiderstandes auf fliegende Geschosse liegt in den Verdichtungsstößen, welche durch den Anprall des Geschosses auf die vor ihm liegenden Luftteilchen erzeugt werden. Jeder einzelne Verdichtungsknoten breitet sich als Kugelwelle nach allen Seiten mit Schallgeschwindigkeit aus. Liegt die Geschoßgeschwindigkeit unterhalb der Schallgeschwindigkeit, so zerstreuen sich alle diese Kugelwellen im Raume, in dem die Störung einen sich dauernd erweiternden Raum um das Geschoß herum erfüllt. Ist dagegen die Geschoßgeschwindigkeit größer als die Schallgeschwindigkeit, so bildet die gemeinsame Einhüllfläche sämtlicher von der Geschoßspitze ausgehenden Kugelwellen einen Kegelmantel verdichteter Luft, den man als Kopfwelle bezeichnet.

Um die Verhältnisse besser zu durchschauen, betrachte man mehrere Punkte A, B, C, D der Geschoßbahn. Die Strecke ABCD werde mit als konstant anzusehender Geschwindigkeit v durchmessen. Dann braucht das Geschoß zur Zurücklegung von AD die Zeit $\frac{AD}{v}$ sec, zur Zurücklegung von BD $\frac{BD}{v}$ sec, zur Zurücklegung von CD $\frac{CD}{v}$ sec. Man fixiere die Verhältnisse im Augenblick, wo das Geschoß sich im Punkte D befindet. Die Verdichtungswelle, welche vom Punkt A ausging, be-

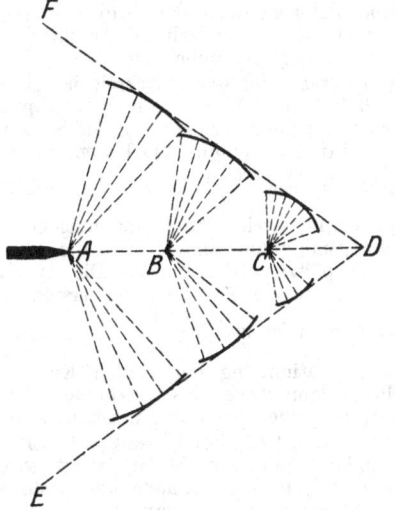

Kopfwelle fliegender Geschosse.

findet sich jetzt auf einer Kugeloberfläche um A vom Radius $\frac{AD}{v} \cdot v_{S_1}$, wobei v_{S_1} die Schallgeschwindigkeit bedeutet. Die von B ausgegangene auf einer Kugeloberfläche um B vom Radius $\frac{BD}{v} \cdot v_{S_2}$; die von C ausgegangene auf einer Kugeloberfläche um C vom Radius $\frac{CD}{v} v_{S_1}$. Hierbei ist v_{S_1} die mittlere Schallgeschwindigkeit auf dem Radius $\frac{AD}{v} v_{S_1}$; v_{S_2} diejenige auf dem Radius $\frac{BD}{v} v_{S_2}$, und es ist zu beachten, daß die Schallgeschwindigkeit bei adiabatischer Ausbreitung von Verdichtungsstößen mit der Größe der Verdichtung etwas wächst bzw. mit kleiner werdender Verdichtung auf die gewöhnliche Schallgeschwindigkeit herabsinkt. Die Enveloppe aller Kugelwellen bildet die Kopfwelle EDF, die einen vorne abgerundeten Kegel bildet, der um so spitzer wird, je größer die Geschoßgeschwindigkeit ist. In einiger Entfernung von der Geschoßspitze sind die Kugelwellen so weit von ihrem Erregungszentrum entfernt, daß der Verdichtungsstoß bezüglich seiner Druckhöhe stark abgenommen hat und daß die Schallgeschwindigkeit der gewöhnlichen Schallgeschwindigkeit nahezu gleich geworden ist; in diesen Gegenden ist dann der Kegel eines mit konstanter Geschwindigkeit fliegenden Geschosses als ein gerader Kreiskegel anzusehen, dessen Winkel aus der Gleichung $\sin a = \frac{v_S}{v}$ gefunden wird.

Die Kopfwelle macht sich dem Ohr als der vom Geschoß mitgeführte Kopfwellenknall bemerkbar. Beobachtet man die Zeiten des Eintreffens der Kopfwelle an verschiedenen Punkten der Erdoberfläche unter Berücksichtigung der Tansportgeschwindigkeit durch den Wind, so lassen sich aus den Differenzen dieser Zeiten in Verbindung mit der Kenntnis der Orte, an denen die Kopfwelle aufgenommen wird, mathematisch Rückschlüsse auf Bahn und Geschwindigkeit des Geschosses ziehen. Der Kopfwellenknall bringt es mit sich, daß bei Geschossen, die mit Überschallgeschwindigkeit fliegen, zwei, sogar drei Knalle gehört werden: der Knall der Kopfwelle, der Abschußknall des Geschützes und der Detonationsknall des Geschosses.

Hinter der ersten Kopfwelle gehen von anderen vorspringenden Teilen des Geschosses ebenfalls Verdichtungswellen aus, so daß das Geschoß von einer ganzen Anzahl Kegelmänteln umhüllt ist, die sichtbar gemacht werden können, wenn man im Dunkeln das an einem Hohlspiegel vorbeifliegende Geschoß mit einem elektrischen Funken derart beleuchtet, daß man das Licht auf den Hohlspiegel wirft und von diesem auf die Objektivmitte eines photographischen Apparates konzentriert. Blendet man das direkte Licht mittels einer Schlierenblende ab, so werden die Luftverdichtungen, welche das Licht ablenken, sichtbar. Benutzt man ein Interferenzrefraktometer, so können auch die Druckhöhen in den Kopfwellen gemessen werden. *C. Cranz* und *O. v. Eberhard.*
Betr. Literatur s. Ballistik.

Kopfwelle wird in erster Linie die Verdichtungswelle genannt, welche sich vor einem schnell fliegenden Geschoß ausbildet und als „Geschoßknall" hörbar werden kann. Solange die Geschoßgeschwindigkeit die normale Schallgeschwindigkeit übertrifft, haftet die Kopfwelle vorn an dem Geschoß, pflanzt sich also mit Überschallgeschwindigkeit fort. Sobald die Geschoßgeschwindigkeit auf die Schallgeschwindigkeit herabgesunken ist (sogar schon etwas früher), löst sich die Kopfwelle von dem Geschoß ab und geht selbständig — nunmehr mit der normalen Schallgeschwindigkeit — weiter. Die Kopfwelle ist namentlich schon von E. Mach untersucht worden; während des Krieges hat sie erneut große Beachtung gefunden.
E. Waetzmann.
Näheres s. C. Cranz und K. Becker, Lehrbuch der Ballistik. Leipzig 1913.

Kopplungen elektromagnetischer Systeme. Eine Wechselbeziehung zwischen Kreisen, welche die Übertragung von Schwingungsenergie aus einem Kreis in einen andern bedingt (Fig. 1, 2, 3).

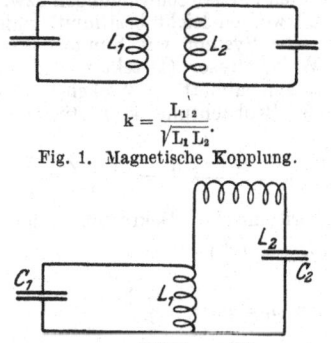

$$k = \frac{L_{12}}{\sqrt{L_1 L_2}}.$$
Fig. 1. Magnetische Kopplung.

$$k = \sqrt{\frac{L_1^2}{L_1 L_2}} = \sqrt{\frac{C_2}{C_1}}.$$
Fig. 2. Galvanische Kopplung.

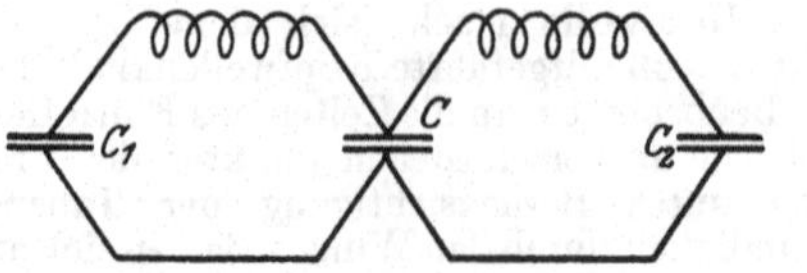

$$k = \sqrt{\frac{C_1 C_2}{(C + C_1)(C + C_2)}}.$$

Fig. 3. Kapazitive Kopplung.

Fig. 1 stellt eine magnetische Kopplung dar.
„ 2 „   „ galvanische   „   „
„ 3 „   „ kapazitive   „   „

Ein Maß der Kopplung ist der Kopplungs-Koeffizient k, gegeben durch die in Fig. 1, 2, 3 bezeichneten Werte. Bei fester Kopplung gelten für die zwei Kreise die folgenden Beziehungen:

$$L_1 \frac{di_1}{dt} + L_{12} \frac{di_2}{dt} + W_1 i_1 = V_1$$

$$L_2 \frac{di_2}{dt} + L_{12} \frac{di_1}{dt} + W_2 i_2 = V_2$$

$$i_1 = -C_1 \frac{dV_1}{dt} \qquad i_2 = -C_2 \frac{dV_2}{dt}$$

$$\frac{d^2 V_1}{dt^2} + 2\delta_1 \frac{dV_1}{dt} + (\omega_1 + \delta_1)^2 V_1 + p_1 \frac{d^2 V_2}{dt^2} = 0$$

$$\frac{d^2 V_2}{dt^2} + 2\delta_2 \frac{dV_2}{dt} + (\omega_2 + \delta_2)^2 V_2 + p_2 \frac{d^2 V_1}{dt^2} = 0$$

Die Lösungen sind von der Form $V_1 = A_1 e^{\beta t}$ $V_2 = A_2 e^{\beta t}$ $\beta = -\delta + i\omega$. Für ω, die Schwingungszahl, ergibt sich eine Gleichung 4. Grades

$$\omega^4 \cdot (1 - k^2) - \omega^2 (\omega_1^2 + \omega_2^2) + \omega_1^2 \cdot \omega_2^2 = 0.$$

ω_1 und ω_2 sind die Eigenschwingungen der ungekoppelten Systeme; die Lösung sind zwei neue Schwingungen ω_I, ω_II, $\omega_\mathrm{I} > \omega_1 > \omega_2 > \omega_\mathrm{II}$, d. h. die schnellere der beiden Eigenschwingungen des gekoppelten Systems ist schneller, die langsamere langsamer als jeder der beiden Eigenschwingungen der ungekoppelten Systeme. Ist $\omega_1 = \omega_2$, d. h. bestand Resonanz, so ist

$$\omega_\mathrm{I} = \frac{\omega}{\sqrt{1-k}} \qquad \omega_\mathrm{II} = \frac{\omega}{\sqrt{1+k}}$$

oder angenähert

$$\omega_\mathrm{I} = w\left(1 + \frac{k}{2}\right) \qquad \omega_\mathrm{II} = \omega\left(1 - \frac{k}{2}\right)$$

k ist der Kopplungskoeffizient; das Maß der

$$\text{Kopplung} = \sqrt{\frac{L_{12} \cdot L_{21}}{L_1 L_2}} = \frac{L_{12}}{\sqrt{L_1 \cdot L_2}}.$$

ω_1, ω_2 werden Partial-Schwingungen bzw. -Wellen genannt und werden leicht bestimmt, indem man z. B. das eine System mit Summer erregt und mit dem Wellenmesser (Detektor und Telephon) die Resonanzen abhört. Umgekehrt kann auch nach dieser Beobachtung k bestimmt werden, gleich

$$k = \frac{\omega_\mathrm{I} - \omega_\mathrm{II}}{\omega} = \frac{\lambda_1 - \lambda_2}{\lambda}.$$

Das logarithmische Dekrement der beiden Schwingungen $= \left(\frac{\beta}{\omega}\right)$

ist für $\omega_1 = \delta_\mathrm{I} = \dfrac{\delta_1 + \delta_2}{2} \cdot \dfrac{\omega_\mathrm{I}}{\omega_\mathrm{II}}$

„ $\omega_2 = \delta_\mathrm{II} = \dfrac{\delta_1 + \delta_2}{2} \cdot \dfrac{\omega_\mathrm{II}}{\omega_\mathrm{I}}$,

d. h. die größere Frequenz hat demnach auch die größere Dämpfung. Die Spannung an dem System ist

$$V_1 = \frac{V_0}{2} (\cos \omega_\mathrm{I} t + \cos \omega_\mathrm{II} t) =$$

$$V_0 \cos\left(\frac{\omega_1 + \omega_2}{2}\right) t \cdot \cos \frac{\omega_\mathrm{I} - \omega_\mathrm{II}}{2} \cdot t$$

$$V_2 = \frac{V_0}{2} \sqrt{\frac{C_\mathrm{I}}{C_\mathrm{II}}} (\cos \omega_\mathrm{I} t - \cos \omega_\mathrm{II} t)$$

$$= V_0 \sqrt{\frac{C_\mathrm{I}}{C_\mathrm{II}}} \sin \frac{\omega_1 + \omega_2}{2} t \cdot \sin \frac{\omega_1 - \omega_2}{2} t,$$

das sind Schwingungen der Schwingungszahl ω mit periodischer veränderlicher Amplitude, d. h. das System zeigt Schwebungen.

Die Spannung im Sekundärkreis ist gleich der im Verhältnis der Wurzel aus den Kapazitäten verkleinerten primären Spannung; sie ist um 90% gegen die Primärspannung verschoben. Die Energie des ersten Kreises $\dfrac{C_\mathrm{I} V_\mathrm{I}^2}{2}$ findet sich nach einer Schwebung im zweiten Kreis und umgekehrt. Im Schwebungsminimum ändert sich die Phase der Spannung plötzlich um 180%. Die Anzahl der **halben** Schwingungen bis zum ersten Schwebungsminimum ist gleich $= \dfrac{1}{k}$.

Durch Verstimmung der beiden Kreise steigt die Maximalamplitude des Sekundärkreises um so mehr, je größer der Dämpfungsunterschied ist. Bei $\delta_1 = \delta_2$ ist die Steigerung $= 0$. Je fester die Kopplung und je größer δ_2 ist, desto größer ist die günstigste Verstimmung und desto größer die Spannungssteigerung (max. 30%).

Ist die Kopplung sehr schwach, so ist

$$V_1 = V_0 \cos \omega t \quad V_2 = V_0 \sqrt{\frac{C_1}{C_2}} \frac{k \cdot \omega}{2} (\sin \omega_2 t)$$

$$= V_0 \frac{\omega}{2} \frac{L_{12}}{L_1} \sin \omega t,$$

d. h. im sekundären Kreise ist nur **eine** Schwingung vorhanden. Die Dämpfung in beiden Kreisen ist

$$\delta_1 = \delta_{10} + \frac{\pi^2 \cdot k^2}{\delta_{20} - \delta_{10}} \qquad \delta_2 = \delta_{20}$$

d. h. i t δ_{10} sehr groß, k^2 klein, so ist $\delta_2 = \delta_{20}$ = der Dämpfung des ungekoppelten Kreises.

Für Dämpfungsmessungen muß

$$k^2 \ll 1 < \frac{\delta_{01} \cdot \delta_{02}}{\pi^2} < 5 \cdot 10^{-6} \text{ sein.}$$

A. Meißner.

Kornett s. Zungeninstrumente.

Die **Korona** der Sonne ist nur bei totalen Sonnenfinsternissen sichtbar, wenn der Mond die Photosphäre verdeckt. Die Helligkeit des silbergrauen Koronalichtes, die nach außen rasch abnimmt, ist selbst in ihrem innersten Teile ein so kleiner Bruchteil der Helligkeit des diffusen Himmelslichtes, daß eine Beobachtung außerhalb von Sonnenfinsternissen mit den heute bekannten Hilfsmitteln unmöglich ist. Die äußere Korona hat ein kontinuierliches Spektrum mit denselben Intensitätsverhältnissen wie die Photosphäre; das Auftreten der Fraunhoferschen Linien und die Polarisation des Lichtes der äußeren Teile sprechen ebenfalls für die Annahme, daß die Korona Photosphärenlicht reflektiert. Die innere Korona gibt ein kontinuierliches Spektrum ohne Absorptionslinien und außerdem ein Spektrum von hellen Emissionslinien, dessen Ursprung noch völlig unbekannt ist. Die hellen Linien erinnern im Zusammenhang mit der strahligen Struktur der Korona an die irdischen Nordlichter und ihren elektrischen Ursprung. Durch Sonnenstrahlung hervorgerufene Fluoreszenz wird ebenfalls zur Erklärung der Koronaerscheinungen herangezogen. Die Gestalt der Korona ändert sich mit der Sonnenfleckenperiode; zu den Zeiten der Sonnenfleckenmaxima umgibt sie die Sonne ziemlich gleichmäßig, die Minima sind durch starke und weitreichende Strahlen im Äquatorgürtel gekennzeichnet. Die Korona nimmt an der Sonnenrotation teil. *W. Kruse.*

Näheres s. Newcomb-Engelmann, Populäre Astronomie.

Koronaverluste s. Glimmverluste.

Koronium heißt das hypothetische Element, welches im Emissionsspektrum der Sonnenkorona die bisher auf der Erde nicht reproduzierte hellste Linie λ 5303 hervorruft (s. Korona). *W. Kruse.*

Korrasion. Eine Art der Erosion (s. diese), die darin besteht, daß durch die mechanische Arbeit der erosiven Agenzien, insbesondere durch die von ihnen mitgeführten Gesteinsbrocken gröbster bis feinster Art, kleine Partikelchen des noch anstehenden, festen Gesteins abgebrochen, abgeschliffen oder auf andere Weise aus dem Zusammenhange losgelöst und fortgeschafft werden. Die Korrasion tritt besonders intensiv bei starkem Gefälle von Wasser in Stromschnellen und bei Wasserfällen, sowie bei der Meeresbrandung auf. In Wüstengebieten entfaltet auch der Wind eine starke korradierende Tätigkeit (s. Winderosion). *O. Baschin.*

Korrektion und Fehler. Der Begriff Fehler hat in der Meßkunde vielfach recht arge Verwirrungen hervorgerufen, wenn nicht genügend beachtet wurde, daß ein Fehler notwendigerweise mit einem Vorzeichen behaftet ist. Ist ein Metermaßstab zu kurz, hat er also die Gleichung (s. den Artikel Längenmessungen):

$$A = 1\,m - a,$$

so ist +a der Fehler des Maßstabes, denn dieser Betrag fehlt dem Maßstab an seiner Soll-Länge. Benutzt man jetzt diesen Maßstab als Längennormal bei der Vergleichung mit einem noch unbekannten Maßstab, so findet man, weil man ja eine zu kleine Maßeinheit zugrunde legt, für den neuen Maßstab einen zu großen Wert, man muß also von dem Messungsresultat etwas abziehen und zwar, wie man leicht sieht, eben jenen Fehler +a, oder man muß den Fehler mit umgekehrten Vorzeichen, d. h. —a addieren. Dieser Vorzeichenwechsel des Fehlers hat oft zu falschen Überlegungen geführt, besonders dann, wenn die Verhältnisse weniger einfach liegen als beim Maßstabe.

Man hat deshalb in der Meßkunde den Begriff Fehler ganz fallen lassen und statt dessen den Begriff der Korrektion eingeführt. Korrektion wird allgemein als der Betrag definiert, den man algebraisch zu dem Nominalwert oder zu dem abgelesenen Wert addieren muß, um den wahren Wert zu erhalten. In diesem Sinne ist also gemäß obiger Gleichung —a die Korrektion des Meterstabes A, denn man muß —a zu dem Nominalwert 1 m des Stabes addieren, um den wahren Wert A zu erhalten. — Hat ein Thermometer in der Nähe des Teilstriches —20⁰ die Korrektion —0,2⁰, so entspricht einer Ablesung 20,1⁰ die wahre Temperatur 20,1 minus 0,2 = 19,9⁰. *Scheel.*

Korrespondenzprinzip s. Bohrsches Korrespondenzprinzip.

Korrespondierende Zustände s. Übereinstimmende Zustände.

Kosmische Absorption. Eine allgemeine oder teilweise Extinktion der Strahlung (speziell des Lichtes) im Weltraum würde unsere Anschauungen über die Leuchtkraft der Sterne, die Ausdehnung unseres Sternsystems und die Verteilung der Sterne in ihm bestimmend beeinflussen. Eine allgemeine Extinktion würde zum kleineren Teile durch Absorption, zum größeren durch Zerstreuung des Lichtes an kosmischen Staubkörpern oder Gasmolekülen verursacht werden. Unter welchen Bedingungen sich Gase niedriger Temperatur durch selektive Absorption bemerkbar machen könnten, ist noch nicht genügend bekannt; auch die selektive Absorption könnte durch Verfälschung der Spektren störend wirken.

Die Zerstreuung bewirkt nicht nur eine allgemeine Schwächung des Lichtes, sondern zugleich eine Änderung der Farbe. Die kürzeren Wellenlängen erfahren eine stärkere Zerstreuung als die längeren, so daß beim Vorhandensein einer kosmischen Zerstreuung entfernte Sterne uns röter erscheinen müßten als nahe, wenn sie an sich in derselben Farbe leuchten (im Durchschnitt: denselben Spektraltypus haben). Als äußerste Konsequenz wäre zu erwarten, daß in sehr großen Entfernungen weiße Sterne überhaupt nicht vorkommen, weil die violette und blaue Strahlung auf dem langen Wege vollständig absorbiert wird. Es hat sich jedoch bei der Untersuchung der kugelförmigen Sternhaufen gezeigt, daß es selbst in Entfernungen von 200 000 Lichtjahren (rund $2 \cdot 10^{18}$ km) weiße Sterne gibt. Mit einer Absorption wäre auch eine Dispersion, d. h. verschiedene Geschwindigkeit der Strahlen verschiedener Wellenlänge verbunden. Alle momentanen Ereignisse im Weltraum würden uns also im langwelligen Lichte früher bekannt werden als im kurzwelligen. Eine Prüfung der Phasen der kurzperiodisch veränderlichen Sterne im Kugelhaufen Messier 5 (Entfernung 40 000 Lichtjahre = $4 \cdot 10^{17}$ km) durch Aufnahmen im Lichte der Wellenlängen 0,55 μ bzw. 0,45 μ hat gezeigt, daß es ganz unwahrscheinlich ist, daß die Geschwindigkeitsdifferenz dieser Strahlen mehr als 5 cm/sec. beträgt.

Es kann nach diesen Untersuchungen als sicher angesehen werden, daß eine allgemeine kosmische Extinktion von merklichem Betrage nicht vorhanden ist. Eine teilweise oder gänzliche Verdeckung begrenzter Stellen des Himmels durch dunkle Gas- oder Staubwolken (dunkle Nebel) ist jedoch mehrfach beobachtet worden. *W. Kruse.*

Näheres s. Newcomb-Engelmann, Populäre Astronomie.

Kosmischer Staub. Neben den Ablagerungen der aus irdischen Stoffen zusammengesetzten Sedimentgesteine (s. Geologie) gelangen aus dem Weltenraume Bestandteile anderer Weltkörper auf die Erde, von denen die Meteoriten die bekanntesten sind. In weit ausgedehnterem Maße jedoch macht sich der aus kleinsten Partikelchen bestehende, meist stark eisenhaltige kosmische Staub bemerkbar, den man auch in Tiefseeablagerungen nachgewiesen hat. Bei vielen ausgedehnten Staubfällen (s. diese) jedoch, denen man einen kosmischen Ursprung zuschrieb, hat sich bei näherer Untersuchung herausgestellt, daß der Niederschlag aus Wüstenstaub oder vulkanischer Asche bestand. *O. Baschin.*

Kosmogonie. Über die Entwickelung des gesamten Fixsternsystems sind bisher plausible Hypothesen noch nicht aufgestellt und durchgearbeitet worden. Die von Kant und Laplace aufgestellten und von anderen durchgerechneten Nebularhypothesen beziehen sich im wesentlichen auf das Sonnensystem und ähnliche Gebilde. Das Sonnensystem soll ursprünglich ein langsam rotierender Gasball gewesen sein, der bis über die Neptunsbahn hinausreichte. Infolge der Kontraktion durch Abkühlung beschleunigte er seine Rotation und es lösten sich von Zeit zu Zeit am Äquator Ringe ab, die zerrissen und sich zu Planeten zusammenballen. Veranlaßt wurden die beiden Forscher zu ihrer Ansicht durch den übereinstimmenden Drehsinn der damals bekannten Planeten und Trabanten und ihre nahe übereinstimmende Bahnebene. (Die Trabanten von Uranus und Neptun sind rückläufig.) Die Hauptschwierigkeit, die viel zu langsame Rotation der Sonne läßt sich dadurch beseitigen, daß man annimmt, schon damals sei die Hauptmasse des Nebels im Zentrum vereinigt gewesen und es habe sich nur etwa so viel Masse außerhalb der Merkursbahn befunden, als jetzt die Gesamtmasse der Planeten und Trabanten ausmacht.

Doch haben Poincaré, Darwin, Schwarzschild und Jeans gezeigt, daß eine rotierende homogene Masse keineswegs am Äquator einen Ring abwirft, sondern zunächst aus dem abgeplatteten Ellipsoid in ein verlängertes, dreiachsiges, dann in eine Birnfigur übergeht und daß schließlich eine direkte Zweiteilung eintritt, wo das Massenverhältnis nie weit von der Einheit verschieden ist. Abgesehen von dem exzeptionellen Verhältnis Mond : Erde = 1 : 80 ist das größte im Sonnensystem Jupiter : Sonne = 1 : 1000. Hierin unterscheidet sich das Sonnensystem grundlegend von den vielen Doppelsternwelten, wo das Massenverhältnis im allgemeinen 1 : 3 nicht übersteigt, oftmals genau 1 : 1 ist.

Wenn auch die Nebularhypothese noch viele Mängel hat, vor allem der Rückläufigkeit der Uranus- und Neptunstrabanten keine Rechnung trägt, so ist sie doch die einzige, die vorerst ein Bild von der Entwickelung von Sternsystemen geben kann.

In einem neuerschienenen Buche von Jeans: Problems of Cosmogony and Stellar Dynamics. Cambridge 1919, das auch nach Ansicht des Verfassers mehr Anregung zu weiteren Untersuchungen als ein abschließendes Urteil geben soll, finden sich mathematische Betrachtungen über rotierende Gasmassen mit verdichtetem Kern (adiabatisch geschichtete Gase). Hier soll, wenigstens bei sehr geringer Dichte, das rotierende, abgeplattete Mac Laurinsche Ellipsoid bei Kontraktion zunächst in eine linsenförmige Figur mit scharfer Kante am Äquator übergehen; an dieser Kante wird dann Materie in Strömen ausgestoßen. Diese ballt sich ziemlich regellos zu einzelnen Sternen zusammen, ein Bild, wie wir es in den Spiralnebeln und vielleicht auch in unserem Milchstraßensystem vor uns haben.

Die Entstehung des Sonnensystems denkt sich Jeans derart, daß der noch bis etwa zur Neptunsbahn ausgedehnte Sonnenball durch nahen Vorübergang eines anderen großen Weltkörpers derart gestört wurde, daß sich kleinere Massen (die Planeten) abspalten konnten.

Weiter fortgeschritten ist die Theorie der Entwickelung einzelner Sterne. Lane und Ritter zeigten, daß ein glühender Gasball, der durch Ausstrahlung Wärme verliert, sich so weit kontrahieren muß, um wieder ins Gleichgewicht zu kommen, daß er heißer ist als ursprünglich. Solange er nicht auf Dichten kommt, wo die Gesetze der idealen Gase keine Geltung mehr haben, nimmt seine Temperatur zu, alsdann tritt mit Ausstrahlung wieder Abkühlung ein. Ein Stern durchläuft demnach die Temperatur- und Spektralreihe zweimal, das erstemal mit zunehmender, nachher mit abnehmender Temperatur. Je größer die Masse eines Sternes, desto höher seine Maximaltemperatur. Der erste Ast heißt Giganten-, der zweite Zwergstadium der Sterne. Die prinzipielle Zweiteilung der Sterne in diese beiden Stadien ist durch die Beobachtungen sichergestellt. Die Sonne ist ein Zwergstern, ihre Dichte ist größer als die des Wassers. Eddington hat in die Gleichung der Gaskugeln den Strahlungsdruck eingeführt, indem er in der Gleichung für ideale Gase $p = \dfrac{RT}{v}$ ein Zusatzglied $\gamma\, T^4$ hinzufügte, das bei den hohen Temperaturen im Sterninneren allein maßgebend ist. Nach Eddington ist die Dauer des Gigantenstadiums nur einige hunderttausend Jahre. wenn man nicht unbekannte Energiequellen annimmt (Radium?). Während der Dauer des Gigantenstadiums ist die absolute Helligkeit konstant. Im Zwergstadium, das etwa 20 Millionen Jahre dauern kann, nimmt die Leuchtkraft rasch und stetig ab. Es kann als sicher gelten, daß diese Zeitdauern durch unbekannte Energiequellen erheblich verlängert werden. *Bottlinger.*

Näheres s. Newcomb Engelmann, Populäre Astronomie und Emden, Gaskugeln.

Kovolumen. Während bei einem idealen Gas (s. d.) der Druck bei konstanter Temperatur und auch die Temperatur bei konstantem Druck proportional der Größe des Gasvolumens v ist, muß man bei wirklichen Gasen von dem Volumen v einen gewissen Betrag b in Abzug bringen, um ähnlich einfache Verhältnisse zu erzielen. Nach van der Waals (s. Zustandsgleichung) ist die Größe b konstant, und zwar gleich dem 4fachen Volumen der Moleküle. Er bezeichnet b als Kernvolumen. Später ist statt dessen von anderen Forschern der Name Kovolumen eingeführt, der jetzt fast allgemein gebräuchlich ist. Für genaue Berechnungen ist b nicht als konstant anzusehen, doch ist die Art seiner Abhängigkeit von Druck und Temperatur nicht eindeutig festzustellen, da in der Zustandsgleichung noch eine zweite unbekannte Größe, die von den Kohäsionskräften herrührt, auftritt.

In der Clausiusschen Zustandsgleichung $p = \dfrac{RT}{v - \alpha} - \dfrac{K}{Tn}\,\dfrac{1}{(v + \beta)^2}$ werden die beiden Größen α und β, die subtraktiv bzw. additiv zum spezifischen Volumen hinzutreten, Kovolumina genannt. *Henning.*

Kräftefunktion s. Konservativ.

Kräftereduktion. 1. Allgemeines. Hebelgesetz und Gesetz der schiefen Ebene haben den Weg gewiesen, wie ein allgemeines Kräftesystem auf ein spezielles reduziert werden kann. Das erste lehrt: Das reduzierte System muß für einen beliebigen Bezugspunkt gleiches vektorielles Moment (s. dieses) wie das gegebene haben. Das zweite: Die Resultante eines Kräftesystems ist nach Größe und Richtung die geometrische Summe (s. Vektor) der Kräfte. Verschwinden von Resultante und Moment ist Gleichgewichtsbedingung. Drei Kräfte sind hiernach im Gleichgewicht, wenn sie ein geschlossenes Dreieck bilden und ihre Angriffslinien einen gemeinsamen Punkt haben. Die Ersatzkraft der Kräfte ist folglich als Diagonale des Kräfteparallelogramms zu ermitteln. Sind mehr Kräfte vorhanden, so kann im ebenen Falle durch sukzessive Anwendung dieses Verfahrens die Ersatzkraft gefunden werden. Wenn die Kräfte parallel sind (oder praktisch auch, wenn sie spitzen Schnitt haben), muß man zwei sich gegenseitig aufhebende Hilfskräfte zufügen und wird so zur technisch wichtigen Konstruktion des Seilpolygons geführt. Da im Raum die Kräfte windschief zueinander sein können, kann im allgemeinen nicht auf eine Ersatzkraft, sondern nur auf eine Resultante und ein resultierendes Moment (welch letzteres von der angenommenen Lage der Resultante abhängig ist), reduziert werden.

2. Spezielle Kräftereduktionen. In der Ebene: Von technischer Wichtigkeit (für die Fachwerksberechnung) ist die Zerlegung des Kräftesystems in drei Kräfte mit vorgegebenen Angriffslinien, die keinen gemeinsamen Punkt haben (Ritter).

Im Raum: a) Entsprechend in 6 Kräfte mit vorgegebenen Angriffslinien.

Sie müssen der Bedingung unterworfen sein, daß es keine gemeinsame Schnittgerade der 6 Geraden geben darf, da andernfalls das Moment des reduzierten Systems um diese Gerade verschwinden würde. Damit ist der Fall ausgeschlossen, daß mehr als 3 der Geraden durch einen Punkt gehen, bzw. in einer Ebene liegen, oder daß die Geraden in 2 Tripel von je durch einen Punkt gehenden, bzw. in einer Ebene liegenden zerfallen. Wohl aber können 3 durch einen Punkt gehen, 3 andere in einer Ebene liegen.

b) Zerlegung in zwei Kräfte mit windschiefen Angriffslinien (Kraftkreuz), denen 4 Bedingungen solcher Art auferlegt werden können, daß dadurch die Resultante und das Moment des Kräftesystems nicht beschränkt wird.

Nach Möbius kann z. B. für die eine Angriffslinie die Richtung, für die andere eine auf dieser senkrechte Ebene vorgesehen werden und man erhält dann den Spezialfall des rechtwinkligen Kraftkreuzes. Allgemeiner kann für eine der Geraden ein Punkt, für die andere eine (den Punkt nicht enthaltende) Ebene vorgesehen werden, nicht etwa aber für jede der Geraden ein Punkt oder eine Ebene. Oder es kann die eine der beiden Angriffslinien beliebig (spezielle Lagen ausgenommen) vorgeschrieben werden.

c) Von mehr prinzipieller Bedeutung ist die Reduktion auf die Kraftschraube: Da die Parallelverschiebung der Resultante das Hinzukommen eines Moments mit zur Resultanten senkrechter Achse bewirkt, kann die Resultante so gelegt werden, daß die zu ihr senkrechte Komponente des Moments verschwindet, also die Momentachse ihr parallel wird. Das System wirkt dann wie ein Schraubenzieher. _F. Noether._

Näheres s. Enzyklopädie der math. Wissensch. Bd. IV, Art. 2 (Timerding).

Kraftfluß. Unter Kraftfluß versteht man die Anzahl der durch die Flächeneinheit senkrecht hindurchtretenden Kraftlinien. S. auch Induktionsfluß. _R. Jaeger._

Kraftkreuz- -polygon- -schraube s. Kräftereduktion.

Kraftlinien s. elektrostatisches Feld und Induktionsfluß.

Kraftlinien, magnetische s. Feld. magnetisches.

Kraftliniendichte (Feldstärke) bezeichnet die Anzahl der Kraftlinien je Quadratzentimeter, also bei gleichmäßiger Verteilung der Kraftlinien den Quotient aus dem gesamten Kraftlinienfluß durch den Querschnitt in Quadratzentimeter (beispiels

weise zwischen den Polen eines Magnets usw.). Bei ungleichmäßiger Verteilung ändert sich natürlich auch die Dichte von Punkt zu Punkt.
Gumlich.

Kratzen des Violinbogens s. Saitenschwingungen.

Kreis, magnetischer. — Eine gleichmäßige Magnetisierung findet man, außer im Ellipsoid, nur noch in einem mit Magnetisierungswickelung umgebenen, im Verhältnis zum Durchmesser sehr schmalen Ring, also in einem idealen magnetischen Kreis, während die Magnetisierung eines Stabes in einer Spule um so ungleichmäßiger wird, je kleiner das Verhältnis von Länge zum Querschnitt ist; die durch die Mitte des Stabes gehenden Induktionslinien erreichen zum großen Teil nicht das Ende des Stabes, sondern treten bereits vorher seitlich aus. Da diese Streuung namentlich auch bei der Feststellung der magnetischen Eigenschaften außerordentlich störend ist, sucht man sie dadurch zu vermeiden, daß man den Stab zu einem magnetischen Kreis ergänzt, d. h. ihn durch ein Joch (s. dort) schließt, welches den Kraftlinien einen möglichst geringen magnetischen Widerstand entgegensetzt und sie dadurch veranlaßt, wenigstens zum größten Teil innerhalb des Stabes zu bleiben. In entsprechender Weise wird auch der Hufeisenmagnet oder die Dynamomaschine durch den Anker zu einem magnetischen Kreis ergänzt; der Kraftlinienfluß, der sonst von einem Schenkel zum anderen in Form von Streulinien durch die Luft übergeht, nimmt nun den Weg durch den Anker und zieht ihn dabei an.

In einem magnetischen Kreis läßt sich auch der Induktionsfluß Φ nach Hopkinson leicht berechnen; er ist nämlich gleich $0,4\,\pi\,NJ/R$, wobei N die Anzahl sämtlicher Windungen, J die Stromstärke in Ampere, NJ also die sog. Durchflutung und R den gesamten magnetischen Widerstand (s. auch dort) bezeichnet (sog. Ohmsches Gesetz). Hierbei braucht der Kreis nicht aus Material derselben Art zusammengesetzt zu sein, es können sogar, wie bei der Dynamomaschine, den Transformatoren usw. schmale Luftspalte eingeschaltet sein. Umgekehrt gibt die obige Gleichung auch die Möglichkeit, die Anzahl von Amperewindungen zu berechnen, welche notwendig ist, um einen bestimmten Induktionsfluß durch den magnetischen Kreis zu treiben und zu ermitteln, wie sich diese magnetomotorische Kraft auf die einzelnen Teile des Kreises verteilt. Wegen der unvermeidlichen Streuung bei einem derartigen ungleichmäßigen Kreis gilt allerdings die Hopkinsonsche Regel nur angenähert. _Gumlich._

Kreisel. 1. Begriffsbestimmung und Einteilung. Das Wort Kreisel wird in sehr verschiedenen Bedeutungen benützt. Während man dabei im gewöhnlichen Leben in der Regel an einen rasch um eine Symmetrieachse umlaufenden Körper denkt, der mit einer Spitze auf einer Ebene tanzt, so versteht man in der theoretischen Mechanik unter einem _Kreisel_ einen beliebig gestalteten starren Körper, der sich irgendwie (nicht notwendig schnell) um einen festen oder wenigstens festgehalten gedachten Punkt unter der Einwirkung irgendwelcher äußeren Kräfte drehen kann. In diesem Sinne ist die Kreiseltheorie nichts anderes als die explizite Theorie des Satzes vom Drehimpuls $\mathfrak{M} = d\mathfrak{S}/dt$ (s. Impulssätze). Zum Unterschied hievon nennt man den auf einer (wagerechten) Ebene tanzenden Kreisel einen _Spielkreisel_ (F. Klein und A. Sommerfeld).

Als *Kreisel* haben zu gelten: die um einen festen Stützpunkt freischwingenden Körper (ebenes und Raumpendel einschließlich Kegelpendel), alle Schwungräder und Radsätze, die rotierenden Himmelskörper, die um ihren Kern umlaufenden Elektronenringe, die geworfenen Körper, und zwar je für einen die Schwerpunktsbewegung mitmachenden Beobachter.

Man teilt die Kreisel einerseits nach der Form ihres auf den Stützpunkt bezogenen Trägheitsellipsoides (s. Trägheitsmoment) ein. Ist dieses dreiachsig, so heißt der Kreisel ein *unsymmetrischer*, ist es rotationssymmetrisch, so heißt er ein *symmetrischer*, ist es kugelförmig, so heißt er ein *Kugelkreisel*. Die axiale bzw. kugelige Symmetrie braucht dabei keineswegs geometrisch zu sein; es gibt sehr allgemeine Massenverteilungen, deren Trägheitsellipsoid in bezug auf den Stützpunkt axial- bzw. kugelsymmetrisch ist; man spricht dann wohl von *dynamischer* Symmetrie. Der symmetrische Kreisel heißt *gestreckt* oder *abgeplattet*, je nachdem sein Trägheitsellipsoid gestreckt oder abgeplattet ist. Dessen Symmetrieachse heißt die *Figurenachse* des Kreisels, die darauf senkrechte Stützpunktsebene die *Äquatorebene*. Ist der Kreisel auch seiner Massenverteilung nach symmetrisch und in bezug auf den Schwerpunkt als Stützpunkt ein abgeplatteter, so gibt es auf der Figurenachse zu beiden Seiten des Schwerpunkts allemal zwei Punkte, in bezug auf welche als Stützpunkte der Kreisel ein (dynamischer) Kugelkreisel wird; die Abstände dieser Punkte vom Schwerpunkt sind

$$s = \sqrt{\frac{A-B}{m}},$$

wenn m die Masse, A das sog. axiale (d. h. auf die Figurenachse bezogene) Trägheitsmoment, B aber das äquatoriale (d. h. auf eine Äquatorachse bezogene) Trägheitsmoment bedeuten. Häufig vergleicht man zwei symmetrische Kreisel von gleichem äquatorialem Trägheitsmoment (aber möglicherweise verschiedenen axialen Trägheitsmomenten) und gleichem Drehimpuls $\mathfrak{S}$ (s. Impuls) miteinander und nennt sie *homolog*.

2. Die beiden Hauptaufgaben. Die Kreiseltheorie befaßt sich mit der Beantwortung zweier Fragestellungen.

a) Erste Fragestellung: Welches Drehmoment $\mathfrak{M}$ ist nötig, um einen Kreisel in vorgeschriebener Weise zu bewegen? Diese Frage läßt sich vollständig beantworten. Man hat nämlich auf Grund des Satzes vom Drehimpuls lediglich die Änderungsgeschwindigkeit $d\mathfrak{S}/dt$ des Drehimpulsvektors $\mathfrak{S}$ zu verfolgen; diese gibt dann der Größe, der Achse und dem Drehsinne nach das gesuchte Moment $\mathfrak{M}$ an. Beim Kugelkreisel fallen zufolge seiner dynamischen Isotropie die augenblickliche Drehachse und die augenblickliche Drehimpulsachse stets zusammen. Faßt man die Winkelgeschwindigkeit ω als axialen Vektor $\mathfrak{o}$ auf (d. h. als eine in die Drehachse fallende Strecke von der Länge ω und solchem Richtungssinne, daß zusammen mit dem Drehsinn eine Rechtsschraube markiert wird), und ist B das Trägheitsmoment, so ist der axiale Vektor des gesuchten Momentes

$$\mathfrak{M}_0 = B\frac{d\mathfrak{o}}{dt} = B\,\mathfrak{e},$$

wo der Vektor $\mathfrak{e}$ die Winkelbeschleunigung, d. h. der Richtung und Größe nach die Geschwindigkeit

bedeutet, mit welcher der Endpunkt des Vektors $\mathfrak{o}$ wandert. Bei einem zu diesem Kugelkreisel homologen symmetrischen Kreisel läßt sich das erforderliche Moment $\mathfrak{M}$ aus $\mathfrak{M}_0$ ohne Schwierigkeit berechnen. Man findet beispielsweise für den besonders wichtigen Fall, daß die vorgeschriebene Bewegung eine *erzwungene reguläre Präzession* (s. d.) mit den Parametern μ, ν, ϑ ist, für den absoluten Betrag M des gesuchten Momentes

$$M = \mu \sin\vartheta\,[A\nu + (A-B)\,\mu\cos\vartheta].$$

Die Richtung des axialen Vektors $\mathfrak{M}$ ist senkrecht auf der Ebene, die durch die Präzessionsachse (μ) und durch die Figurenachse (Achse der Eigendrehung ν) gelegt werden kann; und der Vektor $\mathfrak{M}$ besitzt den Drehsinn, der den axialen Vektor der Präzessionsdrehung μ auf kürzestem Wege mit dem axialen Vektor der Eigendrehung ν der Richtung nach zur Deckung brächte. Man nennt die Richtung des Vektors $\mathfrak{M}$ die *Knotenachse*; diese läuft mit der regulären Präzession um. Das Moment $\mathfrak{M}$ sucht demnach, soweit sein absoluter Betrag positiv ist, den Erzeugungswinkel ϑ der regulären Präzession zu vergrößern. Das scheinbar Unnatürliche besteht nun darin, daß der Kreisel diesem Zwang nicht einfach nachgibt, wie er es im Ruhezustande täte, sondern senkrecht dazu ausweicht. In Wirklichkeit jedoch zeigt sich sein durchaus vernünftiges Verhalten in dem Bestreben, seine Eigendrehung ν, wie man seit L. Foucault zu sagen pflegt, in *gleichstimmigen Parallelismus* mit dem Moment $\mathfrak{M}$ zu bringen, indem sich seine Figurenachse alsbald gegen die Knotenachse zu neigen beginnt. Sie kommt ihr nur deswegen nicht näher, weil sich das Moment $\mathfrak{M}$ selbst inzwischen im gleichen Sinne weitergedreht haben muß. Es ist wichtig, zu beachten, daß ein nur mit einer Eigendrehung ν begabter Kreisel durch das Moment $\mathfrak{M}$ allein noch keineswegs zu einer regulären Präzession veranlaßt wird, ebensowenig, wie ein Massenpunkt durch eine Zentralkraft allein noch nicht zu einer Kreisbewegung gezwungen wird, wenn er nicht noch einen ganz bestimmten tangentialen Impuls mitbekommt. So ist denn auch zur Einleitung der regulären Präzession ein zusätzlicher Drehimpuls erforderlich, der in die Figurenachse und in die zur Knotenachse senkrechte, der Äquatorebene angehörende *Querachse* die Komponenten $A\mu\cos\vartheta$ und $A\mu\sin\vartheta$ wirft; die Querachse soll dabei durch eine Drehung um 90^0 im Sinne der Eigendrehung ν aus der Knotenachse hervorgehen. Dann aber unterhält das Moment $\mathfrak{M}$ die reguläre Präzession und zwar ohne Arbeitsleistung, also ohne den Energieinhalt des Kreisels zu ändern.

Auch beim unsymmetrischen Kreisel läßt sich das Moment $\mathfrak{M}$ stets ausrechnen, welches zu einer erzwungenen Bewegung gehört. Ist diese insbesondere wieder eine erzwungene reguläre Präzession, wobei irgend eine Hauptachse die Rolle der „Figurenachse" spielt, die darauf senkrechte Stützpunktsebene die Rolle der „Äquatorebene", so besitzt $\mathfrak{M}$ eine Komponente M' in der Knotenachse, eine zweite M'' in der Querachse und eine dritte M''' in der „Figurenachse", und zwar findet man

$$M' = M_1 + M_2\cos 2\varphi,$$
$$M'' = M_2\sin 2\varphi,$$
$$M''' = M_3\sin 2\varphi.$$

Hiebei ist zur Abkürzung gesetzt

$$M_1 = \mu\sin\vartheta\left[A\nu + \left(A - \frac{B+C}{2}\right)\mu\cos\vartheta\right],$$

$$M_2 = \frac{1}{2}(B - C)(\mu \cos\vartheta + 2\nu)\,\mu \sin\vartheta,$$

$$M_3 = \frac{1}{2}(C - B)\,\mu^2 \sin^2\vartheta,$$

und es bedeuten A, B, C die Trägheitsmomente um die Figurenachse und um die beiden anderen („äquatorialen") Hauptachsen, φ den festen Winkel der B- bzw. C-Achse gegen die Knoten- bzw. Querachse, positiv von den letzteren aus im Sinne der Eigendrehung ν gerechnet, und die Komponente M''' ist positiv gezählt in derjenigen Richtung, die mit der Eigendrehung eine Rechtsschraube bildet.

Nach dem Wechselwirkungsgesetz äußert sich die Massenträgheit des Kreisels gegenüber einer solchen erzwungenen regulären Präzession in einem Gegenmoment

$$\mathfrak{K} = -\mathfrak{M},$$

für welches die Namen *Kreiselmoment, Deviationsmoment, Gyralmoment* (manchmal auch, etwas ungenau, *Deviationskraft, Gyralkraft*) im Gebrauch sind. Der Begriff des Kreiselmomentes ist vom gleichen Range wie der Begriff der Fliehkraft eines Massenpunktes. Ebenso wie diese „Kraft" nicht an dem (etwa vermittels eines Fadens im Kreise geschwungenen) Massenpunkte angreift, sondern von ihm als Äußerung seiner Trägheit auf seine Umgebung (den Faden) ausgeübt wird, so bedeutet auch $\mathfrak{K}$ ein Moment, welches der Kreisel auf seine Umgebung ausübt, wenn diese ihn zu einer regulären Präzession μ zwingt. Dieses Moment $\mathfrak{K}$ ist es, welches man als „Störrigkeit" des Kreisels empfindet, wenn man seine Figurenachse irgendwie schwenkt. Gleichwie der im Kreise geschwungene Massenpunkt, wenn man nicht durch eine zentripetale Kraft für einen Ausgleich gegen die „Fliehkraft" sorgt, dieser Äußerung der Trägheit hemmungslos nachgibt (man stelle sich etwa vor, der Massenpunkt liege reibungslos in einer Röhre, die um einen festen Punkt gedreht wird), so gibt auch der Kreisel, wenn er ohne ein ausgleichendes Moment $\mathfrak{M}$ zu einer regulären Präzession gezwungen wird, sofort dem Kreiselmoment $\mathfrak{K}$ ungehemmt nach und sucht seine Figurenachse (ν) in die Achse der Zwangsdehnung (μ) einzustellen. (Zweite Fassung der *Regel vom gleichstimmigen Parallelismus.*)

Beim symmetrischen Kreisel setzt sich das Kreiselmoment $\mathfrak{K}$ zusammen aus zwei Teilen, nämlich dem *Kreiselmoment im engeren Sinne* vom Betrag

$$K_1' = A\,\mu\,\nu\,\sin\vartheta$$

(sog. *sphärischer* Teil, weil charakteristisch für den Kugelkreisel) und dem *Schleudermoment* vom Betrag

$$K_1'' = (A - B)\,\mu^2\,\sin\vartheta\cos\vartheta$$

(sog. *ellipsoidischer* Teil), der einfach das Moment der Fliehkräfte darstellt, welche durch die Drehung μ geweckt werden. Das Schleudermoment sucht die Figurenachse beim gestreckten Kreisel quer zur Präzessionsachse zu stellen, beim abgeplatteten dagegen in die Präzessionsachse hineinzuziehen. Wenn die Eigendrehgeschwindigkeit ν groß gegen die Zwangsdrehgeschwindigkeit μ ist, so heißt der Kreisel wohl auch ein *schneller*, und dann ist das Schleudermoment gegenüber dem Kreiselmoment im engeren Sinne klein, und für das ganze Kreiselmoment darf man jetzt angenähert schreiben

$$K = |\mathfrak{S}|\,\mu\,\sin\vartheta,$$

wo $|\mathfrak{S}|$ den Betrag des dem Kreisel mitgegebenen Drehimpulses bedeutet.

Beim unsymmetrischen Kreisel tritt in K_1'' der Ausdruck $\frac{1}{2}(B + C)$ an die Stelle von B, und es kommen noch drei weitere Teile hinzu, die mit der doppelten Frequenz der Eigendrehung ν pulsieren, nämlich die durch

$$K_1''' = -M_2 \cos 2\varphi, \quad K_2 = -M_2 \sin 2\varphi,$$

$$K_3 = -M_3 \sin 2\varphi$$

gegebenen in der Knotenachse, Querachse und „Figurenachse". Man kann daraus folgern, daß, ohne Eigendrehung um die „Figurenachse", die größere der beiden „äquatorialen" Hauptachsen bei einer Zwangsdrehung μ in der Knotenachse stabil, in der Querachse labil ist, und daß überhaupt ein um eine raumfeste Achse rotierender Körper immer das Bestreben hat, die Achse des größten Trägheitsmomentes in die Drehachse einzustellen.

b) Zweite Fragestellung: Wie bewegt sich ein Kreisel unter dem Einfluß eines beliebig vorgeschriebenen Drehmomentes $\mathfrak{M}$? Diese Frage läßt sich bis heute nicht allgemein beantworten. Die bis jetzt streng gelösten Fälle beziehen sich entweder auf besonders einfache Momente $\mathfrak{M}$ (insbesondere das Moment der Schwerkraft) oder auf besondere Massenverteilung oder auf besondere Anfangsbedingungen. Es sind im wesentlichen die folgenden:

α) Der *kräftefreie* Kreisel (d. h. ein reibungsfrei im Schwerpunkt gestützter starrer Körper) vollzieht stets eine Poinsotbewegung (s. d.). Besondere Unterfälle: reguläre Präzession (s. d.), falls der Kreisel außerdem symmetrisch ist; gleichförmige Drehung um eine Hauptträgheitsachse, und zwar stabil um die Achse des größten oder des kleinsten Hauptträgheitsmomentes, labil um die Achse des mittleren bzw. beim symmetrischen Kreisel, um die Äquatorachsen. Die stabilen Achsen heißen auch *freie* oder *permanente* Achsen. Unter dem Einfluß der Lager- und Luftreibung ist beim symmetrischen Kreisel die Figurenachse nur noch dann eine freie Achse, falls er abgeplattet ist.

β) Der *schwere symmetrische* Kreisel (d. h. ein reibungsfrei gestützter Körper, der in bezug auf den Stützpunkt ein symmetrischer Kreisel ist, dessen Figurenachse den Schwerpunkt trägt) vollzieht eine Bewegung, deren analytische Darstellung (und zwar durch elliptische Funktionen) bekannt ist, und die sich qualitativ wie folgt beschreiben läßt: Die Figurenachse schwankt periodisch zwischen zwei um die Lotlinie beschriebenen Kreiskegelmänteln hin und her, und außerdem dreht sich der Körper um die Figurenachse mit einer ebenfalls periodisch schwankenden Geschwindigkeit. Homologe Kreisel unterscheiden sich lediglich durch eine additive Konstante in der Eigendrehgeschwindigkeit. Besondere Fälle: reguläre Präzession (s. d.) um die Lotlinie, falls die Anfangsbedingungen geeignet gewählt sind; pseudoreguläre Präzession (s. d.), falls der Kreisel eine sehr große Eigendrehgeschwindigkeit hat (sog. *schneller* Kreisel).

γ) Der *symmetrische Spielkreisel* vollzieht qualitativ ganz ähnliche Bewegungen wie der schwere symmetrische Kreisel, wenn man von der Reibung absieht. In der Projektion auf die wagerechte Ebene haben Schwerpunkt und Stützpunkt jetzt ihre Rollen gegenüber dem gewöhnlichen Kreisel gerade vertauscht.

δ) Der *schwere unsymmetrische* Kreisel kann gleichförmige (permanente) Drehungen um gewisse lotrecht gestellte Achsen ausführen, die teils stabil, teils labil sind; er kann bei bestimmten Anfangsbedingungen einfache Pendelungen vollziehen, die für den Fall gewisser Einschränkungen über die Massenverteilung bekannt sind. Ferner vermag er um die stabilen permanenten Drehachsen Schwingungen zu beschreiben, die in erster Annäherung aus zwei elliptisch polarisierten Teilen bestehen; desgleichen bei rascher Eigendrehung um eine Hauptachse, welche nicht die mittlere sein darf, eine Art pseudoregulärer Präzession mit vier übereinandergelagerten Nutationen. Ermittelt sind weiterhin die allgemeinen Bewegungen für einige besondere, immer noch unsymmetrische Massenverteilungen, dann die Bewegungen des nahezu symmetrischen schweren Kreisels in erster Annäherung, sowie endlich einige Bewegungsformen mit verallgemeinertem Kraftgesetze. Die *allgemeine* Form der Bewegung des unsymmetrischen schweren Kreisels dagegen ist noch unbekannt. *R. Grammel.*

Die Literatur über den Kreisel ist zusammengestellt bei R. Grammel, Der Kreisel, seine Theorie und seine Anwendungen. Braunschweig 1920. Vgl. auch die Artikel Barygyroskop, Gyroskop, Gyrostat, Kreiselkompaß, Kreiselpendel, Kurvenkreisel, Poinsotbewegung, Präzession, Schiffskreisel, Stabilisierung (gyroskopische).

Hinsichtlich der experimentellen Seite sei namentlich auf die Kreisel von Maxwell (vgl. M. Winkelmann, Diss. Göttingen 1904) sowie von Prandtl (vgl. F. Pfeiffer, Z. f. Math. u. Phys. **60**, 337 (1912)) hingewiesen.

Kreiselkompaß. Wo (wie z. B. auf Kriegsschiffen) das magnetische Erdfeld starken und zudem zeitlich veränderlichen Störungen durch große Eisenmassen ausgesetzt ist, kann seine nordweisende Kraft für Kompaßzwecke trotz guter Kompensationsvorrichtungen unbrauchbar werden. Man hat hier mit großem Erfolg Kreisel und Kreiselaggregate zu Hilfe genommen, um ohne astronomische Beobachtung die Nordrichtung mit der für nautische Bedürfnisse erforderlichen Genauigkeit feststellen zu können. Die geographische Nordrichtung ist definiert als die Projektion des Vektors ω der Erddrehung auf die Horizontalebene. Die Stellung dieser Ebene ist auf unbeschleunigtem Fahrzeug jederzeit durch die alsdann wohlbekannte Lotlinie gegeben. Ein Kreisel, dessen Figurenachse (s. Kreisel) durch die Vermittlung der Schwerkraft genau oder wenigstens angenähert in die Horizontalebene gefesselt ist, wird — eben durch die Schwere — gezwungen, die wagerechte Komponente $\omega \cos \varphi$ (φ die geographische Breite = Polhöhe) der Erddrehung mitzumachen, und zeigt dann nach der Regel vom gleichstimmigen Parallelismus der Drehachsen (s. Kreisel) das Bestreben, sich in die Nordrichtung einzudrehen. Das nordweisende Drehmoment hat angenähert den Betrag $\mathfrak{S} \omega \cos \varphi \sin \psi$, wenn $\mathfrak{S}$ der Drehimpuls des Kreisels (s. Impuls) und ψ die azimutale Winkelentfernung der Figurenachse von der Nordrichtung ist. Der Gedanke, auf diese Weise einen Kreiselkompaß herzustellen, geht zurück auf Foucault, ist dann von vielen (so z. B. von Lord Kelvin) weiter verfolgt worden, hat aber erst in neuester Zeit eine in allen Teilen brauchbare Lösung gefunden. Die technischen und theoretischen Schwierigkeiten, die dabei zu überwinden waren, rühren einerseits her von der Kleinheit des nordweisenden Moments, andererseits von den Beschleunigungen des Aufstellungspunktes, der sich ja in der Regel auf einem bewegten Fahrzeug befindet.

Der *Einkreiselkompaß* von Anschütz-Kaempfe, der als die Grundlage der weiteren Entwicklungsstufen hier zuerst zu erwähnen ist, enthält als wesentlichsten Teil einen etwa 5 kg wiegenden Kreisel, welcher in einer (in der Figur unten geöff-

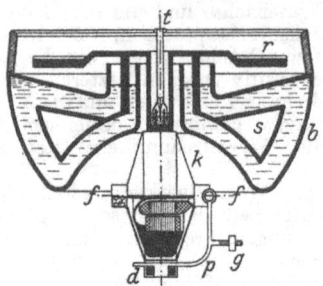

Anschützscher Einkreiselkompaß.

neten) Kapsel (k) gelagert ist und als Drehstrommotor auf 20000 minutliche Umdrehungen angetrieben wird. Die Kapsel ist an einem Schwimmer (s) befestigt, der die Kompaßrose (r) trägt und in einem mit Quecksilber gefüllten, in Kardanringen möglichst stoßfrei aufgehängten Becken (b) ruht. Die Zentrierung des Schwimmers und zugleich die Stromzuführung besorgt ein am Becken (b) angebrachter Stift (t). Der Schwerpunkt des schwimmenden Systems vom Gewicht G liegt um eine kleine Strecke a tiefer als der Zentrierungspunkt, so daß die Figurenachse (f) im Ruhezustand wagerecht zeigt. Außerdem sind Dämpfungsvorrichtungen vorhanden, welche jede Schwingung des schwimmenden Systems zu vernichten streben. Beispielsweise kann an der Kapsel ein Pendel p angehängt sein, dessen Stellung durch ein kleines Laufgewicht (g) sich so einstellen läßt, daß eine am Pendelende sitzende kleine Platte eine aus dem Kapselinnern wagerecht sich öffnende Düse (d) im Ruhezustande symmetrisch zur Hälfte deckt. Ist in der Nähe der Kapselachse eine weitere Öffnung in der Kapsel, so wird durch den umlaufenden Kreisel ein dauernder Luftstrom durch die zweite Öffnung eingesogen und durch die Düse ausgestoßen. Insofern, wie sogleich festzustellen ist, jede azimutale (um die Lotachse erfolgende) Schwingung des schwimmenden Systems von einer Elevationsschwingung um eine wagerechte Achse senkrecht zur Figurenachse begleitet wird, verschiebt sich die Düse gegen das Pendelplättchen; der austretende Luftstrahl besitzt ein Drehmoment um die Lotachse, und die Anordnung läßt sich so treffen, daß dieses Drehmoment der azimutalen Schwingung entgegenarbeitet. Das Pendel ist übrigens nicht sehr wesentlich und kann auch wegbleiben.

Wenn man von den geringfügigen Nutationen (s. Präzession) absieht, so stellt sich die Figurenachse, aus einem beliebigen Azimut ψ_1 gegen die Nordrichtung losgelassen, in solcher Weise ein, daß ihr nördlicher Endpunkt eine ganz flache, elliptische Spirale beschreibt, deren Pol das Azimut ψ_0 und die Elevation ϑ_0 besitzt, wo

$$(1) \qquad \psi_0 = \frac{D}{a\,G} \operatorname{tg} \varphi,$$

$$(2) \qquad \vartheta_0 = \frac{\mathfrak{S} \omega \sin \varphi}{a\,G}$$

ist, unter D eine Dämpfungskonstante verstanden, die mit dem logarithmischen Dekrement λ und der Schwingungsdauer t_0 zusammenhängt durch die Beziehung

$$\lambda = \frac{D\, t_0}{2\, \mathfrak{S}}.$$

Das logarithmische Dekrement kann bis auf den Wert 3 gesteigert werden, so daß der Ausschlag nach einer Vollschwingung auf den einundzwanzigsten Teil abgenommen hat. Die Schwingungsdauer

$$(3) \qquad t_0 = 2\,\pi \sqrt{\frac{\mathfrak{S}}{a\, G\, \omega \cos\varphi - \dfrac{D^2}{4\,\mathfrak{S}}}}$$

muß zur Verringerung der nachher zu besprechenden Fahrtfehler möglichst groß gewählt werden. Durch Steigerung des Drehimpulses $\mathfrak{S}$ ist man bis zu etwa $1\frac{1}{2}$ Stunden gekommen. Die Einstellung erfordert also unter Umständen mehrere Stunden. Die neben der geringfügigen Elevation ϑ_0 von wenigen Bogenminuten vorhandene Mißweisung ψ_0 des Kompasses nach vollendeter Einstellung ist von der geographischen Breite φ abhängig und kann anhand von beigegebenen Tafeln oder auch automatisch leicht ausgeglichen werden; sie beträgt unter Umständen mehrere Bogengrade.

Neben diesem unbedenklichen Einstellungsfehler ist der Kreiselkompaß Fahrtfehlern unterworfen. Jede westliche (östliche) Fahrtkomponente verkleinert (vergrößert) scheinbar die Erddrehgeschwindigkeit ω und damit die Richtkraft des Kompasses; jede nördliche (südliche) Fahrtkomponente v verlagert die Erdachse (genauer den Vektor ω) scheinbar um einen kleinen Winkel nach Westen (Osten) und bedingt so eine kleine westliche (östliche) Mißweisung ψ', wo mit dem Erdhalbmesser R

$$\operatorname{tg} \psi' = \frac{v}{R\, \omega \cos\varphi}$$

ist; sie kann ebenfalls einige Bogengrade betragen, aber gleichfalls tabellarisch ausgeglichen werden. Die westlichen oder östlichen Schiffsbeschleunigungen sind ohne Einfluß auf die Nordweisung. Die nördlichen (südlichen) Beschleunigungen geben Veranlassung zu einem ballistischen Ausschlag; dessen Betrag stimmt genau mit der Vergrößerung der Mißweisung ψ' überein, die dem Geschwindigkeitszuwachs der Fahrt zugeordnet ist, wenn, wie zuerst M. Schuler erkannt hat, die Schwingungsdauer

$$t_0' = 2\,\pi \sqrt{\frac{\mathfrak{S}}{a\, G\, \omega \cos\varphi}}$$

des ungedämpften Schwimmersystems mit derjenigen eines mathematischen Pendels sich deckt, dessen Länge gleich dem Erdhalbmesser ist. Sie beträgt 83,7 min.

Dem bis dahin gediehenen Einkreiselkompaß, welcher befriedigend genau zu sein schien, ist in den Schlingerbewegungen des Schiffes ein Widersacher erwachsen, dessen Überwindung einen außerordentlichen Erfolg der Theorie bedeutete. Das schwimmende System verhält sich hinsichtlich seiner Schwingungen um die zur Figurenachse parallele (oder nahezu parallele) Nordsüdachse wie ein gewöhnliches Pendel von wenigen Sekunden Schwingungsdauer, hinsichtlich der Schwingungen um die Ostwestachse jedoch im wesentlichen wie ein Pendel von der ungeheuer

großen Schwingungsdauer t_0'. Setzt man den Aufhängepunkt eines solchen Systems erzwungenen Schwingungen in anderer als nordsüdlicher oder ostwestlicher Richtung aus, so tritt, wie die Theorie zeigt, ein dynamisch nicht ausgeglichenes Drehmoment um die Lotachse auf; und dieses vermag das schwache nordweisende Moment des Kompasses völlig zu übertönen. Abhilfe ist dadurch gelungen, daß man auch die Dauer der Schwingungen um die Figurenachse auf die Größenordnung von t_0' steigerte, indem weitere Kreisel, mindestens einer, zweckmäßigerweise jedoch zwei hinzugenommen wurden.

So entstand der Anschützsche *Dreikreiselkompaß*. (Die Figur zeigt schematisch die Anordnung der

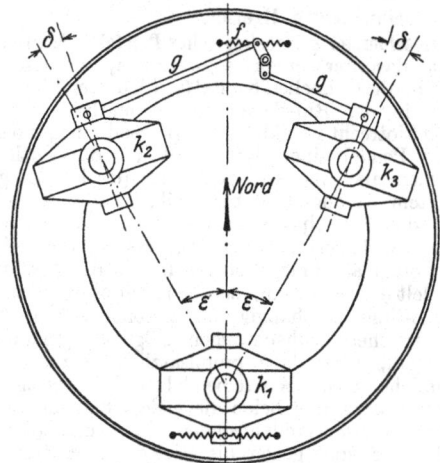

Anschützscher Dreikreiselkompaß.

Kreisel am Schwimmersystem im Grundriß.) Neben einem nordweisenden Hauptkreisel (k_1) sind zwei Nebenkreisel (k_2, k_3) an den Schwimmer gehängt; alle drei Kreisel laufen, von Süden gesehen, im Uhrzeigersinne um. Der Hauptkreisel ist mit einer kleinen, durch starke Federn gebändigten Drehfreiheit gegen den Schwimmer ausgestattet; die Nebenkreisel sind durch ein Gestänge (g) so geführt, daß ihre Figurenachsen mit der Nordachse des Schwimmers entgegengesetzt gleiche Winkel bilden müssen; eine Feder (f) sucht diese Winkel auf einem festen Betrag $\varepsilon = 30^0$ zu halten. Bei jeder Schwingung des Systems um die Nordsüdachse werden zufolge bekannter Kreiselwirkungen azimutale Drehungen δ der Nebenkreisel erzeugt. Die hiebei geweckten Kreiselmomente verlangsamen jene Schwingungen in der erforderlichen Weise, so daß das Schwimmersystem nun nicht nur um die Nordsüdachse, sondern auch um die Ostwestachse mit einem scheinbaren — nämlich dynamisch begründeten — Trägheitsmoment behaftet ist, welches ein Vieltausendfaches der tatsächlichen (statischen) Trägheitsmomente ausmacht.

Ein merklicher Schlingerfehler ist jetzt nicht mehr vorhanden. Und überhaupt wird bei den neuesten Bauarten jede Art von Störung weiterhin dadurch herabgemindert, daß einerseits auch das ganze Kardangehänge wenigstens gegen die Schlingerbewegungen noch durch einen vierten Kreisel gestützt wird, und daß man den ganzen Kompaß an einer möglichst geschützten Stelle im Schiffsinnern unterbringt. Die Anzeige dieses

Mutterkompasses wird dann durch elektrische Koppelung auf beliebig viele Tochterrosen übertragen, die über das ganze Schiff verteilt sein können, neuerdings sogar auf einen automatischen Koppeltisch, der den ganzen Schiffskurs aufzeichnet.

Außer dem Anschützschen Kreiselkompaß gibt es noch einige andere, die auf ähnlichen Grundsätzen beruhen, aber im einzelnen starke Abweichungen zeigen; es seien erwähnt die Apparate von Sperry, Ach und Martienssen. Über ihre praktische Bewährung ist wenig bekannt.

R. Grammel.

Näheres s. R. Grammel, Der Kreisel, seine Theorie und seine Anwendungen. Braunschweig 1920, § 19 und S. 344.

Kreiselmoment s. Kreisel.

Kreiselpendel (Gyroskopisches Pendel). Man versteht darunter einen schweren symmetrischen und überdies schnellen Kreisel (s. d.), dessen Figurenachse in der Ruhelage wie ein mathematisches Pendel lotrecht herabhängt. Während ein gewöhnliches Pendel einen Kreiskegel um die Lotlinie lediglich als singuläre Bewegung (d. h. bei geeignetem Anfangsstoß) beschreiben kann, so vollzieht das Kreiselpendel als schneller Kreisel, aus einer beliebigen Stellung losgelassen, stets eine pseudoreguläre Präzession (s. d.) um die Lotlinie. Handelt es sich darum, auf einem bewegten System die Lotlinie unabhängig von astronomischen oder terrestrischen Beobachtungen möglichst genau zu ermitteln, so ist dazu grundsätzlich zwar das gewöhnliche und das Kreiselpendel gleich gut geeignet, vorausgesetzt, daß beide die gleiche Schwingungsbzw. Präzessionsumlaufsdauer haben, die auf alle Fälle sehr groß gegen die Periode aller Systembeschleunigungen sein muß. Aber es ist klar, daß das Ziel praktisch mit einem Kreiselpendel viel leichter zu erreichen ist als mit einem gewöhnlichen Pendel. Aus den Formeln für die Schwingungsdauer t_0 des Pendels (s. d.) und die Präzessionsdauer t_1 des Kreisels (s. Präzession)

$$t_0 = 2\,\pi\,\sqrt{\frac{l}{g}}, \qquad t_1 = 2\,\pi\,\frac{A\,\nu}{a\,G}$$

(l = Pendellänge, G = Kreiselgewicht, a = Entfernung zwischen Aufhängepunkt und Kreiselschwerpunkt, A = axiales Trägheitsmoment des Kreisels, ν = Eigendrehgeschwindigkeit des Kreisels um seine Figurenachse) folgt, daß man beispielsweise eine Dauer $t_0 = t_1 = 20$ min. nur mit einem Pendel von etwa 360 km Länge erreichen könnte, wogegen ein Kreisel üblicher Bauart (5 kg Gewicht, 20000 Umläufe in der Minute) dasselbe bei einer Exzentrizität von etwa a = 2 mm leistet (eine Exzentrizität, die die unvermeidlichen Reibungsmomente gerade noch gut übertönt). Eine so lange Dauer t_0 bzw. t_1 erscheint aber nötig, wenn die Lotlinie in einem System mit einer Störungsperiode von 20 sek. auf etwa 2% genau verlangt ist.

Die Störungstheorie eines solchen Kreiselpendels ist unter der Voraussetzung, daß die Ausschläge dauernd klein bleiben, entwickelt worden und hat folgendes ergeben: Der Kreisel heißt *rechts-* oder *linksdrehend*, je nachdem seine Eigendrehung von oben gesehen im Uhrzeigersinn erfolgt oder im entgegengesetzten; im ersten Fall sei der Drehimpuls $\mathfrak{S}$ (s. Impuls) positiv, im zweiten negativ gezählt. Eine erste Mißweisung ϑ_0 des Kreiselpendels wird von der Erddrehung verursacht, und es ist (s. Barygyroskop) mit der Erddrehgeschwindigkeit ω und der geographischen Breite φ

$$\operatorname{tg} \vartheta_0 = \frac{\mathfrak{S}\,\omega \cos \varphi}{\mathfrak{S}\,\omega \sin \varphi \pm a\,G};$$

ϑ_0 bedeutet beim rechtsdrehenden Kreisel einen Ausschlag nach Norden, beim linksdrehenden einen übrigens wesentlich kleineren nach Süden, und zwar natürlich gerechnet von der Lotlinie als der Resultanten der Vektoren der Schwerebeschleunigung und der Fliehbeschleunigung der Erddrehung. Nennt man die so angezeigte Richtung das *Kreisellot*, so sind an diesem von vornherein noch diejenigen Verbesserungen anzubringen, die von der Geschwindigkeit des Systems herrühren: eine östliche (westliche) Fahrtkomponente wirkt wie eine Vergrößerung (Verkleinerung) von ω und hat dementsprechend eine kleine Veränderung von ϑ_0 zur Folge, eine nördliche (südliche) Fahrtkomponente v wirkt wie eine Verlagerung der Erdachse, also wie eine Drehung der Meridianebene, in welcher ϑ_0 zu messen ist, um einen kleinen Winkel $\operatorname{arctg}(vR\omega\cos\varphi)$, wo R den Erdhalbmesser bedeutet.

Die gefährlichsten Störungsquellen sind offenbar: einerseits periodische Erschütterungen des Aufhängepunktes in wagerechter Richtung und andererseits wagerechte Kreisbewegungen des Aufhängepunktes mit heftigen Fliehbeschleunigungen. (Senkrechte Beschleunigungskomponenten sind nahezu ganz unschädlich.) Was zunächst die periodischen Erschütterungen betrifft, die mit einer Amplitude b und der Frequenz α (Schwingungszahl in $2\,\pi$ sek.) erfolgen mögen, so bleibt die Abweichung ϑ der Kreiselachse vom Kreisellot kleiner als

$$\operatorname{arctg}\left| 2\,\alpha\,\mu\,\frac{b}{g} \right|,$$

wenn mit $\mu = 2\,\pi/t_1$ die Winkelgeschwindigkeit der ungestörten Präzession bezeichnet wird, und wenn α und μ weit von der Resonanz entfernt sind. Im Falle der Resonanz dagegen nimmt, wenn keine Dämpfung vorhanden ist, jener Ausschlag so zu wie der Ausdruck

$$\operatorname{arctg}\left| \frac{1}{6}\,\alpha^2\,\mu^3\,\frac{b}{g}\,t^3 \right|,$$

also wie der Quotient $t^3/t_1{}^3$.

Was sodann die Kreisbewegungen des Aufhängepunktes betrifft, die mit der Geschwindigkeit v und mit der Winkelgeschwindigkeit ε erfolgen mögen, so bleibt die Abweichung ϑ kleiner als

$$\operatorname{arctg}\left| \frac{2\,\varepsilon\,\mu}{\varepsilon + \mu} \cdot \frac{v}{g} \right|.$$

Der Anzeigefehler ist also gegenüber der Mißweisung $\operatorname{arctg}(\varepsilon v/g)$ eines gewöhnlichen, rasch folgsamen Pendels verkleinert etwa im Verhältnis $2\,\mu : (\varepsilon + \mu)$, und zwar ergibt sich die merkwürdige Tatsache, daß die Fehler des Kreiselpendels kleiner ausfallen, wenn der Aufhängepunkt seine Kurve im Sinne der Eigendrehung des Kreisels durchläuft, als wenn er es im umgekehrten Sinne tut. Im Falle der Resonanz $\varepsilon = -\mu$, d. h. wenn Kreiseldrehung und Kreisbewegung synchron, aber von ungleichem Sinne sind, erhebt sich die Figurenachse, so wie der Ausdruck

$$\operatorname{arctg}\left| \varepsilon\,\mu\,\frac{v}{g}\,t \right|$$

wächst, falls keine Dämpfung vorhanden ist.

Wenn es sich um die Angabe der Lotlinie auf Fahrzeugen (Schiffen, Flugzeugen usw.) handelt, so lassen sich mit dem Kreiselpendel die vorgenannten Mißweisungen in der Regel unter dem zulässigen Maße halten. Es genügt dazu eine Präzessionsdauer von der Größenordnung 60—80 Minuten, welche technisch mit sehr feinen Mitteln erreichbar erscheint (vgl. Kreiselkompaß). Dem Kreiselpendel kommt dabei als wesentlicher Vorteil zustatten die Tatsache, daß Erschütterungen von hoher Frequenz nur kleine Amplituden besitzen, ferner daß bei rasch durchfahrenen oder sehr engen Kurven auch die Fliehbeschleunigung ihre Richtung rasch ändert, bei langsam durchfahrenen oder sehr weiten Kurven dagegen ihrem Betrage nach klein bleibt. Für gute Dämpfung der Bewegung des Kreiselpendels ist Sorge zu tragen.

Von den vielen *künstlichen Lotlinien* und *künstlichen Horizonten*, die mit Hilfe von Kreiselpendeln gebaut worden sind, seien nur die folgenden genannt: Zur geographischen Ortsbestimmung auf Schiffen die Apparate von Serson (1751), Troughton (1819) und Fleuriais (1886), die Oszillographen (zur Aufzeichnung der Schiffsschwingungen) von Piazzi Smith (1863) und Pâris (1867) sowie der Fliegerhorizont von Anschütz (1915) und die Flugzeugstabilisatoren von Maxim (1889), Regnard (1910) und Drexler (1915).

R. Grammel.

Näheres s. R. Grammel, Der Kreisel, seine Theorie und seine Anwendungen. Braunschweig 1920, § 20 und S. 345.

Kreisprozeß. Unter einem Kreisprozeß versteht man eine solche Zustandsänderung eines Körpers, daß dieser sich nach Ablauf des Prozesses wieder in genau demselben Zustand wie zu Anfang befindet, daß also die Summen aller Änderungen seines Volumens, seiner Temperatur, seiner Energie usw. Null sind. Indessen ist zu bemerken, daß der Kreisprozeß nicht aus zwei entgegengesetzt gleichen Zustandsänderungen bestehen darf; sondern der Körper soll von einem Anfangszustand A zu einem Zustand B auf einem anderen Wege gelangen, als im Anschluß hieran von B nach A zurück. Ein System kann als Ganzes nur dann einen Kreisprozeß durchmachen, wenn außerhalb des Systems in anderen Körpern Änderungen zurückbleiben.

Die Größe dieser Änderungen läßt sich berechnen, wenn der Prozeß umkehrbar erfolgt, d. h. derartig, daß er in allen seinen Teilen auch in der entgegengesetzten Richtung durchlaufen werden kann. Derartiger idealer Kreisprozesse bedient man sich häufig in der Thermodynamik zur Herleitung wichtiger Folgerungen. Der wichtigste dieser Prozesse ist der Carnotsche Kreisprozeß (s. d.).

Henning.

Kreisprozeß, magnetischer. Man beschreibt einen vollständigen magnetischen Kreisprozeß, wenn man die Feldstärke vom Höchstwert bis zu Null abnehmen läßt, die Richtung umkehrt, sie dann wieder bis zum Höchstwert ansteigen und wieder auf Null abnehmen läßt und nach nochmaliger Richtungsänderung wieder bis zum anfänglichen Höchstwert zunehmen läßt. Der in einer Magnetisierungsspule pulsierende Wechselstrom (Transformator und dgl.) verursacht in jeder Periode einen derartigen magnetischen Kreisprozeß. *Gumlich.*

Kreuz-Wicklung. Wicklung für bifilare, kapazitätsfreie Widerstände derart, daß zwei Lagen Widerstandsdraht parallel geschaltet und im entgegengesetzten Sinne meist übereinander gewickelt sind. *A. Meißner.*

Kries s. Farbentheorie.

Kristallglas wird in der Regel das Kali-Bleiglas genannt. Es ist leicht schmelzbar und zeichnet sich durch Farblosigkeit, Glanz und hohe Lichtbrechung aus (s. auch Böhmisches Glas). *R. Schaller.*

Kritische Größen s. Kritischer Zustand.

Kritischer Koeffizient. Bezeichnet man die Gaskonstante mit R, ferner absolute Temperatur, Druck und spezifisches Volumen am kritischen Punkt mit T_k, p_k und v_k, so soll nach einem von Sidney Young 1892 aufgestellten Gesetz für alle Körper $\dfrac{R\,T_k}{p_k\,v_k} = 3{,}77$ sein.

Diese Zahl, welche auch das Verhältnis zwischen dem spezifischen Volumen v eines idealen Gases von der Temperatur T_k und vom Druck p_k einerseits und dem wahren spezifischen Volumen v_k in diesem Zustand andrerseits angibt, heißt kritischer Koeffizient oder Youngsche Konstante. Das Gesetz besitzt nur annähernd Gültigkeit.

Aus der van der Waalsschen Zustandsgleichung (s. d.) folgt $\dfrac{R\,T_k}{p_k\,v_k} = \dfrac{8}{3} = 2{,}67$.

Henning.

Kritischer Kontakt (s. retrograde Kondensation) heißt auch kritischer Berührungspunkt. *Henning.*

Kritischer Winkel, Grenzwinkel der Totalreflexion s. Lichtbrechung.

Kritischer Zustand heißt im Sinne der Thermodynamik derjenige Zustand, in dem die Eigenschaften der flüssigen und festen Phase einer Substanz identisch werden. Er ist eindeutig gekennzeichnet durch gewisse Werte der Temperatur und des Druckes, die als kritische Temperatur T_k und kritischer Druck p_k bezeichnet werden. Insbesondere besitzt im kritischen Punkt die Flüssigkeit die gleiche Dichte wie der Dampf. Dieser Dichte entspricht das kritische Volumen v_k. Erhitzt man eine Flüssigkeit, welche unter dem Druck des eigenen Dampfes steht, so verschwindet ihr Meniskus bei Erreichung der kritischen Temperatur.

Stellt man die Isothermen einer Substanz im Druck-Volumen-Diagramm dar (s. Andrews Diagramm), so zeichnet sich die Isotherme, welche durch den kritischen Punkt läuft, die sog. kritische Isotherme, dadurch aus, daß sie im kritischen Punkt einen Wendepunkt und eine der v-Achse Parallele Tangente besitzt. Daraus folgt, daß die Dichte einer Substanz, die sich auf der kritischen Temperatur befindet, in der Nähe der kritischen Dichte außerordentlich stark vom Druck abhängt. Befindet sich die Substanz in einem vertikalen Rohr, so kommen bereits die hydrostatischen Druckunterschiede der verschiedenen Niveaus in Betracht, so daß die Bedingungen des kritischen Zustandes (insbesondere also der kritische Druck) nur an einer Stelle des Rohres vorhanden sind, selbst wenn sich dieses in seiner ganzen Ausdehnung auf der kritischen Temperatur befindet. Der Umstand, daß eine Substanz, welche in einem Rohr eingeschlossen ist, in der Nähe des kritischen Punktes stark variable Dichte besitzt, kann bewirken, daß bei passender Beleuchtung eine Opaleszenz sichtbar wird. Diese heißt die kritische Opaleszenz.

Die kritische Temperatur (T_k) wird oft in negativer Weise als diejenige Temperatur definiert, oberhalb der es durch keine Druckerhöhung möglich ist, ein Gas zu verflüssigen. Der kritische Druck p_k ist gleichzeitig der Maximalwert, den der Sättigungsdruck einer Flüssigkeit annehmen kann.

Die drei kritischen Größen T_k, p_k, v_k lassen sich aus der Zustandsgleichung (s. d.) der Substanz

27*

ableiten, wenn deren Konstante bekannt sind. Zur Durchführung dieser Rechnung kann man entweder davon ausgehen, daß die zu $T = T_k$ gehörige Isotherme im Punkte $p = p_k$ einen Wendepunkt besitzt und also die Gleichungen $\left(\dfrac{\partial p}{\partial v}\right)_T = 0$ und $\left(\dfrac{\partial^2 p}{\partial v^2}\right)_T = 0$ erfüllt sein müssen, oder man kann die Bedingung einführen, daß die drei reellen Wurzeln, welche die Zustandsgleichung für das spezifische Volumen besitzen muß (vgl. Andrews Diagramm) im kritischen Punkt denselben Wert $v = v_k$ besitzen.

Aus der van der Waalsschen Gleichung (vgl. Zustandsgleichung) findet man auf diese Weise

$$T_k = \frac{8}{27}\frac{a}{Rb}; \quad p_k = \frac{1}{27}\frac{a}{b^2}; \quad v_k = 3b.$$

Im kritischen Punkt ist die Verdampfungswärme ϱ jeder Flüssigkeit Null; ihr Temperaturkoeffizient $\dfrac{d\varrho}{dt} = -\infty$; die spezifische Wärme der Flüssigkeit im Sättigungszustand $+\infty$, die entsprechende spezifische Wärme des Dampfes $-\infty$.

Folgende Tabelle enthält die kritischen Temperaturen T_k und Drucke p_k einiger Gase:

	T_k	p_k Atm.
Kohlensäure	304	73
Sauerstoff	154	50
Argon	151	48
Luft	134	37
Stickstoff	126	34
Neon	44,7	26,9
Wasserstoff	33,2	12,8
Helium	5,19	2,25

Über die Berechnung des kritischen Volumens aus dem kritischen Druck und der kritischen Temperatur s. kritischer Koeffizient.

Bei gewissen Reihen von Flüssigkeiten läßt sich feststellen, daß die kritische Temperatur um so höher liegt, je größer das Molekulargewicht ist.

Nach Guldberg und Guye soll die absolute kritische Temperatur gleich der doppelten absoluten Siedetemperatur bei einem Drucke von 20 mm Quecksilber und 1,55mal der absoluten normalen Siedetemperatur sein.

Die kritische Temperatur T_k eines Gemisches aus zwei Komponenten, welche die kritischen Temperaturen T_k' und T_k'' besitzen und deren Prozentgehalt in der Mischung durch die Größen a' und a'' gegeben ist, läßt sich nach Strauß (1880) gut durch die Formel

$$T_k = \frac{1}{a' + a''}\left[a' T_k' + a'' T_k''\right]$$ darstellen.

Für Gemische mehrerer Komponenten bedarf der Begriff des kritischen Zustandes oder der kritischen Phase einer Erweiterung. Es ist derjenige Zustand, bei dem irgend zwei koexistierende Phasen identisch werden, wenn sich ein das Gemisch wesentlich bestimmender Parameter ändert (vgl. retrograde Kondensation). *Henning.*

Krümmung von Licht- und Schallstrahlen in der Atmosphäre. Wegen der ungleichen Dichte der von den Licht- und Schallstrahlen durchlaufenen Atmosphärenschichten sind die Strahlen gekrümmt. Bei normaler Schichtung senkt sich ein nahezu horizontaler Lichtstrahl nach einer durchmessenen Entfernung von E . 10 km sehr nahe um E^2 m, sein Krümmungsradius beträgt etwa das Achtfache des Erdradius. Dichte Unregelmäßigkeiten (Inversionen, Luftschlieren) stören dies häufig stark. Bei den Schallstrahlen bewirkt die geringe Fortpflanzungsgeschwindigkeit starke Abhängigkeit von der Temperatur- und Windschichtung. Bei normalem Temperaturgefälle wird der den Erdboden berührende Schallstrahl allmählich immer mehr nach oben abgelenkt und gibt dadurch, daß er über den Beobachter hinweggeht, zu der „Zone des Schweigens" Anlaß. Windzunahme mit der Höhe begünstigt die Hörbarkeit in der Windrichtung, Windabnahme dem Winde entgegen. Bei Isothermie und um so mehr bei Temperaturzunahme nach oben verschwindet die Zone des Schweigens, da der Krümmungsradius der Schallstrahlen dann nicht mehr nach oben gerichtet (positiv) ist, sondern unendlich oder gar negativ wird. *Tetens.*

Näheres s. Emden. Meteorol. Zeitschr. 35, 1918. Heft 1/2.

Krümmungsradien der brechenden Medien des Auges s. Auge.

Krüßsches Flimmerphotometer s. Photometrie verschiedenfarbiger Lichtquellen. Meridianapparat s. Lichtstrommesser.

Kryohydrate s. Bäder konstanter Temperatur.

Kubikdezimeter s. Raummaße.

Kubische Atommodelle. Nach der Aufgabe der Elektronenringvorstellung (s. d.), welche vorher im wesentlichen zur Konstruktion *ebener* Atommodelle benutzt worden war, haben Born und Landé *räumliche* Atommodelle vorgeschlagen, in denen mit Rücksicht auf die gegenseitige Abstoßung der Elektronen *vollkommene räumliche Symmetrie* der Elektronenbewegungen gefordert wurde. Eine große Stütze für diese Forderung bildete die ausgezeichnete Stellung der Zahl 8 im periodischen System der Elemente, insbesondere als Länge der beiden kleinen Perioden und wegen deren Bedeutung in der Kosselschen Valenztheorie (s. d.); in der Tat führt die Symmetrieforderung zwanglos zu einer besonderen Auszeichnung *würfelsymmetrischer* Bahnen. Indessen hat Bohr auf Grund seines Korrespondenzprinzipes (s. d.) zeigen können, daß auch derartige Modelle keine brauchbare Lösung des Problems der Elektronenanordnung und -Bewegung im Atom ergeben. Über Bohrs positive Ergebnisse in dieser Hinsicht s. Bohr-Rutherfordsches Atommodell. Den kubischen Atommodellen kommt heute daher nur mehr historisches Interesse zu. *A. Smekal.*

Kubische Ausdehnung s. Ausdehnung durch die Wärme; Hydrostatische Wägungen; kommunizierende Röhren.

Kuchen s. Elektrophor.

Künstliche Rohrkonstruktion s. Rohrkonstruktion.

Kürzeste Töne s. Grenzen der Hörbarkeit.

Küsten. Gliederung. Der schmale, nicht scharf abzugrenzende Landstreifen, an welchem Land und Meer in Wechselwirkung miteinander treten, ist die Küste. Ihren unteren Saum bildet der Strand, die Berührungszone des bewegten Wasserspiegels mit dem Lande, auf der sich die Uferlinie des Meeres unter dem Einfluß der Wellen und der Gezeiten fast ständig hin und her verschiebt. Der Verlauf der Küste ist geographisch von großer Wichtigkeit für die Gliederung des Landes. Um dafür einen ziffernmäßigen Ausdruck zu finden, sucht man das Verhältnis der wahren Küstenlänge (L) zu dem Flächeninhalt des Festlandes in Beziehung zu setzen, indem man sie mit dem

Umfang (U) eines Kreises von gleichem Flächeninhalt (F) vergleicht. Bezeichnet man die Größe der Erdkugeloberfläche (4 R²Tl = 510 Millionen Quadratkilometer) mit O, so ist $U = \sqrt{4\,\pi\,F} \cdot \sqrt{\dfrac{O - F}{O}}$. Die Küstenentwicklung ist dann U: L. Man kann aber auch den Überschuß der wahren Küstenlänge über die kleinstmögliche in Prozenten

der ersteren berechnen $\dfrac{100 \cdot (L - U)}{L}$. Neben der Größe der Gliederung durch den Küstenverlauf ist auch die Art der Einbuchtungen von maßgebender Bedeutung. Hierfür findet man Ausdrücke in dem größten (GK) und dem mittleren Küstenabstand (MK). Für die einzelnen Erdteile ergeben sich die folgenden Werte:

	$\dfrac{F}{\text{Mill. qkm}}$	$\dfrac{U}{\text{km}}$	$\dfrac{L}{\text{km}}$	U : L	$\dfrac{100 \cdot (L - U)}{L}$	$\dfrac{MK}{\text{km}}$	$\dfrac{GK}{\text{km}}$
Festland von Europa	9,2	10 700	37 200	1 : 3,5	71	340	1550
„ „ Asien.	41,5	21 900	70 600	1 : 3,2	69	780	2400
„ „ Eurasien	50,7	23 950	107 800	1 : 4,5	78	?	2400
„ „ Nordamerika . .	20,0	15 500	75 000	1 : 4,9	79	472	1650
„ „ Südamerika . .	17,6	14 600	28 700	1 : 2,0	49	550	1600
„ „ Australien . . .	7,6	9 700	19 500	1 : 2,0	50	350	920
„ „ Afrika	29,2	18 600	30 600	1 : 1,8	39	670	1800

Da der Umfang einer Figur langsamer wächst als ihre Fläche, so müssen die obigen Zahlenwerte mit Vorsicht verwendet werden. Es ist jedoch bisher nicht gelungen, einen völlig einwandfreien zahlenmäßigen Ausdruck für den wichtigen Begriff der Küstengliederung zu finden. Die Gesamtlänge aller Küsten hat man auf 2 Millionen Kilometer geschätzt.

Formen. Nach ihren Formen teilt man die Küsten unter verschiedenen Gesichtspunkten ein und unterscheidet z. B. glatte und gebuchtete, Flach- und Steilküsten, Längs- und Querküsten (nach ihrem Verlauf zu den Gebirgszügen) usw. Besonders auffällige Küstenformen werden mitunter nach ihrer Bezeichnung in der Sprache des Landes benannt, in dem sie besonders typisch ausgebildet sind, z. B. Fjordküsten, Riasküsten usw. Auch bezeichnet man die Küstenformen häufig nach bestimmten Oberflächenformen, die sich an der gleichen Küstenstrecke öfters wiederholen. In diesem Sinne spricht man von Haffküsten, Lagunenküsten, Wattenküsten, Dünenküsten usw. Zweckmäßiger ist es jedoch, die einzelnen Küstenformen nach der Art ihrer Entstehung in Typen zusammenzufassen. Dann unterscheidet man Hebungs- und Senkungsküsten, potamogene und thalassogene Küsten, Abrasionsküsten (s. Abrasion), Ingressionsküsten (s. Ingression), Anschwemmungsküsten usw. Die petrographische Beschaffenheit der Küste kommt in den Benennungen Vulkanküste, Korallenküste usw. zum Ausdruck. Schließlich bezeichnet man die Küsten gelegentlich auch nach den geographischen Örtlichkeiten, an denen sie vorkommen. So spricht man von einem dalmatinischen, atlantischen, pazifischen Küstentypus. Die einzelnen Bezeichnungen für die Küstenformen überlagern sich also teilweise, so daß wir z. B. in der Fjordküste gleichzeitig den Typus der Steilküste, der Senkungsküste und der Ingressionsküste verkörpert haben.

Veränderungen. Alle Küsten sind der Umgestaltung unterworfen, was am augenfälligsten bei der Zerstörung von Steilküsten durch die Meeresbrandung (s. Abrasion) zutage tritt. Doch werden auch durch Anschwemmungen und Bildung von Nehrungen, Deltas usw. die Küstenumrisse im Laufe der Zeit verändert, wobei auch die Meeresströmungen (s. diese) in erheblichem Maße mitwirken können. Letztere tragen häufig dazu bei, hervorragende Teile der Küste durch Erosion abzutragen, einspringende Buchten dagegen durch Anschwemmungen auszufüllen und so eine reich gegliederte in eine Ausgleichsküste umzuwandeln. Alle diese Veränderungen machen sich in einer Verschiebung der Ufer seewärts oder landwärts geltend, was man als Küstenänderung, nicht aber als Strandverschiebung (s. diese) bezeichnet. Nicht nur in geologischen Zeiträumen, sondern auch in der historischen Zeit sind zahlreiche Veränderungen der Küstengestalt nachgewiesen worden, und sie lassen sich auch in der Gegenwart häufig beobachten. Die Trümmer der alten Hafenstadt Ephesus liegen heute 8 km landeinwärts, während andererseits in der englischen Landschaft Yorkshire auf einer Küstenstrecke von 58 km Länge das Meer jährlich 2,3 bis 3,0 m durch Küstenzerstörung landeinwärts vordringt. *O. Baschin.*

Näheres s. A. Supan, Grundzüge der physischen Erdkunde. 6. Aufl. 1916.

Kugelabweichung s. Sphärische Abweichung.

Kugelblitz s. Blitz.

Kugelkondensator. Ein Kondensator (s. d.), bei dem die Belegungen durch Kugelflächen gebildet werden. Haben diese die Radien R_2, R_2 und ist ε die Dielektrizitätskonstante des zwischen den Kugeln befindlichen Dielektrikums, so ist die Kapazität dieser Kondensatoren $C = \varepsilon\, R_1 R_2 / (R_2 - R_1)$.

W. Jaeger.

Kugelkreisel s. Kreisel.

Kugelpanzergalvanometer s. Nadelgalvanometer.

Kulmination. Durchgang eines Gestirnes infolge der täglichen Bewegung durch den Meridian. Obere Kulmination zwischen Himmelspol und Südpunkt (auf der Südhalbkugel Nordpunkt). Untere Kulmination zwischen Pol und Nordpunkt (auf Südhalbkugel Südpunkt). Kann nur bei den Zirkumpolarsternen beobachtet werden. *Bottinger.*

Kundtsche Konstante ist die für einen bestimmten ferromagnetischen Körper (Eisen, Kobalt, Nickel usw.) und für eine bestimmte Wellenlänge charakteristische Zahl, die die magnetische Drehung der Polarisationsebene (s. d., daselbst auch Zahlenwerte) in einer Schicht der Länge von 1 cm beim magnetischen Moment 1 angibt. Dabei ist die Drehung als proportional der Schichtdicke — die bei den Messungen nur einige Milliontel Zentimeter beträgt und meist optisch aus der Durchlässigkeit bestimmt wird — und dem magnetischen Moment vorausgesetzt. *R. Ladenburg.*

Näheres s. Graetz, Handb. d. Elektr. u. d. Magn. Bd. IV, 2. S. 433—440. Leipzig 1918 (bearbeitet von W. Voigt).

Kundtsche Staubfiguren. Wie Chladni mit Hilfe der nach ihm benannten Klangfiguren (s. d.) die Schwingungsform fester Körper sichtbar gemacht hat, so hat Kundt mit Hilfe der nach ihm benannten Staubfiguren die Schwingungen von Gas- und Flüssigkeitssäulen sichtbar gemacht. Die üblichste Anordnung für die Erzeugung der Staubfiguren ist folgende: In ein in horizontaler Lage befestigtes Glasrohr von etwa $1—1^1/_2$ m Länge und etwa 4—5 cm Durchmesser ragt das eine Ende eines (Glas) Stabes hinein, der z. B. in der Mitte festgeklemmt ist und durch Reiben mit einem nassen Tuch in kräftige Longitudinalschwingungen (s. Stabschwingungen) versetzt werden kann. An demjenigen Ende des Glasstabes, welches in das Rohr hineinreicht, ist in senkrechter Lage mit Siegellack eine dünne Korkplatte befestigt, welche den Querschnitt des Rohres fast ausfüllt und die Schwingungen des Stabes auf die Luftsäule in dem Rohre überträgt. Das andere Ende des Rohres ist mit einem verschiebbaren Stempel verschlossen. In dem Rohre ist ein leichtes Pulver, wie Korkstaub oder Lykopodiumsamen, verteilt. Beträgt der Abstand der schwingenden Korkplatte von dem Verschlußstempel ungefähr ein Vielfaches der halben Wellenlänge des erregten Stabtones in Luft, so wird der Staub bei Erregung des Stabes kräftig aufgewirbelt und setzt sich nach Beendigung der Erregung in regelmäßigen Figuren auf der Wand des Rohres ab.

Die so entstandenen Kundtschen Staubfiguren ermöglichen die genaue Messung der Wellenlänge des betreffenden Tones in dem das Glasrohr erfüllenden Medium und geben damit eine ausgezeichnete und vielbenutzte Methode zur Messung von Schallgeschwindigkeiten (s. d.) in gasförmigen, flüssigen und festen Körpern.

Der die Figuren bildende Staub zwischen zwei Knoten zeigt eine feine Querstreifung, die an die Rippelung des Sandes am Meeresufer erinnert. W. König hat eine Theorie dieser Querstreifen gegeben; jedoch bedürfen manche Einzelheiten noch weiterer Aufklärung.

Die zunächst auffallende Tatsache, daß die schwingende Korkplatte, von welcher die Erregung der Luftsäule ausgeht, für den Fall der Resonanz in dem Glasrohr sich in unmittelbarer Nähe eines Knotens der Luftschwingungen befinden muß, ist darauf zurückzuführen, daß die Luftteilchen in der Umgebung der Korkplatte nur Schwingungen von verhältnismäßig kleinen Elongationen ausführen dürfen, wenn eine geordnete Erscheinung zustande kommen soll, und daß andererseits die schwingende Korkplatte eine so große Energie repräsentiert, daß sie in der Luft viel größere Schwingungen hervorrufen kann als sie selbst ausführt. Eine analoge Beobachtung hat Helmholtz beschrieben. Eine tönende Stimmgabel, die mit ihrem Stiel auf die Saite eines Monochords aufgesetzt wird, bringt dieselbe zu starkem Mittönen, wenn sie sich in einem Knotenpunkte der Saite befindet.

Staubfiguren in Flüssigkeiten sind namentlich von Dörsing untersucht worden, der als Material fein gemahlenen Bimssteinsand benutzte und einen erheblichen Einfluß eines geringen longitudinalen Mitschwingens der Rohrwände auf die Ausbildung der Figuren feststellte. *E. Waetzmann.*

Näheres s. A. Kundt, Pogg. Ann. **127**, 1866.

Kundtsche Staubfiguren s. Verhältnis der spezifischen Wärmen c_p/c_v der Gase.

Kundtsche Widerstände. Widerstände von sehr hohem Betrag können nach einem von Kundt angegebenen Verfahren dadurch hergestellt werden, daß eine Schicht von Platingold auf einem Porzellanrohr eingebrannt und durch eingeritzte Trennungslinien unterteilt wird. Da diese Widerstände nahe kapazitäts- und induktionsfrei sind, können sie zweckmäßig zu Wechselstrommessungen benutzt werden, sind aber von der Temperatur stark abhängig (etwa 0,7 Promille pro Grad) und vertragen keine hohe Belastung. Zur besonderen Wärmeabgabe werden sie in Petroleum eingestellt. *W. Jaeger.*

Näheres s. Lindeck, Zeitschr. f. Instrumentenkunde **20**, 175; 1900.

Kupfervoltameter. Analog dem Silbervoltameter (s. d.) ist dieses Voltameter eingerichtet, bei dem als Elektrolyt eine nahe gesättigte Lösung von Kupfersulfat verwendet wird. An der aus Platin bestehenden Kathode wird das metallische Kupfer ausgeschieden, das unter Vorsichtsmaßregeln zur Vermeidung der Oxydation getrocknet und gewogen wird. Die Anode besteht aus elektrolytischem Kupfer; die Stromdichte muß wenigstens 2,5 Ampere auf 1 qdm betragen. Die erzielte Genauigkeit ist erheblich geringer als bei dem Silbervoltameter. *W. Jaeger.*

Näheres s. Förster, Zeitschr. f. Elektrochemie **3**, 479, 493; 1896/97.

Kupron-Element. Diese von Lalande konstruierte galvanische Kette benutzt wie die meisten anderen als Lösungselektrode Zink aber als positiven Pol Kupferoxyd, welche beide ohne trennende Wandung in die als Elektrolyt dienende Kalilauge eintauchen. Bei Schließung des äußeren Stromkreises geht das Zink als Zinkhydroxyd in Lösung, während das Kupferoxyd zu metallischem Kupfer reduziert wird. Diese Reaktion liefert eine elektromotorische Kraft von ungefähr 0,8 Volt, welche auch bei größerer Stromentnahme längere Zeit konstant bleibt, da die Wirkung der Polarisation und die Änderung des inneren Widerstandes in diesem Element nur äußerst gering ist.

Zur Erneuerung des verbrauchten Elementes ist Ersatz der Zinkelektrode und der Kalilauge erforderlich. Dagegen kann die Kupferoxyd-Elektrode durch bloße Erwärmung an der Luft regeneriert werden. *H. Cassel.*

Näheres in den Lehrbüchern der Elektrochemie; z. B. bei W. Löb, Grundzüge der Elektrochemie. Leipzig 1910.

Kurbelkondensator s. Kondensator.

Kurvenaufnahme, Apparate. Zur Aufnahme von Wechselstrom und Wechselspannungskurven dienen verschiedenartige Apparate, mit denen die Aufnahme entweder punktförmig oder kontinuierlich erfolgen kann. Über die Oszillographen, welche das Bild der Kurven direkt sichtbar machen und zu photographieren gestatten, s. den besonderen Artikel. Für die punktförmige Aufnahme (Joubert) braucht man einen sog. Kontaktmacher, der in einem bestimmten Zeitmoment jeder Periode einen Kontakt schließt und die entsprechende Amplitude des Stroms oder der Spannung zu messen oder aufzuzeichnen gestattet. Der Kontaktmacher wird durch einen Motor angetrieben, der mit dem Wechselstrom synchron läuft. Zur Messung des betreffenden Augenblickswertes kann dann irgend eine der bekannten Methoden (Elektrometer, ballistisches Galvanometer, Kompensator usw.) benutzt werden. Die Kompensationsmethode ist von Rosa und von Callendar so ausgebildet worden, daß die ganze Kurve verhältnismäßig schnell automatisch oder halbautomatisch auf einer Trommel aufgezeichnet wird. Bei dem von Rud. Franke angegebenen Apparat wird die aufzunehmende Kurve von Hand auf eine Trommel nach einem Lichtfleck aufgezeichnet, der von dem Galvanometerspiegel auf der Trommel entworfen wird. Bei dem Ondograph von Hospitalier wird die Kurve in weniger als einer Minute automatisch aufgezeichnet. Eine elektrochemische Methode zur Aufzeichnung wird bei dem von Janet und Blondel ausgearbeiteten Apparat angewendet. Vollkommener sind die oben erwähnten Oszillographen. *W. Jaeger.*

Näheres s. Orlich, Aufnahme und Analyse von Wechselstromkurven. Braunschweig 1906.

Kurvenkreisel (perimetrischer Kreisel) heißt nach G. Sire ein Kreisel (s. d.), dessen Figurenachse stofflich als Welle ausgestaltet ist und, solange der Kreisel um sie umläuft, in Berührung mit einer ebenfalls stofflichen Kurve gebracht wird. Man beobachtet dann, daß die Welle sofort auf der Kurve abzurollen beginnt und unter Umständen in auffallendster Weise nicht nur allen Windungen und Ecken der Kurve willig folgt, sondern sich sogar unerwartet heftig gegen die Kurve anpreßt. Die Erscheinung ist natürlich zu erklären durch das Kreiselmoment (s. Kreisel), welches mittelbar durch die Reibungskraft zwischen Welle und Kurve ausgelöst wird. Diese Kraft hindert nämlich die reine Rotation des Kreisels um die Figurenachse und läßt die Welle mit oder ohne Gleiten an der Kurve vorwärtsrollen. Diese Rollbewegung aber beantwortet der Kreisel seinerseits, wie jede Zwangsbewegung, durch ein Kreiselmoment, das im günstigsten Falle die Pressung zwischen Welle und Kurve vergrößert und so die Reibung wirksamer macht und damit zunächst die Heftigkeit der Zwangsbewegung und also sich selbst steigert. Die Theorie der Erscheinung ist im allgemeinen ziemlich verwickelt und nur dann verhältnismäßig einfach, wenn der Kreisel symmetrisch und die Kurve vollkommen rauh und ein Kreis ist, dessen Halbmesser von dem zugleich den Schwerpunkt des Kreisels tragenden Stützpunkt des Kreisels aus unter einem konstanten Winkel erscheint.

Man hat es dann mit einer erzwungenen regulären Präzession (s. d.) zu tun. Und zwar verläßt die Welle in diesem Falle die kreisförmige Führung bloß in dem einzigen Falle, daß sie außen auf dem Kreise abrollt und daß überdies die Bedingung

$$\operatorname{tg} \beta > \frac{(B - A)\,\operatorname{tg} \alpha}{A + B\,\operatorname{tg}^2 \alpha}$$

verletzt wird, welche zwischen den Winkeln α und β besteht, unter denen die Halbmesser des abrollenden Berührungskreises der Welle und des Führungskreises vom Stützpunkt aus erscheinen; hierbei bedeuten A und B das axiale und das äquatoriale Trägheitsmoment des Kreisels in bezug auf den Stützpunkt. Die Bedingung kann überhaupt nur in dem Falle A < B des gestreckten Kreisels (s. d.) verletzt werden. Ist sie erfüllt, so besitzt die Pressung zwischen Welle und Kurve in bezug auf den Stützpunkt das Moment

$$K = \nu^2 \frac{\sin \alpha \sin (\alpha + \beta)}{\sin^2 \beta} [A \sin \beta \pm$$
$$(A - B) \sin \alpha \cos (\alpha + \beta)],$$

wo ν die Winkelgeschwindigkeit der Eigendrehung des Kreisels um seine Figurenachse bedeutet und das obere oder untere Vorzeichen zu wählen ist, je nachdem die Welle außen oder innen auf dem Kreise rollt.

Eine sehr wichtige Anwendung des Kurvenkreisels bilden die *Kollergänge* und *Pendelmühlen*, wo in der soeben geschilderten Weise starke Drücke auf dynamischem Wege erzeugt werden — Drücke, welche ausreichen, um mineralische Mahlgüter zu zerquetschen, die zwischen die Führung und die dann freilich walzen- oder klöppelförmig gestaltete Kreiselwelle geschoben werden. *R. Grammel.*

Näheres s. R. Grammel, Der Kreisel, seine Theorie und seine Anwendungen, Braunschweig 1920, § 7, 4., § 14 und S. 342ff.

Kymatologie. In der Geographie versteht man unter Kymatologie die Lehre von den Wellenformen der Atmosphäre, Hydrosphäre und Lithosphäre. In ihr Bereich fällt also z. B. das Studium der Luftwogen (s. diese), Wogenwolken (s. Wolken), Wasserwellen (s. Meereswellen), Rippelmarken (s. diese), Dünen (s. diese) und anderer dynamischer Gleichgewichtsformen (s. diese). Ihr Grundgesetz ist das Gleitflächengesetz (s. dieses). *O. Baschin.*

Kymometer. Eine englische Bezeichnung für Wellenmesser (Flemming). *A. Meißner.*

L

Labiles Gleichgewicht s. Thermodynamisches Gleichgewicht.

Labilität s. Stabilität.

Labyrinth s. Ohr.

Labyrinthdichtung. Eine Welle oder Trommel, die aus einem Raum mit hohem Druck in einen solchen niederen Druckes führt, wird häufig durch eine Labyrinthdichtung in der Zwischenwand abgedichtet. Um vom höheren zum niederen Druck strömen zu können, muß die Luft oder der Dampf usw. abwechselnd kleinste und größere Querschnitte durchfließen, wobei die ganze Druckdifferenz zur Überwindung der Wirbelverluste aufgezehrt wird.

Die Figur stellt oben eine einfache, unten eine mehrfache Labyrinthdichtung dar. *L. Schneider.*

Ladedichte s. Explosion und Rohrkonstruktion.

Ladung ist a) die Elektrizitätsmenge auf einem Leiter (positiv und negativ); b) die Elektrizitäts-

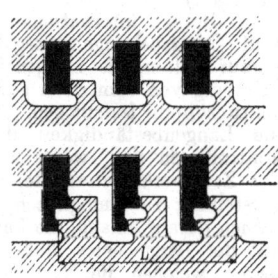

Labyrinthdichtung.

menge auf der Belegung eines Kondensators (nicht polar).   *A. Meißner.*

Ladungsarbeit s. Ladung.

Ladungsverhältnis s. Rohrkonstruktion.

Längeneinheiten. Als Einheit der Länge gilt, nach internationaler Vereinbarung, das Meter, ursprünglich definiert als der zehnmillionste Teil des Erdquadranten, jetzt, nachdem neuere, immer mehr verfeinerte Messungen für die Länge des Erdquadranten 10 000 857 m ergeben haben, bestimmt und verkörpert durch den Abstand zweier Striche auf einem auf der Temperatur 0⁰ gehaltenen Maßstabe aus einer Legierung von Platin und Iridium (90⁰/₀ Pt, 10⁰/₀ Ir), welcher im Bureau international des Poids et Mesures (s. d.) aufbewahrt wird. Kopien dieses Maßstabes aus der gleichen Legierung mit kleinen, aber bekannten Abweichungen, befinden sich bei den Meßbehörden der meisten Staaten der Erde, in Deutschland in der Reichsanstalt für Maß und Gewichte in Charlottenburg. Alle übrigen Längeneinheiten sind Vielfache oder Teile des Meters.

1 Meter (m) = 10 Dezimeter (dm) = 100 Zentimeter (cm) = 1000 Millimeter (mm) = 1000000 Mikron (μ)
1000 Meter (m) = 1 Kilometer (km).

Einige ältere Längeneinheiten.

1 Pariser	Fuß	= 0,32484	m
1 preuß. (rheinl.)	„	= 0,31385	„
1 österr.	„	= 0,31611	„
1 bayer.	„	= 0,29186	„
1 sächs.	„	= 0,28319	„
1 hann.	„	= 0,29209	„
1 württemb.	„	= 0,28649	„
1 braunschw.	„	= 0,28536	„
1 bad. (schweiz.)	„	= 0,30000	„
1 Großh. hess.	„	= 0,25000	„
1 kurhess.	„	= 0,28770	„
1 engl. (russ.)	„	= 0,30479	„

In Württemberg, der Schweiz, Baden, Großherzogtum Hessen ist 1 Fuß = 10 Zoll, in den übrigen Ländern 1 Fuß = 12 Zoll.

1 Toise = 6 Pariser Fuß	=	1,949 m
1 geogr. (deutsche) Meile (4 Bogenminuten des Äquators)	= 7420	„
1 geogr. Seemeile (mittl. Bogenminute des Meridians)	= 1851,8	„
1 preußische Meile = 2000 Ruten = 24 000 Fuß	= 7532,5	„
1 engl. Meile = 5280 engl. Fuß = ²/₉ deutsche Meilen	= 1609,2	„
1 französisch-englische Seemeile, 20 auf 1 Grad	= 5555,5	„
1 russischer Werst = 3500 Fuß	= 1067	„

(Ausführlichere Angaben s. in Landolt-Börnstein, Physikalisch-chemische Tabellen. Berlin, Springer.)

Im Bureau international des Poids et Mesures sind Untersuchungen ausgeführt worden, welche darauf zielten, die Längeneinheit des Meters unabhängig von dem oben genannten Maßstabe aus Platiniridium festzulegen. Das hat den Zweck, die Längenbeständigkeit des Normalstückes zu kontrollieren und, wenn es sich etwa im Laufe der Zeit verändern sollte, seine genaue Wiederherstellung zu ermöglichen. Die Untersuchungen kamen darauf hinaus, die Länge des Normalmeters mit der Länge eines Maßstabes in Beziehung zu setzen, welchen die Natur selbst unabhängig von den Dimensionen der Erde, aus denen ja das Meter

ursprünglich hergeleitet ist, darbietet. Solche Maßstäbe sind die Wellenlängen der verschiedenen von glühenden Gasen ausgesandten Strahlungen. Diese Wellenlängen sind allerdings recht klein; sie betragen weniger als 1 μ, also weniger als ein Milliontel Meter. Immerhin ist es aber mit Hilfe der Interferenzerscheinungen (s. d.) möglich, die Zahl der Wellenlängen, welche auf die Länge eines Maßstabes entfallen, auszuzählen. Die Schlußresultate der von Michelson einerseits und Benoît, Fabry und Perot andererseits, nacheinander nach verschiedenen Methoden angestellten Messungen sind in vollkommener Übereinstimmung. Sie ergeben, daß das Meter 1 553 164,1 Wellenlängen λ der roten Cadmiumlinie in trockener Luft von 15⁰ C und 760 mm Druck enthält und daß umgekehrt λ = 0,6438470 μ ist.   *Scheel.*

Näheres s. Scheel, Praktische Metronomie. Braunschweig 1911.

Längengradmessung s. Abplattung.

Längenmessungen. Längennormale (Maßstäbe) dienen zur Verkörperung der Längeneinheit (s. d.); sie werden aus verschiedenen Materialien, Metall, Glas, Holz hergestellt, je nachdem man eine größere oder kleinere Meßgenauigkeit und Unveränderlichkeit verlangt. Man teilt die Maßstäbe ein in Strichmaße und Endmaße. Auf den ersteren ist die zu verkörpernde Länge durch die Entfernung zweier Striche, an den letzteren durch den Abstand der Begrenzungsflächen gegeben.

Längennormale haben im allgemeinen die Form von Stäben; kürzere Endmaße kommen auch als Platten oder als Zylinder vor, deren Durchmesser dann die normale Länge darstellt. Für geodätische Zwecke werden sehr lange Strichmaße in der Form von Drähten oder Bändern (Bandmaße) benützt.

Maßstäbe sollen einen genügend starken Querschnitt haben, daß sie sich auch dann nicht durchbiegen, wenn ihre Unterlage nicht vollkommen eben ist. Um an Material zu sparen und das Gewicht zu verringern, gibt man besseren Maßstäben vielfach X- oder H-förmigen Querschnitt. Die internationalen Meternormale und ihre nationalen Kopien (vgl. den Artikel Längeneinheiten) haben den in der Figur abgebildeten Querschnitt. Das ganze Profil ist in einem Quadrat von 20 mm Seitenlänge enthalten; das Metall hat meist eine Stärke von 3 mm, nur der Unterbau ist etwas geschwächt, um den Querschnittsschwerpunkt in die Ebene a der Teilung zu bringen, welche genau in halber Höhe des Maßstabes liegt. Die Ebene der Teilung fällt auf diese Weise mit der biegungsfreien Ebene, der sog. neutralen Fläche, zusammen, wodurch die größtmögliche Unabhängigkeit des Abstandes der Striche von dem Einfluß aller Durchbiegungswirkungen erreicht ist.

Querschnitt der internationalen Meternormale.

Die Länge eines Maßstabes ist in hohem Maße von der Temperatur abhängig; der Maßstab kann also nur bei einer ganz bestimmten Temperatur seine Solllänge besitzen. Messingmaßstäbe z. B. ändern ihre Länge für 1⁰ Temperaturdifferenz um 19 Milliontel ihres Wertes, also 1 m um 0,019 mm; Maßstäbe aus der Nickelstahllegierung Invar (64⁰/₀ Eisen, 36⁰/₀ Nickel) dagegen nur um 0,001 bis 0,002 mm/m. Zur Charakterisierung eines Maßstabes genügt es also nicht, seine Länge bei der Normaltemperatur 0^0 anzugeben, sondern man muß auch noch seinen Ausdehnungskoeffizienten kennen. Dies führt zu der vollständigen sog. Gleichung des Maßstabes. In diesem Sinne ist z. B. die vollständige Gleichung der seinerzeit dem Deutschen Reiche zugefallenen Kopie des internationalen Längennormals (s. den Artikel Längeneinheiten)

Nr. $18 = 1\,m - 1,0\,\mu + [8,642 \cdot t + 0,001 \cdot t^2]\,10^{-6}\,\mu$, wo t die jeweilige Temperatur des Maßstabes bedeutet.

Um für einen Maßstab seine Gleichung abzuleiten, muß man ihn mit einem anderen Maßstab bekannter Länge vergleichen. Endmaße legt man zu diesem Zweck, das unbekannte und das bekannte nacheinander, in eine Lehre, deren einer Anschlag fest, und deren anderer Anschlag beweglich ist (Schublehre). Die Stellung des freien Anschlages wird an einem Nonius (s. d.) abgelesen. Eine Verfeinerung der Messung kann dadurch erzielt werden, daß man den freien Anschlag durch eine Mikrometerschraube (s. d.) bewegt. Eine solche Vorrichtung nennt man ein Schraubenmikrometer. Die höchste Verfeinerung der Messung erreicht man, wenn man auch den zweiten Anschlag unbeweglich macht und die Entfernung zwischen ihm und der Maßstab-Endfläche mittels Interferenzerscheinungen in Lichtwellenlängen auswertet.

Strichmaße vergleicht man am einfachsten durch Aneinanderlegen der Teilungen, indem man schätzt, wieviel der eine Maßstab an jedem Ende länger oder kürzer ist als der andere. Eine andere Art der Vergleichung besteht darin, daß man die eine Länge in einen Zirkel, am besten einen Stangenzirkel faßt und auf die andere Länge überträgt. Die Vergleichung läßt sich dadurch verfeinern, daß man die Zirkelspitzen durch optische Visiere ersetzt, das sind Vorrichtungen, die dem beobachtenden Auge immer dieselbe Sehrichtung gewährleisten. Eine solche Vorrichtung ist das Mikroskop. Durch das Objektiv des Mikroskops wird von dem einzustellenden Strich ein reelles Bild entworfen, welches durch das Okular betrachtet wird. Dort, wo das reelle Bild auftritt, befindet sich als Visiereinrichtung ein Faden oder ein Fadenpaar, die ebenfalls durch das Okular wahrgenommen werden. Das Visieren erfolgt in der Weise, daß der einzustellende Strich durch Verschieben des Mikroskops mit dem Faden zur Deckung gebracht oder in die Mitte des Fadenpaares genommen wird. Die Stellung des Mikroskops wird wieder an einem Nonius oder an einer Mikrometerschraube abgelesen. Besser noch ist es, nicht das Mikroskop zu bewegen, sondern das Fadenpaar durch eine Mikrometerschraube (Okularmikrometer) verschiebbar zu machen.

Apparate mit Stangenzirkel und mit Mikroskopen als Visieren nennt man Kathetometer und Komparatoren, je nachdem der Stangenzirkel und die zu vergleichenden Maßstäbe vertikal oder horizontal angeordnet sind. An den Kathetometern ist der Stangenzirkel in der Regel um seine vertikale Längsachse drehbar, so daß man die Mikroskope nacheinander auf die beiden vertikal nebeneinander aufgehängten Maßstäbe richtet. — Die beiden vertikal gerichteten Mikroskope des Komparators sitzen auf einem horizontal verschiebbaren Schlitten oder Wagen, der entweder parallel (Longitudinalkomparator) oder senkrecht (Transversalkomparator) zur Längsrichtung der beiden auf

horizontalen Tischen liegenden Maßstäbe bewegt wird. Transversalkomparatoren werden auch in der Form gebaut, daß die Mikroskope fest angeordnet sind und die Maßstäbe mit einem passend eingerichteten Wagen abwechselnd unter die Mikroskope gefahren werden.

Als Longitudinalkomparator bezeichnet man auch einen Apparat, dessen Mikroskope nicht an den Enden eines Stangenzirkels, sondern beide an einem mit dem Schlitten verbundenen, senkrecht zur Gleitbahn stehenden Arm sitzen. Die Mikroskope laden etwas verschieden weit aus, so daß man im einen die Striche des einen, im andern die Striche des anderen Maßstabes sieht, die beide nebeneinander auf dem Tische des Komparators liegen. Die Vergleichung der Maßstäbe erfolgt hier in der Art, daß man zunächst links die Fadenpaare auf die linken Maßstabstriche einstellt (a auf I, b auf II), dann ebenso rechts verfährt (c auf I, d auf II). Der Längenunterschied der beiden Maßstäbe ist dann

$$(c - a)\,x - (d - b)\,y,$$

wo x und y die Reduktionsfaktoren der beiden Okularmikrometer auf metrisches Maß bedeuten.

Eine besondere Form des Longitudinalkomparators ist die Teilmaschine. An die Stelle des einen Mikroskops tritt ein Reißerwerk, mit welchem man, während man durch das übrig gebliebene Mikroskop einen Maßstab anvisiert, einen Stichel über die zu teilende Fläche des zweiten Stabes führt. Die Teilmaschine wird zur Schraubenteilmaschine, wenn man den Schlitten nicht von Hand, sondern mit Hilfe einer über die ganze Länge des Instrumentes reichende Schraube bewegt. Dabei dient dann aber die Schraube nicht nur als Transportschraube, sondern kann auch an Stelle des im Mikroskop befindlichen Okularmikrometers als Meßschraube benutzt werden.

Im vorstehenden war nur die Rede davon, wie man Endmaße mit Endmaßen und Strichmaße mit Strichmaßen vergleicht. Der gegenseitige Anschluß, die Vergleichung der Endmaße mit Strichmaßen erfolgt unter Verwendung von sog. Anschiebezylindern. In ihrer einfachsten Form sind das zwei mit je einem Teilstrich versehene Zylinder, welche jeder mit einer Endfläche des Endmaßstabes zur Berührung gebracht werden. Das Endmaß wird so in ein Strichmaß verwandelt, welches mit einem schon bekannten verglichen wird. Hierauf entfernt man den Endmaßstab und bringt die Anschiebezylinder unmittelbar miteinander zur Berührung und ermittelt die Entfernung ihrer Indexstriche wie bei der ersten Messung. Die Differenz beider Längenmessungen gibt die Länge des Endmaßes.

Scheel.

Näheres s. Scheel, Praktische Metronomie. Braunschweig 1911.

Längennormale s. Längeneinheiten; Längenmessungen.

Längsstabilität s. unter Stabilität des Flugzeugs.

Lagermetalle. Als Baustoffe für Lager zur Aufnahme rotierender Zapfen und Wellen werden im Maschinenbau außer Gußeisen besonders Bronzen und Weißmetalle verschiedener Zusammensetzungen benützt. Die Auswahl derselben wird getroffen je nach der Höhe des auftretenden spezifischen Lagerdruckes (kg cm^{-2}), des Reibungswertes (kg cm^{-1} m sec^{-2}), der Schmiermöglichkeit, der zulässigen Temperatur usw. Solche Legierungen sind:

	Kupfer	Zinn	Zink	Blei	9°/₀ Phosphorkupfer
Zähes Lagermetall	86	14	2	—	—
Lager, das Stöße auszu-halten hat	82	16	2	—	—
Lokomotiv-Achslager . . .	82	10	8	—	—
Lokomotiv-Achslager . . .	79	8	5	8	—
Triebstangenlager	74,5	11	11	—	3,5
Wagenachslager	72,5	8	17	—	2,5
Wagenachslager	73,5	6	19	—	1,5

	Kupfer	Zinn	Zink	Blei	Antimon
Weißmetall	6	83	—	—	11
Weißmetall	6	82	—	—	12
Weißmetall (härter) . . .	7,8	76,7	—	—	15,5
Weißmetall (hart)	9	72,8	—	—	18,2
Weißmetall für untergeord-nete Zwecke	—	42	—	42	16
Lagermetall für untergeord-nete Zwecke	—	—	—	84	16
Lagermetall, bessere Quali-tät	8	—	—	80	12
Lagermetall, bessere Quali-tät	—	—	20	60	20
Babbitmetall	4	19	69	5	7
Babbitmetall für Fahrzeuge	—	25	50	25	—

L. Schneider.

Lagrangesche Funktion s. Energie (mechanische) und Impulssätze.

Lagrangesche Gleichungen s. Impulssätze.

Lagrangesche hydrodynamische Gleichungen. Während die Eulerschen Gleichungen (s. dort) die Geschwindigkeitskomponenten u, v, w einer reibungslosen Flüssigkeit angeben, welche an einem Punkte x, y, z zur Zeit t vorhanden sind, wenn sie zur Zeit t = 0 bekannt waren, unabhängig davon, welches Flüssigkeitsteilchen sich gerade an dem Punkte (x, y, z) befindet, geben die Lagrangeschen Gleichungen der Hydrodynamik den Ort (x, y, z) an, an welchem sich ein bestimmtes Teilchen zur Zeit t befindet, welches zur Zeit t = 0 an einem Orte (a, b, c) war; die Lagrangeschen Gleichungen nehmen also die Ortskoordinaten a, b, c als unabhängige, die Ortskoordinaten x, y, z als abhängige Variable. Die Lagrangeschen Gleichungen lauten:

$$\left(\frac{d^2 x}{d t^2} - X\right)\frac{\partial x}{\partial a} + \left(\frac{d^2 y}{d t^2} - Y\right)\frac{\partial y}{\partial a} + \left(\frac{d^2 z}{d t^2} - Z\right)\frac{\partial z}{\partial a}$$
$$+ \frac{1}{\varrho}\frac{\partial p}{\partial a} = 0$$

$$\left(\frac{d^2 x}{d t^2} - X\right)\frac{\partial x}{\partial b} + \left(\frac{d^2 y}{d t^2} - Y\right)\frac{\partial y}{\partial b} + \left(\frac{d^2 z}{d t^2} - Z\right)\frac{\partial z}{\partial b}$$
$$+ \frac{1}{\varrho}\frac{\partial p}{\partial b} = 0$$

$$\left(\frac{d^2 x}{d t^2} - X\right)\frac{\partial x}{\partial c} + \left(\frac{d^2 y}{d t^2} - Y\right)\frac{\partial y}{\partial c} + \left(\frac{d^2 z}{d t^2} - Z\right)\frac{\partial z}{\partial c}$$
$$+ \frac{1}{\varrho}\frac{\partial p}{\partial c} = 0$$

$$\varrho\, \varDelta = \varrho_0.$$

Hier bedeuten X, Y, Z die Komponenten äußerer Kräfte, bezogen auf die Masseneinheit, p der Druck, ϱ die Dichte der Flüssigkeit zur Zeit t, ϱ_0 die anfängliche Dichte im Punkte (a, b, c). Die Größen

$\frac{d^2 x}{d t^2}, \frac{d^2 y}{d t^2}, \frac{d^2 z}{d t^2}$ sind die Beschleunigungskomponenten, und das Zeichen $\varDelta$ ist für die Determinante

$$\frac{\partial x}{\partial a}, \frac{\partial y}{\partial a}, \frac{\partial z}{\partial a}$$
$$\frac{\partial x}{\partial b}, \frac{\partial y}{\partial b}, \frac{\partial z}{\partial b}$$
$$\frac{\partial x}{\partial c}, \frac{\partial y}{\partial c}, \frac{\partial z}{\partial c}$$

gesetzt. Die ersten drei Gleichungen leiten sich ohne weiteres aus den Eulerschen Gleichungen ab, die vierte Gleichung ist die Kontinuitätsgleichung in veränderter Form.

Die Gleichungen vereinfachen sich für stationäre Strömungen und inkompressible Flüssigkeiten, ebenso wie die Eulerschen Gleichungen.

O. Martienssen.

Näheres s. La m b, Lehrbuch der Hydrodynamik. Leipzig 1907.

Lagrangesche Koordinaten s. Koordinaten der Bewegung.

Lalande-Element s. Kupronelement.

Lambert. Photometrische Gesetze s. Photometrische Gesetze und Formeln. Photometer s. Photometer zur Messung von Lichtstärken. (Amerikanische) Einheit der Flächenhelle s. Photometrische Größen und Einheiten, Nr. 6.

Lamellenmagnet. Permanente Hufeisenmagnete setzt man vielfach, um sie besonders kräftig zu machen, aus einzelnen gehärteten Lamellen zusammen, von denen die innerste am längsten ist, während die äußeren um so kürzer werden, je weiter nach außen sie zu liegen kommen; auf diese Weise erhalten die Pole eine treppenförmige Gestalt. Der Grund für die stärkere Wirkung dieser Magnete liegt darin, daß die in den seitlichen Lamellen verlaufenden Induktionslinien, da sie von dem auf der Mittellamelle aufliegenden Anker durch einen mehr oder weniger breiten Luftspalt getrennt sind, welcher ihrem Übertritt einen erheblichen Widerstand entgegensetzt, den bequemeren Weg durch die Mittellamelle zum Anker nehmen und damit die dort herrschende Induktion erheblich vergrößern; auf dieser aber, also auf der Dichte, und nicht allein auf der gesamten Anzahl der Induktionslinien, beruht die Anziehungskraft eines Magneten, denn diese steigt mit dem Quadrat der Induktion. Würde es also gelingen, den Kraftlinienfluß durch Verringerung des Querschnitts auf die Hälfte zusammenzupressen, so erhielte man die vierfache Wirkung auf der Hälfte der Fläche, d. h. insgesamt die doppelte Anziehung. Tatsächlich liegen infolge der unvermeidlichen Streuung die Verhältnisse nicht so einfach und die erreichbare Verbesserung ist nicht so bedeutend. *Gumlich.*

Laminarbewegung. Unter einer „Laminarbewegung" einer stationär bewegten Flüssigkeit versteht man eine Bewegung, bei welcher ein und dasselbe Flüssigkeitsteilchen immer in einer bestimmten Fläche verbleibt, so daß die Bewegung aus einem Vorbeigleiten bestimmter Flächen aneinander besteht. Die Laminarbewegung ist deswegen von theoretischer Bedeutung, weil sie eine exakte mathematische Erfassung der Bewegung auch bei zähen Flüssigkeiten ermöglicht.

Den einfachsten Fall einer Laminarbewegung haben wir, wenn die Flächen Ebenen sind, wie es der Fall ist bei der stationären Bewegung einer Flüssigkeit zwischen festen parallelen Wänden unter dem Einfluß eines Druckes.

Wir wollen die parallelen Wände als sehr ausgedehnt annehmen, die z-Achse senkrecht zu ihnen ziehen und den Koordinatenanfang in die Mitte zwischen sie legen. Die Bewegungsrichtung sei die x-Achse. Für die Geschwindigkeitskomponenten gilt dann $v = w = 0$ und u ist nur Funktion von z. Die Bewegungsgleichungen erhalten dann die Form

$$\mu \frac{\partial^2 u}{\partial z^2} = \frac{\partial p}{\partial x}, \quad \frac{\partial p}{\partial y} = \frac{\partial p}{\partial z} = 0.$$

Hier ist p der Druck, μ der Koeffizient der inneren Reibung der Flüssigkeit. Findet keine Gleitung an den Wänden statt, ist also $u = 0$ für $z = \pm h$, wo $2h$ der Abstand der festen Wände voneinander ist, so ergeben diese Gleichungen die Beziehungen:

$$\frac{\partial p}{\partial x} = \text{Const.} \quad u = -\frac{1}{2\mu}(h^2 - z^2)\frac{\partial p}{\partial x}.$$

Die Geschwindigkeit ist demnach in der Mitte zwischen den Wänden am größten und nimmt gegen die Wände hin parabolisch ab. Das Durchflußvolumen in der Zeiteinheit durch die Breite b ist

$$V = \int\limits_{-h}^{+h} b \cdot u \cdot dz = +\frac{2}{3\mu} h^3 b \frac{\partial p}{\partial x}.$$

Wenn in Richtung der Strömung auf einer Länge l eine Druckdifferenz $p_1 - p_0$ herrscht, so ist $\frac{\partial p}{\partial x} = \frac{p_1 - p_0}{l}$. Ferner ergibt sich der Widerstand W, welchen die Wände der Strömung auf der Länge l entgegensetzen, durch die Gleichung:

$$W = \frac{3\mu}{h^2} l V.$$

Eine ähnliche Laminarbewegung haben wir, wenn eine Flüssigkeit eine unendlich dünne Lamelle sehr großer Breite umströmt. Nehmen wir an, die Geschwindigkeit der Flüssigkeit in großer Entfernung von der Lamelle sei U, die Tiefe der Lamelle in der Strömungsrichtung sei l und die Breite b, so ist wieder $v = 0$, u dagegen Funktion von x und z und auch w von 0 verschieden. Denn die Flüssigkeitsteilchen werden, wenn sie in der Nähe der Lamelle vorbeiwandern, durch diese verzögert, wenn sie aber die Lamelle passiert haben, durch die Reibung an den schneller fließenden äußeren Flüssigkeitsschichten beschleunigt. Die Bewegungsgleichungen werden in diesem Falle

$$u\frac{\partial u}{\partial x} + w\frac{\partial u}{\partial z} = \frac{\mu}{\varrho}\frac{\partial^2 u}{\partial z^2}$$

$$\frac{\partial u}{\partial x} + \frac{\partial w}{\partial z} = 0$$

mit den Grenzbedingungen $u = w = 0$ für $z = 0$ und $u = U$ für $z = \infty$, wenn der Koordinatenanfang in die Lamelle verlegt wird. Aus diesen Gleichungen findet Blasius durch angenäherte Integration für den Widerstand die Formel:

$$W = 1,327\, b \sqrt{\mu \varrho l U^3}.$$

Eine weitere, der Rechnung zugängliche Laminarbewegung ist die Strömung von Flüssigkeiten durch Kapillaren, die zum Poiseuilleschen Gesetz führt (s. dort).

Eine der Rechnung zugängliche Laminarbewegung bekommen wir ferner, wenn ein langer fester Zylinder mit dem Radius R_0 in einer zähen Flüssigkeit mit einer Winkelgeschwindigkeit ω_0 um seine Achse rotiert und die Flüssigkeit von einem feststehenden konaxialen Zylindermantel mit dem Radius R_1 umschlossen ist. Die Flüssigkeit rotiert dann ebenfalls auf konzentrischen Zylinderflächen und ihre Winkelgeschwindigkeit auf einer Zylinderfläche mit dem Radius r ist

$$\omega = \frac{R_0^2}{r^2}\frac{R_1^2 - r^2}{R_1^2 - R_0^2}\,\omega_0.$$

Hieraus ergibt sich ein Widerstandsmoment der Flüssigkeit auf die Längeneinheit des äußeren Zylinders von der Größe:

$$W = 4\,\pi\,\mu\,\frac{R_1^2 R_0^2}{R_1^2 - R_0^2}\,\omega_0.$$

Eine nicht stationäre Laminarbewegung haben wir bei den Schwingungen einer Scheibe um ihre Achse in einer zähen Flüssigkeit, deren Beobachtung ebenso wie der Durchfluß durch Kapillare zur Bestimmung des Reibungskoeffizienten benutzt werden kann. Ist die Scheibe an einem Draht mit dem Torsionsmoment M aufgehängt, so schwingt sie im luftleeren Raume mit einer Schwingungsdauer $T = 2\,\pi\,\sqrt{\dfrac{\Theta}{M}}$, wenn Θ das Trägheitsmoment der Scheibe ist. In einer zähen Flüssigkeit werden die Schwingungen der Scheibe gedämpft, indem beiderseits der Scheibe die Flüssigkeit ebenfalls in horizontale Schwingungen gerät. Für die Winkelgeschwindigkeit ψ der Flüssigkeit im Abstande x von der Scheibe ergibt sich die Gleichung $\dfrac{d\psi}{dt} = \dfrac{\mu}{\varrho}\dfrac{d^2\psi}{dx^2}$. Ist die Winkelgeschwindigkeit der Scheibe $\psi_0 = a_0 \sin\dfrac{2\pi}{T_1} t$, so hat die Flüssigkeit, welche der Scheibe beiderseits anliegt, dieselbe Geschwindigkeit, vorausgesetzt, daß keine Gleitung stattfindet. In großer Entfernung von der Scheibe ist dagegen $\psi = 0$. Mit diesen Grenzbedingungen ergibt die Differentialgleichung das Resultat

$$\psi = a_0\, e^{-\beta x} \cdot \sin\left(\frac{2\pi}{T_1} t - \beta x\right),\ \text{wo}\ \beta = \sqrt{\frac{2\pi}{T_1}\frac{\varrho}{2\mu}}.$$

Aus diesen Formeln erkennt man, daß die Schwingung der Flüssigkeit nur in der unmittelbaren Nachbarschaft der Scheibe merklich ist. Für Wasser mit $\dfrac{\mu}{\varrho} = 0{,}01$ erhält man bei einer Schwingungsdauer $T = 1$ Sek., z. B. $\beta \sim 18$; die Schwingungsamplitude der Flüssigkeit in 2 mm Entfernung von der Scheibe ist dann nur noch der 37. Teil der Schwingungsamplitude der Scheibe. Die Flüssigkeitsbewegung übt auf die Scheibe einen Widerstand aus, daß die Schwingungen der Scheibe gedämpft werden. Das logarithmische Dekrement dieser Dämpfung berechnet sich zu

$$\Lambda = \frac{\pi R^4}{2\,\Theta}\sqrt{\frac{\pi}{4}\,T \cdot \mu \cdot \varrho},$$

wo R den Durchmesser der Scheibe bedeutet, und die geringe Vergrößerung des Trägheitsmomentes und der Schwingungsdauer durch die mitbewegte Flüssigkeit außer Acht gelassen ist. Es ist also das logarithmische Dekrement der Wurzel aus der Zähigkeit proportional.

Eine Laminarbewegung, wie sie in allen diesen Beispielen behandelt wurde, tritt nur auf, wenn die Geschwindigkeit der Flüssigkeit in keinem Punkte eine gewisse Größe überschreitet; andernfalls wird die Strömung turbulent (s. dort), wie es zuerst von Osborne Reynolds beim Strömen durch Kapillaren beobachtet wurde.

In einer freien Flüssigkeit in größerer Entfernung von festen Körpern ist die Laminarbewegung stets labil, kann sich also nicht dauernd erhalten. Nehmen wir z. B. an, in einer Laminarbewegung gemäß der Figur würde durch einen Zufall die ursprünglich ebene dick ausgezogene Flüssigkeitsschicht ein wenig durchgebogen, wie gezeichnet.

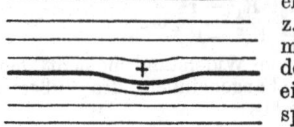

Laminarströmung.

Dann hätten wir auf der konkaven Seite Druckvermehrung, auf der konvexen Seite Druckverminderung, da die benachbarten Flüssigkeitsteilchen auf der ersteren Seite langsamer, auf der letzteren schneller fließen müssen. Dieser Druckunterschied biegt aber die Flüssigkeitslamelle noch weiter durch, so daß bald der ganze Charakter der Strömung verändert wird.   *O. Martienssen.*

Näheres s. La m b, Lehrbuch der Hydrodynamik. Leipzig 1907.

Land. Der nicht vom Meere bedeckte Teil der Lithosphäre tritt als Land zutage und nimmt eine Fläche von rund 149 Millionen Quadratkilometern oder 29% der Erdoberfläche ein.

Horizontale Anordnung. Die nördliche Halbkugel enthält doppelt so viel Land wie die südliche, nämlich 100,5 gegen 48,5 Millionen Quadratkilometer, und von allen Breitenzonen enthält diejenige zwischen 40° und 50° Nord mit 16,5 Millionen Quadratkilometer am meisten Land, während auf die Zone zwischen 50° und 60° Süd nur 0,2 Millionen Quadratkilometer entfallen. Die Anordnung der Landmassen auf der Erdoberfläche ist sehr unregelmäßig. Durch einen größten Kreis kann man eine Halbkugel abzirkeln, die möglichst viel Land enthält. Aber auch auf dieser sog. Landhalbkugel, deren Pol in 47° 25′ Nord, 2° 37′ West liegt, überwiegt noch der Anteil des Meeres mit 54%. Während der zentrale Teil der ganzen Südpolarzone von Land eingenommen wird, reicht dieses im Norden nur bis zu 83° 45′ (Nordspitze von Grönland). Man unterscheidet vier große zusammenhängende Landmassen, die alte Welt (79,9 Mill. qkm), Amerika (37,6 Mill. qkm), Australien (7,6 Mill. qkm) und Antarktika (14 Mill. qkm), sowie zahlreiche Inseln (s. diese). Einen Zahlenausdruck für die horizontale Gliederung des Landes erhält man durch Vergleich des Flächeninhaltes der Glieder eines Erdraumes mit dem seines Rumpfes. Auch die Bestimmung des mittleren Küstenabstandes, den man mit Hilfe von Kurven gleichen Grenzabstandes ermittelt, gibt eine gewisse Anschauung von dem Ausmaß der Gliederung.

Für die einzelnen Erdteile hat man folgende morphologische Werte ermittelt:

	Gesamtfläche in Mill. qkm	Halbinseln in Mill. qkm	Inseln Mill. qkm	Rumpf Mill. qkm	Glieder Mill. qkm	Glieder %	Mittlerer Küstenabstand km	Küstennahe Gebiete %	Küstenferne Gebiete %	Mittlere Höhe m
Europa . . .	10,01	2,70	0,79	6,52	3,49	35	340	62	38	300
Asien. . . .	44,18	7,94	2,70	33,54	10,64	24	780	61	39	950
Nordamerika	24,10	2,04	4,10	17,95	6,15	25,5	470	58	42	700
Südamerika .	17,78	0,05	0,15	17,58	0,20	1,1	550	56	44	580
Afrika . . .	29,82	0,00	0,62	29,20	0,62	2,1	670	53	47	650
Australien .	8,90	0,42	1,30	7,18	1,72	19	350	55	45	350

Vertikale Gliederung. Ein Drittel des Landes, etwa 10% der gesamten Erdoberfläche, liegt in der geringen Höhe von 0 bis 200 m über dem Meere, wie die hypsographische Kurve (s. diese) ohne weiteres erkennen läßt. Die einzelnen Höhenstufen umfassen folgende Areale:

Unter	0 m	. . .	0,5 Mill. qkm
0—	200 „	. . .	48,5 „ „
200—	500 „	. . .	33 „ „
500—1000 „		. . .	27 „ „
1000—2000 „		. . .	24 „ „
2000—3000 „		. . .	10 „ „
über 3000 „		. . .	6 „ „

Der höchste Punkt des Landes ist der Gipfel des Gaurisankar im Himalaya (8840 m). Am tiefsten liegt das Ufer des Toten Meeres in Palästina (394 m unter dem Meeresspiegel). Derartige Depressionen des Landes, die unter dem Meeresniveau liegen, finden sich in allen Erdteilen und sind an ihren tiefsten Stellen meist von Salzseen eingenommen.

O. Baschin.

Näheres s. H. Wagner, Lehrbuch der Geographie. I. Bd. 10. Aufl. 1920.

Landesaufnahmen, magnetische. Die Ermittelung der Verteilung der erdmagnetischen Elemente in einem bestimmten Gebiet durch Messung derselben an bekannten Orten. Da man früher, namentlich auf See, durch solche Beobachtungen den geographischen Ort des Schiffes glaubte gut bestimmen zu können, kommt auch der Ausdruck „Magnetische Ortsbestimmungen" vor. Wegen der Säkularvariation werden die Messungen mit Hilfe der Angaben eines im Gebiet liegenden magnetischen Observatoriums auf einen festen Zeitpunkt, die „Epoche" zurückgeführt. Die Aufnahme erster Ordnung soll die regelmäßige Verteilung geben, hat daher weit (meist 40 km) voneinander abstehende Messungspunkte und weicht den bekannten Störungen aus. Die zweite Ordnung berücksichtigt diese, und die dritte bestimmt die ganz örtlichen Verhältnisse, insbesondere den Zusammenhang mit den geologischen.

Graphisch stellt man das Ergebnis durch Linien gleicher Werte der magnetischen Elemente dar (isomagnetische Linien), entweder indem man allen beobachteten Werten folgt („wahre" Linien) oder ausgeglichene zieht („terrestrische Linien"). Die normale Verteilung bestimmt man rechnerisch, indem man nach der Methode der kleinsten Quadrate (s. d.) die Koeffizienten der Formel

$$E_n = E_s + a\,\varDelta\lambda + b\,\varDelta\varphi - c\,(\varDelta\lambda)^2 + e\,(\varDelta\varphi)^2 + g\,\varDelta\lambda\,\varDelta\varphi$$

ermittelt, worin die $\varDelta\lambda\ \varDelta\varphi$ Abweichungen der geographischen Koordinaten der Beobachtungspunkte von denen eines mittleren Ortes bedeuten. Rechnet man statt mit den Elementen mit den rechtwinkeligen Komponenten des erdmagnetischen

Feldes, so geben die Unterschiede gegen deren aus den Beobachtungen unmittelbar folgende Werte, die Komponenten des „Störungsvektors" oder der „Anomalie".

Seit die Carnegie-Institution die Förderung der magnetischen Vermessung der Erde in die Hand genommen hat, gibt es nur noch wenige, einer magnetischen Landesaufnahme nicht unterworfenen Gebiete, besonders da sie mit einem eisenfreien Schiff auch die Weltmeere vermessen hat. Ein reicher Anteil wurde von den verschiedenen Nord- und Südpolarexpeditionen geleistet.

Die magnetischen Landesaufnahmen geschehen meist mit eigens gebauten leicht transportablen Instrumenten, die nicht absolute Werte, sondern relative liefern, indem ihre Konstanten durch Vergleichsmessungen an ständigen Observatorien gewonnen worden sind. Die absoluten Daten der Observatorien selbst sind in sorgfältigem Vergleich untereinander gehalten. Aufnahmen dritter Ordnung bedienen sich oft der Lokalvariometer (s. d.). *A. Nippoldt.*

Näheres s. K. Haußmann, Magn. Karten von Deutschland. Peterm. Mitt. 1912.

Landesvermessung s. Triangulierung.

Landoltsche Natriumlampe. Mit ihr läßt sich ein recht intensives Natriumlicht erzeugen. Eine Bunsensche Lampe mit aufgesetztem kegelförmigen Drahtnetz und so starker Luftzuführung, daß der innere dunkle Kegel der Flamme verschwindet, steht auf der Grundplatte eines eisernen Stativs, dessen Stange einen aus Eisenblech hergestellten, viereckig gestalteten Schornstein trägt, der dicht über den Brenner gestellt wird. Es genügt, wenn die vordere Seite des Schornsteins ziemlich unten eine runde Öffnung von etwa 20 mm Durchmesser besitzt, aus welcher das Natriumlicht zur Beleuchtung des Apparats heraustritt. Zuweilen befindet sich vor dieser Öffnung noch ein leicht beweglicher Messingschieber mit verschieden großen Löchern, um das Licht aussendende Öffnung beliebig verkleinern zu können. Auf den mit vier passend eingeschnittenen Kerben versehenen Rand des zylindrischen Kamins der Gaslampe werden dann zwei Nickeldrähte gelegt, deren jeder in der Mitte ein aufgerolltes Stück feinen Nickeldrahtnetzes trägt, dessen Maschen mit zuvor geschmolzenem Natriumsalz getränkt sind. Bringt man nun durch Herunterschieben des Kamins die Nickeldrahtnetze nahe über den Drahtnetzkegel des Brenners, so wird seine Flamme sehr kräftig gefärbt.

Als Natriumsalze benutzt man gewöhnlich Natriumkarbonat, Chlornatrium oder Bromnatrium. Das erste gibt die geringste, das letzte die größte Natriumdampfdichte und somit Lichtstärke. Zu beachten ist, daß beim Bromnatrium wie auch Seesalz aus der Flamme noch Bromdämpfe austreten, so daß beim Arbeiten mit diesen Salzen unbedingt die Lampe unter einen gut ziehenden Abzug gestellt werden muß, weil anderenfalls die optischen Apparate durch die Bromdämpfe gänzlich ruiniert werden würden. *Schönrock.*

Näheres s. H. Landolt, Optisches Drehungsvermögen. 2. Aufl. Braunschweig 1898.

Lanesche Maßflasche s. Maßflasche.

Langevin-Ionen. Es sind dies besonders schwer bewegliche Ionen, welche dadurch entstehen, daß sich gewöhnliche Molionen an Nebelteilchen, Rauch- oder Staubteilchen in der Luft anlagern: dadurch wird ihre Masse auf einen oft tausendfach

größeren Betrag vermehrt und daher bewegen sie sich dann im elektrischen Felde viel träger, als die gewöhnlichen Ionen (vgl. „Beweglichkeit"). *V. F. Hess.*

L-Antenne s. Marconi-Antenne.

Laplacesche Punkte s. Lotabweichung.

Latente Wärme. Wenn man einem Körper eine Wärmemenge ΔQ zuführt, so wird im allgemeinen nur ein Teil dieser Wärme zur Temperaturerhöhung des Körpers verbraucht, während der Rest als äußere Arbeit der Ausdehnung in die Erscheinung tritt oder für irgendwelche Zustandsänderungen des Körpers, die eine Energiezufuhr benötigen, Verwendung findet. Derjenige Teil der Wärmemenge ΔQ, der nicht zur Temperaturerhöhung dient, wird latente (= verborgene Wärme) genannt. Befindet sich ein Körper im Zustand des Schmelzens oder der Verdampfung, so wird die ganze zugeführte Wärme latent, da kein Bruchteil derselben zur Temperaturerhöhung verbraucht wird. Ähnlich ist es bei der Umwandlung eines Körpers von einer Modifikation in eine andere. In allen diesen Fällen wird ein Teil der latenten Wärme zur Leistung äußerer Arbeit aufgewendet, was besonders deutlich bei der Verdampfung (s. d.), die stets mit einer starken Volumenänderung verbunden ist, zu erkennen ist.

Neben dieser latenten Wärme der Volumenänderung, die fast bei jeder Erwärmung unter konstantem Druck auftritt und mit wenigen Ausnahmen (z. B. Wasser unterhalb 4°) positiv ist, kann man nach dem Vorgang von Chwolson auch von einer latenten Wärme der Druckänderung sprechen, als welche diejenige Wärme anzusehen ist, welche ein auf konstanter Temperatur bleibender Körper aufnimmt, wenn er komprimiert wird. Man erkennt sofort, daß diese latente Wärme stets negativ sein muß. *Henning.*

Latente Wärme. Latente Wärme nennt man diejenigen Wärmemengen, welche einem Körper zugeführt oder ihm entzogen werden und welche sich nicht durch ein Steigen oder Fallen der Temperatur erkennen lassen. Die zugeführten Wärmemengen werden vielmehr zur Arbeitsleistung verbraucht, um in dem Körper molekulare Umlagerungen zu bewerkstelligen. Latente Wärme sind die Schmelz- und Erstarrungswärme, die Verdampfungs- und Kondensationswärme, die Sublimationswärme und die Verdunstungskälte, endlich die Umwandlungswärme. In weiterem Sinne kann man auch die bei physikalisch-chemischen Vorgängen verbrauchten oder auftretenden Wärmemengen als latente Wärme bezeichnen, die Lösungswärme, Verdünnungswärme, Absorptionswärme, Adsorptionswärme u. dgl.

Die Vorgänge, bei denen latente Wärme verbraucht wird, sind vielfach umkehrbar. Man kann durch Messungen feststellen, daß bei dem umgekehrten Verlauf des Vorgangs genau soviel latente Wärme frei wird, wie vorher aufgewendet wurde. Betrachten wir beispielsweise eine Aggregatzustandsänderung in beiden Richtungen, so muß zum Verdampfen von 1 kg Wasser genau soviel Wärme aufgewendet werden, wie durch Verflüssigung von 1 kg Dampf wiedergewonnen werden kann. Verdampfungswärme und Kondensationswärme haben also, absolut genommen, denselben Wert; sie unterscheiden sich voneinander lediglich durch das Vorzeichen.

Zur Messung der latenten Wärmen bedient man sich der allgemeinen kalorimetrischen Methoden; s. den Artikel Kalorimetrie.

Die latenten Wärmen werden in der Physik fast ausschließlich in g-Kalorien für 1 g Substanz gerechnet; die Vertreter der physikalischen Chemie geben die latenten Wärmen dagegen vielfach in g-Kalorien für 1 Grammolekül an, d. h. für eine Masse des Körpers von einer Anzahl Gramm gleich seinem Molekulargewicht, auch wohl für 1 Grammatom.   *Scheel.*

Lateralrefraktion oder Seitenrefraktion ist die durch die verschiedenen Dichtverhältnisse der atmosphärischen Luft hervorgerufene seitliche Abweichung des Lichtstrahles.

1. Die regelmäßige Seitenrefraktion rührt von der Abplattung der Erde her, derzufolge auch die atmosphärischen Schichten abgeplattet sind. Da der Lichtstrahl immer in der jeweiligen Vertikalebene gebrochen wird, diese aber von Punkt zu Punkt ihre Lage ändert, so folgt, daß der Lichtstrahl eine seitliche Biegung erfahren muß. Für die Kugel würden alle Vertikalebenen längs des Lichtstrahles zusammenfallen, die Seitenrefraktion somit verschwinden. Die regelmäßige Seitenrefraktion beträgt nicht mehr als $1/7$ des Unterschiedes zwischen astronomischem und geodätischem Azimut (s. dieses) und kann daher immer vernachlässigt werden.

Näheres s. R. Helmert, Die mathematischen und physikalischen Theorien der höheren Geodäsie. Bd. II, S. 564.

2. Die unregelmäßige Seitenrefraktion wird durch außergewöhnliche Schichtung der atmosphärischen Luft hervorgebracht. Da sie von den größtenteils unbekannten meteorologischen Elementen abhängt, entzieht sie sich der Berechnung. Die Praxis der Horizontalwinkelmessung lehrt, daß man am meisten der Gefahr seitlicher Refraktionen ausgesetzt ist, wenn die Luft ruhig erscheint. Wenn dagegen die Luft unruhig ist, so verhindert die Durchmischung das Auftreten außergewöhnlicher Zustände.   *A. Prey.*

Näheres s. A. Fischer, Der Einfluß der Lateralrefraktion auf das Messen von Horizontalwinkeln. Berlin 1882.

Laurentsche Quarzplatte s. Polarimeter.

Laute s. Saiteninstrumente.

Lautverstärker s. Niederfrequenzverstärker.

L-Dublett s. Röntgenspektren und Quantentheorie, sowie Feinstrukturtheorie der Spektrallinien.

Lebensdauer der Geschützrohre s. Pulverkonstanten.

Lebensdauer radioaktiver Substanzen s. Zerfallskonstante.

Lechersche elektrische Methode s. Elektrische Kalorimetrie.

Lechersches System, auch Lechersche Drähte genannt, System aus zwei parallelen Drähten, längs welcher sich elektrische Wellen fortpflanzen. Die Lecherschen Drähte werden verwendet erstens zur Demonstration der Eigenschaften elektrischer Wellen (bekannte Vorlesungsversuche mit kurzen Wellen), zweitens zur Messung der Dispersion, Absorption, Dielektrizitätskonstante usw. von allerlei Substanzen, drittens auch zur Nachrichtenübermittlung. Bringt man im Anfang der Lecherschen Drähte einen Oszillator (Sender, Erreger, Schwingungserzeuger) an, so entstehen zunächst fortschreitende Wellen, die mit Lichtgeschwindigkeit längs der Drähte wandern. An den Enden der Drähte werden die Wellen reflektiert, so daß stehende Wellen auf den Drähten entstehen. Je nachdem die Drähte am Ende offen oder gut leitend geschlossen sind, liegt dort ein Schwingungsknoten

(Spannungsmaximum) oder ein Schwingungsbauch (Strommaximum). Die Reflexion kann verhindert werden, wenn die leitende Überbrückung am Ende der Lecherschen Drähte den Widerstand $Z = \sqrt{\dfrac{L'}{C'}}$ hat; in diesem Falle tritt eine vollständige Aufnahme der ankommenden Energie im Widerstande Z ein. L' und C' sind hierbei Selbstinduktion und Kapazität pro Längeneinheit, deren Werte angenähert folgende sind:

$$L' = 4\,\mu \ \log \text{nat} \ \frac{a}{r} \qquad \frac{1}{C'} = \frac{4}{\varepsilon} \ \log \text{nat} \ \frac{a}{r}$$

(a = Abstand, r = Radius der Lecherschen Drähte, ε = Dielektrizitätskonstante, μ = Perm. des umgebenden Dielektrikum).

Durch den Widerstand der Drähte und die Verluste des Dielektrikums tritt eine räumliche Dämpfung der Welle ein (Strahlung der Lecherschen Drähte ist bei gegen die Wellenlänge kleinem Abstand zu vernachlässigen), welche die Amplituden herabsetzt: $V_x = V_0\,e^{-\beta x}$ (x = Entfernung auf den Lecherschen Drähten, β = räumliche Dämpfung). Der Wert von β ist, wenn R' den Widerstand der Drähte und G' die Leitfähigkeit (reziproker Widerstand) des Dielektrizitätskonstanten, beides pro Längeneinheit bezeichnet:

$$\beta = \frac{R'}{2} \ \sqrt{\frac{C'}{L'}} + \frac{G'}{2} \ \sqrt{\frac{L'}{C'}}.$$

Auch an beliebiger Stelle der Drähte wird durch Anbringen einer leitenden Verbindung (Brücke) eine Reflexion erreicht, die je nach der Beschaffenheit der Brücke mehr oder weniger vollständig ist. Am besten geschieht sie durch eine Plattenbrücke, deren Fläche senkrecht zu den Drähten liegt, und deren Durchmesser mehrmals größer ist als der Drahtabstand (A. R. Colley). Solche sind insbesondere bei Dispersions- oder Absorptionsmessungen zu empfehlen, die mit Hilfe stehender Wellen gemacht werden. Geeignete Oszillatoren hierfür sind die von: Blondlot, Colley, Mie (s. diese).

Werden Flüssigkeiten untersucht, so liegen die Drähte meist teils in Luft, teils in der betreffenden Flüssigkeit. Die Abstände der Bäuche oder Knoten in Luft und in der Flüssigkeit sind durch die bekannten Indikatoren (Funkenstrecken, Glimmlichtröhren, Thermoelemente, Bolometerdrähte usw.) meßbar, sie sind umgekehrt proportional dem Brechungsindex (Wurzel aus Dielektrizitätskonstante). Die Intensitäten an den verschiedenen Stellen sind ein Maß für die Absorption. Die Methode hat manche Fehlerquellen, z. B. die Lage der Flüssigkeitsgrenze, resp. die sog. Brückenverkürzung. Feste Körper von kleinen Abmessungen bringt man zur Messung in kleine Kondensatoren ein, die man an die Enden der Lecherschen Drähte anlegt oder auf den Drähten verschiebt oder dergleichen. Die Dispersions- und Absorptionsmessung mit Lecherschen Drähten ist theoretisch noch nicht genügend durchgerechnet.   *H. Rukop.*

Näheres s. G. Mie, Ann. d. Phys. **2**, 201, 1900.

Leclanché-Element. Ein amalgamiertes Zinkblech als Lösungselektrode befindet sich in 10 bis 20%iger Salmiaklösung gegenüber einem Stab aus Retortenkohle, welcher mit einem Gemenge von Graphit und Braunstein dicht umgeben ist. Bei der Betätigung des Elementes wirkt das Mangansuperoxyd als Depolarisator, indem es die bei der Lösung des Zinks am positiven Pol freiwerdenden

Kationen, NH$^+$ bzw. H$^+$, durch Abgabe von Hydroxylonen bindet, etwa nach dem Schema
MnO$_2$ + 2 H$_2$O = Mn(OH$_2$) + 2 (OH) + 2 $\oplus$.
Die elektromotorische Kraft des Elements beträgt im frischen Zustande 1,5 Volt, erleidet aber schon bei schwacher Stromentnahme eine Verringerung um einige Zehntel-Volt, um sich in der Ruhe sehr bald wieder zu erholen. Daher haben die Leclanché-Elemente in der Schwachstrom-Technik vielfache Anwendungen gefunden, besonders in der Form von sog. Trockenelementen, bei denen der Elektrolyt von porösen oder schleimigen Massen wie Sägemehl, Infusorienerde, Dextrin usw. aufgesaugt bzw. gelatiniert ist. *H. Cassel.*

Näheres in den Lehrbüchern der Elektrochemie; z. B. bei
F. Foerster, Elektrochemie wässeriger Lösungen.
Leipzig 1915.

Leduc-Righi-Effekt. A. Leduc und A. Righi fanden fast gleichzeitig (1887) folgende Erscheinung, die das vollkommene Gegenstück zum Hall-Effekt bildet: Wird in einem, von einem Wärmestrom durchflossenen Leiter ein magnetisches Feld erregt, dessen Kraftlinien senkrecht zur Richtung des Wärmestromes verlaufen, so tritt ein transversales Wärmegefälle auf. Die Erscheinung ist in der Figur schematisch dargestellt. Ein plattenförmiger Leiter wird von dem Wärmestrom W durchflossen und senkrecht dazu von den magnetischen Kraftlinien H durchsetzt. Die Wirkung des ma-

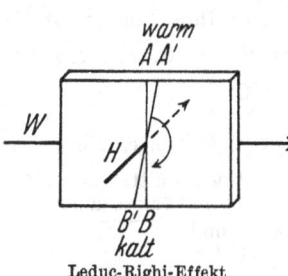

Leduc-Righi-Effekt.

gnetischen Feldes ist dann die, daß eine Isotherme A B z. B. in die Lage A'B' gedreht wird. Infolgedessen wird zwischen A und B nach Erregung des magnetischen Feldes eine Temperaturdifferenz beobachtet. Die Messung des Effektes erfolgt in derselben Weise wie die des Nernst-Effektes, nur daß an Stelle der Potentialdrähte an zwei senkrecht zur Stromrichtung gelegenen Punkten des Leiters A und B Thermoelemente angebracht sind. Als positiv wird der Effekt bezeichnet, wenn die Drehung der Isotherme, in der Richtung der magnetischen Kraftlinien gesehen, im positiven Drehungssinne erfolgt (siehe Fig.), wenn also A warm und B kalt wird. *Hoffmann.*

Näheres s. K. Baedecker, Die elektrischen Erscheinungen in metallischen Leitern. Braunschweig 1911.

Leerer Raum, Reduktion einer Wägung auf den, s. Massenmessungen.

Leerlaufcharakteristik der Gleichstrommaschinen. Man versteht hierunter eine Kurve, die die Beziehung zwischen der induzierten Spannung und dem Erregerstrom bei Leerlauf darstellt. Diese Kurve ist so wichtig, daß sie in ihrem ungefähren Verlauf meist im voraus berechnet und stets an der fertigen Maschine experimentell aufgenommen wird. Geht man von der bekannten Beziehung für die in einer dynamoelektrischen Maschine induzierten Spannung aus (siehe bezüglich der Bezeichnungen unter „Klemmenspannung")

$$E = k \cdot f \cdot Z_s \cdot \Phi_p \cdot 10^{-8} \text{ V},$$

so läßt sich diese in die einfachere Form bringen

$$E = k' f \Phi_p \text{ V} \quad \text{bzw.} \quad \Phi_p = k'' \cdot \frac{E}{f}.$$

Hält man also an der leerlaufenden aber erregten Maschine die sekundliche Periodenzahl der Ummagnetisierung, d. h. praktisch die Umdrehungszahl, konstant, so sind der Kraftfluß Φ_p und die gemessene induzierte Spannung E einander proportional. Bleibt beim Versuch die Periodenzahl nicht genau konstant, so besteht doch noch einfache Proportionalität zwischen dem Quotienten $\frac{E}{f}$ und dem Kraftfluß, ersterer ist ein Relativwert für den letzteren. Bestimmt man nun eine genügende Anzahl solcher Relativwerte für verschiedene Erregerstromstärken i_e, z. B. bei einer gewöhnlichen Nebenschlußmaschine, so kann man eine Kurve aufzeichnen

$$\frac{E}{f} = k_1 \cdot \Phi_p = F (i_e),$$

die in erster Linie Aufschluß über den magnetischen Zustand des betreffenden Generators liefert und demnach eine relative Magnetisierungskurve ist.

Nach Umrechnung aller Werte $\frac{E}{f} = F (i_e)$ auf eine bestimmte Periodenzahl f', in der Regel also die der Umlaufzahl im normalen Betrieb bei Vollast, erhält man entsprechend der Gleichung

$$E = k' f' \cdot \Phi_p = F (i_e)$$

die sog. Leerlaufcharakteristik der Maschine, d. i. die induzierte Spannung als Funktion des Erregerstromes bzw. der ihm entsprechenden Amperewindungen auf einem Pol, die für ihr gesamtes Verhalten im Betrieb grundlegend ist. Ihr Verlauf (s. Fig.) im unteren Teil ist nahezu geradlinig, da bei schwacher Erregung der magnetische Widerstand des Eisens verschwindend ist gegenüber dem Luftspaltwiderstand. Im oberen Teil dagegen ähnelt ihr Verlauf durchaus der Magnetisierungskurve für weiches Schmiedeeisen entsprechend den hohen Induktionen (> 20000) im Anker, die man für moderne Gleichstromgeneratoren mittlerer Drehzahl in der Regel wählt.

Man kann aus der Leerlaufcharakteristik einer Nebenschlußmaschine sofort erkennen, ob sie den Bedingungen der Selbsterregung und Stabilität genügt oder nicht. Bezeichnet man den Widerstand des Erregerkreises mit w_n, so muß während der Selbsterregung natürlich stets die Bedingung erfüllt sein

$$E \geqq j_e \cdot w_n.$$

Ihr entspricht die in der Figur ausgezogene Gerade, deren Schnittpunkt mit der Leerlaufcharakteristik die höchste Spannung ergibt, welche die Maschine bei ihrer Konstruktions-Umdrehungszahl erreichen kann, vorausgesetzt, daß die volle induzierte Spannung am Erregerkreis liegt; in der Praxis schafft man sich gewöhnlich eine gewisse Reserve, indem man für w_n nicht einfach den Kupferwiderstand (warm!) der Erregerwicklung einsetzt, sondern hierzu einen kleinen Zuschlag

Verlauf der Leerlaufcharakteristik.

für den stets vorgesehenen, feinstufigen Regulierwiderstand macht. Würde die Widerstandsgerade mit der Ursprungstangente nahezu zusammenfallen (gestrichelt gez.!), so würde die Maschine zwar Spannung erzeugen, doch würde letztere unstabil zwischen der Remanenz und einem Maximum schwanken.

Für eine Verbundmaschine normaler Bauart gilt im wesentlichen genau die gleiche Überlegung, während man bei der Kontrolle der Stabilität und Selbsterregung einer Serienmaschine beachten muß, daß w_n praktisch durch den Ohmschen Widerstand des äußeren Schließungskreises bestimmt ist.

Bei Turbogeneratoren bestimmter Bauart ist der ganze Arbeitsbereich der Leerlaufcharakteristik nahezu geradlinig. Solche Maschinen sind dann, wie erwähnt, bei Selbsterregung äußerst labil und können praktisch nur mit Fremderregung von einer Batterie oder einer direkt gekuppelten, kleinen Erregermaschine betrieben werden.

Auf der vorausgerechneten Leerlaufcharakteristik bauen sich sämtliche Untersuchungen des Elektroingenieurs auf, die sich in irgendeiner Weise mit dem jeweiligen magnetischen Verhalten der Gleichstromdynamos (Generatoren und Motoren!) befassen. *E. Rother.*

Näheres s. Linker, Elektrotechnische Meßkunde.

Leerlaufcharakteristik der Wechselstromgeneratoren. Sowohl für die relative Magnetisierungskurve

$$\frac{E}{f} = F(i_e)$$

als für die Leerlaufcharakteristik im engeren Sinne

$$E = F(i_e)$$

gelten abgesehen von der Selbsterregungsbedingung alle Überlegungen, die unter dem gleichen Kennwort für Gleichstrommaschinen angestellt wurden (siehe dies!). Immerhin ist aber die Höhe der bei normaler Spannung der Maschine im Eisen auftretenden Sättigungen für Wechselstrom noch wesentlich wichtiger als für Gleichstrom. Der magnetische Kreis eines Wechselstromgenerators, der ohne besondere Hilfsmittel wie Schnellregler (siehe dies!) bei raschen Schwankungen der gelieferten KVA eine leidlich konstante Klemmenspannung liefern soll, muß so dimensioniert sein, daß im Leerlauf sehr hohe Induktionen wenigstens in einem Teil des Eisens auftreten. Der Grund dafür ist, daß die Ankerrückwirkung bei Wechselstromerzeugern (siehe dies!) eine viel wichtigere Rolle als bei Gleichstrommaschinen spielt und völlig von der Art der Belastung abhängt. Will man einen Vergleich mit den bei Gleichstrom herrschenden Verhältnissen anstellen, so muß man sich einprägen, daß induktive Belastung wie Bürstenvorschub, kapazitive dagegen wie Bürstenrückschub wirkt.

Moderne Turbogeneratoren, die mit relativ niedrigen Sättigungen arbeiten, müssen praktisch stets durch die oben erwähnten Schnellregler im Spannungsgleichgewicht gehalten werden.
E. Rother.

Näheres s. Pichelmayer, Wechselstromerzeuger.

Leerlaufcharakteristik s. Charakteristische Kurven.

Leerschwingende Energie. Im Gegensatz zum Wattverbrauch die in einer Selbstinduktion enthaltene Energie $= L \cdot \frac{J^2}{2}$. *A. Meißner.*

Legendresches Theorem. Dasselbe sagt aus: Ein kleines sphärisches Dreieck läßt sich berechnen als ein ebenes mit denselben Seiten, nachdem die Winkel je um ein Drittel des sphärischen Exzesses vermindert worden sind.

Der Satz findet bei der Berechnung der Triangulierungen Verwendung. *A. Prey.*

Näheres s. R. Helmert, Die mathem. und physikal. Theorien der höheren Geodäsie. Bd. I, S. 88.

Legiertes Material s. Dynamoblech.

Leidenfrostsches Phänomen s. Sphäroidaler Zustand.

Leistung, Energie pro Zeiteinheit s. Energiestrom. Zugeführte und ausgestrahlte — s. Wirtschaftlichkeit von Lichtquellen, A.

Leistung s. Energie (mechanische).

Leistung, elektrische. Bewegt sich eine Elektrizitätsmenge Q unter der Wirkung einer EMK, so wird die Arbeit

$$A = E \cdot Q \text{ (Gesetz von Joule)}$$

geleistet. Wird E in Volt, Q in Coulomb gemessen, so erhält man A in Joule.

Die Leistung ist die in der Zeiteinheit verrichtete Arbeit: $N = \frac{A}{t}$. Ihre Einheit ist das Watt = Joule/s. Aus beiden Gleichungen folgt

$$N = E \cdot \frac{Q}{t}.$$

$\frac{Q}{t} = I$ ist die Elektrizitätsmenge, die in der Zeiteinheit durch den Querschnitt des Leiters bewegt wird, d. i. die Stromstärke; daher

$$N = E I \text{ und}$$
$$A = E I \cdot t.$$

Wird E in Volt, I in Ampère gemessen, so erhält man die Leistung N in Watt, die Arbeit A in Wattsekunden (als praktische Einheit der Arbeit gilt die Kilowattstunde (KWh) = 3,6 . 10^6 Joule).

Die Leistung eines Gleichstroms I zwischen zwei Punkten eines Leiters, zwischen denen die Spannung E herrscht, ergibt sich als das Produkt von E und I. In Verbindung mit dem Ohmschen Gesetz hat man daher die Beziehungen

$$N = E I = I^2 R = \frac{E^2}{R},$$

wenn R der Widerstand des Leiters zwischen den betrachteten Punkten ist.

Bei Wechselstrom erhält man in ähnlicher Weise durch Multiplikation der Augenblickswerte e und i von Spannung und Strom die in jedem Augenblick dem Leiterteil zugeführte oder in ihm verbrauchte Leistung. Der Mittelwert der Leistung ist demnach

$$N = \frac{1}{T} \int_0^T e i \, dt,$$

wenn T die Periodendauer ist (vgl. Wechselströme).

Im allgemeinen besteht in Wechselstromkreisen zwischen Spannung und Strom eine Phasenverschiebung φ. Bei einwelliger Kurvenform folgen i und e den Gleichungen

$$i = I_m \sin \omega t$$
$$e = E_m \sin (\omega t + \varphi)$$

(I_m, E_m Scheitelwerte, $\omega = \frac{2\pi}{T}$ Kreisfrequenz).

Dabei

$$N = \frac{I_m E_m}{T} \int_0^T \sin \omega t \, \sin (\omega t) + \phi) \, dt$$

$$= \frac{I_m E_m}{2\,T} \left[\int_0^T \cos \phi \, dt - \int_0^T \cos (2\,\omega t + \phi) \, dt \right].$$

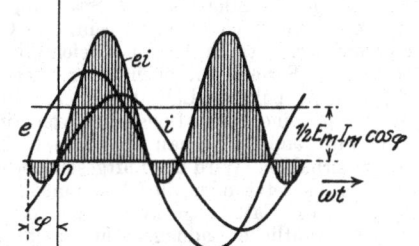

Augenblickswerte von Spannung e, Strom i und Leistung ei beim Wechselstrom.

Der Wert des zweiten Integrals ist Null:

$$N = \frac{I_m E_m}{2} \cos \phi = IE \cos \phi,$$

wenn $I = \dfrac{I_m}{\sqrt{2}}$ der Effektivwert des Stromes

$E = \dfrac{E_m}{\sqrt{2}}$ der Effektivwert der Spannung ist

(vgl. Mittelwert und Effektivwert).

cos φ heißt der Leistungsfaktor.

Der Augenblickswert der Leistung schwingt, wie in der obenstehenden Figur dargestellt ist, mit der doppelten Frequenz $2\,\omega$ um den Mittelwert $\frac{1}{2} E_m I_m \cos \phi$. Nur wenn $\phi = 0$, also $\cos \phi = 1$, ist die Leistung dauernd positiv. Ist φ von 0 verschieden, so ist die Leistung während eines Teils der Periode negativ, d. h. es wird Energie an das Netz zurückgegeben. Hierbei handelt es sich in der Regel um die Energie, die in den elektrischen bzw. magnetischen Feldern der Leitergebilde, die die Phasenverschiebung verursachen, den Kapazitäten und Induktivitäten, während des vorhergehenden Teils der Periode aufgespeichert wurde.

R. Schmidt.

Näheres s. E. Orlich, Theorie der Wechselströme. Leipzig 1912.

Leistungsbelastung eines Flugzeugs ist der Quotient: $\dfrac{\text{Gewicht}}{\text{Motorleistung}}$. Dabei setzt man meist die Motorleistung am Erdboden in PS ein. *L. Hopf.*

Leistungsfaktor s. Leistung.

Leiter, elektrische. Bei der Betrachtung der Elektrizitätsverteilung wird man darauf geführt, Leiter, d. h. solche Körper, welche imstande sind, die Elektrizität von einem Punkt höheren zu denen tieferen Potentials zu leiten, von denjenigen zu unterscheiden, die dazu nicht imstande sind. Diese nennt man Isolatoren (s. dort). Die scharfe Trennung der fundamentalen Unterschiede zwischen Leitern und Nichtleitern, eine der wichtigsten Entdeckungen der Elektrizitätslehre, zog Stephen Gray (1731—1736). J. Th. Desaguliers prägte die Bezeichnung „Leiter" (Konduktor).

Metalle sind stets Leiter der Elektrizität. Da sich in ihnen kein elektrisches Feld halten kann, so zählten die ersten Forscher die Metalle zu den

„anelektrischen" Körpern. Die mathematische Formulierung für den Leiter ist also dadurch gegeben, daß $\mathfrak{E} = \dfrac{\partial \, \phi}{\partial \, x} = 0$ ist, also φ = const zu setzen ist.

Im Innern eines Metalls oder allgemeiner eines Leiters ist mithin das Potential konstant. Die Tatsache, daß ein elektrostatisches Feld in das Innere der Metalle nicht einzudringen vermag, wird in der Praxis dazu benutzt, Instrumente usw. gegen das Feld außen befindlicher Ladungen zu schützen.

Den Übergang zwischen den beiden extremen Klassen der Leiter und der Isolatoren vermitteln die sog. Halbleiter. Außerdem gibt es auch Körper, wie z. B. den Nernstschen Glühkörper, die bei gewöhnlicher Temperatur Isolatoren sind, bei Erwärmung aber Leiter werden.

Meistens ist es üblich, die Leiter in solche erster und zweiter Klasse zu trennen, je nachdem sie dem Gesetz der Spannungsreihe folgen oder nicht. Zu den Leitern erster Klasse gehören in erster Linie die Metalle und der Kohlenstoff in seinen leitenden Modifikationen.

Zu den Leitern zweiter Klasse gehören die chemisch zusammengesetzten Körper, die durch den Strom zerlegt werden, im speziellen die Salzlösungen. Aus diesem Grunde nennt man auch diese Leiter Elektrolyte im Gegensatz zu den Nichtelektrolyten.

R. Jaeger.

Leiter zweiter Klasse. Nach Volta unterscheidet man von den Metallen als Leiter erster Klasse die Flüssigkeiten, welche den elektrischen Strom leiten als Leiter zweiter Klasse. Im weiteren Sinne sind aber darunter alle diejenigen Stoffe zu verstehen, bei denen die Leitung der Elektrizität mit einem Transport von Materie verbunden ist, d. h. durch Wanderung von Ionen vermittelt wird, soweit sich diese Leiter im festen oder flüssigen Aggregatzustand befinden, während die Elektrizitätsleitung in Gasen einer besonderen Klasse von Erscheinungen zugerechnet wird. Zu den Leitern zweiter Klasse gehören also außer den Salze, Basen und Säuren enthaltenden Lösungen auch die geschmolzenen Elektrolyte, die unterkühlten Schmelzflüsse (z. B. das Glas) und die Kristalle der Elektrolyte. Das Leitvermögen der Leiter zweiter Klasse nimmt im Gegensatz zu dem der Metalle mit steigender Temperatur stets zu, wie es der Zunahme der elektrolytischen Dissoziation und der Abnahme der dem Wandern der Ionen widerstrebenden inneren Reibung entspricht.

H. Cassel.

S. auch Leitvermögen der Elektrolyte und Elektrolyse. Näheres in den Lehrbüchern.

Leitfähigkeit, elektrische, der Luft. Nach den Grundanschauungen der Ionenleitung wird die elektrische Leitfähigkeit eines Gases folgendermaßen definiert: bezeichnen wir die Zahl der im ccm vorhandenen positiven Ionen mit n_1, die der negativen mit n_2, ihre Beweglichkeiten im elektrischen Felde (d. h. die Geschwindigkeiten, die sie bei der Feldstärke 1 annehmen) mit u_1, u_2, die Ionenladung (Elementarquantum) mit e, die elektrische Feldstärke mit X, so ist erfahrungsgemäß bei kleinen Werten von X das Ohmsche Gesetz auch in Gasen gültig und daher die Stromstärke, welche von den positiven Ionen herrührt, $i_1 = e \cdot n_1 \cdot u_1 \cdot X$, diejenige, welche von den negativen Ionen herrührt, $i_2 = e \cdot n_2 \cdot u_2 \cdot X$. Der Gesamtstrom ist daher $I = i_1 + i_2 = e \,(n_1 u_1 + n_2 u_2) \cdot X$. Man bezeichnet die Summe $e \,(n_1 u_1 + n_2 u_2)$ als die „totale elektrische Leitfähigkeit" des Gases und die

Ausdrücke e · $n_1 u_1$ bzw. e · $n_2 u_2$ als die „polaren Leitfähigkeiten". Sind mehr als eine Art von Ionen jedes Vorzeichens vorhanden (z. B. Ionen von verschiedenen Beweglichkeiten), so ist bei Bildung des Ausdruckes für die spezifische totale Leitfähigkeit die Summe über alle Glieder (n · u) der verschiedenen Ionengattungen zu erstrecken. Die polare spezifische Leitfähigkeit der positiven Ionen wird gewöhnlich mit λ_1, die der negativen mit λ_2 bezeichnet.

Die atmosphärische Luft hat stets eine gewisse elektrische spezifische Leitfähigkeit, die von den Strahlen der radioaktiven Substanzen in der Luft und an der Erdoberfläche bzw. der allgemein vorhandenen durchdringenden Strahlung (vgl. diese Artikel) herrührt und mannigfachen zeitlichen Veränderungen unterliegt. Ihre Beobachtung hat für die Beurteilung des luftelektrischen Zustandes die größte Wichtigkeit, da sie zusammen mit dem Potentialgradienten die Größe der in der Luft vorhandenen elektrischen Ströme definiert.

Methoden: 1. Scherings Methode. Riecke und später Swann haben gezeigt, daß in bewegter Luft der Ladungsverlust pro Zeiteinheit dQ/dt eines geladenen Körpers (Ladungsmenge Q) von der vorhandenen Ladung allgemein nach der Formel abhängt: dQ/dt = $4 \pi \cdot \lambda \cdot$ Q. Dabei ist für λ der Wert der polaren positiven oder negativen spezifischen Leitfähigkeit einzusetzen, je nachdem der Körper negativ oder positiv geladen ist. Die Formel gilt nach Rieckes nur unter gewissen vereinfachenden Annahmen durchgeführter Theorie unabhängig bei jedem Werte der Luftgeschwindigkeit. Doch ist bei vollkommen ruhender Luft die Formel nicht mehr richtig: dann ist nämlich der Ladungsverlust pro Zeiteinheit nicht der polaren, sondern der totalen Leitfähigkeit proportional. Da in freier Luft praktisch stets genügende Zirkulation herrscht, um die Anwendbarkeit der Formel zu gewährleisten, kann man sie zur Bestimmung des Wertes der polaren spezifischen Leitfähigkeit in folgender Weise (nach Schering) benutzen: man hängt eine Kugel von 5 cm Radius in der Mitte eines vor dem Einfluß des Erdfeldes geschützten, gut ventilierten Raumes im Freien an einem längeren, sehr dünnen Drahte isoliert auf und verbindet sie mit einem Elektrometer (Quadrantenelektrometer mäßiger Empfindlichkeit oder Wulfsches Zweifadenelektrometer). Der beobachtete minutliche Ladungsverlust a, umgerechnet auf die Kapazität des Systems am Elektrometer abwechselnd bei positiver und negativer Ladung gemessen, gibt dann direkt die polaren spezifischen Leitfähigkeiten:

$$a_2 = 4 \pi \cdot \lambda_1,$$
$$a_1 = 4 \pi \cdot \lambda_2.$$

Der bei negativer Ladung beobachtete Zerstreuungskoeffizient a_2 gibt natürlich ein Maß für die von den positiven Ionen herrührende polare Leitfähigkeit λ_1 und umgekehrt (vgl. auch den Artikel „Zerstreuung").

2. Leitfähigkeitsbestimmung mit dem Elster - Geitelschen Zerstreuungsapparat. Näheres darüber vgl. den Artikel „Zerstreuung."

3. Gerdiensche Aspirationsmethode. Die Luft wird mittels eines kräftigen Turbinenventilators (Handbetrieb) durch einen Zylinderkondensator gesaugt, dessen äußere Elektrode geerdet ist, während die innere, positiv oder negativ geladen, mit einem Elektroskop oder Wulfschen Elektrometer verbunden ist. Die Theorie ergibt, daß bei bestimmter Luftgeschwindigkeit der Strom innerhalb des Kondensators zuerst genau proportional der angelegten Spannung ansteigt (Ohmsches Gesetz). Von einer gewissen kritischen Spannung an aber herrscht Sättigungsstrom. Gerdien hat eine Beziehung zwischen Luftgeschwindigkeit, Dimensionen des Kondensators, Spannung und Ionenbeweglichkeit abgeleitet, aus der man unschwer in jedem einzelnen Falle berechnen kann, mit welcher Luftgeschwindigkeit und Spannung man arbeiten muß, um noch sicher zu sein, daß Ohmscher Strom herrscht. In diesem Bereich gilt dann genau dieselbe Formel, wie oben unter 1. erwähnt für die beiden polaren Leitfähigkeiten. In der Praxis genügt eine Aspirationsdauer von einigen Minuten, um genügend genau ablesbare Ladungsverluste zu erhalten. Wird die Luftgeschwindigkeit so weit herabgesetzt oder die Spannung so weit gesteigert, daß Sättigungsstrom erreicht wird, so ist der minutliche Ladungsverlust nicht mehr der polaren Leitfähigkeit, sondern der Ionenzahl proportional und der Apparat funktioniert dann nach dem Prinzip des Ebertschen Ionenzählers (vgl. diesen Artikel).

Die Scheringsche Methode kann auch zu fortlaufenden Registrierungen der Leitfähigkeit verwendet werden, wenn man als Elektrometer das Benndorfsche mechanisch registrierende Elektrometer wählt. Solche Versuchsreihen sind von Lüdeling und Sprung (Potsdam), Schering (Göttingen), Schweidler (Seeham bei Salzburg) und Benndorf (Teichhof bei Graz) ausgeführt worden. Kümmel (Rostock) verwendete zur Registrierung der Leitfähigkeit das Exnersche Elektroskop mit photographischer Aufnahme der Blättchenstellung in bestimmten Intervallen.

Resultate: Der Mittelwert der totalen spezifischen Leitfähigkeit der Luft ist in den meisten Gegenden etwa 1 bis 5 · 10^{-4} elektrostatische Einheiten. Die beiden Komponenten, die polaren Leitfähigkeiten werden fast immer etwas verschieden gefunden. Das Verhältnis der positiven polaren Leitfähigkeit zur negativen polaren Leitfähigkeit (mit $q\lambda$ bezeichnet) ist indes meist nahe an 1, d. h. die Unterschiede der beiden polaren Leitfähigkeiten sind selten größer als $10^0/_0$. Wesentlich größere Verschiedenheiten erhält man nach Schweidler dann, wenn die Messungen bei mangelhaftem Schutz vor dem Erdfeld ausgeführt werden. Über dem Meere sind nach den umfangreichen Beobachtungen der Carnegie-Expeditionen (1913—15) die Werte der Leitfähigkeit nicht wesentlich verschieden von denen über dem Festland. Das Gesamtmittel der totalen spezifischen Leitfähigkeit über dem Meere ist nach Hewlett und Swann 3,07 · 10^{-4}. Die Luft über dem pazifischen Ozean besitzt geringere Leitfähigkeit (2,5 · 10^{-4}) als die über dem indischen Ozean (4,3 · 10^{-4}). Daß über Land nicht höhere Werte erhalten werden, als über dem Meere, obwohl über dem Lande im allgemeinen stärkere Ionisierung zu erwarten wäre, mag wohl daher rühren, daß über Land infolge größeren Gehaltes der Luft an Staubkernen viele Ionen durch Adsorption an solche Kerne schwerbeweglich werden und dann nur mehr wenig zur Gesamtleitfähigkeit beitragen.

Von den regelmäßigen Änderungen der Leitfähigkeit der Luft ist zu erwähnen 1. eine nicht sehr stark ausgeprägte jährliche Periode mit einem Maximum im Sommer, Minimum im Winter. Manchmal findet man im Sommer noch ein sekundäres Minimum. 2. Ein täglicher Gang, der von Ort zu Ort sehr verschieden ausfällt. Im allgemeinen wird das Maximum der Leitfähigkeit in der Nacht gefunden. Die Einflüsse der meteorologischen Faktoren auf die Leitfähigkeit sind entgegengesetzt, wie auf das Potentialgefälle. Daher gehen im allgemeinen auch alle Änderungen des letzteren im entgegengesetzten Sinne, wie die des ersteren.

Am stärksten ist der Einfluß der Luftreinheit auf die Leitfähigkeit. Bei starkem Dunst kann die letztere innerhalb weniger Minuten um mehrere hundert Prozent schwanken. Je reiner die Luft, um so höher ist die Leitfähigkeit. Bei Nebel wird meist stärkere Unipolarität der Leistungsfähigkeit (Überwiegen der polaren positiven Leitfähigkeit, $q\lambda$ größer als 1) beobachtet. In geschlossenen Räumen innerhalb von Gebäuden findet man höhere Leitfähigkeit als im Freien (radioaktive Substanzen in den Wänden). Vor Gewittern werden häufig starke Schwankungen der Leitfähigkeit beobachtet.

V. F. Hess.

Näheres s. R. Mache und E. v. Schweidler, Atmosphärische Elektrizität.

Leitungen. Die Vorschriften des Verbandes Deutscher Elektrotechniker lassen für isolierte Leiter eine Erwärmung von 20^0 zu. Bei einer Außentemperatur von 20^0 darf der Leiter daher höchstens eine Temperatur von 40^0 annehmen. Kabel, die im Erdboden verlegt werden, dürfen mit Rücksicht auf die günstigere Wärmeableitung höher belastet werden; bei Einleiterkabeln ist eine Erwärmung von etwa 25^0 zugelassen. In folgender Tabelle sind die dieser Bestimmung entsprechenden zulässigen Höchststromstärken für verschiedene Querschnitte von isolierten Kupferleitungen und von Einleiterkabeln angegeben. Eine weitere Spalte enthält den Widerstand in Ohm je km bei 20^0.

Querschnitt in mm²	Zulässige Stromstärke in A		Widerstand in Ohm je km bei 20°
	isolierte Leitungen	Einleiterkabel	
1	11	24	17,84
1,5	14	31	11,90
2,5	20	41	7,14
4	25	55	4,45
6	31	70	2,97
10	43	95	1,78
16	75	130	1,11
25	100	170	0,714
35	125	210	0,510
50	160	260	0,357
70	200	320	0,255
95	240	385	0,188
120	280	450	0,148
150	325	510	0,119
185	380	575	0,096
240	450	670	0,074
310	540	785	0,057
400	640	910	0,044
500	760	1035	0,035

R. Schmidt.

Näheres s. K. Strecker, Hilfsbuch für die Elektrotechnik. Berlin 1921.

Das Leitvermögen der Elektrolyte. Die Anwendbarkeit des Ohmschen Gesetzes auf Leiter zweiter Klasse hat sich ohne Ausnahme bewährt. Das Leitvermögen, gemessen in reziprokem Ohm, ist eine charakteristische Stoffkonstante, unabhängig von Stromstärke, Spannungsabfall oder Wechselfrequenz, abhängig aber in hohem Grade von der Temperatur. Da nach dem Faradayschen Gesetz gleiche Elektrizitätsmengen an chemisch äquivalente Mengen der Zersetzungsprodukte des Elektrolyten gebunden sind, so liegt es nahe, das Leitvermögen durch die Annahme eines elektrischen Konvektions-

stromes zu erklären, welcher sich mit den Zersetzungsprodukten durch den Elektrolyten bewegt. Daher erscheint die Vorstellung von Grotthus (1840) unzulänglich, wonach die Moleküle des Elektrolyten Dipole bilden, die sich im elektrostatischen Feld einer von außen angelegten Spannung nach den Elektroden ausrichten und nur an diesen auseinandergerissen werden, während der zurückbleibende Einzelpol sich durch Zerreißen eines nachrückenden Dipoles wiederum selbst zum Dipol ergänzt usf. Vielmehr hat man nach Clausius (1857) anzunehmen, daß entgegengesetzt geladene Bestandteile oder Ionen von vornherein auch ohne Einwirkung eines äußeren Feldes im Elektrolyten vorhanden sind. Die weitere Entwicklung dieses Gedankens ist das Verdienst insbesondere von Arrhenius (1884). Eine auf die Ionen ausgeübte Kraft bewirkt nicht wie bei frei beweglichen Massen eine Beschleunigung, sondern wegen des Reibungswiderstandes des Lösungsmittels eine Geschwindigkeit, die sich zu ihrer Wärmebewegung superponiert. Ist die Ladung des einzelnen Ions gleich $+$ oder $-e$, so wirkt die Feldstärke $\mathfrak{E}$ (Volt/cm) mit der Kraft $e\mathfrak{E}$ und verursacht eine dieser proportionale Geschwindigkeit

$$u = u\mathfrak{E}$$
$$v = v\mathfrak{E}.$$

Hierin werden die Proportionalitätsfaktoren u und v, welche ihrem Betrage nach den Geschwindigkeiten im Felde $\mathfrak{E} = 1$ entsprechen, als Ionenbeweglichkeit des Anions bzw. Kations bezeichnet. Seien η g-Äquivalente eines einwertigen Elektrolyten oder $N\eta$ (N die Avogadrosche Zahl) Moleküle desselben pro ccm gelöst und von diesen infolge der elektrolytischen Dissoziation $\alpha\eta$ N-Moleküle in Ionen gespalten. Die gesamte Elektrizitätsmenge, die in der Zeiteinheit durch einen zur Strombahn senkrechten Querschnitt von 1 qcm hindurchströmt, ist durch das Produkt aus der Ladung der Ionen, ihrer Anzahl und ihrer Geschwindigkeit (unter Berücksichtigung der Vorzeichen) gegeben. Die Stromstärke hat alsdann den Betrag:

$$J = e\,\alpha\eta\,N\,(u + v)\,\mathfrak{E}.$$

Wir erkennen in dieser Gleichung das Ohmsche Gesetz, angewandt auf eine Säule von 1 cm Länge und 1 qcm Querschnitt des Elektrolyten, dessen spezifischer Leitwert daher die Form hat: $\varkappa = e\,\alpha\eta\,N\,(u + v)$. Hierin ist eN nichts anderes als die Elektrizitätsmenge F $= 96500$ C, die nach dem Faradayschen Gesetz an 1g-Äqu. gebunden ist. Der Quotient $\dfrac{\varkappa}{\eta} = \Lambda = \alpha\,F\,(u + v)$ heißt das Äquivalent-Leitvermögen; bei mehrwertigen Elektrolyten tritt noch als Faktor die reziproke Wertigkeit hinzu. Wenn somit das Leitvermögen nur von der Anzahl und der Beweglichkeit der Ionen abhängt, muß in dem Maße wie α mit wachsender Verdünnung gegen 1 konvergiert Λ einem bestimmten der Natur des Elektrolyten eigentümlichen Grenzwert Λ_0 zustreben. Demnach sollte der Dissoziationsgrad $\alpha = \dfrac{\Lambda}{\Lambda_0}$ durch Messung des Äquivalent-Leitvermögens ermittelt werden können (vgl. Verdünnungsgesetz).

Das Äquivalent-Leitvermögen erscheint als Summe der Größen $\lambda_K = \alpha\,Fu$ und $\lambda_A = \alpha\,Fv$. Um diese „elektrolytischen Beweglichkeiten" der Ionen einzeln zu finden, dient außer der Beziehung $\Lambda_0 = (u + v)\,F$ noch die Kenntnis des Verhältnisses $u/v = k/1-k$ der Überführungszahlen (s. d.). So

28*

sollte es möglich sein, das Leitvermögen aus den Beweglichkeiten ihrer Komponenten im voraus additiv zu berechnen. Für Lösungen großer Verdünnung bestätigt sich in der Tat bei allen Ionengattungen die Gültigkeit dieses „Satzes von der unabhängigen Beweglichkeit der Ionen" (Kohlrausch 1876). Siehe die Tabelle:

Ionenbeweglichkeit l nebst Temperaturkoeffizient $a \cdot 10^4$ unendlich verdünnter wässeriger Lösung bei 18° C.

Kationen:

	l	$a \cdot 10^4$		l	$a \cdot 10^4$
H	315	154	$^1/_2$ Ni	44	
Li	33,4	265	$^1/_2$ Cu	46	
$^1/_2$ Be	28	—	$^1/_2$ Zn	46	254
Na	43,5	244	Rb	67,5	214
$^1/_2$ Mg	45	256	$^1/_2$ Sr	51	247
$^1/_3$ Al	40		Ag	54,3	229
K	64,4	217	$^1/_2$ Cd	46	245
$^1/_2$ Ca	51	247	Cs	68	212
$^1/_3$ Cr	45		$^1/_2$ Ba	55	239
$^1/_2$ Mn	44		$^1/_2$ Pb	61	240
$^1/_2$ Fe	45		$^1/_4$ Th	235	
$^1/_3$ Fe	61		NH	64	222
$^1/_2$ Co	43				

Anionen:

	l	$a \cdot 10^4$		l	$a \cdot 10^4$
F	46,6	238	$^1/_2\,C_2O_4$	63	231
Cl	65,5	216	ClO_3	55	215
Br	67,6	215	BrO_3	46	—
J	66,5	213	JO_3	33,9	234
OH	174	180	JO_4	48	—
$^1/_2$ CO	60	270	$^1/_2\,CrO_4$	72	—
$C_6H_9O_2$	25,7	244	$^1/_2\,CrO_3$	60	270
CHO_2	47	—	NO_3	61,7	205
$C_2H_3O_2$	35	238	$^1/_2\,SO_4$	68	227
$C_3H_5O_2$	31	—	SCN	56,6	221

Addition der Beweglichkeiten gibt das Äquivalent-Leitvermögen, Multiplikation mit der Konzentration (in Mol. pro ccm) den spezif. Leitwert verd. Lösungen.

Die Messung des Leitvermögens geschieht am zweckmäßigsten mit Hilfe der Wechselstrombrücke und des Telephons als Nullinstrument zwischen platinierten Pt-Elektroden. Die Form der Leitfähigkeitsgefäße ist passend zu wählen, je nachdem ob schlecht oder gut leitende Flüssigkeiten zur Untersuchung gelangen.

Theorie und Praxis der Meßmethoden, tabellarisch zusammengestellte Resultate, Anwendungen auf die Chemie wässeriger Lösungen in dem klassischen Büchlein von F. Kohlrausch und L. Holborn, Das Leitvermögen. II. Aufl. Teubner 1916.

Für das Leitvermögen in nichtwässerigen Lösungsmitteln ist die Regel von Walden (Zeitschr. f. phys. Chem. 1906) auch neuerdings gut bestätigt, daß das Produkt aus innerer Reibung des Lösungsmittels und Äquivalent-Leitvermögens desselben Elektrolyten in verschiedenen Lösungsmitteln einen konstanten Wert besitzt. Dieser Sachverhalt gewinnt eine plausible Deutung, wenn man sich an den Ionen eine annähernd kugelförmige Schicht des Lösungsmittels haftend denkt, so daß die Beweglichkeit nach der Stokesschen Formel (s. ds.) von der Reibung des Mediums abhängt. Bei den geschmolzenen Elektrolyten versagt notwendig die Theorie der verdünnten Lösungen, zudem bietet die experimentelle Behandlung infolge von Metallnebelbildung größere Schwierigkeiten *H. Cassel.*

Näheres s. R. Lorenz, Nernst-Festschr., Halle 1912. Eine Theorie des Leitungsvermögens in konzentrierten Lösungen wurde von P. Herz (Annal. d. Phys. Bd. 39. 1. 1912) entworfen und neuerdings durch das Experiment mehrfach bestätigt.

Leitvorrichtung s. Dampfdüse.

Leitwerk. Unter diesem Begriff werden alle Organe eines Flugzeugs zusammengefaßt, welche der Steuerung dienen; man versteht speziell unter „Steuer" Übertragungsorgane, welche der Führer an seinem Sitz willkürlich betätigt, unter „Flossen" kleine Flächen, welche am Flugzeug fest angebracht sind und unter „Rudern" bewegliche Flächen, deren verschiedene Stellung verschiedene Luftkräfte und damit die zur Steuerung nötigen Drehmomente erzeugt. *L. Hopf.*

Lenard-Effekt. Unter diesem Namen versteht man zweierlei ganz heterogene Wirkungen: 1. die Volumionisation der Luft und anderer Gase durch ultraviolettes Licht, welche von Lenard entdeckt und auch größtenteils von ihm durchforscht worden ist und 2. die sogenannte „Wasserfallelektrizität" (nach Christiansen „Ballo-Elektrizität"), d. h. die Elektrisierung und Ionisierung der Luft durch Zerspritzen von Wasser. Dieser Effekt, welcher zuerst von Maclean und Goto 1890 aufgefunden wurde, ist durch Lenard und seine Schüler besonders geklärt worden. Beide Effekte haben für die atmosphärische Elektrizität eine gewisse Bedeutung. Betrachten wir zuerst

a) die Volumionisation durch ultraviolette Lichtstrahlen. Lenard u. a. haben festgestellt, daß Licht, welches dem Wellenlängenbereiche 120 bis 200 $\mu\mu$ angehört, in der Luft außerordentlich wirksam Ionisation erregt: es werden Ionen beider Vorzeichen erzeugt, doch ist die Beweglichkeit der erzeugten negativen Träger bedeutend größer: diese haben ungefähr dieselbe Beweglichkeit, wie normale Molionen, während die positiven Träger etwa tausendfach kleinere Beweglichkeit aufweisen. Dies hat auch J. J. Thomson zur Anschauung geführt, daß keine reine Volumionisation vorliege, sondern, daß die in der Luft schwebenden Staubkerne usw. unter ultraviolettem Licht lichtelektrisch erregt (vgl. Hallwachs-Effekt) negative Elektronen abgeben und selbst positiv geladen und infolge ihrer Maße schwer beweglich zurückbleiben. Spätere Arbeiten Lenards zeigten indes, daß dennoch eine Volumionisation durch die primäre Lichtwirkung vorliege. Die störende Wirkung eines eventuell gleichzeitig auftretenden Hallwachs-Effekts läßt sich gesondert ermitteln. Da nur das äußerste Ultraviolett den Ionisationseffekt bewirkt, kann diese Wirkung nur in den höheren Schichten der Luft und bei Tage als Ionisator der Atmosphäre ernstlich in Betracht kommen. An der Erdoberfläche könnte sich der Effekt nur indirekt geltend machen, wenn absteigende Luftströmungen sehr rasch die ionenreiche Höhenluft nach abwärts führen. Nach Messungen von Dember auf Teneriffa scheinen solche Wirkungen tatsächlich manchmal sich bemerkbar zu machen.

b) Ballo-Elektrizität. Beim Zerspritzen von Flußwasser (etwa in einem Wasserfalle) treten Elektrisierungseffekte auf, derart, daß die Wassertropfen positiv sich laden, während in die umgebende Luft negative Ionen austreten. Tatsächlich findet man in der Nähe von Wasserfällen bedeutende negative Raumladungen in der Luft, denen zufolge das Potentialgefälle daselbst sehr erniedrigt oder gar umgekehrt erscheint. Ganz entgegengesetzt verhält sich Meerwasser oder eine Kochsalzlösung: beim Zerspritzen von Salzwasser erhält die Luft positive Raumladung, das Wasser wird negativ elektrisch. Demzufolge hat man in der Nähe von Meeresküsten mit starker

Brandung hohe Werte des atmosphärischen Potentialgefälles beobachtet. Die beschriebenen „balloelektrischen" Effekte sind von Simpson zur Erklärung der positiven Ladung der Regentropfen herangezogen worden (vgl. den Artikel „Niederschlags- und Gewitterelektrizität"). Kleine Verunreinigungen, wie sie bei natürlichen Wässern die Regel sind, können Vorzeichen und Größe der erzeugten Raumladung beim Zerspritzen des Wassers erheblich beeinflussen. Es werden dann gewöhnlich Ionen beider Vorzeichen (also eine eigentliche Ionisierung der Luft) erzeugt, doch nicht in gleicher Zahl. Die Beweglichkeit dieser Ionen ist sehr gering. Derartige Elektrisierungen bzw. Ionisationswirkungen erhält man übrigens auch beim Schütteln von Wasser in einem geschlossenen Gefäß, ja sogar, wenn man Luft in Blasen durch Wasser durchströmen läßt. Bei Messung der Radioaktivität von Quellen (Zirkulations- oder Schüttelverfahren) kann der Lenard-Effekt störend wirken. Der Effekt tritt immer dann auf, wenn die freie Oberfläche eines Tropfens oder einer Gasblase innerhalb einer Flüssigkeit plötzlich durch äußere Kräfte verkleinert wird. Die Ursache der Elektrisierung sieht man in der Ausbildung einer elektrischen Doppelschicht in der Nähe der Flüssigkeitsoberfläche. *V. F. Hess.*

Näheres s. Jahrbuch f. Radioaktivität und Elektronik, Bd. IX Berichte von Becker und von Steubing.

Leslie-Würfel. Zur Demonstration der Abhängigkeit der Gesamtstrahlung von dem Emissions- bzw. Absorptionsvermögen der Oberfläche haben die senkrecht stehenden Würfelflächen verschiedene Oberflächen: hochglanzpoliert, matt oder rußschwarz. Der Würfel wird mit heißem Wasser gefüllt, die verschiedenartigen Strahlenflächen werden abwechselnd vor eine Thermosäule gesetzt (Vorlesungs- und Schulversuch). *Gerlach.*

Leuchterscheinungen durch radioaktive Bestrahlung. An allen stärkeren radioaktiven Präparaten kann Selbstleuchten (Autoluminiszenz) beobachtet werden, das mit der Intensität und der Reinheit des Präparates zunimmt, von der Temperatur nicht beeinflußt wird und vorwiegend ein Effekt der α-Strahlung ist. In feuchter Luft verlieren die Ra-Verbindungen durch Aufnahme von Wasser beträchtlich an Leuchtkraft, erlangen sie aber wieder nach dem Trocknen; Kristalle in einer Lösung werden im Dunkeln durch ihre größere Helligkeit erkennbar. Die Ra-Verbindungen selbst, besonders die trockenen Halogensalze, leuchten veilchenblau; flüssige Ra-Emanation ist farblos, feste Ra-Emanation leuchtet intensiv orange. Von diesem Selbstleuchten ist die Fluoreszenzerregung anderer Substanzen, z. B. der einschließenden Glashüllen, der umgebenden Luft oder anderer fluoreszenzfähiger Körper zu unterscheiden. Die Luft wird durch die α-Strahlen, soweit sich deren Wirkungsbereich erstreckt, zu einer Leuchterscheinung veranlaßt, welche spektral zerlegt dieselben Stickstoff-Linien zeigt, die auch durch elektrische Entladungen hervorgerufen werden. Bei Präparaten im Vakuum verschwindet diese offenbar dem Gase zuzuschreibende Luminiszenz. Eine große Reihe von natürlich vorkommenden Substanzen [Willemit (grün), Kunzit (orange), Diamant (blau), Scheelit (blau)] und künstlicher Präparate [Bariumplatinzyanür (grün), Sidotblende, Salipyrin (blau, spricht nicht auf α-Strahlen an)] zeigen kräftige Fluoreszenz in den beigefügten Farben und reagieren im allgemeinen auf alle drei Strahlenarten. Für β- und

γ-Strahlen besonders empfindlich sind Urankaliumsulfat, Willemit und Bariumplatinzyanür. Tritt gleichzeitig mit der Fluoreszenz eine Verfärbung ein, so nimmt die Leuchterscheinung an Intensität ab, regeneriert aber wieder nach — z. B. durch Erhitzen erfolgter — Entfärbung. Auch das menschliche Auge fluoresziert in Hornhaut, Linse und Glaskörper bei Bestrahlung, und zwar auch bei geschlossenen Lidern, also bei Ausschaltung der α- und β-Strahlen. Viele der oben angeführten Substanzen zeigen ein oft stundenlanges Nachleuchten auch nach Entfernung des Präparates (Phosphoreszenz), so besonders Flußspate, Kunzit, Doppelspat usw. Einige Körper zeigen weiters nach Behandlung mit β-Strahlen die Eigenschaft, daß sie auf eine mäßig erhöhte, vom Glühzustand noch weit entfernte Temperatur gebracht, leuchten (Thermoluminiszenz). So z. B. die durch Bestrahlung braun verfärbten Glas- oder Quarzgefäße, die sich bei Erwärmung teilweise entfärben und dabei leuchten. Körper, die bereits von Natur aus thermoluminiszente Eigenschaften besitzen und diese durch zu langes Erhitzen verloren haben, regenerieren sie wieder bei Bestrahlung mit β-Strahlen (z. B. Marmor, Apatit, Flußspat, Kunzit). *K. W. F. Kohlrausch.*

Leuchtgasschnittbrenner s. Wirtschaftlichkeit von Lichtquellen.

Leuchttechnik s. Lichttechnik.

Leydener-Flaschen. Glaskondensatoren in Flaschenform.

Libelle. Die im Jahre 1656 von Hooke erfundene Libelle besteht aus einem allseitig geschlossenen, schwach gekrümmten Glasrohre, welches mit Alkohol oder Äther gefüllt wird und eine kleine Luftblase enthält. Diese sucht stets die höchste Stelle des Rohres einzunehmen. Das Glasrohr wird auf einen Metallsockel S (Fig. 1) fest-

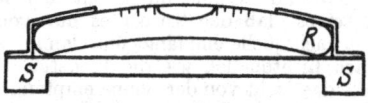

Fig. 1. Röhrenlibelle.

montiert und die Füße desselben so justiert, daß die Blase gerade in der Mitte des Rohres steht, wenn die Libelle auf eine horizontale Fläche gestellt wird.

Derartig justierte Libellen dienen dazu, die horizontalen Lagen oder auch die Neigungen beliebiger Flächen zu prüfen. Denn ist die Fläche geneigt, so wird sich die Luftblase aus der Mitte des Glasrohres nach links oder rechts verschieben. Empfindliche Libellen werden unter Benutzung sehr wenig gekrümmter Glasrohre so justiert, daß die Verschiebung der Blase um 1 mm einer Neigung von weniger als einer Bogensekunde entspricht. Im praktischen Gebrauch, wie z. B. im Baufach, begnügt man sich mit einer wesentlich geringeren Empfindlichkeit.

Soll die Fläche, deren Lage durch die Libelle geprüft wird, nicht nur in einer Richtung, sondern in allen Richtungen horizontal sein, so muß die Prüfung durch Aufstellen der Libelle in zwei etwa senkrechten Richtungen erfolgen.

Um Fehler in der Justierung der Libelle auszuschalten, nimmt man stets zwei Messungen vor, zwischen denen die Libelle um 180° verdreht wurde, und nimmt das Mittel der Blaseneinstellung.

Für Horizontaleinstellung in allen Richtungen dient vielfach auch die Dosenlibelle Fig. 2, welche an Stelle des Rohres eine Dose enthält mit einem

innen konkav kugelförmig geschliffenen Glasdeckel. Die Einstellung der kreisrunden Blase wird an konzentrischen Kreisen abgelesen, welche auf dem Glasdeckel eingeätzt sind.

Fig. 2.
Dosenlibelle.

Wegen der Ausdehnung der Flüssigkeit mit der Temperatur ist die Größe der Luftblase in den Libellen je nach der Temperatur verschieden und hierin liegt ein großer Nachteil. Bei sehr hohen Temperaturen kann die Blase ganz verschwinden, indem die Luft von der Flüssigkeit absorbiert wird, oder das Glasrohr zerspringt durch den hohen inneren Druck. *O. Martienssen.*

Licht. Unter Licht verstehen wir zweierlei: 1. Die Lichtempfindung, die wir haben, wenn unser Auge, genauer, der im Gehirn entspringende, im Augapfel als Netzhaut endende Sehnerv irgendwie gereizt wird, die wir z. B. sogar im Finstern blitzartig haben, wenn das Auge einen Stoß erleidet oder wenn der Sehnerv elektrisch gereizt wird (daher die Helmholtzsche Definition: Lichtempfindung ist die dem Sehnerven eigentümliche Reaktionsweise gegen äußere Reizmittel). Dasjenige Reizmittel nun, das normalerweise die Lichtempfindung in uns erzeugt und das wir zum Sehen brauchen, nennt man kurzweg 2. das Licht. Die Lehre vom Licht, die Optik (von ops, das Auge, optike, das Sehen), behandelt als Physiologische Optik die Lichtempfindungen und als Physikalische Optik deren objektive Ursache, das Licht, und als Geometrische Optik die Wege (Strahlen), längs deren sich das Licht ausbreitet. Das Licht geht stets von einer Lichtquelle, einem „leuchtenden Körper" aus, sei es, daß es in diesem erzeugt wird (primäre Lichtquelle), z. B. in der Sonne, im Leuchtfeuer, in einer Lampe, sei es, daß der Körper es nur vor einer (primären Lichtquelle empfängt und dann aussendet sekundäre Lichtquelle), wie die Planeten und der Mond, die das Licht von der Sonne empfangen, und wie jeder Gegenstand unserer Umgebung, die es direkt oder indirekt von der Sonne oder von einer Lampe erhalten.

Licht sendet jeder Körper primär aus, den man hoch genug erhitzt (Temperaturstrahler), die festen Körper sämtlich bei ca. 500° C, und zwar dunkelrotes. Je heißer die Lichtquelle ist, desto heller (s. Photometrie) ist sie, desto mehr entfernt sich ihre Farbe gleichzeitig von rot und desto weißer wird sie. Die Temperatur unserer künstlichen Lichtquellen liegt zwischen 1400 und 4000° die Temperatur der Sonne bei ca. 6000°. In den primären Lichtquellen entsteht also das Licht nur auf dem Umwege über Wärme. Dieser Umweg bedeutet einen großen Energieverlust, nur ein kleiner Rest, in den ökonomischesten Lichtquellen nur ca. 12%, wird wirklich in Licht verwandelt, alles übrige in Wärme. Die Lichttechnik strebt darnach von einer gegebenen Leistung, z. B. einer Pferdestärke, möglichst viel in Licht und möglichst wenig in Wärme umzusetzen, als Idealfall also Licht ohne jede Wärme (kaltes Licht) zu erzeugen. Im Anfang konnte man z. B. mit den besten elektrischen Glühlampen mit 1 PS nur etwa 180 Kerzen erzeugen, jetzt ca. 1500, damals verlor man 97% durch Wärme, jetzt nur 80%. Alle Arten des Leuchtens, die anders als durch Erhitzen entstehen, nennt man Lumineszenzerscheinungen, sie können infolge eines chemi-

schen oder eines elektrischen Prozesses entstehen (Chemilumineszenz, Elektrolumineszenz) oder durch Bestrahlung mit einem andern Licht (Photolumineszenz, Fluoreszenz, Phosphoreszenz).

Was ist das Licht und wie gelangt es von einer Lichtquelle zu einem andern Ort, z. B. unserm Auge? Nach der Emissionstheorie (Newton) ist es ein unendlich feiner Stoff, den die Lichtquelle ausschleudert und der in unser Auge dringt. — Diese Theorie wurde als unzureichend vor ca. 100 Jahren aufgegeben, wird jetzt aber wieder wichtig durch die korpuskulären Strahlen (Kathodenstrahlen, Kanalstrahlen). Nach der Wellentheorie (Huygens) schwingen die Teilchen der leuchtenden Körper ungeheuer schnell hin und her, Billionen Male in der Sekunde, und erregen in dem sie umgebenden Lichtäther, der ungeheuer elastisch ist, und dessen einzelne Teilchen beim kleinsten Anstoß selber zu schwingen anfangen, Schwingungen. (Man nimmt an, daß der Äther überall vorhanden ist und alle Stoffe in ihn eingetaucht und von ihm durchdrungen sind, wie etwa ein poröser in der Luft befindlicher Körper.) Zunächst entstehen die Schwingungen in dem unmittelbar an die Lichtquelle grenzenden Äther, diese teilen sich dem Äther zwischen der Lichtquelle und unserer Netzhaut mit, und pflanzen sich so schließlich bis zu der Netzhaut fort und erregen durch den Reiz, den sie schwingend auf sie ausüben, die Lichtempfindung. Und zwar verbreiten sich die Schwingungen durch Wellen, vergleichbar den Wellen, die sich auf einer Wasserfläche um einen Punkt herum ausbreiten, an dem man einen Stein hineingeworfen hat. Diese Theorie ist in den letzten 40 Jahren erweitert worden zur elektromagnetischen Theorie des Lichtes; durch die Hypothese (von Faraday stammend, von Maxwell mathematisch begründet, von Hertz durch Tatsachen bewiesen): der Äther, der die Lichtwellen bildet und fortpflanzt, ist identisch mit dem hypothetischen Stoff, der die elektrischen Wirkungen in den Raum hinausträgt; die Wellen in ihm entstehen nicht durch Elastizität, sondern durch gewisse elektrische und gewisse magnetische Vorgänge, die sich an jedem Ätherteilchen periodisch wiederhölen und die er auf seine Nachbarn überträgt.

Um von der Lichtquelle aus einen bestimmten Punkt zu erreichen, braucht das Licht also Zeit. (Daher spricht man von Lichtgeschwindigkeit. Sie beträgt im luftleeren und im gaserfüllten Raume ca. 300 000 km in der Sek. Das Licht gebraucht also ca. $8\frac{1}{4}$ Min., um von der Sonne auf die Erde zu gelangen, d. h. die Sonne steigt ca. $8\frac{1}{4}$ Min. früher über den Horizont, als wir sie darüber steigen sehen.) Es erreicht ihn nur dann, wenn nicht etwa ein undurchsichtiger Körper auf der geraden Linie zwischen ihm und der Lichtquelle steht, d. h. das Licht geht nicht „um die Ecke", es pflanzt sich nur in gerader Linie (s. aber Beugung des Lichts) nach jeder Richtung fort — anders als der Schall, der um jedes Hindernis herumbiegt. Die geraden Linien, längs deren sich das Licht fortpflanzt, heißen Strahlen. Treffen die Lichtwellen bei ihrer Ausbreitung auf einen Körper, so werden sie von ihm zum Teil zurückgeworfen (Spiegelung, Reflexion des Lichtes), zum Teil hindurchgelassen, zum Teil verschluckt (Absorption des Lichtes). Der Weg, den das hindurchgelassene Licht verfolgt, ist nicht die Verlängerung des ursprünglichen Weges, sondern bildet einen Winkel mit ihm (Brechung des Lichtes).

Die Wellen, die eine Lichtquelle um sich herum

erzeugt, sind sehr verschieden lang, ungefähr so verschieden wie die Wellen, die ein Regentropfen auf einer stehenden Wasserfläche erzeugt, und die Wellen, die ein Ozeandampfer erzeugt. Aber nicht alle erzeugen Lichtempfindung, nur die Wellen zwischen 0,4 und 0,8 μ (wo $\mu = 0,001$ mm), d. h. die Wellen, die zwischen 0,0004 und 0,0008 mm liegen, tun das, und zwar erzeugen die längsten Wellen (0,8 μ) die Rot-Empfindung, die kürzesten (0,4 μ) die Violett-Empfindung und die dazwischen liegenden Wellen die Empfindungen orange, gelb, grün, blau, indigo — kurz: objektiv unterscheiden sich die Lichtwellen durch ihre Länge, subjektiv durch die Farbenempfindung, die sie erzeugen. Die Wellen unter 0,4 μ sind die des ultravioletten Lichtes, sie wirken vor allem chemisch (aktinisch), die allerkürzesten sind die der Röntgenstrahlen. Die Wellen über 0,8 μ sind die des Ultrarot und der strahlenden Wärme, die noch längeren (Millimeter bis Kilometer lange) die elektrischen Wellen (s. drahtlose Telegraphie). — Das Licht, das alle Farben in bestimmtem Mischverhältnis gleichzeitig enthält, empfinden wir weiß. Fehlt auch nur eine einzige Farbe in dem Gemisch, so empfinden wir es farbig und zwar in derjenigen Farbe, die durch die fehlende zu weiß ergänzt wird (s. Komplementärfarben). Die einzelnen Farben eines Farbengemisches, z. B. die des weißen Lichtes, trennen sich voneinander, wenn das Farbengemisch durch einen brechenden Stoff geht. Die einzelnen Farben werden dabei verschieden stark gebrochen und gehen daher in dem brechenden Körper und auch nach dem Austritt daraus voneinander getrennte Wege: sie werden zerstreut (dispergiert) und ordnen sich wie im Regenbogen nebeneinander (Dispersion des Lichtes). Sie trennen sich auch voneinander, wenn sie auf einen farbigen Körper treffen. Zinnober z. B. sieht im Tageslicht (weißes Licht) rot aus, weil er alle Farben außer rot verschluckt, das rot aber zurückwirft, so daß wir ihn in rotem Licht sehen. So entstehen also die Farben der farbigen Körper durch Absorption und Reflexion des Lichtes.

Das Licht, das ein zum Leuchten erhitzter Stoff aussendet, ist in der Zusammensetzung des Farbgemisches, oder falls es nur eine Farbe aussendet, durch diese eine so charakteristisch, daß die Farbe oder das Farbgemisch geradezu zum Erkennungszeichen für die chemische Zusammensetzung des leuchtenden Stoffes werden. Wir wissen z. B., daß glühender Natriumdampf kein Licht weiter aussendet, als ein ganz bestimmtes Gelb, und überall dort, wo wir in dem Licht eines leuchtenden Körpers, z. B. der Sonne, dieses Gelb finden, können wir auf das Vorhandensein von Natrium schließen (Spektralanalyse).

Aus der Wellennatur des Lichtes erklären sich einige charakteristische Helligkeits-, resp. Dunkelheitsphänomene und einige Farbenphänomene: die Interferenz, die Beugung und die Polarisation des Lichtes. Die einfachste Interferenzerscheinung hat ihr Analogon in dem Aussehen eines Wasserspiegels, auf den man zwei Steine an zwei benachbarten Stellen wirft. Um jede einzelne Erregungsstelle entstehen Wellenringe, und dort, wo die beiden Systeme ineinandergreifen (interferieren), erscheint der Wasserspiegel wie mit einem Muster bedeckt. Stellen dauernd starker Bewegung des Wassers wechseln mit Stellen ab, in denen das Wasser unbewegt ist: diese Stellen sind ohne Bewegung, weil die Vertiefung, die das eine Wellensystem dort hervorzurufen strebt, durch eine Erhöhung auf-

gehoben wird, die das andere System ebendort hervorzubringen strebt. Ähnlich entstehen die Interferenzerscheinungen des Lichtes, z. B. die Farben der Seifenblasen. — Die Beugung des Lichtes entsteht dann, wenn Lichtwellen scharf am Rande eines ihre Ausbreitung hindernden Gegenstandes vorbeigehen, z. B. wenn sie durch einen winzigen Spalt (in einer Wand) gehen, dessen Ränder nur wenige Wellenlängen voneinander abstehen oder wenn sie an überaus feingerieften Flächen gespiegelt werden; so entstehen z. B. die Farben der Schmetterlingsflügel und der Muschelschalen und das Irisieren der Perlen. — Die Polarisationserscheinungen (s. d.) entstehen durch Spiegelung und durch Brechung des Lichtes unter bestimmten Bedingungen, sie sind zu verwickelt, um in wenigen Worten verdeutlicht werden zu können (s. Kristalloptik, Polarisation, Saccharimeter).

Über die chemische Wirkung des Lichtes (s. Photographie, Lichttherapie, Röntgentherapie, Auge), über die Lichttechnik (s. elektrische Beleuchtung, Beleuchtung, Lichtquellen). *Berliner.*

Näheres s. jedes größere Lehrbuch der Experimentalphysik.

Lichtabgabe, eine photometrische Größe s. Photometrische Größen und Einheiten.

Lichtabsorption. Läßt man durch eine Glasplatte Licht fallen, so wird ein Teil an der Eintrittsfläche reflektiert, ein anderer Teil an der Austrittsfläche; von dem in das Glas eindringenden Anteil wird ein Bruchteil absorbiert. Die absorbierte Menge ist in der Regel sehr klein; das Glas erscheint farblos. Die Farblosigkeit ist aber niemals vollkommen, in genügend dicker Schicht macht sich immer eine Färbung bemerkbar, die gewöhnlich von unerwünschten Beimengungen, namentlich von Eisenoxyden herrührt.

Die Kristallgläser des Handels zeichnen sich durch Farblosigkeit aus, daher ihr Name. Die Lichtdurchlässigkeit der optischen Gläser ist in neuerer Zeit besonders durch Einführung der Borsäure, des Bariums, des Zinks, und durch einen zweckmäßig geleiteten Schmelzprozeß so weit gesteigert worden, daß einige sogar in 10—20 cm dicker Schicht dem bloßen Auge farblos erscheinen. Die Jenaer Gläser, die für Feldstecherprismen und für photographische Objektive Verwendung finden, zählen zu den durchlässigsten Gläsern.

Die sog. Entfärbungsmittel (s. Glasfabrikation) heben natürlich die Absorption nicht auf, sie erweitern sie vielmehr auf den sichtbaren Teil des Spektrums annähernd gleichmäßig.

Schwere Flintgläser, mit hohem Bleigehalt, sind gelblich gefärbt, sie absorbieren im blauen Ende des sichtbaren Spektrums. Ihre Färbung nimmt mit der Höhe des Bleigehalts an Tiefe zu; sie rührt offenbar von freiem, nicht an Kieselsäure gebundenem Bleioxyd her.

Für Strahlen von kleinerer Wellenlänge, im ultravioletten Teile des Spektrums, nimmt die Absorption der meisten Gläser schnell zu, die Lichtwirkung schneidet bei einer gewissen Wellenlänge und bei einer gewissen Schichtdicke plötzlich ab. Quarzglas ist für ultraviolette Strahlen sehr durchlässig, es läßt in 2,81 mm dicker Schicht und bei der Wellenlänge 210 $\mu\mu$ noch 56% hindurch, unterhalb 200 $\mu\mu$ wird alles verschluckt (Pflüger). Glasiges Borsäureanhydrid ist bis zur Wellenlänge 186 $\mu\mu$ in 3 mm dicker Schicht durchlässig (Zschimmer). Beim Zusammenschmelzen sowohl der Kieselsäure als auch der Borsäure mit Metalloxyden wird die

Durchlässigkeit für kurzwellige Strahlen vermindert, es wirkt dabei Natron stärker als Kali, am stärksten Bleioxyd. Die Durchlässigkeit der besten Krongläser geht ungefähr bis zur Wellenlänge 305 $\mu\mu$ bei 10 mm Schichtdicke. Die Jenaer UV-Gläser (s. Uviolglas) lassen bei den angegebenen Verhältnissen noch 50% durch, in 1 mm dicker Schicht bei 280 $\mu\mu$ ebenfalls noch 50%.

Im ultraroten Gebiet hat Rubens die Absorption an einer Anzahl optischer Gläser bis zur Wellenlänge 3,1 μ gemessen; ein Borat- und ein Phosphatglas zeigten die größte Absorption, schwere Flintgläser die geringste, dazwischen lagen die Krongläser. Zsigmondy untersuchte die Durchlässigkeit für Wärmestrahlen einer großen Anzahl technischer Gläser zum Zwecke ein Glas zu finden, das als lichtdurchlässiger Schutz gegen strahlende Wärme brauchbar wäre. Er kam zu folgendem Ergebnis: Die Zusammensetzung der farblosen Gläser kann innerhalb weiter Grenzen schwanken, ohne daß die Wärmedurchlässigkeit sich wesentlich änderte; von gefärbten und getrübten Gläsern erwiesen sich am wenigsten durchlässig die mit Eisenoxydul gefärbten: in 8,5 mm dicker Schicht ließen diese praktisch keine Wärmestrahlen mehr durch.

R. Schaller.

Lichtäquivalent, mechanisches s. Äquivalent des Lichtes, mechanisches.

Lichtausbeute, eine photometrisch-wirtschaftliche Größe. Definition und tabellarische Zusammenstellung der Zahlenwerte für verschiedene Lichtquellen s. Wirtschaftlichkeit von Lichtquellen; s. auch Energetisch-photometrische Beziehungen, Nr.2.

Lichtausstrahlungskurve, Kurve der räumlichen Lichtverteilung s. Lichtstärken-Mittelwerte.

Lichtbogen. Leuchtende elektrische Entladung von großer Intensität durch ein Gas, bei der das Material einer oder beider Elektroden durch die beim Stromdurchgang entstehenden höchsten Temperaturen verdampft und zum größten Teil die Stromleitung übernimmt.

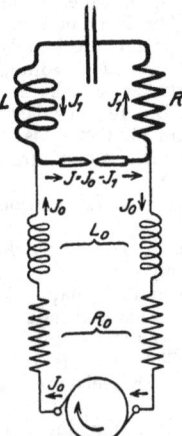

Lichtbogen als Generator für elektrische Schwingungen: In Schaltung nach Fig. 1 gibt ein Lichtbogen ungedämpfte Schwingungen. Sind die Elektroden Kupfer (positiv) und Kohle (negativ), wird mit Wasserstoff gekühlt (Poulsen), bzw. mehrere Lichtbogen in Serie geschaltet (Telefunken), so erhält man hochfrequente Schwingungen (bis etwa 200 000 Perioden in der Sekunde).

Fig. 1. Der Lichtbogen als Generator für elektrische Schwingungen.

Zur Erzielung großer Energien ist es zweckmäßig, den Lichtbogen durch ein magnetisches Feld anzublasen und die Kohle langsam rotieren zu lassen. Die Wasserstoffzuführung erfolgt durch Eintropfen von Alkohol in die „Flammenkammer". Für die Erregung einer Antenne wird meist der Lichtbogen direkt in die Antenne gelegt. Wenn die Antennenkapazität verhältnismäßig klein ist, kommt vielfach die Schwungradschaltung (s. Schwungradschaltung) in Anwendung.

Zur Erzielung besseren Wirkungsgrades (20 bis 30%) legt man parallel zum Lichtbogen einen

Kondensator C_1 (annähernd gleich der Antennenkapazität). Für das Geben von Morsezeichen würde bei einfacher Unterbrechung des Gleichstromes der Lichtbogen meist nicht wieder zünden, außerdem wären die Frequenz und Amplituden nicht konstant. Es wird deshalb meist durch Verstimmung der Sendewelle um einige Prozent getastet (Kurzschließen von Selbstinduktionen).

Die Grundlage der Schwingungserzeugung ist, daß die statische Charakteristik (die Abhängigkeit der Spannung am Lichtbogen vom Strome J) eine fallende ist, d. h. daß der Zunahme des Stromes ein Abfall der Spannung entspricht und umgekehrt. Freilich muß auch die Charakteristik bei Wechselstrom in den Zeiten, in denen in dem Schwingungskreis Energie abgegeben werden soll, einen fallenden Charakter bewahren. Hierfür ist die Kühlung erforderlich. Fig. 2 zeigt, daß eine Hysteresis vor-

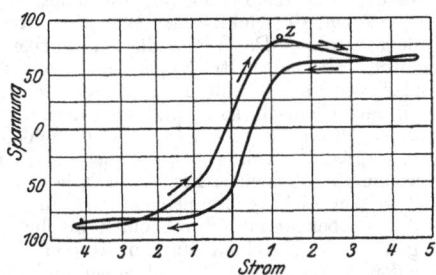

Fig. 2. Hysteresis der Lichtbogencharakteristik.

handen ist, daß bei fallendem Strom (unterer Ast) die Spannung infolge der höheren Ionisierung des Bogens kleiner ist als bei ansteigendem Strom (oberer Ast). Man unterscheidet drei Arten von Schwingungen:

1. Schwingungen erster Art $J_{10} < J_0$, d. h. die Wechselstromamplitude ist kleiner als die Amplitude des Speisestromes. Man erhält eine ungedämpfte, nahezu sinusförmige Schwingung. In dieser Art ist es unmöglich, größere Energien zu erzeugen (Fig. 3).

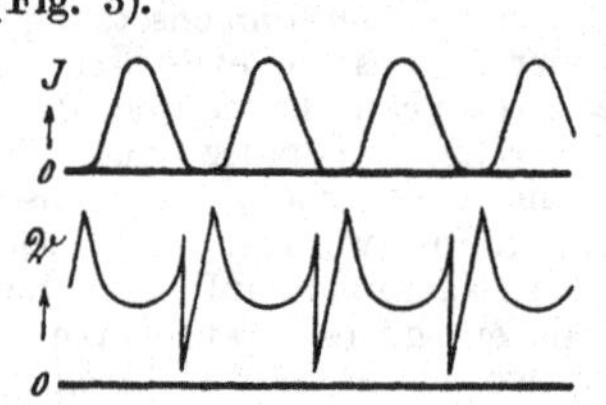

Fig. 3. Schwingungen erster Art des Lichtbogens.

2. Schwingungen zweiter Art (technischer Generator). $J_1 > J_0$. Es tritt der Fall ein, daß der Strom im Lichtbogen während der Zeit $T_2 = 0$ ist (Fig. 3, 4). Ist J_0 bedeutend größer als der Speisestrom, so ist die Zeit T_2, die Ladezeit des Kondensators, bedeutend größer als T_1. Bei Zündung des Lichtbogens (Punkt A) fällt die Spannung vom Werte V_Z auf V_B und bleibt dann fast konstant.

3. Schwingungen dritter Art.
$J_1 > J_0$ mit Rückzündung. Im Moment des Erlöschens springt der Lichtbogen von V_0 auf V_A. Die Spannung ist jetzt hier so groß — Bedingung ist starke Ionisation zwischen den Elektroden —, daß der Bogen in entgegengesetzter Richtung wieder zündet (Rückzündung, Fig. 4) und der Strom während der Zeit T_2 seine Richtung umkehrt.

Es dauert gewissermaßen die oszillatorische Entladung des Kondensators fort. Hierbei wechseln

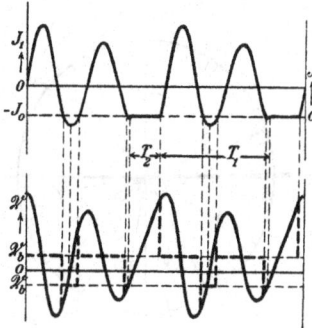

Fig. 4. Schwingungen dritter Art des Lichtbogens.

die Schwingungen dritter Art vielfach mit Schwingungen zweiter Art.

Die Frequenz der Schwingungen erster Art ist gegeben durch die Thomsonsche Formel

$$n = 2 \pi \sqrt{L \cdot C}.$$

Bei Schwingungen zweiter Art gilt die Thomsonsche Formel nur für den Abschnitt T_1, die Entladung des Kondensators. Die Ladezeit des Kondensators (T_2), d. h. die Dauer des Erloschenseins des Lichtbogens hängt ganz von dem Verhältnis: Gleichstrom zur Wechselstrom-Amplitude ab, d. h. durch entsprechende Wahl von $C L W b$ und $R.$ in Fig. 1 kann T_2 und somit die aus T_1 und T_2 resultierende Frequenz in weiten Grenzen variiert werden. Ist die Ladezeit sehr groß gewählt (Fig. 5), so kommt die Licht-

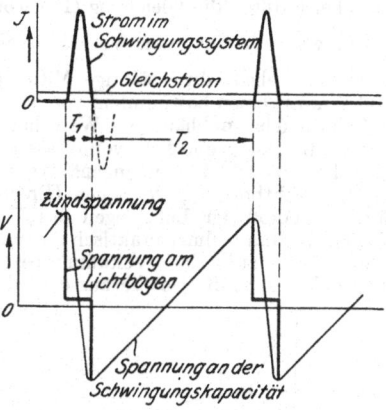

Fig. 5. Lichtbogenschwingung bei sehr großer Ladezeit.

bogenerregung schon sehr nahe der idealen Stoßerregung. Mit vollkommener Exaktheit kann die Frequenz nicht festgelegt werden. Sie schwankt vielfach um mehr als $^1/_2$ bis $2^0/_0$; bei besten physikalischen Meßlampen (ganz kleine Energie) um $^1/_{100}{}^0/_0$. Der Lichtbogen verliert seine Stabilität und Erregerfähigkeit um so mehr, je größer die Pausen werden, in denen der Lichtbogen erloschen ist. Bei technischen Ausführungen werden die Verhältnisse meist so gewählt, daß $J_{max.}$ annähernd gleich ist $1,1 \, J_G$. *A. Meißner.*

Näheres s. Zenneck, Lehrb. d. drahtl. Tel. S. 260.

Lichtbrechung. Die Brechungsindizes n_D der verschiedenen Glasarten bewegen sich zwischen 1,458 (Quarzglas) bis gegen 2,0; die Liste der optischen Gläser des Jenaer Glaswerks führt als Glas mit niedrigster Brechung ein Kronglas mit $n_D = 1,465$, als Glas von höchster Brechung ein Silikatflint mit $n_D = 1,917$ auf.

Im allgemeinen steigt die Brechung mit dem Gehalt des Glases an Metalloxyd; je höher das Atomgewicht des dabei beteiligten Metalles ist, um so mehr wird — in erster Annäherung — die Brechung beeinflußt. Das technisch wichtigste Oxyd, mit dem die Brechung gesteigert werden kann, ist das Bleioxyd, daran reiht sich Baryt.

Schmilzt man eine Anzahl von Gläsern, anfangend mit einem Alkali-Kalkglas, indem man darin den Kalk durch steigende Mengen Bleioxyd ersetzt und schließlich den Gehalt an Bleioxyd auf Kosten des Alkalis vermehrt, so erhält man eine Reihe von Gläsern, in der das folgende immer eine höhere Brechung hat als das vorhergehende. Mit der Brechung wächst in derselben Reihenfolge auch die Dispersion und zwar so stark, daß man zwei Prismen aus verschiedenen Gläsern dieser Reihe durch geeignete Wahl ihrer brechenden Winkel so zusammenstellen kann, daß die Farbenzerstreuung aufgehoben wird, die Ablenkung des Lichtstrahles, wenn auch in verminderter Stärke, aber erhalten bleibt. Es ist somit die Möglichkeit gegeben, durch Kombination entgegengesetzter Linsen aus verschiedenen Gläsern Linsensysteme herzustellen, die keinen Farbenfehler haben (achromatische Linsen).

Abbe hat zur Kennzeichnung der Gläser in dieser Hinsicht die Zahl $\nu = \dfrac{n_D - 1}{n_F - n_C}$ eingeführt: sie ist der reziproke Wert der relativen Dispersion. In der obigen Gläserreihe haben die mit niedrigster Brechung den höchsten ν-Wert, mit steigender Brechung nimmt dieser ab.

Bringt man das Spektrum eines Glases mit hohem ν (Kronglas) mit dem eines Glases mit niedrigem ν (Flintglas) z. B. durch geeignete Wahl der brechenden Winkel der Prismen, auf gleiche Länge und zur Deckung, so fallen zwar die Frauenhoferschen Linien, die das Spektrum begrenzen, zusammen, aber die zwischenliegenden Linien tun das nicht. Die Achromatisierung von Linsensystemen aus solchen Gläsern kann daher nicht vollständig sein. Die noch übrig bleibende Farbabweichung bezeichnet man als sekundäres Spektrum.

Dies kennzeichnet den Stand der optischen Glasschmelzerei, als Schott, angeregt durch Abbe und in Zusammenarbeit mit ihm, begann die Liste der optischen Gläser durch Einführung neuer Elemente in ihre Zusammensetzung zu erweitern. Es galt 1. Kron- und Flintglaspaare zu finden, deren Spektren in allen ihren Teilen möglichst proportional waren, zum Zwecke der Verminderung oder Beseitigung des sekundären Spektrums; 2. waren Gläser zu schmelzen, die eine größere Mannigfaltigkeit in ihrem Verhältnis von Brechung und Dispersion hatten, eine größere Auswahl zu schaffen von Gläsern, „in welchen die Dispersion bei gleichem Brechungsindex, oder der Brechungsindex bei gleichbleibender Dispersion einer erheblichen Abstufung fähig ist". Die Versuche ergaben, daß durch die Einführung von Borsäure das blaue Ende des Spektrums, das bei den gewöhnlichen Flintgläsern im Vergleich zu dem der Krongläser zu große Ausdehnung hat, verkürzt wird, und daß Fluor, Kali und Natron verlängernd auf das rote Ende wirken. Von den neuen Glasgruppen sind folgende anzuführen: Borosilikatgläser, Krongläser mit höherem ν-Wert, die die

gleiche Brechung wie die alten Gläser, aber geringere Farbenzerstreuung haben; Borosilikatflinte zur Hebung des sekundären Spektrums mit verkürztem blauen Abschnitt des Spektrums; Barytflinte und Bariumsilikat-Krongläser, in denen mit Zink und Barium eine höhere Brechung bei geringerer Farbenzerstreuung erzielt wird.   *R. Schaller.*
Näheres s. Zschimmer, Die Glasindustrie in Jena.

Lichtbrechung. Trifft ein Lichtstrahl auf die Trennungsfläche zweier durchsichtigen Körper, so wird ein Teil der Strahlung nach dem Reflexionsgesetze in das Mittel, in dem er bisher verlaufen ist, zurückgeworfen, ein anderer Teil dringt mit plötzlich geänderter Richtung in das zweite Mittel ein, er wird, wie es heißt gebrochen. Das Verhältnis der reflektierten und gebrochenen Strahlungsintensität ist aus den Fresnelschen Formeln zu errechnen, die unter „Reflexion" zu finden sind.

Erfahrungstatsachen: Ein auf dem Boden eines tiefen Gefäßes liegender Gegenstand, der für ein ruhendes Auge eben noch unsichtbar ist, kann durch Einfüllen von Wasser sichtbar gemacht werden

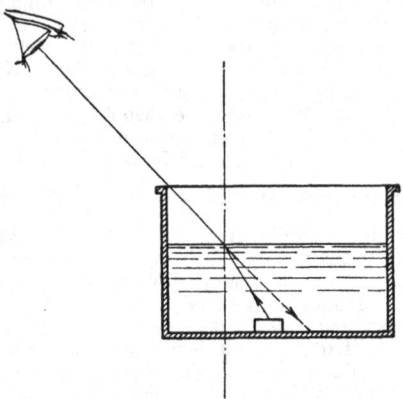

Fig. 1. Der Körper am Boden des Gefäßes wird dem Auge erst nach Einfüllung von Wasser sichtbar.

(Fig. 1). Ein schräg in Wasser eintauchender gerader Stab erscheint geknickt, so daß das eingetauchte Ende anscheinend gehoben ist (Fig. 2).

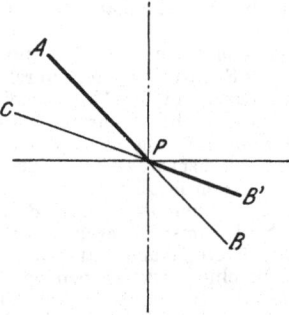

Fig. 2. Der Stab AB, der mit dem Teile PB ins Wasser eintaucht, erscheint geknickt, da ein im Wasser von B nach P zielender Lichtstrahl außerhalb des Wassers nach C zielt. So erscheint B nach B' gehoben.

Der Verlauf der Lichtbrechung beim Einfall von Licht aus Luft in Wasser oder umgekehrt wird für Unterrichtszwecke am besten mit Hilfe eines Kastens von kreisförmigem Querschnitt veranschaulicht (Fig. 3), der zur Hälfte mit fluoreszierendem Wasser gefüllt ist. Ein schmales aber

helles Lichtbündel zielt immer auf den Mittelpunkt des Kreises, seine Spur ist an der Rückwand in Luft

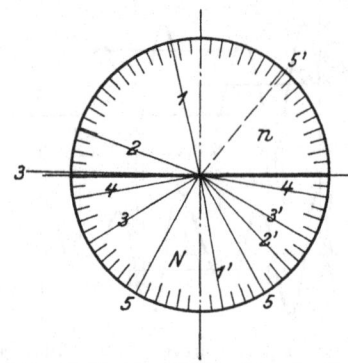

Fig. 3. Demonstration der Lichtbrechung in einem Wasserkasten, der zur Hälfte gefüllt ist. Die Strahlen 1 und 2 werden nach 1' und 2' gebrochen. Strahl 3' kann von Strahl 3 aus Luft durch Brechung oder von dem in Wasser einfallenden Strahle 3 durch Reflexion herrühren. Strahl 4 wird total reflektiert, Strahl 5 zum Teil nach 5 reflektiert, zum Teil nach 5' gebrochen.

und in Wasser gut sichtbar, und an einer groben Teilung kann der Beobachter die Winkel ablesen, die das Strahlenbüschel mit der durch den Mittelpunkt gelegten Normalen bildet.

Der Winkel zwischen dem einfallenden Strahle (z. B. in Luft) und der im Einfallspunkte errichteten Normalen heißt der Einfallswinkel; derjenige zwischen dem gebrochenen Strahle (z. B. im Wasser) und derselben Normalen der Brechungswinkel.

1. Das Snelliussche Brechungsgesetz. Nach Snellius sind der Einfallswinkel i und der Brechungswinkel i' durch die Gleichung (1) verbunden $\frac{\sin i}{\sin i'} = n$, worin n eine reine Verhältniszahl ist, die für zwei gegebene durchsichtige Mittel (z. B. Luft und Wasser) einen bestimmten, von der Größe des Einfallswinkels unabhängigen Wert hat, n ist der relative Brechungsquotient von Wasser gegen Luft und hat bei 20° C den angenäherten Wert 1,333. Das Lichtbrechungsvermögen (Brechungsquotient, — Index) der Luft gegen das Vakuum ist = 1,00029. Man rechnet praktisch nur mit dem auf Luft, nicht auf das Vakuum bezogenen Brechungsindex n, muß also die aus den üblichen

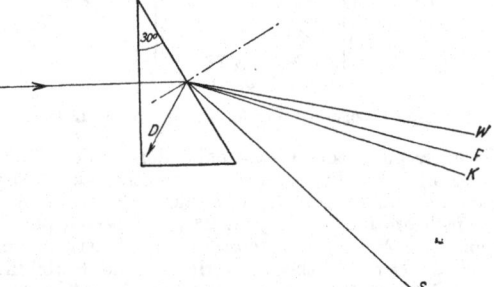

Fig. 4. Ablenkung des Lichts durch ein 30°-Prisma aus Wasser (Strahl W), Fluorit (F), Kronglas (K), Schwerflint (S). Aus einem Prisma gleicher Form aus Diamant kann der Strahl nicht heraus, er wird total reflektiert (D).

Tabellen entnommenen Werte von n, wenn man einmal einen auf das Vakuum bezogenen Wert braucht, noch mit 1,00029 multiplizieren. Fig. 4 veranschaulicht die Ablenkungen, die ein 30°-Prisma aus verschieden stark lichtbrechenden Mitteln dem gelben Lichte erteilt, wenn das Licht in die erste Prismenfläche senkrecht, also ohne Ablenkung eintritt ($i_1 = i_1' = 0$); an der zweiten Prismenfläche hat der Strahl den Einfallswinkel $i_2 = 30^0$, also gilt die Gleichung 1 dann in der Form:

2) $\quad n \sin i_2 = n \cdot \sin 30^0 = \sin i_2'$ oder, da

3) $\quad \sin 30^0 = \tfrac{1}{2}, \ \sin i_2' = \dfrac{n}{2}$.

Die mit W, F, K, S, D bezeichneten Strahlen stellen den Strahlengang dar, der durch ein 30^0 Prisma aus Wasser ($n = 1,333$), Fluorit ($n = 1,434$), Kronglas ($n = 1,510$), Schwerflint ($n = 1,907$) und Diamant ($n = 2,42$) erzeugt wird; aus dem Diamantprisma kann der Strahl nicht heraus.

2. **Reuschs Konstruktion.** Um schnell einen Überschlag zu gewinnen, ist es gelegentlich zweckmäßig, die Richtung eines an einer ebenen Trennungsfläche zweier Mittel gebrochenen Strahles statt durch Rechnung (Anwendung der Snelliusschen Formel) durch eine graphische Konstruktion zu finden. Die einfachste ist die folgende von E. Reusch angegebene (Fig. 5).

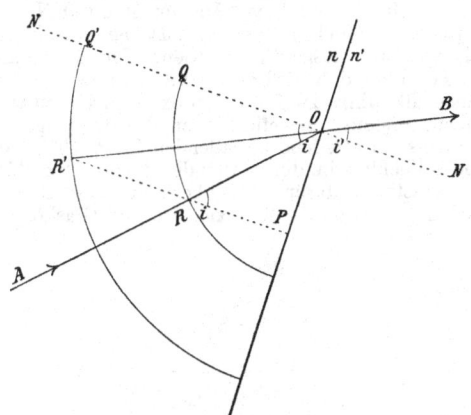

Fig. 5. Reuschs Konstruktion des gebrochenen Strahles.

NON' sei die im Einfallspunkte errichtete Normale auf der Trennungsfläche der beiden Mittel, deren Brechungsquotienten die natürlich bekannten Werte n und n' haben mögen, AO sei der einfallende Strahl, der gebrochene (OB) wird gesucht. Um O schlage man zwei Viertelkreise mit den Radien OQ und OQ'; von diesen wählt man den einen z. B., OQ, beliebig, nur nicht zu klein, der andere muß dann die Bedingung $OQ' = OQ \cdot \dfrac{n'}{n}$ erfüllen. Der Kreisbogen mit dem Radius OQ schneide den einfallenden Strahl AO in R. Fällt man nun von R das Lot RP auf die Trennungsfläche und verlängert es (in der Fig. rückwärts) bis zum Schnitte R' mit dem anderen Kreisbogen, so ist R'O die Richtung des gebrochenen Strahles, d. h. die Verlängerung von R'O über O hinaus in das zweite Mittel, OB, ist der gebrochene Strahl selbst. Der Beweis ergibt sich aus: $i = QOR = ORP$

und $\dfrac{n}{n'} = \dfrac{OR}{OR'} = \dfrac{\sin OR'P}{\sin ORP} = \dfrac{\sin OR'P}{\sin i}$, d. h.

$\dfrac{n}{n'} \cdot \sin i = \sin i' = \sin OR'P = \sin Q'OR'$

d. h. $Q'OR' = i'$ q $\cdot$ e $\cdot$ d.

Die Konstruktion des gebrochenen Strahles empfiehlt sich z. B. dann, wenn man im Verlaufe eines Entwurfs den Einfallswinkel zwar auf der Zeichnung ermittelt hat, ihn aber seinem Zahlenwerte nach noch nicht kennt, oder wenn die Winkel in einem für die Verwendung des Rechenschiebers nicht empfehlenswerten Bereiche liegen; gerade bei großen Winkeln ist die Konstruktion verhältnismäßig genau.

3. **Messung des Brechungsquotienten fester Körper** (von Gläsern und Kristallen) **Figur 6**

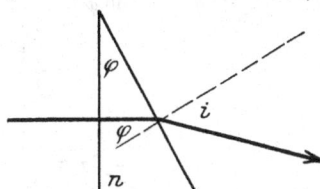

Fig. 6. Meyersteins Methode der Messung der Lichtbrechung, mit senkrechtem Eintritt.

zeigt den einfachsten Weg, um den Brechungsquotienten eines Prismas von nicht zu großem Winkel zu messen. Da ein einzelner Lichtstrahl nur ein Begriff ist und weder sichtbar gemacht werden, noch sonst realisiert werden kann, arbeitet die messende Optik nur mit Büscheln paralleler Strahlen, die in einem Kollimator erzeugt und mit Fernrohren beobachtet werden. Man beleuchtet einen geradlinigen Spalt, der in der Brennebene eines mit ihm durch ein Rohr fest verbundenen Objektivs sich befindet; die von einem Punkte der Brennebene, also auch des Spaltes, ausgehenden Strahlen sind nach dem Durchtritt durch das Objektiv parallel, und erfahren bei der Brechung an einer ebenen Trennungsfläche, z. B. einer Prismenfläche alle dieselbe Ablenkung, sind also auch nach der ersten, zweiten usf. Brechung noch parallel. So kann ein auf unendlich eingestelltes Fernrohr alle Strahlen eines solchen Büschels zu einem reellen Bildpunkte, alle von dem Spalte des Kollimators ausgegangenen ∞^2-Strahlen zu einer Bildlinie, dem Spaltbilde, vereinigen, das durch Drehen des Fernrohres um eine auf der optischen Achse des Kollimators und des Fernrohres selbst senkrechten Achse auf den Schnittpunkt des Fadenkreuzes eingestellt werden kann, der den Durchstoßungspunkt der Fernrohrachse mit der Brennebene darstellt. Ein aus Kollimator, Drehungsachse und Fernrohr mit Teilkreis bestehendes Meßinstrument heißt Goniometer (Winkelmesser) oder, weil es vielfach auch zur Ausmessung von Spektren gedient hat, Spektrometer.

Dieses verbreitete optische Meßinstrument ist also geeignet, Winkel zwischen parallelen Strahlenbüscheln zu messen, die z. B. bei der Ablenkung eines Strahles durch ein Prisma in Luft entstehen. Die Fig. 6—8 zeigen erstens den Strahlengang bei senkrechtem Eintritt des Strahles in die erste Prismenfläche — Meyersteins Methode der Messung der Lichtbrechung, zweitens den Strahlengang bei senkrechtem Auftreffen des Strahles auf die zweckmäßig versilberte zweite Fläche des Prismas und Rückkehr des Lichts in den Kollimator, der, mit einem Okular ausgerüstet, gleichzeitig als Fernrohr dient, — Abbes Autokollimationsmethode —, und schließlich den Durchgang des Lichts durch ein Prisma bei gleichem Eintritts- und Austrittswinkel, den sog. symmetrischen Durchgang des Lichts, der mit der geringsten Ablenkung des Strahles durch das Prisma verbunden und daran leicht zu erkennen ist, — die Fraunhofersche Methode der Minimalablenkung.

Zur Berechnung des Brechungsindex n nach der Meyersteinschen Methode dient gemäß Fig. 6 die Ableitung:

$$n \cdot \sin \varphi = \sin i, \text{ Ablenkung } \varepsilon = i - \varphi,$$
$$\text{also } i = \varepsilon + \varphi$$
$$n = \frac{\sin i}{\sin \varphi} = \frac{\sin (\varepsilon + \varphi)}{\sin \varphi}.$$

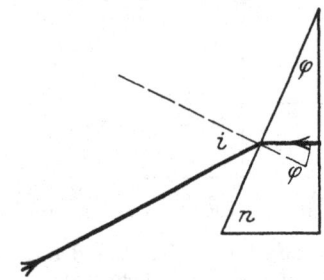

Fig. 7. Abbes Methode der Messung der Lichtbrechung mit Autokollimation.

Für den Littrow-Abbeschen Fall der Auto-kollimation gilt nach Fig. 7:

$$\sin i = n \sin \varphi; \; n = \frac{\sin i}{\sin \varphi}.$$

Bei der Fraunhoferschen Methode der Minimal-ablenkung haben wir nach Fig. 8: Die Ablenkung $\frac{\varepsilon}{2}$

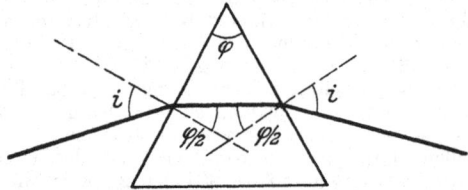

Fig. 8. Fraunhofers Methode der Minimalablenkung.

an der ersten Prismenfläche ist bei dem symmetri-schen Durchgange des Lichts $= i - \frac{\varphi}{2}$, die im glei-chen Sinne (z. B. mit dem Uhrzeiger) verlaufende Ablenkung an der zweiten Prismenfläche ist gleich groß, die Gesamtablenkung also $\varepsilon = 2 i - \varphi$. Aus der ersten Gleichung ergibt sich der Einfallswinkel i, ausgedrückt durch den Prismenwinkel φ und die Ablenkung ε. Bei der Fraunhoferschen Methode der Minimalablenkung wird der Prismenwinkel φ und die kleinste Ablenkung ε gemessen; die letztere setzt sich zusammen aus der Ablenkung $i - \frac{\varphi}{2}$ an der ersten und der gleichgroßen Ablenkung an der zweiten Prismenfläche. Aus $\frac{\varepsilon}{2} = i - \frac{\varphi}{2}$ folgt $i = \frac{1}{2} (\varepsilon + \varphi)$ als Wert des Einfallswinkels an der ersten Prismenfläche; der Brechungswinkel i' an derselben Fläche ist $= \frac{\varphi}{2}$; so ergibt sich:

$$n = \frac{\sin i}{\sin i'} = \frac{\sin \frac{1}{2} (\varepsilon + \varphi)}{\sin \frac{\varphi}{2}}.$$

Ist der Prismenwinkel sehr klein, so kann man für den sin der Einfalls- und Brechungswinkel die Winkel selbst setzen. Die Ablenkung wird dann vom Einfallswinkel in weiten Grenzen unabhängig und ergibt sich aus $\varepsilon = i - \varphi$, weil hier $i = n \cdot \varphi$ ist, zu $\varepsilon = (n — 1) \varphi$, eine Beziehung, die für Überschlagsrechnungen brauchbar ist. Für den Brechungsindex ergibt sich daraus: $n = \frac{\varepsilon + \varphi}{\varphi}$; an Prismen von sehr kleinem Winkel ist die Licht-brechung stark absorbierender Stoffe gemessen worden (Fuchsin, Metalle).

Die bisher genannten Methoden zur Messung des Brechungsquotienten setzen voraus, daß der zu messende feste Körper die Form eines genügend großen Prismas hat, oder, daß die zu messende Flüssigkeit in ein Hohlprisma mit planparallelen, das Licht nicht ablenkenden, Fenstern gefüllt ist. Erheblich geringere Anforderungen an die Form der zu messenden Substanz stellen die Meßmetho-den, die sich auf die Grenzlinie der Totalreflexion (Entwicklung dieses Begriffes s. u. Reflexion) grün-den, Methoden, die von E. Abbe eingeführt sind, und sich so verbreitet haben, daß heute nach ihnen täglich Tausende von Messungen durch Nicht-physiker, nämlich in der chemischen und klini-schen Praxis, ausgeführt werden. Die Grenzlinie der Totalreflexion wird auf drei Arten erzeugt, von denen allerdings zwei mit Reflexion nichts zu tun haben, erstens im reflektierten Lichte (Fig. 9), zweitens im streifend einfallenden Lichte (Fig. 10) und schließlich im durchfallenden Lichte (Fig. 11). Voraussetzung dafür, daß überhaupt der Grenz-winkel e der totalen Reflexion in dem Glaskörper

Fig. 9. Erzeugung der Grenzlinie der Totalreflexion im reflektierten Licht.

Fig. 10. Erzeugung der Grenzlinie der Totalreflexion im einfallenden Licht.

Fig. 11. Erzeugung der Grenzlinie der Totalreflexion im durchfallenden Licht.

(Prisma oder Halbkugel) zustande kommt, mit dem die zu messende Probe, eine Flüssigkeit oder ein durch ein Tröpfchen Zwischenflüssigkeit mit dem Glaskörper optisch verbundener fester Körper mit ebenem Anschliff, in Berührung steht, ist, daß der Brechungsquotient der Probe niedriger ist als der des Glaskörpers. Da der höchste bisher im Jenaer Glaswerk laufend erreichbare Brechungsindex schwerster Flintgläser den Wert 1,91 nicht erheblich überschreitet, könnte man Proben bis zu n = 1,90 nach dieser Methode messen; praktisch kommt man bei festen Körpern nicht über n = 1,77 hinaus, solange als höchstbrechende Zwischenflüssigkeit, — deren Brechungsquotient zwischen dem der Probe und dem des Glaskörpers liegen muß, — nur eine klare Lösung vom Brechungsvermögen n = 1,78 (Bariumquecksilberjodid) zur Verfügung steht. Diese Einschränkung der Meßmethode wird in der Edelsteinindustrie als Mangel empfunden. Alle Apparate zur Messung der Lichtbrechung flüssiger und fester Körper, die von der Grenzlinie des Totalreflexion Gebrauch machen, heißen Refraktometer.

Systematischer Überblick über die Refraktometerkonstruktionen. a) **Refraktometer mit Halbkugel.** Bezeichnet man den Brechungsindex des zu messenden Mittels „der Probe" mit n, den des Glaskörpers mit n' (= N), wobei nach dem Obigen immer n'>n, und den Einfallswinkel in der Probe mit i (= 90°), den Brechungswinkel im Glaskörper mit e, so ist e gleich dem Grenzwinkel der Totalreflexion, weil n · sin 90° = n' · sin e oder n = N. sin e.

Nun ist bei den Refraktometern N, die Lichtbrechung des Glases, aus dem der Glaskörper besteht, bekannt aus spektrometrischer Messung derjenigen Glasschmelze, aus der der Glaskörper, z. B. die Halbkugel, hergestellt wurde. Um also n der Probe zu finden, braucht man nur den Grenzwinkel zu messen. Dies ist am einfachsten ausführbar im Abbeschen Kristallrefraktometer, in der ihm vom C. Pulfrich gegebenen vereinfachten Form. Das Fernrohr ist um eine wagerechte Achse drehbar, die durch den Kugelmittelpunkt geht; der Teilkreis ist so beziffert, daß er den Grenzwinkel e selbst anzeigt, sobald im Gesichtsfelde des Fernrohres die Grenzlinie auf den Schnittpunkt des Fadenkreuzes eingestellt ist. — Reicht die mit der Winkelmessung auf ± 1' erzielbare Genauigkeit für n (2—4 Einheiten der vierten Dezimale) nicht aus, so verzichtet man auf die Ablesung am Teilkreis und mißt mit der zehnfachen Genauigkeit mit Hilfe der Mikrometerschraube nur den Unterschied der Grenzwinkel der Probe und eines spektrometrisch gemessenen Vergleichskörpers (nach C. Pulfrich und Viola). Begnügt man sich dagegen, wie bei der Unterscheidung von Halbedelsteinen, mit einer Genauigkeit von einer Einheit der dritten Dezimale, so fällt die Winkelmessung **und** die logarithmische **Rechnung** fort, und man sieht im Taschenrefraktometer die Grenzlinie in einer Teilung der Brechungsquotienten liegen, die eine unmittelbare Ablesung von n liefert.

Der besondere Wert der Halbkugelrefraktometer liegt in den geringen Anforderungen, die an die Form der zu messenden Probe gestellt werden; es wird nur verlangt, daß die Probe einen ebenen polierten Anschliff von $^1/_2$—1 qmm Größe erhält, an dem das Licht reflektiert werden kann.

Als Lichtquelle dient für alle Messungen vorzugsweise die mit Natriumsalz gelb gefärbte Bunsenflamme; nur die Taschenrefraktometer können mit Tageslicht benutzt werden, falls man die etwas bunte Grenzlinie Kauf nimmt.

b) **Refraktometer mit dem Abbeschen Doppelprisma.** Von den beiden Prismen dient das der Lichtquelle zugewandte nur dem Lichteintritte, seine mit der flüssigen Probe in Berührung stehende Fläche ist mattgeschliffen, sie wirkt als sekundäre Lichtquelle und hat die Aufgabe, in die Probe unter anderen insbesondere solche Strahlen zu entsenden, die mit der benachbarten, polierten Fläche des zweiten, dem Fernrohr zugewandten Prismas einen möglichst kleinen Winkel bilden, d. h. einen Einfallswinkel i = 90° haben. Das Doppelprisma hat gegenüber dem Hohlprisma des Spektrometers zwei große Vorzüge, man braucht nur einige Tropfen der oft kostbaren oder nur in geringer Menge verfügbaren Probe, und die kleine Flüssigkeitsmenge nimmt rascher die Temperatur des Prismas an, erheblich schneller als die in ein heizbares Hohlprisma eingefüllte Probe. Mit dem Doppelprisma sind die folgenden Refraktometer ausgerüstet: das Abbesche Refraktometer mit drehbarem Fernrohre, bei dem die Lichtbrechung an dem Sektor ohne Rechnung abgelesen wird, das Butter-Refraktometer mit feststehendem Fernrohre und Okularteilung im Gesichtsfeld, und das neue Refraktometer für die Zucker- und die Ölindustrie, das mit drehbarem Fernrohre ausgerüstet ist und im Gesichtsfelde eine Doppelteilung — nach Prozenten Trockensubstanz und nach Brechungsquotienten — aufweist.

Die genannten drei Typen von technischen Refraktometern, werden mit Tageslicht benutzt, liefern aber den für die gelbe Farbe des Natriumdampfes (λ_D = 589,3 $\mu\mu$) geltenden Wert n_D des Brechungsquotienten; diese praktisch außerordentlich wertvolle Eigenschaft verdanken sie dem Abbeschen Kompensator, einem zwischen Doppelprisma und Fernrohr dauernd eingeschalteten Prismensystem, das die Aufgabe hat, die bei ihrem Austritte aus dem Doppelprisma eine Art von Spektrum bildenden Grenzstrahlen durch entgegengesetzt gleiche Prismenwirkung alle an die Stelle im Gesichtsfelde zu zwingen, an der die Grenzlinie für das von alters her übliche gelbe Licht der Fraunhoferschen Linie D des Sonnenspektrums liegt. Der Kompensator ist je nach der Mannigfaltigkeit der Dispersionen der zu messenden Flüssigkeiten ein einfaches Prisma, ein dreiteiliges, für die D-Linie geradsichtiges, d. h. überhaupt unwirksames, festgelagertes oder drehbares Prisma, oder schließlich die Vereinigung zweier dreiteiligen Prismen dieser Art in einem Gehäuse, in dem sie durch Zahnkränze gleichzeitig um gleiche Beträge, aber in entgegengesetzten Sinne gedreht werden können (eigentlicher Abbescher Kompensator). Die letztere Einrichtung liefert nicht nur, wie die beiden vorherbeschriebenen, auch bei weißem Lichte eine farbenfreie Grenzlinie, sondern außerdem noch ein vielfach willkommenes Maß für die Farbenzerstreuung der untersuchten Probe (z. B. eines ätherischen Öles oder eines Glases).

c) **Refraktometer mit streifendem Eintritte des Lichts.** Fig. 12 zeigt die einfachste Form eines technischen Refraktometers die nur aus einem, mit einem Fernrohr mit Okularskala fest verbundenen Prisma und dem zur Verwendung weißen Lichtes ja unentbehrlichen Kompensator besteht, das Eintauchrefraktometer (C. Pulfrich). Es ist nur für die Messung von Flüssigkeiten

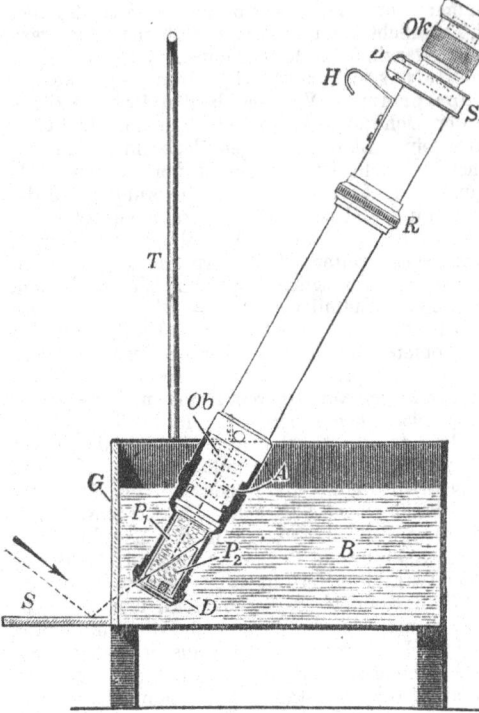

Fig. 12. Eintauchrefraktometer.

Fig. 12. Eintauchrefraktometer.

bestimmt und verbindet mit großer Meßgenauigkeit (2—4 Einheiten der fünften Dezimale) natürlich einen kleinen Meßbereich; der letztere ist aber jüngst dadurch erheblich erweitert worden, daß das Prisma auswechselbar eingerichtet wurde; man verfügt nun über sechs Prismen und kann das elegante Meßverfahren, das Prisma in die in einem Becherglas befindliche Flüssigkeit einzutauchen, auch auf alle Speiseöle und technischen Öle ausdehnen. Stehen nur wenige Tropfen Substanz zur Verfügung, so benutzt man ein passendes, lose beigegebenes Hilfsprisma und hat dann wieder das Abbesche Doppelprisma.

Daß der Wert der Lichtbrechung, den eine Messung liefert, von der Farbe des Lichts abhängig ist, galt in unserer bisherigen Betrachtung als Übelstand, der bei den technischen Refraktometern durch das Kompensatorprisma unwirksam gemacht wird. Für wissenschaftliche Zwecke braucht der Chemiker aber gerade die Werte von n für eine Reihe, durch Übereinkunft festgelegter Farben, nämlich für die von dem in einer Geißlerschen Röhre leuchtenden Wasserstoff ausgesandten homogenen Farben $H\alpha$ ($\lambda = 656,3\ \mu\mu$), $H\beta$ ($\lambda = 486,1\ \mu\mu$) und $H\gamma$ ($\lambda = 434,1\ \mu\mu$) sowie für $\lambda_D = 589,3\ \mu\mu$ (die Mitte der beiden Farben $\lambda = 589,0$ und $\lambda = 589,6\ \mu\mu$). Deswegen hat C. Pulfrich mit seinem Refraktometer für Chemiker gleich eine besondere Beleuchtungsvorrichtung verbunden, die die genannten vier Farben liefert. Das von dieser kommende Licht tritt in die zu messende Probe und von dieser streifend in die erste Fläche des Prismas ein, die wagerecht liegt, und den Boden des Behälters für die Flüssigkeit bildet; von oben taucht in die Probe ein metallenes Heizgefäß ein, das von demselben Wasserstrome ge-

heizt wird, der auch das Prisma selbst umspült. Das Licht verläßt alsdann das Prisma durch die zweite senkrechte Prismenfläche und tritt in das Fernrohr. Dieses ist, mit einem Teilkreise fest verbunden, um eine wagrechte Achse drehbar und erlaubt den Winkel zu messen, den der austretende Grenzstrahl mit der Normalen auf der zweiten Prismenfläche bildet. Zwischen diesem Winkel, der also mit dem Grenzwinkel nicht identisch ist, und dem Brechungsquotienten n der Substanz besteht eine eindeutige, aber von der Farbe des Lichts abhängige Beziehung, die in Form von Tabellen gebracht ist, so daß bei der Auswertung der Ablesungen die Logarithmentafel nicht benutzt wird. Im Fernrohre erblickt man so viele Grenzlinien, als Farben in der Lichtquelle vorhanden sind. Die Anordnung der Grenzlinien gibt auf den ersten Blick Aufschluß darüber, ob die Farbenzerstreuung der Substanz normal ist, oder ob etwa anormale Dispersion (s. d.) vorliegt. Zur Erweiterung des Meßbereiches ist das Refraktometer mit drei auswechselbaren Prismen versehen.

Erst seit dem Erscheinen des Pulfrichschen Refraktometers ist die Messung und Verwertung der Dispersion im chemischen, insbesondere dem organischen Laboratorium heimisch, um nicht zu sagen unentbehrlich geworden, da die aus der Refraktion für D und der Dispersion abgeleiteten Werte der Molekularrefraktion und -dispersion wichtige Schlüsse auf die Konstitution organischer Verbindungen erlauben. In beifolgenden Tabellen sind die Brechungsquotienten ausgewählter fester, flüssiger und gasförmiger Stoffe zusammengestellt.

Die technischen Anwendungen der Refraktometrie sind zusammengefaßt von F. Löwe, Chem. Ztg. Bd. 45, S. 25—27 u. 52—55. 1921.

Messung der Lichtbrechung von Gasen. Bei dem kleinen Lichtbrechungsvermögen der Gase können nur Meßmethoden von besonderer Empfindlichkeit zum Ziele führen. Biot und Arage, sowie Dulong, maßen die geringen Ablenkungen, die ein mit den zu messenden Gasen gefülltes Hohlprisma dem Lichte erteilte. Bei Versuchen des Verfassers ein Gasrefraktometer für Chemiker zu bauen, mußte trotz der Anwendung der Autokollimation der brechende Winkel des Hohlprismas auf 160° gesteigert werden, um die erforderliche Meßgenauigkeit zu liefern. Ein Einfallswinkel von 80° bringt aber erhebliche Lichtverluste mit sich, um so mehr, wenn das Strahlenbüschel je 4 Übergänge aus Luft in Glas und aus Glas in Luft erleiden muß. — Der prismatischen Methode weit überlegen

I. Optisch-isotrope-feste Körper.

Substanz	n_C	n_D	n_F
Asphalt	—	1,635	—
Bernstein	1,5430	1,5462	1,5543
Bleiglätte PbO	—	2,076	—
Bleinitrat Pb(ON₃)₂ . .	1,7730	1,7820	1,8065
Blende ZnS (bei 13°) . .	2,3461	2,3695	2,4350
Borax Na₂B₄O₇	1,5139	1,5147	1,5216
Diamant	2,4099	2,4173	2,4356
Flußspat	1,43251	1,43385	1,43706
Glas (s. Tab. II).	—	—	—
Granat (Spessartin) . .	—	1,8105	—
Kaliumbromid KBr . . .	1,5546	1,5593	1,5715
Kaliumchlorid KCl . . .	1,48721	1,49038	1,49835
Kaliumjodid KJ	1,6584	1,6666	1,6871
Natriumchlorid NaCl . .	1,54067	1,54431	1,55338
Spinell MgAl₂O₄	—	1,7155	—
Steinsalz NaCl	1,54067	1,54431	1,55338
Sylvin KCl	1,48721	1,49038	1,49835

II. Gläser. Nach der Liste der Jenaer Glaswerkes Schott und Genossen.

Glasart	Brechungs- index n_D	$v = \dfrac{n_D-1}{n_F-n_C}$	Dispersionswerte			
			$n_D-n_{A'}$	n_F-n_D	n_F-n_C	$n_{G'}-n_F$
Phosphat-Kron	1,5164	69,2	0,00490	0,00523	0,00746	0,00417
Borosilikat-Kron	1,5013	66,5	0,00499	0,00524	0,00750	0,00417
Kron m. niedrigst. n_D	1,4649	65,6	0,00471	0,00494	0,00708	0,00396
U.-V.-Kron	1,5085	64,4	0,00514	0,00546	0,00781	0,00432
Prismen-Kron	1,5163	64,0	0,00528	0,00566	0,00806	0,00448
Schwerstes Baryt-Kron	1,5899	60,8	0,00621	0,00683	0,00970	0,00546
Bariumsilikat-Kron	1,5399	59,4	0,00582	0,00639	0,00909	0,00514
Zinksilikat-Kron	1,5308	58,0	0,00587	0,00644	0,00915	0,00520
Schwerstes Baryt-Kron	1,6130	56,4	0,00683	0,00767	0,01087	0,00626
U.-V.-Flint	1,5332	55,4	0,00611	0,00680	0,00964	0,00553
Fernrohr-Flint m. hoh. v	1,5154	54,6	0,00609	0,00665	0,00944	0,00541
Baryt-Leichtflint	1,5525	53,0	0,00657	0,00736	0,01042	0,00602
Fernrohr-Flint	1,5286	51,6	0,00654	0,00723	0,01025	0,00591
Fernrohr-Flint m. niedr. v. . . .	1,5483	49,9	0,00694	0,00777	0,01099	0,00687
Schwerstes Baryt-Kron m. höh. Dispersion . .	1,6041	49,4	0,00763	0,00867	0,01222	0,00712
Borosilikat-Flint	1,5676	46,7	0,00762	0,00860	0,01216	0,00709
Baryt-Leichtflint	1,6042	43,8	0,00851	0,00982	0,01381	0,00821
Gewöhnliches Leichtflint	1,6031	38,3	0,00960	0,01124	0,01575	0,00952
Schweres Baryt-Flint	1,6570	36,3	0,01093	0,01295	0,01809	0,01106
Schweres Flint	1,6872	34,8	0,01099	0,01308	0,01881	0,01124
Schweres Flint	1,6734	32,0	0,01255	0,01507	0,02104	0,01302
Schweres Flint	1,7174	29,5	0,01439	0,01749	0,02484	0,01521
Schweres Flint	1,7541	27,5	0,01607	0,01974	0,02743	0,01730
Schwerstes Flint	1,7782	26,5	0,01719	0,02120	0,02941	0,01868
Schwerstes Silikatflint	1,9170	21,4	0,02451	0,03109	0,04289	0,02808

III. Optisch-einachsige Kristalle.

Substanz		n_C	n_D	n_F
Beryll	n_ω	—	1,58935	—
	n_ε	—	1,58211	—
Calomel Hg_2Cl_2	n_ω	—	1,97325	—
	n_ε	—	2,6559	—
Eis H_2O	n_ω	1,30715	1,30911	1,31335
	n_ε	1,30861	1,31041	1,31473
Elfenbein	n_ω	—	1,5392	—
	n_ε	—	1,5407	—
Kalkspat $CaCO_3$ . . .	n_ω	1,65437	1,65835	1,66785
	n_ε	1,48459	1,48640	1,49074
Korund Al_2O_3	n_ω	—	1,7690	—
	n_ε	—	1,7598	—
Natriumnitrat (Salp.)	n_ω	—	1,5854	—
	n_ε	—	1,3369	—
Quarz	n_ω	1,54967	1,54424	1,55396
	n_ε	1,55897	1,55335	1,56339
Rutil TiO_2	n_ω	—	2,6158	—
	n_ε	—	2,9029	—

IV. Optisch-zweiachsige Kristalle.

Substanz		n_C	n_D	n_F
Anhydrit $CaSO_4$ . . .	n_α	1,56722	1,56933	1,57472
	n_β	1,57295	1,57518	1,58079
	n_γ	1,61056	1,61300	1,61874
Aragonit	n_α	—	1,5300	—
	n_β	—	1,6816	—
	n_γ	—	1,6860	—
Baryt $BaSO_4$	n_α	—	1,63630	—
	n_β	—	1,63745	—
	n_γ	—	1,64797	—
Feldspäte. a) Adular $K_2Al_2Si_6O_{16}$	n_α	—	1,5192	—
	n_β	—	1,5230	—
	n_γ	—	1,5246	—

IV. Optisch-zweiachsige Kristalle (Fortsetzung).

Substanz		n_C	n_D	n_F
b) Plagioklas	n_α	—	1,5284	—
	n_β	—	1,5294	—
	n_γ	—	1,5305	—
Gips $CaSO_4 + 2\,H_2O$ bei 14°	n_α	—	1,5200	—
	n_β	—	1,5220	—
	n_γ	—	1,5292	—
Peridot: Olivin $(MgFe)_2SiO_4$	n_α	—	1,7684	—
	n_β	—	1,7915	—
	n_γ	—	1,8031	—
Pyroxen: Augit . . .	n_α	—	1,6975	—
	n_β	—	1,7039	—
	n_γ	—	1,7227	—
Rohrzucker $C_{12}H_{22}O_{11}$.	n_α	—	1,5362	—
	n_β	—	1,5643	—
	n_γ	—	1,5698	—
Schwefel $t = 20°$ . . .	n_α	—	1,95791	—
	n_β	—	2,08770	—
	n_γ	—	2,24516	—
Topas	n_α	1,61315	1,61549	1,62094
	n_β	1,61538	1,61809	1,62339
	n_γ	1,62260	1,62500	1,63031
Weinsäure (Rechts) $H_4O_6C_6$	n_α	—	1,4955	—
	n_β	—	1,5352	—
	n_γ	—	1,6045	—

V. Organische Flüssigkeiten.

Substanz	$t°$	n_C	n_D	n_F
Äthylalkohol $C_2H_5 \cdot OH$	20°	1,36054	1,36175	1,36665
Anilin $C_6H_5NH_2$ . . .	20°	1,57926	1,58632	1,60411
Azeton C_3H_6O	19,4°	1,35672	1,35886	1,36366
Benzol C_6H_6	20°	1,49663	1,50144	1,51327
Pentan C_5H_{12}	15,7°	1,3570	1,3581	1,3610
Schwefelkohlenstoff CS_2	20°	1,61847	1,62037	1,65268
Tetrachlorkohlenstoff CCl_4	20°	1,45789	1,46072	1,46755
Toluol C_7H_8	14,7°	1,4944	1,4992	1,5104
Zimtaldehyd C_9H_8O . .	20°	1,60852	1,61949	1,65090

VI. Gase und Dämpfe.

Substanz	n_D
Acetylen C_2H_2	1,000565
Äthan C_2H_6	1,000753
Äthylen C_2H_4	1,000657
Ammoniak NH_3	1,000379
Argon Ar	1,000282
Brommethyl CH_3Br	1,000964
Bromwasserstoff HBr	1,000573
Chlor Cl_2	1,000773
Chlorwasserstoff HCl	1,000447
Cyan C_2N_2	1,000834
Cyanwasserstoff HCN . . .	1,000451
Fluor F_2	1,000195
Helium He	1,000035
Jodwasserstoff HJ	1,000911
Kohlendioxyd CO_2	1,000450
Kohlenoxychlorid $COCl_2$ (Phosgen) . . .	1,001150
Kohlenoxyd CO	1,000335
Luft (CO_2-frei)	1,000293
Methan CH_4	1,000444
Neon Ne	1,000067
Pentan C_5H_{12}	1,001711
Phosphorchlorür PCl_3 . . .	1,001740
Phosphorwasserstoff $P \cdot H_3$ . .	1,000789
Propylen C_3H_6	1,001120
Sauerstoff O_2	1,000271
Schwefeldioxyd SO_2 . . .	1,000661
Schwefeltrioxyd SO_3 . . .	1,000737
Schwefelwasserstoff H_2S . .	1,000644
Stickoxyd NO	1,000294
Stickstoff N_2	1,000298
Stickstoffoxydul N_2O . . .	1,000516
Wasserstoff H_2	1,000139
Xenon X	1,000703
Benzoldampf	1,001700
Pentandampf	1,001711

ist die Anwendung der Erscheinungen der Interferenz, die als Wirkung kleiner Unterschiede der Lichtbrechung zweier benachbarter Strahlenbüschel eine große Anzahl von Interferenzstreifen vorüberwandern läßt, die leicht zu wählen oder in anderer Weise für die Messungen nutzbar zu machen sind. Die Versuchsanordnungen sind ziemlich mannigfaltig; am häufigsten dürfte für rein physikalische Messungen Jamins Interferenzrefraktometer benutzt worden sein. Ein Hilfsmittel des analytisch tätigen Chemikers und Mediziners ist erst das Haber-Löwesche Interferometer geworden, das, auf einer von Lord Rayleigh benutzten Versuchsanordnung fußend, vom Benutzer nur die Bedienung der Meßschraube, aber keinerlei Justierung verlangt. Obwohl die Lichtbrechung eines Gasgemisches sich oft nicht rein additiv verhält, bewährt sich das Interferometer für die Analyse einfacher Gasgemische im täglichen Gebrauche, da das Meßverfahren ein reines Differenzverfahren ist, das infolge der sehr genauen Messung sehr kleiner Brechungsunterschiede (Fehlergrenze: zwei Einheiten der achten Dezimale) ohne Temperatur- und Druckreduktionen auskommt.

Vermöge der Starrheit seiner Konstruktion wird dieses Interferometer als einziges auch als Autokollimations-Interferometer ausgeführt, und ist so ein für viele Aufgaben der Betriebskontrolle willkommenes tragbares Instrument von nicht mehr als 50 cm Länge (Meßgenauigkeit zwei Einheiten der siebenten Dezimale). Die tragbare Form ist auch für die Messung von Lösungen eingerichtet und leistet bei der Untersuchung natürlicher Wässer (Salinitätsbestimmungen der Ozeanographen) schwacher kolloidaler Lösungen und bei biochemischen Problemen gute Dienste; u. a. konnte P. Hirsch die Abderhaldensche Lehre der Abwehrfermente damit bestätigen, so daß auf diesem

Wege die Interferenzmessungen in vielen Kliniken regelrecht in Dienst gestellt sind.

Damit ist die Interferometrie, die früher eine respektvoll gehütete Domäne des Physikers war, zum Gemeingut der messenden naturwissenschaftlichen Disziplinen geworden. Eine Übersicht über die neueren Anwendungen der Interferometrie gab Löwe in Chem. Ztg. Bd. 45, S. 405—409. 1921.

F. Löwe.

Lichtdruck s. Strahlungsdruck.

Lichteinheit, Einheit der Lichtstärke s. Einheitslichtquellen.

Lichtelektrische Quantengleichung s. Einsteinsche Quantengleichung.

Lichtelektrische Zerstreuung s. Hallwachseffekt.

Lichtempfindliche Elemente des Auges s. Stäbchen und Zapfen.

Lichterzeugung, Ziele der. Auf Grund theoretischer Untersuchungen stellt Lummer (s. „Energetisch-photometrische Beziehungen", Nr. 2 und 3) für alle Temperaturstrahler, die zur Klasse „schwarzer Körper — blankes Platin" gehören, die beiden folgenden Ziele auf. Es sind Leuchtstoffe aufzufinden, welche erstens eine hohe Temperatur aushalten, zweitens die ganze zugeführte Leistung in sichtbare Strahlung umwandeln, für welche also der optische Nutzeffekt der zugeführten Leistung ($\mathfrak{C}_4$ in „Wirtschaftlichkeit von Lichtquellen") gleich dem absoluten Maximum 1 ist. Beispielsweise müßte sich ein Leuchtstoff, der wie ein „Idealstrahler" leuchten würde, auf eine Temperatur von 4350^0 abs. erhitzen lassen; es würde dann die Lichtausbeute 250 Lumen/Watt besitzen und mit einer dem Tageslicht nahekommenden Lichtfarbe leuchten. Als drittes Ziel stellt Lummer noch die Auffindung eines Stoffes auf, der die ganze zugeführte Leistung in Strahlung der auf die Zapfen wirksamsten Wellenlänge von rund 550 $\mu\mu$ umwandelt. Die Lichtausbeute würde dann die größte überhaupt zu erreichende, nämlich 624 Lumen/Watt sein. Im Gegensatz zu Lummer sieht A. R. Meyer diesen monochromatischen Gelbgrünstrahler wie überhaupt jede monochromatische Lichtquelle als wenig geeignet für die Zwecke der Allgemeinbeleuchtung an. Für die günstigste Lichtfarbe hält er die des Tageslichtes.

Liebenthal.

Näheres s. Lummer, Grundlagen, Ziele und Grenzen der Leuchttechnik. München und Berlin, R. Oldenbourg, 1918.

Lichtjahr. Strecke, die das Licht in einem Jahr zurücklegt, entspricht einer Parallaxe von etwa 3″,25 und beträgt 670 000 Erdbahnhalbmesser oder 10^{14} km. *Bottlinger.*

Lichtkurve s. Veränderliche Sterne.

Lichtleistung, spezifische, eine photometrisch-wirtschaftliche Größe. Definition und tabellarische Zusammenstellung der Zahlenwerte für verschiedene Lichtquellen s. Wirtschaftlichkeit von Lichtquellen; s. auch Energetisch-photometrische Beziehungen, Nr. 2.

Lichtmühle s. Radiometer.

Lichtquanten. Auf Grund seiner Betrachtungen über Strahlungsschwankungen (s. d.) stellte Einstein bereits 1905 die Hypothese auf, daß Strahlung von der Frequenz ν durch den Raum stets nur in unteilbaren „Lichtquanten" von der Energie $h\nu$ fortschreite. In der Tat muß es heute (mit Ausnahme vielleicht an der Dispersion) als sichergestellt gelten, daß Quanten von der Größe $h\nu$ bei jeder *Wechselwirkung zwischen Strahlung und Materie* eine fundamentale Rolle spielen (s. Bohrsche Frequenzbedingung, sowie Einsteinsche

Quantengleichung). Die darüber weit hinausgehende Annahme der alleinigen Existenz *selbständiger* Lichtquanten im *Strahlungsfeld*, führt aber zu einer Reihe bis jetzt noch nicht überwundener, vielleicht unüberwindlicher Schwierigkeiten, namentlich mit den von der klassischen Theorie gut erklärten Interferenz- und Beugungserscheinungen. Einsteins Betrachtungen über das Impulsgleichgewicht zwischen Materie und Strahlung (s. Nadelstrahlung) beweisen zwar, daß die Strahlungsemiss on nicht in Kugelwellen — wie nach der klassischen Elektrodynamik — sondern in gewissem Sinne einseitig, also *gerichtet*, erfolgt, was zweifel os nicht zu Ungunsten der Lichtquanten spricht, doch lassen sich bindende Schlsse auf die Eigenschaften freier Lichtquanten hieraus ebenfalls nicht ziehen. Eine endgültige Beurteilung der Lichtquantenhypothese, die übrigens zu gewissen Schwierigkeiten mit dem Kausalitätsprinzip zu führen scheint, ist daher bis jetzt noch nicht möglich gewesen. *A. Smekal.*

Näheres s. Smekal, Allgemeine Grundlagen der Quantentheorie, usw. Enzyklopädie d. math. Wiss. Bd. V.

Lichtquellen s. Strahlungsquellen.

Lichtschwächungsmethoden. Die wichtigsten optischen Verfahren zur meßbaren Lichtschwächung (s. „Photometrie gleichfarbiger Lichtquellen Nr. 2) sind die folgenden.

1. **Abstandsänderung.** Man ändert den Abstand zwischen Lichtquelle und Photometerschirm und benutzt den Satz, daß die auf diesem erzeugte Beleuchtung dem Quadrate des Abstandes umgekehrt proportional ist.

2. **Anwendung von Blenden.** Man läßt die Strahlen einer ebenen, gleichmäßig diffus leuchtenden Fläche durch eine nahe davor gestellte, meßbar veränderliche Blende auf den Photometerschirm fallen oder man bildet die diffus leuchtende Fläche mittels einer Linse, vor welcher sich eine solche Blende befindet, auf dem Photometerschirm ab. In beiden Fällen ist die auf dem Photometerschirm erzeugte Beleuchtung der Blendenöffnung proportional.

3. **Anwendung absorbierender Mittel.** Man schaltet Rauchglasplatten (s. „Reflexions-, Durchlässigkeits- und Absorptionsvermögen" Nr. 3), z. B. solche, welche 0,1; 0,01 ... des auffallenden Lichtes durchlassen (Krüß, Martens), in den Strahlengang.

4. **Anwendung der Polarisation.** Läßt man ein paralleles, geradlinig polarisiertes Strahlenbündel auf einen doppelt brechenden Kristall auffallen und bildet die Schwingungsrichtung des Lichtes mit dem Hauptschnitt des Kristalls den Winkel φ, so wird vom ordentlichen Strahlenbündel ein $\sin^2\varphi$ proportionaler, vom außerordentlichen ein $\cos^2\varphi$ proportionaler Bruchteil durchgelassen. (Erweitertes Gesetz von Malus.)

Ein Nicol läßt nur die im Hauptschnitt schwingende Komponente hindurch. Stellt man also zwei Nicols hintereinander auf und läßt ein natürliches Strahlenbündel in Richtung der gemeinsamen Längsachse auffallen, so ist die durch die beiden Nicols veranlaßte Lichtschwächung $\cos^2\varphi$ proportional, wo φ der Winkel zwischen den beiden Hauptschnitten ist. Ein Übelstand dieser Methode ist der starke Lichtverlust.

5. **Anwendung des rotierenden Sektors.** Man

Fig. 1. Rotierender Sektor.

schaltet eine undurchsichtige Scheibe mit Sektoren von meßbar veränderlicher Öffnung (Fig. 1) zwischen Lichtquelle und Photometerschirm ein und versetzt die Scheibe in so schnelle Rotation, daß das Auge durch Verschmelzung der schnell aufeinanderfolgenden ungleichen Helligkeitsempfindungen einen kontinuierlichen Lichteindruck erhält. Dann ist, wenn f die Gesamtgröße der Sektorausschnitte in Graden ist, die Lichtschwächung nach dem Talbotschen Gesetze gleich $f/360^0$, z. B. gleich 0,1 für $f = 36^0$.

Die Methode hat den Vorzug, daß der Polarisationszustand keine Rolle spielt. Die neueren Apparate gestatten während der Rotation den Sektor zu verstellen und seine Größe abzulesen (Brodhun).

6. **Anwendung von rotierenden Prismen** (Brodhun). Die von der diffus leuchtenden Fläche G (Fig. 2) in Richtung ab ausgehenden Strahlen

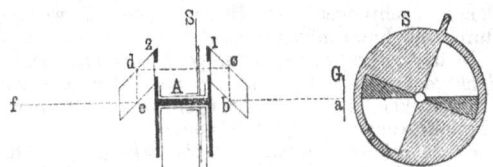

Fig. 2. Rotierende Prismen nach Brodhun.

werden durch ein **Fresnelsches Prisma** 1 in die zu ab parallele Richtung cd abgelenkt und durch ein zweites **Fresnelsches Prisma** 2 wieder in die mit ab zusammenfallende Richtung ef zurückgeführt. Die beiden Prismen sind fest miteinander verbunden und werden um die mit ab zusammenfallende Achse A in Rotation versetzt, so daß der Lichtstrahl cd *mitrotiert*. Zwischen den beiden Prismen befindet sich der nicht mitrotierende, verstellbare Sektor S. Die Stärke des intermittierenden Lichtes ist wieder der Sektorengröße proportional. Dieser Apparat läßt sich leichter als der rotierende Sektor in den Strahlengang bringen und gestattet eine schnelle Änderung der Sektorengröße.

Nach demselben Prinzip hat Bechstein eine Schwächungsvorrichtung konstruiert (s. „Universalphotometer", Nr. 5). *Liebenthal.*

Näheres s. Liebenthal, Praktische Photometrie Braunschweig, Vieweg & Sohn 1901.

Lichtstärke, eine photometrische Größe s. Photometrische Größen und Einheiten, ferner Photometrische Gesetze und Formeln, Nr. 1. Mittlere Lichtstärken s. Lichtstärken-Mittelwerte. Prinzip der Messung s. Photometrie gleichfarbiger Lichtquellen. Messung s. Photometer.

Lichtstärken-Mittelwerte. 1. Unter **Lampenachse** werde, wenn wir von Sonderlampen absehen, die Achse des Lampengehäuses, z. B. bei elektrischen Glühlampen die Sockelachse verstanden.

Beschreiben wir um die Lampe (genauer die Lampenmitte) L (Fig. 1) eine Kugel mit dem Radius 1 (Einheitskugel) und führen auf dieser Kugel wie auf der Erde Meridiane ein, deren Pol B auf der Lampenachse L A liegt, so ist die Ausstrahlungsrichtung LO gegeben durch die Poldistanz ϑ und die *Länge* φ desjenigen Punktes O', in welchem die Kugel von LO geschnitten wird.

Für gewöhnlich ist die Lampenachse eine Symmetrieachse der Lichtquelle. Kohlenfadenlampen lassen sich ohne Beeinträchtigung der Lichtausstrahlung in

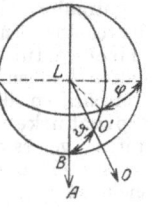

Fig. 1. Zur Definition der Poldistanz ϑ und der Länge φ.

allen beliebigen Lagen der Lampenachse verwenden. Im folgenden soll der Einfachheit halber jedoch allgemein angenommen werden, daß die Lampen mit vertikaler Lampenachse brennen, also entweder aufrecht stehen oder nach unten hängen. Ferner wollen wir annehmen, daß der Pol B unterhalb der Lampenmitte, also an der untersten Stelle der Einheitskugel liegen möge. Für die vertikal nach unten gehende Ausstrahlungsrichtung LO ist dann also $\vartheta = 0$, für eine horizontale $\vartheta = 90^0$ oder $\pi/_2$, je nachdem wir in gewöhnlichem Winkelmaß oder in sogenanntem absolutem Maße zählen.

2. Definition der mittleren Lichtstärken. Wenn eine Lichtquelle allseitig mit der gleichen Lichtstärke J leuchten würde, würde man sie photometrisch nach dieser Größe bewerten. In Wirklichkeit besitzen die Lichtstärken unserer Lampen in den verschiedenen Ausstrahlungsrichtungen mehr oder minder große Abweichungen. Man ist zur Kennzeichnung der Lampen deshalb zu Mittelbildungen gezwungen. Die wichtigsten mittleren Lichtstärken sind die folgenden:

a) die *mittlere horizontale Lichtstärke* (J_h), d. h. der Mittelwert der Lichtstärken in den verschiedenen Richtungen der Horizontalebene, welche durch die Lampenmitte gelegt ist;

b) die *mittlere untere* bzw. *obere hemisphärische Lichtstärke* ($J_{\smile}$ bzw. $J_{\frown}$), d. h. der Mittelwert der Lichtstärken in den Richtungen unterhalb bzw. oberhalb dieser Horizontalebene;

c) die *mittlere räumliche Lichtstärke* (J_0), d. h. der Mittelwert der Lichtstärken in allen Richtungen des Raumes.

Man neigt sich immer mehr der Ansicht zu, daß für Vergleiche J_0 die maßgebendste Größe ist.

Außer diesen 4 mittleren Lichtstärken spielt auch noch eine Rolle

d) die *mittlere Lichtstärke $J(\vartheta)$ unter einer beliebigen Poldistanz*, d. h. das Mittel aus den Lichtstärken in allen Richtungen, welche die Poldistanz ϑ besitzen, also auf einen Kreiskegel liegen, dessen Spitze die Lampenmitte sitzt, dessen Achse mit der Lampenachse zusammenfällt und dessen halber Öffnungswinkel ϑ ist.

3. Formeln für J_0, $J_{\smile}$ und $J_{\frown}$. Es ist, wie sich leicht zeigen läßt,

$$J_0 = \frac{1}{2} \int_0^{\pi} J(\vartheta) \sin \vartheta \, d\vartheta \quad . \quad . \quad . \quad . \quad 1)$$

Man erhält $J_{\smile}$ und $J_{\frown}$, wenn man auf der rechten Seite von Gleichung 1) den Faktor $1/_2$ durch die Einheit ersetzt und die Integrationsgrenzen 0 und $\pi/_2$ bzw. $\pi/_2$ und π einführt.

Ferner ist der in die untere bzw. obere Hemisphäre (den unteren bzw. oberen Raumwinkel 2π, s. „Raumwinkel") und in den ganzen Raum (Raumwinkel 4π) ausgestrahlte Lichtstrom

$$\Phi_{\smile} = 2\pi J_{\smile}; \quad \Phi_{\frown} = 2\pi J_{\frown}; \quad \Phi_0 = 4\pi J_0 \quad 2)$$

4. Experimentelle Bestimmung von J_h. Man mißt in einer größeren Anzahl (z. B. 20 oder 40) gleich weit voneinander entfernter horizontaler Ausstrahlungsrichtungen und erhält J_h als das Mittel aus den gefundenen Lichtstärken. Elektrische Glühlampen, welche eine Rotation aushalten können, werden vielfach (z. B. nach den Vorschriften des Verbandes Deutscher Elektrotechniker) durch eine einzige Einstellung auf J_h gemessen, indem man sie um ihre Achse so schnell dreht, daß kein störendes Flimmern mehr auftritt.

5. Experimentelle Bestimmung von $J(\vartheta)$. Man mißt unter der Poldistanz (dem Ausstrahlungswinkel gegen die Lampenachse) ϑ längs einer größeren Zahl n (mindestens 20) gleich weit von-

einander entfernter Meridiane (also in $1/_2$n Vollmeridianebenen) und erhält $J(\vartheta)$ durch Mittelbildung aus den gefundenen Einzelwerten $J(\vartheta, \varphi)$. Von dem einen Meridian zu dem nächstfolgenden geht man dadurch über, daß man die Lampe um ihre Achse um 360^0/n (mindestens 18^0) dreht.

Die Universalphotometer von Bechstein, Brodhun, Martens und Weber (s. „Universalphotometer") gestatten, da sie ein auf die zu messende Lampe zu richtendes Beobachtungsrohr besitzen, unmittelbar solche Messungen unter jedem Ausstrahlungswinkel ϑ. Hierbei verschiebt man das Photometer P oder die Lampe L allein oder L und P gleichzeitig, und zwar P in horizontaler Richtung, L (am besten an einem Aufzuge) in der Höhe. Brodhun hat seinem Universalphotometer außerdem noch einen Spiegelapparat beigefügt, mit dem man diese Messungen ausführen kann, ohne daß man den Ort von P und L zu ändern braucht.

Man kann aber auch die gewöhnlichen „Photometer zur Messung von Lichtstärken" (s. dort) und eine gerade Photometerbank benutzen, bedarf dann aber besonderer Hilfsmittel, z. B. einer *Spiegelvorrichtung*. Bei Messungen nach der Methode von Perry und Ayrton wird in den von v. Hefner-Alteneck, Krüß und Drehschmidt angegebenen Anordnungen die Lampe L um die Bankachse in einem zu dieser senkrechten Kreise *herumgeführt*, und ein mit L fest verbundener gegen die Bankachse um 45^0 geneigter und um diese drehbarer Spiegel, dessen Mitte in der Bankachse liegt, wirft die von L auf ihn auffallenden Strahlen stets in die Achse der Bank. Im allgemeinen vorzuziehen sind die Anordnungen, bei welchen L *fest* in der Bankachse aufgestellt ist und eine um die Bankachse drehbare Spiegelvorrichtung um L im Kreise herumgeführt wird. Für nackte Bogenlampen benutzte v. Hefner-Alteneck einen um 45^0 gegen die Bankachse geneigten Spiegel S (Fig. 2), der die Strahlen von L nahezu parallel der hinreichend weit entfernten Photometerschirm reflektiert. Brodhun und Martens verwenden ein System von zwei Spiegeln S_1 und S_2 (Fig. 3), um zu bewirken, daß die Strahlen in Rich-

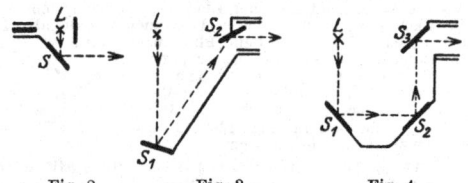

Fig. 2.   Fig. 3.   Fig. 4.
Spiegelvorrichtungen zur Bestimmung von $J(\vartheta)$.

tung der Bankachsen austreten. Krüß bedient sich zu dem nämlichen Zwecke eines Satzes von drei Spiegeln S_1, S_2 und S_3 (Fig. 4), Sharp eines Paares solcher symmetrisch zur Bankachse angeordneter Sätze.

Brodhun benutzt bei seinem oben erwähnten Spiegelapparat aus verschiedenen Gründen von den beiden in Fig. 3 angegebenen Spiegeln nur S_1 und ersetzt S_2 durch ein Reflexionsprisma.

6. Kurve der räumlichen Lichtverteilung (Polarkurve, Lichtausstrahlungskurve). Denkt sich von der Lampenmitte L Leitstrahlen gezogen, welche mit der Lampenachse die Winkel $\vartheta_0 = (0)$, ϑ_1, $\vartheta_2 \ldots \vartheta_p (= 180^0)$ bilden und macht diese Leitstrahlen gleich den mittleren Lichtstärken $J(\vartheta_0)$, $J(\vartheta_1) \ldots$, so erhält man durch Verbindung der Endpunkte dieser Strecken die Kurve der räumlichen Lichtverteilung.

In den Figuren 5, 6 und 7 sind die Lichtverteilungskurven einer nackten Reinkohlenbogenlampe, einer Spiraldrahtlampe mit horizontal angeordneten Fäden und einer Hängegasglühlichtlampe wiedergegeben. Von diesen zeigt Fig. 5 eine sehr ungleichmäßige, Fig. 6 eine möglichst gleichmäßige Lichtverteilung.

7. Rechnerische Bestimmung von J_0, $J_{\smile}$ und $J_{\frown}$ aus $J(\vartheta)$. a) *Graphisches Verfahren*

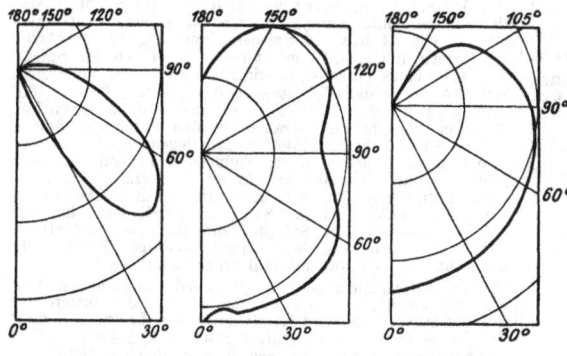

Fig. 5.   Fig. 6.   Fig. 7.
Lichtverteilungskurven dreier Lampenarten.

(Liebenthal). Wenn man in Gleichung 1) cos ϑ = x setzt, so wird

$$J_0 = \frac{1}{2} \int_{-1}^{+1} J(\vartheta)\,dx \quad \ldots \ldots \quad 3)$$

Für $J_\cup$ und $J_\cap$ hat man die Integrationsgrenzen 0 und 1 bzw. —1 und 0 zu wählen und den Faktor $^1/_2$ wieder durch 1 zu ersetzen.

Trägt man also in rechtwinkligen Koordinaten (am besten Millimeterpapier), dessen Anfang 0 sei, als Abszissen die Strecken a cos ϑ (wobei a = 100 mm gewählt werde) und als Ordinaten die entsprechenden J(ϑ) auf und verbindet die

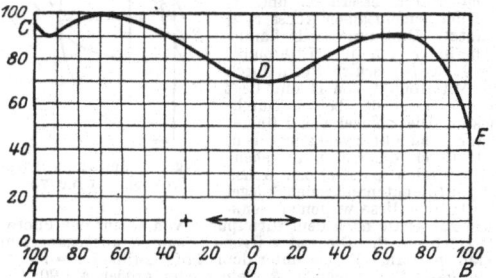

Fig. 8. Zur Berechnung der mittleren räumlichen Lichtstärke.

so erhaltenen Punkte durch die Kurve CDE (Fig. 8), so ist
J_0 bzw. $J_\cup$ und $J_\cap$ gleich der mittleren Ordinate der Kurve CDE bzw. CD und DE.
Die in Fig. 8 gezeichnete Kurve ist aus der Lichtverteilungskurve der Fig. 6 abgeleitet.

Rousseau geht von der Lichtverteilungskurve aus und gelangt auf einem rein zeichnerischen, verhältnismäßig umständlichen Wege ebenfalls zur Kurve von Fig. 8.

Mit hinreichender Genauigkeit findet man diese mittleren Ordinaten, wenn man zu den Abszissen x = +100 (entsprechend ϑ=0), 95, 90...0 (ϑ=90°) —5 ... —90, —95, —100 mm (ϑ = 180°) die Ordinaten y_0, y_1, y_2 ... y_{20}, y_{21} ... y_{38}, y_{39}, y_{40} aufsucht. Alsdann ist
$$J_0 = [y_0 + y_1 + \ldots + y_{40} - 0,5(y_0 + y_{40})]\,{}^1/_{40}. \quad 4)$$
Ähnliche Gleichungen ergeben sich für $J_\cup$ und $J_\cap$. Mittels Gleichung 2) berechnet man dann die Lichtströme Φ_0, $\Phi_\cup$ und $\Phi_\cap$.

b) *Rein rechnerisches Verfahren.* Sind die mittleren Lichtstärken J(ϑ) unter den Winkeln ϑ=0, α, 2 α, 3 α ... 2 nα (= 180°) gemessen oder aus der Lichtverteilungskurve entnommen, so ist *annäherungsweise*

$$J_0 = [J(\alpha) \sin \alpha + J(2\,\alpha) \sin 2\,\alpha + \ldots \ldots$$
$$+ J(\{2n-1\}\alpha) . \sin \{2n-1\}\alpha]\,\pi/4\,n \ldots 5)$$
Ist beispielsweise α = 15°, so wird n = 6, demnach $\{2n-1\}\,\alpha$ = 165°.
Von Gleichung 5) wird bei den Meridianapparaten (s. „Lichtstrommesser", B) Gebrauch gemacht.
Liebenthal.

Näheres s. Liebenthal, Praktische Photometrie. Braunschweig, Vieweg & Sohn 1907.

Lichtstrom, eine photometrische Größe. Definition s. Photometrische Größen und Einheiten, ferner Energetisch-photometrische Beziehungen, Nr. 1; s. auch Photometrische Gesetze und Formeln. Berechnung s. Lichtstärken-Mittelwerte, Nr. 2. Messung s. Lichtstrommesser.

Lichtstromkugel s. Raumwinkel- und Lichtstromkugel von Teichmüller.

Lichtstrommesser. Die unter dem Stichwort „Lichtstärken-Mittelwerte" in Nr. 7 angegebenen Methoden, die mittlere räumliche Lichtstärke J_0 oder den Gesamtlichtstrom $\Phi_0 = 4\,\pi J_0$ durch Messungen in vielen Richtungen aus den mittleren Lichtstärken J(ϑ) zu bestimmen, ist zeitraubend. Man hat deshalb Apparate konstruiert, welche durch eine einzige Messung oder doch durch nur wenige Messungen J_0 oder Φ_0 zu ermitteln gestatten.

A. Integrierende Apparate.

1. Lumenmeter von Blondel (1895). Die zu messende Lampe (nackte Bogenlampe) L (Fig. 1)

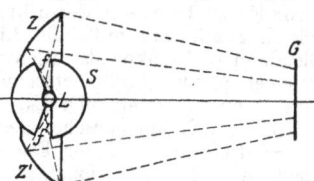

Fig. 1. Lumenmeter von Blondel.

sendet aus der Mitte einer innen geschwärzten, undurchsichtigen Kugel durch zwei gegenüberliegende Ausschnitte f und f' der Kugel hindurch, welche die Gestalt von Kugelzweiecken von je 18° haben, Strahlen mittels der kleinen spiegelnden Zone ZZ' eines Umdrehungsellipsoids auf eine Milchglasplatte G. L geht durch den einen, G durch den andern, 3 m entfernten Brennpunkt des Ellipsoids. Man bestimmt die Lichtstärke J des auf G entstehenden Lichtflecks in zu G senkrechter Richtung und berechnet daraus unter der Annahme, daß G eine orthotrope Substanz ist (s. „Photometrische Gesetze und Formeln" Nr. 7 und 8) den durch f und f' ausgetretenen Lichtstrom Φ' mittels der Formel
$$\Phi' = CJ,$$
wo C eine Instrumentalkonstante ist. Da die Summe von f und f' $^1/_{10}$ der Oberfläche der Kugel S beträgt, erhält man den Gesamtlichtstrom Φ_0 durch eine einzige Messung Φ' als $\Phi_0 = 10\,\Phi'$, falls das Licht symmetrisch um die vertikale Lampenachse verteilt ist. Andernfalls muß man die Lampe zehnmal nacheinander um je 18° um ihre Achse drehen und die zehn Werte addieren.

Außerdem hat Blondel noch zwei einfachere, aber auch ungenauere Abänderungen des Lumenmeters angegeben.

2. Kugelphotometer von Ulbricht (1900). Der Apparat gründet sich auf den Satz, daß eine

29*

Lichtquelle, die sich in einer Hohlkugel von überall gleichem diffusem Reflexionsvermögen befindet, die Innenwand mittels des indirekten, d. h. vielfach reflektierten Lichtes an allen Stellen gleich stark und zwar proportional der mittleren räumlichen Lichtstärke J_0 beleuchtet.

Eine undurchsichtige, innen mattweiße Hohlkugel (Fig. 2) besitzt oben eine mit einem Deckel

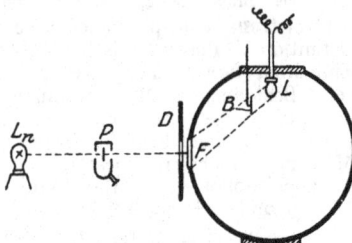

Fig. 2. Kugelphotometer von Ulbricht.

verschließbare Öffnung zum Einsetzen der zu messenden Lampe L, in halber Höhe eine durch eine durchscheinende Platte F verschlossene Öffnung; die Blende B verhindert, daß direktes Licht von L auf F fällt. Der Deckel, die beiden Seiten der Blende sowie die Lampen- und Blendenhalter sind ebenfalls mattweiß. Alsdann leuchtet die Außenseite von F mit einer Flächenhelle e, welche der Beleuchtung E der Innenseite von F und demnach auch J_0 proportional ist. Ulbricht stellt nun vor F eine Blende D, deren kreisförmige Öffnung gleich f sei, und mißt die Lichtstärke J dieser Blende in zu f senkrechter Richtung unter Benutzung einer geraden Photometerbank mittels Photometers P und Normallampe L_n. Da nach Gleichung 16) in "Photometrische Gesetze und Formeln" $J = ef$ ist, so ist J der Flächenhelle e und demnach auch J_0 proportional, so daß umgekehrt

$$J_0 = C J$$

Die Instrumentalkonstante C wird mittels einer Glühlampe bestimmt, deren mittlere räumliche Lichtstärke J'_0 nach der alten Methode durch viele Messungen mit anschließender Rechnung ermittelt ist. Ist J' die sich hierbei ergebende Lichtstärke der Blendenöffnung, so ist $C = J'_0/J'$.

Man kann mit dem Ulbrichtschen Kugelphotometer auch die mittlere untere hemisphärische Lichtstärke $J_{\cup}$ messen, wenn man durch den oberen Teil der Kugel einen horizontalen Schnitt führt und die abgeschnittene Kalotte entfernt oder sie wieder an die alte Stelle zurücksetzt, nachdem man die innere Fläche geschwärzt hat. Punktförmige Lichtquellen bringt man genau in die Schnittebene; bei Lichtquellen von größeren Abmessungen hat man eine bestimmte Eintauchtiefe zu wählen, wobei man sich des Ulbrichtschen "Lichtschwerpunktsuchers" bedient.

Das Ulbrichtsche Kugelphotometer hat vor dem Blondelschen Lumenmeter neben größerer Genauigkeit den weiteren Vorzug, daß es auch für Lampen mit größeren Abmessungen anwendbar ist und selbst für *axial unsymmetrische* Lampen J_0 durch *eine* Messung zu bestimmen gestattet.

B. Meridianapparate.

Diese Apparate stützen sich auf die unter dem Stichworte "Lichtstärken-Mittelwerte" angeführte Annäherungsformel 5), nach welcher die mittlere räumliche Lichtstärke J_0 nicht der Summe der mittleren Lichtstärken $J(\vartheta)$ unter den Poldistanzen $\vartheta = \alpha,\ 2\,\alpha,\ 3\,\alpha \ldots$, sondern der Summe aus den Produkten $J(\vartheta) \cdot \sin \vartheta$ proportional ist.

3. Photomesometer von Blondel (1895). Man setzt die zu messende Lampe in die Mitte einer vertikalen Rosette von 24 bzw. 36 Spiegeln, welche gegen die Achse der Rosette um je 45° geneigt sind; die Mitten der Spiegel sind also längs eines Vollmeridians (auf einem Vollkreise), und zwar unter den Poldistanzen $\vartheta = 0°,\ 15°,\ 30° \ldots 180°$ (bzw. 0°, 10°, 20° ... 180°) angeordnet. Die unter diesen Poldistanzen ausgehenden Strahlen werden durch die Spiegel auf einen senkrecht zur Rosettenachse liegenden, als orthotrop angenommenen, durchscheinenden Photometerschirm geleitet. Dabei ist die Anordnung so getroffen, daß die Beleuchtung und demnach auch die Flächenhelle, welche der Schirm mittels eines Spiegels erlangt, dem Sinus des zu dem betreffenden Spiegel gehörenden ϑ proportional wird. Die durch sämtliche Spiegel erzeugte Flächenhelle des Schirmes ist dann (nahezu) proportional J_0.

Diese Schwächung wird von Blondel durch eine Vorrichtung erzielt, die sich auf das Prinzip des rotierenden Sektors stützt. Es wird nämlich um die Lampe innerhalb des Spiegelkreises eine undurchsichtige Kugel gelegt, welche längs 6 vom Nadir zum Zenith verlaufenden Meridianen in gleichen Winkelabständen α (= 15° bzw. 10°) mit vertikalen Schlitzen versehen sind; und es wird die Kugel um ihre vertikale Achse in schnelle Drehung versetzt, wobei die Schlitze an den zugehörigen Spiegeln vorübergeführt werden. Die Winkelbreite der auf demselben Breitenkreise liegenden Schlitze ist die gleiche, und zwar dem zugehörigen sin ϑ proportional.

4. Meridianapparat von Krüß (1908). Die Schwächung wird dadurch bewirkt, daß jedem Spiegel ein kleines Objektiv zugeordnet ist, durch welches das Licht der zu messenden Lampe hindurchgeht, und daß vor das Objektiv eine Blende gesetzt wird, deren Öffnung dem zugehörigen sin ϑ proportional ist.

5. Meridianapparat von Matthews (1900). Statt eines Spiegelkreises werden, wie Fig. 3 zeigt, zwei Spiegelhalbkreise I und II mit den vertikalen Durchmessern A_1 und A_2 und der gemeinsamen Achse $a_1\,a_2$ benutzt. Die zu messende Lampe L befindet sich im Mittelpunkt von I, der Gipsschirm P geht durch den Mittelpunkt von II und liegt in der Ebene der beiden Durchmesser. Die Spiegel von I (in der Figur sind nur zwei angegeben) reflektieren die von L ausgehenden Strahlen parallel zur Achse $a_1\,a_2$ auf die entsprechenden Spiegel

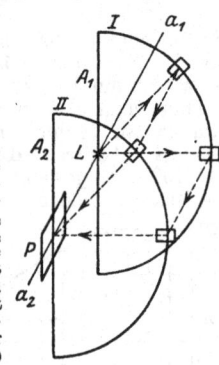

Fig. 3. Meridianapparat von Matthews.

von II, und diese werfen sie senkrecht zur Achse nach dem Mittelpunkt von II auf den Photometerschirm P. Die von irgend einem ϑ ausgegangenen Strahlen treffen P also unter dem Einfallswinkel $i = 90 - \vartheta$ bzw. $\vartheta - 90°$, je nachdem ϑ kleiner oder größer als 90° ist, und erzeugen auf P eine $\cos i = \sin \vartheta$ proportionale Beleuchtung. Der Apparat ist hauptsächlich für elektrische Lampen bestimmt.

Da die Spiegelvorrichtungen nur für kleinere Lampen anwendbar sind, ersetzt Sahulka (1918) die Spiegel durch kleine, in gewissen Winkelabständen längs eines Meridians angeordnete ebene Gipsplatten, welche den Photometerschirm durch diffuse Reflexion beleuchten.

Die Meridianapparate gestatten, weil sie sich nur auf eine Annäherungsformel stützen, eine nur verhältnismäßig geringe Meßgenauigkeit. *Liebenthal.*

Näheres s. Liebenthal, Praktische Photometrie. Braunschweig, Vieweg & Sohn 1907.

Lichttechnik (Beleuchtungstechnik, Leuchttechnik). Sie umfaßt die folgenden 3 Gruppen.

1. *Erzeugung des Lichtes* (Herstellung der Lampen, Zuführung der Energie zur Unterhaltung des Leuchtens).

2. *Anwendung des Lichtes* (Hinzufügung von Armaturen und Verteilung der Lampen im zu beleuchtenden Raume vom wirtschaftlichen, ästhetischen und hygienischen Standpunkt aus; bei natürlichem Licht [Tageslicht]: Verwendung von Tageslichtreflektoren, Anordnung von Fenstern u. dgl.).

3. *Messung des Lichtes* oder *Photometrie*. Die Photometrie im engeren Sinne beschäftigt sich mit der Messung der photometrischen Größen mittels

des Auges und mit der Berechnung dieser Größen (s. „Photometrische Größen und Einheiten"; „Lichtstärken-Mittelwerte"). Über die zur Messung dienenden Lichteinheiten, Meßapparate, Messungs- und Berechnungsmethoden s. „Einheitslichtquellen", „Zwischenlichtquellen"; ferner „Photometer", „Photometerbank", „Photometrie gleichfarbiger Lichtquellen", „Photometrie verschiedenfarbiger Lichtquellen", „Photometrie im Spektrum"; „Lichtschwächungsmethoden" und „Photometrische Gesetze und Formeln". Die Photometrie im weiteren Sinne befaßt sich u. a. mit Lichtmessungen unter Benutzung objektiver Strahlungsmesser (s. „Photometrie, objektive"), mit wirtschaftlichen Fragen (s. „Wirtschaftlichkeit von Lichtquellen"), mit den wissenschaftlichen Grundlagen der Lichterzeugung und der Verteilung der Lampen unter Berücksichtigung des Einflusses von Decken und Wänden (s. „Energetisch-photometrische Beziehungen", Nr. 2 und 3; ferner „Beleuchtungsanlagen").

Liebenthal.

Liderung s. Rohrkonstruktion.

Lieben-Röhre, elektrische Entladungsröhre mit Glühkathode und Elektronenleitung (langsame Kathodenstrahlen), zum großen Teil mit Hinzukommen von Gasionisation, zum Zwecke der Verstärkung von schwachen Wechselströmen, etwa der Telegraphie oder Telephonie (R. v. Lieben). Die älteste Ausführung (1905) arbeitete mit einem Kathodenstrahlenbündel, das einer Anode mehr oder weniger zugeführt wurde, und zwar vermittels Spulen oder elektrischer Feldkörper, die von dem zu verstärkenden Strom gespeist wurden. Der verstärkte Strom entstand in der Anodenleitung. Später wurde eine andere Type sehr zahlreich verwendet, die in einer Glasröhre eine zickzackförmige Glühkathode aus Platinband mit Oxydbelag, eine Anode von ca. 220 V Spannungdifferenz und eine zwischen beiden, quer durch die gesamte Entladungsbahn liegende durchbrochene dritte Elektrode, das Gitter, enthält. In der Röhre ist Quecksilberdampf (aus einem innenliegenden Amalgamstück stammend) enthalten, in dem sich eine Glimmentladung ausbildet. Die Arbeitsweise der Lieben-Röhre ist: im Kathodenraum entsteht durch das Feld des Glühbandes (30 V) eine leuchtende Entladung um die Glühkathode, außerdem entsteht zwischen Gitter und Anode eine gut ausgebildete selbständige Glimmentladung, die einen Kathodendunkelraum und negatives Glimmlicht am Gitter aufweist. Die Stromstärke dieser Entladung ist sehr stark abhängig von der Zufuhr von Elektronen und sonstigen Trägern aus dem Glühkathodenraum durch das Gitter hindurch in den Dunkelraum, welche durch Änderung der Spannung des Gitters gegen die Kathode ebenfalls stark geändert wird, und zwar bringt eine positive Gitterspannung einen größeren Strom hervor, so daß wohl hauptsächlich die Zufuhr von Elektronen wichtig ist. Zu einer Änderung der Gitterspannung ist sehr viel weniger Energie nötig als man gleichzeitig aus dem Anodenkreis durch dessen Stromänderung entnehmen kann, wobei ferner die Anodenstromänderung der zugeführten Gitterspannung in gewissen Grenzen proportional ist. Hierin besteht der Verstärkungsvorgang. Um im empfindlichsten und gleichzeitig proportionalsten Teile der Charakteristik (Strom-Spannungskurve) zu arbeiten, gibt man dem Gitter eine ausprobierte Gleichspannung gegen die Glühkathode.

Die Lieben-Röhre ist, wie alle Verstärker, fähig, Schwingungen zu erzeugen, und zwar durch An-

wendung der „Rückkopplung" (s. auch Verstärkerröhre, Senderöhre und Rückkopplung). *H. Rukop.*

Näheres s. R. Lindemann und E. Hupka, Arch. f. Elektr. **3**, 49, 1914.

Liebesgeige s. Streichinstrumente.

Lilie. Bezeichnung der Nordmarke beim Schiffskompaß (s. Kompaß).

Lilienthalsche Charakteristik s. Polardiagramm.

Limitvolumen s. Grenzvolumen.

Linearbolometer. Sehr schmales Bolometer (s. d.) zur quantitativen Messung von Spektrallinien, besonders zur Erforschung der ultraroten Emissionsspektren (Langley, Paschen). *Gerlach.*

Linearthermosäule s. Linearbolometer (s. a. Thermosäule).

Linienblitz s. Blitz.

Linienintegral der magnetischen Feldstärke. — In einem Raum möge eine magnetische Feldstärke $\mathfrak{H}$ herrschen, die von Punkt zu Punkt variieren kann. Wir denken uns in diesem Raum eine geschlossene Kurve s von irgendwelcher Gestalt konstruiert, die sich aus lauter kleinen Teilchen ds zusammensetzen möge. Bilden wir nun für jedes derartige Kurventeilchen die in seine Richtung fallende Komponente der Feldstärke $\mathfrak{H}_s$, so versteht man unter der Summe aller Produkte $\mathfrak{H}_s$ ds über die ganze Kurve, also unter $\int \mathfrak{H}_s$ ds das Linienintegral der magnetischen Feldstärke. Dies ist Null, wenn die Kurve keine elektrischen Ströme umschließt, dagegen $4 \pi NJ$, wenn sie mit N Strömen von der Stärke J verkettet ist. Die Formel leistet gute Dienste, namentlich bei der Berechnung des Feldes von Spulen; auch der magnetische Spannungsmesser (s. dort) beruht darauf. *Gumlich.*

Linsenastigmatismus s. Brille.

Liouvillescher Satz. Im Phasenraum (s. d.) eines Gases sei ein Gebiet G gegeben; dann führt von jedem Punkt des Gebietes nur eine einzige Bahnkurve weiter, weil die mechanischen Gleichungen die Bewegung vorschreiben. Nach einer gewissen Zeit ist deshalb das Gebiet G in ein Gebiet G' übergeführt; der Liouvillesche Satz besagt nun, daß das Volumen nicht geändert, G = G'. Die Phasenbewegung verhält sich also wie die Strömung einer inkompressiblen Flüssigkeit. *Reichenbach.*

Lippichsche Methode zur Bestimmung der Rotationsdispersion s. Rotationsdispersion.

Lippichsche Polarisator-Vorrichtung s. Polarimeter.

Lippmannsche Farbenphotographie s. stehende Lichtwellen.

Liquid-Barretter. Vorrichtung zum Nachweis elektrischer Schwingungen, der ähnlich arbeitend wie der gewöhnliche Barretter, sich von ihm dadurch unterscheidet, daß der Platindraht ersetzt ist durch eine dünne Flüssigkeitssäule. *A. Esau.*

Liquidogen. Nach einer Theorie von de Heen und Dwelshauvers-Dery, welche später von Traube wieder aufgenommen und erweitert wurde, befindet sich für jede Temperatur in der flüssigen, sowie in der gasförmigen Phase ein bestimmtes Mengenverhältnis gasogener und liquidogener Moleküle im Gleichgewicht. Dabei sind die liquidogenen Moleküle, die Liquidonen, als einfache Moleküle gedacht, die gasogenen Moleküle oder Gasonen als komplexe Moleküle. Die Flüssigkeiten sind anzusehen als Lösungen gasogener Teilchen in der liquidogenen Phase, gesättigte Dämpfe als Lösungen liquidogener Teilchen in der gasogenen Phase. *Henning.*

454 Lissajous-Figuren—Löschfunken.

Lissajous-Figuren veranschaulichen die Zusammensetzung von Schwingungen verschiedener Richtung. Besonders wichtig und lehrreich ist der Fall, daß die Schwingungen senkrecht zueinander gerichtet sind.

Zur Demonstration bedient man sich mit Vorliebe zweier Stimmgabeln, die an je einem Schenkel einen kleinen Spiegel tragen, dessen Ebene parallel der Schwingungsrichtung ist. Die beiden Stimmgabeln werden so aufgestellt, daß ihre Schwingungsebenen senkrecht zueinander stehen. Durch eine kleine Öffnung fällt ein Lichtbündel auf den Spiegel der ersten Gabel, wird von diesem auf den Spiegel der zweiten Gabel und von diesem auf den Projektionsschirm reflektiert. Vermittels einer Linse wird die Öffnung auf dem Schirm scharf abgebildet. Dieses Lichtbild stellt den schwingenden Punkt dar. Schwingt eine Gabel allein, so wird der Lichtfleck in eine gerade Linie auseinander gezogen, schwingen beide gleichzeitig, so erhält man im allgemeinen eine komplizierte Figur.

Haben beide Schwingungen gleiche Periode und Amplitude, so resultiert je nach der Phase eine gerade Linie (Phase 0, π, 2π), ein Kreis $\left(\text{Phase } \frac{\pi}{2}, \frac{3\pi}{2}\right)$ oder eine Ellipse (zwischenliegende Phasen). Ist das Verhältnis der Schwingungszahlen nicht mehr 1:1, aber auch noch ein Verhältnis ganzer Zahlen, so resultieren andere, kompliziertere Figuren, deren Form bei jedem gegebenen Schwingungszahlenverhältnis noch von den relativen Amplituden und der Phase abhängt.

Wird jetzt das Intervall ein wenig verstimmt, so „steht" die Figur nicht mehr, sondern durchwandert, entsprechend der allmählichen Änderung der Phase, alle dem betreffenden Intervall zukommenden Figuren. Der ganze Zyklus der Figuren ist durchlaufen, wenn sich die Phase von 0 auf 2π geändert hat. Hierdurch bietet die Beobachtung der Lissajous-Figuren ein Mittel, um schon äußerst geringfügige Verstimmungen eines Intervalles (s. d.) aufzudecken und zu messen.

E. Waetzmann.

Näheres s. F. Melde, Die Lehre von den Schwingungskurven. Leipzig 1864.

Listingsches Gesetz. Im Listingschen Gesetz ist ausgesprochen, unter welchen Bedingungen Augenbewegungen, bei denen die Gesichtslinie eine ebene Fläche im Außenraum beschreibt, ohne und unter welchen sie mit einer gleichzeitigen Rollung des Bulbus um die Gesichtslinie verlaufen. Gemeinsam ist den beiden Gruppen von Fällen, daß die Drehungsachse, um die die Exkursion der Gesichtslinie erfolgt, der Äquatorialebene des Bulbus angehört und gegenüber den Hauptschnitten des Kopfes eine während der ganzen Bewegung unveränderlich feste Lage hat. Während sie aber beim Fehlen einer Rollung auch zu den Hauptschnitten der Netzhaut ihre Lage unverändert bewahrt, ist dies, wenn die Bewegung mit einer Rollung verknüpft ist, nicht der Fall; die Bewegung erfolgt dann um „Augenblicksachsen", deren Orientierung gegenüber der Netzhaut in jedem kleinsten Teilchen der fortschreitenden Augenbewegung eine andere ist. Das Listingsche Gesetz sagt nun aus, daß es nur eine Stellung des Auges gibt, von der aus geradlinige Bewegungen nach allen Seiten hin ohne Rollung um die Gesichtslinie verlaufen. Man bezeichnet diese Augenstellung als die Primärstellung (sie ist annäherungsweise beim Blick geradeaus in die Ferne gegeben), jede von ihr aus auf gerader Bahn, einer sog. primären Bahnebene, erreichbare neue Stellung als Sekundärstellung des Auges. Von einer Sekundärstellung aus sind geradlinige Bewegungen ohne gleichzeitige Rollung nur innerhalb der primären

Bahnebene möglich, der sie selbst angehören; jede Bewegung dagegen, bei der die Gesichtslinie die primäre Bahnebene verläßt, ist mit einer Rollung verbunden, und die hierbei erreichte Augenstellung ist wiederum als eine Sekundärlage charakterisiert, da von ihr aus beim Durchlaufen ihrer primären Bahnebene z. B. die Primärstellung wiederum ohne Rollung um die Gesichtslinie erreicht wird. Da durch die beim Übergang von einer Sekundärlage in die andere erfolgende Rollung die Hauptschnitte der Netzhaut sich so orientieren, wie es sich ergäbe, wenn dieselbe Sekundärlage von der Primärstellung aus durch Bewegung ohne Rollung herbeigeführt würde, so gipfeln die erwähnten Gesetzmäßigkeiten in praktischer Hinsicht in der Verwirklichung des Prinzipes der leichtesten Orientierung, wie es das Donderssche Gesetz (s. d.) ausspricht. Die Begründung des Listingschen Gesetzes ist sowohl auf experimentellem wie auf mathematisch-geometrischem Wege durchgeführt worden. *Dittler.*

Näheres s. O. Fischer, Med. Physik, S. 218 ff. Leipzig 1913.

Liter und Kubikdezimeter s. Raummaße.

Litzen. Für Ströme höherer Frequenz verwendete Leiter, welche aus zahlreichen, voneinander isolierten dünnen Einzeldrähten bestehen, die derartig verdrallt sind, daß selbst bei höchsten Frequenzen die Stromverteilung annähernd ebenso ist wie bei Gleichstrom, und die Widerstandserhöhungen gegenüber Gleichstrom auch bei enggewickelten Spulen erheblich reduziert ist. Es gibt hier einen günstigsten Querschnitt. In der Technik wird der Einzeldraht meist mit Emaille isoliert. Man geht bei Hochfrequenz nicht unter eine Drahtstärke von 0,07 mm. *A. Meißner.*

Näheres s. Rogowski, Arch. f. El. 1915, S. 61.

Lochsirene s. Sirene.

Löschdrosseln. Anordnung zur Verbesserung der Löschwirkung für Serienfunkenstrecken, insbesondere bei Großstationssendern (s. Fig.). Zur eigentlichen Funkenstrecke I, durch welche die maximale Aufladung des Kondensators begrenzt ist,

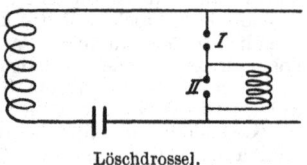

Löschdrossel.

wird eine zweite Funkenstrecke in Serie geschaltet, die für den Kondensatorladestrom durch eine Drossel überbrückt ist. Schlägt die Funkenstrecke I über, so liegt einen kurzen Moment die ganze Spannung an der Funkenstrecke II. Es schlägt demnach auch II über und die Hochfrequenz schwingt nun über alle Funkenstrecken I und II, die nun alle für den Löschvorgang mitwirken. Man erhält also bei derselben Aufladespannung des Kondensators erheblich größere Löschwirkung und muß zu festeren Kopplungen übergehen. Die einzelne Funkenstrecke ist bei derselben Energie entlastet und erwärmt sich weniger. *A. Meißner.*

Löschfunken. Umfaßt alle Methoden der Stoßerregung gekoppelter Kreise, bei welchen die Vorgänge im erregenden eine Funkenstrecke enthaltenden Primärkreis kürzer andauern als die dadurch hervorgerufenen Schwingungen des Sekundärkreises, so daß der Primäre nach kurzer Zeit offen ist und dann der sekundäre Kreis mit fast der gesamten Energie des Primären in seiner Eigenschwingung ausschwingt. Die Löschwirkung einer Funkenstrecke wird bei Benutzung der Braunschen Erregerschaltung leicht erhalten durch Nähern und gutes Kühlen der Elektroden sowie Serienschaltung mehrerer Funkenstrecken und Erhöhung der Kopplung zwischen den beiden Kreisen (10 bis 20%). Während der Verlauf der Schwingungen im primären und sekundären System bei einer gewöhnlichen Funkenstrecke derjenige der Fig. 1a

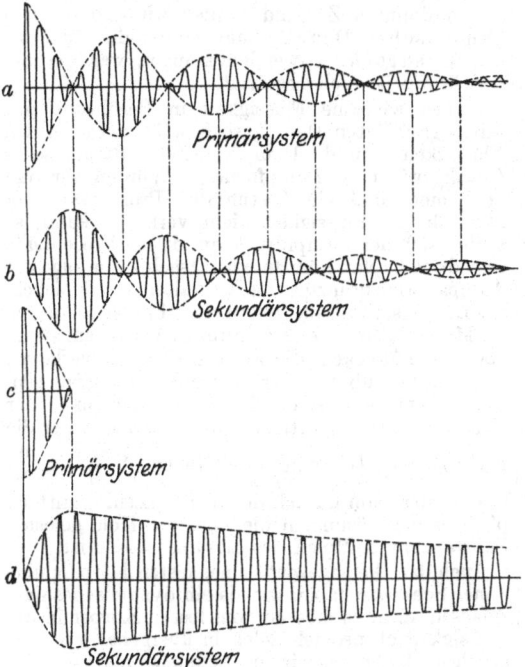

Fig. 1a, b, c, d. Verlauf der Schwingungen eines Löschfunkens.

und b ist, tritt bei Löschwirkung ein Abreißen der primären Schwingung nach der ersten Schwebung auf (Kurve c), der sekundäre Kreis schwingt dann mit seiner Eigendämpfung (Kurve d) aus. Die Dämpfung im sekundären System (Antenne)

ergibt sich zu $\mathfrak{d}_2 = \mathfrak{d}_{20} + \dfrac{\pi^2 k^2}{\mathfrak{d}_{01} - \mathfrak{d}_{02}}$ (k-Kopplung

der Kreise), d. h. wenn die Dämpfung des primären Systems $\mathfrak{d}_{01} = \sim$ ist $\mathfrak{d}_2 = \mathfrak{d}_{20} =$ der Eigendämpfung des sekundären Systems. Mit zunehmender Kopplung zwischen Primär- und Sekundär-Kreis erhöht sich die Dämpfung des Erregerkreises, gleichzeitig verschiebt sich die Resonanzlage des Erregerkreises nach der längeren Welle, Fig. 2

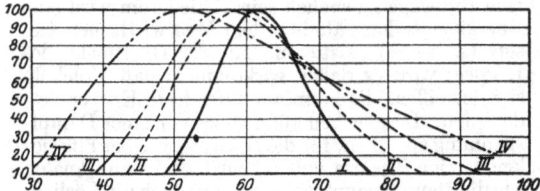

Fig. 2. Verschiebung der Resonanzlage des Erregerkreises.

(1, II, III und IV), bis dann bei noch festerer Kopplung als Kurve IV, Zweiwelligkeit auftritt. Die Abstimmung beider Kreise wurde bei der Kopplungsänderung nicht geändert. Konform mit der zunehmenden Dämpfung im Erregerkreis steigt der Strom in der Antenne und fällt wieder ab

bei auftretender Zweiwelligkeit, d. h. für gute Löschwirkung ist charakteristisch das Vorhandensein einer günstigsten Kopplung.

Untersucht man die Vorgänge im Sekundär-Kreis bei Verkleinerung der Funkenstrecke mit dem Wellenmesser, so erhält man (Fig. 3) bei

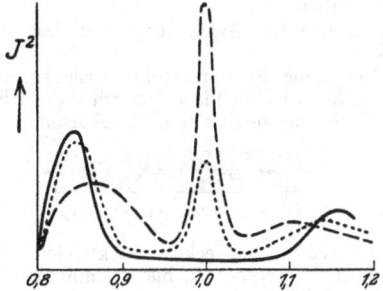

Fig. 3. Vorgänge im Sekundärkreis bei Verkleinerung der Funkenstrecke.

0,5 zu Abstand Zweiwelligkeit; 0,3 Dreiwelligkeit und bei 0,15 zu eine einzige Welle. Von den Partialwellen sind nur schwache Ansätze vorhanden. Sind die Elektroden sehr gute Wärmeleiter, z. B. Silber- oder Kupfer-Platten, so verschwinden die Partialwellen vollkommen.

Der Wirkungsgrad der Stoßerregung beträgt 60 bis 80%. Fig. 4 zeigt die in der Technik übliche

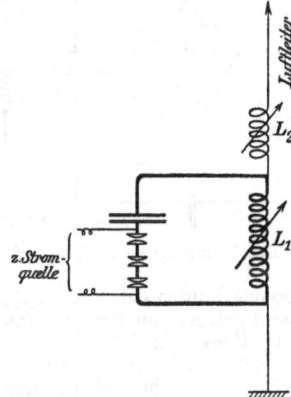

Fig. 4. In der Technik übliche Löschfunkenschaltung.

Schaltung; hier soll die Kopplung zwischen Antenne und Erregerkreis 18 bis 20% sein, d. h. dann muß

$k = \sqrt{\dfrac{C_2}{C_1}} = 0,18 - 0,2$ $C_1 : C_2 1 : 20$ sein. Die ausge-

sendeten Schwingungen haben besonders bei Arbeiten in der Eigenschwingung die ziemlich starke Dämpfung der Antenne. Eine Verminderung dieser Dämpfung kann dadurch erreicht werden,

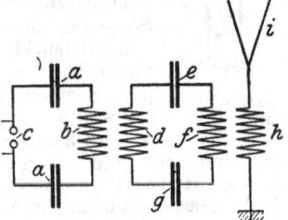

Fig. 5. Schaltung zur Verminderung der Dämpfung.

daß der Stoßkreis II zunächst auf einen wenig gedämpften Zwischenkreis und dieser erst auf die Antenne (Fig. 5) wirkt. Zwischen Antenne und Zwischenkreis besteht dann die Beziehung wie beim Braunschen Sender mit loser Kopplung, d. h. die von der Antenne ausgesendeten Schwingungen können die kleine Dämpfung des Zwischenkreises haben.

B. Praktische Ausführung für Löschfunkenstrecken:

1. Geblasene Funkenstrecke. Elektroden: ein Metallrohr und eine Platte, durch das Rohr wird zentral ein starker Luftstrahl geblasen.

Fig. 6. Plattenfunkenstrecke.

2. Plattenfunkenstrecke. Elektroden: Kupfer- oder Silber. Abstand $^1/_{10}$ bis $^2/_{10}$ mm (Fig. 6).

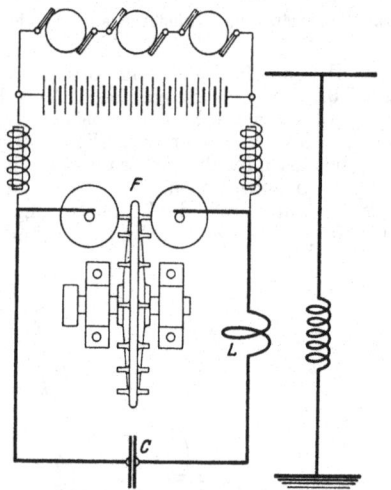

Fig. 7. Rotierende Funkenstrecke.

3. Rotierende Funkenstrecke (Fig. 7). Ein Kondensator wird geladen mit hochgespanntem Gleichstrom. Die Funken gehen über zwischen den Nocken des mit etwa 100 bis 200 m Umfangsgeschwindigkeit rotierenden Rades F und zwischen zwei langsam umlaufenden Scheiben, günstigste Kopplung 5—8%.

4. Quecksilber - Funkenstrecke, hochevakuierte Quecksilberlampe, günstigste Kopplung 8 bis 12 % (Fig. 8).   A. Meißner.

Näheres s. Zenneck, Lehrb. S. 206.

Löschfunkenstrecke s. Stoßerregung.

Lösungen, kinetische Theorie der. Die Lösung eines Körpers in einem flüssigen Lösungsmittel können wir uns wie ein Gasgemisch unter sehr hohem Druck vorstellen. Daraus folgt ohne weiteres, daß nach dem Äquipartitionsprinzip (s. dieses) die Molekeln der gelösten Substanz im Mittel dieselbe kinetische Energie der fortschreitenden Bewegung

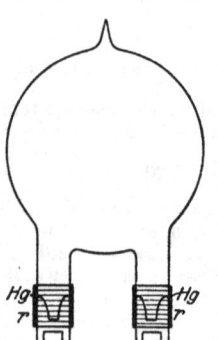

Fig. 8. Quecksilber-Funkenstrecke.

haben müssen wie jene des Lösungsmittels. Haben wir eine Lösung in einem Gefäß mit halbdurchlässiger Wand und wird dieses vom reinen Lösungsmittel umgeben, so werden die Molekeln des Lösungsmittels die Gefäßwände ungehindert passieren können, auf diese also keinen Druck ausüben. Die gelöste Substanz wird sich bezüglich des Drucks so verhalten, als wäre sie allein im Gefäß vorhanden. Im verdünnten Zustand werden wir also auf den osmotischen Druck ohne weiteres die Gesetze des Gasdrucks anwenden können, was die Beobachtung ja auch bestätigt.

Haben wir eine Flüssigkeit in Berührung mit ihrem gesättigten Dampf, so besteht zwischen den Flüssigkeits- und Dampfmolekeln dynamisches Gleichgewicht (s. Dampfdruck). Würden wir nun annehmen, daß ein bestimmter Prozentsatz der Molekeln die Flüssigkeit nicht verlassen kann, so müßte sich der Dampfdruck um diesen Prozentsatz erniedrigen. Nun können wir tatsächlich infolge des Äquipartitionsprinzips das Verhalten von Molekeln des Lösungsmittels im Innern einer Flüssigkeit durch die Molekeln einer gelösten Substanz ersetzen. Wenn aber diese Molekeln die Flüssigkeit nicht verlassen können, so muß sich der Dampfdruck erniedrigen. Der Dampfdruck ist der Zahl der Molekeln in der Volumseinheit proportional. Wir können daher die Raoultsche Gleichung aufstellen $\dfrac{p - p'}{p} = \dfrac{n}{N}$, wenn p der Dampfdruck des reinen Lösungsmittels, p' jener der Lösung, n die Zahl der Mole gelöster Substanz in N Molen des Lösungsmittels ist.

Auch das Gleichgewicht eines festen Körpers und seiner Schmelze haben wir als ein dynamisches aufzufassen, d. h. es müssen vom festen Körper in die Flüssigkeit ebensoviel Molekeln übergehen wie umgekehrt. Benutzen wir die Schmelze als Lösungsmittel einer verdünnten Lösung, so werden weniger Molekeln vom Lösungsmittel zum festen Körper übergehen als aus der reinen Schmelze. Es ist das Gleichgewicht gestört, der Körper schmilzt. Erst bei tieferer Temperatur haben wir wieder Gleichgewicht. Wie früher ist die Gefrierpunktserniedrigung nur von der Zahl der gelösten Molekeln, nicht aber von deren Natur abhängig. Wir sind so in der Lage, das Raoultsche Gesetz der Gefrierpunktserniedrigung von Lösungen kinetisch abzuleiten.

Wir sind jetzt bereits zur Betrachtung fester Körper gelangt. Auch für sie gilt, daß die Molekeln sich in lebhafter Bewegung befinden, daß jedoch jede Molekel im großen und ganzen an einen bestimmten Raum gebunden ist, über den sie nicht hinaus kann. Die Ortsveränderung der Molekeln wird also in einer Art schwingender Bewegung um eine Ruhelage zu suchen sein. Wiederum wird eine Energieverteilung ähnlich dem Maxwellschen Gesetz (s. dieses) existieren. An der Oberfläche des Körpers wird es daher vorkommen, daß Molekeln sich losreißen. Es kann auch der feste Körper verdampfen. Desgleichen können wir von einer Dampfspannung sprechen, für die sich ganz wie bei Flüssigkeiten eine Theorie entwickeln läßt. Ganz analog wie die Dampfspannung kann man auch die Löslichkeit eines festen Körpers in einer Flüssigkeit herleiten. Die meisten Probleme der kinetischen Theorie fester Körper sind jedoch noch ungelöst, verursacht einerseits durch die Kompliziertheit der molekularen Vorgänge, andererseits infolge der auftretenden mathematischen Schwierigkeiten.   G. Jäger.

Näheres s. G. Jäger, Die Fortschr. d. kinet. Gastheorie. 2. Aufl. Braunschweig 1919.

Lösungstension (elektrolytische) nach Nernst, die dem Dampfdruck vergleichbare von allen Stoffen in Berührung mit einer elektrolytischen Flüssigkeit betätigte Expansivkraft, welche die Moleküle des Stoffes als Ionen in die Lösung hineinzutreiben sucht s. Galvanismus.

Lötstelle s. Thermoelemente.

Lokalattraktion s. Schwerkraft.

Lokaler Differentialquotient der Geschwindigkeit. Bei der Bewegung von Flüssigkeiten muß man unterscheiden zwischen den Geschwindigkeitsänderungen, die ein bestimmtes herausgegriffenes Flüssigkeitsteilchen mit der Zeit erleidet und der Geschwindigkeitsänderung der Flüssigkeit an einem bestimmten Raumpunkt. Hat die Flüssigkeit an einem Punkte (x, y, z) die Geschwindigkeitskomponenten u, v, w, so nennt man die Differentialquotienten $\dfrac{\partial u}{\partial t}, \dfrac{\partial v}{\partial t}, \dfrac{\partial w}{\partial t}$ die lokalen Differentialquotienten. Die Differentiation ist an einem festgehaltenen Raumpunkt (x, y, z) auszuführen. Die Differentialquotienten geben daher die Änderungen der Geschwindigkeit mit der Zeit an diesem Raumpunkt an.

Demgegenüber bezeichnet man mit $\dfrac{du}{dt}, \dfrac{dv}{dt}, \dfrac{dw}{dt}$ die substantiellen Differentialquotienten, welche die Geschwindigkeitsänderungen eines gegebenen Massenteilchens angeben, welches während der Differentiation seinen Ort ändert und z. B. dadurch charakterisiert ist, daß es zur Zeit $t = 0$ die Koordinaten a, b, c besaß.

Schließlich geben die konvektiven Differentialquotienten $\dfrac{\partial u}{\partial x}, \dfrac{\partial u}{\partial y}, \cdots \dfrac{\partial v}{\partial y} \cdots \dfrac{\partial w}{\partial z}$ die Geschwindigkeitsänderungen von Ort zu Ort in einem gegebenen Zeitmoment an.

Zwischen diesen drei Differentialquotienten bestehen die Beziehungen

$$\frac{du}{dt} = \frac{\partial u}{\partial t} + u\frac{\partial u}{\partial x} + v\frac{\partial u}{\partial y} + w\frac{\partial u}{\partial z}$$

$$\frac{dv}{dt} = \frac{\partial v}{\partial t} + u\frac{\partial v}{\partial x} + v\frac{\partial v}{\partial y} + w\frac{\partial v}{\partial z}$$

$$\frac{dw}{dt} = \frac{\partial w}{\partial t} + u\frac{\partial w}{\partial x} + v\frac{\partial w}{\partial y} + w\frac{\partial w}{\partial z}.$$

O. Martienssen.

Näheres s. Schaefer, Einführung in die theoretische Physik I. Leipzig 1914.

Lokalisation des Schalles s. Schallrichtung.

Lokalstrom. Die Theorie der galvanischen Ketten (s. Galvanismus) erklärt die Erzeugung elektrischer Energie aus dem Verbrauch der chemischen Energie des Elektrodenmaterials und des Elektrolyten. Umgekehrt kann der Materialverbrauch in offenen galvanischen Elementen nur durch die Entstehung von Strömen erklärt werden, die infolge Kurzschlusses an einer Elektrode mit ihrer Auflösung verbunden sind. Diese Ströme werden als Lokalströme bezeichnet. Befinden sich z. B. auf einer Zinkelektrode stellenweise Verunreinigungen durch ein edleres Metall, so bildet dieses mit dem Elektrolyten und dem Zink ein kurzgeschlossenes galvanisches Element, in welchem letzteres als Lösungselektrode verbraucht wird. Ein anderes Beispiel bildet die Bleiplatte eines Akkumulators, welche in verschiedenen Höhenlagen von verschieden konzentrierter Schwefelsäure benetzt wird. Offenbar muß in diesem Fall wie bei einer kurzgeschlossenen Konzentrationskette (s. d.) das Blei in den stärker konzentrierten Schichten abgeschieden werden, so

daß sich die Akkumulatorplatten, wie es vielfach beobachtet wird, beim Stehen im unbenutzten Zustand allmählich nach unten verdicken. *H. Cassel.*

Näheres in den Lehrbüchern der Elektrochemie; z. B. auch bei W. Ostwald, Lehrbuch der allgemeinen Chemie. Leipzig 1893.

Lokalvariometer. Instrumente, die Unterschiede der erdmagnetischen Elemente auf vergleichsweise kleinem Raum zu messen, meist nur zur Bestimmung der Intensität angewandt. Absolute Werte erhält man nur, wenn die Konstanten an einem Ort mit bekannter Intensität bestimmt worden sind. Besonders zu erwähnen sind das von W. Weber erdachte Vierstabvariometer (gewöhnlich nach Kohlrausch genannt), bei dem ein Magnetpaar in erster, ein anderes in zweiter Gaußscher Hauptlage ablenken; das Instrument ist recht abhängig von der Temperatur. Ähnliches gilt von den Horizontaldeflektoren Lamonts, das sind am magnetischen Theodolit (s. d.) statt der Schiene angebrachte von ihrer Haltevorrichtung nicht zu trennende Ablenkungsmagnete. Bidlingmaiers Doppelkompaß besteht aus zwei vertikal übereinander gesetzten Kompaßrosen, deren gegenseitige Verdrehung die Änderungen der Horizontalintensität mit einer einzigen Ablesung sehr genau geben. Lloyds Vertikaldeflektoren sind vertikale Eisenstäbe, die von der Vertikalkomponente des Erdfeldes induktorisch magnetisiert werden; der eine Stab befindet sich unterhalb, der andere oberhalb und beide seitlich der Nadel, so daß in ihrer Ebene ein Drehmoment in der Horizontalen entsteht. Die Ruhelage der Nadel entspricht dem Gleichgewicht zwischen diesem und dem Drehmoment der horizontalen Komponente des Erdmagnetismus, also der Inklination. Mit Stäben aus elektrolytisch niedergeschlagenem Eisen gibt dies Instrument Genauigkeiten, die weit über denen des Nadelinklinatoriums (s. d.) sind; ein Temperatureinfluß ist dann nicht vorhanden. Die Feldwage von Ad. Schmidt gibt lokale Variationen der Vertikalintensität. Sie ist eine für diese Zwecke umgebaute **magnetische Wage** (s. d.). *A. Nippoldt.*

Lokalzeichen der Netzhaut s. Raumwerte der Netzhaut.

Lokomobile. Unter Lokomobile versteht man eigentlich eine ortsveränderliche Dampfkraftanlage. Der mit einer Innenfeuerung (Feuerbüchse) versehene Dampfkessel endigt in einer Rauchkammer, ähnlich dem Lokomotivkessel, auf welche der Schornstein aufgesetzt ist. Die Dampfmaschine ist in der Regel fest mit dem Kessel verbunden, indem sie auf dessen Rücken sitzt, zuweilen ist sie seitlich unterhalb des Kessels angeordnet. Die auf Räder fahrbare Lokomobile ist hauptsächlich in der Landwirtschaft verbreitet. Ihre charakteristischen Formen: Rauchröhrenkessel und enge Verbindung von Kessel und Dampfmaschine, werden auch auf fest mit dem Boden verbundene Anlagen angewendet, die dann ebenfalls den Namen Lokomobile führen. Diese sind nicht selten mit allen Errungenschaften der neuzeitlichen Dampftechnik ausgestattet. Die unmittelbare Verbindung von Kessel und Maschine verringert die Wärmeverluste, so daß solche Anlagen zu den wirtschaftlichsten gehören. Nachteile sind die Abhängigkeit von dem einmal gewählten Brennstoff und die raschere Abnützung der einzelnen Bauteile. Lokomobilen werden heute gebaut für Leistungen von etwa 15 bis zu 500 PS. *L. Schneider.*

Siehe auch: Dampfkessel, Dampfmaschine, Dampfverbrauch.

Lokomotive. Die Lokomotive ist eine ortsveränderliche Dampfkraftanlage. Sie weist daher die Hauptbestandteile und alles unentbehrliche Zubehör einer solchen auf.

Der Dampfkessel (s. dort) ist ein Rauchröhrenkessel. Er ruht auf einem aus starken Blechwangen oder aus Barren gebildeten Rahmen, welcher in Ausschnitten die Lager für die Achsen der Räder aufnimmt. Mit dem Rahmen fest verbunden sind die Dampfzylinder. Die in letzteren erzeugte Leistung wird in bekannter Weise durch das Kurbelgetriebe (Kolben, Kolbenstange, Kreuzkopf, Triebstange, Kurbelzapfen) auf die Triebachse übertragen. Der Triebradsatz, bestehend aus Achse und Rädern, ist mit einem oder mehreren Kuppelradsätzen durch Kuppelstangen verbunden. Das Gewicht des Kessels, der Zylinder und des Rahmens ruht vermittels der Tragfedern auf den Lagerschalen der Achslager. Ungefederte Gewichte sind nur die Radsätze, Achslager, Federn, Kuppelstangen und ein Anteil vom Gewicht der Triebstangen und der Steuerungsteile.

Der Feuerungsraum für den Lokomotivkessel ist eine doppelwandige Feuerbüchse, die am Grund den Rost enthält, unter welchem der Aschenkasten aus Blech angeordnet ist. Zwischen der inneren Feuerbüchse und dem äußeren Stehkessel, deren flache Wände hohem Druck ausgesetzt und deshalb gegenseitig durch eingeschraubte Stehbolzen abgestützt sind, befindet sich Wasser und Dampf. Das vordere Kesselende bildet die Rauchkammer mit dem aufgesetzten Schornstein. In die Rauchkammer münden die Auspuffrohre der Dampfzylinder (Blasrohr). Durch die saugende Wirkung des durch Blasrohr und Schornstein entweichenden Abdampfes der Maschine wird in der Rauchkammer eine Luftleere von 70 bis 200 mm Wassersäule erzeugt, welche hinreicht, das Feuer am Rost mit dem nötigen Zug zu unterhalten. Ein mit Frischdampf gespeister Hilfsbläser sorgt für den nötigen Zug, wenn die Lokomotive still steht. Die Speisung des im Tender oder auf der Lokomotive in einem Wasserkasten mitgeführten Wassers geschieht durch einen Injektor (Dampfstrahlpumpe, s. dort), bei neueren Lokomotiven durch eine Dampfkolbenpumpe, die das Wasser durch einen mit Abdampf beheizten Vorwärmer (s. dort) in den Kessel drückt. Die Dampfüberhitzung erfolgt in Rauchrohrüberhitzern.

Der Dampf wird in einer Zwillings-, Drillings-, Vierlings-, Zweizylinderverbund- oder Vierzylinderverbundmaschine verarbeitet. Erstere drei haben einfache, letztere zweifache Expansion. Als Dampfverteilungsorgan dient meist der Schieber. Sehr verbreitet ist die Umsteuerung von Heusinger v. Waldegg. Die Kurbeln der einzelnen Zylinder sind um 90 bzw. 120° gegeneinander versetzt. Die Massenwirkungen der hin- und hergehenden Triebwerksteile werden ganz, jene der rotierenden freien Massen zum Teil durch Gegengewichte in den Rädern ausgeglichen. Hierdurch, wie durch richtige Wahl des Gesamtschwerpunktes gegenüber den Achsen, Verminderung der überhängenden Gewichte, geeignete Gewichtsverteilung auf die Unterstützungspunkte usw. erreicht der Lokomotivbauer einen ruhigen, von Zucken, Wiegen und Schlingern freien Lauf des Fahrzeuges.

Der zulässige Raddruck beträgt auf europäischen Vollbahnen 7 bis 9 Tonnen, auf nordamerikanischen Bahnen bis über 16 Tonnen. Die Berechnung der Leistung einer neuen Lokomotive beruht auf der Annahme des Zugwiderstandes. Hierfür sind aus zahlreichen Versuchen eine Reihe von Formeln aufgestellt, von welchen die komplizierteren (Barbier, v. Borries, Sanzin) die Zusammensetzung des Zuges aus Wagen verschiedener Bauarten, wie Personenwagen mit festen oder beweglichen Achsen, gedeckte, offene, leere oder beladene Güterwagen berücksichtigen. Außer dem Zugwiderstand in der Geraden auf der Ebene ist der Widerstand durch Bahnkrümmung und Steigung in Rechnung zu ziehen.

Eingeteilt werden die Lokomotiven nach ihrem Zweck in Güterzug-, Personenzug- und Schnellzuglokomotiven. Die erstere entwickelt große Zugkräfte bei kleiner Geschwindigkeit (15 bis 40 km/St.). Sie besitzt mehrfache (3- bis 6fache) Kupplung, kleine Triebräder (1200 bis 1450 mm Durchmesser) und mäßig großen Kessel (150 bis 250 m² Heizfläche). Die Personenzuglokomotive hat größere Triebräder (1450 bis 1800 mm Durchmesser). Die Kupplung ist 2- bis 3fach. Die Schnellzuglokomotive benötigt zur Erreichung hoher Geschwindigkeiten (70 bis 120 km-St.) große Triebräder (1800 bis 2200 mm Durchmesser), die 2- bis 4fach gekuppelt sind. Ihre Kessel erreichen Heizflächen bis 300 m². Da die gekuppelten Räder der Personen- und der Schnellzuglokomotive zur Übernahme des großen Gewichtes der Kessel nicht mehr genügen, so werden noch ein oder mehrere Paare nicht gekuppelter, sog. Laufräder von kleinerem Durchmesser zur Unterstützung und besseren Führung der Lokomotive im Geleise angewendet. Größere Schnellzuglokomotiven erreichen einen Gesamtradstand bis zu 12 m. Wären die Räder auf eine solche Länge starr im Rahmen gelagert, so könnte sich die Lokomotive nicht mehr durch die Weichenkurven von 180 m Halbmesser bewegen. Es müssen daher einzelne Achsen oder Achsgruppen seitenbeweglich gebaut werden (Adamsachse, Bisselachse, Gölsdorfachse, Klien-Lindnerachse, Drehgestelle von Krauß-Helmholtz, Zara, Maffei).

Für den Verschiebedienst auf Bahnhöfen wird die Rangier- oder Verschiebelokomotive mit 2 bis 3 Achsen gebaut. Auf Steilrampen findet als Schiebelokomotive die bis 8fach gekuppelte Bauart Mallet Verwendung. Der Rahmen dieser letzteren ist durch ein Gelenk unterteilt. Die vordere Hälfte ist gegen die mit dem Kessel starr verbundene hintere Hälfte beweglich. Die Hochdruckzylinder sind am hinteren Teil, die Niederdruckzylinder am vorderen Rahmenteil befestigt.

Häufig besagt die Kupplung bereits den Zweck der Lokomotive. Die Einteilung nach der Kupplung ist daher sehr verbreitet, und man war an mehreren Stellen bestrebt, eindeutige kurze Bezeichnungen zu finden. Die gebräuchlichsten sind im folgenden zusammengestellt, wozu bemerkt wird, daß die amerikanische Bezeichnung auch in Europa ziemlich verbreitet ist.

Die Vollbahnlokomotive führt ihre Vorräte an Wasser und Kohle in der Regel auf einem besonderen Tender mit sich (Lokomotive mit Schlepp- oder Stütztender), bisweilen besonders bei Lokomotiven, die öfters rückwärts fahren müssen, wird das Wasser in Kästen zwischen den Rädern (Kastenrahmen) und oberhalb der Räder zu beiden Seiten des Kessels, die Kohle in Kästen zu beiden Seiten des Kessels oder in einem Behälter an der Führerhausrückwand mitgeführt (Tenderlokomotive).

Anordnung der Lauf-○ und der Kuppelachsen ●	alte deutsche Bezeichnung	neue deutsche Bezeichnung	engl. Bezeichnung	amerikanische Bezeichnung
v ○○ h	2/2	B	0-4-0	–
● ○○	2/3	1B	2-4-0	–
●● ○○	2/4	2B	4-4-0	American
		1B1	2-4-2	Columbia
	2/5	2B1	4-4-2	Atlantic
	3/4	1C	2-6-0	Mogul
	3/5	1C1	2-6-2	Prairie
		2C	4-6-0	Tenwheeler
	3/6	2C1	4-6-2	Pacific
		1C2	2-6-4	Adriatic
	3/3	C	0-6-0	–
	4/4	D	0-8-0	Eightcoupler
	4/5	1D	2-8-0	Consolidation
	4/6	2D	4-8-0	Twelvewheeler
		1D1	2-8-2	Mikado
	5/5	E	0-10-0	Tencoupler
	5/6	1E	2-10-0	Decapod
	5/7	1E1	2-10-2	Mastodon
	4/8	2D2	4-8-4	Bavaric

Die Spurweite der Bahnen, d. h. die innere Entfernung zwischen den Schienenköpfen, beträgt in Deutschland, Österreich-Ungarn, Rumänien, am Balkan, in Italien, Frankreich, England, Skandinavien und Nordamerika 1435 mm. Kleinere Spurweiten haben Japan, Südafrika, Südamerika und mehrere Kolonialgebiete, größere Spanien und Portugal, Rußland, die Ukraine, Brasilien und Argentinien. Weiten unter 1435 mm bezeichnet man als Schmalspur, darüber als Breitspur. Für besondere Zwecke verwendet man Schmalspur bis herab zu 400 mm. *L. Schneider.*

Näheres findet der Physiker in: Leitzmann und v. Borries, Theoretisches Lehrbuch des Lokomotivbaues. Berlin 1911.

Longitudinalkomparator s. Längenmessungen.

Loschmidtsche Zahl pro Mol (oft auch Avogadrosche Zahl genannt) heißt die Anzahl L der Moleküle in 1 Grammolekül des Gases; sie ist für alle Gase dieselbe. Sie beträgt $L = 60{,}62 \cdot 10^{22}$ (Millikan). L ist sehr genau aus Messungen des elektrischen Elementarquantums e bestimmt worden (es ist $L \cdot e = 96494$ Coulomb). Aus L ergibt sich die *Loschmidtsche Zahl pro ccm,* d. i. die Anzahl l der Moleküle in 1 ccm Gas bei 0° und 760 mm Druck, wenn man mit dem Molekularvolumen der Gase dividiert; auch ist L nach der Avogadroschen Regel für alle Gase gleich. Man erhält, wenn man für das Molekularvolumen 22,40 Liter setzt, $l = 27{,}1 \cdot 10^{18}$. Loschmidt selbst hat nur l berechnet, aber seine Rechnungen sind die ersten, welche die gaskinetischen Vorstellungen enthalten, die zu dieser Zahl führen. *Reichenbach.*

Loschmidtsche Zahl s. Größe der Molekeln.

Lotablenkung s. Lotabweichung.

Lotabweichung. Wenn man von einem Punkte ausgehend durch geodätische Übertragung (s. diese) die geographischen Koordinaten der anderen Eckpunkte eines Dreiecksnetzes berechnet und die Resultate mit den Ergebnissen der direkten astronomischen Ortsbestimmung vergleicht, so findet man gewisse Unterschiede. Diese werden einerseits ein stetiges Anwachsen vom Ausgangspunkt an erkennen lassen, andererseits wird dieses Anwachsen in unregelmäßiger Weise gestört sein.

Das stetige Anwachsen rührt daher, daß bei der geodätischen Übertragung eine Näherungsfigur für die Erdoberfläche (Referenzellipsoid) verwendet wird, mit anderen Worten weil man sich das Dreiecksnetz auf dieser Näherungsfläche ausgebreitet denkt, während das Dreiecksnetz in Wahrheit auf dem Geoid (s. dieses) liegt. Da die beiden den Flächen verschiedene Krümmungsverhältnisse haben, so entsprechen den Dreieckspunkten verschieden gerichtete Flächennormalen, und da durch die Richtung der Flächennormalen gegenüber dem Äquator und einem Ausgangsmeridian die geographische Position gegeben ist, so müssen diese auf beiden Flächen verschieden ausfallen. Man bezeichnet diese systematischen Unterschiede als Lotabweichungen. Durch geeignete Wahl des Referenzellipsoides, derart, daß es im betrachteten Teile mit dem Geoid möglichst übereinstimmt, kann man diese Unterschiede zum Verschwinden bringen.

Der unregelmäßige Teil rührt von den zahlreichen kleinen Ausbiegungen des Geoides her; sie tragen zufälligen Charakter wie die Massenverteilung auf der Erdoberfläche. Man nennt sie Lotablenkungen oder Lotstörungen. Sie werden auch als „absolut" bezeichnet, da sie von der natürlichen Massenlagerung abhängen, im Gegensatz zu den Lotabweichungen, die relativ sind, da sie von der willkürlichen Lage des Bezugsellipsoides herrühren. Der Einfluß der nächstliegenden Störungen in der Massenlagerung (Lokalattraktion) spielt hier eine ähnliche Rolle wie bei der Schwerkraft.

Die Lotabweichungen und Lotstörungen erscheinen als kleine Unterschiede in den auf geodätischem und astronomischem Wege gefundenen geographischen Breiten und Längen. Man kann sie auch ausdrücken durch die entsprechende Verschiebung des Zenitpunktes nach Größe und Richtung. Beträgt die Störung ϑ Bogensekunden im Azimut A, so ist die südliche resp. westliche Komponente gegeben durch

$$\xi = \vartheta \cos A \qquad \eta = \vartheta \sin A$$

Durch die Unterschiede in den geographischen Positionen ausgedrückt ist:

$$\xi = dB \qquad \eta = -\cos B\, dL,$$

wenn die Längen L nach Osten positiv gezählt werden.

Die geodätische Übertragung liefert noch eine dritte Größe, das Azimut a der Dreieckseiten, welches ebenfalls mit der astronomischen Beobachtung verglichen werden kann und analoge Unterschiede da liefert. Da die Punkte durch die zwei Koordinaten schon vollständig bestimmt sind, so muß sich diese dritte Größe da aus ihnen rechnen lassen. Es muß also zwischen den 3 Größen dB, dL und da eine Beziehung bestehen.

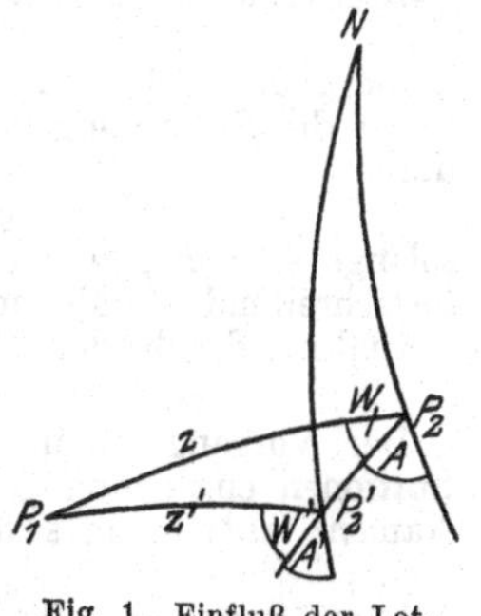

Es sei in Fig. 1 P_1 der Ausgangspunkt, P_2 und P_2' das geodätische und astronomische Zenit eines zweiten Punktes. Die von P_2 gegen P_1 gemessene Zenitdistanz sei z, wovon z′ nur wenig verschieden ist. $P_2 P_2' = \vartheta$ ist der Betrag der Lotstörung, ihre Richtung ist durch das Azimut A gegeben. Ist ferner N der Nordpol, so ist $W+A = a$ das geodätisch übertragene $W'+A' = a'$ das astronomische Azimut von P_1. Es ist also: $da = W+A - (W'+A')$. Das sphärische Dreieck $P_1 P_2 P_3'$ liefert dann

Fig. 1. Einfluß der Lotabweichung auf das Azimut.

$$\tan \frac{z+z'}{2} = -\frac{\sin \dfrac{W+W'}{2}}{\sin \dfrac{W-W'}{2}} \tan \frac{\vartheta}{2}$$

oder mit Rücksicht auf die Kleinheit der Unterschiede:

$W-W' = -\vartheta \cot z \sin W = -\vartheta \cot z \sin (a-A)$. Da z immer fast 90^0 ist, so ist dieses Glied zweiter Ordnung und kann vernachlässigt werden.

Das sphärische Dreieck $N P_2 P_2'$ gibt in der gleichen Weise behandelt

$$\cot \frac{B_2+B_2'}{2} = \frac{\sin \dfrac{A+A'}{2}}{\sin \dfrac{A-A'}{2}} \cdot \tan \frac{\vartheta}{2}$$

oder $A-A' = \vartheta \tan B_2 \sin A = \eta \tan B_2$.

Es wird also, da $W-W'$ vernachlässigt werden kann $da = A-A' = -dL \sin B_2$.

Diese schon von Laplace abgeleitete Gleichung gestattet zu entscheiden, ob ein gefundenes System von Lotabweichungen geometrisch möglich ist. Entsprechen die Unterschiede dieser Gleichung nicht, so sind die Werte durch Beobachtungsfehler entstellt.

Die Gleichung kann nur auf Stationen angewendet werden, an denen auch die geographische Länge gemessen wurde. Solche Punkte heißen Laplacesche Punkte. Gerade diese sind aber weniger zahlreich, als jene, auf welchen Breite und ein Azimut gemessen wurde. Es ist daher sehr erstrebenswert, möglichst viele Längenstationen in ein Dreiecksnetz einzuschalten.

Ein System von Lotabweichungen kann dazu dienen, den Höhenunterschied zwischen dem Geoid und der angewendeten Bezugsfläche (Referenzellipsoid) zu bestimmen. Da die Zahl der Breitenstationen meist überwiegt, so verwendet man hierzu gewöhnlich Meridianreihen. Ist ξ die südliche Komponente der Lotstörung und s die Entfernung vom Anfangspunkte, in welchem die Lotstörung gleich Null ist, so ist die Entfernung der beiden Flächen gegeben durch

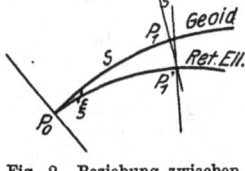

Fig. 2. Beziehung zwischen Geoid und Referenz-Ellipsoid.

$$\xi \cdot s$$

solange s klein genug ist. Von Punkt zu Punkt fortschreitend erhält man so das gegenseitige Verhältnis der beiden Flächen ausgedrückt durch

$$\Sigma \xi s.$$

Der Vorgang ist nur durchführbar, wenn die Stationen eng genug gelegen sind. Er führt den Namen: astronomisches Nivellement.

A. Prey.

Näheres s. R. Helmert, Die mathem. und physikal. Theorien der höheren Geodäsie.

Lotlinie ist eine Linie, deren Tangente mit der in dem betreffenden Punkte herrschenden Schwererichtung zusammenfällt. Die Lotlinien sind also nichts anderes als das System der Kraftlinien des Gravitationsfeldes der Erde. Da die Erde mit großer Annäherung eine Kugel ist, so sind die Lotlinien nur sehr schwach gekrümmt. *A. Prey.*

Lotstörung s. Lotabweichung.

Luftäquivalent s. Reichweite.

Luftdichte. Die Luftdichte nimmt in der Atmosphäre nach oben beinahe stets ab. Bei einem Luftdruck von b mm Quecksilber und einer absoluten Temperatur von T^0 ist sie ohne Berücksichtigung des Wasserdampfes $1,293 \frac{b}{760} \cdot \frac{273}{T} = 0,464 \cdot \frac{b}{T}$ kg/m³.

Eine Luftschicht von Δh m Dicke, bei der die Differenz der Barometerstände unten und oben Δb mm beträgt, besitzt eine mittlere Luftdichte von $13,596 \; \Delta b/\Delta h$, unabhängig von der Temperatur. In 8 km Höhe ist die Luftdichte — unabhängig von der Temperatur am Boden —, etwa gleich $0,47 + 0,1 \gamma$, wenn γ den mittleren vertikalen Temperaturgradienten (s. d.) in C^0 auf 100 m bezeichnet. Berücksichtigt man den Wasserdampfgehalt, so ist wegen des geringen spezifischen Gewichts des Wasserdampfs unter sonst gleichen Verhältnissen feuchte Luft weniger dicht als trockene (s. virtuelle Temperatur). Ein Kubikmeter Luft wiegt bei

Temperatur . . .	—20	—10	0	10	20	30⁰
Trocken	1395	1342	1293	1247	1205	1165 g
Gesättigt feucht .	1395	1341	1290	1241	1194	1147 g
Differenz	0	1	3	6	11	18

Tetens.

Näheres s. Arbeit. d. Preuß. Aer. Observatoriums Bd. 13, S. 25 ff.

Luftdruck. Der hydrostatische Druck, den die Luft auf alle in ihr befindlichen Gegenstände ausübt. Er wird meist durch das Barometer (s. dieses) gemessen und sein Betrag in der Regel ausgedrückt durch die Höhe der Quecksilbersäule im Barometer in Millimetern, reduziert auf 0^0 und die Normalschwere. Neuerdings gibt man jedoch die Größe des Luftdrucks, namentlich in der Aerologie (s. diese) auch in Einheiten des CGS-Systems, nämlich in Bar bzw. Millibar an. 1000 Millibar entsprechen einem Barometerstand von 750,06 mm. Auch durch die Bestimmung der Siedetemperatur von reinem Wasser kann der Luftdruck gemessen werden (s. Thermobarometer).

Als normalen Luftdruck im Meeresniveau nimmt man 760 mm an, was im absoluten Maßsystem einen Druck von 1033,3 g pro cm² entspricht. Er nimmt jedoch mit zunehmender Höhe in geometrischer Progression ab, eine Gesetzmäßigkeit, auf welcher die barometrische Höhenmessung (s. diese) beruht. Da nun ein großer Teil der Erdoberfläche beträchtlich höher liegt als der Meeresspiegel, so muß der mittlere Luftdruck der ganzen Erde niedriger sein als der normale. Er beträgt etwa 737 mm. Unter der Annahme einer mittleren Höhe der Nordhalbkugel von 296 m ergibt sich deren mittlerer Luftdruck zu 733,3 mm. während die Südhalbkugel bei 183,5 m mittlerer Höhe in solchen von 740,4 mm hat. Seine Verteilung über die Erdoberfläche wechselt nach Raum und Zeit. Die extremen Beträge, die bisher zur Beobachtung gelangten, waren 808,7 mm und 687,8 mm (im Meeresniveau).

Geographische Verbreitung. Trotz seiner großen Veränderlichkeit ist die Verteilung des Luftdrucks auf der Erdoberfläche im Mittel eines Monats in jedem Jahre annähernd gleich. Um diese Verteilung übersichtlich und die in verschiedenen Seehöhen gemessenen Luftdruckwerte vergleichbar zu machen, reduziert man die letzteren auf das Meeresniveau, indem man die Grundsätze der Barometrischen Höhenmessung (s. diese) zur Anwendung bringt. Die so erhaltenen Luftdruck-Werte trägt man in eine Landkarte ein und verbindet die Orte, die den gleichen Luftdruck im

Meeresniveau aufweisen, durch Linien (Isobaren). Die Isobaren-Karten der einzelnen Monate zeigen nun, daß fast ständig die Äquatorial-Gegend nahezu normalen Luftdruck hat. Nördlich und südlich von ihr erstrecken sich Zonen höheren Druckes rund um die Erde, dann nimmt der Luftdruck polwärts stark ab und erreicht in hohen Breiten der gemäßigten Zonen sein Minimum, um in den Polargebieten wieder etwas höher zu werden. Dieses Schema erleidet einige Änderungen durch den Wechsel der Jahreszeiten sowie durch die Verteilung von Wasser und Land auf der Erde. Während des Winters pflegt der Luft-druck über dem Lande höher, über dem Meere tiefer zu sein; im Sommer ist es umgekehrt, doch ist der Gegensatz nicht so stark wie im Winter. Diese Verschiebung der Luftmassen mit den Jahreszeiten hat zur Folge, daß im Januar die nördliche Halbkugel, im Juli die südliche den höheren mittleren Luftdruck hat. Von jener Hemisphäre, welche Sommer hat, fließt also ein gewisses Luftquantum gegen die andere Halbkugel ab, auf der gleichzeitig Winter herrscht.

Die geographische Verteilung des Luftdruckes nach Breitenkreisen für die extremen Monate und das Jahr gibt die nachstehende Tabelle wieder.

Mittlerer Luftdruck im Meeresniveau.

Nördl. Breite .	80°	75°	70°	65°	60°	55°	50°	45°	40°	35°	30°	25°	20°	15°
Januar. . . .	757,5	58,3	59,8	62,0	60,8	61,1	62,3	63,0	63,9	64,8	64,6	63,5	61,9	60,2
Juli	758,8	58,2	57,7	57,5	57,7	58,2	59,0	59,7	60,1	60,0	59,4	58,6	57,9	57,5
Jahr	760,5	60,0	58,6	58,2	58,7	59,7	60,7	61,5	62,0	62,4	61,7	60,4	59,2	58,3

Nördl. Breite .	10°	5°	Äqu.	S.Br. 5°	10°	15°	20°	25°	30°	35°	40°	45°	50°	—
Januar. . . .	759,0	58,2	57,8	57,7	57,7	57,9	58,8	60,0	61,1	61,7	61,2	57,8	52,7	—
Juli	757,7	58,3	59,0	59,8	60,9	62,0	63,5	64,9	65,3	64,0	60,9	57,4	53,0	—
Jahr	757,9	58,0	58,0	58,3	59,1	60,2	61,7	63,2	63,5	62,4	60,5	57,3	53,2	—

Bildet man Mittelwerte des täglichen Luftdruckganges, so ergibt sich eine vom Äquator nach den Polen an Höhe abnehmende Doppelwelle, deren Maxima gegen 10 Uhr, deren Minima gegen 4 Uhr mittlerer Sonnenzeit eintreten.

Da der Mond keinen merklichen Einfluß darauf hat, handelt es sich nicht um Gravitationswirkung. Die beiden Tagesextreme sind meist höher als die nächtlichen: Auf dem äquatorialen Stillen Ozean beträgt die ganze Tagesschwankung 2,37, die Nachtschwankung nur 1,63 mm Quecksilber, in Upsala, unter 60° Breite, 0,33 gegen 0,17 mm. Die Jahreszeit, die Lage der Station, sowie insbesondere das Wetter, ob heiter oder trübe, beeinflussen die tägliche Luftdruckschwankung. Die Zerlegung in eine ganz-, eine halb- und eine dritteltägige Welle ergab, daß die ganztägige Welle durch die Windverhältnisse, insbesondere durch die Land- und Seewinde, sowie durch die Berg- und Talwinde örtlich sehr beeinflußt wird; die halbtägige Periode entspricht einer freien Schwingung der Gesamtatmosphäre und ist daher sehr regelmäßig; die dritteltägige Schwankung endlich besitzt sehr geringe Amplitude, aber strenge Regelmäßigkeit. Da die meteorologischen Elemente, insbesondere Druck und Temperatur, nach thermodynamischen und hydrodynamischen Gesetzen zusammenhängen, ergibt sich ein Zusammenhang ihrer täglichen Schwankungen, der Phasenzeiten und der Phasenverschiebung mit der Höhe.

Schwankungen. Die tägliche Luftdruckschwankung besteht aus einer Doppelwelle, die auf dem größten Teil der Erde im Mittel Maxima um 9 Uhr bis 10 Uhr morgens und abends, Minima um 3 Uhr bis 4 Uhr morgens und abends aufweist. Die Amplituden nehmen mit wachsender geographischer Breite ab. Diese tägliche Schwankung ist zurückzuführen auf eine Schwingung der gesamten Atmosphäre, die aus einer Übereinanderlagerung einer ganztägigen und einer größeren halbtägigen Druckwelle besteht, welch letztere einen sehr gesetzmäßigen Verlauf zeigt. Die jährliche Luftdruckschwankung zeigt im Gegensatz zu der täglichen starke Verschiedenheiten von Ort zu Ort. Sie wird bedingt durch die vorher erwähnten Verschiebungen der Luftmassen, zu denen sich örtliche Einflüsse gesellen. Viel größer und weitaus wichtiger sind die unregelmäßigen Schwankungen, die zumeist auf der Ortsveränderung von umfangreichen Luftmassen beruhen, in denen der Luftdruck erheblich von dem normalen Betrage abweicht. Atmosphärische Wirbel, in denen niedriger Luftdruck herrscht (s. Zyklonen), wandern über weite Strecken hin, während die Gebiete hohen Luftdrucks (s. Antizyklonen) meist langsamer ihre Lage verändern und häufiger stationär sind. Diese Wanderungen der Minima und Maxima verursachen erhebliche Schwankungen des Luftdrucks. *O. Baschin.*

Näheres s. J. v. Hann, Lehrbuch der Meteorologie. 3. Aufl. 1915.

Luftdruckgradient. Da die Luftdruckdifferenz auf eine gegebene Entfernung in der Lehre von den Luftströmungen eine wichtige Rolle spielt und häufig in Rechnungen eingestellt werden muß, so pflegt man sie stets auf dieselbe Entfernung, nämlich die abgerundete Länge eines Grades auf der Erdkugel (= 111 km) zu reduzieren. Die Luftdruckdifferenz in der Richtung des stärksten Gefälles, also senkrecht zu den Isobaren genommen, und bezogen auf die Einheit von 111 km nennt man den Luftdruckgradienten oder den Gradienten schlechthin. Er spielt in der Lehre von den atmosphärischen Bewegungen die gleiche Rolle wie das Gefälle bei den Bewegungen des Wassers an der Erdoberfläche. Die Größe des Luftdruckgradienten variiert auf größere Entfernungen hin sehr stark, so daß man sich im allgemeinen mit der Angabe des mittleren Gradienten begnügen muß. Die Beziehung zwischen Gradient $\varDelta B$ und Endgeschwindigkeit v für eine geradlinige reibungslose Luftströmung ist gegeben durch die Formel $v = 14,36 \sqrt{\varDelta B}$.

Einem Druckunterschiede von $\varDelta b$ mm Quecksilber entspricht bei einer absoluten Lufttemperatur Γ die Höhe einer Luftsäule

$$h = \frac{13,596}{1,293} \cdot \frac{760}{b} \cdot \frac{T}{273} \varDelta b = 29,272 \frac{T}{b} \cdot \varDelta b \text{ m.}$$

Das Druckgefälle oder der Gradient h : E beträgt selbst bei Orkanen nur wenige Tausendstel. Eine nur der Schwere unterliegende Luftmasse müßte sich längs dem Gradienten bewegen; es wirkt auf sie die beschleunigende Kraft $\frac{g\,h}{E}$, über die hier-durch erzeugte Bewegung s. Gradientwind.

Nach ihr ist die folgende Tabelle berechnet:

$\Delta B =$ 1   2   3   4   9   16   25   mm

$v =$ 14,4   20,3   24,8   28,7   43,1   57,4   71,8   m p. s.

In Wirklichkeit wird v durch die Reibung erheblich verlangsamt.

Bei größeren Entfernungen macht sich die Ablenkung aus der geradlinigen Bahn durch die Erdrotation (s. diese) als ein die Windgeschwindig-keit wesentlich beeinflussender Faktor geltend, so daß v mit wachsender geographischer Breite φ abnimmt nach der Formel $v = \frac{6{,}36}{\sin\varphi}\,\Delta\,B.$

Bei einem mittleren Gradienten von 3 mm, der etwa dem Gefälle der Seine in Paris entspricht, erreicht also der Wind bereits Sturmesstärke. In Orkanen sind stellenweise Gradienten von mehr als 20 mm festgestellt worden.   *O. Baschin.*

Die aus dem horizontalen Druckgradienten sich ergebende kinetische Energie ist wesentlich geringer als die tatsächlich vorhandene Windenergie. Die Ursache des Windes ist daher vor allem in Um-lagerungen (s. d.) zu finden.   *Tetens.*

Näheres s. H a n n, Lehrb. d. Meteorol. S. 426 ff, S. 485 ff.

Luftelektrizität. Darunter versteht man ge-wöhnlich das an allen Orten der Erde jederzeit zu beobachtende Bestehen einer Potentialdifferenz zwischen einem beliebigen Punkte der Atmo-sphäre und der Erdoberfläche; diese Potential-differenz wird um so größer, je höher man den Punkt wählt. Den Spannungsunterschied pro 1 m Höhen-differenz nennt man „Potentialgefälle". Im weiteren Sinne versteht man unter „Luft-elektrizität" die Gesamtheit aller elektrischen Erscheinungen, welche der Atmosphäre eigentüm-lich sind: das elektrische Leitungsvermögen der Luft und dessen Ursache, der Gehalt der Luft und der Erdrinde an radioaktiven Substanzen, die elektrischen Strömungen in der Luft, die Elek-trizität der Niederschläge, Gewitterelektrizität usw.

Schon 1698 wies W a l l auf die Analogie zwischen Blitz und dem künstlich erzeugten elektrischen Funken hin. 1752 zeigte d'Alibard, daß man aus einer vertikal aufgestellten langen eisernen Stange beim Herannahen von Gewitterwolken Funken ziehen kann. Wenige Tage darauf gelang Le Monnier unter Benützung besseren Isolier-materials derselbe Versuch bei heiterem Himmel, wodurch bereits der Nachweis erbracht war, daß stets, auch bei heiterem Himmel, eine Potential-differenz zwischen Erde und Atmosphäre besteht. Im gleichen Jahre empfahl Franklin die Ver-wendung von Spitzen als Blitzableiter. Schon 1757 begann P. Beccaria in Bologna regelmäßig Messungen der atmosphärischen Potentialdifferenz und setzte sie durch 15 Jahre fort. Auch die weitere Forschung fast bis zum Ende des 19. Jahrhunderts beschränkte sich auf Beobachtungen des atmo-sphärischen Potentialgefälles. Erst in den achtziger Jahren des 19. Jahrhunderts begann man nach den Arbeiten von Linß u. a. auf die Bedeutung der Elektrizitätsleitung der Atmosphäre aufmerksam zu werden. Die Erforschung der Natur der Elek-trizitätsleitung in Gasen und die damit Hand in Hand gehende Ausbildung der Lehre von den Gasionen brachte bald reiche Früchte auch auf dem Gebiete der Luftelektrizität. Nachdem F. Exner ein einfaches Instrumentarium zur Beobachtung

des atmosphärischen Potentialgefälles, Elster und Geitel ein solches zur Beobachtung der Elektrizi-tätszerstreuung in freier Luft ersonnen hatten, wurden von einer großen Zahl von Forschern Beobachtungen beider Faktoren angestellt, wodurch dann die gesetzmäßigen, periodischen Änderungen dieser luftelektrischen Größen und ihre Zusammen-hänge bald geklärt wurden. Ein gewaltiger Auf-schwung setzte dann 1899—1905 ein, als in rascher Reihenfolge das Vorhandensein radioaktiver Sub-stanzen in der Luft entdeckt und exakte Methoden zur Messung des Ionengehaltes, der Ionenbeweg-lichkeit und der absoluten Leitfähigkeit aus-gearbeitet wurden. Insbesondere brachte dann die Ausbildung von Registriermethoden reiche experimentelle Ergebnisse. Die Entdeckung der elektrischen Ladung der Regentropfen und Schnee-flocken, ferner die Entdeckung der sogenannten durchdringenden Strahlung als Ursache der Ionisation der Luft in geschlossenen Gefäßen ver-vollständigten die Kenntnis von den elektrischen Vorgängen in der Atmosphäre.

Dennoch ist man bis heute noch nicht zu einer lückenlosen, allen beobachteten Phänomenen ge-recht werdenden Theorie der luftelektrischen Erscheinungen gelangt. Eine solche hätte vor allem zu erklären, wieso trotz der ständigen Ioni-sation der Luft das stets beobachtbare Potential-gefälle zwischen Erde und Luft aufrecht erhalten bleibt.

In der Zeit, als man die Luft noch als Isolator betrachtete, nahm man einfach an, die Erde habe als Ganzes gegen den Weltraum eine negative Ladung (E r m a n und P e l t i e r). Lord K e l v i n dagegen vertrat die Anschauung, daß die elektrischen Kraftlinien des Erdfeldes bereits in der Atmo-sphäre, wenn auch in deren höchsten Schichten, endigen. Die negative Ladung der Erdoberfläche werde also durch die freien positiven Raumladungen in der Atmosphäre kompen-siert, so daß die Erde gegen außen als elektrisch neutral erscheinen müsse. Nachdem Ballonbeobachtungen gezeigt hatten, daß das Potentialgefälle mit zunehmender Erhebung in die Atmosphäre sich asymptotisch der Null zu nähern bestrebt, war E r m a n und P e l t i e r s Ansicht widerlegt. Vor-her noch nahm F. E x n e r an, daß der Wasserdampf negative Ladungen in die Atmosphäre bringe und vermutete einen direkten Zusammenhang zwischen Wasserdampfgehalt und Stärke des Erdfeldes. Die Beobachtungen haben gegen Exners Anschauung entschieden, dem aber unbestritten das Verdienst zuzuschreiben ist, eine neue Epoche in der Ent-wicklung der Luftelektrizität eingeleitet zu haben.

Elster und Geitel nahmen an, daß lichtelek-trische Vorgänge (Hallwachseffekt) an der Erd-oberfläche negative Ladungen in die Luft schaffen. Auch diese Anschauung wurde experimentell wider-legt. 1899 stellten dieselben Forscher eine andere Theorie, die sogenannte Ionen-Adsorptions-theorie, auf, welche zuerst das experimentell festgestellte Auftreten positiver Ladungen in der Luft nahe der Erdoberfläche zu erklären versuchte. Nach dieser Theorie werden, wenn ionisierte Luft durch geerdete Hohlräume strömt, durch Adsorption mehr negative als positive Ionen ent-fernt, so daß die z. B. aus Wäldern aufsteigende Luft einen Überschuß an positiven Ionen aufweist. Simpson erhob dagegen gewichtige Einwände und bezweifelte vor allem, daß dieser Prozeß ausreiche, um die durch den normalen vertikalen Leitungsstrom aus der Atmosphäre zur Erde herabgeführten positiven Ladungen zu kompen-sieren. Ebert modifizierte die Elster-Geitel-sche Ionenadsorptionstheorie derart, daß er sich vorstellt, daß diese Ionenadsorptionsprozesse sich bereits in den Erdkapillaren des Bodens abspielen und wies durch Versuche im kleinen nach, daß die austretende Bodenluft tatsächlich einen Überschuß an positiven Ionen mitführt. Simpson hält dagegen auch die von Ebert betrachteten Prozesse (vgl. „Bodenatmung") für quantitativ nicht ausreichend, da drei Viertel der Erdoberfläche vom Meere bedeckt sind. Gerdien verglich die Menge der durch vertikale Luftströmungen im Mittel nach oben geführten positiven Ladungen („normaler Konvektionsstrom") mit den positiven Ladungen, die durch den normalen Leitungsstrom aus der Atmosphäre gegen die Erde zugeführt werden und fand, daß erstere nicht zur Kompensation der letzteren ausreichen. Als die ersten Beobachtungen der Niederschlagselektrizität einen Überschuß negativer Regenladungen ergeben hatten, glaubte man endlich den Faktor gefunden zu haben, der zur Kompensation des vertikalen Leitungsstromes genügt. Die umfangreichen späteren Beobachtungen (Simpson, Baldit, Benndorf u. a.) ergaben aber unzweifelhaft im Mittel einen Überschuß positiver Regenladungen. Zur Erklärung des Elektrizitätshaushalts zwischen Erde und Luft könnte man noch annehmen, daß zu jedem beliebigen Zeitpunkte nicht die Atmosphäre als Ganzes eine positive, die Erde eine negative Ladung besitze, sondern daß für die Erde als Ganzes die negative Oberflächenladung in Gebieten des normalen positiven Potentialgefälles durch die erfahrungsgemäß höheren und häufigeren positiven Ladungen bei umgekehrtem Gefälle in Niederschlagsgebieten mehr oder weniger kompensiert sei. Quantitativ sind alle diese Annahmen schwer zu prüfen und daher ist die Frage, durch welche Prozesse das Erdfeld aufrecht erhalten werde, als noch nicht definitiv gelöst zu betrachten (vgl. „Elektrizitätshaushalt der Erde"). *V. F. Hess.*

Näheres s. Grätz, Handb. d. Elektr. u. d. Magnetism., Bd. III. E. v. Schweidler und K. W. F. Kohlrausch, Atmosphärische Elektrizität, S. 269 ff.

Luftfeuchtigkeit. Der Gehalt der Luft an Wasserdampf, der durch die Verdunstung (s. diese) in die Atmosphäre gelangt. wird durch Hygrometer (s. diese) gemessen. Die Luftfeuchtigkeit kann durch die Bestimmung folgender physikalischer Größen einen ziffernmäßigen Ausdruck finden: 1. Gewicht des Wasserdampfes in g pro m³ Luft = Absolute Feuchtigkeit. 2. Gewicht des Wasserdampfes in g pro kg Luft = Spezifische Feuchtigkeit. 3. Spannkraft des Wasserdampfes in mm Quecksilberdruck = Dampfdruck (e). 4. Verhältnis des vorhandenen Wasserdampfes zum maximalen Dampfdruck (E) bei der betreffenden Temperatur = Relative Feuchtigkeit (e: E). Sie ist der geeignetste Ausdruck für die Luftfeuchtigkeit, soweit sie als klimatisches Element in Frage kommt. 5. Differenz des vorhandenen und des maximalen Dampfdrucks, also der Dampfspannung, die zur Sättigung der Luft mit Wasserdampf noch fehlt = Sättigungsdefizit (E−e).

Feuchte Luft ist bei gleichem Druck spezifisch leichter als trockene, weil die Dichte des Wasserdampfes nur $^5/_8$ von demjenigen der trockenen Luft ist. Die Abnahme des Wasserdampfes mit der Höhe geht aber viel schneller vor sich, als es nach dem Daltonschen Gesetz (s. dieses) der Fall sein müßte. Für die mittlere Änderung des Dampfdruckes mit der Höhe (h) in der freien Atmosphäre hat K. Süring die empirische Formel

gefunden $e_h = e_0 \cdot 10^{-\frac{h}{6}}\left(1 + \frac{h}{20}\right)$, wo e_h der Dampfdruck in der Höhe h, e_0 der Dampfdruck im unteren Niveau ist.

Bei einem mittleren Dampfdruck von 11 mm, wie er im Sommer durchschnittlich in Mitteleuropa beobachtet wird, ist der gesamte Wasserdampfgehalt einer Luftsäule von 1 m² Querschnitt über uns auf 25 kg zu schätzen, was bei völliger Kondensation einen Niederschlag von 25 mm Höhe ergeben würde.

Die horizontale Verteilung des Dampfdrucks schließt sich im allgemeinen recht eng an diejenige der Lufttemperatur (s. diese) an und nimmt ziemlich gleichmäßig gegen die Pole hin ab. Die relative Feuchtigkeit ist in den Subtropen am geringsten, am Äquator und in den Zirkumpolargebieten dagegen am größten. Der tägliche wie der jährliche Gang des Dampfdrucks folgen im allgemeinen jenem der Temperatur. Nur über dem Lande finden wir eine doppelte tägliche Periode des Dampfdrucks, die am stärksten im Sommer ausgebildet ist. Bei der relativen Feuchtigkeit dagegen sind täglicher und jährlicher Verlauf denjenigen der Temperatur im allgemeinen entgegengesetzt.

Die Luftfeuchtigkeit ist von der größten Bedeutung als Quelle der Niederschläge (s. diese), die durch Kondensation aus ihr entstehen. *O. Baschin.*

Näheres s. J. v. Hann, Lehrbuch der Meteorologie. 3. Aufl. 1915.

Luftgewichtskörper s. Massenmessungen.

Luftkondensator. Ein Kondensator (s. d.), bei dem das Dielektrikum aus Luft besteht. *W. Jaeger.*

Luftpotential s. Erdfeld und Potentialgefälle.

Luftresonatoren dienen hauptsächlich zur Unterstützung des Ohres beim Heraushören von Teiltönen aus einem Klange (s. Klanganalyse). Es sind Hohlkörper aus beliebigem Material, die in der Regel zylinder- oder kugelförmige Gestalt haben. An einer Stelle befindet sich ein Ansatzstück mit einer kleinen Öffnung, das zum Einführen in das Ohr dient. Dem Ansatzstücke gegenüber befindet sich eine zweite, in der Regel etwas größere Öffnung, durch welche die Klangwelle eintreten kann. Man pflegt jetzt nach dem Vorgange von R. König zylinderförmige Resonatoren zu benutzen, bei denen zwei Zylinderrohre (posaunenartig) übereinander geschoben sind, so daß man den Resonator ausziehen und zusammenschieben kann, wodurch die resonierende Luftsäule verlängert oder verkürzt wird, wobei sich ihr Eigenton ändert. Je kleiner die schwingende Luftsäule ist, um so höher ist der Eigenton. Ferner hängt derselbe noch stark von der Größe der Öffnung ab, durch welche der Klang eintritt; je größer dieselbe unter sonst gleichen Bedingungen ist, um so höher ist der Eigenton. Die Luftresonatoren haben gegenüber anderen den Vorzug sehr großer Empfindlichkeit, weil die in Bewegung zu setzende Masse (Luft) klein ist. *E. Waetzmann.*

Näheres s. R. König, Quelques expériences d'Acoustique. Paris 1882.

Luftschiff nennt man ein Luftfahrzeug, welches leichter wie die Luft ist, also dessen Auftrieb statisch durch Gase erzeugt wird. Man baut heute ausschließlich starre Konstruktionen in solchen Formen, deren Luftwiderstand nach Modellversuchen besonders klein ist. Die Stabilitätsverhältnisse liegen ähnlich wie beim Schiff; man muß darauf achten, daß der Schwerpunkt richtig unter dem Mittelpunkt der Auftriebskräfte gelegen ist. Die seitliche und die Höhenstabilität muß durch feste Leitflächen am hinteren Ende des Luftschiffes gesichert werden. Die an diesen Leitflächen angebrachten beweglichen Teile dienen zur

Seiten- und Höhensteuerung. Letztere kann außerdem durch Ballastabgabe bzw. Gasabblasen bewirkt werden; auch kann durch Schwerpunktverschiebung gegenüber dem Auftriebsmittelpunkt das Luftschiff schief zur Flugrichtung gestellt werden und so ein nach oben oder unten drückender Auftrieb erzeugt werden. *L. Hopf.*

Luftschraube (Propeller), das einzige heute verwendete Mittel zum Antrieb von Flugzeugen und Luftschiffen, auch bei Motorschlitten angewandt. Die Kräfte, welche auf die bewegte Luftschraube wirken, entsprechen ganz den auf einen Flugzeugflügel wirkenden. Die praktische Verwendbarkeit beruht darauf, daß an der Schraube mit einem verhältnismäßig kleinen Energie verzehrenden Drehmoment eine große Schubkraft senkrecht zur Relativbewegung des Schraubenflügels gegen die Luft verbunden ist, ganz genau wie beim Flügel zum kleinen Widerstand ein großer Auftrieb tritt. Aus Dimensionsbetrachtungen folgt für die Luftschraubenkräfte der Ansatz:

$$\text{Schub } S = \psi \, \pi \, \varrho \, R^2 \, u^2$$
$$\text{Drehmoment } L = \mu \, \pi \, \varrho \, R^2 \, u^3$$

(ϱ Luftdichte, R Halbmesser der Schraube, u Umfangsgeschwindigkeit). Dabei hängen der „Schubwert" ψ und der „Drehwert" μ von der geometrischen Gestalt der Schraube und vom „Fortschrittsgrad" $\lambda = \dfrac{v}{u} = \dfrac{\text{Fahrtgeschwindigkeit}}{\text{Umfangsgeschwindigkeit}}$ ab. Die Figur gibt ein Beispiel der Abhängigkeit von λ. Bei bestimmter Tourenzahl oder bestimmter Um-

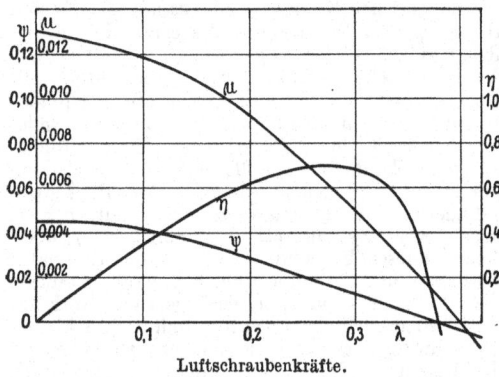

Luftschraubenkräfte.

fangsgeschwindigkeit sind ψ und μ am größten am Stand und nehmen bei wachsender Geschwindigkeit ab. Bei einem bestimmten Fortschrittsgrad wird $\psi = 0$, die Schraube liefert keine Schubkraft mehr; steigert man bei festgehaltener Tourenzahl die Fahrtgeschwindigkeit noch weiter, so wirkt die Schraube nicht mehr vortreibend, sondern hemmend. Als Wirkungsgrad einer Luftschraube ist das Verhältnis $\dfrac{\text{nutzbare}}{\text{aufgewandte}}$ Leistung anzusehen:

$$\eta = \frac{S\,v}{L} = \lambda \, \frac{\psi}{\mu}.$$

Dieser Wirkungsgrad wird Null am Stand und bei dem Fortschrittsgrad, für welchen ψ verschwindet; sein Maximum liegt näher an dem letzteren Wert. Deshalb sind die Messungen am Stand nicht auf die wirklichen Verhältnisse im Fluge übertragbar und dienen nur zum Vergleich verschiedener Schrauben. Man wählt die Schraube so aus, daß

sie bei der gegebenen Fluggeschwindigkeit und der gegebenen Tourenzahl gerade in der Nähe ihres maximalen Wirkungsgrades arbeitet. Bei Steigerung des Fortschrittsgrades nimmt die Schubkraft rasch ab, bei Sturzflügen mit großer Geschwindigkeit wirkt die Schraube bremsend ($\psi < 0$), sie entnimmt dem Relativstrom der Luft gegen das Flugzeug Energie wie ein Windrad, obwohl die Tourenzahl dabei oft über die normale hinausgeht.

Die Lage des Maximums von η und des Wertes $\psi = 0$ hängt von der Beschaffenheit der Schraube ab. Die wichtigste Größe ist die sog. Steigung, d. i. die Strecke, welche die Schraube infolge ihrer Anstellung bei einer Umdrehung zurücklegen würde, wenn sie sich in die Luft, wie in einen festen Körper hineinschrauben würde. Bewegt sich die Schraube in der Luft nun gerade so schnell vorwärts als ihrer Steigung entspricht, so übt sie keine Zugkraft aus ($\psi = 0$). Die Abweichung des Fortschrittsgrades beim Betrieb von diesem Fortschrittsgrad ohne Zugkraft mißt die „Schlüpfung" (oder den „slip") einer Schraube, welche charakteristisch ist für den Betriebszustand. Das Maximum des Wirkungsgrades wird bei einer Schlüpfung von etwa 15 v. H. erreicht.

Aus der „Strahltheorie" (s. d.) der Schraube kann man einen maximalen Wirkungsgrad ausrechnen, der um so größer ist, je größer die Fluggeschwindigkeit und die Luftdichte sind und je kleiner die „Flächenleistung", d. i. die Leistung der Schraube bezogen auf die Fläche des Schraubenkreises ist. An diesen maximalen Wirkungsgrad kommt man bei Versuchen bis zu etwa 85 v. H. heran. *L. Hopf.*

Luftstoßanzeiger s. Geschoßgeschwindigkeit.

Luftströmungen. Die Luftbewegungen spielen sich im allgemeinen in quasihorizontaler Richtung ab und können im großen als stationär, beschleunigungsfrei angesehen werden. Dann muß zwischen dem Druckgradienten, der Zentrifugalkraft (s. d.) und der ablenkenden Kraft der Erdrotation Gleichgewicht bestehen. Der Wind weht bei konstantem Druckfeld senkrecht zum Gradienten. Für diese Bewegung gilt bei Vernachlässigung der Reibung angenähert die Beziehung

$$\frac{d\,u}{d\,t} + 2\,\omega \sin\varphi \cdot v = -\frac{1}{\varrho} \frac{\partial\,p}{\partial\,x},$$
$$\frac{d\,v}{d\,t} - 2\,\omega \sin\varphi \cdot u = -\frac{1}{\varrho} \frac{\partial\,p}{\partial\,y}.$$

Integration dieser Gleichungen ergibt Geschwindigkeit und Bahn der Luftteilchen im stationären Zustand. Berücksichtigung der Reibung führt dahin, daß der Wind nicht senkrecht zum Gradienten weht, sondern eine Komponente in Richtung des Gradienten bekommt (vgl. Reibung in der Atmosphäre). Für eine genauere Betrachtung der tatsächlich zustande kommenden Strömung ist die Turbulenz (s. d.) der Atmosphäre in Betracht zu ziehen. Über den Ursprung der Energie der Luftbewegung vgl. Umlagerung von Luftmassen und Luftdruckgradient.

Ist in der Atmosphäre ein horizontales Temperaturgefälle gegeben, so kann nur bei einer bestimmten Geschwindigkeitsänderung mit der Höhe eine stationäre Strömung bestehen, für die nach Margules die Gleichung

$$\frac{\partial\,v}{\partial\,z} = v \frac{\partial\log\vartheta}{\partial\,z} - \frac{g}{l} \frac{\partial\log\vartheta}{\partial\,x}$$

gilt (ϑ potentielle Temperatur, $1 = 2\,\omega \sin\varphi$); für indifferentes Gleichgewicht

$$\left(\frac{\partial \log \vartheta}{\partial z} = 0\right) \text{ wird } \frac{\partial v}{\partial z} = -\frac{g}{1}\frac{\partial \log \vartheta}{\partial x}.$$

Stoßen an einer Grenzfläche verschieden warme Luftkörper mit verschiedenem quasihorizontalem Bewegungszustand zusammen, so muß sich wegen der größeren Dichte der virtuell kältere (s. virtuelle Temperatur) unter den virtuell wärmeren, d. h. im allgemeinen der kältere unter den wärmeren Luftkörper schieben; das führt zur Bildung von Inversionen (s. d.) und Kälteeinbrüchen (s. d.). Die Lage der Grenzfläche im Raume läßt sich durch den Geschwindigkeits- und Dichtesprung der beiden Luftkörper bestimmen. Bezeichnet v_1 und v_2 die Strömungsvektoren der unteren und der oberen Luftmasse in einem Punkt der gemeinsamen Grenzfläche, δ den Winkel zwischen ihnen, so erhält man in v_0 den gemeinsamen Windvektor, der die Verschiebung der Grenzfläche angibt. Sieht man von Vertikalbewegungen ab, so ergibt sich für das Weiterrücken v_0 der Fläche und die Abweichung γ_1 ihrer Wanderungsrichtung von dem Windvektor v_1

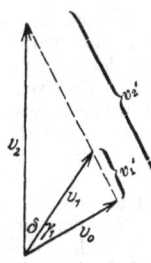

Strömungsvektoren der unteren und oberen Luftmasse

$$v_0 = v_1 \cos \gamma_1 \text{ und } \operatorname{tg} \gamma_1 = \frac{\cos \delta - \dfrac{v_1}{v_2}}{\sin \delta}.$$

Die senkrecht zu v_0 gerichteten Komponenten v_1' und v_2' liegen dann auf der durch den betrachteten Punkt der Grenzfläche gehenden Isohypse. Für die Neigung der Fläche ergibt sich durch den Sprung der Dichte oder der virtuellen Temperatur (s. d.) nach Margules die Formel

$$\operatorname{tg} \alpha = \frac{1}{g}\frac{v_1'\,\varrho_1 - v_2'\,\varrho_2}{\varrho_2 - \varrho_1} = -\frac{1}{g}\frac{\vartheta\,(v_1' - v_2')}{\vartheta_2' - \vartheta_1'},$$

wo ϑ die mittlere virtuelle Temperatur der beiden Luftmassen ist. Hat man, zwischen den Enden der beiden Windvektoren, etwa in A stehend, die Pfeilspitze des oberen Windes zur rechten, so blickt man die Fläche hinauf (auf der südlichen Halbkugel hinab). Die Untersuchung derartiger Grenzflächen beginnt ein ganz neues Licht auf die Vorgänge der Luftzirkulation zu werfen und verspricht für die Wettervorhersage von Bedeutung zu werden, s. auch Gleitflächen.   *Tetens.*

Näheres s. F. M. Exner, Dynamische Meteorol. VIII, 1917.

Lufttemperatur. Messung. Ein frei aufgehängtes Thermometer erhält seine Temperatur nicht nur durch Wärmeleitung von der Luft, sondern auch durch Strahlung von verschiedenen Gegenständen der Umgebung, gegen die es auch seinerseits Wärme ausstrahlt. Um die richtige Lufttemperatur zu erhalten, muß daher der Einfluß der Wärmeleitung der Luft durch starken Luftzutritt (Schleudern oder Ventilation) gesteigert oder der Einfluß der Strahlung durch Schutzvorrichtungen möglichst verkleinert werden. Beide Methoden sind kombiniert in dem Aspirationsthermometer, das somit die zuverlässigste Bestimmung der Lufttemperatur gestattet.

Vorgang der Erwärmung. Die Quelle der Luftwärme ist die durch die Sonnenstrahlung (s. diese) erwärmte Erdoberfläche. Während der

feste Erdboden sich durch Einstrahlung rasch und stark erwärmen, aber auch durch Ausstrahlung leicht abkühlen kann, erwärmen sich Wasserflächen insbesondere wegen der größeren spezifischen Wärme des Wassers weniger stark, kühlen sich aber auch langsamer ab. Die Lufttemperatur ist daher in hohem Maße abhängig von der Beschaffenheit der Unterlage und deren täglichem und jährlichem Wärmegange, wobei jedoch eine Verspätung der Phasenzeiten und eine Abnahme der Amplitude erfolgt.

Änderungen. Die periodischen Änderungen der Lufttemperatur hängen im wesentlichen von der Sonnenhöhe ab. Beim mittleren täglichen Gang tritt das Minimum fast überall und zu allen Jahreszeiten in den frühen Morgenstunden um die Zeit des Sonnenaufgangs ein, während das Maximum auf die ersten Nachmittagstunden fällt. Die Größe der Amplitude wird durch Jahreszeit, Wetter und geographische Lage stark beeinflußt. Sie ist groß auf den Kontinenten, klein auf den Ozeanen und hohen Bergen. Das Tagesmittel der Lufttemperatur läßt sich in Deutschland annähernd richtig berechnen, wenn man das Mittel aus den Ablesterminen 7 a, 2 p und 9 p nimmt, dabei der Ablesung um 9 p aber das doppelte Gewicht beilegt, also (7 a+2 p+9 p+9 p): 4 nimmt.

Der jährliche Gang folgt in erster Linie demjenigen der Sonnenstrahlung (s. diese), wird also im wesentlichen durch die geographische Lage vor allem die geographische Breite bedingt. Es tritt jedoch eine Verspätung des Maximums und Minimums gegen die entsprechenden Extreme der Insolation ein, die im Landklima etwa 25 Tage, im Seeklima niederer gemäßigter Breiten fast zwei Monate beträgt. Bei der Darstellung des jährlichen Ganges der Temperatur pflegt man meist die aus den einzelnen Tagesmitteln berechneten Monatsmittel zugrunde zu legen, obgleich dies nicht ganz korrekt ist. Bei der Darstellung des jährlichen Temperaturganges durch Tagesmittel zeigen sich außerhalb der Tropen meist Unregelmäßigkeiten, von denen in Mitteleuropa die Kälterückfälle in der dritten Pentade des Mai und nach Mitte Juni am stärksten hervortreten.

Unperiodische Änderungen spielen eine große Rolle und können unter besonderen Verhältnissen in höheren Breiten so bedeutende Beträge erreichen, daß die höchste Temperatur gelegentlich in die Winterszeit fällt.

Extreme. Die höchsten Temperaturen von mehr als 50° sind am nördlichen Rande der Tropenzone und der Subtropen gemessen worden. Die niedrigsten von —70° in dem Nordostsibirischen Kältepol bei Werchojansk.

Geographische Verbreitung. In horizontaler Richtung nimmt die Lufttemperatur auf dem gleichen Meridian im großen und ganzen mit zunehmender geographischer Breite ab, doch zeigt der Verlauf der Isothermen (s. diese) manche Unregelmäßigkeiten. Insbesondere ist die Verbreitung von Wasser und Land von maßgebendem Einfluß, vor allem auf die Wintertemperaturen in höheren Breiten, die über den Kontinenten beträchtlich niedriger sind als über den Ozeanen. Als Mitteltemperaturen der Parallelkreise im Meeresniveau sind umstehende Werte abgeleitet worden.

Die Abweichungen der wirklichen Temperaturmittel von diesen Mittelwerten der Parallelkreise werden durch die Isanomalen (s. diese) veranschaulicht.

Geographische Breite		0°	10°	20°	30°	40°	50°	60°	70°	80°	90°
Januar	Nordhalbkugel	26,5	25,8	21,9	14,7	5,5	—7,2	—16,1	—26,3	—32,2	—41,0
	Südhalbkugel	26,5	26,4	25,3	21,6	15,4	8,4	3,2	—1,2	—4,3	—6,0
Juli	Nordhalbkugel	25,7	27,0	28,0	27,3	24,0	17,9	14,1	7,3	2,0	—1,0
	Südhalbkugel	25,7	23,0	19,8	14,5	8,8	3,0	—9,3	—21,0	—28,7	—33,0
Jahr	Nordhalbkugel	26,3	26,8	25,3	20,4	14,1	5,8	—1,1	—10,7	—17,1	—22,7
	Südhalbkugel	26,3	25,5	23,0	18,4	11,9	5,4	—3,2	—12,0	—20,6	—25,0

Die Temperaturen der hohen südlichen Breiten beruhen auf Schätzungen, deren Grundlagen sehr lückenhaft sind.

In vertikaler Richtung nimmt die Temperatur im allgemeinen mit der Höhe ab, wie Beobachtungen sowohl im Gebirge als auch in Luftfahrzeugen gezeigt haben. Der Betrag dieser Abnahme ist verschieden an verschiedenen Orten und zu verschiedenen Jahres- und Tageszeiten. Im Mittel kann man rund 0,5° pro 100 m annehmen. Dieser Wert ist namentlich dann zugrunde zu legen, wenn es sich um die Reduktion von Mittelwerten auf das Meeresniveau zwecks Konstruktion von Isothermen-Karten handelt. In trockenen aufsteigenden Luftmassen nimmt die Temperatur nach der Theorie um je 1° pro 100 m ab. Bei feuchter Luft wird, sobald durch die beim Aufsteigen erzeugte Abkühlung der Taupunkt (s. dieser) erreicht worden ist, Wasserdampf kondensiert, und die freiwerdende latente Wärme desselben vermindert von diesem Punkte an die Temperaturabnahme (s. Thermodynamik der Atmosphäre).

Temperaturverhältnisse der oberen Luftschichten. Die Erforschung höherer Luftschichten durch Registrierballons lieferte 1902 den Nachweis, daß oberhalb von etwa 11 km eine Abnahme der Lufttemperatur mit der Höhe nicht mehr stattfindet, und weitere Untersuchungen zeigten, daß man zwei Zonen der Atmosphäre unterscheiden müsse, die bis dahin allein bekannte, bis zu jener Höhe hinaufreichende Troposphäre (s. diese), in welcher sich die wechselnden Witterungsvorgänge mit auf- und absteigenden Luftströmungen abspielen, und eine darüber liegende, geschichtete Luftmasse mit wesentlich horizontalen Luftbewegungen, die Stratosphäre (s. diese). Die Grenze zwischen beiden liegt unter dem Äquator in etwa 16 km Höhe, sie sinkt polwärts, liegt in Mitteleuropa 11—12, in Lappland nur 9—10 km hoch. Die Stratosphäre ist nahezu isotherm, weil hier Strahlungsgleichgewicht herrscht. Hier sind auch die tiefsten überhaupt gemessenen Lufttemperaturen registriert worden, nämlich —87° in 16 km Höhe über Batavia und —84° in 19 km Höhe über dem Viktoria-See in Ostafrika. Diese Höhen haben, soweit sich aus den bisherigen Messungen feststellen läßt, in den Tropen eine um etwa 24° niedrigere Temperatur als in Mitteleuropa und Nordamerika. Die Beobachtungen in Luftfahrzeugen haben ferner ergeben, daß die tägliche Temperaturschwankung mit der Höhe rasch abnimmt und schon in 2000 m nur noch wenige Zehntelgrade beträgt. Die jährliche Periode der Lufttemperatur dagegen erreicht in etwa 7 km Höhe ihr Maximum und wird erst von da ab kleiner. Nach den bisherigen Ergebnissen lassen sich folgende Mittelwerte der Lufttemperatur für die hohen Schichten der Atmosphäre angeben.

O. Baschin.

Näheres s. J. v. Hann, Lehrbuch der Meteorologie. 3. Aufl. 1915.

	Boden	1	2	4	6	8	10	12	14	16 km
Batavia (6° S)	26,2	20,1	14,3	3,6	—7,4	—19,6	—35,8	—53,4	—71,6	—78,4
Mittl. Nordamerika (42° N) . . .	16,6	10,2	5,1	—5,4	—18,2	—32,8	—45,8	—52,6	—54,7	—54,9
Mitteleuropa (52½° N) . . .	9,4	4,6	0,1	—10,7	—23,7	—38,0	—49,6	—54,2	—54,4	—54,1

Luftthermometer s. Temperaturskalen.

Luftthermometer mit Hitzdraht s. kalorische Instrumente.

Lufttöne s. Hiebtöne.

Luftwiderstand. Während die Flugbahn eines Geschosses im luftleeren Raum unter alleiniger Einwirkung der nach Größe und Richtung konstant angesehenen Schwerebeschleunigung eine Parabel mit der Schußweite $X = \dfrac{v_0{}^2 \sin 2\varphi}{g}$ ist (wo v_0 die Anfangsgeschwindigkeit, φ den Winkel, welchen die anfängliche Flugrichtung des Geschosses mit der Horizontalebene bildet, g die Schwerebeschleunigung 9,81 m/sec² bedeutet), wird die Bahn des im Luftraum fliegenden Geschosses durch den Luftwiderstand unter Umständen sehr verkürzt und abgeändert. Der Luftwiderstand gegen ein fliegendes Geschoß kann in mancher Beziehung mit dem Wasserwiderstand gegen ein fahrendes Schiff verglichen werden; er ist wie letzterer die Wirkung einer ganzen Anzahl verschiedener Ursachen. Erstens entsteht hinter dem mit der Spitze in der Bahntangente fliegenden Geschoß ein luftverdünnter Raum, in den die Luft nachträglich in Wirbeln einströmt. Die Luftverdünnung wächst mit der Geschoßgeschwindigkeit, besonders stark in Geschwindigkeitsbereichen, welche der Schallgeschwindigkeit nahekommen, und strebt einem bald erreichten Maximum — der absoluten Luftleere hinter dem Geschoßboden — zu. Der durch die Luftverdünnung entstehende Saug- und Wirbelwiderstand hängt sehr von der Form des hinteren Geschoßendes ab. Er wird geringer bei sanft verjüngten Geschossen, an denen die Luftfäden sich anschmiegen können. Zweitens: Von allen vorspringenden Teilen des Geschosses gehen Verdichtungswellen aus, welche sich nach allen Seiten hin mit Schallgeschwindigkeit fortpflanzen und so dem Geschosse Energie abnehmen. Liegt die Geschoßgeschwindigkeit unterhalb der Schallgeschwindigkeit, so ist die Energiezerstreuung durch die dem Geschoß voreilenden Luftstörungen gering. Erst wenn die Geschoßgeschwindigkeit die Schallgeschwindigkeit überschritten hat, wird der Wellenwiderstand beträchtlich. Die Verdichtungswellen können dann dem Geschoß nicht mehr voraneilen, sondern legen sich hemmend als Druck dem Geschoß in seiner Bewegung entgegen (s. Kopfwelle). Der Wellenwiderstand scheint unbegrenzt mit der Geschoßgeschwindigkeit zu wachsen und mehr und mehr dem Quadrat der Geschwindigkeit proportional zu werden. Drittens: An der Geschoßoberfläche wird ein Reibungswiderstand erzeugt.

Während die qualitative Zusammensetzung des Luftwiderstandes so dargelegt werden konnte, hängt die Größe der einzelnen Komponenten in sehr verwickelter Weise von einer Unzahl von Umständen ab, von denen in erster Linie die Form der Geschoßspitze, die Form des unteren Geschoßendes und die augenblickliche Neigung der Geschoßlängsachse gegen die Bahntangente zu erwähnen wären, ferner das Kaliber, also die Größe des Geschoßquerschnittes, und die Luftdichte (s. Tageseinflüsse). Um Ordnung in diese Verhältnisse zu bringen, setzt man näherungsweise den Luftwiderstand $W = R^2 \pi \cdot \dfrac{\delta}{\delta_0} i \cdot F(v)$, d. h. man nimmt an, daß der Luftwiderstand proportional dem Geschoßquerschnitt $R^2 \pi$, dem Verhältnis $\dfrac{\delta}{\delta_0}$ des Tagesluftgewichtes δ zu einem gewählten Normaltagesluftgewicht δ_0, einem Formkoeffizienten i, welcher die gesamte Geschoßform berücksichtigt, und im übrigen eine bestimmte explizite Funktion $F(v)$ der Geschwindigkeit v sei. Neuere Versuche, angestellt von C. Cranz und von der Firma Fried. Krupp A.-G., haben freilich gezeigt, daß diese Annahme (man könne $F(v)$ von dem Kaliber und der Geschoßform trennen) mehr konventionell als genau zutreffend ist, denn tatsächlich gehört jedem Geschoß eine besondere, etwas verschiedene Luftwiderstandsfunktion $F(v)$ zu, indes genügt die obige vereinfachende Annahme über W für die praktischen Bedürfnisse vollkommen. Man begnügt sich damit, den Formkoeffizienten i aus Schießversuchen für verschiedene Entfernungen experimentell zu ermitteln, und schiebt die Variabilität dieses Koeffizienten mit einer gewissen Berechtigung in erster Linie darauf, daß das Geschoß während seiner Flugbahn nicht dauernd mit seiner Längsachse in der Bahntangente bleibt, wodurch der Formkoeffizient ungünstig beeinflußt wird, und auf gewisse Integrationsfehler bei der Lösung des außerballistischen Problems.

Der Einfluß der Geschoßform läßt sich einigermaßen theoretisch berechnen, wenn man gewisse Gesetze für den Luftwiderstand gegen ein unter a geneigtes Flächenelement df, wie das Newtonsche Gesetz $dW = k \cdot \cos^2 a \, F(v) \cdot df$, allgemein $dW = k \cos^n a \, F(v)$ als gültig ansieht. Man hat sogar versucht, mit Hilfe der Variationsrechnung eine Spitzenform kleinsten Widerstandes zu berechnen. Alle diese Berechnungen kranken an der Unzuverlässigkeit der Grundlagen (darüber s. die Literatur bei „Ballistik"). Die beste Art, günstige Geschoßformen zu finden, bleibt die experimentelle. Dabei hat es sich gezeigt, daß man, wenn man den Formkoeffizienten für ein zylindrisches Geschoß gleich 10 setzt, den Koeffizienten bei Geschossen mit schlanken Spitzen bis auf 1 oder 1,5 herabdrücken kann. — Die Annahme, daß der Luftwiderstand $\dfrac{\delta}{\delta_0}$ proportional sei, scheint nach den Erfahrungen mit den Fernflugbahnen des Weltkrieges in weitem Maße zutreffend zu sein.

Die Form der Luftwiderstandsfunktion $F(v)$ theoretisch zu ermitteln, sind die verschiedensten Ansätze gemacht worden; die neueren Arbeiten von Vieille und Ökinghaus und die neuesten von Lorenz und Sommerfeld berücksichtigen dabei auch die aerodynamischen Verhältnisse. Diese Arbeiten werden dem Umstand auch einigermaßen gerecht, daß die aus $F(v)$ abgeleitete Funktion $K(v) = \dfrac{F(v)}{v^2}$ in der Gegend zwischen 300 und 400 m

stark ansteigt, um bei etwa 500 m ein Maximum zu haben und dann asymptotisch gegen einen Wert $K(\infty) = \text{Const.}$ abzufallen, aber die Mannigfaltigkeit der Ursachen bedingt es, daß all diese theoretischen Untersuchungen in ihrem praktischen Wert hinter den Ergebnissen sorgfältiger Luftwiderstandsversuche zurückbleiben müssen. Diese Versuche haben es ermöglicht, die Funktion $F(v)$ für gewisse Normalgeschosse tabellarisch festzulegen, und man nimmt an, daß die Funktion dann auch für abgeänderte Geschosse gültig bleibt. Diese Luftwiderstandstabellen geben $F(v)$ natürlich nicht in geschlossenen mathematischen Ausdrücken wieder. Da es indes für gewisse Lösungen der außerballistischen Differentialgleichung bequemer ist, wenn man $F(v)$ in der Form $a\, v^n$ oder $a + b\, v^n$ hat, so hat man den ganzen für Geschosse in Betracht kommenden Geschwindigkeitsbereich in Zonen geteilt und für jede Zone ein dem wirklichen $F(v)$ nahe kommendes $a_1 v^n_1$ bzw. $a_2 v^n_2 \ldots$ oder $a_1 + b_1 v^n_1$ aufgesucht. Derartige Gesetze nennt man Zonengesetze.

Experimentell ermittelt man meist $F(v)$, indem man eine Anzahl Gitterrahmen, welche mit von elektrischem Strom durchflossenen Drähten bespannt sind, durchschießt und die Zeiten der einzelnen Stromunterbrechungen feststellt, wodurch man die Zeiten als Funktion der Geschoßwege erhält und durch Differenzenformeln auf die Verzögerung durch den Luftwiderstand zurückschließt.

Die Verzögerung des Geschosses durch den Luftwiderstand ist $\dfrac{dv}{dt} = \dfrac{1}{m} \cdot W = g \dfrac{R^2}{P} \dfrac{\delta}{\delta_0} i\, F(v)$. Sie ist wie man sieht der „Querschnittsbelastung" $\dfrac{P}{R^2 \pi}$ umgekehrt proportional. Infolgedessen werden Geschosse gleicher Außenform auch bei verschiedenem Kaliber bei gleicher Querschnittsbelastung und Anfangsgeschwindigkeit gleiche Flugbahnen ergeben. *C. Cranz* und *O. v. Eberhard.*

Betr. Literatur s. Ballistik.

Luftwiderstand s. Bewegungswiderstand.

Luftwogen. An der Grenzfläche zweier Luftschichten von verschiedener Dichte, die eine Geschwindigkeitsdifferenz aufweisen, kommt es, wie H. von Helmholtz zuerst 1889 gezeigt hat, zur Ausbildung von Luftwogen, wobei dieselben Kräfte wirksam sind, wie bei der Entstehung von Meereswellen (s. Gleitflächengesetz). Wegen des erheblich geringeren Dichtigkeitsunterschiedes sind jedoch die Luftwogen ganz beträchtlich größer als die Wasserwellen. Ihre Dimensionen können Hunderte, ja Tausende von Metern betragen. Die Wellenlänge ist dem Quadrat der relativen Geschwindigkeit direkt und dem Dichtigkeitsunterschiede der beiden Luftschichten umgekehrt proportional. Ist die untere Luftschicht mit Wasserdampf gesättigt, so wird die in den Wellenbergen gehobene und sich dabei abkühlende Luft ihren Wasserdampf kondensieren und parallele Wolkenstreifen bilden, die sog. Wogenwolken (s. Wolken), die somit als die sichtbaren Wellenberge von Luftwogen aufzufassen sind. Aber auch unsichtbare Luftwogen sind durch Temperatur- und Feuchtigkeitsmessungen im Luftballon nachgewiesen worden. *O. Baschin.*

Lumen, Einheit des Lichtstroms, Abkürzungszeichen Lm s. Photometrische Größen und Einheiten.

Lummer und **Brodhun.** Gleichheits- und Kontrastphotometer s. Photometer zur Messung von

Lichtstärken. Spektralphotometer s. Photometrie im Spektrum.

Lummer und **Pringsheim.** Spektralflimmerphotometer s. Photometrie im Spektrum.

Lummersche Platte s. Interferomcter.

Lummersches Halbschattenprisma s. Polarimeter.

Lupe. Ein Gegenstand, der mit dem Auge betrachtet wird, erscheint, wenn die Entfernung l, die Ausdehnung y ist, unter einem scheinbaren Winkel w*, der durch die Formel $tg\,w^* = \frac{y}{l}$ bestimmt wird. Nähert man den Gegenstand, so kann man $tg\,w^*$ vergrößern, so lange bis man den Nahepunkt erreicht, für den man für ein normalsichtiges Auge mittleren Alters vielfach eine Entfernung von 250 mm annimmt; man kann also eine Strecke höchstens in der Größe $\frac{y}{250}$ sehen. Bringt man zwischen Auge und Gegenstand eine Sammellinse, und nimmt man (was bei einem normalsichtigen oder mit einer Brille bewaffneten Auge als das Günstigste gilt) an, daß der Gegenstand im vorderen Brennpunkt liegt, so sieht ihn das Auge im Unendlichen und unter einem Winkel.

$$tg\,w' = \frac{y}{f},$$

also der Betrachtung mit bloßem Auge gegenüber mit einer „Vergrößerung" von

$$\frac{tg\,w'}{tg\,w^*} = \mathfrak{N} = \frac{250}{f}.$$

Eine solche Linse wird als Vergrößerungsglas oder Lupe bezeichnet, sie muß, wenn $\mathfrak{N}$ nicht ganz klein ist, zusammengesetzt sein, so daß besonders Farbenfehler und Astigmatismus gehoben sind.
H. Boegehold.

Lux, Einheit der Beleuchtung, Abkürzungszeichen Lx s. Photometrische Größen und Einheiten.

Λ-Dublett, ehemalige Bezeichnung für die Frequenzdifferenzen der Röntgen-L-Linien v und φ, sowie χ und φ. Diese 4 Linien sollten zu zwei Λ-Absorptionskanten gehören, von denen eine nahezu mit der L_2-Absorptionskante zusammenfallen, die zweite mit L_3 identisch sein sollte, so daß im ganzen 4 zur L-Serie gehörige Absorptionskanten vorhanden sein müßten. Übrigens wurden die 4 genannten Linien auch unter dem besonderen Namen *Λ-Serie* zusammengefaßt. Neuere Untersuchungen haben aber gezeigt, daß außer den L-Absorptionskanten L_1, L_2, L_3, keine weitere existiert, und daß diese 4 Linien sämtlich der Kante L_3 zuzuordnen sind. Damit war zugleich erwiesen, daß diese Linien keine echten Dubletts miteinander bilden. *A. Smekal.*

Λ-Serie s. Λ-Dublett.

M

Macaluso-Corbinoeffekt, die von Macaluso und Corbino entdeckte anomal starke magnetische Drehung der Polarisationsebene (s. d.) in der Nähe von Absorptionslinien leuchtender Dämpfe. Die Erscheinung wurde gleichzeitig (1898) und unabhängig von W. Voigt auf Grund der Drudeschen Dispersionstheorie vorhergesagt (s. magnetische Drehung der Polarisationsebene). *R. Ladenburg.*

Mache-Einheit. Eine Konzentrationseinheit der Radiumemanation. Eine Mache-Einheit ist jene in einem Liter Lösungsmittel (Flüssigkeit oder Luft) enthaltene Emanationsmenge, die bei vollkommener Ausnützung ihrer α-Strahlen (ohne ihre Zerfallsprodukte) einen Sättigungsstrom von 10^{-3} statischen Einheiten zu unterhalten vermag. Eine Mache-Einheit entspricht $3{,}64 \cdot 10^{-10} \frac{Curie}{Liter}$ (vgl. „Curie"). *K. W. F. Kohlrausch.*

Macht s. Energie (mechanische).

Mac Leod-Manometer. Das Mac Leod-Manometer (s. Figur) dient zur Messung sehr kleiner Gasdrucke (Bruchteile eines Millimeters). Zur Messung von Dampfdrucken ist es nicht geeignet. — Es beruht auf der Gültigkeit des Mariotteschen Gesetzes: für eine abgegrenzte Gasmenge, wie weit man sie auch zusammendrückt oder ausdehnt, ist das Produkt p.v aus ihrem Druck p und ihrem Volumen v konstant. Es ist ganz aus Glas gebaut und besteht aus zwei Meßräumen, der Kugel K und der darauf gesetzten, oben geschlossenen, in Millimeter geteilten Kapillare A. (Die Volumina v_A der Kapillare bis zu den einzelnen Teilstrichen müssen ausgemessen sein.) In die Kugel K mündet von unten ein weiteres Rohr mit einer Abzweigung bei M, das unterhalb M noch Barometerlänge hat und durch einen Gummischlauch mit einem in der Höhe ver-

schiebbaren Quecksilberbehälter N verbunden ist. (Das Volumen von A, K und R bis zur Abzweigung M sei vor dem Zusammensetzen des Apparates gleich v_0 ermittelt.) Das bei M angesetzte Rohr biegt nach oben um, verzweigt sich kurz über der Kugel K in ein weiteres Rohr C und in eine eingeteilte Kapillare B, welche tunlichst dieselbe lichte Weite wie A hat und führt nach Wiedervereinigung beider Zweige über D zu dem Raume, dessen Druck p_x gemessen werden soll. In dem Anfangszustand, in dem die Hauptmenge des Quecksilbers sich in dem Gefäß N in dessen tiefster Lage befindet, herrscht in der Kugel, die ja durch M D mit dem Gasraum kommuniziert, dessen unbekannter Druck p_x. Hebt man den Quecksilberbehälter, so bleibt — abgesehen von Korrektionsgrößen — der Druck p_x in K und A so lange unverändert, bis das hochsteigende

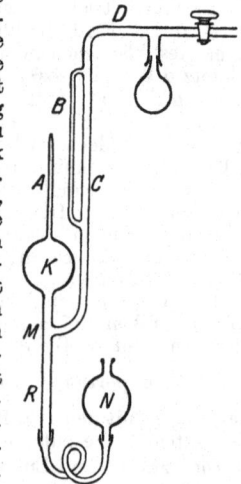

Mac Leod-Manometer.

Quecksilber die Abzweigung M abschließt. Von da an wächst der Druck in K und A im selben Maße wie das aufsteigende Quecksilber das Volumen des Gases verkleinert. Schließlich wird die gesamte abgesperrte Gasmenge zum Volumen v_A in einem Teil des Kapillarrohres A vereinigt und befindet sich dort unter einem Druck $p_x + p$, wovon p den Höhenunterschied des Quecksilbers in A und B bedeutet. Dann besteht die Beziehung $p_x \cdot v_0 = (p_x + p) v_A =$ konst., woraus sich der gesuchte Druck $p_x = \dfrac{v_A}{v_0 - v_A} \cdot p$ berechnet. *Scheel.*

Näheres s. Scheel und Heuse, Verh. d. Phys. Ges. 1909.

Macula lutea s. Gelber Fleck.

Mäander. Schlängelungen und Windungen der Flüsse, die ihren Namen von dem Mäander-Flusse an der Westküste Kleinasiens erhalten haben. Sie treten namentlich an Flußstrecken auf, in denen das Gefälle nur gering ist, also meist im Unterlauf. Ihre Entstehung verdanken sie dem Pendeln des Stromstrichs um seine Mittellinie. Ist die Mäanderbildung einmal eingeleitet, so bewirkt die Trägheit der bewegten Wassermasse eine allmähliche Vergrößerung dieser Flußwindungen, die so den Flußlauf verlängern und demnach sein Gefälle vermindern. In flachem Schwemmland werden die einzelnen Windungen merklich in der Richtung des Hauptgefälles talabwärts verschoben. Die Mäander sind als dynamische Gleichgewichtsformen (s. diese) aufzufassen, und ihr Ausmaß hängt daher von der Menge und Geschwindigkeit des Wassers ab.

O. Baschin.

Näheres s. F. M. Exner, Zur Theorie der Flußmäander. Sitzungsber. d. Akademie der Wissenschaft. Wien. Math.-nat. Kl. Abt. IIa, 1919, 128. Bd., Heft 10.

Magnet, permanenter. Wenn man irgend einen Eisenkörper durch einen Elektromagnet oder eine Spule stark magnetisiert und ihn dann aus dem magnetischen Feld entfernt, so erweist er sich als dauernd magnetisch. Die Stärke und die Haltbarkeit dieses remanenten Magnetismus hängt von der chemischen Zusammensetzung, der thermischen Behandlung und der Gestalt des Körpers ab. Am besten eignet sich zu permanenten Magneten (Dauermagneten) Stahl mit $1\,\%$ bis $1,5\,\%$ Kohlenstoff und mehreren Prozent Wolfram, Chrom oder Molybdän, der zwischen 850^0 und 950^0 in kaltem Wasser oder Öl abgeschreckt wurde. — Was die Gestalt betrifft, so unterscheidet man im wesentlichen Stab- und Hufeisenmagnete; zu den ersteren gehören auch die Nadeln der Kompasse; die Ausgangsform des letzteren ist das gestreckte Hufeisen, sie hat aber in neuerer Zeit je nach Bedarf erhebliche Änderungen erfahren (näheres s. unter „Hufeisenmagnet"). Infolge der entmagnetisierenden Wirkung der Enden sind kurze und dicke Stabmagnete weniger wirksam, als lange und dünne, ebenso kurze Hufeisenmagnete mit breiter Öffnung (Maulweite) weniger kräftig als solche mit enger Öffnung.

Im Laufe der Zeit pflegen auch gute Magnete etwas von ihrer Kraft einzubüßen, und zwar hauptsächlich infolge der unausbleiblichen Temperaturschwankungen und Erschütterungen, denen sie beim Gebrauch ausgesetzt sind. Man schützt sie davor, indem man sie bei der Herstellung mehrere Stunden in kochendem Wasser hält, sie dann mehrfach abwechselnd auf 100^0 erhitzt und wieder abkühlt und sie endlich durch schwache Schläge mit einem Holzhammer oder dgl. erschüttert (nach Strouhal und Barus); sie verlieren dadurch zwar von vornherein einen kleinen Teil ihres Magnetismus, der Rest aber bleibt dann beim gewöhnlichen Gebrauch unverändert.

Um besonders kräftige Wirkungen zu erzielen, setzt man Hufeisenmagnete auch aus gehärteten Lamellen zusammen, von denen die innerste am längsten ist, die äußeren immer mehr abnehmen,

so daß die Pole treppenförmig abgestuft sind (s. „Lamellenmagnet").

Die Verwendung permanenter Magnete, die ja ein äußerst bequemes und billiges Kraftreservoir bilden, hat sich in letzter Zeit außerordentlich ausgedehnt; so werden für wissenschaftliche und technische Messungen zahlreiche Instrumente, wie Spannungsmesser, Elektrizitätszähler und dgl. mit permanenten Magneten ausgerüstet, besonders aber verwendet die Automobilindustrie große Mengen zur Erzeugung der Zündfunken. *Gumlich.*

Magnetberge. Besonders starke Ausbildung des Gebirgsmagnetismus (s. d.).

Magneteisenstein (Magnetit), Fe_3O_4 ist ein in regulären Oktaedern kristallisierendes Eisenerz, das sich hauptsächlich in Schweden, Chile usw. findet und von Natur magnetische Eigenschaften, namentlich auch remanenten Magnetismus, besitzt. Wegen des ersten bekannt gewordenen Fundorts dieses Minerals, Magnesia, wurde dann angeblich allgemein die Fähigkeit eines Körpers, anziehend auf einen anderen zu wirken, als Magnetismus bezeichnet.

Gumlich.

Magnetetalon. — Bequeme, von Ebeling angegebene Vorrichtung zur Bestimmung der Empfindlichkeit eines ballistischen Galvanometers, bestehend aus zwei kurzen Stabmagneten mit Folgepolen (die gleichnamigen Pole stoßen aneinander!), über die eine mit dem Galvanometer verbundene Induktionsspule verschoben werden kann. Die Magnete befinden sich in einer Röhre, über welche die Spule gleitet; feste Anschläge beiderseits bestimmen die Endpunkte der Verschiebung. Durch die Zahl der Windungen oder einfacher noch durch vorgeschalteten Widerstand läßt sich die Größe des durch die Verschiebung erzeugten Induktionsstoßes, also des Galvanometerausschlags, regulieren. Kennt man die Zahl der Windungen und die Anzahl der aus den Magneten austretenden Kraftlinien, so weiß man auch, wie viel Kraftlinien dazu gehören, um einen Ausschlag von einem Skalenteil des Galvanometers hervorzubringen, und kann nun umgekehrt hieraus wieder die Anzahl der in einem magnetisierten Probestab verlaufenden Kraftlinien unter Berücksichtigung der Windungszahl der jeweilig verwendeten Induktionsspule und des zugehörigen Vorschaltwiderstandes berechnen, nur ist wegen der erforderlichen Konstanz des Dämpfungsverhältnisses des Galvanometers stets darauf zu achten, daß der gesamte Schließungswiderstand des Galvanometers, nötigenfalls durch Verwendung von Nebenschlüssen, bei der Eichung so groß ist, wie beim praktischen Gebrauch.

Die Größe des aus den Magneten austretenden Kraftlinienflusses findet man durch den Vergleich mit dem bekannten Kraftlinienfluß beim Kommutieren des Stroms einer Normalspule, d. h. einer sehr gleichmäßig dimensionierten und gewickelten langen Spule von bekannter Windungszahl, deren Feld also genau bekannt ist, und über deren Mitte sich eine mit dem ballistischen Galvanometer verbundene Sekundärspule von bekannter Windungszahl und bekanntem Widerstand befindet. Der Temperaturkoeffizient (s. dort) der Magnete des Etalons muß bekannt und möglichst klein sein, einer etwaigen zeitlichen Änderung ihres Moments trotz sorgfältigen Alterns (s. dort) muß durch wiederholte Vergleichungen mit der Normalspule Rechnung getragen werden.

Die Verwendung des Magnetetalons als eines stets fertigen Hilfsapparats, der keines besonderen Stromkreises bedarf, wie ein für den gleichen Zweck vielfach verwendetes Normal gegenseitiger Induktion, ist sehr bequem und hat sich in der Reichsanstalt bei langjährigem Gebrauch vorzüglich bewährt. *Gumlich.*

Näheres s. Gumlich, Leitfaden der magnetischen Messungen.

Magnetischer Detektor. In früheren Zeiten, besonders in England verwandter Aufnahmeapparat für drahtlose Signale, bei dem die Veränderungen

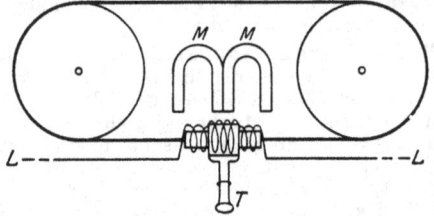

Magnetischer Detektor.

des Magnetismus eines beweglichen Stahlbandes durch elektrische Schwingungen ausgenutzt werden (s. Fig.). *A. Esau.*

Magnetische Doppelbrechung ist die Eigenschaft eines Körpers unter dem Einfluß des Magnetfeldes verschieden polarisiertes Licht verschieden schnell fortzupflanzen. Bei „longitudinaler" Beobachtung (parallel den magnetischen Kraftlinien) pflanzen sich in jedem Körper im Magnetfeld zwei entgegengesetzt kreisförmig polarisierte Wellen mit verschiedener Geschwindigkeit fort und bewirken nach Fresnel die magnetische Drehung der Polarisationsebene (s. d.). Bei transversaler Beobachtung (senkrecht zu den Kraftlinien) erfahren die parallel und die senkrecht zur Feldrichtung schwingenden Komponenten verschiedene Fortpflanzungsgeschwindigkeit. Doch ist die entsprechende Doppelbrechung (D.) in durchsichtigen Körpern theoretisch äußerst klein und experimentell bisher nicht nachweisbar. In der unmittelbaren Nähe isolierter Absorptionslinien ist diese Erscheinung ebenso wie die anomale magnetische Drehung der Polarisationsebene (s. magnetische Drehung ...) als unmittelbare Folge des „inversen Zeemaneffektes" (s. d.) anzusehen und von Voigt i. J. 1899 in der Tat auf Grund dieser Überlegungen entdeckt worden. Die nähere Untersuchung des sehr geringen Effektes an den Na- und Li-Linien hat die mannigfaltigen Einzelheiten der Theorie schön bestätigt, wie die Tatsache, daß die D. zu beiden Seiten der Zeemanschen Triplets (s. Zeemaneffekt) entgegengesetztes Vorzeichen hat und daß sie zwischen den Komponenten des Triplets entgegengesetzt gerichtet und an Größe weit überlegen ist der außerhalb eintretenden D.

Nicht auf einem Zeemaneffekt beruht die magnetische D., die Majorana (1902) an kolloidalen Eisenoxydhydratlösungen (Bravaiseisen), die durch monatelanges Stehen geworden sind, entdeckte. Der Effekt ist bezüglich Vorzeichen der D., Abhängigkeit von der Feldstärke und von der Konzentration der Lösung ziemlich unregelmäßig und beruht darauf, daß sich größere Molekülkomplexe allmählich bilden und im Magnetfeld einrichten (Schmauß). Diese Komplexe brauchen selbst nicht anisotrop zu sein, es genügt, daß sie längliche Gestalt und eine von der Lösung abweichende Magnetisierbarkeit und Licht-

brechung besitzen. Sie verhalten sich dann ähnlich wie die suspendierte, fein pulverisierte Kristalle, die sich durch magnetische Influenz im Magnetfeld ebenfalls einstellen und durch ihre anisotrope Struktur optische Anisotropie der Flüssigkeit hervorrufen (Kerr).

Viel regelmäßiger, von Zufälligkeiten unabhängig und deshalb ungleich wichtiger ist die von Cotton und Mouton (1907) an Nitrobenzol entdeckte und später an vielen wohl definierten, besonders organischen Flüssigkeiten der aromatischen Reihe bestätigte transversale magnetische D. Geradlinig, unter 45⁰ gegen die Kraftlinien polarisiertes Licht wird in diesen Substanzen durch das transversale Magnetfeld (vgl. Figur) in elliptisch

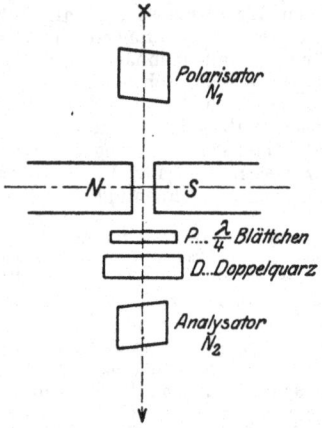

Anordnung zur Messung der magnetischen Doppelbrechung.

polarisiertes verwandelt, indem die „außerordentliche" Welle (deren elektrischer Vektor den Kraftlinien parallel schwingt) gegenüber der ordentlichen Welle verzögert wird ($n_a - n_o > 0$, n = Brechungsquotient, positive D.). In dem folgenden Viertelwellenlängenblättchen P, dessen Achsen ebenfalls unter 45⁰ gegen die Kraftlinien geneigt sind, entsteht wieder geradlinig polarisiertes Licht, dessen Polarisationsebene aber gegenüber dem ursprünglichen um einen Winkel χ gedreht ist. Die Messung dieses Winkels mit einer Halbschattenvorrichtung (z. B. Doppelquarz D und Analysator N_2, vgl. Magnetische Drehung der Polarisationsebene) liefert den Betrag der D. nach der Formel

$$n_a - n_o = \frac{\lambda \chi}{\pi \cdot l},$$

wo l die Schichtdicke, λ die Wellenlänge des betreffenden Lichtes ist. Man kann χ bis auf $^1/_2$ Bogenminute und entsprechend $(n_a - n_o)$. l auf $\frac{1}{20\,000}$ der Wellenlänge messen. Die D. ist von der Richtung des Magnetfeldes unabhängig, also dem Quadrat der Feldstärke proportional: Denn im Magnetfeld wird die betreffende Substanz in einen doppeltbrechenden Körper verwandelt, der sich wie ein einachsiger, aktiver Kristall verhält, mit der Achse parallel dem Feld. Also wirkt Umkehrung der Feldrichtung (Kommutieren) wie eine Drehung des Kristalls um den senkrecht zur Achse gerichteten Lichtstrahl, kann also an der D. nichts ändern. Nitrobenzol von 1 cm Schichtdicke zeigt in einem Feld von 34 000 Gauß eine Drehung um nur $^1/_2{}^0$, (d. h. im absoluten Maß um $\frac{2\pi}{360}\frac{1}{2}$ für gelbes Licht

(578 $\mu\mu$), so daß $n_a - n_o \sim 1,6 \cdot 10^{-7}$ und $\dfrac{n_a - n_o}{\mathfrak{H}^2 \cdot \lambda \cdot 1}$
$= 2,41 \cdot 10^{-12}$ wird; selbst in diesen stärkst aktiven Substanzen ist also die magnetische D. äußerst klein. Kohlenstoffverbindungen der aliphatischen Reihe zeigen gar keine nachweisbare D., so daß bestimmte Kerne wie der Benzolring wesentlich für die D. zu sein scheinen. Da die D. bei sorgfältigster Reinigung und Filtration unverändert bleibt, müssen es die Moleküle der aktiven Flüssigkeiten selbst sein, die sich im Magnetfeld einrichten. Nach Langevins Theorie (1910, vgl. elektrooptische Doppelbrechung) wirkt die Temperaturbewegung dieser Einrichtung der Moleküle dauernd entgegen, indem die zusammenstoßenden Moleküle wieder Unordnung in die magnetisch gerichteten Moleküle bringen. Je stärker das Feld ist, um so besser können sich die Moleküle zwischen zwei Zusammenstößen einrichten.

R. Ladenburg.

Näheres s. W. Voigt, Magneto- u. Elektrooptik. Leipzig 1908.

Magnetische Drehung der Polarisationsebene des Lichtes (Magnetorotation) findet in jedem Körper statt, wenn er von geradlinig polarisiertem Licht parallel den Kraftlinien des Magnetfeldes, also etwa längs einer den Körper magnetisierenden Stromspule, durchsetzt wird (vgl. Fig. 1). Die einfachste

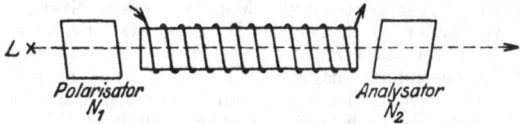

Fig. 1. Magnetische Drehung der Polarisationsebene.

Anordnung sind 2 Nicols je einer vor und hinter dem Körper, die in gekreuzter Stellung zunächst kein Licht durchlassen; bei Erregen des Magnetfeldes wird das Gesichtsfeld aufgehellt, der zur Auslöschung erforderliche Drehungswinkel des 1. oder 2. Nicols (Polarisators oder Analysators) mißt die magnetische Drehung (m. D.). Diese ergibt sich stets der Schichtlänge 1 und im allgemeinen der Stärke des Feldes H proportional (Ausnahme vgl. unten) $\chi = C \cdot 1 \cdot H$, wobei C bei Verwendung absoluter Einheiten die Verdetsche Konstante oder spezifische m. D. genannt wird und außer von der Substanz von der Farbe des untersuchten Lichts abhängt. Die m. D. ist besonders groß in Schwefelkohlenstoff. Der Sinn der Drehung ist meist der Drehrichtung des magnetisierenden Stromes gleichgerichtet (positive m. D.), negative m. D. zeigen z. B. Eisenlösungen.

Die m. D. ist als erste Wirkung des Magnetismus auf Licht von Faraday 1846 an kieselborsaurem Bleioxydglas entdeckt und von ihm an vielen anderen isotropen, besonders flüssigen Stoffen nachgewiesen worden und wird deshalb (zunächst in durchsichtigen Körpern) allgemein als Faradayeffekt bezeichnet. In doppelbrechenden Kristallen wurde diese Erscheinung von E. Becquerel im gleichen Jahre beobachtet, in Gasen von hohem Druck (bis 200 Atm.) wurde sie zum erstenmal von Kundt-Röntgen im Jahre 1878, in äußerst dünnen Eisenschichten (galvanoplastisch auf platiniertes Glas niedergeschlagen) 1886 von Kundt nachgewiesen.

Zur genauen Messung der m. D. verwendet man am besten sog. Halbschattenapparate. Bei diesen wird das Gesichtsfeld durch verschieden drehende Kristallplatten (z. B. Doppelquarz nach Soleil) zwischen den nahe gekreuzten Nikols auf gleiche Helligkeit oder vielmehr Dunkelheit eingestellt (bei weißem Licht auf die gleiche „empfindliche" Farbe). Dabei kommt es für größtmögliche Empfindlichkeit auf möglichst intensive Lichtquellen an, weil die Einstellung um so empfindlicher ist, je geringer der Drehungswinkel der Kristallplatte ist, je besser also der Analysator das auffallende Licht auslöscht. Meist mißt man den Unterschied der Einstellung des Analysators bei kommutiertem Feld und erhält so den doppelten Drehwinkel.

Tritt zugleich mit der Drehung Elliptizität des Lichtes ein (z. B. bei dünnen Eisenschichten), so gibt es — bei Benutzung der Doppelplatte — 2 symmetrische Stellungen des Analysators, bei denen das Gesichtsfeld gleich dunkel erscheint, und die Einstellung wird um so ungenauer, je mehr sich die Elliptizität der Kreisform nähert. Deshalb verwandelt man das elliptisch polarisierte Licht durch ein Viertelwellenlängen-Glimmerblättchen oder ein Fresnelsches Parallelepiped (s. Polarisation) in geradlinig polarisiertes, ehe es auf den Doppelquarz auffällt. Man kann die zu messende Drehung durch Hin- und Herschicken des Lichtstrahls mittels vielfacher Reflexion an den Endflächen wesentlich vergrößern (vgl. Fig. 2), denn im Gegensatz zur natürlichen Drehung wird bei Umkehrung der Strahlrichtung die Drehung verstärkt

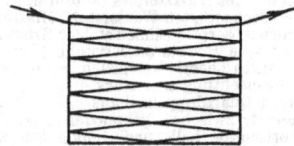

Fig. 2. Vielfache Reflexion zur Vergrößerung der Drehung.

Die Abhängigkeit der m. D. von der Wellenlänge heißt Rotationsdispersion (R.-D.); man unterscheidet ebenso wie bei der gewöhnlichen Dispersion normale R.-D., bei der die Drehung mit abnehmender Wellenlänge wächst, und anomale R.-D., bei der sie sich in entgegengesetztem Sinne ändert. Sie hängt zweifellos, wenn auch im allgemeinen in komplizierter Weise, vom Brechungsquotienten n und seiner Änderung mit der Wellenlänge ab; annähernd läßt sie sich häufig durch das aus der Elektronentheorie (s. unten) folgende Becquerelsche Gesetz für die Verdetsche Konstante $R = \lambda \dfrac{dn}{d\lambda}$ darstellen, genauere Messungen bis ins Ultrarot (Ingersoll, U. Meyer) und Ultraviolett (Landau) erfordern mehrkonstantige Formeln, die denen der Dispersion nachgebildet sind, z. B. $R = \dfrac{1}{n}\left(\dfrac{\alpha}{\lambda^2} + \dfrac{\beta \lambda^2}{(\lambda^2 - \lambda'^2)^2} - \gamma \lambda^2\right)$, in denen λ' die Eigenwellenlänge vorstellt, α, β und γ empirische Konstanten sind. Die Größe der m. D. und der R.-D. in verschiedenen Substanzen wird durch folgende Zusammenstellung veranschaulicht:

	$\lambda = 656$	589	486	
Wasser (25°) ...	0,0102′	0,0130′	0,0196′	pro cm und Gauß
Schwefelkohlenstoff (25°)	0,0319′	0,0415′	0,0637′	
Quarz	0,0136′	0,0166′	0,0250′	
Sauerstoff	0,484′	0,559′	0,721′	pro Atm. u 10^5 Gauß
Wasserstoff	0,430′	0,537′	0,805′	
Kohlensäure	0,691′	0,862′	1,286′	
Eisen...........	217°	195°	145°	pro 10^{-3} cm bei 15 000 G.
Nickel	92°	75°	64°	

In den ferromagnetischen Metallen wächst die Drehung χ nicht proportional der äußeren Feldstärke, sondern nimmt bei großen Feldstärken nur langsam zu und nähert sich asymptotisch einem Grenzwert. Es kommt auch hier auf die innere Magnetisierung an, die nur bei nicht ferromagnetischen Substanzen der Feldstärke proportional ist. Hier dagegen ist nach Kundt die Drehung proportional dem inneren magnetischen Moment (der Magnetisierung) $M = \dfrac{\varkappa}{1 + 4\pi\varkappa} H$, wo $\varkappa$ die Suszeptibilität ist (vgl. Magnetismus), also $\chi = K \cdot 1 \cdot M$, wo K als Kundtsche Konstante bezeichnet wird. Bei 15 000 Gauß (vgl. obige Tabelle) waren die betreffenden Schichten als gesättigt anzusehen.

Anomale R.-D. tritt außer an ferromagnetischen Substanzen (vgl. Tabelle) in absorbierenden Flüssigkeiten, Farbstoffen, Salzen seltener Erden usw. (Schmauß, Elias) und vor allem in leuchtenden Metalldämpfen und Gasen in unmittelbarer Nähe isolierter Absorptionslinien auf.

Die im letzteren Fall abnorm große m. D. ist vor allem an den D-Linien des Natriumdampfes untersucht worden (von Macaluso-Corbino 1898 entdeckt, von Voigt gleichzeitig und unabhängig davon aus dem Zeemaneffekt (s. d. u. unten) theoretisch erschlossen, von Wood, Zeeman und Voigt und seinen Schülern ausführlich studiert); ferner wurde sie an den Absorptionslinien des Hg-Dampfes (Wood u. a.), den Balmerlinien des elektrisch erregten Wasserstoffs (Ladenburg) sowie an den schmalen Absorptionslinien einiger Kristalle beobachtet (s. Magnetooptische Effekte an Kristallen), wobei die Folgerungen von Voigts Theorie wesentlich bestätigt wurden. Man benutzt zur Beobachtung sehr stark dispergierende Apparate und meist einen Quarzdoppelkeil aus Rechts- und Linksquarz zusammengesetzt, zwischen gekreuzten Nikols, so daß im Spektrum horizontale helle und dunkle Streifen entstehen, dort nämlich, wo die Drehung in beiden Quarzen gerade 0°, 90°, 180° . . beträgt. Die abnorme große Drehung in unmittelbarer Nähe (wenige Angströmeinheiten) der Absorptionslinien und ihre rasche Änderung mit der Wellenlänge bewirken eine Krümmung der Streifen, die unmittelbar den Gang der R.-D. anzeigt.

Das Magnetfeld bewirkt eine Aufspaltung der Absorptionslinien (Zeemaneffekt, s. d.), so daß bei longitudinaler Beobachtung die rechts und links zirkular polarisierten Wellen ihr Absorptionsmaximum an etwas verschiedenen Stellen im Spektrum haben. Infolgedessen ist die Fortpflanzungsgeschwindigkeit und der Verlauf des Brechungsquotienten für die beiden Wellen etwas verschieden: vgl. „Anomale Dispersion" und Fig. 3, in der die

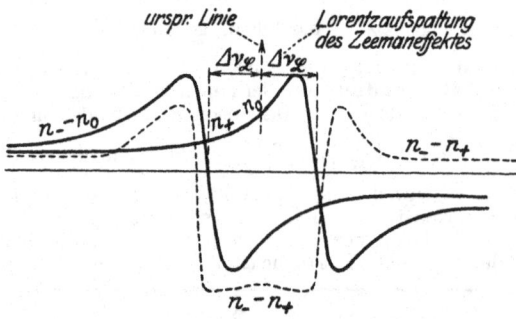

Fig. 3. Anomale magnetische Drehung der Polarisationsebene proportional $n_- - n_+$.

ausgezogenen Linien nach Voigt den Brechungsquotienten n darstellen oder vielmehr $n - n_0$, d. h. seinen Unterschied gegen den Wert n_0 ohne Feld, der bei Gasen nahezu 1 ist, die punktierten Linien die Drehung $\chi = \frac{\pi l}{\lambda}(n_- - n_+)$ Der Unterschied von n_- und n_+ für die entgegengesetzt rotierenden Wellen bewirkt nach Fresnel unmittelbar eine Drehung der Polarisationsebene (vgl. Polarisation). Die Drehung hat zu beiden Seiten der Absorptionslinie außerhalb des Zeemanschen Dublets gleichen Sinn und wächst hier proportional H, nimmt nach außen sehr rasch ab (annähernd ist $\chi \delta^2 =$ const. und nach der Elektronentheorie ein wichtiges Maß der Zahl der absorbierenden Teilchen, wo δ der Abstand vom Schwerpunkt der Absorptionslinie ist) und sinkt schließlich auf den Betrag der gewöhnlichen m. D.; zwischen den Zeemandublets hat χ entgegengesetztes Vorzeichen und nimmt mit wachsender Feldstärke merkwürdigerweise ab. Alle Einzelheiten der Theorie werden durch die Versuche glänzend bestätigt (allerdings werden die Erscheinungen meist infolge des komplizierten Zeemaneffekts — s. d.; mehr als 2 magnetische Komponenten bei longitudinaler Beobachtung — ebenfalls komplizierter als die hier angedeutete Theorie des normalen Zeemaneffektes lehrt). So ist also auch die gewöhnliche m. D., die ebenso wie die Dispersion eine universale Eigenschaft aller Körper ist, als Folge eines Zeemaneffektes und anomaler R.-D. anzusehen — nur liegen die den Eigenschwingungen entsprechenden Absorptionsstreifen bei durchsichtigen Körpern meist im äußersten Ultraviolett, wo Zeemaneffekt und anomale R.-D. bisher nicht beobachtbar sind.

R. Ladenburg.

Näheres s. W. Voigt, Magneto- und Elektrooptik. Leipzig 1908.

Magnetischer Meridian. Die Vertikalebene, in welche die Richtung des erdmagnetischen Feldes fällt. *A. Nippoldt.*

Magnetischer Schutz. Für die Nadelgalvanometer ist zur Ausnutzung ihrer Empfindlichkeit häufig ein Schutz gegen die Schwankungen des Erdfeldes nötig, besonders dann, wenn die Schwankungen desselben, wie in größeren Städten, durch die infolge des Straßenbahnverkehrs in der Erde verlaufenden Ströme erheblich vergrößert werden. Bei den astatischen Galvanometern, bei denen zwei entgegengesetzte Magnete oder Systeme vorhanden sind, ist die Wirkung des Erdfeldes stark herabgesetzt, so daß bei diesen Instrumenten ein besonderer magnetischer Schutz nicht so notwendig ist. Bei anderen Galvanometern kann der Schutz dadurch bewirkt werden, daß das Galvanometer von einer oder mehreren Hüllen aus weichem Eisen umgeben ist, wie z. B. bei dem Panzergalvanometer von du Bois-Rubens. Der Schutz des Galvanometers wird aber illusorisch, wenn die Zuleitungsdrähte zum Galvanometer Schleifen bilden, in denen durch die Schwankungen des Erdfeldes Ströme induziert werden. Es ist also auch nötig, solche Schleifen zu vermeiden und die Drähte nahe beieinander zu führen. *W. Jaeger.*

Näheres s. Jaeger, Elektr. Meßtechnik. Leipzig 1917.

Magnetisches Spektrum. Ebenso wie ein von einem elektrischen Strom durchflossener beweglicher Leiter in einem transversalen Magnetfeld je nach der Stromrichtung nach verschiedenen Seiten und je nach der Stromstärke in verschiedenem Maße abgelenkt wird, ebenso wird ein Bündel von parallelen α- oder β-Strahlen, oder von geladenen Rückstoßstrahlen (ebenso wie Kanal- oder Röntgenstrahlen) im Magnetfeld seine Bahn ändern. Da die α-Strahlen einen Strom positiv, die β-Strahlen einen Strom negativ geladener Elektrizitätsträger darstellen, so ist in den beiden Fällen die Ablenkungsrichtung entgegengesetzt. Unter dem Einfluß des magnetischen Feldes der Stärke H beschreiben die einzelnen Ladungsträger eine Kreisbahn vom Radius R, dessen Größe gegeben ist durch $H \cdot R = \frac{m}{e} \cdot v \cdot c$, worin m die Masse des Teilchens, e seine Ladung in elektrostatischen Einheiten $\left(\frac{e}{m} = \text{„spezifische Ladung"}\right)$, v seine Geschwindigkeit und c die Lichtgeschwindigkeit bedeuten. H und R werden beim Versuch gemessen, c ist bekannt. Ist aus anderen Versuchen $\frac{e}{m}$ gegeben, so genügt eine einfache Ablenkungsmessung im Magnetfeld zur Geschwindigkeitsbestimmung.

Bei α-Partikeln ist zu setzen: für m die Masse des Heliumatoms, d. i. $6{,}52 \cdot 10^{-24}$, für e das doppelte Elementarquantum, also $9{,}54 \cdot 10^{-10}$ st. E., daher $\frac{e}{m} = 1{,}463 \cdot 10^{14}$. Direkte Bestimmungen ergaben dafür z. B. den Wert $1{,}447 \cdot 10^{14}$. — Für β-Teilchen variiert $\frac{e}{m}$ mit der der Geschwindigkeit v nach der Lorenzschen Beziehung $\frac{e}{m} = \frac{e}{m_0} \sqrt{1 - \beta^2}$, worin $\frac{e}{m_0} = 5{,}31 \cdot 10^{17} \frac{\text{st. E.}}{g}$ und $\beta = \frac{v}{c}$ ist. — Ein von einem einheitlichen α-Strahler stammendes paralleles α-Bündel gibt scharf definierte Ablenkungen und daraus berechenbar einen einheitlichen Geschwindigkeitswert, der je nach der Natur des verwendeten Strahlers zwischen 1 bis $2{,}10^9 \frac{\text{cm}}{\text{Sek}}$ liegt. Ein paralleles β-Bündel dagegen wird, auch wenn es von einem einheitlichen β-Strahler herstammt, seinen ursprünglichen Querschnitt nicht beibehalten, wird vielmehr durch das magnetische Feld in die Breite gezogen oder in mehrere Teile gespalten und gibt beim Auftreffen auf eine photographische Platte als Querschnittsfigur das sogenannte magnetische Spektrum, in dem scharfe Linien, schmale und breite Bänder vorhanden sein können. Die Strahlung ist demnach nicht homogen und weist eine Reihe von diskreten oder kontinuierlich variierenden Geschwindigkeitswerten auf. Ein solches magnetisches Spektrum ist für die strahlende Substanz ebenso charakteristisch wie das Dispersions- oder Interferenzspektrum für einen leuchtenden Körper. So enthält z. B. das magnetische Spektrum von Ra B+Ra C 27 Linien, denen β-Gruppen mit Geschwindigkeiten zwischen $1{,}1$ und $2{,}99 \cdot 10^{10} \frac{\text{cm}}{\text{Sek}}$. entsprechen. Statt der photographischen Platte als Empfänger kann auch für orientierende Zwecke der Fluoreszenzschirm oder für Intensitätsmessungen die Ionisierungskammer verwendet werden. In allen Fällen ist besonderes Augenmerk auf die Vermeidung von „zerstreuenden" Einflüssen zu richten.

K. W. F. Kohlrausch.

Magnetischer Theodolit. Das Hauptinstrument zur Bestimmung der Größe der erdmagnetischen Elemente. Zu diesem Zweck vollkommen frei von magnetisierbaren Stoffen herzustellen. Auch darauf ist zu achten, daß die Hauptmasse des Instrumentenkörpers nicht etwa eine magnetisierbare Legierung an sich unmagnetischer Bestandteile geworden ist (Guß in eisenfreiem Sand). Der magnetische Theodolit unterscheidet sich im Bau von einem gewöhnlichen durch einen in der senkrechten Drehungsachse angebrachten, um sie horizontal schwingenden Magneten, die „Nadel" und eine senkrecht gegen die Achse des Fernrohrs eingebaute „Schiene". Bei genaueren Instrumenten hängt die Nadel an einem Faden — seltener an zwei Fäden (Bifilartheodolit) — sein Torsionszustand wird dann an einem „Torsionskopf" abgelesen. Einfachere Instrumente haben die Nadel auf einer Spitze schwebend, der „Pinne". An der Nadel befestigt oder an ihr angeschliffen ist ein Spiegel. Im Fernrohr erscheint daher neben dem Fadenkreuz sein Spiegelbild; bringt man beide zur Deckung, so ist die Absehlinie festgelegt, und man kann ihre Stellung im Raum an dem Hori-

zontalkreis des Theodoliten ablesen. Mit diesen Hilfsmitteln wird die Deklination gemessen (s. d.).

Die Schiene befindet sich in einer solchen Höhe, daß ein auf sie gelegter Magnet — der „Ablenkungsmagnet" — gleich hoch der Achse der Nadel ist, die er nun ablenkt, bis das Drehmoment durch ihn und das umgekehrt gerichtete der Erde einander das Gleichgewicht halten. Die neue Ruhelage der Nadel ist durch Drehung des Theodoliten um seine Achse mittels des Fernrohrs, wie oben, aufzusuchen. Außer diesen immer vorhandenen kann der magnetische Theodolit noch andere, je nach Bedarf aufsetzbare Bestandteile erhalten (Schwingungskasten, Inklinatorien und dgl.), s. auch Deflektoren, darunter auch ein astronomisches Fernrohr mit Vertikalkreis für Zeit- und Ortsbestimmungen auf Reisen. Der magnetische Theodolit hat die Gaußschen Meßmethoden aus dem Erdmagnetismus für die meisten Zwecke verdrängt. *A. Nippoldt.*

Näheres s. K. Haußmann, Zeitschr. f. Instrum.-Kunde. 26, 1906.

Magnetische Umwandlung von Spektrallinien, die von Paschen und Back (1912) entdeckte Erscheinung, daß enge Dublets und Triplets sich in wachsenden Magnetfeldern mehr und mehr wie einfache Spektrallinien verhalten und eine magnetische Aufspaltung zeigen, die allmählich in den normalen Zeemaneffekt übergeht (s. Zeemaneffekt).

R. Ladenburg.

Magnetische Wage. Bezeichnung für verschiedene Instrumente. 1. Variometer für die Beobachtung der zeitlichen Schwankungen der Vertikalintensität, zuerst angegeben von Lloyd, bestehend aus einem auf Schneiden wagerecht schwebenden Magnet mit Spiegel. Für eine bestimmte Vertikalintensität äquilibriert, senkt oder hebt sich der Magnet für kleine Änderungen der Vertikalkraft diesen proportional, was mit Skalenfernrohr oder photographisch verfolgt wird. In dieser Form das grundlegende Instrument aller erdmagnetischen Observatorien, obwohl es nur bei sehr guter Wartung befriedigende Ergebnisse liefert. 2. Ein von Toepler d. Ä. angegebenes Instrument, die Horizontalintensität zu messen. Senkrecht zum Balken einer physikalischen Wage befindet sich ein Magnet vom Moment M. Steht die Ebene der Wage im magnetischen Meridian, so muß die Inklination durch Mehrauflegen von Gewichten ausgeglichen werden. Ist l die Länge des Hebelarms, m die Gewichtsdifferenz der Schalenbelastung, so ist $MH = \frac{1}{2}$ gml. Das Verhältnis M/H bestimmt man durch Ablenkungen (s. Horizontalintensität). Von der Güte dieser letzteren hängt jene der ganzen Messung ab. *A. Nippoldt.*

Magnetischer Widerstand s. Erregerstrom.

Magnetisierungsapparate. — Die unter diesem Namen zusammengefaßten Vorrichtungen dienen dazu, die Beziehungen zwischen verschiedenen magnetischen Eigenschaften einer Probe oder ihre Abhängigkeit von der Feldstärke zu ermitteln. Zumeist handelt es sich darum, die Abhängigkeit der Induktion oder der Magnetisierungsintensität von der Feldstärke oder der Zahl der Amperewindungen zu bestimmen, vielfach soll auch der Hystereseverlust oder die Summe aus Hysterese- und Wirbelstromverlust in Abhängigkeit von der Höhe der Induktion ermittelt werden; im ersteren Falle hat man es hauptsächlich mit statischen Methoden, d. h. mit der Verwendung von Gleichstrom und den dadurch hervorgebrachten stationären Feldern zu tun, im zweiten mit wattmetrischen

Methoden unter Verwendung von Wechselstrom bzw. Wechselfeldern.

Die statischen Methoden bestehen wieder im wesentlichen aus den magnetometrischen und den ballistischen, der Drehspulenmethode (Koepselscher Apparat) und der Zugkraftmethode (magnetische Präzisionswage).

Bei der magnetometrischen Methode bestimmt man die Intensität der Magnetisierung bzw. das magnetische Moment einer Probe in Stab- oder besser in Ellipsoidform durch den Ausschlag, welchen die Probe aus bekannter Entfernung bei einem Magnetometer (s. dort) von bekannter Empfindlichkeit hervorbringt. Bei der ballistischen Methode (s. dort) benützt man den Ausschlag eines ballistischen Galvanometers, der durch den Induktionsstoß in einer um die Probe gelegten und mit dem Galvanometer verbundenen Sekundärspule entsteht, wenn man den magnetischen Zustand der Probe durch die plötzliche Änderung der Feldstärke einer die Probe umgebenden Primärspule sprungweise ändert. Die Probe hat dabei die Form eines Ringes oder eines durch ein Joch (s. dort) zum magnetischen Kreis (s. dort) geschlossenen Stabes oder Blechbündels. Drehspulenmethode und Zugkraftmethode sind an den betreffenden Stellen genauer besprochen.

Bei den wattmetrischen Methoden wird ein aus Dynamoblech zusammengebauter magnetischer Kreis mit Primär- und Sekundärspulen umgeben, mit Hilfe deren mittels eines Wattmeters oder eines Elektrometers der Energieverbrauch für eine bestimmte Periodenzahl des Wechselstroms ermittelt wird, während sich die zugehörige Induktion aus der an einem Spannungszeiger abgelesenen Spannung an den Enden der Sekundärspule bestimmen läßt. Am meisten verwendet wird der von Epstein angegebene Apparat, der aus vier im Quadrat angeordneten Spulen besteht, deren jede ein Bündel von 2,5 kg Blechstreifen von 3×50 cm aufnimmt; mittels der von Gumlich und Rogowski angegebenen Anordnung läßt sich mit dem Epsteinschen Apparat auch die Induktionskurve aufnehmen. Dies ist ohne weiteres auch der Fall beim Möllingerschen Apparat, welcher kreisrunde Blechringe erfordert, die in eine aufklappbare Magnetisierungsspule eingelegt werden. Diese theoretisch einwandfreieste, weil streuungs- und fugenlose Anordnung erfordert leider zur Herstellung der Proben wegen des starken Verschnitts sehr viel Material. Von diesem Nachteil völlig frei ist der Richtersche Apparat, bei welchem je vier ganze Blechtafeln in eine zylinderförmige Spule eingebracht werden, doch ist die Anwendung an bestimmte Abmessungen der Blechtafeln gebunden und außerdem wegen der Stoßfugen auch nicht fehlerfrei. Weit verbreitet ist die von Siemens & Halske hergestellte, sowohl für statische wie für wattmetrische Messungen brauchbare Anordnung von van Lonkhuyzen. Sie besteht aus zwei Epsteinapparaten, von denen der eine die zu untersuchende, der andere eine Normalprobe von ähnlichen, genau bekannten, magnetischen Eigenschaften enthält. Die Vorrichtung zur Vergleichung beider Proben ist äußerst bequem und liefert auch genaue Werte. Normalbündel eicht die Reichsanstalt.   *Gumlich.*

Näheres s. Gumlich, Leitfaden der magnetischen Messungen.

Magnetisierungskoeffizient s. Suszentibilität.

Magnetisierungskurven. — Trägt man bei der magnetischen Untersuchung einer Probe die Werte der Feldstärke als Abszissen, diejenigen der Induktion oder der Magnetisierungsintensität als Ordinaten auf, so erhält man die Magnetisierungskurve OA, die man als Nullkurve oder als Kommutierungskurve bezeichnet, je nachdem man die Werte der Nullkurve durch stetige Vergrößerung oder durch Kommutierung des Magnetisierungsstroms gewonnen hat. Sie besteht aus einem kleinen, nahezu geradlinig schwach ansteigenden Stückchen bei sehr kleinen Feldstärken (Bereich der sog. Anfangspermeabilität); hierauf folgt ein mehr oder weniger steiler Anstieg (Bereich der irreversibeln magnetischen Vorgänge), der über ein stark gekrümmtes Stück, das sog. Knie, in einen immer geradliniger werdenden Teil übergeht (s. Fig. 1).

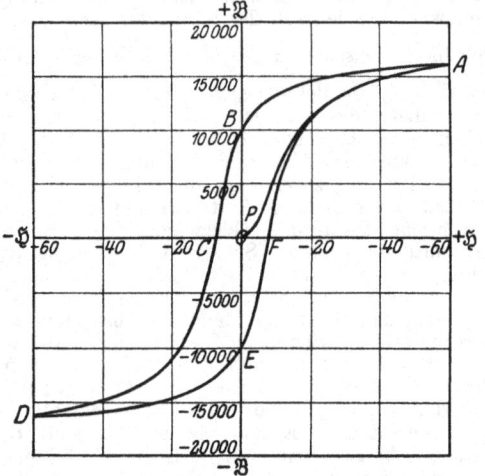

Fig. 1. Magnetisierungskurve.

Bei abnehmender Feldstärke folgt der darstellende Punkt nicht wieder rückwärts der Kurve AO, sondern infolge der Hysterese (s. dort) dem abnehmenden Ast AB, dem sich nach Umkehren der Feldrichtung der aufsteigende Ast BCD anschließt. Mit der zweiten nach demselben Verfahren gewonnenen Hälfte DEFA schließt sich die Hystereseschleife ABCDEFA, deren Flächeninhalt nach Warburg dem zu einem kreisförmigen Magnetisierungsprozeß notwendigen, in Wärme umgesetzten Energieverbrauch entspricht. Die Stücke OB und OC bezeichnet man als Remanenz und als Koerzitivkraft, welche für die einzelnen Eisen- und Stahlsorten außerordentlich

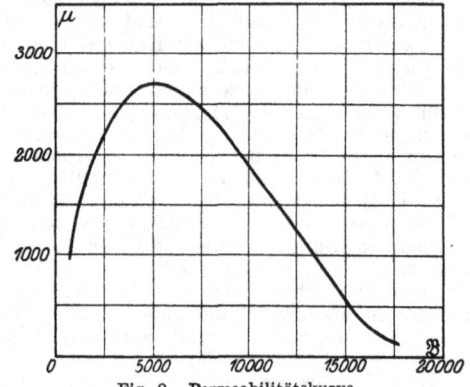

Fig. 2. Permeabilitätskurve.

verschieden sein können und für die Charakterisierung derselben wichtig sind.

Viel verwendet werden auch noch die Permeabilitäts- und Suszeptibilitätskurven, bei welchen die Permeabilität $\mu = \mathfrak{B}/\mathfrak{H}$ bzw. die Suszeptibilität $\varkappa = \mathfrak{J}/\mathfrak{H}$ in Abhängigkeit von der Feldstärke $\mathfrak{H}$ oder von der Induktion $\mathfrak{B}$ bzw. der Magnetisierungsintensität $\mathfrak{J}$ aufgetragen wird. Fig. 2 gibt als Beispiel eine derartige Kurve wieder. *Gumlich.*

Magnetisierungsstrom s. Erregerstrom.

Magnetismus. — Unter Magnetismus versteht man zumeist die Eigenschaft einiger weniger, sog. „ferromagnetischer" Stoffe, nämlich Eisen, Nickel, Kobalt und der sog. Heuslerschen Legierungen, unter bestimmten Umständen eine starke Anziehung aufeinander auszuüben. Diese Eigenschaft soll bei dem in der Nähe der Stadt Magnesia vorkommenden Mineral Magnetit (Magneteisenstein, Fe_3O_4) zuerst gefunden und daher von ihm den Namen erhalten haben. Im übrigen unterliegen einer von den magnetisierten Körpern oder von sonstigen magnetischen Feldern ausgehenden Wirkung nicht nur die genannten ferromagnetischen, sondern alle Stoffe, wenn auch in verschiedenem Grad und in verschiedener Art; ein Teil der Stoffe wird von Magneten nur schwach angezogen, ein Teil sogar abgestoßen; man bezeichnet sie als paramagnetisch bzw. diamagnetisch (s. dort).

Im allgemeinen bedarf es zur Auslösung der magnetischen Eigenschaften auch bei den ferromagnetischen Materialien noch besonderer Vorbedingungen: Sie müssen entweder direkt unter der Wirkung eines magnetischen Feldes stehen, wie es ein permanenter Magnet, ein Elektromagnet oder eine stromdurchflossene Spule erzeugt, oder sie müssen wenigstens unter dieser Wirkung gestanden und damit permanenten Magnetismus aufgenommen haben. Da auch auf der Erde selbst überall ein von den sog. magnetischen Erdpolen ausgehendes Feld herrscht, so sind die Vorbedingungen für das Auftreten von Magnetismus beim Eisen usw. von vornherein stets schon gegeben, und man kann daher derartiges Material nur mittels besonderer Maßnahmen von der dadurch hervorgebrachten, allerdings nur geringen Magnetisierung befreien bzw. es davor schützen.

Das Zustandekommen der magnetischen Erscheinungen kann man sich folgendermaßen vorstellen: Jedes Eisen, auch das scheinbar unmagnetische, besteht aus einer außerordentlich großen Anzahl kleinster, bis zur Sättigung (s. dort) magnetisierter Magnetchen, deren magnetische Achsen aber wirr durcheinander liegen, so daß sich ihre Wirkung nach außen aufhebt. Bringt man nun einen derartigen Körper in ein Magnetfeld, so wirkt dies richtend auf die einzelnen Molekularmagnetchen, die Achsen drehen sich immer mehr in die Richtung des Feldes, je stärker dies wird, und klappen teilweise auch direkt in diese Richtung um, nehmen also neue Gleichgewichtsstellungen an, aus denen sie nach Aufhören des Feldes nicht ohne weiteres wieder in die alte Lage zurückkehren können (Remanenz). Die Wirkung des äußeren Feldes wird dabei noch außerordentlich verstärkt durch die Wirkung der Felder, welche die Molekularmagnetchen in ihrer unmittelbaren Umgebung erzeugen und die infolge der Richtung der Teilchen auf geringe Entfernungen hin sehr erhebliche Beträge annehmen können (inneres Feld nach P. Weiß). Daß die wesentlichen Eigentümlichkeiten der Magnetisierungskurven auf diese Weise tatsächlich zu erklären

sind, hat Ewing schon vor längerer Zeit mit Hilfe einer großen Anzahl kleiner Kompasse gezeigt.

Aber auch über das Wesen der kleinen Elementarmagnetchen ist man seit einigen Jahren einigermaßen unterrichtet. Schon Ampère nahm an, daß es sich hierbei letzten Endes um die Wirkung von Molekularströmen handele, welche die einzelnen Teilchen umkreisen, ebenso, wie der eine Spule durchfließende Strom in ihr ein magnetisches Feld hervorbringt. Im Jahr 1915 ist es nun Einstein und de Haas gelungen, das Vorhandensein derartiger Molekularströme experimentell nachzuweisen und zu zeigen, daß diese Ströme durch außerordentlich rasch um das Teilchen kreisende negative Elektronen hervorgebracht werden (vgl. auch den Artikel Diamagnetismus).

Während nun, wie oben erwähnt, das wirksame magnetische Feld die magnetischen Achsen der Teilchen zu ordnen sucht, erzeugt die Wärmebewegung im Gegensatz dazu Unordnung, und zwar um so stärker, je höher die Temperatur steigt. Es läßt sich also leicht übersehen, daß mit steigender Temperatur wenigstens für den Zustand der Sättigung die Magnetisierbarkeit ziemlich regelmäßig abnehmen muß und bei einer bestimmten Temperatur, der sog. Umwandlungstemperatur, überhaupt nahezu vollkommen verschwindet. Beim Eisen liegt diese Temperatur bei etwa 765°, beim Nickel bei etwa 360°; oberhalb dieser Temperaturen zeigen auch die ferromagnetischen Substanzen nur noch stark paramagnetische Eigenschaften.

Während früher der Magnetismus nur als interessante Naturerscheinung gelten konnte, mit dem praktisch nicht viel anzufangen war, ist er heute zum unentbehrlichen Hilfsmittel der Technik geworden; beruht doch auf ihm letzten Endes die ganze Erzeugung der Elektrizität und deren Umformung auf passende Spannung, wie sie entweder zur Fortleitung auf weite Entfernungen oder zum praktischen Gebrauch erforderlich ist. Auch die Verwendung der Elektrizität zum Antrieb von Motoren wäre ohne den Magnetismus nicht möglich. *Gumlich.*

Magnetismus, beharrlicher, der Erde. Jener Anteil des Erdmagnetismus, der das Bestreben zeigt, seinen Zustand zu erhalten. Sein Sitz ist im Erdkörper zu suchen, gegenüber dem im Außenraum gelegenen Feld der zeitlichen Variationen (s. d.). Seine Veränderungen sind daher sehr klein und vergleichsweise langsam; sie heißen die säkulare Variation (s. Erdmagnetismus). Im Laufe der Jahrhunderte addieren sie sich jedoch so erheblich, daß es ungenau ist, von einem permanenten Magnetismus der Erde zu sprechen. *A. Nippoldt.*

Magnetismus der Erde s. Erdmagnetismus.

Magnetismus, freier. — Man nimmt an, daß überall da, wo die magnetische Permeabilität sich ändert, also besonders an den Stellen, wo aus einem magnetisierten Eisenkörper die Induktionslinien austreten, wie in der Nähe der Pole (s. dort), aber auch teilweise im Innern des Körpers, freier Magnetismus entsteht, auf den überhaupt die magnetischen Wirkungen, wie Anziehung und dgl., zurückzuführen sind. *Gumlich.*

Magnetismus, kosmischer. Da nunmehr nachgewiesen, daß zwischen der Sonne und der Erde eine dauernde elektrische Strahlung besteht (s. Elektrische Strahlung der Sonne), sie sogar ein magnetisches Feld besitzt (s. Sonnenmagnetismus), so ist zu erwarten, daß auch andere Gestirne magnetische Kräfte zeigen. Birkeland will in der Tat das Zodiakallicht, die Saturnringe, die Sonnenflecken, die Kometenschweife, die Sternnebel und ähnliche Gebilde als Wechselwirkungen zwischen einer Kathodenstrahlung und magnetischen Eigenfeldern der betreffenden Gestirne erklären. Er kehrt zu diesem Zwecke seine Terellaversuche (s. Polarlicht) um, indem er die Terella zur Kathode macht, und dann in der Tat sehr weitgehende Ähnlichkeiten bekommt. *A. Nippoldt.*

Näheres s. K. Birkeland, Norw. Aurora Polaris Expedition 1902–03. 1. II. Christiania.

Magnetismus, permanenter, der Erde s. Magnetismus, beharrlicher, der Erde.

Magnetismus der Sonne s. Sonnenmagnetismus.

Magnetismus, spezifischer. — Während man die Magnetisierung namentlich bei ferromagnetischen Materialien zumeist auf die Volumeneinheit bezieht, ist der spezifische Magnetismus auf die Masseneinheit bezogen; der für die Magnetisierungsintensität $\mathfrak{J}$ gefundene Wert ist also noch durch die Dichte des betreffenden Körpers zu dividieren. *Gumlich.*

Magnetmotorzähler s. Elektrizitätszähler.

Magnetogramm. Die meist photographischen Aufzeichnungen eines Magnetometers (s. d.).

Magnetograph s. Magnetometer.

Magnetometer. Das Magnetometer wird in der erdmagnetischen Meßkunst fast nur noch zur Beobachtung der zeitlichen Variationen benutzt (s. Deklinometer, Inklinometer, Wage). Eine Hauptaufgabe der Observatorien ist es, die Veränderungen seiner Empfindlichkeit zu verfolgen und namentlich jene des „Basiswerts" sorgfältig unter Kontrolle zu halten. Basiswert ist der Wert des betreffenden erdmagnetischen Elements, der nach Ausweis der absoluten Messungen dem Ausgangspunkt der Skalenzählung, der Basis, entspricht. Am verbreitetsten sind die „Feinmagnetometer" von Eschenhagen, die mit großer Exaktheit hochempfindlich und ohne Temperatureinfluß arbeiten können und dabei leicht transportabel sind. Registrierende Magnetometer heißen „Magnetographen". *A. Nippoldt.*

Magnetometer. Das Magnetometer, ein für absolute magnetische Messungen unentbehrliches Instrument, besteht im wesentlichen aus einer auf Spitzen gelagerten oder an einem Quarz- oder Kokonfaden aufgehängten Magnetnadel (Magnetstäbchen) in Verbindung mit einer mit Teilung versehenen Magnetometerbank, auf welcher der zu untersuchende Gegenstand, also ein Magnet oder eine stromdurchflossene Spule mit oder ohne Probestab, meßbar verschoben werden kann. Die Bank ist zumeist so orientiert, daß ihre Mittellinie auf der Ruhelage der Nadel senkrecht steht und die Achse der darauf verschiebbaren Probe die Mitte der Nadel trifft. In dieser, der ersten Gaußschen Hauptlage, ist die Empfindlichkeit der Meßmethode am größten. Bei der seltener verwendeten, weil nur halb so empfindlichen zweiten Gaußschen Hauptlage ist der Probekörper senkrecht zur Nadelachse so orientiert, daß die Achsenrichtung der Nadel die Mitte der Probe trifft. Die ursprünglich nordsüdlich gerichtete Magnetometernadel wird durch die zu untersuchende Probe aus ihrer Richtung um einen Winkel φ abgelenkt, der um so größer ist, je stärker das magnetische Moment des ablenkenden Körpers und je geringer dessen Abstand ist, und zwar gilt in erster Annäherung die Beziehung $\operatorname{tg} \varphi = 2\,\mathfrak{M}/a^3\,\mathfrak{H}$, worin $\mathfrak{H}$ die Horizontalkomponente des Erdmagnetismus, a den

ziemlich groß zu wählenden Abstand der Mitte des Probekörpers von der Mitte der Nadel und $\mathfrak{M}$ sein magnetisches Moment bedeutet, das sich also mit Hilfe der obigen Formel durch Bestimmung des Winkels φ berechnen läßt. Dieser wird bei rohen Messungen nur an einer Kreisteilung abgelesen, bei feineren dagegen mit Fernrohr und Skala mittels eines an der Aufhängevorrichtung der Nadel befestigten kleinen Spiegels bestimmt.

Als Proben dienen meist zylindrische Stäbe oder besser langgestreckte Ellipsoide, die in geeigneten Spulen bis zur gewünschten Feldstärke magnetisiert werden. Die Wirkung der Magnetisierungsspule auf das Magnetometer gleicht man meist durch die entgegengesetzte Wirkung einer von demselben Strom durchflossenen, auf der anderen Seite des Magnetometers aufgestellten Kompensationsspule aus. Die am besten durch die Wirkung einer stromdurchflossenen Spule von bekannter Windungsfläche auf das Magnetometer zu bestimmende Horizontalkomponente H des Erdmagnetismus bedingt unter sonst gleichen Verhältnissen die Größe des Ausschlags φ (vgl. die vorstehende Formel), also auch die Empfindlichkeit. Bei der Messung sehr kleiner Momente muß man also die Komponente H des Erdfeldes durch passend verteilte permanente Magnete oder besser durch eine die Magnetometernadel umschließende ringförmige Spule in dem gewünschten Maße schwächen. (Astasiertes Magnetometer von Gumlich.)

Diese Arten von Instrumenten sind nur an Orten mit ungestörtem magnetischen Feld zu verwenden. Die von benachbarten Straßenbahnen und dgl. herrührenden Fernwirkungen und Erdströme bringen jedoch in größeren Städten meist derartige Störungen der Ruhelage hervor, daß die Instrumente praktisch unbrauchbar werden. In diesem Falle bewährt sich das störungsfreie Magnetometer von Kohlrausch und Holborn. Es besteht aus einem System von zwei gleich starken, entgegengesetzt gerichteten und durch eine leichte Stange von 1—2 m Länge verbundenen Magneten, das mittels eines nachwirkungsfreien Fadens aus Platiniridium, Quarz oder dgl. an der Zimmerdecke oder an einem Träger befestigt ist. Die Richtkraft wird dem System durch die Torsionskraft des Aufhängefadens erteilt, nicht durch die Erdkraft, denn diese wirkt ja auf die beiden Magnete in entgegengesetztem Sinne, und dasselbe gilt auch für jede andere von außen kommende magnetische Einwirkung, so daß der Nullpunkt auch bei Störungen unverändert bleibt. Beim praktischen Gebrauch muß die geringe Wirkung der Probe auf den zweiten Magnet mit berücksichtigt werden.

Ein weiteres, sehr empfindliches, aber nur für bestimmte Zwecke brauchbares störungsfreies Magnetometer stammt von Haupt.

Zu genauen Messungen wird unter Umständen auch das sog. Bifilarmagnetometer verwendet, bei welchem der gewöhnlich in einem schiffchenartigen Träger ruhende Magnetometermagnet nicht von einem einzigen, sondern von zwei in geringem Abstand befindlichen parallelen Fäden getragen wird, die sich bei Ablenkungen etwas gegeneinander verdrehen. *Gumlich.*

Näheres über Magnetometer s. Gumlich, Leitfaden der magnetischen Messungen.

Magnetomotorische Kraft s. Erregerstrom.

Magneton. — Bei seinen Untersuchungen über die Magnetisierbarkeit namentlich von Salzen verschiedener Art fand P. Weiß, daß das magnetische Moment des Grammoleküls beim absoluten Nullpunkt stets ein ganzzahliges Vielfaches der Zahl 1235,5 ist. Weiß bezeichnete diesen Wert als (Gramm-) Magneton und nimmt an, daß jedes Molekül eine ganze Zahl von Magnetonen enthalte, über deren Beschaffenheit und Wirkungsweise im übrigen noch nichts feststeht; im Gegenteil sind neuerdings vielfache Abweichungen von der erwähnten Regel gefunden und Bedenken gegen die Gültigkeit derselben erhoben worden. *Gumlich.*

Magnetonentheorie und Quantentheorie. Nach der Quantentheorie folgt aus dem Satze, daß das gesamte Impulsmoment der Elektronen eines Atoms ein ganzzahliges Vielfaches von $h/2\varphi$ ist (s. Quantenbedingungen), daß dessen magnetisches Moment gleich diesem Impulsmoment mal der halben spezifischen Elektronenladung sein muß. Die magnetischen Momente pro Mol sind daher für alle Substanzen Multipla einer bestimmten Einheit, die von Pauli *Bohrsches Magneton* genannt worden ist und deren Größe 5584 CGS-Einheiten beträgt. Das Magneton der Weißschen *Magnetonentheorie* (s. d.) hat hingegen einen fast genau 5 mal kleineren Wert. Pauli hat es nun in hohem Maße wahrscheinlich machen können, daß diese Diskrepanz durch einen vom Standpunkt der Quantentheorie ungerechtfertigten Zahlenfaktor in der Langevinschen Formel für die magnetische Suszeptibilität verursacht wird, da sich nach Richtigstellung desselben auch nach Weiß Magnetonenwerte ergeben, welche denen der Quantentheorie zu entsprechen scheinen. Neuerdings wird jedoch von verschiedenen Seiten bezweifelt, ob das Biot-Savartsche Gesetz der klassischen Elektrodynamik auf Elektronenbewegungen überhaupt anwendbar sei und mit der Möglichkeit gerechnet, daß aus dem Vorhandensein eines mechanischen Drehimpulses von Elektronen nicht auf obige magnetischen Wirkungen geschlossen werden darf. *A. Smekal.*

Magnetooptik. Lehre vom Einfluß magnetischer Kräfte auf optische Erscheinungen (s. besonders Zeemaneffekt, magnetische Drehung der Polarisationsebene, magnetische Doppelbrechung, Kerreffekt [magnetischer], magnetooptische Erscheinungen in Kristallen, Kundtsche Konstante). *R. Ladenburg.*

Näheres s. P. Zeeman, Researches in Magneto optics. London 1913.

Magnetooptische Erscheinungen an Kristallen. Die gewöhnliche Drehung der Polarisationsebene (s. d.) im durchsichtigen Spektralgebiet (Faradayeffekt) läßt sich in Kristallen ohne weiteres nur parallel der optischen Achse oder unter geringen Winkeln gegen die Achse beobachten, sonst werden die Erscheinungen infolge der natürlichen Doppelbrechung stark kompliziert. Theoretisch weit interessanter ist der an einigen Kristallen mit ausgeprägten Absorptionsstreifen beobachtbare Zeemaneffekt (s. d.) mit seinen Begleiterscheinungen (von J. Becquerel 1906 an Kristallen seltener Erden entdeckt). Isotrope feste und flüssige Körper mit Absorptionsstreifen zeigen diese Erscheinungen nicht oder wenigstens nicht deutlich. Bisher ist es auch nur an wenigen Kristallen gelungen, diese magnetooptischen Effekte nachzuweisen: an Xenotim, der Erbium, an Tysonit, der vor allem Didym enthält, ferner an einigen anderen natürlichen und künstlichen Verbindungen seltener Erden, an Chromkaliumdoppelsalzen, an Rubin mit den schönen Absorptions- und Resonanzlinien (s. d.) im Rot.

Durch Eintauchen der Kristalle in flüssige Luft werden die diffusen Absorptionsstreifen wesentlich schmaler und schärfer und den Absorptionslinien von Gasen und Dämpfen ähnlich, und die magnetooptischen Erscheinungen werden besonders deutlich, weitere Abkühlung in flüssigem Wasserstoff macht sie aber wieder diffuser und schwächer. Zur Beobachtung trennt man die geradlinig polarisierten Komponenten durch einen doppelbrechenden Kalkspat (s. Doppelbrechung) vor dem Spalt des Spektralapparates; die beiden Schwingungskomponenten treffen senkrecht übereinander auf den Spalt und werden zu zwei Spektren auseinandergezogen, so daß man gleichzeitig beide p- und s-Komponenten (vgl. Zeemaneffekt) beobachten kann. Mittels eines geeignet orientierten Viertelwellenlängenglimmerblättchens vor dem Kalkspat trennt man die entgegengesetzt zirkularpolarisierten Komponenten ebenso. Am einfachsten liegen die Verhältnisse bei longitudinaler Beobachtung einachsiger Kristalle — Beobachtungsrichtung parallel Magnetfeld parallel der optischen Achse. Hier kommt offenbar die Anisotropie der Kristalle nicht zur Geltung. Die zirkularpolarisierten Komponenten zeigen in der Tat ein mehr oder weniger gut auflösbares Dublet, doch ist die Aufspaltung an verschiedenen Linien (sogar desselben Kristalls) sehr verschieden groß, von $1/6$ bis zum 9fachen der normalen „Lorentzaufspaltung" (s. Zeemaneffekt); z. T. tritt anomale Rotationsrichtung auf, als ob es sich um positiv geladene Teilchen von der spezifischen Ladung der Elektronen handle. Da deren Annahme allen Erfahrungen auf anderen Gebieten widerspricht, müssen innermolekulare bzw. inneratomare Magnetfelder, die durch das äußere Feld entstehen, angenommen werden, deren Stärke von der Temperatur unabhängig sein muß, da es die beobachtete Aufspaltung ist.

Bei Beobachtung senkrecht zur Achse unterscheidet man Brechungsquotienten und Hauptabsorptionsspektrum der außerordentlichen Welle (Index a), deren elektrischer Vektor parallel zur Hauptachse schwingt, und der senkrecht dazu schwingenden ordentlichen Komponente (Index o) (Dichroismus). So zeigen einige der oben genannten Kristalle vollkommen verschiedene Absorptionsspektren der zueinander senkrecht polarisierten Komponenten. Bei Beobachtung senkrecht zu den Kraftlinien (transversal) liefert die s-Schwingung (senkrecht zum Feld und zur Achse) im allgemeinen symmetrische Veränderungen wie im gewöhnlichen Zeemaneffekt, Verbreiterung oder Zerlegung in 2 Komponenten, aber wieder von sehr verschiedener Größe. Die parallel zum Feld schwingende Komponente wird im Gegensatz zum normalen Zeemaneffekt zweifelsfrei auch verändert, bisweilen deutlich zerlegt, so daß entschieden „komplizierte Zeemaneffekte" (s. d.) vorliegen. Außerdem treten bei den verschieden möglichen Anordnungen der optischen Achse zur Richtung der Lichtfortpflanzung, der Kraftlinien und der Schwingungen auch Erscheinungen anderer Art als an Dämpfen auf, einseitige Verschiebungen und Verbreiterungen, Intensitätsänderungen und unsymmetrische Zerlegungen, die von der Feldrichtung unabhängig dem Quadrat der Feldstärke proportional sind. Dem transversalen und longitudinalen Effekt entsprechen dieselben Begleiterscheinungen wie bei Gasen und Dämpfen: transversal lineare Doppelbrechung („magnetische D., s. d."), longitudinal zirkulare D., die eine „magnetische Drehung" der Polarisationsebene (s. d.) in der an Absorptionslinien üblichen abnormen Größe bewirkt. Dies folgt ohne weiteres aus der durch eine äußere magnetische Kraft erweiterten allgemeinen Theorie der Absorption und Dispersion für kristallinische Medien (Voigt). Die theoretische Behandlung des Zeemaneffektes selbst erfordert die Annahme der Koppelung von zwei Elektronen bezüglich ihrer dem Feld parallel schwingenden Komponenten. Auf diese Weise kann man in der Tat die Mehrzahl der beobachteten Erscheinungen gut darstellen (J. Becquerel, Voigt 1906/8). *R. Ladenburg.*

Näheres s. W. Voigt, Magneto- u. Elektrooptik. Leipzig 1908.

Magnetorotation, dasselbe wie magnetische Drehung der Polarisationsebene (s. d.).

Magnetostriktion. — Wie Bidwell gefunden hat, verlängert sich ein Eisenstab durch Magnetisierung bei niedrigen Feldstärken, bei höheren verkürzt er sich (Umkehrung des Villarischen Effekts; s. dort). Kobalt verhält sich gerade umgekehrt, während Nickel durch Magnetisierung stets eine Verkürzung erleidet. *Gumlich.*

Magnusscher Satz. G. Magnus stellte (1851) folgenden Satz auf: In einem homogenen metallischen Leiter treten, wie auch die Temperaturverteilung in ihm sein mag, niemals thermoelektrische Kräfte auf. Ältere Beobachtungen über derartige Kräfte seien stets auf Inhomogenitäten des Materials (z. B. Unterschiede in der Härte u. dgl.) zurückzuführen.

Der Satz ist jüngst wieder in Zweifel gezogen worden von C. Benedicks (1916). Dieser fand u. a. in (sicher homogenem) Quecksilber, in dem ein sehr starkes Temperaturgefälle hergestellt wurde, deutliche thermoelektrische Kräfte („Benedicks-Effekt"). *Hoffmann.*

Mahlersche Bombe s. Kalorimetrische Bombe.

Mandoline s. Saiteninstrumente.

Manganinwiderstände s. Normalwiderstände.

Manginspiegel s. Scheinwerferspiegel.

Manometer, gebildet aus dem Wort μανός, dünn, dienen zur Messung des Druckes in Flüssigkeiten und Gasen. Die Konstruktionen sind sehr verschieden, je nachdem sie zur Messung hoher, mittlerer oder niedriger Drucke bestimmt sind.

Für Drucke etwa der Größenordnung einer Atmosphäre dienen offene Manometer (Fig. 1). Ein U-förmig gebogenes Rohr steht einerseits mit dem Gefäß in Verbindung, in welchem der Gasdruck gemessen werden soll, andererseits mit der äußeren Atmosphäre und ist teilweise mit Quecksilber gefüllt. Steht der Quecksilberspiegel in dem linken Schenkel, welcher bei a mit dem betreffenden Gefäß kommunizieren möge, x Millimeter höher als im rechten Schenkel, so ist die Druckhöhe h

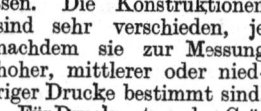
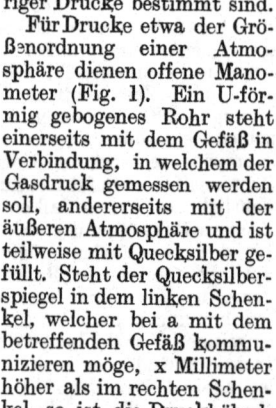

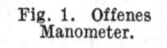

in dem Gefäße h = H — x, wenn H die Höhe des Barometerstandes der äußeren Atmosphäre ist, welche mittels Barometer gemessen werden muß.

Bei starken Drucken schaltet man zur Vermeidung langer Steigröhren mehrere U-förmige Röhren

hintereinander (Fig. 2), welche unten mit Quecksilber, oben mit Wasser gefüllt sind. Die Druck-

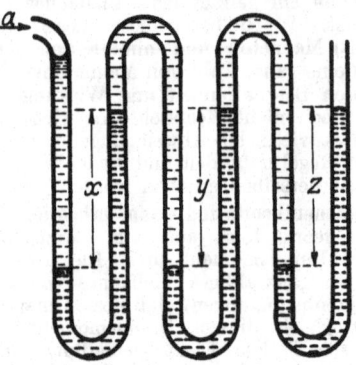

Fig. 2. Hintereinanderschaltung mehrerer Manometer.

höhe h (ausgedrückt in Millimeter Quecksilbersäule) ist dann durch die Formel

$$h = H + (x + y + z)\left(1 - \frac{1}{13{,}596}\right)$$

gegeben.

Für Drucke von vielen Atmosphären dient vielfach das Manometer von Desgoffe. Dieses ist gewissermaßen eine umgekehrte hydraulische Presse. Der Druck wirkt auf einen Stahlzylinder ein, welcher mit einer breiten Platte endet. Diese drückt auf eine Kautschukplatte, welche einen weiten, aber kurzen Manometerschenkel abschließt, während der andere Schenkel des Manometers lang und eng ist. Das Manometer ist mit Quecksilber gefüllt, über dem sich im kurzen Schenkel etwas Wasser befindet, damit der Kautschuk das Quecksilber nicht oxydiert. Steigt das Quecksilber im langen Schenkel bis zur Höhe h, so ist die zu messende Druckhöhe $h_1 = \frac{Q}{q} h$, wenn Q der Querschnitt der Druckplatte, q der Querschnitt des engen Manometerrohres ist.

Für sehr kleine Druckänderungen ist das Manometer von Desgoffe (Fig. 3) gut brauchbar. Bei diesem Instrument ist das Manometerrohr beiderseits am oberen Ende stark erweitert. Im Schenkel A befindet sich mit Wasser verdünnter Alkohol, im Schenkel B etwas leichteres Terpentinöl. Ist der Druck auf beide Schenkel der gleiche, z. B. der Atmosphärendruck, so wird sich die gut sichtbare Trennungsfläche m der nicht mischbaren Flüssigkeiten derartig einstellen, daß $\frac{l_a}{l_b} = \frac{\varrho_b}{\varrho_a}$, wo l_a und l_b die Höhen der Flüssigkeiten in den Schenkeln

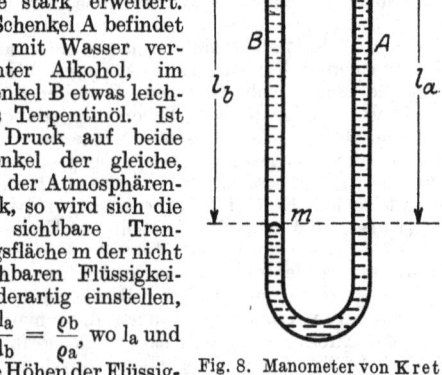

Fig. 8. Manometer von Kretz.

A und B über m sind, während ϱ_a die Dichte des Alkoholgemisches, ϱ_b die des Terpentinöles ist. Nimmt über A der Druck um die Druckhöhe h (gemessen in Wassersäulenhöhe) zu, so steigt die Trennungsfläche m um eine Höhe x, für welche gilt

$$x = \frac{h}{\varrho_a - \varrho_b + \frac{q}{Q}(\varrho_a + \varrho_b)}.$$

Hier sind Q und q die Querschnitte der Erweiterungsgefäße resp. des verbindenden Rohres. Ist z. B. $\varrho_a = 0{,}899$, $\varrho_b = 0{,}869$, also beide wenig verschieden, q aber viel kleiner als Q, so wird x vielmal größer als h und das Manometer außerordentlich empfindlich.

Die geschlossenen Manometer dienen sowohl für Drucke unter einer Atmosphäre, als auch für Drucke vieler Atmosphären.

Als sog. Barometerprobe für Drucke bis einige Millimeter Quecksilbersäule hinab ist der geschlossene Schenkel A (Fig. 4) des Instrumentes für gewöhnlich ganz mit Quecksilber gefüllt. Wird aber der Schenkel B mit einem hinreichend evakuierten Gefäß verbunden, so bildet sich in A ein Torricellisches Vakuum aus, und die Höhendifferenz x der Quecksilberspiegel in den beiden Schenkeln gibt ein Maß für den Druck im evakuierten Gefäß. Bei einem sehr hohen Vakuum kann die Höhendifferenz nicht mehr genau abgelesen werden, und es sind andere Instrumente, sog. Vakuummeter (s. dort) zur Druckmessung im Gebrauch.

Für Drucke größer als eine Atmosphäre befindet sich im Schenkel A über dem Quecksilber Luft, oder ein anderes das Quecksilber nicht angreifendes Gas. Bei Druckzunahme in dem

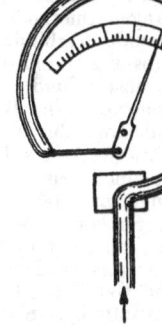

Fig. 4. Einseitig geschlossenes Manometer. Fig. 5. Metallmanometer nach Bourdon.

mit dem Schenkel B verbundenen Gefäße steigt das Quecksilber in A an, und die Luft über ihm wird komprimiert, bis ihr Druck plus der Druckhöhe x gleich dem zu messenden Drucke ist. Die Eichung derartiger Manometer geschieht am besten empirisch.

Für technische Zwecke, z. B. zum Messen des Druckes in Dampfkesseln, werden fast ausschließlich Metallmanometer benutzt, welche ähnlich den Metallbarometern nach Bourdon konstruiert sind. Ein kreisförmig gebogenes dünnwandiges Rohr aus gut elastischem Metall mit ovalem Querschnitt (Fig. 5) steht einerseits mit dem Druckbehälter in Verbindung, während das andere geschlossene Rohrende mittels Hebel auf einen Zeiger wirkt. Durch Überdruck im Rohr streckt sich dieses und dreht den Zeiger von links nach rechts. An einer empirisch geeichten Skala wird der Druck direkt abgelesen. (S. a. den Artikel Druckmessung und Vakuummeter.) *O. Martienssen.*

Manometrische Flammen. Durch ein enges Rohr wird in eine schmale Dose oder Kapsel Gas eingeleitet, welches durch ein zweites Rohr aus der Kapsel austritt. Hier wird es entzündet und brennt mit kleiner Flamme. Die eine Wand der Dose besteht aus einer empfindlichen Membran. Wird dieselbe durch Schallschwingungen erregt, so wird dadurch ein mehr oder weniger schnelles Ausströmen des Gases bewirkt, womit periodische Längenänderungen der Flamme gegeben sind. Im rotierenden Spiegel sieht man dann eine Folge von Flammenbildern, deren Form von der Form der auffallenden Schallschwingungen abhängt. Das Flammen-Manometer ist von R. König durchkonstruiert worden. *E. Waetzmann.*

Näheres s. R. König, Quelques expériences d'Acoustique. Paris 1882.

Manteltransformator s. Transformator.

Marconi-Antenne. L-förmige Antenne, Länge meist 3- bis 8 m Höhe.

$$\lambda_0 = 5 - 8 \text{ Länge.}$$

A. Meißner.

Marconigramm. Bezeichnung der drahtlosen Telegramme in England. *A. Meißner.*

Marconi-Sender. Einfachste Sendeanordnung von Marconi. Eine Funkenstrecke liegt direkt in der Antenne an der Erdung, sie wird gespeist durch einen Induktor (s. Fig.). Da die Verluste in der Funkenstrecke groß sind, kommt zur eigentlichen Antennendämpfung noch die Funkendämpfung hinzu. Die Fernwirkung ist vermindert durch das Entstehen einer Reihe von Oberwellen.

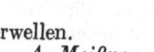

Marconi-Sender.

A. Meißner.

Mars s. Planeten.

Martens. Gleichheitsphotometer s. Photometer zur Messung von Lichtstärken. Tragbares Polarisationsphotometer s. Universalphotometer.

Mascaret: der französische Ausdruck für Flutbrandung (s. diese).

Maßanalyse. Der Gewichtsanalyse ihrer Bedeutung nach gleichwertig ist seit den Anfängen der wissenschaftlichen Chemie die Mengenbestimmung durch Volumenmessung an die Seite getreten. Dieses Verfahren ist nicht auf die Gasanalyse beschränkt geblieben, sondern hat für die wässerigen Lösungen der wichtigsten chemischen Reagenzien in der Maßanalyse eine für den Fortschritt der Chemie unentbehrliches Hilfsmittel exakter quantitativer Messung gefunden.

Das erste Erfordernis für die Ausübung der Maßanalyse ist die richtige Eichung bzw. Kalibrierung der zur Abmessung dienenden Gefäße, Meßkolben, Büretten, Pipetten usw. Dabei ist auf die durch das Haften von Flüssigkeitsschichten an den Gefäßwänden oder von Tropfen an den Ausflußöffnungen bedingten Korrektionen Rücksicht zu nehmen. (Vorschriften hierüber, z. B. bei Georg Lunge, chemisch-technische Untersuchungsmethoden Bd. 1, Berlin 1921).

Als Maßanalyse im engeren Sinne bezeichnet man das Verfahren der azidimetrischen und alkalimetrischen Titrierungen, welches darauf beruht, daß beim Zusammentreffen von sauer und basisch reagierenden Lösungen ein der Lösung zugesetzter Indikator bei einem bestimmten Mischungsverhältnis nämlich im Neutralisationspunkt seine Farbe ändert. Im allgemeinen Gebrauch sind vorwiegend folgende Indikatoren, welche für alle

praktischen Fälle ausreichen: Lackmus, in saurer
Lösung rot, in alkalischer blau, Methylorange, in
saurer Lösung rot, in alkalischer gelb, und Phenol-
phthalein, in saurer Lösung farblos, in alkalischer
rot. Diese unterscheiden sich durch den Grad
ihrer Empfindlichkeit, die bei Zimmertemperatur
für Lösungen von $^1/_{10}$ Normalität und höherer
Konzentration in den meisten Fällen ausreicht.

Für die Auswahl eines im speziellen Falle geeigneten Indikators ist einerseits die hydrolytische
Spaltung des bei der Neutralisation entstehenden
Salzes andererseits die Lage des Umschlagsgebietes
des Indikators in Betracht zu ziehen (s. Hydrolyse).
Bezüglich der Theorie der Indikatoren sei hier
nur darauf hingewiesen, daß diese Stoffe entweder
schwache Säuren oder schwache Basen sind (Pseudosäuren oder -basen), deren ungespaltene Moleküle
in der Lösung eine andere Farbe besitzen als ihre
freien Ionen. So ist der Lackmus eine Säure,
deren Moleküle rot, deren Anionen blau gefärbt
sind und die in neutraler Lösung nur wenig dissoziiert ist, so daß eine Mischung beider Farben
eintritt. Beim Zusatz einer Säure, d. h. von Wasserstoffionen, geht auf Grund des Gesetzes der chemischen Massenwirkung die Dissoziation der Lack-
mussäure fast ganz zurück, so daß die blauen Anionen
verschwinden und die rote Farbe des unzerspalteten
Moleküls hervortritt. Beim Zusatz von Basen
entstehen stark dissoziierte Salze der Lackmus-
säure, so daß die blaue Farbe ihrer Anionen erscheint.

Auf Grund dieser Betrachtungen gelangt man
für die Verwendung von Indikatoren zu der Regel:
Beim Titrieren ist das Zusammentreffen einer
schwachen Basis mit einer schwachen Säure zu
vermeiden.

An Stelle der Farbenindikatoren findet neuerdings die Bestimmung der Wasserstoffionenkonzentration durch Messung der elektromotorischen Kraft
als elektrometrische Maßanalyse oder auch die
Kennzeichnung des Äquivalentspunktes durch das
Minimum der elektrischen Leitfähigkeit als kon-
duktrometrische Maßanalyse weitgehende Anwendung.   *H. Cassel.*

Näheres in den Lehrbüchern der Elektrochemie, insbesondere
vgl. J. M. Kolthoff, Der Gebrauch von Farbenindikatoren. Julius Springer, Berlin 1921 und E. Müller, Die elektrometrische Maßanalyse. Dresden 1921.

Maßanalyse. Infolge der Natur der Wage als
eines über gedämpfte Schwingungen hin sich in
eine statische Gleichgewichtslage langsam ein-
stellenden Instrumentes und wegen der Notwendigkeit, ein zu bestimmendes chemisches Element
erst in eine geeignete chemisch rein darzustellende
Wägungsform überzuführen, haftet der gewöhnlichen chemischen Gewichtsanalyse eine gewisse
Umständlichkeit an. Die Maßanalyse besteht in
der Verwendung des Kunstgriffes, statt der Wägungen möglichst weitgehend die Bestimmung von
Flüssigkeitsvolumina in kalibrierten Gefäßen treten
zu lassen. Letzthin geht auch die Maßanalyse auf
eine Wägung zurück, indem einmal eine Lösung
von bekannter Konzentration durch direktes Ein-
wägen der zu lösenden Substanz (Urtitersubstanz)
hergestellt worden sein muß. Das Verfahren der
Maßanalyse besteht nun darin, daß man bestimmt,
wie viele Kubikzentimeter der Lösung eines Stoffes
von bekannter Konzentration erforderlich sind,
um mit einem anderen Stoff, der sich in einer
volumetrisch abgemessenen Flüssigkeitsmenge in
unbekannter Konzentration gelöst befindet, vollständig zu reagieren. Da sich für die erstere Lösung

aus Volumen und Konzentration die Menge des
zur Reaktion gelangten Stoffes berechnen läßt, so
kann nach dem stöchiometrischen Grundgesetz die
unbekannte Menge des anderen Stoffes errechnet
werden. Für die Durchführbarkeit dieses Verfahrens ist es erforderlich, daß bei dem allmählichen
Zusetzen der einen Lösung zu der anderen der
Punkt der Beendigung der Reaktion scharf erkannt
wird. Nur in seltenen Fällen läßt die sich abspielende
maßanalytische Reaktion ihre Beendigung selbst
erkennen, wie dies z. B. beim Titrieren einer farblosen, einen reduzierenden Stoff enthaltenden
Lösung mit Permanganatlösung der Fall ist, wo das
Ausbleiben der Entfärbung der zugefügten Per-
manganates anzeigt, daß die ganze Menge der
reduzierenden Substanz verbraucht ist. In der
Mehrzahl der Fälle wird eine an der maßanalytischen
Hauptreaktion nicht direkt beteiligte Substanz, ein
Indikator hinzugesetzt, die durch einen Farben-
umschlag das Ende der Hauptreaktion anzeigt.

Die Genauigkeit der Maßanalyse kann, da sie
letzthin auf die Wägung der Urtitersubstanz
zurückgeht, die der Gewichtsanalyse im allgemeinen nicht übertreffen.

Wegen der hohen praktischen Bedeutung ist das
System der Maßanalyse sehr weitgehend ausgebildet. Viele analytische Aufgaben lassen sich, teilweise auf sehr indirektem Wege, auf folgende Grund-
typen maßanalytischer Reaktionen zurückführen:

1. Alkalimetrie und Azidimetrie, d. h. Bestimmung
von Säuren oder Basen durch Titration gegeneinander unter Hinzufügung eines Indikators.

2. Permanganatmethode, d. h. Oxydation der
als reduzierende Verbindung auftretenden unbekannten Substanz durch Titration mit bekannter
Permanganatlösung und

3. Jodometrie, d. h. Bestimmung einer unbekannten Jodmenge durch Titration mit Natriumthiosulfat mit Stärke als Indikator. Gerade diese
Methode ist einer weiten Anwendung fähig, da es
häufig gelingt, an Stelle einer nicht unmittelbar
titrierbaren Substanz durch geeignete chemische
Reaktionen eine der unbekannten Substanzmenge
äquivalente Jodmenge frei zu machen. *Günther.*

Masse und Gewicht s. Kilogramm.

Massenanhäufung s. Schwerkraft und Isostasie.

Massenausgleich. Wenn ein mechanisches System
vorgelegt ist, das aus einem starren Hauptbestandteil und mehreren gegeneinander bewegten Innen-
teilen zusammengesetzt ist, wie beispielsweise
ein Schiffskörper samt den Schiffsmaschinen,
so besteht die Aufgabe des Massenausgleiches
darin, die Massen der beweglichen Teile sowie ihre
Schwerpunkte derart anzuordnen, daß die inneren
Bewegungen nach außen hin keine Wirkung
zeigen, d. h. daß der Körper durch die inneren
Kräfte allein nicht in Bewegung gerät. War er
vorher in Ruhe, so besitzt er weder Impuls noch
Drehimpuls (s. d.). Die inneren (beweglichen)
Massen sind hienach ausgeglichen, wenn auch ihr
Gesamtimpuls und ebenso ihr gesamtes Impulsmoment in bezug auf jeden beliebigen Punkt
dauernd Null bleibt. Die erste dieser beiden
Forderungen besagt nach dem Schwerpunkts-
satz (s. Impulssätze) auch so viel, daß der Schwerpunkt der beweglichen Massen gegenüber dem
Gesamtschwerpunkt in Ruhe bleiben muß.

Die Aufgabe ist im einzelnen hauptsächlich
für ihren wichtigsten Fall, nämlich für das Schiff
und seine Antriebsmaschinen, behandelt worden
(Schlick). Die strenge Lösung läßt sich in der

Regel nicht verwirklichen; man begnügt sich praktisch mit Annäherungen von verschiedenen Graden der Genauigkeit. *R. Grammel.*

Näheres s. H. Lorenz, Dynamik der Kurbelgetriebe. Leipzig 1901.

Massendefekt s. Schwerkraft und Isostasie.

Masseneinheiten. Als Einheit der Masse gilt, nach internationaler Vereinbarung, das Kilogramm, ursprünglich definiert als die Masse eines Kubikdezimeters Wasser im Zustand seiner größten Dichte (bei 4° C), jetzt bestimmt und verkörpert durch die Masse eines Zylinders aus einer Legierung von Platin und Iridium (90% Pt., 10% Ir.), welcher im Bureau international des Poids et Mesures (s. d.) aufbewahrt wird. Kopien dieses Zylinders aus der gleichen Legierung mit kleinen, aber bekannten Abweichungen befinden sich bei den Meßbehörden der meisten Staaten der Erde, in Deutschland in der Reichsanstalt für Maß und Gewicht in Charlottenburg. Alle übrigen Masseneinheiten sind Vielfache oder Teile des Kilogramms.

1 Kilogramm (kg) = 1000 Gramm (g) = 10 000 Dezigramm (dg) = 100 000 Zentigramm (cg) = 1 000 000 Milligramm (mg).

1000 Kilogramm (kg) = 10 Doppelzentner (dz) = 1 Tonne (t).

Einige ältere Masseneinheiten (Pfundmaße).
Baden: 1 Pfund = 0 5 kg. Einteilung in 32 Lot.
Bayern und Österreich: 1 Pfund = 0,5600 kg. Einteilung in 32 Lot.
Preußen bis 1839: 1 Pfund = 0,4677 kg. Einteilung in 32 Lot. Zollgewicht von 1840 an, von 1858 an auch Handelsgewicht:
1 Pfund = 0,5 kg. Einteilung in 30 Lot.
Sachsen: 1 Pfund = 0,4676 kg. Einteilung in 4 Pfenniggewicht zu je 2 Hellergewicht.
England: a) das Troygewicht:
1 Pfund = 0,3732 kg. Einteilung in 12 ounces zu je 20 penny-weights.
b) das Avoirdupoidsgewicht (Handelsgewicht):
1 Pfund = 0,4536 kg. Einteilung in 16 ounces zu je 16 drams.
Schweden: 1 Pfund = 0,4251 kg. Einteilung in 32 Lot.
(Ausführliche Angaben s. in Landolt-Börnstein, Physikalisch-chemische Tabellen. Berlin, Springer.)

Im Bureau international des Poids et Mesures sind mehrere Versuche unternommen worden, den Unterschied des durch einen Zylinder aus Platin-Iridium verkörperten Kilogramms von seinem Definitionswert, der Masse eines Kubikdezimeters Wasser von 4° genau festzustellen. Diese Versuche haben den Zweck, die Massenbeständigkeit des Normalstückes zu kontrollieren, und wenn es sich etwa im Laufe der Zeit verändert haben sollte, seine genaue Wiederherstellung zu ermöglichen. Die Untersuchung besteht darin, daß der Inhalt eines regelmäßig gestalteten Körpers durch lineare Ausmessung in Kubikzentimeter ausgedrückt und ferner durch hydrostatische Wägungen (s. d.) in der einen Kubikzentimeter entsprechenden und nahe gleichen Einheit des Milliliters (s. d. Artikel Raummaße) dargestellt wird. Der Quotient beider Zahlen gibt direkt das Verhältnis des Milliliters zum Kubikzentimeter; da 1 ml Wasser im Zustande größter Dichte die Masse von 1 g repräsentiert, so kennt man dadurch auch das Gramm in Abhängigkeit vom Zentimeter.

Die zweite Art der Darstellung des Inhalts eines Körpers in Milliliter bietet keine besonderen Schwierigkeiten und kann auf einer mäßig guten Wage mit hinreichender Genauigkeit ausgeführt werden. Dagegen erfordert die lineare Ausmessung des Körpers sehr subtile Messungsmethoden, um ein nur einigermaßen brauchbares Resultat zu erhalten. Im Bureau international des Poids et

Mesures sind im ganzen drei solcher Untersuchungsreihen ausgeführt worden. Guillaume arbeitete mit Bronzezylindern, deren Lineardimensionen er komparatorisch ermittelte; Chappuis einerseits und Macé de Lépinay, Buisson und Benoit andererseits benutzten würfelförmige Körper, zu deren Ausmessung sie sich verschiedene Interferenzmethoden bedienten. Ihre Schlußresultate sind in sehr naher Übereinstimmung. Im Mittel finden sie das Volumen von 1 kg Wasser größter Dichte unter dem Druck von 760 mm gleich 1,000 027 dm³ mit einem wahrscheinlichen Fehler von 1—2 Einheiten der letzten angegebenen Ziffer. Mit anderen Worten: Das Kilogramm ist die Masse eines Würfels reinen Wassers im Zustande größter Dichte, dessen Kantenlänge 1,000 009 dm beträgt. *Scheel.*

Näheres s. Scheel, Praktische Metronomie. Braunschweig 1911.

Massenmessungen. Zur Messung von Massen dient die Wage (s. d.). In Wirklichkeit erlaubt die Wage zwar nur die Gleichheit zweier Gewichte festzustellen; da sich aber an derselben Stelle der Erdoberfläche die Massen zweier Körper wie ihre Gewichte verhalten, so folgert man, daß die beiden Körper, wenn sie auf der Wage gleiche Gewichte aufweisen, auch gleiche Masse haben. Das gilt indessen nur mit zwei Einschränkungen.

Befinden sich die an der Wage hängenden beiden Körper nicht in gleicher Höhe, so werden sie durch die Schwerkraft der Erde in verschiedener Weise beeinflußt, derart, daß von zwei gleichen Massen die höher aufgehängte weniger wiegt als die tiefer angeordnete. Der Unterschied beträgt für 1 kg und 1 m Höhendifferenz 0,3 mg; er ist nur klein und wird nur in den seltensten Fällen eine praktische Bedeutung erlangen.

Wichtiger ist die zweite Einschränkung, die bei den meisten chemischen und physikalischen Wägungen berücksichtigt werden muß. Nach dem Archimedes den Gesetz (s. a. den Artikel Hydrostatische Wägungen) erleidet ein Körper in irgend einem ihn umgebenden Mittel einen Gewichtsverlust, welcher gleich dem Gewicht des von ihm verdrängten Mittels ist. Da die Wägungen meist in der atmosphärischen Luft ausgeführt werden, so folgt aus dem genannten Gesetz eine erhebliche Verfälschung des Resultates, die in Rechnung gezogen werden muß. Dies geschieht dadurch, daß man sich vorstellt, welcher Einfluß auf die beiden Massen A und B, deren kleiner Gewichtsunterschied in Luft durch Wägung gleich C gefunden sei, ausgeübt würde, wenn man plötzlich die umgebende atmosphärische Luft entfernte. Offenbar wird dann jede der beiden Massen, weil jetzt der Auftrieb der Luft fortfällt, schwerer, und zwar jede um so viel, wie eine Luftmasse wiegt, welche denselben Raum wie die betreffende Masse einnimmt. Bezeichnen also V_A und V_B die Volumina der Massenstücke A und B, ferner s_A und s_B die Dichten der die Massenstücke A und B umgebenden Luft, so wird aus dem Wägungsresultat $A - B = c$ die Massengleichung

$$(A - V_A s_A) - (B - V_B s_B) = c$$

oder

$$A - B = c + V_A s_A - V_B s_B.$$

In den meisten Fällen, namentlich aber, wenn sich die zu vergleichenden Massenstücke in demselben Wagekasten in nahe gleicher Höhe befinden, ist $s_A = s_B = s$; die Massengleichung nimmt dann die einfachere Form an

(1) $$A - B = c + (V_A - V_B) s.$$

Die Größe $(V_A - V_B)s$ nennt man die Korrektion zur **Reduktion der Wägung auf den leeren Raum**; sie kann beträchtliche Werte annehmen, beispielsweise bei der Vergleichung zweier Kilogramme aus Platin und Aluminium 0,5 g. Über die Ermittlung der Volumina V_A und V_B vergleiche den Artikel **Raummessung**; s findet man in der Regel folgendermaßen aus meteorologischen Beobachtungen.

Die zum weitaus größten Teil aus Sauerstoff und Stickstoff bestehende atmosphärische Luft hat unter einem Druck von 760 mm Quecksilber bei 0^0 die Dichte

$$s_0 = 0,001\,2928,$$

unter dem Druck h mm bei t^0 die Dichte

$$s = \frac{s_0}{1 + \alpha t} \cdot \frac{h}{760} = \frac{0,001\,2928}{1 + \alpha t} \cdot \frac{h}{760},$$

wo α den Ausdehnungskoeffizienten der Gase bedeutet. Sehen wir von dem geringen Einfluß des in der Atmosphäre vorhandenen Wasserdampfes ab, so ist h der auf 0^0 reduzierte Barometerstand, t wird in bekannter Weise mit einem Thermometer gemessen.

Man hat versucht, die Luftdichte nicht aus meteorologischen Daten, sondern während der Wägung experimentell zu ermitteln. Der eingeschlagene Weg besteht darin, daß man gleichzeitig mit den Körpern A und B zwei im Wagekasten befindliche „Luftgewichtskörper", das sind zwei nahezu gleiche Massen von sehr verschiedenem Volumen miteinander vergleicht. Nennen wir diese Massen M und N, ihre Volumina V_M und V_N, so erhalten wir analog dem obigen Ausdruck durch eine Wägung

$$M - N = a,$$

der die Massengleichung $M - N = a + (V_M - V_N)s$ entspricht.

Vereinigen wir diese Gleichung mit der obigen Beziehung 1), so wird

$$A - B = c + \frac{V_A - V_B}{V_M - V_N}(M - N - a)$$

unabhängig von s.

Endlich hat man versucht den Einfluß der Luftdichte auf die Wägung auf einen sehr kleinen Betrag herabzudrücken oder gar überhaupt verschwinden zu lassen. Hierzu bieten sich zwei Wege. Aus der Massengleichung

$$A - B = c + (V_A - V_B)s$$

erkennt man, daß der Einfluß der schwankenden Luftdichte um so kleiner wird, je kleiner die Differenz $V_A - V_B$ ist. Die Differenz ist nahezu Null bei Massenstücken von gleichem Nennwert aus gleichem Material. Ein Mittel, die Differenz auch in anderen Fällen möglichst klein zu machen, besteht darin, die Masse B so aus einzelnen Teilen zusammenzusetzen, daß V_B sehr nahe gleich V_A wird. Hierzu bedarf man zweier Massensätze, eines von kleinem spezifischen Volumen, z. B. Platiniridium, von welchem 1 kg das Volumen von etwa 46 ml besitzt, und eines von großem spezifischen Volumen, z. B. Bergkristall oder Aluminium oder Magnalium, von denen 1 kg den weit größeren Raum von etwa 370 ml einnimmt. Welchen Beitrag jeder der beiden Massensätze gegebenenfalls zum Aufbau der Masse B zu liefern hat, wird eine einfache Überlegung ergeben.

Der zweite Weg, den Einfluß der Luftdichte auf die Wägung verschwinden zu lassen, besteht darin,

daß man die Luftdichte selbst gleich Null macht, d. h. die Wägungen im luftleeren Raum anstellt. Man bedient sich hierzu besonderer Wagen, der **Vakuumwagen**, von denen schon in dem Artikel **Gleicharmige Wage** die Rede war. Solche Wagen sind komplizierte Mechanismen und finden sich deshalb nur an denjenigen Stätten, denen die Pflege des Maß- und Gewichtswesens anvertraut ist, die also Vergleichungen von Massennormalen als Selbstzweck betreiben. An diesen Stätten kommt es auf die äußerste erreichbare Genauigkeit an und dabei hat die Methode der Vakuumwägung, so gut sie erdacht ist, schließlich doch versagt. Der Grund hierfür ist darin zu suchen, daß die Massennormale für die höchsten Ansprüche niemals wirklich konstante Massen darstellen. Sind die Stücke aus weniger edlem Material verfertigt, so ist die Oberfläche mehr oder weniger stark chemischen Einflüssen der Umgebung ausgesetzt, was sich in einer Massen-(Gewichts)-vermehrung zeigt. Aber auch wenn das Massenstück aus besserem Material besteht, sind äußere Einflüsse auf dasselbe nicht wirkungslos. Vor allem ist es die wechselnde Feuchtigkeit der atmosphärischen Luft, welche sich je nach der Beschaffenheit der Oberfläche des Massenstücks auf dieser kondensiert, möglicherweise auch in die Poren eindringt. Im allgemeinen wird sich noch bei mäßigen Schwankungen der Luftfeuchtigkeit ein Gleichgewichtszustand herausbilden, der die Masse des Gewichtsstückes auch über längere Zeiträume konstant erscheinen läßt. Wird aber das Gewichtsstück in das Vakuum gebracht, so entfernen sich schnell alle Feuchtigkeit und auch alle sonst an der Oberfläche haftenden Gase von dieser, und das zu wägende Stück verliert merklich an Masse. Eine Vakuumwägung wird also gar nicht mehr mit der ursprünglichen Masse, sondern mit einer unter Umständen recht erheblich verringerten ausgeführt und kann darum auch gar kein richtiges Resultat ergeben. Hierin besteht aber der Schaden noch nicht allein. Bringt man nach der Wägung das Massenstück wieder in die atmosphärische Luft, so beginnt ein Rückbildungsprozeß; das Massenstück kondensiert wieder Feuchtigkeit und andere Gase auf der Oberfläche und kommt erfahrungsgemäß erst nach langer Zeit wieder in einen Gleichgewichtszustand.   *Scheel.*

Näheres s. Scheel, Praktische Metronomie. Braunschweig 1911.

Massenpunkt (materieller Punkt) ist eine von der klassischen Mechanik gemachte Abstraktion und bezeichnet einen mit Masse begabten Körper, bei welchem 1. alle Ausdehnungen vernachlässigbar klein gelten gegenüber den sonstigen vorkommenden Längen, und bei welchem 2. von etwaigen Drehungen des Körpers in sich selbst und von den damit verbundenen Trägheitserscheinungen abgesehen werden soll.   *R. Grammel.*

Massensätze (Gewichtssätze). Massensätze sind Vereinigungen von Massennormalen. Ihre Einteilung (Stückelung) soll die Möglichkeit gewähren, jede beliebige Masse aufzubauen und hiermit eine noch unbekannte Masse mit Hilfe der Wage zu messen. Dieses Ziel soll in übersichtlicher Weise und mit einem möglichst geringen Aufwand an Material und Arbeit erreicht werden. Das geschieht, abgesehen von besonderen Fällen, dadurch, daß man jede Dekade für sich behandelt und daß man die Nennwerte in jeder Dekade wiederkehren läßt. Wieviel Dekaden in einem Massensatz vertreten sein sollen, hängt von den Zwecken der Wägung ab.

Massensätze, welche für chemische Zwecke verwendet werden sollen, brechen meist schon bei 0,01 g = 10 mg ab. Massensätze für metronomische Zwecke müssen um volle zwei Dekaden weiter reichen, bis 0,1 mg.

Für die Einteilung innerhalb jeder Dekade sind die Stückelungen

$$5\ 2\ 2\ 1$$
$$5\ 2\ 1\ 1\ 1$$

viel im Gebrauch. Beide Arten sind indessen nicht sehr zweckmäßig. Doppelte Stücke für denselben Nennwert machen erhöhte Aufmerksamkeit beim Arbeiten nötig. Ferner erfordert die Abgleichung in einer Dekade vielfach 3 (z. B. $8 = 5 + 2 + 1$), im zweiten Falle auch 4 Stücke ($9 = 5 + 2 + 1 + 1$). Diese Nachteile werden durch die Stückelungen

$$4\ 3\ 2\ 1$$
und $$5\ 4\ 3\ 2\ 1$$

vermieden.

Massensätze müssen auf ihre Richtigkeit kontrolliert werden. Die hierzu angewendeten Methoden haben das Gemeinsame, daß man die Ausgleichung zunächst immer innerhalb einer Dekade ausführt, wobei man die Summe aller oder mehrerer Stücke an ein Stück der nächsthöheren Dekade, letzten Endes an ein Normalgewicht anschließt. Wie die Ausgleichung im einzelnen vorzunehmen ist, kann hier nicht besprochen werden. Doch mag bemerkt werden, daß auch bezüglich der Ausgleichung die beiden zuletzt genannten Stückelungen vor den erstgenannten erhebliche Vorzüge aufweisen. Die durch die Ausgleichung gefundenen kleinen Abweichungen der einzelnen Stücke von ihrem Nennwert, die Korrektionen (s. d.) der Stücke, sind beim späteren Arbeiten mit dem Massensatz in Rechnung zu ziehen.

Von besonderen Arten der Stückelung von Massensätzen soll hier nur eine besprochen werden, welche viel gebraucht wird. An den im Artikel Gleicharmige Wage erwähnten Vakuumwagen finden sich meist Vorrichtungen, um Zulagegewichte, die die Form von Reitern haben, auf den Wagebalken aufzusetzen, ohne den Wagekasten öffnen zu müssen. Die Stückelung dieser Reitergewichte muß ihrem Zwecke angepaßt werden, mit möglichst wenig Mechanismen, also aus möglichst wenig Stücken, eine möglichst große Mannigfaltigkeit der Zulagen in gleichmäßigen Stufen zu bilden. Das wird beispielsweise durch eine Stückelung nach Potenzen von 3 erreicht, also durch Massenstücke, die in einer passenden Einheit, etwa in Milligramm die Werte

$$1\quad 3\quad 9\quad 27\quad 81\quad \text{usw.}$$

haben. Werden solche Massensätze zu beiden Seiten der Wage bereitgestellt, so kann man durch gleichzeitige Betätigung der Mechanismen auf beiden Seiten der Wage aus Summe und Differenz sowohl links wie rechts Zulagegewichte kombinieren, die von Einheit zu Einheit bis zur Summe aller Zulagegewichte fortschreiten, also sowohl links wie rechts die Zulagegewichte 1, 2, 3, 4 ... 121 usw. schaffen.
Scheel.

Näheres s. Scheel, Praktische Metronomie. Braunschweig 1911.

Massenstrahlungskoeffizient. Die auf die Masseneinheit bezogene Sekundärstrahlungsfähigkeit $\dfrac{k}{\varrho}$ eines von primärer Korpuskular- oder Wellenstrahlung getroffenen Körpers, wenn ϱ die Dichte und k der Volumstrahlungskoeffizient (Strahlung pro Volumeinheit) ist. — Im gleichen Sinne werden die Ausdrücke „Massenabsorptionskoeffizient", „Massenstreuungskoeffizient" gebraucht, ersterer $\dfrac{\mu}{\varrho}$ bezogen auf den Absorptionskoeffizienten μ, letzterer auf die Streufähigkeit eines Materiales.
K. W. F. Kohlrausch.

Maßflasche, Lanesche. Die Maßflasche dient in der Elektrostatik dazu, um die ihr durch eine Elektrizitätsquelle, beispielsweise eine Elektrisiermaschine erteilte Ladung zu messen. Die Einrichtung besteht aus einer Leidener Flasche L (s. Figur), deren innere Belegung mit der zu messenden Elektrizitätsquelle über die Kugel d verbunden wird, während die ihr gegenüberstehende gleichgroße Kugel c, die durch eine Mikrometerschraube M verschiebbar ist, mit der äußeren Belegung der Leidener Flasche und der Erde verbunden ist. Wird nun die innere Belegung geladen, so wird schließlich, wenn eine gewisse Elektrizitätsmenge E übergeflossen ist, der Entladungsfunke einsetzen; der nächste Funken wird einsetzen, wenn wiederum die gleiche Ladung (oder genau genommen wegen der Rückstandsbildung eine etwas kleinere Menge) E auf die Belegung geflossen ist. Die Ladung ist daher proportional der an der Maßflasche pro Zeiteinheit auftretenden Funkenzahl.
R. Jaeger.

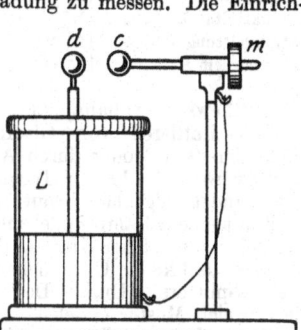

Lanesche Maßflasche.

Maßstab s. Längenmessungen.

Maßsystem, elektrostatisches. Das elektrostatische Maßsystem geht vom Coulombschen Gesetz aus (s. dieses). In diesem wird durch Einsetzen des Zahlfaktors 1 für die Proportionalitätskonstante k die Dimension der Elektrizitätsmenge festgesetzt. Die im elektrostatischen Maß (ES) ausgedrückten Dimensionen sind in folgender Tabelle zusammengestellt:

Bezeichnung	Dimension elektrostatisch E_s	CGS Einheit elektrostatisch ist gleich
Menge, elektrische q	$[L^{3/2}\,M^{1/2}\,T^{-1}]$	$\frac{1}{3}10^{-9}$ Coulomb
„ magnetische m	$[L^{1/2}\,M^{1/2}]$	—
Feldstärke, elektrische 𝔈	$[L^{-1/2}\,M^{1/2}\,T^{-1}]$	—
„ magnet. 𝔥	$[L^{1/2}\,M^{1/2}\,T^{-2}]$	$\frac{1}{3}10^{-10}$ Gauß
Magnet. Induktion 𝔅 }	$[L^{-1/2}\,M^{1/2}]$	—
Magnet. Intensität 𝔍 }		
Potential, elektr. (Spannung) V	$[L^{1/2}\,M^{1/2}\,T^{-1}]$	300 Volt
Potential, magnet. V	$[L^{1/2}\,M^{1/2}\,T^{-2}]$	—
Flächendichte, elektr. σ	$[L^{-1/2}\,M^{1/2}\,T^{-1}]$	—
„ magn. σ	$[L^{-3/2}\,M^{1/2}]$	—
Magnetisierung (Volumeinheit) ϱ	$[L^{-3/2}\,M^{1/2}]$	—
Magnetisches Moment M	$[L^{3/2}\,M^{1/2}]$	—
Magnet. Fluß (Kraftlinie) Φ	$[L^{1/2}\,M^{1/2}]$	$3 \cdot 10^{10}$ Maxwell
Dielektrische Verschiebung ϑ	$[L^{-1/2}\,M^{1/2}\,T^{-1}]$	—
Stromstärke i	$[L^{3/2}\,M^{1/2}\,T^{-2}]$	$\frac{1}{3}10^{-9}$ Ampere[1]

[1] 1 CGS = 10 Ampere wird mitunter als „Weber" bezeichnet.

Bezeichnung	Dimension elektrostatisch E_s	CGS Einheit elektrostatisch ist gleich
Stromdichte $\mathfrak{J}$	$[L^{-1/2} \, M^{1/2} \, T^{-2}]$	—
Widerstand R	$[L^{-1} \, T]$	9×10^{11} Ohm
Spezifisch. Widerstand ϱ	$[T]$	—
Spezifisches Leitvermögen σ	$[T^{-1}]$	—
Kapazität C	$[L]$	$^1\!/_{\bullet}10^{-11}$ Farad
Induktivität L	$[L^{-1} \, T^2]$	9×10^{-11} Henry
Stromleistung P . . .	$[L^2 \, M \, T^{-3}]$	10^{-7} Watt
Stromarbeit E	$[L^2 \, M \, T^{-2}]$	10^{-7} Joule

R. Jaeger.

Matthews. Meridianapparat s. Lichtstrommesser.

Das **Mattieren** von Glasflächen kann durch Schleifen (s. d.) oder durch Ätzen (s. d.) bewerkstelligt werden. In der Technik wird gewöhnlich das Sandstrahlgebläse benutzt, das darauf beruht, daß mit einem Dampf- oder meist Luftstrahl Sandkörnchen mit solcher Kraft an das Glas geschleudert werden, daß kleine Glasteilchen aus der Oberfläche heraussplittern. Durch Decken mit Schablonen lassen sich Muster erzielen. *R. Schaller.*

Maximalpermeabilität. — Trägt man die Werte der Permeabilität $\mu = \mathfrak{B}/\mathfrak{H}$ in Abhängigkeit von der Induktion $\mathfrak{B}$ oder der Feldstärke $\mathfrak{H}$ auf, so steigt die erhaltene Kurve bei ferromagnetischen Körpern anfangs stark an, und zwar um so steiler und höher, je magnetisch weicher das betreffende Material ist, erreicht ein Maximum (Maximalpermeabilität) und sinkt dann wieder, um allmählich bei sehr hohen Feldstärken asymptotisch dem Werte 1 zuzustreben. Neben der Koerzitivkraft K und der Remanenz R ist auch die Maximalpermeabilität eine die magnetischen Eigenschaften des Materials hauptsächlich charakterisierende Größe; die Feldstärke, bei der sie eintritt, beträgt erfahrungsgemäß etwa das 1,3fache der Koerzitivkraft; für ihre Größe hat Gumlich die empirische Beziehung $\mu_{max} = R/2\,K$ gefunden; sie beträgt beim harten Stahl etwa 150 bis 180, beim weichen Stahl 400 bis 800, beim gewöhnlichen Gußeisen 200 bis 300, beim geglühten Gußeisen 500 bis 800, beim Flußeisen, normalem und legiertem Dynamoblech 2000 bis 5000, in Ausnahmefällen, z. B. bei sehr reinem, entgastem Elektrolyteisen, bis zu 20000.

Gumlich.

Maximalstrahler s. Energetisch-photometrische Beziehungen, Nr. 2; s. ferner Wirtschaftlichkeit von Lichtquellen, C.

Maximum- und Minimumthermometer. In manchen Fällen, besonders in der Meteorologie, ist es erwünscht, die während eines gewissen Zeitabschnittes höchste oder tiefste Temperatur kennen zu lernen. Man hat diese Aufgabe in der Weise gelöst, daß man in die Kapillare eines Thermometers ein Eisen- oder ein Glasstäbchen bringt, das die Bewegung des Flüssigkeitsfadens in der einen Richtung mitmacht, in der anderen Richtung nicht beeinflußt wird. Um die höchste Temperatur zu registrieren, benutzt man ein Quecksilberthermometer mit einem Eisenstift; steigt die Quecksilbersäule an, so schiebt sie den Eisenstift vor sich her und läßt ihn beim Zurückgehen liegen. Um niedrigste Temperaturen anzuzeigen, bedient man sich eines Alkoholthermometers mit Glasstift; bei fallender Temperatur wird der Glasstift durch die Kapillarkraft der Flüssigkeit mitgenommen; die steigende Alkoholsäule fließt über den Glasstift hinweg, ohne ihn von der Stelle zu bewegen. — Beide Arten von Thermometern

werden horizontal angeordnet. Um sie nach der Ablesung der Extremtemperatur wieder verwendungsbereit zu machen, genügt es, sie aufzurichten und durch leichtes Klopfen die Stifte wieder an das Ende der Flüssigkeitssäule zu befördern.

Six hat beide Thermometer zu einem vereinigt. Er benutzt ein Alkoholthermometer, dessen Flüssigkeitsfaden durch einen längeren U-förmig angeordneten Quecksilberfaden getrennt ist. Auf beiden Enden des Quecksilberfadens schwimmen Eisenstäbchen, die sich mit leichter Reibung in der Thermometerkapillare bewegen. Fällt die Temperatur, so steigt das Quecksilber im einen, etwa im linken Schenkel und fällt im rechten Schenkel; bei steigender Temperatur ist die Bewegung umgekehrt. In jedem Falle schiebt die steigende Quecksilbersäule den Eisenstift vor sich her, während die fallende ihn liegen läßt; die Lage des Stiftes im linken Schenkel wird also die tiefste, diejenige im rechten Schenkel die höchste vorgekommene Temperatur anzeigen. — Nach der Ablesung werden die Eisenstäbchen durch einen Magneten wieder an die Quecksilberkuppen herangewegt.

Eine besondere Art der Maximumthermometer bilden die **Fieberthermometer**; hier benutzt man drei verschiedene Vorrichtungen. Die älteste, jetzt nur noch wenig verwendete Form ist diejenige mit Indexfaden, der durch eine kleine Luftblase von dem übrigen Quecksilberfaden getrennt ist (Fig. 1). Die Herstellung dieser Art Thermometer erfordert besondere Mühe, weil der untere Teil des Kapillarrohrs zu einer Schleife gebogen werden muß, um zu verhindern, daß der abgetrennte Indexfaden in den Hals des Thermometers gelangt.

Das zweite Mittel, die Maximumwirkung zu erzielen, ist das Einschmelzen eines Glasstiftes in das Quecksilbergefäß (Fig. 2). Der Glasstift hat je nach der Dicke des Gefäßes eine Stärke von 0,2 bis 0,6 mm und wird soweit in den unteren erweiterten Teil der Kapillare (Hals des Thermometers) eingeführt, daß an seinem oberen Ende nur ein ganz kleiner ringförmiger Raum in dem Kapillarrohr frei bleibt, durch den das Quecksilber beim Ansteigen der Temperatur wohl hindurchtreten, sich aber nach

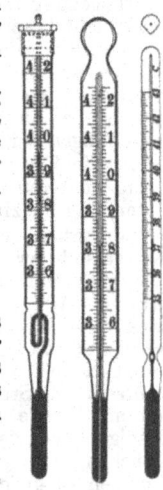

Fig. 1. 2. 3.
Maximum-vorrichtungen an Fieberthermometern.

dem Abkühlen des Thermometers ohne weiteres nicht wieder zurückziehen kann. Die Quecksilbersäule trennt sich daher an dieser Stelle und zeigt an ihrem oberen Ende das erreichte Temperaturmaximum an. Um das Thermometer für eine neue Messung vorzubereiten, muß der Quecksilberfaden durch kräftiges Schleudern des ganzen Instrumentes heruntergeschlagen, d. h. durch die enge Öffnung im Hals des Thermometers zurückgetrieben werden.

In ähnlicher Weise funktioniert die dritte, die Hickssche Maximum-Vorrichtung (Fig. 3). Diese Vorrichtung wird hergestellt, indem zuerst im unteren Ende des Kapillarrohrs eine Erweiterung geblasen wird, die man dann vor der Stichflamme so einfallen läßt, daß sie in der Mitte geschlossen ist und nur zu beiden Seiten feine Kanäle übrig bleiben. Die Kanäle müssen so fein sein, daß das Quecksilber bei langsamem Ansteigen der Temperatur nicht mehr zusammenhängend, sondern einer Perlenschnur vergleichbar in kleine Teile getrennt durchfließt. Daher gehen diese Art Thermometer ebenso wie die Thermometer mit Stiftvorrichtung beim Ansteigen der Temperatur sprungweise vor. *Scheel.*

Näheres s. jedes größere Lehrbuch der Experimentalphysik; über Fieberthermometer im besonderen: Wiebe, Deutsche Mechaniker-Zeitung 1911. S. 77—79.

Maxwellsche Formel für Kapazitäten s. Kapazität.

Maxwellsche Geschwindigkeitsverteilung. In einem Gase haben die einzelnen Moleküle zwar verschiedene Geschwindigkeiten c, aber sie häufen sich um einen Mittelwert und befolgen ein (dem Gaußschen Exponentialgesetz) verwandtes Verteilungsgesetz. Dabei ist die Anzahl z der Moleküle, deren Geschwindigkeitskomponenten zwischen den Grenzen u bis $u + \varDelta u$, v bis $v + \varDelta v$, w bis $w + \varDelta w$ liegen, gegeben durch

$$z = f(u, v, w) \varDelta u \varDelta v \varDelta w.$$

Nach Maxwell ist nun für einatomige Gase, wenn keine äußeren Kräfte wirken, die Wahrscheinlichkeitsfunktion

$$f = A e^{-\frac{m}{2kT}(u^2 + v^2 + w^2)}$$

(m = Masse des Moleküls, T = Temperatur, k = Boltzmannsche Konstante, A = Konstante).

Man kann diese Funktion auffassen als *Verteilungsdichte* im *Geschwindigkeitsraum*, dessen 3 Achsen den 3 Geschwindigkeitskomponenten u, v, w entsprechen und dessen Volumelement $= \varDelta u \cdot \varDelta v \cdot \varDelta w$ ist. Durch Integration über die Kugelschale vom Radius c ($c^2 = u^2 + v^2 + w^2$) erhält man die Verteilungsfunktion f (c), die durch f (c) $\varDelta$ c bestimmt, wieviel Moleküle einen Absolutwert der Geschwindigkeit zwischen c und $c + \varDelta c$

haben; es wird $f(c) = A 4 \pi c^2 \cdot e^{-\frac{m}{2kT}c^2}$.

Boltzmann hat diesen Ansatz verallgemeinert, so daß er auch bei äußeren Kräften und für kompliziertere Moleküle anwendbar wird. In den Exponenten tritt dann die Energie des Moleküls, in welche außer der kinetischen Energie der Translation auch die äußere potentielle (z. B. im Schwerefeld) und die innere Energie (Rotation und innere Schwingungs-Energie) eingeht; zu den Geschwindigkeiten treten dann noch andere Parameter hinzu. Man kann diese Ansätze auf allgemeinere Wahrscheinlichkeitsannahmen zurückführen, insbesondere läßt sich aus dem *Stoßzahlansatz* beweisen, daß diese Verteilung die einzige stationäre ist. Vielfach wird aber gerade die Boltzmannsche Form als *Boltzmannsches Prinzip* axiomatisch an die Spitze der kinetischen Gastheorie gestellt. *Reichenbach.*

Maxwells Gesetz. Zur Vereinfachung der Rechnung nimmt man in der kinetischen Gastheorie häufig an, alle Molekeln haben dieselbe Geschwindigkeit. Dem kann in Wirklichkeit natürlich nicht so sein; denn hätten tatsächlich einmal alle Molekeln diesen Zustand, so müßte er infolge der Zusammenstöße, die ja nur in Ausnahmsfällen zentral erfolgen, sofort gestört werden. Wir müssen vielmehr annehmen, daß sich die Geschwindigkeit einer Molekel von Stoß zu Stoß ändert, daß jedoch bei einem stationären Zustand des Gases die verschiedenen Geschwindigkeiten gesetzmäßig verteilt sind. Es wird also z. B. eine gewisse Wahrscheinlichkeit geben, daß die Geschwindigkeit einer Molekel zwischen c und $c + dc$ liegt. Das diesbezügliche Gesetz wurde von J. Cl. Maxwell gefunden und sagt etwa folgendes aus. Ein Gas enthalte n Molekeln,

dann ist die Zahl jener, die eine Geschwindigkeit zwischen c und $c + dc$ haben,

$$d Z = \frac{4 n}{\sqrt{\pi} a^3} c^2 e^{-\frac{c^2}{a^2}} d c.$$

a bedeutet dabei nichts anderes als die wahrscheinlichste Geschwindigkeit. Die meisten Molekeln werden also Geschwindigkeiten haben, die nahe bei a liegen. Je kleiner oder je größer die Geschwindigkeit gegenüber a ist, desto seltener wird sie vorkommen. Geschwindigkeiten Null und unendlich sind unendlich selten.

Mit Hilfe des Maxwellschen Gesetzes läßt sich die mittlere Geschwindigkeit $\bar{c}$ und das mittlere Geschwindigkeitsquadrat $\overline{c^2}$ berechnen. Letzteres läßt sich aus der Formel für das Boyle-Charlessche Gesetz (s. dieses) zahlenmäßig finden. Da $\overline{c^2} = \frac{3a^2}{2}$, so läßt sich auch die wahrscheinlichste

Geschwindigkeit a und aus der Beziehung $\bar{c} = \frac{2a}{\sqrt{\pi}}$

auch $\bar{c}$ numerisch berechnen. So findet man z. B. für Sauerstoff $\sqrt{\overline{c^2}} = 461$ m, $a = 377$ m, $\bar{c} = 425$ m.

Mit Berücksichtigung des Maxwellschen Verteilungsgesetzes werden die Rechnungen der kinetischen Gastheorie häufig viel komplizierter, als wenn man von vornherein für alle Molekeln gleiche Geschwindigkeiten annimmt, ohne daß die schließlichen Formeln wesentlich voneinander abweichen. Man ersieht dies schon aus den Größen $\bar{c}$ und $\sqrt{\overline{c^2}}$, die sich etwa wie 12 : 13 verhalten. Die Formel für die mittlere Weglänge (s. diese) wird $\lambda = \frac{1}{\sqrt{2} N \pi \sigma^2}$,

während die einfachere Rechnung $\lambda = \frac{3}{4 N \pi \sigma^2}$ ergibt. Der Unterschied ist der von $\frac{1}{\sqrt{2}} = 0{,}707$ und

$\frac{3}{4} = 0{,}75$. Ähnlich geringfügige Abweichungen ergeben die Formeln für die innere Reibung, Wärmeleitung usw. *G. Jäger.*

Näheres s. G. Jäger, Die Fortschr. d. kinet. Gastheorie. 2. Aufl. Braunschweig 1919.

Mechanische Wärmetheorie s. Thermodynamik.

Mechanische Zünder s. Sprenggeschosse.

Meer. Das Meer bedeckt 361 Mill. qkm oder 70,8% der Erdoberfläche; davon entfallen auf die nördliche Halbkugel 154,5, auf die südliche 206,5 Mill. qkm. Noch größer, nämlich 231 Mill. qkm, ist der Meeresanteil der sog. Wasserhalbkugel, deren Pol in 47° 25' Süd, 177° 23' Ost liegt.

Horizontale Anordnung. Im Gegensatz zum Lande (s. dieses), das in einzelne Teile aufgelöst ist, stehen alle Meere der Erde miteinander in Verbindung. Sie reichen bis zum Nordpol, dessen Lage im Meere Dr. F. Cook am 21. April 1908 zuerst feststellte. Wie weit das Meer südwärts reicht, ist nicht bekannt. Auf dem Meridian von 165° West scheint es sich bis 85° Süd auszudehnen, doch bedeckt von etwa 78½° Süd ab eine gewaltige schwimmende Eistafel, das Roß-Barriere-Eis (s Barriere-Eis) den südlichsten Teil des Weltmeeres, so daß dessen Südgrenze sich wohl niemals genau feststellen lassen wird. Man unterscheidet drei große Ozeane, denen sich verschiedene Nebenmeere angliedern, von denen man die größeren

Einbuchtungen als Randmeere, dagegen abgeschlossene, nur durch Meeresstraßen mit dem offenen Ozean in Verbindung stehende Meeresteile als Mittelmeere bezeichnet.

Die Polarmeere werden vielfach als unselbständige Teile der großen Ozeane betrachtet und dementsprechend das Nördliche Eismeer als Mittelmeer zum Atlantischen Ozean gerechnet, während das Freie Südmeer als südliche Fortsetzung der drei Ozeane unter diese zur Aufteilung gelangt.

Vertikale Gliederung. Die Tiefenverhältnisse der Meeresräume sind nur von wenigen Meeresteilen genauer bekannt, doch steht die Tatsache fest, daß die Tiefsee gegenüber der Flachsee weitaus vorherrscht, wie folgende Tabelle zeigt:

Tiefe	Mill. qkm	Prozent
0— 200 m	29	5,7
200—1000 „	13	2,5
1000—2000 „	19	3,7
2000—3000 „	36	7,1
3000—4000 „	79	15,5
4000—5000 „	113	22,5
5000—6000 „	67	13,1
über 6000 „	5	1,0
	361	70,8

Die Kontinente sind fast überall von einem mehr oder weniger breiten Gürtel seichten, bis etwa 200 m Tiefe hinabreichenden Flachseebodens, dem sog. Schelf, umgeben, an dessen Rande, oft ziemlich plötzlich, der Absturz zu den Tiefseeregionen erfolgt (s. hypsographische Kurve). Dieser Kontinentalabhang, der vom Schelfrande bis in die Tiefsee reicht, hat einen ziemlich großen Böschungswinkel (s. Böschung), der 5^0 und mehr erreichen kann. Auf dem Tiefseeboden dagegen herrschen weite, fast ebene Flächen vor, in welche allerdings mitunter rinnenförmige Gräben eingesenkt sind, in denen die größten Meerestiefen erreicht werden. 1912 hat man als tiefste Stelle 9780 m in dem sogenannten Philippinen-Graben östlich dieser Inselgruppe gelotet. Vielfach werden die Meerestiefen noch in englischen Faden (= 1,82877 m) angegeben. Bei den Nebenmeeren unterscheidet man die meist durch Einbrüche des Meeresbodens geschaffenen Ingressionsmeere (s. Ingression), deren Tiefen in der Regel mehrere tausend Meter betragen, von den flachen Transgressionsmeeren (s. Transgression), deren tiefste Stellen einige hundert Meter nicht überschreiten.

Die folgende Tabelle enthält die wichtigsten morphologischen Werte für die drei großen Ozeane:

	Fläche Mill. qkm	Mittl. Tiefe m	Größte Tiefe m	Mittl. Küstenabstand km	Größter km
Atlantischer Ozean	106	3300	8526	606	2050
Pazifischer Ozean	180	3850	9780	765	2265
Indischer Ozean .	75	3900	7000	621	1700
Weltmeer	361	3700	9780	695	2265

Das gesamte, aus Areal und mittlerer Tiefe berechnete Volumen aller Meeresräume beträgt 1336 Mill. cbkm.

Strittig ist zur Zeit noch die Frage nach der Permanenz der Meeresräume, mit der sich die Paläogeographie (s. diese) beschäftigt. Sowohl vom geophysikalischen und geologischen wie vom biogeographischen Standpunkt aus hat die Annahme einige Wahrscheinlichkeit für sich, daß wenigstens die mehr als 4000 m tiefen ozeanischen Becken von jeher Meeresräume gewesen sind,

und daß es sich bei den Änderungen der Verteilung von Land und Meer im Wechsel der geologischen Zeiträume meist nur um verhältnismäßig seichte Überflutungen gehandelt hat.

Immerhin werden durch tektonische Vorgänge aller Art (s. Dislokationen) räumliche Veränderungen der Meeresbecken (eustatische Bewegungen nach E. Suess) verursacht, die sich an der Oberfläche des ganzen Weltmeeres gleichzeitig durch eine Änderung von dessen Niveau bemerkbar machen müssen. *O. Baschin.*

Näheres s. H. Wagner, Lehrbuch der Geographie. I. Bd. 10. Aufl. 1920.

Meereis. Das im Meere schwimmende Eis besteht aus Süßwassereis, das ihm durch die Flüsse zugeführt wird, Eisbergen (s. diese) und den Eisfeldern des eigentlichen Meereises. Das erstgenannte kommt nur stellenweise in geringen Mengen vor und spielt keine wesentliche Rolle. Nur die Eisfelder sind gefrorenes Meerwasser, dessen Gefrierpunkt mit zunehmendem Salzgehalt sinkt. Die optische Hauptachse der Eiskristalle steht senkrecht zur Oberfläche des gefrierenden Meerwassers, so daß Meereis eine stengelige Struktur besitzt. Bei dem Gefrierprozeß wird das Meersalz ausgeschieden und zwar dessen einzelne Bestandteile in bestimmter Reihenfolge.

Salzgehalt Promille	Gefrierpunkt
1	—0,055
2	—0,108
3	—0,161
4	—0,214
5	—0,267
6	—0,320
7	—0,373
8	—0,427
9	—0,480
10	—0,534
15	—0,802
20	—1,074
25	—1,349
30	—1,627
35	—1,910
40	—2,196

Bei sehr niedrigen Temperaturen gefriert auch der Rest der Mutterlauge zu einem Konglomerat von Eis und Salzkristallen, dem sogenannten Kryohydrat. Die Meereisschollen schließen häufig auch kleinere Mengen von Luft und Meerwasser ein und Spalten werden durch Schnee ausgefüllt, so daß solche Eisfelder sehr verschiedenartig zusammengesetzte Gebilde darstellen. Dementsprechend ist auch ihre Dichte in hohem Maße abhängig von den Entstehungsbedingungen und zu verschiedenen Werten zwischen 0,85 und 0,96 festgestellt worden. Man darf jedoch als brauchbaren Durchschnittswert 0,92 annehmen, also nur wenig verschieden von dem des reinen Eises. Die Schmelzwärme des Meerwassereises dagegen ist viel geringer als die des reinen Eises und zwar um so kleiner, je salzhaltiger das Seewasser war.

Salzgehalt (Promille) . . .	0	10	20	30	35	40
Schmelzwärme (Cal.)	77	67,5	60,5	54,5	52	49,5

Die Eisfelder können mehrere Meter dick werden. Wenn sie aber durch Eispressungen übereinandergeschoben oder senkrecht aufgetürmt werden, so entsteht das sehr unebene, sog. Packeis, das Höhen von 10 m erreichen kann. An Festigkeit steht das Meerwassereis dem Süßwassereise erheblich nach. Aus Seewasser von 33 Promille Salzgehalt entstandenes Eis gab einer Zerquetschung nach bei einem Druck von 19 kg pro qcm (Süßwassereis erst bei 29), einer Biegung bei 4 kg pro qcm (Süßwassereis bei 12).

Die geographische Verbreitung des Meereises ist eine recht ausgedehnte. In strengen Wintern hat sich selbst im Mittelländischen Meere an einzelnen Stellen eine Eisdecke von kurzer Dauer gebildet. Das frei im Meere schwimmende Treibeis dagegen erreicht in Form von Eisbergen seine mittlere Grenze in den westlichen Teilen der großen Ozeane bei etwa 40⁰ Nord, während die mittlere Treibeisgrenze auf der Südhalbkugel bis nahe an die Südspitze Afrikas (35⁰ Süd) heranreicht. *O. Baschin.*

Näheres s. O. Krümmel, Handbuch der Ozeanographie. 2. Aufl. Bd I. 1907.

Meeresfläche (Meeresspiegel, Mittelwasser). Darunter versteht man im allgemeinen die mittlere Höhenlage der Meeresoberfläche. Als solche bildet sie den Nullpunkt für die Zählung der See- oder Meereshöhen. Da sich diese mittlere Lage des Meeresspiegels nicht hinlänglich genau bestimmen läßt, führt man als Nullpunkt für die Höhenmessung eine feste Landmarke ein (Normalnull), für welche eine bestimmte den Tatsachen möglichst entsprechende Höhe festgesetzt wird. So wird ein theoretischer Meeresspiegel eingeführt, der dann als Nullpunkt für die Höhenmessung gilt.

Die Bestimmung der mittleren Lage des Meeres ist dann eine Aufgabe, die von der Höhenmessung ganz getrennt ist. Sie wird mit Flutmessern untersucht.

Auch die aus langen Beobachtungsreihen abgeleitete Lage des Mittelwassers wird nicht mit dem Geoid (s. dieses) zusammenfallen müssen. Mit anderen Worten, es müssen nicht alle Störungen periodischer Natur sein; so kann eine vorherrschende Windrichtung leicht eine ständige Ansammlung des Wassers und damit ein bleibendes Höherstehen des Wasserspiegels verursachen.

Ein genauer Vergleich der Mittelwasser in den einzelnen Küstenpunkten ist daher sehr wichtig; zu diesem Zweck werden die Nullpunkte (Pegel) der Flutmesser durch ein Präzisions-Nivellement miteinander verbunden. Bei kurzen Distanzen erhält man so sehr verläßliche Resultate; die Verbindung der großen Meere aber durch lange Nivellements, welche die Kontinente überqueren, liefert weniger sichere Ergebnisse, nicht nur wegen der Anhäufung der Beobachtungsfehler auf der langen Strecke, sondern auch wegen systematischer Einflüsse, wie Unsicherheit in der Länge der Meßlatten usw.

Die neuesten Untersuchungen stimmen darin überein, daß der Unterschied in den Mittelwässern kaum mehr als 3—4 Dezimeter beträgt, während man früher viel größere Unterschiede vermutet hat. *A. Prey.*

Näheres s. G. H. Darwin, Report on tide gauges: General-Bericht der XVI. Konferenz d. internat. Erdmessung 1909, II. Teil. Annex Bd. IX.

Meereshöhe ist die Höhe eines Punktes über der theoretischen Meeresfläche, dem Geoid (s. auch Meeresfläche; über die Bestimmung s. Höhenmessung).

Meereshorizont s. Geoid.

Meeresniveau s. Geoid.

Meeresspiegel s. Meeresfläche.

Meeresströmungen. Andauernde Verschiebungen verhältnismäßig mächtiger Schichten des Meerwassers in bestimmter, gleichbleibender oder periodisch wechselnder Richtung nennt man Meeresströmungen. Man unterscheidet sie in der Praxis von den oberflächlichen, ihre Richtungen schnell mit dem jeweiligen Winde wechselnden Windtriften, obgleich auch die eigentlichen Meeresströmungen im wesentlichen durch die Akkumulierung solcher Windwirkung erzeugt werden.

Ursachen. Die innere Reibung des Meerwassers (s. dieses) teilt bei länger andauerndem Impulse die Bewegung des Oberflächenwassers auch den tieferen Schichten mit, und der Wind (s. diesen), dessen kinetische Energie auf das Wasser übertragen wird, ist somit als die Hauptursache der Meeresströmungen anzusprechen. Daneben kommen auch Dichteunterschiede im Meerwasser, Gezeiten (s. diese) und andere Störungen des Gleichgewichtes in geringerem Maße in Betracht. Die Richtung der Meeresströmungen wird in erheblichem Maße durch die Ablenkung verändert, welche fast alle Bewegungsrichtungen auf der Erde durch deren Rotation erfahren (s. Erdrotation). Das Zusammenwirken dieser verschiedenen Kräfte führt zur Ausbildung bestimmter Stromsysteme, deren Einzelheiten durch die Verteilung von Wasser und Land sowie die Tiefenverhältnisse der Meere stark beeinflußt werden.

Messung. Die Messung der Meeresströmungen nach Größe und Richtung erfolgt nur selten in exakter Weise durch direkte Beobachtung an Instrumenten auf verankerten Schiffen. Häufiger ist schon ihre Ermittelung aus den Wegen von Triftkörpern aller Art, unter denen leere verschlossene Flaschen mit eingelegten Schriftstücken (Flaschenposten) den Herkunftsort genau angeben, der bei anderen Triftkörpern, wie Pflanzenteilen, Schiffstrümmern usw. nur angenähert bestimmt werden kann. In der Regel aber geschieht die Feststellung der Strömung durch den Unterschied zwischen dem durch astronomische Ortsbestimmung bestimmten Schiffsorte (astronomisches Besteck) und der durch Kursrichtung und Geschwindigkeit des Schiffes bestimmten Position (gegißtes Besteck). Den sich aus dieser Differenz ergebenden Vektor nennt man die Stromversetzung. Aus dieser kann man unter gewissen, durch die Erfahrung bestätigten Annahmen über die Abtrift, die das Schiff durch den Wind erfährt, und unter Berücksichtigung einiger anderer Fehlerquellen den Vektor der Strömung selbst mit einer gewissen Genauigkeit konstruieren. Diese Genauigkeit ist aber ziemlich gering, so daß es auf solche Weise nur gelingen kann, verhältnismäßig kräftige und in Richtung wie Geschwindigkeit wenig veränderliche Meeresströmungen zuverlässig festzustellen. Auch ist diese Methode natürlich bei vertikalen und Tiefen-Strömungen nicht anwendbar, für welche nur die direkte, instrumentale Messung zuverlässige Resultate ergibt.

Erscheinungsform. Sieht man von den zahllosen Einzelheiten in dem Verlaufe der Meeresströmungen ab, so besteht der typische Verlauf im freien Ozean in zwei Stromkreisen, von denen der auf der nördlichen Halbkugel gelegene in Richtung des Uhrzeigers, der auf der südlichen Halbkugel gelegene in entgegengesetzter Richtung verläuft. Die Wassermassen bewegen sich in breitem Gürtel mit Geschwindigkeiten, die recht beträchtlich werden können. Beim Golfstrom zwischen der Halbinsel Florida und den Bahama-Inseln werden im Jahresmittel 3 Knoten (s. diesen), zeitweise sogar 5 Knoten erreicht. Die Mächtigkeit der horizontal bewegten Wasserschicht ist im allgemeinen nicht sehr groß und erreicht höchstens wenige hundert Meter. Nach der Tiefe nimmt die Geschwindigkeit in geometrischer Progression ab, die Ablenkung durch die Erdrotation dagegen zu, so daß in einer bestimmten Tiefe, der Reibungstiefe (D), die Strömungsrichtung entgegengesetzt verläuft wie an der Oberfläche. Die Geschwindigkeit beträgt in D nur noch 4,32% der oberflächlichen.

Bezeichnet man mit w die Windgeschwindigkeit in m pro sec und mit φ die geographische Breite, so ist die Reibungstiefe $D = \dfrac{7,5\ w}{\sqrt{\sin \varphi}}$ in Metern.

Die Reibungstiefe ist also der Windgeschwindigkeit proportional, nimmt aber polwärts ab. Ein Wind von 12 m pro sec ergibt z. B. in 10° Breite D = 216 m, in 50° nur D = 102 m. Den Zuwachs der Reibungstiefe in Metern für jeden Meter Windgeschwindigkeit zeigt die folgende Tabelle:

Breite φ 2½°   5°   10°   15°   30°   50°   70°   90°
Zuwachs 35,8   25,3   18,0   14,7   10,6   8,5   7,7   7,5 m

Die Strömungen in größeren Tiefen, vor allem am Boden der Ozeane, sind noch nicht erforscht. Neben der horizontalen besteht auch eine vertikale Zirkulation im Meere. Besonders deutlich machen sich diese vertikalen Strömungen in den Tropen an den Westküsten der Kontinente bemerkbar, wo als Ersatz für das von den Passaten (s. diese) von der Küste fortgetriebene warme Oberflächenwasser kaltes Auftriebwasser aus der Tiefe emporsteigt und das Klima dieser Küstenstriche wesentlich beeinflußt. Strömungen, die durch Dichtedifferenzen des Wassers verursacht werden, nennt man Ausgleichsströmungen. Sie treten häufig an den Eingangspforten zu Mittelmeeren (s. Meere) auf. Die Strömungen an den Südküsten Asiens stehen unter dem Einfluß der Monsune und wechseln daher ihre Ausdehnung und Richtung mit den Jahreszeiten, die Gezeitenströme „kentern" normalerweise in einer Periode von etwa 12 Stunden.

Wirkung. Die Meeresströmungen transportieren gewaltige warme Wassermassen aus niederen in hohe Breiten, ebenso aber kaltes Wassser und polares Treibeis in niedere Breiten, so daß sie bei der hohen Wärmekapazität des Meerwassers von größter Bedeutung für den gesamten Wärmehaushalt der Erde sind. Sie wirken, namentlich an den Küsten, aber auch am Meeresgrunde, erodierend (s. Erosion) und sind in hervorragendem Maße an dem Transport von Schlamm und Sand beteiligt. Der Typus der Ausgleichsküsten (s. Küsten) ist vornehmlich auf ihre Tätigkeit zurückzuführen.   *O. Baschin.*

Näheres s. O. Krümmel, Handbuch der Ozeanographie. 2. Aufl., Bd. 2. 1911.

Meereswellen. Die Meereswellen entstehen in der Regel durch die Einwirkung des Windes auf die Wasseroberfläche, ausnahmsweise auch durch Erdbeben (s. diese). Infolge der verschiedenen Geschwindigkeit der beiden Medien, Luft und Wasser, muß an deren Grenzfläche eine Wogenbildung eintreten, bei welcher die Energie der bewegten Luft auf das Wasser übertragen wird. Die Dimensionen der Wellen wachsen so lange, bis ein der Windstärke entsprechender Gleichgewichtszustand erreicht ist, der sich als ein stationäres Wogensystem darstellt, das in einer regelmäßigen störungsfreien, periodischen Schwingung der Grenzfläche von Wasser und Luft besteht. Die allgemeinen physikalischen Gesetze über Formen und Ausbreitung der Wasserwellen gelten natürlich auch für die Meereswellen. In der Natur wird jedoch die reine Wogenform meist durch Unregelmäßigkeiten der Windstärke und durch Interferenzen der Wellenzüge gestört. Insbesondere findet häufig ein Aufschäumen der Wellenkämme statt, wenn diese eine größere Fortpflanzungsgeschwindigkeit haben als die Hauptmasse des Wellenzuges. In der Nähe von Flachküsten wird die Geschwindigkeit der Wellen durch zunehmende Reibung am Untergrunde des immer seichter werdenden Küstenwassers ständig vermindert, so daß Wellenzüge, die sich parallel zur Küste bewegen, eine Umbiegung nach dieser hin erfahren, und schließlich auf die Küste zulaufen. Hat der Wind aufgehört, oder sind die Wellen dem Windgebiet entlaufen, so pflanzen sie sich als Dünung in Form sehr langgestreckter Wellenzüge, deren Profil der theoretischen Trochoidenkurve nahekommt, oft über sehr weite Entfernungen hin mit großer Geschwindigkeit fort.

Die Höhe der Meereswellen übersteigt wohl nur in Ausnahmefällen 12 m, während man Längen von mehreren hundert Metern gemessen hat. Auch die Geschwindigkeiten können in tiefem Wasser recht beträchtlich werden. So hat eine Oberflächenwelle, die in Japan durch ein Erdbeben entstand, die ganze Breite des Stillen Ozeans mit einer Geschwindigkeit von 185 m pro sec durchquert.

Die geographische Wirksamkeit der Meereswellen besteht vor allem in der Zerstörungsarbeit, die sie beim Branden gegen Steilküsten verrichten (s. Abrasion). Der Druck der Brandungswellen ist bis zu 38 000 kg pro qm gemessen worden.

Auch an der Grenzfläche zweier Wasserschichten von verschiedener Dichte können bei Geschwindigkeitsdifferenzen interne oder untermeerische Wellen entstehen, mit denen die Erscheinung des sog. Totwassers eng verknüpft ist. Wenn Schiffe mit langsamer Fahrt in eine Wasserschicht von wenigen Metern Mächtigkeit kommen, die in scharfer Abgrenzung über einer dichteren Wassermasse lagert, so erzeugt die Bewegung des Schiffes an der Grenzfläche beider Wasserschichten interne Wellen, deren Unterhaltung die lebendige Kraft der Schiffsbewegung aufzehrt und die Geschwindigkeit der Fahrt auf einen Bruchteil (z. B. ⅕) herabsetzen kann.   *O. Baschin.*

Näheres s. O. Krümmel, Handbuch der Ozeanographie. 2. Aufl., Bd. II. 1911.

Meerwasser. Zusammensetzung. Das Meerwasser unterscheidet sich von dem Süßwasser der Erde in erster Linie durch seinen Gehalt an Mineralsalzen. Die Gesamtmenge der im Meerwasser gelösten Salze hat man zu $4,84 \times 10^{19}$ kg berechnet. Nach völligem Austrocknen des Weltmeeres würde somit eine Salzkruste von 60 m mittlerer Dicke zurückbleiben. Im Meerwasser hat man 32 chemische Elemente nachweisen können, unter denen das Chlornatrium weitaus überwiegt. Die Hauptbestandteile sind:

Salz	g in 1 kg
Na Cl	27,2
Mg Cl$_2$	3,8
Mg SO$_4$	1,6
Ca SO$_4$	1,3
K$_2$ SO$_4$	0,9
Ca CO$_3$	0,1
Mg Br$_2$	0,1
	35,0

Das Verhältnis der einzelnen Bestandteile zueinander ist in allen Zonen und Tiefen außerordentlich konstant. Für die Beziehung zwischen Salzgehalt (S) und Chlorgehalt (Cl) gilt daher die einfache Formel $S = 0,03 + 1,805\ Cl$, so daß eine Chlorbestimmung durch Titrierung mit Silbernitrat zur Ermittlung des Salzgehaltes ausreicht.

An der Oberfläche der offenen Ozeane ist im Mittel $S = 35$ Promille, doch zeigen sich in der Gegend der Wendekreise ausgedehnte Gebiete mit höherem Salzgehalt, während dieser nach den Polarmeeren zu wieder abnimmt. In abgeschlossenen Meeren, die eine starke Verdunstung aufweisen, erreicht S höhere Beträge und steigt z. B. im Roten Meere stellenweise über 40 Promille. Dagegen ist S in Mittelmeeren mit reichlicher Süßwasserzufuhr sehr gering, z. B. im Schwarzen Meere 18—15, in der Ostsee 8—2 Promille. In den offenen Ozeanen verschwinden die Unterschiede des Salzgehaltes bereits in Tiefen von 400—500 m. Linien gleichen Salzgehaltes nennt man Isohalinen.

Das Salz ist ein ursprünglicher Bestandteil des Meerwassers, gehört demselben seit Urzeiten an und entstammt wahrscheinlich dem Magma. Daß es nicht, wie man früher vielfach annahm, erst durch die Flüsse (s. diese) dem Meere zugeführt wurde, geht daraus hervor, daß beim Flußwasser die Karbonate etwa 80% (beim Meerwasser 0,2), die Chloride dagegen nur 7% (beim Meerwasser 80%) des Salzgehaltes ausmachen.

Das Meerwasser übt eine selektive Absorption auf die Gase der Atmosphäre aus, so daß in der von ihm absorbierten Luft ein höherer Prozentsatz von Sauerstoff vorhanden ist als in der Atmosphäre, was für die Lebensbedingungen der Meerestiere von größter Bedeutung ist. Bei 0° ergibt sich $N = 61,8\%$, $O = 34,6\%$. Von anderen Gasen sind namentlich Kohlensäure und Schwefelwasserstoff von Wichtigkeit für die Meeresorganismen.

Dichte. In engem Zusammenhange mit dem Salzgehalt steht die Dichte des Meerwassers (σ). Bei 0° und einem Salzgehalt von 35 Promille ist $\sigma = 1,02812$. In welcher Weise sich die Dichte des Meerwassers mit der Temperatur ändert, ist aus der folgenden Tabelle ersichtlich:

	Destilliertes Wasser	Meerwasser				
0°	0,999 868	1,004 000	1,008 000	1,016 000	1,024 000	1,032 000
4°	1,000 000	4 060	7 993	15 863	23 741	31 627
5°	0,999 992	4 036	7 953	15 794	23 644	31 503
10°	9 727	3 700	7 549	15 258	22 982	30 720
15°	9 126	3 040	6 834	14 434	22 053	29 690
20°	8 230	2 096	5 844	13 355	20 887	28 441
25°	7 071	0 896	4 604	12 041	19 503	26 991
30°	5 673	0,999 460	3 135	10 508	17 914	25 352
33°	4 729	8 494	2 149	09 488	16 865	24 282

Die Dichte wird in der Regel mit dem Aräometer gemessen, doch ist es in der ozeanographischen Literatur vielfach üblich, nicht die Dichte, sondern das spezifische Gewicht anzugeben und zwar bezogen auf reines Wasser von 17,5°. Das Maximum der Dichte liegt bei einer um so tieferen Temperatur, je höher der Salzgehalt ist. Die Beziehungen zwischen Salzgehalt S, Temperatur des Dichtemaximums Θ und Dichte σ bei dieser Temperatur zeigt die folgende Tabelle:

S Promille	Θ °C	σ
0°	3,947	1,00000
5°	2,926	1,00415
10°	1,860	1,00818
15°	0,772	1,01213
20°	—0,310	1,01607
25°	—1,398	1,02010
30°	—2,473	1,02415
35°	—3,524	1,02822
40°	—4,541	1,03232

Die Dichte, und damit der Salzgehalt, lassen sich auch durch Bestimmung des Brechungsindex des Meerwassers mittels des Refraktometers ermitteln, was besonders dann zu empfehlen ist, wenn nur eine kleine Probe zur Verfügung steht, weil zur Messung ein einziger Wassertropfen hinreicht. Für die D-Linie des Spektrums ergibt sich bei einer Temperatur von 18°:

Salzgehalt (Promille)	0	10	20
Brechungsindex . . .	1,33308	1,33502	1.33694

Salzgehalt (Promille)	30	40
Brechungsindex . . .	1,33885	1,34077

Temperatur. Das Meerwasser hat an seiner Oberfläche im Jahresmittel etwa die gleiche Temperatur wie die über ihm lagernde Luft, doch sind die täglichen und jährlichen Schwankungen weit geringer. Die erstere ist sehr klein und erreicht selten 10°. Die jahreszeitlichen Extreme werden mit zeitlicher Verspätung von etwa einem Monat erreicht. Der Grund für dieses Verhalten liegt in der großen Wärmekapazität des Wassers (s. dieses). Die geographische Verbreitung der Oberflächen-Temperatur des Meerwassers schließt sich daher im allgemeinen derjenigen der Lufttemperatur an. Man hat für die einzelnen Breitenzonen die folgenden Mitteltemperaturen berechnet:

	90° bis 80°	80° bis 70°	70° bis 60°	60° bis 50°	50° bis 40°
Nördl. Breite	—1,7	—1,0	3,1	6,1	11,0
Südl. Breite	—	—1,7	—1,4	3,0	9,8

	40° bis 30°	30° bis 20°	20° bis 10°	10° bis 0°
Nördl. Breite	18,4	23,7	26,5	27,3
Südl. Breite	17,0	21,7	25,1	26,4

Als Gesamtmittel ergibt sich für den Atlantischen Ozean 16,9°, den Indischen Ozean 17,0°, den Pazifischen Ozean 19,1° und das ganze Weltmeer 17,4°, zwischen 40° Nord und 40° Süd ist das Meerwasser im allgemeinen im Osten, jenseits dieser Breitenkreise im Westen kälter. Die höchste Wassertemperatur wird im Sommer mit mehr als 35° im Persischen Golf erreicht.

Nach der Tiefe zu nimmt die Temperatur im allgemeinen ab, wie Messungen mit dem Umkehrthermometer ergeben haben, und in großen Tiefen nähert sie sich 0°. Nur in solchen Meeresteilen, bei denen wegen ihrer Beckenform der Wasseranstausch mit dem offenen Ozean lediglich auf die Oberflächenschichten beschränkt ist, können sich höhere Temperaturen bis in große Tiefen hinab erhalten. So herrscht z. B. im Mittelländischen Meere, dessen Eingangspforte in der Straße von Gibraltar eine Maximaltiefe von 350 m aufweist, unterhalb dieses Niveaus eine ziemlich konstante Temperatur von etwa 13° bis zur größten Tiefe von 4000 m. Im offenen Atlantischen Ozean dagegen finden sich unter dem Äquator den verschiedenen Tiefen die folgenden Temperaturen:

Tiefe	0	50	100	150	200 m
Temperatur	26,1°	21,9°	15,9°	13,8°	12,5°

Tiefe	400	600	1000	2000	4000 m
Temperatur	7,9°	5,3°	4,4°	3,3°	2,2°

Das kalte Wasser der Meerestiefen stammt aus den Polargebieten und zwar wahrscheinlich im wesentlichen aus der Antarktis. Unter Berück-sichtigung der niedrigen Tiefentemperaturen berechnet sich die Mitteltemperatur der gesamten Wassermasse des Meeres zu 3,8°.

Der Wärmegehalt des Meerwassers ist bei seiner hohen Wärmekapazität für den gesamten Wärmehaushalt der Atmosphäre von größter Bedeutung, zumal die Fläche des Meeres diejenige des Landes erheblich überwiegt (s. Meer), und die wärmsten Wasserschichten fast stets an der Oberfläche liegen. Über die Eisbildung im Meerwasser s. Meereis.

Farbe. Die Farbe des Meerwassers ist ein Blau, das um so reiner und tiefer ist, je weniger das Wasser durch Beimengungen, namentlich solche organischer Natur, verunreinigt ist. Durch Beimengung kleiner tierischer und pflanzlicher Lebewesen (Plankton) geht die blaue Färbung vielfach in die grüne über. Außergewöhnliche Meeresfärbungen, wie milchig, rot, braun, grau usw. treten nur örtlich begrenzt auf und sind, ebenso wie das Meeresleuchten, auf massenhaft auftretendes Plankton zurückzuführen.

Zur Bestimmung der Farbe bedient man sich einer aus farbigen Lösungen oder Glasplatten hergestellten Skala, welche besonders die verschiedenen Übergänge von Blau durch Grün zum Gelb zu vergleichen gestattet.

In engem Zusammenhang mit der Farbe steht die Durchsichtigkeit des Meerwassers, die man durch Bestimmung der Tiefe ermittelt, in der eine weiße Scheibe noch eben zu erkennen ist. In dem reinen Wasser der tropischen Ozeane und im Mittelländischen Meere steigt die Sichttiefe bis über 50 m, während sie in trüben Küstengewässern oft nur wenige Meter beträgt. *O. Baschin.*

Näheres s. O. Krümmel · Handbuch der Ozeanographie. 2. Aufl. Bd. I. 1907.

Sonstige physikalische Eigenschaften des Meerwassers:

Salzgehalt		0	10	20	30	40	Promille
Wärmekapazität für 17,5°		1,000	0,968	0,951	0,939	0,926	Relativzahlen
Oberflächenspannung für 0°		77,09	77,31	77,53	77,75	77,97	Dyn
Innere Reibung bei	0°	100,0	101,7	103,2	104,5	105,9	Relativzahlen
	10°	73,0	74,5	75,8	77,2	78,5	
	20°	56,2	57,4	58,6	59,9	61,1	
	30°	44,9	46,0	47,0	48,1	49,1	
Kompressionskoeffizient		$490 \cdot 10^{-7}$	$478 \cdot 10^{-7}$	$466 \cdot 10^{-7}$	$455 \cdot 10^{-7}$	$442 \cdot 10^{-7}$	Bruchteile des Anfangsvolumens
Elektrische Leitfähigkeit bei	0°	0,0000	0,0092	0,0176	0,0254	0,0331	Reziproke Ohm
	10°	0,0000	0,0122	0,0231	0,0332	0,0430	
	20°	0,0000	0,0154	0,0292	0,0420	0,0543	
	30°	0,0000	0,0187	0,0354	0,0510	0,0660	

Megaphon s. Schalltrichter.

Mehrdrehung s. Multirotation.

Mehrfachpunkt. Besteht ein System aus a unabhängigen Bestandteilen, so können nach der Phasenregel höchstens $a+2$ verschiedene Phasen vorhanden sein. Die Thermodynamik lehrt, daß im Falle der gleichzeitigen Existenz aller dieser Phasen Druck und Temperatur des Systems eindeutig bestimmt sind. Dieser, den $a+2$ Phasen gemeinsame Punkt heißt der Mehrfachpunkt des Systems. Ist $a = 1$, so handelt es sich um den Tripelpunkt, $a = 2$ den Quadrupelpunkt usw. (s. koexistierende Phasen.) *Henning.*

Mehrfachtelephonie und -Telegraphie längs Leitungen mit hohen Frequenzen. An demselben Leitungssystem (zwei Parallelleitungen bzw. eine Leitung gegen Erde) wird gleichzeitig mit mehreren Frequenzen gesendet und empfangen. Legt man auf eine solche Leitung eine sinusförmige EMK., so wirkt die Leitung so, als ob sie für die EMK einen einfachen Widerstand vorstellt, dessen Wert gleich ist $Z = \sqrt{\dfrac{L}{C}}$ z. B. ist Z für eine Freileitung ca. 600 OHM., für ein Kabel = 70 bis 150 OHM Demnach ist die Spannung am Anfang der Leitung gleich $V = J \cdot Z$. Die Formel gilt, wenn die Leitung lang ist, d. h. Reflektionserscheinungen am Ende nicht auf den Anfang zurückwirken. Die Spannung bzw. Strom nimmt ab entsprechend $e^{-\beta t}$, β hängt ab vom Ohmschen Widerstand der Leitung

(W) und der Ableitung (A) nach $\beta = \dfrac{W}{2\,Z} + \dfrac{A}{2\,Z}$ (näheres s. Ausbreitung der Wellen längs Drähten). W und A hängen stark von der Frequenz ab. A kommt nur für Kabel in Betracht. Für Freileitungen gilt demnach $\beta = \dfrac{W}{2}\sqrt{\dfrac{C}{L}}$. Es kann gemessen werden, indem man die Leitung am Ende über einen Widerstand angenähert gleich dem Leitungswiderstand kurz schließt und den Strom der Leitung am Anfang (J) und Ende (i) (Länge l) mißt; dann ist $e^{\beta}1 = \dfrac{J}{i}$, in Fig. 1 ist der Wert $\beta/1$ km = spezifische Dämpfung für eine Freileitung (Abstand

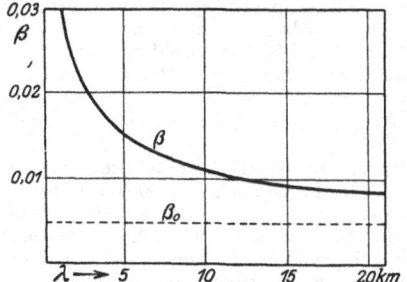

Fig. 1. Spezifische Dämpfung für eine Freileitung.

20 cm $\varrho = 2$ mm, Selbstinduktion $L = 1 \cdot 8 \cdot 10^3/$km, $Z = 550$ OHM bei zunehmender Welle gegeben. β_0 ist der Wert für die Sprachfrequenzen.

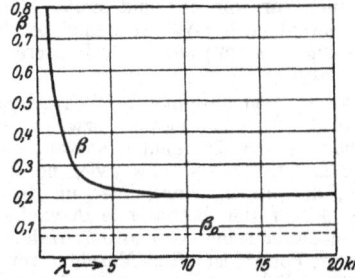

Fig. 2. Spezifische Dämpfung für ein Kabel.

Fig. 2 zeigt dieselben Werte für ein Kabel (d = 0,8 mm C = 0,036 μ F/km, L = 1,2 m H/km, Z = 180 OHM.

Die für die Telegraphie und Telephonie längs Leitungen verwendeten Apparate und Schaltungen sind identisch mit denjenigen der normalen drahtlosen Technik. Nur werden hier, da Sender und Empfänger an derselben Leitung liegen und da vom Detektor zur Vermeidung von störenden Interferenztönen jede Spur des eigenen Senders abgehalten werden muß, starke Selektionsmittel (Abstimmung in mehreren Kreisen hintereinander, Kettenleiter) verwendet.

Als Sender kommen in der Hauptsache Röhrensender (Wellen 6—20 km) mit Zwischenkreis in Anwendung. *A. Meißner.*

Mehrphasen-Wechselstromsysteme. Als Mehrphasensysteme bezeichnet man die Kombination mehrerer (Einphasen-) Wechselstromsysteme, die elektrisch und magnetisch miteinander verkettet sind.

Ordnet man n voneinander isolierte Wicklungen in gleichem Winkelabstande kreisförmig an (s.

Fig. 1) und läßt zwischen ihnen einen Magneten mit der Winkelgeschwindigkeit ω rotieren, so wird in jeder Wicklung eine Spannung e induziert. Die Spannungen haben, gleiche Dimensionierung der Spulen vorausgesetzt, gleiche Größe und Frequenz, sind aber in der Phase gegeneinander verschoben. Der Winkelabstand der Spulen ist je $\dfrac{2\,\pi}{n}$, für die einzelnen Spannungen ergeben sich also die Gleichungen (s. Wechselströme)

$$e_1 = E_m \sin \omega\,t$$
$$e_1 = E_m \sin\left[\omega\,t - \frac{2\,\pi}{n}\right]$$
$$e_n = E_m \sin\left[\omega\,t - (n-1)\frac{2\,\pi}{n}\right].$$

Den n-Spannungen entsprechen n-Ströme gleicher Frequenz, deren Größe und Phasenwinkel natürlich von der Größe und Art der „Belastungen" abhängen.

Von den Mehrphasensystemen hat heute nur noch das Dreiphasensystem praktische Bedeutung; wir

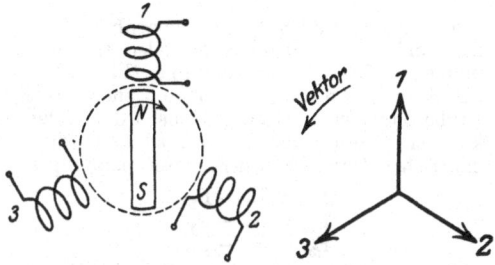

Fig. 1. Schema des Dreiphasen-Generators. Fig. 2. Spannungsdiagramm des Dreiphasen-Generators.

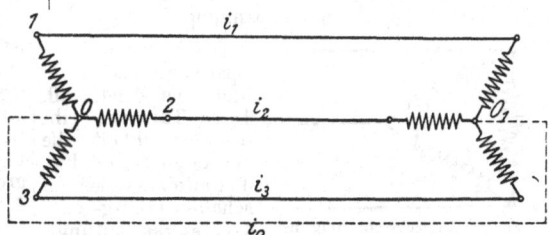

Fig. 3. Sternschaltung des Generators und der Belastung.

beschränken daher die weiteren Betrachtungen auf dieses. Figur 1 stellt das Schema eines Dreiphasengenerators dar; entsprechend den vorstehenden Ausführungen sind die Spannungen der 3 Wicklungen um je 120^0 gegeneinander in der Phase verschoben. Sie können daher durch 3 Vektoren nach Fig. 2 dargestellt werden. Vereinigt man nach Fig. 3 die 3 Enden der Wicklungen zu einem Knotenpunkt, so sind zur Fortleitung der Ströme im allgemeinen 4 Leitungen erforderlich; in denen die Ströme i_1, i_2, i_3, i_0 fließen. Die Summe ihrer Momentanwerte muß nach dem Kirchhoffschen Gesetz gleich Null sein, da sie in einem Punkte zusammenfließen: $i_0 = -(i_1 + i_2 + i_3)$. Setzt man die Vektoren der Ströme im Diagramm nach Fig. 4 zusammen, so schließt der Vektor des Stromes i_0 das Stromviereck.

Sind die Ströme ihrer Größe und ihrer Phasenverschiebung gegen die zugehörigen Spannungen nach gleich (*symmetrische* Belastung), so wird $i_0 = 0$; die Vektoren der Ströme i_1, i_2, i_3 schließen sich zu einem gleichseitigen Dreieck. Der die Punkte 0 und 0_1 verbindende Leiter kann fortfallen.

Die Schaltung nach Fig. 3 nennt man Sternschaltung, die Knotenpunkte 0 und 0_1 heißen Sternpunkte oder auch neutrale Punkte. Der Leiter zwischen den Sternpunkten wird neutraler Leiter oder Nulleiter genannt. Die Spannung zwischen dem Sternpunkt und dem anderen Ende einer Wicklung bezeichnet man als Phasen- oder Sternspannung, die Spannungen E_{12}, E_{23}, E_{31}

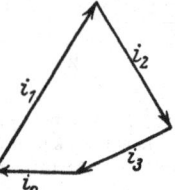 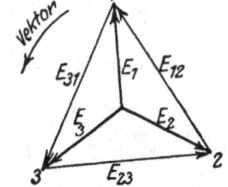

Fig. 4. Stromdiagramm.   Fig. 5. Diagramm der verketteten und der Sternspannungen.

zwischen den Enden zweier benachbarter Spulen als verkettete Spannungen oder Linienspannungen. Das Vektordiagramm (Fig. 5) stellt die Spannungen eines Dreiphasengenerators ihrer Größe und gegenseitigen Lage nach dar. Die verketteten Spannungen ergeben sich als die geometrischen Differenzen der Phasenspannungen:

$$E_{12} = E_1 - E_2$$
$$E_{23} = E_2 - E_3$$
$$E_{31} = E_1 - E_1.$$

Aus dem Diagramm folgt weiter die Beziehung

$$E_v = \sqrt{3}\, E_p \quad (E_v = \text{verkettete Spannung,}$$
$$E_p = \text{Phasenspannung}).$$

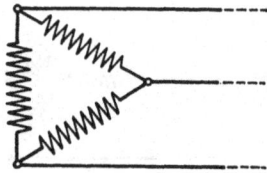

Die Summe der 3 Spannungen der Wicklungen ist gleich Null. Diese Tatsache gibt die Möglichkeit, die Wicklungen nach Fig. 6 hintereinander zu schalten (Ring- oder Dreiecksschaltung), ohne daß Ausgleichströme in ihnen flie-

Fig. 6. Dreiecksschaltung des Generators.

ßen. Für die Effektivwerte der Ströme ergibt sich dann bei symmetrischer Belastung eine analoge Beziehung, wie für die Spannungen bei Sternschaltung, nämlich

$$J_{12} = \sqrt{3}\, J_1 \quad (J_1 = J_2 = J_3;\ J_{12} = J_{23} = J_{31}),$$
$$J_{12} = J_1 - J_1;\ J_{23} = J_2 - J_3;\ J_{31} = J_3 - J_1.$$

Die vorgenannte Bedingung, daß die Summe der 3 Spannungen gleich Null ist, trifft nur zu bei einwelliger Kurvenform. Andernfalls resultiert eine elektromotorische Kraft von der 3fachen Frequenz der Grundschwingung, die einen Ausgleichsstrom von ebensolcher Frequenz hervorruft. Die Sternschaltung des Generators ist daher der Ringschaltung überlegen; sie ist die übliche Schaltung. Die verketteten Spannungen können bei Sternschaltung die 3., 9., 15. usf. Oberwellen nicht enthalten; diese sind in allen 3 Spannungen der Wicklungen gleichphasig, fallen also bei der Differenzbildung $E_1 - E_2 = E_{12}$ usw. fort.

Die Leistung eines Mehrphasensystems ist gleich die Summe der Leistungen der einzelnen Phasen, für das Dreiphasensystem daher $e_1 i_1 + e_2 i_2 + e_3 i_3$, oder in Effektivwerten

$$N = E_1 I_1 \cos \varphi_1 + E_2 I_2 \cos \varphi_2 + E_3 I_3 \cos \varphi_3.$$

Bei symmetrischer Belastung wird

$$N = 3\, E_p I \cos \varphi \quad \text{oder, da } E_p = \frac{\sqrt{3}}{3} E_v$$
$$= N\, \sqrt{3}\, E_v I \cos \varphi.$$

In dieser Form wird in der Regel die Leistung eines Dreiphasensystems angegeben. Eine einfache Rechnung lehrt, daß der Augenblickswert der Leistung eines Dreiphasensystems bei symmetrischer Belastung konstant gleich dem obigen Ausdruck ist, während die Leistung des Einphasensystems um einen konstanten Mittelwert pendelt (s. Wechselströme).

Leitet man durch die 3 Wicklungen eines nach Fig. 1 gebauten Stators dreiphasigen Wechselstrom von der Kreisfrequenz ω, so erzeugt dieser ein mit konstanter Amplitude rotierendes magnetisches Drehfeld (s. Drehfeld). Der Dreiphasenstrom wird daher in der Praxis meistens Drehstrom genannt.   *R. Schmidt.*

Näheres s. A. Fraenkel, Theorie der Wechselströme. Berlin 1921.

Mehrphasige Wechselstrom-Kommutatormotoren.

Obwohl im Prinzip schon 1890 durch die Versuche Görges bekannt geworden, hat diese Maschinengattung erst seit der Jahrhundertwende praktische Bedeutung erlangt. Immerhin stellt sie auch heute noch eine Spezialbauart der allgemeinen, mehrphasigen Drehfeldmaschine dar, die im Wettbewerb mit den gewöhnlichen Asynchronmotoren (siehe dies!) nur in solchen Fällen bestehen kann, wo hoher Leistungsfaktor und dauernde feinstufige Tourenregulierung verlangt werden; dies trifft zu vornehmlich für mittlere und große Motoren in der Schwerindustrie (Walzwerkantriebe, Schachtbewetterung u. a. m.) sowie für kleinere Motoren in Textilfabriken.

Wie unter „Asynchronmotoren" dargelegt wurde, ist deren Blindstromaufnahme, bzw. die zur Aufrechterhaltung des Drehfeldes notwendige Blindleistung, ein heute als schwerwiegend erkannter Nachteil, der um so sinnfälliger in Erscheinung tritt, je größer der betreffende Asynchronmotor und je niedriger seine Normaltourenzahl, d. h. je größer seine Polzahl ist. Eine Maschine von 100 kW Nutzleistung läßt sich z. B. zweipolig (synchrone Umlaufszahl 3000 p. M.) unschwer mit einem Leistungsfaktor $\cos \varphi = 0{,}92$ bei Vollast bauen, während bei 48-poliger Ausführung (synchrone Umlaufszahl 125 p. M.) nur etwa $\cos \varphi = 0{,}72$ erreichbar ist. Da der Blindstrom bzw. die Blindleistung dem $\sin \varphi$ proportional ist, so müssen in ersterem Falle nur rd. 40 %, im zweiten dagegen rd. 70 % des Totalstromes bzw. der totalen KVA. aufgewendet werden, um das Drehfeld aufrecht zu erhalten.

Eine einfache Überlegung zeigt nun, daß bei konstanter Klemmenspannung der Magnetisierungsstrom, d. h. der Blindstrom, eines Drehstrommotors proportional der Frequenz des Netzes ist bei gleichzeitig ungeänderten magnetischen Verhältnissen. Leider ist dieses Mittel zur Verbesserung des $\cos \varphi$ nicht ohne weiteres anwendbar, da sich auch die Nutzleistung einer Asynchronmaschine ungefähr proportional der Frequenz ändert. Man muß demnach versuchen, die Wattleistung mit relativ hoher, die Blindleistung mit relativ niedriger Frequenz zuzuführen. Einen Grenzfall dieses Strebens stellt der Synchronmotor (siehe dies!) dar, dessen Ständer mit normaler Frequenz gespeist wird, während der Läufer mit Gleichstrom, d. h. einem Strom der Frequenz 0, erregt wird.

Auf den Asynchronmotor übertragen, würde das bedeuten, daß die Erregung des Drehfeldes zweckmäßig vom Läufer aus zu geschehen hat, der ja (siehe „Asynchronmotoren"!) prinzipiell genau eine solche Mehrphasenwicklung enthält wie der Ständer, in der aber bei normalem Lauf Ströme sehr niedriger Frequenz und damit auch Spannung fließen. Stünde also außer dem die Wattleistung liefernden Netz normaler Frequenz ein besonderes Netz sehr niederer Frequenz zur Verfügung, so könnte aus diesem der Läufer über seine Schleifringe mit Blindleistung gespeist werden, die bei ungeändertem Kraftfluß doch sehr klein ausfällt, weil, wie schon oben erwähnt, bei ungeändertem Strom verglichen mit der Statorspannung die Läuferspannung sehr klein ist. Da nun aber, von Ausnahmefällen abgesehen, ein solches Niederfrequenznetz nie vorhanden ist, mußte die Technik nach einem Frequenztransformator suchen, der die beliebige Periodenzahl des den Stator speisenden Netzes auf die des Läufers umwandelt und damit seinen direkten Anschluß an ersteres gestattet. Ein solcher Frequenztransformator ist der Kommutator, wie ihn jede Gleichstrommaschine aufweist. Diese Überlegung führte zum Mehrphasen-Kommutatormotor, der außer einem sehr hohen Leistungsfaktor auch noch weitgehende Regelbarkeit der Umlaufszahl besitzt, wovon weiter unten zu sprechen sein wird. Die Figur gibt das prinzipielle Schaltschema eines Nebenschlußmotors, der seiner leichteren Verständlichkeit wegen allein besprochen werden soll, wenngleich er technisch nicht einfacher ist als der mehrphasige Serienkommutatormotor

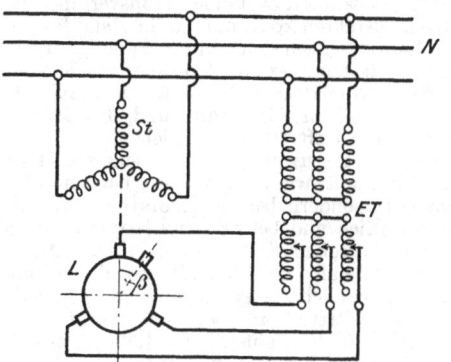

N = Netz   L = Läufer
St = Ständer   ET = Erreger-Transformator

Schaltschema eines Nebenschlußmotors.

Der unmittelbar an das Netz angeschlossene Ständer eines solchen Motors unterscheidet sich in nichts von dem eines gewöhnlichen Asynchronmotors. Dasselbe trifft zu für den Läufer verglichen mit dem Anker und Kommutator einer Gleichstrommaschine, nur schleifen auf dem letzteren bei Betrieb mit dem meist verbreiteten Dreiphasenstrom pro Polpaar nicht zwei sondern drei Bürsten, die um je 120° el. versetzt sind.

Wie unter „Klemmenspannung" und „Wechselstromgeneratoren" des näheren auseinandergesetzt ist, stellt jede Gleichstromtrommelwicklung eine sehr brauchbare Mehrphasenwicklung dar, die nur in der vorliegenden Kombination mit einem Kom-

mutator die weitere Eigentümlichkeit hat, nach außen zum Teil wie eine stillstehende Wicklung zu wirken. Dies ist leicht einzusehen, wenn man sich das Magnetgestell einer Gleichstrommaschine rotierend, den Anker und die Bürsten ruhend denkt. Es liegt dann zwischen je zwei aufeinanderfolgenden Bürsten abwechselnd stets ein Nord- oder ein Südpol, der auf eine konstante Leiterzahl wirkt; man könnte also einer solchen Vorrichtung einphasigen Wechselstrom entnehmen, dessen Periodenzahl durch die sekundliche Umlaufszahl und die Polzahl des Feldgestells in bekannter Weise gegeben ist. An dieser Sachlage würde ein Mitrotieren des Ankers in gleicher Richtung wie das Feld nur insofern etwas ändern, als sich die Größe der meßbaren induzierten Wechselspannung mit der Relativgeschwindigkeit zwischen Feld und Leitern ändert, nicht aber die an den ruhenden Bürsten auftretende Frequenz, da die Anzahl der in jeder Sekunde zwischen ihnen hindurchlaufenden Pole ungeändert bleibt, trotzdem in jedem Leiter am Ankerumfang selbst nur die der verminderten Relativgeschwindigkeit entsprechende verminderte Frequenz herrscht.

Genau die entsprechende Überlegung führt zu dem Schluß, daß man den Läufer eines mehrphasigen Kommutatormotors unabhängig von seiner Umdrehungszahl an die Netzfrequenz anschließen kann, wenn man nur dafür sorgt, daß mittels eines gewöhnlichen Spannungswandlers, hier meist Erregertransformator genannt, die Netzspannung auf die durch die jeweilige relative Induktionsgeschwindigkeit gegebene Bürstenspannung herabgesetzt wird. In Fig. 1 ist diese Schaltung dargestellt, welche die Aufgabe löst, das Drehfeld mit beliebig niederer Frequenz unmittelbar vom Netz aus zu unterhalten, den cos φ also auf sehr hohe Werte zu bringen.

Durch den Anschluß des Läufers ans Netz über einen regelbaren Transformator ist aber des weiteren, wie schon erwähnt, die Möglichkeit gegeben, einen Drehstrommotor verlustlos, d. h. ohne Vermehrung der physikalisch unvermeidlichen Verluste einer jeden technischen Energieumwandlung, regulieren zu können. Bei dem gewöhnlichen Asynchronmotor mit Schleifringläufer ist das im allgemeinen nicht möglich, denn aus den (Gl. 5 und 6) dieses Stichwortes folgt die Beziehung für die Umdrehungszahl bei konstantem Drehmoment:

$$n = c \cdot f \cdot - k \cdot f_s,$$

d. h. man muß bei gegebener Netzfrequenz f die Schlüpfungsfrequenz f_s ändern, um eine Änderung der Läufertouren n zu erreichen. Meist geschieht dies durch Einschalten von regelbaren Widerständen zwischen die Schleifringe entsprechend Fig. 1 unter „Asynchronmotoren", wodurch die Resistanz des Läuferkreises natürlich steigt. Der Rotor muß dementsprechend mehr schlüpfen, um den dem Lastmoment entsprechenden Strom in jeder Phase erzeugen zu können. Die vom Stator auf den Rotor übertragene Leistung bleibt hierbei ungeändert, und ihr Überschuß über die mechanisch abgegebene wird in den Widerständen nutzlos in Wärme umgesetzt. Natürlich ist ferner auf diese Weise nur eine Tourenverminderung möglich, da eine Tourensteigerung negatives f_s verlangt.

Beim Kommutatormotor dagegen kann dem Läufer mittels des Erregertransformators eine ganz beliebige Spannung vom Netz her aufgedrückt werden in voller Gegenphase zu der vom Ständerfeld in jeder Phase induzierten Schlüpfungs-EMK.

Sind beide Spannungen gleich groß, so fließt im Läufer überhaupt kein Strom, die Maschine steht. Wird die äußere Spannung vermindert, so beginnt der Läufer zu rotieren und wird so lange beschleunigt, bis das Gleichgewicht der EMK.-e infolge der abnehmenden Schlüpfung wieder hergestellt ist. Mit abnehmender Bürstenspannung wächst also die Umlaufszahl und kann durch Zuführung negativer Spannung sogar über den Synchronismus hinaus gesteigert werden (negative Schlüpfung!) Auch Rückwärtslauf ist möglich durch Erhöhung der Bürstenspannung über den Stillstandswert. Theoretisch erlaubt also diese Motorgattung die Einstellung jeder beliebigen positiven oder negativen Umdrehungsgeschwindigkeit. Die Wirkung einer (evtl. beschränkten!) Spannungsregulierung vom Transformator her kann unterstützt werden durch eine räumliche Verschiebung der Bürsten auf dem Kollektor (s. Fig.), die gleichbedeutend ist mit einer Phasenverdrehung zwischen induzierter und aufgedrückter Spannung. Die Zusammensetzung erfolgt dann nicht mehr algebraisch, sondern geometrisch. Diese Doppelregulierung ist nicht nur beliebig feinstufig, sondern gestattet auch durch Drehung der Phase des Läuferstromes gegenüber der Ständerspannung den cos φ nicht nur auf die volle Einheit zu bringen, sondern darüber hinaus zu negativen Werten, d. h. eine kapazitive Wirkung zu erzielen, die auch noch den Blindstrom des relativ kleinen Erregertransformators deckt.

Für eine festeingestellte, mithin näherungsweise konstante Transformatorspannung und eine bestimmte Bürstenstellung verhält sich der mehrphasige Kollektormotor genau wie ein gewöhnlicher Asynchronmotor, d. h. seine Umdrehungszahl sinkt nur wenig mit zunehmender Belastung (Nebenschlußcharakteristik!), die jeweilig zugehörige Leerlauftourenzahl aber ist gegeben durch das Verhältnis der aufgedrückten zur induzierten Läuferspannung bei Stillstand und unbelasteter Maschine.

Wie aus dem Vorhergehenden ersichtlich, kann hier ein besonderer Anlasser fortfallen und durch die Wirkung des regelbaren Erregertransformators ersetzt werden.

Die größte Schwierigkeit beim Bau der mehrphasigen Kommutatormotoren ist genau wie bei den einphasigen die Beherrschung des mehr oder weniger auftretenden Kommutatorfeuers. Sobald die Läufertourenzahl wesentlich von der synchronen abweicht, schneidet das Drehfeld mit der Schlüpfungsfrequenz die von den Bürsten kurzgeschlossenen Leiter und induziert entsprechend hohe Spannungen bzw. Kurzschlußströme. Hauptsächlich hierdurch wird der Bereich der dauernd zulässigen Geschwindigkeitsregulierung nach oben und unten begrenzt auf etwa ± 60 % vom Synchronismus an gerechnet. Daß Kommutatorwicklungen ganz allgemein für hohe Spannungen nicht betriebssicher zu bauen sind, fällt hier nicht stark ins Gewicht, da ein Erregertransformator prinzipiell vorgesehen werden muß. *E. Rother.*

Näheres s. u. a. Niethammer, „Die Elektromotoren". Bd. II.

Meidinger-Element. Eine zweckmäßige Form der Daniellschen Kette (s. d.) bildet das von Meidinger konstruierte Element, bei welchem unter Vermeidung einer porösen Tonzelle Zink in Magnesiumsulfatlösung, Kupfer in gesättigter Kupfervitriollösung sich befindet. Die Trennung der Flüssigkeiten wird durch die Verschiedenheit ihrer spezifischen Gewichte ermöglicht. Auf dem Boden eines großen, in der Mitte sich erweiternden Glasgefäßes befindet sich ein kleines Glasgefäß mit ganz konzentrierter Kupfervitriollösung und einer zylinderförmigen Kupferelektrode, welche durch einen isolierten, angeschmolzenen Draht die metallische Verbindung nach außen vermittelt. Ein großer hohler Glasdeckel, dessen untere Öffnung in die Kupfervitriollauge reicht, ist gleichfalls mit konzentrierter Kupfersulfatlösung gefüllt und sorgt für die konstante Sättigung der im unteren Glasgefäße befindlichen Lösung. Auf der Erweiterung des großen Glastroges sitzt die Zinkelektrode, welche von der auf die untere Kupfervitriollösung vorsichtig aufgegossenen Bittersalzlösung umgeben ist. *H. Cassel.*

Membran ist ein Körper von zwei vorwiegend ausgebildeten Dimensionen, welcher einer Biegung keinen Widerstand entgegensetzt und somit keine Biegungs- (Transversal-)Schwingungen ausführen kann, solange die Membran nicht durch eine äußere Kraft gespannt wird. Sie ist das zweidimensionale Analogon zur Saite (s. d.) und verhält sich zu dieser wie eine Platte (s. d.) zu einem Stab (s. d.). Sie kann demgemäß auch definiert werden als eine Platte, deren Dicke so gering ist, daß sie im natürlichen Zustande nur geringe und im idealen Grenzfalle gar keine Steifigkeit besitzt. S. auch Membranschwingungen. *E. Waetzmann.*

Membrankapsel s. Manometrische Flammen.

Membranschwingungen (s. Membran). Um der theoretischen Forderung, daß keine Biegungselastizität vorhanden sein soll, möglichst nahe zu kommen, werden die Membranen so dünn wie möglich gemacht. Da sie der Definition nach nur im gespannten Zustande (Transversal-)Schwingungen ausführen können, muß ihr Rand festliegen. Als Material eignen sich sehr gut Papier, Pergament und Kautschuk; es werden aber auch vielfach dünne Metallplättchen benutzt. In praxi ist die Grenze zwischen Membran- und Plattenschwingungen (s. d.) oft schwer zu ziehen.

Die Schwingungszahlen der einzelnen Partialtöne sind nicht, wie bei der Saite, harmonisch zum Grundton, sondern bei der kreisförmigen Membran sämtlich und bei der quadratischen Membran zum großen Teil unharmonisch. Wird die Schwingungszahl des Grundtones der Membran mit Eins bezeichnet, so beginnt die theoretische Reihe der Partialtöne bei der kreisförmigen Membran mit den Zahlen 1,00—1,59—2,14—2,30—2,65—2,92 und bei der quadratischen Membran mit den Zahlen 1,00—1,58—2,00—2,24—2,55—2,92.

Besonders wichtig sind die ·erzwungenen Membranschwingungen, zumal im allgemeinen wegen der geringen Masse die Luftdämpfung groß ist. Man benutzt die Membrane deshalb in ausgedehntem Maße für die Registrierung von Schallschwingungen (s. Schallregistrierung). Eine andere Anwendung von fundamentaler Wichtigkeit stellt das Trommelfell (s. Ohr) dar. In Orchesterinstrumenten finden sie außer in der Trommel und Pauke (Tonumfang: F bis fis) kaum Verwendung. S. auch Grammophon und Phonograph. *E. Waetzmann.*

Näheres s. A. Kalähne, Grundzüge der Mathem.-physikal. Akustik, II. Bd. Leipzig und Berlin 1913.

Menge, elektrische, s. Elektrizitätsmenge.

Meridianapparate von Blondel, Krüß, Matthews s. Lichtstrommesser.

Meridianbogen s. Abplattung.

Meridianellipse ist der Meridianschnitt eines Ellipsoides, welches als Näherungsfigur für die Erde angesehen werden kann (s. Abplattung). *A. Prey.*

Meridiankreis. Wichtigstes astronomisches Meßinstrument zur Bestimmung der Sternkoordinaten. Es besteht aus einem mäßig großen Fernrohr, das um eine feste ostwestliche horizontale Achse drehbar ist und infolgedessen nur Beobachtungen im Meridian gestattet.

Das Fernrohr F ruht vermittels zweier sehr sorgfältig gearbeiteter Zapfen auf den in die beiden

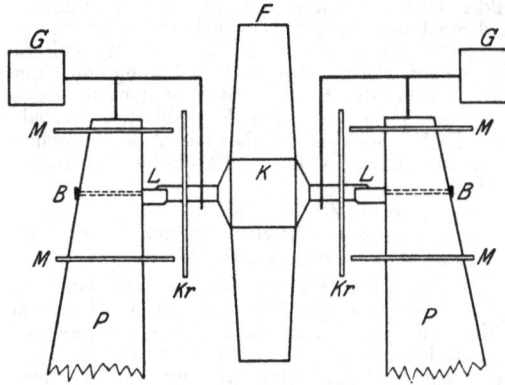

Meridianinstrument.

Pfeiler PP fest eingemauerten Achsenlagern LL. Um die Abnützung der Zapfen durch die häufige Drehung des Instrumentes zu vermindern, ist der größte Teil des Fernrohrgewichtes durch die Gegengewichte GG kompensiert. Mit dem Fernrohr sind zwei meist in Intervalle von 2 Bogenminuten geteilte Kreise KrKr fest verbunden, die mittels mehrerer Ablesemikroskope (meist auf jeder Seite 2—6) MM abgelesen werden. Die Rektaszension (Durchgangszeit) mißt man jetzt mit dem unpersönlichen Mikrometer. Die Feldbeleuchtung wird dadurch erzeugt, daß die Pfeiler in Verlängerung der Achsenlager eine Durchbohrung haben, ebenso der eine Zapfen. Durch eine elektrische Lampe B wird dann Licht in das Mittelstück des Fernrohres, den sog. Kubus K, geworfen, von wo es durch einen kleinen schräggestellten Spiegel das Gesichtsfeld erhellt. Die drei möglichen Aufstellungsfehler des Instrumentes, Neigung der Drehungsachse, Azimut oder Abweichung der Drehungsachse aus der Ostwestrichtung, und Kollimation oder Abweichung der Senkrechtstellung von Fernrohrachse zu Drehungsachse müssen bestimmt und ihr Einfluß an die einzelnen Beobachtungen differenziell angebracht werden. Die Neigung wird mittels eines großen Niveaus, das an die Zapfen des Instrumentes angehängt wird, das Azimut aus Durchgangsbeobachtungen polnaher Sterne, die nur eine langsame Bewegung machen, bestimmt. Die Kollimation wird dadurch gemessen, daß man das Fernrohr aus den Zapfenlagern heraushebt und unter Vertauschung des Ost- und Westendes der Achse wieder hinein legt; in beiden Lagen wird ein zu diesem Zweck in horizontaler Lage angebrachter Lichtpunkt (Mire oder Kollimator) anvisiert und sein Lagenunterschied bestimmt.

Um den Nullpunkt der Teilkreise festzulegen, macht man die Nadirbestimmung, d. h. man erzeugt senkrecht unter dem Fernrohr einen Quecksilberspiegel und bringt das direkte und das gespiegelte Bild des Fadenkreuzes zur Deckung.

Der Meridiankreis eignet sich vorzüglich für absolute Koordinatenbestimmungen (in diesem Falle muß man die Sterne an die Sonne anschließen), als auch für Relativmessungen. Wenn es sich darum handelt, von einer großen Menge von Sternen nicht allzu genaue Koordinaten zu erhalten, so beobachtet man sie zwischen eine Reihe von Sternen mit gut bekannten Koordinaten eingeschaltet, die sog. Fundamentalsterne und interpoliert gewissermaßen ihre Örter.   *Bottlinger.*

Näheres s. Ambronn, Handb. d. Astronomischen Instrumentenkunde.

Merkur s. Planeten.

Mesothorium 1 (M Th₁). Nachdem das Thoratom ein α-Partikel verloren hat, gruppieren sich die Bestandteile des Atomrestes zu dem Atom des Mesothor 1, das nach den Verschiebungsregeln um 4 Atomgewichtseinheiten und zwei Valenzen weniger hat. Sein Atomgewicht wäre demnach etwa 228 und es steht in der Valenzgruppe II, in der sich die Homologen Ra, Ba, Sr, Ca befinden; seinem Gewicht nach kann es wohl nur auf denjenigen Platz kommen, wo bereits Ra mit dem Atomgewicht 226 sich befindet. In der Tat weist es genau die gleichen Eigenschaften auf, wie dieses, wird wie Ra zugleich mit Ba aus Lösungen abgeschieden und kann von Ba ebenfalls durch fraktioniertes Kristallisieren getrennt werden, indem es die minder löslichen Halogenverbindungen liefert. Oder man fällt das Thorium aus Lösungen, die auch M Th₁ enthalten, mittels Ammoniak, dann bleiben bis zu 90% des M Th in Lösung. Aus heißen, 80-grädigen Thomitratlösungen wird das M Th₁ nach Zusatz von Eisenchlorid mit Soda gefällt. Man erhält dabei das M Th immer zugleich mit dem isotopen Th X und, wenn die Lösung auch Radium enthalten hat, zugleich mit Ra; Thorium X verschwindet durch Absterben nach einigen Wochen von selbst und seine Nachbildung kann durch wiederholtes Abtrennen des Radiothors (s. u.), aus dem es entsteht, unterbunden werden. Um aber radiumfreies Mesothor zu erhalten, müßte ein Thorium zuerst von allem Ra — und damit auch von M Th₁ — befreit und die Nacherzeugung des M Th₁ aus dem nun Ra-freien Thorium abgewartet werden.

Mesothor ist Handelsartikel, der wegen seiner Anwendung in der Radiumtherapie fabrikatorisch hergestellt wird. Unter „1 mg M Th" ist jene Menge M Th zu verstehen, die bezogen auf γ-Strahlung dieselbe Stromwirkung hat, wie 1 mg Ra. (Die Strahlenwirkung stammt aber nicht von M Th₁, sondern von dessen Zerfallsprodukten.) Da wegen der verschiedenen Härte der M Th- und Ra-γ-Strahlung auch die Strahlenabsorption eine verschiedene ist, hängt das Ergebnis einer solchen Relationierung zunächst von der Versuchsanordnung ab; weiters aber auch von dem Alter des Präparates, mit welchem sich der Prozentgehalt des an der γ-Strahlung beteiligten Th C" ändert. Der Wert einer solchen „quantitativen" Angabe ist daher ein problematischer, besonders wenn als Ra-Vergleichspräparat einmal 1 mg Ra-Element, das andere Mal 1 mg Ra Br genommen wird, welch letzteres eine um 40% geringere γ-Strahlung hat. — Gewichtsmäßig ist für die gleiche γ-Wirkung viel weniger M Th als Ra nötig, für die gleiche α-Wirkung sogar nur der 40. Teil der Ra-Menge, da sowohl die γ- als die α-Strahlen des M Th viel kräftiger ionisierend wirken, als die des Radiums. — M Th₁ ist wie Ac (s. d.) strahlenlos

und hat, wie aus Zerfallsmessungen von Thorium-
präparaten verschiedenen Alters folgt, eine Zerfallskonstante $\lambda = 4,10^{-9}$ sec^{-1}, $\tau = 7,9$ Jahre, T =
5,5 Jahre.

Mesothorium 2 (M Th₂). Durch strahlenlose
Umwandlung entstanden rückt das neue Atom bei
gleichbleibendem Gewicht um eine Valenzgruppe
nach rechts, wird somit isotop dem Ac, das sich
auf diesem Platz der Elemententabelle befindet.
Aus Mesothor-Lösungen wird es bei Gegenwart
von Zirkon, Aluminium oder Eisen zugleich mit
diesen und mit Radiothor und Th X durch Ammoniak gefällt. Da sich Radiothor nur langsam,
M Th₂ wegen seiner kurzen Lebensdauer schnell
nachbildet, so liefert eine nach kurzer Zeit neuerlich
vorgenommene Abtrennung das M Th₂ reiner von
Rd Th. Zur Reinigung von den weiteren Zerfallsprodukten Th B (isotop mit Pb) und Th C (isotop
mit Bi) werden Pb- und Bi-Salze zugesetzt und mit
Schwefelwasserstoff gefällt. M Th₂ sendet β- und
γ-Strahlen aus. Die ersteren zeigen im magnetischen
Spektrum (s. d.) Linien, die den Anfangsgeschwindigkeiten 1,1 bis $1,98 \cdot 10^{10}$ entsprechen. Die
γ-Strahlen weisen Absorptionskoeffizienten von
μ Al $= 26$ cm^{-1} und μ Al $= 0,12$ cm^{-1} auf. Die
Zerfallsgeschwindigkeit ist charakterisiert durch
die Zahlen: $\lambda = 3,1 \cdot 10^{-5}$ sec^{-1}; $\tau = 8,9$ h,
T $= 6,2$ h.

Radiothor (Rd Th). Da von Thorium ausgehend
bis jetzt eine α- und zwei β-Umwandlungen stattgefunden haben, deren Wirkung auf die Einreihung
des Atomes in das periodische System sich nach
der Verschiebungsregel gerade aufhebt, so kehrt
der Abkömmling des M Th₂, das Rd Th wieder
in die Thoriumgruppe zurück und ist mit dem
Thor-Atom bis auf das um 4 Einheiten verkleinerte
Atomgewicht chemisch gleich. In radioaktiver
Hinsicht unterscheidet es sich durch seine geringere
Stabilität, der eine geringere Lebensdauer und
das Freiwerden größerer Energiemengen beim Zerfall, also eine α-Strahlung größerer Reichweite
und Anfangsgeschwindigkeit entspricht. Die Reichweite wurde bestimmt zu 3,87 cm, daher die Anfangsgeschwindigkeit $v_0 = 1,58 \cdot 10^9 \frac{cm}{Sek}$. Außer der
α-Strahlung findet sich aber auch eine β-Strah-
lung, deren Existenz eine Verzweigung der Zerfallsreihe an dieser Stelle vermuten läßt (vgl. Atomzerfall). Doch gab das Experiment bisher keine
weitern diesbezüglichen Anhaltspunkte. Auch eine
schwache γ-Strahlung wurde konstatiert. Die Zerfallskonstante ergibt sich zu $1,09 \cdot 10^{-8}$ sec^{-1}, die
mittlere Lebensdauer zu $\tau = 2,9$ Jahren, die Halbwertszeit T zu T $= 2,0$ Jahre (neuerer Wert 1,905 a).
— Die chemischen Eigenschaften sind durch die
Isotopie des Rd Th mit Thorium charakterisiert.
Um es von letzteren zu befreien, muß man Rd Th
aus von Thor getrenntem Mesothor frisch erzeugen
lassen. Zur Reinigung von dem Folgeprodukt
Thorium X fällt man Rd Th aus einer Lösung
nach Zusatz von Al- oder Fe-Salzen; Th X bleibt
in Lösung. Das von Th X befreite Rd Th wird
in angesäuerte Lösung gebracht und nach Zusatz
von Hg, Pb oder Bi-Salzen wird durch Fällung mit
Schwefelwasserstoff das Thorium B und C mit
den ausfallenden Sulfiden entfernt. — Das aus
Rd Th durch α-Zerfall entstehende Folgeprodukt ist:

Thorium X (Th X), welches der Entstehungsweise nach ein Atomgewicht von 224 haben und
isotop mit Ra sein muß. Es ist ein α-Strahler

mit der Reichweite R = 4,30 cm bei 15° C und
760 mm Druck entsprechend einer Anfangsgeschwindigkeit $v_0 = 1,64 \cdot 10^9 \frac{cm}{Sek}$. Seine Zerfallsgeschwindigkeit wird gemessen zu $\lambda = 2,20 \cdot 10^{-6}$,
daher die mittlere Lebensdauer $\tau = 5,25$ Tage,
die Halbierungszeit T = 3,64 Tage. Als isotop
mit Ra und M Th₁ befolgt es alle deren chemische
Reaktionen; um es, was auf direktem chemischen
Weg nicht möglich ist, von M Th₁ zu befreien,
muß man es aus mesothorfreiem Radiothor sich
bilden lassen und das Radiothor mit Aluminium-
hydroxyd ausfällen. Nach Entfernung der Folgeprodukte des Thorium X, die mit Pb und Bi
isotop sind, bleibt reines Th X in Lösung und kann
aus diesem durch Bariumsulfatfällungen abgeschieden werden. — Bei Kristallisation verhält
sich Th X isomorph mit Barium. Aus alkalischen
Lösungen kann es durch Elektrolyse gewonnen
werden.

Das nächste Zerfallsprodukt, durch α-Zerfall
entstanden, muß nullwertig sein und erweist sich
als eine gasförmige Substanz. Die

Thorium-Emanation (Th Em) war das erste
radioaktive Gas, das durch E. Rutherford im
Jahre 1900 entdeckt wurde. Wie die anderen
Emanationen ist sie ein inertes Gas und mit ihnen
chemisch identisch. Das Atomgewicht ist laut
Genesis mit 220 anzusetzen. Effusionsversuche
ergaben Werte von 201 bis 210. Sie ist konden-
sationsfähig und zwar beginnt die Kondensation
bei —120°, aber selbst bei —160° sind noch Gas-
spuren nachweisbar. Der Löslichkeitskoeffizient ist
in Wasser $a = 1$, in Petroleum 5. Der Verteilungs-
koeffizient ist für Kohle und Gas bei 15° gleich 50.
Die α-Strahlung hat eine Reichweite von 5,00 cm
für 15° C und 760 mm Druck bzw. eine Anfangsgeschwindigkeit von $1,72 \cdot 10^9 \frac{cm}{Sek}$. Die Zerfallskonstante wurde zu $\lambda = 1,27 \cdot 10^{-2}$ sec^{-1} bestimmt; dem entspricht die mittlere Lebensdauer
$\tau = 78,7$ sec, und die Halbwertszeit T = 54,5 sec.
Die aus der Emanation im weiteren entstehenden
Folgeprodukte heißen wie bei den anderen radioaktiven Zerfallsreihen: „aktiver Niederschlag" bzw.
„induzierte Aktivität". Diese Folgeprodukte setzen
sich auf allen in emanationshaltiger Atmosphäre
exponierten Körpern, insbesondere wenn diese
negativ aufgeladen werden, ab als eine unendlich
dünne Haut und können, da sie nur oberflächlich
haften (abgesehen von den durch den Rückstoßvorgang in das Unterlagsmaterial hineingehämmerten Zerfallsprodukte) auf mechanischem oder
chemischem Wege (Kochen mit Säure) zum größten
Teil entfernt und in eine sogenannte „Induktionslösung" gebracht werden, aus der je nach Bedarf
das eine oder das andere Teilprodukt abgeschieden
werden kann. Zu diesem aktiven Niederschlag
gehört als der Genesis nach erstes das

Thorium A. (Th A), dessen außerordentlich
kurze Lebensdauer spezielle Versuchsmethoden
zur Bestimmung der Zerfallskonstante erfordert.
Die Randteile einer sich schnell drehenden Scheibe
passieren zuerst einen emanationshaltigen Raum
und unmittelbar darnach eine Ionisierungskammer,
in der die Aktivierung der Scheibe untersucht wird.
Die Stärke der Aktivität wird cet. par. von der
Umdrehungsgeschwindigkeit und der Länge des
vom Aktivierungsort zum Meßort zurückgelegten
Weges sowie von der Abklingungsgeschwindigkeit

abhängen. Es ergab sich auf diesem Wege: $\lambda = 4{,}95$ sec^{-1}; $\tau = 0{,}20$ s; $T = 0{,}14$ sec. Die Reichweite der α-Strahlen wurde zu 5,70 cm in Luft von 15°C und Normaldruck bestimmt entsprechend einer Anfangsgeschwindigkeit von $v_0 = 1{,}80 \cdot 10^9 \frac{\text{cm}}{\text{Sek}}$. Wegen dieser kurzen Lebensdauer hat sich frisch entstehende Emanation schon nach wenigen Augenblicken mit Th A ins Gleichgewicht gesetzt, so daß man Th Em allein nicht erhalten kann. Die Entdeckung des Th A erfolgte auch dadurch, daß man bei der Zählung (s. d.) von aus angeblich reiner Emanation stammenden α-Partikeln die Wahrnehmung machte, daß sich immer je zwei α-Partikel, wie wenn sie durch eine kurze Schnur miteinander verbunden wären, in ganz kurzen Zeitabständen folgen, so daß z. B. bei der Szintillationsmethode Doppellichtblitze beobachtet werden. Im weiteren konnte man dann zeigen, daß diesen beiden α-Partikeln verschiedene Reichweiten zukommen, daß sie somit zu verschieden langlebigen Substanzen, eben Th Em und Th A gehören. — Die Th A-Atome sind bei ihrer Entstehung positiv geladen. Sie sind isotop mit Polonium; ihr Atomgewicht muß der Entstehung nach 216 betragen. Nach Abstoßung des α-Partikels verbleibt ein Atomrest mit dem Atomgewicht 212 und einer um zwei Stellen niedrigeren Wertigkeit, der als

Thorium B (Th B) bezeichnet wird und isotop ist mit Blei. Th B verdampft bei 700° und ist flüchtiger als Th C, doch hängt die Verdampfungstemperatur von der jeweiligen chemischen Bindung ab (vgl. die analogen Bemerkungen bei den B-Produkten der beiden anderen Zerfallsreihen). Es ist in anorganischen Flüssigkeiten löslicher, in organischen weniger löslich als Th C und elektrochemisch weniger edel als dieses. Es wird also bei Elektrolyse einer Induktionslösung durch Abscheiden des Th C (und Th D) an der Kathode in der Lösung angereichert; taucht man in eine heiße salzsaure Induktionslösung Nickel ein, so scheidet sich vorwiegend Th C auf ihm ab. Th B sendet eine weiche β-Strahlung aus mit Anfangsgeschwindigkeiten von $1{,}89 \cdot 10^{10}$ und $2{,}16 \cdot 10^{10} \frac{\text{cm}}{\text{Sek}}$ und einer Halbierungsdicke von $4{,}5 \cdot 10^{-3}$ cm Al. Bei der begleitenden γ-Strahlung wurden 3 verschiedene Härten konstatiert. Die Stabilität des Atomes ist gegeben durch die Zerfallskonstante $\lambda = 1{,}82 \cdot 10^{-5}$ sec^{-1}. mittlere Lebensdauer $t = 15{,}3$ Stunden und Halbwertszeit $T = 10{,}6$ Stunden. Sein Zerfallsprodukt ist:

Thorium C (Th C), das bei ungeändertem Atomgewicht von 212 infolge des Verlustes eines Elektrons um eine Wertigkeitsstufe höher, also in der Wismutgruppe steht und mit diesem isotop ist. Sein Verhältnis zu Th B in bezug auf elektrochemisches Gehaben, Löslichkeit und Flüchtigkeit wurde bei Th B besprochen. Durch Schütteln einer Induktionslösung mit Tierkohle wird Th C in dieser angereichert. Wegen seiner Isotopie mit Wismut, dessen Salze in Lösung leicht hydrolytisch werden, wird es von Oxyden des Cu, Ti, Ta stärker adsorbiert als Th B. Sein Zerfall ist charakterisiert durch die Zahlen $\lambda = 1{,}90 \cdot 10^{-4}$ sec^{-1}; $\tau = 87{,}7$ m, $T = 60{,}8$ m. Und zwar erfolgt der Zerfall unter gleichzeitiger Abstoßung von α- und β-Partikeln, wobei außerdem noch die α-Strahlung doppelter Art ist und zwei Reichweiten aufweist. In Analogie

mit den anderen (Ac und Ra) C-Substanzen wird man einen dualen Zerfall erwarten, so daß hier eine Gabelung der Thorium-Zerfallsreihe eintritt. Man kann feststellen, daß von den ausgesendeten α-Teilchen 35% eine kürzere Reichweite, nämlich 4,95 cm, und 65% eine längere Reichweite von 8,6 cm besitzen. Da im ganzen aber nur der dritte Teil jener α-Zahl auftritt, die Th Em + Th A + Th C gemeinsam aufweisen, also offenbar im ganzen von Th C ebensoviele α-Partikel ausgehen, wie sowohl von Th Em als von Th A einzeln entsendet werden, und da ferner auch noch eine β-Strahlung nachzuweisen ist, so ist wieder in Analogie mit dem Zerfall von Ra C und Ac C folgendes Zerfallsschema wahrscheinlich:

$$\text{Th B} \longrightarrow \text{Th C} \underset{\substack{\beta \\ 65\%}}{\overset{\substack{\alpha\,(4{,}95) \\ 35\%}}{\diagup\diagdown}} \begin{array}{l} \text{Th C}'' \xrightarrow{\beta\,\gamma} \cdots \\[1em] \text{Th C}' \xrightarrow{\alpha\,(8{,}6)} \text{Th D} \end{array}$$

Die dem Thorium C zugeschriebene Reichweite von 8,6 cm gehört also zu einem äußerst kurzlebigen Zwischenprodukt Th C', dessen Zerfallskonstante aus der Reichweite gerechnet sich zu $\lambda = 10^{11}$ bis 10^{12} sec^{-1} ergibt, und eben wegen dieser kurzen Lebensdauer von Th C nicht abtrennbar ist. Die von Th C nach C' führende β-Strahlung zeigt Geschwindigkeitsgruppen von 2,79 und $2{,}85 \cdot 10^{10} \frac{\text{cm}}{\text{Sek}}$; ihr Absorptionskoeffizient in Al ist 14,4 cm^{-1}. Wegen des β-Zerfalles ist Th C' isotop mit Polonium.

Thorium C'' (Th C''). Mit Hilfe des Rückstoß-Verfahrens läßt sich aus Th C das β-, γ-strahlende Th C'' abscheiden, das auch wegen seiner größeren Flüchtigkeit leicht vom A, B und C getrennt werden kann. Seiner Genesis entsprechend ist es isotop mit Thallium und den übrigen C''-Produkten (Ac, Ra). Es löst sich schwerer in starken Säuren als Th B und Th C und ist unedler als Th C', scheidet sich aber aus saurer Lösung auf Ni oder durch Elektrolyse mit schwachem Strom (kurze Exposition) auf blanken Pt-Kathoden ab. Seine Zerfallskonstante ist $\lambda = 3{,}73 \cdot 10^{-3}$ sec; mittlere Lebensdauer $\tau = 4{,}47$ Minuten, Halbwertszeit $T = 3{,}1$ Minuten. Die β-Strahlung hat einen Absorptionskoeffizienten von 2,16 cm^{-1} in Aluminium und eine Geschwindigkeit von 0,87 und $1{,}08 \cdot 10^{10} \frac{\text{cm}}{\text{Sek}}$; die γ-Strahlung ist sehr hart ($\mu^{\text{Al}} = 0{,}096$).

Thorium D (Th D). Nach Thorium C' bzw. Th C'' wird kein radioaktives Folgeprodukt mehr gefunden. Es scheint damit also der Zerfall beendet und das Atom eine stabile Innenkonfiguration erreicht zu haben. Nach den Verschiebungsregeln müßte das β-strahlende Th C'' sowohl als das α-strahlende C' bleiartige Endprodukte geben; das Atomgewicht dieses Bleies sollte ungefähr 208 sein. In der Tat ließ sich aus (uranarmen) Thoriummineralien ein Blei gewinnen, dessen Atomgewicht zu $207{,}77 \pm 0{,}14$ bestimmt wurde, also wesentlich höher, als das des „gewöhnlichen" Bleies vom Atom-Gewicht 207,15.

Die folgende Tabelle enthält die Glieder der Thoriumfamilie, ihren genetischen Zusammenhang und ihre wichtigsten Eigenschaften.

K. W. F. Kohlrausch.

Die Thoriumreihe.

Symbol und Zerfallschema	Name	T HalbwertsZeit	λ Zerfallskonstante in sec⁻¹	Strahlung	v Geschwindigkeit in $\frac{cm}{Sek}$	R	μ Absorptionskoeff. in Al in cm⁻¹	GleichgewichtsMenge	Plejade	A Atomgewicht
Th	Thorium	1,3·10 a	1,7·10⁻⁸	α	1,40·10⁹	2,72		2,10⁸	Nr. 90; Th 232,1	232
MTh₁	Mesothorium 1	5,5 a	4,0·10⁻⁹	(β)				1	Nr. 88; Ra 226	226
MTh₂	Mesothorium 2	6,2 h	3,1·10⁻⁵	β γ	1,11 bis 1,98·10¹⁰		40, 20 26, 0,12	10⁻⁴	Nr. 89; Ac 226	228
RdTh	Radiothorium	1,9 a	1,09·10⁻⁸	α β	1,58·10⁹ 1,41·10¹⁰ bis 1,53·10¹⁰	3,87	groß	0,3	Nr. 90; Th 232,1	228
ThX	Thorium X	3,64 d	2,20·10⁻⁶	α	1,64·10⁹	4,30		1·10⁻³	Nr. 88; Ra 226	224
Th Em	Thorium-Emanation	54,5 s	1,27·10⁻²	α	1,72·10⁹	5,00		2·10⁻⁷	Nr. 86; Em 222	220
ThA	Thorium A	0,14 s	4,95	α	1,80·10⁹	5,70		6·10⁻¹⁰	Nr. 84; Po 210	216
ThB	Thorium B	10,6 h	1,82·10⁻⁵	β γ	1,89·10¹⁰, 2,16·10¹⁰		153 160, 32, 0,36	2·10⁻⁴	Nr. 82; Pb 207,2	212
ThC 35% 65% *ThC"*	Thorium C	60,8 m	1,90·10⁻⁴	α β	1,71·10⁹ 2,79·10¹⁰; 2,85·10¹⁰	4,95	14,4	1·10⁻⁵	Nr. 83; Bi 208,0	212
	Thorium C"	3,1 m	3,73·10⁻³	β γ	0,87·10¹⁰; 1,08·10¹⁰		21,6 0,096	3·10⁻⁶	Nr. 81; Tl 204,0	208
ThC'	Thorium C'	10⁻¹¹ s	10¹¹	α	2,09·10⁹	8,60		10⁻²⁰	Nr. 84; Po 210	212
ThD	Thorium D	∞	$\frac{1}{\infty}$						Nr. 82; Pb 207,2	208

Erklärung: ⇓ bedeutet α-Zerfall; ↓ β-Zerfall; ↓ strahlenlose Umwandlung; bei gleichzeitigem α- und β-Zerfall (Th C) bedeuten die beigeschriebenen Zahlen das Verteilungsverhältnis in Prozenten. — Bei den Zahlenangaben für die Halbwertszeit T bedeuten: a .. Jahre; d .. Tage; h .. Stunden; m .. Minuten; s .. Sekunden. — Die Reichweite R ist in Zentimetern für Luft bei 15° Celsius und 760 mm Druck angegeben. — Die in Grammen ausgedrückte Gleichgewichtsmenge ist auf Mesothor 1 als Einheit bezogen. Die Zahlen sind abgerundet. — In der vorletzten Kolonne ist angegeben: Die Atomnummer (Kernladungszahl), das Atomgewicht und das Symbol der Dominante, die der Plejade, in welche das betreffende Radioelement gehört, den Namen gibt.

Mesothorium s. Thorium.

Meßmaschinen dienen zur Vergleichung von Endmaßstäben (s. d. Artikel Längenmessungen). Die Maßstäbe ruhen in Lagern auf einem soliden Unterbau und können schnell nacheinander zwischen zwei Anschläge gebracht werden, einen festen und einen durch eine Schraube verschiebbaren. Der bewegliche Anschlag trägt ein Mikroskop, durch welches man auf eine feste Skale neben dem Anschlag visiert und auf dieser die Längenunterschiede der Stäbe ablesen kann. Der bewegliche Anschlag wird vielfach durch eine Meßschraube (Mikrometerschraube; s. d.) ersetzt.

Die Meßmaschinen sind in der Regel mit einer Vorrichtung versehen, welche die Gleichmäßigkeit des Druckes auf die Endflächen der Maßstäbe zu regeln gestattet. Die Vorrichtung kann z. B. eine mit dem festen Anschlag verbundene Sperrung sein, die bei einem gewissen Druck selbsttätig den Fall eines Körpers auslöst. Bei anderen Meßmaschinen drückt der feste Anschlag rückwärts auf ein Metallreservoir, welches mit Flüssigkeit gefüllt ist; die Flüssigkeit steigt in einer mit dem Metallgefäß verbundenen Kapillare in die Höhe und zeigt den Druck an.

Bei neuen, verbesserten Meßmaschinen vermeidet man die mechanische Berührung mit dem beweg- lichen Anschlag. Man bringt die Maßstäbe gewissermaßen in eine Lehre mit konstanter Öffnung und ermittelt mit Hilfe von Interferenzerscheinungen die Anzahl Wellenlängen einer bestimmten Strahlart, um welche jedes Endmaß kürzer ist als die Weite der Lehre. Aus dem Aussehen der Interferenzerscheinung gewinnt man zugleich ein Urteil darüber, ob die Endflächen des Maßstabes genügend plan geschliffen sind oder nicht. *Scheel.*

Meßnabe ist eine Vorrichtung, mit Hilfe der die Zugkraft einer Luftschraube und das zu ihrem Betrieb nötige Drehmoment im Fluge gemessen werden können. Die Motorwelle überträgt bei diesen Anordnungen ihr Drehmoment nicht unmittelbar auf die Luftschraubennabe, sondern durch Vermittlung über Meßdosen; ebenso wird der Zug der Schraube auf dem Umweg über Zugdosen auf die Welle und somit auf das Flugzeug übertragen. *L. Hopf.*

Meßtransformator. Bei den zu Meßzwecken benutzten Transformatoren (Meßwandler, Präzisionstransformator) verwendet man möglichst verlustfreies Eisenblech (meist Siliziumblech), um den Magnetisierungsstrom möglichst klein zu machen. Ferner soll der magnetische Widerstand und die Streuung klein sein, weshalb alle Stoßfugen nach Möglichkeit vermieden und die primäre und sekundäre Wicklung zweckmäßig direkt übereinander angebracht werden. Durch Anbringung mehrerer Wicklungen können Transformatoren für verschiedene Meßbereiche hergestellt werden. Das Übersetzungsverhältnis und die Phasenverschiebung muß genau bekannt sein, wenn der Transformator zu Meßzwecken dienen soll. *W. Jaeger.*

Meßwandler s. Meßtransformator.

Metallbarometer s. Barometer.

Metallblasinstrumente s. Zungeninstrumente.

Metallfadenlampe, Flächenhelle s. Photometrische Größen und Einheiten, Nr. 4; räumliche Lichtverteilung s. Lichtstärken-Mittelwerte, Nr. 6; Wirtschaftlichkeit s. Wirtschaftlichkeit von Lichtquellen.

Metallreflexion. Die Lichtreflexion an Metallen unterscheidet sich von derjenigen an durchsichtigen Körpern schon äußerlich dadurch, daß die gebrochenen Strahlen ungeheuer stark absorbiert werden. Selbst wenn linear polarisiertes Licht auffällt, ist das reflektierte im allgemeinen nicht linear, sondern elliptisch polarisiert, woraus folgt, daß zwei Komponenten reflektiert werden, die eine gegenseitige Phasendifferenz und eine ungleiche Schwächung erleiden. Die Intensität der Komponenten und ihr Gangunterschied hängen vom Polarisationsazimut und Einfallswinkel ab und lassen sich allgemein berechnen, sobald man für den betreffenden reflektierenden Metallspiegel den Haupteinfallswinkel φ' und das Hauptazimut ψ' bestimmt hat. Es möge linear polarisiertes Licht einfallen, dessen Polarisationsebene unter 45° gegen die Einfallsebene geneigt ist. Haupteinfallswinkel heißt dann derjenige Einfallswinkel φ, für welchen der relative Phasenunterschied $\varDelta$ der beiden Hauptkomponenten den Wert $\frac{\pi}{2}$ d. h. eine viertel Wellenlänge annimmt. Wird das reflektierte Licht mit Hilfe eines Kompensators wieder linear polarisiert gemacht, so nennt man das Azimut dieser Polarisationsebene gegen die Einfallsebene das Azimut ψ der wiederhergestellten linearen Polarisation. Das Azimut ψ für den Haupteinfallswinkel φ' ist sodann das Hauptazimut ψ'. Für senkrechte und für streifende Inzidenz verschwindet die relative Phasendifferenz im reflektierten Lichte, also auch seine Elliptizität.

Bedeutet λ_0 die Wellenlänge des Lichtes in Luft, λ diejenige im Metall, so ist sein Brechungsverhältnis $n = \frac{\lambda_0}{\lambda}$. Nimmt nun im absorbierenden Körper die Lichtamplitude nach Durcheilen der Strecke λ im Verhältnis $e^{-2\pi\varkappa}$ ab, so wird $\varkappa$ als der Absorptionsindex der Substanz bezeichnet. Mit großer Annäherung ist alsdann

$$\sin\varphi'\ \mathrm{tg}\ \varphi' = n\sqrt{1+\varkappa^2}$$
$$\varkappa = \sin\varDelta\ \mathrm{tg}\ 2\,\psi$$
$$n = \sin\varphi\ \mathrm{tg}\ \varphi\ \frac{\cos 2\,\psi}{1 + \cos\varDelta \sin 2\,\psi}$$
$$n^2\,(1 + \varkappa^2) = \sin^2\varphi\ \mathrm{tg}^2\,\varphi\ \frac{1 - \cos\varDelta \sin 2\,\psi}{1 + \cos\varDelta \sin 2\,\psi}.$$

Nach diesen Gleichungen lassen sich daher aus den beobachtbaren Größen $\varDelta$ und ψ im reflektierten Lichte die optischen Konstanten $\varkappa$ und n eines Metalls berechnen, und weiter auch φ' und ψ', da ja noch $\varkappa = \mathrm{tg}\ 2\,\psi'$ wird.

Umgekehrt kann man auch aus den optischen Konstanten leicht für einen beliebigen Einfalls-

winkel φ die Werte $\varDelta$ und ψ finden, wenn man

$$\mathrm{tg}\ Q = \varkappa \quad \text{und} \quad \mathrm{tg}\ P = \frac{n\sqrt{1+\varkappa^2}}{\sin\varphi\ \mathrm{tg}\ \varphi}$$

setzt. Dann wird nämlich einfach

$$\mathrm{tg}\ \varDelta = \sin Q\ \mathrm{tg}\ 2\,P$$
$$\cos 2\ \psi = \cos Q\ \sin 2\,P.$$

Versteht man unter dem Reflexionsvermögen R eines Metalls das Verhältnis des reflektierten Lichtintensität zu der auffallenden beim Einfallswinkel $\varphi = 0$, so ergibt sich

$$R = \frac{n^2\,(1 + \varkappa^2) + 1 - 2\,n}{n^2\,(1 + \varkappa^2) + 1 + 2\,n}.$$

Licht von einer gewissen Wellenlänge λ_0 wird also um so stärker reflektiert, je größer der Absorptionsindex $\varkappa$ des Metalls für diese Farbe λ_0 ist. Läßt man daher das Licht an spiegelnden Flächen der gleichen Substanz wiederholt reflektieren, so wird die am stärksten absorbierte Farbe zum Schluß viel weniger geschwächt sein als die anderen Farben. Hierauf beruht auch die Methode der Reststrahlen, d. i. die Herstellung ziemlich homogener Wärmestrahlen von sehr großer Wellenlänge mit Hilfe von Körpern, die auswählend absorbieren. So z. B. liefert nach Rubens das Licht eines Auerbrenners (ohne Zugglas) nach viermaliger Reflexion an Jodkalium Strahlen von der Wellenlänge $\lambda_0 = 97\ \mu$.

Die optischen Konstanten der Metalle sind schwierig zu bestimmen, weil sie in starkem Maße von der augenblicklichen Oberflächenbeschaffenheit der Metallspiegel abhängen. Diese ist verschieden je nach der Art des Schleifens und Polierens und ändert sich hernach auch noch allmählich mit der Zeit. Der Einfluß der Luft ist am geringsten bei Gold und Nickel, während Kupfer- und Zinkflächen schon eine merkliche Änderung zeigen, selbst wenn sie nur eine Stunde lang einer sehr trockenen Atmosphäre ausgesetzt werden. Wegen dieser Schwierigkeit, Metallspiegel mit wirklich reinen Oberflächen herzustellen, lassen sich die wahren Werte der Konstanten für die Metalle wohl höchstens mit einer Genauigkeit von etwa zwei Prozent ermitteln. Dagegen hängt die Gestalt der Dispersionskurve der optischen Konstanten zumeist in weniger starkem Maße von der Oberflächenbeschaffenheit der Spiegel ab. Die folgende Tabelle enthält einige Zahlenwerte, die von Drude für Natriumlicht gefunden wurden.

Metall	$\varkappa n$	n	φ'	ψ'	R
Gold	2,82	0,37	72,3°	41,6°	0,85
Kupfer	2,62	0,64	71,6	39,0	0,73
Quecksilber	4,96	1,73	79,6	35,7	0,78
Silber	3,67	0,18	75,7	43,6	0,95
Stahl	3,40	2,41	77,0	27,8	0,58

Das auffallende Resultat, daß bei manchen Metallen n kleiner als 1 ist, sich also in ihnen das Licht schneller fortpflanzt als in Luft, wird durch direkte Ermittelung von n aus der Brechung an sehr dünnen Metallprismen von weniger als einer Minute Prismenwinkel bestätigt.

Bemerkenswert ist noch eine Beziehung, welche sich aus der elektromagnetischen Lichttheorie zwischen dem Reflexionsvermögen und der elektrischen Leitfähigkeit eines undurchlässigen Körpers ergibt. Bezeichnet σ die absolute elektrische Leitfähigkeit in elektrostatischem Maße, ferner T die Schwingungsdauer des Lichtes von

32*

der Wellenlänge λ_0 und c die Lichtgeschwindigkeit in der Luft (also $\lambda_0 = cT$), so verlangt die elektromagnetische Theorie die Beziehung

$$n^2 \varkappa = \sigma T.$$

Hieraus folgt, wenn für dasselbe λ_0 und dieselbe hohe Temperatur bedeutet A das Absorptionsvermögen, E das Emissionsvermögen des Körpers und E_s das Emissionsvermögen des theoretisch schwarzen Körpers (also $A = E : E_s = 1 - R$), für hinreichend große Werte von σT die einfache Beziehung

$$A = 1 - R = \frac{2}{\sqrt{\sigma T}} = 2 \sqrt{\frac{c}{\sigma \lambda_0}}.$$

Unter σ ist natürlich die Leitfähigkeit des Metalls bei der gleichen Temperatur zu verstehen, bei welcher die Größen R bzw. E und E_s gemessen werden. Hagen und Rubens haben die vorstehende Beziehung für genügend lange Wellen quantitativ bestätigt gefunden, wobei zum Teil E und E_s gemessen wurden. Bei allen untersuchten Metallen war mit Ausnahme von Wismut die Übereinstimmung eine sehr gute von ungefähr $\lambda_0 = 10\,\mu$ aufwärts, während sich weiter unterhalb große Abweichungen zeigten.   *Schönrock.*

Näheres s. P. Drude, Lehrbuch der Optik. Leipzig.

Metallstrahlung s. Energetisch-photometrische Beziehungen, Nr. 3.

Metallthermometer. Die Metallthermometer beruhen auf der Verschiedenheit der Wärmeausdehnung zweier verschiedenartiger Metalle, durch die eine Veränderung der Krümmung zweier an den Längsseiten miteinander verlöteter Metallstäbe, Metallspiralen u. a. hervorgerufen wird. Wird das eine Ende einer solchen Kombination festgehalten, so führt das andere Ende bei einer Temperaturänderung eine Bewegung aus, die mittels Hebelübertragung durch einen Zeiger sichtbar gemacht wird. Mit dem Zeiger kann eine Schreibvorrichtung verbunden werden, welche die Temperaturänderungen auf einem Papierstreifen aufzeichnet (Thermograph; s. d.). Die Metallthermometer müssen durch Vergleichung mit einem Normalthermometer geeicht werden.   *Scheel.*

Metamagnetismus. — Als Metamagnetismus wird die von Overbeck zuerst gefundene Eigenschaft bestimmter Legierungen bezeichnet, daß sie in schwachen Feldern positiven Magnetismus zeigen, der mit wachsender Feldstärke ein Maximum erreicht, um dann wieder abzunehmen und schließlich in negativen Magnetismus überzugehen. Die Erscheinung erklärt sich durch das Vorhandensein von Verunreinigungen durch Eisen oder dgl. bei diamagnetischer Grundsubstanz.   *Gumlich.*

Metastabil. In dem von Thomson ergänzten Andrewsschen Diagramm (s. d.) sind diejenigen isothermen Zustände des Sättigungsgebietes, bei denen das Volumen mit abnehmendem Druck zunimmt, unter gewissen Bedingungen realisierbar. Sie umfassen auf der in der Figur dargestellten Isotherme die Strecken $S_1 L_1$ und $L_2 S_2$ und liegen also zwischen den stabilen Gebieten AS_1 und $S_2 B$ einerseits und dem labilen Gebiet L_1 bis L_2 (in dem das Volumen bei konstanter Temperatur gleichzeitig mit dem Druck wächst) andererseits. Nach Ostwald heißen die Zustandsgebiete $S_1 L_1$ und $L_2 S_2$ metastabil.

Das Stück $S_1 L_1$ ist verhältnismäßig leicht zu verwirklichen. Bringt man eine von fremden Gasen freie Flüssigkeit in den einen Schenkel eines u-förmig gebogenen Glasrohres, das im übrigen mit Quecksilber gefüllt ist, so gelingt es bei langsamer Verringerung der Quecksilberhöhe des offenen Schenkels leicht, die Flüssigkeit unter einen Druck zu bringen, der unterhalb ihres Dampfdruckes liegt. Man kann auch gelegentlich beobachten, daß das Quecksilber in einem gut ausgekochten Barometerrohr kein Vakuum bildet, sondern am Glase haften bleibt, obwohl die zu höchst gelegenen Teile des Quecksilbers in diesem Falle sogar einen negativen Druck besitzen. Damit sind also auch die theoretisch geforderten Teile der Isotherme verwirklicht, welche unterhalb der v-Achse gelegen sind. Helmholtz beschreibt einen Versuch, bei dem für Wasser ein negativer Druck von mehr als einer Atmosphäre beobachtet wurde.

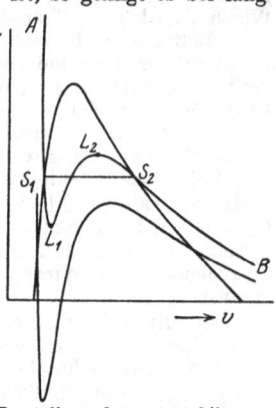

Darstellung des metastabilen Zustandsgebietes.

Auch die Siedevorzüge gehören in das Kapitel der metastabilen Zustände, soweit sie dem Gebiet S_1 bis L_1 entsprechen. Eine von gelösten Gasen freie Flüssigkeit, bei der die Bildung von Dampfblasen erschwert wird, kann man leicht über den normalen Siedepunkt erhitzen. Ihr spezifisches Volumen ist dann größer als dem Sättigungszustand entspricht. Tritt nach beträchtlicher Überhitzung die Dampfbildung ein, so erfolgt diese explosionsartig. Auf diese Erscheinung sind die Siedestöße zurückzuführen, die besonders lebhaft bei Quecksilber und in ziemlich starkem Maße bei flüssigem Sauerstoff auftreten.

Dem metastabilen Stück $S_2 L_2$ der Isotherme gehören die Erscheinungen der Übersättigung von Dämpfen an, bei denen die Dampfdrucke höher und die Dichten größer sind, als sie dem gesättigten Dampf entsprechen. Bisher sind Übersättigungserscheinungen in reinen Dämpfen noch nicht beobachtet worden. Sie müssen indessen vorübergehend auftreten, wenn Schallwellen durch gesättigte Dämpfe treten, da diese eine abwechselnde Verdichtung und Ausdehnung des Mediums bewirken.

Luft läßt sich mit Wasserdampf übersättigen, wenn man alle Kondensationskerne fernhält.

Gelegentlich wird als metastabil auch der Zustand unterkühlter Flüssigkeiten bezeichnet. Die hierher gehörigen Erscheinungen werden durch die Figur nicht zur Darstellung gebracht.   *Henning.*

Metazentrische Höhe s. Metazentrum.

Metazentrum. In einem schwimmenden Körper sind drei Punkte zu unterscheiden (Fig. 1): Zunächst haben wir den Schwerpunkt S des Körpers und das Deplazementzentrum s, das ist der Schwerpunkt des verdrängten Wassers. Die verlängerte Verbindungslinie L der beiden Punkte S und s wird als Schwimmachse bezeichnet. Dieselbe steht bei stabiler Lage des schwimmenden Körpers lotrecht. Die Fläche AB resp. A'B' (Fig. 2), welche das schwimmende Schiff aus der freien Wasseroberfläche ausscheidet, wird Schwimmebene des Schiffes genannt.

Neigt sich das Schiff aus irgend einer Ursache um einen kleinen Winkel φ, so daß es bei A' weiter austaucht, bei B' weiter eintaucht, so verschiebt sich das Deplazementzentrum s nach der tiefer

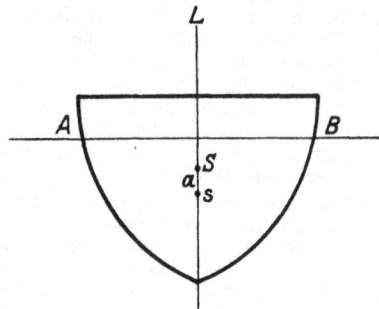

Fig. 1. Zur Erklärung des Metazentrums.

eingetauchten Seite etwa nach s', während der Schwerpunkt S im Schiffe unverrückt bleibt. Ziehe ich nun durch s' eine Vertikale, so schneidet diese die Schwimmachse in einem Punkte M. Dieser

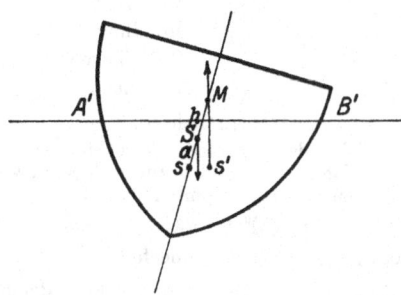

Fig. 2. Zur Erklärung des Metazentrums.

Punkt M ist der dritte Punkt von Bedeutung und heißt das Metazentrum, während die Entfernung h zwischen S und M die metazentrische Höhe genannt wird. Da der Auftrieb des Schiffes in s', das Gewicht G des Schiffes in S angreift und beide der Größe nach gleich sind, so erleidet das Schiff ein Drehmoment $D = G \cdot h \sin \varphi$; dieses Drehmoment richtet das Schiff auf, solange h positiv ist, also das Metazentrum oberhalb des Schwerpunktes liegt, wirft es aber um, wenn h negativ ist. Daraus ergibt sich die Bouguersche Regel, daß ein Schiff stabil ist, solange das Metazentrum oberhalb des Schwerpunktes liegt.

Die metazentrische Höhe berechnet sich aus der

Formel $h = \dfrac{J}{V} - a$, wo V das eingetauchte Volumen

des Schiffes und J das Trägheitsmoment der Schwimmebene, bezogen auf eine durch die Schwimmachse gehende Längsachse des Schiffes ist. a ist die Entfernung des Schwerpunktes oberhalb des Deplazementzentrums. Aus dieser Formel ergibt sich, daß die metazentrische Höhe und die Lage des Metazentrums nicht nur von der Schiffsform abhängt, sondern bei verschiedener Neigung verschieden sein kann, da die Schwimmebene A'B' resp. ihr Trägheitsmoment bei geneigtem Schiff größer oder auch kleiner sein kann, als bei vertikal schwimmendem Schiff. Bei guter Schiffsform soll die metazentrische Höhe bei getrimmtem

Schiff größer sein. Sie beträgt bei großen Schiffen 0,2 bis 1 Meter, selten mehr. Große metazentrische Höhe verursacht große Steifheit des Schiffes im Seegange und eine unangenehm kurze Schlingerperiode. Ein zu kleiner Wert der metazentrischen Höhe bringt andererseits das Schiff in die Gefahr des Kenterns, wenn sich durch Verrutschen der Ladung der Schwerpunkt unbeabsichtigt verschiebt oder das Schiff ein Leck hat. Bei großen Schiffen liegt der Schwerpunkt stets oberhalb des Deplazementzentrums, wie gezeichnet ist. Nur bei Segelsportbooten sucht man den Schwerpunkt durch Anbringung von Bleikielen so tief wie möglich zu legen.

Auch bei Neigungen des Schiffes um eine Querschiffsachse, also bei Stampfbewegungen, kann man von einem Metazentrum sprechen. Dieses Metazentrum liegt wesentlich höher wie das der Schlingerbewegung, da das Trägheitsmoment der Schwimmebene, bezogen auf die mittlere Querschiffsachse, vielmal größer ist, wie dasjenige, bezogen auf eine Längsschiffsachse. *O. Martienssen.*

Näheres s. A. Krilloff, Die Theorie des Schiffes. Enzyklopädie der mathematischen Wissenschaften IV. Nr. 22.

Meteore, auch Feuerkugeln genannt, sind aus dem Weltraum mit großer Geschwindigkeit in die Erdatmosphäre eindringende Steine, die durch den Luftwiderstand gebremst, zur Glut erhitzt und damit sichtbar werden.

Die kleineren, bis wenige Gramm schweren Gebilde, werden Sternschnuppen genannt. Sie verdampfen völlig in der hohen Atmosphäre, wogegen die größeren als Meteorsteine zur Erde fallen. Die Geschwindigkeit, mit der die Meteore in die Erdatmosphäre eintreten, schwankt zwischen 10 und

über 100 $\dfrac{\text{km}}{\text{sec}}$. Infolge dieser großen Geschwindig-

keit werden sie schon in Höhen von 200—120 km sichtbar und sind (als Sternschnuppen) in 100 bis 90 km bereits verdampft. Die Meteorsteine wiegen bis zu Tausenden von Kilogrammen. In Arizona befindet sich in gänzlich unvulkanischer Gegend der sog. Meteorkrater, der seine Entstehung wahrscheinlich einem Meteor von über 100 m Durchmesser verdankt.

Die Sternschnuppen treten zu gewissen Zeiten besonders häufig auf, so im August und November. Bei solchen Schwärmen scheinen dann alle Sternschnuppen von einem bestimmten Punkt des Himmels, dem Radianten zu kommen. Dieser ist der perspektivische Konvergenzpunkt paralleler Richtungen. Das periodische Auftreten dieser Sternschnuppen rührt davon her, daß ein Schwarm Meteoriten sich in langgestreckter Ellipse um die Sterne bewegt und daß die Meteoriten gleichförmig über die ganze Bahn verteilt sind. Wenn die Erdbahn einen solchen Schwarm schneidet, haben wir in den betreffenden Tagen alljährlich Sternschnuppenfall. Die Bahnen der verschiedenen Sternschnuppenschwärme sind sämtliche mit denen früher beobachteter und dann verschwundener Kometen identisch.

Die zu Boden fallenden Meteore bestehen aus bekannten Elementen, in denen das Eisen eine besondere Rolle spielt. Es kommen solche aus gediegenem Eisen mit Beimengungen von Nickel und Kobalt vor.

Die Zahl der täglich die Erde treffenden Sternschnuppen muß Hunderttausende übersteigen, während die Meteore sehr selten sind. *Bottlinger.*

Näheres s. Newcomb Engelmann, Populäre Astronomie.

Meteorologie. Die Lehre von den Erscheinungen in der Lufthülle der Erde, die als Physik der Atmosphäre meist von der Klimatologie (s. diese) unterschieden wird, bei welcher mehr der geographische Gesichtspunkt im Vordergrunde steht.

Die wichtigsten Grundlagen der meteorologischen Wissenschaft werden durch regelmäßige Beobachtungen geliefert, die täglich zu den gleichen Zeitterminen angestellt werden müssen, um brauchbares Material zu liefern. Die Erfahrung hat nun gezeigt, daß man ein annähernd richtiges Tagesmittel der Lufttemperatur (s. diese) errechnen kann, wenn man drei bestimmte Punkte der durch Registrierung während eines Tages erhaltenen Temperaturkurve kennt. Da nun die tägliche Periode der meisten meteorologischen Elemente in engem Zusammenhange mit der Lufttemperatur steht, so pflegt man an den Stationen höherer Ordnung in der Regel nur dreimal am Tage Beobachtungen anzustellen. Bei der Festsetzung geeigneter Beobachtungstermine muß auch in weitgehender Weise Rücksicht auf die Zeit-Einteilung des bürgerlichen Lebens genommen werden, und deshalb haben sich als bequemste Beobachtungstermine für die Landstationen in Deutschland die Stunden 7a, 2p und 9p eingebürgert.

Als meteorologische Elemente, die an diesen Terminen oder an einem derselben beobachtet bzw. gemessen werden, seien genannt: Luftdruck, Lufttemperatur, Bodentemperatur, Luftfeuchtigkeit, Bewölkung, Niederschlagsmenge, Windrichtung und Windstärke. Zu diesen regelmäßigen Beobachtungen kommen andere, nicht an Termine gebunden, über die Form und Zeit der Niederschläge (Regen, Schnee, Hagel, Graupeln, Tau, Reif, Rauhfrost usw.), das Auftreten von besonderen Erscheinungen wie Nebel und Gewitter, sowie von optischen Phänomenen, z. B. Sonnen- und Mondhöfen, Polarlicht, Elmsfeuer und sonstigen außergewöhnlichen Vorkommnissen, wie Staubfällen, akustischen Wahrnehmungen und dgl. mehr. Die meteorologischen Beobachtungen sind jetzt losgelöst, einerseits von den astronomischen, mit denen sie früher eng verknüpft waren, andererseits von den geophysikalischen, die neuerdings eine selbständige Organisation, vornehmlich in den erdmagnetischen und Erdbebenstationen, erhalten haben.

In allen Kulturländern besteht gegenwärtig ein mehr oder weniger dichtes Netz von meteorologischen Stationen. Als solche erster Ordnung bezeichnet man Observatorien, an denen Beobachtungen aller Art in möglichst großem Umfange von wissenschaftlichem Personal angestellt werden. Stationen II. Ordnung bilden den Hauptbestandteil des Netzes. An ihnen werden die wichtigsten Elemente nach einem international vereinbarten Schema beobachtet, und sie liefern die Grundlagen für den Wetterdienst. Stationen III. und IV. Ordnung führen nur ergänzende Beobachtungen über Temperatur, Niederschlag oder Gewitter aus.

Zu den Beobachtungen auf der Erdoberfläche treten neuerdings solche, die man in höheren Schichten der freien Atmosphäre mit Hilfe von Luftfahrzeugen verschiedener Art gewinnt (s. Aerologie).

Die Beobachtungen werden in Tabellen zusammengestellt und dem Zentralinstitut des Landes eingeschickt, das sie prüft, bearbeitet und zum Teil nach international vereinbartem Schema veröffentlicht. Die Bearbeitung der Beobachtungen erfolgt nach statistischen, mathematischen, physikalischen und geographischen Gesichtspunkten, wobei in weitgehendem Maße auf die Bedürfnisse der Praxis, insbesondere die verschiedenen Betätigungen des menschlichen Wirtschaftslebens Rücksicht genommen wird. So bildet z. B. die maritime Meteorologie, welche auf die besonderen Zwecke der Seeschiffahrt Bezug nimmt, einen Zweig der Meteorologie, der in Deutschland von der Deutschen Seewarte zu Hamburg gepflegt wird. Auch die Wetterkunde und ihre Organisation (s. Wetter) ist ein äußerst wichtiger Zweig der praktischen Meteorologie. Als dynamische Meteorologie bezeichnet man die Lehre von den Erscheinungen der Luftbewegung (s. Wind).

Internationale meteorologische Zeichen. Bei der Aufzeichnung und Veröffentlichung meteorologischer Beobachtungen sowie beim Entwerfen von Wetterkarten bedient man sich besonderer, international vereinbarter Zeichen. Es bedeuten:

Regen	◉	Glatteis	ᔕ
Schnee	✳	Schneegestöber	⚡
Gewitter	℞	Eisnadeln	←
Wetterleuchten	⟨	Starker Wind	〰
Hagel	▲	Sonnenring	⊕
Graupeln	△	Sonnenhof	⊕
Nebel	≡	Mondring	⊍
Reif	⊔	Mondhof	⌣
Tau	⌒	Regenbogen	⌒
Raufrost	∨	Nordlicht	⟂

Höhenrauch ∞.

Die Stärke der einzelnen Erscheinungen wird durch die Zahlen 0, 1 und 2 unterschieden, welche als Exponenten dem Symbol beigefügt werden. So bedeutet z. B. ◉⁰ schwacher Regen, ≡¹ mäßiger Nebel, ✳² starker Schneefall.

◎ Windstille, ⌠ Nordwind Stärke 1 der Beaufort Skala, ⌐○ Westwind Stärke 3, ⟍ Südostwind Stärke 12.

○ Wolkenlos, ◑ Heiter, ◑ Halbbedeckt, ● Trübe, ● Ganz bedeckt. Bei der Bezeichnung der Himmelsrichtung bedeutet E = Osten.

O. Baschin.

Näheres s. J. v. Hann, Lehrbuch der Meteorologie. 3. Aufl. 1915.

Meter s. Längeneinheiten.

Metronomie. Aufgabe der, Metronomie genannten Wissenschaft ist es, Maßstäbe und Massenstücke an höhere Normale, letzten Endes an die im Bureau international des Poids et Mesures und bei den nationalen Aufsichtsbehörden für Maß und Gewicht aufbewahrten Urnormale (s. d. Artikel Längeneinheiten und Masseneinheiten) anzuschließen, d. h. die gegenseitigen Abweichungen mit größtmöglicher Genauigkeit festzustellen. Daneben hat die Metronomie nach Mitteln zu suchen, um die Fundamentaleinheiten der Länge und Masse auf andere Weise sicher zu stellen, als es durch Astronomie und Geodäsie geschehen kann. Dieser Zweig der Metronomie hat sich nach zwei Richtungen entwickelt. Einerseits ist es gelungen, die Längeneinheit auf die Wellenlänge bestimmter Strahlungen zurückzuführen (s. d. Artikel Längeneinheiten), andererseits ist durch umfangreiche Untersuchungen die wahre Beziehung der Massen- zur Längeneinheit festgestellt worden (s. d. Artikel Masseneinheiten).

Scheel.

Michelsonscher Versuch (s. Artikel Optik bewegter Körper). Die Fresnelsche Theorie von der Nichtmitführung des Lichtes durch einen bewegten Luftstrom und der teilweisen Mitführung nach Maßgabe des Brechungsexponenten einer Substanz läßt erwarten, daß man aus der Beobachtung der optischen Erscheinungen relativ zu einem System, das sich mit der Geschwindigkeit v in bezug auf das Fundamentalsystem geradlinig gleichförmig bewegt, die Geschwindigkeit v dieser Bewegung nicht erkennen kann, soweit es sich um Beobachtungen von Effekten erster Ordnung im Aberrationswinkel $\frac{v}{c}$ handelt. Doch lassen sich auf Grund dieser Fresnelschen Theorie leicht Versuche ausdenken, bei denen man aus der Beobachtung von Effekten zweiter Ordnung die Geschwindigkeit v des Systems erkennen und berechnen kann.

Wir denken uns etwa einen starren Stab von der Länge l. Solange er im Fundamentalsystem ruht, braucht das Licht, um ihn zu durchlaufen und an seinem Ende von einem Spiegel reflektiert wieder zum Anfangspunkt zurückzukehren, offenbar die Zeit

$$(1) \qquad \tau = \frac{2\,l}{c}.$$

Wir nehmen nun an, der Stab befinde sich in einem mit der Geschwindigkeit v gegen das Fundamentalsystem geradlinig gleichförmig bewegtem System und seine Achse falle mit der Bewegungsrichtung zusammen. Wenn das Licht jetzt vom Anfang des Stabes A bis zum Ende B gelangt ist, hat dieses Ende inzwischen den Weg $v\,\tau'$ zurückgelegt, wenn τ' die Zeit ist, die das Licht braucht, um vom Anfang zum Ende des Stabes zu gelangen. Nennen wir die Zeit, die das Licht braucht, um nach Reflexion in B wieder an den Stabanfang zu gelangen, τ'', so kommt ihm der Stabanfang um das Stück $v\,\tau''$ entgegen; das Licht legt also nur den Weg $l - v\,\tau''$ im Fundamentalsystem zurück. Da nun die Geschwindigkeit relativ zum Fundamentalsystem nach Fresnel trotz der Erdbewegung immer noch c ist, so gelten die beiden Gleichungen:

$$(2) \qquad l + v\,\tau' = c\,\tau' \qquad l - v\,\tau'' = c\,\tau''.$$

Aus ihnen ergibt sich für die Zeit τ_1 des Hin- und Herganges des Lichtes an einem der Bewegungsrichtung parallel liegenden bewegten Stab

$$(3) \qquad \tau_1 = \tau' + \tau'' = \frac{2\,l}{c\left(1 - \dfrac{v^2}{c^2}\right)}.$$

Liegt der Stab aber senkrecht zur Bewegungsrichtung des Systems, und nennen wir die Zeit, die das Licht zum Hin- und Hergang an einem solchen Stab braucht, τ_2, so hat sich der Stab in dieser Zeit aus der Lage AB (Fig. 1) in die Lage A'B' verschoben, wobei AA' = BB' = $v\tau_2$.

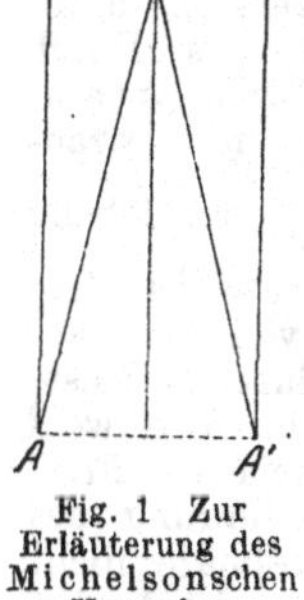

Der Lichtweg im Fundamentalsystem ist dann der Streckenzug ACA', wobei AC = CA' = $\frac{1}{2}\,c\,\tau_2$ und BC = CB' = $\frac{1}{2}\,v\,\tau_2$ und wegen AB = l nach dem pythagoraeischen Lehrsatz

Fig. 1 Zur Erläuterung des Michelsonschen Versuchs.

$$(4) \qquad \tau_2 = \frac{2\,l}{c\,\sqrt{1 - \dfrac{v^2}{c^2}}}$$

Aus dem Vergleich der Gleichungen 4) und 3) sehen wir, daß in einem bewegten System die Zeit für den Hin- und Hergang des Lichtes an einem Stab von der Orientierung dieses Stabes gegen die Bewegungsrichtung des Systems abhängt, daß diese Abhängigkeit je nach der Geschwindigkeit v verschieden groß ausfällt und daher aus der Beobachtung dieser Abhängigkeit die Geschwindigkeit v des Systems berechnet werden kann.

Michelson stellte nun 1881 einen Versuch an, um zu prüfen, ob sich diese Folgerung aus der Fresnelschen Lichttheorie auch wirklich in der Erfahrung bestätigt. Um die Zeitdifferenz $\tau_2 - \tau_1$, die ja von zweiter Ordnung in $\frac{v}{c}$ ist, zu messen, brachte er die an zwei senkrecht zueinander orientierten (auf der bewegten Erde festen) Stäben hin- und hergehenden Lichtstrahlen zur Interferenz und untersuchte, wie sich die Interferenzstreifen mit der Orientierung der Stäbe gegen die Richtung der Erdbewegung verändern.

Seine Versuchsanordnung war ungefähr die folgende: Er ließ (Fig. 2) paralleles Licht L unter

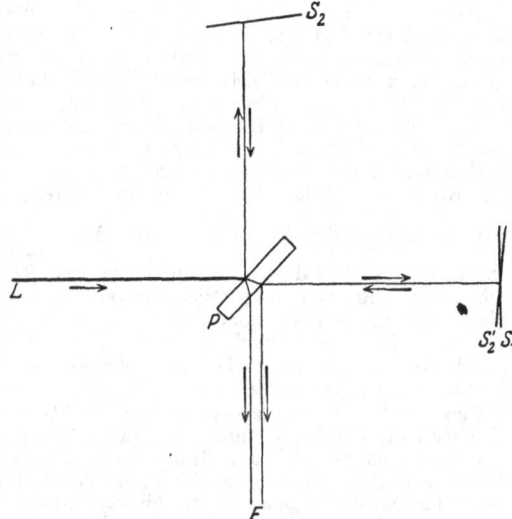

Fig. 2. Versuchsanordnung von Michelson.

45° auf eine planparallele Platte P fallen. Ein Teil des Lichtes geht dabei in seiner ursprünglichen Richtung durch die Platte hindurch, wird an einem Spiegel S_1 reflektiert, geht zur Platte zurück, und wird von ihr in die Richtung F reflektiert, wo es durch ein Fernrohr beobachtet wird. Der andere Teil des auf P einfallenden Lichtes wird von P reflektiert, fällt dann senkrecht auf den Spiegel S_2, wird von ihm zurückgeworfen und gelangt durch die Platte P hindurch auch in das Fernrohr. Durch dieses kann man also die Interferenzen der beiden durch Teilung aus dem ursprünglichen Strahlenbündel entstandenen Bündel beobachten. Sehen wir zuerst von der Bewegung der Erde ab und nehmen wir an, daß die Entfernung der Spiegelmittelpunkte S_1 und S_2 vom Plattenmittelpunkt P genau gleich l sind und die Richtungen der beiden durch Teilung entstandenen Parallelstrahlenbündel aufeinander senkrecht stehen. Die ursprünglich an P reflektierten Strahlen würden offenbar ihre Lichtzeit nicht ändern, wenn sie anstatt an P reflektiert zu werden, auch wie die anderen hindurchgehen würden und an dem durch P entworfenen geometrischen Spiegelbild des Spiegels S_2 reflektiert würden. Bezeichnen wir dieses Spiegelbild mit S_2', so können wir die ganze Erscheinung so auffassen, als würde ein paralleles Bündel L auf eine durchsichtige Platte mit den Flächen S_1 und S_2' auffallen und die durch Reflexion an der Vorder- und Hinterfläche entstandenen Interferenzbilder beobachtet. Wären die beiden Spiegel S_1 und S_2 genau senkrecht auf den Richtungen der Teilbündel, so würden S_1 und S_2' ganz zusammenfallen und es würde überhaupt keine Interferenzerscheinung zustandekommen. Nun stehen sie aber in Wirklichkeit nie vollkommen senkrecht und sind nie vollkommen eben, so daß auch S_1 und S_2' einen kleinen Winkel miteinander einschließen. Wir haben es dann mit den Interferenzerscheinungen zu tun, die durch Reflexion eines parallelen Bündels an zwei unter einem kleinen Winkel φ gegeneinander geneigten Flächen zustandekommen (ähnlich wie beim Newtonschen Farbenglas). Man spricht dann von Interferenzstreifen konstanter Dicke, denn die Streifen sind den Kurven parallel, die wir uns etwa auf S_1 gezogen denken und die alle Punkte verbinden, die gleichen Abstand von S_2' haben. Sind die Spiegel eben, so sind diese Kurven gerade und wir sehen abwechselnd dunkle und helle geradlinige Streifen. Die dunklen Streifen haben folgende Lage (s. Artikel Interferenz des Lichtes). Betrachtet man ein derartiges keilförmiges Blättchen im senkrecht auffallenden und reflektierten Licht, so erscheint die Kurve der Dicke Null als dunkler Streifen und in regelmäßigem Abstand von $\delta = \dfrac{\lambda}{2\,\mathrm{tg}\,\varphi}$ erscheinen parallele dunkle Streifen. Dieselbe Erscheinung wird nun beim Michelsonversuch beobachtet; nur wird das vom Keil S_1, S_2' zurückgeworfene Licht noch durch die Platte P um 90^0 abgelenkt, ehe es durch das Fernrohr aus der Richtung F her beobachtet wird.

Diese auch auf einer ruhenden Erde sichtbare Erscheinung wird nun durch die Erdbewegung insoferne beeinflußt, als auf Grund der Annahme der Fresnelschen Theorie das im Sinne der Erdbewegung hin- und hergehende Licht hinter dem senkrecht zur Erdbewegung laufenden zurückbleibt und nach Gleichung 3) und 4) um den Betrag $\tau = \tau_1 - \tau_2$ mehr Zeit braucht, um zum Vereinigungspunkt P der interferierenden Bündel zu gelangen. Diese Zeitdifferenz ist von zweiter Ordnung in $\dfrac{v}{c}$ und wenn wir Größen von höherer als der zweiten vernachlässigen, beträgt sie

$$\tau = \frac{2\,l}{c\,\sqrt{1-\dfrac{v^2}{c^2}}}\left(\frac{1}{\sqrt{1-\dfrac{v^2}{c^2}}}-1\right)=\frac{l\,v^2}{c^3} \qquad 5)$$

Bewegt sich nun die Erde anfangs in der Richtung $P\,S_1$, so kommt das auf dasselbe hinaus, als wäre die Erde in Ruhe geblieben, aber der Weg PS_1 des einen Bündels sei jetzt im Verhältnis $1 + \tau$ größer als des senkrecht dazu laufenden, d. h. man muß sich den Spiegel S_1 um das Stück $l\tau$ parallel mit sich selbst von P weg verschoben denken. Dabei verschiebt sich offenbar die Schnittlinie von S_1 und S_2' von P aus gesehen nach rechts und mit dieser (der Kurve der Dicke Null unseres keilförmigen Blättchens) auch alle anderen Interferenz-

streifen. Wenn sich umgekehrt die Erde in der Richtung PS_2 bewegt, so kommt das darauf hinaus, als würde die Fläche S_2' unseres Keiles parallel mit sich selbst um das Stück $l\tau$ von P weg in der Richtung PS_1 verschoben sein, womit offenbar eine Verschiebung der Schnittlinie und daher der Interferenzstreifen nach links verbunden ist.

Michelson stellte nun den Versuch so an, daß er den ganzen Apparat auf einem drehbaren Untergestelle anbrachte und die Interferenzstreifen erst in der Stellung beobachtete, wo der Arm PS_1 des Apparates in die Richtung der Erdbewegung (um die Sonne) fiel und dann nachsah, wie sich bei Drehung des Apparates um 90^0 die Streifen verschoben.

Nach der zugrunde gelegten Fresnelschen Theorie muß diese Verschiebung einer Differenz der Lichtzeiten entsprechen, die das Doppelte der in Gleichung 5) berechneten Zeit τ ist, weil dort nur die durch Übergang von ruhender zu bewegter Erde hervorgebrachte Differenz berücksichtigt ist, während sich bei Michelson gleichgroße Verschiebungen der Streifen vom Zentrum nach rechts und links addieren.

Nennen wir die gesamte so erzeugte Streifenverschiebung x, so ist ihr Verhältnis zur Streifenbreite δ

$$\frac{x}{\delta}=\frac{2\,\tau}{T} \qquad\qquad\cdots\cdots\cdots 6)$$

wo $T = \dfrac{\lambda}{c}$ die Periode des verwendeten Lichtes ist.

Aus 5) und 6) folgt also für die Verschiebung in Streifenbreiten ausgedrückt

$$\frac{x}{\delta}=2\,\frac{1}{\lambda}\,\frac{v^2}{c^2} \qquad\cdots\cdots\cdots 7)$$

Wenn für v die Geschwindigkeit der Erde relativ zur Sonne eingesetzt wird, ist ungefähr $\dfrac{v}{c}=10^{-4}$. Für λ sehen wir die Wellenlänge der D-Linie des Natriums, also $\lambda = 5 \cdot 3 \times 10^{-5}$ an. Die ersten Versuche machte Michelson mit einem Apparat von der Dimension $l = 1{,}2 \times 10^2$ cm. Dann ist $\dfrac{2\,l}{\lambda}=4{,}5 \times 10^6$ und $\dfrac{x}{\delta}=0{,}045$. Wenn man berücksichtigt, daß die Richtung der Lichtstrahlen beim Versuch nicht genau mit der Richtung der Erdbewegung übereinstimmte, war sogar nur eine Verschiebung von 0,024 Streifenbreiten zu erwirken. Da die wirkliche Beobachtung im Mittel eine Verschiebung von 0,022 ergab, für die Richtungen, in denen eigentlich gar keine Verschiebung entstehen sollte, aber 0,034, so konnte man aus dem Versuch nichts Sicheres entnehmen.

Um nach der Theorie einen größeren Effekt zu erzielen, wiederholte Michelson im Jahre 1887 gemeinsam mit Morley seinen Versuch unter Anwendung eines viel längeren Lichtweges. Durch wiederholte Reflexionen in einem riesigen Apparat erzielte er einen Weg von $l = 1{,}2 \times 10^3$ cm. Daraus ergab sich für $\dfrac{n}{\delta}=0{,}4$, also eine Verschiebung von fast einer halben Streifenbreite. Die beobachtete Verschiebung hatte aber einen Wert von höchstens $^1/_{20}$ der Streifenbreite und der wahrscheinlichste Wert war sogar nur $^1/_{40}$. Man kann also wohl sagen, daß die Michelsonschen Versuche die Fresnelsche Annahme von der Nichtmitführung des Lichtes durch die bewegte Erdatmosphäre nicht bestätigen. Da diese Annahme aber durch den

Fizeauschen Versuch gestützt ist, mußte man zu der Annahme kommen, daß wohl die Fresnelsche Annahme richtig ist, aber dann gewisse andere Annahmen, unter denen man aus der Fresnelschen Hypothese auf den Wert der Verschiebung Gleichung 7) geschlossen hatte und die man ganz stillschweigend als selbstverständlich ansah, falsch seien. Als diese Annahme zeigte sich, wie Lorentz bemerkte, die Annahme der Unveränderlichkeit der Länge bei bewegten Körpern. Für unseren heutigen Standpunkt beweist also der Michelsonversuch nicht die Unrichtigkeit der Fresnelschen Theorie, sondern die Kontraktion bewegter Körper infolge der Bewegung.

Für die Größe v hatten wir die Geschwindigkeit der Erde relativ zur Sonne eingesetzt. Eigentlich sollte hier die Geschwindigkeit der Erde relativ zum Fundamentalsystem stehen. Wir hatten also stillschweigend angenommen, daß die Sonne im Fundamentalsystem ruht. Lassen wir aber, wie es wegen der Übereinstimmung mit dem mechanischen Inertialsystem naheliegender ist, den Fixsternhimmel im Inertialsystem ruhen, so tritt zu v, wie wir es angenommen haben, noch die Relativgeschwindigkeit des Sonnensystems gegen den Fixsternhimmel hinzu. Auch wenn man diese berücksichtigt, findet man immer wieder eine Verschiebung der Interferenzstreifen, die mit den Versuchsergebnissen nicht vereinbar ist.

Philipp Frank.

Näheres s. Mascart, Traite d'Optique, Tome III. Paris 1893.

Miescher Oszillator, Erreger für kurze elektrische Schwingungen von 10 cm bis mehreren Metern Wellenlänge, bestehend aus einem Kreis mit relativ großer Kapazität, recht kleiner Selbstinduktion und symmetrisch liegender sehr kurzer Funkenstrecke, an der zwei parallele Stäbe angelegt sind (Antennen). Der erstgenannte Kreis mit Funkenstrecke bildet das Primärsystem, sekundär schwingen die beiden Antennen mit der Kreiskapazität in Serie ohne Funkenstrecke. Die Erregung ist reine Stoßerregung, sie gestattet um 20 cm Wellenlänge noch Dekremente von 0,020—0,030. Der Funken liegt in Petroleum, noch besser in Leuchtgas.

H. Rukop.

Näheres s. H. Rukop, Ann. d. Phys. **42**, 489, 1913.

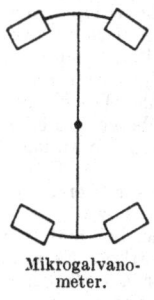

Mikrogalvanometer (Rosenthal). Ein Nadelgalvanometer (s. d.), bei dem die Galvanometerfunktion dadurch sehr groß gemacht ist, daß die Windungen nahe an die Nadel herangebracht werden (s. die Fig.); die Nadeln werden in die Windungen bei Stromdurchgang hineingezogen oder abgestoßen. Der Vorteil wird aber zum Teil dadurch wieder aufgehoben, daß die Form der Nadeln ungünstig ist. Auch von Gray und Kollert sind ähnliche Instrumente konstruiert worden.

Mikrogalvanometer.

W. Jaeger.

Näheres s. Rosenthal, Wied. Ann. **23**, 677; 1884.

Mikrokanonische Gesamtheit s. Ergodenhypothese.

Mikrometer dient zum Ausmessen kleiner Distanzen, zumeist solcher innerhalb des Gesichtsfeldes eines Fernrohres. Es gibt sehr verschiedene Arten von Mikrometern, von denen die hauptsächlichsten angeführt seien.

Das Ringmikrometer besteht aus einem in der Brennebene des Objektivs angebrachten Stahlring. Bei feststehendem Fernrohr beobachtet man die An- und Austrittzeiten zweier Sterne an der Außen- und Innenseite des Ringes. Sind der innere und äußere Radius des Ringes bekannt, so läßt sich die Relativposition beider Gestirne einfach ableiten. Ist also die Position des einen bekannt, so erhält man die des zweiten Sternes durch Addition der beobachteten Differenzen. Ein Instrument mit Ringmikrometern bedarf keiner besonderen Aufstellung und hat ferner den Vorteil, daß man den breiten Ring auch ohne Feldbeleuchtung stets noch sieht. Es eignet sich besonders für lichtschwache, verwaschene Objekte, wie Kometen, zu deren Beobachtung es noch gelegentlich verwandt wird. Ähnlich ist das Kreuzstabmikrometer, bei dem statt des Ringes, zwei sich unter 90° schneidende Lamellen angebracht sind.

Das Fadenmikrometer bedarf künstlicher Beleuchtung, um die Fäden sichtbar zu machen. Für alle helleren Objekte benutzt man Feldbeleuchtung, bei der sich die Fäden dunkel abheben. Bei lichtschwachen Objekten beleuchtet man die Fäden. In der Brennebene des Objektivs sind rechtwinkelig zueinander mehrere feinste Spinnfäden ausgespannt, von denen gewöhnlich einer an einem durch eine feine Schraube verstellbaren Rahmen sitzt. An dem beweglichen Rahmen ist eine Marke, an dem festen Teil eine Skala (oder umgekehrt) angebracht, die die Zahl der Schraubenumdrehungen abzulesen gestattet. Unterhalb des Schraubenkopfes an der sog. Trommel ist ebenfalls eine Teilung angebracht, mit deren Hilfe man die Bruchteile der Umdrehung, je nach der geforderten Genauigkeit auf Hundertel oder Tausendstel ablesen kann. Der Umdrehungswert der Schraube muß dann in Bogenmaß verwandelt werden. Den Rektaszensionsunterschied mißt man oftmals als Unterschied der Durchgangszeiten durch einen festen Faden bei feststehendem Fernrohr, den Deklinationsunterschied mit dem beweglichen Faden. Oder das Mikrometer ist im Positionswinkel drehbar und man mißt bei mittels Uhrwerks nachgeführtem Fernrohr Positionswinkel und Distanz (s. Himmelskoordinaten).

Das Fadenmikrometer wird ferner benutzt bei den Ablesemikroskopen für geteilte Kreise (Meridiankreis, Vertikalkreis usw.). Man benutzt hier meist einen beweglichen Doppelfaden, den man bei der Messung so stellt, daß er eingestellten Strich der Kreisteilung genau in die Mitte nimmt. Anstatt der Skala zur Zählung der Schraubenumdrehungen, hat man hier im Gesichtsfeld des Mikroskopes neben der Kreisteilung eine gezahnte Platte, bei der jeder Zahn einer Umdrehung entspricht. Ferner soll der Abstand zweier Kreisstriche einer oder einer ganzen Zahl von Schraubenumdrehungen entsprechen. Ist dies nicht genau erfüllt, so hat das Mikroskop einen Run, dessen Einfluß berechnet werden muß.

Zur Messung der Rektaszension gebraucht man neuerdings für alle exakten Messungen das unpersönliche Mikrometer von Repsold. Nach der ältesten Auge- und Ohrmethode schätzte man den Vorbeigang eines Sternes am Faden nach den Sekundenschlägen der Uhr auf Zehntelsekunden. Später gab man durch elektrischen Kontakt ein Signal auf den Chronographen (s. d.) (sog. Tastermethode). Neuerdings hat man einen in Rektaszension beweglichen Faden eingeführt und an der Schraubentrommel mehrere Kontakte angebracht. Der Beobachter hat nur noch die Trommel so zu drehen, daß der bewegliche Faden den Stern biseziert. Elektrische Signale, die einer bestimmten Stellung der Trommel und somit des Sternes entsprechen, werden auf dem Chronographen aufgezeichnet. Weil die persönlichen Fehler der Beobachter, vor allem die Reaktionszeit, die sog. persönliche Gleichung bei diesem Mikrometer gegen die früheren Methoden erheblich verkleinert sind, spricht man vom unpersönlichen Mikrometer. Neuerdings ist es an verschiedenen Orten noch dahin vervollkommnet worden, daß man den beweglichen Faden durch ein Uhrwerk nachführen· und den Beobachter nur noch kleine Korrekturen anbringen läßt. Die Geschwindigkeit ist verstellbar und kann verschiedenen Deklinationen angepaßt werden.

Die bisher beschriebenen Mikrometer messen alle am Okularende, sie heißen deswegen Okularmikrometer. Es gibt aber auch ein Objektivmikrometer, das Heliometer von Bessel. Wird ein Objektiv längs eines Durchmessers zerschnitten und beide Hälften in dieser Richtung gegeneinander verschoben, so entstehen von jedem Sterne zwei Bilder. Durch entsprechende Verschiebung und Drehung des Objektivs im Positionswinkel kann man das Bild 1 eines Sternes A mit dem Bild 2 eines Sternes B zur Deckung bringen und auf diese Weise Positionswinkel und Distanz messen. Die Heliometer haben vor allen Okularmikrometern den Vorteil, daß man sehr große Distanzen messen kann (bis zu 2⁰), trotzdem werden sie in neuerer Zeit nicht mehr gebaut, da die Distanz nicht völlig proportional der Verschiebung ist und Konstruktion wie Rechnung schwierig sind.   *Bottlinger.*

Näheres s. Ambronn, Handb. d. Astronomischen Instrumentenkunde.

Mikrometerschrauben. Um z. B. die Lage des Schlittens einer Teilmaschine, oder des Fadenpaars in einem Okularmikrometer (s. d. Artikel Längenmessungen) genau zu fixieren, bedient man sich der Schraube. Zu diesem Zweck ist auf dem Schraubenkopf ein niedriger Zylinder, die Schraubentrommel, derartig aufgesetzt, daß die Zylinderachse mit der Achse der Schraube zusammenfällt. Ist die Schraubentrommel, wie das gewöhnlich geschieht, in 100 gleiche Teile geteilt, so entspricht einer Drehung der Schraube um einen Trommelteil eine Fortbewegung des Schlittens und damit des Beobachtungsmikroskops bzw. der Okularfäden um den hundertsten Teil eines Schraubenganges. Kennt man die Ganghöhe der Schraube, so läßt sich also leicht aus den Messungen an der Trommel die Verschiebung des Beobachtungsmikroskops oder der Fäden in jedem einzelnen Falle berechnen.

Jede Meßschraube ist eine Art Maßstab, eine Teilung. An die Stelle der Striche einer wirklichen Teilung treten hier die Stellungen des Schlittens bzw. des Fadenpaars, die durch die Ablesungen an der Schraubentrommel bestimmt sind. Dreht man die Schraube um genau eine Umdrehung, um 360⁰, so rückt auch der Schlitten oder das Fadenpaar um einen bestimmten Betrag weiter. Könnte man voraussetzen, daß die Schraube fehlerfrei geschnitten sei, so müßte bei einer Drehung der Schraube um 360⁰ das Fadenpaar jedesmal um den gleichen Betrag fortschreiten, welche Stelle der Schraube auch benutzt wird. Das ist nun in der Regel durchaus nicht der Fall; die Ganghöhe der Schraube ändert sich meist — mehr oder weniger — von Gang zu Gang, und benutzt man die Schraube über mehrere Gänge, so treten Fehler in die Messungen ein, die man nur eliminieren kann, wenn man die Ganghöhe

der Schraube an verschiedenen Stellen, oder wie man auch sagt, den fortschreitenden Fehler der Schraube, ermittelt hat und in Rechnung setzt. Die fortschreitenden Schraubenfehler entsprechen den inneren Teilungsfehlern eines Maßstabes (s. d. Artikel Teilungsfehler) und werden wie diese bestimmt.

Aber auch innerhalb einer und derselben Umdrehung ist die durch die Schraube geleistete Verschiebung meist nicht genau der Größe des Drehungswinkels proportional. Es rührt das daher, daß die abgewickelte Schraubenlinie in der Regel keine vollkommene gerade Linie ist. Mit Berücksichtigung der mechanischen Herstellungsweise der Schrauben kann man sich aber leicht vorstellen, daß Schraubenfehler dieser Art nicht regellos verlaufen. Die Erfahrung hat gelehrt, daß sich die gleichen Abweichungen bei den nächsten Schraubenumdrehungen nahezu in derselben Weise wiederholen und als periodische Funktion des Drehungswinkels darstellbar sind; man nennt darum auch diese Fehler periodische Schraubenfehler. Auch die periodischen Schraubenfehler werden wie die inneren Teilungsfehler eines Maßstabes ermittelt.

Als dritte Art der bei Meßschrauben auftretenden Fehler kann der sog. tote Gang der Schraube angesehen werden. Der tote Gang ist nicht eigentlich ein Fehler der Schraube, sondern er wird dadurch verursacht, daß aus mechanischen Gründen Schraube und Mutter nicht scharf aufeinandergepaßt sein dürfen. Daher kommt es, daß beim Rückwärtsdrehen einer Schraube die Mutter nicht sofort mitgezogen wird, sondern die Schraube zunächst um einen gewissen Winkel leer gedreht werden muß, ehe sie die Mutter wieder angreift. — Man kann sich von dem toten Gang freimachen, wenn man sich daran gewöhnt, bei jeder Einstellung der Schraube zu einer Messung, die Schraube im selben Sinne, etwa stets im Sinne der wachsenden Bezifferung zu drehen.   *Scheel.*

Näheres s. Scheel, Prakt. Metronomie. Braunschweig 1911.

Mikrophon. Ein Instrument, das einen Leiter enthält, dessen elektr. Widerstand durch die von der Sprache hervorgerufenen Luftdruckschwankungen verändert werden kann. Die Widerstandsänderungen werden wiedergegeben, durch Stromänderungen, hervorgerufen durch die mit dem Mikrophon in Serie liegende Gleichspannung.

a) Mikrophon aus festen Leitern. Eine lose Masse von festen Körnern zwischen zwei Elektroden, von denen die eine eine dünne Membran (Kohle) ist und besprochen wird, die zweite meist fest ist. Die Körner sind meist Kohle. Die Körner haben infolge der an den Stromübergangsstellen auftretenden Erhitzungen die Tendenz, zusammenzubacken (Klopfen am Mikrophon). Die Eigenschwingung der Membran ist entsprechend der starken Dämpfung der Membran schwach ausgeprägt. Sie liegt meist annähernd bei 800 (bei 2,5 cm Durchmesser und 0,5 mm Stärke). Es werden also die Frequenzen, die höher als 800 sind, stärker gedämpft. Neuere Mikrophone mit einem Durchmesser = 1 cm und einer Membranstärke d = 0,2 mm geben eine Eigenschwingung von 1900. Der Mikrophonwiderstand beträgt meist 10 bis 50 Ohm (dort, wo die Mikrophone aus besonderen Batterien gespeist werden), bei Zentralbatterienschaltungen (Orts- und Fernämter) 100 bis 500 Ohm. Die Widerstandsänderung geht bis 1 : 2.

b) Flüssigkeitsmikrophone s. Starkstrommikrophone   *A. Meißner.*

Mikrophonsummer. Ein selbsterregendes Telephon zur Herstellung variabler Niederfrequenzen; die Selbstunterbrechung beruht auf dem Resonanzprinzip. Der Primärkreis des Instruments wird gebildet aus der Telephonmembran, an der ein mit Kohle gefülltes Beutelmikrophon befestigt ist und der Primärwicklung eines Transformators. Der Kreis wird durch zwei Akkumulatoren betrieben. Der Sekundärkreis, in dem sich noch ein abstimmbarer Kondensator befinden kann, besteht aus der Sekundärwicklung des Transformators und einer auf einem zylindrischen Eisenring angebrachten Spule. Der Eisenring wirkt als Elektromagnet für die Telephonmembran. Vom Sekundärkreis wird der nahe sinusförmige Wechselstrom abgenommen. Durch Anwendung verschieden dicker Membrane kann die Frequenz von etwa 300 bis 650 variiert werden; doch ist sie nicht sehr konstant.

W. Jaeger.

Mikrophotometer dienen in der photographischen Photometrie (besonders der astronomischen, siehe Photometrie der Gestirne) zur Messung der Intensität der Schwärzung photographischer Bilder.

Das *Hartmannsche Mikrophotometer* verwendet ein Lummer-Brodhunsches Prisma in Verbindung mit einem photographischen Meßkeil, auf dem die Schwärzungsintensität stetig mit der Länge zunimmt. Das durchgehende Licht durchsetzt vor dem Durchgang durch das Prisma die Bildstelle, deren Schwärzung gemessen werden soll, das reflektierte Licht den Meßkeil und zwar bei Einstellung auf gleiche Helligkeit an der Stelle, welche dieselbe Schwärzung wie das zu messende Bild hat (die Stellung des Keils ist an einer Millimeterskala abzulesen). Trägt außerdem die Platte eine Stufenfolge von Bildern, die bekannten Intensitäten entsprechen, so können die Keilablesungen in Helligkeitsdifferenzen umgewertet werden.

Das *Kochsche* selbstregistrierende *Mikrophotometer* mißt die Intensität des durch das Bild gegangenen Lichtes mittels einer lichtelektrischen Zelle. Der Ausschlag des Elektrometerfadens wird photographisch registriert. Das Kochsche Mikrophotometer leistet seine glänzendsten Dienste bei der Vermessung spektraler Aufnahmen. Die Originalplatte wird in der Längsrichtung des Spektrums durch das belichtende Strahlenbündel hindurchgeführt; gleichzeitig bewegt man die den Elektrometerausschlag registrierende Platte mit derselben oder einer größeren Geschwindigkeit. So wird das Spektrum in einen Kurvenzug übersetzt, dessen Ordinaten den Schwärzungsintensitäten der Platte entsprechen. Bei hinreichender Feinheit des belichtenden Bündels wird der Intensitätsverlauf so genau dargestellt, daß die Struktur selbst feiner Spektrallinien aufgedeckt wird. Unter der Voraussetzung einer sehr exakten und exakt gekuppelten Führung der beiden Platten können aus der Intensitätskurve auch die Wellenlängen der Spektrallinien entnommen werden. *W. Kruse.*

Näheres s. Newcomb-Engelmann, Populäre Astronomie.

Mikroradiometer s. Thermogalvanometer.

Mikroskop. Die Vergrößerungszahl einer Lupe $\mathfrak{N} = \dfrac{250}{f'}$ läßt sich nicht über einen gewissen Wert steigern, da bei zu kleinem f' sowohl die Halbmesser der Flächen als auch der Abstand des Gegenstandes (Arbeitsabstand) unbequem klein werden würden. Um stärkere Vergrößerungen zu erzielen, trennt man die Linsenfolge in zwei, von denen die erste (Objektiv) ein vergrößertes (umgekehrtes) Bild des Gegenstandes entwirft, das man mit der zweiten (Okular), wie einen Gegenstand mit einer Lupe betrachtet. Für eine solche Zusammenstellung ist die Brennweite (s. Gaußische Abbildung) $\dfrac{f_1' f_2'}{\triangle}$, also die Vergrößerung

$$\mathfrak{N} = \frac{250}{f_1'} \frac{\triangle}{f_2'}.$$

Objektiv und Okular befinden sich an den Enden eines Rohres, das gewöhnlich senkrecht an einem Stativ angebracht ist, der Gegenstand befindet sich unten auf einem Tisch und wird mit einer Beleuchtungsvorrichtung (Spiegel, Kondensor) mit Sonnenlicht oder künstlichem Licht von unten beleuchtet. Diese Zusammenstellung, die im 17. Jahrhundert, man weiß nicht genau, von wem, erfunden wurde, wird als Mikroskop (Nahrohr, Kleinsehglas) bezeichnet. Das Stativ kann auf die passende Entfernung eingestellt werden, Objektiv und Okular macht man auswechselbar, so daß man verschiedene Vergrößerungen mit den nämlichen Nebenvorrichtungen erhalten kann. Von den Anforderungen an die optischen Eigenschaften der Objektive und Okulare gilt ähnliches wie beim Himmelsfernrohr. Von besonderer Bedeutung ist die Hebung der Koma gewesen.

Wie Abbe gezeigt hat, spielt bei der Abbildung durch das Mikroskop die Beugung eine Rolle. Nimmt man als Gegenstand einen gitterförmigen Körper mit dem Stababstand d an und die Lichtquelle wie stets bei stärkeren Objektiven im Unendlichen, so werden Maxima unter folgenden Winkeln auf das Objektiv fallen

$$a = 0^0,\ \sin a = \frac{\lambda}{d},\ \frac{2\lambda}{d} \dots\dots\dots$$

wo λ die Wellenlänge des Lichtes ist.

Nun hat Abbe bewiesen, daß man, um ein Bild des Gitters zu erhalten, mindestens zwei aufeinanderfolgende Maxima hindurchgehen lassen muß, und das nämliche gilt auch von unregelmäßigen Formen. Man kann also, falls das gerade durchgehende Licht auf die Mitte des Gegenstandes fällt, Teilchen von der Größe d nur erkennen, wenn für den äußersten Winkel u, den auf die erste Fläche des Objektivs fallendes Licht mit der Achse bildet, $\sin u \geqq \dfrac{\lambda}{d}$ ist; die kleinsten erkennbaren Einzelheiten werden durch die Gleichung $d = \dfrac{\lambda}{\sin u}$ angegeben. d kann um so kleiner sein, je kleiner λ, nun ist λ einerseits von der Farbe des Lichtes abhängig[1]), andererseits wird es für gleichfarbiges Licht in einem Mittel von höherem Brechungsverhältnis kleiner, nämlich $\dfrac{\lambda}{n}$, daher ist es von Vorteil, wenn man den Gegenstand in einer Flüssigkeit einbettet (Immersionssysteme, im Gegensatz zu Trockensystemen). sin u ist stets kleiner als 1. Ist das Brechungsverhältnis n, und nennt man die λ Wellenlänge in Luft, so hat man nach dem früheren $d = \dfrac{\lambda}{n \sin u} = \dfrac{\lambda}{A}$, wobei $A = n \sin u$ nach Abbe als numerische Apertur bezeichnet wird. — Es folgt aus diesen Tatsachen, daß man auch unter den günstigsten Umständen Teilchen

---

[1]) Am kleinsten für ultraviolettes, nur in der Photographie verwendbares Licht.

unter einer gewissen Größe (etwa 0,003 mm) nicht beobachten kann, und daß es daher auch keinen Zweck hat, die Vergrößerung über ein gewisses Maß (etwa $\mathfrak{R} = 1700$) zu steigern.

Über Einzelheiten des Mikroskops, seine Verwendung zur Projektion und Photographie, Ultramikroskopie, Mikroskope für beidäugige Beobachtung vgl. man die im Artikel „Himmelsfernrohr" erwähnten Werke[1]), über die vielfache Anwendung des Mikroskops in der Naturwissenschaft die Werke über Mikroskopie[2]).

Ferner vgl. man für die Okulare des Mikroskopes den Artikel „Okular". Über die verschiedenen Arten der Objektive sei folgendes bemerkt:

Achromat nennt man ein Objektiv für Mikroskop (oder Fernrohr), bei dem darauf gesehen ist, daß die Farbenabweichung (s. dort) für zwei ausgewählte Farben (rot und blau) gehoben ist und gleichzeitig die sphärische Abweichung und Koma bei einfacher Form möglichst unschädlich gemacht sind. Im allgemeinen ist die sphärische Abweichung für rotes Licht unter —, für blaues überkorrigiert, und grünes Licht vereinigt sich näher am Objektiv als beide, hat aber bis auf Zonen keine sphärische Abweichung.

Schwache Achromate bestehen aus einer achromatischen Linse (bei Mikroskopobjektiven meist verkittet), mittelstarke aus zwei solchen. Bei den stärksten wird dem Gegenstande zu noch eine plankonvexe Frontlinse und außerdem oft noch eine mondförmige Linse hinzugefügt, auch führt man hier Flußspat ein, um die Abweichung der grünen Strahlen zu verringern.

Apochromat. In vielen Fällen sind die bei den Achromaten übrigbleibenden Farbenfehler für die mikroskopische Beobachtung noch störend. Für solche hat Abbe vollkommenere Objektive — Apochromate — erfunden, an die er folgende Anforderungen stellt (Katalog Carl Zeiß, Mikroskope, 35. Ausgabe 1912/13).

„Das unterscheidende Merkmal, durch das die Objektive dieser Reihe sich vor allen früher am Mikroskop gebrauchten Linsensystemen auszeichnen, ist vom optischen Gesichtspunkte aus die gleichzeitige Erfüllung zweier Bedingungen der Strahlenvereinigung, die bis dahin in keiner Art von optischen Konstruktionen erreicht wurde, nämlich erstens die Vereinigung von drei verschiedenen Farben des Spektrums in einem Punkte der Achse, d. h. die Aufhebung des sog. sekundären Spektrums der gewöhnlichen achromatischen Systeme, und zweitens die Korrektion der sphärischen Aberration für zwei verschiedene Farben, statt der früher allein erreichten Korrektion für eine einzige — die dem Auge am hellsten erscheinende — Farbe des Spektrums."

Die Vorteile sind a. a. O. im einzelnen auseinandergesetzt. Als Mittel zur Erreichung dient hauptsächlich die Anwendung von Flußspat und von besonderen Glasarten, auch die Zahl der Einzellinsen ist bei Apochromaten größer als bei Achromaten.

Auch Fernrohrobjektive mit besonders guter Hebung der Farbenfehler werden — in gewisser Weise uneigentlich — als Apochromate bezeichnet.

Monochromat. Schon Euler fand, daß man durch eine Anzahl hintereinander geschalteter Sammellinsen gleicher Glasart eine Hebung der sphärischen Abweichung erreichen kann, er empfahl solche Folgen wegen der geringen Krümmung der Linsen. Seine Entdeckung konnte keine praktische Anwendung finden, da die Farbenfehler nicht gehoben waren, und wurde vergessen.

Erst als einfarbiges Licht verwendet wurde, konnte M. v. Rohr, der gemeinsam mit A. Koenig 100 Jahre später die gleiche Tatsache unabhängig entdeckte, sie für Mikroskopobjektive benutzen, zur Hebung der Koma wurde eine Zerstreuungslinse hinzugefügt (Monochromate).

Es wird Licht von möglichst kurzer Wellenlänge benutzt; da Glas für diese nicht durchsichtig ist, wird Quarz gebraucht, auch kann nicht mit dem Auge beobachtet, sondern nur photographiert werden.   *H. Boegehold.*

Mikroskop s. Längenmessungen.

Milchglas ist ein Glas, das durch Einlagerung kleiner Teilchen eines farblosen Stoffes von anderer Lichtbrechung als das einhüllende Glas getrübt ist. Die Trübung wird meist durch Einführung von Phosphaten (Knochenasche) oder von Fluoriden (Kryolith, Flußspat) bewirkt. Die Schmelze dieser Gläser ist in der Schmelzhitze homogen, die Ausscheidung erfolgt erst beim Abkühlen und beim Verarbeiten; dabei bleibt die Schmelze praktisch, in bezug auf Verarbeitung, homogen. Die Größe der Teilchen und ihre Menge in der Raumeinheit, von denen die optischen Eigenschaften, das Aussehen, abhängt, werden von der Schnelligkeit der Abkühlung beeinflußt; sie hängen außerdem von der chemischen Zusammensetzung des Glases und von der Menge des Trübungsmittels ab. Kleinere Mengen von Trübungsmittel geben ein in der Aufsicht bläulich getrübtes, aber gelblich bis rötlich durchscheinendes Glas mit sehr kleinen Teilchen (Opal-, Nebelglas); bei größerem Gehalt an Trübungsmitteln werden die Teilchen größer und das Glas reiner weiß (Milchglas). Das getrübte Glas wird in der Beleuchtungstechnik angewendet wegen seiner Eigenschaft, je nach der Dichte der Trübung das auffallende Licht diffus zurückzuwerfen, oder das durchgehende diffus zu zerstreuen, und den blendenden Glanz einer Lichtquelle durch Verteilung auf die größere Fläche der Milchglaskugel, die sich dann wie selbstleuchtend verhält, zu mildern.   *R. Schaller.*

Milchglas, Material für Photometerschirme. cos ε · cos i-Gesetz s. Photometrische Gesetze und Formeln, Nr. 8.

Milchstraße, das ziemlich unregelmäßige, helle, die Himmelskugel in nahezu einem Großkreise umziehende Band. Die Mittellinie der Milchstraße liegt etwas südlich eines gewissen Großkreises, den wir den galaktischen Äquator nennen und auf den die galaktischen Koordinaten (s. Himmelskoordinaten) bezogen werden. Die Neigung gegen den Himmelsäquator beträgt etwa 60°. Kosmologisch ist die Milchstraße eine starke perspektivische Anhäufung, vor allem teleskopischer Sterne, herrührend von einer starken Abplattung unseres Fixsternsystems in dieser Ebene. Näheres hierüber unter Universum.   *Bottlinger.*

Milli-Amperemeter, -Voltmeter usw. s. Drehspulgalvanometer bzw. Zeigerinstrumente.

Minimalablenkung s. Lichtbrechung.

Minimumpotential s. Entladung.

Minimumthermometer s. Maximumthermometer.

Mire. Zur Bestimmung der Konstanz des Azimuts (s. Himmelskoordinaten) von fest aufgestellten Instrumenten (Meridiankreis usw.) bedient man sich

---

[1]) Eine Anzahl Werke behandeln auch das Mikroskop im besonderen, z. B. L. Dippel, Handbuch der allgemeinen Mikroskopie. 1882.

[2]) Z. B. P. Mayer, Einführung in die Mikroskopie. 1914.

eines ferngelegenen Punktes auf der Erde, meistens einer elektrischen Glühlampe mit einem Diaphragma. Diese Einrichtung wird Mire genannt. *Bottlinger.*

Mischungsmethode. Die Mischungsmethode ist die am meisten verbreitete kalorimetrische Methode. Sie dient nicht nur zur Messung der spezifischen Wärme von festen Körpern, Flüssigkeiten und Gasen, sondern auch zur Ermittelung aller anderen thermophysikalischen und thermochemischen Größen. Wir wählen den Fall der Bestimmung der spezifischen Wärme eines festen Körpers als Beispiel. Als Kalorimeter dient ein mit Flüssigkeit, im einfachsten Falle mit Wasser von der Temperatur T_1 gefülltes, passend großes Gefäß. Wird der feste Körper auf die höhere Temperatur T_3 erwärmt und dann in das Kalorimeter geworfen, so werden beide ihre Temperatur ändern, der feste Körper wird sich abkühlen, das Wasser im Kalorimeter wird sich erwärmen und beide zusammen werden schließlich die gleiche zwischen T_1 und T_3 gelegene Temperatur T_2 annehmen.

Ist m die Masse des festen Körpers und c seine unbekannte mittlere spezifische Wärme zwischen T_2 und T_3, ferner w die Masse der Kalorimeterflüssigkeit mit der bekannten mittleren spezifischen Wärme zwischen T_1 und T_2 gleich c_w, so ist klar, daß die Flüssigkeit durch die Berührung mit dem festen Körper, da sie sich von T_1 auf T_2 erwärmte, die Wärmemenge $c_w \cdot w \cdot (T_2 - T_1)$ aufgenommen, der feste Körper, der sich von T_3 auf T_2 abgekühlt hat, die Wärmemenge $c \cdot m \cdot (T_3 - T_2)$ abgegeben hat. Beide Wärmemengen müssen, wenn keine Verluste stattgefunden haben, einander gleich, also

$$c \cdot m \cdot (T_3 - T_2) = c_w \cdot w \cdot (T_2 - T_1)$$

sein, woraus folgt

$$c = c_w \frac{w}{m} \cdot \frac{T - T_1}{T_3 - T_2}.$$

Ist die Kalorimeterflüssigkeit Wasser, so ist c_w nahezu gleich 1 (vgl. die Tabelle b) am Schlusse des Artikels: Spezifische Wärme).

So einfach im Prinzip, ebenso umständlich und schwierig ist die Mischungsmethode in ihrer praktischen Ausführung. Die Methode birgt eine Reihe von Fehlerquellen, welche vielfach nur schwer ihrem genauen Betrage nach in Rechnung gesetzt werden können und darum den Wert der Messungen oft erheblich herabdrücken. Zwei Fehlerquellen, die wichtigsten, mögen angedeutet werden.

Bei der Ableitung der obigen Gleichung ist vorausgesetzt, daß die ganze von dem Körper abgegebene Wärmemenge von der Kalorimeterflüssigkeit aufgenommen wird. In Wirklichkeit nehmen an dieser Wärmeaufnahme aber auch alle festen Teile des Kalorimeters teil, z. B. die Gefäßwandungen, die Rührvorrichtung, die dem schnellen Temperaturausgleich zwischen Körper und Flüssigkeit dient, das ins Kalorimeter tauchende Thermometer u. a. m. Man hilft sich hier einerseits dadurch, daß man die Massen aller dieser festen Teile möglichst klein macht, andererseits daß man für Gefäßwandungen, Rührer usw. Materialien mit möglichst geringer spezifischer Wärme, wie z. B. Silber benutzt. Die unvermeidlichen festen Bestandteile des Kalorimeters werden in die Rechnung eingeführt, indem man für sie einzeln die Produkte aus Masse und spezifischer Wärme bildet. Die Summe aller dieser Produkte gibt den Wasserwert des Kalorimeters, d. h. den Betrag, um den man die Masse des Wassers als Kalorimeterflüssigkeit rechnerisch vermehren muß. — Rein experimentell kann

man in der Weise verfahren, daß man einen Vorversuch mit einem festen Körper bekannter spezifischer Wärme ausführt, in der vorstehenden Gleichung $c_w = 1$ oder nahezu gleich 1 setzt und w als Unbekannte ermittelt. Das so gefundene w, das die Summe des im Kalorimeter enthaltenen Wassers w_1 und des Wasserwertes W des Kalorimeters darstellt, wird dann wie vorher bei der Berechnung des Wasserwertes späterer Rechnung zugrunde gelegt.

Die zweite Fehlerquelle, die Wärmeverluste, trifft fast alle kalorimetrischen Messungen; sie findet sich in dem Artikel Kalorimetrie näher ausgeführt, wo auch schon Mittel angegeben sind, sie wenigstens teilweise auszuschalten. Insbesondere bei der Mischungsmethode wird zu diesem Zweck noch ein von Rumford angegebener Kunstgriff verwendet, der darin besteht, daß man die Anfangstemperatur des Kalorimeters ebensoviel unterhalb der Temperatur der Umgebung einstellt, wie die erwartete Endtemperatur oberhalb derselben liegt. Wärmezu- und ableitung heben sich dann im wesentlichen auf. Bedingung für die Anwendbarkeit dieses Kunstgriffes ist, die Temperaturerhöhung im Kalorimeter klein (höchstens 5°) zu halten.

Die Mischungsmethode wird für feste und flüssige Körper im wesentlichen in derselben Form angewendet. Beide werden zunächst in einem durch Dämpfe oder temperierte Flüssigkeitsbäder geheizten, gegen die äußere abkühlende Luft sorgfältig geschützten Raume bis zu einer konstanten Temperatur erwärmt und dann in das Kalorimeter geworfen. Eine hübsche Form des Erhitzungsgefäßes ist von Neumann erdacht. Sie ist einem großen Hahne vergleichbar, dessen Küken eine Höhlung zur Aufnahme der zu untersuchenden Substanz enthält. Dieser Höhlung entspricht im Hahnenmantel eine nach unten gerichtete gleichweite Öffnung. Der äußere Hahnteil ist doppelwandig und wird mittels durchströmenden Dampfes geheizt; ist die gewünschte Temperatur erreicht, so dreht man das Küken um 180° und die Substanz fällt ins Kalorimeter. — Flüssigkeiten pflegt man im allgemeinen nicht unmittelbar ins Kalorimeter fallen zu lassen, sondern schließt sie vorher in Metall- oder Glasgefäße ein, die miterhitzt werden; der „Wasserwert" des Gefäßes muß dann in Rechnung gezogen werden.

Ähnlich könnte man mit Gasen verfahren, doch würde das Gewicht des zu untersuchenden Gases im Verhältnis zur umgebenden Gefäßhülle unvorteilhaft klein sein, und deshalb das Resultat nur ungenau werden. Auch die Einführung einer größeren Gasmenge unter Druck in das Umhüllungsgefäß schafft im allgemeinen keine Abhilfe, weil der verstärkte Druck auch eine Verstärkung der Wandungen des Gefäßes erfordert und sich die Masse des Gefäßes daher in ähnlicher Weise vergrößert wie die Masse des Gases. — Trotzdem ist die skizzierte Methode doch vereinzelt auf Gase angewendet worden.

Die Schwierigkeit wird durch eine zuerst von Delaroche und Bérard angegebene, später von Regnault zu hoher Vollkommenheit ausgebildete Modifikation der Mischungsmethode behoben. Man operiert nämlich nicht mit einer beschränkten Gasmenge, sondern man schickt das Gas, nachdem es vorher in metallischen Schlangenwindungen erhitzt ist, in einem konstanten Strome durch das Kalorimeter. Dabei tritt das Gas nicht direkt in die Kalorimeterflüssigkeit ein, sondern passiert eine im Kalorimeter angeordnete Kühlschlange, mittels welcher es die ganze, der gemessenen Temperaturerhöhung des Kalorimeters entsprechende Wärmemenge an dieses abgibt; zwecks besseren Wärmeausgleiches ist die Kühlschlange mit Metallspänen angefüllt.

Die benötigten Gase kann man, wenn es sich um weniger kostbare Materialien handelt (Luft, Sauerstoff, Stickstoff, Wasserstoff, Kohlensäure) Stahlbomben entnehmen, in welchen sie unter Druck im Handel käuflich sind; doch muß man dann die Verunreinigungen bestimmen und ihren Einfluß auf das Resultat berücksichtigen. Bei kostbareren oder chemisch reinen Gasen muß man dieselbe Gasmenge mehrfach benutzen, d. h. man muß das Gas in einem geschlossenen Stromkreise in dauernder Wiederholung durch den Erhitzer und das Kalorimeter treiben. — Die Menge des durch das Kalorimeter geschickten Gases mißt man mit einer in den Stromkreis eingeschalteten Gasuhr oder mittels eines Glockengasometers, in dem man das das Kalorimeter verlassende Gas auffängt. Über eine andere Meßmethode und die Technik der geschlossenen Zirkulation vgl. z. B. Scheel u. Heuse, Ann. d. Phys. **37**, 79—95, 1912 und **40**, 473—492, 1913.

Die Wärmeverluste sind bei dieser Methode von der Strömungsgeschwindigkeit des Gases abhängig. Man beobachtet deshalb bei verschiedenen Geschwindigkeiten und eliminiert den Einfluß, indem man auf eine unendlich große Geschwindigkeit extrapoliert.   *Scheel.*

Näheres s. Kohlrausch, Praktische Physik. Leipzig.

Mischungsverhältnis s. Wasserdampfgehalt der atmosphärischen Luft.

Mißweisung. Alte Bezeichnung für die magnetische Deklination, bei Seefahrern noch im Gebrauch.
                                                      A. Nippoldt.

Mistral. Ein in der Provence und der französischen Mittelmeerküste häufig auftretender stürmischer Wind, der seiner Natur und Entstehung nach der Bora (s. diese) ähnlich ist.   *O. Baschin.*

Mittel. Wenn für eine physikalische Größe verschiedene Werte $a_1 \cdots a_r \cdots a_n$ gemessen werden, so nimmt man gewöhnlich das *arithmetische Mittel*

$$a = \frac{1}{n} \sum_{r}^{n} a_r$$ als besten Wert an; diese Annahme

beruht auf der Wahrscheinlichkeitshypothese, daß gleich große Messungsfehler gleich häufig nach beiden Seiten das Resultat beeinflussen. Eine tiefere Begründung erfährt diese Annahme durch das *Gaußsche Fehlergesetz*. Andere Mittelbildungen s. bei Fehlertheorie und Bernouillisches Theorem. In anderen Fällen werden nicht nur verschiedene Werte gemessen, sondern die Größe selbst nimmt verschiedene Werte an; auch in diesem Falle führt man häufig einen Mittelwert in die Rechnung ein. Z. B. haben die Moleküle eines Gases in einem bestimmten Augenblick alle verschiedene Geschwindigkeiten, und aus diesen kann man ebenfalls das arithmetische Mittel bilden. Ein so gewonnenes Mittel über gleichzeitige Werte an verschiedenen Exemplaren heißt *statistisches Mittel*. Man kann auch ein Molekül in seiner Bahn verfolgen und das arithmetische Mittel aus den Geschwindigkeiten berechnen, die es nacheinander annimmt; ein solches Mittel über zeitlichfolgende Werte an demselben Exemplar heißt *historisches Mittel*. Sind die Einzelwerte stetig veränderlich, so wird die Summation bei der Mittelbildung

zur Integration; häufig wählt man diese auch da, wo es sich streng genommen um diskrete Einzelfälle handelt, die aber sehr nahe beieinander liegen und sehr zahlreich sind.   *Reichenbach.*

Mittellinie. Das Gesetz der geraden Mittellinie besagt, daß der Mittelwert der zu gleichen Temperaturen gehörenden Dichten eines einheitlichen Körpers im flüssigen und gasförmigen Zustande der Sättigung darstellbar ist durch eine lineare Funktion der Temperatur. Bezeichnet man die beiden Dichten mit ϱ_f und ϱ_g, und die absolute Temperatur mit T, so ist nach der genannten Regel zu setzen $\frac{1}{2}\left(\varrho_f + \varrho_g\right) = a + b \cdot T$; a und b sind individuelle Konstanten des betreffenden Stoffes. Das Gesetz der geraden Mittellinie bewährt sich für viele Stoffe und wurde zuerst von Cailletet und Mathias im Jahre 1886 aufgestellt. *Henning.*

Mittelwasser s. Meeresfläche.

Mittelwerte von Wechselströmen. Man erhält den Mittelwert eines periodisch veränderlichen Stromes, indem man den Mittelwert aller Augenblickswerte über eine Periode bildet.

Aus der Definition des reinen Wechselstromes (s. Wechselströme) folgt, daß der so gebildete Mittelwert, der als elektrolytischer Mittelwert bezeichnet wird, gleich Null ist.

Beschränkt man die Mittelwertsbildung auf eine Halbperiode, so erhält man den als Mittelwert schlechthin bezeichneten Ausdruck

$$M(i) = \frac{2}{T} \int_{0}^{T/2} i\,dt \qquad (T = \text{Periodendauer}).$$

Diesem Wert kommt in der Elektrotechnik nur eine geringe Bedeutung zu; hier spielt fast ausschließlich der quadratische Mittelwert des Stromes eine Rolle. Man betrachte z. B. die Wirkung des Stromes in dem Leuchtfaden einer Glühlampe. Während einer Zeit dt wird in dem Faden vom Widerstande R die Wärmemenge $Ri^2 dt$ gebildet. Die während einer Periode freiwerdende Wärmemenge ist dann $R \int_{0}^{T} i^2\,dt$, und die Wärmemenge in der Zeiteinheit

$$Q = \frac{R}{T} \int_{0}^{T} i^2\,dt.$$

Die gleiche Wärmemenge wird durch einen Strom konstanter Stärke erzeugt, der sich aus der Beziehung

$$Q = RI^2$$

ergibt.

Hieraus folgt: Dem Wechselstrom i ist in seiner Wirkung ein mittlerer Strom I gleichwertig; zwischen beiden besteht die Beziehung

$$I = \sqrt{\frac{1}{T} \int_{0}^{T} i^2\,dt} = \sqrt{M(i^2)}.$$

Den durch diesen Ausdruck definierten Mittelwert des Wechselstroms nennt man den wirksamen Mittelwert oder kurz den Effektivwert. Die gebräuchlichen Meßinstrumente für Wechselstrom (z. B. Hitzdraht- und elektrodynamische Instrumente) zeigen den Effektivwert an; alle technischen Angaben über Generatoren, Motoren usw. beziehen sich lediglich auf diesen.

Für den einwelligen Strom $i = I_m \sin \omega t$ (I_m = Scheitelwert) ergeben sich zwischen den Mittelwerten und den Scheitelwerten folgende einfachen Beziehungen

$\left(\text{unter Berücksichtigung der Gleichung } \omega = 2\,\dfrac{\pi}{T}\right)$.

Der Mittelwert $M(i)$ ist

$$M(i) = \frac{2}{T}\int_0^{\frac{T}{2}} I_m \sin \omega t\, dt = -\frac{2}{\omega T} I_m \left[\cos \omega t\right]_0^{\frac{T}{2}}$$

$$= \frac{2}{\pi} I_m = 0{,}637\, I_m.$$

Der Effektivwert $\sqrt{M(.^2)}$ ergibt sich aus

$$M(i^2) = \frac{1}{T}\int_0^T I^2{}_m \sin^2 \omega t\, dt =$$

$$\frac{I^2{}_m}{2T}\int_0^T (1 - \cos 2\,\omega\, t)\, dt = \frac{I^2{}_m}{2T}\left[t - \frac{\sin 2\,\omega\, t}{2\,\omega}\right]_0^T = \frac{I^2{}_m}{2}$$

$$\sqrt{M(i^2)} = I = \frac{1}{\sqrt{2}} I_m = 0{,}707\, I_m.$$

Das Verhältnis vom Scheitelwert zum Effektivwert $\dfrac{I_m}{I}$ bezeichnet man als Scheitelfaktor; er ist für die Sinuskurve $\sqrt{2}$.

Das Verhältnis des Effektivwerts zum Mittelwert $\dfrac{\sqrt{M(i^2)}}{M(i)}$ nennt man den Formfaktor; er hat für die Sinuskurve den Wert 1,11.

Bei anderen Kurvenformen haben natürlich beide Faktoren andere Werte; sie geben ein Maß für die *Stumpfheit* oder *Spitzheit* der Welle. Im allgemeinen bedient man sich für die Charakterisierung der Wellenform des Formfaktors, der sich um so mehr dem Werte 1 nähert, je stumpfer die Kurvenform ist und umgekehrt.

Die vorstehend gegebenen Definitionen der Mittelwerte usw. gelten sinngemäß auch für Wechselspannungen; außerdem werden die abgeleiteten Begriffe allgemein auf jede periodisch veränderliche Größe übertragen. *R. Schmidt.*

Näheres s. E. Orlich, Theorie der Wechselströme. Leipzig 1912.

Mittlere Geschwindigkeit der Molekeln s. Maxwells Gesetz.

Mittlere Lichtstärken s. Lichtstärken-Mittelwerte.

Mittlere Weglänge der Molekeln. Die Wege, die eine Molekel zwischen zwei aufeinander folgenden Zusammenstößen zurücklegt, werden im allgemeinen verschieden sein, jedoch einen bestimmten Mittelwert haben, den wir die mittlere Weglänge nennen. In der Sekunde legt die Molekel den Weg c zurück. Dieser Weg dividiert durch die Stoßzahl (s. diese) Z gibt uns somit die mittlere Weglänge $\lambda = \dfrac{c}{Z} = \dfrac{3}{4\,N\,\pi\,o^2}$. Sie ist also um so kleiner, je größer die Zahl der Molekeln in der Volumseinheit N und der Querschnitt $\dfrac{\pi\,o^2}{4}$ einer Molekel ist. (Zahlenwert s. innere Reibung der Gase.) *G. Jäger.*

Näheres s. G. Jäger, Die Fortschr. d. kinet. Gastheorie. 2. Aufl. Braunschweig 1919.

Mittönen s. Klanganalyse.

Modellversuchsanstalten für Aerodynamik haben die Unterlagen für die Berechnung von Flugzeugen geliefert, seit es eine Flugtechnik gibt. Sie werden heute ausschließlich so gebaut, daß die Luft gegen das Modell mit Hilfe eines Ventilators geblasen wird. Man unterscheidet vor allem zwei Haupttypen von solchen Anordnungen: Kanäle, bei welchen der Luftstrom zwischen festen Wänden geführt wird, und Freistrahlen, welche offen durch die ruhende Luft hindurchschießen. Die bekanntesten Systeme der ersteren Art sind das von Prandtl in Göttingen, ferner das in Teddington (England) und Boston (Amerika), solche der zweiten Art das von Eiffel in Paris und die neuere Anstalt von Prandtl in Göttingen. Die Dimensionen und die

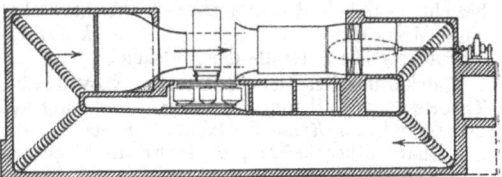

Göttinger Modellversuchsanstalt.

Stärke der Ventilatoren sind bei den neueren Anordnungen so gesteigert worden, daß man ganze Flugzeugteile in wirklicher Größe mit wirklicher Flugzeuggeschwindigkeit untersuchen kann. Als Beispiel einer solchen Anordnung diene die den Prandtlschen Veröffentlichungen entnommene Zeichnung der Göttinger Freistrahlanordnung. Man erkennt daran die für fast alle Anordnungen charakteristische Rundführung der Luft. Die vom Ventilator angesaugte Luft wird in dem abgebildeten Kanal unter der Erde, im alten Göttinger Kanal in einer rechteckigen Umführung, bei Eiffel über eine große Halle in den Versuchsraum zurückgeführt. Man ist auf diese Weise von den Verhältnissen in der äußeren Atmosphäre ganz unabhängig. Die räumliche Ungleichförmigkeit muß durch Gleichrichter ausgeglichen werden, die zeitliche Ungleichmäßigkeit durch Druckregler (s. d.).
L. Hopf.

Mohrsche Wage. Die Mohrsche Wage dient zur Ermittelung des spezifischen Gewichts einer Flüssigkeit nach der Methode der hydrostatischen Wägung (s. d.). Sie ist eine zweiarmige Wage, häufig in der Form, daß der eine Wagearm verkürzt und verdickt ist, und so die konstante Tara gegen einen am anderen Arm der Wage hängenden, meist gläsernen Schwimmer bildet. Die Wage ist im Gleichgewicht, wenn der Schwimmer in Wasser eingesenkt ist. Wird das Wasser durch eine Flüssigkeit ersetzt, die schwerer ist als Wasser, so erleidet der Schwimmer einen größeren Auftrieb als in Wasser, der durch zugefügte Gewichte wieder aufgehoben werden muß. Der Wagebalken ist nun in dezimaler Einteilung mit Kerben versehen, in welche die Ausgleichgewichte, die die Form von Reitern haben, eingehängt werden. Die Reitergewichte selbst sind so abgeglichen, daß jeder einer Dezimalstelle des spezifischen Gewichtes entspricht. Aus der Größe der Reiter kann man also unmittelbar das spezifische Gewicht der Flüssigkeit ablesen.

Für die Benutzung der Mohrschen Wage zur Ermittelung von spezifischen Gewichten unterhalb 1 gleicht man die Tara der Wage so ab, daß der schwerste Reiter in der Kerbe 10 genau oberhalb der Endschneide zusammen mit dem Schwimmer im Wasser Gleichgewicht herstellt. Sinkt dann der

Schwimmer in einer Flüssigkeit, die leichter ist als Wasser, unter, so hat man mit dem schwersten Reiter auf Kerbe 9 usw. zurückzugehen und findet damit auch für das spezifische Gewicht eine Zahl kleiner als 1. *Scheel.*

Näheres s. Kohlrausch, Praktische Physik. Leipzig.

Molare Unordnung nennt Boltzmann eine solche Verteilung der Gasmoleküle, daß in größeren Volumteilen gleiche Mittelwerte der Dichte, Geschwindigkeit usw. herrschen. Unter dem Einfluß der Schwere z. B. stellt sich *molare Ordnung* ein. Dagegen kann auch hier noch *molekulare Unordnung* (s. Stoßzahlansatz) herrschen, weil diese sich nur auf Gebiete noch kleinerer Größenordnung bezieht, nämlich die unmittelbare Nachbarschaft eines Moleküls. *Reichenbach.*

Molekelgröße s. Größe der Molekeln.

Molekülmodelle. In seinem ersten Entwurf einer Theorie des Aufbaus der Atome und Moleküln auf Grund des *Rutherfordschen Atommodelles* und der Quantentheorie 1913, hat Bohr einige spezielle Molekülmodelle angegeben, von denen das *Wasserstoffmolekülmodell* in der Folge mehrfach Anwendung gefunden hat. Es besteht aus zwei ruhenden Wasserstoffatomkernen von unveränderlichem Abstand, in deren Symmetrieebene zwei Elektronen diametral gegenüberstehend, eine einquantige Kreisbahn durchlaufen. Dieses Modell war von vornherein zwei gewichtigen Bedenken ausgesetzt: einerseits ist es gegen Störungen senkrecht zur Elektronenbahnebene instabil, falls man die Frage der Stabilität im Wege der klassischen Mechanik beantworten darf, anderseits erzeugen die umlaufenden Elektronen ein beträchtliches magnetisches Moment, welches dem beobachteten Diamagnetismus des Wasserstoffgases widerspricht.

Auch bei anderen zweiatomigen, namentlich *homöopolaren* Molekeln sollte die Bindung der Atome ähnlich wie beim Wasserstoffmolekülmodell durch einen, nur im allgemeinen stärker besetzten Elektronenring bewirkt werden. Gegen diese Modelle richten sich daher auch sogleich ähnliche Einwände wie die oben genannten. Während das Wasserstoffmolekülmodell hinsichtlich der Dispersion (s. Dispersion und Quantentheorie) in den Händen von Debye erfolgreich zu sein schien, vermochte es hingegen weder die gemessene Ionisierungsspannung und Dissoziationswärme, noch den Abfall des Rotationsanteils der spezifischen Wärme des Wasserstoffgases bei tiefen Temperaturen zutreffend wiederzugeben. Die von Sommerfeld behandelten Molekülmodelle von Stickstoff und Sauerstoff waren bereits hinsichtlich der Dispersion nicht mehr so erfolgreich wie das Wasserstoffmolekülmodell. Schließlich hat das Studium der Bandenspektren, namentlich durch Lenz (s. Bandenspektren und Quantentheorie) ergeben, daß die genannten Molekeln kein Impulsmoment um die Verbindungslinie ihrer Atomkerne besitzen können. Mit diesem, den obigen magnetischen Einwand bestätigenden Ergebnis werden aber sämtliche genannten Modelle gegenstandslos. Es gibt daher zur Zeit kein einziges brauchbares Molekülmodell. Wenn auch eine ganze Anzahl von Bedingungen bekannt ist, die das wirkliche Wasserstoffmolekülmodell befriedigen muß, so sind doch die rechnerischen Schwierigkeiten, die bereits der Ermittlung dieses einfachsten aller Molekülmodelle entgegenstehen, sehr beträchtliche, da es sich ja hier um die Lösung eines 4-Körperproblemes handeln würde. Am ehesten verspricht daher noch Aussicht auf Erfolg die bereits in Angriff genommene Bestimmung des positiven Wasserstoffmolekül*ion*-Modelles, bei dem es sich immerhin bloß um ein 3-Körperproblem handeln würde. *A. Smekal.*

Näheres s. Sommerfeld, Atombau und Spektrallinien. III. Aufl. Braunschweig 1922.

Molekulardispersion s. Atomdispersion.

Molekulare Drehung s. Drehvermögen, optisches.

Molekulare Unordnung s. Stoßzahlansatz.

Molekularrefraktion s. Atomrefraktion.

Molekularrotation s. Atomrotation.

Molekularvolumen. Allgemeines und additives Verhalten s. Atomvolumen, Abs. 1. Für Gase s. W. Nernst, Theoretische Chemie. 1. Buch, 1. Kapitel.

Molekularwärme s. Atomwärme.

Molionen. Wenn Luft durch radioaktive Substanzen, Röntgenstrahlen oder dgl., ionisiert wird, bilden sich um die freien Elektronen resp. um den übrig bleibenden positiven Rest des ionisierten Atoms Anlagerungen von neutralen Molekülen, die natürlich eine erhebliche Vergrößerung der Masse des Ions zur Folge haben. Man nennt solche Ionen „Molionen". Ihre Ladung ist gleich der des elektrischen Elementarquantums, ihre Maße in Luft von Atmosphärendruck etwa 30 mal größer als die Maße eines Moleküls. Unter den verschiedenen Arten von Ionen spielen in atmosphärischer Luft die Molionen die ausschlaggebende Rolle. Kleinere Ionenarten (z. B. Atom-Ionen und freie Elektronen kommen bei gewöhnlichem Drucke fast gar nicht vor) (vgl. auch „Beweglichkeit"). *V. F. Hess.*

Moment, magnetisches. — Als magnetisches Moment eines Körpers bezeichnet man das Produkt aus Polstärke und Polabstand. *Gumlich.*

Moment, statisches. Dieser Begriff hat sich aus dem Hebelgesetz (s. dieses) entwickelt. Schreibt man die dortige Gleichung: $l_1 P_1 = l_2 P_2$, so erhellt die Bedeutung des Produkts aus Kraft und Hebelarm, eben des Momentes. Für beliebig gerichtete, zunächst noch in einer Ebene liegende Kräfte ist es allgemein aufzufassen als Produkt aus der Kraft und dem senkrechten Abstand ihrer Angriffslinie vom Drehpunkt oder auch die aus der Kraft und dem Abstand ihres Angriffspunktes vom Drehpunkt gebildete Parallelogrammfläche. Das Vorzeichen wird durch den Drehsinn des Momentes bestimmt. Das so verallgemeinerte Hebelgesetz lautet dann: Damit an einer Scheibe Gleichgewicht herrscht, muß die Summe aller an ihr angreifenden Momente verschwinden. Ist diese Momentensumme für einen Bezugspunkt bekannt, so berechnet man sie für einen anderen, indem man das aus der Resultante (s. Kräftereduktion) der Kräfte und der Verschiebungsstrecke gebildete Moment abzieht. Da im Gleichgewichtsfall auch die Resultante der Kräfte (einschl. der Stützreaktionen) verschwindet, so ist es bei obigem Momentensatz also gleichgültig, auf welchen Punkt man ihn bezieht: Wenn die Resultante eines Kräftesystems verschwindet, so hat das Moment desselben eine selbständige Bedeutung ohne Beziehung auf einen bestimmten Punkt. Seine einfachste Darstellung geschieht durch ein Kräftepaar, d. h. ein Paar gleicher, entgegengesetzt gerichteter Kräfte in parallelen Angriffslinien. Die Größe des Moments ist die aus den beiden Kräften gebildete Parallelogrammfläche.

Diese Begriffe sind wörtlich auf den Fall räumlicher Kraftsysteme zu übertragen. Das Moment ist dann eine Fläche, die, außer einer Größe, auch eine bestimmte Orientierung im Raum hat. Es wird charakterisiert durch einen auf der Fläche senkrechten Pfeil, der in solcher Richtung gezogen wird, daß, in seiner Richtung gesehen, das Moment in dem als positiv festgesetzten Sinn dreht und dessen Länge die Größe der Momentfläche angibt. Diese Pfeile verhalten sich Drehungen des Raumes gegenüber wie axiale Vektoren: Momente addieren sich daher im Raume nach den Regeln der Vektorrechnung, sie haben, wie ein Vektor, eine bestimmte Größe und Richtung, aber keine Lage im Raum.

Die Korkzieherregel besagt: Die Momentstrecke ist in der Richtung aufzutragen, in der ein Korkzieher sich bewegt, dessen Griff aus der Richtung der Kraft in die des Hebelarms gedreht wird.

Von besonderer Wichtigkeit ist der Begriff des resultierenden Moments für die statischen Fragen der inneren Beanspruchung der Körper (Biegungs-, Torsionsmoment) und die Bewegungslehre des starren Körpers. *F. Noether.*

Näheres s. Die Lehrbücher der Mechanik, insbesondere Poinsot, Element de statique. 1804.

Momentanzentrum s. Geschwindigkeit.

Mond. Trabant der Erde. Sein Durchmesser beträgt 3470 km, d. i. das 0,27fache des Erddurchmessers, seine Dichte das 0,62fache der Erddichte und seine Masse ist $1/_{80}$ der Erdmasse; die Entfernung von der Erde 60 Erdradien oder 385 000 km.

Seine physische Beschaffenheit ist von der irdischen stark verschieden, da ihm infolge der geringen Oberflächengravitation (etwa $1/_6$ der irdischen) jegliche nachweisbare Atmosphäre und somit auch Wasser fehlen. Die Oberflächengestaltung ist sehr unregelmäßig. Es gibt weite, ziemlich ebene Flächen, die Meere genannt werden und nur wenige Gebirgsketten. Die meisten Berge sind unter dem Namen Krater bekannte kreisrunde, steile Wälle, deren inneres bald höher, bald tiefer als die äußere Ebene, meist flach ist, oftmals einen kleinen Zentralberg enthält. Der Durchmesser der Krater schwankt von wenigen Kilometern bis auf weit über 100 km. Die Krater haben große Ähnlichkeit mit Bombeneinschlägen und Ives hat gefunden, daß ein großes Meteor, das nicht wie auf der Erde durch die Atmosphäre gebremst werde, beim Aufschlag so viel Wärme entwickelt, daß es unvergleichlich stärker wirken muß, als irgend eine technische Sprengbombe. In den Ebenen sieht man mitunter tiefe unter dem Namen Rillen bekannte Schluchten, die an bei heftigen Erdbeben entstehende Spalten erinnern. Die merkwürdigsten Gebilde sind die Strahlensysteme, von einzelnen Kratern ausgehende, radial verlaufende helle Streifen, die keinerlei Schatten werfen, also keine Erhebungen sein können und die gelegentlich über andere Formationen ungestört hinweggehen. Einige Strahlen des Ringgebirges Tycho erstrecken sich über mehr als 90°. Wahrscheinlich sind es Ausschleuderungen des Kraters, die auf dem atmosphärelosen Mond nach dem Fallgesetze sehr weit fliegen können.

Das Reflexionsvermögen der einzelnen Oberflächenteile des Mondes ist sehr verschieden. Die leuchtendsten Teile sind etwa 50 mal so hell als die dunkelsten. Auch sind Farbunterschiede beobachtet worden. Die Albedo des Mondes ist sehr gering.

Die höchsten Mondberge übertreffen die irdischen, vom Meeresspiegel aus gerechnet, noch um etwa 1000 m.

Die Bahn des Mondes ist etwa um 5° gegen die Ekliptik geneigt. Infolge der Knotenbewegung schwankt die Neigung gegen den Erdäquator zwischen $18^1/_2$ und $28^1/_2$ Grad. Seine Umlaufszeit beträgt siderisch 27,3, synodisch 29,6 Tage. Da die Rotationszeit infolge der Flutreibung der Umlaufszeit gleich ist, wendet der Mond uns stets dieselbe Seite zu. Seine Rotation geht im wesentlichen gleichförmig, die Umdrehung um die Erde wegen der ziemlich beträchtlichen Bahnexzentrizität ungleichförmig vor sich. Daher scheint die Mondkugel uns etwas zu schwanken. Die Erscheinung heißt optische Libration der Länge. Es gibt auch eine Libration der Breite, da die Rotationsachse des Mondes nicht genau senkrecht auf der Mondbahn steht. Hierzu kommt die parallaktische Libration, die gleich der Parallaxe des Mondes ist und die davon herrührt, daß man von der Erdoberfläche aus den Mond im allgemeinen aus einer anderen Richtung ansieht, als er vom Erdmittelpunkt aus erschiene. Schließlich gibt es noch eine ziemlich kleine physische Libration, die auf ungleichförmiger Rotation und Schwankung der Rotationsachse beruht. Auf diese Weise kennen wir etwas mehr als $6/_{10}$ der Mondoberfläche.

Mondtabelle s. Sonnensystem. Vgl. auch Finsternisse. *Bottlinger.*

Näheres s. Newcomb Engelmann, Populäre Astronomie.

Mondflutstunde s. Flutstunde.

Monochord ist ein Apparat zur Prüfung der Gesetze schwingender Saiten (s. d.). Er besteht aus einer oder mehreren (Polychord) leicht auswechselbaren Saiten, deren Länge (mit Hilfe eines längs einer Millimeter-Teilung verschiebbaren Steges) und Spannung (durch verschiedene Belastung) meßbar verändert werden können. Es gibt zwei Ausführungsformen, einen horizontalen und einen vertikalen Typus. Für Demonstrationen ist die erstere Ausführungsform die bequemere. Über einen langen, schmalen Holzkasten, der eine Millimeter-Teilung besitzt, ist die Saite ausgespannt. Das eine Ende ist fest, während an das andere, welches über einen Steg und dann über eine an der Seitenwand des Kastens befestigte Rolle läuft, die Gewichte angehängt werden.

Die Existenz der einzelnen Partialtöne wird dadurch nachgewiesen, daß die Saite gezupft und dann lose mit dem Finger an einer möglichst nahe an einem Ende liegenden Stelle berührt wird, an welcher der gesuchte Partialton einen Knoten hat. Die tieferen Partialtöne werden hierdurch abgedämpft, und der gesuchte Ton tritt kräftig hervor. Wird die Saite an einer Stelle gezupft, welche um ein Drittel ihrer Länge von einem Ende entfernt liegt, und wird nachher die Mitte der Saite mit dem Finger berührt, so tritt die höhere Oktave des Grundtones kräftig heraus; wird sie dagegen nach dem Zupfen an der gezupften Stelle berührt, so tritt die Duodezime nicht hervor. Über die Abhängigkeit der Stärke der Partialtöne von der Stelle der Erregung s. unter Saitenschwingungen.

Die Unterteilung der Saite beim Erklingen eines hohen Partialtones zeigt man dadurch, daß an den Stellen, an welchen der betreffende Partialton Knoten und Bäuche hat, kleine Papierreiter aufgesetzt werden. Schwingt nun die Saite, so bleiben die an den Knotenstellen befindlichen Reiter ruhig sitzen, während die an den Bäuchen befindlichen abgeworfen werden. Ist die Saite z. B. 200 cm lang und berührt man die Stelle 180 lose mit einem Finger der linken Hand, während die rechte Hand den Bogen bei etwa 185 über die Saite führt, so wird der zehnte Partialton der Saite stark erregt (Flageoletton, s. d.). Die bei 10, 30, 50 . . . . sitzenden Reiter werden abgeworfen, die bei 20, 40, 60 . . . . befindlichen bleiben sitzen.

Daß sich die Saite nur in der Weise unterteilen kann, daß die Gesamtlänge immer ein ganzzahliges Vielfaches des Abstandes zweier benachbarten Knoten ist, zeigt man dadurch, daß der Finger der linken Hand lose längs der Saite entlang gleitet, während die Saite z. B. bei 185 dauernd angestrichen wird. Man hört dann nicht eine kontinuierliche Änderung der Tonhöhe, sondern eine Folge diskreter Töne.

Die Abhängigkeit der Grundschwingung von dem Material, dem Querschnitt der Saite und von der Größe der Spannung wird durch Auswechseln der Saiten und Änderung der Belastungsgewichte geprüft.   *E. Waetzmann.*

Näheres s. jedes größere Lehrbuch der Akustik.

Monochromat s. Mikroskop.

Monochromatische Abweichung s. Sphärische Abweichung.

Monokellinse. Die Monokellinse ist eine einfache Sammellinse, die als solche die sämtlichen Abbildungsfehler mehr oder weniger besitzt, die in dem Abschnitt „Abbildung durch photographische Objektive" besprochen sind. Die Folge dieser Abbildungsfehler ist, daß sich mit ihr kein scharfes Bild erzielen läßt. Bei der Aufnahme ist der chemische Fokus der Monokellinse zu berücksichtigen.   *W. Merté.*

Monotelephon. Telephon, dessen Membran eine ausgesprochene Resonanzlage besitzt, was zur Folge hat, daß ein Ton bestimmter Schwingungszahl am kräftigsten wiedergegeben wird, wohingegen höhere und tiefere Töne an Stärke verlieren.
                    A. Esau.

Monotisches Hören s. Schallrichtung.

Monsun. In gleicher Weise wie die wechselnden Temperaturunterschiede zwischen Land und Wasser an den Küsten einen täglichen Wechsel zwischen Land- und Seewinden (s. Wind) hervorrufen, erfolgt in bestimmten Gebieten der Kontinente und der angrenzenden Meere ein analoger Windwechsel, jedoch in viel größerem Ausmaße und mit jährlicher Periode. Das Land ist im Sommer wärmer, im Winter kälter als das Meer, weshalb im Sommer die kühlere Seeluft unten landeinwärts, im Winter die kältere Landluft unten seewärts hinausströmt, während in höheren Schichten die Zirkulation im umgekehrten Sinne erfolgt. Es entstehen somit gewissermaßen Land- und Seewinde von je halbjähriger Dauer. Dieser Kreislauf, in die mächtige Luftmassen hineinezogen werden, und der das Klima dichtbevölkerter Teile unserer Erde in maßgebender Weise beeinflußt, erfährt eine starke Ablenkung durch die Erdrotation (s. diese), weil durch die Größe der Temperaturunterschiede und deren langandauernde Gleichsinnigkeit Luftmassen aus sehr weiten Entfernungen in den Zirkulationsprozeß einbezogen werden und die Größe der Luftdruckunterschiede erhebliche Windgeschwindigkeiten zur Folge hat. Man nennt diese mit der Jahreszeit umkehrenden Winde nach dem altarabischen Wort Mausin (Jahreszeit), Monsune. Als allgemeines Schema der Richtungen der Monsunwinde an der Erdoberfläche ergibt sich nach den obigen Ausführungen das folgende:

Kontinent:		West-seite	Nord-seite	Ost-seite	Süd-seite
Nördliche	Winter	SE	SW	NW	NE
Halbkugel	Sommer	NW	NE	SE	SW
Südliche	Winter	NE	SE	SW	NW
Halbkugel	Sommer	SW	NW	NE	SE

Am stärksten sind die Monsunwinde im Indischen Ozean und den ihn umgebenden Landmassen entwickelt, also in Ostafrika, Südasien und Australien, doch kommen auch in zahlreichen anderen Gebieten sogar innerhalb der Polarzone, Monsune vor. Auch an den Küsten großer Binnenseen, wie z. B. des Kaspischen Meeres, sind Monsune nachgewiesen worden. Die Mächtigkeit der Monsunströmung beträgt meist 2000 bis 4000 m.   *O. Baschin.*

Morsecode.

Morsezeichen.

I. Buchstaben

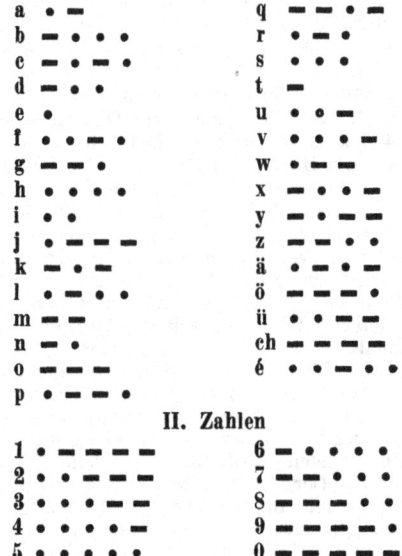

II. Zahlen

Der Strich ist gleich 3 Punkten, der Zwischenraum gleich 1 Punkt, der Zwischenraum zwischen zwei Buchstaben gleich 3 Punkte, der Zwischenraum zwischen zwei Worten gleich 5 Punkte.
                    A. Meißner.

Mostwage. Zur Bestimmung des Zuckergehaltes des Traubenmostes werden Aräometer (s. dort) mit besonderer Skala benutzt, welche Mostwagen genannt werden. Die Wirkung der Instrumente beruht darauf, daß das spezifische Gewicht des Mostes mit dem Zuckergehalt zunimmt. Die Teilung wird gewöhnlich so ausgeführt, daß die Verringerung des Zuckergehaltes um 1% die Mostwage um 5 Teilstriche weiter einsinken läßt. Der Teilstrich 100 entspricht einem Zuckergehalt von 20 g Zucker in 100 g Most.   *O. Martienssen.*

Motorgenerator s. Umformer.

Mündungshorizont s. Flugbahnelemente.

Mündungsknall oder **Abschußknall** nennt man im Gegensatz zu dem Geschoßknall (s. Kopfwelle) den an der Mündung des Geschützes entstehenden Knall, der hauptsächlich durch die plötzliche Ausbreitung der austretenden hochgespannten Pulvergase entsteht. In der Nähe der Mündung hat der

Mündungsknall, da die Dichteänderung nicht mehr verschwindend klein gegen die Normaldichte ist, eine abnorm große Schallgeschwindigkeit (Überschallgeschwindigkeit), die aber schon in verhältnismäßig kleinem Abstande von dem Geschütz auf die normale Geschwindigkeit herabsinkt.

E. Waetzmann.

Näheres s. C. Cranz und K. Becker, Lehrbuch der Ballistik. Leipzig 1913.

Multipler Zerfall s. dualer Zerfall.

Multiplikationstheorem der Wahrscheinlichkeiten s. Wahrscheinlichkeitsrechnung.

Multiplikator (s. auch Duplikator). Die Vorläufer der Elektrisiermaschinen sind die ursprünglich zur Messung kleiner Elektrizitätsmengen erdachten sog. Multiplikatoren oder Elektrizitätsverdoppler. Den ersten Multiplikator, der sich an den Bennetschen Duplikator (s. dort) anlehnt, beschrieb Cavallo (Treatise on Electr. **3**, 98. 1795). Von 4 senkrecht zu einem Grundbrett montierten Metallplatten A, B, C, D (s. Fig.) ist die eine (B) auf einem um 90° drehbaren Holzarm befestigt. Der Metallbügel M ist einmal zur Erde abgeleitet, das andere Mal in Berührung mit C. Gegenüber der positiven Platte A wird B negativ geladen und gibt nach der Drehung diese Ladung fast ganz an C ab. Bei dem Cavalloschen Apparat kommt also bei jeder Drehung dieselbe Elektrizitätsmenge hinzu im Gegensatz zum Bennetschen Apparat, wo die Ladung jedesmal verdoppelt wird. Daher wird dieser die Ladung bedeutend schneller vergrößern.

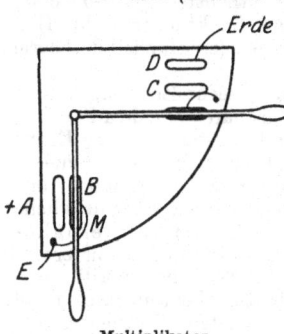

Multiplikator.

Die erste praktische drehbare Anordnung brachte der drehbare Multiplikator (Revolving Doubler) von Nicholson. Er besteht in der Hauptsache aus zwei fest angeordneten Metallplatten, denen eine dritte, auf einem Glasarm drehbar angebrachte Metallscheibe wechselweise gegenübergestellt werden kann. Die Zahl der mannigfachen, auf diesem Prinzip fußenden Apparate ist groß. Unter ihnen sind hervorzuheben der von Belli im Jahre 1831 konstruierte Multiplikator, der ähnlich gebaute, zur Konstanthaltung der Ladung einer Leidener Flasche gebaute Füllapparat (replenisher) von W. Thomson und die Konstruktion von C. F. Varley (1860). Zu den Multiplikatoren pflegt man schließlich auch noch die sinnreiche Wasserinfluenzmaschine von W. Thomson zu rechnen. *R. Jaeger.*

Multiplikator s. Galvanometer.

Multirotation. Bei einer großen Anzahl natürlichaktiver Körper, zumal in der Reihe der Zuckerarten, tritt die Erscheinung auf, daß das optische Drehungsvermögen einer frisch hergestellten Lösung mit der Zeit ab- oder zunimmt, bis schließlich ein konstanter Wert erreicht wird. Eine solche Drehungsänderung wurde zuerst im Jahre 1846 von Dubrunfaut am Traubenzucker beobachtet. Da seine anfängliche Drehung ungefähr doppelt so groß ist als die konstante Enddrehung, so wurde die hohe Anfangsdrehung mit dem Namen Birotation belegt. Umgekehrt tritt beim ent-

wässerten Milchzucker eine allmähliche Zunahme des Drehvermögens auf, und es wurde die niedrige Anfangsdrehung als Halbrotation bezeichnet. Später ließ man diese Namen fallen, als sich zeigte, daß das Verhältnis der Anfangs- zur End-drehung für die verschiedenen Substanzen sehr abweichende Werte annehmen kann, und sprach von Mehrdrehung bzw. Wenigerdrehung. Jetzt benutzt man allgemein die Bezeichnung Multirotation.

Die Ursache für die Multirotation beruht auf chemischen Umsetzungen, die in den Lösungen vor sich gehen. Anfangs vorhandene Molekülaggregate können allmählich in einfache Moleküle mit anderem Drehvermögen zerfallen. Oder aber die Drehungsänderung wird durch Aufnahme bzw. Abspaltung von Wasser bewirkt. Bei den multirotierenden Zuckerarten gehört indessen zumeist das ungleiche Drehvermögen den verschiedenen isomeren Modifikationen an, die sich in der wässerigen Lösung ineinander umwandeln. Der zeitliche Verlauf der Drehungsänderung entspricht den allgemeinen Gesetzen der chemischen Kinetik für molekulare Reaktionen. Hat man den Geschwindigkeitskoeffizienten ermittelt, so ist der ganze Reaktionsverlauf berechenbar.

Die Geschwindigkeit der Umwandlung nimmt mit steigender Temperatur stark zu. Das Gleichgewicht, das streng genommen erst nach unendlich langer Zeit erreicht wird, ist bei gewöhnlicher Temperatur meist erst nach einer Zeitdauer von etwa 6 bis 24 Stunden fast vollkommen eingetreten, während durch Kochen der Lösung der Umsatz schon in wenigen Minuten vollendet wird. Die Umwandlungs-Geschwindigkeit kann durch den Zusatz anderer Stoffe teils mehr oder weniger beschleunigt, teils verzögert werden. Es liegt hier ein Fall katalytischer Wirkungen vor, daß die Gegenwart gewisser Stoffe den Verlauf einer Reaktion, die auch ohne diese Stoffe stattfinden könnte, stark beschleunigt oder aber verzögert. Reaktionsbeschleunigend wirken meist Säuren (Salzsäure, Salpetersäure, Essigsäure, Propionsäure usw.), wobei sie sich ihrer beschleunigenden Wirkung nach in der gleichen Reihenfolge ordnen wie nach ihren Affinitätskonstanten), Basen (Ammoniak, Natriumhydroxyd, Harnstoff) und Salze (Natriumkarbonat, Natriumazetat), dagegen verzögernd Chlornatrium, Alkohole, Azeton und manche andere organische Stoffe.

Ähnlich wie bei den Zuckerarten liegen die Verhältnisse bei der Multirotation von Oxysäuren und ihren Laktonen, sowie von einer größeren Anzahl anderer organischer Substanzen. *Schönrock.*

Näheres s. H. Landolt, Optisches Drehungsvermögen. 2. Aufl. Braunschweig 1898.

Multirotation. Multirotation oder auch Mutarotation wird eine optische Erscheinung genannt, die besonders bei den Zuckerarten, z. B. der Glukose, beobachtet worden ist. Die Drehung einer wässerigen Lösung dieser Substanzen konvergiert nämlich erst einige Zeit nach der Auflösung gegen einen konstanten Betrag. Durch Kochen der Lösung oder durch Zusatz von etwas Alkali kann diese Konstanz in kurzer Zeit erreicht werden. Als Erklärung des Vorganges wird angenommen, daß in der frischen Lösung sich ein Gemisch isomerer Zuckerarten befindet, von denen jede ein anderes Drehungsvermögen besitzt. Nach einiger Zeit stellt sich jedoch unter ihnen ein Gleichgewichtszustand ein, wodurch die Drehung konstant wird.

Beim Traubenzucker ist es gelungen, diese isomeren Formen in kristallisiertem Zustande zu erhalten und die Bestimmung ihres Brechungsvermögens bestätigte die obige Theorie. *M. Ettisch.*

Näheres s. Nernst, Theoretische Chemie, 8. Aufl.

Multizellular-Voltmeter. Ein Elektrometer (s. d.) nach dem Kondensatorprinzip, das aus einem System fester Platten besteht. Dieses wirkt auf ein ebensolches drehbares und mit Zeiger versehenes System anziehend, wenn eine Spannung angelegt wird. Die drehbaren Platten schieben sich wie bei dem Drehkondensator zwischen die festen Platten. Der Drehungswinkel ist ein Maß für die Spannung. *W. Jaeger.*

Mundtöne. Je nach ihrer Einstellung besitzt die Mundhöhle verschiedene Eigentöne, welche für die bei der betreffenden Mundstellung erzeugten Laute charakteristisch sind. S. Vokale. *E. Waetzmann.*

Musikinstrumente s. Pfeifen, Saiten-, Streich- und Zungeninstrumente.

Myop s. Brille.

N

Nachbilder s. Kontrast.

Nachhall kann als Grenzfall des Echos (s. d.) aufgefaßt werden, wenn der direkte und der reflektierte Schall so schnell aufeinander folgen, daß sie zeitlich nicht mehr völlig getrennt sind. Der Nachhall spielt namentlich in der Raumakustik (s. d.) eine große Rolle. Ein gewisser, nicht zu starker Nachhall ist günstig, weil sonst das gesprochene Wort, Musik usw. „leer" klingen und „verwehen", während andererseits zu kräftiger und zu langdauernder Nachhall eine „schlechte Akustik" verursachen. Mit auf die Wirkung des Nachhalles dürfte es auch zurückzuführen sein, daß z. B. Fliegergeräusch im Tale und an Bergabhängen oft schon auf größere Entfernung gehört wird als oben auf dem Berge, auch wenn der oben stehende Beobachter vor Wind und Nebengeräuschen geschützt ist. *E. Waetzmann.*

Näheres s. jedes größere Lehrbuch der Akustik.

Nachlaufendes Bild. Bei kurzdauernder Reizung des Sehorganes mittels einer kleinflächigen bewegten Lichtquelle, unter Bedingungen also, die einer Beobachtung des Abklingens der Netzhauterregung besonders günstig sind, kann man sich leicht überzeugen, daß dieses nicht in stetigem Verlaufe erfolgt, sondern einen ausgesprochen periodischen Charakter besitzt. Schon mit den einfachsten Hilfsmitteln (beim Bewegen einer glühenden Zigarre im mäßig verdunkelten Raume) lassen sich mindestens sechs Phasen im Abklingen der Helligkeitserregung sicher unterscheiden derart, daß dem der Lichtreizung selbst entsprechenden primären Bild der Lichtquelle zunächst eine dunkle Phase, dann ein zweites, nur mäßig verbreitertes helles Bild folgt, dem sich nach einer nochmaligen dunklen Phase, in Form einer lang ausgezogenen leuchtenden Spurlinie endlich ein drittes helles Bild anschließt. Besonderes Interesse hat von jeher das nach seinem Entdecker als das Purkinjesche bezeichnete zweite helle (dem primären „nachlaufende") Bild auf sich gezogen, da es bei Verwendung farbigen Reizlichtes eine dem Reizlichte komplementäre Farbe zeigt, hinsichtlich seiner Helligkeit also ein positives, hinsichtlich seiner Färbung ein negatives Nachbild darstellt. Das dritte helle (Heßsche) Bild zeigt dagegen die Färbung des Reizlichtes. Das eigentümliche Verhalten des Purkinjeschen Bildes hat man (v. Kries) aus der Annahme zu verstehen versucht, daß in ihm eine negative Phase der oszillatorischen Zapfenerregung mit einer positiven der langsamer verlaufenden Stäbchenerregung koinzidiere. Für diese Auffassung kann geltend gemacht werden, daß das Phänomen unter solchen Beleuchtungsbedingungen am deutlichsten zu beobachten ist, die ein gleichzeitiges Funktionieren des Hell- und des Dunkelapparates (s. Duplizitätstheorie) wahrscheinlich macht.

Innerhalb der erwähnten sechs Erregungsphasen, vor allem zwischen dem primären und dem Purkinjeschen Bilde, sind in der Folge noch weitere Einzelbilder isoliert worden. Hier ist in erster Linie ein offenbar ganz konstantes, von den primären durch ein sehr schmales dunkles Intervall getrenntes helles Bild zu erwähnen, das jenem in Helligkeit und Färbung völlig gleicht und besonders bei guter Tagesbeleuchtung deutlich hervortritt. Aber hiermit scheint der Tatbestand keineswegs erschöpft zu sein, da unter geeigneten Beobachtungsbedingungen die ganze zwischen dem primären und dem Purkinjeschen Bilde gelegene dunkle Phase mit ebensolchen schmalen hellen Bildern gefüllt gefunden wurde. *Dittler.*

Näheres s. Dittler und Eisenmeier, Pflügers Arch. Bd. 126, S. 610, 1909.

Nachperiode s. Kalorimetrie.

Nachstörung. Der nach einer magnetischen Störung bestehende Zustand des Erdmagnetismus, dadurch gekennzeichnet, daß die Elemente des Erdmagnetismus um andere Mittelwerte schwingen als vorher. *A. Nippoldt.*

Nachwirkung, magnetische, s. Viskosität.

Nadelgalvanometer. Die Nadelgalvanometer (s. auch Galvanometer), zu denen auch die Galvanoskope oder Bussolen rechnen, dienen meist zur Messung oder Konstatierung eines Gleichstroms und bestehen aus einem drehbaren, permanenten Magnet oder Magnetsystem, welches durch das Erdfeld oder ein künstliches magnetisches Feld eine bestimmte Richtung einzunehmen sucht. Der Strom fließt durch feststehende Spulen, deren Windungsebene parallel zur Nadel steht. Durch den Strom erfährt die Nadel eine Ablenkung, die ein Maß der Stromstärke darstellt (vgl. auch Tangentenbussole). Die Nadel ist entweder an einem Faden (Cocon- oder Quarzfaden) aufgehängt oder auf Spitzen bzw. in Lagern drehbar. Die dynamische Galvanometerkonstante q (Drehmoment durch die Einheit des Stroms in absolutem Maß) ist beim Nadel-Galvanometer $q = MG$, wenn M das magnetische Moment der Nadel, G die sog. „Galvanometerfunktion" bezeichnet, d. h. dasjenige Drehmoment, welches auf einen Magnet vom Moment 1 wirkt, wenn die Spulen vom Strom 1 durchflossen werden oder anders ausgedrückt, q ist gleich dem magnetischen Feld der Spulen am Ort des Magnets für den Strom Eins. Der sog. „Reduktionsfaktor" des Galvanometers, welcher das Reziproke der Empfindlichkeit darstellt, ist $C = D/MG$, wobei die Richtkraft D im wesentlichen durch das magnetische Feld gegeben ist, da die Torsionskraft des Aufhängefadens dagegen meist nicht in Betracht kommt. Bei einem künstlichen Feld, das durch Astasieren der Magnete und durch Richtmagnete hergestellt wird, kann man das Feld in weiten Grenzen verändern und dadurch die Schwingungsdauer der Nadel, die der Wurzel aus der Richtkraft umgekehrt proportional ist, stark variieren. Andererseits ist die Empfindlichkeit des Galvanometers durch die Zahl und Gestalt der Windungen und ihre Entfernung von der Nadel bedingt. Bei manchen Galvanometern, z. B. Spiegelgalvanometern für genaue Messungen, sind die Spulen auswechselbar; der Wicklungsraum ist bei diesen derselbe, es sind aber Drähte verschiedenen Querschnitts verwendet, so daß der Widerstand und die Windungszahl eine verschiedene ist. Sieht man von dem durch die Umspinnung des Drahtes eingenommenen Raum ab, so wächst der Widerstand angenähert mit dem Quadrat der Windungszahl und die Galvanometerfunktion proportional der Wurzel aus dem Widerstand R der Spule. In demselben Maße wächst auch die Stromempfindlichkeit, die andererseits auch mit dem Quadrat der Schwingungsdauer wegen der damit verbundenen Verringerung der Richtkraft zunimmt (vgl. Stromempfindlichkeit und Spannungsempfindlichkeit). Bei demselben Galvanometer kann man somit die Empfindlichkeit durch Auswechseln der Spulen und Veränderung der Schwingungsdauer (z. B. durch Astasieren) in weiten Grenzen variieren. Im übrigen ist die Empfindlichkeit des Nadelgalvanometers um so größer, je größer das Verhältnis des magnetischen Momentes der Nadel zu ihrer Trägheit und je größer die für 1 Ohm berechnete Galvanometerfunktion ist. Da das magnetische Moment annähernd proportional der Länge, die Trägheit aber mit der dritten Potenz der Nadellänge anwächst, so ist es vorteilhaft, kurze Nadeln zu verwenden. Da aber bei diesen eine starke Entmagnetisierung durch die Enden auftritt, verwendet man ein System kurzer, paralleler Nadeln (vgl. auch Thomsonsches und Glockengalvanometer). Bei dem Galvanometer von Weiß-Broca werden zwei vertikale, nahe beieinander parallel angeordnete Magnete angewendet, deren Magnetismus entgegengesetzt gerichtet ist und die deshalb so wirken, wie zwei kurze astatische Magnete. Bei den Galvanometern mit astatischen Magnetsystemen ist das Erdfeld fast ohne Wirkung und es muß daher ein künstliches Feld durch Richtmagnete hervorgerufen werden (Thomsonsches Galvanometer). Bei dem Kugelpanzergalvanometer von du Bois-Rubens ist nur ein Magnetsystem vorhanden, aber das Erdfeld ist fast völlig dadurch aufgehoben, daß die Spulen von einer doppelten kugelförmigen Hülle aus weichem Eisen umgeben sind; eine weitere Schwächung des Feldes wird durch eine dritte zylindrische Eisenhülle hervorgerufen. Auch bei diesem Galvanometer muß daher eine künstliche Richtkraft an Stelle des Erdfeldes treten; diese Galvanometer sind in hohem Maße gegen die Schwankungen des Erdfeldes geschützt und besitzen außerdem eine große Empfindlichkeit, so daß sie für genaue Messungen eine weite Verbreitung gefunden haben (vgl. auch magnetischer Schutz). In manchen Fällen reicht aber auch der magnetische Schutz dieser Galvanometer nicht aus; man muß dann Drehspulgalvanometer anwenden (s. d.).

W. Jaeger.

Näheres s. Jaeger, Elektr. Meßtechnik. Leipzig 1917.

Nadelinduktion. Die Erweckung von Magnetismus durch die Nadeln der Kompasse oder Magnetometer in benachbarten Eisenmassen, z. B. in Kompensationsmagneten. Führt zu häufig sehr unregelmäßigen Störungen in den Angaben der Instrumente.

A. Nippoldt.

Nadelinklinatorium. Instrumente zur unmittelbaren Ablesung des Inklinationswinkels, s. Inklination.

Nadeloszillograph (Blondel). Bei diesem Oszillograph (s. d.) wird das Prinzip des Nadelgalvanometers benutzt. Das schwingende System besteht aus einer Eisennadel, die durch die Pole eines kräftigen Magneten oder Elektromagneten magnetisiert wird. Zur Vermeidung von Wirbelströmen sind die Kerne unterteilt. Die Nadel besteht aus einem etwa $1/100$ mm dicken Eisenblech von etwa 0,3 mm Breite, das zwischen zwei Trägern ausgespannt ist, so daß die Richtkraft sowohl durch die Torsionskraft des Bandes, wie durch den Magnet geliefert wird. Mit diesem System sind bis zu 50000 Schwingungen in der Sekunde zu erreichen. Die Systeme befinden sich in Elfenbeingehäusen, die durch Linsen abgeschlossen und zur Dämpfung mit Rizinus- oder Vaselinöl gefüllt sind. Durch die Linse fällt das Licht einer Bogenlampe auf den Spiegel und wird von dort reflektiert. Um die hin- und hergehende Bewegung des Spiegels zu Kurven auseinander zu ziehen, deren Abszisse der Zeit proportional ist, kann die Methode des rotierenden oder oszillierenden Spiegels oder für die photographische Aufnahme eine fallende Platte benutzt werden; auch das stroboskopische Prinzip kann Anwendung finden. Die Antreibung der Spiegel usw. kann durch einen Synchronmotor erfolgen. Vgl. auch Schleifenoszillograph. *W. Jaeger.*

Näheres s. Orlich, Aufnahme und Analyse von Wechselstromkurven. Braunschweig 1906.

Nadelschaltung bei Elektrometern (s. d.) aller Art nennt man diejenige Schaltung, bei der die Nadel das zu messende Potential besitzt, während die beiden Plattenpaare oder Platten usw. auf entgegengesetztes Potential von gleicher Höhe geladen werden, z. B. vermittels einer in der Mitte geerdeten Hilfsspannung. *W. Jaeger.*

Nadelstrahlung. Nachdem es Einstein gelungen war, das Plancksche Strahlungsgesetz durch Betrachtung des *Energie*gleichgewichts zwischen Strahlungsfeld und Materie ganz allgemein abzuleiten (s. Quantentheorie), mußte sich das gleiche Ergebnis auch durch rechnerische Verfolgung des *Impuls*gleichgewichtes wiederfinden lassen. Nimmt man an, daß die Ein- und Ausstrahlungsvorgänge der Atome und Molekeln in Kugelwellen erfolgen wie dies die klassische Elektrodynamik verlangt, so kommt man *stets* zum Rayleigh-Jeansschen Strahlungsgesetz. Bei dieser Annahme wird offensichtlich kein Linear-Impuls zwischen Strahlung und Materie ausgetauscht. Das Plancksche Strahlungsgesetz erhält man hingegen, wie Einstein gezeigt hat, sofort, wenn man beim Ein- und Ausstrahlungsvorgang eines Quantums h ν die Übertragung eines Linear-Impulses h ν/c (c = Lichtgeschwindigkeit) postuliert. Die Strahlungsemission und -Absorption scheint demnach eine *gerichtete* zu sein, weswegen man den Namen *Nadelstrahlung* für diesen Vorgang gewählt hat. *A. Smekal.*

Näheres s. Smekal. Allgemeine Grundlage der Quantentheorie usw. Encyklopädie d. math. Wiss. Bd. V.

Nahewirkung. Im Gegensatz zu der sog. Fernwirkungstheorie haben Faraday und Maxwell für die elektrischen Erscheinungen eine Nahewirkungstheorie aufgestellt. Sie zieht in den Kreis ihrer Betrachtungen auch das zwischen den Massepunkten liegende Medium, die Kräfte wirken von Molekül zu Molekül. Obwohl es sich hierbei also auch noch um Fernkräfte handelt, die sich von den eigentlichen nur hinsichtlich der Größe der Entfernung unterscheiden, so scheint diese Vorstellung der Auffassung doch näher zu liegen. Die Kräfteausbreitung bleibt auch bei der Nahewirkung noch an die Zeit gebunden. Der Unterschied zwischen beiden Auffassungen liegt im wesentlichen darin, daß die Nahewirkungstheorie die Vorgänge im Zwischenmedium betrachtet und auf diese Weise auch bei dem Vorhandensein einer einzelnen Masse bereits Zustandsänderungen des Mediums bedingt, während bei der Fernwirkungstheorie erst bei dem Auftreten von mindestens zwei Massen Kräfte in Erscheinung treten können. *R. Jaeger.*

Naturhorn s. Zungeninstrumente.

Naturtrompete s. Zungeninstrumente.

Navier-Stokessche hydrodynamische Gleichungen. Während die innere Reibung der Flüssigkeiten in den Eulerschen und Lagrangeschen hydrodynamischen Gleichungen (s. dort) vernachlässigt wird, findet sie in den Navier-Stokesschen Grundgleichungen Berücksichtigung unter der experimentell bestätigten Annahme, daß die durch die Reibung hervorgerufenen Tangentialspannungen dem Geschwindigkeitsgefälle proportional sind.

Die Gleichungen lauten:

$$\frac{\partial u}{\partial t} + u\frac{\partial u}{\partial x} + v\frac{\partial u}{\partial y} + w\frac{\partial u}{\partial z} = X - \frac{1}{\varrho}\frac{\partial p}{\partial x}$$
$$+ \nu \cdot \varDelta u + \frac{1}{3}\nu\frac{\partial \Theta}{\partial x}$$

$$\frac{\partial v}{\partial t} + u\frac{\partial v}{\partial x} + v\frac{\partial v}{\partial y} + w\frac{\partial v}{\partial z} = Y - \frac{1}{\varrho}\frac{\partial p}{\partial y}$$
$$+ \nu \cdot \varDelta v + \frac{1}{3}\nu\frac{\partial \Theta}{\partial y}$$

$$\frac{\partial w}{\partial t} + u\frac{\partial w}{\partial x} + v\frac{\partial w}{\partial y} + w\frac{\partial w}{\partial z} = Z - \frac{1}{\varrho}\frac{\partial p}{\partial z}$$
$$+ \nu \cdot \varDelta w + \frac{1}{3}\nu\frac{\partial \Theta}{\partial z}.$$

Hier sind u, v, w die Komponenten der Geschwindigkeit, $p = \frac{1}{3}(p_{xx} + p_{yy} + p_{zz})$ ist der mittlere Druck und ϱ ist die Dichte an einem Punkte mit den Koordinaten x, y, z; ferner ist $\nu = \frac{\mu}{\varrho}$ der kinematische Reibungskoeffizient der Flüssigkeit, $\Theta = \frac{\partial u}{\partial x} + \frac{\partial v}{\partial x} + \frac{\partial w}{\partial z}$ die Dilatationsgeschwindigkeit, während der Buchstabe $\varDelta$ für die Operation $\frac{\partial}{\partial x^2} + \frac{\partial}{\partial y^2} + \frac{\partial}{\partial z^2}$ gesetzt ist. X, Y, Z sind äußere Kräfte, bezogen auf die Masseneinheit.

Durch diese drei Gleichungen, zusammen mit der Kontinuitätsgleichung (s. dort)

$$\frac{\partial \varrho}{\partial t} + \frac{\partial}{\partial x}(\varrho\, u) + \frac{\partial}{\partial y}(\varrho\, v) + \frac{\partial}{\partial z}(\varrho\, w) = 0$$

und der Zustandsgleichung

$$\varrho = f(p)$$

werden die fünf Unbekannten u, v, w, p, ϱ bestimmt. Ist die Flüssigkeit inkompressibel, also $\Theta = 0$, so fallen die letzten Glieder auf der rechten Seite der Navier-Stokesschen Gleichungen fort, die Kontinuitätsgleichung bekommt die Form $\frac{\partial u}{\partial x} + \frac{\partial v}{\partial y} + \frac{\partial w}{\partial z} = 0$ und die Zustandsgleichung lautet $\varrho =$ Constans. Diese Vereinfachung ist für alle tropfbaren Flüssigkeiten und ferner für Gase bei Geschwindigkeiten bis etwa 50 Meter pro Sekunde zulässig.

Zur Bestimmung von u, v, w und p sind die Oberflächenbedingungen zu berücksichtigen. An einer freien Oberfläche muß die Normalkomponente der Geschwindigkeit $q_n = 0$ sein und der Druck p konstant. An Oberflächen, mit denen die Flüssigkeit an feste Körper grenzt, gilt die Gleichung $\lambda\frac{\partial q}{\partial n} = U$, wo $\lambda = \frac{\mu}{\beta}$ der Gleitungskoeffizient (s. dort) ist und U die Geschwindigkeitsdifferenz zwischen Oberfläche und benachbarter Flüssigkeit. Wenn kein Gleiten stattfindet, wie es fast stets angenommen werden kann, so gilt an festen Wänden die Grenzbedingung q = u = v = w = 0.

Haben die äußeren Kräfte ein Potential Ω, so lassen sich die Navier-Stokesschen Gleichungen für inkompressible Flüssigkeiten so umformen, daß die Bedeutung der Reibung für die Wirbelbildung klar wird.

Zunächst ergibt sich

$$\frac{\partial u}{\partial t} - 2v\zeta + 2w\eta = -\frac{\partial \chi'}{\partial x} + \nu \cdot \varDelta u$$

$$\frac{\partial v}{\partial t} - 2w\xi + 2u\zeta = -\frac{\partial \chi'}{\partial y} + \nu \cdot \varDelta v$$

$$\frac{\partial w}{\partial t} - 2u\eta + 2v\xi = -\frac{\partial \chi'}{\partial z} + \nu \cdot \varDelta w,$$

wenn $\chi' = \frac{p}{\varrho} + \frac{1}{2}q^2 + \Omega$ gesetzt ist.

Hier sind ξ, η, ζ die Wirbelkomponenten (Komponenten der Winkelgeschwindigkeit) in der Flüssigkeit am Punkte x, y, z. Eliminieren wir aus den vier Gleichungen χ', so erhalten wir die drei Gleichungen

$$\frac{d\xi}{dt} = \xi\frac{\partial u}{\partial x} + \eta\frac{\partial u}{\partial y} + \zeta\frac{\partial u}{\partial z} + \nu \cdot \varLambda \xi$$

$$\frac{d\eta}{dt} = \xi\frac{\partial v}{\partial x} + \eta\frac{\partial v}{\partial y} + \zeta\frac{\partial v}{\partial z} + \nu \cdot \varDelta \eta$$

$$\frac{d\zeta}{dt} = \xi\frac{\partial w}{\partial x} + \eta\frac{\partial w}{\partial y} + \zeta\frac{\partial w}{\partial z} + \nu \cdot \varDelta \zeta,$$

Hier sind $\frac{d\xi}{dt}$ usw. die substantiellen Differentialquotienten, das sind die Änderungsgeschwindigkeiten der Wirbelkomponenten ein und desselben Flüssigkeitsteilchens. Die Gleichungen lassen erkennen, daß aus zwei Gründen eine Zunahme der Wirbelgeschwindigkeit erfolgen kann. Die ersten drei Summanden auf der rechten Seite der Gleichungen geben die Zunahme, die auch in einer reibungslosen Flüssigkeit stattfinden würde, wenn in solcher Wirbelbewegung vorhanden ist, die letzten Glieder der Gleichungen ergeben die Zunahme der Wirbelbewegung durch die innere Reibung.

Aus den Gleichungen folgt, daß unter der Wirkung der Reibung ein ursprünglich wirbelfreies Flüssigkeitsteilchen durch die Änderung der Wirbelkomponenten in der Nachbarschaft in Wirbelung geraten kann, die Wirbelbewegung in der Flüssigkeit also fortschreitet, und ferner, daß wenn die ganze Flüssigkeit zu einer bestimmten Zeit wirbelfrei ist, bei Wirkung von nur potentiellen Kräften Wirbel nur von den Grenzflächen ausgehen können. Ferner ergibt sich, daß eine Potentialströmung (wirbelfreie Strömung) nur dann in einer zähen Flüssigkeit möglich ist, wenn keine festen Wände in der Nachbarschaft vorhanden sind, von denen Wirbel ausgehen könnten.

Eine Lösung der Navier-Stokesschen Gleichungen ist bisher nur gelungen, wenn die Geschwindigkeiten nur so gering sind, daß die konvektiven Glieder $u \frac{\partial u}{\partial x}$ usw. gegen die Reibungsglieder $\nu \frac{\partial^2 u}{\partial x^2}$ usw. zu vernachlässigen sind, und zwar speziell für den Fall einer Laminarbewegung (s. dort) und der Bewegung einer Kugel und eines Elipsoides in der Flüssigkeit (s. Stokessches Gesetz). Ist dagegen die Geschwindigkeit so groß, daß die Glieder $u \frac{\partial u}{\partial x}$ usw. und die Glieder $\nu \frac{\partial^2 u}{\partial x^2}$ usw. von gleicher Größenordnung sind, so stellt sich selbst unter der Wirkung konstanter äußerer Kräfte keine stationäre Strömung ein, sondern dieselbe wird turbulent (s. dort). Es erscheint die Annahme einer stabilen stationären Strömung $\left(\frac{\partial u}{\partial t} = \frac{\partial v}{\partial t} = \frac{\partial w}{\partial t} = 0 \right)$ mit der Grenzbedingung eines Haftens der Flüssigkeit an festen Wänden nicht vereinbar. *O. Martienssen.*

Näheres s. La mb, Lehrbuch der Hydrodynamik. Leipzig 1907.

Nebel. Durch die Kondensation des Wasserdampfes in der Luft entstehen kleine, in dieser schwebende Wassertröpfchen, deren Durchmesser etwa zwischen 0,005 und 0,04 mm schwankt. Sind derartige Kondensationströpfchen in der Nähe der Erdoberfläche in solcher Menge vorhanden, daß sie die Durchsichtigkeit der Luft stark beeinträchtigen, so bezeichnet man sie als Nebel, schweben sie in größerer Höhe, so nennt man sie Wolken (s. diese). Bei gleicher Wassermenge in der Volumeinheit ist die Sichtweite im Nebel direkt proportional dem Radius der Tröpfchen. Außer dem nässenden Nebel gibt es auch „trockenen" Nebel, bei dem die Luft nicht völlig mit Wasserdampf gesättigt ist. Der Nebel kann so stark werden, daß man nicht viel mehr als 1 m weit sehen kann. Derartig dichte Nebel kommen namentlich an kalten ruhigen Wintertagen in Industrie- und Hafenstädten vor, wo sich feine Rußteilchen den Nebeltröpfchen zugesellen. Ein bekanntes Beispiel ist der Londoner Nebel, der namentlich das Zentrum der Stadt, die City, heimsucht und im letzten Jahrhundert eine progressive Zunahme erfahren hat. Nebel entsteht in der Regel durch Abkühlung feuchter Luft. Die Abkühlung kann hervorgerufen werden durch die Wärmeausstrahlung des Bodens, was z. B. über feuchten Wiesen zur Bildung von Bodennebel führt, aber auch durch Luftmischung. Über Flüssen, Seen und Meeren bildet sich Nebel meist infolge von Temperaturunterschieden zwischen Wasser und Luft. Die Grenzgebiete von kalten und warmen Meeresströmungen sind besonders häufig von Nebeln heimgesucht und werden daher von den Seefahrern gefürchtet und nach Möglichkeit gemieden. Die Gegend bei der Insel Neufundland, wo der kalte Labradorstrom und der warme Golfstrom sich begegnen, hat im Hochsommer durchschnittlich 22 bis 23 Nebeltage monatlich. *O. Baschin.*

Nebelflecke. Sammelname für schwachleuchtende flächenhafte kosmische Gebilde, die sich im Fernrohr nicht in Sternhaufen auflösen lassen. Es gibt drei grundverschiedene Arten von Nebelflecken.

1. Die Spiralnebel bestehen aus einem leuchtenden Kern, von dem meist zwei, manchmal mehr Spiralarme in entgegengesetzten Richtungen ausgehen. Es sind flache Gebilde mit Ausdehnung vorzugsweise in einer Ebene und bieten deswegen ein sehr verschiedenes Aussehen, wenn wir senkrecht oder ganz flach daraufsehen. Im ersteren Falle erkennt man die Spiraläste oft sehr scharf, die mathematische Klasse der Spiralen ist jedenfalls nicht einheitlich. V. d. Pahlen fand in einigen Fällen die logarithmische Spirale. Es kommen aber auch ganz andere Formen vor. Sieht man sehr flach auf den Nebel, so verschwinden die Spiralen völlig und man sieht nur eine spindelförmige Figur, die oft der Länge nach durch eine dunkle Linie geteilt ist, offenbar einen Ring nichtleuchtender, absorbierender Materie. Mit wenigen Ausnahmen zeigen die Spiralnebel ein kontinuierliches Spektrum, etwa vom Sonnentypus; aber vielfach zeigen sich noch Linien anderer Spektren (Wolf-Rayet-Spektrum, vgl. Spektraltypen). Die Spiralnebel wurden vielfach als fremde Milchstraßensysteme aufgefaßt und unsere Milchstraße sollte auch ein solcher Spiralnebel sein. Die Entscheidung, ob sie galaktische oder extragalaktische Gebilde sind, ist noch nicht endgültig gefallen. Neuere Untersuchungen von Lundmark machen letzteres wahrscheinlich, doch scheinen sie von wesentlich geringerer Größenordnung zu sein, als unsere Milchstraße. Lundmark gibt die Entfernung des nächsten Spiralnebels, des dem bloßen Auge sichtbaren Andromedanebels zu 500000 Lichtjahren an.

2. Die planetarischen Nebel sind ziemlich scharf begrenzte, kreisförmige oder elliptische Gebilde mit oft recht komplizierter Struktur, in der sich aber meist eine Gesetzmäßigkeit erkennen läßt, indem die in bezug auf das Zentrum gegenüberliegenden Partien die gleiche Helligkeitsverteilung aufweisen. Die Spektren sind Emissionsspektren mit den sog. Nebellinien, von denen eine dem Wasserstoff angehört, andere einem unbekannten Element, dem Nebulium zugeschrieben werden. Außerdem ist ein kontinuierlicher Untergrund stets vorhanden. In der Form zeigen sie vereinzelte Übergänge zu den Spiralnebeln. Der Ringnebel in der Leier und der Dumbbell-Nebel gehören zu den planetarischen Nebeln. Aus ihrer Beziehung zur Milchstraße und deren Zentrum ergibt sich, daß sie unserem Fixsternsystem angehören müssen.

3. Die unregelmäßigen Nebel gruppieren sich in der Milchstraße um gewisse Sterngruppen, Heliumsterne. Sie zeigen eine ganz unregelmäßige Struktur und manchmal bei photographischen Untersuchungen mit langer Expositionsdauer eine Ausdehnung von mehreren Graden (Orionnebel). Sie zeigen vielfach ein reines Gasspektrum (Nebelspektrum), zum Teil auch ein kontinuierliches Spektrum, das aber dann vermutlich von reflektiertem Licht herrührt (Plejadennebel, Nebel um Nova Persei 1901). Mit diesen unregelmäßigen Nebeln stehen die sog. dunklen Nebel (dark markings) in engstem Zusammenhang, deren

Erforschung erst in den letzten Jahren begonnen hat. Sie sind nur daran zu erkennen, daß in gewissen sternreichen Gegenden der Milchstraße dunkle Flecken und Kanäle auftreten. Gerade in der Nähe der hellsten Partien der unregelmäßigen hellen Nebel finden sich solche dunklen Sternleeren, die auf die Verwandtschaft beider Nebelarten schließen lassen.
Bottlinger.

Näheres s. Newcomb Engelmann, Populäre Astronomie.

Nebengezeiten sind Flutwellen, welche im Gezeitenphänomen die gleiche Rolle spielen wie Ober- und Kombinationstöne in der Akustik. *A. Prey.*

Näheres s. O. Krümmel, Handbuch der Ozeanographie. Bd. II, S. 248.

Nebenlötstellen s. Thermoelemente.

Nebenschluß, magnetischer. Das Feld eines permanenten Hufeisenmagneten zwischen seinen Polen läßt sich dadurch bequem in veränderlicher Weise abschwächen, daß man einen Anker von größerem oder geringerem Querschnitt und Permeabilität vom Indifferenzpunkt aus über die Schenkel hinwegschiebt und so einen „magnetischen Nebenschluß" herstellt, in welchem ein Teil der Kraftlinien vom einen zum anderen Schenkel übergeht. Praktische Verwendung finden derartige Nebenschlüsse bei Drehspulengalvanometern zur Regulierung der Empfindlichkeit. *Gumlich.*

Nebenschlußmaschine s. Selbsterregung.

Nebenschlußmotor s. Gleichstrommotoren.

Nebenvalenz, auch Partialvalenz, s. Valenztheorien, Absatz 5 und 6.

Nebularhypothese s. Kosmogon.

Negative Charakteristik s. Charakteristik.

Negativer Widerstand s. Charakteristik.

Neigung s. Planetenbahn.

Neigungsmesser dienen dazu, um die Neigung eines Flugzeugs gegenüber der Horizontalen oder gegenüber der senkrecht zur Resultierenden der Gesamtkräfte liegenden Ebene zu messen. Erstere bezeichnet man als absolute, letztere als relative Neigungsmesser. Zur relativen Neigungsmessung können Pendel und Libellen dienen. Sie zeigen beim Kurvenflug aber natürlich nicht die Neigung gegen die Horizontale an, wohl aber die Art, wie das Flugzeug in der Kurve liegt, und können so zur Vermeidung gefährlicher Flugzustände dienen. Zur absoluten Neigungsmessung verwendet man heute ausschließlich Kreiselgeräte: Der „Fliegerhorizont" vereinigt ein langsam schwingendes Kreiselpendel mit einem schnell schwingenden gewöhnlichen Pendel, so daß ersteres während der kurzen Zeit, die man für Steuerbewegungen des Flugzeugs in Betracht ziehen muß, praktisch horizontal zu bleiben scheint. Der „Steuerzeiger" nutzt die am Kreisel auftretenden Reaktionskräfte dazu aus, um die seitliche Drehung eines Flugzeugs bemerkbar zu machen. *L. Hopf.*

Neonröhre s. Heliumröhre.

Neptun s. Planeten.

Nernst-Effekt. A. v. Ettingshausen und W. Nernst fanden (1886) folgende, dem Hall-Effekt verwandte und dem „Leduc-Righi-Effekt" analoge Erscheinung: Wird in einem von einem Wärmestrom durchflossenen Leiter ein magnetisches Feld erregt, dessen Kraftlinien senkrecht zur Richtung des Wärmestromes verlaufen, so tritt eine transversale EMK. auf, die, wie beim Hall-Effekt, als Folge der Drehung einer Äquipotentiallinie aufgefaßt werden kann.

Die Messung des Effektes erfolgt in der Weise, daß in einem plattenförmigen Stück des Leiters ein starker Wärmestrom in seiner Längsrichtung hergestellt wird. Zu dem Zwecke wird die eine Schmalseite einem Dampfstrom ausgesetzt, und die andere durch Wasser gekühlt, während die Platte sonst gut gegen äußere Wärmeabgabe geschützt wird. Symmetrisch zu beiden Seiten, also auf einer Isotherme sind zwei Spannungsdrähte angebracht, die aus dem Material der Platte bestehen, um die Thermokräfte möglichst klein zu halten. Gemessen wird, am besten durch Kompensation, die Spannung an diesen Drähten vor und nach Erregung des magnetischen Feldes.

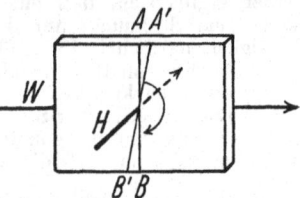

Zum Nernst-Effekt.

Als positiv wird der Effekt bezeichnet, wenn die Drehung der Äquipotentiallinie, in der Richtung der magnetischen Kraftlinien gesehen, im positiven Drehungssinne erfolgt (s. Fig.), wenn also der durch den Nernst-Effekt hervorgerufene Strom von A nach B gerichtet ist.
Hoffmann.

Näheres s. K. Baedecker, Die elektrischen Erscheinungen in metallischen Leitern. Braunschweig 1911.

Nernstsche elektrische Methode s. Elektrische Kalorimetrie.

Nernstsches Theorem. Das Nernstsche Theorem ist der Ausdruck von Erfahrungstatsachen über den Zusammenhang von Wärme und Arbeit, die zu sehr wichtigen Folgerungen führen, aber nicht aus dem 1. und 2. Hauptsatz der Wärmetheorie ableitbar sind. Es wird darum auch als dritter Hauptsatz der Wärmetheorie bezeichnet und läßt sich dahin formulieren, daß beim absoluten Nullpunkt der Temperaturskala die Entropie eines chemisch homogenen Körpers von endlicher Dichte unabhängig von seinem sonstigen Zustand den Wert 0 hat.

In der ursprünglichen Form seiner mathematischen Formulierung knüpft es an die Helmholtz-Gibbssche Gleichung an, derzufolge zwischen der Wärmetönung U_d (bei konstantem Volumen) und der maximalen äußeren Arbeit A_m eines isotherm (bei der Temperatur T) verlaufenden Prozesses die Beziehung $A_m - U_d = T \left(\dfrac{\partial A_m}{\partial T} \right)_v$ gilt, wobei das auf der rechten Seite der Gleichung stehende Differential bei konstantem Volumen zu bilden ist.

Vielfach wird sowohl die Energie als auch die Wärmetönung durch den Buchstaben U dargestellt; da die Wärmetönung als Energiedifferenz zweier Zustände aufzufassen ist, werde sie hier zum Unterschied von der Energie U mit U_d bezeichnet.

Während ältere Forscher wie Julius Thomson (1852) und Berthelot (1869) aus dem Ablauf chemischer Prozesse erkannten, daß A_m und U_d in naher Beziehung zueinander stehen und vielfach gleiche Werte besitzen, fand Nernst, daß beide Größen einander um so näher kommen, je tiefer die Versuchstemperatur liegt.

Nach zahlreichen Messungen kleidete er sein bereits im Jahre 1906 bekannt gegebenes Theorem im Jahre 1911 in die Form, daß für feste und flüssige Körper

$$\lim_{T=0} \left(\frac{\partial U_d}{\partial T} \right)_v = 0; \quad \lim_{T=0} \left(\frac{\partial A_m}{\partial T} \right)_v = 0 \text{ ist.}$$

In Gemeinschaft mit der Helmholtzschen Gleichung ist hieraus zu folgern, daß am absoluten Nullpunkt Wärmetönung und maximale Arbeit unabhängig von der Temperatur sind, daß beide hier denselben Wert besitzen und daß in der Nähe des absoluten Nullpunktes ihre Differenz $U_d - A_m$ von höherer Ordnung klein ist als die Temperatur.

Nach dieser Erkenntnis ist es möglich, die Wärmetönung U_d einer Reaktion bis zum absoluten Nullpunkt zu extrapolieren, wenn sie, etwa durch Berechnung aus den spezifischen Wärmen der Reaktionsteilnehmer, bis zu sehr tiefen Temperaturen bekannt ist.

Die Helmholtzsche Formel bietet weiter die Möglichkeit, aus der vollständigen Kurve der Wärmetönung die Kurve für die maximale Arbeit abzuleiten, die gemäß dem aufgestellten Prinzip in der Nähe des absoluten Nullpunktes sehr nahe nebeneinander herlaufen. Rein mathematisch erhält man aus der Helmholtzschen Gleichung und dem Nernstschen Theorem

$$A_m = U_{d,o} + T \int_0^T \frac{U_d - U_{d,o}}{T^2} \, dT$$

wenn $U_{d,0}$ die Wärmetönung am absoluten Nullpunkt bedeutet. Man kann indessen auch auf graphischem Wege zum Ziel gelangen. Ist die A_m-Kurve (s. Figur) bis zu einem Punkte P bekannt, so ist ihr weiterer Verlauf durch Konstruktion der Tangente in P ermittelbar, da

Zum Nernstschen Wärmetheorem.

$$tg\beta = - tg\alpha$$
$$= -\left(\frac{\partial A_m}{\partial T}\right)_v$$
$$= \frac{U_d - A_m}{T}$$

ist. Statt nach diesem etwas umständlichen graphischen Verfahren den Wert für die maximale Arbeit zu jeder Temperatur durch Aneinandersetzung sehr kleiner Kurvenstücke zu ermitteln, kann man sich auch eines von Gans und gleichzeitig von Drägert (Phys. Zeitschr. 1915) angegebenen Integrators bedienen, der die A_m-Kurve automatisch zeichnet, wenn man einen Zeiger auf der U_d-Kurve entlang führt.

Das Nernstsche Theorem bietet also die Möglichkeit, aus der Wärmetönung eines chemischen Prozesses die maximale Arbeit bei jeder Temperatur abzuleiten und somit auch die Gleichgewichtstemperatur des Prozesses zu ermitteln, die durch die Bedingung $A_m = 0$ kenntlich ist. Bei einem galvanischen Element ist die maximale Arbeit durch das Produkt seiner elektromotorischen Kraft E mit der Anzahl Coulomb, die pro Gramm-Molekül transportiert werden, gegeben. Das Nernstsche Theorem gestattet also auch die elektromotorische Kraft eines Elementes aus der Wärmetönung der entsprechenden chemischen Reaktion nach Größe und Richtung zu berechnen.

Ist umgekehrt die Kurve der maximalen Arbeit A_m gegeben, so läßt sich auf noch einfachere Weise die Wärmetönung bei jeder Temperatur ableiten.

Neben diesen und anderen praktischen Anwendungsmöglichkeiten führt das Theorem in Verbindung mit dem 1. und 2. Hauptsatz zu den theoretischen Schlußfolgerungen, daß am absoluten Nullpunkt der Temperatur ($T = 0$) die Entropie eines im festen oder flüssigen Zustand befindlichen Systems ungeändert bleibt, wie auch die isotherme Zustandsänderung erfolgen mag. Ebenso gilt bei $T = 0$ für die spezifischen Wärmen sowie für den Ausdehnungs- und Spannungskoeffizienten völlige Unabhängigkeit von Druck und Volumen.

Planck ging (1910) in seiner Formulierung des neuen Wärmesatzes über die Nernstsche Fassung hinaus, indem er an die Spitze seiner Entwicklung den Satz stellte, daß am absoluten Nullpunkt die Entropie jedes kondensierten Systems nicht nur konstant, sondern 0 ist. Daraus folgt dann außer den bereits erwähnten Ergebnissen des Nernstschen Satzes in Übereinstimmung mit dem Experiment, daß mit unbegrenzt abnehmender Temperatur die spezifischen Wärmen, sowie der Ausdehnungs- und Spannungskoeffizient fester und flüssiger Körper dem Wert Null zustreben. Auf Grund dieser Ergebnisse und unter der Voraussetzung, daß der Spannungskoeffizient bei sehr niedrigen Temperaturen von mindestens derselben Ordnung klein ist als die spezifische Wärme, läßt sich der Beweis führen, daß es durch kein Mittel möglich ist, einen Körper völlig der Wärme zu berauben, d. h. ihn bis zum absoluten Nullpunkt abzukühlen.

Mit Hilfe der Bedingung $\lim_{T=0} S = 0$ ist die Entropiefunktion, welche nach dem 2. Hauptsatz nur bis auf eine additive Konstante angebbar ist, nunmehr vollständig bekannt.

Geht man mit L. Boltzmann von molekularkinetischen Betrachtungen aus, so ist die Beziehung zwischen der Entropie S und der Wahrscheinlichkeit W für einen bestimmten Zustand eines Systems gegeben durch $S = k \ln W + k_0$. Die Konstante k_0 enthält eine Größe, welche die Zellenteilung des Raumes in die einzelnen Zustandsgebiete bestimmt. Für die Wahrscheinlichkeitsbetrachtung ist es nämlich nötig, die Geschwindigkeits- und Lage-Koordinaten der Moleküle in Gruppen zu teilen und zu berechnen, wie die Moleküle sich auf die einzelnen Gruppen verteilen. Solange es sich nur um Entropieänderungen handelt, ist die Konstante k_0 und somit die Größe dieser Gruppen oder Zellen gleichgültig. Nach dem Nernstschen Theorem muß die Zellengröße aber so beschaffen sein, daß k_0 verschwindet. Damit gelangt man zur quantenhaften Struktur der Energie, die Planck zunächst auf einem ganz andern Gebiete, nämlich der Wärmestrahlung, einführte.

Es ist sehr bemerkenswert, daß beide so grundverschiedenen Theorien, auf dieselben Erscheinungen angewendet, zum gleichen Resultat führen. Das gilt besonders für die spezifische Wärme fester und flüssiger Körper. *Henning.*

Näheres siehe W. Nernst, Die theoretischen und experimentellen Grundlagen des neuen Wärmegesetzes. Halle 1918.

Netzausgleichung. In einem Dreiecksnetze, wie sie den Gradmessungen und Landesaufnahmen zugrunde liegen, werden womöglich sämtliche Dreieckswinkel gemessen. Ferner wird mindestens eine Dreieckseite entweder direkt gemessen, oder aus einer kurzen Grundlinie durch ein eigenes Dreiecksnetz entwickelt.

Die Aufgabe, die übrigen Stücke des Netzes zu bestimmen, ist dann in doppelter Hinsicht überbestimmt. Einerseits ist in jedem Dreiecke ein Winkel zu viel gemessen, andererseits ist, wenn nicht bloß eine einfache Dreieckskette (Fig. 1) vorliegt, die Berechnung mancher Seiten auf

zweierlei Wegen möglich. Ist z. B. in Fig. 2
A B die gemessene Seite, so können wir zu E D
sowohl über die Dreiecke A F G und E F G, wie

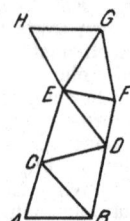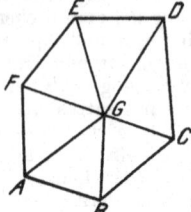

Fig. 1. Dreieckskette.   Fig. 2. Dreiecksnetz.

über B C G und C D G gelangen. Wegen der unvermeidlichen Beobachtungsfehler wird nun weder
die Winkelsumme in den Dreiecken gleich 180⁰
(mehr dem sphärischen Exzeß bei sphärischen
Dreiecken) werden, noch werden die Werte der
auf verschiedenen Wegen berechneten Seiten
miteinander stimmen. Der Ausgleich besteht nun
darin, daß man nach der Methode der kleinsten
Quadrate Verbesserungen der beobachteten Winkel
sucht, derart, daß diese Widersprüche verschwinden;
mit anderen Worten, daß die geometrischen Bedingungen des Netzes streng erfüllt werden. Diese
Bedingungen drücken sich durch Gleichungen aus,
die als Winkelgleichungen und Seitengleichungen bezeichnet werden. Es ist notwendig,
zunächst die Zahl dieser Gleichungen festzustellen,
da keine vergessen werden darf, ohne das Resultat
zu verderben.

Das erste Dreieck verlangt zu seiner Berechnung
1 Seite und 2 Winkel; jeder weitere Dreieckspunkt
verlangt zu seiner Festlegung weitere 2 Winkel.
Besteht das ganze Netz aus p Punkten, so braucht
es im ganzen 1 Seite und $2+2\,(p-3)=2p-4$
Winkel. Sind nun in dem Netze 1 Seite und m
Winkel gemessen, so sind $m-2p+4$ Stücke über-
flüssig, und es müssen ebensoviele Bedingungsgleichungen bestehen.

Verbindet man die p Punkte des Netzes durch
einen einfachen in sich selbst zurückkehrenden
Linienzug, so erhält man ein Polygon (A B C D E
in Fig. 3), dessen Winkelsumme von der Zahl
der Seiten abhängt und eine Winkelgleichung gibt.
Jede weitere Seite (A C), welche man in das Polygon
einfügt, gibt, wenn die Winkel an beiden Enden
beobachtet sind, eine neue Winkelgleichung. Hat
also das Netz im ganzen 1 Seiten, so ist die Zahl
der Winkelgleichungen gleich $1-p+1$. Sind von
den 1 Seiten l′ solche, deren Richtung nur einseitig gemessen wurde, so fallen l′ Winkelgleichungen weg.

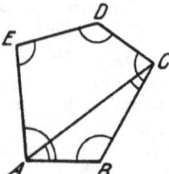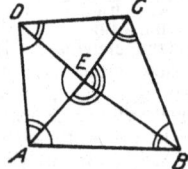

Fig. 3. Polygon mit beider-   Fig. 4. Dreiecksnetz aus
seitig beobachteter Diagonale.   4 Dreiecken.

Alle übrigen Bedingungsgleichungen sind Seitengleichungen. Die Winkelgleichungen enthalten
nur Winkelsummen. Die Seitengleichungen haben
die Form des mehrfach angewandten Sinussatzes.

So ist z. B. in dem aus 4 Dreiecken bestehenden
Netz die Seite C D einerseits

$$CD = AB \cdot \frac{\sin ABE \ \sin DAE \ \sin DEC}{\sin AEB \ \sin ADE \ \sin DCE}$$

andererseits

$$CD = AB \cdot \frac{\sin BAE \ \sin CBE \ \sin DEC}{\sin AEB \ \sin BCE \ \sin CDE}$$

Durch Gleichsetzung der beiden Werte erhält
man die Seitengleichung; A B fällt heraus. Die
Basis oder der Maßstab des ganzen Netzes spielt
in allen diesen Beziehungen keine Rolle.

In diesem einfachen Fall ist dies die einzige
Seitengleichung. Denn es ist die Zahl der Punkte
p = 5, die Zahl der Winkel m = 11, wenn alle
Winkel als Richtungen gemessen sind, wie es die
Bogen in Fig. 4 andeuten. Die Zahl der Bedingungsgleichungen ist also $11-2.5+4=5$; die
Zahl der Seiten 1 = 8, also die Zahl der Winkelgleichungen gleich $8-5+1=4$; es kann also
nur noch 1 Seitengleichung geben.

Der Ausgleich erfolgt dann nach der Methode
der „bedingten Beobachtungen" (s. Quadrate,
Methode der kleinsten) und liefert jene Verbesserungen an den beobachteten Werten, welche zu
einer strengen Erfüllung der Bedingungsgleichungen
und damit zu einem geometrisch möglichen Gebilde
führen.   *A. Prey.*

Näheres s. S. Wellisch, Theorie und Praxis der Ausgleichsrechnung. 1909/10.

Netz-Gitter s. Verstärkerröhre und Senderöhre
und Audion.

Neumannscher Hahn s. Mischungsmethode.

Neutralisation. Die gegenseitige Abschwächung,
welche beim Vermischen Säuren und Basen erleiden, führt bei geeignetem Mischungsverhältnis
zu einem Zustand der Lösung, welcher weder
alkalische noch saure Eigenschaften derselben zeigt.
Eine solche Lösung heißt neutral und der Prozeß,
durch den sie entstanden ist, Neutralisation. Bei
der Neutralisation bilden die charakteristischen
Bestandteile der Säure und Basis Salz und ihre
wirksamen Bestandteile, nämlich die Wasserstoff-
und Hydroxylionen teilweise Wasser. Handelt es
sich um starke Elektrolyte, so bleibt bei diesem
Vorgang die Konzentration der Metallionen und
der Anionen des Säurerestes nahezu unverändert,
so daß als das Wesentliche der Neutralisation die
Wasserbildung aus den Ionen in Erscheinung tritt.
In der Tat ergab sich eine vorzügliche Übereinstimmung zwischen den thermochemischen Beobachtungen der Neutralisationswärme und ihrem
mit Rücksicht auf den (aus Leitfähigkeitsmessungen ermittelten) Dissoziationsgrad durch Rech-
nung gefundenen Wert.   *H. Cassel.*

Näheres in den Lehrbüchern, z. B. bei W. Nernst, Theoretische Chemie. Stuttgart 1921

Newtonsches Abkühlungsgesetz. Der Strahlungsaustausch zwischen zwei Körpern geringer Temperaturdifferenz ist proportional der Temperaturdifferenz der beiden strahlenden Körper $S = c$
$(T_2 - T_1)$. Dies ist der Grenzfall des Stefan Boltzmannschen Gesetzes (s. d.) $S = c\,(T_2{}^4 - T_1{}^4)$ für
kleine Werte $T_2 - T_1$.   *Gerlach.*

Newtonsche Ringe. Ein spezieller Fall der Erscheinungen der Farben dünner Blättchen (s. d.).
Das dünne Blättchen ist hier eine Luftschicht
zwischen einer ebenen und einer sphärischen Glas-
fläche von großem Krümmungsradius r, hat also
verschiedene Dicke, wenn man von der Mitte in
radialer Richtung nach außen fortschreitet. Ein

von dem Berührungspunkt P der beiden Platten um die Strecke ϱ entfernter Punkt der ebenen Fläche ist um eine Strecke d parallel P M (M = Krümmungsmittelpunkt der Kegelfläche) von der Kugelfläche entfernt. Dann ist nach einfachen geometrischen Sätzen

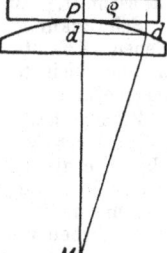

Newtonsche Ringe.

$$d (2 r - d) = \varrho^2$$
$$2 r d - d^2 = \varrho^2.$$

Bei kleinem d bzw. ϱ gegen r

wird $\varrho^2 = 2 r d$, also $d = \dfrac{\varrho^2}{2 r}$.

Ist diese Größe für senkrecht zur ebenen Platte einfallendes homogenes Licht ein ganzes Vielfaches von $\dfrac{\lambda}{2}$ (weil der Gangunterschied gleich der doppelten Dicke d ist), so müßte durch Interferenz Verstärkung, also Helligkeit eintreten. Da jedoch die Reflexion der interferierenden Strahlen einmal am dichteren, einmal am dünneren Medium stattfindet (s. Farben dünner Blättchen), so kommt noch ein Gangunterschied von einer halben Wellenlänge hinzu und wir haben an diesen Stellen Dunkelheit. Es treten also dunkle Ringe auf für

$$\frac{\varrho^2}{2 r} = n \cdot \frac{\lambda}{2} \quad \text{oder} \quad \varrho = n \cdot r \cdot \lambda,$$

wo n eine ganze Zahl ist. Man kann für bekanntes r und gemessenes ϱ diese Beziehung zu einer rohen Bestimmung von λ benutzen oder besser für bekanntes λ den Krümmungsradius einer schwach gekrümmten Kugelfläche durch Messung an Newtonschen Ringen bestimmen. Bei Beleuchtung mit weißem Licht werden die Ringe farbig, weil die den verschiedenen Wellenlängen entsprechenden Ringe gleicher Ordnungszahl n verschiedene Größe haben. Die hier betrachteten Interferenzringe bezeichnet man als Interferenzkurven gleicher Dicke.

L. Grebe.

Näheres s. Müller-Ponillet, Lehrbuch d. Physik, Optik.

Nicholsonsches Aräometer s. Aräometer.

Nichtholonom s. Koordinaten der Bewegung.

Nichtleiter. Die Nichtleiter oder Isolatoren wurden zuerst von Gray (1729) von den Leitern (s. diese) scharf unterschieden. Als bester Isolator gilt Bernstein. Gute Isolatoren sind fernerhin die meisten Glassorten, geschmolzener Quarz, Harz, senkrecht zur Achse geschnittener Quarz, Fette, Schwefel, Seide, Glimmer, Guttapercha, Hartgummi oder Ebonit sowie verschiedene Öle. Neuerdings benutzt man vielfach, besonders im Elektromaschinenbau und als Wickelkörper für Spulen, Preßspan, Fiber, Pertinax, Backelit, Stabilit, Serpentin usw. Quarzglas ist besonders bei Anwendung hoher Temperaturen zu gebrauchen. Bei Gläsern und Ebonit muß man auf die Oberflächenleitung achten. Gläser befreit man von der leitenden Wasserhaut nach der Vorschrift von E. Warburg durch Abkochen. Schering gibt an, daß Ebonit dem Bernstein an Isolierfähigkeit gleichkommt, wenn es mit tiefen Rinnen versehen, mit filtrierter heißer Schellacklösung getränkt und bei etwa 100° im Luftbad getrocknet wird. *R. Jaeger.*

Nickelstahl. Legierungen von Eisen mit Nickel zeigen die Eigentümlichkeit, daß der magnetische Umwandlungspunkt (s. dort) mit zunehmendem Nickelgehalt sinkt, und zwar der Punkt Ac_2, bei welchem der Körper mit steigender Temperatur

die Magnetisierbarkeit verliert, nur verhältnismäßig wenig, der Punkt Ar_2 dagegen, bei welcher er sie bei der Abkühlung zurückerlangt, außerordentlich stark (sog. Temperaturhysterese). So liegt bei 22% Nickel der Punkt Ac_1 bei etwa 500°, der Punkt Ar_1 dagegen bei Zimmertemperatur und darunter; ein Material mit 25 bis 27% Nickel ist daher bei gewöhnlicher Temperatur mit einer Höchstpermeabilität von 1,02 bis 1,1 praktisch unmagnetisierbar; es hat in diesem Falle ein vollkommen austenitisches Gefüge, das aber bei der Abkühlung in flüssiger Luft plötzlich in magnetisierbares martensitisches Gefüge übergeht. Diese Magnetisierbarkeit bleibt dann auch bei der Wiedererwärmung bis zum Punkt Ac_2 erhalten. Das aus zwei hochmagnetisierbaren Teilen bestehende Material kommt also, je nach der Vorbehandlung, bei derselben Temperatur in magnetisierbarem und in unmagnetisierbarem Zustand vor, aber auch in ersterem ist die Permeabilität erheblich geringer als diejenige von reinem Eisen. Bei Nickelgehalten über 27% geht dieser irreversibele Zustand allmählich wieder in den reversibelen über, die Legierungen zeigen dann wieder ein normales Verhalten.

Die Eigenschaft der auch mechanisch sehr zähen irreversibelen Legierungen, bei welchen der Umwandlungspunkt durch Hinzufügen von weiteren Zusätzen noch weiter herabgesetzt werden kann, wird praktisch zur Herstellung von unmagnetisierbaren Panzerplatten in der Umgebung des Kompasses von Kriegsschiffen benützt, da durch die magnetische Einwirkung der Stahlpanzerung die Angaben des gewöhnlichen Kompasses außerordentlich gestört werden. *Gumlich.*

Nickelstahl s. Längenmessungen.

Nicol s. polarisiertes Licht.

Niederfrequenzverstärker. Verstärker für elektrische Ströme, der infolge der Dimensionierung der Tranformatoren, Spulen, Kondensatoren usw. speziell für Niederfrequenz (50—5000 Perioden) geeignet ist. Er wird vielfach verwendet zur Verbesserung der Telegraphie mit und ohne Draht, Telephonie, Signalgebung, Registrierung, Musikund Sprachevorträgen und zu Meßzwecken. Siehe Verstärker und Verstärkerröhre. *H. Rukop.*

Niederschlag. Entstehung. Kondensation des in der Luft enthaltenen Wasserdampfes führt zur Bildung des Niederschlags, der sich entweder direkt an der Erdoberfläche und den auf ihr befindlichen festen Gegenständen absetzt oder sich in der freien Luft bildet und zu Boden fällt. Beide Arten von Niederschlägen können in flüssiger wie in fester Form erfolgen. Man unterscheidet dementsprechend Tau, Reif, Rauhfrost und Glatteis einerseits von Regen, Schnee, Graupeln und Hagel andererseits und findet ausführlichere Angaben bei diesen Stichwörtern. Die Ursache der Kondensation ist fast ausschließlich in der Abkühlung der Luft unter den Taupunkt (s. diesen) zu suchen, die durch Wärmeausstrahlung, Berührung mit kalten Körpern, adiabatische Ausdehnung infolge rascher Druckabnahme oder Mischung mit kälteren Luftschichten erfolgen kann. Bei Abkühlung von 1 cbm gesättigt feuchter Luft um 1° werden kondensiert, bei einer

Temperatur v.	−15°	−10°	−5°	0°	5°	
Niederschlag	0,11	0,15	0,21	0,29	0,39	g
Temperatur v.	10°	15°	20°	25°	30°	
Niederschlag	0,52	0,69	0,90	1,15	1,51	g

Steigt eine nicht mit Feuchtigkeit gesättigte Luftmasse auf, so kühlt sie sich zunächst um rund 1° pro 100 m Höhe ab (Trockenstadium). Nach Erreichung des Taupunktes (s. diesen) beginnt mit der Wolkenbildung das Wolken- und Regenstadium, in dem die Temperaturabnahme etwa auf die Hälfte verlangsamt ist. Ist der Gefrierpunkt erreicht, so beginnt das Hagelstadium, so genannt, weil das Gemenge von Wolkenteilchen und mitgerissenen Regentropfen, dessen Temperatur, so lange als Wasser gefriert, nicht unter 0° sinkt, der Hagelbildung günstig ist. Die Mächtigkeit dieser Schicht dürfte nicht erheblich sein, da bald alles Wasser gefroren sein wird und damit das Schneestadium beginnt, in welchem der Wasserdampf gleich in festem Zustande ausgeschieden wird. Bei den Niederschlägen in fester Form spielt der Unterschied zwischen der Dampfsättigung der Luft über Eis (s. dieses) und über Wasser (s. dieses) eine wichtige Rolle. Ist die Luft in bezug auf Eis gerade gesättigt oder wenig übersättigt, so bilden sich Vollkristalle. Bei stärkerer Übersättigung in bezug auf Eis tritt an den Ecken der Kristalle weitere Kondensation ein, und es bilden sich Schneesterne (s. Schnee). Schreitet die Übersättigung noch weiter fort, so wird die Verzweigung der Kristallskelette immer größer und es entstehen Graupeln (s. diese).

Die Kondensation und damit die Niederschlagsbildung in freier Luft findet jedoch nur dann statt, wenn die Luft Partikelchen enthält, die als Ansatzkerne für die kleinsten Wassertröpfchen dienen. Neben Staubteilchen feinster Art kommen auch Kondensationskerne elektrischer Natur, die sog. Ionen (s. diese) in Betracht.

Messung. Die Messung der Niederschläge erfolgt in besonderen Auffanggefäßen, Regenmessern, deren Inhalt (bei festen Niederschlägen nach der Schmelzung) in einem graduierten Glasgefäß gemessen wird. Die Teilung des letzteren ist so eingerichtet, daß sie die Höhe der Wasserschicht auf einer horizontalen Fläche abzulesen gestattet. Man gibt daher die Niederschlagsmenge in Millimetern an. Die Zuverlässigkeit solcher Messungen hängt in hohem Maße von der Aufstellung des Regenmessers ab. Insbesondere ist die Messung des bei starkem Winde gefallenen Schnees sehr ungenau.

Beschreibung. Neben ausführlicher Schilderung der einzelnen Niederschläge nach Form, Intensität und Zeit, werden die Niederschlagsverhältnisse dargestellt durch Angaben der Monats- und Jahressummen, sowie der Anzahl der Tage mit Niederschlag, wobei man diese häufig nach bestimmten Schwellenwerten, d. i. nach den Regenmengen pro Tag sondert. Für praktische Zwecke wichtig ist die Angabe der größten Tages-

menge für jeden Monat. Die Division der Niederschlagsmenge durch die Niederschlagshäufigkeit ergibt die Niederschlagsdichte, diejenige der mittleren Zahl der Niederschlagstage durch die Gesamtzahl der Tage dagegen die Niederschlagswahrscheinlichkeit in dem betreffenden Zeitabschnitt. Zur Charakterisierung der extremen Schwankungen der Jahressummen in verschiedenen Klimaten dient der Quotient der größten und kleinsten Jahresmenge, der sog. Schwankungsquotient.

Geographische Verteilung. Zwecks kartographischer Darstellung der Niederschlagsverteilung in einem Gebiet verbindet man die Orte gleicher Niederschlagshöhe durch Isohyeten (s. diese). Die Verteilung über dem Lande ist uns in ihren großen Zügen bekannt; für den Atlantischen und beträchtliche Teile des Indischen Ozeans lassen sich begründete Annahmen machen; von der größten Hälfte der Erdoberfläche jedoch liegen noch keine Messungen vor. Die Verteilung ist sehr unregelmäßig, weil der Wechsel von Wasser und Land, die Erhebungen des Landes, sowie Luft- und Meeresströmungen die regelmäßige Anordnung nach Breitenzonen, wie sie der allgemeine Kreislauf der Atmosphäre bedingen würde, stark beeinflussen. Daher ist kein zweites meteorologisches Element so sehr von örtlichen Verhältnissen abhängig und keines einem so großen zeitlichen Wechsel unterworfen wie der Niederschlag. Durchschnittlich finden wir die größten Niederschlagsmengen in den Tropen, um die Wendekreise herum dagegen ausgedehnte Trockengebiete, in den höheren gemäßigten Breiten im allgemeinen wieder größere Mengen, die nach den Polen zu abnehmen. Als größte mittlere Jahresmenge ist durch langjährige Messungen eine Niederschlagshöhe von 10820 mm zu Cherrapunji in Assam festgestellt worden. An den Abhängen der Gebirge nimmt die Niederschlagsmenge im allgemeinen mit der Höhe zu, weil die Luft dort zum Aufsteigen gezwungen wird und sich dabei dynamisch abkühlt, wodurch Kondensation eintritt. Die jahreszeitliche Verteilung zeigt große geographische Unterschiede. In den Tropen unterscheidet man Zonen mit einer und solche mit zwei Regenzeiten im Laufe des Jahres, sowie die Gebiete der Passat- und Monsunregen. Andere Typen sind die Winterregen der Subtropenzone und die zu verschiedenen Jahreszeiten einsetzenden Küstenregen der gemäßigten Zonen.

Der Kreislauf des Wassers, der sich in Verdunstung (s. diese), Niederschlag und Abfluß (s. Flüsse) gliedert, ist von größter meteorologischer wie geographischer Wichtigkeit. Man hat daher Näherungswerte für eine Bilanz dieses Kreislaufes berechnet, die in folgender Tabelle nach A. Supan wiedergegeben sind:

	Flächen	Mengen in Taus. cbkm			Mittlere Höhe in mm		
	in Mill. qkm	Verdunstung (+)	Regen (−)	Unterschied	Verdunstung (+)	Regen (−)	Unterschied
Weltmeer	361	506,0	475,4	+ 30,6	1400	1320	+ 80
Landflächen mit Abfluß .	117	70,8	101,4	− 30,6	610	870	− 260
Abflußlose Gebiete . . .	32	10,5	10,5	0	330	330	0
Ganze Erde	510	587,3	587,3	0	1150	1150	0

Näheres s. J. v. Hann, Lehrbuch der Meteorologie. 3. Aufl. 1915.   *O. Baschin.*

Niederschlagselektrizität. Seit langem weiß man, daß die Niederschläge jeder Art elektrische Ladungen zur Erde bringen. Die ersten Messungen wurden von Elster und Geitel (1890) ausgeführt. Das Prinzip derselben ist ungemein einfach: Man fängt die Niederschläge auf einer gut isolierten, mit einem Elektrometer verbundenen Schale auf und mißt die Ladung, worauf man leicht die pro Zeiteinheit oder Volumseinheit des Niederschlages entfallende Elektrizitätsmenge berechnen kann. Die Auffangschale muß gegen jede Influenzwirkung des Erdfeldes geschützt sein: man erreicht dies dadurch, daß man sie in einen metallischen Schutzzylinder einsetzt, der oben eine kreisrunde Öffnung hat. Um zu verhindern, daß Regentropfen in die Auffangschale spritzen, welche schon geerdete Teile des Apparates berührt haben, wird der Schutzzylinder selbst noch in ein oben offenes, um vier vertikale Pfähle gewickeltes großes Erdschutznetz eingesetzt. Gerdien hat die Ladungen mittels Quadrantenelektrometer photographisch registriert. Kähler, Benndorf u. a. haben verbesserte Versuchsanordnungen gebaut, bei welchen die Regenladungen mittels des mechanisch registrierenden Benndorf-Elektrometers (vgl. Benndorf-Elektrometer) in kurzen Intervallen ausgezeichnet werden. Für kurze Einzelmessungen eignet sich sehr gut eine Anordnung von E. Weiß, bei welcher die Regentropfen mittels einer isolierten kreisrunden Bürste aufgefangen und nachher mittels eines Elektrometers gemessen werden. Die Tropfen werden von den Bürstenhaaren „gespießt", wodurch jedes Zerspritzen verhütet wird. Nach dieser Methode hat K. W. F. Kohlrausch in Porto-Rico die Ladungen der subtropischen Regenfälle gemessen.

Vorzeichen und Größe der Regenladungen. Während Elster und Geitel in Wolfenbüttel und Gerdien in Göttingen ein Überwiegen negativer Regenladungen erhalten hatten, zeigten die mehrere Jahre fortgesetzten Registrierungen von Kähler (Potsdam) und Simpson (Simla, Nord-Indien) das entgegengesetzte Resultat. Mehrere andere, lange und mit größter Sorgfalt durchgeführte Versuchsreihen von Baldit in Südfrankreich, Mc. Clelland und Nolan in Irland, Schindelhauer (Potsdam), Benndorf (Teichhof in Steiermark) und Herath (Kiel) haben übereinstimmend ein Überwiegen des positiven Vorzeichens bei Regen festgestellt: der positive Regen überwiegt nicht nur der Häufigkeit, sondern auch nach seiner Dauer und nach seiner Ladungsdichte (Ladung pro ccm). Die Stromstärke des Regens läßt sich aus der registrierten Spannung bei bekannter Kapazität und bekannter Größe der Auffangschale leicht berechnen: Bei Landregen beträgt sie meist der Größenordnung nach 10^{-16} Ampere pro qcm. Bei Böenregen und bei Gewitterregen werden 10—1000fach größere Ströme registriert. Die vom Regen transportierte Ladung steht in keinem einfachen Verhältnis zur Regenintensität. Nur bei Landregen kommen innerhalb eines Regens die größten Ladungen beim stärksten Regen auf. Bei Böen- oder Gewitterregen führen umgekehrt häufig die schwächsten Regen die größte Ladung. Im Mittel beträgt die Ladung für je 1 ccm Regen etwa 1 elektrostatische Einheit. In extremen Fällen wurden auch bis zu 40fach höhere spezifische Ladung beobachtet. Die Ladung einzelner Tropfen ist etwa 10^{-4} elektrostatische Einheiten, ihre Spannung kann bis zu 30 Volt betragen.

Auch Schnee, Graupeln und Hagel sind elektrisch geladen. Im allgemeinen überwiegt auch hier das Vorkommen positiver Ladungen. Bei gewitterigen Niederschlägen kann das Vorzeichen des Niederschlags innerhalb sehr kurzer Zeit wechseln. Zwischen Potentialgefälle und Regenelektrizität besteht kein regelmäßiger Zusammenhang. Doch entspricht meist positiver Regenladung umgekehrtes (negatives) Potentialgefälle. Im ganzen ersieht man, daß die durch die Niederschläge der Erde zugeführten Ladungen (man nennt diese Ströme „gestörte vertikale Konvektionsströme") im Mittel bzw. ihrer Summe nach positiv sind, also durchaus nicht, wie man nach den ersten Messungen Elsters und Geitels hoffte, eine Kompensation der vom normalen vertikalen Leitungsstrom aus der Atmosphäre zur Erde ständig transportierten positiven Ladungen bewirkt.

Theorien über den Ursprung der Niederschlagselektrizität. Von den zahlreichen Theorien, welche sich die Erklärung der Elektrizität der Niederschläge, der Wolken und der Gewitter zur Aufgabe stellten, haben sich die wenigsten als haltbar erwiesen. Insbesondere sind die in der populären Literatur noch immer auftauchenden Ideen von reibungselektrischen Vorgängen innerhalb von Wolken als Ursache von Elektrizitätserregungen abzulehnen, da ihnen jede experimentelle Basis fehlt. Von neueren, seit der allgemeinen Annahme der Ionenhypothese aufgestellten, zum Teil auch experimentell fundierten Theorien mögen hier erwähnt werden: die von C. T. R. Wilson und Gerdien entwickelte „Kondensationstheorie", die Simpsonsche Theorie (Grundeffekt: Elektrisierung durch Zerspritzen der größeren Tropfen während ihres Falles von der Wolke zur Erde) und die Elster-Geitelsche sogenannte „Influenztheorie". Da diese Theorien sowohl die Entstehung der Regenladungen, wie der Wolkenelektrizität und der Gewitterentladungen behandeln, werden sie ausführlicher im Artikel „Gewitterelektrizität" besprochen. *V. F. Hess.*

Näheres s. E. v. Schweidler und K. W. F. Kohlrausch, Die Luftelektrizität im Handb. d. Elektriz. u. d. Magnetism. (Bd. III) von L. Grätz. 1915.

Nippflut bezeichnet jenes Stadium der Fluterscheinung, wo der Einfluß der Sonne der durch den Mond erzeugten Flut entgegenwirkt, so daß der Gezeitenhub verkleinert wird. Es tritt dies zur Zeit des 1. und letzten Viertels ein (s. Gezeiten). *A. Prey.*

Niton s. Radium-Emanation.

Niveau oder Wasserwage nennt man einen viel benutzten Hilfsapparat zur Orientierung einer Instrumentenachse bzw. seiner Lager in einer Horizontalen. Das Prinzip ist genau dasselbe der von den Bauhandwerkern benutzten Wasserwagen. Ihr Hauptbestandteil ist ein mit einer Flüssigkeit von geringer innerer Reibung (Äther) gefülltes schwach gekrümmtes Glasrohr bzw. Dose. Die Flüssigkeit füllt das Glasrohr bis auf eine Luftblase aus, deren infolge von Temperaturveränderungen ständig wechselnden Größe man regulieren kann, indem man aus einem an das Glasrohr angeschlossenen kleinen Behälter Flüssigkeit in das Rohr bringt. Die Luftblase spielt je nach der Neigung der Unterlage, auf welcher das Rohr befestigt ist, auf einer in das Rohr eingravierten Skala ein. Man liest bei der Beobachtung die Einstellungen der Enden der Luftblase auf der Skala ab, sobald die Blase zur Ruhe gekommen ist. Ist die Auflage des Niveaus horizontal, so müßte der Mittelwert aus beiden Ablesungen mit dem mittelsten Skalenstrich zusammenfallen. Die Abweichung des Mittelwertes von diesem mittelsten Skalenstrich in Bruchteilen der Skalenteilung gemessen liefert ein Maß für die Neigung der Unterlage, auf die das Niveau aufgelegt wurde. Um diese Neigung in Millimetern — Höhenunterschied der Enden der Auflage oder z. B. in Bogenmaß zu kennen, muß die Skalenteilung auf einem besonderen Apparat geeicht werden. Um den immer vorhandenen Indexfehler des Niveaus zu eliminieren, d. h. also den Fehler, der daher rührt, daß das Glasrohr auf seiner Unterlagsplatte bzw. seinen Füßen nicht so angebracht ist, daß die Ablesung „Null" zustande kommt, wenn das Niveau auf eine wirklich horizontale Ebene aufgelegt wird — einen Fehler, den man durch Regulierschrauben zwar klein aber nicht dauernd auf Null halten kann — so legt man bei der Beobachtung das Niveau um, d. h. dreht es um 180^0 und kann dann durch geeignete Kombination beider Ablesungen den Indexfehler eliminieren. Bei den Meridiankreisen bzw. Passageinstrumenten spielen die Niveaus eine wichtige Rolle, da die Neigung der Horizontalachse dieser Instrumente ein bei der Reduktion der Beobachtungen mit großer Genauigkeit zu berücksichtigender Faktor ist. Zu diesen Instrumenten stellt man besonders ausgebaute große Niveaus her, die an die Enden der Achse aufgehängt oder aufgesetzt werden können.   *E. Freundlich.*

Näheres s. L. Ambronn, Instrumentenkunde.

Niveaufläche s. Äquipotentialfläche.

Niveausphäroid. Darunter versteht man eine Näherungsfigur für das Geoid, welches von einem Rotationsellipsoid nur um Größen von der Ordnung des Quadrates der Abplattung abweicht. *A. Prey.*

Näheres s. R. Helmert, Die mathem. und physikal. Theorien der höheren Geodäsie. Bd. II.

Nivellement, astronomisches, s. Lotabweichung.
Nivellement, geometrisches, s. Höhenmessung.
Nivellement, trigonometrisches, s. Höhenmessung.
Nivellementpolygon s. Höhenmessung.

n-Körperproblem heißt die Aufgabe, die Bewegung von n reibungsfrei laufenden Massenpunkten m_i (i = 1,2..n) zu finden, von welchen je zwei sich gegenseitig anziehen (oder abstoßen) mit Kräften, die in der Verbindungslinie wirken und entgegengesetzt gleiche, nur von der gegenseitigen Entfernung abhängige Beträge besitzen. Ist r_i der von einem raumfesten Punkt nach dem Massenpunkt m_i gezogene Fahrstrahl, $v_i = \dfrac{dr_i}{dt}$ dessen Geschwindigkeit und r_{ik} die Entfernung zwischen m_i und einem andern Massenpunkt m_k, und bedeutet $\mathfrak{K}_{ik}$ den Vektor der Kraft des Punktes m_k auf den Punkt m_i, so ist $\mathfrak{K}_{ki} = -\mathfrak{K}_{ik}$, und die absoluten Beträge $|\mathfrak{K}_{ik}| = |\mathfrak{K}_{ki}|$ sind die gleichen Funktionen von r_{ik} allein. Die n Bewegungsgleichungen aber lauten

$$m_i \frac{d^2 r_i}{dt^2} = \sum_{k=1}^{n}{}' \mathfrak{K}_{ik}, \ (i = 1, 2 \ldots n)$$

wo der Strich hinter Σ andeuten soll, daß bei der Summierung der Wert k = i auszulassen sei.

Die Integralprinzipe (s. Prinzipe der Kinetik 6.—8.) erlauben, sogleich zwei erste und ein zweites Integral dieser Bewegungsgleichungen anzugeben:

a) Der Energiesatz [s. Energie (mechanische)] lautet

(1) $$T + U = h,$$

wo h eine von den Anfangsbedingungen abhängige Konstante, ferner

$$T = \sum_{i=1}^{n} \frac{1}{2} m_i v_i^2$$

die Bewegungsenergie und

$$U = \frac{1}{2} \sum_{i=1}^{n} \sum_{k=1}^{n}{}' \int K_{ik}\, dr_{ik}$$

die Energie der Lage bedeutet, unter K_{ik} den Absolutwert der Kraft $\mathfrak{K}_{ik}$ verstanden, und zwar positiv oder negativ gerechnet, je nachdem es sich um Anziehung oder Abstoßung handelt.

b) Der Schwerpunktssatz (s. Impulssätze) besagt, daß der durch den Mittelwertvektor

$$r_0 = \frac{\sum\limits_{i=1}^{n} m_i r_i}{\sum\limits_{i=1}^{n} m_i}$$

definierte Massenmittelpunkt der n Punkte sich geradlinig mit gleichförmiger Geschwindigkeit r_0 (die auch Null sein kann) bewegt:

(2) $$r_0 = v_0\, t + a,$$

wo der Vektor a ebenso wie v_0 als Integrationskonstante anzusehen, also von den Anfangsbedingungen abhängig ist.

c) Der Flächensatz (s. Impulssätze) stellt fest, daß das Impulsmoment (s. Impuls)

(3) $$\mathfrak{S} = \sum_{i=1}^{n} m_i\, [r_i v_i]$$

einen der Größe und Richtung nach unveränderlichen Vektor darstellt. Irgend eine zu $\mathfrak{S}$ senkrechte Ebene (in der Regel diejenige durch den zum Bezugspunkt gewählten Schwerpunkt) heißt die *invariable Ebene* der n Massen.

Ist n = 2 (*Zweikörperproblem*), so sagt der Flächensatz, daß die Bewegung beider Massen dauernd in einer durch den gemeinsamen Schwerpunkt gelegten Ebene verläuft, welche ihre Stellung im Raume beibehält (Ekliptikebene). Wählt man den weiterhin ruhend gedachten Schwerpunkt zum Bezugspunkt, so hängen die von m_1 nach m_2 und zurück gezogenen Vektoren $r_{12} = -r_{21}$ mit r_1 und r_2 zusammen durch

$$r_{12} = -\frac{m_1 + m_2}{m_2} r_1,$$

$$r_{21} = -\frac{m_1 + m_2}{m_1} r_2.$$

Ist e ein Einheitsvektor von der Richtung r_{12}, und ist die Kraft in der Form $\mathfrak{K}_{12} = e f(r_{12})$ als Funktion der gegenseitigen Entfernung gegeben, so lauten die Bewegungsgleichungen in bezug auf den Schwerpunkt als Pol

$$m_1 \frac{d^2 r_1}{dt^2} = e\, f\left(\frac{m_1 + m_2}{m_2} r_1\right),$$

$$m_2 \frac{d^2 r_2}{dt^2} = -e\, f\left(\frac{m_1 + m_2}{m_1} r_2\right).$$

Jede dieser beiden Gleichungen kennzeichnet die Bewegung ihres Massenpunktes als eine *Zentralbewegung* (s. d.) mit dem Schwerpunkt als Zentrum unter der Wirkung der rechterhand stehenden Zentralkräfte, die man sich vom Schwerpunkt aus wirkend denken muß, wenn man auf die andere

Masse keine Rücksicht mehr nehmen will. Im Falle der Newtonschen Gravitationskraft wird mit

$$f(r_{12}) \equiv \frac{\varkappa\, m_1 m_2}{r_{12}{}^2}$$

und mit den Abkürzungen

$$a_{12} = \frac{1}{\left(1 + \dfrac{m_2}{m_1}\right)^2},$$

$$a_{21} = \frac{1}{\left(1 + \dfrac{m_1}{m_2}\right)^2}$$

aus den Bewegungsgleichungen

$$\frac{d^2 r_1}{d t^2} = c\,\varkappa\,\frac{a_{21}\, m_2}{r_1{}^2}, \quad \frac{d^2 r_2}{d t^2} = -\,c\,\varkappa\,\frac{a_{12}\, m_1}{r_2{}^2}.$$

Diese zeigen, daß jede Masse um den gemeinsamen Schwerpunkt eine Keplerbewegung so beschreibt, wie wenn die andere Masse ersetzt wäre durch eine im Schwerpunkt sitzende Masse vom a_{21} (bzw. a_{12})-fachen Betrage. Je größer die eine Masse gegenüber der andern ist, mit um so größerer Genauigkeit darf man sie als im Schwerpunkt ruhend ansehen.

Bei mehr als zwei Massenpunkten ist eine über die Integrale (1) (2) (3) hinausgehende Integration in geschlossener Form nicht möglich. Ist, wie im Planetensystem, eine der Massen, etwa m_1, die Sonnenmasse, sehr groß gegenüber allen übrigen Massen, und sind deren Entfernungen voneinander so groß, daß ihre Bewegungen im wesentlichen nur von der Anziehungskraft der Masse m_1 reguliert werden, so rechnet man in erster Annäherung die Bewegung jeder der Massen m_2, m_3, ... m_n zusammen mit der Masse m_1, aber ohne Berücksichtigung der anderen Massen als Zweikörperproblem durch und findet dann im Falle des Newtonschen Gravitationsgesetzes natürlich die obengenannte Keplerbewegung um den gemeinsamen Schwerpunkt, wobei allerdings das dritte Keplersche Gesetz (s. Zentralbewegung) für zwei Massen m_i und m_k ($i > 1$, $k > 1$) genauer durch die Gleichungen

$$\varkappa\, a_{1i}\, t_i{}^2 = 4\,\pi^2\, a_i{}^3, \quad \varkappa\, a_{1k}\, t_k{}^2 = 4\,\pi^2\, a_k{}^3,$$

mit den Abkürzungen

$$a_{1i} = \frac{1}{\left(1 + \dfrac{m_i}{m_1}\right)^2}, \quad a_{1k} = \frac{1}{\left(1 + \dfrac{m_k}{m_1}\right)^2}$$

darzustellen ist; hierbei sind t_i und t_k die Umlaufszeiten, a_i und a_k die großen Halbachsen der Keplerellipsen. Deren Kuben verhalten sich mithin auch ohne Berücksichtigung der andern kleinen Massen nicht völlig genau wie die Quadrate der Umlaufszeiten.

Von dieser ersten Näherung ausgehend gelangt man für jede Masse zu einer zweiten Näherung, indem man die Einflüsse der übrigen Massen berücksichtigt, deren Lagen als durch die erste Annäherung gegeben angesehen werden; dann von der zweiten auf gleichem Wege zu einer dritten Näherung, usw. (Theorie der Störungen).
R. Grammel.

Näheres s. etwa G. Hamel, Elementare Mechanik, Leipzig und Berlin 1912, § 21.

Nörrenbergsche Polarisationsinstrumente. Zur Untersuchung doppelbrechender Körper (z. B. einachsiger, zweiachsiger und flüssiger Kristalle) im polarisierten Lichte werden zwei verschiedene Beobachtungsmethoden verwendet, indem man entweder möglichst paralleles oder aber stark

konvergentes Licht durch die zu prüfende Kristallplatte gehen läßt. Bei ersterer Methode benutzt man meist den Nörrenbergschen Polarisationsapparat (s. auch Stichwort Polarisationsapparat), von dem Fig. 1 einen vertikalen Durchschnitt gibt. Der Spiegel A und die schwarze Glasplatte B werden so geneigt, daß das z. B. von einer hellen Stelle des Himmels herkommende Licht an B unter dem Polarisationswinkel von etwa 57° vertikal nach oben reflektiert wird. Darüber befindet sich der Kristallträger C mit horizontaler drehbarer Glasplatte D, auf welche die zu untersuchende Platte E

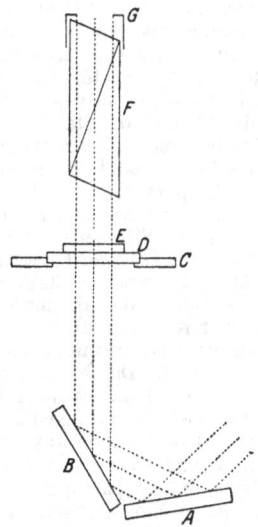

Fig. 1. Polarisationsapparat.

gelegt wird. Darauf folgt der analysierende Nicol F mit Blende G, der meist über einem Teilkreise um die vertikale Achse des Apparates drehbar ist. Durch G erblickt man das optische Präparat E in deutlicher Sehweite, während es von unten her durch parallele polarisierte Strahlen erleuchtet erscheint. Im allgemeinen kann man daher mit diesem Instrument nur diejenigen optischen Erscheinungen wahrnehmen, welche das Präparat in einer Richtung zeigt.

Bei den Nörrenbergschen Polarisationsinstrumenten bezeichnet man die Polarisationsebene des Polarisators und die zu ihr senkrechte Ebene als Hauptebenen des Apparats. Zumeist wird mit diesen Instrumenten bei gekreuzten Polarisationsvorrichtungen beobachtet, wobei also das Gesichtsfeld dunkel erscheint, falls kein Kristall eingeschaltet ist.

Will man aber die Veränderungen, welche das polarisierte Licht bei seinem Durchgange durch einen Kristall in verschiedenen Richtungen erleidet, gleichzeitig beobachten, so bedarf man eines großen Gesichtsfeldes mit Strahlenbüscheln von möglichst verschiedener Richtung. Dazu dient das Polarisationsinstrument zur Beobachtung im konvergenten Lichte, auch Nörrenbergsches Polarisationsmikroskop genannt, das in Fig. 2 in einem vertikalen Durchschnitt dargestellt ist.

Der zur Beleuchtung dienende metallbelegte

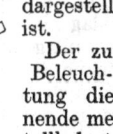

Fig. 2. Polarisationsmikroskop.

Spiegel A wird dem Orte der Lichtquelle (Tageslicht, Natriumlicht usw.) entsprechend gestellt. Der andere B ist der aus einem Glasplattensatz bestehende Polarisator, von welchem das Licht unter dem Polarisationswinkel von etwa 57° nach oben reflektiert wird. Statt des Plattensatzes kann der Apparat auch mit einem entsprechend großen Nicol zwischen H und J versehen sein. Bei J befindet sich ein Diaphragma mit kreisrunder Öffnung vom Durchmesser ac. Jeder Punkt dieser Blende wird mit einem Strahlenkegel beleuchtet, dessen Basis die untere Öffnung H ist; in der Figur ist der Verlauf dreier solcher Strahlenbündel angegeben. J liegt nun in der Brennebene einer Linse K (von starker Krümmung), welche jeden von J ausgehenden Strahlenkegel in ein Bündel paralleler Strahlen verwandelt. Die Kristallträger-Glasplatte D wird also von Parallelstrahlenbüscheln in den verschiedensten Richtungen durchsetzt. Diese Strahlenbüschel fallen dann auf die Linse L (von gleicher Größe und Krümmung wie K), die in ihrer Brennebene, im Diaphragma M, jedes parallele Bündel wieder zu einem Punkte vereinigt. In M entsteht also ein reelles Bild von J, wobei die Punkte a', b', c' in M der Reihe nach den Punkten a, b, c von J zugeordnet sind, und zu jedem Punkte von M gehört eine bestimmte Auffallsrichtung der Strahlen auf D.

Zumeist sind die beiden Linsen K und L durch je ein System mehrerer plankonvexer, einander fast berührender Gläser ersetzt, welche zusammen wie eine Linse von sehr kurzer Brennweite wirken. In der Figur ist der Abstand der beiden Linsen K und L etwa gleich der Summe ihrer Brennweiten.

Darauf gelangen die Lichtstrahlen durch die schwach vergrößernde Lupe N, den Analysator F und die Blende G ins Auge des Beobachters. Mit der Lupe N stellt man scharf auf das Diaphragma M ein. Dieses bei gekreuzten Polarisationsvorrichtungen dunkle Gesichtsfeld im Nörrenberg wird nun in mannigfaltiger Weise geändert, wenn man eine doppelbrechende Kristallplatte E auf die Glasplatte D legt. Durch den Kristall gehen dann Strahlensysteme von sehr verschiedener Richtung, aber alle Strahlen gleicher Richtung, welche im Kristall auch die gleiche Beeinflussung erfahren, vereinigen sich in einem einzigen Punkte des Gesichtsfeldes M, und zwar alle Strahlen von abweichender Richtung auch an verschiedenen Stellen des Gesichtsfeldes. In der Mitte von M, in b', vereinigen sich die Strahlen, welche die Kristallplatte senkrecht durchsetzt haben, während die seitlichen Stellen von Strahlen erzeugt werden, welche den Kristall in immer schrägerer Richtung durchlaufen haben, je nachdem der betrachtete Bildpunkt am Rande von M liegt. In dem Bilde a'c' vermögen wir so mit einem Blicke die Interferenzen von Strahlen zu übersehen, die in sehr mannigfaltigen Richtungen durch die Kristallplatte hindurchgegangen sind. *Schönrock.*

Näheres s. P. Groth, Physikalische Kristallographie. Leipzig.

Nonius. Der Nonius dient zur Ermittelung der Bruchintervalle einer Teilung. — AB sei (s. Figur) eine feste, gleichmäßig geteilte Skale. Neben ihr gleitet ein Schieber CD, etwa der bewegliche Anschlag einer Schublehre (s. den Artikel Längenmessungen), und es ist nun die Aufgabe, die genaue Stellung der Indexmarke 0 dieses Schiebers gegen die Skale AB zu finden. Zu diesem Zweck bringt man auf dem Schieber, vom Indexstrich 0 aus beginnend, eine gleichmäßige Hilfsteilung an,

auf welcher 10 Intervalle gleich 9 Intervallen der Skale AB sind. Die Teilstriche beider Skalen sind dann, wie die Figur zeigt, gegeneinander versetzt, und überblickt man die ganze Reihe, so findet man, daß an irgend einer Stelle zwei Teilstriche nahe zusammenfallen, in der Figur der Strich 78 der Haupt- und Strich 6 der Nebenteilung. Dann entsprechen, wie leicht einzusehen, einander folgende Skalenstellen:

CD	5	4	3	2	1	0
AB	77,1	76,2	75,3	74,4	73,5	72,6

Dem Indexstrich 0 des Schiebers entspricht also die Ablesung 72,6 an der Hauptskale. Es folgt hieraus die praktische Regel, daß die Bezifferung desjenigen Striches der Indexskale, welcher mit einem Strich der Hauptskale zusammenfällt, die Dezimalstelle für die Lage des Indexstriches ergibt. — Die Messung wird verfeinert, wenn nicht 10 und 9 Intervalle, sondern 100 Intervalle auf CD 99 Intervallen auf AB entsprechen. Auch ist häufig der verschiebbare Maßstab CD mit (n−1) Teilen in n Teilen von AB enthalten. Die richtige Benutzung des Nonius wird sich in jedem Falle durch eine einfache Überlegung finden lassen.

Scheel.

Nordlicht s. Polarlicht.
Nordlichtlinie s. Polarlicht.
Nordlichtpol s. Polarlicht.
Nordlichtspektrum s. Polarlicht.
Nordpol, magnetischer, s. Pole.

Normalelement. Als Normalelemente bezeichnet man solche Primärelemente, die als Normal der Spannung dienen. Man muß daher in erster Linie von ihnen verlangen, daß sie eine zeitlich sehr konstante EMK besitzen, so daß sie eine zuverlässige Gebrauchseinheit der Spannung bei elektrischen Messungen bilden, wenn ihre EMK einmal durch Eichung bestimmt worden ist. Die jetzt benutzten Normalelemente haben noch den Vorteil reproduzierbar zu sein, d. h. sie haben eine bestimmte EMK, wenn sie nach Vorschrift zusammengesetzt werden. Das früher mitunter als Spannungsnormal verwendete Kupfer-Zink-Element (Fleming) und das Kalomelelement (Helmholtz) sind jetzt nicht mehr in Gebrauch, da sie die erwähnten Bedingungen nicht in ausreichendem Maße erfüllen. Diese Elemente sind ebenso wie die heute als Normale benutzten Clarkschen und Westonschen Elemente reversibel, d. h. ihre Zusammensetzung bleibt bei Stromdurchgang in beiden Richtungen unverändert. Die Elemente enthalten einen sog. „Depolarisator" am positiven Pol. Beim Clark- und Weston-Element wird der positive Pol aus Quecksilber gebildet, der Elektrolyt aus dem Sulfat des Metalls am negativen Pol. Der Depolarisator besteht daher in beiden Fällen aus Merkurosulfat (Hg_2SO_4), einem nur wenig löslichen Quecksilbersalz, das als sog. „Paste" in einer Schicht über dem Quecksilber gelagert ist. Der negative Pol besteht beim Clarkelement aus Zink oder

Nonius.

Zinkamalgam, beim Westonelement aus Kadmium-amalgam mit einem Gehalt von 12,5% Kadmium. Entsprechend enthält das Clarkelement als Elektrolyt eine gesättigte Lösung von Zinksulfat, das Westonelement eine solche von Kadmiumsulfat. Damit die EMK der Elemente bei allen in Betracht kommenden Temperaturen definiert ist, muß die Lösung stets gesättigt sein und daher einen gewissen Überschuß an festen Kristallen von Zinksulfathydrat bzw. Kadmiumsulfathydrat enthalten. Die beiden Elemente sind also ganz analog gebaut; näheres s. unter Clarkelement und Westonelement. Mit der Temperatur ist die EMK der Elemente im allgemeinen etwas veränderlich (ca. 1 Promille beim Clark-, 4 Hunderttausendstel beim Weston-Element). Zur Erzielung größter Genauigkeit werden die Normalelemente bei der Messung in Petroleum eingestellt, dessen Temperatur gemessen wird. Dies ist auch deshalb ratsam, damit sich beide Pole mit Sicherheit auf gleicher Temperatur befinden, da die Temperaturkoeffizienten der einzelnen Pole erheblich größer sind, als derjenige des Elements. Auch dürfen die Elemente nur mit sehr schwachen Strömen benutzt werden, da sie sich bei Stromdurchgang in um so höherem Maße polarisieren, je größer der Strom ist. Die Polarisation wird durch eine Konzentrationsänderung des Elektrolyts an den Polen hervorgerufen und verschwindet erst nach einiger Zeit durch Diffusion. Die Elemente sollen daher nur in Kompensation benutzt werden (s. Kompensator); man gleicht dann vorher ungefähr durch ein Hilfselement ab, damit das Normalelement keinen stärkeren Strom erhält. Das Glasgefäß des Elements besitzt meist die von Rayleigh angegebene H-Form und besteht aus zwei vertikalen Schenkeln, die durch eine horizontale Glasröhre H-förmig verbunden sind; auf dem Boden der Schenkel befinden sich die Elektroden; die Zuführungen zu denselben werden aus eingeschmolzenen Platindrähten gebildet. Die Elemente müssen oben verschlossen sein und sind daher entweder zugekittet oder besser abgeschmolzen. *W. Jaeger.*

Näheres s. Jaeger, Elektr. Meßtechnik. Leipzig 1917.

Normalempfindlichkeit der Galvanometer s. Stromempfindlichkeit.

Normalgewicht, saccharimetrisches, s. Saccharimetrie.

Normalglas heißt 1. ein Glas, das die sog. Normalzusammensetzung hat, d. h. der Molekularformel $Na_2O \cdot CaO \cdot 6 SiO_2$ oder $K_2O \cdot CaO \cdot 6 SiO_2$ entspricht. Gläser, die dieser Formel nahe kommen können als gute angesehen werden. 2. Das Jenaer Normal-Thermometerglas 16^{III}, kenntlich durch einen roten Streifen (s. Thermometerglas).
R. Schaller.

Normalhorizont. Man versteht darunter die Höhenlage jener Niveaufläche, auf welcher man sich ein Triangulierungsnetz ausgebreitet denkt. Ist in dem Netz nur eine Basis gemessen, die ohne weitere Reduktion verwendet wird, so fällt der Normalhorizont mit der Seehöhe der Grundlinie zusammen. Dies ist nur für kleine Länder empfehlenswert.

Enthält das Netz mehrere Basismessungen, so muß man sie alle auf ein gemeinsames Niveau reduzieren, wozu man am besten gleich das Meeresniveau wählt. *A. Prey.*

Näheres s. R. Helmert, Die mathem. und physikal. Theorien der höheren Geodäsie. Bd. II, S. 487.

Normalität von Lösungen. Eine Normallösung enthält im Liter das Äquivalentgewicht der wirksamen Substanz (Salz ohne Kristallwasser, Base, Säure) in Grammen, d. h. die Menge, die sich mit 1 g Wasserstoff umsetzt. Z. B. enthält eine Normalsalzsäure 36,5 g Chlorwasserstoff, eine Normalbarytlösung wegen der Zweiwertigkeit des Ba $^1/_2$ Ba(OH)$_2$ = 85,7 g Ätzbaryt im Liter. Eine 1/n-Normallösung enthält das Äquivalentgewicht wirksamer Substanz in n Litern. Siehe auch Maßanalyse. *H. Cassel.*

Normalkomponente der elektrischen Kraft s. Brechung der elektrischen Kraftlinien und Tangentialkomponente der elektrischen Kraft.

Normalkondensator. Kondensatoren (s. d.), welche als Normal der Kapazität dienen sollen, sind besonders sorgfältig gebaute Luftkondensatoren, bei denen eine Lagenveränderung der Platten oder Zylinder gegeneinander nach Möglichkeit ausgeschlossen sind. Die Platten bestehen meist aus Magnalium, einer sehr leichten Legierung, um das Gewicht des Kondensators nicht zu schwer zu machen. *W. Jaeger.*

Normallampen s. Zwischenlichtquellen.

Normal-Lösung der Radium-Emanation. Um den Gehalt einer Flüssigkeit an Radium-Emanation direkt in Gleichgewichtsmenge (s. d.) zu Radium-Metall angeben zu können, eicht man die zur Messung bestimmten Instrumente (vgl. „Fontaktometer") mit Radium-Normal-Lösungen, das sind solche Lösungen, die eine bekannte Menge Radium und daher eine bekannte Menge Emanation („Gleichgewichtsmenge" nach genügend langem abgeschlossenen Stehen) enthalten. Hat man kein geeichtes Radium-Präparat zur Verfügung, so nimmt man am besten alte Pechblende, von der eine gewogene Menge fein pulverisiert und durch Behandlung mit Salpeter-, Fluß- und Salzsäure in klare Lösung gebracht wird. Da Pechblende auf 1 g Uran $3,33 \cdot 10^{-7}$ g Radium enthält, läßt sich der Ra-Gehalt der Lösung sofort angeben. Für Fontaktometer benötigt man etwa 10^{-8} g Ra. Die Tendenz des Radiums in die schwer löslichen Sulfate überzugehen und in wenig emanierender Form auszufallen, muß durch Salzsäureüberschuß und Zusatz von Bariumchlorid bekämpft werden. Sorgfältiges Auskochen und Reinigen der verwendeten Gefäße sowie überhaupt die Vermeidung aller Verunreinigungen (Staub, Ruß usw.), die als Adsorptionskerne in der Lösung dienen könnten, ist nötig. *K. W. F. Kohlrausch.*

Normal-Null. Niveaufläche, die als Ausgangsfläche für alle in Preußen gemessenen Höhen dient. Sie sollte ursprünglich identisch sein mit der durch den Nullpunkt des Amsterdamer Pegels gehenden Niveaufläche. Ein genaues Präzisionsnivellement ergab jedoch, daß Normal-Null (N.N.) 44 mm tiefer liegt als Amsterdamer Pegel-Null. Zur Festlegung des Normal-Null-Niveaus hatte man 1879 in der Außenwand der Berliner Sternwarte einen Normal-Höhenpunkt in der Höhe von 37,000 m + N.N. angebracht. Als der Abbruch dieses Gebäudes bevorstand, wurde etwa 40 km östlich von Berlin an der Chaussee Berlin-Manschnow eine Gruppe von 5 Normal-Höhenpunkten auf Pfeilern unterirdisch in der Weise festgelegt, daß sich die Pfeileroberfläche jedes Punktes etwa 60 cm unter der Erdoberfläche befindet. Man hofft damit die Lage des Normal-Null-Niveaus mit ausreichender Genauigkeit für absehbarer Zeit fixiert zu haben. *O. Baschin.*

Normalpotential s. Elektrochemie oder Lösungs-druck, elektrolytischer.

Normalquarzplatte s. Saccharimetrie.

Normalspektrum s. Photometrie im Spektrum, Nr. 1.

Normalspule. Induktionsspulen (s. d.), die als Normal der Induktivität dienen sollen, müssen möglichst sorgfältig hergestellt sein und werden meist auf Marmorkerne aufgewickelt, die auf Eisenfreiheit geprüft und nötigenfalls noch mit Paraffin imprägniert sind. Zur Vermeidung des Skineffekts bei höheren Frequenzen wird Litzen-draht verwendet. Die Induktivität läßt sich an-nähernd aus den geometrischen Abmessungen be-rechnen; genauer ist es, sie in der Wechselstrom-brücke durch Vergleich mit einer bekannten Kapazität, die absolut ausgemessen werden kann, zu bestimmen. *W. Jaeger.*

Normaltemperatur eines Maßstabes s. Längen-messungen.

Normalton oder **Kammerton.** Auf der inter-nationalen Stimmtonkonferenz zu Wien im Jahre 1885 wurde als internationaler Normalton, dem sich die Stimmung aller Instrumente usw. anzu-passen habe, das eingestrichene a zu 435 Doppel-schwingungen (vibrations doubles ≡ v. d.) oder 870 Halbschwingungen (vibrations simples ≡ v. s.) festgelegt. Zu seiner Darstellung werden Normal-stimmgabeln angefertigt, welche in Deutschland von der Physikalisch-Technischen Reichsanstalt auf Wunsch geprüft werden. Die rein physikalische Zählweise legt noch heute vielfach das eingestrichene c mit 256 Schwingungen (statt der 261, wie es dem a′ von 435 Schwingungen entspräche) zugrunde. *E. Waetzmann.*

Näheres s. E. A. Kielhauser, Die Stimmgabel. Leipzig 1907.

Normalwiderstände. Das gesetzlich definierte Normal des Widerstandes wird durch die Queck-silbernormale dargestellt (s. d.). Als Normalwider-stände für den praktischen Gebrauch werden da-gegen Einzelwiderstände verschiedenen Betrages benutzt, die aus Manganin bestehen, da sich dieses Material für den betreffenden Zweck nach lang-jährigen Erfahrungen am besten bewährt hat. Das Manganin besteht aus 84 Teilen Kupfer, 12 Teilen Mangan und 4 Teilen Nickel und wird in bester Zusammensetzung von der Isabellenhütte in Dillenburg geliefert. Es zeichnet sich durch einen sehr kleinen Temperaturkoeffizienten (wenige Hunderttausendstel Änderung pro Grad) und eine verschwindende Thermokraft gegen Kupfer aus; nach dem Aufwickeln der Drähte müssen sie noch künstlich gealtert werden, da sie sonst anfänglich starke Veränderungen des Widerstandes zeigen. Die Legierung ist im Prinzip von Weston in Newark vorgeschlagen, in ihrer günstigsten Zu-sammensetzung in der Physikalisch-Technischen Reichsanstalt festgestellt und dort zuerst für Normalwiderstände benutzt worden. Die Drähte werden bifilar auf Messingzylinder gewickelt und sind durch eine Metallhülle geschützt, die oben durch eine Hartgummiplatte geschlossen ist. Die Zuführung des Stroms geschieht durch starke Kupferbügel, an welche der Manganindraht hart angelötet ist. Die Enden der Bügel werden in Quecksilbernäpfe eingehängt oder es sind an ihnen Klemmen befestigt, durch welche der Widerstand definiert ist. Bei kleinen Widerständen, bei denen in der Regel Bänder oder Blöcke aus Manganin verwendet werden, müssen noch besondere Poten-tialzuleitungen angebracht sein, durch welche der Widerstand definiert ist. Äußerlich besitzen die Widerstände meist Büchsenform. Bei genaueren Messungen werden die Widerstände in Petroleum eingestellt, das nötigenfalls gerührt und dessen Temperatur gemessen wird. Der Anschluß der Normalwiderstände an die Widerstandseinheit er-folgt in der Physikalisch-Technischen Reichsanstalt. Vgl. noch Wechselstromwiderstände.

W. Jaeger.

Näheres s. Jaeger, Elektr. Meßtechnik. Leipzig 1917.

Normalzuckerlösung s. Saccharimetrie.

Notsignal. Für See-Nothilfe gilt nach inter-nationalen Vereinbarungen das Zeichen — — — 10 mal hintereinander gegeben, früher das Zeichen s o s. *A. Meißner.*

Nova (neue Sterne). Besondere Gruppe von ver-änderlichen Sternen, die von sehr geringer Anfangs-helligkeit, so daß sie vor dem Aufleuchten meistens unbekannt waren, in kurzer Zeit, wenigen Tagen oder gar Stunden um ein vielfaches an Helligkeit zunehmen (durchschnittlich etwa um 10 Größen-klassen, d. h. eine Helligkeitszunahme von 1 : 10 000). Einzelne dieser waren dann die hellsten Sterne am ganzen Himmel, doch begann ihre Leuchtkraft stets nach wenigen Tagen oder Wochen wieder zu sinken und nach einigen Monaten waren sie dem bloßen Auge entschwunden. Im größten Lichte sind sie rein weiß, werden beim Abnehmen deutlich rötlich und werden schließlich zumeist ein mattes grün-liches Scheibchen, das einem planetarischen Nebel ähnlich sieht. Das Spektrum ist zunächst gewöhn-lich das eines weißen Sternes, dann treten Absorp-tions- und Emissionslinien vor allem von Wasser-stoff und Kalzium unmittelbar nebeneinander auf, so daß die Emissionslinien sich unmittelbar an die weniger brechbaren Teile der Absorptionsbanden anlehnen. Zum Schluß zeigt der Stern das Spektrum eines Wolf-Rayet-Sterns (s. Spektralklassen) oder planetarischen Nebels, die nahe Verwandtschaft zeigen und hat meist einen Durchmesser von mehreren Bogensekunden. Die 4 hellsten Novae der über 40 bisher beobachteten sind:

Name	Zeit des Aufleuchtens	Größte Helligkeit	Entdecker
B Cassiopejae	1572	-5^m	Tycho Brahe
Nova Serpentarii	1604	—4	Brunowski
Nova Persei	1901	0,0	Anderson
Nova Aquilae 3	1918	0,0	Verschiedene

Seeliger erklärte das Aufleuchten dadurch, daß ein relativ kühler Stern in eine Wolke kosmischen Staubes gerate und oberflächlich erhitzt werde. Pannekoek meint, daß der Stern durch irgend eine Katastrophe erhitzt werde und rasch aufflamme, er sich dann adiabatisch ausdehne und wiederum ab-kühle. Es scheint auch 2 Novaetypen zu geben, so daß beide Theorien Anwendung finden können.

Bottlinger.

Näheres s. Newcomb Engelmann, Populäre Astronomie.

Nullinstrumente. Im Prinzip kann jedes Meß-instrument als Nullinstrument dienen, wenn die Meßmethode so eingerichtet wird, daß sich zwei Wirkungen aufheben, so daß das Instrument keinen Ausschlag zeigt. Wird diese Kompensation der Wirkungen in das Instrument selbst verlegt, so entstehen die eigentlichen Nullinstrumente wie z. B. das Differentialgalvanometer und -Tele-phon (s. d.). Zeigerinstrumente, die als Nullinstru-mente dienen sollen, bedürfen nur einer Skala von geringer Ausdehnung. *W. Jaeger.*

Nullkurve, magnetische, s. Magnetisierungskurven.

Numerische Apertur s. Mikroskop.

Nutation s. Präzession.

Nutzeffekt, optischer, eine energetisch-wirtschaftliche Größe, Definition s. Wirtschaftlichkeit von Lichtquellen; s. ferner Energetisch-photometrische Beziehungen, Nr. 2 und 3.

Nutzlast nennt man denjenigen Teil des Flugzeuggewichtes, welcher nicht zur Flugzeugkonstruktion und nicht zum Motor gehört, insbesondere Passagiere, Ladung und Betriebsstoff. Bei den heutigen Flugzeugen beträgt das Gewicht der Nutzlast 30—40% des gesamten Gewichtes. *L. Hopf.*

Nystagmus ist ein eigenartiger Typus von Augenbewegung, bei welchem die Augen, zumeist ohne Wissen der Versuchsperson, in pendelnden Schwingungen um eine Gleichgewichtslage oszillieren. Je nach der Richtung, in der diese Schwingungen erfolgen, wird von einem horizontalen, vertikalen, rotatorischen usw. Nystagmus gesprochen. Die Ursache seiner Entstehung kann sehr verschieden sein. Am bekanntesten ist der in reflektorischer Abhängigkeit vom Labyrinth auftretende Nystagmus, wie er sowohl während der Rotation des sonst unbeeinflußten Tierkörpers um eine beliebige feststehende Achse als nach Sistierung derselben während der Nacherregungsperiode des Labyrinthes besteht. Diese Form des Nystagmus ist dadurch charakterisiert, daß die Phasenge-schwindigkeit für den Hin- und den Rückgang des Auges wesentlich verschieden ist (langsame „Reaktions-" und rasche „Nystagmusphase"). Bei anderen Formen des Nystagmus sowie bei gelegentlich zu beobachtendem willkürlichen Augenzittern handelt es sich dagegen um ein einfaches oszillatorisches Schwingen des Auges ohne derartige Geschwindigkeitsunterschiede. Für die Lehre von der optischen Lokalisation beim Sehen mit bewegten Augen sind diese der Kontrolle des Bewußtseins entzogenen Formen der Augenbewegungen deshalb von Bedeutung geworden, weil gezeigt werden konnte, daß während ihres Bestehens, im Unterschied zu den bewußt vollzogenen Augenbewegungen, ruhigstehende Außendinge entsprechend der Verschiebung ihrer Bilder auf der Netzhaut lebhafte Scheinbewegungen aufweisen, während auf der Netzhaut festliegende dauerhafte Nachbilder keinerlei Scheinbewegung erfahren. Die Lokalzeichen der Netzhaut erfahren unter ihrem Einfluß also offenbar keine der jeweiligen Augenstellung entsprechende Umwertung, wie sie bei bewußten Blickbewegungen erfolgt und die trotz der Verschiebung der Netzhautbilder bestehende Ruhe der Außendinge bewirkt. Eine besondere Stellung nimmt in dieser Beziehung der auf neuropathischer Grundlage oder, wie bei den total Farbenblinden, auf mangelndem Fixationsvermögen beruhende habituelle Nystagmus ein. *Dittler.*

Näheres s. Hering, Beiträge z. Physiol., Heft 1. Leipzig 1861.

O

Oberflächenwellen. Die Oberfläche einer unter dem Einfluß der Erdschwere ruhenden Flüssigkeit stellt sich stets horizontal ein (s. hydrostatischer Druck), dies braucht indessen bei einer in Bewegung befindlichen Flüssigkeit nicht der Fall zu sein. Durch besondere Kräfte bedingte Erhöhungen der Oberfläche rücken vielmehr als Oberflächenwellen auf der Oberfläche fort, wobei die einzelnen Flüssigkeitsteilchen mehr oder minder komplizierte, teils geschlossene, teils nicht geschlossene Bahnen beschreiben.

Bei der Bewegung muß außer der Kontinuitätsgleichung stets die Bedingung erfüllt bleiben, daß die freie Oberfläche eine Fläche gleichen Druckes ist. Außerdem muß am Grunde der Flüssigkeit die Vertikalkomponente der Geschwindigkeit 0 sein. Diese Bedingungen führen bei zweidimensionaler Bewegung zu einem einfachen Ansatz. Wir wählen die x-Richtung horizontal, die y-Richtung vertikal nach oben. Die Erhebungen und Senkungen der freien Oberfläche werden dann das Aussehen einer Reihe von parallelen geradlinigen Kämmen und Furchen darbieten, die senkrecht zur x—y-Ebene verlaufen.

Vernachlässigen wir dann die Wirkung der gegen die Schwerkraft kleinen inneren Reibung und zunächst auch die Kapillarkräfte und nehmen ferner an, daß die Geschwindigkeit q der Flüssigkeitsteilchen so klein sei, daß $\frac{1}{2}$ q² gegen $\frac{p}{\varrho}$ (p Druck, ϱ Dichte) zu vernachlässigen ist, so genügt für das Geschwindigkeitspotential φ nachstehender Ansatz den genannten Bedingungen.

1) $$\varphi = \frac{g\,a}{\sigma} \frac{\cosh k\,(y+h)}{\cosh k\,h} \cos (k\,x - \sigma\,t).$$

Hier sind σ und k durch die Gleichung miteinander verbunden:

2) $$\sigma^2 = g\,k\,\tanh k \cdot h.$$

Die Wellenlänge λ ist gegeben durch

3) $$\lambda = \frac{2\,\pi}{k}.$$

Dann werden die horizontalen und vertikalen Verschiebungen der Wasserteilchen durch die Gleichungen bestimmt:

$$\xi = a \frac{\cosh k\,(y+h)}{\sinh k\,h} \cos (k\,x - \sigma\,t).$$

4) $$\eta = a \frac{\sinh k\,(y+h)}{\sinh k\,h} \sin (k\,x - \sigma\,t).$$

Schließlich ist die Erhebung η_0 eines Punktes (x, 0) der freien Oberfläche über der normalen Höhe gegeben durch

5) $$\eta_0 = a \sin (k\,x - \sigma\,t).$$

In diesen Formeln bedeutet g die Erdbeschleunigung und h die Tiefe der Flüssigkeit von der freien Oberfläche bis zum festen Boden. sinh, cosh, tangh sind hyperbolische Funktionen, für welche bekanntlich die Beziehungen gelten:

$$\sinh \vartheta = \frac{1}{2} (e^{\vartheta} - e^{-\vartheta}), \quad \cosh \vartheta = \frac{1}{2} (e^{\vartheta} + e^{-\vartheta}).$$

$$\tanh \vartheta = \frac{e^{\vartheta} - e^{-\vartheta}}{e^{\vartheta} + e^{-\vartheta}}.$$

a ist die vertikale Amplitude der Wellenbewegung, die von den Anfangsbedingungen abhängt und die ebenso wie λ resp. k jeden beliebigen Wert annehmen kann.

Durch Superposition von Wellen verschiedener Wellenlänge λ und Amplitude a kann nach dem Fourierschen Satze jeder beliebigen Anfangsform der Oberfläche genügt werden, resp. durch die gegebene Anfangsform werden Länge und Höhe der einzelnen harmonischen Wellen bestimmt, in die sich die Wellenbewegung auflösen läßt.

Nach den genannten Gleichungen bewegen sich bei einer einzelnen harmonischen Welle die Wasserteilchen auf geschlossenen Ellipsen, deren beide Halbachsen nach dem Grunde zu abnehmen; die vertikale Halbachse wird am Grunde selbst 0. Die Wasserteilchen bewegen sich auf dem Kamme in Richtung der fortschreitenden Wellen, im Wellentale in umgekehrter Richtung.

Die Fortpflanzungsgeschwindigkeit der Wellen, d. h. die Geschwindigkeit, mit welcher der Kamm einer einzelnen Welle auf der Flüssigkeitsoberfläche fortschreitet, ist durch die Gleichung

$$6) \qquad c = \frac{\sigma}{k} = \sqrt{\frac{g\,\lambda}{2\,\pi}\,\tanh\frac{2\,\pi\,\mathrm{h}}{\lambda}}$$

gegeben.

Ist die Wellenlänge klein gegenüber der Wassertiefe, so wird $\tanh\dfrac{2\,\pi\,\mathrm{h}}{\lambda}=1$ (dies gilt schon mit hinreichender Genauigkeit bei einer Wellenlänge kleiner als die doppelte Wassertiefe), und es wird dann

$$7) \qquad c = \sqrt{\frac{1}{2\,\pi}\,g\,\lambda}.$$

Ist andererseits die Wellenlänge λ im Verhältnis zur Wassertiefe h groß, so gilt angenähert $\tanh\dfrac{2\,\pi\,\mathrm{h}}{\lambda}=\dfrac{2\,\pi\,\mathrm{h}}{\lambda}$ und es wird

$$8) \qquad c = \sqrt{g\,\mathrm{h}}.$$

Im letzteren Falle ist also die Wellengeschwindigkeit nur von der Wassertiefe und nicht von der Wellenlänge, im ersteren Fall nur von der Wellenlänge und nicht von der Wassertiefe abhängig. Es muß folglich der Kamm einer Welle, die sich dem Ufer mit allmählich ansteigendem Grunde nähert, schneller als das Wellental laufen. Dadurch wird die Vorderseite der Welle allmählich steiler und steiler, bis die Welle sich überschlägt und brandet.

Die Abhängigkeit der Wellengeschwindigkeit von der Wellenlänge im tiefen Wasser bringt es mit sich, daß bei einer nichtharmonischen Welle die einzelnen Teilwellen mit verschiedener Geschwindigkeit laufen, so daß sie miteinander interferieren und ihre Form dauernd ändern. Dies führt zum Begriff der Gruppengeschwindigkeit, die streng von der Geschwindigkeit einer einzelnen harmonischen Welle zu sondern ist. Unter der Gruppengeschwindigkeit versteht man die Geschwindigkeit, mit welcher sich eine besondere Phase, z. B. der Kamm einer aus mehreren harmonischen Wellen zusammengesetzten Welle fortpflanzt. Bezeichnen wir die Gruppengeschwindigkeit mit c_g, so gilt die Beziehung

$$9) \qquad c_g = c - \lambda\,\frac{d\,c}{d\,\lambda}.$$

Die Gruppengeschwindigkeit kann kleiner oder größer als die Wellengeschwindigkeit sein. Bei schweren Wellen in tiefem Wasser folgt aus obiger Gleichung für die Wellengeschwindigkeit $c_g = \frac{1}{2}\,c$.

Die Annahme einer kleinen Geschwindigkeit q der Flüssigkeitsteilchen in den Formeln 1—8 ist gleichbedeutend mit der Annahme, daß das Verhältnis $\dfrac{a}{\lambda}$ der maximalen Erhebung der Welle zur Wellenlänge klein ist. Wird diese Annahme fallen gelassen, so ist die Fortpflanzung einer harmonischen Welle ohne Gestaltsänderung nicht möglich. Für tiefes Wasser wurde indessen eine mögliche Form in diesem Falle von Gerstner 1802 angegeben.

Bezeichnet man, wie in den Lagrangeschen Bewegungsgleichungen, mit x und y die Koordinaten eines Wasserteilchens, welches anfangs die Koordinaten a und b besaß, und rechnet man wieder die y-Koordinate senkrecht nach oben, so wählt Gerstner den Ansatz

$$x = a + \frac{1}{k}\,e^{kb}\,\sin k\,(a + c\,t)$$
$$10) \qquad y = b - \frac{1}{k}\,e^{kb}\,\cos k\,(a + c\,t).$$

Hier gilt wieder wie vordem $k = \dfrac{2\,\pi}{\lambda}$, wenn λ die Wellenlänge bedeutet.

Mit diesem Ansatz werden die Geschwindigkeitskomponenten eines Wasserteilchens

$$u = c\,e^{kb}\,\cos k\,(a + c\,t),$$
$$11) \qquad v = c\,e^{kb}\,\sin k\,(a + c\,t).$$

Die Bahnen der Wasserteilchen sind also Kreise, deren Radien mit der Tiefe nach dem Gesetz $r = \dfrac{\lambda}{2\,\pi}\,e^{kb}$ (b ist stets negativ) sehr schnell abnehmen.

Die Bedingung, daß an der freien Oberfläche konstanter Druck herrschen muß, liefert für die Wellengeschwindigkeit die Formel

$$c = \sqrt{\frac{1}{2\,\pi}\,g\,\lambda},$$

also denselben Wert, wie bei langen harmonischen Wellen. In der untenstehenden Fig. 1 sind die stark

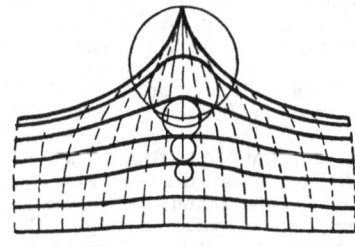

Fig. 1. Oberflächenwellen: Schnitt durch die Flächen gleichen Druckes.

ausgezogenen Linien Flächen gleichen Druckes, die alle freie Oberfläche sein können. Die äußerst zulässige Form ist eine Zykloide, die anderen Kurven sind Trochoiden, welche dadurch erhalten werden, daß man Kreise mit den Radien $\frac{1}{k}$ auf der unteren Seite der Horizontalen $y = b + \dfrac{1}{k}$ rollen läßt, wobei die Abstände der erzeugten Punkte von den entsprechenden Zentren $\frac{1}{k}\,e^{kb}$ sind.

Bei dieser Trochoidentheorie ergibt sich keine wirbelfreie Bewegung, wie sich ohne weiteres aus der Formel 11) für die Geschwindigkeiten u und v ergibt. Es existiert also kein Geschwindigkeits-potential. Das ist aber physikalisch nicht möglich, weil unter der Wirkung der Schwere allein bei Vernachlässigung der inneren Reibung nur Potentialströmungen möglich sind. Die Trochoidentheorie kann daher die wahren Verhältnisse nur angenähert wiedergeben.

Stokes hat diese Theorie verbessert, indem er ein Geschwindigkeitspotential φ annahm, ferner von dem Ansatz 1) für flache harmonische Wellen ausging und die Bedingung konstanten Druckes an der Oberfläche durch fortgesetzte Aproximation zu erfüllen suchte.

Die Gleichung der Wellenfläche für einen gegebenen Zeitpunkt läßt sich dann ausdrücken durch die Formel

$$12) \quad y - \frac{1}{2} k\,a^2 = a\,\cos\,k\,x + \frac{1}{2} k\,a^2\,\cos\,2\,k\,x + \frac{3}{8} k^2\,a^3\,\cos\,3\,k\,x + \dots,$$

wo a jetzt wieder die Wellenamplitude angibt. Das Wellenprofil ist nicht wesentlich von der trochoidalen Form verschieden, wie untenstehende Fig. 2 für $k\,a = \frac{1}{2}$ erkennen läßt. Nach Michell ist die größtmöglichste Amplitude der Wellen dieser Form a = 0,142 λ; die Kämme werden dann

Fig. 2. Wellenprofil.

spitz mit einem Scheitelwinkel von 120°. Die Geschwindigkeit dieser Wellen ist angenähert durch die Formel gegeben

$$13) \quad c = \sqrt{\frac{1}{2\,\pi} g\,\lambda\,(1 + k^2\,a^2)},$$

sie nimmt also mit zunehmender Amplitude etwas zu. Übrigens führen die einzelnen Teilchen dieser permanenten Wellenform keine reinen Schwingungen aus, sondern sie schreiten in Richtung der Wellenbewegung langsam fort, allerdings mit einer nach der Tiefe schnell abnehmenden Geschwindigkeit.

Sind die Wellen kurz im Gegensatz zu den bisher betrachteten Wellen, so daß die Flüssigkeitsoberfläche stark gekrümmt wird, so ist außer der Wirkung der Schwere auch die Oberflächenspannung zu berücksichtigen. Befinden sich also zwei Flüssigkeiten übereinander mit der Dichte ϱ und ϱ_1 und hat die untere Flüssigkeit die Kapillarkonstante α, so ist der Druck in der unteren Flüssigkeit an der Trennungsfläche durch die Gleichung gegeben $p = p_1 + \alpha \left(\frac{1}{\nu_1} + \frac{1}{\nu_2}\right)$, wo ν_1 und ν_2 die Hauptkrümmungsradien der Trennungsfläche bedeuten. Dieser mit der Oberflächenkrümmung veränderliche Druck liefert bei harmonischen Wellen die Wellengeschwindigkeit

$$14) \quad c = \sqrt{\left(\frac{1}{2\pi}\frac{\varrho-\varrho_1}{\varrho+\varrho_1} g\,\lambda + 2\,\pi\,\frac{1}{\varrho+\varrho_1}\frac{\alpha}{\lambda}\right) \tanh \frac{2\,\pi\,h}{\lambda}}.$$

Bei großer Wassertiefe gegenüber der Wellenlänge und bei kleiner Dichte ϱ_1 gegenüber ϱ (z. B. Luft gegen Wasser) reduziert sich die Formel auf

$$15) \quad c = \sqrt{\frac{1}{2\,\pi} g\,\lambda + 2\,\pi\,\frac{\alpha}{\varrho\,\lambda}}.$$

Aus dieser Formel ergibt sich, daß die Geschwindigkeit c bei einer bestimmten Wellenlänge am kleinsten wird. Diese Minimalgeschwindigkeit c_m ist bei Wasserwellen mit $\varrho = 1$ und $\alpha = 74$ gegeben durch $c_m = 23,2$ cm/sec. Diese wird erreicht bei einer Wellenlänge $\lambda_m = 1,73$ cm. Bei kürzeren Wellen überwiegen die Kapillarkräfte, bei längeren die Schwerkraft. Man bezeichnet daher die ersteren als Kapillarwellen, Rippeln oder Kräuselwellen, die letzteren als Schwerewellen. Da bei Kapillarwellen der erste Summand der Gleichung 15) zu vernachlässigen ist, so haben wir für diese die Geschwindigkeit $c = \sqrt{2\,\pi\,\frac{\alpha}{\varrho\,\lambda}}$. Für kurze Kapillarwellen ergibt sich daraus eine Gruppengeschwindigkeit $c_g = \frac{3}{2} c$, die also größer ist als die Geschwindigkeit der Einzelwellen.

Die Abhängigkeit der Wellengeschwindigkeit in Zentimeter pro Sekunde von Wellenlänge und Wassertiefe ergibt sich gemäß den obigen Formeln aus nachstehender Tabelle:

Wellen-länge	Wassertiefe					
	1 m	2 m	5 m	10 m	50 m	100 m
0,1 cm	68	68	68			
0,2 ,,	48	48	48			
0,5 ,,	32	32	32			
1,0 ,,	25	25	25			
1,73 ,,	23,2	23,2	23,2			
5,0 ,,	30	30	30			
10 ,,	40	40	40			
50 ,,	89	89	89			
1 m	125	125	125			
2 ,,	177	177	177			
5 ,,	258	278	280	280		
10 ,,	296	366	394	396	396	
50 ,,	314	440	660	815	883	883
100 ,,	314	443	692	936	1252	1255

Durch die innere Reibung der Flüssigkeiten wird die Ausbildung der Oberflächenwellen nicht merklich beeinflußt, solange es sich um nicht sehr zähe Flüssigkeiten handelt, da die Reibungskräfte gegenüber der Schwerkraft klein bleiben und keine merkliche Wirbelbewegung erzeugen können. Nur in unmittelbarer Nähe des festen Grundes wird die Flüssigkeitsbewegung insofern durch die Reibung abgeändert, als die Tangentialkomponente der Geschwindigkeit ebenso wie die Normalkomponente bis auf 0 abnehmen muß.

Die innere Reibung bedingt indessen eine fortgesetzte Energiedissipation und dadurch eine allmähliche Abnahme der Amplitude a der Wellen, falls diese nicht durch äußere Kräfte unverändert erhalten wird. Die Formel für die Dissipationsfunktion (s. dort) für wirbelfreie Flüssigkeiten $2\,F = -\mu \int\!\!\int \frac{\partial q^2}{\partial n} dS$ liefert für eine harmonische Welle pro Einheit der Wellenoberfläche eine Dissipation $2\,\mu\,k^3\,c^2\,a^2$, wogegen die Wellenenergie pro Flächeneinheit $\frac{1}{2}\,\varrho\,k\,c^2\,a^2$ ist. Die Abnahme dieser Energie in der Zeiteinheit muß gleich der Dissipation sein und daraus ergibt sich eine Abnahme der Amplitude der Welle nach der Formel

$$a = a_0\, e^{-\frac{1}{\tau} t} \text{ wo } \tau = \frac{\lambda^2}{8\,\pi^2\,v}\left(v = \frac{\mu}{\varrho} \text{ der kinemati-}\right.$$

sche Reibungskoeffizient der Flüssigkeit$\Big)$. 16)

τ ist die Zeit, welche vergeht, bis die Wellen-amplitude auf den e-ten Teil abgenommen hat, und man erkennt, daß diese Zeit sehr stark von der Wellenlänge abhängt. Für Wasser von 10° C wird $\tau = 0{,}965\,\lambda^2$, und dieser Wert gibt für 1 m lange Wellen für τ bereits zwei Stunden, für 1 cm lange Wellen weniger als 1 Sekunde. Man erkennt demnach, daß lange Ozeandünung noch lange nach Aufhören des erzeugenden Windes bestehen kann und bei der großen Fortpflanzungsgeschwindigkeit dieser langen Wellen in Gebiete vordringen kann, welche von der Entstehungsstelle weit ab liegen, und an denen ganz andere Windverhältnisse herrschen. Dagegen sieht man kurze Kapillar-wellen nur an der Stelle, an welcher sie erregt werden, und sie verschwinden sofort wieder, wenn die Ur-sache der Erregung aufhört. Ihr Auftreten ist also auf einer Wasseroberfläche stets ein Beweis für vorhandenen Wind.

Als äußere Kraft, welche Wellen auf Wasser-flächen erregt, kommt in erster Linie der Wind in Frage. Daß auch bei gleichmäßigem Winde eine Wasserfläche nicht eben bleiben kann, geht daraus hervor, daß eine derartige Laminarbewegung (s. dort) stets instabil ist. Fragen wir andererseits nach möglichen stabilen harmonischen Wellen, so gehen wir am besten von einem Koordinatensystem aus, dessen Anfang mit der Wellengeschwindig-keit c fortschreitet. Die Flüssigkeitsbewegung er-scheint in einem solchen Koordinatensystem stationär, indem dann Wasser und Luft längs der wellenförmigen Grenzfläche fortschreitet. Bezeich-net in dem bewegten Koordinatensystem U die Geschwindigkeit des Wassers, U' die Geschwindig-keit der Luft, so liefert die Bedingung gleichen Druckes auf beiden Seiten der Grenzfläche die Beziehung

17) $\qquad \varrho\, U^2 + \varrho'\, U'^2 = \frac{g}{k}(\varrho - \varrho') + k\,\alpha.$

Nehmen wir an, daß beim Wehen eines konstanten Windes mit einer Geschwindigkeit w über dem Wasser dieses als Ganzes nicht in merkliche Ge-schwindigkeit gesetzt wird, so ist $U = -c$ und $U' = w - c$, berücksichtigen wir ferner, daß bei tiefem Wasser und langen Wellen $c^2 = \frac{g}{k}$ ist, so ergibt sich $w = 2c$. Es muß demnach zur Er-zeugung gleichmäßiger harmonischer Wellen der Wind die doppelte Geschwindigkeit wie die Wellen besitzen.

Ein Wind mit einer Geschwindigkeit unter 23,2 cm pro Sekunde kann indessen keine Wellen erzeugen, da die Wellen stets größere Geschwindigkeit haben und dem Winde sozusagen fortlaufen würden.

Andererseits ergibt sich, daß eine harmonische Welle $\eta = a \sin k\,(x - ct)$ den Reibungskräften entgegen nur dann durch den Wind aufrecht er-halten werden kann, wenn der Winddruck gegen die Wasseroberfläche der Gleichung genügt

18) $\qquad p = \text{Const} + 4\,\mu\,k^2\,c\cdot a\cdot\cos k\,(x - c\,t).$

Eine konstante harmonische Wellenform ver-langt also eine gleichartige Variation des Wind-druckes gegen die gekrümmte Wasserfläche, und die Wellenamplitude würde sich nach dieser

Gleichung aus dem Maximalwert der Druck-variation ergeben. Da indessen der Winddruck gegen die einzelnen Punkte einer Fläche in kompli-zierter Art von der Flächenform abhängt, sind keine unveränderlichen harmonischen Wellenzüge, selbst bei konstantem Winde, zu erwarten. Be-achten wir noch, daß die leichte Luft eine erhebliche Zeit braucht, um auf das schwere Wasser eine größere Wellenenergie zu übertragen, und daß die Geschwindigkeit des natürlichen Windes dauernden starken Schwankungen unterworfen ist, so versteht man, daß sich die Wellen im Winde in sehr unregelmäßiger Weise ausbilden.

Der Rechnung zugänglicher sind dagegen Wellen, die durch besondere Druckverteilung veranlaßt werden, wie z. B. die Wellen, die durch Werfen eines Steines in eine Wasseroberfläche entstehen. Indessen muß wegen der langen mathematischen Deduktionen auf die ausführlichen Originalarbeiten verwiesen werden. *O. Martienssen.*

Näheres s. Lamb, Lehrbuch der Hydrodynamik. Leipzig 1907.

Oberschwingungen. Alle gradzahligen oder un-gradzahligen Vielfachen der betreffenden Frequenz O. bei Antennen: alle Antennen haben außer der Eigenschwingung Oberschwingungen; am ausge-sprochensten sind sie beim geraden Draht (s. Fig.).

O. von Sendern. a) Maschinensender. Alle Maschinensen-der haben eine ganze Reihe von Ober-schwingungen, deren Amplitude meist ge-ringer als $^1/_{10}$ bis $^1/_{1000}\,{}^0/_0$ derjenigen der Grundschwin-gung ist. Hervor-gerufen sind sie zum Teil durch die Ober-schwingungen, wel-che die Maschine selbst enthält und entweder durch ro-tierende Transfor-matoren (Gold-schmidt) oder durch statische Transforma-toren in den Perioden erhöht werden, so daß in der Antenne dann meist 3—5 oder mehr Ober-schwingungen zu finden sind oder durch große Sättigungen in irgendwelchen Eisenkernen im Kreis. Durch einen einfachen, auf die Antenne abgestimmten Kreis werden hier die Oberschwin-gungen meist fast vollkommen von der Antenne abgeleitet. — Der Lichtbogen zeigt in derselben Art Oberschwingungen. Sie ergeben sich hier durch die eigentümlichen Spitzen in der Bogen-charakteristik. Beim Röhrensender sind die Ober-schwingungen bedingt durch den mehr oder weniger rechteckigen Verlauf des Anodenstromes, insbe-sondere bei fester Kopplung der Röhre mit dem Arbeitskreis. *A. Meißner.*

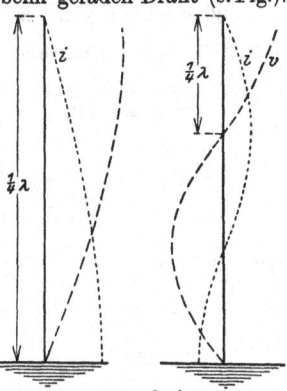

Antennen-Oberschwingungen gerader Drähte.

Obertiden sind Flutwellen, welche den Obeotönen der Akustik analog sind. Sie gehören zu den so-genannten Nebengezeiten. *A. Prey.*

Näheres s. O. Krümmel, Handbuch der Ozeanographie. Bd. II, S. 248.

Obertöne s. Klang.

Objektiv s. Himmelsfernrohr, Mikroskop.

Objektive Ablesung. Gaußsche Spiegelablesung (s. d.), bei der das Bild eines Lichtspaltes oder eines leuchtenden Fadens (z. B. Nernstlampe) auf einer

Skala entworfen wird. Bei der Drehung des Spiegels bewegt sich das Bild auf der Skala. Für die Länge des Lichtzeigers ist der Abstand der Skala von dem Spiegel maßgebend, während die Entfernung der Lichtquelle dafür nicht in Betracht kommt. Im übrigen gelten die gleichen Bemerkungen, wie bei der subjektiven Ablesung (s. d.). *W. Jaeger.*

Objektive Photometrie s. Photometrie, objektive.

Objektive Töne s. Kombinationstöne.

Objektivprisma s. Spektralanalyse der Gestirne.

Oboe s. Zungeninstrumente.

Ökonomie, energetische und technische (nach Lummerscher Bezeichnung), gleichbedeutend mit optischem Nutzeffekt und Lichtausbeute.

Ölkondensator s. Kondensator.

Ogivalgeschosse s. Geschosse.

Ohmmeter. Die Ohmmeter dienen zur direkten Messung des Widerstandes ohne Brücke mittels Zeigerablesung. In einfacher Weise kann hierzu ein Drehspulinstrument (Präzisionsamperemeter) benutzt werden, dessen Skala direkt den Widerstand angibt. Durch einen beigegebenen Normalwiderstand wird durch einen Regulierwiderstand der Zeiger auf eine bestimmte Marke eingestellt. Von der Stromquelle unabhängig sind Instrumente, bei denen eine Differentialmethode in Anwendung kommt. Z. B. besitzt ein Ohmmeter von Hartmann & Braun zwei gekreuzte Spulen in einem inhomogenen Magnetfeld, von denen die eine drehbar aufgehängt ist. Die Art der Stromverzweigung ist derjenigen bei einem Differentialgalvanometer ähnlich. Der Drehungswinkel ist infolge der Inhomogenität des Feldes eine Funktion des Feldstärkeverhältnisses beider Spulen. Einem bestimmten Widerstandsverhältnis zwischen einem eingebauten Widerstand und dem zu messenden entspricht ein bestimmter Drehungswinkel, so daß der Widerstand direkt abgelesen werden kann. *W. Jaeger.*

Näheres s. Handbücher der Elektrotechnik.

Ohmsches Gesetz der Akustik. Es besagt, daß das menschliche Ohr nur eine spezielle Art von Luftschwingungen, nämlich sinusförmige, als einfache Töne empfindet, und jede andere periodische Luftbewegung in eine Reihe pendelförmiger Schwingungen zerlegt, deren jede bei genügender Stärke die Empfindung eines Tones hervorruft (s. Ton, Klang, Klanganalyse). Den Beweis für die Richtigkeit des Ohmschen Gesetzes gab Helmholtz, so daß es oft auch als Ohm-Helmholtzsches Gesetz bezeichnet wird. Es ist eines der Grundgesetze der physiologischen Akustik. Mathematisch liegt ihm zugrunde der Fouriersche Satz, physikalisch die Analyse von Klängen durch Resonanz und physiologisch die Annahme, daß das Ohr einen Resonatorenapparat (s. Resonanztheorie des Hörens) enthält.

Vielfach wird das Ohmsche Gesetz in der Form ausgesprochen, daß das Ohr überhaupt nur sinusförmige Schwingungen als Töne empfinde; das ist eine unerlaubte Erweiterung. Das Gesetz besagt nur, daß eine Luftschwingung sinusförmig sein muß, damit sie weiter nichts als die Empfindung eines einfachen Tones veranlaßt. Vom Standpunkte der Resonanztheorie würde man vermuten, daß auch dann eine einfache Tonempfindung zustande kommen kann, wenn ein Ohrresonator eine nicht sinusförmige Schwingung ausführt. *E. Waetzmann.*

Näheres s. E. Waetzmann, Die Resonanztheorie des Hörens. Braunschweig 1912.

Ohr. Man unterscheidet drei Teile des Ohres, das äußere, mittlere (Trommel- oder Paukenhöhle) und das Innenohr (Labyrinth). Das äußere Ohr besteht aus der Ohrmuschel und dem Gehörgang, der in der Mitte am engsten ist und gegen das Mittelohr durch das Trommelfell abgeschlossen wird. Der Eigenton des Gehörganges liegt in der Gegend von c_4 (2048 Schwingungen) bis c_5, bei manchen Personen auch etwas tiefer.

Das Trommelfell ist eine ungefähr kreisförmige, nach innen trichterförmig eingezogene Membran, welche in einem knöchernen Ringe ziemlich schlaff ausgespannt ist. Über die Eigentöne des Trommelfelles ist noch nichts Sicheres bekannt. Im allgemeinen neigt man zu der Ansicht, daß überhaupt nur ein ausgeprägter Eigenton da ist, und daß dieser sehr tief liegt, etwa in der Gegend von 20 Schwingungen pro Sekunde. Versuche von W. Köhler am Trommelfell des lebenden Menschen haben gezeigt, daß dasselbe beim Erklingen eines Tones plötzlich gespannt wird; jedoch scheint nach den bisherigen Versuchen der Grad der Spannung nur von der Stärke des Tones abzuhängen. Der vertikale Durchmesser des Trommelfelles beträgt etwa 9 bis 10 mm, der horizontale etwa 7,5 bis 9 mm.

Innerhalb der Paukenhöhle befindet sich die Gehörknöchelchenkette, welche die Verbin-

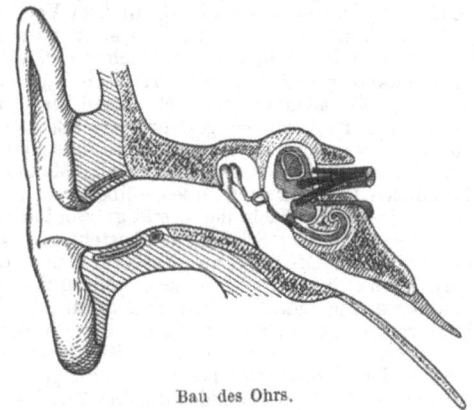

Bau des Ohrs.

dung zwischen dem Trommelfell und dem zum Labyrinth führenden ovalen Fenster herstellt. Von den drei Knöchelchen haftet der Hammer mit dem Stiel am Trommelfell, der Steigbügel steckt mit seiner Fußplatte in dem ovalen Fenster, und der Amboß verbindet Hammer und Steigbügel. Die Fußplatte des Steigbügels füllt das ovale Fenster nicht völlig aus, sondern es bleibt noch ein schmaler, ungefähr ringförmiger Spalt übrig, welcher durch die Fasern eines Bandes verschlossen ist. Hammer und Amboß sind durch ein Sperrgelenk derart miteinander verbunden, daß die Steigbügelplatte in dem sie umgebenden ringförmigen Bande einer Einwärtsbewegung des Trommelfelles vollkommen folgt, einer Auswärtsbewegung aber nicht. Der ganze Paukenhöhlenapparat hat nach Helmholtz die mechanische Aufgabe, die Luftbewegungen von verhältnismäßig großer Amplitude, aber geringer Kraft, welche auf das Trommelfell treffen, in Bewegungen von kleinerer Amplitude, aber größerer Kraft umzuwandeln, weil sonst die verhältnismäßig große Masse des Labyrinthwassers nicht zu genügend starkem Mitschwingen gebracht werden könnte. Die Exkursionen der Steigbügelplatte sollen nicht mehr als etwa $^1/_{10}$ mm betragen. Die Paukenhöhle kommuniziert durch die im Mittel etwa 3,5 cm lange Ohrtrompete (Tuba Eustachii) mit dem Nasen-Rachenraum.

Die im allgemeinen mittels einer sehnigen Membran verschlossene Ohrtrompete wird bei der Ausführung von Schlingbewegungen geöffnet, wodurch etwaige Luftdruckunterschiede zwischen Außenraum und Mittelohr ausgeglichen werden.

Die Labyrinthhöhlung mit einem Volumen von ungefähr 200 qmm wird in den Vorhof, die drei Bogengänge und die Schnecke eingeteilt. Auf letztere, die akustisch der wichtigste Teil ist, entfallen etwa $^3/_5$ des Gesamtvolumens. Die Schnecke ist ein schräg nach vorn und unten gehender, in etwa $2^3/_4$ Windungen spiralförmig gewundener Kanal, an dessen Anfang das nach der Paukenhöhle schauende, mit einer Membran verschlossene runde Fenster liegt, dicht neben dem ovalen Fenster. Der Durchmesser beträgt an der Basis etwa 9, an der Kuppel etwa 1,8 mm. Der Schneckenkanal ist in seiner ganzen Längsausdehnung durch eine quer hindurchgehende, teils knöcherne, teils häutige Scheidewand in zwei fast völlig voneinander getrennte Gänge geteilt, welche nur an der Spitze der Schnecke durch eine kleine Öffnung (Helicotrema) miteinander in Verbindung stehen. Der eine .der beiden Gänge, die sog. Vorhofstreppe (Scala vestibuli) kommuniziert direkt mit dem Vorhofe, in dessen Wand die Steigbügelplatte sitzt, während der andere (Scala tympani) durch die häutige Scheidewand von ihm abgesperrt ist und in das runde Fenster ausmündet, durch dessen Membran er von der Paukenhöhle getrennt ist. Bei einer Einwärtsbewegung des Trommelfelles und damit der Steigbügelplatte muß sich also die Membran des runden Fensters nach außen wölben, was auch durch direkte Beobachtung bestätigt worden ist. Der häutige Teil der Scheidewand besteht aus zwei Lamellen, der Membrana basilaris und der Membrana vestibuli, welche schräg gegeneinander geneigt sind. Die Befestigungslinien beider Membranen an der Innenseite der äußeren Schneckenwand sind durch eine dritte Membran, welche der Schneckenwand dicht anliegt, miteinander verbunden. So bilden die drei Membranen zusammen einen im Querschnitt ungefähr dreiseitigen, spiralförmig gewundenen Kanal, den häutigen Schneckenkanal. Dem Basilarmembran ist aufgelagert das Cortische Organ, ein sehr kompliziertes Gebilde, in welchem sich die Endausbreitungen des einen Teiles des als Nervus acusticus bezeichneten achten Gehirnnervs befinden. Oben am Cortischen Organ liegen die mit feinen Härchen versehenen Hörzellen. Den Härchen gegenüber, ungefähr parallel der Basilarmembran, liegt die ungefähr 0,20 bis 0,23 mm breite Cortische Membran. Eine Nervenreizung soll zustande kommen, wenn die Härchen der Hörzellen gegen diese Membran stoßen.

Die Basilarmembran ist von Helmholtz als ein Resonatorenapparat, d. h. als ein System von verschieden abgestimmten Resonatoren angesprochen worden. Sie ist eine ziemlich straff gespannte elastische Membran, welche aus vielen nur lose zusammenhängenden Radialfasern besteht, so daß ihre Festigkeit in der Längsrichtung nur eine sehr geringe ist, während sie in radialer Richtung einen ziemlich hohen Grad von Festigkeit besitzt. Ihre Länge beträgt etwa 33,5 mm; ihre Breite am Anfang (am ovalen Fenster) etwa 0,04 mm und am Ende (in der Kuppel der Schnecke) etwa 0,5 mm. Die Zahl der Radialfasern ist von Hensen zu etwa 13 000 und von Retzius zu etwa 24 000 angegeben worden.

Die Schwingungen des Trommelfelles werden durch Vermittlung der Gehörknöchelchenkette und letzten Endes der Steigbügelplatte auf die Labyrinthflüssigkeit übertragen. Die Flüssigkeit in dem Vorhofe bzw. den Bogengängen kann den Schallschwingungen nur teilweise bzw. gar nicht folgen. Bei einer Einwärtsbewegung der Steigbügelplatte wird die Flüssigkeit zu der nachgiebigen Membran des runden Fensters gedrängt, da sie nur hier ausweichen kann. Sie kann entweder durch das Helicotrema von der Scala vestibuli nach der Scala tympani zum runden Fenster hin gedrängt werden, oder aber die Druckfortpflanzung geschieht in der Weise, daß die membranöse Scheidewand der Schnecke dem Druck der Flüssigkeit nachgibt. Allem Anscheine nach erfolgt der Druckausgleich fast ausschließlich auf diesem letzten Wege, und das Helicotrema wäre dann nur eine Schutzvorrichtung für die Basilarmembran, indem bei übermäßig starken Schwingungen die Flüssigkeit durch dasselbe abfließen kann und damit zu starke Druckwirkungen auf die Basilarmembran verhindert werden. Diejenigen Fasern der Basilarmembran, deren Eigenperioden mit der Periode der erregenden Schwingung ungefähr übereinstimmen, sollen jetzt zu besonders starkem Mitschwingen kommen, so daß die Härchen der zu ihnen gehörenden Hörzellen die Cortische Membran berühren und damit die Nervenreizung bewirken.

S. Resonanztheorie des Hörens.

Außer auf dem normalen Wege durch Trommelfell und Gehörknöchelchenkette kann der Schall auch durch sog. Knochenleitung zum inneren Ohre gelangen.   *E. Waetzmann.*

Näheres s. K. L. Schaefer, Der Gehörssinn. In Nagels Handbuch der Physiologie des Menschen. 3. Band. Braunschweig 1905.

Okklusion der Emanation s. Emaniervermögen.

Oktavieren s. Pfeifen.

Okular. Das Objektiv eines Fernrohrs oder Mikroskops entwirft ein auffangbares Bild des Gegenstandes, das durch eine zweite Linsen- oder Flächenfolge (das Okular), in deren Brennebene es liegt, wie ein Gegenstand durch eine Lupe, also bei einem normalsichtigen Auge im Unendlichen, beobachtet wird. Da das Instrument verdeutlichend wirken soll, ist der Gesichtswinkel auf der Okularseite größer als auf der Objektivseite, und es kommt deshalb für das Okular nicht so sehr auf Hebung der optischen Fehler in der Achse, sondern auf Hebung des Astigmatismus (unter Umständen auch der Bildfeldwölbung, Verzeichnung, Koma) und der Farbenabweichung in der Vergrößerung an. Doch geben bei Mikroskopen die starken Achromate und die Apochromate eine stärkere Vergrößerung für blaues als für rotes Licht, hier müssen die Okulare also so angefertigt werden, daß sie für sich den entgegengesetzten Fehler haben (Kompensationsokulare).

Wollte man als Okular eine gewöhnliche Lupe verwenden, so würde das von Punkten außer der Achse durch das Objektiv kommende Licht, namentlich bei längerer Brennweite des Okulars, nicht hineinfallen (s. Zeichnung), falls nicht die Lupe einen sehr großen Durchmesser hätte, man ist deshalb genötigt, mehrere Linsen, meist mit großem Abstand hintereinander zu schalten. Die erste (Feldlinse oder Kollektiv) steht in der Nähe der Bildebene und bildet das Objektivbild in nahezu gleicher Größe ab, gleichzeitig aber erzeugt sie ein Bild der Objektivöffnung in der Nähe der zweiten Linse (Augenlinse), so daß auch die von seitlichen Punkten des Gegenstands kommenden Strahlen die letztgenannte, die als Lupe wirkt, treffen.

Hauptsächlich sind drei Formen von Okularen üblich.

1. Ramsdensche Form. Das Kollektiv steht nahe hinter der Bildebene (beim Fernrohr Brennebene) des Objektivs, mit der die Brennebene des Okulars zusammenfällt. Die Augenlinse hat etwa dieselbe Brennweite, die das Okular haben soll, und das Kollektiv steht etwa in ihrem vorderen Brennpunkt. Diese Zusammenstellung kann auf zwei Arten den Farbenfehler heben:

a) wenn das Kollektiv dieselbe Brennweite hat wie die Augenlinse (Ramsden),

b) wenn die Augenlinse achromatisch ist (Kellner).

2. Huygensische Form. Das Kollektiv steht etwas vor der Bildebene, so daß das Bild nicht wirklich zustande kommt, sondern ein verkleinertes Bild näher am Kollektiv, das durch die Augenlinse mit vergrößertem Gesichtswinkel beobachtet wird. Eine Hebung des Farbenfehlers kann man durch

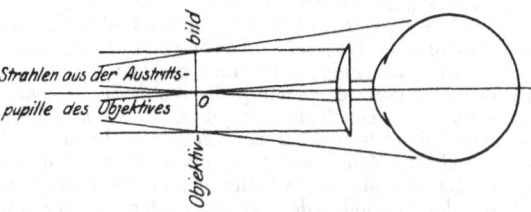

Strahlen aus der Austrittspupille des Objektives

Übersichtsbild für die Beschränkung des Gesichtsfeldes, die bei der Benutzung einer einfachen Lupe als Okular auftreten würde. (Nach M. v. Rohr, Die optischen Instrumente. Aus Natur und Geisteswelt 88. 3. Aufl. 1918, 57, Abb. 35.)

Linsen aus der nämlichen Glasart erzielen, wenn man bestimmte Verhältnisse zwischen Brennweite der Augenlinse, Abstand und Brennweite des Kollektivs auswählt, z. B. das von Huygens angegebene Verhältnis 2:3:4. Die schwächeren Kompensationsokulare haben die Huygensische Form, doch besteht die Augenlinse aus zwei Linsen verschiedener Glasart mit einer Kittfläche.

3. Mittenzweische Form. Eine dreifach verkittete Linse, hinter ihr ohne größeren Abstand eine Augenlinse. Für stärkere Okulare, namentlich Kompensationsokulare.

Bei der ersten und dritten Form kann man in die Brennebene einen Maßstab bringen, durch den man die lineare Größe des Bildes und bei Kenntnis der Brennweite der Vergrößerung des Objektivs die Winkelgröße oder die lineare Größe des Gegenstandes bestimmen kann. Beim Huygensischen Okular muß die Vorrichtung dort angebracht werden, wo das Kollektiv das verkleinerte Bild entwirft.

Da das vom Objektiv entworfene Bild im allgemeinen umgekehrt ist, bieten die hier behandelten Okulare auf dem Kopf stehende Bilder. Über bildaufrichtende Okulare vergl. die Artikel Erdfernrohr und Umkehrprismensystem, auch den Artikel „Holländisches Fernrohr“. Ferner kann man aus den im Artikel „Himmelsfernrohr“ erwähnten Werken von Czapski-Eppenstein und M. v. Rohr näheres über verschiedene Arten von Okularen erfahren.   H. Boegehold.

Okularmikrometer s. Längenmessungen.

Okularrevolver s. Erdfernrohr.

Ondograph s. Kurvenaufnahme.

Opalglas s. Milchglas.

Ophthalmometer sind Instrumente, die zur Ausmessung von Spiegelbildern auf den spiegelnden sphärischen Flächen des Auges (Hornhaut, Linsenflächen) zwecks nachträglicher Berechnung ihres Krümmungsradius konstruiert worden sind, ebensowohl aber auch zur Messung anderer Objekte und Bilder verwendet werden können. Diese Instrumente bedürfen einerseits eines optischen Verdopplungsmechanismus, durch den zwei optische Bilder des zu messenden Gegenstandes erzeugt werden, andererseits eines Kollimationsmechanismus, durch den der gegenseitige Abstand dieser Doppelbilder zum Zwecke der Größenbestimmung in passender Weise verändert werden kann.

1. Im Helmholtzschen Ophthalmometer, dessen Prinzip wesentlich dasselbe ist wie bei dem unter dem Namen Heliometer bekannten astronomischen Instrumente, sind die beiden Mechanismen in einen vereinigt, indem vor das Objektiv eines Fernrohres zwei ganz gleichartige planparallele Glasplatten derart um eine gemeinsame Achse beweglich angeordnet sind, daß sie je eine Hälfte der Objektivöffnung verdecken und man das zu messende Spiegelbild (z. B. einer durch ihre Endpunkte markierten frontalparallelen Strecke, deren Entfernung vom Scheitel der spiegelnden Fläche bekannt ist) durch die Trennungslinie der beiden Glasplatten sieht. Werden die zur optischen Achse des Fernrohres zunächst senkrecht gestellten Glasplatten in eine gleichgroße, aber gegensinnige Winkelstellung zu dieser gebracht, so erfahren die den beiden Glasplatten zugehörigen Bildanteile („Halbbilder“) infolge der schrägen Lichtinzidenz eine Scheinverschiebung in umgekehrter Richtung, so daß sie nun nicht mehr miteinander koinzidieren. Zum Zwecke der Messung wird diejenige Winkelstellung der Glasplatten aufgesucht, bei welcher die nach innen zu gelegenen Grenzpunkte der Halbbilder gerade übereinander fallen, die Halbbilder also gerade um den Betrag einer Bildbreite gegeneinander verschoben erscheinen. Aus der hierzu erforderlichen Winkeldrehung kann an der Hand der elementaren Brechungsgesetze, wenn der Brechungsindex des Glases und die Plattendicke bekannt sind, die Größe des Spiegelbildes berechnet werden. Die Berechnung des Krümmungsradius aus der Größe des Spiegelbildes gestaltet sich, falls letzteres verhältnismäßig klein ist gegenüber ersterem, sehr einfach, da die Größe des gespiegelten Objektes zu seiner Entfernung vom Auge sich dann verhält wie die Größe des Spiegelbildes zum halben Radius (v. Helmholtz). Für relativ große Spiegelbilder verhältnismäßig naher Objekte hat man zu berücksichtigen, daß dann das Spiegelbild nicht um den Betrag des halben Krümmungsradius hinter der spiegelnden Fläche liegt.

2. Im Ophthalmometer von Javal wird (nach dem Vorgange von Coccius) eine unveränderliche Verdopplung des zu messenden Spiegelbildes vermittels eines Wollastonschen Prismas benutzt und die Kollimation zum Zwecke der Messung durch Variation der Lage der Spiegelbilder durch Verschiebung der am Apparat selbst angebrachten leuchtenden Objekte erzielt. Als solche dienen zwei

rechteckige weiße Scheiben, die verschieblich an einem Bogen angebracht sind, dessen Krümmungsmittelpunkt in dem beobachteten Auge liegt. Zur Messung des Krümmungsradius der spiegelnden Fläche wird den Objekten eine solche Lage gegeben, daß die inneren Doppelbilder sich gerade linear berühren. Das bei der Ablesung an der Skala erhaltene Maß ist ein Dioptrienwert D, welcher durch die Gleichung $D = 1000 \frac{n-1}{\varrho}$ bestimmt wird, in welcher ϱ den in Millimeter gemessenen Krümmungsradius darstellt und $n = 1,3375$ ist. Für die absolute Größe der Krümmungsradien liefert der Javalsche Apparat aus konstruktiven Gründen (Gullstrand) keine so exakten Werte wie der Helmholtzsche, dafür ist er zum Nachweis des Hornhautastigmatismus besonders geeignet, da der die leuchtenden Scheiben tragende Bogen um die Achse des Beobachtungsfernrohres drehbar ist und man das Gültigbleiben der für einen Hornhautmeridian gefundenen Objekteinstellung in rascher Folge an beliebigen anderen Meridianen prüfen kann. Für diese Art der Verwendung wird einer der Objektscheiben die Form einer Treppe gegeben, an deren Stufen etwaige Krümmungsabweichungen unmittelbar nach ihrem Dioptrienwert abgelesen werden können.   *Dittler.*

Näheres s. Tigerstedt, Handb. d. physiol. Meth., 3. Bd. 149. 1911.

Ophthalmotrop. Unter dieser Bezeichnung wird ein von Ruete konstruiertes, von Knapp auf etwas einfachere Form gebrachtes stark vergrößertes Modell der beiden Augen und ihres muskulären Apparates verstanden, das den Zweck hat, die Wirkung der einzelnen Augenmuskeln (s. d.) und ihre Beteiligung bei bestimmten Augenbewegungen in anschaulicher Weise zur Darstellung zu bringen. Die beiden künstlichen Augäpfel sind um beliebig einstellbare Achsen um ihren Mittelpunkt drehbar angebracht, so daß mit ihnen jede am Auge vorkommende Bewegung nachgeahmt werden kann. Die Blicklinie, der Augenäquator sowie der vertikale und der horizontale Meridian sind besonders kenntlich gemacht und die Muskeln durch starke seidene Fäden von verschiedener Farbe dargestellt, die an denjenigen Stellen des künstlichen Augapfels befestigt sind, an denen die sechs Augenmuskeln am Bulbus ansetzen. Durch passend angebrachte Rollen und Ösen sind diese Fäden des weiteren so geführt, daß ihr Verlauf jenem der wirklichen Augenmuskeln voll entspricht. Die Fäden werden durch kleine Gewichte gespannt gehalten, die an ihrem freien Ende derart befestigt sind, daß sie bei Primärstellung der Augen alle in genau gleicher Höhe stehen. Werden mit einem oder beiden Augäpfeln Bewegungen um bestimmte Achsen ausgeführt, so ist an der Bewegung der Gewichte ohne weiteres zu erkennen, welche Muskeln aktiv dabei beteiligt sind: ihre Gewichte gehen nach unten. Zugleich ist zu ersehen, daß die antagonistisch wirkenden Muskeln, die sich zuvor in einem Zustand mittlerer Spannung befanden, entsprechend an Tonus verlieren müssen: ihre Gewichte werden gehoben. Die relative Größe der Gewichtsbewegungen gibt unmittelbar ein Maß für das Verhältnis, in welchem die einzelnen Muskeln bei der Augenbewegung im positiven oder negativen Sinne beansprucht werden. Andere Formen des Ophthalmotrops, die mit Rücksicht auf eine besondere Problemstellung in Einzelheiten von dem Rueteschen Modell

abweichen, sind in der Folge mehrfach konstruiert worden.   *Dittler.*

Näheres s. v. Helmholtz, Handb. d. physiol. Optik, III. Aufl., Bd. 3, 1910.

Opposition eines Gestirnes ist die Konstellation, wo seine Länge um 180° von der Sonnenlänge verschieden ist.   *Bottlinger.*

Optik bewegter Körper. Alle astronomischen Erfahrungen zeigen uns, daß das von den Gestirnen ausgehende Licht sich relativ zu dem Inertialsystem, auf das wir bei Anwendung der Newtonschen Mechanik die Bewegungen der Himmelskörper beziehen, nach allen Seiten durch den leeren Raum mit einer bestimmten gleichen Geschwindigkeit c ausbreitet, ganz unabhängig davon, mit welcher Geschwindigkeit sich das aussendende Gestirn im Momente der Aussendung relativ zu diesem Inertialsystem bewegt. Aus der Annahme eines die Welt erfüllenden relativ zum Inertialsystem beständig ruhenden elastischen Mediums, des Äthers, als dessen Wellen das Licht sich auffassen läßt folgt diese Aussage sofort, da die Ausbreitung der Wellen von einer Störung im Äther ausgeht, die gar nichts mit dem Bewegungszustand des störenden Körpers zu tun hat. Aus der Emissionstheorie von Newton würde hingegen folgen, daß sich die Geschwindigkeit der Lichtquelle immer zur Lichtgeschwindigkeit addiert (s. Artikel Relativitätsprinzip nach Galilei und Newton). Unmittelbar wird die Abhängigkeit der Lichtgeschwindigkeit von der Bewegung der Lichtquelle durch die Beobachtungen von De Sitter dargetan. Er fand, daß das von Doppelsternen zur Erde gesendete Licht genau die gleiche Zeit braucht, ob ein solcher Stern sich in der Periode der Annäherung an die Erde oder in der Periode der zunehmenden Entfernung befindet.

Wenn sich nun durch diesen leeren Raum, in dem die gleichförmige Lichtausbreitung erfolgt, irgendwelche materielle Körper bewegen, so entsteht die Frage, wie die Lichtausbreitung dadurch beeinflußt wird. Dieser Versuch wird im großen fortwährend angestellt, da ja die Erde mit ihrer Lufthülle und allen so verschiedenen Stoffarten sich durch den leeren Weltraum mit beträchtlicher Geschwindigkeit bewegt. Lassen wir das Inertialsystem annähernd mit der Sonne zusammenfallen, so bewegt sich die Erde mit einer Relativgeschwindigkeit von ungefähr 30 km/sec, während das Licht relativ zum selben System eine Geschwindigkeit von annähernd 300 000 km/sec. besitzt. Wenn die Lichtausbreitung beim Durchgang durch die bewegte Atmosphäre gar keine Beeinflussung erfährt, so hat ein Lichtstrahl, dessen Absolutgeschwindigkeit (so wollen wir kurz die Geschwindigkeit relativ zum Inertialsystem nennen) durch den Vektor $\mathfrak{C}$ gegeben ist, wenn die Erde eine Absolutgeschwindigkeit $\mathfrak{v}$ besitzt, relativ zur Erde eine Geschwindigkeit $\mathfrak{C}'$, für die sich (s. Artikel Relativbewegung)

1) $\mathfrak{C}' = \mathfrak{C} - \mathfrak{v}$

ergibt. Derselbe Lichtstrahl hat also in bezug auf die Erde eine andere Richtung und Größe der Relativgeschwindigkeit, je nach dem Winkel, den die Richtung der Erdgeschwindigkeit mit der des Lichtstrahles einschließt. Wenn z. B. die Absolutgeschwindigkeit eines Lichtstrahls senkrecht auf der Richtung der absoluten Erdgeschwindigkeit steht, so schließt seine Relativgeschwindigkeit einen Winkel φ mit der absoluten ein, der durch $\operatorname{tg} \varphi = \frac{v}{c}$ gegeben ist, wo c und v die Beträge der Licht-

und Erdgeschwindigkeit sind. Die Richtung, in der das von einem Fixstern kommende Licht ins Auge eines irdischen Beobachters fällt, wechselt also mit der Bewegungsrichtung der Erde, beschreibt also im Jahre einen Kegel vom Öffnungswinkel 2φ. Diese Erscheinung wird nun tatsächlich beobachtet und von den Astronomen Aberration der Fixsterne genannt (s. Artikel Aberration). Das Eintreten der Aberration in dem berechneten Ausmaße bildet also einen Beleg für die zugrunde gelegte Annahme, daß die bewegte Lufthülle der Erde die Absolutgeschwindigkeit der Lichtstrahlen nicht beeinflußt. Gilt nun für die anderen Stoffe der Erde dasselbe wie für die Luft? Wegen der Abhängigkeit der Relativgeschwindigkeit des Lichtes zur Trennungsfläche zweier Stoffe auf der Erde, also des Einfallswinkels von der Orientierung dieser Fläche zur Erdgeschwindigkeit und der Abhängigkeit des Verhältnisses der relativen Lichtgeschwindigkeiten in beiden Medien, also des Brechungsexponenten, von dem Winkel zwischen Lichtgeschwindigkeit und Erdgeschwindigkeit wäre in diesem Falle zu erwarten, daß die Erscheinungen der Brechung des Lichtes eine Abhängigkeit von der Orientierung der Versuchsanordnung (etwa der optischen Bank) zur Richtung der Erdbewegung zeigen. Arago hat im Jahre 1910 einen derartigen Versuch angestellt und aus diesem wie ähnlichen späteren Versuchen hat sich ergeben, daß der vermutete Effekt nicht eintritt, daß also jedenfalls die Voraussetzung falsch ist, die absolute Lichtgeschwindigkeit werde beim Durchgang durch ein beliebiges Medium ebensowenig durch die Bewegung des Mediums beeinflußt, wie das bei der Luft der Fall ist. Deshalb nahm Fresnel zur Erklärung der Aragoschen Versuche an, daß wohl Körper vom Brechungsindex 1 (bei der Luft ist er nur sehr wenig von 1 verschieden) durch ihre Bewegung den Strahlengang nicht beeinflussen, daß aber Körper von höherem Brechungsindex den absoluten Strahlengang um so mehr abändern, je größer ihr Brechungsvermögen ist. Wenn wir die Fresnelsche Hypothese zunächst nur rein als eine Hypothese über die Beeinflussung des beobachtbaren Strahlengangs durch bewegte Körper formulieren, ohne auf die Art einzugehen, wie man diesen Einfluß aus den Vorstellungen über die Natur der Lichtfortpflanzung erklären kann, so nahm Fresnel an, daß sich zum Vektor der absoluten Lichtgeschwindigkeit, wie er ohne Bewegung des Körpers vorhanden wäre, noch ein Bruchteil der Körpergeschwindigkeit (im betrachteten Falle also der Erdgeschwindigkeit) im Sinne der Vektorrechnung addiert. Dieser Bruchteil verschwindet für Körper vom Brechungsindex 1 und steigt mit wachsendem Index beliebig bis zum vollen Werte der Erdgeschwindigkeit. Wenn also $\mathfrak{g}$ der Vektor der Lichtgeschwindigkeit in einem Körper vom Brechungsindex n im Falle der Ruhe ist, also

2) $$\frac{c}{g} = n$$

so wird die absolute Lichtgeschwindigkeit $\mathfrak{g}^*$, wenn der Körper an der Geschwindigkeit $\mathfrak{v}$ der Erde teilnimmt, nach der Hypothese von Fresnel

3) $$\mathfrak{g}^* = \mathfrak{g} + \mu\mathfrak{v}$$

wo μ eine Funktion von n ist und mit wachsendem Argument von null bis eins ansteigt. Sie wird gewöhnlich der „Fresnelsche Mitführungskoeffizient" genannt. Die Geschwindigkeit relativ zur Erde ist dann nach Gleichung 1) $\mathfrak{g}' = \mathfrak{g}^* - \mathfrak{v}$, hat also den Wert

4) $$\mathfrak{g}' = \mathfrak{g} + (\mu - 1)\,\mathfrak{v}.$$

Da alle Brechungserscheinungen sich aus dem Fermatschen Prinzip der kürzesten Lichtzeit ableiten lassen, wollen wir die Zeit berechnen, die ein Lichtstrahl braucht, um auf der Erde eine Strecke von der Länge s zurückzulegen. Diese Zeit ist offenbar, wenn wir den Betrag jedes Vektors mit den entsprechenden lateinischen Buchstaben bezeichnen.

5) $$\tau = \frac{s}{g'}.$$

Wenn wir jede Seite der Gleichung 4) skalar mit sich selbst multiplizieren, erhalten wir

$$g'^2 = g^2 + 2\,(\mu - 1)\,(\mathfrak{g}\mathfrak{v}) + (\mu - 1)^2\,v^2$$

und durch Bildung des reziproken Wertes

6) $$\frac{s}{g'} = \frac{s}{g\sqrt{1 + \dfrac{2\,(\mathfrak{g}\mathfrak{v})}{g^2}\,(\mu - 1) + \dfrac{v^2}{g^2}\,(\mu - 1)^2}}$$

Wir wollen uns nun darauf beschränken, die gesuchte Lichtzeit nicht vollkommen genau zu berechnen, sondern wegen des sehr kleinen Wertes des Verhältnisses von Erdgeschwindigkeit und Lichtgeschwindigkeit (der Wert dieses Verhältnisses $\frac{v}{c}$, bzw. $\frac{v}{g}$ beträgt rund $^1/_{10000}$) uns damit begnügen, die in diesen Verhältnissen linearen Glieder zu berechnen und die höheren Potenzen ihnen gegenüber vernachlässigen. In der ganzen Optik bewegter Körper versteht man immer unter Größen erster Ordnung die in den genannten Verhältnissen linearen Ausdrücke, unter Größen zweiter Ordnung die in ihnen quadratischen usw. Man versteht dann unter einer Wirkung (oder einem Effekt) erster Ordnung der Bewegung eine solche, die durch eine Größe erster Ordnung gegeben ist, und analog definiert man Effekte zweiter Ordnung.

Berücksichtigen wir nun in Gleichung 6) nur die Glieder erster Ordnung, so erhalten wir mit Hilfe der Näherungsformel $\frac{1}{\sqrt{1 + \varepsilon}} = 1 - \frac{\varepsilon}{2}$

7) $$\frac{s}{g'} = \frac{s}{g}\left[1 - \frac{(\mathfrak{g}\mathfrak{v})}{g^2}\,(\mu - 1)\right].$$

Multiplizieren wir beide Seiten von Gleichung 4) skalar mit $\mathfrak{v}$, so ist

8) $$\frac{(\mathfrak{g}\mathfrak{v})}{g^2} = \frac{(\mathfrak{g}'\mathfrak{v})}{g^2} - (\mu - 1)\,\frac{v^2}{g^2}.$$

Bezeichnen wir den Winkel zwischen der Relativgeschwindigkeit des Lichtes $\mathfrak{g}'$ und der Erdgeschwindigkeit mit ϑ, so ist

9) $$\frac{(\mathfrak{g}'\mathfrak{v})}{g^2} = \frac{g'}{g}\,\frac{v}{g}\cos\vartheta$$

Da sich g von g' nur um Größen von mindestens der ersten Ordnung unterscheidet, können wir in Gleichung 9) rechts unter Vernachlässigung der Größen zweiter Ordnung g' durch g ersetzen. Dann ergibt sich aus den Gleichungen 5), 7), 8), 9) für die Lichtzeit, wenn wir noch nach Gleichung 2) den Brechungsexponenten n einführen und nur Größen erster Ordnung beibehalten, der Wert

10) $$\tau = \frac{s}{g} - \frac{s\,v\cos\vartheta}{c^2}\,n^2\,(\mu - 1).$$

Wenn die Erde ruhte, wäre die Lichtzeit $\frac{s}{g}$, der Effekt der Bewegung enthält also Glieder erster Ordnung.

Wir stellen uns nun vor, daß das Licht auf seinem Wege nicht nur einen einzigen Stoff mit dem

Brechungsexponenten n durchsetzt, sondern verschiedene Stoffe mit dem Brechungsexponenten n_1, $n_2 \ldots \ldots n_k$ hintereinander. Die Länge des Weges, die er in diesen verschiedenen Stoffen zurücklegt, sei l_1, $l_2 \ldots \ldots l_k$. Diese Wege werden im allgemeinen auch nicht alle dieselbe Richtung haben, sondern mit der Richtung der Erdgeschwindigkeit, an der ja alle auf der Erde befindlichen Körper teilhaben, Winkel ϑ_1, $\vartheta_2 \ldots \ldots \vartheta_k$ einschließen. Ebenso seien die Mitführungskoeffizienten, die ja nach Fresnel vom Brechungsexponenten abhängen, μ_1, $\mu_2 \ldots \ldots \mu_k$ und die Lichtgeschwindigkeiten für den Fall der Ruhe g_1, $g_2 \ldots \ldots g_k$. Dann ist die Zeit, die das Licht zur Zurücklegung dieses gesamten durch verschiedene Stoffe verlaufenden gebrochenen Weges braucht

$$11) \quad T = \sum_{j=1}^{k} \frac{l_j}{g_j} - \frac{v}{c^2} \sum_{j=1}^{k} l_j \cos \vartheta_j \, n_j^2 (\mu_j - 1).$$

Betrachten wir zwei Punkte auf der Erde, die voneinander die Entfernung L haben und deren Verbindungslinie mit der Geschwindigkeit der Erde den Winkel Θ einschließt. Wir denken uns diese beiden Punkte als Anfang und Ende eines durch verschiedene Trennungsflächen gebrochenen Lichtweges, wie wir ihn eben beschrieben haben. Dieselben beiden Punkte denken wir uns aber auch durch einen anderen gebrochenen Lichtweg verbunden. Die Teilwege, die in den einzelnen Stoffen zurückgelegt werden, seien jetzt l_1', $l_2' \ldots \ldots l_k'$ und die Winkel mit der Erdgeschwindigkeit ϑ_1', $\vartheta_2' \ldots \ldots \vartheta_k'$. Die Lichtzeit für diesen Weg T' ist dann analog zu Gleichung 12)

$$12) \quad T' = \sum_{j'=1}^{k} \frac{l_j}{g_j} - \frac{v}{c^2} \sum_{j'=1}^{k} l_j' \cos \vartheta_j' \, n_j^2 (\mu_j - 1).$$

Da nach dem Fermatschen Prinzip der wirkliche Lichtweg der in der kürzesten Zeit zurückgelegte ist, bilden wir die Differenz $T - T'$ und erhalten

$$13) \quad T - T' = \sum_{j=1}^{k} \frac{l_j - l_j'}{g_j} -$$

$$- \frac{v}{c^2} \sum_{j=1}^{k} (l_j \cos \vartheta_j - l_j' \cos \vartheta_j') \, n_j^2 (\mu_j - 1)$$

Da es bei ruhender Erde auf die Differenz $\sum_j \dfrac{l_j - l_j'}{g_j}$ ankommt, wird durch die Bewegung eine Änderung des relativen Lichtweges hervorgebracht werden, wenn wir über die Abhängigkeit des Mitführungskoeffizienten von n keine besonderen Annahmen machen. Fresnel hat nun gezeigt, daß man eine Annahme machen kann, durch die die Differenz der Lichtzeiten von der Erdgeschwindigkeit unabhängig wird. Er setzt nämlich

$$14) \quad n_j^2 (\mu_j - 1) = \text{Const.} \ldots \ldots$$

Wenn wir jetzt μ als Funktion von n schreiben, so bedeutet das einfach

$$\mu - 1 = \frac{\text{Const.}}{n^2}.$$

Die Konstante muß den Wert -1 haben, weil der Mitführungskoeffizient für Luft (n = 1) verschwinden soll. Wir erhalten so die Fresnelsche Formel

$$15) . \qquad \mu = 1 - \frac{1}{n^2}.$$

Setzen wir diesen Wert in Gleichung 13) ein und berücksichtigen, daß die Projektion beider gebrochenen Lichtwege auf die Verbindungslinie des Anfangs- und Endpunktes denselben Wert hat, also

$$16) \quad \sum_{j=1}^{k} l_j \cos \vartheta_j = \sum_{j=1}^{k} l_j' \cos \vartheta_j' = L \cos \Theta$$

so wird

$$17) \qquad T - T' = \sum_{j=1}^{k} \frac{l_j - l_j'}{g_j}$$

d. h. die Differenz der Lichtzeiten zweier zwischen zwei Punkten der Erde verlaufenden relativen Lichtwege ist, wenn wir nur Größen erster Ordnung berücksichtigen, unter der Fresnelschen Annahme über die Mitführung von der Erdgeschwindigkeit unabhängig. Daraus folgen zweierlei Ergebnisse. Erstens ist ein Lichtweg, der auf der ruhenden Erde ein Minimum der Lichtzeit ist, auch auf der bewegten Erde noch ein Minimum. Die Gesetze der geometrischen Optik gelten also relativ zur Erde, soweit Größen erster Ordnung in Betracht gezogen werden. Der Versuch von Arago ist also gedeutet, da bei geometrisch-optischen Versuchen niemals eine so große Meßgenauigkeit erzielt werden kann, daß Größen höherer als erster Ordnung beobachtet werden können. Zweitens aber sind auch alle Erscheinungen der Interferenz und Beugung, die ja alle nur von der Differenz der Lichtzeiten verschiedener dieselben Punkte verbindender Wege abhängen, von der Bewegung der Erde unabhängig, soweit nur Größen erster Ordnung beobachtet werden. Hingegen bleibt noch die Möglichkeit offen, daß ein Einfluß der Erdbewegung auf die Interferenz vorhanden ist, der von der Größenordnung $\dfrac{v^2}{c^2}$ ist. Ein solcher Einfluß wird durch die Fresnelsche Annahme nicht ausgeschlossen.

Das Zustandekommen der Mitführung erklärt Fresnel mit Hilfe der Ätherhypothese. Der Äther, ein elastisches Medium, dessen Erschütterungen sich wellenartig fortpflanzen, ist außerhalb der ponderablen Körper nach Fresnel in relativer Ruhe aller seiner Teile. Wenn sich ein Körper durch ihn bewegt, so nimmt er den Äther teilweise mit, und zwar um so mehr, je dichter der Äther in ihm ist. Bezeichnen wir nämlich mit ϱ_1, $\varrho_2 \ldots \ldots$ die Dichte des Äthers in den verschiedenen Stoffen, mit w_1, $w_2 \ldots \ldots$ die durch die Erdbewegung mit der Geschwindigkeit v hervorgebrachte Relativgeschwindigkeit des Äthers gegen die betrachteten irdischen Stoffe, so ist wegen der Kontinuität der Strömung $\varrho_1 w_1 = \varrho_2 w_2$.

Da nach der elastischen Lichttheorie in der Fresnelschen Gestalt die Fortpflanzungsgeschwindigkeit der Ätherwellen der Wurzel aus der Ätherdichte verkehrt proportional ist, ist diese Dichte dem Quadrat des Brechungsindexes proportional, also $\dfrac{\varrho_1}{\varrho_2} = \dfrac{n_1^2}{n_2^2}$. Nehmen wir nun an, der zweite Stoff sei Luft ($n_2 = 1$), in der gar keine Mitführung stattfindet ($w_2 = -v$), so ergibt sich $w_1 = -\dfrac{v}{n_1^2}$ und für die Absolutgeschwindigkeit $w_1 + v = \left(1 - \dfrac{1}{n_1^2}\right) v$, also für μ die Fresnelsche Formel Gleichung 15).

Diese nicht sehr befriedigende Ableitung hat H. A. Lorentz durch eine Ableitung auf Grund der elektromagnetischen Lichttheorie ersetzt, indem er den Äther auch innerhalb der ponderablen Körper als ruhend hinnahm und den Teil des Feldes berechnete, der an den im Körper enthaltenen Elektronen haftet. Dieser mitgeführte Teil ergibt dann gerade wieder den Fresnelschen Wert.

Entgegen der Fresnelschen Mitführungshypothese hat Stokes angenommen, daß bei der Bewegung der Erde durch den Äther die irdischen Stoffe unabhängig von ihrer Beschaffenheit den Äther vollkommen mitführen (also $\mu = 1$), daß also die Erdgeschwindigkeit sich überall zur Lichtgeschwindigkeit, wie sie auf der ruhenden Erde wäre, addiert, daß also analoge Verhältnisse herrschen wie beim Schall, wenn die Luft, in der er sich fortpflanzt, mitgenommen wird, wie die Erde tatsächlich ihre Atmosphäre mit sich führt. Dann wird selbstverständlich kein Einfluß der Erdbewegung auf die Lichtfortpflanzung relativ zur Erde wahrnehmbar sein (s. Artikel Relativitätsprinzip nach Galilei und Newton), also auch keine Abhängigkeit der Brechungserscheinungen von der Richtung des Lichtstrahls gegen die Erdgeschwindigkeit, und zwar nicht nur was Größen erster Ordnung betrifft, sondern ganz streng.

Wäre· aber die Stokessche Hypothese richtig, so ließe sich die Erscheinung der Aberration, die ja die durch die Erdbewegung unbeeinflußte, relativ zum ruhenden Äther geradlinige Ausbreitung des Fixsternlichtes beweist, nicht so leicht erklären. Nun hat Stokes aber gezeigt, daß die Krümmung der Lichtstrahlen infolge der Bewegung des Äthers nur durch Wirbel der Ätherbewegung bedingt ist, daß also eine wirbelfreie Ätherbewegung die geradlinige Ausbreitung des Fixsternlichtes nicht stört. H. A. Lorentz konnte aber zeigen, daß eine wirbelfreie Bewegung des Äthers, bei der er an der Erdoberfläche vollkommen mitgeführt wird, mit der angenommenen Inkompressibilität des Äthers in Widerspruch steht. Planck hat daher vorgeschlagen, eine Verdichtung des Äthers an der Erdoberfläche anzunehmen, wodurch die Stokessche Hypothese der vollkommenen Mitführung mit der Aberration vereinbar würde.

Eine direkte experimentelle Entscheidung zwischen der Fresnelschen und der Stokesschen Theorie wird durch den Versuch von Fizeau herbeigeführt (s. Artikel Fizeauscher Versuch). Hier wird ein Lichtstrahl durch strömendes Wasser geleitet, das in der Richtung der Lichtfortpflanzung die Geschwindigkeit v relativ zur Erde hat. Es zeigt sich dabei durch Messung der Lichtzeit mit Hilfe von Interferenzen, daß sich keineswegs, wie es die Stokessche Theorie erfordern würde, die gesamte Strömungsgeschwindigkeit v zur Lichtgeschwindigkeit addiert, sondern nur ein Bruchteil μ v, wobei sich μ aus der Fresnelschen Formel Gleichung 15) bestimmen läßt, wenn wir für n den Brechungsquotienten des Wassers einsetzen. Das Ergebnis dieses Versuches ist also mit der Theorie der vollkommenen Mitführung unvereinbar. Er ist später auch für strömende Luft wiederholt worden und ergab dabei ganz im Sinne der Fresnelschen Formel ($\mu = 0$ für n = 1), daß eine Beeinflussung der Lichtfortpflanzung durch strömende Luft überhaupt nicht stattfindet.

Wenn also die Grundannahme der Fresnelschen Mitführungstheorie gesichert erscheint, so muß sich in ihren Konsequenzen ein wesentlicher Unterschied gegenüber der Stokesschen Theorie herausstellen. Nach Fresnel konnte nur gezeigt werden, daß auf der bewegten Erde die Lichtfortpflanzung relativ zur Erde wegen der Mitführung des Lichtes durch die irdischen Körper so beeinflußt wird, daß relativ zur Erde die Brechungs- und Interferenzerscheinungen keinen Einfluß dieser Erdgeschwindigkeit verraten, soweit Größen erster Ordnung $\left(\text{in } \dfrac{v}{c} \right)$ beobachtet werden, daß aber in den Größen zweiter Ordnung sehr wohl ein solcher Einfluß eintreten kann, während nach der Stokesschen Theorie der vollkommenen Mitführung ein solcher Einfluß exakt ausgeschlossen ist. Eine derartige Versuchsanordnung, bei der an einem Interferenzexperiment auf der bewegten Erde noch Größen zweiter Ordnung beobachtet werden können, stellt der Versuch von Michelson und Morley dar (s. Artikel Michelsonscher Versuch). Das Ergebnis dieses Versuches ist, daß die nach der Fresnelschen Theorie erwarteten Effekte zweiter Ordnung der Erdbewegung in Wirklichkeit nicht eintreten, sondern daß der Einfluß der Erdgeschwindigkeit auf die Lichtfortpflanzung relativ zur Erde auch in den Größen zweiter Ordnung verschwindet, als würde die Stokessche Hypothese richtig sein. Da aber durch den Fizeauschen Versuch die Mitführungshypothese von Fresnel gesichert ist, kann das Ergebnis des Michelsonversuches nicht durch die Annahme der vollkommenen Mitführung, sondern nur durch irgend eine Zusatzannahme zur Fresnelschen Hypothese erklärt werden. Eine derartige Zusatzannahme war die Hypothese von H. A. Lorentz und Fitzgerald, daß sich bewegte Körper in ihrer Längsrichtung verkürzen (s. Artikel Michelsonversuch). Die Aufgabe, die Gesamtheit der notwendigen Zusatzannahmen auf ein einheitliches Prinzip zurückzuführen, hat sich Einstein in seiner Relativitätstheorie gestellt (s. Artikel Relativitätsprinzip nach Einstein).

Außer dem Einfluß der Bewegung der Lichtquelle und des durchleuchteten Körpers auf die Fortpflanzungsgeschwindigkeit des Lichtes wird durch dieselben Ursachen auch eine Beeinflussung der Lichtfrequenz (Schwingungszahl) herbeigeführt, die durch das Dopplersche Prinzip bestimmt wird (s. Artikel Dopplersches Prinzip). *Philipp Frank.*

Näheres s. H. A. Lorentz, The Theory of Electrons, Cap. V. Leipzig.

Optisch aktiv s. Drehvermögen, optisches.

Optische Abbildung s. Gaußische Abbildung.

Optische Aktivität. Unter optisch aktiven Verbindungen werden solche verstanden, die die Ebene des polarisierten Lichtes aus ihrer ursprünglichen Richtung zu drehen vermögen. Der Grund der optischen Aktivität ist in jedem Fall in asymmetrischen Eigenschaften eines oder mehrerer Moleküle des betreffenden Stoffes zu suchen und hat gleichzeitig die Existenz zweier isomerer Formen zur Folge. Diese Isomeren verhalten sich zueinander wie Spiegelbilder (Enantiomorphie, s. Isomerie) und unterscheiden sich optisch dadurch, daß sie die Polarisationsebene um den gleichen Betrag, aber in entgegengesetzter Richtung drehen.

Beim Quarz, $NaClO_3$, $NaJO_4$ usw. beruht die optische Aktivität auf dem asymmetrischen Bau ihres Kristallgitters, ist also an den festen Zustand gebunden und verschwindet in Lösung oder bei chemischen Reaktionen.

Auch bei den Inositen (sechswertige Alkohole von der Formel $C_6H_6(OH)_6$:

$$
\begin{array}{ccc}
\overset{H}{\underset{H}{\text{OH}\!\!<\!\!\genfrac{}{}{0pt}{}{\text{OH}}{\text{H}}\!\!>\!\!\text{OH}}} &
\overset{\text{OH}}{\underset{\text{OH}}{\text{OH}\!\!<\!\!\genfrac{}{}{0pt}{}{H}{H}\!\!>\!\!H}} &
\overset{H}{\underset{\text{OH}}{\text{OH}\!\!<\!\!\genfrac{}{}{0pt}{}{H}{H}\!\!>\!\!\genfrac{}{}{0pt}{}{\text{OH}}{} \!\!>\!\!H}}
\end{array}
$$

ist die optische Aktivität in dem enantiomorphen Bau der beiden Isomeren zu suchen, desgleichen bei den Wernerschen Komplexsalzen des Co, z. B. dem Triäthylen-Kobalti-Chlorid [Co(C₂H₄)₃]Cl₃ oder des Chroms, z. B. dem Trioxalato-Chromiat R₃[Cr(C₂O₄)₃] usw. Bei dieser Art von Verbindungen beruht die optische Aktivität jedoch auf einer Eigenschaft des Moleküls und geht daher bei der Zerstörung des Kristallgitters (z. B. Lösungsvorgang) nicht verloren (wie beim Quarz). Gewisse chemische Reaktionen ändern deshalb auch nur den Betrag der optischen Aktivität, z. B. kann man in dem Triäthylen-Cobalti-Chlorid die Äthylen- durch Methylen- usw. -Gruppen ersetzen, die Halogene können ausgewechselt werden, an Stelle zweier einwertiger Radikale kann ein zweiwertiges treten usw. Es kommt eben lediglich darauf an, daß die Asymmetrie des Moleküls nicht verloren geht.

Als wichtigstes Beispiel einer solchen Reaktion sei auf die Inversion des Rohrzuckers hingewiesen; auch gründet sich ein äußerst bequemes Verfahren, den Prozentgehalt wässeriger Zuckerlösungen an reinem Zucker zu bestimmen auf die Bestimmung des Drehungswinkels (näheres siehe unter Sacharimetrie).

Ein besonders häufiger Fall optischer Aktivität wird nach van't Hoff durch die Asymmetrie bestimmter Zentralatome bedingt. Als solche sind in erster Linie die des Kohlenstoffs zu nennen, ferner die des Schwefels, Selens, Stickstoffs. Die Asymmetrie wird hier dadurch gekennzeichnet, daß sämtliche Valenzen eines Atomes mit verschiedenen Radikalen oder Atomen abgesättigt sind. Die optische Aktivität ist dabei ebenfalls nicht an den festen Zustand gebunden, sondern bleibt im gelösten, bisweilen selbst im gasförmigen Zustande bestehen (Kampfer). Sind in einer Verbindung n ungleichwertige asymmetrische Atome vorhanden, so gibt es 2^n Isomere, die immer paarweise enantiomorph sind, abgesehen von den inaktiven Verbindungen.

Ein inaktives System entsteht z. B. beim Mischen von entgegengesetzt gleichdrehenden Molekülen, da die Drehungen sich dann gegenseitig aufheben. Man bezeichnet ein solches Molekülgemisch, weil es bei der Synthese optisch aktiver Verbindungen fast stets auftritt, mit einem besonderen Ausdruck: Racemat oder racemisches Gemisch. Traubensäure ist z. B. ein Racemat aus rechts und links drehender Weinsäure (d- und l-Weinsäure).

$$
\begin{array}{ccc}
\text{COOH} & \text{COOH} & \text{COOH} \\
| & | & | \\
\text{H--C--OH} & \text{OH--C--H} & \text{H--C--OH} \\
| & | & | \\
\text{OH--C--H} & \text{H--C--OH} & \text{H--C--OH} \\
| & | & | \\
\text{COOH} & \text{COOH} & \text{COOH} \\
\text{d-Weinsäure} & \text{l-Weinsäure} & \text{Mesoweinsäure}
\end{array}
$$

Etwas ganz anderes haben wir in den inaktiven Verbindungen wie wir sie z. B. in der Mesoweinsäure vor uns sehen.

Hier beruht die Inaktivität darauf, daß in dem Molekül selbst zwei asymmetrische Kohlenstoffatome vorhanden sind, die die Polarisationsebene in entgegengesetzt gleichem Betrage, d. h. in Summa gar nicht drehen.

Zwischen dem Racemat der Weinsäure, der Traubensäure, und der inaktiven Mesoweinsäure besteht ein wichtiger Unterschied. Die Traubensäure kann wieder in ihre optisch aktiven Bestandteile zerlegt werden, bei der Mesoweinsäure ist dies natürlich unmöglich.

Optische Antipoden sind in ihren chemischen und physikalischen Eigenschaften fast identisch und unterscheiden sich nur durch ihr Drehungsvermögen und etwa durch physiologische Wirkungen. Zur Trennung von Racematen in ihre links und rechts drehende Komponente bedarf es daher besonderer Methoden, die im wesentlichen durch Pasteur ausgearbeitet worden sind.

1. Läßt man die Lösung des racemischen Gemisches bei einer bestimmten Temperatur (unterhalb des Umwandlungspunktes; s. d.) auskristallisieren, so scheiden sich beide Isomere gesondert voneinander ab. Da sie sich durch ihre spiegelbildähnliche Kristallform voneinander unterscheiden, so können sie einzeln ausgelesen werden. Kann das racemische Gemisch durch Auslesen der einzelnen Bestandteile getrennt werden, so spricht man von einem Konglomerat, treten die entgegengesetzt drehenden Isomeren in eine Verbindung miteinander, etwa nach Art von Doppelsalzen, so bezeichnet man sie als racemische Verbindung.

2. Es gibt Mikroorganismen, die als Nahrungsmittel Moleküle eines der beiden Isomeren bevorzugen. Setzt man derartige Bazillen gewissen Racematen zu, z. B. den Bacillus acidi lactici der inaktiven Milchsäure, so zeigt die Lösung allmählich Rechtsaktivität, da das entgegengesetzte Isomere verzehrt wird.

3. Setzt man einer racemischen Säure eine rechts- oder linksdrehende Base zu, so verbindet sie sich mit beiden Komponenten und es entstehen zwei Arten von Salzen. Diese sind aber nicht mehr enantiomorph und können auf Grund ihrer veränderten Eigenschaften getrennt werden. So kann Traubensäure durch ihr Cinchoninsalz zerlegt werden, da Cinchonin-l-tartrat schwerer löslich ist als Cinchonin-d-tartrat. Aus den getrennten Salzen setzt man dann die Säure wieder in Freiheit.

Margarete Eggert.

Näheres s. H. Landolt, Optisches Drehungsvermögen. Braunschweig 1898.

Optisches Glas heißt alles Glas, das zur Verwendung in optischen Instrumenten bestimmt ist. Es soll sich dem Idealglas so weit wie möglich nähern, d. h. es soll in jeder Hinsicht nach Möglichkeit homogen sein, es soll frei von Schlieren und Spannung sein; an seine Lichtdurchlässigkeit und an seine Widerstandsfähigkeit gegen den chemischen Einfluß der Atmosphärilien werden hohe Anforderungen gestellt.

Der Optiker verlangt eine große Mannigfaltigkeit der Glassorten, die ihm eine Auswahl in der Höhe der Lichtbrechung, in der Höhe der Dispersion und in ihrem Gang in den verschiedenen Abschnitten des Spektrums bietet. Dies setzt eine eben so große Mannigfaltigkeit in der chemischen Zusammensetzung voraus. Optische Gläser weichen darin von den gewöhnlichen Gläsern oft sehr ab. Neben Kali, Natron, Kalk, Bleioxyd spielen Borsäure, Phosphorsäure, Tonerde, Baryt, Zinkoxyd, Antimonoxyd, Fluor eine große Rolle.

Die Rohstoffe müssen möglichst frei von Eisenverbindungen sein; es werden deshalb hier mehr Erzeugnisse der chemischen Industrie verwandt als bei anderen Glasarten. Mineralien genügen nur selten den Anforderungen, jedoch kommt gerade der Hauptbestandteil, die Kieselsäure, in der Natur sehr rein in großen Lagern von diluvialen Quarzsanden vor und wird in dieser Form gebraucht.

Das optische Glas wird in Häfen geschmolzen. Nach dem Läutern wird die Schmelze, um die Schlieren nach Möglichkeit zu entfernen, mit einem Rührer aus Ton bei langsamer Abkühlung gerührt bis sie steif geworden ist. Die Schlieren entstehen in der Hauptsache dadurch, daß sich vom Schmelzgefäß Ton in der Schmelze auflöst. Ihre vollständige Entfernung gelingt nicht, ein beträchtlicher Teil bleibt immer von Schlieren durchsetzt und muß verworfen werden.

Nach Beendigung des Rührens wird der Hafen samt Inhalt aus dem Ofen gefahren und in einen anderen vorher angewärmten Ofen gesetzt, worin er langsam abkühlt. Dabei springen Hafen und Inhalt in Stücke. Die Glasstücke werden einer erstmaligen Prüfung unterworfen und dabei Schlieren und Steine, d. s. nichtglasige Teile, herausgeschlagen. Die gut befundenen Glasbrocken kommen nunmehr in hohle Schamotteformen und werden mit diesen in den Senkofen gebracht, wo sie langsam angewärmt werden, bis die erweichte Glasmasse die Form ausfüllt. Die Brocken werden so zu viereckigen oder runden Platten, auch gleich zu größeren Prismen „gesenkt“.

Vom Senkofen kommen die heißen Senkformen mit ihrem Inhalt in den bis zur Rotglut angeheizten Kühlofen. Durch Drosselung und Regelung der Gaszufuhr senkt man die Temperatur des Kühlofens ganz langsam und gleichmäßig, so daß der Kühlvorgang 4—6 Wochen und noch länger dauert; große Stücke müssen langsamer gekühlt werden als kleine.

Die erkalteten Platten werden nunmehr noch an zwei gegenüberliegenden Schmalseiten zur Durchsicht geschliffen und poliert, dann auf Schlieren und Spannung untersucht. Die Untersuchung auf Schlieren geschieht mit freiem Auge, die Spannung wird im polarisierten Lichte mit Hilfe des Nikols festgestellt. Die Ausbeute an gutem, brauchbarem Glase beträgt bis zu einem Drittel der gesamten Glasmasse.

Die Platten sind nunmehr verkaufsfertig. Der Optiker schneidet davon die Stücke mit der Diamantsäge ab, aus denen er die Linsen schleift (s. auch Lichtbrechung). *R. Schaller.*

Näheres s. Zschimmer, Die Glasindustrie in Jena.

Optische Modifikationen. Die Erscheinung, daß eine organische Verbindung rechts- oder linksdrehend, sowie auch in inaktiven Formen auftreten kann, wurde zuerst von Pasteur 1848 bei der Weinsäure entdeckt. Für jede Verbindung läßt sich, wie van't Hoff 1874 gezeigt hat, aus der Zahl in ihr enthaltener asymmetrischer Kohlenstoffatome die Anzahl der optischen Modifikationen, d. i. der möglichen optischen Isomeren berechnen. Diese möglichen Stereoisomeren sind dann teils inaktive nicht zerlegbare Modifikationen, teils aktive Formen, von denen je zwei zusammengehörige immer optische Antipoden von gleich stark entgegengesetztem Drehungsvermögen darstellen. Je zwei dieser Antipoden führen daher zu inaktiven zerlegbaren Razemmodifikationen. S. auch Antipoden. *Schönrock.*

Optische Nachrichtenmittel s. Signalgeräte, optische.

Optischer Schwerpunkt einfarbiger Lichtquellen. Die Theorie des optischen Schwerpunktes ist zumal

in der Polarimetrie von großer Wichtigkeit. Bei der hohen Genauigkeit, mit der die Drehungswinkel α der Polarisationsebene in Lippichschen Halbschatten-Polarisationsapparaten bestimmt werden können, und mit Rücksicht auf die zumeist starke Abhängigkeit des Drehungswinkels von der Wellenlänge λ ist es erforderlich, sich wohl definierte einfarbige Lichtquellen zu verschaffen. Selbst die sog. homogenen Spektrallinien sind ja meistens aus mehreren Komponenten von verschiedener Intensität zusammengesetzt. Während bei den viel benutzten Linien von Quecksilber, Helium, Kadmium und Zink fast immer eine Hauptkomponente von überragender Intensität vorhanden ist, sind bei den Wasserstofflinien und der so viel gebrauchten gelben Natriumlinie mehrere Komponenten zu berücksichtigen. Hat man für eine solche zusammengesetzte Linie den Drehungswinkel α_0 beobachtet, so kommt es darauf an, die zugehörige Wellenlänge λ_0, eben den optischen Schwerpunkt des benutzten Lichtes, mit entsprechender Genauigkeit anzugeben.

Wie Lippich gezeigt hat, ist der optische Schwerpunkt λ_0 unabhängig von der Größe des Drehungswinkels α_0, sowie von der Rotationsdispersion der untersuchten Substanz. Der Schwerpunkt hängt vielmehr nur von den Wellenlängen und ihren Helligkeitsverhältnissen ab und ist, sobald man diese Größen kennt, leicht folgendermaßen zu berechnen. Das gemischte Licht sei aus den einzelnen Wellenlängen λ_1, λ_2, ... λ_n zusammengesetzt, deren Intensitäten entsprechend i_1, i_2, ... i_n sein mögen. Für irgend eine drehende Substanz seien die zugehörigen Drehungswinkel α_1, α_2, ... α_n. Dann ergibt sich aus der Bedingungsgleichung für gleiche Helligkeit im Gesichtsfelde unabhängig vom Halbschatten die folgende Beziehung:

$$\alpha_0 = \frac{i_1 \alpha_1 + i_2 \alpha_2 + \ldots + i_n \alpha_n}{i_1 + i_2 + \ldots + i_n} = \frac{\Sigma(i\,\alpha)}{\Sigma\,i},$$

woraus folgt

$$\lambda_0 = \frac{i_1 \lambda_1 + i_2 \lambda_2 + \ldots + i_n \lambda_n}{i_1 + i_2 + \ldots + i_n} = \frac{\Sigma(i\,\lambda)}{\Sigma\,i}.$$

Dividiert man Zähler und Nenner z. B. durch i_1, so treten nur noch die Intensitäts-Verhältnisse $\frac{i_2}{i_1}$, $\frac{i_3}{i_1}, \ldots \frac{i_n}{i_1}$ auf. λ_0 kann also direkt durch eine Art Schwerpunktskonstruktion erhalten werden, indem man sich die Endpunkte der auf einer starren Geraden als Abszissen aufgetragenen λ mit Gewichten belastet denkt, welche den i proportional sind; dann ist nämlich nach dem Satze vom statischen Moment der Kräfte der Endpunkt von λ_0 der Schwerpunkt der starren Geraden.

Ist indessen die Helligkeitsverteilung in der Lichtquelle eine solche, daß es nicht mehr erlaubt ist, mit einzelnen Wellenlängen zu rechnen, so muß man die Helligkeitskurve $i = f(\lambda)$ des von λ_1 bis λ_n reichenden Spektrumteiles der betreffenden Lichtquelle bestimmen. Dann wird entsprechend der obigen Gleichung

$$\lambda_0 = \frac{\int_{\lambda_1}^{\lambda_n} i\,\lambda\,d\lambda}{\int_{\lambda_1}^{\lambda_n} i\,d\lambda}$$

die Abszisse des Schwerpunktes der Fläche vom Inhalt $\int_{\lambda_1}^{\lambda_n} i\,d\lambda$. Verändert die verschieden starke

Absorption der zu untersuchenden Substanz merklich die Zusammensetzung des einfallenden Lichtes, so ergibt sich der optische Schwerpunkt aus der Intensitäts-Verteilung, die in dem Lichte nach dem Durchgange durch die drehende Substanz herrscht.

Die folgende Tabelle kann dazu dienen, die mit Natriumlicht ausgeführten polarimetrischen Bestimmungen verschiedener Beobachter unter einander vergleichbar zu machen. Sie enthält die optischen Schwerpunkte λ_0 in Luft von 20° und 760 mm Druck einiger viel benutzten Natriumlichtquellen.

Nr.	Lichtquelle	Reinigung	λ_0 in μ
1	Bunsenflamme mit NaBr	10 cm dicke Schicht einer 9%igen $K_2Cr_2O_7$-Lösung in Wasser	0,59202
2	Bunsenflamme mit NaCl	10 cm dicke Schicht einer 9%igen $K_2Cr_2O_7$-Lösung in Wasser	0,58946
3	Brenner mit NaCl oder NaBr	10 cm dicke Schicht einer 6%igen $K_2Cr_2O_7$-Lösung in Wasser und 1,5 cm dicke Schicht einer Uranosulfatlösung US_2O_8 in Wasser	0,58930
4	Brenner mit Na_2CO_3	vollkommen spektral gereinigt	0,58923
5	Landoltsche Natriumlampe mit NaCl	1,5 cm dicke Schicht einer 6%igen $K_2Cr_2O_7$-Lösung in Wasser	0,58892
6	Bunsenflamme mit NaCl	10 cm dicke Schicht einer 9%igen $K_2Cr_2O_7$-Lösung in Wasser und 1 cm dicke Schicht einer 13,6%igen $CuCl_2$-Lösung in Wasser	0,58889
7	Landoltsche Natriumlampe mit NaCl	ungereinigt (nur zulässig, wenn der Drehungswinkel weniger als 3° beträgt)	0,58804

Bestimmt man z. B. die Drehung einer Quarzplatte mit der Lichtquelle 1 zu 20°, so ist der Drehungswinkel derselben Quarzplatte für die Lichtquelle 6 gleich 20,213°; die Drehungsdifferenz erreicht also damit schon den ansehnlichen Betrag von etwa 1,1 Prozent.   *Schönrock.*

Näheres s. H. Landolt, Optisches Drehungsvermögen. 2. Aufl. Braunschweig 1898.

Optische Superposition s. Asymmetrie, molekulare.

Optogramm s. Sehpurpur.

Optometer s. Scheinerscher Versuch.

Ordnungszahl s. Atomkern, Periodisches System der Elemente und Bohr - Rutherfordsches Atommodell.

Orgel. Die Pfeifen (s. d.) der Orgel sind teils Lippen-, teils Zungenpfeifen. Große Orgeln enthalten bis zu mehreren tausend Pfeifen. Sie sind in Gruppen zusammengefaßt, welche man Register oder Stimmen nennt. Die Stimmen mit Zungenpfeifen werden auch Schnarrwerke genannt. Statt der früher allein bekannten „aufschlagenden" Zungen (s. d.) benutzt man jetzt „durchschlagende", welche einen weniger rasselnden Klang geben.

Zu den wichtigsten Zungenregistern gehören Posaune, Trompete, Oboe, Klarinette und Vox humana. Die Namen der Register entsprechen den Instrumenten, deren Klangfarbe sie durch passenden Bau und Zusammenstellung der Pfeifen nachahmen wollen. Die benutzten Lippenpfeifen sind teils offen, teils gedackt. Die Klangfarbe der Pfeifen hängt noch sehr wesentlich von dem Material (Holz oder Metall), der Form des Rohres (kreisförmiger oder quadratischer Querschnitt usw.),

der Weite desselben und kleinen Änderungen, namentlich der Lippengröße und Lippenform, ab. Die Hauptklangmassen geben die weiten und offenen Prinzipalstimmen, die nur wenige Obertöne haben. Engere, offene Zylinderpfeifen (Geigenprinzipal, Violoncello usw.) klingen im allgemeinen schon schärfer. Konisch nach oben verengt sind die Pfeifen beispielsweise bei den Registern Gemshorn und Spitzflöte. Weite gedackte Pfeifen finden sich in den Registern Flöte, Gedackt usw. In dem Register Rohrflöte ist in den Deckel der gedackten Lippenpfeifen ein beiderseitig offenes Röhrchen eingesetzt, wodurch eine ganz besondere Klangfarbe erzielt wird.

Der Tonumfang der Orgel umfaßt das ganze Gebiet der musikalischen Skala. Für Orgeln mittlerer Größe beträgt er etwa C_2 bis h_4.   *E. Waetzmann.*

Näheres s. C. Locher, Erklärung der Orgelregister. Berlin 1887.

Orometrie. Der Orometrie (Bergausmessung) fällt die Aufgabe zu, die vielgestaltigen Vollformen (s. Geomorphologie) der Erdoberfläche durch einige leicht übersehbare Zahlenwerte zu kennzeichnen und damit deren Vergleichung zu ermöglichen. Zu diesem Zwecke werden für vielfach gekrümmte Linien oder unregelmäßige Flächen Mittelwerte berechnet und so das vielgestaltige Gebirgsmassiv einem Körper von einfacheren Umrißformen gleichgesetzt, dessen Größenverhältnisse einer Berechnung zugänglich sind. Das Ziel der Orometrie ist, diese Idealfigur nach Volumen und äußerer Gestalt dem wahren Gebirgskörper möglichst anzuschmiegen. Über die Berechnungsmethoden der einzelnen orometrischen Grundwerte, wie mittlere Kamm-, Gipfel-, Sattelhöhe, mittlerer Schartung, Talhöhe, Gehängeneigung usw., die schließlich zur Bestimmung der mittleren Höhe und des Volumens des Gebirgsblockes führen, ist bisher noch keine völlige Einigung erzielt worden. Da zudem die, der Berechnung zugrunde gelegten Einzelwerte zumeist aus Karten entnommen werden müssen, so hängen die gewonnenen Resultate in hohem Maße von Art und Maßstab der benutzten Karten, sowie von der angewandten Berechnungsmethode ab. Die Ergebnisse sind daher im allgemeinen nicht unmittelbar miteinander vergleichbar.   *O. Baschin.*

Näheres s. K. Peucker, Beiträge zur orometrischen Methodenlehre. 1890.

Orthometrische Korrektion s. Höhenmessung.

Orthotroper Körper, ein im reflektierten oder durchgelassenen Licht proportional cos i leuchtender Körper s. Photometrische Gesetze und Formeln, Nr. 7 und 8.

Ortsbestimmung, magnetische, s. Landesaufnahmen, magnetische.

Ortssucher s. Peilempfänger.

Osmotischer Druck s. Lösungen.

Ostwalds Gesetz s. Verdünnungsgesetz.

Oszillator, Anordnung zur Erzeugung von Schwingungen oder überhaupt schwingendes System. Die Bezeichnung Oszillator ist besonders üblich für Erreger von kurzen elektrischen Schwingungen, siehe dafür Hertz-, Righi-, Blondlot-, Colley-, Mie-Oszillator, für Erregung von langsamen elektrischen Schwingungen siehe Vreeland-Oszillator, ferner auch Sender aller Arten, wie Markoni-, Braun-, Funken-, Stoß-, Ton-, Löschfunken-, Lichtbogen-, Poulslampen-, Maschinen-, Röhrensender.   *H. Rukop.*

Oszillator, einfachstes elektromagnetisches Gebilde, bestehend aus einem um seine Ruhelage linear schwingenden, quasi elastisch gebundenen Teilchen, von Planck in seiner Strahlungstheorie (s. d.) ausschließlich benutzt. Nach der I. Fassung der Quantentheorie kann die Energie des linearen Oszillators nur ganzzahlige Vielfache von h ν betragen (ν Eigenfrequenz des Oszillators, h Plancksches Wirkungsquantum), dementsprechend kann seine Strahlungsemission und -Absorption nur *unstetig* erfolgen. Im Gegensatz zum II. Postulat der Bohrschen Theorie der Spektrallinien (s. d. und Bohrsche Frequenzbedingung) sollte der Oszillator nicht nur den Energiebetrag h ν, sondern auch *ganzzahlige Vielfache* desselben emittieren können. Nach der II. Fassung der Planckschen Theorie hingegen soll die Absorption des Oszillators *stetig* erfolgen, seine Emission dagegen nur dann einsetzen können, wenn seine Energie ein ganzzahliges Vielfaches von h ν gerade erreicht. Bei der Verallgemeinerung der Quantentheorie auf Systeme von mehr als einem Freiheitsgrade hat Planck später u. a. auch Oszillatoren von 2 und 3 Freiheitsgraden (räumliche Oszillatoren) betrachtet. *A. Smekal.*

Näheres s. Planck, Theorie der Wärmestrahlung. IV. Aufl. Leipzig 1921.

Oszillator s. Schwingunsgkreis.

Oszillierende Entladung s. Entladung.

Oszillierender Zähler s. Elektrizitätszähler.

Oszillograph. Die Oszillographen sind Apparate zur Beobachtung und photographischen Aufnahme der Strom- und Spannungskurven von Wechselstrom. Hierzu sind auch die Glimmlichtoszillographen und die Braunsche Röhre zu rechnen (s. d.). Die elektrodynamischen Oszillographen bestehen in der Hauptsache aus einem Vibrationsgalvanometer (Nadel- oder Schleifengalvanometer) von im allgemeinen sehr kleiner Schwingungsdauer und starker Dämpfung, wobei bestimmte Bedingungen erfüllt sein müssen, damit die aufzunehmende Kurve möglichst wenig verzerrt wird. Es handelt sich dabei um das Problem der durch einen Wechselstrom erzwungenen Schwingungen, das für den Oszillographen besonders von Blondel eingehend behandelt worden ist. Die Dämpfung, welche nahe den aperiodischen Grenzzustand herbeiführen soll, wird meist durch Eintauchen des beweglichen Systems in Öl erzeugt. Wegen der geringen Trägheit, die das schwingende System infolge der kurzen Schwingungsdauer nur besitzen darf, können nur sehr kleine Spiegel verwendet werden, wodurch eine gewisse Schwierigkeit entsteht. Nach Orlich genügt es für viele Fälle, wenn die Eigenschwingung des Systems etwa $1/50$ von der Frequenz der aufzunehmenden Grundwelle entspricht. Um gleichzeitig Strom- und Spannungskurve sichtbar zu machen, werden in der Regel die Apparate mit zwei Galvanometern gebaut, die das Bild der Kurven gleichzeitig entwerfen. Weitere Einzelheiten s. unter Nadel- und unter Schleifenoszillograph. Vgl. auch den Rheograph von Abraham, bei dem das Galvanometer eine größere Schwingungsdauer besitzt. *W. Jaeger.*

Näheres s. Orlich, Aufnahme und Analyse von Wechselstromkurven. Braunschweig 1906.

Oxydation. Unter Oxydation versteht man die chemische Bindung von Sauerstoff. Die Umkehrung dieses Vorganges heißt Reduktion. Der Oxydationsprozeß erfordert also das Zusammenwirken zweier Stoffe, eines Oxydationsmittels, welches

Sauerstoff abspaltet, außer dem reinen Sauerstoff selbst z. B. Ozon, Wasserstoffperoxyd, Salpetersäure, Kaliumpermanganat und viele andere Substanzen, sowie eines Reduktionsmittels, welches den Sauerstoff aufnimmt wie die meisten Elemente im reinen Zustande und insbesondere die Wasserstoff enthaltenden Verbindungen z. B. Ammoniak, Kohlenwasserstoffe und unter Einwirkung hinreichend starker Oxydationsmittel auch Wasser, Chlorwasserstoff, schweflige Säure u. v. a. Die Oxydation erfolgt als chemischer Vorgang in stöchiometrischem Verhältnis der Verbindungsgewichte und vielfach in mehreren Stufen. So oxydiert Kohlenstoff zu Kohlenoxyd oder zu Kohlensäure, womit indessen über die Reihenfolge, in der diese Stufen der Oxydation tatsächlich durchschritten werden, nichts ausgesagt werden soll. Die verschiedenen Oxyde der Metalle entsprechen ihrer verschiedenen Wertigkeit, Eisen z. B. oxydiert zu zweiwertigem Eisenoxydul und weiterhin zu dreiwertigem Oxyd. Im erweiterten Sinne des Wortes nennt man Oxydation jede Verbindung eines Metalles mit einem Metalloid und ganz allgemein die Verbindungsbildung aus den Elementen überhaupt, wobei diese als Oxydations- oder Reduktionsmittel aufgefaßt werden je nachdem ihre Ordnungszahl im periodischen System (s. d.) größer oder kleiner ist. So gilt die Verbindung von Kupfer mit Schwefel oder von Zink mit Chlor als Oxydation, ferner aber auch jeder Übergang von niederer zu höherer Wertigkeit z. B. von Zinnchlorür $SnCl_2$ zum Chlorid $SnCl_4$. Insbesondere faßt man in der Elektrochemie die Bildung der Elektrolyte als Oxydation auf. Da nun die Metalle im Zustande der elektrolytischen Dissoziation als Ionen mit positiver elektrischer Ladung behaftet sind, so beruht das Wesen der Oxydation hiernach in der Aufnahme positiver Elektrizität, z. B. beim Übergang von Ag zu Ag-Ion oder in der Vermehrung derselben bei Erhöhung der Wertigkeit z. B. beim Übergang von Hg· zu Hg·· oder in der Verminderung der negativen Ladung z. B. beim Übergang von 2 J′ zu J₂.

Die Stärke eines Oxydationsmittels bzw. Reduktionsmittels in wässeriger Lösung wird durch die elektromotorische Kraft gemessen, welche eine Vergleichselektrode, z. B. eine Wasserstoff-Normalelektrode (s. d.) gegen eine in solche Lösung eintauchendes platiniertes Platinblech hervorruft. Handelt es sich z. B. um eine Lösung von Ferro- und Ferrisalz, so besteht der den Strom erzeugende Vorgang in der Lösung von Wasserstoff zu Wasserstoffionen und in der Reduktion von Ferriionen oder in der Umkehrung dieser Reaktion nach dem Schema:

$$H_2 + 2\,Fe^{\cdots} \rightleftarrows 2\,H^{\cdot} + 2\,Fe^{\cdots}.$$

Unter der Voraussetzung, daß die Lösung hinreichend verdünnt ist, ist die Affinität dieses Prozesses durch die Formel bestimmt:

$$2\,EF = 2\,E_0F + RT\ln\frac{C_{H_2} \cdot C^2_{Fe^{\cdots}}}{C^2_{H^{\cdot}} \cdot C^2_{Fe^{\cdots}}}.$$

Hierin bedeutet $\dfrac{RT\ln}{2\,F}\dfrac{C_{H_2}}{C_{H^{\cdot}}} = 0$ das Potential

der Wasserstoffnormalelektrode, $E_0 + \dfrac{RT}{F}\ln\dfrac{C_{Fe^{\cdots}}}{C_{Fe^{\cdots}}}$

die Potentialdifferenz der Oxydationselektrode gegen die Lösung. Diese Größe wird das Oxydationspotential der Ferri-Ferrolösung genannt.

Verändert man den Partialdruck des Wasserstoffs, so muß sich stets ein Zustand erreichen lassen, für den die EMK der Kette Null wird, in dem also Gleichgewicht herrscht. Die Oxydationselektrode erscheint demzufolge in ihrer Wirkung einer Wasserstoffelektrode von entsprechendem Partialdruck vollkommen gleichwertig. Die Oxydationselektrode ist also jedenfalls in wässeriger Lösung als eine Wasserstoffelektrode aufzufassen, deren Partialdruck durch die oxydierende bzw. reduzierende Kraft der Lösung gegeben ist. Je stärker das Oxydationsmittel wirkt, um so kleiner ist dieser Partialdruck und umgekehrt. Da die höherwertigen Metallionen im allgemeinen zur Bildung von Hydroxyden neigen, wodurch die Konzentration freier Metallionen herabgesetzt wird, so muß Zusatz von Säuren die oxydierende, von Basen die reduzierende Wirkung erhöhen.

H. Cassel.

Näheres s. F. Förster, Elektrochemie wässeriger Lösungen. Leipzig 1915. M. Le Blanc, Lehrbuch der Elektrochemie. Leipzig 1920.

P

Paläogeographie. Die Geographie der verflossenen Perioden der Erdgeschichte seit der Trennung von Festland und Wasserhülle unseres Planeten. Ihre Aufgabe ist in erster Linie die Ermittlung der Verteilung von Land und Meer während der einzelnen geologischen Perioden (s. Geologie), dann aber auch die Feststellung des Verlaufes der damaligen Gebirge (Paläoorographie) und Flüsse (Paläohydrographie), des Klimas (Paläoklimatologie), sowie der geographischen Verbreitung von Lebewesen (Paläobiogeographie). Die Methoden der paläogeographischen Forschung sind hauptsächlich die geologische (petrographische und paläontologische) und die biogeographische. Die Ergebnisse finden ihren Niederschlag u. a. in paläogeographischen Landkarten, welche aber nicht etwa die Umrisse der Kontinente und Meere zu einer bestimmten Zeit darstellen, vielmehr nur in großen Zügen ein übersichtliches Bild der Bedingungen entwerfen, die in der entsprechenden geologischen Epoche vorhanden waren.

O. Baschin.

Näheres s. Th. Arldt, Handbuch der Paläogeographie. Bd. I. 1917—1919.

Pankratisches Fernrohr s. Erdfernrohr und Zielfernrohr.

Panoramafernrohr s. gebrochene Fernrohre.

Panzergeschosse s. Geschosse.

Papierkondensator s. Kondensator.

Parabolspiegel s. Scheinwerferspiegel.

Parallaxe, scheinbare Ortsveränderung eines Körpers infolge Ortsveränderung des Beobachters.

Unter Parallaxe von Körpern des Sonnensystems versteht man die größtmögliche scheinbare Ortsveränderung des betreffenden Gestirnes von verschiedenen Teilen der Erdoberfläche, bezogen auf den Erdmittelpunkt, mit anderen Worten den Winkel, unter dem der Erdhalbmesser vom betreffenden Gestirn erscheint.

Von großem Interesse war von jeher die Sonnenparallaxe. Da nun sämtliche Entfernungen innerhalb des Sonnensystems durch das dritte Keplersche Gesetz miteinander verknüpft sind, bedient man sich zur Bestimmung der Sonnenparallaxe, d. i. nichts anderes als die Bestimmung der astronomischen Längeneinheit, der Entfernung Erde—Sonne, im metrischen Maßsystem, indirekter Methoden, Messung der Parallaxe erdnaher Planeten oder der Vorübergänge der Venus vor der Sonne. Die erste zuverlässige Bestimmung wurde bei dem Venusdurchgang 1761 gemacht und lieferte den Wert 8,5″ bis 10,5″. Jetzt bedient man sich nur noch der der Erde nahekommenden Planeten, vor allem des auf etwa $1/_7$ astronomische Einheit sich nähernden Eros, um die Parallaxe trigonometrisch zu finden.

Man hat auch, nachdem die Lichtgeschwindigkeit im Laboratorium genau gemessen war (also im metrischen System), diese mit der aus den Verfinsterungen der Jupitersmonde abgeleiteten verglichen und daraus die Sonnenparallaxe bestimmt. Ebenso durch Verfolgung der Radialgeschwindigkeit eines ekliptiknahen Sternes während des Jahres. Nach allen verschiedenen Messungen kann man die Sonnenparallaxe jetzt zu 8″,80 annehmen.

Die Fixsternparallaxe ist der Winkel, unter dem der Erdbahnhalbmesser vom betreffenden Stern aus gesehen wird. Infolge der Erdbewegung beschreiben die Sterne am Pol der Ekliptik einen Kreis, dessen Halbmesser die Parallaxe ist, in einer beliebigen ekliptischen Breite β eine Ellipse, deren große Achse parallel zur Ekliptik liegt und stets gleich der Parallaxe π, dessen kleine Achse $\pi \sin \beta$ ist.

Die erste Messung einer Fixsternparallaxe gelang Bessel in den Jahren 1837—1838 an dem Doppelstern 61 Cygni, für den er die Parallaxe $\pi = 0,31''$ fand.

Meistens wird die Parallaxe photographisch oder mikrometrisch derart bestimmt, daß man den betreffenden Stern an schwache Sterne seiner Umgebung anschließt, von denen man annehmen kann, daß sie praktisch unendlich weit entfernt sind. Man nennt dies die relative Parallaxe und muß noch einen plausiblen Wert für die Parallaxe der Vergleichsterne aufsuchen, um die absolute Parallaxe zu erhalten. Ist der Vergleichstern näher, was gelegentlich vorkommt, so ergibt sich eine negative Parallaxe. Absolute Parallaxen dadurch zu messen, daß man den Parallaxenstern an einen anderen um 90° abstehenden Stern, der gerade keine parallaktische Verschiebung zeigt, anschließt, ist bisher noch nicht gelungen. Die Parallaxenmessung ist sehr schwierig. Parallaxen unter 0″,1 sind unsicher und solche unter 0″,03 sind illusorisch.

Die 10 Sterne, deren Parallaxen 0″,30 überschreiten, sind nebst Eigenbewegung, Größe, absoluter Helligkeit und Spektraltyp in folgender Tabelle angeführt.

Es gibt noch andere Methoden der Parallaxenbestimmung, die stets auf irgend einer besonderen Hypothese beruhen. Kapteyn hat aus den Eigenbewegungen und der parallaktischen Bewegung der Sterne, d. h. dem Teil der Eigenbewegung, der durch die Bewegung der Sonne durch den Raum verursacht wird, für bestimmte Größenklassen parall-aktische Mittelwerte aufgestellt, die für die Stellar-astronomie von größter Bedeutung sind.

Ferner gibt es Gruppen von Sternen, deren be-kannteste die Bärengruppe ist, die sich parallel und gleichförmig durch den Raum bewegen, also per-spektivisch in einen Punkt konvergieren müssen. Aus der Translationsgeschwindigkeit, die sich aus der Radialgeschwindigkeit ableitet und aus der Größe der Eigenbewegung findet man für diese Sterne sehr genaue Parallaxenwerte, wo die jährliche Parallaxe schon unmeßbar klein geworden ist.

Stern	Parallaxe	Eigen-bewegung	Größe	Helligkeit Sonne = 1	Spektrum	Be-merkungen
α Centauri .	0,76″	3,66″	0,3^m	{ 2,0 { 0,6	G K 5	}Doppel-stern
Proxima Centauri.	0,76	3,76	11,0	0,00014	M b	
Barnards Pfeilstern	0,62	10,27	9,4	0,00038	M b	
Lalande 21185 ...	0,40	4,77	7.6	0,009	M a	
Sirius	0,38	1,32	—1,6	30.—	A	Doppel-stern
τ Ceti	0,33	1,93	3,6	0,50	K	
CZ. 5ʰ 243 .	0,32	8,70	8,3	0,007	G bis K	
Prokyon ..	0,32	1,25	0,5	9,7	F 5	Doppel-stern
ι Eridani..	0,31	1,00	3,3	0,79	K	
61 Cygni ..	0,31	5,25	5,6	0,10	K 5	Doppel-stern

Eine neue Methode sog. spektroskopischer Par-allaxen ist noch in Ausarbeitung. Kohlschütter und Adams fanden, daß bei Sternen gleicher Spektralklasse aber verschiedener absoluter Leucht-kraft kleine Verschiedenheiten in der Intensitäts-verteilung der Spektrallinien vorhanden sind. Es ist ihnen dadurch gelungen, aus dem Spektrum allein für die absolute Helligkeit und damit für die Parallaxe plausible Werte zu finden. Die Methode wird vielleicht in nächster Zeit sehr viel leisten.

Bottlinger.

Parallelarbeiten elektrischer Generatoren. In früheren Zeiten das Unvermögen, Generatoren sehr großer Leistung zu bauen, heute der Wunsch, wenigstens eine gewisse Reserve für den Fall von Betriebsstörungen zu besitzen, führten bzw. führen dazu, daß der Energiebedarf eines Netzes bei Voll-last in den seltensten Fällen von einem einzigen Generator gedeckt wird. Die Serienschaltung mehrerer Generatoren hat nur bei relativ wenigen Gleichstrom-Hochspannungszentralen für Kraft-verteilung praktische Bedeutung erlangt. Die ganz überwiegende Mehrzahl der Elektrizitätswerke arbeitet mit reiner Parallelschaltung, die für alle Wechselstromsysteme von Anfang an die Regel war und ist.

Die Möglichkeit, beliebig viele Gleichstrom-Nebenschlußgeneratoren völlig analog wie galva-nische Elemente parallel arbeiten zu lassen, ist von Edison zuerst praktisch bewiesen worden, obgleich sie damals infolge unklarer Vorstellungen und falscher Beobachtungen theoretisch stark ange-zweifelt wurde. Jede Gleichstrom-Dampfdynamo, die magnetisch stabil (siehe „Leerlaufcharakteristik der Gleichstrommaschinen"!) und mit einem Regu-lator versehen ist, der den zuerst von Wischne-gradsky erschöpfend behandelten allgemeinen Bewegungsgleichungen einer unter dem Einfluß eines selbsttätigen Reglers stehenden Kraftmaschine ge-

nügt, kann mit Hilfe ihres von Hand oder auto-matisch betätigten Nebenschlußreglers beliebig belastet oder entlastet werden ohne irgendeine Störung im Netz. Verstärkung der Erregung bedeutet für eine zunächst leerlaufend bei Normal-spannung angeschlossene Maschine Erhöhung der induzierten Spannung und damit auch der Energie-abgabe, da infolge der hierbei sinkenden Umlauf-zahl der Regler die Dampfzufuhr vermehrt, bis der neue Gleichgewichtszustand erreicht ist. Nur im Falle weniger, unter sich sehr ungleicher Gene-ratorsätze kann es beim Zu- bzw. Abschalten einer Maschine notwendig werden, auch die Erregung der übrigen Maschinen zu ändern, um bei der so geänderten Lastverteilung die Normalspannung genau einzuhalten. Gewisse Vorsichtsmaßregeln beim Parallelbetrieb erfordern bereits stark com-poundierte Generatoren, bei denen die induzierte Spannung erheblich vom Belastungsstrom abhängt. Der Parallelbetrieb von Serien-Generatoren ist praktisch nicht durchführbar, da er völlig labil ist (Stromstärke und Spannung bestimmen ein-ander!).

Eine Aufgabe für sich, die speziell bei Bahnen wichtig werden kann, ist das Parallelarbeiten der Generatoren mit großen Sammler-Batterien derart, daß einerseits starke Überlasten beim gleich-zeitigen Anfahren mehrerer Züge von der Batterie gedeckt werden, andererseits diese bei schwächerer Streckenbelastung sofort wieder aufgeladen wird. Hierfür dienen Spezial-Reguliermaschinen, um die sich u. a. Pirani verdient gemacht hat.

Prinzipiell viel schwieriger liegen die Verhält-nisse bei ein- wie mehrphasigem Wechselstrom. Schon das Zuschalten einer weiteren Maschine auf die bereits unter Spannung stehenden Sammel-schienen verlangt im Gegensatz zum Gleichstrom-betrieb nicht nur gleiche, sondern phasengleiche Spannung; letztere Bedingung verschärft sich bei Antriebsmaschinen mit Kurbelgetriebe zu der theoretischen Forderung des Kurbelsynchronismus, die praktisch bei stark verschiedenen Maschinen-systemen überhaupt nicht erfüllbar ist. Wenn aber auch das Einschalten des leerlaufenden Generators, d. i. das sog. Synchronisieren, relativ leicht gelingt (die Technik hat hierfür sehr sinnreiche sog. Phasen-indikatoren geschaffen!), so ist es klar, daß eine Synchronmaschine, deren Umlaufzahl zwischen Leerlauf und Maximallast in steter Übereinstim-mung mit der der übrigen Generatoren bleiben muß, durch einfache Erhöhung der Erregung nicht vom Leerlauf zur Übernahme von Last zu bringen ist, da der Regler der Antriebsmaschine von sich aus bezüglich der Energiezufuhr nur auf Ände-rungen der Winkelgeschwindigkeit reagiert. Eine Verstärkung der Erregung bewirkt daher nichts weiter als das Fließen eines sog. wattlosen Aus-gleichstromes. Regler und Steuerung müssen gestatten, bei unveränderter Umlaufzahl die Energiezufuhr während des Ganges der Maschine so lange beliebig von außen zu beeinflussen, bis die gewünschte Lastverteilung erreicht ist. Ist auch dies vollzogen, so ist es meist möglich, die weitere Regulierung bei Schwankungen der Gesamtlast den Reglern der Antriebsmaschinen zu überlassen, da die hierbei auftretenden Änderungen der Perioden-zahl im Netz belanglos sind. Die Verhältnisse des Arbeitens eines einzelnen Generators auf die Sam-melschienen einer Zentrale lassen sich in ihren Grundzügen an Hand der folgenden Figuren über-blicken.

35*

Die leerlaufende, synchronisierte Maschine befindet sich zunächst im Zustande der reinen Gegenphase, die Spannung E_K der Sammelschienen und E des Generators kompensieren einander, es fließt kein Strom (Fig. a). Wird, wie oben beschrieben, die Energiezufuhr vermehrt, so schiebt zunächst das wachsende Drehmoment der Antriebsmaschine das Polrad um einen kleinen Winkel α vor und damit auch den Vektor E (Fig. b). Die Kompensation ist gestört, es fließt ein Strom J, der bei der für größere Generatoren stets zulässigen Vernachlässigung des Ohmschen Widerstandes der Ständerwicklung im wesentlichen durch deren Selbstinduktion (siehe „Äußere Charakteristik der Wechselstromgeneratoren"!) und die Statorrückwirkung (siehe „Ankerrückwirkung bei Wechselstrommaschinen"!) gegeben ist, dem also auch umgekehrt eine bestimmte, ideelle (Reaktanz-!) Spannung E_s entspricht, die das Spannungspolygon schließt. Da die Ohmschen Verluste im Ständer vernachlässigt werden sollen, müssen J und E_s um $\frac{\pi}{2}$ verschoben sein, während J in bezug auf die Klemmenspannung in eine Wattkomponente und eine

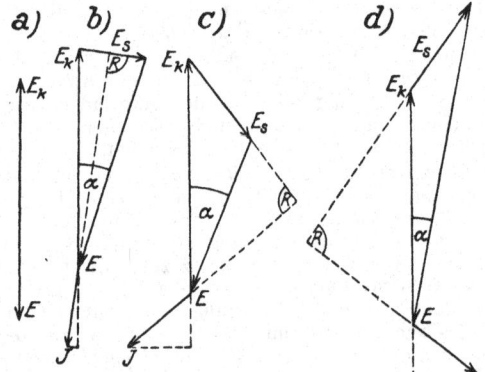

Veranschaulichung des Arbeitens eines Generators auf die Sammelschienen.

wattlose Komponente zerlegt werden kann: die Größe der ersteren wird bestimmt durch die jeweilige Energiezufuhr der Antriebsmaschine. Läßt man diese konstant, schwächt oder verstärkt aber die Erregung, d. h. verkleinert oder vergrößert die induzierte Spannung E, so ändern sich außer dem Vorschubwinkel α des Polrades nur Größe und Phase des Gesamtstromes J, nicht aber seine Wattkomponente. Die Fig. c und d stellen diese beiden Fälle der schwach bzw. stark erregten Synchronmaschine dar. Da in ersterem Fall der Gesamtstrom vor-, und in letzterem nacheilt gegenüber der Gegenphase der Klemmenspannung, spricht man von „kapazitiver" bzw. „induktiver" Belastung" des Generators. Letzterer Zustand ist der weitaus häufigere, ersterer kommt nur bei schwach belasteten Kabelnetzen zu praktischer Bedeutung.

Es ist hiernach klar, daß für eine bestimmte Erregung der Vorschubwinkel α des Polrades gegenüber der Leerlaufstellung in elektrischen Graden bestimmend ist für den ganzen Betriebszustand des Synchrongenerators. Innerhalb der praktischen Grenzen ist die abgegebene elektrische Leistung N_e ihm direkt proportional, d. h. es gilt mit einer Proportionalitätskonstanten D die einfache Gleichung

$$N_e = D \cdot \alpha.$$

In räumlichen Graden gemessen wird bei vielpoligen Generatoren, wie sie die Regel sind bei Antrieb durch langsamlaufende Kolbenmaschinen, α sehr klein, z. B. für 60 Pole, 50 Perioden, 100 U.p.M. bei Vollast etwa 1°; bei Turbogeneratoren der heute üblichsten vierpoligen Ausführung dagegen würde er etwa 15° betragen, gleiche Erregungsverhältnisse vorausgesetzt.

Diese Betriebsbedingungen sind von grundlegender Bedeutung für den Parallelbetrieb der Synchronmaschinen und haben besonders in früheren Zeiten, als noch die Kolbenmaschine als Antrieb unbedingt vorherrschte, dem Elektriker viel Kopfzerbrechen bereitet. Das Parallelarbeiten sehr verschieden gebauter Maschinensätze erwies sich scheinbar zunächst als völlig unmöglich, und die Klärung der Frage ist erst in langjähriger Arbeit vornehmlich von Boucherot, Blondel, Leblanc, Görges, Kapp, Rosenberg, Benischke u. a. geschaffen worden.

Bekanntlich liefern sämtliche Antriebsmotoren, die ein Kurbelgetriebe benutzen, im Gegensatz zu den mit Kreiselrädern arbeitenden Turbinen kein gleichförmiges, sondern ein periodisch schwankendes Drehmoment, praktisch trifft dies z. B. auf 1- oder 2kurbelige Gasmaschinen zu, wie sie in modernen Hochofenwerken in großer Zahl laufen. Arbeitet eine solche Maschine gegen ein konstantes, widerstehendes Moment, so muß der Mittelwert des Moments der Antriebsmaschine gleich diesem ersteren sein. Die positiven und negativen Schwankungen während einer, evtl. auch zweier Umdrehungen muß das bei allen derartigen Antriebsmaschinen unentbehrliche Schwungrad übernehmen, das demnach periodisch beschleunigt und verzögert wird. Betrachtet man z. B. einen bestimmten Radius des Schwungrades, so führt dieser eine periodische Schwingung um eine ideelle Mittellage aus, die eine gleichförmige Drehung vollführt. Auf die Synchronmaschine übertragen bedeutet das, daß der Winkel α, den der sog. Maschinenvektor E mit dem Netzvektor E_K bildet, periodischen Schwankungen unterworfen ist. Im Extrem kann dies dazu führen, daß α abwechselnd positiv und negativ wird, d. h. der Maschinensatz abwechselnd Energie an das Netz abgibt bzw. von ihm aufnimmt, was z. B. ein Wattmeter deutlich erkennen ließe. Ein solcher Zustand wäre aber natürlich praktisch unerträglich.

Dem Prinzip nach hat man es demnach, wie aus dem Gesagten klar geworden sein dürfte, bei jeder Synchronmaschine, die auf ein Netz zusammen mit anderen Generatoren arbeitet, mit der Wechselwirkung einer äußeren periodischen Kraft, einer der Abweichung aus der Mittellage proportionalen Kraft und einer Trägheitskraft zu tun, d. h. es gilt die bekannte Gleichung für erzwungene Schwingungen

$$K \cdot \Theta \cdot \frac{d^2\alpha}{dt^2} + D \cdot \alpha = F(t),$$

worin Θ das Trägheitsmoment des Schwungrades, K und D Maschinenkonstanten bedeuten.

Diese Gleichung allein besagt bereits, daß man a priori im Parallelbetrieb von Synchronmaschinen mit Resonanzerscheinungen zu rechnen hat, die sich in früheren Zeiten auch sehr empfindlich bemerkbar machten. Zu ihrer Bekämpfung gab wohl zuerst Leblanc eine Dämpfervorrichtung an, die ihrem Wesen nach der bekannten Wirbelstromdämpfung bei Meßinstrumenten entspricht (siehe hierzu

„Ankerrückwirkung bei Wechselstrommaschinen"!) und der obigen Gleichung die Form des gedämpften Schwingungsvorganges gibt

$$K \cdot \Theta \cdot \frac{d^2 \alpha}{dt^2} + C \cdot \frac{d \alpha}{dt} + D \cdot \alpha = F(t),$$

in der C wiederum eine Maschinenkonstante bedeutet.

Die richtige Bemessung bzw. Vorausberechnung der periodischen Kraft (Störungsfunktion!) einerseits, der Maschinenkonstanten inkl. des Trägheitsmomentes andererseits bildet die wichtigste, stets zu lösende Aufgabe des Berechnungsingenieurs; sie wird außerordentlich dadurch erschwert, daß tatsächlich auch der Netzvektor E$_K$ periodische Schwingungen um eine Mittellage ausführt.

E. Rother.

Näheres s. u. a. Sarfert, Über das Schwingen der Wechselstrommaschinen im Parallelbetrieb, Heft 61 der Forschungsarbeiten auf dem Gebiete des Ingenieurwesens.

Parallelohmmethode. Meßeinrichtung zur Bestimmung und zum Vergleich der Stärke drahtloser Signale, deren Angabe in Widerstandseinheiten (Ohm) erfolgt. Die Lautstärke 10 Ohm besitzt ein Signal, das an der Grenze der Hörbarkeit liegt, wenn dem Empfangstelephon ein Widerstand von 10 Ohm parallel geschaltet wird. *A. Esau.*

Parallelstrahlpumpe s. Quecksilberdampfstrahlpumpen.

Paramagnetismus. Als paramagnetisch (im Gegensatz zu diamagnetisch) bezeichnet man die Körper, deren Permeabilität größer ist, als diejenige des leeren Raums, die also die Kraftlinien des Feldes in sich hineinsaugen und daher, ebenso wie die ferromagnetischen Körper, wenn auch in sehr viel geringerem Maße, das Bestreben haben, sich in die Verbindungslinie der Pole eines starken Magneten zu stellen, wenn man sie leicht drehbar zwischen denselben aufgehängt hat. Die Erscheinung beruht anscheinend darauf, daß die magnetischen Achsen der Molekularmagnete, die sich aus der Wirkung kreisender Elektronen zusammensetzen (s. Diamagnetismus), bei Vergrößerung des äußeren Feldes allmählich immer mehr in die Richtung des letzteren gedreht werden, jedoch gehören, im Gegensatz zu den ferromagnetischen Substanzen, sehr erhebliche Feldstärken dazu, um dies sichtbar zu machen, und auch die stärksten genügten bisher nicht, um bei gewöhnlicher Temperatur, wo auch noch die thermische Agitation der Moleküle von der Richtkraft der Feldstärke mit überwunden werden muß, eine Sättigung, also eine vollkommene Orientierung der magnetischen Achsen der Moleküle in die Richtung des Feldes, zu erzielen; erst neuerdings ist dies Kamerlingh Onnes in Leiden bei sehr tiefen Temperaturen gelungen. Abgesehen davon kann man also die Suszeptibilität paramagnetischer Körper als unabhängig von der Feldstärke betrachten, dagegen gilt für die Abhängigkeit von der Temperatur bei den meisten, wenigstens abgesehen von ganz tiefen Temperaturen, das Curiesche Gesetz $\chi T = $ Const., wobei χ die spezifische Suszeptibilität (bezogen auf die Masseneinheit) und T die absolute Temperatur bedeutet.

Als Beispiele mögen einige Werte der Suszeptibilität $\varkappa$ (bezogen auf die Volumeneinheit) der Größenordnung nach hier folgen:

Luft . . . . $+0,03 \times 10^{-6}$ Aluminium $+1,8 \times 10^{-6}$
Sauerstoff $+0,12 \times 10^{-6}$ Platin . . . . $+29 \times 10^{-6}$
Palladium . . . $+55 \times 10^{-6}$
Eisensulfat . . $+75 \times 10^{-6}$ *Gumlich.*

Parlograph. Aufnahmevorrichtung für drahtlose Signale, bei der die Zeichen ähnlich wie beim Grammophon mittels eines Schreibstiftes auf eine rotierende Wachswalze einwirken und von ihr später beliebig oft abgehört werden können. Sie wird praktisch im drahtlosen Schnellbetrieb angewandt und zwar erfolgt die Aufnahme dem Telegraphiertempo entsprechend bei hoher Umdrehungszahl der Walze, die Abnahme bei verminderter Tourenzahl, so daß sie mittels des Gehörs ausführbar wird.

A. Esau.

Partialdruck. In einem Gemisch von Gasen oder Dämpfen, das sich bei konstanter Temperatur t und bei konstantem Druck P in einem Voulmen V befindet, sind die Moleküle aller Gase gleichmäßig verteilt. Jedes Gas erfüllt gleichmäßig das ganze Volumen V, das es, falls es allein vorhanden wäre, bei der gegebenen Temperatur t nur dann einnehmen könnte, wenn der auf ihm lastende Druck viel kleiner, nämlich p wäre. p heißt der Partialdruck des betreffenden Gases oder Dampfes in dem Gemisch. Handelt es sich um die Mischung idealer und gegenseitig indifferenter Gase, so läßt sich nachweisen, daß die Summe aller Partialdrucke p gleich dem Gesamtdruck P ist (s. Daltonsches Gesetz).

Der Partialdruck eines Gases ist um so höher, je größer der prozentische Gewichtsanteil dieses Gases an der ganzen Mischung und je kleiner das Molekulargewicht des Gases ist. Befinden sich die Gase vor der Mischung einzeln unter dem Druck P, so sind ihre Volumina, die sie in diesem Zustand besitzen, proportional den Partialdrucken in der Mischung.

Läßt man 21 Raumteile Sauerstoff und 79 Raumteile Stickstoff, die sich unter gleicher Temperatur t und gleichem Druck p befinden, ineinander diffundieren, während Temperatur und Druck unverändert bleiben, so ist der Partialdruck des Sauerstoffes $p_1 = \frac{21}{100} \cdot p$ und der Partialdruck des Stickstoffs $p_2 = \frac{79}{100} \cdot p$.

In der von Wasserdampf befreiten atmosphärischen Luft beträgt in Prozenten des Gesamtdruckes der Partialdruck von

Sauerstoff . . . 20,99   Kohlensäure . 0,03
Stickstoff . . . 78,03   Neon 0,001
Argon 0,95   Helium . . 0,0004

Der Partialdruck des Wasserdampfes in der Luft beträgt bei t = -20^0 bis zu 0,1%, bei t = 0^0 bis zu 0,6%, bei t = $+20^0$ bis zu 2,3% des Gesamtdruckes. *Henning.*

Partialfunken. Bei mit Wechselstrom betriebenen Funkensendern das Auftreten von mehr als 1 Funken pro Wechsel. Meist ist dann die Funkenfolge unregelmäßig bzw. der Funkenton unrein.

A. Meißner.

Partialtide ist eine einzelne der zahlreichen Wellen, aus welchen sich die Fluterscheinung zusammensetzt (s. harmonische Analyse). *A. Prey.*

Partialtöne s. Klang.

Pascals hydrostatisches Prinzip s. hydrostatischer Druck.

Passageninstrument, auch Durchgangsinstrument genannt. Das P. ähnelt in mancher Hinsicht dem Meridiankreis, nur ist bei ihm kein feingeteilter Kreis vorhanden, sondern bloß eine rohe Einstellvorrichtung, so daß man nur die Durchgangszeit eines Gestirnes durch ein bestimmtes Vertikal beobachten kann. Die meisten sind im Meridian aufgestellt. Die großen Passageninstrumente werden in der modernen Astronomie zu den genauesten Rektaszensionsmessungen sowie für Parallaxenbestimmungen verwandt. Ihr Aussehen ähnelt dem des Meridiankreises sehr.

Für genaue Zeitbestimmungen bedient man sich auf Reisen des transportablen Passageninstrumentes, das zumeist ein gebrochenes Fernrohr hat, dessen Okular sich am einen Ende der Drehachse befindet.   *Bottlinger.*

Näheres s. A m b r o n n, Handb. d. Astronomischen Instrumentenkunde.

Passat. Winde, die sich durch die Beständigkeit auszeichnen, mit der sie in gleichbleibender Richtung und Stärke innerhalb der Zone zwischen rund 30° Nord und 30° Süd, auf der nördlichen Halbkugel als NE, auf der südlichen als SE-Winde gegen den Äquator hin wehen, in dessen Nähe eine schmale Zone sehr schwacher, veränderlicher Winde, der Kalmengürtel, sie voneinander trennt. Über den Ozeanen sind die Passate besonders ausgeprägt, und am reinsten treten sie im Atlantischen Ozean auf. Sie bilden einen Teil des großen Kreislaufes der Luft zwischen Polen und Äquator, in dessen Nähe die ständig stark erwärmte Luft emporsteigt, in der Höhe polwärts abfließt, aber in den Subtropen wieder zur Erdoberfläche hinabsinkt, um an derselben zum Äquator zurückzukehren. Diese untere äquatorwärts gerichtete Luftströmung ist der Passat, der aus seiner meridionalen Richtung durch die Kraft der Erdrotation in die NE- bzw. SE-Richtung abgelenkt wird. Die in der Höhe vom Äquator polwärts gerichtete Luftströmung heißt der Antipassat. Sein Vorhandensein ist durch Beobachtungen der Windrichtung auf hohen, in der Passatzone gelegenen Bergen, wie auch durch aerologische Untersuchungen festgestellt worden, doch läßt sich aus den wenigen Messungen bis jetzt noch kein ganz klares Bild über den Antipassat gewinnen. Die Zonen der Passatwinde erleiden eine jahreszeitliche Verschiebung gleichsinnig mit der Änderung der Deklination der Sonne, jedoch in viel geringerem Ausmaß.

Die physikalisch-geographische Bedeutung der Passate ist sehr erheblich. Sie rufen gewaltige Meeresströmungen hervor, wirken in hohem Maße auf Temperatur und Dichte des Meerwassers ein und beeinflussen fast jedes einzelne klimatische Element so stark, daß man das Passatklima als einen besonderen Typus von den anderen Klimaten unterscheidet.   *O. Baschin.*

Näheres s. A. S u p a n, Grundzüge der Physischen Erdkunde. 6. Aufl. 1916.

Passivität. Die Auflösung eines Metalles ist der Übergang desselben in den ionisierten Zustand, ein Prozeß, der bei den unedlen Metallen mit einer Abnahme ihrer freien Energie verknüpft ist, während die Auflösung der edlen Metalle einen Aufwand an elektrischer Energie erfordert. Das Einzelpotential einer Elektrode (s. elektrolytisches Potential) ist ein Maß für diese Energieänderung aber im allgemeinen nur dann, wenn die elektrochemische Umwandlung unendlich langsam vorgenommen wird, d. h., wenn die durch die Elektrode fließende Stromstärke unendlich klein ist. Tritt jedoch in der Zeiteinheit eine endliche Elektrizitätsmenge aus der Elektrode in den Elektrolyten über, so kann das Elektrodenpotential der so belasteten Elektrode nur in dem Fall mit dem im Ruhezustande

gemessenen übereinstimmen, wenn die in Lösung gegangene Menge des Metalls allein der Strommenge genau äquivalent ist, wenn also keine Abscheidung oder Zersetzung der Anionen des Elektrolyten an der Elektrode stattfindet. Eine belastete Elektrode arbeitet nur dann reversibel, wenn die Neubildung der Metallionen außerordentlich leicht und zwar unendlich schnell eintritt, so daß sie für den Elektrizitätstransport im Elektrolyten sofort zur Verfügung stehen. Ein derartiges Verhalten wird in der Tat bei Anoden aus Silber, Kupfer, Blei, Zinn, Antimon, Zink und anderer Metalle beobachtet, welche in die Lösungen ihrer einfachen oder komplexen Salze eintauchen. Andererseits erleiden die sog. „unangreifbaren" Elektroden aus Platinmetallen oder Kohlenstoff keinerlei nachweisbare Veränderung durch den Strom. Die Stromarbeit wird in diesem Falle ausschließlich zur Entladung der Anionen des Elektrolyten verbraucht. Eine Reihe von Metallen verhält sich als Anode gleichzeitig teilweise löslich und teilweise unangreifbar, z. B. Gold in salzsaurer Lösung. Diese unangreifbare Beschaffenheit einer Metallelektrode, die nach dem Gesagten auf eine Hemmung der Tendenz, ihre Ionen in den angrenzenden Elektrolyten zu entsenden (s. Lösungstension), zurückzuführen ist, bezeichnet man als ihre Passivität. Insbesondere ist die Bezeichnung „passiver Zustand" (nach Schönbein 1836) für solche Stoffe gebräuchlich, welche unter Umständen zwar volle Löslichkeit besitzen, unter anderen nicht immer eindeutig definierbaren Bedingungen aber in mehr oder minder schnellem Wechsel unangreifbar also scheinbar edler werden wie die Metalle Eisen, Nickel, Kobalt, Chrom u. a. in alkalischer Lösung.

Die Ursachen der Passivität sind noch nicht endgültig klar gestellt und mögen in verschiedenen Fällen verschieden sein: entweder eine dem Siedeverzug vergleichbare Verzögerung der Metallionenbildung, die durch geeignete Katalysatoren manchmal z. B. durch Chlorionen aufgehoben werden kann, oder die Entstehung einer mehr oder weniger porösen Deckschicht (vielfach Oxydhaut) an der Oberfläche des Metalles, welche die Anionen an ihrer rein chemisch lösenden Wirkung hindert und zur Entladung zwingt, wenn sie nicht gar die Anode selbst für beträchtliche Werte der Spannung gegen den Elektrolyten isoliert wie z. B. beim Aluminium.   *H. Cassel.*

Näheres s. M. Le B l a n c, Lehrbuch der Elektrochemie. Leipzig 1920. F. F ö r s t e r, Elektrochemie wässeriger Lösungen. Leipzig 1915.

Pauke s. Membranschwingungen.

Paukenhöhle s. Ohr.

Pegel heißt der Nullpunkt der Skala, an welcher die Höhe des Meeresspiegels abgelesen wird. Er fällt meistens mit dem tiefsten Niedrigwasser zusammen.   *A. Prey.*

Näheres s. O. K r ü m m e l, Handbuch der Ozeanographie. Bd. II, S. 204.

Peilempfänger. Empfangsapparat für drahtlose Telegraphie, der es ermöglicht, die Richtung der von der Sendestation ausgesandten elektrischen Wellen festzustellen.   *A. Esau.*

Peilspule. Teil der Peilempfängereinrichtung.
                                    A. Esau.

Peilstation. Gesamtheit aller Apparate, die für die Richtungsbestimmung elektrischer Wellen erforderlich sind.   *A. Esau.*

Peltier-Effekt. J. C. Peltier entdeckte (1834) folgende fundamental wichtige Erscheinung: Wird durch die Verbindungsstelle zweier metallischer Leiter ein elektrischer Strom geschickt, so wird an ihr außer der Jouleschen Wärme eine positive oder negative Wärmemenge („Peltier-Wärme") entwickelt, die mit der Stromrichtung ihr Vorzeichen umkehrt.

Die Erscheinung bildet die Umkehrung des „Seebeck-Effektes" und ist für die Thermodynamik der thermoelektrischen Erscheinungen von grundlegender Bedeutung: Die in einem Thermoelement erzeugte elektrische Energie kann nur der zugeführten Wärmeenergie entstammen: in einem arbeitenden Thermoelement muß also durch den Strom irgendwo Wärme absorbiert, d. h. Kälte erzeugt werden. Die genauere Überlegung zeigt in Übereinstimmung mit der Beobachtung, daß eine Abkühlung der Verbindungsstelle zweier Leiter dann eintreten muß, wenn der Strom in derselben Richtung fließt wie der bei Erwärmung dieser Stelle auftretende Thermostrom. Der Peltier-Effekt wirkt also hemmend auf den durch den Seebeck-Effekt entstandenen Strom.

Die Messung des Peltier-Effektes ist eine im wesentlichen kalorimetrische Aufgabe: die beiden Lötstellen L_{ab} und L_{ba} des aus den beiden Metallen a und b zusammengesetzten Leiterkreises befinden sich in zwei gleichartigen Kalorimetergefäßen A und B (s. Figur). Die entwickelte Wärme ist gleich der Jouleschen Wärme, in dem einen Gefäß vermehrt, in dem anderen vermindert um den gleichen Betrag der Peltier-Wärme.

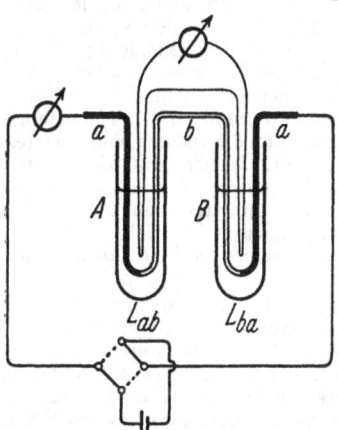

Messung des Peltier-Effektes.

Die mit einem Differentialthermoelement gemessene Temperaturdifferenz in beiden Gefäßen erlaubt somit die Peltier-Wärme zu bestimmen.

Die Beobachtung ergibt, daß die Peltier-Wärme W_P proportional ist der Zeit t des Stromdurchgangs und proportional der Stromstärke J, also proportional der durch die Grenzschicht geflossenen Elektrizitätsmenge

$$W_P = \pi_{ab} \cdot J \cdot t.$$

Der „Peltier-Koeffizient" π_{ab} ist eine vom Material beider Leiter bestimmte, von der Temperatur abhängige Größe, die in Kalorien/Coulomb gemessen wird.

Der enge Zusammenhang zwischen Peltier-Wärme und Thermokraft, den auch die Erfahrung bestätigt, tritt besonders hervor in dem Satz: Die Peltier-Koeffizienten verschiedener Metallkombinationen verhalten sich wie die Temperaturgradienten der Thermokraft. Es ist also:

$$\pi_{ab} = T \cdot \frac{dE_{ab}}{dt}.$$

Der Proportionalitätsfaktor ist gleich der absoluten Temperatur.　　　*Hoffmann.*

Näheres s. K. Baedecker, Die elektrischen Erscheinungen in metallischen Leitern. S. 71 ff. Braunschweig 1911.

Pendel (mathematische Theorie). 1. Das mathematische Pendel. Man versteht darunter einen Massenpunkt, der gezwungen ist, sich auf der Oberfläche einer Kugel von festem Mittelpunkt zu bewegen, und zwar lediglich unter dem Einflusse der Schwerkraft, aber ohne irgendwelche Reibung. Die Bewegung wird in der Regel kinematisch verwirklicht durch eine masselos und starr gedachte Pendelstange, die den Massenpunkt mit dem festen Punkt, dem Aufhängepunkt, verbindet, und deren Länge die Pendellänge genannt wird. Das Pendel heißt ein *ebenes* oder ein *Kegel-* oder ein *Kugelpendel*, je nachdem die Pendelstange in einer (notwendig lotrechten) Ebene oder auf einem Kreiskegel (mit notwendig lotrechter Achse) bleibt oder sich allgemeiner bewegt.

a) Das ebene mathematische Pendel. Ist l die Pendellänge, g die Schwerebeschleunigung und φ der von der Lotlinie an gerechnete Ausschlag zur Zeit t, so folgt die Bewegung der Differentialgleichung

$$(1) \qquad \frac{d^2\varphi}{dt^2} + \frac{g}{l}\sin\varphi = 0.$$

Diese läßt sich auf elementarem Wege einmal integrieren, und zwar erhält man mit dem größten Ausschlag φ_0 (*Amplitude*) und mit der Winkelgeschwindigkeit ω_0 beim Durchgang durch die Nullage folgende unter sich gleichwertigen ersten Integrale

$$(2) \qquad \left(\frac{d\varphi}{dt}\right)^2 = \frac{2g}{l}(\cos\varphi - \cos\varphi_0),$$

$$(3) \qquad \left(\frac{d\varphi}{dt}\right)^2 = \omega_0{}^2 - \frac{2g}{l}(1 - \cos\varphi).$$

Das Integral (2) ist nur dann brauchbar, wenn sich das Pendel nicht überschlägt. Letzteres tritt ein für

$$\omega_0{}^2 > \frac{4g}{l}.$$

Wenn insbesondere der Anfangsstoß so gewählt wird, daß

$$\omega_0{}^2 = \frac{4g}{l}$$

wird, so läßt (3) auch eine elementare zweite Integration zu, und zwar kommt für den Fall, daß die Zeitrechnung mit dem Durchgang durch die Nullage beginnt

$$\operatorname{tg}\frac{\varphi+\pi}{4} = e^{\sqrt{\frac{g}{l}}\,t};$$

die oberste Lage wird dann also nur asymptotisch, d. h. nach unendlich langer Zeit erreicht. In allen übrigen Fällen führt die zweite Integration für φ auf eine elliptische Funktion der Zeit.

Die *Schwingungsdauer* t_0, d. h. die Dauer eines Hin- und Hergangs findet sich zu

$$t_0 = 2\pi\sqrt{\frac{l}{g}}\,[1 + p\,(\varphi_0)],$$

wo die Klammer (— sie ist gleich dem mit $2/\pi$ multiplizierten sog. vollständigen elliptischen Integral 1. Gattung —) durch folgende Tafel veranschaulicht wird

φ_0	$p(\varphi_0)$
0^0	0,0000
5^0	0,0005
10^0	0,002
20^0	0,008
30^0	0,017
60^0	0,073
90^0	0,180
180^0	∞

Bei so kleinen Amplituden, daß neben dem analytischen Maße von φ_0 höhere Potenzen von φ_0 vernachlässigbar erscheinen, hat man statt (1)

$$\frac{d^2\varphi}{dt^2} + \frac{g}{l}\,\varphi = 0$$

mit den unter sich gleichwertigen zweiten Integralen

$$\varphi = \varphi_0 \cos\sqrt{\frac{g}{l}}\,t,$$

$$\varphi = \omega_0\sqrt{\frac{l}{g}}\sin\sqrt{\frac{g}{l}}\,t$$

und der Schwingungsdauer

$$t_0 = 2\,\pi\sqrt{\frac{l}{g}},$$

unabhängig von der Amplitude φ_0, wie schon Galilei beobachtete (*Isochronismus der Schwingungen* bei kleinen Ausschlägen).

b) **Das mathematische Kegelpendel.** Die Stange eines mathematischen Pendels kann einen Kreiskegel mit lotrechter Achse beschreiben. Sie tut dies, falls die Pendelmasse wagerecht und zur Pendelstange senkrecht so angestoßen wird, daß zwischen dem Erzeugungswinkel φ_0 des Kegels und der Geschwindigkeit v der Pendelmasse die Bedingung erfüllt ist

$$\frac{v^2}{g\,l} = \sin\varphi_0\,\operatorname{tg}\varphi_0.$$

Alsdann ist die Schwingungsdauer

$$t_0 = 2\,\pi\sqrt{\frac{l}{g}}\sqrt{\cos\varphi_0} = 2\,\pi\sqrt{\frac{h}{g}},$$

wo h die Entfernung der Bewegungsebene der Pendelmasse vom Aufhängepunkt bedeutet. Für kleine Erzeugungswinkel φ_0 schwingt die Vertikalprojektion (das durch wagerechte Beleuchtung erzeugte Schattenbild) eines Kegelpendels wie ein ebenes Pendel von kleinen Ausschlägen.

c) **Das mathematische Kugelpendel** (das sphärische Pendel). Ist ω die Winkelgeschwindigkeit, mit welcher sich die Horizontalprojektion der Pendelstange dreht, so erhält man die erste Differentialgleichung, indem man die Gleichung (1) durch ein von der Trägheitskraft (s. d.) herrührendes Glied $-\omega^2\sin\varphi\cos\varphi$ (die durch die Pendellänge l geteilte Projektion der negativen Zentripetalbeschleunigung auf die steilste Kugeltangente am Ort der Pendelmasse) ergänzt:

$$\frac{d^2\varphi}{dt^2} - \omega^2\sin\varphi\cos\varphi + \frac{g}{l}\sin\varphi = 0.$$

Die zweite Differentialgleichung liefert der Flächensatz (s. Impulssätze)

$$\omega\,l^2\sin^2\varphi = \text{const.}$$

Die Integrale sind auch hier vom elliptischen Typus, d. h. die Koordinaten des Massenpunktes sind elliptische Funktionen der Zeit. Man kann trotzdem die Bewegung ihrem Charakter nach ganz einfach und anschaulich beschreiben: Die Bahn des Massenpunktes verläuft zwischen zwei wagerechten Kugelkreisen, von denen mindestens der eine auf der unteren Halbkugel liegt. Die Bahnkurve berührt beide Kreise und ist sowohl ihrer geometrischen Gestalt nach wie hinsichtlich ihres zeitlichen Verlaufs symmetrisch in bezug auf jede lotrechte Meridianebene der Kugel durch einen jener Berührungspunkte. Sie stellt sich also dar als eine Art sphärisches Oval, welches sich zugleich um die lotrechte Kugelachse dreht.

d) **Das Zykloidenpendel.** Man kann das ebene mathematische Pendel in der Weise verallgemeinern, daß man die Pendelmasse zwingt, anstatt auf einem Kreise auf einer anderen Kurve zu bleiben. Ist diese Kurve eine (gemeine) Zykloide mit lotrechter Ebene, lotrechten Spitzentangenten und aufwärts gerichteten Spitzen, so ist die Schwingungsdauer

$$t_0 = 2\,\pi\sqrt{\frac{2\,h}{g}},$$

unter h die Höhe der Zykloide verstanden. Die Schwingungsdauer ist unabhängig von der Amplitude und für kleine Amplituden ebenso groß wie diejenige eines ebenen mathematischen Pendels von der Länge 2 h. Die Schwingung des letzteren darf als isochron angesehen werden so lange, als der Kreisbogen durch einen Zykloidenbogen von gleicher Krümmung ersetzt werden kann. Man pflegt das Zykloidenpendel kinematisch dadurch zu verwirklichen, daß man die Pendelstange biegsam wählt und sich an die Backen einer zweiten Zykloide anlegen läßt, welche mit der ersten kongruent und gegen sie parallel so verschoben ist, daß sie mit ihren untersten Punkten auf den Spitzen der ersten aufsitzt. Infolge des Isochronismus des Zykloidenpendels heißt die Zykloide auch *Tautochrone*.

2. **Das physikalische oder materielle Pendel.** Man versteht darunter einen starren Körper, der in einem festen Punkte reibungsfrei drehbar aufgehängt ist, aus seiner Ruhelage gebracht und dann der Schwerkraft überlassen wird. Die allgemeine Theorie seiner Bewegung ist ein Teil der Theorie des Kreisels (s. d.). Es gibt aber elementare Sonderfälle, deren wichtigste nebst einigen Erweiterungen die folgenden sind:

a) **Das ebene physikalische Pendel.** Die Drehung geschieht um eine wagerechte Achse. Ist s deren Abstand vom Schwerpunkt und k der Trägheitsarm (s. Trägheitsmoment) des Körpers hinsichtlich der Drehachse, so schwingt dieser synchron mit einem mathematischen Pendel von der Länge

$$l = \frac{k^2}{s},$$

welche man die *reduzierte Pendellänge* des physikalischen Pendels heißt. Man kann so durch Beobachtung der Schwingungsdauer die Größe k und somit das Trägheitsmoment experimentell ermitteln. Nennt man Pendelachse das vom Schwerpunkt auf die Drehachse gefällte Lot, und trägt man die reduzierte Pendellänge von der Drehachse aus auf der Pendelachse gegen den Schwerpunkt hin (und wegen $l > s$ über diesen hinaus) ab, so heißt der erhaltene Endpunkt der *Schwingungsmittelpunkt*. In ihm hätte man sich die ganze Masse vereinigt zu denken, wenn man das physikalische Pendel zu einem mathematischen umwandeln wollte. Läßt man das Pendel um eine zur ersten Drehachse parallele zweite durch den Schwingungsmittelpunkt schwingen, so bleibt die Schwingungsdauer dieselbe wie zuvor. Auf Grund dieser Eigenschaft kann man den Schwingungsmittelpunkt und damit auch die reduzierte Pendellänge experimentell finden (*Reversionspendel* von Bohnenberger und de Kater; nach einem Vorschlage von Zeuner verwendet man noch zweckmäßiger ein Pendel mit drei Schneiden auf der Achse in ganz beliebigen Entfernungen vom Schwerpunkt und ermittelt leicht aus den Schwingungsdauern um die drei Schneiden alle gewünschten Größen). Läßt man das Pendel um alle möglichen untereinander parallelen Drehachsen schwingen, so bekommt man die kleinste Schwingungsdauer, wenn die Entfernung der Drehachse vom Schwerpunkt gleich dem Trägheitsarm k_0 bezüglich der parallelen Schwerpunktsachse gewählt wird.

b) **Das physikalische Kegelpendel (Zentrifugalpendel).** Die Drehung geschieht um die lotrechte Achse durch den Aufhängepunkt. Besonders einfach ist hier der Fall, daß die Pendelachse (d. h. die Verbindungsgerade des Aufhängepunkts und des Schwerpunkts) eine Hauptachse des Körpers (s. Trägheitsmoment) ist, und daß das Trägheitsellipsoid bezüglich des Aufhängepunktes die Pendelachse zur Symmetrieachse hat. Ist alsdann A das axiale, B das äquatoriale Haupträgheitsmoment des Pendels, G dessen Gewicht, s die Entfernung des Aufhängepunkts vom Schwerpunkt und φ_0 der Winkel zwischen der Lotlinie und der Pendelachse, positiv gezählt durch diejenige Drehung, die den Schwerpunkt auf kürzestem Wege senkrecht unter den Aufhängepunkt bringt, so gehorcht die Winkelgeschwindigkeit ω_0 der Drehung des Pendels um die Lotachse der Bedingung

$$\omega_0{}^2 = \frac{s\,G}{(B-A)\cos\varphi_0}.$$

Es muß also der Schwerpunkt tiefer oder höher als der Aufhängepunkt umlaufen, je nachdem das Trägheitsellipsoid gestreckt oder abgeplattet ist. Der zweite Fall ist sehr bemerkenswert.

c) **Das ballistische Pendel.** Dieses ist ein ebenes physikalisches Pendel, welches durch einen Schlag auf die Pendelachse im Abstand a von der Drehachse in Bewegung gesetzt wird. Geschieht der Stoß auf den Schwingungsmittelpunkt, so erleidet die Drehachse keine Erschütterung; daher heißt der Schwingungsmittelpunkt auch der *Stoßmittelpunkt* (s. Stoß). Wird nach dem Vorgang von Robins der Stoß durch ein Geschoß erzeugt, dessen Masse sich zur Pendelmasse 1:α verhält, so berechnet sich die Geschwindigkeit v des im Pendel steckenbleibenden Geschosses aus der geweckten Amplitude φ_0 zu

$$v = 2\sqrt{gs}\left(\alpha\frac{k}{a} + \frac{a}{k}\right)\sin\frac{\varphi_0}{2}.$$

d) **Das physikalische Doppelpendel.** Man versteht hierunter einen zweiläufigen Verband, bestehend aus einem physikalischen Pendel, an welchem ein zweites so hängt, daß die beiden Drehachsen parallel sind. Die strenge Theorie eines solchen Verbandes ist unübersehbar verwickelt; unter der Voraussetzung kleiner Ausschläge zeigen sich jedoch unter der Mannigfaltigkeit der vorkommenden Bewegungsformen einige

von recht einfachem Aussehen. Bei geeigneten Massenverteilungen und geeigneten Anfangsbedingungen können die Ausschläge beider Pendel gegen die Lotlinie miteinander proportional, unter Umständen sogar einander gleich bleiben. Dieser Fall tritt auch für nicht kleine Ausschläge, insbesondere dann ein, wenn das zweite Pendel als ein mathematisches angesehen werden darf, dessen Massenpunkt mit dem Schwingungsmittelpunkte des ersten Pendels zusammenfällt. Ist die Masse des zweiten Pendels klein gegenüber derjenigen des ersten, so schwingt das erste ungestört für sich, das zweite vollzieht neben seinen ebenfalls ungestörten Eigenschwingungen Zwangsschwingungen von der Frequenz des ersten Pendels.

e) **Das Rollpendel.** Dieses ist ein Körper, der mit einer zylindrischen Welle auf einer wagerechten Ebene rollt, jedoch Schwingungen ausführt, wenn der Zylinder kein Kreiszylinder ist oder der Schwerpunkt des Körpers außerhalb der Zylinderachse liegt. Streng genommen sind alle auf Schneiden lagernde Pendel Annäherungen an ein solches Rollpendel. Wenn das Rollen ohne Gleiten geschieht und wenn die Ausschläge nur klein sind, so ist die Schwingungsdauer ebenso groß wie diejenige eines mathematischen Pendels

von der Länge $\qquad l = \dfrac{k_1{}^2}{s}.$

Hiebei bedeutet s den Abstand des Schwerpunkts von der Mittelachse der kreiszylindrisch gedachten Welle und k_1 den Trägheitsarm bezüglich derjenigen Zylindergeraden, längs deren dieser die Unterlage im Ruhezustand berührt. *R. Grammel.*

Näheres in den Lehrbüchern der Mechanik, z. B. A. Föppl, Vorlesungen über technische Mechanik, Bd. 4 und 6. Vgl. auch den Artikel „Kreiselpendel“.

Pendelapparate s. Schweremessungen.

Pendelunterbrecher (Helmholtz). Ein Instrument zur Hervorbringung sehr kurz andauernder Ströme ist der Pendelunterbrecher. Derselbe besteht aus einem schweren Pendel, das durch einen Elektromagneten in einer einstellbaren Höhe festgehalten wird und durch Unterbrechung des Stroms im Elektromagneten abfällt. Im Fallen schließt und öffnet es kurz hintereinander mittels Kontakten einen Strom, dessen Dauer von der Fallhöhe und dem Abstand der Kontakte abhängt. Das Pendel kann z. B. zur Eichung ballistischer Galvanometer benutzt werden; auch für magnetische Messungen findet es Anwendung. *W. Jaeger.*

Näheres s. Helmholtz, Berl. Mon.-Ber. 295; 1871.

Pendelzähler s. Elektrizitätszähler.

Pentanlampe, 10 Kerzen-, s. Einheitslichtquellen.

Pentanthermometer s. Flüssigkeitsthermometer.

Periastron bei Doppelsternbahnen (s. d.) entspricht dem Perihelium in der Planetenbahn.

Perigäum entspricht in der Mondbahn dem Perihelium der Planetenbahn.

Perihelium s. Planetenbahn.

Perikondetektor. Detektor für den Empfang drahtloser Signale, bestehend aus einem Metalldraht, der die Oberfläche eines Stückchens Rotzinkerz (Perikon) leicht berührt. *A. Esau.*

Perimetrischer Kreisel s. Kurvenkreisel.

Periode s. Wechselströme.

Perioden-Transformation s. Frequenzerhöhung.

Periodische Schraubenfehler s. Mikrometerschrauben.

Periodisches System der Elemente. Ordnet man die chemischen Elemente nach steigendem Atomgewicht, so zeigt ihr chemisches und physikalisches

Verhalten, wie zuerst Newlands (1864) und später besonders Mendelejeff (1869) nachwies, eine charakteristische Periodizität; es treten nämlich bei dieser Art der Anordnung nach einer bestimmten Anzahl von Elementen — einer sogenannten Periode — immer jeweils solche auf, die den vorausgehenden verwandt sind. Diese Verwandtschaft hatte in besonderen Fällen bereits Döbereiner in seiner Triadenregel erkannt (1829).

Zur Besprechung der Eigentümlichkeiten des periodischen Systems betrachten wir die nachstehenden Übersichten; die erste, von Fajans angegebene, zeigt die Anordnung der bisher bekannten (auch der radioaktiven) Elemente und läßt ihre noch näher zu erläuternde Gruppenzusammengehörigkeit erkennen. Die zweite soll ein Bild von der Periodizität einiger physikalischer Eigenschaften geben (Lothar Meyer-Ladenburg).

Tabelle 1.

$$\Theta = 5 \cdot 10^{-4} \qquad\qquad H = 1$$

Periode	Reihe	Gruppe 0 / VIII	Gruppe I a	I b	Gruppe II a	II b	Gruppe III a	III b	Gruppe IV a	IV b	Gruppe V a	V b	Gruppe VI a	VI b	Gruppe VII a	VII b
I	1	2 He 4,00	3 Li 6,94		4 Be 9,1		5 B 11,0		6 C 12,00		7 N 14,01		8 O 16,00		9 F 19,0	
II	2	10 Ne 20,2	11 Na 23,00		12 Mg 24,32		13 Al 27,1		14 Si 28,3		15 P 31,04		16 S 32,06		17 Cl 35,46	
III	3	18 A 39,88	19 K 39,10		20 Ca 40,07		21 Sc 45,1		22 Ti 48,1		23 V 51,0		24 Cr 52,0		25 Mn 54,93	
	4	26 Fe 27 Co 28 Ni 55,84 58,97 58,68		29 Cu 63,57		30 Zn 65,37		31 Ga 69,9		32 Ge 72,5		33 As 74,96		34 Se 79,2		35 Br 79,92
IV	5	36 Kr 82,92	37 Rb 85,45		38 Sr 87,63		39 Y 88,7		40 Zr 90,6		41 Nb 93,5		42 Mo 96,0		43 —	
	6	44 Ru 45 Rh 46 Pd 101,7 102,9 106,7		47 Ag 107,88		48 Cd 112,4		49 In 114,8		50 Sn 118,7		51 Sb 120,2		52 Te 127,5		53 J 126,92
V	7	54 X 130,2	55 Cs 132,81		56 Ba 137,37		57 La 139,0		58 Ce 140,25		59 Pr 140,9 60 Nd 144,3 61		62 Sm 150,4 63 Eu 152,0				
	8	64 Gd 65 Tb 66 Dy 67 Ho 68 Er 157,3 155,2 162,5 163,5 167,7	69 Tu I 168,5		70 Yb 71 Lu 173,5 175,0		72 Tu II				73 Ta 181,5		74 W 184,0		75 —	
	9	76 Os 77 Ir 78 Pt 190,9 193,1 195,2		79 Au 197,2		80 Hg 200,6		81 Tl 204,0		82 Pb 207,20		83 Bi 208,0		84 Po (210,0)		85 —
VI	10	86 Em (222,0)	87 —		88 Ra (226,6)		89 Ac (227)		90 Th (232,15)		91 Pa (230)		92 U 238,2			

Tab. 1. Das periodische System der Elemente nach Fajans. Neben den Bezeichnungen der Elemente sind die Ordnungszahlen, darunter die Atomgewichte angegeben. — Zwischen Uran (92) und Thallium (81) weist fast jede Stelle des Systems mehrere, meist radioaktive Elemente auf. In die obige Tabelle wurde das Symbol und Atomgewicht nur des langlebigsten bzw. verbreitetsten Gliedes jeder Plejade eingesetzt (Fajans).

Jede der acht Gruppen (senkrechte Reihen) umfaßt bestimmte Elementefamilien (z. B. die 6., die Sauerstoffgruppe, die Elemente O, S, Se, Te). Neben diesen sogenannten Hauptgruppen erscheinen bei den höheratomigen Gliedern Nebengruppen (z. B. in der Sauerstoffgruppe die Metalle Cr, Mo, W, U). Das Auftreten dieser Nebengruppen ist dadurch zu erklären, daß die Perioden (wagerechte Reihen) streng genommen nicht immer nur 8 Elemente umfassen, sondern ihre Anzahl mit zunehmendem Atomgewicht wächst. Exakt müßte man die Perioden, wie Rydberg zuerst zeigte, folgendermaßen abbrechen.

1. Periode: 2 Elemente: H und He
2. „ 8 „ Li — Ne
3. „ 8 „ Na — A
4. „ 18 „ K — Kr
5. „ 18 „ Rb — X
6. „ 32 „ Cs — Em
7. „ (unvollst.) 6 Elemente

Die sich hieraus ergebende Anordnung zeigt etwa folgendes Bild (Werner):

Tabelle 2.

```
H                                                                                        He
Li                                                      Be B  C  N  O  F  Ne
Na                                                      Mg Al Si P  S  Cl Ar
K  Ca                      Sc Ti V  Cr Mn Fe Co Ni Cu Zn Ga Ge As Se Br Kr
Rb Sr                      Y  Zr Nb Mo — Ra Rh Pd Ag Cd Jn Sn Sb Te J  Xe
Cs Ba La Ce Nd Pr — Sm Eu Gd Tb Ho Dy Er TuI Yb Lu TuII — Ta W — Os Jr Pt Au Hg Tl Pb Bi — — Em
— Ra — Th — — — — — U
```

Die Teilnehmerziffern: 2,88 18,32 der Perioden stehen übrigens hierbei in einem merkwürdigen, bisher noch unaufgeklärten Zahlenverhältnis:

$$2 = 2 \cdot 1^2$$
$$8 = 2 \cdot 2^2$$
$$18 = 2 \cdot 3^2$$
$$32 = 2 \cdot 4^2$$

Wie man erkennt, finden sich die elektropositiven Elemente (Metalle) im linken Teil der Tabelle 1, während die elektronegativen Elemente (Metalloide) vornehmlich die rechte Seite der Anordnung einnehmen. Die Sauerstoffwertigkeit der Elemente entspricht im wesentlichen der Gruppenziffer (z. B. Kalzium zweiwertig, 2. Gruppe), die Wasserstoffvalenz dagegen zeigt das Bestreben, die Gruppenzahl zu 8 zu ergänzen — Regel von Abegg — z. B.

N: 5. Gruppe, fünfwertig in N_2O_5; $8-5 =$ dreiwertig in NH_3.

Es handelt sich bei diesen Tatsachen nicht um strenge Gesetze, sondern nur um Regelmäßigkeiten, die zwar hin und wieder — auch oft periodisch (Werner) — von Ausnahmen durchbrochen werden. Das periodische System hat sich aber dennoch bei der Auffindung und Vorhersage neuer Tatsachen oftmals glänzend bewährt. So hat z. B. Medelejeff auf Grund seiner Anordnung die Existenz zweier noch unbekannter Elemente vorhersagen (Ge und Ga) sowie auch einen Teil ihrer Eigenschaften vorausbestimmen können. Ferner ordneten sich die von Ramsay entdeckten chemisch inaktiven, also nullwertigen Edelgase zwanglos in die 8., oder gleichzeitig 0. Gruppe (vgl. Tabelle 1) ein. Daß an dieser Stelle ein lückenloser Anschluß der Horizontalreihen vorhanden ist, erkennt man aus der zweiten Übersicht. Als Abszissen sind hier die (aus bestimmten, später erklärten Gründen nur ungefähren) Atomgewichte der Elemente, als Ordinaten die Atomvolumina angegeben. Das regelmäßige Auf- und Absteigen des Kurvenzuges gibt ein Beispiel für die Periodizität der physikalischen Eigenschaften, in diesem Falle für das Verhalten des Atomvolumens. Neben der Kurve sind noch qualitativ einige Eigenschaften angegeben, die sich deutlich dem Richtungssinn der einzelnen Kurvenäste anschließen: elektrisches und magnetisches Verhalten, Schmelzpunkt, Farbe (Carey Ley, Ladenburg u. a.).

Freilich trifft man bei solchen Betrachtungen häufig auch offensichtliche Unstimmigkeiten, z. B. müßte dem Atomgewicht nach K vor Ar, J vor Te, Ni vor Co eingereiht werden, obwohl die Eigenschaften der Elemente die umgekehrte Stellung veranlaßt haben. Ferner zeigen die ersten Elemente der ersten drei Gruppen, also Li, Be und B, neben den Gruppeneigentümlichkeiten auch Eigenschaften, die erst der nächst höheren Gruppe zukommen; es schlägt also Li zum Ca, Be zum Al, B zum Si, ebenfalls eine vorläufig noch unmotivierte Tatsache. Was endlich die Stellung der sogenannten seltenen Erden, also der Elemente Praseodym bis Tulium II anlangt, die in der Tabelle 1 als Einschiebsel untergebracht sind, so hängt diese zweifellos erzwungene Einordnung mit der schon erwähnten Tatsache zusammen, daß hier eine Periode von 32 Elementen vorliegt. Die Unstimmigkeiten im Anschluß an die voraufgehenden Elemente würden sich bei einer fortlaufenden Einordnung — etwa als 4 getrennte Achterreihen — noch fühlbarer machen als bei den Perioden zu 16, wo auch bereits, allerdings periodisch, Widersprüche auftreten, z. B. in der Beiordnung der Edelmetalle Cu, Ag, Au zu den Alkalien.

Am unbefriedigendsten ist jedoch, vom physikalischen Standpunkt betrachtet, der Umstand, daß sich bisher in keinem Falle eine exakte Funktion angeben ließ, mit der es gelingt, unter Einsetzung des Atomgewichtes als laufendem Parameter bestimmte Eigenschaften der Elemente oder ihrer Verbindungen (Atomvolumen, Schmelzpunkt usw.) quantitativ zu berechnen.

Immerhin hat sich, wie gesagt, die Systematik häufig überraschend gut bewährt, noch in der letzten Zeit, als es galt, die radioaktiven Elemente darin aufzunehmen. Jedes radioaktive Element konnte seinen Platz erhalten, nur zeigte sich die Schwierigkeit, daß es bisweilen mehrere, bisher bis zu 7 Elemente waren, die ein und dieselbe Stelle beanspruchten. Und zwar mußte ihnen deshalb der gleiche Platz zufallen (und nicht etwa, wie man zunächst analog den gruppenähnlichen Elementen glauben könnte, senkrecht untereinander gelegene Stellen innerhalb einer Gruppe), weil es nicht gelang, ein Gemisch solcher nur durch die Herkunft oder durch die Geschwindigkeit ihres radioaktiven Zerfalls unterscheidbarer Elemente chemisch zu trennen. Es handelte sich also nicht um eine chemische Ähnlichkeit, sondern um chemische Identität, sogenannte Isotopie von Elementen.

Die weiterhin auffallende Tatsache, daß derartige „praktisch-chemisch-identische" Elemente erhebliche Verschiedenheiten im Atomgewicht (bis zu 8 Einheiten) besitzen, wies ferner darauf hin, daß es offenbar auf diese Größe bei der bisher angewendeten Systematik in erster Linie gar nicht ankommt. Die Verhältnisse liegen vielmehr unvermutet viel einfacher: Das primär Charakteristische an jedem Element ist nicht das Atomgewicht, sondern die Ordnungszahl, das ist diejenige Nummer, die es bei der Abzählung der Elemente im periodischen System erhält (vgl. die fettgedruckten Zahlen in Tabelle 1). Diese Zahl, auch Kernzahl genannt, spielt bei der Struktur des Atoms eine hervorragende Rolle; sie gibt die Zahl der positiven Kernladungen und der negativen Elektronen an, die den Atomkern umlaufen. Diese Zahlen, die übrigens für niedere Atome annähernd gleich dem halben Atomgewicht sind und auch als Abszissen für die Tabelle 2 gewählt wurden, scheinen nun in der Tat die eigentlichen Argumente zu sein, welche man für die exakte Berechnung der Eigenschaften der Elemente zugrunde legen kann. Um eines der bisher noch seltenen Beispiele zu nennen: Die allgemeine Formel für die α-Linie der K-Serie der Röntgenspektra lautet nach Moseley:

$$\nu = \text{const.} \; z^2 \left(\frac{1}{1^2} - \frac{1}{2^2} \right).$$

Setzt man hierin für z die jeweilige Ordnungszahl der Elemente ein, so ergeben sich der Reihe nach quantitativ die Schwingungszahlen ν der betreffenden Linien sämtlicher Elemente.

Auf die isotopen Elemente angewendet, bedeutet diese Betrachtungsweise einfach, daß allen Vertretern einer bestimmten Isotopen-Gruppe die gleiche Stelle des periodischen Systems zuzuweisen ist, da sie alle die gleiche Kernzahl besitzen, z. B. die Emanationen die Kernzahl 86; Ac Em 218; Th Em 220; Ra Em 222.

Andererseits war anzunehmen, daß die Eigenschaft der Isotopie sich nicht allein auf radioaktive Elemente beschränkt, sondern daß auch die übrigen Elemente Isotopengemische darstellen. Der experimentellen Forschung ist es geglückt, die Richtigkeit dieses Schlusses zu beweisen. Aston konnte in seinem Massenspektrographen für alle direkt oder in ihren Verbindungen vergasbaren Elemente entscheiden, ob Isotopie vorliegt und aus welchen Isotopen sich die Elemente zusammensetzen. Ferner konnten Hevesy und Brönsted am Quecksilber, Lorenz am Chlor Trennungen vornehmen, die bereits im Bereich der analytischen Meßbarkeit liegen.

Durch diese Ergebnisse wird die schon vor hundert Jahren ausgesprochene Hypothese von Prout gestützt. Sie besagt, daß die Elemente durch eine Art Kernpolymerisation aus Wasserstoff und Helium entstanden sind und erklärt damit die sehr annähernde Ganzzahligkeit der Atomgewichte.

Durch die Astonschen Arbeiten hat sich nun in der Tat gezeigt, daß die einzelnen Atomgewichte der Isotopen alle exakt ganzzahlig sind — bis auf die Masse der Kernenergie (Einstein) — und andererseits ist, wenigstens am Falle des Stickstoffs durch Rutherford die Möglichkeit des Kernabbaus in Helium und Wasserstoff und damit der Grundgedanke der Proutschen Hypothese bewiesen worden. *J. Eggert.*

Periphere Farbenblindheit s. Farbenblindheit.

Periphraktisch s. aperiphraktisch.

Peripteralbewegung. Peripteralbewegung nennt Lanchester eine Potentialströmung mit Zirkulation (s. dort) um einen in eine Flüssigkeit eingetauchten Körper herum. Ihr Studium ist für die Berechnung des Auftriebes von Flugzeugflächen von Bedeutung, indem nach einer Formel von Kutta und Schukowski der Auftrieb eines Abschnittes der Länge 1 eines unendlich lang zu denkenden Tragflügels durch die Formel

$$A = \varrho \cdot V \cdot l \, \varGamma$$

gegeben ist, wenn mit ϱ die Dichte der Flüssigkeit, $\varGamma$ die Zirkulation um den Flügel herum und mit V die Translationsgeschwindigkeit des Flügels bezeichnet wird. Weiteres s. unter Tragflügel.
O. Martienssen.

Näheres s. Lanchester, Aerodynamik. Deutsch von C. und A. Runge, Leipzig 1909—11.

Periskop s. Sehrohr.

Perlschnurblitz s. Blitz.

Permanente Achsen s. Kreisel.

Permanentes Gas. Als permanent wurden bis etwa zum Jahre 1890 diejenigen Gase bezeichnet, welche durch Abkühlung auf die Temperatur der festen Kohlensäure und durch gleichzeitige Druckerhöhung nicht in den flüssigen Zustand übergeführt werden konnten. Es sind dies insbesondere die Gase Wasserstoff, Stickstoff, Sauerstoff, Luft, Kohlenoxyd (CO), Stickoxyd (NO) und Methan (CH$_4$). Die im Gegensatz zu diesen verflüssigbaren Gasen wurde „koerzibel" genannt. Der neuen Forschung ist es gelungen, alle bekannten Gase, auch das Helium, zu verflüssigen (s. Verflüssigung). *Henning.*

Permeabilität, differentielle und reversibele. — Läßt man auf einem bestimmten Punkt der Nullkurve die vorhandene Feldstärke $\mathfrak{H}$ um einen kleinen Betrag $\varDelta \mathfrak{H}$ zunehmen, dann steigt die zugehörige Induktion ebenfalls um einen Betrag $\varDelta \mathfrak{B}$, dessen Wert man auch angenähert dem dortigen Verlauf der Nullkurve entnehmen kann. Das Verhältnis $\varDelta \mathfrak{B}/\varDelta \mathfrak{H}$, das bei der Berechnung der Selbstinduktion von Spulen mit Eisenkern (Elektromagneten) eine große Rolle spielt, bezeichnet man im Gegensatz zur gewöhnlichen Permeabilität $\mathfrak{B}/\mathfrak{H}$ als differentielle Permeabilität; es hat selbstverständlich, da die Nullkurve nicht geradlinig ansteigt (s. „Magnetisierungskurven"), zumeist einen ganz anderen Wert, als die eigentliche Permeabilität.

Läßt man umgekehrt bei einem bestimmten Punkt der Nullkurve die vorhandene Feldstärke um einen kleinen Betrag $\varDelta \mathfrak{H}$ abnehmen, so nimmt auch die Induktion um einen Betrag $\varDelta \mathfrak{B}$ ab, der aber im allgemeinen viel geringer ist als im vorigen Falle, denn es ist ja eigentlich der Beginn des wenig geneigten absteigenden Astes (vgl. „Magnetisierungskurven"). Bei Wiederzunahme der Feldstärke bis zum ursprünglichen Wert und mehrfacher Wiederholung dieses kleinen Zyklus kommt man dann sowohl bei der Abnahme wie bei der Zunahme auf den gleichen Betrag $\varDelta \mathfrak{B}$, es wird also die Größe $- \varDelta \mathfrak{B}/- \varDelta \mathfrak{H} = \mu_r$ konstant; man bezeichnet sie nach Gans als reversibele Permeabilität und nimmt an, daß sie lediglich auf die reversibelen, von der Drehung der Elementarmagnete herrührenden und daher von Hystereseerscheinungen freien Magnetisierungsvorgänge zurückzuführen ist. Nach den Untersuchungen von Gans hängt sie im wesentlichen nur von der Höhe der Induktion $\mathfrak{B}$ ab, nicht aber davon, ob sie dem aufsteigenden, dem absteigenden Ast oder der Nullkurve zugehört. *Gumlich.*

Näheres s. Gans, Ann. d. Phys. **27**, 1, 1908; **29**, 301, 1909.

Permeabilität, magnetische. - Die Permeabilität μ oder magnetische Durchlässigkeit eines Körpers ist gegeben durch die Beziehung $\mu = \mathfrak{B}/\mathfrak{H}$, also durch den Quotient aus Induktion und Feldstärke. Sie ist bei para- und diamagnetischen Stoffen unabhängig von der Höhe der Feldstärke, bei ferromagnetischen hängt sie in hohem Maße davon ab. Beim Eisen beginnt sie gewöhnlich für sehr kleine Feldstärken mit Werten zwischen 100 und 500 (sog. Anfangspermeabilität), steigt dann außerordentlich stark an, erreicht bei gewöhnlichem Material Werte von 2000 bis 5000, in außergewöhnlichen Fällen bis zu 20 000, um dann wieder zu sinken und dem Grenzwert 1 zuzustreben (s. „Magnetisierungskurve"). Das Maximum der Permeabilität liegt nach Gumlich im allgemeinen bei einer Feldstärke, die etwa dem 1,3fachen der Koerzitivkraft entspricht und ist der Größe nach gegeben durch den Quotient aus der wahren Remanenz und der doppelten Koerzitivkraft, also $\mu_{max} = R/2 \cdot K$. Je höher die Permeabilität einer Eisensorte, um so brauchbarer ist sie für viele elektrotechnische Zwecke. *Gumlich.*

Permeameter. Apparat zur Bestimmung der magnetischen Permeabilität; s. Magnetisierungsapparat.

Perpetuum mobile erster und zweiter Art. Unter einem Perpetuum mobile erster Art versteht man eine Maschine, die ohne Aufwendung irgend welcher Arbeit ständig Energie liefern soll. Ihre Konstruktion ist von vielen Erfindern vergeblich versucht worden. Ein solches Perpetuum mobile würde in Gegensatz zu dem häufig mit außerordentlicher Genauigkeit geprüften Erfahrungssatz von der Erhaltung der Energie stehen, der aussagt, daß Energie irgend einer Form nur dann in die Erscheinung tritt, wenn sie in einer andern Form verschwindet und daß die Energiemengen beider Formen genau gleich sind.

Perpetuum mobile zweiter Art heißt eine andere Maschine, die ebenfalls nicht verwirklicht werden kann, die aber mit dem Energieprinzip nicht in Widerspruch steht. Ihre Wirkungsweise ist derart gedacht, daß sehr großen Wärmebehältern wie etwa dem Meereswasser oder der Luft unter Abkühlung ständig Energie entzogen wird und also fortlaufend Wärme direkt in mechanische Arbeit verwandelt wird. Der zweite Hauptsatz der Thermodynamik erhebt zum Prinzip, daß eine solche Maschine unmöglich ist und führt zu zahlreichen Ergebnissen, die mit der Erfahrung in sehr genauer zahlenmäßiger Übereinstimmung stehen, wenn die Annahme gemacht wird, daß Wärme ohne Aufwendung von Arbeit nur dann fortlaufend in eine andere Energieform übergeführt werden kann, wenn eine Temperaturdifferenz vorhanden ist, deren Ausgleich durch den Prozeß angestrebt wird. Zur Erzeugung praktisch unbegrenzter Energiemengen genügt also nicht die Existenz eines sehr großen Wärmebehälters, sondern es werden zwei Wärmebehälter von beträchtlich verschiedener Temperatur erfordert. *Henning.*

Perspektive der photographischen Bilder. Das photographische Bild, das durch ein verzeichnungsfreies Objektiv entworfen wird, ist ein geometrisch ähnliches Bild der Zentralprojektion der einzelnen abzubildenden Raumpunkte auf die Einstellebene von der Eintrittspupille aus. Um bei der Betrachtung des photographischen Bildes den richtigen Eindruck zu bekommen, ist der Augendrehpunkt in die Entfernung vom Bilde zu bringen, um welche die Austrittspupille des verzeichnungsfreien Objektives von der Bildebene entfernt ist. War der Aufnahmegegenstand sehr weit entfernt, so kann man sich der Regel bedienen, daß der Drehpunkt des betrachtenden Auges um die Brennweite von dem Bild entfernt sein muß, um den perspektivisch richtigen Eindruck zu erhalten. Sind die Bilder mit so kurzbrennweitigen Objektiven aufgenommen worden, daß die Akkommodation des Auges eine deutliche Wahrnehmung nicht mehr ermöglicht, so kann man eine Verantlinse (C. Zeiß) von der Brennweite des Aufnahme-Objektivs als Betrachtungs-System benutzen. Bei Weitwinkel-Aufnahmen, deren Bildwinkel größer ist als der, den das Auge im direkten Sehen beherrscht, ist nur vermittels der sog. Schlüsselloch-Betrachtung ein naturgetreuer Eindruck zu erreichen. *W. Merté.*

Petrolätherthermometer s. Flüssigkeitsthermometer.

Petroleumlampe und **Petroleumglühlicht**, Flächenhelle s. Photometrische Größen und Einheiten, Nr. 4; Wirtschaftlichkeit s. Wirtschaftlichkeit von Lichtquellen.

Pfaundlersche elektrische Methode s. Elektrische Kalorimetrie.

Pfeifen. Man unterscheidet Zungenpfeifen (s. Zungen und Zungeninstrumente) und Lippenpfeifen. Bei den Lippenpfeifen wird der Ton dadurch erzeugt, daß ein Luftstrom durch einen schmalen Spalt gegen eine ihm parallel stehende Schneide geblasen wird (s. Schneidentöne). Es bildet sich ein Luftband, welches um die Schneide hin und her schwingt, und zwar innerhalb weiter Grenzen in einem Tempo, welches ihm von den Schwingungen der Luftmasse des Pfeifenrohres aufgedrückt wird. Dieses schwingende Luftband kann also als Extremfall einer „weichen" Zunge (s. d.) betrachtet werden.

In ähnlicher Weise kommen die Töne der Querflöte (ursprünglich Schweizerpfeiff genannt) zustande (s. Schneidentöne). An dem Mundloch der Flöte entsteht ein Schwingungsbauch und ebenso an dem offenen Ende. Allerdings ist das nur in erster Annäherung richtig. Das Mundloch ist kleiner als der Querschnitt der Bohrung, infolgedessen findet eine teilweise „Deckung" statt, ferner greift die Schwingung an dem anderen Ende der Flöte über die Öffnung des Rohres hinaus. Infolgedessen liegt für den Grundton der Flöte der Schwingungsknoten nicht genau in der Mitte zwischen Mundloch und Ende des Rohres, und entsprechend sind auch alle sonstigen Längenverhältnisse etwas andere als die elementare Überlegung zunächst ergeben würde. Durch „Überblasen" der Flöte erhält man, ebenso wie bei Oboe und Fagott, als ersten Oberton die Oktave des Grundtones; die Flöte „oktaviert", während beispielsweise die Klarinette „quintiert". Für die Pikkoloflöte ist der Tonumfang d_2 bis a_4, für die große Flöte c_1 bis b_3.

Bei den Zungenpfeifen müssen die Ansatzrohre an der Stelle, an welcher sich die Zunge befindet, als geschlossen betrachtet werden, während bei den Lippenpfeifen an der Lippe angenähert ein Schwingungsbauch liegt. Die Länge „offener" Lippenpfeifen beträgt also ungefähr eine halbe Wellenlänge des Grundtones, und die Schwingungszahlen der Partialtöne stehen im Verhältnis 1 : 2 : 3 .... Die Länge gedeckter oder „gedackter" Pfeifen beträgt dagegen ungefähr ein Viertel der Wellenlänge des Grundtones, und die Schwingungszahlen ihrer Partialtöne stehen im Verhältnis 1 : 3 : 5.... Die Klangfarbe der Pfeife ist von ihrer Form, Dimensionierung der Einzelteile und dem Material stark abhängig (s. Orgel).

E. Waetzmann.

Näheres s. R. Wachsmuth, Ann. d. Phys. **14**, 1904.

Pfeifen s. auch Verstärker.

Pfeilstellung der Flügel eines Flugzeugs nennt man diejenige Stellung, bei welcher (s. Figur) die beiden Flügel in der Mitte einen spitzen Winkel mit der Symmetrieebene des Flugzeugs bilden. Diese Anordnung kann aus verschiedenen Gründen angewandt werden. So dient eine kleine Pfeilstellung dazu, um dem Schwerpunkt S des gesamten Flugzeuges, dessen Lage unter Umständen durch die Verteilung der Gewichte im Flugkörper gegeben ist, die richtige

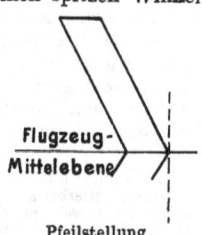

Pfeilstellung.

Lage gegenüber dem mittleren Druckpunkt des Flügels, in welchem die resultierende Luftkraft angreift, zu geben und so einen angenehmen Ausgleich der Drehmomente zu erzielen. Größere Pfeilstellung, wenn sie Hand in Hand mit einer Verwindung, d. i. mit einer flacheren Einstellung der äußeren Flügelteile gegenüber den inneren, geht, kann auch dazu dienen, um ein solches Flügelpaar für sich stabil zu machen; dies ist ohne Pfeilstellung unmöglich und kann nur durch weit hinter oder vor dem Schwerpunkt liegende kleine Flügel, welche gleichzeitig zum Steuern dienen, bewirkt werden. Die Pfeilstellung stabilisiert auch das Flugzeug gegenüber Störungen, welche es aus seiner gradlinigen Bahn zum seitlichen Abrutschen zu bringen suchen; denn wenn zwei pfeilförmig gestellte Flügel von der Seite angeblasen werden, so empfängt der auf der Seite der Windrichtung liegende Flügel einen größeren Auftrieb wie der andere; das Flugzeug wird dadurch in die wagerechte Lage zurückgedreht. *L. Hopf.*

Pferdestärke. Das technische Maß für den Effekt ist vielfach die Pferdestärke PS oder Pferdekraft. 1 PS = 75 mkg/sec. Die Arbeit wird in Pferdekraftstunden PS-St. angegeben. Die im Arbeitszylinder erzeugte indizierte Leistung wird in indizierten Pferdestärken PS_i, die als Nutzarbeit abgegebene in effektiven Pferdestärken PS_e gemessen. Die englische Pferdestärke HP (horse power) = 550 Fußpfund/sec = 1,0139 PS. 1 PS = 736 Watt. Der Wärmewert von 1 PS = 632 kcal. *L. Schneider.*

Pfundmaße s. Masseneinheiten.

Phase. Nichtleuchtende Himmelskörper wie die Planeten und Trabanten, die ihr Licht von der Sonne empfangen, zeigen Lichtgestalten wie der Erdmond. Unter Phasenwinkel (kurz Phase)

versteht man den Winkel Sonne-Planet (bzw. Trabant)-Erde. Bei Phasenwinkel 0° sehen wir die voll-
beleuchtete Scheibe. Die Abhängigkeit der Helligkeit vom Phasenwinkel wurde von Seeliger eingehend theoretisch untersucht, hängt aber sehr von
der Oberflächenbeschaffenheit der Himmelskörper
ab und stimmt bei keinem von diesen mit der
Theorie überein.

Nur die sog. unteren Planeten Merkur und Venus,
sowie der Erdmond zeigen uns alle Phasen von voller
Beleuchtung bis zur völligen Verdunkelung. Bei den
oberen Planeten, die nie zwischen Sonne und Erde
treten, schwankt der Phasenwinkel zwischen 0° und
einem gewissen Maximalbetrag, der bei Mars am
größten ist und etwa 50° beträgt. Bei den äußeren
Planeten ist er kaum merklich.   *Bottlinger.*

Phasen s. Thermodynamisches System.

Phaseneinfluß auf Klangfarbe (s. Klang). Es
ist vielfach die Frage untersucht worden, ob die
gegenseitige Phase der einzelnen Partialtöne eines
Klanges oder eines Zusammenklanges (mehrere
Klänge) einen Einfluß auf die Klangfarbe hat. Diese
Frage ist namentlich für die Hörtheorie (s. Resonanztheorie des Hörens) von großer Wichtigkeit. Verschiedene Beobachter haben nun übereinstimmend
konstatiert, daß die Klangfarbe von der
gegenseitigen Phase der Partialtöne unabhängig ist, vorausgesetzt, daß die Partialtöne
so weit auseinanderliegen, daß keine Interferenz
eintritt.

L. Hermann läßt z. B. eine Phonographenwalze rückwärts
ablaufen. Hierbei setzen die einzelnen Partialtöne mit ganz
anderen gegenseitigen Phasen ein als beim normalen Vorwärts-
laufen der Walze; trotzdem konnte eine Änderung der Farbe
der einzelnen Klänge nicht nachgewiesen werden. Lindig
hat ausführliche Versuche an der sog. Telephonsirene
angestellt, einem Apparate, welcher gestattet, Amplituden-
und Phasenverhältnisse der in dem erzeugten Klange enthaltenen Partialtöne innerhalb weiter Grenzen meßbar zu
variieren. Auch Lindig kommt zu dem Ergebnis, daß sich
die Phase nicht bemerkbar macht, falls keine Interferenz
eintritt.   *E. Waetzmann.*
Näheres s. F. Lindig, Ann. d. Phys. 10, 1903.

Phasenintegral s. Quantenbedingungen.

Phasenraum s. Ergodenhypothese.

Phasenregel s. Thermodynamisches System.

Phasenregler. Diese Vorrichtung dient dazu,
einem Drehstromnetz eine um eine einstellbare
Phase verschobene Spannung zu entnehmen, die
z. B. als Hilfsspannung bei der Eichung von Zählern, Meßwandlern usw. benutzt werden kann.
Er besteht aus einem aus Blechstreifen gebildeten
Eisenring, der mit einer Wicklung versehen ist.
Dieser wird an drei räumlich um 120° verschobenen
Stellen der Drehstrom eines Generators zugeführt.
Um den magnetischen Kraftlinien einen geschlossenen Verlauf zu geben, ist innerhalb des Eisenkerns
ein zweiter von kleinerem Durchmesser angebracht.
Jede Windung ist mit einem Segment eines Kommutators verbunden, von dem der Strom durch zwei
diametral gegenüberstehende Schleiffedern abge-
nommen wird. Je nach der Stellung der Federn
ist die Phase verschieden und läßt sich auf diese
Weise einstellen.   *W. Jaeger.*

Phasenwechseltöne nennt man Töne, welche bei
regelmäßigen Phasenwechseln eines gegebenen Tones
zu diesem hinzutreten. Aus ihrer Existenz sind
Einwände gegen die Helmholtzsche Resonanztheorie des Hörens (s. d.) hergeleitet worden; sie
stehen jedoch mit derselben durchaus im Einklange. S. auch Variationstöne. *E. Waetzmann.*
Näheres s. F. A. Schulze, Ann. d. Phys. 45, 1914.

Phasenwinkel s. Wechselströme.

Philomele s. Streichinstrumente.

Phonautograph s. Schallregistrierung.

Phonisches Rad. Diese Vorrichtung zählt Stromstöße, die in gleichen Zeitabständen aufeinander-
folgen, wie sie z. B. von Stimmgabeln mit elektrischem Kontakt erzeugt werden. Der Apparat
besteht aus einer hohlen Trommel, die innen mit
etwas Quecksilber angefüllt ist, um die Trägheit
zu vermehren und dadurch die Bewegung des Rades
konstant zu erhalten. An dem Umfang des Rades
sind parallel zur Achse desselben Eisenstäbe befestigt, die sich bei der Drehung des Rades an den
Polen eines Elektromagnets vorbeibewegen. Empfängt der Magnet die Stromstöße und erteilt man
dann dem Rade eine schnelle Drehung, so nimmt
es von selbst eine der Häufigkeit der Stromstöße
entsprechende Drehgeschwindigkeit an, die dadurch bedingt ist, daß bei jedem Stromstoß sich
ein Eisenstab vor dem Elektromagnet befindet.
Die Trommel ist mit einem Zählwerk oder elektrischem Kontaktmacher verbunden, so daß die
Anzahl der Umdrehungen gemessen werden kann.
                                         W. Jaeger.

Phonisches Rad s. Sichtbarmachung von Schallschwingungen.

Phonograph, im Jahre 1877 von Thomas A.
Edison erfunden, ist ein Apparat, welcher den
Schall (Luftschwingungen) nicht nur graphisch
darzustellen, sondern aus dieser graphischen
Darstellung auch wieder als Schall (Luftschwingungen) zu reproduzieren gestattet.
Eine Glimmer- oder Metallmembran, in deren Mitte
ein Metallstift senkrecht aufgesetzt ist, befindet
sich am Boden des zum Hineinsprechen (Singen
usw.) dienenden Mundstückes (Trichter). Die Spitze
des Metallstiftes berührt ein dünnes Stanniolblatt,
welches fest um eine zylindrische Walze gelegt ist,
die außer ihrer rotierenden auch noch eine fortschreitende Bewegung parallel zu ihrer (Dreh-)
Achse hat. Wird in den Trichter hineingesprochen,
so gerät die Membran in erzwungene Schwingungen,
und der Metallstift drückt ein Bild seiner
Bewegungen in das Stanniolblatt ein. Sind
die gewünschten Klänge aufgezeichnet, so wird
der Schreibapparat abgehoben, die Walze in ihre
Anfangslage zurückgedreht und der Stift wieder
auf die Stelle aufgesetzt, an welcher er sich zuerst
befunden hatte. Dreht man nun die Trommel
wieder vorwärts, so gleitet der Stift in den vorher
von ihm eingegrabenen Furchen entlang und überträgt damit wieder auf die Membran alle Schwingungen, welche sie bei der Schallaufnahme ausgeführt hatte. Die Membranschwingungen teilen
sich der Luft mit und können auf diese Weise
wieder abgehört werden.

Im Laufe der Zeit sind dann eine große Zahl
von Abänderungen und Verbesserungen an der
ursprünglichen Edisonschen Ausführungsform vorgenommen worden. Die Metallfolie wurde von
Bell durch eine aus Wachs und Stearin zusammengesetzte Masse ersetzt; statt der senkrechten
Stellung des Schreibstiftes zur Walzenoberfläche
gab ihm Edison eine mehr schräge Stellung,
wodurch die durch den Gegendruck der Walze
hervorgerufene Dämpfung der Membranschwingungen verringert wurde; zur Reproduktion wurde
ein besonderer Stift benutzt, welcher statt in einer
scharfen Spitze in einem kleinen Kügelchen endigte,
usw. Eine sehr wichtige Änderung wurde von
E. Berliner angegeben, welcher die Bewegung
der Spitze des Stiftes nicht mehr angenähert

senkrecht zur Schreibfläche, sondern parallel dazu erfolgen ließ. Die Elongationen der Membran werden dann naturgetreuer aufgezeichnet, namentlich weil eine nach auswärts gerichtete Membranbewegung jetzt spiegelbildlich gleich aufgezeichnet wird wie die entsprechende Einwärtsbewegung (Berliner-Schrift), während bei der ursprünglichen Aufzeichnungsart (Edison-Schrift) vorzugsweise die einwärts gerichteten Bewegungen der Membran der Schreibplatte aufgedrückt wurden. Die Elongationen der Berliner-Schrift liegen also parallel der Schreibplattenoberfläche, die der Edison-Schrift angenähert senkrecht dazu. Die an Stelle der Zylinderwalzen eingeführten Kreisplatten wurden auf galvanoplastischem Wege kopiert und vervielfältigt. Die Apparate, welche zur Wiedergabe von Musikstücken mittels solcher Platten dienen, werden im allgemeinen unter dem Namen Grammophone zusammengefaßt.

Der Phonograph ist vielfach auch zu wissenschaftlich-akustischen Untersuchungen, namentlich zum Studium der Vokale, benutzt worden.

E. Waetzmann.

Näheres s. jedes größere Lehrbuch der Akustik.

Phonometer s. Rayleighsche Scheibe.

Phosphoreszenzphotographie. Zur Photographie von ultraroten Strahlen, darauf beruhend, daß die Erwärmung einen erregten „Phosphor" (im Lenardschen Sinne) ausleuchtet. Ein Phosphor wird erregt und darauf ein ultrarotes Linienspektrum auf ihm abgebildet. An den Stellen der Linien wird der Phosphor infolge der Erwärmung je nach der Intensität der Linien mehr oder weniger schnell ausgeleuchtet. Legt man ihn nun auf eine normale photographische Platte, so wird diese nur unter den noch leuchtenden Teilen des Phosphors geschwärzt, während die den Spektrallinien entsprechenden Teile nicht mehr strahlen, also hell bleiben. Die entwickelte Platte stellt also ein Positiv des ultraroten Spektrums dar unter angenäherter Erhaltung der Intensitätsverhältnisse der Spektrallinien.

Blauer Flußspat ist gelegentlich als „Phosphor" benutzt worden. *Gerlach.*

Photographisches Objektiv. Für die Erzielung eines photographischen Bildes kommen, wenn man von der Astro-Photographie absieht, die sehr häufig für diese Zwecke Hohlspiegel-Instrumente benutzt, nur dioptrische Mittel in Frage, einfache Linsen oder Linsenfolgen, die man als photographische Objektive bezeichnet. Trotz aller Vollkommenheit, die die modernen photographischen Aufnahmelinsen besitzen, sind sie weit davon entfernt, eine völlig fehlerfreie Abbildung zu liefern. Die Kunst des rechnenden Optikers ist es ja, dafür zu sorgen, daß jene Fehler möglichst wenig störend für die einzelnen Aufgaben der Photographie sind. Was die verschiedenen photographischen Objektive voneinander unterscheidet, ist also im wesentlichen der voneinander abweichende Korrektionszustand.

Außer den Abbildungsfehlern, die durch diesen bedingt sind, kommen noch Fehler der Ausführung in Frage, wie Flächengenauigkeit, Zentrierfehler, Glasbeschaffenheit der Linsen. Die brechenden Flächen sind bei allen Objektiven, die in größerer Stückzahl gefertigt werden, Kugelflächen, da deformierte Flächen mit der nötigen Regelmäßigkeit auszuführen auf große technische Schwierigkeiten stößt. Das Material, aus denen die Linsen hergestellt werden, ist in der Regel das optische Glas. Die optischen Eigenschaften dieses Glases sind festgelegt durch seine Brechungszahl und Dispersion. Für besondere Zwecke kommen auch Linsen aus anderen Stoffen vor, z. B. aus Quarz, wenn es sich etwa darum handelt, daß möglichst viel kurzwelliges Licht von den Linsen hindurchgelassen wird. Das zur Verwendung kommende Glas muß frei von Schlieren und Spannung sein, damit nicht der Strahlengang störend beeinflußt wird. Dagegen sind kleine Bläschen und Steinchen in den Linsen belanglos, da durch diese nichts weiter als ein geringfügiger Lichtverlust bewirkt wird. Sämtliche Linsen werden so gefaßt, daß die Mittelpunkte aller brechenden Flächen in einer Geraden, der optischen Achse, liegen und die einzelnen Linsen die richtigen Abstände voneinander haben. Die scharfe Einstellung auf eine bestimmte Einstellebene kann einmal erfolgen vermittels der Kammer, wenn diese einen veränderlichen Auszug hat, sonst ist an dem Objektiv eine Einrichtung anzubringen, die die Einstellung ermöglicht. Da die Schwärzung der Platte abhängig von der Beleuchtung im Dingraum, von der Lichtstärke des Objektivs und der Lichtempfindlichkeit der Film, oder Plattenemulsion ist, so ist Vorsorge zu treffen, daß die für die Aufnahme richtige Belichtung herbeigeführt wird. Zu diesem Zweck kann man die Lichtstärke des Objektivs vermittels Abblendung, und zwar entweder durch einen Blendensatz oder durch eine Irisblende, und ferner die Belichtungszeit durch einen Verschluß regulieren. Dieser kann vor, zwischen oder hinter den Linsen des Objektivs angebracht werden. Ein sehr leistungsfähiger Verschluß ist der Compur-Verschluß. Er arbeitet meist im Blendenraum des Objektivs und ermöglicht Augenblicksaufnahmen bis zu etwa $1/_{250}$ Sekunde Belichtungszeit. Noch kürzere Belichtungszeiten kann man mit dem Schlitzverschluß, der sich unmittelbar vor der lichtempfindlichen Schicht befindet, erzielen. Bei diesem wird durch einen geöffneten Schlitz, dessen Breite beliebig gewählt werden kann, und der an der in ihren übrigen Teilen verdeckten lichtempfindlichen Schicht vorbeiwandert, die Belichtung herbeigeführt. Der Möglichkeit, die einzelnen Bildpunkte sehr kurz zu belichten, steht aber der Nachteil gegenüber, daß die Belichtungszeit, die sich aus dem zurückzulegenden Weg des Schlitzes ergibt, nicht unter eine gewisse Grenze gebracht werden kann, wodurch bei schnell bewegten Aufnahmegegenständen sich unliebsame „Verzeichnungen" im Bilde ergeben können, da ja die einzelnen Teile der lichtempfindlichen Schicht nicht gleichzeitig, sondern nacheinander belichtet werden. Sind alle optischen und mechanischen Bestandteile des Objektivs mit sorgfältiger Genauigkeit ausgeführt und ist auch die benutzte Kammer in jeder Beziehung einwandfrei, so hängen die Eigenschaften des Bildes, wie bereits gesagt, von dem Korrektionszustand des Objektivs ab. Da das Ideal vollkommener Freiheit von sämtlichen Abbildungsfehlern versagt ist, kann es sich nur darum handeln, zwischen diesen einen Ausgleich zu finden. Je nach den verschiedenen Verwendungszwecken der Aufnahmelinsen wird mancher Fehler bis zu einem gewissen Betrage erträglich bleiben, andere wieder möglichst klein gemacht oder sogar vielleicht ganz beseitigt werden müssen, unter gleichzeitiger Berücksichtigung der benötigten Ausdehnung des Gesichtsfeldes und der erforderlichen Größe der relativen Öffnung. So wird eine geringe Verzeichnung für viele Aufnahmen belanglos sein; für photogrammetrische Aufgaben ist dagegen selbstverständlich möglichst völlige Verzeichnungsfreiheit des Objektivs zu fordern, und zwar sogar noch unabhängig von dem Abbildungsmaßstab, wenn Gegenstände in den verschiedensten Entfernungen mit dem Objektiv aufgenommen werden sollen (stationäre Orthoskopie). Durch diesen Sachverhalt ist denn auch die Einfügung der photographischen Objektive nach ihrer Leistungsfähigkeit in gewisse Gruppen gegeben. Wir können hier etwa, wenn auch natürlich die Grenzen zwischen manchen Objektivgattungen bis zu einem gewissen Grade fließend sind, unterscheiden Objektive höchster Lichtstärke (Kino- und Bildnis-Aufnahmen), Universal-, Satz-, Weitwinkel-, Reproduktions-Objektive. Die durch diese Gruppierung dem rechnenden Optiker gestellten Aufgaben sind auf die verschiedenste Weise gelöst worden, durch Linsenfolgen, die aus nur miteinander verkitteten Linsen bestehen, aus nur einzelstehenden Linsen und aus solchen, bei denen gewisse Linsen miteinander verkittet, andere wieder unverkittet sind. Aus dem Abschnitt „Die Abbildung durch photographische Objektive" ist ersichtlich, daß die Berechnung der Aufnahmelinsen unter der Annahme des Bestehens der geometrischen Optik erfolgt, und dabei sind die Kriterien, die auf diese Weise erhalten werden, in der Regel nur notwendige, aber nicht hinreichende für die Schärfengüte, weil z. B. die Durchrechnung windschiefer Strahlen meist unterbleibt und auch nur für eine gewisse Anzahl von Strahlen möglich wäre. Von der physikalischen Natur des Lichtes, die sich etwa aus der Wellentheorie ergibt, wird dabei abgesehen, so daß also z. B. über die Lichtverteilung in den Bildscheibchen, die die Bildpunkte repräsentieren, nichts Endgültiges festgestellt werden kann. Wohl liegen Untersuchungen hierüber für besonders einfache Fälle vor, aber im allgemeinen sind die Kenntnisse darin noch sehr gering. So wichtig für die systematische Berechnung der photographischen Objektive die geometrische Optik ist und zu solch ausgezeichneten Ergebnissen sie geführt hat, das endgültige Urteil über die Leistungsfähigkeit eines photographischen Objektivs kann erst durch nachträgliche Prüfung am fertigen Objektiv gegeben werden.   *W. Merté.*

Photometer, ein Apparat für Lichtmessungen. Gleichheitsphotometer (bzw. Kontrastphotometer): Bouguer, Bunsen, Foucault, Lambert, Lummer und Brodhun, Martens, Ritchie s. Photometer zur Messung von Lichtstärken. Flimmerphotometer: Bechstein, Krüß, Rood s. Photometrie verschiedenfarbiger Lichtquellen. Universalphotometer: Bechstein; Blondel und Broca; Brodhun; Martens; Weber s. Universalphotometer. Siehe auch Spektralphotometer in Photometrie im Spektrum, s. ferner Lichtstrommesser.   *Liebenthal.*

Photometer zur Messung von Lichtstärken (s. „Photometrie gleichfarbiger Lichtquellen", Nr. 5).

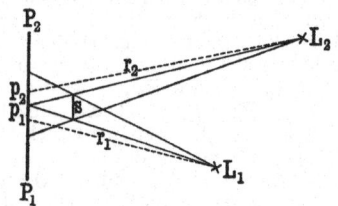

Fig. 1. Photometer von Lambert.

1. **Photometer von Lambert.** Die beiden zu vergleichenden Lichtquellen L_1 und L_2 (Fig. 1) werfen auf die weiße Wand $P_1 P_2$ zwei hart aneinander stoßende Schatten des undurchsichtigen Körpers (Blechstreifen, Stab); p_1, das eine Vergleichsfeld, wird also nur von L_1, p_2, das andere Vergleichsfeld, nur von L_2 beleuchtet. L_1 oder L_2 wird so lange verschoben, bis die beiden Schatten gleich stark sind; bei der Verschiebung ist darauf zu achten, daß die Strahlen unter denselben Einfallswinkeln auf p_1 und p_2 auftreffen. Setzt man die Entfernungen $L_1 p_1 = r_1$, $L_2 p_2 = r_2$ und bezeichnet die Lichtstärke von L_2 in Richtung r_2 mit J_2, die von L_1 in Richtung r_1 mit J_1, so ist

$$(1) \qquad J_2 = \frac{r_2{}^2}{r_1{}^2} \cdot J_1.$$

2. **Photometer von Bouguer und Foucault.** Nach Bouguer wird die weiße vertikale Wand $P_1 P_2$ (Fig. 2) durch die geschwärzte Scheidewand $A B$ in

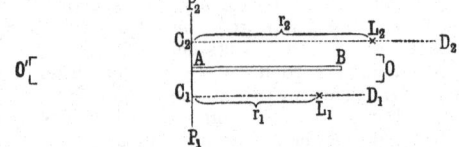

Fig. 2. Photometer von Bouguer und Foucault.

zwei Teile $P_1 A$ und $A P_2$ geteilt, und es wird $P_1 A$ durch L_1, $A P_2$ durch L_2 aus hinreichend großer Entfernung beleuchtet. Die Einstellung geschieht, indem man L_1 oder L_2 verschiebt, bis die beiden Vergleichsfelder $P_1 A$ und $A P_2$ dem in der Verlängerung von $A B$ befindlichen Auge gleich hell erscheinen.

Potter ersetzt die Wand $P_1 P_2$ durch eine durchscheinende Substanz und beobachtet von der Rückseite aus der Stellung O'. Da die beiden Vergleichsfelder durch eine vom der Scheidewand $A B$ herrührende dunkle Zone getrennt werden, rückt Foucault die Scheidewand ein wenig von $P_1 P_2$ ab; er erreicht damit aber nur, daß die beiden Felder allmählich ineinander übergehen.

3. **Photometer von Ritchie.** Zwischen L_1 und L_2 (Fig. 3) befinden sich zwei gegen die Ver-

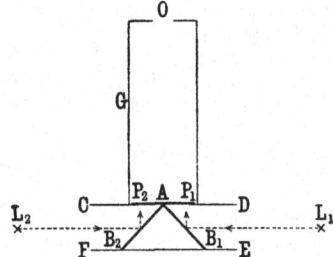

Fig. 3. Photometer von Ritchie.

bindungslinie $L_1 L_2$ um 45° geneigte, aus demselben Stücke geschnittene Spiegel $A B_1$ und $A B_2$, welche das Licht von L_1 und L_2 senkrecht auf den durchscheinenden Schirm $P_1 P_2$ werfen. Die beiden Spiegel sowie der Schirm sind in einem innen geschwärzten Kasten $CDEF$, dem *Photometergehäuse*, angebracht. Das Auge blickt durch die Öffnung (Okularloch) O des mit dem Gehäuse fest verbundenen Beobachtungsrohres G.

Bei einer anderen Anordnung benutzt Ritchie anstatt der beiden Spiegel zwei weiße Flächen (aus rauhem Kartonpapier) CP_1 und CP_2 (s. „Photometrie gleichfarbiger Lichtquellen" Nr. 3) und schließlich wurde diese Anordnung durch einen Gipskeil ersetzt. Bei Einstellung auf gleiche Helligkeit erscheint der keilförmige Photometerschirm als eine (nahezu) gleichmäßig leuchtende Fläche, welche durch die unscharfe dunkle Kante C in zwei Teile geteilt wird. Auf die verschiedenen Abänderungen der Anordnungen, welche bezwecken die Grenzen zwischen den beiden Vergleichsfeldern möglichst vollständig zum Verschwinden zu bringen, z. B. auf die Anordnungen von Conroy, Thompson, kann hier nicht eingegangen werden.

Das Ritchiesche Photometer bezeichnet einen wesentlichen Fortschritt gegenüber den bisher beschriebenen; denn es gestattet die Anwendung einer geraden *Photometerbank*, auf welcher sich L_1, L_2 und das Photometergehäuse beweglich aufstellen lassen.

4. **Photometer von Bunsen.** In seiner einfachsten Gestalt (Fig. 4) besteht es aus einem in

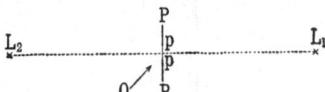

Fig. 4. Photometer von Bunsen.

seiner Mitte mit einem Fettfleck pp versehenen Papier PP, das auf einer Photometerbank senkrecht zur Bankachse aufgestellt ist. Der Fettfleck und das angefettete Papier bilden hier die beiden Vergleichsfelder, und zwar leuchtet dieses hauptsächlich im reflektierten, der Fettfleck im durchgelassenen Lichte.

Man sucht zunächst diejenige Stellung des Papierschirmes, wo ein von links in schräger Richtung auf ihn blickender Beobachter die ganze linke Schirmseite als eine gleichmäßig leuchtende Fläche erblickt, wo also der Fettfleck verschwunden ist. Sodann stellt man auf Verschwinden des Fettfleckes rechts ein. Sind die hierbei gefundenen Entfernungen das erste Mal r_2, r_1, das zweite Mal r_2', r_1', so wird, gleiches Verhalten der beiden Schirmseiten vorausgesetzt,

$$(2) \qquad J_2 = \frac{r_2\, r_2'}{r_1\, r_1'}\, J_1.$$

Am einfachsten arbeitet man nach der Substitutionsmethode (vgl. „Photometrie gleichfarbiger Lichtquellen", Nr. 4), indem man eine konstante Vergleichslichtquelle auf der einen Seite des Schirmes in fester Verbindung mit diesem anbringt und auf der anderen Seite nacheinander L_1 und L_2 in solchen Abständen r_1 und r_2 aufstellt, bei welchen der Fettfleck auf derselben Seite verschwindet. Es gilt dann wieder Gleichung 1).

Um beide Schirmseiten zugleich übersehen zu können, benutzt man Spiegel (Rüdorff) oder Prismen (v. Hefner-Alteneck, Krüß).

Bei diesem Photometer lassen sich zwar scharfe Grenzen zwischen den Vergleichsfeldern herstellen. Ein Übelstand ist aber, daß das nicht gefettete Papier nicht allein Licht reflektiert, sondern auch durchläßt, und daß der gefettete Teil nicht nur Licht durchläßt, sondern auch reflektiert. Jedes der beiden Vergleichsfelder wird mithin von beiden Lichtquellen beleuchtet. Durch diese Vermischung (Kompensation) des Lichtes wird, wie L. Weber gezeigt hat, die Empfindlichkeit der Einstellungen stark herabgesetzt. Dieser Fehler wird beim folgenden Photometer vermieden.

5. **Photometer von Lummer und Brodhun.** a) *Gleichheitsphotometer.* Der wesentlichste Teil ist der Gleichheitswürfel AB (Fig. 5). Die kugelförmige Hypotenusenfläche des Prismas A ist bei rs eben angeschliffen und an die gleichfalls ebene Hypotenusenfläche ab des Prismas B so innig angepreßt, daß alle Luft an der Berührungsstelle entfernt und der Würfel dadurch an dieser Stelle

durchsichtig geworden ist. Das von den Schirmseiten λ und l unter etwa 45° ausgehende diffuse Licht wird mittels der Spiegel e und f senkrecht oder nahezu senkrecht auf die Kathetenflächen bc und dp geworfen. Das auf dp fallende und nach rs weiter gehende Licht tritt aus ac in Richtung nach O aus. Das auf bc fallende Licht wird an den Stellen ar und sb der Hypotenusenfläche ab reflektiert und ebenfalls in Richtung nach O

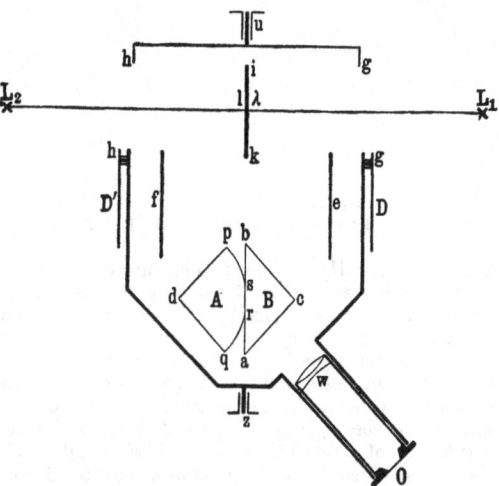

Fig. 5. Gleichheitsphotometer von Lummer u. Brodhun.

geworfen. Ein senkrecht auf ac blickendes und mittels der verschiebbaren Lupe w auf ab akkommodierendes Auge bei o sieht dann rs (*das eine Vergleichsfeld*) als einen gleichmäßig hellen oder dunklen, im Lichte von l leuchtenden Fleck (den Ersatz für den Bunsenfleck) in einem gleichmäßig im Lichte von λ leuchtenden ringförmigen Felde (*dem zweiten Vergleichsfelde*), und zwar ist, von den Reflexions- und Absorptionsverlusten abgesehen, die Flächenhelle von rs gleich der von l, die Flächenhelle der Fläche ab an den Stellen ar und sb gleich der von λ. Im Momente der Einstellung verschwinden die Ränder des Fleckes vollkommen, so daß die beiden Vergleichsfelder als eine einzige gleichmäßig leuchtende Fläche erscheinen. Sind r_1 und r_2 die hierbei sich ergebenden Abstände der Lichtquellen vom Photometerschirm, so gilt im Falle der Gleichseitigkeit von Photometerschirm und Würfel wieder Gleichung 1).

Im Falle der Ungleichseitigkeit dreht man den ganzen Photometeraufsatz, in welchem der Schirm mit den beiden Spiegeln und dem Prismenwürfel untergebracht ist, um die in der Schirmebene liegende und durch die Schirmmitte gehende horizontale Achse UZ um 180° (legt das Photometer um), macht die neuen Einstellungen r_2' und r_1' und findet J_2 mittels Gleichung 2), für welche man bei einem sachgemäß hergestellten Photometeraufsatz mit ausreichender Genauigkeit auch schreiben kann

$$(3) \qquad J_2 = \frac{\{^1/_2\,(r_2 + r_2')\}^2}{\{^1/_2\,(r_1 + r_1')\}^2}\, J_1$$

da bei einem solchen Aufsatz r_2 nahezu mit r_2', r_1 nahezu mit r_1' übereinstimmt.

Beispiel. Es sei $J_1 = 4$ ℋK; $r_2 = 1743,2$ mm; $r_1 = 756,8$ mm; $r_2' = 1739,8$ mm; $r_1' = 760,2$ mm. Dann wird $J_2 = 21,09$ ℋK.

b) *Kontrastphotometer.* Man ersetzt das Prisma A des Gleichheitsphotometers durch das rechtwinklige Prisma A' (Fig. 6) und nimmt von

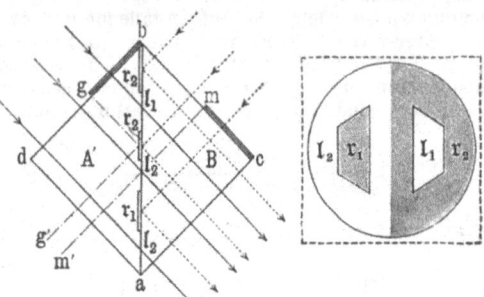

Fig. 6.   Fig. 7.
Fig. 6. u. 7. Lummer-Brodhunscher Kontrastwürfel.

dessen ebener Hypotenusenfläche an den Stellen r_1 und r_2 (s. auch Fig. 7) mittels Sandstrahlgebläses die oberste Glasschicht fort, so daß im ganzen vier Felder r_2, l_1, r_1, l_2 entstehen. Sodann preßt man die Hypotenusenflächen von A' und B so innig aneinander, daß der Würfel an den Stellen l_1 und l_2 vollständig durchsichtig geworden ist, während er bei r_1 und r_2, wo sich Luft und Glas berühren, total reflektiert. Schließlich werden die Kathetenflächen bd und bc nahezu bis zur Hälfte mit den Glasplatten bg und cm bedeckt. Man sieht dann die Felder l_1 und l_2 im Lichte der linken, die Felder r_1 und r_2 im Lichte der rechten Seite des Photometerschirmes und würde ohne die beiden Glasplatten im Momente der Einstellung die vier Felder als eine zusammenhängende, gleich hell leuchtende Fläche erblicken. Durch die Glasplatten wird indessen das bei l_1 durchgehende und das bei r_1 reflektierte Licht um denselben Betrag (etwa 8%) geschwächt. Demnach treten die Felder

Fig. 8. Gesichtsfeld des Kontraktphotometers von Lummer und Brodhun im Moment der Einstellung.

r_1 und l_1 (Fig. 8) gleich stark gegen die Felder r_2 und l_2 hervor, sobald die letzteren gleich hell erscheinen.

Da bei Einstellung auf gleichen Kontrast die Trennungslinie zwischen r_2 und l_2 vollständig verschwindet, läßt sich neben dem Kontrastprinzip auch noch das Gleichheitsprinzip verwerten.

6. Gleichheitsphotometer von Martens. Das von den beiden Seiten des Gipsschirmes ik (Fig. 9) ausgehende Licht wird durch je einen Spiegel und ein Reflexionsprisma durch die Öffnungen a und b ins Okularrohr geworfen. Die Strahlen durchlaufen dann nacheinander eine plankonvexe Linse, das daran angekittete Zwillingsprisma Z mit den Hälften 1 und 2 und die beiden Linsen eines Ramsdenschen Okulars. In der Ebene der Blende B entstehen vier Bilder, und

zwar erzeugen die durch 1 gehenden Strahlen die Bilder a_1 und b_1, die durch 2 gehenden Strahlen die Bilder a_2 und b_2 der Öffnungen a und b. Die Blende läßt nur das Licht der aufeinander fallenden Bilder a_1 und b_2 hindurch. Der nach Maxwellscher Beobachtungsweise durch die Blende

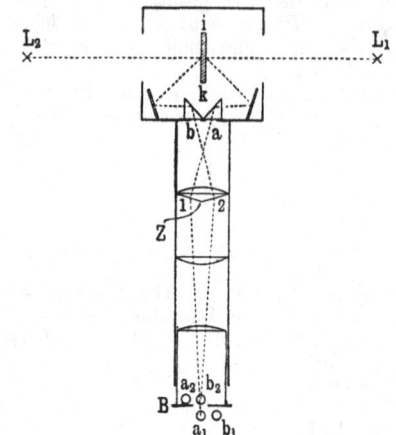

Fig. 9. Gleichheitsphotometer von Martens.

sehende und mittels Okulars scharf auf die Grenze der Felder 1 und 2 akkommodierende Beobachter sieht das Feld 1 bzw. 2 durch Licht beleuchtet, welches von a bzw. b ausgegangen ist, also von L_1 bzw. L_2 herrührt. Eingestellt wird auf gleiche Helligkeit der Felder 1 und 2. Dabei verschwindet die Trennungslinie vollkommen, wenn der Steg zwischen a und b entfernt ist.   *Liebenthal.*

Näheres s. Liebenthal, Prakt. Photometrie. Braunschweig, Vieweg & Sohn, 1907.

Photometerbank. Die umstehende Figur zeigt eine in der Praxis viel gebrauchte, nach den Angaben der Physikalisch-Technischen Reichsanstalt gebaute Photometerbank. Auf einem gußeisernen Untergestell f sind die beiden etwa 2,6 m langen Stahlrohre r gelagert. Auf diesen bewegen sich drei auf Rollen laufende, festklemmbare Wagen w. Die Wagen sind in der Mitte mit vertikalen, durch Zahn und Trieb in der Höhe verstellbaren Rohren t versehen, welche zur Aufnahme des Photometers P und der beiden zu vergleichenden Lichtquellen L_1 und L dienen. An den Wagen sind Marken m angebracht, welche über der Millimeterteilung am vorderen Rohr r gleiten und die Abstände vom Photometer P bis zu den Lampen L_1 und L zu messen gestatten.

In der Figur ist L_1 die elektrische Gebrauchsnormallampe (eine Lampe mit bügelförmigem Kohlenfaden), L die zu messende Lichtquelle (ebenfalls eine elektrische Lampe), und es sind L_1 und P durch Schienen s fest verbunden, so daß sie gleichzeitig bewegt werden können. Zur Abblendung fremden Lichtes dienen der hinter L stehende volle Schirm S, die Rückwand (dem Photometerschirm abgewandte Wand) des die Lampe L_1 umschließenden Gehäuses S_1, sowie fünf zwischen dieser Rückwand und S angebrachte Blenden B, deren kreisrunde Öffnung nur bei vier zu sehen ist. Die Blenden B, der Schirm S und die Innenseite des Gehäuses S_1 sind mit mattschwarzem Samt bekleidet. Die dem Beobachter zugewandte Seitenwand von S_1 ist in der Figur durchbrochen gezeichnet, um einen Blick ins Innere von S_1 zu gestatten.

Der Deutsche Verein von Gas- und Wasser-fachmännern und der Verband Deutscher Elektrotechniker schreiben für die Prüfung des Leuchtgases bzw. für die Messung der mittleren horizontalen Lichtstärke von elektrischen Glühlampen Photometerbänke

von ebenfalls 2,6 m Länge vor. Dieselben sind jedoch nicht mit einer Millimeterteilung, sondern, zur möglichsten Vermeidung von Rechnungen, mit je zwei Kerzenteilungen versehen. Auf die Art dieser Teilungen und die denselben zugrundeliegenden Versuchsanordnungen kann hier jedoch nicht eingegangen werden. *Liebenthal.*

Näheres s. L i e b e n t h a l, Praktische Photometrie. Braunschweig, Vieweg & Sohn, 1907.

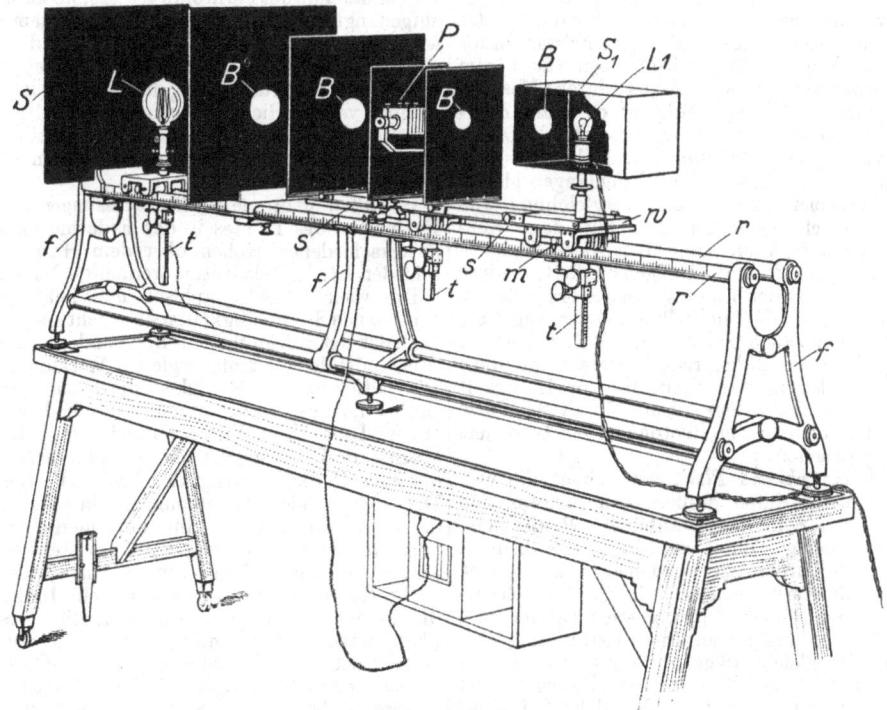

Photometerbank.

Photometrie, Aufgaben der, s. Lichttechnik.

Photometrie der Gestirne. Die Helligkeit der Sterne wird in Größenklassen angegeben. Deren Skala ist so vereinbart, daß ein Unterschied von einer Größenklasse einem Intensitätsverhältnis entspricht, dessen Logarithmus 0,4 ist. Bezeichnen m_1 und m_2 die Helligkeiten zweier Sterne in Größenklassen, deren Strahlungsintensitäten I_1 und I_2 sind, so verbindet diese Größen die Beziehung:

$$m_2 - m_1 = 2,5 \cdot \log \frac{I_1}{I_2}.$$

Von einem Sterne 1. Größe erhalten wir also 100 mal so viel Licht wie von einem Sterne 6. Größe. Die hellsten Sterne Sirius und Canopus haben die Größe — 1,6 bzw. — 0,9, die schwächsten dem Auge sichtbaren Sterne haben die Größe 6, die schwächsten mit den heutigen Hilfsmitteln erreichbaren Sterne etwa die Größe 20. Die Sonne hat in dieser Skala die Helligkeit — 27.

Die Sternhelligkeit wird mit Hilfe des Auges, der photographischen Platte und der lichtelektrischen Zelle gemessen.

In der *visuellen Photometrie* werden zwei verschiedene Meßprinzipien nebeneinander verwendet: die Einstellung auf gleiche Helligkeit mit einem künstlichen Stern, dessen Intensität man meßbar verändern kann, und die Auslöschung durch eine meßbare Schicht eines absorbierenden Mittels.

Das *Zöllnersche Photometer* enthält eine künstliche Lichtquelle, auf deren Konstanz man sich

für einige Stunden verlassen kann. Dem in der Brennebene des Fernrohrs neben dem natürlichen Sterne entworfenen Bilde der Lichtquelle wird durch Diaphragmen und eventuell durch Reflexion an einer Kugelfläche ein möglichst sternartiges Aussehen gegeben. In den Strahlengang des künstlichen Lichtes sind zwei Nikolprismen gesetzt; eins der Prismen ist drehbar, der Drehungswinkel kann an einem Kreise abgelesen werden und ist ein Maß für den Bruchteil des künstlichen Lichtes, der im Fernrohr die gleiche Helligkeit gibt wie der natürliche Stern. Zwei verschieden helle Sterne erfordern zwei abweichende Einstellungen des Prismas, der Unterschied mißt das Intensitätsverhältnis oder die Größendifferenz der Sterne; ist die Helligkeit des einen der Sterne bekannt, so ergibt sich die Helligkeit des anderen. Um dem künstlichen Sterne eine dem natürlichen ähnliche Färbung geben zu können, was für eine sichere Einstellung auf gleiche Helligkeit nötig ist, sind bei älteren Modellen ein drittes Prisma und eine Bergkristallplatte drehbar eingebaut. Zur Farbenmessung (als Kolorimeter) kann diese Einrichtung nicht verwendet werden, da sie Mischfarben liefert, deren Spektralbezirk nicht dem der Sterne von ähnlicher Farbe entspricht. Neuerdings zieht man die Färbung durch einen Keil aus blauem Glase vor.

Auf dem Prinzip der Auslöschung beruht das sehr einfache und praktische *Keilphotometer.* Sein wesentlicher Bestandteil ist ein Keil aus dunklem

36*

Glase (Neutralglas), der durch einen Keil aus durchsichtigem Glase zu einer planparallelen Platte ergänzt ist. Der Keil wird in der Brennebene des Fernrohrs senkrecht zur Achse in den Strahlengang geschoben, seine Stellung ist an einer Millimeterskala abzulesen. Die Helligkeitsdifferenz (Differenz der Logarithmen, der Intensität) zweier Sterne, die in verschiedenen Stellungen des Keils ausgelöscht werden, ist proportional der Differenz der Skalenablesungen. Der Proportionalitätsfaktor (Helligkeitsdifferenz in Größenklassen für 1 mm Keilverschiebung) muß entweder durch Messung von Sternen bekannter Helligkeit oder am Zöllnerschen Photometer bestimmt werden. Da es sehr schwierig ist, vollkommen neutrales Glas herzustellen, welches Licht aller Wellenlängen gleichmäßig absorbiert, so ist die Vergleichung von Sternen verschiedener Färbung mit dem Keilphotometer bedenklich. Bei allen Auslöschphotometern hängt nicht nur die Meßgenauigkeit, sondern auch das Resultat der Messung von der Erleuchtung des Grundes und der Empfindlichkeit des Auges ab.

Der Keil kann auch im Zöllnerschen Photometer an die Stelle der Nikolprismen treten und dazu dienen, den künstlichen Stern bis zur Helligkeit des natürlichen abzuschwächen. In dieser Form erlaubt das Zöllnersche Photometer ein besonders schnelles Arbeiten.

Die *photographische Platte* verzeichnet die größere Intensität durch größere Durchmesser und stärkere Schwärzung der Sternbilder. Beides kann zur Bestimmung von Sternhelligkeiten benutzt werden. Die Durchmesser werden auf gewöhnlichen fokalen Aufnahmen gemessen; die für die Schwärzungsmessung (im Mikrophotometer) nötigen größeren Flächen erhält man durch extrafokale Aufnahmen, die gleichmäßige Schwärzung innerhalb der Bilder z. B. durch periodische Bewegung der Platte in beiden Koordinaten während der Aufnahme (Schraffiermethode). Die Schwärzung fokaler Bilder läßt sich bestimmen, indem man zuerst die von einem ungeschwärzten Feld der Platte durchgelassene Lichtmenge mißt, dann die Messung wiederholt, wenn das Feld teilweise durch ein Sternbild eingenommen wird.

Ist für eine größere Zahl von Sternen auf einer Platte die (photographische) Helligkeit bekannt, so können für diese Sterne Durchmesser und Helligkeit durch einen Kurvenzug in Verbindung gebracht werden; für die übrigen Sterne ergibt die Kurve zu den gemessenen Durchmessern die Helligkeit. Ebenso können Schwärzung und Helligkeit behandelt werden. Um eine absolute Skala zu erhalten, belichtet man z. B. auf derselben Platte, welche die auszuwertende Himmelsaufnahme trägt, mit derselben Belichtungszeit eine Reihe von Feldern mit künstlichen Lichtquellen von meßbar abgestufter Intensität und unterwirft so Aufnahme und Skala derselben Entwicklung. Willkürlich bleibt nur noch der Nullpunkt der Größenskala, der durch Anschluß an eine visuelle Skala konventionell festgelegt wird. Die für gleiche Schwärzung nötige verschiedene Länge der Belichtungszeit als Maß der Intensität zu verwenden, ist nicht ohne weiteres möglich, weil die Schwärzung für verschiedene Intensitäten nicht derselben Potenz der Belichtungszeit proportional ist.

Sowohl am Fernrohr wie auf der photographischen Platte ist außer der exakten Messung eine Einordnung der unbekannten zwischen bekannte hellere und schwächere Sterne durch Schätzung *(Stufenschätzung)* möglich, die bei langer Erfahrung sehr brauchbare Resultate gibt.

Bei der *lichtelektrischen Zelle* (Alkalimetallzelle) ist die Zahl der durch die Lichteinwirkung abgespaltenen Elektronen (gemessen durch die Aufladung eines Elektrometers) Maß der wirkenden Lichtintensität. Die Zelle wird lichtdicht verkleidet an das Okularende des Fernrohrs gesetzt; im kardanisch aufgehängten Elektrometer mit gespanntem Faden wird die Ausschlagsgeschwindigkeit, die der Intensität des wirkenden Lichtes proportional ist, gemessen oder die Nullstellung des Fadens durch einen meßbar veränderlichen Gegenstrom erhalten. Die lichtelektrische Methode liefert sehr genaue Resultate, konnte aber bisher nur bis zu Sternen 8. Größe angewendet werden.

Bei allen photometrischen Messungen muß die Extinktion des Lichtes in der Erdatmosphäre, die in verschiedenen Höhen über dem Horizont verschieden ist, berücksichtigt werden (s. Extinktion).

Die visuell, photographisch und lichtelektrisch gemessenen Sternhelligkeiten sind nicht identisch, da bei jeder der drei Methoden ein besonderer spektraler Ausschnitt der Gesamtenergie zur Wirkung kommt. Die Differenz der Helligkeitswerte für denselben Stern, die aus Methoden mit verschiedener spektraler Lage des Wirkungsmaximums stammen, speziell die Differenz der photographischen und der visuellen Helligkeit, trägt den Namen Farbenindex. Der Farbenindex ist demnach ein Kennzeichen der Intensitätsverteilung im kontinuierlichen Spektrum und damit der Temperatur; er steht in enger Beziehung zum Spektraltypus (s. Energiemessung).

Die Hauptkataloge sind für visuelle Helligkeiten die Revised Harvard Photometry, die Potsdamer photometrische Durchmusterung und die Ogyallaer Durchmusterung, für photographische Größen die Göttinger Aktinometrie und die Yerkes Actinometry. Unterhalb der Größe 7,5 ist nur eine Auswahl von Sternen photometrisch gemessen. Geschätzte Größen geben alle Durchmusterungen und Sternkataloge. *W. Kruse.*

Näheres s. Scheiner-Graff, Astrophysik.

Photometrie gleichfarbiger Lichtquellen.

1. Augenempfindlichkeit gegen kleine Helligkeits- und Kontrastunterschiede (Genauigkeit photometrischer Einstellungen). Das Auge ist insofern ein unvollkommenes Meßinstrument, als es ohne besondere Hilfsmittel nicht anzugeben vermag, wie viel z. B. die Lichtstärke einer Lichtquelle größer als die einer anderen Lichtquelle ist. Dagegen ist es unter den günstigsten Bedingungen imstande auf etwa 1% genau zu beurteilen, wann zwei nebeneinander liegende diffus leuchtende Flächen (Felder) gleich hell erscheinen. Diese Bedingungen sind: *die beiden Flächen müssen in der gleichen oder nahezu gleichen Farbe leuchten*; sie müssen in einer *scharfen Grenze* aneinander stoßen, so daß sie bei gleicher Helligkeit als eine einzige, gleichmäßig leuchtende Fläche erscheinen; die Helligkeit muß innerhalb eines — allerdings verhältnismäßig großen — mittleren Bereiches liegen. Wenn die Helligkeit unterhalb oder oberhalb dieses Bereiches liegt, ist die Genauigkeit ceteris paribus, also eine geringere; bei sehr geringer sowie bei blendender Helligkeit ist die Genauigkeit relativ sehr gering.

Bis auf etwa 0,5% genau, also ungefähr doppelt so genau wie bei der Beurteilung gleicher Helligkeit, vermag das Auge festzustellen, wann zwei symmetrisch liegende beleuchtete Flächen a und b aus ihrer gleichfalls beleuchteten Umgebung A und B gleich hell oder dunkel hervortreten, d. h. gleich stark *kontrastieren*. Die angegebene Höchstgenauigkeit wird erreicht, wenn die vier Flächen in der gleichen oder nahezu gleichen Farbe leuchten, wenn die Felder a und b in scharfer Grenze mit ihrer Umgebung zusammenstoßen, wenn die Helligkeit eine mittlere ist, und wenn die Stärke des Kontrastes, d. h. der im Moment der Einstellung sich ergebende Helligkeitsunterschied zwischen a und A, sowie zwischen b und B etwa 3,5% beträgt.

2. Prinzip der photometrischen Messungen. Die Fähigkeit des Auges zu entscheiden, ob zwei Flächen gleich hell sind oder gleich stark gegen ihre Umgebung kontrastieren, bildet die Grundlage für die messende Vergleichung der photometrischen Größen (Lichtstärke, Lichtstrom, Beleuchtung, Flächenhelle). Um diese Fähigkeit auszunützen, bedarf man eines Hilfsapparates, eines sog. *Photometers*. Das Prinzip ist dabei folgendes. Man beleuchtet zwei weiße diffus leuchtende Flächen, die sog. Photometerfelder, durch je eine der beiden zu vergleichenden Lichtquellen, ändert durch ein optisches Verfahren *meßbar* die Helligkeiten dieser Flächen, bis sie gleich geworden sind, bis also die Helligkeitsdifferenz gleich Null geworden (verschwunden) ist, und berechnet mittels des Gesetzes der Lichtschwächung (s. „Lichtschwächungsmethoden") das Verhältnis der Lichtstärken, Beleuchtungen usw.

Man arbeitet beim Photometrieren gewissermaßen nach einer Nullmethode, ähnlich so wie man bei Messungen von Widerständen mittels der Wheatstoneschen Brücke auf Verschwinden des Brückenstromes oder bei Messungen der Spannung oder Stromstärke nach der Kompensationsmethode auf Verschwinden des Stromes im Galvanometerzweig einstellt.

Es besteht demnach ein Photometer aus zwei Teilen: erstens einer *Vergleichsvorrichtung*, dem eigentlichen Photometer oder Photometeraufsatz, der dazu dient, die Felder dem Auge möglichst günstig darzubieten, zweitens einer *Meßvorrichtung* zur meßbaren Schwächung der Helligkeit.

3. Bestimmung des Lichtstärkenverhältnisses. Als Beispiel diene der verhältnismäßig einfache Fall der Ritchieschen Anordnung (s. nebenstehende Figur, vgl. auch „Photometer zur Messung

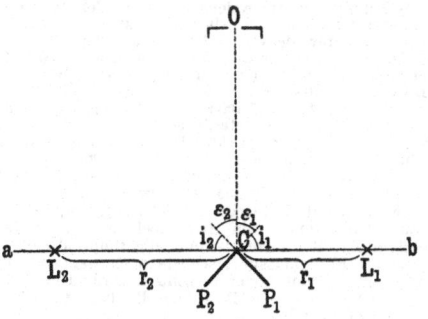

Zur Bestimmung des Lichtstärkeverhältnisses.

von Lichtstärken", Nr. 3). Die beiden zu vergleichenden Lichtquellen L_1 und L_2 beleuchten die kleinen aus demselben Stücke rauhen, weißen Pappkartons geschnittenen diffus reflektierenden Flächen CP_1 und CP_2 (Photometerfelder), deren (scharfe) Kante C in der Linie ab liege,

unter den gleichen Einfallswinkeln i_1 und i_2 ($= 45°$). Das beobachtende Auge befinde sich in der Linie $CO \perp ab$. Durch Verschieben von L_1 oder L_2 längs der Linie ab werde auf gleiche Helligkeit von CP_1 und CP_2 eingestellt. Die beiden Felder werden in diesem Falle, wo das Auge auf sie akkommodiert, auch Vergleichsfelder genannt.

Sind nach erfolgter Einstellung r_1 und r_2 die Abstände von C bis L_1 und L_2, so ist bei gleichem Verhalten der beiden Flächen

(1) $$J_2 : J_1 = r_2{}^2 : r_1{}^2$$

d. h. die Lichtstärken verhalten sich wie die Quadrate der Entfernungen der Lichtquellen von den beleuchteten Flächen.

Beweis. Es möge bezeichnen (s. „Photometrische Gesetze und Formeln", Gleichungen 4), 9) und 12)
E_1 und E_2 die Beleuchtungen auf CP_1 und CP_2;
e_1 und e_2 die Flächenhellen dieser Flächen in Richtung CO, also unter den gleichen Ausstrahlungswinkeln ε_1 und ε_2 ($= 45°$),
h_1 und h_2 die entsprechenden Helligkeiten,
m_1 und m_2 die entsprechenden Reflexionskoeffizienten,
$\varkappa$ den Helligkeitskoeffizienten des Auges.
Nun ist $h_1 = \varkappa e_1$; $h_2 = \varkappa e_2$, und da durch Einstellung $h_1 = h_2$ gemacht ist ergibt sich auch
(2) $$e_1 = e_2$$
d. h. bei der photometrischen Messung wird auch auf *Gleichheit der Flächenhellen* der beiden Flächen CP_1 und CP_2 eingestellt.
Ferner ist $e_1 = m_1 E_1$; $e_2 = m_2 E_2$, demnach
(3) $$m_1 E_1 = m_2 E_2$$
Da CP_1 und CP_2 aus demselben Stücke geschnitten sind und $i_1 = i_2$, $\varepsilon_1 = \varepsilon_2$ ist, so ist nahezu $m_1 = m_2$, so daß
(4) $$E_1 = E_2$$
Bei der angegebenen Versuchsanordnung sind die Beleuchtungen auf CP_1 und CP_2 also einander gleich.
Nun ist allgemein $E_1 = J_1 \cos i_1 / r_1{}^2$; $E_2 = J_2 \cos i_2 / r_2{}^2$, mithin
$$J_2 \cos i_2 / r_2{}^2 = J_1 \cos i_1 / r_1{}^2,$$
woraus sich, da $i_1 = i_2$ ist, Gleichung 1) ergibt.

4. Direkte und Substitutionsmethode. Bei der eben angegebenen Anordnung wurden L_1 und L_2 direkt miteinander verglichen. Außer dieser direkten Methode wird häufig auch noch die indirekte oder Substitutionsmethode angewandt, bei welcher man L_1 oder L_2 nacheinander auf die eine, z. B. die linke Seite von $P_2 C P_1$, eine dritte möglichst konstante Lichtquelle L_3, also eine *Vergleichslampe* (s. „Zwischenlichtquellen"), auf die andere Seite von $P_2 C P_1$ setzt und nacheinander L_1 und L_2 mit L_3 vergleicht.

Vielfach wird hierbei L_3 in fester Verbindung mit dem Photometerschirm aufgestellt. Alsdann ergibt sich, gleichviel ob die beiden Schirmseiten gleich beschaffen sind oder nicht, wieder Gleichung 1).

5. Einteilung der Photometer. Wir wollen die Photometer in die beiden allerdings nicht streng zu trennenden Gruppen:

a) *Photometer zur Messung von Lichtstärken*,
b) *Universalphotometer*

einteilen und jede der beiden Gruppen unter dem entsprechenden Stichwort besonders behandeln.

Die Universalphotometer gestatten Beleuchtungen und Flächenhellen, außerdem auch noch Lichtstärken, und zwar ohne besondere Hilfsmittel in den verschiedensten Ausstrahlungsrichtungen zu messen. Sie eignen sich wegen ihrer kompendiösen Gestalt als *tragbare Photometer*, lassen sich also ohne weiteres an jedem beliebigen Orte verwenden, während die Photometer zur Messung von Lichtstärken meistens in Verbindung mit einer geraden, schwer zu transportierenden Photometerbank im Laboratorium benutzt und deshalb zuweilen feststehende Photometer genannt werden.

Lichtströme werden mittels besonderer photometrischer Hilfsapparate, die wir als „Lichtstrommesser" (s. dort) bezeichnen wollen, gemessen; sie können aber auch aus den mittels Universalphotometers in den verschiedensten Richtungen gemessenen Lichtstärken berechnet werden (s. „Lichtstärken-Mittelwerte", Nr. 3 und 7).

Liebenthal.

Näheres s. L i e b e n t h a l, Prakt. Photometrie. Braunschweig, Vieweg & Sohn, 1907.

Photometrie verschiedenfarbiger Lichtquellen.

A. Schwierigkeiten der Messung. Wie wir unter dem Stichwort „Photometrie gleichfarbiger Lichtquellen", Nr. 1, sehen, können wir auf etwa 1% genau beurteilen, wann zwei *gleichfarbige* oder nahezu gleichfarbige, mit scharfen Grenzen aneinander stoßende Felder dem Auge gleich hell erscheinen.

Die Genauigkeit wird um so kleiner, je weiter die Felder *in der Färbung voneinander abweichen.* Einem ungeübten Beobachter scheint bei beträchtlichen Farbenunterschieden ein Vergleich anfänglich unmöglich zu sein. Es zeigt sich jedoch, daß man bei hinreichender Übung im Mittel stets nahezu dieselbe Einstellung macht.

Dazu kommt, daß bei größeren Unterschieden in der Färbung selbst Farbentüchtige Abweichungen in der Farbenempfindung zeigen. Man ist deshalb dann gezwungen eine Art von Majoritätsbeschluß dadurch herbeizuführen, daß man eine größere Anzahl von Beobachtern mit normalem Farbensinn zum Vergleich heranzieht und aus den Messungen das Mittel nimmt.

Als eine Hauptschwierigkeit für die Photometrie verschiedenfarbiger Lichtquellen galt früher das Bestehen des P u r k i n j e schen Phänomens. Dasselbe besteht in folgendem. Es sollen zwei Flächen (Felder) aus weißem Material (z. B. Gips) von nicht zu geringer Ausdehnung, von denen das eine durch eine blaue, das andere durch eine rote Lichtquelle beleuchtet wird, bei sehr geringer Helligkeit gleich hell erscheinen. Wenn wir die Abstände der Lichtquellen von den Feldern und damit auch die auf die Felder auffallenden Strahlungen (Energieströme) in demselben Verhältnis vergrößern oder verkleinern, so erscheint bei vergrößerter Bestrahlung, also bei vergrößerter Helligkeit, das mit rotem Licht beleuchtete Feld, bei vermindeter das mit blauem Licht beleuchtete Feld heller. Würde diese Erscheinung bei allen Helligkeitsgraden auftreten, so würde eine Vergleichung verschiedenfarbiger Lichtquellen unmöglich sein. Glücklicherweise besteht die Erscheinung, wie zuerst B r o d h u n (1887) gezeigt hat, nicht mehr, sobald die Helligkeit einen gewissen Betrag überschritten hat, d. h. zwei an dieser Grenze gleich hell erscheinende Felder bleiben gleich hell, wenn man die Beleuchtung desselben in dem gleichen Maße vergrößert.

Das P u r k i n j e sche Phänomen tritt nach L é p i n a y und N i c a t i (1884) überhaupt nicht auf, wenn die Vergleichsfelder so klein sind, daß sie unter einem Gesichtswinkel von höchstens 45′ erscheinen. Das Vergleichen so kleiner Felder ist aber aus verschiedenen Gründen nicht zu empfehlen.

Erklärung des P u r k i n j e schen Phänomens s. „Farbentheorie von Kries".

Zur Verminderung der Schwierigkeiten beim Photometrieren hat man die folgenden Methoden und Apparate ersonnen.

B. Hilfsmittel zur Erleichterung der Einstellungen.

1. Anwendung von farbigen Mitteln. a) In der Reichsanstalt schaltet man für die technischen Prüfungen zwischen dem Photometerschirm und dem rötlichen Gebrauchsnormal je nach Bedarf eine mehr oder minder bläuliche Glasplatte ein, welche das Licht des Normals so färbt, daß es mit dem der zu messenden Lampe übereinstimmt. Natürlich muß man hierbei die durch die farbigen Gläser verursachte Lichtschwächung, oder genauer ausgedrückt: das *photometrische Durchlässigkeitsvermögen* des Glases (s. „Reflexions-, Durchlässigkeits- und Absorptionsvermögen", Nr. 1) für das Licht des Gebrauchsnormals bestimmen; dies braucht jedoch nur einmal oder doch nur in größeren Zeitabständen zu geschehen. In der R e i c h s a n s t a l t bestimmt man diese Größe *experimentell* und zieht zu dem hierbei erforderlichen Vergleich verschieden gefärbter Vergleichsfelder eine Reihe von Beobachtern mit normaler Farbenempfindung und gut ausgeruhtem Auge hinzu; dieser Vergleich wird nach der nachstehenden direkten Methode C I ausgeführt. P i r a n i *berechnet* das Durchlässigkeitsvermögen aus Messungen, die mittels des K ö n i g schen Spektralphotometers vorgenommen waren, also aus Messungen bei gleichen Farben (siehe „Energetisch-photometrische Beziehungen", Nr. 4); der Unterschied zwischen Beobachtung und Rechnung betrug selbst bei großen Farbenunterschieden höchstens 5 %.

b) M e t h o d e von C r o v a (1881). Man blickt durch eine bestimmte Flüssigkeit hindurch, welche nur einen engbegrenzten Strahlenbezirk in der Nähe der Wellenlänge $\lambda = 582\ \mu\mu$ hindurchläßt auf die beiden Vergleichsfelder, so daß diese in derselben Farbe erscheinen. C r o v a hatte nämlich aus spektralphotometrischen Messungen gefunden, daß sich die Gesamtlichtstärken von Sonne und Carcel wie die Lichtstärken bei der Wellenlänge 582 $\mu\mu$ verhalten. Diese Strahlenart gilt also streng genommen nur für den Vergleich zwischen Sonne und Carcel. (D o w (1907) schlägt g e l b e P h o t o m e t e r s c h i r m e vor, welche nur Strahlen in der Nähe von 582 $\mu\mu$ reflektieren.)

P i r a n i (1915) empfiehlt für den Vergleich von Temperaturstrahlern, durch ein gelbgrünes Filter zu sehen, welches die Strahlen zwischen 490 und 640 $\mu\mu$ mit einem Maximum bei der Wellenlänge 550 $\mu\mu$, also der auf das Auge wirksamsten Wellenlänge, durchläßt. Nach dieser Methode, zu welcher P i r a n i auf Grund gleicher Überlegungen wie die unter Nr. 4 in „Energetisch-photometrische Beziehungen" besprochenen geführt wurde, lassen sich nach P i r a n i eine gewöhnliche Metallfadenlampe und eine Halbwattlampe ohne Schwierigkeit auf 1 bis 2% genau vergleichen.

c) L é p i n a y und N i c a t i (1883) machen nacheinander zwei Messungen in gleichfarbigem Licht, indem sie erstens durch eine bestimmte grüne, zweitens durch eine bestimmte rote Flüssigkeit hindurchblicken. Sind Gr und Ro die so gefundenen Lichtstärkenverhältnisse, so ergibt sich nach ihren Messungen das Verhältnis J der Gesamtlichtstärken aus

$$J = \frac{Ro}{1 + 0{,}208\,(1 - Gr/Ro)}.$$

Diese Gleichung soll für alle Lichtquellen, bei welchen Kohlenstoff leuchtet, gültig sein; sie ist jedoch nur annäherungsweise richtig.

2. Änderung der Spannung der Normallampe. M i d d l e k a u f f und S k o g l a n d (1914) benutzen für die Messung von Kohlenfadenlampen und Lampen ähnlicher rötlicher Lichtfärbung als Normallampen gewöhnliche Metallfadenlampen, welche sie durch Verminderung der Spannung auf Farbengleichheit mit der zu messenden Lampe einstellen. Die für die verminderte Spannung gültige Lichtstärke berechnen sie aus dem für die normale Spanung gemessenen Werte mittels der Formel $y = Ax^2 + Bx + C$, wo y der Log. der Lichtstärke, x der Log. der Spannung, A, B und C durch direkte Vergleiche (s. nachstehende Methoden C) von ihnen bestimmte Konstante sind.

3. Kompensationsmethode. Man beleuchtet das eine Photometerfeld durch die zu messende stärkere Lichtquelle, das andere durch die Normallampe und einen berechenbaren Bruchteil des Lichtes der ersten Lichtquelle. Das zweite Feld erhält dadurch eine Färbung, welche der des ersteren näher kommt. Ein Hauptübelstand dieser Methode ist, daß infolge der Lichtmischung die Empfindlichkeit des Auges gegen Helligkeitsunterschiede noch weniger als beim B u n s e n schen Photometer ausgenutzt wird. Dieses Prinzip ist von W y b a u w (1885) aufgestellt und von K r ü ß, G r o ß u. a. verwendet worden.

C. Direkte Methoden (I, II, III).

I. Methode gleicher Helligkeit (Lummer und Brodhun). Für gleichfarbige Lichtquellen verschwindet bei dem Gleichheitsphotometer von L u m m e r und B r o d h u n der Rand des elliptischen Fleckes, beim Kontrastphotometer die Trennungslinie in der Mitte des Gesichtsfeldes vollkommen. Bei ungleichfarbigen Lichtquellen verschwindet auch bei diesen Photometern die Grenze natürlich nicht, wohl aber wird sie für einen gewissen Abstand der Lichtquellen vom Photometerschirm möglichst undeutlich. Dieses Undeutlichwerden der Grenze wird als Kriterium gleicher Helligkeit angesehen. Bei nicht zu großen Farbenunterschieden läßt sich auch noch das Kontrastprinzip verwerten.

Ähnlich ist die Methode von Brücke (1890), bei welcher ebenfalls auf Undeutlichwerden der Grenze zwischen den aufeinander folgenden Vergleichsfeldern, und zwar bei größtem Netzhautbilde, eingestellt wird.

II. Sehschärfenmethode. Unter der Sehschärfe versteht man die Fähigkeit der Netzhaut kleine Gesichtsobjekte erkennen zu können. Die Sehschärfe wird durch den reziproken Wert des Winkels gemessen, unter welchem man einen bestimmten Gegenstand (Sehzeichen) sehen muß, um seine Form eben deutlich erkennen zu können. Die Sehschärfe nimmt — ebenso wie die Augenempfindlichkeit gegen Helligkeitsunterschiede — wenn man von einer geringen Helligkeit ausgeht, zuerst ziemlich schnell, dann immer langsamer zu, wird für einen großen Helligkeitsbereich konstant und nimmt erst bei blendender Helligkeit wieder ab. Um möglichst empfindliche Einstellungen zu machen, muß man also bei geringer Helligkeit arbeiten. Alsdann stellt sich aber das Purkinjesche Phänomen ein; außerdem ist auch dann noch die Unsicherheit so groß, daß man das Mittel aus einer großen Reihe von Einstellungen nehmen muß, um einen einigermaßen zuverlässigen Wert zu erhalten.

W. v. Siemens (1877) war wohl der erste, der für den Vergleich verschieden gefärbter Lichtquellen die Einstellung auf gleiche Sehschärfe empfahl. Die Sehschärfenmethode wurde z. B. von Lépinay und Nicati, Langley (s. „Photometrie im Spektrum“, A), L. Weber (1883) verwertet. Weber bedient sich hierbei seines Milchglasphotometers (s. „Universalphotometer“) und benutzt als Sehzeichen Zeichnungen, die aus ringförmig schraffierten Feldern abnehmender Feinheit bestehen und auf Milchglasplatten in geeigneter Weise photographiert sind.

Da die Einstellung auf gleiche Sehschärfe sehr unsicher ist, empfiehlt Weber für praktische Lichtmessungen ein Verfahren, welches die Bestimmung nach der Sehschärfenmethode umgeht und sich an das Verfahren von Lépinay und Nicati anlehnt. Er macht nämlich einmal eine Messung mit vorgeschlagenem rotem, ein anderes Mal mit vorgeschlagenem grünem Glase. Die so gefundenen Lichtstärkenverhältnisse seien wieder Ro und Gr. Dann bestimmt er den Quotienten Gr/Ro, entnimmt einer Tabelle den zu diesem Quotienten gehörenden Wert k und berechnet J nach der Formel

$$J = k \, Ro.$$

Die Tabelle ist von Weber nach der Methode der gleichen Sehschärfe bestimmt.

III. Flimmermethode. *Prinzip der Methode.* Wenn ein Photometerschirm in verhältnismäßig langsamem Wechsel durch zwei gleichfarbige Lichtquellen verschieden stark beleuchtet wird, hat ein auf den Schirm blickender Beobachter das unangenehme Gefühl des Flimmerns. Das Flimmern kann man zum Verschwinden bringen, wenn man die Geschwindigkeit des Wechsels entsprechend (bis zur Verschmelzung der ungleichen Helligkeitsempfindungen) erhöht oder auch dadurch, daß man durch ein optisches Verfahren die Helligkeiten einander gleich macht. Man kann im letzteren Falle also umgekehrt aus dem Aufhören des Flimmerns auf Gleichheit der Helligkeiten schließen. Auch beim Vergleich verschieden gefärbter Lichtquellen kann man ein Aufhören des Flimmerns durch Änderung der Beleuchtung bewirken. Rood nimmt nun auch in diesem Falle das Verschwinden des Flimmerns als Kriterium gleicher Helligkeit an.

Flimmerphotometer von Rood (1899). Zwischen dem Beobachtungsrohr F (Fig. 1) und dem Gipskeil P, der von den beiden zu vergleichenden Lichtquellen L₁ und L₂ beleuchtet wird, ist eine plankonkave Zylinderlinse C eingeschaltet, welche parallel zur Bankachse L₁ L₂ schwingt und das

von beiden Schirmseiten diffus reflektierte Licht abwechselnd ins Beobachtungsrohr wirft.

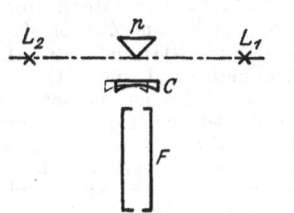

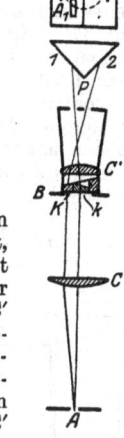

Fig. 1. Flimmerphotometer von Rood.

Flimmerphotometer von Bechstein (1906). Wie Fig. 2 zeigt, sind zwischen dem Gipskeil P (mit den Seitenflächen 1 und 2) und der Okularöffnung A zwei Linsen C und C′ sowie eine Keilkombination K k eingeschaltet, welche mit C′ fest verbunden ist und um die Achse des Beobachtungsrohres in schnelle Rotation versetzt wird. Mittels K k, C und C′ werden zwei gleichweit abgelenkte, diametral gegenüberliegende Bilder A₁ und A₂ der Öffnung A auf dem Gipsschirm erzeugt. Bei der Rotation beschreiben diese Bilder kreisartige Bahnen auf dem Gipsschirm (s. oberen Teil von Figur 2), so daß jedes der beiden Bilder abwechselnd auf 1 und 2 liegt. Der durch A blickende und mittels C auf K k akkommodierende Beobachter sieht also während einer halben Umdrehung von K k, C′ den kreisförmigen Teil k des Gesichtsfeldes im Lichte von 1, den ringförmigen Teil K im Lichte von 2, während der zweiten Hälfte der Umdrehung den Kreis im Lichte von 2, den Ring im Lichte von 1 leuchten. Es werden also zwei nebeneinander ·liegende Flimmererscheinungen eingeführt.

Fig. 2. Flimmerphotometer von Bechstein.

Flimmerphotometer von Krüß (1904). Die von L₁ und L₂ kommenden Strahlen (Fig. 3) werden

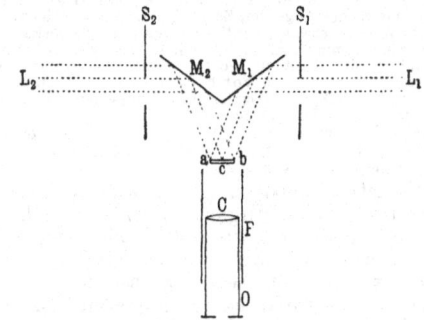

Fig. 3. Flimmerphotometer von Krüß.

mittels der Spiegel M₁ und M₂ auf die Mattglasscheibe *ab* geworfen, auf welche der Beobachter mit der Lupe C blickt. Vor den beiden Lichteinströmungsöffnungen befinden sich die auf einer gemeinsamen Drehungsachse sitzenden mit sektorenförmigen Ausschnitten versehenen Scheiben S₁ und S₂. Die Ausschnitte sind so angeordnet, daß *ab* abwechselnd von L₁ und L₂ beleuchtet wird.

Wegen der Flimmeranordnungen von Ives; Lummer und Pringsheim zur Photometrierung reiner Spektralfarben s. „Photometrie im Spektrum", A, Nr. 4 und 5.

D. Vergleich der 3 direkten Methoden I, II und III. Es unterliegt keinem Zweifel, daß sich die Sehschärfenmethode (II) mit der Helligkeits- und Flimmermethode (I und III) in bezug auf Genauigkeit und Schnelligkeit der Einstellungen nicht zu messen vermag. Darüber, ob man I oder III den Vorzug geben soll, sind die Ansichten noch heute sehr geteilt. Bei nicht allzugroßen Farbenunterschieden geben beide Methoden nahezu dieselben Werte.

E. Stereoskopische Methode. Während der Drucklegung hat Pulfrich die nachstehende Methode (Fig. 4) an-

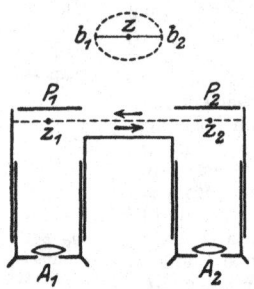

Fig. 4. Zur Erläuterung der stereoskopischen Methode.

gegeben. P_1 und P_2 sind die beiden Photometerschirme (etwa Milchglasplatten). Vor P_1 und P_2 befinden sich die fest miteinander verbundenen Zeiger Z_1 Z_2, welche durch eine geeignete Vorrichtung in eine schnelle oszillierende geradlinige Bewegung versetzt werden können; die Geschwindigkeiten von Z_1 und Z_2 sind also an den beiden Enden gleich 0 und in der Mitte am größten. Dem durch die Okulare A_1 und A_2 blickenden Beobachter erscheinen die Zeiger Z_1 und Z_2 als ein einziger Zeiger Z im Raume. Diesen Zeiger sieht man bei ganz langsamer Bewegung von Z_1 und Z_2 ebenfalls eine geradlinige Bahn (b_1 b_2), bei hinreichender schneller Oszillation dagegen im allgemeinen eine rechts oder links gerichtete elliptische Bahn, deren eine Achse b_1 b_2 ist, beschreiben. Durch Änderung der Beleuchtung auf P_1 oder P_2 kann man erreichen, daß die elliptische Bahn in die geradlinige b_1 b_2 übergeht. Diese geradlinige Bewegung sieht Pulfrich als Kriterium gleicher Helligkeit an. Die Genauigkeit ist unabhängig vom Färbungsunterschiede der Photometerschirme und wird auf etwa 2 % geschätzt. Die Versuche darüber sind noch nicht abgeschlossen.

Die hier zugrunde liegende Erscheinung wurde bei Messungen mit dem Stereokomparator beobachtet und von Pulfrich dadurch erklärt, daß das Apperzeptionsvermögen des Auges für schnell aufeinander folgende Ortsveränderungen mit abnehmender Helligkeit des Hintergrundes (P_1 und P_2) abnimmt. Beispielsweise sei das Feld P_1 dunkler als P_2. Sind die Zeiger Z_1 und Z_2 auf ihrer Wanderung vom linken zum rechten Ende in einem bestimmten Moment an gewisse Stellen s_1 und s_2 (in der Fig. nicht angegeben) gekommen, so sieht das rechte Auge den Zeiger Z_2 ein wenig links von s_2, das linke Auge Z_1 etwas mehr links von s_1; der stereoskopische Eindruck ist demnach so, als ob sich Z hinter b_1 b_2 befände. Während Z_1 und Z_2 vom rechten Ende zum linken Ende schwingen, scheint sich Z vor b_1 b_2 zu bewegen. Im ganzen beschreibt Z also, b_1 als Ausgangspunkt angesehen, eine rechtsgerichtete Bahn. Ist umgekehrt P_2 heller als P_1, so ist die Bahn eine links gerichtete. *Liebenthal.*

Näheres s. Liebenthal, Prakt. Photometrie, Braunschweig. Vieweg & Sohn, 1907.

Photometrie, objektive. (Photometrie mittels objektiver Strahlungsmesser.) 1. Für Lichtmessungen muß das Auge stets die höchste Instanz bleiben. Allerdings besitzt dasselbe gewisse Mängel, welche sich besonders bei der „Photometrie verschiedenfarbiger Lichtquellen" (s. dort) störend bemerkbar machen. Diese Mängel, sowie auch das Bedürfnis täglich gleichförmig wiederkehrende Lichtmessungen möglichst einfach zu gestalten, haben schon seit langem den Wunsch gezeitigt, statt eines Photometers lichtempfindliche *objektive Strahlungsmesser*, unter Ausschaltung des Auges als eines subjektiven Meßorgans, zu Lichtmessungen zu benutzen. Als Strahlungsmesser kommen hier ganz allgemein die Apparate mit geschwärzten Auffangeflächen, welche die auf sie auffallende Energie (nahezu) vollständig absorbieren und in Körperwärme überführen, also für alle Wellenlängen (nahezu) gleich empfindlich sind,

nämlich die Thermosäule, das Bolometer, das Radiomikrometer, das Radiometer in Betracht. In Ausnahmefällen (Nr. 2 und 3a) ist auch noch die (allerdings selektiv empfindliche) lichtelektrische Alkalizelle zu verwenden. Die Selenzelle scheidet nach Voege wegen einer Reihe von Mängeln, z. B. wegen großer Trägheit für photometrische Zwecke, überhaupt aus.

2. Wenn die beiden zu vergleichenden Lichtquellen im sichtbaren Gebiet genau (oder doch sehr nahezu) die gleiche spektrale Zusammensetzung besitzen, also genau (oder doch sehr nahezu) *gleich gefärbt* sind, kommt man zum gleichen Ergebnis, gleichviel ob man mittels des Auges, also unter Benutzung eines Photometers, oder mittels eines beliebigen objektiven Strahlungsmessers mißt; hierbei ist nur erforderlich, daß vor den Strahlungsmesser ein die unsichtbaren Strahlen absorbierendes Mittel (z. B. ein geeignetes farbloses Glas oder ein mit Wasser gefülltes Glasgefäß, besser noch ein Ferroammoniumsulfatfilter) gesetzt wird.

Wird die Anordnung z. B. so getroffen, daß die beiden zu vergleichenden Lichtquellen L_1 und L_2 den Strahlungsmesser von demselben Orte aus, also in den gleichen Entfernungen r_1 und r_2 nacheinander bestrahlen, so ist das Verhältnis der Lichtstärken J_2 und J_1, wie man sie mittels eines Photometers mißt, gleich dem Verhältnis der von L_2 und L_1 auf den Strahlungsmesser ausgestrahlten Energieströme G_2 und G_1, mithin auch gleich dem Verhältnis der Ausschläge α_2 und α_1 des in den Kreis des Strahlungsmessers geschalteten Galvanometers; (s. Gleichung 1 in „Photometrische Gesetze und Formeln", ferner Gleichung 4c in „Energetisch-photometrische Beziehungen"). Es ist also

$$J_2 : J_1 = \alpha_2 : \alpha_1.$$

Sind die Abstände r_2 und r_1 verschieden, treten $r_2^2 \alpha_2$ und $r_1^2 \alpha_1$ an die Stelle von α_2 und α_1.

3. Für den Vergleich *verschiedenfarbiger* Lichtquellen versagt die energetische Methode in der angegebenen einfachen Form; ja man hielt früher die objektive Photometrie solcher Lichtquellen für unmöglich. Glücklicherweise ist dies nicht der Fall. Wie wir unter dem Stichwort „Energetisch-photometrische Beziehungen", Nr. 1 sehen, verhält sich das Auge so, als ob sich vor der Netzhaut eine farbige Schicht befände, welche alle nicht sichtbaren Wellenlängen verschluckt und von jeder sichtbaren Wellenlänge λ einen Bruchteil, welcher der Zapfenempfindlichkeit für diese Wellenlänge gleich (oder doch proportional) ist, durchläßt.

Wenn man zwischen Lichtquelle und Strahlungsmesser eine Vorrichtung einschaltet, welche eine dieser hypothetischen Schicht vor der Netzhaut entsprechende Schwächung bewirkt, so ist die Lichtstärke wieder dem auf den Strahlungsmesser ausgestrahlten Energiestrom proportional; (s. Gleichung 1 in „Photometrische Gesetze und Formeln", ferner Gleichung 4b in „Energetisch-photometrische Beziehungen). Bei Benutzung der in Nr. 2 angegebenen Versuchsanordnung ergibt sich wieder dieselbe Proportion wie dort.

Strache (1911) empfiehlt zu diesem Zwecke das Licht der beiden nacheinander zu vergleichenden Lampen mittels eines Spektrometers spektral zu zerlegen, am Orte des Spektrums eine Blende anzubringen, deren Öffnung für jede Wellenlänge der Augenempfindlichkeit für diese Wellenlänge proportional ist, und die Strahlen mittels einer Zylinderlinse auf einer Thermosäule wieder zu vereinigen.

Féry (1908) schaltet als erster ein der hypothetischen Netzhautschicht nachgebildetes Flüssigkeitsfilter, und zwar eine Lösung von Kupferazetat von bestimmter Konzentration und Dicke in den Strahlengang ein. Weitere Messungen nach dieser Methode sind seit 1913 z. B. von Buisson und Fabry, Houston, Karrer, Conrad und insbesondere von Ives ausgeführt worden. Der letztere empfiehlt eine Flüssigkeit, die aus 60 g Kupferchlorid, 14 g Kobaltammoniumsulfat, 1,9 g Kaliumchromat, 18 ccm Salpetersäure (1,05) und Wasser auf 1 l besteht. Die Durchlässigkeitskurve dieser Flüssigkeit für die verschiedenen Wellenlängen soll sich sehr gut der Augenempfindlichkeitskurven von Ives und Nutting anschmiegen.

Wegen des starken Lichtverlustes durch diese Filter muß man sehr empfindliche Strahlungsmesser und Galvanometer anwenden.

Voege benutzt als Strahlungsmesser eine Kaliumzelle. Da deren Empfindlichkeitskurve sehr stark von der des menschlichen Auges abweicht (Maximum im Blauviolett bei der Wellenlänge $\lambda = 430\ \mu\mu$ gegen 550 $\mu\mu$ beim Auge), schaltet er noch ein Filter ein, das diesen Unterschied so ausgleicht, daß die Maxima beider Kurven zusammenfallen (s. nebenstehende Figur). Als Filter wurde zuerst eine Lösung von Kaliumbichromat und Eosin, später ein bestimmtes Gelatinfilter verwendet. Streng genommen kann man wegen des verschiedenen Verlaufs der Empfindlichkeitskurven von Auge und von Zelle + Filter genauere Messungen nur mit nahezu gleichgefärbten Lichtquellen machen. Deshalb empfiehlt Voege die Anwendung der Zelle auch nur für relative Messungen, z. B. zur Feststellung der räumlichen Lichtverteilung, der Änderung der Lichtstärke mit der Zeit, mit der Spannung.

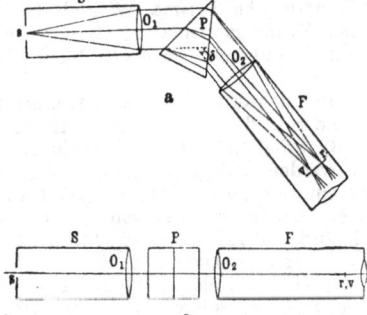

Empfindlichkeit:
a Auge, z Kaliumzelle.

Auch die Voegesche Anordnung beansprucht wegen der sehr geringen Durchlässigkeit der Filter sehr empfindliche Galvanometer. *Liebenthal.*

Photometrie im Spektrum (Spektralphotometrie).

1. Spektroskop. Zur Erzeugung eines Spektrums bedient man sich gewöhnlich eines Prismenspektroskops.

Fig. 1. Spektroskop. a) horizontaler, b) vertikaler Querschnitt.

Dasselbe besteht aus dem Spaltrohr (Kollimator) S mit dem Spalt s und dem Objektiv O_1, ferner aus dem Zerstreuungsprisma P und dem Fernrohr mit dem Objektiv O_2. Fig. 1 a gibt einen horizontalen Querschnitt bei vertikaler brechender Kante von P; Fig. 1 b gibt einen schematischen Querschnitt, wobei die Ebene der Zeichnung zweimal einen Knick erleidet, nämlich beim Eintritt und beim Austritt der Strahlen aus P. Der Spalt s befindet sich in der Brennebene von O_1.

Beleuchtet man s mit rotem bzw. violettem Licht, so wird in der Brennebene von O_2 ein abgelenktes rotes Bild r bzw. ein noch mehr abgelenktes violettes Bild v des Spaltes s erzeugt. Bei Beleuchtung von s mit weißem Licht erhält man ein ausgedehntes Spektrum als die Gesamtheit der Spaltbilder aller in diesem Lichte enthaltenen Strahlen. Wegen der endlichen Breite des Spaltes greifen diese einzelnen Spaltbilder übereinander. Das Spektrum ist daher um so reiner, je enger der Spalt ist. Zu spektralanalytischen und spektrometrischen Zwecken wird am Orte des Spektrums ein Fadenkreuz, für Strahlungsmessungen ein linearer Strahlungsmesser (Thermosäule, Bolometer), für photometrische Messungen ein Okularspalt angebracht, durch welchen ein eng begrenzter Spektralbezirk ausgeschnitten wird. Für photometrische Messungen tritt zu den üblichen Schwächungsmethoden noch die Vierordtsche Methode des verstellbaren Spaltes hinzu.

Im prismatischen Spektrum liegen die roten Strahlen dichter als die violetten zusammen, während im Beugungs- oder „Normalspektrum" gleichweit voneinander entfernte Spektrallinien den gleichen Unterschied in den Wellenlängen besitzen.

A. Photometrischer Vergleich der verschiedenen einfachen Farben einer Lichtquelle.

2. Mittels der üblichen Photometer (s. „Photometer zur Messung von Lichtstärken" und „Universalphotometer") wird die Gesamtlichtstärke einer Lichtquelle, d. h. die Lichtstärke der Gesamtheit aller Lichtstrahlen bestimmt. In manchen Fällen ist es von Wichtigkeit auch zu wissen, in welchem Verhältnisse die Lichtstärken für die einzelnen Wellenlängen, z. B. die roten, gelben und blauen Strahlen ein und derselben Lichtquelle zueinander stehen.

Diese Aufgabe läuft darauf hinaus, den Spalt eines prismatischen Spektroskops mittels der Lichtquelle durch eine vor dem Spalt gesetzte durchscheinende Glasplatte (Mattglas, besser noch Milchglas) zu beleuchten und die Helligkeiten der verschiedenen Teile des Spektrums zu vergleichen, mit anderen Worten: die Verteilung der Helligkeit in diesem Spektrum zu bestimmen.

Die für die verschiedenen Wellenlängen λ erhaltenen Helligkeitswerte hat man sodann wegen der veränderlichen Länge der einzelnen Spektralbezirke mittels eines für jedes λ besonders zu bestimmenden Faktors c_λ auf das Normalspektrum umzurechnen. Dieser Faktor wird meistens aus einer Kurve, in welcher die Minimalablenkungswinkel des Prismas als Funktionen der zugehörigen Wellenlängen aufgetragen sind, graphisch ermittelt. Wir wollen die so gewonnenen reduzierten Helligkeitswerte für die Wellenlängen λ und λ' mit h_λ und $h_{\lambda'}$, ferner die Flächenhellen des Spaltes für diese Wellenlängen mit e_λ und $e_{\lambda'}$, die entsprechenden Lichtstärken der Lichtquelle mit J_λ und $J_{\lambda'}$ bezeichnen. Falls die einzelnen Wellenlängen einerseits von den Teilen des Spektroskops, andererseits von der durchscheinenden Scheibe in demselben Maße durchgelassen werden, verhält sich $e_\lambda : e_{\lambda'} = h_\lambda : h_{\lambda'}$ und $J_\lambda : J_{\lambda'} = e_\lambda : e_{\lambda'}$, so daß auch $J_\lambda : J_{\lambda'} = h_\lambda : h_{\lambda'}$; andernfalls muß man die Selektivität in Rechnung ziehen.

Wenn man Flächenhellen anstatt Lichtstärken zu messen hat, stellt man die zu untersuchende Fläche ohne die durchscheinende Platte vor den Spalt.

Die Bestimmung der Helligkeitsverteilung im Spektrum ist sehr schwierig, da es sich um den Vergleich von sehr verschieden gefärbten Feldern handelt. Von den zu diesem Zwecke angegebenen Vorrichtungen sollen im folgenden als Beispiele nur einige aufgeführt werden, welche zur Bestimmung der „Augenempfindlichkeit gegen Licht verschiedener Wellenlänge" (s. dort) benutzt wurden.

3. **Langley** (Fig. 2) bedient sich eines Spiegelspektroskops, d. h. eines Spektroskops, bei welchem das Fernrohrobjektiv O_1 (Fig. 1a und 1b) durch einen silbernen Hohlspiegel M ersetzt ist. Dieser entwirft ein Sonnenspektrum in der Ebene des Spaltes s_1. Durch Drehen von M kann s_1 mit den verschiedenen Spektralfarben beleuchtet werden. Das durch s_2

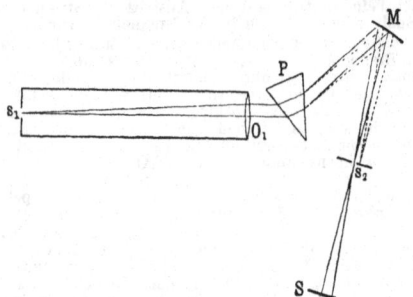

Fig. 2. Spiegelspektroskop von **Langley**.

tretende homogene Licht fällt auf einen senkrecht zu seiner Ebene verschiebbaren Schirm S, auf dem als S e h z e i c h e n Ziffern einer Logarithmentafel angebracht sind. Das auf S auffallende Licht wird teils durch Verschieben von S, teils durch Regulierung der Spaltweite von s_1, teils mittels eines vor s_1 rotierenden Sektors so lange verändert, bis die kleinen Ziffern oben erkennbar sind (also Sehschärfenmethode). Die Helligkeit der Spektralregion wird der Spaltweite von s_1 und der Öffnung des Sektors umgekehrt, dem Quadrat der Entfernung Ss_2 direkt proportional gesetzt.

4. **Ives** (Fig. 3) benutzt ein Spektroskop in Verbindung mit einer weißen rotierenden Sektorenscheibe S, die von einer konstanten Lampe L_2 beleuchtet wird. Der Beobachter blickt nach M a x w e l l scher Beobachtungsmethode (s. Nr. 8) durch die Öffnung o und akkommodiert auf die Fläche ab des Zerstreuungsprismas;

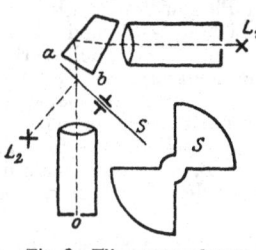

Fig. 3. Flimmeranordnung von **Ives**.

er sieht dann abwechselnd diese Fläche und die Scheibe S und stellt durch Verschieben von L_1 oder L_2 auf Verschwinden des Flimmerns ein.

5. Das **L u m m e r - P r i n g s h e i m** sche S p e k t r a l - f l i m m e r p h o t o m e t e r (Fig. 4), von T h ü r m e l und B e n d e r zur Bestimmung der Augenempfindlichkeit benutzt, ist ein Spektroskop mit zwei nebeneinander liegenden, in horizontaler Richtung etwas verschiebbaren Kollimatorspalten s_1 und s_2, die durch d i e s e l b e Lichtquelle mittels eines Milchglases und zweier Reflexionsprismen beleuchtet werden. Es entstehen zwei Spektren, welche in seitlicher Richtung gegeneinander verschoben sind, und zwar um so mehr, je größer die Entfernung der beiden Spalte voneinander ist. Von diesem Abstande hängt also der Unterschied in der Wellenlänge der beiden im Okularspalte zusammenfallenden Strahlen ab. Durch Veränderung der Spaltweiten wird auf gleiche Helligkeit dieser Strahlen mittels einer Flimmervorrichtung eingestellt. Der Flimmerprozeß wird durch eine horizontale vor den Spalten rotierende, mit entsprechenden Ausschnitten

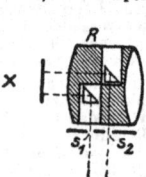

Fig. 4. **L u m m e r - P r i n g s h e i m** sches Spektralflimmerphotometer.

versehene Trommel R erzeugt. Bei einer bestimmten Entfernung der Spalte kann jede Farbe des einen Spektrums mit einer ganz bestimmten, nicht weit von der ersteren entfernten Farbe des anderen verglichen werden. Man vergleicht so Farbe I des einen Spektrums mit Farbe II des anderen, hierauf Farbe II des ersten mit Farbe III des zweiten und geht in dieser Weise etappenweise durch das ganze Spektrum hindurch.

Eine Anordnung von K r ü ß gestattet die direkte Vergleichung beliebiger Farben.

B. Photometrischer Vergleich der gleichen einfachen Farben zweier Lichtquellen.

6. Da die eben besprochene Bestimmungsweise sehr ungenau ist, beschränkt man sich meistens darauf eine Normallampe zum Vergleich heran-

zuziehen und die roten, gelben ... Strahlen der zu untersuchenden Lichtquelle L und der Normallampe miteinander zu vergleichen. Kennt man für die Normallampe die Verteilung der Helligkeit im Normalspektrum, so kann man durch die eigentlichen spektralphotometrischen Vergleiche auch für L die Helligkeitsverteilung im Spektrum bestimmen. Auch noch bei vielen anderen physikalisch photometrischen Aufgaben, z. B. bei Reflexions-, Durchlässigkeits- und Absorptionsmessungen hat man die gleichfarbigen homogenen Teile zweier Lichtquellen zu vergleichen.

Das Spektralphotometer muß für diese Zwecke so eingerichtet sein, daß es von beiden Lichtquellen Spektren erzeugt, und zwar müssen die beiden Vergleichsspektren zur Erzielung möglichst günstig gelegener photometrischer Vergleichsfelder entweder nebeneinander fallen (wie in Nr. 7) oder zusammenfallen, d. h. sich decken (wie in Nr. 8 und 9). Für diese Messungen kann das Auge durch jeden beliebigen objektiven Strahlungsmesser, wie Bolometer, Thermosäule, Alkalizelle ersetzt werden.

7. **V i e r o r d t** sches S p e k t r a l p h o t o m e t e r. **V i e r o r d t** ersetzt den einfachen Spalt in Fig. 1a und 1b durch einen Doppelspalt, bestehend aus zwei übereinander liegenden Teilen, von denen jeder zu meßbaren Breiten verstellbar ist. Man beleuchtet mit der einen der beiden zu vergleichenden Lichtquellen die eine Spalthälfte, mit der zweiten die andere und erhält so zwei *nebeneinander liegende* Spektren derart, daß die Spektrallinien des einen Spektrums mit den gleichen Linien des anderen in scharfer Grenze aneinander stoßen. Der mittels einer Okularlupe auf den Okularspalt blickende Beobachter stellt durch Änderung der Spaltbreiten auf gleiche Helligkeit der betreffenden Vergleichsfelder ein. Alsdann verhalten sich die Flächenhellen der beiden Spalte für diese Wellenlänge umgekehrt wie ihre Spaltbreiten.

8. **K ö n i g** sches S p e k t r a l p h o t o m e t e r. Das Photometer in der Neukonstruktion von M a r t e n s ist ein Spektroskop mit horizontaler brechender Kante des Zerstreuungsprismas (Fig. 5 gibt einen

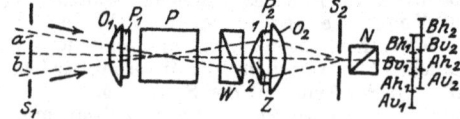

Fig. 5. **K ö n i g** sches Spektralphotometer.

schematischen Horizontalschnitt). Der Kollimeterspalt s_1 ist durch einen Steg in zwei Teile a und b geteilt. Zwischen dem Zerstreuungsprisma P und dem Fernrohrobjektiv O_2P_2 sind das **W o l l a s t o n** sche Prisma W und das an P_2 angekittete Zwillingsprisma Z, ferner zwischen Okularspalt s_2 und dem Auge der Nicol N eingeschaltet.

Ohne Z und W würde man von jedem der beiden Spalte a und b in der Spaltebene s_2 ein Spektrum (A und B) erhalten. Durch Einschaltung von Z und W werden dort je 4 Spektren erzeugt. In der Figur sind sie bei C besonders, und zwar der Deutlichkeit wegen in zwei Ebenen gezeichnet; die mit h und v bezeichneten Spektren sind horizontal bzw. vertikal polarisiert, die mit 1 und 2 bezeichneten sind mittels der Hälfte 1 bzw. 2 des Zwillingsprismas Z entworfen. Nur das Licht der zentralen, *sich deckenden*, senkrecht zueinander polarisierten Bilder Bv_1 und Ah_2 wird vom Okularspalt s_2 durchgelassen. Mithin sieht das durch s_2 blickende Auge das Vergleichsfeld 1 mit homogenem Licht vom Spalt b, das Vergleichsfeld 2 mit Licht vom Spalte a beleuchtet. Durch Drehung des Nicols N wird auf gleiche Helligkeit der Felder 1 und 2 eingestellt. Muß man hierbei den Nicol aus der Dunkelstellung für das Feld 1 um den Winkel φ drehen, so findet man das Verhältnis e_a/e_b der Flächenhellen der Spalte a und b für die betreffende Wellenlänge aus

$$e_a/e_b = k \, tg^2 \, \varphi$$

wo k eine von 1 nicht sehr verschiedene Konstante ist:

Bei diesem Photometer bringt man nach dem Vorgang von Maxwell das Auge möglichst nahe an den Ort des Spektrums (Ort des Bildes) und blickt auf das Zwillingsprisma. Hierdurch wird bewirkt, daß das Gesichtsfeld an allen Stellen in demselben monochromatischen Lichte leuchtend erscheint, welches durch die Pupille ins Auge gelangt. Das letztere ist bei denjenigen Spektralphotometern, bei denen man auf das Spektrum sieht, selbst bei sehr schmalem Okularspalt nicht der Fall.

Das Königsche Spektralphotometer zeichnet sich durch seine große Handlichkeit und bequeme Beobachtungsweise aus.

9. Spektralphotometer von Lummer und Brodhun (Fig. 6). Die Strahlen, welche von den Spalten s_1 und s_2 der aufeinander senkrecht stehenden Kollimatoren S_1 und S_2 ausgehen, werden mittels des Lummer-Brodhunschen Photometerwürfels W in der Ebene des Okularspaltes o des Beobachtungsrohres F zu zwei zusammenfallenden Spektren vereinigt. Der Beobachter, welcher nach Maxwellscher Methode durch o blickt und mittels des Objektivs von F als Lupe, nötigenfalls unter Benutzung einer Brille, auf die Hypothenusenfläche ab des Würfels W akkommodiert, sieht die reflektierenden Stellen von ab im homogenen Licht des Spaltes s_2, die durchlässigen Stellen im Lichte des Spaltes s_1. Die Einstellung geschieht durch Veränderung der Weiten der Kollimatorspalte oder besser noch durch einen rotierenden Sektor.

Auf die vielfachen anderen Konstruktionen, insbesondere auf die das Lummer-Brodhunsche Prinzip benutzenden (z. B. die von Brace) kann hier aus Mangel an Raum nicht eingegangen werden. *Liebenthal.*

Näheres s. Liebenthal, Prakt. Photometrie. Braunschweig, Vieweg & Sohn, 1907.

Photometrische Gesetze und Formeln. 1. Allgemeine Grundgesetze: a) Eine in einem homogenen, nicht absorbierenden Mittel befindliche beliebige Lichtquelle strahlt durch jede beliebige die Lichtquelle vollständig umschließende Fläche den gleichen Lichtstrom.

b) Ein im gleichen Mittel befindlicher leuchtender Punkt L strahlt durch jeden beliebigen

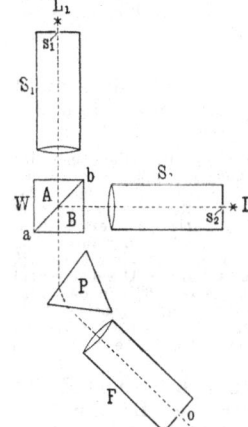

Fig. 6. Spektralphotometer von Lummer und Brodhun.

Querschnitt eines räumlichen Winkels, dessen Scheitel er ist, den gleichen Lichtstrom.

Es sei nun ω ein unendlich kleiner räumlicher Winkel, Φ der in diesen ausgestrahlte Lichtstrom. Alsdann versteht man unter der *Lichtstärke* J des Punktes L in Richtung der Achse von ω das Verhältnis

(1) $$J = \Phi/\omega$$

Daraus folgt umgekehrt die Beziehung

(2) $$\Phi = J\omega$$

Es sei ferner s ein Querschnitt von ω, r der Abstand zwischen L und s, i der Winkel, den die Richtung sL mit dem Lot auf s bildet (E i n f a l l s w i n k e l); dann ist nach Gleichung 2) im Abschnitt „Raumwinkel"

$$\omega = s \cos i/r^2.$$

Setzen wir dies in Gleichung 2) ein, so gelangen wir zu folgendem Satze.

2. **Lamberts Grundgesetz** (Entfernungs- und cos i-Gesetz). Der von einem Punkt L einem in der Entfernung r befindlichen Flächenelement s unter dem Einfallswinkel i zugesandte Lichtstrom ist

(3) $$\Phi = J \, s \cos i/r^2$$

Die durch Φ auf s erzeugte Beleuchtung ist gemäß der Definition Nr. 3 in „Photometrische Größen und Einheiten"

(4) $$E = J \cos i/r^2$$

Φ und E sind demnach cos i direkt, r^2 umgekehrt proportional.

Die Gleichungen 3) und 4) gelten auch für ausgedehnte Lichtquellen bei hinreichend großen Abständen r; die r sind hierbei von dem inmitten der Lichtquelle liegenden äquivalenten Punkte, der als Lampenmitte oder Lichtquellpunkt oder photometrischer Schwerpunkt bezeichnet wird, zu zählen. Mit anderen Worten: Ausgedehnte Lichtquellen lassen sich in ihrer Wirkung auf hinreichend weit entfernte Flächen durch einen leuchtenden Punkt ersetzen.

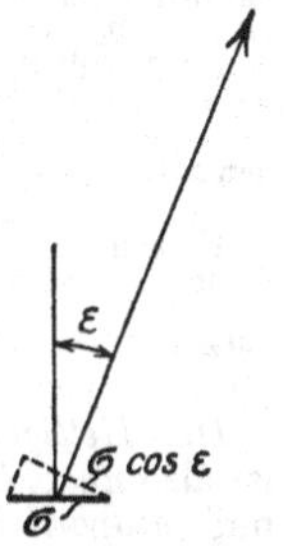

3. *Flächenhelle für schräg zur Fläche ausgesandtes Licht.* In Nr. 4 des Abschnittes „Photometrische Größen und Einheiten" definierten wir die Flächenhelle einer kleinen gleichmäßig leuchtenden Fläche σ für senkrecht zu σ ausgesandtes Licht.

Unter der Flächenhelle der kleinen gleichmäßig leuchtenden Fläche, genauer des leuchtenden F l ä c h e n e l e m e n t e s σ (Fig. 1) unter dem beliebigen Ausstrahlungswinkel ε — d. i. dem Winkel zwischen der Ausstrahlungsrichtung und der Normale von σ — verstehen wir das Verhältnis der Lichtstärke J des Flächenelementes σ in dieser Ausstrahlungsrichtung zu der Größe $\sigma \cos \varepsilon$:

(5) $$e = J/\sigma \cos \varepsilon$$

so daß umgekehrt

(5a) $$J = e \, \sigma \cos \varepsilon$$

Die Größe $\sigma \cos \varepsilon$ ist die Projektion von σ auf eine zur Ausstrahlungsrichtung senkrechte Ebene; sie wird vielfach die scheinbare Größe von σ unter dem Ausstrahlungswinkel ε genannt.

Durch Einsetzen von Gleichung 5a) in Gleichung 3) erhalten wir folgenden grundlegenden Satz.

4. **Lamberts zusammengesetztes Grundgesetz.** Der Lichtstrom Φ, welchen ein leuchtendes Flächenelement σ unter dem Ausstrahlungswinkel ε auf ein in der Entfernung r befindliches Flächenelement s aussendet, ist

(6) $$\Phi = e \, \sigma \, s \cos \varepsilon \cdot \cos i/r^2$$

wo i wieder der Einfallswinkel auf s ist.

Mithin ist die durch Φ auf s erzeugte Beleuchtung

(7) $$E = e \, \sigma \cos \varepsilon \cdot \cos i/r^2$$

Lambert hatte hierbei aus gewissen Gründen, über die wir hier unter Nr. 6 und 7 sprechen werden, angenommen, daß e unter allen Ausstrahlungswinkeln ε konstant sei.

Fig. 1. Zur Definition der Flächenhelle.

Nun ist nach Gleichung 2) im Abschnitt „Raumwinkel", wenn wir dort s und i durch σ und ε ersetzen

$$\Omega = \sigma \cos \varepsilon / r^2,$$

wenn Ω der Raumwinkel ist, unter dem σ von s aus erscheint; demnach geht Gleichung 7) über in

(7a) $$E = e\,\Omega \cos i$$

Die Größe Ω cos i wird als *reduzierter Raumwinkel* bezeichnet.

In der praktischen Photometrie wird Φ in Lumen, J in Kerzen (Hefnerkerzen, HK), E in Lux, r in m, s in m², σ in cm², demnach e in HK/cm² gemessen (s. „Photometrische Größen und Einheiten").

5. *Helligkeit einer kleinen Fläche.* Das Auge entwirft wie eine Camera obscura von einer Fläche σ (Fig. 2) ein umgekehrtes verkleinertes Bild σ' auf der Netzhaut.

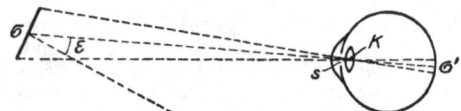

Fig. 2. Zur Definition der Helligkeit.

Unter der Helligkeit h der kleinen gleichmäßig leuchtenden Fläche σ verstehen wir nun das Verhältnis des von σ auf die Pupille s gestrahlten und weiter auf das Netzhautbild geleiteten Lichtstromes Φ zu der Größe σ' dieses Bildes, also die Beleuchtung der Netzhaut am Orte des Bildes:

(8) $$h = \Phi / \sigma'$$

Es sei K der Knotenpunkt des Auges, und es bedeute e die Flächenhelle von σ unter dem für die Visierrichtung σK geltenden Ausstrahlungswinkel ε, r den hinreichend großen Abstand σs (nahezu gleich σK), r' den konstanten Abstand Kσ' zwischen Knotenpunkt und Netzhaut; dann ist nach Gleichung 6)

$$\Phi = e\,\sigma\,s \cos \varepsilon / r^2,$$

da sich beim direkten Sehen die Pupille nahezu senkrecht zu r stellt, also i = 0 ist. Nun sind σ und σ' Querschnitte von Scheitelraumwinkeln, deren Spitze in K liegt, so daß σ cos ε/r² = σ'/r'²;

mithin $\Phi = e\,s\,\sigma'/r'^2$, demnach gemäß Gleichung 8)

$$h = e\,s/r'^2$$

und wenn wir den nur durch die Abmessungen des Auges bedingten Faktor

$$s/r'^2 = \varkappa$$

setzen

(9) $$h = \varkappa e$$

Die Helligkeit h des kleinen Flächenstückes σ ist also unabhängig von seiner Entfernung vom Auge und proportional der Flächenhelle e in der Visierrichtung.

Der Proportionalitätsfaktor ϰ werde als Helligkeitskoeffizient bezeichnet.

6. **Lamberts Gesetz für Selbstleuchter (cos ε-Gesetz).**

Die Sonne sowie jede glühende Kugel erscheint dem Auge als eine gleichmäßig leuchtende Scheibe; d. h. jedes Flächenelement σ solcher Körper erscheint in allen Richtungen merklich gleichmäßig hell. Aus dieser Beobachtung schließt Lambert gemäß Gleichung 9):

Jedes Flächenelement σ eines glühenden Körpers leuchtet nach allen Richtungen mit der *gleichen Flächenhelle,*

wofür wir nach Gleichung 5a) auch sagen können:

Jedes Flächenelement eines glühenden Körpers leuchtet unter dem Ausstrahlungswinkel ε mit einer cos ε proportionalen Lichtstärke.

Das cos ε-Gesetz ist experimentell und theoretisch mehrfach geprüft worden und im allgemeinen bestätigt gefunden.

7. **Lamberts Gesetz für nicht selbstleuchtende, diffus reflektierende Körper (cos ε · cos i-Gesetz).**

Lambert geht von der allerdings nur rohen Beobachtung aus, daß eine von der Sonne beschienene mattweiße Wand merklich gleich hell erscheint, in welcher Richtung

und Entfernung man sie auch betrachten mag. Er schließt hieraus, daß auch jedes Flächenelement σ eines beleuchteten, diffus reflektierenden Körpers nach allen Seiten mit der gleichen (erborgten) Flächenhelle e, also unter dem Ausstrahlungswinkel ε mit einer cos ε proportionalen (erborgten) Lichtstärke J leuchtet. Außerdem nimmt er noch an, daß e der von der Lichtquelle auf σ erzeugten Beleuchtung E proportional sei, gleichviel welches der Einfallswinkel i der Strahlen ist; er setzt also

(10) $$e = \text{const. } E$$

wo die Konstante nur von der Oberflächenbeschaffenheit (Natur) des diffus reflektierenden Körpers abhängt. Wird nun σ durch eine Lichtquelle L (Fig. 3) aus der Entfernung r unter dem Einfallswinkel i mit der Lichtstärke J beleuchtet, so ist gemäß Gleichung 4) $E = \bar{J} \cos i/r^2$; demnach wäre

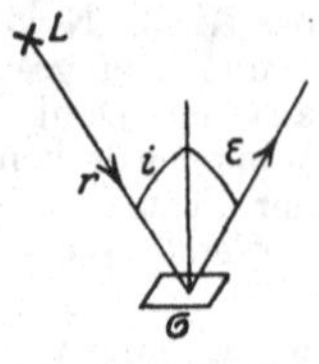

(11) $$\begin{cases} e = \text{const} \cdot \dfrac{\bar{J}}{r^2} \cdot \cos i \\[2mm] J = \text{const} \cdot \dfrac{\bar{J}}{r^2} \cdot \cos \varepsilon \cdot \cos i \end{cases}$$

Fig. 3. Zur Erläuterung des Lambertschen cos ε · cos i-Gesetzes.

Jede der beiden Gleichungen 11) stellt das sog. verallgemeinerte Lambertsche Kosinusgesetz dar, das man besser als das *cos ε · cos i-Gesetz* bezeichnet.

Nach diesem Gesetz sollte — J̄ und r als konstant vorausgesetzt — e proportional cos i, J außerdem noch proportional cos ε sein.

Die Beobachtungen sprechen teils für, teils gegen das cos ε · cos i-Gesetz. Wright findet für matte Oberflächen aus gepreßtem Pulver (z. B. von Gips, kohlensaurer Magnesia) J proportional cos ε, dagegen nicht vollständig proportional cos i. Nach Matthews ist die Flächenhelle eines Gipsschirmes von i = 0 bis 50° proportional cos i, während bei i = 75° die Abweichung von der Proportionalität etwa 5% beträgt. Nach Bechstein beträgt diese Abweichung bei i = 70° für Gips +25%, für Magnesia +6% in der Einfallsebene gemessen, für Gips — 14%, für Magnesia — 12% in der Ebene senkrecht zur ersteren gemessen. Die theoretischen Untersuchungen (Lommel, Seeliger) geben die Tatsachen nicht genau wieder.

Hieraus ergibt sich, daß zwischen e und E eine so einfache Beziehung, wie sie Lambert in Gleichung 10) annahm, nicht besteht. Man kann jedoch ganz allgemein die Gleichung

(12) $$e = m E$$

aufstellen, und zwar ist der Proportionalitätsfaktor m — wir wollen ihn kurz *Reflexionskoeffizienten* nennen — nicht allein von der Oberflächenbeschaffenheit, sondern auch noch mehr oder weniger von den Winkeln i und ε abhängig. Dementsprechend hätten wir in den Gleichungen 11) den Faktor const. durch m zu ersetzen.

Eine Substanz, für welche m von i unabhängig ist, für welche also bei konstantem ε die Größen e und J proportional cos i sind, wird von Blondel als *orthotrop* bezeichnet. Wird ein Flächenelement σ einer solchen Substanz durch ein System beliebig verteilter Lichtquellen beleuchtet, so ist die Gesamtflächenhelle, die σ vermittels aller Lichtquellen unter konstantem ε erlangt, der Gesamtbeleuchtung E der Fläche σ, mithin dem auf σ auffallenden Gesamtlichtstrom Φ proportional, so daß man aus e auf E und Φ schließen kann. Diesen Schluß zieht man bei Beleuchtungs- und Lichtstrommessungen (s. „Universalphotometer", Nr. 1 und „Lichtstrommesser" Nr. 1 und 3 bis 5).

8. **cos ε · cos i-Gesetz für diffus durchlassende (durchscheinende) Substanzen.** Für Flächenhelle und Lichtstärke eines Elementes der der Lichtquelle abgewandten Seite (Rückseite) gelten den Gleichungen 11) und 12) analoge, bei denen an Stelle des Reflexionskoeffizienten ein von der

Durchlässigkeit der Substanz abhängiger Faktor tritt und E die Beleuchtung der Vorderseite bedeutet.

Nach Blondel ist J für Papier von gewöhnlicher Dicke nur bis i = 10°, für eine auf der Rückseite mattierte Milchglasplatte bis i = 20° merklich proportional cos i, also (nahezu) *orthotrop*, dagegen nicht proportional cos ε. Die von Weber für sein Universalphotometer benutzte, auf beiden Seiten mattierte Milchglasplatte μ zeigt ebenfalls nur für kleine i Proportionalität mit cos i. Nach Bechstein beträgt bei dieser Platte für i = 70° die Abweichung von der Proportionalität — 26 %; sie wird geringer, wenn man die Platte μ mit einem Halbhohlkugelreflektor aus Gips versieht.

9. **Folgerungen.** a) Eine kleine ebene *vollkommen diffus leuchtende* Fläche, d. h. eine solche Fläche, die im eigenen oder reflektierten oder durchgelassenen Licht unter ε mit einer cos ε proportionalen Lichtstärke leuchtet, sendet in ihre Umgebung (den Raumwinkel 2π), wie eine einfache Integration ergibt, den Lichtstrom

$$(13) \qquad \Phi = \pi e \sigma$$

wenn e die unter allen ε konstante Flächenhelle ist.

Beispiel. Es sei σ = 3 cm²; e = 10 HK/cm²; dann ist Φ = 94,25 Lumen.

b) Empfängt eine ebene vollkommen diffus reflektierende kleine ebene Fläche σ die Beleuchtung E, so leuchtet sie nach allen Richtungen mit der konstanten Flächenhelle

$$(14) \qquad e = ME / \{10\,000\,\pi\}$$

wo M das diffuse Reflexionsvermögen von σ (s. „Reflexions-, Durchlässigkeits- und Absorptionsvermögen", Nr. 1) für den betreffenden Einfallswinkel ist.

Beweis. Die (in cm² gemessene) Fläche σ empfängt nach Gleichung 4) in „Photometrische Größen und Einheiten" den Lichtstrom $10^{-4}\,E\sigma$ (in Lumen) und strahlt davon den Betrag $10^{-4}\,ME\sigma = \pi e\sigma$ (in Lumen) wieder aus.

Beispiel. Ein Gipsschirm vom diffusen Reflexionsvermögen M = 0,8 besitzt bei E = 30 Lux (es ist dies die Beleuchtung des Photometerschirmes, die nach den Vorschriften des Verbandes Deutscher Elektrotechniker nicht wesentlich überschritten werden soll), die Flächenhelle e = 0,00076 HK/cm²; er besitzt bei E = 40000 Lux (Beleuchtung durch die Sonne) die Flächenhelle e = rund 1 HK/cm².

Eine kleine ebene vollkommen weiße Fläche (M = 1) leuchtet für E = 10000 Lux mit e = 1/π HK/cm² und strahlt im ganzen 1 Lumen/cm² aus (vgl. „Photometrische Größen und Einheiten", Nr. 6).

c) **Blende.** Es sei SS (Fig. 4) eine leuchtende ebene Fläche, BB eine davor gesetzte, zu SS parallele Blende mit der

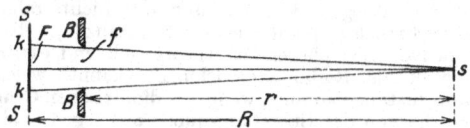

Fig. 4. Zur Bestimmung der Blendenwirkung.

(etwa rechteckigen) Öffnung f, s eine kleine der Einfachheit halber ebenfalls als parallel zu SS angenommene, von SS beleuchtete Fläche. Alsdann wird s nur von dem durch f hindurch sichtbaren Teil kk der Fläche SS beleuchtet. Bezeichnet man die Größe von kk mit F, den Abstand Fs mit R und nimmt an, daß SS an allen Stellen und in allen oder doch wenigstens in den hier in Betracht kommenden Richtungen mit der gleichen Flächenhelle e leuchtet, so ist gemäß Gleichung 7) für hinreichend große R (ε = i = o) die von F auf s hervorgerufene Beleuchtung

$$E = e\,F/R^2.$$

Andererseits ist, wenn r den Abstand fs bedeutet,

$$F : R^2 = f : r^2,$$

demnach

$$(15) \qquad E = ef/r^2.$$

Wir gelangen also zu dem *Satze:* Die Fläche SS läßt sich in ihrer Wirkung auf die Fläche s durch die Blendenöffnung f als „äquivalente Leuchtfläche" ersetzen, wenn man der Öffnung f in allen in Betracht kommenden Richtungen ebenfalls die Flächenhelle e beilegt.

Die Blendenöffnung f leuchtet alsdann in zu f senkrechter Richtung mit der Lichtstärke

$$(16) \qquad J = ef.$$

Liebenthal.

Näheres s. Liebenthal, Praktische Photometrie. Braunschweig, Vieweg & Sohn, 1907.

Photometrische Größen und Einheiten. Die photometrischen Größen sind nicht rein physikalischer Natur, sondern physikalischer und zugleich physiologischer; sie stellen die Wirkung der physikalischen Strahlungsenergie auf das menschliche Auge dar. Das Auge unterscheidet sich nämlich von objektiven Strahlungsmessern wie Bolometer, Thermosäule dadurch, daß es für verschiedene Wellenlängen verschieden empfindlich ist, und zwar — hinreichend große Helligkeit, bei der die Zapfen allein wirksam sind, vorausgesetzt — am empfindlichsten für die Wellenlänge 550 μμ (gelbgrün) ist. (Näheres s. „Augenempfindlichkeit für Licht verschiedener Wellenlänge" und „Energetischphotometrische Beziehungen", Nr. 1.)

Im Anschluß an die Festsetzungen des internationalen Genfer Elektrikerkongresses vom Jahre 1896 haben die deutschen beleuchtungstechnischen Kreise 1897 das folgende System von 5 photometrischen Größen und Einheiten angenommen.

1. Als Ausgangspunkt dient die *Lichtstärke* (Zeichen J). Sie wird als die grundlegende Größe angesehen, weil sich ihre Einheit durch eine Lichtquelle verkörpern läßt. Als diese Einheit wird die Hefnerkerze (Abkürzungszeichen HK) angenommen. Es ist dies die horizontale Lichtstärke der mit Amylazetat gespeisten Hefnerlampe bei einer Flammenhöhe von 40 mm.

2. Die zweite photometrische Größe ist der *Lichtstrom* (Φ), der von vielen Photometrikern aus verschiedenen Gründen für die grundlegende Größe gehalten wird. Der Lichtstrom Φ, welchen eine punktartige Lichtquelle in den kleinen räumlichen Winkel ω (auf ein ω m² großes Oberflächenstück einer mit dem Radius 1 m um die Lichtquelle geschlagenen Kugel, s. „Raumwinkel") aussendet, wird dargestellt durch die Formel

$$(1) \qquad \Phi = J\omega$$

wo J die Lichtstärke in Richtung von ω bedeutet (vgl. Gl. 2 in „Photometr. Gesetze und Formeln"). Als Einheit des Lichtstroms gilt der Lichtstrom, welchen eine nach allen Richtungen mit 1 HK leuchtende punktartige Lichtquelle in den räumlichen Winkel 1 (ω = 1) aussendet. Diese Einheit wird Lumen (Lm) genannt. Eine Lichtquelle, welche nach allen Seiten mit der Lichtstärke J leuchtet, strahlt also den Gesamtlichtstrom $\Phi_0 = 4\pi J$ aus; für J = 20 HK wird Φ_0 = 251,3 Lumen.

3. Die *Beleuchtungsstärke* oder kurz *Beleuchtung* (E) einer kleinen Fläche s ist das Verhältnis des auf diese Fläche auffallenden Lichtstroms zu der in m² gezählten Größe dieser Fläche, also

$$(2) \qquad E = \frac{\Phi}{s}.$$

Hierbei spielt die Größe der Lichtquelle keine Rolle, d. h. es ist gleichgültig, ob die Strahlen aus einer Richtung oder aus vielen Richtungen auf s auftreffen. Wenn s speziell durch eine punktartige Lichtquelle L beleuchtet wird, welche in Richtung Ls die Lichtstärke J hat, kann man auch schreiben

$$(3) \qquad E = \frac{J \cos i}{r^2}$$

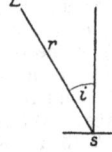

Zur Definition der Beleuchtung.

wo r den Abstand zwischen L und s in Meter und i den Einfallswinkel, d. h. den Winkel bedeutet, den die Richtung sL mit dem Lot auf s einschließt (vgl. Gl. 4 in „Photometr. Gesetze und Formeln"). E wird gleich 1 für cos i = 1 (i = o) und r = l. Die Einheit der Beleuchtung ist also vorhanden, wenn 1 HK eine 1 m entfernte Fläche senkrecht beleuchtet. Sie wird mit Lux (Lx) bezeichnet. Eine Lichtquelle J = 25 HK erzeugt also auf einer 2 m entfernten Fläche für i = o E = 25 : 4 = 6,25 Lx und für i = 60° (cos 60 = 0,5) E = 3,125 Lx.

Die erstere Definitionsgleichung für E ist insofern erweiterungsfähiger als die zweite, als sie sich auch auf beliebig große Flächen s anwenden läßt, in welchem Falle sie die *mittlere Beleuchtung* auf s angibt. Beispielsweise besitzt eine 10 m² große Tischfläche, auf welche 680 Lumen auftreffen, die mittlere Beleuchtung 68 Lx (Lm/m²).

Nach H. Cohn kann man ohne Akkommodationsanstrengung bei 60 Lx ebensogut wie bei Tage arbeiten, während man 12 Lx beim Arbeiten mit dem Auge nicht unterschreiten sollte. Eine horizontale freie Fläche wird durch den Vollmond günstigstenfalls mit 0,26 Lx, durch die Sonne und das ganze Himmelsgewölbe nach L. Weber in Kiel mittags im Dezember durchschnittlich mit 5470 Lx, im Mai durchschnittlich mit 60950 Lx beleuchtet; die Monatsmittel der übrigen Monate liegen zwischen diesen Zahlen.

Aus Gleichung 2) folgt

(4) $\Phi = Es$

Eine kleine s = 2 cm² = 2 · 10⁻⁴ m² große Fläche empfängt, wenn sie mit E = 10000 Lux beleuchtet wird, also den Lichtstrom Φ = 2 Lumen.

4. Die *Flächenhelle* (e) einer kleinen (gleichmäßig) leuchtenden Fläche σ ist, wenn wir uns der Einfachheit halber nur auf *senkrecht* zur Fläche ausgesandtes Licht beschränken, das Verhältnis der senkrecht zur Fläche ausgestrahlten Lichtstärke J zu der Größe σ, also

(5) $e = \dfrac{J}{\sigma}$

wenn σ — mit Rücksicht auf die geringen Abmessungen der vorkommenden leuchtenden Flächen — in cm² gemessen wird. Demnach ist e hier die Lichtstärke von σ pro cm². Die Einheit der Flächenhelle ist die Flächenhelle einer Fläche, von welcher 1 cm² die Lichtstärke 1 HK besitzt; sie wird deshalb oft auch als Kerze pro cm² bezeichnet.

Die Flächenhelle beträgt für eine Petroleumlampe durchschnittlich 1, für eine Gasglühlichtlampe 5—6, für einen mit 4 Watt/HK glühenden Kohlenfaden etwa 48; für einen mit 1,1 Watt/HK im Vakuum glühenden, zickzackförmig angeordneten Metallfaden etwa 150, für den Krater des Reinkohlelichtbogens etwa 18000 HK/cm²; s. ferner die Zahlenbeispiele in „Energetischphotometrische Beziehungen", Nr. 2b und in „Photometrische Gesetze und Formeln", Nr. 9b.

Die neueren Lichtquellen haben eine so große Flächenhelle, daß man nicht ohne Gefahr für das Auge in dieselben hineinsehen kann. Man schützt deshalb das Auge durch Umhüllung solcher Lichtquellen mit lichtstreuenden Gläsern u. dgl. vor einer blendenden Wirkung.

5. Die letzte der hier in Betracht kommenden Größen ist die *Lichtabgabe* (Q). Sie ist das Produkt aus dem Lichtstrom Φ und seiner Zeitdauer T, also

(6) $Q = \Phi T$

Die Einheit der Lichtgabe ist das während 1 Stunde ausgestrahlte Lumen; sie wird mit Lumenstunde bezeichnet.

Nachstehende Tabelle enthält die von den deutschen beleuchtungstechnischen Kreisen 1897 festgesetzten Namen und Zeichen der photometrischen Größen und Einheiten.

Größe		Einheit	
Name	Zeichen	Name	Zeichen
Lichtstärke	J	Kerze(Hefnerkerze)	HK
Lichtstrom	$\Phi = J\omega = \dfrac{J}{r^2} s$	Lumen	Lm
Beleuchtung	$E = \dfrac{\Phi}{s} = \dfrac{J}{r^2}$	Lux (Meterkerze)	Lx
Flächenhelle	$e = \dfrac{J}{\sigma}$	Kerze auf 1 qcm	
Lichtabgabe	$Q = \Phi T$	Lumenstunde	

Dabei bedeutet:
ω einen räumlichen Winkel;
s eine Fläche in Quadratmetern, bei der Definition des Lichtstroms senkrecht zur Strahlenrichtung;
σ eine Fläche in Quadratzentimetern senkrecht zur Strahlenrichtung;
r eine Entfernung in Metern;
T eine Zeit in Stunden.
Wegen der Definition der Flächenhelle für *schräg* zur Fläche ausgehendes Licht s. photometrische Gesetze und Formeln", Nr. 3.
6. In jüngster Zeit (1915) haben die Amerikaner noch eine neue Definition der Flächenhelle aufgestellt. Die Einheit derselben im neuen System, welche sie als **Lambert** bezeichnen, ist die Flächenhelle einer vollkommen diffus leuchtenden Fläche, welche im ganzen 1 Lumen/cm² ausstrahlt. Diese Einheit ist, wie aus dem Zahlenbeispiel in Nr. 9 von „Photometrische Gesetze und Formeln" hervorgeht, also für eine vollkommen weiße ebene, mit 10000 Lux beleuchtete Fläche vorhanden. Eine Flächenhelle, die in HK/cm² ausgedrückt ist, kann — gemäß Gleichung 13) in „Photometrische Gesetze und Formeln" durch Multiplikation mit π in (Hefner-) Lambert umgerechnet werden.   *Liebenthal.*

Näheres s. Liebenthal, Prakt. Photometrie. Braunschweig, Vieweg & Sohn, 1907.

Photophon s. Bestrahlungstöne.

Photophorese. Ultramikroskopische Teilchen, welche einer starken Strahlung ausgesetzt werden, erhalten durch diese eine gerichtete Bewegung (s. auch Radiometer, Strahlungsdruck). Ehrenhaft beobachtet, daß es Substanzen gibt, welche in Richtung der Lichtstrahlen (photopositive Substanzen, normale Radiometerbewegung) und solche, welche entgegen der Richtung der Lichtstrahlen bewegt werden (photonegative Substanzen). Diese negative Photophorese ist theoretisch und experimentell als Radiometerwirkung erkannt, welche zustande kommt, wenn aus dioptrischen Gründen die von der Strahlungsquelle abgelegene Seite wärmer wird als die der Strahlung zugewendete.
                        Gerlach.

Photopolarisationschronograph s. Geschoßgeschwindigkeit.

Photosphäre s. Sonne.

Phygoiden sind Kurven, auf welchen sich der Schwerpunkt des Flugzeugs dann bewegt, wenn während der ganzen Bewegung der Anstellwinkel (Winkel der Flügelsehne gegen die Flugrichtung) konstant gehalten wird, und wenn der Widerstand

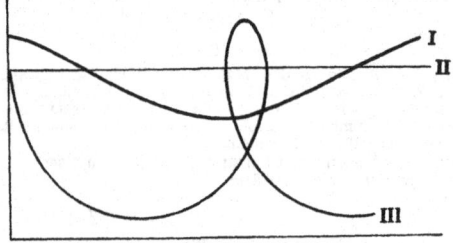

Phygoiden.

sehr klein gegenüber dem Auftrieb der Flügel ist. Die Figur zeigt einige charakteristische Formen. Bei kleiner Anfangsgeschwindigkeit oder kleiner Neigung der Bahn gegenüber der Horizontalen (I) verläuft die Bahn in einer Art Wellenlinie, in der Grenze (II) einfach horizontal, bei großer Anfangsgeschwindigkeit und starker Anfangsneigung gegen die Horizontale schleifenförmig (III). Diese Flugbewegungen wurden von Lanchester theoretisch berechnet; sie gewannen praktisches Interesse, als erstmalig durch Pégoud solche Schleifenflüge vorgeführt wurden; sie sind heute bei kleinen Flugzeugen durchaus nichts Außergewöhnliches mehr.

L. Hopf.

Pianino s. Klavier.

Pianoforte s. Klavier.

Piëzoelektrometer. Zur Messung höherer Spannungen kann die Volumveränderung verschiedener Körper, besonders diejenige gewisser hemimorpher Kristalle durch Elektrisierung benutzt werden. So kann z. B. die Krümmung dünner, geeignet geschnittener Quarzplättchen ($< 0,1$ mm Dicke) Verwendung finden, die zusammengeklebt werden und deren Außenfläche versilbert ist. Quincke benutzt einen mit exzentrischem Hohlraum versehenen Quarzfaden, dessen innere und äußere Fläche versilbert ist. Bei einer Potentialdifferenz zwischen der inneren und äußeren Fläche krümmt sich der Faden. *W. Jaeger.*

Piëzometer. Piëzometer (von dem Worte πιέζειν, drücken abgeleitet) dienen zur Messung der Kompressibilität von Flüssigkeiten und festen Körpern. Die erste Konstruktion rührt von Oerstedt 1822 her. Das Oerstedtsche Piëzometer ist ein kleines Glasgefäß (s. Figur) mit angeschlossener Kapillare. Die zu untersuchende Flüssigkeit wird in das Gefäß gebracht und durch einige Tropfen Quecksilber in der Kapillare abgeschlossen. Wird das Piëzometer in einem weiteren Gefäß unter starken Druck gesetzt, so verschiebt sich der Meniskus des Quecksilbers in der Kapillare nach unten, da das Volumen der Flüssigkeit stärker abnimmt als das des Gefäßes. Die Meniskusverschiebung ist ein Maß für die Kompressibilität der Flüssigkeit, wenn die des Materials des Gefäßes bekannt ist.

Piëzo-meter.

Zur Messung der Kompressibilität fester Körper wird das Piëzometer mit abnehmbarem Boden versehen, die zu untersuchende Substanz hineingebracht und mit Quecksilber aufgefüllt. Regnault, Amagat und Richards verwandten für ihre Kompressibilitätsmessungen ähnliche Piëzometer. Neuerdings haben Madelung und Fuchs ein brauchbares Piëzometer beschrieben, mit Hilfe desselben der letztere die Kompressibilität einer großen Reihe von Kristallen bestimmte. *O. Martienssen.*

Näheres s. Violle, Lehrbuch der Physik I, 2. Berlin.

Pilotballone. Dies sind kleine Gummiballone, die zur Ermittlung der Windverhältnisse in den verschiedenen Schichten der Atmosphäre aufgelassen werden. Sie sind meistens mit Wasserstoff gefüllt und steigen nahezu mit gleichmäßiger Geschwindigkeit. Ist diese nicht bekannt, so visiert man den Ballon von 2 Stationen aus, die im Abstande von etwa einem Kilometer liegen, mit Hilfe von Theodoliten (s. d.) und notiert dabei seine beiden Winkelkoordinaten von Zeit zu Zeit auf beiden Stationen zugleich. Damit kann man die Bahn des Ballons im Luftraume berechnen und daraus die Wind-

richtung und Geschwindigkeit für jede Höhe ermitteln. Ist die Steiggeschwindigkeit des Ballons im voraus bekannt, z. B. mit Hilfe der folgenden Figur aus der Steigkraft A und dem Gummigewicht

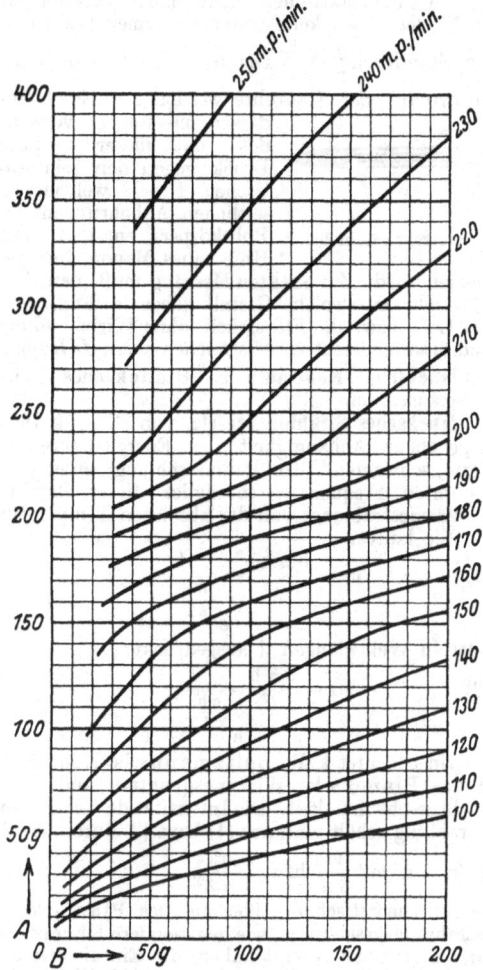

Beziehung zwischen Steigkraft A und Gummigewicht B des Ballons.

B in Gramm gefunden, so genügt es, den Ballon von einer Station aus zu visieren. Die Versuche, nach denen die Figur empirisch ermittelt ist, sind in geschlossenen Hallen angestellt. Mit der in freier Luft herrschenden Turbulenz (s. diese) nimmt die Vertikalgeschwindigkeit eines Gummiballons zu. Dies geschieht einmal dadurch, daß sich der Widerstandskoeffizient bei solchen Reynoldsschen Zahlen (s. d.), wo er von deren Schwankungen unabhängig ist, verringert, dann aber auch kann es dadurch geschehen, daß der bei weiter zunehmender Reynoldsscher Zahl eintretende Übergang von einem größeren zu einem geringeren Widerstandskoeffizienten bei stärkerer Turbulenz schon in einem Gebiete niederer Reynoldsscher Zahl stattfindet. An Stelle von Gummiballonen werden bisweilen Papierballone benutzt; deren Steiggeschwindigkeit bleibt aber nicht gleich, sondern nimmt ihres konstanten Volumens wegen mit zunehmender Höhe ab. *Tetens.*

Näheres s. Annalen der Hydr. 1917, S. 313.

Pipette s. Bürette.

Pitotrohre sind hinten geschlossene Rohre, in deren vordere Öffnung der Luft- oder Wasserstrom hineinbläst. In ihnen entsteht ein Druck, welcher gleich ist dem statischen Druck an der betreffenden Stelle der Flüssigkeitsströmung vermehrt um den

sog. Staudruck $\frac{\varrho}{2}$ v² (ϱ Dichte, v Geschwindigkeit).

Pitotrohre oder Staurohre werden zur Geschwin-

Pitotrohr (Staurohr).

digkeitsmessung so verwendet, daß dieser gesamte Druck gegen den rein statischen Druck, welcher an seitlichen Anbohrungen des Rohrkörpers entsteht, mit Hilfe eines Manometers gemessen wird. Zur exakten Messung muß man dem Pitotrohr eine solche Gestalt geben (s. Fig.), daß die Luft bzw. die Flüssigkeit ohne Wirbelbildung und Stauung leicht vorbeistreichen kann. *L. Hopf.*

Plancksche Konstante s. Plancksches Wirkungsquantum.

Plancksches Strahlungsgesetz, von Planck 1900 angegebene Abhängigkeit der Energiedichte u$_\nu$ der „schwarzen" Hohlraumstrahlung einer bestimmten Frequenz ν (bezüglich dieser Begriffe s. Wärmestrahlung) von der absoluten Temperatur T. Sie lautet:

$$(1) \qquad u_\nu = \frac{8\,\pi\,\mathrm{h}\,\nu^3}{c^3}\,\frac{1}{e^{\frac{\mathrm{h}\,\nu}{\mathrm{k}\,T}}-1}$$

oder in Wellenlängen λ ausgedrückt:

$$(2) \qquad u_\lambda = \frac{8\,\pi\,\mathrm{h}}{\lambda^3}\,\frac{1}{e^{\frac{\mathrm{c}\,\mathrm{h}}{\mathrm{k}\,\lambda\,T}}-1}$$

Hierin bedeutet k die Boltzmannsche Konstante, h das Plancksche Wirkungsquantum und c die Lichtgeschwindigkeit. Die Intensität der schwarzen Strahlung erhält man aus (1) bzw. (2) durch Multi-

plikation mit $\frac{\nu^2}{8\,\pi}$ bzw. $\frac{c^2}{8\,\pi\,\lambda^2}$.

Zur theoretischen Ableitung des Planckschen Strahlungsgesetzes ist, wie insbesondere Ehrenfest und Poincaré gezeigt haben, die Einführung der Planckschen *Quantenhypothese* unerläßlich, und zwar ist die Ableitung für Systeme von *einem* Freiheitsgrade (Oszillatoren und Rotatoren), neuestens benutzt Planck auch das Bohrsche Wasserstoffatommodell aber mit Beschränkung auf Kreisbahnen, vgl. d. betr. Art.) sowohl nach der I. als nach der II. Fassung der Quantentheorie vorgenommen worden. Letztere Ableitung ist jedoch, wie Poincaré und Fowler gezeigt haben, nicht korrekt und muß daher fallen gelassen werden. Für Systeme von *beliebig vielen* Freiheitsgraden ist sie allgemein auf Grund der I. Fassung der Quantentheorie, und zwar von Einstein durchgeführt worden. (S. Art. Quantentheorie, wo diese Ableitung auch skizziert ist.) Für kleine Werte von ν/T geht (1) in das *Rayleigh-Jeanssche Strahlungsgesetz* über (s. d.), wie das auch der Statistischen Mechanik und dem Bohrschen Korrespondenzprinzip zufolge erwartet werden muß. Für große Werte von ν/T ergibt sich als entgegengesetzter Grenzfall das *Wiensche Strahlungsgesetz* (s. d.). Über die experimentelle Prüfung des Planckschen Strahlungsgesetzes s. Strahlungsgesetze.   *A. Smekal.*

Näheres s. Planck, Theorie der Wärmestrahlung. IV. Aufl. Leipzig 1921 u. Smekal, Allgemeine Grundlagen der Quantentheorie usw., Enzyklopädie d. math. Wissensch. Bd. V.

Plancksches Wirkungsquantum, *universelle* Konstante von der Dimension einer *Wirkung* (= *Energie mal Zeit*), konventionelles Zeichen: h, spielt eine fundamentale Rolle in der *Quantentheorie* (s. d.), namentlich in der neueren *Bohrschen Theorie der Spektrallinien* (s. d.) und in der *Quantenstatistik* (s. d.). Von Planck 1900 eingeführt, hat sie ihre Stellung in der *Strahlungstheorie* (s. auch Plancksches Strahlungsgesetz) nicht nur behauptet, sondern seit Bohr auch die Bedeutung einer universellen Konstante des *Atombaus* gewonnen. Als strahlungstheoretische Konstante geht sie in den Planckschen Ansatz für die *Oszillator*-Energie und die *Bohrsche Frequenzbedingung* (s. d.) ein, als Atombau-Konstante in die *Quantenbedingungen* (s. d. und Bohr-Rutherfordsches Atommodell). Ihr derzeit (1920) genauester Wert wird von Ladenburg zu h = 6,54 · 10⁻²⁷ erg. sec. angegeben, mit einer Genauigkeit von etwa zwei Promille.

A. Smekal.

Planeten. Bahnelemente derselben und ihrer Trabanten s. unter Sonnensystem.

Merkur, der sonnennächste und kleinste der 8 großen Planeten. Seine mittlere Entfernung von der Sonne beträgt nur 0,39 der irdischen, ebenso sein Durchmesser ¹/₃ des irdischen. Seine Masse wird auf ¹/₆₀₀₀₀₀₀ der Sonnenmasse (0,06 Erdmassen) angegeben, ist aber sehr ungenau bekannt. Infolge seiner Sonnennähe kann er höchstens 1¹/₂ Stunden vor der Sonne auf oder nach ihr untergehen und ist deshalb nur in niederen Breiten leicht zu sehen. Bei uns verschwindet er meistens in den Dunstschichten am Horizont. Im Fernrohr zeigt der Planet alle Phasen wie der Mond und die Venus (s. d.); sein scheinbarer Durchmesser schwankt zwischen 5″ und 12″. Über seine physische Beschaffenheit wissen wir wenig. Eine nennenswerte Atmosphäre besitzt er nicht, das Spektrum ist in völliger Übereinstimmung mit dem Sonnenspektrum. Schiaparelli fand auf Grund unbeweglicher Flecken auf der Planetenscheibe, daß die Umdrehung in der gleichen Zeit wie der Umlauf um die Sonne erfolge, der Merkur also der Sonne stets die gleiche Seite zuwende. Villiger sah ähnliche Flecken auf rein weißen Gipskugeln, die demnach optische Täuschungen waren und schloß daraus, daß die Untersuchungen von Schiaparelli hinfällig. seien. Es ist bisher nicht gelungen, die Umdrehungsdauer einwandfrei zu ermitteln. Seine Albedo ist gering (0,07). Vorübergänge des Merkur vor der Sonnenscheibe kommen mehr als 10 im Jahrhundert vor. Der Planet erscheint dann als kleiner tiefschwarzer Fleck vor der Sonnenscheibe. Früher benutzte man die Vorübergänge von Merkur und Venus zur Bestimmung der Sonnenparallaxe (s. d.).

Lange Zeit bereitete eine Perihelbewegung der Merkursbahn, die im Jahrhundert um 40″ von der Theorie abwich, große Schwierigkeiten, die Seeliger dadurch löste, daß er störende Massen im Zodiakallicht annahm. Neuerdings hat Einstein sie durch Raumkrümmung in der Nähe großer Massen formal erklärt. Die Frage ist noch nicht entschieden.

Die **Venus** steht der Erde an Dimension, Masse und Dichte nahe. Ihre Entfernung von der Sonne 0,72 der irdischen, so daß sie sich bis zu 45⁰ von der Sonne entfernen kann. Infolge ihrer Größe und Sonnennähe sowie der großen Albedo ist sie nächst

Sonne und Mond das hellste aller Gestirne und kann in ihrem größten Lichte bequem am hellen Tage mit bloßem Auge gesehen werden. Ihre größte Helligkeit beträgt — 4,3 Größenklassen. Sie erscheint als Morgen- und Abendstern und ihr Licht ist bisweilen so hell, daß Gegenstände auf hellem Hintergrunde einen Schatten werfen. Sie zeigt alle Phasen wie der Mond. Steht sie in unterer Konjunktion, zwischen Sonne und Erde, dann wendet sie uns die dunkle Seite zu und hat bei geringster Entfernung von der Erde einen scheinbaren Durchmesser von 62″, in größter Elongation erscheint sie im ersten oder letzten Viertel mit einem Durchmesser von 25″, während in oberer Konjunktion die volle Scheibe nur einen Durchmesser von 10″ zeigt (s. Figur). Im Gegensatz zum Merkur besitzt die

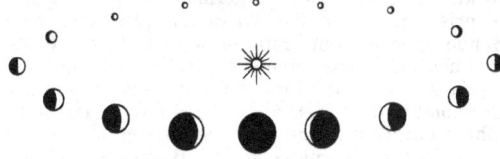

Stellungen der Venus zur Sonne.

Venus eine sehr dichte Atmosphäre, die einen Einblick auf die feste Oberfläche scheinbar nie gestattet und sie hat eine sehr hohe Albedo (0,6 bis 0,8). Die glatte, nahezu strukturlose Wolkenoberfläche zeigt nur äußerst diffuse Flecken, deren Echtheit wohl kaum zu leugnen ist, die aber von gewissen optischen Täuschungen nicht zu trennen sind. Infolgedessen ist es bisher nicht gelungen, die Rotationsdauer des Planeten aus Flecken abzuleiten. Von den ersten Beobachtungen bis in die Mitte des 19. Jahrhunderts leiteten verschiedene Beobachter eine Rotationsdauer von 23 bis 24 Stunden ab. Sehr sorgfältige Untersuchungen von Schiaparelli zeigten Konstanz der Flecke und ergaben, daß bei Venus ebenso wie bei Merkur die Rotationsdauer der Umlaufzeit gleich sei, nämlich hier 225 Tage. Die Villigerschen Einwände gelten hier fast noch mehr als bei Merkur, so daß wir aus den Beobachtungen keinerlei Schlüsse ziehen sollten. Eine andere Methode zur Bestimmung der Rotationsdauer beruht auf dem Dopplerschen Prinzip (vgl. Radialgeschwindigkeiten). Wenn man den Spalt des Spektrographen auf den Äquator des Planeten einstellt, so wird das eine Ende jeder Linie nach rot, das andere nach violett verschoben werden müssen. Es ist zu bemerken, daß selbst bei rascher Rotation von etwa einem Tage die Geschwindigkeit nur $+\frac{1}{2}$ km/sec. betrüge, was an der Grenze der Meßbarkeit ist. So haben auch Belopolski und Slipher entgegengesetzte Resultate erzielt, indem ersterer eine rasche, letzterer eine langsame Rotation gefunden zu haben glaubt. Theoretische Überlegungen (vgl. Flutreibung) machen bei Venus eine kurze Rotationsdauer wahrscheinlich, bei Merkur erscheint die lange ebenso möglich. Daß Venus eine starke Atmosphäre besitzt, geht auch noch aus anderen Beobachtungen hervor. Wenn sie nämlich in unterer Konjunktion nahe der Sonne als schmale Sichel erscheint, erkennt man auch den eigentlich dunklen Rand als schmalen Lichtsaum, der nur in atmosphärischer Strahlenbrechung seine Ursache haben kann. In der Tat kann die Venus infolge ihrer Größe und Oberflächengravitation eine ebenso mächtige Atmosphäre wie die Erde besitzen, die aber infolge doppelt so starker Sonnenstrahlung und deshalb höherer Temperatur mehr Wasserdampf und Wolken enthalten wird.

Geht der Planet vor der Sonnenscheibe vorüber, so erscheint er als schwarze Scheibe. Die Venusdurchgänge sind verhältnismäßig selten und kommen stets paarweise in 8 jährigem Abstande vor, so daß nur etwa ein Paar auf ein Jahrhundert kommt. Der nächste Durchgang findet im Jahre 2004 Juni 8 statt. Ihre Bedeutung für die Bestimmung der Sonnenparallaxe haben die Durchgänge infolge genauerer Methoden verloren. Merkur und Venus heißen auch untere Planeten.

Erde und Mond s. d.

Mars, der vierte Planet von der Sonne aus und der erste außerhalb der Erdbahn, der oberen Planeten. Er ist wesentlich kleiner als die Erde, sein Durchmesser beträgt die Hälfte, seine Masse $\frac{1}{9}$, seine Entfernung von der Sonne das 1,52fache des irdischen Wertes.

Im Gegensatz zu allen anderen Planeten sieht man bei ihm die feste Oberfläche mit Flecken unveränderlicher Lage. Infolgedessen ist seine Rotation, die $24\frac{1}{2}$ Stunden beträgt, äußerst genau bekannt. Ebenso kennt man die Lage des Marsäquators sehr genau, der 25° gegen die Marsbahn geneigt ist, wodurch die beiden Halbkugeln ebenso wie bei der Erde Jahreszeiten haben, die durch starke Bahnexzentrizität sehr viel stärker verschieden sind als bei uns. Vollständige Phasen wie Merkur und Venus zeigen die äußeren Planeten nicht, da sie sowohl in Opposition als in Konjunktion volle Scheiben zeigen. Wohl aber ist in der Nähe der Quadratur der von der Sonne abgewandte Rand verdunkelt und der Phasenwinkel kann bei Mars bis zu etwa 50° steigen.

Die Oberfläche des Mars ist mit hellen und dunklen Flecken bedeckt, die Länder und Meere genannt werden. Die Meere sind durch feine dunkle Linien, die sog. Kanäle verbunden, die gelegentlich verdoppelt gesehen wurden. Von den verschiedenen Beobachtern, unter denen sich vor allem Schiaparelli verdient gemacht hat, existieren eine Reihe von Karten der Marsoberfläche. Die Pole sind von weißen, nahe kreisrunden Polkappen bedeckt, deren Ausdehnung während der warmen Jahreszeit oft bis zum völligen Verschwinden abnimmt, wobei sie von einem auffallend dunklen Saum umgeben sind. Während des Schrumpfens der Polkappen werden die Meere und Kanäle zunächst in höheren, dann fortschreitend in niederen Breiten bis zum Äquator hin sichtbar. Man hat daraus geschlossen, daß die Polkappen während der Polarnacht gebildete Schneekappen geringer Mächtigkeit sind, die in der warmen Jahreszeit abtauen und deren Schmelzwasser in die Meere und die Kanäle, die beide vielleicht nur sumpfige Niederungen sind, eindringt. Auch Wolkenbildungen in Form weißlicher, meist dem Äquator paralleler Streifen werden gelegentlich beobachtet. Die Kanäle wurden von Schiaparelli entdeckt und von vielen anderen beobachtet. Merkwürdigerweise sind sie bei der besonders günstigen Opposition 1911 am großen Reflektor des Mount Wilson Observatory nicht gesehen worden. Mit Recht nimmt man wohl an, daß die geradlinige, scheinbar geometrische Form der Kanäle auf der Ungenauigkeit unserer Beobachtungen beruht und daß derartige Wasserläufe in Wirklichkeit viel unregelmäßigere Form haben. Die zweifellos vorhandene Atmosphäre des Mars ist viel dünner als die irdische und vor allem ziemlich arm an Wasserdampf, denn ein spektroskopischer Vergleich zwischen dem Lichte von Mars und Mond hat keine sicheren Unterschiede gezeigt.

Die Kanäle als Bauten intelligenter Marsbewohner anzusehen, ist reine Phantasie, die durch keinerlei Argumente gestützt wird. Immerhin haben wir keinen Grund, die Bewohnbarkeit der Planeten Venus und Mars rundweg abzulehnen.

Der Mars hat 2 im Jahre 1877 von Hall entdeckte Trabanten. Es sind äußerst kleine Himmelskörper, deren Durchmesser auf 10—50 km geschätzt werden. Sie stehen dem Mars sehr nahe, der innere hat einen Abstand von weniger als 3, der äußere von weniger als 7 Planetenradien. Dies hat zur Folge, daß der innere während einer Marsumdrehung mehr als 3 Umläufe macht, also im Westen auf- und im Osten untergeht. Aus Beobachtungen der Mondbewegung ließ sich die Masse und Abplattung des Mars sehr genau bestimmen.

Planetoiden oder kleine Planeten.

Es ist zwar lange bekannt, daß die mittleren Entfernungen der Planeten von der Sonne durch eine unter dem Namen Bodesche Regel oder Titiussches Gesetz bekannte Zahlenreihe angenähert dargestellt wurden, ohne daß auf den heutigen Tag theoretische Gründe dafür angegeben werden können. Bezeichnet man die Entfernung Erde-Sonne mit 10, so ergibt sich folgende Reihe:

	Bodesche Zahl	Wirkliche Entfernung
Merkur	0 + 4 = 4	3,9
Venus	3 + 4 = 7	7,2
Erde	6 + 4 = 10	10,0
Mars	12 + 4 = 16	15,2
Planetoiden	24 + 4 = 25	15—53
Jupiter	48 + 4 = 52	52,0
Saturn	96 + 4 = 100	95,5
Uranus	192 + 4 = 196	192,2
Neptun	884 + 4 = 388	301,1

Nach dieser Reihe war immer die Lücke zwischen Mars und Jupiter aufgefallen, bis im Jahre 1801 Piazzi einen teleskopischen Stern entdeckte, der sich durch seine rasche Bewegung als Planet erwies und in diese Lücke fiel. Gegenwärtig kennen wir an 1000 solcher ohne Ausnahme kleiner Körper, die meistens photographisch entdeckt wurden. Die größten unter ihnen zeigen in Opposition einen abschätzbaren Durchmesser, doch sind zuverlässige Messungen noch nicht gelungen. Sie liegen fast alle in einem Gürtel zwischen Mars und Jupiter, einige Bahnen haben große Neigung und Exzentrizität, so daß einige die Marsbahn bzw. die Jupiterbahn schneiden. Die stärkste Anhäufung liegt in der Gegend, welche die Bodesche Regel erfordert. Im übrigen bietet die Statistik der kleinen Planeten viele interessante Probleme. So fehlen die Umlaufszeiten, welche mit der des Jupiter in einfachem kommensurablem Verhältnis stehen fast vollständig, besonders $\frac{1}{2}$ und $\frac{1}{3}$, dagegen kommen mehrere mit der gleichen Umlaufszeit wie Jupiter vor, die dann mit der Sonne und Jupiter ein gleichseitiges Dreieck in der Bahnebene des Jupiter bilden.

Jupiter ist der größte Planet. Er hat $\frac{1}{1000}$ Sonnenmasse und etwa 300 Erdmassen. Seine Entfernung von der Sonne ist das 5,2fache, sein Durchmesser das 11fache des irdischen. Schon im kleinen Fernrohr erkennt man helle und dunkle Streifung, die parallel zum Äquator geht und eine starke Abplattung von 1/15. Die sichtbaren Flecken sind nicht feste Oberflächengebilde, sondern langsam veränderliche Wolken. Infolgedessen ist die Umdrehungszeit nicht so genau wie bei Mars bekannt, obwohl ihr Näherungswert schon frühzeitig erkannt wurde. Die Rotationsdauer wird zu $9^h 50^m$ ange-

geben, scheint aber, ähnlich wie bei der Sonne, in verschiedenen Breiten verschieden zu sein. Eine auffallende Erscheinung war der rote Fleck, ein ovales braunrotes Gebilde, das 1878 aufgefunden wurde und bis 1919 existierte. Er läßt sich auf Zeichnungen, wie Kritzinger zeigte, bis 1831 zurückverfolgen. Der Fleck hat ebenfalls keine feste Lage an der Planetenoberfläche, denn aus seinen Beobachtungen ergibt sich eine veränderliche Rotationsdauer. Ob Jupiter einen festen Kern besitzt, wissen wir nicht bestimmt, zweifellos ist, worauf die Abplattung hindeutet (s. d.), die Masse viel mehr nach dem Mittelpunkt konzentriert als bei der Erde. Seine mittlere Dichte ist nur das 1,4fache der Wasserdichte. Die Albedo ist groß, das Spektrum unterscheidet sich wenig vom Sonnenspektrum, zeigt aber eine geringe Verstärkung der tellurischen Linien des Wasserdampfes und eine Bande unbekannten Ursprunges im Rot bei λ 6180, die auch bei den anderen äußeren Planeten auftritt.

Die 4 hellen Jupitermonde sind größer als der Erdmond und wurden mit der Erfindung des Fernrohres entdeckt. Man kann sie schon mit einem gewöhnlichen Opernglas sehen. Barnard maß die Durchmesser zu 3950, 3390, 5730, 5390 km. Diese 4 Monde zeigen einige Flecken und Andeutungen von Atmosphäre. Aus photometrischen Messungen ergab sich, daß ihre Helligkeit sich mit der Periode des Umlaufs ändert, woraus zu schließen ist, daß sie wie der Erdmond ihrem Hauptkörper stets die gleiche Seite zuwenden. Ein fünfter Trabant wurde 1892 von Barnard innerhalb der 4 großen entdeckt. Sein Durchmesser wird auf 160 km geschätzt. In den letzten Jahren wurden noch 4 weitere entdeckt, von denen VIII und IX rückläufig sind.

Der Saturn ist durch sein Ringsystem allgemein bekannt. Sein Abstand von der Sonne ist das 10fache, seine Masse das 100fache, seine Dichte nur $\frac{1}{8}$ der irdischen Werte, d. i. weniger als die Dichte des Wassers. Seine Abplattung ist die stärkste innerhalb des Sonnensystems.

Auf der Saturnskugel, die im allgemeinen einen ähnlichen Anblick zeigt, wie der Jupiter, sind die Flecken stärkeren Veränderungen unterworfen und wesentlich diffuser als dort. Infolgedessen ist die Umdrehungsdauer wesentlich ungenauer bekannt als bei Jupiter. Aus spektroskopischen Beobachtungen ergab sich $10^h 14,6^m$. Der um 28° gegen die Bahnebene geneigte Äquator des Saturn ist von einem System von Ringen umgeben, das zuerst 1656 von Huygens als solches erkannt wurde. Cassini erkannte, daß der Ring durch eine feine dunkle Linie in einen inneren und äußeren zerfalle. Die Linie heißt die Cassinische Teilung. Später wurden noch mehrere, weniger ausgeprägte Teilungen erkannt. Innerhalb dieser 2 Ringe fand man noch den sehr matten dunklen oder Krepp-Ring. Spektroskopische Untersuchungen zeigen, daß die inneren Teile eines jeden Ringes größere Geschwindigkeiten besitzen als die äußeren und daß die Geschwindigkeiten das 3. Keplersche Gesetz befolgen. Hierdurch ist der theoretisch allein zulässigen Annahme, wie Maxwell zeigte, eine starke Stütze gegeben, nämlich daß die Ringe keine zusammenhängende feste oder flüssige Masse seien, sondern eine zusammenhanglose Wolke von kleinen Satelliten. Die Trennungen zwischen den Ringen entsprechen (ähnlich wie beim Planetoidenring) den Stellen, an welchen die Keplerschen Bahnen einfache Kommensurabilität mit den Satellitenumläufen zeigen. Die äußerste Grenze der Ringe stimmt mit der Rocheschen Grenze nahezu überein (s. Gleichgewichtsfiguren). Infolge der Neigung der Ringebene und des Planetenäquators gegen die Bahnebene, die 28⁰ beträgt, erscheinen uns die Ringe an zwei gegenüberliegenden Stellen der Bahn weit geöffnet, an den dazwischen liegenden Stellen als gerade Linie. Infolge ihrer geringen Dicke verschwinden sie, außer in den größten Fernrohren, ganz, wenn Erde oder Sonne in der Ringebene liegen, oder wenn Erde und Sonne auf verschiedenen Seiten der Ringebene stehen, so daß wir die von der Sonne nicht beleuchtete Seite der Ringe erblicken.

Der Saturn hat 10 bekannte Satelliten, deren Bahnen mit Ausnahme des äußersten, nahezu in der Ringebene liegen. Auffallend ist, daß der vorletzte, der Japetus, in westlicher Elongation um nahezu 2 Größenklassen schwächer ist, als in östlicher. Das Spektrum zeigt große Ähnlichkeit mit dem des Jupiter, nur sind die Wasserdampfbanden und die Bande λ 6180 wesentlich kräftiger. Im Spektrum der Ringe fehlen sie aber völlig, woraus sich deren Atmosphärelosigkeit ergibt.

Uranus wurde 1781 von Herschel entdeckt und bald darauf als Planet erkannt, nachdem er schon oftmals vorher gesehen worden. Er ist dem bloßen Auge eben noch erkennbar. Wir kennen 4 Monde, aus deren Bewegung sich seine Abplattung zu 1/15 berechnet, woraus die Umdrehungszeit von 11 Stunden hervorgeht. Spektroskopisch fanden Lowell und Slipher 10³/₄ Stunden. Die Ebene des Uranusäquators und der Trabantenbahnen ist um etwas mehr als 90⁰ gegen die Bahnebene geneigt, die Umdrehung demnach rückläufig. Das Spektrum zeigt die Charakteristika von Jupiter und Saturn noch stärker ausgeprägt.

Neptun. Schon wenige Jahre nach der Entdeckung und genaueren Bahnrechnung zeigte der Uranus starke Abweichungen. Der Astronom Leverrier fand, daß die Störung eine von außen wirkende Kraft sei und errechnete unter der Annahme doppelter Uranusentfernung den Ort eines hypothetischen Planeten, den Galle am 23. September 1846 nur 1⁰ vom errechneten Ort beobachtete. Auch hier zeigte sich, daß Neptun schon 1795 von Lalande in Paris beobachtet worden war.

Vom Neptun kennen wir bisher nur einen Trabanten. Über die physische Beschaffenheit des Planeten wissen wir nichts. Sein Spektrum gleicht dem des Nachbarplaneten.

Weitere Planeten sind bisher noch nicht entdeckt worden. Zwar hat man aus gewissen Störungen auf Uranus und Neptun sowie aus der Verteilung der Kometenbahnen auf das Vorhandensein eines transneptunischen Planeten geschlossen und seinen Ort berechnet. Da es sich um einen Körper von etwa der Erdmasse handeln soll, der ungefähr als Stern 15. Größe erscheinen würde, dürfte seine Entdeckung recht schwierig sein.

Bottlinger.

Näheres s. Newcomb Engelmann, Populäre Astronomie.

Planetenbahn. Die Planetenbahn ist eine Ellipse, in deren einem Brennpunkt die Sonne steht. Die Richtung der großen Achse heißt Apsidenlinie, der der Sonne nächste Punkt der Bahn Perihelium, der fernste Aphelium. Da die Bewegung eines Körpers in jedem Augenblick durch 6 Größen festgelegt wird, nämlich durch die 3 Komponenten des Ortes und die 3 Komponenten der Geschwindigkeit, sind auch 6 Bahnelemente nötig, welche die Bewegung des Planeten für alle Zeiten festlegten, wenn er nicht Störungen durch die Nachbarplaneten erlitte. Ist

die Masse des Planeten nicht verschwindend klein, so tritt sie gewissermaßen als 7. Element hinzu.

Die Planetenbahn wird auf eine feste Ebene mit einer festen Anfangsrichtung für die Zählung bezogen und als solche sind die Bahnebene der Erde um die Sonne, d. i. die Ekliptik und die Richtung nach dem Frühlingspunkt am geeignetsten. Die Bahnebene des Planeten schneidet die Ekliptik in einer durch die Sonne gehenden Geraden, der Knotenlinie.

Die 6 Bahnelemente sind dann:

a die halbe große Achse, gibt die Größe der Bahn und die Umlaufszeit an;

e die Exzentrizität, gibt die Form der Bahn an;

Ω die Länge des aufsteigenden Knotens, d. i. des Punktes, wo die Bahn von der südlichen auf die nördliche Hemisphäre übergeht, vom Frühlingspunkt gezählt;

i die Neigung zwischen Ekliptik und Planetenbahn. Ω und i legen die Bahnebene des Planeten fest;

ω die Länge des Perihels (Lage der Längsachse der Ellipse) vom Knoten aus gerechnet oder π Länge des Perihels als gebrochener Winkel vom Frühlingspunkt über Knoten gerechnet, daher $\pi = \Omega + \omega$. Gibt die Lage der Bahn in der Ebene an;

T die Zeit des Durchgangs durchs Perihel, gibt den Ort des Planeten in der Bahn zu jedem Zeitpunkt an.

Dasselbe gilt für Kometenbahnen mit dem Unterschied, daß für die Planetenbahnen, mit wenigen Ausnahmen bei kleinen Planeten, i und e klein sind, während bei den Kometen i alle Werte von 0⁰ bis 180⁰ haben kann und e immer nahe bei 1 liegt (parabolische Bahn). Bei einzelnen Kometen ist auch e > 1 beobachtet (s. dort). *Bottlinger.*

Planetoiden s. Planeten.

Plastik s. Stereoskop und Prismenfeldstecher.

Plastizität der Erde. Trotz der außerordentlichen Festigkeit der Erde, welche nach den neueren Forschungen etwa 15—19×10¹¹ cgs beträgt, muß man doch der Erde auch einen gewissen Grad von Plastizität zuerkennen. Diese kommt aber nur gegenüber Kräften zum Ausdruck, welche durch sehr lange Zeiträume im gleichen Sinne wirken. So hat die durch die Erdrotation erzeugte Fliehkraft zur Folge, daß die Abplattung genau der Rotationsgeschwindigkeit entspricht. Man müßte sonst annehmen, daß sich die Umdrehungszeit der Erde, seit sie in festen Zustand übergegangen ist, sich nicht mehr verändert habe. Da aber seither mit dem Abkühlungsprozeß gewiß noch eine bedeutende Massenverschiebung verbunden war, so ist diese Annahme mit dem Flächensatz nicht vereinbar.

Gegenüber den Flutkräften mit 12- und 24stündiger Periode verhält sich nach den neuesten Untersuchungen Schweydars die Erde nicht plastisch, im Gegensatze zu der älteren Hypothese von Darwin (s. auch Festigkeit der Erde), sondern fast vollkommen elastisch. *A. Prey.*

Näheres s. W. Schweydar, Die Polbewegung in Beziehung zur Festigkeit und zu einer hypothetischen Magmaschicht der Erde. Veröffentl. d. preuß. geod. Institutes, Neue Folge. Nr. 79.

Platin-Einheitslichtquelle (Violle) s. Einheitslichtquellen.

Platinierung. Zum Zwecke der Messung der Leitfähigkeit von Elektrolyten oder zur Herstellung von Gaselektroden (s. d.) überzieht man Platin-Elektroden mit einer Schicht elektrolytisch nieder-

37*

geschlagenen, fein verteilten Platins, mit sog. Platinschwarz. Durch diesen Überzug wird die wirksame Oberfläche der Elektroden etwa um das 300fache vergrößert.

Vor dem Platinieren muß die zu überziehende Elektrode sorgfältig mit konzentrierter Schwefelsäure und Kaliumbichromat gereinigt und dann ausgeglüht werden. Die Platinierungsflüssigkeit besteht zweckmäßig aus 3 Gramm Platinchlorwasserstoffsäure und 0,02—0,03 Gramm Bleiazetat oder Ameisensäure auf 100 Gramm Wasser. Als Stromquelle dienen etwa zwei hintereinander geschaltete Bleiakkumulatoren, deren Stromstärke so reguliert wird, daß an den Elektroden eine mäßige Gasentwicklung sichtbar wird. Der Strom wird nach gleichen Zeiten mehrmals kommutiert, bis insgesamt etwa 10 Minuten verstrichen sind. Die frisch platinierte Elektrode muß mit verdünnter Schwefelsäure gewaschen und darauf mit destilliertem Wasser gut abgespült werden.

Platinierte Elektroden haben die für manche Zwecke störende Eigenschaft, daß sie Säuren und Alkalien, insbesondere aber gasförmige Zersetzungsprodukte der Elektrolyse auch bei Belastung mit Wechselstrom stark adsorbieren. Daher verdient beim Arbeiten mit weitgehend verdünnten Lösungen unter Umständen die Benutzung blanker Elektroden den Vorzug. *H. Cassel.*

Näheres z. B. Kohlrausch-Holborn, Leitvermögen der Elektrolyte. Leipzig 1916.

Platinmoor. Ein unedles Metall (z. B. Zink) in eine wässerige Platinchloridlösung getaucht, überzieht sich mit einem dichten Überzug von sehr feinkörnigem Platin (Platinschwarz oder Platinmoor). Auch andere Metalle lassen sich mit Platinmoor überziehen, wenn sie zur Kathode und ein Platinblech zur Anode in einem Elektrolyten folgender Zusammensetzung gemacht werden: 1 Teil wasserfreies Platinchlorid, 30 Teile Wasser (spez. Gew. der Lösung 1,024), 0,008 Teile Bleiacetat. Die Platinanode wird dabei nicht angegriffen, sondern das Platin wird aus der — sich deshalb mit der Zeit verbrauchenden — Lösung ausgeschieden. (Die Lösung gegen Licht- und Luftzutritt schützen!) Die Stromdichte bei der Elektrolyse darf 0,03 Amp. pro cm² nicht überschreiten. Man erhält dann auf gut gereinigten Metallen fest haftende gleichmäßige schwarze Niederschläge. Für sichtbares und kurzwelliges ultrarotes Licht (etwa bis 20 μ) reflektieren sie nur wenige Prozent der auffallenden Strahlung (etwa 1—3% je nach Güte und Dicke der Schicht). Ihr Wärmeleitvermögen ist gut, deshalb sind Platinmoorüberzüge den Rußüberzügen für Empfänger zu Strahlungsmessungen vorzuziehen (s. Reflexionsvermögen). Die Röntgenkristallanalyse hat ergeben, daß Platinmoor ein amorpher Metallniederschlag ist. Näheres s. Kohlrausch, Lehrbuch der praktischen Physik. *Gerlach.*

Platinstrahlung. Die Strahlung von blankem Platin bei höheren Temperaturen folgt sehr einfachen Gesetzen. Die Gesamtstrahlung ist proportional der fünften Potenz der absoluten Temperatur. Das Wiensche Verschiebungsgesetz (s. d.) gilt auch für blankes Platin. Die Konstante $\lambda_{max} T$ hat für blankes Platin den Wert 0.258 cm-Grad. Die Beziehung ist von Bedeutung zur Messung hoher Temperaturen (s. Strahlungstemperaturen). Wegen der einfachen Form der Strahlungsgesetze des Platins und der Möglichkeit, sehr reine strahlende Platin-Oberflächen herzustellen, ist versucht

worden, glühendes Platin als Lichtnormale zu verwenden (Physikalisch-Technische Reichsanstalt, Arbeiten von O. Lummer, E. Warburg, C. Müller). *Gerlach.*

Platinstrahlung s. Energetisch-photometrische Beziehungen, Nr. 3.

Platinthermometer s. Widerstandsthermometer.

Platte oder Scheibe ist ein Körper von zwei vorwiegend ausgebildeten Dimensionen, welcher im natürlichen Zustande eine ganz bestimmte Gestalt annimmt und einer Biegung elastische Kräfte entgegensetzt. Sie ist das zweidimensionale Analogon zum Stabe (s. d.) und verhält sich zu diesem wie eine Membran (s. d.) zu einer Saite (s. d.). S. auch Plattenschwingungen. *E. Waetzmann.*

Plattenkondensator s. Kondensator.

Plattenschwingungen. Die Platte (s. d.) sei ebenflächig. Die äußere Grenze kann beliebige Form haben, das Material kann sehr verschieden gewählt sein. Wird die irgendwie befestigte Platte z. B. durch Streichen mit dem Violinbogen über eine Stelle ihres Randes in (Transversal-) Schwingungen versetzt, so teilt sie sich in mehrere schwingende Teile, welche durch Stellen der Ruhe (Knotenlinien) voneinander getrennt sind. Die beiden in einer Knotenlinie zusammenstoßenden Abschnitte schwingen immer in entgegengesetzter Richtung. Die Mannigfaltigkeit der möglichen Schwingungsformen ist ungeheuer groß, und die Schwingungsform wird um so komplizierter, je komplizierter die Form der Platte ist.

Ebenso wie die theoretische Behandlung der transversalen Stabschwingungen (s. d.) gegenüber derjenigen der transversalen Saitenschwingungen kompliziert ist, so ist es auch die Behandlung der Plattenschwingungen gegenüber derjenigen der Membranschwingungen (s. d.). Besondere Schwierigkeiten bieten sich der Theorie in dem sehr wichtigen Falle, daß der Rand der Platte frei ist. Bisher ist es nur für die Kreisplatte gelungen (Kirchhoff), die Schwingungen exakt abzuleiten. Hier können die Knotenlinien konzentrische Kreise oder Durchmesser sein. Die von Kirchhoff berechneten Radien der kreisförmigen Knotenlinien stimmen mit den experimentell bestimmten (Savart und namentlich Strehlke) bis auf etwa Eins pro Mille überein. Neben den kreisförmigen Platten sind bisher namentlich quadratische Platten genauer untersucht worden. Die Schwingungszahlen der Töne zweier quadratischer Platten bei gleicher Teilungsart verhalten sich wie die Dicken und umgekehrt wie die Quadrate der Kantenlängen.

Die Knotenlinien werden sichtbar gemacht, indem auf die Platte trockener Sand gestreut wird, der während der Schwingungen zu den Knotenlinien hingetrieben wird und dort ruhig liegen bleibt (Chladnische Klangfiguren). Sehr leichte Pulver, z. B. feiner Lycopodiumsamen, werden nicht zu den Knoten hingetrieben, sondern bilden an den Bäuchen kleine Häufchen. Diese von Savart zuerst beobachtete Erscheinung ist von Faraday auf Luftwirbel, welche durch die Schwingungen der Platte erzeugt werden, zurückgeführt worden. Die leichten Staubteilchen werden von den Wirbeln festgehalten, während die schwereren Sandkörner sie passieren können.

Eine wichtige Anwendung der Plattenschwingungen bilden die Resonanzböden der Klaviere (s. d.).

Über Schwingungen gekrümmter Platten s. Glocken.   *E. Waetzmann.*

Näheres s. F. Kelde, Akustik. Leipzig 1883.

Plejade. An ein und dieselbe Stelle des periodischen Systems gehörige, in Atomgewicht und meist in Radioaktivität verschiedene, im übrigen chemisch völlig identische Elemente, nennt man Plejaden (vgl. den Artikel „Isotopie").

K. W. F. Kohlrausch.

Pleiotron, Bezeichnung für Hochvakuumröhre mit Glühkathode und Gitter zum Zwecke der Verstärkung von elektrischen Strömen (s. Verstärkerröhre).   *H. Rukop.*

Näheres s. J.Langmuir, Gen. El. Rev. **18,** 327, 1920.

Plektron s. Saiteninstrumente.

Plückersche Röhren s. Spektralanalyse.

Poinsotbewegung. a) Kinematisch versteht man darunter eine besondere von L. Poinsot zuerst ausführlich untersuchte und sehr bemerkenswerte Art von Drehung eines starren Körpers um einen sowohl im Raum wie auch im Körper festen *Stützpunkt.* Man denke sich nämlich das zu dem Stützpunkt als Mittelpunkt gehörige Trägheitsellipsoid (s. Trägheitsmoment) ermittelt und linear im Verhältnis $1 : \sqrt{2T}$ unter Beibehaltung der Hauptachsenrichtungen vergrößert, wo T ein erster Parameter der Poinsotbewegung sein soll. Das so gewonnene, körperfeste Ellipsoid heißt das *Poinsotellipsoid.* Ferner denke man sich eine im Raum feste Ebene, die sog. *invariable Ebene,* hinsichtlich ihrer Lage gegenüber dem Stützpunkt bestimmt etwa durch das als Vektor aufzufassende Lot α vom Stützpunkt auf die Ebene, welches wir den zweiten Parameter nennen. Dann läßt sich die Poinsotbewegung eines Körpers einfach und anschaulich, wie folgt, beschreiben: Der Körper bewegt sich so, daß das in ihm feste Poinsotellipsoid bei festgehaltenem Mittelpunkt (Stützpunkt) auf der invariablen Ebene ohne Gleiten mit einer Winkelgeschwindigkeit abrollt, welche ihrem Betrage nach in jedem Augenblicke zahlenmäßig übereinstimmt mit der jeweiligen Länge des vom Stützpunkt nach dem Berührungspunkte der beiden Flächen gezogenen Fahrstrahls. Von den beiden an sich möglichen Drehsinnen ist einer etwa durch die Verabredung auszuwählen, daß der Berührungspunkt auf der invariablen Ebene, wenn man vom Stützpunkte aus blickt, im Uhrzeigersinne umläuft. Natürlich ist von vornherein auch eine Zuordnung zwischen der Einheit der Winkelgeschwindigkeit und der Einheit der Länge zu treffen. Der augenblickliche Berührungspunkt heißt der *Pol* der Bewegung, seine Bahn auf der invariablen Ebene heißt die *Herpolhodie (Spurbahn),* seine Bahn auf dem Poinsotellipsoid dagegen die *Polhodie (Polbahn).*

Die Herpolhodie ist eine Kurve, die periodisch verläuft, aber sich im allgemeinen nicht schließt, so daß also der Körper im allgemeinen nie wieder in seine Anfangslage zurückkehrt. Sie besitzt im Gegensatz zu Poinsots ursprünglicher Meinung, auf die noch ihr Name (Schlängelweg des Pols von ἔρπειν = kriechen) hindeutet, keine Wendepunkte, sondern hat ihren Krümmungsmittelpunkt immer auf der Seite des Vektors α.

Die Polhodie ist die Schnittlinie des Poinsotellipsoides und eines zweiten Ellipsoides, welches aus dem ersten dadurch entsteht, daß man jede Halbachse im Verhältnis der Länge von α zu ihrer eigenen Länge vergrößert. Eine rein geometrische Betrachtung zeigt, daß die so entstehende Schnittkurve entweder die größte Hauptachse der Ellipsoide umschlingt (Polhodie erster Art) oder die kleinste (Polhodie zweiter Art), ferner, daß sie immer geschlossen ist, aus zwei getrennten Teilen besteht (von welchen natürlich jedesmal nur der eine vom Pol tatsächlich durchlaufen wird) und die drei Hauptebenen der Ellipsoide zu Symmetrieebenen hat. Die Poinsotbewegung heißt *epi-* oder *perizykloidisch,* je nachdem die Polhodie von der ersten oder zweiten Art ist. Diese Benennungen sind folgendermaßen zu erklären. Denkt man sich den Stützpunkt durch Fahrstrahlen mit der Polhodie- und Herpolhodiekurve verbunden, so entstehen der *Polhodie-* und *Herpolhodiekegel (Polkegel* und *Spurkegel),* und die Bewegung kann nachträglich auch aufgefaßt werden als das Abrollen des im Körper festen Polhodiekegels auf dem raumfesten Herpolhodiekegel. In dem besonderen Falle, daß das Poinsotellipsoid rotationssymmetrisch wird, geht die Poinsotbewegung in die epi- bzw. perizykloidische *reguläre Präzession* (s. d.) über, wogegen ein der hypozykloidischen Präzession entsprechende Poinsotbewegung kinematisch unmöglich ist.

Als singulärer Fall liegt zwischen den Polhodien erster und zweiter Art die sog. *trennende Polhodie,* bestehend aus zwei ebenen Ellipsen, deren Ebenen sich in der mittleren Hauptachse der Ellipsoide schneiden. Die zugehörige Herpolhodie ist eine ganz im Endlichen liegende Spirale. Bei der Bewegung selbst beschreibt jeder Punkt der mittleren Achse auf einer um den Stützpunkt gelegten Kugel eine *Loxodrome,* d. h. eine Kurve, die sich um die beiden Kugelpole, in deren Verbindungsachse übrigens der Vektor α fällt, unendlich oft herumwindet und die Meridiankreise der Kugel unter konstanten Winkeln schneidet. Ausgeartete Polhodien erster bzw. zweiter Art sind auch die Durchstoßungspunkte der größten bzw. kleinsten Hauptachse durch das Poinsotellipsoid; die Herpolhodie ist dann ebenfalls ein Punkt, nämlich der Endpunkt des Vektors α; die Bewegung aber besteht jetzt einfach in einer gleichförmigen Drehung um jene Achse. Bei einem rotationssymmetrischen Poinsotellipsoid geht die trennende Polhodie in dessen Äquator über; die zugehörige Herpolhodiespirale ist in einen Punkt zusammengeschrumpft; die Bewegung aber ist nun eine gleichförmige Drehung um eine Äquatorachse. Übrigens kommen bei einem gestreckt rotationssymmetrischen Poinsotellipsoid nur Polhodien erster Art, bei einem abgeplatteten nur Polhodien zweiter Art vor. Bei einem unsymmetrischen Poinsotellipsoid dagegen können beide auftreten.

b) Dynamisch oder kinetisch spielt die Poinsotbewegung eine bedeutende Rolle als Bewegungsform des kräftefreien Kreisels (s. d.). Die Bewegung des kräftefreien Kreisels ist stets eine Poinsotbewegung. Wenn der Kreisel angetrieben wird, so wird ihm durch einen gewissen Drehstoß ⑤ eine bestimmte Bewegungsenergie mitgegeben, die sich weiterhin nicht mehr ändert und mit T bezeichnet werden soll. Der Drehstoß ⑤ ist als Vektor derart aufzutragen, daß seine Richtung mit dem Drehsinne des Stoßes eine Rechtsschraube bildet, und daß seine Länge gleich dem Zeitintegral des beim Stoß aufgewandten Drehmomentes ist. Dieser Vektor stellt dann auch den während der Bewegung unveränderlichen Drehimpuls (s. Impuls) vor. Man bilde aus ihm durch Verlängerung im Verhältnis $2\,T : \mathfrak{S}^2$ einen neuen Vektor gleicher Richtung

$$\mathfrak{a} = \mathfrak{S} \cdot \frac{2\,T}{\mathfrak{S}^2},$$

dann sind T und $\mathfrak{a}$ die Parameter derjenigen Poinsotbewegung, welche die fragliche Bewegung des kräftefreien Kreisels wiedergibt, und zwar handelt es sich um eine Polhodie erster Art (epizykloidische Bewegung) oder zweiter Art (perizykloidische Bewegung), je nachdem der Abstand der invariablen Ebene vom Stützpunkt

$$|\mathfrak{a}| \gtrless \sqrt{\frac{2\,T}{B}}$$

ist, wo B das mittlere Hauptträgheitsmoment des Körpers bedeutet. (Das = Zeichen würde natürlich den Fall der trennenden Polhodie geben.)
R. Grammel.

Eine ausführliche Darstellung, die auch zur Konstruktion von Modellen zur Veranschaulichung der Poinsotbewegung geführt hat, findet man bei H. Graßmann d. J., Zeitschr. f. Math. u. Phys. **48**, 329 (1903). Andere Modelle und auch teilweise andere Bilder haben Poinsot, J. MacCullagh und J. Sylvester erdacht.

Poiseuillesches Gesetz. Einer der wenigen Fälle, in denen die Navier-Stokesschen Bewegungsgleichungen (s. dort) einer zähen Flüssigkeit zu lösen sind, ist der der stationären Strömung durch eine Kapillare. Nehmen wir an, die Röhre stände vertikal und habe einen kreisförmigen Querschnitt mit dem Radius R. Die Druckdifferenz an den beiden Enden sei p. Die z-Achse falle mit der Mittellinie der Röhre zusammen, und der Abstand eines Punktes von der z-Achse sei r. Dann sind die Geschwindigkeitskomponenten u = v = 0, und ferner $\frac{\partial w}{\partial z} = 0$, indem die Geschwindigkeit auf der ganzen Länge L des Rohres konstant angenommen wird. Dann lauten die Bewegungsgleichungen

$$\frac{\partial p}{\partial x} = 0, \quad \frac{\partial p}{\partial y} = 0,$$

$$g - \frac{1}{\varrho}\frac{\partial p}{\partial z} + \frac{\mu}{\varrho}\left(\frac{\partial^2 w}{\partial x^2} + \frac{\partial^2 w}{\partial y^2}\right) = 0.$$

Diese liefern unter der Annahme, daß an der Rohrwandung keine Gleitung stattfindet, für die Geschwindigkeit in Richtung der Rohrachse die Beziehung

$$(1) \qquad w = \frac{R^2 - r^2}{4\,\mu}\left(\frac{p}{L} + \varrho\,g\right).$$

Geschwindigkeitsverteilung bei der Strömung. Die Gleichung liefert eine parabolische Geschwindigkeitsverteilung über den Querschnitt des Rohres, wie beistehende Figur erkennen läßt.

Das in der Zeiteinheit ausfließende Flüssigkeitsvolumen ist durch die Gleichung gegeben:

$$(2) \qquad V = \int_0^R w\,2\pi\,r\,dr = \frac{\pi\,R^4}{8\,\mu}\left(\frac{p}{L} + \varrho\,g\right)$$

Liegt das Rohr horizontal, oder ist die Wirkung der Erdschwere zu vernachlässigen, so fällt der Summand ϱg fort. Kommt die Druckdifferenz dadurch zustande, daß die Flüssigkeit von einem höheren Niveau zu einem tieferen Niveau strömt, und ist die Höhendifferenz der freien Oberflächen h, so wird $p = g \cdot \varrho h$ und die Formel liefert für das in der Zeiteinheit ausfließende Flüssigkeitsvolumen die Gleichung:

$$(3) \qquad V = \frac{\mu\,R^4}{8\,\mu\,L}\,g\,\varrho\,h.$$

Dies ist das Poiseuillesche Gesetz. Es besagt, daß das pro Zeiteinheit ausfließende Volumen der Druckhöhe und der vierten Potenz des Rohrdurchmessers direkt und der Rohrlänge und dem Reibungskoeffizienten der Flüssigkeit indirekt proportional ist.

Wenn die Flüssigkeit an der Rohrwandung gleitet, so tritt an die Stelle der Formel 3) die Formel

$$(4) \qquad V = \frac{\pi\,R^4}{8\,\mu\,L}\,g\,\varrho\,h\left(1 + 4\,\frac{\lambda}{R}\right);$$

hier ist λ der Gleitungskoeffizient.

Da nun alle Versuche mit tropfbaren Flüssigkeiten eine Abhängigkeit des ausfließenden Volumens proportional der vierten Potenz des Rohrradius ergeben haben, so folgt, daß bei allen tropfbaren Flüssigkeiten $\lambda = 0$ gesetzt werden kann.

Dies ist aber nicht zulässig für stark verdünnte Gase, sobald die mittlere Weglänge der Moleküle nicht mehr klein gegen den Radius R des Rohres ist.

Für sehr enge Rohre, wie z. B. solche, die durch poröse Materialien gebildet werden, oder bei sehr stark verdünnten Gasen kann die Wirkung der inneren Reibung ganz gegenüber der Wirkung der Gleitung zurücktreten, und es wird dann

$$(5) \qquad V = \frac{\pi\,R^3}{2\,\beta\,L}\,p.$$

Hier ist $\beta = \frac{\mu}{\lambda}$ der Koeffizient der äußeren Reibung.

Das Ausflußvolumen nach dieser Formel 5) kann ein Vielfaches desjenigen sein, das sich aus dem Poiseuilleschen Gesetz ergibt.

Hat das Rohr nicht kreisförmigen Querschnitt, sondern elliptischen Querschnitt mit den Halbachsen a und b, so ist in dem Poiseuilleschen Gesetz statt R^4 der Faktor $\frac{a^3 b^3}{2\,(a^2 + b^2)}$ zu setzen. Dieser Faktor zeigt, daß geringe Abweichungen des Rohres von der Kreisform keinen merklichen Einfluß auf das Ausflußvolumen haben.

Das Poiseuillesche Gesetz wird dazu benutzt, den Koeffizienten μ der inneren Reibung von Flüssigkeiten zu bestimmen. Bei tropfbaren Flüssigkeiten ist darauf zu achten, daß auch das untere Ende der Kapillare in ein weiteres Gefäß taucht, welches mit gleicher Flüssigkeit gefüllt ist, da sonst die Kapillarität berücksichtigt werden müßte, die den wirksamen Druck verringert. Die Druckhöhe h ist dann durch die Höhendifferenz der freien Oberflächen der Flüssigkeiten in den beiden Gefäßen gegeben, welche die Kapillare verbindet.

Bei derartigen Versuchen wies Hagenbach darauf hin, daß nicht die ganze Druckhöhe h zur Überwindung des Reibungswiderstandes dient, sondern daß ein Bruchteil derselben dazu verbraucht wird, um der Flüssigkeit im Rohr die Geschwindigkeit w zu erteilen. Beachtet man diesen Umstand, so erhält man statt des Poiseuilleschen Gesetzes für die Ausflußmenge pro Sekunde die Formel

$$V = 2^{7/3}\,\pi\left(-\,L\,\nu + \sqrt{2^{-\frac{13}{3}}\,g\,h\,R^4 + L^2\,\nu^2}\right),$$

$$(6) \qquad \text{wo } \nu = \frac{\mu}{\varrho} \text{ ist.}$$

Diese Gleichung 6) liefert an Stelle der aus 3) folgenden Beziehung

$$(7) \qquad \mu = \frac{\pi}{8}\,\frac{R^4}{L\,V}\,\varrho\,g\,h$$

für den Koeffizienten der inneren Reibung die Gleichung:

$$(8) \qquad \mu = \frac{\pi}{8} \frac{R^4}{LV} \varrho\, g\, h \left(1 - \frac{0{,}000082\ V^2}{h\, R^4}\right).$$

Der Faktor in der Klammer ist unter dem Namen Hagenbachsche Korrektion bekannt.

Von Interesse ist, daß die stationäre Strömung durch ein Kapillarrohr nicht wirbelfrei ist. Für die Komponenten der Wirbelgeschwindigkeiten ergeben sich aus Gleichung 1) unter Vernachlässigung der Erdschwere folgende Werte:

$$\xi = \frac{1}{2}\left(\frac{\partial w}{\partial y} - \frac{\partial v}{\partial z}\right) = -\frac{p}{4\,\mu\,L}\, y,\ \eta = \frac{1}{2}\left(\frac{\partial u}{\partial z} - \frac{\partial w}{\partial x}\right)$$

$$= -\frac{p}{4\,\mu\,L}\, x,\ \zeta = \frac{1}{2}\left(\frac{\partial v}{\partial x} - \frac{\partial u}{\partial y}\right) = 0.$$

Diese Komponenten haben eine resultierende Wirbelgeschwindigkeit $\omega = \frac{p}{4\,\mu\,L}\,R$. Hierbei sind die Wirbelachsen konzentrische Kreise um die Mittellinie des Rohres. Die Formeln lassen erkennen, daß die einzelnen Flüssigkeitsteilchen mit großer Geschwindigkeit rotieren. Es rollen sozusagen die Flüssigkeitsteilchen einer Schicht über die der anstoßenden äußeren Schicht ab.

Die Ableitung des Poiseuilleschen Gesetzes mit allen Korrekturen und Folgerungen setzt voraus, daß die Strömung im Rohr stationär sei, eine Bedingung, die durchaus nicht aus den Bewegungsgleichungen unter allen Umständen gewährleistet ist. Tatsächlich zeigt auch der Versuch, daß die Strömung turbulent (s. dort) wird, wenn eine bestimmte Geschwindigkeit überschritten wird. Aus den Versuchen von Osborne Reynolds ergibt sich, daß die kritische Geschwindigkeit, bei welcher Turbulenz beginnt, durch die Gleichung gegeben ist

$$(9) \qquad w_k = 1200\, \frac{\nu}{R}.$$

Nur solange die mittlere Geschwindigkeit kleiner als die aus dieser Gleichung sich ergebende ist, bleibt die Bewegung stationär und gilt das Poiseuillesche Gesetz. *O. Martienssen.*

Näheres s. Lamb, Lehrbuch der Hydrodynamik. Leipzig 1907.

Poissonsches Gesetz s. Verhältnis der spezifischen Wärmen c_p/c_v der Gase.

Poissonsche Konstante s. Festigkeit, Elastizitätsgesetz.

Poissonsches Problem s. Bernouillisches Theorem.

Polabstand s. Pole.

Polardiagramm oder Lilienthalsche Charakteristik nennt man die am häufigsten verwendete Darstellung der Kräfte an ein Flugzeug bzw. einen Flügel. Der senkrecht zur Flugrichtung wirkende Auftrieb A und der entgegen der Flugrichtung wirkende Widerstand W werden dargestellt durch folgende Gleichungen:

$$A = c_a \cdot \frac{\varrho}{2}\, v^2 \cdot F,$$

$$W = c_w \cdot \frac{\varrho}{2}\, v^2 \cdot F,$$

wobei F die Flügelfläche und ϱ die Luftdichte und v die Fluggeschwindigkeit bedeuten. Im Polardiagramm werden nun c_a und c_w in Abhängigkeit von einander dargestellt (s. Fig.). Der zu jedem Punkt gehörige Anstellwinkel kann an die Kurve angeschrieben werden. Die für den Flug wichtigen Größen

$c_{a\,max}$, $c_{w\,min}$ und $\left(\frac{c_a}{c_w}\right)_{max}$ lassen sich leicht daran erkennen. Man pflegt der Übersicht halber den Maßstab von c_w fünfmal so groß zu wählen, wie

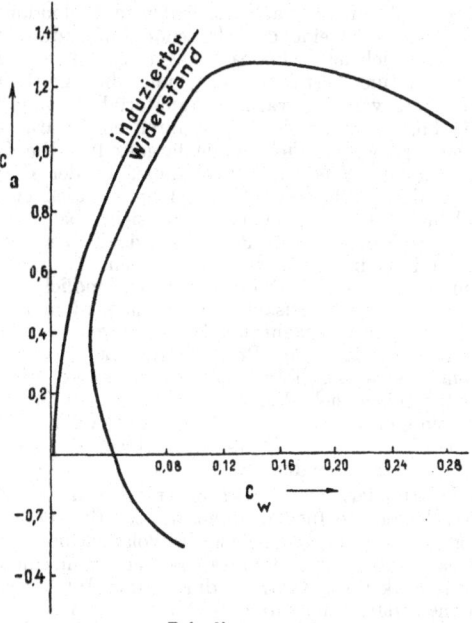

Polardiagramm.

den von c_a. Im Polardiagramm läßt sich der induzierte Widerstand (s. d.), der durch eine Parabel dargestellt wird, leicht vom übrigen Widerstand (Profilwiderstand und schädlichen Widerstand) abtrennen. Der Fahrstrahl vom Nullpunkt nach irgend einem Punkt der Kurve stellt — allerdings durch den verschiedenen Maßstab verzerrt — die vektorielle Größe der gesamten Luftkraft dar. *L. Hopf.*

Polarfront. Nach Bjerknes gibt es in jeder beweglichen Zyklone zwei Konvergenzlinien, die vom Zentrum ausgehen. Zwischen denselben liegt ein Gebiet mit warmer Luft, der sogenannte warme Sektor. Das Übrigbleibende ist der kalte Sektor; letzterer ist stets der größere. Solange die Zyklone tätig ist, ist der warme Sektor meist nach Süden offen. In ihm strömt warme Luft ein und steigt dann an der östlich gelegenen Konvergenzlinie, der sogenannten Kurslinie oder warmen Front über der kalten Luft auf und bildet dadurch ein in derselben gelegenes breites Regengebiet (s. Figur). Durch Vordringen kalter Luft hinter der

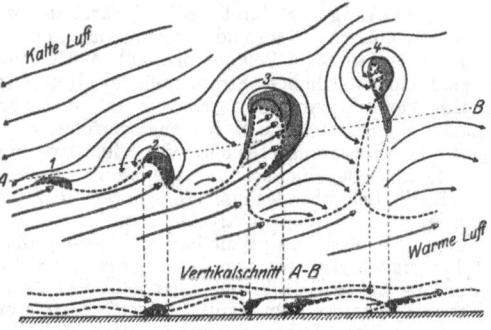

Polarfront.

zweiten Konvergenzlinie, der sogenannten Böen-
linie oder kalten Front, wird auch hier warme Luft
gehoben. Es entsteht ein schmales Regengebiet mit
sehr heftigen Niederschlägen (Böenregen). Bringt
man die kalte Front einer jeden Zyklone mit der
warmen Front der nächstfolgenden in Verbindung,
so erhält man eine durchlaufende Linie, die sich
bei ausreichenden Beobachtungen um die ganze
Erde herum verfolgen ließe, und die die kalte
Polarluft von der warmen Äquatorialluft trennt:
die Polarfront (in der Figur durch eine stark geschwungene gestrichelte Linie dargestellt). Die Zyklonen sind Wellen an dieser Linie. In der Figur
sind die verschiedenen Entwicklungsstadien einer
solchen Welle gezeichnet. Man sieht bei 1 ein
leichtes Einbiegen der Polarfront, dann dringt die
kalte Luft immer weiter nach Süden, die warme
immer weiter nach Norden vor, bis endlich in 4
zwei Kältewellen zusammengeklappt sind und die
warme Luft abgeschnürt haben. Im weiteren Verlaufe wird dann der Rest warmer Luft gänzlich
vom Boden abgehoben und die Zyklone stirbt.
Dafür bildet sich dann weiter im Süden an der
Vereinigungsstelle der beiden Kältewellen eine
neue Zyklone aus. Weiteres s. Physik der freien
Atmosphäre. Sonderheft 1921.   *G. Stüve.*

Polarimeter. Die Polarimetrie ist die Kunde
von denjenigen Instrumenten, die zur Bestimmung
der Drehung dienen, welche die Polarisationsebene
linear polarisierten Lichtes erleidet, wenn dieses
optisch aktive Substanzen durchsetzt. Im engeren
Sinne versteht man unter Polarimetern diejenigen
Polarisationsapparate, welche für wissenschaftliche Zwecke dienen, demgemäß einen drehbaren
Analysator-Nicol nebst Kreisteilung besitzen und
mit homogenem Licht beleuchtet werden müssen.
Im Gegensatz zu ihnen stehen die namentlich in der
Zuckerindustrie gebräuchlichen Saccharimeter,
welche Quarzkeilkompensation besitzen und nur
gewöhnliches weißes Licht erfordern. Im folgenden
seien die am häufigsten benutzten Polarimeter kurz
zusammengestellt.

1. Das Biot-Mitscherlichsche Instrument ist
der einfachste Polarisationsapparat und besteht
nur aus denjenigen optischen Teilen, welche allen
Polarimetern gemeinsam sind. In ihm durchläuft
das monochromatische Licht der Reihe nach die
folgenden Teile: a) dicht hinter einander liegend
Beleuchtungslinse, Polarisator, kreisrundes Polarisatordiaphragma, b) Vorrichtung mit dem aktiven
Körper, z. B. Flüssigkeitsröhre, c) wieder dicht
hinter einander liegend, kreisrundes Analysatordiaphragma, Analysator, Fernrohrobjektiv, d)
schließlich Fernrohrokular und dessen Okulardeckel
mit einer Öffnung, vor der sich die Pupille des
beobachtenden Auges befindet. Um eine korrekten Strahlengang durch jedes Polarimeter zu
erhalten, müssen die folgenden Bedingungen erfüllt
sein. Alle zwischen Polarisator- und Analysatordiaphragma möglichen Strahlenbündel dürfen in
ihrem Verlaufe, sowohl rückwärts bis zur Lichtquelle als auch vorwärts bis ins Auge verfolgt, keine
partielle Abblendung erleiden. Vor allem hat man
der Lichtquelle eine solche Lage zu geben, daß
durch die Beleuchtungslinse ein scharfes Bild der
Lichtquelle auf dem Analysatordiaphragma entworfen und dieses zur Erzielung möglichst großer
Helligkeit im Apparat von Licht ganz ausgefüllt
wird. Es ist stets ein kleines astronomisches Fernrohr mit konvergentem Okular zu verwenden, weil
in diesem Falle wiederum ein scharfes Bild der

Lichtquelle am Orte der Augenpupille zustande
kommt. Das Fernrohr wird immer auf das Gesichtsfeld am Polarisatordiaphragma scharf eingestellt.
Ist auf diese Weise für einen korrekten Strahlengang gesorgt, so bleibt trotz aller Veränderungen
und Ungleichmäßigkeiten der Verteilung der Leuchtkraft in der Lichtquelle die Helligkeitsverteilung
im Gesichtsfelde immer gleichförmig, und es können
durch die Lichtquelle keine Nullpunktsschwan-
kungen des Apparats verursacht werden. Dies
ist besonders wichtig für die noch zu erwähnenden
Halbschattenapparate, bei denen man auf gleiche
Helligkeit der Gesichtsfeldhälften einstellt.

Während der Polarisator feststeht, ist der analysierende Nicol auf einem Teilkreise drehbar. Man
stellt mit dem Analysator auf größte Dunkelheit
des Gesichtsfeldes ein. Bei Beleuchtung mit
Natriumlicht ist dieses immer zu reinigen; meistens
genügt es, dieses vor dem Auftreffen auf die Beleuchtungslinse durch eine 1,5 cm dicke Schicht
einer 6%igen Kaliumdichromatlösung in Wasser
gehen zu lassen. Hat man nach Einschaltung der
aktiven Substanz den Analysator im Sinne des
Uhrzeigers zu drehen, so besitzt sie Rechtsdrehung.
Mit diesem einfachsten aller Polarisationsapparate
erzielt man völlig einwandfreie Beobachtungsresultate, und zwar von beträchtlicher Genauigkeit,
wenn die Lichtquelle genügend intensiv ist. So
läßt sich z. B., wenn als Polarisator und Analysator
gute Glan-Thompsonsche Nicol zur Verwendung
kommen, mit Natriumlicht ein Drehungswinkel von
etwa 100^0 bis auf $\pm 0,007^0$ genau bestimmen.

Um die Empfindlichkeit der Analysator-Einstellungen zu erhöhen, sind zahlreiche Vorrichtungen
zur Verschärfung dieses einfachen Polarimeters ersonnen worden, von denen aber die meisten grundsätzlich zu verwerfen sind, weil sie merkliche
systematische Fehler in die Messungen hinein-
bringen und somit die Sicherheit des schließlichen
Beobachtungsresultats in Frage stellen. Dieser
Umstand verlangt daher im folgenden stete Berücksichtigung.

2. Beim Robiquetschen Apparat befindet sich zwischen
Polarisator und dessen Diaphragma der Doppelquarz
von Soleil. Dieser Biquarz besteht aus zwei neben einander
gekitteten, 3,75 mm dicken, links und rechts drehenden
Quarzplatten, die senkrecht zur Sehlinie angebracht.
Bei weißem Licht wird der Analysator auf Gleichfarbigkeit
der Gesichtsfeldhälften, auf die violette sog. empfindliche
Übergangsfarbe eingestellt. Bei geringer Drehung des
Analysators aus dieser Nullstellung färbt sich die eine Hälfte
deutlich rot, die andere blau. Auf diese Weise wird der Drehwinkel für mittlere gelbe Strahlen erhalten. Da aber
die Wellenlänge nicht der Genauigkeit des gefundenen Drehwinkels entsprechend sicher angegeben werden kann, so ist
der Apparat nicht zu gebrauchen.

Günstiger liegen die Verhältnisse, wenn man das Instrument
mit homogenem Licht beleuchtet und den Analysator auf
gleiche Helligkeit der Hälften einstellt. Z. B. würde
sich für Natriumlicht der Winkel, den die Polarisations-
richtungen der Hälften miteinander bilden, auf $17,0^0$ belaufen.
Da dieser Winkel verhältnismäßig groß ist, so könnte man
einen Quarz von anderer, geeigneterer Dicke wählen. Das
aus solchen Quarz-Vorrichtungen austretende Licht ist indessen merklich elliptisch polarisiert, was zu systematischen
Fehlern bei den Drehungsbestimmungen Veranlassung geben
kann, so daß solche Apparate nicht für Präzisionsmessungen
geeignet sind. Auch läßt sich mit solchen Vorrichtungen
aus Quarz nie die Einstellungs-Empfindlichkeit erreichen,
die mit Halbschatten-Polarisatoren aus Kalkspat unter sonst
gleichen Umständen zu erzielen ist.

3. Beim Wildschen Polaristrobometer befindet sich
zwischen Polarisator und dessen Diaphragma die Savartsche
Doppelplatte, bestehend aus zwei Kalkspatplatten von
je etwa 2 mm Dicke, die unter 45^0 gegen die Achse geschnitten
und so aufeinander gekittet sind, daß sich ihre Hauptachsen
rechtwinklig kreuzen. Durch das jetzt auf Unendlich
gestellte, mit einem in der Fokalebene des Objektivs befindlichen X-förmigen Fadenkreuz versehene Fernrohr beobachtet
man bei homogenem Licht dunkle Interferenzstreifen, auf

deren Verschwinden in der Mitte des Gesichtsfeldes der Analysator eingestellt wird. Bildet der Hauptschnitt des um etwa 55° drehbaren Polarisators mit denjenigen der Doppelplatte einen Winkel von 45°, so tritt das Verschwinden der Streifung mit gleicher Empfindlichkeit in vier je um 90° verschiedenen Stellungen ein, nämlich so oft der Hauptschnitt des Analysators einem der beiden Hauptschnitte der Doppelplatte parallel steht. Wird nun der Polarisator aus der vorigen Stellung herausgedreht (der unter 45° bleibende Winkel zwischen Hauptschnitt des Polarisators und dem einen Hauptschnitt der Doppelplatte wird Schattenwinkel genannt), so ergeben sich bei der Drehung des Analysators zwei helle und zwei dunkle Quadranten. In dem dunklen Quadrantenpaare ist dann auf Kosten des anderen die Empfindlichkeit der Analysator-Einstellungen gesteigert; man benutzt daher das empfindlichere dunklere Paar zu den Einstellungen auf das Verschwinden der Streifen und wählt die Lichtstärke der Lampe entsprechend den Schattenwinkel möglichst gering, weil mit seiner Verkleinerung die Empfindlichkeit wächst. Der Apparat findet nur noch selten Verwendung und ist für absolute Messungen nicht zu empfehlen.

Es folgen nunmehr diejenigen Apparate, welche man gewöhnlich in eine gemeinsame Gruppe unter dem Namen **Halbschattenapparate** einordnet. Bei diesen ist das Gesichtsfeld durch die Polarisator-Vorrichtung in zwei Hälften geteilt, und zwar besitzen alle von der einen Hälfte herkommenden Strahlen die Schwingungsrichtung P_1, die der anderen Hälfte die Schwingungsrichtung P_2. Der spitze Winkel zwischen P_1 und P_2 heißt der Halbschatten; er ist gleich dem Drehungswinkel des Analysators, wenn man diesen auf die größte Dunkelheit erst der einen und dann der anderen Gesichtsfeldhälfte einstellt. Dazwischen gibt es eine Lage des Analysators, bei der die beiden Hälften gleich hell erscheinen; diese Stellung dient als Nullpunkt des Analysators. Einer geringen Drehung des Analysators aus dieser Nullstellung heraus entspricht ein um so größerer relativer Helligkeitsunterschied der beiden Gesichtsfeldhälften, je kleiner der Halbschatten gemacht wird; um so größer ist also auch die Empfindlichkeit, d. h. der Einstellungsfehler desto kleiner. Doch ist der Kleinheit des Halbschattens durch die abnehmende Lichtstärke des Gesichtsfeldes eine Grenze gesetzt. Man wählt ihn daher der Intensität der Lichtquelle entsprechend nur gerade so groß, daß das Auge ohne bedeutende Anstrengung die Einstellungen auszuführen vermag. Es sind auch Instrumente mit mehr als zweiteiligem Gesichtsfelde konstruiert worden, bei denen der Kontrast der Helligkeiten die Einstellungs-Empfindlichkeit noch vergrößert.

Die Einstellung zweier durch eine scharfe Grenze voneinander getrennter Felder auf gleiche Helligkeit erfolgt bekanntlich mit um so größerer Genauigkeit, je vollkommener die Trennungslinie im Gesichtsfelde bei gleicher Helligkeit der Felder verschwindet. An einer solchen scharfen Grenzlinie findet nun immer eine starke Beugung des Lichtes statt. Aus diesem Grunde wird bei den polarimetrischen Halbschatten-Vorrichtungen die Grenze zwischen den Vergleichsfeldern nur dann ganz zum Verschwinden gebracht werden, wenn das Bild der Lichtquelle am Analysatordiaphragma in der zur Trennungslinie senkrechten Richtung hinreichend größer ist als die Öffnung im Diaphragma. Des weiteren hat man zur Vermeidung von systematischen Fehlern der Drehungsbestimmungen darauf zu achten, daß die zwei durch die beiden Gesichtsfeldhälften hindurch erzeugten Bilder der Lichtquelle am Analysatordiaphragma recht genau aufeinander fallen, weil nur in diesem Falle die beiden Gesichtsfeldhälften von derselben Stelle der Lichtquelle beleuchtet werden. Entstehen dagegen zwei teilweise neben einander liegende Bilder der Lichtquelle, so kann es leicht geschehen, daß

der Drehungswinkel unrichtig bestimmt wird, zumal beim Zwischenfügen langer Flüssigkeitssäulen, weil die Lichtquelle dann nicht mehr am Analysatordiaphragma scharf abgebildet wird (Zeitschrift für Instrumentenkunde 1904, S. 70).

4. Beim Jelletschen Polarisator wird die Neigung zwischen den Schwingungsrichtungen der Felder dadurch erzielt, daß man vor dem Zusammenkitten eines Nicols die eine Hälfte spaltet, einen Keil von kleinem Keilwinkel β herausnimmt und dann die drei Stücke zu einem einzigen Prisma vereinigt. Wird das gespaltene Stück dem Polarisatordiaphragma zugekehrt, so schwingt das austretende Licht in den beiden Hälften unter dem Halbschattenwinkel β gegen einander. Dieser Polarisator besitzt zwar einen unveränderlichen Halbschatten, ist aber für beliebige homogene und heterogene Lichtquellen brauchbar. Er ist für absolute Messungen nicht zu verwenden.

5. Der Cornusche Polarisator wird in der Weise hergestellt, daß man einen Nicol senkrecht zur Trennungsfläche der ganzen Länge nach durchschneidet, jede Schnittfläche um einen kleinen Winkel $\frac{\beta}{2}$ abschleift und die Stücke wieder zusammenkittet. Die Polarisationsrichtung aller Strahlen des einen Feldes bildet dann mit derjenigen aller Strahlen des anderen Feldes den Halbschatten β. Dieser Polarisator besitzt wieder einen konstanten Halbschatten und ist für beliebige Lichtquellen brauchbar. Er liefert einwandfreie Resultate.

6. Der Schönrocksche Polarisator liefert zwei Gesichtsfeldhälften, deren Licht auch für alle Wellenlängen linear und nach derselben Richtung polarisiert bleibt. Er ist ein Kalkspatprisma (s. Fig. 1) mit geraden Endflächen, dessen brechende Kanten A und B senkrecht zu der optischen Achse AB des Prismas orientiert sind. Durch die drei Schnitte AC, BC und DC wird es in zwei neben einander gelagerte Glan-Thompsonsche Nicol verwandelt. Alsdann werden die letzteren an den Schnittflächen CD um die Hälfte des gewünschten Halbschattens abgeschliffen und nun wieder zu einem einzigen Prisma vereinigt. Im Apparat wird die Fläche AB mit der feinen Trennungslinie D des Gesichtsfeldes dem Polarisatordiaphragma zugekehrt. Dieser vollkommen symmetrisch gebaute Halbschatten-Polarisator ist für Präzisionsmessungen besonders geeignet.

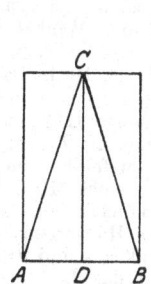
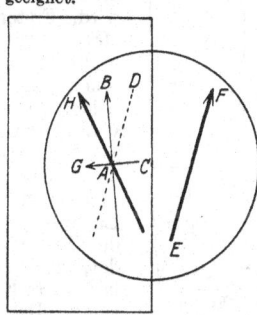

Fig. 1. Halbschattennicol von Schönrock.

Fig. 2. Laurentsche Quarzplatte.

7. Der Laurentsche Apparat hat früher leider die weiteste Verbreitung gefunden, obwohl gerade er kein exaktes Meßinstrument ist. Bei ihm wird das Polarisatordiaphragma zur Hälfte von einer planparallelen, wenige zehntel Millimeter dicken und parallel zur Achse AB (s. Fig. 2) geschliffenen Quarzplatte bedeckt. Ihre Dicke muß entsprechend der Wellenlänge des homogenen Lichtes, mit dem man den Apparat beleuchten will, so gewählt werden, daß die beiden parallel und senkrecht zur Achse schwingenden Komponenten AB und AC der auffallenden, linear polarisierten Schwingung AD (parallel EF in der unbelegten Hälfte) bei ihrem Durchtritt einen Gangunterschied gleich einem ungeraden Vielfachen der halben Wellenlänge erleiden. Beim Austritt werden sich daher die Schwingungen AB und nunmehr AG (wegen des Unterschiedes um eine halbe Schwingung) zu der Welle AH zusammensetzen, deren Schwingungsebene AH gegen die (EF) des eintretenden Strahles um den Halbschatten-Winkel DAH geneigt ist. Durch Drehen des Polarisators kann der Halbschatten geändert werden. Zumeist ist die Platte für Natriumlicht passend geschliffen. Allein der Umstand, daß eine Laurentsche Platte aus verschiedenen Gründen nicht vollkommen linear, sondern in Wirklichkeit merklich elliptisch polarisiertes Licht entläßt, gibt bei der Bestimmung von Drehungswinkeln für das benutzte Licht zu systematischen Fehlern Veranlassung, welche oft viel größer als die zufälligen Beobachtungsfehler sind. Die Drehungswinkel können sich leicht um 0,2 Prozent unrichtig

ergeben; für genaue Messungen darf daher der Apparat nicht verwendet werden.

8. Das Lummersche Halbschattenprisma ist ein möglichst spannungsfreies, rechtwinkliges Glasprisma ABC (s. Fig. 3), dessen Hypotenusenfläche AB teilweise versilbert ist. Die aus dem Polarisator tretenden Lichtstrahlen fallen

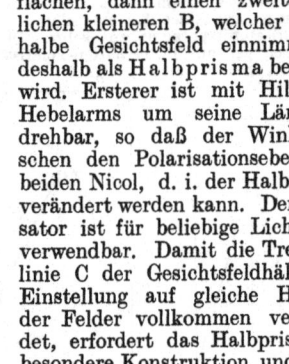

durch die Fläche AC auf AB, werden hier teils an Silber, teils an Glas total reflektiert und verlassen das Prisma durch die Fläche BC. Bildet die Polarisationsebene des Polarisators mit der Reflexionsebene ABC den kleinen Winkel $\frac{\beta}{2}$, so liegen die Polarisationsebenen des am Glasfelde und am Silberfelde reflektierten Lichtes symmetrisch zur Reflexionsebene, weil mit der Reflexion an der Silberschicht eine Drehung der Schwingungsellipse verbunden

Fig. 3. Lummersches Halbschattenprisma.

ist. Die beiden Felder verhalten sich also wie Halbschattenfelder, deren Halbschatten gleich β ist. Natürlich läßt sich auch auf die einfachste Weise eine Dreiteilung oder beliebige Mehrteilung des Gesichtsfeldes herstellen. Schwierig ist es nur, ein hinreichend spannungsfreies Glasprisma zu erhalten und zu verhindern, daß während der Versuche Spannungsdifferenzen auftreten, die sich sofort durch Wolkenbildung im Gesichtsfelde kenntlich machen. Da ferner das aus dem Prisma austretende Licht nicht vollkommen linear polarisiert ist, sondern merklich elliptisch, und zwar um so stärker, je größer der Halbschatten ist, so gilt für diesen Apparat das Gleiche wie für den Laurentschen, er ist für exakte Messungen nicht zu verwenden.

9. Beim Lippichschen Halbschatten-Polarisator durchläuft das Licht zuerst einen größeren Glanschen Nicol A (s. Fig. 4) mit geraden End-

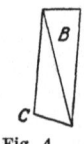

flächen, dann einen zweiten ähnlichen kleineren B, welcher nur das halbe Gesichtsfeld einnimmt und deshalb als Halbprisma bezeichnet wird. Ersterer ist mit Hilfe eines Hebelarms um seine Längsachse drehbar, so daß der Winkel zwischen den Polarisationsebenen der beiden Nicol, d. i. der Halbschatten verändert werden kann. Der Polarisator ist für beliebige Lichtquellen verwendbar. Damit die Trennungslinie C der Gesichtsfeldhälften bei Einstellung auf gleiche Helligkeit der Felder vollkommen verschwindet, erfordert das Halbprisma eine besondere Konstruktion und Justierung. Da ferner das Licht jeder

Fig. 4. Lippichscher Halbschatten-Polarisator.

Gesichtsfeldhälfte für alle Wellenlängen linear und nach derselben Richtung polarisiert bleibt, so wird man mit einer fehlerfrei konstruierten Lippichschen Halbschatten-Vorrichtung die Drehungswinkel ohne systematische Fehler richtig ermitteln. Mit Recht ist daher der Lippichsche Polarisationsapparat jetzt überall am meisten benutzte.

Wegen der elektromagnetischen Drehung der Polarisationsebene des Lichtes ist bei sehr genauen Drehungsbestimmungen von langen Flüssigkeitssäulen der Erdmagnetismus zu berücksichtigen. *Schönrock.*

Näheres s. H. Landolt, Optisches Drehungsvermögen. 2. Aufl. Braunschweig 1898.

Polarimetrie s. Polarimeter.

Polarisation, dielektrische. Der Begriff der dielektrischen Polarisation geht auf Faraday zurück. Allgemein ist unter Polarisation derjenige Zustand eines Körpers zu verstehen, welcher an zwei entgegengesetzten Enden der Quantität nach gleiche, der Qualität nach entgegengesetzte Eigenschaften aufweist. Jedes Dielektrikum, auch der luftleere Raum, ist nach Faraday nun in Elemen-

tarteilchen aufzulösen, deren jedes einzelne im elektrischen Feld polarisiert wird. Wird also ein Dielektrikum in ein elektrisches Feld gebracht, so findet innerhalb des Körpers eine elektrische Verschiebung statt. Der Verschiebungsstrom besteht darin, daß eine bestimmte Elektrizitätsmenge durch die Flächeneinheit senkrecht zur Verschiebungsrichtung fließt. Die Größe dieser Elektrizitätsmenge bildet dann ein Maß für die Verschiebung bzw. dielektrische Polarisation. *R. Jaeger.*

Polarisation, elektrochemische. Die elektrische Leitfähigkeit der Elektrolyte (s. d.) beruht auf dem Transport der an den Ionen haftenden Elektrizität. Die Verschiebung der Ionen von einer Elektrode zur anderen verursacht im allgemeinen Änderungen der Konzentration dieser Ionen in der Umgebung der Elektroden. Die Ionenkonzentration der benetzenden Lösung ist aber wesentlich mitbestimmend für den Potentialsprung beim Übergang der Elektrizität von der Elektrode zur Flüssigkeit und umgekehrt bzw. für die elektrische Arbeit, die beim Übergang der Materie aus dem metallischen in den Ionenzustand (oder umgekehrt) aufgewendet werden muß (s. elektrolytisches Potential). Beim Stromdurchgang durch eine Zelle bestehend z. B. aus Kupferelektroden in verdünnter Kupfersulfatlösung findet an der Kathode eine Verarmung, an der Anode eine Anreicherung an Kupferionen statt. Die Folge dieses Konzentrationsgefälles ist eine elektromotorische Kraft, Polarisation genannt (s. Konzentrationsketten), die im Sinne eines Konzentrationsausgleiches dem Stromdurchgang entgegenwirkt. Von der Konzentrationspolarisation, die durch kräftiges Umrühren der Lösung herabgemindert werden kann, verschieden ist die chemische Polarisation, die immer dann auftritt, wenn die Abscheidungsprodukte oder Umsatzerzeugnisse eines elektrolytischen Prozesses ihrerseits als Elektroden wirksam werden. So setzen Wasserstoff und Sauerstoff der elektrolytischen Zersetzung des Wassers eine Polarisation entgegen, welche mit der elektromotorischen Kraft der Knallgaskette (s. Gasketten) das System in den ursprünglichen Gleichgewichtszustand zurückzutreiben sucht (s. Zersetzungsspannung). So wirken die Zersetzungsprodukte von Bleisulfat an Bleielektroden, Pb und PbO_2, mit den ihnen zukommenden Einzelpotentialen gegen die Lösung der Aufladung des Akkumulators entgegen (s. Sekundärelement).

Unter chemischer Polarisation im engeren Sinne versteht man neuerdings vielfach das irreversible Verhalten belasteter Elektroden, sofern es von der Zeitdauer des an der Elektrode stattfindenden Ladungsaustausches oder von der chemischen Reaktionsgeschwindigkeit des primären oder sekundären elektrolytischen Prozesses abhängt, sofern diese Vorgänge also nicht momentan erfolgen. *H. Cassel.*

S. a. Passivität und Überspannung. Näheres s. M. Le Blanc. Lehrbuch der Elektrochemie. 7. Aufl. Leipzig 1920.

Polarisationsapparat. So heißt eine Verbindung von zwei das Licht polarisierenden Vorrichtungen. Diejenige, welche das einfallende Licht polarisiert, wird Polarisator genannt, die andere dem Auge zugewandte Polarisationsvorrichtung heißt Analysator. Gewöhnlich bestehen diese Polarisationsvorrichtungen aus Nicolschen Prismen (s. polarisiertes Licht). Mit Hilfe des Polarisationsapparats mißt man entweder die Drehung der Polarisationsebene in optisch aktiven Substanzen (s. Polarimeter) oder untersucht doppelbrechende Körper auf ihre

Eigenschaften im polarisierten Lichte (s. Nörrenbergsche Polarisationsinstrumente).

Im letzteren Falle hat man es mit Interferenzen polarisierten Lichtes zu tun, wobei die folgenden Gesetzmäßigkeiten zu beachten sind. Zwei linear polarisierte Lichtstrahlen können bei ihrer Vereinigung miteinander interferieren, wenn sie aus einem einzigen linear polarisierten Strahle durch Doppelbrechung entstanden sind und durch einen Analysator auf die gleiche Polarisationsebene zurückgeführt werden. Dabei interferieren die beiden Komponenten mit derselben Phasendifferenz, die sie durch den doppelbrechenden Kristall erhalten haben, sobald sie auf eine Schwingungsebene zurückgeführt werden, welche derjenigen des ersten Strahles parallel ist, wenn also die Polarisationsebenen von Polarisator und Analysator einander parallel stehen. Sind diese dagegen zueinander senkrecht gestellt, d. h. in üblicher Ausdrucksweise beobachtet man mit gekreuzten Polarisationsvorrichtungen, so interferieren die beiden Komponenten mit einer Phase, die entgegengesetzt derjenigen ist, mit welcher sie aus dem Kristall austreten; bei gekreuzten Nicol wird gewissermaßen ein Gangunterschied von einer halben Schwingung hinzugefügt.

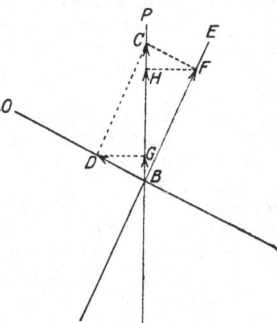

Fig. 1. Interferenz bei parallelen Nicol.

Es ergibt sich dieses auf Grund der folgenden Betrachtungen. P (Fig. 1) sei die Schwingungsrichtung des aus dem Polarisator austretenden Lichtes und BC seine Amplitude. O und E seien die beiden senkrecht aufeinander stehenden Schwingungsrichtungen in dem doppeltbrechenden Kristall, dann wird BC in die beiden Komponenten BD und BF zerlegt. Stehen nun Polarisator und Analysator parallel, so ist P auch die Schwingungsrichtung, die der Analysator durchläßt. Daher wird von BD nur die Komponente BG, von BF nur die Komponente BH aus dem Analysator austreten. Da diese Komponenten nach gleicher Seite liegen, so finden die beiden Bewegungen gleichzeitig nach derselben Seite statt, sie müssen sich also einfach zusammensetzen, mit gleicher Phase interferieren, und zwar mit derselben Phasendifferenz, welche sie im Kristall erhalten hatten.

Wenn dagegen bei gekreuzten Nicol der Analysator A (Fig. 2) unter rechtem Winkel gegen P steht, so sind die beiden Komponenten, welche zur Interferenz gelangen, nunmehr BJ und BK. Diese liegen nach entgegengesetzten Seiten, also findet die Interferenz

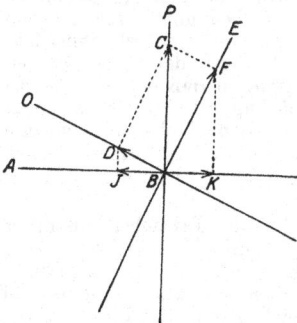

Fig. 2. Interferenz bei gekreuzten Nicol.

mit entgegengesetzter Phase statt, sobald die beiden Strahlen BD und BF mit gleicher Phase aus der Kristallplatte ausgetreten waren. Bei gekreuzten Polarisationsvorrichtungen wird mithin der Gangunterschied um eine halbe Wellenlänge verändert. *Schönrock.*

Näheres s. P. Groth, Physikalische Kristallographie. Leipzig.

Polarisationsbüschel Haidingers. Richtet man das Auge auf ein Feld, von dem polarisiertes Licht kommt, blickt man also z. B. durch ein Nicolsches Prisma nach einem gut beleuchteten weißen Papierblatt oder einer hellen Wolkenfläche, so sieht man in der nächsten Umgebung des Fixationspunktes folgendes eigenartige Farbenphänomen: in der Richtung der Polarisationsebene des einfallenden Lichtes ein (in der Mitte ganz schmales, nach den Enden hin breiter werdendes) relativ dunkles „Büschel", das auf dem weißen Grunde gelblich erscheint, und eingelagert in die beiden Konkavitäten dieses Büschels zwei hellere, blau erscheinende Lichtflecke. Beim Drehen des Nicols dreht sich diese Figur um den gleichen Winkel mit. Gelingt es nicht, das Phänomen mit frischem Auge wahrzunehmen, so kommt man meist zum Ziele, wenn man nach 5—10 Sekunden langer Fixierung unter ruhigem Weiterbeobachten den Nicol um 90° dreht. Das Haidingersche Polarisationsbüschel wird damit in Zusammenhang gebracht, daß die sog. radiären Nervenfasern, die die Netzhaut an anderen Stellen senkrecht durchsetzen, im Bereich des gelben Fleckes, insbesondere am Rande der Netzhautgrube, in schräger Richtung durch die Schichten der Netzhaut laufen, so daß sie von dem in das Auge gelangenden Licht mehr oder weniger senkrecht zur Faserrichtung getroffen werden. Da die Fasern nun in ihrer Längsrichtung schwach einachsig anisotrop und außerdem pigmentgefärbt sind, so sind die optischen Bedingungen nach v. Helmholtz jenen vergleichbar, die beim Durchtritt von Licht durch gefärbte doppelbrechende Kristalle (Turmalin, Rutil usw.) zu einer verschieden starken Absorption des ordentlichen und des außerordentlichen Lichtstrahles bestimmter Wellenlängen führen. In der Tat stimmen die Erscheinungen gut zu der Vorstellung, daß die kurzwelligen („blauen") Strahlen des ins Auge gelangten Lichtes da, wo ihre Polarisationsebene mit der Längsachse der schräg verlaufenden Optikusfasern zusammenfällt, stark absorbiert werden, schwach dagegen, wo ihre Polarisationsebene senkrecht zur Faserrichtung steht. Zu dieser Erklärung würde auch passen, daß viele Beobachter das Haidingersche Phänomen auch im nichtpolarisierten blauen Lichte sehen. *Dittler.*

Näheres s. v. Helmholtz, Handb. d. physiol. Optik, III. Aufl. Bd. 2, 1911.

Polarisationsebene s. Polarisiertes Licht.

Polarisationskapazität. Läßt man durch eine elektrolytische Zelle eine Zeitlang elektrischen Strom fließen, unterbricht und schließt sodann den äußeren von elektromotorischen Kräften freien Kreis, so erhält man (s. Polarisation) dem primären Strom entgegengesetzten Polarisationsstrom. Die Zelle verhält sich also gewissermaßen wie ein Kondensator, der aufgeladen wird und eine bestimmte Kapazität besitzt. Man nennt daher die elektrostatische Kapazität einer polarisierbaren elektrolytischen Zelle Polarisationskapazität. Ihr Sitz ist an der Berührungsstelle von Elektrolyt und Elektroden zu suchen.

Die Messung der Polarisationskapazität kann wie die der gewöhnlichen Kondensatorkapazität

z. B. mittels Wechselstroms in der Wheatstoneschen Brückenkombination erfolgen.

Das Wesen der Polarisationskapazität erfuhr
erst eine weitgehende Aufklärung durch Untersuchungen über die Abhängigkeit der Polari-
sationsvorgänge von der Zeit, welche bei Änderung
der Frequenz des Wechselstromes in Erscheinung
tritt.

Nur im Fall sehr schwacher Strombelastung und
bei sehr geringer Ionenkonzentration ist die Polarisationskapazität durch das Vorhandensein der
Helmholtzschen Doppelschicht (s. d.) allein bedingt
und verhält sich dann von der Frequenz des Wechselstroms unabhängig und ohne eine Phasenverschiebung zu bewirken (da keine Leistung verbraucht wird), wie eine reine elektrostatische Kapazität, deren Größenordnung ungefähr 10 MF pro
Quadratzentimeter erreichen kann.

Im allgemeinen aber überlagert sich zu der
Doppelschichtkapazität derjenige Anteil der Polarisation, der durch elektrolytische Überführung und
die dadurch verursachte Diffusion der Ionen des
Elektrolyten hervorgerufen wird. In diesem Falle
ist die Polarisationskapazität umgekehrt proportional der Quadratwurzel aus der Schwingungszahl und kann bis zur Größenordnung von 1000 MF
pro Quadratzentimeter anwachsen mit einer Phasenverschiebung von 45°.

Die ausgleichende Wirkung der Diffusion erleidet,
und dies ist weiterhin zu berücksichtigen, immer
dann eine Verzögerung, wenn die Ionenbildung
bei der Dissoziation eines schwachen Elektrolyten oder die Umkehrung dieses Vorganges nicht
momentan sondern mit endlicher Reaktionsgeschwindigkeit vonstatten geht. In diesem Falle
kann die Phasenverschiebung bis zum Betrag
von 90° anwachsen, während die Größe der Polarisationskapazität der Schwingungszahl umgekehrt
proportional ist.

Es ist ersichtlich, daß mit zunehmender Frequenz
die Einflüsse der Konzentrationsänderung und der
Reaktionsgeschwindigkeit hinter dem reinen Dop-
pelschichteffekt zurücktreten müssen.

Die Berücksichtigung der als Passivität (s. d.)
bekannten Verzögerung der anodischen Ionenbildung, welche nur bei großer Stromdichte eine
Rolle spielt, ist wegen der Kompliziertheit des
mathematischen Apparates bisher noch nicht
Gegenstand theoretischer Erörterung geworden.

Über oszillatorische Entladung polarisierbarer
Zellen und über die Bedeutung der Polarisations-
kapazität für die Nernstsche Theorie der Nerven-
reizung vgl. das zusammenfassende Referat von
F. Krüger, Zeitschr. f. Elchem. 16. 522, 1910.
H. Cassel.

Polarisationsregel s. Auswahlprinzip und Bohrsches Korrespondenzprinzip.

Polarisationsröhre. Damit die Drehungswinkel
optisch aktiver Flüssigkeiten bestimmt werden
können, müssen diese in planparalleler Schicht in
den Polarisationsapparat eingeschaltet werden. Zu
diesem Zwecke dienen aus Glas oder auch Metall
bestehende Beobachtungsröhren, deren Enden
senkrecht zur Rohrachse sorgfältig eben geschliffen
sind und mit planparallelen Glasplatten, den sog.
Deckplatten, verschlossen werden. Diese Deck-
gläschen darf man nicht zu fest anschrauben, weil
die sonst entstehende Doppelbrechung des Glases
die Gleichmäßigkeit des Gesichtsfeldes stört und
leicht eine merkliche Drehung hervorrufen kann.
Die Röhre wird ganz mit der Flüssigkeit gefüllt

bis auf eine kleine Luftblase, um der Flüssigkeit
bei eintretender Ausdehnung Spielraum zu gewähren. Damit die Luftblasen nicht störend auf den
Strahlengang einwirken können, benutzt man vorteilhaft Röhren, die in der Mitte oder an dem einen
Ende mit Ausbauchungen bzw. Erweiterungen zum
Sammeln der Luftblasen versehen sind. Bei den
Wasserbadröhren ist das eigentliche Polari-
sationsrohr mit einem Messingmantel umgeben;
durch den Zwischenraum kann man dann Wasser
fließen lassen, welches vorher in einem Erwärmungs-
apparat auf die gewünschte Temperatur gebracht
wird. Mißt man die Wasser-Temperaturen dicht vor
und hinter der Wasserbadröhre, so ist das Mittel
aus ihnen die der aktiven Flüssigkeit zukommende
Temperatur. Das gewöhnlich in die Erweiterung
des Rohres eingesetzte Thermometer gibt nämlich
die Temperatur der zu untersuchenden Flüssigkeit
nur dann richtig an, wenn die Lufttemperatur nicht
merklich von der der Röhre abweicht.

Hat man nur qualitative Messungen auszuführen,
so sind zur Aufnahme der Lösungen die Leybold-
schen Flüssigkeitströge aus Glas zu empfehlen.
Bei diesen ist der mit Knopf versehene Deckel
abnehmbar, während die anderen Teile mit leicht
schmelzbarem Glase verbunden sind.

Die Kontrollbeobachtungsröhre beruht auf
dem Prinzip, die Länge der drehenden Flüssigkeitssäule veränderlich und die Veränderung meßbar
zu machen, und wird vielfach zur Prüfung der
Saccharimeterskalen verwendet. Sie besteht aus
zwei ineinander verschiebbaren Rohren, so daß
die sich ändernde Länge der drehenden Flüssigkeit
bis auf Null verkürzt werden kann. Die Bewegung
der sich teleskopartig verschiebenden inneren Röhre
wird durch Trieb und Zahnstange vermittelt oder
aber durch eine hydraulische Pumpe bewirkt,
welche die drehende Lösung aus dem Behälter in
das Rohrinnere drückt bzw. wieder heraussaugt.
Schönrock.
Näheres s. H. Landolt, Optisches Drehungsvermögen.
2. Aufl. Braunschweig 1898.

Polarisationswinkel s. Polarisiertes Licht.

Polarisator s. Polarisationsapparat.

Polarisiertes Licht. Nach den Anschauungen der
Fresnelschen Elastizitätstheorie des Lichtäthers
geraten durch das Licht die Ätherteilchen in
Schwingungen um ihre Gleichgewichtslage, und
zwar erfolgen diese Schwingungen immer in Ebenen
senkrecht zum Lichtstrahl. Bei dem natürlichen
Licht, wie es von den bekannten Lichtquellen
direkt in unser Auge gelangt, wechseln innerhalb
dieser Ebenen die Richtungen der Schwingungen
merklich unendlich rasch, so daß es keine bevorzugte Schwingungsrichtung gibt, die etwa durch
eine besondere, durch den Lichtstrahl gelegte
Ebene gekennzeichnet wäre. Natürliches Licht
schwingt also ungeordnet, im Mittel aber allseitig
gleich weit.

1808 entdeckte Malus die Tatsache, daß unter
gewissen Bedingungen die Schwingungen der
Ätherteilchen längs des ganzen Lichtstrahles ständig in ein und derselben, durch den Lichtstrahl
gelegten Ebene vor sich gehen. In diesem Falle
heißt das Licht polarisiert, und zwar vollständig, linear oder geradlinig polarisiert,
weil das Licht nur in einer Ebene Schwingungen
ausführt. Dabei erfolgen nach der Theorie von
Fresnel die Schwingungen senkrecht zur Polarisationsebene. Den einfachsten Zustand unvoll-
ständiger Polarisation gibt das elliptisch polari-

sierte Licht, bei dem die Ätherteilchen Ellipsen beschreiben; im Spezialfall der Kreisbahn nennt man das Licht zirkular polarisiert.

Nach der Maxwellschen elektromagnetischen Lichttheorie liegen bei einem linear polarisierten Lichtstrahl in der Polarisationsebene die magnetischen, senkrecht zu ihr die elektrischen Schwingungen.

Natürliches Licht kann man in polarisiertes verwandeln durch Reflexion bzw. Brechung an durchsichtigen Körpern oder durch Doppelbrechung in Kristallen. Durch schräge Reflexion an durchsichtigen Körpern, z. B. einer Glasplatte, wird das natürliche Licht in teilweise polarisiertes verwandelt, indem vorwiegend die senkrecht zur Einfallsebene schwingende Komponente reflektiert wird. Bei einem bestimmten Einfallswinkel, dem Polarisationswinkel, wird diese Komponente ausschließlich reflektiert, so daß man linear polarisierte Lichtstrahlen erhält. Das zurückgeworfene Licht ist dann also in der Einfallsebene als Polarisationsebene polarisiert, und zwar vollständig bei demjenigen Einfallswinkel, für welchen der reflektierte und der in den durchsichtigen Körper gebrochene Strahl aufeinander senkrecht stehen, wie Brewster 1815 gezeigt hat. Hieraus folgt, wenn a diesen Polarisationswinkel und n den Brechungsquotienten des spiegelnden Mittels für eine bestimmte Farbe bedeutet, die Beziehung $n = \operatorname{tg} a$. Z. B. für Glas vom Brechungsverhältnis 1,53 ist $a = 56,8^0$.

Das in den durchsichtigen Körper eindringende Licht ist dagegen senkrecht zur Einfallsebene polarisiert, aber niemals vollständig.

Ein in einen doppelbrechenden Kristall eintretender Lichtstrahl wird in zwei linear polarisierte Komponenten zerlegt. Im kristallinischen Mittel hängt nun die Lichtgeschwindigkeit und folglich die Lichtbrechung von der Schwingungsrichtung ab. Die beiden Komponenten, in die ein Strahl sich zerlegt, werden daher ungleich gebrochen; aus einem einzigen Strahl entstehen so für gewöhnlich zwei senkrecht zueinander polarisierte Strahlen von verschiedener Richtung. Die Erscheinung der Doppelbrechung läßt sich besonders deutlich an einem Kalkspat-Stück beobachten, weil bei diesem die beiden Komponenten sehr verschieden stark gebrochen werden und daher im allgemeinen auch räumlich getrennt sind. Der Kalkspat gehört zu den einachsigen Kristallen. Diese umfassen die Kristalle des hexagonalen und des quadratischen Systems. Die Richtung der optischen Achse, in der eine Lichtwelle unzerlegt fortgepflanzt wird, fällt hier mit der kristallographischen Hauptachse zusammen. Eine Ebene, welche die optische Achsenrichtung enthält, heißt ein Hauptschnitt. Von den beiden Schwingungen, in welche das einen einachsigen Kristall durchsetzende Licht zerfällt, folgt die eine als ordentlicher Strahl dem gewöhnlichen Brechungsgesetz und findet stets zur optischen Achse, also zu dem durch den ordentlichen Strahl gelegten Hauptschnitt senkrecht statt, d. h. sie ist nach dem Hauptschnitt polarisiert. Die andere Schwingung erfolgt dagegen als außerordentlicher Strahl in einem Hauptschnitt, sie ist also senkrecht zum Hauptschnitt polarisiert.

Die Vorrichtungen zur Erzeugung polarisierten Lichtes heißen Polarisatoren. Auf Reflexion beruhender Polarisator: An einer schwarzen Glasplatte läßt man das Licht unter dem Polarisationswinkel von etwa 57^0 spiegeln, dann sind die reflektierten Lichtstrahlen so polarisiert, daß ihre Polarisationsebene mit der Einfallsebene zusammenfällt.

Auf einfacher Brechung beruhender Polarisator: Man läßt ein Lichtbündel unter dem Polarisationswinkel von etwa 57^0 durch eine ganze Anzahl aufeinander gelegter, paralleler dünner Glasplatten, durch einen sog. Plattensatz, hindurchgehen. Alsdann wird an jeder Grenzfläche ein in der Einfallsebene polarisierter Bruchteil reflektiert, folglich das durchgehende Licht von dieser Schwingungskomponente immer mehr gereinigt, so daß aus etwa 20 Platten größtenteils nur noch in der Einfallsebene schwingendes Licht austritt. Das durch einen Plattensatz gegangene Licht ist demnach senkrecht zur Einfallsebene polarisiert.

Auf Doppelbrechung beruhender Polarisator: Viel vollkommener als durch Polarisatoren aus einfach brechendem Material kann ein Lichtbündel durch Doppelbrechung in Kristallen, namentlich Kalkspat, linear polarisiert werden. Die am meisten bekannte Konstruktion ist das Nicolsche Prisma, welches in folgender Weise hergestellt wird. Man spaltet aus wasserhellem Kalkspat ein Rhomboeder ABCD (Fig. 1), welches reichlich dreimal so lang als breit ist, schleift die Endflächen, deren Neigungswinkel gegen die Seitenkanten ursprünglich 71^0 betragen, auf 68^0 ab und durchsägt das Prisma in der Richtung BD senkrecht zum Hauptschnitt. Nachdem die Schnittflächen poliert worden sind, werden sie wieder in der ursprünglichen Lage mit Kanadabalsam zusammengekittet. Sodann werden die Seitenflächen geschwärzt und der Nicol mit Hilfe eines Korks in einer Messinghülse gefaßt. Der optische Hauptschnitt des Prismas ist die durch die optische Achse senkrecht zu den Endflächen gelegte Ebene.

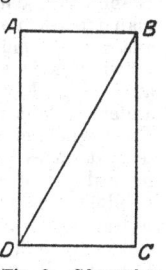

Fig. 1.
Nicolsches Prisma.

Trifft auf ein solches Prisma ziemlich parallel seiner Längsrichtung ein natürlicher Lichtstrahl n, so wird er in den ordentlichen o und den außerordentlichen e zerlegt. Der ordentliche Strahl o wird stärker gebrochen, fällt sehr schräg auf die Balsamschicht und wird an ihr total reflektiert, so daß er an die geschwärzte Seitenfläche gelangt und hier absorbiert wird. Der außerordentliche Strahl e dagegen bewegt sich im Kalkspat in einer Richtung, in welcher sein Brechungsexponent ungefähr gleich demjenigen des Kanadabalsams ist, geht daher fast ungeschwächt durch die Balsamschicht hindurch und gelangt durch die zweite Endfläche seiner Einfallsrichtung parallel zum Austritt. Die Polarisationsebene des austretenden Lichtes liegt somit senkrecht zum Hauptschnitt, also parallel der größeren Diagonale der rhombusförmigen Endfläche.

Das vollkommenste Polarisationsprisma ist das Glan-Thompsonsche mit geraden Endflächen AB und CD (Fig. 2), bei welchem die optische Achse des Kalkspats senkrecht zur Längskante AD des Prismas steht.   *Schönrock.*

Näheres s. jedes größere Lehrbuch der Experimentalphysik.

Polaristrobometer von Wild s. Polarimeter.

Polarkurve, Kurve der räumlichen Lichtverteilung s. Lichtstärken-Mittelwerte.

Polarlicht. Eine Lumineszenzerscheinung innerhalb der Atmosphäre, hervorgerufen aus dem Zusammenwirken der elektrischen Strahlung der Sonne (s. d.) und dem ablenkenden Einfluß des erdmagnetischen Feldes auf dieselbe. Man unterscheidet „Nordlichter" und „Südlichter", ursprünglich je nach der Himmelsrichtung, in welcher sie auftreten, jetzt wohl mehr nach der Erdhalbkugel. Ein sachlicher Unterschied zwischen beiden besteht nicht.

Die Lumineszenznatur wird schon durch das Spektrum des Polarlichts als ein Linienspektrum erwiesen, und zwar gehören alle Linien den Gasen der Luft an, nur die für das Polarlicht charakteristische und zudem hellste Linie $557\mu\mu$, die „Nordlichtlinie", ist noch unerklärt. 1917 glaubte J. Stark auch diese Linie als eine des Stickstoffs zu erkennen, und zwar des Kanalstrahlspektrums. Sonst gehören dem Stickstoff die meisten Linien des Polarlichts an; daneben sind noch einige Wasserstofflinien vorhanden. Das Polarlicht ist nicht polarisiert. Seine Intensität kann jene des Vollmonds gerade übertreffen. Die oberen Teile sind weißlich bis grünlich, die unteren rötlich, auch violette Töne kommen vor. Mit sensibilisierten Platten ist es gelungen, gute photographische Aufnahmen mit kurzer Expositionszeit (unter einer Sekunde) zu erhalten (s. u.).

Längs eines wenige Kilometer breiten ovalen Bands, das den geographischen und den magnetischen Pol umrahmt, erscheinen die Polarlichter bei weitem häufiger als außerhalb dieser „Zone maximaler Häufigkeit". Ihr Mittelpunkt heißt der „Nordlichtpol"; 81° n. Br., 285° ö. v. Gr. In ihrer Nähe liegt die „neutrale Zone"; sie scheidet die Orte vorwiegenden Auftretens am Südhimmel von denen am Nordhimmel. Die Winkelöffnung der Maximalzone beträgt etwa 18° bis 20°. Danach scheint sich die wirksame Strahlung als eine positive α-Strahlung zu enthüllen, denn für sie wären 16° bis 18° zu erwarten, worauf zuerst Vegard hinwies. Kathodenstrahlen der bekannten Geschwindigkeit ergeben nur 2° bis 4°. Wollte man trotzdem sie als die Ursache der Polarlichter ansehen, so müßte man entweder ihnen eine Geschwindigkeit zusprechen, die jener des Lichtes auf wenige Kilometer nahe käme, oder auch noch andere ablenkende Kräfte annehmen, als die des Erdmagnetismus. Letzteres scheint der Fall zu sein, denn es besteht allerdings ein solches Kraftfeld, das von einem Ring korpuskularer Materie gebildet wird, der im Äquator der Erde liegt (s. weiter unten). Der erhobene Einwand, daß er elektrostatisch instabil sei, fällt nicht sehr ins Gewicht, da von der Sonne stets neue Korpuskeln geliefert werden, doch haben die Betrachtungen über die Absorption der Strahlung gezeigt, daß fraglos eine positive Strahlung beteiligt ist. Die negative ist die wichtigste Strahlung, welche die Variationen des Erdmagnetismus bedingt. Nach niederen Breiten nimmt die Häufigkeit der Polarlichter rasch ab, doch ist nach Wiechert selbst in unseren Gegenden die Nordlichtlinie an über der Hälfte aller Tage im Jahr im Licht des Himmelsgewölbes festzustellen, so daß die oft zu erkennende Himmelshelligkeit meist, wenn nicht überhaupt eine schwache Form des Polarlichtes ist.

Die Vermutung, es bei dem Polarlicht mit einer elektrischen Erscheinung zu tun zu haben, geht auf Mairan (1733) zurück. Birkeland lenkte die Aufmerksamkeit nachdrücklichst auf die Kathodenstrahlen und die Sonne als ihre Quelle. Er suchte den Nachweis besonders durch groß angelegte künstliche Nachahmungen im kleinen zu führen, indem er in einer Vakuumröhre eine Terrella, die mit Bariumplatinzyanür bestrichen war, einer Kathodenstrahlung aussetzte. Die Terrella trug einen eisernen Kern mit Wickelung und konnte so von außen magnetisiert werden. War sie unmagnetisch, so leuchtete die ganze der Kathode zugekehrte Seite auf; wurde sie erregt, so konzentrierte sich das Licht auf je eine spiralische Bahn um die Pole und einen dünnen leuchtenden Ring um den Äquator. In ersterem sah er ein Abbild der Maximalzone, während der Ring etwas Neues abgab. Im einzelnen hingen die Erscheinungen sehr von der Stärke des Terrellafeldes ab. Auch die Verteilung der Strahlen im Außenraum der Erde untersuchte Birkeland durch Absuchen mit phosphoreszierenden Schirmen. Die mathematische Theorie verdanken wir K. Störmer. In einer großen Zahl von Abhandlungen untersuchte dieser die Bahn eines elektrisch geladenen Teilchens im Feld eines Elementarmagneten und konnte so nicht nur die Birkelandschen Versuche, sondern auch alle wesentlichen Eigentümlichkeiten des Polarlichts begründen.

Die möglichen Bahnen sind außerordentlich vielgestaltig, doch setzten sich alle aus zwei Komponenten zusammen, einer kreisförmigen und einer geradlinigen Bewegung. Ist m/e das bekannte charakteristische Verhältnis einer bestimmten Korpuskularstrahlung zwischen Masse und Ladung eines Teilchens, v seine Geschwindigkeit in der Bahn und H die magnetische Feldstärke, und tritt das Teilchen senkrecht gegen die Richtung des Feldes ein, so ist der Radius des von ihm beschriebenen Kreises

$$r = \frac{m}{e} v \frac{1}{H} = \frac{c}{H}.$$

Hieraus ergibt sich für Kathodenstrahlen eine Wirkungssphäre der Erde von einem Radius, der 14 mal so groß ist, als die Entfernung der Mondbahn; ihr entspricht eine Parallaxe auf der Sonne von etwa 20°, womit denn erklärt wäre, daß für die Erregung von magnetischen Störungen nur ein kleines Gebiet um den Zentralmeridian der Sonne in Frage kommt (s. Variationen des Erdmagnetismus). Unter den Bahnen (Trajektorien) gibt es solche, die weit im Außenraum gelegen, nur wenig vom Erdfeld abgelenkt werden. Die in der Nähe des Äquators wandernden beschreiben, da sie senkrecht gegen das Erdfeld gelegen sind, konzentrisch um die Erde einen Ring, eben den von Birkeland experimentell gefundenen; sie sind die Quelle der äquatoriellen erdmagnetischen Störungen. Sie liegen so weit außerhalb der irdischen Atmosphäre, daß sie keine Lumineszenz in ihr erzeugen. Etwas schiefe Lage gegen den Äquator läßt die Strahlen in der Nähe der Erde Oszillationen von Pol zu Pol um diese Ebene vollführen. Ein stetiger Übergang führt zu den für das Polarlicht wichtigsten Bahnen, die sich zusammensetzen aus der kreisförmigen Bewegung um die Kraftlinie und jene parallel zu ihr und die in der Maximalzone zur Erde herabsinken. Die allgemeinste Form ist also eine Spirale mit abnehmender Windungshöhe und um eine krumme Achse, eben die Kraftlinie. Da die Feld-stärke mit Annäherung an die Erde zunimmt, so kann eintreten, daß das Teilchen umkehrt und nun von Pol zu Pol bis zur Erschöpfung der Energie oszilliert. Die Rechnungen gelten an sich für positive und negative Strahlungen. Ändert sich die Richtung zwischen der Anfangs-bewegung des Teilchens und dem magnetischen Feld, so ändern sich die Bahnen sprungweise, womit, da schon die Bewegung der Erde solche Richtungsänderungen ununterbrochen erzeugt, die Unruhe der Polarlichter verständlich wird.

Das Eindringen der Strahlung in die Atmosphäre macht sie durch Dissoziation elektrisch leitfähig, so daß die Drehung des Magneten Erde oder die relative Bewegung der Luft gegen sie elektrische Ströme induziert, auf welche alle zeitlichen Variationen des Erdmagnetismus zurückgeführt werden (s. Variationen des Erdmagnetismus und Erdmagnetismus). In ihrer Gesamtheit bilden die dauernd belegten Bahnen ein System von Verschiebungsströmen, die Quelle des äußeren magnetischen Feldes auf der Erde und auch eine Quelle von Erdströmen (s. d.). Aus dem beharr-lichen Feld fällt es vollkommen heraus.

Auf photogrammetrische Weise hat Störmer die Höhe der Polarlichter ermittelt und gefunden, daß bei 100 und 106 km Höhe zwei nah benach-barte Maxima bestehen. Auch dies ist in Einklang mit seiner Theorie und wird durch die Anwendung der bekannten Absorptionsgesetze bestätigt. Letz-tere prägen sich übrigens besonders schön in dem scharfen unteren Rand der Polarlichter aus.

Ein sehr schönes Ergebnis sowohl der Birke-landschen Versuche als auch der Störmerschen Theorie ist der Nachweis der täglichen Schwankung der Polarlichthäufigkeit. Ihr Maximum tritt für mittlere und nicht zu hohe polnahe Orte zwischen 7 und 9 Uhr abends ein, und in der Tat wandern die Trajektorien vornehmlich auf der Abendseite in die Erde ein. Auch die anderen Verhältnisse der polnahen Gebiete werden richtig wiedergegeben.

Man unterscheidet verschiedene Polarlicht-formen. Die weißlichen „Bögen" zeigen keine innere Struktur, was wesentlich eine Wirkung der weiten Entfernung von dem Beobachtungsort ist. Das unter ihnen sichtbare „dunkle Segment" ist wahrscheinlich durch Kontrast erzeugt. Nehmen die Bögen strahlige Form an, so spricht man von „Fäden"; sie sind meist farbig, unten rot, oben bläulich bis weiß. Oft schießen aus den Bögen „Strahlen" auf. Ihre unteren Punkte sind durch die Absorption scharf begrenzt, die oberen unscharf und oft sehr hoch, bis 600 km und darüber über der Erde. Überschreiten sie den magnetischen Zenit, d. i. den der Inklinationsrichtung entgegen-gesetzten Punkt des Himmelsgewölbes, so entsteht die „Krone", die demnach als eine perspektivische Vereinigung von Strahlen zu deuten ist. Lösen sich die Bögen vom Horizont ab, so wandern sie als „Bänder" über den Himmel und zeigen streifige Struktur. Eine besonders schöne Form bilden die „Draperien", meist mehrere, einander parallele Wände leuchtender Materie, wieder aus gleichem Grunde mit scharfem unteren Saum. Durch-schreiten sie den Zenit, so sieht man nur eine feine Linie. Gerade diese Draperien werden von der Störmerschen Theorie sehr gut wiedergegeben. Während und nach einem Polarlicht bildet sich oft ein violetter Dunst, der „Polarlichtdunst". In unseren Gegenden treten nur Bänder, Fäden,

Bögen und der Dunst auf. Von letzterem abge-sehen zeigen die anderen Formen eine deutliche Einstellung nach dem magnetischen Meridian, was nunmehr von selbst verständlich erscheint.

Die jährliche Variation der Häufigkeit ist die-selbe wie die der magnetischen Störungen, ebenso bekunden sich die elfjährige Periode der Sonnen-tätigkeit und Mondvariationen auf dieselbe Weise und die Verteilung der Erscheinungen über die Erde. Der Hauptsache nach aber stehen die Polarlichter und die magnetischen Störungen nur als zwei Folgen derselben Ursache, der elek-trischen Strahlung der Sonne (s. d.) miteinander in Verbindung. Die früher viel betriebenen Studien über den Zusammenhang der Polarlichter mit meteorologischen Vorgängen erübrigen sich, nach-dem man nun die Höhe kennt, in welcher sie sich abspielen, von selbst. Nur die Entstehung zirröser Wolken darf man wohl noch mit unseren Polar-lichtern in Verbindung setzen, indem sie wohl Kerne für die Kondensation abgeben können.

A. Nippoldt.

Näheres s. L. Vegard, Jahrb. f. Radioakt. 14. 1917.

Poldistanz, sphärischer Abstand vom Pol s. Licht-stärken-Mittelwerte, Nr. 1.

Pole, magnetische. Die Wirkung eines ge-streckten Stabmagnets geht hauptsächlich von den Enden aus, während die Mitte, die sog. In-differenzzone, nahezu keine Wirkung ausübt. Man kann sich nun, wenigstens bei Messungen aus größeren Entfernungen, die Kraft von zwei Punkten, den Polen, ausgehend denken, die ent-gegengesetztes Vorzeichen haben und als Nord-bzw. Südpol bezeichnet werden; dabei ist der Nordpol dadurch gekennzeichnet, daß er bei einer frei drehbaren Nadel nach dem geographischen Norden zeigt. Mittels magnetometrischer Mes-sungen aus zwei verschiedenen Abständen läßt sich nun die Lage dieser als „Kraftzentren" defi-nierten Pole genauer bestimmen. Man findet, daß bei permanenten Magneten der Abstand der beiden Pole etwa $5/6$ der ganzen Stablänge beträgt, die Pole selbst liegen also etwa um $1/12$ der Länge von den Stabenden entfernt. Genauer genommen aber hängt die Lage der Pole beim gestreckten Stab beträchtlich von der Höhe der Induktion ab: Mit wachsender Induktion nimmt zunächst der Polabstand etwas ab, die Pole rücken vom Ende weg; bei der Induktion, welche der Maximal-permeabilität des Stabes entspricht, beträgt der Polabstand nur noch etwa 0,84 der Länge, um dann wieder anzusteigen; bei $\mathfrak{B} = 18\,000$ hat er bereits 0,98 der Länge erreicht, die Pole liegen also hier schon nahezu am Ende des Stabes, d. h. die Ma-gnetisierung des Stabes ist bereits ziemlich gleich-förmig. Die Lage der Fernwirkungspole des El-lipsoids, bei welchem die Magnetisierung stets gleich-mäßig ist, hängt von der Höhe der Induktion nicht ab; der Polabstand beträgt hier stets 0,775 der Länge.

Näheres Gumlich, Ann. d. Phys. (4) **59**, 668, 1919.

Eine zweite, weniger gebräuchliche Definition der Pole ergibt folgende Überlegung: Überall da, wo die Induktionslinien aus dem Stab in die Luft übertreten, bildet sich freier Magnetismus; man kann sich denselben in Form einer Schicht an-geordnet denken, deren Dicke entsprechend der Dichte der austretenden Induktionslinien in der Mitte Null und an den Enden am größten ist. Die beiden Schwerpunkte dieser magnetischen Be-legungen bezeichnet man ebenfalls als Pole; sie haben einen geringeren Abstand voneinander als die Fernwirkungspole (beim Ellipsoid $^2/_3$ der Länge), ändern sich aber mit der Induktion in gleicher Weise.

Näheres s. Holborn, Sitzungsber. Akad. d. Wissensch. Berlin 1898.

Auch die Erde besitzt zwei magnetische Pole, die in der Nähe der geographischen Pole liegen, und zwar der magnetische Südpol in der Nähe des geographischen Nordpols und umgekehrt. Die Richtung einer ganz frei beweglichen Magnetnadel wird durch die Lage dieser Erdpole bestimmt; ihre Abweichung von der geographischen Nord-Süd-Richtung (Deklination) beträgt für Deutschland etwa 9° nach Westen; der Winkel, den die Nadel mit dem Horizont bildet (Inklination) beträgt hier etwa 66°. *Gumlich.*

Pole, magnetische, der Erde. Seit Gauß Punkte der Erdoberfläche, in denen die Horizontalintensität Null ist. Außer einigen Polen in gestörten Gebieten besitzt die Erde nur zwei magnetische Pole, einen nördlichen bei etwa 69° Breite und 96° östlicher Länge v. Gr. und einen südlichen bei 74° Breite und 155° Länge. Die Verbindungslinie liegt also nicht auf einem Durchmesser. Der nördliche Pol ist südmagnetisch und umgekehrt. Durch die Säkularvariation (s. Erdmagnetismus) verändert sich die Lage der Pole, doch sind die aus älteren Beobachtungen erhaltenen Polbahnen wegen der Unzuverlässigkeit der Messungen recht fragwürdig. Beide Pole sind neuerdings durch Forschungsexpeditionen aufgefunden worden. *A. Nippoldt.*

Näheres s. E. H. Schütz, Wesen u. Wanderung d. magn. Pole. Berlin, D. Reimer, 1902.

Polflut ist die durch die Veränderung der Polhöhe hervorgerufene Verlagerung der Wassermassen des Meeres. Sie hat eine Periode von etwa 430 Tagen (s. Polhöhenschwankung und Festigkeit der Erde). *A. Prey.*

Polhodie und Herpolhodie. Der momentane Bewegungszustand eines um einen festen Punkt beweglichen starren Körpers kann als Drehung um eine jeweils bestimmte Achse aufgefaßt werden (s. a. Geschwindigkeit), die aber im Laufe der Bewegung immer andere Lagen annimmt, und zwar sowohl im Raume, als auch im Körper. Der von diesen sukzessiven Lagen im Körper gebildete Kegel heißt der Polhodiekegel ($\pi o \lambda o \varsigma$, $\delta \delta o \varsigma$), der im Raume gebildete Kegel der Herpolhodiekegel ($\dot{\epsilon}\varrho\pi\epsilon\iota\nu$ = kriechen). Offenbar fallen beide in eine einzige Gerade zusammen in dem Ausnahmefall, daß die Drehachse während der Bewegung im Körper, und somit auch im Raume, fest bleibt. Im allgemeinen dreht sich der Körper um die momentan beiden gemeinsame Erzeugende, so daß das Bild des Abrollens des Polhodiekegels auf dem Herpolhodiekegel entsteht, wobei sie sich, je nach den Verhältnissen, von außen berühren oder ineinanderliegen, in welchem letzteren Fall der Polhodiekegel oder auch der Herpolhodiekegel der umschließende (d. h. der mit kleinerer Krümmung) sein kann (vgl. die Figuren bei „Präzession").

Als Polhodie- bzw. Herpolhodiekurve wird diejenige bezeichnet, die entsteht, wenn man auf der jeweiligen Rotationsachse den Betrag der zugehörigen Winkelgeschwindigkeit vom Anfangspunkt ab als Radiusvektor aufträgt. Die erstere Kurve liegt auf dem Polhodie-, die letztere auf dem Herpolhodiekegel. Zerlegt man die momentane Drehgeschwindigkeit in Komponenten p, q, r nach einem körperfesten

bzw. π, $\varkappa$, ϱ nach einem raumfesten Achsenkreuz, so stellen die ersteren die Koordinaten der Polhodie-, die letzteren die der Herpolhodiekurve dar. Von besonderer Bedeutung ist diese Darstellungsweise wegen ihrer Anschaulichkeit für die Theorie der Bewegung des kräftefreien unsymmetrischen oder des schweren symmetrischen Kreisels.

Wichtig ist die Aufgabe, die π, $\varkappa$, ϱ zu bestimmen, wenn die p, q, r vorgegebene Funktionen der Zeit sind. Das bequemste Bindeglied zur Lösung bilden hier die Eulerschen Winkel (s. diese), die die Differentialgleichungen ergeben:

$$
(1) \quad
\begin{aligned}
p &= \frac{d\vartheta}{dt}\cos\varphi + \frac{d\psi}{dt}\sin\vartheta\sin\varphi \\[4pt]
q &= -\frac{d\vartheta}{dt}\sin\varphi + \frac{d\psi}{dt}\sin\vartheta\cos\varphi \\[4pt]
r &= \frac{d\varphi}{dt} + \frac{d\psi}{dt}\cos\vartheta
\end{aligned}
$$

$$
(2) \quad
\begin{aligned}
\pi &= \frac{d\vartheta}{dt}\cos\psi + \frac{d\varphi}{dt}\sin\vartheta\sin\psi \\[4pt]
\varkappa &= \frac{d\vartheta}{dt}\sin\psi - \frac{d\varphi}{dt}\sin\vartheta\cos\psi \\[4pt]
\varrho &= \frac{d\psi}{dt} + \frac{d\varphi}{dt}\cos\vartheta
\end{aligned}
$$

F. Noether.

Näheres s. Klein-Sommerfeld, Theorie des Kreisels; insbesondere Kap. I bis IV.

Polhodie(kegel) s. Poinsotbewegung.

Polhöhenschwankung. Darunter versteht man die kleinen Änderungen, denen die geographische Breite (Polhöhe) unterworfen ist. Nachdem diese Veränderlichkeit, die schon lange vermutet wurde, vornehmlich durch die Beobachtungen Küstners und durch eine nach Honolulu entsendete Expedition, welche mit Berlin korrespondierende Beobachtungen anzustellen hatte, unzweifelhaft festgestellt war, wurde zur genaueren Untersuchung ein internationaler Breitendienst eingerichtet. Sechs Stationen auf dem 39. Breitengrad der Nordhalbkugel beobachteten nach einem einheitlichen Programme vom Beginne des 20. Jahrhunderts bis zum Kriegsbeginne (zum Teil auch noch heute) unaufhörlich die Breite. Die Stationen sind rings um die Erde verteilt, da die Breitenänderungen an entgegengesetzten Punkten der Erde gleich und entgegengesetzt sein müssen. Man erhält so eine wertvolle Kontrolle. Auch 2 Stationen der Südhalbkugel wurden aktiviert.

Als Resultat ergab sich, daß der Pol der Erde eine spiralig gewundene unregelmäßige Bahn mit wechselnder Amplitude um seine Mittellage beschreibt. Die Amplitude erreicht höchstens einen Wert von 0″6. Man erkennt, daß die Erscheinung periodisch ist, doch ist wegen der großen Unregelmäßigkeit die Periodenlänge schwer zu bestimmen. Es tritt eine Periode von etwa 430 Tagen (Chandlersche Periode) hervor, die von einer jährlichen überlagert wird. Dieses Resultat scheint zunächst der Theorie zu widersprechen. Wenn die Erde ein absolut starrer Körper ist, so gestatten die Gleichungen der Rotationsbewegung nur eine Veränderlichkeit der Polhöhe mit einer Periode von 304 Tagen (Eulersche Periode). Es ergab sich aber, daß die Verlängerung der Periode auf 430 Tage von der Elastizität der Erde herrührt. Der Grad der Festigkeit der Erde läßt sich aus der Länge dieser Periode berechnen (s. Festigkeit der Erde).

Die jährliche Periode ist auf meteorologische Einflüsse zurückzuführen. Der große Massentransport, der durch die jährliche Verlagerung des Luftdruckmaximums entsteht, wirkt alljährlich auf die Erdachse und sucht die Erde aus dem Gleichgewicht zu bringen. Die elastische Erde antwortet darauf mit einer Schwingung, deren Periode wegen der Kompliziertheit der Störung nicht rein zum Ausdruck kommt. Daher stammt die noch herrschende Unsicherheit über ihre Dauer. Es läßt sich in der Tat zeigen, daß auf diesem Wege die verwickelte Bahn des Poles zustande kommt.

Da die in Rede stehende Bewegung außerordentlich klein ist, so muß nicht nur bei der Beobachtung, sondern auch bei der Rechnung mit der äußersten Genauigkeit vorgegangen werden. Die fast durchwegs angewendete Methode der Beobachtung ist die von Horrebow-Talcott. Sie besteht darin, daß die Zenitdistanzen zweier zenitnaher Sterne, von denen der eine südlich, der andere nördlich des Zenites kulminiert, miteinander verglichen werden. Jedes solche Sternpaar liefert einen Wert der Polhöhe. Die Methode gestattet die Elimination der meisten Instrumentalfehler und des ohnehin kleinen Betrages der normalen Refraktion.

Eine vollständige Elimination des Refraktionseinflusses gelingt jedoch bei aller Sorgfalt nicht. Die ungleiche Erwärmung des Bodens bedingt eine kleine Neigung der Luftschichten, derart, daß auch für das Zenit die Refraktion nicht gleich Null ist. Diese sogenannte Zenitrefraktion ändert sich sowohl während jeder Nacht, wie auch während des Jahres. Sie ist die Veranlassung gewisser Unstimmigkeiten in den Resultaten, deren Ursache man lange nicht finden könnte. *A. Prey.*

Näheres s. B. Wanach, Die Polhöhenschwankungen (Naturwissenschaften, VII. Jahrg.).

Das **Polieren** ist die Fortsetzung des Schleifens mit feinsten Schleifmitteln. Poliermittel sind z. B. Eisenoxyd, Zinnasche usw. Die Polierscheiben sind mit Filz oder Tuch, die Polierschalen für Linsen auch mit Pech überzogen. Zum Polieren von eingeschnittenen Verzierungen dienen Scheiben aus Holz, Kork, Blei usw. *R. Schaller.*

Polkegel s. Poinsotbewegung.

Polonium s. Radium F.

Polschuh. Da es vielfach unbequem oder technisch ganz unmöglich ist, den Hufeisenmagneten von vornherein eine solche Form zu geben, daß ihre Pole die für ihre Verwendung geeignetste Form besitzen, so benützt man dazu besondere Ansatzstücke aus weichem Eisen, die Polschuhe, welche mit den Enden des Magnets fest und möglichst fugenlos verbunden werden. Bei Elektromagneten, die verschiedenen Zwecken dienen sollen, werden sie leicht auswechselbar hergestellt. *Gumlich.*

Polstärke. Die Pole (s. dort) sind Gebilde, die bei jedem Magnet paarweise vorkommen; man kann also auch nicht mit ihnen einzeln operieren, ihre Stärke nicht einzeln messen, höchstens einen angenäherten Wert erhalten, indem man etwa sehr langgestreckte Magnetnadeln so aufhängt, daß die eine nahezu in der Verlängerung der anderen fällt. Dann ist die Kraft f, mit der die beiden Pole m_1 und m_2 der beiden Nadeln aus der Entfernung r aufeinander wirken, gegeben durch die Beziehung $f = \frac{m_1 m_2}{r^2}$. Diese Wirkung wird 1, wenn die beiden Polstärken = 1 sind und die Entfernung r = 1 cm ist. Für die Definition der magnetischen Polstärke im elektromagnetischen C G S-System folgt hieraus: Der Pol von der Stärke eins, oder der Einheitspol, ist ein solcher, welcher auf einen gleich starken, im Abstand 1 cm befindlichen Pol mit der Kraft einer Dyne wirkt, also nahezu mit

derselben Kraft, mit welcher die Masse von 1 mg von der Erde angezogen wird. *Gumlich.*

Polychord s. Monochord.

Polytrope heißt nach Zeuner (vgl. dessen „Technische Thermodynamik") eine Kurve, längs der ein ideales Gas eine umkehrbare Zustandsänderung erleidet, welche ähnlich der adiabatischen ist, sich von dieser aber dadurch unterscheidet, daß im differentialen Prozeß die zugeführte Wärmemenge dQ nicht 0, sondern proportional der Temperaturerhöhung dT ist, so daß man $dQ = \gamma\, dT$ zu sezen hat. Eine Polytrope kann man also definieren als eine Linie, längs deren ein Körper bei konstanter Wärmekapazität eine umkehrbare Zustandsänderung erleidet. Es läßt sich leicht zeigen, daß alle Kreisprozesse, die aus zwei festliegenden Isothermen und zwei Polytropen mit gleichem, aber beliebigen γ bestehen, denselben maximalen Nutzeffekt besitzen. — Für polytropische Zustandsänderungen gelten in der üblichen Bezeichnungsweise (T absolute Temperatur, v spezifisches Volumen, p Druck) folgende Gleichungen:

$$T = v^{k-1} = \text{konst.}; \quad T^k \cdot p^{1-k} = \text{konst.};$$
$$p \cdot v^k = \text{konst.}$$

k steht mit γ und den beiden spezifischen Wärmen c_p und c_v in der Beziehung $k = \frac{c_p - \gamma}{c_v - \gamma}$. Man erkennt, daß jene 3 Gleichungen für $\gamma = 0$ in die entsprechenden adiabatischen Beziehungen übergehen (s. Adiabate).

Die Polytrope spielt eine wichtige Rolle bei den Problemen der atmosphärischen Zirkulationen (vgl. das Buch von R. Emden, Gaskugeln, Teubner 1907), und des Aufbaus der gasförmig gedachten Fixsterne, indem man annimmt, daß die auf- und niedersteigenden Gasmassen nicht adiabatischen Veränderungen unterliegen, sondern durch Strahlung im Wärmeaustausch mit der Umgebung stehen.

Je nach dem numerischen Betrage von k wird man zu Polytropen geführt, bei denen die Energiezunahme des Gases kleiner oder größer als die zugeführte Kompressionsarbeit ist, derart, daß noch Wärme freigegeben oder gebunden wird.

Die Polytrope mit dem Wert $k = \frac{4}{3}$ zeichnet sich vor allen andern dadurch aus, daß eine im Raum frei schwebende Gaskugel, deren einzelne Teile Zustandsänderungen gemäß dieser Polytropen erleiden, sich durch eine Reihe von Gleichgewichtszuständen hindurch vollständig gleichförmig kontrahiert und expandiert. Jedes Raumteilchen der Kugel erleidet bei Änderung des Kugelradius gewisse Änderungen des spezifischen Volumens, der Temperatur und des Druckes, die zur Änderung des Radius in festem Verhältnis stehen. Diese Polytrope gibt also ein Bild der Zustände, welche die Masse einer Wärme ausstrahlenden und sich selbst überlassenen Gaskugel durchläuft. Sie stellt eine kosmogenetische Zustandsänderung dar und heißt darum nach Emden Kosmogenide. *Henning.*

Ponderomotorische Wirkungen des Schalles s. akustische Abstoßung und Anziehung.

Pororoca ist der Name der Flutbrandung im Amazonenstrom.

Porträt-Objektiv. Die wichtigsten Anwendungsgebiete der photographischen Linsen, deren relative Öffnung sehr groß, nicht kleiner als etwa 1 : 4, ist, sind die Bildnis-Photographie und die Kinematographie, wofür selbstverständlich, je nach den Aufnahmeverhältnissen, auch andere Objektive, z. B. Universal-Objektive, verwendbar sind. Für kinematographische Aufnahmen benutzt man Objektive sehr kurzer Brennweite und möglichst ausgezeichneter Schärfe, wegen der starken Bildvergrößerung bei der Projektion. Es kommt in erster Linie das Tessar (C. Zeiß) mit der relativen Öffnung 1 : 3,5 in Frage, bei allerhöchster Lichtstärke das Biotar (C. Zeiß) mit einer relativen Öffnung bis zu 1 : 1,8. Für Bildnis-Aufnahmen wählt man zweckmäßig längere Brennweiten. Das alte und berühmte Petzval-Porträt-Objektiv behauptet sich für diese Zwecke noch neben dem modernen Anastigmaten höchster Lichtstärke. Die geringe Tiefenschärfe solcher Objektive, die infolge der Kontrastwirkung der scharfen Einstellungszone gegenüber anderen verschwommen erscheinenden Teilen des Bildes sich mitunter störend bemerkbar macht, ist der Anlaß gewesen, Porträt-Objektive herzustellen, die absichtlich mit gewissen Abbildungsfehlern behaftet sind, die den Bildern eine gleichmäßige Unschärfe, künstlerische Weichheit, oder welche geforderten Eigenschaften sonst noch, verleihen. Als Vertreter dieser Objektivgattung ist das Nicola-Perscheid-Porträt-Objektiv (E. Busch) zu nennen. Ähnliche Wirkungen kann man übrigens auch mit einem scharf zeichnenden Objektiv erzielen, entweder durch nachträgliche Behandlung des Bildes nach der Aufnahme, oder aber durch gewisse Maßnahmen bei der Aufnahme, etwa durch das Vorschalten einer stark durchgebogenen Meniskuslinse, die in der Achse die Brechkraft 0 besitzt. *W. Merté.*

Posaune s. Zungeninstrumente.

Potential. Das elektrostatische Potential ist dadurch definiert, daß sein negativer Gradient die Feldstärke des elektrostatischen Feldes ergibt. Das Potential selbst ist ein eindeutiger Skalar φ, so daß die Feldstärke sich folgendermaßen ausdrückt:

$$\mathfrak{E} = - \nabla \varphi.$$

Aus dieser Definition ergibt sich rein vektoranalytisch, daß

$$\text{rot } \mathfrak{E} = 0,$$

d. h. der Rotor des elektrostatischen Feldes ist immer Null. Wäre dies nicht der Fall, d. h. wäre das Linienintegral der Feldstärke $\mathfrak{E}$ für einen beliebigen geschlossenen Weg von Null verschieden, so müßte es möglich sein, durch Herumführen eines Probekörpers fortgesetzt Arbeit aus dem Felde zu ziehen, was erfahrungsgemäß nicht möglich ist. Die Abnahme des elektrostatischen Potentials von einem Punkte (1) zu einem Punkte (2), die Potentialdifferenz, ist gleich dem Linienintegral von $\mathfrak{E}$, berechnet für einen beliebigen Weg von (1) nach (2) also

$$\varphi_1 - \varphi_2 = \int_1^2 \mathfrak{E}\, ds.$$

Für eine gegebene Elektrizitätsverteilung lassen sich dann Potential und Feld berechnen nach der vektoranalytischen Theorie des wirbelfreien Vektorfeldes, wobei der Ergiebigkeit der Quellen e die Elektrizitätsmenge entspricht. Das Potential wird für h diskrete Punkte $\varphi = \sum\limits_{k=1}^{h} \dfrac{e_k}{r_k}$; für flächenhaft verteilte Ladungen $\varphi = \int \dfrac{df\, \omega}{r}$, für räumlich verteilte $\varphi = \int \dfrac{dv \cdot \varrho}{r}$, wobei r = Entfernung vom

Aufpunkt, ω = Flächendichte und ϱ = Raumdichte ist. *R. Jaeger.*

Potential des Erdmagnetismus s. Erdmagnetismus, Abschnitt Theorie, Variationen des Erdmagnetismus.

Potential, magnetisches. In den nicht von Strömen durchflossenen Teilen eines Magnetfeldes lassen sich die Komponenten desselben als Ableitungen einer Funktion, des magnetischen Potentials, darstellen, also

$$\mathfrak{H}x = - \frac{\partial \psi}{\partial x}; \quad \mathfrak{H}y = - \frac{\partial \psi}{\partial y}; \quad \mathfrak{H}z = - \frac{\partial \psi}{\partial z}.$$

Diese Darstellung bietet für die Rechnung manche Vorteile, da man es nur mit einer einzigen Größe, der Funktion ψ, zu tun hat. *Gumlich.*

Potential s. Energie (mechanische).

Potentialgefälle, atmosphärisches. An der Erdoberfläche existiert beständig ein elektrisches Feld, welches bei ebenem Terrain so beschaffen ist, daß Potentialdifferenzen gewöhnlich nur in vertikaler Richtung festgestellt werden können. Die Niveauflächen sind also Ebenen, die untereinander und zur Erdoberfläche parallel sind. Zur Charakteristik des Feldes genügt daher die Angabe der Potentialdifferenz zwischen zwei in vertikaler Richtung verschieden weit abstehenden Punkten. Nach dem Vorschlage Franz Exners nimmt man als Maß für das atmosphärische Potentialgefälle die in Volt ausgedrückte Potentialdifferenz je zweier um 1 m in der Vertikalen abstehender Punkte. Historisches vgl. den Aufsatz über „Luftelektrizität". Als ersten „Referenzpunkt" kann man auch die Erdoberfläche selbst ansehen und dann die Potentialdifferenz zwischen ihr und einem 1 m darüber befindlichen Punkte messen. Jede Erhebung der Erdoberfläche (Berge, Hügel, Felsenspitzen), sowie in der Vertikalen aufragende Gegenstände (Häuser, Kamine, Bäume, Blitzableiter, Maste elektrischer Leitungen und dgl.) bringen eine meist sehr erhebliche „Störung" des Erdfeldes an der betreffenden Stelle hervor, d. h. die Niveauflächen verlaufen nicht mehr zueinander parallel, sondern sie drängen sich an aufragenden Gegenständen stark zusammen, so daß man dort sehr bedeutende Erhöhung des Potentialgefälles, in der unmittelbaren Nachbarschaft dagegen eine Erniedrigung beobachten kann. In bewohnten Gegenden ist es nicht meist möglich, den Beobachtungsort in völlig störungsfreier Lage auszuwählen. Die an solchen Orten gemachten Beobachtungen lassen sich aber dennoch verwerten: man braucht nur simultan Messungen des Potentialgefälles an dem Orte der gewählten Station und an einem nicht weit abgelegenen störungsfreien Platze durchzuführen. Die erhaltenen Werte an den beiden Orten stehen dann zueinander in einem festen Verhältnis (Reduktionsfaktor). Die „Reduktion der beobachteten Werte einer Station auf die Ebene" erfolgt dann einfach durch Multiplikation mit diesem Faktor, der übrigens von Zeit zu Zeit nachkontrolliert werden sollte.

Methoden. Zur Ausführung von Messungen des atmosphärischen Potentialgefälles benötigt man ein Elektrometer mit einem Meßbereich von etwa 100—300 Volt (entweder ein Exnersches Elektroskop oder ein Wulfsches Zweifadenelektrometer wird sich der leichten Transportfähigkeit am besten eignen), sowie eines oder zweier Kollektoren. Dies sind Vorrichtungen, welche dazu dienen, an bestimmten, möglichst genau definierten Stellen sehr rasch den Potentialausgleich mit der Umgebung zu bewerkstelligen (vgl. den Artikel „Kollektoren").

Das Gehäuse des Elektrometers wird entweder mit der Erde direkt leitend verbunden oder besser mit einem Kollektor, der am Erdboden angebracht ist, das Blättchen- oder Fadensystem des Elektrometers dagegen mit dem zweiten Kollektor, der an einem Ebonitstab, etwa in der Höhe 1 m über dem Boden, angebracht wird. Die Zuleitungsdrähte sind so zu führen, daß sie das Erdfeld möglichst wenig stören. Je nach der Wirkungsfähigkeit des Kollektors stellt sich dann in wenigen Sekunden oder äußersten Falles in ein paar Minuten der Ausschlag ein, der der Spannungsdifferenz zwischen den beiden Orten entspricht.

Einzelmessungen des Potentialgefälles haben wenig Wert, da dieses auch innerhalb kurzer Zeiten sehr stark schwanken kann. Über die Änderungen vgl. den Artikel „Erdfeld". Das Potentialgefälle soll also möglichst fortlaufend beobachtet werden und daher hat man schon frühzeitig Vorrichtungen ersonnen, welche eine ununterbrochene Registrierung desselben ermöglichen. Bei diesen wird meist ein Quadrantenelektrometer angewendet, welches absichtlich so unempfindlich gemacht wird, daß es sich für die in Betracht kommenden Spannungen bis zu 1000 Volt eignet. Die Stellung der Nadel, die dem jeweiligen Potential entspricht, wird photographisch registriert (Mascart, Chauveau, Elster und Geitel). Der Dauerbetrieb solcher photographischer Registrierungen ist indes doch ziemlich umständlich und kostspielig, so daß nur wenige englische und französische luftelektrische Stationen ihn eingeführt haben. Größere Verbreitung hat das Benndorfsche Registrierelektrometer gefunden, welches mechanisch die Registrierung in regelmäßigen Intervallen besorgt (vgl. „Benndorf-Elektrometer"). Le Cadet benützte das Exnersche Elektroskop zu Registrierungen des Potentialgradienten, indem er die Stellung des Blättchens auf einem in vertikaler Richtung vorüberziehenden Streifen lichtempfindlichen Papiers photographierte. In ähnlicher Weise wurde von K. Bergwitz und Th. Wulf das Wulfsche Zweifadenelektrometer in einen photographischen Registrierapparat eingebaut.

Eine besondere Meßtechnik erfordern die Beobachtungen des Potentialgefälles im Freiballon, welche zur Verfolgung der Abnahme des Gradienten mit der Höhe erforderlich sind. Da der Ballon selbst eine Störung des elektrischen Feldes der Erde in seiner Umgebung erzeugt, muß man die Kollektoren weit unterhalb des Ballonkorbes anbringen und überdies sehr rasch wirkende Kollektoren verwenden. Als Elektrometer eignen sich für Ballonmessungen am besten das Wulfsche Zweifaden-Elektrometer, eventuell die Einfadenelektrometer nach Lutz und Wulf in recht unempfindlicher Schaltung. Alle diese Instrumente sind gegen Erschütterungen wenig empfindlich. Über die Resultate der Potentialmessungen am Erdboden und im Ballon vgl. den Artikel „Erdfeld".

V. F. Hess.

Näheres s. H. Mache und E. v. Schweidler, Atmosphärische Elektrizität. 1909.

Potentialströmung. Existiert in einer strömenden Flüssigkeit eine Funktion φ derartig, daß die Komponenten der Geschwindigkeit u, v, w den Gleichungen genügen, $u = -\dfrac{\partial \varphi}{\partial x}$, $v = -\dfrac{\partial \varphi}{\partial y}$, $w = -\dfrac{\partial \varphi}{\partial z}$, so spricht man von einer Potentialströmung. Die Funktion φ wird das Geschwindigkeitspotential genannt. Aus den Bestimmungsgleichungen für φ ergibt sich, daß es in einer nicht stationären Strömung eine willkürliche reine Funktion der Zeit F (t) additiv enthalten kann.

Bei einer stationären Strömung in einem einfach zusammenhängenden Raume ist φ an jedem Punkt eine eindeutige Funktion der Raumkoordinaten, x y, z, und der Wert $\int d\varphi$ längs einer Strecke AB ist für alle Verbindungslinien zwischen A und B der gleiche. In einem $(n+1)$ fach zusammenhängenden Raume, in welchem demnach n unabhängige nicht reduzierbare Kurven gezogen werden können, ist φ eine mehrdeutige oder zyklische Funktion derartig, daß, wenn mit φ das Potential an einem Punkte A bezeichnet wird, auch der Ausdruck

$$\varphi + p_1 \varkappa_1 + p_2 \varkappa_2 + \dots - + p_n \varkappa_n$$

das Potential desselben Punktes ist. Hier sind $p_1 \dots p_n$ beliebige ganze Zahlen und

$$\varkappa_1 = \int_1 c_s\, ds \qquad \varkappa_2 = \int_2 c_s\, ds$$

sind die Werte der Zirkulation längs der n nicht reduzierbaren Kurven des Raumes. $\varkappa_1$, $\varkappa_2$ usw. sind die Beträge, um welche φ zunimmt, wenn man von dem Punkte A längs den verschiedenen nicht reduzierbaren geschlossenen Kurven nach demselben Punkte A zurückkehrt. Die Größe $\varkappa$ wird die zyklische Konstante oder auch der Periodizitätsmodul genannt.

Aus der Definition der Funktion φ folgt, daß

$$\xi = \frac{1}{2}\left(\frac{\partial w}{\partial y} - \frac{\partial v}{\partial z}\right) = 0, \quad \eta = \frac{1}{2}\left(\frac{\partial u}{\partial z} - \frac{\partial w}{\partial x}\right) = 0,$$
$$\zeta = \frac{1}{2}\left(\frac{\partial v}{\partial x} - \frac{\partial u}{\partial y}\right) = 0.$$

Es sind demnach die Rotationskomponenten Null, so daß eine Potentialströmung wirbelfrei ist. Da andererseits Wirbel nur durch nichtpotentielle Kräfte hervorgerufen werden können, so folgt, daß im allgemeinen eine reibungslose Flüssigkeit ein Potential besitzt. Wie Lagrange nachwies, existiert für ein Flüssigkeitsteilchen zu allen Zeiten ein Geschwindigkeitspotential, wenn es zu irgend einer Zeit einmal existierte; da das Teilchen aber mit der Zeit seinen Ort ändert, ist damit nicht gesagt, daß auch an einem Orte stets ein Geschwindigkeitspotential existiert, an welchem es zu irgend einer Zeit existierte.

Ist die Flüssigkeit inkompressibel, so muß φ der Laplaceschen Gleichung genügen

$$\Delta \varphi = 0,$$

und alle Lösungen dieser Gleichung, welche mit den Grenzbedingungen vereinbar sind, geben mögliche Potentialströmungen. Da die Annahme der Inkompressibilität fast stets zulässig ist (vgl. Eulersche Gleichungen), so hat dieser Fall besondere theoretische und praktische Bedeutung. Allgemein läßt sich zeigen, daß, wenn φ auf der Grenzfläche eines einfach zusammenhängenden Raumes konstant ist, daß es dann im ganzen Innern des Raumes konstant ist, und ferner, wenn auf der Grenzfläche der Wert $\dfrac{\partial \varphi}{\partial n}$ oder auch φ selbst gegeben ist, oder teils das eine, teils das andere, daß dann auch φ im ganzen Raume eindeutig bestimmt ist. Ist im

38*

speziellen Falle $\frac{\partial \varphi}{n\partial}$ an der Oberfläche des Raumes überall 0, so ist φ im ganzen Raume konstant. Daraus folgt der Helmholtzsche Satz, daß in einem einfach zusammenhängenden von festen Wänden umschlossenen Raume eine Potentialströmung einer inkompressiblen Flüssigkeit nicht möglich ist. Derselbe Satz folgt aus der Beziehung

$$2\,T = -\varrho \iint \varphi \frac{\partial \varphi}{\partial n}\,dS,$$

wo T die gesamte kinetische Energie der strömenden Flüssigkeit in einem Raume ist, über dessen Oberfläche das Integral auf der rechten Seite dieser Gleichung erstreckt wird.

In der klassischen Hydrodynamik wird der Fall am eingehendsten behandelt, daß sich die Flüssigkeit selbst bis ins Unendliche erstreckt, aber im Innern durch eine oder mehrere geschlossene Flächen begrenzt wird. Wir erhalten dann die Bewegung eines festen Körpers innerhalb einer Flüssigkeit oder die Veränderung einer gleichmäßigen Flüssigkeitsströmung durch das Einbringen eines festen Körpers. Hat z. B. die Flüssigkeit im Unendlichen eine konstante Geschwindigkeit V, so ergibt sich beim Einbringen einer Kugel in die Flüssigkeit ein Potential

$$\varphi = -z\left(1 + \frac{R^3}{2\,r^3}\right)V,$$

wo R der Radius der Kugel, r der Abstand des Punktes (x, y, z) vom Kugelmittelpunkt ist, und die z-Koordinate in Richtung von V gezogen ist. Die Stromlinien einer derartigen Strömung sind durch beistehende Figur dargestellt. Der Druck der Flüssigkeit gegen die einzelnen Oberflächenelemente der Kugel ergibt sich aus der Bernoullischen Gleichung (s. dort). Indessen ist der Gesamtdruck P gegen die Kugel in Richtung der Strömung 0 (vgl. Bewegungswiderstand), ganz im Gegensatz zur Erfahrung.

Stromlinien um eine Kugel.

Besonders einfach werden die Lösungen der Laplaceschen Gleichung bei zweidimensionalen Problemen (s. zweidimensionale Flüssigkeitsbewegung), welche wir erhalten, wenn der in die Flüssigkeit gebrachte Körper in einer Richtung sehr groß ist.

Ein sehr einfaches Strömungsbild ergibt sich, wenn wir $\varphi = \frac{e}{r}$ als Lösung der Laplaceschen Gleichung wählen, und mit r den Abstand von einem gegebenen festen Punkt A bezeichnen. Es gehen dann die Stromlinien nach allen Richtungen radial vom Punkte A aus. Die Flüssigkeit strömt daher radial von A fort oder nach A hin; im ersteren Falle nennt man A eine Quelle, im letzteren Falle eine Senke. Die Flüssigkeitsmenge, die von A pro Sekunde fortfließt, ist durch die Gleichung

$$\iint \frac{\partial \varphi}{\partial r}\,d\varphi = -4\,\pi\,e$$

gegeben, wo das Integral über eine den Punkt A umgebende Kugelfläche zu erstrecken ist. Ist demnach e positiv, so fließt die Flüssigkeit nach A hin, wir haben eine Senke; wenn e negativ ist, so haben

wir eine Quelle; der Wert e selbst mißt die „Ergiebigkeit" der Quelle oder Senke.

Haben wir ein „Quellenfeld", d. i. einen Raum mit mehreren Quellen oder Senken, so ist das Geschwindigkeitspotential φ durch den Ansatz gegeben

$$\varphi = \underset{a}{\Sigma}\,\frac{e_a}{r_a}.$$

Alle Stromlinien beginnen dann bei den Quellen und endigen bei den Senken (s. auch Stromlinien).
O. Martienssen.

Näheres s. Lamb, Lehrbuch der Hydrodynamik. Leipzig 1907.

Potentielle Energie s. Energie (mechanische).

Potentielle Temperatur ist diejenige absolute Temperatur eines Luftteilchens, die es erreichen müßte, wenn es adiabatisch, d. h. ohne Zufuhr oder Entziehung von Energie, auf einen Normaldruck gebracht würde, also $= T\cdot p_0\,v_0/pv$. Die potentielle Temperatur nimmt bei stabilen Verhältnissen stets nach oben zu. Bei adiabatischen Vorgängen in der Atmosphäre bleiben die Luftteilchen auf den Flächen gleicher potentieller Temperatur. Diese Flächen verlaufen einfacher als die Isothermenflächen und sind daher auch besonders zur räumlichen und zeitlichen Interpolierung zwischen benachbarten Zustandskurven geeignet. Es folgt, da bei adiabatischen Vorgängen $p\cdot v^k = p_0\,v_0^k$, für die potentielle Temperatur der Ausdruck

$T\left(\frac{p_0}{p}\right)^{\frac{k-1}{k}}$. Hierin ist k = dem Verhältnis der

spezifischen Wärmen $\frac{c_p}{c_v} = 1,41$. Da sich beim Absteigen die Luft um etwa 1° für 100 m erwärmt, ergibt sich als bequeme Faustregel, wenn man den Bodendruck als normal annimmt, aus der Höhe H in hm und der Temperatur t für die potentielle Temperatur der Näherungswert t + H.
Tetens.

Näheres s. Beitr. zur Physik der freien Atmosphäre. Bd. 3, S. 232ff.

Potentiometer. Unter Potentiometer versteht man im allgemeinen eine Vorrichtung, die es gestattet, von einer gegebenen Spannung beliebige Teile abzugreifen. Diese Vorrichtung, auch Spannungsteiler genannt, besteht in ihrer einfachsten Gestaltung aus einem großen Widerstand, an dem die gesamte Spannung liegt. Der Widerstand besitzt einen Gleitkontakt; zwischen diesem und dem einen Pol des Widerstandes wird die erforderliche Teilspannung abgenommen. Um feinere Regulierungen vornehmen zu können, sind mitunter die für diesen Zweck gebauten Widerstände mit verschieden dicker Drahtstärke bewickelt, so daß Teilspannung an dem dickdrähtigen Teil abgenommen wird.

Im besonderen wird unter der Bezeichnung Potentiometer auch der Kompensator oder Kompensationsapparat verstanden (s. dort). *R. Jaeger.*

Potentiometer. Vorrichtung zwecks Herstellung einer Spannungsdifferenz von bestimmter Größe zwischen zwei Punkten eines Stromkreises.
A. Esau.

Potentiometer s. Kompensator.

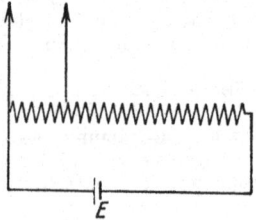

Potentiometerschaltung.

Poulsen-Sender s. Lichtbogengenerator.

Präzession. 1. Reguläre P.; a) Kinematisch versteht man darunter die Bewegung eines starren Körpers, der sich mit gleichförmiger Geschwindigkeit um eine in ihm feste Achse, die *präzessierende* Achse, dreht (*Eigendrehung*), während diese Achse mit gleichförmiger Geschwindigkeit einen Kreiskegel (*Präzessionskegel*) beschreibt. Die Kegelachse heißt *Präzessionsachse.* Man kann sich diese Bewegung nach Poinsot auch so vorstellen: Ein im Körper fester Kreiskegel, der *Polhodiekegel* oder *Polkegel* (s. Poinsot-Bewegung), rollt auf einem raumfesten Kreiskegel, dem *Herpolhodiekegel* oder *Spurkegel*, gleichmäßig ab, ohne zu gleiten.

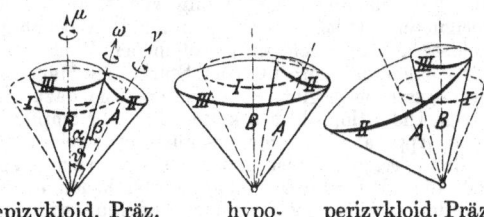

epizykloid. Präz. hypo- perizykloid. Präz.
(vorschreitend)   (rückläufig)

A = präzessierende Achse
B = Präzessionsachse
I = Präzessionskegel
II = Polhodiekegel ($\pi o \lambda o \varsigma$ = Pol, $\acute{o}\delta o \varsigma$ = Weg)
III = Herpolhodiekegel ($\acute{\varepsilon}\varrho\pi\varepsilon\iota\nu$ = kriechen)

Die Öffnungswinkel α, β, ϑ des Herpolhodie-, Polhodie- und Präzessionskegels und die Winkelgeschwindigkeit μ, ν, ω der Präzessionsdrehung, der Eigendrehung und der resultierenden Drehung hängen zusammen durch

$$\mu \sin \alpha = \nu \sin \beta$$
$$\omega^2 = \mu^2 + \nu^2 - 2 \mu \nu \cos \vartheta,$$

und die augenblickliche Achse der resultierenden Drehung ist die Berührungsgerade zwischen Polhodie- und Herpolhodiekegel. Je nachdem der Herpolhodiekegel vom Polhodiekegel äußerlich oder innerlich berührt oder von ihm umschlossen wird, heißt die Präzession eine *epi-*, *hypo-* oder *perizykloidische*. Im ersten Falle haben, von der Kegelspitze aus gesehen, die Eigendrehung ν und der Präzessionsumlauf der präzessierenden Achse gleichen Drehsinn (*progressive* oder *vorschreitende* P.), in den beiden letzten Fällen entgegengesetzten (*retrograde* oder *rückläufige* P.).

Als ganz besonderer Fall einer regulären Präzession ist auch die Drehung eines starren Körpers um eine raumfeste Achse anzusprechen; hier ist $a = \beta = \vartheta = o$.

b) Dynamisch oder kinetisch spielt die reguläre Präzession eine bedeutende Rolle als Bewegungsform des reibungslosen Kreisels:

α) Die allgemeinste Bewegung, die ein kräftefreier symmetrischer Kreisel (s. d.) ausführen kann, ist eine reguläre Präzession. Bei gegebener Massenverteilung, die durch die Hauptträgheitsmomente A (um die Symmetrieachse, die zugleich die präzessierende Achse ist) und B (um jede dazu senkrechte Stützpunktachse) gekennzeichnet ist, unterliegen die Parameter μ, ν, ϑ dieser regulären Präzession der dynamischen Bedingung

$$A \nu = (B - A) \mu \cos \vartheta,$$

und zwar ist die Bewegung beim verlängerten Kreisel (A < B) eine epizykloidische, beim abgeplatteten (A > B) eine perizykloidische, wogegen eine hypozykloidische hier nicht vorkommen kann.

β) Unter den Bewegungen des (reibungslosen) schweren symmetrischen Kreisels kommt als besonderer Fall, d. h. bei geeigneten Anfangsbedingungen, ebenfalls eine reguläre Präzession mit der Vertikalen als Präzessionsachse vor, sei es, daß der Kreisel mit seiner unteren Spitze in einer Pfanne sitzt oder auf horizontaler Ebene tanzt oder wie ein Pendel aufgehängt ist. Dreht sich nämlich der Kreisel ursprünglich um seine unter dem Winkel ϑ gegen die Vertikale festgehaltene Symmetrieachse mit der Winkelgeschwindigkeit ν, so fängt er dann an, eine reguläre Präzession mit der Symmetrieachse als präzessierender Achse und mit der Präzessionsgeschwindigkeit μ zu beschreiben, wenn ihm erstens ein Drehstoß mitgeteilt wird, dessen Achse in die durch Symmetrieachse und Vertikale bestimmte Ebene fällt, und der die Komponenten $A \mu \cos \vartheta$ und $B \mu \sin \vartheta$ in die Symmetrieachse und senkrecht dazu wirft, und wenn zweitens das Produkt aus Kreiselgewicht G und Abstand a des Schwerpunkts vom Stützpunkt der Bedingung gehorcht

(*) $$a\,G = A \mu \nu + (A - B)\,\mu^2 \cos \vartheta.$$

Es ist daher verständlich, daß, im Gegensatz zum kräftefreien symmetrischen Kreisel, die reguläre Präzession noch nicht die allgemeinste Bewegung des schweren symmetrischen Kreisels ist.

Bei gegebener Massenverteilung (A, B, G, a) gibt es zu vorgelegten Werten ϑ und ν im allgemeinen zwei Werte von μ, den beiden Wurzeln der in μ quadratischen Gleichung (*) entsprechend. Man unterscheidet die beiden Präzessionen als *langsame* und *schnelle*. Die letztere ist beim sog. Kugelkreisel (A = B) oder bei horizontaler Symmetrieachse ($\vartheta = 90^0$) dynamisch nicht mehr zu verwirklichen, da sie unendlich schnell sein müßte.

Als besonderer Fall dieser regulären Präzession ist auch die aufrechte Bewegung ($\vartheta = o$) des schweren symmetrischen Kreisels anzusprechen, solange sie stabil ist. Die Bedingungsgleichung (*) wird dann ersetzt durch die Ungleichung

$$A^2 \omega^2 \gtreqqless 4\,B\,G\,a,$$

worin ω die resultierende Drehgeschwindigkeit bedeutet.

2. Pseudoreguläre Präzession. Darunter versteht man eine Bewegung, die sich von der regulären Präzession nur so wenig unterscheidet, daß sie bei nicht zu genauer Beobachtung mit dieser verwechselt werden kann. Die pseudoreguläre Präzession kommt praktisch sehr häufig vor: sie ist nämlich, wenn nicht zufällig die Bedingungen für die genau reguläre Präzession erfüllt sind, die allgemeinste Bewegung eines schweren symmetrischen Kreisels, der sich so rasch dreht, wie es bei den üblichen Kreiselexperimenten der Fall zu sein pflegt. Die pseudoreguläre Präzession kann aufgefaßt werden als Überlagerung einer regulären Präzession durch *Nutationen*; dies sind Präzessionen zweiter Ordnung der Symmetrieachse um ihre ideale Mittellage mit kleinem Öffnungswinkel des zugehörigen Präzessionskegels; sie stellen sich dem Auge dar als kleine Erzitterungen der Symmetrieachse, wenn sie ihre reguläre Präzession erster Ordnung beschreibt. Die Drehgeschwindigkeit μ' dieser Nutationen (Präzessionsgeschwindigkeit zweiter Ordnung) ist

$$\mu' = \frac{A}{B}\,\nu.$$

Die Nutationsdauer ist also größer oder kleiner als die Eigendrehdauer, je nachdem der Kreisel

gestreckt oder abgeplattet ist. Die Präzessionsgeschwindigkeit erster Ordnung μ ist dabei nach (*)
sehr angenähert

$$\mu = \frac{a\,G}{A\,\nu},$$

und das Produkt $\mu\,\mu'$ ist mithin von der Eigendrehgeschwindigkeit ν des Kreisels unabhängig.

3. Als unregelmäßige Präzession wird gelegentlich eine Verallgemeinerung der regulären Präzession
bezeichnet, bei der die Größen a, β, ϑ, μ, ν nicht
mehr zeitlich unveränderlich sind.   *R. Grammel.*

Ausführlicheres über die reguläre Präzession bei F. Klein
und A. Sommerfeld, Über die Theorie des Kreisels,
1897–1910, S. 47–55, S. 125–127, S. 151–154,
S. 279–306.

Präzession (Astronomie). Die Theorie der Kreiselpräzession findet auf die rotierende Erde Anwendung. Man kann sich die abgeplattete Erde als
eine Kugel mit einem am Äquator aufgelagerten
Massenring vorstellen. Da weder Sonne noch Mond
sich in der Ebene des Äquators bewegen und die
näherliegenden Teile des Ringes stärker, die entfernteren schwächer angezogen werden als der Erdmittelpunkt, so entsteht ein Kräftepaar, das den
Ring und die damit verbundene Erde in die Ebene
der Ekliptik bzw. Mondbahn, die nur um 5° voneinander abweichen, hineinziehen will. Da es sich
um eine Differentialwirkung handelt, die mit der
3. Potenz der Entfernung abnimmt, so übt hier
der Mond wie bei den Gezeiten eine etwa doppelt
so starke Wirkung aus als die Sonne. Infolge des
Kräftepaares beschreibt die Achse der Erde eine
Rückwärtsbewegung auf einem Kegelmantel um
den Pol der Ekliptik, der sich in 25 700 Jahren vollzieht. Hierbei rücken die Sternbilder des Tierkreises
gegen den Frühlingspunkt vor, woher der Name
Präzession stammt. Die Präzession wurde schon
von Hipparch (150 v. Ch.) entdeckt.

Die Präzession geht nicht gleichmäßig vor sich.
Die Solarpräzession ist zur Zeit der Äquinoktien
Null, zur Zeit der Solstitien am größten. Bei der
Lunarpräzession ist die entsprechende Periode
der halbe Monat. Außerdem ist sie am größten,
wenn die Mondbahn die größte Neigung gegen den
Äquator hat, was alle 18 Jahre der Fall ist. Diese
18jährige Periode ist die größte Schwankung der
Präzession und wird Nutation genannt. Außerdem tritt infolge langsamer Änderung der Ekliptikschiefe und Erdbahnexzentrizität eine fortschreitende Änderung der mittleren Präzession ein. Nach
Newcomb beträgt die mittlere jährliche Präzession

$$50,2453'' + 0,000\,2225\,(t - 1850).$$

Die Amplitude der Nutation ist 9,210''.

Auch die anderen Planeten müssen der Präzession unterliegen. Für den Mars hat H. Struve
sie zu 7,07'' im Jahr berechnet.   *Bottlinger.*

Näheres s. L. de Ball, Lehrb. d. sphärischen Astronomie.

Präzisionsamperemeter usw. s. Drehspul- bzw.
Zeigergalvanometer.

Präzisionsmaß s. Fehlertheorie.

Präzisionstransformator s. Meßtransformator.

Präzisionswage, magnetische. Es lag von
jeher nahe, die Zugkraft der Magnete als Maß
für ihre Stärke zu benützen und sie speziell auch
zur Bestimmung des Induktionsflusses in einer
Probe zu verwenden, aber erst Professor du Bois
ist es gelungen, diese Methode der Präzisionsmessung
dienstbar zu machen. Der Apparat setzt sich zusammen aus einer Magnetisierungsspule, welche den
zylindrischen Probestab oder das zu untersuchende
Blechbündel aufnimmt, und einem Joch (s. dort).

Dies ist durch einen horizontalen Schnitt in zwei
Teile zerlegt, nämlich die beiden vertikalen Sockelstücke und einem darüber schwebenden, als Wagebalken ausgebildeten horizontalen Stück. Letzteres
ruht auf einer exzentrischen Schneide und wird,
wenn das Feld nicht erregt ist, durch einen am
kürzeren Arm angebrachten Bleiklotz im Gleichgewicht gehalten. Bei Erregung des Feldes überwiegt die Anziehung zwischen den Schnittflächen
des längeren Hebelarms diejenige des kürzeren um
so mehr, je größer der den Wagebalken durchsetzende Induktionsfluß, also je höher bei gleichem
Querschnitt der Probe deren Magnetisierung ist.
Diese stärkere Anziehung wird ausgeglichen durch
die Verschiebung eines Laufgewichts auf einer
geeigneten Skala, so daß man für jede beliebige
Feldstärke, die sich in gewöhnlicher Weise aus
der Spulenkonstante und der Stärke des Magnetisierungsstroms ergibt, ohne weiteres die dazu gehörige Induktion ablesen kann. Der sehr empfindliche Apparat, der eine erschütterungsfreie Aufstellung erfordert, ist natürlich von vornherein
mit allen Fehlerquellen einer gewöhnlichen Jochanordnung und noch einigen anderen, wie die
Wirkung der Vertikalkomponente des Erdfeldes
auf den vertikalen Jochteil, behaftet, die von
du Bois selbst und neuerdings auch von v. Horvath eingehend diskutiert wurden; er bedarf einer
„Scherung" (s. dort), die bei Verwendung von
Kugelkontakten bei den Probestäben nicht in
demselben Maße von der Natur der Probe abhängt,
wie bei den gewöhnlich verwendeten Klemmbacken, und die von der Physikalisch-Technischen
Reichsanstalt auf Antrag ermittelt wird. Der
Apparat mit Zubehör wird von der Firma Siemens & Halske, Wernerwerk, Siemensstadt bei
Berlin, hergestellt.   *Gumlich.*

Näheres s. du Bois, Zeitschr. f. Instrumentenkunde 1900,
H. 4 u. 5, sowie v. Horvath, Diss. Berlin 1919.

Pratt, Hypothese von, s. Isostasie.

Preßluftkondensator (M. Wien). Kondensatoren
in Form von Leidner Flaschen, bei denen als Dielektrikum Kohlensäure oder Luft mit einem Druck
bis etwa 15 Atmosphären verwendet wird. Die
Kondensatoren dienen besonders für höhere Spannungen.   *W. Jaeger.*

Preßluftkondensatoren. Durch Erhöhung des
Druckes wird die Belastbarkeit des Kondensators

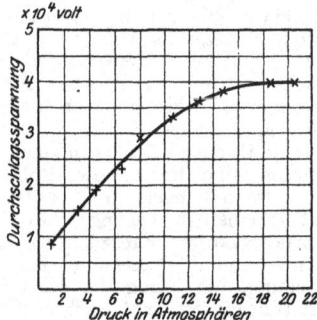

Abhängigkeit der Durchschlagsspannung eines Kondensators
vom Druck.

wesentlich gesteigert. Bei 3 mm Plattenabstand
ergibt ein Preßluftkondensator bei zunehmendem
Druck eine Durchschlagsspannung nach Figur.
                                       A. Meißner.

Prestonsche Regel besagt, daß die verschiedenen
Linien derselben Serie und die Linien verschiedener

Elemente entsprechender Serien unter dem Einfluß eines äußeren Magnetfeldes nach Art (Komponentenzahl) und Größe der Aufspaltung den gleichen Zeemaneffekt (s. d.) zeigen. Abweichungen von dieser Regel finden statt, wenn die magnetische Aufspaltung groß gegen den natürlichen Abstand der Dublets und Triplets ist, indem hier auch diese den normalen Zeemaneffekt an Einfachlinien zeigen (s. Zeemaneffekt und magnetische Umwandlung).

R. Ladenburg.

Prevostsches Gesetz s. Strahlungsgleichgewicht.

Prinzipe der Kinetik. Unter Prinzipen versteht man in der Mechanik solche Sätze, die, teils als Axiome aufgestellt, teils als solchen abgeleitet, die Ansätze für die Lösung einer Aufgabe unmittelbar liefern sollen. Die Prinzipe der Kinetik insbesondere dienen teils dazu, die Bewegungsgleichungen anzuschreiben, teils geben sie sofort deren Integrale. Die wichtigsten sind die folgenden:

1. **Das d'Alembertsche Prinzip** lautet: Fügt man der auf jeden Massenpunkt wirkenden eingeprägten Kraft seine Trägheitskraft (s. d.) hinzu und nennt die Resultante aus beiden die verlorene Kraft, so müssen sich die verlorenen Kräfte unter dem Einfluß der den System auferlegten Bedingungen in jedem Augenblicke das Gleichgewicht halten.

Dieses Prinzip führt die ganze Kinetik auf die Statik zurück. Es wird praktisch in der Regel so verwendet, daß man, um von irgend einer Bewegung absehen zu dürfen, die von dieser Bewegung geweckten Trägheitskräfte den äußeren Kräften hinzufügt. So darf man beispielsweise bei einem System, welches einen schnellen Kreisel enthält, von dessen Eigendrehung absehen, wenn man das Kreiselmoment (s. Kreisel) wie ein äußeres Moment behandelt.

2. **Das Hamilton-Jacobische Prinzip** (der stationären Wirkung) besagt, daß die Variation des über die ganze Bewegung erstreckten Zeitintegrals der Lagrangeschen Funktion **L** [s. Energie (mechanische)] verschwindet, wenn man die Bewegung in eine benachbarte, den geometrischen Bedingungen ebenfalls genügende variiert, welche *in der gleichen Zeit* verläuft:

$$\delta \int \mathbf{L}\, dt = 0.$$

Aus diesem Prinzip folgen die Lagrangeschen Bewegungsgleichungen zweiter Art (s. Impulssätze).

3. **Das Maupertuissche Prinzip** des kleinsten Aufwandes (oder der kleinsten Aktion oder, jedoch sehr mißverständlich, der kleinsten Wirkung) besagt in der durch Lagrange verbesserten Form, daß die Variation des Zeitintegrals der Bewegungsenergie T [s. Energie (mechanische)] verschwindet, falls die variierte Bewegung *mit gleicher mechanischer Gesamtenergie* verläuft:

$$\delta \int T\, dt = 0.$$

Bemerkung: Die in den Prinzipen von Hamilton-Jacobi und von Maupertuis-Lagrange auftretenden Integrale $\int \mathbf{L}\,dt$ bzw. $\int T\,dt$ heißen gelegentlich auch die *Prinzipalfunktion* bzw. die *Wirkungsfunktion;* die Prinzipe besagen, daß diese Funktionen bei der tatsächlichen Bewegung einen Extremwert annehmen, nämlich (vorbehaltlich gewisser in der Regel selbstverständlicher Voraussetzungen) ein Minimum. In diesem Sinne behauptet das Maupertuissche Prinzip, daß die Natur mit den gegebenen Mitteln stets die größten Wirkungen hervorruft. (Der Name Wirkungsfunktion kommt in der Mechanik übrigens auch noch in anderer Bedeutung vor, s. Impulssätze).

4. **Das Gaußsche Prinzip** des kleinsten Zwangs verlangt, daß man für jeden Punkt des Systems den Vektor der verlorenen Kraft aufstellt, das Quadrat seines absoluten Betrages durch die zugehörige Masse teilt und sodann über alle Systempunkte addiert. Der so entstehende Mittelwert heißt der *Zwang* Z des Systems, und das Prinzip von Gauß besagt, daß die natürliche Bewegung des Systems stets so erfolgt, daß der Zwang ein Minimum bleibt:

$$\delta Z = 0.$$

5. **Das Hertzsche Prinzip** der geradesten Bahn (s. Hertzsche Mechanik).

6. **Das Prinzip der Erhaltung der Energie** oder der Energiesatz [s. Energie (mechanische)].

7. **Das Prinzip der Erhaltung des Schwerpunkts** oder der Schwerpunktssatz (s. Impulssätze).

8. **Das Prinzip der Erhaltung der Flächenmomente** oder der Flächensatz (s. Impulssätze).

R. Grammel.

Näheres in den Lehrbüchern der analytischen Mechanik, z. B. E. J. Routh, Die Dynamik der Systeme starrer Körper, deutsch von A. Schepp, Leipzig 1895.

Prinzip der ungestörten Superposition besagt, daß die resultierende Bewegung eines von mehreren in gleicher Richtung verlaufenden Tonwellen erregten (Luft-) Teilchens die algebraische Summe aller derjenigen Bewegungen ist, welche jede Welle für sich allein hervorrufen würde. Solche „ungestörte" Superposition findet statt, solange die Bewegung des erregten Teilchens einem linearen Gesetz für die elastische Kraft folgt. Bei „gestörter" Superposition treten neben den ursprünglich gegebenen Tönen noch neue Töne auf. S. auch Kombinationstöne.

E. Waetzmann.

Näheres s. E. Waetzmann, Über erzwungene Schwingungen bei gestörter Superposition. Ann. d. Phys. **62**, 1920.

Prisma s. Lichtbrechung und Farbenzerstreuung.

Prisma à vision directe s. Dispersion des Lichtes.

Prismenfeldstecher. Durch die Anordnung eines Umkehrprismensystems (s. dieses) in jeder der beiden Hälften eines astronomischen Doppelfernrohrs kommt man zum Prismenfeldstecher. Am meisten Verbreitung gefunden hat die durch E. Abbe (D. R.-P. 77086, Kl. 42 der Firma Carl Zeiß, Jena vom 9. 7. 1893) geschaffene Form (s. Fig.), in der die beiden Feldstecherhälften derart miteinander verbunden sind, daß der Abstand der Objektivachsen (Eintrittsachsen) wesentlich größer ist als der Abstand der beiden Okularachsen. Ein solcher Feldstecher „mit erweitertem Objektivabstand" ist die beste Verwirklichung des viel früher von Helmholtz angegebenen Telestereoskops (s. den Artikel Stereoskop. Das Verhältnis des Objektivabstandes

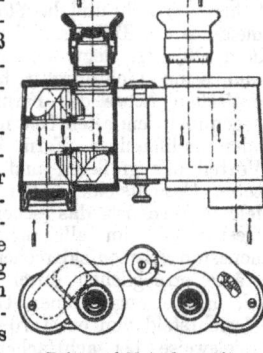

Prismenfeldstecher mit erweitertem Objektivabstand.

zum Augenabstande (bei richtig benütztem Feldstecher ist durch Drehung der beiden Feldstecherhälften um die Gelenkachse der Okularabstand in Übereinstimmung zu bringen mit dem Augenabstand, unter dem wir hier den Abstand der beiden parallel gerichteten Augenachsen voneinander verstehen), das von Czapski als spezifische

Plastik bezeichnet wird, ist bei diesen von der Zeißischen Werkstätte gebauten (nach Ablauf des Patentes von anderen optischen Werkstätten ebenfalls aufgenommenen) Feldstechern größer als 1, meistens von der Größenordnung 2; der genaue Zahlenwert der spezifischen Plastik S_1 hängt vom Okularabstand (= Augenabstand des Benützers) ab. Die große Mehrzahl der Benützer sieht durch einen solchen Prismenfeldstecher mit erweitertem Objektivabstand, wenn wir zunächst einfache Vergrößerung annehmen, den Raum wiedergegeben als ein (infolge des Zahlenwertes $S_1 > 1$) in allen drei Richtungen (Höhe, Breite und Tiefe) gleichmäßig verkleinertes Modell. Zu dieser Wirkung kommt beim wirklichen Feldstecher — Fernrohrvergrößerung etwa in den Grenzen 3fach bis 20fach — die allein durch die Vergrößerung bedingte Kulissenwirkung hinzu, die in bezug auf die Sehwinkel so wirkt, wie eine Verkleinerung aller Tiefenabstände (d. h. also gemessen in Richtung der mittleren Blicklinie) unter Beibehaltung der Höhen- und Breitenabmessungen. Die Gesamtwirkung der Erweiterung des Objektivabstandes und der Vergrößerung der Gesichtswinkel (dadurch, daß die Fernrohrvergrößerung v größer als eins ist) wird angegeben durch die totale Plastik $S_1 \cdot v$. Außer dieser Zeißischen Form des Prismenfeldstechers sind noch andere Prismenfeldstecher und Prismenfernrohre — allerdings in bei weitem nicht so großer Verbreitung — hergestellt worden durch Ersatz des Porroschen Prismenumkehrsystems erster Art durch ein solches zweiter Art oder durch Verwendung anderer Prismenumkehrsysteme. In manchen Fällen, so besonders zum Zwecke eines möglichst kleinen Gesamtumfangs (kleiner Behälter!) des Feldstechers (beispielsweise beim Theaterglase) ist statt des erweiterten Objektivabstandes verkleinerter Objektivabstand (s. ebenfalls die eingangs genannte Patentschrift, D. R.-P. 77086) oder auch ein dem Okularabstand etwa gleichkommender Objektivabstand ausgeführt worden; in diesem Falle ist also $S_1 \leq 1$.

Alle Prismenfeldstecher — in der praktisch wohl nur allein in Betracht kommenden Ausführungsform, daß das Prismenumkehrsystem zwischen Objektiv und Okular angeordnet ist (das Scherenfernrohr und das Stangenfernrohr, bei denen meistens ein Teil des Prismenumkehrsystems vor dem Objektiv liegt, werden besonders behandelt) und seine Lichtdurchtrittsflächen senkrecht zur optischen Achse des Fernrohrs stehen — haben gegenüber dem alten Opernglas (dem holländischen oder galileischen Fernrohr) den gemeinsamen Vorteil des größeren und gleichmäßiger beleuchteten Gesichtsfeldes. Bei den üblichen Prismenfeldstechern ist das scheinbare oder bildseitige Gesichtsfeld im allgemeinen 40° bis 50°. Die neuesten Prismenfeldstecher der Zeißischen Werkstätte ermöglichen durch die Bauart ihrer von H. Erfle angegebenen Okulare ein scheinbares Gesichtsfeld von etwa 70°; es kann dadurch beispielsweise bei achtfacher Fernrohrvergrößerung dasselbe dingseitige Gesichtsfeld erreicht werden wie früher bei einem sechsfach vergrößernden Feldstecher.

Zum Zwecke der Entfernungsschätzung aus bekannten oder bekannt angenommenen Gegenstandsbreiten oder -Höhen kann in eine (seltener in beide, es sei denn beim stereoskopischen Entfernungsmesser; siehe diesen) der Brennebenen des Prismenfeldstechers eine „Strichplatte" ein-

gebaut werden, die auf mannigfache Art entweder nach Winkelgraden oder unmittelbar nach Entfernungen geteilt werden kann.

Das Prismenzielfernrohr ist im wesentlichen eine Prismenfeldstecherhälfte, aber meist mit kleinerem scheinbaren Gesichtsfeld als ein Prismenfeldstecher und mit einem besonderen Okular für weit abliegenden bildseitigen Hauptstrahlenkreuzungspunkt; als Prismenumkehrsystem kommt dabei entweder eines der Prismenumkehrsysteme nach Porro oder das Leman-Sprengersche Prisma oder auch das Umkehrprisma von A. König (siehe die Abschnitte 2, 3, 6 und 10 des Artikels „Umkehrprismensystem") in Betracht.

Ein Hauptvorteil der Prismenfeldstecher gegenüber dem Erdfernrohr ist ihre verhältnismäßig kleine Länge. Ganz allgemein gilt als Grundsatz für den Bau eines guten Prismenfeldstechers, daß außer dem in der optischen Achse verlaufenden Strahl mindestens noch die Hauptstrahlen (von der Mitte der Öffnungsblende nach dem Rand der Gesichtsfeldblende zielend) und für die Abbildung eines Punktes der optischen Achse die Randstrahlen (d. h. die Strahlen vom Rand der Öffnungsblende zum Achsenbrennpunkt) total reflektiert werden.

Es ist oben nur die eine Patentschrift von Zeiß genannt worden, da sie vom Zeitpunkt ihres Erscheinens und der Verwirklichung der in ihr beschriebenen Erfindung der eigentliche zu fabrikatorischer Herstellung führende Bau von Prismenfeldstechern (auch mit anderen als den Porroschen Prismen) einsetzt. Hier sei nochmals auf den Artikel Umkehrprismensystem verwiesen. Eine sehr übersichtliche Darstellung über Prismenfeldstecher und Prismenfernrohre und eine Schilderung, inwiefern die Prismenfeldstecher die Lücke zwischen dem Opernglas und dem Erdfernrohr ausfüllen, geben die Vorträge, die S. Czapski am 4. 12. 1894 und 7. 1. 1895 hielt. Sein Vortrag vom 7. 1. 1895 im Verein zur Beförderung des Gewerbefleißes ist auch als Sonderabdruck erschienen unter dem Titel „Über neue Arten von Fernrohren, insbesondere für den Handgebrauch" (Berlin, L. Simion Nachf., 4°, 40 S., 22 Abb.). Eine Darstellung der geschichtlichen Entwicklung gibt M. v. Rohr: Die binokularen Instrumente nach Quellen und bis zum Ausgang von 1910 bearbeitet. 2. Auflage (Berlin, J. Springer, 1920. XVII, 303 S., 136 Abb.), besonders S. 89 bis 94, 136, 196—203, 229—234. Von den zahlreichen anderen hier in Betracht kommenden Darstellungen seien noch genannt:

S. Czapski, Grundzüge der Theorie der optischen Instrumente nach Abbe, 2. Aufl., unter Mitwirkung von S. Czapski und mit Beiträgen von M. v. Rohr herausgegeben von O. Eppenstein (Leipzig, J. A. Barth, 1904), XVI, 480 S., 176 Abb., besonders S. 420—432, 287—293.

M. v. Rohr, „Die optischen Instrumente" in der Sammlung: Aus Natur und Geisteswelt, 88 Bändchen, 3. Auflage, B. G. Teubner, 1918 (VI, 137 S., 89 Abb.), besonders S. 80—87.

A. Gleichen, Die Theorie der modernen optischen Instrumente (Stuttgart, Ferd. Enke, 1911). XII, 332 Abb., besonders S. 149—158, 170—181, 201—205.

Ch. v. Hofe, Fernoptik (Leipzig, J. A. Barth, 1911) VI, 158 S., 117 Abb., besonders S. 45—53, 60—70, 79—91, 95—98, 115—116. *H. Erfle.*

Prismenfernrohr s. Prismenfeldstecher.

Prismenkreis s. Sextant.

Prismenspektroskope s. Spektralapparate.

Profil eines Flügels. Die charakteristische Form eines Flügelprofils oder Querschnittes zeigt die Abbildung. Wesentlich für den Auftrieb, also für die Tragkraft eines Flügels ist die spitze oder kantige Ausgestaltung des Hinterendes. Je höher

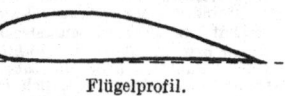

Flügelprofil.

der Flügel gewölbt ist, um so größer ist der erzielbare Auftrieb. Gute Abrundung der Vorderkante hält den Widerstand klein. Strömt die Luft gegen ein derartiges Profil, so entsteht an der Unterseite (Druckseite), deren Ausgestaltung sehr verschieden ist, die z. B. auch sehr oft ganz eben gemacht wird, ein

Überdruck infolge Verzögerung der Luft, an der Oberseite (Saugseite), ein starker Unterdruck infolge erhöhter Luftgeschwindigkeit. Diese Verhältnisse werden in der Auftriebstheorie dargestellt durch eine Zirkulation um den Flügel, welche die Luft vorne in die Höhe saugt und hinten nach unten wirft. Die Größe der Zirkulation wird durch die glatte Abströmung am spitzen Hinterende erzwungen und ist dadurch eindeutig bestimmt. *L. Hopf.*

Profildraht. Der hohe Luftwiderstand von Drähten und Seilen hat, vor allem in England, dazu geführt, daß man für Flugzeuge keine runden Drähte

Profildraht. mehr verwandte, sondern die Drähte in Formen zog, welche erfahrungsgemäß wesentlich kleineren Widerstand haben. Ein Beispiel zeigt die Figur. *L. Hopf.*

Profilwiderstand heißt derjenige Teil des Widerstandes eines Flügels, welcher nicht — wie der induzierte Widerstand — vom Auftrieb abhängt. Er rührt von Wirbelablösung und gewöhnlicher Oberflächenreibung her und wird bei großen Reynoldsschen Kennzahlen, d. h. bei großer Geschwindigkeit und bei großen Abmessungen verhältnismäßig klein. Der Profilwiderstand hängt vom Anstellwinkel im gebräuchlichsten Flugbereich kaum ab. *L. Hopf.*

Propeller s. Luftschraube.

Protanopie s. Farbenblindheit.

Protoactinium s. Actinium.

Proton, von Rutherford 1921 vorgeschlagene und seither ziemlich allgemein in Gebrauch gekommene Bezeichnung für das *positive Elementarquantum der Elektrizität*, welches den *Kern* des *Wasserstoffatoms* bildet und am Aufbau der übrigen *Atomkerne* (s. d.) wesentlichen Anteil hat. Das *negative* Elementarquantum der Elektrizität ist das *Elektron* (s. d.). Die elektrische Ladung des Protons, konventionelles Zeichen: $+ e$, ist entgegengesetzt gleich jener des Elektrons und beträgt nach Millikan $(4,774 \pm 0,004) \cdot 10^{-10}$ el. st. Einheiten. Da das Proton identisch ist mit dem *positiven Wasserstoffatomion*, berechnet sich seine Masse als Differenz der Wasserstoffatom- und Elektronenmasse; sie beträgt $1,648 \cdot 10^{-24}$ g und ist 1846mal so groß als die Masse des Elektrons. Andere Eigenschaften als *Ladung* und *Masse*, sind weder für das Proton, noch für das Elektron bekannt; insbesondere haben wir für eine etwa vorhandene räumliche Ausdehnung dieser beiden Arten von Kraftzentren keinerlei Anhaltspunkte. Protonen und Elektronen sind als jene *letzten Einheiten* anzusehen, auf die sich gegenwärtig der Aufbau *alles Materiellen* zurückführen läßt. *A. Smekal.*

Protuberanzen erheben sich aus der Chromosphäre der Sonne bis zu Höhen von mehr als 100000 km. Im gewöhnlichen Lichte ist ihre Beobachtung nur bei totalen Sonnenfinsternissen möglich, wenn die blendende Photosphäre durch den Mond verdeckt ist. Bei großer Dispersion, die das kontinuierliche Spektrum schwächt, sind sie im Spektroskop jederzeit sichtbar; mit Hilfe des Spektroheliographen lassen sie sich auch auf der Sonnenscheibe als Flocculi beobachten. Die *wolkenförmigen* Protuberanzen bilden sich im Lichte der Wasserstofflinien, der Kalziumlinien H und K und der Heliumlinien ab, in seltenen Fällen zeigen sich Natrium und Magnesium. Das Spektrum der *eruptiven* Protuberanzen, die nur Höhen bis 50000 km erreichen, ist linienreicher. Wegen des Auftretens von Barium, Natrium, Magnesium, Eisen, Titan, Skandium, Strontium, Aluminium heißen die eruptiven auch metallische Protuberanzen. Sie sind am häufigsten in der Zone und in der Nachbarschaft der Sonnenflecke, in den Störungsgebieten der Sonne. Durch ihre Form und durch die Schnelligkeit ihrer Umwandlungen bieten sie den Anblick von Eruptionen, Entstehung und Auflösung nehmen manchmal nicht mehr als 20 Minuten in Anspruch. Auch die Wasserstoffprotuberanzen erreichen ihre großen Höhen (bis 500000 km) in wenigen Stunden, sind aber doch beständiger als die metallischen Protuberanzen, sie erhalten sich oft wochenlang.

Die bei den Protuberanzen auftretenden großen Geschwindigkeiten führten zu dem Gedanken, daß es sich bei ihrer Entstehung nicht um Bewegungen von Gasmassen handelt, sondern um eine schnell sich ausbreitende elektrische oder chemische Lichterregung in ruhenden Wasserstoff- oder Kalziumwolken; gelegentlich sind aber Linienverschiebungen beobachtet worden, die auf reelle Bewegungen schließen lassen. Mit der Annahme anomaler Dispersion könnten die Protuberanzen als optische Erscheinungen gedeutet werden, doch ist deren Wirkung in den hohen Schichten der Chromosphäre nicht wahrscheinlich. *W. Kruse.*

Näheres s. Newcomb-Engelmann, Populäre Astronomie.

Prozeß. Unter einem Prozeß versteht man irgend eine Zustandsveränderung (s. d.) physikalischer oder chemischer Art, die ein Körper oder ein System erleidet. Man spricht insbesondere von adiabatischen (s. d.), isothermen (s. d.), isochoren isobaren (s. d.) Prozessen, die bei Ausschluß von Wärmeaustausch mit der Umgebung, bei konstanter Temperatur, bei konstanter Dichte, bei konstantem Druck verlaufen. Die isochoren Prozesse zeichnen sich dadurch aus, daß die äußere Arbeit Null ist, wie z. B. bei den Prozessen in der Kalorimeterbombe. Sehr viele Prozesse, insbesondere die chemischen, finden bei dem konstanten Druck einer Atmosphäre statt; bei ihnen ist die Arbeitsleistung aus dem Produkt der Volumenvergrößerung mit dem Atmosphärendruck zu berechnen.

Besondere Bedeutung besitzen die umkehrbaren (s. d.) und reversiblen (s. d.) Prozesse, sowie die Kreisprozesse (s. d.), unter denen wiederum der Carnotsche Kreisprozeß (s. d.) eine hervorragende Rolle spielt. *Henning.*

Pseudosäure. Nach Hantzsch ist die Natur einer Säure von der Stellung derjenigen Wasserstoffatome abhängig, die durch Metall ersetzbar sind und damit den sauren Charakter der Verbindung bedingen. Die Strukturbilder der „Wahren-" und der „Pseudosäuren" unterscheiden sich dadurch, daß im ersten Falle „ionogene", im zweiten „Hydroxylbindung" der genannten H-Atome auftritt. Ein Beispiel: die Salpetersäure besitzt, wie K. Schäfer zeigte, in wässeriger Lösung ebenso wie ihre Salze ionogene Bindung, bewiesen an der bei allen salpetersauren Salzen im festen Zustand und in Lösung, wie auch bei verdünnter wässeriger Salpetersäure auftretenden selektiven Absorptionsbande im Ultraviolett; ihr kommt daher die Strukturformel HNO_3 zu. Dagegen zeigt sie, wasserfrei betrachtet, gleich ihren Estern Endabsorption, sie erhält daher als wasserfreie Verbindung die Strukturformel der Pseudosäure $HONO_2$. *J. Eggert.*

Näheres s. Originalliteratur Hantzsch, Berichte 1900—1910.

Psychophysisches Gesetz s. Fechnersches Gesetz.

Pulsometer. Das Pulsometer ist ein Apparat zum Heben von Flüssigkeiten mittels Dampf, dadurch daß der Dampf unmittelbar auf den Flüssigkeitsspiegel drückt. Es besteht aus zwei Kammern. Während der einen die Flüssigkeit durch das offene Saugventil zuströmt, drückt der Dampf in der anderen bei geschlossenem Saug- und geöffnetem Druckventil die Flüssigkeit in die Druckleitung. Der schließlich in der Kammer verbleibende Dampf wird durch Wassereinspritzung kondensiert und die Flüssigkeit strömt dieser Kammer zu, während sie aus der ersteren gepreßt wird. Die Steuerung erfolgt selbsttätig. Mit dem Pulsometer werden kaltes, heißes und verunreinigtes Wasser, Laugen, Säuren, Säfte usw. gehoben und zwar bis auf Druckhöhen von über 50 m. Es ist unübertroffen einfach und billig, hat aber einen hohen Dampfverbrauch.

Die Leistung und der Dampfverbrauch der verschiedenen Gattungen von Dampfpumpen verhalten sich zueinander etwa wie folgt:

	Dampfverbrauch in kg/PSe-st	Leistung in mkg durch 1 kg Betriebsdampf
Dampfstrahlpumpe (Injektor)	120—270	1000—2270
Pulsometer . . . . (39)	120—240	1140—2270 (7000)
Kleine Dampfkolbenpumpe	30—50	5400—9000
Große Dampfkolbenpumpe . . . . (5)	10—15	18000—27000 (54000)
Turbo-Kreiselpumpe	5,4—9,5	28000—50000.

Die bei Versuchen, also unter günstigen Umständen erreichten Werte sind in Klammern beigesetzt.

Das von Hand gesteuerte Pulsometer wurde von Thomas Savery, geb. um 1650, gest. 1715, erfunden. Erst gegen 1872 wurden durch den Amerikaner C. H. Hall weitere Kreise wieder auf Saverys Maschine aufmerksam gemacht. In Deutschland waren um Einführung des Pulsometers bemüht Haase in Dresden, Schäffer und Budenberg in Magdeburg, besonders aber Ulrich und Gebrüder Körting in Hannover. *L. Schneider.*

Pulver s. Explosion.

Pulvergasdruck. Der beim Schuß im Rohr auftretende Höchstgasdruck und der zeitliche Verlauf des im Rohr herrschenden Gasdrucks beim Durchgang des Geschosses durch das Rohr ist maßgebend für die Beurteilung der Beanspruchung, die das Rohr und das Geschoß erleiden, sowie für die Konstruktion der Lafette einschließlich Bremse und Vorholer.

Die ausschließlich theoretische Berechnung des Gasdruckverlaufs und des maximalen Gasdrucks kommt in Betracht bei der Projektierung eines Geschütz- und Geschoßsystems, das noch nicht ausgeführt vorliegt und für das auch kein nahe verwandtes System bereits fertig existiert. Zu dieser Berechnung ist notwendig die Kenntnis der Pulverkonstanten der gewählten Pulversorte, ferner der Masse und der Dimensionen von Geschoß, Rohr und Ladung; die Berechnung erfolgt auf Grund der Thermodynamik mit Hilfe eines der neueren Lösungssysteme des innerballistischen Hauptproblems (s. Ballistik).

Sicherer ist die Messung an einer vorhandenen Waffe:

1. Speziell allein der Maximalgasdruck wird — wenn man von früher verwendeten Hilfsmitteln wie dem Rodman-Messer und dem Uchatius-Meißel absieht — jetzt fast ausschließlich mit Hilfe des Nobleschen Stauchapparats (A. Noble, England 1860; crusher; écraseur) gemessen: Die Wandung der Schußwaffe enthält eine seitliche Bohrung, in der ein gut dichtender, gehärteter und abgeschliffener Stahlstempel mit sehr geringer Reibung leicht saugend sich bewegen kann. Auf diesen Stempel wird ein Kupferzylinder aufgelegt; der Kupferzylinder ist von außen her durch eine Halteschraube festgehalten, die mit mäßigem Druck dagegen drückt. Beim Schuß drücken die Pulvergase auf die innere Grundfläche des Stempels und treiben den Stempel nach außen; dadurch wird der Kupferzylinder zusammengedrückt, bis der Widerstand dieses Zylinders eine weitere Zusammenpressung verhindert. Damit die Größe dieser Stauchung als ein Maß für den aufgetretenen Höchstgasdruck dienen kann, muß zuvor für die betreffende Lieferung von Stauchkörpern (Kupferzylinder von 10 bis 2 mm Durchmesser und 15 bis 3 mm Höhe) eine Stauchtabelle aufgestellt werden, aus der sich der Gasdruck (in kg auf die ganze Querschnittsfläche des Stempels oder in kg/cm² auf 1 cm² dieser Fläche) ablesen läßt. Diese Stauchtabelle soll eine Beziehung bilden zwischen dem Höchstgasdruck P, der durch Vermittelung des Stempels auf den Stauchzylinder ausgeübt wird, und der maximalen Stauchung s, die beim Schuß durch den Gasdruck bewirkt wird. Die Art der Aufstellung solcher Stauchtabellen, die Untersuchung der verschiedenen Fehlerquellen und das Studium der Einflüsse von Stempelgewicht, Stempelreibung, Temperatur, Material und Oberflächenbeschaffenheit der Stauchzylinder usw. bildet ein umfangreiches Sondergebiet der experimentellen Ballistik.

Meistens erfolgt diese Lichung einer Lieferung von Kupferzylindern, also die Aufstellung dieser Stauchtabelle, mit Hilfe einer hydraulischen Presse oder einer Hebelpresse, die große Drücke von bestimmter Größe auszuüben gestattet. Dabei ist eine gewisse Anzahl von Sekunden erforderlich, um die Presse mit dem gewünschten Druck voll auf den Kupferzylinder wirken zu lassen, ohne daß z. B. der Hebel der Hebelpresse eine merkliche lebendige Kraft beim Anpressen gegen den Kupferzylinder erhält; in Deutschland ist es üblich, bei Verwendung der Doppschen Hebelpresse eine Belastungszeit von 30 Sekunden anzuwenden. Danach wird also einerseits bei der Aufstellung der Stauchtabelle der Kupferzylinder 30 Sekunden lang zusammengedrückt; andererseits beim Schuß wirkt der Druck der Pulvergase nur während eines kleinen Bruchteils einer Sekunde auf einen Kupferzylinder der gleichen Lieferung, z. B. nur $^1/_{1000}$ Sekunde lang. Wenn man trotzdem aus der Gleichheit der Stauchungsgrößen, die man bei diesen beiden so verschiedenartigen Verwendungen, nämlich bei der Hebelpressenstauchung und bei der Schußstauchung, erhalten hat, auf eine Gleichheit der Kräfte schließt, die in dem einen und dem anderen Fall gewirkt haben, so wird ein Fehler begangen: Der Gasdruck wird, durch diesen Einfluß der Zeitdauer allein, zu klein angegeben; denn im allgemeinen wird ein Material, dessen Elastizitätsgrenze überschritten wird und das eine Deformation erleidet, um so weniger stark beansprucht, je kürzer die Zeit der Beanspruchung ist.

Durch einen anderen Einfluß jedoch kann, wie man zunächst schließen wird, der Maximalgasdruck P zu groß gemessen werden: Bei der Hebelpressenstauchung wird der schwere Hebel langsam und vorsichtig auf den Kupferzylinder aufgesetzt, so daß keine nachweisbare lebendige Kraft des belastenden Hebels entstehen kann; dagegen beim Schuß kann der Stempel unter Umständen eine angebbareWucht beim Zusammenpressen der halbweichen Masse des Kupferzylinders erhalten; diese lebendige Kraft kann dann bei diesem (nicht rein statischen) Stauchungsmeßverfahren bewirken, daß der Stempel tiefer in die Kupfermasse eindringt, eine stärkere Gesamtstauchung herbeiführt, als es bei gleichem Gasdruck und bei gleichem Widerstand des Kupferzylinders der Fall wäre, wenn der Stempel keine merkliche Geschwindigkeit annimmt. Sarrau und Vieille haben durch systematische Versuche in Frankreich nachgewiesen, daß bei den üblichen (kleinen) Stempelmassen und bei den üblichen Pulversorten dieser Einfluß der lebendigen Kraft nicht in Betracht kommt.

Daß in der Tat der Einfluß der Zeitdauer der überwiegende ist, daß also der beim Schuß erhaltene Gasdruck bei einer Hebelpresseneichung der Kupferzylinder zu klein angegeben wird, ergibt sich aus zwei voneinander völlig unabhängigen Untersuchungen: Erstens kann der Höchstdruck auch mit dem dynamischen Verfahren der Rücklaufmessung (statt mit dem halbstatischen Verfahren der Kupferzylinderstauchung) erhalten werden; mit dem Rücklaufmesser wird jedoch fast durchweg der Höchstdruck größer erhalten, als unter sonst ganz gleichen Umständen mit dem Stauchapparat. Z. B. gibt W. Heydenreich an: Messung mit dem Geschützrücklaufmesser 3300 Atm., gleichzeitig mit dem Stauchapparat 3000 Atm.; W. Wolff gibt betr. der Messungen mit einem Gewehrrücklaufmesser speziell für die größte Ladung die Werte: mit dem Rücklaufmesser 3330 kg/cm², dagegen mit dem Stauchapparat 2660 kg/cm². Zweitens kann die Stauchtabelle statt mit einer hydraulischen oder einer Hebelpresse auch mit einem Pendelschlagwerk (Frankreich) oder mit einem Fallhammer (Deutschland) hergestellt werden. Das von Muraour benützte Pendelschlagwerk besteht aus zwei Stahlpendeln, wovon das erste ruht und den Kupferzylinder trägt, das zweite aus gemessener Höhe herabfallend dagegen schlägt. Bei der Fallhammereinrichtung des ballistischen Laboratoriums in Charlottenburg fällt ein Stahlzylinder von G kg aus einer einstellbaren, mit dem Kathetometer zu messenden Höhe h m auf den Kupferzylinder frei herab; letzterer befindet sich zentriert auf der oberen gehärteten Fläche eines sehr großen Stahlblocks; man mißt je die Stauchung s, die man bei den verschiedenen Fallhöhen h erhalten hat, und trägt die Beziehung zwischen der lebendigen Kraft G · h (mkg), mit der der Fallbär auffällt, und zwischen der gemessenen Stauchung s graphisch auf. Diese Funktion von s wird nach s differentiiert; man erhält so in kg den Widerstand der Kupferzylinderlieferung in Funktion der Stauchung s. (Bei der Bemessung der Fallhöhe h ist von der ursprünglichen Fallhöhe die kleine Strecke — ca. 3% — abzuziehen, um die der Fallhammer nach dem Aufprall von dem nicht völlig unelastischen Stauchkörper wieder zurückspringt: diese Strecke wird durch eine gesonderte Registrierung erhalten. Ferner muß der Fallhammer verhindert werden, ein zweites Mal auf den Kupferzylinder zurückzufallen.) Die Zahlenwerte der Stauchtabelle, die mittels des Fallhammers erhalten werden, weichen für dieselbe Lieferung von Stauchkörpern nicht unerheblich von den Hebelpressewerten ab; und zwar gibt der Fallhammer Gasdrücke, die um 10—20% höher liegen (die betr. Prozentzahlen sind abhängig von den Dimensionen der Stauchkörper und von der Stauchungsgröße selbst); ähnliche Resultate wurden in Frankreich von Muraour mit dem Doppelpendelschlagwerk erhalten. Die Gasdrücke, die auf Grund einer Fallhammerstauchtabelle erhalten sind, liegen so den mit dem Rücklaufmesser erhaltenen Gasdrücken näher, als die mit der Hebelpresseneichung gewonnenen Gasdrücke. Z. B. wurde der Maximalgasdruck mit dem Rücklaufmesser zu 2597 Atm. gemessen. Gleichzeitig wurde der Gasdruck mit dem Stauchapparat ermittelt, und zwar mit Kupferzylindern von 10 mm Durchmesser und 15 mm Höhe, es ergab sich eine Stauchung von 2,10 mm; wurde hiezu der Gasdruck abgelesen aus einer Stauchtabelle, die mit der Hebelpresse gewonnen worden war, so fand sich ein Gasdruck von 2226 Atm.; wurde dagegen aus einer mit dem Fallhammer gewonnenen Tabelle abgelesen, so ergab sich ein Gasdruck von 2540 Atm. Auf Grund von zahlreichen ähnlichen Erfahrungen muß die Fallhammereichung für die zuverlässigere gehalten werden. (Dies wurde im ballistischen Laboratorium weiterhin bestätigt durch ein viertes Verfahren, das wiederum Werte ergab, die den mit der Fallhammerstauchung erhaltenen und den mit dem Rücklaufmesser erhaltenen am nächsten lagen; dieses vierte Verfahren bestand darin, daß unter Beibehaltung des normalen Geschoßgewichts eine Stangenverlängerung nach vorn am Geschoß angebracht wurde, die über die Mündung hervorragte; die Bewegung dieser Spitze beim Schuß wurde mittels des elektrischen Kinematographen von Cranz - Boas zeitlich registriert.) Mittels des Rücklaufmessers eine Stauchtabelle aufzustellen, ist nicht wohl angängig, weil jeder einzelne Rücklaufmesserversuch samt Auswertung zu viel Zeit und Mühe erfordern würde. Es empfiehlt sich deshalb, bei Verwendung des Stauchapparates zur Gasdruckmessung die zugehörige Stauchtabelle nicht mittels der Hebelpresse, sondern mittels des Fallhammers aufzustellen. Diese Art der Aufstellung ist die natürlichere, weil der Stoßvorgang bei der Fallhammerstauchung der Stauchung durch die Pulvergase beim Schuß ähnlicher ist, als die langsame Zusammendrückung in der Hebelpresse. Außerdem ergibt die Fallhammerstauchung den kleinsten wahrscheinlichen Fehler in einer Versuchsreihe.

Betreffs des Stauchapparats ist noch zu erwähnen, daß bei Geschützen jetzt meistens an Stelle einer im Stoßboden oder in der Seitenwandung des Verbrennungsraums eingebauten Stauchvorrichtung ein sog. Meßei (Fried. Krupp A.-G.) in die Kartusche eingelegt wird. Dieses Stahlei schließt eine Noblesche Stauchvorrichtung ein.

2. Der ganze Verlauf des Gasdrucks p in Funktion der Zeit t und in Funktion des Wegs x des Geschoßbodens beim Durchgang des Geschosses durch das Rohr wird am zweckmäßigsten durch den schon oben kurz erwähnten Sebertschen Rücklaufmesser ermittelt: Während das Geschoß unter der Wirkung der Pulvergase nach der Mündung zu sich bewegt, läuft das schwerere Rohr, dem Schwerpunktssatz zufolge mit einer entsprechend geringeren Geschwindigkeit, in einer Schlittenführung mit sehr geringer Reibung nach rückwärts. Man registriert den Rücklaufweg X des Rohrs in Funktion der Zeit t und erhält durch zweimalige Differentiation den zeitlichen Verlauf der Rohrgeschwindigkeit und damit den Verlauf der Geschoßgeschwindigkeit, ferner den Verlauf der Beschleunigung von Rohr und Geschoß und folglich den Verlauf der beschleunigenden Kraft (gewisse Komplikationen bringt dabei die

Bewegung der Pulverladung mit sich). Die Registrierung erfolgt entweder mittels einer geeichten Stimmgabel, deren Schreibstift auf einer mit dem Rohr zurücklaufenden berußten oder versilberten Platte schreibt, oder mittels einer rotierenden Trommel, auf deren berußter Mantelfläche eine mit dem Rohr zurückbewegte Schreibfeder ihre Kurve zeichnet, oder endlich erfolgt die Registrierung vergrößert mittels eines optisch-photographischen Verfahrens unter Anwendung eines Drehspiegels.

Andere Registrierverfahren, die zu dem gleichen Zweck versucht wurden, beziehen sich auf folgendes: Anbringung einer im Geschoß selbst beweglich angeordneten und beim Schuß bezüglich des Geschosses zurücklaufenden Stimmgabel (Sébert). Ferner optische Registrierung mit Hilfe der Newtonschen Interferenzringe, die bei dem Zusammenpressen von zwei konvexen Glaslinsen entstehen und durch den veränderlichen Gasdruck ihren Durchmesser ändern (Kirner). Registrierung der Änderung, die der elektrische Widerstand einer Flüssigkeit wie Quecksilber oder eines Metalldrahts bei der Gasdruckänderung erfährt (Palmer, Nernst). Mechanische oder photographische Aufzeichnung der Formänderung einer kräftigen Blattfeder oder Spiralfeder durch den Gasdruck (Mata, Pier, Nernst). Mechanische oder photographische Registrierung der Stauchung eines Kupferzylinders, also Aufzeichnung wenigstens desjenigen Teils der Druckkurve, der vom Beginn des Drucks bis zum Eintreten des Maximalgasdrucks reicht (Holden, Petavel, Vieille). *C. Cranz* und *O. v. Eberhard.*
Betr. Literatur s. Ballistik.

Pulverkonstanten und Sprengstoffkonstanten. Die Wirkung der Explosivstoffe beruht darauf, daß bei deren Entzündung in kurzer Zeit Gase von hoher Temperatur erzeugt werden; die Energie der entstehenden erhitzten Gasmassen wird in „nutzbringende Arbeit" umgewandelt. Bei Anwendung des gleichen Ladungsgewichts, aber verschiedener Explosivstoffe ist die Wirkung verschieden, je nach der Geschwindigkeit der chemischen Umsetzung, nach der Menge der erzeugten Gase und der zurückbleibenden festen Reste, nach der Temperatur der entstandenen Gase und folglich nach der Höhe des Maximaldrucks, der sich in gleichem Ladungsraum ergibt und nach der Zeit, die von der Entzündung ab bis zum Eintreten des Maximaldrucks vergeht. Die Vorteile der neueren Pulver bestehen bekanntlich darin, daß sie erstens ohne festen Rückstand, also ohne Rauchentwickelung abbrennen — erst dadurch war die erhöhte Feuergeschwindigkeit der modernen Handfeuerwaffen und Geschütze und die Entwickelung der Maschinengewehre und die Schnellfeuerkanonen möglich —; zweitens darin, daß sie im Vergleich zum Schwarzpulver eine weit größere Verbrennungswärme und ein größeres Gasvolumen aufweisen.

Die Faktoren, die für die Wirkung des Explosivstoffs maßgebend sind, heißen Pulverkonstanten bzw. Sprengstoffkonstanten; sie sind die folgenden:

1. Die aus 1 kg der Ladung entwickelte Wärmemenge (in kg-Kalorien oder in mkg). Sie kann mittels der Wärmetönungen der Bestandteile berechnet werden, wenn man die chemische Zusammensetzung des Explosivstoffs und die Bildungswärmen, ebenso die Zersetzungsprodukte in qualitativer und in quantitativer Hinsicht kennt. Sicherer wird die Verbrennungswärme experimentell erhalten, indem man eine abgewogene Menge des Explosivstoffs in einer Versuchsbombe, die in einem Wasserkalori-

meter steht, durch elektrische Zündung zur Explosion bringt. Die Temperaturerhöhung des Wassers wird beobachtet und gibt, mit dem Wasserwert des Systems multipliziert, unter Berücksichtigung der Regnaultschen Korrektur, die freigewordene Wärmemenge. Davon wird die Kondensationswärme des entstandenen Wassers abgezogen; man erhält die Verbrennungswärme Q (mit Wasser in Gasform).

Bei solchen Messungen zeigte sich früher die Eigentümlichkeit, daß die Verbrennungswärme eines Pulvers mit der Ladedichte verschieden ausfiel. Darnach wäre die in einer bestimmten Pulvermenge enthaltene Energie eine Funktion der Ladedichte und damit des Drucks, während man logischerweise erwartet, daß die Verbrennungswärme eines und desselben Explosivstoffs eine Konstante ist. Daß letzteres in der Tat doch der Fall ist, und wie man zu verfahren hat, um das richtige Resultat zu erhalten, haben Poppenberg und Stephan gezeigt: Die Gase, die bei der Zersetzung des Pulvers entstehen, reagieren nachträglich, nämlich während der Abkühlung der Gase in der Versuchsbombe, noch aufeinander. Diese Reaktionen sind verschieden je nach der Abkühlungsgeschwindigkeit. Diese aber wiederum ist eine andere in der Versuchsbombe, wo die Abkühlung nur durch Wärmeleitung vor sich geht (und zwar verschieden je nach der Ladedichte) und eine andere in der Waffe, wo die Gase auch Arbeit zu leisten haben. Man muß also nach Poppenberg und Stephan diese sekundären Prozesse in Gedanken rückgängig machen und die Pulvergase für den Moment ihrer höchsten Temperatur betrachten, ehe sich also die Gase abgekühlt haben. Wenn man dies tut, und nur dann, ergibt sich die Gaszusammensetzung, die Verbrennungswärme und das sogleich zu erwähnende spezifische Volumen in der Tat als konstant für das betreffende Pulver.

2. Das spezifische Gasvolumen V_0 oder die reziproke Gasdichte ist die aus 1 kg der Pulverladung entwickelte Gasmenge in Litern, bei Normaldruck 760 mm und bei Normaltemperatur 0° C, wobei der Wasserdampf als nicht kondensiert angenommen wird. Es ergibt sich entweder durch stöchiometrische Berechnung analog wie Q, oder experimentell, indem die Gase in einem Gasometer aufgefangen und analysiert werden.

3. Die Explosionstemperatur T_0 im absoluten Maß oder t_0 in Graden Celsius. Sie wird aus Q berechnet, indem die Abhängigkeit der spezifischen Wärme c_v von der Temperatur zugrunde gelegt wird; eine experimentelle Bestimmung von T_0 ist bis jetzt nicht möglich geworden.

4. Das Kovolumen α der Pulversorte. Dieses gibt an, welcher Teil der Ladung auch nach vollendeter Verbrennung Rückstand bildet, und zwar Rückstand im weitesten Sinne, nämlich einschließlich der Summe der Gasmoleküle, da bei der Verdichtung des Gasvolumens V_0 von 0° C Temperatur und 760 mm Druck nur der Raum verkleinert wird, der bleibt, wenn man das Volumen der vorhandenen Moleküle, also ca. $0,001 V_0$, abzieht. Bei den neueren Pulvern, die keine oder fast keine festen Rückstände liefern, ist sonach $\alpha \sim 0,001 V_0$ (l/kg). Dagegen bei Pulvern mit festen Rückständen ist α die Summe des aus 1 kg der Ladung hervorgehenden Volumens der festen Rückstände und des Kovolumens der zu 1 kg Ladung gehörigen gasförmigen Verbrennungsprodukte. Z. B. gibt 1 kg Schwarzpulver 279 Liter Gase, d. h. es ist $V_0 = 279$; ferner liefert 1 kg

Schwarzpulver 0,209 Liter festen Rückstand; somit ist $a = 0,001 \cdot 279 + 0,209 = 0,488$ l/kg.

5. Unter „Kraft" oder „spezifischem Druck" f des Explosivstoffs versteht man den Ausdruck $f = p_0 \dfrac{V_0 \cdot T_0}{273}$, wobei p_0 den Atmosphärendruck bedeutet. f ist somit der in Atmosphären gemessene Druck, den die aus 1 kg der Ladung entstandenen Gase bei der Verbrennungstemperatur erzeugen würden, wenn sie einen Raum gleich der Volumeinheit 1 l erfüllten.

Aus f und a ergibt sich der in einem gegebenen konstanten und geschlossenen Volumen auftretende Maximaldruck p mittels des Gasgesetzes; nämlich, wenn $\varDelta$ die Ladedichte in kg/lit bedeutet, ist

$$p = f \cdot \frac{\varDelta}{1 - a\,\varDelta}.$$

Z. B. für Pikrinsäure ist nach Sarrau $Q = 468$ Cal/kg; $V_0 = 877$ l/kg; $T_0 = 2700$; $a = 0,877$ l/kg. Somit ist bei der Ladedichte $\varDelta = 0,5$ kg/lit der Höchstdruck

$$p = p_0 \cdot \frac{877 \cdot 2700}{273} \cdot \frac{0,5}{1 - 0,877 \cdot 0,5} = \text{ca. } 8000 \text{ kg/cm}^2.$$

Man ermittelt f und gleichzeitig a am zweckmäßigsten experimentell mit Hilfe der eben erwähnten Gasgleichung $p = f \cdot \dfrac{\varDelta}{1 - a\,\varDelta}$, indem man in derselben Versuchsbombe mindestens 2 verschiedene bekannte Ladedichten $\varDelta$ anwendet und je dazu den Druck p mißt; man hat alsdann zwei Gleichungen für die Unbekannten f und a; besser wählt man mehrere Ladedichten und bestimmt f und a nach der Methode der kleinsten Quadrate.

Die Verbrennungstemperatur T_0 ist, außer für die Bemessung der Druckwirkung, auch für die Frage der Ausbrennungen der Rohre und deren Einfluß auf die Lebensdauer der großen Geschütze von Wichtigkeit. Einige Zahlen über die Lebensdauer von amerikanischen Geschützen hat 1908 H. Rohne veröffentlicht; darnach wurden die Kanonen von 12,7 cm Kaliber unbrauchbar nach 200 Schüssen, die von 15,2 cm nach 166, die von 20,3 cm nach 125, die von 25,4 cm nach 100, die von 30,5 cm Kaliber nach 83 Schüssen. Die Lebensdauer der von Fr. Krupp gelieferten und im Weltkriege verwendeten deutschen großkalibrigen Kanonen war übrigens eine weit größere; so feuerten z. B. die 38 cm Geschütze L/45, allerdings in langsamen Feuer, 750 Schuß; die 24 cm Geschütze L/40 weit über 1000 Schuß und die 15 cm L/40 über 5000 Schuß, ohne daß die Treffähigkeit und die Schußweite unzulässig abgenommen hätten. Um die Lebensdauer zu vergrößern, wird bei den großen Schiffsgeschützen zu Übungszwecken häufig mit Einlegerohren kleineren Kalibers geschossen, die in die Seele des Geschützes eingeführt werden. Daß aus einem Gewehr viele Tausende von Schüssen möglich sind, ehe es unbrauchbar wird, dagegen aus einem großen Schiffsgeschütz von 16 m Rohrlänge verhältnismäßig nur wenige Schüsse, wird einigermaßen verständlich, wenn man bedenkt, daß die Zeit, die das Geschoß zum Durchlaufen des Rohrs braucht, während der also der Seelenraum unter dem Einfluß der hochgespannten heißen Gase steht, bei den großen Marinegeschützen $\frac{1}{30}$ bis $\frac{1}{100}$ Sekunde beträgt, dagegen bei Gewehren $^{1,5}/_{1000}$ bis $^2/_{1000}$ Sekunde. Übrigens ist die Frage nach den Ursachen der Rohrausbrennungen und folglich die Frage nach den Mitteln, die Lebensdauer zu erhöhen, noch nicht in jeder Hinsicht völlig geklärt; offenbar spielt auch die Bewegung der heißen Gase eine wichtige Rolle.

In der nachfolgenden Tabelle sind die Zahlen-

	V_0	t_0	Q	f	a
Schwarzpulver	ca. 285	ca. 2000	ca. 680	ca. 3250	ca. 0,49
Blättchenpulver	„ 920	„ 2400	„ 770	„ 7800	„ 0,92
Würfelpulver ..	„ 840	„ 3300	„ 1190	„ 9100	„ 0,84
Granatfüllung C/88	„ 869	„ 2840	„ 800	„ 9900	„ 0,87
Trockene Schießwolle .	„ 850	„ 3100	„ 1000	„ 8400	„ 0,85
Nasse Schießwolle (20 %)	„ 848	„ 2400	„ 690	„ 7600	„ 0,85
Nitroglyzerin ..	„ 713	„ 3870	„ 1480	„ 10800	„ 0,71
	„ 709	„ 4000	„ 1535	„ 11100	„ 0,71

werte der Konstanten V_0 (in l/kg, Wasser gasförmig), t_0 (in Graden Celsius), Q (in Cal/kg, Wasser gasförmig), f (Atm.), a (in l/kg) für mehrere Sorten von Explosivstoffen nach den von W. Heydenreich veröffentlichten Angaben des deutschen Militärversuchsamts gegeben. *C. Cranz* und *O. v. Eberhard.*
Betr. Literatur s. Ballistik.

Punktuelle Abbildung s. Brille und Sphärische Abweichung.

Purkinjesche Aderfigur. Die Blutgefäße der Netzhaut unterscheiden sich von den übrigen entoptisch sichtbar zu machenden, „schattengebenden" Körpern im Auge (s. Entoptische Erscheinungen) darin, daß sie der lichtperzipierenden Schicht der Netzhaut so nahe liegen, daß sie auch bei der gewöhnlichen Art des Lichteinfalles, d. h. ohne den Kunstgriff der stenopäischen Lücke, einen an sich wirksamen Schatten geben. Daß wir sie trotzdem für gewöhnlich nicht wahrnehmen, wird damit erklärt, daß die von den Gefäßschatten getroffenen Netzhautstellen sich an die dauernd relativ schwächere Belichtung adaptieren und entsprechend an Erregbarkeit gewinnen. Hierfür spricht, daß man den Gefäßbaum der Netzhautgefäße nach längerem Lichtabschluß beim Hinblicken auf eine mäßig helle homogene Fläche für kurze Zeit ganz gut sehen kann. Besonders schön kann man die Netzhautgefäße entoptisch sichtbar machen, indem man das Auge mit dem konzentrierten Lichte einer kräftigen Lichtquelle diaskleral durchleuchtet und die (im divergenten Licht besonders scharfen) Gefäßschatten bei dieser ungewöhnlichen Art des Lichteinfalles auf Netzhautstellen wirft, auf die sie sonst nicht fallen. Auch hierbei tut man gut, dem Eintritt einer Lokaladaptation der Netzhaut dadurch entgegenzuarbeiten, daß man die Lichtquelle in leicht oszillierender Bewegung erhält. Bei einiger Übung im Beobachten sind bei dieser Art des Vorgehens Einzelheiten in der Verteilung der Netzhautgefäße, insbesondere ihre Anordnung an der Peripherie des gelben Fleckes (s. d.) sicher zu sehen. Die Größe und Richtung der Scheinverschiebung, welche die Gefäßfigur bei Bewegung der Lichtquelle infolge der parallaktischen Verschiebung der Gefäßschatten erfährt, ist benutzt worden, um den Ort der Lichtperzeption in der Netzhaut festzustellen. Für den Abstand der Gefäßschicht von den lichtperzipierenden Elementen ist hieraus ein Wert von 0,2—0,3 mm berechnet worden, was zu der auch aus anderen Gründen wahrscheinlichen Annahme der Zapfen- und Stäbchenaußenglieder als der Stelle der primären Lichterregung führt (s. Stäbchen und Zapfen). *Dittler.*

Näheres s. v. Helmholtz, Handb. d. physiol. Optik, III. Aufl. 1909—11.

Purkinjesches Phänomen. Unter dem Purkinje-schen Phänomen versteht man eine Erscheinungs-gruppe, die die Eigentümlichkeite der Funktions-weise des hell- und des dunkeladaptierten Auges besonders anschaulich zeigt (s. Adaptation des Auges, Helligkeitsverteilung im Spektrum). Be-trachtet man bei guter Tagesbeleuchtung mit hell-adaptiertem Auge kleine leuchtend rote Papier-scheibchen auf blauem Grunde und daneben aus demselben Papier geschnittene blaue Scheibchen auf rotem Grunde, so wird man (trotz der Unsicher-heit in der Helligkeitsvergleichung verschieden-farbiger Lichter) bei geeigneter Auswahl der Papiere immer finden, daß die roten Scheibchen heller, die blauen dunkler erscheinen als der Grund, auf dem sie liegen. Dieses Helligkeitsverhältnis kehrt sich in sein gerades Gegenteil um, wenn man die Gesamtbeleuchtung mehr und mehr herabsetzt und mit nun dunkeladaptiertem Auge die Papiere beobachtet. Die bunten Valenzen gehen jetzt für beide Lichter in gleicher Weise verloren, aber während die blauen Papiere, besonders im indirekten Sehen dauernd eine gewisse Helligkeit behalten, erscheinen die roten fast schwarz. Der Helligkeits-vergleich fällt jetzt also zugunsten des kurzwelligen Lichtes aus. Dieses Ergebnis ist aus der Eigentüm-lichkeit des Auges zu verstehen, daß es bei Hell-adaptation die bunten Farben nach ihrer ver-schiedenen spezifischen Helligkeit auffaßt, während es im Zustande der Dunkeladaptation nach Maß-gabe der weißen Valenzen bzw. der Dämmerungs-werte der spektralen Lichter erregt wird.

Besonders instruktiv, zumal da zugleich auch die verschiedene Adaptationsfähigkeit von Netzhaut-zentrum und -peripherie zum Vorschein kommt, sind in dieser Beziehung die Beobachtungen, die man bei einer mittleren Beleuchtung machen kann, bei welcher die Netzhautperipherie bereits für Dunkel adaptiert ist, während das Zentrum noch ausgesprochen die für das helladaptierte Auge charakteristische Funktionsweise zeigt. Man sieht dann im indirekten Sehen die roten Papierscheibchen farblos-dunkel auf hellerem Grunde (geringe weiße Valenz); sobald man aber ein Scheibchen mit dem Blick erfaßt, so leuchtet es auf und wird heller: es zeigt die bunte Farbe mit ihrer großen spezifischen Helligkeit. Umgekehrt erscheinen die blauen Scheibchen im indirekten Sehen (wegen der großen Weißvalenz der kurzwelligen Lichter) hell weißlich auf dunklerem Grunde, werden aber sofort dunkel, wenn man sie auf der noch hell-adaptierten Fovea zur Abbildung bringt (spezi-fische Dunkelheit der Farbe).

Die Erscheinungen des Purkinjeschen Phänomens sind durch bloße Herabsetzung der Beleuchtung ohne gleichzeitige Änderung des Adaptationszu-standes der Augen nicht zu erhalten; für ihr Auf-treten ist die adaptative Funktionsänderung der Netzhaut, die allein zu der fortschreitenden Änderung des Verhältnisses der bunten zur farblosen Komponente in den beobachteten Farben führt, unerläßlich. Anstatt farbiger Pigmente sind natürlich auch monochromatische Lichter zum Versuch verwendbar. *Dittler.*

Näheres s. Hillebrand, Zeitschr. f. Sinnesphysiol., Bd. 51, S. 46, 1920.

Purkinjesches Phänomen, Bevorzugung der blauen Strahlen bei geringerer Helligkeit s. Photometrie verschiedenfarbiger Lichtquellen, A; ferner Farben-theorie von Kries.

Pyknometer, auch Wägefläschchen, sind kleine Fläschchen mit wenigen Kubikzentimeter Inhalt, welche dazu dienen, das spezifische Gewicht einer Flüssigkeit zu ermitteln. Um das Volumen des Fläschchens genau abzugrenzen, ist es mit einem eingeriebenen Glasstopfen versehen; setzt man diesen ein, so wird die zuviel eingegossene Flüssigkeit über den Rand des Gefäßes gedrückt. Besser noch verwendet man eingeriebene Stopfen, in welchen ein geteiltes Kapillarrohr hochführt. Beim Ein-drücken des Stopfens in den Hals des Gefäßes steigt die Flüssigkeit im Kapillarrohr hoch; durch Ab-tupfen mit Fließpapier stellt man sie auf einen bestimmten Teilstrich ein. Man ermittelt das Ge-wicht des Pyknometerinhaltes einmal mit der zu untersuchenden Flüssigkeit, dann mit Wasser von 4^0 C; der Quotient beider Gewichte ist das spezi-fische Gewicht der Flüssigkeit. — Über die Be-nutzung des Pyknometers zur Ermittelung der spezifischen Gewichtes der Gase vgl. den Artikel Gasdichte. *Scheel.*

Näheres s. Kohlrausch, Praktische Physik. Leipzig.

Pyknometer. Als Pyknometer wird ein kleines Glasgefäß zur Messung der Dichte von Flüssig-keiten bezeichnet. In der Figur ist eine einfache Form desselben sche-matisch abgebildet. Es ist ein Ge-fäß mit eingesetztem Thermometer und Ansatzröhrchen A mit Marke M. Ist das Gewicht des leeren Gefäßes P, des mit Wasser gefüllten P_1, des mit der zu untersuchenden Flüssig-keit gefüllten P_2, so ist die Dichte dieser Flüssigkeit $\varrho = \dfrac{P_2 - P}{P_1 - P}$. Dabei muß die Füllung genau bis zur Marke M erfolgen und beide Füllungen bei gleicher Temperatur vorgenommen werden, resp. das Resultat entspre-chend der gemessenen Temperatur korrigiert werden. Pyknometergefäße in etwas anderer Form sind von Mendelejeff, Sprengel, Ostwald u. a. angegeben worden.

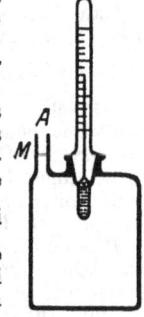

Pyknometer.

O. Martienssen.

Näheres s. Chwolson, Lehrbuch der Physik I. 1902.

Pyrgeometer s. auch Pyrheliometer (nach Ang-ström). Von zwei nebeneinander liegenden dünnen Manganinstreifen ist der eine geschwärzt, der andere blank, beide sind getrennt durch elektrischen Strom heizbar. Sie sind durch ein Differentialthermoele-ment verbunden, dessen Lötstellen an der Hinter-seite der Streifen anliegen; das Differentialthermo-element ist durch ein (empfindliches) Galvanometer geschlossen. Werden beide Streifen der nächtlichen Himmelsstrahlung ausgesetzt, so wird der schwarze Streifen infolge seines höheren Emissionsvermögens mehr Wärme durch Strahlung verlieren, als der blanke. Durch passende Heizströme im schwarzen und blanken Streifen werden beide auf dieselbe Temperatur gebracht, die Gleichheit zeigt sich durch Stromlosigkeit des Thermoelementgalvano-meters an. Die stärkere Heizung des schwarzen Streifens kompensiert den Ausstrahlungsverlust, ist also ein absolutes Maß für diesen. Anwendung findet das Instrument in der Meteorologie.

Gerlach.

Pyritdetektor. Aus einem Metalldraht und einem Stück Kupferzink (Pyrit) bestehender Detektor.

A. Esau.

Pyrometer s. Strahlungspyrometer, Thermoele-mente, Widerstandsthermometer.

ψ-Fläche von van der Waals. Stellt man bei konstanter Temperatur T die freie Energie eines binären Gemisches (s. d.), dessen eine Komponente mit dem Molekulargehalt x vorhanden ist, als Funktion von x und v (spezifisches Volumen) in einem räumlichen Koordinatensystem dar, so erhält man die van der Waalssche ψ-Fläche. Die ψ-Fläche gehört zur Gruppe der sog. Tangentialflächen (vgl. thermodynamische Blätter und thermodynamisches Potential), da je zwei Punkte, die koexistierenden Phasen entsprechen, eine gemeinsame Tangentialebene besitzen. Diese Berührungspunkte heißen Konnoden oder Binoden. Die Verbindungslinie aller Konnoden, die Konnodale oder Binodale, umschließt eine Falte. In besonderen Fällen kann die erwähnte Tangentialebene 3 Berührungspunkte mit der ψ-Fläche haben, dann koexistieren zwei flüssige und eine dampfförmige Phase, und man kann 3 Falten unterscheiden, die im „Dreiphasendreieck" zusammentreffen. — Diejenige Stelle der Konnodale, in der die beiden Berührungspunkte derselben Tangentialebene in einen Punkt zusammenfallen, heißt der Faltenpunkt. Er gilt als kritischer Punkt bezüglich der Konzentration x der einen Komponente, da im Faltenpunkt x denselben Wert für die beiden koexistierenden Phasen, welche die Falte umschließt, besitzt. Innerhalb der Falte sind stabile und instabile Zustandsgebiete zu unterscheiden. Beide werden durch die Spinodalkurve getrennt. In den Punkten dieser Kurve wechselt die Krümmung der ψ-Fläche ihr Vorzeichen. Die Spinodalkurve geht durch den Faltenpunkt. *Henning.*

Q

Quadrantenelektrometer (Thomson). Ein Elektrometer (s. d.), bei dem eine leichte metallische Nadel über einem aus vier ebenen Platten gebildeten Quadranten drehbar aufgehängt ist. Die Quadranten können auch als Schachtel ausgebildet sein, innerhalb deren die Nadel dann schwingt (Schachtelelektrometer). Von den Quadranten sind in der Regel zwei diametral gegenüberstehend zu einem Paar verbunden, die auf gleiches Potential geladen werden. Die Nadel hat biskuitförmige Gestalt und ist an einem dünnen leitenden Faden (Wollastondraht, versilberter Quarzfaden) aufgehängt. Zur Ablesung des Ausschlags der Nadel ist ein Spiegel fest mit ihr verbunden. In der Nullage, d. h. wenn sich alle Quadranten auf gleichem Potential befinden, soll die Nadelachse parallel einer Trennungslinie der Quadranten stehen. Man unterscheidet verschiedene Schaltungsarten des Quadrantenelektrometers, die auch für andere Elektrometer angewendet werden können (Idiostatische- oder Doppel-, Quadranten- und Nadelschaltung, s. diese). Das Instrument erfordert eine gute Justierung. Um die Ungleichmäßigkeiten der Aufhängung usw. zu beseitigen, müssen die Ausschläge kommutiert und in geeigneter Weise kombiniert werden; es fallen dadurch verschiedene Fehler der Einstellung heraus; die Theorie hierzu ist von Orlich aufgestellt worden. Um der Nadel eine größere Stabilität bei großer Leichtigkeit zu geben, werden z. B. zwei aus Silberpapier geschnittene Nadelhälften an den Rändern zusammengeklebt, während die Mitte der Nadel ausgebaucht ist. *W. Jaeger.*

Näheres s. Jaeger, Elektr. Meßtechnik. Leipzig 1917.

Quadrantenschaltung bei Elektrometern aller Art (s. d.) nennt man diejenige Schaltung, bei der das eine Plattenpaar bzw. die eine Platte usw. mit dem Gehäuse geerdet wird, während das andere auf das zu messende Potential geladen ist. Die Nadel wird auf einem konstanten Potential mittels einer Hilfsspannung gehalten, das höher ist, als das zu messende Potential. *W. Jaeger.*

Quadrate, Methode der kleinsten, ist eine Methode aus einer größeren Anzahl von Beobachtungen die wahrscheinlichsten Werte der gesuchten Größen zu bestimmen. Bezeichnet man die Unterschiede zwischen den zu findenden Endwerten und den beobachteten Ausgangswerten als Fehler oder als Verbesserungen, so sind nach dem Prinzip der Methode der kleinsten Quadrate jene Werte die besten, für welche die Quadratsumme der übrigbleibenden Fehler oder der anzubringenden Verbesserungen ein Minimum wird. Dieses Prinzip findet die Bestätigung seiner Brauchbarkeit darin, daß es unmittelbar auf den Begriff des arithmetischen Mittels führt. Die Methode kann nur angewendet werden, wenn die Zahl der Beobachtungen die Zahl der zu bestimmenden Stücke bedeutend übersteigt, und wenn angenommen werden kann, daß die Abweichungen der durch die Beobachtung gegebenen Werte von den wahren dem Gesetz des Zufalles folgt. Mit anderen Worten: systematische Fehler können auf diesem Wege nicht beseitigt werden.

Sind die Fehler nur zufällige, so entsprechen sie dem Gaußschen Fehlerverteilungsgesetz, nach welchem die Wahrscheinlichkeit für das Auftreten eines Fehlers, der zwischen ε und $\varepsilon + d\varepsilon$ liegt, gegeben ist durch

$$\varphi(\varepsilon)\,d\varepsilon = \frac{h}{\sqrt{\pi}}\,e^{-h^2\varepsilon^2}d\varepsilon$$

Hier ist h eine Konstante, welche als das Maß der Präzision bezeichnet wird. Je größer h, um so größer wird die Wahrscheinlichkeit kleiner Fehler, um so kleiner die Wahrscheinlichkeit großer Fehler.

Man unterscheidet zwischen wahren Fehlern ε und scheinbaren Fehlern v. Die ersteren sind nicht bestimmbar, da wir den wahren Wert einer Größe nicht finden können; wir finden nur einen wahrscheinlichsten Wert, der im Vergleich mit den Beobachtungen den scheinbaren Fehler v gibt. Statt der Größe h führt man folgende Begriffe ein:

1. Der mittlere Fehler: gleich der Quadratwurzel aus dem arithmetischen Mittel der Quadrate der wahren Fehler:

$$\mu = \frac{0{,}70711}{h}.$$

2. Der durchschnittliche Fehler: gleich dem arithmetischen Mittel der wahren Fehler, ohne Rücksicht auf das Vorzeichen:

$$\vartheta = \frac{0{,}56419}{h}.$$

3. Der wahrscheinliche Fehler, dessen Auftreten die Wahrscheinlichkeit $\frac{1}{2}$ hat:

$$\varrho = \frac{0,47694}{h}.$$

A) **Fehlerübertragungsgesetz.** Hat eine aus den Beobachtungen gerechnete Größe X den mittleren Fehler $\pm \mu$, so hat die Größe aX den mittleren Fehler

$$m = \pm a\,\mu.$$

Haben zwei Größen X_1 und X_2 die mittleren Fehler μ_1 und μ_2, so hat $X_1 + X_2$ oder $X_1 - X_2$ den mittleren Fehler

$$m = \sqrt{\mu_1{}^2 + \mu_2{}^2}.$$

Allgemein hat $M = a_1 X_1 + a_2 X_2 \ldots$ den mittleren Fehler

$$m = \sqrt{a_1{}^2 \mu_1{}^2 + a_2 \mu_2{}^2 + \cdots}$$

Beliebige Funktionen werden durch Einführung von Näherungswerten und Entwicklung nach den Verbesserungen linear gemacht, worauf der kombinierte Fehler wie oben gerechnet werden kann.

B) **Direkte Beobachtungen.** Ist eine Größe n mal beobachtet worden, so ist ihr wahrscheinlichster Wert X gegeben durch das arithmetische Mittel. Sind $x_1 x_2 \ldots x_n$ die Beobachtungen, so wird

$$X = \frac{[x]}{n}$$

(die eckige Klammer bezeichnet mit Gauß immer die Summe). Wir bilden

$$X - x_1 = v_1, \quad X - x_2 = v_2, \; \ldots X - x_n = v_n.$$

Der mittlere Fehler einer Beobachtung wird dann

$$\mu = \sqrt{\frac{[vv]}{n-1}}.$$

Der mittlere Fehler des arithmetischen Mittels gleich

$$M = \sqrt{\frac{[vv]}{n(n-1)}}.$$

C) **Gewichte.** Die Genauigkeit einer Beobachtung kann durch eine Zahl ausgedrückt werden, die man als die Anzahl gleichwertiger Beobachtungen auffassen kann, die diese Beobachtung ersetzen könnten. Diese Zahl heißt das Gewicht g. Das arithmetische Mittel der Beobachtungen $x_1 x_2 \ldots x_n$ mit den Gewichten $g_1 g_2 \ldots g_n$ ist

$$X = \frac{[g\,x]}{[g]}.$$

Der mittlere Fehler einer Beobachtung vom Gewicht 1 wird:

$$\mu_0 = \sqrt{\frac{[g\,vv]}{n-1}}.$$

Der mittlere Fehler einer Beobachtung vom Gewichte g_i wird

$$\mu_i = \sqrt{\frac{[g\,vv]}{g_i\,(n-1)}}.$$

Der mittlere Fehler des arithmetischen Mittels wird:

$$M = \sqrt{\frac{[g\,vv]}{[g]\,(n-1)}}.$$

D) **Vermittelnde Beobachtungen.** Oft tritt der Fall ein, daß die zu bestimmenden Größen nicht der direkten Beobachtung zugänglich sind, sondern

daß die letzteren Funktionen der ersteren sind. Es seien

$$L_i = f_i\,(XYZ\,..) \qquad i = 1\,..\,n$$

diese Funktionen. Wir führen statt XYZ Näherungswerte $X_0 Y_0 Z_0 \ldots$ ein, so daß $X_0 + x$, $Y_0 + y$, $Z_0 + z$ die gesuchten Werte sind. Wir entwickeln nach den kleinen Größen xyz ... und finden

$$L_i - f_i\,(X_0 Y_0 Z_0 \ldots) = \left(\frac{d\,f_i}{dX_0}\right) \cdot x + \left(\frac{d\,f_i}{dY_0}\right) \cdot y + \cdots$$
$$= a_i\,x + b_i\,y + c_i\,z.$$

Den links verbleibenden Rest nennen wir l_i. Wir bilden nun die n linearen Gleichungen

$$l_i = a_i\,x + b_i\,y + c_i\,z + \cdots$$

Jeder Beobachtung entspricht eine solche Gleichung. Da nun die Zahl dieser Gleichungen größer sein muß als die Zahl der Unbekannten, so wird es im allgemeinen kein Wertesystem x, y, z geben, welches die Gleichungen genau erfüllt. Jedes solche System wird in die Gleichungen eingesetzt, Reste v_i übrig lassen:

$$v_i = a_i\,x + b_i\,y + c_i\,z + \ldots - l_i$$

und wir werden jene Werte von x, y, z.. als die richtigen ansehen, welche die Summe der Quadrate aller v, jedes multipliziert mit seinem Gewichte zu einem Minimum macht. Sind die Gewichte der einzelnen Beobachtungen g_i, so haben wir

$$[g\,vv] = \sum_{i=1}^{n} g_i\,(a_i\,x + b_i\,y + c_i\,z + \ldots - l_i)^2 = \text{Min.}$$

Setzen wir die Differentialquotienten dieses Ausdruckes nach x, y, z.. der Reihe nach = 0, so erhalten wir das Gleichungssystem:

$$[g\,aa]\,x + [g\,ab]\,y + [g\,ac]\,z + \ldots = [g\,al]$$
$$[g\,ab]\,x + [g\,bb]\,y + [g\,bc]\,z + \ldots = [g\,bl].$$

Dieses System linearer Gleichungen heißt das System der **Normalgleichungen**. Es enthält ebensoviele Gleichungen als Unbekannte und seine Auflösung liefert die gesuchten Werte von x, y, z.

$$X_0 + x, \quad Y_0 + y, \quad Z_0 + z \ldots$$

sind dann die verbesserten Werte der Unbekannten.

E) **Bedingte Beobachtungen.** Es seien $l_1 l_2 \ldots l_n$ durch Beobachtung gefundene Größen. An diese sollen gewisse Verbesserungen $v_1 v_2 \ldots v_n$ angebracht werden, derart, daß eine Anzahl von Gleichungen streng erfüllt wird. Z. B. wenn in einem Dreiecke alle drei Winkel gemessen werden, so wird ihre Summe wegen der Beobachtungsfehler von 180° abweichen. Die Beobachtungen müssen dann so verbessert werden, daß die Summe genau gleich 180° wird.

Es seien $\varphi_1 = 0$, $\varphi_2 = 0 \ldots$, $\varphi_r = 0$ die Bedingungsgleichungen; ihre Zahl sei r. Wir können setzen

$$\varphi_k\,(l_1 + v_1,\ l_2 + v_2 \ldots l_n + v_n) = \varphi_k\,(l_1 l_2 \ldots l_n) +$$
$$v_1\,\frac{d\,\varphi_k}{d\,l_1} + v_2\,\frac{d\,\varphi_k}{d\,l_2} + \cdots + v_n\,\frac{d\,\varphi_k}{d\,l_n} = 0 \qquad k = 1\,..\,r$$

oder abgekürzt

$$w_1 + a_1\,v_1 + a_2\,v_2 + a_3\,v_3 + \cdots + a_n\,v_n = 0$$
$$w_2 + b_1\,v_1 + b_2\,v_2 + b_3\,v_3 + \cdots + b_n\,v_n = 0$$
$$w_2 + q_1\,v_1 + q_2\,v_2 + q_3\,v_3 + \cdots + q_n\,v_n = 0.$$

In dieser linearen Form können die Bedingungsgleichungen immer dargestellt werden. Es liegt nun eine Minimumaufgabe mit Nebenbedingungen vor. Es muß $[g\,v]$ ein Minimum sein unter

Einhaltung der obigen Bedingungen. Nach bekannten Regeln muß also

$$[g\,vv] - 2\,k_1\,([av] + w_1) - 2\,k_2\,([bv] + w_2) - \cdots - 2\,k_r\,[(gv) + w_r] = \text{Min.}$$

sein. Die Differentiation nach $v_1 \ldots v_n$ führt auf die n Gleichungen

$$g_1\,v_1 - (a_1\,k_1 + b_1\,k_2 + \cdots + g_1\,k_r) = 0$$
$$g_2\,v_2 - (a_2\,k_1 + b_2\,k_2 + \cdots + g_2\,k_r) = 0$$
$$g_n\,v_n - (a_n\,k_1 + b_n\,k_2 + \cdots + g_n\,k_r) = 0,$$

die sogenannten Korrelatengleichungen, welche mit den r Bedingungsgleichungen zusammen $n+r$ lineare Gleichungen bilden zur Bestimmung der n Größen v und der r Größen k. Setzen wir die Größen v aus den Korrelatengleichungen in die Bedingungsgleichungen ein, so bleiben die r Normalgleichungen

$$\left[\frac{aa}{g}\right]k_1 + \left[\frac{ab}{g}\right]k_2 + \cdots + \left[\frac{ag}{g}\right]k_r + w_1 = 0$$
$$\left[\frac{ab}{g}\right]k_1 + \left[\frac{bb}{g}\right]k_2 + \cdots + \left[\frac{bg}{g}\right]k_r + w_2 = 0$$
$$\left[\frac{ag}{g}\right]k_1 + \left[\frac{bg}{g}\right]k_2 + \cdots + \left[\frac{gg}{g}\right]k_r + w_r = 0$$

Aus diesen Gleichungen bestimmt man die Größen k, welche in die Korrelatengleichungen eingesetzt die gesuchten v liefern. *A. Prey.*

Näheres s. S. Wellisch, Theorie und Praxis der Ausgleichsrechnung. 1909/10.

Quadratur eines Gestirnes ist die Konstellation, wo es 90° von der Sonne absteht. *Bottlinger.*

Quadrifilarmagnetometer. Von K. Schering erdachtes Instrument zur Messung der Variationen der Vertikalintensität des Erdmagnetismus, bestehend aus einem Magneten, von dessen Seitenflächen je ein Paar Metalldrähte ausgehen, so daß er nur in der Vertikalebene beweglich ist. *A. Nippoldt.*

Quadrupel- oder Vierfachpunkt heißt in Analogie zum Tripel- (s. d.) oder Dreifachpunkt derjenige Zustandspunkt, welcher den 4 gleichzeitig möglichen Phasen eines aus zwei unabhängigen Bestandteilen aufgebauten Systems gemeinsam ist. So sind z. B. Druck und Temperatur eindeutig bestimmt, wenn eine Salzlösung bestimmter Konzentration gleichzeitig mit Wasserdampf, Eis und festem Salz im thermodynamischen Gleichgewicht vorhanden ist. *Henning.*

Quantelung, quanteln, quantisieren, die Anwendung der Quantenbedingungen (s. d.).

Quantenansatz s. Quantenbedingungen.

Quantenbahn, eine der durch die Quantenbedingungen (s. d.) ausgezeichneten Bewegungsmöglichkeiten eines Atoms oder Moleküls, allgemeiner jeder nach dem I. Bohrschen Postulat (s. Bohrsche Theorie der Spektrallinien) vorhandene stationäre Zustand eines solchen Gebildes. *A. Smekal.*

Quantenbedingungen. Während nach der *gewöhnlichen Mechanik* oder *Elektrodynamik* die Bestandteile eines Atoms oder Moleküls gleichwie bei den sichtbaren Körpern eine *kontinuierliche* Menge von Bewegungszuständen besitzen sollten, läßt die *Quantentheorie* (s. d. und Bohrsche Theorie der Spektrallinien) nur eine *diskrete* Menge gewisser *stationärer Zustände* (s. d.) oder *Quantenbahnen* zu, welche durch die Quantenbedingungen aus jener kontinuierlichen Menge *hervorgehoben* werden. Diese Quantenbedingungen, gelegentlich auch als *Quanten-*

ansatz bezeichnet, haben sich aus den älteren Ansätzen von Planck für die Energie eines *Oszillators* von einem Freiheitsgrade ($\varepsilon = h \cdot v$, bzw. ganzzahlige Vielfache dieser Größe; ε Energie, h Plancksches Wirkungsquantum, v Frequenz des Oszillators) entwickelt. Für die Klasse der sog. *bedingt periodischen Systeme* (s. d.) von beliebig vielen Freiheitsgraden haben Sommerfeld, Schwarzschild und Epstein folgende Form der Quantenbedingungen aufgestellt: Bedeuten q_i und p_i die Koordinate, bzw. den zu ihr kanonisch konjugierten Impuls der i-ten Partialschwingung eines solchen Systems, so hat man:

$$\oint p_i \cdot d\,q_i = n_i \cdot h \quad (i = 1, 2 \ldots \ldots s)$$

für alle s *unabhängigen Partialschwingungen* zu setzen. (Über das Verhältnis der Zahl s zur Anzahl r der Freiheitsgrade, s. bedingt periodische Systeme.) Der Kreis am Integralzeichen bedeutet, daß die Integration über eine ganze Periode von q_i und p_i zu erstrecken ist; die Integrale selbst nennt man *Phasenintegrale* (eine elegante Methode zu ihrer Berechnung auf komplexem Wege hat Sommerfeld angegeben). Das auf den rechten Seiten der Quantenbedingungen stehende h ist das *Plancksche Wirkungsquantum*, die n_i heißen die *Quantenzahlen* und können alle positiven ganzzahligen Werte annehmen. Wählt man für die s Quantenzahlen irgendwelche beliebige ganze Zahlen, so wird durch die obigen Bedingungen ein bestimmter stationärer Zustand oder eine Quantenbahn festgelegt; es läßt sich zeigen, daß die Energie des „gequantelten" bedingt periodischen Systems durch die s Quantenzahlen *eindeutig* bestimmt wird, was für die Anwendbarkeit der *Bohrschen Frequenzbedingung* (s. d.) von grundsätzlicher Bedeutung ist. Je nach der geometrischen und physikalischen Bedeutung der einzelnen Phasenintegrale führen diese, sowie die ihnen entsprechenden Quantenzahlen besondere Bezeichnungen. So gibt es z. B. bei beliebig kompliziert gebauten Atomen ein Phasenintegral, in das der *Gesamtdrehimpuls* p_x des Gebildes eingeht; diese Quantenbedingung lautet

$$2\,\pi\,p_x = n_x\,h$$

und die Quantenzahl n_x heißt jetzt insbesondere *Impulsquantenzahl.*

Die oben formulierten Quantenbedingungen haben die Eigenschaft, bei einer sog. *adiabatisch-reversiblen* Beeinflussung des bedingt periodischen Systems unverändert zu bleiben; die auf den linken Seiten der Quantenbedingungen stehenden Phasenintegrale sind nämlich *adiabatische* oder *Parameterinvarianten* dieser Systeme (s. d.) die rechten Seiten jedoch beliebige ganzzahlige Vielfache der universellen (d. h. prinzipiell unveränderlichen) Größe h. Sie genügen daher den Forderungen der Ehrenfestschen *Adiabatenhypothese* (s. d.).

Die Anwendung der Quantenbedingungen ist naturgemäß an die Voraussetzung gebunden, daß sich die Bewegung in den stationären Zuständen überhaupt in genügender Annäherung mittels der gewöhnlichen Mechanik beschreiben läßt. Vgl. diesbezüglich den Art. Stationäre Zustände. Aus den Periodizitätseigenschaften der bedingt periodischen Systeme ergibt sich, daß ihre Energie den kleinstmöglichen Quantenwert annimmt, wenn man den Quantenzahlen ihre kleinsten zulässigen, ganzzahligen Werte erteilt. Diese stationären Zustände entsprechen daher den *Normalzuständen* der Atome und Molekeln (s. Bohr-Rutherfordsches Atommodell). Für *sehr große* Werte der

Quantenzahlen unterscheiden sich die einzelnen stationären Zustände immer weniger voneinander, d. h. praktisch verhält sich in diesem Gebiete *jede klassische* (also auch jede von den Quantenbedingungen ausgeschlossene) Bahn, wie eine Quantenbahn. Diese Eigenschaft ermöglicht die Anwendung des *Bohrschen Korrespondenzprinzipes* (s. d.). Bezüglich der Frage nach der Quantelung nicht bedingt periodischer Systeme, insbesondere der sog. *Störungsquantelung*, d. h. der Annäherung nicht bedingt periodischer Quantenbahnen durch bedingt periodische, muß auf die Literatur verwiesen werden.

A. Smekal.

Näheres s. Smekal, Allgemeine Grundlagen der Quantentheorie usw. Enzyklopädie d. math. Wiss. Bd. 5.

Quantengewichte s. Quantenstatistik.

Quantenhypothese s. Quantentheorie.

Quantensprung heißt die Ausführung des Überganges eines „gequantelten" Systems aus einem seiner *stationären Zustände* (s. d. und Bohrsche Theorie der Spektrallinien) in einen anderen *(Quantenübergang)*. Die Bezeichnung rührt daher, daß man ursprünglich meinte, dieser Übergang müsse plötzlich, ruckweise vor sich gehen, obgleich für diese Annahme keine andere Stütze vorhanden war, als unsere gänzliche Unkenntnis von den Gesetzmäßigkeiten dieses Vorganges überhaupt. Heute nimmt man an, daß die Dauer eines solchen Überganges sehr wohl eine endliche, etwa von jener Größenordnung sein kann, welche sich nach der *klassischen Elektrodynamik* für einen *linearen Oszillator* berechnet, der die *gleiche Energiemenge* mit der *gleichen Schwingungszahl* emittiert, wie das Atom bei dem betrachteten Quantenübergange. Die genannte Energiemenge ist einfach durch die Energiedifferenz zwischen den beiden stationären Zuständen bestimmt, die ausgesandte Schwingungsfrequenz erhält man nach der *Bohrschen Frequenzbedingung* (s. d.), indem man diese Energiemenge durch das *Plancksche Wirkungsquantum h* (s. d.) dividiert. Bezüglich der „erlaubten" Quantenübergänge, s. Auswahlprinzip und Bohrsches Korrespondenzprinzip.

A. Smekal.

Quantenstatistik, jener Teil der *physikalischen Statistik* (s. d.), der von den Gesetzen der *Quantentheorie* Gebrauch macht, im engeren Sinne das quantentheoretische Analogon zur *statistischen Mechanik*. Da wir heute die quantenhafte Natur der Atom- und Molekelkonstitution als gesichert ansehen können, kommt die gewöhnliche oder „klassische" statistische Mechanik nur mehr als *Grenzfall* der Quantenstatistik (und zwar meist für Systeme von genügend hoher Temperatur) in Betracht.

Planck hat in den Mittelpunkt der Quantenstatistik das sog. *Boltzmannsche Prinzip* gestellt, dessen exakte Begründung ziemlich schwierig und weitläufig ist und hier nicht näher behandelt werden kann. Betrachtet man beispielsweise ein Gas, dessen Molekeln nur der nach der Quantentheorie zulässigen *diskreten* Reihe *stationärer Zustände* (s. d.) $Z_1, Z_2 \ldots$ fähig sind und bezeichnet die Anzahlen der darin zu einem gegebenen Zeitpunkte befindlichen Molekeln mit $N_1, N_2 \ldots$ und ihre Energien mit $\varepsilon_1, \varepsilon_2 \ldots$, so sind bei vorgegebener Gesamtzahl $N = N_1 + N_2 + \ldots$ und Gesamtenergie $E = N_1 \varepsilon_1 + N_2 \varepsilon_2 + \ldots$ der Molekeln, sehr vielerlei Verteilungen der letzteren über die Quantenzustände möglich. Die Zahl $W = \dfrac{N!}{N_1! N_2! \ldots} p_1{}^{N_1} \cdot p_2{}^{N_2} \ldots$ gibt an, auf wievielfache

Weise die *Verteilung* $N_1, N_2 \ldots$ durch *Vertauschung* der in gleichen Z-Zuständen befindlichen Molekeln untereinander realisiert werden kann, wenn die „a priori-Wahrscheinlichkeiten" der Molekeln oder ihre „Gewichte" für diese Zustände $p_1, p_2 \ldots$ betragen, und heißt nach Planck *thermodynamische Wahrscheinlichkeit*. Das *Boltzmannsche Prinzip* besagt nun, daß die *Entropie S* des Gases *zu dem gegebenen Zeitpunkte* gleich dem k-fachen des natürlichen Logarithmus der „thermodynamischen Wahrscheinlichkeit" ist:

$$S = k \cdot \log W,$$

wobei k eine *universelle* Größe, die *Boltzmannsche Konstante*, mit dem Zahlwerte $1,3711 \cdot 10^{-16}$ erg/grad, bedeutet. Es läßt sich zeigen, daß W direkt als Maß für die *relative Aufenthaltsdauer (Verweilzeit)* des Gases im obengenannten Verteilungszustande $N_1, N_2 \ldots$ aufgefaßt werden kann, welcher Satz sogleich auch die Berechnung von S für den *thermischen Gleichgewichtszustand* ermöglicht. Als solcher wird offenbar jene Verteilung zu gelten haben, in welcher die Gesamtaufenthaltsdauer des Gases am *größten* ist, für die daher W und somit — in Übereinstimmung mit dem II. Hauptsatz — auch S unter den angegebenen Bedingungen seinen größtmöglichsten Wert annimmt. Die thermodynamische Wahrscheinlichkeit ist nun bei großen Werten von N und E für diese Verteilung so überwältigend groß, daß es *praktisch* völlig gleichgültig ist, ob man für W seinen *größtmöglichsten*, oder seinen *mittleren* Wert einsetzt. Man erhält für diese „häufigste" oder „wahrscheinlichste", und zugleich für die „mittlere" Verteilung

$$N_1 = \frac{N p_1 e^{-\frac{\varepsilon_1}{kT}}}{\sum\limits_v p_v e^{-\frac{\varepsilon_v}{kT}}}, \quad N_2 = \frac{N p_2 e^{-\frac{\varepsilon_2}{kT}}}{\sum\limits_v p_v e^{-\frac{\varepsilon_v}{kT}}}, \ldots$$

und findet, daß T alle Eigenschaften der *absoluten Temperatur* der Thermodynamik besitzt. Als Spezialfall kann aus diesem allgemeinen Verteilungssatz z. B. das *Maxwellsche Geschwindigkeitsverteilungsgesetz* (s. d.) für die fortschreitende Bewegung der Gasmolekeln abgeleitet werden, wenn man die nach der *klassischen Mechanik* möglichen Bewegungszustände der Gasmolekeln durch *beliebig dicht* aufeinanderfolgende Quantenzustände approximiert. Ein solches Zusammenrücken von Quantenzuständen tritt übrigens für die innere Bewegung der Molekeln ganz allgemein von selbst bei *hohen* Werten der *Quantenzahlen* ein (s. Art. Quantenbedingungen); nach obiger Verteilungsformel werden diese Quantenzustände besonders für große Werte von T *(hohe Temperaturen)* eine merkliche Rolle spielen. In diesem Gebiete kann man dann ε und p als *stetig* veränderliche Größen behandeln, so daß die Anzahl dN jener Molekeln, deren Koordinaten und Impulse innerhalb eines gewissen infinitesimalen Bereiches dσ variieren, proportional dem Ausdruck $p \cdot e^{-\frac{\varepsilon}{kT}} \cdot d\sigma$ gesetzt werden kann. Dies ist für $p = 1$ nichts anderes als die *Boltzmann-Gibbssche kanonische Verteilung* der gewöhnlichen statistischen Mechanik. (S. Art. Ergodenhypothese.) Von der *Gewichtsfunktion* p, bzw. den *Quantengewichten* $p_1, p_2 \ldots$ kann gezeigt werden, daß sie sog. *adiabatische Invarianten* (s. d.) sein müssen. Betreffs dieses Punktes und seiner Bedeutung für die *Adiabatenhypothese* (s. d.) muß jedoch auf die Literatur verwiesen werden.

Mit der Aufstellung obiger Verteilungsformeln ist die Quantenstatistik bis auf die Ermittlung der Gewichte p an ihrem Ziele angelangt. Die *Quantengewichte* können wenigstens grundsätzlich auf empirischem Wege bestimmt werden, es hat sich jedoch gezeigt, daß sie für sog. *nicht-entartete* Quantensysteme (Anzahl der Quantenzahlen gleich Anzahl der inneren Freiheitsgrade, s. auch *Bedingt periodische Systeme*) für alle Quantenzustände einfach konstant und *gleich groß* gesetzt werden können. Der *Mittelwert* $\bar{u}$ einer Größe u, welche in den einzelnen Quantenzuständen der Molekeln die Werte $u_1, u_2 \ldots$ annimmt, berechnet sich zu $\bar{u} = (N_1 u_1 + N_2 u_2 + \ldots)/N$. Auf diese Weise kann man jede beliebige statistische Größe des Gases berechnen, z. B. seinen Energieinhalt, seine spezifische Wärme, seinen Druck usw. von verhältnismäßig geringen Modifikationen abgesehen, auch die entsprechenden Größen fester Körper und der Strahlung. Die Hauptleistungen der Quantentheorie nach dieser Richtung hin sind, abgesehen von der Ableitung des *Planckschen Strahlungsgesetzes* (s. d. und Art. Quantentheorie), der Nachweis, daß die *spezifische Wärme fester Körper*, sowie der von der Rotationsbewegung der Molekeln herrührende Anteil der spezifischen Wärme der Gase beim absoluten Nullpunkt *zum Werte Null abfällt*, wie es das *Nernstsche Wärmetheorem* (s. d.) erfordert, ferner die Ableitung des Ausdruckes für die *chemische Konstante* (s. d.).

Zur Quantenstatistik im weiteren Sinne des Wortes sind auch alle jene Betrachtungen statistischer Natur zu rechnen, welche auf die *Strahlungseigenschaften* der Atome und Molekeln, also auf ihre *elektrodynamischen* Eigenschaften Bezug haben. Hier zeigt das *Bohrsche Korrespondenzprinzip* (s. d.), in welcher Weise die Gesetze der klassischen Elektrodynamik im Grenzfall langer elektromagnetischer Wellen aus den Quantengesetzen statistisch aufgebaut zu denken sind. Ebenso wie die Quantenstatistik im engeren Sinne die *statistische Grundlage der klassischen Thermodynamik* einschließlich des Nernstschen Wärmetheorems aufdeckt, wird also durch das Korrespondenzprinzip die *statistische Natur der klassischen Elektrodynamik* in Evidenz gesetzt. *A. Smekal.*

Näheres s. Planck, Theorie der Wärmestrahlung. 4. Aufl. Leipzig 1921: Smekal, Allgemeine Grundlagen der Quantentheorie und Quantenstatistik. Enzyklopädie d. math. Wiss. Bd. 5.

Quantentheorie, die modernste Schöpfung der theoretischen Physik, welche zu einer ungeahnten Vertiefung namentlich unserer Anschauungen vom Bau der Materie geführt hat. Sie ist hervorgegangen aus den Bemühungen Plancks (1900), einen auf die *statistische Mechanik* (s. *Quantenstatistik*) gegründeten Beweis des von ihm aufgestellten *Strahlungsgesetzes* zu geben (s. Plancksches Strahlungsgesetz). Zu diesem Zwecke untersuchte Planck die Wechselwirkung einer großen Zahl ruhender, gleichartiger, möglichst einfach gebauter elektromagnetischer Gebilde, sog. linearer *Oszillatoren* (s. d.) von bestimmter Frequenz ν mit dem sie umgebenden Strahlungsfelde. Er fand, und spätere Untersuchungen von Poincaré und Ehrenfest haben die *Unerläßlichkeit* dieser Annahme dargetan, daß die Energie jedes Oszillators *nur ganzzahlige Vielfache des Energiequantums* $h\nu$ betragen könne, worin h die seither als *Plancksches Wirkungsquantum* (s. d.) bezeichnete *universelle* Konstante bedeutet. Aus dieser *Quantenhypothese* ergibt sich, daß der Oszillator nur ganze Vielfache von *Energie-*

quanten zu absorbieren oder emittieren vermag. Eine spätere, zweite Fassung der Theorie suchte die in diesen Annahmen gelegenen *Widersprüche* mit der von der *klassischen Elektrodynamik* geforderten *Stetigkeit der Absorption und Emission elektromagnetischer Energie* wenigstens bezüglich der ersteren zu mildern, ist jedoch vor kurzem als unhaltbar erkannt worden.

Die Ausdehnung der Quantenannahmen für den Oszillator von *einem* Freiheitsgrade auf Gebilde von *mehreren* Freiheitsgraden erfolgte bereits Hand in Hand mit der 1913 begonnenen Entwicklung des *Bohr-Rutherfordschen Atommodells* (s. d.) und gestaltete die Quantentheorie immer mehr zu einer *Theorie der Materie*. Die Grundvoraussetzung Plancks bezüglich der *diskreten* Energiewerte-Reihe des Oszillators wurde in der *Bohrschen Theorie der Spektrallinien* (s. d.) zum Postulate von der Existenz *diskreter stationärer Zustände* (s. d.) beliebiger Quantengebilde, deren Festlegung für die einfachsten Systeme mit Hilfe der von Sommerfeld, Schwarzschild und Epstein herrührenden *Quantenbedingungen* (s. d.) rechnerisch direkt möglich gemacht worden ist.

Jedes Atom oder Molekül ist hiernach nur einer Reihe diskreter Zustände $Z_1, Z_2, \ldots Z_m, \ldots Z_n, \ldots$ fähig, deren Energien $\varepsilon_1, \varepsilon_2, \ldots \varepsilon_m, \ldots \varepsilon_n, \ldots$ heißen mögen. Einstein ist es gelungen, sehr allgemein zu zeigen, wie man auch auf Grund dieser Ausgangsannahmen das *Plancksche Strahlungsgesetz* ableiten kann. *In Analogie zu dem Verhalten eines klassisch-elektrodynamischen Oszillators* von der Frequenz ν setzt er voraus, daß es dreierlei Vorgänge geben kann, welche während der Zeit dt die Anzahl N_m von im Zustande Z_m befindlichen Atomen zu verändern vermag, falls diese Atome einer sehr großen Zahl N von Atomen angehören, die dem Einfluß eines *Strahlungsfeldes von der Energiedichte* $\varrho (\nu)$ ausgesetzt sind. [Die nachfolgenden Annahmen entsprechen daher in gewissem Sinne dem Gedankenkreis des *Bohrschen Korrespondenzprinzipes* (s. d.)]. Wenn $\varepsilon_n > \varepsilon_m$ angenommen wird, soll die Wahrscheinlichkeit einer spontanen Ausstrahlung des Energiebetrages $\varepsilon_n - \varepsilon_m$, die eines der N_n-Atome in den Zustand Z_m überführt, gleich $A_n^m \cdot dt$ sein, wobei A_n^m eine Konstante bedeutet. Unter dem Einfluß der Strahlung von der Dichte $\varrho (\nu)$ soll es nun ferner zwei Arten von *Einstrahlung* (Absorption) der Energie $\varepsilon_m - \varepsilon_n$ geben: a) *positive Einstrahlung*, d. h. Aufnahme dieses Betrages durch eines der N_m-Atome soll mit einer Wahrscheinlichkeit $B_m^n \cdot \varrho \cdot dt$ erfolgen, b) *negative Einstrahlung*, d. h. Abgabe dieses Betrages durch eines der N_n-Atome mit der Wahrscheinlichkeit $B_n^m \cdot \varrho \cdot dt$; B_m^n und B_n^m sollen wieder konstante Größen sein. Ist Strahlungs*gleichgewicht* vorhanden, so muß offenbar im Mittel

$$N_m \cdot B_m^n \cdot \varrho \cdot dt = N_n \cdot (B_n^m \cdot \varrho \cdot dt + A_n^m \cdot dt)$$

sein. Setzt man für N_m und N_n die von der Quantenstatistik (s. d.) ermittelten Verteilungszahlen ein und bedenkt, daß ϱ mit der absoluten Temperatur T zugleich unendlich werden muß, so erhält man

$$\varrho = \frac{A_n^m / B_n^m}{e^{\frac{\varepsilon_n - \varepsilon^m}{kT}} - 1}$$

und damit die Temperaturabhängigkeit der Strahlungsdichte nach dem *Planckschen* Gesetz. Bei Zuziehung des *Wienschen Verschiebungsgesetzes* (s. d.), welches besagt, daß ϱ die Temperatur nur in der Verbindung ν/T enthalten könne, gewinnt man hieraus

$$\varepsilon_n - \varepsilon_m = h\,\nu$$

und das *Plancksche* Strahlungsgesetz selbst. Die letzte Gleichung ist mit der bereits 1913 aufgestellten *Bohrschen Frequenzbedingung* (s. d.), dem II. Postulat der *Bohrschen Theorie der Spektrallinien*, identisch und besitzt allgemeine Gültigkeit; h bedeutet in ihr das *Plancksche Wirkungsquantum*. Das Verhältnis A_n^m / B_n^m ist mit Hilfe des *Rayleighschen Strahlungsgesetzes* (s. d.), also für den Grenzfall langer elektromagnetischer Wellen zu $8\,\pi\,n\,\nu^2/c^3$ (c Lichtgeschwindigkeit) berechenbar und ist unabhängig von n und m. Einen Weg zur Ermittlung der Größen A_n^m selbst bietet — auch wieder für den Grenzfall langer Wellen — das *Bohrsche Korrespondenzprinzip* (s. d.).

Während die *klassische Elektrodynamik* eine bis ins Einzelne gehende Beschreibung und rechnerische Verfolgung der Ein- und Ausstrahlungsvorgänge an elektromagnetischen Gebilden ermöglicht, dafür jedoch allen von der *Quantentheorie* mit größtem Erfolge beschriebenen Erscheinungen gegenüber versagt, ist die letztere bisher nicht imstande gewesen, eine über die *Bohrsche Frequenzbedingung* und die Folgerungen des *Bohrschen Korrespondenzprinzipes* bezüglich Intensität und Polarisation der ausgesandten Strahlung hinausgehende Beschreibung des Emissions- und Absorptionsvorganges zu geben. So ist man z. B. nicht imstande, Endgültiges über die zeitliche *Dauer* eines *Quantenüberganges*, bzw. *Quanten„sprunges"* (s. d.) auszusagen. Die angedeutete klaffende Lücke hat ferner zur Folge, daß man über den *Vorgang der Lichtausbreitung*, die *Dispersion* usw. quantentheoretisch so gut wie *nichts* anzugeben vermag (vgl. die Artikel Lichtquanten, Nadelstrahlung, Dispersion und Quantentheorie), so daß auf diesen Gebieten die klassische Elektrodynamik einstweilen noch ziemlich ungeschmälert ihre Herrschaft behauptet. Betrachtungen, die auf das Korrespondenzprinzip gegründet werden können, zeigen jedoch, mit ziemlicher Sicherheit, daß der Einzelemissionsvorgang eines Atoms *keineswegs ein periodischer Vorgang zu sein braucht* und weisen auf *statistische Grundlagen* der klassischelektrodynamischen Gesetzmäßigkeiten hin.

Die *Anwendungen* der Quantentheorie sind größtenteils in den im vorstehenden zitierten Artikeln angegeben oder näher besprochen; ihnen allen ist gemeinsam, daß sie sich bisher nur auf *abgeschlossene Systeme*, Atommodelle (s. außer Bohr-Rutherfordsches Atommodell auch Wasserstoffatommodell und Heliumatommodell), Molekülmodelle (s. d. und Bandenspektren und Quantentheorie), Modelle fester Körper und der Strahlung, beziehen. *Unabgeschlossene Systeme*, wie z. B. der *Zusammenstoß freier Elektronen mit Atomen und Molekülen, zwischenmolekulare Wechselwirkungen* im Gase und in Flüssigkeiten, entziehen sich einstweilen noch der quantentheoretischen Behandlungsweise. Indessen ist klar, daß eine *konsequente* Durchführung der Quantentheorie diese Fälle mitumfassen muß und von ihr mag daher auch die Anbahnung einer Lösung der oben näher gekennzeichneten Schwierigkeiten erwartet werden.

A. Smekal.

Näheres s. Sommerfeld, Atombau und Spektrallinien. 3. Aufl. Braunschweig 1922; Smekal, Allgemeine Grundlagen der Quantentheorie usw. Enzyklopädie d. math. Wiss. Bd. 5.

Quantenzahl s. Quantenbedingungen.

Quartgeige s. Streichinstrumente.

Quarz. Als wasserheller Bergkristall wird er wegen seiner Doppelbrechung und Zirkularpolarisation zu vielen optischen Instrumenten benutzt. Er gehört zu den einachsigen Kristallen des hexagonalen Systems, bei welchen die Richtung der optischen Achse mit der kristallographischen Hauptachse zusammenfällt, und kristallisiert in großen Rhomboedern oder trigonalen Pyramiden und Trapezoedern. Seine chemische Zusammensetzung ist SiO_2, also die des Kieselsäureanhydrids; jedoch sind in den meisten Varietäten kleine Beimengungen von Eisenoxyd, Eisensäure, Titanoxyd und anderen Pigmenten enthalten, welche die Eigenschaften des Quarzes in merklichem Maße beeinflussen können. Es ist nicht leicht, sich optisch homogenen Quarz zu beschaffen. Die empfindlichste Methode zur Prüfung von Quarzen auf optische Reinheit ist die von Brodhun und Schönrock angegebene mit Hilfe eines Polarisationsapparats, der mit Quarzkeilkompensation versehen ist und mit recht starkem weißen Licht beleuchtet wird (Zeitschr. f. Instrumentenkunde 1902, S. 353).

Allgemein wurde früher eine höchst vollkommene Konstanz in den physikalischen Eigenschaften von größeren Quarzen, auch verschiedener Herkunft, vorausgesetzt und aus diesem Grunde der Quarz besonders gern zu Präzisionsmessungen herangezogen. So benutzte z. B. auch Macé de Lépinay zur Bestimmung des Kilogramms einen größeren Quarzwürfel. Erst Schönrock hat zuerst darauf hingewiesen, daß optisch homogene Quarze in ihren optischen Konstanten beträchtliche Unterschiede aufweisen können, und daß die Ursache für dieses verschiedene optische Verhalten in der variierenden chemischen Zusammensetzung, sowie in der möglichen Verschiedenheit der Dichten zu suchen ist. Dieses Resultat wurde dann auch durch die späteren Untersuchungen von Macé de Lépinay und Buisson bestätigt. So differiert z. B. für verschiedene Quarze die Drehung der Polarisationsebene pro Millimeter Quarz, also auch schon die Differenz der beiden Brechungsexponenten der zwei Wellen in der Richtung der optischen Achse bis zu 0,09%, das Brechungsverhältnis bis zu fünfzehn Einheiten der sechsten Dezimale, die Dichte bis zu neun Einheiten der fünften Dezimale, der Ausdehnungskoeffizient bis zu 0,9%, usw. (Ausführlicheres s. Zeitschr. f. Instrumentenkunde 1901, S. 91, 150; 1905, S. 289; 1907, S. 24; 1910, S. 185; 1914, S. 192.)

Vor anderen einachsigen Kristallen zeichnet sich der Quarz durch seine Zirkularpolarisation aus. Bei ihm ist nämlich die Wellenfläche für den ordentlichen Strahl keine genaue Kugel, weil es in der Nähe der Achse keine ordentliche Welle mit konstanter Geschwindigkeit mehr gibt, und auch die außerordentliche Welle ändert sich nahe der Achse nach einem anderen Gesetze als wie bei den gewöhnlichen einachsigen Körpern. Bezeichnen ω und ε den ordentlichen bzw. außerordentlichen Brechungsexponenten senkrecht zur optischen Achse, n_0 und n_e die entsprechenden in Richtung der Achse, ferner ϱ den Winkel, welchen die Wellennormalen im Quarz mit der Achse bilden, so folgt aus der v. Langschen Theorie zur Berechnung der

Brechungsquotienten n der beiden Wellen für jede beliebige Richtung ϱ der Ausdruck

$$\frac{1}{n^2} = \frac{1}{\omega^2} - \frac{1}{2}\left(\frac{1}{\omega^2} - \frac{1}{\varepsilon^2}\right)\sin^2\varrho \pm$$

$$\sqrt{\frac{1}{4}\left(\frac{1}{\omega^2} - \frac{1}{\varepsilon^2}\right)^2 \sin^4\varrho + \frac{\cos^4\varrho}{\chi^4}},$$

worin die Größe χ (von der Wellenlänge abhängend) für die Zirkularpolarisation charakteristisch ist (für einen gewöhnlichen einachsigen Kristall ist $\chi = \infty$). Für die Mitte der beiden D-Linien ergibt sich dann z. B. bei 20,0° gegen trockene Luft von 20,0° und 760 mm Druck:

$$\omega = 1{,}544\ 229 \qquad \varepsilon = 1{,}553\ 335$$
$$n_0 = 1{,}544\ 193 \qquad n_e = 1{,}544\ 265$$
$$\frac{1}{\chi^4} = 0{,}0_937323.$$

Es gibt, oft an sekundären kleinen Kristallflächen unterscheidbar, rechts und links drehende Quarze. Ein rechts drehender Kristall zeigt nämlich an seinem oberen Ende die kleine trigonale Pyramidenfläche rechts von der positiven primären Rhomboederfläche, sowie rechte positive und linke negative Trapezoeder; dagegen zeigt ein links drehender Kristall die Pyramidenfläche links von der Rhomboederfläche, sowie linke positive und rechte negative Trapezoeder. Die Polarisationsebene drehende Quarzplatten müssen möglichst genau senkrecht zur optischen Achse geschliffen sein; dabei sollte der Achsenfehler, d. i. der Winkel zwischen optischer Achse und Plattennormale, 20 Minuten nicht überschreiten (Genaueres über die Untersuchung von Quarzplatten auf ihre Güte s. Zeitschr. f. Instrumentenkunde 1902, S. 353). Bezeichnet nun a_t den Drehungswinkel des Kristalls in Kreisgraden für eine bestimmte Temperatur t und l_t die vom Licht durchsetzte Kristalldicke in Millimeter, so ist die Drehung in Kreisgraden für 1 mm Kristalldicke:

$(a)_t = \dfrac{a_t}{l_t}$. Die Rotationsdispersion des Quarzes, d. i. das Drehvermögen $(a)_t$ als Funktion der benutzten Wellenlänge λ des Lichtes in Luft zeigt die folgende Tabelle:

λ in μ	$(\alpha)_{20}$	λ in μ	$(\alpha)_{20}$
0,2194	±220,7	0,5086	±29,72
0,2571	143,3	0,5893	21,72
0,2747	121,1	0,6563	17,32
0,3286	78,54	0,6708	16,54
0,3441	70,59	1,040	6,69
0,3726	58,86	1,450	3,41
0,4047	48,93	1,770	2,28
0,4359	41,54	2,140	1,55
0,4916	31,98		

Änderung der Drehung mit der Temperatur: in der Nähe von $t = 20°$ ist für Natriumlicht

$$a_t^D = a_{20}^D + a_{20}^D\, 0{,}000\ 143\ (t - 20)$$

und somit, da der Ausdehnungskoeffizient des Quarzes parallel zur Achse gleich 0,000 007 ist,

$$(a)_t^D = (a)_{20}^D + (a)_{20}^D\, 0{,}000\ 136\ (t - 20).$$

Für $0{,}436\,\mu < \lambda < 0{,}656\,\mu$ und $0 < t < 100$ gilt

$$a_t = a_0\,(1 + 0{,}000\ 131\ t + 0{,}00000\ 0195\ t^2).$$

Schönrock.

Näheres s. H. Landolt, Optisches Drehungsvermögen. 2. Aufl. Braunschweig 1898.

Quarzglas wird der glasige Zustand des Kieselsäureanhydrids genannt, der in hoher Temperatur aus dem kristallisierten erhalten wird. Der Übergang findet oberhalb 1600° statt. Bei der genannten Temperatur hat die Schmelze mehr die Eigenschaften eines festen Körpers, das Glasigwerden erfolgt daher nur sehr langsam; in der Praxis muß man die Temperatur bis über 1700° steigern, um die Umwandlung zu vollziehen. Größere Dünnflüssigkeit nimmt die Schmelze anscheinend überhaupt nicht an; beim Versuch, diese durch Temperatursteigerung zu läutern, verdampft sie schnell. Ganz reines und homogenes Quarzglas zu schmelzen, macht daher beträchtliche Schwierigkeiten. Zu Linsen u. dgl. für optische Instrumente muß ein Stück reinsten, ausgesuchten Bergkristalls ohne Risse und Einschlüsse mit großer Vorsicht durch einen Prozeß, der mehr an das Senken des optischen Glases als an das Schmelzen erinnert, in das Glas umgewandelt werden. Beim Erhitzen des Bergkristalls ist die Gefahr des Zerspringens groß, da er bei 575° einen Umwandlungspunkt hat, mit dem eine sprunghafte Änderung des Ausdehnungskoeffizienten verbunden ist. Größere Stücke lassen sich deshalb, wenn überhaupt, nur schwierig über diese Temperatur hinaus erwärmen, ohne zu zerspringen; brauchbare Linsen lassen sich also nicht in beliebiger Größe anfertigen. Werden an die Homogenität nicht die größten Anforderungen gestellt, so kann man so verfahren, daß man kleinere Bergkristallstücke auf etwa 600° anwärmt und nacheinander der Verglasungstemperatur aussetzt, wobei das folgende Stück erst dann zu den anderen hinzugefügt wird, wenn diese zu einer zusammenhängenden Masse zusammengeschmolzen sind. Als Schmelzgefäße werden Tiegel aus Iridium, Zirkonerde, Kohle benutzt; sie müssen für jede Schmelze erneuert oder neu geformt werden. Die Erhitzung wird im elektrischen Ofen oder in der Knallgasflamme vorgenommen. Geht man mit den Ansprüchen an die Beschaffenheit noch weiter herunter, begnügt man sich mit einem undurchsichtigen weißen Glase, so kann Quarzglas als Rohstoff benützt und die Verglasung in einem Zuge vorgenommen werden. Erst dieses Arbeitsverfahren ist wirtschaftlich genug, um die Anwendung des Quarzglases in größerem Umfang zu ermöglichen. Das Produkt, das kaum mehr glasähnlich aussieht, wird auch Quarzgut genannt. Als Wärmequelle dient ein elektrisch zur Weißglut gebrachter Kohlekern, der im Sande liegend zugleich zur Vorformung dient. Die Formung der verglasten Masse nach den Verfahren, die der Glasmacher anwendet, ist wegen der allzu großen Steifheit und wegen der hohen Temperatur nicht angängig, sie geschieht im allgemeinen nach den Methoden des Glasbläsers, oder im Großbetrieb nach besonderen von der handwerksmäßigen Arbeitsweise abweichenden modernen Verfahren. Zur Erweichung benutzt der Glasbläser das Knallgasgebläse. Anfangs gewann er die aufblasbaren Hohlkörper durch Zusammenkleben von Quarzstückchen, die in der Flamme gleichzeitig verglast wurden; später suchte man das mühselige Aufbauen aus kleinen Stückchen zu umgehen: man stellte einseitig geschlossene Hohlkörper dar z. B. durch Ausbohren eines erkalteten Glasstückes, oder durch Pressen der weichen Masse, und verarbeitete sie nach dem Anschmelzen eines Rohres im Knallgasgebläse weiter. Die Formung des Quarzgutes geschieht auf folgende Weise: Der Kohlekern wird in Quarzsand eingebettet, durch den elektrischen Strom in starke Weißglut versetzt, so daß der Sand rings um den Kern zusammenbäckt. Die Erhitzung wird so weit getrieben, bis sich ein genügend hoher

Gasdruck ausgebildet hat, der die weiche Masse vom Kern abhebt. Der Kern wird nunmehr herausgezogen und der Formling aus dem Ofen genommen. Dieser kann jetzt noch weich zu einem Rohr auseinander gezogen oder nach dem Zukneifen der beiden Enden mit geeigneten Zangen mittels Preßluft in eine Form aufgeblasen werden. Beim Zukneifen wird gleichzeitig mit der sinnreich konstruierten Zange das Zuleitungsrohr für die Preßluft eingeführt. Die Außenseite des Gegenstandes, die von angefritteten Sandkörnern rauh ist, wird durch Abschleifen geglättet. Die so erhaltenen Gegenstände können mit dem Knallgasgebläse weiter verarbeitet werden; sie werden dabei glasig durchscheinend bis durchsichtig.

Quarzglas kann wegen seiner äußerst kleinen Wärmeausdehnung schroffstem Temperaturwechsel ausgesetzt werden, ohne zu springen, und es zeichnet sich durch große Durchlässigkeit für ultraviolette Strahlung aus (Zahlenangaben darüber s. Glaseigenschaften).   *R. Schaller.*
Näheres s. Alexander Katz, Quarzglas und Quarzgut. Braunschweig 1919.

Quarzglasthermometer s. Glas f. thermometrische Zwecke.

Quarzkeilkompensation von Soleil s. Saccharimetrie.

Quarzquecksilberlampe s. Wirtschaftlichkeit von Lichtquellen.

Quasiergodenhypothese s. Ergodenhypothese.

Quasistationäre Stromvorgänge. Stromvorgänge, bei welchen die Leitungsströme allein zu berücksichtigen sind.   *A. Meißner.*

Quecksilberdampfstrahlpumpen. Das kennzeichnende Merkmal aller Quecksilberdampfstrahlpumpen ist ein höchst wirksamer Abtransport der aus dem Hochvakuum stammenden Gasmoleküle durch einen Quecksilberdampfstrahl in das Vorvakuum. Ein Quecksilberdampfstrom wird durch Erhitzen — Gasheizung, elektrische Heizung, Induktionsheizung, Lichtbogen — von Quecksilber in einem Siedegefäß A (vgl. Fig. 1—3) erzeugt, durch ein Dampfleitungsrohr geführt, tritt dann als Strahl in einen luft- oder wassergekühlten Kondenser ein, wobei er die Gasmoleküle aus dem Rezipienten mitreißt, wird kondensiert, und kehrt in Tröpfchenform durch ein Rücklaufrohr zum Siedegefäß zurück. Bei der Kondensation im Kondenser gibt der Quecksilberdampfstrahl die mitgeführten Gasmoleküle an die Vorvakuumpumpe ab. Die meisten Hochvakuum-Quecksilberdampfstrahlpumpen erfordern, damit der Quecksilberdampfstrahl sich richtig entfalten kann, ein Vorvakuum von 0,1—0,01 mm Hg. Die Dampfstrahlpumpe von Volmer arbeitet schon bei 10 mm Hg (Wasserstrahlvakuum). Die Quecksilberdampfstrahlpumpen entfernen sämtliche Gase und Dämpfe mit Ausnahme des Quecksilberdampfes, der durch Kondensation in einer in flüssiger Luft gekühlten Gasfalle (U-Rohr) beseitigt wird. Das erreichbare Endvakuum ist nicht durch irgendwelche Vorgänge in der Pumpe, sondern lediglich durch Vorgänge im Rezipienten und in der Pumpleitung (z. B. Gasabgabe der Glaswandung) bestimmt, so daß die Quecksilberdampfstrahlpumpen das höchst mögliche Vakuum zu erzeugen gestatten. Die Sauggeschwindigkeit — definiert als die in der Sekunde von der Pumpe abgeschöpfte Anzahl Kubikzentimeter — bleibt bis zum äußersten Vakuum konstant. Nach der Art, in der sich der Quecksilberdampfstrahl ausbildet, lassen sich drei grundsätzlich ver-

schiedene Ausführungsformen der Quecksilberdampfstrahlpumpen unterscheiden:

1. **Kondensationspumpe** (Langmuir 1916). Beim Austritt aus der zylindrischen Düse (L in Fig. 1) breitet sich der Quecksilberdampfstrahl infolge des die Trägheit überwiegenden Einflusses der Reibung an der Wandung des Austrittsrohres büschelförmig aus und trifft wesentlich tangential auf die Wandungen des Kondensers C, wo er kondensiert wird, auf. Die durch den ringförmigen Spalt S von 1—2 mm Weite austretenden Gasmoleküle aus dem Hochvakuum werden durch die schweren Quecksilberdampfmoleküle mitgerissen und an den Wandungen des Kondensers C entlang in das Vorvakuum V getrieben. Die Pumpgeschwindigkeit

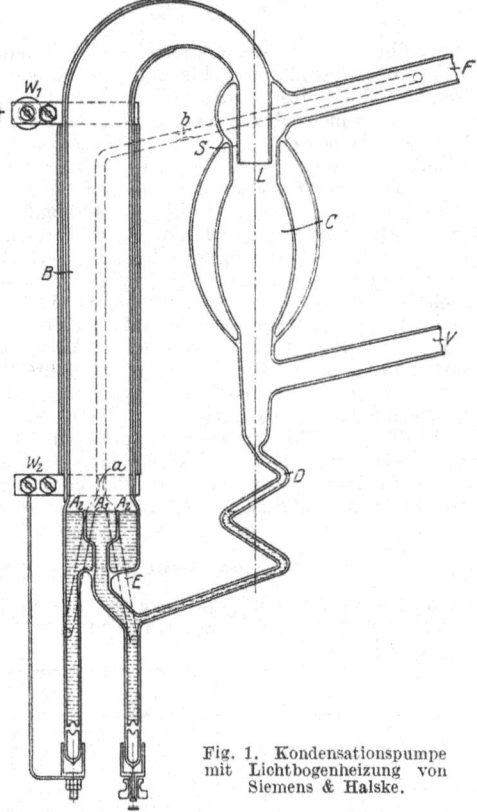

Fig. 1. Kondensationspumpe mit Lichtbogenheizung von Siemens & Halske.

beträgt bei den üblichen Ausführungsformen etwa 1500—2000 ccm/sec für Luft und ist innerhalb weiter Grenzen von der Temperatur des Quecksilberdampfes im Siedegefäß unabhängig. Fig. 1 ist eine von der Firma Siemens & Halske A. G. gebaute Kondensationspumpe mit Lichtbogenheizung. In anderen Ausführungsformen der Kondensationspumpe tritt der Quecksilberdampfstrahl aus einer ringförmigen Düse aus und nimmt die Gasmoleküle aus einem innerhalb dieser Düse gelegenen ringförmigen Spalte (Gaede) oder zylindrischem Austrittsrohre (Volmer) mit.

2. **Parallelstrahlpumpe** (Crawford 1917). Trifft ein Gasmolekül tangential oder nahezu tangential auf einen Parallelstrahl von Quecksilberdampfmolekülen, d. h. auf einen Strahl, in dem sämtliche Teilchen die gleiche und gleich-

gerichtete Geschwindigkeit haben, also Geschwindigkeitskomponenten senkrecht zur Strahlrichtung fast vollkommen verschwinden, so kann es wohl in den Strahl eindringen, aber ihn nicht wieder verlassen. Darauf beruht die Saugwirkung eines Parallelstrahles. W. Crawford erzeugt einen Parallelstrahl durch geeignete Formgebung der Austrittsdüse: Eine nach außen divergierende Düse richtiger Konizität (Fig. 2). Nach Austritt aus der Düse ist der Parallelstrahl auf einer längeren Strecke mit dem Hochvakuum G, F in Berührung und tritt dann durch das Leitrohr E in den Kondenser C. Die Pumpgeschwindigkeit dieser Parallelstrahlpumpe ist ähnlich groß, wie die der Kondensationspumpe, doch ist sie merkbar von der Temperatur des Quecksilberdampfes im Siederaum abhängig. Eine Ausführungsform in Metall ist von H. Stintzing angegeben.

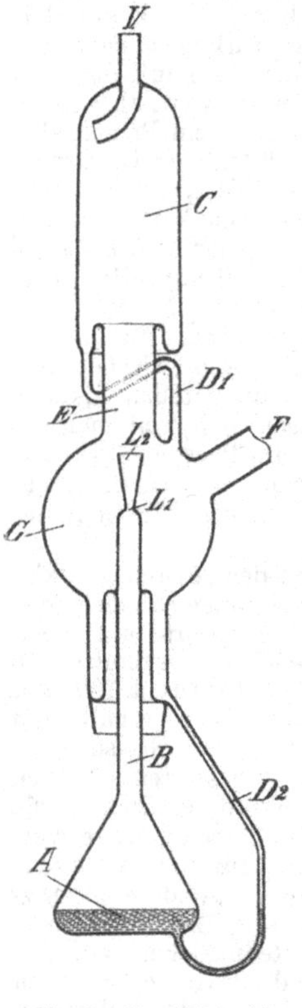

Fig. 2. Parallelstrahlpumpe (Crawford).

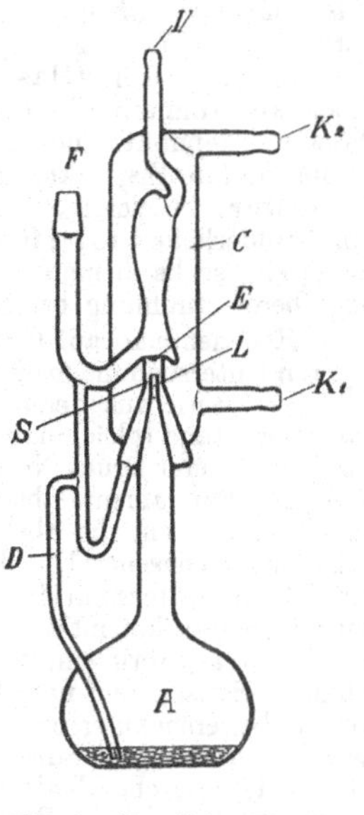

Fig. 3. Parallelstrahlpumpe (Volmer).

3. Parallelstrahlpumpe (Volmer 1918). Läßt man einen Quecksilberdampfstrahl aus einer wassergekühlten zylindrischen Düse austreten, so erhält man, wenn die Düsenöffnung nicht zu groß gegenüber der Düsenlänge ist, gleichfalls einen Strahl, in dem sämtliche Moleküle nahezu die gleiche und gleichgerichtete Geschwindigkeit aufweisen (Parallelstrahl nach Dunoyer und Wood). Die Moleküle mit tangentialen Komponenten sind durch die Kühlung der Düsenwandung, d. h. durch die Kondensation ausgesiebt. Ein solcher Parallelstrahl wird in den Pumpenkonstruktionen von M. Volmer, der Brown, Boveri & Cie. sowie der Western El. Co. verwandt. Fig. 3 ist eine Skizze der Dampfstrahlpumpe nach Volmer. Die Sauggeschwindigkeit unterscheidet sich nicht wesentlich von der der Kondensationspumpen.

A. Gehrts.

Näheres s. A. Gehrts, Helios Fachzeitschrift 28, 577—582, 589—594, 1922. Heft 49/50.

Quecksilber-Funkenstrecke. Funkenstrecke für Stoßerregung s. Löschfunken. Der Funkenübergang erfolgt zwischen zwei Quecksilbergefäßen bei einer Spannung von 3000—10 000 Volt (Vakuum von 0,003 mm, günstigste Kopplung 8—12%).

A. Meißner.

Quecksilbernormale des Widerstandes. Die gesetzliche Einheit des Widerstandes wird durch die Quecksilbernormale gebildet. Sie bestehen aus Glasröhren von etwa 1 qmm Querschnitt, die mit Quecksilber gefüllt und mit kugelförmigen Endgefäßen zur Zuleitung des Stromes und Potentialabnahme versehen sind. Das Rohr muß kalibriert sein, um mittels des „Kaliberfaktors" auf einen gleichmäßig zylindrischen Querschnitt reduziert werden zu können. Der mittlere Querschnitt wird durch Auswägen mit Quecksilber bei 0^0 bestimmt; die Länge des Rohres zwischen den plan geschliffenen Enden ebenfalls bei 0^0. Auch die elektrische Messung des Rohres zum Anschluß sekundärer Einheiten (s. Drahtnormale) und zur Vergleichung verschiedener Rohre untereinander findet bei 0^0 statt. Bedeutet K den Kaliberfaktor, L die Länge des Rohres in Meter, G die Quecksilberfüllung bei 0^0 in Gramm, so ist der Widerstand nach der gesetzlichen Festsetzung $R = 12{,}78982 \, KL^2/G$ internationale Ohm. Hierzu kommt noch der sog. „Ausbreitungswiderstand" des Stromes in den Endgefäßen. Im praktischen Gebrauch werden an Stelle dieser Einheit die Normalwiderstände aus Manganin benutzt, welche in der Physikalisch-Technischen Reichsanstalt, Charlottenburg, an die Widerstandseinheit angeschlossen werden.

W. Jaeger.

Näheres s. Jaeger, Elektr. Meßtechnik. Leipzig 1917.

Quecksilberthermometer. Quecksilberthermometer gehören zu den Flüssigkeitsthermometern (s. d.). Ihr Anwendungsgebiet liegt zunächst zwischen dem Erstarrungspunkt (-39^0) und dem Siedepunkt $(+356^0)$ des Quecksilbers. In niederen Temperaturen, bis etwa 150^0, pflegt man die Thermometer luftleer zu füllen, d. h. oberhalb des Quecksilberfadens ist ein Vakuum; dadurch wird es möglich, Quecksilberfäden zwecks Kalibrierung der Kapillare abzutrennen. In höheren Temperaturen gibt man einen geringen $(^1/_4 - ^1/_2 \text{ Atm.})$ Druck auf das Quecksilber, um das Abdestillieren desselben während der Beobachtung zu vermeiden. Um das Quecksilberthermometer in Temperaturen oberhalb 356^0 verwendbar zu machen, füllt man es oberhalb des Fadens mit einem komprimierten Gase von 30—50 Atm. Druck. Das Quecksilber bleibt dann auch oberhalb seines normalen Siedepunkts flüssig und das Instrument zeigt noch bei 400^0, 500^0 und 600^0 die Temperatur in derselben Weise wie bei Zimmertemperatur an. Die Grenze der Benutzbarkeit in hohen Temperaturen wird durch das Erweichen des Glases bestimmt, das bei dem neuen Jenaer „Supremax"-Glas erst bei 660^0 eintritt. Quarzglas-Quecksilberthermometer sind bis 750^0 brauchbar.

Quecksilberthermometer werden im allgemeinen dadurch geeicht, daß man sie mit Normalthermometern, d. h. solchen, deren Richtigkeit man voraussetzen darf oder deren Fehler man kennt, in Bädern konstanter Temperatur (s. d.) vergleicht. Findet man für das zu prüfende Thermometer Fehler, so kann man diese beim späteren Gebrauch berücksichtigen, und so das fehlerhafte Instrument wie ein richtig anzeigendes verwenden. Auf Antrag wird die Eichung des Thermometers gegen mäßige

Gebühren von der Physikalisch-Technischen Reichsanstalt ausgeführt. Unzulässiger Gebrauch des Instruments, insbesondere Erhitzung auf zu hohe Temperaturen kann eine vollzogene Eichung zu schanden machen. Man kontrolliert die Unversehrtheit des Thermometers am einfachsten durch eine Beobachtung des Eispunktes (s. d.).

Es hat sich gezeigt, daß man für Quecksilberthermometer, welche aus derselben oder aus einer in ihren Eigenschaften bekannten Glasart (vgl. den Artikel: Glas für thermometrische Zwecke) geblasen sind, die Vergleichung mit dem Normalthermometer umgehen kann. Allerdings muß man dann zuvor das Thermometer seiner individuellen Eigentümlichkeiten entkleiden, d. h. man muß seine Fehler genau untersuchen und in Rechnung stellen. Das ist eine überaus langwierige Arbeit, die man deshalb auch nicht ohne Zwang auf sich nehmen wird. Tatsächlich hat man aber früher diese Arbeit für die Zwecke der Verkörperung der internationalen Wasserstoffskale und der Stickstoffskale vielfach geleistet, bevor man die thermodynamische Temperaturskale durch das Platinwiderstandsthermometer darstellen konnte (s. den Artikel: Temperaturskalen).

Die genannte Untersuchung des Thermometers setzt sich aus folgenden Einzeluntersuchungen zusammen:

1. Ermittelung der Teilungsfehler, sofern das Thermometer solche in störendem Betrage aufweist, was in der Regel nicht der Fall ist.

2. Kalibrierung des Thermometers, um die Angaben des Thermometers auf diejenig n eines Instrumentes von genau zylindrischer Innengestalt reduzieren zu können. Die Abweichung von der Zylindergestalt kann recht groß sein, selbst wenn man voraussetzt, daß der Verfertiger die für bessere Instrumente zu verwendenden Röhren bereits sorgfältig ausgesucht hat. Nach der Art der Herstellung der Röhren darf man indessen damit rechnen, daß der Innenraum des Thermometers von langgestreckten Kegelflächen begrenzt wird und daß deshalb die Kaliberkorrektionen regelmäßig, ohne springende Änderungen verlaufen.

Man ermittelt die Kaliberkorrektion, indem man einen Faden abtrennt und so durch die Röhre verschiebt, daß sich eine Lage stets an die vorherige anschließt; beispielsweise bringt man einen Faden von 2° in die ungefähren Stellungen 0—2, 2—4, 4—6 usw. Die Länge des Fadens wird jedesmal an der Teilung des Thermometers abgelesen; der Querschnitt des Rohres verhält sich dann umgekehrt wie die Länge des das Rohr ausfüllenden Fadens. Vollkommnere Methoden benutzen mehrere Fäden, die Vielfache der kleinsten sind; im Beispiel Fäden von 4°, 6°, 8° usw., die in den Lagen 0—4, 2—6, 4—8 ....; 0—6, 2—8 usw. beobachtet werden. Die Berechnung geschieht dann ähnlich wie bei der Durchschiebemethode (s. d.) bei der Ausmessung von Teilungen.

3. Ermittelung des Druckkoeffizienten. Der Stand des Thermometers ist bei sehr genauen Messungen zufolge elastischer Gestaltsänderungen des Quecksilbergefäßes nicht unabhängig von Veränderungen des äußeren und des inneren Druckes. Als äußerer Druck wirkt der bald höhere bald niedrigere Barometerstand sowie der Druck eines Flüssigkeitsbades, in welches das Instrument eintaucht. Als innerer Druck wirkt die Quecksilbersäule selbst; ein Thermometer wird also bei gleichbleibender Temperatur in horizontaler Lage höher zeigen als in vertikaler. Man ermittelt den Einfluß des Druckes, indem man ihn willkürlich verändert; erfahrungsgemäß betragen die Standänderungen etwa 0,0001° für 1 mm Druckänderung. Dieser Betrag ist zwar klein; er kann aber bei feinen Thermometern 0,1° und mehr erreichen, eine Größe, die wenn man hundertel Grade mißt, keineswegs zu vernachlässigen ist.

4. Ermittelung des Eispunktes und des Wassersiedepunktes, d. h. der Angaben des Thermometers im schmelzenden Eise und im Dampfe des siedenden Wassers, welch letzterer sich wiederum mit dem äußeren Luftdruck beträchtlich ändert. Eispunkt und Siedepunkt, sowie die Entfernung beider, der Fundamentalabstand sind veränderlich. Beide Fundamentalpunkte steigen bei Nichtgebrauch des Instrumentes im Laufe der Zeit, zuerst schnell, später langsam an und nähern sich asymptotisch gewissen Endwerten, ein Prozeß, den man durch Altern, d. h. durch längeres Erwärmen des Thermometers auf höhere Temperaturen und langsames Abkühlen beschleunigen kann. Außerdem erleidet der Eispunkt nach jeder Erhitzung des Instrumentes auf eine höhere Temperatur eine Erniedrigung, die sog. Depression. Näheres hierüber s. im Artikel: Glas für thermometrische Zwecke. Immerhin ist der Abstand zwischen dem Wassersiedepunkt und dem unmittelbar danach beobachteten Eispunkt, dessen 100. Teil man als Gradwert bezeichnet, für ein Thermometer eine unveränderliche Größe; führt man diese in die Rechnung ein, so kann man verschiedene Thermometer in Übereinstimmung bringen.

5. Rechnet man auf Grund der vorstehend skizzierten Untersuchungen die Ablesungen an mehreren Thermometern aus derselben Glassorte auf Normalzustand (gleichmäßige Teilung, zylindrisches Kaliber, innerer Druck Null, äußerer Druck 760 mm, richtiger Fundamentalabstand) um, so erhält man gleiche Angaben, die aber noch von Glassorte zu Glassorte wechseln. Um die verbesserten Angaben des Thermometers auf die thermodynamische Skale zu reduzieren, hat man also nur noch gewisse Korrektionen anzubringen, welche für jede Glassorte charakteristisch sind und durch besondere umfangreiche Untersuchung ein für alle Male festgestellt wurden. Wie groß diese Reduktionen auf die thermodynamische Skale sind, davon erhält man einen anschaulichen Begriff aus der folgenden Tabelle. Die Zahlen der Tabelle bedeuten die Ent-

t	Jenaer Gläser			
	Normal-Thermometerglas 16 III	Borosilikatglas 59 III	Supremaxglas 1565 III	Verbrennungs-röhrenglas
—30°	—30 28°	—30 13°		
0	0,00	0,00	0,00	0,00
+ 50	50,12	50,03	50,05	
100	100,00	100,00	100,00	100,00
150	149,99	150,23	150,04	—
200	200,29	200,84	200,90	201,13
250	251,1	252,2	252,1	252,6
300	302,7	304,4	303,9	305,1
400	—	412,6	410,5	413,5
500	—	526,9	523,1	528,4
600	—	—	644	—
700	—	—	775	—

fernungen zwischen den Teilstrichen 0 und t° eines Thermometers mit vollkommen zylindrischem Kaliber, wobei als Einheit der hundertste Teil der Entfernung zwischen den Teilstrichen 0° (Eispunkt) und 100° (normaler Wassersiedepunkt) dient; bezüglich des äußeren und inneren Drucks sollen normale Verhältnisse herrschen. Die Zahlen gelten für Stabthermometer; Einschlußthermometer können ein etwas abweichendes Verhalten zeigen, das mit der Natur und der Befestigungsart des Teilungsträgers wechselt. *Scheel.*

Näheres s. Wissenschaftliche Abhandlungen der Physikalisch-Technischen Reichsanstalt Band I. Berlin 1894.

Quecksilbervoltameter. Das bei diesem Voltameter (s. d.) durch die Elektrolyse ausgeschiedene Quecksilber sammelt sich in einem zylindrischen Rohr und wird dem Volumen nach durch Ablesung der Quecksilberhöhe bestimmt. Als Kathode dient Quecksilber oder Platin, als Anode Quecksilber, als Elektrolyt das Merkurosalz desselben. Dieses Voltameter findet in der Technik Anwendung als Elektrizitätszähler (Stia-Zähler). *W. Jaeger.*

Quellen. Das Grundwasser (s. dieses) tritt in Form von Quellen zutage, deren Erscheinungsform als Schicht-, Überfalls-, Verwerfungs-, Barrieren-, Spalt- oder artesische Quellen in hohem Maße abhängig ist von der Lagerung und Wasserdurchlässigkeit der Gesteinsschichten. Periodische Quellen, auch Hungerbrunnen genannt, fließen nur in Zeiten größeren Regenreichtums. Alle Quellen, deren Wassermenge von den Schwankungen der Niederschläge abhängt, deren Wasser also aus der Atmosphäre stammt, bezeichnet man als vados. Sie sind ihrem Ursprunge nach völlig verschieden von den juvenilen Quellen, deren Wasser dem Magma des Erdinneren entstammt und aus großen Tiefen emporsteigt. Namentlich die juvenilen Quellen haben daher meist eine höhere Temperatur, die sich bis zur Siedehitze steigern kann. Als Thermen bezeichnet man in der Regel alle Quellen, die wärmer sind als die mittlere Lufttemperatur an der Ausflußstelle. In vulkanischen Gegenden treten die juvenilen Quellen mitunter als intermittierende Springquellen auf (s. Geiser).

Der Gehalt an gelösten Bestandteilen hängt von der Beschaffenheit des Muttergesteins ab. Nach dem vorherrschenden Anteil der Salze unterscheidet man Eisen-, Kalk-, Kiesel-, Natron-, Schwefelquellen usw. Vielfach enthalten die Quellen Kohlensäure in gelöstem Zustande (Säuerlinge), mitunter auch andere Gase.

Quellen, denen kein Wasser, sondern nur gasförmige Kohlensäure entströmt, nennt man Mofetten, wenn sie schwefelhaltige Gase liefern Solfataren, wenn sie Wasserdampf und andere Gase ausstoßen Fumarolen. Derartige Gasquellen kommen häufig in Gebieten vor, deren vulkanische Tätigkeit im Erlöschen begriffen ist, und sich im sog. Solfatarenstadium befindet (s. Vulkanismus). *O. Baschin.*

Näheres s. A. Supan, Grundzüge der Physischen Erdkunde 6. Aufl. 1916.

Quellen und Senken s. Potentialströmung.

Querdisparation s. Tiefenwahrnehmung.

Querruder ist das Steuerorgan, mit dessen Hilfe ein Flugzeug richtig in eine Kurve hineingelegt werden kann, so daß die Resultierende der Schwere und der Zentrifugalkraft in seiner Symmetrieebene bleibt. Das Querruder besteht in der Regel aus zwei Klappen an den beiden Flügelenden, welche sich in entgegengesetzter Richtung bewegen; es wird dann der Auftrieb auf den einen Flügel erhöht, der auf den anderen Flügel erniedrigt, und es entsteht ein Drehmoment, welches das Flugzeug zum seitlichen Neigen zwingt. *L. Hopf.*

Querschnittsbelastung s. Luftwiderstand.

Querstabilität s. Seitenstabilität.

Quintieren s. Pfeifen.

R

Rademanit. Kohle, die unter Ausnützung ihres großen Adsorptionsvermögens mit Radium-Emanation gesättigt wird. Nach etwa 4 Stunden hat sich die Emanation mit ihren Zerfallsprodukten ins Gleichgewicht gesetzt; von da an nimmt die β- und γ-Strahlfähigkeit des Rademanites entsprechend der Abklingung der Emanation stetig ab und ist nach 3,85 Tagen auf die Hälfte gesunken. Will man aus Rademanit die Emanation selbst wieder herausbekommen, so geschieht dies durch Verbrennung der Kohle. *K. W. F. Kohlrausch.*

Radialgeschwindigkeiten der Sterne. Das Dopplersche Prinzip ergibt eine Verschiebung der Spektrallinien aus ihrer Normallage durch Entfernungsänderung zwischen Lichtquelle und Beobachter. Diese Verschiebungen werden benutzt, um die Fixsternbewegungen im Visionsradius zu messen. Die Messung geschieht stets photographisch. Die Normallage der Linien wird durch ein beiderseits des Sternspektrums aufgelegtes Metallspektrum, meist des Eisens, festgestellt.

Die mittlere Radialgeschwindigkeit ist von der Größenordnung von 10 km und zeigt eine Abhängigkeit vom Spektraltyp, die in folgender Tabelle wiedergegeben ist.

Die Sterne des Spektraltypus B haben im Durchschnitt eine 8 mal so große Masse als die übrigen;

Spektrum	Radial-geschwindigkeit
B	6,5 km/sec
A	11,0 ,,
F	14,4 ,,
G	15,0 ,,
K	16,8 ,,
M	17,1 ,,
Planetarische Nebel . . .	25,3 ,,

es scheint aber nicht angängig, sie ohne weiteres mit größeren Molekülen in einem Gasgemisch zu vergleichen. Auch zeigt sich, daß die B-Sterne im Mittel eine Bewegung von uns weg zeigen, wofür eine plausible Erklärung bisher nicht gefunden ist. Auf jeden Fall scheint dieser sog. K-Effekt nicht als Einstein-Effekt gedeutet werden zu dürfen. Zweifellos sind nicht alle Spektrallinienverschiebungen als Radialgeschwindigkeiten zu deuten. Die größten Radialgeschwindigkeiten einzelner Sterne betragen mehrere Hundert Kilometer pro Sekunde. Es sind das fast ausnahmslos absolut schwache Sterne der Typen G K M.

Auffallend große Radialgeschwindigkeiten von über 1000 km/sec zeigen einige Spiralnebel. Doch können hier leicht auch andere unbekannte Ursachen der Linienverschiebung zugrunde liegen.

Viele Sterne zeigen variable Radialgeschwindigkeiten. Die Variabilität ist meistens auf Bahnbewegung zurückzuführen; bei vielen spektroskopischen Doppelsternen sind die Bahnelemente bestimmt (s. Doppelsterne). Etwa ein Viertel aller Sterne erweisen sich als spektroskopische Doppelsterne. Aber es kann noch andere Ursachen der Veränderung der Radialgeschwindigkeit geben, wie Strömungen an der Oberfläche, Pulsationen der Himmelskörper, Explosionen von Gasmassen.

Bottlinger.

Näheres s. W. W. Campbell, Stellar Motions.

Radiant (Ausstrahlungspunkt), der perspektivische Divergenzpunkt paralleler Bewegungen, wie bei Sternschnuppenschwärmen oder Gruppen parallel bewegter Fixsterne (vgl. Meteore). *Bottlinger.*

Radikale. Radikale, Gruppen oder Reste sind bestimmte, häufig gebrauchte Atomgruppen, die für sich allein nur in Ausnahmefällen bestehen[1]) und die bei chemischen Reaktionen unverändert in eine neue Verbindung eingeführt werden können.

Man kann anorganische und organische Radikale unterscheiden. Unter anorganischen Radikalen versteht man z. B. die Reste von Säuren, Basen oder Salzen, die je nachdem, ob sie ein oder mehrere ein- oder mehrwertige Atome oder Atomkomplexe zu binden imstande sind, oder in Ionenform einoder mehrfach geladen sind, ein- oder mehrwertig genannt werden.

Beispiel:

    NO_3' PO_4'''
    Nitration   Orthophosphation
 (Nitratgruppe)   (Orthophosphatgruppe)
              NH_4'
          Ammoniumion
       (Ammoniumgruppe)

Die organische Chemie arbeitet mit einer bedeutend größeren Zahl von Gruppen und unterscheidet daher zwischen den Radikalen der Stammkohlenwasserstoffe — abgeleitet von Methan und Benzol — und denen der übrigen organischen Verbindungen.

Denkt man sich aus einem Stammkohlenwasserstoff ein oder mehrere Wasserstoffatome eliminiert, so heißt der übrig bleibende Atomkomplex Radikal. Er ist so viel wertig, als man Wasserstoffatome aus dem Stammkohlenwasserstoff entfernt hat. Die einwertigen Radikale werden im allgemeinen durch die Endsilbe „yl" gekennzeichnet, die zweiwertigen durch „ylen", die dreiwertigen durch „enyl" oder „in".

Beispiel:

Stammkohlenwasserstoff   1wertige Radikale
   Methan: CH_4 Methyl: H_3C-
   Benzol: C_6H_6 Phenyl: C_6H_5-
   2wertige Radikale   3wertige Radikale
   Methylen: $H_2C=$ Methenyl od. Methin $HC\equiv$
   Phenylen: $C_6H_4=$

Unter den Radikalen, die sich auf dieselbe Weise von Kohlenwasserstoffderivaten ableiten, sind etwa folgende zu nennen:

Von den Fettsäuren, z. B. aus der Essigsäure: CH_3COOH, erhält man den Azetatrest CH_3COO durch Eliminierung des sauren Wasserstoffatoms, den Azetylrest CH_3CO durch Ausschaltung der Hydroxylgruppe OH aus dem Karboxylrest — COOH. Die in diesem Reste auftretende Karbonylgruppe CO (nicht zu verwechseln mit der

Verbindung Kohlenoxyd CO) ist charakteristisch für Ketone, z. B. für Azeton CH_3COCH_3.

M. Ettisch.

Näheres s. Meyer-Jacobson, Organische Chemie.

Radioactinium s. Actinium.

Radioaktive Substanzen in der Luft s. Induktionsgehalt und Emanationsgehalt der Luft.

Radioaktivität. Im folgenden wird eine Übersicht über die auf diesem Erscheinungsgebiet derzeit bekannten Tatsachen gegeben und bezüglich der Einzelheiten jeweils auf die ins Detail gehenden Spezialkapitel, die alphabetisch geordnet im Buche verteilt sind, hingewiesen werden. Als ausführliche Werke, aus denen die hier auf geringen Raum zusammengedrängte Darstellung zu ergänzen wäre, seien angeführt:

St. Meyer und E. v. Schweidler: Radioaktivität. Teubner, Leipzig 1916.

E. Rutherford: Radioaktive Substanzen. II. Bd. des Handbuches für Radiologie. Akademische Verlagsgesellschaft, Leipzig 1914.

M. Curie: Radioaktivität. Akademische Verlagsgesellschaft, Leipzig 1912.

F. Soddy: Chemie der Radioelemente. J. A. Barth, Leipzig 1914.

F. Henrich: Chemie und chemische Technologie der radioaktiven Stoffe. Springer, Berlin 1918.

Als historische Daten in diesem für die heutigen Anschauungen in Chemie und Physik so richtunggebenden Forschungsgebiet seien erwähnt:

1896. Henry Bequerel entdeckt die von Uransalzen spontan ausgesendete Strahlung an ihrer photographischen Wirksamkeit, welche Strahlungsfähigkeit er bereits als Atom-Eigenschaft erkennt.

1898. G. C. Schmidt und M. Curie entdecken fast gleichzeitig dieselben Eigenschaften am Thorium. Letzterer gelingen quantitative Messungen der „Aktivität" durch Ausnutzung der ionisierenden Strahlungswirkung.

1898. P. und M. Curie isolieren das Radium.

1899. Entdeckung des Actiniums.

1899/1900. Entdeckung der Emanationen von Ra, Th und Ac.

1902/1903. Systemisierung der Strahlungseigenschaften und Einteilung in α-, β- und γ-Strahlung; Aufstellung der Zerfallshypothese durch E. Rutherford. Entdeckung der Wärme- und Szintillationswirkungen.

Die Radioaktivität einer Substanz erkennen und beurteilen wir an ihrer Fähigkeit, spontan Energie abzugeben. Diese Fähigkeit haftet am Atom, denn in ihrer Stärke erweist sie sich in chemischen Verbindungen dieser Substanz immer proportional der jeweils vorhandenen Substanzmenge, gleichgültig welcher Art diese Verbindung ist; durch keinerlei physikalische oder chemische Einwirkungen ist man imstande, Art und Stärke dieser vom Atom ausgehenden Energie zu beeinflussen; es gelingt dies weder durch Temperaturänderungen, noch durch magnetische, elektrische, mechanische oder Strahlungseinwirkungen. Die naheliegende Vermutung, daß Hand in Hand mit der Energieabgabe eine Verminderung im Gewicht der aktiven Materie eintreten muß, konnte bisher experimentell nicht erwiesen werden. Dagegen geht gleichzeitig eine wiederum spontane und unbeeinflußbare Änderung in den chemischen und physikalischen Eigenschaften des energiestrahlenden Atomes vor sich. Es entstehen neuartige Atome. Diese beiden Umstände, Energieabgabe einerseits, Verwandlung

---

[1]) Einen solchen Ausnahmefall bildet z. B. das Triphenylmethyl $(CH_3)_3C$.

des Atomes andrerseits zusammenhaltend suchen wir die Ursache dieser Erscheinungen in einer Instabilität des Atomes. Wir denken uns das Atom selbst als ein kompliziertes Gebilde, in dem die elektrischen Kräfte eine führende Rolle spielen. Um einen schweren geladenen Kern aus Elektronen, Helium- und Wasserstoff-Atomen, der eine positive Ladung $N \cdot e$ (N .. Kernladungszahl, Atomnummer; e Elementarquantum der Elektrizität) trägt, kreisen in Bahnen mit verschiedenen Radien N-Elektronen, deren jedes die negative Ladung e trägt, so daß das Atom als ganzes betrachtet elektrisch neutral ist. Bei den radioaktiven Atomen nun scheint diese Anordnung nicht stabil zu sein. Durch das Zusammenwirken irgendwelcher, uns unbekannter Ursachen wird ein Einsturz der bestehenden Ordnung bewirkt, wobei Atomsbestandteile abgestoßen werden und der Rest zu einer neuen, meist nur vorübergehend haltbaren Gleichgewichtslage gruppiert. Die bei einem solchen Zusammenbruch freiwerdenden Energiemengen zeigen durch ihre Größe, daß im Atominnern Energiemengen zu einer ungeheueren Dichte konzentriert sein müssen, und machen es begreiflich, daß die relativ dazu geringen äußeren Mittel, über die wir verfügen, nicht imstande sind, Einfluß auf die Vorgänge im Atomineren zu erlangen. Welche inneratomigen Vorgänge einen solchen Umsturz auslösen, ist uns, wie gesagt, unbekannt, eine Beeinflussung liegt außer unserer Möglichkeit, das Ereignis ist somit, subjektiv betrachtet, ein zufälliges, dessen Häufigkeit und zeitliche Verteilung nach den Gesetzen der Wahrscheinlichkeitsrechnung vorauszusehen sind. Nimmt man nur an, daß der Zerfall eines solchen Atomes innerhalb einer gewissen Zeit δ um so wahrscheinlicher ist, je größer diese Zeit gewählt wird, daß die Wahrscheinlichkeit des Zerfalles also etwa gegeben ist durch $\lambda \delta$, wobei die Konstante λ ein verkehrtes Maß der Stabilität ist, so ergibt sich leicht die Wahrscheinlichkeit, daß ein Atom eine größere Zeitspanne t überlebe zu $e^{-\lambda t}$; nach dem Gesetz der großen Zahlen sind dann von N_0 zur Zeit $t = 0$ vorhandenen Atomen nach der Zeit t nur mehr $N_t = N_0 e^{-\lambda t}$ unverändert, die andern, $N_0 - N_t = N_0 (1 - e^{-\lambda t})$ sind zerfallen (s. „Atomzerfall"). Die bei der Explosion des Atomes abgestoßenen Atombestandteile sind die Träger der außerhalb des Atomes beobachtbaren Energieentwicklung. Nun teilt sich das Objekt unserer Betrachtung einerseits in das Tatsachengebiet der das absterbende Atom mit großer Geschwindigkeit verlassenden Teilchen, ihre Eigenschaften und Wirkungen (radioaktive Strahlung), andrerseits in den Erscheinungskomplex, der das Schicksal des verbleibenden Atomrestes (Zerfallsproduktes), seine chemischen Eigenschaften, seine Stabilität und seine neuerliche Strahlungsfähigkeit umfaßt.

1. Die radioaktive Strahlung. Nach dem über die Zusammensetzung des Atomkernes Gesagten würden wir dreierlei Strahlungsarten erwarten: bewegte Wasserstoffatome, bewegte Heliumatome, bewegte Elektronen. Aufgefunden wurden bisher nur die beiden letzteren und als α- und β-Strahlung bezeichnet. (Bewegte Wasserstoffatome sind allerdings unter dem Namen H-Strahlen (s. d.) bekannt, sind aber sekundär ausgelöste Strahlen.) Zugleich mit den β-Strahlen und anscheinend von ihnen sekundär erregt, wird eine dritte Strahlenart, die γ-Strahlung beobachtet. Die handgreiflichste Unterscheidung dieser drei Typen von Strahlen ergibt sich aus ihrem Verhalten im Magnetfeld; ein Gemisch aller drei wird beim Passieren eines transversalen magnetischen Feldes genügender Stärke in drei Teile zerlegt. Die γ-Strahlen bleiben unabgelenkt und gehen geradlinig weiter, die α- und β-Strahlen werden nach entgegengesetzten Richtungen abgelenkt und auf Kreisbahnen mit je nach der Teilchen-Geschwindigkeit verschiedenen Radien zurückgebogen. In ihren Eigenschaften verhalten sich die α-Strahlen im wesentlichen wie Kanal-, die β-Strahlen wie Kathoden-, die γ-Strahlen wie Röntgen-Strahlen. Und zwar sind: α) die α-Strahlen (s. d.) die bei dem spontanen Atomzerfall abgestoßenen Helium-Atome (Atomgewicht 4), von denen jedes einzelne eine Ladung von 2 Elementarquanten (d. i. $2 \cdot 4,77 = 9,54 \cdot 10^{10}$ st. E.) mitführt. Größe und Vorzeichen ihrer Ladung, sowie ihre Masse werden daran erkannt, daß sie sich als bewegte Träger von Elektrizität im transversalen, magnetischen und elektrischen Feld Ablenkungen erleiden, deren Richtung und Ausmaß von obigen Eigenschaften abhängen. Der Nachweis ihrer Heliumnatur glückte durch den experimentellen Befund über die He-Entwicklung α-strahlender Substanzen. Ihre Geschwindigkeit variiert mit der Natur des Strahlers und ist von der Größenordnung $10^9 \frac{cm}{Sek}$; diese enorme Geschwindigkeit befähigt sie, Materie in verschiedenem Maße zu durchdringen. Speziell wird der Weg, den sie in Luft zurücklegen können, bis sie durch die Zusammenstöße mit den Luftmolekeln auf molekulare Geschwindigkeit abgebremst und damit ihres Strahlungscharakters entkleidet sind, die „Reichweite" (s. d.) genannt; diese beträgt je nach der strahlenden Substanz bis zu 9 cm und ist, bezogen auf bestimmten Druck und bestimmte Temperatur, ein Maß für die Teilchen-Geschwindigkeit und damit ein Charakteristikon der strahlenden Substanz. Durchqueren solche α-Partikel auf ihrer Bahn fremde Atome, so erleiden sie in dem elektrischen Feld derselben Bahnablenkungen, die sich als eine „Zerstreuung" (s. d.) eines ursprünglich parallelen Strahlenbündels äußern. Außerdem verlieren sie beim Anprall an die Moleküle an Energie und erleiden „Absorption" (s. d.). Mit Hilfe dieser absorbierten Energie, die in mannigfacher Weise zur Wirkung kommt, werden die Intensitäten, d. i. die pro Sekunde emitierte Zahl der α-Teilchen zweier gleichartiger Strahler miteinander verglichen. Die Energie äußert sich in Erwärmung des Absorbers (s. Wärmeentwicklung), in Verfärbung gewisser Substanzen (s. Färbung), in Leuchterscheinungen (s. d.), in Schwärzung der photographischen Platte, in Erregung von Sekundärstrahlung (H-Strahlen, δ-Strahlen), vor allem aber in einer Ionisierung (s. d.) von Luft (und Flüssigkeiten), indem die vom hochgeschwindigen α-Teilchen getroffenen Luftmoleküle zertrümmert und in positiv und negativ geladene Bestandteile (Ionen) zerlegt werden, die kraft ihrer Ladung und ihrer leichten Beweglichkeit im elektrischen Feld den Kraftlinien folgen und eine elektrische Leitfähigkeit der sonst isolierenden Luft bewirken. Dies liefert die bequemste und gebräuchlichste Methode zur quantitativen Messung. Steigert man den Meßeffekt der absorbierten Energie so weit, daß schon ein einzelnes α-Teilchen eine beobachtbare Wirkung hervorruft (Ionenstoß, Szintillation), so ermöglicht man dadurch die Zählung (s. d.) der ausgesendeten α-Teilchen. Stößt ein zerfallendes Atom immer eine

bestimmte Zahl von α-Partikelchen ab — und zwar ergibt sich 1 α-Teilchen pro Atomzerfall — so liefert diese Zählung direkt die Zahl der in der Zeiteinheit sich verwandelnden Atome; und diese wiederum ist proportional der gerade vorhandenen Atomzahl, weil aus dem eingangs abgeleiteten Zerfallsgesetz durch Differentiation folgt $-\dfrac{d\,N}{d\,t} = \lambda\,N$.

β) Die β-Strahlen (s. d.) sind mit einem negativen Elementarquantum beladene Elektronen, deren Ladungsvorzeichen, Geschwindigkeit und Masse sich wieder aus den Ablenkungen in Kraftfeldern ergeben. Trotzdem sie sich nahezu mit Lichtgeschwindigkeit bewegen, ist ihre Energie, da ihre Masse nur den 1840. Teil des Wasserstoff- und den 7300. Teil des Heliumatoms beträgt, geringer. Während den α-Strahlen, die von ein und derselben Substanz stammen, mit nur wenigen Ausnahmen eine einheitliche Reichweite und damit eine einheitliche Geschwindigkeit zukommt, weist die von ein und derselben Substanz herrührende β-Strahlung im allgemeinen verschiedene Geschwindigkeitsgruppen auf; im transversalen Magnetfeld, in welchem jeder Geschwindigkeitsvertreter eine andere Ablenkung erfährt, wird ein solches inhomogenes β-Bündel auseinandergezogen und liefert ein magnetisches Spektrum (s. d.), das ebenso charakteristisch für den β-Strahl ist, wie ein optisches Linienspektrum für einen leuchtenden Dampf. Bei Durchqueren von Materie tritt wieder Absorption und Zerstreuung auf, es wird Energie abgegeben und diese in Erwärmung, Fluoreszenzerregung, photographische Wirkung, Ionisierung usw. umgesetzt. Das Durchdringungsvermögen (s. d.), d. i. die Fähigkeit, Materie zu durchdringen, ohne die ganze Geschwindigkeit einzubüßen, ist gemäß der Kleinheit des β-Partikels und seiner hohen Anfangsgeschwindigkeit viel größer als bei α-Strahlen. Dafür ist die pro Wegeinheit abgegebene Energie geringer und dementsprechend unter sonst gleichen Umständen die Wirkung eine kleinere. Hervorzuheben wäre die Fähigkeit, analog wie die Kathodenstrahlen kräftige sekundäre Wellen (γ-) Strahlung hervorrufen zu können. Szintillationswirkung besitzen sie nicht. — Sehr langsame β-Strahlen, die z. B. von α-Strahlen sekundär erregt werden, sind unter dem Namen δ-Strahlen (s. d.) bekannt.

γ) Die γ-Strahlen (s. d.) endlich sind dem Wesen nach wieder eine Wellenstrahlung, die sich, prinzipiell genommen, nur quantitativ, durch die Kürze der Wellenlänge, von den Lichtstrahlen unterscheidet. Allerdings bewirkt diese quantitative Verschiedenheit gänzlich geänderte Erscheinungen. Die γ-Strahlen sind unsichtbar, vermögen undurchsichtiges Material bis zu beträchtlichen Schichtdicken zu durchdringen (erst 16 cm Eisen schwächen die γ-Strahlen auf $1^0/_{00}$ ihres Anfangswertes ab), sie erleiden keine regelmäßige Reflexion und Brechung usw. Wie bei jeder Wellenstrahlung erfolgt ihre Absorption exponentiell und die Gesetzmäßigkeit des Vorganges gestattet es, auf diese Weise die γ-Strahlung zu charakterisieren, also ein Maß für ihre Qualität zu gewinnen, da die Größe der Absorption cet. par. von der Wellenlänge λ abhängt. Direkte Wellenlängenbestimmungen nach der Methode der Kristallinterferenzen (s. d.) ergaben Werte für λ bis herab zu 10^{-9} cm. Ihre auf der Wegeinheit absorbierte Energie ist wiederum geringer als bei β-Strahlen und daher ihre Wirkung noch schwächer. Zum Beispiel verhalten sich die von α-, β- und γ-Strahlen in den ersten Zentimetern Luftweg erzeugten Ionenzahlen angenähert wie 10000:100:1. — Die von einem einheitlichen Strahler stammende γ-Strahlung ist, ebenso wie die β-Strahlung, meist komplex. Auch sie vermag Sekundärstrahlen (s. d.) zu erzeugen, verursacht eine schwache Erwärmung, Verfärbung usw., aber keine Szintillation. Ihre Entstehung ist man geneigt der Geschwindigkeitsänderung der beim Atomzerfall plötzlich auf fast Lichtgeschwindigkeit beschleunigten und in der Atomhülle vielleicht schon wieder ruckweise verzögerten β-Strahlung zuzuschreiben (Bremsstrahlung, s. d.).

2. Das Zerfallsprodukt. Der nach Abstoßung des α- oder β-Teilchens zurückbleibende Atomrest erleidet zunächst aus rein mechanischen Gründen einen Rückstoß (s. d.) derart, daß die Bewegungsgrößen m v des fortfliegenden α- oder β-Teiles gleich ist der Bewegungsgröße des entgegengesetzt sich bewegenden Atomrestes. Bei der α-Umwandlung entsteht eine Rückstoßgeschwindigkeit von der Größenordnung $10^7 \dfrac{cm}{Sek}$, bei der β-Umwandlung wegen des größeren Massenunterschiedes eine solche von nur etwa $10^4 \dfrac{cm}{Sek}$. Der Rückstoß kann besonders im Vakuum, das Atom von seinem ursprünglichen Ort wegtreiben und zur Ansammlung derselben an einer anderen Stelle benützt werden. Weiters hat aber der Atomrest ganz neue chemische und physikalische Eigenschaften. Denn im Falle er ein α-Teilchen verloren hat, ist sein Atomgewicht um dessen Masse, also um 4 Einheiten, bezogen auf Wasserstoff, sowie seine elektrische Kernladung um zwei Elementarquanten vermindert. Im Falle er ein β-Teilchen verloren hat, ist seine Masse zwar um unmerklich geändert, seine Ladung um ein Elementarquantum vermehrt. Wenn nun auch durch Abgabe oder Aufnahme von Elektronen aus oder in die Elektronenhülle die Gesamtladung des Atomes wahrscheinlich schnell neutralisiert werden dürfte, so ist doch jedenfalls der Energiegehalt vermindert und gleichzeitig eine neue Gruppierung der Elementarbausteine erreicht worden, der wiederum eine geänderte Stabilität, also Zeitpunkt und Art (α- oder β-Zerfall) des Zusammenbruches sowie ein geändertes chemisches Gehaben entspricht. Kurz der Atomrest repräsentiert ein neues chemisches Element. Je nach seiner Stabilität wird dasselbe in dieser neuen Gleichgewichtslage mehr oder weniger lang verharren, bis eine neuerliche von Strahlung begleitete Umgruppierung wieder andere Verhältnisse einleitet. Auf diese Weise durchläuft ein radioaktives Atom eine Reihe von chemisch und physikalisch unterscheidbaren Gleichgewichtslagen, bis es endlich eine völlig stabile, oder für unsere Beobachtungsverhältnisse nur mehr unmerklich instabile Lage erreicht und seine Aktivität damit verloren hat. Wir kennen nun derzeit drei Substanzen, die Anlaß zu solchem stufenförmig, von höherem zu niederem Atomgewicht verlaufenden Abbau komplizierter Atomgefüge geben. Die drei entsprechenden Reihen von aktiven Substanzen sind die Uran-Radiumreihe, die Uran-Actiniumreihe und die Thoriumreihe.

Das experimentelle Studium der einzelnen Zerfallsprodukte hat eine Anzahl von zunächst empirischen Regeln kennen gelehrt, mit deren Hilfe sich die anfangs verwirrende Fülle von neuen Tatsachen leichter überblicken und beherrschen läßt. In den überwiegend häufigsten Fällen wird der Zusammenbruch einer bestimmten Konfiguration nur von einer Art Strahlung, entweder α- oder β-Strahlung, begleitet. Zwei Fälle sind bekannt, wo die Umwandlung anscheinend ohne begleitende Strahlung vor sich geht (Ac und M Th$_1$); drei Fälle (die C-Produkte) wurden beobachtet, wo dieselbe Substanz sowohl α- als β-strahlend zerfällt, wo also ein Teil der Atome sich unter Abstoßung eines α-, ein anderer unter Abstoßung eines β-Teilchens umwandelt; infolge Verschiedenheit des Verlustes sind auch die Atomreste verschieden und es entstehen aus einer Substanz zwei neue Zerfallsprodukte: die Zerfallsreihe gabelt sich somit an dieser Stelle (s. „dualer Zerfall"). Welche Umstände es bewirken, daß ein und dasselbe Atomgefüge zwei verschiedene Explosionsmöglichkeiten besitzt und einmal die eine, dann die andere bevorzugt, wissen wir nicht. Aus dem Mengenverhältnis der dabei entstehenden Substanzen können wir nur schließen, welche von beiden die häufigere und damit die wahrscheinlichere ist. — Weiters ist ein Fall bekannt (U$_{II}$), wo eine solche Gabelung unter doppeltem α-Zerfall eintritt, wo also zwei α-Strahlungen mit verschiedener Reichweite und zwei zugehörige Zerfallsprodukte (Jo und UY) beobachtet werden. Und endlich gibt es noch drei Substanzen (Ra, Rd Ac, Rd Th), die mehrfache Strahlung aufweisen, wo aber nur das der α-Umwandlung entsprechende Folgeprodukt auffindbar ist, während die Anwesenheit der β-Strahlung noch der Erklärung bedarf. Alle andern von den bisher bekannten 37 instabilen Radioelementen, das sind also noch 28, zeigen nur α- oder β-Umwandlung, also einfachen Zerfall. — Die Stabilität der unter α-Zerfall absterbenden Atome wird im allgemeinen gegen das Ende der Reihen zu immer schlechter (Ausnahmen für die dual zerfallenden C-Produkte und für Ra F), ihre Lebensdauer kürzer, bis mit Abstoßung des letzten störenden Heliumatomes die stabile Gleichgewichtslage erreicht ist. Da zugleich mit der Entfernung der α-Teilchen das Atomgewicht abnimmt, so kann man sagen, daß im allgemeinen innerhalb der drei Reihen die Lebensdauer der α-Strahler mit dem Atomgewicht geringer wird. Das Experiment ergibt weiter, daß dieser fortschreitende Abbau eine Zunahme der freiwerdenden Energie, also eine Zunahme der Reichweite bedingt. So ergibt sich ein empirischer Zusammenhang zwischen Reichweite (s. d.) und Lebensdauer bzw. Zerfallskonstanten (s. d.), der sich durch eine Formel oder graphisch darstellen läßt und durch Interpolation aus der gemessenen Reichweite die angenäherte Bestimmung der Zerfallskonstanten ermöglicht. — Über die chemischen Eigenschaften der entstehenden Zerfallsprodukte orientiert bequem die sogenannte „Verschiebungsregel" (s. d.), derzufolge das Umwandlungsprodukt nach einer α-Umwandlung um zwei Gruppen des periodischen Systems in der üblichen graphischen Darstellung nach links rückt bei gleichzeitigem Verlust von 4 Atomgewichtseinheiten, nach einer β-Umwandlung (oder strahlenlosen Umwandlung) die Stellung um eine Gruppe nach rechts verschoben wird bei ungeändertem Atomgewicht. — Die Menge einer jeweilig vorhandenen Substanz ist durch die Zerfallsgesetze (s. d.) gegeben. In jedem einzelnen Fall ist die Bilanz zu ziehen über die infolge des spontanen Zerfalles

verschwindende Zahl der Atome und der durch den Zerfall der Muttersubstanz nachgelieferten. Halten Gewinn und Verlust einander die Wage, dann sind beide Substanzen im Gleichgewicht; diesem stationären (mit der Zeit nicht variablen) Zustand streben sich selbst überlassene Präparate immer zu. Die Menge des Folgeproduktes nennt man in diesem Fall die „Gleichgewichtsmenge" (s. d.) zur betreffenden (es muß nicht die unmittelbar vorhergehende sein) Ausgangssubstanz. Je weniger haltbar das Folgeprodukt ist, um so schneller ist Gleichgewicht erreicht, um so geringer ist aber auch die Gleichgewichtsmenge. So daß bei kurzlebigen Substanzen wägbare Mengen mit den derzeit zur Verfügung stehenden Mengen des Ausgangsmateriales überhaupt nicht herstellbar sind, obwohl ihre Strahlung kräftige Meßeffekte hervorrufen kann; denn der Meßeffekt ist in erster Linie proportional der Zahl der α- oder β-Partikel, das ist nach dem früheren die Zahl der sekundlich zerfallenden Atome. Diese aber ist nach Erreichung des Gleichgewichtes (das den erhältlichen Maximalwert darstellt) für alle Substanzen einer genetisch zusammenhängenden Reihe (von Gabelung, Emanationsverlust usw. abgesehen); ob sie nun lang- oder kurzlebig sind, der gleiche. Es wird sogar bei α-Strahlern die Gleichgewichtsmenge des kurzlebigen Produktes kräftiger ionisieren wegen der größeren Wirksamkeit des einzelnen α-Partikels; denn kürzerer Lebensdauer entspricht, wie wir früher gesehen haben, eine längere Reichweite, also größere Energie der α-Strahlung. — Isoliert man eine Substanz von ihrem Erzeuger, so wird sie, da die Nachlieferung fehlt, allmählich in einem für sie charakteristischen Tempo verschwinden. Die Zeit, die nötig ist, um auf den halben Wert ihrer Anfangsintensität zu sinken, bis also die noch vorhandene Atomzahl gleich der halben ursprünglich gegebenen wird und daher auch die Zahl der sekundlich zerfallenden Atome ($\sim$ Intensität) halb so groß ist, wie zu Beginn, nennt man die Halbwertszeit T. Nach genau dem gleichen Zeitgesetz wird aber auch in der vom Zerfallsprodukt befreiten Muttersubstanz dasselbe regeneriert. Die mathematische Form dieses Zeitgesetzes ist im ersten Fall $N_t = N_0\,e^{-\lambda t}$, im zweiten Fall $N_t = N_\infty\,(1 - e^{-\lambda t})$, worin die Materialkonstante λ als Zerfallskonstante (s. d.) bezeichnet wird.

In der folgenden Tabelle sind die Glieder der drei Zerfallsreihen in ihrem genetischen Zusammenhang dargestellt; die Einteilung der Tabelle soll den unter den drei Reihen herrschenden Parallelismus zu übersehen erleichtern. Zum Verständnis ist nur noch die Kenntnis des Isotopiebegriffes nötig. Obwohl jedes Folgeprodukt sich nach der Verschiebungsregel von seinem unmittelbar vorhergehenden chemisch deutlich unterscheiden muß, da es auf einen anderen Platz des periodischen Systems gerückt wird, so braucht dies bei weiter abstehenden Gliedern einer Reihe schon nicht mehr der Fall zu sein. Infolge des Umstandes, daß ein α-Zerfall zwei Schritte nach links, zwei β-Umwandlungen aber zwei Schritte nach rechts zur Folge haben, kann die Gesamtverschiebung in der dritten Generation Null werden und dieses dritte Zerfallsprodukt an dieselbe Stelle des periodischen Systemes gelangen, wo sich bereits das erste befindet. Dann ist es trotz geändertem Atomgewicht und geänderten radioaktiven Eigenschaften mit seinem Vorfahren chemisch identisch und kann daher auf chemisch analytischem Weg von diesem nicht getrennt werden (z. B.: U_I und U_{II}, Th und Rd Th usw.; vgl. auch die Figur im Artikel „Isotopie" und „Verschiebungsregel"). Ebenso wie ein Folgeprodukt chemisch gleich werden kann einem Ausgangsprodukt, ebenso kann es aber auch an den Platz eines anderen bereits bekannten inaktiven Elementes gelangen; und dies muß wohl in den meisten Fällen statthaben, anders könnte man die nun bekannten 38 neuen radioaktiven Elemente im periodischen System, das nur wenig freie Plätze hatte, gar nicht unterbringen. So kommen nicht nur von einer, sondern von allen drei Familien Zerfallsprodukte, die sich nach Atomgewicht, Genesis und Radioaktivität deutlich voneinander unterscheiden, auf einen bereits besetzten Platz des Systems zu liegen und bilden mitsammen eine „Plejade" (s. d.). Die chemisch völlig gleichen Glieder einer solchen Plejade nennt man „Isotope" (s. d.). Die Tatsache der Isotopie, die Möglichkeit, daß zwei und mehr Elemente trotz verschiedenen Atomgewichtes und verschiedener Stabilität einander chemisch bis in die letzten Einzelheiten gleichen können, wirft ein neues Licht auf unsere bisherigen Anschauungen über den Atombegriff, der schon durch die Erkenntnis, daß zum mindesten bei den radioaktiven Elementen ein genetischer Zusammenhang besteht und ein Element aus dem anderen entstehen kann, eine wesentliche Bereicherung erfahren hat. Man sieht nun, daß bei einer Ordnung der chemischen Elemente nicht das Atomgewicht das dominierende Merkmal sein darf, denn an ein und demselben Platz häufen sich die verschiedensten Atomgewichte. Charakteristisch für die chemische Gleichheit scheint vielmehr die Ladung des Kernes, die sog. Atomnummer zu sein, wie dies noch viel überzeugender aus den Beobachtungen an Fluoreszenzspektren und aus der Systemisierung der dabei gewonnenen Spektrallinien folgt.

In der Tabelle auf S. 623 sind nun die drei Reihen so untereinander angeschrieben, daß isotope Zerfallsprodukte in einer durch Striche verbundenen Vertikalreihe stehen. Die Dominante der Plejade, zu der sie gehören, ist an Kopf und Fuß der betreffenden Kolonne angeschrieben, samt ihrer Wertigkeit und ihrem Atomgewicht. Daß überhaupt eine nach diesem Prinzip durchgeführte Anordnung so regelmäßig und übersichtlich ausfällt, zeugt schon von einem weitgehenden Parallelismus in den Zerfallsreihen, der sich vielleicht mit dem Fortschreiten der experimentellen Forschung noch vervollkommnen wird. Außer in chemischer Hinsicht kommt er, abgesehen von der bereits erwähnten gleichartigen Abnahme der Reichweiten am deutlichsten zum Ausdruck im Bereich der Vertikalkolonnen, vom Radium angefangen bis fast zum Ende. In allen Isotopen einer Kolonne erfolgt der Zerfall gleichartig; an denselben Stellen tritt in allen drei Reihen α-Zerfall ein, an denselben β-Zerfall, in derselben Kolonne (Emanationen) nehmen die Zerfallsprodukte Gasform an und in derselben Kolonne tritt die Gabelung ein. Nach der Aufspaltung ergibt sich allerdings ein Unterschied, indem die Th- und Ac-Produkte nur eine Station bis zum stabilen Endprodukt, Ra aber deren vier hat. Das Endprodukt selbst ist wieder in allen drei Fällen ein Blei-Isotop. Faßt man alle in ein und dieselbe Plejade gehörigen α-Strahler einerseits, β-Strahler andrerseits zusammen, so ergibt sich,

daß isotope α-Strahler ihre Lebensdauer verkleinern mit abnehmendem Atomgewicht, und daß die β-Strahler ihre Lebensdauer vergrößern mit sinkendem Atomgewicht (Ausnahmen bei Ac X, Ac B, Po).

Die Charakteristik der einzelnen Zerfallsprodukte ist eingehend in den Spezial-Kapiteln: Uran, Ionium, Radium, Actinium, Thorium besprochen. An dieser Stelle sollen nur die gemeinsamen Eigenschaften hervorgehoben werden, soweit sie nicht bereits in dem bisher Gesagten enthalten sind.

In bezug auf die allgemeine Chemie der Radioelemente ist das wesentlichste durch die Erkennung der Isotopie erledigt, also dadurch, daß man die meisten der Elemente identifizieren kann mit altbekannten stabilen Elementen. Ein neues Moment wird nur hereingetragen einerseits dadurch, daß man es hier mit unwägbaren Mengen zu tun hat und durch die Aufgabe, ein radioaktives Element getrennt von seinen eventuell selbst wieder strahlenden Isotopen (z. B. ein langlebiges Folgeprodukt) darzustellen. Da das letztere definitionsgemäß auf chemischem Wege direkt nicht möglich ist, muß eine geeignete Muttersubstanz von dem störenden Isotop des darzustellenden Produktes befreit, die spontane Nacherzeugung des jetzt isotop-reinen Elementes abgewartet und die Trennung desselben auf eventuell chemischem Wege von seinem Vorprodukt angestrebt werden. — Die chemischen Reaktionen der Radioelemente wurden in folgende Regeln zusammengefaßt: 1. Das reine Radioelement ist in wägbarer Menge vorhanden: Die Reagenzien, mit denen es einen Niederschlag bildet, sind nach den gewöhnlichen Methoden der Chemie feststellbar. (Thorium wird durch Oxalsäure, Uran durch Ammoniak, Radium durch Schwefelsäure gefällt; hierher gehören: U, Th, Jo, Ra, Ac, Ra D, M Th_1, Rd Th, Po, Pa, Ra Em; letztere ist chemisch indifferent.) 2. Das Radioelement ist nur in unwägbarer, ein mit ihm isotopes in wägbarer Menge vorhanden: Die beiden Stoffe sind wegen der Identität ihrer Elektronensysteme chemisch untrennbar; ihr Mengenverhältnis ist nicht zu ändern, indem das Radioelement sich bei allen Abscheidungen im gleichen Verhältnis auf Niederschlag und Lösung verteilt, wie das mit ihm isotope Element. 3. Weder das Radioelement noch ein mit ihm isotopes ist in wägbarer Menge vorhanden. Ersteres fällt aus äußerst verdünnten Lösungen dann mit irgend einem Niederschlag aus, wenn der elektronegative Bestandteil des Niederschlages mit wägbaren Mengen des Radioelementes eine in dem betreffenden Lösungsmittel schwer lösliche Verbindung gäbe. Beispiel: Ra E ist isotop mit Bi; weil Wismutsulfid unlöslich, Wismutsulfat löslich ist, wird Ra E aus seiner Lösung von Blei mitgerissen, wenn dieses durch H_2S gefällt wird, und von ihm nicht mitgerissen, wenn es durch H_2SO_4 gefällt wird.

Ferner können unter günstigen Bedingungen manche Radioelemente in den kolloidalen Zustand übergehen und zeigen dann alle charakteristischen Kolloideigenschaften. Nach ihrer großen Diffusionsgeschwindigkeit zu schließen stehen sie den echten Lösungen näher als andere Kolloide. Auch die Adsorptionseigenschaften können zur Trennung benützt werden; z. B. kann U X aus seinen Lösungen durch Tierkohle herausgeschüttelt werden. Ebenso werden die Verschiedenheiten in Flüchtigkeit und im elektrochemischen Verhalten sowie die Rück-

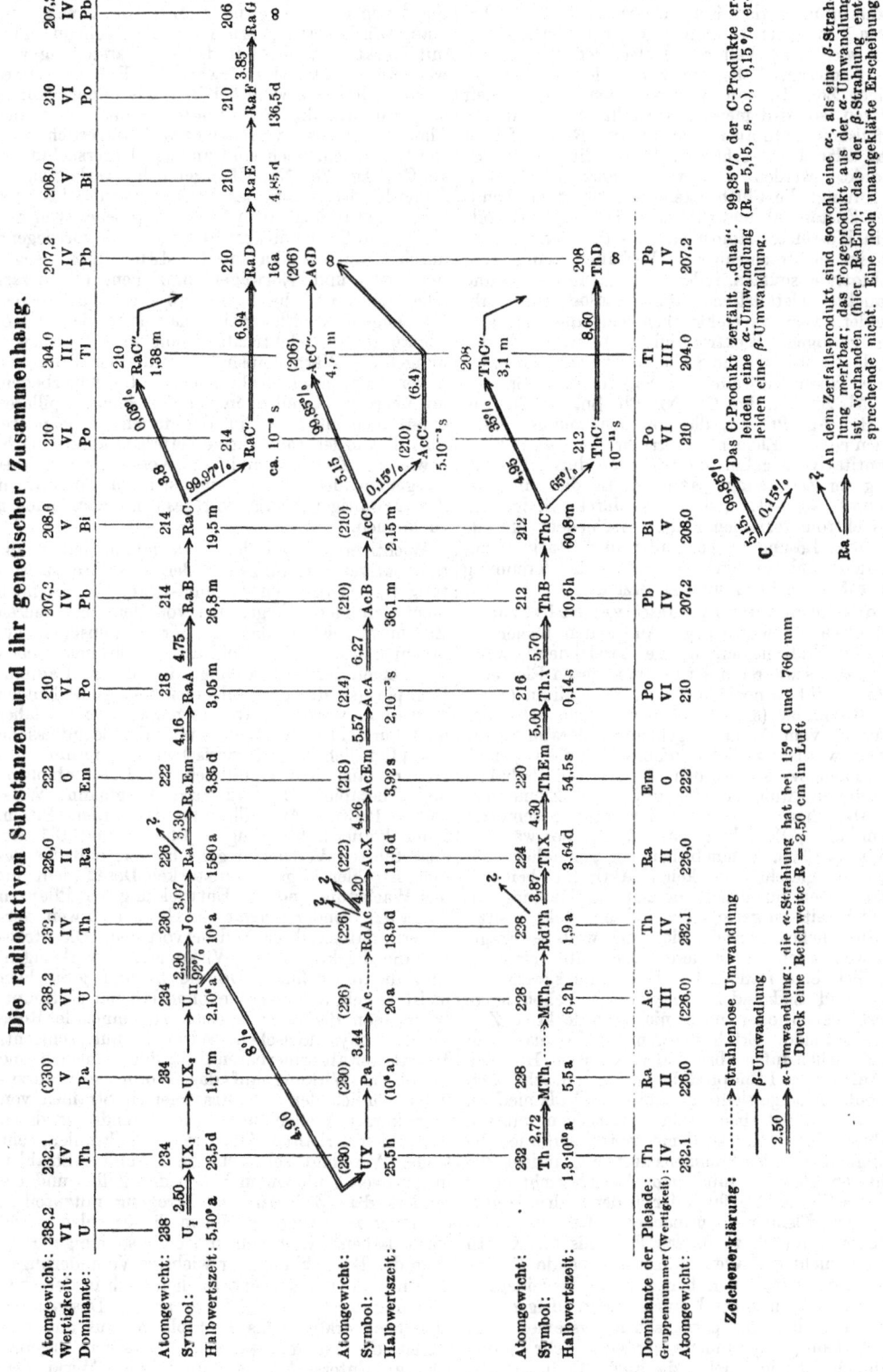

Die radioaktiven Substanzen und ihr genetischer Zusammenhang.

stoßerscheinung (s. d.) verwertet. Aus polonum-
haltigem Bi läßt sich z. B. Po durch Erhitzen teilweise abtrennen; der aktive Niederschlag (Zerfallsprodukte nach der Emanation) wird durch Erhitzen von seiner Unterlage entfernt und kondensiert wieder an kälteren Teilen der Umgebung.
Da in diesem Falle die zum Niederschlag gehörigen Zerfallsprodukte verschiedene Flüchtigkeit
besitzen, so wird meist das Sublimat eine andere
Zerfallskonstante aufweisen, als der Rest auf dem
nicht allzu lange erhitzten Blech; die A-, B-, C-
Produkte werden also voneinander geschieden.
Doch hängt die Flüchtigkeit sehr von dem chemischen Zustand ab und ist eine andere in Sauerstoff-
als in Wasserstoffatmosphäre. — Die Verschiedenheit im elektrochemischen Verhalten kann man
qualitativ ausnützen, indem sich auf in die Lösung
getauchte Metallstücke das Radioelement abscheidet, wenn es elektrochemisch edler ist, also
eine geringere Elektroaffinität besitzt als das
Metall. So läßt sich die Stellung des Radioelementes
in der Spannungsreihe K, Na, Ra, Ba, Sr, Ca,
Mg, Al, Zn, Cd, Fe, Co, Ni, Pb, Sn, H, Cu, Sb,
Bi, Hg, Ag, Pt, Au, die von den weniger edeln
zu den edleren Elementen fortschreitet, bestimmen.
Quantitative Ergebnisse erhält man durch Bestimmung der Zersetzungsspannung. Da diese mit der
Ionenart variiert, gelingt es durch Steigerung
der elektromotorischen Kraft verschiedene Metalle
aus einer Lösung nacheinander quantitativ abzuscheiden und so eine elektrolytische Trennung
zweier Metalle in Lösung zu erzielen.

**Vorkommen der radioaktiven Substanzen
und ihre Verwendung.** Außer den bisher erwähnten Radioelementen, die bezeichnenderweise
alle zu den schwersten der uns bekannten Elemente
gehören, gibt es noch zwei weitere, Kalium (s. d.)
und Rubidium (s. d.), an denen eine schwache
spontane, vom Atom ausgehende β-Strahlung gefunden wurde. Zerfallsprodukte konnten jedoch
keine nachgewiesen werden. K, Rb und Cs haben
die größten Atomvolumina unter den Elementen.
Da Rb schon eine viel weichere und schwerer
erkennbare β-Strahlung hat als K, so wäre es
denkbar, daß Cs, an dem bisher entgegen naheliegenden Analogieschlüssen keine Aktivität bemerkt
wurde, einen für unsere derzeitigen Meßmöglichkeiten bereits zu geringen Strahlungseffekt besitzt.
— Anschließend erhebt sich die weitere Frage,
inwieweit auch die anderen Elemente, etwa so
wie Blei, eine radioaktive Entstehungsgeschichte
haben und Endglieder von vielleicht schon lange
abgestorbenen oder noch nicht entdeckten Zerfallsreihen sind. Erfahrungsgemäß wird man, von
den Zwischenstufen absehend und nur im Hinblick
auf Anfangs- und Endprodukt der Reihen, schließen,
daß hohe Atomgewichte instabiler sind als niedere,
also dem Aussterben mehr unterliegen müssen
als diese. In der Tat ist dementsprechend auch die
Häufigkeit des Vorkommens verteilt, indem die
leichteren Elemente mit einem Atomgewicht unter
dem des Eisens über 90% der in der Erdrinde auftretenden Elemente ausmachen. Da aber das
Atomgewicht (vgl. z. B. das Ergebnis an K, Rb
und Cs) nicht der allein ausschlaggebende Faktor
ist, so wäre es wohl denkbar, daß mit Verfeinerung
der Beobachtungsmittel auch an niedriger bezifferten Stellen des periodischen Systemes noch
aktive Isotope gefunden werden. Sehr wahrscheinlich ist dies nicht, da auch die ungemein
empfindliche Methode, die die Verfärbung von

Glimmer durch radioaktive Substanzen bietet, hierfür keine Anhaltspunkte liefert (vgl. pleochroitische Höfe im Artikel „Färbung"). Dann würden
die jetzigen Atomgewichte Mittelwerte sein und
man würde eine Variation des Atomgewichtes
mit Herkunft und Alter des zur Darstellung verwendeten Materiales erwarten. Ein derartiges
Resultat hat sich wohl bei Blei, das je nachdem es
das Endprodukt der Radium-Reihe oder der
Thoriumreihe ist, verschiedenes Atomgewicht aufweist, ergeben, doch sind analoge Untersuchungen
an Cu, Ag, Fe, Na, Cl ergebnislos verlaufen. —
Immerhin ist bereits das Vorkommen der bis jetzt
bekannten radioaktiven Stoffe, abgesehen von den
Uran- und Thorium-Erzlagern, die sich vorwiegend
durch Nordamerika und Mitteleuropa sowie
Schweden und Norwegen hinziehen, ein derart
allgemeines und häufiges, daß ihre ionisierenden
Wirkungen im Elektrizitätshaushalte der Atmosphäre (s. Luftelektrizität) und ihre Wärmewir-
kungen im Wärmehaushalte (s. d.) der Erde eine
ungemein wichtige Rolle spielen. Im Ackerboden,
im Meere, in Quellen, in der den Bodenkapillaren
entströmenden Luft, in der freien Atmosphäre,
überall wurden radioaktive Zerfallsprodukte nachgewiesen. Zwar in minimaler Konzentration, aber
in genügender Menge, um sich in Anbetracht
ihres gewaltigen Energievorrates bemerkbar machen
zu können.

Wichtigere technische Verwendung haben die
radioaktiven Substanzen, außer etwa ihre Verwertung in sogenannten Radium-Uhren (s. d.) noch
nicht gefunden. Abgesehen von dem ungeheuren
Erkenntnisgewinn, den sie der Wissenschaft gebracht haben, sind es wohl nur die physiologischen
Wirkungen ihrer Strahlung, die in der Radiumtherapie (s. d.) der Allgemeinheit zum Nutzen
verwertet wurden. Im folgenden seien daher
noch kurz einige Ergebnisse über die Beeinflussung
des pflanzlichen und tierischen Organismus angeführt (aus dem Handbuch für Radiumbiologie
und Therapie. O. Lazarus; Bergmann, Wiesbaden 1913): „Aus allen an Bakterien, Pilzen,
Samenkörnern, Keimlingen, Blumen und Blättern
ausgeführten Versuchen geht hervor, daß die Be-
querelstrahlen in gewissen starken Dosen nicht nur
das Wachstum und die Entwicklung der Pflanzen
aufhalten, sondern sogar ihr Gewebe so weit verändern, daß sie ihren Tod hervorrufen. Die Strahlen, die die kräftigsten Wirkungen hervorbringen,
sind die α-Strahlen. Da die β- und γ-Strahlen
meistens gebraucht werden, ohne daß man sie trennt,
kennt man die ihnen speziell zukommende Rolle
in der physiologischen Wirkung nur schlecht.
Die stärker absorbierbaren β-Strahlen scheinen eine
chemische Wirkung auf das Protoplasma auszuüben, ähnlich der der ultravioletten Strahlen von
sehr kurzer Wellenlänge. Die durchdringendsten
γ-Strahlen verhalten sich, wie die X-Strahlen, sehr
träge. Vereinigt scheinen die β- und γ-Strahlen
in gewissen genügenden Dosen den Zellen und besonders dem Zellkern eine Erregung mitzuteilen,
die lange fortdauert, nachdem die Strahlen einge-
wirkt haben. Hier zeigen sich also einige Tage
nach der Bestrahlung sehr wichtige Veränderungen
im Innern der Zellen und folglich auch in der Entwicklung der Organe. In sehr großen Dosen lösen
dieselben Strahlen das Protoplasma auf und zer-
setzen die Nährsubstanzen." Dagegen ergeben
neuere Untersuchungen über die Wirkungen
schwacher Dosen als physiologisches Reizmittel,

daß eine Förderung des Wachstums, Beeinflussung des Vegetationspunktes und andere wichtige Veränderungen eintreten. — In bezug auf die Beeinflussung des tierischen Organismusses wird zusammenfassend gesagt: „Sehr große Strahlendosen vermögen bis zu einer geringen Tiefe alle Gewebe zu nekrotisieren. Der Nekrose geht ein hypertrophisches Stadium voraus. Die Wirkung geht direkt auf die Zellen. Bei mittleren Dosen findet eine gewisse differenzierte Wirkung auf die verschiedenen Zellarten statt, so daß bei geeigneter Dosierung eine voraussehbare elektive Beeinflussung möglich ist. Schwache Dosen bewirken vielfach nur eine Wachstumsanregung und hypertrophische Prozesse. Sie finden sich auch regelmäßig am Rande stärkerer Einwirkungsgebiete. Alle Wirkungen treten nach einer im umgekehrten Verhältnis zur Strahlendosis stehenden Latenzzeit auf. Die Wirkung ist in der Regel eine nahezu lokale. Zu den unmittelbar ausgelösten regressiven oder progressiven Zellveränderungen kommt eine teils primäre, teils sekundär exsudativ entzündliche hinzu, seitens des gefäßführenden Bindegewebes. Die Gefäße reagieren oft am schnellsten, jedoch ist das nicht die Hauptursache der übrigen Veränderungen. Jüngere und zellreichere Gewebe, auch in Regeneration befindliche und entzündlich zellig infiltrierte, sind empfindlicher als ausgebildete normale, während hyperämische und ödematöse unempfindlicher sind." *K. W. F. Kohlrausch.*

Radioaktivität der Gesteine. Nachdem Elster und Geitel die Zerfallsprodukte der Radiumemanation in der Luft gefunden hatten (vgl. Induktionsgehalt der Atmosphäre), vermuteten sie, daß die Emanation nur aus dem Boden stammen könne und untersuchten daraufhin zuerst rein qualitativ eine Anzahl von Bodenproben, wobei es ihnen tatsächlich gelang, zu zeigen, daß gepulverte Gesteine oder Erdproben, in ein Ionisationsgefäß eingebracht, daselbst eine merkliche Erhöhung des normalen Ladungsverlustes hervorbrachten. Ihre sowie die zahlreichen nach ähnlicher Methode ausgeführten Beobachtungen über die Radioaktivität von Gesteinen und Bodenproben geben aber keinerlei Anhaltspunkt über den Radium- oder Thoriumgehalt dieser Proben: denn die gemessenen „Aktivitäten" rühren erstens von einer ganz komplexen Strahlung, nämlich der Alpha-Strahlung der oberflächennahen Schicht und der Beta- und Gammastrahlung auch der tieferen Schichten her, deren Anteile wieder von Korngröße und Absorptionsvermögen der Schicht abhängen und zweitens verursacht die ganz verschiedene Abgabe von Emanation aus den gepulverten Proben Verschiedenheiten der gemessenen Aktivitäten, die mit dem Radiumgehalt der Proben keineswegs parallel gehen.

Quantitative Messungen des Radium-Gehalts der Gesteine werden in der Weise ausgeführt, daß man aus einer gewogenen Menge des zu untersuchenden Gesteins die Emanation austreibt und in ein Ionisationsgefäß überführt, wo ihre Wirkung elektrometrisch gemessen und dann mit der Wirkung bekannter Emanationsmengen (Radiumnormallösung) in Proportion gesetzt wird. Die Bestimmungen können nach zwei Methoden gemacht werden:

1. Lösungsmethode (R. J. Strutt, B. Boltwood, H. Mache, St. Meyer und E. v. Schweidler). Die zu untersuchende Gesteinsprobe wird möglichst fein gepulvert, durch Schmelzen mit Kalium-Natriumkarbonat chemisch aufgeschlossen

und aus der möglichst rückstandsfreien Lösung die Emanation durch Kochen oder besser Durchquirlen von Luft vollständig entfernt. Dann läßt man die Lösung in einer verschlossenen Waschflasche eine gemessene Zeit lang (eventuell 1 Monat d. h. bis zur Erreichung des Gleichgewichtszustandes) stehen. Dann führt man die in dieser Zeit nacherzeugte Emanation entweder durch einen Luft-Zirkulationsstrom oder durch Auskochen in ein vorher evakuiertes Ionisationsgefäß. Der dort hervorgerufene Ionisationsstrom ist der anwesenden Emanationsmenge proportional. Die Wirkung der Radiuminduktionen (Ra A—Ra C) muß hierbei in Abzug gebracht werden, ähnlich wie bei der Messung des Emanationsgehaltes von Quellwässern (vgl. „Radioaktivität der Quellen").

Wenn man den gemessenen Sättigungsstrom, den die reine Wirkung der Emanation der Aufschlußlösung einer gewogenen Gesteinsprobe hervorbringt, in elektrostatischen Einheiten ausdrückt und berücksichtigt, daß die Emanationsmenge, die mit 1 g Radium in Gleichgewicht steht (1 Curie), die Stromstärke $2,7 \cdot 10^6$ elektrostatische Einheiten liefert, so kann man den Radiumgehalt der untersuchten Probe direkt berechnen. Oder man kann auch, wie es Boltwood zuerst getan hat, den Apparat mittels einer Lösung aus einem Mineral von bekanntem Urangehalt eichen und dessen Radiumgehalt aus dem heute genügend genau bekannten Verhältnis Radium : Uran in alten Mineralien berechnen.

Die Lösungsmethode hat den Vorteil, daß man an der rückstandsfreien Lösung sofort erkennen kann, ob wirklich die ganze Probe in Lösung gebracht ist. Als Nachteil wird von einigen Beobachtern erwähnt, daß sich aus den Gesteinslösungen häufig mit der Zeit Niederschläge unbekannter Provenienz oder Kolloide abscheiden, die nun wohl einen Teil der nachgebildeten Emanation okkludieren können. Doch läßt sich dies bei sorgfältigem Aufschließen vermeiden.

2. Schmelzmethode (Joly, Ebler, Holthusen, Fletcher). Diese zuerst von Joly angegebene Methode besteht darin, daß die gepulverte, abgewogene Gesteinsprobe unter Zusatz von Kalium-Natriumkarbonat und Borsäure in einem Platintiegel innerhalb eines elektrischen Ofens geschmolzen und die freiwerdende Emanation in ein vorher evakuiertes Elektroskop überführt wird. Letzteres wird durch Messung der Emanationsentwicklung von Uranmineralien von bekanntem Urangehalt, also auch bekanntem Radiumgehalt empirisch geeicht. Joly erhielt nach dieser Methode im allgemeinen höhere Werte des Radiumgehaltes, als nach der Lösungsmethode. Bei einzelnen Proben ergab die Schmelzmethode sogar dreifach größere Werte. Die Ursache dieser Diskrepanzen ist noch nicht aufgeklärt. Von vornherein erscheint die Methode, welche die höheren Werte ergibt, die vertrauenswürdigere. Denn die möglichen Fehlerquellen dieser Messungen können doch nur eine Unterschätzung, nicht aber eine Überschätzung des Radiumgehaltes zur Folge haben. Holthusen und Ebler haben eine Modifikation der Schmelzmethode angegeben, bei welcher die kostspielige Platinapparatur vermieden wird. A. L. Fletcher schmilzt winzige Proben des zu untersuchenden Materials direkt im Lichtbogen und fängt die freiwerdende Emanation in einem evakuierten Elektroskop auf. Er findet, daß z. B. bei Pechblende schon bei einer Temperatur von 900°

praktisch die ganze Emanation ausgetrieben wird. Bei der Untersuchung kleiner Gesteinsmengen muß man jedoch mit sehr starken Schwankungen des Radiumgehaltes von Probe zu Probe rechnen: denn Radium und Uran sind in Form winziger Einschlüsse von gewissen Mineralien, z. B. Zirkon, innerhalb des übrigen Gesteins enthalten und die Verteilung dieser eigentlich radioaktiven Einschlüsse ist nicht immer sehr gleichmäßig.

Der Thoriumgehalt wird nur nach der Lösungsmethode bestimmt: man stellt eine rückstandsfreie Lösung der gewogenen Mineralprobe her, verjagt zuerst durch Kochen oder Durchquirlen mit Luft die anwesende Radiumemanation und saugt dann einen stetigen Luftstrom durch die Lösung und ein in Serie geschaltetes, in Form eines Zylinderkondensators gebautes Ionisierungsgefäß, das mit einem Elektroskop in Verbindung steht. Der beobachtete Ladungsverlust wird dann fast ausschließlich von der Wirkung der frisch nachgebildeten Thoriumemanation und Thorium A herrühren, während die Wirkung der in der Lösung pro Sekunde viel langsamer nachgebildeten Radiumemanation praktisch zu vernachlässigen ist. Zum Vergleich wird dann ein Luftstrom von gleicher Geschwindigkeit durch eine Thoriumlösung von bekanntem Thorium- bzw. Radiothorgehalt hindurchgeleitet. Das Verhältnis der Entladungsgeschwindigkeiten des Elektroskops in den beiden Fällen gibt dann direkt das Verhältnis des Thorgehalts der zu untersuchenden Probe zum bekannten Thorgehalt der Normallösung.

Resultate: a) Radiumgehalt von Gesteinen. Wenngleich der Radiumgehalt auch einer und derselben Gesteinsart von Probe zu Probe und je nach dem Fundort recht erheblich variieren kann, sind doch einige allgemeinere Zusammenhänge erkennbar. Vor allem sind die Eruptivgesteine im Mittel fast doppelt so stark radiumhaltig, wie die sedimentären Gesteine. Weiters besteht eine Beziehung zwischen Radiumgehalt und dem chemischen Charakter eruptiver (primärer) Gesteine: unter diesen haben die sauren Gesteine den höchsten, die basischen den kleinsten Radiumgehalt. Dies ist auch aus der folgenden kleinen Tabelle (nach Arthur Holmes) sehr deutlich erkennbar:

	Radiumgehalt pro 1 g Gestein
Saure Gesteine	$3,1 \cdot 10^{-12}$ g Ra
Zwischenformen	$2,1 \cdot 10^{-12}$,, ,,
Basische Gesteine	$1,1 \cdot 10^{-12}$,, ,,
Ultrabasische Gesteine	$0,5 \cdot 10^{-12}$,, ,,

Doch besteht keine eigentliche strenge Proportionalität zwischen Kieselsäure- und Radiumgehalt, und man findet auch zuweilen recht kieselsäurearme Gesteine mit hohem Radiumgehalt. Unter den Eruptivgesteinen haben Granite und Syenite besonders großen Radiumgehalt (Mittel $5 \cdot 10^{-12}$ g Ra, aber auch mehrfach höhere Werte bis zu $6 \cdot 10^{-11}$ g). Daß die Sedimentärgesteine weniger Radium enthalten, dürfte durch Wirkung des Auslaugprozesses zu erklären sein. In diesem Zusammenhang ist es interessant, darauf hinzuweisen, daß die Tiefseesedimente nach Messungen Jolys vielmal mehr Radium enthalten als die Primärgesteine. Das durch die Flüsse dem Meere zugeführte Radium wird im Meere durch gewisse Einwirkungen chemischer Art, z. B. von seiten der zahllos anwesenden Schwefelbakterien ausgefällt und setzt sich am Meeresgrunde ab.

Ein Zusammenhang des Radiumgehaltes mit der Tiefe des Fundorts des Gesteins hat sich nicht feststellen lassen, doch ist dies bei der relativ geringen Tiefe der Bohrlöcher erklärlich (die Berechnungen über die Beteiligung der von radioaktiven Gesteinen gelieferten Wärmeentwicklung an dem gesamten Wärmehaushalt der Erde lassen es wahrscheinlich erscheinen, daß der Gehalt der Gesteine an radioaktiven Substanzen mit der Tiefe abnimmt, vgl. ,,Erdwärme"). In den meisten Gesteinen kann man annehmen, daß Uran und Radium im Gleichgewicht vorhanden sind, d. h. zu je 10^{-12} g Radium sind etwa $3 \cdot 10^{-6}$ g Uran vorhanden.

b) Thoriumgehalt der Gesteine. Nach der oben angeführten Methode wurden insbesondere von Joly, Mache und Bamberger, Poole, sowie A. Holmes zahlreiche Gesteinsarten untersucht. Eruptivgesteine enthalten im Mittel etwa $3 \cdot 10^{-5}$ g Thorium pro Gramm Gestein. Bei Sedimentärgesteinen wurden viel kleinere Werte gefunden. Auch hinsichtlich des Thorgehalts sind wieder die sauren Gesteine reicher als die basischen. Thorium- und Radiumgehalt der Gesteine gehen wohl manchmal, aber durchaus nicht regelmäßig zueinander parallel. Die Idee eines genetischen Zusammenhanges ist abzulehnen (Holmes und Lawson). *V. F. Hess.*

Näheres s. A. Gockel, Die Radioaktivität des Bodens und der Quellen. 1912.

Radioaktivität der Quellen. Natürliche Quellwässer können sowohl gasförmige radioaktive Substanzen (Radium-, Thoriumemanation) als auch feste Radioelemente (Radium, Radiothor, Mesothor und deren Zerfallsprodukte) gelöst enthalten. Meistens enthalten indes die Quellen nur Radiumemanation und deren Zerfallsprodukte, so daß man unter ,,aktiven Quellen" gewöhnlich emanationshaltige Quellen versteht. Seitdem festgestellt ist, daß die Anwendung von Radiumemanation bei gewissen Krankheiten, z. B. rheumatischen Affektionen, recht günstige Erfolge bringt, ist die Radioaktivität bzw. der Emanationsgehalt ein wichtiger Faktor bei der Beurteilung der Wirkung der verschiedenen Heilquellen geworden, und es gibt heute kaum eine bedeutende Heilquelle mehr, deren Emanationsgehalt nicht genau bestimmt worden ist. Die Anwendung des emanationshaltigen Wassers erfolgt 1. bei gewöhnlichen Trinkkuren, 2. bei Badekuren (bei diesen spielt neben der Aufnahme der Emanation durch die Haut auch noch die Einatmung der unmittelbar über der Wasseroberfläche mit Emanation angereicherten Luft eine Rolle), 3. bei Inhalationskuren (Einatmen emanationshaltiger Luft, die etwa durch Zerstäubung des Quellwassers künstlich bereitet wird).

Die Messung des Emanationsgehaltes der Quellen erfolgt meist in der Weise, daß man aus einer gemessenen Wassermenge die Emanation durch Schütteln, Durchleiten von Luft (,,Quirlen") oder Kochen austreibt und in ein mit Elektroskop verbundenes Meßgefäß (gewöhnlich ein Zylinderkondensator) überführt, wo die Ionisationswirkung aus dem Voltabfall bestimmt und mit der Wirkung bekannter Emanationsmengen (etwa von einer Radium-Normallösung) verglichen wird. Um die Quellen an Ort und Stelle untersuchen zu können, hat man verschiedene transportable, möglichst einfache Instrumentarien für diese Messungen angegeben (Fontaktoskope oder Fontaktometer). Von diesen sei hier nur eines, welches allgemeinere Verbreitung gefunden hat, beschrieben, nämlich das Fontaktometer nach H. Mache und St. Meyer: dieses besteht aus einem 14 Liter fassenden zylindrischen Blechgefäß, in dessen Seitenfläche oben und unten je ein Metallhahn eingesetzt ist. Auf der oberen Grundfläche dieser „Fontaktometerkanne" ist eine zentrale Öffnung angebracht, die durch einen leicht gefetteten Metallkonus dicht verschließbar ist. Der Konus trägt als Fortsetzung nach oben einen Stift, der federnd in den Blättchenträger des Elektroskops hineinpaßt, während die Fortsetzung des Konus nach unten durch einen etwa 20 cm langen zylindrischen Stab gebildet wird, der axial in die Fontaktometerkanne hineinragt und die innere Elektrode bildet. Die Messung kann auf zweierlei Weise erfolgen: 1. Schüttelverfahren. Man füllt etwa 1 Liter des zu untersuchenden Wassers durch Einhebern mittels Gummischlauch durch den unteren Hahn der Fontaktometerkanne ein, wobei jede Durchmischung des Wassers mit Luftblasen sorgfältig vermieden werden muß; der obere Hahn bleibt während des Einfließenlassens offen, um den Druckausgleich zu ermöglichen. Dann schließt man beide Hähne, schüttelt die Kanne samt Inhalt heftig, um die Verteilung der Emanation zwischen Wasser und Luft in der Fontaktometerkanne genau entsprechend dem Absorptionsvermögen des Wassers für Emanation zu gewährleisten; sodann wird die Arretierung des Konus gelöst, das Elektroskop aufgesetzt und der Konus mittels des in dem durchbohrten Blättchenträger gleitenden Stiftes gehoben, so daß die mit dem Blättchensystem verbundene Innenelektrode von dem Außengefäß isoliert ist. Hierauf wird das Elektroskop geladen und in der üblichen Weise der Voltabfall bestimmt. Beträgt dieser V Volt in t sec, so ist bei bekannter Kapazität des Systems C der Strom in elektrostatischen Einheiten $i = \dfrac{C\,V}{300 \cdot t}$. Der Strom steigt in den ersten 3 Stunden nach der Einfüllung des emanationshaltigen Wassers wegen der Nachbildung der Induktionen Ra A-Ra B-Ra C auf fast den doppelten Betrag des Anfangswertes an. Wegen des raschen Ansteigens sind die Messungen sofort nach Einfüllung nie ganz zuverlässig. Es ist sicherer, den nach etwa 4 Stunden eintretenden Gleichgewichtswert abzuwarten und von diesem die Wirkung der Induktionen abzuziehen, um die reine Stromwirkung der Emanation zu erhalten. Wenn man überdies berücksichtigt, daß die Reichweite der Alpha-Strahlen in den wandnahen Partien nicht voll ausgenützt wird (Duane-Labordesche Korrektur), beträgt der Anteil der Emanation an der Gleichgewichts-Stromwirkung 49%. 2. Das Zirkulationsverfahren. Man verbindet die Fontaktometerkanne, ein Gummigebläse und eine das Quellwasser enthaltende Waschflasche mittels Schlauchstücken zu einem Zirkulationskreise und treibt die Luft durch den Quetschballen etwa ¼ Stunde lang im Kreisstrom durch die ganze Apparatur, so daß wieder die Emanation gleichmäßig verteilt wird. Die Messung erfolgt nachher in derselben Weise, wie bei 1. In beiden Fällen muß eine Korrektur angebracht werden, da ein kleiner Teil von Emanation im Wasser zurückbleibt. Bei 1 Liter Wasser im Gleichgewicht mit ca. 14 Liter Luft beträgt der Korrektionsfaktor bei Zimmertemperatur 1,04. Der Emanationsgehalt wird gewöhnlich im Strommaße ausgedrückt: da aber die Wirkungen meist nur kleine Bruchteile einer elektrostatischen

Stromeinheit betragen, ist man nach dem Vorgang H. Maches übereingekommen, den tausendsten Teil dieser elektrostatischen Einheit als praktische Einheit zu benützen: beträgt z. B. die Wirkung der Emanation allein (nach Anbringung aller Korrekturen), die in 1 Liter Wasser enthalten war, n tausendstel elektrostatische Stromeinheiten, so sagt man, die Quelle habe n Mache-Einheiten („M.-E."). Die M.-E. sollte stets als Konzentrationseinheit, d. h. bezogen auf je 1 Liter Quellwasser oder Quellgas gebracht werden. Die internationale Einheit für Radiumemanation ist bekanntlich 1 Curie (d. h. die Emanationsmenge, die mit 1 g Radium im Gleichgewichte steht). Es ist leicht, die M.-E. in Curie pro Liter umzurechnen: da 1 Curie einen Sättigungsstrom von $2,7 \cdot 10^6$ elektrostatischen Einheiten liefert, so entspricht umgekehrt 1 Mache-Einheit $3,7 \cdot 10^{-10}$ Curie pro Liter.

Da die Radiumemanation mit einer Halbwertzeit von 3,86 Tagen zerfällt, so ist zu berücksichtigen, daß bei Versendung emanationshaltigen Quellwassers usw. der Gehalt sich in je ca. 4 Tagen auf die Hälfte, pro Tag um je ca. 16% vermindert.

In der nachfolgenden Tabelle sind die Emanationsgehalte einiger stark radioaktiver Quellen angeführt:

Brambach (Sachsen), Neue Quelle	1960	M.-E.
Baden-Baden, Büttquelle	82—125	„
Gastein (Salzburg), Grabenbäcker.	155	„
„ Elisabethstollen	133	„
Plombiéres (Frankreich)	95	„
Disentis (Schweiz).	48	„
Ischia (Italien), altrömische Quelle	370	„
Joachimsthal (Böhmen), Gruben .	2000	„

Gewöhnliches Quellwasser ist fast stets etwas emanationshaltig. In den Alpenländern weisen die meisten Brunnen Emanationsgehalt von 0,1 bis zu einigen M.-E. auf. Die Quellen erhalten ihren Emanationsgehalt aus den durchlaufenen Gesteinsbzw. Bodenschichten. Ein einfacher Zusammenhang zwischen Radiumgehalt der Gesteine und Emanationsgehalt der daraus entspringenden Quellen besteht nicht, ist auch nicht zu erwarten, da das Wasser häufig einen längeren Weg durch verschiedene Schichten nimmt, bevor es zutage tritt und hierbei seine Temperatur oft wesentlich ändert, überdies bei Durchmischung mit Luft einen großen Teil eines ursprünglich angenommenen Emanationsgehalts wieder verlieren kann. In der Regel weisen aber Quellen, die aus Eruptivgestein kommen, größeren Emanationsgehalt auf, wie solche, welche aus den radiumärmeren Sedimentärgesteinen entspringen. Bei Quellen eines und desselben Quellkomplexes zeigt sich häufig, daß die kältesten Quellen den größten Emanationsgehalt haben. Teilweise hängt dies wohl damit zusammen, daß das Absorptionsvermögen des Wassers für Emanation mit steigender Temperatur sich stark verringert (von ca. 0,5 bei 0° auf ca. 0,1 bei 80°). Nach Mache und Schweidler sind für den Emanationsgehalt der Tiefenquellen hauptsächlich die zuletzt durchlaufenen Schichten maßgebend. Die aus Quellen aufsteigenden Gase sind ebenfalls meistens emanationshaltig. In gasarmen Quellen kann man feststellen, daß gewöhnlich zwischen Quellwasser und Quellgas sich hinsichtlich des Emanationsgehaltes ein Gleichgewicht eingestellt hat, entsprechend dem Absorptionsvermögen des Wassers bei der betreffenden Temperatur.

Ob in einem Quellwasser Radium selbst gelöst enthalten ist, läßt sich leicht feststellen, wenn man aus dem Wasser die Emanation z. B. durch Kochen austreibt, dann das Wasser einige Tage in der verschlossenen Waschflasche stehen läßt und dann neuerlich fontaktometrisch untersucht: ist Radium selbst vorhanden, so muß sich daraus entsprechend der Ansammlungszeit wieder eine gewisse Emanationsmenge nachgebildet haben. Meist enthalten die Quellen viel mehr Emanation, als der Gleichgewichtsmenge des enthaltenen Radiums entspräche.

Die Quellablagerungen radioaktiver Quellen erweisen sich stets auch radioaktiv. So enthält der „Reissacherit" eine Art Braunstein, der sich in den Gasteiner Thermen findet, etwa $7 \cdot 10^{-9}$ g Radium pro Gramm Mineral. Die Sedimente der Quellen von Baden-Baden und Nauheim enthalten Radiothor und dessen Zerfallsprodukte, ebenso die Sedimente von Salins-Moutiers (Savoyen). Im Quellschlamm von Dürkheim konnte Ra D, Ra E, Ra F nachgewiesen werden.

Offene Gewässer enthalten unvergleichlich viel weniger Emanation als die Quellen. Im Meerwasser fand Knoche einen Emanationsgehalt, der zwischen 0 und 0,3 betrug.   *V. F. Hess.*

Näheres s. A. Gockel, Die Radioaktivität von Boden und Quellen. 1912.

Radioaktivität des Regens und des Schnees. Aus den überall- in der freien Luft festgestellten kleinen Mengen von Radium- und Thorium-Emanation entwickeln sich durch radioaktiven Zerfall ständig die festen Folgeprodukte Radium A, Radium B, Radium C, sowie die entsprechenden Thoriumprodukte (vgl. „Induktionsgehalt"), welche zum größten Teile in der Luft schwebend verbleiben. Wenn nun Niederschläge fallen ist es klar, daß durch diese rein mechanisch die festen radioaktiven Zerfallsprodukte aus der Luft mitgerissen werden. Niederschläge müssen also auch radioaktiv sein. Der Nachweis ist zuerst C. T. R. Wilson gelungen. Wenn man eine kleine Quantität Regenwasser oder Schnee rasch eindampft und den Rückstand in eine mit einem empfindlichen Elektroskop verbundene Ionisationskammer einbringt, beobachtet man eine geringe Aktivität, welche in etwa in einer halben Stunde auf die Hälfte abnimmt. Der Abfall erfolgt also beiläufig mit derselben Geschwindigkeit, wie bei den festen Zerfallsprodukten der Radiumemanation. Th. Wulf hat ein bequemes Instrumentarium zur Beobachtung der Radioaktivität der Niederschläge angegeben. Schnee ist (auf gleiche Wassermenge gerechnet) stets viel stärker aktiv als Regen. Dies ist wohl verständlich, wenn man bedenkt, daß die Schneeflocken bei ihrem Wege durch die Luft sehr viel größere Wege zurücklegen als Regentropfen, und vermöge ihrer Größe mehr radioaktive Kerne mitreißen. Kaufmann fand, daß der Effekt zu Beginn eines Regens am stärksten ist und allmählich abnimmt, offenbar in demselben Maße, als die Luft von den radioaktiven Bestandteilen gereinigt wird. Setzt nach einer Pause der Regen wieder ein, so zeigt er sofort wieder stärkere Aktivität. Merkliche Mengen von Thoriumprodukten wurden bisher bei Niederschlägen nicht konstatiert, was wohl daher rührt, daß die Zerfallsprodukte der Thoremanation sich nur in geringeren Höhen über dem Erdboden vorfinden. Da die Aktivität der Proben von Regen und dgl. in einigen Stunden vollständig verschwindet, kann man schließen,

daß die Regentropfen nur die Zerfallsprodukte der Emanation, nicht aber Emanation selbst enthalten. Die Radioaktivität der Niederschläge braucht nicht ausschließlich durch den oben geschilderten Mitreißeffekt bedingt zu sein: zum Teil mag sie auch daher stammen, daß z. B. die frisch gebildeten Ra A-Atome in der Luft, wie aus Laboratoriumsversuchen hervorgeht, als Kondensationskerne fungieren. Daher ist z. B. auch Tau und Rauhreif radioaktiv befunden worden.

V. F. Hess.

Näheres s. K. Köhler, Lichtelektrizität (Sammlung Göschen).

Radioblei s. Radium D.

Radiogoniometer. Empfangseinrichtung für drahtlose Telegraphie, die bei Verwendung zweier senkrecht zueinander angeordneter Antennenpaare oder Rahmenantennen die Bestimmung der Richtung der Empfangswelle auszuführen gestattet. Die Anordnung ist von großer praktischer Bedeutung für die Ortsbestimmung von Sender und Empfänger mittels elektrischer Wellen.   *A. Esau.*

Radiometer (Lichtmühle). Ein in einem evakuierten Gefäß an einem drehbaren Arm aufgehängtes Scheibchen, dessen Vorderseite geschwärzt ist, dreht sich bei Bestrahlung derselben in Richtung der Lichtstrahlen (Crookessche Lichtmühle). Die bestrahlte schwarze Fläche wird wärmer als die nicht bestrahlte blanke Rückseite; deshalb werden die auf die Vorderfläche auftreffenden Gasmoleküle „erwärmt", d. h. sie prallen mit größerer Geschwindigkeit, als sie angekommen sind, zurück. Der Rückstoß dieser Gasmoleküle erklärt qualitativ die Drehung. Die Erscheinung hat nichts mit dem Impuls der Strahlung, dem Strahlungsdruck (s. d.) zu tun. Radiometer wurden zu quantitativen Strahlungsmessungen (s. d.) verwendet. Die zu messende Strahlung dreht das meist an einem Quarzfaden aufgehängte System (Balken mit Radiometerflügel) so lange, bis die rücktreibende Kraft des Fadens gleich der Radiometerkraft ist. Die Ablesung des Drehwinkels erfolgt mit Spiegel, Skala und Fernrohr (Poggendorfsche Spiegelablesung). Die Empfindlichkeit (Drehwinkel für konstante Bestrahlung) hat bei einem Luftdruck von etwa 0,02 mm Quecksilber ein Maximum. — Die Radiometerwirkung ist streng von dem Strahlungsdruck (s. d.) zu unterscheiden (s. auch Photophorese).   *Gerlach.*

Radiometrische Temperaturskale s. Temperaturskalen.

Radiomikrometer. In einem starken Hufeisenmagnetfeld hängt an einem Faden eine Drahtschleife, deren untere Enden ein dünnes Thermoelement tragen. Wird dieses bestrahlt, so erzeugt die infolge Erwärmung der Lötstelle auftretende thermoelektrische Kraft einen Strom in dem Bügel, welcher sich also senkrecht zum Magnetfeld zu stellen sucht. Gleichgewicht, d. h. konstanter Ausschlag ist erreicht, wenn die Biot-Savartsche Kraft gleich der rücktreibenden Kraft des Fadens ist. Ablesung des Drehwinkels mit Spiegel, Skala und Fernrohr. Das Instrument ist von Boys konstruiert und von Rubens auf hohe Empfindlichkeit gebracht worden: Die Strahlung einer Hefnerlampe in 5 m Abstand gibt (bei 1 m Skalenabstand) einen Ausschlag von 150 mm. Die Empfindlichkeit wird durch Evakuieren des Instrumentes noch erhöht. Hersteller: Institutsmechaniker O. Muselius, Berlin NW 7, Reichstagsufer 7—8.   *Gerlach.*

Radiophon s. Bestrahlungstöne.

Radiotellur s. Radium F.

Radiothorium s. Thorium.

Radium. Radium (Ra) wurde vom Ehepaar M. und P. Curie im Jahre 1898 aus Uran abgeschieden. Es erwies sich als neues Element mit eigenem, wohl ausgeprägtem Spektrum; es ist, wie auch aus Diffusion und Elektroendosmose bestätigt wurde, zweiwertig und erhielt seinen Platz mit der Ordnungszahl 88 im periodischen System der Elemente (vgl. die Tafel im Artikel „Isotopie") als höheres Homolog zu Barium, von dem es trotz enger chemischer Verwandtschaft z. B. infolge der geringeren Löslichkeit seiner Halogenverbindungen durch fraktioniertes Kristallisieren relativ leicht zu trennen ist. Seine Salze sind zunächst weiß, färben sich aber, sei es durch Selbstzersetzung, sei es direkt durch die Eigenstrahlung, dunkel. Wässerige Lösungen von Ra-Salzen entwickeln ein Gemisch von Wasserstoff und Sauerstoff und zwar etwa 13 cm^3 pro Tag und g Ra. — $RaCl_2$ wurde paramagnetisch befunden. Metallisches Ra wird durch Destillation eines elektrolytisch gewonnenen Ra-Amalgames gewonnen, ist eine weißglänzende, an Luft schnell schwarz werdende Masse, hat seinen Schmelzpunkt bei 700⁰, ist flüchtiger wie Barium und hat eine Dichte von etwa $\varrho = 6{,}0$. Es zersetzt Wasser energisch, wobei es sich auflöst. Das Spektrum besteht wie bei den Erdalkalien aus kräftigen Linien und verwaschenen Banden; im Bogenspektrum finden sich bei 50 neue Linien, von denen die stärksten, mit 381,5, 468,2, 482,6 $\mu\mu$ schon von Präparaten erhalten werden können, die nur 0,001⁰/₀ Ra enthalten. Die Bunsenflamme wird schön karminrot gefärbt, hat u. a. zwei rote Banden und eine sehr helle Linie im Blaugrün. — Das Atomgewicht wurde an einem sehr reinen Präparat, das höchstens 0,002⁰/₀ Barium enthielt, zu 225,97 + 0,012, also rund zu 226 bestimmt, in Übereinstimmung mit dem Umstande, daß Ra durch a-Umwandlung aus Ionium (s. d.) entstanden (A.-G. = 230) zu denken ist (vgl. „Verschiebungsregel"), und daher als Atom-Gewicht 230—4 haben soll. Im Großbetrieb wird es aus Uranerzen gewonnen; die wichtigsten derselben nebst ihrem Uran- und Radiumgehalt gibt die folgende Tabelle:

Mineral	Herkunft	Ra in ⁰/₀	U in ⁰/₀	$\dfrac{\text{Radium}}{\text{Uran}}$
Chalcolith	Sachsen	$0{,}714 \cdot 10^{-5}$	39,29	$1{,}82 \cdot 10^{-7}$
„	Deutschland	0,905 „	28,80	3,14 „
„	Portugal 1.	1,30 „	39,03	3,33 „
„	„ 2.	1,21 „	36,20	3,33 „
„	„ 3.	0,024 „	0,724	3,35 „
„	Cornouailles	1,70 „	48,66	3,49 „
Carnotit	Colorado	0,375 „	16,00	2,34 „
Gummit (lösl. Teil)	Deutschland	0,31 „	12,20	2,54 „
„ (roh. Min.)	„	0,58 „	17,37	3,34 „
Autunit	Autun	1,20 „	46,92	2,56 „
„	Tonkin	1,22 „	47,10	2,59 „
Pechblende	St. Joachimsthal	1,48 „	46,11	3,21 „
„	Norwegen	0,17 „	4,67	3,64 „
„	„	2,05 „	58,90	3,48 „
„	Cornouailles	1,07 „	28,70	3,74 „
Samarshit	Indien	0,295 „	8,80	3,35 „
Broeggerit	Norwegen	2,10 „	63,89	3,29 „
Cleveit	„	1,81 „	54,90	3,32 „
Uranothorid	„	0,16 „	4,83	3,31 „
Fergusonit		0,223 „	6,30	3,55 „
Thorianit	Ceylon	0,66 „	18,60	3,45 „

Rechnet man den Gehalt solcher Erze an U_3O_8 selbst zu 50⁰/₀, also den Urangehalt zu 42⁰/₀ und benützt man die aus vielen solchen Stichproben gewonnene Erfahrung, daß in alten Uranerzen auf 1 g U im Mittel $3{,}3 \cdot 10^{-7}$ g Ra kommen, so ergibt sich für ein ideales Ausscheideverfahren, daß mindestens 7000 kg Uranerze verarbeitet werden müssen, um 1 g Ra zu erhalten. — In den gewöhnlichen Gesteinen findet sich das Radium in noch viel geringerer Konzentration. Als angenähertes Mittel der vielen untersuchten Proben kann man annehmen: für Eruptivgesteine $4{,}4 \cdot 10^{-12}$ g Ra, für Sedimentärgesteine $3 \cdot 10^{-12}$ g Ra pro g Gestein. Dabei sind in der ersteren Gruppe deutlich getrennt die saueren Gesteine (Granit, Porphyr, Syenit, Pegmatit) mit dem höchsten Ra-Gehalt, von den basischen (Plagioklas, Diabase, Andesite) mit dem geringsten Ra-Gehalt. — In den Tiefseesedimenten findet sich bis $53 \cdot 10^{-12}$ g Ra, in verschiedenen Meerwasserproben 6 bis $280 \cdot 10^{-12}$ g Ra/cm^3 vor. — Bei den gewaltigen vorhandenen Massen gibt selbst diese minimale Konzentration schon enorme Endwerte für das auf der Erde vorhandene Radium (vgl. „Erdwärme" und „Radioaktivität").

Die weitaus wichtigste Eigenschaft des neuentdeckten Elementes ist seine Radioaktivität, das ist, in Kürze, der Umstand, daß die Radiumatome instabile Gebilde sind und in neuartige Atomgefüge zerfallen (vgl. „Atomzerfall"). Man findet, daß Ra eine α- und eine β-Strahlung aussendet. Nach den bisherigen Erfahrungen der Radioaktivität wird man erwarten, daß hier entweder ein „dualer Zerfall" (s. d.) vorliegt oder daß es sich um den Zerfall zweier verschiedener Atomarten handelt. Doch ist es bisher weder gelungen, mit Sicherheit ein dem β-Zerfall entsprechendes Folgeprodukt, d. i. ein Schwesterprodukt, zur Ra-Emanation, die durch den α-Zerfall des Ra entsteht, aufzuzeigen, noch ist es gelungen, den Träger des

β-Zerfalls vom Träger des α-Zerfalles zu trennen, wie man es nach der zweiten Alternative als möglich ansehen könnte. Eine Erklärung dieser Tatsachen steht noch aus. — Die α-Strahlung von Ra hat eine Reichweite von 3,30 cm in Luft bei 15° C und 760 mm Druck. Die Anfangsgeschwindigkeit der Teilchen rechnet sich daraus zu $v_0 = 1,50 \cdot 10^9 \frac{cm}{Sek}$. Neuere Beobachtungen liefern etwas höhere Zahlen. 1 g Ra, befreit von seinen Folgeprodukten, sendet $3,72 \cdot 10^{10}$ α-Teilchen pro Sekunde aus, die bei voller Ausnützung ihrer Energie einen Sättigungsstrom von $2,6 \cdot 10^6$ st. E. (einseitig gemessen $1,3 \cdot 10^6$ st. E.) zu unterhalten vermögen. Die β-Strahlung ist relativ weich und besteht aus zwei homogenen Gruppen, die Anfangsgeschwindigkeiten von $1,56 \cdot 10^{10}$ und $1,95 \cdot 10^{10} \frac{cm}{Sek}$ aufweisen entsprechend einem Absorptionskoeffizienten in Al von $\mu = 320$, und die von Aluminiumschichten der Dicke $2,2 \cdot 10^{-3}$ cm auf die halbe Intensität geschwächt werden. Die Wärmeentwicklung von 1 g Ra durch Absorption seiner α-Strahlung beträgt 25,2 $\frac{cal}{Stunde}$, oder während seiner gesamten Lebenszeit (2500 Jahre) $5,52 \cdot 10^8$ cal.

Die Zerfallskonstante kann aus der bekannten Zahl Z der pro Sekunde zerfallenden Atome (vgl. „Zählung"), sowie aus der berechenbaren Zahl N der in einem g Ra enthaltenen Atome mit Hilfe der Beziehung $Z = \lambda N$ (vgl. „Zerfallsgesetze") gewonnen werden. Z wurde beobachtet zu $3,72 \cdot 10^{10}$ pro g und sec. N ergibt sich aus der Loschmidtschen Zahl und aus dem bekannten Atomgewicht (226) des Ra. Ein Mol. enthält $6,07 \cdot 10^{23}$ Atome, daher 1 g Ra: $\frac{6,07 \cdot 10^{23}}{226} = 2,68 \cdot 10^{21} = N$ Atome; daraus ergibt sich die Zerfallskonstante zu $\lambda = 1,39 \cdot 10^{-11}$ sec^{-1}, die „mittlere Lebensdauer" (s. d.) zu $\tau = 2290$ Jahre, die „Halbwertszeit" (s. d.) $T = 1580$ Jahre. Aus der Radiumentwicklung des Ioniums sowie aus der Gleichgewichtsmenge (s. d.) zwischen Uran und Radium, für welchen Fall sich das Verhältnis $\frac{Ra}{U} = 3,3 \cdot 10^{-7}$ (vgl. obige Tabelle) ergibt, erhält man etwas andere Werte für die Umwandlungskonstanten.

Jedes Ra-Atom zerfällt — wenn wir von der ungeklärten β-Strahlung absehen — unter Aussendung eines α-Partikels in ein neues Atom des Elementes:

Radium-Emanation, früher auch „Niton" genannt. Entsprechend seiner Entstehung durch α-Zerfall, muß dieses Element ein gegen Radium um 4 Einheiten erniedrigtes Atomgewicht, also 222 haben. Es ist ein inertes schweres Gas und erhält nach der Verschiebungsregel (s. d.) seinen Platz in der Gruppe der Edelgase als höheres Homolog zu Xenon. Aus Dichtebestimmungen mit einer Mikrowage (die noch ein millionstel Milligramm anzeigte) wurde im Mittel aus 5 Einzelmessungen das Atomgewicht zu 223 bestimmt, eine Übereinstimmung mit dem theoretisch geforderten Wert 222, die in Anbetracht der geringen zur Messung verwendeten Mengen (10^{-3} mg) befriedigend ist. Die mit einem Gramm Ra im Gleichgewicht befindliche Emanationsmenge — d. i. ein „Curie" — erfüllt sonach bei 0° C und 760 mm Druck ein Volumen von 0,60 mm³ und wiegt $6 \cdot 10^{-6}$ g. Den Edel-

gasen in chemischer Beziehung vollkommen gleichend besitzt sie ein charakteristisches Spektrum, das von dem des Ra ganz verschieden ist und, ähnlich dem des Xenons, Liniengruppen im Grün und Violett zeigt. Unter Atmosphärendruck beginnt die Emanation bei —65° zu kondensieren; die Dampfdrucke der Emanation bei verschiedenen Temperaturen sind: 76 cm Hg für —65°, 25 cm für —78°, 5 cm für —101°, 0,9 cm für —127° C. Die Dichte der flüssigen Emanation beträgt 5—6, die kritische Temperatur liegt bei 104,5°. — Bei der Kondensation entsteht erst eine farblose Flüssigkeit, die die Glaswände grün fluoreszieren läßt. In festem Zustand ist sie undurchsichtig und bei tieferen Temperaturen leuchtend orangerot. — Sie wird von flüssigen und festen Körpern adsorbiert, in einigen derselben, z. B. in Kohlenwasserstoffen (Petroleum, Toluol) oder in Holzkohle, Kautschuk besonders stark, welche Eigenschaft man zum Anreichern der Emanation in solchen Körpern verwenden kann. Die Gültigkeit des Henry-Daltonschen Absorptionsgesetzes (die Gase lösen sich in einem Absorptionsmittel ihrem Druck proportional) wurde nachgewiesen. Der Absorptionskoeffizient α, d. i. das Verhältnis der Konzentration in Flüssigkeit und Luft steigt mit abnehmender Temperatur. Für diese Temperaturabhängigkeit ergibt sich theoretisch die Formel $\alpha = e^{-\frac{W}{R\delta}}$, worin R die Gaskonstante, δ die absolute Temperatur und W die Arbeit bedeutet, die bei der Überführung von 1 Mol aus der Flüssigkeit in den Dampf geleistet wird. Empirisch ergaben sich Ausdrücke der Form $\alpha = A + Be^{-vt}$, worin A und B mit dem Lösungsmittel variieren und v eine für viele Gase konstante Größe ist. Man erhält z. B. für Wasser

t° Celsius	0	20	40	60	80	100
α	0,51	0,26	0,16	0,13	0,11	0,11

Über die Variation des α mit dem Lösungsmittel gibt folgende Tabelle Aufschluß:

	α für 18°		α
Olivenöl u. ähnl. Öle	28	Paraffinöl	9
Schwefelkohlenstoff .	23	Äthylazetat	7,4
Cyclohexan	18	Aceton	6,3
Hexan	17	Äthylalkohol . .	6,2
Terpentin, Chloroform,		Anilin	3,8
Amylazetat	15	Glyzerin	1,7
Toluol, Xylol, Benzol	13	Wasser	0,25
Vaselinöl, Petroleum	10		

Der Absorptionskoeffizient in Blut von 37° beträgt etwa 0,4, während er für Wasser dieser Temperatur nur 0,17 ist. — Aus solchen Lösungsmitteln kann die Emanation bei Kenntnis der Absorptionsgesetze durch Erwärmung, Durchquirlen, Schütteln usw. quantitativ entfernt werden. Auch die Radiumsalze selbst okkludieren 65 bis 99 %/₀ der entwickelten Emanation, so daß man, um den Gehalt solcher Salze oder Ra-haltiger Erze an Emanation zu bestimmen, dieselben am besten zuerst quantitativ in klare Lösung bringt und den Emanationsgehalt der Lösung untersucht.

Der Zerfall der Emanation, deren Atome noch keineswegs stabil gebildet sind, ist direkt meßbar und die Auswertung nur eventuell dadurch kompliziert, daß nur im Augenblick der Abtrennung vom Ra Emanation allein gemessen wird, etwas später bereits die Wirkung der Emanation plus der aus ihr entstehenden Zerfallsprodukte. Erst bis sich die Emanation mit diesen ins Gleichgewicht gesetzt hat, erfolgt die zeitliche Abklingung einer von der Muttersubstanz (Ra) getrennten Emanationsmenge nach dem einfachen Exponentialgesetz $J_t = J_0 e^{-\lambda t}$. Die Zerfallskonstante (s. d.) λ wurde gefunden zu $\lambda = 2{,}08_5 \cdot 10^{-6}$ sec^{-1}, woraus sich die mittlere Lebensdauer ergibt zu $t = 5{,}55$ Tage und die Halbwertszeit zu $T = 3{,}85$ Tage. Setzt man den Wert der Intensität (gemessen z. B. am Sättigungsstrom, den die beim Zerfall ausgesendeten α-Partikel durch Ionisierung des Luftraumes zwischen zwei Kondensatorplatten zu unterhalten vermögen) zu Beginn der Beobachtung ($t = \varnothing$) gleich 1, so erhält man folgende Abklingungstabelle:

$t =$	0	6 h	12 h	18 h	24 h	30	36	42	48	54	60	66	72 = 3 Tage = 3 d
$J_t =$	1,000	0,9560	0,9139	0,8737	0,8353	0,7986	0,7634	0,7299	0,6977	0,6670	0,6376	0,6096	0,5827

$t =$	4 d	5 d	6 d	7 d	8 d	usf.
$J_t =$	0,4868	0,4066	0,3396	0,2837	0,2369	

Ein von Emanation befreites Ra-Präparat regeneriert die Emanation nach dem inversen Zeitgesetz $J_t = J_\infty (1 - e^{-\lambda t})$, wobei J_∞ (d. i. der Wert von J für $t = \infty$) die Gleichgewichtsmenge der Emanation ist.

Ra-Emanation sendet nur α-Strahlen aus, deren Reichweite zu 4,16 cm für Luft von 15° C und 760 mm Druck entsprechend einer Anfangsgeschwindigkeit von $1{,}62 \cdot 10^9 \frac{cm}{Sek}$ bestimmt wurde. Die Gleichgewichtsmenge von 1 g Ra, d. i. ein Curie, sendet pro Sekunde $3{,}72 \cdot 10^{10}$ α-Partikel aus, die einen aus ihrer Ionisierungsfähigkeit gerechneten Sättigungsstrom von $2{,}99 \cdot 10^6$ st. E. unterhalten können (gemessen wurde $2{,}75 \cdot 10^6$ st. E.). Ihre gesamte Energie in Wärme verwandelt gibt in der Stunde 28,6 cal. Außer der Einheit „Curie" wird noch, insbesondere in der luftelektrischen Praxis und in medizinischem Anwendungsgebiete, die „Mache-Einheit" verwendet, die als Konzentrationseinheit diejenige in 1 Liter Lösungsmittel (Flüssigkeit oder Gas) enthaltene Emanationsmenge darstellt, die einen Sättigungsstrom von 10^{-3} st. E. zu unterhalten vermag. 1 Mache Einheit entspricht somit $3{,}4 \cdot 10^{-10} \frac{Curie}{Liter}$ (bzw. $3{,}6 \cdot 10^{-10}$). Beim Zerfall verwandelt sich das Atom der Emanation durch Ausschleuderung eines α-Teilchens in ein neues Atom, dem 4 Einheiten an Atomgewicht und zwei positive Kernladungen fehlen. Es bildet ein wegen seiner großen Instabilität in nicht wägbarer Menge auftretendes neues Zerfallsprodukt mit der Bezeichnung:

Radium A. Dieses Element hat seiner Entstehung nach ein Atomgewicht von 218, und sendet beim Zerfall α-Strahlen aus, deren Reichweite zu 4,75 cm, entsprechend der Anfangsgeschwindigkeit von $1{,}69 \cdot 10^9 \frac{cm}{Sek}$ bestimmt wurde. Es ist sehr kurzlebig und besitzt eine Zerfallskonstante $\lambda = 3{,}78 \cdot 10^{-3}$ sec^{-1}, bzw. eine mittlere Lebensdauer von 4,40 Minuten, zerfällt also in $T = 3{,}05$ Minuten auf die Hälfte seiner Anfangsaktivität. Die Ra A-Atome sind unmittelbar nach ihrer Entstehung positiv geladen und werden teilweise durch Anlagerung an negativ geladene Ionen neutralisiert („Wiedervereinigung"), teils bilden sie durch Anlagerung an neutrale Partikel Aggregate, die wegen ihres Eigengewichtes langsam zu Boden sinken oder, soweit sie geladen sind, einem eventuell vorhandenen elektrischen Felde folgen. In einem Emanometer (s. d.), in dem bei der Messung des Emanationsgehaltes solche A-Atome gebildet werden, entsteht daher ein aus zwei Komponenten gebildeter aktiver Niederschlag, von denen die eine (neutralisierte A-Aggregate) nur von den Dimensionen des Gefäßes, die andere (geladene A-Aggregate) von Stärke und Richtung des im Emanometer angelegten Feldes abhängt. Dieser Niederschlag haftet im allgemeinen nur oberflächlich an den, wie man früher sagte, „induzierten" Körpern und kann, soweit er nicht durch Rückstoß in das Unterlagsmaterial hineingehämmert ist (das tritt insbesondere bei jenen A-Atomen ein, die aus unmittelbar der Unterlage anliegenden Emanationsatomen entstanden sind), mechanisch abgerieben oder durch Erwärmung entfernt werden. Ra A ist, da es gegenüber der Emanation zwei Valenzen verloren hat, sechswertig, homolog zu Tellur und isotop zu dem weiter unten besprochenen Polonium (Ra F), von dem es sich nur durch sein um 8 Einheiten höheres Atomgewicht und durch sein radioaktives Verhalten unterscheidet. Nach den Regeln der Isotopie (s. d.) ist damit auch sein chemisches Verhalten charakterisiert, das sich in allem dem des Poloniums anschließt. — Die Reindarstellung des Ra A gelingt durch sehr kurze (sekundenlange) Exposition eines elektrisch geladenen Drahtes in stark emanationshaltiger Atmosphäre; oder mit Hilfe des Rückstoßes (s. d.), indem eine Metallplatte gegenüber kondensierter Emanation kurz exponiert wird. In beiden Fällen wird man wegen der schnellen Verwandlung des Ra A in Ra B nur in den ersten Sekunden, unmittelbar nach sehr kurzer Exposition, angenähert reines Ra A, sehr bald einen merklichen Prozentsatz Ra B und Ra C, auf dem exponierten Körper haben und nach kurzer Zeit nur mehr letztere allein.

Die gesamte Energie der stündlich ausgesendeten α-Teilchen einer mit 1 g Ra im Gleichgewicht stehenden Ra A-Menge — d. i. $3{,}72 \cdot 60 \cdot 60 \cdot 10^{10}$ α-Teilchen — gibt in Wärme verwandelt 30,5 cal. Aus der Gleichgewichtsbedingung $\lambda_{Ra} \frac{1}{A_{Ra}} = \lambda_A \cdot \frac{G}{A_A}$ folgt, daß die mit 1 g Ra im Gleichgewicht befindliche Menge Ra A das Gewicht $G = 3{,}5 \cdot 10^{-9}$ g hat, sich demnach unseren derzeitigen Wägungsmöglichkeiten entzieht.

Nach dem unter Abstoßung eines α-Partikels zerfallenden Ra A bleibt ein Atomrest, der ein neuerliches festes Zerfallsprodukt mit der Bezeichnung:

Radium B darstellt. Dieses um ein Heliumatom (α-Teilchen) und zwei positive Elementarquanten ärmere Atom muß das Atomgewicht 214 und die Wertigkeit 4 besitzen. Es erweist sich als isotop mit Blei und unterscheidet sich in nichts von dessen chemischen Reaktionen. Es sendet eine β-Strahlung aus, deren Absorptionsverhalten einerseits, deren Ablenkung im magnetischen Feld andrerseits sie als komplex erscheinen läßt. Bei Absorptionsversuchen werden drei Strahlengruppen gefunden, deren Absorptionskoeffizienten in Aluminium gegeben sind durch 890, 80 und 13,1 cm^{-1};

die magnetische Ablenkung ergibt ein magnetisches Spektrum mit einer großen Anzahl von Linien entsprechend Anfangsgeschwindigkeiten der β-Partikel zwischen 1 und $2,2 \cdot 10^{10}$ cm/Sek. Außer der β-Strahlung ist eine γ-Strahlung konstatierbar, die sich nach Absorptionsversuchen ebenfalls aus 3 Komponenten mit den bezüglichen Koeffizienten in Aluminium von 230,40 und 0,51 cm⁻¹ zusammensetzt. Die spektrale Untersuchung dieser γ-Strahlung nach der Methode der Kristall-Interferenzen ergab eine große Zahl von Linien, die fast durchwegs mit den Linien des Röntgenspektrums (s. d.) von Blei (L-Serie und K-Serie) in den Wellenlängen übereinstimmen, ein neuer Beweis dafür, daß isotope Elemente trotz ihrer verschiedenen Atomgewichte und ihres verschiedenen radioaktiven Verhaltens als chemisch identisch anzusehen sind und in ihrem atomaren Aufbau weitgehende Gleichheiten aufweisen müssen. Die Wellenlängen liegen zwischen $1,37 \cdot 10^{-8}$ cm und $0,14 \cdot 10^{-8}$ cm, doch ist die untere Grenze unsicher, da die Zugehörigkeit weiterer beobachteter Linien zu Ra C (vgl. weiter unten) nicht ganz sichergestellt ist und da eventuell vorhandene noch kürzere Wellenlängen sich vielleicht einem experimentellen Nachweis dieser Art entziehen. Die Wärmeentwicklung des Ra B ist wegen der geringen Energie von β-Strahlungen klein, und zwar für die „Gleichgewichtsmenge" zu 1 g Ra $1,7 \frac{cal}{St.}$ für die β-Strahlung und $0,4 \frac{cal}{St.}$ für die γ-Strahlung. Die Zerfallskonstante wurde zu $\lambda = 4,31 \cdot 10^{-4}$ sec⁻¹ bestimmt, woraus die mittlere Lebensdauer $\tau = 38,7$ Minuten und die Halbwertszeit $T = 26,8$ Minuten folgt.

Ra B läßt sich von Ra A durch physikalische und chemische Methoden trennen, wobei wiederum wegen des raschen Zerfalles schnell gearbeitet werden muß, wenn man Ra B ohne allzu viel Beimengung seines Folgeproduktes Ra C erhalten will. Die beim Zerfall eines Ra A-Atomes erfolgende Ausschleuderung eines α-Partikels erteilt dem Atomrest, d. i. das Ra B-Atom, einen Rückstoß (s. d.), der dasselbe im Vakuum nach dem auffangenden Gegenblech treibt, das man zur Verbesserung der Ausbeute — die Ra B-Atome erweisen sich als positiv geladen — negativ aufzuladen pflegt. — Die chemische Ablösung des Ra B von einer mit aktivem Niederschlag, also zunächst mit Ra A bedeckten Unterlage hängt in ihrer Ergiebigkeit von der Natur und Beschaffenheit dieser Unterlage ab, da durch den Rückstoßvorgang ein Teil des Ra B in dieselbe hineingetrieben ist. Bei Glas beträgt die Ergiebigkeit etwa 50%, bei Goldblech 60%, bei Pt 70% der maximal erhältlichen Menge. — Aus Ra B entsteht durch Zerfall das Element

Radium C. Sein Atomgewicht ist fast das gleiche wie für Ra B, da das Gewicht des verlorenen β-Teilchens nicht in Betracht kommt, und sein chemisches Verhalten ist durch die Isotopie mit Wismut, an dessen Platz es nach der Verschiebungsregel rückt, gegeben. Es sendet α-, β- und γ-Strahlen aus. Für die α-Strahlung wurde die Reichweite zu 6,94 cm in Luft gefunden, entsprechend einer Anfangsgeschwindigkeit von $1,92 \cdot 10^9 \frac{cm}{Sek}$. Ein α-Teilchen erzeugt in Luft längs seiner ganzen Bahn

$2,37 \cdot 10^5$ Ionenpaare. Die β-Strahlung zeigt bei magnetischer Zerlegung eine große Zahl von Geschwindigkeitsgruppen zwischen $2,03 \cdot 10^{10}$ und $2,96 \cdot 10^{10}$ cm, also in der oberen Grenze nahezu Lichtgeschwindigkeit. Im Gleichgewicht mit 1 g Ra erzeugt die β-Strahlung von Ra-C $0,64 \cdot 10^{15}$ Ionenpaare. Die γ-Strahlung erweist sich als aus zwei Komponenten bestehend mit dem Absorptionskoeffizienten in Al von 0,126 und 0,229 cm⁻¹. Sie erzeugt im Gleichgewichtsfalle $1,13 \cdot 10^{15}$ Ionenpaare. Die Wärmeentwicklung des Ra C + Ra B wurde gemessen zu:

$39,4 \frac{cal}{St.}$ für die α-Strahlung, $4,7 \frac{cal}{St.}$ für die β-Strahlung, $6,4 \frac{cal}{St.}$ für die γ-Strahlung, wovon die berechneten Werte für Ra B (s. oben) abzuziehen sind, wenn die Ra C-Wirkung allein erhalten werden soll.

Die Trennungsmöglichkeiten des Ra C von Ra B sind mannigfach. Wegen der verschiedenen Flüchtigkeit beider Substanzen (Ra B bei 700°, Ra C bei 1100°) kann von einem mit aktivem Niederschlag bedeckten Blech, das Ra B durch Erwärmen entfernt werden, abgesehen von dem durch Rückstoß in das Material hineingehämmerten Anteil an Ra B-Atomen. Übrigens hängt die Flüchtigkeit von den chemischen Verhältnissen bei der Verflüchtigung ab. In Wasserstoffatmosphäre verflüchtigen Ra A, Ra B und Ra C schon unterhalb der Rotglut. — Ra C ist chemisch edler als Ra B, fällt daher auf (am besten in konzentrierte kochende Lösung) eingetauchtem Ni oder Cu früher aus als Ra B, und geht in der Elektrolyse schon bei geringerer Stromdichte an die blanke Pt-Kathode. Aus Lösungen, die alle drei Zerfallsprodukte A, B und C enthalten, kann nach Zusatz von Ba das Ra B mit dem Ba z. B. als Sulfat ausgefällt werden. Ebenso reißt z. B. Cu mit Kalilauge gefällt das Ra C mit usw., alles in Übereinstimmung damit, daß Ra C mit Bi isotop ist und Ra B mit Pb. Auch einfaches Filtrieren einer schwach sauren oder neutralen Lösung genügt zur Trennung von B und C, da die basischen Salze der Bi-Isotope kolloidal werden.

Entsprechend dem im Kapitel Atomzerfall Gesagten liegt die Vermutung nahe, daß in Hinblick auf die gleichzeitige Aussendung von α- und β-Partikeln der Zerfall des Ra C kein einfacher ist. Dafür spricht auch der Umstand, daß einer Reichweite von 6,94 cm nach dem Geigerschen Gesetz eine andere als die an Ra C' beobachtete Lebensdauer zukommen würde. In der Tat ist es gelungen, eine Substanz abzuspalten, die nach 1,38 Minuten auf die Hälfte ihres Anfangswertes abnimmt $(\lambda_{C''} = 8,4 \cdot 10^{-3})$ und β-strahlend ist. Verschiedene Umstände führen zur Aufstellung folgenden Zerfalls-Schemas:

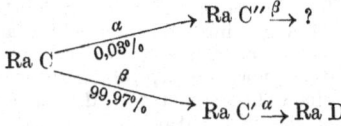

Darnach geht der Hauptteil der Ra C-Atome (99,97%) mit β-Zerfall zu einer hypothetischen Substanz Ra C' über, die von extrem kurzer Lebensdauer (λ etwa 10^{+6} sec⁻¹, also Halbwertszeit T ca. 10^{-6} sec) sich der direkten Beobachtung

entzieht und mit α-Zerfall nach dem weiter unten besprochenen Ra D führt. Ein minimaler Bruchteil (0,03%) bewirkt α-zerfallend die Entstehung des beobachteten und ebenfalls kurzlebigen Ra C''; der α-Strahlung des Ra C würde, wie sich aus rechnerischen Überlegungen ergibt, eine Reichweite von 3,8 cm zukommen. Die an Ra C wirklich beobachtete Reichweite von 6,94 cm gehört zu der von Ra C' nach Ra D führenden α-Strahlung. Daß die kürzere Reichweite nicht beobachtet wurde, erklärt sich aus dem ungünstigen Mengenverhältnis (0,03 und 99,97%), indem auf 3300 zerfallende Ra C'-Atome (α-Reichweite 6,94) nur 1 mit α-Zerfall verschwindendes Ra C-Atom (Rw. 3,8 cm) kommt.

Die drei Substanzen A, B und C zusammen werden als „aktiver Niederschlag" bzw. als „induzierte Aktivität" bezeichnet und zwar sind es die schnell veränderlichen „Induktionen", während die folgenden, wohl auch unter dem Ausdruck „Restaktivität" zusammengefaßten Zerfallsprodukte den langsam veränderlichen aktiven Niederschlag bilden.

Radium D muß als Zerfallsprodukt des α-strahlenden Ra C' um zwei Wertigkeitsgruppen gegen dieses verschoben sein, da Ra C', durch β-Zerfall aus Ra C entstanden, in der Tellur-Poloniumgruppe stand, rückt Ra D mit einem Atomgewicht von 210 in die Bleigruppe ein und ist mit einer Atomgewichtsdifferenz von 3 Einheiten diesem isotop. Die bei der Verarbeitung der Uranerze auf Ra abgetrennten Bleimengen enthalten daher auch das mit dem betreffenden Ra-Gehalt im Gleichgewicht stehende Ra D. Derartiges Blei ist also radioaktiv, wurde ursprünglich Radioblei genannt; Träger der beobachteten Aktivität sind Ra D und seine aktiven Folgeprodukte Ra E und Ra F. — Läßt man Ra-Emanation wochenlang im geschlossenen Gefäße zerfallen, so kann man Ra D aus dem mit Salpetersäure von den Wänden abgelösten Niederschlag durch Elektrolyse als Superoxyd oder als Metall in sichtbarer Menge abscheiden. An einer solchen Reindarstellung eines zu einem Elemente (Pb) isotopen Körpers ist es gelungen zu zeigen, daß sich isotope Elemente auch in ihrem elektrochemischen Verhalten vollständig ersetzen, daß die Zersetzungsspannung eines Elementes durch Zusatz seines Isotops nicht verändert wird. — Aus Ra D haltigen Präparaten kann das Ra D stets nach Zusatz von etwas Pb zur Lösung zugleich mit diesem z. B. durch Fällung mit Schwefelwasserstoff erhalten werden.

Ra D sendet beim Zerfall eine weiche schwache β-Strahlung sowie eine sehr schwache γ-Strahlung aus. Seine Zerfallskonstante wurde zu $1,37 \cdot 10^{-9}$ sec^{-1} bestimmt entsprechend der Halbierungszeit von T = 16 Jahren und der mittleren Lebensdauer τ = 23,08 Jahren. Sein nächstes Zerfallsprodukt ist:

Radium E, das wegen des vorangehenden β-Zerfalles um eine Valenzgruppe nach rechts rückend in die Wismutplejade eintritt. Es ist β-strahlend und hat eine Zerfallskonstante von $\lambda = 1,66 \cdot 10^{-6}$ sec^{-1}, Halbwertszeit T = 4,85 Tagen und mittlere Lebensdauer τ = 700 Tagen. Isotop mit Bi kann es dieses in chemischer und elektrochemischer Beziehung ersetzen. Es kann aus einer (am besten heißen) Lösung von Ra D + Ra E + Ra F leicht auf eingetauchten Stücken von Ni, Pd, Ag-Platten abgeschieden werden. Auch elektrolytisch ist es von Ra D als die elektrochemisch edlere Substanz trennbar und verdampft

bei höherer Temperatur (über 1000°) als dieses. Seine β-Strahlung hat einen Absorptionskoeffizienten von 43 cm^{-1} in Al. Die nach Abgabe des β-Partikels verbleibenden Atomreste bilden das letzte instabile Produkt der Uran-Radium-Zerfallsreihe:

Radium F oder Polonium, ist mit dem in der älteren Literatur vorkommenden „Radiotellur" identisch. Als höheres Homolog zu Tellur fällt es nach der Verschiebungsregel auf einen bisher unbesetzten Platz im periodischen System der Elemente. Seiner Entstehungsgeschichte nach ist sein Atomgewicht nahe gleich dem des Ra E und Ra D, und um 4 Einheiten kleiner als das α-zerfallende Ra C', also 210. — Die zeitliche Abklingung ist gegeben durch die Zahlen: Zerfallskonstante $\lambda = 5,88 \cdot 10^{-8}$ sec^{-1}, Halbierungszeit T = 136,5 Tage und mittlere Lebensdauer τ = 196,9 Tage. Sein Atomzerfall erfolgt unter Abstoßung von α-Partikeln, deren Reichweite in Luft von 760 mm Druck und 15° C 3,85 cm, entsprechend einer Anfangsgeschwindigkeit von $1,61 \cdot 10^9 \frac{\text{cm}}{\text{Sek}}$ bestimmt wurde. Die Gleichgewichtsmenge zu 1 g Ra ist $2,2 \cdot 10^{-4}$ g, die mit ihrer α-Strahlung einen einseitigen Sättigungsstrom von $1,14 \cdot 10^6$ st. E. zu unterhalten vermag. Sein Spektrum mit angeblich neuen Linien bei 464, 417 (stark), 391, 365 μ kann noch nicht als einwandfrei sichergestellt gelten. — Wegen seiner Verwandtschaft mit Wismut und Tellur — von denen es aber, da es nicht isotop mit ihnen ist, getrennt werden kann, z. B. durch Hydrazin von Te, durch Reduktion mit Zinnchlorür von Bi — sind die chemischen Eigenschaften ungefähr gegeben. Po-Sulfid ist flüchtiger als Bi-Sulfid und weniger löslich als dieses. Aus salzsaurer Lösung setzt es sich auf eingetauchten Cu, Ag, Bi-Blech ab. Aus Radiobleiazetat kann es frei von Ra E und Ra D durch Elektrolyse bei geringer Stromdichte $\left(4,10^{-6} \frac{\text{Amp.}}{\text{cm}^2}\right)$ auf der Platinkathode erhalten werden. Das Ablösen vom Pt-Blech gelingt durch Destillation bei etwa 1000° fast vollständig (zurückbleibender Rest 1‰). Die Ablösung mit Säuren gelingt viel vollständiger bei Verwendung von Au-Kathoden, auf denen nur 0,07% zurückbleiben, während auf Pt-Kathoden bei 10% unlöslich haften. Po nimmt ähnlich wie Tellur gerne kolloidale Formen an. Die Salze werden durch Wasser leicht in basische Salze verwandelt. Mit Wasserstoff bildet es ein Po H$_2$; mit Pt und Pd eine Art Legierung (die eben das Ablösen erschwert).

Das durch α-Zerfall entstehende nächste Atom hat die Bezeichnung:

Radium G und muß bei einem Atomgewicht von 206 in die Valenzgruppe des Bleies gelangen. Es erweist sich als stabil, die Aktivität des Poloniums geht nicht in eine andere Strahlungsform über, sondern verschwindet restlos. Ra G ist somit mit isotopen gewöhnlichen Blei auch nicht mehr durch radioaktive Eigenschaften unterschieden und als einzige Unterscheidungsmöglichkeit bleiben Atomgewichtsbestimmungen. „Gewöhnliches" Blei hat das Atomgewicht 207,18, während Ra G, das stabile Endprodukt der Uran-Radiumreihe, ein Atomgewicht 206 aufweisen muß. In der Tat geben Präzisionsmessungen des Atomgewichtes verschiedener Bleisorten die erwarteten Differenzen. Blei, das aus der aus Morogoro stammenden kristallisierten Pechblende gewonnen wurde, ergab das Atomgewicht 206,05; Blei, das aus der immer in Gemeinschaft mit Bleierzen vorkommenden Pechblende aus St. Joachimsthal gewonnen wurde, ergab 206,7. Während im letzteren Fall jedenfalls gewöhnliches Blei beigemischt war, ist im ersteren Fall das untersuchte Blei wohl als (fast) reines Ra G anzusehen. Spektraluntersuchungen an reinem Ra G haben wieder den Beweis erbracht, daß nicht nur im optischen Teil des Spektrums, sondern auch auf dem Gebiete der kleinsten Röntgenstrahl-Wellen die Übereinstimmung der erzielten Spektra für isotope Materialien (Ra G und Pb) eine vollständige ist.

Die folgende Tabelle gestattet einen raschen Überblick über die Glieder der Uran-Radium-Reihe, über ihren genetischen Zusammenhang und ihre radioaktiven Eigenschaften.   K. W. F. Kohlrausch.

Die Uran-Radium-Reihe.

Symbol und Zerfallschema	Name	T Halbwerts-Zeit	λ Zerfalls-konstante in sec⁻¹	Strah-lung	v Geschwindig-keit in $\frac{cm}{Sek}$	R	μ Absorp-tionskoeff. in Al in cm⁻¹	Gleich-ge-wichts-Menge in g	Plejade	A Atom-ge-wicht
U I	Uran I	$5\cdot10^9$ a	$4{\cdot}4\cdot10^{-18}$	α	$1{,}37\cdot10^9$	2,50		1	Nr. 92; U 238,2	238
U X₁	Uran X₁	23,5 d	$3{,}41\cdot10^{-7}$	β γ	1,44 bis $1{,}77\cdot10^{10}$		510 / 0,70, 24	10^{-11}	Nr. 90; Th 232,1	234
U X₂	Uran X₂ (Brevium)	1,17 m	$9{,}9\cdot10^{-4}$	β γ	2,46 bis $2{,}88\cdot10^{10}$		14,4 / 0,14	$5\cdot10^{-16}$	Nr. 91; Pa (230)	234
U II	Uran II	$2\cdot10^6$ a	10^{-14}	α	$1{,}44\cdot10^9$	2,90		$4\cdot10^{-4}$	Nr. 92; U 238,2	234
8% / 92% U Y	Uran Y	25,5 h	$7{,}55\cdot10^{-6}$	β			ca. 300	$5\cdot10^{-14}$	Nr. 90; Th 232,1	230
wahrscheinliche Abzweigungsstelle zur Actiniumreihe (s. d.)										
J O	Ionium	10^5 a	$2{,}2\cdot10^{-13}$	α	$1{,}46\cdot10^9$	3,07		60	Nr. 90; Th 232,1	230
Ra	Radium	1580 a	$1{,}39\cdot10^{-11}$	α β	$1{,}50\cdot10^9$ / 1,56 u. $1{,}95\cdot10^{10}$	3,30	320	1	Nr. 88; Ra 226	226
Ra Em (?)	Ra-Emana-tion	3,85 d	$2{,}09\cdot10^{-6}$	α	$1{,}62\cdot10^9$	4,16		$7\cdot10^{-6}$	Nr. 86; Em 222	222
Ra A	Radium A	3,05 m	$3{,}78\cdot10^{-3}$	α	$1{,}69\cdot10^9$	·4,75		$4\cdot10^{-9}$	Nr. 84; Po 210	218
Ra B	Radium B	26,8 m	$4{,}31\cdot10^{-4}$	β γ	1,08 bis $2{,}22\cdot10^{10}$		890, 80, 13 / 230, 40, 0,51	$3\cdot10^{-8}$	Nr. 82; Pb 207,2	214
Ra C	Radium C	19,5 m	$5{,}93\cdot10^{-4}$	α β	$(1{,}6\cdot10^9)$	(3,8)		$2\cdot10^{-8}$	Nr. 83; Bi 208,0	214
0,03% / 99,97% Ra C''	Radium C''	1,38 m	$8{,}4\cdot10^{-3}$	β γ	2,4 bis $2{,}94\cdot10^{10}$		53; 13 / 0,229, 0,126	$5\cdot10^{-15}$	Nr. 81; Tl 204,0	210
Ra C'	Radium C'	ca.10^{-6} s	ca. 10^6	α	$1{,}92\cdot10^9$	6,94		$5\cdot10^{-15}$	Nr. 84; Po 210	214
Ra D	Radium D	16 a	$1{,}37\cdot10^{-9}$	β γ	$9{,}9\cdot10^9$; $1{,}17\cdot10^{10}$		5500 / 45; 0,99	$9\cdot10^{-2}$	Nr. 82; Pb 207,2	210
Ra E	Radium E	4,85 d	$1{,}66\cdot10^{-6}$	β γ	$2{,}31\cdot10^{10}$		43 / 45, 0,99	$8\cdot10^{-6}$	Nr. 83; Bi 208,0	210
Ra F	Radium F (Polonium)	136,5 d	$5{,}88\cdot10^{-8}$	α	$1{,}61\cdot10^9$	3,85		$2\cdot10^{-4}$	Nr. 84; Po 210	210
Ra G	Radium G	∞	$\frac{1}{\infty}$						Nr. 82; Pb 207,2	206

Erklärung: ↓ α-Zerfall; ↓ β-Zerfall. Bei mehrfachem Zerfall bedeuten die beigeschriebenen Zahlen denjenigen Prozentsatz der vorhandenen Atome, der nach der einen bzw. nach der anderen Richtung geht. — Bei den Zahlenangaben für die Halbwertszeit T bedeutet: a .. Jahre, d .. Tage, h .. Stunden, m .. Minuten, s .. Sekunden. — Die Reichweite R ist in Zentimetern für Luft bei 15° Celsius und 760 mm Hg Druck angegeben. — Die in Grammen ausgedrückte Gleichgewichtsmenge ist von U₁ bis U J auf das Gewicht des Uran I, von da ab auf das Gewicht des Radiums als Einheit bezogen. Die Zahlen sind abgerundet. — In der vorletzten Kolonne ist angegeben: Die Atomnummer (Kernladungszahl), das Atomgewicht und das Symbol der Dominante, die der Plejade den Namen gibt. Als neue Symbole wären zu erwähnen Pa (Proto-Actinium; vor kurzem wurde als Plejadenvertreter noch Brevium, Bv, geführt) und Po (Polonium).

Radiumtherapie. (Aus Lazarus, Handbuch der Radiumbiologie und -Therapie, Verlag Bergmann, Wiesbaden 1913.) Die spezielle Wirkung der Radiumstrahlung in biologischer und therapeutischer Hinsicht besteht 1. in der bakteriziden Wirkung größerer Mengen hochaktiver Präparate, insbesondere der α-Strahlen. 2. In der elektiv-zerstörenden Wirkung auf physiologisch weniger widerstandsfähige Zellen, insbesondere ektodermaler Herkunft, auf Geschwulstzellen, auf Gefäßgewebe, auf die Zellkerne. 3. In der entzündungserregenden bzw. gewebsirritierenden Wirkung, insbesondere auf das Knochenmark. 4. In der Beeinflussung der Körperfermente (Autolyse, Pepsin, Trypsin, Diastase, Milchsäure).

Man nimmt an, daß durch Zerstörung der Fermentträger, Gewebszellen und Leukozyten die intrazellulären Fermente in Freiheit gesetzt werden; diese können alsdann die labilen Zellen der chronischen Entzündungsprodukte auflösen. Als Zeichen deren Resorption ist die Steigerung der Temperatur sowie der Gesamtstickstoff-, Harnsäure und Purinbasenausscheidung im Urin anzusehen. Die wegen ihrer raschen und totalen Absorption das Gewebe besonders irritierenden α-Strahlen üben einen Entzündungsreiz aus, der, wie bei der Hautbestrahlung zu sehen ist, je nach ihrer Intensität alle Stadien vom leichten Erythem bis zur schwersten Nekrose herbeiführt. Ein einmal bestrahltes Gewebe wird für die nächste Bestrahlung empfindlicher, und so kann infolge Kumulation eine spätere schwächere Dosis lebhafte Reizwirkungen auslösen. Auch durch andere Mittel (Injektion von Terpentinöl, Nukleinsäure) kann das Gewebe sensibilisiert werden, während es durch Imprägnierung mit Adrenalin desensibilisiert wird.

Die Methoden, um den Organismus möglichst dauernder und intensiver Bestrahlung zu unterziehen, sind: kutane Anwendung durch Auflegen von Kompressen geeigneter Form und Radioaktivität, Gebrauch von Bädern, die entweder direkt ein Radiumsalz oder nur dessen Emanation enthalten, Umschläge mit radioaktivem Schlamm usw. Subkutan: Injektion von radioaktiven Lösungen; Imprägnieren der Haut durch Kataphorese, indem mittels Elektrolyse (negative Elektrode Zink, positive Elektrode Kohle, umgeben von einer mit Radiumbromidwasser getränkten Kompresse; Stromstärke bis 30 Milliampere) das Radium durch die intakte Haut hindurch bis 9 cm tief, unabhängig vom Blutstrom, in das Gewebe getrieben wird. Trinkkuren mit emanationshaltigem Wasser, Inhalieren von mit Emanation angereicherter Luft. Das Anwendungsgebiet der Radiotherapie ist insbesondere: Gicht, Rheumatismus, Leukämie; bei Hautkrankheiten: Haut-Tuberkulose, Lupus vulgaris, Pigmentgeschwülste der Haut, Pruritus, oberflächliche Hautneuralgien, chronische Ekzeme usw. Ferner Hautepitheliome, Angiome, Keloide, Gebärmutterkrebs, Fibrome, Metritiden, Karzinome, Sarkome. Die Herabsetzung der Sensibilität bewirkt eine schmerzstillende Wirkung, die bei Trigeminusneuralgien, Ischias, Interkostalneuralgie, Hauthyperästhesie usw. verwertet wird (vgl. auch die in „Radioaktivität" erwähnten physiologischen Wirkungen). *K. W. F. Kohlrausch.*

Radium-Uhr. Ein zum Nachweis der spontanen und dauernden Elektrizitäts-Entwicklung des Radiums dienender Demonstrationsapparat. Ein isoliertes System ist Träger einer kleinen Menge eines Ra-Salzes und eines Elektroskopblättchens. Diesem gegenüber befindet sich ein geerdeter Metallteil und das Ganze ist in ein luftdicht schließendes Glasgefäß gehüllt, das hoch evakuiert und dann zugeschmolzen wird. Infolge des Austretens von β-Strahlen aus der Radium-Kapsel — die α-Strahlen werden von den Kapselwänden absorbiert — laden sich Kapsel und Blättchenträger positiv auf, das Blättchen wird abgestoßen, bis es an den geerdeten Metallteil anschlägt und dabei sich und das System entladet; dann beginnt das Spiel von neuem. Durch Verkleinern der Kapazität kann man die Periode auf etwa 12 Sekunden herabdrücken, ohne zu kostspieligen Präparatstärken greifen zu müssen. Wenn die Goldblättchen sich nicht abnützen würden, würde diese „Uhr" Jahrhunderte lang gehen, ohne aufgezogen werden zu müssen.

In sehr übertragenem Sinn werden unter „Radium-Uhren" auch solche Uhren verstanden, bei denen Zifferblatt und Zeiger durch Auftragen von kristallinischem Schwefelzink (Sidotblende) unter spurenweiser Beimischung von Radium oder Mesothorium leuchtend gemacht werden und auch im Dunkeln eine Ablesung gestatten.

K. W. F. Kohlrausch.

Raffinationswert s. Saccharimetrie.

Raffinosegehalt s. Saccharimetrie.

Rahmenantenne s. Antenne.

Ramsay und Youngs Gesetz. Das Gesetz bezieht sich auf den Vergleich der Dampfdruckkurven zweier Substanzen. Sind ihre Siedetemperaturen in der absoluten Skala beim Druck p_0 durch die Werte T_0 und T'_0, ferner beim Druck p durch die Werte T und T' gegeben, so soll die Beziehung

$$\frac{T}{T'} = \frac{T_0}{T'_0} + c\left(T' - T'_0\right)$$ gelten.

Der Faktor c ist meist sehr klein. Setzt man ihn 0, so erhält man nach einfacher Umformung $\frac{T_0 - T}{T'_0 - T'} = \frac{T_0}{T'_0} = $ const., d. h. also das Gesetz von Dühring (s. d.). *Henning.*

Randwiderstand eines Flügels s. Induzierter Widerstand.

Randwinkel. Man bezeichnet als Randwinkel denjenigen Winkel, unter dem die Oberfläche einer Flüssigkeit die Wand eines eintauchenden Körpers trifft, vorausgesetzt, daß die Berührungslinie nicht mit einer scharfen Kante der Körperoberfläche zusammenfällt. Man legt durch einen Punkt der Berührungslinie einen Normalschnitt und in diesem von dem gewählten Punkte ausgehend und nach der Flüssigkeitsseite hinweisend je eine Tangente an die Flüssigkeitsoberfläche und an den eintauchenden Körper. Beide Tangenten bilden den Randwinkel miteinander. Häufig handelt es sich um Körper, welche in einer Richtung eine geradlinige Erstreckung besitzen, z. B. Kapillarröhren; dann ist der Randwinkel der Winkel, welchen das letzte Element der Flüssigkeitsoberfläche mit der Zylinderseite bildet. Die Messung des Randwinkels in Kapillaren geschieht so, daß der Beobachter einem Fenster den Rücken wendend in gleicher Höhe mit dem Flüssigkeitsmeniskus in der vertikal stehenden Kapillare einen an einem Goniometer befestigten, um eine horizontale Achse drehbaren Spiegel aufstellt und diejenige Stellung des Spiegels aufsucht, in welcher der Reflex am obersten Flüssigkeitselement und am Spiegel gleichzeitig verschwinden. Dieselbe Beobachtung macht man an der Wand der Kapillaren. Die Differenz beider Einstellungen liefert den Randwinkel.

Bezeichnet man mit A_{fl} die von den Molekularkräften geleistete Arbeit, wenn die Flüssigkeitsoberfläche sich um die Flächeneinheit zusammenzieht, mit A_f die Arbeit, welche bei Vergrößerung der Berührungsfläche von Wand und Flüssigkeit um die Flächeneinheit geleistet wird, so ist, da man den Einfluß der Schwere gegen die Wirkung der Molekularkräfte und ferner die Einwirkung der Luft vernachlässigen kann, der Randwinkel gegeben durch $\cos\varphi = \dfrac{A_f}{A_{fl}}$. Die Größe des Randwinkels ist danach unabhängig von der Neigung der eintauchenden Wand gegen die Vertikale. **Satz von der Konstanz des Randwinkels.** Die Werte einiger gemessener Randwinkel sind Glas/Alkohol 0°, Jenaer Normalglas/Wasser 8—9°, Jenaer Normalglas/Quecksilber 52° 40'. Der Randwinkel ist in hohem Maße abhängig von der Oberflächenbeschaffenheit der eintauchenden Wand und infolgedessen eine so veränderliche Größe, daß man zur Messung von Oberflächenspannungen solche Methoden bevorzugt, welche vom Randwinkel unabhängig sind.   *G. Meyer.*

Range s. Reichweite.

Rauhfrost. Eine Abart des Reifes (s. diesen), der in einem rauhen Ansatz von feinen Eiskörperchen an allen Unebenheiten des Bodens, namentlich aber an zarten Pflanzenteilen, Zweigen, Blättern und Nadeln der Bäume besteht. Er kommt durch das Gefrieren von überkalteten Nebeltröpfchen zustande und wächst daher dem Winde entgegen, so daß er an der Windseite der Gegenstände gewaltige Eisansätze hervorrufen kann, deren Gewicht z. B. an einer Telegraphenstange mitunter viele Zentner erreicht. Der Rauhreif entfaltet in der winterlichen Gebirgslandschaft oft eine märchenhafte Pracht.   *O. Baschin.*

Rauhigkeit der Tonempfindung s. Schwebungen.

Raumakustik behandelt alle Fragen, welche sich auf das akustische Verhalten geschlossener Räume beziehen, soweit dasselbe die mehr oder weniger deutliche und gute Hörbarkeit des in dem betreffenden Raume erzeugten Schalles an allen Stellen des Raumes bedingt. Die „Akustik" eines Raumes ist gut, wenn jeder an irgend einer Stelle desselben erzeugte Schall (besonders Sprache und Musik) an jeder beliebigen Stelle des Raumes gut und deutlich zu hören ist. Unter dem „gut hören" ist zu verstehen, daß einerseits nicht jeder Nachhall (s. d.) fehlt, damit der Schall nicht „leer" klingt, und daß sich andererseits nirgends ein zu starker Nachhall bemerkbar macht, weil sonst z. B. die Sprache „hallend" und verwaschen wird. Hierfür kommen nicht nur die Reflexions-, sondern auch die Absorptionsverhältnisse in Betracht (s. Absorption des Schalles).

Der Idealfall, daß jede Art von Schall, die an einer beliebigen Stelle des Raumes erzeugt wird, auch an jeder beliebigen Stelle „gut" gehört wird, ist praktisch nicht zu verwirklichen. Vielmehr bietet schon die Lösung des viel einfacheren Problems, daß der an einer **bestimmten Stelle des Raumes erzeugte Schall besonderer Art** (Stimme, Musik) an allen anderen Stellen „gut" hörbar sein soll, fast unüberwindliche Schwierigkeiten, zumal sich die akustischen Rücksichten in der Regel Rücksichten anderer Art (Architektonik) unterordnen müssen. **Immerhin könnte bei verständiger Berücksichtigung der akustischen Gesetze schon manches gebessert werden.**

So können, ganz abgesehen von der Anlage des gesamten Raumes, schon kleine Änderungen, z. B. in der Form der Rednerkanzel, die „Akustik" sehr viel besser machen. In einem gelegentlich der Jahrhundertfeier der Breslauer Universität aufgeschlagenen, rund 7000 Personen fassenden Zelte war die Stimme eines Redners mit guter Sprechtechnik an fast allen Stellen des Zeltes gut zu verstehen, nachdem die Kanzel eine passende Form erhalten hatte. Bei geringfügigen Änderungen (Vorschieben oder Zurückziehen der Seitenwände der Kanzel) traten merkliche Verschlechterungen ein.
                                    E. Waetzmann.

Näheres s. W. C. Sabine, Architectural Acoustics, Proc. Amer. Acad. **42**, 1906.

Raumdichte. Man hat die räumliche Elektrizität von der Flächenelektrizität zu unterscheiden. Ist die Größe der dielektrischen Verschiebung ϑ, so hat man die räumliche Dichte der (wahren) Elektrizität definiert durch $k = \operatorname{div} \vartheta$ oder $k = \operatorname{div} \vartheta/4\pi$, je nach der Festsetzung der Anzahl der von der Einheitsmasse ausgehenden Kraftlinien. Für die Abnahme der räumlichen Dichte in homogenen Körpern gilt das einfache Exponentialgesetz: $k = k_0 e^{-t/T}$, in dem k_0 den Wert der Raumdichte für die Zeit 0 angibt. Die Dichte nimmt geometrisch ab, ob der Körper leitend oder dielektrisch ist. Die Zeit T, nach welcher k auf den e-1ten Teil gesunken ist, heißt **Relaxationszeit.** Ist T groß, wie bei Isolatoren, so erfolgt die Abnahme langsam. Bei reinem Wasser hat T die Größenordnung meßbarer Zeiten. Für Metalle ist T unmeßbar klein. Unter der Annahme, daß jeder Körper einmal unelektrisch war und daß man es mit homogenen Körpern zu tun hat, wird k, mithin auch $\operatorname{div} \vartheta = 0$.   *R. Jaeger.*

Raumladung (elektrische) der Atmosphäre. Daß in der Luft, wenigstens in der Nähe der Erdoberfläche freie elektrische Ladungen vorhanden sind, folgt schon daraus, daß die Messungen mittels des Ebertschen Ionenaspirators (s. „Ionenzähler") meist einen Überschuß an positiven Ionen ergeben. Die an Ionen gebundene totale positive Ladung beträgt darnach pro ccm im Mittel etwa $0{,}35 \cdot 10^{-6}$ elektrostatische Einheiten, die totale negative etwa um 20% weniger, so daß die Differenz $7 \cdot 10^{-8}$ elektrostatische Einheiten, die freie Raumladung pro ccm in der Nähe der Erdoberfläche ergäbe. Doch ist dies nicht strenge gültig, da bei den Messungen mittels des Ebertschen Ionenzählers die schwerbeweglichen Ionen (vgl. Langevin-Ionen) nicht mitgezählt werden und ein Teil der freien Ladung auch an solchen Ionen haften kann. Genaue Werte der freien Raumladung in der Luft erhält man nach folgenden zwei Methoden:

1. Wenn wir annehmen, daß in der Atmosphäre nur in der Vertikalen ein Potentialgefälle dV/dh vorhanden ist (ungestörtes Erdfeld), so reduziert sich die Poissonsche Gleichung der Elektrostatik auf die Form $\dfrac{d^2 V}{d h^2} = -4\pi\varrho$, wobei ϱ die freie Raumladung bedeutet. Wenn man also die Änderung von dV/dh mit der Höhe experimentell ermittelt, kann man aus der Poissonschen Gleichung die Raumdichte direkt entnehmen. Solche Messungen sind bis jetzt in größerem Maßstabe nur von Daunderer in Bayern ausgeführt worden. Dieser beobachtete das Potentialgefälle mittels dreier übereinander in 0,1 und 2 m über dem Erdboden angebrachten Kollektoren und berechnete aus dem Unterschied zwischen dem Potentialgefälle innerhalb des 2. Meters gegenüber dem 1. Meter in der angegebenen Weise die Raumdichte. Diese ergab sich im Winter negativ, im Sommer positiv, das Jahresmittel war $\varrho = +1 \cdot 10^{-7}$ elektrostatische Einheiten pro ccm. Auch aus der Änderung des Potentialgradienten mit der Höhe, welche man bei Ballonfahrten beobachtete, läßt sich in derselben Weise die Raumdichte berechnen: man erhält für die Höhe 0—1000 m, aber im Mittel nur $\varrho = 1 \cdot 10^{-9}$ elektrostatische Einheiten, also einen hundertfach kleineren Wert, als bei den Messungen innerhalb der ersten Meter ober dem Erdboden. Doch ist dies durchaus kein Widerspruch: die theoretische Betrachtung der Ionenverteilung innerhalb des Erdfeldes (Schweidler, Swann) hat gezeigt, daß

mit zunehmender Erhebung nicht nur das Potentialgefälle, sondern auch die Raumdichte abnimmt und die hohen Werte derselben auf die ersten paar Meter oberhalb der Erdoberfläche beschränkt bleiben müssen. Dies steht auch im Einklang mit der Ebertschen Theorie der Bodenatmung (vgl. dieses Stichwort).

2. Bestimmt man das Potential in der Mitte eines von geerdeten Wänden umgebenen Hohlraumes (z. B. Drahtkäfig), so erhält man von Null verschiedene Werte, falls die Luft innerhalb des Hohlraumes freie Ladungen enthält. Bezeichnet man die Raumladung pro cbm wieder mit ϱ, so ergibt sie sich nach Daunderer für einen kugelförmigen Hohlraum, dessen Radius r und dessen Mittelpunktspotential V ist, nach der Formel $\varrho = \dfrac{3\,V}{2\,\pi\,r^2}$, für einen würfelförmigen Käfig von der Seitenlänge a nach der Formel $\varrho = \dfrac{V}{0\cdot71\,a^2}$. Nach dieser Methode hat Mache die rasch wechselnden Raumladungen während eines Gewitters beobachtet. Das Mittelpunktspotential wurde mittels eines unempfindlich gemachten Quadrantenelektrometers gemessen. Durch gleichzeitige Messung des Erdfeldes muß man sich davon überzeugen, ob bei Änderungen desselben störende Influenzwirkungen auf das Mittelpunktspotential bestehen, und wenn das der Fall, nur die Messungen bei unverändertem Erdfeld berücksichtigen. *V. F. Hess.*

Näheres s. H. Mache und E. v. Schweidler, Atmosphärische Elektrizität. 1909.

Raumladungsgitter, besondere Elektrode bei einer Hochvakuum-Glühkathodenröhre, welche den schädlichen Einfluß der Raumladung zum großen Teile beseitigt (J. Langmuir). Sie besteht in einem Gitter, das die Glühkathode umgibt und eine positive Spannung, meist oberhalb der Sättigungsspannung, gegen sie hat. Bei einer Verstärkerröhre liegt das Raumladungsgitter also zwischen Kathode und Steuergitter. Da infolge der hohen Raumladungsgitterspannung stets der Sättigungsstrom in der Röhre fließt, ist die Charakteristik des Anodenstromes nur eine Frage der Stromverteilung, für welche allerdings noch keine arithmetischen Ausdrücke bekannt sind. Qualitativ verhält sie sich jedoch folgendermaßen: Ist bei hoher Raumladungsgitterspannung die resultierende Spannung von Steuergitter und Anode gleich Null (s. Verstärkerröhre), so geht kein Strom nach den beiden über, jedoch steigt der Strom bei positiv werdender resultierender Spannung sehr schnell, und zwar so, daß die Kombination Gitter-Anode schon bei einer Spannung, die etwa gleich der Summe von Geschwindigkeitsverteilung (ca. 2 Volt) plus Fadenheizspannung ist, den überwiegenden Teil, etwa drei Viertel des Gesamtstromes führt. Diese sog. Aufladungs- oder Übernahmekurve ist sehr steil, verglichen mit der $e^{\frac{3}{2}}$-Kurve einer Eingitterröhre von etwa denselben Dimensionen, weil bei letzterer außer der Spannung der Geschwindigkeitsverteilung und der Fadenheizung noch eine Spannung zur Überwindung der Raumladung aufzuwenden ist. Daher wirkt eine Raumladungsgitterröhre zur Verstärkung etwa wie eine Eingitterröhre (s. Verstärkerröhre) mit sehr verbesserter (verkleinerter) Konstante K. Infolge dieser großen Steilheit kann bei derselben aufzuwendenden Anodenspannung auch die Konstante α verkleinert werden, so daß das Raumladungsgitter einen doppelten Vorteil bringt.

Bei kleinen Senderöhren hat das Raumladungsgitter ganz denselben Zweck, nämlich die Charakteristik zu versteilern, wodurch das Einsetzen der Schwingungen erleichtert, bei Audionrückkopplungsröhren die Lautstärke verbessert wird.

Andere Zwecke erfüllt das Raumladungsgitter meistens bei Ventil- bzw. Gleichrichterröhren. Hier wird es einerseits angewendet, um bei Ventilen sehr hoher Drosselspannung (über 50 000 Volt) die großen elektrostatischen Kräfte vom Glühfaden abzuhalten, andererseits ist es bei Hochvakuum-Glühkathoden-Gleichrichtern (d. h. Ventilen mit zwei oder drei Anoden) notwendig, um am Glühfaden stets ein positives Feld zu erzeugen, insofern als ohne dieses Raumladungsgitter das sehr hohe negative Feld von der gerade in der Drosselphase befindlichen Anode das schwache positive von der in der Durchlaßphase befindlichen Anode herrührende Feld verdrängen und so den Strom durch den Gleichrichter herabsetzen, die Durchlaßspannung aber schädlich erhöhen würde. *H. Rukop.*

Näheres s. W. Schottky, Archiv f. Elektr. 8, 299, 1919.

Raumladungsgitterröhre, eine Hochvakuumglühkathodenröhre, die ein Raumladungsgitter (s. d.) enthält, meist Verstärkerröhre, jedoch auch kleine Senderöhre sowie Ventil- bzw. Gleichrichterröhre. *H. Rukop.*

Raummaße. Das Raummaß kann einmal aus dem Längenmaß abgeleitet und durch den Kubus der Längeneinheit ausgedrückt werden. Einheit des Raummaßes wird hiernach das Kubikmeter (m³) = 1000 Kubikdezimeter (dm³) = 1 000 000 Kubikzentimeter (cm³) = 1 000 000 000 Kubikmillimeter (mm³).

Andererseits kann man aber auch einen Rauminhalt durch Auswägen mit einer Flüssigkeit, insbesondere mit Wasser bestimmen. Als Einheit des Raumes gilt in diesem Falle derjenige Raum, den 1 kg Wasser im Zustande seiner größten Dichte einnimmt. Diese Raumeinheit bezeichnet man als das Liter (l) $= \dfrac{1}{100}$ Hektoliter (hl) = 10 Deziliter (dl) = 1000 Milliliter (ml) = 1 000 000 Mikroliter (μl). Wäre die Masseneinheit, das Kilogramm, wirklich genau gleich der Masse eines Kubikdezimeters Wasser im Zustande seiner größten Dichte, so würden die Einheiten des Kubikdezimeters und des Liters identisch sein und sie werden auch im praktischen Leben einander gleichgeachtet; bei wissenschaftlichen Arbeiten hat man aber zwischen folgenden Paaren von Maßeinheiten zu unterscheiden:

1 Kubikmeter	und	1000 Liter,
100 Kubikdezimeter	„	1 Hektoliter,
1	„	1 Liter,
100 Kubikzentimeter	„	1 Deziliter,
1	„	1 Milliliter,
1 Kubikmillimeter	„	1 Mikroliter.

Nach den neuesten Messungen ist das Volumen von 1 kg Wasser bei 4° und unter dem Druck von 760 mm Quecksilber, das Liter, gleich 1,000 027 dm³, mit anderen Worten: das Kilogramm ist die Masse, oder das Liter ist das Volumen eines Würfels reinen Wassers im Zustande größter Dichte, dessen Kantenlänge 1,000 009 dm beträgt. *Scheel.*

Näheres s. Scheel, Praktische Metronomie. Braunschweig, 1911.

Raummessungen. Als einfachste Methode, den Rauminhalt eines Körpers zu bestimmen, bietet sich diejenige der Ausmessung seiner Begrenzungslinien. Das Verfahren ist jedoch nur anwendbar, wenn der Körper regelmäßig gestaltet ist, so daß es möglich ist, das Volumen des Körpers nach geometrischen Regeln aus den Längen der Begrenzungslinien zu berechnen. Die Methode ist keiner großen Genauigkeit fähig, weil bereits kleine Beobachtungsfehler in den Linearmessungen große Fehler für das Volumen bedingen. Nehmen wir z. B. an, die Kante a eines Würfels a³ sei um ± 0,001 mm falsch, so wird hierdurch das Volumen um ± 3a²da = ± 3a² · 0,001 mm³ falsch. Das bedeutet für 1 dm³ eine Unsicherheit von ± 3 · 100² · 0,001 = ± 30 mm³, bzw. eine Unsicherheit von ± 3 · 10⁻⁵ des auszumessenden Körpers. Das entspricht bei einem Körper von der Dichte 1 und der Masse 1 kg einem Fehler von ± 30 mg, eine Größe, die weit außerhalb der Wägungsunsicherheit liegt.

Hat ein Körper eine unregelmäßige Gestalt, so kann man sein Volumen dadurch finden, daß man ihn in ein von regelmäßig geformten Wänden begrenztes, mit Wasser oder mit einer anderen Flüssigkeit gefülltes Gefäß untertaucht. Der scheinbare Volumenzuwachs der Flüssigkeit, der sich durch das Ansteigen der Flüssigkeit im Gefäß anzeigt und sich nach geometrischen Regeln berechnen läßt, ist gleich dem Volumen des zu untersuchenden Körpers. — Die Methode wird meist nur bei der Volummessung kleiner Körper angewendet. Benutzt wird dann ein Glasgefäß mit eingeriebenem Stopfen, in welchem ein geteiltes Kapillarrohr hochführt (Pyknometer; s. d.). Das Gefäß ist mit einer Flüssigkeit gefüllt, die beim Eindrücken des Stopfens bis zu einem bestimmten Teilstrich in der Kapillare hochsteigt. Nach Einbringen des Körpers wiederholt man das Verfahren und findet jetzt die Flüssigkeitsoberfläche an einer anderen Stelle der Kapillare stehen. Der Höhenunterschied, multipliziert mit dem anderweitig ermittelten Querschnitt der Kapillare gibt das gesuchte Volumen.

In weitaus den meisten Fällen ermittelt man die äußere Volumen eines Körpers nach der Methode der hydrostatischen Wägung (s. d.). Nach dem Archimedesschen Gesetz verliert ein Körper in einer Flüssigkeit so viel an Gewicht, wie die von ihm verdrängte Flüssigkeit wiegt. Wägt man also den Körper einmal in Luft (L) und sodann in Wasser (W), wobei L und W die auf den leeren Raum reduzierten Gewichte (s. d. Artikel Wägung) bedeuten, so ist der Gewichtsverlust L−W des Körpers das Gewicht einer Wassermenge, die dasselbe Volumen hat wie der Körper. War die Flüssigkeit Wasser von 4° C und L−W in kg ausgedrückt, so ist demnach das gesuchte Volumen des Körpers L−W Milliliter. Hat das Wasser eine andere Temperatur als 4°, so ist das unmittelbare Wägungsresultat noch durch eine leicht auszuführende Korrektionsrechnung zu verbessern.

Innenvolumina von Hohlgefäßen und Kapillaren ermittelt man durch Wägung. Nennt man das Volumen des Gefäßes bei 0° V_0, so ist das Volumen bei t°, α den kubischen Ausdehnungskoeffizienten des Gefäßmaterials bedeutet
$$V_t = V_0 (1 + \alpha t).$$
Ist das Gefäß mit einer Flüssigkeit von der Dichte s_t gefüllt, so ist die Masse des Inhalts, die man durch Differenzwägung des leeren und des gefüllten Gefäßes bestimmt
$$M = V_0 (1 + \alpha t) s_t,$$
woraus sich V_0 berechnen läßt. Als Flüssigkeiten zum Auswägen benutzt man Wasser und Quecksilber, ersteres wenn es sich um größere Volumina handelt und eine geringere Genauigkeit ausreichend

ist; Quecksilber, das noch den Vorteil hat, Glasgefäße nicht zu benetzen, liefert mehr als zehnmal genauere Resultate. — Häufig hat das beschriebene Verfahren der Volumenmessung den Zweck, den inneren Querschnitt eines zylindrischen Rohres (Kapillare) zu ermitteln. Ist die Länge eines Quecksilberfadens h cm, so wird der Querschnitt
$$Q = \frac{V_0}{h} \frac{ml}{cm}.$$
Bei solchen Querschnittsmessungen ist die von der Zylindergestalt abweichende Form der Quecksilbermenisken zu berücksichtigen und die Länge des Quecksilberfadens entsprechend zu modifizieren; für Kapillarröhren und Röhren mäßiger Weite kann man die Menisken als Halbkugeln in Rechnung ziehen.

Volumenometer. Nicht immer sind die unbekannten Volumina, die man dann auch wohl häufig als schädliche Volumina bezeichnet, der unmittelbaren Bestimmung durch Auswägen zugänglich. In solchem Falle kann man sich oft mit Vorteil einer Methode bedienen, welche sich auf die Gültigkeit des Mariotteschen Gesetzes (s. d.) stützt, deren Genauigkeit aber derjenigen durch Auswägen ganz erheblich nachsteht. Betrachtet man eine abgeschlossene Gasmasse vom Volumen V, welches unter dem Druck p steht, so ändern sich bei Kompression und Dilatation Druck und Volumen innerhalb weiter Gültigkeitsgrenzen in der Weise, daß p · V = const., d. h. also, daß das Produkt aus Druck und zugehörigem Volumen konstant bleibt.

Wir denken uns jetzt ein auszumessendes unbekanntes Volumen V_x; wir verbinden es mit einem zweiten bekannten, etwa durch Auswägen gefundenen Volumen V derart, daß die Verbindung etwa durch einen zwischengeschalteten Hahn oder einen Quecksilberabschluß unterbrochen werden kann. Außerdem besteht vom Volumen V eine Verbindung zu einem Manometer und zu einer Luftpumpe. — Das ganze System wird zunächst luftleer gepumpt; dann wird in V Luft eingelassen und der Druck p derselben am Manometer gemessen. Stellt man jetzt die Verbindung zwischen V und V_x her, so wird sich auch V_x von V her mit Luft füllen und zwar wird V so lange an V_x Luft abgeben, bis der Druck in beiden Räumen gleich ist; dieser gleiche Druck sei am Manometer zu p' gemessen. Dann gilt nach dem Mariotteschen Gesetz
$$p V = p' (V + V_x) = const.,$$
woraus folgt
$$V_x = V \frac{p - p'}{p'}.$$
Die Genauigkeit der Volumenmessung von V_x hängt in erster Linie natürlich von der Begrenzbarkeit des Volumens ab, dann aber auch von der Genauigkeit, mit der V selbst bekannt ist, und von der Druckmessung. Außerdem läßt sich V_x um so sicherer messen, je kleiner es im Verhältnis zu V ist. — Die Methode setzt konstante Temperatur während des Versuches voraus. Um Störungen durch die bei der Volumänderung des Gases auftretende Kompressionswärme möglichst zu verringern, arbeitet man mit sehr geringen Gasdrucken. Allerdings steigen dadurch die Anforderungen an Genauigkeit der Messung dieser Drucke.

Das Volumenometer kann man auch zur Messung äußerer Körpervolumina benutzen. Das Verfahren beruht darauf, daß man das Volumen V_x einerseits, wie vorstehend beschrieben, seinem ganzen Betrage nach bestimmt, andererseits nachdem es durch Einbringen des unbekannten Körpers verkleinert ist. Die Differenz beider Volumina ist dann gleich dem Volumen des unbekannten Körpers. Das Verfahren dient zur Ermittelung des Volumens von Körpern, welche durch Wasser angegriffen werden und deshalb eine hydrostatische Wägung nicht aushalten. — Auch diese Methode ist nur einer geringen Genauigkeit fähig. *Scheel.*

Näheres s. Scheel, Praktische Metronomie. Braunschweig, 1911.

Raumwerte der Netzhaut. Jede Gesichtsempfindung besitzt außer ihrer Farbe und Helligkeit als immanente Eigenschaft auch ihren Ort im subjektiven Sehraum (außerhalb des Körpers). Da ihr Ort unter sonst gleichen Bedingungen eine Funktion der sie vermittelnden Netzhautstelle ist, so ergibt sich, daß jeder Netzhautstelle eine bestimmte, von ihrer Lage in der Netzhaut abhängige „Sehrichtung" zuerkannt werden muß (s. Druckphosphen). Bei Primärstellung der Augen (s. Listingsches Gesetz) entspricht der Fovea centralis die Sehrichtung geradeaus nach vorne, während eine links von ihr gelegene Netzhautstelle einen Rechtswert, eine unter ihr gelegene einen Hochwert besitzt usw. Diese Verhältnisse sind in beiden Augen gleich. In der Lehre vom Binokularsehen werden die zwei mit gleicher Sehrichtung begabten Punkte beider Netzhäute je zu einem Paar identischer oder korrespondierender Netzhautpunkte zusammengefaßt. Man findet die zusammengehörigen Punktpaare am einfachsten, wenn man sich die Netzhaut des einen Auges so in die Netzhaut des anderen gelegt denkt, daß die beiden mittleren Längs- und Querschnitte aufeinanderfallen: je zwei identische Netzhautpunkte kommen dann miteinander zur Deckung („Deckstellen").

Da nach dem Gesetz von der Sehrichtungsgemeinschaft zwei identische Netzhautpunkte die gleiche Sehrichtung haben, so muß ein Außenpunkt, der sich beim Sehen mit zwei Augen auf einem Paar solcher Netzhautstellen abbildet, schlechthin einfach gesehen werden (binokulares Einfachsehen). Desgleichen müssen zwei verschiedene Außenpunkte, die bei entsprechend gewählter Augenstellung auf identischen Punkten zur Abbildung kommen, in derselben Richtung lokalisiert werden; sie fallen, ganz unabhängig von ihrer wirklichen Anordnung im Raum, zum mindesten der Richtung nach zusammen und überdecken sich (Einfachsehen des Doppelten). Die einem identischen Netzhautpunktpaar tatsächlich eigene gemeinsame Sehrichtung kann im groben ermittelt werden, indem man in der Mitte zwischen beiden Augen ein „Zyklopenauge" annimmt und ihm die Einstellung auf den entsprechenden Außenpunkt gibt: die Richtungslinien dieses imaginären Einauges zeigen dann annähernd die Lage der Sehrichtungen an.

Zwei nicht identische Punkte beider Netzhäute werden als disparate Punkte bezeichnet. Da sie nicht mit gleichen Sehrichtungen ausgestattet sind, so muß ein Außenpunkt, der sich auf einem solchen Punktpaar abbildet, in zwei, in verschiedener Richtung gelegenen, Bildern, also doppelt gesehen werden (Doppelsehen des Einfachen). Diese binokularen Doppelbilder können von verschiedener Art sein, je nachdem das nach rechts gelegene Halbbild dem rechten oder dem linken Auge zugehört (gleichnamige oder ungleichnamige bzw. ungekreuzte oder gekreuzte Doppelbilder). Ge-

kreuzte Doppelbilder treten auf, wenn der disparat abgebildete Außenpunkt dem Auge näher liegt als der Horopter (s. d.), ungekreuzte, wenn er sich jenseits desselben befindet (s. Tiefenwahrnehmung). *Dittler.*

Näheres s. Hering, Lehre vom Raumsinn in Hermanns Handb. d. Physiol., Bd. III, 1, S. 343 ff.

Raumwinkel. Läßt man einen von einem Punkte A ausgehenden beweglichen Leitstrahl längs der Begrenzung einer beliebig gestalteten Fläche S (Fig. 1) hingleiten, so erhält man eine kegelförmige Oberfläche. Der von dieser eingeschlossene Raum wird *Raumwinkel* genannt und seine Größe definiert durch

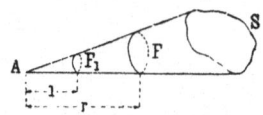

Fig. 1. Zur Definition des Raumwinkels.

(1) $\qquad \omega = F/r^2 = F_1/1$

Hierin bedeuten F und F_1 die Flächen, welche der Kegel aus zwei Kugelflächen ausscheidet, die mit den Radien r und 1 (Einheitskugel) um A beschrieben sind; oder anders ausgedrückt: F und F_1 sind die Zentralprojektionen von S auf die beiden Kugelflächen.

ω ist eine reine Zahl und kann durch die Fläche F_1 gemessen werden.

Wenn die kegelförmige Oberfläche eine Ebene ist, ist der räumliche Winkel die Hälfte des ganzen Raumes, und seine Größe ist $\omega = 2\pi$, da die zugehörige Fläche F_1 die auf dieser Ebene aufstehende Halbkugel ist.

Ein voller, d. i. ein den ganzen Raum ausfüllender Raumwinkel ist $\omega = 4\pi$.

In der praktischen Photometrie mißt man den Radius in Meter, demnach F und F_1 in Quadratmeter. Mithin ist $\omega = 1$, wenn $F_1 = 1$ qm ist. Ferner denkt man sich vielfach durch die Mitte der Lichtquelle eine horizontale Ebene gelegt und spricht dann von einem unteren und einem oberen Halbraum von je $\omega = 2\pi$ Raumwinkel, sowie von einer unteren und einer oberen Halbkugel (Hemisphäre).

Es sei speziell s. (Fig. 2) eine sehr kleine ebene Fläche, r ihre Entfernung von A, i der Winkel, den r mit der Normale auf s bildet (Fig. 2 gibt einen durch r und die Normale gelegten Schnitt). Die Zentralprojektion F von s auf eine um A mit r beschriebene Kugel ist dann, da sie auch als rechtwinklige Projektion von s auf diese Kugel angesehen werden kann, $F = s \cos i$. Mithin erscheint s, von A aus gesehen, nach Gleichung 1) unter dem räumlichen Winkel

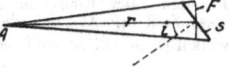

Fig. 2. Zur Berechnung des Raumwinkels.

(2) $\qquad \omega = s \cos i/r^2$

Liebenthal.

Näheres s. Liebenthal, Prakt. Photometrie, Braunschweig. Vieweg & Sohn, 1907.

Raumwinkel- und Lichtstromkugel nach Teichmüller. Das Meßgerät (s. umstehende Figur) besteht aus einer kugelförmigen Glashülle und aus einem kleinen, aber möglichst lichtstarken Spiraldrahtlämpchen, dessen Mitte mit dem Kugelmittelpunkt zusammenfällt. Die Kugel ist nach Ausschluß ihres obersten Teiles, durch welchen das Lämpchen eingeführt wird, durch 40 Meridiane, deren Pol im Nadir der Kugel liegt, und durch 30 Breitenkreise in 1200 gleiche Oberflächenstücke von je $0.01 r^2$ Größe geteilt, wo r den Kugelradius bezeichnet. Jedes Flächenstück wird demnach vom Kugelmittelpunkte aus unter dem Raumwinkel 0,01 gesehen (s. „Raumwinkel", Gleichung 1), d. h. es „überspannt" — nach Teichmüllerscher

Bezeichnungsweise — den 100. Teil der „theoretischen" Raumwinkeleinheit.

Die Kugel wird über dem Plane der zu beleuchtenden Fläche, z. B. eines Platzes, so angebracht, daß sich ihre Mitte an derjenigen Stelle befindet, die im angewandten Maßstab

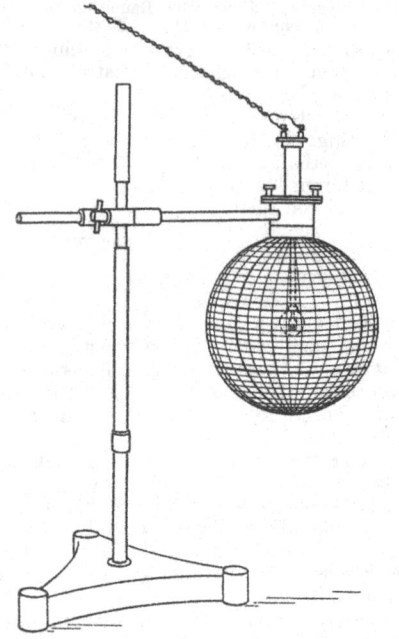

Raumwinkel- und Lichtstromkugel nach Teichmüller.

der Anbringungsstelle der zur Beleuchtung bestimmten Lampe entspricht. Durch das Lämpchen werden die Meridiane als Gerade, die vom Fußpunkt der Lampe (dem senkrecht unterhalb der Lampe gelegenen Punkte des Planes) ausgehen, die Breitenkreise als konzentrische Kreise mit diesem Fußpunkt als gemeinsamen Mittelpunkt auf den Plan geworfen, und dieser wird durch die so entstehenden meist viereckartigen Schattenfiguren von selbst in Teile zerlegt, die je unter dem Raumwinkel 0,01 vom Kugelmittelpunkt erscheinen. Man zähle dann für jeden Kreisring die Anzahl der innerhalb des Planes liegenden Schattenvierecke ab, wobei man die am Rande des Planes liegenden in Bruchteilen abschätzt. Für den i.ten Ring (der erste liegt am Fußpunkte) sei diese Zahl n_i. Alsdann überspannt dieser Ring den Raumwinkel $\omega_i = 0{,}01 \; n_i$, und der gesamte Platz den Raumwinkel

$$\omega = 0{,}01 \; \Sigma n_i,$$

wobei über sämtliche Ringe zu addieren ist.

Man denke sich jetzt an Stelle des Lämpchens im Kugelschnittpunkte eine der Beleuchtungslampe äquivalente punktartige Lichtquelle, d. h. eine solche Lichtquelle angebracht, welche schon für sehr kleine endliche Entfernungen dieselbe Lichtstärkenverteilung (Lichtverteilung) wie die Beleuchtungslampe für hinreichend große Entfernungen besitzt, und zwar soll die Beleuchtungslampe eine vertikale Symmetrieachse der Lichtverteilung besitzen. Ist J_i die die aus der Kurve der räumlichen Lichtverteilung (s. „Lichtstärken-Mittelwerte", Nr. 6) zu entnehmende Lichtstärke der Beleuchtungslampe in Richtung auf die Mitte des i.ten Kreisringes, so ist der von der äquivalenten Lichtquelle auf diesen Ring innerhalb des Planes ausgestrahlte Lichtstrom $J_i \; \omega_i = 0{,}01 \; J_i n_i$ (s. „Photometrische Gesetze und Formeln", Gleichung 2), mithin der gesamte auf den Plan, also auch auf den Platz ausgestrahlte Lichtstrom

$$\Phi = 0{,}01 \; \Sigma J_i n_i$$

und die mittlere Beleuchtung des Platzes von der Größe S (s. „Beleuchtungsanlagen", Gleichung 5)

$$E_m = \Phi / S.$$

Mittels der Kugel und neuerer Ausführungsformen, auf die hier nicht eingegangen werden kann, läßt sich das Entwerfen von Beleuchtungsanlagen wesentlich erleichtern.   *Liebenthal.*

Näheres s. Teichmüller, Journ. f. Gasbel. Bd. 61, S. 229, 1918; Zeitschr. f. Beleuchtung Bd. 26, S. 13 und 24, 1920.

Rayleigh-Jeanssches Strahlungsgesetz s. Strahlungsgesetze. Jeans hat bewiesen, daß die klassische Strahlungstheorie nicht in der Lage ist, die Strahlung des schwarzen Körpers zu berechnen. Hierin liegt der erste theoretische Berechtigungsbeweis der Planckschen Quantentheorie. Da, wie (unter Strahlungsgesetze) gezeigt, das Rayleigh-Jeanssche Gesetz die Grenzform des Planckschen Gesetzes für lange Wellen darstellt und da es eine einfache Funktion der Temperatur ist, eignet es sich vorzüglich zur Kontrolle der Temperaturskala.   *Gerlach.*

Näheres hierüber bei Rubens u. Michel, Berl. Akad. Ber. 1921.

Rayleighsche Scheibe. Sie ist eine sehr dünne, vertikal stehende Kreisscheibe, welche an einem Quarzfaden aufgehängt ist. In eine Schallwelle gebracht, sucht sie sich senkrecht zur Bewegungsrichtung einzustellen. Die Größe der Drehung gibt ein Maß für die Schallintensität (s. d.), und zwar unabhängig von der Form der Schallwelle. Grimsehl hat mit Hilfe der Rayleighschen Scheibe ein sehr einfaches Phonometer konstruiert. Theoretisch hat W. König ihr Verhalten geklärt, indem er davon ausging, die drehenden Kräfte zu berechnen, welche eine strömende, reibungslose Flüssigkeit auf ein starres Rotationsellipsoid ausübt, dessen Rotationsachse einen gewissen Winkel mit der Strömungsrichtung bildet. Unter der Annahme, daß die Länge der Rotationsachse sehr klein gegen die andere Achse wird, erhält man als Spezialfall die Wirkung auf eine dünne Kreisscheibe.   *E. Waetzmann.*

Näheres s. W. Zernov, Ann. d. Phys. 26, 1908.

Razeminaktive Isomere. In der Chemie nennt man isomere Verbindungen solche, welche bei gleicher Zusammensetzung und gleicher Molekulargröße Verschiedenheiten in ihren physikalischen und chemischen Eigenschaften aufweisen. Diese Ungleichheit der Eigenschaften isomerer Stoffe ist eine Folge der ungleichen Konstitution, d. h. der verschiedenen Anordnung der Atome innerhalb des Moleküls. Razeminaktive Isomere sind nun in der Lehre vom optischen Drehungsvermögen organischer Substanzen solche Verbindungen, die optisch inaktiv sind, sich aber durch geeignete Mittel in isomere, optisch aktive Modifikationen spalten lassen. S. auch Antipoden.   *Schönrock.*

Razemisierung s. Antipoden.

Razemkörper s. Antipoden.

Reaktanzspannung s. Wechselstromgrößen.

Reaktion s. Arbeitsprinzip.

Réaumursche Skale s. Temperaturskalen.

Redetechnik s. Stimmorgan.

Reduktionspotential s. Oxydation.

Reduziertes Auge s. Auge.

Reduzierte Breite s. Breite.

Reduzierte Größen s. Übereinstimmende Zustände.

Referenzellipsoid. Da das Geoid so komplizierte Krümmungsverhältnisse besitzt, daß dasselbe einer mathematischen Behandlung unzugänglich ist, ersetzt man es durch eine einfache geometrische Fläche, ein Rotationsellipsoid, von geeigneten Dimensionen. Auf diesem denkt man sich die Triangulierungsnetze ausgebreitet, und die Reduktion desselben wird mit den Krümmungsverhältnissen dieser Fläche durchgeführt. Die Fläche verläuft immer in der Nähe des Geoides und die Lage der Geoidpunkte wird dann auf diese Fläche bezogen. Sie ist also eine Bezugs- oder Referenzfläche. Die gebräuchlichste Bezugsfläche ist das Besselsche Erdellipsoid. *A. Prey.*

Näheres s. R. Helmert, Die mathem. und physikal. Theorien der höheren Geodäsie.

Reflektometer s. Lichtbrechung.

Reflektor s. Spiegelteleskop.

Reflexion des Lichtes. Allgemeines. Weißes Licht, d. h. Strahlen von allen Arten des sichtbaren Lichts enthaltendes Licht, das aus einem durchsichtigen Mittel auf einen durchsichtigen oder einen undurchsichtigen Körper auftrifft, wird an diesem teilweise oder, in seltenen Fällen **völlig** zurückgeworfen. Nur durch diesen optischen Vorgang wird die große Zahl der uns umgebenden nicht selbst leuchtenden Körper uns überhaupt sichtbar.

Werden von einem vom Lichte getroffenen Körper alle Wellenlängen des auffallenden Lichts in gleichem Verhältnisse zurückgeworfen, so erscheint er uns weiß, grau, oder schwarz; dagegen nennen wir einen Körper farbig, der einen Teil der auffallenden Strahlung stärker zurückwirft als den Rest; über die Lehre von den Farben s. u. „Farbe". — So erleidet also ein weißes Strahlenbüschel bei der Reflexion erhebliche Änderungen; aber auch ein einfarbiges aus „homogener Strahlung" bestehendes Strahlenbüschel verändert bei der Reflexion seine Beschaffenheit. Trifft ein solches auf ein zweites durchsichtiges Mittel von anderer Beschaffenheit, so spaltet es sich an der Grenze in zwei ungleiche Teile, die von der getroffenen Stelle aus sich mit plötzlich veränderter Richtung fortbewegen: der eine Teil dringt in das zweite Mittel ein und pflanzt in diesem in einer im allgemeinen neuen Richtung sich fort, — gebrochenes Licht, der andere Teil bleibt im ersten Mittel; er wird also in dieses zurückgeworfen — reflektiertes Licht. Von den Gesetzen, nach denen der gebrochene Strahl verläuft, handelt der Abschnitt Lichtbrechung (s. d.). Betrachtet man die Erscheinungen der Reflexion des Lichtes allgemeiner, so kann man zwei grundverschiedene Arten der Reflexion erkennen. Regelmäßige Reflexion findet statt, wenn alle Strahlen eines Büschels, die auf eine Trennungsfläche zweier Mittel auffallen, das Reflexionsgesetz: Einfallswinkel = Reflexionswinkel, befolgen; bei der regelmäßigen Reflexion kann man auch nach der Reflexion noch die Form der Lichtquelle erkennen oder sichtbar machen. Dagegen spricht man von diffuser Reflexion, wenn die Strahlen unregelmäßig zerstreut, d. h. unabhängig vom Einfallswinkel mehr oder weniger gleichförmig nach allen Seiten zurückgeworfen werden.

A. Regelmäßige Reflexion.

1. Reflexion an der ebenen Trennungsfläche zweier durchsichtiger Mittel. Errichtet man in dem Einfallspunkte des Strahles auf der Trennungsfläche den beiden Mittel das Lot, so liegen nach dem ersten Grundgesetze der Reflexion der einfallende Strahl, das Lot und der reflektierte Strahl in einer und derselben Ebene, der sogenannten Einfallsebene des Lichts. Der Winkel zwischen dem einfallenden Strahle und dem Lot heißt, wie oben erwähnt, der Einfallswinkel, derjenige zwischen dem reflektierten Strahle und dem Lote der Reflexionswinkel. Nach dem zweiten Grundgesetz der Reflexion ist der Einfallswinkel gleich dem Reflexionswinkel. Bei senkrechtem Einfall (Einfallswinkel = Reflexionswinkel = Null) kehrt der Strahl in sich selbst zurück, ein Fall, der

z. B. bei Interferenz-Meßinstrumenten, wie dem Fizeau-Abbeschen Dilatometer, dem Michelsonschen Interferometer und dem Interferenz-Komparator nach Kösters vorliegt. Der Einfallswinkel ist nahezu = Null an dem Spiegel aller Apparate mit Autokollimation (der Ablesefernrohre, Spektroskope, Interferometer), bei denen ein und dasselbe Fernrohr als Kollimator zur Erzeugung eines parallelstrahligen Büschels und als Beobachtungs- oder Meßfernrohr dient. Von der auf die ebene Trennungsfläche zweier durchsichtiger Mittel auffallenden Strahlung wird in der Regel nur ein Teil reflektiert, der andere dringt, wie oben erwähnt in das zweite Mittel ein. Die Richtungen des einfallenden und des gebrochenen Strahles, gemessen gegen das Einfallslot sind durch das Snelliussche Brechungsgesetz verbunden, in dem mit n_1 und n_2 die Brechungsquotienten des ersten und des zweiten Mittels, und mit i_1 der Einfallswinkel, mit i_2 der Brechungswinkel bezeichnet sind:

$$n_1 \sin i_1 = n_2 \sin i_2.$$

Ehe wir die Ergebnisse photometrischer Messungen des reflektierten Anteils betrachten, sei auf eine theoretische Ableitung derselben Größe hingewiesen. Nach Fresnels Theorie der Spiegelung und Brechung polarisiertem Lichts, die z. B. in Chwolsons Lehrbuch der Physik (Bd. II, Abt. 2, S. 712ff der von Gerhard Schmidt 1922 herausgegebenen 2. Auflage) knapp und verständlich dargestellt ist, ergibt sich der folgende Zusammenhang zwischen der Lichtintensität J des auffallenden und derjenigen (Jr) des reflektierten Strahles

$$(2) \quad J_r = J \cdot \tfrac{1}{2} \cdot \left\{ \frac{\sin^2 \left(i_1 - i_2 \right)}{\sin^2 \left(i_1 + i_2 \right)} + \frac{\operatorname{tg}^2 \left(i_1 - i_2 \right)}{\operatorname{tg}^2 \left(i_1 + i_2 \right)} \right\}.$$

In dem praktisch wichtigen Falle des senkrechten Einfalls ($i_1 = i_2 = 0$) des Lichtes auf die Trennungsfläche beider Mittel, wie er z. B. bei dem Durchgange des Lichts durch eine planparallele Fensterplatte, oder durch die erste und die letzte Fläche eines 90^0 Reflexionsprismas vorliegt, vereinfacht die Beziehung sich zu der Formel

$$(3) \quad J_r = J \left(\frac{n_1 - n_2}{n_1 + n_2} \right)^2 = J \cdot \left(\frac{n - 1}{n + 1} \right)^2,$$

worin für den üblichen Fall einer Glasplatte oder eines Glasprismas in Luft für den Brechungsindex der Luft der Wert 1, und für den auf Luft bezogenen Brechungsindex des Glases der Wert n gesetzt ist. Aus Gleichung 3 ergibt sich der Zusammenhang

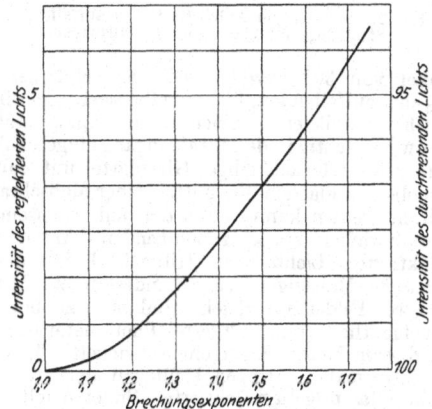

Fig. 1. Reflektierter Anteil (in %, der auffallenden Strahlung), abhängig vom Brechungsindex.

zwischen der Intensität des reflektierten Lichts und dem Brechungsindex bei senkrechtem Einfall auf eine polierte Fläche, wie er in Figur 1 dargestellt ist. Aus der Kurve kann man entnehmen, daß eine in Luft befindliche planparallele Platte vom Brechungsindex 1,5 von der auffallenden Strahlung $2 \times 4 = 8$ Prozent zurückwirft, bei einer Platte aus Flintglas von $n = 1,65$ ergibt sich der „Reflexionsverlust" zu 10%. Photometrische Messungen haben die theoretisch abgeleiteten Werte bestätigt. In zusammengesetzten optischen Instrumenten, z. B. in Prismenfeldstechern, wachsen die Reflexionsverluste mit der Zahl der reflektierenden Linsen- und Prismenflächen so an, daß sie bei der Konstruktion nicht vernachlässigt werden dürfen.

Erteilt man in Gleichung 2 dem Verhältnis der Brechungsquotienten $\frac{n_1}{n_2}$ den festen Wert 1,50, wie er z. B. dem Brechungsquotienten eines Prismenglases in Luft entspricht, und läßt den Einfallswinkel i_1 alle Werte von $0-80^0$ annehmen, so ergibt sich für die Abhängigkeit der Intensität des reflektierten Lichts vom Einfallswinkel die mittlere der drei Kurven in Figur 2. Bis zu einem Einfalls-

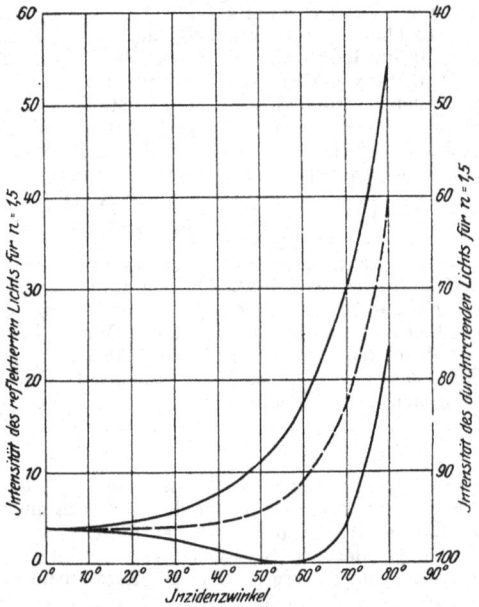

Fig. 2. Reflektierter Anteil (in $\%$ der auffallenden Strahlung), abhängig vom Einfallswinkel.

winkel von 30^0 werden rund vier, erst bei 45^0 5% des auffallenden Lichts reflektiert. In einem Büschel paralleler Strahlen ist eine planparallele oder wenn richtig in den Strahlengang eingeschaltet, auch eine schwachkeilige Glasplatte mit sauber auspolierten Flächen, die mittels einer Meßschraube gedreht werden kann, durch den mit wachsendem Einfallswinkel stark zunehmenden Anteil des reflektierten Lichtes ein Hilfsmittel für photometrische Messungen, zum mindesten ein Mittel, um zwei Felder auf gleiche Helligkeit zu bringen. Ein eigentliches eingebürgertes Photometer hat sich aus diesem Meßprinzip nicht entwickelt. Von der verhältnismäßig geringen Helligkeit der an unbelegten Glasspiegeln reflektierten Bilder macht man bei der Beobachtung sehr heller Lichtquellen Gebrauch, z. B. in astronomischen Fernrohren bei der Beobachtung der Sonne; eine unbelegte Platte reflektiert unter 45^0 etwa ein Zehntel der Intensität, eine zweite davon wieder ein Zehntel usf. So liefern also z. B. drei unbelegte richtig angeordnete Spiegel ein Bild, das auf ein Tausendstel der anfänglichen Helligkeit verdunkelt ist. Über die Verwendung des an der Oberfläche nahezu undurchsichtiger Flüssigkeiten, wie Sirup, Melasse, Teer, Erdöl, gespiegelten Lichts zur Messung von deren Lichtbrechung siehe diese.

2. Reflexion an Metallen. Man bezeichnet den reflektierten Anteil der senkrecht auf eine zu Hochglanz polierte, ebene Metallfläche fallenden Strahlung mit dem Namen Reflexionsvermögen, und zwar wird das Reflexionsvermögen in Prozenten der auffallenden Strahlung ausgedrückt. Während nach dieser Definition dem Kronglase ein Reflexionsvermögen $R = 4\%$ zukommt, liegen nach den Messungen von E. Hagen und H. Rubens für Metalle im sichtbaren Spektrum die Werte von R zwischen 30 und 95%. Über die Abhängigkeit des Reflexionsvermögens von der Wellenlänge gibt die Tabelle lehrreiche Auskunft:

Reflexionsvermögen einiger Metalle in Prozenten der auffallenden Strahlung. Zu der Tabelle S. 643 seien nur noch zwei Bemerkungen gemacht. Das Machsche Magnalium ist wegen seiner geringen Widerstandsfähigkeit gegen Wasser aus der Technik wieder verschwunden, was wegen seines hohen und in allen Spektralbereichen ziemlich gleichmäßigen Reflexionsvermögens sehr zu bedauern ist. Silber hat bei $\lambda = 316\ \mu\mu$ ein äußerst geringes Reflexionsvermögen; es kann geradezu als ideales monochromatisches Lichtfilter dienen und ist für astronomische Zwecke in der Tat so benutzt worden. Zwischen dem hohen Reflexionsvermögen massiver Metallspiegel und dem geringen des Glases lassen sich alle nur wünschenswerten Abstufungen herstellen in Form von spiegelnden Niederschlägen dünner Metallhäutchen auf Glasspiegeln; durch das Verfahren der Kathodenzerstäubung ist man in der Wahl der Metalle weniger beschränkt als früher.

Von erheblicher wissenschaftlicher Bedeutung sind diese „halbdurchlässigen" Versilberungen für die Erzeugung scharfer Interferenzringe im Michelsonschen und im Fabry-Perotschen Interferometer geworden, das u. a. zur Auswertung des Meters in Wellenlängen gedient hat. — Über Änderungen des Polarisationszustandes bei der Reflexion an Metallen s. Abschnitt 5.

3. Die Totalreflexion. Das Snelliussche Brechungsgesetz (s. o.) ordnet scheinbar jedem einfallenden Strahle einen gebrochenen zu. Dieser Satz gilt aber ohne die Einschränkung nur für den Übergang des Lichts aus einem Mittel geringerer Lichtbrechung in das höher brechende Mittel. Betrachten wir einen umgekehrt verlaufenden Strahl (Figur 3), und lassen dessen Einfallswinkel der Reihe nach die Werte i_1, i_2, i_3 usf. annehmen, so entsprechen, falls man dem Diagramme das Verhältnis $n_1 : n_2 = 1,50$, wie es z. B. beim Übergange von Licht aus einer Kronglasplatte in die Luft entspricht, zugrunde legt, den Einfallswinkeln angenähert die mit gleicher Nummer versehenen Brechungswinkel i_1', i_2', i_3' usf.; außerdem wird von jedem Strahle ein reflektierter Anteil abgespalten. Der Brechungswinkel $i_4' = 85^0$ ist bis auf 5^0 bereits an den größten möglichen Brechungswinkel (90^0) herangekommen. Für den letzteren schreibt sich die Gleichung sich wie folgt:

Das Reflexionsvermögen in Prozenten der auffallenden Strahlung.

Wellenlängen in $\mu\mu$	251	288	305	316	326	338	357	385	420	450	500	550	600	650	700	800
Silber (frisch)	34,1	21,2	9,1	4,2	14,6	55,5	74,5	81,4	86,6	90,5	91,3	92,7	92,6	93,5	94,6	96,3
Silber (alt)	17,6	14,5	11,2	5,1	8,0	41,1	55,7	65,0	73,0	81,1	83,9	85,0	86,3	88,6	–	91,6
Platin	33,8	38,8	39,8	–	41,4	–	43,4	45,4	51,8	54,7	58,4	61,1	64,2	66,3	69,0	70,3
Nickel	37,8	42,7	44,2	–	45,2	46,5	48,8	49,6	56,6	59,4	60,8	62,6	64,9	65,9	68,8	69,6
Stahl (ungehärtet)	32,9	35,0	37,2	–	40,3	–	45,0	47,8	51,9	54,4	54,8	54,9	55,4	55,9	57,6	58,0
Gold	38,8	34,0	31,8	–	28,6	–	27,9	27,1	29,3	33,1	47,0	74,0	84,4	88,9	92,3	94,9
Reinstes Handelskupfer	25,9	24,3	25,3	–	24,9	–	27,3	28,6	32,7	37,0	43,7	47,7	71,8	80,0	83,4	88,6
Rossesche (Brashearsche) Legierung 68,2 Cu + 31,8 Sn	29,9	37,7	41,7	–	–	–	51,0	53,1	56,4	60,0	63,2	64,0	64,3	65,6	66,8	71,5
Schroedersche Legierung Er. 1 66 Cu + 22 Sn + 12 Zn	40,1	48,4	49,8	–	54,3	–	56,6	60,0	62,2	62,6	62,5	63,4	64,2	65,1	67,2	71,5
Machsches Magnalium 69 Al + 31 Hg	67,0	70,6	72,2	–	75,5	–	81,2	83,9	83,3	83,4	83,3	82,7	83,0	82,1	83,3	84,3
BrandesSchünsmannsche Legierung 41 Cu + 26 Ni + 24 Sn + 8 Fe + 1 Sb	35,8	37,1	37,2		39,3	–	43,3	44,3	47,2	49,2	49,3	48,3	47,5	49,7	54,9	63,1

(4) $n_1 \cdot \sin i_5 = r_2 \cdot \sin 90^\circ = n_2 \cdot 1$ oder, nach i_5 aufgelöst,

(5) $\qquad \sin e = \sin i_5 = \dfrac{n_2}{n_1} = \dfrac{1}{1{,}50} = 0{,}6667,$

d. h. es ist $e = 41^\circ\ 48'$. Dieser ausgezeichnete Wert e des Einfallswinkels führt den Namen Grenzwinkel der totalen Reflexion, da allen Strahlen, die unter einem größeren Winkel als dem genannten Grenzwerte einfallen, das Brechungsgesetz keinen gebrochenen Strahl zuordnen kann, mit andern

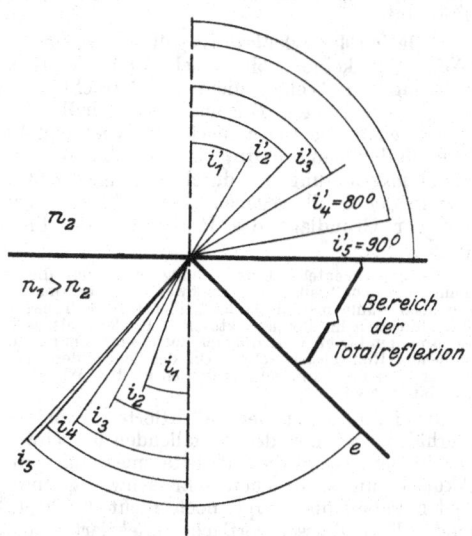

Fig. 3. Übergang des Lichts aus dem optisch dichteren Mittel (n_1) in das optisch dünnere (n_2); i_1 wird nach i_1' gebrochen usf.; der nach dem Mittel n_1 reflektierte Anteil ist zur Übersicht nicht gezeichnet. Nur für den Strahl i_5, dem der streifend austretende Strahl $i_5' = 90^\circ$ entspricht, ist der reflektierte „Grenzstrahl" e gezeichnet.

Worten, da alle diese Strahlen mit ihrer vollen Intensität in das Mittel 1 zurückgeworfen, „total" reflektiert werden.

Wie Gleichung 5 lehrt, hängt der Wert des Grenzwinkels e von dem relativen Brechungsindex des Mittels 1 gegen das Mittel 2 ab; der in dem Beispiele berechnete Winkelwert gilt daher nur für diejenige Wellenlänge, bei der $\dfrac{n_1}{n_2}$ gerade = 1,50 ist. Für jede andere Farbe hat aber dieses Verhältnis und somit der Grenzwinkel einen etwas anderen Wert. Um die Erscheinung der Totalreflexion sichtbar zu machen, muß man Strahlenbüschel von endlicher Ausdehnung benutzen, die ausreicht, um die Pupille des Auges des Beobachters mit dem totalreflektierten Lichte zu erfüllen; nach den Erfahrungen von C. Pulfrich muß die reflektierende, eben geschliffene und polierte Fläche des Objekts (Kristallsplitter) mindestens $1/2$ qmm groß sein. Dann reicht der Durchmesser des vergrößerten Bildes, das vom Kristalle durch das Okular des verkleinernden Fernrohres des Abbe-Pulfrichschen Kristallrefraktometers in der Austrittspupille entworfen wird, aus, um die Pupille des Beobachters auszufüllen und man erblickt eine Grenzlinie von überraschender Schärfe. Um die Entstehung einer Grenzlinie zu erklären, genügt es nicht, von einem Einfallspunkte mit seinem Grenzstrahle zu allen anderen der gezeichneten Trennungslinie zwischen den beiden Mitteln überzugehen und dann eine Anzahl Ebenen parallel der Zeichnungsebene auf diese geschichtet sich vorzustellen, so daß man von der Trennungslinie zu einer ebenen, endlich ausgedehnten Trennungsfläche der beiden Mittel, und zu einem räumlichen Büschel paralleler Grenzstrahlen gelangt, die alle denselben Winkel e mit der Normalen der Trennungsfläche bilden, aber auch der Ebene der Zeichnung parallel sind. Denn ein solches Strahlenbüschel liefert in der Brennebene des Beobachtungsfernrohres nur einen Punkt. Man muß vielmehr bedenken, daß die Gesamtheit aller von einem Einfallspunkte ausgehenden Strahlen, die mit der im Einfallspunkte errichteten Normalen denselben (Grenz-) Winkel bilden, auf einem Kegelmantel liegen, d. h. eine zweifache Mannigfaltigkeit bilden; erst deren Bild ist eine bei genügend großem Gesichtsfeld des abbildenden Objektivs geschlossene Grenzkurve, von der freilich ein Fernrohr in den Refraktometern immer nur einen Teil zeigen kann. Die Grenzkurven eignen sich durchaus zur Projektion und zur Veranschaulichung der Doppelbrechung sowie des Polarisationszustandes der einzelnen Grenzkurven von Kristallen. Auf den in Gleichung 5 ausgedrückten Zusammenhang zwischen dem Grenzwinkel e und dem Verhältnisse $n_1 : n_2$ der Brechungsquotienten der beiden sich berührenden Mittel hat E. Abbe die Konstruktion einer Gruppe von optischen Meßinstrumenten zur Bestimmung der Lichtbrechung und Farbenzerstreuung fester und flüssiger Körper gegründet, die im Laufe von 25 Jahren sich eine große Bedeutung

41*

errungen haben, es sind die technischen Refraktometer (s. u. Lichtbrechung).

Die Theorie der Totalreflexion behandelt auf
Grund eigener Studien P. Drude in Kapitel II
seines Lehrbuches der Optik.

4. Polarisation des Lichts bei der Reflexion. Denkt man sich mit Fresnel gewöhnliches Licht aus gleichen Mengen von in zwei aufeinander senkrechten Ebenen polarisierten Lichte
bestehend, so bleibt
das Verhältnis der
Mengen der beiden
Lichtarten bei der Re-
flexion an einer ebenen
Oberfläche eines iso-
tropen Körpers nicht
ungeändert. Der Grad
dieser Änderung hängt
von dem Einfallswinkel
des Lichts ab. Es gibt
einen bestimmten Ein-
fallswinkel, bei dem
nach Brewster der re-
flektierte Strahl nach
der Einfallsebene vollständig polarisiert ist, d. h.

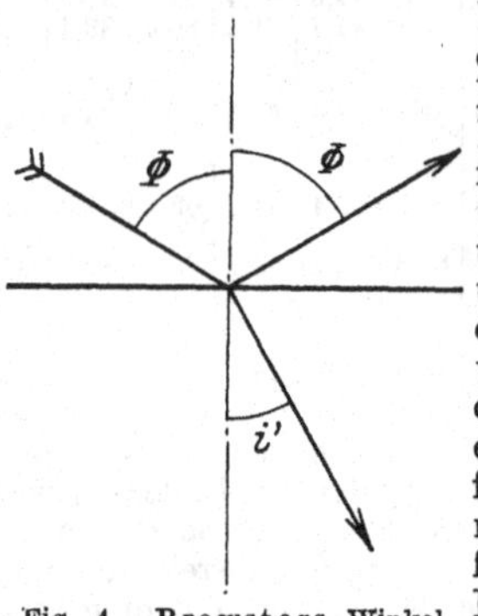

Fig. 4. Brewsters Winkel
der totalen Polarisation: der
reflektierte Strahl steht senkrecht auf dem gebrochenen.

nur in einer der Ebene
des Spiegels parallelen
Ebene schwingt; dies
hindert jedoch nicht, daß ein Teil des Lichts nach
dem Brechungsgesetze in den reflektierenden Körper
eindringt; dagegen können bei diesem besonderen
Einfallswinkel Schwingungen, die in der Einfallsebene selbst erfolgen, gar nicht reflektiert werden,
sie werden alle gebrochen. Fig. 4.

Der besondere Einfallswinkel Φ ist bestimmt
durch die Gleichung tg Φ = n und heißt der Winkel
der totalen Polarisation.

Aus der Rechnung:

$$(6) \qquad \sin \Phi = n \sin i_1{}' ; n = \text{tg } \Phi$$
$$\sin \Phi = \text{tg } \Phi \cdot \sin i_1{}'$$
$$1 = \frac{\sin i_1{}'}{\cos \Phi} \text{ ergibt sich}$$
$$\sin i_1{}' = \cos \Phi, \text{ d. h.}$$
$$(7) \qquad i_1{}' = 90^0 - \Phi$$

in Worten: der reflektierte Strahl steht auf dem
gebrochenen senkrecht.

Die soeben erwähnten Vorgänge bei der Reflexion
des Lichts werden in zweierlei Weise nutzbar
gemacht. Nörrenberg benutzt die Erscheinung,
um aus gewöhnlichem Lichte, das er unter dem
Winkel der totalen Polarisation auf Glasspiegel
fallen läßt, polarisiertes auszusondern (s. u. Polarisation des Lichts). Ferner ist die Tatsache verwertet worden, daß Licht, das senkrecht zur Einfallsebene polarisiert ist, also in der Einfallsebene
schwingt und das unter dem Einfallswinkel Φ auf
eine ebene Oberfläche trifft, überhaupt nicht reflektiert wird, sondern ohne Reflexionsverlust gebrochen wird. Diese Eigenschaft des Lichts gibt
die Möglichkeit, bei Spektroskopkonstruktionen
mit mehreren Prismen die Reflexionsverluste durch
Spiegelung an den Prismenflächen fast völlig zu
vermeiden, während sonst die Steigerung der Dispersion mit dem stark wachsenden Reflexionsverlusten teuer erkauft wird.

5. Unregelmäßige Reflexion. Hat ein Körper eine rauhe Oberfläche, so tritt an dieser keine
Spiegelung des Lichtes ein, sondern sogenannte
diffuse Reflexion. Den theoretischen Ableitungen
liegt die Voraussetzung einer „vollkommen rauhen"
Oberfläche zugrunde, die das auf sie fallende Licht
nach allen Seiten gleichmäßig verteilt. Mannigfache Experimentaluntersuchungen haben jedoch
erwiesen, daß auch die besten matten Flächen, wie
mattgeschliffenes Milchglas, Niederschlag von Magnesiumoxyd, gerauhter Gipsguß nicht vollkommen
rauh sind. Es ist nämlich bei senkrechtem oder
wenigstens steilem Einfalle des Lichts der beobachtete reflektierte Bruchteil kleiner als der errechnete,
und bei schrägem Einfalle erheblich größer als der
von der Theorie geforderte. Praktisch ist selbst
mit dem Begriffe der Albedo, der „Weiße" einer
Fläche, einer Konstanten, die angeben soll, welcher
Bruchteil der auffallenden Intensität von einer
diffus reflektierenden Fläche zurückgeworfen wird,
nicht viel anzufangen. Sehr erwünscht wäre für
photometrische Messungen eine leicht herstellbare
und leicht zu reinigende Fläche von absolut gleichmäßiger Zerstreuung des Lichtes; diesem Ideale
kommt eine mit verbrennendem Magnesiumdraht
„berußte" Fläche am nächsten, aber auch nur,
wenn dabei bestimmte Vorschriften eingehalten
werden. Außerordentlich hohes Reflexionsvermögen, allerdings verbunden mit recht geringer
seitlicher Streuung des Lichts, haben Flächen, die
mit Aluminiumbronze gestrichen sind; sie dienen
als Projektionswände für lichtschwache Erscheinungen, zur Projektion von Polarisationserscheinungen, Lumièreaufnahmen und mikroskopischen
Präparaten.   F. Löwe.

Reflexion des Schalles. Es gelten hier, soweit der
Wellentyp keine Rolle spielt und die Größenordnung der Wellen nicht in Betracht kommt,
ebenso wie bei der Brechung des Schalles (s. d.)
die gleichen Theorien und Gesetze wie beim Licht.
Die Reflexionsrichtung ist — ebenso wie die
Brechungsrichtung — durch das gleiche Gesetz
wie in der Optik gegeben. Die Erklärung erfolgt
auf der Grundlage des Huygensschen Prinzips
(s. d.).

Die experimentelle Untersuchung ist durch die große
Länge der Schallwellen sehr erschwert. Für Laboratoriums-
versuche wählt man deshalb möglichst hohe Töne; z. B.
das Uhrticken im Brennpunkte eines Hohlspiegels, während
im Brennpunkte eines in größerer Entfernung ihm gegenüberstehenden Hohlspiegels sich das Ohr des Beobachters befindet.
Dieser Versuch erläutert gleichzeitig die Wirkung der
„Flüstergewölbe".

Die Intensität des reflektierten Schalles im
Verhältnis zu der des auffallenden ist schwer zu
bestimmen, zumal die Intensitätsmessungen in der
Akustik an sich schon sehr schwierig und in
vielen Fällen überhaupt noch nicht durchführbar
sind. Eine Wasseroberfläche reflektiert fast vollkommen, Kork etwa 92% und Tuch, auch bei
längeren Wellen, weniger als 80%.

Reflexion findet nicht nur an festen und flüssigen
Wänden statt, sondern auch an der Grenzschicht
zweier verschiedener gasförmiger Medien. Schöne
Versuche hierüber rühren von Tyndall her, der
mit Hilfe einer empfindlichen Flamme (s. d.) die
Reflexion des Schalles an heißen Luftschichten
u. dgl. zeigte. Auch in der freien Atmosphäre
kommen vielfach Schallreflexionen vor. So kann
ein Geräusch, welches unter normalen Verhältnissen
an einer bestimmten Stelle gut hörbar sein müßte,
durch „akustische Wolken" an dieser Stelle
unhörbar werden (z. B. Fliegergeräusch), oder es
können durch Reflexionen an akustischen Wolken
Echos (s. d.) erzeugt werden.

Wird eine Schallwelle in einem Rohre entlang geleitet, so wird sie am Ende desselben reflektiert, gleichgültig, ob dasselbe geschlossen oder offen ist. Eine Verdichtung wird am geschlossenen Ende als Verdichtung, am offenen Ende als Verdünnung reflektiert. Wird das vorher offene Ende mit Watte verstopft, so findet nur noch sehr geringe Reflexion statt (s. auch Absorption des Schalles).

Über „selektive" Reflexion s. Echo.

E. Waetzmann.

Näheres s. jedes größere Lehrbuch der Akustik.

Reflexionsprismen s. Reflexion des Lichtes.

Reflexionstöne nennt man erstens Töne, welche dadurch zustande kommen, daß von einem Schallimpulse mehrere Reflexionswellen in regelmäßigen Zeitabständen von passender Größe zu dem Ohre des Beobachters gelangen. Wird z. B. in der Nähe eines Gitters ein Knall erzeugt, so wird der Schall von jedem Gitterstabe reflektiert, und es resultiert ein Ton, dessen Höhe von dem Abstande der Gitterstäbe, dem Orte des Knalles und der Stellung des Beobachters relativ zum Gitter abhängt. Sehr schön sind diese Töne zuweilen zu beobachten, wenn man in der Nähe eines Zaunes oder einer Treppe scharf mit dem Stiefel auftritt („pfeifendes" oder „flötendes" Echo, s. d.).

Zweitens werden als Reflexionstöne Töne bezeichnet, welche man aus einem allgemeinen Geräusch (z. B. dem Plätschern eines Springbrunnens) heraushört, sobald man sich einer reflektierenden Wand nähert. Diese Töne sind in dem Geräusch bereits enthalten, werden aber erst dann für sich hörbar, wenn sich in der Nähe eine reflektierende Wand befindet, so daß sich stehende Wellen ausbilden. Wird nun das Ohr in einen Bauch der Druckschwankungen der stehenden Welle gebracht, so tritt der betreffende Ton aus dem Geräusch deutlich hervor. Nähert man das Ohr allmählich der Wand, so wird der Ton abwechselnd lauter und leiser, bzw. verschwindet an den Knotenstellen der Erregung völlig.

E. Waetzmann.

Näheres s. J. J. Oppel, Pogg. Ann. **94**, 1855.

Reflexions-, Durchlässigkeits- und Absorptionsvermögen. 1. Definitionen. Wenn auf einen Körper, z. B. in Gestalt einer planparallelen Platte, ein schmales, paralleles Bündel homogener oder gemischter Strahlen auffällt, so können folgende Fälle eintreten. Von dem auffallenden Bündel, genauer ausgedrückt von dem auffallenden Energiestrom (Energie pro Zeiteinheit, s. „Energiestrom") wird

der Bruchteil R *regelmäßig reflektiert* (gespiegelt),

der Bruchteil M nach allen Seiten zerstreut, wie wenn die Vorderseite selbst strahlte, d. h. *diffus reflektiert,*

der Bruchteil D *regelmäßig,* T *diffus durchgelassen,*

der Bruchteil A vom Körper *absorbiert* und in andere Energieformen (z. B. Wärme, elektrische Energie) verwandelt. Durch diese Absorption und Umwandlung entstehen die verschiedenen Wirkungen der Strahlung.

Im folgenden wollen wir uns nur mit solchen Körpern beschäftigen, welche die Strahlung durch Absorption in *Wärme* überführen.

Wir nennen nun:

R und M das *regelmäßige* bzw. *diffuse Reflexionsvermögen* des Körpers,

D und T sin *regelmäßiges* bzw. *diffuses Durchlässigkeitsvermögen,*

A sein *Absorptionsvermögen.*

Nach dem Gesetz von der Erhaltung der Energie ist

$$(1) \qquad R+M+D+T+A = 1.$$

Mithin läßt sich A stets berechnen aus

$$(2) \qquad A = 1-(R+M+D+T).$$

Ist der Körper so dick, daß er alle eindringenden Strahlen absorbiert, so ist $D = T = 0$, demnach

$$(3) \qquad A = 1 - (R+M).$$

Im folgenden soll für eine auffallende homogene Strahlung von der Wellenlänge λ zu den Größen R, M..... noch der Index λ hinzugefügt werden.

Die Größen R, M... sind ihrer Definition nach energetische (objektive) und deshalb als **energetische Vermögen** zu bezeichnen. Sie lassen sich in allen Fällen (für homogene und gemischte Strahlung) mittels Thermosäule, Bolometer, Radiomikrometer, Radiometer bestimmen. Denn diese vier Apparate sind objektive Strahlungsmesser im eigentlichen Sinne, da sie mit (nahezu) schwarzen Auffangeflächen versehen sind, demnach alle auffallenden Wellenlängen (nahezu) absorbieren und in Wärme verwandeln.

Wenn die auffallende Strahlung homogen ist, kann man die Größen R, M.... für das Wellenlängengebiet von etwa 250 bis etwa 620 $\mu\mu$ auch mit der lichtelektrischen Alkalizelle, für das sichtbare Gebiet auch mit dem Auge, also unter Benutzung eines Photometers, richtig messen.

Ist die Strahlung eine gemischte, z. B. sog. weißes Licht, so liefern Zelle und Auge — abgesehen von Ausnahmefällen, z. B. wenn der auf Reflexion usw. zu untersuchende Körper vollkommen grau ist — Werte, die nicht mit den unter Benutzung der vier eigentlichen Strahlungsmesser ermittelten Werten, also nicht mit den energetischen Vermögen übereinstimmen. Die mit der Zelle gefundenen Werte haben für eine gemischte Strahlung keine photometrische Bedeutung; die mittels des Auges gefundenen Werte — wir wollen sie die **photometrischen Vermögen** nennen — sind diejenigen Werte, die man mittels der vier eigentlichen Strahlungsmesser finden würde, wenn man in den Strahlengang ein Filter schalten würde, dessen regelmäßiges Durchlässigkeitsvermögen für jede Wellenlänge der Zapfenempfindlichkeit für diese Wellenlänge gleich (oder doch proportional) ist. (S. „Energetisch-photometrische Beziehungen", Nr. 1 und „Photometrie, objektive", Nr. 3). Die photometrische Methode ist einfacher und genauer als die energetische. Wegen Berechnung des photometrischen Durchlässigkeitsvermögens einer farbigen Glasplatte s. „Energetisch-photometrische Beziehungen", Nr. 4.

2. Reflexion. Ein Körper reflektiert um so regelmäßiger, je glatter, und um so mehr diffus, je rauher (matter) seine Oberfläche ist. Bei einem vollkommen glatten Körper, ist für alle Wellenlängen λ $M_\lambda = 0$, bei einem vollkommen matten Körper ist $R_\lambda = 0$. Ein vollkommen matter Körper, welcher alle Wellenlängen in gleichem Maße reflektiert ($M_\lambda = $ const.), heißt je nach dem größeren oder geringeren Grade seiner Reflexionsfähigkeit weiß oder grau; er heißt nach Kirchhoff schwarz, wenn er alle Wellenlängen vollständig absorbiert ($M_\lambda = 0$). Ein selektiv diffus reflektierender Körper heißt gefärbt oder farbig (M_λ mit λ veränderlich).

Hinreichende Dicke vorausgesetzt, ist gemäß Gleichung 3 das Absorptionsvermögen eines vollkommen glatten Körpers $A_\lambda = 1 - R_\lambda$, das eines vollkommen matten $A_\lambda = 1 - M_\lambda$. A_λ ist also für einen vollkommen weißen Körper ($M_\lambda = 1$) gleich 0, für einen schwarzen Körper gleich 1.

Ein schwarzer Körper läßt sich nach Lummer und Wien durch einen gleichmäßig temperierten, mit einer kleinen Öffnung versehenen Hohlraum verwirklichen.

Über die physikalischen Gesetze und die photometrischen Werte des schwarzen und grauen Körpers s. „Energetisch-photometrische Beziehungen", Nr. 2 und 3.

Gips, Überzüge von Magnesia, Bariumsulfat sind (nahezu) weiße, gut diffus reflektierende Substanzen. Sie eignen sich deshalb sehr gut als Material für Photometerschirme. Lambert bezeichnet die Größe M bei senkrechtem Einfall als *Albedo*. Nach Sumpner ist die Albedo für eine weiße Wand gleich 0,80, für eine gelbe bzw. blaue Tapete gleich 0,40 bzw. 0,25. Bloch untersuchte verschiedene Deckenanstriche; beispielsweise fand er M für Lithopone (rein) und Zinkweiß (rein) zu 0,75, für Schlemmkreide mit Umbra (dunkel) zu 0,40. Wenn auf eine mit Lithopone bestrichene Decke ein Lichtstrom von 4000 Lumen auffällt, so werden also 3000 Lumen nach unten geworfen, während 1000 Lumen von der Decke verschluckt (absorbiert) werden.

3. Durchlässigkeit. Ein Körper heißt undurchsichtig, wenn er keine Lichtstrahlen durchläßt; für ihn ist, bezogen auf Lichtstrahlen, $D = T = o$.

Einen Körper nennt man durchsichtig oder durchscheinend, je nachdem er die Form der dahinter liegenden Gegenstände scharf erkennen oder überhaupt nicht erkennen läßt. Für einen durchsichtigen Körper ist T, für einen durchscheinenden D nahezu gleich Null. Ein durchscheinender Körper enthält in gewöhnlich durchsichtiger Masse Teilchen anderer optischer Beschaffenheit (trübende Teilchen), welche das auffallende Licht diffus reflektieren.

Ein alle Wellenlängen gleich stark durchlassender durchsichtiger Körper heißt je nach dem Grade der Durchlässigkeit farblos oder grau; ein ebensolcher durchscheinender Körper heißt weiß oder grau. Selektive durchsichtige und durchscheinende Körper werden gefärbt genannt.

Graue Gläser, sog. Rauchgläser, werden zuweilen zur Lichtschwächung, farbige durchsichtige Gläser zur Verminderung des Unterschiedes in der Färbung der Vergleichsfelder (s. „Photometrie verschiedenfarbiger Lichtquellen" B1) gebraucht. Durchscheinende Substanzen, wie z. B. Milchglas, Opalglas, Albatrin werden vielfach als Glockenmaterial zur Abschwächung zu großer Flächenhellen, Milchglas und Albatrin, obgleich sie sich etwas selektiv verhalten, außerdem noch als Material für Photometerschirme (L. Weber, Blondel) verwandt. *Liebenthal.*

Näheres s. Liebenthal, Prakt. Photometrie, Braunschweig. Vieweg & Sohn, 1907.

Reflexionsvermögen. Fällt auf einen Körper Strahlungsenergie auf, so nennt man das Reflexionsvermögen des betreffenden Körpers die von ihm von 100 Einheiten auffallender Energie zurückgeworfene Strahlung. Erfolgt die Reflexion nach den Gesetzen der Spiegelung, so heißt sie reguläre Reflexion. Eine Reflexion nach allen möglichen Richtungen heißt diffus oder auch „Zerstreuung". Vollkommen diffuse Reflexion geben „rauhe" Oberflächen, wobei die Rauhigkeit (Unebenheit) groß im Vergleich zur Wellenlänge sein muß. Gepreßte Pulver reflektieren Lichtstrahlen diffus, langwellige Wärmestrahlen aber regulär. Von besonderem Interesse ist das Reflexionsvermögen geschwärzter Oberflächen, welches bei der quantitativen Messung von Strahlung, welche vollständige Absorption der Strahlung verlangt, bekannt sein muß. Platinmoor (s. d.) reflektiert weniger als Ruß: Die Tabellen geben die Abhängigkeit von Wellenlänge und Schichtdicke.

Wellenlänge		Dünne Schicht in 3 Min. Elektrolyse niedergeschlagen	Dicke Schicht in 15 Min. Elektrolyse niedergeschlagen
0,8 μ	Reflexion in %	0,33	0,12
8,7 μ		2,82	0,56
25,5 μ		3,78	0,93
51,0 μ		4,00	1,1

Ruß von etwa 0,2 mm Schichtdicke reflektiert etwa so stark wie die dicke Moorschicht. Neuere Untersuchungen s. H. Rubens und K. Hofmann, Berl. Ber. 1922. *Gerlach.*

Refraktion (astronomische Strahlenbrechung) heißt die Krümmung, welche die Lichtstrahlen in der Erdatmosphäre beim kontinuierlichen Übergang aus den äußeren Schichten geringerer zu den inne-

ren Schichten größerer Dichte erfahren, im speziellen Sinne der Winkel zwischen der beobachteten und der ursprünglichen Richtung des Strahles. Die Refraktionskurve ist konvex zur Erdoberfläche; die Lichtquelle wird in der Richtung der Tangente im Endpunkt der Kurve beobachtet, also in größerer Höhe über dem Horizont; die *scheinbare* ist kleiner als die *wahre* Zenithdistanz.

In der Theorie der Refraktion wird vorausgesetzt, daß die Flächen gleicher Dichte der Erdatmosphäre konzentrische Kugeln sind. Die Einfallslote auf den Grenzflächen der Schichten verschiedener Dichte gehen demnach sämtlich durch den Erdmittelpunkt, der Weg des Lichtstrahls verläuft also in einer Vertikalebene des Beobachtungsortes. An der Grenze der Schichten mit den Brechungsindizes μ und $\mu + d\mu$ findet die Brechung nach dem Snelliusschen Gesetze so statt, daß

$$\mu \sin i = (\mu + d\mu) \sin (i - d i),$$

wenn i den Winkel zwischen dem Strahl und dem Einfallslot vor der Brechung, $i - di$ den entsprechenden Winkel nach der Brechung bezeichnet. Für die Elementarrefraktion $dR = di$ ergibt sich daraus der Wert

$$dR = \operatorname{tg} i \cdot \frac{d\mu}{\mu}.$$

Den Gesamtbetrag der Refraktion innerhalb der Atmosphäre gibt, da die Refraktionskurve eben ist, das Integral

$$R = \int_{\mu_H}^{\mu_0} \operatorname{tg} i \cdot \frac{d\mu}{\mu};$$

die Grenzen der Integration sind die Werte der Luftdichte an der Beobachtungsstelle (Erdoberfläche) und an der Grenze der Atmosphäre.

Das Produkt $r\mu \sin i$ (r = Entfernung vom Erdmittelpunkt) hat an jeder Stelle des Lichtstrahls denselben Wert. Am Beobachtungsorte ist der Einfallswinkel i die scheinbare Zenithdistanz z. Ist hier die Entfernung vom Erdmittelpunkt a, so kann durch die Beziehung

$$r \mu \sin i = a \mu_0 \sin z,$$

der mit μ variable Einfallswinkel i durch seinen Endwert z und r ersetzt werden. Das Refraktionsintegral erhält dadurch die Form:

$$R = \frac{\frac{\mu_0 a}{\mu r} \cdot \sin z}{\sqrt{1 - \left(\frac{\mu_0 a}{\mu r} \sin z\right)^2}} \cdot \frac{d\mu}{\mu}.$$

Der Brechungsindex wird durch die Laplacesche Beziehung

$$\mu^2 - 1 = 2 c \delta$$

mit der Luftdichte δ verbunden. Das Verhältnis der Dichte δ zur Dichte δ_0 an der Erdoberfläche (r = a) wird mit x bezeichnet:

$$x = \frac{\delta}{\delta_0},$$

das Verhältnis der Höhe über der Erdoberfläche h zur Entfernung vom Erdmittelpunkt mit s:

$$s = \frac{h}{a + h} = \frac{r - a}{r}.$$

Als Refraktionskonstante wird der Ausdruck

$$\alpha = \frac{c \delta_0}{1 + 2 c \delta_0} = \frac{\mu_0^2 - 1}{2 \mu_0^2}$$

eingeführt. So entsteht die endgültige Form des Refraktionsintegrals:

$$R = \int_{x_H}^{1} \frac{1-s}{1-2\,\alpha\,(1-x)} \cdot \frac{\sin z}{\sqrt{\cos^2 z - 2\,\alpha\,(1-x) + (2\,s - s^2)\,\sin^2 z}}\,dx.$$

Ohne die durch die Beobachtungsmöglichkeit gegebene Genauigkeitsgrenze zu überschreiten, kann man die Vereinfachung zulassen:

$$R = \int_{x_H}^{1} \frac{1-s}{1-2\,\alpha} \cdot \frac{\sin z}{\sqrt{\cos^2 z - 2\,\alpha\,(1-x) + 2\,s \cdot \sin^2 z}}\,dx.$$

Die Refraktionskonstante α hängt von der Temperatur und dem Druck der Luft am Beobachtungsorte ab. Bezieht sich α_0 auf die Temperatur 0^0 und den Druck 760 mm, $\alpha_{t,B}$ auf die Temperatur t^0 und den Luftdruck B mm, so ist die Abhängigkeit gegeben durch

$$\alpha_{t,B} = \alpha_0 \cdot \frac{B}{760} \cdot \frac{1}{1 + \frac{t}{273}}.$$

Der Wert des Refraktionsintegrals ist eine Funktion der scheinbaren Zenithdistanz z, das ausgeführte Integral stellt sich infolgedessen als Potenzreihe einer Funktion von z dar. Ohne weitere Voraussetzung läßt sich eine nach ungeraden Potenzen von tg z fortschreitende Entwicklung geben, in der man bis z = 75° mit den tg z und tg³ z enthaltenden Gliedern auskommt, deren Koeffizienten nur von den geographischen und meteorologischen Daten des Beobachtungsortes abhängen. Die Koeffizienten der für größere Zenithdistanzen nötigen höheren Potenzen lassen sich nur unter bestimmten Annahmen über die Konstitution der Atmosphäre berechnen. In der Radauschen Theorie der Refraktion wird eine lineare Beziehung zwischen der Abnahme der Dichte und der Abnahme der Temperatur (mit zunehmender Höhe) angenommen und durch ihre Verbindung mit den bekannten Beziehungen zwischen Temperatur und Druck (Gay Lussac - Mariottesches Gesetz) und zwischen Druck und Höhe (aerostatisches Gleichgewicht) statt der Dichte die Höhe in das Integral eingeführt. An die Stelle des Luftdrucks p tritt der Ausdruck $p - \frac{3}{8}\pi$, wenn der in der Luft enthaltene Wasserdampf den Dampfdruck π ausübt. Auf der Radauschen Theorie beruhen die Refraktionstafeln von de Ball; für die Refraktionskonstante (die als bestimmender Faktor im Hauptglied der Reihe auftritt) wird der von Bauschinger aus astronomischen Beobachtungen bestimmte, für die Temperatur 0^0, den Druck 760 mm und den Dampfdruck 6 mm geltende Wert 0·000 291 6 oder 60″·15 angenommen. Wie alle bisher versuchten Hypothesen entspricht auch die von Radau benutzte nicht den wirklichen Verhältnissen in der Erdatmosphäre. Ein möglicher Weg wäre, auf jede Hypothese zu verzichten und die durch Ballon- und Drachenaufstiege beobachteten meteorologischen Daten für jede Höhe einzuführen. Die Integrale müßten dann durch mechanische Quadratur gelöst werden.

Außer für sehr große Zenithdistanzen, wo astronomische Messungen durch die Luftunruhe sehr unsicher gemacht werden, herrscht jedoch eine hinreichende Übereinstimmung zwischen errechneten und beobachteten Refraktionswerten. Eine weit größere Rolle als eine unzutreffende Annahme über den mittleren Zustand der Atmosphäre spielen die zufälligen und veränderlichen Schwankungen ihres wirklichen Zustandes, die sich im Flackern des Sternlichtes (Szintillation) zeigen oder auch für Sekunden oder Minuten den scheinbaren Sternort verschieben können (Refraktionsanomalien). Besondere Aufmerksamkeit muß der Brechung gewidmet werden, die an der Grenze des Beobachtungsraumes auftritt, wenn innere und äußere Luft nicht dieselbe Temperatur haben (Saalrefraktion).

Die Abhängigkeit des Brechungsindex und damit der Refraktion von der Wellenlänge des Lichtes macht sich nur in der Nähe des Horizontes bemerkbar, wo die Bilder der Sterne in kurze Spektren ausgezogen erscheinen (atmosphärische Dispersion).

Die mittleren Refraktionswerte R der Tabelle gelten für die unter z angegebene scheinbare Zenithdistanz und für den Luftdruck 760 mm, den Dampfdruck 6 mm und die Lufttemperatur 0^0 (am Beobachtungsorte).

z	R	z	R
0^0	0′ 0″·0	50^0	1′ 11″·5
10^0	0 10·6	60^0	1 43·8
20^0	0 21·9	70^0	2 43·8
30^0	0 34·7	80^0	5 29·9
40^0	0 50·4	90^0	36 34·4

W. Kruse.

Näheres s. Enzyklopädie der mathematischen Wissenschaften. Band VI 2, Heft 2.

Refraktometer s. Lichtbrechung.

Refraktor bedeutet Linsenfernrohr (im Gegensatz zu Spiegelfernrohr). Astronomisch heißt Refraktor aber nur ein fest aufgestelltes, parallaktisch montiertes, d. h. um 2 Achsen bewegliches Fernrohr, bei dem die ruhende Achse nach dem Himmelspol weist und Stundenachse genannt wird, während die bewegliche Deklinationsachse heißt und parallel zum Äquator liegt. Die Stundenachse wird im allgemeinen durch ein Uhrwerk angetrieben und so das Fernrohr der täglichen Bewegung der Sterne nachgeführt. (Über die optische Einrichtung des Fernrohres s. unter Fernrohr.) Es gibt verschiedene Aufstellungen der Refraktoren. Bei der sog. deutschen Montierung (Fig. 1) ruht die nach dem Pol weisende Stundenachse a in zwei

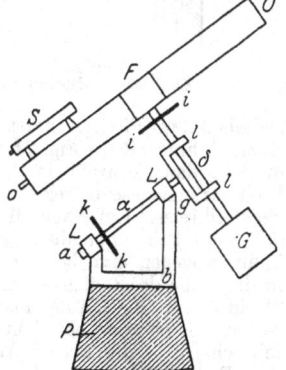

Fig. 1. Deutsche Montierung des Refraktors.

Lagern L L auf dem Bock b, der auf der Säule P steht und besitzt einen festen Anschlag in a. Die Deklinationsachse δ liegt in den Lagern l l, die durch den Träger g mit der Stundenachse fest verbunden sind. An ihr befindet sich, derart, daß der Schwerpunkt in die Deklinationsachse fällt, senkrecht zu dieser das Fernrohr F. Am Okularende o ist ein weiteres kleines Fernrohr S mit schwacher Vergrößerung und großem Gesichtsfeld, der Sucher, angebracht, der zum leichteren Auffinden der Objekte dient. Zum Einstellen sind der Stundenkreis K K und der Deklinationskreis i i angebracht, für die sehr verschiedene Ablesevorrichtungen existieren. Bei den großen modernen Instrumenten kann man sie durch verschiedene Reflexionen vom Okularende oder irgendwo vom Fußboden in der Nähe der Säule mit Mikroskopen ablesen. Damit das Fernrohr ebenfalls in der Stundenachse ausbalanciert ist, ist das Gegengewicht G angebracht. Irgendwo an der Stundenachse befindet sich ein Zahnkranz, der durch das Uhrwerk mittels einer Schraube ohne Ende angetrieben werden kann. Außer bei Durchgangsbeobachtungen wird das Fernrohr immer nachgeführt. Außerdem ist eine Vorrichtung getroffen, dem Fernrohr von Hand kleine Verschiebungen in beiden Koordinaten geben zu können, die sog. Feinbewegung, um das zu beobachtende Objekt genau auf das Fadenkreuz bringen zu können sowie um kleine Fehler des Uhrwerkganges korrigieren zu können.

Bei photographischen Refraktoren sind stets zwei Rohre parallel zueinander und fest miteinander verbunden angebracht. Da das Uhrwerk eines großen Instrumentes niemals so genau geht, daß man dieses längere Zeit sich selbst überlassen kann, dient das eine Rohr zur photographischen Aufnahme, das andere zum „Halten" des Sternes, d. h. um den richtigen Gang des Uhrwerkes zu kontrollieren und nötigenfalls mit der Feinbewegung zu korrigieren.

Mechanisch einfacher ist die englische Aufstellung (Fig. 2). Die Stundenachse ruht hier

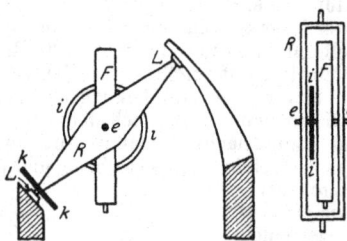

Fig. 2a.   Fig. 2b.
Englische Aufstellung des Refraktors.

zwischen zwei Pfeilern in den Lagern L L und trägt einen Rahmen R (in Fig. 2b besonders dargestellt), in dem das Fernrohr in den Lagern l l um die Deklinationsachse beweglich ist. K und i sind die Einstellkreise. Ein Nachteil dieser Aufstellung ist, daß man keine polnahen Beobachtungen machen kann, wogegen man bei der deutschen Aufstellung in der Nähe des Zeniths beim Durchgang durch den Meridian an die Säule anstößt. Man muß hier — was bei photographischen Aufnahmen besonders mißlich ist — die Beobachtung unterbrechen und das Fernrohr aus der Lage westlich der Säule, in der man allein vor dem Meridian beobachten kann, in die andere Lage östlich der Säule umlegen. Die beiden genannten Nachteile werden durch die gebogene Säule vermieden (Fig. 3). Hier ruht die Stundenachse α in der nach dem Himmelspol weisenden Säule, deren unteres Ende umgebogen ist, derart, daß das Fernrohr niemals an die Säule anstoßen kann; im übrigen ähnelt die Montierung

sehr der deutschen mit gerader Säule. Die gebrochene Säule wird daher in unseren Gegenden für photographische Instrumente nicht zu großer Dimension neuerdings meist angewandt. Für niedere Breiten, wo die Stundenachse sehr flach liegt, kommt fast nur die englische Aufstellung in Betracht; das Bedürfnis nach polnahen Beobachtungen ist dort auch wesentlich geringer als bei uns.

Sind Stunden- und Deklinationskreis nicht nur zum Einstellen bestimmt, sondern durch feine Teilungen für exakte Messungen vorgesehen, so nennt man ein solches Instrument Äquatoreal.

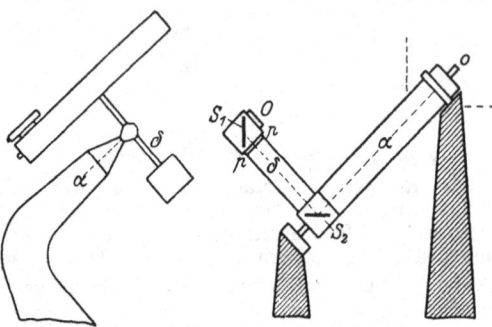

Fig. 3. Verbesserte Aufstellung des Refraktors.   Fig. 4. Equatoréal coudé.

Die wenigen Instrumente dieser Art haben sich aber nicht bewährt, und man macht an Refraktoren, soweit sie der Astronomie dienen, eigentlich nur Mikrometermessungen.

Eine von den besprochenen Refraktoren gänzlich abweichende Form besitzt das Equatoréal coudé, das nur in wenigen Exemplaren existiert. Fig. 4.

Hier befindet sich das Okular o am Ende der Stundenachse α und ist unbeweglich. Der Strahlengang ist doppelt rechtwinkelig gebrochen.

Das Objektiv befindet sich in O am Objektivkopf, der in p-p um die Deklinationsachse δ drehbar ist; durch den Spiegel S_1 wird das Licht in die Deklinationsachsenrichtung geworfen und trifft einen zweiten Spiegel S_2, der es in die Richtung der Stundenachse und nach dem Okular wirft.

Die Bequemlichkeit für den Beobachter, in geschlossenem Raum bei unbeweglichem Okular beobachten zu können, wird hier durch die bei mehrfacher Reflexion entstehenden optischen Fehler nicht gerechtfertigt.

In folgendem ist eine kurze Zusammenstellung einiger der größten Refraktoren mit Angabe der Objektivöffnung gegeben.

Yerkes Observatory Wisconsin U. S. A. . . . . . 102 cm
Lick Observatory, Mt. Hamilton, Kalifornien . . . 91 „
Astrophysikalisches Observatorium Meudon bei Paris 83 „
Astrophysikalisches Observatorium Potsdam. . . . 80 „
Sternwarte Pulkova . . . . 76 „
Sternwarte Berlin-Babelsberg . . . . 65 „

Bottlinger.

Näheres s. Newcomb-Engelmann, Populäre Astronomie.

Regen. Sobald die Stärke des aufsteigenden Luftstromes nicht mehr ausreicht, um die Wassertröpfchen der Wolken (s. diese) schwebend zu erhalten, fallen sie als Regentropfen, deren Größe zwischen 0,5 und 7 mm betragen kann, mit einer Fallgeschwindigkeit von 0,5 bis 8 m pro s zu Boden. Der Regen ist die häufigste, verbreitetste und wichtigste Form des Niederschlages (s. diesen), so daß oft die verschiedenen Formen des Niederschlages als Regen bezeichnet werden, besonders in zusammengesetzten Wörtern wie Regenmenge, Regenkarte usw. Starke Regenfälle von kurzer Dauer nennt man Platzregen, solche von außergewöhnlicher Intensität Wolkenbrüche. Es hat den Anschein, als ob bei diesen noch mehr als bei gewöhnlichen Regenfällen der Beginn durch eine Art Auslösung erfolgt, die vielleicht elektrischer Natur ist. Am 14. Juni 1876 fielen im Laufe des Tages in Cherrapunji (Assam) 1036 mm, im August 1891 in Campo (Kalifornien) in einer Stunde 292 mm, am 7. Juli 1889 in Curtea de Arges (Rumänien) in 20 Minuten 205 mm.

Die abspülende Wirkung (s. Denudation) des oft mit großer Gewalt herniederprasselnden Regens wird meist gegenüber der erosiven Tätigkeit des fließenden Wassers (s. Flußerosion) unterschätzt. Es ist jedoch zu berücksichtigen, daß jeder einzelne Tropfen von den rund 100 000 Billionen Kilogramm Regen, der im Laufe des Jahres auf das Land niederfällt, auf jede erodierfähige Unterlage auch erodierend wirkt, während ein großer Teil des Flußwassers nur passiv ins Meer getragen wird, ohne aktiv zu erodieren. *O. Baschin.*

Näheres s. J. v. Hann, Lehrbuch der Meteorologie. 3. Aufl. 1915.

Regenelektrizität s. Niederschlagselektrizität.

Regenstadium s. Adiabate in der Meteorologie.

Register s. Stimmorgan und Orgel.

Registrierinstrumente, elektrische. Bei diesen Apparaten wird die durch Galvanometerausschläge dargestellte Stromstärke, Spannung oder Leistung dauernd auf ein mit gleichmäßiger Geschwindigkeit fortbewegtes Blatt aufgeschrieben. Als Galvanometer dienen meist solche nach dem Drehspulsystem (Präzisionsamperemeter usw.). Die Registrierung erfolgt in verschiedener Weise, entweder punktförmig, indem der mit Schreibstift oder Nadel versehene Zeiger in kleinen Zeitintervallen an das Papier angedrückt wird, oder kontinuierlich durch eine Schreibfeder besonderer Art, mitunter auch elektrochemisch; die Registrierung kann auch photographisch erfolgen. Bei vielen Instrumenten dieser Art beschreibt der Zeiger einen Kreisbogen, und es ist deshalb ein entsprechend eingeteiltes Papier erforderlich. Es gibt aber auch Instrumente mit Geradeführung des Zeigers, die für die Ablesung der aufgeschriebenen Kurve bequemer sind. *W. Jaeger.*

Regnaultsche Kalorie s. Kalorimetrie.

Reibung der Luft in der Atmosphäre. Für den Koeffizienten der inneren Reibung der Atmosphäre haben Hesselberg und Sverdrup im Mittel den Wert 0,005, für die bodennächsten Schichten aber einen weit kleineren Wert gefunden. Die große Abweichung von dem experimentell ermittelten Wert rührt besonders daher, daß die Bewegung in der Atmosphäre nicht laminar, sondern turbulent ist (s. Turbulenz). Zwischen benachbarten Luftteilchen wird kinetische Energie ausgetauscht (s. Austausch); daher erscheint der Reibungskoeffizient stark vergrößert. In der Nähe des Erdbodens nimmt die Vertikalkomponente der Luftbewegung und der Austausch natürlich stark ab. Im Mittel von dickeren Atmosphärenschichten kann man den Reibungskoeffizienten η als konstant, $\frac{d^2 v}{dz^2}$ als mit der Schichtdicke immer kleiner werdend annehmen; deshalb ist bei der Betrachtung der atmosphärischen Bewegung die Reibungskraft, die das Produkt dieser beiden Größen bildet, von etwa 1000 m Höhe an im großen und ganzen gegen andere Kräfte zu vernachlässigen, kann vielmehr nur örtlich bedeutendere Beträge annehmen. Für die Nähe des Erdbodens ergab sich aus Lindenberger Messungen, daß die Reibungskraft im Mittel einen konstanten Winkel von etwa 28° nach der Seite niedrigeren Druckes hin mit der Richtung bildet, aus der der Wind kommt, und daß ihre Größe auf die Masseneinheit bezogen etwa 1/7000 der Windstärke ausmacht. *Tetens.*

Näheres s. Veröffentl. d. geoph. Inst. Leipzig, Spezialarbeiten 1, 241/310.

Reibungselektrizität. Für die Erklärung der Reibungselektrizität kommen dieselben Überlegungen wie für die Berührungselektrizität in Anwendung (s. diese). Bei Metallen genügt in den meisten Fällen wegen des guten Leitvermögens bereits eine gegenseitige Berührung an einer einzigen kleinen Stelle, um die Kontaktpotentialdifferenz herzustellen. Bei Isolatoren dagegen muß die Berührung an mehreren Stellen erfolgen, d. h. sie geschieht am besten durch Zusammenpressen oder Reiben. Die Spannungsreihe für Isolatoren, die dadurch festgelegt wird, daß jeder Stoff durch Reiben an dem nächstfolgenden positiv wird, würde etwa folgendermaßen aussehen können: Katzenfell, Flanell, Elfenbein, Federn, Quarz, Glas, Baumwolle, Seide, trockene Haut, Holz, Schellack, woran sich anschließen würden: Metalle, Hartgummi, Schwefel. Änderungen in der Reihenfolge können auftreten, da viele der genannten Stoffe schlecht definiert sind. *R. Jaeger.*

Reibungskoeffizient. Unter glatten Berührungsflächen zweier fester Körper versteht man in der Mechanik solche, in denen die beiden Körper nur normal zur Berührungsfläche gerichtete Druckkräfte aufeinander ausüben. Praktisch kommt dieser Idealfall nicht vor, sondern es sind stets, wenn auch mitunter kleine, tangentiale Komponenten der gegenseitigen Reaktion vorhanden. Diese Komponente wird als Reibung oder, im Fall der relativen Ruhe der beiden festen Körper, als Haftung bezeichnet. Entsprechend der verschiedenen Ausdehnung der sich berührenden Teile spricht man von gleitender Reibung (flächenhafte Berührung), rollender Reibung (linienhafte Berührung, rollende Relativbewegung), bohrender Reibung (punkthafte Berührung, kreiselnde Relativbewegung). Indessen können die beiden letzteren Arten mit Rücksichtnahme auf die elastische Deformation, die doch stets flächenhafte Berührung mit sich bringt, auch auf die erstere zurückgeführt werden.

Für diese Reibungsfälle gelten die Coulombschen Gesetze (sofern nicht ein Schmiermittel zwischen den Berührungsflächen als eigentlicher Träger der Reibung in Betracht kommt. Die Schmiermittelreibung gehört der Hydrodynamik an). Bei gleitender Reibung hat gemäß diesen Erfahrungsgesetzen das Verhältnis der tangentialen zur normalen Komponente der gegenseitigen Reaktion einen festen Wert, der als Reibungskoeffizient (μ) bezeichnet wird. Er ist innerhalb weiter Grenzen unabhängig von der Größe des Normaldrucks selbst, so daß die Richtung der resultierenden Reaktion einen festen, durch $\text{tg}\,\varphi = \mu$ gegebenen Winkel mit der Normalen einschließt, den Reibungswinkel. Alle Strahlen im Berührungspunkt, die diesen Winkel mit der Normalen einschließen, bilden den Reibungskegel. Die Größe des Reibungskoeffizienten ist wesentlich durch das Material der sich berührenden Körper, deren Feuchtigkeit, Oberflächenzustand und sonstige physikalische Eigenschaften bedingt und nimmt bei den in der Technik üblichen Materialien Werte zwischen 0,1 und 0,7 an (vgl. Handbuch „Hütte", I). Außerdem hängt er in ausgeprägter Weise von der relativen Geschwindigkeit v ab; am größten ist er bei sehr kleinem v. In der Technik ist die empirische Formel

$$\mu = \mu_0 \,(1 + 0{,}011\,v) \,/\, (1 + 0{,}06\,v)$$

üblich.

Zu unterscheiden von dem Reibungskoeffizienten ist der Reibungskoeffizient der Ruhe oder Haftungskoeffizient. Bei relativer Ruhe ist die Haftung durch die äußeren Kräfte bestimmt; der Haftungskoeffizient f stellt hier einen maximalen Betrag dar, den das Verhältnis der tangentialen zur normalen Reaktionskomponente nicht überschreiten kann, ohne daß Bewegung einträte. Er ist stets etwas größer als der Anfangswert des Reibungskoeffizienten μ_0.

Während zur Bestimmung des Reibungskoeffizienten Bremsversuche dienen, stehen zur Bestimmung des Haftungskoeffizienten verschiedene Methoden zur Verfügung. 1. Messung der Kraft, die ein gegebenes Gewicht auf horizontaler Unterlage gerade in Bewegung setzt. 2. Messung der Neigung einer schiefen Ebene, bis zu der ein Körper auf derselben in Ruhe bleibt. Dieser Neigungswinkel ist gleich dem Haftungswinkel. Deshalb bildet eine Böschung aus losem Material einen Böschungswinkel von annähernd dieser Größe (s. Erddruck). 3. Ein parallelepipedischer Körper auf horizontaler Unterlage wird durch einen in der Höhe h angreifenden Druck bewegt. Bestimmung der Höhe h_1, für die der Körper nicht mehr geschoben wird, sondern kippt. Das Verhältnis von h_1 zu der dem Druck parallelen Kante ist f/2. Ähnliche Methoden existieren in großer Zahl.

Bei der rollenden und bohrenden Reibung handelt es sich um ein Reibungsmoment, das im gegebenen Verhältnis zum Normaldruck steht. Sein Hebelarm hängt ab von der Größe der durch die elastische Deformation entstehenden, kleinen Berührungsfläche.

S. auch Selbstsperrung.   *F. Noether.*

Näheres s. Die Lehrbücher der Mechanik, insbesondere auch Jellet, Theorie der Reibung, deutsch von Lüroth-Schepp. 1890.

Reibungskoeffizient s. Innere Reibung der Gase und Flüssigkeiten.

Reibungstöne s. Hiebtöne.

Reichweite. Von radioaktiven Atomen ausgestoßene α-Teilchen erleiden beim Durchdringen von Materie einen Geschwindigkeitsverlust, so daß ihre Anfangsgeschwindigkeit, die sie dem explosionsartigen radioaktiven Zerfall verdanken, auf Molekulargeschwindigkeit gebremst wird und sie ihre ausgezeichnete Stellung als schnell bewegte geladene Korpuskeln verlieren. Diejenige Strecke in Luft, innerhalb derer die Zahl der von einem Punkt ausgehenden α-Partikeln nahe konstant gefunden wird und an deren Ende sie plötzlich scharf auf Null abnimmt, heißt die Reichweite, Rw. (engl. „range", franz. „parcours"). Die Rw. in andern nicht gasförmigen Medien ist aus technischen Gründen schwierig direkt zu beobachten und wird auf das Absorptionsvermögen der Luft rückbezogen. Es wird die Verkürzung d der Rw. in Luft gemessen, wenn man das α-Teilchen zuvor eine Schichtdicke d' im zu relationierenden Medium zurückgelegt hat; d nennt man das „Luftäquivalent" zur Dicke d' des Mediums. Bezeichnen für letzteres ϱ' die Dichte und A' das Atomgewicht, sowie ϱ und A die gleichen Größen für Luft (dabei

ist A = 14,4 ein fingiertes „mittleres" Atomgewicht für Luft), so ist die in den äquivalenten Schichtdicken d und d' pro Querschnittseinheit enthaltene Zahl der Atome gegeben durch $\dfrac{\varrho\,d}{h\,A}$ bzw. $\dfrac{\varrho'\,d'}{h\,A'}$, wenn h die Masse des Wasserstoffatomes darstellt. Und diese Atomzahlen sind in bezug auf die Bremsung der α-Strahlen einander gleichwertig. Man pflegt ihr Verhältnis $s = \dfrac{\varrho\,d/A}{\varrho'\,d'/A'}$ als „Bremsvermögen" zu bezeichnen, und hat experimentell gefunden, daß $\dfrac{s}{\sqrt{A'}}$ nahe den konstanten Wert 0,3 besitzt. — Die Abhängigkeit der Reichweite R von der Geschwindigkeit v kann nach Versuchen Rutherfords durch $v = C\,\sqrt{R + 1{,}25}$, nach Geiger durch $v^3 = C'\,R$ dargestellt werden, worin C und C' konstante Zahlen sind. Die erstere der beiden empirischen Formeln ist deshalb von Interesse, weil nach ihr $v' = C\,\sqrt{1{,}25}$ einen kritischen Wert darstellen würde, unterhalb dessen die Rw. negativ, und somit alle beobachtbaren Wirkungen der α-Strahlung verschwinden würden. Und das Vorhandensein eines solchen kritischen Wertes (er ergibt sich bei ungefähr $6 \cdot 10^8\ \dfrac{\mathrm{cm}}{\mathrm{Sek}}$) ist auch aus theoretischen Gründen wahrscheinlich. — Die Zahl der α-Partikel zeigt sich, wie erwähnt, bis nahe zum Ende der Rw. konstant, um dann sehr schnell, aber nicht momentan auf Null zu sinken. Aus letzterem Umstande folgt, daß die Rw. nicht für alle Partikel (gleicher Provenienz) eines homogenen, parallelen α-Bündels die gleiche ist, vielmehr um einen mittleren Wert schwankt. Unter Berücksichtigung des Umstandes, daß die Zusammenstöße eines α-Teilchens mit den auf seiner Bahn liegenden Molekülen sowohl der Zahl als der Wirksamkeit nach zufällig erfolgen und somit die Geschwindigkeitsabnahme und auch die Rw. einem Verteilungsgesetz der Wahrscheinlichkeitsrechnung folgen muß, erscheint das experimentelle Ergebnis begreiflich. Dazu kommt weiter, daß die Bahn des α-Partikels keine geradlinige ist, sondern bei Annäherung an den positiv geladenen Atomkern des Absorbers wegen der elektrostatischen Abstoßung Knickungen erfährt, die um so ausgiebiger sind, je kleiner die α-Geschwindigkeit wird, je mehr sich also das α-Teilchen dem Ende der Rw. nähert (vgl. den Artikel „Zerstreuung"). Eine quantitative Übereinstimmung zwischen Theorie und Experiment ist hier derzeit noch nicht erzielt.

Da die Rw. von der Anfangsgeschwindigkeit (s. o.) abhängt und mit dieser wieder die beim Atomzerfall freiwerdende Energie im Zusammenhang steht, so ist eine Beziehung zwischen Rw. und Lebensdauer zu vermuten. Denn die Zerfallswahrscheinlichkeit für ein instabiles Atom wird zugleich mit der überschüssigen und beim Zerfall freiwerdenden Energie ansteigen. Je größer die letztere und damit v und R, desto wahrscheinlicher ist der Zerfall, desto kürzer die Lebensdauer und desto größer die Zerfallskonstante λ. — Eine Form derartiger empirischer Beziehungen zwischen λ und v ist z. B.: $\log\,\mathrm{nat}\ \lambda = a + b\,v$, wonach der natürliche Logarithmus der Zerfallskonstante als lineare Funktion der Anfangsgeschwindigkeit sich darstellen läßt. b ist dabei eine universelle Konstante mit dem Wert 42,5 (λ in Sekunden gemessen), a $\left(\text{gemessen in } 10^9 \frac{\text{cm}}{\text{Sek}}\right)$ variiert mit der Zerfalls- reihe und nimmt folgende Werte an: für die Uran- Radium-Reihe a = —79,5; für die Thorium-Reihe a = —80,7; für die Actinium-Reihe a = —82,7. Diese drei Reihen sollten demnach in obiger λ..v- Beziehung dargestellt drei einander parallele Gerade ergeben. Doch ist das Experiment noch nicht genau genug, um diese Darstellung der Versuchs- ergebnisse als die einzig mögliche sicherzustellen.

Über die Beziehung zwischen Ionisation und Rw. vgl. den Artikel „Ionisation".

K. W. F. Kohlrausch.

Reichweite des Schalles s. Schalltrichter.

Reif. Reif ist gefrorener Tau (s. diesen). Er setzt sich wie dieser in klaren Nächten ab, doch wird seine Bildung gegenüber dem Tau noch durch den Umstand begünstigt, daß der Dampfdruck über Eis (s. dieses) niedriger ist als über Wasser (s. dieses), weshalb schon aus Luft, die noch nicht völlig mit Wasserdampf gesättigt ist, letzterer auf dem Eise kondensiert werden kann. *O. Baschin.*

Reinheits-Quotient s. Saccharimetrie.

Reinkohlenbogenlampe, Flächenhelle s. Photo- metrische Größen und Einheiten, Nr. 4; räumliche Lichtverteilung s. Lichtstärken-Mittelwerte, Nr. 6; Wirtschaftlichkeit s. Wirtschaftlichkeit von Licht- quellen.

Reißerwerk s. Längenmessungen.

Reitergewichte s. Massensätze.

Rekaleszenz s. Umwandlungspunkte.

Rektaszension s. Himmelskoordinaten.

Relais s. auch Verstärker für elektrische Ströme.

Relaisröhre s. Verstärkerröhre.

Relativbewegung (s. absolute Bewegung). Das Newtonsche Grundgesetz der Bewegung lautet: Die Beschleunigung eines materiellen Punktes relativ zu einem Inertialsystem ist gleich der Kraft, die auf den Punkt wirkt, dividiert durch seine Masse. Da uns nun in der Erfahrung die Be- wegungen der Körper nicht relativ zum Inertial- system, sondern relativ zu irgend welchen Körpern unserer Umgebung (z. B. der Erde) gegeben sind, ist es notwendig, die Gesetze zu kennen, nach denen sich die eine Bewegung kennzeichnenden Größen (Weg, Geschwindigkeit, Beschleunigung) relativ zu einem Bezugssystem aus ihren Werten relativ zu einem anderen System berechnen lassen. Wir betrachten zwei starre Bezugssysteme. Wir nennen das eine für unsere jetzige Betrachtung das ruhende System und die Bewegungen relativ zu ihm „ab- solute" Bewegungen. Das zweite heiße das be- wegte System oder das „Fahrzeug", und die Ge- schwindigkeiten usw. in bezug darauf sollen relative Geschwindigkeiten heißen.

Ein Punkt des Fahrzeuges habe die absolute Geschwindigkeit $\mathfrak{v}^f$ (Fahrzeuggeschwindigkeit), ein materieller Punkt, der mit ihm zu Anfang unserer Betrachtung zusammenfällt, habe die Relativ- geschwindigkeit $\mathfrak{v}^r$, wo die deutschen Buchstaben Vektoren bedeuten. Dann legt der materielle Punkt im Zeitelement τ den absoluten Weg $\mathfrak{z}^a = \mathfrak{v}^r \tau + \mathfrak{v}^f \tau$ zurück. Seine absolute Geschwindigkeit $\mathfrak{v}^a = \dfrac{d \mathfrak{z}^a}{d \tau}$ ist also durch

(1) $$\mathfrak{v}^a = \mathfrak{v}^r + \mathfrak{v}^f$$

gegeben. Wenn sich z. B. ein Fahrzeug mit der konstanten Geschwindigkeit v in der x-Richtung bewegt und ein materieller Punkt mit der absoluten

Geschwindigkeit c in der y-Richtung ($\mathfrak{v}_x^f = v$, $\mathfrak{v}_y^f = \mathfrak{v}_z^f = 0$, $\mathfrak{v}_y^a = c$, $\mathfrak{v}_x^a = \mathfrak{v}_z^a = 0$), so ist die Relativgeschwindigkeit des Punktes durch $\mathfrak{v}_x^r = -v$, $\mathfrak{v}_y^r = c$ bestimmt. Sie schließt also mit der y- Richtung einen Winkel φ ein, der die Beziehung $\operatorname{tg} \varphi = \dfrac{v}{c}$ erfüllt.

Die absolute Beschleunigung ist ebenfalls leicht zu berechnen, wenn die Bewegung des Fahrzeuges eine translatorische ist, d. h. wenn alle seine Punkte dieselbe Geschwindigkeit haben. Wenn $\mathfrak{w}^r$ die Relativbeschleunigung und $\mathfrak{w}^f$ die Fahrzeug- beschleunigung ist, so ist der absolute Weg $\mathfrak{z}^a = \mathfrak{w}^r \dfrac{\tau^2}{2} + \mathfrak{w}^f \dfrac{\tau^2}{2}$ und die absolute Beschleunigung $\mathfrak{w}_a = \dfrac{d^2 \mathfrak{z}^a}{d \tau}$

(2) $$\mathfrak{w}^a = \mathfrak{w}^r + \mathfrak{w}^f.$$

Wenn aber die Bewegung des Fahrzeuges keine translatorische ist, kann eine absolute Beschleuni- gung auch in einer Richtung vorhanden sein, in der weder die Relativbeschleunigung noch die Fahrzeugbeschleunigung eine Komponente hat. Das kommt dadurch zustande, daß der materielle Punkt im Laufe der Zeit mit Punkten verschiedener Fahrzeuggeschwindigkeit zusammenfällt. Es sei, um den einfachsten Fall zu betrachten, das Fahrzeug eine mit der konstanten Winkelgeschwindigkeit ω um eine feste Achse rotierende Scheibe. Der ma- terielle Punkt bewege sich von der Achse aus mit der konstanten Relativgeschwindigkeit v längs eines Radius nach außen. Im Zeitelement τ legt der Punkt längs des Radius den Weg vτ zurück. Während dieser Zeit hat sich aber der Radius um den Winkel ωτ gedreht, so daß der materielle Punkt den absoluten Weg vωτ^2 in der Richtung senkrecht zum Radius zurückgelegt hat. Seine Absolutbeschleunigung ist also 2 v ω. Ihre Rich- tung ist die des Weges, ihr Sinn der der Drehung. Diese Beschleunigung tritt im Fall einer Dreh- bewegung des Fahrzeuges immer zur Relativ- beschleunigung und Fahrzeugbeschleunigung noch hinzu. Dabei bedeutet bei beliebiger Relativ- geschwindigkeit jetzt v die Komponente derselben senkrecht zur Drehungsachse. Sei allgemein die Drehgeschwindigkeit des Fahrzeuges durch den Vektor $\mathfrak{p}$ gegeben, so lautet unsere Zusatzbeschleu- nigung in der Symbolik der Vektorrechnung 2 [$\mathfrak{p}$ $\mathfrak{v}^r$]. Sie weist immer bei einer von der Achse weg- gerichteten Relativgeschwindigkeit im Sinne der Drehung des Fahrzeuges, bei entgegengesetzter Geschwindigkeit entgegen dem Drehungssinn. Die absolute Beschleunigung bei der Drehbewegung des Fahrzeuges besteht also aus drei Gliedern.

(3) $$\mathfrak{w}^a = \mathfrak{w}^r + \mathfrak{w}^f + \mathfrak{w}_c.$$

Dabei heißt $\mathfrak{w}_c = 2$ [$\mathfrak{p}$ $\mathfrak{v}^r$] die Coriolissche Be- schleunigung. Die Fahrzeugbeschleunigung $\mathfrak{w}^f$ ist bei der Drehbewegung offenbar die Zentripetal- beschleunigung des betreffenden Punktes.

Der Beweis für die allgemeine Gültigkeit der Formel 3) läßt sich mit Hilfe der Vektorrechnung leicht erbringen. Wenn $\mathfrak{a}$ ein Vektor ist, der starr mit dem rotierenden Fahrzeug verbunden ist, so bezeichnen wir mit $\dfrac{\partial \mathfrak{a}}{\partial t}$ die zeitliche Veränderung von $\mathfrak{a}$ relativ zum Fahrzeug und mit $\dfrac{d \mathfrak{a}}{dt}$ die wegen der Fahrzeugbewegung davon verschiedene absolute zeitliche Änderung von $\mathfrak{a}$. Wenn $\mathfrak{r}$ der relative

Radiusvektor eines Punktes des Fahrzeuges ist, so gilt, wie in der Lehre von der Drehbewegung gezeigt wird, die Relation

$$(4) \qquad \frac{d\,\mathfrak{r}}{dt} = \frac{\partial\,\mathfrak{r}}{\partial\,t} + [\mathfrak{p}\,\mathfrak{r}].$$

Und dieselbe Gleichung gilt, wenn an Stelle von $\mathfrak{r}$ unser allgemeiner Vektor $\mathfrak{a}$ tritt. Es ist also auch insbesondere

$$(5) \qquad \frac{d\,\mathfrak{v}^r}{dt} = \frac{\partial\,\mathfrak{v}^r}{\partial\,t} + [\mathfrak{p}\,\mathfrak{v}^r].$$

Eine analoge Gleichung gilt für $\mathfrak{v}^f$.

Nun ist wegen 1) und $\mathfrak{w}^a = \dfrac{d\,\mathfrak{v}^a}{d\,t}$

$$\mathfrak{w}^a = \frac{d\,\mathfrak{v}^r}{dt} + \frac{d\,\mathfrak{v}^f}{dt}.$$

Für einen Punkt des Fahrzeuges ist $\dfrac{\partial\,\mathfrak{r}}{\partial\,t} = 0$, also die Absolutgeschwindigkeit

$$\mathfrak{v}^f = [\mathfrak{p}\,\mathfrak{r}], \quad \frac{\partial\,\mathfrak{v}^f}{\partial\,t} = [\mathfrak{p}\,\mathfrak{v}^r]$$

also

$$(6) \qquad \mathfrak{w}^a = \frac{\partial\,\mathfrak{v}^r}{\partial\,t} + 2[\mathfrak{p}\,\mathfrak{v}^r] + [\mathfrak{p}[\mathfrak{p}\,\mathfrak{r}]].$$

Die drei Glieder sind der Reihe nach $\mathfrak{w}^r$, $\mathfrak{w}^c$, $\mathfrak{w}^f$. Dabei ist, wenn wir mit $\mathfrak{r}^s$ die Komponente von $\mathfrak{r}$ senkrecht zur Achse bezeichnen

$$\mathfrak{w}^f = -(\mathfrak{p}\mathfrak{p})\,\mathfrak{r}^s = -\omega^2\,\mathfrak{r}^s$$

die Zentripetalbeschleunigung.

Mit Hilfe dieser Gesetze zur Berechnung der absoluten Beschleunigung lassen sich nun leicht die allgemeinen Bewegungsgesetze für ein beliebiges Bezugssystem ableiten. Wir identifizieren das bisher ruhend genannte System mit einem Inertialsystem. Dann lauten die Newtonschen Bewegungsgleichungen

$$(7) \qquad m\,\mathfrak{w}^a = \mathfrak{K}.$$

Dabei ist m die Masse des materiellen Punktes, $\mathfrak{K}$ die auf ihn wirkende Kraft, die eine Funktion seiner Lage relativ zu den ihn umgebenden Körpern ist und bei hinreichender Entfernung von allen Körpern verschwindet. Von dem bewegten System nehmen wir zunächst an, es sei in geradliniger, aber beschleunigter Translationsbewegung in bezug auf das Inertialsystem begriffen. Dann ist die Relativbeschleunigung unseres materiellen Punktes unter dem Einfluß der Kraft $\mathfrak{K}$ in bezug auf unser bewegtes System nach Gleichungen 2) und 7) durch

$$(8) \qquad m\,\mathfrak{w}^r = \mathfrak{K} - m\,\mathfrak{w}$$

gegeben. Wenn also das System, relativ zu dem ich die Bewegung betrachte, kein Inertialsystem ist, kann ich die Bewegung auch durch Gleichungen von der Art der Newtonschen beschreiben, nur muß ich zur Newtonschen Kraft $\mathfrak{K}$ eine „Reduktionskraft" $-m\,\mathfrak{w}^f$ hinzufügen. Relativ zu unserem System kann also auch eine beschleunigungsfreie Bewegung nicht kräftefrei vor sich gehen, denn aus $\mathfrak{w}^r = 0$ folgt $\mathfrak{K} = m\,\mathfrak{w}^f$. Zur Aufrechterhaltung der Ruhe in bezug auf solche gegenüber dem Inertialsystem beschleunigten Systemen ist also eine Kraft erforderlich, d. h. in bezug auf sie ist das Trägheitsgesetz nicht erfüllt. Ein Beispiel dafür ist die Kraft, die man aufwenden muß, um in einem anfahrenden oder anhaltenden Eisenbahnwagen an einer bestimmten Stelle des Wagens stehen zu bleiben. Die aufzuwendende Kraft ist um so größer, je größer $\mathfrak{w}^f$ ist, d. h. je plötzlicher die Änderung der Fahrtgeschwindigkeit stattfindet, die Richtung der Kraft ist dieser Änderung der Fahr-

zeuggeschwindigkeit gleichgerichtet, z. B. beim plötzlichen Bremsen der Fahrtrichtung entgegengesetzt. Etwas verwickelter sind die Verhältnisse, wenn wir ein Sytsem betrachten, das gegenüber einem Inertialsystem in gleichförmiger Drehung begriffen ist. Dieser Fall ist aber deshalb sehr wichtig, weil unter ihn die Bewegung der Körper relativ zur Erde fällt. Wir wollen auch, um möglichst konkret zu bleiben, jetzt geradezu als ruhendes System den Fixsternhimmel wählen, den wir mit genügender Annäherung als Inertialsystem ansehen können, und als bewegtes System die Erde, die sich mit konstanter Winkelgeschwindigkeit ω von Westen nach Osten um ihre Achse dreht. Dann ist nach Gleichungen 7) und 3) die Relativbeschleunigung, die ein materieller Punkt unter dem Einfluß einer Kraft $\mathfrak{K}$ in bezug auf die Erde annimmt, durch

$$(9) \qquad m\,\mathfrak{w}^r = \mathfrak{K} - m\,\mathfrak{w}^f - m\,\mathfrak{w}^c$$

gegeben. Wie in bezug auf ein translatorisch bewegtes Bezugssystem gilt auch hier das Trägheitsgesetz nicht. Man muß vielmehr zur Newtonschen Kraft $\mathfrak{K}$, die bei genügender Entfernung des Massenpunktes von allen ihn umgebenden Körpern verschwindet, noch zwei Kräfte — $m\,\mathfrak{w}^f$ und — $m\,\mathfrak{w}^c$ hinzufügen, um die Beschleunigung relativ zur Erde zu erhalten, zwei Kräfte, die gar nicht von der Gruppierung von Körpern um unseren Massenpunkt abhängen, wie die Newtonsche Kraft, sondern nur von der Lage und Geschwindigkeit des betrachteten Massenpunktes relativ zur Drehungsachse unseres Bezugssystems und die daher durch Entfernung aus dem Bereich aller Massen nicht zum Verschwinden gebracht werden können. Wenn wir mit $\mathfrak{r}$ die Entfernung des Massenpunktes von der Erdachse bezeichnen, so ist $\mathfrak{w}^f$ die Zentripetalbeschleunigung, die entsprechende Kraft — $m\,\mathfrak{w}^f$ treibt also von der Erdachse weg und hat den Betrag $mr\,\omega^2$, sie wird Zentrifugalkraft genannt. Die Bewegung einer Masse relativ zur Erde kann also nur erhalten werden, wenn man zu den Newtonschen Kräften, etwa zur Schwerkraft, noch die Zentrifugalkraft addiert. Sei β die geographische Breite eines Punktes der Erdoberfläche, R der Erdradius, so ist die Zentrifugalkraft $m\,\omega^2\,R\cos\beta$. Sie vermindert überall die Schwerkraft, am stärksten am Äquator, ihre Wirkung verschwindet an den Polen. Daher ist die Erdoberfläche am Äquator am meisten vom Zentrum entfernt und an den Polen abgeplattet.

Wenn unser materieller Punkt eine Relativgeschwindigkeit zur Erde hat, die eine Komponente v senkrecht zur Erdachse besitzt, so tritt zur Zentrifugalkraft noch eine zweite Reduktionskraft hinzu, die Coriolissche Kraft, die durch den Vektor — $m\,\mathfrak{w}^c = -2\,m[\mathfrak{p}\,\mathfrak{v}^r]$ gegeben ist, also auf der Erdachse und der Relativgeschwindigkeit senkrecht steht. Ihre Richtung liegt also in der Ebene des Parallelkreises, und wenn die Relativgeschwindigkeit von der Achse wegführt, entgegen dem Drehungssinn der Erde. Ihr Betrag ist nach Gleichung 6) $2\,m\,\omega\,v$. Die Wirkung dieser Coriolisschen Kraft zeigt sich bei jeder Bewegung von Körpern auf der Erdoberfläche, bei denen die Geschwindigkeitskomponente v einen genügend großen Wert hat, oder die so lange andauern, daß auch bei kleiner Geschwindigkeit durch genügend langes Wirken der Coriolisschen Kraft eine wahrnehmbare Wirkung erzielt wird.

Wenn wir etwa an einem Punkt der Erde mit der nördlichen geographischen Breite β ein Geschoß nach Süden abfeuern, so würde unter dem Einfluß der Schwere und Zentrifugalkraft das Projektil niemals die Meridianebene verlassen. Da aber, wenn die Anfangsgeschwindigkeit des Geschosses c ist, die Geschwindigkeitskomponente c sin β senkrecht zur Erdachse vorhanden ist, wirkt eine Coriolissche Kraft 2 m ω c sin β auf das Projektil, die nach Westen gerichtet ist und in der Zeit τ eine Abweichung vom Betrage ω τ² c sin β aus der Meridianebene nach Westen mit sich bringt. Diese Abweichung aus der Zielrichtung wird auch bei weiten Schüssen wahrgenommen.

Wenn ein Körper in einem Schacht nach abwärts fällt, so ist seine Geschwindigkeit c gegen das Erdzentrum gerichtet. Dem entspricht eine zur Erdachse senkrechte Komponente vom Betrag c cos β. Da diese der Erdachse zustrebt, entsteht eine Coriolissche Kraft vom Betrage 2 m ω c cos β, die im Sinne der Erddrehung, also nach Osten wirkt. Wenn g die Schwerbeschleunigung bedeutet, ist c = g τ und die Coriolissche Kraft bringt in der Zeit τ eine Beschleunigung 2 ω g τ cos β hervor, woraus für die östliche Abweichung von der Lotlinie durch zweimalige Integration sich

der Betrag $\frac{\omega}{3}$ g τ³ cos β ergibt.

Eine derartige Abweichung fallender Körper von der Lotrichtung wird auch durch die Benzenbergschen Fallversuche nachgewiesen.

Eine allmähliche Anhäufung der Wirkung der Coriolisschen Kraft auch bei kleinen Relativgeschwindigkeiten sehen wir beim Foucaultschen Pendelversuch (s. Artikel Foucaultsches Pendel).

Auch die Naturerscheinungen auf der Erdoberfläche, die Strömungen der Flüsse und Winde weisen überall eine Ablenkung aus der Meridianebene durch die Coriolissche Kraft auf.

Philipp Frank.

Näheres s. L. Boltzmann, Vorlesungen über die Prinzipe der Mechanik (II. Teil, Kap. VII). Für die Anwendungen auf kosmische Physik. — M. Trabert, Lehrbuch der kosmischen Physik. Leipzig 1911.

Relative Feuchtigkeit s. Wasserdampfgehalt der atmosphärischen Luft.

Relativitätsprinzip nach Einstein (s. Artikel Optik bewegter Körper und Relativitätsprinzip nach Galilei und Newton). Alle Erfahrungen über die optischen Erscheinungen in bewegten Körpern führen zu dem Ergebnis, daß es ein Bezugssystem gibt, relativ zu dem sich das Licht im Körper vom Brechungsindex 1 nach allen Seiten mit der Geschwindigkeit c fortpflanzt, unabhängig davon, welches der Bewegungszustand der Lichtquelle und der durchleuchteten Körper relativ zu diesem System ist. Ein solches Bezugssystem wollen wir ein Fundamentalsystem nennen; es fällt mit einem Newtonschen Inertialsystem zusammen. Dadurch ist zunächst eines unter den gleichberechtigten mechanischen Inertialsystemen durch optische Eigenschaften ausgezeichnet und es entsteht die Frage, ob diese Auszeichnung sich aufrecht erhalten läßt. Es lassen sich nun wirklich Versuche erdenken, wie z. B. der Michelsonsche Versuch, aus denen sich auf Grund der eben ausgesprochenen Grundannahme über die Lichtausbreitung eine Relativgeschwindigkeit des Versuchsraumes gegenüber dem Fundamentalsystem feststellen lassen müßte, wodurch das Fundamentalsystem gegenüber allen anderen Inertialsystemen ausgezeichnet wäre. Da aber der Michelsonsche Versuch wie alle ähnlichen Versuche ein negatives Ergebnis hat, so sehen wir, daß sich die Relativgeschwindigkeit eines Laboratoriums gegenüber dem Fundamentalsystem auch

in solchen Fällen nicht feststellen läßt, wo das nach unseren gesichertsten Kenntnissen über die Lichtfortpflanzung zu erwarten wäre. Es besteht also ein Widerspruch zwischen dem Ergebnis des Michelsonversuches und der experimentell erwiesenen Unabhängigkeit der Lichtfortpflanzung von der Bewegung der Lichtquelle und der strömenden Luft. Oder anders formuliert: die Behauptung, daß beim Michelsonversuch die Bewegung des Laboratoriums aus Versuchen in diesem Laboratorium nicht nachweisbar sei, steht im Widerspruch mit der an die Spitze gestellten Behauptung über die Unabhängigkeit der Lichtfortpflanzung. Daraus folgt a fortiori: die Behauptung, es könne durch keine in einem Laboratorium angestellten Versuche die geradlinig gleichförmige Bewegung dieses Laboratoriums relativ zum Fundamentalsystem konstatiert werden, steht im Widerspruch mit dem Gesetz der Unabhängigkeit der Lichtfortpflanzung. Diese Unmöglichkeit können wir auch im Anschluß an das Relativitätsprinzip von Galilei in folgender Art formulieren: wenn wir in einem Laboratorium optische Versuche so anstellen, daß die Versuchsbedingungen sämtlich relativ zum Laboratorium definiert sind, so ist dadurch der ganze Verlauf der Erscheinung relativ zum Laboratorium eindeutig bestimmt, ob nun dieses Laboratorium gegenüber dem Fundamentalsystem ruht oder eine beliebige gleichförmig geradlinige Bewegung ausführt. Dieses „Relativitätsprinzip der Optik" steht also im Widerspruch mit dem Grundgesetz der Lichtfortpflanzung.

Nun hat A. Einstein darauf hingewiesen, daß eine nähere Analyse der beiden Behauptungen zeigt, daß sie nur dann in Widerspruch stehen, wenn man gewisse unbegründete Annahmen macht, die aber bisher stillschweigend von allen Physikern gemacht wurden. Einstein untersucht nun, wie diese Annahmen modifiziert werden müssen, wenn das optische Relativitätsprinzip und das Gesetz von der Unabhängigkeit der Lichtfortpflanzung beide gelten sollen. Diese Untersuchung führt zu tiefgreifenden Änderungen an bisher als selbstverständlich angesehenen physikalischen Sätzen und bildet den Inhalt der Einsteinschen Relativitätstheorie. Diese ist also nichts anderes als die Entwicklung der Konsequenzen, die sich aus dem Zusammenbestehen des optischen Relativitätsprinzips mit dem Grundgesetz der Lichtfortpflanzung ergeben. Daraus ergibt sich natürlich als spezieller Fall die Vereinbarkeit des Michelsonversuches mit dem Fizeauschen Experiment.

Einstein stellt also an die Spitze seiner Theorie neben dem Gesetz der Lichtfortpflanzung das optische Relativitätsprinzip (das deshalb auch Einsteinsches Relativitätsprinzip genannt wird), als eine aus dem Michelsonversuch und ähnlichen durch Verallgemeinerung gewonnene Hypothese, ähnlich wie die Thermodynamik ihre durch ähnliche Verallgemeinerung gewonnenen Sätze vor der Unmöglichkeit des Perpetuum mobile erster und zweiter Art an die Spitze stellt.

Wir können sofort drei Folgerungen aus dem Prinzip der Konstanz der Lichtgeschwindigkeit ableiten, die mit dem Relativitätsprinzip in schreiendem Widerspruch zu stehen scheinen.

I. Wenn ich im Fundamentalsystem einen ruhenden starren Stab von der Länge l habe und ich lasse zur gleichen Zeit von seinen Enden Lichtsignale gegen seine Mitte abgehen, so kommen beide zur gleichen Zeit in der Stabmitte an und brauchen die gemeinsame Zeit $\frac{1}{2c}$. Bewegt sich aber dieser Stab mit der Geschwindigkeit v in seiner eigenen Richtung, ruht er also in einem mit der Geschwindigkeit v bewegten System und ich lasse von seinen Enden Lichtsignale gegen seine Mitte abgehen, so haben diese Strahlen wegen ihrer gleichen Geschwindigkeit in bezug auf das Fundamentalsystem verschiedene Geschwindigkeiten relativ zum bewegten System, und zwar c—v bzw. c+v; die Zeitdifferenz zwischen ihrer Ankunft in der Mitte beträgt also

$$(1) \quad \tau = \frac{1}{2\,(c-v)} - \frac{1}{2\,(c+v)} = \frac{lv}{c^2\left(1-\dfrac{v^2}{c^2}\right)}$$

Um diese Zeit c erreicht der von vorne (in der Richtung der Bewegung) kommende Lichtstrahl die Mitte früher als der andere. An dieser Zeitdifferenz läßt sich also entgegen dem Relativitätsprinzip die Bewegung des Systems erkennen.

II. Wenn ich zwei Stäbe von der gleichen Länge l habe, die aufeinander senkrecht stehen, und ich lasse vom Schnittpunkt zwei Lichtstrahlen ausgehen, die an den Stabenden reflektiert werden und wieder zum Schnittpunkt zurückkehren, so werden sie, wenn der Apparat im Fundamentalsystem ruht, beide zur Zeit $\frac{2l}{c}$ wieder zusammenkommen. Wenn sich aber das Ganze mit der Geschwindigkeit v in der Richtung des einen Stabes bewegt, so wird der senkrecht zur Bewegungsrichtung abgesendete Strahl früher zurückkommen als der andere, und zwar wird (s. Artikel Michelsonversuch) der erstere nach der Zeit $\dfrac{2l}{c\sqrt{1-\dfrac{v^2}{c^2}}}$, der in der Bewegungsrichtung abgesendete aber erst nach der Zeit $\dfrac{2l}{c\left(1-\dfrac{v^2}{c^2}\right)}$ eintreffen. Aus dem Verhältnis $\sqrt{1-\dfrac{v^2}{c^2}}$ dieser Zeiten läßt sich wieder auf die Bewegung des Systems schließen.

III. läßt sich auch daraus, daß der am raschesten zurückkommende Strahl noch immer $\sqrt{1-\dfrac{v^2}{c^2}}$ mal so lange braucht, als wenn das System ruht, die Bewegung relativ zum Fundamentalsystem erkennen.

Einstein fragt nun: Beweisen diese Betrachtungen wirklich, daß aus dem Prinzip von der Konstanz der Lichtgeschwindigkeit Versuche, die unter gewissen relativen Versuchsbedingungen in einem gegen das Fundamentalsystem bewegten System angestellt werden, relativ zu diesem System anders verlaufen, als sie, unter den gleichen Anfangsbedingungen relativ zum Fundamentalsystem angestellt, relativ zu diesem verlaufen würden?

Seine Antwort ist: Nein, denn alle genannten Widersprüche entstehen dadurch, daß man sich erstens gar nicht überzeugt hat, ob der Versuch im bewegten System mit denselben relativen Anfangsbedingungen angestellt wurde, wie der mit ihm verglichene im Fundamentalsystem, und weil man zweitens sich auch nicht überlegt hat, ob man weiter wirklich nur den Verlauf relativ zum bewegten System betrachtet, auf den ja allein sich

das Relativitätsprinzip bezieht. Was zunächst die Anfangsbedingungen des Versuches betrifft, so muß man bedenken, daß der Versuch nicht mit der Messung der Lichtzeit beginnt, sondern daß dem noch die Anfertigung, Aufstellung und Einstellung der Meßinstrumente, also mindestens der Längenmaßstäbe und Uhren vorangeht.

Die Längenmessung im Fundamentalsystem denken wir uns etwa so durchgeführt, daß wir in drei aufeinander senkrechten Richtungen, der x-, y- und z-Richtung, einen Abguß des Pariser Meteretalons beliebig oft auftragen und so ein Netz von Punkten erhalten, denen wir als Koordinaten die durch Auftragen des genannten Etalons erhaltenen Abstände von den drei zugrunde gelegten Ebenen zuschreiben. Unter dem Längenabstand zweier Punkte verstehen wir dann einfach ihre nach der gewöhnlichen Formel der analytischen Geometrie aus den Koordinaten berechnete Distanz, eine Zahl, die unter Voraussetzung der Gültigkeit der euklidischen Geometrie mit der Zahl übereinstimmt, die ich durch direktes Auftragen des Etalons längs der zu messenden Strecke erhalten würde. Die so erhaltenen Koordinaten eines Punktes relativ zum Fundamentalsystem bezeichnen wir mit x, y, z. Ganz analog definieren wir die Koordinaten eines Punktes relativ zum bewegten System, indem wir ein im bewegten System ruhendes genau gleich beschaffenes Etalon längs der bewegten Achsen auftragen, wobei wir annehmen wollen, daß im Zeitpunkt, wo wir die Betrachtung beginnen (t = 0), die beiden Systeme zusammenfallen sollen und im folgenden sich das bewegte mit der Geschwindigkeit v in der positiven x-Richtung bewegt, so daß die x-Achsen der beiden Systeme dauernd zusammenfallen und die anderen einander parallel bleiben. Die so erhaltenen Koordinaten relativ zum bewegten System nennen wir x', y', z'.

Die Zeitmessung im Fundamentalsystem denken wir uns so durchgeführt, daß wir uns in jedem seiner Punkte nach den gleichen Prinzipien eine Uhr beliebiger Art (etwa eine gewöhnliche Taschenuhr) angefertigt denken. Um wirklich den Zeitablauf irgend einer Bewegung beschreiben zu können, müssen diese Uhren in den verschiedenen Punkten erst vor Beginn des Versuches synchron (auf gleiche Phase) gestellt werden. Was synchrone Stellung heißt, kann ich durch jede Erscheinung, deren zeitlichen Verlauf ich kenne, definieren und kontrollieren. Da jede Zeitmessung im Grunde immer auf den Vergleich des Verlaufes zweier Vorgänge hinausläuft, besagt der Satz von der Konstanz der Lichtgeschwindigkeit im Grunde nichts anderes, als daß ich Uhren (d. h. periodisch laufende Automaten) konstruieren kann, so daß an ihnen gemessen die Lichtfortpflanzung relativ zum Fundamentalsystem, in dem diese Uhren ruhen, mit konstanter Geschwindigkeit erfolgt. Dann kann ich diesen Satz verwenden, um zu kontrollieren, ob zwei Uhren, die in der Distanz l voneinander angebracht sind, synchron laufen. Wenn beide gleiche Zeit zeigen und ich sende von beiden aus Lichtsignale gegen die Mitte ihrer Verbindungsstrecke, so müssen sie dort zur gleichen Zeit ankommen. Ist das nicht der Fall, so sage ich, daß die Uhr, von der aus das Signal früher eintrifft, vor der anderen vorausgeht.

Ebenso wie die synchrone Einstellung der Uhren jedem Experiment im Fundamentalsystem vorausgehen muß, ist es vor jedem Experiment im bewegten System notwendig zu kontrollieren, ob die Uhren relativ zu diesem System synchron laufen.

Die frühere Physik hat aber immer mit solchen Uhren im bewegten System gearbeitet, welche immer dieselbe Zeit zeigen wie die Uhr im Fundamentalsystem, an der sie gerade vorüberkommen. Der von uns besprochene Widerspruch I. beweist nun offenbar nichts anderes, als daß solche Uhren relativ zum bewegten System nicht synchron eingestellt sind, daß also bei dieser Einstellung die Vorbedingung der Anwendung des Relativitätsprinzips nicht erfüllt ist, weil die Gleichheit der relativen Anfangsbedingungen des Versuches fehlt. Wir sehen vielmehr aus den unter I. angestellten Betrachtungen, daß von zwei Uhren im bewegten System, die mit der zusammenfallenden im ruhenden immer dieselbe Zeit zeigen, im Sinne der synchronen Einstellung relativ zum bewegten System die in der Bewegungsrichtung vorne befindliche um den durch Gleichung 1) gegebenen Betrag τ vorgeht. Wenn sie daher relativ zum bewegten System synchron eingestellt sein sollen, muß von zwei im bewegten System ruhenden Uhren die im Sinne der Bewegung „vorne" befindliche hinter der anderen um den Betrag τ zurückgehen, wenn ich als Vergleichsuhren die im Fundamentalsystem synchron eingestellten Uhren betrachte. Wenn sich nun eine Uhr im Koordinatenursprung $(x' = 0,\ x = x_0)$ des bewegten Systems befindet und eine andere auch im bewegten System ruhende auf der x-Achse mit der Koordinate x relativ zum ruhenden System, so ist

(2) $x - x_0 = l, \qquad x_0 = v\,t$

weil im vorhergehenden unter l immer die relativ zum ruhenden System gemessene Länge zu verstehen war. Wenn jetzt die beiden relativ zum bewegten System synchron eingestellten Uhren die gleiche Zeit zeigen, so müssen die im ruhenden System eingestellten, an denen sie eben vorüberkommen, eine Zeitdifferenz aufweisen, und zwar muß nach dem Gesagten

(3) $t - t_0 = \tau = \dfrac{v\,(x - x_0)}{c^2 \left(1 - \dfrac{v^2}{c^2}\right)}$

sein, wenn t_0 die Zeitangabe der mit dem bewegten Koordinatenursprung eben zusammenfallenden Uhr im ruhenden System bedeutet.

Wenn wir nun zum Widerspruch II. übergehen, so wollen wir annehmen, daß die beiden Stäbe vom Koordinatenursprung des bewegten Systems aus längs der x- bzw. y-Achse gelegt sind. Die Koordinaten ihrer Endpunkte relativ zum ruhenden System sind dann: $x = x_0 + 1, 0, 0$, bzw. $0, y, 0$; relativ zum bewegten System $x', 0, 0$, bzw. $0, y', 0$. Die Herleitung des Widerspruches II. beruht nun offenbar auf der Annahme, daß zwei gleich beschaffene Etalons, die in die Richtung der x- bzw. y-Achse des bewegten Systems gelegt werden und die deshalb gemäß der Definition der Längen relativ zum bewegten System gleiche Koordinatendifferenzen relativ zu diesem System besitzen $(x' = y' = l')$, wo wir dann l' als Länge relativ zum bewegten System bezeichnen, auch gleiche Koordinatendifferenzen $x - x_0 = y$ relativ zum Fundamentalsystem besitzen müssen. Wenn wir aber diese Annahme fallen lassen, so beweisen die unter II. angestellten Betrachtungen nur, daß die den beiden bewegten Etalons entsprechenden Koordinatendifferenzen relativ zum Fundamentalsystem nicht gleich sind, sondern daß ihr

Verhältnis $\sqrt{1 - \dfrac{v^2}{c^2}}$ mal so groß ist als das ihrer

Werte relativ zum mitbewegten System. Es ist also allgemein $\dfrac{x - x_0}{y} = \dfrac{x'}{y'} \sqrt{1 - \dfrac{v^2}{c^2}}$, oder anders geschrieben:

(4) $\dfrac{x - x_0}{x' \sqrt{1 - \dfrac{v^2}{c^2}}} = \dfrac{y}{y'} = \varphi\,(v)$

dabei ist $\varphi\,(v)$ eine ganz willkürliche Funktion von v. Dann ist natürlich die Zeit für den Hin- und Hergang des Lichtes sowohl beim Versuch im Fundamentalsystem als im bewegten System für beide Stäbe gleich. Ähnlich wie II. löst sich auch Widerspruch III. durch das Fallenlassen einer allgemein angenommenen, aber willkürlichen Voraussetzung über das Verhalten bewegter Körper. Nach den unter III. angestellten Betrachtungen wird das Licht, um längs des zur Bewegungsrichtung senkrechten Stabes hin- und zurückzugehen, die Zeit

(5) $t_0 = \dfrac{2\,y}{c\sqrt{1 - \dfrac{v^2}{c^2}}} = \dfrac{2\,y'\,\varphi\,(v)}{c\sqrt{1 - \dfrac{v^2}{c^2}}}$

brauchen, wenn dieser Stab sich mit der Geschwindigkeit v bewegt und die Zeit an den im Fundamentalsystem ruhenden Uhren abgelesen wird, während für denselben Stab, im Falle er im Fundamentalsystem ruht, diese Zeit nur $\dfrac{2\,y'}{c}$ betragen würde. Daraus läßt sich aber ein logischer Widerspruch gegen das Relativitätsprinzip nicht herleiten, weil bei der ganzen Berechnung vorausgesetzt ist, daß die mit dem Stabe mitbewegte Uhr (etwa die im Koordinatenursprung $x' = 0$) immer dieselbe Zeit t_0 zeigt, wie die Uhr im Fundamentalsystem, an der sie eben vorüberkommt. Nehmen wir aber an, daß ihr Gang durch die Bewegung modifiziert wird und sie eine Zeit

(6) $t' = t_0 \dfrac{\sqrt{1 - \dfrac{v^2}{c^2}}}{\varphi\,(v)}$

zeigt, so folgt aus der Gleichung 5) $t' = \dfrac{2\,y'}{c}$ und es läßt sich aus den Experimenten im System auf die Geschwindigkeit des Systems relativ zum Fundamentalsystem nichts schließen. Man kann das auch so ausdrücken: die Betrachtungen III. zeigen, daß eine aus einem hin- und hergehenden Lichtstrahl bestehende Uhr in dem durch Gleichung 6) angegebenen Maße von der Bewegung beeinflußt wird und das Relativitätsprinzip erfordert, daß man diese Veränderung durch keine Versuche relativ zum System nachweisen kann, daß also jede andere Uhr dieselbe Gangveränderung erleiden muß, was wohl der früheren Physik, aber keinem logischen Grundsatz widerspricht.

Aus dem Zusammenbestehen des Prinzips von der Konstanz der Lichtgeschwindigkeit und des Relativitätsprinzips von Einstein folgt also, daß Maßstäbe durch Bewegung ihre Länge relativ zum Fundamentalsystem und Uhren ihre Ganggeschwindigkeit relativ zu den im Fundamentalsystem ruhenden ändern. Berücksichtigen wir ferner, daß die Uhren im bewegten System vor jedem Experiment relativ zu diesem System synchron eingestellt werden müssen, so ergibt sich zwischen den Koordinaten relativ zu den beiden Systemen und den

Zeitangaben t und t′ der Uhren in beiden Systemen aus Gleichung 2) und 4)

$$x' = \frac{1}{\varphi(v)} \frac{x - vt}{\sqrt{1 - \frac{v^2}{c^2}}},$$

$$(7) \qquad y' = \frac{1}{\varphi(v)} y, \qquad z' = \frac{1}{\varphi(v)} z$$

und durch Berechnen von t_0 aus Gleichung 3) und Einsetzen in Gleichung 6) unter Beachtung von Gleichung 2)

$$(8) \qquad t' = \frac{1}{\varphi(v)} \frac{t - \frac{v}{c^2} x}{\sqrt{1 - \frac{v^2}{c^2}}}$$

In den Gleichungen 7) und 8) sind die Grundannahmen der Einsteinschen Relativitätstheorie in explizit entwickelter, mathematisch formulierter Form enthalten. Es läßt sich leicht zeigen, daß jetzt nicht nur die drei ausdrücklich formulierten Widersprüche verschwunden sind, sondern daß überhaupt ein Widerspruch zwischen Konstanzprinzip und Relativitätsprinzip nicht mehr auftreten kann. Lassen wir nämlich vom Ursprung des Koordinatensystems einen Lichtstrahl ausgehen (das ruhende und bewegte mögen in diesem Zeitpunkt zusammenfallen), der zur Zeit t des Fundamentalsystems im Punkt x, y, z dieses Systems ankommt. Die Lichtgeschwindigkeit c ist dann offenbar durch die Gleichung

$$(9) \qquad c = \frac{\sqrt{x^2 + y^2 + z^2}}{t} \text{ oder } x^2 + y^2 + z^2 - c^2 t^2 = 0$$

bestimmt. Die Lichtgeschwindigkeit c′ desselben Lichtstrahls relativ zum bewegten System bestimmt sich dann aus der analogen Gleichung

$$(10) \qquad x'^2 + y'^2 + z'^2 - c'^2 t'^2 = 0$$

Aus den Gleichungen 7) und 8) ergibt sich dann durch Quadrieren und Addieren

$$(11) \quad x'^2 + y'^2 + z'^2 - c^2 t'^2 = \frac{1}{[\varphi(v)]^2} \overline{x^2 + y^2 + z^2 - c^2 t^2}$$

d. h. aus Gleichung 9) folgt Gleichung 10) mit c′ = c. Jeder nach welcher Richtung immer gehende Lichtstrahl hat also in jedem bewegten System dieselbe Geschwindigkeit wie im Fundamentalsystem. Es kann also zwischen Konstanz- und Relativitätsprinzip durch keinen Versuch, der auf der Beeinflussung der Fortpflanzungsgeschwindigkeit des Lichtes durch die Bewegung beruht, ein Widerspruch entstehen.

Da die Transformationsgleichungen für v > c aufhören, reelle Koeffizienten zu haben, kann für Systeme, die sich mit Überlichtgeschwindigkeit bewegen, das Relativitätsprinzip nicht gelten. Die allgemeine Gültigkeit dieses Prinzips hat also die Unmöglichkeit derartiger Bewegungen zur logischen Folge.

Die Gestalt der Funktion $\varphi(v)$ läßt sich durch Anwendung des Relativitätsprinzips auf die Erscheinungen der Lichtausbreitung nicht bestimmen. Nun ist aber auch jede Messung eines Körpers an den im System S ruhenden Maßstäben eine relativ zum System S beobachtete Erscheinung; und wenn wir voraussetzen, daß auch aus solchen Beobachtungen eine eventuelle Geschwindigkeit von S relativ zum Fundamentalsystem nicht ersehen und berechnet werden kann, wird sich ein bestimmter Wert für $\varphi(v)$ ergeben. Die zugrunde gelegte Er-

scheinung ist folgende: Ein starrer Stab, der die Ruhelänge L hat und der in der y-Achse (also senkrecht zur Bewegungsrichtung) liegt, hat im System S′ zu Koordinaten seiner Endpunkte y′ = 0 und y′ = L, daher im System S nach Gleichung 7) y = 0 und y = L$\varphi(v)$. Durch die Bewegung des Stabes relativ zu S ändert sich also seine Länge, in S gemessen, von L in l = L$\varphi(v)$.

Wir stellen nun denselben Versuch relativ zum System S′ an. Der Stab ruhe zuerst in diesem System (Ruhelänge L), dann möge er sich mit der Geschwindigkeit — v relativ zu S′ bewegen, oder in einem dritten System S″ ruhen. Wenn das Relativitätsprinzip gilt, darf sich aus dem Versuchsergebnis nicht feststellen lassen, daß das System S′ nicht das Fundamentalsystem S ist, es darf die Längenänderung des Stabes nur von seiner Relativgeschwindigkeit gegen S′ abhängen, und zwar ebenso wie früher, die Länge L muß also wieder sich in l = L$\varphi(v)$ verändern. Nun ist aber jetzt l die Länge des Stabes relativ zu S′ und L seine Länge relativ zu S″, das aber mit S (dem Fundamentalsystem) identisch ist. Nun gibt man der Gleichung 7) zwischen der Länge eines solchen Stabes relativ zum Fundamentalsystem L und der Länge l relativ zu einem mit der Geschwindigkeit v bewegten System die Bezeichnung l = $\frac{L}{\varphi(v)}$. Aus dem Zusammenbestehen der beiden letzten Gleichungen folgt aber offenbar

$$(12) \qquad \varphi(v) = 1$$

und die Gleichungen 7) und 8) gehen über in

$$x' = \frac{x - vt}{\sqrt{1 - \frac{v^2}{c^2}}}, \quad y' = y, \quad z' = z$$

$$(13) \qquad t' = \frac{t - \frac{v}{c^2} x}{\sqrt{1 - \frac{v^2}{c^2}}}.$$

Diese Gleichungen bilden die Lorentz-Transformation. Sie gehen für c = ∞, d. h. $\frac{v}{c} = 0$ über in die Galilei-Transformation (s. Artikel Relativitätsprinzip nach Galilei, Gleichung 1)).

Die Annahme, die zu Gleichung 12) und infolgedessen 13) führte, beseitigt die ausgezeichnete Stellung des Fundamentalsystems vollständig, und wir können im folgenden einfach von zwei gegeneinander mit der Relativgeschwindigkeit v bewegten Systemen sprechen, von denen wir nur des leichteren Ausdruckes wegen das eine gelegentlich als ruhendes System bezeichnen, während es eigentlich genügt, einfach von den Systemen S und S′ zu sprechen. Wenn man die Gleichungen 13) nach x, y, z, t auflöst, erhalten wir Gleichungen genau derselben Form, nur tritt — v an Stelle von v.

Darin drückt sich die völlige Gleichberechtigung der beiden Systeme aus.

Es bewege sich nun ein materieller Punkt mit der konstanten Geschwindigkeit w′ relativ zu S′. Seine Bewegungsgleichung lautet dann:

$$x' = w' t', \qquad \frac{dx'}{dt'} = w'.$$

Durch Differention der aufgelösten Gleichungen 13) erhalten wir

$$dx = \frac{dx' + v\, dt'}{\sqrt{1 - \frac{v^2}{c^2}}}, \quad dt = \frac{\frac{v}{c^2}\, dx' + dt'}{\sqrt{1 - \frac{v^2}{c^2}}}$$

und durch Division

$$\frac{dx}{dt} = \frac{\frac{dx'}{dt'} + v}{\frac{v}{c^2}\frac{dx'}{dt'} + 1}.$$

Bezeichnen wir die Geschwindigkeit unseres materiellen Punktes relativ zu S mit $\frac{dx}{dt} = w$, so ergibt sich

$$(14) \qquad w = \frac{w' + v}{1 + \frac{v\,w'}{c^2}}.$$

Nach diesem Gesetze überlagern sich in der Einsteinschen Theorie Geschwindigkeiten in derselben Richtung. Die Formel 14) ist als Einsteinsches Additionstheorem der Geschwindigkeiten bekannt.

Aus dieser Formel ergibt sich für die Lichtgeschwindigkeit c natürlich aus $w' = c$ auch $w = c$. Dabei ist unter c wie in allen bisherigen Betrachtungen die Lichtgeschwindigkeit im Vakuum zu verstehen, weil nur sie in den Formeln der Lorentz-Transformation als Konstante auftritt. Wollen wir aber etwa berechnen, wie die Geschwindigkeit des Lichtes in irgendeinem anderen Körper vom Brechungsexponenten n, wenn sie etwa relativ zur ruhenden Erde den Betrag w' hätte, durch die Erdgeschwindigkeit geändert wird, so haben wir einfach Gleichung 14) anzuwenden, wo jetzt v die Erdgeschwindigkeit und w die absolute Lichtgeschwindigkeit bedeutet.

Wenn wir in Gleichung 14) nur die Glieder erster Ordnung in $\frac{v}{c}$ beibehalten, lautet sie

$$(15) \qquad w = w' + v\left(1 - \frac{w'^2}{c^2}\right).$$

Es addiert sich also zur Geschwindigkeit w' nicht die gesamte Erdgeschwindigkeit, sondern nur ein Bruchteil, wie es die Fresnelsche Theorie für das Licht verlangt. Nun ist für unseren Fall $\frac{c}{w'} = n$ und daher

$$(16) \qquad w = w' + v\left(1 - \frac{1}{n^2}\right)$$

ganz in Übereinstimmung mit der Fresnelschen Theorie der Mitführung (s. Artikel Optik bewegter Körper, Gleichung 3) und 15)).

Die Vereinbarkeit von Konstanzprinzip und Relativitätsprinzip ist nun dargetan und hat zu den in der Lorentz-Transformation zusammengefaßten Konsequenzen für das Verhalten der physikalischen Meßinstrumente geführt. Diese Erkenntnisse müssen naturgemäß auf alle Gebiete der Physik ihre Wirkungen ausüben. Das Aufsuchen dieser Konsequenzen ist der Inhalt der Einsteinschen Relativitätstheorie, und zwar der sog. „speziellen" Relativitätstheorie, weil sie von dem hier behandelten speziellen Relativitätsprinzip ausgeht, das dadurch spezialisiert ist, daß es sich wie das Newtonsche nur auf geradlinig gleichförmige Bewegungen bezieht (s. Artikel Relativitätstheorie, Spezielle). *Philipp Frank.*

Näheres s. Lorentz, Einstein, Minkowski, Das Relativitätsprinzip. Eine Sammlung von Abhandlungen. Leipzig 1913.

Relativitätsprinzip nach Galilei und Newton (s. Artikel absolute Bewegung, Relativbewegung). Die Newtonsche Mechanik sagt aus, daß durch Angabe der Lage und Geschwindigkeit eines materiellen Punktes relativ zu einem Inertialsystem seine relative Beschleunigung $\mathfrak{w}^a$ durch die Gleichung $m\,\mathfrak{w}^a = \mathfrak{K}$ gegeben ist, wo die Kraft $\mathfrak{K}$ nur von der Lage des Punktes relativ zu anderen Massen abhängt und mit wachsender Entfernung von ihnen schließlich verschwindet. Durch Angabe von relativer Lage und Geschwindigkeit ist also die Relativbewegung gegenüber dem Inertialsystem für die Zukunft eindeutig bestimmt. Wenn das Bezugssystem kein Inertialsystem ist, liegt im allgemeinen diese eindeutige Bestimmtheit nicht vor; denn wenn es z. B. rotiert, hängt die Bewegung noch von der Zentrifugalkraft ab, die durch die Rotationsgeschwindigkeit gegenüber dem Inertialsytem und nicht durch die Relativgeschwindigkeit unseres Massenpunktes gegenüber dem zugrunde gelegten beliebigen Bezugssystem abhängt. Diese eindeutige Bestimmtheit der künftigen relativen Bewegung durch die zu Anfang gegebenen Relativgeschwindigkeiten charakterisiert das Inertialsystem vor anderen Bezugssystemen, insbesondere ist im Falle des Verschwindens der Kraft $\mathfrak{K}$ die Konstanz der Relativgeschwindigkeit zu erwarten. Man kann auch so sagen: relativ zu einem Inertialsystem gelten die Newtonschen Bewegungsgleichungen, während relativ zu anderen Systemen im allgemeinen die Reduktionskräfte, z. B. Zentrifugalkraft und Coriolissche Kraft hinzutreten.

Nun gibt es aber offenbar gegenüber einem Inertialsystem bewegte Bezugssysteme, für die alle Reduktionskräfte verschwinden. Wenn wir nämlich ein System betrachten, das gegenüber dem Inertialsystem in geradlinig gleichförmiger Bewegung begriffen ist, wo also die Fahrzeugbeschleunigung, von der die Reduktionskräfte abhängen, verschwindet, hat es die gewünschte Eigenschaft. Sei etwa $\mathfrak{w}^a$ die Relativbeschleunigung unseres Massenpunktes gegenüber dem Inertialsystem, $\mathfrak{w}^r$ gegenüber dem neuen System, so ist offenbar $\mathfrak{w}^a = \mathfrak{w}^r$, da eine hinzugefügte Bewegung von der Beschleunigung Null an der ursprünglichen Beschleunigung nichts ändern kann. Da die Kraft $\mathfrak{K}$ aber überhaupt nur von der relativen Lage der Massen abhängt, kann man die Newtonschen Bewegungsgleichungen anstatt in der Form $m\,\mathfrak{w}^a = \mathfrak{K}$ auch $m\,\mathfrak{w}^r = \mathfrak{K}$ schreiben, d. h. in bezug auf jedes geradlinig gleichförmig bewegte System gelten dieselben Bewegungsgesetze wie für das Inertialsystem. Es sind nämlich durch die relativen Anfangsgeschwindigkeiten die Relativbewegungen in ihrem ganzen Verlauf eindeutig bestimmt. Diese Aussage heißt das Relativitätsprinzip nach Galilei und Newton oder das Relativitätsprinzip der klassischen Mechanik. Es ist, wie man sieht, deduktiv aus den Newtonschen Bewegungsgleichungen ableitbar und gilt also für den ganzen Bereich der Naturerscheinungen, die durch diese Gesetze beherrscht werden. In diesem ganzen Bereiche läßt sich kein gegenüber dem Inertialsystem gleichförmig geradlinig bewegtes Bezugssystem durch den Verlauf der relativen Bewegungen vor dem anderen auszeichnen. Die Geschwindigkeit, mit der es sich bewegt, hat auf keine relativ zu ihm beobachtete Bewegung irgend einen Einfluß.

Mathematisch hat das den folgenden Grund. Bezeichnen wir mit x, y, z die Koordinaten in bezug auf ein Inertialsystem und mit x', y', z' in bezug auf ein relativ zu ihm geradlinig gleichförmig in der x-Richtung mit der Geschwindigkeit v bewegtes System mit parallelen Achsen. So ist offenbar für jeden Zeitpunkt t

$$(1) \quad x' = x - vt, \quad y' = y, \quad z' = z, \quad t' = t \ .$$

Die Newtonschen Bewegungsgleichungen $m\mathfrak{w} = \mathfrak{K}$ lauten in Komponentenform:

$$(2) \quad m\frac{d^2 x}{dt^2} = K_x \quad m\frac{d^2 y}{dt^2} = K_y \quad m\frac{d^2 z}{dt^2} = K_z$$

Daraus folgt mit Hilfe der Gleichungen (1)

$$m\frac{d^2 x'}{dt'^2} = K_x \quad m\frac{d^2 y'}{dt'^2} = K_y \quad m\frac{d^2 z'}{dt'^2} = K_z$$

d. h. im neuen System gelten Gleichungen von derselben Form.

Diese Unveränderlichkeit (Invarianz) der Bewegungsgleichungen bei Anwendung der Transformationen 1), die gewöhnlich Galilei-Transformation genannt werden, ist der mathematische Ausdruck dafür, daß die Bewegungserscheinungen relativ zu dem gleichförmig bewegten System durch dieselben Gesetze bestimmt sind wie relativ zum Inertialsystem, also für das Relativitätsprinzip nach Galilei und Newton.

Wie sich das Relativitätsprinzip deduktiv aus den Newtonschen Bewegungsgleichungen ableiten läßt, so lassen sich auch diese Gleichungen, wenn man sie als noch nicht bekannt ansieht, aus dem Relativitätsprinzip in Verbindung mit anderen Prinzipien ableiten. So hat schon Huygens die Stoßgesetze abgeleitet.

Als erstes Beispiel für dieses Prinzip diene der Fall, daß ein Massenpunkt mit der Anfangsgeschwindigkeit c relativ zum Inertialsystem kräftefrei in der x-Richtung geworfen wird. Dann braucht er zur Zurücklegung der Strecke 1 die Zeit $\frac{1}{c}$. Wenn wir jetzt den Körper mit derselben Anfangsgeschwindigkeit relativ zu einem mit der Geschwindigkeit v bewegten System abwerfen, so wird er sich nach unserem Prinzip relativ zu diesem System genau so bewegen wie früher zum alten, also immer zur Zurücklegung der Strecke 1 im neuen System die Zeit $\frac{1}{c}$ brauchen, ohne Rücksicht darauf, ob er sich im Sinne oder entgegen der Bewegung des neuen Systems bewegt. Wenn man etwa das Licht nach der Emissionstheorie Newtons als ein Ausschleudern von Massenteilchen auffassen könnte, würden die von einer bewegten Lichtquelle nach verschiedenen Seiten ausgeschleuderten Lichtkörperchen relativ zur Lichtquelle sich mit derselben Geschwindigkeit c ausbreiten, so daß man die Bewegungsrichtung der Lichtquelle aus der Beobachtung dieser Relativgeschwindigkeiten nicht erkennen könnte, d. h. aber, daß relativ zum ruhenden System die Geschwindigkeit der Lichtquelle sich zur Geschwindigkeit der Lichtkörperchen addiert.

Als zweites Beispiel betrachten wir die Fortpflanzung des Schalles in der Luft. Wenn die Luftmasse relativ zu einem Inertialsystem ruht, so pflanzt sich in ihr der Schall nach allen Seiten mit derselben Geschwindigkeit c fort. Wir betrachten nun ein mit der Geschwindigkeit v gleichförmig in der x-Richtung bewegtes System, etwa einen Eisenbahnwagen. Wollen wir auf dieses System das Relativitätsprinzip anwenden, so müssen wir annehmen, daß jetzt alle an der Schallleitung beteiligten Luftteilchen relativ zu dem Fahrzeug dieselben Anfangsgeschwindigkeiten haben wie früher relativ zu dem ruhenden System, d. h. wir müssen annehmen, daß der Wagen die ganze Luftmasse auf seiner Fahrt so mitreißt, daß sie relativ zu ihm im ganzen ruht und nur die einzelnen Teilchen relativ zu ihm bei ihrer Schwingung dieselben Geschwindigkeiten haben wie früher im Inertialsystem. Dann wird nach dem Relativitätsprinzip auch relativ zum Wagen sich der Schall nach allen Seiten mit derselben Geschwindigkeit c fortpflanzen wie früher; man wird aus der Fortpflanzung des Schalles relativ zum Wagen die Richtung und Größe der Fahrzeuggeschwindigkeit nicht entnehmen können. Diese Wirkung reicht so weit, als die Luftmassen vom Wagen mitgerissen werden. Nehmen wir aber an, daß der Wagen die Luftmassen nicht mitnimmt, sondern sie ihre frühere Lage beibehalten, etwa dadurch, daß der Wagen ein offener ist, so sind jetzt die Anfangsgeschwindigkeiten der Luftteilchen relativ zum Wagen nicht dieselben wie gegenüber dem ruhenden System, und wir können erwarten, daß wir die Fahrzeuggeschwindigkeit aus der Schallfortpflanzung relativ zum Wagen werden bestimmen können. Da sich nämlich der Schall jetzt unbeeinflußt vom Fahrzeug nach wie vor mit der Geschwindigkeit c nach allen Seiten relativ zum Inertialsystem fortpflanzt, wird jetzt der im Sinne der Fahrzeuggeschwindigkeit laufende Schallstrahl nur die Geschwindigkeit c−v relativ zum Wagen haben, der entgegengesetzt zu laufende aber c+v. Als halbe Differenz dieser beiden Relativgeschwindigkeiten ergibt sich dann die Fahrzeuggeschwindigkeit. Wenn man dieselben Betrachtungen auf das Licht anzuwenden sucht, so ist das selbstverständlich gestattet, wenn man annimmt, daß das Licht auch eine durch die Newtonschen Bewegungsgleichungen beherrschte mechanische Erscheinung ist, also etwa im Sinne der elastischen Lichttheorie eine Fortpflanzung von Wellen in einem elastischen Medium, dem Äther. Es ist wieder bei der Anwendung darauf zu achten, ob der Äther von dem bewegten System mitgenommen wird oder nicht. Da aber darüber direkte Erfahrungen nicht möglich sind, da ja der Äther kein wahrnehmbarer Stoff ist, wie die Luft bei der Schallfortpflanzung, so muß hier umgekehrt erst experimentell untersucht werden, wie sich die Lichtfortpflanzung relativ zu einem bewegten Körper verhält, und erst daraus könnte erschlossen werden, ob der Äther mitgerissen wird oder nicht (s. Artikel Optik bewegter Körper). *Philipp Frank.*

Näheres s. M. Born, Die Relativitätstheorie Einsteins. Berlin 1920.

Relativitätstheorie, spezielle. Nach dem Relativitätsprinzip kann man aus den Experimenten relativ zu einem Laboratorium eine geradlinig gleichförmige Bewegung dieses Versuchsraumes nicht erkennen. Es müssen also alle Naturgesetze eine solche Gestalt haben, daß sie relativ zu zwei gegeneinander geradlinig gleichförmig bewegten Bezugssystemen dieselbe Gestalt haben. Da nun die Zusammenhänge zwischen den Längen- und Zeitabmessungen in den beiden Systemen durch die Lorentz-Transformation (s. Artikel Relativitätsprinzip nach Einstein) gegeben sind, so bedeutet das Forderung, daß alle Naturgesetze die Längen- und Zeitabmessungen in der Weise enthalten müssen, daß sie bei Anwendung der Lorentz-Transformation in Gleichungen derselben Gestalt in den Längen-

und Zeitgrößen relativ zum neuen System übergehen. Die Anwendung des Relativitätsprinzips gibt uns also eine Eigenschaft, die allen Naturgesetzen gemeinsam sein muß und die uns zur Herleitung von solchen Gesetzen dienen kann. Nun kommen aber in jedem Naturgesetz außer den Längen- und Zeitabmessungen auch noch andere Größen vor, wie mechanische Massen, Energien, elektromagnetische Feldstärken u. a. Auch diese Größen haben natürlich relativ zu verschiedenen Bezugssystemen verschiedene Werte. Diese Änderung des Wertes der Massen, Energien usw. beim Übergang von einem Bezugssystem zum anderen können wir aber erhalten, wenn wir uns überlegen, wie sich diese Größen transformieren müssen, um gemeinsam mit der Lorentz-Transformation der Raumzeitabmessungen die Gleichungen der Naturvorgänge für ein bewegtes Koordinatensystem in derselben Gestalt zu erhalten, die sie relativ zum ruhenden hatten.

Die Anwendung dieser beiden aus dem Einsteinschen Relativitätsprinzip folgenden heuristischen Grundsätze: die Forderung der Unveränderlichkeit der Naturgesetze gegenüber der Lorentz-Transformation und das aus diesen unveränderlichen (invarianten) Gleichungen mögliche Auffinden der Änderung von Massen, Energien, Feldstärken usw. durch Bewegung bildet den Inhalt der speziellen Relativitätstheorie.

Ganz analoge Betrachtungen ließen sich auch vom Newtonschen Relativitätsprinzip aus anstellen (s. Artikel Relativitätsprinzip nach Galilei und Newton); nur tritt dort an Stelle der Lorentz-Transformation die Galilei-Transformation und die heuristische Bedeutung ist für die heutige Zeit nicht mehr groß, weil die Newtonschen Feldgleichungen schon auf anderem Wege abgeleitet sind und das Gebiet der von ihnen beherrschten Erscheinungen nur ein verhältnismäßig enges ist, nur das Grenzgebiet der von der Lorentz-Transformation beherrschten für Geschwindigkeiten, die klein gegen die Lichtgeschwindigkeit sind.

Wenn wir die Grundgleichungen des elektromagnetischen Feldes im Vakuum betrachten, etwa in der Form der Lorentzschen Grundgleichungen der Elektronentheorie, so genügen sie offenbar der Forderung der Relativitätstheorie.

Es sei ϱ die Dichte, $\mathfrak{v}$ (mit den Komponenten $\mathfrak{v}_x$, $\mathfrak{v}_y$, $\mathfrak{v}_z$) die Geschwindigkeit der elektrischen Ladung, $\mathfrak{E}$ der elektrische, $\mathfrak{H}$ die magnetische Feldstärke, so lauten die Grundgleichungen, bezogen auf das Fundamentalsystem (s. Artikel Optik bewegter Körper):

$$(1) \quad \frac{\partial \mathfrak{H}_z}{\partial y} - \frac{\partial \mathfrak{H}_y}{\partial z} = \frac{1}{c}\varrho\,\mathfrak{v}_x + \frac{1}{c}\frac{\partial \mathfrak{E}_x}{\partial t}$$

$$\frac{\partial \mathfrak{H}_x}{\partial z} - \frac{\partial \mathfrak{H}_z}{\partial x} = \frac{1}{c}\varrho\,\mathfrak{v}_y + \frac{1}{c}\frac{\partial \mathfrak{E}_y}{\partial t}$$

$$\frac{\partial \mathfrak{H}_y}{\partial x} - \frac{\partial \mathfrak{H}_x}{\partial y} = \frac{1}{c}\varrho\,\mathfrak{v}_z + \frac{1}{c}\frac{\partial \mathfrak{E}_z}{\partial t}$$

$$\frac{\partial \mathfrak{E}_x}{\partial x} + \frac{\partial \mathfrak{E}_y}{\partial y} + \frac{\partial \mathfrak{E}_z}{\partial z} = \varrho$$

$$(2) \quad \frac{\partial \mathfrak{E}_z}{\partial y} - \frac{\partial \mathfrak{E}_y}{\partial z} = -\frac{1}{c}\frac{\partial \mathfrak{H}_x}{\partial t}$$

$$\frac{\partial \mathfrak{E}_x}{\partial z} - \frac{\partial \mathfrak{E}_z}{\partial x} = -\frac{1}{c}\frac{\partial \mathfrak{H}_y}{\partial t}$$

$$\frac{\partial \mathfrak{E}_y}{\partial x} - \frac{\partial \mathfrak{E}_x}{\partial y} = -\frac{1}{c}\frac{\partial \mathfrak{H}_z}{\partial t}$$

$$\frac{\partial \mathfrak{H}_x}{\partial x} + \frac{\partial \mathfrak{H}_y}{\partial y} + \frac{\partial \mathfrak{H}_z}{\partial z} = 0$$

Wenden wir auf die x, y, z, t die Lorentz-Transformation an, so beziehen wir alle Längen- und Zeitabmessungen auf ein System, das sich in der x-Richtung mit der Geschwindigkeit w relativ zum Fundamentalsystem bewegt. Die Ausrechnung ergibt dann, daß die Gleichungen 1) und 2) in Gleichungen übergehen, die x', y', z', t' in genau derselben Weise enthalten wie x, y, z, t in 1) und 2) enthalten sind. Damit ist gezeigt, daß die Lorentzschen Gleichungen der Elektronentheorie dem Relativitätsprinzip nicht widersprechen.

Man kann aber auch die weitere Anwendung des Relativitätsprinzips machen, indem man untersucht, welche Ausdrücke anstatt der $\mathfrak{E}$, $\mathfrak{H}$, ϱ, $\mathfrak{v}$ in den transformierten Gleichungen stehen. Wir wollen diese Größen $\mathfrak{E}'$, $\mathfrak{H}'$, ϱ', $\mathfrak{v}'$ nennen, so daß etwa die erste Gleichung des transformierten Systems lautet:

$$\frac{\partial \mathfrak{H}'_z}{\partial y'} - \frac{\partial \mathfrak{H}'_y}{\partial z'} = \frac{1}{c}\varrho'\,\mathfrak{v}'_x + \frac{1}{c}\frac{\partial \mathfrak{E}'_x}{\partial t'}.$$

Da diese ϱ', $\mathfrak{H}'$, $\mathfrak{E}'$, $\mathfrak{v}'$ relativ zum bewegten System mit den Raumzeitgrößen genau so zusammenhängen wie die Dichte und Feldstärken relativ zum Fundamentalsystem, sind ihre Werte durch dieselben Meßoperationen, nur relativ zum bewegten System bestimmbar, wie die Dichten und Feldstärken relativ zum Fundamentalsystem. Wir nennen die ϱ', $\mathfrak{E}'$, $\mathfrak{H}'$ die Dichten bzw. Feldstärken relativ zum bewegten System. Die Durchrechnung der Transformation ergibt die Beziehungen:

$$\mathfrak{E}_x = \mathfrak{E}'_x \qquad \mathfrak{H}_x = \mathfrak{H}'_x$$

$$(3) \quad \mathfrak{E}_y = \frac{\mathfrak{E}'_y + \dfrac{w}{c}\mathfrak{H}'_z}{\sqrt{1 - \dfrac{w^2}{c^2}}} \qquad \mathfrak{H}_y = \frac{\mathfrak{H}'_y - \dfrac{w}{c}\mathfrak{E}'_z}{\sqrt{1 - \dfrac{w^2}{c^2}}}$$

$$\mathfrak{E}_z = \frac{\mathfrak{E}'_z - \dfrac{w}{c}\mathfrak{H}'_y}{\sqrt{1 - \dfrac{w^2}{c^2}}} \qquad \mathfrak{H}_z = \frac{\mathfrak{H}'_z + \dfrac{w}{c}\mathfrak{E}'_y}{\sqrt{1 - \dfrac{w^2}{c^2}}}$$

$$(4) \quad \varrho\,\mathfrak{v}_x = \varrho'\frac{\mathfrak{v}'_x + w}{\sqrt{1 - \dfrac{w^2}{c^2}}} \qquad \varrho\,\mathfrak{v}_y = \varrho'\mathfrak{v}'_y \qquad \varrho\,\mathfrak{v}_z = \varrho'\mathfrak{v}'_z$$

$$\varrho = \varrho'\frac{1 + \dfrac{w\,\mathfrak{v}'_x}{c^2}}{\sqrt{1 - \dfrac{w^2}{c^2}}}$$

Die Unterscheidung der elektrischen von der magnetischen Feldstärke wird dadurch etwas Relatives, vom Bezugssystem Abhängiges. Denn wenn etwa relativ zum bewegten System ein rein elektrostatisches Feld vorhanden ist, wenn also alle elektrischen Ladungen relativ zu diesem System ruhen, so ist offenbar $\mathfrak{H}'_x = \mathfrak{H}'_y = \mathfrak{H}'_z = 0$. Trotzdem ist dann aber relativ zum ruhenden System auch ein magnetisches Feld vorhanden, für das sich nach Gleichung 3)

$$\mathfrak{H}_y = -\frac{w\,\mathfrak{E}'_z}{\sqrt{c^2 - w^2}}, \qquad \mathfrak{H}_z = \frac{w\,\mathfrak{E}'_y}{\sqrt{c^2 - w^2}}$$

ergibt. Unter einem Feld von der elektrischen Feld-
stärke 1 relativ zu einem System verstehen wir
dann ein Feld, das auf eine in dem betreffenden
System ruhende Ladung 1 die Kraft von einem
Dyn ausübt, d. h. der Masse 1 relativ zu diesem
System die Einheit der Beschleunigung erteilt,
wobei die Ladung genau wie in der gewöhnlichen
Elektrizitätslehre auf Grund des Coulombschen
Gesetzes definiert ist.

Nach den Newtonschen Bewegungsgesetzen erfährt dann ein materieller Punkt von der Ladung e
und der Masse m_0, der relativ zum bewegten
System ruht, eine Beschleunigung relativ zu diesem
bewegten System, die durch die Gleichungen

$$m_0 \frac{d^2 x'}{dt'^2} = e\, \mathfrak{E}'_x$$

$$(5) \qquad m_0 \frac{d^2 y'}{dt'^2} = e\, \mathfrak{E}'_y$$

$$m_0 \frac{d^2 z'}{dt'^2} = e\, \mathfrak{E}'_z$$

gegeben ist. Es ist klar, daß diese Gleichungen
nicht in allen gleichförmig bewegten Systemen,
wenn sie mit Hilfe der Lorentz-Transformation
umgerechnet werden, dieselbe Gestalt haben können,
da sie ja gegenüber der Galilei-Transformation
invariant sind (s. Artikel Relativitätsprinzip nach
Galilei und Newton). Wenn wir sie als allgemein gültig annehmen, würden die Erscheinungen
relativ zu einem bewegten System, die sich ja aus
elektrischen und mechanischen zusammensetzen.
dem Einsteinschen Relativitätsprinzip widersprechen, da die Bewegungsgesetze relativ zu
einem System die Newtonsche Gestalt hätten,
im anderen aber nicht. Wenn wir nun die der
Relativitätstheorie entsprechenden Bewegungsgleichungen des Massenpunktes ableiten wollen,
kann uns zum Fingerzeig dienen, daß die Newtonschen Gesetze für verschwindende Geschwindigkeit,
also für die aus der Ruhe heraus erzeugte Beschleunigung richtig sein dürften, weil ja für kleine
Geschwindigkeit die Lorentz-Transformation in die
Galileische übergeht. Wenn also ein geladener
Massenpunkt sich gerade mit der Geschwindigkeit
w in der x-Richtung bewegt, also in dem betrachteten bewegten System, können wir für einen
Zeitmoment die Gleichungen 5) als richtig annehmen. Wir müssen nun in diese Gleichungen
für x', y', z', t' ihre Werte gemäß der Lorentz-
Transformation mit der Systemgeschwindigkeit w
einsetzen und für die rechten Seiten ihre Werte
aus den nach $\mathfrak{E}'_x$, $\mathfrak{E}'_y$, $\mathfrak{E}'_z$ aufgelösten Gleichungen
3) und erhalten die Beschleunigung, die ein geladener
Massenpunkt, der eine beliebige Geschwindigkeit
besitzt, infolge der auf ihn wirkenden elektromagnetischen Kräfte erfährt. Die erhaltenen
Gleichungen sind nur insoferne spezialisiert, als
die x-Achse in die Richtung der augenblicklichen
Geschwindigkeit gelegt ist. Wir haben also aus den
Gleichungen der Lorentz-Transformation die zweiten
Ableitungen der x', y', z' nach t' durch die entsprechenden ungestrichenen Größen auszudrücken
und im Resultat $\frac{dx}{dt} = w$, $\frac{dy}{dt} = \frac{dz}{dt} = 0$ zu setzen.
Dann gehen die Gleichungen 5) über in

$$\frac{m_0}{\sqrt{\left(1 - \frac{w^2}{c^2}\right)^3}} \frac{d^2 x}{dt^2} = e\, \mathfrak{E}_x$$

$$(6) \qquad \frac{m_0}{1 - \frac{w^2}{c^2}} \frac{d^2 y}{dt^2} = e \frac{\mathfrak{E}_y - \frac{w}{c}\, \mathfrak{H}_z}{\sqrt{1 - \frac{w^2}{c^2}}}$$

$$\frac{m_0}{1 - \frac{w^2}{c^2}} \frac{d^2 z}{dt^2} = e \frac{\mathfrak{E}_z + \frac{w}{c}\, \mathfrak{H}_y}{\sqrt{1 - \frac{w^2}{c^2}}}$$

Nun ist die auf eine mit der Geschwindigkeit w
in der x-Richtung bewegte Ladung e wirkende
Kraft wegen des Biot-Savaitschen Gesetzes in der
Lorentzschen Elektronentheorie durch den Vektor $\mathfrak{F}$
gegeben; dessen Komponenten sind:

$$(7) \qquad \mathfrak{F}_x = c\, \mathfrak{E}_x, \quad \mathfrak{F}_y = e\left(\mathfrak{E}_y - \frac{w}{c}\, \mathfrak{H}_z\right),$$

$$\mathfrak{F}_z = e\left(\mathfrak{E}_z + \frac{w}{c}\, \mathfrak{H}_y\right)$$

Die Gleichungen 6) können also auch in die
folgende Gestalt gebracht werden:

$$m_l \frac{d^2 x}{dt^2} = \mathfrak{F}_x$$

$$(8) \qquad m_t \frac{d^2 y}{dt^2} = \mathfrak{F}_y$$

$$m_t \frac{d^2 z}{dt^2} = \mathfrak{F}_z$$

$$(9) \qquad m_l = \frac{m_0}{\sqrt{\left(1 - \frac{w^2}{c^2}\right)^3}} \qquad m_t = \frac{m_0}{\sqrt{1 - \frac{w^2}{c^2}}}$$

Diese Gleichungen gehen offenbar, wenn wir
Größen von höherer als erster Ordnung in $\frac{w}{c}$ vernachlässigen, in die Gleichungen über, nach denen
sich eine Ladung c gemäß den Newtonschen Bewegungsgesetzen unter dem Einfluß der Kraft $\mathfrak{F}$
bewegen würde. Die nach der Relativitätstheorie
gültigen Gleichungen 7) können wir dann so auffassen: das Verhältnis von Kraft und der durch
sie erzeugten Beschleunigung ist nicht mehr eine
für den betreffenden Massenpunkt charakteristische
Konstante, sondern hängt von der augenblicklichen Geschwindigkeit des materiellen Punktes ab.
Die Abhängigkeit ist wieder eine verschiedene,
je nachdem, ob die Kraft in der Richtung der augenblicklichen Geschwindigkeit oder senkrecht dazu
wirkt. Im ersten Fall nennen wir dieses Verhältnis die longitudinale Masse m_l, im zweiten
Falle die transversale Masse. Für die Geschwindigkeit Null gehen beide in die Ruhmasse m_0 über,
die eine für den materiellen Punkt charakteristische
Konstante bleibt.

Diese Unterschiede von der Newtonschen Mechanik sind aber nur dann empirisch nachprüfbar,
wenn das Verhältnis $\frac{w}{c}$ einen so großen Wert hat,

daß noch die Größen von der Ordnung $\frac{w^2}{c^2}$ gegenüber

1 in Betracht gezogen werden müssen. Das ist
z. B. der Fall bei den β-Strahlen des Radiums,
die negativ geladene Teilchen sind, die mit einer
Geschwindigkeit bis fast $^3/_4$ der Lichtgeschwindigkeit ausgesendet werden. An der Bewegung dieser
Teilchen unter dem Einfluß elektrischer und magnetischer Kräfte sind auch die Einsteinschen Bewegungsgleichungen nachgeprüft worden.

Von Bucherer und G. Neumann ist eine gute Übereinstimmung festgestellt worden.

Wächst die Geschwindigkeit w bis gegen die Lichtgeschwindigkeit, so wächst die Masse ins Unendliche und es würde also zur Erzielung einer solchen Geschwindigkeit eine unendlich große Kraft notwendig sein.

Die Gleichungen 8), 9) stellen natürlich auch die Bewegung eines Massenpunktes unter dem Einfluß einer beliebigen Kraft $\mathfrak{F}$ dar, da ja auch auf jede nicht elektrische Kraft dieselbe Argumentation anwendbar ist. Man kann die Gleichungen formal einfacher schreiben, wenn man einen Vektor $\mathfrak{G}$ mit den Komponenten

$$(10) \quad \begin{aligned} \mathfrak{G}_x &= \frac{m_0}{\sqrt{1 - \dfrac{w^2}{c^2}}} \frac{dx}{dt} \\ \mathfrak{G}_y &= \frac{m_0}{\sqrt{1 - \dfrac{w^2}{c^2}}} \frac{dy}{dt} \\ \mathfrak{G}_z &= \frac{m_0}{\sqrt{1 - \dfrac{w^2}{c^2}}} \frac{dz}{dt} \end{aligned}$$

einführt. Mit Hilfe desselben schreiben sich die Einsteinschen Bewegungsgleichungen dann einfach

$$(11) \quad \frac{d\,\mathfrak{G}}{dt} = \mathfrak{F}$$

Man kann das leicht verifizieren, indem man die vorkommenden Differentiationen unter der Voraussetzung durchführt, daß vor der Differentiation

$$w^2 = \left(\frac{dx}{dt}\right)^2 + \left(\frac{dy}{dt}\right)^2 + \left(\frac{dz}{dt}\right)^2$$

und nachher $\dfrac{dx}{dt} = w$, $\dfrac{dy}{dt} = \dfrac{dz}{dt} = 0$ gesetzt wird, wodurch sich wieder die Gleichungen 8), 9) ergeben. In den Gleichungen 10), 11) ist die ausgezeichnete Stellung der x-Achse beseitigt. Der Vektor $\mathfrak{G}$ ist die Bewegungsgröße des Massenpunktes.

Die Arbeit berechnen wir am einfachsten aus Gleichung 8), indem wir berücksichtigen, daß wegen der Richtung der augenblicklichen Geschwindigkeit nur die x-Komponente der Kraft einen Beitrag zur Arbeit liefert. Es ist dann nach der ersten der Gleichung 8) die Arbeit in der Zeiteinheit

$$(12) \quad \mathfrak{F}_x \frac{dx}{dt} = \frac{m_0}{2 \sqrt{\left(1 - \dfrac{w^2}{c^2}\right)^3}} \frac{dw^2}{dt} = \frac{d}{dt}\left(\frac{m_0 c^2}{\sqrt{1 - \dfrac{w^2}{c^2}}}\right)$$

Für die Energie ε eines Massenpunktes, bezogen auf ein System, relativ zu dem er sich mit der Geschwindigkeit w bewegt, erhalten wir also

$$(13) \quad \varepsilon = \frac{m_0 c^2}{\sqrt{1 - \dfrac{w^2}{c^2}}}$$

dabei ist die willkürliche additive Konstante so bestimmt, daß die Energie des ruhenden Massenpunktes ε_0 mit der Ruhmasse durch die Gleichung

$$(14) \quad m_0 = \frac{\varepsilon_0}{c^2}$$

zusammenhängt. Wenn wir den Begriff der Masse eines materiellen Punktes M relativ zu einem System, in dem er die Geschwindigkeit w hat, wie in der gewöhnlichen Mechanik mit Hilfe der in den Bewegungsgleichungen 11) vorkommenden Bewegungsgröße durch die Beziehung

$$(15) \quad \mathfrak{G} = M\mathfrak{w} \quad \left(\text{d. h. } \mathfrak{G}_x = M\frac{dx}{dt} \text{ usw.}\right)$$

definieren, so ist wegen Gleichung 10)

$$(16) \quad M = \frac{m_0}{\sqrt{1 - \dfrac{w^2}{c^2}}}$$

und wegen Gleichung 13)

$$(17) \quad M = \frac{\varepsilon}{c^2}.$$

Genau dieselbe Beziehung besteht nun auch, wie man sich leicht überzeugt, zwischen Masse (bzw. Bewegungsgröße) und Energie einer ebenen elektromagnetischen Welle. Wenn etwa A die Amplitude der elektrischen und magnetischen Feldstärke ist, so ist die Energie der Volumeinheit

$$\varepsilon = \frac{1}{2} A^2$$

und die elektromagnetische Bewegungsgröße, wie sie von Abraham und Lorentz eingeführt wurde.

$$G = \frac{1}{2c} A^2$$

Wenn wir dieser Welle auch gemäß Gleichung 15) eine Masse zuschreiben, so ist diese hier, weil die Geschwindigkeit der Energieströmung c ist, durch $Mc = G$ gegeben, und es besteht zwischen ε und M gemäß den letzten beiden Gleichungen wieder die Beziehung 17).

Man kann nun auf Grund des Relativitätsprinzips zeigen, daß ganz allgemein jedem Energiezuwachs ε immer auch ein Massenzuwachs $\dfrac{\varepsilon}{c^2}$ entspricht.

Der Beweis beruht auf folgendem: Nach Gleichung 13), 16) und 17) bringt jede durch Geschwindigkeitsänderung bewirkte Änderung $\varDelta\varepsilon$ der kinetischen Energie eines Massenpunktes eine Änderung $\varDelta M$ seiner Masse vom Betrage $\varDelta M = \dfrac{\varDelta\varepsilon}{c^2}$ mit sich. Betrachten wir nun ein System von Massen, in dem etwa kinetische Energie in Wärmeenergie umgesetzt wird, so würde diese Abnahme der kinetischen Energie $\varDelta\varepsilon$ eine Zunahme der Gesamtmasse um $\dfrac{\varDelta\varepsilon}{c^2}$ mit sich bringen, wenn wir (wie in der früheren Physik üblich) annehmen, daß durch die Änderung der kinetischen Energie in 16) sich wohl die Geschwindigkeit w ändert, die Ruhmasse m_0 aber konstant bleibt. Nun läßt sich aber aus dem Relativitätsprinzip folgern, daß die Gesamtmasse M eines gegen andere abgeschlossenen Systems konstant bleibt, auch wenn kinetische Energie in Wärme umgewandelt wird. Dieser Widerspruch läßt sich nur beseitigen, wenn man annimmt, daß durch das Verschwinden der kinetischen Energie und das Entstehen von Wärmeenergie die Ruhmassen der Körper sich so vermehren, daß trotz der Geschwindigkeitsabnahme die Gesamtmasse M konstant bleibt. Quantitativ läßt sich dieser Gedankengang folgendermaßen durchführen: Ein in der x-Richtung bewegter

Körper habe relativ zu S die Geschwindigkeit w, also nach Gleichung 10) die Bewegungsgröße G

$$G = \frac{m_0\,w}{\sqrt{1 - \dfrac{w^2}{c^2}}} = \frac{m_0\,dx}{\sqrt{dt^2 - \dfrac{1}{c^2}(dx^2 + dy^2 + dz^2)}}$$

Berechnen wir die Bewegungsgröße G' desselben Körpers relativ zu einem System S', das sich mit der Geschwindigkeit v relativ zu S bewegt. Dann ist wegen der Invarianz der im Nenner von G unter der Wurzel stehenden quadratischen Form gegenüber der Lorentztransformation

$$G' = \frac{m_0\,dx'}{\sqrt{dt'^2 - \dfrac{1}{c^2}(dx'^2 + dy'^2 + dz'^2)}}$$

$$= \frac{m_0\,(dx - v\,dt)}{\sqrt{dt^2 - \dfrac{1}{c^2}(dx^2 + dy^2 + dz^2)}\,\sqrt{1 - \dfrac{v^2}{c^2}}}$$

$$\text{(17A)} \qquad = \frac{G - v\,M}{\sqrt{1 - \dfrac{v^2}{c^2}}}.$$

Wenn nun in unserem abgeschlossenen System bei der besprochenen Energieumsetzung die Bewegungsgröße G relativ zu S unverändert bleibt, muß wegen des Relativitätsprinzips auch die Bewegungsgröße G' relativ zu S' unverändert bleiben, was nach der Gleichung 17 A) bei beliebigem v nur möglich ist, wenn M unverändert bleibt. Das System möge nun aus zwei Teilsystemen von den Massen M_1 und M_2 bestehen, die bei der Energieumsetzung die Massenänderungen ΔM_1 und ΔM_2 erfahren; dann ist $\Delta M_1 + \Delta M_2 = 0$. Die Energieänderungen der beiden Teilsysteme seien $\Delta \varepsilon_1$ bzw. $\Delta \varepsilon_2$. Da das Gesamtsystem abgeschlossen ist, so gilt $\Delta \varepsilon_1 + \Delta \varepsilon_2 = 0$. Wenn nun etwa das erste Teilsystem die Energie in Form der kinetischen verliert, so ist wegen Gleichung 17)

$$\frac{\Delta \varepsilon_1}{c^2} = \Delta M_1,$$ woraus wegen $\Delta \varepsilon_2 = -\Delta \varepsilon_1$ und

$\Delta M_2 = -\Delta M_2$ folgt, $\dfrac{\Delta \varepsilon_2}{c^2} = \Delta M_2$. Wenn also das zweite Teilsystem die Energie $\Delta \varepsilon_2$ irgendeiner Form (z. B. Wärme) erhält, so erfährt es dadurch eine Massenzunahme, die durch Gleichung 17) gegeben ist und die, wenn etwa die Geschwindigkeit w unverändert bleibt, nur in einer Änderung der Ruhmasse durch Energieaufnahme bestehen kann.

Zu dem so aus der Relativitätstheorie abgeleiteten Satze, daß jede Energieänderung von Massenänderung begleitet ist, kann man mit einer naheliegenden Verallgemeinerung die Hypothese aufstellen, daß wo Masse ist, auch eine Möglichkeit zum Energiegewinn vorhanden ist. Man müßte also durch Vernichtung der Ruhmasse m_0 eines materiellen Punktes nach Gleichung 14) die ungeheure Energie $\varepsilon_0 = m_0 c^2$ gewinnen können. Doch sagt die Relativitätstheorie natürlich nur etwas über die Größe des möglichen Energiegewinnes aus, nichts aber über die Art, wie diese Verwandlung von Ruhmasse in Energie möglich gemacht werden kann.

Ganz ähnlich wie man auf Grund des Relativitätsprinzips neue Bewegungsgleichungen aufstellen kann, die nicht mehr gegenüber der Galilei-Transformation invariant sind, sondern gemäß dem Einsteinschen Relativitätsprinzip gegenüber der Lorentz-Transformation, kann man auch mit Hilfe dieses Prinzips die lange gesuchten Differentialgleichungen für die elektromagnetischen Vorgänge in bewegten Körpern aufstellen, was zuerst Minkowski gelungen ist.

Wenn ein Körper (Isolator) von der Dielektrizitätskonstante ε und der magnetischen Permeabilität μ relativ zu einem Fundamentalsystem ruht, so werden die elektromagnetischen Erscheinungen in ihm durch die gewöhnlichen Maxwellschen Gleichungen beschrieben. Diese lauten, wenn wir wie üblich die elektrische Erregung mit $\mathfrak{D}$, die magnetische mit $\mathfrak{B}$ bezeichnen:

$$(18)\quad
\begin{aligned}
&\frac{\partial \mathfrak{H}_z}{\partial y} - \frac{\partial \mathfrak{H}_y}{\partial z} = \frac{1}{c}\frac{\partial \mathfrak{D}_x}{\partial t}
&& \frac{\partial \mathfrak{E}_z}{\partial y} - \frac{\partial \mathfrak{E}_y}{\partial z} = -\frac{1}{c}\frac{\partial \mathfrak{B}_x}{\partial t}\\[4pt]
&\frac{\partial \mathfrak{H}_x}{\partial z} - \frac{\partial \mathfrak{H}_z}{\partial x} = \frac{1}{c}\frac{\partial \mathfrak{D}_y}{\partial t}
&& \frac{\partial \mathfrak{E}_x}{\partial z} - \frac{\partial \mathfrak{E}_z}{\partial x} = -\frac{1}{c}\frac{\partial \mathfrak{B}_y}{\partial t}\\[4pt]
&\frac{\partial \mathfrak{H}_y}{\partial x} - \frac{\partial \mathfrak{H}_x}{\partial y} = \frac{1}{c}\frac{\partial \mathfrak{D}_z}{\partial t}
&& \frac{\partial \mathfrak{E}_y}{\partial x} - \frac{\partial \mathfrak{E}_x}{\partial y} = -\frac{1}{c}\frac{\partial \mathfrak{B}_z}{\partial t}\\[4pt]
&\frac{\partial \mathfrak{D}_x}{\partial x} + \frac{\partial \mathfrak{D}_y}{\partial y} + \frac{\partial \mathfrak{D}_z}{\partial z} = 0
&& \frac{\partial \mathfrak{B}_x}{\partial x} + \frac{\partial \mathfrak{B}_y}{\partial y} + \frac{\partial \mathfrak{B}_z}{\partial z} = 0
\end{aligned}$$

$$(19)\quad
\begin{aligned}
&\mathfrak{D}_x = \varepsilon\,\mathfrak{E}_x && \mathfrak{B}_x = \mu\,\mathfrak{H}_x\\
&\mathfrak{D}_y = \varepsilon\,\mathfrak{E}_y && \mathfrak{B}_y = \mu\,\mathfrak{H}_y\\
&\mathfrak{D}_z = \varepsilon\,\mathfrak{E}_z && \mathfrak{B}_z = \mu\,\mathfrak{H}_z
\end{aligned}$$

Die Gleichungen 18) gehen genau wie die analogen Gleichungen 1), 2), die für das Vakuum gelten, bei Anwendung der Lorentz-Transformation in genau gleich gebaute Gleichungen über, in denen nur überall gestrichene Größen stehen. Aus der ersten Gleichung 18) wird z. B.

$$\frac{\partial \mathfrak{H}_z'}{\partial y'} - \frac{\partial \mathfrak{H}_y'}{\partial z'} = \frac{1}{c}\frac{\partial \mathfrak{D}_x'}{\partial t'} \quad \text{usw.}$$

Dabei bedeuten:

$$(20)\quad
\begin{aligned}
&\mathfrak{E}_x = \mathfrak{E}_x' && \mathfrak{H}_x = \mathfrak{H}_x'\\[6pt]
&\mathfrak{E}_y = \frac{\mathfrak{E}_y' + \dfrac{w}{c}\mathfrak{B}_z'}{\sqrt{1 - \dfrac{w^2}{c^2}}}
&& \mathfrak{H}_x = \frac{\mathfrak{H}_y' - \dfrac{w}{c}\mathfrak{D}'}{\sqrt{1 - \dfrac{w^2}{c^2}}}\\[10pt]
&\mathfrak{E}_z = \frac{\mathfrak{E}_z' - \dfrac{w}{c}\mathfrak{B}_y'}{\sqrt{1 - \dfrac{w^2}{c^2}}}
&& \mathfrak{H}_z = \frac{\mathfrak{H}_z' + \dfrac{w}{c}\mathfrak{D}_y'}{\sqrt{1 - \dfrac{w^2}{c^2}}}\\[10pt]
&\mathfrak{D}_x = \mathfrak{D}_x' && \mathfrak{B}_x = \mathfrak{B}_x'\\[6pt]
&\mathfrak{D}_y = \frac{\mathfrak{D}_y' + \dfrac{w}{c}\mathfrak{H}_z'}{\sqrt{1 - \dfrac{w^2}{c^2}}}
&& \mathfrak{B}_y = \frac{\mathfrak{B}_y' - \dfrac{w}{c}\mathfrak{E}_z'}{\sqrt{1 - \dfrac{w^2}{c^2}}}\\[10pt]
&\mathfrak{D}_z = \frac{\mathfrak{D}_z' - \dfrac{w}{c}\mathfrak{H}_y'}{\sqrt{1 - \dfrac{w^2}{c^2}}}
&& \mathfrak{B}_z = \frac{\mathfrak{B}_z' + \dfrac{w}{c}\mathfrak{E}_y'}{\sqrt{1 - \dfrac{w^2}{c^2}}}
\end{aligned}$$

Man sieht sofort, daß die Gleichung 19) bei Einsetzen dieser Größen in den gestrichenen Größen eine ganz andere, kompliziertere Form haben als in den ungestrichenen. Während also die elektromagnetischen Vorgänge im Vakuum bei Zugrundelegung der Maxwellschen Gleichungen mit den bewegten Maßstäben und Uhren gemessen genau dieselben Gesetze ergeben als mit den ruhenden, so ist das für die Vorgänge in bewegten Körpern nicht der Fall; wenn auch ein Teil der Gleichungen (die Gleichung 18) gegenüber der Lorentz-Transformation invariant sind, gilt das nicht für das Gesamtsystem der Maxwellschen Gleichungen für ruhende ponderable Körper, zu dem auch die Gleichungen 19) gehören. Man kann nun die wichtigen Gleichungen für die Vorgänge in einem ponderablen Körper, der sich mit der konstanten Geschwindigkeit w in bezug auf das Fundamentalsystem längs der x-Achse bewegt, folgendermaßen ableiten: Nach dem Relativitätsprinzip müssen sich relativ zu einem Bezugsystem, in dem der Körper ruht, die elektromagnetischen Vorgänge genau so abspielen, als sich die Vorgänge in einem im Fundamentalsystem ruhenden Körper relativ zu diesem System abspielen. Diese letzteren sind aber durch das System der Maxwellschen Feldgleichungen 18), 19) beschrieben. Die Erscheinungen in unserem bewegten Körper relativ zu einem mit der Geschwindigkeit w in der x-Richtung bewegten System von Maßstäben und Uhren müssen also durch Gleichungen genau derselben Gestalt beschrieben werden, nur daß jetzt alle Größen relativ zum bewegten System gemessen werden; und diese Maßzahlen bezeichnen wir mit den entsprechenden gestrichenen Buchstaben. Die Gleichungen lauten also entsprechend den Gleichungen 18) und 19)

$$(18') \quad \frac{\partial \mathfrak{H}_z'}{\partial y'} - \frac{\partial \mathfrak{H}_y'}{\partial z'} = \frac{1}{c}\frac{\partial \mathfrak{D}_x'}{\partial t'}, \quad \frac{\partial \mathfrak{E}_z'}{\partial y'} - \frac{\partial \mathfrak{E}_y'}{\partial z'} = -\frac{1}{c}\frac{\partial \mathfrak{B}_x'}{\partial t'}$$

usw.

$$(19') \quad \mathfrak{D}_x' = \varepsilon\,\mathfrak{E}'_x, \qquad \mathfrak{B}_x' = \mu\,\mathfrak{H}_x'$$

usw.

Wir brauchen jetzt nur durch Ausübung der Lorentz-Transformation und der nach den gestrichenen Größen aufgelösten Gleichungen 20) die Erscheinungen in dem bewegten Körper nun relativ zum Fundamentalsystem zu beschreiben und erhalten die gesuchten Gleichungen, die uns die elektromagnetischen Erscheinungen in einem bewegten ponderablen Körper beschreiben, der sich mit der Geschwindigkeit w in der x-Richtung relativ zu dem System bewegt, in bezug auf das wir die Erscheinungen beschreiben. Da die Auflösung der Gleichungen 20) sich dadurch ergibt, daß man die gestrichenen mit den ungestrichenen Größen und w mit —w vertauscht und die Gleichungen 18'), wie wir gesehen haben, bei Anwendung der Lorentz-Transformation einfach in die analogen Gleichungen 18) übergehen, so lauten die Gleichungen 18') nach der Transformation einfach folgendermaßen: zuerst ergeben sich die Gleichungen 18), die also auch in bewegten Körpern relativ zum ruhenden System gelten; zu ihnen treten aber jetzt die vermöge 20) transformierten Gleichungen 19'):

$$\mathfrak{D}_x = \varepsilon\,\mathfrak{E}_x \qquad \mathfrak{B}_x = \mu\,\mathfrak{H}_x$$
$$\mathfrak{D}_y - \frac{w}{c}\,\mathfrak{H}_z = \varepsilon\left(\mathfrak{E}_y - \frac{w}{c}\,\mathfrak{B}_z\right)$$
$$(21) \quad \mathfrak{B}_y + \frac{w}{c}\,\mathfrak{E}_z = \mu\left(\mathfrak{H}_y + \frac{w}{c}\,\mathfrak{D}_z\right)$$
$$\mathfrak{D}_z + \frac{w}{c}\,\mathfrak{H}_y = \varepsilon\left(\mathfrak{E}_z + \frac{w}{c}\,\mathfrak{B}_y\right)$$
$$\mathfrak{B}_z - \frac{w}{c}\,\mathfrak{E}_y = \mu\left(\mathfrak{H}_z - \frac{w}{c}\,\mathfrak{D}_y\right)$$

Die Gleichungen 18) und 21) bilden das System der Minkowskischen Gleichungen für die Vorgänge in einem bewegten Dielektrikum. Um die überschüssigen Größen $\mathfrak{D}$ und $\mathfrak{B}$ aus den Gleichungen 18) zu eliminieren, kann man die Gleichungen 21) nach $\mathfrak{D}$ und $\mathfrak{B}$ auflösen und das Resultat in 18) einsetzen.

Wir wollen die aufgelösten Gleichungen nur für den Fall anschreiben, daß wir Größen von höherer als der ersten Ordnung in $\frac{w}{c}$ vernachlässigen. Dann lauten die aufgelösten Gleichungen 21):

$$\mathfrak{D}_x = \varepsilon\,\mathfrak{E}_x \qquad\qquad \mathfrak{B}_x = \mu\,\mathfrak{H}_x$$
$$\mathfrak{D}_y = \varepsilon\,\mathfrak{E}_y - \frac{w}{c}\,(\varepsilon\,\mu - 1)\,\mathfrak{H}_z$$
$$(22) \quad \mathfrak{B}_y = \mu\,\mathfrak{H}_y + \frac{w}{c}\,(\varepsilon\,\mu - 1)\,\mathfrak{E}_z$$
$$\mathfrak{D}_z = \varepsilon\,\mathfrak{E}_z + \frac{w}{c}\,(\varepsilon\,\mu - 1)\,\mathfrak{H}_y$$
$$\mathfrak{B}_z = \mu\,\mathfrak{H}_z - \frac{w}{c}\,(\varepsilon\,\mu - 1)\,\mathfrak{E}_y$$

Wir wollen etwa als Anwendung dieser Gleichung die Differentialgleichung der Amplitude einer ebenen elektromagnetischen Welle berechnen, die sich in dem bewegten Körper in der Bewegungsrichtung fortpflanzt.

Es möge etwa der elektrische Vektor die Richtung der y-Achse haben, der magnetische die z-Richtung. Dann ist von allen Komponenten der Feldstärken nur $\mathfrak{E}_y$ und $\mathfrak{H}_z$ von Null verschieden und daher wegen Gleichung 22) von den Erregungskomponenten auch nur $\mathfrak{D}_y$ und $\mathfrak{B}_z$.

Da die Feldgrößen in unserem Falle nur von der x-Koordinate abhängen, reduziert sich das System der Feldgleichungen 18) auf

$$-\frac{\partial \mathfrak{H}_z}{\partial x} = \frac{1}{c}\frac{\partial \mathfrak{D}_y}{\partial t}, \qquad \frac{\partial \mathfrak{E}_y}{\partial x} = -\frac{1}{c}\frac{\partial \mathfrak{B}_z}{\partial t}$$

Setzt man hierin für $\mathfrak{D}_y$ und $\mathfrak{B}_z$ ihre Werte aus Gleichung 22) ein, so erhält man, wenn man aus den beiden entstehenden Gleichungen dann $\mathfrak{E}_y$ eliminiert:

$$(23) \quad \frac{c^2}{\varepsilon\,\mu}\frac{\partial^2 \mathfrak{H}_z}{\partial x^2} = \frac{\partial^2 \mathfrak{H}_z}{\partial t^2} + 2w\left(1 - \frac{1}{\varepsilon\,\mu}\right)\frac{\partial^2 \mathfrak{H}_z}{\partial x\,\partial t}$$

Für $w = 0$ ergibt sich die gewöhnliche Wellengleichung. Die Fortpflanzungsgeschwindigkeit g einer Welle im ruhenden Körper ergibt sich als

$$(24) \quad g_0 = \frac{c}{\sqrt{\varepsilon\,\mu}}\,.$$

Wenn $n = \frac{c}{g_0}$ der Brechungsexponent ist, erhalten wir daraus die Maxwellsche Relation

$$(25) \quad \varepsilon\,\mu = n^2\,.$$

Um die Fortpflanzungsgeschwindigkeit g einer Welle, die sich im bewegten Körper fortpflanzt, zu finden, setzen wir eine Lösung von 23) in der Form

$$\mathfrak{H}_z = e^{\frac{2\pi i}{\tau}\left(t - \frac{x}{g}\right)}$$

an.

Durch Einsetzen dieses Ausdruckes in 23) erhalten wir bei Verwendung von 24) und 25) für g die quadratische Gleichung:

$$g^2 - 2w\left(1 - \frac{1}{n^2}\right)g = g_0^2\,.$$

Wenn wir Ausdrücke von der Ordnung $\frac{w^2}{g^2}$ und höherer Ordnung vernachlässigen, erhalten wir als Lösung dieser Gleichung

$$(26) \quad g = \pm\,g_0 + w\left(1 - \frac{1}{n^2}\right)$$

was ganz in Übereinstimmung mit der Fresnelschen

Theorie der Mitführung steht (s. Artikel Optik bewegter Körper). *Philipp Frank.*

Näheres s. M. Laue, Das Relativitätsprinzip. Braunschweig. Sammlung: Die Wissenschaft. Bd. 38.

Relativphotometer von L. Weber s. Universalphotometer.

Relaxation s. Festigkeit.

Relaxationsdauer. Schließt man einen elektrischen Strom über eine Spule mit sehr vielen Windungen und großer Windungsfläche, so kommt der nach dem Ohmschen Gesetz zu berechnende Höchstwert des Stroms nicht sofort zustande, sondern infolge der Selbstinduktion der Spule erst nach einer gewissen Zeit. Die umgekehrte Erscheinung tritt ein, wenn man die Spule im Kreise durch Kurzschluß ausschaltet; dann sinkt in ihr der Strom nicht plötzlich auf Null, sondern erst nach einer gewissen Zeit. Unter Relaxationsdauer versteht man nun die Zeit, innerhalb deren der Strom auf 1/e seines Wertes herabsinkt (e = Basis der natürlichen Logarithmen = 2,71828), bzw. im ersteren Fall die Zeit, innerhalb deren er nach Stromschluß den Bruchteil (e − 1)/e seines Höchstwertes erreicht. Dieselbe Erscheinung, nur in wesentlich erhöhtem Maße wegen der stärkeren Selbstinduktion und der außerdem noch auftretenden Wirbelströme, zeigen eisengefüllte Spulen, namentlich also Elektromagnete mit nicht unterteiltem Eisenkern, bei denen unter Umständen Minuten vergehen, bis das Feld seinen Höchstwert erreicht hat, doch ist hier die Relaxationsdauer, welche u. a. von der differentiellen Permeabilität des Eisenkerns abhängt, nur schwer genau zu berechnen. *Gumlich.*

Remanenz. Unter Remanenz versteht man die Induktion, welche nach Aufhören der magnetisierenden Feldstärke infolge der Hysterese noch übrigbleibt (vgl. Magnetisierungskurven, Fig. 1, OB). Die Remanenz ist am größten und wird als „wahre" Remanenz bezeichnet, wenn die Probe in Form eines gleichmäßig bewickelten Ringes von überall gleichem Querschnitt untersucht wird (vgl. ballistische Messungen bzw. magnetischer Kreis). Ist der Ring dagegen von einem Luftspalt unterbrochen, oder hat man es mit einem Stab in einer geraden Magnetisierungsspule zu tun, so findet man eine sehr viel niedrigere, die sog. „scheinbare" Remanenz. Da nämlich die in der Nähe der Enden austretenden Induktionslinien entmagnetisierend wirken, so herrscht im Innern der Probe nicht mehr die wahre Feldstärke Null, sondern eine negative, deren Größe außer von der wahren Remanenz auch noch vom Dimensionsverhältnis l/d des Stabes abhängt. Ist dies und der Verlauf der Magnetisierungskurve des Materials bekannt, so läßt sich die scheinbare Remanenz aus der wahren annähernd berechnen. Der Unterschied zwischen beiden ist um so geringer, je magnetisch härter das Material, also je größer seine Koerzitivkraft ist. Infolgedessen verwendet man für permanente Magnete auch Material mit möglichst hoher Koerzitivkraft, die bei geringem Dimensionsverhältnis des Magnets noch wichtiger ist, als hohe wahre Remanenz. *Gumlich.*

Rendahl-Mast. Ein Gitter-Mast für Antennen. *A. Meißner.*

Rendement s. Saccharimetrie.

Reproduktions-Objektive. An Reproduktions-Objektive werden wesentlich andere Forderungen gestellt als an die Linsen für die üblichen Zwecke des Liebhaber- und Fachphotographen. Die lei-stungsfähigen Objektive dieser Gruppe sind Anastigmate. Allerdings ist die Ausdehnung des Gesichtsfeldes verhältnismäßig gering und auch die Lichtstärke ist meist nicht groß. Dafür ist innerhalb des ausgezeichneten Bildfeldes die Hebung der Bildfehler besonders weit getrieben, so daß die Bilder von hervorragender Schärfe und Klarheit sind. Die besten Reproduktions-Objektive sind nicht nur achromatisch, sondern auch apochromatisch korrigiert, so daß z. B. die Negative der einzelnen Filteraufnahmen für Dreifarbendrucke gleiche Schärfe und Bildgröße besitzen. Für die Reproduktions-Verfahren, die seitenverkehrte Negative erfordern, benutzt man vor oder hinter dem Objektiv angebrachte Planspiegel oder rechtwinkelige Prismen, deren Hypothenusenfläche versilbert ist. Als Reproduktions-Objektive seien hier genannt das Apochromat-Tessar und Apochromat-Planar (C. Zeiß).

W. Merté.

Repulsionsmotor s. Einphasige Wechselstrom-Kommutatormotoren.

Residuum s. Rückstand.

Resonanzboden s. Klavier und Plattenschwingungen.

Resonanzinduktor. Beim alten Braunschen Sender mit Zink-Funkenstrecke trat an der Funkenstrecke leicht ein Lichtbogen auf. Um dies zu vermeiden, wurde zu ganz langsamen Funkenzahlen übergegangen in der Art, daß der Maschinenkreis in Resonanz gebracht wird mit dem Wechselstrom, ein offener Induktor verwendet wird und an diesen

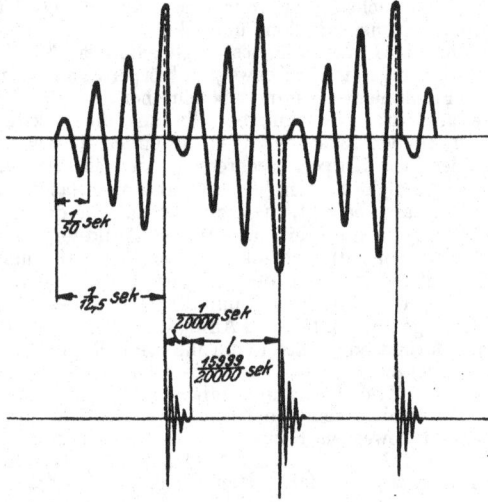

Anstieg der Spannung im Resonanzinduktor.

die sekundäre Wicklung mit dem an ihr liegenden Kondensator lose gekoppelt wurde (Resonanzinduktor). So konnte bei 50 bis 100 Perioden mit 3—10 Funken pro Sekunde gesendet werden. Die Figur zeigt den Anstieg der Spannung im Transformator. Sie schaukelt sich auf über etwa sechs Perioden, dann setzt der Funken ein. *A. Meißner.*

Resonanztheorie des Hörens gibt eine äußerst elegante und einfache „Erklärung" für die Befähigung des menschlichen Ohres zur Klanganalyse (s. d.). Ihre Grundannahme ist die, daß bestimmte Gebilde im Ohre vorhanden sind, die auf die einzelnen Töne abgestimmt sind. Erklingt dann im Außenraum irgend ein Ton, so schwingt in erster Linie das auf ihn abgestimmte Gebilde mit; ebenso werden von einem Klange merklich nur diejenigen Gebilde erregt, deren Eigentöne als Partialtöne in dem Klange enthalten sind. Der Gedanke, daß das Ohr einen abgestimmten Saitenapparat enthalte, ist mehrfach schon vor Helmholtz ausgesprochen worden. Trotzdem gilt mit Recht Helmholtz als der eigentliche Begründer der Resonanztheorie, denn erst durch seine Untersuchungen sind die vereinzelten Ideen, die bis dahin vorhanden waren, in eine gute begründet und durchgeführte Theorie zusammengefaßt bzw. erweitert worden.

Ob die abgestimmten Gebilde, wie es Helmholtz angenommen hat, wirklich in den Radialfasern der Basilarmembran zu suchen sind, oder ob andere Gebilde im Ohre vorhanden sind, denen man die Funktionen eines Resonatorenapparates mit größerer Berechtigung zuerteilen würde, ist für den Physiker von geringerer Bedeutung. Er hat in erster Linie die physikalischen Eigenschaften der hypothetischen Ohrresonatoren zu untersuchen und muß die anatomisch-physiologischen Einzelheiten dem Urteile des Anatomen und Physiologen überlassen. Jedoch sei darauf hingewiesen, daß eine ganze Reihe von Versuchen an Hunden und Meerschweinchen angestellt worden sind, die sich durchaus zugunsten der Helmholtzschen Annahme deuten lassen.

In neuerer Zeit hat Lux eine sehr interessante und beachtenswerte Annahme gemacht. Er nimmt an, daß die Vorhofstreppe und die Paukentreppe (s. Ohr) als die beiden Schenkel eines kommunizierenden Rohres angesehen werden dürfen, deren Länge infolge der membranösen Beschaffenheit der Trennungswand variabel ist, so daß auf diese Weise Abstimmung auf verschieden hohe Töne zustande kommen kann.

Die wichtigste Frage betreffs der Eigenschaften der Resonatoren ist die Frage nach ihrer Dämpfung, oder, was auf dasselbe hinauskommt, nach der Schärfe ihrer Abstimmung. Helmholtz kam zu der Annahme, daß alle Ohrresonatoren etwa gleich stark gedämpft seien, d. h. daß ihre Schwingungsamplituden während der gleichen Anzahl von Schwingungen auf den gleichen Bruchteil ihrer ursprünglichen Werte herabsinken, während andere Bearbeiter der Resonanztheorie auf Beobachtungen hinweisen, die für die Annahme schwächerer Dämpfung und damit schärferer Resonanz der höher abgestimmten Ohrresonatoren sprechen. Namentlich sind es Beobachtungen an Schwebungen (s. d.), Zwischentönen (s. d.) und Trillern (s. Unterschiedsempfindlichkeit des Ohres), welche gewisse Rückschlüsse auf den Grad der Dämpfung der Ohrresonatoren gestatten.

S. auch Hörtheorien und Schallbildertheorie.

E. Waetzmann.

Näheres s. E. Waetzmann, Die Resonanztheorie des Hörens. Braunschweig 1912.

Restaktivität s. Ra D, Ra E, Ra F.

Restatom. Der bei zerfallenden radioaktiven Atomen nach Abschleuderung des α- oder des β-Partikels überbleibende Atomrest, das ist also das Atom des Zerfallsproduktes, das zufolge Erhaltung der Bewegungsgröße eine im Verhältnis der Massen verringerte Geschwindigkeit entgegengesetzt der des α- oder β-Teilchens erlangt (vgl. den Artikel Rückstoß). Ist das Restatom aus dem Mutter-Atom mit Verlust eines α-Partikels entstanden, so ist sein Atomgewicht um 4 Einheiten vermindert, da das Atomgewicht des α-Partikels (d. i. Heliumatom) 4 beträgt; wurde bei der Entstehung ein β-Partikel abgestoßen, so bleibt sein Atomgewicht nahe unverändert. Näheres hierüber im Artikel „Verschiebungsregel". — Schon nach sehr kurzen Wegstrecken — in Luft von Atmosphärendruck nach 0,14 mm — ist ihre anfängliche Geschwindig-

keit durch die bremsenden Zusammenstöße mit Luftmolekülen auf Molekulargeschwindigkeit gesunken, worauf sie sich genau gleich wie positive Gasionen verhalten und sich von diesen nur durch ihre radioaktiven Eigenschaften unterscheiden. Durch Anlagerung an größere, in der Luft suspendierte Aggregate kann sich der Einfluß der Schwere auf ihre räumliche Verteilung geltend machen.

K. W. F. Kohlrausch.

Reststrahlen. Kristalle haben im Ultrarot (s. d.) Gebiete metallischer Reflexion, deren Existenz von Rubens und seinen Mitarbeitern entdeckt und gemessen wurde. Einfach gebaute heteropolare Kristalle sind von Rubens und Mitarbeitern untersucht, die Wellenlängen der Reflexionsmaxima früher mit Quarzinterferometer, neuerdings mit Gittern gemessen worden.

Eine Figur gibt das Prinzip der Anordnungen, die von der Lichtquelle L, meist der an ultraroten Strahlen sehr reiche Auerbrenner, kommenden Strahlen gelangen über einen Silberhohlspiegel S nach Reflexion an den Kristallplatten $P_1 P_2 P_3$ zum Thermoelement Th (Radiomikrometer

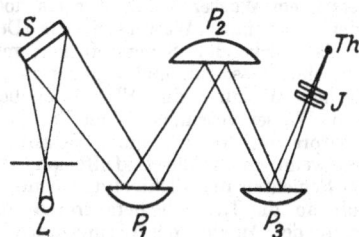

Erzeugung von Reststrahlen.

von Rubens), nachdem sie vorher die Platten J des Interferometers durchsetzt haben. Bei der dreifachen Reflexion an den gleichartigen Kristallplatten wird immer mehr von der Strahlung verloren gehen, welche nicht selektiv reflektiert wird, so daß eine Vermehrung der Plattenzahl die spektrale Reinheit der Reststrahlen erhöht.

Die Reststrahlenwellenlängen folgender Kristalle sind in μ (= 0,001 mm = 10 000 A^{0}E) gemessen worden:

Quarz	$\lambda = 8{,}50\ \mu$,	$\lambda = 9{,}02\ \mu$,	$\lambda = 20{,}75\ \mu$,
Glimmer	$\lambda = 9{,}20\ \mu$,	$\lambda = 18{,}40\ \mu$,	$\lambda = 21{,}25\ \mu$,
Flußspat	24,0 und 31,6		
Steinsalz	52,0		
Sylvin	63,4		
Chlorsilber	81,5		
Bromkalium	82,6		
Thalliumchlorür	91,6		
Jodkalium	94,1		
Bromsilber	112,7		
Thalliumbromür	117,0		
Thalliumjodür	151,8		

Die selektiven Reflexionen im kurzwelligen Ultrarot haben besonders Cl. Schaefer und M. Schubert, sowie A. Reinkober untersucht. Es ergaben sich typische Reflexionsmaxima für das negative Radikal der:

		λ in μ		
Karbonate (Gruppe CO_3)		6,5	11,5	14,5
Nitrate („ NO_3)		7,5	12,5	15,0
Chlorate („ ClO_3)		10,5	16,2	
Bromate („ BrO_3)		~12		
Jodate („ JO_3)		~12,5		
Sulfate („ SO_4)		9		
Selenate („ SeO_4)		11,4		
Chromate („ CrO_4)		11,3		

Messungen im polarisierten Licht ergeben ganz übereinstimmend bei allen Kristallen, daß die Reflexionsmaxima von einachsigen Kristallen in zwei, von zweiachsigen Kristallen in drei Gruppen von Eigenschwingungen sich aufspalten, die zu einer bestimmten Schwingungsrichtung im Kristall zugeordnet sind. (Ultraroter Diochroismus und Trichroismus.)

Auch das Kristallwasser wird durch seine Reflexionsmaxima bei etwa 3,2, 6,2 und 16 μ erkannt. Es scheint, daß das nicht im Kristallgitter (wie bei den echten Kristallhydraten) angeordnete Wasser nicht reflektiert.   *Gerlach.*

Reststrom. Bleibt die Spannung an den unangreifbaren Elektroden einer elektrolytischen Zelle unterhalb der Zersetzungsspannung (s. d.), so fließt ein meist nur kleiner Reststrom, der in scheinbarem Widerspruch zum Faradayschen Gesetz keine sichtbare chemische Veränderung des Elektrolyten bewirkt. Helmholtz gab hierfür (1873) folgende Erklärung. Die Zersetzungsprodukte des Reststromes sind im Elektrolyten löslich und auch ohne Elektrolyse jederzeit, oft nur spurenweise, als gelöste Stoffe enthalten. Daher findet z. B. in angesäuertem Wasser der an der Kathode sich abscheidende atomare Wasserstoff als Depolarisator (s. ds.) wirkenden Sauerstoff vor, mit dem er sich in statu nascendi und begünstigt von der katalytischen Wirkung der Elektrodenoberfläche sogleich zu Wasser vereinigt. Nach Verbrauch des Depolarisators würde sich nun Wasserstoff abscheiden, wenn nicht durch Diffusion aus den mittleren Schichten des Elektrolyten neue Mengen Sauerstoff an die Kathode heranträten, die sich aus dem an der Anode vom Lösungsmittel aufgenommenen und dann gleichsam im Rückfluß zur Kathode diffundierenden Sauerstoff immer wieder ergänzen. Die Stärke des Reststromes ist also dadurch bestimmt, daß sie im stationären Zustand den in der Zeiteinheit herandiffundierenden Mengen des Depolarisators elektrochemisch äquivalent sein muß.

Vielfach, wie bei der Elektrolyse von komplexen Cyansalzen, hängt die Reststromintensität außer von den Diffusionskonstanten des depolarisierenden Stoffes auch von der Reaktionsgeschwindigkeit ab, mit der sich das elektrolytische Dissoziationsgleichgewicht einstellt.   *H. Cassel.*
Näheres s. G. v. Hevezy, Elektrolyte und elektrolytische Polarisation. Graetz' Handbuch der Elektrizität. Leipzig 1921.

Resultierende Töne s. Kombinationstöne.

Retrograde Kondensation. Bei einem Gemisch von einem Volumteil Luft mit 5 Volumteilen Kohlensäure beobachtete Cailletet im Jahre 1880, daß beim Komprimieren desselben zunächst Verflüssigung eintritt, während bei weiterer Kompression die ganze Masse wieder in den gasförmigen Zustand übergeht. Diese später mehrfach beobachtete Erscheinung wurde von Kuenen näher untersucht, von dem auch die Bezeichnung retrograde Kondensation stammt.

Der Grund für diesen Vorgang liegt darin, daß im Dampf eine höhere Konzentration x der einen Komponente auftreten kann, als der sog. kritischen Konzentration (die dann vorhanden ist, wenn die koexistierende flüssige und dampfförmige Phase gleiche Konzentration und gleiche Dichte besitzen) entspricht.

Trägt man in einem v—T-Diagramm das Sättigungsvolumen v einer Substanz als Funktion der absoluten Temperatur T auf, so erhält man eine Linie A M K B. Für einen einheitlichen Körper entspricht der höchsten Temperatur der Sättigungskurve der kritische Punkt, bei dem die Eigenschaften des Dampfes (Dichte, Entropie usw.) kon-

tinuierlich in diejenigen der Flüssigkeit übergehen. Bei einer binären Mischung gegebener Zusammensetzung ist im allgemeinen der Punkt K des kontinuierlichen Überganges, der stets als der eigentliche kritische Punkt des Gemisches bezeichnet werden muß, von dem Scheitelpunkt M, dem kritischen Kontakt, verschieden.

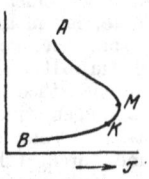

Retrograde Kondensation.

Die Fläche innerhalb A M K B gehört dem Sättigungsgebiet an. Die Kurve A M K stellt die Sättigungsvolumina des Dampfes, K B diejenigen der Flüssigkeit dar. Findet die Kompression längs einer Isotherme statt, die zwischen M und K hindurchläuft, so erkennt man, daß man, vom Dampfgebiet ausgehend, durch das Gebiet der koexistierenden Phasen, wieder in das Dampfgebiet gelangt.   *Henning.*

Reusen-Antenne. Antenne, bei der zur Erhöhung der Kapazität eine große Anzahl auf einen Kreisumfang angeordnete Drähten parallel laufen, so daß ein schlauchartiges Gebilde entsteht.   *A. Meißner.*

Reversibel und irreversibel. Ein Prozeß, der zwischen einem Anfangszustand A und einem Endzustand B verläuft, heißt irreversibel, wenn es auf keine erdenkliche Weise und auf keinem Wege möglich ist, das System, welches jenen Prozeß durchlaufen hat, vom Zustand B zum Zustand A zurückzuführen, ohne daß in Körpern außerhalb des Systems neue Veränderungen auftreten. Ist eine solche Zurückführung möglich, so heißt der Prozeß reversibel, auch dann, wenn er nicht in allen Teilen dieselben Zustände durchläuft wie bei der anfänglichen Veränderung auf dem Wege von A nach B. Es ist also zu unterscheiden zwischen reversiblen und umkehrbaren Prozessen. — Alle umkehrbaren Prozesse, welche nur Gleichgewichtslagen durchlaufen, sind zugleich reversible Prozesse; aber nicht umgekehrt. Reversibel ist auch die Bewegung eines reibungslosen Pendels, wie alle rein mechanischen Vorgänge. Irreversibel sind, wie der zweite Hauptsatz (s. d.) lehrt, z. B. Diffusionsvorgänge, ferner solche Prozesse, bei denen Wärmeleitung oder Reibung vorhanden sind. Da dies bei allen wirklichen Prozessen der Natur der Fall ist, so gibt es, abgesehen von gewissen idealen Grenzfällen, überhaupt keine reversiblen Prozesse. — In der theoretischen Thermodynamik werden die reversiblen und irreversiblen Prozesse dadurch charakterisiert, daß bei den ersteren die Entropie konstant bleibt, bei den letzteren dagegen die Entropie wächst.   *Henning.*

Reversible Elemente s. Sekundärelement.

Reversionspendel s. Schweremessungen.

Reversionspendel s. Pendel (math. Theorie).

Reynoldsches Ähnlichkeitsgesetz. Eine wichtige Frage der Hydromechanik ist es, unter welchen Bedingungen zwei Strömungen bei gleichmäßiger linearer Vergrößerung aller Dimensionen ähnlich werden, so daß also die Strömungsbilder gleicher Zeiten ebenfalls ähnliche Figuren sind. Dabei können die Dimensionen gegeben sein durch die eines in die Flüssigkeit eingetauchten Körpers oder die des die Flüssigkeit enthaltenden Gefäßes, wie z. B. den Rohrdurchmesser beim Durchfluß durch Röhren.

Betrachten wir die erste der Navier-Stokesschen Gleichungen (s. dort) für den Fall der Abwesenheit äußerer Kräfte und Inkompressibilität der Flüssigkeit, so lautet die Gleichung

$$\frac{\partial u}{\partial t} + u\frac{\partial u}{\partial x} + v\frac{\partial u}{\partial y} + w\frac{\partial u}{\partial z} = -\frac{1}{\varrho}\frac{\partial p}{\partial x}$$
$$+ \nu\left(\frac{\partial^2 u}{\partial x^2} + \frac{\partial^2 u}{\partial y^2} + \frac{\partial^2 u}{\partial z^2}\right).$$

Hier sind u, v, w die Geschwindigkeitskomponenten am Punkte x, y, z, ϱ die Dichte, $\nu = \frac{\mu}{\varrho}$ der kinematische Reibungskoeffizient. Vergrößern wir die linearen Dimensionen, indem wir statt x, y, z schreiben ε x, ε y, ε z, wo ε der Vergrößerungsfaktor ist, und verlangen wir, daß dann auch u, v, w sich proportional in ε_1 u, ε_1 v, ε_1 w ändern, so daß die Strömungen ähnlich werden, während gleichzeitig ν in $\varepsilon_2\nu$ abgeändert wird, so erscheinen links alle Glieder mit $\frac{\varepsilon_1^2}{\varepsilon}$ multipliziert, da auch t in $\frac{\varepsilon}{\varepsilon_1}$ t übergeht, das zweite Glied der rechten Seite unserer Gleichung erscheint dagegen mit $\varepsilon_2\frac{\varepsilon_1}{\varepsilon^2}$ multipliziert. Die Gleichung kann also nur richtig bleiben, wenn $\frac{\varepsilon_1^2}{\varepsilon} = \frac{\varepsilon_1\varepsilon_2}{\varepsilon^2}$ oder $\frac{\varepsilon\cdot\varepsilon_1}{\varepsilon_2} = 1$ ist. Das bedeutet aber, daß die reine Zahl $\frac{u\cdot x}{\nu}$, welche Reynoldssche Zahl heißt, unverändert bleiben muß. Dabei kann an Stelle von x irgendeine Längendimension, z. B. die Länge des eingetauchten Körpers oder der Durchmesser des Rohres, in welchem die Flüssigkeit strömt, genommen werden, und statt u irgendeine Geschwindigkeit, z. B. die Geschwindigkeit in großer Entfernung vom eingetauchten Körper oder die mittlere Strömungsgeschwindigkeit im Rohr in Richtung der Achse. Das Reynoldssche Ähnlichkeitsgesetz besagt also, daß ähnliche Strömungsbilder gleiche Reynoldssche Zahlen verlangen.

Aus diesem Ähnlichkeitsgesetz ergibt sich ohne weiteres die Reynoldssche Modellregel. Denn bei dem Übergang zur ähnlichen Strömung muß auch das Glied $\frac{1}{\varrho}\frac{\partial p}{\partial x}$ mit $\frac{\varepsilon_1\cdot\varepsilon_2}{\varepsilon^2}$ multipliziert werden, und demnach, wenn die Dichte der Flüssigkeit in ϱ_1 übergeht, $p_1 = p\frac{\varrho_1}{\varrho}\frac{\varepsilon_1\varepsilon_2}{\varepsilon}$ werden.

Handelt es sich also darum, den Widerstand W eines Luftschiffes der Länge L zu bestimmen, den dieses bei der Geschwindigkeit U in der Luft mit der Dichte ϱ und dem kinematischen Reibungskoeffizienten ν haben wird, so kann dies dadurch geschehen, daß der Widerstand W_1 eines ähnlichen Modelles der Länge L_1 in einer Flüssigkeit mit ϱ_1 und ν_1 bei einer Geschwindigkeit U_1 festgestellt wird, welch letztere so gewählt wird, daß $\frac{U L}{\nu} = \frac{U_1 L_1}{\nu_1}$ ist, die Reynoldsschen Zahlen also gleich sind. Dann ergibt sich nach der Reynoldsschen Modellregel

$$W = W_1\frac{\varrho}{\varrho_1}\left(\frac{L\cdot U}{L_1\cdot U_1}\right)^2 = W_1\frac{\varrho}{\varrho_1}\left(\frac{\nu}{\nu_1}\right)^2.$$

Hieraus folgt ohne weiteres, daß in der Widerstandsformel $W = \psi\cdot\varrho\cdot F\cdot v^2$ (s. Bewegungswiderstand) der Faktor ψ unverändert bleibt, wenn die Reynoldssche Zahl unverändert ist.

Diese Reynoldssche Modellregel verlangt, daß auch alle Rauhigkeiten der benetzten Wände einander ähnlich sind, also in demselben Verhältnis ε vergrößert oder verkleinert werden, wie die linearen Dimensionen, eine Forderung, die gewöhnlich nicht erfüllbar ist.

Bei Widerstandsbestimmungen nach dieser Modellregel in gegebener Flüssigkeit müssen die Geschwindigkeiten des Modelles um so viel größer genommen werden, als seine Dimensionen gegen die Wirklichkeit verkleinert sind. Diese Regel führt bei einigermaßen großem Übertragungsverhältnis zu Modellgeschwindigkeiten, die praktisch nicht erreichbar sind und die Grenzgeschwindigkeit (s. dort) überschreiten, über welche hinaus das Gesetz nicht mehr gilt. Die hohen Modellgeschwindigkeiten können vermieden werden, wenn die Versuche in Flüssigkeiten mit geringerem kinematischen Reibungskoeffizienten ausgeführt werden. Da für Wasser ν 10 bis 20mal kleiner als für Luft ist, können z. B. mit Vorteil Luftschiffmodelle nach der Reynoldsschen Modellregel in Wasser geprüft werden.

Die Reynoldssche Modellregel gilt aber nur, wenn die Wirkung äußerer Kräfte, also z. B. die Schwerkraft, zu vernachlässigen ist. Sie gilt folglich nicht für Fahrzeuge, welche auf dem Wasser schwimmen und bei der Bewegung Oberflächenwellen erzeugen. Demgegenüber gilt die Froudesche Modellregel (s. dort), sobald die Schwerkraft von Bedeutung ist, aber die innere Reibung der Flüssigkeit vernachlässigt werden kann. Sobald beide genannten Größen nicht vernachlässigt werden können, ist keine einfache Modellregel aufstellbar.   *O. Martienssen.*

Näheres s. Blasius, Das Ähnlichkeitsgesetz bei Reibungsvorgängen. Zeitschr. d. Vereins d. Ingenieure 1912. S. 639.

Reynoldssche Modellregel s. Reynoldssches Ähnlichkeitsgesetz.

Reynoldssche Zahl s. Reynoldssches Ähnlichkeitsgesetz.

Rheograph (Abraham). Ein Oszillograph (s. d.), bei dem aber das Galvanometer eine erheblich größere Schwingungsdauer besitzt, als bei den anderen (etwa 0,1 Sekunde) und bei dem daher auch ein größerer Spiegel angewendet werden kann, wodurch die Sichtbarmachung und Aufnahme der Kurve sehr erleichtert wird. Um die Kurve unverzerrt aufnehmen zu können, wird das Galvanometer in besonderer sinnreicher Schaltung mit zwei hintereinander geschalteten Transformatoren benutzt. Man erhält dann außer dem Strom i dessen Differentialquotienten nach der Zeit di/dt und d^2i/dt^2 und wählt die Konstanten (Induktivität und Kapazität) so, daß sie den Konstanten (Trägheit und Richtkraft) der Differentialgleichung für die mechanische Bewegung, die das Galvanometersystem ausführt, entsprechen. Das Galvanometer ist ein solches nach dem Drehspulsystem, bei dem zwischen dem starken feststehenden Magnet eine längliche Spule von einigen Millimetern Breite an zwei Torsionsfedern drehbar aufgehängt ist. Die Justierung des Instruments erfolgt experimentell, indem z. B. eine rechteckige Kurve (unterbrochener Gleichstrom) verwendet und so lange reguliert wird, bis das erhaltene Kurvenbild dieselbe Gestalt besitzt.   *W. Jaeger.*

Näheres s. Zeitschr. f. Instrumentenkunde 18, 30; 1898.

Rheonom s. Koordinaten der Bewegung.

Rheostat s. Vorschalt- bzw. Regulierwiderstand.

Richtungshörer s. Schallrichtung.

Richtungswinkel. Die Methode der Satz- oder Richtungsbeobachtungen besteht darin, daß man von der Beobachtungsstation aus alle Zielpunkte der Reihe nach zuerst in der einen Kreislage und sodann in umgekehrter Reihenfolge bei durchgeschlagenem Fernrohr in der anderen Kreislage beobachtet. Die erste Richtung erscheint dabei als Nullrichtung.   *A. Prey.*

Näheres s. S. Wellisch, Theorie und Praxis der Ausgleichsrechnung. Wien 1909/10. Bd. II, S. 53 ff.

Righi-Oszillator, Erreger für sehr schnelle elektrische Schwingungen von einigen Zentimetern Wellenlänge. Er besteht aus vier in einer Achse liegenden Kugeln, welche durch drei Funkenstrecken, meist in Petroleum, voneinander getrennt sind. Die beiden äußeren sind unmittelbar mit dem Induktorium verbunden, zwischen ihnen und den beiden inneren liegen die sog. Vorfunkenstrecken. Die beiden inneren Kugeln, zwischen denen die Hauptfunkenstrecke liegt, bilden das eigentliche schwingende, die Wellenlänge bestimmende System. Nuov. Cim. 1. 25. 1895.   *H. Rukop.*

Ringanker s. Kommutierende Gleichstromgeneratoren.

Ringmagnet. Ein außerordentlich leistungsfähiger, von Professor du Bois konstruierter Elektromagnettypus in Form eines geschlitzten Ringes, der von der Firma Hartmann & Braun in Frankfurt a. M. hergestellt wird. Durch Vermeidung der bei den Konstruktionen von Rühmkorff, Ewing, Weiß u. a. vorkommenden Ecken wird die schädliche Streuung erheblich verringert. Für geringere Anforderungen leistet auch der auf ähnlichen Prinzipien beruhende leichtere Halbringelektromagnet verhältnismäßig Vorzügliches.

Gumlich.

Ringmessung, magnetische. Neben der magnetometrischen Messung von Ellipsoiden gibt genaue und einer Scherung nicht bedürfende Werte der Induktion die ballistische Messung (s. dort) an gleichförmig bewickelten Ringen, deren Breite im Verhältnis zum Durchmesser sehr gering sein muß.   *Gumlich.*

Näheres s. Gumlich, Leitfaden der magnetischen Messungen

Ringnebel s. Nebelflecke.

Ringschaltung s. Mehrphasen-Wechselstromsysteme.

Ringspule. Ein- oder mehrlagige Selbstinduktionsspule, deren Achse zu einem Kreise gebogen ist und die angewendet wird in allen Fällen, wo es auf sehr geringe Streuwirkungen der Spule ankommt.   *A. Esau.*

Rippelmarken. Wellenförmige Furchen in lockerem Sand, die sich unter dem Einflusse von Wind oder strömendem Wasser als dynamische Gleichgewichtsformen (s. diese) bilden. Ihre Entstehungsweise ist derjenigen der Meereswellen (s. diese) in gewisser Beziehung analog (s. Kymatologie), weshalb es möglich ist, ihre Wellenlänge λ aus der Windgeschwindigkeit w, der Dichte des Sandes ϱ, derjenigen der Luft ϱ' und der Schwere g zu berechnen nach der Formel $\lambda = \dfrac{2\,\pi}{g} \cdot \dfrac{\text{w}^2}{\dfrac{\varrho}{\varrho'} - 1}$.

Bei 10 m/sec Windgeschwindigkeit ist $\lambda = 3$ cm, bei 20 m/sec $= 12$ cm. Auch auf der Oberfläche von Schnee und anderem leicht beweglichen Material bilden sich bei Wind Rippelmarken. *O. Baschin.*

Näheres s. E. Bertololy Rippelmarken. Gießen 1894.

Ritchie. Photometer s. Photometer zur Messung von Lichtstärken.

Ritzsches Kombinationsprinzip s. Kombinationsprinzip.

Robiquetscher Polarisationsapparat s. Polarimeter.

Röhre für elektrische Entladungen in Gas oder in Vakuum, abgeschlossenes Gefäß aus Glas oder Quarz, seltener aus Metall, Porzellan, Hartgummi, Paraffin od. dgl.; mit eingeführten Elektroden, manchmal auch ohne Elektroden oder mit außerhalb der Röhre liegenden Elektroden, enthält verdünnte Gase, Dämpfe oder leicht verdampfende Substanzen, oder ist extra hoch evakuiert und enthält dann spezielle Elektroden wie Wehnelt-Kathoden, Glühkathoden, lichtelektrisch empfindliche oder radioaktive Substanzen. Siehe Näheres unter:

Anodenstrahlen, Audion, Flemingröhre, Geißlersche Röhre, Gleichrichter, Glimmentladung, Glimmlichtoszillograph, Heliumröhre, Kanalstrahlen, Kathodenstrahlen, Lichtbogen, Lieben-Röhre, Moorelicht, Quecksilberlampe, Röntgenröhre, Senderöhre, Ventilröhre, Verstärkerröhre, Wehneltröhre, Zehndersche Röhre.   *H. Rukop.*

Röhrenglas. Glasröhren werden bei der Herstellung nicht gekühlt, sie sind daher gespannt. Die Spannung ist aber gleichmäßig: außen haben sie Druckspannung, innen Zugspannung. Glasröhren sind daher gegen Verletzung ihrer Innenseite sehr viel empfindlicher als außen. Ungekühlt hält ein Rohr einen größeren Druck im Innern aus, als im gekühlten Zustand; Druck im Innern erteilt dem Rohr außen Zugspannung, das tritt aber leichter in einem vorher spannungsfreien Rohr ein, als in einem, das von vornherein im Innern Zugspannung hatte. Ungekühlte Röhren verhalten sich ähnlich wie die Mantelrohre von Geschützen; beide sind den spannungsfreien Rohren überlegen.

Glasröhren werden durch Ausziehen eines aus der formbaren Glasmasse geblasenen dickwandigen Hohlzylinders hergestellt. Auf eine größere Strecke sind sie in der Regel nicht ganz gerade und nicht gleichmäßig im Durchmesser. Man kann sie nach einem patentierten Verfahren sehr genau auf einen bestimmten Durchmesser bringen, dadurch, daß man das Rohr über einen genau geformten Kern bringt und durch Erweichen auf diesen zusammenfallen läßt. Das Zusammengehen wird durch Auspumpen der Luft aus dem einseitig geschlossenen Rohr unterstützt.

Je nach dem Verwendungszweck ist die Zusammensetzung des Glases, aus dem die Röhren angefertigt werden, verschieden (s. Glasarten). *R. Schaller.*

Röhrensender, Apparat zur Erzeugung ungedämpfter elektrischer Schwingungen vermittels Entladung in einer Gas- oder Hochvakuumröhre. Als solche könnten sowohl Entladungen mit wirksamer negativer Charakteristik (nach dem Duddell-Prinzip) z. B. eine Quecksilberlampe (F. K. Vreeland), als auch eine Glimmentladung (Gehrcke und Reichenheim), als auch eine Hochvakuum-Glühkathodenröhre mit sekundärer Kathodenstrahlung (s. Dynatron) dienen, jedoch pflegt man unter einem R.S. speziell einen solchen zu verstehen, in dem Röhren mit einer Steuerung, allgemein „Rückkoppelung" genannt, verwendet werden. Diese Steuerung oder Rückkoppelung besteht in einer Einrichtung zur Erzeugung eines magnetischen oder elektrischen Wechselfeldes, das von dem schwingenden Kreise herrührt und auf die Entladung in der Röhre rückwirkt, indem entweder Magnetspulen in ihrer Nähe liegen oder besondere Elektroden (Sonde, Gitter, Steuerelektrode genannt) in ihr Inneres führen, auch manchmal außen angebracht sind. Es existiert eine Quecksilberdampfröhre mit magnetischer Steuerung (Vreelandoszillator, s. d.) von beschränkter Verwendbarkeit; große Bedeutung haben dagegen die Gas- und Vakuumentladungsröhren mit Gitterrückkoppelung (S. Strauß, A. Meißner) erlangt, deren innere Funktionen (s. Senderöhre) sich aus dem Verstärkerprinzip ableiten lassen. Zur Erzeugung hoher Leistungen schaltet man oft viele Röhren parallel an denselben Kreis, wobei im Prinzip weniger Schwierigkeiten vorhanden sind, als bei Wechselstromdynamos, da die Röhre im Gegensatz zur Maschine keinen Energieinhalt hat, auch jede Phase, Amplitude und Frequenz eindeutig vom gemeinsamen Kreise abhängig ist. Allerdings zeigen sich doch praktisch andere Schwierigkeiten durch Entstehung von schwingungsfähigen Nebenkreisen, die in Leitungseinzelheiten begründet sind.

Oft werden Röhrensender hoher Leistung so geschaltet, daß nur eine kleine Leistung durch Selbsterregung entsteht, die dann wie bei Kaskadenverstärkern dem Gitterkreis stärkerer Röhren zugeführt und dort vervielfacht wird (Fremderregung).

Die Röhrensender dienen verschiedenen Zwecken, und zwar hauptsächlich der Nachrichtenübermittelung mit Hochfrequenz, d. h. der drahtlosen Telegraphie und Telephonie, sowie der Hochfrequenztelegraphie und -telephonie längs Leitungen, und zwar sowohl als Sender als auch als Hilfsschwingungserzeuger am Empfangsorte (s. Schwebungsempfang). Ferner werden sie zu Wechselstrommessungen im Laboratorium oder Prüffeld gebraucht, auch zur mittelbaren Erzeugung von Schallwellen für physikalische oder medizinische Zwecke, in der Medizin außerdem zur Diathermie (Wärmebehandlung des menschlichen Körpers). Schließlich kann der R.S. wie jeder andere Wechselstromsender zur Erforschung des Erdinneren nach Wasser oder Metallagern dienen.   *H. Rukop.*

Rohrflöte s. Orgel.

Rohrkonstruktion. Für die Konstruktion eines Geschützrohres, d. h. für seinen inneren Aufbau, ist in erster Linie die verlangte Schußweite oder Leistung maßgebend, dann das für das Rohr zulässige Gewicht, ferner das für die Herstellung zur Verfügung stehende Material, sowie abweichend von den theoretischen Erfordernissen die werkstatttechnische Einrichtung.

Die verlangte Schußweite bedingt unter Beachtung der gewünschten Geschoßform die erforderliche Anfangsgeschwindigkeit des Geschosses. Ist dann unter Abwägung und Abstimmung der verschiedenen Anforderungen für die innere und äußere Ballistik sowie die Geschoßkonstruktion und das Schießgerüst die Rohrlänge festgelegt, so ergibt sich aus dem zu verwendenden Material und dem festgelegten maximalen Gasdruck sofort der Rohraufbau. Mit den obigen Festsetzungen ist das Arbeitsdiagramm des Rohres gegeben. Sobald nun auch das zu verwendende Pulver bestimmt ist, wird der anfängliche Verbrennungsraum festgelegt. Als anfänglicher Verbrennungsraum wird der Raum zwischen dem Abschluß der Seele am Verschluß und dem Geschoßboden angesehen. Den Abschluß nach vorn bildet das Führungsband des Geschosses.

Es ist nun nach der Geschützart (ob Flachbahn- oder Steilfeuergeschütz) und auch noch innerhalb dieser beiden Gruppen eine erhebliche Verschiedenheit in der Leistung je nach der Verwendung vorhanden. So können Flachbahngeschütze als Schiffs- und Küstenartillerie, da sie ihre Stellung nicht wechseln, bedeutend schwerer als andere Geschütze ausgeführt werden und dementsprechend ist die Leistung dieser Geschütze meistens erheblich höher als die der Flachbahngeschütze in anderer Verwendung.

Die Rohrlänge wird allgemein in Rohrweiten oder Kalibern angegeben, z. B. 38 cm S.K.·L/45. Das bedeutet also ein Kanonenrohr von 38 cm Innendurchmesser zwischen den Feldern gemessen und von einer Länge von 45 Kalibern oder 45.38 cm.

Nach den Gasdrucken wird der Rohraufbau verschieden ausfallen müssen, wenn das Rohrgewicht in den zulässigen Grenzen gehalten werden soll. So können die Haubitzen und die leichten Feldgeschütze noch aus einem Massivrohr hergestellt werden. Ist die Herabsetzung des Gewichtes aber erforderlich oder sind andere Überlegungen ausschlaggebend, so wird man auch bei diesen Rohren bereits zum Rohraufbau aus mehreren Lagen schreiten müssen. Hierbei werden erwärmte Rohre oder Ringe mit kleinem inneren Durchmesser auf kalte Rohre mit größerem äußeren Durchmesser aufgeschrumpft. Dadurch werden die äußeren Lagen eines Rohres stärker zur Überwindung des inneren Druckes herangezogen, als es mit den äußeren Metallfasern eines gleichen Massivzylinders geschehen würde, während die inneren Schichten, welche beim Ruhezustand zusammengedrückt sind, beim Schuß durch Überlagerung der Ausdehnung durch den Innendruck und der Zusammenpressung durch den Außendruck im Resultat entlastet erscheinen. Ob nun die Rohre mit den hohen Gasdrücken aus 2, 3, 4 oder mehr Lagen gemacht werden, hängt von der Güte des verwendeten Materials und von dem zulässigen Rohrgewicht ab. Neuerdings ist man bestrebt, die Lagenzahl mit Rücksicht auf das bessere Stahlmaterial zu vermindern. Die Güte des Materials wie auch die Güte des Rohraufbaues sind oftmals von besonderen Fabrikationsgängen, die die einzelnen Fabriken geheim halten, abhängig. Geschrumpfte Gußstahlrohre sind zuerst mit Erfolg von der Gußstahlfabrik Fried. Krupp in Essen gefertigt. Die von der Firma Fried. Krupp A.G. gefertigten Mantelringrohre haben ohne störende Veränderungen in den Seelenabmessungen zu erleiden, Gasdrücke bis zu 6000 Atm. ausgehalten und Rohre aus einer Lage bis zu 3000 Atm.

Eine besondere Art der Mehrlagenrohre bilden die Rohre der Drahtkonstruktion. Diesen Rohren liegt der Gedanke zugrunde, daß die Festigkeit der Rohre in tangentialer Richtung wächst, je mehr Lagen zum Aufbau verwendet werden. (Ein Rohr aus einer unendlichen Lagenzahl würde dem theoretisch entsprechen, ist praktisch ja aber unmöglich.) Zunächst ist für das Innere des Kanonenrohres ein Kernrohr erforderlich. Ferner werden nochmals zur Aufnahme des Längenzuges und besonders bei längeren Rohren zum genügenden Widerstande gegen die Durchbiegung eine äußere Rohrlage erforderlich. Der Draht, von rechteckigem Querschnitt als dem geeignetsten, wird in Lagen mit vorher bestimmter Spannung um die Kernröhre gewickelt. Der Anfang und das Ende jeder Lage werden besonders befestigt.

Auf die Drahtwickelung wird die äußere Lage von einigen Fabriken mit, von anderen ohne Schrumpfung aufgebracht. An der Herstellung beteiligten sich Fabriken in England, Frankreich und Amerika. Die deutschen Fabriken verwarfen nach eingehender Prüfung die Drahtrohre. Der Kampf zwischen Stahldraht- und Mantel- oder Mantelringrohren ist nach mehrfachem Urteil zugunsten der letzteren entschieden.

Neben dem Rohraufbau und dem verwendeten Material ist die innere Rohreinrichtung — die Gestaltung der Seelenwand — in Verbindung mit dem Führungsband des Geschosses zur möglichst langen Erhaltung der angenäherten normalen Schußweite und Streuung von größter Bedeutung.

Zur Erzeugung der Triebkraft für das Geschoß dient das Pulver. Dieses wird entweder in Metallhülsen oder in Seidenbeuteln in den anfänglichen Verbrennungsraum des Rohres gebracht. Wie der Name das bereits andeutet, beginnt in diesem Raum das Pulver zu Gas zu verbrennen. Der Raum wird hinten am Verschluß durch eine Liderungseinrichtung und vorne durch das Geschoß, im besonderen durch das Geschoßführungsband, abgeschlossen. Das Geschoß ist bei den kleineren Kalibern mit der Treibladung zur Patrone zum schnelleren Laden vereinigt, bei den größeren Kalibern werden Geschoß und Treibladung, letztere hier Kartusche genannt, getrennt geladen und das Geschoß wird kräftig in das Rohr hineingestoßen — „angesetzt" — damit sich das Geschoß mit seinem Führungsband in der Seele festklemmt.

Die Liderung, die in Verbindung mit dem Verschluß einen gasdichten Abschluß des Rohres nach hinten bewirken soll, wird bei den Rohren mit Metallhülsen von den Hülsen als Hülsenliderung übernommen. In den Rohren mit Zeugkartuschen wird die Liderung bei Rohren mit Keilverschluß von Ringen aus Stahl oder Kupfer, die fest gegen die Seelenwand und mit der Stirnfläche gegen die Stahlplatte des Verschlusses gepreßt werden, ausgeführt. Bei den Rohren mit Schraubenverschluß tritt an Stelle der Ringliderung die sog. plastische Liderung.

Die Wirkung des Geschützes hängt von der Wirkung des Einzelschusses ab. Die Wirkung des Schusses wird beeinflußt von der Mündungsenergie des Geschosses, also von seinem Gewicht und seiner Anfangsgeschwindigkeit. Das Gewicht relativ gleicher Geschosse wächst nur mit dem Kaliber des Rohres. Der andere Faktor der Bewegungsarbeit, die Anfangsgeschwindigkeit wächst für jede Rohrlänge bis zu einer bestimmten Grenze mit Zunahme der Geschützladung, d. h. für jede Rohrlänge gibt es ein Maximum der Leistung, weil mit Zunahme der Ladung, um den Gasdruck einzuhalten, der Verbrennungsraum eine Vergrößerung und der Geschoßweg eine Verkürzung erleidet. Je größer nun die Geschwindigkeit werden soll, desto länger müssen die Pulvergase bei gleicher Gasmenge auf das Geschoß wirken können, um so länger muß der Geschoßweg und damit das Rohr sein (d. h. bis zu einer bestimmten Grenze). Hierbei ist es wichtig, daß das Pulver bis zu einer bestimmten Länge des Geschoßweges verbrannt ist, woraus sich die Schärfe des Pulvers ergibt. Allgemein brauchen kurze Rohre, und besonders die Haubitzen und Mörser mit verschiedenen Ladungen, sehr scharfe oder schnellverbrennende, und lange Rohre mit meistens nur einer Anfangsgeschwindigkeit langsam brennende Pulver. Scharfe Pulver erfordern eine kleine Ladedichte (d. i. das Verhältnis der Geschützladung zum anfänglichen Verbrennungsraum), es muß also der spezifische Raum für 1 kg Pulver groß sein; langsame oder faule Pulver erfordern größere Ladedichte.   *C. Cranz* und *O. v. Eberhard.*

Rohrmethode s. Ausdehnung durch die Wärme.

Rohrrücklaufgeschütze. Dies sind solche Geschütze, bei denen das Rohr beim Schuß in einer Geradführung der Lafette zurückläuft, während die Lafette selbst irgendwie in der Feuerstellung festgehalten ist. Dieses Festhalten geschieht entweder dauernd, wie z. B. bei den Pivot- und Sockellafetten der Küsten- und Schiffsgeschütze, oder nur vorübergehend, wie z. B. bei den Räderlafetten der Feldgeschütze und Belagerungsgeschütze, bei denen ein am hinteren Ende der Lafette oder zwischen den Rädern angebrachter Sporn oder Spaten in den Erdboden eingetrieben wird. [Bei diesem vorübergehenden Festhalten der Räderlafetten durch den Sporn oder Spaten ist die Verankerung der Lafette natürlich nur eine einseitige, und die Vorderteile der Lafette und damit die Räder (bei Räderlafetten) können sich unter Umständen doch noch vom Boden abheben; es muß also bei der Konstruktion dafür gesorgt werden, daß ein Abheben der Räder, allgemeiner ein Abheben der vorderen Teile der Lafette ausgeschlossen ist.] Die so dauernd oder vorübergehend festgehaltene Lafette besteht aus der die Geradführung tragenden Wiege und der eigentlichen Lafette. Da das Rohr verschiedene Erhöhungen muß annehmen können, ist es notwendig, die Verbindung zwischen den beiden Teilen so anzuordnen, daß die Wiege und damit die Geradführung und folglich auch das Rohr eine beliebige Stellung gegenüber der Unterlafette erhalten kann.

Was nun die Bewegung des Rohrs in der Geradführung anlangt, so würde die Reibung des Rohrs in dieser Führung allein für sich im allgemeinen nicht genügen, um das beim Schuß zurücklaufende Rohr genügend früh zum Stillstand zu bringen; vielmehr würde, wenn keine anderen Kräfte außer der Reibung verwendet würden, die Geradführung ungebührlich lang ausfallen müssen; oder aber würde, wenn man doch die Geradführung auf eine brauchbare kurze Länge beschränken und die Rücklaufbewegung mittels eines Anschlags begrenzen wollte, das Rohr allzu heftig gegen den Anschlag anprallen. Man ist deshalb genötigt, die Rücklaufbewegung des Rohrs anderweitig zu bremsen. Dies geschieht bei Geschützen jetzt ausschließlich durch Flüssigkeitsbremsen. Durch die Bremse muß die Rücklaufenergie des Rohrs an dem feststehenden Teil des Geschützes der Hauptsache nach in Wärme umgewandelt werden. Die Bremse besteht aus einem mit Glyzerin gefüllten Hohlzylinder und einem Kolben mit Kolbenstange; entweder wird der Hohlzylinder festgehalten und ist die Kolbenstange mit dem zurücklaufenden Rohr verbunden oder wird die Kolbenstange festgehalten und läuft der Hohlzylinder zurück. Ist z. B. der Hohlzylinder an der Lafette, die Kolbenstange am Rohr befestigt, so muß die vom Kolben verdrängte Flüssigkeit durch enge Öffnungen im Kolben (bzw. durch enge Kanäle am Kolben vorbei) auf die andere Seite des Kolbens übertreten; dadurch entsteht ein Widerstand, der um so größer ist, je größer die Rücklaufgeschwindigkeit des Rohrs und damit des Kolbens und je enger die Durchflußöffnungen sind. Nach vollendetem Rücklauf des Rohrs muß das Rohr durch eine Vorholer-Einrichtung wieder in die Anfangsstellung zurückgebracht werden: Zu dieser Einrichtung verwendet man entweder Federn aus Stahl oder aber, und jetzt in ausgedehntem Maße, komprimierte Luft. Die Vergrößerung der Kompression der Luft im Vorholer wird durch den Rücklauf des Rohrs beim Schuß selbst bewirkt.

Es wirken alsdann bei der Rücklaufbewegung des Rohrs im ganzen 3 Kräfte dieser Bewegung entgegen: erstens der Widerstand der Flüssigkeitsbremse, zweitens der Widerstand des Vorholers, in dem die Luft komprimiert wird, drittens die Reibung zwischen der Geradführung und dem Rohr; nur bei negativen Rohrerhöhungen kommt dazu als eine in gleichem Sinne wirkende vierte Kraft, die Gewichtskomponente des Rohrs; bei den üblichen positiven Erhöhungen dagegen wirkt die Gewichtskomponente im Sinne einer Vermehrung der Rücklaufenergie.

Auf Grund solcher Überlegungen werden die Bremsen und die Vorholer, sowie die Beanspruchungen der einzelnen Geschützteile berechnet und konstruiert. Dabei hat man zwei wesentlich verschiedene Perioden des Rohrrücklaufs zu unterscheiden. Erstens die Periode der Rohrbeschleunigung: Das Geschoß geht von seiner Ruhelage im Rohr ab bis zur Rohrmündung, wobei der Pulvergasdruck zuerst rasch ansteigt, dann langsamer abfällt. Wenn der Geschoßboden die Mündung passiert, treten die Pulvergase aus der Mündung des Rohrs aus, und der Gasdruck fällt rasch ab. Zu der Zeit des Geschoßdurchgangs durch das Rohr kommt demnach als weiterer Teil der Beschleunigungsperiode die Zeit hinzu, während deren die ausströmenden Pulvergase auf das Rohr noch nachdrücken. Zweitens die Periode der Rohrverzögerung: unter der Wirkung des Widerstands von Bremse und Vorholer, sowie der Reibung (und meistens entgegen der Wirkung der Gewichtskomponente des Rohrs) wird die Rücklaufbewegung des Rohrs verzögert, bis ihre Geschwindigkeit schließlich Null wird. Die beiden Vorgänge können auch ineinander übergreifen.

Meistens geht man bei der Berechnung und Konstruktion darauf aus, die Flüssigkeitsbremse so anzuordnen, daß der Gesamtdruck, der auf das Rohr verzögernd wirkt, der Bremsdruck im weiteren Sinne (also die Summe aus dem Flüssigkeitsdruck, der Vorholerspannung und der Reibung), während des ganzen Rücklaufs angenähert konstant bleibt. Die Formeln, die zur Konstruktion der einzelnen Teile dienen, sind zu umfangreich, als daß sie an dieser Stelle Platz finden könnten. Wir beschränken uns deshalb darauf, einige neuere Literatur, sowie ein von F. Rausenberger durchgerechnetes Zahlenbeispiel anzuführen:

Beispiel: Kaliber 17 cm; Anfangsgeschwindigkeit des Geschosses 900 m/sec; Gewicht der rücklaufenden Teile 11 000 kg; Geschoßgewicht 54 kg; maximaler Pulvergasdruck im Rohr 3200 kg/cm²; Mündungsgasdruck 1450 kg/cm²; ganzer Rücklaufweg 0,36 m; Zeit für den Durchlauf des Geschosses durch das Rohr 0,0151 sec; Zeit für die weitere Nachwirkung der Pulvergase 0,022 sec. Gesamter Bremsdruck (Bremse, Vorholer, Reibung) 82 500 kg, falls der Bremsdruck sofort auf das Rohr wirkt, wenn das Geschoß seine Bewegung im Rohr beginnt; wenn dagegen der Rücklauf anfänglich ein freier ist, wenn man nämlich in der ersten Periode noch keinen Bremsdruck auf das Rohr wirken läßt, sondern den Bremsdruck erst am Schluß der Beschleunigungsperiode beginnen läßt, wird der gesamte notwendige Bremsdruck 233 000 kg werden; dabei größte Energie des Rohrrücklaufs 39 737 m/kg. (Man pflegt deshalb bei Geschützen, denen eine hohe Leistung zugemutet wird und ein nur kleiner Rücklaufweg gegeben werden kann, nämlich bei Feldgeschützen und bei Rohrrücklaufgeschützen mit fester Unterlafette und etwa 2—3 Kaliber Rücklaufweg, durchweg schon während der Beschleunigungsperiode den Bremsdruck wirken zu lassen.) Wenn dem Rohr kein Rücklauf gestattet, vielmehr das Rohr starr gelagert würde, so würde die Lafette eine Druckbeanspruchung von 719 400 kg erfahren; man sieht daraus die Vorteile der Rohrrücklaufgeschütze; die auf die Hinterlage wirkende Kraft wird durch Verwendung von Rohrrücklauf in diesem Falle von 719 400 kg auf 82 500 kg herabgedrückt. Eine Zeitlang erregte das Rohrvorlaufsystem, welches in Österreich versucht und von den Franzosen bei ihrem Gebirgsgeschütz eingeführt worden ist, das Interesse der Artilleristen. Bei diesem System wurde dem Rohr vor dem Schuß durch einen Vorholer eine Geschwindigkeit gegeben, welche etwa gleich der halben normalen Rücklaufgeschwindigkeit eines normalen Rücklaufgeschützes ist. Beim Schuß überlagert sich dann die volle Rücklaufgeschwindigkeit zu dieser Vorlaufgeschwindigkeit, so daß resultierend die Rücklaufgeschwindigkeit gleich der halben normalen ist. Die Vorlaufgeschwindigkeit wird also in eine ihr gleichgroße Rücklaufgeschwindigkeit umgekehrt, und die Rücklaufenergie nur $^1/_4$ von derjenigen Energie, die man bei einem Rohrrücklaufgeschütz unter sonst gleichen Umständen normalerweise haben würde. Die Kruppschen Versuche mit diesen Geschützen ergaben keine befriedigenden Resultate, indem das Rohr beim Vorlauf, also vor dem Schußmoment, aus der Richtung kommt und dadurch unzulässige Streuungen hervorgerufen wurden. *C. Cranz* und *O. v. Eberhard.*

Näheres s. E. Vallier, Théorie et tracé des freins hydrauliques. Revue de mécanique. Paris 1899/1900. — F. Rausenberger, Theorie der Rohrrücklaufgeschütze. Berlin 1907. Dort auch weitere Literatur. — J. Challéat, Mécanique des affûts. Paris 1908.

Rohzucker s. Saccharimetrie.

Rose. Bezeichnung für das die Teilung tragende Blatt des Schiffskompasses (s. Kompaß).

Rosten — Rostschutz. Von Feuchtigkeit benetzt wirkt die elektrolytische Lösungstension des metallischen Eisens im Sinne der Reaktion:

$$Fe + 2 H_2O = Fe(OH)_2 + H_2$$

zersetzend auf das Wasser unter Bildung von zweiwertigem Eisenhydroxyd und Wasserstoffgas. Dieser als Rosten des Eisens bezeichnete Vorgang entspricht dem chemischen Prozeß in einem galvanischen Element mit einer Elektrode aus Eisen, der eine Wasserstoffelektrode gegenübergestellt ist. In Richtung der Auflösung (Oxydation) des Eisens kann sich eine derartige Zelle nur dann betätigen, wenn der Potentialsprung an der Eisenelektrode größer ist als das Wasserstoffpotential:

$$\log \frac{C_{Fe}}{c_{Fe}} > \log \frac{C_{H_2}}{c^2_{H_2}},$$ wo C die Ionenkonzentration

in der Elektrode, c diejenige in der Lösung bezeichnet.

Man erkennt hieraus sofort, daß Vergrößerung der Wasserstoffionenkonzentration (Gegenwart von Säure), den Auflösungsprozeß des Eisens begünstigt. In demselben Sinne macht sich die depolarisierende Wirkung des Luftsauerstoffs geltend, indem sie den Partialdruck des in Freiheit tretenden Wasserstoffs durch unmittelbare Oxydation zu Wasser herabsetzt. Der Zutritt des Luftsauerstoffes verursacht andererseits eine Vergrößerung des Potentialsprunges an der Eisenelektrode dadurch, daß durch Bildung von braunrotem, „rostfarbenem" Ferrihydroxyd der Gehalt der Lösung an Ferroionen vermindert wird.

Das Rosten des Eisens wird ferner begünstigt, wenn die Oberfläche des Eisens durch Spuren von edleren Metallen, wie Blei, Kupfer, Nickel, Zinn verunreinigt ist, welche dem Eisen als Lösungselektrode in einem Lokalelement (s. d.) vom Typus der Danielschen Kette gegenüberstehen.

Dagegen kann durch Anwesenheit von Metallen, welche unedler sind als Eisen, wie Zink, Kadmium, Magnesium, das Rosten vollkommen verhindert werden, weil die EMK dieser Elemente die Ionenbildung des Eisens zurückdrängt, falls nur diese Tendenz bei hinreichend kleinem inneren Widerstand der Zelle schneller zur Wirkung gelangt, als die oxydierenden Einflüsse eines unter Umständen vorhandenen Säuregehaltes oder des Luftsauerstoffs.   *H. Cassel.*

Näheres s. Liebreich, Rost und Rostschutz. Braunschweig 1914.

Rotationsdispersion. Behufs Bestimmung der Rotationsdispersion einer Substanz (s. Drehvermögen, optisches) muß man die Drehungswinkel für Licht verschiedener Wellenlängen ermitteln. Sind die Rotationswinkel groß und die Rotationsdispersion stark, so läßt sich mit Vorteil das Brochsche Verfahren anwenden. Bei diesem dient als Lichtquelle Sonnenlicht, welches mit Hilfe eines Heliostaten horizontal in ein Spektrometer reflektiert wird. An Stelle des Spaltrohr-Objektivs wird der drehbare Analysator eingebaut und dicht am Spalt der Polarisator befestigt. Die Sonnenstrahlen durchlaufen also der Reihe nach: Spalt, Polarisator, den zu untersuchenden aktiven Körper, Analysator, ein im Minimum der Ablenkung befindliches Prisma und das Fernrohr, welches mit Fadenkreuz oder noch besser mit vertikalen Parallelfäden versehen ist. Behufs Justierung des Apparates stellt man den Analysator auf Helligkeit, beleuchtet den Spalt mit Natriumlicht und stellt das Fernrohr-Okular scharf auf Spalt und Fadenkreuz ein. Nach Entfernung der Natriumlichtquelle erscheint dann bei Benutzung des Sonnenlichtes im Fernrohr ein reines Spektrum mit den Fraunhoferschen Linien. Da das Fernrohr um die Spektrometerachse drehbar ist, läßt sich jeder beliebige Teil des Spektrums auf das Fadenkreuz bringen. Als Nullpunkt des Analysators gilt die gekreuzte Stellung der Nicol, die sich darin zeigt, daß das ganze Spektrum dunkel ist. Das Einschalten einer drehenden Substanz erhellt dann das Spektrum. Dreht man nun den Analysator nach, so tritt im Spektrum ein dunkles Band auf, welches vom roten nach dem violetten Ende wandert und dessen Mitte der vollkommen ausgelöschten, den sichtbaren Fraunhoferschen Linien zu entnehmenden Wellenlänge entspricht. Durch die Stellung des Analysators wird also der Drehwinkel dieser Wellenlänge gemessen.

Die genauesten Resultate werden mit der Lippichschen Methode erzielt. Intensives weißes Licht, z. B. eine Nernstlampe von 1,4 Ampere oder eine Wolfram-Bandlampe von 5,5 Volt und 9,2 Ampere oder am günstigsten eine 12 Volt-Osram-Azo-Lampe von 2,4 Ampere, wird durch einen lichtstarken Monochromator (Spaltrohr, Prisma, Spaltrohr) zerlegt; das den Spalt verlassende einfarbige Licht von gewünschtem Wellenlängenbezirk gelangt darauf in einen Lippichschen Polarisationsapparat (s. Polarimeter), mit welchem die Drehungsbestimmung in gewöhnlicher Weise ausgeführt wird. Dem das einfarbige Licht aussendenden Spalt gibt man am vorteilhaftesten eine solche Lage, daß durch die Beleuchtungslinse des Polarimeters ein scharfes Bild des Spalts auf dem Fernrohr-Objektiv des Polarimeters entworfen wird, was nach Entfernung des Okulars leicht zu kontrollieren ist. Um die Strahlen mehr zu zentrieren und die Justierung der beiden Apparate zueinander zu erleichtern, wird noch außen am Monochromator unmittelbar vor dem das einfarbige Licht aussendenden Spalt eine Linse (von passend gewählter Brennweite) angebracht, welche ein Bild des Spaltrohr-Objektivs auf der Beleuchtungslinse des Polarimeters entwirft. Die Trennungslinie im Gesichtsfelde des Polarimeters verschwindet bei Einstellung auf gleiche Helligkeit vollkommen, sobald man den leuchtenden Spalt senkrecht zur Trennungslinie anordnet und ihn genügend lang macht, was immer möglich ist.

Da aus dem leuchtenden Spalt nicht nur Licht der eingestellten Wellenlänge tritt, sondern auch in merklichen Mengen diffuses und mehrfach reflektiertes Licht anderer Wellenlängen, die wegen der Rotationsdispersion das dunkle Gesichtsfeld stark aufhellen können, so muß dieses schädliche falsche Licht entfernt werden. Das geschieht am einfachsten in der Weise, daß man zwischen Spaltrohr und weißer Lichtquelle ein passendes Jenaer Farbglas oder Goerzsches Gelatine-Farbfilter einfügt und zwar möglichst von der Farbe der eingestellten Wellenlänge. Es empfiehlt sich deshalb, mittels einer Linse ein Bild der weißen Lichtquelle auf dem Spalt am Spaltrohr zu entwerfen, wobei dafür zu sorgen ist, daß Spalt und Spaltrohr-Objektiv ganz von Licht ausgefüllt sind.

Das später von Glan angegebene Spektrosaccharimeter stimmt im Prinzip mit der Lippichschen Methode überein, steht aber in bezug auf Bequemlichkeit sowie Genauigkeit dem Lippichschen Apparate nach.

Bei Messungen im Ultravioletten erzielt man die genauesten Resultate mit photographischen Methoden, während im Ultraroten bei spektraler Zerlegung die Beobachtungen mit Thermoelementen, dem Radiomikrometer oder dem Bolometer als Intensitätsmesser ausgeführt werden.   *Schönrock.*

Näheres s. H. Landolt, Optisches Drehungsvermögen. 2. Aufl. Braunschweig 1898.

Rotationsdispersion, magnetische. Abhängigkeit der magnetischen Drehung der Polarisationsebene (s. d.) von der Farbe, d. h. Wellenlänge.   *R. Ladenburg.*

Rotationsellipsoid s. Abplattung.

Rotationsinduktor. Erdinduktor (s. d.), bei welchem die Stromspule nicht wie bei den Modellen von W. Weber oder L. Weber um 180° hin- und hergedreht wird, sondern rotieren kann.   *A. Nippoldt.*

Rotationsspektrum, Rotationsschwingungsspektrum s. Bandenspektren und Quantentheorie.

Rotationstöne, die z. B. bei der Rotation einer Stimmgabel um ihre Achse auftreten, gehören zur Klasse der Variationstöne (s. d.).   *E. Waetzmann.*

Rotator, starrer elektrischer Dipol, der um eine feste oder freie Achse gleichförmig rotiert, von Planck ähnlich dem *Oszillator* (s. d.) zur Ableitung seines Strahlungsgesetzes (s. Plancksches Strahlungsgesetz) benutzt. Gelegentlich wird auch ein Massenpunkt, der in einem Kreise um ein festes Zentrum gleichförmig umläuft, als Rotator bezeichnet.   *A. Smekal.*

Rotierende Funkenstrecke. Funkenstrecke, bei welcher der Funkenübergang zwischen zwei Elektroden erfolgt, von denen die eine oder beide zwecks Erhöhung der Zündspannung und Löschwirkung rotieren (s. Löschfunkenstrecke).   *A. Meißner.*

Rotierender Prismenapparat, und — Sektor von Brodhun s. Lichtschwächungsmethoden.

Rotierender Sektor s. Strahlungspyrometer.

Rotierender Unterbrecher. Eine Vorrichtung, die einen Gleichstrom in regelmäßigen Zeitabständen unterbricht und die genaue Messung der Unterbrechungszahl in der Sekunde zu messen gestattet. Er besteht aus einer mit Zähnen von einiger Breite versehenen, um eine Achse drehbaren Scheibe, die von einem Motor angetrieben wird. Der Zwischenraum zwischen den Zähnen ist mit Isoliermaterial ausgefüllt oder besser, zur Vermeidung von Reibungselektrizität mit isolierten Metallstücken. Häufig werden zwei Scheiben benutzt, deren Zähne gegeneinander verdreht sind. Am Rand und an der Seite der Scheibe schleifen Federn, die zur Stromzuführung dienen. Die Achse der Scheibe ist mit einem Zählwerk oder einem Kontaktmacher versehen, so daß die Umdrehungsgeschwindigkeit — im letzteren Fall mittels eines Chronographen — gemessen werden kann; daraus ergibt sich dann die Frequenz der Unterbrechungen. Die Schaltungsweise der Federn kann je nach dem Zweck, dem der Apparat dienen soll, verschieden ausgeführt werden. *W. Jaeger.*

Näheres s. Jaeger, Elektr. Meßtechnik. Leipzig 1917.

Rotor s. Vektor.

Rubidium als radioaktiver Körper. Ebenso wie Kalium (s. d.) sendet auch Rubidium spontan eine β-Strahlung aus, die wesentlich weicher $\left(v = 1{,}85 \cdot 10^{10} \frac{\mathrm{cm}}{\mathrm{Sek}}\right)$ ist als die von Kalium und deren Intensität dem Temperatureinfluß nicht unterliegt. Daß es sich um eine dem Element inhärente und nicht etwa durch aktive Beimischungen hervorgebrachte Eigenschaft handelt, wurde nachgewiesen. Die Aktivität kann auf keine Weise vom Rubidium getrennt, also angereichert werden. Der erzeugte Sättigungsstrom von 1 cm² strahlender Oberfläche ist von der Größenordnung 10^{-6} st. E., aber kleiner wie der von Kalium. Zerfallsprodukt ist keines angebbar; es müßte dies, wenn es sich um eine aus dem Kern stammende β-Strahlung, also um eine β-Umwandlung, handelte, nach den „Verschiebungsregeln" (s. d.) ein dem Strontium isotopes Element sein. *K. W. F. Kohlrausch.*

Rubingläser. Schmilzt man ein Gemenge, das mit einer beliebigen Goldlösung angefeuchtet ist, so erhält man nach dem schnellen Abkühlen der Schmelze ein farbloses Glas, das optisch leer ist, d. h. ein mit einer Linse hineingeschickter Lichtstrahl verursacht kein Aufleuchten. Wird dieses Glas bis zur beginnenden Erweichung wieder erwärmt, oder erfolgt die Abkühlung der Schmelze nicht zu schnell, so tritt Rotfärbung ein. Dabei wird das Gold, von dem man annimmt, daß es vorher kristalloid im Glase gelöst war, in Form äußerst kleiner Teilchen — kolloidal — ausgeschieden. Ein in das Glas hineingeschickter Lichtstrahl macht es dann grün aufleuchten. Der Farbton, den das Glas schließlich annimmt, hängt von der Zeit ab, in der es bei höherer Temperatur verweilte, und von der Höhe der Temperatur selbst. Bei höherer Temperatur ändert der Ton mehr nach Blau hin ab, das Glas kann in der Aufsicht trüb werden, in der Durchsicht rein blau. Die Färbung wird schon von 0,01 g Gold auf 100 g Glas hervorgerufen; es verhält sich so wie die des kolloidalen Goldes im Kassiusschen Purpur.

Kupferrubin ist dem Goldrubin sehr ähnlich. Zu seiner Herstellung wird dem Glassatz Kupferoxydul oder Kupferoxyd und ein Reduktionsmittel zugefügt; die Rubinfärbung scheint sich nur bei Gegenwart gewisser Stoffe zu entwickeln, meist wird Zinn(oxyd) dazu benützt. Es müssen größere Mengen der Metallverbindung in das Glas eingeführt werden als es beim Goldglas erforderlich ist, um die Rotfärbung zu erzeugen, es ist dann aber sehr tief gefärbt, so daß Kupferrubingegenstände meist nach dem Überfangverfahren (s. Überfangglas) hergestellt werden, wobei die Gegenstände aus farblosem Glase einen dünnen Überzug aus Rubinglas erhalten. Auch Kupferglas kann in der Hitze leicht in der Aufsicht trüb, in der Durchsicht blau werden. Hämatinon ist ein hochrot gefärbtes, dicht getrübtes Kupferglas. Im Aventuringlas ist das Kupfer in goldglänzenden Blättchen kristallinisch ausgeschieden. Kupferrubin findet zu Lichtfiltern besonders für die Dunkelkammerbeleuchtung Anwendung. *R. Schaller.*

Ruder nennt man beim Flugzeug alle beweglichen tragflächenartig gestalteten Teile der Steuerung, im Gegensatz zu den am Flugzeug festen Leitflächen, den „Flossen". *L. Hopf.*

Rückkühlanlage. Wo man zur Kondensation (s. dort) kein oder zu wenig natürliches Kühlwasser hat, oder wo es so tief oder so entfernt liegt, daß seine Heranschaffung zu viel Kosten erfordert, oder wo man mit der Ableitung des warmen Wassers Schwierigkeiten hat, bedient man sich immer einer und derselben Wassermenge, indem man sie nach ihrer Verwendung im Kondensator zu einer Kühlanlage führt, dort abkühlt und wieder verwendet. Als Kühlanlagen dienen: offene Kühlteiche, Gradierwerke, Kühltürme oder Kaminkühler. Die Wärme des Kühlwassers wird abgeführt durch Verdunstung, durch Erwärmung der an der Oberfläche des Wassers vorbeistreichenden Luft und durch Ausstrahlung von der Wasseroberfläche. Das Wasser gelangt durchschnittlich mit 50 bis 70° C auf die Rückkühlanlage und wird dort auf 25 bis 32° C gekühlt. *L. Schneider.*

Näheres s. F. J. Weiß, Kondensation. Berlin.

Rückscherung, magnetische s. Scherung.

Rückstand. Rückstandsbildung oder sog. dielektrische Absorption zeigen im allgemeinen die festen Dielektriken. H. Hertz fand dieselbe auch bei Benzin. Sie äußert sich in der Weise, daß das Dielektrikum eines Kondensators nach der Entladung allmählich wieder eine Ladung gleichen Vorzeichens annimmt. Eine Folge der Rückstandsbildung ist die, daß der bei Bestimmungen der Kapazität eines Kondensators mittels ballistischem Galvanometer oder der Methode der Ladungsteilung erhaltene Wert mit der Dauer der Ladung oder Entladung zunimmt. Dementsprechend muß eine Korrektion an dem Werte der Kapazität angebracht werden. Man nimmt an, daß das Dielektrikum nach der Entladung noch etwas Polarisation beibehält, oder aber, was auf dasselbe führt, daß im Isolator Stellen vorhanden sind, die ein schwaches Leitungsvermögen besitzen. Diese Stellen werden influenziert und die Influenzladungen gleichen sich nach der Entladung allmählich wieder aus. Die experimentellen Arbeiten über den Rückstand, die besonders zur Erforschung der Vorgänge im Dielektrikum von Bedeutung sind, sind dementsprechend zahlreich. Von Kohlrausch, Schweidler, Curie u. a. wurden empirische Formeln zur Darstellung des zeitlichen Verlaufes aufgestellt. Nach Beobachtungen von Hoors wird durch wiederholtes Laden und Entladungen mit Spannung wechselnden Vorzeichens oft der Rückstandsstrom herabgedrückt. Im allgemeinen läßt sich nur sagen, daß für den Effekt das Verhältnis von Dielektrizitätskonstante zur Leitfähigkeit maßgebend ist. Der Rückstand tritt um so stärker auf, je mehr dieses Verhältnis innerhalb eines Dielektrikums schwankt. Durch besonders geringe dielektrische Verluste zeichnen sich gereinigtes Ceresin und Paraffin aus. *R. Jaeger.*

An Literatur kommt in Betracht: J. C. Maxwell, Treatise, Bd. 1, Art. 328—330. E. v. Schweidler, Ann. d. Phys. **24**, 711, 1904. K. W. Wagner, Ann. d. Phys. **40**, 817, 1913. Arch. f. Elektrotechnik **2**, 371, 1914; **3**, 67, 1914; dort auch Literaturzusammenstellung. F. Tank, Ann. d. Phys. **48**, 307, 1914. U. Meyer, Verh. d. D. phys. Ges. S. 139, 1917.

Rückstoß. Die Umwandlung der instabilen, radioaktiven Atome erfolgt unter Abstoßung eines Heliumatomes (vgl. „α-Strahlen") oder eines Elektrons (vgl. „β-Strahlen"). Nach dem Momentensatz erfährt der zurückbleibende Atomrest einen Rückstoß derart, daß $m\,v = (M-m)\,v'$ ist, wenn wir unter m und v Masse und Geschwindigkeit des abgestoßenen, unter M-m (M sei die Masse des aufbrechenden Atomes) und v' Masse und Geschwindigkeit des zurückbleibenden Bestandteiles verstehen. Im Falle einer mit α-Strahlung verbundenen Umwandlung, also z. B. der Zerfall der Ra A-Atome in ein Ra B-Atom, ergibt die Rechnung:

Atomgewicht des α-Partikels (He-Atom) . . $m = 4$

Anfangsgeschwindigkeit des α-Partikels . . $v = 1,69 \cdot 10^9$ cm

Atomgewicht des RaA-Atomes . . . . . $M = 218$

Daher Atomgewicht des Rest-Atomes (d. i. Ra B-Atom) . . . $M - m = 214$

Und die gesuchte Anfangsgeschwindigkeit desselben . . . . $v' = 3,16 \cdot 10^7 \frac{cm}{Sek}.$

Infolge der verringerten Anfangsgeschwindigkeit v' ist die Reichweite (s. d.) der α-Rückstoß-Partikel — manchmal auch „a-Strahlen" genannt — wesentlich kleiner als die der α-Strahlen. Für das obige Beispiel, also für die zurückgestoßenen Ra B-Atome, wurde die Reichweite in Luft von Atmosphärendruck zu 0,14 mm beobachtet; eine direkte Geschwindigkeitsbestimmung ergab in guter Übereinstimmung mit obiger Berechnung und mit der gemessenen Reichweite $v' = 3,23 \cdot 10^7 \frac{cm}{Sek}.$

— Qualitativ verlaufen die Absorptions-, Streuungs- und Ionisierungs-Erscheinungen am bewegten Restatom so wie bei den α-Strahlen: Die Gesamtzahl der Rückstoßpartikel, die auf die Zeiteinheit umgerechnet mit der Zahl der sekundlich ausgeschleuderten α-Partikel übereinstimmt, bleibt bei der Absorption bis ungefähr zur halben Reichweite konstant, um dann zunächst langsam, später schnell auf Null zu sinken bzw. durch Verminderung seiner Anfangsgeschwindigkeit auf Molekulargeschwindigkeit den Strahlungscharakter zu verlieren. Da die Restatome, wie aus der Ablenkung im Magnetfeld folgt, mit einem positiven Elementarquantum geladen sind — nur im extremen Vakuum wird eine negative Ladung beobachtet, die anscheinend durch Elektronenverlust bald verloren geht —, benehmen sie sich außerhalb der Reichweite wie positive Gasionen, wandern wie diese im elektrischen Feld zur Kathode, zeigen Wiedervereinigung,

Diffusion, Adsorptionserscheinungen usw. (vgl. den Artikel „Rest-Atome"). Innerhalb der Reichweite erleiden sie wegen ihrer größeren Masse kräftige Streuung und ihre Ionisierungsfähigkeit ist bis 5 mal größer als die der α-Partikel.

Im Falle einer β-Umwandlung, z. B. bei der Umwandlung eines Ra B-Atomes in ein Ra C-Atom, wobei der Zerfall unter Aussendung eines β-Partikels vor sich geht, liegen die Zahlenverhältnisse anders. Für dieses Beispiel ist:

Masse des abgestoßenen β-Partikels . . . . $m = \frac{1}{1840}$

Geschwindigkeit des abgestoßenen β-Partikels . $v = 2 \cdot 10^{10} \frac{cm}{Sek}$

Atomgewicht des zerfallenden Ra B-Atomes . . $M = 214$

Atomgewicht des Rest-Atomes (d. i. Ra C-Atom) . . . . . $M - m = 214$

Daher dessen gesuchte Anfangsgeschwindigkeit . $v' = 5 \cdot 10^4 \frac{cm}{Sek}.$

Das Restatom erhält also eine Geschwindigkeit, die nur um ein wenig größer ist als die Molekulargeschwindigkeit in Gasen normaler Temperatur, weshalb der experimentelle Nachweis bisher nur in qualitativer Hinsicht gelang.

Wichtig ist der Rückstoßvorgang insoferne, als er eine relativ einfache Reindarstellung von Zerfallsprodukten ermöglicht. Der zerfallenden Muttersubstanz gegenüber wird eine Kathode angebracht, auf der sich die zurückprellenden Atomreste, eben das Folgeprodukt, sei es infolge ihrer vorgegebenen Bewegungsrichtung, sei es einem angelegten elektrischen Kraftfeld folgend, ansammeln. Besonders bei Restatomen nach α-Umwandlungen ist die so erzielbare Ausbeute recht beträchtlich. Auf diesem Wege wurde z. B. die Existenz von Ac D, Th D, Ra C″ entdeckt. — Weiters gestattet der Rückstoßvorgang Atomgewichtsbestimmungen an Substanzen, welche in zu geringen Mengen verfügbar sind, als daß nach den direkten chemischen Methoden gearbeitet werden könnte; ist einmal die elektrische Ladung der Rückstoßpartikel sichergestellt, so erlauben Ablenkungsmessungen im magnetischen Kraftfeld, aus denen $\frac{e}{m}$, das Verhältnis von Ladung zur Masse, gewonnen wird, die Berechnung von m.

Auf Rückstoßwirkung beruht auch die häufig beobachtete scheinbare Flüchtigkeit radioaktiver Substanzen bei gewöhnlicher Temperatur, indem z. B. die aus zerfallenden Ra F-Atomen entstehenden und infolge des Rückstoßes weggeschleuderten Ra G-Atome ganze Klümpchen Polonium (Ra F) mechanisch mitreißen. Die gegen die Unterlage fliegenden Ra G-Atome sprengen sogar Teilchen derselben ab — sie zerstäuben die Unterlage —, welche Teilchen auch wieder Ra F-Atome mitführen können. *K. W. F. Kohlrausch.*

Rückzündung bei Lichtbogen-Generatoren. Die bei starker Ionisierung auftretende Erscheinung, daß der Lichtbogen bei beiden Stromwechseln zündet (s. Lichtbogenschwingungen dritter Art). *A. Meißner.*

Rühmkorff. Induktor mit offenem Eisenkern. *A. Meißner.*

Rumfordscher Kunstgriff s. Mischungsmethode.

Run beim Ablesemikroskop s. Mikrometer.

Rundblickfernrohr s. gebrochene Fernrohre.

Rundlauf ist ein schon von Lilienthal verwendeter Apparat, der dazu dient, um die auf bewegte Körper wirkenden Luftkräfte zu messen. Schematische Darstellung siehe Figur. Um eine feste Säule wird ein möglichst weit hinausragender Arm gedreht, an dessen Spitze der zu untersuchende Körper befestigt ist. Die Kraftmessung geschieht mit Hilfe einer Feder und einer Registriervorrichtung. Man kann auch den Einfluß der Geschwindigkeit dadurch eleminieren, daß man die Luftkräfte, welche dem Quadrate der Geschwindigkeit proportional sind, durch ein Gewicht,

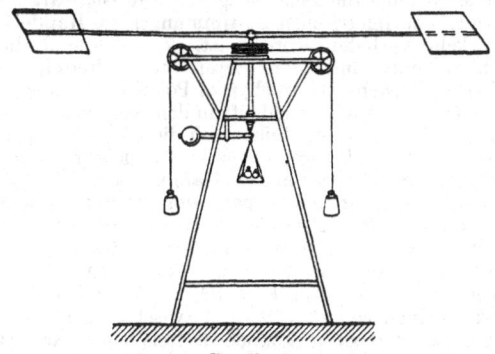

Rundlauf.

auf welches die gleichfalls dem Quadrate der Geschwindigkeit proportionale Fliehkraft wirkt, ins Gleichgewicht setzt. Man hat beim Rundlauf Geschwindigkeiten bis zu 30 m erreicht und mit einer solchen Anordnung auch die wichtigsten Tatsachen über den Auftrieb von Tragflügeln gefunden. Heute verwendet man den Rundlauf nicht mehr zu exakten Messungen, weil man die Fehler für zu groß hält. Der geschleppte Körper bewegt sich ja dabei nicht in ruhender Luft. Es werden immer dieselben Luftteile durchstrichen, die dadurch immer mehr von Wirbel durchsetzt werden und Eigenbewegungen von der Ordnung der Bewegung des Körpers erhalten. Da die Flügelkräfte von der Richtung des Luftstromes gegen den Flügel sehr empfindlich abhängen, wird durch diese Unruhe jede Genauigkeit unmöglich gemacht.

L. Hopf.

Rungesche Regel. Die magnetische Aufspaltung beim Zeemaneffekt (s. d.) ist meistens ein kleines ganzzahliges Vielfaches eines kleinen ganzzahligen Bruchteils der normalen (Lorentz-)Aufspaltung; gemessen in Schwingungszahlen $\left(\nu = \dfrac{c}{\lambda}\right)$ ist $\varDelta \nu$

$= i\,\dfrac{\varDelta \nu_0}{r}$, wo i und r kleine ganze Zahlen (r = Rungesche Zahl) sind und $\varDelta \nu_0$, die Lorentzaufspaltung, gleich $\dfrac{e}{4\pi m}\mathfrak{H}$ ist $\left(\dfrac{e}{m} = 1{,}17 \cdot 10^7\ \mathrm{C} \cdot \mathrm{G} \cdot \mathrm{S} = \right.$ Verhältnis von Ladung zu Masse des Elektrons, $\mathfrak{H}$ Feldstärke in Gauß) (s. Zeemaneffekt).

R. Ladenburg.

Rußbilder s. Schallregistrierung.

Rutherfordsches Atommodell s. Atommodelle und Bohr-Rutherfordsches Atommodell.

Rydbergsche Konstante, konventionelles Zeichen R (früher N), auch *Rydberg-Ritzsche Konstante,* uni-

verselle Konstante der *Serienformeln* von Rydberg und Ritz, tritt in sämtlichen der bisher termmäßig geordneten *Bogenspektren* auf, vor allem in der *Balmer-Serie des Wasserstoffes.* Ihre theoretische Ableitung auf Grund seiner Anwendung der *Quantentheorie* auf das *Rutherfordsche Atommodell* (s. d.) gelang Bohr 1913 am *Wasserstoffatommodell* (s. d.). Er fand $R = 2\pi^2 m e^4/h^3$, wenn der Kern des Wasserstoffatommodells als *ruhend,* d. h. unendlich schwer vorausgesetzt wurde (häufig findet sich deswegen die Bezeichnung R_∞ statt R); m und e bedeuten Masse und Ladung des Elektrons, h das *Plancksche Wirkungsquantum* (s. d.). Berücksichtigt man die *Mitbewegung des Kernes,* dessen Masse mit M bezeichnet sei, so hat man R noch durch $1 + m/M$ zu dividieren. Später zeigte Sommerfeld modellmäßig, wie sich die Rydberg- und Ritzsche Form der Serienformeln quantentheoretisch begründen läßt und setzte damit von neuem die allgemeine Bedeutung der Rydbergschen Konstante in Evidenz. Bedenkt man, daß sich das *Serienelektron* bei *beliebig gebauten Atomen* in *Quantenbahnen* von entsprechend *hohen Quantenzahlen* schließlich so weit von den übrigen Elektronen entfernt, daß deren resultierende Kraftwirkung zusammen mit jener des Kernes durch die eines einfachen Wasserstoffatomkernes ersetzt werden kann, so sieht man unmittelbar ein, daß R auch in den Bogenspektren beliebiger Elemente auftreten muß. In den *Funkenspektren* ist das Atom *einfach ionisiert* und an Stelle des früheren Serienelektrons tritt jetzt das am zweitschwächsten gebundene Elektron des Atoms; für diesen Fall läßt sich wiederum leicht zeigen, daß an Stelle der *Rydbergkonstante* deren *vierfacher* Wert treten muß, entsprechend der nahezu *doppelten* resultierenden Zentralladung, die auf das Serienelektron des nunmehr einfach geladenen Atomions wirkt. Der experimentelle Beweis hierfür ist namentlich am *Helium*-Funkenspektrum mit aller überhaupt möglichen Genauigkeit erbracht worden.

Als bester Wert der *Rydbergschen* Konstante kann gegenwärtig der von Flamm abgeleitete Wert $R_\infty = 109737{,}11 \pm 0{,}06$ cm^{-1} gelten, die von Paschen für *Wasserstoff* und *einfach ionisiertes Helium* spektroskopisch bestimmten Werte sind $R_H = 109677{,}691 \pm 0{,}06$, $R_{He} = 109722{,}144 \pm 0{,}04$. Die hohe Genauigkeit dieser Größen ist vielfach benutzt worden, um die Konstanten der Strahlungsgesetze, insbesondere das *Plancksche Wirkungsquantum* (s. d.) zu berechnen; für das letztere erhält man auf diesem Wege $(6{,}545 \pm 0{,}012)$, 10^{-27} erg. sec.

In neuerer Zeit hat sich herausgestellt, daß die Rydbergsche Konstante auch in manchen *Bandenspektren* (s. d.) eine ähnliche Rolle spielt wie in den Serienspektren. Entfernt sich nämlich das am lockersten gebunde Elektron eines Moleküls beim Leuchtvorgang so weit von den übrigen Bestandteilen des letzteren, daß die resultierende Kraftwirkung, welche es seitens des einfach-positiven Molekülionrestes erfährt, als von einem nahezu punktförmig wirksamen Kraftzentrum ausgehend angesehen werden kann, so ist man praktisch wieder beim Fall des Wasserstoffatoms angelangt, womit sich die Deutung des Auftretens von R von selbst ergibt.

A. Smekal.

Näheres s. Sommerfeld, Atombau und Spektrallinien. 3. Aufl. Braunschweig 1922.

S

Saccharimeter s. Saccharimetrie.

Saccharimetrie. Man darf sagen, daß von allen Hilfsmitteln, die die Wissenschaft der Zuckerfabrikation zur Verfügung gestellt hat, keines deren Ausbau in höherem Grade gefördert hat als der Polarisationsapparat; dieser Zweig der Physik in der Zuckerindustrie wird als Saccharimetrie bezeichnet (s. Saccharose sowie Polarimeter).

1. Saccharimeter mit Quarzkeilkompensation. Diese werden in der Zuckertechnik zur Bestimmung des Zuckergehaltes von Lösungen gebraucht und unterscheiden sich von den für wissenschaftliche Zwecke dienenden Polarisationsapparaten wesentlich dadurch, daß bei ersteren der Analysator feststehen bleibt und die Messung durch Keilkompensation erfolgt. Die Drehungswinkel werden demgemäß an einer linearen Skale abgelesen, welche unmittelbar den Prozentgehalt einer Substanz an reinem Zucker ergibt. Wegen der oft dunkel gefärbten Lösungen ist es unumgänglich notwendig, die Apparate mit weißem Licht zu beleuchten. Das ermöglichte Soleil durch die Konstruktion seiner Quarzkeilkompensation. Man kann nämlich die von einem aktiven Körper hervorgerufene Drehung der Polarisationsebene durch eine entgegengesetzt drehende, gleichfalls zwischen Polarisator und Analysator eingeschaltete Quarzplatte kompensieren, im allgemeinen nur für einfarbiges, bei einer Zuckerlösung jedoch auch für weißes Licht, weil Quarz und Zucker fast genau die gleiche Rotationsdispersion besitzen. Infolge der nicht vollkommenen Übereinstimmung in den Dispersionen ist es zur Vermeidung geringer Färbungsdifferenzen im Gesichtsfelde, die zu merklichen Fehlern Veranlassung geben können, durchaus erforderlich, das weiße Licht durch eine 1,5 cm dicke Schicht einer 6%igen Kaliumdichromatlösung in Wasser zu reinigen. Bei den Saccharimetern bleibt also der Analysator fest in seiner Nullstellung, und die Zuckerdrehung wird durch Einschalten der nötigen Quarzdicke aufgehoben.

Die einfache Keilkompensation (s. Figur) besteht aus einer rechtsdrehenden Quarzplatte und zwei linksdrehenden Quarzkeilen, von denen der längere in der Längsrichtung AB mittels eines Triebes verschiebbar ist. Die beiden Keile zusammen bilden also einen Linksquarz von veränderlicher Dicke. Die optischen Achsen der Quarze liegen der Pfeilrichtung parallel, in der auch die Lichtstrahlen hindurchgehen. An einer Nickelinskale wird die Verschiebung des langen Keils gemessen. Der Ablesung Null an der Skale entspricht eine mittlere Stellung des Keils, bei der die Gesamtdrehung des Linksquarzes gleich derjenigen des Rechtsquarzes ist, die Keilkompensation also genau die Drehung Null ergibt. Wird dann die Zuckerlösung eingeschaltet, so ist die zur Kompensation der Zuckerdrehung notwendige Verschiebung des Keils direkt proportional dem Drehungswinkel der

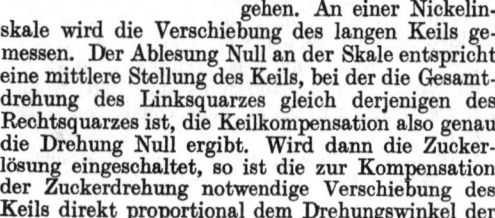

Quarzkeilkompensation.

Lösung. Mit der gezeichneten Keilkompensation lassen sich sowohl größere positive als auch kleinere negative Zuckerdrehungen messen. Sie befindet sich immer dicht am Analysator angebracht.

In der Zuckerpraxis werden jetzt nur noch Halbschatten-Saccharimeter verwendet, nachdem gemäß den Beschlüssen der internationalen Kommission für einheitliche Methoden der Zuckeruntersuchung die Benutzung von Farbenapparaten bei saccharimetrischen Bestimmungen im Handelsverkehr verboten worden ist. Zumeist sind die Instrumente mit dem zwei- oder dreiteiligen Lippichschen Halbschatten-Polarisator ausgerüstet. Demnach durchläuft in den Saccharimetern das weiße Licht der Reihe nach die folgenden optischen Teile: Bichromatgefäß, Beleuchtungslinse, Polarisator, Lippichsche Halbprismen, Flüssigkeitsröhre, Quarzkeilkompensation, Analysator und Fernrohr. Der unveränderliche Halbschatten wird meist auf nahe 8° vom Verfertiger des Apparats festgelegt. Die lineare Zuckerskale ist in gleiche Teile geteilt und von 0 bis 100 beziffert; bei einer Skalenlänge von etwa 30 mm zwischen dem Null- und Hundertpunkt können mittels eines Nonius die Zehntel abgelesen und noch $^2/_{100}$ geschätzt werden. Unter diesen Umständen beträgt für ein zweiteiliges Gesichtsfeld der mittlere Fehler einer Einstellung auf gleiche Helligkeit der beiden Feldhälften $\pm\,^3/_{100}$ bis $^4/_{100}$ einschließlich Ablesungsfehler.

2. Instrumente mit Ventzkescher Skale. Allgemein werden in allen Ländern mit Ausnahme von Frankreich Saccharimeter mit der deutschen Ventzke-Skale, d. i. mit 26 g Normalgewicht benutzt. Ihr Hundertpunkt ist durch die folgende Definition festgelegt: er wird erhalten, wenn man die Normalzuckerlösung, welche bei 20° in 100 wahren Kubikzentimetern 26,000 g reinen Zucker in Luft mit Messinggewichten gewogen enthält, bei 20° im 2 dm-Rohr polarisiert in einem Saccharimeter, dessen Keilkompensation gleichfalls die Temperatur 20° hat.

Da die Herstellung einer genau den obigen Bedingungen genügenden Zuckerlösung in der Praxis zumal wegen des reinen Zuckers mit Schwierigkeiten verknüpft ist, so wird in der Regel der Hundertpunkt mit einer Normalquarzplatte von 100° Ventzke oder nahe 1,60 mm Dicke auf Richtigkeit nachgeprüft. Eine solche dreht spektral gereinigtes Natriumlicht um 34,66 Kreisgrade bei 20°. Für die Umrechnung der Ventzke-Grade in Kreisgrade hat man demnach
1° Ventzke = 0,3466 Kreisgraden (Strahl D) bei 20°. Auch andere Stellen der Saccharimeter-Skale werden mit solchen Quarzplatten von entsprechenden Zuckerwerten (Drehungen) geeicht, natürlich unter gehöriger Berücksichtigung der NullpunktsEinstellungen. Ergeben sich hierbei trotz richtigen Hundertpunktes merkliche Fehler, so sind sie zumeist der optischen Unreinheit der Quarzkeilkompensation zuzuschreiben (s. Quarz). In der Physikalisch-Technischen Reichsanstalt werden solche Saccharimeter-Quarzplatten auf ihre Güte (optische Reinheit, Planparallelismus, Achsenfehler) und Drehung untersucht. In das Saccharimeter sind die Quarzplatten stets so einzulegen, daß sie sich dicht bei der Keilkompensation befinden.

Behufs Ermittelung des Prozentgehalts P, d. h. der Anzahl Gramm Zucker in 100 g einer zuckerhaltigen Substanz, löst man nun einfach 26,000 g der Substanz (in Luft mit Messinggewichten gewogen) in Wasser auf, verdünnt bei 20^0 auf 100 ccm und polarisiert diese Lösung im 2 dm-Rohr bei 20^0 im Saccharimeter, dessen Quarzkeilkompensation die Temperatur 20^0 hat, dann gibt die Skale direkt die Gewichtsprozente P an Zucker an.

Hat man bei einer von 20^0 abweichenden Temperatur polarisiert, so sind die Messungen auf die Normaltemperatur 20^0 zu reduzieren. Die Drehungswerte von Quarzplatten im Saccharimeter sind von der Temperatur unabhängig, falls Quarzplatte und Keilkompensation gleiche Temperatur besitzen. Sonst nimmt der einem Punkte der Skale entsprechende Drehungswert w mit wachsender Temperatur t zu gemäß der Gleichung
$$w_t = w_{20} + w_{20}\ 0,00015\ (t - 20).$$
Dreht eine angenähert normale Zuckerlösung im Glasrohr bei 20^0 in einem Saccharimeter von 20^0 um s_{20} Grad Ventzke und bei t^0 in demselben Saccharimeter von t^0 um s_t, so ist
$$s_{20} = s_t + s_t\ 0,00061\ (t - 20),$$
wobei also s nahezu gleich 100 ist.

3. Instrumente mit Soleilscher Skale. Bei dieser französischen Skale treten an die Stelle des deutschen Normalgewichtes von 26 g und wahrer Kubikzentimeter das französische Normalgewicht von 16,29 g und französische Kubikzentimeter. Diese sind leider in die Zuckertechnik Frankreichs bei der Definition der jetzt gültigen Skale eingeführt worden: es sind 100 französische Kubikzentimeter gleich dem Volumen von 100 g Wasser von 4^0 in Luft mit Messinggewichten gewogen, also gleich 100,106 wahren Kubikzentimetern. Weiter soll der Normalgehalt diejenige Zuckerlösung besitzen, deren Drehung für Natriumlicht bei 20^0 im 2 dm-Rohr 21,67 Kreisgrade beträgt. Nach den letzten Untersuchungen von Mascart und Bénard enthält nun diese Normalzuckerlösung bei 20^0 in 100 französischen Kubikzentimetern 16,29 g Zucker, in Luft mit Messinggewichten gewogen. Dieser Wert 16,29 für den Hundertpunkt ist von der im französischen Finanzministerium gebildeten Kommission für einheitliche Methoden der Alkohol- und Zuckeruntersuchungen endgültig angenommen worden. Polarisiert man demnach im 2 dm-Rohr eine Lösung von 16,29 g zuckerhaltiger Substanz (in Luft mit Messinggewichten gewogen und bei 20^0 zu 100 französischen Kubikzentimetern gelöst), so gibt die Skale wieder direkt die Gewichtsprozente P an Zucker an. Der Definition entsprechend ist
1° Soleil = 0,2167 Kreisgraden (Strahl D) bei 20^0.

4. Inversions-Methode. Versetzt man eine wässerige Rohrzuckerlösung mit Salzsäure und erwärmt das Gemisch, so wird der Zucker invertiert, d. h. der rechtsdrehende Rohrzucker $C_{12}H_{22}O_{11}$ verwandelt sich unter Aufnahme eines Moleküls Wasser H_2O in ein linksdrehendes, Invertzucker genanntes Gemenge von 1 Mol. Dextrose $C_6H_{12}O_6$ + 1 Mol. Lävulose $C_6H_{12}O_6$. Diese Umwandlung wird mit dem Namen Inversion bezeichnet. Die spezifische Drehung des Invertzuckers hängt in bedeutend stärkerem Maße von der Konzentration und zumal der Temperatur ab als die des Rohrzuckers, so daß infolgedessen bei den polarimetrischen Messungen von Invertzucker sehr genau auf die Temperatur zu achten ist. Auf der Inversions-Methode beruht nun die Bestimmung des Zuckergehaltes bei Gegenwart noch anderer drehenden Substanzen, weil diese, wie z. B. Dextrose und Invertzucker, ihre Drehung bei der Inversion nicht verändern.

Dabei werden in der Zuckerpraxis die Drehungsmessungen natürlich wieder mittels des Saccharimeters ausgeführt, es wird also mit 26 g Normalgewicht und dem 2 dm-Rohr gearbeitet, und man beobachtet Ventzke-Grade (^{0} V). Behufs Bestimmung des Prozentgehalts P, d. h. der Anzahl Gramm Rohrzucker oder Saccharose in 100 g

Rohzucker wird dieser zunächst in gewöhnlicher Weise (nach der unter 2. erläuterten Methode) polarisiert und ergebe a^0 V. Darauf wird von dem Rohzucker eine neue Lösung hergestellt und nach der folgenden genau einzuhaltenden Vorschrift invertiert.

Man wägt das halbe Normalgewicht 13,000 g des Rohzuckers in Luft mit Messinggewichten ab, löst in einem Hundertkölbchen mit 75 ccm Wasser auf, fügt 5 ccm Salzsäure von 1,19 spezifischem Gewicht hinzu, schwenkt um und setzt das Kölbchen in ein bereits auf 68^0 erwärmtes Wasserbad. In ihm bleibt das Kölbchen, dessen Inhalt häufig umgeschüttelt wird, 10 Minuten lang, dann ist die Inversion beendet. Hierauf wird sogleich die invertierte Lösung durch Einstellen des Kölbchens in kaltes Wasser schnell auf 20^0 abgekühlt, mit Wasser bis zur Marke (100 ccm) aufgefüllt und gut durchmischt.

Ergibt die so behandelte Lösung im 2 dm-Rohr untersucht bei der Temperatur t die Drehung a'^0 V, so beträgt die auf 26 g Normalgewicht bezogene Drehung nach der Inversion 2 a'. Damit die zu eliminierende Drehung der Nicht-Saccharose vor und nach der Inversion gleich groß sei, müssen die Polarisationen a und a' bei der gleichen Temperatur ausgeführt werden. Alsdann ist
$$P = \frac{a - 2\,a'}{1,327 - 0,005\ (t - 20)}.$$
Als Beispiel werde die Untersuchung eines Zucker-Sirups angeführt: a = 15,1^0 V, a' = $-$13,6^0 V, t = 18,8^0, dann enthält der Sirup
$$P = \frac{15,1 + 27,2}{1,327 + 0,006} = 31,7\ \text{Prozent Rohrzucker.}$$

Handelt es sich um Invertzucker als Nicht-Saccharose, so darf diese optische Inversions-Methode nur bei Gegenwart größerer Mengen (über zwei Prozent) Invertzuckers angewandt werden. Sonst wird der Gehalt an Invertzucker direkt auf chemischem Wege gewichtsanalytisch mit Hilfe der Fehlingschen Kupferlösung ermittelt.

Eine besondere Berechnung des Zuckergehalts P verlangen raffinoseverdächtige kristallisierte Zucker. Da das Drehungsvermögen der Raffinose bedeutend stärker als das der Saccharose ist, so kommt ein Zucker in den Verdacht, Raffinose zu enthalten, sobald er eine auffällig hohe, seiner sonstigen Beschaffenheit anscheinend nicht zukommende Polarisation aufweist. Man darf in solchem Falle auf Anwesenheit von Raffinose schließen, wenn der Zucker von spitziger Beschaffenheit ist, d. h. eine teilweise nadelförmige Kristallisation zeigt. Ferner werden auch Zuckerabläufe auf Raffinosegehalt untersucht. Da nun bei der Inversion auch die Raffinose sich spaltet, so geht ihre Rechtsdrehung ebenfalls erheblich zurück, indem sie sich fast um die Hälfte vermindert. Deshalb kommt in diesem Falle eine besondere Raffinose-Rechnungsformel in Anwendung. Hat man nämlich bei t = 20^0 die Polarisationen a vor und a' nach der Inversion wie oben erhalten, so wird
$$P = \frac{0,5124\,a - 2\,a'}{0,839}$$
und der Prozentgehalt R an Raffinose
$$R = \frac{a - P}{1,852}.$$
Als Beispiel sei die Untersuchung eines Zuckerablaufs gegeben: a = 76,6^0 V, a' = $-$1,5^0 V, dann enthält der Ablauf

$$P = \frac{0,5124 \cdot 76,6 + 3,0}{0,839} = 50,4 \text{ Prozent Rohrzucker}$$

und

$$R = \frac{76,6 - 50,4}{1,852} = 14,1 \text{ Prozent Raffinose.}$$

Erwähnt seien noch die in der Zuckertechnik viel benutzten Begriffe des Zuckerquotienten und des Rendements. Als Reinheits-Quotient oder kurz Quotient Q eines zuckerhaltigen Stoffes bezeichnet man diejenige Zahl, welche angibt, wieviel Prozent Saccharose in der Trockensubstanz B des Stoffes vorhanden sind. Es ist eine Füllmasse, ein Saft desto reiner und besser, je größer ihr Quotient gefunden wird. Der Quotient berechnet sich nach der Gleichung

$$Q = \frac{100\,P}{B},$$

weil sich verhält B : P = 100 : Q. Ergibt z. B. die Analyse einer Füllmasse P = 80,1% Zucker, 8,6% Wasser oder aber B = 91,4% Trockensubstanz, so ist der Quotient Q = 87,6% Zucker.

Rendement oder Raffinationswert eines Handels-Zuckers nennt man die Zahl, welche angibt, wieviel kristallisierter Zucker bei dem Raffinationsprozeß aus dem Rohzucker zu gewinnen oder auszubringen ist. Salze wirken nämlich melassebildend, weil sie die Saccharose am Kristallisieren verhindern. Wie üblich nimmt man an, daß durch je 1 Gewichtsteil der in den Rohzuckern enthaltenen löslichen Salze bei der Raffinationsarbeit 5 Gewichtsteile Saccharose der Melasse zugeführt werden. Bei der Rendements-Berechnung wird deshalb der Salzgehalt (d. i. der Aschegehalt nach Abzug der unlöslichen mechanischen Verunreinigungen), sowie auch der Invertzuckergehalt mit 5 multipliziert und daraufhin von dem Zuckergehalt P subtrahiert. Z. B. berechnet sich für einen Rohzucker von P = 93,6% Saccharose, 1,23% Salzen und 0,14% Invertzucker der Raffinationswert zu 93,6 — 5 (1,23+0,14) = 86,8% Zucker.

Schönrock.

Näheres s. H. Landolt, Optisches Drehungsvermögen. 2. Aufl. Braunschweig 1898.

Saccharose. Die Lösungen von Rohrzucker $C_{12}H_{22}O_{11}$ besitzen die Eigenschaft, die Polarisationsebene eines hindurchgehenden Lichtstrahles um einen gewissen Winkel zu drehen. Im besonderen ist die spezifische Drehung des in Wasser gelösten Zuckers bei der Temperatur t = 20° für Natriumgelb $[\alpha]_{20} = 66,49$, d. h. der Drehwinkel beträgt in Grad

(1) $\alpha = 0,66491\,q$, woraus $q = 1,504 \frac{\alpha}{l}$.

Hierin bedeutet l die Länge der angewandten Röhre in Dezimeter und q die Anzahl Gramm Zucker in 100 ccm Lösung (s. Drehvermögen, optisches).

Soll bei der Ermittelung der Konzentration q der höchste Grad der Genauigkeit erreicht werden, so ist die Abhängigkeit der Drehung $[\alpha]$ von q zu berücksichtigen gemäß Gleichung

(2) $[\alpha]_{20} = 66,44 + 0,00870\,q - 0,000\,235\,q^2$

(gültig für q < 65). Mit dem nach Gleichung 1 gefundenen, genäherten Wert für q berechnet man nach Gleichung 2 den genauen Wert von $[\alpha]$, setzt diesen in die Gleichung 1 ein und findet nunmehr den genauen Wert von q. Oder die Berechnung erfolgt nach der Gleichung

$$q = 1,505 \frac{\alpha}{l} - 0,000\,296\left(\frac{\alpha}{l}\right)^2 + 0,000\,0120\left(\frac{\alpha}{l}\right)^3.$$

Zur Ermittelung des Prozentgehalts P, d. h. der Anzahl Gramm Zucker in 100 g einer zuckerhaltigen Substanz, löst man, wie jetzt in der Saccharimetrie üblich, 26,000 g der Substanz (in Luft mit Messinggewichten gewogen) in Wasser auf, verdünnt bei 20° auf 100 ccm und polarisiert diese Lösung im 2 dm-Rohr bei 20°; der beobachte Drehungswinkel sei α. Dann ist, da man für die 26,000 g auf den luftleeren Raum reduziert 26,016 g nehmen kann,

$$[\alpha] = \frac{100\,\alpha}{l \cdot 0,26016\,P}; P = \frac{100\,\alpha}{2 \cdot 0,26016 \cdot 66,49} = 2,890\,\alpha.$$

Hier genügt es fast immer, $[\alpha]$ als konstant anzunehmen. Die Berücksichtigung der Veränderlichkeit von $[\alpha]$ mit der Wassermenge würde sonst ähnlich wie vorher mit Hilfe der Gleichung 2 erfolgen, indem für die polarisierte Lösung $q_{20} = 0,26016\,P$ ist. Benutzt man statt des 2 dm-Rohres ein solches, dessen Länge 1,927 dm bei 20° beträgt, so wird einfach P = 3α.

Von der Temperatur hängt die Drehung in Rohrzuckerlösungen merklich ab. Für die in der Saccharimetrie gebräuchliche, deutsche Normalzuckerlösung (p = 23,70 Gramm Zucker in 100 g Lösung) ist in einem Glasrohr mit dem Ausdehnungskoeffizienten 0,000 008 für t = 9 bis 31° und Natriumlicht

$$\alpha_{20} = \alpha_t + \alpha_t\,0,000\,461\,(t - 20).$$

Während sich der Temperaturkoeffizient des Drehwinkels α nicht mit t ändert, ist derjenige der spezifischen Drehung $[\alpha]$, $\delta_t = \frac{1}{[\alpha]_t}\frac{d\,[\alpha]_t}{dt}$, eine Funktion von t:

$$\delta_{10} = -0,000\,242 \qquad \delta_{20} = -0,000\,184$$
$$\delta_{30} = -0,000\,121.$$

In der Nähe von t = 20° gilt also

$$[\alpha]_t^D = [\alpha]_{20}^D [1 - 0,000\,184\,(t - 20)].$$

Die Rotationsdispersion, d. i. das Drehvermögen $[\alpha]$ als Funktion der benutzten Wellenlänge λ des Lichtes in Luft zeigt die folgende Tabelle:

λ in μ	$[\alpha]_{18}$
0,250	543,0
0,300	297,7
0,350	192,9
0,400	149,9
0,450	122,2
0,500	99,8
0,589	66,8
0,657	53,1

Mit dem Lösungsmittel ändert sich $[\alpha]_{20}^D$ stark; so beträgt die spezifische Drehung in Wasser 66,5, in Pyridin 84,4, in Ameisensäure 40,0.

Schönrock.

Näheres s. H. Landolt, Optisches Drehungsvermögen. 2. Aufl. Braunschweig 1898.

Sättigung, magnetische. — Wenn man beim Magnetisieren einer Eisenprobe die Feldstärke immer mehr steigert, so kommt man schließlich zu einem Punkt, von dem ab die Magnetisierungsintensität nicht mehr steigt, sondern konstant wird; man sagt dann, das Material sei gesättigt (mit Magnetismus). Man hat sich vorzustellen, daß dann die magnetischen Achsen der sämtlichen kleinen Molekularmagneten, aus denen das Material aufgebaut ist, vollständig in die Richtung des Magnetfeldes fallen (s. „Magnetismus"). Es ist praktisch, zur Charakterisierung des Sättigungswertes statt der Größe $\mathfrak{J}_\infty$ lieber die Größe $4\,\pi\,\mathfrak{J}_\infty$ zu wählen ($\mathfrak{J}$ = Magnetisierungsintensität), da man hieraus durch Hinzufügen der bekannten Feldstärke $\mathfrak{H}$ alle Induktionen oberhalb dieser Feldstärke nach der Beziehung $\mathfrak{B} = 4\,\pi\,\mathfrak{J}_\infty + \mathfrak{H}$ berechnen kann.

Für reines Eisen tritt die Sättigung etwa bei einer Feldstärke von $\mathfrak{H} = 2000$ ein; der Sättigungswert $4\,\pi\,\mathfrak{J}_\infty$ selbst hat sich nach den Messungen in der Reichsanstalt in befriedigender Übereinstimmung mit anderweitigen Messungen zu 21 600 ergeben. Legierung mit anderen Stoffen bewirkt, daß die Sättigung erst bei höheren Feldstärken eintritt, während der Sättigungswert ständig abnimmt, und zwar entweder entsprechend dem Volumen des zugesetzten unmagnetischen Stoffs oder noch stärker, wie beim Kohlenstoff oder Mangan. Auch das selbst ferromagnetische Nickel, dessen Sättigungswert etwa 6000 beträgt, setzt, wie zu erwarten war, den Sättigungswert des Eisens herab, nicht aber das ferromagnetische Kobalt. Dies erhöht, trotzdem sein Sättigungswert nur etwa 17 700 beträgt, nach den Versuchen von Preuß und Weiß den Sättigungswert des reinen Eisens ganz erheblich, und zwar gibt den höchsten Wert eine Legierung mit $34{,}5\,^0/_0$ Kobalt, welche der chemischen Verbindung Fe_2Co entspricht; in der Reichsanstalt wurde derselbe zu 23 680 bestimmt, also etwa um $10\,^0/_0$ höher, als derjenige des reinen Eisens. Diese Eigenschaft ist bereits zur Konstruktion von Polspitzen von Elektromagneten, für welche eine möglichst große Permeabilität bei hohen Feldstärken Bedingung ist, praktisch verwendet worden und dürfte auch bei der Herstellung von Dynamoankern, deren Zähne ebenfalls hohe Permeabilität besitzen sollen, gute Dienste leisten.
Gumlich.

Sättigungsdruck. Sättigungsdruck oder Sättigungsspannung, auch wohl Dampfdruck oder Dampfspannung, nennt man den Druck, den der Dampf eines Körpers besitzt, wenn er sich im Sättigungszustande befindet, d. h. wenn in der Raumeinheit die größtmögliche Masse des betreffenden Körpers in dampfförmigem Zustande vorhanden ist. Dies ist dann der Fall, wenn der Dampf mit der chemisch gleichartigen Flüssigkeit bzw. dem chemisch gleichartigen festen Körper in Berührung steht und sich zwischen den beiden aneinander grenzenden Phasen ein Gleichgewicht hergestellt hat.

Der Sättigungsdruck ist ebenso wie alle Größen des Sättigungszustandes eine Funktion nur einer einzigen Zustandsvariablen, als welche man fast immer die Temperatur wählt.

Zur praktischen Beobachtung des Sättigungsdruckes kommen hauptsächlich zwei Methoden in Betracht, die als die statische und die dynamische bezeichnet werden. Die statische besteht darin, daß man ein Volumen, etwa ein Glaskölbchen, welches mit einem Quecksilbermanometer in Verbindung steht, teilweise mit dem Stoff (fester Körper oder Flüssigkeit) füllt, dessen Sättigungsdruck untersucht werden soll, während der Rest des Volumens sorgfältig von allen fremden Bestandteilen befreit wird. Taucht man dann das Kölbchen in ein Bad bekannter Temperatur, so ist an dem Quecksilber-Manometer sofort der zugehörige Sättigungsdruck ablesbar. Die Temperatur darf indessen nicht so weit gesteigert werden, daß alle Flüssigkeit verdampft ist. Andererseits ist darauf zu achten, daß die Verbindungsrohre zwischen dem Kölbchen und dem Manometer sich nicht auf tieferer Temperatur als das Bad befinden, da sonst an diesen Stellen Kondensation eintritt und der gemessene Druck nicht mehr der Badtemperatur zugeordnet werden darf. Die statische Methode ist deshalb ohne besondere Hilfsmittel (wie künstliche Heizung des Manometers) nur für Dampfdrucke bei tiefer Temperatur anwendbar. In diesem Gebiet ist sie von Stock in seinen Dampfthermometern zur Temperaturmessung verwendet worden, indem er nach voraufgegangener empirischer Eichung aus dem gemessenen Sättigungsdruck, der bis herab zu etwa $^1/_2$ Atm. stärker von der Temperatur abhängt als der Druck eines Gasthermometers konstanten Volumens, die Temperatur ableitete.

Die dynamische Methode zur Ermittlung des Sättigungsdruckes besteht darin, daß die Flüssigkeit, welche unter einem bestimmten Gasdruck steht, durch eine Wärmequelle zum Sieden erhitzt und nun die Temperatur des Dampfes oberhalb der Flüssigkeit oder in einem vom Dampf durchströmten Rohr gemessen wird. Die so gewonnenen Wertepaare von Druck und Temperatur stimmen mit den Ergebnissen der statischen Methode überein. Ihre wichtigste und häufigste Anwendung findet die dynamische Methode bei der Beobachtung des Wassersiedepunktes als eines der thermometrischen Fundamentalpunkte. Während hier also aus dem Dampfdruck auf die Temperatur geschlossen wird, schließt man bei den hypsometrischen Siedeapparaten aus der Temperatur des Dampfes auf den auf der Flüssigkeit lastenden Druck und ermittelt somit beim Sieden an der Atmosphäre den Barometerstand.

Es ist oft versucht worden, den Zusammenhang zwischen Sättigungsdruck p und Temperatur T durch einen mathematischen Ausdruck wiederzugeben. Dabei hat sich gezeigt, daß in einem größeren Beobachtungsgebiet der Druck p nicht gut als Potenzreihe der Temperatur darzustellen ist. Vorteilhafter ist es, sich logarithmischer Funktionen zu bedienen. Die Versuche zur theoretischen Begründung einer Formel beschränken sich fast ganz auf das Gebiet unterhalb einer Atmosphäre nnd knüpfen an die Gleichung von Clapeyron-Clausius (s. d.) an, durch welche die molekulare Verdampfungswärme λ als Funktion von p und T dargestellt werden kann, indem man $\lambda = T\,(v_2 - v_1)\,\dfrac{dp}{dT}$ setzt und mit v_2 und v_1 die molekularen Volumina von Dampf und Flüssigkeit im Sättigungszustand bezeichnet. λ ist wenig mit der Temperatur veränderlich und läßt sich nach Nernst gut durch die empirische Beziehung $\lambda = (\lambda_0 + \alpha\,T - \varepsilon\,T^2)\left(1 - \dfrac{p}{p_k}\right)$ wiedergeben, wenn p_k den kritischen Druck bedeutet. Entsprechend gilt unter Benutzung der molekularen Gaskonstante $\mathfrak{R}$ für die Differenz der Molekularvolumina $(v_2 - v_1) = \dfrac{\mathfrak{R}\,T}{p}\left(1 - \dfrac{p}{p_k}\right)$. Unter Einsetzung dieser Größen ist die Clapeyron-Clausiussche Gleichung integrierbar und liefert für den Sättigungsdruck die Beziehung $\ln p = -\dfrac{\lambda_0}{\mathfrak{R}T} + \dfrac{\alpha}{\mathfrak{R}}\ln T - \dfrac{\varepsilon}{\mathfrak{R}}T + i$.

Es läßt sich nachweisen, daß der Koeffizient α in erster Näherung durch die Differenz der spezifischen Molekularwärmen von Dampf und Flüssigkeit bei konstantem Volumen $(C_p - C_1)$ zu ersetzen ist. Nernst findet gute Übereinstimmung mit der Erfahrung, wenn rein empirisch $\alpha = 3{,}5$ eingeführt wird. Die genannte Dampfdruckformel, mit deren Konstanten auch die Verdampfungswärme und die Differenz der spezifischen Volumina darstellbar sind, hat sich gut bewährt. Für den Fall, daß die Formel auf sehr hohe Temperaturen Anwendung findet, steht die Integrationskonstante i mit der sog. chemischen Konstanten i' = i — ln $\Re$ in naher Beziehung, die zur Berechnung der Affinität einer chemischen Reaktion von großer Bedeutung ist. Auf Grund quantentheoretischer Überlegungen ist von verschiedenen Forschern in Übereinstimmung mit dem Experiment berechnet worden, daß für einatomige Gase i den Wert —3,703+1,5 ln M besitzt, wenn M das Molekulargewicht des Körpers bedeutet.

Das Glied mit ε kann häufig vernachlässigt werden. Durch die so gekürzte Formel, in der $\alpha = Cp - C_1$ gesetzt wurde, hat H. Hertz die Dampfspannung des Quecksilbers in mustergültiger Weise darstellen können. Einer Formel derselben Art bedienten sich Scheel und Heuse, um ihre Beobachtungen über den Dampfdruck des unterkühlten Wassers (bis —15°) und des Eises bis —70° in eine mathematische Form zu bringen, der die Messungen restlos wiedergibt.

Der Ausdruck $\log p = A - \dfrac{B}{T} + C \log T$ mit den empirischen Konstanten A, B, C wird gewöhnlich die Rankinesche Formel genannt, doch ist sie 8 Jahre vor Rankine bereits von Kirchhoff vorgeschlagen worden.

In nicht sehr großen Temperaturbereichen erhält man eine gute Interpolationsformel, wenn man auch das Glied mit log T unberücksichtigt läßt, so daß $\log p = A - \dfrac{B}{T}$ zu setzen ist.

Früher wurde häufiger als die genannte Formel die von Biot aufgestellte benutzt; diese lautet $\log p = a + b \, \alpha^t + c \, \beta^t$, in der a, b, c, α, β empirische Konstante darstellen.

Verfolgt man den Sättigungsdruck p über einer unterkühlten Flüssigkeit und vergleicht ihn mit dem Sättigungsdruck p' über der erstarrten Flüssigkeit gleicher Temperatur, so findet man, daß p' stets kleiner als p ist. Im Tripelpunkt sind p und p' gleich, ferner ist hier $T \dfrac{dp}{dt} = \dfrac{\varrho}{\sigma}$ und $T \dfrac{dp'}{dt} = \dfrac{\varrho + \varrho'}{\sigma}$, wenn ϱ die Verdampfungswärme, ϱ' die Schmelzwärme und σ das spezifische Volumen des Dampfes bedeuten. Bei allen Körpern ist $\dfrac{\varrho + \varrho'}{\sigma} > \dfrac{\varrho}{\sigma}$.

Der Sättigungsdruck weicht vom normalen Wert ab, falls die Flüssigkeitsoberfläche stark gekrümmt ist. Bezeichnet man die Hauptkrümmungshalbmesser der Oberfläche mit R_1 und R_2 (positiv bei konvexer Fläche), ferner mit δ die Dichte des Dampfes, mit D die Dichte der Flüssigkeit, mit α die Oberflächenspannung, so ist die Differenz $p_1 - p$ des beobachteten Sättigungsdruckes gegen denjenigen bei ebener Oberfläche

$$p_1 - p = \frac{\delta \, \alpha}{D - \delta} \left(\frac{1}{R_1} + \frac{1}{R_2} \right).$$

Für Flüssigkeitstropfen vom Radius R erhält man entsprechend $p_1 - p = \dfrac{2 \, \alpha \, \delta}{D \, R}$. Bei Wassertröpfchen und Zimmertemperatur hat diese Differenz den Wert $\dfrac{1}{R} \cdot 0,00026$, wenn R in Millimeter gemessen wird.

Vgl. auch Siedepunkt und Sublimation. *Henning.*

Sättigungsgebiet. Das Sättigungsgebiet umfaßt alle diejenigen Zustände, welche in dem Isothermendiagramm p = f (v) (s. d. Fig.) von der Kurve A' A K B B' umschlossen werden. Diese Kurve

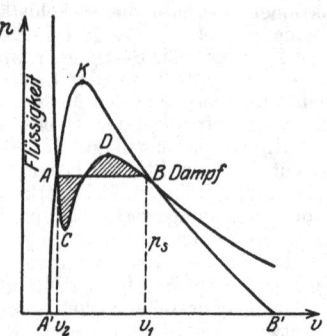

Sättigungsgebiet A'A K B B' im Isothermendiagramm.

stellt das Sättigungsvolumen v_1 des Dampfes und das Sättigungsvolumen v_2 der mit ihm im Gleichgewicht befindlichen Flüssigkeit als Funktion des Sättigungsdruckes p_s dar. Sie ist aus der Zustandsgleichung abzuleiten, wenn man ein Ergebnis der Thermodynamik hinzunimmt, demzufolge die beiden Flächenstücke, welche zwischen der theoretischen Isotherme A C D B und der Ordinate p = p_s liegen, gleich groß sein müssen. Damit ist für eine gegebene Isotherme die Ordinate p = p_s bestimmt und die Lage der zugehörigen Punkte A und B des Sättigungsgebiets eindeutig festgelegt. Das zwischen A und B gelegene S-förmige Stück der Isotherme, das aus der van der Waalsschen Gleichung (s. d.) berechnet werden kann, schrumpft mit steigender Temperatur immer weiter zusammen und wird in der kritischen Isotherme nur noch durch einen Punkt K, den sog. kritischen Punkt (s. d.) dargestellt. Die spezifischen Volumina von Flüssigkeit und Dampf fallen hier also in einen Wert zusammen, und beide Aggregatszustände sind nicht mehr zu unterscheiden. — Komprimiert man ein Gas, das sich unterhalb des kritischen Punktes befindet, bei konstanter Temperatur, so nimmt sein Druck nicht mehr zu, sobald im Punkt B das Sättigungsgebiet erreicht ist. Gleichzeitig beginnt die Verflüssigung, und das ganze zur Verfügung stehende Volumen ist mit Flüssigkeit angefüllt, wenn im Punkt A die andere Grenze des Sättigungsgebiets erreicht ist. Von dieser Stelle ab wächst bei weiterer Volumenverminderung der Druck wieder an. — Der ganze Vorgang wird in umgekehrter Richtung durchlaufen, wenn eine Flüssigkeit unterhalb des kritischen Punktes dilatiert wird.

S. auch Sättigungsdruck. *Henning.*

Sättigungsstrom, elektrischer Strom, welchem nur eine bestimmte Anzahl pro Sekunde auftretender Träger, Ionen, Elektronen zur Verfügung steht, so daß, wenn der Strom bis zur Überführung sämtlicher entstehenden Träger pro Sekunde an die Elektroden angestiegen ist, ein weiteres Ansteigen nicht möglich ist, daher ein von der angelegten Spannung unabhängiger, konstanter Strom sich ergibt. Derartige Sättigungsströme treten in festen Leitern, wie Metallen, nicht auf, da die anscheinend vorhandenen freien Elektronen durch die Grenzflächen der einzelnen Leiter frei hindurchströmen, und durch Steigerung der Spannung eine gesteigerte Strömungsgeschwindigkeit und so eine stets wachsende Stromstärke erreicht werden kann. Es ist denkbar, daß die Elektronenreibung mit der Geschwindigkeit so zunimmt, daß sich eine bestimmte Geschwindigkeit nicht überschreiten läßt, d. h. daß tatsächlich ein Sättigungstrom eintritt, jedoch wird eine solche Erscheinung durch Schmelzen bzw. Verdampfen des Leiters unmöglich gemacht; unterhalb des Schmelzpunktes ist sie bei guten Leitern nicht gefunden worden. Bei allerhand schlechten Leitern jedoch, bei denen kein Hindurchtreten freier Elektronen stattfindet, sondern bei denen die Leitung nur von den in ihnen selbst entstehenden Trägern, Ionen, Elektronen abhängt, treten solche Sättigungströme auf. Hierzu gehören organische Flüssigkeiten, ferner Gasstrecken, die durch unveränderliche Quellen, insbesondere radioaktive Substanzen, ionisiert sind. Bei Gasstrecken ist der Sättigungstrom jedoch kein vollkommener, denn bei fortschreitend erhöhter Spannung tritt zunächst ein Anstieg, dann ein Sättigungsstrombereich, schließlich aber infolge anwachsender Stoßionisation wieder ein starkes Anwachsen ein, das bis zu den höchsten Stromstärken führen kann.

Sehr häufig gebrauchte Anordnungen, welche Sättigungsströme ergeben, sind Hochvakuumstrekken, bei denen eine Elektrode Elektronen, Ionen oder ähnliche Träger in das Vakuum emittiert. Derartige Quellen sind belichtete (photoelektrische) oder bestrahlte oder glühende Kathoden oder radioaktive Elektroden. Da bei bestrahlten Elektroden die Emission (meist von Elektronen) nur von Bestrahlung und Oberfläche, bei Glühkathoden von Temperatur und Oberfläche, bei radioaktiven Elektroden nur von Menge und Charakter der Substanz abhängig ist, kann in allen Fällen als maximaler Strom trotz beliebig erhöhter Spannung nur die pro Sekunde emittierte Elektrizitätsmenge erreicht werden. Bei Glühkathoden läßt sich nach scheinbarem Erreichen des Sättigungsstromes durch stark erhöhte Spannung trotz gleichbleibender Temperatur noch eine erhebliche Erhöhung des Stromes erzielen, was auf die Überwindung der Bildkraft zurückzuführen ist. Andere Ursachen, die oft das Auftreten eines klaren Sättigungsstromes verschleiern, sind ungünstige Elektrodenanordnung (mit sehr starkem Raumladungseffekt) oder Rückwirkung der Entladung auf die Glühkathode (sog. Rückheizung) oder ungenügendes Vakuum.

Das Pleiodynatron ist eine Dynatronröhre (s. d.), welche ein zweites Gitter zwischen Glühkathode und dem dort beschriebenen Gitter besitzt. Dieses Gitter kann benutzt werden, um die Intensität der Schwingungserzeugung in einem gewünschten Takte zu ändern, z. B. im Takte der menschlichen Sprachfrequenzen, so daß eine Aussendung von Hochfrequenztelephonie damit möglich ist. Zu diesem Zwecke erhält das zweite Gitter gegen die Kathode Wechselspannungen, wie sie von einem besprochenen Mikrophon erzeugt werden.

S. a. Elektrizitätsleitung in Gasen. *H. Rukop.*

Näheres s. A. W. Hull, Jahrb. Drahtl. Tel. **14**, 47 u. 157, 1919.

Säuren sind Wasserstoffionen abspaltende Elektrolyte s. Basen, Neutralisation.

Saite ist ein fester Körper von einer vorwiegend ausgebildeten Dimension, welcher einer Biegung keinen Widerstand entgegensetzt und deshalb auch keine Biegungs- (Transversal-) Schwingungen ausführen kann, solange die Saite nicht durch eine äußere Kraft gespannt ist. Sie kann demgemäß definiert werden als ein Stab, dessen Quer-

dimensionen im Verhältnis zur Länge so gering sind, daß er nur sehr geringe und im idealen Grenzfalle gar keine Steifigkeit besitzt. Sie ist das eindimensionale Analogon zur Membran (s. d.) und verhält sich zu dieser wie ein Stab (s. d.) zu einer Platte (s. d.). S. auch Saitenschwingungen.

E. Waetzmann.

Saitenelektrometer (Lutz). Ein Fadenelektrometer (s. d.), bei dem der am oberen und unteren Ende befestigte Faden sich in der Mitte zwischen zwei Schneiden befindet, die auf verschiedenes Potential gebracht werden. Die Ausbiegung des Fadens wird mit einem Mikroskop abgelesen, dessen Okular eine feine Skala trägt. Die Schaltung für Schneiden und Nadel ist die gleiche, wie beim Quadrantenelektrometer für die Quadranten und die Nadel. Die Fadenspannung kann durch eine am unteren Ende des Instruments angebrachte feine Mikrometerschraube reguliert werden. Bezugsquelle: Dr. Edelmann & Söhne. *W. Jaeger.*

Saitengalvanometer (Einthoven). Dieses Galvanometer unterscheidet sich von den Drehspulgalvanometern (s. d.) nur dadurch, daß nicht die Ablenkung einer Spule, sondern die Ausbiegung eines Fadens, der vom Strom durchflossen wird, zur Beobachtung kommt. Man benutzt dazu einen versilberten Quarzfaden, der sich in einem starken, magnetischen Felde (ca. 20000 cgs) befindet. Die sehr kleine Ausbiegung wird mit einem starken Mikroskop beobachtet. Der Vorteil besteht in einer sehr großen Stromempfindlichkeit bei allerdings auch sehr erheblichem Widerstand. Das Galvanometer besitzt durch die Luft eine starke Dämpfung und stellt sich fast augenblicklich ein. Die Empfindlichkeit beträgt etwa 10^{-11} Ampere pro Millimeter Ausschlag bei 10000 Ohm Widerstand; man kann noch 10^{-12} Ampere wahrnehmen. *W. Jaeger.*

Näheres s. Einthoven, Ann. Phys. **12**, 1059; 1903.

Saiteninstrumente. Zu ihnen gehören erstens die Streichinstrumente (s. d.), zweitens das Klavier (s. d.) und ähnliche Instrumente und drittens Guitarre, Harfe, Zither und ähnliche Instrumente.

Bei der letztgenannten Gruppe von Saiteninstrumenten werden die Saiten mit dem Finger oder einem Stift (Plektron, Ring der Zitherspieler), oder auch, wie bei der Mandoline, mit einem gespitzten Federkiel gezupft oder gerissen.

Von den sechs Saiten der Guitarre (Tonumfang e bis d_4) sind die drei tiefklingenden aus Seide, die mit Silberdraht umsponnen ist, hergestellt, die drei anderen sind Darmsaiten.

Die Saiten der Harfe (Tonumfang H_2 bis e_4) sind bis auf die tiefsten, die mit Draht umsponnene Metallsaiten sind, Darmsaiten.

Bei der Zither (Tonumfang der gewöhnlichen 36-Saiten-Zither H_1 bis ais_3) rührt der scharfe klimpernde Klang der hochklingenden Saiten daher, daß dieselben dünne Metallsaiten sind, bei denen infolge der geringen Steifigkeit (kleiner Querschnitt) auch die hohen Obertöne stark hervortreten.

S. auch Saitenschwingungen. Über die Resonanzkörper s. Streichinstrumente.

Aus der Fülle der den drei genannten Instrumenten ähnlichen Instrumente seien hervorgehoben: Laute (älteres Instrument), Mandoline (4-, 6-, 8-, 12- und 14saitig, aus den südlichen Ländern Europas auch nach Deutschland verpflanzt), Dombra und Balalaika (russische Nationalinstrumente) und der Banjo (Instrument der Neger). *E. Waetzmann.*

Näheres s. R. Hofmann, Die Musikinstrumente. Leipzig 1903.

Saitenoszillograph. Das Saitengalvanometer kann auch als Oszillograph (s. d.) benutzt werden. Der Spiegel kommt bei diesem Instrument in Fortfall; das Bild des Fadens, der durch den Wechselstrom in Schwingungen versetzt wird, kann auf einer rotierenden Trommel photographisch aufgenommen werden. *W. Jaeger.*

Saitenschwingungen (s. Saite). Die wichtigste Art von Saitenschwingungen sind die Transversalschwingungen (s. auch Stabschwingungen). Sie erfolgen in der Regel nicht in einer einzigen durch die Saite gelegten Ebene, sondern jeder Punkt der Saite führt im allgemeinen eine elliptische Bewegung aus, in einer Ebene, die senkrecht zur Saitenrichtung steht. Der Einfachheit halber nehmen wir aber an, daß sich die Schwingungsbewegung in einer einzigen durch die Saite gelegten Ebene abspielt.

Die Saite kann durch Zupfen oder Reißen, wie bei der Harfe, Guitarre und Zither, oder durch Anschlagen mit einem hammerartigen Instrument, wie beim Klavier, oder durch Streichen mit einem Bogen (Streichinstrumente) erregt werden. Eine praktisch weniger wichtige Erregungsart ist das Anblasen mit einem Luftstrom. Hierher gehören die Schwingungen der Telegraphendrähte und der Saiten der Äolsharfe (s. Hiebtöne).

Die Saite führt im allgemeinen sehr verwickelte Schwingungen aus, die sich aus einer sehr großen Zahl von sinusförmigen Partialschwingungen zusammensetzen. Die Schwingungszahl pro Sekunde n_k des k^{ten} Partialtones der Saite ist gegeben durch den Ausdruck:

$$n_k = \frac{k}{2\,l}\sqrt{\frac{S}{\varrho}},$$

wo l die Länge der Saite, ϱ die Dichte und S die Spannung ist. Sie ist also umgekehrt proportional der Länge der Saite und proportional der Wurzel aus der Spannung. Gibt die Saite ihren Grundton, so hat sie nur die beiden festen Endpunkte als Knoten. Beim ersten Oberton liegt ein weiterer Knoten in der Mitte der Saite, beim zweiten Oberton wird die Saite durch zwei Knoten (außer den festen Enden) in drei gleiche Teile geteilt usw.

Praktisch besitzt jede Saite neben der Spannung doch noch eine gewisse Steifigkeit (Biegungselastizität), die sich namentlich bei starker Unterteilung der Saite bemerkbar macht. Es resultiert hieraus eine kleine Erhöhung der Partialtöne, die mit wachsender Ordnungszahl derselben zunimmt. Infolgedessen sind die Partialtöne bei merklichem Einfluß der Steifigkeit nicht mehr genau harmonisch.

Die Form der Saitenschwingungen hängt von der Art der Erregung, der Stelle der Erregung und den Eigenschaften der Saite (Material) ab.

Beim Zupfen oder Anreißen wird der Klang um so schärfer, je schmaler der Körper ist, mit welchem gerissen wird. Zupfen mit der ganzen Breite des Fingers gibt einen viel weicheren Klang als Anreißen mit einem Nagel oder dgl. Es liegt dies daran, daß die höheren Partialtöne um so stärker werden, je ausgeprägtere Diskontinuitäten die Form der gezupften Saite besitzt. Entsprechend sind auch bei der geschlagenen Saite die hohen Partialtöne stärker, wenn mit einem schmalen und harten, als wenn mit einem breiten und weichen Hammer geschlagen wird. Im übrigen wirken hier noch andere Faktoren mit. Der Vorgang beim Anstreichen einer Saite ist der, daß das angestrichene Stück von den harzigen Haaren des Bogens zunächst mitgenommen wird, sich, wenn eine gewisse Durchbiegung erreicht ist, losreißt, von einer anderen Stelle des Bogens wieder gefaßt und mitgenommen wird usw. Jede Unregelmäßigkeit im Streichen bewirkt unregelmäßiges Schwingen der Saite („Kratzen" des Bogens).

Was den Ort der Erregung anlangt, so ist bemerkenswert, daß er beim Anstreichen im allgemeinen keine so große Rolle spielt wie beim Anreißen und Anschlagen. Diejenigen Partialschwingungen, die an der Stelle, an welcher die Saite gezupft wird, einen Knoten haben, kommen nicht zum Vorschein. Wird z. B. eine Saite in der Mitte gezupft, so treten im wesentlichen nur die ungeradzahligen Partialtöne auf (s. auch Monochord).

Darmsaiten, die bei gleicher Festigkeit leichter als Metallsaiten sind, geben höhere Töne. Wegen der geringeren Elastizität verklingen aber die Töne, und zwar namentlich die höheren, bei Darmsaiten schneller als bei Stahlsaiten. Je kleiner der Querschnitt ist, um so geringer ist die Steifigkeit und um so höhere Partialtöne kann die Saite geben. Infolgedessen sind bei sehr dünnen Metallsaiten die hohen Obertöne sehr stark und machen dadurch den Klang „klimpernd". Durch Umspinnen der Saiten wird der Klang im allgemeinen weicher.

Betreffs der Longitudinal- und Torsionsschwingungen von Saiten sei auf den Artikel „Stabschwingungen" verwiesen.

Helmholtz hat die Transversalschwingungen von Saiten mit Hilfe der Lissajous-Figuren (s. d.) untersucht. An einer Stelle einer vertikalstehenden Saite wird ein Stärkemehlkörnchen befestigt, welches Licht reflektiert. Während die Saite schwingt, sieht man dann in einem Mikroskop das Lichtpünktchen in eine helle, horizontale Linie auseinandergezogen. Ist nun das Objektiv des Mikroskops an einer Zinke einer Stimmgabel befestigt (Vibrationsmikroskop), deren Schwingungen in vertikaler Ebene erfolgen, so sieht man das Lichtpünktchen eine entsprechende Lissajous-Figur beschreiben.

Eine sehr hübsche Methode zur Demonstration der Saitenschwingungen hat der Japaner Mikola angegeben. Ein kurzes Stück der schwingenden Saite wird mit sehr hellem Licht auf einen um seine Längsachse drehbaren Zylinder projiziert. Derselbe ist mit schwarzem Tuch oder Papier beklebt, auf welches in gewissen Abständen schmale, weiße Papierstreifen parallel der Längsachse aufgeklebt sind. Solange die Saite und der Zylinder in Ruhe sind, erscheint das projizierte Stück als horizontales dunkles Schattenbild auf hellem Grunde. Wird der Zylinder in Rotation versetzt und die Saite erregt, so sieht man infolge der intermittierenden Beleuchtung, welche durch die auf dunklem Grunde befindlichen weißen Längsstreifen hervorgerufen wird, die Schwingung der Saite in allen Einzelheiten auf dem Zylinder abgebildet. Damit das Bild steht, muß der Abstand der weißen Streifen bzw. die Rotationsgeschwindigkeit des Zylinders in einer bestimmten Beziehung zu der Schnelligkeit der Saitenschwingungen stehen. *E. Waetzmann.*

Näheres s. F. Melde, Akustik. Leipzig 1883.

Saitenunterbrecher. Dieser Unterbrecher dient, wie der Stimmgabelunterbrecher u. a. (vgl. z. B. auch Rotierender Unterbrecher) zur Hervorbringung regelmäßiger Stromstöße. Er besteht aus einer gespannten Stahlsaite oder einer Kupfersaite mit einem in der Mitte befindlichen Eisenstück, die durch Längen- und Spannungsänderung auf verschiedene Schwingungsdauern gebracht werden kann. Die Saite wird von einem Elektromagnet erregt und mit Gleichspannung gespeist; sie ist mit Selbstunterbrechung versehen, so daß sie wie der Hammer einer elektrischen Glocke ihre eigenen Schwingungen unterhält. Die Kontakte bestehen meist aus Quecksilber, in das Platinspitzen eintauchen. Der unterbrochene Gleichstrom wird direkt oder nach Umformung durch einen Transformator benutzt. Störend ist die Funkenbildung an den Kontaktstellen, die das Quecksilber verschmutzt. Verbessert wird dieser Mißstand durch etwas Alkohol, der auf das Quecksilber gegossen wird. 						*W. Jaeger.*

Näheres s. **Jaeger**, Elektr. Meßtechnik. Leipzig 1917.

Salze s. Basen, Neutralisation.

Sattdampfmaschine. Sattdampfmaschine nennt man eine mit trocken gesättigtem Dampf betriebene maschine im Gegensatz zur Heißdampfmaschine, die mit überhitztem Dampf betrieben wird. Die Temperatur des Heißdampfes vor der Maschine beträgt in der Regel 280 bis 350⁰ C. Die Dampfersparnis bei Heißdampfbetrieb gegenüber Sattdampfbetrieb beträgt bei der Einzylinder-Auspuffmaschine pro 100⁰ C Überhitzung 25 bis 30%, bei der Verbundmaschine mit Kondensation etwa 15%. Der Vorteil des Heißdampfes beruht auf seiner schlechteren Wärmeleitfähigkeit und seiner geringeren Empfindlichkeit gegen Drosselung. Da der Eintrittswärmeverlust sehr gering ist, kommt auch der Dampfmantel (s. dort) bei Heißdampfmaschinen nicht zur Anwendung. 					*L. Schneider.*

Saturn s. Planeten.

Satz-Objektive. Die Anastigmate, deren Einzelteile (z. B. als Landschaftslinsen) für sich allein benutzbar sind, nennt man Satz-Objektive. Häufig bestehen sie aus zwei gleichen oder wenigstens geometrisch ähnlichen, von der Blende getrennten Linsengruppen. Die streng symmetrischen Objektive stellen Aufnahmelinsen zweier verschiedener Brennweiten zur Verfügung, einer größeren der Einzellinse und einer kleineren des Doppel-Objektivs. Die hemisymmetrischen Satz-Objektive liefern drei verschiedene Brennweiten, von denen die kleinste die des Doppel-Objektivs ist. Oft werden auch eine größere Anzahl, etwa 3 oder vier Einzellinsen, zu Objektivsätzen zusammengestellt. Zwei solcher Einzellinsen ergeben ein Doppel-Objektiv. Wir nennen hier den Protarsatz C der Firma Carl Zeiß, der aus 3 Protarlinsen, deren Querschnitt nebenstehend gezeigt ist, besteht.

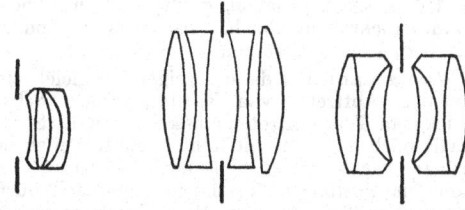

Fig. 1. Querschnitt der Protarlinse 1 : 12,5.	Fig. 2. Querschnitt des Dogmars 1 : 4,5.	Fig. 3. Querschnitt des Doppel-Amatars.

Die drei Einzellinsen haben die Brennweiten 22, 29, 35 cm. Sie werden benutzt mit Vorderblende und besitzen infolgedessen eine merkliche Verzeichnung. Die größte relative Öffnung, bei der diese Anastigmate ein ziemlich großes Bildfeld auszeichnen, ist 1 : 12,5. Kombiniert man den Einzel-Anastigmaten der Brennweite 29 cm mit der Brennweite 35 cm bzw. 22 cm, so steigt die relative Öffnung des Doppel-Objektivs auf 1 : 7

und die Brennweite der Kombination beträgt 18,5 bzw. 14,5 cm. Ein Doppel-Protar, gebildet aus den Protarlinsen 35 und 22 cm, besitzt eine Brennweite von 15 cm und eine relative Öffnung von 1 : 7,7. Neben diesem hemisymmetrischen Doppel-Protar werden aus 2 Protarlinsen gleicher Brennweite auch symmetrische Doppelprotare gebildet, deren relative Öffnung 1 : 6,3 beträgt, also doppelt so groß wie die der Einzellinse ist. Ein unsymmetrisches Objektiv, das verschiedene Brennweiten sur Verfügung stellt und daher hier mit erwähnt sei, ist das nebenstehend abgebildete Dogmar der Firma C. P. Goerz, das mit einer relativen Öffnung bis 1 : 4,5 ausgeführt wird.

Die beiden Einzellinsen, die nur bei Abblendung brauchbar sind, besitzen bei einer Brennweite des Doppel-Objektivs von 10 cm Brennweiten von 19,2 und 15,8 cm. Ferner nennen wir hier noch die symmetrischen Doppel-Anastigmate Dagor von C. P. Goerz und Doppel-Amatar von Carl Zeiß, schließlich noch den Aristostigmaten und den Doppel-Plasmaten von H. Meyer & Co. 			*W. Merté.*

Saugdüse oder Venturirohr ist ein viel verwendetes Instrument, welches die Strömungsgeschwindigkeit von Wasser und Luft mißt. (S. Figur.) Es wird dabei der Unterdruck, welcher an der engsten Stelle des sich stark verengenden Rohres, infolge der großen Geschwindigkeitserhöhung, entsteht, gegenüber dem Druck an der unverengten vorderen Öffnung gemessen. Die Druckdifferenz ist mit den Bezeichnungen der Figur:

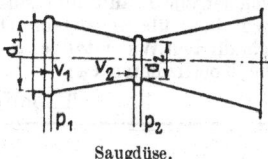

Saugdüse.

$$p_1 - p_2 = \frac{\varrho}{2}\left(\frac{d_1^4}{d_2^4} - 1\right) v_1^2 \qquad (\varrho \text{ Luftdichte})$$

Die Anzeige des Instrumentes ist also dem sog. Staudruck $\frac{\varrho}{2} v_1^2$ proportional; der Proportionalitätsfaktor ist in der Regel 12—16. Die Empfindlichkeit kann noch erhöht werden, wenn man in die engste Stelle des Rohres die Austrittsmündung eines kleineren, ebenso gestalteten Rohres einfügt und an dessen engster Stelle mißt. 		*L. Hopf.*

Saugzug. Als Ersatz des natürlichen Schornsteinzuges wird in das Rauchabzugrohr der Kesselanlage mittels eines Ventilators und einer Düse Luft eingeblasen, welche durch Saugwirkung unter dem Rost Unterdruck erzeugt. Die Saugwirkung läßt sich durch Veränderung der Düsen oder der Umlaufzahl des Ventilators regeln. Der Kohlenbedarf der Saugzuganlage beträgt etwa 1% des Kohlenverbrauches der zugehörigen Kesselanlage. 					*L. Schneider.*

Savartsches Rad s. Sirene.

Schachtelelektrometer. Quadranten- oder Binanten-Elektrometer (s. d.), bei denen die Platten als Gehäuse ausgebildet sind, innerhalb deren die Nadel schwingt. 				*W. Jaeger.*

Schädliche Oberfläche. Die Oberfläche des schädlichen Raumes eines Dampfzylinders, nämlich die Oberfläche des Dampfein- und Ausströmraumes, des Zylinderdeckels und einer Kolbenstirnfläche heißt man schädliche Oberfläche, weil an ihr vorzugsweise die Eintrittskondensation des Arbeitsdampfes stattfindet, die den Wärmeverbrauch der Maschine erhöht. Der Konstrukteur ist bestrebt, diese Flächen so klein als möglich zu machen. *L. Schneider.*

Schädliches Volumen s. Raummessungen.

Schädlicher Widerstand heißt in der Flugtechnik jeder Widerstand, der von nichttragenden Flugzeugteilen herrührt. Dieser Widerstand W ist dem Quadrate der Fluggeschwindigkeit v, der Luftdichte ϱ und der dem Wind gebotenen Stirnfläche f proportional, so daß $W = c_w \cdot \frac{\varrho}{2} v^2 \cdot f$. Der Proportionalitätsfaktor hängt sehr empfindlich von der Formgebung des Körpers ab. Insbesondere müssen scharfe Ecken und starke Krümmungen, an welchen sich Wirbel ablösen können, vermieden werden. Die Ausgestaltung des hinteren Teiles eines Körpers ist dafür in der Regel wichtiger als die der Anströmseite. Ein zugespitzter ballonförmiger Körper hat nur etwa den achten Teil des Widerstandes einer Kugel. Der Anteil der Drähte an dem Gesamtwiderstand eines Flugzeuges ist besonders groß. Man hat, um den schädlichen Widerstand eines Flugzeugs herabzumindern, die gewöhnlichen Träger und Kabel durch Profildrähte ersetzt oder ist zur sog. verspannungslosen Bauart des Flugzeuges, bei welcher alle Drähte und sonstigen Verbindungsteile wegfallen, übergegangen. Die Größenordnung des schädlichen Widerstandes zeigt folgende Tabelle für die Koeffizienten c_w:

Tabelle.

	c_w
Flugzeugstreben schlank	0,12
„ dick	0,30
Drähte	1,0—1,3
Kühler	0,7
Glatter Rumpf	0,2
Schwimmer	0,25
Räder (verkleidet)	0,45
Motor unverkleidet	1,0
Windschutzscheibe	0,3

L. Hopf.

Schall. Das Wort „Schall" wird in der Akustik in doppeltem Sinne gebraucht. Erstens und vor allem bedeutet es eine Empfindung, und zwar definiert Helmholtz die Schallempfindung als die dem Ohre eigentümliche Reaktionsweise gegen äußere Reizmittel. Zweitens wird es aber auch für dieses äußere Reizmittel gebraucht. Im letzteren Sinne ist der Schall also etwas Objektives, nämlich der physikalische Bewegungsvorgang, welcher der betreffenden Empfindung zugrunde liegt.

Diese Doppeldeutigkeit des Begriffes, die auch bei den Bezeichnungen für die verschiedenen Arten des Schalles (Klang, Geräusch usw.) wiederkehrt, führt zuweilen zu Konfusionen. Auf der anderen Seite ist aber die Bezeichnung schon der zugrunde liegenden physikalischen Vorgänge als Klang, Geräusch usw. so bequem, daß die Akustik kaum darauf verzichten wird, die Ausdrücke, welche zunächst Empfindungen bedeuten, auch für die äußeren Reizmittel zu benutzen. Solange das mit der nötigen Kritik geschieht, ist auch nichts dagegen einzuwenden.

Man pflegt drei Hauptarten von Schall zu unterscheiden, Knall (s. d.), Geräusch (s. d.) und musikalische Klänge (s. Klang). Ein Klang läßt sich noch in einfachere Bestandteile zerlegen, in

Töne, die oft noch mit Beiwörtern wie „einfach" oder „rein" versehen werden (s. Ton). S. auch Akustik.   *E. Waetzmann.*

Näheres s. H. v. Helmholtz, Die Lehre von den Tonempfindungen. Braunschweig 1912.

Schallbildertheorie nennt Ewald die von ihm aufgestellte Hörtheorie (s. d.), welche in ausdrücklichem Gegensatz zur Helmholtzschen Resonanztheorie des Hörens (s. d.) entstanden ist. Sie geht von der Annahme aus, daß sich beim Auftreffen eines Tones nicht quer, sondern längs der Basilarmembran (s. Ohr) stehende Wellen ausbilden. Die so entstehenden Schwingungsformen bezeichnet Ewald als Schallbilder, die nun als Ganzes durch Vermittlung der Fasern des Hörnerven im Zentralorgan die Tonperzeption auslösen sollen. Jedem Ton entspricht ein für ihn charakteristisches Schallbild, indem mit zunehmender Tonhöhe die Wellenlänge des Schallbildes kleiner wird. Ein Klang ergibt eine Superposition der den Partialtönen entsprechenden Schallbilder, jedoch so, daß die Einzelbilder kenntlich bleiben. Ist das nicht mehr der Fall, so entsteht eine Geräuschempfindung.

Zur Begründung und Prüfung seiner Theorie hat Ewald Versuche mit dünnen, langgestreckten, passend gespannten Kautschukmembranen von sehr zarter Konsistenz und ähnlicher Dimensionierung, wie sie die Membranen des Innenohres besitzen, angestellt und hat zahlreiche „Schallbilder" (Klangfiguren), wie sie oben beschrieben worden sind, photographiert. Ob diese Versuche aber wirklich als „experimentelle Bestätigung" der Schallbildertheorie anzusehen sind, bleibt zweifelhaft.

Vom rein physikalischen Standpunkte aus muß betont werden, daß die Vorstellung, die die Schallbildertheorie von dem gleichzeitigen Hören verschiedener Töne geben will, nicht annähernd so elegant und befriedigend ist wie die entsprechende Vorstellung der Resonanztheorie.   *E. Waetzmann.*

Näheres s. Ewald, PflügersArchiv f. d. ges. Physiol. **131**, 1910.

Schalldruck. Nach Rayleigh übt eine stehende Schallwelle auf eine vollkommen reflektierende Wand einen Druck aus, der gleich $\frac{1}{4} J (\varkappa + 1)$ ist, worin $\varkappa$ das Verhältnis der spezifischen Wärmen und J die mittlere Energiedichte der stehenden Welle ist. Der zeitliche Mittelwert des Druckes ist hiernach also nicht gleich Null, sondern besitzt einen endlichen Wert. Dieses Resultat ergibt sich, wenn in den Ausgangsgleichungen die Glieder höheren Grades nicht, wie üblich, vernachlässigt, sondern mit berücksichtigt werden.

Waetzmann hat dann gezeigt, daß gleichzeitig mit dem Auftreten von Rayleighschem Schalldruck neue Töne auftreten müssen, die in der Schallquelle noch nicht enthalten sind. Es treten zu den primär gegebenen Tönen noch Obertöne und Kombinationstöne (s. d.) hinzu. Hiernach dürfte es zweckmäßig sein, den Schalldruck anders zu definieren, als es bisher üblich ist, nämlich als den mittleren Druck über Zeiten, die klein sind gegen die Beobachtungszeit. Der Rayleighsche Schalldruck wäre dann nur ein Teil des gesamten Schalldruckes.

S. auch Schallintensität.   *E. Waetzmann.*

Näheres s. E. Waetzmann, Physik. Zeitschr. **21**, 1920.

Schallempfindliche Flamme. Im Jahre 1857 wurde von Lecomte beobachtet, daß eine passend einregulierte Gasflamme zusammenzuckt, wenn in der Nähe hohe Töne angegeben werden. Solche

Flamme wird auch kurzweg empfindliche Flamme oder sensitive Flamme genannt.

Brennt die Gasflamme zunächst ruhig, und verstärkt man nun allmählich den Druck, so tritt schließlich ein Moment ein, in welchem die Flamme anfängt zu flackern oder zu brausen und zu rauschen. Dieses Flackern und Brausen der Flamme rührt von den Schwingungen her, in welche das Gas an der Brenneröffnung gerät, wenn der Druck genügend stark ist (s. Spalttöne). Bei einem Druck, welcher ein wenig niedriger ist als derjenige, bei welchem die Erscheinungen des Brausens und der Gestaltsänderung auch ohne äußere Einwirkungen beginnen, ist die Flamme „empfindlich". In diesem Zustande reagiert sie sehr erheblich auf äußere Klänge, vorausgesetzt, daß in diesen Klängen solche Töne enthalten sind, welche die Flamme selbst, wenn sie rauscht, hervorbringt. Das sind im allgemeinen sehr hohe Töne. Tyndall gibt an, daß eine Flamme von etwa 40 cm Höhe, bei welcher das Gas unter einem Druck von etwa 25 cm Wasser aus einer feinen Öffnung ausströmt, auf hohe Töne äußerst empfindlich ist. Man kann praktisch die Flamme auch dadurch in ihrer Reaktionsfähigkeit steigern, daß man mit einer Dreikantfeile in den Rand der Ausflußöffnung zwei einander gegenüberstehende Kerben einfeilt.

Rayleigh hat bei stehenden Schallwellen gezeigt, daß die Flamme am stärksten reagiert, wenn sie sich in einem Bauch der Bewegung befindet, während das Ohr u. dgl. am stärksten reagieren, wenn sie sich in einem Schwingungsknoten befinden. Hiernach ist ein Hin- und Herbiegen der Flamme bei der Einwirkung äußerer Töne zu erwarten, was auch beobachtet worden ist. Allerdings sind auch hier, ebenso wie bei der singenden Flamme, noch nicht alle Erscheinungen geklärt, obwohl sich eine ganze Anzahl der hervorragendsten Physiker mit diesem Phänomen beschäftigt haben.

Tyndall zeigte, daß man die gleichen Erscheinungen wie an empfindlichen Flammen auch an nicht entzündeten Gasen erhalten kann. Macht man diese Gasströme mittels beigemischten Rauches sichtbar, so ergeben sich die verschiedenartigsten, sehr hübsch aussehenden Konfigurationen (Empfindliche Gasstrahlen).

Eine empfindliche Flamme erhält man nach Govi auch dadurch, daß man einige Zentimeter über die enge Öffnung eines Brenners ein Stück Metallgaze horizontal anbringt und das Gas über der Gaze entzündet. Bei passender Einregulierung namentlich des Gasdruckes reagiert auch diese Anordnung auf hohe Töne sehr gut.

Die empfindliche Flamme wird vielfach als Hilfsmittel für die Untersuchung der Zusammensetzung von Vokalen usw. benutzt, namentlich für Demonstrationszwecke. *E. Waetzmann.*

Näheres s. jedes größere Lehrbuch der Akustik.

Schallempfindliche Flüssigkeitsstrahlen. Läßt man aus einem Hahn Wasser in einem dünnen Strahl unter passendem Druck auslaufen, so ist der obere Teil des Strahles klar und ruhig, während weiter unten Schwellungen und Einschnürungen vorhanden sind. Bei genauerer Untersuchung (z. B. mit Hilfe der stroboskopischen Scheibe) zeigt sich, daß der Strahl hier aus einzelnen Tropfen zusammengesetzt ist, welche an den Stellen der Schwellungen abgeplattet und an den Stellen der Einschnürungen in die Länge gezogen sind. Setzt man eine schwingende Stimmgabel auf die Wandung

des Gefäßes bzw. Rohres, aus welchem die Flüssigkeit ausströmt, auf, so wird der klare Teil des Strahles verkürzt, d. h. die Aufteilung in Tropfen beginnt schon weiter oben.

Der Flüssigkeitsstrahl reagiert aber in gleicher Weise auch dann noch, wenn ein Ton in der Nähe erzeugt wird, so daß die Schallwellen durch die Luft hindurch auf den Strahl wirken. Wie Savart bemerkte, wird hierbei auch die Regelmäßigkeit der Tropfenbildung wesentlich erhöht. Belas fand, daß die Abstände der Tropfen, in die sich der Strahl auflöst, umgekehrt proportional den Schwingungszahlen der einwirkenden Töne sind. Ferner konnte er im Anschluß hieran konstatieren, daß, wenn gleichzeitig zwei Töne auf den Strahl einwirken, sich eine Tropfenanordnung ausbildet, in welcher der Differenzton (s. Kombinationstöne) zu erkennen ist.

Die Geschwindigkeit der ausströmenden Flüssigkeit wird an der Ausflußöffnung durch die Luftschwingungen abwechselnd vergrößert und verkleinert. Im übrigen ist die ganze Erscheinung in vielen Beziehungen genau analog den Erscheinungen an empfindlichen Gasstrahlen (s. schallempfindliche Flammen). S. auch Spalttöne.

E. Waetzmann.

Näheres s. J. Tyndall, Der Schall. Deutsch von A. v. Helmholtz und Cl. Wiedemann. Braunschweig 1897.

Schallempfindliche Gasstrahlen s. Schallempfindliche Flüssigkeitsstrahlen.

Schallfreie Zone s. Brechung des Schalles.

Schallgeschwindigkeit. Je nachdem sich der Schall in ausgedehnten festen, flüssigen oder gasförmigen Medien ausbreitet, ist seine Fortpflanzungsgeschwindigkeit

$$v = \sqrt{\frac{1-\mu}{1-\mu-2\mu^2}} \ \sqrt{\frac{E}{\varrho}}, \text{ oder}$$

$$= \sqrt{\frac{1}{K\varrho}}, \text{ oder}$$

$$= \sqrt{\varkappa \frac{p}{\varrho}}.$$

Hierin bedeuten μ die Elastizitätszahl, E den Elastizitätsmodul, ϱ die Dichte, K die Kompressibilität, $\varkappa$ das Verhältnis der spezifischen Wärmen bei konstantem Druck und konstantem Volumen und p den zu ϱ gehörenden Gasdruck.

Die Schallgeschwindigkeit in Gasen ist von Newton (1686) unter der Voraussetzung, daß es sich bei der Fortleitung der Schallwellen um einen isothermen Vorgang handelt, zu $\sqrt{\frac{p}{\varrho}}$ (280m/sec) berechnet worden, und erst Laplace kam darauf (1816), daß der Vorgang ein adiabatischer ist und daß demgemäß das von Newton errechnete Resultat mit $\sqrt{\varkappa}$ zu multiplizieren ist (331,8 m/sec bei 0⁰). Auch in Flüssigkeiten ist die adiabatische Kompressibilität einzusetzen, während die experimentellen Bestimmungen der Kompressibilität sich fast stets auf die isotherme Kompressibilität beziehen. Für Wasser ist der Unterschied freilich verschwindend klein, für andere Flüssigkeiten aber durchaus nicht. Da für ideale Gase bei konstanter Temperatur die Dichte dem Druck proportional ist, so ist die Schallgeschwindigkeit bei gleichbleibender Temperatur vom Druck unabhängig, während sich für die realen Gase und Dämpfe eine ziemlich komplizierte Abhängigkeit ergibt.

Die ältesten Methoden zur Bestimmung der Schallgeschwindigkeit in freier Luft beruhen darauf, daß an einer Stelle gleichzeitig ein Schall und ein Lichtblitz erzeugt werden und daß nun an einem anderen Orte von bekannter Entfernung die Zeitdifferenz zwischen der Ankunft des Lichtsignales und des Schalles gemessen wird (Signalmethode). Mersenne (1640) fand auf diese Weise 448 m/sec, Viviani (1656) 361 m/sec, Boyle (1700) 351 m/sec. Derham (1708) wies auf den Einfluß des Windes hin. Von dem Pariser Bureau des longitudes im Jahre 1822 angestellte Messungen, an denen auch Humboldt teilnahm, ergaben **330,8 m/sec** bei 0⁰ und 760 mm Druck. Sehr nahe liegende Werte sind auch in neuerer Zeit gefunden worden.

Sehr ausgedehnte Messungen nach einer anderen Methode wurden in den siebenziger Jahren des 19. Jahrhunderts von Regnault in Gas- und Wasserleitungsröhren in Paris angestellt. Interessant ist hierbei das Resultat, daß die Schallgeschwindigkeit erst in einiger Entfernung von der Schallquelle (Pistole) ihren normalen Wert annahm und in der Nähe etwas größer war. Zu dieser Frage sind auch später noch zahlreiche Versuche angestellt worden. Es ist auch theoretisch zu erwarten, daß sich Schallwellen, bei welchen die Dichteänderung nicht verschwindend klein gegen die normale Dichte ist, schneller als mit normaler Schallgeschwindigkeit ausbreiten. Bei einer sehr heftigen Explosion beträgt die Geschwindigkeit der Druckfortpflanzung in unmittelbarer Nähe des Explosionsherdes bis 1000 m/sec und mehr. Mit zunehmender Entfernung vom Explosionsherde nimmt sie zunächst sehr schnell und dann langsamer ab und ist bei nicht zu starken Explosionen in wenigen hundert Metern Entfernung auf den normalen Wert herabgesunken.

Eine andere von Bosscha angegebene Methode zur Bestimmung der Schallgeschwindigkeit (Koinzidenzmethode) beruht darauf, daß sich der Beobachter mit dem einen von zwei auf Einklang gestimmten Schlagwerken von dem anderen, feststehenden entfernt, bis die Schläge wieder koinzidieren. Mit dieser Methode ist die Geschwindigkeit (bei 0⁰ und trockener Luft) zu 331,6 m/sec bestimmt worden.

Andere Methoden beruhen auf der Messung der Wellenlängen. Die bekannteste ist die der Kundtschen Staubfiguren (s. d.). Die hierbei in Röhren gemessenen Geschwindigkeiten lassen sich auf freie Luft umrechnen. Neuere Versuche von J. Müller ergaben auf diesem Wege im Mittel 331,9 m/sec. Auch Interferenzmethoden (s. Interferenz des Schalles) lassen sich anwenden.

Die Schallgeschwindigkeit in Röhren gegenüber derjenigen in freier Luft wird infolge von Reibung und Wärmeaustausch um eine gewisse Korrektionsgröße, welche von der Schwingungsanzahl, vom Rohrdurchmesser und vom Rohrmaterial abhängt, verkleinert.

Für genaue Messungen der Schallgeschwindigkeit ist eine große Zahl von Korrektionsgrößen (Temperatur, Druck, Feuchtigkeit usw.) zu messen und zu berücksichtigen.

In Flüssigkeiten ist die Schallgeschwindigkeit bedeutend größer als in Gasen, nur Wasserstoff steht mit 1263 m/sec den Werten in Flüssigkeiten nahe. Die Geschwindigkeit in Wasser wurde gefunden von Colladon und Sturm im Genfer See bei 8,1⁰ zu 1435 m/sec, von Wertheim in der Seine bei 15⁰ zu 1437 m/sec, von Martini in reinem Wasser bei 3,9⁰ zu 1399 m/sec und von Dörsing in destilliertem, luftfreien Wasser bei 13⁰ zu 1441 m/sec. Neuerdings sind im Auftrage der französischen Marinebehörde von Martini in der Reede von Cherbourg Messungen angestellt worden, welche bei einer Temperatur von 14,5⁰ und einer Dichte des Wassers von 1,0245 eine Geschwindigkeit von 1503,5 m/sec ergaben; angeblich soll dieser Wert auf $^1/_{30}$ Prozent genau sein.

In Metallen, Glas und Holz ist die Schallgeschwindigkeit wegen der großen Elastizität dieser Stoffe sehr groß.   *E. Waetzmann.*

Näheres s. jedes größere Lehrbuch der Akustik.

Schallintensität. Es ist zu unterscheiden zwischen der objektiv im Außenraum vorhandenen Intensität (Energie) und der Intensität der Empfindung (Hörstärke). Die Empfindungsstärke wächst proportional dem Logarithmus der Reizstärke (Spezialfall des psycho-physischen Grundgesetzes von Weber-Fechner). Wird also die Reizstärke in ungeheuer weiten Grenzen variiert, etwa im Verhältnis 1 : 1 Milliarde, so steigt die Empfindungsstärke noch nicht auf das Zehnfache des Anfangswertes an. Das Ohr besitzt eine gut entwickelte Fähigkeit, die relativen Empfindungsstärken zu schätzen, also gehörte Schalle nach gewissen Stärkeklassen (etwa 1, 2, ... 10) einzuteilen. Über die Reizschwelle der Gehörsempfindung s. Grenze der Hörbarkeit.

Die objektive Schallintensität oder Schallstärke J wird definiert als die mittlere Gesamtenergie (potentielle und kinetische) pro Kubikzentimeter, also $J = [\mathrm{Erg}\ \mathrm{cm}^{-3}] = [\mathrm{m}\,\mathrm{l}^{-1}\,\mathrm{t}^{-2}]$. Für fortschreitende Wellen ist die in einer Sekunde durch einen zur Bewegungsrichtung senkrechten Quadratzentimeter im Mittel hindurchgehende Energie gleich J mal der Schallgeschwindigkeit, also $= [\mathrm{m}\,\mathrm{t}^{-3}]$.

Absolute Messungen der Schallintensität lassen sich nach folgenden Methoden ausführen:

a) Es werden die maximalen Dichteänderungen im Knoten einer stehenden Schallwelle bestimmt. Toepler und Boltzmann haben das in der Weise ausgeführt, daß sie zwei Lichtbündel, von denen das eine durch ruhende, das andere durch die tönende Luft (Pfeife) ging, interferieren ließen und aus der gemessenen Verschiebung der Interferenzstreifen die Änderungen des Brechungsquotienten, der mit der Dichte in einfacher Beziehung steht, bestimmten. Raps und Michelson haben diese Methode ausgebaut.

b) Es werden die maximalen Druckänderungen gemessen. Kundt bestimmte sie in Pfeifen mittels des Ventilmanometers (s. d., mit Vorsicht zu gebrauchen!). An beliebigen Stellen des Raumes können sie mit dem M. Wienschen Vibrationsmanometer (s. d.) gemessen werden.

c) Es werden die maximalen adiabatischen (s. Schallgeschwindigkeit) Temperaturänderungen bestimmt. Neuscheler hat diese Messungen im Knoten einer tönenden Pfeife ausgeführt, indem die Änderungen des elektrischen Widerstandes eines an diese Stelle gebrachten Drahtes gemessen wurden.

d) Wie Rayleigh gezeigt hat, sucht sich eine innerhalb von Schallwellen befindliche Scheibe senkrecht zur Bewegungsrichtung zu stellen (Rayleighsche Scheibe, s. d.). Zur Bestimmung der Schallintensität auf diesem Wege wird vor allem das auf die Scheibe wirkende Drehmoment und zwar mittels des Torsionsmomentes der Aufhängung gemessen.

e) Eine stehende Schallwelle übt nach Rayleigh auf eine vollkommen reflektierende Wand einen mittleren Druck (Schalldruck, s. d.) $p = (\varkappa + 1)\dfrac{J}{2}$ aus, wo J die räumliche Energiedichte (Intensität) der einfallenden Schallwelle und $\varkappa$ das Verhältnis der spezifischen Wärmen bei konstantem Druck und bei konstantem Volumen ist. p wird mit Hilfe einer empfindlichen Wage gemessen (Altberg und Zernov). Nach dieser Methode fand Altberg z. B. für einen longitudinal tönenden Glasstab, der eine enorme Hörstärke lieferte, eine Energie von 4100 Erg pro Quadratzentimeter und Sekunde.

Die Methoden d und e sind unabhängig von der Form der Schallwellen, während die Methoden a, b und c zunächst nur auf Sinusschwingungen anwendbar sind. *E. Waetzmann.*

Näheres s. F. A. Schulze, Akustik, 3. Buch des 1. Teiles von Bd. I von R. H. Weber und R. Gans, Repertorium der Physik. Leipzig 1915.

Schallleitungsvermögen. Es liegen hierüber eine Fülle von Einzelbeobachtungen vor, die aber in quantitativer Beziehung noch sehr unsicher sind und vielfach auch ohne genügend präzise Fragestellung und Umgrenzung der Versuchsbedingungen angestellt worden sind. Freilich ist es sehr schwierig, hierin einigermaßen exakte Beobachtungen zu machen. Einzelheiten müssen in Originalarbeiten nachgelesen werden. Erwähnt sei eine interessante Versuchsreihe von Warburg, der die Fortleitung verschieden hoher Töne durch Stäbe und Drähte aus verschiedenem Material prüfte. Er fand, daß dünner Bleidraht, schwach gespannter Kautschuk u. dgl. die tiefen Töne vor den hohen stark bevorzugten, daß aber im übrigen die meisten Stoffe verschieden hohe Töne etwa gleich stark dämpften.

S. Absorption des Schalles, akustische Durchlässigkeit der Atmosphäre, Schallgeschwindigkeit und Schalltrichter. *E. Waetzmann.*

Näheres s. F. Auerbach, Akustik, in Winkelmanns Handbuch der Physik, Bd. II. Leipzig 1909.

Schallokalisation s. Schallrichtung.

Schallradiometer s. Akustische Abstoßung und Anziehung.

Schallreaktionsrad s. Akustische Abstoßung und Anziehung.

Schallregistrierung. Wesen und Zweck der Registrierung von Schallschwingungen bestehen darin, auf irgend eine Weise ein Bild der Schallschwingungen (Elongationen usw. in Abhängigkeit von der Zeit) festzulegen, an ihm die Schallschwingungen in allen Einzelheiten messend verfolgen zu können. Bei der Mannigfaltigkeit der Methoden ist es schwer, ein einfaches Einteilungsprinzip festzulegen. Man kann etwa unterscheiden:

a) Graphische Methoden. An dem einen Ende einer Zinke einer Stimmgabel ist ein kleiner Stift senkrecht zu deren Längsrichtung und zu der Schwingungsrichtung befestigt. Während die Gabel schwingt, bewegt man sie in der Richtung ihrer Längsachse leicht über eine berußte Glasplatte hin, so daß die Spitze des Stiftes die Platte gerade berührt. Der Stift zeichnet dann auf der Platte die Schwingungsform der Gabel auf. Es sind verschiedene Apparate konstruiert worden, denen dieses Prinzip zugrunde liegt. Ruht die berußte Glasplatte ihrerseits auf einer Zinke einer zweiten (ruhenden) Stimmgabel, deren Längsrichtung derjenigen der bewegten Gabel parallel ist, so setzen sich die Schwingungen der ruhenden und der bewegten Gabel, wenn beide in Schwingungen ver-

setzt sind, zu einer Resultierenden zusammen (Vibrograph von R. König). König hat nach dieser Methode eine große Zahl sehr schöner Klangkurven aufgenommen.

Viel bequemer wird die Methode, wenn man die Schreibfläche zur Oberfläche eines Zylinders macht, welcher um seine Längsachse rotiert und gleichzeitig mit Hilfe eines passenden Schraubengewindes eine langsam fortschreitende Bewegung in Richtung der Achse ausführt (Zylindervibrograph). Der Schreibstift braucht auch nicht an einer Stimmgabel befestigt zu sein, sondern kann von einem beliebigen anderen schwingungsfähigen Körper, z. B. von einer Membran getragen werden (Phonautograph). Durch passende Hebelübertragung u. dgl. kann ihm dabei eine beliebige Schwingungsrichtung gegeben werden. Die Schreibfläche braucht auch nicht aus einem Rußüberzug zu bestehen, sondern kann irgendwie anders präpariert sein.

S. auch Phonograph.

b) Optische Methoden. Die Grundidee ist die, daß an dem Körper, dessen Schwingungen registriert werden sollen, ein kleiner Spiegel in der Weise befestigt wird, daß er durch die Schwingungsbewegung des Körpers in eine drehende Bewegung um eine seiner Achsen versetzt wird, am besten um die horizontale oder vertikale Achse. Beispielsweise sei der Spiegel auf die Endfläche einer Zinke einer Stimmgabel aufgeklebt, die in horizontaler Lage derartig befestigt ist, daß die Schwingungen nach oben und unten erfolgen. Ein schmales Lichtbündel wird von dem Spiegel auf einen Projektionsschirm geworfen und gibt dort einen hellen Fleck. Schwingt die Gabel, so führt der Spiegel eine drehende Bewegung um seine horizontale Achse aus und zieht somit den Lichtfleck in ein vertikales Lichtband auseinander. Jetzt sei in den Strahlengang noch ein zweiter Spiegel eingeschaltet, der um eine vertikale Achse drehbar ist. Wird derselbe gedreht, so werden die vorher übereinanderfallenden Lichtlinien, die den einzelnen Schwingungen der Gabel entsprechen, seitlich auseinandergezogen, und man sieht auf dem Projektionsschirm ein Bild der Schwingungsform der Stimmgabel. Wird nun der um die senkrechte Achse drehbare Spiegel wieder fortgelassen, und fällt das Lichtbündel statt auf den Projektionsschirm auf einen um eine senkrechte Achse rotierenden photographischen Film, so ist damit die Schwingungsform der Stimmgabel photographiert. Gleichzeitig wird dem Film eine Zeitmarkierung aufgedrückt.

Es sind zahlreiche, in Einzelheiten voneinander abweichende optische Registriergeräte konstruiert worden, welche als Hauptbestandteile eine mit einem kleinen Spiegel versehene Membran, eine Lichtquelle und einen rotierenden Film mit Zeitmarkierung enthalten. Soll jetzt die Schwingungsform irgend eines klingenden Körpers registriert werden, so wird derselbe vor die Membran gebracht, die Membran kommt zum Mitschwingen, und ihre Schwingungen werden in der skizzierten Weise aufgezeichnet. Diese Methode hat den grundsätzlichen Nachteil, daß die auffallenden Schallwellen durch die Eigentöne der Membran verzerrt werden. Legt man dieselben zu hoch, daß sie nicht mehr stören, so wird die Membran für die meisten Zwecke zu unempfindlich. So ist es ungeheuer schwierig, mit dieser Methode — wie mit jeder, die sich der Vermittlung einer Membran bedient — Klänge wirklich naturgetreu aufzuzeichnen.

Eine Abart der beschriebenen optischen Methode ist die, daß die Luftschwingungen z. B. von einem Mikrophon aufgenommen werden, welches seinerseits mit einem Saitengalvanometer, Oszillographen od. dgl. in Verbindung steht, deren Schwingungen nun optisch registriert werden.

c) Methoden, welche auch als optische Methoden bezeichnet werden könnten, aber von der unter b) beschriebenen doch prinzipiell verschieden sind. Hierher gehört namentlich die von Toepler und Boltzmann angegebene und von Raps durchkonstruierte Interferenzmethode. Zwei Lichtbündel, von denen das eine ruhende Luft und das andere die tönende Luft passiert hat, werden zur Interferenz gebracht, und die so entstehenden Interferenzbilder auf einem rotierenden Film photographiert. Ferner können z. B. die manometrischen Flammen (s. d.), das Flammenrohr (s. d.) usw. photographiert werden, so daß auf diese Weise Bilder von Schallschwingungen fixiert werden. Eine Kombination der manometrischen Flammen und der Rußschreibmethode stellt die sog. Methode der Rußbilder (Marbe und Deguisne) dar. Über einer manometrischen Flamme wird ein Papierstreifen, den die Flamme noch berührt, fortbewegt. Schwingt die Flamme, so zeichnet sie auf das Papier mehr oder weniger deformierte Rußringe, aus deren Abständen usw. auf die Zusammensetzung des erregenden Klanges geschlossen werden kann.

Endlich hat K. Gehlhoff ganz neuerdings eine Methode angegeben, bei welcher die Bewegungsform ultramikroskopisch kleiner Teilchen unter der Einwirkung von Schallwellen registriert wird.

Unter Schallregistrierung versteht man auch die Aufzeichnung der Ankunftszeiten von Schallwellen (z. B. mittels Mikrophon, Oszillograph und einer Zeitmarkierung) an bestimmten Orten.

E. Waetzmann.

Näheres s. jedes größere Lehrbuch der Akustik.

Schallrichtung. Seit langer Zeit war man sich darüber klar, daß die Richtung, aus welcher ein Schall kommt, mit einem Ohre nur in höchst unvollkommener Weise bzw. gar nicht festgestellt werden kann und daß zum Richtungshören beide Ohren zusammenwirken müssen (binaurales oder diotisches Hören im Gegensatz zum monotischen). Dagegen ist die weitere Frage, von welchen Faktoren beim binauralen Hören die Wahrnehmung der Schallrichtung abhängt, nicht leicht zu beantworten. Man kann hier die Intensitätstheorie, die Phasentheorie und die Zeitdifferenztheorie unterscheiden, wobei noch offen bleibt, ob und inwieweit alle drei Faktoren (Unterschiede der Stärke, der Phase und des Zeitpunktes der Erregung des einen und des anderen Ohres) zusammenwirken.

Nach der Intensitätstheorie soll die Seitenrichtung, in welcher der Schall gehört wird, von dem Intensitätsgefälle zwischen beiden Ohren abhängen, wobei das Zustandekommen der Intensitätsdifferenz in der Regel darauf zurückgeführt wird, daß das der Schallquelle abgewandte Ohr in dem Schallschatten (s. d.) des Kopfes des Beobachters liegt. Jedoch ist die reine Intensitätstheorie durch Versuche zweifelsfrei widerlegt worden. So kann der Schall unter geeigneten Versuchsbedingungen auf der Seite desjenigen Ohres gehört werden, in welchem er bedeutend schwächer ist (Myers und Wilson, von Hornbostel und Wertheimer).

Die reine Phasentheorie, welche hauptsächlich auf Rayleigh zurückzuführen ist, nimmt folgendes an: Unabhängig von der Frequenz soll jeder Ton auf der Seite des rechten Ohres zwischen 0^0 und 90^0 Seitlichkeit lokalisiert werden, wenn bei Voreilen der Phase in dem rechten Ohr der Phasenunterschied zwischen dem rechten und dem linken Ohre 0 bis $\frac{\pi}{2}$ beträgt; wächst er von $\frac{\pi}{2}$ bis π, so soll der Seitenwinkel wieder von 90^0 auf 0^0 fallen, wächst er von π bis $\frac{3\pi}{2}$, so wandert das Schallbild nach dem linken Ohr hinüber bis zu 90^0 Seitlichkeit, um bei weiterem Wachsen des Phasenunterschiedes von $\frac{3\pi}{2}$ bis 2π wieder in die Mitte zurückzuwandern. Unabhängig von der Frequenz soll also der Eindruck maximaler Seitlichkeit bei einer Phasendifferenz von $\frac{\pi}{2}$ entstehen. Jedoch zeigten Versuche von Bowlker, daß die eine Seitlichkeit von 90^0 erzeugenden Phasendifferenzen mit der Frequenz kontinuierlich zunehmen. Also wird auch die Phasentheorie in der angegebenen Form nicht allen Beobachtungen gerecht, obwohl der Grundgedanke der Phasentheorie richtig ist.

Durch systematische Versuche haben dann von Hornbostel und Wertheimer gezeigt, daß der Seitenwinkel, unter welchem ein Schall gehört wird, von dem Zeitunterschied der Erregung des einen und des anderen Ohres durch den gleichen Reiz abhängig ist. Der Seitenwinkel von 90^0 wird dann bei einem bestimmten Grenzwert des Zeitunterschiedes zwischen gleichen Phasen in dem einen und dem anderen Ohre erreicht, und damit muß der Phasenunterschied, der 90^0 Seitlichkeit ergibt, von der Frequenz abhängen. Somit ist die Zeitdifferenztheorie eine notwendige Ergänzung der Phasentheorie. von Hornbostel und Wertheimer abstrahierten die Zeitdifferenztheorie aus Versuchen mit kurzen Geräuschen, die als Momentanreize gelten können. Entsprechend hatte schon Mallock zur Erklärung der Lokalisation des Geschoßknalles (s. d.) auf die Zeitdifferenz zwischen dem Eintreffen des gleichen Reizes in dem einen und dem anderen Ohre des Beobachters hingewiesen.

Höhere Töne werden viel schlechter als tiefe lokalisiert und alle Töne schlechter als Geräusche und intermittierende Schalle jeder Art. Nach der Zeitdifferenztheorie ist das ohne weiteres verständlich.

Nach von Hornbostel und Wertheimer erscheint der Schall schon als eben seitlich, wenn der Zeitunterschied an beiden Ohren 30×10^{-6} sec beträgt (unter günstigen Bedingungen bei noch kleineren Werten), was einem Unterschied der Weglängen von der Schallquelle zu den beiden Ohren des Beobachters von etwa 1 cm in Luft entspricht.

Die Genauigkeit der akustischen Richtungswahrnehmung kann naturgemäß sehr erhöht werden, wenn man den Ohrabstand künstlich vergrößert. Zu diesem Zwecke benutzt man als Schallfänger zwei Trichter (s. Schalltrichter), die sich in größerer Entfernung voneinander befinden, als der Ohrabstand beträgt, und die durch gleich lange Rohre jeder mit einem Ohre des Beobachters verbunden sind. Derartige „Richtungshörer" sind namentlich während des Krieges von beiden Parteien viel benutzt worden. Sie können als Analoga zu den Prismen-Doppelgläsern in der Optik angesehen werden. *E. Waetzmann.*

Näheres s. von Hornbostel und Wertheimer, Berliner Akademie-Berichte 1920.

Schallschatten ist das akustische Analogon zum Lichtschatten. Gäbe es keine Beugung des Schalles (s. d.), so würde ein Beobachter von einer Schallquelle — bei Ausschluß direkter Leitung — nichts hören, wenn ein Hindernis (Wand, Haus usw.) zwischen beiden steht. Wegen der starken Beugung der langen Wellen erhält man aber bei tiefen Tönen überhaupt nur hinter sehr großen Hindernissen einen deutlichen Schallschatten. *E. Waetzmann.*

Näheres s. jedes größere Lehrbuch der Akustik.

Schallspektrum s. Beugung des Schalles.

Schalltrichter haben den Zweck, den Schall zu verstärken und ihn nach bestimmten Richtungen zu lenken, wobei es nicht ganz leicht zu übersehen ist, inwieweit die Verstärkung an einer bestimmten Stelle nur durch die Richtwirkung gegeben ist, und inwieweit noch andere Faktoren mitwirken. Man benutzt die Schalltrichter entweder als Geber (Grammophontrichter, Sprechtrichter, Sprachrohr) oder als Empfänger (Horchtrichter, Hörrohr). Die übliche Form der Schalltrichter ist die Kegelform. Für spezielle Zwecke werden noch verschiedene Modifikationen derselben angewandt. So gibt man dem Grammophontrichter oft einen nach der Öffnung hin allmählich zunehmenden Öffnungswinkel, damit nicht eine bestimmte Richtung allzu sehr bevorzugt wird. Ebenso besitzen Hörrohre zum bequemen Hineinsprechen eine blumenkelchartige Erweiterung der Öffnung. Einen extremen Fall (Öffnungswinkel 0°) stellt das zylinderförmige Schallrohr dar, welches beispielsweise verschiedene Räume eines Hauses miteinander verbindet und zum wechselseitigen Sprach- und Hörverkehr dient.

Die Wirkung des Sprachrohres (Megaphon) beruht einmal darauf, daß die gesamte erzeugte Schallenergie in einer bestimmten Richtung fortgeleitet wird. Zu diesem Zwecke ist das Ende des Trichters so geformt, daß der Mund des Sprechenden gut hineinpaßt. Ferner soll der Öffnungswinkel so gewählt sein, daß die Schallstrahlen untereinander möglichst parallel aus dem Trichter austreten. Beim Grammophontrichter darf naturgemäß dieser letzte Effekt nicht zu stark hervortreten, weshalb er große Öffnungswinkel oder auch blumenkelchartige Form erhält. Zweitens kann der Trichter Resonanzwirkungen geben, indem nicht nur die Luftmasse im Trichter, sondern auch die Wände zum Mittönen kommen. Der Einfluß der Wände macht sich namentlich in bezug auf die Klangfarbe stark bemerkbar. Blechtrichter machen infolge der hohen Eigentöne ihrer Wände den Klang heller und schärfer als Holztrichter. Es wirkt hierbei noch mit, daß die entsprechenden Eigenschwingungen von Wänden aus Holz, Papierstoffen u. dgl. stärker gedämpft sind als die von dünnen Metallwänden.

Die verstärkende Wirkung des Hörrohres beruht in erster Linie darauf, daß die von dem Öffnungsquerschnitt aufgenommene Schallenergie auf das Trommelfell konzentriert wird. Wird in die Aufnahmeöffnung des an das Ohr gehaltenen Rohres direkt hineingesprochen, so vereinigt es in sich bis zu einem gewissen Grade die schallverstärkende Wirkung von Sprech- und Hörtrichter.

Horchtrichter wirken im allgemeinen sehr gut für Schalle, die an sich schon laut sind, während sie an der Grenze der Hörbarkeit leicht versagen. Soll z. B. von Schiff zu Schiff eine Verständigung erzielt werden, so werden Wind und Nebengeräusche leicht so störend, daß an der Grenze der Hörbarkeit das bloße Ohr dem Horchtrichter überlegen ist.

Je nach der Art (Tonhöhe) des abzuhörenden Schalles müssen die Dimensionen des Horchtrichters gewählt werden. Während für Schalle mit hohen Teiltönen (Sprache) schon kleine Trichter genügen, müssen zur Verstärkung tiefer Töne die Trichter sehr groß gemacht werden. Trichter von 2—4 m Seitenlänge und einem Öffnungsdurchmesser von 1—2 m verstärken noch Töne von etwa 80 Schwingungen und darunter. Trichter von diesen Dimensionen können unter günstigen Bedingungen die Reichweite des bloßen Ohres außerordentlich vergrößern. Es kommen Vergrößerungen der Reichweite um das 5- bis 10fache vor. Auch als Geber wirken Trichter von diesen Dimensionen sehr günstig. So ist eine Sprechverständigung auf etwa 1000 m als eine sehr gute Leistung anzusehen.

Der Vergleich der Reichweite eines Horchtrichters und des bloßen Ohres gibt auch interessante Aufschlüsse über die Fortleitung des Schalles in der freien Atmosphäre. Befindet sich die Schallquelle nicht auf der Erdoberfläche, sondern in größerer Höhe (Flugzeug), so ist die Reichweite des Horchtrichters relativ viel geringer, woraus auf sehr starke Abnahme der Schallenergie mit der Entfernung zu schließen ist. *E. Waetzmann.*

Näheres s. E. Waetzmann, Zeitschr. für technische Physik 1921.

Schartenzielfernrohr s. Zielfernrohr.

Schatten, farbige s. Kontrast.

Schattenprobe (Skiaskopie.) Man verwendet sie als ein sehr brauchbares von den Angaben des Untersuchten unabhängiges Verfahren zur Brillenglasbestimmung. Ihre Grundlagen sollen hier nach dem Vorgange des Berliner Augenarztes H. Wolff mitgeteilt werden. — Es sei der Fall angenommen, daß man durch eine *mit* dem Uhrzeiger vor sich gehende Drehung eines ebenen, mit einem engen Loch L versehenen Spiegels die Netzhaut des untersuchten Auges derart beleuchte, daß ihre Erhellung in ihrem oberen Teile von unten nach oben wandere. Dann bildet das optische System

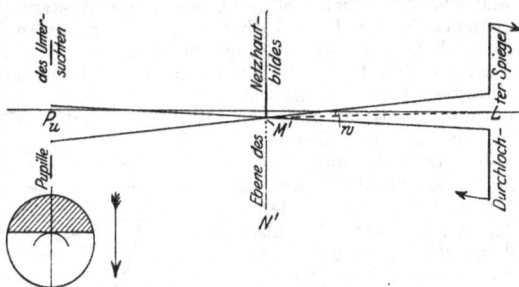

Fig. 1. Übersichtsbild für die gegenläufige Schattenwanderung bei stark kurzsichtigen Augen.

des untersuchten Auges den beleuchteten und zerstreut strahlenden Teil der Netzhaut bei N′ in den Luftraum ab, entweder (Fig. 1 u. 2) bei kurzsichtigen Augen reell und umgekehrt in positiver oder (Fig. 3) bei übersichtigen Augen virtuell und aufrecht in negativer Entfernung von der Pupille Pu des untersuchten Auges. Als Grenzfall dazwischen liegt das aufrecht in weiter Entfernung wahrgenommene Bild bei emmetropischen Augen.

Das Beobachterauge wird möglichst dicht hinter L gebracht, das als Eintrittspupille dient, und schaut auf Pu. Was sieht der Beobachter in der Pupillenebene Pu des Untersuchtenauges? Dort

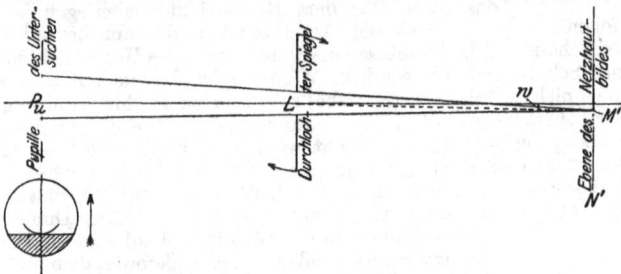

Fig. 2. Übersichtsbild für die mitläufige Schattenwanderung bei schwach kurzsichtigen Augen.

kann sicher kein deutliches Bild der Netzhaut liegen, aber es entsteht dort ein Zerstreuungsbild, denn jeder Punkt von N', der dem Beobachter überhaupt sichtbar wird, bestimmt mit L als Grundfläche einen Kegel, dessen Schnitt mit der Pu-Ebene der gesuchte Zerstreuungskreis ist. Dieser Kreis ist verhältnismäßig groß (die Einzel-

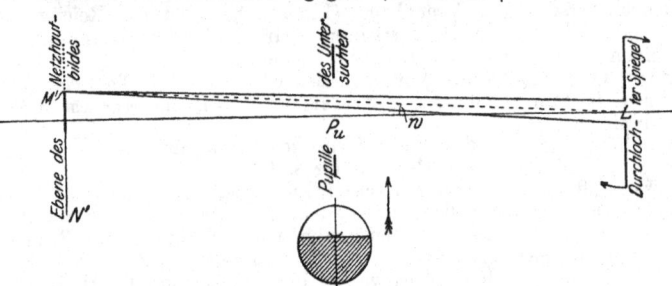

Fig. 3. Übersichtsbild für die mitläufige Schattenwanderung bei übersichtigen Augen.

heiten sind also stark verwaschen), wenn der Abstand zwischen den Ebenen N' und L im Verhältnis zu dem zwischen den Ebenen Pu und N' klein ist, und er ist verhältnismäßig klein (die Einzelheiten sind also erträglich deutlich), wenn der Abstand zwischen N' und L im Verhältnis zu dem zwischen Pu und N' groß ist. Betrachtet man nun einen Punkt der auf der Netzhaut hinaufwandernden Schattengrenze (es sei ein unterer Lichtrand gewählt, so daß auf der Netzhaut unten Dunkel, oben Licht liegt), so entspricht ihm in Fig. 1, 2 ein hinabwandernder Grenzpunkt M', über dem Schatten —, unter dem Helle ...... liegt. Das auf Pu achtende Beobachterauge bestimmt die Gesichtswinkel w von der Mitte der Eintrittspupille L aus, und man erkennt, daß die Schattengrenze in Fig. 1 hinab (gegen den Uhrzeiger), in Fig. 2 und 3 hinauf (mit dem Uhrzeiger) wandert. Man kann also sagen, für reelle Bildpunkte N' vor L ist die Schattengrenze gegenläufig, für reelle Bildpunkte N' hinter L und für virtuelle Bildlagen ist die Schattengrenze mitläufig in Beziehung auf die Spiegeldrehung. Fällt im Grenzfalle M' in die L-Ebene,

so kommt in Pu überhaupt keine Lichterscheinung zustande, und eine geringe Spiegeldrehung ist völlig einflußlos. Schaltet man nun so lange Versuchslinsen bekannter Brechkraft vor Pu, bis man aus dem Aufhören der Schattenwanderung erkennt, daß N' und L zusammenfallen, so kann man den gewünschten Schluß zunächst auf die Refraktion der aus Auge und Versuchslinse gebildeten Zusammensetzung und schließlich auf die des Auges selber machen. — Eine größere Genauigkeit für die Bestimmung des Zusammenfallens der Ebenen N' und L erhält man durch die von Wolff vertretene Änderung des Abstandes zwischen Pu und L; alsdann genügt eine geringe Zahl von Vorschlaglinsen, um N' in einer mäßig großen Entfernung von Pu reell abzubilden. Natürlich kennt man bei diesem Verfahren den Akkommodationszustand des untersuchten Auges nicht.   *v. Rohr.*

<small>Genaueres s. H. Wolff, Das System der Skiaskopie und Ophthalmoskopie. 1906.</small>

Schattenwinkel s. Polarimeter.

Scheinbare Ladung s. Ladung.

Scheinerscher Versuch. Der Scheinersche Versuch benutzt eine Anordnung, die es gestattet, den jeweiligen Refraktionszustand des Auges mit den einfachsten Hilfsmitteln schnell und sicher festzustellen. Der Kunstgriff der Methode besteht darin, aus den von den einzelnen Punkten eines Objektes in das Auge gelangenden Lichtkegeln durch ein mit zwei nebeneinander liegenden feinen Öffnungen versehenes Diaphragma (der Abstand der beiden Löcher soll den Pupillendurchmesser nicht überschreiten) zwei ganz enge Lichtbüschel auszuschneiden, die sich im Falle einer scharfen Abbildung des Objektes natürlich auf der Netzhaut vereinigen, im Falle einer unscharfen Abbildung des Objektes dagegen zwei getrennte Stellen der Netzhaut treffen werden. Man sieht durch die Zweilochanordnung ein aufrechtstehendes lineares Objekt also nur dann einfach, wenn das Auge auf dasselbe

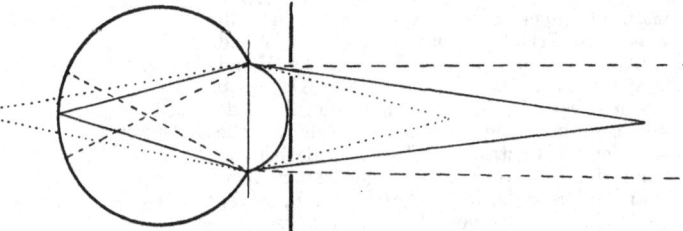

Anordnung des Scheinerschen Versuches.

akkommodiert ist, in jedem anderen Falle müssen (monokulare) Doppelbilder auftreten. Ob das Objekt letzteren Falles ferner oder näher liegt als der Akkommodationspunkt des Auges, ist durch Verdecken eines der beiden Löcher zu entscheiden: wie aus der Figur (unter Berücksichtigung der Raumwertverteilung auf der Netzhaut, s. d.) ersichtlich ist, kommen bei größerer Entfernung det

Objektes ungekreuzte, bei geringerer gekreuzte Doppelbilder zustande. Mittels der Untersuchung nach Scheiner lassen sich an dem Auftreten von Doppelbildern ferner Objekte ganz geringe Grade von Myopie natürlich sofort sicher erkennen. Auch ist die Methode (Optometer) zur Bestimmung der Akkommodationsbreite nutzbringend zu verwenden, indem man das nötigenfalls mit $+3$ oder $+4$ Dioptr. künstlich kurzsichtig gemachte Auge an dem auf einer Gleitschiene verschieblichen Prüfungsobjekt auf die Lage seines Nah- und Fernpunktes untersucht und aus den gefundenen Werten die Zahl der bei der Akkommodation aufgebrachten Dioptr. berechnet (s. unter Akkommodationsbreite). *Dittler.*
Näheres s. in jedem größeren Lehrbuch der Physiologie.

Scheinwerfer sind Beleuchtungsgeräte, die einen zur Fernbeleuchtung dienenden intensiven Lichtkegel aussenden. Sie bestehen aus einem in einem Gehäuse untergebrachten Scheinwerferspiegel (s. diesen) nebst einer in dessen Brennpunkt aufgestellten Lichtquelle. Man hat auch Scheinwerfer gebaut, bei denen die optische Aufgabe des Scheinwerferspiegels einer Linse übertragen wurde. Die Wirkungen dieser Scheinwerfer blieben infolge der sphärischen Aberration der Linse, selbst bei Verwendung sog. Fresnelscher Linsen, hinter denjenigen der Hohlspiegelscheinwerfer zurück. Um den Lichtkegel nach jedem Punkt hinlenken zu können, ist das Gehäuse gewöhnlich um zwei zueinander senkrechte Achsen drehbar aufgestellt. Die Austrittsöffnung des Gehäuses ist meist mit einer planparallelen Glasscheibe, die auch aus einzelnen Streifen bestehen kann, abgeschlossen. Um den Scheinwerfer abzublenden bzw. den Lichtkegel abzuschnüren, dienen Jalousieblenden- bzw. Irisblendeneinrichtungen.

Der Divergenz- oder Streuwinkel 2α des Lichtkegels hängt von der Brennweite f des Spiegels bzw. der Linse und dem Durchmesser d der kugelförmig vorausgesetzten Lichtquelle ab, so' daß $\operatorname{tg} \alpha = \dfrac{d}{2f}$. Um die Streuung in wagerechter Richtung zu vergrößern, schaltet man eine Reihe von Zylinderlinsen mit lotrechten Achsen, sog. Streuer, vor. Zwei solche in Richtung der Scheinwerferachse gegeneinander verschiebbare parallele Streuersysteme gestatten den wagerechten Divergenzwinkel in weiten Grenzen zu verändern.

Für einen weit entfernten Punkt der Achse ist die Lichtstärke eines Scheinwerfers gleich dem Produkt aus der Flächenhelle der Lichtquelle in der Achse und der Projektion der Spiegelfläche auf eine Lotebene zur Spiegelachse. Ist D der Spiegeldurchmesser, so ist $\dfrac{D^2}{d^2}$ die Verstärkungszahl des Scheinwerfers. Nach dem Rand des Lichtkegels zu nimmt die Lichtstärke ab, so daß man einen zentralen Teil, das Kernlicht, vom Randlicht unterscheiden kann.

Als Lichtquellen kommen hauptsächlich elektrisches Bogenlampen, Glühlampen, durch Gasflammen erhitzte Glühplättchen (Kalklicht) und Azetylenflammen in Betracht. Die Flächenhellen dieser Lichtquellen sind ungefähr:

Azetylenflamme . . . . 8 HK
Elektrische Glühlampen (Spiraldraht) . 1000 HK
Glühplättchen (Thoriumoxyd) mit
  Azetylensauerstoffflamme . . . . . 1500 HK
Bogenlicht . . . . 12000 HK

Ein Scheinwerfer von 150 cm Spiegeldurchmesser mit Bogenlicht, das mit 150 A und 60 V brennt, hat z. B. eine Lichtstärke von 180 000 000 HK, die Verstärkungszahl ist 4300 und die Streuung 2° 2'.

Unter Reichweite eines Scheinwerfers versteht man die Entfernung in km, in der große Gegenstände, Gebäude und dgl., noch so hell erleuchtet werden, daß ein um dieselbe Strecke entfernter Beobachter sie noch erkennen kann. Diese Größe hängt außer von der Lichtstärke des Scheinwerfers noch von der Durchlässigkeit der Luft, von der Farbe und Oberflächenbeschaffenheit des beleuchteten Gegenstandes und der Sehschärfe des beobachtenden Auges ab.

Neben der Verwendung zum Signalisieren und zur Beleuchtung von Fliegern und Schiffen usw. im Kriege dienen die Scheinwerfer zur Beleuchtung von Schaubühnen, Arbeitsplätzen, Reklameschriften und an Fahrzeugen angebracht zur Fahrbahnbeleuchtung. *Hartinger.*
Näheres s. F. Nerz, Scheinwerfer u. Fernbeleuchtung. 1894 u. H. Siedentopf, Reichweiten der Flakscheinwerfer aus den „Mitteilungen der Flak-Scheinwerfer Prüf- und Versuchsabteilung Hannover". Heft 3.

Scheinwerferspiegel haben die Aufgabe, die kleine Leuchtfläche einer im Brennpunkt angeordneten künstlichen Lichtquelle durch die bedeutend größere Spiegelfläche zu ersetzen und zwar auf Kosten des Raumwinkels, in dem die Strahlung stattfindet. Die günstigste Form eines Scheinwerferspiegels für Fernbeleuchtung ist die eines Rotationsparaboloids. Die Entfernung des Brennpunktes vom Paraboloidscheitel ist die Brennweite des Spiegels. Der Parabolspiegel besitzt für den Brennpunkt keine sphärische Aberration; die vom Brennpunkt ausgehenden Strahlen treten sämtlich parallel zur Achse aus. Eine in unmittelbarer Nähe des Brennpunktes befindliche Lichtquelle, welche klein ist gegenüber der Brennweite, wird in unendliche Ferne abgebildet. Der Winkel eines nach dem Spiegelrande zielenden Strahles mit der Achse wird als halber Öffnungs- oder Nutzwinkel bezeichnet.

Für kleine Öffnungswinkel kann man das Rotationsparaboloid im Scheitel durch eine Kugelfläche ersetzen; es geschieht dies bei den am einfachsten herzustellenden Kugelspiegeln aus Glas mit versilberter Rückfläche. Für die Verwendung mit größerem Öffnungswinkel scheiden diese Spiegel der sphärischen Aberration wegen aus.

Der im Jahre 1874 von Mangin angegebene Scheinwerferspiegel besteht aus einer konkav-konvexen Zerstreuungslinse, deren konvexe Seite versilbert ist. Für verschwindende Spiegeldicke in der Achse ist das Verhältnis der Krümmungsradien der Vorder- und Hinterfläche $\dfrac{r}{R}=\dfrac{2n-1}{2n}$, wobei in den Berechnungsexponenten des Glases bedeutet. Der Spiegel ist sphärisch so korrigiert, daß er bis zu einen Öffnungswinkel von 60° verwendet werden kann; für die Verwendung mit größeren Öffnungswinkeln sind die sphärischen und chromatischen Aberrationen und die beträchtlich zunehmende Randdicke hinderlich.

Im Jahre 1905 hat die Firma Carl Zeiß den sog. Sphäroidspiegel geschaffen, der bei vollständiger Hebung der sphärischen Aberration mit bedeutend größerer Öffnung als der Manginsche benutzt werden kann. Die versilberte Rückfläche ist eine genaue Kugelfläche und die Vorderfläche eine transzendente Rotationsfläche, welche die sphärische Korrektion bewirkt. Die Spiegeldicke nimmt von der Achse gegen den Rand hin zunächst ab und dann wieder zu, wobei die Schwankungen im Vergleich zum Manginspiegel gering sind.

Nachdem man Parabolspiegel zunächst aus Metall herstellte, ging Tschikolew daran, Glas-Parabolspiegel aus sphärisch geschliffenen Ringen zusammenzusetzen. Im Jahre 1886 ist es dann Schuckert in Nürnberg gelungen, Parabolspiegel aus einem Stück Glas herzustellen. Im Jahre 1915 hat die Firma Carl Zeiß die Konstruktion eines Glasspiegels bekannt gemacht, dessen Vorderfläche ein Rotationsparaboloid ist, während die Hinterfläche eine transzendente Rotationsfläche darstellt, welche vollkommen sphärische Korrektion bewirkt. Die Brennpunktsstrahlen treten achsenparallel aus, ob sie nun von der Vorderfläche oder Rückfläche oder im Glase mehrmals reflektiert werden. Zwischen den Scheitelkrümmungen r_1 und r_2 der Vorder- und Rückfläche der Achsendicke d und dem Brechungsexponenten n besteht die Beziehung $r_2 = \dfrac{n^2(r_1-d)^2 - d^2}{n^2(r_1-d)+d}$.

Scheinwerferspiegel aus Glas werden bis zu einem Durchmesser von 2 m hergestellt; es werden auch Scheinwerferspiegel aus Metall, Beton und dgl. angefertigt und ihre Innenflächen mit einem Belag von Silber mit Lackschutz, Gold, Palladium usw. versehen.

Über Leuchtwirkung, Reichweite usw. siehe unter Scheinwerfer. Näheres über Scheinwerferspiegel ist zu finden in F. Nerz „Scheinwerfer und Fernbeleuchtung" Nürnberg 1894 und in dem Aufsatz von Mangin im „Mémorial de l'Officier du Genie 1876".   *Hartinger.*

Scheinwiderstand, -leitwert, -leistung s. Wechselstromgrößen.

Scheitel s. Flugbahnelemente.

Scheitelfaktor s. Wechselströme.

Scheitelwert s. Wechselströme.

Schematisches Auge s. Auge.

Scherenfernrohr s. Umkehrprismensystem und Stereoskop.

Scherung. — Nur die ballistische Untersuchung von magnetischem Material in Ringform gibt einwandfreie Magnetisierungskurven, welche, wenn die Ringbreite im Verhältnis zum Durchmesser nur gering ist, einer Verbesserung nicht bedürfen, da bei dieser Anordnung der ganze Induktionsfluß dauernd innerhalb der Probe bleibt und weder Luftschlitze noch auch fremde Stoffe zu passieren hat, wobei sich magnetische Belegungen bilden, die in schwer kontrollierbarer Weise auf die in der Probe herrschende Feldstärke zurückwirken. Alle anderen magnetischen Messungen, wie die Messungen im Joch, dem Köpselschen Apparat, der magnetischen Präzisionswage usw., aber auch die Ellipsoidmessungen bedürfen deshalb einer Verbesserung, der sog. Scherung, insofern als die nach diesen Methoden gewonnenen Magnetisierungskurven durchweg erheblich schräger liegen, als die absoluten Kurven, und auch zumeist eine höhere Koerzitivkraft besitzen. Nur beim Ellipsoid kann man diese Scherung rechnerisch bestimmen, und zwar ist sie gegeben durch die Größe $N\mathfrak{J}$, wobei $\mathfrak{J}$ die durch die Messungen bekannte Magnetisierungsintensität und N den sog. Entmagnetisierungsfaktor (s. dort) bedeutet, der sich aus dem Dimensionsverhältnis (Länge zum größten Durchmesser) des Ellipsoids genau berechnen läßt. Dieser Scherungswert ist von dem gemessenen Wert der scheinbaren Feldstärke $\mathfrak{H}'$ abzuziehen, um die wahre, im Innern des Ellipsoids herrschende Feldstärke $\mathfrak{H}$ zu gewinnen (also $\mathfrak{H} = \mathfrak{H}' - N\mathfrak{J}$).

Die sonstigen Meßmethoden erfordern sämtlich empirische Scherungswerte, die nicht nur von der Beschaffenheit des Apparats, sondern auch von derjenigen des zu untersuchenden Materials abhängen und daher, da man diese ja nur ganz angenähert kennt, mit erheblichen Unsicherheiten behaftet sind. Man erhält sie, indem man eine Probe mit bekannten magnetischen Eigenschaften in dem zu untersuchenden Apparat aufnimmt und die so erhaltene Kurve mit der wahren Magnetisierungskurve vergleicht.   *Gumlich.*

Scherung s. Deformationszustand.

Schiefe Ebene. Das Gesetz der schiefen Ebene ist, neben dem Hebelgesetz, das zweite große Grundgesetz der Statik, entdeckt von dem holländischen Deichbaumeister Stevin im 16. Jahrhundert. Ein auf einer glatten schiefen Ebene vom Neigungswinkel α gegen die Horizontale liegender Körper vom Gewicht G wird durch eine längs der schiefen Ebene wirkende Kraft $P = G \sin \alpha$ im Gleichgewicht gehalten. Der Druck auf die schiefe Ebene ist $G \cos \alpha$.

Für das Gesetz, das eine reine Erfahrungtatsache ist, gab Stevin einen geistreichen Beweis, der im Grund auf der intuitiven Erkenntnis des Prinzips der virtuellen Arbeit beruht.

Eine über den gezeichneten Keil gelegte, überall gleichartige Kette ist im Gleichgewicht, weil sich durch eine eventuell eintretende Änderung äußerlich an der ganzen Anordnung nichts ändert, insbesondere der Schwerpunkt sich weder hebt noch senkt. Entfernt man den symmetrischen,

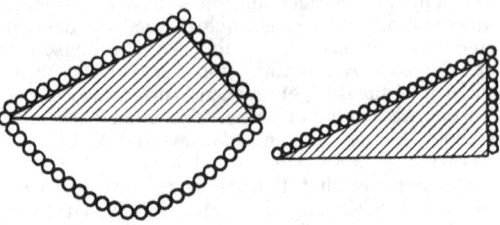

Fig. 1.   Fig. 2.
Zur Erläuterung des Gleichgewichts bei der schiefen Ebene.

freihängenden Teil, so müssen die aufliegenden Teile zusammen im Gleichgewicht bleiben. Ersetzt man diese beiden Teile je durch Körper gleicher Gewichte, G, P, die durch eine über die Kante laufende Schnur verbunden sind, so verhalten sich die Gewichte wie die betreffenden Dreiecksseiten. In dem speziellen Fall, daß die kleinere Seite vertikal ist, folgt das Gesetz $P = G \sin \alpha$. Die Führung des Körpers durch die schiefe Ebene kann nun noch durch eine zweite, senkrecht zu ihr gespannte Schnur ersetzt werden. Dann folgt durch Analogie der zweite Teil des Gesetzes.

Aus dem Gesetz folgt weiter die allgemeine Zerlegung und Zusammensetzung der Kräfte als Vektoren (s. Vektor).   *F. Noether.*

Näheres s. E. Mach, Die Mechanik in ihrer Entwicklung, 1. Kapitel. 1883.

Schiffskessel. Schiffskessel sind eine auch im ortsfesten Betrieb eingeführte leichte Sonderbauart von Wasserröhrenkessel ohne besondere Einmauerung und mit Trennung des Oberkessels vom Feuerungsraum zur Verminderung der Explosionsgefahr (Sicherheitskessel). Der Schiffskessel älterer Bauart, der aber bei der Binnenschiffahrt und in der Handelsflotte noch sehr verbreitet ist, ist ein Flammrohr-Heizrohrkessel. Ein oder zwei Flammrohre befinden sich in einem Zylinderkessel. Die Heizgase biegen am Hinterende des Kessels um und streichen in Heizrohren, die über dem Flammrohr liegen, wieder nach vorne. In der Kriegsmarine sind besonders engrohrige Wasserrohrkessel verbreitet.   *L. Schneider.*

Näheres s. M. Dietrich, Der moderne Dampfkessel der Kriegs- und Handelsschiffe. Rostock 1908.

Schiffskompaß s. Kompaß.

Schiffskreisel. Ebenso wie der Kreisel imstande ist, ein mechanisches System von zwei labilen Freiheitsgraden künstlich zu stabilisieren (s. gyroskopische Stabilisation), so ist er, in ein stabiles System eingebaut, auch fähig, dessen Bewegungen entscheidend zu beeinflussen und das System unter Umständen gegenüber äußeren Einflüssen mehr oder weniger vollkommen zu schützen. Die großzügigste Anwendung dieses Gedankens ist der Schiffskreisel von O. Schlick zur Abdämpfung und Verhinderung der Rollbewegungen des Schiffes im Seegang. Ein etwa mittschiffs liegender, als Dampfturbine angetriebener Kreisel (k) — es genügt, wenn sein Gewicht etwa ½% des Schiffsgewichts ausmacht — ruht in einem durch ein Übergewicht (g) beschwerten Rahmen (r), der sich um querschiffs gerichtete Zapfen (z) drehen kann, und dessen Schwingungen gegen den Schiffskörper (s) sich entweder durch eine Bandbremse (b) oder auf hydraulischem Wege abdämpfen lassen.

Qualitativ kann man die Wirkung der Vorrichtung leicht überblicken. Jede dem Schiffskörper etwa durch den Seegang mitgeteilte Schwingung um seine Längsachse weckt in dem Kreisel, sobald dieser mit einem genügend großen Drehimpuls ⑤ (s. Impuls) begabt ist, ein Kreiselmoment (s. Kreisel), stark genug, den Kreiselrahmen in heftige

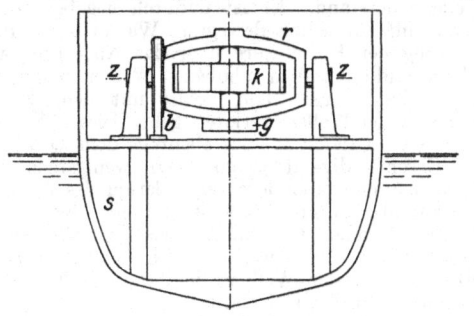

Schiffskreisel.

Schwingungen um die Querachse (zz) zu versetzen. Es wird so ein Teil der Schwingungsenergie des Schiffes auf den Kreiselrahmen übertragen, wo sie in Form relativer Schwingung gegen das Schiff ohne Schwierigkeit durch Abbremsen unschädlich gemacht werden kann.

Eine genauere quantitative Theorie gibt darüber hinausgehend einen wesentlich tieferen Einblick in die durch den Kreisel hergestellte Wechselwirkung zwischen Schiff und Rahmen. Man hat dabei vor allem zu unterscheiden zwischen den Eigenschwingungen des Schiffes und den durch den Seegang erzwungenen Schwingungen des Schiffes. Der Kreisel soll demnach zwei an sich verschiedene Aufgaben lösen: einerseits soll er etwa vorhandene Eigenschwingungen möglichst rasch vernichten, andererseits soll er das Entstehen von erzwungenen Schwingungen tunlichst verhindern. Die Theorie sowie die Erfahrung zeigen, daß er zwar beiden Aufgaben einzeln ausgezeichnet gewachsen ist, daß er sie aber sozusagen nur in verschiedenen Kampfstellungen bewältigen kann, nämlich die erste — die Dämpfung — nur mit mäßigem Drehimpuls und starker Bremsung, die zweite — die Verhinderung von Schwingungen — nur mit großem Drehimpuls und schwacher Bremsung, wobei überdies die Pendelschwingung des Rahmens, falls ungebremst, mit der Wellenfrequenz in Resonanz sein sollte. Es ist demnach erforderlich, einen Vergleich zu schließen. Dabei zeigt sich, daß es am zweckmäßigsten ist, dem Drehimpuls mehr die Verhinderung, der Bremse mehr die Abdämpfung der Schiffsschwingungen zu übertragen. Es gibt dann einen günstigsten Wert für die Stärke der Bremsung, der theoretisch berechnet werden kann, aber praktisch besser versuchsmäßig ermittelt wird. Dieser günstigste Bremswert richtet sich naturgemäß nach der Frequenz der Wellen, die in Resonanz mit den Eigenschwingungen des Schiffes sind. In diesem Bereich ist der Kreisel ganz außerordentlich wirksam (er vermag die lästigen Rollschwingungen des Schiffes fast augenblicklich beinahe vollkommen zum Verschwinden zu bringen). Und es hat demgegenüber wenig zu besagen, daß er dann bei Wellen von (gegenüber der Eigenfrequenz des Schiffes) sehr großer oder sehr kleiner Frequenz nahezu ohne Wirkung bleibt; denn solche Wellen können dem Schiff offenbar wenig anhaben.

Es wäre wahrscheinlich zweckmäßig, die allzu schematisch arbeitende Bremse entweder von Hand zu betätigen oder sogar zu ersetzen durch eine den Kreiselrahmen in geeigneter Weise zu steuernde Hilfsmaschine, die sich den mannigfach veränderlichen äußeren Einflüssen anpassen müßte und aus dem Kreisel dann einen viel schmiegsameren Stabilisator machen könnte. Beispielsweise kann ein rein periodischer Wellenzug von der Frequenz a in seiner Wirkung auf das Schiff vollkommen aufgehoben werden durch ein synchrones, jedoch um eine Viertelswelle nachhinkendes Zwangsmoment auf den Kreiselrahmen. Und allgemein findet man, daß ein beliebig veränderliches Moment p der Wellen auf das Schiff (gerechnet um dessen Längsachse) restlos vernichtet werden kann durch ein auf den Kreisel ausgeübtes Drehmoment q von der Form

$$q = -\frac{A}{⑤} \cdot \frac{dp}{dt},$$

wo ⑤ der Drehimpuls des Kreisels und A das Trägheitsmoment des (nun von seinem Übergewicht befreiten) Kreiselrahmens um seine Schwingungsachse vorstellt.

Es darf nicht verschwiegen werden, daß nach anfänglich vielversprechenden Erfolgen die Weiterentwicklung des Schiffskreisels unerwarteterweise dadurch gehemmt worden ist, daß die starken Kräfte, die der Kreiselrahmen seinerseits auf den Schiffskörper ausübt, zu unzulässig großen und geradezu gefährlichen Beanspruchungen des Schiffsverbandes führten.

Übrigens ist der Kreisel natürlich auch befähigt, Schiffsschwingungen zu erzeugen; es genügt, den Rahmen künstlich in Schwingungen zu versetzen. Sperry hat vorgeschlagen, auf diese Weise das Einfrieren von Schiffen zu verhindern und eingefrorene Schiffe aus dem Eise zu befreien.

R. Grammel.

Näheres s. R. Grammel, Der Kreisel, seine Theorie und seine Anwendungen, Braunschweig 1921, § 23 und S. 346.

Schiffsmagnetismus. Die induzierende Kraft des Erdmagnetismus ruft in den Eisenmassen eines Schiffes, besonders stark in eisernen Schiffen einen Eigenmagnetismus hervor, der einen so bedeutenden Einfluß auf den Kompaß ausübt, daß dies berücksichtigt werden muß. Zunächst entsteht durch die Erschütterungen beim Bau ein beharrliches Feld, der feste Magnetismus. Um ihn zu verringern, dreht man den Schiffskörper nach dem Stapellauf in die umgekehrte Richtung. Sodann induziert das Erdfeld auch später jederzeit einen „flüchtigen" Magnetismus, der von dem Ort des Fahrzeugs auf der Erde und seinem Azimut abhängt. Dazwischen wirkt noch der remanente Magnetismus oder „halbfeste", d. i. die Nachwirkung der flüchtigen Induktion. Die am Kompaß erzeugte Ablenkung von der wahren magnetischen Nordrichtung heißt „Deviation". Die Schiffahrtskunst erfordert eine genaue Kenntnis der Deviationsformel. Ihre Gestalt ist

A + B sin z + C cos z + D sin 2z + E cos 2z.

A setzt sich zusammen aus dem Indexfehler des Kompasses und der Wirkung der unregelmäßig durch das Schiff verteilten Magnetismus. B stammt von der Längskomponente des festen und der horizontalen des in den vertikalen Massen induzierten flüchtigen Feldes her. C rührt von der Querschiffskomponente des festen Magnetismus, D von der Horizontalinduktion her. E ist wieder auf die zur Mittschiffslinie unsymmetrischen Eisenmassen und die in ihr hervorgerufene Horizontalinduktion zurückzuführen. Die Glieder mit z liefern die „halbkreisige" oder „semizirkuläre", jene mit 2z die „viertelkreisige" oder „quadrantale" Deviation. Daneben ist noch der von der Neigung des Schiffes abhängige „Krängungsfehler" von Bedeutung. Sechstel- oder achtelkreisige Deviationen sind auf Fehler im Bau der Kompasse zurückzuführen.

Die Deviation soll unter 20⁰ bleiben, es ist daher nötig, den Einfluß des Schiffsmagnetismus auf den Kompaß soweit herabzustimmen. Dies geschieht durch das Verfahren der „Kompensation des Kompasses". Ein dem Kiel paralleler Magnet beseitigt den Einfluß des festen Schiffsmagnetismus in dieser Richtung, ein dazu senkrechter die andere horizontale Komponente, eine Stange aus weichem Eisen, vertikal aufgestellt, den flüchtigen Anteil der halbkreisigen Deviation, rechts und links in Höhe des Kompasses angebrachte Eisenkugeln die viertelkreisige. Auch die Krängungseinflüsse werden durch einen festen Magneten unterhalb des Kompasses kompensiert, müssen aber bei Reisen in andere Vertikalintensität verändert werden.

Die restliche Deviation wird durch Beobachtung der Winkel zwischen der wahren magnetischen Richtung und jener des Kompasses bestimmt, und zwar für mindestens acht Kurse. Die dauernde Überwachung der Deviation, d. h. Prüfung der Formel, ist eine Hauptaufgabe der Schiffsführung.

A. Nippoldt.

Näheres s. H. Meldau, Kompaß an Bord eiserner Schiffe in Breusings Steuermannskunst. Heinsius Leipzig.

Schiffsmaschine. Man versteht unter dieser Bezeichnung die für Raddampfer gebräuchliche unter etwa 5⁰ im Schiffskörper geneigt liegende oder die bei Schraubendampfern übliche stehende, leichte Sonderbauart der Dampfmaschine. Beide werden als Verbundkondensationsmaschinen oft auch mit Überhitzung ausgeführt. Das Massenausgleichsproblem der stehenden Schiffsmaschine ist als Schlickscher Massenausgleich gelöst.

L. Schneider.

Schiffswiderstand. Bewegt sich ein Schiff, das teilweise oder ganz in Wasser untergetaucht ist, vorwärts, so erleidet es einen Widerstand, welcher mittels Schiffsschraube oder anderer Mittel der Vorwärtsbewegung mit Hilfe der Schiffsmaschine überwunden werden muß. Die Berechnung der Größe des Widerstandes ist zur Festlegung der Maschinengröße erforderlich.

Der Schiffswiderstand hängt ab von Form und Größe des eingetauchten Schiffes, von der Dichte des Wassers und der Rauhigkeit der Schiffswände, sowie von der Schiffsgeschwindigkeit, erfahrungsgemäß aber fast nicht von der Reibungskonstante des Wassers. Der Widerstand setzt sich aus drei Teilen zusammen: Der erste Teil, Reibungswiderstand genannt, wird bedingt durch die Wärme, welche innere Reibung der Flüssigkeit bei dem starken Geschwindigkeitsgefälle in der Nachbarschaft des Schiffes (s. Grenzschicht) erzeugt. Dieser Widerstand ist der Geschwindigkeit proportional und hängt von der benetzten Oberflächengröße ab, in deren Nachbarschaft hohes Geschwindigkeitsgefälle auftritt. Der zweite Teil des Widerstandes, der sog. Formwiderstand, ist dadurch bedingt, daß bei der Bewegung des Schiffes fortgesetzt neue Wassermengen in Bewegung gesetzt werden müssen.

Die bewegten Wassermassen geraten in Wirbelbewegung und die Wirbel verlassen das Schiff. Die Bewegungsenergie dieser Wirbel ist es, welche die Schiffsmaschine aufbringen muß. Der hieraus ergebende Widerstand ist abhängig von der Schiffsform und proportional dem Quadrat der Geschwindigkeit. Der dritte Teil des Widerstandes ist der Wellenwiderstand. Er ist dadurch gegeben, daß das Schiff bei seiner Bewegung Wasser gegen die Wirkung der Erdschwere über das Normalniveau erhebt, und die in dem gehobenen Wasser steckende potentielle Energie dem Schiff mit dem Fortschreiten der Wellen verloren geht. Dieser Widerstand ist im tiefen Wasser ebenfalls dem Quadrat der Geschwindigkeit proportional, wenigstens solange nicht eine besondere Vergrößerung des Wellenwiderstandes durch Resonanz zwischen Bug- und Heckwelle oder Gleichheit zwischen Wellengeschwindigkeit und Schiffsgeschwindigkeit eintritt. Oftmals wird der Wellenwiderstand als Teil des Formwiderstandes aufgefaßt.

Nach Lorenz läßt sich der Gesamtwiderstand durch nachstehende Formel ausdrücken:

$$W = \eta\,l\,v + \varkappa\,F\,v^2 + \frac{\varkappa'\,F\,v^4 + \eta'\,l\,v^3}{\sqrt{(a^2 - v^2)^2 + \eta''\,l^2\,v^2}}.$$

Der erste Summand ist der Reibungswiderstand, der zweite der Formwiderstand, auch dynamischer oder Druckwiderstand genannt, und der dritte ist der Wellenwiderstand. In der Formel bedeutet l die Länge und F die Hauptspantfläche, v die Geschwindigkeit des Schiffes, a die Wellengeschwindigkeit, während die Konstanten $\varkappa$ und $\varkappa'$ von der Schiffsform, die Konstanten η, η', η'' außerdem noch von der Oberflächenbeschaffenheit des Schiffes abhängen.

In beistehender Figur gibt die Kurve A den Widerstand W in Abhängigkeit von der Geschwindigkeit v an, während die Kurve B einem quadratischen Widerstandsgesetze entsprechen würde. Man sieht, daß an dem Punkte b die Kurve einen Buckel hat, welcher an der Stelle liegt, an welcher die Schiffsgeschwindigkeit gleich der Wellengeschwindigkeit geworden ist. Bei großer Geschwindigkeit nähert sich der

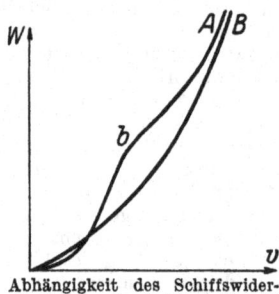

Abhängigkeit des Schiffswiderstandes von der Geschwindigkeit.

Widerstand wieder dem quadratischen Gesetz. Da in dem Ausdruck für W das zweite Glied unter der Wurzel die Schiffslänge im Quadrat enthält, sowie das Quadrat der Geschwindigkeit, so folgt, daß der Buckel in der Widerstandskurve, also die starke Widerstandserhöhung, besonders bei kurzen Schiffskörpern und im seichten Wasser zu beobachten ist, in welchem die Wellengeschwindigkeit a nur klein ist.

Im praktischen Schiffsbau läßt man die Widerstandserhöhung, welche durch Gleichheit von Schiffsgeschwindigkeit und Wellengeschwindigkeit veranlaßt wird, gewöhnlich außer acht. Man unterscheidet Formwiderstand und Reibungswiderstand. Ersteren bestimmt man dadurch, daß man durch Schleppversuche mit einem ähnlichen Modell den gesamten Modellwiderstand bestimmt, und von diesem den Reibungswiderstand nach untenstehender Formel abzieht. Von dem so erhaltenen Formwiderstand des Modelles schließt man mit Hilfe der Froudeschen Modellregel (s. dort) auf den Formwiderstand des Schiffes und addiert zu diesem wieder den Reibungswiderstand gemäß nachstehender Formel hinzu.

Hierbei berechnet man den Reibungswiderstand nach der Formel

$$K = \gamma \cdot f \cdot O \cdot v^m.$$

In dieser Formel ist K der Widerstand in Kilogrammen, γ das Flüssigkeitsgewicht eines Liters in Kilogrammen, O die benetzte Schiffsoberfläche in Quadratmetern, v die Schiffsgeschwindigkeit in Metern pro Sekunde. Die Größen f und m sind Zahlenfaktoren, welche von der Schiffslänge und der Oberflächenbeschaffenheit abhängen. Bei glatten Holzmodellen ist m = 2 zu setzen und f nachstehender Tabelle zu entnehmen:

Schiffslänge in Wasserl. in m.	f	Schiffslänge in Wasserl. in m.	f
0,6	0,2140	3	0,1710
1,0	0,2025	4	0,1624
2,0	0,1830	5	0,1565

Für ausgeführte Schiffe sind dagegen die Werte für f und m nachstehender Tabelle zu entnehmen:

Schiffslänge in Wasserlinie in m	Eiserner Schiffskörper mit Farbenanstrich		Schiffskörper mit neuem Kupfer- oder Zinkbeschlag		Schiffskörper mit altem Kupferbeschlag	
	f	m	f	m	f	m
5	0,1780	1,8507	0,1633	1,9015	0,2263	1,8660
10	0,1622	1,8427	0,1590	1,8525	0,2087	1,8525
20	0,1572	1,8290	0,1563	1,8270	0,1985	1,8430
50	0,1530	1,8290	0,1522	1,8270	0,1906	1,8430
80	0,1490	1,8290	0,1498	1,8270	0,1873	1,8430
120	0,1460	1,8290	0,1482	1,8270	0,1846	1,8430

Die Höhe des Exponenten m dieser Tabelle läßt erkennen, daß in der Grenzschicht bei allen praktisch vorkommenden Schiffsgrößen und Geschwindigkeiten turbulente Bewegung (s. dort) vorhanden ist. Weiteres s. auch unter Bewegungswiderstand. *O. Martienssen.*

Näheres s. Lorenz, Technische Hydromechanik. Leipzig 1910.

Schirmwirkung, magnetische. — Den Umstand, daß die Permeabilität des Eisens unter Umständen viel tausendmal größer ist, als diejenige der Luft, das Eisen also den Kraftlinien eines magnetischen Feldes viel geringeren Widerstand darbietet, kann man dazu benützen, empfindliche Apparate vor den Einwirkungen störender Felder dadurch zu schützen, daß man sie mit Eisenhüllen umgibt. Die bekannteste Anwendung dieses Prinzips ist wohl das Panzergalvanometer von du Bois und Rubens, das aus einem Galvanometer mit äußerst leichtem Magnetsystem besteht, welches von einer Hülle aus mehreren geschlossenen Eisenpanzern umgeben ist. Der Panzer verringert nicht nur die Richtkraft der Horizontalkomponente des Erdmagnetismus, erhöht also die Empfindlichkeit des Instruments, sondern er macht auch die von außen kommenden magnetischen Störungen durch elektrische Bahnen und dgl. mehr oder weniger unwirksam. *Gumlich.*

Schleifen. Optische Glaskörper, Spiegelglasscheiben, Verzierungen an Kristallgläsern erhalten ihre Form, ihre völlig ebenen oder gleichmäßig gekrümmten blanken Oberflächen durch Abschleifen oder Einschleifen und durch nachfolgendes Polieren. Als Schleifmittel dienen Quarzsand, Schmirgel und andere harte Stoffe von geeigneter Körnung; sie werden mit Wasser zwischen die rotierende Schleifscheibe und das Glas gebracht. Man beginnt mit grobem Korn (Schruppen, Rauhschleifen) und schreitet zu immer feinerer Körnung vor (Feinschleifen) bis zu allerfeinster Körnung (Polieren). Zum Einschleifen von Verzierungen werden die Gegenstände gegen eine rotierende scharfkantige Scheibe aus Eisen oder Stein gedrückt; feine Gravierungen und Zeichnungen schneidet der Graveur in gleicher Weise mittels kleiner scharfkantiger rotierender Kupferscheiben und Schmirgel in das Glas ein.

Dicke Glasblöcke lassen sich mit einem Sägeblatt durchsägen, wobei an Stelle der schneidenden Zähne der fortwährend mit Wasser zufließende schleifende Sand tritt. Zum Abschneiden der Linsen und Prismen aus den Platten des optischen Glases dient die Diamantsäge. Sie besteht aus einer rotierenden dünnen Metallplatte, deren Umfang mit Diamantsplittern besetzt ist. *R. Schaller.*

Schleifenoszillograph. Bei dem bifilaren oder Schleifenoszillograph wird ein Galvanometer nach dem Drehspulsystem benutzt (s. Oszillograph). Die Spule besteht wie bei dem entsprechenden Vibrationsgalvanometer aus einer einzigen Schleife, die in einem starken Magnetfeld schwingt und aus zwei ausgespannten Bändern gebildet wird, durch die der Wechselstrom fließt. Meist werden zwei Systeme zur gleichzeitigen Wiedergabe von Strom- und Spannungskurven verwendet. Die Kurve entsteht aus der hin- und hergehenden Bewegung des Spiegels in gleicher Weise wie bei dem Nadeloszillograph (s. d.). Zur photographischen Aufnahme kann eine rotierende Trommel benutzt werden; um nur eine einzige Periode aufzunehmen, dient ein automatischer Verschluß für die Kamera. Zur Sichtbarmachung der Kurve verwendet Siemens & Halske eine synchron mit dem Wechselstrom gedrehte Trommel, deren Leitlinie die Form einer archimedischen Spirale besitzt. Dadurch wird eine der Zeit proportionale Auseinanderziehung des Lichtbildes erreicht. *W. Jaeger.*

Schleifer. In seiner Wirkungsweise dem Ticker ähnliche Empfangseinrichtung für drahtlose Signale, bei der durch Änderung des Widerstandes zwischen einer rotierenden Metallscheibe und eines auf ihrer Oberfläche schleifenden Metalldrähtchens mehr oder weniger vollkommene Stromunterbrechung erfolgt. *A. Esau.*

Schleudermoment s. Kreisel.

Schlingerbewegung. Unter Schlingerbewegung oder Schlingern eines Schiffes versteht man periodische Drehungen desselben um eine Längsachse im Wellengange. Bei gleichmäßiger Dünung hat die Schlingerbewegung die Periode der Dünung. Da die Wellenperiode je nach Wellenlänge, Meerestiefe usw. verschieden ist und zwischen etwa 8 Sekunden (starke Dünung im freien Ozean) und 5 Sekunden (Ostsee) schwankt, die Eigenschwingung des Schiffes andererseits, welche aus Gewicht, metazentrischer Höhe und Trägheitsmoment des Schiffskörpers bestimmt ist, auch in dieser Größenordnung liegt, so ist immer die Möglichkeit einer Resonanz dieser beiden Schwingungen gegeben.

Der Schlingerausschlag hängt von dem Verhältnis der beiden genannten Perioden, der Dämpfung der Eigenschwingung des Schiffes und der Steilheit der Wogen ab. Der Ausschlag wird im

Resonanzfall am größten und erreicht dann den Wert

$$\varphi_0 = G\, \frac{T}{2\,\pi\,k}\,(a + h)\,\chi_0.$$

Hier ist G das Gewicht, T die Eigenperiode, k die Dämpfungskonstante, h die metazentrische Höhe des Schiffes und a die Höhe des Schwerpunktes über dem Deplazementzentrum; χ_0 ist die Maximalneigung der Woge. Der Winkel χ_0 wird erfahrungsgemäß nicht größer als etwa 8⁰, da sonst Brandung und Brechung eintritt. Der Schlingerausschlag kann aber wesentlich größer werden. Große metazentrische Höhe vergrößert ihn; diese wird deswegen stets klein gehalten. Einen kleinen Schlingerwinkel erhält man auch im Resonanzfall durch große Dämpfung, welche durch geeignete Schiffsform, Schlingerkiele oder Schlingertanks erzielt werden kann. *O. Martienssen.*

Näheres s. A. Krilloff, Die Theorie des Schiffes. Enzyklopädie der mathematischen Wissenschaften IV, 22.

Schlömilch-Zelle. Detektor für den Empfang elektrischer Schwingungen, bestehend aus zwei Metallelektroden und einem Elektrolyten, nach seinem Erfinder, Schlömilch-Zelle genannt.

A. Esau.

Schlüpfung s. Asynchronmotoren.

Schlüpfung einer Schraube s. Luftschraube.

Schlußfehler, sphäroidscher, s. Höhenmessung.

Schlußjoch, magnetisches s. Joch.

Schmelzpunkt einer Substanz heißt diejenige Temperatur, bei der die Substanz vom festen zum flüssigen Aggregatszustand übergeht. Der Schmelzpunkt ist im allgemeinen eine Funktion des Druckes, bei dem der Schmelzprozeß stattfindet; doch ändert sich die Temperatur außerordentlich wenig mit dem Druck, und zwar normalerweise stets in dem Sinne, daß dem höheren Druck die höhere Temperatur entspricht. Wasser bildet eine wichtige Ausnahme. Seine Schmelztemperatur nimmt pro Atmosphäre um 0,007⁰ ab, diejenige der Metalle Blei bzw. Kadmium bzw. Zink wächst pro Atmosphäre um 0,008 bzw. 0,006, bzw. 0,003⁰.

Der Schmelzpunkt einer reinen Substanz ist als thermometrischer Fixpunkt wichtig. Dieser gibt sich dadurch zu erkennen, daß bei annähernd gleichmäßiger Wärmezufuhr die Temperatur der Substanz während des Schmelzprozesses konstant bleibt, da alle Wärme zunächst zur Änderung des Aggregatszustandes verbraucht wird. Je größer diese sog. latente Schmelzwärme ist, um so länger dauert die Temperaturkonstanz an und um so sicherer ist die Schmelztemperatur zu ermitteln.

Bei reinen Substanzen ist der Schmelzpunkt identisch mit dem Gefrier- oder Erstarrungspunkt, er ist infolge der Erstarrungswärme ebenso als Fixpunkt verwendbar wie der Schmelzpunkt.

Unreine Substanzen besitzen keinen scharfen Schmelz- oder Erstarrungspunkt. Läßt man eine Salzlösung gefrieren, so erstarrt zunächst ein Teil des Lösungsmittels, während sich in dem Rest der gelöste Stoff anreichert, wodurch die Erstarrungstemperatur der Lösung weiter erniedrigt wird. Beim Schmelzen treten dieselben Erscheinungen in umgekehrter Reihenfolge ein.

Der wichtigste aller Schmelz- bzw. Erstarrungspunkte ist derjenige des Wassers, da er als einer der beiden Fundamentalpunkte der Thermometrie angenommen ist. Wegen der großen Schmelzwärme des Eises (etwa 80 cal pro Gramm) ist er besonders leicht zu verwirklichen.

Andere thermometrisch wichtige Schmelz- und Erstarrungspunkte sind die folgenden:

Schwefel-		Zink	419,4
kohlenstoff	−112,0⁰	Antimon	630
Chloroform	− 63,7	Aluminium	657
Chlorbenzol	− 45,5	Kochsalz	800
Quecksilber	− 38,89	Silber	960
Zinn	+231,8	Gold	1063
Kadmium	+320,9	Kupfer	1083
Blei	+327,3	Palladium	1557
		Platin	1764

Am schwersten schmelzbar ist Kohle; sie widersteht noch Temperaturen von über 3500⁰.

Man hat versucht, die Schmelzpunkte der chemischen Elemente mit ihrem Atomgewicht in Beziehung zu setzen. Es scheinen gewisse nicht sehr scharfe periodisch widerkehrende Gruppen zu bestehen in dem Sinne, daß in jeder der 8 Reihen des Mandelejeffschen Systems die Schmelztemperatur mit dem Atomgewicht zunimmt.

Der Schmelzpunkt von Legierungen oder Mischkristallen liegt gewöhnlich tiefer als die Schmelzpunkte der reinen Komponenten. Das Minimum der Schmelztemperatur besitzt die sog. eutektische Mischung, die wie ein einheitlicher Körper erstarrt, während bei Mischungen anderer Zusammensetzung zunächst nur ein Bestandteil in den festen Zustand übergeht, und zwar so lange, bis die Zusammensetzung des Eutektikums erreicht ist. Ist das Mischungsverhältnis beider Komponenten derartig, daß die Masse nach chemischen Verbindungen entspricht, so können gänzlich andere Verhältnisse auftreten. Der Schmelzpunkt einer solchen Legierung kann höher liegen als die Schmelzpunkte der Komponenten. So schmilzt z. B. diejenige Verbindung von Gold und Aluminium, welche der chemischen Formel Al_2Au entspricht bei 1098⁰, während Gold bei 1063⁰ und Aluminium bei 657⁰ schmilzt.

Der Gefrierpunkt einer Lösung liegt um

$$\tau = 0,00198 \cdot T^2 \cdot \frac{p}{\varrho\, M}\ \text{Grad}$$

tiefer als der Gefrierpunkt des reinen Lösungsmittels, wenn p Gramm gelöste Substanz vom Molekulargewicht M sich in 1000 g des Lösungsmittels befinden, dessen Schmelzwärme ϱ Kalorien beträgt. Die angegebene Formel gilt indessen nur für solche gelösten Stoffe, die nicht dissoziieren. Für Elektrolyte ist die Gefrierpunktserniedrigung dem Dissoziationsgrad entsprechend größer.

Am Schmelzpunkt tritt stets eine Volumen- bzw. Dichteänderung der betreffenden Substanz ein. Im allgemeinen ist die Dichte im festen Aggregatszustand größer als im flüssigen, so daß die erstarrten Teile in der Flüssigkeit untersinken. Beim Wasser, Wismut, Antimon und einigen Legierungen ist dagegen die Flüssigkeit dichter als der erstarrte Körper. Während des Schmelzvorganges beträgt die Volumenvergrößerung für Blei 3,4%, für Kadmium 4,7%, für Quecksilber 3,7%, für Essigsäure 12,6% und die Volumenverkleinerung für Wasser 9,1%, für Wismut 3,3%. Die Thermodynamik liefert nach der Clapeyron-Clausiusschen Gleichung (s. d.) eine streng gültige Beziehung zwischen der Volumenvergrößerung beim Schmelzvorgang (die für die Masseneinheit Δv betragen möge) und der Abhängigkeit der Schmelztemperatur T vom Druck p. Diese lautet, wenn ϱ die Schmelzwärme (s. d.) bezeichnet, $\dfrac{dT}{dp} = \Delta v \cdot \dfrac{T}{\varrho}.$

Henning.

Schmelzwärme. Führt man einem festen Körper Wärme zu, so steigt seine Temperatur, bis der Schmelzpunkt des Körpers erreicht ist. Von diesem Zustand ab bleibt die Temperatur so lange konstant auf derjenigen des Schmelzpunktes, bis alle Substanz in den flüssigen Zustand übergeführt ist. Die während des Schmelzvorganges pro Gramm Substanz zugeführte Wärme heißt Schmelzwärme.

Für die Schmelzwärme ϱ in Kalorien seien als Beispiel folgende Zahlen angeführt:

Substanz	ϱ	Substanz	ϱ
Aluminium	77	Zink	28
Blei	6	Zinn	13
Kadmium	14	Ameisensäure	56
Kupfer	42	Benzol	30
Platin	27	Wasser	80
Schwefel	10	Quecksilber	2,8
Silber	21		

Die Abhängigkeit der Schmelzwärme ϱ von der absoluten Temperatur T des Schmelzpunktes wird durch die Formel

$$\frac{d\varrho}{dT} = c - C + \frac{\varrho}{T} - \frac{\varrho}{v_1 - v_2}\left\{\left(\frac{\partial v_1}{\partial T}\right)_p - \left(\frac{\partial v_2}{\partial T}\right)_p\right\}$$

gegeben.

Hierin bedeuten c und v_1 die spezifische Wärme und das spezifische Volumen der Flüssigkeit, C und v_2 die spezifische Wärme und das spezifische Volumen des festen Körpers. Für Wasser von T = 273° folgt nach dieser Formel $\frac{d\varrho}{dT} = 0,607$.

Die Schmelztemperatur T ist in engen Grenzen mit dem Druck veränderlich; vgl. Schmelzpunkt.

Henning.

Schmelzwärme. Erstarrungswärme. Um 1 g Eis von 0° in 1 g Wasser von 0° zu verwandeln, ist eine Wärmemenge von 79,7 g-Kalorien erforderlich, eine Wärmemenge, die genügen würde, um das gebildete Gramm Wasser von 0° auf 80° zu erwärmen. Die zum Schmelzen verbrauchte Wärme nennt man Schmelzwärme, die Schmelzwärme des Eises ist also gleich 79,7 cal für 1 g Eis. Umgekehrt muß 1 g Wasser von 0° bei der Umwandlung in 1 g Eis von 0° eine Wärmemenge von 79,7 cal entzogen werden. Diese entzogene und somit gewonnene Wärmemenge nennt man die Erstarrungswärme. Schmelz- und Erstarrungswärme sind also für ein und dieselbe Substanz numerisch gleich, haben aber das entgegengesetzte Vorzeichen. Von Substanz zu Substanz ändern sich dagegen Schmelz- und Erstarrungswärme innerhalb weiter Grenzen. Einige Werte mögen hier Platz finden:

Schmelz- und Erstarrungswärme
für 1 g Substanz

Aluminium	77 cal	Zink	28 cal	
Blei	5 „	Zinn	14 „	
Eisen	30 „	Eis (Wasser)	79,7 „	
Phosphor	5 „	Äthyläther	27 „	
Platin	27 „	Anilin	21 „	
Quecksilber	2,8 „	Benzol	30 „	
Schwefel	10 „	Chloroform	47 „	
Silber	21 „	Essigsäure	45 „	
Wismut	13 „	Naphthalin	36 „	

Zur Ermittelung der Schmelz- oder Erstarrungswärme bedient man sich der Mischungsmethode. Der Körper wird über die Schmelztemperatur erwärmt und dann ins Kalorimeter geworfen. Die im Kalorimeter gemessene Wärmemenge setzt sich zusammen aus der Wärmemenge, die der Körper bei der Abkühlung bis zur Schmelztemperatur ab-

gibt, aus der Erstarrungswärme und schließlich der Wärme, die der erstarrte Körper bis zur Abkühlung auf die Temperatur der Kalorimeterflüssigkeit verliert. Kennt man die spezifischen Wärmen des Körpers im festen und im flüssigen Zustande, so kann man hieraus die Erstarrungs- und damit auch die Schmelzwärme leicht berechnen.

Statt des Mischungskalorimeters kann auch das Eiskalorimeter zur Messung der Erstarrungswärme benutzt werden.

Liegt der Schmelzpunkt eines Körpers sehr niedrig, so bringt man ihn in erstarrtem Zustande ins Kalorimeter und läßt ihn darin schmelzen. Man findet dann statt der Erstarrungswärme die Schmelzwärme.

Schmelz- und Erstarrungswärme haben nicht immer eindeutig bestimmte Werte. Das ist dann der Fall, wenn das Schmelzen einer Substanz nicht, wie beim Eise, bei einer scharf ausgeprägten Temperatur stattfindet, sondern wenn dem Schmelzvorgang eine Periode allmählicher Erweichung vorangeht, die manchmal ein sehr weites Temperaturgebiet umfaßt. Substanzen, die das Erweichungsgebiet sehr deutlich zeigen, sind z. B. alle Glassorten, Wachs u. dgl. *Scheel.*

Näheres s. Kohlrausch, Praktische Physik. Leipzig.

Schmierstoffe. Der Einfluß einer guten Schmierung auf die Verbesserung des mechanischen Wirkungsgrades, der Betriebssicherheit und Haltbarkeit der Maschinen ist bedeutend. Die Schmierstoffe haben die Aufgabe, Ebenheit und Glätte von Gleitflächen zu erhalten, indem sie die unmittelbare Berührung der Arbeitsflächen verhüten. Dieser Anforderung genügen am besten gewisse hochsiedende Öle und einige Fette.

Man unterscheidet animalische, vegetabilische und mineralische Öle und Fette. Die beiden ersteren sind in vielen Fällen für den Maschinenbetrieb nicht verwendbar, weil sie unbeständig gegen höhere Temperaturen sind und von der Luft zersetzt werden (verharzen), wobei durch Oxydation ätzende Fettsäuren frei werden. Die mineralischen Öle und Fette zeigen derartige Veränderungen nicht. Gebräuchliche organische Öle und Fette sind: Rinder- und Hammeltalg, Tran, Klauen- oder Knochenöl, Rüböl, Olivenöl, Baumwollsamenöl. Die mineralischen Öle und Fette sind meist zähflüssige schwersiedende Rückstände aus der Destillation von Stein- oder Braunkohlen, Torf, Erdwachs usw., die durch Filtern oder durch Behandlung mit Schwefelsäure und Neutralisation durch Natronlauge gereinigt werden. Die Farbe ist hellgelb bis dunkelgrün und schwarzbraun, der Flammpunkt liegt zwischen 150 und 325° C, das spezifische Gewicht zwischen 0,875 und 0,950. Im auffallenden Licht zeigen die mineralischen Öle einen phosphoreszierenden Schimmer.

Flockengraphit kommt mit Öl oder Wasser vermischt oder rein als Schmierstoff zur Verwendung. Der Ölverbrauch der Dampfzylinder wird durch 15—20% Graphitzusatz wesentlich vermindert.

L. Schneider.

Schnarrwerke s. Orgel.

Schnecke s. Ohr.

Schnee. Zierliche, dem hexagonalen Kristallsystem angehörende Kombinationen von Eiskristallen, deren optische Hauptachse unter rechten Winkeln von drei Nebenachsen gekreuzt wird, welche in der Hauptsymmetrieebene liegen und sich unter Winkeln von 60° schneiden. Die tafelförmigen Schneekristalle, deren Entwicklung vorherrschend in der Hauptsymmetrieebene erfolgt, sind zahlreicher als die säulenförmigen, bei denen die Ausbildung nach allen vier Achsen ziemlich gleichmäßig vor sich geht. Innerhalb dieser Hauptgruppen finden sich zahlreiche Variationen. Schneeflocken kommen von den kleinsten Dimensionen an bis zu mehreren Zentimetern Durchmesser vor, doch ist die Größenordnung von etwa einem Zentimeter am häufigsten. Die Fallgeschwindigkeit in ruhiger Luft nimmt mit wachsenden Dimensionen ab, sie bleibt in der Regel unter 1 m pro s. Beim Auftreffen auf dem Erdboden lagert sich der Schnee in Windstille zu einer lockeren Decke, bei welcher der Höhe von rund 1 cm Schnee eine Niederschlagshöhe von 1 mm entspricht. Bei längerem Liegen jedoch sintert der Schnee stark zusammen und erreicht einen höheren „Wasserwert". Der bei sehr niedrigen Temperaturen gefallene Hochgebirgs- und Polarschnee besteht aus kleineren, weniger verästelten Kristallen. Er ist trocken und backt nicht zusammen, so daß die Schneedecke vom Winde umgelagert wird und oft hohe Schneedünen (s. Dünen) entstehen.

Bei Klimabeschreibungen wird in der Regel die Zahl der Tage mit Schneefall, Datum des letzten und des ersten Schneefalles im Jahre, sowie Höhe und Dauer der Schneedecke angegeben. Als schlechter Wärmeleiter schützt die Schneedecke den Boden vor Ausstrahlung und somit vor starker Abkühlung im Winter. Sie ist daher für die Entwicklung der Vegetation von großer Bedeutung.

Schnee fällt bei Lufttemperaturen zwischen —40⁰ und 10⁰, am häufigsten aber in der Nähe des Gefrierpunktes, so daß Schneefälle ziemlich weit äquatorwärts, gelegentlich bis über die Wendekreise hinaus im Meeresniveau vorkommen. Als solche Gebiete der Erde, in denen der Niederschlag ausschließlich in Form von Schnee fällt, dürfen wir das antarktische Hochland und das Binnenland Grönlands betrachten. Über die verschiedenen Arten der Schneegrenze s. diese.   *O. Baschin.*

Näheres s. A. Supan, Grundzüge der Physischen Erdkunde. 6. Aufl. 1916.

Schneegrenze. Als Schneegrenze wird in der geographischen Literatur jene Linie, bzw. Zone bezeichnet, welche das mit Schnee bedeckte Land von dem schneefreien trennt. Man unterscheidet dabei einmal die temporäre Schneegrenze, welche die Schneebedeckung zu einem bestimmten Zeitpunkt angibt, und somit großen Verschiebungen im Laufe der Jahreszeiten ausgesetzt ist.

Jene Linie, bis zu welcher im Sommer die temporäre Schneegrenze zurückweicht, die also die Grenze des zusammenhängenden Gebietes ewigen Schnees angibt, ist die, meist ohne Eigenschaftswort, lediglich als Schneegrenze bezeichnete wirkliche Schneegrenze. Sie tritt in den Tropen und gemäßigten Breiten natürlich nur in Gebirgsländern auf, während sie sich in den Polargebieten dem Meeresspiegel nähert und ihn auch stellenweise erreicht.

Eine Linie, welche noch die einzelnen, isolierten Schneeflecken, die sich infolge ihrer günstigen Lage auch den Sommer über erhalten, mit umfaßt, nennt man die orographische Schneegrenze.

Zwischen dieser und der wirklichen Schneegrenze liegt dann die mittlere klimatische Schneegrenze als die Verbindungslinie aller Punkte, oberhalb derer die Sonnenwärme nicht mehr ausreicht, um den auf horizontaler, nicht beschatteter Fläche im Laufe des Jahres gefallenen Schnee

zu schmelzen. Sie ist natürlich eine theoretische Konstruktion und wird in der Natur im allgemeinen nicht unmittelbar zu beobachten sein.

Zwischen klimatischer und wirklicher Schneegrenze liegt noch die Vergletscherungsgrenze, welche die untere Grenze für die Ausbildungsmöglichkeiten von Gletschern bildet. Sie ist ebenfalls nicht direkt zu beobachten und kann, wie die klimatische Schneegrenze, nur durch ein Konstruktionsverfahren bestimmt werden.

Die Höhe der Schneegrenze hängt in erster Linie von der geographischen Breite ab. Sie liegt unter dem Äquator über 5000 m hoch, ihre größte Höhenlage aber erreicht sie in den subtropischen Gebieten der nördlichen (Himalaya 6000 m) und südlichen (Südamerikanische Anden 6600 m) Halbkugel. In den Alpen (45—47⁰ Nord) ist ihre Höhe 2400 bis 3200 m, in Norwegen (60—71⁰ Nord) 750 bis 1900 m, in Spitzbergen (76—81⁰ Nord) etwa 400 m.

Die Höhe ist aber auch in nicht geringem Maße abhängig von der orographischen Beschaffenheit des Gebirges und der Exposition gegen die Sonne. Im allgemeinen liegt daher in der nördlichen gemäßigten Zone die Schneegrenze auf der Südseite der Gebirge höher als auf der Nordseite, wo die Intensität der Sonnenbestrahlung in der Regel geringer ist als auf der Südseite. Die Verschiedenheiten der meteorologischen Bedingungen, vor allem des Schneefalles, aber auch der Temperatur, der Winde und der Feuchtigkeitsverhältnisse in den einzelnen Teilen der Gebirge machen jedoch ebenfalls ihre Einflüsse geltend, so daß die Höhe der Schneegrenze nur von Ort zu Ort, sondern auch von Jahr zu Jahr wechselt, und ein zuverlässiger Mittelwert erst durch langjährige Beobachtungsreihen bestimmt werden kann.

Die Höhe der Schneegrenze ist im Verlaufe der Erdgeschichte beträchtlichen Schwankungen unterworfen gewesen. Insbesondere hat sie zu den Eiszeiten (s. diese) erheblich tiefer gelegen. Für die Alpen ist während der diluvialen Eiszeit eine Depression der Schneegrenze um 1000 bis 1400 m festgestellt worden.

Da die Niederschlagsmenge in den Gebirgen von einer gewissen Höhe an wieder abnimmt, so ist es wahrscheinlich, daß in sehr großen Höhen die Verdunstung den Niederschlag überwiegt, eine dauernde Anhäufung von Schnee also nicht mehr möglich ist. Diese obere Schneegrenze ist aber bisher noch nirgends festgestellt worden. Vielleicht wird sie von einigen Bergriesen im Inneren des Antarktischen Kontinentes erreicht.   *O. Baschin.*

Näheres s. H. Heß, Die Gletscher. 1904.

Schneestadium s. Adiabate in der Meteorologie.

Schneidentöne entstehen, wenn ein Luftstrom durch einen schmalen Spalt gegen eine mehr oder weniger scharfkantige Schneide geblasen wird. Nach R. Wachsmuth, der diese Erscheinungen eingehend untersucht hat, entsteht ein Ton erst dann, wenn die Schneide einen gewissen minimalen Abstand von dem Spalt hat. Dieser kritische Abstand hängt von der Ausströmungsgeschwindigkeit des Luftstromes ab. Bei Vergrößerung des Schneidenabstandes sinkt dann die Tonhöhe kontinuierlich und ist diesem Abstande umgekehrt proportional. Ist ein gewisser Abstand erreicht, so springt der Ton plötzlich um eine Oktave in die Höhe, um bei weiterer Vergrößerung des Abstandes wieder wie vorher abzunehmen, bis eine Größe des Abstandes erreicht ist, bei welcher er wieder um ungefähr eine Oktave nach oben springt.

Die Entstehung der Schneidentöne ist ebenso wie die der Hiebtöne (s. d.) und die der Spalttöne (s. d.) auf Wirbelbildung zurückzuführen. Gegenüber den letzteren tritt nur die Komplikation hinzu, daß für die Tonhöhe neben der Strömungsgeschwindigkeit in erster Linie der Schneidenabstand maßgebend ist. Die Theorie der Schneidentöne ist von grundlegender Wichtigkeit für das Verständnis des Funktionierens der Lippenpfeifen (s. Pfeifen) und ähnlicher Instrumente.

E. Waetzmann.

Näheres s. E. Schmidtke, Zur Hydrodynamik der Schneidentöne. Ann. d. Phys. 60, 1919.

Schnellregulierung elektrischer Generatoren. Unter den Stichworten „Äußere Charakteristik der Gleichstromgeneratoren" und „Äußere Charakteristik der Wechselstromgeneratoren" sind die Gründe für die sehr erheblichen Spannungsänderungen (bis zu 20 bzw. 30%!) auseinandergesetzt, die selbst bei durchaus modernen Maschinen zwischen Vollast und Leerlauf auftreten können und durch entsprechende Einregulierung der Felderregung beseitigt werden müssen. Ein großer Spannungsabfall beeinträchtigt sehr unangenehm die Leistung sowohl von Gleichstrom-Nebenschluß- als auch besonders von asynchronen Drehstrommotoren, häufig auftretende, hohe Spannungssteigerungen setzen die Lebensdauer auch der modernen Metalldrahtlampen trotz ihres positiven Widerstandskoeffizienten ganz bedeutend herab, wie die folgende Tabelle[1]) angenähert zeigt:

Brennspannung	Erhöhung in %	Lebensdauer in %
220	0	100
235	6,8	rd. 50
250	13,6	„ 30

Das Nachregulieren von Hand, d. h. relativ langsam, durch den Maschinenwärter vornehmen zu lassen, ist praktisch nur bei den kleinsten Anlagen möglich bzw. zulässig; für mittlere und große Leistungen kommt nur eine rasch arbeitende automatische Regulierung in Frage. Bei Gleichstromanlagen läßt sich diese ziemlich einfach verwirklichen auch ohne das kostspielige Mittel der Parallelschaltung einer Akkumulatorenbatterie durch eine sorgfältig abgeglichene Compoundierung der Generatoren. Dieselbe wirkt zwar auch nicht momentan, da z. B. plötzliche Stromstöße infolge der Induktivität der Serienwicklung nicht über diese sondern über den parallelgeschalteten, zur Einstellung dienenden Nebenschlußwiderstand verlaufen, aber immerhin rasch genug, um einen praktisch einwandfreien Betrieb zu sichern. Besonders gilt dies für moderne Gleichstrom-Turbogeneratoren, deren Ankerrückwirkung (siehe dies!) durch eine Kompensationswicklung ausgeglichen ist; die Spannungsänderung kann bei ihnen durch Verwendung einer passend gewählten Erregermaschine selbst ohne Compoundierung der Hauptmaschine auf wenige Hundertteile herabgedrückt werden.

Ungleich schwieriger liegen die Verhältnisse bei ein- wie mehrphasigen Wechselstromzentralen, zumal gerade moderne Wechselstrom-Turbogeneratoren im Gegensatz zu Gleichstrom-Turbodynamos aus wirtschaftlichen wie betriebstech-

nischen Gründen (Kurzschlußstrombegrenzung!) meist mit an sich sehr großer Spannungsänderung (25—30% bei cos $\varphi = 0,8$) zwischen Leerlauf und Vollast gebaut werden. Auch für Wechselstrom existieren sog. indirekte Compoundierungsschaltungen, bei denen durch Vermittlung eines Serientransformators das resultierende Feld der Erregermaschine mit wachsender Strombelastung des Generators verstärkt wird, wodurch auch die Magneterregung des letzteren steigt, doch macht sich bei ihnen die hohe magnetische Zeitkonstante der Polradwicklung bereits recht störend bemerkbar, so daß diese an und für sich technisch sehr interessanten Schaltungen, um die sich u. a. Danielson verdient gemacht hat, keine erhebliche praktische Bedeutung mehr haben, seitdem der Amerikaner Tirrill den ersten nach ihm benannten sog. Schnellregler schuf, der heute in vielen großen Wechselstromzentralen in verschiedenen Ausführungsformen anzutreffen ist. Seine Vorläufer waren die für bescheidenere Anforderungen noch heute verwendeten sog. trägen Regleranordnungen, die bei Spannungsänderungen mittels eines Kontaktvoltmeters, einiger Relais und eines Hilfsmotors einen gewöhnlichen Nebenschlußregler betätigten, der auf das Feld der Haupt- oder der Erregermaschine einwirkt. Es handelt sich bei ihnen also einfach um einen maschinellen, automatisch wirkenden Ersatz der Tätigkeit eines aufmerksamen Schalttafelwärters. Die Trägheit der zu beschleunigenden Massen und die Induktivität der Feldwicklungen ziehen bei ihnen der Schnelligkeit des Reguliervorganges enge Grenzen, um Pendelungen um die Sollspannung zu vermeiden. Tirrill überwindet diese beiden Mängel durch Beschränkung der zu bewegenden Massen auf die Größenordnung der eines Selbstunterbrechers ähnlich dem sog. Wagnerschen Hammer und die Verwendung relativ sehr hoher Erregerspannungen für die Induktivitäten, die im Beharrungszustand einen viel größeren Erregerstrom ergeben würden, als ihn der Belastungszustand des Generators verlangt. Mit Rücksicht auf die Schonung der Kontakte des Selbstunterbrechers arbeitet auch der Tirrilregler nahezu stets auf den Feldkreis der Erregermaschine unter Zwischenschaltung eines Relais mit Löschkondensator. Prinzipiell wird die letztere mit pulsierendem Gleichstrom erregt, den der Selbstunterbrecher liefert. Die Stromkurve ist eine schräge Treppenlinie, bei der im allgemeinen Anstieg und Abfall ungleich schnell verlaufen. Der Ankerkontakt des Selbstunterbrechers wird von der Gleichspannung der Erregermaschine betätigt, der Gegenkontakt von der Wechselspannung des Generators derart verstellt, daß bei sinkender Spannung eine Verlängerung, bei steigender eine Verkürzung der Kontaktdauer eintritt unter gleichzeitiger Vergrößerung bzw. Verkleinerung des Mittelwertes des pulsierenden Gleichstroms infolge stärkerer Anspannung der Ankerfeder. Der Selbstunterbrecher an sich dient, wie erwähnt, nur der Aufgabe, den unter dem Einfluß sehr großer Über- bzw. Unterspannungen rapid ansteigenden bzw. abfallenden Feldstrom der Erregermaschine im richtigen Zeitpunkt ab- bzw. wieder einzuschalten. Die Geschichte der Entwicklung des Tirrilreglers ist ein interessanter Beitrag zur Erfinderpsychologie insofern, als die einwandfreie Klärung des Arbeitsvorganges in derartigen Schnellreglern nicht von ihrem Schöpfer, sondern an Hand der Untersuchungen am fertigen Apparat von anderer Seite

[1]) Aus E. T. Z. 1920, S. 636. O. Kümpel.

erfolgt ist. Neben diesem Schnellregler in seinen verschiedenen Variationen sind, hauptsächlich aus patentrechtlichen Gründen, eine ganze Reihe von Konstruktionen entstanden, die die Lösung des für den modernen Zentralenbetrieb überaus wichtigen Problems der Spannungsregulierung innerhalb engster Grenzen in Bruchteilen von Sekunden auf anderem Wege, meist dem des Kontaktvoltmeterprinzips, suchen.   *E. Rother.*
Näheres s. Schwaiger, Das Regulierproblem in der Elektrotechnik.

Schnelltelegraphie. Telegraphierverfahren, bei dem mehr als 30 Worte in der Minute gesendet und empfangen werden. Am Sender werden die Zeichen in Lochstreifen gestanzt (Wheatstone, Siemens-Geber) und durch Zwischenrelais auf die Hauptsende-Relais übertragen. An der Empfangsstelle werden sie mit Typenschreiber, Parlograph, Telegraphon oder phonographisch niedergeschrieben.   *A. Meißner.*

Schnellwage. Die Schnellwage (Desemer) ist ein gerader ungleicharmiger Hebel, an dessen kürzerem Hebelarm die Last an einem Haken aufgehängt wird. Auf dem längeren Hebelarm bewegt sich ein Laufgewicht über einer Teilung. Das Laufgewicht wird so weit verschoben, bis der Hebel, den man meist mit einem Handgriff an der Drehachse faßt, horizontal steht. Die Teilung ist gewöhnlich so ausgeführt, daß man die Größe der Last unmittelbar in Kilogramm ablesen kann.   *Scheel.*

Schönrockscher Halbschatten-Polarisator s. Polarimeter.

Schornstein. Der Schornstein dient zur Ableitung der Rauchgase einer Feuerungsanlage und zur Erzeugung des zur Verbrennung auf dem Rost nötigen Luftzuges. Werden B kg Brennstoff in der Stunde verbrannt, die B×V m³ Verbrennungsgase (bei 0° Temp.) ergeben und ist $t_s = 200$ bis 300° C die Schornsteintemperatur, so berechnet sich der Schornsteinquerschnitt 0, wenn die mittlere Geschwindigkeit der Rauchgase im Schornstein c m/sec beträgt:

$$O = \frac{B \times V}{1800 \times c}.$$

Setzt man c = 3 m/sec, $t_s = 250°$ C und V = 16 m³, so wird der obere lichte Durchmesser des Schornsteines

$$d = 0,06 \times \sqrt{B}.$$

Die Höhe der Mündung des Schornsteines über dem Rost kann man nehmen:

$$h = 25 - 30 \ d \quad \text{für } d < 2,5 \ m$$
$$h = 20 \ d \qquad \text{„ } d > 2,5 \ m$$
    L. Schneider.
Näheres. s Gustav Lang, Der Schornsteinbau. Hannover, Helwing.

Schränkung zweier Flügel nennt man den Winkel, welchen die beiden Sehnen miteinander bilden.

Schrapnells s. Sprenggeschosse.

Schraubenfehler s. Mikrometerschrauben.

Schraubenflieger sind Konstruktionen, bei welchen man die Kraft einer Hubschraube (s. d.) zur Hebung von Gewichten auszunutzen strebt. Die Hauptschwierigkeiten bestehen in der mangelnden Stabilität einer derartigen Anordnung und in dem geringen Gleitvermögen, d. h. in der raschen Sinkgeschwindigkeit, wenn der Motor versagt. Praktisch angewandt wurde der Schraubenflieger bisher nur in gefesseltem Zustand, als Ersatz für einen Fesselballon.   *L. Hopf.*

Schraubenmikrometer s. Längenmessungen.

Schraubenstrahl. Die Zugkraft einer Luft- oder Wasserschraube muß notwendig verbunden sein mit einer Impulserhöhung der strömenden Flüssigkeit in der Schraube. Die in die Schraube eintretende Flüssigkeit kontrahiert sich in einen Strahl mit höherer Geschwindigkeit. Diese Verhältnisse werden hinter der Strahltheorie der Schraube (s. d.) zur Bestimmung eines Maximalwirkungsgrades verwendet. Praktisch ist der Schraubenstrahl deshalb von großer Wichtigkeit, weil durch ihn die Luftkräfte auf die hinter der Schraube gelegenen Teile erheblich geändert werden können. Besonders bei der Bemessung der hinter der Schraube liegenden Steuerorgane (Leitwerk) muß auf diesen Punkt geachtet werden.   *L. Hopf.*

Schraubenteilmaschine s. Längenmessungen.

Schreibempfang. Empfangseinrichtung für drahtlose Telegraphie, bei der die Aufnahme der Zeichen nicht mit dem Gehör, sondern auf dem Papierstreifen eines Morseapparates wie bei der Drahttelegraphie erfolgt. Sie wird vor allen Dingen bei Schnelltelegraphenbetrieb angewandt, wo das hohe Telegraphiertempo die Höraufnahme nicht zuläßt.   *A. Esau.*

Schreiber. Wichtiger Bestandteil der für den Schreibempfang drahtloser Signale erforderlichen Empfangseinrichtung.   *A. Esau.*

Schublehre s. Längenmessungen.

Schubspannung s. Spannungszustand.

Schußebene s. Flugbahnelemente.

Schußweite s. Flugbahnelemente.

Schutzgitter, besondere Elektrode bei einer Verstärkerröhre, vorzugsweise mit Hochvakuum-Glühkathodenentladung (W. Schottky). Das Schutzgitter liegt zwischen wahrem Gitter und Anode, es hat eine etwas geringere positive Spannung als die Anode und ist so mit der Kathode verbunden, daß keine Wechselspannungen gegen sie auftreten. Das Schutzgitter hat den Zweck, die für den Verstärkervorgang ungünstige Anodenrückwirkung herabzusetzen, die proportional dem Durchgriff ist, dabei jedoch die positive resultierende Gleichspannung, die ebenfalls proportional dem Durchgriff ist, nicht herabzusetzen. Das heißt das Schutzgitter bringt eine Trennung zwischen Wechselspannungsdurchgriff und Gleichspannungsdurchgriff hervor, wobei der erstere möglichst verkleinert wird, der zweite dagegen nicht (s. Verstärkerröhre). Bezeichnet σ den Durchgriff der Schutzgitterspannung e_S durch das wahre Gitter und δ den der Anodenspannung durch das Schutzgitter, sowie α den der Anodenspannung durch beide Gitter zusammen (d. h.: $\alpha = \sigma \delta$), so ergibt sich bei einer Hochvakuumröhre die Stromspannungsgleichung:

$$i = \frac{1}{k} (e_g + \sigma e_S + \alpha e_A)^{\frac{3}{2}}$$

und hieraus unter Voraussetzung des optimalen äußeren Widerstandes die Verstärkerleistung:

$$N = \frac{3 \ E^2 \ \sqrt{E_g + \sigma E_S + \alpha E_A}}{16 \ K \alpha} f^2$$

(f ist ein Faktor, der ein wenig kleiner als 1 ist und die Stromverteilung zwischen Schutzgitter und Anode bedeutet).

Aus der Gleichung für N ist zu ersehen, daß im Vergleich zu einer Eingitterröhre gleicher Daten die Verstärkung durch Verringerung von α bei ausreichendem σ erheblich gesteigert werden kann.   *H. Rukop.*
Näheres s. W. Schottky, Arch. f. Elektr. 8, 299, 1919.

Schutzgitterröhre, eine Verstärkerröhre (s. diese), s. Schutzgitter.

Schutzring, elektrostatischer. Ein elektrostatischer Schutzring ist an dem absoluten Thomsonschen Schutzringelektrometer angebracht (siehe Figur). Bei diesem bewegt sich die bewegliche Platte f innerhalb des Ringes SS. Der Ring hat die Aufgabe, das Elektrometer gegen äußere Felder, die die Messung stören würden, abzuschirmen, in der Hauptsache aber dient er dazu, die Randkorrektionen, die wegen der Inhomogenität des Feldes an den Rändern der Platte auftreten, so herabzusetzen, daß

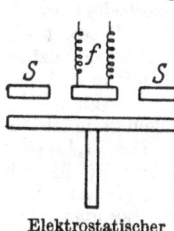

Elektrostatischer Schutzring.

sie vernachlässigt werden können. Die eigentliche Kondensatorplatte bildet nur den zentralen Teil eines größeren Kondensators und die Inhomogenität des Feldes wird an die Ränder des Schutzringes verlegt.	*R. Jaeger.*

Schutzring-Elektrometer (W. Thomson). Das Elektrometer dient zur absoluten Messung einer Spannung. Es besteht aus einer festen unteren Platte F (s. Fig.), die meßbar gegen eine obere, kleinere Platte f verschoben werden kann. Die kleine Platte ist von einem Schutzring S umgeben, der sich in der gleichen Ebene mit ihr befindet. Wenn die Platten geladen sind, findet eine Anziehung zwischen ihnen statt. Die Messung dieser Kraft geschieht in der Weise, daß die

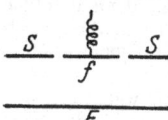

Schutzring-Elektrometer.

an einer Feder aufgehängte obere Platte, wenn die Platten nicht geladen sind, derart mit Gewichten beschwert wird, daß sie sich genau in der Ebene des Schutzrings befindet. Die durch die Anziehung bei der Ladung bewirkte Verschiebung der oberen Platte wird dann dadurch aufgehoben, daß man Gewichte von derselben fortnimmt, bis sie wieder in der Anfangsstellung sich befindet. Ist f die Fläche der beweglichen Platte, a der Abstand von der unteren Platte und k (in Dyn) das Gewicht der fortgenommenen Stücke, so erhält man die Spannung V in elektrostatischen cgs-Einheiten (1 cgs-Einheit gleich 300 Volt) nach der Formel $V = a \sqrt{8 \pi k/f}$. Fehler entstehen durch den zwischen Schutzring und beweglicher Platte vorhandenen Spalt, sowie dadurch, daß sich die bewegliche Platte nicht genau in der Ebene des Schutzrings befindet; zur Berücksichtigung dieser Fehler hat Thomson eine Formel angegeben. Da die Messung des Abstandes a wegen seiner Kleinheit Schwierigkeiten macht, führt man die Messung in verschiedenen Abständen aus, so daß man nur die Verschiebung der festen Platte mikrometrisch zu messen braucht.	*W. Jaeger.*

Näheres s. Jaeger, Elektr. Meßtechnik. Leipzig 1917.

Schwächungsvorrichtung s. Strahlungspyrometer.

Schwankungen der radioaktiven Umwandlung. Das die Erscheinungen der Radioaktivität beherrschende Zerfallsgesetz $N_t = N_0 e^{-\lambda t}$ hat statistischen Charakter und N_t stellt nur den wahrscheinlichsten Wert der zur Zeit t noch vorhandenen unverwandelten Atome vor, wenn zu Beginn der Zeit t, also für t = 0, die Anzahl der Atome N_0 war, welche Zahl sich während t Sekunden wegen des spontanen Atomzerfalles auf obigen Wert N_t vermindert hat. Nur im Mittel über unendlich viele Einzelereignisse — in unserem Fall unendlich

viele Atome, deren Zerfall das zufällige Ereignis darstellt — wird man die exakte Gültigkeit des Gesetzes bestätigt finden. Die Atomzahlen unserer zur Beobachtung gelangenden Präparate sind aber nicht unbegrenzt, daher wird man je nach der Stärke des Präparates Abweichungen von dem nur im Idealfall streng gültigen Gesetz finden, die sich ebenso wie das Gesetz selbst aus Wahrscheinlichkeitsbetrachtungen vorhersagen lassen. Und zwar ergibt sich folgendes: Bezeichnen wir mit Z diejenige Zahl der Atome, die bei strenger Gültigkeit des Zerfallsgesetzes in einer Zeit, die klein sei gegen die mittlere Lebensdauer (s. d.), zerfällt, so wird dieser Wert Schwankungen unterliegen und man wird statt seiner einen Wert $Z \pm \zeta = Z (1 \pm \varepsilon)$ erhalten; darin ist ζ die mittlere absolute Zerfalls-Schwankung, $\varepsilon = \frac{\zeta}{Z}$ die mittlere relative. Und die Theorie ergibt $\zeta = \sqrt{Z}$, also $\varepsilon = \frac{1}{\sqrt{Z}}$; der absolute Fehler wächst demnach mit der Präparatstärke, und zwar mit der Wurzel aus den verfügbaren Atomzahlen, der relative Fehler ist dieser Wurzel verkehrt proportional. — Da man aber außer bei der Zählungsmethode (s. d.) nicht Z selbst, sondern den durch Z hervorgerufenen Ionisationseffekt, der der Zahl der α-Partikel, also auch dem Z proportional ist $J = k Z$ beobachtet, so wird auch der beobachtete Sättigungsstrom Schwankungen aufweisen. Statt des idealen Wertes J wird $J' = J \pm i = J \left(1 \pm \frac{i}{J}\right)$ beobachtet werden, wobei der absolute Fehler $i = k \sqrt{Z} = \sqrt{k J}$, der relative Fehler $\frac{i}{J} = \varepsilon' = \frac{1}{\sqrt{Z}} = \sqrt{\frac{k}{J}}$ sein wird. Die Schwankung wird also um so beobachtbarer, je größer der bei jedem Zerfall hervorgerufene Meßeffekt k ist. Da die Ionisation durch ein α-Partikel eine wesentlich kräftigere ist, sind Schwankungen an α-Strahlen leichter zu beobachten als an β-Strahlen. Komplizierter wird das Problem, wenn man berücksichtigt, daß dieser Proportionalitätsfaktor k, der im wesentlichen die erzeugte Ionenzahl enthält, selbst wieder ein statistischer Mittelwert ist und Schwankungen unterworfen sein kann. Dazu kommen noch eine ganze Reihe anderer Schwierigkeiten, z. B. die Verzerrung, die das Schwankungsbild durch die Trägheit des registrierenden Meßapparates erleidet u. a. m., so daß die quantitative Verwertung der Erscheinung (vgl. weiter unten) auf Hindernisse stößt.

Die theoretisch zu erwartenden Verhältnisse wurden im Experiment, sei es durch Zählung, sei es durch Strommessung (nach Kompensationsmethoden), gut bestätigt, insbesondere an α-Strahlen.

Umgekehrt ermöglicht die Beobachtung der Stromschwankungen eine Bestimmung von Z, liefert also dasselbe wie eine Zählung. Bei γ-Strahlen wurden derartige Messungen zur Beantwortung der Frage nach dem Wesen der Strahlung, ob quasi korpuskular mit anisotroper Energieverteilung oder ob eine Kugelwelle mit isotroper Energieverteilung, herangezogen; doch sind aus den oben erwähnten Gründen die Ergebnisse nicht eindeutig genug um eine definitive Entscheidung zu bringen, wenn sie sich auch recht gut mit den im Kapitel „γ-Strahlung" besprochenen Anschauungen Sommerfelds vereinigen lassen, wonach die Energie des γ-Strahles sich auf schmale Kegelräume zusammendrängt. *K. W. F. Kohlrausch.*

Schwanzlastigkeit eines Flugzeuges ist die Neigung bei losgelassenem Höhensteuer nach hinten umzukippen. Sie kann von falscher Schwerpunktlage und von falscher Einstellung des Höhenleitwerks herrühren und ist in ersterem Falle oft mit gefährlicher Instabilität verbunden. *L. Hopf.*

Schwarzer Körper, ein alle Wellenlängen vollständig absorbierender Körper s. Reflexions-, Durchlässigkeits- und Absorptionsvermögen, Nr. 2. Gesetze seiner Strahlung und photometrische Zahlenwerte s. Energetisch-photometrische Beziehungen, Nr. 2. Siehe auch Einheitslichtquellen, ferner Wirtschaftlichkeit von Lichtquellen.

Schwarzer Körper oder **schwarzer Strahler** (s. auch Hohlraumstrahlung, schwarze Strahlung). Im Innern eines Hohlraumes, dessen Wände undurchsichtig und auf konstanter Temperatur T gehalten sind, besteht der „schwarze Strahlung" genannte Gleichgewichtszustand. Die Strahlung tritt durch eine Öffnung aus, welche als schwarz strahlende Fläche der Temperatur des Hohlraumes wirkt. Die Öffnung muß im Verhältnis zur inneren Oberfläche des Hohlraumes so klein sein, daß der Ausfall der Reflexion an ihrer Oberfläche die innen herrschende Strahlung nicht beeinträchtigt. Das erreicht man um so mehr, je mehr man die erforderliche Anzahl von Reflexionen im Innern durch Schwärzung der Wände herabsetzt. Bei einem Reflexionsvermögen der Wände von 10% (Abs. 90%) strahlt die Öffnung schon auf 1% vollkommen schwarz, wenn jeder Strahl, der von irgend einem Flächenelement ausgeht, nur zweimal vor seinem Austritt innen reflektiert wurde. Die experimentelle Herstellung besteht meist darin, daß man einen Hohlraum mit der Ausstrahlungsöffnung versehen in Bäder konstanter Temperatur bringt (für Temperaturen bis etwa 500), oder ihn elektrisch heizt. Schwarze Körper für höhere Temperaturen macht man aus Porzellan oder Marquardtscher Masse, die durch Drähte oder Bleche elektrisch geheizt werden, oder auch aus direkt vom Starkstrom durchflossenen Kohlerohr. Die zylindrische Form solcher Hohlräume macht die Verwendung zahlreicher Blenden erforderlich, um direkte Strahlung der Wände durch die Öffnung zu verhindern. Die Temperatur wird mit Thermoelementen oder Widerstandsthermometern, welche in den Hohlraum eingeführt werden, oder (bei höherer Temperatur) optisch gemessen. Der schwarze Körper dient zur Prüfung der Strahlungsgesetze sowie als Strahlungsnormal zur Eichung von Pyrometern. *Gerlach.*

Schwarze Temperatur nennt man den Wert der Temperatur eines Körpers, welcher aus seiner Strahlung unter Zugrundelegung der Strahlungsgesetze (s. d.) des schwarzen Körpers berechnet ist. Strahlt der Körper nicht „schwarz", so ist die „wahre Temperatur" stets höher als die schwarze Temperatur. Auch stimmen dann die schwarzen Temperaturen nicht überein, welche aus verschiedenen Strahlungsgesetzen berechnet sind. Im besonderen Fall des „grauen Körpers" (s. d.) ergeben alle Strahlungsgesetze denselben Wert für die schwarze Temperatur. S. auch Strahlungstemperatur. *Gerlach.*

Schwarze Temperatur s. Strahlungspyrometer und Temperaturskalen.

Schwebemethode. Zur Ermittelung des spezifischen Gewichts sehr fein verteilter, z. B. pulver-förmiger Körper bedient man sich der Schwebemethode. Man bringt den Körper in eine Flüssigkeit und gleicht diese durch Mischen mit anderen Flüssigkeiten so ab, daß der Körper in dem Gemisch schwebt oder doch nur ganz langsam zu Boden sinkt. In diesem Falle ist das spezifische Gewicht des Körpers gleich dem spezifischen Gewicht des Flüssigkeitsgemisches; man ermittelt das letztere nach den üblichen Verfahren, z. B. mit dem Aräometer (s. d.) oder der Mohrschen Wage (s. d.). — Als zur Herstellung von Mischungen geeignet gibt Kohlrausch an: Chloroform (spez. Gew. 1,49) oder Bromoform (2,9) oder Methylenjodid (3,3) mit Benzol (0,88), Toluol (0,89), Xylol (0,87), Azetylentetrabromid (3,0) oder wässerige Lösungen von Kaliumquecksilberjodid (Thouletsche Lösung, bis 3,20). *Scheel.*
Näheres s. Kohlrausch, Praktische Physik. Leipzig.

Schwebungen nennt man das (p—q)-malige An- und Abschwellen der Tonintensität, wenn gleichzeitig zwei nahe aneinander liegende Primärtöne von den Schwingungszahlen p und q angegeben werden (s. Interferenz des Schalles). Die Maxima der Schwebungen nennt man Stöße. Wird mit wachsendem Primärtonintervall die Schwebungsanzahl pro Sekunde immer größer, so kann das Ohr den einzelnen Schwebungen nicht mehr folgen, hört aber noch ein Rollen, und schließlich bleibt noch eine gewisse Rauhigkeit der Tonempfindung übrig.

Die Maximalzahl der hörbaren Schwebungen wird in den hohen Tonlagen erreicht; nach der Tiefe zu nimmt sie mehr und mehr ab, weil hier das Intervall zu groß wird, wenn p—q große Werte erreicht. In der großen Oktave (64—128 Schwingungen) kann man Schwebungen noch bei Intervallen bis zur Quinte und selbst darüber hinaus deutlich wahrnehmen, in der dreigestrichenen Oktave bis etwa zur Terz, in der viergestrichenen bis etwa zur großen Sekunde und in der fünfgestrichenen bis etwa zur kleinen Sekunde.

Was die Tonhöhe bei den Schwebungen anlangt, so gilt folgendes: Liegen die Primärtöne in mittlerer Lage um etwa einen halben Ton auseinander, so hört man einen zwischen ihnen, etwas näher an dem tieferen Primärton gelegenen Ton schwebend, und daneben die beiden Primärtöne ohne Schwebungen. Rücken beide Primärtöne bedeutend näher aneinander, so hört man nur einen zwischen ihnen liegenden Ton (Zwischenton), und diesen schwebend. Rücken die beiden Primärtöne in derselben Gegend der Skala weiter auseinander, so hört man wieder beide Primärtöne, und zwar schwebend, während der mittlere Ton jetzt fehlt. Richtet man die Aufmerksamkeit vorzugsweise auf einen der beiden Primärtöne, so erscheint immer dieser als der schwebende. Sind die beiden Primärtöne sehr verschieden stark, so wird immer der stärkere schwebend gehört.

Werden die beiden Tonquellen, z. B. zwei Stimmgabeln, auf die beiden Ohren verteilt, so hört man auch noch Schwebungen, sog. diotische oder binaurale (im Gegensatz zu den monotischen) Schwebungen. Ihr Zustandekommen ist darauf zurückgeführt worden, daß der dem einen Ohre dargebotene Ton durch Kopfknochenleitung auch zum anderen gelangt, wodurch dann wieder Gelegenheit zur Interferenzbildung gegeben ist. Jedoch ist die ganze Erscheinung noch nicht völlig geklärt. Nach neueren Untersuchungen von von Hornbostel und Wertheimer sind es gar keine

Schwebungen im gewöhnlichen Sinne, sondern reine Lokalisationserscheinungen (s. Lokalisation des Schalles).

Schwebungen werden besonders deutlich bei zwei kräftigen reinen Primärtönen gehört, die nicht schnell abklingen, z. B. bei zwei Stimmgabeln auf Resonanzkästen. *E. Waetzmann.*

Näheres s. E. Waetzmann, Über Schwebungen. Physik. Zeitschr. **18**, 1917.

Schwebungen. Die periodischen Energie-, Strom- und Spannungsschwankungen, die infolge von Übereinanderlagerung zweier Schwingungen wenig verschiedener Frequenz entstehen. Der allmähliche Wechsel der Phase bewirkt, daß die zwei Schwingungen sich bald unterstützen, bald entgegenwirken. Die Zeit zwischen zwei aufeinanderfolgenden Gegenwirkungen, d. h. die Zeit zwischen zwei Amplituden-Minimas ist die Schwebungsdauer. Die Schwebungsfrequenz ist daher gleich der Differenz der beiden Frequenzen $= n = n_1 - n_2 = k\,n$. Die Anzahl der Halbschwingungen vom Beginn der Schwingungen bis zum ersten Schwebungsminimum $= \dfrac{1}{k}$ ($k =$ Kopplungskoeffizient). Charakteristisch ist, daß im Schwebungsminimum ein Phasensprung um 180° auftritt. *A. Meißner.*

Schwebungsempfang s. Schwebung.

Schwefelsiedepunkt s. Temperaturskalen u. Widerstandsthermometer.

Schweremessungen. Man unterscheidet absolute und relative Schweremessungen. Bei absoluten Messungen wird die Größe der Schwere an einer Station unabhängig von ihrem Wert an anderen Stationen bestimmt, während bei relativen Messungen der Unterschied der Schwere an einer Station gegen ihren Wert an einer Hauptstation oder Ausgangsstation gemessen wird.

Das Instrument für absolute Messungen ist ausschließlich das Reversionspendel. Die Bestimmung der Schwingungsdauer erfolgt nach der Koinzidenzmethode, bei welcher die Zeit festgestellt wird, die vergeht von dem Augenblicke, in welchem der Schlag des freischwingenden Pendels mit dem Schlag einer Sekundenuhr zusammenfällt, bis zu dem Augenblick, da dies das nächstemal stattfindet. Die mit der Änderung der Amplitude verbundene Änderung der Schwingungsdauer muß berücksichtigt werden. Der Gang der Vergleichsuhr muß aus astronomischen Zeitbestimmungen mit großer Sorgfalt bestimmt werden.

Die Länge des Pendels wird mit einem Maßstab, dessen Länge genau bekannt sein muß, gemessen. Eine richtige Temperaturbestimmung ist dabei äußerst wichtig. Kleine Korrekturen hängen noch von der Form der Schneiden, auf welchen das Pendel schwingt, ab, vom Gleiten und Rollen derselben auf der Unterlage, von Luftdruck und Luftwiderstand usw. Von Wichtigkeit ist endlich auch das Mitschwingen des Stativs, das auch bei festester Aufstellung nicht ganz beseitigt werden kann. Man hat mehrere Methoden, welche zur Bestimmung des Mitschwingens dienen. Man bringt z. B. an dem Stativ ein Fadenpendel an, welches entweder durch die Schwingung des freien Pendels selbst oder Stöße von bekannter mit einem Dynamometer gemessener Stärke in Schwingung versetzt wird. Sehr bewährt sich die optische Methode, bei der die kleinen Bewegungen des Stativs durch Interferenzen gemessen werden.

Wegen der großen Schwierigkeiten, welche mit absoluten Messungen verbunden sind, beschränkt man sie auf einige Hauptstationen. An allen übrigen Stationen, deren Zahl möglichst groß sein soll, nimmt man relative Messungen vor. Man verwendet hierfür das sogenannte invariable Pendel, ein zuerst von Sterneck eingeführtes Halbsekundenpendel. Die einfache Konstruktion dieser Pendel verbürgt ihre Unveränderlichkeit. Man bestimmt zunächst die Schwingungsdauer an einer Ausgangsstation. Hat dann das Pendel an einer anderen Station eine andere Schwingungsdauer, so läßt sich aus dem Unterschied gegen die Hauptstation auch der Schwereunterschied ableiten. Da es sich dabei nur um die Bestimmung von Differenzen handelt, fallen alle Korrektionen, welche die Schwingungsdauer immer in gleicher Weise beeinflussen, heraus. Es bleibt im wesentlichen nur eine Temperatur und eine Luftdruckkorrektion zu berücksichtigen. Eine gute Kenntnis des Ganges der Vergleichsuhr ist hier ebenso wichtig, wie bei den absoluten Messungen.

Alle Pendelapparate benötigen eine feste Aufstellung. Schwerebeobachtungen auf dem freien Ozean sind daher erst möglich, seit hierfür eine eigene Methode ausgearbeitet wurde. Man verwendet hierbei Siedethermometer. Bekanntlich steigt der Siedepunkt des Wassers mit dem Luftdruck; die Bestimmung der Siedetemperatur des Wassers gibt also eine absolute Bestimmung des Luftdruckes. Anders ist es mit Quecksilberbarometern, da mit der Schwere nicht nur das Gewicht der Luft, sondern auch das Gewicht des Quecksilbers steigt. Es wird also der gleiche Barometerstand unter verschiedener Schwere verschiedenem Luftdruck entsprechen, und umgekehrt der gleiche Luftdruck durch verschiedenen Barometerstand zum Ausdruck kommen. Aus dem Unterschied zwischen den Angaben des Siedethermometers und des Quecksilberbarometers muß sich also die Schwere bestimmen lassen. Diese Methode wurde von Hecker auf weiten Reisen erprobt und ergab sehr gute Resultate. Die Schwere läßt sich auch mit allen Apparaten bestimmen, bei welchen die Größe eines Gewichtes durch die Spannung einer Feder oder einer eingeschlossenen Gasmasse gemessen wird. Doch sind bisher solche Apparate mit der nötigen Präzision noch nicht hergestellt worden.

Zu den Apparaten, welche die Messung ganz kleiner Schwereunterschiede gestatten, gehört auch die Drehwage (s. diese). *A. Prey.*

Näheres s. J. B. Messerschmitt, Die Schwerebestimmung an der Erdoberfläche (Die Wissenschaft, Heft 27).

Schwerereduktion bei Wägungen s. Massenmessungen.

Schwerestörung s. Schwerkraft.

Schwerewellen s. Oberflächenwellen.

Schwerkraft auf der Erde heißt die Resultierende aus der Anziehung der Erde und der Fliehkraft.

Führt man die Erde als einfachen Rotationskörper ein, dessen Meridiankurven durch die Gleichung:

(1) $$r = a\,(1 - \alpha \sin^2 \varphi)$$

dargestellt wird (a: Äquatorradius, α: Abplattung, φ geozentrische Breite), so gilt für die Schwerkraft der Ausdruck

(2) $$g = g_a\,(1 + \mathfrak{b} \sin^2 \varphi),$$

wo g_a die Schwerekraft am Äquator bedeutet. Den Größen α und $\mathfrak{b}$ stehen in einer bestimmten

Beziehung zur Rotationsgeschwindigkeit, welche gegeben ist durch die Gleichungen

$$(3)\quad \mathfrak{a} = \frac{\omega^2\,\varepsilon^3}{2\,k^2\,M} + \frac{3\,(C-A)}{2\,a^2\,M} = \frac{1}{299}$$
$$\mathfrak{b} = \frac{2\,\omega^1\,a^3}{k^2\,M} - \frac{3(C-A)}{2\,a^2\,M} = \frac{1}{189}.$$

Hier ist M die Erdmasse, C und A ihre Trägheitsmomente bezüglich der Polar- und Äquatorachse, ω die Rotationsgeschwindigkeit und k^2 die Gravitationskonstante.

Die Formel für die Schwerkraft läßt sich leicht in die Form setzen

$$(4)\qquad g = g_{45}\,(1 - \alpha\cos 2\,B)$$

wobei die geozentrische durch die geographische Breite ersetzt ist und $\alpha = 0{,}00265$ ist.

Die Schwerkraft ist auch mit der Höhe veränderlich. Aus

$$(5)\qquad g = g_0 \cdot \frac{a^2}{(a+H)^2}$$

findet man leicht

$$g = g_0\left(1 - \frac{2\,H}{a}\right) = g_0\,(1 - \beta\,H)$$

$$\beta = 0{,}3147 \cdot 10^{-6},\ H\ \text{in Meter}$$

Die Größe
$$(6)\qquad g = g_{45}\,(1 - \alpha\cos 2B)\,(1 - \beta\,H)$$
bezeichnet man als die **normale Schwere**. Nach den neuesten Bestimmungen ist

$$g_{45} = 980{,}629\ \text{cm/sec}^2.$$

Die tatsächlichen Werte der Schwere weichen von den normalen um Beträge ab, welche als **Schwerestörungen** oder **Anomalien der Schwerkraft** bezeichnet werden. Da die Formel für die normale Schwere im Meeresniveau nur aus den direkt beobachteten Werten abgeleitet werden kann, so folgt die Notwendigkeit der Reduktion auf das Meeresniveau. Für diesen Zweck müssen zuerst die sichtbaren Massen berücksichtigt werden. Das Wesentlichste daran ist die Anziehung einer Massenplatte, deren Dicke gleich der Seehöhe des Beobachtungspunktes ist. Mit der Reduktion wegen Höhe nach (Gl. 5) vereinigt, beträgt dies in der Schwere

$$\Delta g = \frac{2\,H}{a}\left(1 - \tfrac{3}{2}\,\frac{\vartheta}{\vartheta_m}\right)$$

wenn ϑ_m die mittlere Dichte der Erde, ϑ die Dichte der Platte bedeutet. Bei sehr unebenem Terrain kommt noch eine **topographische Korrektion** oder die **Lokalattraktion** in Rechnung. Zu ihrer Berechnung ersetzt man die in unmittelbarer Umgebung befindlichen Massen durch einfache geometrische Gebilde, was namentlich in dem Falle gilt, als prägnante Formen darunter vorkommen. Sind solche nicht vorhanden, so teilt man die ganze Umgebung durch konzentrische Kreise und Radien in Felder, deren Anziehung mit Hilfe einer für die einzelnen Felder geltenden mittleren Höhe leicht berechnet werden kann. In der nächsten Nähe müssen die Felder kleiner gehalten und die Einzelheiten genauer berücksichtigt werden als in größerer Entfernung, wo nur noch die Hauptformen zur Geltung kommen. Nachdem die Schwerewerte auf diese Weise von dem Einfluß sichtbarer **Massenanhäufungen** oder **Defekte** befreit sind, zeigen sie noch keineswegs einen glatten Verlauf. Im Gegenteil, die Schwankungen erscheinen vielfach noch vergrößert. Man hat daraus zu schließen,

daß die sichtbaren Massenunregelmäßigkeiten allein die Störungen nicht erklären und man wird zur Annahme von **unterirdischen Massenunregelmäßigkeiten** in der Nähe der Erdoberfläche gedrängt. Diese können in manchen Fällen als unterirdische Fortsetzungen der sichtbaren Gebilde aufgefaßt werden. In den meisten Fällen aber entsprechen den sichtbaren Massenanhäufungen unterirdische Massendefekte und umgekehrt. Man spricht in diesem Sinne von einer **Massenkompensation**.

So scheinen alle Kontinente im ganzen kompensiert. Kettengebirge, wie die Alpen oder der Kaukasus, sind ihrerseits ebenfalls kompensiert; dagegen sind vulkanische Inseln niemals kompensiert. Die großen Ozeane, die selbst einen ungeheuren Massendefekt vorstellen, da sie mit der Dichte 1 weit gegen die Dichte der übrigen Erdoberfläche (2,7) zurückbleiben, sind durch unterirdische Massenanhäufungen kompensiert.

Infolge dieser Kompensation ist der Verlauf der Schwere an der physischen Erdoberfläche von Anfang an viel glatter, als die Bodengestaltung erwarten läßt.

Den Ort und die Form der unterirdischen Massenunregelmäßigkeiten auf Grund von Schweremessungen allein anzugeben, ist aus theoretischen Gründen unmöglich. Man ist daher auf Vermutungen und Hypothesen angewiesen. Massenüberschüsse erklären sich einfach durch Ansammlung schwererer Gesteine; Massendefekte durch Ansammlung von Gesteinen geringerer Dichte im Verhältnis zur Oberflächendichte der Erde, man kann aber auch an lockerere Schichtung, eventuell auch an größere Hohlräume, denken.

Will man keine Hypothesen einführen, so denkt man sich die störende Masse als ideelle störende Schicht im Meeresniveau.

Viele Beobachtungen deuten darauf hin, daß, von Einzelheiten abgesehen, alle sichtbaren Massen kompensiert sind, in der Weise, wie es dem Begriff der **Isostasie** entspricht (s. diese). Darnach sind die kompensierenden Massen gleichmäßig bis zu einer Tiefe von 120 km verteilt.

Die Reduktion der Schwere auf das Meeresniveau wird daher heute auf Grund dieser Hypothese durchgeführt. Die Werte, die man erhält, sind dann tatsächlich von dem größten Teil der Schwerestörungen befreit und eignen sich nunmehr zur Ableitung einer Formel für die normale Schwere.

Die Störungen, die noch in den Schwerewerten bleiben, deuten dann auf Abweichungen von der isostatischen Lagerung. *A. Prey.*

Näheres s. J. F. Hayford, The effect of topography and isostatic compensation upon the intensity of gravity (Verhandl. d. XVI. Konferenz der internat. Erdmessung 1909).

Schweröle s. Verbrennungskraftmaschinen.

Schwerpunkt. Der Schwerpunkt ist, zunächst für einen einzelnen starren Körper, statisch definiert. Er ist der Punkt, in dem man den Körper unterstützen muß, damit er, unter der Wirkung der Erdschwere, im Gleichgewicht bleibt. Wird diese Bedingung für drei gegeneinander räumlich gedrehte Lagen des Körpers aufgestellt, so ergibt sich als Schnitt dreier Schwerebenen der gesuchte Punkt. Das Gleichgewicht für diese Unterstützung ist ein astatisches (s. Stabilität). Die Stützkraft muß dem Gewicht G des Körpers gleich sein. Analytisch erhält man daher nach dem **Momentensatz** (s. Moment) seine Koordinaten x^*, y^*, z^* in einem körperfesten Koordinatensystem, in dem x, y, z die eines beliebigen Körperelements und P dessen Gewicht sei:

$$G x^* = \Sigma P x; \quad G y^* = \Sigma P y; \quad G z^* = \Sigma P z.$$

Man kann also für einen beliebigen Bezugspunkt die Momentensumme der Gewichtselemente des Körpers durch das Moment des im Schwerpunkt angreifenden Gesamtgewichts ersetzen; man kann sich, für die Statik des starren Körpers, „das Gewicht im Schwerpunkt vereinigt denken".

Für die Statik nichtstarrer Systeme hat der Schwerpunkt nur insofern Bedeutung, als für diese als Ganzes auch die Gleichgewichtsbedingungen des starren Körpers gelten.

Dagegen behält der Schwerpunkt seinen charakteristischen Wert für die Kinetik des starren Körpers, soweit nur Translationsbewegungen in Betracht kommen. Insbesondere läßt sich die Energie des starren Körpers spalten in die „Translationsenergie der im Schwerpunkt vereinigten Masse" und die Energie der Rotationsbewegung relativ zum Schwerpunkt. Die Technik macht vielfach Gebrauch von dieser Zerlegung (s. Kreisel).

Obige analytische Definition kann auch auf nichtstarre Systeme und Kontinua übertragen werden. Im Bereich der Newtonschen Mechanik, die die elementare physikalische und die technische Mechanik umfaßt, gilt dann der sog. Schwerpunktssatz: Der Schwerpunkt bewegt sich wie ein Massenpunkt, an dem die Resultante aller im System vorkommenden Kräfte angreift und dessen Masse die des ganzen Systems ist. Hierauf beruht die Möglichkeit, auf viele Systeme näherungsweise die Punktmechanik anzuwenden. Charakteristische Beispiele sind die Bewegung des Planetensystems im Fixsternraum und die eines explodierenden Geschosses. (Weiteres s. Prinzipe der Mechanik.)

F. Noether.

Näheres s. Die Lehrbücher der Mechanik, z. B. Hamel, Elementare Mechanik. 1912.

Schwerpunktssatz s. Impulssätze.

Schwimmachse s. Metazentrum.

Schwimmebene s. Metazentrum.

Schwimmer eines Wasserflugzeuges sind bootartige Körper, welche so gebaut sein müssen, daß sie bei den großen Geschwindigkeiten, wie sie zum Start eines Flugzeuges nötig sind, leicht aus dem Wasser herausgehoben werden. Als wichtigste Maßnahme zu diesem Zweck hat sich der Einbau von Stufen in den Boden solcher Schwimmer bewährt. Beim Flug kommt wesentlich nur der vom Schwimmer herrührende schädliche Widerstand in Betracht. Die Auftriebskraft und ihr Drehmoment spielen eine verhältnismäßig geringe Rolle. An die Festigkeit von Schwimmern werden beim Aufsetzen des Flugzeuges auf das Wasser erhebliche Anforderungen gestellt.

L. Hopf.

Schwingaudion s. Audion.

Schwingenflieger nennt man solche Flugzeugkonstruktionen, bei welchen die erforderliche Auftriebskraft wie beim Vogelflügel durch Auf- und Abschlagen gewonnen werden soll. Solche Konstruktionen haben bisher keine praktische Bedeutung gewonnen.

L. Hopf.

Schwingkennlinie s. Röhrensender.

Schwingungen. Vorgänge, die ihre Richtung periodisch mit der Zeit wechseln (siehe Eigenschwingung).

A. Meißner.

Schwung s. Impuls.

Schwungradschaltung. Wird bezeichnet vielfach die Braunsche Schaltung bei der zur Abstimmung der Antenne auf lange Wellen parallel zur Ver-

längerungsspule, gewissermaßen also auch parallel zur Antennen-Kapazität, ein Kondensator gelegt wird. Auch bei Lichtbogensendern wird die Schwungradschaltung vielfach verwendet.

A. Meißner.

Secohmmeter. Ein mechanischer Gleichrichter, der aus einem rotierenden Kommutator besteht. Dieser dient dazu, Wechselströme gleichzurichten, um sie mit einem Gleichstromgalvanometer messen zu können. Der Kommutator muß synchron mit dem Wechselstrom angetrieben werden.

W. Jaeger.

Sedimentation. Die Absetzung fester Stoffe am Boden von Gewässern, die den Vorgang der Destruktion (s. diese) beschließt. In erster Linie kommt die Ablagerung der gröberen und feineren mineralischen Bestandteile in Betracht, welche die Flüsse an ihrer Sohle oder in ihrem Wasser suspendiert mitführen. Der Niederschlag der letzteren wird durch den Salzgehalt des Wassers erheblich beschleunigt, so daß bei der Einmündung schlammreicher Flüsse in den Schelf (s. Meer) die Sedimentablagerung ein besonders großes Ausmaß erreicht (s. Delta). Die Becken der Flußseen (s. Seen) werden durch Sedimentation allmählich ausgefüllt und zum Verschwinden gebracht. Das Hauptgebiet der Sedimentbildung aber ist das Meer, auf dessen Boden sich unausgesetzt Sinkstoffe absetzen, die unter dem Druck der später abgelagerten Sedimente allmählich erhärten und zu Sedimentgesteinen (s. Gesteine) umgewandelt werden. Die Tiefsee-Sedimente bestehen größtenteils aus feinem roten Ton und den Kiesel- und Kalk-Skeletten winziger Tiere, vor allem der Globigerinen, Diatomeen und Radiolarien. Zu den Sedimenten gehören auch die Ausscheidungen gelöster Stoffe, vor allem der leicht löslichen Kali- und Natronsalze, die z. B. im Untergrunde des norddeutschen Flachlandes Mächtigkeiten von vielen hundert Metern erreichen.

O. Baschin.

Seebeck-Effekt. Th. J. Seebeck entdeckte (1821) folgende Fundamentalerscheinung der Thermoelektrizität: Wird aus einem Wismutstab W und einem Kupferbügel K (nach Figur) ein metallischer

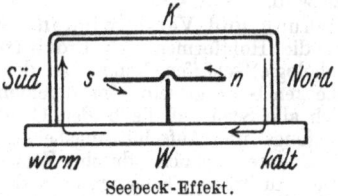

Seebeck-Effekt.

Kreis gebildet und dessen Ebene in die Meridianebene eingestellt, so wird eine im Innern horizontal drehbar angebrachte Magnetnadel beim Erwärmen der dem Südpol zugekehrten Lötstelle in westlicher oder der dem Nordpol zugekehrten Lötstelle in östlicher Richtung abgelenkt. Bei anderen Metallen, z. B. Antimon an Stelle von Wismut tritt eine Ablenkung in entgegengesetztem Sinne ein. Die Ablenkung der Nadel beweist das Vorhandensein eines „Thermostromes" in dem metallischen Kreise, dessen treibende Kraft die „thermoelektrische Kraft" der beiden Metalle gegeneinander ist. Derartige Thermokräfte wurden von Seebeck an zahlreichen metallischen Leitern festgestellt. Nach Größe und Richtung des Effektes ließen sich die Leiter in eine „thermoelektrische Spannungsreihe" anordnen (s. „Thermoelektrizität").

Hoffmann.

Seehöhe s. Höhenmessung.

Seen. Seebecken. Hohlformen der Erdoberfläche (s. Geomorphologie), sog. Wannen, die mit stehendem Wasser gefüllt, aber nicht Teile des Meeres (s. dieses) sind. Die Seen treten in allen denkbaren Größenverhältnissen, von förmlichen Binnenmeeren bis zu wenigen Quadratmetern großen Teichen und Söllen (s. diese) auf. Ihre Tiefe ist mitunter sehr beträchtlich und ihr Boden liegt bisweilen tiefer als das Niveau des Meeresspiegels (Krytodepressionen), am meisten beim Baikalsee, der mit 1523 m Maximaltiefe der tiefste See ist und dessen tiefste Stelle 1046 m unter das Meeresniveau hinabreicht. Die geographische Verbreitung zeigt ein stark ausgeprägtes geselliges Vorkommen, z. B. der kleinen Seen in Finnland, wo sie 13% der Bodenfläche einnehmen, der großen im nördlichen Nordamerika, während sie in weiten Gebieten Südamerikas außerordentlich selten sind. Ganz besonders groß ist der Seenreichtum in ehemals vergletscherten Gebieten. Sie kommen auch in allen Höhenlagen vor, von dem 5470 m hoch gelegenen Horpatso-See in Tibet bis hinab zu dem Toten Meer in Palästina, dessen Spiegel 394 m unter dem Meeresniveau liegt.

Als Reliktenseen bezeichnet man solche Seen, die früher mit dem Meere in Zusammenhang gestanden haben, wofür namentlich die Untersuchung ihrer Tierformen Anhaltspunkte bietet. Seen von meist kreisförmiger Form, deren Becken durch vulkanische Ausbrüche gebildet wurde, und die z. B. in der Eifel gesellig auftreten, nennt man Maare.

Die Flußseen, die als seeartige Erweiterungen des Flußlaufes in die Erscheinung treten, verdanken ihr Dasein einer Umkehrung der Gefällsrichtung im Längsprofil des Flusses, dem sie eingegliedert sind. Im Gegensatz zu ihnen haben die Blind- oder Endseen keinen sichtbaren Abfluß. Sie bilden meist das Ende der Flußläufe in den sog. abflußlosen Gebieten, d. h. in solchen, die keinen sichtbaren Abfluß nach dem Meere haben. Die Gesamtfläche aller Seen beträgt rund 2 Mill. qkm, während ihr Gesamtvolumen auf 250 000 cbkm geschätzt wird.

Entstehung und Verschwinden. Alle Vorkommen, die Hohlformen der Erdoberfläche (s. Geomorphologie) schaffen, können an der Bildung von Seebecken beteiligt sein. Im allgemeinen aber lassen sich alle Seen auf die beiden Grundformen der Eintiefungs- und Aufschüttungsbecken zurückführen. Erstere können durch Verwerfungen, vulkanische Ausbrüche, Einsturz oder durch Ausräumen von Verwitterungsschutt entstanden sein. Die Ausräumung wiederum kann durch Wind oder Gletscher bewerkstelligt werden, während die Möglichkeit einer Aushöhlung von Seebecken im festen Fels durch Gletschererosion (s. diese) noch immer eine viel umstrittene Frage ist. Im einzelnen sind die Vorgänge, die zur Entstehung von Seebecken führen, so mannigfaltig und so vielfach miteinander verknüpft, daß man leicht von diesem Gesichtspunkte aus Dutzende verschiedener Arten von Seen unterscheiden kann.

Die Seen gehören zu den vergänglichsten Gebilden der Erdoberfläche. An ihrer Abflußstelle wird die Flußrinne durch die Erosion weiter vertieft, so daß eine allmähliche Entleerung stattfindet, während an der Einflußstelle die von dem Fluß mitgeführten festen Bestandteile abgelagert werden und das Becken immer mehr ausfüllen. Im Flachlande verschwinden die Seen auch häufig durch Austrocknen oder unter Mitwirkung der Vegetation durch Versumpfung. Zwischen Seen und Sümpfen läßt sich daher kaum eine scharfe Grenze ziehen. Das Volumen der in den letzteren enthaltenen Wassermenge wird auf etwa 6000 cbkm geschätzt. Die Erdoberfläche ist reich an ehemaligen nunmehr zugeschütteten Seebecken, die jetzt im Charakter der Landschaft durch ihre horizontale Ebenflächigkeit auffallen und häufig auch durch alte Uferlinien an den umgebenden Gehängen erkennen lassen, daß sie früher eine weit größere Ausdehnung gehabt haben. So konnte z. B. für den zur Diluvialzeit in Kanada vorhanden gewesenen Agassiz-See eine damalige Ausdehnung über 285 000 qkm festgestellt werden. Viel seltener läßt sich das Entstehen neuer Seen beobachten, das z. B. infolge von Abdämmung durch Bergstürze in gebirgigen Gegenden erfolgen kann. Auch durch Eingriffe des Menschen (Bau von Talsperren) werden neuerdings solche Stauseen künstlich geschaffen.

Eigenschaften des Seewassers. Das Wasser aller Seen enthält gelöste Salze. Während aber der Salzgehalt in den Flußseen ebenso gering ist wie in den Flüssen (s. diese), z. B. im Genfer- und Bodensee 0,017%, findet man in den Endseen mitunter sehr große Beträge, z. B. im Aralsee 1,1%, im Kaspischen See 1,3%, im Großen Salzsee 22%, im Toten Meer 24%, im Elton-See 27%. Doch sind die örtlichen und zeitlichen Änderungen des Salzgehaltes gerade bei den stark salzhaltigen Seen der Trockengebiete naturgemäß recht beträchtlich. Fast immer überwiegen die Natronsalze.

Die Temperatur des Seewassers zeigt namentlich in ihrer vertikalen Verteilung ein eigentümliches Verhalten, das mit der Umkehr der Dichteänderung des Wassers (s. dieses) bei 4° zusammenhängt. Nimmt die Temperatur nach unten hin ab, so spricht man von anothermer oder direkter Schichtung (warmer Typus), nimmt sie nach unten hin zu, von katothermer oder verkehrter Schichtung (kalter Typus). Bei denjenigen Seen, die in gemäßigten Breiten liegen, finden wir im Sommer meist die direkte, im Winter die verkehrte Schichtung (gemäßigter Typus). In der warmen Jahreszeit vermindert sich die Temperatur in der Tiefe von einigen Metern unter der Oberfläche sehr rasch, so daß die Isothermenflächen nahe aneinander rücken. Man nennt diese Zone schneller Temperaturänderung die thermische Sprungschicht. Sie bezeichnet die untere Grenze der vertikalen Konvektionsströmungen, welche durch die tägliche Temperaturperiode des Oberflächenwassers hervorgerufen werden. Am Boden tieferer Seen herrscht meist die dem Dichtemaximum des Wassers zukommende Temperatur von 4°.

Über die Eisbildung auf Seen vgl. Wasser.

Wasserhaushalt. Die Schwankungen in der Menge des zugeführten Wassers machen sich in Höhenänderungen des Seespiegels und entsprechenden Änderungen der Größe des Sees bemerkbar. Weite Überschwemmungen und völlige Austrocknung sind die Extreme dieser Seespiegelschwankungen, die häufig als Anzeichen für Klimaänderungen betrachtet werden. Solche klimatisch bedingte Schwankungen machen sich vor allem in den abflußlosen Endseen bemerkbar. Manche Seen, namentlich in den Poljen des Karstes (s. diesen), verdanken ihr Dasein nur dem Ansteigen des Grundwassers (s. dieses), mit dessen Rückzug sie wieder verschwinden.

Die folgende Tabelle enthält die größten Seen der Erde bis hinab zu dem größten See Europas:

	Flächen-inhalt qkm	Größte Tiefe m
Kaspischer See (Asien) . . .	438 000	946
Oberer See (Amerika)	82 360	308
Viktoria-See (Afrika)	66 500	?
Aral-See (Asien)	63 270	66
Huron-See (Amerika)	60 100	245
Michigan-See (Amerika) . . .	58 150	263
Baikal-See (Asien)	37 000	1523
Tanganika-See (Afrika) . . .	33 000	1435
Nyassa-See (Afrika) . . .	30 800	706
Großer Bären-See (Amerika) . .	31 500	?
Großer Sklaven-See (Amerika) .	30 000	?
Erie-See (Amerika)	25 900	99
Winnipeg-See (Amerika) . . .	25 530	27
Tschad-See (Afrika)	20 000	8
Ontario-See (Amerika)	18 900	225
Balkasch-See (Asien)	18 400	25
Ladoga-See (Europa)	18 150	256

O. Baschin.

Näheres s. O. Frhr. von u. zu Aufseß, Die physikalischen Eigenschaften der Seen. 1905.

Segersche Kegel. In der keramischen Technik wird die Temperatur der Brennöfen mit Hilfe sog. Segerscher Kegel geschätzt, das sind vierseitige oder dreiseitige spitze Pyramiden von etwa 5 cm Höhe und 1 cm² Basisfläche, welche aus glasähnlichen Flüssen von Quarz, Tonerde, Eisenoxyd, Bleioxyd und anderen Metalloxyden bestehen. Man verfügt über eine vollständige, aus etwa 60 Kegeln gebildete Skale, deren Schmelztemperaturen zwischen 600 und 1900⁰ in Abständen von etwa 25⁰ liegen, und reguliert nun die Temperatur eines Brennofens danach, daß ein Kegel einer bestimmten Nummer niederschmilzt. — Für die keramische Technik sind diese Kegel darum von besonderem Wert, weil sie gleichzeitig Temperatur und Heizgeschwindigkeit zu beurteilen erlauben; denn innerhalb gewisser Grenzen kann man einen Brand von gleicher Güte sowohl durch eine höhere Temperatur von kürzerer Dauer, als auch durch eine niedrigere Temperatur von längerer Dauer erzielen. Ähnliches gilt für das Niederschmelzen eines Segerschen Kegels, der deshalb wohl für seinen eigentlichen Zweck sehr brauchbar ist, aber doch keine eigentliche Temperaturmeßvorrichtung darstellt.

Scheel.

Näheres s. Hoffmann, Bericht über die 31. Versammlung des Vereins deutscher Fabriken feuerfester Produkte zu Berlin 1911, S. 53.

Segnersches Wasserrad. Das Segnersche Wasserrad ist der Vorläufer der Reaktionsturbine. Seine Wirkungsweise beruht auf der Reaktionswirkung des ausfließenden Wassers. Auf einem vertikalen Zuflußrohr ist ein horizontales Rohr drehbar angebracht, aus dessen beiden Enden das Wasser seitlich ausströmt. Ist die ausströmende Wassermasse an beiden Enden zusammen M pro Sekunde bei einer Relativgeschwindigkeit v gegen das Rohr, so übt die Reaktion in erster Annäherung ein Drehmoment D = Mr (v − r ω) aus, wenn r die Entfernung der Ausflußöffnung von der Achse und ω die Winkelgeschwindigkeit des horizontalen Rohres ist (vgl. Figur). Der Wirkungsgrad einer derartigen einfachen Turbine ist am größten,

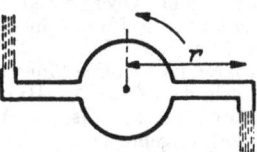

Segnersches Wasserrad.

wenn die Umfangsgeschwindigkeit $r\omega = \frac{1}{2} v$ ist, bleibt also stets kleiner als ²/₃. Ein erheblicher Teil der zugeführten Energie geht dadurch verloren, daß das Wasser mit erheblicher Geschwindigkeit ausströmt. Wegen dieses schlechten Wirkungsgrades werden heute kaum Segnersche Wasserräder zur Erzeugung motorischer Kräfte benutzt, sie dienen aber vielfach zum Sprengen von Gartenanlagen, da das drehende Rad eine gute Verteilung des ausströmenden Wassers veranlaßt. *O. Martienssen.*

Näheres s. Lorenz, Technische Hydromechanik. München 1910.

Sehnendreieck. Es wird gebildet aus den Sehnen, welche drei Punkte einer gekrümmten Fläche miteinander verbinden. Die kleinen sphärischen oder sphäroidischen Dreiecke, welche in den Triangulierungen vorkommen, lassen sich leicht auf solche Sehnendreiecke reduzieren, wodurch die Rechnung vereinfacht wird (s. Grunert). *A. Prey.*

Sehpurpur. Ein von Boll 1876 in der Netzhaut entdeckter lichtempfindlicher Farbstoff, der sich ausschließlich in den Außengliedern der Stäbchen findet und bei allen Tieren vorzukommen scheint, deren Netzhaut Stäbchen enthält. Die rein zapfenhaltige Fovea centralis des Menschen ist purpurfrei. Naturgemäß wird ein längere Zeit dunkel gehaltenes Auge reicher an Sehpurpur gefunden als ein belichtetes. Außer durch Licht wird der Sehpurpur durch die meisten Säuren und ätzenden Alkalien, Alkohol, Äther, Chloroform, Terpentin zerstört. In Gallensäuren und ihren Salzen ist er löslich, ohne seine Lichtempfindlichkeit zu verlieren oder, wie es scheint, sich sonstwie zu verändern. Seinem Farbton entsprechend absorbiert der Sehpurpur vorzugsweise die Strahlen mittlerer Wellenlänge mit einem Maximum in der Gegend von 500 $\mu\mu$, und wird von solchen Lichtern natürlich auch am schnellsten gebleicht. Bei der Ausbleichung bildet sich aus einem Teil der zerfallenden Purpurmoleküle, unabhängig von der Qualität des einfallenden Lichtes ein offenbar nicht lichtempfindlicher gelber Farbstoff, das Sehgelb, das sich, selbst bei fortdauernder schwacher Belichtung (Garten), innerhalb gewisser Grenzen wieder zu Sehpurpur regenerieren kann. In situ scheint das retinale Pigmentepithel (s. Stäbchen und Zapfen) an der Regeneration des Sehpurpurs wesentlich beteiligt zu sein, doch ist nicht entschieden, ob er durch eine Art sekretorischer Wirkung des Pigmentepithels oder der Stäbchen selbst oder durch ein Zusammenwirken beider Elemente gebildet wird. Seine Ausbleichung in der Netzhaut erfolgt streng lokalisiert an den von Licht getroffenen Stellen, während dazwischen liegende dunkelgehaltene Netzhautpartien ihren Purpurgehalt bewahren. Hierauf beruht die Möglichkeit der Erzeugung sog. Optogramme (Kühne).

Die anfangs gehegte Erwartung, im Sehpurpur einen jener hypothetischen „Sehstoffe", die für die Vermittlung der bunten Komponenten unserer Gesichtsempfindung in Frage kommen (s. Farbentheorie), entdeckt zu haben und damit einer Erklärung des Sehaktes näher gerückt zu sein, hat sich nicht erfüllt. Man ist auch jetzt noch durchaus im unklaren darüber, welche Bedeutung dem Sehpurpur zukommt. Von den einen wird ihm die Rolle eines Lichtfilters (einer „inneren Pupille") zugeschrieben, andere halten ihn umgekehrt für einen Sensibilisator („Empfangsstoff") der Netzhautelemente. Bemerkenswert erscheint es immerhin,

45*

daß sich der Sehpurpur ausschließlich in den stäbchenhaltigen Teilen der Netzhaut findet, daß die enorme Steigerung der Lichtempfindlichkeit der peripheren Netzhaut mit einer Anhäufung von Sehpurpur einhergeht und daß die bleichende Wirkung homogener Lichter, ihr „Bleichungswert", der erregenden Wirkung derselben auf das dunkeladaptierte Auge, ihrem „Dämmerungswert", parallel verläuft (Trendelenburg). Auf der anderen Seite aber ist es gar nicht ausgemacht, ob die Größe des Sehpurpurumsatzes beim Tagessehen nicht von wesentlicherer Bedeutung ist, als die Größe der in der Netzhaut jeweils angehäuften Sehpurpurmenge. *Dittler.*

Näheres s. Garten, Graefe-Sämischs Handb. d. ges. Augenheilk., I. Teil, 3. Bd., Kap. 12, Anhang. Leipzig 1907.

Sehrichtungsgemeinschaft identischer Netzhautpunkte s. Raumwerte der Netzhaut.

Sehrohr. Der optische Aufbau eines Sehrohrs ist derselbe wie beim Erdfernrohr (s. dieses) mit dem einzigen Unterschiede, daß zur zweimaligen Ablenkung der optischen Achse (erst um $+90°$, dann um $-90°$) je ein einfach spiegelndes Prisma hinzugefügt wird. Ein Sehrohr ist also im allgemeinen geradsichtig, aber doch zu den gebrochenen Fernrohren (s. diese, d. h. also Fernrohre, deren optische Achse mehrmals Knickungen erfahren hat) zu rechnen, insofern als zur Erreichung des in diesem Falle dem Verwendungszweck entsprechenden erheblichen Abstandes zwischen Eintritts- und Austrittsachse die erwähnten beiden Knickungen der optischen Achse notwendig sind. Sollen Ein- und Austrittsachse nicht zueinander parallel sein, dann muß der absolute Betrag entweder beider Ablenkungen oder nur einer allein entsprechend von $90°$ verschieden sein. Mit Rücksicht auf einen vom Erdfernrohr mit aufrechtem Bild abweichenden Bau der in dem Sehrohr enthaltenen Linsenfolge oder auch, wenn Eintrittsachse und Austrittsachse nicht in derselben Ebene — dem (meist senkrechten) Hauptschnitt des Sehrohrs — liegen sollen, müssen entweder Objektivprisma und Okularprisma oder auch nur eines dieser Prismen mehr als je eine Spiegelung enthalten (s. Umkehrprismensystem und gebrochene Fernrohre).

Als Aufgabe eines Sehrohres können wir ganz allgemein bezeichnen: „die Beobachtung eines Dingraumes, der von dem Auge des Beobachters so weit entfernt oder derart unzugänglich ist, daß ohne eine optische Übertragung des Auges nach einem mehr in der Nähe des Dingraumes befindlichen Orte — der Eintrittspupille — entweder keine oder nur eine unvollkommene Beobachtung möglich wäre" (H. Erfle, Deutsche optische Wochenschrift 1920, 136—139, 154—157, 171—173). Beim Sehrohr im engeren Sinn ist die Vergrößerung entweder einfach oder nur wenig größer (häufig $v = 1,5$ mit Rücksicht auf die bei $v = 1 \times$ durch ein das natürliche Blickfeld des Auges einschränkendes Rohr vorgetäuschte Verkleinerung); beim Sehrohr im allgemeinsten Sinne kommen auch stärkere Vergrößerungen vor, so beim Scherenfernrohr, beim Hyposkop, beim Mastfernrohr.

In den meisten Fällen besteht ein Sehrohr (besonders ein solches mit schwacher Vergrößerung) außer aus dem Objektivprisma (gelegentlich statt dessen eine auf der Rückseite versilberte planparallele Platte) und dem Okularprisma (dessen Hypotenuse — besonders bei großem Okulargesichtsfeld und Anordnung des Prismas zwischen

Feldlinse und Augenlinsensystem des meistens grundsätzlich nach Huygensischer Art gebauten Okulars — meist versilbert ist) aus zwei hintereinander geschalteten astronomischen Fernrohren (s. den zweiten Absatz des Artikels „Erdfernrohr"). Statt der Beschreibung der vielen verschiedenen Sehrohrformen zählen wir hier nur, ohne Einzelheiten anzugeben, die wichtigsten Formen auf und geben am Schlusse zwei Abbildungen. Man kann unterscheiden: 1. das einfachste Sehrohr (Spiegelsehrohr), 2. das einfache Sehrohr mit Umkehrprisma (Scherenfernrohr!), 3. das einfache Sehrohr mit Linsenumkehrsystem, 4. das Sehrohr mit verjüngtem Oberteil und mit Vergrößerungswechsel, 5. das Rundblicksehrohr, 6. das Ringbildsehrohr, 7. das Mattscheibensehrohr, 8. das binokulare Sehrohr, 9. das Luft-

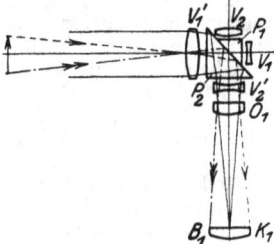

Fig. 2. Objektivkopf eines Sehrohrs mit zwei Vergrößerungen.

zielsehrohr, 10. das Kippbildsehrohr, 11. das Sehrohr mit besonders dünnem Oberteil (dieses Sehrohr enthält als Linsenfolge meistens vier hintereinander geschaltete astronomische Fernrohre, von denen zwei Fernrohre und größtenteils auch das dritte im dünnen Oberteil und dem Übergangskonus zum unteren Hauptrohr enthalten sind). Zu den Sehrohren im weiteren Sinne ist auch das Zeißsche Hyposkop zu rechnen (s. den Artikel „gebrochene Fernrohre", Abschnitt 4). 12. das Standsehrohr. Die soeben aufgezählten Bezeichnungen entstammen einem Anwendungsgebiet des Sehrohrs, auf dem sich die deutsche Industrie, die mit dem Dieselmotor und dem Sehrohr dem deutschen Tauchboot Herz und Auge gab, die Führerschaft errungen hatte. Diesem Anwendungsgebiet sind die beiden Figuren entnommen,

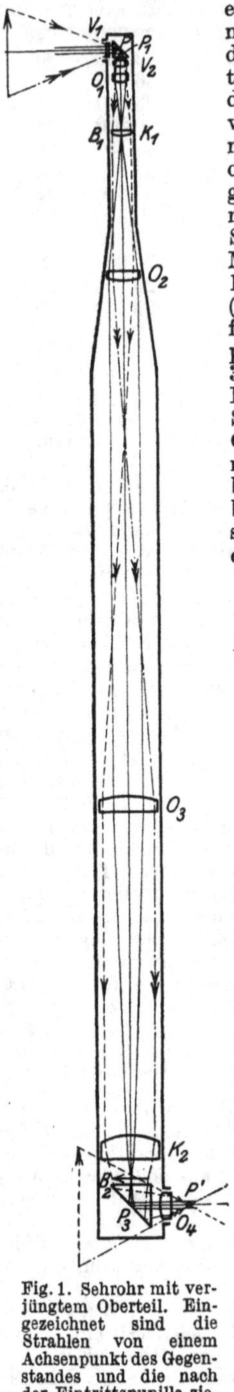

Fig. 1. Sehrohr mit verjüngtem Oberteil. Eingezeichnet sind die Strahlen von einem Achsenpunkt des Gegenstandes und die nach der Eintrittspupille zielenden gesichtsfeldbegrenzenden Strahlen.

von denen die erste ein Sehrohr mit verjüngtem Oberteil in groben Umrissen darstellt und die zweite das Innere des Objektivkopfes eines Sehrohrs, bei dem zwei verschiedene Vergrößerungen eingeschaltet werden können. Für die eine Vergrößerung, die starke, sind die Linsen $V_1'V_2'$ wirksam, für die schwache Vergrößerung muß man sich die aus den Linsen $V_1'V_2'$, V_1V_2 und den Prismen P_1P_2 bestehende optische Anordnung um 180° um eine zur Zeichenebene senkrechte Achse gedreht denken, damit die Linsen V_1V_2 in den Strahlengang kommen; O_1 ist der beiden Vergrößerungen gemeinsame Teil des Objektivs. Wir haben es in diesem Falle mit einem Vergrößerungswechsel durch Änderung der Objektivbrennweite zu tun, bei dem von den vier im Abschnitt b) des Artikels „Erdfernrohr" beschriebenen Mitteln das zweite Mittel verwendet worden ist. *H. Erfle.*

F. Weidert, Jahrbuch der Schiffsbautechnischen Gesellschaft 1914, 174—227. H. Erfle, Die Naturwissenschaften, 1919, 805—810, 826—832, 942.

Sehschärfe ist nach zwei verschiedenen Richtungen hin von Bedeutung; einmal will man die Leistungsfähigkeit der Netzhaut eines bestimmten Auges messen, um sie mit der anderer Augen vergleichen zu können; sodann will man die Leistungsfähigkeit der Netzhaut des einzelnen Auges bei verschiedenen Akkommodationszuständen messen, um etwa von der Leistung in der einen auf die in einer anderen Entfernung zu schließen, und die hier zu wählende Methode muß von der Akkommodation unabhängig sein. Da das Augeninnere einer unmittelbaren Messung nicht zugänglich ist, so muß man die Messung in dem Augenraum vornehmen, und zwar stellt man dazu die Größe bestimmter, sogleich näher anzugebender Winkel fest. Für die erste Methode wählt man nach F. C. Donders den Brennpunktswinkel ω_f, dessen Spitze in dem vorderen Augenbrennpunkt des nicht akkommodierenden Auges, dessen Basis in der Sehprobe liegt. Alsdann verlaufen die konjugierten Strahlen im Bildraume (also hier im Glaskörper) der Augenachse parallel, und man kann leicht aus dem Brennpunktswinkel ω_f und der Brennweite f' des Augensystems die Bildgröße auf der Netzhaut bestimmen. Je kleiner ω_f bei deutlicher Erkennung der Einzelheiten gewählt werden kann, desto größer ist die so bestimmte absolute Sehschärfe; als Normalwert gilt 1 Minute. Für die zweite Methode wählt man nach A. Gullstrand die natürliche Sehschärfe, bei der der Winkel ω_h gemessen wird, unter dem vom vorderen Augenhauptpunkt aus die kleinste Sehprobe erkannt wird, und auch hier ist die Sehschärfe der Größe dieses Winkels umgekehrt proportional. Da sich beim Akkommodieren der Ort des vorderen Augenhauptpunkts nur in so kleinen Grenzen ändert, daß sie bei physiologischen Untersuchungen nicht in Betracht kommen, so kann man sagen, daß die natürliche Sehschärfe von der Akkommodation unabhängig ist. Zur Bestimmung der Sehschärfe brillenbewaffneter Augen führte Gullstrand noch die relative Sehschärfe ein, bei der der Scheitel des zu bestimmenden Winkels im vorderen Hauptpunkt des Brillenglases liegt. Diese relative Sehschärfe ist nun durch einfache und bequem abzuleitende Beziehungen mit der absoluten und der natürlichen Sehschärfe verbunden. Hier interessiert namentlich die zur absoluten, und man kann zeigen, daß die relative Sehschärfe zur absoluten wird, wenn das Auge nicht akkommodiert, und wenn der hintere Hauptpunkt des Brillenglases mit dem vorderen Brennpunkt des akkommodationslosen Auges zusammenfällt. Das ist bei dem heute als vollkommensten anzusehenden schematischen Auge dann der Fall, wenn der hintere Brillenhauptpunkt 15,7 mm vom Hornhautscheitel entfernt ist. Die Entspannung der Akkommodation sichert man am besten, wenn man für den Versuch eine genügend weit (5—6 m) entfernte Sehprobe vorsieht, und wenn man bei der Anpassung darauf achtet, daß für Übersichtige das stärkste positive, für Kurzsichtige das schwächste negative Glas gewählt wird, mit dem das Auge seine höchste Sehleistung erzielt.

Sehproben sind bereits 1843 vorgeschlagen worden, und zwar geht ihre Veröffentlichung auf H. Küchler zurück. Man verwendet in der Regel Ziffern oder große Antiqua-Buchstaben, die im ganzen unter einem Winkel von 5 Bogenminuten erscheinen, während sich ihre einzelnen Teile, etwa die Dicke der Striche, unter einer scheinbaren Größe von 1 Bogenminute darstellen. Probetafeln für solche größeren Entfernungen sind namentlich nach Snellen wohl bekannt, für Leseproben hat sich in Deutschland das Niedersche System besonders verbreitet. 1909 hat der internationale Ophthalmologenkongreß zu Neapel ein von C. Heß ausgearbeitetes System empfohlen, bei dem auch der Landoltsche Ring vorkommt. Man versteht darunter einen schwarzen Ring, dessen Durchmesser unter 5 Minuten, dessen Dicke unter 1 Minute erscheint, und der an irgendeiner Stelle eine unter 1 Minute erscheinende Unterbrechung hat. Der Untersuchte muß dann die Stelle, ob oben, unten, rechts oder links, angeben. *v. Rohr.*

Näheres s. Helmholtz, Physiologische Optik, 3. Aufl., 1. Band, Leipzig, L. Voss, 1909.

Sehschärfenmethode s. Photometrie verschiedenfarbiger Lichtquellen.

Seiches sind stehende Schwingungen in Seen und abgeschlossenen Meeresteilen, welche durch Stürme oder plötzliche Luftdruckänderungen beständig wieder erregt werden. In Binnenseen sind sie die einzigen periodischen Bewegungen der Wassermasse, da hier die Gezeiten keine Rolle spielen; in Meeresteilen, die durch einen mehr oder minder breiten Kanal mit dem freien Meere in Verbindung stehen, vermengen sie sich mit dem Gezeitenphänomen.

Die Perioden dieser Schwingungen sind nur von der Form und Größe der Wassermasse abhängig, also von der Tiefe des Wassers und der Küstenentwickelung. Für einen rechteckigen See von konstanter Tiefe gilt die Meriansche Formel

$$t = \frac{2l}{\sqrt{gp}}$$

(t Schwingungsdauer, l Länge, p Tiefe, g Beschleunigung der Schwere). Sie reicht in den wenigsten Fällen aus und muß durch eine kompliziertere ersetzt werden, welche auf die wechselnden Querschnitte der Wassermasse Rücksicht nimmt. Die einfachen Schwingungen zeigen eine Knotenlinie, die aber keineswegs in die Mitte fallen muß. Oberschwingungen mit mehreren Knotenlinien sind unharmonisch. *A. Prey.*

Näheres s. O. Krümmel, Handbuch der Ozeanographie. Bd. II, S. 164 f.

Seilpolygon s. Kräftereduktion.

Seitenabweichung s. Geschoßabweichungen, konstante.

Seitengleichungen s. Netzausgleichung.

Seitenrefraktion s. Lateralrefraktion.

Seitenruder nennt man eine vertikal gestellte bewegliche Fläche am Flugzeug, welche in großer Entfernung vom Schwerpunkt angebracht ist, und deren willkürliche Bewegung das Flugzeug in eine Kurve hineinzwingen soll. Ein Seitenruder allein ist nicht imstande, einen Kurvenflug einzuleiten. Es bedarf dazu noch der Querruder, welche das Flugzeug in die richtige Lage zur Resultierenden aus Schwere und Fliehkraft zwingt. *L. Hopf.*

Seitenstabilität s. Stabilität des Flugzeugs.

Sekundärelement (Akkumulator, Sammler). Wenn der den Strom erzeugende chemische oder (soweit es sich um Konzentrationsänderungen handelt) physikalische Prozeß in einem galvanischen Element (s. Galvanismus) durch Umkehr des Stromes derart rückgängig gemacht werden kann, daß der Ausgangszustand völlig wiederhergestellt wird, so nennt man das Element „umkehrbar" oder ein „Sekundärelement". Diese Regeneration ist immer dann unmöglich, wenn an den Elektroden der arbeitenden Zelle Gase entwickelt werden, welche in die Atmosphäre entweichen können. So verliert das Voltasche Element: Cu/H$_2$SO$_4$/Zn am Kupferpol ein Äquivalent Wasserstoff, während ein Äquivalent Zink in Lösung geht. Dieses würde bei der Umkehr des Stromes wieder abgeschieden werden, aber andererseits würde sich Kupfer auflösen, das vorher nicht im Elektrolyten enthalten war. Die Wiederherstellung des Ausgangszustands durch Umkehr des Stromes ist ferner dann unmöglich, wenn außer dem stromliefernden Vorgang Veränderungen in der Zelle stattfinden, die bei der Arbeitsleistung nicht mitwirken und deshalb auch durch Zufuhr elektrischer Energie nicht rückgängig gemacht werden können. Das Daniellelement Cu/CuSO$_4$/ZnSO$_4$/Zn z. B. wäre vollkommen reversibel, wenn nicht in der Berührungsschicht der beiden Elektrolyte außer der mit dem Transport der Elektrizität verbundenen Überführung eine Vermischung eintreten würde, deren freie Energie für die Stromleistung verloren geht.

Zu diesen unproduktiven Vorgängen im Element gehört auch der Verbrauch von Elektrodenmaterial durch Oxydation. Enthält z. B. eine Zinkelektrode irgend eine Verunreinigung durch ein edleres Metall wie Kupfer oder Blei, so bildet dieses mit dem Elektrolyten und dem benachbarten Zink ein kleines kurzgeschlossenes galvanisches Element, in welchem sich Zink löst und daher für die Abgabe von Energie an den äußeren Schließungskreis in Verlust gerät.

Folgende Bedingungen müssen also erfüllt sein, um ein ideales umkehrbares Element nach Möglichkeit zu verwirklichen. Der stromerzeugende Prozeß muß ohne Gasentwicklung vonstatten gehen, die Elektroden dürfen sich nicht spontan lösen (sollen also möglichst schwer löslich sein), der Elektrolyt darf nur aus einer Flüssigkeit bestehen.

Ein derartiges Sekundärelement, das dazu geeignet ist, elektrische Energie bei der Entladung zu liefern und wiederum bei der Ladung in Form von chemischer Energie aufzuspeichern usf., ohne daß die an der chemischen Reaktion beteiligten Stoffe durch äußere Zufuhr neuen Materials ergänzt zu werden brauchen, heißt Akkumulator oder Sammler. Von technischer Bedeutung sind bis jetzt nur der Bleisammler und der Eisensammler geworden, weil sie außer den Bedingungen der Reversibilität auch den Forderungen genügen, daß sie

eine relativ hohe E. K. haben (2 bzw. 1,3 Volt), eine im Verhältnis zu ihrem Gewicht und Volum große Menge von Amperestunden aufnehmen, gegen störende Einwirkungen von außen relativ unempfindlich sind und ohne große Kosten hergestellt werden können.

I. Der Bleisammler (G. Planté 1871). Die plattenförmigen Elektroden bestehen aus einem festen Rahmen oder Gerüst aus Bleiblech, welches als wirksame Masse am negativen Pol fein verteiltes schwammiges Blei, am positiven Pol eine poröse Schicht vom Bleisuperoxyd trägt. Als Elektrolyt dient etwa 20%ige Schwefelsäure, in welcher infolge der Berührung mit den Elektroden die schwerlöslichen Sulfate des zweiwertigen und vierwertigen Bleis im Gleichgewicht miteinander enthalten sind.

Die folgenden chemischen Veränderungen gehen bei der Stromlieferung im einen bei der Ladung im entgegengesetzten Sinne vor:

an der Anode Pb + H$_2$SO$_4$ + 2$\oplus$ = PbSO$_4$ + 2 H$^+$;

an der Kathode steht PbO$_2$ + 2 H$_2$SO$_4$ im Gleichgewicht mit Pb(SO$_4$)$_2$ + 2 H$_2$O. Der Übergang von PbO$_2$ mit zwei negativen Ladungsäquivalenten in die Lösung führt sofort zur Spaltung des Plumbisulfats:

$$Pb(SO_4)_2 + 2 H_2O + 2 \ominus = PbSO_4 + 2 H_2O + SO_4.$$

Im ganzen genommen findet also folgender Umsatz statt:

$$Pb + PbO_2 + 2 H_2SO_4 = 2 PbSO_4 + 2 H_2O.$$

Der stromliefernde Prozeß besteht demnach im Verbrauch von Blei, Bleisuperoxyd und Schwefelsäure und in der Bildung von Bleisulfat und Wasser. In der Tat läßt sich auf beiden Platten der Niederschlag schwerlöslichen Sulfats und die zunehmende Verdünnung der Säure in einem der gelieferten Elektrizitätsmenge nach dem Faradayschen Gesetz entsprechenden Betrage nachweisen. Die notwendige Bedingung dafür, daß diese chemischen Vorgänge reversibel verlaufen, besteht darin, daß die E. K. des Bleiakkumulators und die Wärmetönung, welche obige Reaktion liefert, wenn sie sich anstatt in einem galvanischen Element in einem Kalorimeter abspielt, in der vom zweiten Hauptsatz der Wärmetheorie geforderten Beziehung stehen $E = \dfrac{U}{F} + T \dfrac{dE}{dT}$. Daß diese Bedingung beim Bleiakkumulator mit großer Annäherung erfüllt ist, bildet aber noch keinen hinreichenden Beweis für die Umkehrbarkeit. Die wesentlichste Stütze hierfür ist vielmehr darin zu erblicken, daß man die Abhängigkeit der E. K. von der Säurekonzentration an Hand umkehrbarer isothermer Kreisprozesse in vorzüglicher Übereinstimmung mit den Beobachtungen vorausberechnen kann. Offenbar muß die E. K. steigen, wenn die Säurekonzentration zunimmt, weil hierdurch der Ablauf der chemischen Reaktion begünstigt wird.

Schaltet man einen Akkumulator I mit größerem Säuregehalt gegen einen Akkumulator II mit kleinerer Säurekonzentration, indem man etwa ihre positiven Pole miteinander verbindet, so kann man diesem System elektrische Energie entnehmen. Dabei wird in der einen Zelle genau soviel an festen Stoffen verbraucht als in der anderen gebildet wird. Die mit der Stromlieferung verknüpfte Zustandsänderung besteht also lediglich in der Konzentrationsänderung der Elektrolyte, nämlich in der Überführung von 2 H$_2$SO$_4$ aus I nach II und von 2 H$_2$O aus der verdünnteren in die konzentriertere Lösung. Dieselbe Zustandsänderung kann auch durch isotherme Destillation und Kondensation der zu überführenden Stoffe bewirkt werden. Setzt man für den Wasserdampf über den Schwefelsäurelösungen die Gültigkeit der Gasgesetze voraus, so ist die bei diesem Mischungsvorgang gewinnbare Arbeit, welche gleich der auf dem anderen Wege gewonnenen elektrischen Arbeit sein muß, gegeben durch den Ausdruck:

$$A = \Delta E \cdot F = RT \left\{ \ln \frac{p_1}{p_2} + n_1 \ln p_1 - n_2 \ln p_2 - \int_{n_1}^{n_2} \ln p \, dn \right\}$$

Hierin bezeichnet p den Partialdruck des Wasserdampfes über der Säure und n die Anzahl Mole Wasser, die in der Säure auf 1 Mol Schwefelsäure entfallen.

Der Steigerung der Säurekonzentration zur Erzielung einer möglichst hohen E. K. ist indessen dadurch praktisch eine Grenze gesetzt, daß stark konzentrierte Säure den Bleischwamm der negativen Platte unmittelbar angreifen würde.

Vergleicht man die Zahl der entladenen Amperstunden mit den zur Ladung aufgewandten, so findet man in der Praxis häufig einen Wirkungsgrad von 90—97%. Für die Beurteilung der Energiebilanz maßgebend ist aber der Nutzeffekt des Akkumulators, d. h. das Verhältnis der bei der Entladung gewonnenen Wattstunden zu den bei der Ladung verbrauchten. Mit einem durchschnittlichen Nutzeffekt von 69—88% bleibt nun die belastete Batterie der Technik hinter der theoretischen Leistung des idealen Sekundärelements beträchtlich zurück.

Die Ursachen für die Irreversibilität erhellen bei genauerem Eingehen auf die Vorgänge an den Elektroden. Untersucht man z. B. mit Hilfe einer Wasserstoffnormalelektrode das Einzelpotential der Bleielektrode (s. Elektrodenpotential)

$$E_K = \frac{RT}{2} \ln \frac{C_{Pb}}{C_{Pb} + +}$$ so findet man einen Wert von 0,317

Volt für 19,76%ige Säure, der mit verändertem Säuregehalt nur wenig schwankt. Anders das Potential der Superoxyd-

elektrode $E_A = \frac{RT}{2} \ln \frac{C_{PbO_2}}{C_{PbO_2}^{- -}}$. Das Gesetz der chemischen

Massenwirkung, angewandt auf die Reaktion an der Anode,

besagt nämlich: $C_{PbO_2}^{- -} = \frac{C_{Pb(SO_4)_2}}{C_{H_2SO_4}^2} k_1$, also, indem die Kon-

stanten zusammengefaßt werden: $E_A = \frac{RT}{2} \ln \frac{C_{H_2SO_4}^2}{C_{Pb(SO_4)_2}} + a$

oder, weil bei gegebener Säurekonzentration vierwertige und zweiwertige Bleiionen in konstantem Gleichgewichtsverhältnis

stehen: $E_A = \frac{RT}{2} \ln \frac{C_{H_2SO_4}^2}{C_{Pb} + +}$. Da die Konzentration der

Pb-Ionen, wie aus den Messungen am negativen Pol hervorging, nur wenig vom Säuregehalt abhängt, so wird offenbar das Potential der positiven Platte vorwiegend durch die Säurekonzentration bestimmt. Tatsächlich zeigt die Messung den erwarteten Gang. In der arbeitenden Zelle finden nun die durch den chemischen Prozeß bedingten Konzentrationsänderungen zuerst an den Elektroden innerhalb der Poren zwischen der aktiven Masse statt, und zwar ist, wie aus den Reaktionsgleichungen ersichtlich, die Verdünnung an der positiven Platte infolge der Wasserbildung größer als an der Kathode, wo nur Säure verbraucht wird. Da außerdem das Einzelpotential der Kathode gegen Konzentrationsänderungen weniger empfindlich ist, so wird insbesondere das Potential der Superoxydelektrode infolge von Konzentrationspolarisation bei der Entladung stets tiefer unter der Ladung, stets höher sein als dem Gleichgewichtszustand entspricht.

Der Ausgleich der durch die Entladung im Elektrolyten hervorgerufenen Konzentrationsunterschiede durch Diffusion erfolgt nämlich nur langsam und wird noch dadurch verzögert, daß bei der Entladung oberflächlich abgeschiedenes Sulfat die Eingänge zu den porösen Kanälen der aktiven Masse verengt. Diese Gründe für das irreversible Verhalten des Akkumulators erklären zugleich die Tatsache der „Erholung", daß nämlich die bei Stromentnahme abgefallene Klemmenspannung sich nach kurzer Unterbrechung des Stromes wieder auf den der durchschnittlichen Säurekonzentration entsprechenden Wert einstellt.

II. Der Eisensammler. (Th. A. Edison, 1903.) Aktive Massen sind an der positiven Elektrode frisch gefälltes grünes NiOH, das sich mit Wasser sehr bald zu wasserhaltigem Nickelsuperoxyd umsetzt, an der negativen feinverteiltes Eisen, dem als die Passivität (s. d.) verhindernder Katalysator ein wenig Quecksilber beigemengt ist. Der Elektrolyt, etwa 20%ige Kalilauge, enthält die zwei- und dreiwertigen Hydroxyde der Metalle, deren Löslichkeit durch die OH-Ionen der stark dissoziierten Lauge erheblich zurückgedrängt ist.

Der stromliefernde Prozeß besteht in der Oxydation (Rosten) des Eisens zu Eisenoxydul einerseits und in der Reduktion von Nickeloxyd zu Nickeloxydul andererseits unter gleichzeitiger Bindung von Wasser, nach der Bruttogleichung:

$$10 \, Fe + 10 \, Ni_2O_3, \; 12 \, H_2O + 18 \, H_2O = 10 \, Fe(OH)_2 + 20 \, Ni(OH)_2.$$

Dieser Vorgang läßt sich wegen der geringen Überspannung des Wasserstoffs am Eisen (s. d.) nicht ohne Wasserstoffentwicklung umkehren und daher steht der Nutzeffekt des Eisensammlers mit zirka 50% weit hinter dem des Bleisammler zurück. Indessen ist es gelungen (W. Jungner, 1905) den Nutzeffekt durch Zumischung von Kadmium zum Eisen auf 57% zu erhöhen. Der Wirkungsgrad (bezogen auf Amperestunden) erreicht immerhin 75%. Daher ist der Eisensammler zumal auch wegen seiner großen Haltbarkeit und der nur geringen Anforderungen an Wartung mit dem Bleisammler konkurrenzfähig und ihm sogar für manche Zwecke überlegen. *H. Cassel.*

Näheres s. F. Dolezalek, Die Theorie des Bleiakkumulators. Halle 1901. F. Foerster, Elektrochemie wässeriger Lösungen. Leipzig 1915. C. Heim, Die Akkumulatoren für stationäre elektrische Anlagen. Leipzig 1918.

Sekundäre Klangerscheinungen. Nach Karl L. Schaefer werden unter dieser Bezeichnung die Erscheinungen der Schwebungen (s. d.), der Kombinationstöne (s. d.) und der Variationstöne (s. d.) zusammengefaßt. *E. Waetzmann.*

Sekundäres Spektrum s. Farbenabweichung.

Sekundärstrahlen im Gebiete der Radioaktivität. Wird ein materielles Volumelement von der Strahlung radioaktiver Substanzen, also von α-, β- oder γ-Strahlung getroffen, so ist es gewöhnlich Ausgangspunkt einer von der Richtung des Primärstrahles im allgemeinen abweichenden Sekundärstrahlung. „Sekundärstrahlung" im engeren Sinne wird jene genannt, deren Qualität von der Natur und den Eigenschaften des Volumelementes („Strahlers") abhängt, also verschieden ist von der Qualität der Primärstrahlung. Diese Qualität ist in allen drei Fällen gekennzeichnet durch das Durchdringungsvermögen (Härte), das bei den korpuskularen α- und β-Strahlen von ihrer Geschwindigkeit, bei den γ-Strahlen von ihrer Wellenlänge abhängt. Dieser Sekundärstrahlung im engeren Sinne gegenüber steht die „gestreute Strahlung", deren Qualität unabhängig von der Natur des Strahlers und gleich der Qualität des Primärstrahlers ist, also nur eine aus ihrer Anfangsrichtung abgelenkte „gestreute" Primärstrahlung vorstellt. Die Stärke der Ablenkung bzw. die Intensitätsverteilung der Streustrahlung hängt wieder von den Eigenschaften des Strahlers ab.

Die praktische Entscheidung, ob das eine oder das andere Phänomen vorliegt, ist jedoch nicht so einfach, als die Definition. In vielen Fällen, insbesondere bei den Korpuskularstrahlen, ist eine reinliche Trennung deshalb nicht möglich, weil die Qualität auch des Primärstrahles — also der in der Ursprungsrichtung enthaltenen Energie — durch die unvermeidliche Absorption und Geschwindigkeitsverminderung geändert wird, und zwar ebenfalls in einer von Strahler zu Strahler und von Punkt zu Punkt desselben Strahlers variierenden Weise. Und weil in ein und demselben Strahler die Qualität des unabgelenkten Strahles mit der Schichtdicke sich ändert, braucht auch ein abgelenkter Strahl nicht mehr die gleiche Qualität zu haben, wie der unabgelenkte und unser Kriterium, ob gestreut oder sekundär erzeugt, versagt.

Als wahre Sekundärstrahlung kann aber immer jene aufgefaßt werden, die aus Strahlung ganz anderer Art entstanden ist, also γ-Strahlung, die von primärer α- oder β-Strahlung erregt wurde, oder β-Strahlung, die von α- oder γ-Strahlung ausgelöst wurde und dgl. mehr.

In allen Fällen handelt es sich um Volumeffekte; die Intensität der Sekundärstrahlung nimmt mit wachsender Schichtdicke so lange zu, bis die Mehrzeugung von Sekundärstrahlung kompensiert wird durch die Schwächung der primären Energie infolge Absorption, um von da an je nach der Beobachtungsrichtung entweder konstant zu bleiben („Eintrittsstrahlung", Winkel zwischen Primärstrahl und Beobachtungsrichtung 180°) oder wieder abzunehmen („Austritts-Strahlung", Winkel zwischen Primärstrahl und Beobachtungsrichtung 0°). Die Abhängigkeit der Intensität und ihrer Verteilung vom Material des Strahlers läßt sich nicht in eine allgemeine Regel bringen. Nähere und spezielle Angaben man finden in den Artikeln „Streuung" und „Fluoreszenzstrahlung".

Im folgenden sind die von den drei Strahlengattungen erregbaren Sekundärstrahlen (im weiteren Sinne) zusammengestellt.

Es erregen primäre α-Strahlen (s. d.):
1. Positive Korpuskularstrahlen (Streuung).
2. In Wasserstoff oder wasserstoffhaltigen Substanzen eine positive Korpuskularstrahlung mit bis 4 mal vergrößerter Reichweite (H-Strahlen, s. d.).
3. Eine negative Korpuskularstrahlung, bestehend aus relativ langsam bewegten Elektronen (δ-Strahlen, s. d.).
4. Eine elektromagnetische γ-Strahlung, die sehr schwach und daher schwer zu beobachten ist und wahrscheinlich einer charakteristischen Strahlung der getroffenen Elemente entspricht.

Es erregen primäre β-Strahlen (s. d.):
1. Eine negative Korpuskularstrahlung (Streuung).
2. γ-Strahlung verschiedener Härte, von denen eine weiche Type der charakteristischen L-Serie der Elemente entspricht.

Es erregen primäre γ-Strahlen (s. d.):
1. Negative Korpuskularstrahlung mit Geschwindigkeiten, die diejenige der β-Strahlung erreichen, welche zugleich mit dem primären γ-Strahl vom Präparat entsendet werden.
2. Eine γ-Strahlung, von der noch nicht feststeht, ob sie zur Gänze eine Streuerscheinung ist, oder auch wahre Sekundärstrahlung enthält, wie es aus Analogie mit den Erfahrungen an Röntgenstrahlung zu erwarten wäre.
                              K. W. F. Kohlrausch.

Selbstentmagnetisierung s. Entmagnetisierungsfaktor.

Selbsterregung. Man versteht hierunter die Eigenschaft der Gleichstromgeneratoren, deren indu-

zierendes Magnetfeld durch Elektromagnete erzeugt wird, sich bei Einhaltung der Umdrehungszahl, für die sie entworfen sind, vom spannungs- und stromlosen Zustand der Ruhe aus selbst das induzierende Magnetfeld zu schaffen, das ihrer Klemmenspannung entspricht. Es ist das Verdienst Werner v. Siemens, die Bedingungen hierfür im Jahre 1866 klar erkannt und veröffentlicht zu haben, während die Selbsterregung an sich wohl schon wesentlich früher (1854) von Sören Hjorth entdeckt wurde. Der Inhalt des von Siemens angegebenen sog. dynamo-elektrischen Prinzips ist kurz folgender: Die mit voller Umdrehungszahl laufende Maschine erzeugt zunächst in dem stets vorhandenen remanenten Felde ihrer Elektromagnete eine kleine Spannung an den Bürsten ihres Kommutators. Diese Spannung wird benutzt, um durch die Wicklung der Elektromagnete einen zunächst schwachen Strom zu schicken, der das remanente Feld verstärkt. Hierdurch steigt wiederum die induzierte Spannung und damit auch der erregende Strom, bis schließlich erstere den gewünschten Wert erreicht. Hierfür müssen aber ganz bestimmte Werte nicht nur der Umdrehungszahl, sondern auch des Ohmschen Widerstandes der Magnetwicklung selbst eingehalten werden, da sonst der Vorgang leicht unstabil wird, die Maschine z. B. bei Belastung sofort ihre Spannung wieder verliert.

Wird der gesamte, von der Maschine auch bei Belastung gelieferte Strom zur Felderregung benützt, so nennt man dies Hauptstromerregung bzw., weil die Elektromagnetwicklung mit dem äußeren Stromverbraucher in Serie liegt, Serienerregung. Diese Serien-Maschinen haben also bei offenem Verbraucherkreis nur remanente Spannung. Die Wicklung ihrer Elektromagnete besteht aus relativ wenigen Windungen dicken Drahtes, bei großen Leistungen aus Flachkupfer.

Ist die Magneterregung, unabhängig vom äußeren Stromkreis, mit beiden Wicklungsenden unmittelbar oder über einen Regulierwiderstand an die Bürsten angeschlossen, so erhält man die sog. Nebenschlußmaschine. Sie hat im Idealfall eine vom Nutzstrom in weiten Grenzen unabhängige Klemmenspannung, ihre Magnetwicklung besteht aus sehr vielen Windungen dünnen Drahtes.

Verwendet man, wie dies in der Praxis sehr häufig geschieht, beide Wicklungssysteme gleichzeitig, so erhält man die sog. Compound-Maschine, die nach Belieben für konstante oder mit der Last steigende oder fallende Spannung gebaut werden kann.   *E. Rother.*
Näheres s. Gisbert Kapp, Dynamomaschinen für Gleich- und Wechselstrom.

Selbstpotential ist ein anderer Ausdruck für Selbstinduktivität, das elektrodynamische Potential eines Körpers auf sich selbst (s. dort).   *R. Jaeger.*

Selbstsperrung durch Haftung (s. Reibungskoeffizient) liegt bei einem statischen System vor, wenn Vergrößerung der bewegenden Kräfte zugleich die Haftung in dem Maß vergrößert, daß das Gleichgewicht erhalten bleibt.

1. Ein einfachster Fall derselben ist das Gleichgewicht eines schweren Körpers auf einer rauhen, schiefen Ebene, deren Neigungswinkel kleiner als der Haftungswinkel (zwischen Körper und schiefer Ebene) ist. Das Gleichgewicht bleibt dann unabhängig vom Gewicht des Körpers erhalten. Der Fall liegt unter anderem vor bei der Selbstsperrung einer flachgängigen, belasteten Tragschraube,

insofern die Schraube mit ihrer Last als der Körper, das Gewinde der Schraubenmutter als ein (auf einem Kreiszylinder aufgewickelter) Streifen einer schiefen Ebene betrachtet wird.

2. **Bewegung eines Körpers auf schiefer Ebene durch horizontale Kraft.** Selbstsperrung tritt ein, wenn Neigungswinkel + Haftungswinkel $\geq 90^0$: Kommt in Betracht für Schrauben mit steilem Gewinde, die durch ein Drehmoment bewegt werden sollen.

3. **Keilwirkung:** Ein in eine Wand eingeschlagener Keil erfährt von der Wand einen Gegendruck, dessen Richtung maximal um den Haftungswinkel φ gegen die Normale der Keilwand geneigt ist. Wenn der halbe Keilwinkel $\alpha/2 < \varphi$, fällt unter diese Richtungen die Parallele zur Wand; der Wanddruck hat daher keine Komponente senkrecht zur Wandebene, die den Keil herauspressen würde, er ist daher selbstsperrend.

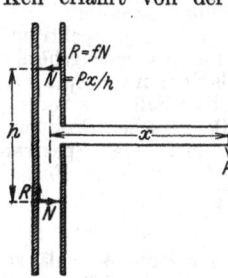
Selbstsperrung eines Schlittens.

4. **Führung:** Ein in einer Führung beweglicher Schlitten, der an einem Hebelarm geschoben wird (s. Fig.), klemmt, wenn $x \geq h/2f$, er gleitet, wenn $x < h/2f$, unabhängig von der Größe der bewegenden Kraft. Dieser Fall findet z. B. im Steigschuh der Telegraphenarbeiter Verwendung.

Weitere Fälle von Selbstsperrung liegen zahlreich, besonders im Maschinenbau, vor.

F. Noether.

Näheres s. Die Lehrbücher der technischen Mechanik, z. B. F. Grashof, Theoretische Maschinenlehre, II, S. 233 f. 1883.

Selektive Reflexion des Schalles s. Echo.

Selektivität s. Störungsfreiheit.

Sender-Einrichtungen zur Erzeugung elektrischer Schwingungen. *A. Meißner.*

Senderöhre, Röhre für Gas- oder Vakuumentladung zur Erzeugung von ungedämpften elektrischen Schwingungen (s. Röhrensender) und zwar insbesondere Gas- oder Vakuumröhre mit Hilfselektrode (Gitter, Netz, Sonde usw. genannt), von prinzipiell derselben Art, wie sie zur Verstärkung von Wechselströmen dienen (s. Verstärkerröhre), jedoch in der Rückkoppelungsschaltung verwendet (S. Strauß, A. Meißner). Zur Erzeugung von Schwingungen ist es notwendig, einen schwingungsfähigen Kreis definierter Frequenz so in den Anodenkreis der Röhre zu schalten, daß er bei Vorhandensein eines Wechselstromes aus ihr Leistung erhält, also z. B. in der sog. Schwungradschaltung. Diese besteht darin, daß Kapazität C, Selbstinduktion L und Widerstand R in Serie zu einem Kreise geschlossen sind und Anode und Kathode an zwei Punkten der Selbstinduktion, eventuell den Enden angelegt sind (näheres unten). Mit der Röhre und dem Schwungradkreis in Serie liegt eine Batterie von einigen Volts bis zu mehreren Tausend Volt Spannung, je nach der gewünschten Leistung; die Batterie kann auch in einem Parallelzweig zur Röhre bzw. zum Kreis liegen, jedoch muß dann der Gleichstrom durch einen Sperrkondensator im Kreis, der Schwingungsstrom durch eine Selbstinduktion in der Batterieleitung vor Kurzschluß bewahrt werden. Wird nun z. B. durch Einschalten der Batterie der Kreis angestoßen, so würde er in einer

gedämpften Schwingung abklingen. Diese Schwingungen können aber zum Ansteigen und kontinuierlichen Weiterbestehen gebracht werden, wenn dem Gitterkreis ein kleiner Betrag der Energie zugeführt, dadurch in der Röhre infolge ihrer Verstärkereigenschaft vervielfacht und wieder an den Kreis abgegeben wird, der wieder einen kleinen Teil dem Gitterkreis zuführt usw. Die Zuführung vom Schwingungskreis an den Gitterkreis heißt „Rückkoppelung". Die Rückkoppelung kann am einfachsten induktiv entweder durch eine zwischen Gitter und Kathode liegende aperiodische Spule oder aber einen abgestimmten Kreis am Gitter geschehen. Ebenso kann für die Rückkoppelung zum Schwungradkreis ein dritter Parallelzweig gebaut werden, an einen Punkt dessen das Gitter angeschlossen ist. Schließlich kann als ein Teil dieses dritten Zweiges die Kapazität Gitter-Anode, als anderer eine Gitterspule oder ein Gitterkreis dienen. Die Rückkoppelung kann aber auch durch direkte Verbindung des Gitters mit einem Punkte richtiger Phase und Amplitude des Schwingungskreises selbst hergestellt werden (Einkreisschaltung, Spannungsteilerschaltung). Bedingung ist bei allen Rückkoppelungsschaltungen jedoch, daß die Wechselspannung Kathode-Gitter gegen die Kathode-Anode um 180^0 verschoben ist, damit die im Kreis vorhandene und die aus der Röhre hinzukommende Leistung in der Phase zusammenpassen. Diese Phasenbedingung muß durch entsprechende Zusammensetzung der Zweige aus Kondensatoren und Spulen, ferner ihre Abmessung sowie durch den Koppelungssinn der Spulen erfüllt werden.

Die quantitativen Verhältnisse sind von der Entladungsform abhängig. Augenblicklich überwiegend verbreitet ist die Glühkathoden-Hochvakuumröhre; doch sind auch Glühkathodenröhren mit Glimmlicht (Liebenröhre) oder Glimmlichtröhren mit kalter Kathode, sowie Lichtbögen, sämtlich mit Steuergitter, verwendbar. Nur für die Hochvakuumröhre mit ihren klaren Strom-Spannungsbeziehungen ist die Theorie quantitativ, wenigstens in den Grundfragen, durchgeführt. Für alle Entladungsarten läßt sich die „Grenzrückkoppelung", d. h. die mindestens notwendige zum Entstehen der kleinsten Amplitude angeben, da die Stromspannungsgleichung stets als $i_A = \dfrac{e_g}{K_1} + \dfrac{e_A}{K_2}$ dargestellt werden kann (i_A = Anodenstrom, e_g = Gitterspannung, e_A = Anodenspannung, und zwar sämtlich Wechselstromgrößen). Stellt die Rückkoppelung k das Verhältnis von e_g zu e_A vor, (das sind die Wechselspannungskomponenten von e_g und e_A), ferner L' den zwischen Anoden- und Kathodenpunkt liegenden Selbstinduktionsteil, C' die resultierende Kapazität der übrigen Kreisteile, so ergibt eine einfache Rechnung die Grenzrückkoppelung:

$$k = -\frac{K_1 C' R}{L'} - \frac{K_1}{K_2}$$

die für die dem $e^{\frac{3}{2}}$-Gesetz folgende Hochvakuumröhre mit Glühkathode in die Gleichung

$$k = -\frac{2 K C' R}{3 L' \sqrt{E_g + \alpha E_A}} - \alpha$$

übergeht (E_g und E_A bedeuten Gitter- und Anodengleichspannung). Zum weiteren Ansteigen der Schwingungen muß die Rückkoppelung dann vergrößert werden.

Bei der Hochvakuumröhre lassen sich Leistung und Wirkungsgrad leicht angeben. Der Sättigungsstrom sei I_s; dann kann die Amplitude eines sinus-

förmigen Stromes höchstens gleich $\frac{I_s}{2}$ sein. Die am
Kreis und damit auch an der Anode entstehende
Spannung darf, da im Augenblicke größten Stromes
die Gesamtspannung am kleinsten ist, nicht unter
einen gewissen positiven Wert, die Restspannung E_R
heruntergehen, der jedoch klein gegen E_A gemacht
werden kann, so daß die maximale Spannungsamplitude fast gleich E_A wird. Daraus ergibt sich
die Kreisleistung: $N = \frac{I_s\,E_A}{4}$, die also für Sinusform
die maximal mögliche ist. Sie kann natürlich nur
dann entstehen, wenn der Strom $\frac{I_s}{2}$ am Schwungradkreis gerade die Spannung E_A hervorruft; hierzu
muß: $\frac{L'}{C'\,R} = \frac{2\,E_A}{I_s}$ sein, was man bei gegebenen
L, C, R, I_s und E_A nur durch richtige Wahl von L'
erreichen kann. Da bei obiger Kreisleistung die
Röhre den mittleren Gleichstrom $\frac{I_s}{2}$ führt, ist die
aufgewendete Leistung $\frac{E_A\,I_s}{2}$, d. h. der Wirkungsgrad $\eta = 50\%$, ebenfalls der maximal mögliche bei
Sinusform. Der Wirkungsgrad läßt sich durch
Abweichung von der Sinusform bedeutend verbessern, und zwar durch Herbeiführung mäander-
förmiger Kurven (H. Rukop) für Strom und Spannung, oder aber durch kurze Stromstöße von etwa
$^1/_4$ Periode Dauer, wobei während $^3/_4$ Periode der
Strom auf Null sinkt (W. Schottky), wozu starke
negative Gittergleichspannung erforderlich ist, am
besten mit Fremderregung. Durch diese beiden
Diagramme sind Wirkungsgrade bis 85% erreicht
worden. Einen relativ guten Wirkungsgrad (ca.
70%) und dabei ein Optimum des Einsetzens der
Schwingungen, außerdem Selbstentlastung der Röhre
beim Aussetzen der Schwingungen gibt das Diagramm des kleinen Ruhestromes, in dem der Ruhe-
strom etwa ein Sechstel des Sättigungsstromes beträgt (H. Rukop). Die Leistungen in den genannten Diagrammen sind verschieden; bei dem
letzteren erhält man etwa $0,25\,E_A\,I_s$, bei dem
Mäanderdiagramm bis $0,40\,E_A\,I_s$, bei dem Stromstoß-
diagramm etwa $0,15\,E_A\,I_s$. Der Strom im Schwingungskreis ist stets: $I = \sqrt{\dfrac{N}{R}}$. Der äußere Widerstand $\dfrac{L'}{C'\,R}$ ist stets gleich dem Verhältnis von not-
wendiger Spannung zu notwendigem Strom zu
wählen, was keineswegs etwa gleich dem inneren
Widerstand der Röhre ist. Hierin zeigt die Röhre
ein absonderliches Verhalten, das durch ihre ein-
gegrenzten Ströme und Spannungen sowie durch
das Nebeneinanderbestehen eines Gleichstrom- und
eines Wechselstromvorganges zu erklären ist. Auch
darf der äußere Widerstand nicht etwa zur Erreichung eines guten Wirkungsgrades groß gegen
den inneren gemacht werden. Überhaupt ist der
innere Widerstand der Röhre im Selbsterregungs-
zustande verschieden definierbar, da er erstens
während jeder Periode schwankt, zweitens auch
infolge der Rückkoppelung als negativ betrachtet
werden kann.
Durch Veränderung der Gittergleichspannung
oder Anodengleichspannung oder des Kreiswider-
standes oder der Rückkoppelung vermittelst eines
Mikrophones im Takte der menschlichen Sprache
läßt sich die Amplitude der Schwingung proportional

ändern, so daß man eine drahtlose Telephonie damit
bewerkstelligen kann.   *H. Rukop.*

Näheres s. H. Rukop, Jahrb. d. drahtl. Tel. 14, 110, 1919. —
    H. G. Möller, Jahrb. d. drahtl. Tel. 14, 326, 1919.

Senken und Quellen s. Potentialströmung.

Senkwage s. Aräometer.

Sensitive Flamme s. Schallempfindliche Flamme.

Serienfunkenstrecke. Hintereinanderschaltung von
Funkenstrecken, insbesondere zur Erzielung von
guter Löschwirkung (s. Löschfunkenstrecke).
                                          A. Meißner.

Serienmotor s. Gleichstrommotoren und einphasige Wechselstrom-Kommutatormotoren.

Serienspektren. In Linienspektren (s. Spektrum)
lassen sich häufig gesetzmäßig zusammengehörige
Linien auffinden, die man als Serien von Spektrallinien bezeichnet. Der einfachste Fall eines Serien-
spektrums liegt im sog. Balmerschen Spektrum
des Wasserstoffs vor, wo im sichtbaren Spektralbereich eine Serie beginnt, die durch die Formel

$$\frac{1}{\lambda} = \nu = N\left(\frac{1}{2^2} - \frac{1}{m^2}\right) = \frac{N}{2^2} - \frac{N}{m^2}$$

darstellbar ist. Dabei bedeutet λ die Wellenlänge,
N ist eine Konstante mit dem Wert 109 677, wenn λ
in cm gemessen wird und m ist eine ganze Zahl,
die alle Werte größer als 2 annehmen kann. Das
Spektrum hat ein Aussehen wie in der Figur an-

$H\alpha$	$H\beta$	$H\gamma$	$H\delta$		Serien-grenze

gedeutet. Der Wert $m = 3$ liefert die Linie $H\alpha$,
die im Rot liegt; für $m = 4$ folgt die Linie $H\beta$ im
Blaugrün, dann $H\gamma$ und $H\delta$ im Violett, während
die folgenden Linien nicht mehr im sichtbaren
Spektralbereich liegen. Je nach den Erzeugungs-
bedingungen kann man mehr oder weniger der
höheren Serienglieder bekommen. Besonders in
Sternspektren kennen wir sehr viele Glieder der
Wasserstoffserie. Mit zunehmender Ordnungszahl
m rücken die Linien immer dichter zusammen und
nähern sich mehr und mehr der Grenze für $m = \infty$,
der Seriengrenze.

Beim Wasserstoff kennen wir noch zwei weitere
Serien, die sog. Lyman-Serie, nach ihrem Entdecker bezeichnet, die im Ultraviolett liegt und
durch die Formel

$$\nu = N\left(\frac{1}{1^2} - \frac{1}{m^2}\right)$$

dargestellt wird, wo N dieselbe Bedeutung hat wie
oben und m mit dem Wert 2 beginnt und die,
ebenfalls nach ihrem Entdecker bezeichnete Paschen-
Serie im Ultrarot

$$\nu = N\left(\frac{1}{3^2} - \frac{1}{m^2}\right),$$

wo m mit dem Wert 4 beginnt.

Diese Serienlinien des Wasserstoffs erweisen sich
übrigens bei genauerer Untersuchung nicht als einfache Linien, sondern als sehr enge Linienpaare
(Dubletts).

Außer beim Wasserstoff sind nun bei vielen
anderen Elementen Serien in den Spektren nachgewiesen worden. Diesen Nachweis verdanken wir
Kayser und Runge einerseits und Rydberg
andererseits. Insbesondere treten solche Serien auf
bei den Alkalien und Erdalkalien, aber auch in
anderen Elementen sind sie nachzuweisen. Allen
diesen Serien ist gemeinsam, daß sie sich wie die
Balmerserie des Wasserstoffs als Differenz von

zwei Termen darstellen lassen, von denen der erste konstant, der zweite variabel ist. Die Terme haben nach Rydberg angenähert die Form

$$\frac{N}{(m+a)^9}$$

wo N wieder den Wert wie beim Wasserstoff hat und als Rydbergsche Konstante bezeichnet wird, m eine ganze oder halbe Zahl ist, die im konstanten Term einen festen Wert hat und im variabeln um je eine Einheit fortschreitet und wo a eine Konstante ist, die für das betreffende Element und die betreffende Serie charakteristisch ist.

Nach der Bohrschen Theorie der Serienspektren stellen die Terme im wesentlichen die Energien dar, die das Atom des betreffenden Elementes bei verschiedenen möglichen Zuständen enthält. Beim Übergang von einem dieser Energieniveaus in ein anderes wird eine bestimmte Spektrallinie von der Schwingungszahl ν ausgestrahlt nach der Beziehung

$$W_a - W_e = h \cdot \nu.$$

Darin bedeutet W_a die Energie des Anfangszustandes, W_e die des Endzustandes des Atoms. h ist eine Konstante vom Betrage

$$h = 6{,}55 \cdot 10^{-27},$$

wenn die Energien in Erg die Schwingungszahlen in reziproken Sekunden gemessen werden. Man bezeichnet diese Konstante, die in der neueren Atomtheorie von grundlegender Bedeutung ist, als Plancksches Wirkungsquantum.

Nach dieser Theorie sind die Terme der Serienspektren wichtige Charakteristika für die möglichen Zustände eines Atoms, so daß die Bestimmung dieser Terme in den Spektren der Elemente von großer Bedeutung geworden ist. *L. Grebe.*

Näheres s. Sommerfeld, Atombau und Spektrallinie. 3. Aufl. Braunschweig 1922.

Sextant. Kleines astronomisches und geodätisches Meßinstrument, das keiner Aufstellung bedarf, sondern in der Hand gehalten wird und deswegen auf Reisen und Expeditionen zu rohen Messungen noch jetzt Verwendung findet. Der Sextant besteht aus dem sechsten Teil eines geteilten Kreises (s. Figur), an dessen Endpunkten zwei radiale Arme sitzen. Auf dem einen Arm sitzt ein kleines Fernrohr F fest, auf dem anderen ein Spiegel S, der einen vom Kreismittelpunkt kommenden Lichtstrahl in das Fernrohr wirft, aber nur das halbe Objektiv bedeckt. Ein dritter radialer Arm, die Alhidade A, ist beweglich und besitzt im Mittelpunkt einen radialen Spiegel S_2, am äußeren Ende einen

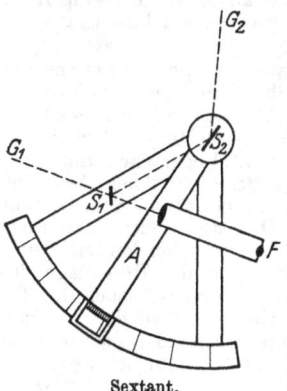

Sextant.

Nonius zur Ablesung der Kreisteilung. Man kann auf diese Weise zwei um einen gewissen Winkel voneinander entfernte Objekte im Gesichtsfeld zur Deckung bringen. Von G_1 kommt der direkte Strahl durch die eine Objektivhälfte ins Fernrohr, von G_2 über $S_2 S_1$, und die andere Objektivhälfte. Die abgelesenen Winkel sind zu verdoppeln. Das Messungs-

bereich liegt zwischen 0^0 (Stellung der Alhidade bei a) und 120^0 (Stellung der Alhidade bei b).

Hat man einen Vollkreis anstatt des 60^0 Bogens und eine nach beiden Seiten verlängerte Alhidade mit zwei Nonien, so entsteht der Prismenkreis, mit dem man die Exzentrizitätsfehler vermeidet.
Bottlinger.

Sichtbarer Energiestrom s. Energetisch-photometrische Beziehungen, Gleichung 3); ferner Wirtschaftlichkeit von Lichtquellen, A.

Sichtbarmachung von Schallschwingungen. Die meisten Methoden hierfür sind in dem Artikel „Schallregistrierung" besprochen. Es sollen noch einige hinzugefügt werden, bei denen man auf die Fixierung des Schwingungsbildes zu verzichten pflegt und sich meist mit der subjektiven Beobachtung begnügt.

a) Eine Vorrichtung dieser Art ist das bereits von Wheatstone 1827 angegebene „Kaleidophon", dessen Name nicht sehr glücklich gewählt ist. In einem Grundbrett sind Stäbe von verschiedener Länge und verschiedenem Querschnitt befestigt; die freien Enden tragen glänzende Metallknöpfchen od. dgl., damit ihre Schwingungsform von dem Auge gut verfolgt werden kann. Je nach den speziellen Verhältnissen, besonders der Form des Querschnittes (kreisförmig, rechteckig usw.) beschreiben die Metallknöpfchen bei passendem Anstoßen der Stäbe die verschiedensten Lissajous-Figuren. Melde hat die Stäbe, statt sie in ein Brett einzulassen, an dem einen Ende einer Stahllamelle angeschraubt, deren anderes Ende festgeklemmt ist. Mit diesem „Universalkaleidophon" lassen sich noch viel mehr Schwingungskombinationen herstellen und sichtbar machen. In dem „Flammenkaleidophon" von Melde ist die Lamelle durch ein senkrecht stehendes Metallrohr ersetzt, welches unten in eine Membrankapsel (s. manometrische Flammen) eingeführt ist, und auf welches oben durch Vermittlung eines Querröhrchens ein zweites, kleineres, dünneres Metallrohr aufgesetzt ist, dessen Eigenschwingung durch ein verschiebbares Gewicht noch geändert werden kann. Das aus der Membrankapsel kommende, aus der oberen Öffnung dieses Röhrchens ausströmende Gas wird hier entzündet. Man kann nun Schwingungen in der Weise kombinieren, daß einmal die Rohre verschiedenartige Transversalschwingungen ausführen, und daß außerdem noch die Flamme als „manometrische Flamme" benutzt wird, indem die Membran der Kapsel von außen her durch irgendwelche Luftschwingungen erregt wird.

b) Sehr schön sind die Methoden, welche auf intermittierender Beleuchtung des schwingenden Körpers beruhen. Die Dauer der Schwingung sei $\frac{1}{n}$ Sekunde. Wird dann der im Dunkeln befindliche Körper jedesmal nach Ablauf von $\frac{1}{n}$ Sekunde momentan beleuchtet, so kann er sich während der sehr kurzen Zeit der Beleuchtung nicht merklich verschieben, und da er jedesmal beleuchtet wird, nachdem eine volle Schwingungsdauer vorüber ist, wird er fortdauernd in ein und derselben Phase beleuchtet, scheint also an der betreffenden Stelle still zu stehen. Wird nun die Zwischenzeit zwischen zwei aufeinanderfolgenden Momentanbeleuchtungen ein wenig vergrößert, so sieht man den schwingenden Körper nach und nach seine aufeinanderfolgenden Stellungen einnehmen. Die Zahl der scheinbaren Schwingungen des Körpers ist dann gleich der Differenz der Anzahl der wirklichen Schwingungen und der Anzahl der Momentanbeleuchtungen in der gleichen Zeit.

Der Körper kann natürlich auch dauernd beleuchtet sein, und das von ihm zum Auge gelangende Licht nicht intermittierend gemacht werden (Stroboskopische Scheibe von Plateau oder stroboskopischer Zylinder).

Zur Regelung der Periode der intermittierenden Beleuchtung sind die verschiedensten Einrichtungen in Gebrauch. So kann eine mit einem schmalen Spalt versehene kleine Platte an einer Zinke einer Stimmgabel von der gewünschten Periode befestigt werden. Beobachtet wird durch eine feste, vor die schwingende gestellte Platte, welche mit einem dem ersten parallelen Spalt versehen ist. Während der Dauer einer Periode decken sich dann die beiden Spalte einmal (Vibroskop). Von La Cour und Rayleigh ist das sog. phonische Rad konstruiert worden. Es besteht aus einer am Rande mit Zähnen aus weichem Eisen versehenen Kreisscheibe; die Zähne rotieren dicht an einem mit Hilfe einer elektromagnetischen Stimmgabel periodisch erregten Elektromagneten vorüber. Hiermit wird eine sehr feine Regulierung der Rotationsgeschwindigkeit erreicht.

Eine andere stroboskopische Methode besteht darin, daß auf eine kreisförmige Pappscheibe konzentrische Ringe aufgezeichnet sind, deren jeder in abwechselnd schwarze und weiße Felder geteilt ist. Die Anzahl der Felder nimmt von Ring zu Ring nach außen hin zu. Rotiert nun die Scheibe und wird sie von einer gleichmäßig leuchtenden Lichtquelle beleuchtet, so sieht sie gleichmäßig grau aus. Wird sie dagegen von einer manometrischen Flamme beleuchtet, so erscheinen die Felder desjenigen Ringes deutlich und stillstehend, dessen weiße (oder schwarze) Felderzahl multipliziert, mit der Rotationszahl, gleich der Schwingungszahl des die manometrische Flamme erregenden Tones ist.

E. Waetzmann.

Näheres s. jedes größere Lehrbuch der Akustik.

Siedeapparat s. Bäder konstanter Temperatur.

Siedepunkt einer Substanz heißt diejenige Temperatur, bei der unter gegebenem Druck die Umwandlung des flüssigen in den dampfförmigen Aggregatszustand erfolgt. Diese ist leicht experimentell festzustellen, da die Temperatur einer siedenden Flüssigkeit sich infolge der Verdampfungswärme nicht bei Wärmezufuhr ändert, solange der äußere Druck konstant bleibt. Der Siedepunkt ist vom Druck stark abhängig, und zwar prozentisch um so stärker, je geringer der Druck selbst ist. Als normale Siedetemperatur bezeichnet man diejenige Temperatur, welche sich einstellt, wenn die Flüssigkeit unter dem Druck einer Atmosphäre siedet. — Mit dem Siedepunkt identisch ist der Kondensationspunkt, der als diejenige Temperatur definiert ist, bei der sich ein Dampf unter gegebenem Druck zu Flüssigkeit kondensiert.

Die Methoden zur Bestimmung des Siedepunktes sind verschiedenartig und richten sich nach dem Temperaturbereich. Bei genauen Messungen ist es nur unter besonderen Vorsichtsmaßregeln statthaft, das Thermometer in die siedende Flüssigkeit einzuführen, da diese oft Überhitzungen oder Siedevorzüge aufweist. Man mißt deshalb im allgemeinen die Temperatur des aus der Flüssigkeit aufsteigenden gesättigten Dampfes, und zwar in der sog. dynamischen Methode dadurch, daß ein kontinuierlicher Dampfstrom an dem Thermometer vorüberstreicht, wobei der Druck, unter dem das Sieden stattfindet, primär festgelegt wird. In gewissem Gegensatz hierzu steht die sog. statische Methode, bei der in einem Kölbchen eingeschlossene Flüssigkeit in ein Bad konstanter Temperatur gebracht und der Druck des gesättigten Dampfes gemessen wird, der aus der Flüssigkeit aufsteigt. — Die dynamische Methode ist für Siedetemperaturen oberhalb Zimmertemperatur, die statische Methode für Siedetemperaturen unterhalb Zimmertemperatur besonders geeignet.

Der wichtigste Siedepunkt ist der normale Siedepunkt des Wassers, als einer der beiden thermometrischen Fundamentalpunkte. Wegen der hohen Verdampfungswärme des Wassers, die bei 100^0 etwa 540 cal pro Gramm beträgt, ist die Temperatur des Wasserdampfes wenig gegen Störungen thermischer Art empfindlich.

Für die Fixierung der Temperaturskala sind ferner folgende normalen Siedepunkte von Wichtigkeit.

Helium	−268,8	Sauerstoff . .	−183,0
Wasserstoff . .	−252,8	Naphthalin .	+217,96
Stickstoff. . .	−195,8	Benzophenon	+305,9
Argon	−185,8	Schwefel . .	+444,55

Über die Abhängigkeit des Siedepunktes vom Druck s. Dampfdruck.

Im Pupinschen Topf erzielt man eine höhere als die normale Siedetemperatur des Wassers dadurch, daß die sich bildenden Dämpfe durch einen gut schließenden Deckel am Entweichen verhindert werden. Sie erhöhen den Druck über der Flüssigkeit, bis das Sicherheitsventil anspricht. Man erreicht auf diese Weise leicht eine Siedetemperatur von 110^0 (0,4 Atm. Überdruck).

Ist die Flüssigkeit nicht rein, sondern ein Stoff in ihr gelöst enthalten, so wird der Siedepunkt ebenfalls heraufgesetzt. Die Siedepunktserhöhung beträgt für den Fall, daß 1 g Substanz vom Molekulargewicht M in 1000 g Lösungsmittel gelöst ist und keine Dissoziation eintritt,

$$t = 0,00198 \; T^2 \frac{1}{\varrho \, M} \; \text{Grad.}$$

Hierin bedeutet T die absolute Siedetemperatur und ϱ die Verdampfungswärme des Lösungsmittels.

Henning.

Siedethermometer (auch Hypsothermometer genannt) sind Quecksilberthermometer, welche nur einen beschränkten Meßbereich zwischen etwa 90^0 und 102^0 umfassen, in diesem Intervall aber eine sehr weite Teilung in zehntel oder gar hundertstel Grade tragen. Man ermittelt mit ihnen, beispielsweise auf Forschungsreisen, den genauen Siedepunkt des Wassers an einem Orte und findet hieraus mit Hilfe von Tabellen den dort herrschenden Luftdruck, aus welchem man wiederum die Höhenlage des Ortes berechnen kann. Um den Gebrauch der Tabellen zu vermeiden, bringt man auf den Thermometern statt der Temperaturteilung vielfach nur eine Teilung nach Millimeter Luftdruck an.

Scheel.

Siedethermometer s. Schweremessungen.

Signalgeräte, optische, dienen zur Nachrichtenübermittlung durch Geben von Lichtzeichen (z. B. nach dem Morsesystem) auf große Entfernungen. Die für Verwendung von Sonnenlicht eingerichteten Geräte, sog. Heliographen (s. diese), enthalten als optisches System meist zwei Planspiegel mit einer Dioptereinrichtung. Künstliche Lichtquellen wie Petroleumflammen, Azetylenflammen, durch Azetylen-Sauerstoffflammen erhitzte Glühplättchen aus Thoriumoxyd, elektrische Glühlampen oder Bogenlampen werden im Brennpunkt von Scheinwerferspiegeln (s. diese) oder Linsen angeordnet. Als optisches Signalgerät ohne eigene Lichtquelle kann der Tripelspiegel (s. diesen) Verwendung finden. Um Lichtzeichen geben zu können, muß er vom Empfänger aus mittels eines Heliographen oder Scheinwerfers angeleuchtet werden.

Das Unterbrechen des Lichtkegels kann durch Jalousieblenden, Abschlußtüren, durch Einschalten von Blenden zwischen Lichtkegel und Spiegel, bzw. Linse oder durch Stromunterbrechung bei elektrischen Glühlampen geschehen. Das Richten des Signalgerätes auf den Empfänger, der meist durch ein Fernrohr die Lichtblitze beobachtet, geschieht mittels eines Richtfernrohres, dessen optische Achse zur Achse des Signalgerätes mit Hilfe eines Tripelstreifens (s. diesen) parallel gestellt wird.

Es ist auch bereits versucht worden, den Beobachter durch ein Empfangsgerät, bestehend aus einem Scheinwerferspiegel mit einer in seinem Brennpunkt angeordneten lichtelektrischen Zelle, zu ersetzen.

Die Bestimmung von Streuung und Lichtstärke der Signalgeräte geschieht wie bei Scheinwerfern (s. diese). Bei 10 cm Durchmesser des austretenden Strahlenbüschels und mittlerer Luftdurchsichtigkeit werden bei Tage etwa folgende Reichweiten erzielt:

Lichtquelle:	Reichweite:
Petroleum	1,6 km
Azetylen	2,0 „
Elektrisches Glühlicht	8,0 „
Glühkörper mit Azetylen-Sauerstoffflamme	18,0 „
Bogenlicht	25,0 „
Sonnenlicht (b. Heliographen)	60,0 „

Für künstliche Lichtquellen steigen bei Nacht die Reichweiten ca. auf das Dreifache an. *Hartinger.*

Näheres s. Carl Zeiß, Druckschriften T 850, 147, 141 u. E. Ruhmer, Das Selen, 1902.

Silbervoltameter. Dieses Voltameter ist deshalb von besonderer Bedeutung, weil es die eine der gesetzlichen elektrischen Grundeinheiten bildet, nämlich das Normal des internationalen Ampere, das dadurch definiert ist, daß von diesem Strom in der Sekunde 1,11800 mg Silber abgeschieden werden. Im deutschen Gesetz sind noch besondere Ausführungsbestimmungen für die Messung mit dem Silbervoltameter angegeben. Das Silber wird in einem als Kathode dienenden Platintiegel ausgeschieden, der mit einer Lösung von 20 bis 40 Teilen Silbernitrat in 100 Teilen Wasser gefüllt ist. Als Anode dient ein Stab aus reinem Silber. Durch ein unter dem Stab gehängtes Glasgefäß oder in anderer Weise muß dafür gesorgt werden, daß von den Teilchen, die sich bei der Elektrolyse von der Anode loslösen können, nichts auf den Boden des Tiegels fällt. Die Stromdichte soll an der Anode $^1/_5$, an der Kathode $^1/_{50}$ Ampere auf das Quadratzentimeter nicht überschreiten. Nach Beendigung der Elektrolyse wird die Lösung abgegossen, der Silberniederschlag mit destilliertem Wasser ausgewaschen und nach dem Trocknen gewogen. In der Praxis wird als Stromnormal der Kompensator benutzt, bei dem der Strom auf einen Normalwiderstand und die EMK eines Normalelements (Westonelement) zurückgeführt wird. Der Wert des Normalelements ist aber aus Messungen mit dem Silbervoltameter abgeleitet (s. Stromnormal). *W. Jaeger.*

Näheres s. Jaeger, Elektr. Meßtechnik. Leipzig 1917.

Siliziumdetektor. Viel verwandter empfindlicher Detektor zum Nachweis elektrischer Schwingungen, bestehend aus einem Metalldraht, der unter leichtem Druck die rauhe Oberfläche eines Stückes Silizium berührt. *A. Esau.*

Siliziumlegierungen s. Dynamoblech.

Singen s. Verstärkerröhre.

Singende Flamme. Im Jahre 1777 wurde von Higgins beobachtet, daß eine in eine offene, vertikal stehende Röhre von unten hineingebrachte Wasserstoffflamme in der Röhre einen Ton erzeugt. Chladni zeigte dann, daß dieser Ton mit dem Grundtone eines gleich langen, beiderseits offenen Rohres übereinstimmt, wobei man natürlich die erhöhte Temperatur zu berücksichtigen hat. Durch Abänderung der Größe der Flamme und ihrer Stellung in der Röhre erhielt Chladni auch Obertöne, deren relative Lage zum Grundtone mit derjenigen der Obertöne einer offenen Pfeife (s. d.) übereinstimmt. Statt des Wasserstoffes kann man auch Leuchtgas nehmen. Durch Beobachten der Flamme im rotierenden Spiegel kam Wheatstone (ebenso wie Faraday) zu der Ansicht, daß die Entstehung des Tones auf periodisch erfolgende Explosionen des Gases zurückzuführen sei. Jedoch zeigte Toepler, daß die Flamme nie völlig erlischt, vielmehr während der Vibrationen aus einzelnen, voneinander getrennten Gasschichten besteht, welche sich in periodischer Bewegung befinden. Sondhauß zeigte, daß auch die Gaszuleitungsröhre von Einfluß ist, was bezüglich der Entstehung des Tönens auf einen gewissen Zusammenhang mit den Spalttönen (s. d.) hindeutet. Zweifellos ist die Ansicht von Terquem richtig, daß eine gegenseitige, sich rasch verstärkende Beeinflussung zwischen der Flamme und den Luftschwingungen im Rohre, etwa in der Art, wie zwischen den „weichen" Zungen (s. d.) und den Luftschwingungen ihres Ansatzrohres, stattfindet.

Solange sich die Flamme noch nicht in dem für die Tonerzeugung geeigneten Abstande von dem unteren Ende der Röhre befindet, brennt sie ruhig. Sobald die Röhre anspricht, zeigt die Flamme Einschnürungen und eine unregelmäßige Gestalt. Graf Schaffgotsch wies nach, daß die „stumme" Flamme in einem Rohre sofort erregt wird, wenn in der Nähe des Rohres einer seiner Eigentöne angegeben wird. Während die Flamme singt, erregt ein Ton, der fast im Einklange mit ihr steht, Schwebungen (s. d.), welche so heftig werden können, daß die Flamme erlischt.

Mehrere nebeneinander aufgestellte, in der Regel in konsonanten Intervallen abgestimmte singende Flammen bezeichnet man als chemische Harmonika oder auch als Gasharmonika.

Rijke brachte in einem vertikal stehenden Rohre in einer Entfernung von der unteren Öffnung, welche ein Viertel Rohrlänge beträgt, Metallgaze an, die erhitzt wurde. Es entsteht dann ein Ton, der sehr kräftig wird, wenn die Gaze dauernd durch einen elektrischen Strom geglüht wird. Der von der Gaze aufsteigende warme Luftstrom wird am Rohrende reflektiert, und die eingeleitete Schwingung wird erhalten bleiben, wenn die an der Gaze wieder ankommende Luft in einer geeigneten Schwingungsphase Wärme aufnimmt. Auch hierbei dürfte eine Art Selbstregulierung mitwirken. Die Einzelheiten des Vorganges sind aber noch nicht geklärt. *E. Waetzmann.*

Näheres s. jedes größere Lehrbuch der Akustik.

Sinusbedingung s. Sphärische Abweichung.

Sinusbussole. Ein Nadelgalvanometer (s. d.), das bei geringen Ansprüchen an die Genauigkeit zu absoluten Strommessungen benutzt werden kann. Die Stromspule ist um eine vertikale Achse drehbar und wird so eingestellt, daß sich die vom Strom abgelenkte Magnetnadel wieder wie bei der Ruhelage in der Windungsebene der Spule befindet. Der Drehungswinkel der Spule wird an einem Teilkreis abgelesen; die Stromstärke ist dann proportional dem Sinus des Drehungswinkels. Da die Nadel stets die gleiche Lage zur Spule hat, braucht wegen der Nadellänge keine Korrektion angebracht zu werden.   *W. Jaeger.*

Sinuselektrometer (R. Kohlrausch). Ein nach dem Prinzip der Drehwage (s. d.) konstruiertes Elektrometer mit horizontaler Nadel, bei dem der Ausschlag proportional dem Sinus der Spannung ist.
                                                W. Jaeger.

Siphonrekorder. Vorrichtung zum Empfang von Signalen, die auf sich bewegenden Papierstreifen niedergeschrieben werden.   *A. Esau.*

Sirene ist ein Apparat zur Erzeugung von Tönen (richtiger Klängen), bei welchem die Tonhöhe in einfacher Weise gemessen werden kann. Es gibt zwei Haupttypen, die Zahnradsirene und die Lochsirene.

Erstere (Savartsches Rad) besteht aus einem gezahnten Rad, gegen dessen Zähne man während der Rotation des Rades ein Kartenblatt schlagen läßt. Für Demonstrationszwecke befestigt man auf einer möglichst reibungslos gelagerten Welle mehrere Räder mit verschieden viel Zähnen und außerdem ein Schwungrad. Wird jetzt das Schwungrad wie ein Kreisel mit einer Schnur abgezogen, so hält die Rotation eine beträchtliche Zeit an, und man kann das Kartenblatt abwechselnd gegen die verschiedenen Räder halten. Die Schwingungszahlen der so entstehenden „Töne" sind gleich der Zahl der Zähne des betreffenden Rades mal der Rotationszahl pro Sekunde.

Die viel wichtigere Ausführungsform stellt die Lochsirene dar. Sie besteht in ihrer einfachsten Form (Seebeck) aus einer kreisrunden Scheibe aus beliebigem Material, in welche ein oder mehrere konzentrische Löcherkreise eingestanzt sind. Die Löcher eines Kreises müssen alle genau den gleichen Abstand voneinander haben. Während die Scheibe rotiert, bläst man durch eine kleine Röhre einen Luftstrom gegen einen Löcherkreis. So erhält man bei einer Umdrehung der Scheibe so viel einzelne Luftstöße, als sich Löcher in dem angeblasenen Kreise befinden, und zwar erfolgen die Luftstöße periodisch. Die so erzeugten Luftschwingungen sind aber nicht sinusförmig, sondern besitzen eine kompliziertere Form, deren Einzelheiten von der Form der Löcher, ihrem Abstande usw., abhängen.

In der Sirene von Cagniard De La Tour stehen sich zwei einander fast berührende Scheiben, von denen die untere fest und die obere drehbar ist, gegenüber. Die untere Scheibe bildet die Decke einer Metalldose (Windkasten), welche mit einer Windlade in Verbindung steht. In beiden Scheiben befindet sich je ein Löcherkreis von gleichen Lochzahlen. Die Löcher stehen einander genau gegenüber, sind aber nicht senkrecht, sondern schief in die Scheiben eingebohrt, und zwar so, daß die schiefen Bohrungen in beiden Scheiben schräg gegeneinander gerichtet sind. Die durch die Löcher der unteren Scheibe hindurchgepreßte Luft stößt dann gegen die Wandungen der Löcher der oberen Scheibe und versetzt diese in Rotation. Ähnlich konstruiert sind die Dampfsirenen, die namentlich zur Signalgebung verwandt werden.

Dove konstruierte eine mehrstimmige Sirene, indem er in der eben beschriebenen Sirene mehrere konzentrische Löcherkreise mit verschiedenen Löcherzahlen anbrachte. Mittels einer einfachen Stellvorrichtung können die einzelnen Löcherkreise nach Belieben ein- oder ausgeschaltet werden.

Die Helmholtzsche Doppelsirene besteht im wesentlichen aus zwei Doveschen Sirenen, welche die gleiche Drehachse haben und bei welchen der Windkasten der einen gegen den der anderen gedreht werden kann. Hierdurch können zwischen den Tönen, welche von zwei gleichen Löcherkreisen der beiden Einzelsirenen geliefert werden, Schwebungen erzeugt werden.

R. König hat eine Wellensirene konstruiert. Die Ränder der rotierenden Scheibe besitzen Wellenformen von verschiedener Gestalt, gegen welche der Luftstrom geblasen und damit in einer der Wellenform entsprechenden Weise unterbrochen wird. Hierdurch lassen sich verschiedene Klangfarben erzielen. Die Wellensirene kann als eine Art Zwischenform zwischen Zahnrad- und Lochsirene angesehen werden.

Es sind auch verschiedene Formen von elektrischen Sirenen konstruiert worden, bei denen durch ein Zahnrad intermittierende Stromunterbrechungen erzeugt werden, oder z. B. durch rotierende Magnete in einer Spule Ströme induziert werden (Telephonsirene, Wechselstromsirenen verschiedener Konstruktion).

Wegen ihrer äußerst mannigfaltigen Verwendbarkeit gehört die Sirene zu den wichtigsten Apparaten der Akustik.   *E. Waetzmann.*

Näheres s. E. Robel, Programme d. Louisenstädt. Realgymnasiums. Berlin 1891—1895.

Sixsches Thermometer s. Maximum- u. Minimumthermometer.

Skalar s. Vektor.

Skiaskopie s. Schattenprobe.

Skineffekt. Die ungleichförmige Stromverteilung über den Leiterquerschnitt bei Wechselstrom, insbesondere bei hohen Frequenzen. — Geht man von der Anschauung aus, daß die Energie außerhalb des Leiters fortgeführt wird und nur entsprechend den Verlusten in den metallischen Leitern eintritt, so ergibt sich, daß der Strom zuerst die an der Oberfläche gelegenen Teile erfüllt und erst nach und nach in das Innere eindringt. Bei Wechselstrom höherer Frequenzen kann es dann vorkommen, daß, bevor der Strom zur vollen Tiefe eingedrungen ist, sich die äußere treibende EMK. schon umgekehrt hat und demnach in den innersten Teilen kein Strom entstehen kann. Damit ist gleichzeitig eine Verminderung der Selbstinduktion des Leiters verbunden, entsprechend dem Fehlen des mit dem Strom verketteten magnetischen Feldes im Innern des Leiters maximal =

$$\int \mu \, H^2 \, \frac{dv}{\pi}, \text{ bei Schleife} = \frac{4 \, l \, \mu}{4}.$$

Die Figur zeigt den Abfall der Stromamplitude bei Kupferdrähten für die verschiedenen Tiefen unter der Oberfläche. Es ergibt sich, daß, während der Gleichstromwiderstand proportional $\frac{1}{R^2}$ ist, also umgekehrt dem Querschnitt, der Wechselstrom-Widerstand proportional $\frac{1}{R}$, also nur der Oberfläche umgekehrt proportional ist. Der Hochfrequenzwiderstand eines Drahtes ergibt sich zu

$$W' = W\left(1 + \frac{1}{12}(2k^2)^2 - \frac{1}{180}(2k^2)^4 + \cdots\right)^2$$

$$k = \varrho \cdot \sqrt{\frac{\pi n \sigma \mu}{2}} \quad (\varrho \text{ Drahtradius, } \sigma \text{ spez. W.})$$

$k > 5$ z. B. Elektrolyte $W' = kW$

$$k < 0{,}65 \quad W' = W\left(1 + \frac{k^4}{3}\right)$$

$$k = 1{,}5-10 \quad W' = W(0{,}377\,k + 0{,}277).$$

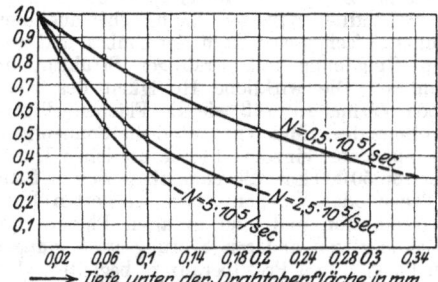

Skineffekt. Abfall der Stromamplitude bei Kupferdrähten für verschiedene Tiefen unter der Oberfläche.

z. B. der Widerstand eines Kupferdrahtes ($\varrho = 1$ mm) bei 10^7 Schwingungen ist 18 mal so groß als der Gleichstromwiderstand. Der Widerstand einer bestleitenden Flüssigkeitssäule von 1 cm Länge und 1 cm Radius ist 1,04 mal dem Gleichstromwiderstand. Eine gleichförmige Stromverteilung auch für Wechselstrom erhält man durch Aufteilung des Querschnittes in voneinander isolierte Einzeldrähte und durch Verdrillen derselben (Litzen). Auch Bänder und Röhren geben bei gleichem Querschnitt günstigere Widerstandsverhältnisse als der Volldraht. *A. Meißner.*

Literatur: Zenneck, Lehrb. S. 57.

Skleronom s. Koordinaten der Bewegung.

Sölle. Kleine, oft nur wenige Quadratmeter große Teiche, die außerordentlich zahlreich in bestimmten, früher vergletscherten Gebieten, z. B. Norddeutschlands, auftreten. Sie haben meist eine auffallend regelmäßige kreisrunde Form, sind verhältnismäßig tief und werden auf Ausstrudelung durch Eisschmelzwasser, vielfach aber auch auf Bodensenkungen zurückgeführt, die über Resten von unterirdischen „toten" diluvialen Eismassen bei deren Schmelzung eintreten müssen. *O. Baschin.*

Solarkonstante heißt die — z. B. in Grammkalorien — ausgedrückte Wärmemenge, welche die Sonne im mittleren Erdabstande einem Quadratzentimeter der Erdoberfläche bei senkrechter Inzidenz in der Zeiteinheit zustrahlen würde, wenn die Erde vollkommen („schwarz") absorbierte und in der Atmosphäre keine Absorptionsverluste eintreten würden. Sie wird z. B. mit dem absoluten Pyrheliometer gemessen. Ob die Solarkonstante wirklich konstant oder ob sie periodischen Schwankungen unterworfen ist, ist noch nicht entschieden; doch scheint ersteres wahrscheinlicher, da die beobachteten Schwankungen oft auf schwer erkennbare atmosphärische Trübungen zurückzuführen sind. Abot hatte periodische Schwankungen von 7 bis 10 Tagen um 10% gefunden. Der heute wahrscheinlichste Wert der Solarkonstante ist 1,932 g-cal pro Minute $= 3{,}22 \times 10^{-2}$ cal sec^{-1} $= 1{,}35 \times 10^6$ erg sec^{-1}.

Die Energie der sichtbaren Sonnenstrahlung beträgt etwa 35% der Gesamtstrahlung. Hieraus folgt eine Beleuchtungsstärke von 4×10^5 erg sec^{-1}. Die Lichtstärke der Sonne ist, da der Abstand Sonne—Erde $1{,}49 \times 10^{11}$ Meter ist, 7×10^{26} Kerzen.

Aus dem angegebenen Wert der Solarkonstanten berechnet sich die „effektive" Sonnentemperatur zu 5840^0; dieses ist die schwarze Temperatur (s. d.) der Sonne, d. h. sie ist nur dann gleich der wahren Temperatur, wenn die Sonne die Strahlungseigenschaften eines schwarzen Körpers hat. *Gerlach.*

Soleil-Babinetscher Kompensator s. Babinets Kompensator.

Soleilsche Skale s. Saccharimetrie.

Solenoid. Ideale einlagige Selbstinduktionsspule mit unendlich nahe beieinander liegenden Windungen, die praktisch nur angenähert herstellbar ist. *A. Esau.*

Solstitien, Sonnwenden: Zeitpunkte, in denen die Sonne ihre Deklinationsbewegung umkehrt, d. h. die Wendekreise berührt. Vgl. Ekliptik. *Bottlinger:*

Sonne. In ihrer mittleren Entfernung von $149{,}5 \cdot 10^6$ km, die dem wahrscheinlichsten Werte $8''{,}80$ der Sonnenparallaxe entspricht, erscheint uns die Sonne (als scharf begrenzte kreisrunde Scheibe) unter einem Winkel von $1919''{,}3$; dem entspricht ein linearer Durchmesser von 1391000 km. Da die Sonnenmasse, deren Verhältnis zur Erdmasse sich aus den großen Halbachsen und den Umlaufzeiten der Erdbahn und der Mondbahn bestimmen läßt, 333000 mal so groß ist wie die Erdmasse, ergibt sich als mittlere Dichte der Sonne 0,26 der Erddichte, als mittleres spezifisches Gewicht der Sonnenmaterie 1,4. Die Gesamthelligkeit der Sonne ist das 465000 fache der Vollmondhelligkeit, ihre Helligkeit außerhalb der Atmosphäre ist auf 135000 Meterkerzen geschätzt worden. In der (Harvard-) Größenskala der Fixsterne ist die Helligkeit der Sonne mit $-26^{\mathrm{m}}{,}7$ anzusetzen. In der Normalentfernung von 1 Sternweite $(30{,}7 \cdot 10^{12}$ km) würde die Sonne als Stern 0. Größe erscheinen (absolute Helligkeit). Auf der Erdoberfläche werden an Gesamtstrahlung 1,93 Grammkalorien pro Quadratzentimeter und Minute erhalten; die von der Sonne stündlich in den Raum gestrahlte Gesamtenergie beträgt hiernach $3{,}3 \cdot 10^{20}$ Grammkalorien (s. Solarkonstante).

Die Sonne nimmt in der astrophysikalischen Forschung eine besondere Stellung ein, weil sie der einzige Fixstern ist, den wir aus der Nähe beobachten können. Diese Doppelstellung bringt es mit sich, daß einerseits alle Fragen, die die Integralverhältnisse (besonders den Energiehaushalt) der Sonne betreffen, ihre Lösung im Rahmen der Fixsternastronomie finden werden, während andererseits die Vorstellungen über die oberflächlichen Übergangsschichten der Fixsterne in dem besonderen Falle der Sonne einer sehr speziellen Prüfung unterworfen werden können (s. Fixsternastronomie).

Als Fixstern ist die Sonne ein typischer Zwergstern vom Spektraltypus G0 mit einer effektiven Temperatur der kontinuierlichen Strahlung von 6000^0. Sie muß trotz ihrer großen Dichte wegen der hohen Temperaturen (von wahrscheinlich einigen Millionen Grad), die in ihrem Innern herrschen, als Gaskugel angesehen werden. Eine bestimmte, von uns als *Photosphäre* bezeichnete Schicht befindet sich unter solchen Bedingungen, daß wir von ihr kontinuierliche Strahlung erhalten,

und kann in diesem optischen Sinne als Oberfläche
der Sonne bezeichnet werden. Die unmittelbar
anschließende Schicht, die *Chromosphäre*, wird
durch selektive Absorption erkennbar. Ihre innerste Zone, die *umkehrende Schicht*, enthält alle
Elemente, die im Absorptionsspektrum der Sonne
auftreten. Nach außen nimmt die Zahl der Elemente rasch ab, die äußere Chromosphäre wird
von Wasserstoff, Kalzium und Helium gebildet
(s. Protuberanzen). Die Chromosphärenlinien können am Sonnenrande als Emissionslinien beobachtet werden; mit Hilfe des Spektroheliographen
werden die verschiedenen Schichten der Chromosphäre auch auf der Sonnenscheibe der Beobachtung
zugänglich gemacht (s. Spektroheliograph). Die
Chromosphäre geht nach außen in die äußerste
beobachtbare Hülle der Sonne, die *Korona*, über,
deren Konstitution noch wenig aufgeklärt ist (s.
Korona).

In der Photosphäre und der unteren Chromosphäre spielen sich die Störungserscheinungen ab,
die als *Sonnenflecke* bezeichnet werden (s. Sonnenflecke). Es handelt sich bei ihnen um wirbelförmige
Bewegungsvorgänge, deren obere, in die Photosphäre und Chromosphäre hineinragende Ausläufer
wir beobachten. Die Flecke zeigen in ihrer Zahl
und ihrer heliographischen Lage eine Periodizität
von rund 11 Jahren, der auch die Fackeln, die
Protuberanzen, die Strahlen der Korona und die
äußeren magnetischen Wirkungen unterworfen
sind. Die Sonnenfleckenperiode muß als Periode
einer Schwankung des physikalischen Zustandes
der Sonne aufgefaßt werden, wie sie bei den veränderlichen Sternen auftritt. Es ist deshalb wahrscheinlich, daß die Lösung des Veränderlichen-
problems auch über die Prozesse, die den angeführten Oberflächenerscheinungen zugrunde liegen,
Aufklärung bringen wird.

Die Flecke haben die erste Möglichkeit geboten,
die *Rotation* der Sonne zu erkennen. Durch die
spektroskopischen Methoden (entgegengesetzte Linienverschiebung am Ost- und Westrand, spektro-
heliographische Verfolgung der Wasserstoff- und
Kalziumflocken) ist die Rotationsbewegung in
allen Breiten der Sonne bekannt geworden. Es
ist unzweifelhaft, daß Photosphäre wie umkehrende
Schicht nicht in der Art des starren Körpers rotieren.
Die Rotationszeit nimmt von 25^d am Äquator
auf 27^d in 40^0 Breite (Flecke, Fackeln, Flocken)
und auf 34^d in 80^0 Breite (Linien der umkehrenden Schicht) zu. Aus den spektroheliographischen
Beobachtungen scheint zu folgen, daß die verschiedenen Schichten der Chromosphäre mit verschiedener Geschwindigkeit rotieren. Die Kalziumflocken zeigen nur eine geringe, die Wasserstoff-
flocken keine Abnahme der Rotationsgeschwindigkeit mit der Breite. Die Rotationsverhältnisse einer
Gaskugel im Zustande eines Fixsterns sind offenbar
äußerst kompliziert, so daß an ihre mechanische
Beherrschung vorläufig nicht zu denken ist.

Eine physikalische Theorie der Sonne kann sich
erst im langsamen Fortschreiten der Fixsternphysik ergeben. Um die Unsicherheit und die
Widersprüche der nur auf Sonnenbeobachtungen
sich stützenden Theorien würdigen zu können,
muß man sich vergegenwärtigen, daß alle unsere
Sonnenbeobachtungen sich auf eine dünne Gashülle
von wenigen tausend Kilometer Dicke beziehen,
und daß alles, was innerhalb der von der Photosphäre begrenzten Gaskugel vor sich geht, der
Beobachtung unzugänglich ist. Auch muß bedacht

werden, daß bei den Druck- und Temperaturverhältnissen der Sonne Refraktion und anomale
Dispersion, die von neueren Theorien in den Vordergrund gerückt werden, sowie andere von den
irdischen Verhältnissen abweichende Erscheinungen
es nötig machen können, einen komplizierteren
Zusammenhang zwischen die Vorgänge in der Sonne
und unsere Beobachtungen zu setzen, als die älteren
Theorien annehmen.   *W. Kruse.*

Näheres s. Newcomb Engelmann, Populäre Astronomie.

Sonnenflecke erscheinen als dunkle Flecke auf der
Sonnenscheibe in einem Gürtel zwischen 40^0 nördlicher und südlicher Breite. Sie bestehen aus einem
scheinbar tiefschwarzen Kern, der Umbra, und einer
grauen Umgebung mit strahliger Struktur, der
Penumbra. Die wirkliche Helligkeit des Kerns
ist noch 500 mal so groß wie die Flächenhelligkeit
des Vollmondes. Meistens treten die Sonnenflecke
in Gruppen auf, einzelne Flecke erreichen Durchmesser von 50 000 km. Sie entwickeln sich im Laufe
von Tagen oder Wochen aus vergrößerten Poren
der Granulation und sind in allen Phasen ihrer
Entwicklung von anderen Störungserscheinungen,
hellen Fackeln und Protuberanzen, begleitet. Ihre
Lebenszeit schwankt zwischen Stunden und einem
Jahr, beträgt im Durchschnitt zwei bis drei Monate.
Die Auflösung beginnt meist mit einer Teilung des
Flecks durch Lichtbrücken; nach der Teilung
großer Flecke bewegen sich die einzelnen Flecke
oft mit Geschwindigkeiten bis 500 km pro Stunde
voneinander.

Das Fleckspektrum hat eine niedrigerer Temperatur entsprechende schwächere violette Strahlung
als das normale Sonnenspektrum. Die Fraunhoferschen Linien treten teilweise stärker, teilweise schwächer auf, in Übereinstimmung mit
ihrem Verhalten im Bogen hoher und niedriger
Temperatur. Auch das Auftreten von Banden,
die chemische Verbindungen wie Titanoxyd, Magnesiumhydrid, Kalziumhydrid zugehören, deutet auf
eine niedrigere Temperatur der umkehrenden Schicht
über Sonnenflecken. Die oberen Wasserstoffschich-
ten der Chromosphäre scheinen an der Temperaturerniedrigung nicht mehr beteiligt zu sein.

Durch den Nachweis des Zeemaneffekts in Linien
des Fleckenspektrums ist die Ansicht begründet,
daß die Sonnenflecke Gaswirbel sind in der Art der
irdischen Wasser- und Windhosen, in deren als
Umbra erscheinendem Schlauch Gasmassen in das
Niveau der umkehrenden Schicht gehoben werden,
wo sie in der Penumbra nach außen abfließen. Wie
die Kalziumspektroheliogramme zeigen, liegt darüber eine wenig gestörte Schicht, während in den
höchsten Schichten, die auf den Hγ- und besonders
Hα-Spektroheliogrammen sichtbar werden, eine
Wirbelbewegung nach dem Kern des Flecks und in
diesem eine Abwärtsbewegung zu finden ist.

Die Häufigkeit der Sonnenflecke ist periodischen
Änderungen unterworfen, die sich vom Jahre 1610
ab untersuchen lassen. Die Intervalle zwischen
aufeinanderfolgenden Maximalwerten schwanken
zwischen 7 und 17 Jahren und ergeben einen mittleren Periodenwert von 11,13 Jahren, wovon 4,62
auf die Zunahme, 6,51 auf die Abnahme der Flecken-
tätigkeit fallen. Die Flecke treten bei Beginn der
Fleckenzunahme vorzugsweise in höheren Breiten
(um 30^0) auf, im weiteren Verlaufe der Periode
nähert sich ihre mittlere Breite dem Äquator. Dieselbe Periodizität wie die Flecke haben die Sonnenfackeln, die mit den Flecken örtlich und zeitlich eng
verbunden sind, und in nicht so ausgesprochener

Weise die Protuberanzen. Die Korona zeigt ihre stärksten äquatorialen Strahlen im Sonnenflecken-minimum. Eine Reihe von irdischen Phänomenen (wie das magnetische Feld, das sich der Flecken-kurve sehr eng anschließt, und die Nordlichter) folgt derselben Periode; der Verlauf der meteoro-logischen Elemente ist noch nicht genügend aufge-klärt.

Die physikalischen Vorgänge in der Sonne, welche allen diesen Erscheinungen zugrunde liegen, sind noch gänzlich unbekannt. *W. Kruse.*

Näheres s. Newcomb-Engelmann, Populäre Astronomie.

Sonnenkonstante s. Solarkonstante.

Sonnenmagnetismus. Wir wissen jetzt, daß das früher oft hypothetisch angenommene magnetische Feld der Sonne wirklich besteht. Wir müssen zwei Arten von Feldern unterscheiden: jenes der Sonnenfackeln und das der Sonne selbst, beide wurden von Hale nachgewiesen. Zunächst fand er mit einem Spektroheliograph von 9 m Brenn-weite (Mount Wilson) eine Verbreiterung gewisser Linien im Sonnenfleckenspektrum, die er auf das Eintreten des Zeemann-Effekts bezog. Später gelang ihm mit einem Instrument von 22,5 m und schließlich von 45 m Brennweite die deutliche Trennung der Linien in ihre Komponenten und zwar bei rund 30 Linien, so daß an der Tatsäch-lichkeit nicht mehr zu zweifeln ist. Am günstigsten ist das Feld der Fackeln zu ermitteln, da man hier in der Richtung des magnetischen Kraftfeldes beobachtet, während man bei dem Sonnenfeld fast senkrecht hindurchschaut.

Die Felder der Fackeln sind, falls die Verschiebung auf der Sonne nach denselben Gesetzen vor sich geht wie im Laboratorium, von der Ordnung 50000 Gauß. Jenes der Sonne ist 40 mal größer als das der Erde, also an den Polen etwa 20 Gauß, das magnetische Moment der Sonne $0,3 \cdot 10^{28}/cm^3$. Die magnetische Achse fällt mit der Rotations-achse zusammen, wenigstens kann die Neigung höchstens nur wenige Grade betragen.

Die Tatsache der Sonnenmagnetisierung ist von großer Bedeutung für jede physikalische Theorie des Erdmagnetismus und jene der anderen Him-melskörper. Die Tatsache der Fleckenfelder erklärt das Bestehen einer elektrischen Strahlung der Sonne, wie wir sie bei den Polarlichtern und den erdmagnetischen Variationen annehmen.

A. Nippoldt.

Näheres s. Hale. Astroph. Journ. 47, 235, 1918.

Sonnenschein. Wichtiges klimatisches Element, dessen Dauer durch Registrierungen mittels Sonnen-schein-Autographen gemessen wird. Man gibt die Zeitdauer in Stunden an, während welcher die Sonne nicht durch Wolken verdeckt war, und zudem in Prozenten der an dem betreffenden Tage nach der Tageslänge möglichen Sonnenscheindauer. Die jährliche Periode der Sonnenscheindauer verläuft im allgemeinen entgegengesetzt zu derjenigen der Bewölkung (s. diese). Sehr bezeichnend für die tägliche Periode ist das häufige Auftreten zweier Maxima, die durch ein Minimum um die Mittagstunden getrennt sind. *O. Baschin.*

Das **Sonnenspektrum** ist ein kontinuierliches Spektrum, dessen Intensitätsverhältnisse nahezu der Strahlung des absolut schwarzen Körpers bei etwa 6000^0 entsprechen. Es ist beobachtbar zwischen den Wellenlängen λ 2900 und λ 53000 (mit großen Lücken bis λ 200000), die kürzeren und längeren Wellen werden in der Erdatmosphäre ab-sorbiert. Über das kontinuierliche Spektrum lagert sich in seiner ganzen Länge ein Absorptionsspektrum (Fraunhofersche Linien), das durch die sehr große Zahl der Metallinien und durch das Hervor-treten der Kalziumlinien H und K charakterisiert ist (Typus G der Klassifikation der Sternspektren). Rowlands „Preliminary Table of Solar Spectrum Wave-Lengths" enthält die Wellenlängen (auf 0,001 AE) und die geschätzten Intensitäten von etwa 20000 Linien zwischen λ 2975 und λ 7316, die in seinem mit einem Konkavgitter hergestellten Spektrum von 10 m Länge meßbar waren. Row-lands Verzeichnis ist die Grundlage aller astro-physikalischen Messungen geworden, enthält aber bei großer Sicherheit der Linienwerte einen wellen-förmig fortschreitenden Fehler. Die aus ihm ent-nommenen Wellenlängen müssen mittels der Hart-mannschen Tafeln auf ein streng relatives mittleres Rowlandsystem oder auf das internationale Wellen-längensystem umgerechnet werden. Ein Teil der Linien, zumeist im roten Teil des Spektrums, wird, wie ihre Verstärkung bei niedrigem Sonnenstande zeigt, durch die Gase der Erdatmosphäre hervor-gerufen, besonders durch Sauerstoff, Wasserdampf und Kohlensäure. Von den übrigen Linien ist etwa die Hälfte mit Linien irdischer Elemente identifiziert worden, der Rest der Linien ist noch nicht entwirrt. Mit großer Sicherheit können folgende Elemente als in der umkehrenden Schicht vorhanden angesehen werden: Eisen, Nickel, Titan, Mangan, Chrom, Kobalt, Kohlenstoff, Vanadium, Zirkonium, Cer, Kalzium, Skandium, Neodym, Lanthan, Yttrium, Niobium, Molybdän, Palladium, Magnesium, Natrium, Silizium, Wasserstoff, Helium, Strontium, Barium, Aluminium, Kadmium, Rho-dium, Erbium, Dysprosium, Europium, Zink, Kupfer, Silber, Germanium, Beryllium, Zinn, Blei, Kalium, Indium, Platin, Praseodym, Wolfram, Ytterbium, Thallium, Sauerstoff, Stickstoff. Die unbekannten Linien können unbekannten Ele-menten zugehören oder bekannten Elementen unter Bedingungen eigentümlich sein, die im Labora-torium noch nicht hergestellt worden sind. Im Spektrum der Sonnenflecke finden sich die Banden von Magnesiumhydrid, Titanoxyd und Kalzium-hydrid. Sehr viele Absorptionslinien treten am Sonnenrande im Spektrum der untersten Chromo-sphärenschicht als helle Emissionslinien auf, zum Teil mit veränderten Intensitätsverhältnissen (Flash-Spektrum). *W. Kruse.*

Näheres s. Newcomb-Engelmann, Populäre Astronomie.

Sonnenstrahlung (Insolation). Die Hauptquelle der in der Atmosphäre vorhandenen und auf der Erde wirksamen Energie ist die Sonnen-strahlung, deren Intensität an der Grenze der Atmosphäre durch die Solarkonstante (s. diese) angegeben wird, die rund 2 cal pro cm^2 und Minute beträgt. Nur ein Teil dieses Energiestromes aber kommt der Erde zugute. Ein anderer Teil, min-destens ein Drittel, geht durch das Reflexions-vermögen (die Albedo) der Erde (Land, Wasser und Wolken) in den Weltenraum zurück. Die der Erde im Laufe eines Jahres durch die Sonne zugestrahlte Wärmemenge beträgt rund 134×10^{22} cal. Sie würde genügen, eine Eisschicht von 36 m mittlerer Dicke zu schmelzen. An der Erdober-fläche ist die Intensität der Sonnenstrahlung dem Sinus der Sonnenhöhe proportional, sie wechselt also mit Raum und Zeit. Die Sonnenstrahlung hat schon seit dem Altertum als Prinzip für die Ein-teilung der Erde in die drei Klimazonen der tropischen, gemäßigten und der polaren Zonen gedient (s. Klimatologie). Als Grenzen dienen Wende- und Polarkreise, deren mittlere Lage aus praktischen Gründen zu 23$\frac{1}{2}$ und 66$\frac{1}{2}$ Grad geographischer Breite angenommen wird, während sich in Wirklichkeit ihre Lage jährlich um etwa eine halbe Bogensekunde verschiebt.

Bei Annahme eines sehr hohen Transmissionskoeffizienten (s. diesen) von 0,78 ergeben sich für die verschiedenen Sonnenhöhen folgende Relativ-Werte der Strahlungs-Intensität (nach Zenker).

Als Einheit für die zugestrahlten Wärmemengen pflegt man meist den mittleren Äquatorialtag zu

Sonnenhöhe	90°	80°	70°	60°	50°	40°	30°	20°	10°	5°	0°
Relative Weglängen der Strahlen durch die Luft	1,00	1,02	1,06	1,15	1,31	1,56	2,00	2,92	5,7	10,8	44,7
Relative Wärme-Intensität auf einer horizontalen Fläche	0,78	0,76	0,72	0,65	0,55	0,44	0,31	0,17	0,05	0,01	0,00

benutzen, d. i. jene Wärme, die dem Äquator bei mittlerer Sonnenentfernung und der Deklination 0, also zur Zeit der Äquinoktien während eines Tages zugestrahlt wird. Für einen Transmissionskoeffizienten von 0,6 erhält man nach A. Angot die folgenden Wärmesummen in mittleren Äquatorialtagen:

Berechnete monatliche und jährliche Wärmesummen in mittleren Äquatorialtagen. (Transmissionskoeffizient = 0,6.)

Breite	Jan.	Febr.	März	April	Mai	Juni	Juli
80° N.	0,0	0,0	0,2	2,7	7,5	10,3	8,5
60	0,1	1,0	3,9	8,2	12,0	13,8	12,6
40	3,3	5,7	9,4	12,9	15,3	16,2	15,6
20	9,0	11,2	13,6	15,2	15,8	15,9	15,8
Äqu.	14,0	14,9	15,3	14,6	13,5	12,8	13,1
20° S.	16,8	15,9	13,9	11,2	8,8	7,7	8,3
40	16,6	13,9	9,9	6,0	3,4	2,4	3,0
60	13,4	9,2	4,4	1,3	0,1	0,0	0,1
80	8,8	3,5	0,4	0,0	0,0	0,0	0,0

Breite	Aug.	Sept.	Okt.	Nov.	Dez.	Jahr
80° N.	3,8	0,5	0,0	0,0	0,0	33,5
60	9,2	4,9	1,5	0,2	0,0	67,4
40	13,5	10,2	6,6	3,8	2,7	115,2
20	15,3	14,0	11,7	9,4	8,2	155,1
Äqu.	14,2	15,0	15,0	14,2	13,6	170,2
20° S.	10,5	13,1	15,3	16,6	17,0	155,1
40	5,2	8,8	12,8	15,9	17,3	115,2
60	0,8	3,4	7,8	12,8	14,6	67,4
80	0,0	0,1	2,3	7,4	11,0	33,5

Diese Rechnungsergebnisse gelten natürlich nur für den theoretischen Fall, daß der Himmel völlig wolkenlos ist. Sie stellen also gewissermaßen Maximalwerte dar, die in Wirklichkeit höchstens für ganz kurze Zeiträume erreicht werden können.

Außer der direkten Sonnenstrahlung spielt auch die meist unterschätzte, diffuse Strahlung des Himmels eine erhebliche Rolle. Sie beträgt in unseren Breiten etwa 40% der ungestörten Strahlung der Sonne. *O. Baschin.*

Näheres s. J. v. Hann, Lehrbuch der Meteorologie. 3. Auflage. 1915.

Sonnensystem. Das Sonnensystem besteht aus der Sonne, den Planeten mit ihren Trabanten und Kometen. Näheres hierüber siehe dort.

Nebenstehend (S. 723) sind Tabellen der wichtigsten Elemente des Sonnensystems angeführt. *Bottlinger.*

Sonometer kann jeder Apparat genannt werden, mit welchem irgendwelche den Schall betreffenden Messungen ausgeführt werden. Speziell wird vielfach das Monochord (s. d.) als Sonometer bezeichnet, oder auch der Appunsche Zungenkasten, eine Zusammenstellung zahlreicher, in kleinen Intervallen genau abgestimmter Zungen, welche alle auf der gleichen Windlade stehen. *E. Waetzmann.*

Spaltenfrost. Das Gefrieren des in den kapillaren Spalten eines Gesteins enthaltenen Wassers, was infolge der beim Gefrierprozeß eintretenden Ausdehnung eine Lockerung des Gefüges und bei öfterer Wiederholung einen Zerfall in die Einzelbestandteile (Kristalle oder Körner) des Gesteins zur Folge hat. Der Spaltenfrost ist ein wichtiger Teil des Vorganges der Verwitterung (s. diese), dessen Anfangsstadium er häufig darstellt. Seine Wirkung ist besonders stark in solchen Gebieten, in denen kahle Felswände einem häufigen Wechsel von positiven und negativen Temperaturen ausgesetzt sind, also vor allem im Hochgebirge. *O. Baschin.*

Spalttöne entstehen, wenn ein Luftstrom durch einen schmalen Spalt (oder Loch), z. B. ein kleines kreisförmiges Loch in einer dicken Platte hindurch geblasen wird. Ihre Tonhöhe hängt in erster Linie von der Breite des Spaltes und der Geschwindigkeit des Luftstromes ab. Der ersteren ist sie innerhalb weiter Grenzen umgekehrt proportional, der letzteren in erster Annäherung proportional.

Die Entstehungsursache der Spalttöne sind Wirbel, in welche sich die Grenzschichten zwischen dem Luftstrom und der umgebenden ruhenden Luft aufrollen. In jeder Beziehung zeigen die Spalttöne eine weitgehende Analogie zu den „Hiebtönen" (s. d.). *E. Waetzmann.*

Näheres s. F. Krüger und E. Schmidtke, Theorie der Spalttöne. Ann. d. Phys. 60, 1919.

Spannung. Läßt man ein Stück durch Erwärmen erweichten Glases an der Luft schnell abkühlen, so erstarrt zunächst die Außenschicht. Dadurch wird der Volumverminderung, die mit der weiteren Abkühlung parallel gehen sollte, ein zu großer Widerstand entgegengestellt. Das schnell erkaltete Glas nimmt einen größeren Raum ein als es einnehmen würde, wenn es langsam erkaltet, wenn die Erstarrung so gleichmäßig vor sich gegangen wäre, daß die Masse in jedem Zeitpunkt an allen Stellen, innen und außen dieselbe Temperatur, dieselbe innere Reibung gehabt hätte.

Die Masse einer schnell erkalteten Glaskugel ist daher in radialer Richtung gedehnt, in tangentialer Richtung aber in den äußeren Schichten zusammengepreßt, in den inneren gedehnt; außen herrscht Druckspannung, innen Zugspannung. Gegenstände anderer Gestalt nehmen eine entsprechende verwickeltere Spannung an.

Die Stärke der Spannung hängt außer von der Schnelligkeit der Abkühlung noch von der Dicke und von der Wärmeausdehnung des Glases ab. Je dicker die Schicht des Glases und je größer dessen Ausdehnungskoeffizient, zu um so höheren Beträgen kann die Spannung anwachsen.

Die durch rasches Abkühlen hervorgegangene Spannung ist bleibend, solange das Glas nicht wieder bis zur Erweichung erhitzt wird. Vorübergehende Spannung kann man durch einseitiges Erwärmen oder durch Druck erzeugen.

Das mit Spannung behaftete Glas ist physikalisch nicht mehr homogen, seine physikalischen Eigenschaften ändern sich im allgemeinen von Punkt zu Punkt entsprechend der Änderung des Spannungszustandes. Durchgehends ist die Dichte des gespannten Glases, kleiner als die des spannungsfreien. Dasselbe gilt von der Lichtbrechung. Im

I. Elemente der großen und einigen kleinen Planeten.

Name	Siderische Umlaufszeit in Tagen	Mittlere Entfernung von der Sonne	Exzentrizität	Länge des Perihels	Neigung	Länge des aufsteigenden Knotens	Äquatorealdurchmesser Erde=1	Äquatorealdurchmesser km	Masse Erde=1	Abplattung	Dichtigkeit Erde=1	Schwere am Äquator Erde=1	Rotationsdauer
Sonne	—	—	—	—	—	—	109,05	1391000	333432	0	0,26	27,9	25d—27d
Merkur	87,969	0,38710	0,20561	75°53'50"	7°0'11"	47°7'41"	0,37	4710	0,06	0	1,1	0,41	88d ?
Venus	224,701	0,72333	0,00682	130 8 26	3 23 37	75 47 17	0,97	12320	0,82	0	0,91	0,88	225d ??
Erde	365,256	1,00000	0,01675	101 13 7	0 0 0	—	1,00	12756	1,00	1/293	1,00	1,00	23h56m4s
Mars	686,980	1,52368	0,09331	334 13 6	1 51 1	48 47 12	0,54	6890	0,11	1/190	0,69	0,37	24 37 23
Jupiter	4332,589	5,20256	0,04884	12 43 14	1 18 31	99 25 36	11,14	142060	318,86	1/15	0,24	2,53	9 50
Saturn	10759,23	9,55475	0,05589	91 5 54	2 29 33	112 47 26	9,4	119600	95,22	1/10	0,13	1,06	10 14
Uranus	30685,45	19,21814	0,04634	171 32 55	0 46 21	73 38 38	4,0	50700	14,58	1/15	0,23	0,92	10 14
Neptun	60181,3	30,10957	0,00900	46 43 38	1 46 45	130 40 53	4,3	54400	17,26	?	0,22	0,95	10³/4

Name	Siderische Umlaufszeit in Tagen	Mittlere Entfernung von der Sonne	Exzentrizität	Länge des Perihels	Neigung	Länge des aufsteigenden Knotens	Jahr der Entdeckung
Ceres (1)	1681	2,767	0,077	148,9°	10,6°	80,7°	1801
Eros (433)	643	1,458	0,223	121,4	10,8	308,6	1898
Albert (719)	1502	2,568	0,538	347,6	10,8	185,5	1911
Patroklos (617)	4912	5,184	0,143	345,9	22,0	43,5	1906
Achilles (518)	4389	5,253	0,142	85,0	10,3	315,6	1906

II. Elemente einiger periodischer und parabolischer Kometen.

Name	Periheldurchgang	Länge des Perihels	Länge des aufsteigenden Knotens	Neigung	Exzentrizität	Halbe große Achse	Kleinste Distanz von der Sonne	Größte Distanz von der Sonne	Umlaufszeit in Jahren	Sinn der Bewegung
Encke	1911 April 19	159°9'	334°30'	12°35'	0,847	2,216	0,338	4,09	3,299	rechtläufig
Biela	1866 Januar 25	109 40	245 46	12 22	0,753	3,551	0,879	6,22	6,602	rechtläufig
Halley	1910 April 19	305 34	57 16	17 47	0,967	17,945	0,587	35,31	76,02	rückläufig
Sarabat	1729 Juni 16	321 3	310 37	77 4	1,0000	—	4,0605	—	512?	rechtläufig
1843 I	1843 Februar 27	278 42	1 20	35 40	0,9999	—	0,0055	110?	—	rückläufig
1898 VII	1898 September 14	307 15	73 59	69 56	1,0010	—	1,7016	—	—	rückläufig
1910a	1910 Januar 17	127 52	88 46	138 47	1,0000	—	0,1290	—	—	rückläufig

III. Elemente des Erdmondes.

Siderische Umlaufszeit	27,32166d
Synodische Umlaufszeit	29,53059
Umlaufszeit des Perigäums	3232,6
Umlaufszeit des Knotens	6793,5
Neigung der Bahn gegen Ekliptik	5°8'43"
Neigung des Mondäquators	1 31 22
Exzentrizität	0,054901
Entfernung in Erdäquator-Halbmessern	60,267
Entfernung von der Erde in Kilometern	384400
Scheinbarer mittlerer Durchmesser	31'3,7"
Durchmesser in Kilometern	3470
Masse	0,0124
Oberfläche Erde=1	0,0758
Volumen Erde=1	0,0202
Dichte	0,62
Maximum der Libration	11°25'
Völlig unsichtbare Oberfläche	0,410

IV. Elemente der Marsmonde.

	Phobos	Deimos
Umlaufszeit	0,3189d	1,2624d
Halbe große Achse	2,70	6,74
Exzentrizität der Bahn	0,0217	0,0031
Neigung	0°53'	2°14'

V. Elemente der Jupitersmonde.

	V	I	II	III	IV	VI	VII	VIII	IX
Umlaufszeit	0,49818d	1,76914d	3,55118d	7,15455d	16,68902d	251d	265d	739d	1140d
Halbe große Achse	2,55	5,91	9,40	14,99	26,36	160	167	330	440
Exzentrizität	0,00501	0,00005	0,00008	0,00152	0,00737	0,156	0,025	0,378	0,163
Neigung	0°27'	0°2'	0°28'	0°8'	0°15'	31°15'	30°32'	145°24'	157°51'
Masse (Jupiter=1)	—	0,00005	0,000025	0,000080	0,000045				

VI. Elemente der Saturnsmonde.

	Mimas	Enceladus	Thetis	Diom	Rhea	Titan	Themis	Hyperion	Japetus	Phöbe
Umlaufszeit	0,9424d	1,3702d	1,8878d	2,7369d	4,5175d	15,9455d	20,85d	21,2767d	79,3306d	550,44d
Halbe gr. Achse	3,07	3,94	4,87	6,25	8,73	20,22	24,2	24,49	58,91	214
Exzentrizität	0,0190	0,0000	0,0000	0,0000	0,0009	0,0288	0,28	0,1066	0,0285	0,1659
Neigung	1°36'	0°1'		0°4'	0°20'	0°25'	11°10'	0°48'	14°13'	148°56'

VI a. Ringsystem des Saturn.

Äquatorealdurchmesser	1,00
Polardurchmesser	0,91
Innere Grenze des Kreppringes	1,15
Innere Grenze des inneren Ringes	1,44
Äußere Grenze des inneren Ringes	1,91
Innere Grenze des äußeren Ringes	1,97
Äußere Grenze des äußeren Ringes	2,25

VII. Elemente der Uranusmonde.

	Ariel	Umbriel	Titania	Oberon
Umlaufszeit	2,5204d	4,1442d	8,7059d	13,4631d
Halbe gr. Achse	6,57	9,17	16,11	21,54
Exzentrizität	0,008	0,008	0,00106	0,00883
Neigung gegen die Ekliptik	97°58'	98°21'	97°54'	97°54'

VIII. Elemente des Neptunsmond.

Umlaufszeit	5,8768d
Halbe große Achse	14,73
Exzentrizität	0,0070
Neigung gegen die Ekliptik	142°40'

Anm.: In Tabellen IV bis VIII ist die Einheit der großen halben Achse der äquatoreale Planetenhalbmesser; in IV bis VI die Neigung gegen den Planetenäquator angegeben.

46*

besonderen haben die auf Zug beanspruchten Stellen kleinere Brechung als die mit Druckspannung behafteten. In einem gespannten Glaszylinder wächst die Brechung von der Achse nach dem Umfang zu. Eine aus einem solchen Zylinder senkrecht zur Achse geschnittene planparallele Platte wirkt wie eine Zerstreuungslinse, da der Gang der parallel zur Achse einfallenden Strahlen eine nach dem Rande zunehmende Krümmung erleidet, so daß er divergent wird.

Gespanntes Glas verursacht Doppelbrechung des Lichtes. Bei der Mehrzahl der Gläser ist der Charakter der Doppelbrechung negativ, bei Bleigläsern nimmt der negative Charakter mit steigendem Bleigehalt ab und wird schließlich positiv.

Über die Stärke der mechanischen Kräfte, die im gespannten Glase wirken können, vermag man sich aus folgenden Tatsachen ein Bild zu machen: Glastränen zerfallen explosionsartig (s. d.). Bologneser Fläschchen erleiden durch geringfügige Verletzungen im Innern explosionsartige Selbstzertrümmerung. Quecksilberthermometer verkleinern, wenn sie nicht vor dem Gebrauch gealtert, d. h. entspannt worden sind, beim Erwärmen auf höhere Temperatur ihr Quecksilbergefäß, was sich in einem Anstieg des Eispunktes bemerklich macht. — Dieser Anstieg kann bis 20° und mehr betragen; er machte bei einem von Schott ausgeführten Versuch nach mehrtägiger Erhitzung auf 470—477° etwa 14° aus, trotzdem im Innern des Thermometers ein Gasdruck von 27—28 Atmosphären herrschte, der der Verkleinerung entgegen wirkte.

Die mechanische Festigkeit wird durch Druckspannung erhöht. Schichten, die mit Zugspannung behaftet sind, sind dagegen äußerst empfindlich. Im Bologneser Fläschchen herrscht außen Druckspannung, auf der empfindlichen Innenseite Zugspannung (s. auch Hartglas).

Stärkere Spannung macht das Glas für manche physikalische Zwecke unbrauchbar, sei es weil es physikalisch nicht mehr homogen ist, sei es weil die latenten mechanischen Kräfte besonders bei Temperaturerhöhung wirksam werden und Gestaltsveränderungen verursachen in Temperaturgebieten, wo man dem Glase einen hohen Grad von Starrheit zuzuschreiben gewohnt ist.

Die Beseitigung der Spannung wird durch Erwärmen des Glases bewirkt. Die Erhitzung braucht dabei nicht so weit getrieben zu werden, daß das Glas weich wird und der Gegenstand seine Gestalt einbüßt. Je tiefer die Temperatur, um so mehr Zeit erfordert die Entspannung. Nach der Entspannung ist für gleichmäßiges und langsames Abkühlen zu sorgen; je dicker die Glasschicht ist, um so langsamer ist der Temperaturabfall einzustellen.

Zum Nachweis der Spannung wird die Doppelbrechung benutzt. Man läßt zu diesem Zwecke polarisiertes Licht durch das zu untersuchende Glas gehen, wobei man sich als Polarisator am einfachsten eines schwarzen Spiegels bedient, und betrachtet es mit einem Nikol. Aufhellung im dunklen Felde oder gar farbige Streifen zeigen Spannung an.
R. Schaller.

Spannungsbauch. Bei stehender Welle Ort größter Spannungsamplitude. *A. Meißner.*

Spannungsempfindlichkeit der Galvanometer. Die Spannungsempfindlichkeit eines Galvanometers (s. d.) ist der Ausschlag für eine an die Klemmen desselben gelegte Spannung; man erhält sie aus der Stromempfindlichkeit (s. d.) durch Division mit dem Klemmenwiderstand. Bei Nadelgalvanometern ist sie proportional $T^2/\gamma \cdot R$. Die „Normale Spannungsempfindlichkeit" der Nadelgalvanometer wird entsprechend der Stromempfindlichkeit definiert. Sie ist gleich dem Ausschlag des Galvanometers für eine Spannung von 1 Mikrovolt unter denselben Bedingungen. *W. Jaeger.*

Spannungsfaktor s. Klemmenspannung.

Spannungsgitter s. Raumladungsgitter.

Spannungsknoten. Bei stehender Welle Ort geringster Spannungsamplitude (s. Lehersches System). *A. Meißner.*

Spannungsmesser. Zur direkten Messung der Spannung von Gleich- und Wechselstrom dienen die Elektrometer verschiedener Art (s. d.). Aber auch die Strommesser (Galvanometer, Dynamometer usw.) können direkt als Spannungsmesser geeicht und durch Benutzung verschiedener Vorschaltwiderstände für verschiedene Meßbereiche benutzt werden. Ist der Klemmenwiderstand des Instruments gleich r, so haben die Vorschaltwiderstände die Beträge 9r, 99r usw., wenn die Meßbereiche in ganzen Dekaden verändert werden sollen. Zur Spannungsmessung kann auch der Kompensator benutzt werden (s. d.). Ist die zu messende Spannung zu hoch, so kann man Spannungsteiler benutzen, die aus Widerständen oder bei Wechselstrom auch aus hintereinander geschalteten Kondensatoren bestehen. Vgl. auch Multizellularvoltmeter, Hochspannungsmesser. *W. Jaeger.*

Spannungsmesser, magnetischer. Der kleine, von Rogowski und Steinhaus angegebene Apparat dient zur Messung der magnetischen Feldstärke; er beruht auf dem Satz, daß das Linienintegral der magnetischen Feldstärke Null oder $0,4 \cdot \pi\, n\, I$ ist, je nachdem der Integrationsweg keine oder $n\, I$ Amperewindungen umschließt, und besteht aus einer mit dem ballistischen Galvanometer verbundenen biegsamen Spule mit zahlreichen Windungen und gleichmäßigem Querschnitt, die rasch aus dem zu messenden Feld herausgezogen werden, falls es nicht möglich ist, das Feld selbst zu kommutieren, was den doppelten Galvanometerausschlag hervorbringt. Der leicht zu eichende Apparat kann auch da Verwendung finden, wo andere Methoden versagen, z. B. bei der Messung eines Teils des magnetischen Kreises einer Dynamomaschine. *Gumlich.*
Näheres s. Rogowski und Steinhaus, Arch. f. Elektrotechnik 1912, S. 141.

Spannungsnetz s. Raumladungsgitter.

Spannungsreihe der Metalle s. (elektrolytisches) Potential.

Spannungszustand. Parallel den Begriffen des Deformationszustandes der Kontinua gehen die Erscheinungen des Spannungszustandes. Der einfachste Fall ist der eines in seiner Längsrichtung auf Zug oder Druck beanspruchten, sonst kräftefreien Stabes. Ein beliebiger Teil desselben steht im Gleichgewicht unter Wirkung der an seinen Enden angreifenden Kräfte, die durch die Verbindung mit den benachbarten Teilen hervorgebracht werden. Sie sind den am Ende des ganzen Stabes angreifenden Kräften gleich. Der auf die Flächeneinheit des Querschnitts entfallende Teil dieser Kräfte heißt die Spannung in diesem Querschnitt, und zwar hat man, um das Vorzeichen eindeutig festzulegen, anzugeben, welche von den beiden Kräften, die auf die beiden Seiten der Schnittfläche wirken, als Spannung bezeichnet werden soll. Ihre Dimension ist demnach Kraft/Fläche und wird praktisch in Atmosphären gemessen.

Der scherenden Deformation analog ist der Zustand der reinen Schubspannung, z. B. eines Würfels, an dessen Grund- und Deckfläche nur Kräfte parallel diesen Flächen angreifen. Dieser Zustand wird insbesondere bei der Torsion realisiert.

Die Mechanik der Kontinua betrachtet, wie die Deformationen, so die Spannungen an der Oberfläche eines Volumelements, die sich aus Längs- und Schubspannungen zusammensetzen. An einem elementaren Würfel greifen also zunächst 18 Spannungskomponenten an, von denen aber die an gegenüberliegenden Seiten, der Resultantbedingungen wegen, in der Grenze sehr kleiner Dimensionen entgegengesetzt gleich sind, so daß nur 9, die Komponenten eines Tensors, übrigbleiben. Insoweit als äußere Kräfte nur Volumkräfte in Betracht kommen (wie dies bei allen bekannten Zuständen der Fall ist), gibt der Momentensatz die weitere Einschränkung, daß die Schubspannungen sich zu je zwei entgegengesetzt gleichen Kräftepaaren zusammensetzen müssen. Der Spannungszustand reduziert sich damit auf einen symmetrischen Tensor:

$$\begin{array}{lll} p_{xx} & p_{xy} & p_{xz} \\ p_{yx} & p_{yy} & p_{yz} \\ p_{zx} & p_{zy} & p_{zz} \end{array} \qquad p_{xy} = p_{yx} \text{ usw.}$$

Hierin bezeichnet jede Horizontalreihe den Spannungsvektor an der durch den ersten Index bezeichneten Schnittfläche. Die Hauptachsentransformation dieses Tensors reduziert das System auf die Hauptspannungen, die reine Längsspannungen sind. Im Zustand der reinen Schubspannung z. B. liegen die Hauptspannungen um 45^0 gegen die Schubspannungsrichtungen gedreht.

Während die an gegenüberliegenden Seiten wirkenden Spannungen oben in erster Näherung gleich erkannt wurden, sind sie voneinander verschieden um Beträge von der Größenordnung der Dicke des betrachteten Volumelements. Sind P_x, P_y, P_z die Komponenten der auf das Volumelement wirkenden spezifischen Kraft, so ist nämlich

$$\frac{\partial p_{xx}}{\partial x} + \frac{\partial p_{yx}}{\partial y} + \frac{\partial p_{zx}}{\partial z} = -P_x \text{ usw.}$$

Jeder symmetrische Spannungstensor, der diesen Gleichgewichtsbedingungen genügt, ist ein statisch mögliches Spannungssystem. Weitere Einschränkungen, analog den Kompatibilitätsbedingungen (s. Deformationszustand), ergeben sich erst aus diesen durch Vermittlung des Elastizitätsgesetzes.

Der Spannungszustand der idealen Flüssigkeiten und Gase ist dadurch ausgezeichnet, daß er keine Schubspannungen kennt. Die Hauptspannungen sind dann ihrer Richtung nach unbestimmt und der Größe nach allseitig gleich, sie bilden den hydrostatischen Druck.

Weiteres s. Elastizitätsgesetz. *F. Noether.*

Näheres s. Love, Lehrbuch der Elastizitätstheorie (deutsch von A. Timpe), Kap. II. 1907.

Spartransformator (Autotransformator). Vereinigt man nach Figur die primäre und sekundäre Wicklung eines Transformators (vgl. dort) zu einer einzigen, so erzielt man eine gewisse Ersparnis an Material, und zwar sowohl bei der Wicklung wie beim Eisen. Derartige, von Hicks ange-

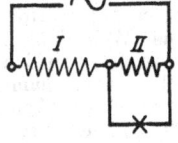

Spartransformator.

gebene Transformatoren nennt man daher Spartransformatoren. Es läßt sich leicht zeigen, daß eine nennenswerte Ersparnis nur eintritt, wenn die sekundäre Spannung nicht allzu sehr von der primären abweicht. Das Anwendungsgebiet der Spartransformatoren ist daher beschränkt. Mit Vorteil werden sie verwendet zum Anschluß von Bogenlampen oder niedervoltigen Glühlampen (Spannungsteiler oder Divisoren), als Zusatztransformatoren oder Spannungsregler in Transformatorenstationen und Speiseleitungen. Als Nachteil ist zu verzeichnen, daß auch der Sekundärkreis Hochspannung führt, wenn die Primärseite an Hochspannung angeschlossen ist. *R. Schmidt.*

Näheres s. Kittler-Petersen, Allgemeine Elektrotechnik, Bd. II. Stuttgart 1909.

Spektralanalyse. Aus dem Spektrum eines im dampfförmigen Zustand zum Leuchten erregten Körpers (s. Spektrum) läßt sich, da das Spektrum ein Charakteristikum eines bestimmten Atoms ist, auf die Anwesenheit solcher Atome schließen. Schon von Kirchhoff und Bunsen ist diese Methode, aus dem Spektrum auf das Vorhandensein eines chemischen Elementes zu schließen, in die Wissenschaft eingeführt worden.

Die Erzeugung des leuchtenden Dampfes kann dabei auf verschiedene Weise erfolgen. Für die Alkalimetalle genügt die Bunsenflamme, in die man eine Verbindung derselben mit Hilfe eines mit einer kleinen Öse versehenen Platindrahtes einführt. Auch Magnesialöffelchen eignen sich sehr gut als Träger solcher Verbindungen. In der Bunsenflamme erscheinen auf diese Weise folgende Linien sehr leicht (die Zahlen geben Angströmsche Einheiten) $= 10^{-8}$ cm):

Lithium	 6708	AE	(rot)
Natrium	 5896	"	} gelb
	5890	"	
Kalium	 7669	"	} rot
	7665	"	
	4047	"	} violett
	4044	"	
Rubidium	 4216	"	} violett
	4202	"	
Cäsium	 6213	"	} orange
	6010	"	
	5640	"	grün
	4593	"	} blau
	4556	"	

Auch das Thallium liefert im Bunsenbrenner eine kräftige Linie im Grün bei 5351 AE. Schwere flüchtige Substanzen bringt man in ein Knallgasgebläse oder wenn noch höhere Temperaturen erforderlich sind, in den positiven Krater eines elektrischen Lichtbogens. Man erhält dann die sog. Bogenspektra der Elemente, deren Wellenlängen man

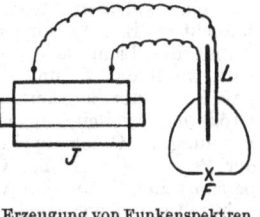

Erzeugung von Funkenspektren.

vollständig in Kayers Handbuch der Spektroskopie Bd. V und VI zusammengestellt findet. Auch den elektrischen Funken kann man zur Erzeugung von Spektren benutzen. Man verbindet zu dem Zweck eine Funkenstrecke F, deren Elektroden aus dem zu untersuchenden Material bestehen, mit den beiden Belegungen einer Leidener Flasche L, die durch ein Induktorium J geladen

wird. Die Funkenspektren sind für die gleichen
Elemente nicht identisch mit den Bogenspektren.
Überhaupt kann dasselbe Element verschiedene
Spektren je nach den Anregungsbedingungen emit-
tieren. Die moderne Atomtheorie gibt von dieser
Verschiedenheit der Emissionsmöglichkeiten Rechen-
schaft (s. Sommerfeld, Atombau und Spektral-
linien).

Gasförmige Substanzen untersucht man mit
Vorteil in sog. Geißlerschen oder Plückerschen
Röhren. Das sind Glasgefäße von
z. B. nebenstehender Form, in die
Elektroden P_1 und P_2 eingeschmolzen sind, und in denen sich das
in Frage kommende Gas bei einem
Druck von einigen Millimetern
Quecksilbersäule befindet. Läßt
man durch eine solche Röhre die
Entladung eines Induktoriums
hindurchgehen, so erhält man eine
je nach dem Gasinhalt verschie-
dene Lichterscheinung. Eine mit Wasserstoff
gefüllte Röhre z. B. leuchtet rosarot und liefert das
sog. Balmersche Spektrum des Wasserstoffs (s.
Serienspektren), von dem folgende Linien im sichtbaren Spektralbereich liegen.

Geißlersche
Röhre.

6563 AE (rot)
4861 „ (blaugrün)
4340 „ (violett
4102 „ („)

Eine mit Helium gefüllte Geißlerröhre leuchtet
hellgelb, eine mit Stickstoff gefüllte gelbrot usw.
Auch die Absorptionsspektra (s. Spektrum) lassen
sich zur Spektralanalyse benutzen.   *L. Grebe.*

Näheres z. B. Grebe, Spektroskopie. Leipzig 1919.

Die Spektralanalyse der Gestirne verwendet
den Spektralapparat in Verbindung mit dem
astronomischen Fernrohr, bei der Sonne (s. Spektroheliograph), um mit großer Brennweite große
Sonnenbilder zu erhalten, in denen die einzelnen
Teile der Sonnenoberfläche der Beobachtung zugänglich werden, bei den übrigen, durchweg sehr
lichtschwachen Objekten, um mit großer Öffnung
eine Lichtstärke zu erreichen, die die gewünschte
Dispersion zuläßt. Die Art der Verbindung des
Spektroskops mit dem Fernrohr bestimmt drei
Hauptgruppen von Astrospektrographen:

1. Das *Objektivprisma.* Da die von astronomischen Objekten kommenden Lichtstrahlen parallel
sind, ist der Kollimator des Spektralapparates unnötig. Beobachtungsrohr ist das astronomische
Fernrohr; das Prisma, das bei dieser Anordnung
nur einen kleinen brechenden Winkel zu haben
braucht (z. B. 15⁰), wird vor das Objektiv gesetzt.
Damit die Lichtstärke des Fernrohrs ausgenützt
wird, muß das Prisma die Größe des Objektivs
haben. In der Schwierigkeit, Prismen von solcher
Größe herzustellen, liegt ein Hindernis für die Verwendung des Objektivprismas. Das große Gewicht
der Prismen (bei großer Öffnung und großer Dispersion) und die um den Ablenkungswinkel von der
Sehrichtung abweichende Stellung des Fernrohrs
sind Unannehmlichkeiten für die Beobachtung.
Ein Vergleichspektrum (Spektrum einer irdischen
Lichtquelle) kann nicht hergestellt werden, für die
Messung von Linienverschiebungen (Radialgeschwindigkeiten) ist das Objektivprisma daher wenig
geeignet. Es leistet aber hervorragende Dienste bei
der spektroskopischen Durchmusterung des Himmels mit Instrumenten von kleiner Brennweite,
die in ihrem großen Gesichtsfeld die Spektren einer

großen Zahl von Sternen gleichzeitig geben. Die
Anwendbarkeit beschränkt sich in der Hauptsache
auf punktförmige Lichtquellen (Fixsterne), da sich
bei ausgedehnten Lichtquellen die Bilder verschiedener Wellenlängen überdecken.

2. Das *Okularspektroskop.* Ein geradsichtiger
Prismensatz ist für die Strahlen, die er nicht ablenkt,
frei von Astigmatismus; es ist daher nicht nötig,
ihn an die Stelle des parallelen Strahlenganges
zu setzen. Im astronomischen Fernrohr kann das
geradsichtige Spektroskop zwischen dem Objektiv
und seinem Brennpunkt angebracht werden (dicht
vor dem Brennpunkt sind nur kleine Prismen nötig).
Das hat den Nachteil, daß die Fehler des Spektrums
durch das Okular vergrößert werden. Es ist deshalb
günstiger, den Prismensatz hinter das Okular zu
setzen. Handelt es sich um ein ausgedehntes Bild,
so muß man einen Spalt in der Bildebene anbringen,
damit die Bilder verschiedener Farbe sich nicht
stören. Die Okularspektroskope haben den Vorzug
großer Bequemlichkeit; da sie keine große Dispersion
zulassen, sind sie in der messenden Spektroskopie
durch die zusammengesetzte Spektroskope verdrängt worden.

3. In den *zusammengesetzten Spektroskopen* ist
der vollständige Spektralapparat des Laboratoriums
mit dem astronomischen Fernrohr verbunden.
Lichtquelle des Spektroskops ist das reelle Bild in
der Brennebene des astronomischen Fernrohrs oder
der dort angebrachte Spalt. Eine Kollimatorlinse,
deren Brennebene mit der des Objektivs zusammenfällt, macht die Strahlen parallel, bevor sie den
Prismensatz durchlaufen. Das Beobachtungsrohr
wird in den meisten Fällen durch die photographische Kamera ersetzt. Die kompendiöseste Form
wird erreicht bei einer Gesamtablenkung von 180⁰.
Das zusammengesetzte Spektroskop bietet die Möglichkeit, die einzelnen Teile der Apparatur den Besonderheiten der Objekte und Probleme anzupassen.
Dabei muß das Öffnungsverhältnis des Kollimators
gleich dem Öffnungsverhältnis des Fernrohrobjek-
tivs und die Öffnung der Kamera gleich der Öffnung des Kollimators erhalten werden, wenn nicht
Licht verloren werden soll. Die größtmögliche Dispersion hängt außer von der Lichtstärke des Objekts und der Öffnung des Fernrohrs von der Größe
des Brennpunktsbildes ab (der Spalt kann ohne
Lichtverlust nicht enger genommen werden), ist
also auch bei vollkommenen Objektiven begrenzt.
Die zum Vergleich dienende Lichtquelle (Geißlerröhre oder Funke zwischen Metallelektroden) muß
im Strahlengang oder seitlich so angebracht sein,
daß sie direkt oder mit Hilfe von Spiegeln den
Spalt erleuchtet und ein Spektrum über oder unter
dem Hauptspektrum liefert. Die Erhaltung unveränderter Versuchsbedingungen (besonders der
Temperatur) für die Aufnahme des astronomischen
Objekts, die sich über mehrere Stunden erstrecken
kann, und die Aufnahme der Vergleichspektren
(vor und nach der Hauptaufnahme) ist eine
schwierige technische Aufgabe.

In der Sonnenspektroskopie tritt häufig an die
Stelle der Prismen das Beugungsgitter, für lichtschwache Objekte ist es nicht verwendbar.

Der Messung bieten sich Lage und Intensität
der Linien im Spektrum. Die Wellenlängen
werden durch die Lage der Linien relativ zu den
bekannten Linien des Vergleichspektrums bestimmt
(Interpolationsformeln). Die Intensität des kontinuierlichen Spektrums und der Linien kann
optisch nach den Methoden der Photometrie oder

durch das Bolometer gemessen werden (Spektral-photometer, Spektralbolometer); auf photographische Spektren kommt das Mikrophotometer zur Anwendung (s. Mikrophotometer).

Die Spektralanalyse hat die Astronomie aus der Enge der Mechanik befreit und ihr den Erfahrungskreis der Physik erschlossen. Die in den Sternspektren auftretenden Emissions- und Absorptionslinien geben Aufschluß über die chemische und durch ihr Aussehen und ihre relative Intensität auch über die physikalische Konstitution der emittierenden oder absorbierenden Gase. Die spektralanalytische Durchmusterung der Fixsterne hat zu ihrer Gruppierung nach Zahl und Intensität der Linien bestimmter Stoffe geführt. Die Folge der Spektraltypen ist gleichzeitig eine Folge bezüglich der Intensitätsverteilung im kontinuierlichen Spektrum und damit der effektiven Temperaturen der strahlenden Himmelskörper. Diese Klassifizierung der Fixsterne ist einerseits der Ausgangspunkt der Gedanken über die physikalische Entwicklung der Himmelskörper geworden, andererseits als ordnendes Argument in die stellarstatistischen Betrachtungen über die Verteilung und die Bewegungen der Fixsterne eingetreten (s. Fixsternastronomie).

Die Deutung der Verschiebungen der Spektrallinien gegen die im Vergleichspektrum gegebene Ruhelage durch das Dopplersche Prinzip (s. Dopplersches Prinzip) führt zur Kenntnis der Bewegungen in der Blickrichtung (in km/sec.) und liefert dadurch ein wichtiges Werkzeug zur räumlichen Erforschung der Fixsternwelt. Wandernde Doppellinien verraten Doppelsterne oft, wo eine optische Trennung nicht möglich ist, und lassen ihre Bahnverhältnisse berechnen. Durch eine gemeinsame (Rot-) Verschiebung wird vielleicht das Gravitationsfeld, in welchem der Strahlungsursprung liegt, und damit die Masse der Himmelskörper spektralanalytisch bestimmt werden können.

W. Kruse.

Näheres s. Newcomb-Engelmann, Populäre Astronomie.

Spektralapparate. Apparate zur Erzeugung und Beobachtung von Spektren (s. d.) heißen Spektralapparate. Je nachdem es sich nur um visuelle Beobachtung, oder um visuelle Ausmessung oder um photographische Aufnahme der Spektren handelt, spricht man von Spektroskopen, Spektrometern oder Spektrographen.

Die ältesten und auch heute noch für viele Zwecke benutzten Spektralapparate sind Prismaapparate, bei denen das Spektrum durch die in einem Prisma auftretende Dispersion des Lichtes erzeugt wird.

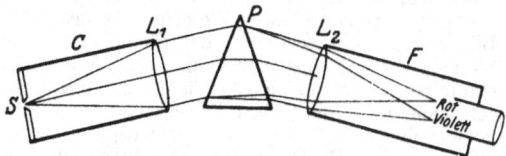

Fig. 1. Prismenspektroskop.

Die wesentlichen Bestandteile sind das Kollimatorrohr C, das Prisma P und das Fernrohr F.

Das Kollimatorrohr besteht aus einem Spalt S, der sich in der Brennebene einer Linse L_1 befindet. Er wird durch die zu untersuchende Lichtquelle beleuchtet, das von ihm ausgehende Licht wird durch L_1 parallel gemacht und fällt auf das Prisma P auf. Hier wird es zerlegt, indem die langwelligen

Strahlen weniger stark gebrochen werden als die kurzwelligen und die Linse L_2 des Fernrohrs vereinigt die verschiedenfarbigen Lichtbüschel zu nebeneinander liegenden Spaltbildern. Diese Spaltbilder werden durch die Okularlinse betrachtet, wenn es sich um visuelle Beobachtung handelt oder direkt auf der photographischen Platte entworfen, wenn der Apparat als Spektrograph konstruiert ist. Bei den Spektrometern enthält das Fernrohr in der Bildebene ein Fadenkreuz aus Spinnwebfäden und das Fernrohr ist über einer feinen Kreisteilung drehbar. Wenn es sich nicht um sehr genaue Lagebestimmung der Spektrallinien handelt, genügt die von Kirchhoff und Bunsen angegebene Methode des Skalenrohrs, die von Chemikern viel benutzt wird. Dann enthält der Apparat noch ein drittes Rohr S außer dem Kollimatorrohr C und dem Fernrohr F, das sog. Skalenrohr, bestehend aus einer Linse L, in deren Brennebene sich eine Skala befindet, die in undurchsichtiges

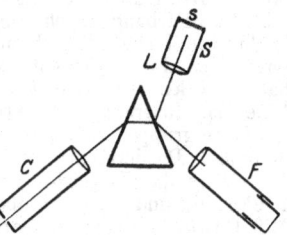

Fig. 2. Kirchhoff und Bunsens Spektralapparat.

Material geritzt ist, so daß nur die Teilstriche Licht durchlassen. Das Rohr ist so aufgestellt, daß das aus ihm austretende Licht an der dem Fernrohr zugewendeten Prismenfläche reflektiert wird, so daß im Fernrohr gleichzeitig mit dem Spektrum die Skala scharf abgebildet wird.

Will man Spektren im Ultraviolett untersuchen, so dürfen Linsen und Prismen nicht aus Glas gemacht werden, das nur etwa bis zur Wellenlänge 3000 AE durchlässig ist, sondern müssen aus Quarz oder noch besser aus Flußspat hergestellt sein.

Für die spektroskopische Beobachtung ist es oft lästig, daß infolge der Brechung im Prisma Kollimatorrohr und Fernrohr nicht in einer geraden Linie liegen. Besonders bei schnell vergänglichen Lichtquellen, die man mit dem Spektroskop beobachten will, ist eine Gleichrichtung beider Rohre erwünscht, weil man nur in diesem Falle sicher nach dem zu beobachtenden Objekt hinzielen kann. Das wird durch die „geradsichtigen" Spektroskope erreicht.

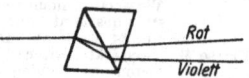

Fig. 3. Geradsichtiges Prisma.

Sie beruhen darauf, daß zwischen Dispersion und Brechung bei verschiedenen Körpern keine Proportionalität besteht, daß also ein stark brechender Körper nicht immer auch eine starke Farbenzerstreuung zeigt. Es gibt Gläser, die stark dispergieren und schwach brechen und solche, bei denen die Dispersion im Verhältnis zur Brechung klein ist. Bringt man also hinter ein stark dispergierendes und schwach brechendes Prisma ein ebenso stark brechendes, aber schwach dispergierendes, dessen brechende Kante umgekehrt steht, so wird zwar die Brechung wenigstens für einen mittleren Spektralbezirk aufgehoben, die Farbenzerstreuung aber bleibt bestehen. Durch Benutzung einer größeren Zahl von Prismen kann in solchen Apparaten eine bedeutende Farbenzerstreuung, also ein langes Spektrum erzielt werden. Die sog. Taschenspektroskope sind nach diesem Prinzip hergestellt.

Die Prismenspektralapparate sind besonders geeignet, wenn es sich um die Herstellung lichtstarker Spektren von verhältnismäßig geringer Dispersion handelt. Soll eine sehr große Auflösung des Spektrums erzielt werden, so sind die Gitterspektroskope (s. d.) und die Interferenzapparate (s. Interferometer) den Prismenapparaten überlegen. *L. Grebe.*

Spektralbolometer. An Stelle des Okulars eines Spektrometers oder der Kamera eines Spektrographen dient ein schmales Bolometer (s. d.) zur quantitativen Messung der Energie in Spektrallinien, und zur Erforschung der ultraroten Linienspektra.
Gerlach.

Spektralklassen der Sterne. Schon bei aufmerksamem Betrachten des Sternhimmels fällt verschiedene Färbung einzelner Sterne auf. Daß diese Färbung mit einer fortschreitenden Änderung der physischen Beschaffenheit Hand in Hand geht, haben spektroskopische Untersuchungen gezeigt. Eine Klassifizierung der Spektra in 4 bzw. 3 Gruppen mit Untergruppen haben Secchi und Vogel unternommen. Die jetzt am meisten übliche, genauere Einteilung, die Harvard-Klassifikation stammt von Pickering und wurde an 10 000 Sternen von Miß Cannon weiter ausgearbeitet. Folgende Beschreibung ist im wesentlichen der Populären Astronomie von Newcomb - Engelmann entnommen.

Klasse O, Wolf-Rayet-Sterne, charakterisiert durch helle
Linien bei λ 4633 und λ 4688. Letztere Linie gehört
der Hauptserie des Wasserstoffs an und kommt nur
in diesen Sternen vor. Ihre Erzeugung im Laboratorium ist Fowler vor einigen Jahren gelungen,
Daneben kommen die zweite Wasserstoff-Nebenserie und die Heliumlinien vor.
Klasse B, Heliumsterne (auch Orion-Sterne genannt),
zeigen im wesentlichen nur die Heliumlinien und
die gewöhnliche Wasserstoffserie (erste Nebenserie).
Klasse A, Wasserstoff- oder Siriussterne. Auftreten der
gewöhnlichen Wasserstoffserie, sowie beginnendes
Sichtbarwerden der Kalziumlinie K (bei λ 3934)
und einiger anderer Metallinien.
Diese drei Klassen zeigen weiße Farbe.
Klasse F, Kalziumsterne. Die Kalziumlinien H und K
(λ 3969 und λ 3934) sind sehr stark entwickelt. Die
Wasserstoffserie fällt daneben nicht mehr sehr auf.
Eine Reihe von Metallinien des Sonnenspektrums treten auf. Die Farbe dieser Sterne ist
weißgelb.
Klasse G, Sonnensterne. H und K, sowie die dem Eisen
und Kalzium angehörende Gruppe G (bei λ 4308)
sind sehr stark. Sehr viele Metallinien von großer
Intensität. Die Farbe ist gelb.
Klasse K. Ähnlich wie das vorige Spektrum, nur ist der
Wasserstoff noch weiter zurückgebildet. Die Intensität des kontinuierlichen Spektrums im Violetten
nimmt stark ab. Die Farbe ist orange.
Klasse M. Verstärkte Intensitätsabnahme im Violett. Auftreten von Banden des Titanoxydes im Blau und
Grün. Die Klasse zerfällt in 4 Unterabteilungen
Ma, Mb, Mc, Md, von denen die letztere helle
Wasserstofflinien zeigt. Die meisten veränderlichen
Sterne vom Mira-Typus besitzen das Spektrum Md.
Die Farbe ist deutlich rot.
Klassen N und R. Ohne einen Übergang zu den vorigen Typen
zu besitzen, zeigen N und R breite Absorptionsbanden, die dem Kohlenmonoxyd und Kohlenwasserstoffen zugeschrieben werden. R besitzt eine
größere Intensität im Blau als N. Die Farbe von N
ist tiefrot.

Es werden noch eine Menge von Unterabteilungen gemacht,
auf die hier nicht eingegangen werden kann.

Die Spektraltypen dieser Skala bilden bis auf N und R eine natürliche Entwickelungsreihe (vgl. Kosmogonie). Vor allem zeigt sich ein kontinuierlicher Gang in Farbe und Temperatur. Der Unterschied photographische-visuelle Größe wird Farbenindex genannt, und zeigt ebenso wie die Farbe einen Gang mit fortschreitender Spektralskala, ebenso wie die Temperatur, die man aus der Energieverteilung im Spektrum bestimmt. Folgende Tabelle gibt die Mittelwerte der Temperaturen und Farbenindizes für die einzelnen Klassen.

Spektraltyp	Temperatur	Farbenindex nach Schwarzschild
B	(13000)	— 0,64
A	11000	— 0,32
F	8000	0,00
G	6000	+ 0,32
K	4400	+ 0,95
M	3000	+ 1,89

Zwischen O und B zeigt sich kein deutlicher Unterschied und die Temperaturbestimmung wird unsicher, da das Energiemaximum zu weit im Ultravioletten liegt. *Bottlinger.*

Spektralphotometer, Photometer zum Vergleichen verschiedener Farben desselben Spektrums oder gleicher Farben verschiedener Spektren: König; Lummer und Brodhun; Lummer und Pringsheim; Vierordt s. Photometrie im Spektrum.

Der **Spektroheliograph** entsteht aus dem Spektrographen durch Einschaltung eines zweiten Schirmes mit Spalt in der Brennebene des Spektroskops. Die durch den zweiten Spalt aus dem Spektrum ausgeschnittene Linie homogenen Lichtes ist ein monochromatisches Bild des Streifens der Lichtquelle, der durch den Spalt des Spektroskops in der Bildebene des Fernrohrs ausgeschnitten wird. Das monochromatische Bild erscheint nur, wenn von der ausgeschnittenen Stelle der Lichtquelle Licht der ausgewählten Wellenlänge ausgestrahlt wird. Es ist daher durch Anwendung des Spektroheliographen auf ein Linienspektrum möglich, die Verteilung der Elemente in der Lichtquelle zu erforschen.

Bei einem horizontal liegenden Fernrohr ist eine sehr anschauliche Anordnung möglich. Das Sonnenbild in der Brennebene des Fernrohrs und die photographische Platte in der Brennebene des Spektroskops bleiben unverändert in ihrer Lage. Zwischen ihnen liegt, auf Quecksilber schwimmend, das Spektrometer. Bei Verschiebung des Spektrometers bewegt sich der erste Spalt in der Ebene des Sonnenbildes, der zweite in der Ebene der photographischen Platte. Wird z. B. der zweite Spalt an die Stelle der C-Linie (Hα) des Wasserstoffs gerückt (wo das kontinuierliche Spektrum ausgelöscht ist und statt dessen die schwächere Strahlung des Wasserstoffs auftritt), so zeichnet die Hα-Strahlung, während der erste Spalt über das Sonnenbild hinwegrückt, auf der photographischen Platte ein Bild der Teile der Sonnenoberfläche, an denen Wasserstoff mit Hα-Strahlung vorhanden ist.

Am leichtesten sind Spektroheliogramme durch die Kalziumlinien H und K und die Wasserstofflinien Hα, Hβ, Hγ zu erhalten. Die mit Hilfe der Strahlung verschiedener Elemente hergestellten Bilder zeigen die Verteilung der Elemente auf der Sonne. Die verschiedenen Linien eines Elementes stammen aus verschiedenen Tiefen, die durch sie gezeichneten Bilder geben daher eine Darstellung verschiedener Schichten der Chromosphäre. Hα-Bilder werden als Darstellung der äußersten, Hγ-Bilder der unteren Schichten angesehen, die Mitten der breiten Kalziumlinien (H$_3$, K$_3$) kennzeichnen ein höheres Niveau als die Ränder (H$_1$, K$_1$).

Durch seine analysierende Leistung hat der Spektroheliograph wesentlich zum Studium der Protuberanzen, der Bewegungsvorgänge in den Sonnenflecken und der Rotation der Sonne beigetragen. *W. Kruse.*

Näheres s. Newcomb-Engelmann, Populäre Astronomie.

Spektrosaccharimeter von Glan s. Rotationsdispersion.

Spektroskop, Apparat zur Erzeugung eines Spektrums s. Photometrie im Spektrum.

Spektrum. Newton beobachtete im Jahre 1666, daß Sonnenlicht durch ein Prisma in einen farbigen Streifen zerlegt wird. Er zog daraus den Schluß, daß das weiße Licht zusammengesetzt ist und in kontinuierlicher Folge die Farben Rot, Orange, Gelb, Grün, Blau und Violett enthält. Er nannte den entstehenden Farbenstreifen ein Spektrum und diese Bezeichnung hat sich allgemein für die Erscheinung eingebürgert, die auftritt, wenn zusammengesetztes Licht durch einen dispergierenden Apparat (s. Dispersion) in seine elementaren Farben zerlegt wird. Damit eine möglichst vollkommene Trennung der verschiedenen Spektralfarben, die sich physikalisch durch verschiedene Wellenlängen charakterisieren, erreicht wird, bildet man die Eintrittsöffnung in den Spektralapparat spaltförmig aus und stellt diesen Spalt so, daß die Dispersion senkrecht zur Spaltrichtung erfolgt. Dann ordnen sich in dem Spektrum die verschiedenfarbigen Spaltbilder nebeneinander an und die

Fig. 1. Bandenspektrum (Cyanbande 388 $\mu\mu$).

Fig. 2. Linienspektrum (Eisen bei 427 $\mu\mu$).

Farben sind um so reiner, je weniger sich die einzelnen Spaltbilder überdecken. Man unterscheidet nun zwei verschiedene Typen von Spektren leuchtender Gegenstände: einmal solche, bei denen es nicht möglich ist auch durch noch so weit gehende Verfeinerung des Spaltes oder Vergrößerung der Dispersion eine Auflösung des Spektrums in einzelne Spaltbilder zu erzielen, bei denen also die einzelnen Wellenlängen in einem ausgedehnten Bereich kontinuierlich aufeinander folgen. Solche Spektren bezeichnet man als kontinuierliche Spektren. Sie werden von festen oder flüssigen Körpern geliefert, die durch Erhitzen zur Lichtemission gebracht worden sind. Der zweite Typus wird im allgemeinen durch leuchtende Gase und Dämpfe geliefert und besteht bei genügender Dispersion des auflösenden Spektralapparates aus einzelnen voneinander getrennten Spaltbildern. Solche Spektren bezeichnet man als diskontinuierliche Spektren. Diese diskontinuierlichen Spektren können wieder von zweierlei Art sein, sie können als Linienspektra oder als Bandenspektra auftreten. Die Linienspektra sind dadurch charakterisiert, daß in ihnen die einzelnen Spaltbilder oder Spektrallinien mehr voneinander isoliert auftreten, während sie bei den Bandenspektren in meist dicht beieinander liegenden Gruppen angeordnet sind, in denen die gesetzmäßige Zusammengehörigkeit der einzelnen Linien vielfach direkt augenfällig ist. Die Figuren geben das Aussehen

eines typischen Linienspektrums (des Eisenspektrums) und eines besonders einfachen Bandenspektrums (der sog. Cyanbanden, die man neuerdings dem Stickstoff zuschreibt) wieder.

Die diskontinuierlichen Spektren sind den Substanzen, die zum Leuchten erregt werden, eigentümlich. Für die Linienspektren ist es das Atom, das die Lage und das Aussehen der Linien bestimmt, während bei den Bandenspektren die Moleküle des zum Leuchten erregten Elementes oder der Verbindung die Träger des Leuchtens zu sein scheinen. Man kann deshalb die Spektren der Körper benutzen, um auf die Natur desselben zu schließen (Spektralanalyse). Dabei ist aber nicht gesagt, daß dasselbe Element oder dieselbe Verbindung immer nur ein einziges charakteristisches Spektrum zu liefern im stande wäre; es gibt offenbar verschiedene Zustände desselben Atoms oder Moleküls, denen verschiedene Spektren entsprechen.

In den Linien- und Bandenspektren sind für die gegenseitige Lage der Linien Gesetzmäßigkeiten vorhanden, die bei den beiden Arten von Spektren grundsätzlich verschieden sind. Für die Linienspektren sind solche Gesetzmäßigkeiten zuerst von Balmer beim Wasserstoff erkannt worden. Das sog. erste Wasserstoffspektrum, das z. B. in einer Geißlerschen Röhre (s. d.), die mit Wasserstoff gefüllt ist, beim Durchgang der elektrischen Entladung auftritt, besteht aus einer Reihe von Linien, einer roten, einer blaugrünen und zwei violetten, zu denen bei geeigneter Versuchsanordnung noch weitere im Violett und Ultraviolett liegende Linien hinzukommen. Diese Linien lassen sich nach Balmer durch eine einfache Formel darstellen, nämlich wenn λ die Wellenlänge einer dieser Spektrallinien ist durch die Gleichung

$$\frac{1}{\lambda} = \nu = N\left(\frac{1}{2^2} - \frac{1}{m^2}\right).$$

Dabei hat N, wenn λ in cm gemessen ist, den Wert 109 677 und wird als Rydbergsche Konstante bezeichnet, während in die Reihe der ganzen Zahlen von 3 an aufwärts durchlaufen kann. Solche „Serien" von Linien sind in vielen anderen Linienspektren insbesondere von Kayser und Runge sowie von Rydberg aufgefunden worden. (Näheres s. Serienspektren.)

Auch die Bandenspektren zeigen einen gesetzmäßigen Bau. Die Gesetzmäßigkeiten sowohl der Linien- wie der Bandenspektren haben durch die Theorie von Bohr und ihren Ausbau durch Sommerfeld u. a. eine weitgehende theoretische Erklärung gefunden.

Außer diesen selbstleuchtenden Körpern können auch nichtleuchtende Körper charakteristische Spektren liefern. Läßt man etwa durch eine Lösung von Blattgrün (Chlorophyll) in Alkohol weißes Licht auf den Spalt eines Spektralapparates fallen, so tritt in dem kontinuierlichen Spektrum der weißen Lichtquelle in den roten Teile ein dunkler Streifen auf. Durch die Lösung werden also gewisse Wellenlängen des roten Spektralbereichs absorbiert. Diese Absorption ist für das Chlorophyll charakteristisch. Auch bei den absorbierenden

Körpern kennt man Absorptionen vom Typus der Linien, bei denen also im wesentlichen eine Wellenlänge absorbiert ist und solche vom Typus der Banden. Letztere sind meist nicht in Linien aufgelöst, sondern bilden einen breiten Streifen im Spektrum, wie es eben schon beim Chlorophyll erwähnt wurde. Solche Linienabsorption zeigen auf genügend hohe Temperatur erhitzte Metalldämpfe und zwar ist das „Absorptionsspektrum" eines solchen Dampfes die Umkehrung seines Emissionsspektrums: Bei der Wellenlänge, bei der im Emissionsspektrum eine helle Linie liegt, hat das Absorptionsspektrum eine dunkle Linie. Diese Tatsache entspricht dem sog. Kirchhoffschen Gesetz, welches aussagt, daß ein Körper diejenigen Wellenlängen, die er emittiert, auch absorbiert. Dabei ist allerdings Voraussetzung, daß sich für Emission und Absorption der Körper in gleichem Zustande befindet; und es ist keineswegs experimentell immer möglich, das ganze Emissionsspektrum eines Körpers auch in Absorption zu bekommen. Ein besonders gutes Beispiel für ein aus Linien bestehendes Absorptionsspektrum ist das Sonnenspektrum, in dem die sog. Fraunhoferschen Linien (s. d.) auftreten. Die kontinuierliche Lichtquelle für dies Spektrum wird von dem auf hoher Temperatur befindlichen Kern der Sonne geliefert; in der dampfförmigen Hülle tritt dann die Absorption der für die einzelnen Elemente charakteristischen Wellenlängen ein.

Zum Schluß dieses Absatzes sei noch die Wellenlänge der verschiedenen Spektralfarben angegeben. Als Einheit für ihre Bestimmung wird gewöhnlich die sog. Angströmsche Einheit 1 AE = 0,000,000 1 mm oder auch das Zehnfache dieser Einheit, das Millionstel des Millimeters 1 $\mu\mu$ benutzt. Es erstreckt sich dann das Rot von 7230—6470 AE, Orange von 6470—5850 AE, Gelb von 5850—5750 AE, Grün von 5750—4920 AE, Blau von 4920—4550 AE, Indigo von 4550—4240 AE und Violett von 4240—3970 AE. Unterhalb dieser Wellenlänge erstreckt sich das „Ultraviolett", das heute bis zur Wellenlänge von etwa 200 AE erforscht ist und oberhalb 7230 AE das Ultrarot oder Infrarot, das bis zur Wellenlänge von ungefähr 0,3 mm geht. Nach den längeren Wellen schließen dann die elektrischen Wellen, nach kürzeren Wellen unterhalb des Ultraviolett die Röntgenwellen an. *L. Grebe.*

Näheres z. B. Grebe, Spektroskopie. Leipzig 1919.

Sperr-Kondensator. In Schaltungen ein Kondensator, der einer Gleichspannung den Weg verriegelt, einen Wechselstrom jedoch hindurchläßt.
A. Meißner.

Spezifischer Effektverbrauch und — **Lichtleistung,** photometrisch-wirtschaftliche Größen s. Wirtschaftlichkeit von Lichtquellen, B 1; s. auch Energetisch-photometrische Beziehungen, Nr. 2.

Spezifische Feuchtigkeit s. Wasserdampfgehalt der atmosphärischen Luft.

Spezifisches Gewicht und Dichte. Das spezifische Gewicht eines Körpers ist diejenige Zahl, die angibt, wievielmal schwerer der Körper ist als ein gleich großes Volumen einer Normalsubstanz. Als Normalsubstanz dient in der Regel für feste Körper und Flüssigkeiten Wasser von 4° C (größte Dichte). Das spezifische Gewicht ist eine unbenannte Zahl.

Die Dichte ist die Masse (in Gramm gemessen) in der Volumeneinheit (cm³); sie ist also eine benannte Zahl.

Spezifisches Gewicht und Dichte, welche vielfach miteinander verwechselt werden, stehen im selben Zahlenverhältnis wie Liter und Kubikdezimeter (s. d. Artikel Raummaße). Während das spezifische Gewicht der Normalsubstanz (Wasser von 4° C) gleich 1 gesetzt wird, ist die Dichte dieser Normalsubstanz $\frac{1}{1,000027}$ g/cm³ = 0,999 973 g/cm³.

Das spezifische Gewicht der Gase und Dämpfe wird gleichfalls auf Wasser als Normalsubstanz bezogen. Nach einem nicht zu billigenden Sprachgebrauch bezeichnet man als Dichte der Gase und Dämpfe ihr spezifisches Gewicht, bezogen auf Luft von gleicher Temperatur und gleichem Druck als Normalsubstanz. In diesem Sinne sind die Gasdichte und die Dampfdichte wie das spezifische Gewicht unbenannte Zahlen.

Das spezifische Gewicht und die Dichte eines Körpers ändern sich zufolge der Ausdehnung durch die Wärme (s. d.) mit der Temperatur. Bezeichnen s_0 und s_t die spezifischen Gewichte, v_0 und v_t die Volumina des Körpers bei 0° und bei t°, so gilt $s_0 v_0 = s_t v_t$ oder, wenn a den kubischen Ausdehnungskoeffizienten des Körpers bedeutet, so daß $v_t = v_0 (1 + at)$ gesetzt werden kann, $s_t = \frac{s_0}{1 + at}$.

Der Weg zur Ermittelung der Dichte einer Substanz ist durch die Definition selbst gewiesen; man bestimmt nämlich die Masse eines aus der Substanz bestehenden Körpers mit der Wage in Gramm und sein Volumen durch lineare Ausmessung in Kubikzentimeter und dividiert die beiden so erhaltenen Resultate. Diese einfache Methode setzt aber eine regelmäßige Gestalt des zu untersuchenden Körpers voraus, damit sein Volumen auf Grund geometrischer Sätze aus Längenmessungen abgeleitet werden kann. Soll sie eine größere Genauigkeit ergeben, so ist für die geometrische Ausmessung des Körpers ein großer Aufwand an Zeit und Apparaten und großes experimentelles Geschick des Beobachters erforderlich. Es ist darum auch nur eine solche Dichtebestimmung in der Literatur bekannt geworden, nämlich die Bestimmung der Dichte der Normalsubstanz (Wasser), welche den oben genannten Wert ergeben hat. Diese Dichtebestimmung wurde von mehreren Beobachtern mit den besten zu Gebote stehenden Mitteln im Bureau international des Poids et Mesures (s. d.) ausgeführt und bezweckte festzustellen, inwieweit das Kilogramm mit seinem ursprünglichen Definitionswert, d. h. mit der Masse von 1 dm³ Wasser übereinstimmt (vgl. den Artikel Masseneinheiten).

Zur Ermittelung des spezifischen Gewichts dienen eine größere Anzahl verschiedener Methoden, die unter den Stichwörtern: Aräometer, Gasdichte, hydrostatische Wägung, kommunizierende Röhren, Mohrsche Wage, Pyknometer und Schwebemethode besonders behandelt sind.

Die folgenden Tabellen, welche dem Anhang zu Schlömilchs fünfstelligen logarithmischen und trigonometrischen Tafeln (Braunschweig, Friedr. Vieweg & Sohn, 7. Aufl. 1919) entnommen sind, geben die spezifischen Gewichte der gebräuchlichen festen und flüssigen Materialien (über gasförmige Körper vgl. den Artikel Gasdichte). Umfassendere Angaben findet man in den Landolt-Börnsteinschen Physikalisch-Chemischen Tabellen, Berlin, Springer.

a) Spezifisches Gewicht fester Körper bezogen auf Wasser bei 4^0 C = 1.

Aluminium	... 2,7	Phophor, rot	.. 2,20
Antimon	 6,6	metallisch	... 2,34
Arsen	 5,7	Schwefel	 2,0
Baryum	 3,8	Selen, krist.	 4,8
Blei	11,3	amorph	 4,2
Cadmium	 8,6	Silber	10,5
Calcium	 1,5	Silicium	..... 2,0—2,4
Chrom	 6,8	Strontium	 2,5
Eisen	.... 7,1—7,8	Tantal	16,6
Gold	19,2	Thorium	11,0
Iridium	22,4	Uran	18,7
Kalium	 0,86	Wismut	 9,8
Kobalt	... 8,6	Wolfram	19,1
Kohlenstoff,		Zink	 7,1
Diamant.	3,52	Zinn	 7,3
„ Graphit .	2,3	Eis von 0^0	... 0,917
„ Anthracit	1,4	Quarz (Berg-	
Kupfer	 8,9	kristall)	 2,65
Lithium	 0,53	Quarzglas	 2,20
Magnesium	 1,7	Gips	 2,32
Mangan	 7,4	Schwerspat	... 4,5
Natrium	 0,97	Kalkspat	 2,71
Nickel	 8,8	Glas	.... 2,4—2,6
Osmium	22,5	„ Flintglas.	3,0—5,9
Palladium	12,0	Kork	 0,2
Platin	21,4	Holz	.... 0,5—1,2
Phosphor, gelb.	1,83	Zucker	 1,59

b) Spezifisches Gewicht von Flüssigkeiten bei 18^0 bezogen auf Wasser von 4^0 C = 1.

Quecksilber (0^0)	.13,596	Aceton	 0,79
Brom	 3,1	Äther	 0,717
Konzentrierte		Alkohol	 0,791
Schwefelsäure .	1,833	Anilin	 1,02
Essigsäure	 1,05	Benzol	 0,881
Schwefelkohlen-		Chloroform	 1,493
stoff	 1,265	Toluol	 0,89
Flüssiger Stickstoff		Terpentinöl	 0,87
($-195,7^0$)	 0,79	Olivenöl	 0,91
Flüssiger Sauerstoff		Glyzerin	 1,26
($-182,8^0$)	 1,13	Petroleum	 0,8

Scheel.

Näheres s. Scheel, Praktische Metronomie. Braunschweig 1911.

Spezifische induktive Kapazität. Der Ausdruck spezifische induktive Kapazität stammt von Faraday (s. Maxwell, Lehrb. d. Elektr. u. d. Magn. 1883, S. 54). Er ist heute im allgemeinen der Dielektrizitätskonstanten gleich zu setzen. Im französischen findet man dafür „pouvoir inducteur" gebräuchlich. *R. Jaeger.*

Spezifische Wärme. Die spezifische Wärme ist diejenige Zahl, die angibt, wievielmal mehr Wärme ein Körper zur Erwärmung um 1^0 C gebraucht als eine gleich große Menge Wasser in der Nähe von 15^0. Eine andere Definition bezeichnet als die spezifische Wärme eines Körpers diejenige Wärmemenge, die nötig ist, um 1 g der Substanz um 1^0 zu erwärmen; in diesem Sinne nennt man die spezifische Wärme auch wohl Wärmekapazität. Mißt man im letzteren Falle die Wärmemenge in 15^0-Kalorien, so werden Wärmekapazität und spezifische Wärme eines Körpers durch die gleiche Zahl ausgedrückt, nur ist die Wärmekapazität eine benannte (cal_{15}/g · Grad), die spezifische Wärme eine unbenannte, eine reine Verhältniszahl. Mißt man die Wärmemenge nicht mehr in 15^0-Kalorien, sondern in Arbeitseinheiten (Wattsec/g · Grad), so hört auch die ziffernmäßige Gleichheit von spezifischer Wärme und Wärmekapazität auf. Beispielsweise ist die spezifische Wärme des Sauerstoffs von 20^0

als unbenannte Verhältniszahl bezogen auf Wasser von 15^0	 0,218
als Wärmekapazität in kalorischen Einheiten	0,218 cal_{15}/g · Grad
als Wärmekapazität in Arbeitseinheiten	. . . 0,914 Wattsec./g · Grad.

Spezifische Wärme bei konstantem Druck c_p **und bei konstantem Volumen** c_v. Führt man einem Körper Wärme zu, so wird in der Regel nicht die gesamte Wärmemenge dazu verbraucht, um die Temperatur des Körpers zu erhöhen; ein Bruchteil der aufgewendeten Wärmemenge dient vielmehr dazu, zugleich das Volumen des Körpers zu vergrößern, also Arbeit gegen eine äußere Kraft, den äußeren Druck zu leisten. Stellt man sich vor, daß man auf irgendwelche Weise die Ausdehnung des Körpers hindern könnte, so würde der letztgenannte Bruchteil ganz fortfallen, und es würde die gesamte zugeführte Wärmemenge zur Temperaturerhöhung des Körpers verwendet werden. Um also eine gleiche Temperaturerhöhung des Körpers zu erhalten, müßte man in dem ersteren Falle der ungehinderten Ausdehnung ihm eine größere Wärmemenge zuführen als im letzteren Falle, wo sein Volumen konstant gehalten wird. Man unterscheidet demnach zwei Arten spezifischer Wärmen, die eine c_p bei konstantem Druck, die andere c_v bei konstantem Volumen, von denen $c_p > c_v$ ist.

Bei festen und flüssigen Körpern ist die Wärmeausdehnung verhältnismäßig klein; demzufolge ist auch der Unterschied zwischen c_p und c_v nur gering. Die Thermodynamik erlaubt den Unterschied $c_p - c_v$ zu berechnen. Der experimentellen Messung ist aber nur c_p zugänglich, das also für uns hier allein ein Interesse bietet.

Bei den Gasen kommt dagegen der bei ungehinderter Ausdehnung zur Leistung äußerer Arbeit verbrauchte Bruchteil der gesamten zugeführten Wärmemenge gegenüber dieser sehr wohl in Betracht und wird sogar von der gleichen Größenordnung. Infolgedessen sind auch c_p und c_v wesentlich voneinander verschieden. Beide, c_p und c_v, lassen sich experimentell ermitteln. Aber auch ihr Verhältnis c_p/c_v ist der Messung zugänglich; theoretisch hat dies Verhältnis für einatomige Gase den Wert $5/3$, für zweiatomige den Wert 1,40, die auch experimentell bestätigt worden sind.

Die spezifischen Wärmen sind abhängig vom Druck und von der Temperatur. Insbesondere die Änderung der spezifischen Wärme nach tiefen Temperaturen ist in neuerer Zeit aus theoretischen Gesichtspunkten eingehend untersucht worden. Dabei ergab sich beispielsweise, daß die spezifische Wärme des Kupfers bei Annäherung an den Siedepunkt des Wasserstoffs (etwa -250^0) auf etwa $1/25$ ihres Wertes bei Zimmertemperatur sinkt; ja die spezifische Wärme des Diamants wird schon vorher, bei etwa -230^0, unmeßbar klein. Ebenso nimmt die spezifische Wärme der mehratomigen Gase stark ab. Wasserstoff, welcher bei Zimmertemperatur den Wert $c_v = 2,4$ hat, zeigt bei -181^0 $c_v = 1,7$ und unterhalb -213^0 den konstanten Wert $c_v = 1,5$.

Unter Berücksichtigung der Temperaturabhängigkeit unterscheidet man mittlere und wahre spezifische Wärme. Unter der mittleren spezifischen

Wärme versteht man einen Zahlenwert, der aus Beobachtungen zwischen zwei in der Regel weit auseinander liegenden Temperaturen für dies Intervall berechnet wird. Die meisten älteren Meßmethoden (Mischungsmethode, Eiskalorimeter u. a.) liefern solche mittleren spezifischen Wärmen. Beobachtungen der mittleren spezifischen Wärme in mehreren Intervallen erlauben die Messungsergebnisse durch eine Interpolationsformel darzustellen, aus welcher man die wahre spezifische Wärme der Substanz bei einer Zwischentemperatur durch Integration rechnerisch ableiten kann.

Die neueren kalorimetrischen Methoden, insonderheit die elektrischen Methoden (z. B. die Strömungsmethode; s. d. Kapitel: Elektrische Kalorimetrie) erlauben bei der Messung der mittleren spezifischen Wärmen das benutzte Temperaturintervall so klein zu wählen, daß die spezifische Wärme innerhalb dieses ganzen Intervalls merklich als konstant angesehen werden kann. Die mittlere spezifische Wärme wird dann zur wahren spezifischen Wärme in diesem Intervall.

Über die Methoden zur Ermittelung der spezifischen Wärmen und ihres Verhältnisses ist unter den folgenden Stichwörtern nachzulesen: Dampfkalorimeter, Eiskalorimeter, Elektrische Kalorimetrie, Erkaltungsmethode, Explosionsmethode, Junkerssches Kalorimeter, Kalorifer von Andrews, Kalorimetrische Bombe, Mischungsmethode, Verhältnis der spezifischen Wärmen der Gase.

Einige Werte der spezifischen Wärme sind im folgenden nach den „Physikalischen und chemischen Konstanten" in Schlömilchs Logarithmen wiedergegeben. Bezüglich weitergehenden Wünschen muß auf größere Werke, z. B. die Landolt-Börnsteinschen Physikalisch-Chemischen Tabellen verwiesen werden.

Spezifische Wärme
(bezogen auf Wasser = 1).

a) Spezifische Wärme fester Körper bei 18°.

Aluminium	0,21	Palladium	0,058
Antimon	0,05	Phosphor	0,18
Arsen	0,08	Platin	0,032
Blei	0,031	Rhodium	0,058
Cadmium	0,055	Schwefel	etwa 0,2
Calcium	0,18	Selen	0,09
Chrom	0,1	Silber	0,055
Eisen	0,11	Silicium	0,15
Gold	0,031	Tantal	0,036
Jod	0,054	Thorium	0,027
Iridium	0,032	Wismut	0,029
Kalium	0,19	Zink	0,092
Kobalt	0,11	Zinn	0,052
Kohlenstoff,		Eis	0,50
Diamant	0,11	Chlornatrium	0,21
„ Graphit	0,16	Quarz	0,19
„ Holzkohle	0,2	Quarzglas	0,17
Kupfer	0,091	Gips	0,26
Lithium	0,94	Schwerspat	0,11
Magnesium	0,25	Kalkspat	0,21
Mangan	0,12	Glas	0,2
Natrium	0,30	Zucker	0,30
Nickel	0,11	Wachs, Paraffin	etwa 0,6

b) Spezifische Wärme von Flüssigkeiten bei 18°.

Wasser	0,9993	Essigsäure	0,50
Quecksilber	0,0333	Nitrobenzol	0,34
Schwefelsäure	0,34	Toluol	0,40
Schwefelkohlenstoff	0,24	Olivenöl	0,47
Alkohol	0,58	Terpentinöl	0,42
Äther	0,56	Glycerin	0,58
Anilin	0,50	Petroleum	0,51
Benzol	0,41	Zuckerlösung,	
Chloroform	0,23	43 Proz.	0,76
		„ 4,5 „	0,97

Spezifische Wärme des Wassers.

0°	1,005	20°	0,9990	40°	0,9981	80°	1,005
5°	1,0030	25°	0,9983	50°	0,9996	90°	1,007
10°	1,0013	30°	0,9979	60°	1,0017	100°	1,010
15°	1,0000	35°	0,9979	70°	1,0034	200°	1,062
20°	0,9990	40°	0,9981	80°	1,005	300°	1,155

c) Spezifische Wärme von Gasen u. Dämpfen bei konstantem Druck bei 18°.

Luft	0,241	Kohlensäure	0,202
Sauerstoff	0,218	Wasserdampf	
Stickstoff	0,249	(100—125°)	0,38
Wasserstoff	3,40	„ (128—217°)	0,48
Helium	1,26	Schweflige Säure	0,15
Argon	0,127	Schwefelwasserstoff	0,24
Chlor	0,12	Ammoniak	0,52
Brom	0,055	Acetylen	0,40
Chlorwasserstoff	0,19	Alkohol	0,45
Kohlenoxyd	0,250	Äther	0,46

d) Verhältnis der spezifischen Wärmen von Gasen bei konstantem Druck und konstantem Volumen bei 18°.

Helium, Argon	1,66	Chlor	1,32
Quecksilberdampf	1,667	Kohlensäure	1,29
Wasserstoff, Sauer-		Brom	1,29
stoff	1,40	Phosphor	1,18
Stickstoff, Luft	1,40		Scheel.

Näheres s. Kohlrausch, Praktische Physik. Leipzig.

Spezifische Wärme. Stellen wir uns die Gasmolekeln gleich vollkommen elastischen Kugeln vor, die nur im Fall eines Zusammenstoßes, dessen Zeit wir als verschwindend klein annehmen, Kräfte aufeinander ausüben, so bildet die kinetische Energie der Gasmolekeln den Gesamtenergieinhalt des Gases. Beschränken wir uns auf die Masseneinheit des Gases, so wird für die Gleichung des Boyle-Charlesschen Gesetzes (s. dieses) $pv = \dfrac{nmc^2}{3}$, $nm = 1$ mithin $pv = \dfrac{c^2}{3}$. Die kinetische Energie des Gases ist danach $\dfrac{c^2}{2} = \dfrac{3}{2}pv$. Da wir $c^2 = c^2{}_0(1 + \alpha t)$ schreiben können, wobei $c^2{}_0$ der Temperatur $0°$ C zukommt und $\alpha = \dfrac{1}{273}$ der Ausdehnungskoeffizient der Gase ist, so ist die Zunahme der Gesamtenergie des Gases bei einer Temperaturerhöhung um $1°$ C $\gamma = \dfrac{c^2{}_0 \, \alpha}{2}$. Geschieht die Wärmezufuhr bei konstantem Volumen des Gases, so ist γ die spezifische Wärme des Gases bei konstantem Volumen.

Für die Volumsänderung bei der Erwärmung unter konstantem Druck gilt die Beziehung $v = v_0 (1 + \alpha t)$. Bei der Temperaturerhöhung um $1°$ C haben wir somit eine Volumszunahme $v_0 \alpha$ und das Gas leistet die äußere Arbeit $p v_0 \alpha$, was auf Kosten des Wärmeinhalts geschieht. Die spezifische Wärme bei konstantem Druck Γ setzt sich daher aus γ und

$pv_0 a = \dfrac{c^2_0 a}{3}$ zusammen. Wir erhalten daher $\Gamma = \dfrac{c^2_0 a}{2} + \dfrac{c^2_0 a}{3} = \dfrac{5}{3}\dfrac{c^2_0 a}{2}$. Es ist ferner $\dfrac{\Gamma}{\gamma} = \dfrac{5}{3}$, was bei Quecksilberdampf, den Edelgasen, kurz den sog. einatomigen Gasen tatsächlich gefunden wurde.

Die meisten Gase besitzen aber ein anderes Verhältnis der spezifischen Wärmen, was man so erklärt, daß die gesamte Energie einer Gasmolekel nicht nur in der kinetischen Energie der fortschreitenden Bewegung besteht, sondern sich auch aus innerer Energie, d. i. der Energie der Rotation und der Bewegung der die Molekeln bildenden Atome gegeneinander zusammensetzt. Ist die Gesamtenergie der Masseneinheit des Gases H, die Energie der fortschreitenden Bewegung K, so ist $K = \dfrac{c^2_0}{2}$, $H = \dfrac{c^2_0}{2} + k$, wobei also k die innere Energie der Molekeln darstellt. Wir erhalten somit $\gamma = \dfrac{c^2_0}{2} + ka$, $\Gamma = \gamma + pv_0 a = \dfrac{5}{3}\dfrac{c^2_0 a}{2} + ka$ und können weiter bilden $\dfrac{\Gamma}{\gamma} = 1 + \dfrac{2}{3}\dfrac{K}{H}$. Für einatomige Molekeln ist $H = K$, da sie nur fortschreitende Bewegung haben. Bei zwei- und mehratomigen Molekeln wird H gegen K um so größer ausfallen, je komplizierter der Bau der Molekeln ist. Es nähert sich daher mit zunehmender Atomzahl einer Molekel $\dfrac{K}{H}$ immer mehr dem Wert Null, so daß $\dfrac{\Gamma}{\gamma}$ nur zwischen 1 und $\dfrac{5}{3}$ liegen kann. Dies bestätigt sich ausnahmslos.

Nach einem Satz der statistischen Mechanik verteilt sich die Energie gleichmäßig auf die Freiheitsgrade der Molekeln. Die Zahl der Freiheitsgrade ist bestimmt durch die Zahl der Koordinaten, welche die Lage einer Molekel vollständig bestimmen. Für einen Punkt oder eine kugelförmige Molekel haben wir 3 Freiheitsgrade, da 3 Koordinaten zur Bestimmung der Lage genügen. Für einen Rotationskörper 5, für einen beliebigen starren Körper 6 Freiheitsgrade. Für eine einatomige Molekel, die wir als Kugel ansehen wollen, ist daher das Verhältnis der Energien $\dfrac{K}{H} = \dfrac{3}{3} = 1$, das Verhältnis der spezifischen Wärmen ist somit $\varkappa = \dfrac{\Gamma}{\gamma} = 1 + \dfrac{2}{3}\dfrac{K}{H} = \dfrac{5}{3}$. Bei einem Rotationskörper — zweiatomige Molekeln lassen sich wahrscheinlich als solche auffassen — ist $\dfrac{K}{H} = \dfrac{3}{5}$, daher $k = 1 + \dfrac{2}{3}\cdot\dfrac{3}{5} = 1,4$, was tatsächlich für viele zweiatomige Gase zutrifft. Für drei- und mehratomige Molekeln würden wir $k = 1,33$ finden, was aber nur zutreffen könnte, wenn die Molekeln vollkommen starre Körper wären. Können sich die Atome innerhalb der Molekel bewegen, so nimmt damit die Zahl der Freiheitsgrade zu und es wird $k < 1,33$. Tatsächlich finden wir für Gase mit komplizierten Molekeln nahezu $k = 1$.

G. Jäger.

Näheres s. G. Jäger, Die Fortschr. d. kinet. Gastheorie. 2. Aufl. Braunschweig 1919.

Sphärische Abweichung. Im weiteren Sinne. Bildet eine Linsenfolge einen Gegenstand ab, so gibt die Gaußische Abbildung nur eine Annäherung, da die Voraussetzung, die Einfallswinkel an der brechenden Fläche seien unendlich klein, sofort zu Fehlern führt, so wie der Gegenstand oder der wirksame Teil der Linsen eine merkbare Größe hat. — Ein Punkt des Gegenstandes habe in einem Koordinatensystem, dessen X-Achse die Achse der Folge sei, die Koordinaten s, l, L; so kann man wegen der Achsensymmetrie ohne Beschränkung der Allgemeinheit L = 0 setzen. — Es entspreche dann dem Achsenpunkte auf Grund der Gaußischen Abbildung ein Punkt mit den Koordinaten s′, 0, 0 und die Vergrößerung sei dort β, so würde dem betrachteten Punkte ein Punkt mit den Koordinaten s′, βl, 0 entsprechen. Es sei ferner x die X-Koordinate des Mittelpunkts der Eintrittspupille, so kann man jeden wirksamen Lichtstrahl dadurch gekennzeichnet denken, daß er durch den Punkt s, l, 0 und einen Punkt der Eintrittspupille x, m, M geht. — Der betrachtete Strahl schneidet nun die Gaußische Bildebene in einem Punkte, dessen Koordinaten l′, L′ von βl und 0 um Größen abweichen, die in l, m, M höherer Ordnung sind. Aus der Symmetrie folgt, daß, wenn l, m, M den entgegengesetzten Wert annehmen, das Gleiche von l′, L′ gelten muß. Es kann also keine Glieder zweiter Ordnung geben. Man kann daher l′ — βl und L′ in Reihen entwickeln, deren niedrigste Glieder die Werte

$$m^3,\ m^2M,\ mM^2,\ M^3$$
$$lm^2,\ lmM,\ lM^2$$
$$l^2m,\ l^2M$$
$$l^3$$

enthalten, die nächsten Glieder sind fünfter Ordnung. Wären nur Glieder der Form l^3, l^5 usw. vorhanden, so entspräche in der Bildebene jedem Punkte des Gegenstandes genau ein scharfer Punkt (s. Verzeichnung), die Abbildung wäre scharf, wenn auch nicht ähnlich. Durch die übrigen Glieder wird sie auch unscharf. Die hier betrachteten Fehler hängen von der Gestalt der Flächen ab. Da diese meist Kugelflächen sind, spricht man von sphärischer (Kugel-) Abweichung (auch „Aberration"). Da die Fehler im Gegensatz zu den Farbenabweichungen (s. dort) schon bei einfarbigem Licht vorkommen nennt man sie auch monochromatische (einfarbige) Abweichungen.

Die verschiedenen Fehler sind im folgenden besprochen, für ihre Ableitung vergleiche man die genauere Behandlung v. Rohr, Die Theorie der optischen Instrumente, Berlin 1904, 208—338; Czapski-Eppenstein: Grundzüge der Theorie der optischen Instrumente nach Abbe, 2. Aufl., 104—164.

Sphärische Abweichung im engeren Sinne. Die nur von M, m abhängigen Glieder haben das Besondere, daß sie schon das Bild eines Punktes der Achse verschlechtern; diese Verschlechterung bezeichnet man insbesondere als sphärische Abweichung. Für einen Achsenpunkt aber kann man wieder das Koordinatensystem so wählen, daß M = 0 ist, dann ist L′ = 0.

$$l′ = a\,m^3 + bm^5 + \ldots\ldots\ldots$$

$m = (s — x)\,\mathrm{tg}\,u$ kann in eine Reihe nach dem Öffnungswinkel u oder auch dem bildseitigen Öffnungswinkel u′ entwickelt werden, es können nur ungerade Potenzen vorkommen, daher kann man auch setzen

$$l′ = A\,u^3 + Bu^5 + \ldots = au′^3 + bu′^5 + \ldots\ldots$$

Da alle Brechungsebenen die Achse enthalten, so muß jeder Strahl nach der Brechung die Achse schneiden, wenn auch nicht in dem Punkte $\mathfrak{f}′$, sondern in einem anderen Punkte s′; da nun $l′ = (\mathfrak{f}′ — s′)\,\mathrm{tg}\,u′$, kann man auch die Längsabweichung entwickeln

$$\mathfrak{f}' - s' = \alpha\, u'^2 + b\, u'^4 + \ldots\ldots$$

$\mathfrak{f}' - s'$ ist von u' abhängig, für einen Ring vom Winkel u' hat es stets denselben Wert.

Die sphärische Abweichung ist für Spiegel schon in früher griechischer Zeit, wohl nach Apollonius, für Linsen von Kepler beobachtet. Der Ausdruck α ist für einzelne Flächen von Newton abgeleitet, für Linsenfolgen erhält man Summenformeln (s. v. Rohr a. a. O. S. 219). — In der rechnenden Optik muß man indessen meist so verfahren, daß man nicht α, sondern $\mathfrak{f}' - s'$ unmittelbar berechnet.

Die sphärische Abweichung kann bei einzelnen Flächen Null sein, unter Umständen kann sie sich auch bei einer Linse aufheben. Doch ist es schon nicht möglich, einer Sammellinse mit Kugelflächen eine Form zu geben, daß für einen unendlich fernen Punkt $\mathfrak{f}' - s' = 0$ ist, es ist stets negativ; die Punkte, in denen parallel zur Achse einfallende Strahlen diese nach der Brechung schneiden, liegen vor der Brennebene. Fängt man das Bild auf, so entspricht dem Achsenpunkte (und jedem anderen Punkte des Gegenstandes) ein Kreis (Zerstreuungskreis) auf dem Bilde, dieses ist weder im Brennpunkte noch in einem anderen Punkte der Achse scharf, aber es liegt auch die Stelle, wo der Zerstreuungskreis am kleinsten, das Bild also am besten wird, nicht im Brennpunkte, sondern ein wenig näher an der Linse [1]).

Will man die sphärische Abweichung heben, so hat man zwei Mittel:

1. Die Wahl nicht sphärischer Flächen, die schon von Descartes vorgeschlagen wurde; nach der Newtonschen Entdeckung der Farbenabweichung in Vergessenheit geriet und erst neuerdings angewandt wird.

2. Die Zusammensetzung mehrerer Linsen. Newton führt an, daß man zur Hebung oder wenigstens Verringerung der sphärischen Abweichung gelangen könne, wenn man eine Sammellinse aus Wasser zwischen zwei zerstreuende Glasmenisken einschließe. Der erste Versuch zur Ausführung wurde anscheinend von Rizzetti gemacht. Eine große Bedeutung erlangte das Verfahren, als Dollond das Wasser durch Glas von anderem Brechungsverhältnis ersetzte und zeigte, daß man gleichzeitig auf diese Art die Farbenabweichung heben könne. Man erhielt so drei Linsen, bei denen die inneren Halbmesser dieselben waren und die man daher miteinander verkitten konnte. Später führte man auch Linsenfolgen mit verschiedenen inneren Halbmessern ein. Es muß aber bemerkt werden, daß bei diesen Folgen nicht die Zahlen α, b sämtlich Null sind; sondern z. B. α negativ, b positiv, so daß $\mathfrak{f}' - s'$ nur für einen Strahl von bestimmter Öffnung (etwa den Rand) Null wird, zwischenliegende Strahlen eine andere, meist kürzere, Schnittweite haben, sonach kein vollkommen scharfes, sondern nur ein erheblich verbessertes Bild entsteht.

Verzeichnung ist der Name der Abweichung von der Gaußischen Abbildung, die unter Vernachlässigung der Größe der Blenden entsteht und die daher nicht die Schärfe der Abbildung, sondern nur die Form des auf einer achsensenkrechten Ebene aufgefangenen Bildes betrifft.

Es sei s der Abstand des Gegenstandes vom Scheitel der ersten Fläche, x der entsprechende

Abstand der punktförmig angenommenen Eintrittspupille, so ist der Abstand eines Punktes von der Achse l = (s − x) tg w; die entsprechende Größe auf der Bildseite l' = (s' − x') tg w', es muß s' für die Gaußische Bildebene, x, x' dagegen für die im Winkel w, w' genommenen Hauptstrahlen durch die Mitte der Blende und den betrachteten Punkt angenommen werden. Ist die Gaußische Vergrößerung β, so ist l' um den Faktor

$$V_z = \frac{(s' - x')\, \mathrm{tg}\, w'}{(s - x)\, \mathrm{tg}\, w} - 1$$

zu groß, man pflegt V_z in Prozenten anzugeben. Man kann V_z in der angegebenen Art in Reihen entwickeln und hat

$$V_z = A\, l^3 + B\, l^5 - \ldots\ldots$$

Ist $V_z > 0$, so wird von einem Quadrat A B C D, dessen Mitte O in der Achse der Linsenfolge liegt, die Diagonale stärker vergrößert als die Seite, es nimmt also die Form A′ B′ C′ D′ an, bei $V_z < 0$

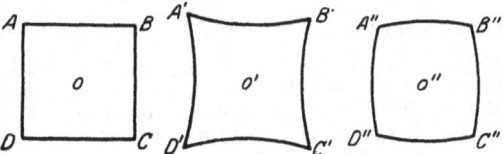

Fig. 1. Kissenförmige und tonnenförmige Verziehung eines Quadrats A B C D in A′B′C′D′ und A″B″C″D″.

hingegen die Form A″ B″ C″ D″. Für $V_z > 0$ nennt man die Verzeichnung kissenförmig, für $V_z < 0$ tonnenförmig. Gerade Linien erscheinen also in beiden Fällen gekrümmt. Die Verzeichnung ist am störendsten bei photographischen Objektiven, weniger bei Beobachtung mit dem Auge. — Eine Hebung ist durch einfache Linsen im allgemeinen nicht möglich, ein Brillenträger kann durch Bewegung des Kopfes feststellen, daß eine Brille für Übersichtige kissenförmig, eine solche für Kurzsichtige tonnenförmig verzeichnet. — Wohl aber sind verwickelte Linsenfolgen verzeichnungsfrei herzustellen.

Astigmatismus schiefer Büschel heißt die Undeutlichkeit, die bei einer Abbildung durch eine Linsenfolge außerhalb der Achse bei einer kleinen Öffnung entsteht. (Es sind die Glieder, die oben mit $l^2\, m$ und $l^2\, M$ bezeichnet sind.)

A sei ein Punkt außerhalb der Achse, P die Mitte der Eintrittspupille. A P ist der Hauptstrahl, der Punkt A′, wo er nach seiner Brechung

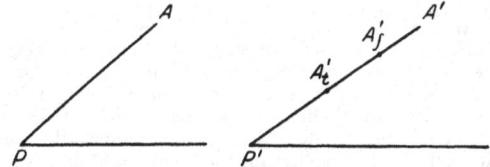

Fig. 2. Astigmatismus. A Gegenstand, A_t' tangentialer, A_s' sagittaler Bildpunkt.

die Gaußische Bildebene schneidet, der Bildpunkt unter Berücksichtigung der Verzeichnung. Ein anderer Strahl der Papierebene muß nach seiner Brechung nach dem Brechungsgesetz mit dem Hauptstrahl schneiden. — Der Schnittpunkt nähert sich bei dünner Blende einem Punkte A_t'. — Denkt man sich andrerseits durch A P eine Ebene senkrecht zur Papierebene gelegt, so müssen in einer solchen Ebene symmetrisch zu A P verlaufende Strahlen einander schneiden, und dieser Schnittpunkt muß bei kleiner Öffnung sich einem Punkte A'$_l$ des gebrochenen Strahles A'P' nähern.

Ein Strahl jedoch, der weder in der einen, noch in der anderen Ebene verläuft, wird nach seiner Brechung A'P' überhaupt nicht schneiden, sondern windschief verlaufen. — Man hat also im allgemeinen nicht einen, sondern zwei Punkte, die A entsprechen, und von denen keiner in der Gaußischen Bildebene liegt.

Denkt man sich das Strahlenbündel auf der Bildseite aufgefangen oder beobachtet, so muß man berücksichtigen, daß dem Büschel in der Brechungsebene des Hauptstrahls ein Büschel durch A$_t$', dem Büschel in der senkrechten Ebene ein Büschel durch A$_l$' entspricht. — Legt man nun die Auffangebene durch A$_t$', so wird der Punkt A, wenn er senkrecht über oder unter der Achse liegt, durch eine wagerechte Linie, bei A$_l$' durch eine senkrechte Linie vertreten. Bei anderer Lage der Ebene kommt eine ellipsenähnliche oder in der Mitte zwischen A$_l$' und A$_t$' eine kreisähnliche Figur zustande. Nimmt man als Gegenstand ein Linienstück an, das auf die Achse zu (tangential) verläuft, so wird es in A$_l$', ein senkrecht zur Achse (sagittal) laufendes in A$_t$' wieder als deutliches Linienstück abgebildet, weil die Richtungen der Linien, in denen verschiedene Punkte des Stückchens abgebildet werden, zusammenfallen[1]). Dagegen wird ein Punkt außer der Achse nirgends scharf abgebildet. Der Fehler wird als Astigmatismus (Punktlosigkeit) bezeichnet.

Durch passende Anwendung von sammelnden und zerstreuenden Flächen kann es gelingen, A$_l$' und A$_t$' in einem Punkt zusammenfallen zu lassen. Durch diesen gehen dann auch die Strahlen unendlich geringer Öffnung, die nicht in den beiden ausgezeichneten Ebenen verlaufen, man hat eine in erster Ordnung scharfe (anastigmatische, punktuelle) Abbildung des Punktes A. — Diese Hebung des Astigmatismus ist von um so größerer Bedeutung, je größer das Gesichtsfeld der betrachteten Linsenfolge ist.

Bildfeldwölbung. Es sei bei einer Linsenfolge der Astigmatismus (s. oben) gehoben, so daß für einen Punkt außer der Achse die Punkte A$_l$' und A$_t$' in einem Punkte A$^\times$ zusammenfallen. Es wird dann einer Senkrechten auf der Achse A H eine Linie X'A$^\times$ entsprechen; einer achsensenkrechten Ebene eine Umdrehungsfläche, deren Durchschnitt

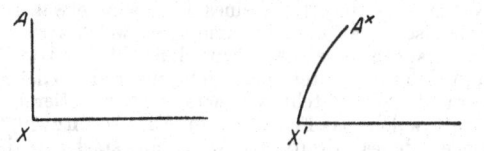

Fig. 3. Bildfeldwölbung. Eine achsensenkrechte Ebene, deren Durchschnitt XA ist, wird in einer krummen Fläche mit dem Durchschnitt X'A$^\times$ abgebildet.

die Kurve X'A$^\times$ ist. Will man das Bild auffangen oder photographieren, so kann man nur dann ein deutliches Bild erwarten, wenn X'A$^\times$ eine gerade Linie (die Wölbung gehoben, das Bildfeld eben) ist, was nur durch Linsenfolgen besonderer Anlage möglich ist.

[1]) Allgemein bildet, wie Gullstrand gezeigt hat, jede Linsenfolge zwei zueinander senkrechte Scharen von Linien in erster Ordnung wieder als Linien ab; bei einer achsensymmetrischen Folge sind es Kreise um die Achse und ihre Radien.

Bei Beobachtung mit dem Auge ist die Hebung der Bildfeldwölbung von geringerer Wichtigkeit als die des Astigmatismus, da die Akkommodationsfähigkeit und, wenn man mit einem Okular beobachtet, die Möglichkeit einzustellen, zu Hilfe kommt.

Ist der Astigmatismus nicht gehoben, so hat man zwei von den Punkten A$_l$' und A$_t$' gebildete Flächen, es kämen dann zwei Fälle in Frage (vgl. Astigmatismus).

1. Wenn es sich nur um die Beobachtung etwa sagittal verlaufender Linien (Beobachtung einer Skala, eines Spektrums) handelt, so genügt es, daß man die Wölbung der einen (tangentialen) Fläche hebt.

2. In anderen Fällen ist es das Günstigste, wenn namentlich bei Aufnahmelinsen die Punkte A$_l$', A$_t$' möglichst gleich weit auf verschiedenen Seiten der Gaußischen Bildebene liegen, so daß eine zwischen beiden Bildflächen mitten hindurch gelegte Fläche möglichst eben ist (Bildfeldebnung im übertragenen Sinne).   *H. Boegehold.*

Sphäroidaler Zustand. Wenn Flüssigkeitstropfen auf eine horizontale Fläche gebracht werden, die eine viel höhere Temperatur besitzt als den Siedepunkt der Flüssigkeit entspricht, so nimmt diese sofort die Gestalt einer abgeplatteten Kugel, eines Sphäroids, an, wonach der Zustand seinen Namen erhalten hat. Die Flüssigkeit umgibt sich mit einer Dampfschicht, die deren unmittelbare Berührung mit der heißen Unterlage verhindert und bewirkt, daß die Verdampfung verhältnismäßig langsam erfolgt. Auf dem Dampfpolster springt die Flüssigkeitsmasse hin und her. Nimmt die Unterlage durch Wärmeableitung eine Temperatur an, die den Siedepunkt der Flüssigkeit nur noch wenig übersteigt, so wird die schützende Dampfhülle zu dünn und die Flüssigkeit zerspratzt explosionsartig. Diese Erscheinung heißt das Leidenfrostsche Phänomen, da sie von Leidenfrost (1756) zum erstenmal genauer untersucht wurde.

Faraday brachte feste Kohlensäure in einen glühenden Platintiegel. Er konnte in dem Tiegel Quecksilber zum Erstarren bringen und bewies dadurch, daß die Kohlensäure, von einer Dampfhülle geschützt, auch unter diesen ungewöhnlichen Umständen eine Zeitlang im festen Zustand blieb.

Infolge dieser den sphäroidalen Zustand bedingenden Dampfschicht soll es auch möglich sein, die befeuchtete Hand, ohne Schaden zu nehmen, in geschmolzenes Blei oder anderes flüssiges Metall zu stecken.   *Henning.*

Sphäroidspiegel s. Scheinwerferspiegel.

Sphärometer. Das Sphärometer dient ursprünglich zur Messung der Krümmung von Linsen, kann aber auch zur Messung der Höhen kleiner Körper benutzt werden. Ein dreibeiniges Tischchen steht auf einer ebenen Glasplatte; durch die Mitte der Tischplatte geht eine Mikrometerschraube (s. d.), deren Stellung an der Schraubentrommel und an einem nebengestellten Maßstab abgelesen werden kann. Die Meßschraube wird einmal zur Berührung mit der Glasplatte, sodann zur Berührung mit der Oberfläche des auf die Glasplatte gestellten Versuchskörpers gebracht. Die Differenz der Schraubenablesungen gibt unmittelbar die gesuchte Höhe des Körpers.   *Scheel.*

Spiegel s. Reflexion des Lichts.

Spiegelablesung s. Gaußsche Spiegelablesung.

Spiegelfernrohr s. Fernrohr.

Spiegelglas ist wie das gewöhnliche Fensterglas ein Natron-Kalkglas, wird aber mit reineren

Rohstoffen geschmolzen. Die Tafeln werden teils durch Strecken geblasener Walzen hergestellt, meist werden sie gegossen. Die Flächen werden geschliffen und poliert. *R. Schaller.*

Spiegelinstrumente. Meßinstrumente, deren bewegliches System mit einem Spiegel (Hohl- oder Planspiegel) fest verbunden ist zwecks optischer Beobachtung und Messung des Winkelausschlags. Vgl. Gaußsche Spiegelablesung. *W. Jaeger.*

Spiegel-(Reflex-)Kammer. Um das Bild in Größe und Ausschnitt bis kurz vor der Aufnahme genau beobachten zu können, was die üblichen Sucher, wie etwa Newton- oder Brillant-Sucher nur mehr oder weniger vollkommen gestatten, wird das photographische Objektiv in der Spiegel-Reflex-

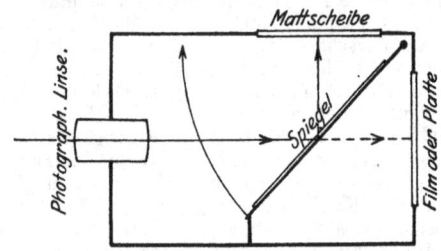

Schema einer Spiegelkammer.

Kammer selbst als Sucherlinse benutzt. Aus nebenstehender Skizze sieht man die Einrichtung einer solchen Kammer schematisch dargestellt. Bei der Belichtung klappt der Spiegel nach oben, die Mattscheibe abdeckend. Die lichtempfindliche Schicht wird nach Öffnung des Verschlusses für die Belichtung frei. *W. Merté.*

Spiegelspektrometer. Spektralapparat, dessen Linsen durch Spiegel ersetzt sind: kein Absorptionsverlust und keine Dispersion im Linsenmaterial, also feste Einstellung auf parallelen Strahlengang für alle Wellen. *Gerlach.*

Spiegelteleskop. (Reflektor), Fernrohr, dessen Objektiv kein Linsensystem, sondern ein Hohlspiegel ist. Auf diese Weise wird die Farbenzerstreuung von vornherein ausgeschaltet. Das obere Ende des Fernrohres ist offen und der Spiegel (ein an seiner Oberfläche versilberter Glasklotz) befindet sich am Grunde des Rohres. Es gibt verschiedene optische Konstruktionen.

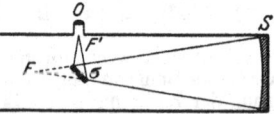

Fig. 1. Newtonscher Reflektor.

Beim Newtonschen Reflektor (s. Fig. 1) ist in dem Strahlengang kurz vor dem Brennpunkt F ein kleiner Planspiegel σ unter 45° Neigung angebracht, der die Strahlenvereinigung nach F verlegt, wo das Bild mittels des Okulares O beobachtet wird. Beim Cassegrain-Reflektor ist der Spiegel in der Mitte durchbohrt (Fig. 2) und durch einen kleinen vor dem Brennpunkt angebrachten Kon-

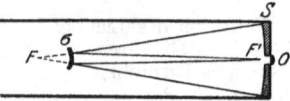

Fig. 2. Cassegrainscher Reflektor.

vexspiegel (σ) werden die Strahlen kurz vor dem in der Durchbohrung angebrachten Okular vereinigt. Bei dieser Konstruktion wird eine wesentlich größere Äquivalenzbrennweite erzielt, als sie der Spiegel selbst hat, was oft von großem Vorteil ist, dagegen leidet unter der Durchbohrung die Güte des Spiegels, weswegen neuerdings meistens eine

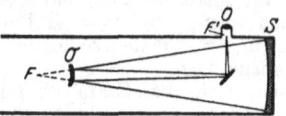

Fig. 3. Kombination des Newtonschen und Cassegrainschen Reflektors

Kombination beider Konstruktionen angewandt wird, wie Fig. 3 zeigt.

Ein Hauptnachteil der Spiegelteleskope ist die geringe Ausdehnung des scharfen Bildfeldes, weil bei so wenigen reflektierenden Flächen die Abbildungsfehler weniger gut eliminiert werden können als bei einem Linsensystem. Der Reflektor eignet sich daher hauptsächlich für Untersuchungen an einzelnen Sternen oder kleinen Gebilden (Sternhaufen und Nebelflecke), vor allem aber für spektroskopische Beobachtungen.

Die größten Reflektoren sind:

Mt. Wilson Observatory (Cal)	Offsig 250 cm
Observatory Birr Castle (Irl)	183 „
Mt. Wilson Observatory	152 „
Melbourne	122 „
Paris	120 „
Berlin-Babelsberg	120 „

Bottlinger.

Spielkreisel s. Kreisel.

Spinett s. Klavier.

Spinodalkurve s. ψ Fläche von van der Waals.

Spinthariskop. Ein kleiner von Crookes angegebener Apparat, mit dessen Hilfe anschaulich gemacht wird, daß von radioaktiven Substanzen eine aus einzelnen Geschossen bestehende Strahlung ausgeht. Gegenüber einem fluoreszierenden Schirm ist in wenigen Millimetern Abstand ein schwaches α-strahlendes Präparat befestigt; der durch eine Lupe beobachtete Schirm zeigt sich von aufblitzenden Lichtpünktchen bedeckt, von denen jedes dem Auftreffen eines α-Partikels seine Entstehung verdankt (vgl. auch „Szintillation"). *K. W. F. Kohlrausch.*

Spiralnebel s. Nebelflecke.

Spiralsturz heißt eine typische Flugzeugbewegung, welche bei seitlicher Instabilität leicht eintritt. Neigen sich die Flügel eines Flugzeugs etwas zur Seite, so wirkt kein Drehmoment, welches sie in die ursprüngliche Lage zurückdrückt. Luftkraft und Schwere halten sich nicht mehr das Gleichgewicht, es entsteht vielmehr eine resultierende Kraft, welche das Flugzeug zum Abrutschen zwingt. Gegen dieses Abrutschen wirkt am stärksten die Luftkraft auf die vertikal gestellte Fläche des Seitenleitwerkes, welche infolgedessen zum Drehpunkt der Bewegung wird. Bei dem so in die Kurve gezwungenen Flugzeug erfährt der äußere Flügel wegen seiner größeren Geschwindigkeit größere Auftriebskräfte, und die Folge davon ist ein noch stärkeres Hineinlegen in die Kurve, also eine Verstärkung der ganzen Störungsbewegung. Die Spiralsturzbewegung verläuft bei den meisten Flugzeugen sehr langsam, so daß sie in der Regel durch Steuermaßnahmen aufgehalten werden kann. Hält sie aber längere Zeit an, so gewinnt sie über das Flugzeug Gewalt, kann das Trudeln einleiten (s.d.)

und zum Absturz führen. Die wichtigsten Hilfsmittel gegen die Spiralsturzbewegung sind V-Stellung oder Pfeilstellung der Flügel, wodurch ein Widerstand gegen das seitliche Abrutschen vorne an den Flügeln erzeugt, also die Drehung um das Seitenleitwerk vermieden wird; ferner starke Abnahme des Anstellwinkels an den Flügelenden („Taubenform"), infolge deren die Auftriebserhöhung am äußeren Flügel gegenüber dem inneren Flügel herabgedrückt wird. *L. Hopf.*

Spitzenentladung s. Entladung.

Spitzenkamm s. Elektrisiermaschine.

Spitzenwirkung s. Flächendichte und Entladung.

Sporn eines Flugzeugs heißt eine gekrümmte, aus dem hinteren Ende des Flugzeugrumpfes herausragende Versteifung mit Federung; sie dient zum Auffangen von Stößen, welche bei der Landung auf die empfindlichen hinteren Rumpfteile wirken könnten. *L. Hopf.*

Sprachrohr s. Schalltrichter.

Sprachzeichner von **Hensen**. Ein sehr fein durchkonstruierter Apparat zur Schallregistrierung (s. d.), namentlich zur Registrierung der menschlichen Sprache. Die Aufnahmemembran besteht aus Goldschlägerhaut und ist trichterförmig. Ihre Bewegung wird durch eine Hebelanordnung auf einen konisch geschliffenen Diamanten übertragen, der seine Schrift in Glasplatten einritzt.

E. Waetzmann.

Näheres s. Hensen, Zeitschr. f. Biologie Bd. XXIII, N. F. V.

Sprechmaschine s. Vokale.

Sprechtrichter s. Schalltrichter.

Sprenggeschosse. Geschosse, welche zur vollen Entfaltung ihrer Wirkung, vor oder im Ziel, durch eine Sprengladung zerlegt werden, bezeichnet man als Sprenggeschosse. Zur Zerlegung des Geschosses verwendet man Sprengladungen aus impulsivem, schiebendem Pulver, wie wie bei der Schrapnells eine aus Kugeln u. dgl. bestehende Füllung möglichst ohne Deformation aus der Geschoßhülle herausgetrieben werden soll, oder einen brisanten Sprengstoff, wenn das Geschoß in möglichst viel kleinere Teile zerlegt werden soll, die mit großer Geschwindigkeit weggeschleudert werden (Sprenggranaten) oder bei Geschossen, wo die Hülle nur dazu dient, die Sprengladung unversehrt ins Ziel zu tragen, wo dann das Geschoß in erster Linie durch die Kraft des Sprengstoffes zerstörend wirken soll (Panzersprenggranaten und Minengranaten). Je nachdem so das Geschoß in der Luft krepieren soll, am Ziel direkt beim Auftreffen, oder erst im Ziel, verwendet man Zeitzünder, empfindliche Aufschlagzünder, oder Aufschlagzünder mit Verzögerung.

Die Zeitzünder sind entweder Brennzünder, oder die neuerdings von Krupp gefertigten sehr vollkommenen Uhrzünder. Die Brennzünder arbeiten in der Weise, daß im Augenblick des Schusses ein gepreßter Pulversatz angezündet wird, der infolge seiner starken Vorpressung langsam in Scheiben (Deutschland), oder Röhren (Frankreich) so weit abbrennt, bis eine durch das Tempieren des Zünders verstellbare Öffnung den Feuerstrahl des Pulvers zur Sprengladung weiterleitet und den Sprengpunkt hervorruft. Die Brennzünder haben den Nachteil, bei großen Höhen, wo die Luft sehr dünn wird, ungleichmäßig zu arbeiten, denn sie bedürfen des Luftdrucks zum gleichmäßigen Abbrennen, außerdem ist der Brandsatz empfindlich gegen Änderungen des Luftdrucks und gegen Feuchtigkeit;

auch ist es schwer, Brennzünder mit mehr als 50 Sek. Brenndauer zu bauen. Von all diesen Nachteilen frei sind die mechanischen Uhrzünder, bei welchen ein Uhrwerk im Geschoß bei Abgabe des Schusses zu laufen anfängt, um nach der eingestellten Zeit ein Zündhütchen zu entzünden.

Die horizontale Entfernung des Sprengpunktes vom Ziel bezeichnet man als Sprengweite, die vertikale als Sprenghöhe, die Entfernung des Sprengpunkts vom Geschütz als Flugweite.

Sobald ein Luftsprengpunkt entstanden ist, fliegen die einzelnen Geschoßteile in einer Garbe weiter, die man als Sprengkegel bezeichnet. Faßt man ihn als geraden Kreiskegel auf, so ist der Winkel einer Mantellinie mit der Achse der halbe Sprengkegelwinkel. Die Zerlegung eines Sprenggeschosses mit Luftsprengpunkt ist dann zweckentsprechend, wenn in der Entfernung vom Sprengpunkt, wo die Sprengstücke im Sprengkegel noch genügend dicht beisammen sind, die Durchschlagsfähigkeit der einzelnen Sprengpartikel gerade noch ausreicht.

Infolge der Streuungsursachen sind die Sprengpunkte unter gleichen Umständen verfeuerter Geschosse im Raum nach den Gesetzen der Treffwahrscheinlichkeit (vgl. zufällige Geschoßabweichungen) zerstreut, man spricht deshalb von mittlerem Sprengpunkt, mittlerer Sprengweite usw. und es ist eine wahrscheinlichkeitstheoretische Aufgabe, die durchschnittliche Wirkung des einzelnen Schusses bei gegebener Lage des mittleren Sprengpunkts zum Ziel, und eine Aufgabe höheren Grades, die Durchschnittswirkung für den Fall zu berechnen, daß die wahre Lage des mittleren Sprengpunkts infolge des Einschießens nur mit einer gewissen Wahrscheinlichkeit bekannt ist.

Die Lage des Sprengpunkts zum Ziel beobachtet man auf Schießplätzen mittels Sprengpunktsmessern, das sind Glasscheiben, oder Dunkelkammern, in denen sich die Sprengpunktsbilder auf gegebenen ebenen Flächen projizieren. Im Felde lassen sich die genauen Lagen entfernter Sprengpunkte auch durch Anschneiden mit Theodoliten oder Phototheodoliten oder durch das Schallmeßverfahren festlegen.

Geschosse, welche als Treibladung Trotyl und ähnliche Sprengstoffe haben, lassen sich vermöge der Eigenschaft des Trotyls, bei schwacher Entzündung zu explodieren, bei starker Initiierung durch Knallquecksilber und Bleioxyd zu detonieren, je nach der Art der Wirkung des Zünders als Sprenggranate oder als Schrapnell verwenden. Man bezeichnet derartige Geschosse als Einheitsgeschosse. Sie sind während des Weltkrieges in Fortfall gekommen, weil die Zünder zu kompliziert waren, als daß genügende Mengen hätten gefertigt werden können. *C. Cranz und O. v. Eberhard.*

Sprenghöhe s. Sprenggeschosse.

Sprengpunktsmesser s. Sprenggeschosse.

Sprengstoffe s. Explosion.

Sprengweite s. Sprenggeschosse.

Springflut bezeichnet im Gezeitenphänomen jenes Hochwasser, bei welchem sich der Einfluß von Sonne und Mond summiert. Sie fällt in die Zeit des Neumonds (s. Gezeiten). *A. Prey.*

Sprühen. Glimmentladung, insbesondere an Kanten und Spitzen infolge zu großer Felddichte an Hochspannungsleitern. Bei Kondensatoren wird

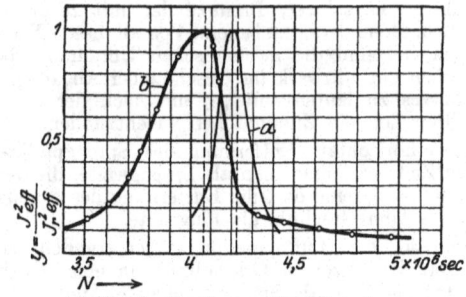

Einfluß des Sprühens auf Kondensatoren.

durch Sprühen die Frequenz erniedrigt und die Resonanzkurve verbreitert (s. Fig.). *A. Meißner.*

Sprühschutz-Isolatoren (Rendahl). Um die unter Hochspannung stehenden Teile eines ·Isolators in bezug auf Spannung zu entlasten, werden sie in eine Metallhülse eingehüllt. Gleichzeitig wird durch das Verringern der Felddichte das Sprühen verhindert. *A. Meißner.*

Sprung der elektrischen Kraft (s. auch Grenzfläche zweier Dielektrika). Ist eine Fläche mit der Flächendichte σ belegt und sind die Potentiale zu beiden Seiten der Fläche mit V_+ und V_- bezeichnet, so gilt, wenn die Einheitsmasse in Richtung der Normalen n durch die Fläche hindurchgeführt wird

$$\frac{\partial V_+}{\partial n} - \frac{\partial V_-}{\partial n} = -4\,\pi\sigma.$$

Dieser Ausdruck stellt die sprungweise Änderung der Kraft bei diesem Vorgang dar. In der Nähe einer sehr großen Fläche ist die Kraft daher an jeder Stelle: $2\,\pi\sigma$. *R. Jaeger.*

Sprungwelle s. Flutbrandung.

Spurkegel s. Poinsotbewegung.

Stab ist ein fester Körper von einer vorwiegend ausgebildeten Dimension, welcher im natürlichen Zustande eine ganz bestimmte Gestalt annimmt und einer Biegung elastische Kräfte entgegensetzt. Er ist das eindimensionale Analogon zur Platte (s. d.) und verhält sich zu dieser wie eine Saite (s. d.) zu einer Membran (s. d.). S. auch Stabschwingungen. *E. Waetzmann.*

Stabiles Gleichgewicht s. Thermodynamisches Gleichgewicht.

Stabilisierung (gyroskopische). Ein Mechanismus (der nicht notwendig einen starren Verband zu bilden braucht) möge zwei Freiheitsgrade besitzen, die durch die (Lagrangeschen) Koordinaten φ und ψ ausgedrückt sein sollen. Es mag die Ruhelage durch $\varphi = 0$, $\psi = 0$ dargestellt sein. Die Lagrangeschen Gleichungen zweiter Art (s. Impulssätze) nehmen dann häufig, wenn es sich um kleine Bewegungen in der Umgebung der Ruhelage handelt, die einfache Form an

$$A_0\,\ddot{\varphi} + A_1\,\dot{\varphi} + A_2\,\varphi = 0, \qquad (A_0 > 0.)$$
$$B_0\,\ddot{\psi} + B_1\,\dot{\psi} + B_2\,\psi = 0. \qquad (B_0 > 0.)$$

(Beispiel: Schwingungen eines starren Körpers um zwei wagerechte Hauptachsen.) Die letzten Glieder dieser Gleichungen bedeuten die (quasielastischen) Kräfte (im verallgemeinerten Sinne), welche die (stabile) Ruhelage wiederherzustellen suchen (falls A_2 und B_2 positiv sind), bzw. welche den Mechanismus aus seiner (alsdann labilen) Ruhelage hinauszuwerfen trachten (falls A_2 und B_2 negativ sind). Die vorletzten Glieder bedeuten dissipative Kräfte, z. B. Reibung im widerstehen-

den Mittel (falls A_1 und B_1 positiv sind) bzw. Kräfte von entgegengesetztem Charakter, die in Wirklichkeit nur künstlich erzeugt werden können. Enthält der Mechanismus nun aber außerdem noch einen dritten Freiheitsgrad in Gestalt eines (möglicherweise verborgenen) zyklischen Systems, das zwar seiner Lage nach, nicht aber in seiner zyklischen Koordinate von φ und ψ abhängt, so ergänzen sich die vorgenannten Gleichungen im einfachsten Fall auf

$$(1) \quad \begin{cases} A_0\,\ddot{\varphi} + A_1\,\dot{\varphi} + A_2\,\varphi + C\,\dot{\psi} = 0, \\ B_0\,\ddot{\psi} + B_1\,\dot{\psi} + B_2\,\psi - C\,\dot{\varphi} = 0. \end{cases}$$

Wenn, wie gewöhnlich, das zyklische System ein schnellumlaufender Kreisel (s. d.) ist, so bedeuten die letzten Glieder die einander entgegengesetzt gleichen Kreiselmomente, die infolge der Bewegung ψ auf die Koordinate φ, infolge der Bewegung φ auf die Koordinate ψ wirken. Sie heißen dann *gyroskopische Glieder.*

Wenn der Mechanismus ursprünglich labil war, so kann man ihn mit Hilfe des zyklischen Systems unter gewissen Umständen, die sich im Falle konstanter Koeffizienten A, B, C leicht überblicken lassen, künstlich (gyroskopisch) stabilisieren. Das Gleichungspaar (1) besitzt dann nämlich Lösungen von der Form $e^{\varrho t}$, wo die reellen Teile der Kennziffern ϱ nur negativ sein dürfen, wenn die Stabilität im üblichen Sinne gesichert erscheinen soll. Die Kennziffern gehorchen der Gleichung

$$(2) \quad a_0\,\varrho^4 + a_1\,\varrho^3 + a_2\,\varrho^2 + a_3\,\varrho + a_4 = 0,$$

wo

$$(3) \quad \begin{cases} a_0 = A_0\,B_0, \\ a_1 = A_0\,B_1 + A_1\,B_0, \\ a_2 = A_0\,B_2 + A_1\,B_1 + A_2\,B_0 + C^2, \\ a_3 = A_1\,B_2 + A_2\,B_1, \\ a_4 = A_2\,B_2 \end{cases}$$

ist. Die von Hurwitz und Routh gefundenen Bedingungen dafür, daß die Gleichung (2) nur Wurzeln von der genannten Art besitzt, verlangen, daß erstens alle Koeffizienten a_1 dasselbe Vorzeichen haben — man kann es immer so einrichten, daß es das positive ist — und daß zweitens dann auch die Größe

$$(4) \quad \varDelta \equiv a_1\,a_2\,a_3 - a_0\,a_3{}^2 - a_1{}^2\,a_4$$

positiv bleibe. Weil im Falle des Kreisels die Konstante C einfach die Intensität der zyklischen Geschwindigkeit mißt, so kann man die zweite Forderung sicherlich dadurch erfüllen, daß man mit C auch a_2 so groß als nötig macht, d. h. daß man den stabilisierenden Kreisel hinreichend schnell laufen läßt. Dies verbürgt aber die Stabilität noch keineswegs. Damit neben a_0 auch a_4 positiv werde, müssen A_2 und B_2 von vornherein die gleichen Vorzeichen gehabt haben: Der Kreisel vermag nur *beide* Koordinaten φ und ψ zugleich zu stabilisieren; war die eine schon vorher stabil, die andere aber labil, so ist Stabilisation unmöglich. Beschränkt man sich auf den Fall ursprünglicher Labilität, also $A_2 < 0$, $B_2 < 0$, so müssen zur Erfüllung der jetzt noch übrigen Forderungen $a_1 > 0$ und $a_3 > 0$ die beiden Größen A_1 und B_1 verschiedene Vorzeichen haben, und der Absolutwert ihrer Quotienten muß in den Grenzen eingeschlossen sein

$$(5) \quad \frac{A_0}{B_0} \lessgtr \left|\frac{A_1}{B_1}\right| \gtrless \left|\frac{A_2}{B_2}\right|,$$

wo das obere oder untere Zeichen gilt, je nachdem

die linke Grenze kleiner oder größer als die rechte ist; im ersten Falle ist A_1 positiv und B_1 negativ zu wählen, im zweiten umgekehrt. Bei einem dissipativ arbeitenden Mechanismus ist mithin die künstliche Stabilisierung nur dann denkbar, wenn neben der dissipativ arbeitenden Koordinate eine künstlich beschleunigte zweite Koordinate vorhanden ist und wenn überdies die Ungleichung (5) erfüllt werden kann.

Die hier skizzierten Verhältnisse liegen beispielsweise bei den *Einschienenbahnen* von Scherl und von Brennan vor. Der einen Koordinate entspricht die umkippende Bewegung des Wagens um die Schienenachse, der andern die Bewegung des labil zu lagernden Kreiselrahmens. Die angeschriebenen Gleichungen stellen in erster Näherung die Stabilisierungstheorie solcher Wagen dar.

Es ist grundsätzlich klar, in welcher Weise diese Überlegungen auf Mechanismen mit mehr als zwei Freiheitsgraden zu übertragen sind. Man hat bei n Freiheitsgraden, die durch $\frac{1}{2} n (n-1)$ zyklische Systeme gekoppelt sein können, im einfachsten Falle die n Gleichungen

$$A_{i0} \ddot{\varphi}_i + A_{i1} \dot{\varphi}_i + A_{i2} \varphi_i + C_{i1} \dot{\varphi}_1 + C_{i2} \dot{\varphi}_2 + ..$$
$$+ C_{in} \dot{\varphi}_n = o, \qquad (i = 1, 2, .. n)$$

wobei $A_{i0} > o$ und $C_{ik} = -C_{ki}$ und also $C_{ii} = o$ vorausgesetzt werden darf. Die Kennziffern der partikulären Lösungen $e^{\varrho t}$ gehorchen einer aus der Theorie der linearen Differentialgleichungen bekannten Gleichung von der Form

$$(6) \qquad a_0 \varrho^{2n} + a_1 \varrho^{2n-1} + ... + a_{2n} = o,$$

wo jedenfalls der erste und letzte Koeffizient

$$a_0 = A_{10} \cdot A_{20} \cdot A_{30} ... A_{n0}$$
$$a_{2n} = A_{12} \cdot A_{22} \cdot A_{32} ... A_{n2}$$

wird, während die anderen sich wesentlich verwickelter aufbauen. Nach den von Hurwitz (Math. Annalen, Bd. 46) aufgestellten Bedingungen dafür, daß die Gleichung (6) nur Wurzeln mit negativ reellen Teilen besitzt, muß vor allem neben a_0 auch a_{2n} positiv sein. Daraus folgt, daß immer nur eine gerade Anzahl von labilen Freiheitsgraden zusammen künstlich stabilisierbar ist. Ob die Stabilisierung aber wirklich gelingt, und unter welchen Umständen und durch welche Mittel, das hängt von den weiteren Hurwitzschen Bedingungen ab, welche neben den C_{ik} namentlich auch die A_{i1} enthalten. Sind keine dissipativen Kräfte vorhanden ($A_{i1} = o$), so genügt es, die Intensitäten C_{ik} der zyklischen Geschwindigkeiten groß genug zu wählen. Gibt es jedoch dissipativ arbeitende Koordinaten φ_i, so muß der Mechanismus, um stabilisierbar zu sein, ebensoviele künstlich beschleunigte Koordinaten besitzen, und es müssen Bedingungen ähnlich (5) erfüllt sein, die umso verwickelter werden, je größer n ist. Die Untersuchungen hierüber sind noch nicht in allen Teilen erledigt. *R. Grammel.*

Näheres s. W. Thomson und P. G. Tait, Treatise on natural philosophy, 2. Aufl., Cambridge 1879/83, Bd. 1, Art. 345 X.

Stabilität. Das Gleichgewicht eines Systems ist zusammenfassend durch das Arbeitsprinzip (s. dieses) charakterisiert, nach dem für jede unendlich kleine Verschiebung des Systems aus der Gleichgewichtslage die zu leistende Arbeit verschwindet. Für die Möglichkeit der Aufrechterhaltung des Gleichgewichts ist es aber erforderlich, zu untersuchen, wie eine durch eine solche Verschiebung, wie sie ja durch zufällige Störungen immer vorkommen kann, veränderte System sich weiterhin verhält. Wenn eine weitere Verschiebung (positiven) Arbeitsaufwand erfordert, so ist das System aus sich heraus nicht imstande, diesen aufzubringen, sondern es wird selbsttätig nach der ursprünglichen Lage hin zurückkehren, es ist in stabilem Gleichgewicht. Wenn aber durch die weitere Verschiebung Arbeit gewonnen werden kann, so wird die somit freiwerdende Energie in Form von kinetischer Energie in Erscheinung treten, das System setzt sich in Bewegung, ist also labil. Im ersteren Fall hat in der Gleichgewichtslage die potentielle Energie einen minimalen, im zweiten Fall einen maximalen Betrag. Der Zwischenfall, in dem auch bei endlicher Verschiebung die potentielle Energie weder anwächst, noch abnimmt, wird als indifferentes Gleichgewicht bezeichnet. Der einfachste Fall der 3 Gleichgewichtsarten ist ein körperliches Pendel, je nachdem es oberhalb, unterhalb seines Schwerpunktes oder endlich in demselben aufgehängt ist. Analoge Beispiele ergeben sich aus Körperketten.

Ein hierher gehöriger Fall ist auch der der elastischen Stabilität. Am bekanntesten sind aus diesem Gebiet die Knickerscheinungen (s. Biegung): Ein aufrechtstehender, belasteter Balken ist, sofern er eine gewisse Länge nicht überschreitet, in stabilem Gleichgewicht und wird sich nicht ausbiegen. Von dieser Länge ab aber ist die elastische Energie, die einer Ausbiegung des Balkens entspricht, kleiner, als der Gewinn an potentieller Energie durch die mit der Ausbiegung verbundene Senkung des belastenden Gewichts. Das Gleichgewicht in der geraden Lage ist dann labil.

Für den Fall eines einzelnen starren Körpers, sofern die vorkommenden Kräfte raumfeste Richtungen und im Körper feste Angriffspunkte haben (wie beim erwähnten körperlichen Pendel), nennt man den indifferenten Fall astatisches Gleichgewicht. Drei Kräfte beispielsweise sind im Gleichgewicht, wenn ihre Angriffslinien durch einen gemeinsamen Punkt gehen und ihr Kräftepolygon ein geschlossenes Dreieck ist. Diese Eigenschaften bleiben dann bei Drehung des Körpers erhalten, so daß das Gleichgewicht astatisch ist, wenn außerdem das Dreieck der (körperfesten) Angriffspunkte invers ähnlich zu dem Kräftedreieck ist.

Von besonderer Wichtigkeit sind Stabilitätsfragen auch für kinetische Probleme, insbesondere die Frage der Stabilität stationärer Bewegungszustände (s. zyklische Systeme). Solche können stabil sein, auch wenn die potentielle Energie allein ein Maximum hat, wie im Fall des aufrechten Kreisels. Das rührt daher, daß die Trägheitswirkungen der „verborgenen" Bewegungen am Gleichgewicht mitarbeiten. Ihnen entspricht eine scheinbare potentielle Energie, die, zusammen mit der wirklichen, erst für das Gleichgewicht maßgebend ist. Diese „Routhsche Funktion" ist im stabilen Fall immer ein Minimum.

Die nach obigem theoretisch ermittelte Stabilität eines Systems ist nicht in allen Fällen gleichbedeutend mit praktischer Verwendbarkeit. Es kann, wenn auch nicht für unendlich kleine, so doch praktisch sehr kleine Störungen die potentielle Energie wieder abnehmen, so daß praktische

Labilität bei theoretischer Stabilität vorliegt und umgekehrt. Dieser Fall ist sogar der in der Physik vorwiegend vorkommende und erklärt die Tatsache, daß labile Zustände überhaupt bekannt sind (z. B. der Zustand des überhitzten Dampfes).

Die gebräuchlichste Methode zur Entscheidung über Stabilität und Labilität ist die der kleinen Schwingungen, die fragt, ob einer sehr kleinen Störung periodische, bzw. abnehmende Schwingungen, oder anwachsende Schwingungen, bzw. gleichsinnig anwachsende Bewegungen folgen. Der Wert der Methode beruht darauf, daß man bei ihr mit den in den Störungen linearen Gliedern operiert, daher mit linearen Differentialgleichungen mit konstanten Koeffizienten zu tun hat. Die Methode kann aber in dieser Beschränkung nichts über die praktische Labilität bzw. Stabilität aussagen.   *F. Noether.*

Näheres s. Routh, Dynamik der Systeme starrer Körper (deutsch von A. Schepp), insbesondere Bd. II. 1898.

Stabilität der Atmosphäre ist der mathematische Ausdruck für den Grad des vertikalen Gleichgewichts (s. d.). Sie wird charakterisiert durch die Beschleunigung, die ein Luftteilchen in Richtung auf den Ausgangsort dadurch erfährt, daß es von ihm in vertikaler Richtung verschoben wird. Nach Hesselberg ist die Stabilität $E = \frac{1}{\varrho}\frac{\delta\varrho}{dz}$. Hierin ist $\delta\varrho$ der Massenzuwachs, den eine bestimmte Volumeneinheit der Atmosphäre dadurch erhält, daß die in ihr enthaltene Luftmasse durch eine andere ersetzt wird, die um den Betrag dz tiefer lag. Nach dem Boyle-Gay-Lussacschen Gesetz (s. d.) ist nun $\frac{\delta\varrho}{\varrho} = \frac{\delta p}{p} - \frac{\delta T}{T}$. In der Atmosphäre ist bei vertikalem Druckausgleich $\delta p = 0$, und $\delta T = dz \cdot \delta\gamma$, wo $\delta\gamma = \gamma_1 - \gamma$ die Abweichung des adiabatischen (bei Kondensation des feuchtadiabatischen) Gradienten γ_1 von dem tatsächlichen vertikalen Temperaturgradienten γ (s. d.) bezeichnet.

Damit wird $E_1 = \frac{\gamma_1 - \gamma}{T}$. Dem Werte 0 der Stabilität entspricht indifferentes, positiven Werten stabiles, negativen labiles Gleichgewicht. Die Stabilität wird negativ, wenn der tatsächliche Temperaturgradient (bei überadiabatischen Gradienten) den Wert γ_1 überschreitet. In Inversionen (s. d.), wo γ negativ ist, ist die Stabilität stets besonders groß.   *Tetens.*

Näheres s. Annalen d. Hydrographie 1918, S. 118.

Stabilität eines Flugzeugs. Man unterscheidet dynamische und statische Stabilität, je nachdem die Trägheitskräfte dabei eine Rolle spielen oder nicht. Die wichtigste statische Stabilitätsbedingung, deren Berücksichtigung in der Praxis unbedingt nötig ist, erhellt aus folgender Betrachtung: Wird ein Flugzeug beim gradlinigen, gleichförmigen Fluge durch eine Störung aus seiner Gleichgewichtslage herausgedreht, so wird in erster Linie das Gleichgewicht der Drehmomente gestört. Das Drehmoment M der Luftkräfte um den Schwerpunkt, welches im gleichförmigen Fluge Null war, erhält einen endlichen Wert. Sucht nun das so entstandene Drehmoment das Flugzeug in seinen ungestörten Zustand zurückzudrücken, entsteht also z. B. bei einer zufälligen Vergrößerung des Anstellwinkels α ein kopflastig wirkendes Moment M, so ist das Flugzeug stabil, widrigenfalls instabil. Es kommt also auf das Vorzeichen des Differentialquotienten $\frac{\partial M}{\partial \alpha}$ an. Dieser muß bei Stabilität positiv sein. Die statische Stabilität hängt sehr wesentlich ab von der Schwerpunktlage und zwar — entgegen dem gewöhnlichen Vorurteil — hauptsächlich von der Rücklage des Schwerpunkts hinter der Flügelvorderkante und nur wenig von der Tieflage des Schwerpunktes; ferner vom statischen Moment des Höhenleitwerks um den Schwerpunkt. Dieses wird nach der geforderten Stabilität mit Rücksicht auf die Schwerpunktlage bemessen.

Die dynamischen Stabilitätsbetrachtungen beruhen auf der Methode der kleinen Schwingungen; dabei wird angenommen, daß die einzelnen den Flugzustand charakterisierenden Parameter um kleine Größen von dem zum Gleichgewichtszustand gehörenden Werte abweichen. Die Folge dieser Abweichung muß Auftreten von Beschleunigung und Einleiten einer nicht stationären Bewegung sein. Führt diese Bewegung in den ursprünglichen Gleichgewichtszustand zurück, so hat derselbe als stabil zu gelten, widrigenfalls als instabil. Untersucht man mit dieser Methode die gleichförmige, gradlinige Bewegung eines Flugzeugs, so zeigt sich, daß die Störungen in der Symmetrieebene völlig unabhängig verlaufen von den Störungen, welche das Flugzeug in eine Kurve zu legen suchen. Man kann deshalb die beiden Störungen vollkommen getrennt behandeln und spricht infolgedessen von einer „Längsstabilität" und einer „Seitenstabilität" des Flugzeugs.

Die für die Längsstabilität in Betracht kommenden Parameter des Flugzustandes sind: „Fluggeschwindigkeit", „Anstellwinkel" der Flugzeugachse gegen die Flugrichtung und „Ansteigwinkel" der Flugbahn gegen die Horizontale. Auch bei der dynamischen Längsstabilität erweist sich die oben als statische Stabilitätsbedingung bezeichnete Größe als in erster Linie maßgebend. Es zeigt sich, daß, wenn $\frac{\partial M}{\partial \alpha}$ das negative Vorzeichen hat, das Flugzeug sich unter allen Umständen immer weiter aus seiner Gleichgewichtslage entfernt; aber auch, wenn das Vorzeichen von $\frac{\partial M}{\partial \alpha}$ das richtige ist, kann noch eine Instabilität von der Art auftreten, daß die Schwingungen des Flugzeugs um den Gleichgewichtszustand mit der Zeit größere Amplituden annehmen. Das ist dann der Fall, wenn die Drehung des Flugzeugs um seinen Schwerpunkt durch ein allzu kleines Moment gedämpft wird. Dieses Dämpfungsmoment ist im wesentlichen durch die Fläche des Höhenleitwerks und durch das Quadrat des Abstandes dieses Leitwerkes vom Schwerpunkt bestimmt. Die Diskussion der Stabilitätsgleichungen führt auf 4 Eigenschwingungen, welche sich bei Stabilität in den meisten Fällen zu zwei gedämpften periodischen Schwingungen zusammensetzen. Die eine davon entspricht rasch gedämpften, schnellen Schwingungen, die in der Hauptsache Drehschwingungen um den Schwerpunkt sind, die andere langsamen, sanft gedämpften Schwingungen, welche in der Hauptsache Schwingungen des Schwerpunkts selbst darstellen.

Für die Seitenstabilität sind maßgebend die Drehgeschwindigkeit des Flugzeugs um eine vertikale Achse (bzw. der Krümmungsradius der gestörten Flugbahn), der Winkel der Flugrichtung mit der Symmetrieebene des Flugzeugs und die seitliche Neigung der Flügelebene gegen die Horizontale. Es ergeben sich auch hier 4 Eigenschwingungen, von welchen zwei zu einer periodisch gedämpften Bewegung zusammentreten, während die anderen beiden zwei aperiodischen Bewegungen entsprechen. Die eine aperiodische Bewegung ist eine Rollbewegung (Drehung des Flugzeugs um die Rumpfachse) mit einer im normalen Flug sehr starken Dämpfung. Diese Dämpfung entfällt bei sehr großem Anstellwinkel und spielt eine große Rolle bei der Gefahr des Überziehens (s. d.). Die andere aperiodische Bewegung ist sanft gedämpft oder sanft ansteigend, je nachdem die V-Stellung, Pfeilstellung oder Taubenform genügt, um das Flugzeug vor dem Spiralsturz zu bewahren oder nicht (s. d.). Die periodische Bewegung gibt die Einstellung des Flugzeugs in den Fahrtwind nach Art einer Windfahne. *L. Hopf.*

Stabmagnet s. Magnete.

Stabschwingungen. Ein Stab (s. d.) kann Longitudinal-, Torsions- und Transversalschwingungen ausführen. Er habe konstante Dichte, konstanten, kreisförmigen Querschnitt und sei zunächst als gerade angenommen. Werden diese Bedingungen fallen gelassen, so werden die Verhältnisse noch verwickelter.

Fällt die Achse des Stabes mit der x-Richtung zusammen und ist u die Verrückung eines Teilchens bei Longitudinalschwingungen, so lautet die Bewegungsgleichung der Stabquerschnitte:

$$\frac{\partial}{\partial t^2} = \frac{c^2 \partial^2 u}{\partial x^2}.$$

Zu dieser Gleichung treten noch die Grenzbedingungen hinzu. Für die Torsionsschwingungen des Stabes gilt eine Gleichung von derselben Form. An Stelle der Längsverrückung u ist dann der Drehungswinkel des zur Abszisse x gehörenden Querschnittes um die Stabachse anzusetzen. Die Transversalschwingungen von Stäben gehorchen komplizierteren Gleichungen. Dagegen folgen nicht nur die Longitudinal- und Torsions-, sondern auch die Transversalschwingungen von Saiten ebenfalls einer Gleichung von der obigen Form. Und endlich gehören zu dem durch diese Gleichung dargestellten Typ von Schwingungen auch die Schwingungen linearer Flüssigkeits- und Gassäulen (Pfeifen).

Bei Longitudinalschwingungen von Stäben und Saiten gilt für die Fortpflanzungsgeschwindigkeit c der Welle die Beziehung:

$$c^2 = \frac{E}{\varrho},$$

wo ϱ die Dichte und E der Elastizitätsmodul oder — nach englischem Sprachgebrauch — Youngsche Modul ist. Bei der Saite ist die Fortpflanzungsgeschwindigkeit einer Longitudinalwelle von der Spannung also nur insofern abhängig, als sich der Wert von E in geringerem Maße mit der Spannung ändern kann.

Bei Torsionsschwingungen von Stäben und Saiten ist: $c^2 = \frac{\mu}{\varrho}$,

wo μ der „zweite Elastizitätsmodul" oder „Torsionsmodul" ist. c bedeutet jetzt die Fortpflanzungsgeschwindigkeit einer Torsions- (Rotations-) Welle.

Nach Poisson ist $\frac{E}{\mu} = 2(1 + \sigma)$,

wo σ das Verhältnis der Querkontraktion zur Längsdilatation bei axialer Dehnung, also die sog. Elastizitätszahl oder der Poissonsche Querkontraktionskoeffizient ist. Es folgt:

c (long) : c (tors) = $\sqrt{2(1 + \sigma)}$: 1.

Da $0 < \sigma < \frac{1}{2}$ ist, so ist die Fortpflanzungsgeschwindigkeit der Longitudinalwellen zwischen $\sqrt{2}$ und $\sqrt{3}$ mal so groß als die der Torsionswellen.

Bei Longitudinalschwingungen von Flüssigkeits- und Gassäulen ist:

$$c^2 = \frac{K}{\varrho},$$

wo K der Kompressionsmodul ist.

Bei Transversalschwingungen von Saiten ist:

$$c^2 = \frac{S}{\varrho},$$

wo S die konstante auf die Saite wirkende Spannung ist. Diese liegt in der Regel sehr weit unter der Grenze der Zerreißfestigkeit und ist weit kleiner als der Elastizitätsmodul. Entsprechend ist die Fortpflanzungsgeschwindigkeit der Transversalwellen sehr viel kleiner als die der Longitudinalwellen.

Bei jeder der drei genannten Arten von Schwingungen eines Stabes sind unendlich viele diskrete Werte von Eigenschwingungen möglich. Der Stab hat also bei jeder Schwingungsart unendlich viele Eigentöne (Partialtöne; Grundton und Obertöne). Die Hauptbefestigungsarten des Stabes sind die, daß beide Enden fest (fest-fester Stab), beide Enden frei (frei-freier Stab), oder ein Ende fest und das andere Ende frei (fest-freier Stab) ist.

Bei Longitudinalschwingungen ist die Schwingungszahl pro Sekunde n_k des kten Partialtones (Grundton k = 1) für den fest-festen und den frei-freien Stab von der Länge l gegeben durch den Ausdruck:

$$n_k = \frac{k}{2l}\sqrt{\frac{E}{\varrho}}$$

und für den fest-freien Stab durch den Ausdruck:

$$n_k = \frac{2k-1}{4l}\sqrt{\frac{E}{\varrho}}.$$

Die Eigentöne eines longitudinal schwingenden Stabes sind also harmonisch zueinander, unabhängig von der Größe des Querschnittes und umgekehrt proportional der Länge des Stabes. Während beim fest-festen und frei-freien Stabe sämtliche ganzzahligen Vielfachen der Grundschwingung als Oberschwingungen auftreten, sind beim fest-freien Stabe nur die ungeradzahligen Vielfachen möglich. Es folgt das schon daraus, daß ein fest-freier Stab von der Länge l alle diejenigen Schwingungsformen der einen Hälfte eines frei-freien Stabes von der Länge 2 l ausführen kann, die in der Mitte einen Knoten haben.

Die Erregung der Longitudinalschwingungen von Stäben geschieht bei Stäben aus Metall und Holz am besten durch Reiben mit einem mit Kolophonium bestreuten Tuchlappen, bei Glasstäben mit einem mit Wasser angefeuchteten Lappen. Wird nicht genau axial gerieben, so entstehen neben den Longitudinalschwingungen noch Torsionsschwingungen, die zu den ersteren unharmonisch liegen. Die Formeln für die Schwingungszahlen der Torsionstöne sind die gleichen wie die für die Longitudinaltöne, nur daß μ an Stelle von E einzusetzen ist. Da die Schwingungszahlen der Longitudinal- und Torsionstöne vom Querschnitt des Stabes unabhängig sind, können für ihre Untersuchung statt massiver Stäbe auch Hohlstäbe (Rohre) verwendet werden.

Bei den **Transversalschwingungen** ist auch der Querschnitt von Wichtigkeit. Für einen rechteckigen Stab von der Kante b in der Schwingungsrichtung ist:

$$n_k = \frac{b\,s_k^2}{4\pi l^2\sqrt{3}}\sqrt{\frac{E}{\varrho}}.$$

Für einen fest-festen und frei-freien Stab einerseits und einen fest-freien Stab andererseits sind die Werte von s_k die folgenden:

$$s_1 = 4{,}78004 \quad \text{bzw.} = 1{,}87510$$
$$s_2 = 7{,}85320 \quad \text{,,} \quad = 4{,}69474$$
$$s_3 = 10{,}99561 \quad \text{,,} \quad = 7{,}85476$$
$$s_4 = 14{,}13717 \quad \text{,,} \quad = 10{,}99554$$
$$s_5 = 17{,}27876 \quad \text{,,} \quad = 14{,}13717$$

Die s-Werte für den fest-festen und den frei-freien Stab lassen sich von s_3 an mit großer Annäherung in der Form

$$s_k = \tfrac{1}{2}(2\,k + 1)\,\pi$$

darstellen. Also verhalten sich die Schwingungszahlen der Partialtöne vom dritten ab sehr angenähert wie $7^2 : 9^2 : 11^2$ usw. Beim fest-freien Stabe ergibt sich

$$s_k = \tfrac{1}{2}(2\,k - 1)\,\pi.$$

Also verhalten sich hier die Schwingungszahlen der Partialtöne vom dritten ab wie $5^2 : 7^2 : 9^2$ usw.

Transversalschwingungen frei-freier Stäbe werden in der Musik im „Glockenspiel" (Stahlharmonika), im „Röhrenglockenspiel" (Tubaphon) und im „Xylophon" (Holzharmonika oder Strohfiedel) benutzt. Über schwingende Zungen s. diese.

Eine besonders wichtige Anwendung der Schwingungen gekrümmter Stäbe ist die Stimmgabel (s. d.). Andere Anwendungen sind der „Triangel" und die spiralförmigen Resonanzfedern in Uhren, die, mit einem Hammer angeschlagen, glockenähnliche Klänge geben.							*E. Waetzmann.*

Näheres s. Rayleigh, Die Theorie des Schalles, übersetzt von Fr. Neesen. Braunschweig 1879.

Stabthermometer s. Flüssigkeitsthermometer.

Stäbchen, Netzhautelemente für Sehen bei sehr geringer Helligkeit s. Augenempfindlichkeit für Licht verschiedener Wellenlänge, ferner Farbentheorie von Kries.

Stäbchen und Zapfen. Die Stäbchen und Zapfen stellen das ausdifferenzierte Sinnesepithel der Netzhaut dar und bilden somit den spezifischen Aufnahmeapparat für die Lichtreize. In der Netzhaut liegen sie ganz zu äußerst, sind also so angeordnet, daß das durch die Pupille einfallende Licht sämtliche Schichten der Netzhaut durchsetzen muß, um zu ihnen zu gelangen. Ein kleiner Teil ihres Zellkörpers mit dem Kern liegt beim Menschen innerhalb der Membr. limit. extr. und stellt die Verbindung zu den übrigen Elementen der Netzhaut her; ihr außerhalb der Membran liegender Hauptteil, die sog. Innen- und Außenglieder, sind als eigentliches Sinnesepithel ausgebildet. Dem freien Ende der Stäbchenaußenglieder sind die retinalen Pigmentzellen aufgelagert, mit braunen Pigmentkörnchen gefüllte Zellen, deren Pigment bei Belichtung der Netzhaut (vielleicht in pseudopodienartigen Protoplasmafortsätzen) den sich retrahierenden Zapfen folgend, zwischen den Stäbchenaußengliedern gegen die Membr. limit. wandert, während es bei Lichtabschluß außerhalb der Stäbchen- und Zapfenschicht um den Kern der Pigmentzellen zusammengeballt liegt. Als Absorbens für das die Stäbchen und Zapfen durchsetzende Licht kommt dem retinalen Pigment im Interesse der Isolierung der Erregung sicher große Bedeutung zu. Zapfenkontraktion und Pigmentwanderung stellen neben der Purpurbleichung (s. Sehpurpur) die auffälligsten unter dem Einfluß des Lichtes eintretenden objektiven Änderungen an der Netzhaut dar, sind aber beim Menschen verhältnismäßig wenig ausgeprägt. Die Verteilung der Stäbchen und Zapfen in der menschlichen Netzhaut ist ungleich: während sich im Bereich des gelben Fleckes (s. d.) ausschließlich Zapfen finden, besitzen die übrigen Netzhautteile beide Zellarten, so zwar, daß die Zapfen nach der Peripherie hin zugunsten der Stäbchen immer spärlicher werden. Die Stäbchen und Zapfen sind die einzigen unmittelbar lichtempfindlichen Zellelemente der Netzhaut; das Zustandekommen einer Netzhauterregung durch Licht ist an ihr Vorhandensein und ihre Funktionsfähigkeit gebunden (s. blinder Fleck), und zwar kommen für diese funktionelle Leistung wahrscheinlich ausschließlich ihre Außenglieder in Betracht (s. Purkinjesche Aderfigur).							*Dittler.*

Näheres s. Nagels Handb. d. Physiol., Bd. 3, 1904.

Stärke s. Feldstärke.

Staffelung eines Doppeldeckers heißt die Zurücksetzung des einen, meist des Unterflügels, hinter den anderen Flügel. Eine solche Konstruktion wird meist aus Rücksicht auf die Sicht verwandt. Einen Einfluß auf die Flugeigenschaften kann die Staffelung nur insofern haben, als sie unter Umständen eine gewünschte Schwerpunktlage möglich macht. Auf die Stabilität und die Flugleistungen hat die Staffelung nur Einfluß, wenn sie mit einer Winkelschränkung der beiden Flügel gegeneinander verbunden ist. Aber auch dieser Einfluß ist nicht groß.							*L. Hopf.*

Stahldrahtrohre s. Rohrkonstruktion.

Stahlharmonika s. Stabschwingungen.

Stampfbewegung. Unter der Stampfbewegung eines Schiffes versteht man Drehungen desselben um eine Querachse im Wellengange, die sich periodisch wiederholen. Alles, was über Schlingerbewegung (s. dort) gesagt ist, kann sinngemäß auf die Stampfbewegung übertragen werden.							*O. Martienssen.*

Standard-Präparat. Die Gehaltsbestimmung konzentrierter Präparate an radioaktiver Substanz erfolgt durch Vergleich mit Standardpräparaten. Verglichen wird gewöhnlich die durch die γ-Strahlung in ein und derselben Versuchsanordnung hervorgerufene Ionisation, die cet. par. dem Gehalt an radioaktiver Substanz proportional ist. Doch gibt ein solcher Vergleich nur dann unmittelbar verwendbare Werte, wenn die γ-Strahlung vom Normalpräparat und dem zu relationierenden Objekt gleicher Art ist, gleiches Durchdringungsvermögen, gleiche Ionisationsfähigkeit usw. hat, wenn also die beiden Substanzen sich nur quantitativ voneinander unterscheiden. Ein Vergleich von Ra- mit Th-Präparaten ist also ohne weiteres nicht möglich. Die Standardpräparate, die als Bezugsgrößen gewählt wurden, sind reinstes $RaCl_2$ in wasserfreiem Zustand, eingeschmolzen in Glasröhrchen von bestimmter Wandstärke (0,27 mm). Das Pariser Präparat enthält 21,99 mg $RaCl_2$, das Wiener Ersatz-Standardpräparat 31,17 mg $RaCl_2$. Beide Standards sind praktisch, mesothorfrei und definiert durch das Atomgewicht des Radiums, d. i. 225,97, und durch die Wärmeentwicklung (ohne Polonium, bei völliger Strahlenausnützung $137\,\frac{cal}{St.}$ für 1 g Ra-Metall). Sekundäre, nach diesen beiden Normalpräparaten geeichte Radium-Etalons werden nach Bedarf hergestellt.							*K. W. F. Kohlrausch.*

Starkeffekt ist die von Joh. Stark i. J. 1913 entdeckte Aufspaltung von Spektrallinien im elektrischen Felde; sie ist das elektrische Analogon zu der magnetischen Aufspaltung der Spektrallinien (Zeemaneffekt, s. d.). Leuchtende Gase oder Dämpfe, die Spektrallinien aussenden, leiten im allgemeinen infolge gleichzeitiger Anwesenheit von elektrisch geladenen Gasatomen (Gasionen) oder von Elektronen die Elektrizität gut, so daß elektrische Felder von merklicher Stärke in ihnen nicht bestehen können. Stark stellte die auf mehrere 1000 Volt geladenen, das elektrische Feld erzeugenden Platten in wenigen Millimetern Abstand voneinander in einem Gas so niedrigen Drucks auf, daß der „Kathodendunkelraum" (s. d.) mehrere Zentimeter betrug; das heißt, die Elektronen müssen im Mittel eine derartige Entfernung zurücklegen, ehe sie mit Gasmolekülen zusammenstoßen und dadurch Ionen erzeugen können. Infolgedessen konnte er elektrische Felder von über 100 000 Volt

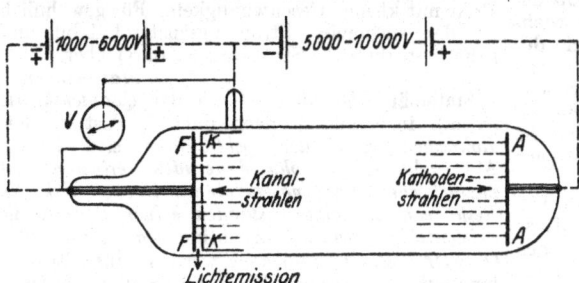

Fig. 1. Anordnung zur Beobachtung des transversalen Starkeffekts (zwischen F und K liegt das wirksame elektrische Feld).

pro cm erzeugen, ohne daß eine selbständige Entladung zwischen den Platten einsetzte. Die Spektrallinien erzeugte er dabei durch Kanalstrahlen, die auch bei dem erforderlichen niedrigen Gasdruck entstehen und selber die Spektrallinien aussenden oder durch ihren Aufprall auf andere Gasmoleküle diese zur Aussendung von Spektrallinien erregen. Im einzelnen geht die Versuchsanordnung aus den Figg. 1 und 2 hervor; in Fig. 1 findet die Beobachtung senkrecht zur Richtung des elektrischen Feldes statt (Transversaleffekt), in Fig. 2 parallel zum elektrischen Feld (Longitudinaleffekt) und

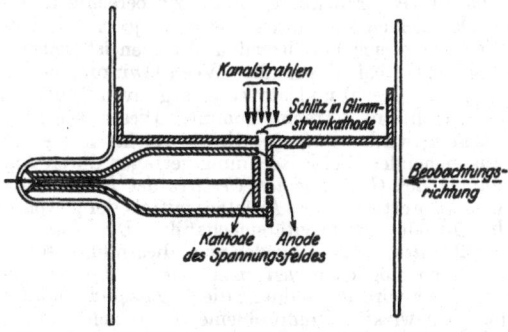

Fig. 2. Anordnung zur Beobachtung des longitudinalen Starkeffekts.

trotzdem senkrecht zur Bewegungsrichtung der Kanalstrahlen, so daß die in dieser Richtung stattfindende Dopplerverschiebung (s. d.) der Spektrallinien nicht stört. Das große Potentialgefälle nahe der Kathode übt auf die Kanalstrahlen unmittelbar eine elektrische Beeinflussung aus; so kann unter geeigneten Bedingungen der elektrische Effekt ohne Hilfsfeld erzeugt werden (Lo Surdo 1914); diese Anordnung ist zu Demonstrationsversuchen geeignet, dagegen weniger für Messungen wegen der Inhomogenität und unbekannten Größe des elektrischen Feldes.

Das elektrische Feld beeinflußt verschiedene Spektrallinien in äußerst verschiedener Weise (während die Größenordnung des Zeeman-

effektes für alle Spektrallinien denselben Wert besitzt): Scharfe Spektrallinien (Linien der scharfen Haupt- und Nebenserie, s. Serienlinien) werden wenig oder nicht merklich verändert, diffuse Linien (die der ersten Nebenserie) dagegen in viele Komponenten (K.) weit auseinandergezogen, um so mehr, je geringer das Atomgewicht und je größer die Nummer des betreffenden Seriengliedes; so konnten an H$_\delta$, der 4. Linie der Balmerserie des Wasserstoffs (deren Wellenlänge 410,19 $\mu\mu$ ist) gegen 30 K. beobachtet werden, deren äußerste in einem Feld von 30 000 Volt/cm etwa 18 Angströmeinheiten (1 Å = 10^{-8} cm = 0,1 $\mu\mu$) voneinander entfernt sind (während der Abstand der äußeren K. im normalen Zeemanschen Triplett für eine Linie gleicher Wellenlänge in einem Magnetfeld von 30 000 Gauß nur etwa 0,5 Å beträgt). Die bisher am genauesten untersuchten Linien der Balmerserie des Wasserstoffs liefern beim Transversaleffekt sowohl parallel als senkrecht zur Richtung des elektrischen Feldes linear polarisierte K., symmetrisch zur ursprünglichen Linie, deren Abstand der elektrischen Feldstärke proportional ein Vielfaches einer Grundeinheit ist; beim Longitudinaleffekt beobachtet man unpolarisierte K. am Orte der senkrecht zum Feld schwingenden K. des Transversaleffektes, während die parallel schwingenden K. naturgemäß unsichtbar bleiben. Die Zahl und die Abstände der K. wachsen mit der Nummer des Seriengliedes.

Die klassische Elektronentheorie, bei der die Elektronen durch quasielastische Kräfte an die Atome gebunden sind (s. Elektronentheorie der Absorption und Dispersion), steht dem Starkeffekt machtlos gegenüber, vielmehr berechnet Voigt (1901) auf Grund dieser Vorstellungen eine um mehrere Zehnerpotenzen geringere Einwirkung eines elektrischen Feldes auf Spektrallinien; dagegen ist der Bohrschen Quantentheorie der Serienlinien (s. d. sowie unter Zeemaneffekt) eine bis ins einzelne gehende, quantitative Erklärung der an den Wasserstoff- und an einigen Heliumlinien beobachteten Aufspaltungen gelungen (Schwarzschild, Epstein, 1916).

Unter dem Einfluß eines äußeren elektrischen Feldes von der Stärke f wird die Keplerellipse (s. Planetenbewegung und Quantentheorie) des um den Atomkern als Brennpunkt umlaufenden Elektrons, das vom Kern wie ein Planet von der Sonne mit einer dem Entfernungsquadrat umgekehrt proportionalen Kraft angezogen wird, in eine „bedingtperiodische" räumliche Bahn verwandelt, die die Richtung von f umschlingt. Von den mechanisch möglichen Bahnen sind nur eine gewisse diskrete Zahl von Bahnen quantenmäßig erlaubt („stationär"). Deren Energie W unterscheidet sich von der Energie der feldlosen stationären Bahn um den Betrag $\frac{3h^2nk}{8\pi^2ze m}$f, wobei h Plancks Wirkungsquantum (s. d.), e die Ladung des Elektrons, z die des Kerns, m die Elektronenmasse und n und k zwei kleine ganze, für den betreffenden Zustand charakteristische „Quantenzahlen" sind. Während die eine von ihnen, z. B. n, den stationären Zustand ohne äußeres elektrisches Feld kennzeichnet, entsprechen den verschiedenen anderen ganzen Zahlen k die verschiedenen unter dem Einfluß des Feldes sich ausbildenden stationären Quantenzustände. Die Spektrallinien werden beim Übergang des Elektrons von einem Zustand der Energie W$_2$ in einen anderen der Energie W$_1$ ausgesandt, wobei die Schwingungszahl $\nu = \frac{c}{\lambda}$ der betreffenden Spektrallinie durch den Bohrschen „Frequenzansatz" (eine der zwei Grundannahmen der Theorie)

$$W_2 - W_1 = h\nu$$

bestimmt ist. So ergibt sich in der Tat ohne weiteres die an den Balmerlinien (z = 1) beobachtete, der Feldstärke f proportionale, zur unzerlegten Linie symmetrische Aufspaltung in die verschiedenen Teillinien; auch die Größe der Aufspaltung, die Zahl, Polarisation, und die ungefähre Intensität der Teillinien läßt sich aus der Theorie berechnen, wenn man das sog. „Korrespondenzgesetz" von Bohr bzw. das „Auswahlprinzip" von Rubinowicz (s. d. und Quantentheorie) zu Hilfe nimmt.

Die Bohrsche Theorie zeigt ferner unmittelbar, daß der Einfluß eines äußeren elektrischen Feldes um so größer sein muß, je weniger stark das emittierende Elektron von inneren elektrischen Atomkräften beansprucht wird, also je weiter das Elektron vom Kern entfernt ist und je geringer die Wirkung der übrigen Elektronen des Atoms ist, d. h. je größer die Nummer des betreffenden Seriengliedes und je geringer das Atomgewicht der betreffenden Substanz ist, in Übereinstimmung mit den Beobachtungen. So bildet der Starkeffekt eine der wichtigsten Bestätigungen der Bohrschen Theorie der Serienlinien.

Bemerkenswerterweise ist bisher eine elektrische Beeinflussung von Spektrallinien nur an den Kanalstrahlen gelungen, während mannigfache Versuche an Absorptionslinien von Gasen und festen Körpern bisher ergebnislos verliefen (1920).

Die Parallelität der Größe des elektrischen Effektes mit der Breite der Spektrallinien (diffuse Linien zeigen einen großen Effekt, scharfe einen kleinen, s. o.) läßt sich in vielen Einzelheiten nachweisen und hat zur Deutung der durch Erhöhung von Gasdruck, Gasdichte oder Stromdichte entstehenden Linienverbreiterung durch die „zwischenmolekularen" elektrischen Felder geführt. Denn sowohl neutrale als besonders geladene Gasmoleküle üben durch die an ihrer Oberfläche befindlichen elektrischen Kräfte aus, die auf die Elektronen benachbarter Moleküle ähnlich wie äußere elektrische Felder einwirken. Infolge der ungeordneten Bewegung wechselt die Größe dieser Felder fortwährend, im Mittel sind infolgedessen alle möglichen Beträge unterhalb eines Maximalwertes vorhanden, der von der Natur und Ladung der Gasmoleküle, von ihrer Zahl pro Volumeneinheit und ihrer gegenseitigen elektrischen Beeinflussung abhängt, so daß eine kontinuierliche elektrische Auseinanderziehung („Verbreiterung") der Spektrallinien die Folge ist (Stark, Debye, Holtsmark 1918).   *R. Ladenburg.*

Näheres s. J. Stark, Elektrische Spektralanalyse chemischer Atome. Leipzig 1914.

Starkstrom-Mikrophon. Mikrophon, insbesondere für drahtlose Telephonie zum Besprechen größerer Ströme. Das normale Mikrophon verträgt höchstens 0,3—0,4 Amp. Es werden deshalb besondere Kühleinrichtungen(Öl, Wasser) vorgesehen. Majorana konstruierte ein hydraulisches Mikrophon (s. Fig.). Die Flüssigkeit fließt in einem feinen Strahl aus. Wird die Membran b erschüttert, so erleidet der Strahl im Tempo der Erschütterungen Kontraktionen und im selben Tempo ändert sich der Widerstand der Flüssigkeitsschicht zwischen den Elektroden d und e.

In letzterer Zeit werden alle Starkstrom - Mikrophon - Konstruktionen durch Kathodenröhrenverstärker ersetzt (eventuell in mehreren Stufen hintereinander geschaltet).

A. Meißner.

Stationäre Strömung. Wenn die Geschwindigkeit q in einer bewegten Flüssigkeit an einem Punkte (x, y, z) einen von der Zeit unabhängigen Wert besitzt, so spricht man in der Hydrodynamik von einer stationären Strömung. Ist die Strömung durch potentielle Kräfte verursacht, so stellt sich bei idealen Flüssigkeiten nach Aufhören der Kraftwirkung stets eine stationäre Strömung ein, welcher eine beschleunigte Strömung voranging. In einer Flüssigkeit mit innerer Reibung ist es indessen, wie der Versuch lehrt, im allgemeinen nicht möglich, eine stationäre Strömung zu bekommen. Man erhält sie nur in besonderen Fällen, wie z. B. beim Strömen einer Flüssigkeit durch ein enges Rohr mit kleiner Geschwindigkeit. Für gewöhnlich ist der stationäre Strömungszustand labil und geht in turbulente Strömung (s. dort) über.

O. Martienssen.

Stationäre Zustände. Nach der *Quantentheorie* (s. d.), insbesondere nach dem I. Postulat der *Bohrschen Theorie der Spektrallinien* (s. d.) ist ein Atom oder Molekül *ohne dauernden Verlust elektromagnetischer Strahlungsenergie nur in einer diskreten Reihe von Bewegungszuständen seiner Bestandteile existenzfähig*, welche als seine *stationären* oder *Quantenzustände* bezeichnet werden. Ihre Ermittlung auf rechnerischem Wege würde die *quantitative Vorausberechnung* aller physikalischen und chemischen Eigenschaften des betreffenden Gebildes, insbesondere die seiner spektroskopischen Daten, ermöglichen und bildet daher das praktische Endziel der *Bohrschen Theorie des Atombaues* (s. Bohr-Rutherfordsches Atommodell). Von dem Erreichen dieses Zieles ist man gegenwärtig aber noch ziemlich weit entfernt, da es bisher nur gelungen ist, die stationären Zustände des *Wasserstoff*- und des *einfach positiv geladenen Heliumatommodells* (s. d. betr. Art.) mit ausreichender Genauigkeit zu ermitteln. Weder vom nächst einfachen Atommodell des neutralen Heliums, noch von den einfachsten Molekülmodellen ist es bisher gelungen, quantitativ brauchbare Daten zu berechnen.

Den beiden erwähnten, bisher in jeder Hinsicht sich erfolgreich bewährenden Modellen ist gemeinsam, daß bei ihnen die Wechselwirkung eines positiven (Kern) und *nur eines* negativen Teilchens (Elektron) in Betracht kommt. Dieser Wechselwirkung wird — wie der Erfolg gelehrt hat — in ausreichender Weise Rechnung getragen durch Annahme des *Coulombschen Gesetzes der Elektrostatik* und Auswertung dieses Ansatzes mittels der gewöhnlichen oder Relativitätsmechanik. Die *Auswahl der Quantenzustände* aus der nach diesen klassischen Gesetzen möglichen *stetigen Menge von Bewegungszuständen* wird dann durch die *Quantenbedingungen* (s. d.) bewirkt. Atomprobleme, bei denen *mehrere* Elektronen auftreten, haben mittels dieser Ansätze einstweilen nicht behandelt werden können. Wenn auch infolge bisher nicht überwundener mathematischer Schwierigkeiten daraus ein bündiger Schluß auf das Versagen dieser Ansätze nicht gezogen werden konnte, so sprechen hierfür doch mancherlei gewichtige Gründe anderer Art [z. B. die Gesetzmäßigkeiten des sog. *anomalen Zeemanneffektes* (s. d.)]. Jedenfalls muß man bei Systemen mit mehr als einem Elektron mit dem Auftreten *merklicher elektrodynamischer* Kräfte rechnen, für die ein mathematischer Ansatz oder Ausdruck bisher noch nicht gefunden werden konnte. Man ist daher vorläufig auf den Weg verwiesen, aus dem in den *Linien-* und *Bandenspektren* vorliegenden *empirischen* Material Aussagen über die stationären Zustände der Atome und Moleküle abzuleiten und

Starkstrom-Mikrophon.

auf eine direkte Vorausberechnung dieser Zustände einstweilen zu *verzichten*. Der angedeutete Weg ist von Bohr 1921/22 mit großem Erfolge auf die Fragen des *Atombaues* angewendet worden. S. Bohr-Rutherfordsches Atommodell.

A. Smekal.

Näheres s. Smekal, Allgemeine Grundlagen der Quantentheorie und Quantenstatistik. Enzyklopädie d. math. Wiss. Bd. 5.

Stations-Prüfer. Kleiner, mit Summer erregter Wellenmesser, der zur Kontrolle des Empfängers benutzt wird und gewissermaßen einen entfernten Sender ersetzt. *A. Meißner.*

Statische Bestimmtheit (und Unbestimmtheit). Unter statisch bestimmten Systemen (besser wäre der Ausdruck stereostatisch bestimmte) versteht man solche, deren Gleichgewichtslagen, bzw. die zur Erhaltung des Gleichgewichts erforderlichen Kräfte, mit den Mitteln der Statik starrer Körper bestimmbar sind. Ein nur in der Ebene beweglicher einzelner starrer Körper ist nur dann statisch gelagert, wenn nicht mehr als drei äußere Reaktionen zu bestimmen sind, da nur drei Gleichgewichtsbeziehungen, nämlich Verschwinden von Resultante (2) und Moment (1) zur Verfügung stehen. Im Raum sind es entsprechend 6. Ketten von Körpern sind immer statisch bestimmt, wenn ihre Konfiguration geometrisch nicht eindeutig festgelegt ist oder, falls die Gestalt festgelegt ist (z. B. geometrisch bestimmte Fachwerke), dann, wenn nicht mehr Verbindungen in dem System vorhanden sind, als zur Aufrechterhaltung des starren Zusammenhangs erforderlich sind.

Einfachste Beispiele statisch bestimmter Lagerung sind die eines Trägers auf ein festes (Gelenk-) und ein

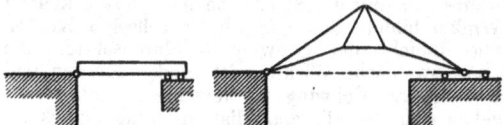

Fig. 1. Träger auf festem Lager.   Fig. 2. Polonceauträger.

glattes (Rollen-) Lager (Fig. 1) oder der in Fig. (2) gezeichnete Polonceauträger, der als ein nach außen hin starres Fachwerk natürlich auch analog Fig. (1) gelagert sein muß. Dagegen ist schon der Fall eines zweiseitig festgelagerten Trägers (Fig. 3) stereostatisch unbestimmt, indem der Horizontaldruck gegen die Widerlager, der durchaus nicht etwa verschwindet (wegen des durch die Durchbiegung in der Mitte bedingten Bestrebens des seitlichen Abgleitens) unbestimmbar bleibt. Man kann ihn noch zu einem bestimmten machen durch

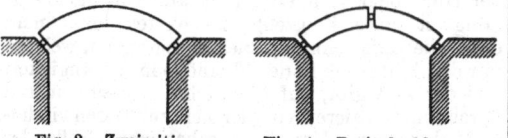

Fig. 3. Zweiseitig fest gelagerter Träger.   Fig. 4. Dreigelenkbogen.

Einbau eines Gelenkes in der Mitte (Fig. 4), wodurch das eben erwähnte Streben noch deutlicher wird, zugleich aber durch das Verschwinden des Biegungsmoments in diesem Gelenk die Unbestimmtheit aufgehoben wird (Dreigelenkbogen). Er ist ein einfaches Beispiel der Körperketten. Ein statisch unbestimmtes Fachwerk entstünde z. B.,

wenn im Polonceauträger (Fig. 2) die gestrichelt eingezeichnete Verbindung eingefügt würde.

Eine stereostatisch bestimmte Aufgabe ist ferner die Bestimmung der Resultanten der inneren Beanspruchung eines Querschnitts (Längs-, Schubspannung, Biegungsmoment) bei einem statisch bestimmt gelagerten Träger, während der Spannungszustand der einzelnen Elemente von den elastischen Verhältnissen abhängt.

In den stereostatisch unbestimmten Systemen sind die gesuchten Größen vom elastischen Verhalten des Materials (sowie den Temperaturverhältnissen) abhängig. Sie sind dann dadurch beschränkt, daß durch die Größe der statisch unbestimmten Kräfte und Spannungen auch der Deformationszustand des Systems nach dem Elastizitätsgesetz mit gegeben wäre. Nur wenn dieser Deformationszustand dem geometrischen Zusammenhang genügt, ist der angenommene Zustand der statisch unbestimmten Größen der richtige. Im Falle eines elastischen Balkens auf drei starren Lagern z. B. dann, wenn auch nach der Deformation die drei Auflagepunkte des gebogenen Balkens nicht verschoben sind.

Diese Bedingungen ergeben immer genau die noch fehlende Anzahl von Bestimmungsstücken. Castigliano hat sie in übersichtlicher Weise zu einem Prinzip zusammengefaßt: Als Spannungszustand muß sicher ein solcher „möglicher" angenommen werden, daß durch ihn die Gleichgewichtsbedingungen des Systems befriedigt sind. Die Deformationen des Systems sind durch jeden solchen mitbestimmt, erfüllen allerdings im allgemeinen nicht die Bedingungen des geometrischen Zusammenhangs. Durch die Spannungen und den zugehörigen Deformationszustand ist die dem System innewohnende elastische Energie, die Deformationsarbeit, bestimmt. Der geometrische Zusammenhang ist für denjenigen Spannungszustand gewahrt, für den, unter allen möglichen Zuständen, die Deformationsarbeit den kleinsten Betrag annimmt. Dieses Castiglianosche Prinzip gestattet, über die einzelnen Bedingungsgleichungen hinausgehend, in manchen Fällen eine leichte anschauliche Erfassung des Spannungs- und Deformationszustandes.

F. Noether.

Näheres s. Enzyklopädie d. math. Wissensch. Bd. IV, 29 (Grüning, Wieghardt).

Statische Charakteristik des Lichtbogens. Beziehung der Spannung V am Lichtbogen zum Strom J; bei Gleichstrom $J = a + \dfrac{b}{J}$. Die Charakteristik ist also eine gleichseitige Hyperbel. Man nennt eine solche Charakteristik eine fallende, da eine Zunahme des Stromes einem Abfall der Spannung entspricht. Wenn J groß, ist V konstant = a. *A. Meißner.*

Statistik heißt jedes Auszählen von Ereignissen. Ihre Bedeutung beruht auf dem *Gesetz der großen Zahlen*, welches Regelmäßigkeiten des Massengeschehens erzeugt, die im Einzelfall nicht auftreten. Die Statistik kann deshalb Naturgesetze aufdecken. Neben der *sozialen Statistik* wird heute die *physikalische Statistik* immer wichtiger, welche die Massenwirkungen der Moleküle, Atome, Elektronen behandelt (kinetische Gastheorie, Quantentheorie, Radioaktivität) (s. Wahrscheinlichkeit).

Reichenbach.

Statistisches Gleichgewicht nennt man einen Gleichgewichtszustand, bei dem im Großen keine

Veränderung stattfindet, während die Einzelteilchen ihre Lagen fortwährend wechseln. So
befindet sich ein Gasgemisch im statistischen
Gleichgewicht, weil in jedem Kubikzentimeter
das Mischungsverhältnis ständig gleich bleibt;
diese äußere Wirkung kommt aber nur dadurch
zustande, daß ständig ebensoviele Einzelteilchen
einer Gassorte den Kubikzentimeter verlassen wie
erreichen.   *Reichenbach.*

Statistische Mechanik s. Ergodenhypothese und
Quantenstatistik.

Statoskop ist ein Instrument, welches dem
Flugzeugführer ermöglicht, seinen Flug horizontal
zu halten. Es ist ein als Nullinstrument benutztes
Variometer. Die übliche Ausführung besteht in
einem gebogenen Rohr, welches einen Wassertropfen enthält. In einem Rohrschenkel gleicht
sich der Luftdruck mit dem äußeren Druck durch
eine weite Öffnung momentan aus, während auf
der anderen Seite des Tropfens der Ausgleich
durch eine enge Kapilare erst nach und nach erfolgen kann. Geringes Steigen oder Fallen des
Flugzeugs verschiebt also den Tropfen aus seiner
Mittellage.   *L. Hopf.*

Staubfälle. Mit den atmosphärischen Niederschlägen sind öfters Staubfälle verbunden, die
jedoch auch für sich auftreten. Früher schrieb
man diesen Staubfällen einen kosmischen Ursprung
zu, doch ist es neuerdings in mehreren Fällen
gelungen, den Ursprung des Staubes aus Wüsten
(s. diese) nachzuweisen. Bei dem großen Staubfall
im März 1901 z. B. wurden durch die Winde eines
nordwärts fortschreitenden Luftdruckminimums
gewaltige Mengen bräunlichen Staubes aus der
algerischen Sahara entführt und in Nordafrika
sowie Europa bis nach Dänemark hinein abgelagert.
Die Gesamtmenge des allein in Europa zur Ablagerung gelangten Staubes betrug schätzungsweise
1800 Millionen Kilogramm, von denen etwa zwei
Drittel südlich der Alpen fielen. Die Staubpartikelchen hatten in Norddeutschland einen Durchmesser
von 4—9 μ und ein Gewicht von durchschnittlich
$\frac{1}{3\,200\,000}$ mg.

Noch häufiger als nach Norden ist jedoch die
Ausbreitung des Sahara-Staubes nach Westen,
in das Gebiet der Kapverdischen Inseln, weshalb
dieser Teil des Atlantischen Ozeans schon seit
dem Altertum als das Dunkelmeer bezeichnet wird.
Auch vulkanische Ausbrüche (s. Vulkanismus)
schleudern feinen vulkanischen Staub bis in sehr
große Höhen der Atmosphäre, so daß eine Ausbreitung desselben über die ganze Erde stattfinden
kann. Die Staubfälle scheinen für die Sedimentbildung auf dem Meeresboden (s. Sedimentation)
eine nicht unbeträchtliche Rolle zu spielen; auf dem
Lande finden sich Staubablagerungen größten
Stils in dem feinen lehmigen Boden Zentral- und
Ostasiens, dem sogenannten Löß, dessen äolischer
Ursprung aus der Art seiner Ablagerung gefolgert
wird.   *O. Baschin.*

Staubfiguren s. Kundtsche Staubfiguren.

Staudruck ist der Druck, welcher bei voller
Stauung eines Flüssigkeitsstromes von der Dichte ϱ
und der Geschwindigkeit v entsteht. Der Stau-
druck $q = \frac{\varrho}{2}\,v^2$. Dem Staudruck sind alle Flüssig-
keitskräfte bei großen Reynoldsschen Zahlen (Kennziffern) proportional; insbesondere werden alle in
der Flugtechnik vorkommenden Luftkräfte auf die
Staudruckeinheit reduziert.   *L. Hopf.*

Staudruckmesser. Der Staudruck einer Flüssigkeitsströmung kann gemessen werden, indem man
den gesamten Druck (statischen und dynamischen
Druck) an einer Stelle des Flüssigkeitsstromes
mißt, an welcher dieser gestaut wird und mit dem
für sich gemessenen statischen Druck vergleicht
(s. Pitotrohre). Noch empfindlicher sind Saug-
düsen, in welchen die Luft nicht gestaut wird,
sondern durch Verengerung des Strömungsquer-
schnittes eine erhöhte Geschwindigkeit erhält und
dadurch einen Unterdruck gegenüber der ungestörten Strömung erzeugt.   *L. Hopf.*

Staurohr s. Pitotrohr.

Stefan-Boltzmannsche Konstante. Der zur Zeit
wahrscheinliche Wert im St.-B.-Gesetz beträgt in
absoluten Einheiten

$$= 5{,}76 \cdot 10{-}12 \quad \text{watt} \quad cm{-}2 \; grad{-}4$$
$$= 5{,}76 \cdot 10{-}5 \quad \text{erg} \quad\quad cm{-}2 \; grad{-}4$$

Gerlach.

Näheres Gerlach, Jahrb. d. Rad. u. Elektr. 1918. Zeitschrift f. Physik 2, 1920; ferner Landolt-Börnstein 1923.

Stefan-Boltzmannsches Strahlungsgesetz s. Strahlungsgesetze. Die Gesamtstrahlung des schwarzen
Körpers ist proportional der vierten Potenz der
absoluten Temperatur. Die Strahlung eines Körpers
der Temperatur T_1 gegen einen anderen der Temperatur T_2 ist $S = \sigma\,(T_2{}^4 - T_1{}^4)$. *Gerlach.*

Stehende Lichtwellen. Läßt man Licht senkrecht
auf einen guten Metallspiegel fallen, so interferieren
die einfallenden und die reflektierten Wellen und
ergeben, wie Wiener zuerst nachweisen konnte,
ein System stehender Lichtwellen. Die Knoten
und Bäuche dieser Schwingungen konnten in einer
sehr dünnen photographischen Schicht nachgewiesen
werden, die mit der Spiegelebene einen sehr kleinen
Winkel bildete und deshalb abwechselnd Knoten
und Bäuche der Schwingung durchsetzte. Die
photographische Wirkung ist in den Knoten und
Bäuchen der Schwingung verschieden und es ergeben sich deshalb aequidistante Linien stärkerer
und schwächerer Schwärzung.

Die stehenden Lichtschwingungen sind von Lippmann zur Herstellung von Photographien in natürlichen Farben benutzt worden. Da die Erscheinung
nicht vollständig einwandfrei erklärt ist, soll hier
nur darauf hingewiesen werden.   *L. Grebe.*

Näheres Drude, Lehrbuch der Optik, 3. Aufl. Leipzig 1912.

Stehfeldmaschine s. Einphasige Wechselstrom-
Kommutatormotoren.

Steigfähigkeit eines Flugzeuges. Für diese ist
charakteristisch die Steiggeschwindigkeit bei bestimmter Luftdichte; sowohl die Flügelkraft als
auch die Schraubenkräfte und die Leistung des
Motors hängen nur von der Luftdichte, nicht von
der Höhe oder vom Luftdruck ab. Um die Steigfähigkeit eines Flugzeugs zu werten, muß man
daher die Aufzeichnung eines Barographen, welcher
nur den Luftdruck in der Flughöhe in Abhängigkeit
von der Zeit gibt, auf die Dichte umrechnen und
durch Differenzieren von der Zeit zur Geschwindigkeit übergehen. Um die anschauliche Größe der
Steigzeiten zwischen zwei Höhenstufen der Wertung
zugrunde legen zu können und trotzdem bei der
Wertung von Zufälligkeiten der Dichteverteilung
in der Atmosphäre unabhängig zu sein, führt man
eine normale Dichteverteilung in der Atmosphäre
ein und kann, wenn man gleichzeitig mit dem Luftdruck auch die Temperatur in den verschiedenen
Höhen mißt, aus jedem Barogramm das Normal-
barogramm errechnen, welches den Anstieg des

betreffenden Flugzeugs unter ganz gleichen Verhältnissen in der normalen Atmosphäre darstellt. Außer durch die Steigzeiten kann die Steigfähigkeit eines Flugzeugs auch einfach durch die Gipfelhöhe charakterisiert werden, welche das Flugzeug nicht überschreiten kann. Diese Grenze ist dem Flugzeug auch durch die Abnahme der Luftdichte mit der Flughöhe gezogen. *L. Hopf.*

Steighöhenänderung in Kapillaren s. Elektrokapillarität.

Steigung einer Schraube s. Luftschraube.

Steilheit s. Charakteristik.

Stellarstatistik s. Fixsternastronomie.

Stendebach-Geschosse s. Geschosse.

Das **Stereoskop** ist eine Einrichtung, um zwei greifbare Perspektiven (Halbbilder) den Augen so darzubieten, daß die eine nur dem rechten, die andere nur dem linken Auge sichtbar wird. Sind die beiden Perspektiven verschieden, so kann sich bei richtiger Ausführung durch die Verschmelzung der beiden Halbbilder ein überraschend deutlicher räumlicher Eindruck des dargestellten Gegenstandes ergeben. Auf diese Weise kann man mit photographischen Aufnahmen den Eindruck wiederholen, den man bei beidäugigem Sehen mit unbewaffneten Augen erhält. Führt man bei der Betrachtung der Aufnahmen eine Vergrößerung der Gesichtswinkel ein, so ergibt sich eine Wiederholung der Wirkung gewöhnlicher Doppelfernrohre. Diese Analogie zwischen der Wirkung photographischer Aufnahmen im Stereoskop zu der beidäugiger Instrumente zu subjektivem Gebrauch wird sich im Verlauf dieser Übersicht noch öfter hervorheben lassen.

Ordnet man die einzelnen Halbbilder ohne weiteres je dem anderen Auge zu, das linke dem rechten und das rechte dem linken, so ergibt sich der gleich im Anfange von Ch. Wheatstone bemerkte pseudoskopische Eindruck, wobei im Raumbilde die ursprüngliche Tiefenfolge im Objekt verkehrt wird, derart, daß die einzelnen Teile im Bildraum dem Beobachter um so näher sind, je weiter sie im Objektraum von den Eintrittspupillen des Aufnahmeapparates entfernt waren. Das Instrument zu subjektiver Beobachtung, das bei geeigneten körperlichen Objekten ohne weiteres pseudoskopische Eindrücke liefert, das Pseudoskop, wurde erst später, 1851, auf Grund von entsprechenden mit dem Stereoskop gemachten Erfahrungen entwickelt.

Hält man, um auf den Hauptgegenstand zurückzukommen, zunächst an zwei räumlich ganz getrennten Halbbildern fest, so können die dafür bestimmten Stereoskope nach den hauptsächlichsten, für ihren Bau verwandten optischen Bestandteilen in Spiegel- und in Linsenstereoskope geschieden werden. Von den letzterwähnten ist das zwei prismatische Linsen enthaltende Brewstersche Stereoskop namentlich durch ungemein weite Verbreitung, nicht so sehr aber durch fehlerlose Anlage bevorzugt. Stellt man unter Berücksichtigung der Augendrehung für die Betrachtungslinsen ein Stereoskop her, das sich auch in einwandfreier Weise an den Augenabstand verschiedener Beobachter anpassen läßt (wie beim Zeißischen Doppelveranten), so kann die Naturtreue des Eindrucks in der Wiedergabe der Formen sehr weit gehen.

Die hauptsächlichste Quelle für die Halbbilder — sie werden beide gern auf einem gemeinsamen Träger zu einem Stereogramm vereinigt — ist die photographische Zwillingskammer mit parallelen Achsen, die älteren durch Zeichenverfahren oder mit Hilfe der Teilmaschine entworfenen Stereogramme — am häufigsten verwickelte Kurven oder stereometrische Skelette darstellend — treten an Zahl weit zurück. — Für den Unterricht in der Erdkunde und in der Kunstgeschichte (für Bau und Bildwerke) sollte das Stereoskop noch viel weiter verbreitet sein. — Beschickt man es mit einem Druck und einem Geldschein, mit einem Geldschein und seiner Nachahmung, so äußern sich dem geübten Beobachter sehr kleine Verschiedenheiten in der Breite als räumliche Unterschiede in dem dann nicht mehr flach erscheinenden Raumbild (das Dovesche Nachprüfungsverfahren). — Diese Eigentümlichkeit wurde auch benutzt, um bei zwei zu verschiedenen Zeitpunkten, aber mit demselben System gemachten Sternaufnahmen zu entscheiden, ob in der Zwischenzeit einzelne Sterne ihren Ort verändert hätten. Sie würden dann gegenüber der Ebene der ruhenden Sterne die deutliche Verschiebung zeigen, d. h. hervor- oder zurücktreten. Eine solche Vergleichung wird noch genauer, wenn man, wie oben bereits kurz berührt, bei der Betrachtung der beiden Halbbilder noch eine Lupen- oder Mikroskopvergrößerung einführt (Harmersche Vergleichung, Pulfrichs Stereokomparator). Mit solchen Einrichtungen von passender Vergrößerung hat man vorteilhaft auf Paaren von Sternaufnahmen kleine Planeten ermitteln können. Es darf aber nicht verkannt werden, daß es zur Ermöglichung dieser Leistung notwendig war, einen großen räumlichen Abstand zwischen den beiden Orten des Aufnahmeobjektivs einzuführen.

Solche Aufnahmen mit einem bis auf 1 m und mehr erweiterten Objektivabstand zur Steigerung der räumlichen Wirkung irdischer Objekte hatte man schon früh in den 50er Jahren ausgeführt, ohne daß damals dafür in den beidäugigen Instrumenten zu subjektivem Gebrauch ein Analogon bestand. Dieses wurde 1857 von H. Helmholtz im Telestereoskop geschaffen, einer Einrichtung, die in ihrer einfachsten Ausführung als eine simple Verbindung zweier Paare paralleler Spiegel, den beiden Eintrittspupillen einen sehr großen räumlichen Abstand verlieh. Schon bei der ersten Veröffentlichung hatte Helmholtz übrigens in diese einfache Form auch ein Fernrohr eingebaut und beide Verwirklichungen unter dem Namen des Telestereoskops eingeführt. Die ausgiebige Verwendung solcher Doppelfernrohre mit erweitertem Objektivabstande blieb zu jener Zeit aus, wo man in der Herstellung von Doppelfernrohren die Bahn des Üblichen nicht verließ. Indessen wurde sie von 1893 ab in weitestem Maße aufgenommen, als E. Abbe bei seiner Wiederfindung der Porroschen durch Prismen verwirklichten Bildumkehrung grundsätzlich Fernrohrformen (den Prismenfeldstecher und das Scherenfernrohr) schuf, die er selbst gelegentlich als eine Verwirklichung des Helmholtzischen Telestereoskops bezeichnete.

Ein weiterer Ausbau der stereoskopischen Ideen wurde dadurch ermöglicht, daß man dem durch die Verschmelzung der beiden perspektivischen Halbbilder geschaffenen, körperlich ausgedehnten Raumbild einen zweiten, ebenfalls nach der Tiefe erstreckten Meßraum zuordnete. Das geschieht am einfachsten dadurch, daß man nach A. Rollets Vorschlag von 1861 einem jeden Auge ein Halbbild einer in die Tiefe ausgedehnten Reihe dünner Marken bekannten Abstandes gleichzeitig mit dem perspektivisch ausgeführten Halbbild des auszumessenden Gegenstandes zuführt. Dann kennt

man die Entfernung der mit den Marken zusammenfallenden Gegenstandspunkte unmittelbar und
kann die dazwischen liegenden durch Schätzung
ermitteln. Für die Ausmessung von Stereogrammen schwer zugänglicher Gebiete von geo-
graphischem oder militärischem Interesse kann
eine solche Einrichtung von großem Werte sein.
In neuerer Zeit hat sich namentlich C. Pulfrich
mit dem Ausbau solcher Stereokomparatoren
erfolgreich beschäftigt. Sie stehen zu den stereoskopischen Entfernungsmessern in demselben Verhältnis, wie die mit Stereogrammen aus Zwillings-
aufnahmen mit weitem Abstande der Aufnahme-
zentren beschickten Stereoskope zu den oben behandelten Telestereoskopen und Doppelfernrohren
mit erweitertem Objektivabstande.

In neuerer Zeit — seit 1896 — hat man auch die
mit Röntgenschen Strahlen entworfenen Schatten-
bilder zur Erzeugung von Stereogrammen herangezogen und damit namentlich auf medizinischem
Gebiete Erfolge erzielt.

Sieht man von der räumlichen Trennung der
beiden Halbbilder ab, so hat man die allerver-
schiedensten Mittel anderer Art dafür verwandt,
um die Bilder den beiden Augen je gesondert vor-
zuführen. Hier seien davon angeführt die Trennung
durch verschiedene Farbe, verschiedene Beobachtungszeit, verschiedenen Strahlengang und verschiedenen Polarisationszustand der beiden Halbbilder. Doch hat keines der häufig mit großer
Hingabe und großem Scharfsinn ausgearbeiteten
Verfahren eine der räumlichen Trennung auch nur
annähernd entsprechende Verbreitung gefunden.
Nicht selten wurden solche neuen Vorführungs-
arten auch nur entwickelt, um einer ganzen Menge
von Zuschauern auf einmal stereoskopische Schirm-
bilder zeigen zu können. Eines unbestrittenen
Erfolges kann sich jedoch kaum eine dieser Möglichkeiten rühmen.

Geht man etwas näher auf die Geschichte des Stereoskops
ein, so ist die erste stereoskopische Zeichnung (allerdings
eines sehr einfachen Gegenstandes) 1738 von R. Smith veröffentlicht worden, anscheinend ohne daß der gelehrte Verfasser die Bedeutung seines Vorschlags erkannte. Genau
100 Jahre später begründete Ch. Wheatstone in seinem
ersten großen Vortrage die Lehre vom Stereoskop mittels
seines fehlerfreien Spiegelinstruments und ergänzte sie 1851
durch einen zweiten meisterhaften Vortrag. Das Brewstersche Prismenstereoskop wurde 1850/51 auf den Markt gebracht, hatte bei der großen Menge zunächst einen Riesen-
erfolg und war der Anlaß, daß sein Erfinder seinen Vorgänger
Wheatstone in unerhörter Weise angriff und sein Verdienst
herabzuziehen suchte. Der Reiz der Neuheit schwand ziemlich
rasch, und schon um die Mitte der 60er Jahre begann, durch
den Vertrieb von Schundwaren beflügelt, ein schneller Nieder-
gang der Stereoskopie, von dem sie sich erst 25 Jahre später
ein wenig erholen sollte. Immerhin fehlt zu unserer Zeit
noch viel, daß dieses schöne Verfahren der Wiedergabe räumlicher Gebilde namentlich beim Unterricht die ihm gebührende
Beachtung fände.   *v. Rohr.*
Näheres s. M. v. Rohr, Die binokularen Instrumente. Berlin,
Julius Springer, 1907.

Stereoskop-Bilder. 2 ebene Stereoskop-Bilder
können bekanntlich die Vorstellung eines räumlichen Gebildes vermitteln. Überträgt man die
Gesetze der richtigen Betrachtung eines einfachen
photographischen Bildes (s. Abschnitt: Perspektive
photographischer Bilder) auf die beidäugige Betrachtung zweier Stereoskop-Bilder, so ergibt sich
folgendes:
Bei der Aufnahme müssen die Objektive einer
Stereo-Kammer um den Abstand der beiden Augendrehpunkte voneinander entfernt sein, d. h. im
Mittel 60 mm. Die Breite eines Stereobildes darf
daher 6 cm nicht übersteigen. Da man infolgedessen
nur verhältnismäßig kleine Formate des Einzel-

bildes verwenden kann, so wird man in der Regel
für Stereo-Aufnahmen auch nur Linsen kleiner
Brennweite benutzen, um einen einigermaßen
großen Gesichtsfeldwinkel zu erhalten. Wie bei
der einäugigen Betrachtung eines photographischen
Bildes ist es für die Betrachtung zweier Stereobilder notwendig, die beiden Augendrehpunkte von
ihrem zugehörigen stereoskopischen Halbbild in
die richtige Entfernung zu bringen, die in den häufigsten Fällen gleich der Brennweite der beiden
Aufnahmelinsen sein wird. Um die Stereobilder
scharf und ohne Anstrengung betrachten zu können,
muß man sich also für jedes Auge einer Verantlinse
bedienen, d. h. des Doppel-Veranten (C. Zeiß).
Die Verantlinse soll ungefähr die gleiche Brennweite
wie die Aufnahmeobjektive haben und ist frei von
Astigmatismus und Verzeichnung für den Augendrehpunkt als Hauptstrahlkreuzungspunkt. Durch
die Benutzung des Doppel-Veranten wird erreicht,
daß dem Beobachter ein plastisches, perspektivisch
richtiges Bild vermittelt wird.   *W. Merté.*

Sternhaufen heißen im allgemeinen Sinne alle
auffälligen Anhäufungen von Sternen beliebiger
Größe, die sich dem Auge oder der photographischen
Platte zeigen. Nicht immer läßt eine solche Häufung auf eine physikalische Zusammengehörigkeit
der Sterne schließen, in vielen Fällen (offener Sternhaufen) wird der optische Eindruck durch Sterne
hervorgerufen, die in der Blickrichtung durch große
Entfernungen voneinander getrennt sind. Wo eine
Entscheidung hierüber möglich ist, bezeichnet man
als Sternhaufen nur diejenigen Gruppen, die sich
durch räumliche Nachbarschaft oder gemeinsame
Bewegung ihrer Mitglieder als physische Gruppen
erweisen, dehnt diese Bezeichnung aber auf solche
physischen (Bewegungs-) Gruppen aus, die uns am
Himmel infolge ihrer Nähe nicht als Sternhaufen
erscheinen.

Nach ihrer Form lassen sich drei Klassen von
Sternhaufen unterscheiden: kugelförmige, offene
und spiralige. Es sind 95 kugelförmige und etwa
160 offene Haufen bekannt, die Zahl der Kugelhaufen scheint durch die Verbesserung der optischen
Hilfsmittel nicht mehr wesentlich zuzunehmen; die
Zahl der Spiralen wird auf mehr als eine Million
geschätzt.

Das charakteristische Merkmal der *kugelförmigen
Haufen* ist die kugelsymmetrische Anordnung der
Sterne. Die Sterndichte nimmt von außen nach
innen stark zu, in der Mitte ist bei den meisten
Haufen auch mit den stärksten optischen Mitteln
an eine Auflösung nicht zu denken. Das kreisrund
oder schwach elliptisch begrenzte Gebiet, das
optisch als Haufen wirkt, kann einen Durchmesser
von 1' bis 30' haben (entsprechend größerer oder
kleinerer Entfernung; der wirkliche Durchmesser
beträgt etwa 500 Lichtjahre). Die starke Konzentration um die Mitte des Haufens ist nicht nur
ein optischer Effekt. Im Haufen Messier 3 z. B.
sind in demselben Raume, den in der Umgebung der
Sonne die 20 nächsten Fixsterne einnehmen, mindestens 15 000 vorhanden. Die Gesamtzahl der
zählbaren Sterne beträgt in diesem Haufen 20 000,
dieselbe Zahl beherbergt schätzungsweise der un-
aufgelöste innere Teil des Haufens. Unseren Zählungen sind bisher nur die Sterne großer Leuchtkraft (Riesen) zugänglich, noch viel größer ist anscheinend die Zahl der schwach leuchtenden Sterne
(Zwerge), die bei sehr wenigen Haufen individuell
sichtbar werden, bei allen anderen sich nur als
grauer Untergrund auf den Platten ankündigen.

Zwischen kugelförmigen und offenen Haufen besteht kein schroffer Gegensatz. Es gibt Kugelhaufen, die sich bis zur Mitte auszählen lassen, auch keinen unauflösbaren Untergrund zeigen, jedoch noch annähernd kreisförmig begrenzt sind. Andererseits können sich sehr zerstreute Sternhaufen, deren Mitglieder über große Flächen des Himmels verteilt sind (wie z. B. die Hyaden), nach der Erkenntnis ihrer wahren räumlichen Verhältnisse als kugelförmig erweisen. Der größere Teil der *offenen Haufen* besitzt jedoch keine Kugelsymmetrie, die Sterne sind in ihnen mehr oder weniger unregelmäßig verteilt und häufen sich nicht um die Mitte; die Gesamtzahl der Sterne beträgt nicht mehr als einige Hunderte. Viele (besonders kleinere) offene Haufen sind zufällige Häufungen der normalen Feldsterne unseres Systems, wie sich aus der Gleichheit physikalischer Merkmale (z. B. Verteilung von Farbe oder Spektrum) in ihnen und in ihrer Umgebung ergibt. Andere aber weisen sich durch solche Merkmale oder, wenn sie uns nahe genug sind, durch ihre einheitliche Bewegung als geschlossene Gruppen aus. Im Raumgebiet solcher physikalischen Gruppen können sich auch normale Feldsterne befinden, die an der Gruppenbewegung nicht beteiligt sind, ohne daß (infolge der großen Abstände innerhalb der Gruppe) gegenseitige Störungen auftreten. In dem Falle, daß wir uns selbst auf einem Feldstern innerhalb einer physischen Gruppe befinden, haben wir nicht mehr die Möglichkeit, die Gruppe als optischen Sternhaufen zu sehen, weil ihre Mitglieder über den ganzen Himmel verstreut erscheinen. Ein solcher Fall liegt für uns in der Ursa major-Gruppe vor, zu der außer 5 der helleren Sterne des großen Bären unter anderen auch Sirius gehört.

Die kugelförmigen Sternhaufen fehlen an den Polen der Milchstraße, nehmen zur Milchstraße hin an Zahl allmählich zu und sind am häufigsten in etwa 10° Abstand auf beiden Seiten der Milchstraße. Zwischen diesen beiden Kreisen (innerhalb der Milchstraße) fehlen sie aber gänzlich. Die offenen Haufen hingegen sind in diesem Streifen am häufigsten. Durch diese Anordnung erweisen sich die Sternhaufen (im besonderen auch die kugelförmigen) als zum Milchstraßensystem gehörig. Durch Vermittlung der in den Sternhaufen auftretenden veränderlichen Sterne ist man zur Kenntnis ihrer Entfernungen und Dimensionen gekommen (s. Veränderliche Sterne, δ Cephei-Typus). Der Durchmesser der Kugelhaufen ist übereinstimmend etwa 500 Lichtjahre, die nächsten Kugelhaufen sind 20 000, die fernsten 220 000 Lichtjahre von uns entfernt. Über die offenen Haufen lassen sich nur in speziellen Fällen solche Angaben machen, in diesen Fällen haben sich wesentlich kleinere Entfernungen ergeben. Die kugelförmigen Haufen liegen in einem flachen Raume, dessen größter Durchmesser (in der Milchstraße) etwa 200 000 Lichtjahre beträgt; die Sonne befindet sich am Rande dieses Gebietes (1 Lichtjahr = 10 Billionen km).

Die *Spiralnebel* zu den Sternhaufen zu zählen, ist durch ihr Spektrum (Typus F bis K) begründet. Eine Auflösung in einzelne Sterne ist noch nicht gelungen, so daß auf noch größere Entfernungen als bei den kugelförmigen Haufen geschlossen werden müßte, wenn man genügende Sicherheit hätte, daß sie tatsächlich aus individuellen Sternen von der sonst vorkommenden Größe und Helligkeit bestehen. In den Fällen, wo wir senkrecht auf die Ebene einer Spirale blicken, zeigt sie einen heller leuchtenden, verwaschenen runden Kern, aus dem an zwei gegenüberliegenden Stellen die beiden ebenfalls gleichmäßig leuchtenden oder auch granulierten und mit Knoten durchsetzten Spiralarme entspringen, die sich in einer oder mehreren Windungen um den Kern herumlegen. Spiralen sind am Himmel unter allen Winkeln gegen die Blickrichtung sichtbar. In der Richtung ihrer Ebene erscheinen sie als dünne Spindeln mit hellem Knoten in der Mitte, manchmal in der Längsrichtung von einem scharfen dunklen Strich (der wohl von einer dunklen, absorbierenden Windung herrührt) durchzogen. Nach Positionsmessungen bei offenen und spektrographischen Messungen bei seitlich gesehenen Spiralen befinden sich die Spiralnebel in Rotation, innerhalb der Spiralarme besteht eine nach außen gerichtete Bewegung. Die Radialgeschwindigkeiten der Spiralnebel sind sehr groß. Während Sterne im allgemeinen Geschwindigkeiten von 20—40, selten über 100 km/sec. haben, ergeben sich bei den Spiralnebeln Radialgeschwindigkeiten von mehreren hundert, in manchen Fällen von mehr als 1000 km/sec Mit wenigen Ausnahmen entfernen sich alle bisher auf Radialgeschwindigkeit untersuchten Spiralen von uns.

Die Spiralnebel sind sehr unregelmäßig über den Himmel verteilt; an einigen Stellen, z. B. am Nordpol der Milchstraße, häufen sie sich stark. Es ist zur Zeit noch nicht ausgemacht, ob auch sie zum galaktischen System zu rechnen sind, oder ob sie Sternsysteme sind, die sich an Ausdehnung und Masse mit dem Sternsystem der Milchstraße vergleichen lassen. Da Entfernungsschätzungen bereits für den Andromedanebel (den offenbar nächsten der Spiralnebel) Werte zwischen $\frac{1}{2}$ und 1 Million Lichtjahren ergeben haben, hat die zweite Auffassung viel Wahrscheinlichkeit für sich.

W. Kruse.

Näheres s. Newcomb-Engelmann, Populäre Astronomie.

Sternpunkt, -spannung s. Mehrphasen-Wechselstromsysteme.

Sternschaltung s. Mehrphasen-Wechselstromsysteme.

Sternschnuppen s. Meteore.

Sternspektrum s. Spektralklassen.

Sternströme s. Fixsternastronomie.

Sternsystem s. Universum.

Sternzeit s. Zeit.

Stethoskop nennt man das von Ärzten benutzte Instrument, welches zum Abhören von Tönen und Geräuschen dient, die im Innern des menschlichen Körpers entstehen. Es besteht aus einer zylinderförmigen Kapsel von sehr geringer Höhe, deren Boden von einer dünnen elastischen Platte aus Hartgummi oder dgl. gebildet wird, während die Gegenseite durch eine feste Wand verschlossen ist, die nur eine kleine Öffnung zum Einführen des Hörschlauches besitzt. Der Abstand der elastischen Platte von der gegenüberliegenden festen Wand muß sehr gering sein, damit schon kleine Bewegungen der Platte verhältnismäßig große Druckänderungen im Innern der Kapsel erzeugen. Beim Gebrauch wird die elastische Platte unter mäßigem Druck an die abzuhörende Körperstelle angelegt.

Das Instrument ist in seinem Bau in erster Linie darauf eingerichtet, den Körperschall möglichst günstig aufzunehmen, indem eine verhältnismäßig große elastische Platte unter geeignetem Druck unmittelbar (oder durch Vermittlung eines Hartgummistabes) auf den Körper aufgelegt wird. In zweiter Linie soll es durch die Form der Luftkammer die aufgenommenen Schwingungen dem Ohre als möglichst starke Druckschwankungen zuführen. Bei richtiger Handhabung und großer Übung im Hören (wegen der Änderung der „natürlichen" Klangfarbe) kann das Stethoskop dem bloßen Ohr, das an die betreffende Körperstelle angelegt wird, auch in rein akustischer Beziehung wesentlich überlegen sein. *E. Waetzmann.*

Steuerung des Flugzeugs. Ein Flugzeug muß durch die Steuerung um drei Achsen gedreht werden. Die Steuerung nach oben und nach der Seite geschieht in der Regel mit Hilfe von kleinen Tragflügeln, welche in großer Entfernung vom Schwerpunkt angebracht sind und durch Bewegung der Steuerhebel in ihrer Stellung zur Flugrichtung verändert werden können. Die Steuerung um die ungefähr in der Flugrichtung liegende Rumpfachse des Flugzeugs, die sog. Quersteuerung, wird dadurch bewerkstelligt, daß man dem einen Flügel durch Verwindung oder durch Ausschlagen von Klappen (sog. Querrudern) höhere Auftriebskräfte gibt wie dem anderen Flügel. Solche Quersteuerung muß mit der Seitensteuerung stets Hand in Hand gehen, damit das Flugzeug sich richtig in eine Kurve hineinlegt und nicht nur nach der Seite abrutscht. *L. Hopf.*

Steuerung s. Dampfverteilung.
Näheres s. Leist, Die Steuerungen der Dampfmaschinen. Berlin 1905.

Stickstoffthermometer s. Temperaturskalen.
Stillmotor s. Verbrennungskraftmaschinen.
Stimme s. Stimmorgan.

Stimmgabel dient als Normalinstrument für Tonhöhen. Die theoretische Untersuchung ihrer Schwingungen (s. auch Stabschwingungen) ist sehr schwierig. In erster Annäherung kann jede Zinke als ein fest-freier Stab angesehen werden. Jedoch sind in Wirklichkeit infolge der Biegung, der Belastung durch den Stiel usw. die Verhältnisse äußerst verwickelt.

Die Hauptschwingung pflegt in der Weise zu erfolgen, daß sich an den Enden der beiden Zinken in der Nähe des Stieles je ein Knoten ausbildet; Asymmetrien der Gestalt, Massenverteilung usw. lassen aber den einen der beiden Knoten leicht verschwinden und auch im Stiel (zu seinen Schwingungen in der Längsrichtung) Transversalschwingungen entstehen. Die relativen Schwingungszahlen (Grundschwingung gleich Eins gesetzt) wichtigerer Partialtöne sind etwa 1—6,2—12,2—18,3—23,5—35—58. Jedoch sind das sehr rohe Angaben, die oft nicht einmal der Größenordnung nach zutreffen. Auch die Art und der Ort des Anschlagens machen sehr viel aus.

Ferner können infolge analoger Ursachen, wie sie Helmholtz für die Entstehung der Kombinationstöne (s. d.) annimmt, in der von der Stimmgabel erregten Luftmasse auch die harmonischen Obertöne des Gabeltones entstehen (s. Asymmetrietöne).

Da die beiden Zinken gegeneinander schwingen, können sich die von ihnen erzeugten Wellen an bestimmten Stellen des Raumes durch Interferenz (s. d.) vernichten. Entsprechend verschwindet der Ton einer vor das Ohr gehaltenen Gabel bei einer ganzen Umdrehung um ihre Längsachse viermal. *E. Waetzmann.*
Näheres s. Struycken, Ann. d. Phys. 23, 1907.

Stimmlippen s. Stimmorgan.

Stimmorgan. Das Organ der Klangbildung beim Sprechen und Singen ist der Kehlkopf,

der das obere Ende der Luftröhre bildet. Seine knorpeligen Grundbestandteile sind der Ringknorpel oder Grundknorpel, der etwa die Gestalt eines Siegelringes hat, dessen Platte nach hinten liegt, die beiden Gießbeckenknorpel (Pyramidenknorpelchen) oder nach ihrer Funktion Stellknorpel genannt und der Schildknorpel oder Spannknorpel. Von den Gießbeckenknorpeln sitzt je einer rechts und links in je einer Gelenkfläche auf der hinteren Seite des

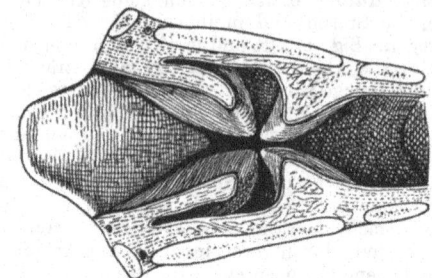

Fig. 1. Kehlkopf.

Ringknorpels auf, während der Schildknorpel, ebenfalls rechts und links an der Platte des Ringknorpels ansetzend, sich nach vorn herumzieht und als ein nach vorn gewölbter Schild beim männlichen Geschlechte in Gestalt des „Adamsapfels" hervortritt. Die Knorpel können mit Hilfe von Muskeln und Bändern in mannigfaltiger Weise bewegt werden. Zu den Knorpeln, Muskeln und Bändern kommen noch eine große Masse von Weichteilen; die Innenfläche des Kehlkopfes ist

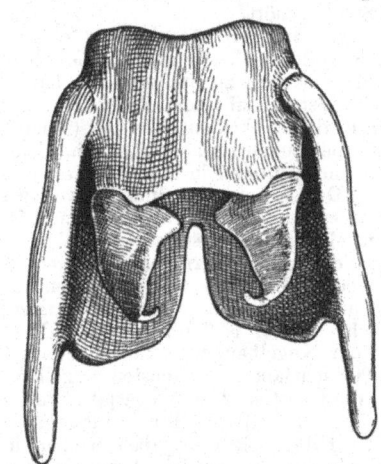

Fig. 2. Kehkopf.

tapetenartig von Schleimhaut überzogen. Die zylindrische Luftröhre wird nach oben hin immer enger, bis zuletzt nur ein von vorn nach hinten gerichteter Spalt, die Stimmritze, übrig bleibt. Ihre Ränder werden von den Stimmbändern gebildet, welche etwa die Form dreikantiger Balken haben, welche mit einer Fläche an der Seitenwand befestigt sind, und treffender Stimmlippen genannt werden. In die Substanz derselben ist ein Muskel eingebettet, durch dessen Kontraktionen Form und Elastizität der Stimmlippen geändert werden. Bei Erschlaffung des Muskels sind die Stimmlippen dünn, während bei Kontraktion eine kräftige Rundung derselben eintritt. Hinten sind die beiden Stimmlippen an je einem der beiden Gießbeckenknorpel angewachsen, während sie vorn an der Innenfläche des Schildknorpels zusammenstoßen. Wird letzterer bei feststehenden Gießbeckenknorpeln um seine von rechts nach links gehende Drehachse nach vorn heruntergebogen, so werden dadurch die Stimmlippen stärker gespannt, und erst recht, wenn gleichzeitig die Gießbeckenknorpel nach hinten geneigt werden. Werden letztere zusammengeschoben, so wird dadurch die Stimmritze geschlossen, was beim Anblasen der Stimmlippen geschehen soll (guter „Einsatz"). Über den (wahren) Stimmbändern befindet sich eine sackartige Tasche, welche nach oben hin durch den Schleimhautrand der sog. falschen Stimmbänder begrenzt wird. Sie sind weiter nichts als Schleimhautfalten, die zum Anfeuchten der klangbildenden (wahren) Stimmbänder dienen. Oberhalb der Stelle, an welcher die Stimmlippen mit ihren vorderen Enden an dem Schildknorpel zusammenstoßen, setzt der Stiel des löffelartig gestalteten Kehldeckelknorpels an, welcher bei Schluckbewegungen den oberen Eingang des Kehlkopfes abschließt.

Der Kehlkopf bzw. die Stimmlippen werden angeblasen durch den von der Lunge gelieferten Luftstrom. Das Ein- und Ausatmen geschieht durch Vergrößerung bzw. Verkleinerung des Brusthohlraumes, und zwar in erster Linie durch das Zwerchfell (Zwerchfell- oder Bauchatmung) und durch die Rippenbewegung (Rippen-, Flanken- oder Brustatmung). Gewöhnlich werden Brust- und Bauchatmung gleichzeitig benutzt. Die sog. Schlüsselbein- oder Schulteratmung besteht darin, daß beim Einatmen Schultern und Schulterblätter in die Höhe gezogen, beim Ausatmen wieder gesenkt werden.

Geräuschloses Ein- und Ausatmen geschieht bei weit geöffneter Stimmritze; beim Hauchen und Flüstern ist sie verengt. Strömt, wie beim Hauchlaut H, die Luft durch eine von vornherein etwas geöffnete Stimmritze, so ist der Einsatz unbestimmt. Bei bestimmtem Einsatz (scharfer Intonierung) hat die Klangbildung bei geschlossener Stimmritze zu beginnen. Also soll der Sänger und Redner nach jedem Einatmen, bevor er mit der Klangbildung beginnt, den Atem einen kurzen Moment anhalten. Unter welchen Bedingungen die eine oder andere Atmungsart mehr zu betonen ist, das gehört zu den schwierigen Fragen der Gesang- und Redetechnik und ist schwer in feste Regeln zu fassen.

Zu dem Atmungsapparat und dem eigentlichen klangbildenden Teil des Stimmorganes, dem Kehlkopf mit den Stimmlippen, treten als dritter Teil des Stimmorganes die Mund-, Rachen- und Nasenhöhle als Resonanzräume hinzu. Sie entsprechen dem Ansatzrohr der Zungenpfeifen. So ist das gesamte Stimmorgan einer Zungenpfeife vergleichbar (s. Zungen und Zungeninstrumente). Die Stimmlippen werden als membranöse Zungen von dem aus der Lunge kommenden Luftstrom angeblasen, und aus der Fülle der von den Stimmlippen gebildeten Partialtöne werden einige durch die angeschlossenen Resonanzräume mehr oder weniger verstärkt. Jeder der bei der Klanggebung mitwirkenden Teile kann innerhalb weiter Grenzen variiert werden, so daß eine große Mannigfaltigkeit in Stärke, Höhe und Farbe erzielt werden kann.

Falscher Gebrauch der Resonanzhöhlen bringt einen unschönen Klang hervor, der entsprechend als näselnd, gaumig usw. bezeichnet wird. Kleinere Mundöffnung ergibt unter sonst gleichen Bedingungen tiefere Eigentöne des Mundhohlraumes als größere Öffnung (s. Resonatoren, akustische). Noch tiefere Eigentöne entstehen bei völlig geschlossenem Munde, wobei der Luftstrom durch die Nasenlöcher entweicht. Weichere Innenwände dämpfen hohe Eigentöne stärker ab als härtere. Also wird der Klang obertonhaltiger und damit heller, wenn die Weichteile nach Möglichkeit von der Mitwirkung ausgeschlossen oder straffer gespannt werden (s. Vokale).

Die menschliche Stimme hat durchschnittlich einen Umfang von rund zwei Oktaven. Singt ein ungeübter Sänger, mit dem tiefsten Tone beginnend, die Tonleiter bis zu den höchsten erreichbaren Tönen hinauf, so hört man, daß zunächst für einen gewissen Bereich des Intervalles der Charakter des Stimmklanges ungefähr der gleiche ist, daß aber dann an einer bestimmten Stelle der Skala eine Änderung erfolgt und der Stimmklang nun ein anderer geworden ist. Die Stimme ist in ein anderes Register übergegangen. Es gehört mit zu der Kunst des Singens, den Übergang von einem in das andere Register unmerklich zu machen und nach Möglichkeit einen Ausgleich des Klanges über den ganzen Stimmumfang hin zu erzielen. Man unterscheidet hauptsächlich Brustregister (Brusttöne) und Falsettregister (Falsett-, Kopftöne).

Bei den tiefsten Tönen sind die Stimmlippen in ihrer ganzen Länge ein wenig voneinander entfernt, sind verhältnismäßig wenig gespannt und schwingen in ihrer ganzen Länge und Breite. Mit wachsender Tonhöhe werden sie stärker gespannt und näher zusammengestellt; außerdem wächst die Stärke des Anblasestromes. Soll die gleiche Note einmal leise und einmal laut gesungen werden, so muß entsprechend der Erhöhung der Schwingungszahl der Stimmlippen durch die Verstärkung des Anblasestromes ihre Spannung verringert werden. Beim Übergang zur Kopfstimme schließt sich das hintere Ende der Stimmritze so fest, daß nur noch der vordere Teil schwingen kann. Der ganze Kehlkopf steigt beim Singen mit wachsender Tonhöhe immer mehr nach aufwärts, wodurch die Resonanzräume wesentlich geändert werden.

Der durchschnittliche Umfang der menschlichen Singstimme, wie er etwa im Chorgesang benützt wird, beträgt für Baß F bis e_1, für Tenor c bis a_1, für Alt f bis e_2 und für Sopran c_1 bis a_2.

E. Waetzmann.

Näheres s. H. Gutzmann, Physiologie der Stimme und Sprache, Sammlung „Die Wissenschaft". Braunschweig 1909.

Stimmplatten. Von Melde konstruierte Stahlplatten von wenigen Zentimetern Länge und von verhältnismäßig großer Dicke, welche sehr hohe Eigentöne besitzen sollen, wie sie mit Stimmgabeln schwer erreichbar sind. Ihre praktische Bedeutung ist gering. <i>E. Waetzmann.</i>

Stimmumfang s. Stimmorgan.

Stimmung, musikalische, s. Tonleiter.

Stirlingsche Formel ist eine Näherungsformel für die Berechnung der Fakultäten, d. h. der Produkte $n! = n(n-1)(n-2)\ldots2\cdot1$. Sie lautet
$$n! = n^n e^{-n}\sqrt{2\pi n}.$$
Schon von $n = 10$ ab sinkt der Fehler gegen den wahren Wert auf $0,8\%$ und wird dann immer kleiner. Die Formel wird in der Kombinatorik und Wahrscheinlichkeitsrechnung viel benutzt.

Reichenbach.

Stirnkühler wird jeder Kühler im Flugzeug genannt, der nicht in den Rumpf und nicht in den Tragflügel eingebaut ist. Ein Stirnkühler hat ziemlich großen schädlichen Widerstand; denn nur bei starker Durchspülung mit Luft führt er die genügende Wärme an die Luft ab. Der Stirnkühler beeinflußt aber auch die Tragfähigkeit eines Flügels dadurch, daß er die Luftzirkulation um den Flügel stört. Diese Störung ist erheblich größer, wenn der Stirnkühler über dem Flügel, als wenn er unter dem Flügel angebracht ist. Aus Rücksicht auf die Sicht vom Führersitz aus ist trotzdem die erstere Anordnung häufiger.   *L. Hopf.*

Stocksches Thermometer. Als Stocksches Thermometer bezeichnet man ein von Stock und Nielsen angegebenes Instrument, das zur Messung tiefer Temperaturen vielfach mit Vorteil verwendbar ist. Das Prinzip des Thermometers besteht darin, daß der Sättigungs-Dampfdruck flüssigen Sauerstoffs, der sich in der Nähe seines normalen Siedepunktes um mehr als 60 mm/Grad ändert, an einem Quecksilbermanometer beobachtet wird (vgl. das über das Gasthermometer im Artikel Temperaturskalen Gesagte). Die Skale des Manometers ist nicht in Millimeter Quecksilber, sondern in Grade (—183 bis —200°) eingeteilt, die der wahren Temperatur entsprechen, wenn der Quecksilbermeniskus im offenen Schenkel des Manometers durch eine einfache Vorrichtung jedesmal auf den wechselnden Barometerstande entsprechende Höhe eingestellt wird. — Statt mit Sauerstoff kann man das Stocksche Thermometer mit anderen Gasen oder Flüssigkeiten füllen, die einen höheren oder niedrigeren Dampfdruck haben als Sauerstoff; man erhält dann andere Meßbereiche.   *Scheel.*

Näheres s. Stock und Nielsen, Chemische Berichte 39, 2066—2069. 1906.

Stöchiometrie ist die Lehre von den Gewichtsverhältnissen, in denen sich die chemischen Elemente miteinander verbinden. Das Grundgesetz der Stöchiometrie sagt aus, daß dies nur in bestimmten Verhältnissen und in ganzzahligen Vielfachen davon geschehen kann. Die Entdeckung dieses Gesetzes gab den Anlaß zur Entstehung der modernen chemischen Atomtheorie Daltons (1805). Nach dieser Auffassung müssen die chemisch äquivalenten Mengen der Elemente in demselben oder in einem durch einen einfachen Faktor veränderten Verhältnis wie die Gewichte der Atome stehen. Demgemäß laufen auch fast sämtliche praktisch ausgeführten Atomgewichtsbestimmungen auf die Bestimmung des Äquivalentgewichtes des Elementes in einer bestimmten Verbindung hinaus. Die gesamte chemische Gewichts- und Maßanalyse setzt die strenge Gültigkeit des stöchiometrischen Grundgesetzes sowie des Prinzips von der Erhaltung der Masse voraus. Grundsätzlich kommt allerdings auf Grund der Entdeckung Astons, daß die Mehrzahl der Elemente Gemische von Isotopen sind, den stöchiometrischen Verhältnissen ein mehr zufälliger Charakter und ihrer Konstanz die Bedeutung eines konstanten Mittelwertes zu. Es sind eben die natürlichen Elemente auf der Erde immer aus Isotopengemischen in konstantem Verhältnis zusammengesetzt, so daß das in den stöchiometrischen Beziehungen zum Ausdruck gelangende Atomgewicht als ein konstanter Mittelwert der wahren Atomgewichte der Isotopen erscheint. Experimentell ist bisher nur ein einziger, jedoch für die analytische Praxis unwichtiger Fall bekannt, in dem das stöchiometrische Grundgesetz durchbrochen ist: in Bleisalzen tritt ein innerhalb enger Grenzen sich stetig verändernder Bleigehalt auf, wenn diese Salze aus mehr oder weniger reinen Uran oder Thormineralien gewonnen sind, was in dem verschiedenen Atomgewicht des zu Thorium oder aus Uran durch radioaktiven Zerfall entstandenen Bleies seinen Grund hat, so daß ein Gemisch von Thor- und Uranblei ein stetig wechselndes mittleres Atomgewicht zeigen kann.   *Günther.*

Stöpselrheostat, Regulierwiderstand mit Stöpselschaltung.   *W. Jaeger.*

Störungen, atmosphärische. Rasselnde Geräusche im Empfangstelephon, die ihre Entstehung elektrischen Veränderungen der Atmosphäre verdanken und während der Sommermonate, bei Gewitter und besonders in tropischen Gegenden eine Stärke erreichen, die das Aufnehmen drahtloser Signale sehr erschwert und vielfach unmöglich macht. *A. Esau.*

Störungsfreiheit. Die Eigenschaft eines Empfängers für drahtlose Telegraphie, eine bestimmte, einstellbare Welle zu empfangen, ohne durch ihr benachbarte Sendewellen gestört zu werden. Der Abstand zwischen der Empfangswelle und der nächst liegendsten Welle, die gerade noch nicht störend in die Erscheinung tritt, ist ein Maß für die Güte des Empfangssystems.   *A. Esau.*

Störungsquantelung s. Quantenbedingungen.

Störungstheorie. Wenn man es mit n-Körpern zu tun hat, die sich gegenseitig nach dem Newtonschen Gesetz anziehen, so ist ihre Bewegung für alle folgenden Zeiten eindeutig bestimmt, wenn ihre Anfangslagen und Anfangsgeschwindigkeiten gegeben sind. Da nämlich die Beschleunigungen der Körper durch das Newtonsche Gesetz bei bekannter Lage und Geschwindigkeit der Körper gleichfalls bekannt sind, kann Richtung und Größe ihrer Geschwindigkeiten auch für ein folgendes Zeitelement unmittelbar konstruiert werden, und durch eine unendliche Folge solcher Elementarkonstruktionen ergeben sich die Bahnen der Körper. So einfach sich also die Aufgabe der Ermittelung der Bahnen der Körper im Prinzip gestaltet, so schwierig ist es, ein praktisch brauchbares Berechnungsverfahren, einen analytischen Ausdruck für die Bahn der Körper anzugeben, der gestattet, das Resultat dieser gedachten Elementarkonstruktionen mit einem Mal zu übersehen, d. h. die Bewegungsgleichungen zu integrieren. In dieser Allgemeinheit ist das Problem ungelöst.

In dem Falle, daß nur 2 Körper vorhanden sind, gelingt die Integration der Bewegungsgleichungen jedoch leicht und ist schon von Newton selbst ausgeführt worden. Das Resultat ist bekanntlich, daß die beiden Körper Kegelschnitte beschreiben, deren einer Brennpunkt mit dem Schwerpunkt der beiden Körper zusammenfällt, und deren Radiusvektoren (Verbindungslinien der Körper mit ihrem Schwerpunkt) in gleichen Zeiten gleiche Flächengrößen überstreichen (1. und 2. Keplersches Gesetz). Sind die Kegelschnitte speziell Ellipsen, so ist ferner die Umlaufzeit mit der großen Halbachse der Ellipse durch das 3. Keplersche Gesetz verknüpft, welches besagt, daß der Quotient aus der 3. Potenz dieser Halbachse und der 2. Potenz der Umlaufszeit von den Anfangsbedingungen unabhängig ist und nur von den Massen der Körper abhängt. Eine solche Keplerellipse und die Bewegung eines Körpers auf ihr ist durch 6 unabhängige Größen bestimmt, welche Bahnelemente genannt werden. Große Halbachse a und Exzentrizität ε bestimmen die Gestalt der Keplerellipse. Ferner nennt man die Schnittlinie der Ebene der Keplerellipse mit einer raumfesten Bezugsebene die Knotenlinie, den Durchstoßpunkt der Ellipse selbst auf dieser Ebene den Knoten. Die Lage der Bahnebene ist dann bestimmt durch ihre Neigung ι gegen die Bezugsebene und durch den Winkel Ω, den die Knotenlinie mit einer festen Geraden in der Bezugsebene einschließt; dieser Winkel wird die Knotenlänge genannt. Die Lage der Ellipse in ihrer Bahnebene wird weiterhin bestimmt durch die Lage des Perihels, das ist desjenigen Bahnpunktes, der dem Schwerpunkt am nächsten liegt. Die Lage des Perihels ist charakterisiert durch den Winkel, den der Radiusvektor im Perihel mit der Knotenlinie einschließt. Als fünftes Bahnelement wird aber nach dem Brauch der Astronomen nicht dieser Winkel selbst, sondern die Summe dieses Winkels und der Knotenlänge eingeführt. Diese Summe wird die Länge des Perihels genannt und mit $\tilde{\omega}$ bezeichnet. Hierdurch ist die Gestalt und Lage der Bahn vollständig bestimmt. Für die Bestimmung des zeitlichen Verlaufs der Bewegung ist aber noch ein 6. Bahnelement nötig und dieses ist gegeben durch den Zeitpunkt, in dem der Planet einmal das Perihel passiert hat, die sog. mittlere Länge der Epoche τ. Wir haben also die 6 Bahnelemente

$$\alpha,\ \varepsilon,\ \iota,\ \Omega,\ \tilde{\omega},\ \tau.$$

Diese hängen eindeutig ab von den Anfangslagen und -Geschwindigkeiten, die ja auch durch Angabe von 6 Größen (3 Ortkoordinaten und 3 Geschwindigkeitskomponenten) vollständig beschrieben werden. Und umgekehrt sind auch Anfangslagen und -Geschwindigkeiten (d. h. die Werte dieser Größen im Zeitpunkt $t = 0$) aus den 6 Bahnelementen eindeutig berechenbar.

In der Astronomie hat man es nun vielfach mit Systemen zu tun, wo die Masse eines Körpers, wie z. B. im Planetensystem die Masse der Sonne, die der anderen Körper des Systems weit überwiegt, oder auch mit der Einwirkung eines Körpers auf ein System, dessen Entfernung groß ist gegenüber den Dimensionen des Systems, wie z. B. bei der Einwirkung der Sonne auf die Satellitensysteme der Planeten und speziell auf die Bewegung des Erdmondes relativ zur Erde. In diesen Fällen sind die Kräfte des Zentralkörpers groß gegenüber den Kräften, welche die anderen Körper untereinander ausüben, resp. gegenüber den Kräften des entfernten störenden Körpers, welche die Relativbewegung der Körper des Systems angreifen. Man kann hier die Bewegung durch die Lösung des Zweikörperproblems (Keplerellipse) noch gut approximieren und die letzteren Kräfte als „störende Kräfte" auffassen. Die Abweichungen der Bahnen von denjenigen des Zweikörperproblems, welche diese störenden Kräfte hervorrufen, zu berechnen, dies ist nun die Aufgabe der sog. Störungstheorie.

Diese Aufgabe kann in zweierlei Weise angegriffen werden. Erstens kann man fragen nach den Abweichungen der Ortskoordinaten der Körper von denjenigen Werten, die angenommen würden, wenn bei denselben Anfangsbedingungen der Bewegung nur die Kräfte des Zentralkörpers wirksam wären (Methode der Variation der Koordinaten). Man kann aber auch die Bewegung auf eine andere Weise beschreiben: man denke sich in einem bestimmten Augenblick die Störungskräfte verschwinden. Dann würden die Massen des Systems mit den momentanen Lagen

und Geschwindigkeiten als Anfangswerten in Keplerellipsen weiterlaufen. So kann man einer ganz beliebigen Bewegung der Körper in jedem Augenblick eine bestimmte Keplerbewegung zuordnen. Diese heißt die oskulierende Bewegung — oskulierend, weil sie mit der wirklichen Bewegung in dem betreffenden Augenblick nicht nur die Lagen, sondern auch die Geschwindigkeiten gemeinsam hat — und ihre Bahnelemente die oskulierenden Bahnelemente. Sind für jeden Zeitpunkt diese Bahnelemente bekannt, so ist die Bewegung der Körper vollständig beschrieben. Man kann also die Aufgabe der Störungstheorie auch dahin formulieren, die so definierten Bahnelemente als Funktion der Zeit zu ermitteln (Methode der Variation der Elemente). Es ist klar, daß sich bei kleinen störenden Kräften diese Bahnelemente in Zeiten der Größenordnung eines Umlaufs der gestörten Körper nur wenig verändern werden, und daß diese Bahnelemente deshalb in diesem Fall eine unmittelbare anschauliche Bedeutung haben. Auch ist es leicht, die Änderungsgeschwindigkeiten (ersten Differentialquotienten nach der Zeit) der Bahnelemente anzugeben, die bestimmte störende Kräfte hervorbringen.

Wir können nun den Sinn der Methode der Störungstheorie in folgender Weise charakterisieren. Die störenden Kräfte hängen sowohl von den unbekannten Bahnelementen wie von der Zeit ab. Man kann jedoch in erster Näherung in den Ausdrücken der störenden Kräfte für die Bahnelemente die konstanten Anfangswerte einsetzen. Das heißt, man ersetzt die wirklichen Störungskräfte in erster Näherung durch diejenigen, die in den ursprünglichen Keplerellipsen auf die Körper wirken würden. Dann sind die störenden Kräfte bekannte Funktionen der Zeit, und die Änderungen der Bahnelemente, die sie hervorrufen, sind leicht zu ermitteln. In zweiter Näherung setzt man nun diese neuen Werte für die Bahnelemente in den Ausdruck für die störenden Kräfte und berechnet die Bahnelemente aufs neue usf. Man sieht, daß man auf diese Weise für die Bahnelemente als Funktion der Zeit eine Reihenentwicklung nach Potenzen der störenden Kräfte, also im Fall des Planetensystems eine Reihenentwicklung nach Potenzen der Planetenmassen erhält. Das hier beschriebene Verfahren stammt von Laplace.

Überlegen wir nun, welches das Ergebnis einer solchen Rechnung sein wird. Die Ortskoordinaten eines Planeten bei seiner Bewegung auf der Keplerellipse sind periodische Funktionen der Zeit und können deshalb durch Fouriersche Reihen dargestellt werden, welche harmonische Schwingungen der Grundfrequenz $\omega = \dfrac{2\pi}{T}$ (T = Umlaufszeit) und die zugehörigen Oberschwingungen mit den Frequenzen $\tau\omega$ enthalten, wenn τ alle ganzen Zahlen durchläuft. Der Abstand zweier auf Keplerellipsen laufenden Planeten, der für die störenden Kräfte bestimmend ist, läßt sich deshalb ebenfalls durch eine Fourier-Reihe darstellen. Diese enthält aber nicht nur die Frequenzen $\tau_1\omega_1$ zbd $\tau_2\omega_2$ der Bewegung jedes Planeten, sondern auch alle Kombinationsschwingungen $\tau_1\omega_1 + \tau_2\omega_2$, worin τ_1 und τ_2 unabhängig voneinander alle positiven und negativen ganzen Zahlen durchlaufen. Dieselbe Abhängigkeit von der Zeit haben deshalb auch die störenden Kräfte. Für die gestörten Bahnelemente werden sich deshalb nach dem angegebenen Verfahren in erster Näherung ebenfalls solche Reihen ergeben.

Die Amplituden der hinzutretenden Kombinationsschwingungen sind dabei den störenden Kräften proportional.

Ein Term der Reihe ist jedoch von gänzlich anderer Art. Die harmonischen Reihen, welche die störenden Kräfte als Funktion der Zeit darstellen, enthalten nämlich auch ein konstantes, von der Zeit unabhängiges Glied. Die Bedeutung dieses Gliedes ist die, daß es den zeitlichen Mittelwert der störenden Kräfte erstreckt über alle möglichen Bewegungsphasen der beiden Planeten darstellt. Die folgenden Glieder sind nämlich, da sie ja harmonische Schwingungen wiedergeben, ebenso oft positiv wie negativ, wenn die Planeten ihre Bewegungsphasen durchlaufen. Dieses konstante Glied ist ausschlaggebend für den Anblick, den die gestörte Bewegung bei Verwendung eines großen Zeitmaßstabes bietet, sobald man über die kleinen Oszillationen der Bahnelemente in Zeiten der Größenordnung eines Planetenjahres hinwegsieht. Man nennt diese über die Umlaufsphasen der Planeten gemittelten Störungen säkulare. Bei dem oben beschriebenen Rechnungsverfahren, wo für die Bahnelemente die ungestörten konstanten Werte eingesetzt werden, sind die säkularen Teile der Störungskräfte konstant und ergeben deshalb in erster Näherung ein lineares Anwachsen der Bahnelemente mit der Zeit, das sich den erwähnten Oszillationen überlagert. Die folgenden Näherungen ergeben dann für die säkularen Störungen eine Potenzreihe nach der Zeit, derart daß der Koeffizient der p^{ten} Potenz der Zeit zugleich der p^{ten} Potenz der störenden Massen proportional ist. Als ein sehr bemerkenswertes Ergebnis fand Laplace, daß die großen Halbachsen der Planeten keine säkularen Störungen zeigen, sondern nur die übrigen Bahnelemente. Er schloß daraus auf die Stabilität des Planetensystems, d. h. daß sich die Entfernungen der Planeten von der Sonne und voneinander stets innerhalb ähnlicher Grenzen halten werden wie der jetzigen Bewegung im Planetensystem. Dieser Schluß ist indessen nicht stichhaltig, worauf wir weiter unten noch zu sprechen kommen werden. Man darf das Ergebnis vielmehr nur so auffassen, daß die gröbsten Ursachen keine Instabilität des Planetensystems bewirken.

Die Darstellung der säkularen Störungen durch eine Potenzreihe nach der Zeit ist nicht geeignet, ihren wahren Verlauf für sehr große Zeiträume hervortreten zu lassen. Dieser ergibt sich erst aus einer Verfeinerung der Theorie, die von Lagrange herrührt. Lagrange betrachtete die säkularen Störungen gesondert, behielt also zunächst nur diejenigen Glieder im Ausdruck für die störenden Kräfte bei, die bei der Mittelbildung über die Bewegungsphasen übrig bleiben, und infolgedessen die Zeit nicht explizite enthalten. Er setzte jedoch nicht in erster Näherung für die Bahnelemente ihre ungestörten Werte. Die Differentialgleichungen für die säkularen Änderungen der Bahnelemente werden dann im allgemeinen Fall sehr verwickelt. In unserem Sonnensystem bewegen sich jedoch die Planeten nahezu in derselben Ebene und mit Ellipsen von sehr kleiner Exzentrizität. Diesen Umstand kann man nun bei der Berechnung der säkularen Störungen ausnützen und als zweiten Gesichtspunkt der Approximation eine Entwicklung nach Potenzen der Exzentrizitäten ε und der Neigungen ι einführen. In erster Näherung werden dann die Differentialgleichungen der säkularen

Störungen linear und lassen sich leicht integrieren. Das Resultat ist, daß die säkularen Störungen der Bahnelemente (die großen Halbachsen a ausgenommen, s. oben) sich zusammensetzen lassen aus einer Anzahl von harmonischen Schwingungen, deren Amplituden zwar bei verschwindenden Störungskräften endlich bleiben, deren Frequenzen aber den störenden Kräften (im Fall des Planetensystems also den Planetenmassen) proportional sind. Die zugehörigen Perioden, die demgemäß den Planetenmassen umgekehrt proportional sind, sind sehr groß und liegen zwischen 50000 und 2000000 Jahren.

Dieses Verhalten der säkularen, d. h. über die ursprünglichen Perioden gemittelten Störungen ist typisch auch für viel allgemeinere Fälle von schwach gestörten mechanischen Systemen, die nicht notwendig mit Newtonschen Kräften etwas zu tun haben, falls nur die ungestörte Bewegung durch harmonische Reihen dargestellt werden kann: Wenn die säkularen Störungen überhaupt harmonisch sind, haben sie Frequenzen, die den störenden Kräften proportional sind. Die weiteren Näherungen erhält man nun dadurch, daß man in dem Ausdruck für die störenden Kräften die Bahnelemente statt durch konstante Größen durch die aus der Integration der säkularen Störungen gewonnenen Funktionen ersetzt. Auf diese Weise verschwinden in den schließlich erhaltenen Ausdrücken für die Bahnelemente die linear mit der Zeit anwachsenden Terme vollständig und die Bahnelemente werden zur Gänze durch harmonische Reihen als Funktion der Zeit dargestellt.

Diese Reihen müssen noch modifiziert werden in dem Fall, daß gewisse Perioden in der ungestörten Bewegung zusammenfallen oder in einem kommensurablen Verhältnis stehen. Es erhält dann nämlich die entsprechende Kombinationsschwingung im Ausdruck für die störenden Kräfte eine sehr kleine Frequenz $\tau_1 \omega_1 - \tau_2 \omega_2$, also eine sehr lange Periode. Wenn wir aber bei der Integration die Amplitude der Schwingung als konstant betrachtet haben, so liegt darin die Voraussetzung, daß die Bahnelemente während der Zeit, in der die Schwingung vollführt wird, sich nur wenig ändern; und dies wird offenbar nicht mehr erfüllt sein, wenn die Periode sehr lang wird. Die betreffenden Glieder in der Reihenentwicklung werden oft kritische Glieder genannt. Die in diesem Fall der Kommensurabilität zu erwartenden Bewegungen sind durch die Arbeiten von zahlreichen Astronomen, besonders von Gylden, am Ende des letzten Jahrhunderts ermittelt worden. Das Resultat dieser Untersuchungen kann folgendermaßen beschrieben werden. Es seien l_1 und l_2 die Drehungswinkel der beiden Körper und $w = \tau_1 l_1 - \tau_2 l_2$ (τ_1, τ_2 ganze Zahlen) der kritische Winkel, der bei strenger Kommensurabilität der Perioden zeitlich konstant sein würde. Wären keine Störungen vorhanden, so würde w linear mit der Zeit anwachsen, wenn die Kommensurabilitätsrelation zwischen den Perioden nicht ganz exakt erfüllt wäre. Die Störungen bewirken nun, daß w in diesem Fall um einen Gleichgewichtswert schwingt; gleichzeitig mit w schwingen im Fall der Planeten auch die großen Halbachsen. Man spricht dann von einer Libration. Dem konstanten Gleichgewichtswert von w entspricht die exakt gültige Kommensurabilitätsrelation und eine bestimmte Einstellung der Bewegungsphasen. Wenn man weiter Bahnen betrachtet, bei denen die Kommensurabilitätsrelation weniger und weniger genau erfüllt ist, so wachsen die Amplituden von w immer mehr an, indem sich w wie der Ausschlagwinkel eines Pendels verhält. Schließlich wird ein Augenblick kommen, wo der Winkel w völlig von 0 bis 2 π umlaufen wird wie ein Pendel, das genügend Schwung hat, um vollständige Umdrehungen um eine horizontale Achse zu vollführen. Endlich wird die Änderung von w mit der Zeit sich immer mehr einer linearen annähern. Solche Librationsfälle kommen in unserem Sonnensystem besonders häufig in den Satellitensystemen der Planeten vor. Auch das Zusammenfallen der Umlaufsperiode des Mondes um die Erde mit der Periode der Rotation des Mondes gibt Anlaß zu einer derartigen Libration, und zwar infolge der Gravitationskräfte der Erde, die wegen der Abweichung der Gestalt des Mondes von einer Kugel die Rotation des Mondes beeinflussen.

Da auch im Librationsfall eine Darstellung der Bewegung durch harmonische Reihen möglich ist, konnte man hoffen, nach dieser Korrektion der Ergebnisse der Laplace-Lagrangeschen Methode überhaupt eine streng konvergente Darstellung der Bewegung unter dem Einfluß der wechselseitigen Störungen durch solche harmonische Reihen zu erhalten. An der Ausarbeitung der mathematischen Methoden zur Aufstellung solcher Reihen haben zahlreiche Astronomen mitgearbeitet und sie sind schließlich von Poincaré auf eine sehr elegante Form gebracht worden. Es hat sich auch zeigen lassen, daß der durch nicht ganz vollkommene Näherung verursachte Fehler dieser Reihendarstellung im Fall der Planetenbewegung für einen Zeitraum von 1000 Jahren noch unterhalb der astronomischen Meßgenauigkeit liegt und daß die Stabilität des Planetensystems für Zeiträume von der Größenordnung von 1 Million Jahren gesichert ist.

Ganz anders liegt es aber mit der prinzipiellen Frage, ob eine derartige Darstellung durch harmonische Reihen für beliebig große Zeiten mit beliebig guter Annäherung möglich ist. Die Frage scheint zunächst nur mathematisches Interesse zu haben, weil wir ja nicht wissen können, ob bei beliebig langen Zeiträumen nicht an sich sehr kleine Kräfte schon einen merklichen Einfluß auf die Bewegung haben, die bei der Berechnung der Bewegung nicht in Betracht gezogen wurden (z. B. Abweichung der Gestalt der Himmelskörper von der Kugel, Strahlungsdruck usw.). Die Frage hat jedoch auch ein physikalisches Interesse, weil in Atomen mit mehr als einem Elektron in gewisser Hinsicht analoge Verhältnisse vorhanden sind wie diejenigen, welche die Störungsrechnung der Astronomen voraussetzt (s. unten); hier sind aber die entsprechenden Zeiträume viel kürzer, weil erstens die gemachten Zeitangaben ja nur im Verhältnis zur Umlaufszeit der Körper zu verstehen sind und zweitens hier die störenden Kräfte relativ viel größer sind. Wie Poincaré gezeigt hat, ist nun die Antwort auf die Frage negativ, eine Darstellung durch harmonische Reihen für beliebig große Zeiten ist unmöglich (wenigstens wenn man zugleich an der Entwicklung nach Potenzen der störenden Kräfte festhält); wir wissen deshalb auch nicht sicher, ob nicht nach sehr langen Zeiten (z. B. Billionen Jahren) die Planeten unseres Sonnensystems infolge der Newtonschen Gravitationskräfte ihre Lage gegenüber der heutigen gänzlich ändern, ob sich einer oder andere der Planeten dann ins Unendliche entfernen oder in die Sonne stürzen wird. Der Grund für dieses beim ersten Anblick so überraschenden Ergebnis ist dieser. Wenn zwei beliebige Umlaufsfrequenzen ω_1, ω_2 gegeben sind, so wird es unter den Werten der Frequenzen $\tau_1 \omega_1 - \tau_2 \omega_2$ der Kombinationsschwingungen stets beliebig kleine geben, wenn die ganzen Zahlen τ_1 und τ_2 hinreichend groß gewählt werden, und die entsprechenden Perioden also sehr lang. Bei diesen „höheren Kommensurabilitäten" dürfen dann aus ganz analogen Gründen wie im früher besprochenen Librationsfall die Amplituden der Schwingungen im Ausdruck für die störenden Kräfte bei der Integration nicht mehr als konstant angesehen werden. Da man es aber hier prinzipiell zugleich mit sehr vielen derartigen Kommensurabilitätsrelationen (sogar mit unendlich vielen) zu tun hat, ist die Bewegung dann nicht mehr von einer so einfachen Art wie eine Libration, sondern hat im allgemeinen einen durchaus aperiodischen Charakter. Im Planetensystem nehmen jedoch die Amplituden der Kombinationsschwingungen im Ausdruck für die störenden Kräfte für wachsende Werte der ganzen Zahlen τ rasch ab, so daß diese störenden Glieder sich erst nach äußerst langen Zeiten bemerkbar machen können.

Es gibt jedoch spezielle Lösungen, die eine exakte Darstellung durch harmonische Reihen für unendlich lange Zeiten gestatten, und es gibt sogar in beliebiger Nähe von beliebig vorgegebenen Anfangswerten von Lagen und Geschwindigkeiten der Körper stets solche, die zu einer derartigen Lösung führen. Bei diesen speziellen Lösungen kehrt infolge der exakt erfüllten Kommensurabilität der Umlaufsperioden aller gestörten Körper eine bestimmte relative Konstellation dieser Körper (d. h. ihre relativen Lagen und ihre Geschwindigkeiten) periodisch wieder, so daß nach dieser Periode (die im allgemeinen sehr groß wird) sich die ganze Bewegung genau wiederholt. Die Existenz dieser periodischen Lösungen wurde von Poincaré streng bewiesen. Diejenigen Werte der Anfangslagen und -Geschwindigkeiten, die zu solchen Lösungen führen, sind dabei unter der Gesamtheit aller möglichen Werte dieser Größen so verteilt wie die Punkte mit rationalen Koordinatenwerten im Kontinuum.

Es sollen nun noch die Anwendungen der Störungstheorie auf Probleme des Atombaues kurz berührt werden. Nach dem Bild, das wir uns heute von den Atomen machen, bestehen diese aus einem positiv geladenen Kern, um den sich negative Elektronen bewegen. Die Masse des Kerns überwiegt dabei bei weitem die der Elektronen und die Dimensionen beider Arten von Teilchen sind verschwindend gegenüber ihren Abständen. Die Kräfte, die diese Teilchen aufeinander ausüben, sind durch das Coulombsche Gesetz bestimmt, welches ja — abgesehen davon, daß die Kräfte zwischen den Elektronen abstoßende und nicht wie bei den Planeten anziehende sind — dem Newtonschen Gravitationsgesetz ganz analog ist. Man hat deshalb oft die Atome als ein Planetensystem bezeichnet. Es besteht jedoch zwischen diesen und jenem der fundamentale Unterschied, daß die Atome nur in ganz bestimmten stationären Zuständen vorkommen, die aus der kontinuierlichen Mannigfaltigkeit der denkbaren Bewegungsmöglichkeiten auszusondern sind, und durch ganze Zahlen, die Quantenzahlen, klassifiziert werden können (vgl. das Referat über das Bohrsche Atommodell).

48*

Trotz dieses Unterschiedes haben sich die astronomischen Methoden der Störungsrechnung auch in der Atomphysik als überaus fruchtbar erwiesen. Sie lassen sich nämlich auf das Problem anwenden, die stationären Zustände und die Werte der Energie in diesen Zuständen bei Vorhandensein von kleinen störenden Kräften (z. B. äußeren elektrischen oder magnetischen Feldern) zu ermitteln, wenn dieselben bei Abwesenheit dieser störenden Kräfte bekannt sind. Der Grund für die Brauchbarkeit der Störungstheorie bei Atomproblemen ist der, daß die Regeln zur Festlegung der stationären Zustände aufs innigste mit den Periodizitätseigenschaften der allgemeinen Lösung der mechanischen Bewegungsgleichungen zusammenhängen, und eben diese Periodizitätseigenschaften sich auch bei den Rechnungen der Astronomen in den Vordergrund gedrängt haben. So ist in dem einfachen Fall, daß diese allgemeine Lösung eine Darstellung durch harmonische Reihen gestattet, die Anzahl der Quantenzahlen, welche die stationären Zustände charakterisieren, einfach gleich der Anzahl der voneinander unabhängigen Grundfrequenzen der in dieser Darstellung vorkommenden Schwingungszahlen. Die Einwirkung eines äußeren Kraftfeldes auf das Atom hat nun im allgemeinen säkulare Störungen der Bewegung im Atom und damit nach dem früher Gesagten das Auftreten von neuen Frequenzen zur Folge, die den störenden Kräften proportional sind. Diese säkularen Störungen bedingen folglich auch das Hinzukommen von neuen Quantenzahlen in der Klassifizierung der stationären Zustände des gestörten Atoms und erweisen sich somit für deren Festlegung als maßgebend. Durch derartige Betrachtungen ist es Bohr, dem wir überhaupt die Einführung der Methoden der Störungstheorie in die Atomphysik verdanken, gelungen, die Theorie der Einwirkung von äußeren Kraftfeldern auf das vom Wasserstoffatom emittierte Spektrum auf eine besonders übersichtliche und einfache Form zu bringen.

Im Wasserstoffatom hat man es dabei mit dem einfachen Fall des Zweikörperproblems zu tun, da hier nur ein einziges sich um den Kern bewegendes Elektron vorhanden ist. Man konnte nun hoffen, auch bei dem Problem der Festlegung der stationären Zustände von Atomen mit mehr als einem Elektron durch Anwendung von störungstheoretischen Methoden zum Ziel zu kommen, zumal ja die Wechselwirkung der Elektronen in diesen Atomen der Wechselwirkung der Planeten im Sonnensystem in vielfacher Hinsicht analog ist, und die Berechnung der letzteren gerade das eigentliche Anwendungsgebiet der Störungstheorie darstellt. Nach den neuesten Ergebnissen scheint es jedoch, daß die Störungstheorie allein keine Lösung dieses zentralen Problems der Atomphysik bringen kann. Wir müssen vielmehr annehmen, daß die Gültigkeit der klassischen Theorie in den Atomen mit mehr als einem Elektron eine viel begrenztere ist als im Fall eines Atoms mit nur einem Elektron; die Gleichungen der Mechanik dürften sich für die Berechnung der Bewegung in den stationären Zuständen der erstgenannten Atome nicht immer als ausreichend erweisen.

W. Pauli jr.

Stöße nennt man die Maxima der Schwebungen (s. d.). *E. Waetzmann.*

Stokessches Gesetz. Die Navier-Stokesschen Gleichungen (s. dort) sind für den Fall, daß die konvektiven Glieder zu vernachlässigen sind, in manchen Fällen mit Hilfe der Theorie der Kugelfunktionen lösbar. Das ist z. B. der Fall für die stationäre Bewegung einer inkompressiblen Flüssigkeit, in welcher sich eine Kugel befindet, und welche in großer Entfernung von der Kugel eine gleichmäßige konstante Strömung besitzt.

Wenn die Schwerkraft resp. alle äußeren Kräfte zu vernachlässigen sind, reduzieren sich unter den erwähnten Bedingungen die Bewegungsgleichungen auf die Form

$$\mu \, \Delta \, u = \frac{\partial \, p}{\partial \, x}$$

$$\mu \, \Delta \, v = \frac{\partial \, p}{\partial \, y}$$

$$\mu \, \Delta \, w = \frac{\partial \, p}{\partial \, z}$$

$$\frac{\partial \, u}{\partial \, x} + \frac{\partial \, v}{\partial \, y} + \frac{\partial \, w}{\partial \, z} = 0.$$

Hier sind u, v, w die Komponenten der Geschwindigkeit, p der Druck am Punkte (x, y, z), und μ ist der Koeffizient der inneren Reibung der Flüssigkeit.

Legen wir den Koordinatenanfang in den Mittelpunkt der Kugel mit dem Radius R, so haben wir unter der Annahme, daß an der Kugeloberfläche keine Gleitung stattfindet, folgende Grenzbedingungen

$$u = 0, \quad v = 0, \quad w = 0 \text{ für } r = R$$
$$u = U, \quad v = 0, \quad w = 0 \text{ für } r = \infty.$$

Hier ist U die Geschwindigkeit der Flüssigkeit in der x-Richtung in großer Entfernung von der Kugel.

Diese Gleichungen liefern uns für die Komponenten der Geschwindigkeit in der Entfernung r vom Kugelmittelpunkt

$$u = -\frac{3}{4} \frac{U \, R}{r^3} \left(1 - \frac{R^2}{r^2}\right) x^2 + U \left(1 - \frac{3}{4} \frac{R}{r} - \frac{1}{4} \frac{R^3}{r^3}\right)$$

$$v = -\frac{3}{4} \frac{U \, R}{r^3} \left(1 - \frac{R^2}{r^2}\right) x y$$

$$w = -\frac{3}{4} \frac{U \, R}{r^3} \left(1 - \frac{R^2}{r^2}\right) x z,$$

und für die Komponenten der Wirbelgeschwindigkeit

$$\xi = 0 \qquad \eta = \frac{3}{4} \frac{U \, R}{r^3} z \qquad \zeta = -\frac{3}{4} \frac{U \, R}{r^3} y.$$

Für die Spannungskomponenten an der Kugeloberfläche bekommen wir aus obigen Gleichungen

$$p_{Rx} = -\frac{x}{R} p_0 + \frac{3}{2} \frac{\mu \, U}{R}, \quad p_{Ry} = -\frac{y}{R} p_0,$$

$$p_{Rz} = -\frac{z}{R} p_0,$$

und für die resultierende Kraft auf die Kugel in Richtung der x-Achse, wenn dS ein Element der Oberfläche ist,

$$\int p_{Rx} \cdot d S = 6 \, \pi \, \mu \, U \, R.$$

Wenn wir überall die Geschwindigkeit U in der x-Richtung hinzufügen, so erhalten wir den Fall einer Kugel, welche sich in einer zähen Flüssigkeit stationär bewegt. Das Strömungsbild für diesen Fall gibt beistehende Figur.

Die äußere Kraft, welche auf die Kugel wirken muß, um diese in der gleichmäßigen Geschwindigkeit —U zu erhalten, resp. der Widerstand, welchen die Kugel bei der Bewegung mit der Geschwindigkeit $+\,\mathrm{U}$ erfährt, ist folglich

$$\mathrm{W} = 6\,\pi\,\mu\,\mathrm{R}\,\mathrm{U}.$$

Dies ist das Stokessche Gesetz. Dies Gesetz gilt aber nur so lange, als in den Navier-Stokesschen Gleichungen die Trägheitsglieder zu vernachlässigen sind, also solange u $\dfrac{\partial\,\mathrm{u}}{\partial\,\mathrm{x}}$ usw. klein gegen die Glieder $\nu\,\dfrac{\partial^2\mathrm{u}}{\partial\,\mathrm{x}^2}$ usw. sind, wenn mit $\nu = \dfrac{\mu}{\varrho}$ der kinematische Reibungskoeffizient bezeichnet wird. Diese Bedingung ist erfüllt, solange die Reynoldssche Zahl $\dfrac{\mathrm{U}\,\mathrm{R}}{\nu}$ gegen die Einheit klein ist.

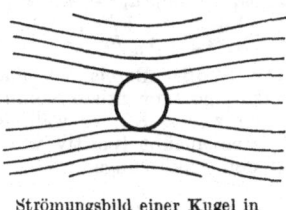

Für Wasser mit $\nu = 0,01$ (bei 20^0 C) gilt das Gesetz z. B. für eine Kugel von 1 mm Radius nur dann, wenn ihre Geschwindigkeit wesentlich kleiner als 1 mm pro Sekunde ist, für Luft mit 0,13 dagegen

Strömungsbild einer Kugel in einer zähen Flüssigkeit.

bei einer Geschwindigkeit wesentlich kleiner als 1,3 cm pro Sekunde. Regentropfen in der Luft sind also noch zu groß und zu schnell, um auf sie das Gesetz anwenden zu können. Anwendbar ist es dagegen auf Nebeltropfen.

Bei der Anwendung des Gesetzes auf Gase muß andererseits berücksichtigt werden, daß die Dimensionen der Kugel gegenüber der mittleren freien Weglänge der Moleküle groß sein müssen, da sonst die äußere Reibung resp. die Molekularbewegung von Bedeutung wird, ebenso wie es beim Durchfluß durch Kapillare (s. Poiseuillesches Gesetz) der Fall ist. Deswegen muß bei Bewegungen in Luft unter Atmosphärendruck der Durchmesser 2 R der Kugel gegen 0,0001 mm groß sein. Ist dies nicht der Fall, so ist an dem Stokesschen Gesetz eine Korrektur anzubringen. Eine solche wurde 1910 von E. Cunningham angegeben, welcher aus gaskinetischen Betrachtungen die Formel ableitete

$$\mathrm{W} = 6\,\pi\,\mu\,\mathrm{R}\,\mathrm{U}\left(1 + \mathrm{A}\,\frac{\lambda}{\mathrm{R}}\right)^{-1}.$$

In dieser Gleichung soll nach Cunningham $\mathrm{A} = \dfrac{1,63}{2 - \mathrm{f}}$ sein, wo f zwischen 0 und 1 liegt. Aus Fallversuchen findet Mc Keeham $\mathrm{A} = 1$, dagegen Knudsen aus Schwingungsversuchen $\mathrm{A} = 0,68 + 0,35\,\mathrm{e}^{-1,85\frac{\mathrm{R}}{\lambda}}$, eine Formel, die für großes $\dfrac{\lambda}{\mathrm{R}}$, für welches die Cunninghamsche Formel allein von Bedeutung ist, ebenfalls nahezu 1 liefert.

Das Stokessche Gesetz kann dazu dienen, die Fallgeschwindigkeit kleiner Kugeln in einer Flüssigkeit unter der Wirkung der Schwere zu finden. Da bei konstanter Fallgeschwindigkeit das Gewicht minus hydrostatischem Auftrieb gleich dem Widerstande sein muß, ergibt sich

$$\mathrm{U} = \frac{2}{9}\,\frac{\varrho_1 - \varrho}{\mu}\,\mathrm{g}\,\mathrm{R}^2,$$

wo ϱ die Dichte der Flüssigkeit, ϱ_1 die des Kugelmaterials bedeutet. Für ein Wassertröpfchen von 0,001 mm Radius in Luft ergibt die Formel 0,0128 cm

pro Sekunde; die Formel bleibt aber nur anwendbar für Kugeln mit einem Radius merklich kleiner als 0,06 mm. Dagegen erreicht ein Metallkügelchen von 0,001 mm und einem spezifischen Gewichte 8 in Wasser von 20^0 C nach dem Stokesschen Gesetz eine Endgeschwindigkeit von 0,0015 cm pro Sekunde, und das Gesetz bleibt anwendbar auf Kügelchen mit einem Radius merklich kleiner als 0,04 mm.

Obgleich demnach die Anwendbarkeit des Stokesschen Gesetzes außerordentlich beschränkt ist, ist das Gesetz doch von großer Bedeutung geworden, und zwar bei der Bestimmung des Elementarquantums der Elektrizität. *O. Martienssen.*
Näheres s. Lamb, Lehrbuch der Hydrodynamik. Leipzig 1907.

Stokesscher Satz. Ein in der Elektrostatik häufig zu Umformungen benutzter mathematischer Hilfssatz, der zur Umwandlung von Flächen- in Linienintegrale dient und umgekehrt. *R. Jaeger.*

Stopftöne nennt man Töne, die z. B. auf Trompeten hervorgebracht werden, während die Öffnung des Schallbechers zwecks Vertiefung der Eigentöne des Trompetenrohres durch die hineingehaltene Hand usw. teilweise „verstopft" ist (s. Zungeninstrumente). *E. Waetzmann.*

Stoß zweier fester Körper nennt man die mechanischen Vorgänge bei ihrem plötzlichen Zusammentreffen. Eine genaue Theorie des Stoßes, welche auf die Elastizitäts- und Plastizitätslehre aufgebaut sein müßte, ist bis heute nicht entwickelt. Man begnügt sich vielmehr mit der Berechnung gewisser idealisierter Grenzfälle, zwischen welchen dann die wirklichen Fälle vermittels Erfahrungskoeffizienten eingeschoben werden. Insofern der als Stoß bezeichnete Vorgang von kurzer Dauer und mit verhältnismäßig großen Stoßkräften verbunden ist, so pflegt man überdies alle sonstigen äußeren Kräfte als klein und während der Stoßdauer wenig wirksam ganz zu vernachlässigen. Des weiteren hat man sich bisher hauptsächlich mit dem *ebenen* Stoße befaßt, d. h. einem solchen, bei dem erstens die gemeinsame Berührungsebene beider Körper am Stoßbeginn senkrecht steht zu der durch den Berührungspunkt und die Schwerpunkte der beiden Körper gelegten Ebene, und bei dem zweitens unmittelbar vor dem Stoße (und mithin auch unmittelbar nach ihm) die Geschwindigkeitsvektoren aller Teile der Körper parallel der zuletzt genannten Ebene zeigen.

1. Allgemeine Fälle. Der Stoß besteht aus zwei Abschnitten: erstens der *Kompressionsperiode*, während welcher vermöge gegenseitiger Deformation der Körper ihre Schwerpunkte sich nähern; zweitens der *Restitutionsperiode*, während welcher sie sich wieder voneinander entfernen. Wenn die Restitutionsperiode fehlt, so heißt der Stoß *unelastisch*; wenn während der Restitutionsperiode die ganze Deformation zurückgeht und während des ganzen Stoßes auch keine mechanische Energie in Wärme verwandelt wird, so heißt der Stoß *elastisch*; dazwischen liegt der tatsächliche Fall des *halbelastischen* Stoßes. Beim elastischen Stoß muß man die Berührungsstellen überdies als vollkommen glatt voraussetzen, wenn überhaupt Veranlassung für ein Gleiten beider Körper aneinander vorliegt. Beim unelastischen Stoß werden wir die beiden Grenzfälle zu unterscheiden haben, daß die Berührungsstellen entweder vollkommen glatt oder vollkommen rauh sind; im letzteren Falle wird ein etwa vorhandenes Gleiten der Körper aneinander so rasch

vernichtet, daß es nach dem Stoße sicher verschwunden ist.

Indem wir uns auf den ebenen Stoß beschränken (der nichtebene ist formal mit den gleichen Methoden zu erledigen, die Rechnungen werden freilich außerordentlich verwickelt), so bezeichnen wir mit einem Zeiger 1 alle Größen, die sich auf den ersten, mit einem Zeiger 2 alle, die sich auf den zweiten Körper beziehen, und nennen m die Körper-

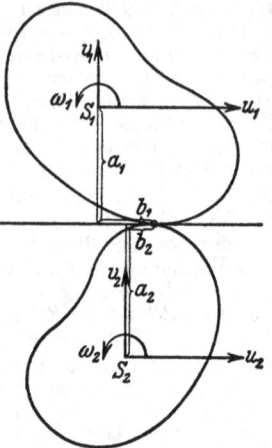

Ebener Stoß.

masse, k den Trägheitsarm (s. Trägheitsmomente) bezüglich des Schwerpunkts, u und v die Geschwindigkeitskomponenten des Schwerpunkts parallel zur Berührungsebene und senkrecht dazu, ω die Winkelgeschwindigkeit einer etwaigen Drehung (positiv in dem Drehsinne, der die positive u-Richtung auf kürzestem Wege in die positive v-Richtung überführt), a das Lot vom Schwerpunkt auf die Berührungsebene (positiv für jeden Körper, soweit es auf seiner Seite der Berührungsebene liegt), b den Abstand des Fußpunkts des Lotes vom Berührungspunkt (positiv, falls die Richtung vom Fußpunkt nach dem Berührungspunkt die positive u-Richtung ist). Die positive v-Richtung wählen wir vom Berührungspunkt nach der Seite des ersten Körpers. Durch einen oberen Strich sollen die Größen vor, durch zwei obere Striche nach dem Stoß gekennzeichnet sein. Während des Stoßes ändern sich a und b nur unwesentlich; man rechnet mit geeigneten Mittelwerten.

a) **Unelastischer Stoß vollkommen rauher Körper.** Die Lösung wird geliefert von den Impulssätzen (s. d.). Da keine äußeren Kräfte vorhanden sind, so verschwinden die Komponenten des gesamten Impulszuwachses.

$$(1) \quad m_1(u_1'' - u_1') + m_2(u_2'' - u_2') = o,$$
$$(2) \quad m_1(v_1'' - v_1') + m_2(v_2'' - v_2') = o.$$

Sodann ist für jeden Körper der Zuwachs des Impulsmomentes gleich dem Moment des ihm vom andern Körper mitgeteilten Impulszuwachses (bezogen auf die Schwerpunkte):

$$(3) \quad k_1^2(\omega_1'' - \omega_1') = a_1(u_1'' - u_1') + b_1(v_1'' - v_1'),$$
$$(4) \quad k_2^2(\omega_2'' - \omega_2') = -a_2(u_2'' - u_2') + b_2(v_2'' - v_2').$$

Endlich ist nach dem Stoß infolge der vollkommenen Rauhigkeit keine relative Gleitgeschwindigkeit vorhanden, infolge des Fehlens der Restitution keine relative Kompressionsgeschwindigkeit:

$$(5) \quad u_1'' + a_1\omega_1'' = u_2'' - a_2\omega_2'',$$
$$(6) \quad v_1'' + b_1\omega_1'' = v_2'' + b_2\omega_2''.$$

Die sechs Gleichungen reichen zur Lösung gerade aus, beispielsweise um aus den gestrichen Anfangsgrößen die doppelt gestrichenen Endgrößen zu berechnen.

b) **Unelastischer Stoß vollkommen glatter Körper.** Hier ist in tangentialer Richtung keine Impulsübertragung zwischen den beiden Körpern

möglich und auch die Gleitgeschwindigkeiten ändern sich nicht. Demgemäß wird hier die Gleichung (5) ungültig; dafür aber spaltet sich (1) in die zwei Gleichungen

$$(1a) \qquad u_1'' = u_1', \quad u_2'' = u_2'.$$

Die übrigen Gleichungen bleiben bestehen [teilweise gemäß (1a) vereinfacht].

c) **Elastischer Stoß (vollkommen glatter Körper).** Neben den Gleichungen (1a) gelten hier die Gleichungen (2), (3) und (4) [letztere wieder vereinfacht gemäß (1a)]. An Stelle der ungültig gewordenen Gleichungen (5) und (6) tritt der Satz von der Erhaltung der Bewegungsenergie [s. Energie (mechanische)]:

$$(7) \quad m_1(u_1'^2 + v_1'^2 + k_1^2\omega_1'^2) + m_2(u_2'^2 + v_2'^2 + k_2^2\omega_2'^2) = m_1(u_1''^2 + v_1''^2 + k_1^2\omega_1''^2) + m_2(u_2''^2 + v_2''^2 + k_2^2\omega_2''^2).$$

d) **Halbelastischer Stoß.** Bezeichnet man mit N und R die normale und tangentiale Komponente der Kraft, die der zweite Körper während des Stoßes auf den ersten ausübt (positiv wie u und v), so lauten mit den Abkürzungen

$$(8) \qquad \mathbf{N} = \int_o^t N\,dt, \quad \mathbf{R} = \int_o^t R\,dt$$

die Impulssätze, integriert vom Stoßbeginn $t = o$ bis zu der Zeit t innerhalb der Stoßdauer

$$(9) \quad \begin{cases} m_1(u_1 - u_1') = \mathbf{R}, \\ m_1(v_1 - v_1') = \mathbf{N}, \\ m_1 k_1^2(\omega_1 - \omega_1') = a_1\mathbf{R} + b_1\mathbf{N}, \\ m_2(u_2 - u_2') = -\mathbf{R}, \\ m_2(v_2 - v_2') = -\mathbf{N}, \\ m_2 k_2^2(\omega_2 - \omega_2') = a_2\mathbf{R} - b_2\mathbf{N}. \end{cases}$$

Die relative Gleitgeschwindigkeit des Berührungspunktes zur Zeit t ist

$$(10) \qquad U = (u_1 + a_1\omega_1) - (u_2 - a_2\omega_2),$$

die relative Kompressionsgeschwindigkeit

$$(11) \qquad V = (v_1 + b_1\omega_1) - (v_2 + b_2\omega_2).$$

In diesen Gleichungen, zusammen mit der durch die Reibungsgesetze geregelten Beziehung zwischen R, N und U

$$(12) \qquad R = f(N, U),$$

ist die Lösung des Problems enthalten. Man verfährt dabei zweckmäßig folgendermaßen. Entnimmt man den Gleichungen (9) die Werte von $u_1, v_1, \omega_1, u_2, v_2, \omega_2$ und setzt sie in (10) und (11) ein, so kommt

$$(10a) \qquad U = A_0 - A_1\mathbf{N} - A_2\mathbf{R},$$
$$(11a) \qquad V = B_0 - B_1\mathbf{N} - B_2\mathbf{R},$$

wobei die A_i, B_i, einfach auszurechnende Funktionen der gegebenen Stoßparameter m_i k_i a_i b_i u_i' v_i' ω_i' sind. Wir unterscheiden jetzt zwei Fälle:

α) **Glatte Körper: R = o.** Die Kompressionsperiode dauert so lange, bis V = o geworden ist. Am Ende dieser Periode ist der Kompressionsimpuls zufolge (11a)

$$\mathbf{N}_c = \frac{B_0}{B_1}.$$

Man nimmt nun an, daß beim halbelastischen Stoß der Restitutionsimpuls $\mathbf{N}_r$ nur einen Bruchteil des Kompressionsimpulses erreicht (so daß also die Deformation nicht ganz zurückgeht) und setzt mit einem empirischen Faktor ε, dem sog. *Stoß*- oder *Restitutionskoeffizienten*,

$$(13) \qquad \mathbf{N}_r = \varepsilon\,\mathbf{N}_c, \qquad (0 \leqq \varepsilon \leqq 1)$$

so daß der Gesamtimpuls am Ende des Stoßes

$$(14) \qquad \mathsf{N}'' = \mathsf{N_c} + \mathsf{N_r} = (1 + \varepsilon)\frac{\mathsf{B_0}}{\mathsf{B_1}}$$

geworden ist (für den unelastischen Körper ist $\varepsilon = 0$, für den elastischen $\varepsilon = 1$). Geht man mit diesem Wert von N in die Gleichungen (9), so folgt unmittelbar der Bewegungszustand u_1'', v_1'', ω_1'', u_2'', v_2'', ω_2'' nach dem Stoße.

β) Halbrauhe Körper: $\mathsf{R} \neq 0$. Hier hat man drei Fälle für das Reibungsgesetz (12) zu unterscheiden. Solange wirkliches Gleiten stattfindet, wie möglicherweise zu Beginn des Stoßes, wird man mit dem Reibungskoeffizienten μ

$$(15) \qquad \mathsf{R} = \pm \mu \mathsf{N}$$

setzen dürfen und hat dann auch

$$(15\,\mathrm{a}) \qquad \mathsf{R} = \pm \mu \mathsf{N},$$

wo das Vorzeichen vom Vorzeichen von U abhängt. Man führt diesen Wert von R in (10a) und (11a) ein und sieht zu, wie U und V mit wachsendem N sich verhalten; wird U überhaupt nicht Null, so gilt das Gesetz (15) für den ganzen Stoß, und die Lösung ist dann im wesentlichen die gleiche wie unter a): Berechnen von $\mathsf{N_c}$ aus (11a) mit $V = 0$, dann Einführen von $\mathsf{N}'' = (1+\varepsilon)\,\mathsf{N_c}$ sowie $\mathsf{R}'' = \pm \mu$ $(1+\varepsilon)\,\mathsf{N_c}$ in die Gleichungen (9). Wird dagegen $U = 0$ während des Stoßes (d. h. mit einem kleineren Wert von N als N''), so sind von diesem Augenblick an je nach den Umständen statt (15) andere Gesetze zu verwenden: nämlich wenn die Reibung stark genug ist, fürderhin Gleiten zu verhindern, das mit $U = 0$ aus (10a) folgende Gesetz

$$(15\,\mathrm{b}) \quad \mathsf{R} = \frac{\mathsf{A_0} - \mathsf{A_1}\,\mathsf{N}}{\mathsf{A_2}}, \; \left(\text{falls } \left| \frac{\mathsf{A_0} - \mathsf{A_1}\,\mathsf{N}}{\mathsf{A_2}\,\mathsf{N}} \right| \leqq \mu \right)$$

hingegen, wenn die Reibung zu schwach ist, um neues Gleiten im anderen Sinne zu verhüten, das Gesetz

$$(15\,\mathrm{c}) \quad \mathsf{R} = \mp \mu \mathsf{N}. \; \left(\text{falls } \left| \frac{\mathsf{A_0} - \mathsf{A_1}\,\mathsf{N}}{\mathsf{A_2}\,\mathsf{N}} \right| > \mu \right)$$

Die weitere Lösung erfolgt dann wie früher, und zwar am zweckmäßigsten nach einer von Routh entwickelten graphischen Methode. (In Wirklichkeit werden die Reibungsverhältnisse allerdings auch noch von den Deformationen und davon beeinflußt, daß der Koeffizient der Haftreibung von dem der Gleitreibung etwas abzuweichen pflegt.)

2. Besondere Fälle. Unter geeigneten kinematischen Vorbedingungen kann sich die Berechnung des Stoßes erheblich vereinfachen. Der Stoß heißt zentral oder exzentrisch, je nachdem die Verbindungsgerade der Schwerpunkte mit der Stoßnormalen (d. h. der gemeinsamen Normalen beider Oberflächen im Berührungspunkte) zusammenfällt oder nicht; der Stoß heißt gerade, wenn die Körper vor ihm keine Drehbewegung besitzen und sich relativ zueinander nur in der Stoßnormalen bewegen; andernfalls heißt er schief. Beim geraden Stoß spielt die Reibung in erster Annäherung keine Rolle.

a) Der zentrale gerade Stoß. Die Geschwindigkeiten nach dem Stoße sind, wenn man von einer etwaigen gemeinsamen Bewegung $u_1 = u_2$ absieht

$$v_1'' = \frac{(m_1 - \varepsilon\, m_2)\, v_1' + (1 + \varepsilon)\, m_2\, v_2'}{m_1 + m_2},$$

$$v_2'' = \frac{(m_2 - \varepsilon\, m_1)\, v_2' + (1 + \varepsilon)\, m_1\, v_1'}{m_1 + m_2},$$

der Verlust an Bewegungsenergie

$$- \Delta\, T = \frac{1 - \varepsilon^2}{2} \frac{m_1\, m_2}{m_1 + m_2} (v_1' - v_2')^2.$$

Ist der eine Körper eine feste Wand, so folgt mit $v_2' = 0$, $\lim \dfrac{m_1}{m_2} = 0$

$$v_1'' = - \varepsilon\, v_1',$$

$$- \Delta\, T = \frac{1 - \varepsilon^2}{2}\, m_1\, v_1'^2.$$

b) Der exzentrische gerade Stoß. Führt man mittels des Quotienten

$$\varkappa_1 = \frac{k_1^2}{k_1^2 + b_1^2}, \quad \varkappa_2 = \frac{k_2^2}{k_2^2 + b_2^2}$$

die reduzierten Massen

$$m_1' = \varkappa_1\, m_1, \quad m_2' = \varkappa_2\, m_2$$

sowie die Abkürzungen

$$\varepsilon_1 = \varepsilon\, \varkappa_1 - \varkappa_1 - 1$$

$$\varepsilon_2 = \varepsilon\, \varkappa_2 - \varkappa_2 - 1$$

ein, so kommt als Lösung

$$u_1'' = u_2'' = u_1 = u_2,$$

$$(16) \quad v_1'' = \frac{(m_1' - \varepsilon_1\, m_2')\, v_1' + (1 + \varepsilon)\, \varkappa_1\, m_2'\, v_2'}{m_1' + m_2'},$$

$$v_2'' = \frac{(m_2' - \varepsilon_2\, m_1')\, v_2' + (1 + \varepsilon)\, \varkappa_2\, m_1'\, v_1'}{m_1' + m_2'},$$

$$(17) \quad \omega_1'' = \frac{b_1}{k_1^2} \frac{(1 + \varepsilon)\, \varkappa_1\, m_2'}{m_1' + m_2'} (v_2' - v_1'),$$

$$\omega_2'' = \frac{b_2}{k_2^2} \frac{(1 + \varepsilon)\, \varkappa_2\, m_1'}{m_1' + m_2'} (v_1' - v_2').$$

War vor dem Stoß der eine Körper (m_1) in Ruhe, so nennt man seinen Stoßmittelpunkt denjenigen Punkt in der Stoßebene, der auch unmittelbar nach dem Stoß noch in Ruhe verharrt. Er liegt auf der rückwärtigen Verlängerung des vom Schwerpunkt auf die Stoßnormale gefällten Lotes und zwar im Abstand k_1^2/b_1 vom Schwerpunkt. Geschieht der Stoß senkrecht zur Verbindungslinie des Treffpunkts und des Schwerpunkts, so ist der Stoßmittelpunkt S_1 der Schwingungsmittelpunkt [s. Pendel (math. Theorie) 2, c.] des Treffpunktes S_2. Man nennt dann häufig (mit vertauschter Bezeichnung) den Treffpunkt S_2 auch den Stoßmittelpunkt in bezug auf S_1. Die vom Pendel her bekannte Vertauschbarkeit beider Punkte gilt auch für den Stoß und ist ein besonderer Fall des Satzes von der Vertauschbarkeit der Stoßgeschwindigkeiten: Ein Stoß auf einen ruhenden Körper an einem Punkte S_1 mit der Richtung α_1 bringt in einem zweiten Punkte S_2 des Körpers eine Geschwindigkeit hervor, deren Komponente in einer Richtung α_2 ebenso groß ist, wie die Geschwindigkeitskomponente in der Richtung α_1, die ein gleich starker Stoß im Punkte S_2 mit der Richtung α_2 im Punkte S_1 erzeugt. *R. Grammel.*

Vgl. auch Impuls. Näheres über den Stoß sowie insbesondere die Übertragung auf nichtebene Stöße s. E. J. Routh, Die Dynamik der Systeme starrer Körper (deutsch von A. Schepp), Leipzig 1898, Bd. 1, § 168—198 und § 306—331.

Stoß, ballistischer, s. Ballistische Messung einer Elektrizitätsmenge.

Stoßerregung. Jedes Verfahren zur Erzeugung von Schwingungen, bei welchem ein Schwingungskreis in seiner Eigenschwingung durch eine nur kurze Zeit wirkende EMK erregt wird.

1. **Stoßerregung bei Empfang.** a) **Erregung durch Summer.** Wird der Strom in der Spule L durch den nach den Figuren parallel zum Kon-

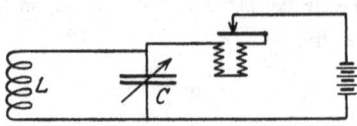

Schaltungsschema der Stoßerregung.

tensator gelegten Wagnerschen Hammer unterbrochen, so klingt das in L durch den Gleichstrom erregte Magnetfeld über C in der Eigenfrequenz des Kreises aus. Es genügt, wenn der Hammer hier Summer genannt, auch nur an einem Teil der Spule angeschlossen ist. Die Anordnung wird in der drahtlosen Technik zur Messung von Kapazitäten, Selbstinduktionen, Kopplungen und zur Kontrolle von Empfangskreisen benützt.

b) **Erregung durch atmosphärische Störungen.** Durch aperiodische, blitzartige Stöße werden die Empfangskreise in ihrer Eigenschwingung erregt; s. atmosphärische Störungen.

2. **Stoßerregung durch Funken** s. Löschfunken. *A. Meißner.*

Stoßheber s. hydraulischer Widder.

Stoßtöne. Wird das Intervall zweier gleichzeitig angegebener (Primär-) Töne vom Einklange aus allmählich vergrößert, so entstehen Schwebungen (s. d.), deren Zahl pro Sekunde gleich der Differenz der Schwingungszahlen der Primärtöne ist. Von einer gewissen Größe des Intervalles an tritt ein neuer Ton auf, dessen Schwingungszahl gleich der Schwebungszahl ist. Nach R. König kommt dieser Ton dadurch zustande, daß das Ohr die Fähigkeit besitzt, die Maxima der Schwebungen genau so als Töne (Stoßtöne) zu empfinden wie Sinusschwingungen der gleichen Frequenz. Der richtige Kern der Königschen Theorie ist der, daß die „Stoßtöne" in einer engen Beziehung zu den Schwebungen stehen. Die Art, wie dieser Zusammenhang von König hergestellt wird, ist aber mit der Resonanztheorie des Hörens (s. d.) nicht vereinbar und abzulehnen. Helmholtz hat eine andere Theorie der in Frage stehenden Töne (s. Kombinationstöne) aufgestellt. Auf Grund neuerer Versuche (Waetzmann) lassen sich die Helmholtzschen und ein Teil der Königschen Vorstellungen zu einer umfassenderen Theorie verschmelzen. *E. Waetzmann.*
Näheres s. E. Waetzmann, Zeitschr. für Physik 1, 1920.

Stoßzahl der Molekeln. Wir betrachten die Gasmolekeln als Kugeln vom Durchmesser σ. Infolge ihrer Bewegung muß jede Molekel beständig mit anderen zusammenstoßen. Die Zahl der Stöße, die sie in der Sekunde macht, nennen wir ihre **Stoßzahl**, die wir folgendermaßen finden können. Wir denken uns vorerst alle Molekeln in Ruhe bis auf eine, welche die Geschwindigkeit c besitzt. Beim Stoß nähern sich die Mittelpunkte der Molekeln bis auf die Entfernung σ. Für die Rechnung wird sich somit nichts ändern, wenn wir sämtliche ruhenden Molekeln uns als Punkte denken, während die sich bewegende den doppelten Durchmesser, also den Radius σ besitzt. Diese Molekel fegt in der Sekunde einen Raum von der Größe $\pi \sigma^2 c$ ab, in dem sich $N \pi \sigma^2 c$ Molekeln befinden, wenn N die Zahl der Molekeln in der Volumseinheit ist. $N \pi \sigma^2 c$ gibt uns

also auch die Zahl der Stöße an, welche die Molekel in der Sekunde macht. In Wirklichkeit sind nun alle Molekeln in Bewegung. Wir können dann genau dieselbe Überlegung für die Stoßzahl machen, nur haben wir anstatt c die relative Geschwindigkeit r einer Molekel gegenüber den anderen einzuführen. Es hat Clausius gezeigt, daß $r = \frac{4}{3} c$, mithin die Stoßzahl $Z = \frac{4}{3} N \pi \sigma^2 c$ ist. (Zahlenwerte s. innere Reibung der Gase.) *G. Jäger.*
Näheres s. G. Jäger, Die Fortschr. d. kinet. Gastheorie. 2. Aufl. Braunschweig 1919.

Stoßzahlansatz. Wenn man die Zahl der Zusammenstöße von Gasmolekülen berechnen will, geht man davon aus, daß in der Zeit Δt alle diejenigen Moleküle von gleicher Bewegungsrichtung und der Geschwindigkeit v ein gegebenes Molekül erreichen, deren Mittelpunkte in einem Zylinder von der Länge $v \cdot \Delta t$ und dem Querschnitt $\pi \varrho^2$ ($\varrho =$ doppelter Radius des Moleküls bzw. seiner Wirkungssphäre, weil beim Zusammenstoß die Mittelpunkte um ϱ voneinander entfernt sind) liegen. Man nimmt nun an, daß in diesem Zylindervolumen V ebensoviele Moleküle liegen wie in jedem anderen Raumgebiet der Größe V (*Stoßzahlansatz,* Clausius, Boltzmann). Diese Annahme ist nur dann richtig, wenn die Moleküle keine Häufungsstellen sind, also die Moleküle „gut gemischt" sind. Man nennt deshalb *molekulare Unordnung* die Voraussetzung des Stoßzahlansatzes. Genauer muß die Annahme so formuliert werden, daß durchschnittlich gleichviele Moleküle in gleichen Raumteilen V liegen. Dieser Stoßzahlansatz läßt sich wie alle speziellen Vorstellungen über den Zusammenstoß vermeiden, wenn man die *Ergodenhypothese* (s. d.) zugrunde legt. *Reichenbach.*

Strahlenbrechung s. Refraktion.

Strahlenfilter s. Farbgläser, Jenaer.

Strahltheorie der Schraube. Diese gibt eine idealisierte Vorstellung von der Luft bzw. Wasserbewegung in einer Schraube und führt durch Anwendung des Impuls- und Energiesatzes auf einige allgemeine Folgerungen, von denen die Begrenzung des Wirkungsgrades einer Schraube die wichtigste

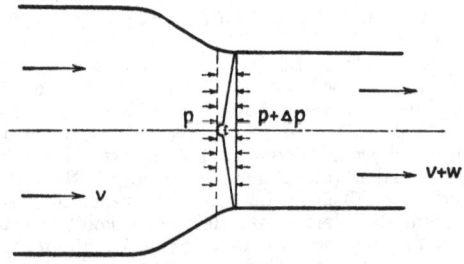

Strahltheorie der Schraube.

ist. Man stellt sich die Schraube als einen Mechanismus vor, durch welchen auf einer in der Flüssigkeit fortschreitenden Kreisfläche F eine Schubkraft in der Bewegungsrichtung erzeugt wird. Der Impuls der Strömung hinter der Schraube muß größer sein wie vor der Schraube. Bezeichnet Q die Flüssigkeitsmenge, welche von der Schraube erfaßt wird, v ihre Geschwindigkeit vor der Schraube, w die Geschwindigkeitszunahme in der Stromrichtung infolge der Schraubeneinwirkung und ϱ die

Dichte der Flüssigkeit, so ist die Schubkraft der Schraube $S = \varrho\,Q\,w$. Bei diesem Vorgang wird aber auch die kinetische Energie des die Schraube durchströmenden Luftvolumens erhöht, also Energie vom Schraubenmechanismus der Luft mitgeteilt; dadurch ist der Wirkungsgrad der Schraube prinzipiell beschränkt. Der Höchstwert dieses Wirkungsgrades ist gegeben durch:

$$\eta = \frac{v}{v + w/2}.$$

Um die Größe w zu berechnen, muß man von der Arbeitsgleichung ausgehen. Bei Durchströmen der Schraubenkreisfläche wird gegen die Druckkraft

$$\Delta p = S/F$$

Arbeit geleistet und zwar $Q\,\Delta p$ in der Zeiteinheit. Diese Arbeit ist der Leistung L der Schraube gleich, also

$$Q\,S/F = \varrho\,Q\left(v\,w + \frac{w^2}{2}\right).$$

Mit Hilfe dieser Gleichung wird also w und somit auch der Höchstwirkungsgrad durch die Konstruktionsgrößen der Schraube ausgedrückt. In ganz analoger Weise wie den höchsten Wirkungsgrad einer fortschreitenden Schraube kann man die größte Hubkraft, welche von einer ortsfesten Schraube unter bestimmten Bedingungen erzeugt werden kann, berechnen. *L. Hopf.*

Strahlung. Die Aussendung elektromagnetischer Wellen.

a) Strahlung einer Antenne. Wenn der Strom J im vertikalen Teil einer Antenne (h) (Fig. 1)

Fig. 1. Strahlung einer vertikalen Antenne.

variiert (ω), so ergibt sich das magnetische Feld im Punkte P mit Hilfe des Vektor-Potentials, d. h. es ist die Zeitdifferenz entsprechend dem Fortschreiten der Wellen zwischen A und P zu berücksichtigen. Das Vektor-Potential in P ist

$$A = \frac{[J]\,h}{d}.$$

[J] deutet an, daß hier für J (Zeit t) der Wert einzusetzen ist von einer um $\frac{d}{c}$ zurückliegenden Zeit (c = Ausbreitungsgeschwindigkeit = $3 \cdot 10^{10}$). Es ist also

$$[J] = J_0 \sin \omega\left(t - \frac{d}{c}\right).$$

Das Feld ist dann

$$H_t = \frac{1}{10}\,\mathrm{curl}\ A = \frac{1}{10}\,\frac{dA}{dt} =$$

$$\frac{h\,\omega\,J_0}{10\,c\,d}\cos \omega\left(t - \frac{d}{c}\right) - \frac{h\,J_0}{10\,d^2}\sin \omega\left(t - \frac{d}{c}\right).$$

Der erste Ausdruck ist das Strahlungsfeld, der zweite das normale Feld der magnetischen Induktion. In größerer Entfernung ist daher das maximale Feld gegeben durch

$$H_0 = \frac{h\,\omega\,J_0}{10\,c\,d} \ \text{oder da}\ \frac{\omega}{c} = \frac{2\,\pi}{\lambda} \quad H_0 = \frac{2\,\pi}{10}\,\frac{h\,J_0}{\lambda\,d}.$$

Für sehr große Entfernungen (größer als 100 km)

ist das magnetische Feld infolge von Absorptionen geringer

$$H' = H_0\,e^{- 0{,}000047\,\frac{d}{\sqrt{\lambda}}}.$$

Derselbe Wert gilt auch für gedämpfte Schwingungen. Mit H ist gleichzeitig immer verbunden ein elektrisches Feld E. Beide müssen immer gleichzeitig entstehen, sind gleicher Phase und E steht räumlich senkrecht auf H. $E = 300 \cdot H$.

Die Strahlung, die im Abstand d von der Antenne durch die Flächeneinheit geht, ist nach Poynting

$$S = \frac{1}{4\,\pi} \cdot E \cdot H.$$

Dieser Wert, integriert über eine den Strahler umhüllende Halbkugel, ergibt

$$J^2\left(39{,}7 \cdot \frac{H}{\lambda}\right)^2 = J^2 \cdot R_\Sigma \ \text{da}\ \lambda = \frac{2\,\pi\,c}{\omega}.$$

Der zweite Teil dieses Ausdruckes (R_Σ) erscheint hier äquivalent einem Widerstand (Strahlungswiderstand).

Die in einer Empfangs-Antenne (Höhe h_e) von dem mit der Geschwindigkeit c über sie hinwegstreichende Strahlungsfeld induzierte EMK. ist $h_e \cdot H \cdot c \cdot 10^{-8}$ V. Der Strom in der Empfangsantenne ist dann

$$= J_R = \frac{E}{R} = 300 \cdot \frac{h_e \cdot H}{R}\ \text{Amp.} = \frac{188 \cdot h \cdot h_e \cdot J_0}{R \cdot \lambda^2 \cdot d}.$$

R ist hier der Widerstand der Empfangsantenne. Für gedämpfte Schwingungen ist ein Faktor hinzuzufügen. Es gilt hier

$$J'_R = J_R \cdot \sqrt{\frac{1}{1 + \frac{600\,L\,b}{R\,\lambda}}}$$

L die Selbstinduktion der Empfangsantenne (Milli-Henry), b das logarithmische Dekrement der ankommenden Schwingungen.

b) Strahlung einer Rahmenantenne (Spule Fig. 2).

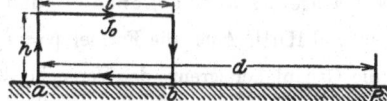

Fig. 2. Strahlung einer Rahmenantenne.

N Windungszahl der Antenne. Das Feld in P setzt sich zusammen aus den Feldern der beiden vertikalen Ströme in a und b.

$$H_d = -\frac{h\,N\,\omega\,J_0}{10\,c\,d}\cos \omega\left(t - \frac{d}{c}\right)$$

$$H_{(d-c)} = +\frac{h\,N\,\omega\,J_0}{10\,c\,(d-l)}\cos \omega\left(t - \frac{d-l}{c}\right)$$

$$\text{oder}\ H_t = -\frac{h\,N\,\omega\,J_0}{10\,c\,d}\sin \omega\left(t - \frac{d - \frac{c}{2}}{c}\right)\sin \frac{\omega\,l}{2\,c}$$

$$\text{da}\ \frac{\omega}{c} = \frac{2\,\pi}{\lambda}\ \sin \frac{\omega\,l}{2\,c} = \frac{\omega\,l}{2\,c}\ \text{ist}\ H = \frac{4\,\pi^2}{10}\,\frac{h\,l\,N\,J_0}{\lambda^2\,d}.$$

Die gesamte Strahlung berechnet sich wieder wie oben aus dem Integral $\frac{1}{4\,\pi}$ E $\cdot$ H über die Halbkugel zu

$$\left(13{,}3\,\frac{l\,h}{\lambda}\right)^4 N^2\,J^2.$$

Der Strahlungswiderstand R ist

$$\left(176\frac{1\,h}{\lambda^2}\right)^2 N^2. \qquad \textit{A. Meißner.}$$

Literatur: Zenneck, Lehrb. S. 178.

Strahlungsdämpfung bzw. Dekrement. C = Antennen-Kapazität, R = Strahlungswiderstand. b ist gleich der in $^1/_2$ Periode durch Strahlung verlorene Energie zur gesamten Antennenenergie

$$\mathfrak{b} = \frac{^1/_2 \dfrac{J_0^2}{2} R \dfrac{1}{n}}{\dfrac{L_A J_0^2}{2}} = \frac{C R \cdot 2}{\lambda\, 300}.$$

In der Eigenschwingung ist b angenähert =

$$\frac{2,44}{\lg\left(\dfrac{2\,l}{r} - 1\right)} \quad \begin{array}{l} l = \text{Länge des Antennendrahtes} \\ r \text{ Radius des Drahtes} \end{array}$$

für l = 100 m, r = 0,25 mm, b = 0,18,
r = 2,5 mm, b_1 = 0,23.

A. Meißner.

Literatur: Zenneck, Lehrb. S. 202.

Strahlungsdruck. Eine Strahlung von S erg sec^{-1} cm^{-2} („Energiefluß") übt auf eine schwarze Fläche in der Strahlungsrichtung einen Druck $\dfrac{S}{c}$ (c = Lichtgeschwindigkeit), auf eine vollkommen spiegelnde Fläche den doppelten Druck $\dfrac{2\,S}{c}$ aus; oder, allgemein, wenn ϱ das Reflexionsvermögen einer bestrahlten Fläche ist: $p = \dfrac{S}{c}(1 + \varrho)$ (Maxwell-Bartoli Grundgesetz der elektromagnetischen Strahlungstheorie). Die Strahlung führt also Impuls mit sich (m × v, Masse × Geschwindigkeit), wie ein materieller Körper. Der Strahlungsdruck auf eine spiegelnde Fläche (ϱ = 1) entspricht formal dem Gesetz des elastischen Stoßes, wo ebenfalls bei vollständiger Reflexion der Impuls 2 mv ausgetauscht wird.

Qualitativ ist das Bestehen eines Strahlungsdruckes nachgewiesen von Lebedew und von Nichols und Hull. Auch die Formel $p = \dfrac{S}{c}$ ist, soweit die Genauigkeitsgrenze der Versuche (20 bis 30%) reicht, bestätigt worden. Neue präzise Messungen ließen den Messungsdruck vom Radiometereffekt vollständig trennen und führten auf 2% zum theoretischen Wert (Gerlach und Golsen). Der Strahlungsdruck der Sonne auf die Erde berechnet sich: Solarkonstante (auf 1 cm^2 der Erde pro Minute eingestrahlte Energie) rund 2 gr cal min = 1,3 × 10^6 erg. sec^{-1}; also für ϱ = o 4 × 10-5 dyn; das ist ein Druck von 0,4 mgr pro Quadratmeter. *Gerlach.*

Näheres über die Ausführung der Messung s. Lebedew, Die Druckkräfte des Lichtes. Ostwalds Klassiker Bd. 188. W. Gerlach u. A. Golsen, Zeitschr. f. Physik. 15. 1. 1923.

Strahlungsgesetze. Unter den Strahlungsgesetzen versteht man allgemein die Beziehungen zwischen Temperatur des strahlenden Körpers und emittierter Energie, sei es Gesamtemissionsenergie oder Emissionsenergie-in bestimmten Spektralbereichen oder für bestimmte Wellenlängen. Von theoretisch und praktisch besonderer Bedeutung sind die Strahlungsgesetze des schwarzen Körpers (s. d.), weil dessen Strahlung nur von der Temperatur des Strahlers, nicht von irgendwelchen Materialeigenschaften abhängt. Aber auch für nicht schwarze

Strahler nehmen die Gesetze einfache Form an, wenn der Strahler ein reiner Temperaturstrahler (s. d.) ist. In diesem Falle gilt das Kirchhoffsche Gesetz, welches aussagt, daß das Verhältnis von Emissionsvermögen und Absorptionsvermögen für alle Temperaturstrahler eine Konstante ist; dabei ist das Absorptions- und Emissionsvermögen für dieselbe Temperatur und dieselbe Wellenlänge zu nehmen. Da das Absorptionsvermögen des schwarzen Körpers (s. d.) definitionsgemäß gleich 100% gesetzt ist, folgt, daß das Verhältnis von Emissionsvermögen zu Absorptionsvermögen eines beliebigen Temperaturstrahlers gleich dem Emissionsvermögen des schwarzen Körpers ist.

Die Gesamtstrahlung eines Temperaturstrahlers ist proportional einer für jeden Körper charakteristischen Potenz der absoluten Temperatur; für den schwarzen Körper gilt das Stefan-Boltzmannsche Gesetz (s. d.), daß die Gesamtstrahlung proportional der vierten Potenz der absoluten Temperatur ist $S = \sigma T^4$. Die Stefan-Boltzmannsche Konstante (s. d.) hat in absoluten Einheiten den Wert $5,76 \times 10^{-12} \pm 0,07$ Watt cm^{-2} grad^{-4} (W. Gerlach 1920). Theoretisch ist dieses Strahlungsgesetz rein thermodynamisch begründet.

Das Wiensche Verschiebungsgesetz, gleichfalls thermodynamisch abgeleitet, bezieht sich auf die Emission des schwarzen Körpers für diejenige Wellenlänge, bei welcher der schwarze Körper das Maximum an Energie ausstrahlt; es sagt aus, daß das Produkt aus dieser Wellenlänge λ_{max} und der absoluten Temperatur des Strahlers T eine Konstante ist. Die Konstante ist bestimmt zu $\lambda_{max} \times T = b = 0,287$ cm Grad, d. h. wenn die Wellenlänge in Zentimeter, die Temperatur in absoluten Graden ($T_{abs} = t^0_{celsius} + 273$) gesetzt wird. Theoretisch folgt sie aus der universellen Konstanten h (Plancksche Wirkungskonstante), k (Boltzmannsche Entropiekonstante) zu $b = \dfrac{c\,h}{\beta\,h}$; c ist die Lichtgeschwindigkeit 3×10^{10} cm/sec, β eine Zahlenkonstante 4,951.

Die Verteilung der gesamten Strahlungsenergie eines schwarzen Körpers in seinem Emissionsspektrum, die Energie-Wellenlängen-Kurve, ist theoretisch durch M. Planck 1900 auf Grund der Energiequantenhypothese gegeben worden: das Plancksche Strahlungsgesetz. Die Energie E, welche im Spektrum eines schwarzen Körpers der absoluten Temperatur T auf die Wellenlänge λ entfällt, $E_{\lambda, T}$ ist gegeben

$$E_{\lambda\,T} = c_1 \lambda^{-5} \left(e^{\left(\frac{c_2}{\lambda\,T}\right)} - 1\right)^{-1}.$$

Das Integral $\int_{\lambda=0}^{\lambda=\infty} E_{\lambda\,T}$ ist das Stefan-Boltzmannsche Strahlungsgesetz und führt zu einem theoretischen Wert der Konstanten $\sigma = \dfrac{2\,\pi^4 k^4}{15 \cdot c^2 h^3}$. Für das Maximum der Emission ergibt sich das Wiensche Verschiebungsgesetz. Für kurze Wellen und hohe Temperaturen geht das Plancksche Gesetz in das (ältere, aber nicht einwandfrei abgeleitete) Wiensche Strahlungsgesetz über $E_{\lambda\,T} = c_1 \lambda^{-5} e^{-\frac{c_2}{\lambda\,T}}$; für sehr lange Wellen in das Rayleigh-Jeanssche Strahlungsgesetz (s. d.) $E_{\lambda\,T} = C \cdot \dfrac{kT}{\lambda^4}$. Die Konstante des Planckschen Gesetzes c_2 (auch häufig c-Konstante genannt) ist numerisch zu 14 300 mit einer Genauigkeit von etwa $1/2 \%$ bestimmt. Der endgültige Nachweis der Gültigkeit des Planckschen Gesetzes für weiteste Temperatur- und Wellenlängenbereiche stammt von H. Rubens und H. Michel, Berl. Ber. 1921.

Über die Bedeutung der Strahlungsgesetze und ihrer experimentellen Bestätigung s. Strahlungsmessungen. Eine Ableitung des Planckschen Strahlungsgesetzes im Sinne der Bohrschen Theorie der Emission und Absorption gab A. Einstein, Physikal. Zeitschr. 1917.

Die folgende Figur gibt die Energieverteilung im Spektrum von schwarzen Körpern einiger Temperaturen. Der sichtbare Bereich ist darin besonders gekennzeichnet. Es ist ersichtlich, wie

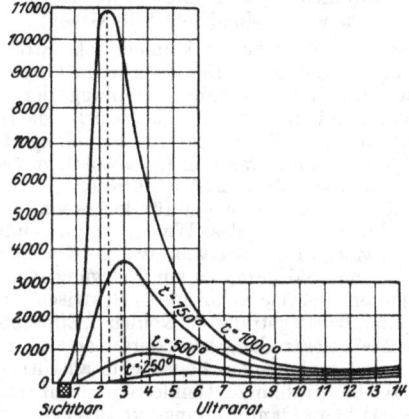

Energieverteilung im Spektrum des schwarzen Körpers.

ein kleiner Teil der Energie als sichtbare Strahlung, also für Beleuchtungszwecke verwendbare Strahlung emittiert wird. Hieraus folgt der überaus schlechte Nutzeffekt, d. h. die schlechte Ausnützung der Energie in unseren Lampen. Andererseits ist ersichtlich, daß mit geringer Steigerung der Temperatur der Anteil an sichtbarer Strahlung bedeutend wächst (Verschiebung des Maximums der Emission nach kürzeren (optischen) Wellenlängen). Hierauf beruht der Vorteil der Metallfadenglühlampen gegenüber den Kohlenfadenlampen, weil erstere auf höhere Temperatur gebracht werden können. *Gerlach.*

Strahlungsgleichgewicht. Absorbiert ein Körper auffallende Strahlung, so erhöht diese absorbierte Energie seine Temperatur und damit auch seine Ausstrahlung in die Umgebung. Strahlungsgleichgewicht besteht, wenn die von einem Körper ausgestrahlte Energie durch in ihn eingestrahlte absorbierte Energie gerade kompensiert wird. Dies ist die Bedingung für einen schwarzen Körper (s. d.). Herrscht bei einer Temperatur zwischen beliebigen Körpern Strahlungsgleichgewicht, so besteht es bei allen Temperaturen (Gesetz von Prevost). *Gerlach.*

Strahlungskonstanten s. Strahlungsgesetze.

Strahlungspyrometer. Den meist benutzten Vorrichtungen zur Messung der Temperatur, Quecksilberthermometern, Thermoelementen und Widerstandsthermometern (s. d.) ist eigentümlich, daß ihr wirksamer Bestandteil, die Thermometerkugel, die Lötstelle, der Widerstandsdraht, sich auf der zu messenden Temperatur befinden muß. Hierdurch ist letzten Endes der Verwendungsbereich der In-

strumente begrenzt; die Erweichung des Glases, das vorzeitige Schmelzen der Thermoelementenschenkel oder des Widerstandsdrahtes machen alle diese Vorrichtungen ungeeignet, die von der Technik, z. B. im Lichtbogen, in Brennöfen u. a. m. erreichten höchsten Temperaturen zu messen. In solchen Fällen benutzt man optische Thermometer, auch Strahlungspyrometer genannt, mit denen man bis zu etwa 700^0 hinab messen kann und deren Verwendungsgebiet nach hohen Temperaturen hin unbegrenzt ist.

Die optische Temperaturmessung beruht auf den Strahlungsgesetzen, die nur für die von einer „schwarzen" Fläche ausgehende Strahlung, die „schwarze" Strahlung gültig sind. Eine Fläche ist „schwarz", wenn sie alle sichtbaren und unsichtbaren Strahlen absorbiert. Soweit die Fläche diese Eigenschaft nicht hat, wird auch die Temperaturmessung fehlerhaft. — Als schwarze Strahlung kann die aus einer engen Öffnung eines Hohlraumes austretende Strahlung angesehen werden. Hocherhitzte technische Öfen liefern vielfach nahezu schwarze Strahlung. Die Temperatur eines schwarze Strahlung aussendenden Körpers wird dadurch gefunden, daß man die Strahlung, ganz oder spektral ausgeblendet, mit einer bekannten Lichtquelle photometrisch vergleicht. Nach der radiometrischen Temperaturskale (s. d. Artikel: Temperaturskalen), welche von der Physikalisch-Technischen Reichsanstalt benutzt wird, besteht zwischen zwei Temperaturen t_1 und t_2 und den zugehörigen Helligkeiten H_1 und H_2 der homogenen schwarzen Strahlung von der in μ ($= 0,001$ mm) gemessenen Wellenlänge λ die Beziehung

$$\log \text{nat} \frac{H_2}{H_1} = \frac{c}{\lambda} \left\{ \frac{1}{273 + t_1} - \frac{1}{273 + t_2} \right\} \dots 1)$$

wo $c = 14300$ zu setzen ist. Hat man beispielsweise die Helligkeit eines Ofens bei der niedrigeren Temperatur t_1, die man noch durch ein in den Ofen eingeführtes Thermoelement ermitteln konnte, gleich H_1 gemessen und findet man später für den höher geheizten Ofen die Helligkeit H_2, so läßt sich die zugehörige Temperatur t_2 leicht aus vorstehender Gleichung berechnen.

Das nach Wanner benannte Strahlungspyrometer ist ein Königsches Spektralphotometer (s. d.), dessen Okularblende auf die Wellenlänge $\lambda = 0,656 \mu$ der roten Wasserstofflinie eingestellt ist. Als Vergleichslicht trägt es im Innern eine mattierte Prismenfläche, die durch eine kleine, von einem konstanten elektrischen Strom durchflossene Glühlampe beleuchtet wird. Beim Photometrieren einer Strahlung stellt man beide Hälften des Gesichtsfeldes durch Drehen des Okularnicols auf gleiche Helligkeit ein; der abgelesene Winkel sei φ. Führt man den Versuch bei zwei verschiedenen Temperaturen aus, so verhalten sich die zugehörigen gesuchten Helligkeiten wie die Quadrate der trigonometrischen Tangenten beider Werte von φ, also $H_2 : H_1 = \text{tang}^2 \varphi_2 : \text{tang}^2 \varphi_1$; die obige Gleichung wird daher

$$\log \text{nat} \frac{\text{tang}^2 \varphi_2}{\text{tang}^2 \varphi_1} = \frac{c}{\lambda} \left\{ \frac{1}{273 + t_1} - \frac{1}{273 + t_2} \right\}.$$

Ist die Temperatur t_1, etwa durch direkte Messung mit einem Thermoelement, für die eine Winkelstellung φ_1 des Okularnicols bekannt, so läßt sich die andere Temperatur t_2 aus der zweiten Winkelstellung φ_2 leicht berechnen. — Bei den in der Technik gebräuchlichen Instrumenten gleitet der mit dem Okularnicol verbundene Zeiger nicht über einer

Winkelteilung, sondern über einer Skale, auf welcher man die Temperatur des anvisierten Ofens unmittelbar ablesen kann. In diesem Falle genügt es nicht, die Betriebsstromstärke der Lampe auf einem beliebigen konstanten Werte zu halten, sondern man muß sie auf einen bestimmten Wert einregulieren, der nur durch eine Eichung des Instrumentes ermittelt werden kann. Man kann die Stromstärke der Vergleichslampe aber auch ohne eine elektrische Messung dadurch einregulieren, daß man die Flamme einer dem Pyrometer beigegebenen Amylacetatlampe (s. d.) anvisiert und gleiche Helligkeit der Vergleichslampe herstellt, während der Zeiger auf einer durch eine vorangehende Eichung des Instrumentes gefundenen Temperatur einsteht.

Mehr als das Wannersche ist in Deutschland das von Holborn und Kurlbaum angegebene Pyrometer im Gebrauch. Als Vergleichslicht dient hier eine kleine Glühlampe mit bügelförmigem Glühfaden, welche sich im Innern eines Fernrohres befindet, dessen Objektiv am Orte des Glühfadens ein Bild der im Ofen befindlichen anvisierten Fläche entwirft; das Okular ist scharf auf den Faden eingestellt. Man reguliert nun die Helligkeit der Lampe durch Veränderung ihrer Stromstärke derart, daß, durch ein farbiges Absorptionsglas betrachtet, der Bügel des Glühfadens auf der zu photometrierenden Fläche verschwindet. Die Stromstärke der Lampe ist dann ein Maß für die Temperatur der Fläche und damit des Ofens. Die Lampe muß durch Vergleichung mit einer bereits bekannten Lampe oder mit Thermoelementen geeicht werden.

Neuerdings hat die Technik denjenigen Pyrometern ein erhöhtes Interesse zugewendet, welche die Gesamtstrahlung messen. Ihre Wirkung beruht darauf, daß die Strahlung entweder auf der Lötstelle eines Thermoelementes (s. d.) vereinigt wird, oder einen Zweig einer Wheatstoneschen Drahtbrücke (s. d. und den Artikel Bolometer) trifft. Aus der Größe der Thermokraft bzw. der Widerstandsänderung kann man auf die Temperatur des strahlenden Körpers schließen. — Beide Arten Pyrometer kann man mit Zeigerinstrumenten kombinieren, welche unmittelbar Temperaturen abzulesen gestatten oder auch die Temperaturen selbsttätig aufzeichnen. In der Registriermöglichkeit besteht ein großer Vorteil dieser Pyrometer gegenüber den vorher besprochenen; sie sind jedoch jenen gegenüber dadurch im Nachteil, daß sie einer viel größeren strahlenden Fläche bedürfen, welche sich in technischen Betrieben, besonders aber im Laboratorium nicht immer verwirklichen läßt.

Hochtemperierte Strahlungen können im Wannerschen und im Holborn-Kurlbaumschen Pyrometer nicht mehr unmittelbar photometriert werden, weil die Helligkeit der Strahlungsquelle gegenüber dem Vergleichslicht zu groß wird. Man hilft sich dann dadurch, daß man das von der Strahlungsquelle ausgesandte helle Licht vor dem Eintritt in das Pyrometer durch einen rotierenden Sektor (s. d.) oder durch Reflexion an Glasflächen oder mittels Absorption durch Rauchgläser in einem bekannten Verhältnis schwächt. Das Schwächungsverhältnis H_2/H_1 der benutzten Vorrichtung findet man nach Gl. 1) dadurch, daß man mit demselben Pyrometer einmal die wahre (t_2), dann nach Einstellung der Schwächungsvorrichtung die niedrigere scheinbare (t_1) Temperatur eines glühenden Körpers mißt. Bei späteren Beobachtungen kann dann H_2/H_1 als bekannt angesehen und die Temperatur t_2

aus der Beobachtung der scheinbaren Temperatur t_1, wiederum nach Gl. 1), berechnet werden. *Scheel.*

Näheres s. Henning, Temperaturmessung. Braunschweig 1915.

Strahlungsquellen. Man unterscheidet Temperaturstrahler und Lumineszenzstrahler. Erstere senden eine durch die Kirchhoffsche Beziehung zwischen Emissions- und Absorptionsvermögen (s. Strahlungsgesetze) gegebene, sonst nur von der Temperatur abhängige Strahlung aus, während unter Lumineszenz (s. d.) die Strahlung verstanden wird, deren Emission auf elektrischer Anregung (Ionisation, Rekombination) oder chemischen Vorgängen u. a. beruht (s. auch Phosphoreszenz), die meist weitgehend unabhängig von der Temperatur ist. Temperaturstrahler sind der schwarze Körper und alle Metalle, allgemein feste Körper (auch Sonne, Planeten, Mond, erhitzte Gase).

Für spezielle Fragen kommen als Strahlungsquellen in Betracht: Der Auerbrenner mit intensiver langwelliger ultraroter Strahlung; der Nernststift als sehr konstante Strahlungsquelle; die Hefnerlampe als Normal für sichtbare Strahlung (1 HK), oder die Gesamtstrahlung (in absolutem Maße ist die Gesamtstrahlung $2,25 \times 10^{-5}$ erg.); der nicht leuchtende Bunsenbrenner für kurzwelliges Ultrarot, die Emission des Wasserdampfes und der Kohlensäure im Gebiet von etwa $2-6$ μ. Bunsenbrenner mit Salzdämpfen zur Erregung monochromatischen sichtbaren Lichtes, elektrische Bogenlampen mit salzgetränkten Kohlen, „Effektkohlen" oder Eisenelektroden, besonders bei sehr starker Belastung und langem Bogen eine an Ultraviolett sehr reiche Strahlung. Geißlerröhren mit Gas oder (geheizt) Metalldampffüllung zur Erzeugung monochromatischer Strahlung; Pintsch' Glimmlichtlampen mit Neonfüllung zur (gelbroten) Effektbeleuchtung oder als Sparlampe (Anschluß an 220 Volt Gleich- oder Wechselstrom); elektrische Funken; Funken unter Wasser mit Aluminium- oder Kadmiumelektroden zur Erzeugung eines fast kontinuierlichen Spektrums im Ultraviolett. Quecksilberdampflampen in Glas für sichtbare monochromatische Strahlung oder in Quarz für ultraviolette Strahlen (bis λ 1850 A^{0}E), in Quarz für die längsten bis jetzt bekannten Wärmestrahlen (Rubens 1913: Wellenlänge etwa 0,330 mm s. Ultrarot); durch kondensierte Entladung zerspratzender Metalldraht als fast kontinuierliche Strahlenquelle (besonders für Absorptionsspektrographie. Gerlach, Chem. Ber. 55, S. 695, 1922). Dichtdrahtige Wolframspirale im Vakuum zur Erzeugung eines kontinuierlichen Spektrums bis etwa 2250 A-E. *Gerlach.*

Strahlungsschwankungen. (*Einsteinsche Schwankungen*). Nach dem *Planckschen Strahlungsgesetz* (s. d.) beträgt die *mittlere* Energie E der im Volumen V befindlichen schwarzen Strahlung des Frequenzintervalls v, $v + dv$.

$$E = \frac{8\pi h v^3}{c^3} \cdot \frac{1}{e^{\frac{hv}{kT}} - 1} \cdot V \cdot dv,$$

Berechnet man auf Grund der Statistik das *mittlere Schwankungsquadrat* $\overline{\varepsilon^2}$ von E, so erhält man hieraus nach Einstein:

$$\overline{\varepsilon^2} = h v \cdot E + \frac{c^3}{8\pi v^2 dv} \frac{E^2}{V}.$$

Während das zweite Glied dieses Ausdruckes nach

der *klassischen Elektrodynamik* ohne Schwierigkeiten als von den Energieschwankungen durch
Interferenz herrührend gedeutet werden kann,
ergibt sich das erste Glied unter der Voraussetzung,
daß die gesamte Strahlung energetisch aus einzelnen,
voneinander unabhängigen *Energiequanten* h ν besteht. Wendet man diese Betrachtungen nur auf
von Materie begrenzte Hohlräume an, so besagt
dies, daß bei der *Wechselwirkung zwischen Materie
und Strahlungsfeld* die Energie nur in Beträgen h ν
auftreten kann, wie es von der *Bohrschen Frequenzbedingung* (s. d.) und der *Einsteinschen Quantengleichung* (s. d.) gefordert wird, ohne daß es möglich
wäre, etwas über die räumliche Struktur der Strahlung zu folgern. Wendet man die Betrachtung
hingegen auch auf *beliebige Teile des Vakuums ohne
materielle Begrenzung* an, so kommt man mit Einstein zur Annahme der Existenz *räumlich-diskreter
Lichtquanten* (s. d.). Indessen liefert bereits die
klassische Elektrodynamik Anhaltspunkte dafür,
daß es nicht sinnvoll zu sein braucht, Strahlung
losgelöst von aller Wechselwirkung mit der Materie,
also als gänzlich *unabhängig* vom Materiellen, zu
betrachten. Damit entfällt aber die Möglichkeit,
auf diesem Wege sichere Schlüsse über die Realität
der Lichtquanten zu gewinnen.   *A. Smekal.*

Näheres s. Smekal, Allgemeine Grundlagen der Quantentheorie und Quantenstatistik. Enzyklopädie d. math.
Wiss. Bd. 5.

Strahlungstemperatur. Die Strahlungsgesetze (s.
d.) geben Beziehungen zwischen der Temperatur des
Strahlers und der von ihm emittierten Strahlungsenergie, sei es in einem bestimmten Wellenlängenbereich, sei es für die Gesamtstrahlung. Wenn
also das Strahlungsgesetz eines Körpers bekannt
ist, so läßt sich aus seiner Strahlung die Temperatur
bestimmen. Diese Messung ist möglich, wenn das
Meßinstrument auf den betreffenden Strahler geeicht ist. Um dasselbe Meßinstrument (näheres
hierüber unter Pyrometrie und Pyrheliometer) für
alle strahlenden Körper verwenden zu können,
wird es an den idealen Strahler, den schwarzen
Körper, angeschlossen. Es liefert dann aber nicht
die wahre Temperatur, sondern die schwarze
Strahlungstemperatur des strahlenden Körpers:
die Temperatur, welche der schwarze Körper
haben würde, wenn er eine Strahlung von der
Höhe der gemessenen aussenden würde. Da alle
nicht schwarzen Temperaturstrahler weniger strahlen als der schwarze Körper, wird die so gemessene
Strahlungstemperatur stets niedriger sein als die
des strahlenden Körpers. Man kann auch das
Strahlungsmeßinstrument an die Strahlung des
blanken Platins (s. Platinstrahlung) anschließen
und erhält dann die Platinstrahlungstemperatur.
Sie wird besonders für freistrahlende Metallober-
flächen näher an der wahren Temperatur liegen
als die schwarze Temperatur. Für die Praxis ist
der Umstand von Wichtigkeit, daß die Energie der
Strahlung und damit die gemessene Temperatur
von der Oberfläche des strahlenden Körpers abhängt. S. auch „Farbtemperatur".   *Gerlach.*

Strahlungsverluste s. Glimmverluste.

Strahlungswiderstand ist derjenige Widerstand,
welcher multipliziert mit dem Quadrat des effektiven Antennenstromes gleich ist der gesamten
von der Antenne pro Sekunde ausgestrahlten
Energie. Er ergibt sich also als Widerstand in
einem dem offenen Antennengebilde gleichwertigen
geschlossenen Kreis, in welchem so viel Energie
verbraucht wird, als dem offenen System durch

Strahlung entzogen wird. Der Strahlungswiderstand
ist $R = 39{,}7 \left(\dfrac{h}{\lambda}\right)^2$ ist also proportional dem Quadrat der Höhe und nimmt ab mit dem Quadrat der
Wellenlänge. Für eine 50 m hohe Antenne hat
die Strahlungskurve den Verlauf der Kurve (s. Fig.)
In der Eigenschwingung ist der Widerstand 50 Ohm.

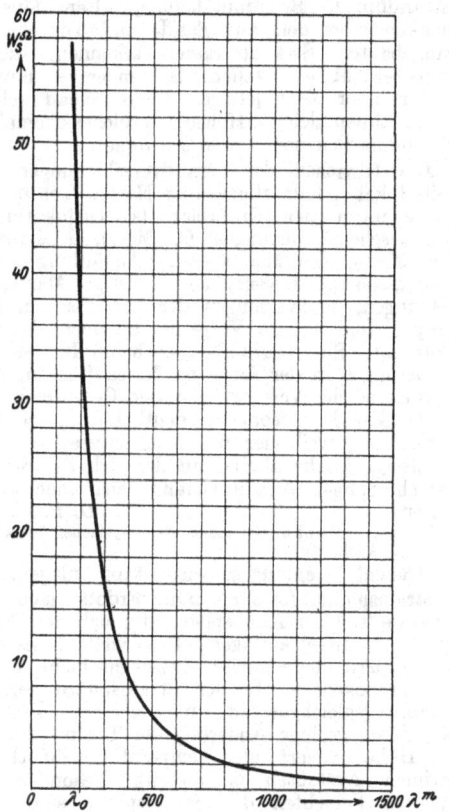

Strahlungskurve einer 50 m hohen Antenne.

Strahlungshöhe h einer Antenne ist die mittlere
geometrische Höhe der gesamten, die Antennenkapazität bildenden Leiter-Elemente. Beim ge-
raden Draht ist $h = \dfrac{2}{\pi} l$ (l = Länge). Bei größerer
Verlängerung = $\frac{1}{2}$ l. Beim Schirm ist h = ∼ 0,72 h
max.   *A. Meißner.*

Strandverschiebung. Verschiebung der Küstenlinie (der Grenze zwischen dem Meerwasser und
dem festen Ufer), die durch Hebungen oder Senkungen des Landes bzw. des Meeresspiegels, also
durch endogene Vorgänge (s. diese) entsteht.
Man unterscheidet sie streng von solchen Änderungen der Küstenlinie, die durch Anschwemmung
oder Abtragung am Meeresufer, also durch exogene
Vorgänge (s. diese) zustande kommen. Bei den
Strandverschiebungen handelt es sich um Niveau-
änderungen, bei denen dahingestellt bleiben muß,
ob das Land seine Höhenlage geändert hat, oder ob
eine Verschiebung des Meeresspiegels die eigentliche
Ursache ist. Daher spricht man auch nicht mehr,
wie früher, von Hebungen und Senkungen, sondern
bedient sich des von E. Sueß eingeführten neutralen
Ausdruckes, wobei man als positive Strandverschiebung eine relative Aufwärtsbewegung, als negative

eine Abwärtsbewegung der Küstenlinie bezeichnet. Die positive Strandverschiebung macht sich äußerlich durch das Eindringen des Meeres in die Formen des Festlandes bemerkbar, was in der Gestalt der Küstenformen (s. Küsten) zur Geltung kommt. Negative Strandverschiebungen lassen sich mit großer Deutlichkeit an alten Strandmarken, z. B. den in festen Fels eingeschnittenen Strandlinien, Brandungshöhlen, alten Muschelbänken oder den aus Sand- und Tonschichten aufgebauten Strandterrassen erkennen, die in größerer Höhe, stellenweise mehrere hundert Meter über dem jetzigen Meeresniveau gelegen sind. Linien gleicher Höhenlage solcher ehemaligen Strandmarken nennt man Isobasen.

Die Ursachen der Strandverschiebungen sind teils lokaler, teils allgemeiner Natur. Tektonische Bewegungen der Erdkruste (s. Dislokationen), eustatische Bewegungen (s. Meer), Änderungen der Menge des Meerwassers, Anhäufung großer Eismassen (s. Eiszeit) und sonstige Massenumsetzungen, Verlagerungen der Erdachse im Erdkörper, und andere Vorgänge kommen dabei in Betracht. Sie verursachen auch im Binnenlande Änderungen in der Lage der Niveauflächen, doch werden solche Verbiegungen der Geoidfläche aus dem Grunde besonders deutlich am Strande bemerkbar, weil hier das Meeresniveau eine zuverlässige Marke abgibt, an der sich die Strandverschiebungen verhältnismäßig leicht nachweisen lassen.   *O. Baschin.*

Näheres s. A. Supan, Grundzüge der physischen Erdkunde. 6. Aufl. 1916.

Straßenbeleuchtung s. Beleuchtungsanlagen.

Stratosphäre. Ist der von der Erdoberfläche entferntere Teil der Atmosphäre, der sich der Troposphäre (s. diese) auflagert. Eine vielfach als Substratosphäre bezeichnete Zwischenschicht gehört zur Troposphäre. In der Stratosphäre herrscht Strahlungsgleichgewicht, nur geringe Vertikalbewegung, geringe Änderung der Temperatur mit der Höhe (s. vertikaler Temperaturgradient) und geringer Austausch (s. diesen). Besonders die höheren Schichten der Stratosphäre sind noch wenig bekannt, da die bemannten Ballonfahrten wie auch die Fesselaufstiege die Stratosphäre überhaupt nicht erreichen, mit Pilotballonen und den seltener verwendeten Registrierballonen (s. aerologische Meßmethoden) aber nur ausnahmsweise 20 km Höhe überschritten wird. Über die Zusammensetzung der Luft in der Stratosphäre s. Atmosphäre. Die Windrichtung in den unteren Schichten der Stratosphäre ist durchgehends westlich, darüber folgt Abnahme und Übergang zu wechselnder Richtung; in noch höheren Schichten nimmt östliche Windrichtung überhand, da die Atmosphäre bei der täglichen Drehung hinter der Erdoberfläche zurückbleibt.

Die Grenzhöhe der Stratosphäre ist in den Tropen wesentlich größer, die Temperatur wesentlich niedriger, als in den gemäßigten und polaren Breiten. Infolgedessen bewirken bei uns Südwinde eine Vergrößerung, Nordwinde eine Abnahme der Grenzhöhe der Stratosphäre.

Die monatlichen Mittelwerte der Temperatur an der unteren Grenze der Stratosphäre liegen über Lindenberg zwischen —60° im Februar und —52° im Juli, das Jahresmittel ergibt, ebenso wie für England, —56°. Abgesehen vom Jahresgange nimmt die Grenztemperatur etwa um 7° ab, wenn die Grenzhöhe um 1 km zunimmt. Die Temperatur in der Stratosphäre nimmt im übrigen nach oben, besonders bei großer Grenzhöhe, vielfach zu, z. B. findet sich über Lindenberg beim Aufsteigen von 13 auf 14 km Höhe im Jahresmittel bei einer

Grenzhöhe von . . . . . 8 km 10 km 12 km
eine Temperaturänderung von —0,6° 0,0° +1,8°.

Für Mittel- und Nordeuropa kann man als durchschnittliche Meereshöhe des Beginns der Stratosphäre 10,2 km annehmen. Die Lindenberger Registrieraufstiege haben die höchsten Werte der Grenzhöhe im Sommer und Herbst mit Monatsmitteln von 10,4—10,9 km ergeben, im Winter und Frühjahr die niedrigsten, 9,2—10,2 km. Fälle, wo die Grenzhöhe 8 km und weniger beträgt, kommen in Lindenberg fast nur im Frühjahre vor.

Die Flächen gleicher potentieller Temperatur (s. diese) erleiden an der vom Pole gegen den Äquator ansteigenden unteren Grenze der Stratosphäre in unseren Breiten im vertikalen Meridianschnitt (s.

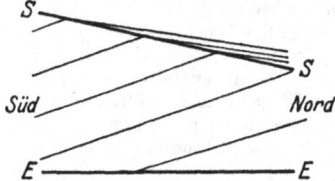

Verlauf der Flächen gleicher potentieller Temperatur.

Figur) SS — eine Brechung, während sie unterhalb SS in der Troposphäre durchgehends äquatorwärts zum Erdboden EE abfallen, neigen sie sich oberhalb SS, in der Stratosphäre, nach dem Pole zu und liegen enger zusammen.   *Tetens.*

Streichinstrumente. Die Violine (Stimmung g, d_1, a_1, e_2) und die ihr nachgebildeten Instrumente Bratsche (Stimmung: c, g, d_1, a_1), Violoncello (Stimmung: C, G, d, a) und Kontrabaß (Stimmung: E_1, A_1, D, G) besitzen nur je vier Saiten, während namentlich ältere Violine-ähnliche Instrumente auch mehr Saiten besitzen. Durch festes Aufsetzen der Fingerkuppen auf bestimmte Stellen der Saite kann ihre Länge innerhalb weiter Grenzen, und zwar kontinuierlich geändert werden, so daß auf den Streichinstrumenten im Gegensatze beispielsweise zum Klavier in reiner Stimmung gespielt werden kann.

S. auch Saitenschwingungen.

Die Schwingungen der Saiten werden von den Lagern, in denen sie befestigt sind und namentlich vermittels des sog. Steges auf den hölzernen Resonanzkörper übertragen, der seinerseits die eingeschlossene Luftmenge, die durch „Schalllöcher" mit der Außenluft in Verbindung steht, zum Mitschwingen bringt. Es scheint, daß sowohl die Luftmasse als auch „Boden" und „Decke" des Holzkörpers bestimmte Grundschwingungen haben müssen, wenn das Instrument einen guten Klang geben soll. Jedoch sind wir noch weit davon entfernt, allgemeine Gesetze für die günstigste Beschaffenheit der Resonanzkörper angeben zu können. Das gilt auch von den Resonanzkörpern der übrigen Saiteninstrumente (s. d.). Die hervorragende Klangwirkung mancher alten Instrumente ist vermutlich mit auf den langen Gebrauch zurückzuführen, indem die Holzfasern usw. sich allmählich so richten, daß die günstigsten elastischen Bedingungen für leichtes Ansprechen und gleichmäßigen, vollen Klang hergestellt sind.

Aus der Fülle der den vier genannten Instrumenten ähnlichen Instrumente seien hervorgehoben: Violino piccolo oder Quartgeige (älteres Instrument), Philomele (neueres Instrument), Streichzither (Dilettanten-Instrument) und Liebesgeige (7 Paar Saiten). *E. Waetzmann.*

Näheres s. R. Hofmann, Die Musikinstrumente. Leipzig 1903.

Streuer s. Scheinwerfer.

Streuinduktivität s. Transformator und Äußere Charakteristik der Wechselstromgeneratoren.

Streuung der Geschosse s. Geschoßabweichungen, zufällige.

Strich. Beim Schiffskompaß ein Intervall von $11^1/_4$ Grad; Abkürzung für Himmelsstrich.

Strichmaße s. Längenmessungen.

Striktionsdrillung s. Magnetostriktion.

Strömungsmethode s. Elektrische Kalorimetrie.

Strohfiedel s. Stabschwingungen.

Strombauch. Bei stehender Welle Ort größter Stromamplitude. *A. Meißner.*

Stromempfindlichkeit des Galvanometers. Bei dem Nadelgalvanometer ist die Stromempfindlichkeit desselben Instruments proportional dem Quadrat seiner Schwingungsdauer (T) des Magnetsystems und proportional der Wurzel aus dem Widerstand seiner Windungen, also proportional $T^2 \sqrt{R}$. Um für verschiedene Instrumente vergleichbare Angaben machen zu können, rechnet man die Stromempfindlichkeit der Galvanometer auf diejenige um, die es für T = 10 Sek. und R = 1 Ohm haben würde und nennt die „Normale Stromempfindlichkeit" denjenigen Ausschlag in Skalenteilen, der unter dieser Voraussetzung bei einem Abstand der Skala vom Spiegel gleich 1000 Skalenteilen für einen Strom von 1 Mikroampere erhalten wird. Ist ε_0 die normale Stromempfindlichkeit, so ist also die Stromempfindlichkeit ε für andere Werte von T und R gegeben durch $\varepsilon = \varepsilon_0 \sqrt{R} \, T^2/100$ (vgl. auch Spannungsempfindlichkeit). *W. Jaeger.*

Näheres s. Jaeger, Elektr. Meßtechnik. Leipzig 1917.

Stromfaden. Unter einem Stromfaden bezeichnet man in der Hydromechanik einen zylindrischen Teil einer strömenden Flüssigkeit, der dadurch gebildet wird, daß man durch die verschiedenen Punkte einer beliebigen unendlich kleinen geschlossenen Kurve in der Flüssigkeit die Stromlinien konstruiert. Das Produkt der Geschwindigkeit q mit dem Querschnitt σ des Fadens, welches als Fluß durch den Stromfaden bezeichnet wird, ist längs desselben unverändert. Den ganzen von Flüssigkeit erfüllten Raum können wir uns aus derartigen Stromfäden bestehend denken.

O. Martienssen.

Stromknoten. Bei stehender Welle Ort geringster Stromamplitude. *A. Meißner.*

Stromlinie. In der Hydrodynamik bezeichnet man mit „Stromlinie" eine Linie, die so von Punkt zu Punkt gezogen ist, daß ihre Richtung überall mit derjenigen der Flüssigkeitsbewegung zusammenfällt. In einer stationären Strömung sind die Bahnen der Flüssigkeitsteilchen Stromlinien. Bei einer nicht stationären Strömung braucht dies indessen nicht der Fall zu sein.

Die Differentialgleichungen der Stromlinien lauten $\dfrac{dx}{u} = \dfrac{dy}{v} = \dfrac{dz}{w}$, wo u, v, w die Komponenten der Geschwindigkeit im Punkte x, y, z sind. Die Stromlinien sind die orthogonalen Trajektorien der Äquipotentialflächen, falls die Strömung ein Potential besitzt. Durch Zeichnung der Stromlinien und der

Äquipotentialflächen wird der ganze Raum in kleine Würfel eingeteilt, deren Anordnung ein Bild des Strömungscharakters ergibt. Die Geschwindigkeit an einem Punkte ist umgekehrt proportional der Länge einer Stromlinie zwischen zwei Niveauflächen.

Auch wenn keine Potentialströmung vorhanden ist, gilt für eine Stromlinie die Bernoullische Gleichung (s. dort)

$$\int \frac{1}{\varrho} \, dp = -\varOmega - \frac{1}{2} q^2 + C.$$

Hier hat die Konstante C aber für die verschiedenen Stromlinien verschiedene Werte.

Ein Punkt, an welchem eine Stromlinie beginnt, heißt eine Quelle, an welchem eine Stromlinie endigt, eine Senke (s. Potentialströmung). In einem einfach zusammenhängenden Potentialraum gibt es keine geschlossenen Stromlinien; sind demnach keine Quellen oder Senken vorhanden, so können die Stromlinien nur im Unendlichen beginnen und endigen. In einem mehrfach zusammenhängenden Raume gilt dieser Satz aber nicht. Haben wir z. B. eine zweidimensionale Strö-

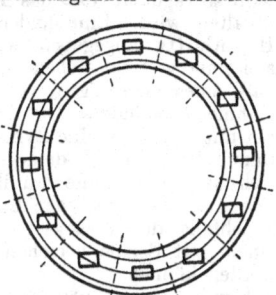

Zweidimensionale Strömung in einem ringförmigen Raume.

mung in einem ringförmigen Raum, und nehmen wir eine Potentialströmung derartig an, daß die Äquipotentialflächen Radiivektoren sind, so sind die Stromlinien konzentrische Kreise. Dabei haben wir aber keine Rotation; entsprechend beiliegender Zeichnung (s. Figur) behält längs einer Stromlinie ein Flüssigkeitsteilchen seine Stellung unverändert bei, während es sich bei vorhandener Rotation bei einem Umlauf einmal um seine Achse drehen würde. *O. Martienssen.*

Näheres s. Schaefer, Einführung in die theoretische Physik I. Leipzig 1914.

Strommesser. Hiermit bezeichnet man die Gesamtheit aller Instrumente, welche zur Strommessung dienen können, also Galvanometer, Dynamometer, kalorische und optische Strommesser usw. (S. die einzelnen Artikel.) *W. Jaeger.*

Stromnormale. Als Stromnormal kann jedes geeichte Galvanometer dienen; die Stromwage, Tangentenbussole, zum Teil auch Dynamometer sind Galvanometer, bei denen sich die Stromstärke aus den Dimensionen berechnen läßt und die daher als ursprüngliche Stromnormale gelten können. Als gesetzliches Stromnormal aber gilt das Silbervoltameter (s. d.), bei dem die mittlere Stromstärke durch das Gewicht des Silberniederschlages gemessen wird. Im praktischen Gebrauch dagegen wird die Stromstärke auf geeichte Widerstände und die EMK eines Normalelements zurückgeführt, wozu in der Regel der Kompensator benutzt werden kann. Es wird dann die Spannung kompensiert, die an den Enden eines von dem betreffenden Strom durchflossenen Normalwiderstandes besteht. *W. Jaeger.*

Stromrichtungszeiger. Hierzu verwendet man Bussolen, bei denen die Nadel in Lagern oder auf einer Spitze drehbar ist. Bei starken Strömen

kann die Spule aus wenigen Windungen oder auch nur aus einer stromführenden Schiene bestehen.
W. Jaeger.

Stromwage. Strommesser, bei denen die elektrodynamische Anziehung von stromdurchflossenen Spulen durch die Schwerkraft kompensiert wird; für technische Zwecke kommen sie selten in Anwendung. Bei der **Rayleigh**schen Stromwage hängt eine kreisrunde Spule horizontal auf der einen Seite eines zweiarmigen Wagebalkens zwischen zwei größeren, festen, gleichfalls horizontal gelagerten Spulen, die von einem Strom in gleicher Richtung durchflossen werden. Wenn die bewegliche Spule gleichfalls Strom führt, so findet eine Anziehung zwischen den Spulen statt, welche durch Gewichte kompensiert wird, die auf die andere Seite des Wagebalkens gelegt werden. Die bewegliche Spule wird so reguliert, daß das Maximum der Wirkung erhalten wird. Eine andere Stromwage ist von **Helmholtz** angegeben worden. Diese besteht aus einer vertikal stehenden Spule, die sich innerhalb eines viereckigen, von Strom durchflossenen Rahmens befindet. Die bewegliche Spule trägt am unteren Ende eine Zylinderfläche, auf der sich dünne Silberbänder derart abrollen können, daß sich dabei die Spule um ihre Mittelachse dreht. Die Anziehung zwischen Spule und Rahmen wird gleichfalls durch Gewichte kompensiert, die an einem mit Schale versehenen Hebelarm aufgelegt werden können. *W. Jaeger.*

Näheres s. **Jaeger**, Elektr. Meßtechnik. Leipzig 1917.

Struktur s. Konstitution.

Strukturformel s. Konstitution.

Stürmer s. Flutbrandung.

Stufengitter. Man kann die auflösende Kraft eines Beugungsgitters (s. d.) einmal durch Vergrößerung der Zahl der beugenden Spalte, dann aber auch durch Erhöhung des Gangunterschiedes zwischen den einzelnen interferierenden Büscheln steigern. Letzteres bedingt bei den höheren Ordnungen eines gewöhnlichen Beugungsgitters die größere auflösende Kraft. Von **Michelson** ist zu dem gleichen Zwecke ein anderer Weg eingeschlagen worden beim sog. Stufengitter oder Echelon. Das Prinzip dieser Anordnung ist folgendes: Betrachten wir ein Gitter mit zwei beugenden Spalten, so ist der Gangunterschied der unter einem bestimmten Winkel abgebeugten Strahlenbüschel durch die

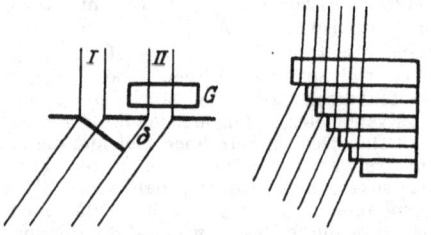

Fig. 1. Prinzip des   Fig. 2. Michelsons
Stufengitters.   Stufengitter.

Strecke δ gegeben. Dieser Gangunterschied ist verhältnismäßig klein. Wir können ihn aber erheblich vergrößern, wenn wir vor der Spalte II eine Glasplatte G anbringen. Dieses Prinzip ist beim Stufengitter benutzt. Es besteht aus einer Staffel von planparallelen Glasplatten gleicher Dicke, bei der die gleich breiten Treppenstufen die Rolle der beugenden Spalte übernehmen. Die Glasplatten sind bis zum Verschwinden der Luftzwischenräume

zusammengepreßt. Bei diesem Apparat werden dann die Gangunterschiede der einzelnen Büschel sehr groß und das Auflösungsvermögen wird trotz der kleinen Zahl der verwendeten zur Interferenz kommenden abgebeugten Büschel ein sehr großes. Der Nachteil bei dieser Anordnung ist der, daß die Spektren der verschiedenen Ordnungen sehr rasch aufeinander folgen und sich überlagern. Das Instrument kann deshalb nur benutzt werden, wenn es sich um die feinere Untersuchung sehr enger Spektralbezirke, etwa einzelner Spektrallinien handelt. *L. Grebe.*

Näheres **Gehrcke**, Anwendungen der Interferenzen in der Spektroskopie und Metrologie. Braunschweig 1906.

Stufenschätzung, von **Argelander** zuerst ausgeführte Helligkeitsbeobachtungen von Sternen ohne Photometer durch rein visuellen Vergleich mit anderen Sternen. Eine Stufe ist der dem Auge gerade noch wahrnehmbare Helligkeitsunterschied und ist naturgemäß für verschiedene Beobachter verschieden. Bei geübten Beobachtern beträgt sie etwa 0,1 Größenklasse. Die Stufenschätzung wird vor allem bei lichtschwachen veränderlichen Sternen die der photometrischen Messung nicht mehr zugänglich sind, mit Erfolg angewandt. *Bottlinger.*

Sturzflug nennt man sehr steil nach unten verlaufende Gleitflüge, bei welchen weitaus die größten Fluggeschwindigkeiten auftreten. Solche Flüge werden absichtlich nur **von** kleinen einsitzigen Flugzeugen ausgeführt. Sie sind deshalb von Wichtigkeit, weil beim Übergang vom Sturzflug in den normalen Flug, beim sogenannten Abfangen, die größten Beanspruchungen der Flügel auftreten; die Festigkeit der Flügel muß also darnach bemessen werden. *L. Hopf.*

Subelektron nennt F. **Ehrenhaft** (Wien) die in seinen Untersuchungen über die Größe und Existenz des elektrischen Elementarquantums (s. d.) gemessenen Ladungen, welche den aus anderen Messungen und theoretischen Gründen folgenden Wert $4,7—4,8 \cdot 10^{-10}$ elektrostatischer Einheiten um mehrere Größenordnungen unterschreiten.
Gerlach.

Näheres: **Konstantinowski**, Die Naturwissenschaften. — W. **König**, Die Naturwissenschaften. Über die Aufklärung s. R. **Bär**, Die Naturwissenschaften 1922, Heft 14, 15.

Subjektive Ablesung. **Gauß**sche Spiegelablesung (s. d.), in der Weise, daß eine beleuchtete Skala mit einem Fernrohr abgelesen wird, das ein Fadenkreuz besitzt. Der abgelesene Drehungswinkel ist doppelt so groß, als derjenige des Spiegels. Die Entfernung des Spiegels von der Skala bedingt die Länge des Lichtzeigers, die Entfernung des Fernrohrs ist ohne Einfluß darauf. Häufig sind Fernrohr und Skala an einem gemeinsamen Stativ befestigt. Man beachte bei größeren Ausschlägen, daß nicht der Winkel selbst, sondern dessen Tangente abgelesen wird, worauf bei einer Messung des Ausschlags Rücksicht zu nehmen ist (reduzierte Ausschläge). *W. Jaeger.*

Subjektive Töne s. Kombinationstöne.

Sublimation nennt man die Kondensation eines Dampfes zu einem festen Körper bzw. zu Kristallen, ohne daß der flüssige Zustand durchschritten wird. Dieser Vorgang ist nur dann möglich, wenn umgekehrt der auf die Temperatur des sublimierenden Dampfes gebrachte feste Körper in merklicher Weise verdampft, ohne zuvor in den flüssigen Zustand überzugehen. Im allgemeinen ist die Verdampfung eines festen Körpers sehr gering, d. h. der mit dem festen Körper im Gleichgewicht befindliche Dampf besitzt einen sehr geringen Partialdruck (s. d.), dessen Vorhandensein aber in einzelnen Fällen, wie bei Kampfer und Naphthalin, sehr leicht durch den Geruch wahrnehmbar ist. Über Eis von 0^0 beträgt der Partialdruck des Dampfes 4,6 mm Quecksilber.

Oberhalb des Tripelpunktes (s. d.) kann bei einem einfachen Körper die feste und dampfförmige Phase nicht im stabilen Gleichgewicht nebeneinander bestehen und also auch keine Sublimation eintreten. Die Bildung des Dampfes erfolgt dann nur von der flüssigen Phase aus. Unterhalb des Tripelpunktes dagegen kann bei stabilem Gleichgewicht Dampf nur aus der festen Phase entstehen oder sich direkt in diese verwandeln.

Bei Kohlensäure liegt der Tripelpunkt bei -56^0 und einem Druck von 5,1 Atm. Auch der Sublimationsdruck des Salmiaks kann auf mehrere Atm. steigen.

Durch Unterkühlung der Flüssigkeit gelingt es, daß bei derselben Temperatur t ein labiles Gleichgewicht zwischen Flüssigkeit und Dampf, sowie ein stabiles Gleichgewicht zwischen festem Körper und Dampf besteht. Bezeichnet man die Dampfdrucke gleicher absoluter Temperatur T über der flüssigen Phase mit p, über der festen Phase mit p', so gilt für den Fall kleinerer Drucke die thermodynamisch streng begründete Beziehung

$$\frac{d(p-p')}{dT} = -\frac{\varrho}{T \cdot v},$$

in der ϱ die Schmelzwärme und v das spezifische Volumen des Dampfes bedeutet. Am Tripelpunkt ist p = p'. Also ersieht man aus der Gleichung, daß unterhalb des Tripelpunktes der Dampfdruck über der flüssigen Phase stets größer sein muß als über der festen Phase und daß p' schneller mit der Temperatur wächst als p. Diese Folgerung wurde durch zahlreiche Versuche an Wasser, Benzol, Naphthalin usw. bestätigt. *Henning.*

Sublimationswärme heißt die Wärmemenge, welche frei wird, wenn ein Gramm Dampf direkt in den festen Zustand übergeht, oder welche gebunden wird, wenn ein Gramm eines festen Körpers direkt in den dampfförmigen Zustand übergeht. Am Tripelpunkt ist die Sublimationswärme gleich der Summe von Schmelzwärme und Verdampfungswärme. Die Sublimationswärme des Eises beträgt in der Nähe von 0^0 etwa 79+538 = 617 cal. Die Sublimationswärme der festen Kohlensäure unter Atmosphärendruck dagegen nur 142,4 cal. — Über die Abhängigkeit der Sublimationswärme von der Temperatur gelten die gleichen Betrachtungen wie bei der Verdampfungswärme (s. d.). *Henning.*

Sublimationswärme. Als Sublimationswärme bezeichnet man diejenige Verdampfungswärme, die aufgewendet werden muß, um einen Körper unter Umgehung des flüssigen direkt aus dem festen in den gasförmigen Zustand überzuführen. Vgl. im übrigen die Artikel Schmelzwärme und Verdampfungswärme. *Scheel.*

Substantieller Differentialquotient der Geschwindigkeit s. lokaler Differentialquotient der Geschwindigkeit.

Substitutionsmethode, photometrische s. Photometrie gleichfarbiger Lichtquellen, ferner Zwischenlichtquellen.

Substitutionswägung nach Borda s. Wägungen mit der gleicharmigen Wage.

Südlicht s. Polarlicht.

Südpol, magnetischer, s. Pole.

Summationstöne s. Kombinationstöne.

Summen der Telegraphendrähte s. Hiebtöne.

Superposition der elektrischen Kräfte. Unter Superposition der elektrischen Kräfte versteht man die Tatsache, daß die Wirkung der Ladungen, die einem Körper gleichzeitig erteilt werden, gleich ist der Summe der Wirkungen, welche die Einzelladungen hervorrufen. Die Prüfung dieses Satzes läßt sich leicht mit Hilfe der Coulombschen Drehwage vornehmen. Man zeigt nämlich, daß die Kraft der Größe der Ladungen proportional ist, indem man die Ladung der Standkugel durch Berührung mit einer gleich großen, aber unelektrischen Kugel auf die Hälfte reduziert. Dann ist die Abstoßung bei ungeänderter Ladung der beweglichen Kugel auf die Hälfte des früheren Wertes gesunken. *R. Jaeger.*

Suszeptanz s. Wechselstromgrößen.

Suszeptibilität, magnetische (Magnetisierungskoeffizient). Unter „Suszeptibilität" $\varkappa$ versteht man das Verhältnis der Magnetisierungsintensität $\mathfrak{J}$ je Volumeneinheit zur Feldstärke $\mathfrak{H}$ ($\varkappa = \mathfrak{J}/\mathfrak{H}$). Sie ist mit der Permeabilität μ (s. dort) durch die Beziehung $\varkappa = \dfrac{\mu - 1}{4\pi}$ verbunden und zeigt, in Beziehung zu $\mathfrak{H}$ oder $\mathfrak{J}$ aufgetragen, bei Eisen einen ganz ähnlichen Verlauf wie die Permeabilität (s. Magnetisierungskurven), da bis zu beträchtlichen Feldstärken hinauf die Größe 1 gegenüber μ nur eine geringe Rolle spielt. Bei sehr hohen Feldstärken nimmt $\varkappa$ bei den ferromagnetischen Stoffen immer mehr ab und nähert sich schließlich der Null; ebenso wahrscheinlich bei den paramagnetischen Stoffen, da auch bei diesen mit einer schließlichen magnetischen Sättigung gerechnet werden muß, doch ist es bisher nur bei Anwendung sehr tiefer Temperaturen gelungen, mit zunehmender Feldstärke bei den paramagnetischen Stoffen eine Abnahme des sonst konstanten Wertes von $\varkappa$ festzustellen. Bei den diamagnetischen Stoffen ist dies nach den zur Zeit herrschenden Ansichten von der Natur der magnetischen Erscheinungen überhaupt ausgeschlossen; hier ist $\varkappa$ durchaus unabhängig von der Feldstärke.

Bei den paramagnetischen und diamagnetischen Stoffen wird die Suszeptibilität vielfach auf die Masseneinheit bezogen und mit χ bezeichnet; es ist dann $\chi = \varkappa/s$, wobei s das spezifische Gewicht bedeutet. *Gumlich.*

Symbolische Darstellung von Wechselstromgrößen (komplexes Rechnen). Für die rechnerische Behandlung von Wechselstromproblemen hat sich die Darstellung der Wechselstromgrößen durch komplexe Zahlen, die sog. symbolische Darstellung, als äußerst fruchtbar erwiesen. Sie gründet sich auf folgenden Überlegungen:

1. Von Gauß ist (1831) gezeigt worden, daß einer komplexen Zahl a + jb (j imaginäre Einheit = $\sqrt{-1}$) eine geometrische Deutung zukommt. Eine geradlinige, vom Koordinatenanfang O (s. Fig. 1) auf der Abszissenachse abgeschnittene Strecke vom absoluten Betrage r wird mit $r \cdot (+1)$ oder $r \cdot (-1)$ bezeichnet, je nachdem sie auf der positiven oder negativen Seite der Abszissenachse liegt. Die Lage $-r$ kann man sich durch Drehung der Geraden r um den Winkel 180^0 aus der Anfangslage $+r$ entstanden denken. Allgemein wird daher die Lage r_φ einer Geraden, die den Winkel φ mit der Abszissenachse einschließt, durch die Gleichung bestimmt sein

$$r_\varphi = r \cdot f(\varphi),$$

worin $f(\varphi)$ eine Funktion des Winkels φ ist. Die Theorie der komplexen Zahlen lehrt, daß diese Funktion

$$f(\varphi) = \cos \varphi + j \sin \varphi$$

ist, so daß

$$r_\varphi = r (\cos \varphi + j \sin \varphi) = r \cdot e^{j\varphi}$$

ist. Hierin ist $e = 2{,}71828$ die Basis der natürlichen Logarithmen.

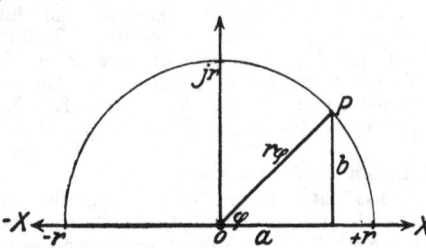

Fig. 1. Geometrische Deutung der komplexen Zahl $a + j b$.

Im speziellen Falle $\varphi = \dfrac{\pi}{2}$ ergibt sich

$$r\left(\frac{\pi}{2}\right) = j \, r.$$

Die Multiplikation mit $+j$ bedeutet demnach eine Drehung von r um 90^0 in positiver Richtung (Linksdrehung), die Multiplikation mit $e^{j\varphi}$ eine Drehung um den Winkel φ in positiver Richtung.

Setzt man

$$a = r \cos \varphi$$
$$b = r \sin \varphi,$$

so ist

$$r_\varphi = a + j \, b.$$

Die komplexe Zahl $a + j\, b$ ist demnach durch den Punkt P repräsentiert, dessen rechtwinklige Koordinaten a und b sind (s. Fig. 1).

2. In der Darstellung der Wechselstromgrößen im Vektordiagramm (s. dort) repräsentiert der Vektor $OP_1 = \mathfrak{J}$ (s. Fig. 2) z. B. den durch die Sinusfunktion $I_1 \sin(\omega\, t + \varphi)$ gegebenen periodisch veränderlichen Strom von der Amplitude I_1. Die Lage des Punktes P_1 bestimmt eindeutig den Vektor $\mathfrak{J}$; andererseits ist P_1 der Repräsentant einer komplexen Zahl $a + j\, b$. Aus der Identität beider Darstellungen folgt, daß wir den Vektor $\mathfrak{J}$ symbolisch durch die komplexe Zahl

$$\mathfrak{J} = a + j\, b = I_1 (\cos \varphi + j \sin \varphi) = I_1 e^{j\varphi}$$

darstellen können. Allgemein bedeutet also wie aus 1) hervorgeht, $\mathfrak{J} e^{j\psi}$ einen Vektor, der durch Linksdrehung um den Winkel ψ aus dem Vektor $\mathfrak{J}$ hervorgegangen ist (in der Fig. 2 der Vektor OP_0).

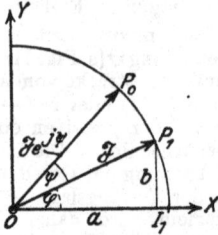

Fig. 2. Darstellung des Vektors durch eine komplexe Zahl.

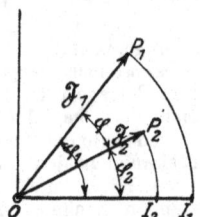

Fig. 3. Beziehung zwischen zwei Vektoren $\mathfrak{J}_1$ und $\mathfrak{J}_2$.

Die Winkelgeschwindigkeit ω ließe sich durch Hinzufügen des Faktors $e^{j\omega t}$ zum Ausdruck bringen, so daß der Vektor die Form $\mathfrak{J} e^{j(\psi + \omega t)}$ annehmen würde; in der Regel verzichtet man hierauf, weil es bei der Behandlung von Wechselstromproblemen weniger auf die zeitliche Änderung der Größen, als auf ihre gegenseitige Lage, ihre Phasendifferenz ankommt.

3. Es seien zwei nach der Sinusfunktion veränderliche Größen $\mathfrak{J}_1$ und $\mathfrak{J}_2$ durch die Vektoren OP_1 und OP_2 (s. Fig. 3) dargestellt; ihr symbolischer Ausdruck lautet:

$$\mathfrak{J}_1 = I_1 e^{j\varphi_1}$$
$$\mathfrak{J}_2 = I_2 e^{j\varphi_2}.$$

Hieraus

$$\mathfrak{J}_1 = \mathfrak{J}_2\, r\, e^{j(\varphi_1 - \varphi_2)} = \mathfrak{J}_2\, r\, e^{j\varphi},$$

wenn r das Verhältnis der Amplituden I_1 und I_2 ist. Diese Gleichung sagt geometrisch gedeutet aus: Man erhält den Vektor $\mathfrak{J}_1$ aus $\mathfrak{J}_2$, indem man $\mathfrak{J}_1$ mit der Verhältniszahl r multipliziert und um den Winkel φ vorwärts dreht. $r e^{j\varphi}$ selbst stellt eine komplexe Zahl

$$r = a + j\, b = r (\cos \varphi + j \sin \varphi)$$

dar. Daher

$$\mathfrak{J}_1 = r \cdot \mathfrak{J}_2.$$

Diese einfache lineare Beziehung kann stets zwischen zwei Vektoren aufgestellt werden; die symbolische Darstellung der Vektoren durch komplexe Zahlen liefert also ein Mittel, Wechselstromprobleme in ähnlich einfacher Weise, wie Gleichstromprobleme zu behandeln.

Für die praktische Durchführung der Rechnungen sei kurz auf folgendes hingewiesen:

a) Das Verhältnis zweier Vektoren wird (s. Fig. 3) durch eine komplexe Zahl ausgedrückt. Hat die Rechnung das Verhältnis beispielsweise zweier Stromvektoren in der Form $\dfrac{\mathfrak{J}_1}{\mathfrak{J}_2} = a + j\, b$ gegeben, so ist die Phasendifferenz $\operatorname{tg} \varphi = \dfrac{b}{a}$; φ ist der Winkel, um den der durch den Vektor $\mathfrak{J}_1$ dargestellte Strom dem durch den Vektor $\mathfrak{J}_2$ dargestellten voreilt. Der absolute Betrag des Vektors $\mathfrak{J}_1$ ist

$$I_1 = I_2 \sqrt{a^2 + b^2}.$$

b) Der mit der Winkelgeschwindigkeit ω rotierende Vektor $\mathfrak{J}$ (s. Fig. 4) hat sich in der Zeit dt um den Winkel $\omega\, dt$ gedreht und ist in die Lage $\mathfrak{J}'$ gelangt. Die Strecke PP' hat die Länge $I \omega\, dt$, oder in symbolischer Schreibweise — sie steht auf $\mathfrak{J}$ senkrecht — $j \mathfrak{J} \omega\, dt$. Daher $d \mathfrak{J} = j \mathfrak{J} \omega\, dt$, und hieraus der Differentialquotient nach der Zeit

$$\frac{d\mathfrak{J}}{dt} = j \omega \mathfrak{J};$$ ferner durch Umkehrung

$$\int \mathfrak{J}\, dt = \frac{\mathfrak{J}}{j \omega}.$$

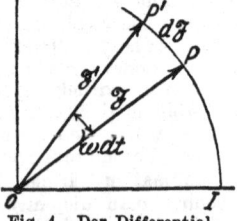

Fig. 4. Der Differentialquotient nach der Zeit.

Auch aus diesen einfachen Beziehungen geht hervor, daß die Rechnungen in der symbolischen Darstellung besonders einfach werden.

c) Sind Strom und Spannung in der Form gegeben

$$\mathfrak{B} = a + j\,b = V\,(\cos\varphi_1 + j\sin\varphi_1)$$
$$\mathfrak{J} = c + j\,d = I\,(\cos\varphi_2 + j\sin\varphi_2),$$

so ist die Leistung

$$N = ac + bd = V \cdot I \cos(\varphi_1 - \varphi_2),$$

die Blindleistung (s. Wechselstromgrößen)

$$N_b = |\,ad - bc\,| = |\,V \cdot I \sin(\varphi_1 - \varphi_2)\,|.$$

Zur Berechnung der Leistungsgrößen hat man also die komplexe Spannung $\mathfrak{B}$ mit dem *konjugiert* komplexen Strom $\mathfrak{J}_k = c - j\,d$ (oder umgekehrt) zu multiplizieren. Die *Wirk*leistung N erscheint als der reelle, die *Blind*leistung N_b als der imaginäre Teil des so erhaltenen Ausdrucks.

Die Wirkleistung $N = (\mathfrak{B} \cdot \mathfrak{J}) = V \cdot I \cdot \cos(\mathfrak{B}$ gegen $\mathfrak{J})$ stellt das in der Vektoranalysis als „inneres" oder „skalares" Produkt definierte Produkt der Vektoren $\mathfrak{B}$ und $\mathfrak{J}$ dar. Für zwei gleiche Vektoren $\mathfrak{J}$ von gleicher Phase ist das entsprechende Produkt demnach

$$(\mathfrak{J} \cdot \mathfrak{J}) = \mathfrak{J}^2 = a^2 + b^2$$
$$(j\,\mathfrak{J} \cdot j\,\mathfrak{J}) = \mathfrak{J}^2,$$

für zwei Vektoren mit 90^0 Phasendifferenz

$$(\mathfrak{J} \cdot j\,\mathfrak{J}) = 0.$$

d) Die Spannung an einer Spule vom Widerstande R und der Selbstinduktivität L ist gegeben durch

$$v = R\,i + L\,\frac{d\,i}{a\,t},$$

d. i. in komplexer Schreibweise

$$\mathfrak{B} = (R + j\,\omega\,L)\,\mathfrak{J}.$$

Die Spannung an einem Kondensator von der Kapazität C ist gegeben durch $v = \frac{1}{C}\int i\,dt$, oder symbolisch $\mathfrak{B} = \frac{1}{j\,\omega\,C}\,\mathfrak{J}.$

Beide Gleichungen haben die Form des Ohmschen Gesetzes. Die Größen $(r + j\,\omega\,\mathfrak{L})$ bzw. $\left(\frac{1}{j\,\omega\,C}\right)$, die an die Stelle des Widerstandes im Ohmschen Gesetz treten, nennt man *Widerstandsoperatoren*.

Die symbolische Darstellung von Wechselstromgrößen durch komplexe Zahlen ist zuerst von Helmholtz 1878 in einer Abhandlung „Telephon und Klangfarbe" (Monatsber. der Akad. d. Wissensch.) benutzt worden. Sie hat jedoch erst verhältnismäßig spät allgemeinere Anwendung gefunden. Man hat ihr zum Vorwurf gemacht, daß sie der physikalischen Anschaulichkeit entbehre. Mit Unrecht: vergißt man nicht die geometrische Bedeutung der komplexen Symbole, so lassen sich mit jeder Stufe der Rechnung bestimmte physikalische Vorstellungen verknüpfen. *R. Schmidt.*

Näheres über die praktische Anwendung s. z. B. E. Orlich, Kapazität und Induktivität. Braunschweig 1909.

Synchronmotoren. Den Verhältnissen bei Gleichstromgeneratoren bzw. -motoren (siehe dies!) vollkommen entsprechend kann auch jeder ein- oder mehrphasige Synchrongenerator (siehe dies!) als Motor arbeiten. Die Abstellung der mechanischen Energiezufuhr von außen genügt, um von der einen zu der anderen Betriebsart zu gelangen. Für mittlere und besonders große Leistungen von vielen 1000 KW bei leidlich konstanten Belastungsbedingungen verwendet die moderne Technik mit Vorliebe diese Maschinengattung, während für mittlere und kleinere Leistungen, häufiges An- und Abstellen sowie für hohe, stoßweise Überlastungen der einfachere Asynchronmotor (siehe dies!) im allgemeinen geeigneter ist, wenigstens bei ungeschulter Bedienung.

Unter den Stichworten „Wechselstromgeneratoren", „Ankerrückwirkung bei Wechselstrommaschinen" und „Parallelarbeiten elektrischer Generatoren" sind die wesentlichen Eigenschaften der mehrphasigen mit nahezu vollkommenem Drehfeld arbeitenden Synchronmaschine dargestellt. Wie aus den Figg. a) bis d) unter dem letztgenannten Stichwort (S. 548) hervorging, ist die Leistung als Generator für eine bestimmte Erregung mit praktisch genügender Genauigkeit proportional dem Vorschubwinkel α des Polrades (E-Vektor) gegenüber der mit dem E_K-Vektor der Klemmenspannung zusammenfallenden Leerlaufstellung. Wird nun dieser Winkel infolge einer Bremsung des Polrades durch das widerstehende Drehmoment einer beliebigen Arbeitsmaschine negativ, so wird auch die Leistung gegenüber der Generatorwirkung negativ, die Maschine arbeitet als Motor, wobei sinngemäß der infolge des gestörten Spannungsgleichgewichtes auftretende Strom J und mit ihm die Reaktanzspannung E_s negativ in die Diagramme einzusetzen sind. Grob bildlich kann man sich den Vorgang etwa derart vorstellen, daß das Polrad beim Synchronmotor von dem umlaufenden Drehfeld mitgezogen wird, welches die hier vom Netz zufließenden Mehrphasenströme im Stator erzeugen. Es leuchtet auch ein, daß dies motorische Drehmoment für eine bestimmte Erregung einen gewissen Maximalwert nicht überschreiten kann, bei welchem ein „Abreißen", technisch gesprochen „Außertrittfallen", droht analog dem Verhalten eines Wechselstrommagneten, der bei gegebener Erregerspannung mit wachsendem Abstand des Ankers von den Polen ebenfalls zunächst eine stark wachsende Zugkraft entwickelt, die aber schließlich nach Überschreiten eines Maximums labil auf Null abfällt. Ein Synchronmotor kann demnach weiter im Gegensatz z. B. zum Gleichstrommotor auch nur mit seiner im Leerlauf vorhandenen, durch Netzfrequenz und Polzahl gegebenen sekundlichen Umlaufszahl arbeiten; wird diese infolge Überlastung auch nur stoßweise vermindert, so verschwindet das motorische Drehmoment, die Maschine bleibt stehen, und der Stator nimmt infolge Wegfalls der vom Polrad induzierten Gegen-EMK einen enormen Strom, den sog. Kurzschlußstrom, auf, der die Wicklung bei längerer Dauer zerstört. Ferner kann im Prinzip kein Synchronmotor vom Zustand der Ruhe aus von selbst anlaufen. Die Technik hat zwar hierfür seit langem Mittel und Wege gefunden, indem z. B. eine Hilfswicklung, ähnlich der unter „Wechselstromgeneratoren" beschriebenen Dämpferwicklung am Polrad einen Leeranlauf als Asynchronmotor ermöglicht, es ist aber erst seit relativ kurzer Zeit erreicht, einen Synchronmotor mit voller Last in Betrieb setzen zu können und anstandslos den Synchronismus zu erreichen, ohne das Netz ganz empfindlich zu überlasten. Eines der heute noch gebräuchlichsten Hilfsmittel ist es, mit dem Hauptmotor einen kleinen, rascher laufenden asynchronen Anwurfmotor kleinerer Polzahl zu kuppeln, mit dessen Hilfe der Synchronmotor vor dem Einschalten genau so auf phasengleiche Spannung gebracht wird, wie es beim Synchrongenerator üblich ist.

Den betriebstechnischen Nachteilen der relativ begrenzten Überlastungsfähigkeit, der komplizierten Inbetriebsetzung und der Notwendigkeit einer besonderen Gleichstromquelle für die Magnetisierung des Polrades steht der gerade in neuester Zeit wieder stark fühlbare Vorteil gegenüber, daß die Phase des vom Netz aufgenommenen Stromes durch einfache Änderung der Erregung beliebig geändert werden kann. Unter „Parallelarbeiten elektrischer Generatoren" ist gezeigt, daß ein gegenüber der normalen Leerlauferregung stärker erregter Synchrongenerator den für induktive Verbraucher notwendigen wattlosen Magnetisierungsstrom liefern kann ohne Änderung seines Wattstromes, d. h. der Leistung. Das gilt in gleicher Weise für den Synchronmotor, der bei „Übererregung" dem Netz der Klemmenspannung gegenüber voreilenden Strom entnimmt, d. h. als Kapazität wirkt bei gleichbleibender Wattkomponente. Man ist daher z. B. imstande, mittels eines großen, übererregten Synchronmotors am Ende einer längeren Fernleitung oder in der Mitte eines Netzes den induktiven Blindstrom zahlreicher gleichzeitig angeschlossener kleinerer Asynchronmotoren durch einen kapazitiven Blindstrom zu kompensieren, d. h. die Zentralenleistung auf $\cos \varphi = 1$ zu bringen. Das bedeutet wirtschaftlich die günstigste Ausnützung der Generatoren wie der Übertragungsleitungen und erleichtert das Einhalten einer konstanten Netzspannung.

Da ein Synchronmotor sich in seinem technischen Aufbau von einem Synchrongenerator in keiner Weise unterscheidet, so gelten auch für ihn die unter „Klemmenspannung" gegebenen allgemeinen Beziehungen für die induzierte EMK einer Dynamomaschine, die hier genau wie bei Gleichstrommotoren (siehe dies!) als arbeitende Gegen-EMK zu betrachten ist. Mit Benutzung der gleichen Bezeichnungen wie dort läßt sich ferner in analoger Weise auch für den Synchronmotor die folgende Drehmomentengleichung für synchronen Lauf ableiten:

$$M_d = 3{,}3 \cdot Z_S \cdot J_W \cdot p \cdot \Phi_D \cdot 10^{-10} \; \text{mkg}.$$

Die Konstante 3,3 ist ein Mittelwert, der für die gebräuchlichsten 3-Phasen-Wicklungen im Stator gilt; J_W ist der Wattstrom einer Phase. Das Drehmoment ist also innerhalb der erwähnten Kippgrenze genau wie beim Gleichstrom-Nebenschlußmotor dem aufgenommenen Arbeitsstrom J_W und dem gesamten Kraftfluß (p. Φ) der Maschine direkt proportional. Eine Regelung der Umlaufzahl ist im allgemeinen nach dem Vorhergehenden nicht möglich, von seltenen Ausnahmefällen (z. B. elektrische Schiffsschraubenantriebe großer Leistung!) abgesehen, in denen eine beliebige Veränderung der Netzperiodenzahl zulässig ist.

Genau wie der Synchrongenerator ist auch der Synchronmotor an sich schwingungsfähig, d. h. er kann den Anlaß zu unangenehmen Resonanzerscheinungen bilden, die durch die gleichen Maßnahmen wie bei Generatoren unterdrückt werden können.   *E. Rother.*

Näheres s. **Niethammer**, Die Elektromotoren. Bd. I.

Szintillation. Unter dem Einfluß der Bestrahlung mit radioaktiven Strahlen fluoresziert eine Reihe von Substanzen; an den empfindlicheren von ihnen (Zinksulfid, Diamant) kann man sehen, daß im Falle einwirkender α-Strahlung das anscheinend gleichmäßige Leuchten sich, unter der Lupe betrachtet, in eine große Zahl diskreter Lichtpünktchen auflöst, deren schnelles Auftauchen und Verschwinden der unter dem Namen „Szintillation" bei Sternen bekannten Erscheinung ähnelt. Man kann experimentell zeigen, daß je einem α-Partikel auch nur ein Lichtblitz entspricht, so daß eine solche Vorrichtung ein relativ einfaches Mittel zur Zählung der von einem α-Strahler ausgehenden Partikel darstellt. Die Dauer des Lichtblitzes beträgt ungefähr 10^{-4} Sekunden. Bei längerem Gebrauch ein und desselben Fluoreszenzschirmes nimmt cet. par. nur die Intensität, nicht die Zahl der Lichtpünktchen ab (vgl. „Fluoreszenzwirkungen" und „Spinthariskop").   *K. W. F. Kohlrausch.*

T

Täler. Langgestreckte schmale Eintiefungen der Landfläche, die in der Regel einen Flußlauf (s. Flüsse) enthalten und sich häufig zu einem weit verzweigten System zusammenschließen.

Erscheinungsform. Das Querprofil eines normalen Flußlaufes folgt ungefähr der Linie, die ein durchhängender Strick zeigt, doch kommen im einzelnen viele Abweichungen vor, und zahllose Übergänge führen von der steilwandigen, tief eingeschnittenen und unzugänglichen Schlucht (Klamm, Cañon) bis zu den weiten offenen Flachlandstälern, bei denen die Seitenwände des Tales völlig verschwinden. An den Seitenwänden der Täler ziehen sich häufig Terrassen hin, deren Oberfläche den früheren Talboden bezeichnet, in den der Fluß sich später tiefer eingeschnitten hat. Das Längsprofil strebt im allgemeinen der Form einer Kurve zu, deren Krümmungsradius talabwärts ständig zunimmt. In Wirklichkeit wird dieses ideale Talgefälle meist durch Talstufen unterbrochen. Nach der äußeren Erscheinung, der Eingliederung in das Gebirgssystem und der Beziehung zum Gebirgsbau unterscheidet man Tief- und Flachtäler, Längs- und Quertäler, Synklinal- oder Muldentäler und Antiklinal- oder Satteltäler, konsequente, subsequente, resequente, obsequente, insequente Täler usw.

Enden die Nebentäler in einem höheren Niveau, als das Haupttal an dieser Einmündungsstelle besitzt, so ist das letztere „übertieft" und die Nebentäler werden als Hängetäler bezeichnet.

Entstehung. Wenn auch gelegentlich Täler durch tektonische Vorgänge (s. Tektonik) gebildet werden können, so verdanken sie doch in der Regel der Flußerosion (s. diese) ihre Entstehung oder wenigstens die Ausgestaltung zu ihrer jetzigen Form, deren Querschnitt sich meist einem V nähert, während die Gletschererosion (s. diese) den Tälern eine mehr U-förmige Gestalt aufprägt (s. Gletscher). Auf die Art der Entstehung weisen manche Bezeichnungen typischer Talformen hin, wie antezedente, epigenetische Täler usw.

Bei der Entwicklung der Täler unterscheidet man häufig die Stadien der Jugend, der Reife und des Alters, die in einem sog. geographischen Zyklus durchlaufen werden (s. Geomorphologie).

In den Tälern gelangt der Gebirgsschutt zur Ablagerung, und wenn dessen Zufuhr so groß ist, daß die Kraft des Flusses ihn nicht in gleichem Maße fortzuschaffen vermag, was in manchen

Trockengebieten der Fall ist, so können die Täler durch den Gebirgsschutt völlig zugeschüttet werden.

Nach der Mündung in das Meer oder in Seen setzen sich manche Täler unter dem Wasserspiegel als submarine oder sublakustre Täler noch eine Strecke weit fort.   *O. Baschin.*

Näheres s. A. Supan, Grundzüge der Physischen Erdkunde. 6. Aufl. 1916.

Tageseinflüsse beim Schießen. Die außerballistischen Eigenschaften eines gegebenen Geschosses, welches mit einer gegebenen Pulverladung aus einem gegebenen Geschütz verfeuert werden soll, sind für gewisse, als Normalzustand angesehene Verhältnisse von Lufttemperatur, Luftdruck, Luftfeuchtigkeit und für Windstille in den sog. Schußtafeln enthalten. Nun sind diese Verhältnisse aber einem dauernden Wechsel unterworfen, und es ist zur Lösung der meisten Schießaufgaben notwendig, die Wirkung dieser **Tageseinflüsse** zu kennen, um sie unschädlich machen zu können. Die Lufttemperatur beeinflußt das spezifische Gewicht eines m³ Luft, also die spezifische Dichte der Luft, sie beeinflußt auch die Pulvertemperatur und damit die dem Geschoß erteilte Anfangsgeschwindigkeit. Der Luftdruck beeinflußt die spezifische Dichte der Luft und die Geschwindigkeit, mit welcher der Pulversatz in den Brennzündern der Artilleriegeschosse abbrennt. Die Luftfeuchtigkeit endlich beeinflußt Luftdichte und unter Umständen die Anfangsgeschwindigkeit, wenn die Luftfeuchtigkeit an das Pulver heran kann. Dem Einfluß von Lufttemperatur, Luftdruck und Feuchtigkeit auf die Luftdichte in den verschiedenen Höhen über dem Erdboden ist erst während des Weltkrieges größere Beachtung geschenkt worden, als die großen Schußweiten mit ihren großen Flughöhen dazu zwangen, die Verhältnisse in den verschiedenen Höhenzonen getrennt zu betrachten, weil es vorkommen kann, daß in der Nähe des Erdbodens an zwei Tagen gleiche Luftdichte herrscht, während in Höhen von z. B. dreitausend Metern die Luftdichten an beiden Tagen um viele Prozent verschieden sind. Der Luftwiderstand (s. denselben) ist aber mit großer Annäherung dem Luftgewicht proportional. Nun lautet die Zustandsgleichung der Luft als eines idealen Gases bekanntlich $p = \delta RT$, wenn p der Luftdruck, δ das Gewicht eines m³ Luft, T die absolute Temperatur, R eine Const. bedeutet, die mit der Luftzusammensetzung langsam wechselt. Andererseits folgt aus der Bedingung des Gleichgewichts $dp = -\delta\,dx$, wenn x die Höhe über dem Boden bedeutet. Eliminiert man aus beiden Gleichungen δ, so folgt $-\,pdx = R\,T\,d\,p$ oder

$$\lg \frac{p}{p_0} = -\int_{x_0}^{x} \frac{dx}{RT}.$$ Ist nun T und R als Funktion der

Höhe x bekannt, so läßt sich durch Integration p als Funktion von x ermitteln und mit p, R und T ist auch δ bekannt. Es ist infolge der geschilderten Verhältnisse in den letzten Jahren viel Wert darauf gelegt worden, die Temperatur in den oberen Schichten zu messen, und es zeigte sich dabei, wie es den Meteorologen schon längst bekannt war, daß die Temperaturverhältnisse in den unteren Schichten bis zu etwa 12 km Höhe außerordentlich wechseln, während in der darüber liegenden Stratosphäre eine fast konstante Temperatur von −52⁰ bis −54⁰ herrscht. Der Einfluß der Abweichungen der Luftdichten in den einzelnen Höhenzonen vom Normalzustand wird zweckmäßig als einzelne kleine Fehlerursache betrachtet, so daß sich die einzelnen Fehler algebraisch addieren.

Ähnlich muß auch der **Windeinfluß** bei großen Schußweiten berücksichtigt werden.

Bei kleinen Schußweiten genügt es, die Tageseinflüsse nahe dem Erdboden zu ermitteln. Dabei ist zu berücksichtigen, daß die Lufttemperatur in nächster Nähe des Bodens im allgemeinen durch Rückstrahlung vom Boden aus gefälscht ist, und erst in einiger Höhe über dem Boden mit einem vor Strahlung geschützten Thermometer richtig gemessen wird. Sie schwankt viel weniger im Laufe des Tages als man anzunehmen geneigt ist, so daß man auch brauchbare Mittelwerte erhält, wenn man die Temperatur näher am Boden in den frühen Morgenstunden mißt.

C. Cranz und *O. v. Eberhard.*

Betr. Literatur s. Ballistik.

Tagesluftgewicht s. Luftwiderstand.

Talbotscher Satz s. Farbenkreisel.

Tangentenbussole. Ein Instrument nach dem Prinzip des Nadelgalvanometers, das meist zur absoluten Strommessung benutzt wird, jetzt aber nur noch selten bei praktischen Messungen Anwendung findet. Das Instrument ist mit Spiegel- und Zeigerablesung im Gebrauch. Es besteht aus einem oder mehreren kreisförmig gebogenen Stromleitern, in deren Mittelpunkt ein kurzer Magnet auf einer Spitze drehbar oder an einem Faden aufgehängt ist. Die Stromebene und der unabgelenkte Magnet müssen sich im Meridian befinden. Die Stromstärke i wird bei einer Windung aus dem Radius r des Stromkreises, der Horizontalintensität H des Erdfeldes und dem Ausschlag φ der Nadel berechnet nach der Formel $i = \frac{5}{\pi} r\,H\,\mathrm{tang}\,\varphi$; sie ist also proportional der Tangente des Ablenkungswinkels; der günstigste Ausschlag beträgt 45⁰; wegen der Nadellänge ist im allgemeinen eine Korrektion anzubringen. Die Tangentenbussole von Helmholtz und Gaugain gestattet, eine längere Nadel anzuwenden; bei ihr befindet sich der Nadelmittelpunkt im Abstand r/2 von der Kreisebene entfernt. Sind n Stromwindungen vorhanden, so ist die Stromstärke bei diesen Instrumenten zu berechnen als $i = \frac{7}{n\,\pi} r\,H\,\mathrm{tang}\,\varphi.$ Statt der Kreisform kann der Stromleiter auch rechteckige Gestalt besitzen, die sich besser ausmessen läßt.   *W. Jaeger.*

Näheres s. Jaeger, Elektr. Meßtechnik. Leipzig 1917.

Tangentialkomponente der elektrischen Kraft (s. Brechung der elektrischen Kraftlinien). Bei der Betrachtung der Grenzfläche zweier Dielektrika zerlegt man zweckmäßig den Vektor der Feldstärke in Tangential- und Normalkomponente bezüglich der Trennungsfläche. Bei dem Übergang von einem Medium in das andere bleiben die Tangentialkomponente stetig.   *R. Jaeger.*

T-Antenne. Ungerichtete Antenne, gespannt zwischen zwei Masten, Zuführung in der Mitte (üblichste Schiffsantenne). Eigenschwingung $\lambda_0 =$ 4,5 bis 5 l.   *A. Meißner.*

Tariermethode bei Wägungen s. Wägungen mit der gleicharmigen Wage.

Tartinischer Ton s. Kombinationstöne.

Tau. Tau entsteht durch Kondensation des Wasserdampfes der Luft an festen Gegenständen meist während der Nacht, wenn die Bedingungen für eine nächtliche Wärmeausstrahlung günstig sind. Daher zeigen solche Körper, welche gute Wärmestrahler, aber schlechte Wärmeleiter sind, wie Pflanzenblätter, namentlich Gras, die stärkste Taubildung. Sie kann bis zu 0,3 mm Niederschlag in einer Nacht ergeben. *O. Baschin.*

Taucherglocke. Die Taucherglocke dient dazu, auf dem Grunde eines Gewässers Arbeiten ausführen zu können. Sie ist ein oben geschlossenes, unten offenes zylindrisches Gefäß (s. Figur), welches

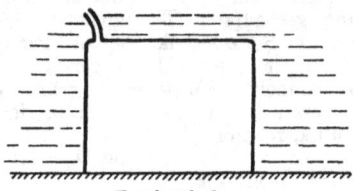
Taucherglocke.

in das Wasser bis auf den Grund versenkt wird. Der Auftrieb wird durch entsprechende Beschwerung verhindert. Da die Luft unter der Glocke nicht entweichen kann, kann sich ein Taucher innerhalb der Glocke aufhalten und arbeiten. Vorteilhaft wird die Taucherglocke mittels Schlauch mit einer Luftpumpe verbunden, welche unter der Glocke einen Überdruck erzeugt, um dem statischen Drucke des Wassers das Gleichgewicht zu halten und das Wasser vollständig zu verdrängen, ferner auch um dem Arbeiter Frischluft zuzuführen. Der Gebrauch der Taucherglocke ist uralt und läßt sich bis auf Aristoteles zurückführen. *O. Martienssen.*

Taupunkt. Diejenige Temperatur, bei welcher die relative Feuchtigkeit einer Luftmasse 100% erreicht, so daß Kondensation eintritt, die sich als feiner Tau niederschlägt. Die Taupunktsbestimmung ist eine bequeme Methode zur Ermittlung der Luftfeuchtigkeit (s. diese). Sie erfolgt mittels Kondensationshygrometer in der Weise, daß man durch geeignete Vorrichtungen (Äther-Verdunstung usw.) eine polierte glänzende Oberfläche, deren Temperatur dauernd kontrolliert wird, so lange abkühlt, bis ein feiner Taubeschlag eben bemerkbar wird (s. Hygrometer). Aus einer Tabelle der maximalen Dampfspannung bei den verschiedenen Temperaturen entnimmt man dann die absolute Feuchtigkeit. *O. Baschin.*

Tautochrone s. Pendel (math. Theorie).

Teichmüller s. Raumwinkel- und Lichtstromkugel.

Teilkapazität s. Kapazität.

Teilmaschine s. Längenmessungen.

Teiltöne s. Klang.

Teilungsfehler. Eine Teilung wird infolge der Unvollkommenheit aller benutzten Hilfsmittel in der Regel nicht fehlerfrei hergestellt sein. Um die Teilungen für weitere Messungen benutzbar zu machen, ist es deshalb nötig, zuvor ihre Fehler zu ermitteln.

Die Fehler einer Teilung sind von zweierlei Art. Der Gesamtfehler ist der Fehler der ganzen Teilung; er läßt sich wie der Fehler eines Maßstabes komparatorisch ermitteln und durch die Gleichung des Maßstabes ausdrücken (vgl. den Artikel Längenmessungen).

Die zweite Art der Fehler einer Teilung bilden die inneren Teilungsfehler. Denken wir uns eine Teilung etwa nur aus drei Strichen oder zwei Intervallen bestehend, so kann die Gesamtlänge, d. h. die Entfernung der beiden äußeren Striche

voneinander, sehr wohl eine gewollte Länge, etwa 2 mm, fehlerfrei darstellen. Liegt dann der Zwischenstrich nicht genau in der Mitte zwischen den beiden äußeren, so sind trotzdem beide Intervalle mit Fehlern behaftet, die im gewählten Beispiel einander numerisch gleich, aber von entgegengesetztem Vorzeichen sind. Ähnliches gilt für Teilungen, die aus mehr als zwei Intervallen bestehen. Die algebraische Summe aller Intervallfehler gibt den Gesamtfehler der Skale oder im Falle einer fehlerfreien Gesamtlänge den Wert Null.

Um die inneren Teilungsfehler einer Skale zu ermitteln, benutzt man ein Hilfsintervall, welches dem kleinsten Skalenintervall nahe gleich ist. Mit Hilfe einer geeigneten Vorrichtung, etwa des Longitudinalkomparators (s. d. Artikel Längenmessungen) vergleicht man das Hilfsintervall mit jedem Intervall der Skale, d. h. ermittelt die Beträge, um welche jedes Skalenintervall größer oder kleiner ist als das Hilfsintervall. Durch Subtraktion der so gefundenen Gleichungen eliminiert man alsdann das Hilfsintervall und erhält schließlich Beziehungen zwischen den Intervallen der Skale selbst und damit die inneren Teilungsfehler der Skale.

Um zufällige Beobachtungsfehler auszuscheiden und das Resultat sicherer zu stellen, kann man das geschilderte Verfahren mit einem zweiten, dritten usw. Hilfsintervall wiederholen und die jedesmal gefundenen Fehler der Skale zu einem Mittel vereinigen. Ein weiterer Ausbau des Verfahrens führt zu der sehr eleganten Methode des Durchschiebens.

Diese Methode erfordert zwei gleichartige Teilungen, die indessen nicht gleich lang zu sein brauchen. Die Beobachtungen werden auf dem Longitudinalkomparator ausgeführt und ergeben gleichzeitig die inneren Teilungsfehler beider Skalen. Ist eine der beiden Teilungen auf Glas ausgeführt, so legt man sie zweckmäßigerweise so auf die andere, daß beide Teilungen einander zugewandt sind, also nahezu in derselben Ebene liegen. In diesem Falle genügt für die Beobachtungen ein Okularmikrometer (vgl. den Artikel Längenmessungen).

Man beginnt die Beobachtungen, nachdem man die obere Teilung so auf die untere gelegt hat, daß sich nur ein Intervall überdeckt, etwa so, daß das äußerste rechte Intervall der oberen Teilung auf dem äußersten linken Intervall der unteren Teilung liegt. Mit Hilfe des Okularmikrometers werden jetzt die kleinen Lagendifferenzen der sich überdeckenden beiden Strichpaare gemessen und hieraus die Größendifferenz beider Intervalle berechnet. Nun schiebt man die Intervalle um ein Teilintervall weiter übereinander, so daß sich je zwei Intervalle decken, mißt wieder die Lagendifferenzen der jetzt 3 Strichpaare durch und berechnet die Intervallunterschiede wie vorher. In dieser Weise fährt man fort, bis sich die Teilungen symmetrisch — bei gleich langen Skalen vollständig — decken und bis weiter die obere Teilung über die untere nach der anderen Seite, nach rechts, hinauswandert. Die letzte Intervallvergleichung findet also in der Lage statt, daß das äußerste linke Intervall der oberen Teilung das äußerste rechte der unteren Teilung deckt. — In ihrer Gesamtheit geben dann die Beobachtungen eine Vergleichung aller Intervalle der einen Teilung mit allen Intervallen der anderen Teilung. Die Berechnung der Teilungsfehler selbst wird für beide Skalen sehr einfach. *Scheel.*

Näheres s. Scheel, Praktische Metronomie. Braunschweig 1911.

Telefunken-Kompaß. Verfahren zur drahtlosen Ortsbestimmung mit gerichteten Sendern. Nach irgend einem Verfahren der Richtungs-Telegraphie wird gewissermaßen ein drahtloser Strahl erzeugt, der rotiert. Es werden z. B. an einem Maste eine ganze Reihe von gerichteten V-Antennen ange-

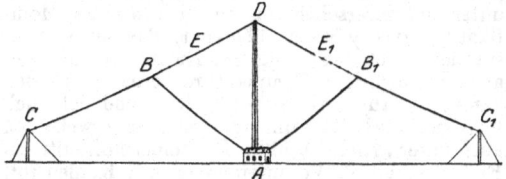

Telefunken-Kompaß.

ordnet (Fig. C, B A B, C), an die nacheinander ein Sender gelegt wird. In bestimmten verabredeten Zeit-Intervallen, z. B. wenn gerade der Strahl durch Nord-Süd geht, wird der Sender auf eine ungerichtete Antenne gelegt (Schirmantenne in der Mitte E D E) und ein Zeitsignal gegeben. Auf dieses hin wird an der Empfangsstelle eine mit dem Sender synchron laufende Stoppuhr eingeschaltet. Der Uhrzeiger zeigt dann die jeweilige Richtung des Senders. Der Zeiger wird arretiert, wenn im Empfänger gerade das Maximum bzw. Minimum der Lautstärke gehört wird. Dann geht in diesem Moment gerade die Strahlung des Senders über den Ort des Empfängers und damit ist die Lage des Senders zum Empfänger gegeben.

Literatur: Zenneck, Lehrb. S. 441.   *A. Meißner.*

Telegraphon. Von dem dänischen Ingenieur Poulsen erfundener Apparat, bei dem Töne der verschiedensten Schwingungszahlen (Sprachschwingungen) auf ein bewegliches Stahldrahtband übertragen werden, dem sie ihrem Klangcharakter entsprechend verschiedenartige Magnetisierungen erteilen. Die so magnetisch niedergeschriebenen Töne lassen sich umgekehrt mittels eines Telephons wieder hörbar machen.   *A. Esau.*

Telegraphon s. Telephonograph.

Tele-Objektive. Das Tele-Objektiv besteht aus einer vorderen lichtsammelnden Linsengruppe und einer hinteren lichtzerstreuenden Wirkung. Schematisch zeigt das die untenstehende Fig. 1.

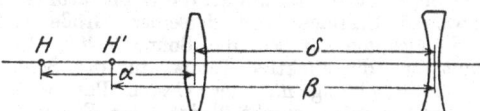

Fig. 1.   Schema eines Tele-Objektivs.

Nimmt man die beiden Linsengruppen als unendlich dünn an, bezeichnet die Brennweite der vorderen mit f_1, die der hinteren mit f_2 und ihren gegenseitigen Abstand mit δ, so ergibt sich für die Brennweite f des Tele-Objektivs der Ausdruck

$$f = \frac{f_1 \cdot f_2}{f_1 + f_2 - \delta}.$$

Der vordere Hauptpunkt des Tele-Objektivs liegt vom Vorderglied um die Strecke

$$\alpha = \frac{\delta \cdot f_1}{f_1 + f_2 - \delta}$$

und der hintere von dem Hinterglied um die Strecke

$$\beta = -\frac{\delta \cdot f_2}{f_1 + f_2 - \delta}$$

entfernt.

Da α sowohl wie β, wie eine einfache Überlegung zeigt, negative Werte sind und wie üblich die positive Richtung des Lichtes von links nach rechts gerechnet ist, so liegt der vordere Hauptpunkt des Tele-Objektivs vor der Vorderlinse und der hintere vor der lichtzerstreuenden Linsengruppe. Daraus folgt, daß der vordere Brennpunkt sich um einen größeren Betrag, als wie der der Brennweite f ist, vor dem Tele-Objektiv befindet, d. h. daß bei Nah-Aufnahmen das Tele-Objektiv bei gleichem Abbildungs-Maßstab eine größere Dingweite verlangt als eine photographische Linse üblicher Bauart der gleichen Brennweite. Hierdurch wird bei Nahaufnahmen eine günstiger wirkende Perspektive des Bildes erzielt. Die Lage des hinteren Hauptpunktes vor dem Negativ-Glied führt dazu, daß bei der Abbildung eines weit entfernten Gegenstandes die Entfernung des Bildes vom Hintergliede nicht unwesentlich kürzer als die Brennweite ist, daß also bei Benutzung langbrennweitiger Fern-Objektive der Kammerauszug verhältnismäßig kurz sein kann.

Das Tele-Objektiv, das schon im Anfang des 17. Jahrhunderts J. Kepler bekannt war, aber dann wieder in Vergessenheit geriet, wurde zum ersten Male in der Photographie von J. Porro in den fünfziger Jahren des vergangenen Jahrhunderts angewandt, ohne daß es des Interesses der Fachwelt teilhaftig werden konnte. Erst in den letzten Jahrzehnten hat sich das Tele-Objektiv in der photographischen Optik einen dauernden Platz erobert.

Im wesentlichen sind 2 verschiedene Bauarten der Tele-Objektive bekannt geworden. Als erste sei hier genannt die Zusammenstellung eines auch für sich allein benutzbaren photographischen Objektivs mit einer meist sphärisch und chromatisch korrigierten Negativlinse. Verbindet man diese beiden Bestandteile durch einen Tubus, der den Luftabstand zwischen Vorder- und Hinterglied, d. h. unseren obigen Wert δ zu verändern gestattet, so kann man auf diese Weise eine unendlich große Anzahl von Brennweiten f erhalten. Derartige Tele-Objektive werden von einer großen Reihe von optischen Fabriken hergestellt. Ihre optische Leistungsfähigkeit ist für viele Aufgaben der Photographie nicht ausreichend. Bei geringer Lichtstärke zeichnen sie nur ein kleines Bildfeld scharf aus. Besser in dieser Hinsicht sind die Tele-Objektive der zweiten Bauart. Bei ihnen ist die lichtsammelnde Linsengruppe in der Regel nicht für sich allein photographisch benutzbar, und der Abstand der beiden Bestandteile ist unveränderlich. Sie bilden ein einheitliches Ganzes. Die Hebung der Abbildungsfehler ist besonders bei den neuesten Objektiven in weitgehendem Maße gelungen. Die Lichtstärke und das scharfe Bildfeld ist bedeutend größer als bei den Tele - Objektiven veränderlicher Brennweite. Zunächst sei hier das von Carl Zeiß hergestellte „Magnar" genannt, das eine relative Öffnung von 1 : 10 besitzt. Seine Bild-

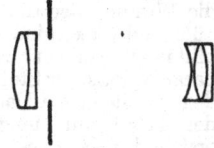

Fig. 2.   Querschnitt des Magnars.

schnittsweite, d. h. die Entfernung vom letzten Linsenscheitel bis zur Brennebene, beträgt ungefähr $^1/_3$ der Brennweite. Die obenstehende Figur 2 zeigt die heutige Ausführungsform des Magnars im Querschnitt.

Läßt man eine noch geringere Verkürzung des Kammerauszuges, als wie die des Magnars ist, zu, so ist es möglich, eine größere Lichtstärke und ein größeres Bildfeld bei gleichzeitig guter Bildschärfe zu erreichen. Als Beispiele von Tele-Objektiven, die nach diesen Gesichtspunkten gebaut sind und bei denen die Bildschnittweite immerhin schon etwa die Hälfte der Brennweite ausmacht, nennen wir folgende Objektive:

Bis-Telar (E. Busch); Dallon-Telephoto Lens (J. H. Dallmeyer, Ltd.); Tele-Centric-Lens (Roß, Ltd.); Teletessar (Carl Zeiß). *W. Merté.*

Telephon, optisches (M. Wien). Wenn die Membran des akustischen Telephons mit einem Spiegel versehen wird, können die Schwingungen desselben optisch wie bei einem Vibrationsgalvanometer sichtbar gemacht werden. Die sehr kleine Amplitude der Schwingung wird durch einen an einer Feder angreifenden Hebel in vergrößertem Maße auf den Spiegel übertragen. *W. Jaeger.*

Näheres s. M. Wien, Wied. Ann. 44, 689; 1891.

Telephonograph von Poulson (auch Telegraphon genannt). Bei der Aufnahme des Schalles durchfließen die Ströme des Mikrophons, auf welches der Schall einwirkt, die Wickelungen eines kleinen Elektromagneten, welcher einen langen, sich schnell an ihm vorbeibewegenden Stahldraht entsprechend der jeweiligen Stromstärke magnetisiert. Bei der Wiedergabe wird das Mikrophon durch ein Telephon ersetzt und der Stahldraht gleitet von neuem, mit gleicher Geschwindigkeit wie vorher, an dem Elektromagneten vorbei und induziert hier die seiner Magnetisierung entsprechenden Ströme. S. auch Phonograph. *E. Waetzmann.*

Telephon-Relais. Vorrichtung zur Verstärkung von Sprachschwingungen auf dem Relaisprinzip beruhend. *A. Esau.*

Teleskop s. Fernrohr.

Temperatur, Einfluß auf die magnetischen Eigenschaften. Der Sättigungswert reinen Eisens sinkt mit wachsender Temperatur anfangs langsamer, dann rascher, und wird nahezu Null bei etwa 768°, dem 2. Umwandlungspunkt des Eisens A_2, bei dem, wie man bisher annahm, das magnetisierbare α-Eisen (Ferrit) in eine nicht magnetisierbare Modifikation, das β-Eisen, übergeht. Nach den neueren Annahmen (P. Weiß, R. Gans) hat man es jedoch hier nicht mit einer wirklichen Phasenänderung zu tun, sondern mit einer stetig verlaufenden Einwirkung der Wärme. Mit wachsender Temperatur wird nämlich die richtende Wirkung desjenigen Teils des inneren Feldes, welcher durch die gerichteten Molekularmagnete selbst zustande kommt, und der im Vergleich zum äußeren Feld bei niedrigen Temperaturen außerordentlich hohe Beträge erreicht, immer mehr geschwächt durch die Wirkung der thermischen Agitation der Moleküle, und verschwindet bei etwa 768°; die Suszeptibilität ist dann nur noch von der Größenordnung paramagnetischer Stoffe. Bei niedrigen Feldstärken dagegen steigt die Magnetisierbarkeit mit wachsender Temperatur umgekehrt stark an und sinkt erst in der Nähe des Umwandlungspunkts plötzlich nahezu auf Null herab. Der Grund für diesen scheinbaren Widerspruch ist darin zu suchen, daß mit der thermischen Agitation auch die hysteretischen Eigenschaften (s. dort) immer mehr abnehmen, die Hystereseschleife also immer mehr zusammenschrumpft, wodurch bei niedrigen Feldstärken die Nullkurve, die ja immer zwischen dem aufsteigenden und dem absteigenden Aste bleiben muß, viel steiler ansteigt, und zwar überwiegt bei niedrigen Feldstärken dieser Einfluß, so daß mit wachsender Temperatur die Suszeptibilität zunächst ansteigt, statt zu fallen.

Eine weitere magnetische Umwandlung erfährt das reine Eisen noch bei etwa 900°, wo das β-Eisen unter Wärmeerscheinung in eine andere Modifikation, das γ-Eisen, übergeht, das unter Umständen durch Legierung mit Nickel oder Mangan auch bei niedrigen Temperaturen erhalten werden kann (sog. austenitisches Gefüge) und sich auch hier praktisch als unmagnetisierbar erweist (s. auch unter „Nickelstahl"). Bei kohlenstoffhaltigem Eisen — und als Verunreinigung tritt Kohlenstoff fast stets in größerer oder geringerer Menge auf — kommen zu diesen Umwandlungspunkten noch zwei weitere, nämlich der Punkt A_0 bei etwa 215°, bei welchem das bei langsamer Abkühlung abgeschiedene (als Gefügebestandteil Cementit genannte) Eisenkarbid Fe_3C seine Magnetisierbarkeit verliert bzw. wiedergewinnt, und der auch Perlitpunkt genannte Punkt A_1 bei etwa 700°, bei welchem dies Eisenkarbid bei steigender Temperatur in dem festen Eisen sich löst (Ac_1), bei fallender Temperatur sich wieder ausscheidet (Ar_1). Tatsächlich fallen diese beiden Punkte Ac_1 und Ar_1 im allgemeinen nicht zusammen, sondern Ac_1 liegt meist erheblich höher, als Ar_1 („Temperaturhysterese"). Mit Ac_1 ist stets eine Wärmeabsorption, mit Ar_1 eine Wärmeabgabe verbunden, die sich leicht durch Pyrometer nachweisen läßt und bei stark kohlenstoffhaltigen Materialien (Stahl) sogar zum Wiederaufleuchten der schon ziemlich dunklen Probe führen kann (Rekaleszenz-Erscheinung). *Gumlich.*

Näheres s. Goerens, Einführung in die Metallographie, 2. Aufl. Verlag von W. Knapp, Halle a. S.

Temperatur der Sonne, Sterne und des Weltraums. Unter Temperatur der Gestirne versteht man in der Regel die Oberflächentemperatur, die man messen kann. Über die Innentemperatur vermag nur die Theorie etwas auszusagen.

Für die Sonne hat man zwei Methoden, die Temperatur zu bestimmen, das Stefansche und das Wiensche Gesetz. Für den ersten Fall muß man die Solarkonstante kennen, deren Wert zu 1,9 angenommen wird. Dann wäre die Temperatur eines schwarzen Strahlers von derselben Größe und Strahlungsintensität wie die Sonne 5540°. Dies nennt man die effektive Temperatur der Sonne. Da die Strahlung mit der vierten Potenz der Temperatur steigt, macht übrigens ein Fehler der Solarkonstanten recht wenig aus.

Nach dem Wienschen Verschiebungsgesetz findet man die Temperatur der Sonne, indem man mit dem Spektralbolometer feststellt, bei welcher Wellenlänge sich das Energiemaximum der Sonnenstrahlung befindet. Da man dieses bei 500 $\mu\mu$ annehmen kann, so ergibt sich die Sonnentemperatur zu 5600°. Aus der guten Übereinstimmung beider Methoden ergibt sich, daß die Sonne sich nahezu wie ein schwarzer Strahler verhält. Neuere Messungen von Wilsing und Scheiner 1909 ergaben 5200°. Die Übereinstimmung der Sonnenstrahlung mit der des schwarzen Körpers, läßt eine Temperaturbestimmung der Fixsterne nach dem Wienschen Gesetz erlaubt erscheinen.

Da die Sternspektren nicht bolometrisch, sondern nur photometrisch-photographisch meßbar sind, muß man aus der Empfindlichkeitskurve für verschiedene Wellenlängen und der Schwärzungskurve durch das Sternspektrum einen Rückschluß auf die Energieverteilung ziehen. Das Schwärzungsmaximum nennt man die effektive Wellenlänge. Massenbeobachtungen von effektiven Wellenlängen sind von Hertzsprung, später auch von anderen, mit einem dem Objektiv vorgesetzten Gitter gemacht worden. Der Abstand des Lichtschwerpunktes (Schwärzungszentrums) der Beugungsbilder vom Zentralbild ergibt ein Maß für effektive Wellenlänge und damit Temperatur.

Die höchsten effektiven Temperaturen gehen etwa auf 12 000° bis 13 000° bei den weißesten Sternen; die Messungen sind aber sehr unsicher, weil das Energiemaximum so weit im Ultravioletten liegt, daß die Extinktion in der Erdatmosphäre (und vielleicht auch den Sternatmosphären selbst) keinen Unterschied mehr erkennen läßt. Bei Sternen mit sehr niederen Temperaturen wird die Bestimmung ebenfalls unsicher, weil das Spektrum nicht mehr kontinuierlich ist.

Wenn von der Temperatur des Weltraums die Rede ist, kann man eigentlich nur das Gleichgewicht zwischen Ein- und Ausstrahlung für einen schwarzen Körper verstehen. Verschiedene mögliche mathematische Definitionen werden sich zahlenmäßig ähneln. An der Grenze des Sonnensystems (Neptunsentfernung) muß sie dem absoluten Nullpunkt schon nahe sein und kann weiter außerhalb praktisch als absolut Null angenommen werden. *Bottlinger.*

Temperaturkoeffizient permanenter Magnete. Permanente Magnete, welche vorschriftsmäßig hergestellt und durch zyklische Erwärmungen sowie durch Erschütterungen gealtert wurden (s. „Magnet", permanenter), so daß dauernde Änderungen beim Gebrauch nicht mehr eintreten, zeigen doch bei geringen Temperaturänderungen eine reversibele Abhängigkeit ihres Moments von der Temperatur, das mit steigender Temperatur um einen gewissen Betrag sinkt, bei fallender um eben so viel wieder ansteigt. Die prozentische Änderung des Moments je Grad C bezeichnet man als Temperaturkoeffizient des Magnets; er liegt bei guten Magneten zwischen 0,02% und 0,06% und kann bei Apparaten, deren Angaben von der Konstanz der Wirkung permanenter Magnete abhängen, wie Elektrizitätszähler und dgl., bei stärkeren Schwankungen der umgebenden Temperatur recht störend werden.

In erster Linie hängt die Größe des Temperaturkoeffizienten von der chemischen Zusammensetzung der verwendeten Stahlsorte ab. Es ist gelungen, allerdings auf Kosten der Stärke, Magnete ohne merklichen Temperaturkoeffizient aus reinem Kohlenstoffstahl mit hohem Kohlenstoffgehalt herzustellen, der bei hoher Temperatur (etwa 1100°) abgeschreckt wurde (Gumlich, Wissenschaftl. Abhandlung der Physik.-Techn. Reichsanstalt IV Heft 3). In zweiter Linie wird nach Cancani und Ashworth der Temperaturkoeffizient auch von der Gestalt der Magnete beeinflußt: Sehr lange und dünne Stabmagnete oder gut geschlossene Hufeisenmagnete mit enger Maulöffnung besitzen einen geringeren Temperaturkoeffizienten, als kurze, dicke Stäbe oder schlecht geschlossene Hufeisenmagnete. Schließlich scheint auch die Höhe der Remanenz noch eine gewisse, wenn auch untergeordnete Rolle zu spielen, indem der Temperaturkoeffizient bei niedriger Remanenz etwas geringer ist, als bei hoher. *Gumlich.*

Näheres s. Gumlich, Ann. d. Phys. (4), **50**, 668, 1919.

Temperaturmessung s. { Ausdehnungsthermom., Flüssigkeitsthermom., Metallthermometer, Quecksilberthermom., Segersche Kegel, Strahlungspyrometer, Temperaturskalen, Thermoelemente, Widerstandsthermometer u. a.

Temperaturskalen. Im alltäglichen Gebrauch unterscheidet man die Temperaturskalen von Celsius, Réaumur und Fahrenheit. Alle drei knüpfen in bekannter Weise an den Eisschmelzpunkt und an den Wassersiedepunkt als Fixpunkte an. Das von diesen beiden eingeschlossene Intervall wird in 100, resp. 80, resp. 180 gleiche Teile geteilt, die Teilung wird nach oben und unten fortgesetzt. Der Eisschmelzpunkt wird in der Celsiusschen und Réaumurschen Skala mit 0°, in der Fahrenheitschen Skala mit 32, der Wassersiedepunkt in der Celsiusschen, Réaumurschen und Fahrenheitschen Skala mit 100, resp. 80, resp. 212° bezeichnet. Umrechnung:

$$x° C = \frac{4}{5} x° R = (32 + \frac{9}{5} x)° F$$

$$y° R = \frac{5}{4} y° C = (32 + \frac{9}{4} y)° F$$

$$z° F = (z - 32) \frac{5}{9} C = (z - 32) \frac{4}{9} R.$$

Seit Regnaults Untersuchungen über die Ausdehnung der Gase und der Dämpfe bildet das Gasthermometer die Grundlage aller Temperaturmessungen. Die Gasthermometer sind den Flüssigkeitsthermometern überlegen, weil die Gase sich gegen Temperatureinflüsse weit einfacher verhalten als die Flüssigkeiten, sich sogar im wesentlichen alle gleich verhalten, und ferner weil sich die Gase stärker als die Flüssigkeiten ausdehnen, so daß die Ausdehnung des das Gas enthaltenden Gefäßes die Angaben des Gasthermometers weit weniger beeinflußt als die Angaben des Flüssigkeitsthermometers.

Das Gasthermometer beruht auf der Anwendung des Mariotte-Gay-Lussacschen Gesetzes. Bedeuten $p_0 v_0 t_0$ und $p_1 v_1 t_1$ Druck, Volumen und Temperatur des Gases in zwei verschiedenen Zuständen, so ist

$$\frac{p_0 v_0}{1 + a t_0} = \frac{p_1 v_1}{1 + a t_1},$$

wo a eine Konstante bedeutet. Man schließt das Gas wie das Quecksilber eines Quecksilberthermometers in ein Gefäß mit Kapillarrohr ein. Sein Volumen wird durch einen Quecksilberfaden in dem Kapillarrohr nach außen abgegrenzt. Bei Temperaturänderungen kann es sich frei ausdehnen oder zusammenziehen. Der Druck, unter dem es steht, ist dann stets derselbe, d. h. es ist $p_0 = p_1$ und daher

$$\frac{v_1}{v_0} = \frac{1 + a t_1}{1 + a t_0}.$$

Setzen wir fest, daß der Zustand $p_0 v_0 t_0$, von dem aus wir zählen, derjenige sein soll, von dem aus die Temperaturzählung in Grad Celsius beginnt, so ist $t_0 = 0$ zu setzen, und es wird

$$v_1 = v_0 (1 + a t_1).$$

Die Konstante a ist also der Ausdehnungskoeffizient des Gases; kennt man a (es ist = 0,003 67), so kann man t_1 aus v_1 und v_0 berechnen.

Für fundamentale Untersuchungen sind diese Gasthermometer „konstanten Druckes" im allgemeinen wenig benutzt worden. Man verwendet dafür vielmehr Versuchsanordnungen, bei denen man das Gas nach einer Temperaturänderung durch Änderung des Druckes stets auf dasselbe Anfangsvolumen zurückführt. Das Mariotte-Gay-Lussacsche Gesetz nimmt für solche Gasthermometer „konstanten Volumens" ($v_0 = v_1$) die Form an:

$$\frac{p_1}{p_0} = \frac{1 + \alpha\, t_1}{1 + \alpha\, t_0},$$

oder wenn man wieder $t_0 = 0$ setzt:

$$p_1 = p_0\,(1 + \alpha\, t_1);$$

die Konstante α wird jetzt hier als Spannungskoeffizient bezeichnet. Auch der Spannungskoeffizient hat den Wert $\alpha = 0{,}003\,67$ und man kann mit seiner Hilfe t_1 aus p_0 und p_1 berechnen.

Internationale Wasserstoffskale. Sorgfältige Untersuchungen haben ergeben, daß Ausdehnungs- und Spannungskoeffizienten für dasselbe Gas nicht gleich, sondern ein wenig voneinander verschieden sind. Beide Koeffizienten hängen außerdem vom Druck des Gases ab und variieren von einem Gase zum andern. Die Verfeinerung der Temperaturmessung verlangt deshalb genauere Festsetzungen über Art und Zustand des zur thermometrischen Normalsubstanz verwendeten Gases. Im Jahre 1887 beschloß das internationale Maß- und Gewichtskomitee, die Spannungsskale des Wasserstoffs, d. h. desjenigen Gases, das nach den damaligen Kenntnissen am weitesten von seinem Kondensationspunkt entfernt war, als Temperaturskale für den internationalen Dienst des Maß- und Gewichtsbureaus zugrunde zu legen. Als Null- und Hundertpunkt der Skale wurden die Temperaturen des schmelzenden Eises und des unter Normaldruck siedenden Wassers angenommen und es wurde festgesetzt, daß der Druck des zur Messung dienenden Wasserstoffes bei 0^0 Temperatur 1 m Quecksilber betragen solle.

Den unmittelbaren Bedürfnissen des Maß- und Gewichtswesens wäre durch Festlegung einer Temperaturskale etwa zwischen 0^0 und 30^0 Genüge geschehen. In Rücksicht auf die Fundamentalpunkte 0^0 und 100^0 wurden indessen die grundlegenden Arbeiten im internationalen Maß- und Gewichtsbureau auf das ganze Intervall 0 bis 100^0 ausgedehnt. Die so geschaffene Skale hat dann in der Folge allgemeine Anerkennung gefunden und ist bis heute im Gebrauch geblieben.

Stickstoffskale. Oberhalb 100^0 diffundiert der Wasserstoff, und zwar bei steigender Temperatur in immer höherem Maße durch die Wandungen der Thermometergefäße und wird darum als thermometrische Substanz unbrauchbar. Als Ersatz bietet sich der Stickstoff oder die Luft, die die störende Eigenschaft des Wasserstoffs nicht besitzen.

Thermodynamische Temperaturskale. (Siehe auch besonderen Artikel.) Je verdünnter ein Gas ist, desto mehr nähern sich Spannungs- und Ausdehnungskoeffizient des Gases einander. In allen Gasen gehen sie demselben Grenzwert entgegen ($1/273{,}1$ oder $0{,}003\,662$). Die hierauf begründete Skale, zu der auch die Thermodynamik hinführt, nennt man die thermodynamische oder absolute Temperaturskale. Sie bezieht sich gleichsam auf ein Idealgas, ein Gas, das keinerlei individuelle Eigenschaften besitzt, sondern das in jeder Beziehung ein vollkommenes Gas darstellt. Der Nullpunkt liegt bei $-273{,}1^0$ der Celsiusskale. Eine Temperatur T der absoluten Skale ist also um $273{,}1^0$ größer als dieselbe Temperatur t in der Celsiusschen Skale: $T = 273{,}1 + t$. Die Temperatur t dieser

Skale unterscheidet sich von der Angabe (t_H) derselben Temperatur in der Wasserstoffskale oder der Angabe (t_N) derselben Temperatur in der Stickstoffskale nach unserer heutigen Kenntnis um folgende (praktisch bedeutungslose) Beträge

t	$t - t_H$	$t - t_N$
-200^0	$+ 0{,}07^0$	$+ 0{,}52^0$
0^0	0	0
100^0	0	0
300^0	$+ 0{,}007$	$+ 0{,}114$
500^0	$+ 0{,}02$	$+ 0{,}280$
1000^0	$+ 0{,}05$	$+ 0{,}77$

Das heißt: eine thermodynamisch als 300^0 gemessene Temperatur ist mit dem Wasserstoffthermometer gemessen $299{,}993^0$, mit dem Stickstoffthermometer gemessen $299{,}886^0$.

Radiometrische Temperaturskale. Ein zum Glühen erhitzter Körper sendet eine Strahlung aus, deren Helligkeit mit der Temperatur des Körpers wächst. Bildet der Körper einen Hohlraum, z. B. eine Hohlkugel mit einer sehr kleinen Öffnung in der Wand, durch die man die Helligkeit in dem Hohlraum beobachtet, so wird der Zusammenhang der Helligkeit mit der Temperatur sehr einfach. Bezeichnet t_1 eine bekannte, t_2 eine noch unbekannte und zwar höhere Temperatur und H_1 und H_2 die gemessenen Helligkeiten des zu der Wellenlänge λ (in $\mu = 0{,}001$ mm gemessenen) gehörigen Spektralbezirks der schwarzen Strahlung, so gilt

$$\log \text{nat}\ \frac{H_2}{H_1} = \frac{c}{\lambda} \cdot \left(\frac{1}{273 + t_1} - \frac{1}{273 + t_2} \right),$$

wo nach unsern heutigen Kenntnissen $c = 14\,300$ ist. Hieraus läßt sich die unbekannte Temperatur t_2 berechnen.

Die Physikalisch-Technische Reichsanstalt prüft seit dem 1. April 1916 die Thermometer in der thermodynamischen und der mit ihr als übereinstimmend angenommenen radiometrischen Skale. Als Fixpunkte in diesen Skalen dienen außer dem Eisschmelzpunkt (0^0) und dem Wassersiedepunkt (100^0; die Abweichungen vom normalen Wert sind nach den bekannten Gesetzen zu berücksichtigen), die folgenden Fixpunkte (p ist der reduzierte Barometerstand):

Siedepunkt des Sauerstoffs: $-183{,}0$
$\quad + 0{,}01258\,(p - 760) - 0{,}000\,0079\,(p - 760)^2$
Siedepunkt der Kohlensäure: $-78{,}5$
$\quad + 0{,}015\,95\,(p - 760) - 0{,}000\,011\,(p - 760)^2$
Schmelzpunkt des Quecksilbers: $-38{,}89$
Umwandlungspunkt von Natriumsulfat: $+32{,}38$
Siedepunkt des Naphthalins: $217{,}96 + 0{,}058\,(p - 760)$
Schmelzpunkt des Zinns: $231{,}84$
Siedepunkt des Benzophenons: $305{,}9$
$\quad + 0{,}063\,(p - 760)$
Schmelzpunkt des Cadmiums: $320{,}9$
Schmelzpunkt des Zinks: $419{,}4$
Siedepunkt des Schwefels: $444{,}55 + 0{,}0908\,(p - 760)$
$\quad - 0{,}000\,047\,(p - 760)^2$
Schmelzpunkt des Antimons: 630
,,   des Silbers: $960{,}5$
,,   des Goldes: 1063
,,   des Kupfers: 1083
,,   des Palladiums: 1557
,,   des Platins: 1764

Zwischen diesen Temperaturen wird bis zum Siedepunkt des Schwefels, bzw. dem Schmelzpunkt des Antimons durch das Platinwiderstandsthermometer (s. d.) inter- und extrapoliert, in höheren

Temperaturen durch das **Thermoelement (s. d.)** aus Platin und 10%igem Platinrhodium, in den höchsten Temperaturen nach der radiometrischen Skala (s. oben). *Scheel.*

<small>Näheres s. Scheel, Normalthermometrie. Naturwissenschaften, 1916, S. 165.</small>

Temperaturstrahlung. Strahlung, welche nur durch die Temperatur des Strahlers bedingt ist, welche also nicht auf gleichzeitig sich abspielenden oder vorausgegangenen anderen — elektrischen, chemischen — Vorgängen mit beruht. Für Temperaturstrahler gilt das **Kirchhoffsche Gesetz,** welches aussagt, daß für eine bestimmte Temperatur- und Wellenlänge das Emissionsvermögen $e_{\lambda, T}$ eines beliebigen Temperaturstrahlers für eine Welle λ gleich ist dem Emissionsvermögen des absolut schwarzen Körpers (oder des vollkommenen Temperaturstrahlers) bei derselben Welle ε_λ multipliziert mit dem Absorptionsvermögen des betreffenden Temperaturstrahlers für diese Welle $a_{\lambda T}$ also

$$\varepsilon_{\lambda T} = \frac{e_{\lambda T}}{a_{\lambda T}}:$$ Das Verhältnis von Emissions- und

Absorptionsvermögen ist für alle Temperaturstrahler konstant und zwar gleich dem Emissionsvermögen des schwarzen Körpers bei derselben Wellenlänge und Temperatur. *Gerlach.*

Temperierte Stimmung s. Tonleiter.

Tensor. Ein **Vektor (s. diesen)** kann aufgefaßt werden als ein Gebilde, das jeder Richtung in einem Punkt des Raumes eine Zahl in einer vom Bezugssystem unabhängigen Weise zuordnet. Diese Zahl ist seine Komponente nach der betreffenden Richtung und durch Angabe von drei solchen Zahlen ist der Vektor eindeutig festgelegt. Ein **Tensor** ist, weitergehend, ein Gebilde, das jeder Richtung in einem Punkt des Raumes einen **Vektor** in einer vom Bezugssystem unabhängigen Weise zuordnet. Durch Angabe der zu drei Richtungen gehörigen Vektoren ist der Tensor eindeutig bestimmt, er hat also 9 Komponenten, die sich in drei Reihen zu je dreien folgendermaßen anordnen:

$$\begin{array}{llll} a_{11} & a_{12} & a_{13} = \text{Komponenten des Vektors 1} \\ a_{21} & a_{22} & a_{23} = & \text{,,} & \text{,,} & \text{,, 2} \\ a_{31} & a_{32} & a_{33} = & \text{,,} & \text{,,} & \text{,, 3} \end{array}$$

Zu ihrer Festlegung pflegt man in der Physik drei zueinander senkrechte Koordinatenrichtungen zugrunde zu legen und die auf diese Achsen bezogenen Vektorkomponenten zu bilden. Bei Drehungen des Koordinatensystems transformieren sich diese Komponenten wie die 9 Produkte der Komponenten zweier Vektoren: Wählt man nun als Koordinatenachsen die Normale zu diesen beiden Vektoren und ihre beiden Winkelhalbierenden, so erhält man eine einfache Normalform dieses speziellen Tensors: Die Glieder mit vertauschten Indices werden einander entgegengesetzt gleich; z. B. $a_{12} = - a_{21}$. Analog zerfällt auch der allgemeine Tensor in zwei Teile: der erste erfüllt diese Beziehung und seine Diagonalglieder sind sämtlich 0: er heißt **schiefsymmetrischer Tensor** und seine charakteristische Eigenschaft bleibt bei Koordinatentransformation erhalten (Beispiel: der Wirbel). Der zweite Teil hat nur die drei Diagonalglieder. Bei Koordinatentransformation kommen Komponenten mit Doppelindex hinzu, die aber die Eigenschaft erfüllen: $a_{12} = a_{21}$ usw. Er heißt daher **symmetrischer Tensor** und die Form, in der er sich auf die Diagonalglieder reduziert, seine **Hauptachsenform** (da die Aufsuchung dieses

Koordinatensystems mit der Aufsuchung der Hauptachsen einer Fläche 2. Grades übereinstimmt (Beispiel: der Spannungstensor).

Die älteste physikalische Anwendung, die, nach vielen Vorarbeiten, auf **Cauchy** (1822) zurückgeht, finden die Tensoren in der Mechanik der Kontinua: Der Spannungszustand (s. diesen) läßt sich nämlich darstellen durch einen bestimmten Spannungsvektor zu jedem im betrachteten Punkt gelegten Querschnitt durch das Volumelement, er ist ein Tensor (und zwar speziell ein symmetrischer). Der Deformationszustand (s. diesen) ist ein allgemeiner Tensor: Er ordnet jeder Richtung als **Vektor** den Gradienten (s. Vektor) der in diese Richtung fallenden elastischen Verschiebungskomponente zu. Tensoren spielen die gleiche grundlegende Rolle in allen Feldtheorien, so der Optik, dem Elektromagnetismus.

<small>Die obige Definition von Vektoren und Tensoren kann natürlich verallgemeinert werden und führt so zu Tensoren höherer Stufe, die in der allgemeinen Theorie von Raum, Zeit und Materie eine fundamentale Rolle spielen. Die Verbindung mehrerer Tensoren führt zur Tensorrechnung, die als Hauptbegriffe die Multiplikation mit einem Vektor und die Verjüngung kennt. Ein Beispiel für die erstere ist, im Falle eines Spannungstensors, die Bildung des Spannungsvektors für ein gegebenes Querschnittselement durch Multiplikation mit dem zu diesem Element senkrechten Einheitsvektor; die Multiplikation erniedrigt die Stufe des Tensors um 1. Ein Beispiel der Verjüngung ist die Bildung des Gradienten eines Tensors, sie erhöht die Stufe des Tensors um 1. Die Multiplikation zweier Tensoren ist eine Verbindung beider Prozesse, führt also wieder zu einem Tensor, der gebildet ist nach den Regeln der Determinantenmultiplikation. *F. Noether.*</small>

<small>Näheres s. Enzyklopädie der math. Wissensch. Bd. IV, Art. 14 (Abraham). — H. Weyl, Raum, Zeit und Materie. 1918.</small>

Terrestrisches Fernrohr s. Erdfernrohr.

Terrestrisches Okular s. Erdfernrohr.

Tertienuhr s. Geschoßgeschwindigkeit.

Thalpotasimeter s. Fernthermometer.

Theorie fester Körper, kinetische, s. Lösungen.

Thermaktin heißt ein Strahlungsaustausch, wenn die ausgestrahlte Energie lediglich aus der Wärmeenergie des Strahlers stammt (Temperaturstrahlung), die eingestrahlte Energie lediglich in Wärme (kinetische Energie) des absorbierenden Mediums verwandelt wird. Gegensatz: Resonanzstrahlung, wo absorbierte monochromatische Strahlung unter Wahrung der Wellenlänge wieder emittiert wird; Fluoreszenzstrahlung, wo die absorbierte Strahlung bestimmter, meist für die chemische Konstitution des Körpers charakteristischer, Frequenz eine Emission anderer, meist kleinerer Frequenz erregt; Phosphoreszenzstrahlung, wo die emittierte Strahlung qualitativ und quantitativ außer von der Zusammensetzung des „Phosphors" auch von seiner Vorgeschichte bzw. Menge der absorbierten Strahlung, Temperatur usw. abhängt. *Gerlach.*

Thermoakustische Apparate beruhen auf dem Vorhandensein von Temperaturdifferenzen, durch welche teils unmittelbar, teils mittelbar periodische Bewegungen erzeugt werden können. S. Erhitzungstöne und Trevelyan-Instrument. *E. Waetzmann.*

<small>Näheres s. F. Auerbach, Akustik, in Winkelmanns Handbuch der Physik, Bd. II. Leipzig 1909.</small>

Thermobarometer. Vorrichtung zur genauen Messung des Dampfes von siedendem reinen Wasser zwecks Ermittlung des Luftdruckes. Wasser siedet, wenn die Spannkraft seines Dampfes dem Drucke der Luft gleichkommt. Da diese Spannkraft lediglich von der Temperatur abhängt (s. Wasser), so genügt die Bestimmung der Temperatur des aus dem siedenden Wasser entweichenden Dampfes zur genauen Messung des Luftdruckes. Die Skalen der Thermometer, welche man bei diesen Siedeapparaten benutzt, sind daher zur größeren Bequemlichkeit nicht in Grade geteilt, sondern tragen eine nach oben kleiner werdende Teilung, an der man den Luftdruck direkt in Millimetern Quecksilberhöhe ablesen kann.   *O. Baschin.*

Thermobatterie. Vorrichtung zur Erzeugung elektrischer Ströme unter Benutzung thermoelektrischer Kräfte (vgl. Thermoelektrizität). Durch abwechselndes Aneinanderfügen von geeignet geformten Stäben, Platten oder dgl. aus zwei thermoelektrisch gegeneinander wirksamer Leiter wird eine Kette gebildet, deren geradzahlige Verbindungsstellen erhitzt und deren ungeradzahlige gekühlt werden. Auf Kosten der Heizwärme läßt sich so unmittelbar ein konstanter elektrischer Strom erzeugen.

Für die Wahl der thermoelektrisch wirksamen Leiter und die Ausgestaltung der Elemente zur rationellen Ausnützung der zugeführten Wärme sind sehr zahlreiche Vorschläge gemacht worden. Am bekanntesten ist die Thermobatterie von Gülcher (hergestellt von der Firma Julius Pintsch, Berlin), deren wirksame Leiter Nickel und eine Antimon-Zink-Legierung sind. Die Nickelelektroden bestehen aus dünnen vertikalstehenden Röhren, in deren Innerm Leuchtgas brennt. Durch die Flammen wird ihr oberer Rand und damit ein kreisförmiges Verbindungsstück erhitzt, das die Nickelelektroden mit den stabförmigen Antimon-Zink-Elektroden verbindet. Der Verbrauch wird zu etwa 48 l Gas/Wattstunde angegeben. Wesentlich vorteilhafter arbeitet der „Dynamophor" von Heil (Frankfurt a. M.). Bei dieser Thermobatterie ist durch vorteilhaftere Übertragung der Heizwärme auf die Lötstellen der Verbrauch auf etwa 18 l Gas/Wattstunde herabgedrückt worden.

Der Nutzeffekt der Thermobatterien ist etwa so gering wie der galvanischer Primärelemente, also sehr viel geringer als bei Maschinenstrom. Die Verwendung ist deshalb auf besondere Fälle (Galvanoplastik, ärztliche Zwecke, Schulen u. a.) beschränkt.   *Hoffmann.*

Näheres s. Franz Peters, Thermoelemente und Thermosäulen. Halle a. S. 1908.

Thermodetektor. Viel gebrauchte Vorrichtung zum Nachweis und zur Aufnahme drahtloser Signale, bestehend aus zwei einander unter leichtem Druck punktförmig berührenden Kristallen oder Metallen von verschiedener chemischer Zusammensetzung, deren Wirkungsweise in mancherlei Beziehung nahe verwandt ist mit der des Thermoelementes.   *A. Esau.*

Thermodynamik. Unter Thermodynamik versteht man denjenigen Teil der Wärmelehre, der sich mit der Umwandlung der Wärme in eine andere Energieform oder der Umwandlung irgend einer Energieform in Wärme beschäftigt. Von den physikalischen Gebieten der Wärmelehre gehört also die Ausbreitung der Wärme durch Leitung oder Strahlung nicht in das Kapitel der Thermodynamik. Dafür greift ihr Bereich weit über die eigentliche Physik hinaus in die Chemie (physikalische Chemie) hinein, da auch die Reaktionswärmen und die Vorgänge in verdünnten Lösungen den Gesetzen der Thermodynamik gehorchen.

Die Thermodynamik behandelt in ihrer bisherigen Entwicklung nur Gleichgewichtszustände und reversible Vorgänge, dagegen nicht die während eines Prozesses auftretenden Veränderungen. Darum geht in die thermodynamischen Gleichungen niemals die Zeit ein. Die Berücksichtigung der zeitlichen Veränderungen stößt deshalb auf Schwierigkeiten, weil man nicht über die Reibungsverhältnisse der thermodynamischen Vorgänge unterrichtet ist.

Zum Aufbau der Thermodynamik sind zwei Wege eingeschlagen worden. Der älteste knüpft an die Arbeiten von Carnot an, wurde von Helmholtz, Kelvin und Clausius mächtig gefördert und von Planck zu großer Vollkommenheit ausgebaut. Er ist wesentlich dadurch gekennzeichnet, daß aus zwei grundlegenden Erfahrungstatsachen die ganze Fülle der thermodynamischen Gesetze ableitbar ist. Die beiden Erfahrungstatsachen werden als der erste und zweite Hauptsatz der Thermodynamik oder als das Gesetz von der Erhaltung der Energie und Vermehrung der Entropie bezeichnet. Sie werden oft in negativer Weise dahin ausgesprochen, daß es unmöglich ist, Energie in irgend einer Form aus nichts zu schaffen (Unmöglichkeit eines Perpetuum mobile erster Art) und daß es unmöglich ist, durch einen periodischen Vorgang beliebig viel Energie aus der Abkühlung eines Körpers, etwa des Meerwassers oder der Luft zu gewinnen (Unmöglichkeit eines Perpetuum mobile zweiter Art). Von derselben fundamentalen Zuverlässigkeit wie diese beiden Erfahrungstatsachen sind alle Resultate der Thermodynamik, die auf dieser Grundlage gewonnen sind. Sie verknüpfen die verschiedenen thermischen und mechanischen Eigenschaften eines Körpers miteinander, wie Ausdehnung, Kompressibilität, spezifisches Volumen, Druck, Temperatur, Wärmetönung usw., führen aber nicht zu Zahlenwerten für diese Eigenschaften. In neuerer Zeit wurde zu den beiden Hauptsätzen noch ein dritter Fundamentalsatz durch Nernst hinzugefügt, der für die physikalische Chemie von besonderer Fruchtbarkeit geworden ist. In der Planckschen Fassung läßt er sich dahin aussprechen, daß die Entropie aller festen und flüssigen Systeme im absoluten Nullpunkt der Temperatur den Wert Null besitzt. In Analogie mit der negativen Kennzeichnung der beiden ersten Hauptsätze kann man diesen neuen fundamentalen Wärmesatz, der auch als das Nernstsche Theorem bezeichnet wird, in etwas engerer Fassung das Prinzip von der Unerreichbarkeit des absoluten Nullpunktes nennen.

Der zweite Weg zum Aufbau der Thermodynamik geht von der kinetischen Theorie der Materie aus und gründet sich auf die mechanische Auffassung aller thermischen Erscheinungen. Unter Anwendung von Wahrscheinlichkeitsbetrachtungen über die Verteilung der einzelnen Moleküle im Raum und über die Verteilung ihrer Geschwindigkeiten, sowie unter der Annahme gleichmäßiger Energieverteilung auf alle Freiheitsgrade wurde diese Behandlungsweise von Clausius begründet und von Maxwell und Boltzmann weitergeführt. Sie bedient sich der Methoden der Statistik und führt unter gewissen Voraussetzungen über die Gestalt der Moleküle und das zwischen den einzelnen Molekülen wirkende Kraftgesetz zu Ergebnissen, die in vieler Beziehung auch eine numerische Nachprüfung der Resultate ermöglichen. Die Ergebnisse sind also weitergehend, allerdings auch nicht von der Sicherheit, wie die auf dem ersten Weg gewonnenen. Die Annahme der gleichmäßigen Energieverteilung auf alle Freiheitsgrade hat sich in ihrer Allgemeinheit sogar als unrichtig erwiesen und gilt nicht für tiefe Temperaturen. Sie steht in offenem Widerspruch mit dem Nernstschen Theorem und muß durch die

Plancksche Annahme der Energieverteilung auf Grund der Energiequanten ersetzt werden.

Neben der mechanischen Auffassung der Wärme ist neuerdings durch Born und seine Mitarbeiter der Versuch gemacht, die molekularen Vorgänge vom Standpunkt der Elektrizitätslehre zu begreifen, indem den elektrischen Ladungen der Moleküle und Ionen, insbesondere den festen Körper, eine wesentliche Rolle bei der Wirksamkeit der Molekularkräfte zugeschrieben wird, während die gegenseitige Anziehung der Massenteilchen eine untergeordnete Rolle spielt.

Die Thermodynamik wird bisweilen auch als mechanische Wärmetheorie bezeichnet. Dieser Name knüpft unmittelbar an die Erkenntnis an, daß die kinetische Energie der Molekularbewegung als Wärme in die Erscheinung tritt. *Henning.*

Thermodynamische Beurteilung der Dampfkraftmaschinen s. „Wärmediagramme" und „Dampfmaschine".

Thermodynamische Blätter. Handelt es sich um einen einkomponentigen Stoff, so kann man die Gesamtheit seiner thermodynamischen Zustände in ebenen Diagrammen, sog. Blättern, darstellen. Wählt man irgend zwei unabhängige Variable α und β, welche z. B. das Volumen v und die Temperatur T bedeuten können, so läßt sich durch irgend zwei Werte von α und β ein ganz bestimmter Zustandspunkt eindeutig festlegen, wenn noch die Art der Phase gegeben ist. Jeder einkomponentige Körper besitzt demnach 3 homogene Blätter, die sich auf die homogenen Phasen (die feste, flüssige und dampfförmige) beziehen, und drei sog. heterogene Blätter, die sich auf den Fall beziehen, daß zwei verschiedene Phasen gleichzeitig vorhanden sind. Die verschiedenen Blätter besitzen gewisse gemeinsame Linien (Grenzlinien der koexistierenden Phasen). Allen Blättern ist ein Punkt, nämlich der Tripelpunkt, gemeinsam. — Handelt es sich um zwei oder n-komponentige Stoffe, so treten zu den variablen α und β noch 1 oder n — 1 neue hinzu. Die graphische Darstellung ist dann nur noch möglich, wenn eine Anzahl dieser Größen als konstante Parameter eingeführt werden.

Für den Fall zweier unabhängiger Variablen α und β kann man als deren Funktion die thermodynamischen Potentiale (s. d.) oder Gibbschen Fundamentalgrößen, die kurz als F bezeichnet seien, einführen. Diese kommen dann als räumliche Flächen zur Darstellung und zerfallen für die Gebiete, welche den ebenen Blättern eines einkomponentigen Stoffes entsprechen, in verschiedene wohlabgegrenzte Bereiche. Es lassen sich α und β so wählen, daß $\dfrac{\partial F}{\partial \alpha}$ und $\dfrac{\partial F}{\partial \beta}$ für koexistierende Phasen gleich sind, so daß die koexistierenden Phasen eine gemeinsame Berührungsebene besitzen. Unterscheidet man die verschiedenen Teile der F-Flächen entsprechend den zugehörigen ebenen Blättern als homogene und heterogene Blätter, so ist also stets eine derartige graphische Darstellung möglich, daß die heterogenen F-Blätter die homogenen F-Blätter berühren. Derartige F-Flächen werden darum auch Tangentialflächen genannt. Die wichtigsten derselben sind die van der Waalssche ψ-Fläche (s. d.) für zwei komponentige Stoffe, bei der neben der Größe x (Massenverhältnis der einen Komponente zur Masse des Gemisches) das spezifische Volumen und die Temperatur T als Variable gelten und T als Parameter betrachtet wird, ferner die Gibbsche ζ-Fläche für 3 kompo-

nentige Stoffe mit den Variablen p, T, x, y und den Parametern p und T, und endlich auch die Gibbsche Energiefläche mit den unabhängigen Variablen s und v (vgl. thermodynamisches Potential).

Henning.

Thermodynamisches Gleichgewicht. Bei jeder in der Natur stattfindenden Zustandsänderung muß nach dem zweiten Hauptsatz (s. d.) die Entropie (s. d.) des Systems wachsen. Es läßt sich dies durch die Ungleichungen $ds > \dfrac{dQ}{T}$ oder $ds > \dfrac{du + dA}{T}$ zum Ausdruck bringen, wenn s die Entropie pro Masseneinheit, $dQ = du + dA$ (vgl. 1. Hauptsatz) die aufgenommene Wärme, u die innere Energie des Systems und dA die von ihm geleistete äußere Arbeit bedeutet. Soll sich ein System im stabilen Gleichgewicht befinden, so muß jede von dieser Lage aus denkbare Veränderung (virtuelle Veränderung, gekennzeichnet durch den Buchstaben δ) so beschaffen sein, daß sie den Bedingungen für eine frei erfolgende Zustandsänderung widerspricht, daß also $\delta s \leqq \dfrac{\delta u + \delta A}{T}$ ist. Solche virtuellen Änderungen können nun aber immer in zwei entgegengesetzten Richtungen, d. h. im Sinne zunehmender oder abnehmender innerer Energie oder äußerer Arbeitsleistung usw. erfolgen, so daß schließlich die Bedingung für das stabile Gleichgewicht als $\delta s - \dfrac{\delta u + \delta A}{T} = 0$ gegeben ist.

— Ist das System so beschaffen, daß kein Wärmeaustausch mit der Umgebung eintritt, handelt es sich also um ein adiabatisch abgeschlossenes System, so ist $dQ = 0$ und nach dem ersten Hauptsatz also $du + dA = 0$. In diesem Fall ist die Gleichgewichtsbedingung $\delta s = 0$, die auch dahin ausgesprochen werden kann, daß das System ein (absolutes oder relatives) Maximum der Entropie besitzt. — Wird die Bedingung konstanter Temperatur eingeführt, so ist $\delta T = 0$ und also im Falle des Gleichgewichts $\delta (u - Ts) = - \delta A$. Der Ausdruck $u - Ts = F$ heißt nach Helmholtz freie Energie. Es kann also die Gleichgewichtsbedingung isothermer Prozesse dahin ausgesprochen werden, daß die Zunahme der freien Energie gleich der äußeren Arbeit ist, welche dem System zugeführt wird. Vielfach ist die äußere Arbeit praktisch Null. Dann tritt das Gleichgewicht ein, wenn $\delta F = 0$ oder die freie Energie $F = u - Ts$ ein Minimum besitzt. — Wird neben der Temperatur auch der Druck konstant gehalten, so ist $\delta T = 0$, $\delta p = 0$ und $\delta A = p \delta v$. Dann kann man die Gleichgewichtsbedingung in der Form $\delta (u + pv - Ts) = 0$ schreiben. $u + pv - Ts$ ist eines der thermodynamischen Potentiale (s. d.); es wird mit ζ bezeichnet. Planck führt statt dessen die Funktion $-\dfrac{\zeta}{T} = \Phi$ ein. Für den Teil konstanter Temperatur und konstanten Druckes kann man die Gleichgewichtsbedingung also in der Form $\delta \zeta = 0$ oder $\delta \Phi = 0$ schreiben.

Für die verschiedenen Arten des Gleichgewichts sind folgende Bezeichnungsweisen gebräuchlich (vgl. Kamerlingh Onnes und Keesom, Enzyklopädie der mathem. Wissensch. Bd. 5): Eine Phase heißt lokal stabil oder kurz stabil, wenn durch kleine Änderungen der Zustandsgrößen ihr Gleichgewicht nicht gestört wird. Sie heißt relativ stabil, wenn sie ohne Änderung ihrer Energie und ihres Volumens in einen Zustand größerer Entropie derart übergehen kann, daß hierbei entweder nur labile Gleichgewichtszustände oder gar keine Gleichgewichtszustände passiert werden. Eine Phase, welche bei gegebenem Volumen und gegebener Energie bereits den höchsten Grad der Stabilität besitzt, wird „absolut stabil" genannt. Metastabil ist eine Phase, wenn sie bei unverändertem Volumen und unveränderter Energie ohne Überschreitung labiler Zustände in eine korrespondierende Phase höherer Stabilität übergeht.

Metastabil (s. d.) sind insbesondere diejenigen innerhalb des Sättigungsgebietes gelegenen Teile der Isothermen des Andrewsschen Diagramms (s. d.), bei denen das Volumen mit wachsendem Druck abnimmt. Sie sind teilweise zu verwirklichen durch Überhitzung der Flüssigkeit und Übersättigung des Dampfes. Labil und deshalb experimentell nicht realisierbar sind die Stücke der Sättigungsisothermen, bei denen v gleichzeitig mit p wächst. Die Gesamtheit dieser labilen Punkte heißt das labile Existenzgebiet.

Man unterscheidet homogenes und heterogenes Gleichgewicht, je nachdem ein Körper im Gleichgewichtszustand eine einzige oder mehrere Phasen bildet. *Henning.*

Thermodynamisches Potential. Wie in der Potentialtheorie durch Differentiation des sog. Potentials nach einer bestimmten Koordinate die Kraft in Richtung dieser Koordinate erhalten wird, so gibt es auch in der Thermodynamik gewisse Funktionen, sog. thermodynamische Potentiale, durch deren Differentiation nach gewissen unabhängigen Variablen andere thermodynamische Größen abgeleitet werden können.

Geht man von der Entropiegleichung $dU = TdS - pdV$ aus, so ersieht man sofort $\left(\frac{\partial U}{\partial S}\right)_v = T; \left(\frac{\partial U}{\partial V}\right)_S = -p.$ Durch Einführung der freien Energie $F = U - TS$ findet man $dF = -pdV - S\,dT$ oder $\left(\frac{\partial F}{\partial V}\right)_T = -p; \left(\frac{\partial F}{\partial p}\right)_v = -S.$ Die Funktion $\zeta = U - Ts + pV$ liefert $d\zeta = -SdT + Vdp$ oder $\left(\frac{\partial \zeta}{\partial T}\right)_p = -S; \left(\frac{\partial \zeta}{\partial p}\right)_T = V.$ Endlich folgt aus der Funktion $\chi = U + pV$

$d\chi = TdS + V\,dp$ und $\left(\frac{d\chi}{dS}\right)_p = T; \left(\frac{\partial \chi}{\partial p}\right)_S = V.$

Die Funktionen F und ζ werden thermodynamische Potentiale im engeren Sinne genannt. Bisweilen erstreckt sich die Bezeichnung auch nur auf die Funktion ζ. Duhem nennt den negativen Wert der freien Energie $-F$ auch inneres thermodynamisches Potential und die Funktion $-\zeta$ totales thermodynamisches Potential. Gibbs bezeichnet die 4 Funktionen als Fundamentalgrößen.

Da alle thermodynamischen Eigenschaften einer einheitlichen Substanz durch zwei unabhängige Variable ausdrückbar sind, als welche irgend zwei der Größen p, T, v, S angesehen werden können, so erkennt man, daß die Kenntnis eines der thermodynamischen Potentiale genügt, um die Substanz in allen Einzelheiten zu kennzeichnen. Die thermodynamischen Potentiale heißen darum auch „charakteristische Funktionen". — Planck führt statt der Funktion ζ die charakteristische Funktion

$\Phi = -\dfrac{\zeta}{T}$ ein, die indessen nicht im eigentlichen Sinne als thermodynamisches Potential

bezeichnet werden kann. Aus ihr folgt $d\Phi = -\dfrac{V}{T}dp + \dfrac{U + pV}{T^2}dT$ und $V = -T\left(\dfrac{\partial \Phi}{\partial p}\right)_T;$

$U = T\left[T\left(\dfrac{\partial \Phi}{\partial T}\right)_p + p\left(\dfrac{\partial \Phi}{\partial p}\right)_T\right];$

$S = \Phi + T\left(\dfrac{\partial \Phi}{\partial T}\right)_p.$

Gibbs führte für die freie Energie den Buchstaben ψ ein; desgleichen van der Waals und Kamerlingh Onnes. Vgl. ψ-Fläche von van der Waals.

Vielfach werden die thermodynamischen Potentiale auch durch den Buchstaben $\mathfrak{F}$ bezeichnet, an den als Indizes die unabhängigen Variablen angefügt werden, also $U = \mathfrak{F}_{SV}; F = \mathfrak{F}_{TV}; \zeta = \mathfrak{F}_{Tp}; \chi = \mathfrak{F}_{Sp}.$

Stellt man in einem rechtwinkligen Koordinatensystem eine der Fundamentalgrößen $\mathfrak{F}$ als Funktion ihrer unabhängigen Veränderlichen dar, so erhält man die Gibbsschen Fundamentalflächen.
Henning.

Thermodynamisches System. Ein System wird durch einen einzelnen Körper oder durch eine Anzahl von Körpern gebildet, die in irgend einer Weise zusammengehören und die in ihrer Gesamtheit oder teilweise irgend welchen physikalischen oder chemischen Vorgängen unterworfen werden. Ein solches System, das Veränderungen erleidet, ohne daß dabei die außerhalb des Systems befindlichen Körper in Mitleidenschaft gezogen werden, heißt ein vollständiges System. Dieser Definition eines ideal vollständigen Systems muß man die eines praktisch vollständigen Systems gegenüberstellen, die einen Körper dann nicht mehr als in Mitleidenschaft gezogen ansieht, wenn die Zustandsänderungen, die er bei dem Prozeß erfährt, verschwindend klein gegen die Zustandsänderungen der übrigen beteiligten Körper sind. Für wirklich vollständige Systeme lassen sich die Gesetze der Natur nicht prüfen und darum auch nicht anwenden, ohne aus dem Rahmen der Erfahrung herauszutreten.

Ein homogenes System besteht aus einem einzigen Körper, der in allen seinen Teilen in ein und demselben Aggregatszustand vorhanden ist und durch Masse, Temperatur und Druck bzw. Dichte eindeutig bestimmt ist. Ist das System nicht homogen, so nennt man die einzelnen aneinander grenzenden verschiedenartigen Bestandteile Phasen.

Neben den Phasen unterscheidet man in einem System die Zahl der unabhängigen Bestandteile oder Komponenten. Diese ist gegeben durch die Anzahl derjenigen chemischen Elemente, welche der Art und Masse nach gegeben sein müssen, um alle Bestandteile des Systems eindeutig zu bestimmen. Besteht z. B. das System nur aus Wasser in verschiedenen Aggregatzuständen, so ist nur ein unabhängiger Bestandteil vorhanden: nämlich entweder Sauerstoff oder Wasserstoff. Bei einer wässerigen Lösung von Schwefelsäure sind zwei Komponenten oder unabhängige Bestandteile zu verzeichnen, nämlich etwa Wasserstoff und Schwefel. Sind ihre Massen festgesetzt, so ist damit auch die Konzentration der Lösung bestimmt. Systeme mit zwei oder drei Komponenten werden binär oder ternär oder auch wohl binäre oder ternäre Mischungen genannt.

Über die Beziehung zwischen den Komponenten und den Phasen eines Systems gibt die Gibbssche

Phasenregel Auskunft, die zuerst von Gibbs aus den Hauptsätzen der Thermodynamik abgeleitet wurde und besagt, daß die Zahl der Phasen eines Systems höchstens um zwei größer sein kann als die Zahl der unabhängigen Bestandteile oder Komponenten des Systems. *Henning.*

Thermodynamische Temperaturskale. Wenn während eines Carnotschen Prozesses (s. d.) ein beliebiger Körper bei der Temperatur T die Wärmemenge Q aufnimmt und bei der Temperatur T' die Wärmemenge Q' abgibt, so läßt sich das Verhältnis der Wärmemengen $\frac{Q}{Q'}$ als eine Funktion der Temperaturen T und T' darstellen, die nach dem zweiten Hauptsatz unabhängig von der Beschaffenheit des arbeitenden Körpers ist. Zu dieser Beziehung zwischen Wärmemenge und Temperatur, die durch $\frac{Q_1}{Q_2} = \frac{T_1}{T_2}$ gegeben ist, gelangt man, wenn man den Prozeß mit einem idealen Gas ausgeführt denkt, dessen Zustandsgleichung durch $pv = RT$ bestimmt ist. Die durch diese Gleichung willkürlich festgelegte und an einen idealen Körper geknüpfte Definition der Temperaturskala lehrt die Thermodynamik in strenger Weise verwirklichen. Durch das Resultat des Carnotschen Prozesses, der zwar als idealer Vorgang ebenfalls nur mit gewisser Annäherung in die Wirklichkeit umgesetzt werden kann, läßt sich der einzuschlagende Weg kennzeichnen. Da Wärmemengen stets der Messung zugänglich sind, kann man aus der obigen Gleichung zunächst die absolute Temperatur T_0 des schmelzenden Eises bestimmen, wenn man den Carnotschen Prozeß zwischen der Siedetemperatur $T_S = T_0 + 100$ des Wassers und der Eis-Temperatur T_0 durchführt und die entsprechenden Wärmemengen mit Q_0 und Q_S bezeichnet. Man erhält dann $T_0 = \frac{100\,Q_0}{Q_S - Q_0}$ und kann nun jede beliebige Temperatur T ermitteln, wenn stets der eine der Wärmebehälter die Temperatur T_0 besitzt.

Mit Hilfe des Entropiegesetzes, das mit der Gleichung des Carnotschen Prozesses in nahem Zusammenhang steht, führt die Thermodynamik zu einer Anzahl Beziehungen, welche für reale Körper gelten und welche die Temperatur T mit andern physikalischen Größen verbindet, die der Messung leicht zugänglich sind.

Für die Verwirklichung der Temperaturskala ist eine der wichtigsten theoretischen Beziehungen die Gleichung des Joule-Thomsoneffektes

$$\mu = \frac{\Delta t}{\Delta p} = \frac{1}{c_p}\left[T\left(\frac{\partial v}{\partial t}\right)_p - v\right].$$

Sie führt auf folgendem Wege zum Ziel:

Zunächst sei der Joule-Thomsoneffekt μ sowohl wie die spezifische Wärme c_p eines Gases nicht in der thermodynamischen Skala, wie es die soeben genannte Gleichung fordert, gemessen, sondern in einer beliebigen andern, z. B. in der Skala eines Gasthermometers konstanten Druckes, das mit demselben Gas beschickt ist, dessen c_p und μ betrachtet werden. In dieser willkürlichen Skala, deren Angaben T' durch die Gleichung $\frac{v}{v_0} = \frac{T'}{T_0'}$ bestimmt sind, mögen diese Größen die Werte c_p' und μ' haben. Dann ist, da $\mu\,c_p = \mu'\,c_p'$, nach Integration der Gleichung des Joule-Thomsoneffektes

$$\ln\frac{T}{T_0} = \int_{T_0'}^{T'} \frac{\left(\frac{\partial v}{\partial T'}\right)dT'}{\mu'\,c_p' + v} = v_0\int_{T_0'}^{T'} \frac{dT'}{T_0'\,\mu'\,c_p' + v_0\,T'} \quad (6)$$

In dieser Gleichung entsprechen sich die Temperaturen T und T' bzw. T_0 und T_0'. Führt man die Integration zunächst zwischen den Grenzen des Fundamentalabstandes T_0' und $T_1' = T_0' + 100$ bzw. T_0 und $T_1 = T_0 + 100$ aus, so erhält man eine Beziehung, welche T durch T_0' auszudrücken gestattet. Da T_0' aus gasthermometrischen Messungen beim Eis- und Siedepunkt des Wassers nach der Gleichung $T_0' = \frac{100\,v_0}{v_1 - v_0}$ bestimmbar ist, so ist also der Weg zur Ermittlung der thermodynamischen Temperatur des Eispunktes gegeben, der zu $T_0 = 273,2$ berechnet ist.

Nach Kenntnis dieses Wertes gelingt es, jede andere Temperatur T' durch das zugehörige T auszudrücken, wenn man die Integration zwischen dem Eispunkt und dieser Temperatur T' ausführt, vorausgesetzt, daß in diesem Bereich der Joule-Thomson-Effekt und die spezifische Wärme bekannt sind.

Wenn somit gewisse Gleichungen der Thermodynamik die Ermittlung der thermodynamischen Temperatur im Prinzip gestatten, so stehen doch die auf diesem Wege erzielten Resultate an Genauigkeit einer zweiten Methode nach, die direkt an die Eigenschaften des idealen Gases anknüpft und welche am ausführlichsten von D. Berthelot behandelt wurde. Ausgehend von einer Zustandsgleichung, deren Konstanten durch Messungen an Isothermen bestimmt sind, berechnete er die Temperaturdifferenz $t' - t$ zwischen einem Gasthermometer konstanter Dichte von endlichem Eispunktsdruck p_0 und einem solchen vom Druck 0, dessen Angaben mit der Skala eines idealen Gases bzw. der thermodynamischen Skala übereinstimmen. Es ergibt sich hiernach die Beziehung:

$$t' - t = p_0\,K \cdot 1{,}517 \cdot 10^{-8}\,\frac{t(100 - t)}{t + 273},$$

in der die Konstante K durch die kritischen Größen T_k und p_k darstellbar ist als $K = \frac{T_k^3}{p_k}$. Aus der Gleichung folgt, daß ein Heliumthermometer konstanter Dichte mit dem Anfangsdruck von 1 Atm. zwischen —230 und +1000° höchstens um 0,002° von den Angaben der thermodynamischen Skala abweicht. Für Wasserstoff gilt das gleiche im Bereiche von —50 bis +200°. Bei einem Stickstoffthermometer derselben Art sind die Abweichungen deutlich. Es zeigt bei —100° um 0,11° zu tief, bei +50° um 0,007° zu hoch, bei 500° um 0,24° zu tief. *Henning.*

Thermodynamische Temperaturskale s. Temperaturskalen.

Thermodynamische Wahrscheinlichkeit s. Quantenstatistik.

Thermoelektrizität. Wird in einem aus zwei verschiedenen Leitern zusammengesetzten Stromkreis die eine Verbindungsstelle („Lötstelle") der beiden Leiter auf eine andere Temperatur gebracht als die andere, so entsteht im allgemeinen in dem Kreis ein Strom („Seebeck-Effekt"). Das Auftreten dieser „Thermoströme" findet ihre einfachste Erklärung in der Annahme, daß die Lötstellen selbst Sitz einer EMK sind, die von der Natur der beiden dort zusammenstoßenden Leiter und der dort herrschenden Temperatur abhängig ist. Diese EMK heißt „Thermokraft". Man bezeichnet sie mit $(E—)^1$, worin die Abhängigkeit von den beiden Leitern a und b und der Temperatur t zum Ausdruck kommt. Das Vorzeichen ist positiv, wenn der durch sie hervorgerufene Strom in der Richtung von a nach b durch die Lötstelle geht.

Thermoelektrische Grundgesetze. Satz 1: In einem, aus beliebigen metallischen Leitern zusammengesetzten Kreis ist die resultierende Thermokraft allein bestimmt durch das Material der an den Lötstellen zusammenstoßenden Leiter und der dort herrschenden Temperatur, und zwar setzt sie sich additiv zusammen aus den an den verschiedenen Lötstellen auftretenden Einzelthermokräften. Zusatz (Satz von Magnus): Die EMK an den Enden eines homogenen Leiterstückes ist unabhängig von der Temperaturverteilung innerhalb dieses Leiterstückes (s. Magnusscher Satz).

Satz 2 (Satz von Volta): In einem aus beliebigen metallischen Leitern zusammengesetzten Kreis ist die resultierende Thermokraft Null, wenn die Temperatur aller Lötstellen gleich ist. Zusatz (Satz von Becquerel): Die Thermokraft einer Kette aufeinanderfolgender Glieder ist bei Temperaturgleichheit aller zwischen ihnen liegenden Lötstellen ebenso groß wie die Thermokraft des Anfangsgliedes gegen das Endglied bei dieser gemeinsamen Temperatur.

Messung der Thermokraft. Die Thermokraft zwischen zwei Leitern kann wie jede EMK gemessen werden entweder im offenen Stromkreise mit dem Elektrometer oder besser im geschlossenen Kreise mit dem Galvanometer oder durch Kompensation durch eine bekannte EMK (vgl. Thermoelement). Der einfachste thermoelektrische Meßkreis besteht aus den beiden zu untersuchenden Leitern a und b, die einerseits unmittelbar in der „Hauptlötstelle" L miteinander und in den beiden „Nebenlötstellen" L' und L" mit den Zuleitungen z (meist aus Kupfer) verbunden sind (s. Figur). Die

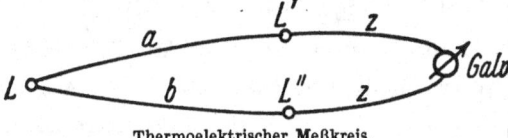

Thermoelektrischer Meßkreis.

Gesamtthermokraft E des Kreises ist, wenn L die Temperatur t und L' und L" die Temperatur t_0 haben:

$$E = (E_{ab})^t + (E_{bz})^{t_0} + (E_{za})^{t_0}$$

oder nach dem Satz von Becquerel:

$$= (D_{ab})^t - (E_{ab})^{t_0}.$$

Gemessen wird also nur die Differenz zwischen den Einzelthermokräften des Leiterpaares bei t^0 und t_0^0. Diese wird mit $(E_{ab})_{t_0}^t$ bezeichnet.

Die Thermokraft eines Leiters gegen einen anderen ist hiernach eindeutig bestimmt, wenn über die Temperatur t_0 der Nebenlötstellen eine Festsetzung getroffen ist. Man wählt dafür zweckmäßig 0^0 C. Es empfiehlt sich ferner, alle Thermokräfte auf ein Normalmetall zu beziehen. Hierfür ist früher vielfach (aus theoretischen Gründen — vgl. Thomson-Effekt) Blei gewählt worden. Viel vorteilhafter ist jedoch Platin, das sehr rein darstellbar und in weiten Temperaturgrenzen brauchbar ist.

Für viele praktische Zwecke ist auch Kupfer zu empfehlen. Für eine bestimmte Temperatur der Hauptlötstelle (z. B. 100^0 C) und der Nebenlötstellen (0^0 C) lassen sich alle Leiter entsprechend der Größe ihrer Thermokraft in eine Reihe anordnen. Für einige der wichtigsten ergibt sich so folgende „Thermoelektrische Spannungsreihe" s. o.

Tab. 1. Thermokraft verschiedener Leiter (L) gegen reines Platin (Pt):

L	Für $t_0 = 0^0$ $t = 100^0$ $(E_{L,Pt})_0^{100}$
Wismut ‖ zur Achse	$+15{,}8$ Millivolt
⊥ " (60 Cu, ...	$+ 7{,}3$ "
Konstantan (60 Cu, 40 Ni) . . .	$+ 3{,}5$ "
Nickel	$+ 1{,}7$ "
Palladium	$+ 0{,}5$ "
Platin	0 "
Blei	$- 0{,}4$ "
Aluminium	$- 0{,}4$ "
Platinrhodium (90 Pt, 10 Rh) .	$- 0{,}6$ "
Manganin (84 Cu, 4 Ni, 12 Mn)	$- 0{,}65$ "
Kupfer	$- 0{,}7$ "
Silber	$- 0{,}75$ "
Gold	$- 0{,}75$ "
Eisen	$- 1{,}5$ bis $- 1{,}9$ "
Antimon ‖ zur Achse	$- 2{,}7$ "
⊥ "	$- 3{,}0$ "

Die Thermokraft ist positiv, wenn der durch sie hervorgerufene Strom an der Hauptlötstelle von dem Metall zum Platin fließt. Für irgend ein Leiterpaar ergibt sich die Thermokraft aus der Differenz der angeführten Zahlen, z. B. für

$$\left(E_{Konstantan, Kupfer}\right)_0^{100} = 4{,}2 \text{ Millivolt.}$$

Die Spannungsreihe gilt nur für das angegebene Temperaturgebiet. Für andere Temperaturen der Haupt- oder Nebenlötstellen sind nicht nur die Größen der Thermokräfte andere, sondern auch die Reihenfolge der Leiter kann eine andere werden.

Über den Zusammenhang der thermoelektrischen mit anderen Eigenschaften der Leiter ist erst sehr wenig bekannt. Verwandte Metalle haben im allgemeinen kleine Thermokräfte gegeneinander. Bei Legierungen treten die mannigfachsten Verhältnisse auf: Die Kurve für die Abhängigkeit der Thermokraft von der Konzentration der Bestandteile ist teils nahezu linear (Gültigkeit der Mischungsregel), teils stark gekrümmt (kettenlinienartig), teils aus verschiedenen Stücken unstetig zusammengesetzt. Beziehungen zur Konstitution der Legierungen sind erkennbar.

Abhängigkeit von der Temperatur: Ein vollständiges Bild von dem thermoelektrischen Verhalten eines Leiters ergibt sich erst, wenn man seine Thermokraft als Funktion der Temperatur der Hauptlötstelle darstellt. Im graphischen Bilde ergibt sich so eine Schar von Kurven, die sämtlich vom Koordinatenursprung bei $t = 0^0$ C ausgehen. Der vertikale Abstand der Kurven zweier Leiter an einer Stelle t ergibt dann unmittelbar die Thermokraft zwischen den beiden Leitern bei t^0. Für viele Zwecke empfiehlt es sich, statt der Thermokraft E deren Temperaturgradienten $\varepsilon = dE/dt$ aufzutragen. Für die Abhängigkeit der Thermokraft von der Temperatur sind allgemeingültige Gesetze nicht aufzustellen. Für viele reine Metalle ist jedoch in ziemlich weiten Grenzen der Verlauf fast parabelförmig, der des Temperaturgradienten also linear. Indessen zeigen verschiedene Metalle (z. B. Eisen,

Nickel u. a.) starke Abweichungen von diesem einfachen Verhalten; es scheint jedoch, als ob plötzliche Änderungen im gleichförmigen Verlauf der Thermokraft in engem Zusammenhang mit molekularen Umwandlungen stehen. In hohem Grade ist die Thermokraft abhängig von der Reinheit, Struktur und Härte und infolgedessen auch häufig von der mechanischen und thermischen Vorbehandlung des Materials. Bei der Verwendung von Thermoelementen zur Temperaturmessung spielen Fehler durch Inhomogenitäten infolge derartiger Einflüsse eine große Rolle. Vom Drucke ist die Thermokraft zwar in geringem, aber gut meßbarem Grade abhängig.

Theorie: Die ersten wichtigen Beziehungen zwischen den Wärmeeffekten, die im thermoelektrischen Kreise auftreten, gab die thermodynamische Theorie von W. Thomson. Sie forderte eine einfache Beziehung zwischen Thermokraft und „Peltier-Effekt" (s. d.) und führte zur Auffindung eines besonderen Wärmeeffektes im Temperaturgefälle eines Leiters: des „Thomson-Effektes" (s. d.). Trotz mancher Bedenken hinsichtlich der Annahmen über die Reversibilität der Vorgänge im Thermoelement gibt die Thomsonsche Theorie zweifellos ein im wesentlichen richtiges Bild der Erscheinungen, ohne sie indessen restlos aufzuklären. So bleibt z. B. die Frage nach dem Sitz der Thermokraft offen, da sich Potentialdifferenzen sowohl an den Berührungsstellen der verschiedenen Leiter wie in homogenen Leiterstücken infolge des Temperaturgefälles erwarten lassen. Einen tieferen Einblick in die Vorgänge geben die Elektronentheorien der Thermoelektrizität, unter denen besonders die Elektronendampfdrucktheorie berufen zu sein scheint, die thermoelektrischen Größen mit anderen meßbaren elektrischen Größen zu verknüpfen. Als abgeschlossen kann die Theorie der Thermoelektrizität jedoch noch nicht gelten.

Die Thermokräfte finden ausgedehnte Verwendung, und zwar A. zu Meßzwecken: 1. zur Temperaturmessung in den „Thermoelementen" (s. d.), 2. zur Messung der strahlenden Wärme in der Thermosäule von Rubens u. a. (s. d.), 3. zur Messung der Stromstärke (besonders von Wechselströmen) bei dem Hitzdrahtinstrument mit Thermoelement (s. Thermokreuz), 4. zur Messung der Energie elektrischer Wellen in dem „Thermodetektor";

B. zur Stromerzeugung in den „Thermobatterien" (s. d.).

Störungen durch Thermokräfte treten bei fast allen elektrischen Präzisionsmessungen leicht auf (durch ungleichförmige Erwärmung von Verbindungen aller Art, besonders der Schleifkontakte). Sie sind entweder durch die Meßmethode zu eliminieren oder durch besondere Konstruktion der Apparate auf einen unschädlich geringen Betrag zu erniedrigen (s. Kompensationsapparat).

Hoffmann.

Näheres s. L. Graetz, Handb. d. Elektr. u. d. Magnetism. Leipzig 1918. Bd. I (3), 699—734.

Thermoelement. Ein aus zwei verschiedenen, punktförmig miteinander verlöteten Metallen bestehender Stromkreis, in dem bei Erwärmung der Lötstelle eine elektromotorische Kraft entsteht. Geschieht die Erwärmung durch einen die Lötstelle durchfließenden Wechselstrom, so kann die Vorrichtung in Verbindung mit einem stromanzeigenden Instrument dazu dienen, die Stärke des Stromes zu messen. In der drahtlosen Meßtechnik häufig angewandter Apparat zur Bestimmung der Dämpfung elektrischer Schwingungskreise, Verluste in Spulen, Kondensatoren usw. *A. Esau.*

Thermoelement. Werden zwei Drähte von verschiedenem Material mit ihren beiden Enden aneinander gelötet, so daß sie von einem Metall zum anderen und wieder zum ersten zurück eine geschlossene Schleife bilden, so fließt durch die Schleife ohne weiteres Zutun ein elektrischer Strom, sobald und solange sich die beiden Lötstellen auf verschiedener Temperatur befinden. Der Strom verdankt sein Entstehen einer durch die Temperaturdifferenz der Lötstellen in der Schleife hervorgerufenen elektromotorischen Kraft (Thermokraft), die bei den zu Messungen benutzten Drahtkombinationen mit wachsender Temperaturdifferenz der beiden Lötstellen ansteigt. Man mißt die Thermokraft und damit die Temperaturdifferenz beider Lötstellen an einem in den Stromkreis eingeschalteten Spannungsmesser. Wird eine Lötstelle dauernd auf Zimmertemperatur oder einer anderen konstanten Temperatur, etwa 0°, gehalten, so teilt man die für technische Messungen bestimmten Spannungsmesser nicht nach Volt oder Millivolt, sondern nach Temperaturen, derart, daß man an ihnen unmittelbar die Temperatur der anderen Lötstelle ablesen kann.

Statt den einen Thermoelementendraht aufzuschneiden und den Spannungsmesser in die Schnittstelle einzuschalten, genügt es, die beiden Thermoelementendrähte auf der einen Seite zu der Meßlötstelle zu vereinigen und die freien Enden unmittelbar an die Klemmen des Spannungsmessers zu legen. Haben die Klemmstellen gleiche Temperatur, so kann man diese als die Temperatur der (in Wirklichkeit jetzt gar nicht vorhandenen) zweiten Lötstelle betrachten. Für genauere Messungen lötet man an die freien Enden der Elementendrähte zunächst Kupferdrähte und führt erst diese zu dem Spannungsmesser; es kommt dann auf die Temperatur der Klemmen gar nicht mehr an, sondern nur auf die Temperatur der beiden neu entstandenen Lötstellen (Nebenlötstellen), welche man leicht auf einer genau gemessenen, gleichen, konstanten Temperatur halten kann.

Thermoelemente lassen sich aus den verschiedensten Drahtpaaren zusammensetzen. Eine wichtige Rolle spielt dabei eine Konstantan genannte Legierung von Kupfer und Nickel, die mit Eisen oder Silber oder Kupfer oder Chromnickel kombiniert wird. Solche Elemente sind von — 200 bis + 600°, wohl auch noch vorübergehend etwas höher brauchbar. In hohen Temperaturen verwendet man Platin mit einer 10prozentigen Platinrhodiumlegierung. Auch Nickel wird mit anderen Materialien mehrfach kombiniert. Die folgende Tabelle gibt die Thermokraft einiger gebräuchlicher Thermo-

t	Konstantan — Eisen	Konstantan — Silber	Konstantan — Kupfer	Konstantan — Chromnickel (85 Ni, 12 Cr)	Platin — Platinrhodium (90 Pt, 10 Rh)	Nickel — Kohle	Nickel- Chromnickel (85 Ni, 12 Cr)	Nickelstahl (64 Ni, 34 Fe)
— 185	—7,5	—	—5,0					
0	0,0	0,0	0,0	0,0	0,0	0,0	0,0	0,0
+ 300	15,8	14,1	14,1	19,1	2,3	6,5	11,7	7,4
600	32,1	32,1	—	42,0	5,2	12,5	21,8	14,2
900	49,4	—	—	65,8	8,4	21,8	33,0	23.8
1200	—	—	—	—	11,9	34,4	—	—
1500	—	—	—	—	15,4	—	—	—

elemente in Millivolt. Die Zahlen gelten für den
Fall, daß sich die Meßlötstelle auf t⁰, die Nebenlötstellen auf 0⁰ befinden; der Strom fließt dabei an
der Meßlötstelle vom ersten zum zweiten Metall.

Die Länge der Drähte, der Schenkel des Elements,
ist gleichgültig und kann den jeweiligen Verhältnissen angepaßt werden; Thermoelemente lassen
sich deshalb auch gut als Fernthermometer (s.
d.) verwenden. Auch die Dicke der Drähte ist beliebig, doch wählt man die Drähte meist möglichst
dünn (0,6 mm und weniger), um Fehler in der
Temperaturmessung infolge Wärmeableitung zu
vermeiden; andererseits wird man Elemente aus
unedlen Metallen um so stärker wählen, je länger
und bei je höherer Temperatur man sie zu benutzen
gedenkt. Beliebt ist es in gewissen Fällen, das Element aus einem Metall- oder Kohlerohr und einem
isoliert durch dieses gezogenen Draht eines anderen
Metalles zu bilden; Rohr und Draht werden am
einen Ende zur „Lötstelle" verschweißt oder auf
andere Weise, etwa durch Verschraubung, verbunden.

Als Genauigkeit kann mit Thermoelementen in
den niedrigeren Temperaturen wohl 1⁰, mit den
Platin-Platinrhodium-Elementen bei 100⁰ etwa 5⁰
leicht erreichen.   *Scheel.*

Näheres s. Henning, Temperaturmessung. Braunschweig
1915.

Thermogalvanometer (Duddell). Dieses Instrument gehört zu den Hitzdrahtinstrumenten (s.
kalorische Instrumente). Es besteht aus einem
Drehspulgalvanometer, bei dem zwischen den
Magnetpolen eine mit Ablesungsspiegel versehene
Drahtschleife als bewegliches System an einem
Quarzfaden aufgehängt ist. Die Drahtschleife
wird aus einem Thermoelement Wismut-Antimon
gebildet, dessen eine Lötstelle sich am unteren
Ende der Schleife befindet. Unterhalb der Lötstelle
ist in geringer Entfernung von derselben der eigentliche Hitzdraht angebracht, d. h. ein dünner Widerstandsdraht, der durch den zu messenden Strom
erwärmt wird und die Wärme auf die Lötstelle
durch Strahlung überträgt. Infolge des hierdurch
in der Schleife entstehenden Stromes erfährt der
Spiegel des Instruments eine Ablenkung, die ein
Maß des Wechselstroms darstellt. Der Hitzdraht
wird aus einem etwa 4 mm langen platinierten
Quarzfaden von einem der Stromstärke angepaßten
Widerstand (4 bis 1000 Ohm) gebildet. Die Empfindlichkeit ist bei großem Widerstand auch für Tele-
phonströme ausreichend. Das Instrument führt
auch den Namen Mikroradiometer oder Radiomikrometer.   *W. Jaeger.*

Näheres s. Duddell, Electrician 61, 94; 1907.

Thermolumineszenz. Phosphoreszenz (s. d.) unter
Einfluß von Wärme. P. Lenard hat gezeigt,
daß es eine Thermolumineszenz an sich nicht gibt,
sondern daß Erwärmung nur das Ausleuchten erregter Phosphore beschleunigt, daß die Erregung
aber durch Zufuhr von Wärme allein nicht zustande
kommt.   *Gerlach.*

Thermomagnetische Effekte. Durch die Einwirkung eines magnetischen Feldes werden die
thermischen und elektrischen Erscheinungen in
metallischen Leitern in charakteristischer, durch die
Vektornatur des magnetischen Feldes bestimmter
Weise modifiziert. Es entsteht so eine Gruppe von
Effekten, von denen diejenigen, bei denen ein durch
einen räumlichen Leiter fließender Wärmestrom
in seinen thermischen und elektrischen Folgeerscheinungen beeinflußt wird, als „thermomagnetische
Effekte" zusammengefaßt werden.

Steht der magnetische Vektor senkrecht
zum Vektor des Wärmestromes, so treten vier
Effekte auf: 1. zwei „Transversal-Effekte": der
„Leduc-Righi-Effekt", bei dem eine transversale
Temperaturdifferenz und der „Nernst-Effekt", bei
dem eine transversale Potentialdifferenz beobachtet
wird; 2. zwei „Longitudinal-Effekte", nämlich eine
Änderung der Wärmeleitfähigkeit bei transversaler
Magnetisierung und eine Peltier-Wirkung zwischen
transversal magnetisiertem und nicht magnetisiertem Material. Ist der magnetische Vektor
parallel dem Vektor des Wärmestromes, so treten
zwei „Longitudinal-Effekte" auf, nämlich eine Änderung der Wärmeleitfähigkeit bei longitudinaler
Magnetisierung und eine Peltier-Wirkung zwischen
longitudinal magnetisiertem und nicht magnetisiertem Material.

Von diesen Effekten sind die beiden transversalen
als die wichtigsten besonders besprochen (s. Leduc-
Righi-Effekt" und „Nernst-Effekt"). Die Änderung der Wärmeleitfähigkeit im magnetischen Felde ist bisher nur bei Wismut und ferromagnetischen Metallen, der Peltier-Effekt zwischen magnetisiertem und nicht magnetisiertem Leiter
nur bei Wismut beobachtet worden.   *Hoffmann.*

Näheres s. K. Baedecker, Die elektrischen Erscheinungen
in metallischen Leitern. Braunschweig 1911.

Thermometer s. Ausdehnungsthermometer, Flüssigkeitsthermometer, Metallthermometer, Quecksilberthermometer, Segersche Kegel, Strahlungspyrometer, Temperaturskalen, Thermoelemente,
Widerstandsthermometer u. a.

Thermometerglas. Die Senkung des Eispunktes,
die ein Quecksilberthermometer vorübergehend
nach einer Erwärmung erfährt, fällt je nach der
Zusammensetzung des Thermometerglases verschieden aus. Die früher viel aus Thüringer Glas
angefertigten Thermometer zeigten diese für feinere
Messungen bedenkliche Erscheinung besonders
stark. Die große Depression des Eispunktes wird
durch die Gegenwart von Kali und Natron, die im
Thüringer Glase zugleich vorhanden sind, verursacht. Jetzt hat das Jenaer Normalglas 16ᴵᴵᴵ, das
eine viel kleinere Depression hat, jenes aus der
Thermometerindustrie verdrängt. Noch kleinere
Depression hat das Borosilikatglas 59ᴵᴵᴵ, das wegen
seiner höheren Erweichungstemperatur zur Messung
höherer Wärmegrade geeignet ist. Thermometer
aus diesem Glase mit Stickstoffüllung können bis
500⁰ gebraucht werden. Noch höher, bis 575⁰,
können die aus Jenaer Verbrennungsröhrenglas und
bis 750⁰ die aus Quarzglas gefertigten Thermometer
benutzt werden.   *R. Schaller.*

Thermophor s. Kalorifer von Andrews.

Thermosäulen (für Strahlungsmessungen) bestehen aus mehreren hintereinander geschalteten
Thermoelementen, deren Lötstellen so angeordnet
sind, daß abwechselnd eine bestrahlte und eine
nicht bestrahlte, auf konstanter Temperatur gehaltene aufeinander folgen (ausgearbeitet von
H. Rubens, F. Paschen u. a.). Wesentlich ist
geringe Wärmekapazität (kleine Masse) bei großer
Empfangsfläche der Elemente, was durch Flach-
walzen der dünnen Drähte erreicht wird (Paschen).
Zur vollständigen Strahlungsabsorption wird die
Thermosäule mit Ruß geschwärzt. Thermosäulen
für absolute Messung nach Gerlach.   *Gerlach.*

Näheres s. Kohlrausch, Lehrb. d. prakt. Physik. Anwendung für meteorologische Untersuchungen s. Pyrgeometer, Pyrheliometer; für Temperaturmessung s.
Strahlungspyrometer. Sehr empfindliche Thermosäulen
sind bei C. Zeiß-Jena käuflich.

Thermostaten s. Bäder konstanter Temperaturen.

Thermotelephon. Aufnahmeapparat für drahtlose Signale, bei dem abweichend vom gewöhnlichen Telephon der Wechsel- oder pulsierende Gleichstrom nicht erst mittels des Magneten und der Membran die Luft in Schallschwingungen versetzt, sondern unmittelbar durch die von ihm in dünnen Drähten erzeugten Wärmeänderungen auf die Luft einwirkt. *A. Esau.*

Thomsonbrücke. Eine Erweiterung der Wheatstoneschen Brücke (s. d.), bei der die Zuleitungswiderstände zum Teil überbrückt werden, so daß sie eliminiert werden können. Sie dient besonders zur Messung kleiner Widerstände, die durch Strom- und Potentialdrähte definiert sind. Das Schema der Brücke zeigt die Figur. Die Zweige 1 und 2 enthalten die zu vergleichenden Widerstände, 3 und 4 zwei größere Widerstände, die in demselben Verhältnis stehen, wie 1 und 2. Der Meßstrom tritt bei A und B zu, a und b sind die Überbrückungswiderstände, die gleichfalls annähernd in demselben Verhältnis abgeglichen werden. Das Galvanometer g zeigt keinen Ausschlag, wenn alle Widerstände in dem gleichen Verhältnis stehen. Die zu den Widerständen 1 und 2 gehörigen Stromzuführungen, welche mit den Widerständen 3 und 4 verbunden sind, rechnen zu diesen und müssen, wenn sie im Verhältnis zu ihnen nicht sehr klein sind, besonders gemessen werden. *W. Jaeger.*

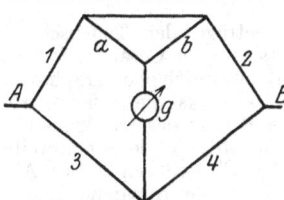

Thomsonbrücke.

Näheres s. Jaeger, Elektr. Meßtechnik. Leipzig 1917.

Thomson-Effekt. Bei Entwicklung der thermodynamischen Theorie der thermoelektrischen Erscheinungen kam W. Thomson zu dem Schluß, daß außer dem „Peltier-Effekt" noch ein anderer umkehrbarer Wärmeeffekt im thermoelektrischen Stromkreise vorhanden sein müsse, nämlich in den ungleich temperierten Leiterstücken selbst. Die Beobachtung bestätigte ihm (1856) das Vorhandensein dieses nach ihm benannten „Thomson-Effektes".

Die Fundamentalerscheinung ist folgende: Erwärmt man einen stabförmigen Leiter in der Mitte, während seine Enden auf konstanter tieferer Temperatur gehalten werden, und sendet durch ihn einen elektrischen Strom, so tritt eine einseitige Verschiebung des Temperaturmaximums ein, die sich mit der Stromrichtung umkehrt. Die Joulesche Wärme kann, da sie proportional dem Quadrat der Stromstärke ist, einen solchen Effekt nicht hervorrufen. Eine nähere Betrachtung zeigt, daß in einem stromdurchflossenen Leiter, in dem ein Temperaturgefälle $\frac{d\vartheta}{dx}$ herrscht, eine Wärmemenge W_{Th} entwickelt wird, die proportional ist der Zeit t des Stromdurchganges und der Stromstärke J, also der hindurchgeflossenen Elektrizitätsmenge und die ferner proportional ist dem an der Stelle herrschenden Temperaturgefälle. Es ist also:

$$W_{Th} = \sigma \cdot \frac{d\vartheta}{dx} \cdot J \cdot t.$$

Der „Thomson-Koeffizient" σ ist eine vom Leitermaterial bestimmte und von der Temperatur abhängige Größe, die sowohl positiv als auch negativ sein kann. Ist sie positiv, so tritt eine Verschiebung des Temperaturgefälles in der Weise ein, als ob ein Wärmetransport im Sinne des elektrischen Stromes stattgefunden hätte (positiver Thomson-Effekt). Die gemessenen Thomson-Effekte sind bei verschiedenen Metallen im Vorzeichen verschieden; beim Blei sind sie verschwindend klein, ein Umstand, der viele Forscher veranlaßt hat, Blei als Normalleiter thermoelektrischen Messungen zugrunde zu legen (s. Thermoelektrizität). *Hoffmann.*

Thomsonsches Atommodell s. Atommodelle.

Thomsonsche Formel. Gibt die Eigenfrequenz eines Kreises

$$n = \frac{1}{2\pi} \sqrt{\frac{1}{LC} - \left(\frac{W}{2L}\right)^2}$$

s. Eigenschwingung. *A. Meißner.*

Thomsonsches Nadelgalvanometer. Dieses Instrument ist ein astatisches Nadelgalvanometer, bei dem daher zwei entgegengesetzt orientierte Nadelsysteme von nahe gleichem magnetischem Moment miteinander verbunden sind (s. Figur). In der Mitte zwischen beiden Systemen ist in der Regel der Spiegel L angebracht und am unteren Ende des drehbaren Gehänges eine Dämpferscheibe D (du Bois-Rubens). Beide Magnetsysteme befinden sich zwischen Spulen, die von dem Strom durchflossen werden (s. auch Galvanometer). *W. Jaeger.*

Näheres s. Jaeger, Elektr. Meßtechn. Leipzig 1917.

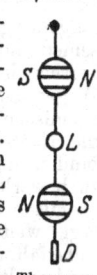

Thomsonsches Nadelgalvanometer.

Thorium. Wegen seiner radioaktiven Eigenschaften nimmt Thorium ebenso wie Uran, Radium, Protoactinium, Actinium, die Emanationen und Polonium eine ausgezeichnete Stellung unter den chemischen Elementen ein; es ist die Stammsubstanz einer der drei bisher bekannten radioaktiven Zerfallsreihen. Seine Radioaktivität wurde im Jahre 1898 entdeckt. Die Atome solcher aktiven Elemente (vgl. „Atomzerfall") sind nicht stabil und verändern unter Abstoßung von Atombestandteilen (α- oder β-Partikel) ihre innere Konstitution so lange, bis eine stabile Gleichgewichtslage erreicht ist. Die mehr oder weniger haltbaren Konstellationen, die ein Atom nacheinander durchläuft, geben Anlaß zu neu entstehenden und wieder verschwindenden Zerfallsprodukten, die sich untereinander durch ihr radioaktives Gehaben — also durch ihre verschiedene Stabilität und den damit zusammenhängenden Erscheinungen — und größtenteils auch durch ihre chemischen Eigenschaften unterscheiden. In letzterer Hinsicht erweisen sie sich des öfteren völlig identisch mit bereits bekannten chemischen Elementen; die Zerfallsprodukte nehmen somit vorübergehend Atomkonstitutionen an, wie sie in altbekannten, aber stabilen und daher nicht radioaktiven Stoffen vorkommen (vgl. den Artikel „Isotopie"). Die Zerfallsreihe des Thoriums zeitigt ebenso eine Anzahl von Substanzen, deren Eigenschaften im folgenden in der Reihe ihrer Entwicklung besprochen werden sollen.

Die Muttersubstanz Thorium kommt in einer großen Zahl von Mineralien teils als ThO_2, teils als Silikat, Phosphat, Niobat usw. vor, meist vergesellschaftet mit Uran und seltenen Erden. Ein konstantes Verhältnis, wie dies etwa für den Uran- und Radium-Gehalt, oder für den Uran- und Actiniumgehalt in den entsprechenden Uran-

erzen gefunden wurde, besteht zwischen Uran-
und Thorium-Gehalt dieser Mineralien nicht,
so daß kein Hinweis auf einen genetischen Zusammenhang zwischen beiden Elementen gegeben ist.
Von den Thorerzen seien als Beispiele erwähnt:
Thorit (Th Si O_4; 45% Th O_2); Orangit (Th Si O_4;
65% Th O_2); beide fast uranfrei. Thorianit (selten!
bis 70% Th O_2); Monazit (bis 18% Th O_2), der wegen
seiner großen Verbreitung als hauptsächlichstes
Ausgangsmaterial für die Thorgewinnung in Betracht kommt. Eruptivgesteine enthalten durch-
schnittlich $1,4 \cdot 10^{-5} \dfrac{\text{g Thor}}{\text{g Substanz}}$, Sedimentärgesteine etwas weniger, etwa $1,2 \cdot 10^{-5}$. Die tech-
nische Gewinnung des Elementes ist seit seiner
Verwendung in der Gasglühlichtindustrie vollkommen durchgearbeitet. In radioaktiver Hinsicht
ist die chemische Reindarstellung noch durch einen
langwierigen Prozeß zu ergänzen, um Thorium von
seinen ihm chemisch gleichen, aber radioaktiv
verschiedenen Zerfallsprodukt Radiothor zu trennen.
Wegen der völligen chemischen Gleichheit versagen
chemische Trennungsmethoden; man ist gezwungen,
die Nacherzeugung des Radiothoriums zu unter-
binden und damit sein spontanes Verschwinden
zu bewerkstelligen, indem man Mesothor, das sich
chemisch abtrennen läßt und dem das Radiothor
(vgl. weiter unten) entstammt, durch Bariumsulfatfällungen entfernt und diesen Prozeß so lange
wiederholt, bis Rd Th auf die gewünschte Minimal-
menge zerfallen ist. Da Radiothorium eine lange
Lebensdauer hat, muß diese Operation durch
$6^1/_2$ Jahre ständig wiederholt werden, um den
Rd Th-Gehalt des Thoriums auf 1% herabzudrücken.

Th-Metall ist duktil, verbrennt bei Erhitzung
zu Th O_2, hat ein spezifisches Gewicht von 11,0
und schmilzt bei 1700°. Es ist vierwertig und wird
aus seinen Salzlösungen durch Alkalien, Ammoniak
und Schwefelammonium als Th O_4 H_4 gefällt, das
selbst in Säuren löslich ist.

Reines Th sendet beim Zerfall α-Strahlen aus,
deren Reichweite zu 2,72 cm in Luft von 15° C
und 760 mm Druck bestimmt wurde, entsprechend
einer Anfangsgeschwindigkeit von $1,40 \cdot 10^9 \dfrac{\text{cm}}{\text{Sek}}$.
Die Zahl der pro Sekunde ausgeschleuderten α-
Partikel beträgt $q = 4,5 \cdot 10^3$. Damit kann man
aus der Gleichung $q = \lambda N$ die Zerfallskonstante λ
berechnen, wenn die Zahl N der in einem Gramm
Thorium enthaltenen Atome bekannt ist. N rechnet
sich aus dem Atomgewicht (232,12) und aus der
Loschmidtschen Zahl zu $2,61 \cdot 10^{21}$, daher wird
$\lambda = 2,1 \cdot 10^{-18}$ sec^{-1}. Nach anderen Beobachtungsmethoden erhält man etwas kleinere Zahlen,
so daß der wahrscheinlichste Wert mit $\lambda = 1,7 \cdot 10^{-18}$
sec^{-1} angesetzt wird. Entsprechend ist die mittlere
Lebensdauer $\tau = 1,9 \cdot 10^{10}$ Jahre und die Halbwertszeit $T = 1,3 \cdot 10^{10}$ sec. *K. W. F. Kohlrausch.*

Thüringer Glas ist im wesentlichen ein Alkali-
Kalkglas, das sowohl Natron wie Kali enthält, auch
geringe Mengen von Tonerde sind festgestellt
worden. Der Alkaligehalt ist ziemlich hoch, das
Glas hat daher eine niedrige Erweichungstemperatur. Deshalb und weil es in der Hitze nicht leicht
entglast, eignet es sich vorzüglich zur Bearbeitung
vor der Glasbläserlampe. Aus ihm werden physikalische Apparate angefertigt und es ist ein viel-
benutztes Geräteglas für den Chemiker. Der hohe
Alkaligehalt beeinträchtigt indes die chemische

Widerstandsfähigkeit und die gegen schroffen Temperaturwechsel.   *R. Schaller.*

Ticker. Ein durch Uhrwerk oder elektromagnetisch angetriebener Unterbrecher, der in Verbindung
mit einem elektrischen Schwingungskreis und einem
Telephon einen früher vielfach benutzten Empfänger
für drahtlose Signale darstellt. Da die Signale entsprechend der niedrigen und wenig regelmäßigen
Unterbrechungszahl als knarrende Geräusche erscheinen, die sich von atmosphärischen Störungen
nur sehr schwer unterscheiden lassen, so ist er in
der neueren Zeit durch den Überlagerungs-(Schwe-
bungs-)Empfang verdrängt worden.   *A. Esau.*

Tiden s. Gezeiten.

Tiefenschärfe. Die Beträge der Tiefenschärfe
nach vor- und rückwärts und der Gesamttiefe sind
in dem Abschnitt „Abbildung durch photographische
Objektive" angegeben. Danach ist die Tiefenschärfe
ohne Rücksicht auf die Bauart des Objektivs abhängig von der relativen Öffnung, der Brennweite
und der Entfernung der Einstellebene. Der Ableitung jener Beträge liegt die Annahme idealer
Abbildung zugrunde. Eine Vergrößerung der Tiefenschärfe ist für scharf zeichnende Objektive durch
eine bestimmte Art der Korrektion bisher nicht
gelungen; gegenteilige Behauptungen sind irre-
führend.   *W. Merté.*

Tiefenwahrnehmung. Die bestimmte und richtige
Empfindung der Tiefenerstreckung des Sehraumes,
d. h. der räumlichen Beschaffenheit und Verteilung
der Sehdinge, ist an das Sehen mit zwei Augen
gebunden und hat zur Voraussetzung, daß die vom
Außenraum entstehenden Netzhautbilder sich durch
ihre perspektivische Parallaxe unterscheiden. Wären
die beiden Bilder in allen Stücken identisch,
so würden sie in beiden Netzhäuten Punkt für Punkt
auf korrespondierenden Stellen liegen, würden also
ganz in die Kernfläche des Sehraumes lokalisiert
werden und rein flächenhaft erscheinen (Prinzip der
Haploskopie). Für das Zustandekommen plastischer
Effekte ist es erforderlich, daß ein Teil der Außenpunkte sich unter Disparation in beiden Augen
abbildet. Mit Hilfe der Stereoskopie ist leicht zu
zeigen, daß disparat gesehene Punkte, je nach der
Art ihrer Disparation (s. Raumwerte der Netzhaut)
nach hinten oder vorne aus der Kernfläche heraustreten, indem die gekreuzte Disparation zwangs-
mäßig zum Eindruck größerer Nähe, die ungekreuzte zum Eindruck größerer Ferne führt.
Ebenso wie bei der Betrachtung plastischer Objekte
jene Punkte, die den Augen näher bzw. ferner liegen
als die Punkte des Horopters (s. d.) sich unter
gekreuzter bzw. ungekreuzter Disparation abbilden,
gilt auch umgekehrt, daß das Bestehen einer gekreuzt bzw. ungekreuzt disparaten Netzhautreizung
entsprechende Tiefeneffekte im binokularen Verschmelzungsbilde bedingt. Besonders schlagend
geht dies daraus hervor, daß man den räumlichen
Effekt zweier stereoskopischer Teilbilder unmittelbar in sein Gegenteil verkehren kann, wenn man
das rechts- und das linksäugige Teilbild vertauscht
und damit die Art der Disparation für jeden Punkt
des Raumbildes umkehrt.

Die Feinheit der räumlichen Lokalisation der
Sehdinge relativ zur Kernfläche, die sich dieserart
aus der wechselnden funktionellen Zusammenfassung identischer und disparater Netzhautpunkte
herleitet, ist durch die anatomische Feinheit der Netzhautelemente als der Träger der Ortsdaten und durch
die gegenseitige Augendistanz bestimmt. Aus den
hierfür geltenden Durchschnittswerten berechnet

sich, daß es noch zu einer Disparation kommt, die zum Auftreten sicher erkennbarer räumlicher Effekte führt, wenn der Winkel, den die Richtungsstrahlen des fraglichen Objektpunktes einschließen, von dem der Gesichtslinien um 5 Winkelsekunden abweicht. Dies bedeutet, daß in der Umgebung eines 1 m entfernten Blickpunktes Tiefenunterschiede von etwa 0,5 mm noch sicher erkannt werden, während auf 10, 100 und 1000 m Entfernung Differenzen von 0,04, 3,7 und 274 m bestehen müssen, um im Verschmelzungsbilde als Tiefendifferenz wahrnehmbar zu werden (reliefartiger Charakter des Sehraumes gegenüber dem wirklichen Raum). Durch künstliche Erweiterung der Pupillendistanz (Telestereoskop) können diese Verhältnisse erheblich günstiger gestaltet werden.

Die Fähigkeit zu absoluter, d. h. auf das eigene Ich bezogener Tiefenlokalisation und zahlenmäßiger Angabe absoluter Entfernungen ist ziemlich wenig entwickelt. Da dem Sehorgan besondere Mechanismen der absoluten Tiefenlokalisation nicht gegeben sind (das sog. Konvergenzgefühl wird auf Grund experimenteller Feststellungen als solcher abgelehnt), so kann die absolute Tiefenlokalisation nur auf dem Umwege über die relative Lokalisation der disparat gesehenen Dinge in die Kernfläche erfolgen, und es wird verständlich, warum die absolute Lokalisation der Kernfläche so unbestimmt wird, wenn die (meist sichtbaren) Teile des eigenen Körpers durch geeignete Blenden vom Sehakt ausgeschlossen werden oder wenn (speziell bei größeren Entfernungen) prägnante Zwischenobjekte auf der Strecke zwischen dem eigenen Körper und dem fixierten Punkte fehlen. Dieser bekannte Mangel in der Leistung unseres Sehorganes wird durch erfahrungsmäßige Ausnützung der sog. sekundären Lokalisationsmotive (Linearperspektive, Luftperspektive, Sehgröße, Verteilung von Licht und Schatten, parallaktische Verschiebung), die auch schon bei einäugigem Sehen eine ganz gute Raumanschauung geben können, wesentlich gemildert. Die Methoden der stereoskopischen Messung (Methoden der schwebenden und der wandernden Marken) machen von der geschilderten Eigenart der Funktionsweise des Sehorganes unmittelbar Gebrauch. *Dittler.*

Näheres s. Dittler, Stereoskopisches Sehen und Messen. Leipzig 1919.

Tiefseethermometer s. Umkippthermometer.

Tiefste Töne s. Grenzen der Hörbarkeit.

Tierkreis s. Zodiakus.

Tirril-Regler s. Schnellregulierung elektrischer Generatoren.

Titer s. Normalität, Maßanalyse.

Titration und **Titrierung** volumetrisches Verfahren der Maßanalyse s. d.

Titration s. Maßanalyse.

Tönen s. Verstärkerröhre.

Tönende Funken. Funkensender mit derartig erhöhter Funkenfolge (300 bis 1500), daß im Empfänger musikalische Töne gehört werden. Die Vorteile der tönenden Funken sind: Charakterisierung des Senders, besseres Arbeiten bei atmosphärischen Störungen, bessere Telephonausnutzung. *A. Meißner.*

Töner. Sehr regelmäßig arbeitender, elektromagnetisch angetriebener Unterbrecher, der in Verbindung mit einem Empfangsapparat den Nachweis und die Aufnahme drahtloser Signale gestattet. Infolge seiner hohen Unterbrechungszahl werden die Signale je nach seiner Einstellung als höhere oder tiefere musikalische Töne wiedergegeben, die sich von atmosphärischen Störungen wesentlich besser abheben als beim Tickerempfang. *A. Esau.*

Toluolthermometer s. Flüssigkeitsthermometer.

Ton ist eine spezielle Art von Schall (s. d.). Im physikalischen Sinne des Wortes ist ein Ton eine Sinusschwingung (pendelförmige Schwingung) eines („tönenden") Körpers, im psychologischen Sinne die Schallempfindung, welche durch diese Sinusschwingung verursacht wird. Was der Physiker der Kürze des Ausdruckes halber oft schon als Ton bezeichnet, ist also weiter nichts als ein rein mechanischer pendelförmiger Schwingungsvorgang. Auch eine gedämpfte Sinusschwingung, die nicht mehr periodisch im strengen Sinne des Wortes ist, erzeugt noch eine annähernd reine Tonempfindung (abklingender Ton). Eine ungedämpfte und genau sinusförmige Schwingung kann man in Wirklichkeit kaum herstellen und muß sich meist mit Annäherungen begnügen. Prinzipiell ist aber daran festzuhalten, daß von sämtlichen periodischen Schwingungen nur eine reine Sinusschwingung einen einfachen Ton darstellt. Hierbei hat der Psychologe noch zu prüfen, ob eine Tonempfindung eine wirklich „einfache" Empfindung ist. Bezüglich der Wahrnehmung kann mit Sicherheit behauptet werden, daß es „Klänge" gibt, welche selbst für das geübteste Ohr aus einem einzigen Tone bestehen. Für die Wahrnehmung gibt es also bestimmt „einfache" Töne.

Zwei Sinusschwingungen können sich durch ihre Schwingungsanzahl und durch die Größe ihrer Amplituden unterscheiden; entsprechend zwei „Töne" durch ihre Höhe und durch ihre Stärke. Je größer die Schwingungsanzahl, also je kleiner die Schwingungsdauer oder Periode ist, um so höher ist der Ton. Zur Demonstration dieser Tatsache eignet sich besonders die Sirene (s. d.). Um eine Tonempfindung zu erhalten, dürfen wir die Schwingungszahl nicht ganz willkürlich variieren. Es ist dem eine Grenze gesetzt durch die Fähigkeiten unseres Ohres (s. Grenzen der Hörbarkeit).

Das zweite Charakteristikum eines Tones ist seine Stärke oder Intensität. Es ist streng zu scheiden zwischen objektiv-physikalischer Intensität und subjektiver oder Empfindungsintensität. Die subjektive Intensität ist durchaus noch nicht bestimmt, wenn die objektive Intensität gegeben ist. Unser Ohr ist für Töne verschiedener Höhe verschieden empfindlich, wie ja auch das Auge für verschiedene Farben verschieden empfindlich ist (s. Schallintensität und Grenzen der Hörbarkeit).

Während der „Ton" im physikalischen Sinne durch Höhe (Schwingungszahl) und Stärke (Amplitude) eindeutig bestimmt ist, können die Tonempfindungen noch weitere Unterschiede aufweisen (s. Tonfarbe). S. auch Klang. *E. Waetzmann.*

Näheres s. H. v. Helmholtz, Die Lehre von den Tonempfindungen. Braunschweig 1912.

Tonbereich. Gesamtheit aller Schwingungszahlen, die vom Ohr als Töne wahrgenommen werden können. Es handelt sich um die Frequenzen von etwa 30—20 000 in der Sekunde. *A. Esau.*

Tonbereich s. Grenzen der Hörbarkeit.

Tonfarbe. C. Stumpf schreibt jeder Tonempfindung neben den Merkmalen der Stärke und der Höhe („Helligkeit") noch eine gewisse „Größe" zu. Diese drei Faktoren Helligkeit, Größe und Empfindungsstärke faßt Stumpf unter dem Namen Tonfarbe zusammen. Tatsache scheint mir zu sein, daß tiefe Töne breit und massig erscheinen, während man hohe Töne, entsprechend den ausgelösten Empfindungen, mit Recht als dünn, spitzig, scharf usw. bezeichnet, und ferner, daß es sehr wohl möglich ist, daß sich für diese Empfindungseindrücke noch besondere physiologische Äquivalente auffinden lassen.   *E. Waetzmann.*

Näheres s. E. Waetzmann, Folia Neuro-Biologica Bd. VI, 1912.

Tonfrequenz. Frequenz des beim Überlagerungsempfanges ungedämpfter Schwingungen entstehenden Schwebungstones. Sie ist gleich der Differenz der Schwingungszahlen von Empfangswelle und der vom Überlagerer erzeugten und mit ihr interferierenden Hilfsschwingung.   *A. Esau.*

Tonleiter. Man versteht darunter eine Auswahl bestimmter Tonstufen, welche zur Melodiebildung benutzt werden. In bezug auf diese Stufen finden sich in den verschiedenen Zeiten und bei den verschiedenen Völkern sehr erhebliche Unterschiede. Nur eine feste Grundlage scheinen alle Zeiten und alle Völker gemeinsam zu haben, nämlich die, daß sie ihren Einteilungen stets das Intervall (s. d.) der Oktave zugrunde legen. Dieses Intervall wird nun in der verschiedenartigsten Weise unterteilt.

Hierbei achtete man im allgemeinen darauf, daß die Stufenbildung in Konsonanzen (s. d.) erfolgte. Die Quinte ist nächst der Oktave die vollkommenste Konsonanz; so entstanden die Tonleitern aus Quintenfolgen. Geht man vom „Grundton“ 1 um eine Quinte nach unten auf $\frac{2}{3}$ und um eine Quinte nach oben auf $\frac{3}{2}$, fügt die Oktave 2 zu 1 hinzu und setzt statt $\frac{2}{3}$, um in die Oktave 1—2 hineinzukommen, $\frac{4}{3}$, so erhält man die Tonfolge

$$1 \quad \frac{4}{3} \quad \frac{3}{2} \quad 2,$$

also Grundton, Quarte, Quinte und Oktave. Mit Saiten von diesen relativen Tonhöhen war die älteste Lyra der Griechen ausgerüstet, die zur Begleitung beim Deklamieren auf der Bühne benutzt wurde.

Die Chinesen gingen von $\frac{3}{2}$ aus noch um eine weitere Quinte abwärts und von $\frac{4}{3}$ aus noch um eine weitere Quinte aufwärts. Verfährt man im übrigen wie vorher, so erhält man die Tonfolge

$$1 \quad \frac{9}{8} \quad \frac{4}{3} \quad \frac{3}{2} \quad \frac{16}{9} \quad 2,$$

die auch (noch jetzt gesungenen) schottischen und irischen Volksliedermelodien zugrunde liegt.

Die Pythagoräer gingen von 1 um eine Quinte abwärts und um fünf Quintenschritte aufwärts. Verfährt man wieder wie vorher, so ergibt sich die Tonfolge

$$1 \quad \frac{9}{8} \quad \frac{81}{64} \quad \frac{4}{3} \quad \frac{3}{2} \quad \frac{27}{16} \quad \frac{243}{128} \quad 2,$$

die zahlreichen späteren Tonskalen bis zum 16. Jahrhundert zur Grundlage gedient hat.

Solange man nur homophone Musik machte, kam es auf gutes Zusammenklingen der einzelnen Töne der Skala nicht an; das wurde erst wichtig, als sich die polyphone Musik und die moderne harmonische Musik zu entwickeln begann, wobei in der harmonischen Musik noch dem Prinzip der Klangverwandtschaft (s. d.) eine ausschlaggebende Rolle zufiel.

Die moderne diatonische Durskala ist von Chladni aus dem Durakkord (s. Akkord)

$$1 \quad \frac{5}{4} \quad \frac{3}{2}$$

in der Weise abgeleitet worden, daß an $\frac{3}{2}$ und 1 noch je zwei weitere Töne angesetzt werden, welche mit $\frac{3}{2}$ bzw. 1 einen neuen Durakkord bilden. Also folgt

$$\frac{2}{3} \quad \frac{5}{6} \quad 1 \quad \frac{5}{4} \quad \frac{3}{2} \quad \frac{15}{8} \quad \frac{9}{4}$$

Verfährt man wieder wie vorhin, so ergibt sich

$$
\begin{array}{cccccccc}
1 & \frac{9}{8} & \frac{5}{4} & \frac{4}{3} & \frac{3}{2} & \frac{5}{3} & \frac{15}{8} & 2 \\
c & d & e & f & g & a & h & c'.
\end{array}
$$

In genau analoger Weise ergibt sich aus dem Molldreiklang $1 \ \frac{6}{5} \ \frac{3}{2}$ die diatonische Mollskala

$$
\begin{array}{cccccccc}
1 & \frac{9}{8} & \frac{6}{5} & \frac{4}{3} & \frac{3}{2} & \frac{8}{5} & \frac{9}{5} & 2. \\
c & d & es & f & g & as & b & c'.
\end{array}
$$

Soll nun die reine Durtonleiter nicht nur von c, sondern auch von jedem anderen ihrer Töne aus gespielt werden können, so braucht man dazu noch 11 weitere Töne; wird das Gleiche auch für die Molltonleiter verlangt, so kommen abermals 11 Töne hinzu. Wird außerdem noch verlangt, daß Dur- und Molltonleiter auch von dem gegen die ursprünglichen Töne um je einen Halbton erhöhten bzw. vertieften Tönen aus gespielt werden können, so tritt eine weitere große Anzahl neuer Töne auf. Von allen diesen Tönen liegen eine ganze Anzahl sehr nahe aneinander. Man vereinfacht nun zunächst in der Weise, daß Töne, deren Schwingungszahlen sich nur um den Faktor $\frac{81}{80}$ (das sog. Komma) voneinander unterscheiden, gleich gesetzt werden. Indem dann noch weitere, schon recht erhebliche Vernachlässigungen eingeführt werden, wird die Zahl der Töne innerhalb einer Oktave zunächst auf 21 und dann, durch Ersetzen der mehrfachen, zwischen den ursprünglichen Tönen der diatonischen Leitern liegenden Töne durch je einen, auf 12 reduziert. Es entsteht die „temperierte“ Skala. Je nachdem die Unreinheiten gleichmäßig auf alle Intervalle innerhalb der Oktave verteilt sind, oder die Quinten als die empfindlichsten Konsonanzen rein erhalten und die Unreinheiten nur auf die übrigen Intervalle verteilt sind, ist die temperierte Stimmung „gleichschwebend“ oder „ungleichschwebend“. Bei ersterer ist das Oktavenintervall in 12 genau gleiche Tonstufen eingeteilt. Die Schwingungszahl eines höheren Tones erhält man dann aus der des benachbarten tieferen, wenn die letztere mit $\sqrt[12]{2}$ multipliziert wird. Das ist die sog. chromatische Tonleiter.

Bei Instrumenten mit festen Tönen, wie beispielsweise dem Klavier, würde die Handhabung zu unbequem werden, wenn innerhalb jeder Oktave sämtliche bei reiner Stimmung gebrauchten Töne vorhanden sein sollten. Deshalb wird bei diesen Instrumenten die temperierte Stimmung angewandt. Andere Instrumente, wie beispielsweise Violine und Gesangstimme, haben sämtliche Töne in kontinuierlichem Übergang zur Verfügung und können daher ohne weiteres in reiner Stimmung benutzt werden.   *E. Waetzmann.*

Näheres s. H. v. Helmholtz, Die Lehre von den Tonempfindungen. Braunschweig 1912.

Tonmaschine. Vorrichtung zum Empfang ungedämpfter Schwingungen, bei der die Herstellung der Schwebungsfrequenz auf maschinellem Wege erfolgt.   *A. Esau.*

Tonrad. Ein von Goldschmidt für den Empfang ungedämpfter elektrischer Schwingungen angegebener Apparat, der den Schwebungsempfängern zugerechnet werden kann. Die Schwebungen werden dadurch erzeugt, daß die Hochfrequenzschwingungen rhythmisch unterbrochen werden, wobei die Unterbrechungszahl etwas abweicht von der aufgedrückten Periode des Wechselstroms. Die Tonhöhe der Signale ist gegeben durch die Differenz der Hochfrequenzperiodenzahl gegen die Unterbrechungszahl.

Fig. A stellt den nicht unterbrochenen Hochfrequenzstrom dar. Fig. B ergibt den Verlauf des

Tonradstromes wieder, der durch die schraffierten Kurvenstücke dargestellt ist, wobei die Unterbrechungszahl etwas von der Periodenzahl des

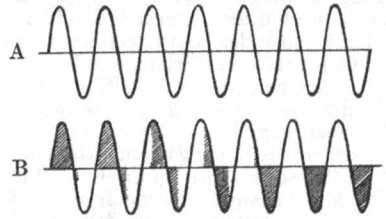

A: Nicht unterbrochener Hochfrequenzstrom; B: Verlauf des Tonradstromes.

Wechselstromes abweicht. Da die Augenblickswerte des Stromes bald vorwiegend positiv, bald negativ sind, so erhält man eine Art Schwebung, die im Telephon als Ton gehört wird. *A. Esau.*

Tonselektion. Vorrichtung zur Steigerung der Störungsfreiheit von Empfangseinrichtungen für drahtlose Telegraphie gegenüber unerwünschten fremden Störwellen, die entweder akustische oder elektrische Resonanzerscheinungen benutzt.

A. Esau.

Topfmagnete (Glockenmagnete) haben etwa die Gestalt einer Topfkuchenform, wobei die äußere Wand den einen, der innere Zapfen den zweiten Schenkel bildet, der bei Elektromagneten auch die Wickelung trägt; der Anker besteht aus einer ebenen Scheibe. Infolge des guten magnetischen Schlusses und daher geringen magnetischen Widerstandes sind die Topfmagnete verhältnismäßig sehr kräftig. *Gumlich.*

Topographische Korrektion s. Schwerkraft.

Torricellisches Theorem. Strömt Flüssigkeit aus einem weiten Gefäße (s. Figur) durch eine kleine Öffnung f in der Höhe h unter der Flüssigkeitsoberfläche aus, so ist die Ausflußgeschwindigkeit in erster Annäherung durch die Gleichung gegeben

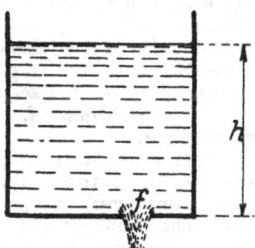

Zum Torricellischen Theorem.

$$v = \sqrt{2\,g\,h}.$$

Diese Gleichung besagt, daß die Ausflußgeschwindigkeit so groß ist, als wenn die Flüssigkeitsteilchen die Höhe h frei hinabgefallen wären. Diese Beziehung wird das „Torricellische Theorem" genannt, nachdem sie zuerst von Torricelli in einer Arbeit „De motu gravium naturaliter descendentium", Florenz 1643 ausgesprochen wurde. Die Gleichung ergibt sich ohne weiteres durch Gleichsetzung der kinetischen Energie der ausströmenden Flüssigkeit und der verlorenen potentiellen Energie. Der Versuch ergibt, daß die Beziehung der Geschwindigkeit zur Flüssigkeitshöhe den Tatsachen recht genau entspricht, daß aber die Geschwindigkeit stets etwas kleiner ist und auch nicht von der Natur der Flüssigkeit ganz unabhängig ist. Weiteres s. unter Ausflußgeschwindigkeit und Contractio venae. *O. Martienssen.*

Torricellisches Vakuum s. Torricellischer Versuch.

Torricellischer Versuch. Unter dem Torricellischen Versuch versteht man folgendes Experiment, welches Torricelli zuerst 1643 beschrieb. Eine

über 67 cm lange, einseitig geschlossene Glasröhre wird mit Quecksilber gefüllt und dann mit dem offenen Ende in ein mit Quecksilber gefülltes Gefäß gesetzt (s. Figur). Es sinkt dann das Quecksilber in der Röhre so weit zurück, daß sich eine Kuppe in der Röhre etwa 76 cm über dem Quecksilberspiegel befindet. Torricelli erklärte den Versuch richtig, indem er zeigte, daß das Quecksilber in der Röhre durch den Luftdruck auf die Quecksilberoberfläche im Gefäß getragen wird.

Torricellischer Versuch.

Über dem Quecksilber in der Röhre bildet sich ein Vakuum, welches Torricellisches Vakuum genannt wird. Das Vakuum ist ein sehr hohes, da die Dampfspannung des Quecksilbers bei Zimmertemperatur nur ganz gering ist. Notwendig ist allerdings, daß das Rohr vor dem Versuch gut getrocknet wurde und von adhärierenden Luftresten durch wiederholtes Erwärmen befreit war.

Durch diesen Versuch wies Torricelli zuerst nach, daß der „Horror vacui" nicht existiert. Dieser wurde früher angenommen, um das Aufsaugen von Flüssigkeiten in ein evakuiertes Gefäß zu erklären. Man meinte, die Natur suche einen leeren Raum zu vermeiden, und es würde deshalb die Flüssigkeit veranlaßt, in den Raum aufzusteigen, in welchen die Luft nicht eindringen kann.

O. Martienssen.

Torriod. Ring mit kreisförmigem Querschnitt, der vielfach zu magnetischen Messungen benützt wird. *Gumlich.*

Torsion. Das Torsionsmoment eines beanspruchten Stabes (Welle) in jedem Querschnitt ist das resultierende Moment der Schubspannungen in diesem Querschnitt. Ein solches tritt insbesondere dann auf, wenn die Welle durch Momente an den Enden tordiert wird. Daher führt die Torsion am direktesten zur Bestimmung der Schubverhältnisse im elastischen Material, insbesondere des Gleitmoduls (s. Festigkeit).

Die technische Theorie der Torsion benutzt ähnliche Hypothesen, wie die Biegungstheorie: Annahme, daß die Querschnitte eben bleiben und die Spannung und die Deformation linear vom Abstand von der neutralen „Achse" abhängt. Dann ergibt sich das Torsionsmoment: $M = G\,J^* \, d\varphi/ds$, wo J^* das quadratische Flächenmoment des Querschnitts, bezogen auf den Durchschnitt der neutralen Achse, φ der Winkel, um den der Querschnitt verdreht ist. Über das Verhältnis der Elastizitätstheorie zu dieser Näherungstheorie gilt ähnliches wie bei der Biegung: Die Theorie bestätigt in dem Fall die lineare Verteilung der Verschiebungen im Querschnitt, nicht aber die der Spannungen (außer im Fall des Kreiszylinders), und ferner bleiben die Querschnitte nicht eben, sondern verwölben sich in einer von den Symmetrieverhältnissen des Querschnitts abhängigen Weise.

Kirchhoffs kinetostatische Analogie: Im allgemeinen Fall der auf Biegung und Torsion nur durch Kräfte und Momente an den Enden beanspruchten Elastika sind die statischen Bedingungen analog den Bewegungsgleichungen eines starren Körpers um einen festen Punkt unter Wirkung der Schwerkraft. Dabei entspricht die längs der elastischen Linie gemessene Länge der Zeit, die äußere Kraft der Schwerkraft; die Tangente, Normale und Binormale der Elastika entsprechen den Hauptträgheitsachsen des Körpers für den festen Punkt und die Torsion und die Biegung nach den letzten beiden Achsen den entsprechenden Winkelgeschwindigkeiten.

Der Fall gleichzeitiger Biegung und Torsion liegt insbesondere bei der Belastung von Spiralfedern vor, die eine vom Hause aus schon gekrümmte elastische Linie darstellen. Zur Bestimmung der elastischen Konstanten E, G können auch Schwingungen von solchen Federn herangezogen werden. Bemerkenswert ist, daß die Dehnungs- und Drillungsschwingungen von Spiralfedern zugleich gekoppelte Biegungs- und Torsionsschwingungen sind, die, bei geeigneter Abstimmung, zu Schwebungen Anlaß geben. Die Schwebungsdauer gibt ein unmittelbares Maß für die Poissonsche Konstante des Verhältnisses der Querkontraktion zur Längsdehnung, die von E und G abhängt (s. Elastizitätsgesetz).   *F. Noether.*

Näheres s. Love, Lehrbuch der Elastizitätstheorie (deutsch von A. Timpe). 1907.

Torsion, Einfluß auf die magnetischen Eigenschaften, s. Aelotropie.

Torsionsdynamometer. Ein elektrodynamisches Dynamometer (s. d.), bei dem der Ausschlag durch eine Torsionsfeder auf Null zurückgeführt wird, so daß der Torsionswinkel ein Maß für das Produkt der in beiden Spulen fließenden Ströme darstellt; das Produkt ist dem Torsionswinkel, der an einer Teilung abgelesen werden kann, proportional.
                                           W. Jaeger.

Torsionsgalvanometer (Fröhlich). Ein Nadelgalvanometer (s. d.), bei dem der Magnet (Glockenmagnet) durch Torsion des Aufhängefadens in die Nullage zurückgeführt wird, so daß er stets die gleiche Lage zu der Stromspule einnimmt. Der Torsionswinkel wird an einem Teilkreis abgelesen; die Stromstärke ist dem Torsionswinkel proportional. Dieses von Siemens & Halske in den Handel gebrachte Instrument war vor der Einführung der Westonschen direkt zeigenden Amperemeter in Gebrauch und bildete einen Vorläufer derselben, da auch bei ihm die Stromstärke bzw. Spannung bis auf eine Zehnerpotenz direkt abgelesen werden konnte. Zusammen mit Nebenschlüssen und Vorschaltwiderständen kann es für Messung der Stromstärke und Spannung in mehreren Meßbereichen angewendet werden. Der Magnet muß in den Meridian eingestellt werden. Dieser Umstand und die notwendige Einjustierung mit Stellschrauben sind Nachteile des Instruments, das jetzt fast völlig durch die neueren direkt ziehenden Amperemeter usw. verdrängt worden ist.   *W. Jaeger.*

Totalastigmatismus s. Brille.

Totalintensität der Erdmagnetismus. Die totale Stärke des erdmagnetischen Feldes; wird nur selten absolut gemessen, sondern meist aus anderen Bestimmungsstücken berechnet (s. Erdmagnetismus).   *A. Nippoldt.*

Totalreflexion s. Lichtbrechung.

Toter Gang von Schrauben s. Mikrometerschrauben.

Trägheitsarm s. Trägheitsmoment.

Trägheitsellipse s. Trägheitsmoment.

Trägheitsellipsoid s. Trägheitsmoment.

Trägheitsgesetz s. Impulssätze.

Trägheitskräfte. Als Trägheitskraft bezeichnet man den Widerstand, welchen jede Masse zufolge ihrer Trägheit jeder Änderung ihrer Bewegung entgegensetzt, genauer das Produkt aus der Masse in den negativen Vektor der Beschleunigung. In dieser Begriffsbestimmung ist die Übertragung des Wechselwirkungsgesetzes von der Statik auf die Kinetik inbegriffen. Insofern nämlich das Produkt aus der Masse in den positiven Vektor der Beschleunigung gleich der äußeren Kraft ist (s. Impulssätze), so sind die bewegende Kraft und die Trägheitskraft einander entgegengesetzt gleich. Wie die äußere Kraft die Wirkung des bewegenden Körpers auf den bewegten vorstellt, so die Trägheitskraft die Gegenwirkung des bewegten auf den bewegenden zurück.

Für besondere Bewegungsarten hat man die Trägheitskräfte sowie ihre statischen Momente noch besonders benannt. So heißt die bei der Kreisbewegung auftretende, der Zentripetalkraft entgegengesetzt gleiche Trägheitskraft die *Zentrifugalkraft* oder *Fliehkraft* vom Betrag

$$F = m \frac{v^2}{r} = m\, r\, \omega^2 = m\, v\, \omega,$$

wo v die Bahngeschwindigkeit, ω die Winkelgeschwindigkeit, m die Masse und r der Bahnhalbmesser oder, im Falle einer beliebig gekrümmten Bahn, der Krümmungshalbmesser der Bahn an der betreffenden Stelle ist.

Wenn ein Massenpunkt gezwungen ist, in einer geraden Führung zu bleiben, die sich um einen ihrer Punkte in einer Ebene gleichmäßig dreht, so tritt außer der Zentrifugalkraft noch eine zweite Trägheitskraft auf, so oft der Massenpunkt seine Entfernung r vom Drehpunkt ändert, nämlich eine Gegenwirkung des bewegten Punktes auf die Führung. Diese Trägheitskraft hat den Betrag

$$C = m \cdot 2\, \omega \frac{d\, r}{dt}$$

und steht senkrecht auf der Führung, und zwar entgegengesetzt oder im Sinne der Bewegung, je nachdem d r/dt positiv oder negativ ist. Sie heißt die *Corioliskraft*, und der Ausdruck für sie bleibt auch noch richtig, wenn die Drehung ungleichmäßig wird; nur tritt dann noch eine weitere Trägheitskraft m r dω/dt hinzu.

Das bei der Schwenkung der Drehachse eines starren Körpers auftretende Moment der Trägheitskräfte heißt das *Kreiselmoment* (s. Kreisel).
                                           R. Grammel.

Trägheitskreis s. Trägheitsmoment.

Trägheitsmoment. 1. Begriffsbestimmung und Einteilung. a) Massenträgheitsmomente. Ist gegeben ein (starrer oder unstarrer) Körper von der Masse m sowie eine Achse, und ist s der Abstand eines Massenelements dm des Körpers von der Achse, so nennt man die Summe der Produkte aller dm mit ihren s^2

$$S = \int s^2\, dm$$

das *(axiale) Trägheitsmoment des Körpers in bezug auf jene Achse.* Die Größe S ist ein unmittelbares Maß für die Trägheit des Körpers gegenüber Drehungen um jene Achse (s. Impuls). Weil S der Dimension nach stets das Produkt aus einer Masse in das Quadrat einer Länge ist, so definiert man einen „mittleren" Abstand k durch

$$S = m\, k^2$$

und nennt k den *Trägheitsarm (Trägheitshalbmesser, Trägheitsradius)* des Körpers in bezug auf die Achse. Die Länge k bedeutet den Halbmesser eines Zylinders um jene Achse, welcher, wenn die ganze Körpermasse flächenhaft irgendwie auf ihm verteilt gedacht wird, die gleiche Trägheit gegenüber Drehungen um die Achse besitzt wie der Körper selber.

Neben den axialen Trägheitsmomenten spielen in der Dynamik noch zwei ähnliche Bildungen eine Rolle, nämlich die Summe der Produkte aller dm mit den Quadraten ihrer Abstände r von einem Punkt bzw. r' von einer Ebene

$$R = \int r^2 \, dm,$$
$$R' = \int r'^2 \, dm.$$

Sie heißen das (polare) *Trägheitsmoment in bezug auf jenen Punkt* bzw. das (*Binetsche*) *Trägheitsmoment in bezug auf jene Ebene*. Endlich führt man noch die Summe der Produkte aller dm mit dem Produkt ihrer Abstände r' und r'' von zwei aufeinander senkrechten Ebenen ein

$$T = \int r' \, r'' \, dm$$

und heißt diese das *Deviations- oder Zentrifugalmoment* in bezug auf jene Ebenen. Mitunter spricht man von dem Deviationsmoment[1] in bezug auf eine Achse und einen auf ihr gelegenen Punkt und versteht darunter einen Vektor

$$\mathfrak{T} = \int r_1 \, r_2 \, dm,$$

wo r_1 den Abstandsvektor des Massenelementes dm von der Achse bedeutet, d. h. das von dm auf die Achse gefällte Lot seiner Größe und Richtung nach, wogegen r_2 die vom Bezugspunkt aus gerechnete Abszisse des Fußpunktes des Lotes vorstellt; die im Integral anzuführende Summierung ist geometrisch zu denken (s. Vektor). T und $\mathfrak{T}$ stehen in folgendem Zusammenhang: Legt man eine Ebene E_1 durch den Bezugspunkt senkrecht zur Achse und zwei weitere Ebenen E_2 und E_3 zueinander senkrecht durch die Achse, so daß also alle drei Ebenen im Bezugspunkt eine rechtwinklige Ecke bilden, so ist die Projektion des Vektors $\mathfrak{T}$ auf die Ebene E_3 identisch mit dem Deviationsmoment T in bezug auf die Ebenen E_1 und E_2.

Eine Achse heißt *Hauptachse* in bezug auf einen ihrer Punkte, falls das Deviationsmoment $\mathfrak{T}$ in bezug auf diese Achse und jenen Punkt verschwindet; die durch den Punkt senkrecht zur Achse gelegte Ebene heißt *Hauptebene* in bezug auf jenen Punkt; die Trägheitsmomente in bezug auf eine Hauptachse bzw. Hauptebene heißen (axiale bzw. Binetsche) *Hauptträgheitsmomente*.

Häufig bezieht man den Körper auf ein kartesisches Raumkoordinatensystem. Sind x, y, z die Koordinaten des Massenelementes dm, so sind die Trägheitsmomente bezüglich der Koordinatenachsen

$$A = \int (y^2 + z^2) \, dm,$$
$$B = \int (z^2 + x^2) \, dm, \quad C = \int (x^2 + y^2) \, dm,$$

diejenigen bezüglich der Koordinatenebenen

$$A_1 = \int x^2 \, dm, \quad B_1 = \int y^2 \, dm, \quad C_1 = \int z^2 \, dm,$$

dasjenige bezüglich des Nullpunktes

$$R = \int (x^2 + y^2 + z^2) \, dm,$$

die Deviationsmomente bezüglich je zweier Koordinatenebenen

$$D = \int y \, z \, dm, \quad E = \int z \, x \, dm, \quad F = \int x \, y \, dm.$$

Zwischen diesen Größen bestehen die Beziehungen

$$A = B_1 + C_1, \quad B = C_1 + A_1, \quad C = A_1 + B_1,$$
$$A_1 = \frac{1}{2}(B + C - A), \quad B_1 = \frac{1}{2}(C + A - B),$$
$$C_1 = \frac{1}{2}(A + B - C),$$

---

[1] Das Wort Deviationsmoment wird in der Lehre vom Kreisel (s. d.) in ganz anderer Bedeutung gebraucht.

$$R = A_1 + B_1 + C_1 = \frac{1}{2}(A + B + C).$$

b) Flächenträgheitsmomente. Ist gegeben eine ebene Fläche sowie ein kartesisches Koordinatensystem x y in ihrer Ebene, so nennt man die Integrale, erstreckt über die ganze Fläche,

$$J_x = \int y^2 \, dF, \quad J_y = \int x^2 \, dF, \quad J_z = \int r^2 \, dF,$$
$$J_{xy} = \int x \, y \, dF$$

der Reihe nach: (*axiales*) *Trägheitsmoment in bezug auf die x-Achse*, (*axiales*) *Trägheitsmoment in bezug auf die y-Achse*, (*polares*) *Trägheitsmoment in bezug auf den Nullpunkt, Deviations- oder Zentrifugalmoment in bezug auf den Nullpunkt*. Hierbei ist dF ein Flächenelement mit den Koordinaten x, y und dem Abstand r vom Nullpunkt, und es gilt

$$J_x + J_y = J_z.$$

Diese Trägheitsmomente treten auf bei der Lehre von der Biegung eines Balkens, dessen Querschnitt jene Fläche ist, sowie bei der Lehre von der Drillung (Torsion). Sie sind als rein geometrische Größen anzusehen. Bei J_x und J_y werden die zugehörigen Trägheitsarme in ganz entsprechender Weise definiert wie bei S, nur daß an Stelle der Masse die ganze Fläche tritt.

2. Sätze über Massenträgheitsmomente. Legt man durch den Schwerpunkt des Körpers die zu einer gegebenen Achse parallele Achse und ist S_0 das Trägheitsmoment in bezug auf diese Schwerpunktsachse, sowie k_0 der zugehörige Trägheitsarm, so gilt der Satz von Huygens (Steiner)

$$S^2 = S_0^2 + m \, a_0^2 \quad \text{oder} \quad k^2 = k_0^2 + a_0^2,$$

wo a_0 den Abstand beider Achsen mißt. Ganz entsprechende Sätze gelten auch für die anderen Trägheitsmomente, nämlich in leichtverständlichen Bezeichnungen

$$R = R_0 + m \, a^2,$$
$$R' = R_0' + m \, a'^2,$$
$$T = T_0 + m \, a' \, a''.$$

Dabei bezieht sich der Zeiger Null allemal auf den Schwerpunkt bzw. auf die zu den ursprünglichen Ebenen parallelen Schwerpunktsebenen; a', a'' sind die Abstände entsprechender Ebenen, und a bedeutet den Abstand des alten Bezugspunkts vom Schwerpunkt. Es genügt also, die Trägheits- und Deviationsmomente in bezug auf die Schwerpunktsachsen und -Ebenen zu kennen; dann sind sie auch für alle anderen Achsen und Ebenen bekannt. Unter allen parallelen Achsen bzw. Ebenen ist das axiale bzw. Binetsche Trägheitsmoment am kleinsten in bezug auf diejenige, die den Schwerpunkt trägt. Unter allen polaren Trägheitsmomenten ist dasjenige in bezug auf den Schwerpunkt das kleinste.

Ist ein rechtwinkliges Achsenkreuz in den Körper gelegt und sind die Größen A, B, C, A_1, B_1, C_1, D, E, F in bezug auf diese Achsen und die Achsenebenen bekannt, so ist das axiale Trägheitsmoment S in bezug auf eine vierte Achse durch den Achsenschnittpunkt mit den Richtungskosinussen α, β, γ gegen die drei Achsen gegeben durch

$$S = A \alpha^2 + B \beta^2 + C \gamma^2 - 2D \beta \gamma - 2E \gamma \alpha - 2F \alpha \beta$$

und ebenso das Binetsche R' in bezug auf eine vierte Ebene durch den Achsenmittelpunkt mit den Neigungskosinussen α, β, γ gegen die drei Achsenebenen durch

$$R' = A_1 \alpha^2 + B_1 \beta^2 + C_1 \gamma^2 + 2D \beta \gamma + 2E \gamma \alpha + 2F \alpha \beta.$$

Um diejenigen Achsen eines Körpers aufzufinden, welche Hauptachsen in bezug auf einen ihrer Punkte sind, benutzt man die Sätze: Hat ein Körper eine Symmetrieebene, so sind alle auf dieser senkrechten Achsen Hauptachsen in·bezug auf ihren Durchstoßungspunkt durch die Ebene. Eine Achse ist im allgemeinen Hauptachse in bezug auf nur einen ihrer Punkte; sie ist es dagegen für alle ihre Punkte, wenn sie den Schwerpunkt trägt und für diesen eine Hauptachse ist; insbesondere ist auch jede Symmetrieachse eine solche Hauptachse für alle ihre Punkte. Unter allen durch einen Punkt O gelegten Achsen sind diejenigen Hauptachsen, in bezug auf welche das axiale Trägheitsmoment einen Extremwert oder einen Sattelwert besitzt (Sattelwert soll heißen: Extremwert je unter allen Achsen durch je eine auch jene Achse enthaltende Ebene, also teils Höchst-, teils Tiefstwert bei den verschiedenen Ebenen). Hinsichtlich der Zahl der Hauptachsen in bezug auf einen Punkt gibt es nur folgende drei Möglichkeiten: (a) entweder sind alle durch den Punkt gehenden Achsen Hauptachsen mit lauter gleichen axialen Trägheitsmomenten, (b) oder alle durch den Punkt gehenden und einer einzigen Ebene angehörenden Achsen sind Hauptachsen mit gleichen axialen Trägheitsmomenten, und außerdem ist die darauf senkrechte Achse eine Hauptachse, jedoch mit anderem axialen Trägheitsmoment, (c) oder es gibt nur drei Hauptachsen durch den Punkt mit lauter verschiedenen axialen Hauptträgheitsmomenten. Im Falle (a) sind alle Ebenen durch den Punkt Hauptebenen, im Falle (b) alle Ebenen durch die isolierte Hauptachse sowie die Ebene der andern Hauptachsen, im Falle (c) gibt es nur drei Hauptebenen, nämlich die durch je zwei Hauptachsen bestimmten. Es sind übrigens einfache Methoden entwickelt worden, um die Hauptachsen in bezug auf irgend einen Punkt zu finden, wenn die Hauptachsen und Hauptträgheitsmomente in bezug auf den Schwerpunkt bekannt sind.

Trägt man die reziproken Quadratwurzeln der axialen Trägheitsmomente eines Körpers in bezug auf alle durch einen Punkt gehenden Achsen von diesem Punkte aus als Strecken nach beiden Seiten auf der zugehörigen Achse ab, so liegen die Endpunkte dieser Strecken auf einem Ellipsoid, welches das *Trägheitsellipsoid* in bezug auf jenen Punkt als Mittelpunkt heißt. Die Hauptachsen des Ellipsoids sind Hauptachsen auf jenen Punkt. Im Falle (a) ist das Ellipsoid eine Kugel, im Falle (b) ein Umdrehungsellipsoid. (Es sind auch noch andere Ellipsoide im Gebrauch, um die Trägheitsmomente eines Körpers für alle Achsen durch einen Punkt darzustellen; sie haben aber keine so unmittelbare Bedeutung für die Dynamik wie das zuerst genannte; vgl. den Art. Poinsotbewegung.)

Bei den Flächenträgheitsmomenten J tritt an die Stelle des Trägheitsellipsoides die in der Ebene gelegene *Trägheitsellipse*, deren Fahrstrahlen vom Mittelpunkt nach dem Umfange gleichfalls die reziproken Quadratwurzeln der axialen Trägheitsmomente der Fläche in bezug auf die im Fahrstrahl liegende Achse messen. Häufig benützt man daneben die sog. *Culmannsche Ellipse*, welche man als Einhüllende der Geraden erhält, die zu allen durch den Mittelpunkt gehenden Achsen in je einem Abstande gezeichnet werden, der gleich dem Trägheitsarm bezüglich der betreffen-

den Achse ist. Die Culmannsche Ellipse ist der Trägheitsellipse ähnlich, und zu ihr ähnlich gelegen; das Größenverhältnis beider wechselt jedoch mit der Lage des Mittelpunktes. Alle Culmannschen Ellipsen enthalten den Schwerpunkt der Fläche im Innern; unter ihnen kommen auch zwei Kreise vor (die sog. *Mohrschen Trägheitskreise*), mit Hilfe deren man in sehr einfacher Weise alle Trägheitsmomente der Fläche und die Hauptachsen durch jeden Punkt finden kann.

Bezogen auf den Schwerpunkt als Mittelpunkt spricht man von *Zentralellipsoid* bzw. *Zentralellipse*.

3. Die Ermittlung der Trägheitsmomente geschieht bei geometrisch einfachen Körpern rechnerisch (man findet die Ergebnisse vielfach zusammengestellt, z. B. in „Hütte", des Ingenieurs Taschenbuch Bd. I), bei ebenen Figuren auch mit den Hilfsmitteln der graphischen Statik, bei Körpern von unregelmäßiger oder nicht einfacher Gestalt durch einen oder mehrere Schwingungsversuche (s. Pendel). Hinsichtlich des Deviationsmomentes T greift man zu geeigneten Impulsmessungen (s. Impuls).   *R. Grammel.*

Näheres s. E. J. Routh, Die Dynamik der Systeme starrer Körper, deutsch von A. Schepp, Leipzig 1898, Bd. 1, Kap. I.

Trägheitsmomente der Erde. Sie sind charakteristisch für die Dichtzunahme der Dichte im Erdinnern. Von ihnen hängt somit der Wert der Abplattung, der Unterschied der Schwere am Pol und Äquator, gewisse Glieder der Mondbewegung und der Betrag der Präzession ab (s. Dichte im Erdinneren).   *A. Prey.*

Trägheitsradius s. Trägheitsmoment.

Tragfläche s. Flügel.

Tragflächenkühler heißt eine Kühlerkonstruktion, bei welcher die Kühlrippen in den Flügel eingebaut sind, der also dem Wind keine Stirnfläche bietet und daher keinen großen Widerstand besitzen soll. Der Tragflächenkühler wird von einem Luftstrom durchspült, der von der Unterseite nach der Oberseite des Flügels gerichtet ist und daher den Auftrieb des Flügels vermindern muß. Modellversuche haben gezeigt, daß diese Verminderung für die Leistungsfähigkeit des Flugzeugs ausschlaggebender ist als die immerhin nicht vollständige Ersparnis an Kühlerwiderstand.   *L. Hopf.*

Tragkraft, magnetische, s. Zugkraft.

Transformationstöne, eine andere Bezeichnungsweise für Deformationstöne (s. d.).   *E. Waetzmann.*

Transformator. Der Transformator formt eine Leistung hoher Spannung in eine solche niederer Spannung um oder umgekehrt. Er besteht entweder nach Fig. 1 aus einem einfach geschlossenen

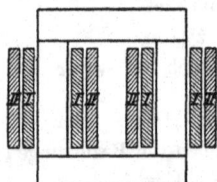

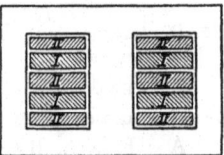

Fig. 1. Kerntransformator.   Fig. 2. Manteltransformator.

Eisenkörper, auf dessen Schenkeln die primären und sekundären Wicklungen I und II aufgebracht sind (Kerntransformator), oder nach Fig. 2 aus einem zweifach geschlossenen Eisenkörper, dessen mittlere Säule die Wicklungen trägt, während die äußeren

Säulen, der sog. Mantel, die Linien des magnetischen Induktionsflusses schließen (Manteltransformator). Die Eisenkörper sind, um die Wirbelstromverluste zu verringern, aus lamelliertem, legiertem Eisenblech aufgebaut.

Bei der Betrachtung der Wirkungsweise des Transformators ist es zweckmäßig, den Induktionsfluß zu trennen in den Hauptfluß Φ, der zum größten Teil im Eisen verläuft und mit allen primären und sekundären Windungen verkettet ist und in den Streufluß, der zum Teil in Luft verläuft und nicht mit allen Windungen verkettet ist. Der Hauptfluß induziert primär und sekundär die Spannungen

$$e_1 = - w_1 \frac{d\Phi}{dt}; \quad e_2 = - w_2 \frac{d\Phi}{dt};$$

(w_1 und w_2 = primäre und sekundäre Windungszahl) so daß

$$e_1 : e_2 = w_1 : w_2$$

ist.

Bei offenem Sekundärkreis fließt lediglich der Magnetisierungsstrom i_a (vgl. Erregerstrom); die induzierte Spannung e_1 ist angenähert gleich der Klemmenspannung, da der durch i_a hervorgerufene Spannungsabfall klein ist. Bei dem unbelasteten Transformator ist daher das Überspannungsverhältnis, d. h. das Verhältnis der sekundären zur primären Klemmenspannung, angenähert gleich dem Verhältnis der Windungszahlen.

Im unbelasteten Zustande entspricht dem Hauptfluß Φ die Durchflutung $i_a w_1$; damit der Fluß bei Belastung des Sekundärkreises aufrecht erhalten bleibt, muß die Summe der primären und sekundären Durchflutungen gleich $i_a w_1$ sein:

$$i_1 w_1 + i_2 w_2 = i_a w_1, \text{ oder}$$

$$i_1 = i_a - i_2 \frac{w_2}{w_1} = i_a + i_2'.$$

Der primäre Strom erscheint als die Summe zweier Komponenten, dem Magnetisierungsstrom i_a und dem primären Nutz- oder Belastungsstrom i_2', der entgegengesetzt gleich dem auf die primäre Windungszahl reduzierten sekundären Strom ist.

Unter Berücksichtigung der Beziehung $\frac{e_1}{e_2} = \frac{w_1}{w_2}$ folgt weiter

$$e_1 i_2' = - e_2 i_2.$$

$e_2 i_2$ ist die sekundär abgegebene Leistung; ihr entspricht eine primäre Leistungsaufnahme $e_1 i_2'$. Wenn sämtliche Induktionslinien im Eisen verlaufen und mit sämtlichen Windungen verkettet sind, so ist die primäre Klemmenspannung gleich der Summe des Ohmschen Spannungsabfalls $i_1 R_1$ und der induzierten Spannung $- e_1 = w_1 \frac{d\Phi}{dt}$; die sekundäre Klemmenspannung erhielte man, wenn man von $e_2 = - w_2 \frac{d\Phi}{dt}$, der sekundär induzierten Spannung, den Ohmschen Spannungsabfall $i_2 R_2$ subtrahierte. In Wirklichkeit zeigt der Transformator „Streuung", d. h. neben dem Hauptfluß besteht ein Streufluß, dessen Linien teils nur mit primären oder sekundären Windungen, teils mit beiden verkettet sind. Die Streuflüsse durchlaufen längere Luftstrecken und sind daher proportional den Strömen i_1 bzw. i_2. Sie induzieren in der primären und der sekundären Wicklung die Spannungen $- S_1 \frac{di_1}{dt}$ und $- S_2 \frac{di_2}{dt}$, wenn S_1 und S die sog. Streuinduktivitäten sind.

Man gelangt daher zu folgenden allgemeinen Grundgleichungen für den Transformator:

$$v_1 = i_1 R_1 + w_1 \frac{d\Phi}{dt} + S_1 \frac{di_1}{dt}$$

$$- v_2 = i_2 R_2 + w_2 \frac{d\Phi}{dt} + S_2 \frac{di_2}{dt}.$$

Die vorstehenden Beziehungen und Ableitungen lassen sich unter Voraussetzung einwelliger Kurvenform für Effektivwerte sehr übersichtlich in dem Vektordiagramm darstellen, wenn man den von der Sinusform stark abweichenden Magnetisierungsstrom durch einen äquivalenten Sinusstrom (siehe Vektordiagramm) ersetzt. Sekundärer Strom und sekundäre Spannung sind dabei durch Multiplikation mit $\frac{w_1}{w_2}$ auf die primäre Windungszahl redu-

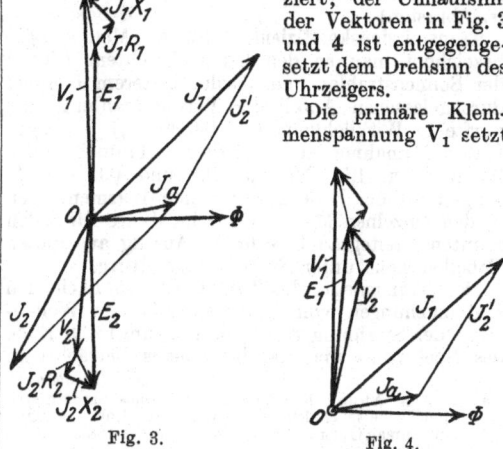

ziert; der Umlaufsinn der Vektoren in Fig. 3 und 4 ist entgegengesetzt dem Drehsinn des Uhrzeigers.

Die primäre Klemmenspannung V_1 setzt

Fig. 3.　　　　Fig. 4.
Diagramm des Transformators.

sich entsprechend den obigen Gleichungen zusammen aus der Komponente E_1 (entgegengesetzt gleich der induzierten EMK $- E_1$), dem Ohmschen Spannungsabfall $J_1 R_1$, dem hierauf senkrechten, durch Streuinduktivität hervorgerufenen induktiven Spannungsabfall $J_1 \omega S_1 = J_1 X_1$; der Hauptfluß eilt der Spannungskomponente E_1 um 90^0 nach. Die sekundäre induzierte EMK $- E_2$ ist gegen Φ um 90^0 verzögert. Subtrahiert man von ihr die Ohmschen und induktiven Spannungsabfälle $J_2 R_2$ und $J_2 \omega S_2 = J_2 X_2$, so erhält man die sekundäre Klemmung V_2.

Der äquivalente Magnetisierungsstrom J_a eilt wegen der Hysteresis des Eisens und wegen der Rückwirkung der Wirbelströme um einen gewissen Winkel gegen Φ vor (s. Erregerstrom). Der primäre Strom J_1 erscheint als die Summe von J_a und J_2, dem Sekundärstrom. Fig. 2 zeigt das gleiche Diagramm, jedoch sind die sekundären Vektoren um 180^0 gedreht. Man sieht: Große Streuung und starke Belastung, verbunden mit großen induktiven und Ohmschen Spannungsabfällen, verursachen, daß das Verhältnis von primärer und sekundärer Klemmenspannung nicht dem Windungsverhältnis entspricht; sie können außerdem Abweichungen der primären und sekundären Spannungsverschiebung von 180^0 verursachen, ein Fehler, der bei Verwendung der Transformatoren zu Meßzwecken zu berücksichtigen ist (s. Meßwandler).

Bei modernen Arbeitstransformatoren nimmt die Spannung vom Leerlauf bis Vollast um etwa

2—3% ab; der Wirkungsgrad, bedingt durch die Hysterese und Wirbelstromverluste (s. dort), sowie die Verluste durch Stromwärme, beträgt bei guten Transformatoren von 1 kW Leistung etwa 92%, bei Transformatoren über 20 kW Leistung etwa 97% und mehr.   *R. Schmidt.*

Näheres s. A. Fraenkel, Theorie der Wechselströme. Berlin 1921.

Transgression. Im Gegensatz zur Ingression (s. diese) bezeichnet man als Transgression des Meeres eine oberflächliche Überspülung flacher Landgebiete infolge einer negativen Strandverschiebung (s. diese). In der Stratigraphie (s. Geologie) spricht man von transgredierenden Schichten, die durch solche Meeresausbreitungen in früheren geologischen Epochen auf dem älteren Gebirgsuntergrund zur Ablagerung gelangt sind. Die Unterlage der transgredierenden Schichten bildet dann meist eine frühere Abrasionsfläche (s. Abrasion).   *O. Baschin.*

Transmissionskoeffizient. In der Meteorologie bezeichnet man so den bei senkrechtem Einfall der Sonnenstrahlen und absolut heiterem Himmel durchgelassenen Anteil der Wärmestrahlung. Er dürfte in Wirklichkeit etwa 0,6 bis 0,7 betragen. Unter Annahme der mittleren Transmissionskoeffizienten 1,0, 0,9, 0,8, 0,7 und 0,6 hat A. Angot die der Erde zugestrahlten Wärmemengen in den einzelnen Monaten wie im Jahre für jeden zehnten Breitegrad berechnet. Auszug aus diesen Tabellen siehe unter Sonnenstrahlung.

Der Transmissionskoeffizient wächst nach den Untersuchungen von Langley mit der Wellenlänge der Strahlung vom violetten zum roten Ende des Spektrums und darüber hinaus beträchtlich.   *O. Baschin.*

Näheres s. A. Angot, Recherches théorétiques sur la distribution de la chaleur à la surface du Globe. Annales du Bureau Central Mét. de France, Année 1883, Tome I. 1885.

Transmissionskoeffizient s. Extinktion.

Transneptunischer Planet s. Planeten.

Transversalkomparator s. Längenmessungen.

Traubenzucker. Dieser Zucker $C_6H_{12}O_6$, auch d-Glukose, Dextrose oder Glykose genannt, zeigt die Erscheinung der Multirotation, d. h. die Abnahme des Drehvermögens einer frisch hergestellten Lösung mit der Zeit. In Wasser für q = 9,097 Gramm Zucker in 100 ccm Lösung beträgt die spezifische Drehung (s. Drehvermögen, optisches) bei der Temperatur t = 20° und Natriumlicht nach 5,5 Minuten $[\alpha]_{20}^D = 105,2$, d. i. die Anfangsdrehung als α-Modifikation, während sich die Enddrehung nach 6 Stunden als β-Modifikation zu $[\alpha]_{20}^D = 52,49$ ergibt.

Änderung der Drehung mit dem Prozentgehalt p, der Anzahl Gramm Zucker in 100 g Lösung: für p = 1 bis 18 gilt

$$[\alpha]_{20}^D = 52,50 + 0,01880\,p + 0,000\,5168\,p^2.$$

Die Rotationsdispersion, d. i. das Drehvermögen [α] als Funktion der benutzten Wellenlänge λ des Lichtes in Luft zeigt die folgende Tabelle, gültig für q = 4,5:

λ in μ	$[\alpha]_{20}$
0,447	96,62
0,479	83,88
0,508	73,61
0,535	65,35
0,589	52,76
0,656	41,89

Im diabetischen Harn ermittelt man die Konzentration q, d. h. die Anzahl Gramm Traubenzucker in 100 ccm Harn, indem man diesen bei 20° in einem Rohr von l = 2 dm Länge mit Natriumlicht polarisiert. Der beobachtete Drehwinkel sei α, dann ist

$$q = \frac{100\,\alpha}{l\,[\alpha]} = \frac{100\,\alpha}{2\cdot 52,8} = 0,947\,\alpha.$$

Benutzt man statt des 2 dm-Rohrs ein solches von

1,894 dm, so wird q = α,

oder von   0,947 dm, so wird q = 2α.
                                        Schönrock.

Näheres s. H. Landolt, Optisches Drehungsvermögen. 2. Aufl. Braunschweig 1898.

Trefferberg s. Geschoßabweichungen, zufällige.

Trefferbild s. Geschoßabweichungen, zufällige.

Treffwahrscheinlichkeit s. Geschoßabweichungen, zufällige.

Treibhaustheorie. Das Auftreten hoher Temperatur in mit Glas überdeckten Räumen, die der Sonne ausgesetzt sind, kommt so zustande: die sichtbare Strahlung der Sonne durchdringt das Glas mit relativ geringem Verlust, sie wird vom Boden innerhalb des Raumes absorbiert, in Wärme umgesetzt. Die durch die Temperaturerhöhung des Bodens bedingte vergrößerte Ausstrahlung besteht aus sehr langen Wärmestrahlen, für welche das Glas undurchsichtig ist. Die hierdurch bedingte Vermeidung des Wärmeverlustes durch Strahlung bringt die dauernde Temperaturerhöhung zustande.   *Gerlach.*

Trevelyan-Instrument gehört zu denjenigen tongebenden Anordnungen, bei welchen die Wärme als tonerregende Kraft tätig ist. Es besteht aus einem länglichen Metallstück, beispielsweise aus Eisen oder Kupfer, welches auf der unteren Seite mit zwei, durch eine schmale Furche getrennten, parallel laufenden Kanten versehen ist, und aus einem Metall- (Blei-) Klotz, welcher oben in eine schmale, horizontal stehende Kante ausläuft. Wird das erstgenannte Metallstück (der „Wackler") erhitzt und dann schräg gegen die horizontale Schneide des kalten Bleiklotzes gelehnt, so kommt der Wackler in Schwingungen und gibt einen Ton. Nach Untersuchungen, namentlich von Faraday und Seebeck, beruht das Tönen darauf, daß die kalte Unterlage an der Berührungsstelle einer Kante des Wacklers erwärmt wird, sich hierbei ausdehnt und dadurch den Wackler hochwirft usw. Demgemäß ist der Effekt um so stärker, je größer der Wärmeausdehnungskoeffizient der Unterlage und je kleiner ihre Wärmeleitfähigkeit ist. Es gibt natürlich zahlreiche Variationen der Versuchsanordnung.   *E. Waetzmann.*

Näheres s. C. Sondhauß, Pogg. Ann. 115, 1862.

Triangel s. Stabschwingungen.

Triangulierung. Zum Zwecke einer Landesvermessung, welche die Grundlage für den Kataster und für die Kartenaufnahme bilden, sowie für Gradmessungen, welche den Zwecken der höheren Geodäsie dienen, wird das zu vermessende Gebiet mit einem Dreiecksnetz überdeckt. Die Reihenfolge der durchzuführenden Arbeiten ist die folgende:
1. Vorarbeiten. Man hat mit einer Rekognoszierung des Gebietes zu beginnen. Diese besteht darin, daß man die Punkte auswählt, welche Dreieckspunkte werden sollen. Jeder Punkt muß nicht nur von allen anderen Punkten aus gut sichtbar sein, sondern auch eine günstige Aufstellung eines Winkelmeßinstrumentes gestatten. Punkte,

welche nicht von selbst weithin sichtbar sind, werden durch Triangulierungszeichen kenntlich gemacht. Bei sogenannten Dreiecken erster Ordnung, von denen allein hier gesprochen werden soll, ist die Entfernung der Eckpunkte meist 30—50 km, doch kommen je nach den Verhältnissen auch längere Seiten, über 100 km, selbst über 300 km, vor. Die Dreiecke sollen möglichst gleichseitig ausfallen.

2. **Basismessung** (s. Basisapparate). In dem Dreiecksnetze muß zunächst die Länge einer Seite bestimmt werden. Da ihre direkte Messung wegen der großen Länge meist nicht möglich ist, wählt man eine kleinere Strecke, welche durch ein eigenes Netz (Basisentwicklungsnetz) mit einer der Hauptdreieckseiten verbunden wird.

3. **Winkelmessung.** In dem Dreiecksnetze werden sämtliche Winkel gemessen. Da die Winkelsumme in jedem Dreieck, abgesehen von dem kleinen sphärischen Exzeß, gleich 180° sein muß, so erhält man eine vorläufige Kontrolle, die gegen größere Fehler schützt. Die Beobachtung erfolgt meist nach der Methode der Richtungsmessungen (s. Richtungswinkel), wobei man immer bestrebt ist, vollständige Sätze zu erhalten.

4. **Astronomische Stationen.** In möglichst vielen Dreieckspunkten wird auf astronomischem Wege: geographische Breite, Länge und das Azimut einer Dreiecksseite bestimmt. Punkte, an denen diese 3 Stücke bestimmt sind, heißen vollständige astronomische Stationen oder Laplacesche Punkte (s. diese). Meistens fehlt jedoch die geographische Länge, da, wenigstens bis vor kurzem, ihre Bestimmung mit dem größten Aufwand verbunden war: insbesondere mit der Mitarbeit einer zweiten Station, welche mit der ersten durch eine direkte telegraphische Linie verbunden sein mußte. Die Einführung drahtloser Telegraphie wird hier eine bedeutende Erleichterung schaffen.

Die Berechnungsarbeiten beginnen mit der

4. **Stationsausgleichung.** Diese besteht darin, daß aus den Beobachtungen einer Station nach der Methode der kleinsten Quadrate die besten Werte für die gemessenen Richtungen abgeleitet werden. Es folgt dann

5. **Reduktion der Winkel.** Sie beginnt mit der Berücksichtigung der Seehöhe der anvisierten Punkte. Die Normalen in zwei beliebigen Punkten der als Rotationsellipsoid aufgefaßten Erde schneiden sich im allgemeinen nicht, sie liegen also nicht in einer Ebene, sondern sind gegeneinander windschief. Jeder Punkt der Normalen in dem zweiten Punkt B, erscheint somit von A in einem anderen Azimute. Die Verlegung des Punktes B aus der Seehöhe H ins Meeresniveau bedingt daher eine Winkelkorrektion.

Ferner ist die Reduktion von Vertikalschnitt auf die geodätische Linie anzubringen (s. Vertikalschnitt), oder der Unterschied zwischen astronomischem und geodätischem Azimut (s. dieses). Endlich ist die Lateralrefraktion zu berücksichtigen (s. diese). Die beiden letzten Reduktionen sind meist so klein, daß sie vernachlässigt werden können.

6. **Aufstellung der Bedingungsgleichungen.** Zwischen den Stücken des Netzes bestehen gewisse Bedingungsgleichungen, welche streng erfüllt sein müssen, wenn das Netz ein mögliches geometrisches Gebilde sein soll. Diese Bedingungsgleichungen müssen aufgestellt werden, wobei man sehr darauf zu achten hat, daß keine vergessen wird (s. Netzausgleichung).

7. **Die Netzausgleichung** (s. diese). Sie liefert jene Verbesserungen, welche an den beobachteten Richtungen anzubringen sind, um eine strenge Erfüllung der Bedingungsgleichungen herbeizuführen.

8. **Die geodätische Übertragung.** Nachdem durch den Ausgleich ein in sich widerspruchsloses Dreiecksnetz hergestellt ist, wird dasselbe auf einem Rotationsellipsoid ausgebreitet, welches der Erdform möglichst entspricht. Es führt den Namen Referenzellipsoid. Dabei wird für einen Dreieckspunkt, der als Ausgangspunkt dient, die geographische Breite und das Azimut einer Seite aus den astronomischen Beobachtungen entnommen. Da sich die astronomischen Beobachtungen auf die Richtung der Schwere, als der Normalen zum Geoid beziehen, so ist damit die Lage des Referenzellipsoides in dem Sinne bestimmt, daß seine Normale in dem betrachteten Punkte mit der des Geoides zusammenfällt. Im übrigen bleibt für die Lage des Referenzellipsoides noch die Bedingung, daß seine kurze Achse der Polarachse der Erde parallel sein muß.

Die geodätische Übertragung (s. diese) liefert die geographische Breite, den Längenunterschied gegen die Ausgangsstation und die Azimute der Seiten für alle übrigen Dreieckspunkte. Die gemessene Grundlinie (Basis) wird vor der Einführung in die Rechnung auf das Meeresniveau reduziert. Das Referenzellipsoid berührt dann an dieser Stelle das Geoid. Auf ein anderes Niveau zu reduzieren ist im allgemeinen nicht ratsam, weil bei dem Anschluß an andere Dreiecksnetze Schwierigkeiten entstehen. Sind in einem Netze mehrere Grundlinien gemessen, so verwendet man doch nur eine zur Rechnung, die anderen dienen zur Kontrolle.

9. **Die Bestimmung der Lotabweichungen.** Der Vergleich der durch geodätische Übertragung gefundenen Werte der geographischen Koordinaten und Azimute mit den astronomischen Werten liefert ein System von Lotabweichungen (s. diese). Zwischen den Lotabweichungen in Azimut und Länge besteht die Laplacesche Gleichung

$$da = -\,dL \sin B$$

welche zur Kontrolle dient. Im Ausgangspunkt ist die Lotabweichung gleich Null, und wächst von hier aus unregelmäßig an. Man kann durch günstige Wahl der Lage des Referenzellipsoides einen besseren Anschluß erzielen, wobei die Lotabweichung im Anfangspunkte nicht mehr gleich Null bleibt. Man bewirkt dies durch einen Ausgleich nach der Methode der kleinsten Quadrate. Damit kann man auch eine Verbesserung der Dimensionen des Referenzellipsoides verbinden; die Änderung der großen Achse und der Abplattung müssen dann als Unbekannte eingeführt werden. Die Laplaceschen Punkte bringen Bedingungsgleichungen mit sich. Zum Zwecke eines besseren Anschlusses kann man die Lotabweichungen vorher vom Einfluß der umliegenden Massenunregelmäßigkeiten etwa unter der Annahme isostatischer Lagerung korrigieren.

Man erhält so jenes Referenzellipsoid, welches die wahre Erdfigur innerhalb des betrachteten Gebietes am besten darstellt.

10. **Das astronomische Nivellement** (s. Lotabweichung). Dieses liefert endlich Punkt für Punkt die Lage des Geoides gegen das Referenzellipsoid. Damit ist der Zweck der gesamten Arbeiten, die

Bestimmung der Erdfigur, erreicht. Für die Zwecke der Kartographie können die Arbeiten mit der geodätischen Übertragung abschließen. *A. Prey.*

Näheres s. R. Helmert, Die mathem. und physikal. Theorien der höheren Geodäsie. Bd. I.

Trieb s. Impuls.

Trigonometrisches Nivellement s. Höhenmessung.

Triller s. Unterschiedsempfindlichkeit des Ohres.

Tripelpunkt. Bei einer chemisch einheitlichen Substanz, also einem System, das durch einen unabhängigen Bestandteil (s. thermodynamisches System) bestimmt ist, können bis zu drei Phasen (fester Körper, Flüssigkeit und Gas) im Gleichgewicht miteinander auftreten. Sind nur zwei Phasen vorhanden, so kann Druck und Temperatur (die beiden Phasen stets gemeinsam sind) noch in weiten Grenzen variieren, z. B. längs der Sättigungskurve PC (s. Fig.), falls es sich um Flüssigkeit und

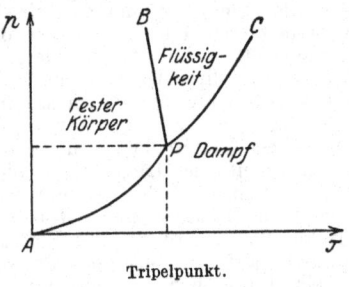

Tripelpunkt.

Dampf handelt oder längs der Schmelzkurve PB, falls es sich um die feste und flüssige Phase handelt, endlich auch längs der Sublimationskurve PA, falls es sich um die feste und gasförmige Phase handelt. Alle drei Phasen haben aber nur einen Punkt P, den sog. Tripelpunkt, gemeinsam, derart, daß Druck und Temperatur eindeutig bestimmt sind, wenn alle drei Phasen nebeneinander vorhanden sind. Für Wasser liegt dieser Punkt bei: $t' = +0,0075^0$ C und $p' = 4,58$ mm Druck, für Kohlensäure bei $t' = -79^0$ und $p' = 5,1$ Atm. Erhöht man bei konstantem Druck p die Temperatur t eines Körpers, so gelangt man vom festen Zustand nur dann durch den flüssigen zum gasförmigen Zustand, wenn $p > p'$ ist. Ist $p < p'$, so findet bei Steigerung der Temperatur ein unvermittelter Übergang vom festen Körper zum Dampf statt (vgl. Sublimation). Aus diesem Grunde kann Kohlensäure nur oberhalb 5,1 Atm. im flüssigen Zustande bestehen. Ferner kann man durch isotherme Kompression des Gases nur dann durch die flüssige Phase zum festen Körper gelangen, wenn $p > p'$ ist. Ist $p < p'$, so sublimiert bei isothermer Kompression das Gas sofort zum festen Körper.

Kann eine chemisch einheitliche Substanz infolge von allotropen oder polymorphen Modifikationen nicht nur in 3, sondern n Phasen auftreten, so können nach der Phasenregel höchstens 3 von ihnen gleichzeitig bestehen, aber es gibt mehrere Tripelpunkte, deren Anzahl Riecke zu

$$\frac{n(n-1)(n-2)}{1 \cdot 2 \cdot 3}$$ berechnete.

Da Schwefel monoklin und rhombisch kristallisiert, so kann er in 4 Phasen auftreten. Er muß also 4 Tripelpunkte besitzen. Drei von ihnen lassen sich beobachten (bei 95,4^0, 120^0 und 133^0), der vierte gehört dem labilen Gebiet an.

Tamman hat zahlreiche Untersuchungen über die Tripelpunkte verschiedener Substanzen angestellt. *Henning.*

Tripelspiegel. Eine räumliche Ecke, die von drei nach innen zu spiegelnden Ebenen gebildet wird, ist ein Tripelspiegel. Von Bedeutung sind die Fälle, in denen alle drei spiegelnden Ebenen genau oder nahezu senkrecht aufeinander stehen. Ein Tripelspiegel mit drei zueinander senkrechten Planspiegeln (Zentralspiegel) erzeugt von einem Gegenstand sechs ineinander fallende Spiegelbilder, die zum Spiegelmittelpunkt — dem Schnittpunkt der Planspiegel — punktsymmetrische Lage haben. Ein paralleles Lichtbündel verläßt einen Zentralspiegel nach Reflexion an den drei Ebenen parallel zur Einfallsrichtung ganz unabhängig von der Lage des Spiegels.

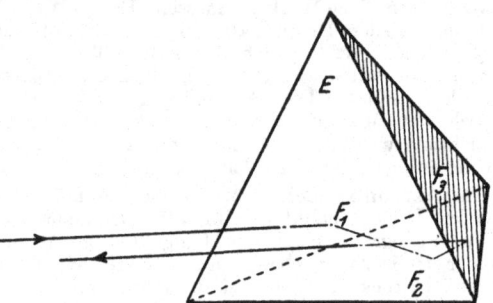

Strahlengang im Tripelspiegel.

Weichen 1, 2 oder 3 der Kantenwinkel eines Tripelspiegels von 90^0 ab, so wird ein eintretendes Lichtbündel in 2, 4 oder 6 austretende Teilbündel zerlegt. Die Bedingung, daß alle drei Planspiegel von den Lichtstrahlen getroffen werden müssen, bestimmt den Wirkungsbereich eines Tripelspiegels. Dieser wird erhöht, wenn an Stelle der drei ebenen Spiegel eine körperliche Ecke aus einem durchsichtigen Material tritt, dessen Brechungsexponent $n > 1$ ist. Ein solcher Tripel- bzw. Zentralspiegel aus Glas besitzt die Form einer dreiseitigen Pyramide. Die zur Spiegelachse (d. i. die durch den Mittelpunkt gehende und zu den drei Spiegelebenen gleich geneigte Gerade) senkrecht gelegte ebene Grundfläche dient als Ein- und Austrittsfläche für die Lichtstrahlen. Die drei Seitenflächen des Prismas werden Träger eines Spiegelbelags oder können infolge Totalreflexion als Spiegel wirken.

Praktische Bedeutung haben die Ausführungen mit zwei Teilbündeln für optische Signalgeräte und mit nur einem austretenden Bündel für Paralleleinstellung der Achsen mehrerer optischer Systeme (s. auch Tripelstreifen). Als Signalgerät verwendet wirft der Tripelspiegel das Licht einer entfernten Lichtquelle nach dieser und nur nach dieser zurück. Auf dieser Eigenschaft beruht auch die Anwendung des Tripelspiegels bei der Tripelspiegelansegelungstonne. *Hartinger.*

Das Tripelspiegelsystem wird zum erstenmal von Beck im Jahre 1887 beschrieben. Näheres hierüber siehe D. R. P. 178 708 von Carl Zeiß, Jena.

Tripelspiegelansegelungstonne ist ein Schifffahrtszeichen (Boje), das aus einem Schwimmkörper mit mehreren an seinem Umfang angebrachten Tripelspiegeln (s. diese) besteht. Ein Schiff, das den Ort der Boje ansegeln will, leuchtet mit einem Scheinwerfer den Horizont ab. Sobald der Lichtkegel des Scheinwerfers die Ansegelungstonne trifft, gibt einer oder geben mehrere der Tripel- spiegel durch deutliches Aufblitzen dem Schiff die Richtung an. *Hartinger.*

Tripelstreifen. Der Tripelstreifen ist ein Tripel- spiegel (s. diesen) bzw. Zentralspiegel von prismatischer Form. Die drei spiegelnden Ebenen F_1, F_2, F_3 stehen genau aufeinander senkrecht. Ein paralleles Lichtstrahlenbündel, das durch die eine Prismenseitenfläche E an einem Ende des Streifens einfällt, tritt nach der dreimaligen Spiegelung durch die Seitenfläche E am anderen Ende des

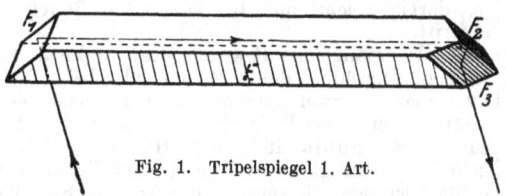

Fig. 1. Tripelspiegel 1. Art.

Streifens parallel zur Einfallsrichtung aus. Eine besondere Einstellung des Tripelstreifens zur Lichtbündelrichtung, soweit diese innerhalb des Wirkungsbereichs des Tripelstreifens liegt, ist nicht erforderlich.

Man kann sich die Tripelstreifen aus tetraedrischen Zentralspiegeln herausgeschnitten denken und kommt so zu den in den beiden Figuren dargestellten

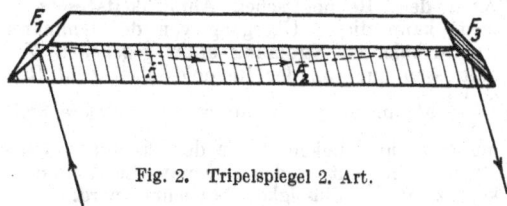

Fig. 2. Tripelspiegel 2. Art.

Formen. Die erste Form hat der zweiten gegenüber unter anderem den Vorteil, daß sie bei größeren Abmessungen unter Weglassung eines mittleren Quaders in zwei Teile zerlegt werden kann.

Der Tripelstreifen wird verwendet zum Paralleleinstellen der optischen Achsen mehrerer optischer Systeme, z. B. zur Justierung eines Richtfernrohrs zur Spiegelachse eines optischen Signalgerätes. *Hartinger.*

Näheres über Tripelstreifen s. die Deutschen Reichspatente Nr. 178708 und 216854 von Carl Zeiß, Jena.

Trockenkompaß s. Kompaß.

Trockenstadium s. Aerologie und aerologische Meßmethoden.

Trombe. Eine besondere Form der Wirbelstürme (s. diese) sind die Tromben, atmosphärische Wirbel von außerordentlicher Heftigkeit, die um eine vertikale Achse eine Rotation ausführen, deren Geschwindigkeit bis zu 450 m pro s geschätzt worden ist. Der Sinn der Rotation hängt dabei von zufälligen Umständen ab. Der Durchmesser von Tromben ist an der Erdoberfläche in der Regel klein und überschreitet selten 100 m. Im Inneren des Wirbels findet eine starke Saugwirkung nach oben statt, die imstande ist, große Wassermengen als zusammenhängende Säule emporzuheben (Wasserhose), während die Tromben auf dem Lande Windhosen oder Wettersäulen genannt werden. Der Wirbelschlauch erscheint als ein, von der unteren Wolkenfläche herabhängender Wolken- trichter, dessen Form derjenigen eines Elefanten- rüssels ähnlich ist. In den Vereinigten Staaten von Amerika werden diese Wirbel Tornados genannt; sie treten dort mit einer zerstörenden Kraft von solcher Heftigkeit auf, wie sonst kaum

irgendwo auf der Erde. Meist sind sie von Ge- wittern, Regen und Hagel begleitet und bewegen sich im Durchschnitt etwa 40 km in der Stunde vorwärts. Im Inneren des Wirbels herrscht sehr niedriger Luftdruck. Alle Gegenstände, die in der Bahn eines Tornados liegen, werden in die Höhe gewirbelt, z. B. Menschen, Bäume, ja ganze Häuser. Um wenigstens das Leben retten zu können, baut man in gewissen Gegenden neben den Häusern als sichere Zufluchtsstätten sog. Tornado- keller, in welche die Bewohner flüchten können. *O. Baschin.*

Trommel s. Membranschwingungen.

Trommelanker s. Kommutierende Gleichstrom- generatoren.

Trommelfell s. Ohr.

Trompete s. Zungeninstrumente.

Tropfelektrizität. Fällt ein Flüssigkeitsstrahl auf eine feste Oberfläche, so beobachtet man in der Nähe der Auftreffstelle eine Leitfähigkeit des um- gebenden Gases. Eine genauere Untersuchung des Phänomens ergibt, daß beim Zerspritzen der Flüssigkeit diese eine elektrische Ladung annimmt, während Ionen (s. diese) entgegen- gesetzten Vorzeichens in die Umgebung entweichen. Diese Erscheinung wird nicht nur an zerspritzenden Flüssigkeitsstrahlen beobachtet, sondern allge- mein da, wo flüssige Oberflächen in Kontakt mit einem Gase schnelle Veränderungen erfahren, also auch beim Zerstäuben von Flüssigkeiten, beim Zerplatzen von Gasblasen an einer Flüssig- keitsoberfläche, bei elektrolytischer oder chemischer Gasentwicklung, bei der Verdampfung von Flüssig- keiten. Nach Lenard ist dieser Vorgang als Folge einer Kontaktwirkung zwischen Gas und Flüssig- keit anzusehen.

Das Vorzeichen der elektrischen Ladungen und die Stärke des Effekts hängt, unter sonst gleichen Bedingungen, von der Art der Flüssigkeit und des umgebenden Gases ab. Bei Verwendung von Wasserstrahlen nimmt das Wasser stets positive, das Gas negative Ladung an. Die Wirkung ist in Luft stärker, als in Wasserstoff. Andere Flüssig- keiten nehmen in Luft teils positive, teils negative Ladung an. Dabei ist das Vorzeichen der Flüssig- keitsladung und die Stärke des Effekts außerordent- lich abhängig von der Reinheit der Flüssigkeit. Ganz schwache Kochsalzlösung zeigt bereits, im Gegensatz zum reinen Wasser, negative Aufladung. Quecksilber zeigt in Luft positive Aufladung, und zwar etwa 15 mal so stark wie Wasser. Auch das Material der Auftreffstelle, die Tropfengröße und die Temperatur sind von Einfluß auf den Effekt.

Theoretisch läßt sich die Erscheinung dadurch deuten, daß die zwischen Flüssigkeit und Gas bestehende Kontakt-Potentialdifferenz zur Bildung elektrischer Doppelschichten an der Flüssigkeits- oberfläche führt, bei deren Zerreißung die Ladungen entgegengesetzten Vorzeichens z. T. frei werden. *Westphal.*

Troposphäre ist der der Erdoberfläche nähere Teil der Atmosphäre, in dem die Temperatur mit der Annäherung an die Erde im allgemeinen zu- nimmt. Dieser positive Temperaturgradient (s. Gradient) wird häufig von Schichten mit negativen Gradienten, Inversionen (s. diese) unterbrochen. Diese Inversionen trennen verschieden temperierte und verschieden bewegte Luftkörper (s. Luft- strömungen). In der Troposphäre spielen sich alle die Vorgänge ab, deren Gesamtheit wir als die Witterung empfinden. Über Zusammensetzung usw.

vgl. Atmosphäre. Ferner vgl. „potentielle Temperatur", „Gleitflächen" und „Stratosphäre".

Aus der barometrischen Höhenformel läßt sich zu jeder Bodentemperatur die Höhe der Troposphäre unter der Annahme eines einfachen Verhältnisses, z. B. 19 : 1, zwischen den Druckwerten am Meeresspiegel und in einer großen Höhe, z. B. 20 km für einen bestimmten Temperaturgradienten der Troposphäre z. B. von 0,6⁰ auf 100 m berechnen. So erhält man

bei einer Bodentemperatur von . . —5⁰ +5⁰ +15⁰
als Höhe der Troposphäre 7   10   14 km
als Temperatur der oberen Grenze
und darüber . . . . —47⁰ —55⁰ —69⁰

Hiernach ist in tropischen Breiten eine große, in polaren eine kleine Höhe der Troposphäre zu erwarten, da die Druckschwankungen in der Höhe im ganzen lokalen Charakter besitzen werden. Die Temperatur der über der Troposphäre befindlichen Stratosphäre (s. diese) muß unter diesen Voraussetzungen in den Tropen wesentlich niedriger als in höheren Breiten sein. — Betrachtet man Zonen von gleichmäßigeren Verhältnissen, z. B. mitteleuropäische Breiten, so treten keine großen Temperaturschwankungen in der Stratosphäre auf. Nimmt man demgemäß die Temperatur in 20 km Höhe als gegeben an, z. B. = −55⁰, so läßt sich ebenfalls nach der Barometerformel die Höhe der Troposphäre so berechnen, daß nun auch die darüber liegende Schicht bis zu 20 km Höhe einen von 0 abweichenden gleichmäßigen Temperaturgradienten besitzt. Auch so findet sich die Troposphäre um so niedriger, je niedriger die Bodentemperatur ist. Zwischen Troposphäre und Stratosphäre wird vielfach eine Übergangsschicht angenommen und als Substratosphäre bezeichnet. Sie besitzt bei sehr niedriger Bodentemperatur noch Temperaturabnahme, bei höherer Bodentemperatur aber -zunahme mit der Höhe. Es berechnet sich z. B. bei einem Temperaturgradienten der Troposphäre von 0,6⁰ auf 100 m unter der Voraussetzung, daß sich über ihr bis zu 20 km Meereshöhe hinauf — wo die Stratosphäre mit konstanter Temperatur −55⁰ beginnen möge — eine Substratosphäre mit gleichmäßigem Temperaturgradienten erstreckt, für eine Bodentemperatur von −5⁰, +5⁰, +15⁰ eine Troposphärenhöhe von 6 km, 10 km, 15 km, ferner für die Substratosphärenhöhe 14 km, 10 km, 5 km und ein Temperaturgradient von +0,09⁰, −0,01⁰, −0,50⁰ auf 100 m.

Durch die Luftströmungen (s. diese), durch Advektion (s. diese) breitet sich die Erwärmung der Erdoberfläche horizontal und vertikal aus. Dabei spielt der durch die Turbulenz (s. diese) bewirkte Austausch (s. diesen) eine besondere Rolle. Eine wenn auch geringe Erwärmung findet durch die Strahlung (s. diese) statt.   *Tetens.*

Näheres s. F. M. Exner, Dynamische Meteorologie, 1917.

Trudeln nennt man eine gefährliche Bewegung des Flugzeugs, welche meistens bei Abstürzen auftritt. Dabei verläuft die Flugbahn steil nach unten und das Flugzeug dreht sich schnell auf einer engen Spirale. Das Gefährliche dieser Bewegung liegt darin, daß sie leicht ungewollt eintritt, also offenbar recht stabil ist und daß man sie nur sehr schwer mit Hilfe der Steuerung hemmen kann. Englische Versuche haben die Wesensgleichheit dieser Bewegung mit der Eigendrehung (s. d.) eines Flügels oder Flugzeugs erwiesen, welche im Modellversuch bei großem, außerhalb des normalen Flugbereichs liegenden Anstellwinkel beobachtet werden kann. Die gefährliche Steuerlosigkeit beim Trudeln ist auf die hohen Kreiselmomente zurückzuführen, welche bei der raschen Drehung des Flugzeugs auftreten und den großen Anstellwinkel erzwingen.   *L. Hopf.*

Tuba s. Zungeninstrumente.
Tuba Eustachii s. Ohr.
Tubaphon s. Stabschwingungen.
Turbinen-Unterbrecher. Für Gleichstromunterbrechung zum Betreiben von Funkensendern mit langsamen Funken. Ein mit einem Pol einer Batterie verbundener, automatisch aufrechtgehaltener Quecksilberstrahl trifft bei seiner Rotation ein mit dem zweiten Pol der Batterie verbundenes Segment und schließt den Stromkreis bzw. öffnet ihn beim Verlassen des Segmentes.   *A. Meißner.*

Turbulente Bewegung der Flüssigkeiten. Die Erfahrung lehrt, daß die Flüssigkeitsbewegungen unter konstanten äußeren Bedingungen, von wenigen Ausnahmen abgesehen, auch nach längerer Zeit nicht stationär werden; vielmehr sind die Komponenten der Geschwindigkeit u, v, w an einem bestimmten Punkte (x, y, z) fortwährenden, ganz unregelmäßigen Schwankungen unterworfen, wogegen ihre Mittelwerte über eine bestimmte längere Zeit τ genommen konstant werden. Eine derartige Flüssigkeitsbewegung wird turbulente Bewegung oder auch kurz Turbulenz genannt.

Die Gesetze der turbulenten Bewegung sind wesentlich andere als die der Laminarbewegung (s. dort), welche nur bei langsamer Bewegung auftritt.

Der Übergang einer Bewegungsform in die andere ist beim Durchfluß durch Röhren oder beim Strömen zwischen zwei parallelen Wänden genau studiert worden. Den Durchfluß durch Röhren untersuchte Reynolds 1883 mit Hilfe von Fäden gefärbter Flüssigkeit, welche in den Strom eingeführt wurden. Solange die mittlere Geschwindigkeit unterhalb einer gewissen Grenze liegt, beobachten wir eine regelmäßige Strömung in Übereinstimmung mit dem Poiseuilleschen Gesetz (s. dort). Wenn aber die Grenze überschritten wird, so scheint das Rohr mit verschlungenen und beständig wechselnden Stromfäden ausgefüllt zu sein, welche das Rohr nach allen Richtungen durchkreuzen und ein Beweis für die eingetretene Turbulenz sind. Nach dem Reynoldsschen Ähnlichkeitsgesetz (s. dort) kann dieser Übergang von der laminaren zur turbulenten Strömung unter gegebenen Verhältnissen nur von der Reynoldsschen Zahl $R = \dfrac{w_0 \cdot a}{v}$ abhängen, wenn mit w_0 die mittlere Strömungsgeschwindigkeit, mit a der Durchmesser des Rohres und mit v der kinematische Reibungskoeffizient der Flüssigkeit bezeichnet wird.

Reynolds fand als kritischen Wert R_k, bei dem der Übergang von der laminaren Bewegung in die turbulente Bewegung stattfindet, 1200, Schiller neuerdings 1150. Allerdings ist es möglich, bei einem sehr gut abgerundeten Einlauf in das Rohr und Zufluß aus einem Gefäße, in welchem die Flüssigkeit in völliger Ruhe ist, wesentlich höhere Werte zu bekommen. Reynolds kam bei derartigen Versuchen bis zu einem $R_k = 6400$, Ekmann sogar bis 25 500. Versuche von Ruckes und anderen, welche merklich kleinere kritische Reynoldssche Zahlen als 1150 bekamen, scheinen nicht einwandfrei zu sein.

Es scheint demnach eine untere Reynoldssche Zahl zu geben, unter welcher Störungen der Laminarbewegung, wie sie durch unregelmäßigen Einlauf oder dergleichen verursacht sein können, nicht zu einer dauernden Turbulenz führen, während es sehr wohl möglich ist, bei Vermeidung derartiger Störungen die Turbulenz auch bei höheren Reynoldsschen Zahlen zu verhindern, ebenso wie es z. B. möglich ist, den Siedepunkt einer Flüssigkeit weit über den normalen Siedepunkt durch Vermeidung aller Unregelmäßigkeiten zu erhöhen. Auffallend ist allerdings, daß nach den neuesten Untersuchungen Rauhigkeit der Rohrwandung oder Beimengungen zur Flüssigkeit, wie Sand oder dergleichen, die kritische Reynoldssche Zahl nicht erhöhen.

Die Strömung zwischen zwei parallelen Wänden untersuchte M. Couette im Jahre 1890, indem er Flüssigkeit in den Zwischenraum zwischen zwei konaxialen Zylindern brachte, von welchen der innere rotierte und die angrenzende Flüssigkeitsschicht mit gleicher Geschwindigkeit mitriß. Die Umwandlung der Laminarbewegung in Turbulenz machte sich durch eine plötzliche erhebliche Widerstandsvermehrung gegen den rotierenden Zylinder bemerkbar.

Couette fand bei seinen Versuchen, daß die Umwandlung bei einer Reynoldsschen Zahl $R_k = 1900$ stattfand; andere Experimentatoren bekamen ähnliche Resultate. Bei der Bildung der Reynoldsschen Zahl ist als Geschwindigkeit die Umfangsgeschwindigkeit des inneren Zylinders und als Lineardimension die Breite des Zwischenraumes zwischen beiden Zylindern gewählt.

Die Strömungsgesetze durch Rohre sind bei laminarer und turbulenter Strömung ganz verschieden. Schreibt man das Strömungsgesetz in der Form

$$(1) \qquad \frac{p}{L} = \lambda \varrho \, \frac{w_0^2}{2a},$$

wo $\frac{p}{L}$ das Druckgefälle auf der Rohrlänge L ist, welche zur Erreichung einer mittleren Durchflußgeschwindigkeit w_0 einer Flüssigkeit der Dichte ϱ notwendig ist, so hat der Koeffizient λ bei einer Laminarbewegung nach dem Poiseuilleschen Gesetz den Wert

$$(2) \qquad \lambda = 64 \, \frac{1}{R},$$

dagegen bei einer turbulenten Bewegung nach den Versuchen von Blasius in glatten Röhren den Wert

$$(3) \qquad \lambda = 0,316 \, \frac{1}{\sqrt[4]{R}}.$$

Im ersten Falle ist der Widerstand des Rohres der Strömungsgeschwindigkeit, im zweiten Fall nahezu dem Quadrat der Strömungsgeschwindigkeit proportional. Die Formel 3) für turbulente Strömung ist nach den Versuchen von Nusselt auch für Luft anwendbar. Das bedeutet aber eine weitgehende Bestätigung des Reynoldsschen Ähnlichkeitsgesetzes und damit der Navier-Stokesschen hydrodynamischen Gleichungen (s. dort) auch bei turbulenten Strömungen. Für rauhe Röhren — als solche sind z. B. auch verzinkte Eisenrohre anzusehen — ist λ größer und außer von der Reynoldsschen Zahl R auch vom Verhältnis $\frac{\varepsilon}{a}$ abhängig, wenn man mit ε in irgendeinem geeigneten Maße die Größe der Rauhigkeit mißt. Bei weiten Rohren, für welche $\frac{\varepsilon}{a}$ klein ist, wird der Einfluß der Rauhigkeit bedeutungslos. Dies ist z. B. bei verzinkten Eisenrohren schon bei einem Durchmesser größer als 5 cm der Fall.

Auch die Verteilung der Geschwindigkeit über den Querschnitt des Rohres ist bei der turbulenten Strömung wesentlich anders als bei der Laminarbewegung, indem die Geschwindigkeit zwar auch jetzt an der Wand den Wert 0 hat, aber in unmittelbarer Nähe der Wand bereits fast den Wert annimmt, welcher in der Mitte des Rohres herrscht (vgl. Figur). Die mittlere Geschwindigkeit ist daher in weiten Rohren nur einige Prozent kleiner als die Maximalgeschwindigkeit in der Mitte des Rohres, während sie

Verteilung der Geschwindigkeit über den Querschnitt eines Rohres bei turbulenter Strömung.

bei Laminarströmung und der dann vorhandenen parabolischen Geschwindigkeitsverteilung nur halb so groß ist.

Derselbe plötzliche Übergang von Laminarströmung zur Turbulenz scheint nach den Versuchen von Gebers bei einer Strömung beiderseits einer unendlich dünnen Platte vorzukommen resp. bei der Bewegung einer derartigen Platte in einer Flüssigkeit in Richtung ihrer Ebene. Schreiben wir in diesem Falle das Widerstandsgesetz in der Form

$$(4) \qquad W = \lambda \cdot \varrho \cdot F \, \frac{w_0^2}{2},$$

wo F die Größe der benetzten Fläche und w_0 ihre Geschwindigkeit angibt, und nehmen wir als Reynoldssche Zahl $R = \frac{w_0 \cdot l}{\nu}$, wobei l die Länge der Platte in Richtung der Bewegung mißt, so hat man bei kleinen Reynoldsschen Zahlen und Laminarströmung für den Widerstandskoeffizienten λ den Wert zu setzen $\lambda = \frac{2,66}{\sqrt{R}}$, dagegen bei turbulenter Strömung angenähert den Wert $\lambda = \frac{0,0246}{R^{0,136}}$. Im ersteren Fall ist also der Widerstand proportional der 1,5ten Potenz der Geschwindigkeit, im letzteren Falle etwa proportional der 1,864ten Potenz (vgl. Schiffswiderstand). Der Übergang von einer Strömungsform in die andere scheint in diesem Falle bei einer Reynoldsschen Zahl von etwa $R_k = 10^6$ stattzufinden.

Der plötzliche Übergang von der Laminarströmung in die turbulente Strömung bei einer bestimmten Reynoldsschen Zahl tritt übrigens auch in der Grenzschicht (s. dort) auf, welche sich in der Nähe jedes umströmten festen Körpers ausbildet. Auch hier bedeutet der Übergang eine plötzliche Widerstandsänderung (s. Bewegungswiderstand).

Während nach Vorstehendem das Turbulenzproblem experimentell im wesentlichen gelöst ist, ist bisher eine exakte Ableitung der Gesetze der turbulenten Strömung aus den Navier-Stokesschen Gleichungen nicht gefunden.

Aus Untersuchungen von H. A. Lorentz ergibt sich, daß tatsächlich bei höheren Reynoldsschen Zahlen keine stationäre Strömung erwartet werden kann. Lorentz zerlegt die tatsächlich vorhandenen Geschwindigkeitskomponenten und den Druck u, v, w, p in zwei Teile

$$(5) \qquad \begin{aligned} u = u_1 + u', \quad v = v_1 + v', \quad w = w_1 + w', \\ p = p_1 + p'. \end{aligned}$$

Hier sind u_1, v_1, w_1, p_1 stationäre Geschwindigkeitskomponenten und Drucke, welche den Grundgleichungen genügen, denen sich die nicht stationären Werte u', v', w', p' einer strudelnden Bewegung überlagern. Bezeichnen wir dann die kinetische Energie dieser strudelnden Bewegung in einem Raume S, welcher an der regelmäßigen stationären Strömung teilnimmt, mit E, so läßt sich ihre zeitliche Änderung durch die Gleichung ausdrücken

$$(6) \qquad \frac{dE}{dt} = \varrho \int M \, dS - \mu \int N \, dS.$$

Hier ist $N = 4 \, (\xi'^2 + \eta'^2 + \zeta'^2) - \xi'$, η', ζ' sind die Wirbelkomponenten der strudelnden Bewegung —. Es ist also der rechte Summand die durch innere Reibung verbrauchte Energie (s. Dissipationsfunktion), während der erste Summand die Energie darstellt, welche die strudelnde Bewegung aus der regelmäßigen Bewegung pro Sekunde gewinnt. Dabei ist M durch den Ausdruck gegeben

$$M = -\left\{ u'^2 \frac{\partial u_1}{\partial x} + v'^2 \frac{\partial v_1}{\partial y} + w'^2 \frac{\partial w_1}{\partial z} \right.$$

$$(7) \quad + u'v'\left(\frac{\partial u_1}{\partial y} + \frac{\partial v_1}{\partial x}\right) + v'w'\left(\frac{\partial v_1}{\partial z} + \frac{\partial w_1}{\partial y}\right)$$

$$\left. + w'u'\left(\frac{\partial w_1}{\partial x} + \frac{\partial u_1}{\partial z}\right)\right\}$$

Wenn bei irgendeiner anfänglichen Annahme über u', v', w' die rechte Seite der Gleichung 6 stets negativ ist, so bedeutet dies, daß die strudelnde Bewegung allmählich durch die innere Reibung vernichtet wird. Ist sie dagegen positiv, so nimmt die strudelnde Bewegung so lange zu, bis der Ausdruck 0 wird.

Lorentz untersuchte nun die Bewegung einer Flüssigkeit zwischen zwei unendlich ausgedehnten festen Wänden, von welchen die eine eine konstante Geschwindigkeit U hat, während die andere ruht, und zwar unter der Annahme einer zweidimensionalen Strömung (w' = 0). Er nimmt ferner an, daß anfangs durch irgendeinen Zufall ein ebener Wirbel in die Flüssigkeit geraten sei, und sucht diesen Wirbel so zu bestimmen, daß bei möglichst kleinem Werte U die rechte Seite der Gleichung 6) positiv wird. Als kleinsten Wert U_k, bei dem dies bei günstigst gewähltem Wirbel noch der Fall ist, findet er

$$U_k = 288\,\frac{\nu}{a},$$

wo a der Abstand der beiden Platten voneinander ist. Hieraus ergibt sich unter Berücksichtigung des Umstandes, daß bei Laminarströmung die mittlere Geschwindigkeit nur halb so groß ist als U, eine kritische Reynoldssche Zahl $R_k = 576$. Diese Zahl ist allerdings wesentlich kleiner als die von Couette gefundene, es ist aber auch nicht gesagt, daß bei dessen Versuchen gerade dieser ungünstigste Wirbel durch die Versuchsbedingungen erzeugt werden konnte.

Eine ähnliche Energiebetrachtung hatte vor Lorentz Reynolds angestellt. Dieser zerlegt die wirklich vorhandene Geschwindigkeit u, v, w derartig, daß er eine Grundgeschwindigkeit $\bar{u}, \bar{v}, \bar{w}$ abspaltet, welche der Mittelwert von u, v, w während einer längeren Zeit τ ist, so daß die übrigbleibende Geschwindigkeit u', v', w' der strudelnden Bewegung den zeitlichen Mittelwert 0 hat. Die Grundbewegung $\bar{u}, \bar{v}, \bar{w}$ genügt dann aber nicht den Navier-Stokesschen Gleichungen, sondern Gleichungen, welche man erhält, wenn man den durch die innere Reibung bedingten Spannungskomponenten

$$p_{xx} = 2\,\mu\,\frac{\partial \bar{u}}{\partial x}, \; p_{yx} = \mu\left(\frac{\partial \bar{u}}{\partial y} + \frac{\partial \bar{v}}{\partial x}\right),$$

$$p_{zx} = \mu\left(\frac{\partial \bar{u}}{\partial z} + \frac{\partial \bar{w}}{\partial x}\right) \text{ usw.}$$

noch scheinbare Spannungskomponenten

(8) $P_{xx} = -\varrho\,\overline{u'^2}$, $P_{yx} = -\varrho\,\overline{u'v'}$, $P_{zx} = -\varrho\,\overline{u'w'}$

hinzu addiert, so daß die innere Reibung durch die Turbulenz scheinbar vergrößert wird. Die Zunahme der kinetischen Energie der strudelnden Bewegung in der Zeiteinheit ergibt sich dann gleich der Energie, welche in der Zeiteinheit durch diese scheinbaren Spannungen geleistet wird abzüglich der Energiedissipation durch innere Reibung; ist diese letztere

kleiner, so bleibt eine einmal vorhandene Turbulenz bestehen.

Eine Trennung der vorhandenen Geschwindigkeit in eine mittlere Geschwindigkeit und der darüber gelagerten strudelnden Bewegung hat auch Lorentz versucht, nur mit dem Unterschiede, daß er nicht den Mittelwert über eine bestimmte Zeit τ bildet, sondern den Mittelwert, welchen die Geschwindigkeit längs einer kleinen Strecke l hat. Er kommt dann zu dem Resultat, daß eine um so größere Reynoldssche Zahl zur Erhaltung einer turbulenten Bewegung nötig ist, je kleiner die anfänglichen Wirbel der Strudelbewegung sind. Hiernach würde also eine bestimmte kritische Reynoldssche Zahl, unter welcher Turbulenz nicht auftreten kann, nicht existieren; die von Schiller angegebene kritische Reynoldssche Zahl würde vielmehr nur dadurch gegeben sein, daß die benutzten Methoden beim Einströmen keine Wirbel über eine bestimmte Größe hinaus erzeugten.

Bei dieser Mittelwertsbildung ist es Lorentz möglich geworden, die Gleichungen der mittleren Bewegung für den Durchfluß durch Röhren bis zu einem gewissen Grade zu lösen. Nehmen wir die x-Achse in Richtung des Rohres, so ist offenbar $\bar{v} = \bar{w} = 0$, und es wird die mittlere Geschwindigkeit $\bar{u}_r$ im Abstande r von der Mittelachse des Rohres durch die Gleichung gegeben

$$(9) \quad \bar{u}_r = \frac{1}{4\,\mu}\frac{p}{L}\,(r_0{}^2 - r^2) - \frac{1}{\mu}\int_r^{r_0} Q \cdot d\,r.$$

Hier ist r_0 der Radius des Rohres, während Q von der strudelnden Bewegung abhängt und an einem Punkte y = r, z = 0 durch den Ausdruck gegeben ist $Q = \varrho\,\overline{u'v'}$. Das in der Zeiteinheit durch den Querschnitt fließende Volumen ist dann

$$(10) \quad V = \frac{\pi}{8\,\mu}\frac{p}{L}\,r_0{}^4 - \frac{\pi}{\mu}\int_0^{r_0} r^2 \cdot Q \cdot d\,r.$$

Da der erste Summand dieser Gleichung das Volumen angibt, welches bei der Laminarbewegung unter dem Druckgefälle $\frac{p}{L}$ ausfließt, so erkennt man, daß die Turbulenz die Durchflußmenge verringert, oder umgekehrt, daß bei Turbulenz für eine bestimmte Ausflußmenge ein größeres Druckgefälle nötig ist. Nun ist aber bei der turbulenten Bewegung ebenso wie bei der Laminarbewegung die Kraft, welche notwendig ist, die Flüssigkeit durch das Rohr zu treiben, durch die Gleichung gegeben

$$(11) \quad \pi\,r_0{}^2\,p = -2\,\pi\,r_0\,L \cdot \mu\left(\frac{d\,\bar{u}}{d\,r}\right)_{r\,=\,r_0}.$$

Daraus folgt, daß das Geschwindigkeitsgefälle an der Wand bei gegebener Durchflußmenge bei Turbulenz größer sein muß als bei Laminarbewegung, wie es sich auch aus dem Versuch ergibt. Dies ist übrigens ohne weiteres erklärlich; denn durch die Turbulenz gelangen fortgesetzt Flüssigkeitsteilchen von der Wand des Rohres in die mittleren Rohrteile und umgekehrt, und gleichen dadurch die Geschwindigkeitsdifferenzen aus. Folglich ist die mittlere Geschwindigkeit $\bar{u}$ bei Turbulenz im ganzen Querschnitt, von den Randpartien abgesehen, nahezu die gleiche, die Strudelbewegung aber in der Mitte am größten.

Weitere Versuche zur theoretischen Behandlung der Turbulenz sind in neuerer Zeit von Noether, von Mises, Prandtl, Karman u. a. gemacht worden, ohne daß sie zur endgültigen Lösung des Problemes geführt haben. *O. Martienssen.*

Näheres s. F. Noether, Das Turbulenzproblem. Zeitschr. f. angewandte Mathematik und Mechanik 1921. Heft 2. S. 125 ff.

Turbulenz. Überschreitet die Geschwindigkeit einer in enger Röhre strömenden Flüssigkeit einen gewissen kritischen Betrag, so geht die laminare (Poiseuille-)Bewegung mit Stromlinien parallel der Rohrachse in turbulente Bewegung über, deren Stromlinien ein unentwirrbares Knäuel bilden. Jene kritische Geschwindigkeit ist nach Reynolds $1000 \, k/\varepsilon \, R$, wo k der Reibungskoeffizient, ε das spezifische Gewicht der Flüssigkeit und R der Radius der Röhre ist. In größeren mit Flüssigkeit erfüllten Räumen, wie in der freien Atmosphäre, liegen ähnliche, wenn auch verwickeltere Verhältnisse vor; auch hier ist zwischen laminarer und turbulenter Strömung zu unterscheiden. Die Größenordnung der Turbulenzelemente, d. h. der mittlere Durchmesser der Bahnen, die die Luftteilchen infolge der Turbulenz beschreiben, beträgt nach Barkow in den bodennahen Schichten der Atmosphäre bei einem Winde von

2	4	6	8	10	12	14	16 m/sec
etwa 19	27	38	56	71	106	127	145 m

Die Vergrößerung der Turbulenzkörper erfolgt also mit wachsender Windstärke nicht gleichmäßig. Bei 16 m p. s. scheint mit weiter zunehmender Windstärke plötzlich abermals ein neuer Turbulenzzustand der Luft einzutreten, wie auch Sorkau drei verschiedene Turbulenzstadien in kapillaren Strömungen fand. Den stärksten Turbulenzgraden scheint ein vergrößerter vertikaler Temperaturgradient (s. diesen) und geringere Stabilität (s. diese) zu entsprechen. Beim Auf- oder Absteigen eines Ballons von gleichbleibender Steigkraft ändert sich seine Vertikalgeschwindigkeit nicht nur mit der durchschnittlichen Vertikalkomponente der von ihm durchstoßenen Luftschichten, sondern nimmt mit zunehmendem Turbulenzgrade zu (s. Pilotballone).

Beim Fortschreiten von den kapillaren Turbulenzerscheinungen zu den in der freien Atmosphäre vorkommenden scheint es sich um mehr als graduelle Unterschiede zu handeln; es ist anzunehmen, daß hier vielfach Wirbel auftreten, deren Achse sich unter dem Einflusse der Erdoberfläche vorwiegend horizontal stellen wird. *Tetens.*

Näheres s. Annalen der Hydrographie. 1917 und 1921.

U

Überblasen s. Pfeifen.

Übereinstimmende Zustände. Das Gesetz der übereinstimmenden oder korrespondierenden Zustände, das in seiner jetzigen Gestalt von van der Waals stammt, sagt aus, daß die Zustandsgleichungen aller Gase und Flüssigkeiten zur Übereinstimmung gebracht werden, wenn man statt der Temperatur T, des Druckes p und des spezifischen Volumens v die reduzierten Größen $\Theta = \dfrac{T}{T_k}$, $\pi = \dfrac{p}{p_k}$ und $\nu = \dfrac{v}{v_k}$ einführt, welche man durch Division mit den kritischen Größen T_k, p_k und v_k erhält. Nach dem genannten Gesetz sollen nicht nur bei gegebenem Θ und π alle Substanzen denselben Wert von ν besitzen, sondern es sollen auch die Abhängigkeit des Dampfdruckes von der Temperatur, des Joule-Thomson-Effektes von Temperatur und Druck, sowie alle andern Eigenschaften aller Stoffe bei gleichen reduzierten Größen von Temperatur, Druck und spezifischem Volumen numerisch übereinstimmen.

Das Gesetz, das allerdings nicht streng gilt, und nur für nicht assoziierte, sog. normale Stoffe und chemisch ähnlich gebaute Moleküle gute Resultate liefert, ist von großer Bedeutung, da es innerhalb gewisser Grenzen erlaubt, den direkten Beobachtungsbereich einer Größe durch Beobachtungen an verschiedenen Stoffen zu erweitern.

Zur Erläuterung diene das Beispiel der Gasisothermen, die in der Form gegeben seien, daß $p \cdot v$ (Druck mal Volumen) bei konstanter Temperatur als Funktion von p bekannt ist. Für einfache Gase und Drucke bis zu einigen Atmosphären ist $\dfrac{dpv}{dp}$ in weitem Temperaturbereich lediglich eine Funktion der Temperatur T. Führt man für p und v die reduzierten Größen ein, so fordert das Gesetz der übereinstimmenden Zustände, daß $\dfrac{d\,\pi\,\nu}{d\,\pi} = \dfrac{1}{v_k}\dfrac{dpv}{dp}$ unabhängig von einer speziellen Substanz lediglich eine Funktion von Θ sein muß. Bei Kenntnis der kritischen Volumina ist diese Funktion für $\Theta = 8{,}3$ und $\Theta = 0{,}9$ bekannt, wenn $\dfrac{dpv}{dp}$ für Wasserstoff ($T_k = 33$) und Kohlensäure ($T_k = 304$) am Eispunkt ($T = 273$) gemessen ist, oder man kann jenen Quotienten für Kohlensäure und $T = 2500^0$ berechnen, wenn er für Wasserstoff bei $T = 273^0$ bekannt ist.

Besonders wertvolle Dienste leistet das Gesetz der korrespondierenden Zustände in Verbindung mit der Zustandsgleichung (s. d.).

Ein scharfes Kriterium, ob ein Gas normal ist und dem Gesetz der korrespondierenden Zustände gehorcht, bietet die Beobachtung der Sättigungsdrucke, die sich, falls es sich nicht um Dämpfe sehr tiefer kritischer Temperatur handelt, in erster Näherung durch die Beziehung $\dfrac{p}{p_k} = f \cdot \left(1 - \dfrac{T_k}{T}\right)$ darstellen lassen. Für normale Stoffe ist nahezu $f = 2{,}9$. Für assoziierte Stoffe ist $f > 2{,}9$.

Frau K. Meyer, geb. Bjerrum, hat 1900 gezeigt, daß die Übereinstimmung des Gesetzes der korrespondierenden Zustände mit der Erfahrung erheblich verbessert werden kann, wenn man als Einheit nicht die kritische Temperatur T_k, sondern die Größe $T_k + a$ betrachtet, wobei a eine Konstante ist, die für jeden Stoff empirisch bestimmt werden muß. *Henning.*

Überfanggläser sind Glaskörper, die aus mehreren Schichten verschiedener Glassorten bestehen. Sie werden auf die Weise hergestellt, daß der Glasmacher aus dem einen Glase ein Kölbchen aufbläst und dieses durch Eintauchen in die Schmelze eines zweiten Glases vergrößert. Die weitere Verarbeitung geschieht auf dem gewöhnlichen Wege. Die Glassorten müssen in der Regel die gleiche Wärmeausdehnung haben (s. dagegen Verbundglas).

R. Schaller.

Überführungszahl. Nach Hittorf (1859) heißt Überführungszahl das Verhältnis der durch den zur Strombahn senkrechten Querschnitt eines Elektrolyten hindurchwandernden Menge des Kations (Anions) zu der bei der Elektrolyse gleichzeitig an der Kathode (Anode) abgeschiedenen (aufgelösten) Menge desselben. Gelangt 1 g Aq. zur Abscheidung, so wandert durch jeden Querschnitt der Lösung im ganzen die Elektrizitätsmenge F und zwar teils als positive Ladung mit dem Kation, und teils in entgegengesetzter Richtung als negative Ladung mit dem Anion. Daher muß die Summe der Überführungszahl von Anion und Kation in jedem Querschnitt gleich eins sein. Unter der Voraussetzung, daß die elektrolytische Lösung hinreichend verdünnt ist, und daß das Lösungsmittel bei der Elektrolyse infolge von Kataphorese, Adhäsion oder Hydratation keine Verschiebung erleidet, ist das Verhältnis der Überführungszahl von Anion a und Kation k gleich dem Verhältnis der Wanderungsgeschwindigkeiten, mit denen sich die Ionen im elektrischen Felde durch das widerstehende Medium des Lösungsmittels bewegen: $a : k = v : u$ und daher die Größe der Überführungszahl des

Kations eines Elektrolyten: $k = \dfrac{u}{u+v}$ (also abhängig von der Natur des Anions). Wie die Überführungszahl experimentell ermittelt werden können, mag am Beispiel der Elektrolyse wässeriger HCl-Lösung zwischen unangreifbaren Elektroden erläutert werden:

An der Kathode wird der Verlust von 1 Aq. abgeschiedenen H teilweise ergänzt durch Zuwanderung von k Aq. H-Ion, so daß die Menge des H-Ion um $1 - k = a$ Aq. vermindert wird. Da gleichzeitig a Aq. Cl abwandern, so tritt an der Kathode im ganzen eine Verminderung um a Aq. HCl ein. An der Anode gelangt ein Aq. Cl zur Abscheidung, a Aq. Cl werden neu herangeführt und k Aq. H-Ion treten in die angrenzende Schicht des Elektrolyten. An der Anode verarmt also die Lösung um k Aq. HCl. Die Überführungszahl des Kations ist somit durch die Konzentrationsänderung an der Anode bestimmbar.

Hierzu benutzt man nach Hittorf zweiteilige Gefäße, welche es ermöglichen sollen, nach beendigter Elektrolyse den Anodenraum von der übrigen Flüssigkeit abzutrennen, ohne daß durch Vermischung oder Diffusion eine störende Konzentrationsänderung bewirkt wird. Aus diesem Grunde muß auch während des Stromdurchganges für gleichmäßige Temperierung gesorgt werden, damit nicht infolge der Jouleschen Wärme Schichten verschiedener Temperatur und Dichte zu Konvektionsströmungen des Elektrolyten Veranlassung geben.

Eine andere Methode beruht auf der direkten Beobachtung der Wanderungsgeschwindigkeit der Ionen in der Grenzschicht zweier sich berührender Elektrolyte.

Die Überführungszahl hängt in hohem Grade von der Konzentration ab. Sobald, wie es den Tatsachen vielfach entspricht, die Elektrolyse mit einer Verschiebung des Lösungsmittels verbunden ist, muß mit „wahren" Überführungszahlen anstatt mit Hittorfschen gerechnet werden. Über die genaue Ermittelung der „wahren" Überführungszahl ist die Forschung noch nicht zum Abschluß gelangt. *H. Cassel.*

Näheres s. Le Blanc, Lehrbuch der Elektrochemie. Leipzig 1918.

Übergangsfarbe s. Polarimeter.

Überlagerer, ein Erzeuger von ungedämpften elektrischen Schwingungen, meist sehr kleiner Leistung, welcher in der drahtlosen Telegraphie und Hochfrequenztelegraphie längs Leitungen am Orte des Empfanges zur Hervorbringung einer Hilfsschwingung dient, die mit der Empfangsschwingung interferiert und vermittels Gleichrichtung eine niedrige hörbare Frequenz gleich der Differenz der beiden genannten Schwingungszahlen verursacht (R. A. Fessenden, F. K. Vreeland) (s. Überlagerungs-, Heterodyne-, Interferenz-, Schwebungsempfang). Auch für viele physikalische Messungen wie Dielektrizitäts-, Permeabilitätsmessungen usw. ist der Überlagerer verwendbar. *H. Rukop.*

Überlagerer. Apparat zur Erzeugung ungedämpfter elektrischer Schwingungen kleiner Intensität mittels Kathodenröhre, die beim Empfang von hauptsächlich mit ungedämpften Wellen arbeitenden Sender von größter Wichtigkeit ist (Schwebungsempfang). *A. Esau.*

Überschallgeschwindigkeit s. Schallgeschwindigkeit, Kopfwelle und Mündungsknall.

Überschlagsspannungen s. Schlagweite.

Überspannung. Die Spannung, die zur elektrolytischen Abscheidung eines Gases notwendig ist, sollte als so groß erwartet werden wie die elektromotorische Gegenkraft der Gaselektrode, die infolge der Gasentwicklung an der stromzuführenden Metallelektrode entstanden ist. Daher sollte die Abscheidungsspannung des Gases unabhängig vom Material der Metallelektrode sein. In vielen Fällen z. B. beim Wasserstoff ist aber das zur Abscheidung erforderliche Potential in hohem Grade abhängig von dem Material und der Oberflächenbeschaffenheit der metallischen Elektrode, an der sich die Wasserstoffionen entladen. Der Überschuß an Spannung über das Potential der reversiblen Gaselektrode, der zur Gasentwicklung wirklich benötigt wird, heißt die Überspannung des Gases an der betreffenden Metallelektrode. Folgende Werte wurden für die Überspannung an verschiedenen Elektroden gefunden:

Überspannung des Wasserstoffs in Volt:

Pt blank	Au	Fe	Ag	Ni	Cu	Pd	Sn	Pb
0,09	0,02	0,08	0,15	0,21	0,23	0,48	0,53	0,64

Zn	Hg	Pt (platiniert)
0,70	0,78	0,00 Volt.

Überspannung des Sauerstoffs:

0,39	0,47	0,19	0,35	0,07	0,20	0,37	0,08 Co

Pt (plat.)	Ni (schwammig)
0,25	0,19	0,00 Volt.

Die Überspannung ändert sich nur wenig mit der Temperatur, der Einfluß der Rauhigkeit und Reinheit der Metalloberfläche ist so beträchtlich, daß die geringsten Verunreinigungen durch Metalle mit kleinerer Überspannung genügen, um die Überspannung auf den diesen Metallen zukommenden Wert herabzusetzen. So sind Bleielektroden, auf denen sich Spuren von Arsen oder Nickel niedergeschlagen haben, für den Gebrauch im Akkumulator verdorben, weil sich an ihnen schon unterhalb einer Ladespannung von 1,6 Volt Wasserstoff entwickeln würde. Bekanntlich wird die Auflösung von reinem Zink in reiner verdünnter Säure erst durch einen Zusatz von minimalen Mengen Nickel- oder Platinsalz ermöglicht. Die hohe Überspannung des Wasserstoffs am reinen Zink verhindert nämlich jede Gasentwicklung und damit die ihr äquivalente Lösung des Metalles. Diese kann erst eintreten, wenn sich auf dem Zink ein Niederschlag edleren Metalles mit kleinerer Überspannung gebildet hat, so daß an diesem wie am negativen Pol einer Voltaschen (s. d.) Kette Wasserstoffbläschen aufsteigen. Die Überspannung ist mitbestimmend für den Aufwand an Energie, der zur Gasentwicklung notwendig ist. So lehren obige Zahlen, daß zur elektrolytischen Gewinnung von Knallgas im technischen Betriebe Nickelelektroden am zweckmäßigsten sind.

Die Größe der Überspannung hängt außer von den genannten Umständen noch von gewissen Nebenbedingungen ab (z. B. Stromdichte, Kapillarelektrizität), deren willkürliche Regelung dem Eingriff des Experimentators mehr oder weniger entzogen sind. Daher ist es schwierig reproduzierbare Versuchsbedingungen zu schaffen und eindeutige Resultate zu erzielen. Dem entsprechend ist die theoretische Deutung dieser Erscheinungen noch umstritten. Die physikalische Theorie (H. G. Möller, 1908) sucht das irreversible Verhalten der Gaselektroden ähnlich wie den Siedeverzug durch Bildung und Einsturz einer kapillaren Übergangsschicht zwischen Elektrolyt und Elektrode zu erklären. Den chemischen Erklärungsversuchen ist die Annahme gemeinsam, daß die Reaktionsgeschwindigkeit mit der sich die Gase bilden, an sich nur langsam, durch die Gegenwart verschiedener Metalle in verschiedener Weise katalytisch beschleunigt wird. *H. Cassel.*

Vgl. a. Passivität. — Näheres s. G. v. Hevesy, Elektrolyse und elektrolytische Polarisation. In L. Graetz, Handbuch der Elektrizität und des Magnetismus. Bd. II. 3. Leipzig 1921.

Übertragung, geodätische. Man denke sich in einem ausgeglichenen Dreiecksnetze (s. Netzausgleichung) auf dem Erdellipsoide die geographische Breite eines Eckpunktes und das Azimut einer Seite auf astronomischem Wege bestimmt. Die geographische Länge kann für diesen Ausgangspunkt gleich Null gesetzt werden. Unter geodätischer Übertragung versteht man nun die Berechnung der geographischen Koordinaten der anderen Dreieckspunkte und der Azimute der anderen Seiten aus den Stücken des Netzes. *A. Prey.*

Überziehen, überzogener Flugzustand. Wenn man das Höhensteuer eines Flugzeugs zu stark zieht, d. h., wenn man die Spitze des Flugzeugs zu stark nach oben zu drehen sucht, so erhöht sich leicht der Anstellwinkel über den Wert, zu welchem das Auftriebsmaximum gehört. Besonders leicht tritt ein derartiger Zustand ein, wenn die Fluggeschwindigkeit absichtlich oder unabsichtlich unter einen bestimmten Wert gesunken ist, der gleichfalls durch das Auftriebsmaximum der Flügel bestimmt wird. Bei großem Anstellwinkel sinkt der Auftrieb mit wachsendem Anstellwinkel, während der Widerstand noch weiter wächst. Die Folge davon ist eine immer weiter gehende Verkleinerung der Geschwindigkeit, ein Nachlassen der Tragkraft und infolgedessen ein starkes Heruntersinken ("Durchsacken") des Flugzeugs. Die besondere Gefahr dieses Flugzustandes liegt einesteils darin, daß man in diesem Falle nicht imstande ist, das Flugzeug durch Betätigung des Höhensteuers aufzurichten, und daß die seitliche Stabilität vollständig verloren geht, wodurch die gefährliche Trudelbewegung (s. Trudeln) eingeleitet wird. *L. Hopf.*

Ulbricht. Kugelphotometer s. Lichtstrommesser.

Ultraaudion, nennt L. de Forest eine Glühkathoden-Eingitterröhre, welche im Vergleich zu normalen Schwachstromröhren eine vergrößerte Leistung bis zu einigen Watt aufweist. *H. Rukop.*

Ultraaudionschaltung, eine Schaltung von L. de Forest zum Empfang ungedämpfter Schwingungen in der drahtlosen Telegraphie, gehörig zu der Klasse der Audionschaltungen mit Rückkopplung bis zur Schwingungserzeugung. Das Charakteristikum an der Ultraaudionschaltung ist die Rückkopplung vermittels Telephon und Parallelkondensator, welche den Eindruck macht, als ob der Gitterkreis an Gitter und Anode angelegt wäre. *H. Rukop.*

Näheres s. G. Vallauri, Jahrb. drahtl. Tel. 12, 375, 1917.

Ultrarot. 1800 zeigte F. W. Herschel, daß jenseits des roten Teiles eines prismatischen Spektrums ein Thermometer erwärmt wird. Ampère erkannte auf Grund der Messungen von Melloni u. a. die Wesensgleichheit von sichtbaren und „Wärme"-Wellen. Die Erforschung des Ultrarot ist vor allem von Langley und Rubens, speziell die der ultraroten Spektrallinien von Paschen ausgeführt. Messungen im prismatischen Spektrum sind möglich mit Glasprisma (statt der Linsen werden aus Fokussierungsgründen stets Spiegel verwendet — s. Spiegelspektrometer) bis 1 μ, mit Quarzprisma bis 6 μ, mit Flußspat bis 15 μ, mit Sylvin bis 30 μ. Wellenlängenmessungen mit Beugungsgitter (Drahtgitter, Drähte von 0,1—1 mm Durchmesser in Abständen gleich der Drahtdicke parallel gespannt) führte H. Rubens aus von 20—330 μ.

Die Untersuchungen im Ultrarot haben wichtige physikalische Aufklärungen gebracht. Der Reflexionskoeffizient fester Körper wird nach der Dispersionstheorie 1, wenn die auffallende Frequenz der Frequenz der Ionenschwingung im festen Körper — Kristall — entspricht: Gebiete metallischer Reflexion von Kristallen im Ultrarot heißen Reststrahlen (s. d.). Umgekehrt dient die Untersuchung der Existenz von Reststrahlen zur Feststellung des Ionencharakters von Kristallen. (E. Madelung). Diamant hat keine Reststrahlen, also auch kein Ionengitter (nicht „heteropolarer", sondern „homöopolarer" Kristall). Auch andere Eigenschaften des Kristallbaus werden durch die selektiven ultraroten Reflexionen erkannt (s. Cl. Schaefer und Schubert, Ann. d. Physik, ferner Liebisch und Rubens, Berliner Akademie). Die Absorption im Ultraroten liefert für viele Körper Charakteristika für ihre chemische Konstitution, ferner für den physikalischen Bau der Moleküle: die Absorptionsfrequenzen hängen von Bindung und Masse der Atome im Molekül ab; so zeigt sich die Existenz von zwei isotopen (nur durch ihre Masse verschiedenen) Chloratomen im Absorptionsspektrum des Chlorwasserstoffs.

Ein sehr langwelliges Emissionsgebiet des Quecksilberdampfes hat H. Rubens nachgewiesen und ihre Wellenlängen zu 150 (?), 211 und 325 μ, also fast $1/_3$ mm bestimmt (s. Strahlungsquellen). Hiermit ist das Gebiet zwischen optischen Wellen und elektrischen Wellen überbrückt.

Präzisionsmessungen von Spektrallinien im Ultrarot hat Paschen ausgeführt, und hierbei die von Bergmann rechnerisch vorausgesagten Serien (b = Serie oder f = (Fundamentalserie) gefunden. (Näheres s. Paschen-Goetze, Spektralserien, bei Springer, 1922.)

Die Dispersion von Steinsalz, Flußspat und Sylvin, deren genaue Kenntnis bei der Prüfung des

Strahlungsgesetzes von Planck erforderlich ist, ist von Paschen, Langley u. a. festgelegt.

Meßapparate und Methoden für Ultrarot: Thermosäule, Bolometer, Radiomikrometer, normale Photographie mittels Sensibilisatoren bis 1 μ (Abney kam bis 2 μ), Phosphoreszenzphotographie (s. die entsprechenden Stichworte).   *Gerlach.*

Ultraviolett. Der ultraviolette Spektralbereich beginnt bei 4000 A⁰E und erstreckt sich bis zu dem als Röntgenlicht bezeichneten Frequenzbereich. Die kürzeste ultraviolette Strahlung, welche **mit optischen Methoden** isoliert und gemessen wurde, beträgt etwa 130 A⁰E. Zur Untersuchung des Ultraviolets sind spezielle Methoden erforderlich, welche in der Undurchlässigkeit der meisten Körper für die Wellen dieses Gebietes bedingt sind. Schweres Flintglas ist bis 3900, normale Glasoptik im Spektrographen bis etwa 3600⁰ AE, in sehr dünner Schicht bis 3130 A⁰E brauchbar. Uviolglas ist im Bereich 4000—3100 durchsichtiger als normales Glas, darunter nicht mehr. Quarz ist bis 2000 gut durchlässig, von 1850—1500 A⁰E nur noch schwach. Ein Wasserprisma mit dünner Quarzplattenbegrenzung ist bei 1850⁰ noch sehr lichtstark. Bis 1850 ist auch Steinsalz brauchbar, es hat den Vorteil sehr großer Dispersion, Nachteile durch Inhomogenitäten der Kristalle. Unterhalb 1850 muß Flußspat verwendet werden. Da in diesem Gebiet die Luft bereits absorbiert (Stickstoffabsorption stark bei 1700 A⁰E), müssen Vakuumspektrographen verwendet werden (V. Schumann). Gebaut sind Vakuumspektrographen mit Flußspatprisma und Flußspatgitter; ihr Verwendungsbereich geht bis etwa 1100 A⁰E. Unterhalb 1100 werden Vakuumspektrographen mit Reflexionskonkavgitter verwendet, da hier alle Körper absorbieren (Lyman, Millikan). Lichtstarke Gitter baute Millikan, indem durch Form der Gitterfurchen der größte Teil der Energie in dem Spektrum erster Ordnung konzentriert wird. Es war nicht nötig, mehr als 500—1000 Striche pro Millimeter zu ritzen. Hiermit klärte Millikan die Emissionsspektren zahlreicher Elemente im äußersten UV auf und erreichte als kürzeste Emissionslinie 139 A⁰E (Aluminium).

Zur Messung der Spektren dienen Fluoreszenzokulare, photographische Platte und photoelektrische Zelle. Die Gelatine der photographischen Platten absorbiert bereits bei 1850 A⁰E sehr stark. Gelatinefreie Platten lehrte V. Schumann herstellen. Über eine Methode, aus gewöhnlichen Trockenplatten die Gelatine zu entfernen, s. Duclaux (Le Radium. Mai 1921, S. 156). Die Methode (Herauslösen der Gelatine durch Schwefelsäure) scheint aber mit den meisten Plattensorten nicht ausführbar.

Eine indirekte Methode zur Erforschung des äußersten Ultraviolett stellt die Francksche Anregungsmethode der Emission von Gasen und Dämpfen mit Elektronenstoß dar. Die ultraviolette Emission des Dampfes wird durch die von ihr angeregte lichtelektrische Aufladung einer im Gasraum befindlichen Metallplatte wahrgenommen. Näheres s. W. Gerlach, Sammlung Vieweg Bd. 58.

Lichtquellen für Ultraviolett sind die Quecksilberdampfbogenlampen im Quarzglas, Kohlebogenlampe (besonders bei großer Länge des Bogens), Eisenbogenlampe, energiereiche Funken zwischen Aluminium oder Magnesiumelektroden, eventuell unter Wasser überspringend. Die ultraviolette Strahlung der Sonne hat bei 2930 Å-E.

eine scharf abschneidende Grenze s. auch Strahlungsquellen.

Die Absorption chemischer Substanzen im Ultravioletten liefert wertvolle Aufschlüsse über die Konstitution komplizierter Moleküle.   *Gerlach.*

Ultraviolettfilter. Nitroso-di-methylanilin läßt nur violette Strahlen hindurch, und zwar ohne merkliche Absorption etwa 3800—2700 A⁰E. Es kann so in Lösung in einer Quarzkurvette zur Elimination sichtbarer Strahlung verwendet werden. Im Woodschen Filter ist es kombiniert mit einer wäßrigen Kupfersulfatlösung zur Absorption der roten Strahlen.   *Gerlach.*

Umformer. Die Technik faßt unter diesem Sammelnamen alle diejenigen Vorrichtungen zusammen, die elektrische Energie rein ihrer Form nach umwandeln. Am bekanntesten und verbreitetsten sind die gewöhnlichen ein- und mehrphasigen Transformatoren (siehe dies!), die mit Hilfe der statischen Induktion entweder hohe Wechselspannungen in niedere bzw. umgekehrt (Spannungstransformatoren!) oder desgleichen starke Wechselstöße in schwache (Stromtransformatoren!) umwandeln, selbstverständlich unter gleichzeitiger Strom- bzw. Spannungserhöhung. Die Stromtransformatoren sind eigentlich nur ein Spezialfall der Spannungstransformatoren, da für sie die Kurzschlußtheorie der letzteren gilt. Sämtliche Transformatoren können nur in Wechselstromkreisen arbeiten und geben sekundär die gleiche Frequenz wie primär; die Phasenzahl wird gelegentlich durch passende Schaltkombinationen in engen Grenzen verändert, z. B. (2-Phasen—3-Phasen-Umformung und umgekehrt; desgleichen 3 Phasen in 6 Phasen!).

Transformation in Gleichstromkreisen erfordert stets dynamische Induktion, d. h. rotierende Umformer. Im Prinzip handelt es sich meist um sog. Motorgeneratoren, d. h. einen Zweimaschinensatz, bei welchem ein Motor den vollen Betrag elektrischer Primärenergie zunächst in mechanische umwandelt, die ihrerseits durch einen Generator wiederum in elektrischer Form abgegeben wird. Haben beide Maschinen ein gemeinsames Magnetfeld, bzw. sind beide elektrisch getrennte Ankerwicklungen auf einem gemeinsamen Ankerkörper untergebracht, so bezeichnet man eine solche Vorrichtung als „Umformer" im engeren Sinn.

Infolge des gemeinsamen Feldes stehen hier Primär- und Sekundärspannung in einem festen unveränderlichen Verhältnis, genau wie bei Transformatoren. Durch die sog. Sparschaltung, bei der dem Prinzip nach die Oberspannung an den beiden in Serie geschalteten Maschinenankern, die Niederspannung nur an einem Anker liegt, kann bei Motorgeneratoren wie Umformern das Maschinengewicht stark reduziert, der Gesamtwirkungsgrad verbessert werden. Die Verhältnisse liegen genau wie bei den bekannten Spartransformatoren (Spannungsteiler!), bei denen nur ein Teil der Leistung wirklich transformiert wird, der andere dagegen direkt von einem System zum anderen übertritt. Das Verhältnis der beiden Spannungen liegt meist in der Größenordnung 1 : 2 bis 1 : 3.

Die Vorherrschaft bzw. die Vorzüge des Mehrphasen-Wechselstromsystems in der elektrischen Energieverteilung einerseits, die Unentbehrlichkeit des Gleichstroms für industrielle Zwecke (Regulierantriebe!), Straßenbahnen und die gesamte chemische Industrie andererseits, haben zur Folge gehabt, daß die Drehstrom-Gleichstromumformung heute von besonderer Wichtigkeit ist, zumal es sich bei ihr oft um sehr große Leistungen handelt; sie ist dementsprechend auch hochentwickelt.

Die älteste und einfachste Vorrichtung ist wiederum der Motor-Generator, bei dem je nach

Wahl ein normaler synchroner oder asynchroner Mehrphasenmotor mit einem Gleichstromgenerator gekuppelt ist. Solche Maschinensätze sind betriebssicher, aber schwer und teuer, und haben relativ hohe Verluste infolge der zweifachen Energieumsetzung. Man verwendet sie aber auch heute noch bevorzugt in Fällen, in denen ein Synchronmotor (siehe dies!) zu weitgehender Phasenkompensation herangezogen werden soll.

Im weitaus größeren Maßstabe benützt die Technik aber heute zur Drehstrom-Gleichstromumformung (nicht umgekehrt!) die Umformer im engeren Sinn, d. s. synchrone Einankermaschinen mit einer einzigen Gleichstrom-Trommelwicklung auf dem in einem normalen Gleichstrommaschinengehäuse bzw. -feld umlaufenden Rotor, der auf der einen Seite die Mehrphasenstromenergie über Schleifringe zugeführt, auf der anderen die Gleichstromenergie über einen Kommutator entnommen wird. Nach dem unter „Klemmenspannung" Gesagten dürfte es klar sein, daß hier Gleich- und Wechselspannung in einem ganz bestimmten Verhältnis stehen, durch das auch auf Grund der Energiegleichheit die Stromstärken gegeben sind. Da nun in der Regel (z. B. bei jeder Energieverteilung mit halbwegs hoher Wechselspannung!) dieses Übersetzungsverhältnis mit den primär und sekundär vorgeschriebenen Spannungen nicht zusammenfällt, wird wechselstromseitig zwischen Netz und Schleifringe meist ein Spannungstransformator eingeschaltet.

Wird dieser in seinem Übersetzungsverhältnis feinstufig veränderlich gebaut, so gewinnt man die weitere, oft unentbehrliche Möglichkeit, die Gleichstromspannung entsprechend der jeweiligen Belastung nachregulieren zu können. Durch einfache Nebenschlußregelung wie beim Gleichstromgenerator ist das nicht möglich, da der Einankerumformer im Prinzip ein Synchronmotor (siehe dies!) ist, der auf Feldregulierung nur mit der Aufnahme vor- bzw. nacheilender wattloser Ströme reagiert. Immerhin kommen hier die Wirkung der Selbstinduktivität und der Ankerrückwirkung (siehe dies!) aller Wechselstrommaschinen, die evtl. durch Vorschaltung von Drosselspulen künstlich erhöht werden kann, zur Geltung, so daß die wechselstromseitige Kondensatorwirkung der Übererregung mit Erhöhung, die Drosselwirkung der Untererregung mit Verminderung der Gleichspannung verbunden ist. Für hohe Regulieransprüche werden ferner häufig primär oder sekundär Serienzusatzmaschinen verwendet, die mit der Hauptmaschine mechanisch gekupelt sind.

Für die in Mitteleuropa übliche Frequenz 50 schien sich der ursprünglich in den Vereinigten Staaten für 25 Perioden entwickelte Einankerumformer zunächst nicht zu eignen. Baute man ihn mit relativ wenigen und breiten Polen, so erhielt man seinem Charakter als Synchronmaschine entsprechend für die damalige Zeit (etwa kurz nach der Jahrhundertwende!) unangenehm hohe Drehzahlen, die bei großen Leistungen mechanische sowie Kommutierungsschwierigkeiten machten. Wendete man viele schmale Pole an, so trat infolge des kleinen Polwinkels die Gefahr des Pendelns im Verein mit starker Funkenbildung und Überschlägen am Kommutator auf, da auch der Einankerumformer ein schwingungsfähiges Gebilde ist (siehe „Das Parallelarbeiten elektrischer Generatoren"). Erst der moderne Dynamobau hat durch Verwendung von Dämpferwicklungen einerseits, der Erfahrungen des Gleichstromturbogeneratorenbaues (Wendepole!) andererseits diese Schwierigkeiten überwunden, so daß Einankerumformer auch für 50 Perioden und mehr bis zu den größten Leistungen von vielen 1000 KW gebaut werden. Die amerikanische Technik hat sich auch um diesen Fortschritt große Verdienste erworben. Außerordentlich günstig gestalten sich infolge der Überein-

anderlagerung des Gleichstroms und des Mehrphasen-Wechselstromes in jedem Ankerleiter die Erwärmungsverhältnisse bzw. der Wirkungsgrad dieser Maschinengattung, und zwar werden beide um so besser, je höher die primäre Phasenzahl ist, die man aus diesem Grunde gern in den sowieso unentbehrlichen Primärtransformatoren z. B. von 3 auf 6 erhöht. Setzt man gleiche Ankerverluste bzw. -Erwärmung voraus, so leistet ein bestimmtes Maschinenmodell als Dreiphasen-Umformer rund 33, als Sechsphasen-Umformer rund 90% mehr als bei direktem Betrieb als Gleichstromgenerator; alle obigen Werte gelten aber nur für $\cos \varphi = 1$, d. h. für tadellos einregulierte Stromphase. Bei Einphasenbetrieb sinkt die zulässige Umformerleistung auf rund 85%.

Synchrone Motorgeneratoren wie Einankerumformer wurden früher entweder gleichstromseitig direkt oder wechselstromseitig mit einem besonderen kleinen Asynchronmotor niederer Polzahl als die Hauptmaschine angelassen und vor dem Einschalten synchronisiert. Die modernen, mit einer sorgfältig durchgebildeten Dämpferwicklung versehenen Maschinen laufen dagegen wie kurzgeschlossene Asynchronmotoren (siehe dies!) von selbst an und fallen bei Einschaltung der Felderregung in Tritt. Während des Anlaufens werden evtl. besonders bei Wendepol-Umformern, die normalerweise in einem Hilfs-Gleichstromfeld kommutieren, die Bürsten zur Vermeidung des Feuerns abgehoben.

Eine Kombination von Motor-Generator und Einankerumformer stellt der sog. Kaskadenumformer dar. Er besteht im Prinzip aus der elektrischen Hintereinanderschaltung eines normalen Synchronmotors mit einem Einankerumformer, wobei der letztere wechselstromseitig vielphasig mit der relativ niedrigen Schlüpfungsperiodenzahl des Rotors gespeist wird und mit diesem starr gekuppelt ist. Die elektrischen Vorteile dieser Anordnung dürften nach den obigen klar sein. Bei gleicher Polzahl der beiden Maschinenhälften wird die eine Hälfte der Gesamtleistung mechanisch durch die gemeinsame Welle, die andere Hälfte unmittelbar elektrisch von der Wechselstrom- zur Gleichstromseite übertragen. Der Anlauf geht wie bei einem gewöhnlichen Asynchronmotor vor sich.

Die Umformung von Mehrphasenstrom hoher in Einphasenstrom niederer Frequenz (z. B. 50 Perioden auf $16^2/_3$!) hat in neuerer Zeit Bedeutung gewonnen mit Rücksicht auf den sehr wünschenswerten Anschluß der mit niederer Frequenz betriebenen elektrischen Vollbahnen an bestehende Überlandzentralen. Meist wird sie noch in Motorgeneratoren vorgenommen, doch sind auch Umformer bereits in praktischer Erprobung.

Eine Sonderstellung nehmen die statischen Frequenzverdoppler der drahtlosen Telegraphie ein (siehe dies!). Für die eigentliche Maschinentechnik haben sie bisher keine Bedeutung gewonnen. Umstritten ist noch der Anwendungsbereich der Quecksilbergleichrichter, Glimm-Röhrengleichrichter usw., die, auf der elektrolytischen Ventilwirkung (siehe dies!) beruhend, ein- wie mehrphasigen Wechselstrom in pulsierenden Gleichstrom umformen. Für die Zwecke der Starkstromtechnik ist bisher hauptsächlich der Quecksilberdampfgleichrichter entwickelt worden, der besonders bei im Vergleich zur Lichtbogenspannung hoher Gleichspannung mit relativ ganz vorzüglichem Wirkungs-

grad arbeitet. Für Leistungen bis etwa 100 KW
ist er heute bereits in ständig steigender Verwendung
und Motorgeneratoren gegenüber unbedingt überlegen. Bei höheren Leistungen, die mit Elektroden-
gefäßen aus Glas nicht mehr zu beherrschen sind,
treten z. Zt. noch nicht ganz überwundene technische
Konstruktionsschwierigkeiten auf.

Für untergeordnete, im Bereich der Schwach-
stromtechnik liegende Anwendungsgebiete finden
auch die historisch ältesten sog. mechanischen
Gleichrichter, die die Umformung des Wechselstromes in Gleichstrom mit Hilfe schwingender
Kontakte vornehmen, noch heute Verwendung.
Diese technisch sehr interessanten Apparate leiden
unter der Schwierigkeit der sicheren Beherrschung
des Kontaktfeuers, das naturgemäß bei nicht ganz
exaktem Synchronismus des Umschaltvorganges
auftritt.   *E. Rother.*

Umkehrbarer Prozeß. Ein umkehrbarer Prozeß
ist ein solcher, der so langsam erfolgt, daß bei
allen Veränderungen das ihnen unterworfene
System nur unendlich wenig in seiner Gleichgewichtslage gestört wird. Der Prozeß geht gewissermaßen durch eine ununterbrochene Reihe
von Gleichgewichtslagen und kann deshalb ebenso
gut in entgegengesetzter Richtung durchlaufen
werden.

Will man z. B. ein Gas in einem umkehrbaren
Prozeß komprimieren, so muß der Vorgang so langsam erfolgen, daß der äußere Kompressionsdruck
bis auf nicht angebbar kleine Größen stets gleich
dem im Innern des Gases herrschenden Druck ist.
Die zur Volumenverminderung dv benötigte Kompressionsarbeit ist dann ausdrückbar durch pdv,
wenn p der Gasdruck ist. Der Prozeß leistet die
maximale Arbeit (s. d.). Würde man den Prozeß
schnell ausführen, so wäre bei der Kompression
der Außendruck stets größer als der Druck innerhalb des Gases und bei dem umgekehrten Vorgang
der Dilatation wäre der Außendruck stets kleiner
als der Druck innerhalb des Gases. Bei diesem
Prozeß würden also im Gegensatz zu einem ∞
langsamen die Vorgänge bei der Dilation ganz andere
sein als bei der Kompression. Der Prozeß ist also
nicht umkehrbar.

Ähnlich wie bei der Dichteänderung liegen die
Verhältnisse beim Wärmeaustausch. Führt man
einem Körper Wärme zu, so muß seine Temperatur
steigen. Bei unendlich langsamer Zufuhr ist diese
Temperatursteigerung in allen Teilen des Körpers
die nämliche, der Körper bleibt bis auf unmerkbar
kleine Beträge im Temperaturgleichgewicht. Bei
unendlich langsamer Abkühlung kann der Körper
in umgekehrter Reihenfolge alle Zustände wiederum
durchlaufen. Der Prozeß ist also umkehrbar. Bei
schneller Erwärmung und schneller Abkühlung
träfe dies nicht zu, da in beiden Fällen entgegengesetzt gerichtete Temperaturgefälle im Körper
vorhanden wären.

Wohl zu unterscheiden von einem umkehrbaren
Prozeß ist ein reversibler Prozeß (s. d.). *Henning.*

Umkehreinwand. Nach dem Boltzmannschen
H-Theorem (s. d.) geht ein isoliertes Gas von einem
bestimmten Zustand A der molekularen Verteilung
in einen Zustand B von größerer (oder wenigstens
gleicher) Wahrscheinlichkeit über; den Übergang
vermitteln die Zusammenstöße der Moleküle.
Man denke sich jetzt einen Zustand B', in dem die
Moleküle dieselben Lagen und Geschwindigkeiten
haben wie in B, nur soll ihre Geschwindigkeit genau
entgegengesetzt gerichtet sein; dann muß

das Gas, da die Zusammenstöße der Moleküle umkehrbare Vorgänge sind, sich rückwärts in einen
Zustand A' bewegen, der sich von A ebenfalls nur
durch den Richtungssinn der Geschwindigkeiten
unterscheidet. Die Zustandswahrscheinlichkeit hängt
aber nach Boltzmann nicht vom Vorzeichen
der Geschwindigkeiten ab; darum hat A' die
gleiche Wahrscheinlichkeit wie A und B' die gleiche
wie B. Da B und B' gleich wahrscheinlich sind,
so muß deshalb die Veränderung B'A' ebenso oft
vorkommen wie die Veränderung A B; es kommt
also die Entwicklung eines Gaszustandes zu geringerer Wahrscheinlichkeit ebenso oft vor wie
die Entwicklung zu größerer Wahrscheinlichkeit.
Das ist ein Widerspruch zur Voraussetzung. Dieser
Umkehreinwand wurde von Loschmidt (1876)
gegen Boltzmann erhoben, um die Unmöglichkeit darzutun, aus statistischen Überlegungen am
isolierten System die Irreversibilität zu begreifen.
Boltzmann hat darauf erwidert, daß zwar solche
Übergänge zu geringerer Wahrscheinlichkeit gelegentlich vorkommen, daß aber auch sie sehr
bald wieder ihre Richtung ändern, und im all-
gemeinen deshalb die Tendenz zu größerer Wahr-
scheinlichkeit vorherrscht. So ist zwar das Stück
B' A' anormal, aber die Weiterverfolgung dieser
Änderung würde von A' doch sehr bald wieder in
Zustände größerer Wahrscheinlichkeit führen.
Wesentlicher ist jedoch die Bemerkung, daß der
Schluß auf die Gleichwahrscheinlichkeit von B
und B' nicht korrekt ist. Die Boltzmannschen
Formulierungen sind leider nicht streng; dagegen
hat P. Hertz (Gans-Weber, Repertorium der
Physik, 1, 2, S. 461) exakte Formulierungen ge-
geben, die er für eine Auflösung der Antinomie hält.
Referent kann sich dieser Auffassung nicht völlig
anschließen.

Eine ähnliche Tendenz verfolgt der von Zermelo
(1896) entdeckte *Wiederkehreinwand.* Es läßt sich
aus mechanischen Überlegungen ableiten, daß der
Zustand A nach endlicher Zeit angenähert wieder
erreicht wird, ohne daß eine künstliche Umkehrung
der Geschwindigkeiten vorgenommen wird; der
Ablauf eines Molekülgemisches ist also zyklisch
(*Zermelo-Zyklus*). Die Zeitdauer eines solchen Zyklus
ist allerdings enorm lang (die *Wiederkehrzeit* ist
für 1 ccm Gas von der Größenordnung $10^{10^{10}}$ Jahre);
aber es folgt doch, daß es Übergänge geben muß,
in denen die Wahrscheinlichkeit entgegen dem
Boltzmannschen Theorem abnimmt. Boltzmann hat hierauf ähnlich wie oben erwidert;
jedoch zeigt auch diese Paradoxie, daß in den
Grundlagen der statistischen Mechanik noch begriffliche Unsicherheiten enthalten sind (s. a.
Ergodenhypothese). Für die praktische Anwendung
statistischer Methoden ist dies allerdings belanglos.
                                              Reichenbach.

Literatur: Ehrenfest, Begriffliche Grundlagen der
         statistischen Auffassung in der Mechanik, Enzyklopä-
         die der math. Wiss. IV, 32.

Umkehrende Schicht heißt die innerste Schicht
der Chromosphäre der Sonne, die den weitaus
größten Teil der Absorptionslinien im Sonnenspektrum verursacht (s. Sonne).   *W. Kruse.*

Umkehrprismensystem. Als Umkehrprismensystem oder auch einfach als Umkehrprisma
bezeichnen wir eine Aufeinanderfolge von Prismen,
in der eine gerade Anzahl von Spiegelungen so
erfolgt, daß das vom astronomischen Fernrohr oder
irgend einer anderen optischen Vorrichtung (beispielsweise einem Mikroskop) erzeugte umgekehrte

Bild in ein aufrechtes und seitenrichtiges verwandelt wird. Der Vollständigkeit halber sei hier
erwähnt, daß es auch üblich ist — in der Reproduktionstechnik — als Umkehrprisma ein einfaches
Spiegelprisma zu bezeichnen, das die optische
Achse des Lichtstrahlenbündels durch eine einzige
Spiegelung unter 45⁰ Einfallswinkel um 90⁰ ablenkt und durch diese Spiegelung die „Spiegel-
bildlichkeit" aufhebt, die durch Betrachtung einer
Ebene aus zwei entgegengesetzten zur Ebene senkrechten Richtungen entsteht.

Wir schicken der Besprechung der geradsichtigen Umkehrprismensysteme die Beschreibung zweier wichtiger Prismen voraus, von denen
jedes den Mittelstrahl (meist fällt der Mittelstrahl
des Lichtstrahlenbündels mit der optischen Achse
des Instruments zusammen, dessen umgekehrtes
Bild in ein aufrechtes verwandelt werden soll;
wir sprechen deshalb im folgenden häufig von der
optischen Achse statt vom Mittelstrahl) um
90⁰ ablenkt; durch das erste und ältere, das Amicische Dachprisma (s. Fig. 1) wird die optische

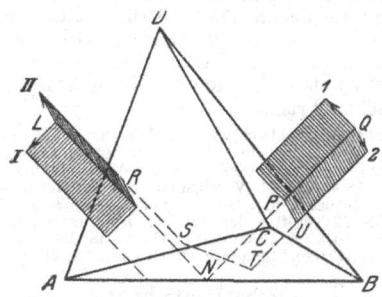

Fig. 1. Amicisches, die optische Achse LN um 90⁰
ablenkendes Dachprisma.

Achse LN um den Winkel LNQ = 90⁰ abgelenkt;
das rechtwinklige Koordinatensystem LI, LII, LN
(ein Rechtskoordinatensystem) bleibt auch nach
den beiden Spiegelungen an den Dachflächen
ABD und ACB ein Koordinatensystem gleicher
Art (also in unserem Falle ein Rechtskoordinatensystem) Q1, Q2, QN' (N' liegt in der Verlängerung von NQ über Q hinaus); aber das Bild wird
durch das Prisma vollständig umgekehrt (Höhe
und Seite!). Denken wir uns nämlich die optische
Achse LN wagrecht, das Licht von links einfallend,
wobei die Halbebene LIN sich nach unten erstreckt
und die Halbebene LIIR nach rechts für einen
in der Richtung auf den Gegenstand ILII Blickenden, dann verläuft die gespiegelte optische Achse
NQ von unten nach oben, d. h. das Dachprisma
verwandelt die wagerechte Blickrichtung in eine
senkrechte; neigt man dann den Kopf nach vorn,
dann erblickt man ein vollständig umgekehrtes
Bild des Gegenstandes, da die Halbebene NQ1
uns oben erscheint und die Halbebene NQ2 links.
(Hätte man — ebenfalls bei Blickrichtung senkrecht
nach unten — dagegen dem Gegenstand den Rücken
gekehrt, dann ergäbe dasselbe Dachprisma ein
aufrecht und seitenrichtig erscheinendes Bild.)
Nehmen wir bei wagerechter optischer Achse LN
die gespiegelte optische Achse NQ ebenfalls wagrecht an, dann ist (wenigstens bei der natürlichen
Körperstellung) nur die Beobachtung des umgekehrten Bildes möglich.

Beim Dachprisma muß der Winkel zwischen den
beiden Dachflächen (der in Fig. 1 nicht eingezeichnete Winkel DNC entspricht diesem Dachwinkel)

90⁰ betragen, damit die durch die beiden Hälften
des Bündels entstehenden Bilder in eines zusammenfallen.

Ein zweites um 90⁰ ablenkendes Prisma mit
zwei Spiegelungen ist das auf C. M. Goulier
und das Jahr 1864 zurückzuführende Penta-
prisma (Fünfseitprisma; s. Fig. 2). Ein solches
Fünfseitprisma wirkt, wenn man
von der für endliche Dingentfer-
nung in Betracht kommenden
Längsverschiebung in Richtung der
optischen Achse (infolge n — 1 > 0,
wobei n Brechungsverhältnis des
Prismas) absieht, wie ein Winkelspiegel mit α = 45⁰ als Winkel
zwischen den beiden spiegelnden
Flächen: Das Bild eines beliebigen
Gegenstandes ist zum Gegenstand
kongruent und wird aus ihm erhalten durch eine
Drehung um die Schnittlinie der beiden Spiegelflächen im Betrag gleich dem Ablenkungswinkel 2 α.
(Für den in Fig. 2 dargestellten Fall ist 2 α = 90⁰,
γ = 90⁰, β = δ = 112¹/₂⁰; im allgemeinen Fall
ist γ = 2 α und β = δ = 180⁰ − ³/₂ α.) Das von
einem Fünfseitprisma gelieferte Bild ist demnach
aufrecht und seitenrichtig, wenn man von dem
selten vorkommenden Fall absieht, daß der Hauptschnitt senkrecht steht und der Beobachter dem
Gegenstand den Rücken zukehrt. Das Amicische
Dachprisma und das Fünfseitprisma (oder ein anderes Prisma mit zwei Spiegelungen im Hauptschnitt;
Wollastonsches Prisma) kommen als Bestandteile
in einigen der nunmehr zu beschreibenden Umkehrprismen vor, allerdings im allgemeinen mit von 90⁰
abweichender Ablenkung.

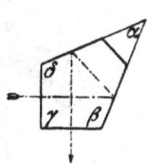

Fig. 2.
Gouliersches
Fünfseitprisma.

1. Das Delaborne-Dovesche Reversions-
prisma enthält zwei Amicische Reflexionsprismen,
wobei die spiegelnde Fläche eines jeden der optischen Achse parallel ist. Es ergibt vollständige
Bildumkehrung — d. h. Bilddrehung um 180⁰
um die optische Achse als Drehachse — für den
Fall, daß die beiden spiegelnden Flächen zueinander
senkrecht stehen. Für die Zeichnung eines die
optische Achse nicht ablenkenden Amicischen
Reflexionsprismas sei auf die Fig. 2 im Abschnitt
„Rundblickfernrohr" des Artikels „gebrochene
Fernrohre" (Prisma P₂) verwiesen.

J. L. Delaborne, Franz. Patent 5941 erteilt 20. 7. 1838,
besonders Fig. 2. H. W. Dove, Pogg. Ann. 1851. **83**. 189
bis 194. M. v. Rohr, Die binokl. Instr. 2. Aufl. 1920.
Seite 71.

2. Der Porrosche Prismensatz erster Art
besteht aus zwei gekreuzten Winkelspiegeln mit
je 180⁰ Ablenkung. Jeder dieser Winkelspiegel

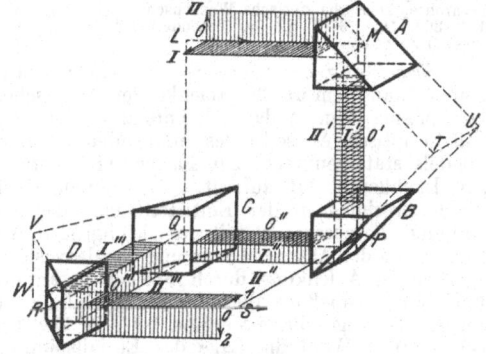

Fig. 3. Porroscher Prismensatz erster Art.

besteht aus zwei einfach spiegelnden Prismen mit
je 90° Ablenkung. Wie die Fig. 3 zeigt, in der wir
uns den Hauptschnitt LMPQ des ersten Winkelspiegels senkrecht und den Hauptschnitt PQRS

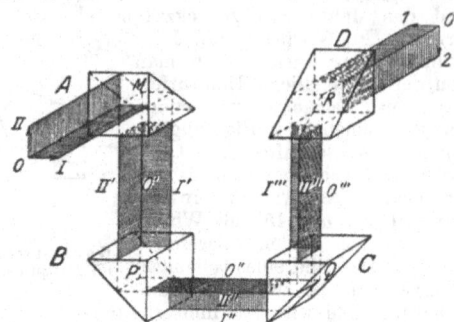

Fig. 4. Porroscher Prismensatz zweiter Art.

des zweiten Winkelspiegels wagrecht vorstellen,
ergibt schon der erste Winkelspiegel für den
Beobachter, der vom Prisma C aus dem aus dem
zweiten Prisma B kommenden Strahlenbündel
entgegenblickt, ein vollständig umgekehrtes Bild;
denn während für einen Beobachter vor A, der
dem Strahl LM entgegensah, die Halbebene OI
links und die Halbebene OII oben war, verläuft
nunmehr die Halbebene O''I'' rechts und die
Halbebene O''II'' nach unten, bezogen auf den
Beobachter (zwischen B und C). Die Figur
erklärt gleichzeitig die Verkürzung der Fernrohrlänge bei Einschaltung eines solchen Porroprismen-
satzes; der Strahl LMPQRS muß den Abstand
zwischen den beiden Ebenen LQR und MPS
nicht einmal, sondern dreimal durchlaufen.

3. Der Porrosche Prismensatz zweiter Art
enthält ebenfalls vier einfach spiegelnde Prismen;
bei ihm haben nur die beiden mittleren Prismen
gemeinsamen Hauptschnitt. Die beiden ersten
Prismen (A und B) zusammen bewirken eine Bilddrehung um 90°, die durch C + D auf 180° vergrößert wird, so daß ein vollkommen umgekehrtes
Bild entsteht. Rückt man A weit ab von B und
außerdem D, C und B möglichst zusammen, dann
erhält man bei geeigneter Prismengröße und Anordnung eines Objektivs hinter A, eines Okulars
hinter D die Hälfte einer häufig ausgeführten Bauart des Scherenfernrohrs (auch des Stangen-
fernrohrs).

Zu 2. und 3. sind die im Artikel „Prismenfeldstecher"
genannten Quellen, besonders der Vortrag und das Buch
von Czapski, sowie H. Erfle, Zur Wirkungsweise der
Fernrohre, Deutsche optische Wochenschr. 1919, 351—355,
367—369; 1920, 3—5, 29—30 (besonders § 4 mit den Fig.
10—14) zu nennen.

4. Das Sang-Zentmayersche Prisma kann
man sich aus dem um 90° ablenkenden Amicischen
Dachprisma (Fig. 1) dadurch entstanden denken,
daß die optische Achse LR des einfallenden Strahlenbündels statt senkrecht zur Fläche ADC parallel
zur Dachkante AB auffällt. Es entsteht dann
durch Brechung in der Eintrittsfläche eine Ablenkung, die zusammen mit der gleichgroßen Ablenkung an der Austrittsfläche und der dazwischen
erfolgenden Ablenkung durch Spiegelung an der
Dachkante schließlich die Ablenkung Null, d. h.
ein geradsichtiges Prisma ergibt, bei dem überdies
bei richtiger Wahl die Lage des Einfallspunktes
die optische Achse nach dem Durchtritt durch das

Prisma genau die Verlängerung der einfallenden
optischen Achse bildet.

Edward Sang, Engl. Patent Nr. 1876, dated 26. 7. 1861;
Joseph Zentmayer, The American Journal of Science
and Arts 1872 (3) 4, 64—65.

5. Auch das Abbesche geradsichtige Umkehrprisma enthält vier Spiegelungen, von denen
die beiden mittleren an den beiden Dachflächen
eines zur optischen Achse parallelen Daches erfolgen; die erste bzw. die vierte Spiegelung lenkt
den Strahl zur Dachfläche bzw. von der Dachfläche
wieder in die optische Achse. Verglichen mit dem
Sang-Zentmayerschen Prisma hat das Abbesche Prisma den Vorteil, daß es auch zwischen
Objektiv und Okular eingeschaltet werden kann,
während beim Sang-Zentmayerschen Prisma
bei dieser Art des Gebrauchs infolge der Brechung
an der Ein- und Austrittsfläche Astigmatismus
entstünde, der weder durch das Objektiv noch durch
das Okular ausgeglichen werden könnte. (Dabei ist
von dem allenfalls noch möglichen Mittel der Schief-
stellung des Objektivs oder des Okulars abgesehen,
da außer dem Astigmatismus bei Bündeln endlicher
Öffnung noch andere Fehler berücksichtigt werden
müssen.) Ein weiterer Vorteil des Abbeschen ist
der, daß an der Dachfläche nicht so große Einfallswinkel notwendig sind wie beim Sang-Zentmayerschen Prisma.

Das Abbesche geradsichtige Umkehrprisma ist beschrieben
worden von Czapski in seinem Vortrag im Zweigverein
Berlin der Deutschen Gesellschaft für Mechanik und Optik
am 4. 12. 1894, der im Vereinsblatt der Deutschen Gesellschaft für Mechanik und Optik 1895. 5. 49—53, 57—58, 65
bis 70, 73—77 veröffentlicht worden ist (für uns kommen
die Fig. 21 und 22 S. 75 in Betracht) und in dem im Artikel
„Prismenfeldstecher" genannten Buch von Czapski (2. Aufl.,
S. 428).

6. Das Lemansche Umkehrprisma ist zwar
ebenso wie das Abbesche Umkehrprisma geradsichtig; die Austrittsachse fällt aber nicht in die
Verlängerung der Eintrittsachse, sondern liegt in
einem endlichen Abstand von ihr (s. Fig. 5; die
optische Achse trifft die Dach-
kante unter dem Einfallswinkel
α, d. h. jede der beiden Dachflächen unter einem Einfalls-
winkel i, der aus $\cos i = \cos \alpha \cdot$
$\cos 45°$ berechenbar ist). Zu den
zwei Spiegelungen am Dach kommen zwei Spiegelungen im Hauptschnitt hinzu. Selbstverständlich
kann das Prisma auch mit umgekehrtem Strahlengang benützt

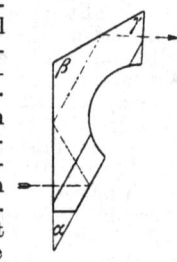

Fig. 5.
Umkehrprisma
nach A. Leman.

werden, bei dem also zuerst die
beiden einfachen Spiegelungen
und dann die beiden Spiegelungen am Dach erfolgen. Solche
Lemansche Umkehrprismen sind
sowohl in Prismenzielfernrohren für Jagdgewehre,
Maschinengewehre und Geschütze, als auch in
binokularen Prismenfernrohren flacher Form angewandt worden.

Ed. Sprenger, D. R.-P. 94450/Kl. 42, vom 23. 2. 1895
(Erfinder A. Leman).

7. Das Umkehrprisma von Huet-Dau-
bresse, das auch durch die ursprüngliche Form der
Hensoldtschen Feldstecher bekannt geworden ist,
enthält vier Spiegelungen. Die eine Form kann
man sich entstanden denken aus einem um 90°
ablenkenden Goulierschen Fünfseitprisma und einem
um 90° ablenkenden Amicischen Dachprisma, so daß
sich also ein geradsichtiges Umkehrprisma mit
Achsenversetzung ergibt. Die andere Form enthält

statt des Amicischen Dachprismas ein einfaches um 90⁰ ablenkendes Spiegelprisma und statt des Goulierschen Fünfseitprismas ein Fünfseitprisma, bei dem eine der spiegelnden Flächen durch ein Dach ersetzt ist, dessen Kante im Hauptschnitt liegt.

H. L. Huet, Engl. Patent 14102 vom 9. 6. 1897. Mehrere Formen mit sechs statt vier Totalreflexionen, davon zwei an einem Dach, die ebenfalls geradsichtig sind und eine Versetzung von Ein- und Austrittsachse gegeneinander bewirken, sind bald darauf von H. L. Huet, Engl. Patent 30925 vom 31. 12. 1897 angegeben worden.

8. Das Huetsche Doppeltetraeder hat insofern Ähnlichkeit mit dem Porroschen Prismensatz zweiter Art, als ein solches Tetraeder eine Bilddrehung von 90⁰ hervorruft und zwei richtig hintereinander geschaltete Tetraeder eine Bilddrehung von 180⁰, d. h. eine vollständige Bildumkehrung. Gegenüber diesem Porroschen Prismensatz besteht aber der wesentliche Unterschied, daß die Hälfte eines Doppeltetraeders, also ein Tetraeder, drei Spiegelungen enthält und die optische Achse um 180⁰ ablenkt. Außerdem bleibt die Bilddrehung durch ein solches Tetraeder auch noch 90⁰ bei beliebigen Drehungen des Tetraeders um seine Eintrittsachse oder um seine Austrittsachse.

H. L. Huet, D. R.-P. 104149/Kl. 42 vom 26. 4. 1898.

9. Das erste geradsichtige Umkehrprisma von Hans Schmidt entsteht durch Hinzufügen (mit dazwischen liegender dünner Luftschicht) eines zwei einfache Spiegelungen enthaltenden Ablenkungsprismas zu einem vier Spiegelungen enthaltenden Schmidtschen Dreiecksprisma (s. die Figur dieses Dreieckprismas im Artikel „Gebrochene Fernrohre"). Das zweite geradsichtige Umkehrprisma von Hans Schmidt entsteht aus einem um 90⁰ ablenkenden (mit vier statt mit zwei Spiegelungen wirkenden) Wollastonschen Prisma durch Hinzufügen eines um 90⁰ ablenkenden einfachen Spiegelprismas und Ersatz einer der beiden den stumpfen Winkel einschließenden Spiegelflächen des Wollastonprismas durch ein Dach, so daß also auch dieses zweite Schmidtsche geradsichtige Umkehrprisma im ganzen sechs Spiegelungen erfordert zur vollständigen Bildumkehrung.

Hans Schmidt, D. R.-P. 108685/Kl. 42 vom 27. 6. 1899; D. R.-P. 108686/Kl. 42 vom 27. 6. 1899; D.R.-P. 112307/Kl. 42 vom 24. 10. 1899.

10. Das geradsichtige Umkehrprisma nach Alb. König kann insofern als Abänderung des unter 5. beschriebenen Abbeschen geradsichtigen Umkehrprismas bezeichnet werden, als vor und hinter dem Dach ebenfalls je eine Spiegelung stattfindet. Der wesentliche Vorteil dieses Königschen Prismas (Fig. 6) gegenüber dem Abbeschen ist der, daß durch Einführung einer dünnen Luftschicht die eine der beiden zum Hauptschnitt senkrechten spiegeln-

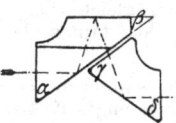

Fig. 6. Geradsichtiges Umkehrprisma nach Alb. König.

den Flächen gleichzeitig als total reflektierende Fläche für den einen Abschnitt der optischen Achse und als Lichtdurchtrittsfläche für einen andern Abschnitt der optischen Achse wirkt. Dadurch wird der Abstand der Dachkante von der Eintrittsachse und von der Austrittsachse und damit das Volumen des Prismas kleiner als beim Abbeschen Prisma; allerdings wird dadurch auch die fernrohrverkürzende Wirkung verringert.

Weitere Ausführungsformen enthält die Patentschrift von Carl Zeiß, D. R.-P. 130508/42 vom 7. 7. 1901.

11. Von den zahlreichen anderen zusammengesetzten geradsichtigen Prismen zum Zwecke der Bildumkehrung seien hier nur noch das Prismensystem des Rundblickfernrohrs (s. dieses) und die Prismen von Heinrich Cranz (Porroidprismensatz, D. R.-P. 327024/42h vom 25. 2. 1920) genannt.

12. Anwendungen von geradsichtigen Umkehrprismen. Im Scherenfernrohr, das fast ausschließlich als binokulares Instrument gebaut wird, hat man zur Bildaufrichtung meist den Porroschen Prismensatz zweiter Art angewandt, im Stangenfernrohr häufig ein von Alb. König angegebenes geradsichtiges Umkehrprisma nach D. R.-P. 130508 (Carl Zeiß). Für die zahlreichen anderen Anwendungen von Umkehrprismen sei auf die Artikel „Prismenfeldstecher" und die dort genannten Quellen und die Artikel „Gebrochene Fernrohre" und „Zielfernrohr" verwiesen. *H. Erfle.*

Umkippthermometer dienen zur Messung der Temperatur des Meerwassers in großer Tiefe. Es sind (s. Figur) Quecksilberthermometer, die bei a nach Art der Maximumthermometer (s. d.) mit einer Einschnürungsstelle in der Kapillare versehen sind, an welcher der Quecksilberfaden abreißt, wenn das Thermometer auf den Kopf gestellt wird. Das Umkippen des in ein passendes Gestell eingebauten Instruments geschieht automatisch oder mechanisch, nachdem das Thermometer bei längerem Verweilen die Temperatur der Meerestiefe angenommen hat; dabei fließt der abgerissene Faden in das am Ende der Kapillare befindliche Gefäß und füllt dieses ganz und die anschließende Kapillare teilweise an. Die Raumverhältnisse sind so gewählt, daß man an einer hinter der Kapillare angebrachten Teilung unmittelbar die Temperatur des Meerwassers ablesen kann. — Um zu verhindern, daß beim Aufholen des Thermometers in wärmeren Schichten des Meeres Quecksilber aus dem Hauptreservoir nachfließt und das Resultat fälscht, ist bei r eine Quecksilberfalle angebracht. — Das Thermometer befindet sich in einem weiteren luftdicht abgeschmolzenen Rohr, damit es durch

Tiefsee-Umkippthermometer.

den äußeren Wasserdruck nicht beeinflußt wird; der Zwischenraum zwischen beiden Gefäßen ist zum Zwecke guter Wärmeleitung teilweise mit Quecksilber angefüllt. — Ein in den äußeren Mantel mit eingebautes gewöhnliches Thermometer erlaubt eine kleine Korrektion zu ermitteln, die daher rührt, daß der abgerissene Quecksilberfaden nach dem Aufholen des Instrumentes eine etwas andere Temperatur hat, wie während des Abreißens. *Scheel.*

Näheres s. Grützmacher, Zeitschrift für Instrumentenkunde 1904. S. 263—268.

Umlagerungen in der Atmosphäre. Benachbarte Luftkörper haben das Bestreben, sich so anzuordnen, daß ihr gemeinsamer Schwerpunkt möglichst tief zu liegen kommt. Die Flächen gleicher potentieller Temperatur (s. diese) liegen dann wagerecht, und zwar so, daß die potentielle Temperatur nach oben zunimmt. Hierzu ist oft eine Umlagerung erforderlich. Margules berechnete folgende beiden Beispiele:

1. Zwei übereinander liegende Luftmassen mögen je 2000 m hoch sein. Im Innern jeder Masse mögen keine Unterschiede der potentiellen Temperatur stattfinden, also adiabatische Temperaturabnahme herrschen (s. vertikaler Temperaturgradient). Bei adiabatischen Verhältnissen ändert sich die potentielle Temperatur der Luftmassen durch eine plötzlich eingeleitete Umlagerung nicht. Am Boden herrsche vorher eine Temperatur von + 10°, ein Druck von 760 mm, an der Grenzfläche nehme die Temperatur nach oben vorher sprungweise um 3° ab. Dann wird diese dort nach der Umlagerung um ebensoviel nach oben zunehmen; die Grenzfläche wird 363 m tiefer liegen als vorher, die Gesamthöhe beider Massen 4 m zugenommen haben. Die Geschwindigkeit der Umlagerung wird im Mittel fast 15 m/sek. betragen.

2. Zwei um 5° verschieden temperierte gleich große Luftmassen seien zu Anfang 3000 m hoch und mögen oben bei Temperaturen von —30° bzw. —25° unter einem Druck von 510 mm stehen, unten also von 759,2 bzw. 753,5 mm. Auch hier wird innerhalb jedes Luftkörpers adiabatischer Temperaturgradient, d. h. gleiche potentielle Temperatur vorausgesetzt. Wird nun plötzlich eine zu Anfang zwischen den Luftkörpern gedachte Wand entfernt, so lagern sie sich so um, daß der kältere unten zu liegen kommt und 1399 m hoch wird, der um 5° wärmere legt sich auf ihn mit einer Schichtdicke von 1603 m, der gemeinsame Bodendruck wird 756,3 mm. Die Gesamthöhe ist also um 2 m größer geworden. Die Geschwindigkeit der Umlagerung beträgt hier 12,2 m/sek. Eingeleitet ist sie durch den Druckunterschied am Boden, der zu Anfang 5,7 mm betrug. Somit reichen also derartige Temperaturunterschiede zwischen nebeneinanderliegenden Luftkörpern völlig zur Erklärung der Energie unserer Stürme aus. Vgl. Luftdruckgradient, Kälteeinbrüche, Gleitflächen, Luftströmungen, Polarfront.   *Tetens.*

Literatur: F. M. Exner, Dynamische Meteorologie 1917, S. 137.

Umlaufmotor s. Verbrennungskraftmaschinen.

Umwandlungspunkte, magnetische, s. Temperatur, Einfluß auf die magnetischen Eigenschaften.
Gumlich.

Umwandlungstheorie der Radioaktivität s. Zerfallsgesetze.

Unabhängige Ereignisse sind solche Ereignisse, die sich nicht kausal beeinflussen. Sie bilden die Elemente einer Wahrscheinlichkeitsverteilung. Über Unabhängigkeit s. Zufall.   *Reichenbach.*

Undulationen, kontinentale, s. Kontinentale Undulationen.

Ungedämpfte Schwingungen. Kontinuierlich andauernde Schwingungen, deren aufeinanderfolgende Halbperioden gleiche Amplituden haben.
A. Meißner.

Ungesättigte Verbindungen werden solche Verbindungsarten genannt, die leicht andere zu addieren vermögen oder sich leicht an andere anlagern. Man unterscheidet

1. solche, wie sie in den Kohlenwasserstoffen der Olefine und Azetylene gefunden werden. In diesen Verbindungen ist ein Kohlenstoffatom mit einem benachbarten durch mehr als eine Valenz verbunden. Beispiel:

$$H_2C = CH_2 \qquad\qquad HC \equiv CH$$
$$\text{Äthylen} \qquad\qquad\quad \text{Azetylen}$$

2. werden auch derartige, meistens organische Verbindungen, als ungesättigt bezeichnet, in denen der Sauerstoff durch eine doppelte (z. B. die Karbonylgruppe in Aldehyden Ketonen und Chinonen) oder der Stickstoff durch eine dreifache Bindung (Nitrile) an den Kohlenstoff gebunden ist. Beispiel:

$$\begin{array}{l} CH_3 \\ CH_3 \end{array}\!\!>\!C=O \qquad\qquad H-C\equiv N$$
$$\text{Äzeton} \qquad\qquad \begin{array}{l}\text{Blausäure (Nitril der}\\ \text{Ameisensäure)}\end{array}$$

3. versteht man unter ungesättigten Verbindungen solche, bei denen bei einzelnen Atomen noch Valenzen frei, unbesetzt geblieben sind.

$$>\!C=O \qquad\qquad -N=O$$
$$\text{Kohlenoxyd} \qquad\qquad \text{Stickoxyd}$$

Eine Anlagerung findet bei den ungesättigten Verbindungen erster und zweiter Art derart statt, daß die mehrfache Bindung gelöst und in eine einfache übergeführt wird; im dritten Falle werden die noch freien Valenzen besetzt, in allen drei Fällen wird die ungesättigte Verbindung in eine gesättigte übergeführt.   *M. Ettisch.*

Näheres s. Richter, Organische Chemie, Bd. I.

Unifilarmagnetometer. Magnetometer, bei denen der Magnet nur an einem Faden hängt. Meist arbeitet es als Deklinometer, oft als Variometer für die rechtwinkeligen Komponenten des horizontalen Erdfeldes oder als Horizontalintensitätsvariometer, in diesen Fällen dann durch Torsion des Fadens oder Ablenkungsmagnete senkrecht gegen die betreffende Komponente eingestellt. Unerläßlich ist bei der praktischen Durchführung die Anwendung von Quarzfäden. Vereinigt man Torsion und Kompensationsmagnete, so lassen sich Intensitätsunifilare ohne jeden Temperaturkoeffizienten aufstellen.   *A. Nippoldt.*

Näheres A d. Schmidt, Ergebn. magn. Beob. Potsdam 1908.

Unipolarmaschinen. Diese Maschinengattung stellt die älteste Vorrichtung zur mechanischen Erzeugung von Gleichstromenergie dar und ist auch die einzige, die wirklich Gleichstrom im physikalischen Sinne liefert.

Eine Unipolarmaschine primitivster Form war es, mit der Faraday 1831 seine grundlegenden Versuche über die Induktionswirkung des konstanten Feldes eines permanenten Magneten auf einen bewegten Leiter ausführte. Seine Maschine bestand aus einer Metallscheibe, die zwischen den Polen eines Hufeisenmagneten mittels einer Handkurbel gedreht werden kann, so daß die Bewegungsebene senkrecht zu der Richtung der Kraftlinien steht. Zwischen dem Mittelpunkt der Scheibe und ihrem Umfang tritt alsdann bei gleichförmiger Drehgeschwindigkeit ein völlig konstantes Potentialgefälle auf.

Technisch haftet dieser genial einfachen Vorrichtung der Nachteil an, daß die erzeugte E.M.K. Ausgleichsströme in dem nicht vom Magnetfeld induzierten Teil der Scheibe hervorruft, die praktisch die gesamte aufgewendete mechanische Energie in der Scheibe selbst in Wärme umsetzen. Derartige Unipolarmaschinen finden daher heute nur noch Anwendung als Bremsen, vornehmlich in elektrotechnischen Meßinstrumenten (Zähler!).

Le Roux vermeidet die Wirbelstrombildung dadurch, daß er eine Kupfertrommel in einem Magnetfeld umlaufen läßt, das von einem zylindrischen Eisenkern zu einem zylindrischen Eisenmantel übertritt, der die Kupfertrommel umschließt. Zwischen den Enden der Trommel tritt eine reine Gleichstrom-EMK auf.

Diese Unipolarmaschine ist zwar theoretisch einwandfrei, praktisch aber wenig brauchbar, da weder die Länge der Trommel, noch die Feldstärke, noch die Umfangsgeschwindigkeit hoch genug gesteigert werden können, um für die Elektrotechnik genügende Spannungen zu erhalten.

Von den zahllosen späteren Erfindungen auf dem Gebiete der unipolaren Gleichstromerzeugung hat es bisher nur die Maschine Dr. Ing. Noeggeraths zu einiger technischer Bedeutung gebracht. Sie ist der Le Roux-Maschine insofern ähnlich, als auch bei ihr das induzierende Magnetfeld durch einen Ringspalt tritt, doch nimmt hier der innere Eisenkern, der gleichzeitig die induzierte Wicklung trägt, an der rotierenden Bewegung teil. Die induzierten Leiter der Wicklung sind einfache Kupferstäbe, die an beiden Enden an mitrotierende Schleifringe angeschlossen sind. Jeder Stab mit seinem Schleifringpaar und den zugehörigen Stromabnehmern bildet so gewissermaßen ein Element, das in beliebiger Weise mit den anderen Elementen der Maschine in Serie oder parallel verbunden werden kann. Immerhin ist auch hier die Erreichung höherer Spannungen (500 Volt!) und Leistungen (300—2000 KW!) an ungewöhnlich hohe Umdrehungszahlen, d. h. Umfangsgeschwindigkeiten des rotierenden Eisenzylinders von mehr als 100 m/sek, gebunden, wie sie nur durch Dampfturbinenantrieb erreichbar sind. Da die Schleifringe nahezu die gleiche Umfangsgeschwindigkeit wie die Stäbe haben, ist die Stromabnahme sehr erschwert und mit so hohen Reibungsverlusten an den Stromabnehmern verbunden, daß der Wirkungsgrad der Maschine sehr mäßig ausfällt. Sowohl in Europa wie in Amerika ist man daher über den Bau einiger Versuchsgeneratoren nicht hinausgekommen, zumal dieselben wesentlich teurer werden als kommutierende Gleichstrommaschinen mit Wendepolen und Kompensation. *E. Rother.*

Näheres s. Arnold-la Cour, Die Gleichstrommaschine.

Universalgalvanometer. Dieses Instrument ist eine mit einem Zeigergalvanometer (meist nach dem Drehspulsystem) versehene Meßanordnung, die sowohl zur Widerstands-, wie zur Strom- und Spannungsmessung benutzt werden kann. Die Widerstandsmessung geschieht nach der Methode der Wheatstoneschen Brücke. Der Schleifdraht ist in Kreisform angeordnet; die Schaltungen zum Zweck der verschiedenen Messungen können durch Stöpselungen vorgenommen werden.

W. Jaeger.

Näheres s. Jaeger, Elektr. Meßtechnik. Leipzig 1917.

Universalinstrument, auch Altazimut genannt. Transportables astronomisches Meßinstrument mit geteiltem Horizontal- und Vertikalkreis, sowie Niveau zum Messen der Seiten- und Höhenwinkel. In der Geodäsie und Meteorologie werden diese Instrumente Theodoliten genannt. *Bottlinger.*

Universalkaleidophon s. Sichtbarmachung von Schallschwingungen.

Universal-Objektive. Unter dem Namen Universal-Objektiv faßt man alle diejenigen photographischen Linsen zusammen, die die Lösung der meisten photographischen Aufgaben ermöglichen, die also insbesondere eine hinreichende Lichtstärke besitzen und ein genügend großes Bildfeld scharf auszeichnen. Man kann für diese beiden Größen der Universal-Objektive etwa folgende Grenzen ansetzen, hinsichtlich der Lichtstärke die relative Öffnung 1 : 4,5 bis 1 : 12,5 und hinsichtlich des Bildfeldes einen scharf ausgezeichneten Bildkreis,

dessen Durchmesser unter der Annahme eines weit entfernten Aufnahmegegenstandes wenig größer oder kleiner als die Brennweite ist. Die Zahl dieser Objektive, die sich heute auf dem Markt befinden, ist selbstverständlich sehr groß. Es sollen daher auch nur einige der bekanntesten genannt werden. Sämtliche, die eine beachtliche Rolle spielen, sind

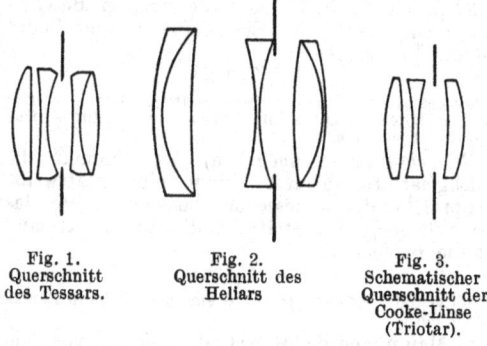

Fig. 1.
Querschnitt
des Tessars.

Fig. 2.
Querschnitt des
Heliars

Fig. 3.
Schematischer
Querschnitt der
Cooke-Linse
(Triotar).

Anastigmate. Sehen wir hier von den an anderer Stelle besprochenen symmetrischen und Satz-Objektiven ab, die als Doppel-Objektiv sämtlich die Leistungen eines Universal-Objektivs aufweisen, so ist an erster Stelle das Tessar der Firma C. Zeiß zu nennen, das in der Lichtstärke 1 : 4,5 und 1 : 6,3 als Universal-Objektiv ausgeführt wird. Andere Universal-Objektive sind die Cookelinse (Taylor, Taylor & Hobson), das Heliar (Voigtländer & Sohn), das Triotar (C. Zeiß), *W. Merté.*

Universalphotometer (s. „Photometrie gleichfarbiger Lichtquellen", Nr. 5 und „Lichtstärken-Mittelwerte", Nr. 5). Im folgenden bedeutet:

r den Abstand zwischen zu messender Lampe L und dem von L beleuchteten Photometerschirm,

C (mit und ohne Index) eine Instrumentalkonstante).

1. Milchglasphotometer von L. Weber. Das horizontale, um eine vertikale Achse drehbare Rohr A (Fig. 1) enthält die als *Vergleichslampe* dienende

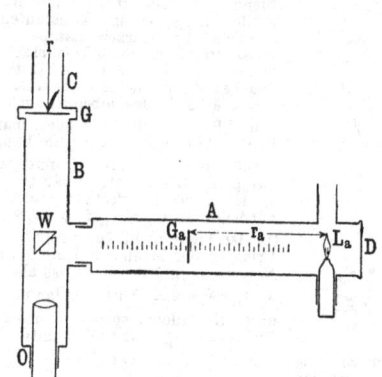

Fig. 1. Universalphotometer von L. Weber.

Benzinlampe (jetzt elektrische Glühlampe) L_a, welche die mittels Triebes verschiebbare Milchglasplatte G_a beleuchtet; der Abstand r_a zwischen G_a und L_a kann an der an der Außenseite von A angebrachten Millimeterteilung abgelesen werden. Das um A drehbare Rohr B trägt bei G ein Gehäuse zur Aufnahme von Rauch- und Milchgläsern bei W einen Lummer-Brodhunschen Gleichheits oder Kontrastwürfel, bei O ein Okular zum Beobachten des Würfels. Das Rohr C dient zum Abblenden fremden Lichtes. Die photometrische Einstellung erfolgt stets durch Verschieben von G_a.

Lichtstärkenmessungen. Man richtet das Rohr B auf die zu messende Lampe L, setzt bei G die Milchglasplatte Nr. 3 (nach Weberscher Bezeichnung) ein, macht die Einstellung r_a und findet für die Lichtstärke

(1) $J = C_3 r^2 / r_a^2$

Nötigenfalls muß man zu der Platte 3 noch eine oder mehrere Milchglasplatten hinzufügen und C_3 durch neue Konstanten ersetzen.

Beleuchtungsmessungen. a) Man nimmt die Milchglasplatte heraus, bringt eine mattweiße Papptafel in die zu messende Ebene und richtet das Rohr B möglichst steil auf die Tafel. Alsdann ist die Beleuchtung

(2) $E = C_0' / r_a^2$

Nötigenfalls schiebt man bei G eine oder mehrere Rauchgläser ein.

b) Man nimmt das Rohr C ab, befestigt vor dem Gehäuse G eine auf beiden Seiten mattierte Milchglasplatte μ (nach Weberscher Bezeichnung) und bringt μ an die Stelle der Papptafel. Man hat dann

(3) $E = C_\mu'' / r_a^2$

Hierbei wird angenommen, daß die Papptafel und die Platte μ *orthotrope* Substanzen (s. „Photometrische Gesetze und Formeln", Nr. 7 u. 8) sind.

Flächenhellenmessungen. Man richtet das Rohr B nach Herausnahme der Milchglasplatten auf die zu untersuchende Fläche (weiße Wand, Himmelsgewölbe, Wolke) und findet die Flächenhelle e aus

(3a) $e = C''' / r_a^2$.

Die Konstanten C_3, C_0' und C''_μ werden bestimmt, indem man die Platte 3 bzw. die Papptafel und die Platte μ mittels einer Normallampe L_n, deren Lichtstärke J_n sei, aus der bekannten Entfernung r_n senkrecht beleuchtet. Beispielsweise wird nach Gleichung 1) $C_3 = J_n \cdot r_a' \; r_n^2$, wenn r_a' die Einstellung des Photometers bezeichnet.

Zur Bestimmung von C''' richtet man das Rohr B auf die weiße Papptafel PP (Fig. 2), die man mit einer scharfrandigen

Blende DD bedeckt und mittels einer seitlich aufgestellten, konstanten und möglichst lichtstarken Lampe L' aus konstanter Entfernung beleuchtet. Man schlägt zunächst bei G die Platte 3 vor und bestimmt mittels Gleichung 1) die Lichtstärke J_n des unbedeckten Teiles f von PP; danach berechnet man die Flächenhelle e_n, welche die Papptafel durch die Beleuchtung mittels der Lampe L' erlangt hat, gemäß Gleichung 5) in „Photometrische Gesetze und Formeln" als $e_n = J_n / f \cdot \cos \varepsilon$, wo ε der (in der Figur nicht angegebene Winkel zwischen der Strahlrichtung und der Normale von PP ist; es ist also $e_n = J_n / f$, wenn $\varepsilon = 0$ ist. Sodann entfernt man die Milchglasplatte 3, macht die Einstellung r_a' und findet mittels Gleichung 3a) $C''' = e_n \, r_a'^2$.

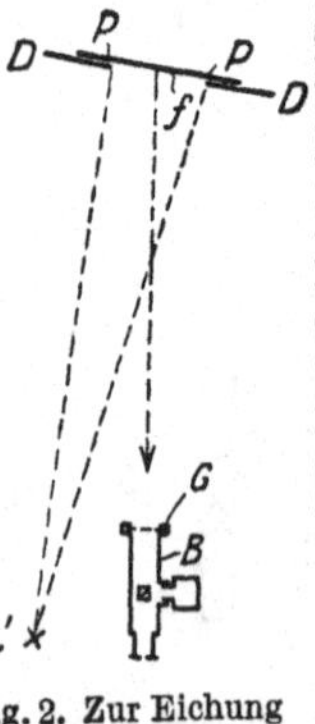

Ein Übelstand des Photometers ist, daß Milchglas selektiv ist, indem es rote Strahlen besser als blaue durchläßt.

2. Das Universalphotometer von Sharp und Millar lehnt sich stark an das Webersche Photometer an. Bei ihm steht die Milchglasplatte G_a fest, während die Vergleichslampe L_a verschoben wird. Um zu verhindern, daß durch Reflexion der Innenwände fremdes Licht nach G_a gelangt,

ist zwischen L_a und G_a ein System von vier beweglichen Blenden angebracht.

3. Universalphotometer von Brodhun (Straßenphotometer). Die Vergleichslampe L_a (Fig. 3) am Ende des horizontalen Rohres A beleuchtet die Milchglasplatte G_a. Die von G_a ausgehenden Strahlen werden durch die Linse C_a parallel gemacht; sie durchlaufen dann einen Sektorenapparat S (s. „Lichtschwächungsmethoden", Nr. 6), hierauf das Prisma 1, werden an den versilberten Stellen der Hypotenusenfläche ab des

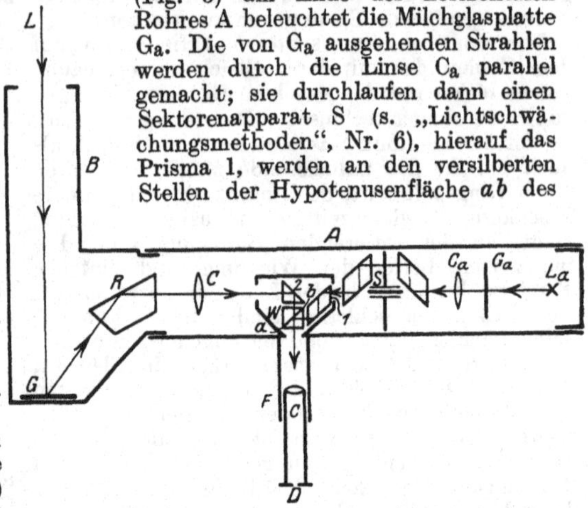

Fig. 3. Universalphotometer von Brodhun.

Photometerwürfels W in das Beobachtungsrohr F reflektiert und durch die Linse C' in der Ebene der Okularblende D wieder vereinigt.

Für *Lichtstärkenmessungen* wird das um A drehbare Rohr B benutzt. Dasselbe trägt das Reflexionsprisma R und den Gipsschirm G, der von L senkrecht beleuchtet wird. Die von G diffus reflektierten Strahlen werden durch Reflexion in R in das Rohr A geworfen, durch die Linse C parallel gemacht, im Prisma 2 reflektiert und nach Durchlaufen von W durch C' ebenfalls in der Ebene von D wieder vereinigt. Der durch D blickende und mittels C' auf die Hypotenusenfläche ab akkommodierende Beobachter sieht die reflektierenden Stellen von ab durch Licht von L_a, die durchlässigen Stellen durch Licht von L beleuchtet und macht durch Verstellen des Sektors eine photometrische Einstellung. Ist f die sich hierbei ergebende Größe des Sektors, so ist

(4) $J = Cr^2 f$

C wird mittels einer Normallampe L_n, welche aus der Entfernung r_n dem Schirm G senkrecht beleuchtet, aus der Einstellung f_n bestimmt als $C = J_n : (r_n^2 f_n)$.

Beispiel. Die Eichung ergebe für $J_n = 192$ HK und $r_n = 2,5$ m: die Sektorenöffnung $f_n = 40,6°$; dann ist $C = 0,757$. Beim Photometrieren von L werde für $r = 5,441$ m gefunden: $f = 43,6°$; mithin wird $J = 977$ HK.

Für *Beleuchtungs-* und *Flächenhellenmessungen* wird das Rohr B durch das mit dem rechtwinkligen Prisma R' versehene Rohr B' (Fig. 3a) ersetzt und B' auf die zu untersuchende Fläche gerichtet.

Neuere Ausführungsformen (s. Brodhun, Zeitschr. f. Instrumentenkund., Bd. 27, S. 16, 1907) lassen sich direkt auf der Photometerbank verwenden; bei ihnen ist die Vergleichs-

Fig. 2. Zur Eichung des Weberschen Photometers für Flächenhellenmessungen.

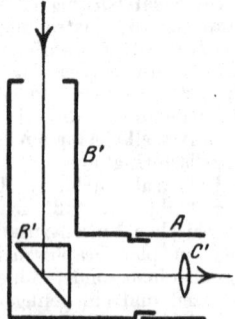

Fig. 3a. Tubus für Beleuchtungs- und Flächenhellenmessungen mittels des Universalphotometers von Brodhun.

lampe L_a in einem dem Rohr B symmetrischen Rohr untergebracht, ferner die Milchglasplatte G_a durch eine Gipsplatte ersetzt.

Hinzufügung eines Spiegelapparates (Fig. 4). Es wird hierbei das Rohr B horizontal gestellt und auf

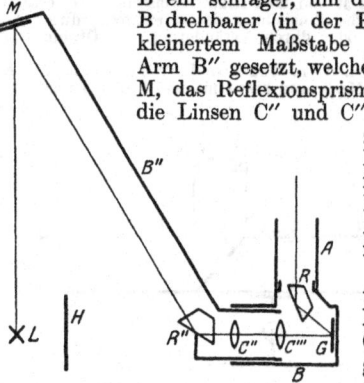

B ein schräger, um die Achse von B drehbarer (in der Figur in verkleinertem Maßstabe gezeichneter) Arm B″ gesetzt, welcher den Spiegel M, das Reflexionsprisma R″, sowie die Linsen C″ und C‴ trägt. Die zu messende Lampe L ist in der Verlängerung der Achse von B fest aufgestellt und wird mittels M, R″ und C″ auf C‴ abgebildet, während C‴ von C″ ein Bild auf dem Gipsschirm G entwirft.

Fig. 4. Spiegelapparat von Brodhun zur Bestimmung der räumlichen Lichtverteilung.

wirft. C″ spielt also die Rolle eines Photometerschirmes. Der Schirm H blendet die direkten Strahlen von L ab. Die auf G erzeugte Beleuchtung wird mittels des Universalphotometers gemessen, und zwar dadurch, daß man die von G diffus reflektierten Strahlen mittels R in die Achse von A wirft. In Figur 3 ist der Arm B″ in horizontaler Stellung angegeben, um auch den Gang der von G ausgehenden Strahlen veranschaulichen zu können. Dreht man B″ um B, so beschreibt die Mitte von M um L als Mittelpunkt einen vertikalen Kreis, dessen Ebene der Achse von A parallel ist.

Vor C‴ ist eine Irisblende angebracht, die so gestellt wird, daß ihre Öffnung gerade das Bild von L aufnimmt. Man ist dann vor seitlichem Nebenlicht geschützt und kann sogar in Räumen mit weißen Wänden richtig photometrieren, wenn man leuchtende Gegenstände, die in Richtung M L hinter L liegen, durch mattschwarzen Samt verdeckt. Ein weiterer Vorzug des Apparates ist, daß infolge des konstanten optischen Abstandes r zwischen Lampe L und Linse C″ die am Sektor abgelesenen Zahlen den Lichtstärken unter den betreffenden Ausstrahlungswinkeln direkt proportional sind, so daß man aus diesen Zahlen unmittelbar die Lichtverteilungskurve gewinnt. Bei dem jetzt von der Physikalisch-Technischen Reichsanstalt benutzten großen Spiegelapparat ist der optische Abstand r = 5 m. *Man kann mit ihm Lichtquellen mit einem Durchmesser bis zu 1 m, ohne den Ort der Lampe und des Photometers zu ändern, schnell auf räumliche Lichtverteilung untersuchen.*

4. Tragbares Polarisationsphotometer von Martens. Der mittlere Teil M (Fig. 5) trägt das eigentliche Polarisationsphotometer C und den um M drehbaren Tubus T. C ist eine Weiterbildung des Martensschen Gleichheitsphotometers (s. „Photometer zur Messung von Lichtstärken", Nr. 6), indem in letzteres noch ein Wollastonsches Prisma W und ein Analysatornicol N eingeführt sind. Die eine Öffnung b des Photometers ist mit einem von der Vergleichslampe g beleuchteten Milchglase bedeckt; die von einem Photometer-

schirm bei γ (in T) diffus ausgehenden Strahlen werden mittels der Reflexionsprismen P und Q und der vor P sitzenden Linse in der freien Öffnung von a wieder vereinigt. Von diesen beiden Öffnungen werden in derselben Weise wie beim

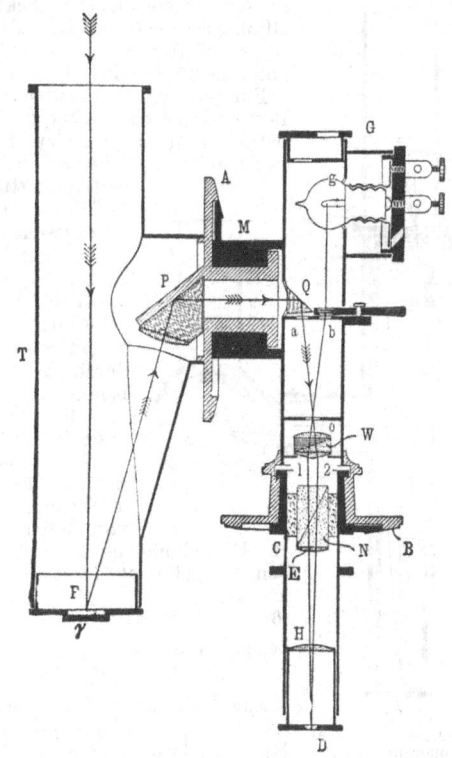

Fig. 5. Polarisationsphotometer von Martens.

Königschen Spektralphotometer (s. „Photometrie im Spektrum", Nr. 8) je vier Bilder in der Ebene der Blende D erzeugt. In der zentralen Öffnung von D fällt ein Bild von a mit einem Bilde von b zusammen, während die übrigen sechs Bilder abgeblendet werden. Das Licht dieser beiden Bilder, die senkrecht zueinander polarisiert sind, kommt von den beiden Hälften 1 und 2 des Zwillingsprismas her. Durch Drehen von N wird auf gleiche Helligkeit von 1 und 2 eingestellt.

Für Lichtstärkenmessungen wird bei γ ein Gipsschirm eingesetzt. Es ergibt sich

(5) $$J = Cr^2 \operatorname{tg}^2 \varphi$$

wo φ der Winkel ist, um den man N aus der Dunkelstellung für das Feld 1 (s. Strahlengang in Fig. 5) drehen muß.

Für Beleuchtungsmessungen wird der Gipsschirm durch ein mattiertes Milchglas, für Flächenhellenmessungen durch eine Blende γ′ ersetzt, durch welche hindurch die zu untersuchende Fläche Strahlen auf dem Wege γ′ P Q ins Photometer sendet.

5. Universalphotometer von Bechstein. Die Vergleichslampe L_a (Fig. 6) beleuchtet die Milchglasplatte G_a. Zwischen G_a und dem Photometerwürfel W befindet sich der Sektor S, die dicht an S liegende Linsenkombination $C_1 C_2$ und die keilförmige Linse K. Die drei um die Hauptachse ($L_a O$) des Apparates drehbaren Linsen sind so angebracht, daß G_a mittels C_1 und C_2 auf K, die

Sektorenschneiden mittels C_1, C_2, K und C_3 in der Öffnung O des Augendeckels abgebildet werden. Bei genügend schneller Rotation der Linsen C_1, C_2, K wird das von G_a ausgehende Licht wie bei der Brodhunschen Anordnung der rotierenden Prismen proportional der Sektoröffnung geschwächt. Der Beobachter blickt durch O auf die Hypotenusenfläche des Würfels W.

Für *Beleuchtungsmessungen* im Bereich von 1 bis 10 Lux wird im seitlichen Ansatz das Gehäuse G angebracht und die auf beiden Seiten mattierte Milchglasplatte μ vorgeschlagen. Die Vergleichslampe L_a wird dabei durch Änderung der Stromstärke oder durch Verschieben so reguliert, daß die Öffnung des Sektors S 10^0 beträgt, wenn auf μ die Beleuchtung 1 Lux vorhanden ist.

Bei Einstellung des Sektors auf den Winkel f ist dann die Beleuchtung

(6) $E = 0{,}1\,f$

beispielsweise für

f = 83°: E = 8,3 Lux.

Zur dekadischen Erweiterung des Meßbereiches kann man eine Milchglasplatte m in den Stellungen N und F, ferner die beiden verschieden großen Öffnungen y und z eines Rohrstückes r in den Strahlengang bringen. Die Beleuchtung E ist dann für Stellung N gleich 1 f, für Stellung F gleich 10 f, für Stellung F in Verbindung mit y gleich 100 f und in Verbindung mit z gleich 1000 f. In Fig. 6 ist bei y und z nur je eine Öffnung gezeichnet; in Wirklichkeit ist r bei y und z siebartig durchlocht.

Für Beleuchtungen unter 1 Lux wird das Gehäuse G durch einen mit einem Gipsschirm versehenen Arm ersetzt.

Für *Lichtstärkenmessungen* wird das Gehäuse G mit der Milchglasplatte M benutzt. Man bestimmt wie vorher die auf M vorhandene Beleuchtung E und findet die Lichtstärke durch die Formel

(7) $J = r^2 E$

wo r der Abstand zwischen M und zu messender Lampe ist.

6. Universalphotometer von Blondel und Broca (Fig. 7). Es enthält im mittleren Teil A zwei oder vier übereinander liegende Reflexionsprismen, welche zu

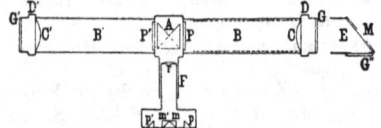

Fig. 7. Universalphotometer von Blondel und Broca.

sammen mit der Lupe r und den Prismenpaaren mp und m'p' die beiden Mattgläser P und P' gleichzeitig mit *beiden* Augen

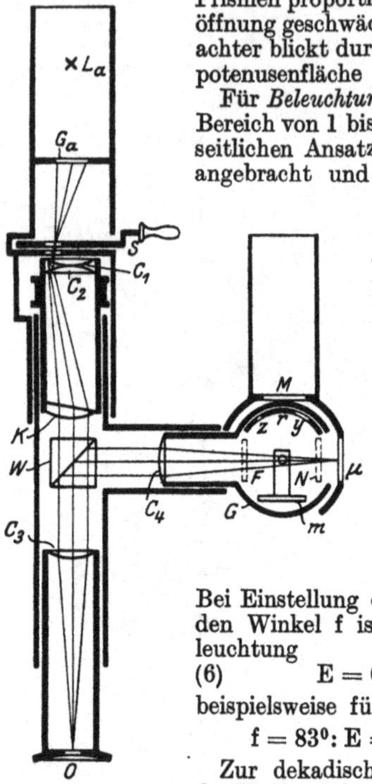

Fig. 6. Universalphotometer von Bechstein.

zu beobachten gestatten. Die an A befestigten Rohre B und B', von denen sich B durch Zahn und Trieb ausziehen läßt, tragen die Blendenbehälter D und D' mit verstellbaren rechteckigen Blenden und den Linsen C und C'. Für gewöhnlich werden hinter D und D' die Albatrinschirme G und G' gesetzt. Zur Messung der räumlichen Lichtverteilung wird G durch den um die Achse von B drehbaren Winkelkopf E mit dem Spiegel M und dem Albatringlasschirm G'' ersetzt. Die photometrische Einstellung erfolgt entweder durch Abstandsänderung oder durch Veränderung der Öffnung der Blenden.

7. Relativphotometer von L. Weber (Fig. 8). Es ist zu relativen Messungen bestimmt und bedarf keiner Ver

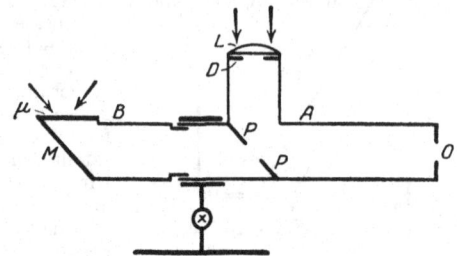

Fig. 8. Relativphotometer von Weber.

gleichslampe. Auf der im Rohr A befindlichen Gipsplatte PP wird mittels der Linse L, vor der die meßbar veränderliche Irisblende D angebracht ist, die zu messende Fläche oder eine Vergleichsfläche abgebildet. Die am Rohrstück B befindliche Milchglasplatte μ nimmt die zu messende Beleuchtung auf. Der Beobachter bei O blickt durch die scharfrandige Durchbohrung von PP hindurch mittels Spiegels M auf μ und stellt durch Änderung der Blendenöffnung auf gleiche Helligkeit von μ und PP ein.

Bei Messungen in Innenräumen (z. B. Schulen, Museen) wird μ in die zu untersuchende Fläche gebracht und das Linsenrohr auf den von dieser Fläche aus sichtbaren freien Himmel eingestellt. Alsdann ist die Beleuchtung auf μ

(8) $E = Cfe$

wo C eine Instrumentalkonstante, e die Flächenhelle des sichtbaren Himmelsstückes und f die eingestellte Öffnung von D ist. Man findet so das Verhältnis E/e = Cf, das Weber als Tageslichtfaktor bezeichnet (s. „Beleuchtungsanlagen", B IIb).

Man kann mittels des Photometers auch das Verhältnis von Beleuchtungen und von Flächenhellen (z. B. im Freien) bestimmen.

Liebenthal.

Näheres s. Liebenthal, Prakt. Photometrie. Braunschweig. Vieweg & Sohn, 1907.

Universum, das System der Fixsterne. Die markanteste Erscheinung des Fixsternsystems ist die Milchstraße, die im wesentlichen auf einer perspektivischen Verdichtung von Sternwolken beruht. Die Struktur des Fixsternsystems wurde von verschiedenen Forschern eingehend studiert. Herschel erkannte die Bedeutung der Milchstraße und schloß aus Abzählungen von Sternen, daß wir uns ungefähr in der Mitte eines linsenförmigen Systems befinden. Seeliger legte durch sorgfältige mathematische Untersuchungen gewisse plausible Werte für die Dimensionen und Form des Systems fest. Nach seinen neuesten Untersuchungen ist das Fixsternsystem ein linsenförmiger Haufen mit dem Achsenverhältnis $1/3$ bis $1/5$ und einem Äquatorealdurchmesser von höchstens 20 000 Lichtjahren. Über die Abweichung des Milchstraßensystems von der Rotationsfigur hat Seeliger keine Vermutungen aufgestellt. Easton nimmt auf Grund der Helligkeitsverteilung an, daß die Milchstraße ein Spiralnebel sei und daß wir uns ziemlich stark exzentrisch darin befinden. Diese Vorstellung ist möglich, aber noch gänzlich unbewiesen. Das Zentrum der Milchstraße liegt nach Easton in Richtung auf den Schwan.

Neuerdings hat Shapley die Stellung und Entfernung der kugelförmigen Sternhaufen untersucht und findet Distanzen bis zu 180 000 Licht jahren und enge Beziehungen zur Milchstraße. Die Entfernungsmessung beruht auf der Helligkeit der hellsten Sterne und gewisser periodisch variabler, sog. δ Cephei-Sterne in den Haufen, die als absolut gleich hell mit den verwandten Sternen in unserer Umgebung angenommen werden. Es ergibt sich das Fehlen jeglicher selektiven Absorption im Weltraum. Unter Annahme, daß auch die allgemeine Absorption etwa durch groben kosmischen Staub zu vernachlässigen sei, findet er, daß die kugelförmigen Sternhaufen einen ellipsoidischen Raum erfüllen, dessen Längsachse etwa 200 000 Lichtjahre beträgt und in der Milchstraßenebene liegt. In einer ebenen Platte von etwa 20 000 Lichtjahren Dicke kommen die kugelförmigen Sternhaufen nicht vor. Dies ist die Milchstraße im engeren Sinne. Sie ist eine Anhäufung ziemlich regellos, oft einzeln, oft gruppenweise durcheinandereilender Sterne. Der große Bär, die Hyaden, Plejaden bilden solche lockere Gruppen, die sich durch gemeinsame Eigenbewegung auszeichnen und zwischen denen sich andere nicht zu ihnen gehörige Sterne befinden. Wenn ein kugelförmiger Sternhaufen in diese Milchstraße hineingerät, wird er nach Shapley durch die Massenanziehung aufgelöst und bildet einen offenen Sternhaufen. Diese kommen nur in der Milchstraße vor. Die Sonne befindet sich am Rande der Milchstraße als Fremdling mitten in einer großen Gruppe von Sternen. Kapteyn und Eddington hatten gefunden, daß die Eigenbewegungen der Sterne zwei Richtungen bevorzugen, d. h. in zwei Schwärme zerfallen. Schwarzschild stellte eine unitarische Theorie auf und nahm eine ellipsoidische Verteilung der Häufigkeit der Eigenbewegungen an. Shapley dagegen identifiziert den einen Strom mit der örtlichen Gruppe in unserer Nähe, den anderen mit dem allgemeinen Sternfeld. Der örtliche Haufen, dessen Entdeckung auf Gould zurückgeht, ist auch abgeplattet und seine Abplattungsebene ist etwa 12° gegen die Milchstraße geneigt, an deren einem Rande er liegt. Zu ihm gehören die meisten dem bloßen Auge hell erscheinenden Sterne, aber noch viele schwache. Der eigentlichen Milchstraßenebene gehören die meisten Veränderlichen, die Wolf-Rayet-Sterne, Gasnebel und viele Sterne an, die sich physisch nicht von denen des örtlichen Sternhaufens verschieden sind, wie die Sonne. Ebenso gehören alle Sterngruppen mit gemeinsamer Eigenbewegung dem Sternfeld an. Das Zentrum der Milchstraße liegt in der Richtung zum Skorpion, d. i. die entgegengesetzte der von Easton angenommenen Richtung.

Die Spiralnebel zeigen auch gewisse Beziehungen zur Milchstraße, ob sie aber organisch mit dieser verbunden sind, ist sehr fraglich. Neuerdings hat Lundmark für den nächsten derselben, den Andromedanebel eine Entfernung von 500 000 Lichtjahren abgeleitet. *Bottlinger.*

Unselbständige Entladung s. Elektrizitätsleitung in Gasen.

Unterbrechungstöne s. Variationstöne.

Unterschiedsempfindlichkeit des Auges s. Webersches Gesetz.

Unterschiedsempfindlichkeit des Ohres. Es sind zu unterscheiden die Unterschiedsempfindlichkeit erstens bezüglich der Tonstärke und zweitens bezüglich der Tonhöhe. Drittens kann hier auch die Frage erörtert werden, wie schnelle Tonfolgen hergestellt werden dürfen, damit das Ohr noch den Eindruck einer Aufeinanderfolge von Tönen hat.

Die Unterschiedsempfindlichkeit für Tonstärken ist sehr gering. Entsprechende Versuche sind namentlich von M. Wien angestellt worden, wobei er das von ihm konstruierte Vibrationsmanometer (s. d.) benutzte. Man kann die Unterschiedsschwelle für mittelstarke Töne auf ungefähr 10% angeben.

Dagegen ist die Unterschiedsempfindlichkeit für Tonhöhen, wenigstens in der mittleren Tonregion, eine außerordentlich große. Personen mit sehr feinem Ohre und hinreichender Übung vermögen hier Unterschiede von weniger als einer halben Schwingung pro Sekunde herauszuhören; jedoch bleibt die Fähigkeit der meisten Menschen weit hinter diesem Optimum zurück. Gegen die Enden der Tonskala hin, namentlich in der oberen Grenzlage, ist die Unterschiedsempfindlichkeit ganz allgemein eine sehr viel geringere als in der Mitte der Skala.

Was die Frage der schnellen Tonfolgen anlangt, so ist zu unterscheiden, ob ein und derselbe Ton intermittierend angegeben wird, oder ob zwei verschieden hohe Töne abwechselnd (Triller) angegeben werden. Für intermittierende Töne sind die Zeiten zwischen zwei aufeinanderfolgenden Tonstößen, welche gerade kurz genug sind, um nicht mehr wahrgenommen zu werden, nach A. M. Mayer folgende:

Tonhöhe	Zeitdauer
C	$1/27$ sec
c	$1/43$,,
c_1	$1/74$,,
e_1	$1/87$,,
g_1	$1/106$,,
c_2	$1/130$,,
e_2	$1/151$,,
g_2	$1/173$,,
c_3	$1/204$,,

Bezüglich der eigentlichen Triller haben Versuche namentlich von Abraham und Karl L. Schaefer ergeben, daß, abgesehen von den Grenzlagen, in allen Oktaven ungefähr gleich schnell getrillert werden kann. In der Höhenlage zwischen dem Anfang der ungestrichenen und dem Ende der dreigestrichenen Oktave darf die Dauer jedes einzelnen Trillertones auf ungefähr $3/100$ Sekunde herabsinken, ehe die Trillerschwelle erreicht ist, also der Triller undeutlich wird. Ober- und unterhalb dieser Grenzen liegt die Trillerschwelle schon bei ungefähr $4/100$ Sekunde Dauer jedes der beiden alternierenden Töne. In dem mittleren Teil der Tonskala darf ein Triller also ungefähr 30 Schläge pro Sekunde enthalten, ehe er verwaschen wird, in den Grenzlagen nur etwa 25.

Aus den Versuchen über die kritischen Zeiten bei Unterbrechungen eines Tones und bei Trillern hat man versucht, Schlüsse auf die Abklingzeiten von Tönen zu ziehen, d. h. auf die Zeitdauer, während welcher noch eine Tonempfindung besteht, nachdem der äußere physikalische Reiz aufgehört hat zu wirken. *E. Waetzmann.*

Näheres s. Carl L. Schaefer, Der Gehörssinn, in Nagels Handbuch der Physiologie Bd. III, 1905.

Untertöne eines Grundtones nennt man diejenigen Töne, deren Schwingungszahlen durch Division der Schwingungszahl des Grundtones mit ganzen Zahlen entstehen. Wirklich beobachtet sind sie in den sog. Klirrtönen (s. d.). Von Musiktheoretikern und Psychologen ist mehrfach auch die Entstehung „subjektiver" Untertöne, z. B. in dem Resonatorenapparat des Ohres (s. Resonanztheorie des Hörens) gefordert bzw. behauptet worden; jedoch haben sich derartige Behauptungen bisher nicht beweisen lassen.   *S. Klang.*   *E. Waetzmann.*

Näheres s. C. Stumpf, Tonpsychologie. Leipzig 1883 und 1890.

Unterwindfeuerung. Unterwindfeuerung nennt man die Kombination einer Planrostfeuerung mit einem Gebläse, welches Luft in den ganz geschlossenen Aschenfall bläst. Sie wird angewandt, wo der natürliche Schornsteinzug nicht ausreicht, besonders bei überlasteten Kesselanlagen oder bei Verbrennung von minderwertigen Brennstoffen, wie Koksgrus, Grießkohle, Staubkohle usw.

Bei Verwendung von Dampfstrahlgebläsen bilden sich aus dem zersetzten Wasserdampf leicht explosive Gasgemische, die zu Explosionen des Kesselmauerwerkes führen können.   *L. Schneider.*

Uran. Chemisches Element, ausgezeichnet durch das höchste derzeit bekannte Atomgewicht von 238,2, durch seine sehr schwankende Wertigkeit, durch seine enorme Linienzahl (5655) im Funkenspektrum und vor allem durch seine Stellung als Ausgangspunkt der Uran-Radiumreihe einerseits und der Uran-Actiniumreihe andrerseits. Vorwiegend im Hinblick auf seine Radioaktivität wird im folgenden dieses Element besprochen. Sein Hauptgewinnungsort ist St. Joachimsthal in Böhmen, wo es in nichtkristallisierter Form in 300—400 m Tiefe, vergesellschaftet mit Silber und Blei und eingebettet in Glimmerschiefer, gefunden wird. Metallisches Uran gibt geschmolzen eine silberglänzende nahezu stahlharte Masse mit dem spezifischen Gewicht 18,685 bei 24° C, die an Luft gelblich anläuft. Von den natürlich vorkommenden Formen ist am bekanntesten das Uranpecherz (auch Pechblende oder Uranin genannt, ein Uranoxyduloxyd U_3O_2), das neben verschiedenen Metallen und seltenen Erden bis zu 85% Uran und bis 10% Thorium enthält; ferner das Kaliumuranvanadat Carnotit aus Colorado, das bis 50% U enthält; oder als Phosphat: Autunit usw. An Uran (und zwar Urankaliumdoppelsalzen) wurden im Jahre 1896 von Henry Bequerel die ersten grundlegenden Studien zur Radioaktivität gemacht und erkannt, daß die Strahlungsfähigkeit eine Atom-Eigenschaft sei. Uran wird zunächst als α- und β-strahlend (s. d.) gefunden; dies weist, da ein einheitliches Atom im allgemeinen nur entweder α- oder β-Strahlen abgibt, auf das Vorhandensein eines zweiten Zerfallsproduktes; in der Tat läßt sich die β-Aktivität durch einfache chemische Prozesse entfernen und auf uranfreie Fällungsprodukte konzentrieren. Dieser hochaktive β-strahlende Bestandteil wird Uran X genannt und verliert seine β-Aktivität ungefähr nach einer e-Potenz, während das von U X befreite Uran, das in diesem Zustand nur α-strahlend ist, die β-Aktivität im selben Tempo regeneriert, also offenbar U X nacherzeugt. Wieder waren es diese beiden Stoffe, die mit ihrem typischen Zerfalls- und Wiederanstiegs-Prozeß den Anstoß gegeben haben zu der das ganze radioaktive Erscheinungsgebiet beherrschenden Zerfallstheorie E. Rutherfords. U und U X zeigen also nicht nur in radioaktiver, sondern auch in chemischer Hinsicht verschiedenes Verhalten. Das genauere experimentelle Studium zeigte aber weiter, daß einerseits U zwei α-Strahlungen verschiedener Reichweite und andrerseits U X zwei β-Strahlungen von enorm verschiedener Qualität aussendet. Diese und andere Umstände führten zur Erkenntnis, daß sowohl U als U X selbst wieder je aus zwei

Stoffen bestehen, die die Bezeichnungen U_I, U_{II} $U X_1$ $U X_2$ erhielten, von denen die ersten beiden einander in chemischer Beziehung völlig gleichen, also Isotope (s. d.) sind, während $U X_1$ und $U X_2$ verschiedene chemische Eigenschaften sowohl untereinander als gegenüber U_I bzw. U_{II} zeigen.

U_I und U_{II}. Da beide Stoffe isotop sind und genetisch zusammenhängen sollen, so müssen sich zwischen beide mindestens zwei Zwischenprodukte schieben. U_I ist α-strahlend, sein Folgeprodukt also nach der Verschiebungsregel (s. d.) um zwei Stellen des periodischen Systemes (vgl. den Artikel „Isotopie") nach links verschoben, kommt also in die Thoriumgruppe. Die schnellste Möglichkeit, U_{II} wieder auf den alten Platz zurückgelangen zu lassen, besteht in der Einschiebung zweier β-strahlender Zwischenprodukte, die den α-Schritt nach links durch zwei halb so große β-Schritte nach rechts kompensieren. In der Tat sind, wie das Experiment gezeigt hat, $U X_1$ und $U X_2$ die nächsten Folgeprodukte, nach denen erst U_{II} entsteht, so daß die genetische Reihenfolge gegeben ist durch $$U_I \xrightarrow{\alpha} U X_1 \xrightarrow{\beta} U X_2 \xrightarrow{\beta} U_{II} \xrightarrow{\alpha} \cdot \text{ — } U_I \text{ und } U_{II}$$ sind also chemisch untrennbar und unterscheiden sich nur durch die Reichweite ihrer α-Strahlung, die für ersteres 2,5 cm, für letzteres 2,9 cm in Luft von 760 mm Druck und 15° C beträgt. Nach der Szintillationsmethode wurde die von $U = U_I + U_{II}$ ausgehende Zahl der α-Partikel zu $2 Z = 2,37 \cdot 10^4$ pro Gramm Substanz und Sekunde bestimmt, die sich, da im Gleichgewichtsfalle die Zahl der zerfallenden Atome bei beiden Substanzen gleich groß sein muß, zu gleichen Teilen auf U_I und U_{II} verteilt. Als Sättigungsstrom wurde 1,37 st. E. gemessen, woraus bei Kenntnis der Reichweite und daher des Ionisierungseffektes in guter Übereinstimmung mit obigem (wahrscheinlich durch Anwesenheit von Ionium etwas zu großem) Wert die Zahl $2 Z = 2,28 \cdot 10^4 \dfrac{\alpha\text{-Teilchen}}{\text{g u. Sek}}$ berechnet. Wegen dieser geringen Zahl von α-Teilchen — etwa 1 α-Partikel pro 0,1 mg und Sek. einseitig — erhält man photographische Wirkungen nur bei langer Expositionsdauer und bei geringer Entfernung des Präparates von der Platte, zumal die Ausnützung der α-Teilchen nur bei sehr schräger Inzidenz eine gute ist. Aus den bekannten Reichweiten kann nach der Geigerschen Formel (vgl. „Zerfallskonstante") die Lebensdauer angenähert berechnet werden. Als „mittlere Lebensdauer" (s. d.) ergibt sich auf diesem Wege für U_I $\tau = 7 \cdot 10^9$, für U_{II} $\tau = 3 \cdot 10^4$ Jahre. Daraus ergibt sich zunächst, daß in der Gewichtssumme $U_I + U_{II}$, letzteres nur einen minimalen Bruchteil ausmacht. Im Gleichgewichtsfalle (s. d.) muß $\lambda_I N_I = \lambda_{II} N_{II}$ sein, worin λ die Zerfallskonstante, N die Zahl der vorhandenen Atome bedeutet; es sei weiter A das Atomgewicht, M die in Gramm ausgedrückten Gleichgewichtsmengen und m_H die Masse eines Wasserstoff-Atomes, dann gilt: $N_I A_I m_H = M_I$ und $N_{II} A_{II} m_H = M_{II}$; es wird dann weiter

$$\frac{M_{II}}{M_I} = \frac{N_{II} A_{II}}{N_I A_I} = \frac{\lambda_I A_{II}}{\lambda_{II} A_I} = \frac{\tau_{II} A_{II}}{\tau_I A_I} = 4 \cdot 10^{-4},$$

da die Atomgewichte sich nur um das eine dem U_{II} Atom fehlende α-Partikel, also um 4 Einheiten unterscheiden. Die Gleichgewichtsmenge von U_{II} beträgt somit nur 4‰ der von U_I, kann sich also weder bei Atomgewichtsbestimmungen noch in der Dichte bemerkbar machen. Die Kenntnis dieses Umstandes vorausgesetzt ist eine genaue Bestimmung der Zerfallskonstante für U_I aus der Beziehung $Z = \lambda N$ (Z Zahl der zerfallenden, N Zahl der vorhandenen Atome; letztere aus Loschmidtscher Zahl und aus dem bekannten Atomgewicht für die Gewichtseinheit berechenbar, erstere meßbar) oder aus der eben erwähnten Gleichgewichtsbedingung für die in alten Uranerzen vorhandenen Mengen an Uran und Radium. Beide Methoden geben gut übereinstimmende Werte. Für U_{II} ist derzeit nur aus der α-Reichweite Aufschluß über die Lebensdauer zu erhalten. Es ergibt sich:

U_I Zerfallskonstante . . $\lambda = 4{,}4 \cdot 10^{-18}$ sec^{-1}
U_{II} „ . . $\lambda = \phantom{4{,}4 \cdot} 10^{-14}$ sec^{-1};
U_I mittl. Lebensdauer . $\tau = 7{,}2 \cdot 10^9$ a
U_{II} „ „ . $\tau = 3 \cdot 10^6$ a;
U_I Halbwertszeit . . . $T = 5{,}0 \cdot 10^9$ a
U_{II} „ . . . $T = 2 \cdot 10^6$ a.

Uran X_1 entsteht nach dem früher angeführten Zerfallschema aus U_I durch α-Zerfall, hat daher ein um 4 Einheiten kleineres Atomgewicht (234) und eine um zwei Einheiten erniedrigte Valenz, da zugleich mit dem α-Teilchen auch zwei positive Elementarquanten dem Atomkern von U_I verloren gingen. UX_1 ist somit isotop mit Thorium. Es emittiert weiche β-Strahlen (Absorptionskoeffizient μ in Al: 500 cm^{-1}) und weiche γ-Strahlen (mit $\mu_{Al} = 24$ und 0,70 cm^{-1}). Seine Halbwertszeit ist $T = 23{,}5$ d, $\lambda = 3{,}26 \cdot 10^{-7}$ sec^{-1}, $\tau = 35{,}5$ d. — Zur Trennung des U X von U sind eine ganze Reihe von Methoden ausgearbeitet, die sich an Hand der im Kapitel „Radioaktivität" gegebenen allgemeinen chemischen Regeln leicht verstehen lassen. Als wichtigste seien angeführt: 1. Dem Uransalz wird Ammoniumkarbonatlösung (am besten $^1/_2$ norm.) im Überschuß zugesetzt; während U selbst sich im Überschuß löst, fallen die im Uransalz fast immer in geringer Menge vorhandenen Verunreinigungen, wie Fe, Al usw. aus, die das U X mitreißen. Die Trennung des UX von Fe erfolgt durch Lösung des Niederschlages in konzentrierter Salzsäure und nachfolgendes Ausziehen der Lösung mit Äther, der mit Salzsäure gesättigt ist. Das UX bleibt in der wässerigen Flüssigkeit. 2. Vielfach wird die Verschiedenheit der Löslichkeit für U und UX verwertet. Bei Auflösung in Wasser erweist sich das UX löslicher als U und bleibt beim fraktionierten Kristallisieren in der Mutterlauge. Bei Schütteln von Uranylnitratkristallen mit Äther oder besser mit Azeton oder Methylazetat bilden sich zwei Schichten; das Kristallwasser, das die gesamte UX-Menge enthält, geht zu Boden und kann von der darüber befindlichen Ätherlösung, die das Uran enthält, im Scheidetrichter getrennt werden. Das so gewonnene UX ist aber nicht uranfrei. Durch Nachbehandlung mit der Ammoniumkarbonatmethode — die direkt angewendet zu große Flüssigkeitsquanten erfordern würde — wird die Trennung vervollkommnet. 3. Wird eine Uransalzlösung mit Tierkohle oder besser mit Ruß, den man sich aus verbrennendem Naphthalin herstellt, längere Zeit (1 Stunde) gekocht, so wird das UX von der Kohle adsorbiert und kann durch Verbrennen des Filtrates ziemlich rein erhalten werden; vorausgesetzt, daß kein Thorium in der Lösung war, in welchem Fall das UX zugleich mit dem Th, und zwar im Verhältnis der Atomzahlen, also in praktisch verschwindender Menge adsorbiert wird. 4. UX fällt quantitativ zugleich mit Thorium aus, was aus thorium-

haltigen U-Lösungen mit Fluorwasserstoffsäure oder ähnlichem erreicht wird; gut verwendbare Methode zur Reinigung des Urans von UX.

Uran X_2. Hat man einmal auf einem der eben beschriebenen Wege U_I freies UX erhalten, so kann aus diesem UX_2 abgeschieden werden. Dieses durch β-Zerfall aus UX_1 entstanden, unterscheidet sich durch die um ein Elementarquantum vermehrte Kernladung seiner Atome; die Veränderung des Atomgewichtes um $\frac{1}{2000}$ der Atomgewichtseinheit spielt praktisch keine Rolle. Es ist elektrochemisch edler als UX_1, rückt gegen dieses um eine Stelle des periodischen Systemes nach rechts und belegt damit den bisher unbesetzten Platz mit der Ordnungszahl 91. Daher erhielt UX_2 auch einen eigenen Namen, und zwar Brevium (Bv), der sich an Stelle des seltener gebrauchten Ekatantal eingebürgert hat. Wie der letztere Name andeutet, ist das ihm am nächsten verwandte Element sein niedrigeres Homolog Tantal. Nach der Entdeckung des mit UX_2 isotopen Protoactiniums (Pa), das wesentlich stabiler ist als UX_2, wird meist Pa als Vertreter dieses Platzes im periodischen System angesehen. UX_2 sendet eine harte β-Strahlung aus ($\mu_{Al} = 15$ cm^{-1}), sowie eine harte γ-Strahlung ($\mu_{Al} = 0{,}51$ cm^{-1}). Seine Zerfallskonstanten sind: $\lambda = 9{,}9 \cdot 10^{-4}$ sec^{-1}, $\tau = 1{,}69$ m, $T = 1{,}17$ m. — Aus UX-Lösungen läßt es sich wegen seiner geänderten chemischen Eigenschaften prinzipiell unschwer vom UX_1 trennen; doch muß der Abtrennungsprozeß sehr rasch vor sich gehen, wenn von dem sehr kurzlebigen Element noch für die Strahlungsmessung genügende Mengen erhalten bleiben sollen. — Da UX_2 elektrochemisch edler ist als UX, scheidet es sich leichter auf Metallen aus als dieses, so daß eine UX-Lösung z. B. in eine saubere Pb-Schale gebracht mehr (85$^0/_0$) UX_2 an die Bleiwände abgibt, als UX_1 (15$^0/_0$). Am besten wird UX_2 durch irgend eine Reaktion, die ohne das mit UX isotope Th zu fällen, aus einer tantalhaltigen UX-Lösung Tantal abscheidet, zugleich mit diesem gewonnen. Z. B. wird das in Säure gelöste UX-Präparat durch ein mit fein verteiltem Tantal belegtes Filter gefiltert und dieses nach raschem Trocknen in das β-Elektroskop gebracht; Zeitverlust etwa 2 Minuten. Oder es wird einer eisenhaltigen UX-Lösung zuerst Kaliumtantalfluorid und dann eine gesättigte Lösung von Kaliumsulfat zugesetzt. Die sich bildenden Flocken werden abgefiltert und enthalten das UX_2.

Aus den unter Abstoßung eines β-Partikels zerfallenden UX_2-Atomen entsteht das bereits besprochene U_{II}-Atom, das, um eine Valenzgruppe nach rechts rückend, wieder in die Urangruppe gelangt, dasselbe Atomgewicht hat wie UX_2 bzw. UX_1, d. i. um 4 Einheiten weniger als U_I.

Uran Y. Außer diesen vier, in ihrem genetischen Zusammenhang und in ihrer chemischen Stellung definierten Uranprodukten U_I, UX_1, UX_2, U_{II} existiert noch ein fünftes, bezeichnet mit UY. Es ist isotop mit Thorium und Ionium, daher chemisch weder von diesem noch von UX_1 zu trennen und zerfällt in etwa 25 Stunden unter Aussendung einer weichen β-Strahlung ($\mu_{Al} = 300$ cm^{-1}) auf die Hälfte. Da es somit kurzlebiger ist als UX_1, dessen Halbwertszeit 23,5 Tage beträgt, so wird es in einem von UX durch mehrfache Ammoniumkarbonatfällung völlig befreiten Uran-Präparat schneller regeneriert als UX_1 und relativ zu diesem anfangs überwiegen. Die in diesem Stadium neuerlich durchgeführten Eisenfällungen mit Ammoniumkarbonat geben zugleich mit dem Eisen ein UX + UY-Gemisch, an dem die Strahlungseigenschaften und die Abklingung des UY studiert werden können; indem man von zwei sonst gleich hergestellten derartigen Versuchsproben das eine Mal nur die harten, das andere Mal die harten und weichen Strahlen zur Geltung kommen läßt, erhält man zwei Beobachtungssätze, deren Differenz Aufschluß über den Urheber der weichen Strahlung, also über U Y bringt. — Ob U Y ein Abkömmling von U$_I$ oder von U$_{II}$, ist noch nicht sicher, obwohl aus verschiedenen Gründen auf die letztere Alternative geschlossen wird. Ist dies richtig, so wäre hier das bisher einzige Beispiel für einen „dualen Zerfall" (s. d.)

gegeben, wobei beide Deszendenten durch α-Zerfall entstehen. Denn als Nachkomme des U$_{II}$ ist bereits das durch α-Zerfall entstehende Ionium (s. d.) bekannt, das nun in UY ein an derselben Stelle des periodischen Systems liegendes Bruderelement gleichen Atomgewichtes („Isotopie höherer Ordnung"!) erhielte, das also in allen chemischen und physikalischen Eigenschaften und sogar in den Details der Atomkonstruktion ihm völlig gleich wäre und doch eine andere Instabilität und Zerfallskonstante aufweisen soll. — Wie immer der Anschluß des UY an Uranreihe liegen mag, jedenfalls sieht man heute UY als einen Vorläufer des Protoactiniums und damit als die Abzweigungsstelle für die Actiniumreihe an. Das Zerfallschema der Uran-Reihe bis hierher wird also folgendermaßen aussehen: *K. W. F. Kohlrausch.*

$$
\begin{array}{llllll}
&&&&& \text{IV}\\
&&&&& \text{Ionium} \; - \; \text{Radium-Reihe}\\
\text{Valenzgruppe VI} & \text{IV} & \text{V} & \text{VI} & \overset{\alpha}{\nearrow}\\
\text{U}_I \xrightarrow{\alpha} & \text{UX}_1 \xrightarrow{\beta} & \text{UX}_2 \xrightarrow{\beta} & \text{U}_{II} & {}^{92\%} \\
\text{T} = 5\cdot10^9\,\text{a} & 23{,}5\,\text{d} & 1{,}17\,\text{m} & 2\cdot10^6\,\text{a} & \overset{\alpha}{\searrow}_{8\%} & \text{IV}\\
&&&&& \text{U Y} \; - \; \text{Actiniumreihe.}\\
&&&&& 25\,\text{h}
\end{array}
$$

Uranblei s. Ra G.

Uranus s. Planeten.

Uviolglas. Durch Anwendung eines besonderen Schmelzverfahrens werden im Jenaer Glaswerk Gläser mit gesteigerter Durchlässigkeit für kurzwellige Strahlung hergestellt, die sich überall da bewährt haben, wo es sich darum handelt, kurzwellige Strahlen in einfacher Weise durch Glas hindurch zur Wirkung zu bringen. So konnte auf dem Gebiet der Astronomie bei Anwendung von Objektiven aus Uviolglas die Zahl der Sterne, die sich auf der photographischen Platte abbilden, um die

Hälfte vermehrt werden. Eine Quecksilberlampe aus Uviolglas, die Uviollampe des Jenaer Glaswerks, läßt noch die Wellenlänge 253 $\mu\mu$ hindurchtreten; sie wird besonders in der Heilkunde zur Bestrahlung kranker Körperteile gebraucht. Das Blau-Uviolglas verschluckt den größten Teil der sichtbaren Strahlung; bei seiner Anwendung als Strahlenfilter lassen sich auch schwache Fluoreszenzerscheinungen, die von Ultraviolettstrahlung ausgelöst werden, gut beobachten.   *R. Schaller.*

Angaben über Durchlässigkeit s. Glaseigenschaften, Lichtabsorption.

Näheres s. Zschimmer, Die Glasindustrie in Jena.

V

Vakuum-Bolometer (s. auch Bolometer). Zur Erhöhung der Empfindlichkeit von Bolometern, d. h. des Verhältnisses „Widerstandsänderung zu zugeführter Energie", wird das Bolometer in ein hochevakuiertes Gefäß gebracht, das bei Strahlungsbolometern mit einem Fenster zum Einfallen der Strahlung versehen ist. Die Empfindlichkeitserhöhung ist in der Ausschaltung der Verluste durch Konvektion und Wärmeleitung im umgebenden Gas bedingt, sie beträgt je nach der geometrischen Form des Bolometers das 2—10fache.   *Gerlach.*

Vakuummeter sind Manometer (s. d.), welche speziell für die Messung von Gasdrucken unterhalb einer Atmosphäre bestimmt sind. Soweit es sich nicht um sehr kleine Drucke handelt, benutzt man Flüssigkeits- (Quecksilber)manometer oder an diese durch Vergleichung angeschlossene Aneroidmanometer (s. den Artikel Druckmessung). Mit Hilfe von Quecksilberhöhen lassen sich kleine Gasdrucke mit einer Genauigkeit von 0,001 mm messen. Für noch niedrigere Drucke bis in die Größenordnung von 10^{-3} mm benutzt man das MacLeodsche Manometer (s. d.).

Die Technik der Röntgenröhren, Verstärkerröhren usw. und die damit zusammenhängende Entwicklung der Luftpumpen hat auch die Ausdehnung

des Meßbereiches der Vakuummeter zu noch kleineren Drucken wünschenswert gemacht. Man hat hierfür drei Erscheinungen nutzbar gemacht.

1. Die Gasreibung. Ein elastischer Draht (Quarzfaden), der einseitig eingeklemmt ist, wird, wenn er in Schwingungen versetzt ist, um so schneller zur Ruhe kommen, je größer der Druck des ihn umgebenden Gases ist. Bedeutet t die Zeit, in der die Ausschlagsweite eines senkrecht hängenden Quarzfadens auf die Hälfte zurückgeht, M das Molekulargewicht, p den Druck des Gases, a und b Konstanten, deren erstere von der Elastizität, deren letztere von der Dicke des Fadens abhängt, so ist

$$t = \frac{b}{p\sqrt{M} + a}, \text{ woraus folgt } p = \frac{1}{\sqrt{M}}\left(\frac{b}{t} - a\right).$$

Das Instrument wird, ebenso wie die im folgenden beschriebenen Verrichtungen, durch Vergleichung mit dem Mac Leodschen Manometer in dessen Meßbereich geeicht; niedrigere Drucke werden durch Extrapolation dieser Eichung gefunden.

Einen größeren experimentellen Aufwand erfordert folgende Einrichtung. Gegenüber einer horizontal an einem Faden aufgehängten Scheibe wird eine zweite parallel zu ihr in einem Abstand, der gegen die Weglänge der Gasmoleküle klein ist, durch einen Elektromotor in schnelle Rotation versetzt. Durch die Rotation wird die aufgehängte Scheibe mitgenommen und um einen meßbaren Winkel aus ihrer Ruhelage herausgedreht. Die Ablenkung ist ein Maß für den Druck des umgebenden Gases; sie ist außerdem der Drehzahl und der Wurzel aus dem Molekulargewicht des Gases proportional. — Beide Scheiben werden in ein Glasgehäuse eingeschmolzen; die Rotation wird durch magnetische Fernwirkung mittels eines außerhalb des Glasgehäuses laufenden Motors hervorgebracht.

2. Die Radiometerwirkung. Ein verdünntes Gas übt auf eine Platte, die sich zwischen Wänden anderer Temperatur befindet, einen einseitigen Druck aus. Ist K die abstoßende Kraft jeder Flächeneinheit zweier paralleler Platten von der absoluten Temperatur T_1 und T_2, so berechnet sich ein kleiner Druck des Gases für kleine Temperaturdifferenzen und kleine Plattenabstände nach der Gleichung $p = \dfrac{2\,K}{\sqrt{T_1/T_2-1}} = 4\,K\,\dfrac{T_2}{T_1-T_2}$.

Das bekannteste Manometer dieser Art ist dasjenige von Riegger. Es besteht in der Hauptsache aus einem zylindrischen Glasgefäß, in dessen Innern eine kreisförmige Aluminiumscheibe horizontal an einem Wolframdraht aufgehängt ist. Die Scheibe ist am Rande vielfach radial aufgeschlitzt und die dadurch entstandenen Sektoren sind unter einem Winkel von 45° gegen die Scheibenebene aufgebogen. So entsteht ein Flügelrad, dem gegenüber ein kreisförmiges, elektrisch geheiztes Band aus Platin angebracht wird. Das Flügelrad trägt einen geteilten Aluminiumzylinder, an dem der Drehwinkel gegen eine feste Marke an der Glaswand abgelesen werden kann.

3. Die Wärmeleitung. Ein mit einem konstanten Strom elektrisch geheizter Draht wird um so mehr Wärme nach außen abgeben, also um so kälter sein, je besser das umgebende Gas die Wärme leitet, im gleichen Gas also, je höher der Druck dieses Gases ist. Die Temperatur des Gases, die auf mannigfache Weise (aus dem Widerstand oder thermoelektrisch) gewonnen werden kann, ist somit ein Maß für den Druck des Gases. — Ein von der Firma W. C. Heraeus in Hanau ausgearbeitetes Manometer läßt die Strahlung einer mit konstantem Strom betriebenen Glühlampe auf die Lötstelle eines Thermoelementes fallen; die Thermokraft wächst dann zwischen 0,07 und 0,001 mm Quecksilberdruck nahezu proportional mit dem Logarithmus des Druckes.

Nach den Methoden 1 und 2 hat man Drucke bis herab zu 10^{-7} mm Quecksilber messen können. Für die Messung noch kleinerer Drucke hat man die Erscheinungen der elektrischen Entladungen in verdünnten Gasen heranzuziehen versucht, insbesondere verspricht das Studium der glühelektrischen Vorgänge in den Verstärker- und Senderröhren, wie sie in der drahtlosen Telegraphie gebraucht werden, gewisse Erfolge. Die Versuche nach dieser Richtung sind aber noch nicht abgeschlossen. *Scheel.*

Näheres s. Alexander Goetz, Physik und Technik des Hochvakuums. Braunschweig 1922. (Sammlung Vieweg. H. 64.)

Vakuumwägungen s. Massenmessungen.

Vakuumwage s. Gleicharmige Wage.

Valenztheorien. 1. Johann Jakob Berzelius zog 1820 die Konsequenzen aus den elektrochemischen Untersuchungen, die Davy 1807—1810 an den Alkali- und Erdalkalioxyden sowie den Halogensäuren angestellt hatte. Er versuchte zum erstenmal das Zusammentreten der Atome zu Verbindungen kausal zu erklären, indem er die elektrochemische Radikaltheorie aufstellte. Jedes Atom ist nach ihm von vornherein polarisiert, hat aber trotzdem positive oder negative elektrische Ladung im Überschuß. Und zwar haben die verschiedenen Elemente verschieden viel freie Elektrizität im Atom, so daß man eine Spannungsreihe etwa folgender Art aufstellen kann:

$$- \text{O, S, N, C} \ldots \ldots \ldots \text{Na, K} +$$

Nähern sich einander zwei so polarisierte Atome, so können also auch zwei gleichnamig geladene zusammentreten z. B. Sauerstoff und Schwefel, indem der stärker negative Sauerstoff den positiven Pol des Schwefels anlagert, so daß die Verbindung beider an einem Ende negativ, am andern positiv wird, wobei im Falle Sauerstoff-Schwefel am Ende wieder die negative Elektrizität überwiegt. Primär gibt es also nur binäre Verbindungen. Berzelius unterschied dabei zwischen Oxyden wie NaO; Natriumoxyd und Radikalen wie SO_3 = Schwefelsäure, die dann wieder, da sie ja ebenfalls polarisiert sind, zu Verbindungen zweiter Ordnung zusammentreten können z. B. NaO . SO_3 (alte Formel für Natriumsulfat: Na_2SO_4).

2. 1833 fand Dumas, daß man z. B. in den Kohlenwasserstoffen den stark positiven Wasserstoff durch das stark negative Chlor ersetzen könne. Derartige Funde mehrten sich und 1839 stellte Dumas der dualistischen, elektrochemischen Theorie von Berzelius eine rein chemische, unitarische entgegen, der sich nach einigem Zögern 1845 auch Liebig anschloß. Nach ihm wirkten die Atome anziehend aufeinander mit einer, nicht näher definierten, chemischen Kraft. Dann war es natürlich möglich, daß ein Atom eines Elementes das eines anderen in einer Verbindung ersetzen konnte. Dabei bleibt der Charakter einer Verbindung weitgehend gewahrt z. B. in der Reihe:

$$CH_3COOH; ClCH_2COOH; Cl_2CHCOOH; Cl_3CCOOH.$$

Die Gruppen, die substituiert wurden, nannte Gerhardt Typen und stellte deren vier auf, von denen man alle anderen Verbindungen abzuleiten suchte:

$$H_2O; HCl; NH_3; HH.$$

3. Schon Berzelius hatte angenommen, daß unter Umständen die freien Elektrizitäten der Oxyde und Radikale sich völlig neutralisieren können. Er sprach dann von einer Erreichung der Sättigungskapazität. Diesen Begriff übertrug 1853 Frankland (Kolbe) auf die Atome der Elemente. Er nannte die Anzahl Atome, die genügen, um die chemische Anziehungskraft eines Atomes eines Elementes völlig zu sättigen, die Atomigkeit des Elementes.

Diesen Gedanken wandte 1858 Kekulé auf den Kohlenstoff an. Er lehrte: Die Atomigkeit, Affinität oder Valenz ist eine spezielle Eigentümlichkeit eines jeden Elementes. Sie ist eine streng konstante Größe und hat beim Kohlenstoff den Wert 4. Auf dem Gebiete der anorganischen Chemie setzte sich die Lehre von der Konstanz der Valenz nicht durch. Erlenmeyer führte den Begriff der gesättigten (NH_4Cl; CH_3Cl) und ungesättigten (NH_3; C_2H_4; C_2H_2) Verbindung ein.

Doch in der organischen Chemie verhalf Kekulé seinen Ansichten zu einem vollständigen Siege, da es ihm 1861 mit ihrer Hilfe gelang, nähere

Anschauungen über die Verknüpfung der Atome im Molekül zu entwickeln. Er stellte, lediglich auf Grund der Vieratomigkeit des Kohlenstoffes, für die überwiegendeMehrzahl der organischenVerbindungen Strukturformeln (s. diese) auf d. h. graphische Bilder, in denen die Atome durch Kreise (heute durch Buchstaben) und ihre Valenzen durch Striche dargestellt wurden. Aus diesen Bildern konnte er eine große Zahl von Isomeriefällen voraussagen. Auch gelang es ihm 1865 eine befriedigende Formel für die aromatischen Verbindungen, die Ringformel des Benzols zu finden. In ihr treten drei doppelte Bindungen auf, die Kekulé einführte, um die Vieratomigkeit des Kohlenstoffes zu retten. Sie sollten für die weitere Strukturlehre von besonderer Bedeutung werden.

Näheres s. den Artikel: Benzoltheorie.

4. Vom Standpunkte der Strukturchemie aus war es unmöglich, die Fälle der optischen Isomerie (s. diese) zu erklären. Man ging daher dazu über, sich Vorstellungen zu bilden über die Lagerung der Atome im Raum. Jakobus Henricus van't Hoff beschritt diesen Weg 1874 zuerst mit Erfolg. Er stellte sich die vier Valenzen des Kohlenstoffes als nach den Ecken eines gleichseitigen Tetraeders gerichtet vor. Sind alle vier Valenzen von verschiedenen Radikalen besetzt, so sind zwei Isomere möglich, die sich spiegelbildähnlich sind. Solche Kohlenstoffatome nannte van't Hoff assymmetrisch; sie zeigten sich stets optisch aktiv. Liegt eine einfache Bindung zwischen zwei Kohlenstoffatomen vor, so haben die beiden Atome eine gemeinsame Drehungsachse, die Tetraeder berühren sich mit einer Spitze. Liegt eine Doppelbindung vor, so berühren sich die Tetraeder mit einer Kante, sie können sich nicht mehr gegeneinander drehen, und ein neuer Stereoisomeriefall ist möglich, wenn je zwei Radikale an den übrigen Valenzen verschieden sind.

5. Alle diese Theorien betrachten die Valenz als eine einheitliche, unteilbare und gerichtete Kraft. An dieser letzteren Auffassung, daß die Valenz gerichtet sei, hält auch Thiele fest. Doch ist er der erste, der nicht mehr starr auf der Unteilbarkeit der Valenz besteht. Ausgehend davon, daß konjugierte Doppelbindungen:

$$= C = C - C = C =$$
$$\quad 1 \quad 2 \quad 3 \quad 4$$

fast immer in der 1,4 Stellung anlagern, führte er 1899 den Begriff der Partialvalenz ein, die bei C und C übrig bleibt, aber bei C und C sich gegen
1 4, 2 3
seitig absättigt, so daß die Strukturformel vor und nach der Anlagerung folgendermaßen aussieht:

vor der Anlagerung: $= \overset{\cdots}{C} = \overset{\frown}{C} - C = \overset{\cdots}{C} =$
$$\quad\quad 1 \quad 2 \quad 3 \quad 4$$

nach der Anlagerung: $= C - \overset{\cdots}{C} = \overset{\cdots}{C} - C =$
$$\quad\quad 1 \quad 2 \quad 3 \quad 4$$

Über eine Anwendung in der Benzoltheorie siehe diese.

6. Einen erheblichen Schritt weiter ging bereits 1891 A. Werner. Er lehnte es von vornherein ab, die Valenz als eine gerichtete Einzelkraft aufzufassen. Er betrachtet sie als eine einfache Anziehung nach allen Seiten hin, die unabhängig von jeder Elektrostatik ist. Die chemische Valenz eines Elementes ist gerade ausgezeichnet durch ihr selektives Verhalten den verschiedenen anderen Elementen gegenüber, was eine rein elektrostatische

Theorie nie leisten kann. Diese chemische Valenz ist abhängig von der Natur der zu bindenden Atome, von der Temperatur, dem Druck usw.; doch kann sie einen maximalen Wert nicht überschreiten, der abhängt von der Stellung des Elementes im periodischen System. Gehen die Atome Verbindungen ein, so zeigt sich, daß nicht die ganze Valenzkraft abgesättigt ist, sondern daß noch kleinere Reste, Nebenvalenzen, übrig bleiben, mit deren Hilfe sie Verbindungen zweiter Ordnung eingehen können. Diese Nebenvalenzen unterscheiden sich prinzipiell von den Hauptvalenzen nicht, sondern nur insofern als sie keine einwertigen Radikale zu binden vermögen, also nur der Stärke nach, nicht in der Qualität. Außerdem kommt den Atomen eine Elektroaffinität zu, indem sie Elektronen sowohl binden wie abgeben können und sich dann also auch noch elektrostatisch anziehen. Diese Art Bindung nennt Werner ionogen, doch ist sie nur bei Bindungen durch Hauptvalenzen möglich (braucht aber nicht stattzufinden), da ja das elektrische Elementarquantum nicht unterteilt werden kann und die Einheit der Hauptvalenz die Valenz eines Wasserstoffatomes ist, die elektrochemisch dem Elementarquantum der Elektrizität entspricht (für ein Grammatom 96 540 Coulomb).

Über den für die Wernersche Theorie besonders wichtigen Begriff der Koordination siehe diese.

Näheres s. A. Werner, Neuere Anschauungen auf dem Gebiete der anorganischen Chemie. Braunschweig 1920.

7. Ebenfalls mit unterteilbaren Valenzen arbeitet Hugo Kauffmann, der von Valenzfeldern spricht in völliger Analogie zu den elektrischen und magnetischen Kraftfeldern. Solche in Valenzlinien zerlegte Valenzen nennt er zersplitterte Valenzen.

Näheres s. H. Kauffmann, Valenzlehre. Stuttgart 1911.

8. Johannes Stark bevorzugt eine rein elektrostatische Theorie, gegen die die Wernerschen Einwände völlig zu Recht bestehen.

Näheres s. J. Stark, Die Elektrizität im chemischen Atom.

9. Einen Versuch, von ganz neuen Gesichtspunkten, nämlich vom Bohrschen Atommodell auszugehen, hat Kossel unternommen. Er führt aber derartig vereinfachende Annahmen ein, daß seine Theorie doch wieder rein elektrostatisch und damit unzulänglich wird. Es ist möglich, daß der ionogenen Bindung die Kosselsche Anschauung gerecht wird. Darüber hinaus, insbesondere den Tatsachen der Wernerschen Koordinationslehre gegenüber, versagt sie.

Näheres s.: Der Vortrag Kossels auf dem Naturforscherkongreß zu Halle und die Diskussion; Nernst-Kossel, Zeitschr. f. Elektrochem. 1920.

Werner Borinski.

Näheres s. F. Henrich, Theorien der organischen Chemie, insbesondere Kapitel 1—6.

V-Antenne. In ihrer Ebene gerichtet, nach beiden Seiten vom Sender bzw. Empfänger symmetrische Antenne, meist aus einem einfachen an den Enden offenen Draht bestehend. Sie ist hauptsächlich in Verwendung für Empfangszwecke.

A. Meißner.

Variationen des Erdmagnetismus. In erster Linie die zeitlichen, dann auch die örtlichen Veränderungen des erdmagnetischen Feldes. Die zeitlichen Veränderungen sind regelmäßige oder Störungen; erstere führt man auf immerwährende, letztere auf gelegentlich wirksame Ursachen zurück. Stets von Einfluß sind die Umdrehung der Erde (tägliche Veränderung), ihre Bahnbewegung (jährliche Veränderung), der Mondtag, der Mondmonat, die synodische Umdrehung der Sonne, die Bahnbewegung der Planeten; gelegentlich wirksam sind besondere Tätigkeitsherde auf der Sonne, vor allem die Fackeln. Die physische Ursache aller zeitlichen Variationen ist das Zusammenspiel der elektrischen Strahlung der Sonne (s. d.) und der Eigenbewegung der von ihr leitfähig gemachten oberen Luftschichten gegen den Erdmagneten. Die Energie stammt überwiegend aus jener der Erde. Da sie schief gegen die Drehungsachse magnetisiert ist, so wird in den leitfähig gewordenen Schichten ein elektrischer Strom induziert, der die magnetische Achse der Drehungsachse nähern will; auf diese Weise wird die Säkularvariation des beharrlichen Feldes erklärt. Die durch den Luftdruck bekundete tägliche Bewegung der leitfähigen Schichten gegen die vertikale Komponente des Erdfeldes bewirkt ein Stromsystem, das zuerst von Schuster abgeleitete „Tägliche Feld" und damit die tägliche Variation des Erdmagnetismus. Außerdem induziert es auch elektrische Ströme in der Erde, so daß das tägliche Feld aus äußeren und inneren Ursachen besteht. Es hat eine starke Tagesbewegung und eine geringe in der Nacht; im Sommer ist es stärker veränderlich als im Winter. Die jährliche Variation ist sehr klein und stammt nur von der schwachen Änderung her, welche der Winkel zwischen der magnetischen Achse der Erde und der Richtung nach der Sonne im Jahre durchläuft (zwei Maxima zu den Äquinoktien, zwei Minima zu den Solstitien).

Demselben Verlauf folgt die jährliche Häufigkeit der Störungen. Der schon früh erkannte Zusammenhang der unregelmäßigen Variationen mit der Sonnentätigkeit ist ein sehr enger und ursächlicher; Störungen anderer Quelle sind sehr selten. Nicht nur in der Existenz der Periode mit der synodischen Rotationszeit der Sonne und in der Übereinstimmung der sog. „elfjährigen" Periode der Flecken- und magnetischen Störungshäufigkeit in Amplitude und Phase, sondern auch durch die enge Beziehung zum einzelnen Störungsherd auf der Sonne bekundet sich dies. Es darf der Fleck oder die Fackel sich nicht außerhalb eines Gebietes um den Zentralmeridian befinden, das größer als $^1/_{18}$ der Umdrehungszeit der Sonne ist, falls er erdmagnetisch wirksam sein soll. Daraus geht hervor, daß die Ausbreitung der Kraft auf schmale Bündel beschränkt ist. Nach Birkelands Hypothese gehen von der Sonne Kathodenstrahlen aus; Vegard hat dann später dargetan, daß auch α-Strahlen in Frage kommen (s. Polarlicht). Daneben wirkt noch, jedoch bei weitem schwächer die ultraviolette Strahlung der Sonne. Da die elektrischen Strahlen vornehmlich in den polnahen Gegenden eintreten, ist hier die Zahl der Störungen am größten, sie überwiegt die regelmäßigen Variationen. Die in mittleren Breiten beobachteten Störungen betreffen meist die ganze Erde, infolgedessen ist der sog. äußere Anteil der Säkularvariation (s. Erdmagnetismus) ein für die ganze Erde gleicher Vorgang. Oft brechen die Störungen plötzlich aus und dann für die ganze Erde gleichzeitig. Die größte Häufigkeit im Tage zeigen die späten Abendstunden, da die elektrischen Strahlen der Sonne am dichtesten auf der Abendseite eintreten müssen. Mit den Störungen sind starke Schwankungen des Erdstroms (s. d.) verbunden. Auch die Energie der Störungen stammt von der Erddrehung, die nur in den jetzt in erhöhtem Maß leitfähig gemachten Schichten der Atmosphäre stärkere Ströme induziert. Erhöht

man die Beobachtungsgenauigkeit, so findet man, daß auch die regelmäßigen Variationen aus schnellen Oszillationen bestehen, also auf dieselbe physikalische Ursache zurückgehen wie die Störungen.

Die Theorie der zeitlichen Variationen ist von Störmer nach den Gedanken von Birkeland vollkommen befriedigend ausgearbeitet worden, und zwar durch die Berechnung der Bahnen eines elektrisch geladenen Teilchens im Felde eines Elementarmagneten (s. auch Polarlicht).

Beobachtet werden die zeitlichen Variationen in den magnetischen Observatorien, und zwar mittels der Variometer (s. Deklinometer, Bifilar, Quadrifilar, magnetische Wage, Feinmagnetometer). Die dauernde Registrierung geschieht meist photographisch mit „Magnetographen".

Die örtlichen Variationen sind die Unterschiede gegen ein irgendwie bestimmtes normales Feld und heißen daher auch Störungen. Ihre Ursachen sind der Eigenmagnetismus der Gesteine und geologischen Schichten (s. Erdmagnetismus, Gesteinsmagnetismus, Gebirgsmagnetismus). Sie werden mittels „Lokalvariometern" durch „magnetische Landesaufnahmen" gemessen (s. Landesaufnahmen).
A. Nippoldt.

Näheres s. Müller-Pouillet, Lehrb. d. Physik. 10. Aufl. IV. 2. 1914. Braunschweig, Vieweg & Sohn.

Variationstöne nennt man Töne, welche bei regelmäßigen Amplitudenänderungen eines gegebenen Tones neu auftreten. Die der Primärtonempfindung entsprechende Sinusschwingung sei $A \sin 2\pi pt$, wo also A die (konstante) Amplitude und p die Schwingungsanzahl pro Sekunde ist. Wird nun A pro Sekunde u-mal periodisch geändert, so läßt sich A in einer Fourierschen Reihe (s. d.) mit der Grundperiode u darstellen. Wird jetzt ausmultipliziert, so ergibt sich eine große Reihe von Tönen, p−u, p+u, usw. (s. Ohmsches Gesetz der Akustik). Unter gewissen Bedingungen fällt die Schwingungszahl eines Variationstones mit der Zahl der Amplitudenschwankungen oder Unterbrechungen zusammen. Man nennt ihn dann Unterbrechungs- oder Intermittenzton. Aus dessen Existenz sind vielfach Einwände gegen die Resonanztheorie des Hörens (s. d.) hergeleitet worden. Jedoch stehen alle diese Töne (s. auch Phasenwechseltöne) durchaus im Einklange mit ihr. *E. Waetzmann.*

Näheres s. F. A. Schulze, Ann. d. Phys. 26, 1908.

Variator der Gegeninduktivität. Um die Gegeninduktivität zwischen zwei Grenzen variieren zu können, werden wie bei dem Induktionsvariator Spulen verwandt, die in verschiedene Lage zueinander gebracht werden können. Je nach der Lage der Spulen, die an einer geeichten Teilung abgelesen werden kann, ist die Gegeninduktivität verschieden. *W. Jaeger.*

Näheres s. Orlich, Kapazität und Induktivität. Braunschweig, 1906.

Variatoren s. unter Kapazitäts-, Induktionsvariator usw.

Variometer. In Sende- und Empfangsapparaturen der drahtlosen Telegraphie viel verwandte Vorrichtung zur stetigen Veränderung des Selbstinduktionskoeffizienten von Schwingungskreisen.
A. Esau.

Variometer sind Instrumente, welche die Steig- oder Sinkgeschwindigkeit eines Luftfahrzeuges messen. Das Prinzip ist aus der Abbildung zu ersehen. Ein gegen Wärmewirkung geschützter Ballon ist mit der freien Atmosphäre durch eine Kapillare verbunden. Der in ihm herrschende Druck wird mittels eines Manometers mit dem Druck der freien Atmosphäre verglichen. Da sich der Druck im Ballon durch die Kapillare nur langsam ausgleicht, stellt sich ein um so größerer Unter- bzw. Überdruck auf der Seite des Ballons ein, je schneller das Luftfahrzeug fällt oder steigt. *L. Hopf.*

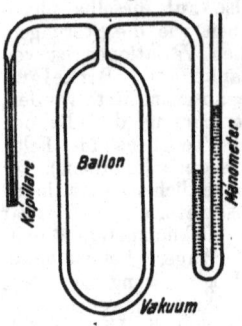
Variometer.

Vektor. In der Physik kommen Größen vor, die durch Angabe eines Wertes bestimmt sind (z. B. die Länge einer Strecke, die Entropie eines thermodynamischen Vorgangs. Solche Größen werden nach Hamilton als Skalare bezeichnet. Andere Größen sind außer durch einen bestimmten Wert auch noch durch eine Richtung charakterisiert oder, in einem rechtwinkeligen Koordinatensystem, durch Angabe von drei Komponenten; so eine Raumstrecke (oder ihre sämtlichen Parallelen) durch ihre Länge und ihre Richtung, die z. B. durch ihren Winkel gegen die z-Achse und die Polarwinkel ihrer Projektion in die x-, y-Ebene festgelegt werden kann oder durch ihre drei Komponenten x, y, z, die Projektionen auf die Achsen. Jede Größe, die, unabhängig von der Wahl des Koordinatensystems, ebenso charakterisiert werden kann, wird ein Vektor genannt. Solche sind z. B. die Translationsgeschwindigkeit oder die Achsstrecken, durch die man ein Moment (s. dieses) darstellt.

Zwischen diesen beiden typischen Fällen besteht aber noch ein Unterschied, wenn man nicht nur Drehungen und Verschiebungen des Koordinatensystems, sondern auch Spiegelungen in Betracht zieht. Durch Spiegelung geht nämlich das Moment in ein solches um die gespiegelte Achse, aber im umgekehrten Sinne drehendes, über. Nach der Korkzieherregel (s. Moment) ist also die neue Achsstrecke in die der gespiegelten Achsstrecke gerade entgegengesetzte Richtung aufzutragen. Die erste Art nennt man polare Vektoren oder Vektoren schlechthin, die letztere axiale Vektoren oder Rotoren.

Die Rechnung mit solchen Größen, die Vektorrechnung, ist eine abgekürzte Bezeichnungsweise für diejenigen analytischen Operationen mit den Vektorkomponenten, die vom Koordinatensystem unabhängige Eigenschaften haben, und hat daher durch ihre Anschaulichkeit große Bedeutung: Die Addition der Vektoren (geometrische Summe) bedeuten den Vektor, der, nach der geometrischen Aneinanderreihung derselben zu einem zusammenhängenden Linienzug, als Verbindung des Anfangs- und Endpunktes desselben entsteht; analytisch ausgeführt durch Addition der gleichgerichteten Komponenten. Ferner sind zwei Arten von Multiplikation der Vektoren möglich. Das Arbeitsprodukt (auch skalares oder inneres Produkt genannt) ist ein Skalar, dessen Größe gleich dem Produkt des Betrags des einen in die Projektion des anderen auf ersteren ist. Sein typischer Vertreter ist die Arbeit einer Kraft längs eines gegebenen Weges des Angriffspunktes. Das Momentprodukt (auch vektorielles oder äußeres genannt) von zwei polaren Vektoren ist ein axialer Vektor, dessen Richtung die (nach der Korkzieherregel errichtete) Normale der beiden und dessen Größe das von ihnen gebildete Parallelogramm ist. Sein typisches Beispiel ist das Moment aus Kraft und Hebelarm. Das erstere Produkt verschwindet bei Orthogonalität, das letztere bei Parallelität beider Vektoren.

In Komponenten ist das Arbeitsprodukt: $X_1 X_2 + Y_1 Y_2 + Z_1 Z_2$, das Momentprodukt hat die Komponente:
$$(Y_1 Z_2 - Y_2 Z_1); \ (Z_1 X_2 - Z_2 X_1); \ (X_1 Y_2 - X_2 Y_1).$$

Das Arbeitsprodukt aus einem polaren und einem axialen Vektor ist ein Vektor 3. Art (Determinante), der sich gegenüber Drehungen und Verschiebungen wie ein Skalar verhält, aber bei Spiegelungen in das Negative seines Wertes übergeht. Ein Beispiel ist der Rauminhalt des von 3 Vektoren gebildeten Tetraeders, in Komponentenform die Determinante der 3 Vektoren. Das Momentprodukt aus einem polaren und einem axialen Vektor ist wieder ein polarer Vektor. Beispiel: Der Poyntingsche Vektor in der Theorie des elektromagnetischen Feldes.

Die Bezeichnungsweise der Vektoren und der Vektoroperationen ist sehr verschiedenartig; vgl. hierüber die Literatur.

Neben die Vektorrechnung im engeren Sinne tritt in der Theorie der Felder physikalischer Vorgänge die Vektoranalysis. Ihre drei Grundoperationen sind folgende: Ist φ ein Skalar, der eine stetige Funktion des Ortes ist (z. B. der hydrodynamische Druck, so ist sein Gradient (mit den Komponenten $\partial \varphi / \partial x$; $\partial \varphi / \partial y$; $\partial \varphi / \partial z$) ein Vektor, der Richtung und Größe des stärksten Gefälles angibt. Ist ein Vektor U stetige Funktion des Ortes (z. B. die Strömungsgeschwindigkeit in einem Flüssigkeitsfeld), so ist die Divergenz desselben ein Skalar, der die Quellergiebigkeit an dem betrachteten Punkt angibt; die Rotation (Wirbel) ist ein Vektor, der die Drehgeschwindigkeit des Volumelements mißt.

Sind u, v, w die Komponenten des Vektors U, so ist der Überschuß der einströmenden über die ausströmende Flüssigkeit für eine geschlossene Fläche das längs derselben erstreckte $\int U_n \, dS$ (U_n = Normalkomponente). Für ein kleines Parallelepiped geht sein Verhältnis zum Volumen über in die Divergenz:
$$\operatorname{div} U = \frac{\partial u}{\partial x} + \frac{\partial v}{\partial y} + \frac{\partial w}{\partial z}.$$

Als Zirkulation der Strömung wird das längs einer geschlossenen Kurve erstreckte Integral $\int U_s \, ds$ (U_s = Längskomponente) bezeichnet. Für die Randkurve eines kleinen Flächenelements, dessen Projektionen auf die Koordinatenebenen f_x, f_y, f_z sind, geht sie über in
$$f_x \left(\frac{\partial v}{\partial z} - \frac{\partial w}{\partial y} \right) + f_y \left(\frac{\partial w}{\partial x} - \frac{\partial u}{\partial z} \right) + f_z \left(\frac{\partial u}{\partial y} - \frac{\partial v}{\partial x} \right).$$

Die Faktoren von f_x, f_y, f_z in diesem Skalar sind hier die Komponenten der Rotation, die demnach ein axialer Vektor ist.

Alle diese Vektorbegriffe haben eine sinngemäße Erweiterung im Raume von mehr als drei Dimensionen gefunden, die, speziell für den Fall 4, in der Einsteinschen Relativitätstheorie von grundlegender Bedeutung sind. Man hat dann außer Skalaren wieder Vektoren 1. Art (4komponentig), 2. Art (6komponentig), 3. Art (4komponentig, analog dem Rotor), 4. Art (1komponentig, Determinante). Entsprechend vergrößert sich die Zahl der Vektoroperationen.

Endlich ist die Verallgemeinerung auf beliebige nichteuklidische Räume, in denen es keine geradlinigen orthogonalen Koordinatensysteme mehr gibt, im 4. dimensionalen Fall die Grundlage der allgemeinen Theorie von Raum, Zeit und Materie, die gleichfalls von Einstein entworfen ist.

Bei diesen allgemeinen Begriffsbildungen kann man sich nicht auf orthogonale Transformationen beschränken. Daher tritt ein weiteres Unterscheidungsmerkmal in dem System der Vektoren hinzu, das im orthogonalen Fall verwischt ist: die Vektoren können sich wie die Feldvariabeln transformieren (Kogrediente) oder wie die Koeffizienten einer linearen Form der Feldvariabeln (Kontragrediente). *F. Noether.*

Näheres s. Enzyklopädie der math. Wissensch. Bd IV, 2 (Timerding) und Bd. IV, 14 (Abraham). Für die Verallgemeinerungen: M. v. Laue, Das Relativitätsprinzip. — H. Weyl, Raum, Zeit und Materie.

Vektordiagramm. Die Darstellung der nach der Sinusfunktion veränderlichen Wechselstromgrößen durch Vektoren im Diagramm bietet ein anschauliches Hilfsmittel für die Wiedergabe der Vorgänge in Wechselstromkreisen.

Die Strecke OP stelle in Fig. 1a ihrer Länge nach die Amplitude (den Scheitelwert) I_1 eines Wechselstroms dar; läßt man OP mit der Winkelgeschwindigkeit ω in positiver Richtung rotieren, so hat OP nach der Zeit t die Lage OP_1 erreicht und dabei den Winkel ωt durchlaufen. Die Projektionen von OP_1 bzw. OP auf OY stellen, wie der Augenschein

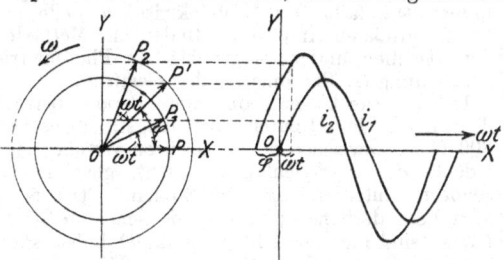

Fig. 1a.   Fig. 1b.
Darstellung der Wechselstromgrößen im Vektordiagramm.

lehrt, zu jeder Zeit t die Augenblickswerte des Wechselstromes $i_1 = I_1 \sin \omega t$ dar. Eine zweite Strecke OP′, deren Länge der Amplitude I_2 eines zweiten Wechselstromes entsprechen möge, und die gegen die Anfangslage OX um den Winkel φ verschoben ist, hat in der gleichen Zeit die Lage OP_2 erreicht. Ihre Projektionen stellen daher zu jeder Zeit t die Augenblickswerte des Stromes $i_2 = I_2 \sin (\omega t + \varphi)$ dar.

Hieraus folgt: Der zeitliche Verlauf von Wechselstromgrößen kann durch Vektoren, d. h. nach Länge und Richtung definierte Strecken, vollständig und eindeutig bestimmt werden, wenn ihre Anfangslage durch Angabe der Amplituden uud der Phasenwinkel festgelegt ist. Man erhält den Verlauf in Kurvenform, indem man die Zeit t bzw. die ihr proportionalen Winkel ωt als Abszissen, die Projektionen auf die Y-Achse als Ordinaten aufträgt (s. Fig. 1b).

In dem Vektordiagramm muß der Richtungssinn der Rotation der Vektoren durch einen Pfeil bezeichnet sein. An Stelle der Vektoren kann man auch die Y-Achse, die als Zeitlinie bezeichnet wird, in *umgekehrter* Richtung rotieren lassen, eine Darstellungsweise, die häufig angewendet wird (vgl. Fig. 3).

Die Summe der beiden Ströme i_1 und i_2 ergibt eine neue Sinuslinie; ihr Vektor ist die Resultierende OP_3 der beiden Vektoren OP_1 und OP_2, die nach den Regeln der Zusammensetzung mechanischer Kräfte zu bilden ist (s. Fig. 2). Aus der Fig. 2 ist ohne weiteres zu ersehen: die Summe der Projektionen von OP_1 und OP_2 ist jeden Augenblick gleich der Projektion der Diagonalen OP_3. Die Differenz der beiden Ströme, i_1—i_2, wird dagegen dargestellt durch den Vektor $P_2 P_1$.

In der praktischen Anwendung des Vektordiagramms wird in der Regel die Länge des Vektors nicht gleich der Amplitude, dem Scheitelwert der betreffenden Größe, sondern gleich ihrem Effektivwert gemacht; die Augenblickswerte findet man dann durch Multiplikation mit $\sqrt{2}$.

Als Beispiel für die Anwendung des Vektordiagramms sei das Verhalten der Spannung einer Spule vom Widerstande R und von der Selbstinduktivität L dargestellt. Die Spannung folgt der Gleichung

$$v = i\,R + L\,\frac{di}{dt}.$$

Ist $i = I \sin \omega t$, so ist $\frac{di}{dt} = \omega I \sin (\omega t + 90^0)$.

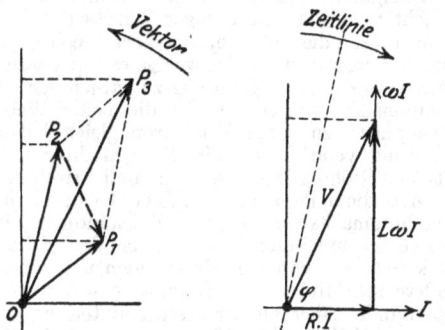

Fig. 2. Zusammensetzung   Fig. 3. Vektorielle Zusam-
zweier Vektoren.   mensetzung der Spannung V
                           aus deren Komponenten R I
                           und L ω I.

In Fig. 3 entspricht der Vektor I dem Strome i; der Vektor ω I, dem Differentialquotienten $\frac{di}{dt}$, der nach vorstehender Gleichung dem Strome um 90° voreilt. Die graphische Addition der Vektoren RI und L ω I liefert den Vektor V der Spannung v. Der Wert von V ergibt sich aus $V = I \sqrt{R^2 + \omega^2 L^2}$, die Phasenverschiebung φ zwischen Strom und Spannung aus $\operatorname{tg} \varphi = \frac{R}{\omega L}$; die Spannung eilt dem Strome um den Winkel φ voraus.

Es ist darauf hinzuweisen, daß der Vektor als Symbol einer Wechselstromgröße nur dann zulässig ist, wenn ihre Kurvenform rein sinusförmig (einwellig ist); bei mehrwelliger Kurvenform verliert die Darstellungsweise ihre Berechtigung, da Schwingungen verschiedener Frequenz (verschiedener Winkelgeschwindigkeit) auftreten. In der Elektrotechnik bilden geringere oder größere Abweichungen von der reinen Sinusform die Regel. Müssen sie berücksichtigt werden, so hilft man sich dadurch, daß man an Stelle der mehrwelligen Ströme und Spannungen die *äquivalenten* Sinusströme uud Sinusspannungen einführt, d. h. Ströme und Spannungen von reiner Sinusform, deren Effektivwerte die gleichen Beträge haben wie die mehrwelligen Ströme und Spannungen.

R. Schmidt.

Näheres s. A. Fraenkel, Theorie der Wechselströme. Berlin 1921.

Vena contracta s. Contractio venae.

Ventilmanometer. Ein von K u n d t konstruiertes, mit einem Ventil versehenes Manometer (z. B. Wassermanometer), welches bei Druckschwankungen je nach der Stellung des Ventils nur die Druckzunahme oder nur die Druckabnahme anzeigt.

In seiner einfachsten Form besteht das Ventil aus einer auf das eine Ende eines Rohres gekitteten Metallplatte, in welcher sich ein schmaler Spalt befindet. Über denselben ist eine Membran (z. B. Kautschuk) gespannt, welche an den beiden Enden auf die Platte aufgeklebt ist. Das andere Ende des Rohres steht mit dem einen Schenkel des Wassermanometers in Verbindung. Die Ventilplatte befinde sich in dem Schwingungsknoten einer tönenden Pfeife. Ist dann die Membran auf der der Pfeife zugewandten Seite der Metallplatte befestigt, so öffnet sie den Spalt nur während der Druckverminderungen im Knoten, ist sie auf der anderen Seite befestigt, so öffnet sie ihn bei Druckerhöhungen.

Namentlich D v o ř á k hat auf Fehlerquellen aufmerksam gemacht, durch welche die Anzeigen des Manometers stark gefälscht werden können.

Das Ventilmanometer ist zu Messungen der Schallintensität benutzt worden. *E. Waetzmann.*
Näheres s. Dvořák, Pogg. Ann. **157**, 1876.

Ventilröhre, Röhre für elektrische Gas- oder Vakuumentladung mit zwei Elektroden, die eine sehr verschiedene Leitfähigkeit für die beiden Stromrichtungen zeigt. In der einen Richtung kann die Leitfähigkeit überhaupt gleich Null sein, dann spricht man von vollständiger Ventilwirkung. Die Ventilröhren dienen dazu, aus einer Wechselstromquelle Gleichstrom oder wenigstens pulsierenden Strom stets gleicher Richtung zu entnehmen. Eine Kombination zweier Ventile, die beide Wechselstromphasen zu einem Gleichstrom gleichbleibender Richtung verarbeitet, heißt Gleichrichter (s. d.). Als Ventilröhren lassen sich Glimmlichtröhren verwenden, die in ihrer Strombahn ein trichterförmiges Diaphragma haben (Holtz). Vollständiger wirken jedoch solche Glimmlichtröhren, bei denen die eine Elektrode eng von den Glaswänden umgeben, die andere sehr frei liegt, und zwar dann, wenn die Glaswände näher an der erstgenannten Elektrode liegen, als bei dem betreffenden Gasdruck die Größe des Kathodendunkelraumes (Hittorfschen Dunkelraumes) beträgt. Eine kathodische Entladung kann sich dann nicht ausbilden (Hittorf). Daher läßt diese Röhre nur Strom hindurch, wenn die freiliegende Elektrode Kathode ist. Derartige Ventilröhren werden viel mit Röntgenröhren in Serie angewendet, um Stromumkehr in der Röntgenröhre zu verhindern.

Eine andere Art Ventilröhren sind die mit einer glühenden Elektrode versehen, sie lassen nur Strom hindurch, wenn die Glühelektrode Kathode ist (Edison). Diese Erscheinung wurde zum Bau eines Detektors für die drahtlose Telegraphie von J. A. Fleming ausgenutzt (s. Flemingdetektor). Besonders stark wirksam sind glühende Kathoden, die einen Überzug von Erdalkalioxyd haben (Wehnelt). Ventile mit reiner Glühelektronenentladung (Hochvakuumventile) werden jetzt vielfach angewendet (J. Langmuir und S. Dushman) und zwar insbesondere zur Erzeugung sehr hoher Gleichspannungen (1000—200 000 Volt) aus Wechselstrom, z. B. für Röntgenröhren oder Senderöhren. Manche Glühkathodenventile haben eine Gasatmosphäre, die sich als Glimmlicht oder Lichtbogen (Wehnelt-Donath, Hag. Akk.-Wk.) an der Entladung beteiligt. In diesem Falle sind jedoch die gelieferten Gleichspannungen wesentlich niedriger (ca. 5000 Volt maximal), da leicht Rückzündung auftritt, d. h. das Ventil in beiden Richtungen Strom durchläßt. Dasselbe gilt für Ventile, die mit Lichtbögen ohne geheizte Kathoden arbeiten. Unter diesen ist besonders bekannt der Quecksilberdampfbogen' (s. d.). Neuerdings werden Lichtbögen in Edelgasen mit Alkalikathoden verwendet (Skaupy, Nienhold). Die meisten dieser Ventile werden zu zwei oder drei zusammen als sog. Gleichrichteranordnungen für Wechselstrom oder Drehstrom gebaut (s. Gleichrichter). *H. Rukop.*

Venturirohr s. Saugdüse.

Ventzkesche Skale s. Saccharimetrie.

Venus s. Planeten.

Venusdurchgänge s. Venus unter Planeten.

Veränderliche Sterne sind solche, deren Helligkeit keinen konstanten Wert hat, sondern sich mit der Zeit verändert, im allgemeinen zwischen einem größten und einem kleinsten Werte in festen Intervallen auf und ab schwankt. Wird in einem Diagramm zu der Zeit (in Tagen) als Abszisse die Hellig-

keit (in Größenklassen) als Ordinate eingezeichnet, so heißt der durch die Beobachtungswerte bestimmte Kurvenzug die Lichtkurve des Sterns, das Zeitintervall zwischen gleichen Phasen (von Maximum zu Maximum oder von Minimum zu Minimum) die Periode des Lichtwechsels. Die Amplitude des Lichtwechsels ist bei den weitaus meisten Veränderlichen kleiner oder wenig größer als 1 Größenklasse (einem *Unterschied* von 1 Größenklasse entspricht ein Intensitäts*verhältnis* 2,5 : 1), doch kommen auch größere Amplituden (bis zu 9 Größenklassen) vor. Das Studium von Schwankungen unter $0^m,1$ fällt der lichtelektrischen Zelle zu, für die größeren Amplituden finden alle Methoden der visuellen und photographischen Photometrie Anwendung (s. Photometrie der Gestirne).

Die kürzeste bisher beobachtete Periode beträgt 3 Stunden 14 Minuten, die längste mehr als 800 Tage. Zwischen diesen Grenzen verteilen sich jedoch die Periodenlängen nicht gleichmäßig, sondern häufen sich an zwei Stellen. Etwa 50% aller Veränderlichen (die Veränderlichen in Sternhaufen sind hierbei nicht mitgezählt) haben Perioden zwischen 200^d und 400^d, weitere 25% Perioden unter 10^d.

Die Zahl der Sterne, die mit Sicherheit als veränderlich erkannt sind, ist auf 2000 angewachsen (ohne die Veränderlichen in Sternhaufen). Von verschiedenen Gesichtspunkten her ist versucht worden, sie in Klassen einzuteilen, z. B. nach der Länge der Periode oder nach der Form und den Besonderheiten der Lichtkurve. Ein durchgreifendes Prinzip ist aber bisher nicht gefunden worden und wird sich erst ergeben, wenn die physikalische Ursache des Lichtwechsels für eine größere Zahl von Veränderlichen bekannt geworden ist.

Eine vollkommene Einsicht in die dem Lichtwechsel zugrunde liegenden Vorgänge besteht nur bei der Klasse der *Verfinsterungsveränderlichen* (Algoltypus). Durch das ebenfalls mit der Periode des Lichtwechsels verlaufende Pendeln der Spektrallinien um ihre Normallage (s. Dopplersches Prinzip) verrät sich die Doppelsternnatur dieser Veränderlichen, auch wenn visuell und im Spektrum nur eine Komponente sichtbar ist. Liegt bei einem solchen Doppelsternsystem die Bahnebene so, daß sie den Beobachter enthält, dann findet zweimal in jedem Umlauf eine totale oder ringförmige Bedeckung einer Komponente durch die andere statt. Bei gleicher Helligkeit und Größe beider Sterne sinkt deshalb zweimal in jedem Umlauf die Gesamthelligkeit in kurzer Zeit, meist in wenigen Stunden, auf die Hälfte herab, verweilt einige Zeit auf diesem niedrigen Werte und steigt in derselben Zeit, in der der Abstieg vor sich ging, wieder zu der normalen Größe an, die der Stern bis zum nächsten Minimum unverändert beibehält. Ist eine der Komponenten lichtschwächer als die andere, so werden die Minima ungleich; das Hauptminimum entspricht der Bedeckung des helleren Sterns durch den schwächeren. Je schwächer die zweite Komponente ist, desto flacher ist das Nebenminimum; ist sie ganz dunkel, so zeigt die Lichtkurve den einfachsten Verlauf: konstante Helligkeit, die in regelmäßigen Abständen von steilem Abfall und Wiederanstieg unterbrochen wird. Die Minima haben gleiche Abstände, wenn die Bahn des Doppelsterns kreisförmig ist; ist sie elliptisch, so teilt das Nebenminimum die Zeit zwischen den Hauptbedeckungen in ungleiche Teile. In den häufigeren Fällen, wo die Bahnebene gegen die Blickrichtung kleine Winkel (bis zu 30°) bildet, treten partielle Bedeckungen ein, die sich durch spitze Minima (ohne Verweilen auf dem Minimalwerte) kennzeichnen. Die Verbindung der photometrischen und der spektroskopischen Beobachtungen führt zur vollständigen Kenntnis der Dimensionen und Helligkeiten des Doppelsterns, sobald seine Entfernung bekannt ist. In vielen Fällen vermischt sich mit dem Bedeckungslichtwechsel ein zweiter, der dieselbe Periode innehält und durch die verschiedene Helligkeit oder Größe (bei ellipsoidischen Körpern) der uns während des Umlaufs zugekehrten Oberflächenstücke der Komponenten begründet sein kann. Von den 131 genauer bekannten Bedeckungsveränderlichen haben 105 Perioden zwischen 1^d und 10^d, 15 unter 1^d und nur 11 über 10^d. Diese Verteilung entspricht den ausgeführten Vorstellungen, die bei engen Systemen mit entsprechend kurzer Umlaufszeit ein häufigeres Zustandekommen von Bedeckungen erwarten lassen. Der Umfang des Lichtwechsels beträgt in einigen Fällen nahezu 4 Größenklassen, ist aber sonst kleiner.

Die Möglichkeit, enge Doppelsterne anzunehmen, besteht auch bei den δ *Cephei*- und verwandten Sternen, da auch bei ihnen periodisch veränderliche Linienverschiebungen im Spektrum auftreten. Die 0-Werte der Radialgeschwindigkeit fallen jedoch nicht auf die Extremwerte des Lichtwechsels, so daß auch bei der Annahme eines Doppelsternsystems nicht an Bedeckungen, sondern an eine auf den Sternkörpern selbst wirkende Ursache gedacht werden muß. Da neuerdings auch bei anderen Veränderlichen Linienverschiebungen beobachtet worden sind, die kaum auf eine Bahnbewegung zurückgeführt werden können, so kann man auch bei den δ Cephei-Veränderlichen einfache Sterne annehmen und ihnen periodische, mit Temperaturänderungen verknüpfte Volumenschwankungen (Pulsationen) zuschreiben. Eine Entscheidung ist bis heute nicht möglich. Das Charakteristische der Lichtkurven dieser Blinksterne ist ein steiler Anstieg und ein langsamerer Abfall. Der Umfang des Lichtwechsels beträgt selten mehr als eine Größenklasse, die bisher bekannten Perioden liegen zwischen $3^h 14^m$ und 1—2 Monaten, häufen sich aber auffällig um die Werte $5^d,5$ (δ Cepheisterne) und $0^d,5$ (RR Lyraesterne). Von der Art der kurzperiodischen RR Lyraesterne sind die in einigen Sternhaufen (besonders den kugelförmigen) massenhaft vorkommenden Cluster-Veränderlichen, von denen bisher gegen 4000 bekannt sind. Zwischen der Länge der Periode und der absoluten Helligkeit (Leuchtkraft) hat sich bei den Blinksternen eine klare Beziehung ergeben, derart, daß durch die beobachtete Länge der Periode die absolute Helligkeit eindeutig gegeben ist; aus dieser und der scheinbaren Helligkeit ergibt sich die Entfernung des Sterns. Auf diesem Wege ist es gelungen, die hoffnungslos beengenden Leistungsgrenzen der Winkelmeßinstrumente zu durchbrechen und in beliebig großen Entfernungen mit derselben Genauigkeit zu messen wie in unserer Nachbarschaft. Die Grenze der uns sichtbaren Sternenwelt ist dadurch in eine Entfernung von 200000 Lichtjahren ($2 \cdot 10^{18}$ km) hinausgerückt worden.

Von den Perioden der δ Cepheigruppe führt eine Klasse von Veränderlichen mit einer Periodenhäufung um 70^d hinüber zu den Sternen des *Miratypus* (Muster: Mira Ceti, der Stern o Ceti), deren Perioden zwischen 200^d und 400^d liegen. Die Amplitude der Lichtschwankung beträgt durchschnitt-

lich 4^m, steigt aber in einzelnen Fällen auf 9^m an (dem entspricht ein Intensitätsverhältnis 4000 : 1). Sowohl die Perioden wie die Lichtkurven zeigen Unregelmäßigkeiten und periodische Veränderungen. Die Mirasterne sind durchweg gelbe oder gelbrote Sterne niedriger Oberflächentemperatur, sie zeigen im Spektrum helle Wasserstofflinien (Typus Md). Umgekehrt sind die Md-Sterne veränderlich, fast immer im Miratypus. Als Ursache des Lichtwechsels kommt eine periodische Schwankung der Gesamtstrahlung oder die Rotation eines Himmelskörpers mit verschieden hellen Oberflächengebieten in Betracht.

Um einen physikalisch wahrscheinlich verwandten, aber einmaligen und besonders intensiven Vorgang handelt es sich bei den sogenannten *neuen Sternen*, die infolge der ausgedehnten Überwachung des Himmels in den letzten Jahrzehnten unerwartet oft gefunden werden. Es handelt sich um Sterne, die, solange Beobachtungen über sie vorliegen, eine konstante Helligkeit hatten oder unsichtbar waren. Ihr Licht wächst plötzlich in wenigen Tagen um mehrere Größenklassen an und nimmt langsam im Verlauf von Jahren wieder ab, bis schließlich wieder ein Ruhewert erreicht wird. Die hellsten der neuen Sterne haben in ihrem Maximum die Helligkeit der hellsten Fixsterne erreicht und übertroffen. Mit der Helligkeitsänderung ist eine Änderung der Farbe und des Spektrums verbunden. Das kontinuierliche Spektrum erreicht mit dem Lichtmaximum seine größte Intensität und nimmt dann rasch ab. Mehrere Systeme von hellen und dunklen Linien sind gleichzeitig vorhanden; den Differenzen ihrer Wellenlängen entsprechen Unterschiede der Radialgeschwindigkeiten von mehreren hundert Kilometern, die größten gemessenen Linienverschiebungen verlangen zu ihrer Erklärung eine Geschwindigkeit ihrer Quelle von 3000 km/sec. Nach einer Periode mit kurzen Helligkeitsschwankungen tritt das kontinuierliche Spektrum ganz zurück; statt dessen stellen sich die typischen Gasnebellinien ein. Die Nova hat in diesem Stadium nicht mehr das punktförmige Aussehen eines normalen Fixsterns, sondern erscheint wie ein planetarischer Nebel als verwaschene Scheibe von meßbarer Ausdehnung (bei der Nova Aquilae 1918 4″ Durchmesser). Die weitere Entwicklung, die bisher nicht oft genug verfolgt werden konnte, scheint zum Spektraltypus O und weiter vielleicht nach B zu führen. Es wird vermutet, daß das Eindringen von Sternen in kosmische Nebelmassen zu den Erscheinungen der neuen Sterne Anlaß gibt.

Von den angeführten Erklärungsversuchen bis zu einer physikalischen Theorie der veränderlichen Sterne (mit Ausnahme der Verfinsterungsveränderlichen) ist der Weg noch weit. Außer den skizzierten groben Zügen ist eine Menge von Einzelheiten zu deuten. Andererseits bieten die Veränderlichen zugleich den Angriffspunkt für die wesentlichen Probleme der Fixsternphysik. *W. Kruse.*

Näheres s. Scheiner-Graff, Astrophysik.

Verant s. Guckkasten.

Verbesserte Breite s. Breite.

Verbrennungskraftmaschinen. I. Begriff: Verbrennungskraftmaschinen sind Wärmekraftmaschinen. Ihr Kennzeichen ist, daß ihnen die zur Durchführung des Arbeitsprozesses nötige Wärme chemisch gebunden zugeführt wird; sie wird erst durch einen Verbrennungsvorgang frei, der sich in einem zur Maschine selbst gehörigen Raum abspielt. Die Regel ist, daß immer nur so viel Wärme freigemacht

wird, als für ein Arbeitsspiel erforderlich ist, so daß
die Verbrennung mit Unterbrechungen vor sich
geht. Ununterbrochene Verbrennung ist nur selten
versucht worden, bisher ohne praktisches Ergebnis.
Erfolgt die Verbrennung mit steigendem Druck,
dann spricht man von Explosions- oder Verpuffungs-
maschinen; bei gleichem Druck von Gleichdruck-
maschinen.

II. Der Brennstoff kann fest, flüssig, dampf-
förmig oder gasförmig sein. Kraftmaschinen mit
festen Brennstoffen standen am Anfang der geschichtlichen Entwicklung der Dampfmaschine, der
Gasmaschine und der Ölmaschine; sie blieben aber
stets auf der untersten Stufe des Versuches stehen.
Bedeutung haben sie erlangt in der Form der Geschütze und der Feuerwaffen überhaupt.

Mit flüssigem Brennstoff werden die Ölmaschinen betrieben; man unterscheidet Schweröle und Leichtöle. Schwerölmaschinen, zu denen
vor allem die Dieselmotoren gehören, verwenden
das Öl in flüssigem Zustande, und zwar mineralische Öle (Steinkohlenteeröl, Braunkohlenteeröl, Erdöl), aber auch Pflanzenöle (Palmkernöl, Olivenöl);
ihr Kennzeichen ist die Selbstzündung des Öles.
Flüssiger Brennstoff in Dampfform wird für die
Leichtölmaschinen verwendet, die mit Benzin, Benzol
und anderen leicht verdampfenden Ölen betrieben
werden. Sie erfordern besondere Zündung. In diese
Gruppe gehören die meisten Motoren zum Antrieb
von Kraftwagen, Flugzeugen, Motorbooten, Motor-
pflügen u. dgl. und zum Antrieb kleiner Werkstätten.

Mit gasförmigen Brennstoffen werden die Gasmaschinen betrieben. Sie nützen im größten Maßstabe Abfallgase der Hütten und Bergwerke und
der chemischen Industrie aus (Hochofengas, Koks-
ofengas), außerdem Gase, die in besonderen Gas-
erzeugern hergestellt werden (Generatorgase) oder,
in geringerem Umfange, Leuchtgas aus den Gas-
werken.

III. Hauptarten der Verbrennungsma-
schinen: 1. Leichtölmotoren: Ortsfeste Maschinen weisen die bei Wärmekraftmaschinen übliche
Bauart auf; sie sind meist liegend angeordnet, mit
einem oder zwei Zylindern. Fahrzeugmotoren dagegen zeigen eine große Mannigfaltigkeit der Anordnung: nach Zahl und Zusammenfügung der
Arbeitszylinder bezeichnet man sie als Reihen-,
Stern-, Fächermotoren; ferner als Stand- oder
Umlaufmotoren, je nachdem die Zylinder feststehen oder sich um die Kurbelwelle drehen.
Nach Dr. Schroen [1]) unterscheidet man Umlaufmotoren erster Art, wenn das Gestell feststeht, der
Zylinder umläuft, zweiter Art, wenn das Gestell
umläuft und der Zylinder sich ebenfalls gleichsinnig
oder gegensinnig dreht. Eine einheitliche Form hat
sich für diese Maschinen noch nicht herausgebildet.

Für ihre Arbeitsweise ist der Vergaser wesentlich; sein Zweck ist die Bildung eines gleichmäßigen
Gemisches aus Leichtöldämpfen und Luft. Sie
arbeiten mit mäßiger Verdichtungsspannung, um
Selbstzündung zu vermeiden, haben besondere
elektrische Zündung. Um die Leistung zu steigern
oder bei Verringerung der Brennluftzufuhr auf der
gewünschten Höhe zu halten, werden sie durch besondere Verdichter mit vorverdichteter Luft beschickt. Dies gilt besonders für Höhenmotoren, in
neuester Zeit auch für Kraftwagenmotoren.

Die Fahrzeugmaschinen haben eine Reihe von
Kennzeichen, die zugleich die Hauptschwierigkeiten
der Ausführung erkennen lassen: Hohe Umlaufzahl,
daher Schwierigkeit der Beherrschung der Massen-
kräfte; geringes Gewicht bei starker Ausnützung
der Baustoffe, daher Wahl besonders widerstandsfähiger Baustoffe; Vermehrung der Zylinderzahl
zur Erzielung großer Leistung: daraus ergibt sich
als Vorteil die Möglichkeit der Massenfertigung.

2. Schwerölmaschinen: Wesentlich für diese
Maschinen ist die Selbstzündung flüssigen Brennstoffes in hochverdichteter Luft (etwa 35 at.). Die
Zündfähigkeit hängt vom Wasserstoffgehalt des
Brennstoffes ab; sinkt er unter 11,2 Gewichtsprozente, so wird dem Treiböl ein wasserstoff-
reicheres Zündöl vorgelagert, das die Zündung einleitet.

Nach der Art der Einführung des Brennstoffes
unterscheidet man Einblasemaschinen und Ein-
spritzmaschinen. Die Einblasemaschine besitzt
einen besonderen Luftverdichter für einen Druck
von 60—70 at. Die Einblaseluft muß den Brennstoff mit sich reißen und durch einen Zerstäuber
fein verteilt in den Arbeitszylinder jagen, so daß
er in der hocherhitzten Arbeitsluft verbrennt.
Dieses Verfahren ist die Regel bei größeren Maschinen; es stammt von Diesel, daher heißt man
diese Maschinen auch Dieselmotoren.

Die Einspritzmaschine hat keinen Luftverdichter.
Der Brennstoff wird unmittelbar in den Zylinder
gespritzt und dort durch Berührung heißer Flächen
entzündet. Diese Maschinen heißen Glühkopf-
motoren. Sie arbeiten gewöhnlich mit geringerer
Verdichtungsspannung und besitzen meist nur kleine
Leistung.

So alt wie der Dieselmotor ist das Bestreben, den
Luftverdichter, die Einblasevorrichtung und die
verwickelte Zerstäubungseinrichtung zu beseitigen,
die die Maschine teuer machen und den Betrieb
erschweren. Eine lange Reihe von Ausführungen
wurde versucht, die aber meist bald wieder ver-
schwanden. In neuester Zeit scheinen einzelne Bauarten die Schwierigkeiten überwunden zu haben.
Man läßt die Verbrennung entweder in einem vom
Arbeitszylinder getrennten Raum (Retorte) vor sich
gehen, die nur durch einen engen Kanal mit dem
Zylinder verbunden ist, oder man bildet den Kolben
als Verdränger aus, der so gestaltet ist, daß der
Verbrennungsraum während der Einspritzung vom
eigentlichen Zylinder fast völlig getrennt wird und
nur durch einen engen Ringquerschnitt mit ihm in
Verbindung bleibt. Diese Maschinen arbeiten mit
hoher Verdichtung der Arbeitsluft, also wie die
Dieselmaschinen, aber ohne Verdichter für die Einblaseluft und ohne Brennstoffzerstäuber, womit der
angestrebte Idealzustand wenigstens für mäßige
Leistungen erreicht wäre.

Angaben über die baulichen Erfordernisse der
Schwerölmaschinen enthält der Abschnitt über Gasmaschinen.

Die Schwerölmaschine findet Verwendung zu
Lande für den Betrieb von Elektrizitätswerken,
hauptsächlich als Bereitschaftsmaschine, aber auch
als Betriebsmaschine in Fabriken.

Ihre Hauptrolle beginnt sie im Schiffsmaschinen-
bau zu spielen, wo sie ihres geringen Brennstoff-
verbrauchs halber rasch an Boden gewinnt.

3. Gasmaschinen. Man unterscheidet die Groß-
gasmaschinen (Leistung eines Zylinders über
300 PS) von den Kleingasmaschinen. Als
Brennstoff verwendbar sind alle gasförmigen Stoffe,

---

[1]) „Der Motorwagen" 31. 12. 1920, S. 689 ff und 10. 11.
1922, S. 589 ff.

die unter Zuführung von Sauerstoff verbrannt werden können. Die Zündung erfolgt elektrisch. Die Bildung des Gemisches geschieht meist mit einfachen Mitteln und bietet gewöhnlich keine Schwierigkeiten. Überlastbarkeit wird erzielt durch Vorverdichtung von Gas und Luft: Hochleistungsmaschine.

Die Großgasmaschine ist am weitesten verbreitet auf Hütten und Zechen zur Verwertung der Abfallgase von Hochöfen und Koksöfen. (Die Möglichkeit der Verwertung anderer Abfallgase besteht ebenfalls, ist aber bisher noch wenig ausgenützt.)

Sie wird für Leistungen bis 6000 PS in einer Gruppe gebaut; man verwendet sie zum Antrieb von Dynamomaschinen und Gebläsen, manchmal auch für Walzwerke oder Werkstättenantrieb.

Sie ist meist doppeltwirkend, in liegender Anordnung. Bei großen Leistungen baut man sie als Tandem- oder Zwillingstandemmaschine.

Ihre bauliche Ausgestaltung ist in Deutschland erfolgt; erst später gewann sie Bedeutung in Amerika; in geringerem Maße in England, Frankreich, Belgien und Rußland.

Die Kleingasmaschine wird meist einfachwirkend gebaut. Brennstoff: Generatorgas, Leuchtgas. Sie wurde ebenfalls in Deutschland entwickelt, auf Grund der bahnbrechenden Ausführungen von Otto.

IV. Die Schwierigkeiten des Baues der Gas- und Ölmaschinen liegen in der Beherrschung großer Kräfte und hoher Temperaturen; sie sind am größten bei den Ölmaschinen und wachsen mit der Größe der Maschine; sie wachsen auch mit der Häufigkeit der Zündungen: daher sind die doppeltwirkenden Maschinen schwerer zu bauen als die einfachwirkenden, die Zweitaktmaschinen schwerer beansprucht als die Viertaktmaschinen (Viertakt—Zweitakt: Beim Viertakt trifft eine Zündung auf vier Hübe einer Kolbenseite, beim Zweitakt eine Zündung auf zwei Hübe). Dieser Schwierigkeiten halber ist zwar der Zweitakt das angestrebte Ideal und schließlich auch das in der Zukunft zu erreichende Endziel — gegenwärtig herrscht als die betriebssichere Maschine der Viertakt.

V. Wirtschaftliche Bedeutung. Der Vorzug der Verbrennungskraftmaschine vor anderen Wärmekraftmaschinen liegt in der besseren Wärmeausnützung, die meist das Doppelte von Dampfmaschinen beträgt. Wenigstens gilt dies von der Verbrennungsmaschine als Kolbenmaschine. Die Gasturbine hat bis jetzt keinen solchen Vorsprung erreicht. (Ihre einzige betriebsfähige Ausführung von größerer Leistung ist bisher die Gasturbine von Holzwarth.)

Bei großen Anlagen wird die Wirtschaftlichkeit erhöht durch Verwertung der Abwärme der Auspuffgase und des Kühlwassers, womit auch der Vorsprung eingeholt werden kann, den die Dampfmaschine auf diesem Gebiete sonst hat.

Das erwärmte Kühlwasser wird durch die Hitze der Auspuffgase verdampft, der Dampf unter Umständen auch überhitzt. Bemerkenswert ist das Verfahren von Semmler, der die Temperatur des Kühlwassers in der Maschine bis zur Verdampfungstemperatur steigen läßt, um den Wärmeübergang zu vergrößern. Der Dampf dient zum Heizen und Trocknen oder zum Betrieb von Kraftmaschinen. Die Vereinigung einer solchen Dampfmaschine mit der Verbrennungsmaschine hat in England Still durchgeführt (Stillmotor, eine Verbindung von Dieselmotor und Dampfmaschine),

in Amerika Henry Ford (Verbindung von Generatorgasmaschine und Dampfmaschine).

Georg Marx.

Verbrennungsraum s. Rohrkonstruktion.

Verbrennungsröhrenglas, das zur Elementaranalyse organischer Stoffe dient, muß schwer schmelzbar sein. Es wird dazu das böhmische Kaliglas und das Jenaer Verbrennungsröhrenglas benutzt. Dieses hat höhere Erweichungstemperatur und kleinere Wärmeausdehnung, es springt daher nicht so leicht bei plötzlichem Temperaturwechsel.

R. Schaller.

Verbundglas. Um Glasröhren durch Beseitigung der auf ihrer Innenwandung herrschenden Zugspannung widerstandsfähiger zu machen (s. Spannung), versah sie Schott nach dem Überfangverfahren mit einer dünnen Schicht eines Glases, das kleinere Ausdehnung hat als das übrige Glas. Beim Erkalten zieht sich dieses Glas nicht soweit zusammen, ihm wird daher vom übrigen Glase Druckspannung erteilt (s. Röhrenglas).

R. Schaller.

Verdampfung, Verdampfungswärme s. Dampfdruck.

Verdampfungsarbeit s. Verdampfungswärme.

Verdampfungswärme ist diejenige Wärmemenge, welche erfordert wird, um 1 g Flüssigkeit einer bestimmten Temperatur in gesättigten Dampf der gleichen Temperatur überzuführen. Zieht man von dieser Wärmemenge die in kalorische Einheiten umgerechnete Arbeitsleistung (Verdampfungsarbeit) ab, welche durch die bei der Verdampfung erfolgende Volumenänderung bedingt wird, so erhält man die sog. innere Verdampfungswärme. — Die Verdampfungswärme läßt sich als reine Temperaturfunktion darstellen, doch ist kein einfacher Ausdruck bekannt, der über ein weites Temperaturgebiet allgemeine Gültigkeit besitzt. Im kritischen Punkt ist die Verdampfungswärme λ für alle Flüssigkeiten Null und der Temperaturkoeffizient der Verdampfungswärme $\dfrac{d\lambda}{dt}$ ist hier $-\infty$. Nach der Troutonschen Regel (1884) soll der Quotient der molekularen Verdampfungswärme beim normalen Siedepunkt $\lambda \cdot m$ (m Molekulargewicht) dividiert durch die absolute Siedetemperatur T_n (bei dem Druck einer Atmosphäre) konstant sein, und zwar etwa den Wert 21 annehmen. Die Guldbergsche Regel (1890), welche ebenfalls nur angenähert gilt, sagt aus, daß der Quotient $\dfrac{\lambda \, m}{T}$ für verschiedene Temperaturen übereinstimmt, wenn die Temperaturen T korrespondierende Temperaturen, d. h. gleiche Vielfache der betreffenden kritischen Temperaturen sind. Die Troutonsche Regel wird zum Spezialfall der Guldbergschen Regel, wenn man die angenähert gültige Beziehung einführt, daß die normalen Siedepunkte korrespondierende Temperaturen sind und in absoluter Zählung etwa $^2/_3$ der kritischen Temperaturen betragen.

Die Verdampfungswärme λ läßt sich in Abhängigkeit von der Siedetemperatur T thermodynamisch nach der Clausiusschen Gleichung $\lambda = T\,(v_1 - v_2)\,\dfrac{dp}{dT}$ berechnen, wenn die spezifischen Volumina v_1 und v_2 von Dampf und Flüssigkeit im Sättigungszustand und der Sättigungsdruck p bei der Temperatur T bekannt sind. Für den Fall sehr kleiner Drucke p ist v_2 gegen v_1 zu vernachlässigen. Gleichzeitig folgt v_1 sehr nahe den Gesetzen eines idealen Gases $v_1 = \dfrac{RT}{p}$, so daß für kleine Drucke

$$\lambda = R\,T^2\,\frac{1}{p}\,\frac{dp}{dT} = R T^2\,\frac{d\ln p}{dT}\ \text{gesetzt werden kann.}$$

Als totale Verdampfungswärme bezeichnet man diejenige Wärmemenge, welche erforderlich ist, um ein Gramm Flüssigkeit von 0^0 auf die Temperatur t zu erwärmen und bei dieser Temperatur in den Zustand gesättigten Dampfes überzuführen.

Folgendes sind die Verdampfungswärmen λ einiger Stoffe in cal/g.

Stoff	Temp.	λ			
Sauerstoff . . .	-183	51	Wasser	0^0	596,1
Stickstoff . . .	-195	48		50^0	569,0
Schwefl. Säure	-11	95		100^0	539,1
Schwefelkohlen-				150	504,2
stoff . . .	46	84		180	482,7
Quecksilber . .	358	68			*Henning.*

Verdampfungswärme. Kondensationswärme. Verdunstungskälte. Um 1 g Wasser von 100^0 in 1 g Dampf von 100^0 zu verwandeln, ist eine Wärmemenge von 539 g-Kalorien erforderlich. Die zum Verdampfen verbrauchte Wärme nennt man Verdampfungswärme; die Verdampfungswärme des Wassers ist also 539 cal für 1 g Wasser. Umgekehrt muß 1 g Wasserdampf von 100^0 bei der Umwandlung in 1 g Wasser von 100^0 eine Wärmemenge von 539 cal entzogen werden. Diese entzogene und somit gewonnene Wärmemenge nennt man die Kondensationswärme. Verdampfungs- und Kondensationswärme sind also für ein und dieselbe Substanz numerisch gleich, haben aber das entgegengesetzte Vorzeichen. Von Substanz zu Substanz ändern sich dagegen Verdampfungs- und Kondensationswärme innerhalb weiter Grenzen. Einige Werte mögen hier angegeben werden.

Verdampfungs- und Kondensationswärme für 1 g Substanz.

Äthyläther	90 cal	Schwefelkohlen-	
Äthylalkohol	202 „	stoff.	85 cal
Ammoniak	321 „	Schweflige Säure	
Anilin	104 „	(0^0)	96 „
Benzol	94 „	Stickstoff	48 „
Chloroform	58 „	Wasser (0^0). . . .	596 „
Citronenöl	80 „	„ (100^0) . .	539 „
Essigsäure	90 „	Wasserstoff	110 „
Kohlensäure	142 „	Terpentinöl	70 „
„ (-25^0) . .	72 „	Toluol	87 „
„ (0^0)	56 „	Cadmium	180 „
Quecksilber	68 „	Schwefel	362 „
Sauerstoff	51 „	Zink	365 „

Soweit nichts anderes bekannt ist, gelten die vorstehenden Zahlen für den normalen Siedepunkt der Substanz. Aber auch schon unterhalb dieser Temperatur tritt eine Verdampfung ein, welche man Verdunstung nennt. Am bekanntesten ist die Wasserverdunstung auf der Erdoberfläche, die schon bei gewöhnlicher Temperatur erfolgt, und die eine große Rolle im Haushalt der Natur spielt. Bei diesem Vorgang wird wie bei der Verdampfung Wärme verbraucht, die man in der Regel nicht als Verdunstungswärme, sondern als Verdunstungskälte anspricht.

Zum Nachweis der Verdunstungskälte dient der einfache Versuch, sich den leicht flüchtigen Äthyläther über die Hand zu gießen. Der Äther hat bei der großen, ihm dargebotenen Oberfläche das lebhafte Bestreben zu verdunsten; die hierzu nötige Wärmemenge wird dem menschlichen Körper entzogen, in dem hierdurch das Gefühl der Kälte ent-

steht. Zur Auslösung des Kältegefühls bedarf es übrigens nicht eines so intensiv wirkenden Mittels wie Äthyläther; bei einiger Übung gelingt es schon, es durch Befeuchten eines Fingers mit Wasser hervorzurufen. Auch das Gefühl der Kälte, das man empfindet, wenn man aus einem überhitzten Raume in die freie Luft hinaustritt, beruht auf Wärmeentziehung durch verdunstende Feuchtigkeit.

Der Vorgang der Verdunstung wird vielfach zur Erreichung einer mäßigen Temperaturerniedrigung benutzt. In südlichen Ländern bringt man zu kühlende Speisen und Getränke in feuchte poröse Tongefäße und setzt diese dem Winde aus. Das gleiche Mittel wendet vielfach die Natur selbst zur Kühlung unterirdischer Höhlen an (Eishöhlen; die natürlichen Eiskeller in Niedermendig in der Eifel).

Bringt man unter den Rezipienten einer Luftpumpe ein Schälchen mit Wasser und ein zweites Schälchen mit konzentrierter Schwefelsäure, so setzt beim Evakuieren des Rezipienten eine lebhafte Verdunstung des Wassers ein, das im luftleeren Raum gierig von der Schwefelsäure aufgenommen wird. Das Wasser kühlt sich dabei schnell ab, so daß der auf dem Schälchen verbleibende Rest gefriert.

Wird flüssige, auf etwa 100 Atm. komprimierte Kohlensäure durch Öffnen des Ventils der Flasche entspannt, so tritt infolge der ungeheuer schnellen Verdampfung ein großer Wärmebedarf ein, der nur durch die Kohlensäure selbst gedeckt werden kann. Die Kohlensäure kühlt sich dabei bis unter ihren Erstarrungspunkt (-78^0) ab und verläßt die Stahlflasche in schneeiger Konsistenz, so daß sie in kleinen Säckchen aufgefangen werden kann.

Zur Messung der Verdampfungs- und Kondensationswärme bedient man sich des Mischungskalorimeters. Je nachdem die Siedetemperatur der zu untersuchenden Substanz höher oder tiefer liegt, als die Temperatur des Kalorimeters, leitet man den Dampf oder die Flüssigkeit durch ein schlangenförmig gebogenes Metallrohr mit großer Oberfläche durch das Kalorimeter, aus dem die Substanz als Flüssigkeit oder Dampf austritt. Aus der Temperaturänderung des Kalorimeters und der Menge der kondensierten oder verdampften Substanz findet man im ersteren Falle die Kondensations-, im letzteren Falle die Verdampfungswärme.

Auf elektrischem Wege ermittelt man die Verdampfungswärme, indem man in der Flüssigkeit einen Heizdraht anordnet, durch den man während einer gemessenen Zeit einen gemessenen elektrischen Strom schickt. Die verdampfte Menge der Substanz findet man aus einer Differenzwägung vor und nach dem Versuch. Über die Berechnung der Verdampfungswärme aus den gemessenen Größen vgl. den Artikel Elektrische Kalorimetrie.

Das Verfahren ist zur Messung der Verdampfungswärme von kondensierten Gasen angewendet worden; in diesem Falle ermittelt man die verdampfte Menge nicht als Wägungsdifferenz, sondern aus dem Volumen des gebildeten Gases, das man zu diesem Zwecke in einem Gasometer auffängt.   *Scheel.*

Näheres s. Kohlrausch, Praktische Physik. Leipzig.

Verdetsche Konstante ist die für eine bestimmte Substanz und bestimmte Wellenlänge charakteristische Zahl, die die magnetische Drehung der Polarisationsebene in einer Schicht der Länge 1 cm bei der Feldstärke 1 abs. Einheit (1 Gauß) angibt. Dabei ist die Drehung als proportional der Schichtlänge und Feldstärke vorausgesetzt.

R. Ladenburg.

Näheres, auch Zahlenwerte s. magnetische Drehung der Polarisationsebene.

Verdünnte Gase s. hochverdünnte Gase.

Verdünnungsgesetz (W. Ostwald, 1888). Die Theorie der verdünnten Lösungen von van't Hoff (1886) verlangt, daß der osmotische Druck den Gasgesetzen gehorcht und zwischen den gelösten Stoffen jeder Art als Partialdruck wirkend anzusehen ist. Die Theorie der elektrolytischen Dissoziation von Arrhenius (1887) erklärt die Zunahme des molekularen Leitvermögens mit der Verdünnung nicht durch vermehrte Beweglichkeit, sondern durch die vermehrte Anzahl der Ionen, die mit konstanten Elektrizitätsmengen beladen die Leitung der Elektrizität besorgen. Daher muß das Gleichgewicht zwischen den ungespaltenen Molekülen und den Ionen eines Elektrolyten in verdünnter Lösung dem für ideale Gase gültigen Massenwirkungsgesetz gehorchen und die Konstante dieses Gesetzes muß übereinstimmende Werte behalten für die verschiedenen Dissoziationsgrade, welche für Lösungen verschiedener Konzentration nach der Formel $a = \dfrac{\Lambda}{\Lambda_0}$ aus dem molekularen Leitvermögen ermittelt sind. Enthält das Volum V einer Lösung N Mole einer abgewogenen Menge des Elektrolyten KA, derart, daß N_{AK}-Mole undissoziierten Stoffes, N_A und N_K-Mole der Ionen zufolge der Reaktion $KA = K^+ + A^-$ im Gleichgewicht sind; so lautet das Massenwirkungsgesetz: $\dfrac{N^2_A}{N_{AK} \cdot V}$ = konstant oder, weil $a = \dfrac{N_A}{N} = \dfrac{N_K}{N}$ und $N = N_A + N_{AK}$: $a^2 N/(1-a) V$ = konstant.

Setzt man hierin den aus der Theorie des Leitvermögens folgenden Wert ein, so erhält man die im besonderen als Verdünnungsgesetz bezeichnete Formel:

$$\frac{\Lambda^2}{\Lambda^2_0 - \Lambda_0 \Lambda} \cdot \frac{N}{V} = \text{konstant}.$$

An den schwachen einwertigen Säuren, Basen und ihren Salzen konnte die Gültigkeit des Verdünnungsgesetzes gut bestätigt gefunden werden. Dagegen nimmt die „Konstante" des Gesetzes bei den stark dissoziierten Elektrolyten mit der Konzentration veränderliche Werte an. Die Ursache dieser Abweichungen ist darin zu erblicken, daß die elektrische Leitfähigkeit einer Lösung nur in äußerster Verdünnung ein Maß für den Dissoziationsgrad liefert. Denn wenn auch die Moleküle eines Elektrolyten fast vollständig in ihre Ionen gespalten sind, so muß doch die freie Beweglichkeit dieser Ionen durch ihre gegenseitige Anziehung mehr oder weniger behindert sein, derart, daß unter Umständen die langsameren Ionen von ihren entgegengesetzt geladenen Nachbarn an Ort und Stelle festgehalten werden und so von der Teilnahme am Elektrizitätstransport ausscheiden (I. C. Ghosh, Trans. Chem. Soc. 1918). *H. Cassel.*

Näheres s. M. Le Blanc, Lehrbuch der Elektrochemie. 7. Aufl. 1918. — M. Planck, Thermodynamik. 6. Aufl. 1921.

Verdunstung. Meteorologisches Element, durch welches der Kreislauf des Wassers in der Atmosphäre eingeleitet wird. Sie ist eine Funktion der Temperatur, der Luftfeuchtigkeit, der Windstärke und des Luftdruckes. Nicht nur Wasser, sondern auch Eis kann verdunsten. Am stärksten ist die Verdunstung bei Süßwasser, etwas geringer beim Meerwasser, am geringsten beim Eis.

Zur Messung dient das Evaporimeter oder Atmometer, eine flache mit Wasser gefüllte Schale, deren Gewicht an einem Zeiger abgelesen werden

kann, und auch das Psychrometer (s. Hygrometer). Die instrumentelle Messung gibt jedoch naturgemäß nur Relativwerte, die eine Vergleichung der Verdunstungsmöglichkeit an verschiedenen Orten gestatten, nicht aber den Betrag der wirklich stattfindenden Verdunstung. Man gibt die Größe der Verdunstung, analog wie beim Niederschlag, in Millimetern Wasserhöhe an und fand in den Tropen Werte bis zu 2500 mm. Die mittlere Verdunstung auf dem Meere hat man zu rund 1400 mm berechnet. Die tägliche und die jährliche Periode schließen sich eng dem Gange der Lufttemperatur an. *O. Baschin.*

Verdunstungskälte s. Verdampfungswärme.

Verflüssigung. Unter Verflüssigung versteht man die Überführung von dem dampf- oder gasförmigen in den tropfbar flüssigen Aggregatszustand. Ein Dampf, d. h. ein Gas in der Nähe des Sättigungszustandes, kann leicht durch geringe Volumverkleinerung (bei konstant bleibender Temperatur) oder durch geringe Temperaturerniedrigung (bei konstant bleibendem Volumen) in den flüssigen Zustand übergeführt werden. Bei eigentlichen Gasen sind größere Mittel erforderlich, um die Verflüssigung zu erreichen. Bis vor einigen Jahrzehnten war die Ansicht verbreitet, daß es eine Anzahl sog. permanenter Gase, zu denen besonders der Wasserstoff gerechnet wurde, gäbe, die überhaupt nicht verflüssigt werden könnten. Inzwischen ist es gelungen, alle Gase, auch das Helium, in den flüssigen Aggregatszustand überzuführen.

Verflüssigung kann nur eintreten, wenn das Gas mindestens auf die kritische Temperatur T_k abgekühlt wird. Bei dieser Temperatur muß dann gleichzeitig der Druck bis mindestens zum kritischen Druck p_k gesteigert werden. Wird das Gas auf tiefere Temperaturen gebracht, so erfolgt die Verflüssigung bereits bei kleineren Drucken als dem kritischen. Es beträgt die kritische Temperatur für Helium $T_k = 5,2^0$ abs., für Wasserstoff 33^0, für Luft 132^0 und für Kohlensäure 304^0 abs. Die zugehörigen kritischen Drucke p_k sind für Helium 2,3 Atm., Wasserstoff 12,8 Atm., Luft 37 Atm. und Kohlensäure 73 Atm. Daraus ist ersichtlich, daß Kohlensäure bereits bei Zimmertemperatur durch genügend starke Kompression verflüssigt werden kann. Um Luft durch Kompression in den flüssigen Zustand überzuführen, muß man das Gas auf mindestens T = 132^0 abs. oder t = -141^0 abkühlen. Auf dem angedeuteten Wege haben zuerst Wroblewski und Olszewski größere Mengen von flüssigem Sauerstoff gewonnen. Die besonders von Kamerlingh Onnes ausgebildete Kaskadenmethode (s. d.) bietet die Möglichkeit, ständig eine genügend tiefe Temperatur aufrecht zu erhalten.

Ein ganz anderes Prinzip zur Verflüssigung, insbesondere zur Verflüssigung von Luft, hat C. v. Linde angewendet. Es beruht darauf, daß sich das Gas bei plötzlicher Expansion infolge des Joule-Thomson-Effektes (s. d.) abkühlt, falls nur die Inversionstemperatur (s. d.) unterschritten ist. Diese liegt erheblich höher als die kritische Temperatur, beispielsweise für Luft oberhalb $+100^0$ C. Dadurch ist es möglich, die Luftverflüssigung nach dem Lindeschen Verfahren ohne besondere Vorkühlung vornehmen zu können. Von wesentlicher Bedeutung ist allerdings das sog. Gegenstromprinzip, demzufolge das bereits abgekühlte Gas das neu hinzuströmende vorkühlt. Dadurch wird die kühlende Wirkung des Joule-Thomson-Effektes gesteigert und schließlich die Verflüssigung herbeigeführt. Linde komprimierte die Luft auf 65 Atm. und ließ sie auf 22 Atm. expandieren. Nahezu gleichzeitig mit ihm hat Hampson nach derselben Grundidee einen Apparat zur Luftverflüssigung konstruiert, bei dem die Luft von 200 Atm. auf 1 Atm. entspannt wird.

Bei der Verflüssigung des Wasserstoffes versagt die Kaskadenmethode, da wir keinen Körper kennen, der in dem Intervall zwischen dem Erstarrungspunkt des Sauerstoffs und der kritischen Temperatur des Wasserstoffs als Flüssigkeit existiert, so daß man weitere Kaskadenstufen an diejenige des Sauerstoffs anschließen könnte. Zur Verflüssigung des Wasserstoffs kommt bisher nur der Joule-Thomson-Effekt in Betracht. Aber auch bei dieser Methode besteht hier insofern eine Schwierigkeit, als der Inversionspunkt des Wasserstoffs bei etwa —80⁰ liegt. Zwecks Erzielung weiterer Abkühlung muß der Wasserstoff also unter diese Temperatur vorgekühlt werden. Dazu dient flüssige Luft, die unter Atmosphärendruck bei etwa —190⁰ siedet. Dewar ist es im Jahre 1898 zum erstenmal gelungen, nach dieser Methode flüssigen Wasserstoff zu erzeugen.

Helium wurde bisher nur von Kamerlingh Onnes verflüssigt, und zwar zum erstenmal im Jahre 1908. Das Verfahren ist das gleiche wie beim Wasserstoff, doch in seiner Ausführung dadurch besonders schwierig, daß der Inversionspunkt des Heliums in der Nähe von 20⁰ abs. liegt. Es konnte die Verflüssigung nach dem Prinzip des Joule-Thomson-Effektes also nur gelingen, wenn die Vorkühlung des Heliums durch flüssigen Wasserstoff erfolgte, der unter reduziertem Druck (bei —258⁰ C oder 15⁰ abs.) siedet. Um 100 ccm flüssiges Helium herzustellen, wurden 20 Liter flüssigen Wasserstoffs verbraucht, zu deren Herstellung wiederum etwa 50 Liter flüssige Luft aufgewendet wurden. Die Verflüssigung von Helium wird außer durch die Notwendigkeit sehr tiefer Temperaturen noch dadurch erschwert, daß infolge der Seltenheit des Gases sorgfältig jeder Verlust desselben vermieden werden muß. Das bei Beginn des Prozesses nicht sofort verflüssigte Gas muß gesammelt und von neuem dem Kompressor zugeführt werden. Der Kreislauf des Gases muß vollständig geschlossen sein.

Schließlich ist noch ein drittes Prinzip der Verflüssigung zu erwähnen, das zur Herstellung flüssiger Luft angewendet wird und von Claude (1906) erprobt wurde. Es besteht darin, daß komprimierte Luft unter Leistung äußerer Arbeit sich in einer Kolbenmaschine ausdehnt, wobei ihr so viel Wärme entzogen werden kann, daß schließlich Verflüssigung eintritt. Im Gegensatz hierzu spielt bei dem Joule-Thomson-Effekt die äußere Arbeit nur eine untergeordnete Rolle. Der Hauptanteil an der Abkühlung entfällt auf die innere Arbeit, die in der Vergrößerung der gegenseitigen Molekularabstände und der Überwindung der molekularen Anziehungskraft besteht.

Die Claudesche Methode ist im Grundsatz auch auf die Verflüssigung von Wasserstoff und Helium anwendbar, doch bestehen hier neben der Frage der thermischen Isolation große Schwierigkeiten, die beweglichen Teile der Maschine, insbesondere den auf tiefer Temperatur befindlichen Kolben genügend zu schmieren und abzudichten. — Neuerdings ist

von W. Meißner vorgeschlagen worden, die Gase durch Leistung elektrischer Arbeit abzukühlen und zu kondensieren. *Henning.*

Vergleichslampen s. Zwischenlichtquellen.

Vergolden. Käufliches Glanzgold, eine balsamartige Lösung eines Goldsalzes in einer organischen Flüssigkeit, wird in gleichmäßiger Schicht auf das Glas aufgetragen. Nach dem Trocknen erhitzt man langsam bis zur beginnenden Erweichung des Glases, wobei die organische Substanz verbrennt und das Gold als zusammenhängende glänzende Schicht zurückbleibt. — Zur Erzeugung eines Goldspiegels auf kaltem Wege wird angegeben, das Glas in eine Natriumauratlösung zu bringen, die mit einer gesättigten Lösung von Äthylen in Alkohol als Reduktionsmittel versetzt ist. *R. Schaller.*

Verhältnis der spezifischen Wärmen c_p/c_v der Gase. Das Verhältnis der spezifischen Wärmen der Gase läßt sich, wie in der Thermodynamik gezeigt wird (vgl. auch den Artikel Atomwärme), aus einer der beiden spezifischen Wärmen c_p oder c_v berechnen. Zur experimentellen Ermittelung bedient man sich zweier Methoden.

1. **Methode der adiabatischen Volumänderung.** Die Methode wurde zuerst i. J. 1819 von Clément und Desormes angewendet und später vielfach verbessert. Man denke sich ein Gas in ein Gefäß eingeschlossen, dessen Wände gegen Wärme undurchlässig (adiabatisch) sind, und in dem es den Druck p_0, das Volumen v_0 und die absolute Temperatur T_0 besitze. Das Gas möge in dem Gefäß verdichtet oder verdünnt werden, so wird das eine Temperatursteigerung oder Temperaturerniedrigung zur Folge haben, welche man entweder direkt beobachten, oder aus der Druckzu- oder -abnahme bzw. aus der Volumenab- oder -zunahme erkennen kann. Haben Druck, Volumen und Temperatur im Endzustande die Werte p_1, v_1 und T_1, so regelt sich der Vorgang zufolge des sog. Poissonschen Gesetzes nach der Gleichung

$$(1) \qquad \left(\frac{p_1}{p_0}\right) = \left(\frac{v_0}{v_1}\right)^k$$

wo $k = c_p/c_v$ das Verhältnis der spezifischen Wärmen des Gases bedeutet.

Kombiniert man das Poissonsche Gesetz mit dem Mariotte-Gay-Lussacschen Gesetze $p_0 v_0/T_0 = p_1 v_1/T_1$, so ergeben sich noch folgende Ausdrücke

$$(2) \qquad \frac{T_1}{T_0} = \left(\frac{v_0}{v_1}\right)^{k-1}$$

$$(3) \quad \text{und} \qquad \frac{T_1}{T_0} = \left(\frac{p_1}{p_0}\right)^{\frac{k-1}{k}}.$$

Alle drei Formen des Poissonschen Gesetzes lassen sich zur Ermittelung der Größe k verwenden.

Röntgen benutzte die Gleichung 1). Sein Versuchsgas befand sich in schwach verdichtetem oder schwach verdünntem Zustande in einem mit Hahn verschlossenen, auf konstanter Temperatur gehaltenen Glasballon, dessen Druck man sich durch kurzes Öffnen des Hahns gegen den Atmosphärendruck plötzlich teilweise ausgleichen ließ. v_0 am Anfang des Versuches ist bekannt; p_0 und p_1 wurden mit Hilfe eines sehr empfindlichen, in die Wände des Ballons eingelassenen Membranmanometers ermittelt; v_1 ergibt sich $= p_0 v_0/p_2$, wo p_2 den Druck im Ballon bedeutet, nachdem sich die bei der Kompression entstandene Temperaturerhöhung infolge Leitung der Ballonwände mit dem Bade konstanter Temperatur, in dem sich der Ballon befindet, ausgeglichen hat. Setzt man diesen Wert für v_1 in Gleichung 1) ein, so folgt

$$k = \frac{\log p_1 - \log p_0}{\log p_2 - \log p_0}.$$

Wesentlich für den Erfolg der Methode ist die Verwendung eines rasch wirkenden Manometers, weil es darauf ankommt, die im Gase auftretenden Druckänderungen sehr schnell zu erfassen, denn nur dadurch kann man der Bedingung der Methode, daß die Wände des Ballons wärmeundurchlässig seien, einigermaßen Rechnung tragen.

Lummer und Pringsheim arbeiteten nach der Gleichung 3). Komprimiert man das zu untersuchende Gas in einem Gefäße bei der Temperatur T_1 auf den Druck p_1 und läßt es dann frei in die Atmosphäre ausströmen, so sind p_1, p_0 und T_1 leicht zu beobachten. Schwierigkeiten bereitet allein die Ermittelung der Temperatur T_0 des vom Druck p_1 auf p_0 gesunkenen und hierdurch abgekühlten Gases. Denn damit die Ausdehnung eine möglichst adiabatische ist, muß die Druckänderung sehr schnell vor sich gehen; daher sinkt auch das Gas in sehr kurzer Zeit von der Anfangstemperatur T_1 auf die Endtemperatur T_0. Ferner besitzt das abgekühlte Gas seine niedrigste Temperatur T_0 nur während einer sehr kurzen Zeitdauer, weil ihm unmittelbar nach der Expansion wieder Wärme durch Leitung von außen zugeführt wird. Zur Messung der Temperatur T_0 bedienten sich Lummer und Pringsheim eines Bolometers; von anderer Seite wird hierfür neuerdings das Thermoelement empfohlen.

2. Akustische Methode. Bezeichnet p den Druck eines Gases in absolutem Maße, d seine Dichte, so ist die Schallgeschwindigkeit in diesem Gase

$$v = \sqrt{\frac{p}{d} \cdot k}.$$

Ist umgekehrt die Schallgeschwindigkeit durch experimentelle Untersuchungen bekannt, so kann man aus obiger Formel das Verhältnis der spezifischen Wärme $k = c_p/c_v$ als Unbekannte berechnen.

Alle Methoden zur Ermittelung von Schallgeschwindigkeiten erlauben hiernach auch das Verhältnis der spezifischen Wärmen von Gasen zu finden. Da aber die Ermittelung der absoluten Größe von Schallgeschwindigkeiten in anderen Gasen wie Luft mit recht erheblichen Schwierigkeiten verknüpft ist, so werden für den vorliegenden Zweck diejenigen Methoden bevorzugt, welche die Schallgeschwindigkeit in dem zu untersuchenden Gase relativ zur Schallgeschwindigkeit in Luft liefern.

Die Kundtsche Methode besteht darin, in einem am einen Ende geschlossenen Glasrohr Schallwellen zu erzeugen, die am geschlossenen Ende reflektiert werden, so daß zwischen den hin- und zurücklaufenden Wellen Interferenzen, d. h. stehende Wellen auftreten. Ist das Rohr mit einer kleinen Menge eines feinen Pulvers, Korkstaub, Lykopodiumsamen od. dgl. beschickt, so wird sich dieses, den Knoten und Bäuchen der stehenden Wellen entsprechend, in Rippen, quer zur Längsrichtung des Glasrohres anordnen, aus denen man die Wellenlänge des gerade benutzten Tones in dem betreffenden Gase erkennen und ausmessen kann. Beobachtet man die Wellenlänge einmal in dem zu untersuchenden Gase und vergleichsweise in Luft, so verhalten sich die Schallgeschwindigkeiten wie die ausgemessenen Wellenlängen.

Zur Erzeugung des Tones benutzte Kundt zwei Verfahren. In einem Falle wird in das offene Ende des Versuchsglasrohres ein Glasstab mittels eines Stopfens, der den Glasstab in der Mitte fest umspannt, eingeführt, so daß die eine Hälfte des Stabes in das Rohr hineinragt, während das andere aus dem Rohr hervorsieht. Wird der Glasstab an dem freien Ende mit Leder angerieben, so gerät er, mit einem Knoten an der Einspannungsstelle, in Schwingungen, die sich dem Innern des Rohres mitteilen und dort die Staubfiguren bilden.

Nach dem zweiten Verfahren benutzte Kundt nur ein beiderseitig geschlossenes Glasrohr, das selbst angerieben wird. Das Verfahren ist auf seltenere Gase anwendbar; auch wurde es von Kundt und Warburg benutzt, die Schallgeschwindigkeit im Quecksilberdampf zu messen, wobei das Rohr auf höhere Temperaturen gebracht werden mußte. Will man scharfe Staubfiguren erhalten, so muß die Rohrlänge ein ganzes Vielfaches der Wellenlänge des angewandten Tones in dem betreffenden Gase sein. Diese Abstimmung kann man durch einen am einen Ende des Rohres verschiebbaren Stopfen bewirken, oder, wenn das Rohr beiderseitig zugeschmolzen ist, durch eine Temperaturänderung, auch durch Belasten des Rohres an einem oder an beiden Enden etwa durch Aufkitten dünner Scheibchen vom Durchmesser des Rohres.

Die Versuche von Kundt und Warburg am Quecksilberdampf sind übrigens insofern von Bedeutung geworden, als sie das theoretisch gewonnene Resultat, daß das Verhältnis der spezifischen Wärmen beim Quecksilberdampf gleich $5/3$ sein müsse, experimentell bestätigten. *Scheel.*
Näheres s. Kohlrausch, Praktische Physik. Leipzig.

Verkettete Spannung s. Mehrphasenwechselstromsysteme.

Verkürzungskondensator. Kondensator mit festem, stufen oder stetig veränderlichem Kapazitätswert, der in den Luftleiter eingeschaltet eine Kapazitätsverkleinerung und damit eine Verkürzung seiner Wellenlänge zur Folge hat. *A. Esau.*

Verkürzungskondensator. Wird eingeschaltet in ein Strahlungsgebilde bei Sendern und Empfängern zur Verringerung der Eigenschwingung.
A. Meißner.

Verlängerungsspule. Selbstinduktionsspule, die in den Sende- oder Empfangsluftleiter eingeschaltet wird, zwecks Vergrößerung seines Selbstinduktionskoeffizienten und Herstellung einer längeren Welle.
A. Esau.

Verlorene Kräfte nennt man bei der Anwendung des d'Alembertschen Prinzipes das Umgekehrte der Reaktionskräfte, durch welche man sich die kinematischen Bedingungen des Systems erzwungen denken kann. *R. Grammel.*

Verlustwinkel. Ist in einem Wechselstromkreis eine reine Kapazität C enthalten, so entsteht zwischen Strom und Spannung eine Phasenverschiebung von 90^0 derart, daß der Strom der Spannung voreilt. In der symbolischen für Sinusstrom gültigen Schreibweise drückt sich dies durch die Gleichung $E = J/j\,\omega\,C$ aus, wo ω die Kreisfrequenz des Wechselstroms bedeutet. In der Praxis hat man es jedoch meist mit Kondensatoren zu tun, die ein festes oder flüssiges Dielektrikum besitzen. Ein solches bedingt aber einen Energieverlust, der in der Weise Rechnung getragen werden kann, daß man sich einen Ohmschen Widerstand parallel oder in Reihe mit dem Kondensator geschaltet denken muß.

Bei vorgeschaltetem Widerstand ist der Operator $p = R + 1/j \, \omega \, C$. Die Phasenabweichung ist $-1/R \, \omega \, C$. Für kleine Phasenabweichungen, die in dem Falle des Verlustkondensators als Verlustwinkel bezeichnet werden, erhält man also: $\delta = \mathrm{tang} \; \delta = R \, \omega \, C = 2 \, \pi \, \nu R \, C = 21600 \, R \nu C$ Bogenminuten. Daraus ergibt sich für den Operator der Wert $p = \dfrac{1}{\omega \, C} (\delta - j) = \dfrac{1}{\omega \, C (j + \delta)}$.

Der Verlustwinkel wird entweder in der gewöhnlichen Kapazitätsbrücke gemessen, wobei der Vergleichskondensator verlustfrei sein muß, oder besser nach der Methode von Andersen. Schließlich ist noch die Methode des Resonanzkreises zu erwähnen, in dem einmal der Verlustkondensator, das andere Mal ein Luftkondensator mit Widerstand eingeschaltet wird. Bei der Substitution wird auf gleiche Stromstärke, also auf gleiches Dekrement eingestellt. Dann kann entweder das Dekrement oder aus R direkt der Verlustwinkel berechnet werden.

Statt auf gleichen Strom einzustellen, kann R auch so abgeglichen werden, daß mittels eines Elektrometers auf gleiche Spannung am Widerstand und am verlustfreien Kondensator abgeglichen wird.   *R. Jaeger.*

Verlustziffer. Der Name „Verlustziffer" wurde vom Verband Deutscher Elektrotechniker für die Summe des Hystereseverlusts und des Wirbelstromverlusts festgesetzt, welche eine Blechprobe je Kilogramm und 50 Perioden durch die Ummagnetisierung bei der Induktion $\mathfrak{B} = 10\,000$ bzw. $15\,000$ erleidet. Die betreffende Induktion wird dabei durch den Index gekennzeichnet, so daß also V_{10} die Verlustziffer bei $\mathfrak{B} = 10\,000$ bedeutet. Die Messung erfolgt wattmetrisch an Proben von 10 kg Gewicht im Epsteinrahmen (s. „Magnetisierungsapparate").   *Gumlich.*

Verlustziffer s. Eisenverluste.

Vermittelnde Beobachtungen s. Methode der kleinsten Quadrate.

Vernier s. Nonius.

Verplatinieren. Käufliches Glanzplatin wird wie Glanzgold angewendet (s. Vergolden). Auf die eingebrannte Platinschicht läßt sich — am besten nach vorherigem Verkupfern auf galvanischem Wege — mit Zinnlot Metall anlöten (s. auch Versilbern).
                                  R. Schaller.

Verschiebungselektrizität. Der Begriff der Verschiebungselektrizität entspringt dem Vorstellungskreis der Maxwellschen Theorie, welche den totalen elektrischen Strom in einen Leitungsstrom und einen Verschiebungsstrom zerlegt. Diesen beiden entsprechen elektrostatisch eine Leitungselektrizität und eine Verschiebungselektrizität. Die elektrische Verschiebung ϑ wird immer proportional dem jeweiligen Feld $\mathfrak{E}$ gesetzt, der Proportionalitätsfaktor ist eine Materialkonstante, in diesem Falle die Dielektrizitätskonstante ε. Es ist dann also $\vartheta = \dfrac{\varepsilon \cdot \mathfrak{E}}{4 \, \pi}$.

Die Verschiebungselektrizität wird an sich von der anderen theoretisch unterschieden. Die mechanische Vorstellung derselben und ihrer Bewegung ist von Maxwell selbst nicht weiter verfolgt worden. Der Sitz der Verschiebungselektrizität ist das Dielektrikum. Dort ist die Elektrizität gewissermaßen an eine Gleichgewichtslage gebunden, zu der sie nach jeder Verschiebung wieder zurückgetrieben wird. Für den Unterschied zwischen Leitungselektrizität und Verschiebungselek-

trizität kann man das Bild zweier Kugeln gebrauchen; von denen die eine in einer zähen Flüssigkeit frei schwebt, während die andere durch eine Spiralfeder mit einem festen Punkt verbunden ist (H. A. Lorenz). In Anlehnung an dieses Bild wird die Kraft, welche die Elektrizität im Nichtleiter festzuhalten versucht, quasielastische Kraft genannt.   *R. Jaeger.*

Verschiebungsgesetz von W. Wien s. Strahlungsgesetze.

Verschiebungsregel der zerfallenden Atome. Beim Zerfall der instabilen radioaktiven Atome entstehen, bis auf die stabilen Endprodukte selbst, wieder radioaktive, also instabile Elemente. Da der Zerfall unter Ausschleuderung eines α- oder eines β-Partikels erfolgt, von denen ersteres ein mit zwei positiven Elementarquanten, also zu $2 \cdot 4{,}77 \cdot 10^{-10}$ st. E. geladenes Heliumatom, letzteres ein mit dem negativen Elementarquantum geladenes Elektron ist, so lassen sich das Atomgewicht und mittels der sog. „Verschiebungsregel" auch die Valenz, somit der Platz im periodischen Elementensystem für das neu entstandene Atom des Zerfallsproduktes voraussagen. Ein von α-Strahlen begleiteter Atomzerfall (α-Umwandlung) vermindert das Atomgewicht A um 4 Einheiten des auf $A_H = 1$ bezogenen Maßsystemes und verschiebt das Element um zwei Stellen der üblichen graphischen Darstellung des periodischen Systemes nach links entsprechend einer Verminderung der Wertigkeit um zwei Einheiten; eine β-Umwandlung läßt das Atomgewicht nahe unverändert und verschiebt das Element um eine Stelle nach rechts, entsprechend einer Vermehrung der Wertigkeit um eine Einheit (vgl. auch „Atomzerfall").

Die folgende Figur enthält eine Art graphischer Darstellung dieser Verschiebungsregel bzw. ihrer Konsequenzen. Jedem Zerfallsprodukt der Uran-Radiumreihe ist auf der Elementenebene sein durch

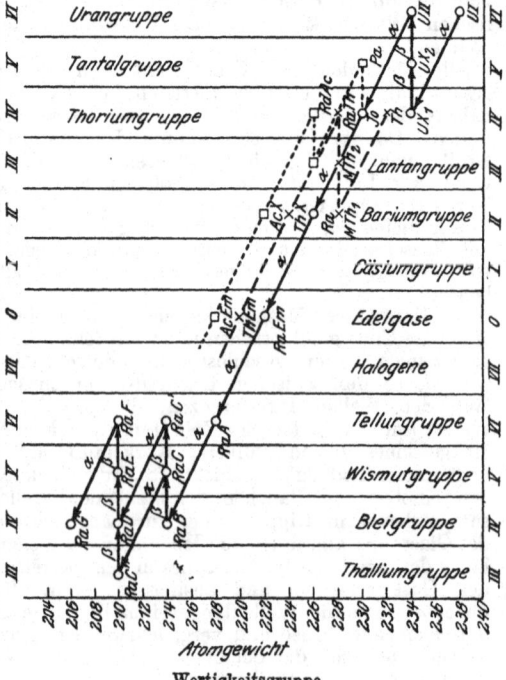

VI	Urangruppe
V	Tantalgruppe
IV	Thoriumgruppe
III	Lantangruppe
II	Bariumgruppe
I	Cäsiumgruppe
0	Edelgase
VII	Halogene
VI	Tellurgruppe
V	Wismutgruppe
IV	Bleigruppe
III	Thalliumgruppe

Atomgewicht

Wertigkeitsgruppe.

Atomgewicht (Ordinate) und Wertigkeit (Abszisse) definierter Platz zugewiesen und durch Ringe gekennzeichnet. Die Entstehungsfolge ist durch die stark ausgezogenen Pfeile dargestellt. Alle von rechts unten nach links oben verlaufenden Pfeile, die den Platz um zwei Wertigkeitsgruppen nach links und das Atomgewicht um 4 Einheiten nach oben schieben, entsprechen einer α-Umwandlung. Die horizontalen, immer um eine Einheit nach rechts gehenden Platzverschiebungen einer β-Umwandlung. So ist die Umwandlung eines U_I-Atomes über UX_1, UX_2, U_{II}, Jo, Ra, Ra Em, Ra A, Ra B bis Ra C eindeutig gegeben. Hier gabelt sich der Zerfall (vgl. „dualer Zerfall"), um von Ra D wieder einheitlich weiterzugehen bis zu dem inaktiven Endprodukt Ra G (Radioblei). Man erkennt, wie auf diesem Wege ein und dieselbe Wertigkeitsgruppe mehrmals betreten wird entsprechend der Bildung von Zerfallsprodukten, deren Atome sich zwar durch ihr Gewicht und durch ihr radioaktives Gehaben, wie Lebensdauer, Reichweite und sonstige Eigenschaften ihrer Strahlung, nicht aber durch ihr chemisches Verhalten unterscheiden. Solche „isotope" Zerfallsprodukte sind in dieser Reihe U_I und U_{II}; UX_1 und Jo; Ra A, Ra C' und Ra F; Ra C und Ra E; Ra B, Ra G und Ra D. — Durch Kreuze und strichlierte Verbindung ist für die Thorium-Reihe, durch Vierecke und punktierte Verbindung für die Actinium-Reihe der anfängliche Zerfallsweg eingezeichnet. Diese Darstellungen sind bei den bezüglichen Emanationen abgebrochen, um den Überblick über die U-Ra-Reihe nicht zu verwirren. Der Anschluß des Protoactiniums an die Uranreihe bei Jo (bzw. UY) ist noch nicht geklärt, überhaupt die Actiniumeintragung wegen der hypothetischen Atomgewichte noch problematisch.

K. W. F. Kohlrausch.

Verschmelzung s. Konsonanz.

Verschmelzungsfrequenz s. Farbenkreisel.

Versilbern. Auf kaltem Wege stellt man Silberspiegel her, indem man das Glas in eine silberhaltige Lösung legt und das Silber langsam mit einem Reduktionsmittel ausscheidet. Zur Herstellung der Silberlösung löst man 10 g Silbernitrat in Wasser und versetzt mit Ammoniak bis der anfangs entstehende Niederschlag wieder fast verschwindet. Sollte der Niederschlag ganz verschwunden sein, so setzt man wieder tropfenweise Silbernitratlösung bis zur beginnenden Trübung zu. Die Flüssigkeit läßt man nach dem Verdünnen mit Wasser auf ein Liter durch Absetzen sich klären. Die Reduktionsflüssigkeit erhält man, wenn man zu einer siedenden Lösung von 2 g Silbernitrat in 1 l Wasser 1,66 g Seignettesalz gibt, und nach dem Grauwerden des Niederschlags filtriert. Zum Versilbern mischt man gleiche Teile der beiden Lösungen und legt das gut gereinigte Glas hinein.

In der Spiegelindustrie wird das Verfahren der Versilberung allgemein angewandt. Das früher übliche Verfahren, die Scheiben mit Zinnamalgam zu belegen, ist wegen der Giftigkeit der Quecksilberdämpfe aufgegeben worden.

Eine fester haftende Silberschicht kann durch Einbrennen von Glanzsilber erhalten werden (s. Vergolden). Auf die eingebrannte Silberschicht läßt sich auf galvanischem Wege eine beliebig dicke Schicht eines anderen Metalls niederschlagen; Glas kann so bis zu einem gewissen Grade fest mit Metall verbunden werden. R. Schaller.

Verstärker, für elektrische Ströme, Einrichtung, um durch schwache elektrische Ströme solche höherer Leistung mit genauer Wiedergabe der Frequenz und Kurvenform zu erzeugen, insbesondere für Nachrichtenübermittlung und für Meßzwecke. Das magnetische Relais ist ein grober Vorläufer des Verstärkers, insofern es Frequenzen in engen Grenzen, Kurvenform gar nicht wiedergeben kann; jedoch werden die modernen, quantitativ wirkenden Verstärker oft noch Relais genannt. Ein lange als Verstärker verwendetes Relais (für Morsezeichen in mittelfrequentem Wechselstrom) war das Brown-Relais mit vibrierendem Kontakt.

Ferner werden Mikrophone in besonderer Schaltung vielfach als Verstärker verwendet. Der zu verstärkende Wechselstrom wird einer Magnetspule zugeführt, diese wirkt auf einen Anker, welcher an der beweglichen Membran des Mikrophons befestigt ist. Aus dem Gleichstromkreise (s. Mikrophon) sind dann die verstärkten Ströme zu entnehmen. Mancherlei Kaskaden- und Rückkopplungsschaltungen werden bei den verschiedenen Ausführungen angewendet (es existiert auch ein Brown-Mikrophonrelais), aber durchschnittlich verlangt der Mikrophonverstärker ziemlich hohe Amplituden (vom Standpunkte eines üblichen Telephonstromes), damit überhaupt eine Verstärkung zustande kommt.

Neuerdings sind durch Erfindung der Lieben-Röhre, sowie Erfindungen von Langmuir, Schottky u. a. die Verstärkerröhren (s. diese) die wichtigste V-Klasse geworden.

Außerdem eignet sich jeder negative Widerstand (Leiter mit negativer oder fallender Charakteristik) (s. diese) zum Verstärker. Auch elektrolytische Verstärker wurden vorgeschlagen (Reichinstein).

H. Rukop.

Verstärkerröhre, ein Apparat zur Verstärkung von elektrischen Strömen, beruhend auf einer Gas- oder Vakuumentladung (s. auch Verstärker). Die erste V.R. wurde von P. C. Hewitt vorgeschlagen; sie bestand in einer Quecksilberdampflampe, deren starker Lichtbogenstrom durch eine außen angebrachte, auf den Lichtbogen wirkende Magnetspule proportional dem schwachen Strom dieser Spule geändert wurde. Diese Hewittsche V.R. hat keine Bedeutung erlangt. Größere Fortschritte auf dem Gebiete der Verstärkerröhren wurden von R. v. Lieben durch Anwendung von langsamen Kathodenstrahlen gemacht (s. Liebenröhre). Die gegenwärtig geläufigste Type von Verstärkerröhren ist die Hochvakuum-Glühkathodenröhre, die eine Kombination der Arbeiten von R. v. Lieben, Lee de Forest, J. Langmuir und manchen anderen darstellt. Im einfachsten Fall ist die Hochvakuum-Glühkathoden-Verstärkerröhre folgendermaßen gebaut: Ein durch eine Elektrizitätsquelle geheizter Glühfaden, meist Wolfram, manchmal auch Platin oder Iridium mit Oxydüberzug (Wehneltkathode) dient infolge seiner Elektronenemission als Kathode. Die Röhre enthält ferner eine Anode, die oft den Glühfaden zylindrisch umgibt, sowie eine dritte gitterförmige Elektrode, die zwischen Anode und Glühkathode liegt, meist Gitter genannt. Das Vakuum ist so hoch, daß die Leitung nur von den von der Kathode emittierten Elektronen, also mit unmeßbar kleinem Hinzutritt von Gasionen (Trägern) besorgt wird. Der Verstärkungsvorgang läßt sich qualitativ so erklären, daß bei Anlegen der Kathode an den negativen und der Anode an den positiven Pol einer Batterie in diesem Kreis (Anodenkreis) ein Strom zustande kommt, der ferner noch

53*

von der Spannung des Gitters gegen die Kathode abhängig ist, und zwar ist er bei einer gewissen negativen Gitterspannung gleich Null, nimmt bei positiver werdender Gitterspannung kontinuierlich zu, bis der Sättigungsstrom (s. d.) erreicht ist. Durch eine Änderung der Gitterspannung vermittels einer zugeführten Wechselspannung (z. B. aus einer Telephonleitung stammend) kann der Anodenstrom etwa proportional mitgeändert werden. Da man bei geeigneter Dimensionierung fast keine meßbare Leistung im Gitterkreis aufzuwenden braucht, um die genannten Wechselspannungen herzustellen, dagegen aus dem Anodenkreise merkliche Leistung derselben Kurvenform entnehmen kann, kommt eine Verstärkung der Wechselströme zustande. Rechnerisch ergibt sich die Verstärkung in Abhängigkeit von den Gitter- und Anodengleichspannungen E_g und E_A, ferner den beiden weiter unten erklärten Röhrenkonstanten K und α, sowie dem zur Energieentnahme im Anodenkreis benutzten übertragenen Widerstand R folgendermaßen: Der gesamte Strom nach Gitter und Anode ist proportional der $\frac{3}{2}$ten Potenz der resultierenden Spannung von Gitter und Anode, welche sich aus der wahren Gitterspannung und dem durchgreifenden Teil der Anodenspannung zusammensetzt. Wenn also i den momentanen Strom, e_g und e_A die momentane Gitter- und Anodenspannung, ferner α den Durchgriff (s. d.), und K eine aus der Konstruktion von Gitter und Kathode sich ergebende Konstante ist, so erhält man (s. Raumladung): $i = \frac{1}{K}\left(e_g + \alpha e_A\right)^{\frac{3}{2}}$. Diese Gleichung kann für kleine Amplituden in eine solche ersten Grades verwandelt werden, indem man die Richtungskonstante an jeder Stelle der Kurve (Tangentenschar) betrachtet: Dann ergibt sich: $i = \frac{1}{Q}\,(e_g + \alpha e_A)$, wobei $Q = \frac{2K}{3\sqrt{E_g + \alpha E_A}}$ ist. Hier sind die Gleichspannungen von Anode und Gitter E_A und E_g in Q enthalten, und i und e sind nur Wechselstromgrößen. Denkt man sich eine sinusförmige Gitterspannung kleiner Amplitude $e_g = \mathfrak{E}_g \sin \omega t$ angelegt, und die Leistung N aus dem Anodenkreise vermittels eines Transformators, der den übertragenen Widerstand R vorstellt, entnommen, so ergibt sich weiter: $i_A = \frac{1}{Q}\,(e_g - \alpha R i_A)$ $i_A = \frac{e_g}{Q + \alpha R}$ und $N = \frac{\mathfrak{E}_g{}^2 R}{2(Q + \alpha R)^2}$. Es läßt sich durch eine Berechnung des ausgezeichneten Wertes zeigen, daß ein Optimum von N bei $R = \frac{Q}{\alpha}$ existiert. Dieses Resultat ist identisch mit dem bekannten Satz, daß zur Erzielung bester Leistung der äußere Widerstand dem inneren gleich gemacht werden muß. Denn wie man durch den Ansatz: $R_i = \frac{d\,e_A}{d\,i_A}$ ableiten kann (innerer Widerstand), ist: $R_i = \frac{Q}{\alpha}$. Setzt man diesen optimalen Widerstand ein, so ergibt sich weiter $N_{opt\,R} = \frac{3\,\mathfrak{E}_g{}^2 \sqrt{E_g + \alpha E_A}}{16\,K\,\alpha}$. Es erscheint also vorteilhaft, zwecks guter Verstärkung E_g und E_A groß, K klein zu machen, α spielt eine doppelte Rolle. Aus praktischen Gründen ist E_A jedoch an gewisse Grenzen gebunden, ebenso K aus konstruktiven Gründen,

denn K kann nur verkleinert werden durch Verlängerung des Fadens oder Annäherung des Gitters an ihn. Ferner kann E_g nicht positiver als etwa — 1 Volt gemacht werden, da sonst das Gitter Elektronen aufnimmt und dieser Gitterstrom die Lautstärke sehr herabsetzt, indem er die die Gitterspannung liefernde Wechselspannungsquelle unnötig belastet und so die Spannung zusammenbrechen läßt. Dagegen bleibt α noch variabel, dessen Erhöhung einerseits infolge der Erhöhung der resultierenden Gleichspannung und dadurch der Steilheit der Entladungskurve günstig wirkt (α im Zähler), andererseits (α im Nenner) jedoch ungünstig wirkt. Die ungünstige Wirkung der Konstanten heißt „Anodenrückwirkung" (W. Schottky); sie besteht darin, daß die am Widerstand R entstehende Wechselspannung in ungünstiger Phase auf den Anodenwechselstrom einwirkt und zwar wie jede Anodenspannung, proportional α. Es ergibt sich aus dem Zusammenwirken des ungünstigen und des günstigen Einflusses von α ein Optimum, das, wie wieder eine Rechnung des ausgezeichneten Wertes zeigt, bei $\alpha = -\frac{2\,E_g}{E_A}$ liegt. Benutzt man dieses, so wird $N_{opt\,R\,\alpha} = \frac{3\,\mathfrak{E}_g{}^2\,E_A}{32\,K\,\sqrt{-E_g}}$. Diese Gleichung gilt jedoch nur solange die Heizung genügend hoch ist, so daß man auf der $e^{\frac{3}{2}}$-Kurve arbeitet und nicht in die Sättigung hineinkommt. Die Verstärkung einer Röhre liegt vom Standpunkte der herausholbaren Leistung im Vergleich zur Gitterleistung betrachtet, annähernd bei unendlich, wenn, wie oben gesagt, das Gebiet des Gitterstromes vermieden und so nur unmeßbar kleine Leistung im Gitterkreis verbraucht wird. Da jedoch im Eisen und Kupfer der notwendigen Transformatoren Verluste auftreten, kann man bei einer durchschnittlichen Schwachstromröhre mit einem Leistungsverhältnis von 200 : 1 bis 600 : 1 rechnen, so daß die sog. Stromverstärkung (Wurzel aus dem Leistungsverhältnis) für eine Röhre zwischen 10 und 25 liegen wird. Es ist üblich, die Wechselströme, die aus einer Röhre gewonnen werden, in einer zweiten noch einmal zu verstärken usw. (Kaskadenverstärker).

Außer der eben beschriebenen Leistungverstärkerschaltung wird oft die sog. Spannungverstärkerschaltung gebraucht. Sie ist sehr ähnlich der ersteren, dient jedoch nicht zur Erzielung einer Wechselstromleistung, sondern einer Wechselspannung, die an den Enden des Widerstandes R abgenommen wird. Die Spannungsverstärkung (Verhältnis der Spannung an R zu der Gitterspannung) wird, wie sich leicht berechnen läßt: $S = \frac{R}{\alpha\left(R + \frac{Q}{\alpha}\right)}$. Hier ist jedoch kein Optimum von R vorhanden, sondern R muß möglichst groß gegen $\frac{Q}{\alpha}$ gemacht werden. Der Grenzwert von S ist dann: $S = \frac{1}{\alpha}$. Zur weiteren Verbesserung der Verstärkung werden Hochvakuumröhren mit besonderen Elektroden gebaut (s. Raumladungsgitter und Schutzgitter).

In der praktischen Verwendung der Verstärker in der Nachrichtentechnik wird mit sehr kleinen Leistungen gearbeitet; z. B. wird eine aus einer Empfangsantenne der drahtlosen Telegraphie erhaltene unhörbare Leistung von 10^{-20} Watt durch einen Kaskadenverstärker (mit 10 000facher Stromverstärkung) auf 10^{-12} Watt gebracht, um sie laut hörbar zu machen. Für manche Zwecke, z. B. zum Aussenden drahtloser Telephonie, werden jedoch Verstärker benutzt, deren Leistung bis zu Kilowatts reicht.

Eine besondere Eigentümlichkeit der Verstärker ist ihre Neigung elektrische Eigenschwingungen zu erzeugen, die (bei niedrigen Frequenzen) oft „Tönen", „Pfeifen", „Singen" genannt werden. Für Verstärker ist diese Neigung sehr störend, da durch die Eigenschwingung die Verstärkung vernichtet wird. Ihre Ursache ist die äußere oder innere „Rückkoppelung" (s. d.), sie muß im Verstärker durch systematischen Bau vermieden werden. Dagegen wird sie für andere Zwecke zur Erzeugung elektrischer Schwingungen (s. Röhrensender und Senderöhre) absichtlich herbeigeführt. Es sind noch andere Typen von Verstärkerröhren allerdings bisher von geringerer Verbreitung bekannt, und zwar fast in allen Formen der Gas- und Vakuumentladungen. So gibt es Röhren mit Glühkathode, die den Hochvakuumröhren sehr ähneln, jedoch eine gewisse unsichtbare Gasionisation haben (insbesondere von Lee de Forest vor der Hochvakuumtechnik verwendet) oder die sogar mit Glimmlicht arbeiten (H. J. Round, Markonigesellschaft) (vgl. auch Liebenröhre). Ferner wurden reine Glimmentladungsröhren mit kalter Kathode vielfach versucht (Siemens & Halske, Schröter, Nienhold, Kossel, Marx). Auch eine Hochvakuumröhre mit sekundärer Kathodenstrahlung (vgl. Dynatron) ist hier zu erwähnen. Schließlich sind auch Röhren mit lichtelektrischer oder radioaktiver Entladung vorgeschlagen worden. *H. Rukop.*
Näheres s. W. Schottky, Archiv f. Elektr. 8, 1 u. 299, 1920.

Verstellpropeller sind solche Wasser- oder Luftschrauben, deren Steigung während des Betriebes willkürlich verändert werden kann. Sie dienen dazu, um die Schraube verschiedenen Betriebszuständen, vor allem verschiedenen Fahrtgeschwindigkeiten, anpassen zu können. *L. Hopf.*

Verstimmung s. Lissajous-Figuren und Schwebungen.

Vertauschungswägung nach Gauß s. Wägungen mit der gleicharmigen Wage.

Vertex nennt man in der Fixsternastronomie den Zielpunkt eines Sternstromes. Der Vertex bezeichnet die Richtung der stärksten Häufung von Bewegungen der Mitglieder des Stromes (s. Fixsternastronomie). *W. Kruse.*

Vertikaler Temperaturgradient. Dieser Gradient ist für das Gleichgewicht der Atmosphäre (s. d.) und damit für die Luftzirkulation überhaupt von Bedeutung. Als Höheneinheit wird meist 100 m genommen. Das Vorzeichen dieses Gradienten pflegt für den normalen Verlauf, wo die Temperatur nach oben abnimmt, positiv gerechnet zu werden, bei einer Inversion (s. d.) also negativ. Verschwindet dieser Gradient, so liegt Isothermie vor (s. d.). Bei adiabatisch aufsteigender Luft ergibt sich der vertikale Temperaturgradient aus der Formel:

$$\gamma = \frac{\left(A + \dfrac{q \cdot r}{R \cdot t} \right) g}{c_p - \dfrac{q \cdot r}{T} + \dfrac{q \cdot r}{e} \cdot \dfrac{d e}{d T}}.$$

Hierin ist $q = 0{,}623 \dfrac{e}{p}$ das Mischungsverhältnis

(s. Wasserdampfgehalt), e die maximale Dampfspannung als Funktion der Temperatur, r die relative Feuchtigkeit; bei vollkommen trockener Luft, $r = 0$, ergibt sich einfach $\gamma_0 = \dfrac{A \cdot g}{c_p}$, worin $A = \dfrac{1}{427 \cdot g_{45}}$, $c_p = 0{,}2375$; es folgt damit für γ_0 der Wert $\dfrac{g}{g_{45}} \cdot \dfrac{1}{98{,}6}$. Für Sättigung, $r = 1$, folgt für $100\,\gamma$ die Tabelle

Druck	$-30°$	$-20°$	$-10°$	$0°$	$+10°$	$+20°$
200 mm	0,84	0,64	0,49	0,38		
400 „	0,89	0,77	0,63	0,50	0,42	
600 „	0,92	0,83	0,71	0,58	0,49	0,40
700 „	0,98	0,86	0,76	0,63	0,54	0,45

Diese Zahlen stellen also die Temperaturabnahme für ein gesättigt um 100 m aufsteigendes Luftteilchen dar. Ändert sich der Druck einer Luftmasse, etwa durch Massenveränderung über ihr, so ändert sich auch der vertikale Temperaturgradient γ. Es gilt für den neuen Gradienten γ' die Formel: $\gamma' = \dfrac{p'}{p} (\gamma - \gamma_0) + \gamma_0$. Adiabatisch auf- und absteigende Luft vom Gradienten γ_0 behält also diesen bei. In einer Luftmasse mit unteradiabatischem positivem Gradienten $(\gamma_0 > \gamma > 0)$ bildet sich durch Zunahme des Druckes um $\dfrac{\gamma}{\gamma_0 - \gamma}$ eine Isothermie, bei weiterer Druckzunahme um Δp wird aus der Isothermie eine Inversion mit dem Gradient $-\dfrac{\Delta p}{p} \gamma_0$. Ändert sich nicht nur der Druck, sondern auch der Querschnitt Q der auf- und absteigenden Luftmasse, so tritt in den Formeln an die Stelle von p das Produkt Qp. Vgl. Lufttemperatur (geographische Verbreitung). *Tetens.*
Näheres s. Hann, Lehrb. d. Meteorol. S. 154ff.

Vertikalintensität des Erdmagnetismus. Die vertikale Komponente des erdmagnetischen Feldes, gemessen in Dynen, Dimension $cm^{-1/2} g^{1/2} s^{-1}$. Die Einheit heißt ein „Gauß", der $1/100000$ Teil 1γ.

Absolute Messungen der Vertikalintensität nimmt man nur in polnahen Gegenden vor (da hier die Horizontalintensität zu schwach wird), sonst berechnet man sie aus $Z = H \, tg \, I$ (I Inklination). Auch relative Messungen dieser Komponente haben nur spezielles Interesse (s. Erdmagnetismus, Lokalvariometer, erdmagn. Variationen). *A. Nippoldt.*

Vertikalintensitätsvariometer s. Magnetische Wage.

Vertikalkreis. Genaues astronomisches Meßinstrument zur Messung von Höhenwinkeln. Der Vertikalkreis ist gewissermaßen aus dem Altazimut entstanden, wobei der Horizontalkreis zu einem bloßen Einstellkreis zurückgebildet wurde. Der Vertikalkreis besitzt im Gegensatz zum Altazimut eine feste Aufstellung. Er ruht auf einer Säule. Der Höhenkreis ist auf das genaueste geteilt und wird mit 4 bis 6 Mikroskopen abgelesen. Zur Feststellung des Nullpunktes werden bei jeder Beobachtung 1 bis 2 Libellen abgelesen. Die Sterne werden nur in unmittelbarer Nähe des Meridians beobachtet, wo ein kleiner Azimutfehler noch nichts ausmachen kann.

Wird auch der Höhenkreis zurückgebildet, so entsteht das Zenitteleskop, mit dem man nur

Beobachtungen nahe am Zenit macht. Man beobachtet z. B. den Durchgang eines Sternes mit geringer nördlicher und unmittelbar darauf eines solchen mit ebenso großer südlicher Zenitdistanz, indem man das ganze Fernrohr um seine vertikale Achse um 180⁰ dreht. Auf diese Weise erhält man sehr genaue Werte der Polhöhe oder geographischen Breite und kann damit vor allem Polhöhenschwankungen verfolgen.   *Bottlinger.*

Näheres s. Ambronn, Handb. der Astronomischen Instrumentenkunde.

Vertikalschnitt. Jede durch eine Normale einer Fläche gehende Ebene schneidet die Fläche in einem Vertikalschnitte. Ein Instrument, welches zu astronomischen oder geodätischen Messungen dienen soll, wird vorerst in bezug auf die im Beobachtungsorte herrschende Lotrichtung, die senkrecht steht auf der Erdoberfläche, orientiert. Wird mit einem solchen Instrumente das Azimut (A_{12} der Figur) eines zweiten Punktes gemessen, so entspricht dies somit der Richtung eines Vertikalschnittes, der die beiden Punkte miteinander verbindet. Wird im 2. Punkte das Azimut A_{21} des 1. bestimmt, so entspricht dies der Richtung eines Vertikalschnittes, der vom 2. Punkte ausgeht. Da nun die Lotrichtungen zweier Punkte auf dem Erdellipsoid sich im allgemeinen nicht schneiden, so liegen sie nicht in einer Ebene und die beiden Vertikalebenen fallen nicht zusammen: man erhält somit 2 verschiedene Vertikalschnitte. Die Winkelmessungen beziehen sich daher nicht auf ein und dieselbe Verbindungslinie der beiden Punkte. Deshalb kann ein Triangulierungsnetz nicht aus den Vertikalschnitten gebildet werden. Man ersetzt diese daher durch die geodätische Linie, welche als die kürzeste Verbindungslinie zwischen den beiden Punkten eindeutig ist.

Vertikalschnitte und geodätische Linie.

Die Reduktion vom Vertikalschnitt auf die geodätische Linie oder der Unterschied zwischen astronomischem und geodätischem Azimut ist aber meist so klein, daß man ihn vernachlässigen kann. Bei einer Seitenlänge von 64 km erreicht er erst den Betrag von 0″01, wächst aber mit dem Quadrat der Seitenlänge.   *A. Prey.*

Näheres s. R. Helmert, Die mathem. und physikal. Theorien der höheren Geodäsie. Bd. I.

Vertikalstrom, elektrischer, in der Atmosphäre. Da in der Atmosphäre stets ein Potentialgefälle und eine gewisse Leitfähigkeit besteht, so werden die vorhandenen positiven Ionen (bei normaler Richtung des Gradienten) von oben zur Erde, die negativen von unten nach oben in die Luft transportiert: es besteht somit eine beständige elektrische Strömung, die man als „vertikalen Leitungsstrom" oder auch kurz „Vertikalstrom" bezeichnet. Durch ihn empfängt die Erde beständig positive Ladung und daher hat die Messung des Vertikalstromes für die Beurteilung des Elektrizitätshaushaltes der Erde hohes Interesse. Bezeichnen wir die polaren spezifischen Leitfähigkeiten (vgl. „Leitfähigkeit") mit λ_1 und λ_2, den Potentialgradienten mit dV/dh, so ist der gesamte Vertikalstrom $I = (\lambda_1 + \lambda_2) \cdot dV/dh$. Durch gleichzeitige Messung von dV/dh und der Gesamtleitfähigkeit $\lambda_1 + \lambda_2$ erhält man daher auch Kenntnis von der Stärke des Vertikalstromes („indirekte Methode"). Wie in dem Artikel „Leitfähigkeit" näher dargelegt, gehen die Veränderungen von dV/dh und

($\lambda_1 + \lambda_2$) häufig in entgegengesetztem Sinne, so daß ihr Produkt viel geringere prozentuelle Änderungen aufweist. Auch mit zunehmender Höhe über dem Erdboden ändert sich der Vertikalstrom wenig, da die Abnahme des Potentialgradienten durch die Zunahme der Leitfähigkeit ungefähr kompensiert wird. Man bezieht den Vertikalstrom natürlich auf die Flächeneinheit der Erdoberfläche, und daher wäre es richtiger, von der Stromdichte des Vertikalstromes zu sprechen. Seine Größe wird entweder in Ampere pro cm² oder in elektrostatischen Einheiten pro cm² angegeben.

Die Stärke des Vertikalstromes beträgt nach den zahlreichen, nach der indirekten oder den weiter unten besprochenen direkten Methoden ausgeführten Messungen bzw. Registrierungen im Mittel etwa 2–$3 \cdot 10^{-16}$ Ampere/qcm oder ca. $7 \cdot 10^{-7} \frac{E.\,S.\,E.}{qcm}$. Nur im Südpolargebiet wurden beträchtlich höhere Werte gefunden. Der Vertikalstrom an luftelektrisch normalen Tagen ist im Winter am größten, im Sommer am kleinsten. Nach den Davoser Messungen (C. Dorno) verhält sich Maximum zu Minimum wie 2,7 zu 1,9. Viel deutlicher ausgeprägt ist der tägliche Gang. Das Maximum fällt auf die ersten Nachtstunden, das Minimum gegen Mittag, im Sommer etwas später. In der Ebene, wo die Wirkung der Sonnenstrahlung nicht so stark ist, wie in Davos (1600 m), ist die Amplitude der täglichen Schwankung des Vertikalstromes weitaus geringer und überdies in der Herbst- und Winterzeit anders, wie im Sommer. Der tägliche Gang des Vertikalstromes scheint insbesonders durch die Ausbildung von Stauschichten infolge Einwirkung der Sonnenstrahlung beeinflußt zu werden.

Der Vertikalstrom ist auch direkt bestimmbar: Die ersten derartigen Versuche wurden 1901 von Ebert ausgeführt. Eine 4 qm große Blechtafel wurde auf isolierenden Trägern 4 m hoch in der Luft gehalten. Die Platte wurde zuerst geerdet, dann kurze Zeit isoliert. Während dieser Zeit wurde durch den vertikalen Leitungsstrom positive Ladung der Platte zugeführt. Dann wurde die ganze angesammelte Ladung auf einmal durch ein für ballistische Messungen geeichtes Galvanometer geschickt. Es ergab sich stets ein positiver Ausschlag, der umgerechnet auf 1 qcm Auffangfläche pro Sekunde einer Stromstärke von etwa $1,7 \cdot 10^{-16}$ Ampere entsprach. Dabei wurde auch der Versuch gemacht, die Oberfläche der Auffangplatte durch Bedeckung mit Rasenstücken dem natürlichen Boden möglichst ähnlich zu gestalten. Die Messungen sind nicht ganz einwandfrei, weil während der Aufladung die Platte selbst sich auf merklich höheres Potential als die Erde auflädt, wodurch dann die weitere Aufladung verlangsamt wird. Um diesen Fehler zu vermeiden, hat C. T. R. Wilson eine sehr sinnreiche Methode zur direkten Bestimmung des Vertikalstromes ausgearbeitet, deren Prinzip folgendes ist: Ein Goldblattelektroskop oder Saitenelektrometer ist mit einer kreisrunden, mit Erdschutzring umgebenen Auffangplatte verbunden. Seitlich ist an das System ein variabler Kondensator angeschaltet. Die Auffangplatte soll beiläufig in der Höhe der Erdoberfläche gestellt sein. Vor der Messung ist sie von einem Erdschutzdeckel überdeckt. Wird dieser weggenommen, so entsteht auf dem isolierten System Elektrometer + Auffangplatte eine Influenzladung, also ein Ausschlag des Elektrometers, aus dem man die Flächendichte der Plattenladung und daraus das Potentialgefälle berechnen kann. Mittels des verschiebbaren Kondensators wird nun während der Messung der Ausschlag dauernd auf Null gehalten. Nach Beendigung der Expositionszeit überdeckt man die Platte wieder und stellt den Kondensator auf die Anfangsstellung zurück, worauf man dann aus dem Elektrometerausschlag und der bekannten Kapazität leicht die während der bekannten Expositionszeit auf die Platte geflossene Ladung berechnen kann.

Simpson hat eine andere Methode zur Messung des vertikalen Leitungsstromes angegeben, welche gleichzeitig die regelmäßige Registrierung dieses wichtigen luftelektrischen Elements gestattet: Eine 17 qm große Platte war nahe dem Erdboden isoliert aufgestellt und wurde vermittels eines kontinuierlich wirkenden Tropfkollektors, der mit ihr verbunden war, dauernd auf dem Potential der Erde erhalten. Die Tropfen des isoliert aufgestellten Kollektors fallen nun in ein Metallgefäß, dessen Ladung alle 2 Minuten durch ein mechanisch registrierendes Benndorf-Elektrometer registriert wird.

Schweidler hat darauf aufmerksam gemacht, daß man, da bei diesen direkten Methoden die isolierte Auffangplatte bloß durch die zugeführten positiven Ionen eine Ladung erhält, man leicht zu dem Trugschluß geführt wird, daß man nur den einen, von positiven Ionen herrührenden Teil des Gesamt-Vertikalstromes $(\lambda_1 + \lambda_2)\dfrac{dV}{dh}$, nämlich

$\lambda_1 \dfrac{dV}{dh}$ mißt. Dies ist aber unrichtig: die Kontinuitätsbedingung für einen stationären Strom bei ruhender oder nur horizontal bewegter Luft verlangt, daß der Gesamtstrom in bezug auf die Höhe über der Empfangsplatte konstant ist: d. h.

$$I = \lambda_1 \frac{dV}{dh} + \lambda_2 \frac{dV}{dh} = i_1 + i_2 = \text{konstant.}$$ Für den Erdboden selbst (h = 0) folgt dann $i_1 = I$ und $i_2 = 0$. Man mißt also den Gesamtstrom. In mehreren Werken findet man die unrichtige, oben angedeutete Anschauung.

Außer dem vertikalen Leitungsstrom sind in der Luft noch andere elektrische Ströme vorhanden, die man Konvektionsströme nennt, da sie an die Bewegung von Luftmassen oder Beimengungen der Luft gebunden sind. Man unterscheidet 1. den normalen Konvektionsstrom: Jede Luftbewegung wird, da in der Luft freie Ladungen anwesend sind (vgl. Raumladungen), Elektrizität mitführen, also auch Strömungen erzeugen. Die horizontalen Konvektionsströme können bei großer Windstärke sehr beträchtliche Werte erreichen, die die Stromdichte des vertikalen elektrischen Leitungsstromes mehrfach übertreffen. Für den Elektrizitätshaushalt der Erde haben indes die horizontalen Ströme keine Bedeutung. Die Größe der vertikalen Konvektionsströme ist bei der Unsicherheit der Schätzung der mittleren vertikalen Luftgeschwindigkeit und elektrischen Raumdichte kaum anzugeben (vgl. „Elektrizitätshaushalt der Erde"). 2. Der „gestörte Konvektionsstrom". Darunter versteht man die durch die Niederschläge der Erde zugeführten Ladungen. Diese scheinen vorwiegend positiv zu sein, verstärken daher noch die Wirkung des normalen vertikalen Leitungsstromes (vgl. Niederschlagselektrizität).

V. F. Hess.

Näheres vgl. A. Gockel, Atmosph. Elektrizität. 1908.

Verwindung eines Flügels nennt man die starre oder bewegliche Veränderlichkeit des Einstellwinkels der Flügelsehne über den Flügel hin. Die meisten Flügel zeigen eine solche Verwindung, daß der Einstellwinkel nach außen flacher wird. Dies geschieht zur Erleichterung der seitlichen Stabilität. Eine bewegliche Verwindung des Flügels dient unter Umständen als Ersatz für Querruder. *L. Hopf.*

Verwitterung. Die Arbeit der exogenen Kräfte (s. Exogene Vorgänge) beginnt mit der Verwitterung. Man bezeichnet so die Gesamtheit der Vorgänge, durch welche das Gestein chemisch zersetzt und mechanisch in kleinere Stücke zertrümmert wird, so daß es schließlich in lockere Bodenbestandteile zerfällt. Schroffe Temperaturänderungen, insbesondere Erhitzung der Gesteine durch die Sonnenstrahlung und darauffolgende Abkühlung durch die nächtliche Ausstrahlung, ferner Spaltenfrost (s. diesen) und Auswaschung der löslichen Bestandteile durch Sickerwasser sind die hauptsächlichsten physikalischen Vorgänge der Verwitterung. Auch die Organismen spielen dabei, insbesondere durch die Bildung von Humussäuren, eine wichtige Rolle. Die Verwitterung ist somit in hohem Maße abhängig vom dem Klima. Sie wirkt am stärksten in den Tropen, wo das Gestein gelegentlich bis auf 100 m Tiefe in Verwitterungskrume umgewandelt ist. *O. Baschin.*

Verzeichnung s. Sphärische Abweichung.

Verzweigung radioaktiver Zerfallsreihen s. Dualer Zerfall.

V-Form eines Flügels nennt man die Anordnung, bei welcher die beiden Flügel eines Flugzeugs in der Mitte unter einem spitzen Winkel zusammenstoßen, so daß sie von vorne gesehen die Gestalt eines V ergeben. Zweck dieser Anordnung ist, dem Flügel eine Widerstandskraft gegen seitliches Abrutschen zu geben und dadurch die seitliche Stabilität zu erhöhen. *L. Hopf.*

Vibrationselektrometer. Die Elektrometer können in ähnlicher Weise wie die Vibrationsgalvanometer (s. d.) zur Messung mit Wechselströmen ausgebildet werden. Das schwingende System muß dann eine der Frequenz des Wechselstroms entsprechende kleine Schwingungsdauer besitzen. *W. Jaeger.*

Vibrationsgalvanometer. Als Nullinstrumente bei Wechselstrommessungen werden Galvanometer von kleiner Schwingungsdauer, die meist einstellbar ist, verwendet, und zwar sowohl solche nach dem Nadel- wie nach dem Drehspulprinzip. Die Instrumente besitzen einen Spiegel, von dem das Bild eines Lichtspaltes oder eines glühenden Fadens (z. B. Nernstlampe) reflektiert und objektiv oder subjektiv beobachtet wird. Wenn der Spiegel durch den Wechselstrom in Schwingungen gerät, wird das Bild verbreitert, während man bei stillstehendem Spiegel ein scharfes Bild erhält. Die Schwingungsamplitude ist bei schwacher Dämpfung am größten, wenn die Schwingungsdauer auf die Frequenz des Wechselstroms abgestimmt ist. Gegenüber dem gleichfalls als Nullinstrument benutzten Telephon besitzt das Vibrationsgalvanometer infolge der Abstimmung den Vorteil, daß es nur auf eine Frequenz anspricht, so daß die Oberwellen nicht stören und daher nicht notwendig reiner Sinusstrom verwendet werden muß. Beim Nadelgalvanometer (Rubens) wird eine eingespannte Saite verwandt, an der eine Anzahl Eisennadeln befestigt sind. Die Saite führt Torsionsschwingungen aus, deren Frequenz durch Längenänderung der Saite und Veränderung ihrer Spannung eingestellt werden kann. Die Nadeln werden von vier Elektromagneten beeinflußt, die von dem Wechselstrom durchflossen werden; die Elektromagnete können zur Einstellung des besten Effekts mittels eines durch Mikrometerschrauben bewegten Schlittens in verschiedene Entfernung von den Nadeln gebracht werden. Neuerdings ist von Schering und Schmidt ein Nadelgalvanometer konstruiert worden, bei dem die Frequenz in bequemer Weise durch Gleichstrom eingestellt werden kann. Die Galvanometer nach dem Drehspulsystem haben entweder eine vom Strom durchflossene Schleife aus zwei Bändern, die zwischen den Polen eines starken Magneten ausgespannt sind (Schering, Schmidt, Duddell), oder eine Spule (Zöllich u. a.). Die Instrumente werden für Wechselströme von den kleinsten Frequenzen bis etwa 2000 Perioden gebaut.   *W. Jaeger.*

Näheres s. Jaeger, Elektr. Meßtechnik. Leipzig 1917.

Vibrationsmanometer, von M. Wien konstruiert, dient zur Messung der Druckschwankungen in Tonwellen. Die normalerweise an das Ohr zu haltende Öffnung eines auf den zu untersuchenden Ton abgestimmten Kugelresonators ist erweitert und durch eine auf den gleichen Ton abgestimmte Membran verschlossen. Die Ausschläge derselben sind den Druckamplituden proportional und werden mittels einer empfindlichen Spiegelanordnung gemessen. Da die Schallintensität (s. d.) dem Quadrat der maximalen Druckschwankungen proportional ist, können mit dem Vibrationsmanometer relative Tonintensitäten gemessen werden. Zwecks Reduktion auf absolutes Maß wird noch ein zweiter Apparat benutzt, welcher sich von dem ersten nur dadurch unterscheidet, daß der Grundton der Membran um mehrere Oktaven höher liegt.   *E. Waetzmann.*

Näheres s. M. Wien, Wied. Ann. **36**, 1889.

Vibrationsmikroskop s. Saitenschwingungen.

Vibrograph nach R. König s. Schallregistrierung.

Vibroskop s. Sichtbarmachung von Schallschwingungen.

Vieltonsender. Mit Gleichstrom betriebene Löschfunken- bzw. Lichtbogensender derart, daß

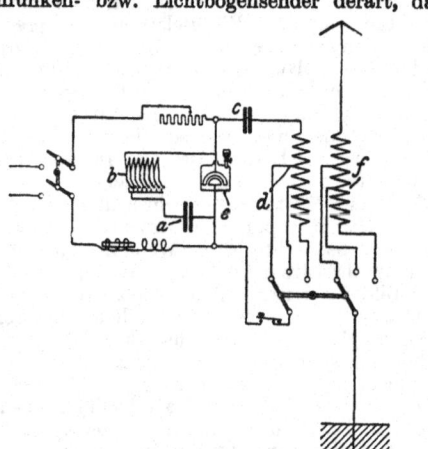

Schaltung des Vieltonsenders.

an die Funkenstrecke bzw. den Lichtbogen gleichzeitig ein Ton- und ein Hochfrequenz-Schwingungskreis geschaltet ist (s. Fig.).

Der Tonkreis b a bewirkt, daß die Hochfrequenzschwingungen im Rhythmus eines Tones erzeugt werden. Durch Ändern der Selbstinduktion b wird

die Tonhöhe geändert. Bei abgeschaltetem Tonkreis gibt der Sender unhörbare Schwingungen.
     A. Meißner.

Vierdimensionale Welt (s. Artikel Relativitätstheorie, spezielle und Relativitätsprinzip nach Einstein). Die Bewegung eines materiellen Punktes längs einer Geraden (die wir zur x-Achse wählen) wird beschrieben, indem man die Koordinate x als Funktion der Zeit t angibt.
$$(1) \qquad x = \varphi(t).$$
Man kann sich diese Bewegung veranschaulichen, indem man sich in einer x-, t-Ebene die durch Gleichung 1) gegebene Kurve gezogen denkt. Diese Kurve stellt uns dann der ganzen raumzeitlichen Bewegungsvorgang dar. Ebenso könnte man sich den Verlauf der Bewegung eines Punktes im Raum, der durch die Gleichungen
$$(2) \qquad x = \varphi_1(t) \qquad y = \varphi_2(t) \qquad z = \varphi_3(t)$$
gegeben ist, veranschaulichen, indem man sich in einem vierdimensionalen x-, y-, z-, t-Raum die durch die Gleichung 2) bestimmte Kurve verzeichnet denkt. Die Lehre von den Bewegungen im dreidimensionalen Raum ist also identisch mit der Lehre von den Kurven im vierdimensionalen, weshalb schon Lagrange die Mechanik eine Geometrie in vier Dimensionen nennt. Doch wäre das bloß eine geistreiche Ausdrucksweise und eine hübsche Illustration, wenn man nicht in gewissem Sinne sagen könnte, daß die durch die Gleichung 2) bestimmte Kurve im vierdimensionalen Raum, die sog. „Raumzeitkurve", den Bewegungsvorgang besser darstellt als die Gleichungen 2) selbst. Was das bedeutet, läßt sich am einfachsten an der Bewegung längs einer Geraden, Gleichung 1) auseinandersetzen.

Wenn wir etwa die rein geometrischen Eigenschaften der Kurve 1) untersuchen, so sieht man sofort, daß die Gestalt der Funktion $\varphi(t)$ durch diese Eigenschaften durchaus nicht bestimmt ist. Denn wenn ich die Kurve etwa in einem gegen das ursprüngliche um den Winkel α gedrehten Koordinatensystems t', x' darstelle (Fig. 1)

$$t' = t \cos \alpha + x \sin \alpha$$
$$x' = - t \sin \alpha + x \cos \alpha$$

Fig. 1 Zur Erläuterung der vierdimensionalen Welt.

so bekommt die Gleichung 1) eine ganz andere Gestalt, die ich mit
$$(4) \qquad x' = \Phi(t')$$
bezeichnen will. Nur solche aus der Gleichung 1) abgeleitete Ausdrücke haben eine geometrische Bedeutung, die sich bei Anwendung der Koordinaten-Transformation nicht ändern, d. h. in den analog gebauten Ausdruck in den neuen Koordinaten übergehen, die, wie man sagt, invariant gegenüber den Koordinatendrehungen 3) sind. Dazu gehört die Entfernung eines Punktes vom Koordinatenursprung $\sqrt{x^2 + t^2}$ und das Linienelement der Kurve $ds^2 = dt^2 + dx^2 = (1 + \varphi'(t)^2) dt^2$. Die Gleichung 1) stellt also die geometrischen Eigenschaften der Kurve insoferne nicht gut dar, als sie ein willkürliches Element hineinbringt, das Koordinatensystem, das mit der Geometrie der Kurve nichts zu tun hat.

Etwas ganz Ähnliches ist nun in der Mechanik auch der Fall. Wenn etwa in Gleichung 1) die betrachtete Bewegung auf ein fix mit dem Inertialsystem verbundenes Koordinatensystem bezogen ist, so läßt sich nach dem Relativitätsprinzip zwischen diesem und einem geradlinig gleichförmig bewegten System nicht unterscheiden. Wenn man aber die Bewegung auf ein mit der Geschwindigkeit v in der x-Richtung bewegtes System bezieht, so erhält in Gleichung 1) die Funktion φ (t) wieder eine ganz andere Gestalt, die aber der ursprünglichen ganz gleichberechtigt ist. Stellen wir uns die Bewegung durch eine Kurve in der x-, t-Ebene dar, so können wir den Übergang zum bewegten System auch als eine Koordinaten-Transformation deuten, die aber nicht durch Gleichung 3), sondern durch die Lorentz-Transformation gegeben ist. Um auf beiden Achsen dieselbe Maßeinheit benützen zu können, wollen wir die Zeiten durch die Wege messen, die das Licht während derselben zurücklegt. Die so gemessenen Zeiten (Lichtwege) nennen wir 1 (wobei 1 = ct). Die Geschwindigkeiten sind dann dimensionslose Zahlen, werden in Bruchteilen der Lichtgeschwindigkeit gemessen, und die Lichtgeschwindigkeit selbst bekommt den Wert 1. Die Lorentz-Transformation lautet dann

(5) $\qquad x' = \dfrac{x - v\,l}{\sqrt{1 - v^2}} \qquad l' = \dfrac{-v\,x + l}{\sqrt{1 - v^2}}.$

Ist uns nun eine Bewegung eines materiellen Punktes gegeben, die relativ zum System S (x, 1) durch die Gleichung

(6) $\qquad x = f\,(l)$

dargestellt ist, so ist sie im System S' (x', l') durch die vermittels der Transformation 5) aus 6) entstandene Gleichung

(7) $\qquad x' = F\,(l')$

dargestellt. Man kann diesen Übergang so deuten, daß man die laut Gleichung 6) im rechtwinkeligen

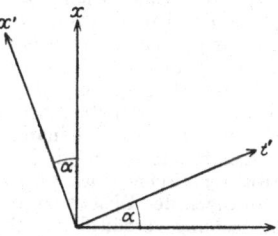

Fig. 2. Zur Erläuterung der vierdimensionalen Welt.

Koordinatensystem x, l gezeichnete Kurve jetzt auf ein anderes System bezieht, in dem die Koordinaten x', l' mit den alten durch die Gleichung 5) zusammenhängen. Gleichung 7) ist dann die Gleichung derselben Kurve im neuen System. Dieses neue System ist nun offenbar ein schiefwinkeliges und entsteht aus dem ursprünglichen, indem man sowohl die l- als die x-Achse um einen Winkel φ gegen das Innere des ersten Quadranten dreht (Fig. 2), der durch

(8) $\qquad \operatorname{tg} \varphi = v$

gegeben ist. Da nun alle diese Systeme nach dem Relativitätsprinzip gleichberechtigt sind, besteht kein Grund, unsere Bewegung eher auf das eine als das andere zu beziehen. Die Funktionen f (l) bzw. F (l) haben also mit der Bewegung als solcher nichts zu tun, sondern nur mit der Wahl des Bezugssystems. Die Darstellung der Bewegung durch die Zeitwegkurve in der x-, l-Ebene ist aber von dieser Willkür frei und stellt daher die Bewegung besser dar als die Gleichung 6) bzw. 7). Wie in der Geometrie haben auch hier nur solche aus der Funktion f (l) gebildete Ausdrücke eine wirkliche mechanische Bedeutung, die in allen Koordinatensystemen denselben Wert haben, d. h. die gegenüber der Lorentz-Transformation invariant sind. Dazu gehört der Ausdruck $l^2 - x^2$ und der aus den

Komponenten eines Linienelementes der Kurve 6) gebildete Ausdruck $\sqrt{dl^2 - dx^2} = \sqrt{1 - f'\,(l)^2}\ dl$.

Man kann die Analogie zur Geometrie noch deutlicher machen, wenn man mit Minkowski statt l die komplexe Größe u einführt durch

(9) $\qquad i\,l = u \qquad i\,l' = u'.$

Dann lauten die Gleichungen 5) der Lorentz-Transformation

(10) $\qquad x' = \dfrac{x + i\,v\,u}{\sqrt{1 - v^2}}, \qquad u' = \dfrac{-i\,v\,x + u}{\sqrt{1 - v^2}}$

und wenn man

$\qquad -i\,v = \operatorname{tg} \alpha,\ \text{also}\ \dfrac{1}{\sqrt{1 - v^2}} = \cos \alpha,$

(11) $\qquad \dfrac{-i\,v}{\sqrt{1 - v^2}} = \sin \alpha,$

setzt:

(12) $\qquad \begin{aligned} u' &= u \cos \alpha + x \sin \alpha \\ x' &= -u \sin \alpha + x \cos \alpha \end{aligned}$

also formal ganz ebenso wie die Gleichungen 3) des Übergangs zu einem gedrehten Koordinatensystem in der Geometrie. Auch die Invarianten der Lorentz-Transformation sehen dann genau wie die der Geometrie aus. Es wird offenbar:

$l^2 - x^2 = -(u^2 + x^2), \sqrt{dl^2 - dx^2} = \sqrt{-(du^2 + dx^2)}$

Alle diese Betrachtungen lassen sich sinngemäß übertragen, wenn wir jetzt nicht eine Bewegung längs der x-Achse betrachten, sondern eine beliebig im Raum verlaufende Bewegung, wie sie etwa durch die Gleichung 2) gegeben ist. Nach Einführung der Zeitmessung durch den Lichtweg l können wir wieder sagen, daß jede Darstellung der Bewegung durch die drei Gleichungen 2) ein willkürliches Element hineinbringt, daß nur die Darstellung durch die im vierdimensionalen Raum verlaufende Zeitwegkurve eine den Tatbestand reinlich darstellende ist und daß die Darstellungen der Bewegung durch Bewegungsgleichungen nach der Art von 2) entstehen, indem man die vierdimensionale Zeitwegkurve auf ein bestimmtes Koordinatensystem x, y, z, l bezieht.

Minkowski nennt nun den vierdimensionalen Raum, in dem wir die Bewegungen darstellen, die „Welt" und die Raumzeitkurve, welche die Bewegung eines materiellen Punktes darstellt, die „Weltlinie" des Punktes. Wirkliche mechanische Bedeutung haben wieder nur solche aus den Koordinaten der Weltlinie gebildete Ausdrücke, die gegenüber den Lorentz-Transformationen invariant sind. Dazu gehört insbesondere der Ausdruck

$l^2 - x^2 - y^2 - z^2.$

Haben wir zwei Weltpunkte, d. h. zwei räumlich und zeitlich bestimmte Ereignisse, deren Koordinaten im System S wir mit x_1, y_1, z_1, l_1 und x_2, y_2, z_2, l_2 bezeichnen, während sie im System S' mit den entsprechenden gestrichelten Buchstaben bezeichnet werden mögen, so gilt auch

(13) $\quad \begin{aligned} (l_2 - l_1)^2 &- (x_2 - x_1)^2 - (y_2 - y_1)^2 - (z_2 - z_1)^2 \\ &= (l_2' - l_1')^2 - (x_2' - x_1')^2 - (y_2' - y_1')^2 \\ &\qquad - (z_2' - z_1')^2. \end{aligned}$

Der Ausdruck ist also eine für zwei Weltpunkte (Punktereignisse) charakteristische Größe, die nicht von der Wahl des Bezugssystems abhängt. Wir nennen D die raumzeitliche Distanz zweier Punktereignisse, wobei

(14) $\quad \begin{aligned} D^2 &= (l_2 - l_1)^2 - (x_2 - x_1)^2 - (y_2 - y_1)^2 \\ &\qquad - (z_2 - z_1)^2. \end{aligned}$

Die Bedeutung dieser Größe ersehen wir leicht aus folgender Betrachtung: Wenn wir ein Bezugssystem S' einführen, in dem beide Ereignisse am gleichen Ort vor sich gehen ($x_2' = x_1'$, $y_2' = y_1'$, $z'_2 = z'_1$), so ist wegen Gleichung 13)

(15) $D^2 = (l'_2 - l'_1)^2$

d. h. D ist die Zeit, die zwischen beiden Ereignissen verfließt, wenn wir sie an den Uhren desjenigen Bezugsystems ablesen, relativ zu dem beide Ereignisse am gleichen Ort stattfinden. Führen wir hingegen ein System S' ein, relativ zu dem beide Ereignisse zu gleicher Zeit stattfinden ($l_1' = l_2'$), so ist wegen Gleichung 13) und 14)

(16) $D^2 = -[(x_2' - x_1')^2 + (y_2' - y_1')^2 + (z_2' - z_1')^2]$.

D ist also die mit der imaginären Einheit multiplizierte Distanz der Orte, an denen die beiden Ereignisse stattfinden, wenn man diese Distanz an den Maßstäben desjenigen Bezugsystems mißt, relativ zu dem die beiden Ereignisse zu gleicher Zeit stattfinden.

Offenbar kann in einem konkreten Fall D nur eine der beiden Bedeutungen haben. Denn da der Wert von D^2 von der Wahl des Bezugsystems unabhängig ist, muß diese durch Gleichung 13) definierte Größe schon ursprünglich positiv sein, um auf die Form 15) und negativ, um auf die Form 16) gebracht werden zu können. Demnach bezeichnet man die durch zwei Weltpunkte bestimmte Strecke, wenn ihr D^2 positiv ist als „zeitartig", wenn es negativ ist, als „raumartig". Im ersten Fall kann die Distanz bei geeigneter Wahl des Koordinatensystems als eine wirkliche Zeitdifferenz, im zweiten Fall als eine wirkliche räumliche Distanz aufgefaßt werden. Wenn etwa die durch zwei Ereignisse bestimmte Strecke zeitartig ist, können die beiden Ereignisse in keiner Weise als gleichzeitig angesehen werden, zwischen ihnen besteht eine „reale" Zeitdifferenz. Die dafür geltende Bedingung $D^2 > 0$ läßt sich wegen 14) und $l = ct$ auch so formulieren, daß auch in dem ursprünglichen Koordinatensystem eine so große Zeitspanne zwischen den beiden Ereignissen liegt, daß ein zur Zeit des ersten Ereignisses vom Ereignisorte abgehender Lichtstrahl am Orte des zweiten Ereignisses schon vor dessen Eintritt ankommen würde. Betrachten wir eine Weltlinie, so können wir die Linienelemente dieser Kurve auch als infinitesimale Strecken auffassen, denen die Koordinatendifferenzen dl, dx, dy, dz zukommen mögen. Das raumzeitliche Linienelement ds ist dann analog zu Gleichung 14) durch

(17) $ds^2 = dl^2 - dx^2 - dy^2 - dz^2$

gegeben. Soll die betrachtete Kurve eine Weltlinie sein, so müssen die Linienelemente zeitartig sein ($ds^2 > 0$), weil das Gegenteil eine Bewegung mit Überlichtgeschwindigkeit bedeuten würde. Man bezeichnet das Linienelement einer Weltlinie als Eigenzeit, weil es die zwischen zwei benachbarten Lagen des bewegten Punktes verflossene Zeit (analog zu Gleichung 15) angibt, wenn wir sie in einem System messen relativ zu dem der Punkt gerade ruht. Betrachten wir einen ganzen endlichen Bogen der Weltlinie, so nennen wir das Integral

$$J = \int ds$$

längs diesen Bogens erstreckt die während der entsprechenden Bewegung des Punktes verflossene Eigenzeit. Die Kurven, die diesem Integral den kleinsten Wert erteilen, sind offenbar wie für das Bogenintegral in der Geometrie, die geraden Linien des vierdimensionalen Raumes, d. h. die Kurven, für die in Gleichung 2) die φ_1, φ_2, φ_3 lineare Funktionen der Zeit t sind, die also die kräftefreien Bewegungen des Punktes darstellen. Diese Gleichungen der kräftefreien Bewegungen lassen sich also im Sinne der Variationsrechnung in die Gleichung

(18) $\delta \int ds = 0$

zusammenfassen, wo ds der durch Gleichung 17) gegebene Ausdruck ist. Setzen wir insbesondere nach Minkowski wieder il = u, so wird

(19) $ds^2 = -(du^2 + dx^2 + dy^2 + dz^2)$

also $-ds^2$ geradezu das Quadrat des Bogenelementes in der gewöhnlichen Geometrie. Weil nun in dieser Darstellung der Erscheinungen in der vierdimensionalen Welt dieser Übergang zu einem bewegten Bezugsystem einfach dem Übergang zu einem gedrehten Koordinatensystem entspricht, müssen sich die die Relativitätsprinzip gehorchenden Naturgesetze, die ja bei einer solchen Transformation ungeändert bleiben, in dieser vierdimensionalen Geometrie ähnlich schreiben lassen wie die Ausdrücke der gewöhnlichen Vektorrechnung, die ja auch in beliebig gedrehten rechtwinkeligen Koordinatensystemen immer dieselbe Gestalt haben, weil die Vektorausdrücke eine vom Koordinatensystem unabhängige geometrische Bedeutung haben. Die Gesetze der Natur lassen sich also nach der Relativitätstheorie besonders einfach in Vektorausdrücken des vierdimensionalen Raumes schreiben. Die mehr mathematisch gehaltenen Schriften über Relativitätstheorie machen daher auch immer von dieser Darstellung Gebrauch; doch hat diese Darstellung mit der Frage, ob die Welt „in Wirklichkeit" vierdimensional ist, nichts zu tun, wenn man darunter die Frage nach einer vierten rein räumlichen Dimension versteht. *Philipp Frank.*

Näheres s. M. Laue, Das Relativitätsprinzip. Braunschweig. 1920.

Vierordt. Spektralphotometer s. Photometrie im Spektrum.

Viertelwellen-Glimmerplatte. Eine solche wird unter anderem häufig bei der Untersuchung von Kristallen im Nörrenbergschen Polarisationsmikroskop angewendet. Der Glimmer gehört dem monosymmetrischen Kristallsystem an, hat daher zwei optische Achsen und besitzt entsprechend der Elastizität des Äthers nach den drei aufeinander senkrechten optischen Elastizitätsachsen (d. i. in der Sprache der elektromagnetischen Lichttheorie nach den drei Hauptrichtungen der Dielektrizitätskonstante) drei Hauptbrechungsverhältnisse. Die beiden optischen Achsen liegen in der durch die Achsen der größten und der kleinsten Elastizität gehenden Ebene. Der Glimmer ist negativ zweiachsig, denn seine Achse der größten Elastizität halbiert den spitzen Winkel der optischen Achsen, und fast genau senkrecht zu jener Richtung der größten Elastizität liegt seine so äußerst vollkommene Spaltbarkeit. Bei derartigen Spaltungslamellen des Glimmers wird vom Verkäufer in der Regel die Ebene der optischen Achsen durch einen Pfeil bezeichnet. Ein parallel dem Pfeil schwingender Strahl pflanzt sich demgemäß in der Glimmerplatte langsamer fort als ein senkrecht zur optischen Achsenebene schwingender Strahl.

Eine Viertelwellen-Glimmerplatte ist nun eine dünne Spaltungslamelle von einer solchen Dicke, daß die aus einem senkrecht eintretenden Strahl entstehenden beiden Schwingungen bei ihrem Austritt einen Gangunterschied von $\frac{1}{4}$ Wellenlänge (für mittlere Farben) besitzen. Ein solches Glimmerplättchen läßt sich leicht in passender Dicke von etwa 0,03 mm abspalten. Die Richtung seiner optischen Achsenebene ist dann aus seiner Lemniskatenfigur im Polarisationsmikroskop zu erkennen. — Oft schneidet man das Glimmerblatt auch rechteckig zu, so daß seine Längsrichtung der optischen Achsenebene entspricht; dann liegen die längeren Kanten parallel der Achse der kleinsten Elastizität, die kürzeren Kanten parallel der Achse der mittleren Elastizität, und dies sind zugleich die beiden Schwingungsrichtungen eines senkrecht zur Platte, d. i. parallel der Achse der größten Elastizität, einfallenden Strahls. *Schönrock.*

Näheres s. P. Groth, Physikalische Kristallographie. Leipzig.

Vignettierung. Die Vignettierung photographischer Objektive erfolgt durch die Abschneidung eines Teiles des vom Dingpunkt ausgehenden und in die Eintrittspupille eintretenden Lichtes durch Linsenränder oder Fassungsteile. Je kürzer gebaut

Form und Größe der für verschiedene Bildpunkte wirksamen Austrittspupille. Die Figur am weitesten links entspricht der Bildmitte, die am weitesten rechts dem von der Achse entferntesten Bildpunkt, die zwischenliegenden Figuren gehören zu Bildpunkten, die zwischen diesem und der Bildmitte liegen.

ein Objektiv im Verhältnis zu seinen Linsendurchmessern ist, desto geringer ist im allgemeinen seine Vignettierung. Nebenstehend ist für einen sehr kurz gebauten Anastigmaten zur Darstellung gebracht, in welcher Größe und Form die Austrittspupille Licht hinsendet zu den einzelnen Bildpunkten der Brennebene. *W. Merté.*

Violine s. Streichinstrumente.

Violino piccolo s. Streichinstrumente.

Violle. Platin-Einheitslichtquelle s. Einheitslichtquellen.

Violoncello s. Streichinstrumente.

Virial einer Kraft in bezug auf einen Punkt O heißt das Produkt aus der Kraft in die Projektion des von O nach dem Angriffspunkt der Kraft gezogenen Fahrstrahles auf die Richtung der Kraft. Unter dem Virial eines Kräftesystems in bezug auf O versteht man die Summe der Viriale der Einzelkräfte bezüglich O. *R. Grammel.*

Virtuelle Temperatur. Die Dichte eines Luftquantums ergibt sich aus dem Luftdruck, der Temperatur und dem Feuchtigkeitsgehalt der Luft. Die virtuelle Temperatur ist diejenige Temperatur, die das Luftquantum haben müßte, wenn es, ohne Wasserdampf zu enthalten, bei demselben Luftdruck dieselbe Dichte hätte. Die virtuelle Temperatur wird bei der barometrischen Höhenbestimmung zur Vereinfachung der Rechenmethoden benutzt. *G. Stüve.*

Der Betrag (s. folgende Tabelle), den man zur absoluten Temperatur hinzufügen muß, um die virtuelle zu erhalten, ist $^3/_{5000} \cdot S \cdot T$, wenn S die spez. Feuchtigkeit (s. diese), T die absolute Temperatur bezeichnet.

Reduktion auf virtuelle Temperatur, gesättigte Luft vorausgesetzt, bei ungesättigter ist der Betrag mit $^1/_{100}$ der relativen Feuchtigkeit (s. Wasserdampfgehalt) zu multiplizieren.

Luftdruck mm Hg	Temperatur, °C						
	−40°	−20°	0°	+10°	+20°	+30°	+40°
150	0,1						
300	0,0	0,2					
450	0,0	0,2	1,0				
600	0,0	0,1	0,8	1,6	3,2	6,1	
750	0,0	0,1	0,6	1,3	2,6	4,8	8,8

Tetens.

Visiere s. Längenmessungen.

Visierfernrohr s. Zielfernrohr.

Visierwinkel s. Flugbahnelemente.

Viskose elektrische Verschiebung s. Hysteresis, dielektrische.

Viskosität (Verzögerung, Nachwirkung), **magnetische,** nennt man die Erscheinung, daß namentlich bei dickeren Eisenproben die Magnetisierung nicht gleichzeitig mit dem Entstehen des Feldes ihren Höchstwert erreicht, sondern erst nach einer gewissen Zeit, die unter Umständen beträchtlich werden kann (s. auch Relaxationsdauer der Elektromagnete), und die sich sowohl bei den magnetometrischen Messungen durch das sog. „Kriechen" wie auch bei den ballistischen Messungen, wo der magnetische Vorgang nach Beendigung des ballistischen Galvanometerausschlags unter Umständen noch nicht vollständig abgelaufen ist, recht störend bemerkbar macht. Die Erscheinung, die man früher, wenigstens zum Teil, als magnetisch betrachtete, rührt nach neueren Ansichten wohl nur von der Wirkung der bei der Magnetisierung innerhalb der Proben erzeugten Wirbelströme her, die um so stärker wird, je steiler die Magnetisierungskurve ansteigt, je größer also die „differentielle Suszeptibilität" ist. Hiermit stimmt auch die Beobachtung überein, daß die Nachwirkungserscheinungen in der Gegend der Maximalpermeabilität am größten sind, bei der Änderung hoher Feldstärken aber kaum beobachtet werden. *Gumlich.*

Viskosität s. innere Reibung.

Vokale. Die Grenzen des Vokalbereiches bilden einerseits U und andererseits J. Man produziert das U, indem man bei tiefer Lage der abgeplatteten Zunge die Lippen nur wenig öffnet. Verengert man die Öffnung noch mehr, so tritt man in das Konsonantengebiet über, indem jetzt etwa ein V, W oder M entsteht. Öffnet man dagegen die Lippen mehr und mehr, so gelangt man unter stetiger Veränderung des Vokalcharakters von U über O zu A. Läßt man jetzt die Öffnung konstant und hebt allmählich die Zunge von hinten her an den harten Gaumen heran, so gelangt man von A über E zu J, von wo aus man über J wieder in den Konsonantenbereich eintritt. Legt man die Finger über die untere Zahnreihe auf die obere Fläche der Zunge und spricht nun hintereinander die drei Vokale A, E, J, so fühlt man deutlich, wie sich der Zungenrücken ruckweise bei E und noch stärker bei J in die Höhe hebt. Während man also einerseits von U über A nach J gelangen kann, kann man auch von U über Ü nach J gehen. Bell hat ein umfangreiches Vokalsystem von einigen neunzig Vokalen aufgestellt. Jedoch muß die Zahl der möglichen Vokale als unbegrenzt angesehen werden, indem fast jedem sprechenden Menschen ein bestimmter Sprachklang zukommt. Wenn der Sprachklang bei Verwandten oft ähnlich ist, so darf man hieraus schließen, daß es nicht nur eine „äußere" Ähnlichkeit des Gesichtes usw. gibt, sondern auch eine „innere" Ähnlichkeit in bezug auf Größe, Form usw. von Rachen-, Mund- und Nasenhöhle. S. auch Stimmorgan.

Die Analyse der Vokale (s. Klanganalyse) kann auf zwei verschiedenen Wegen versucht werden. Entweder durch subjektive Methoden, namentlich mit Hilfe von Resonanz, oder durch objektive Methoden, namentlich indem die zu einem Vokal gehörenden Luftschwingungen irgendwie registriert (s. Registrierung von Schallschwingungen) und die so gewonnenen Kurven analysiert (s. Analyse von Schwingungskurven) werden. Die objektiven Methoden für die Vokalanalyse haben, ganz abgesehen von den fast unüberwindlichen

Schwierigkeiten bezüglich einer wirklich naturgetreuen Registrierung der Luftschwingungen, einen prinzipiellen Mangel. Selbst wenn sie den in der Luft sich abspielenden Schwingungsvorgang richtig wiedergeben würden, so ist damit noch nicht bekannt, wie nun das Ohr reagiert. Da das Ohr für verschieden hohe Töne sehr verschieden empfindlich ist (s. Grenzen der Hörbarkeit), so sind die subjektiven Intensitäten der einzelnen Partialtöne, die für die betreffende Vokalempfindung charakteristisch sind, ganz andere als die objektiven. Auf der anderen Seite ist jede rein subjektive Methode nicht sehr sympathisch. Bei der Schwierigkeit des Problems muß man natürlich mit beiden Methoden arbeiten.

Die Literatur über Vokale ist ungeheuer groß. Neben den grundlegenden Arbeiten von Helmholtz seien namentlich Arbeiten von Wallis, Graßmann, Hensen, Pipping, Jenkin, L. Hermann, Auerbach, Miller und C. Stumpf genannt.

Es sind die verschiedensten Vokaltheorien aufgestellt worden, die sich fast alle unter zwei Gesichtspunkten betrachten lassen. Die Klangfarbe eines Musikinstrumentes ist im wesentlichen durch die relative Lage der Partialtöne zum Grundton und ihr gegenseitiges Stärkeverhältnis gegeben. Auf der anderen Seite muß ein bestimmter Resonator einen Partialton ganz unabhängig von seiner Ordnungszahl verstärken. Da aber bei der Vokalbildung Mund- und Rachenhöhle als Resonatoren mitwirken und, wenn ein bestimmter Vokal gesungen wird, ziemlich unabhängig von der Tonhöhe immer auf eine bestimmte Form usw. eingestellt werden, so muß jeder Vokal in der Tonskala ziemlich fest liegende Partialtöne besitzen. Damit ist für die Klangfarbe eines Vokales ein absolutes Moment zum mindesten mit maßgebend. Es sind sowohl rein relative als auch rein absolute Theorien als auch Kombinationen von beiden vertreten worden. Eine etwas besondere Stellung in der Reihe der Vokaltheorien nimmt die L. Hermannsche ein. Von der Tatsache ausgehend, daß gewisse Vokalkurven deutlichen Schwebungscharakter (s. Schwebungen) zeigen, sieht Hermann das eigentliche Charakteristikum eines Vokales darin, daß die in bestimmter Weise eingestellte Mundhöhle durch den im Tempo der Stimmlippenschwingungen oszillierenden Luftstrom angeblasen wird, wodurch ein Mundton entsteht, dessen Amplitude im Tempo des Kehltones oszilliert. Auf weitere Einzelheiten einzugehen, würde zu weit führen, Den Physiker kann die Hermannsche Theorie nicht befriedigen.

Nach Helmholtz ist an dem Zustandekommen eines Vokales das relative Moment in den Schwingungen der Stimmlippen beteiligt und das absolute in der Wirkung der Resonanzhöhlen. Als Resultat seiner Untersuchungen gibt er an: „Die Vokalklänge unterscheiden sich von den Klängen der meisten anderen musikalischen Instrumente also wesentlich dadurch, daß die Stärke ihrer Obertöne nicht nur von der Ordnungszahl derselben, sondern überwiegend von deren absoluter Tonhöhe abhängt." Die für einen Vokal charakteristischen Teiltöne von bestimmter absoluter Tonhöhe bezeichnet man nach L. Hermann als Formanten. Ihre experimentelle Bestätigung hat die Helmholtzsche Theorie, abgesehen von Helmholtzs eigenen Versuchen, namentlich durch Versuche von Auerbach, D. C. Miller und C. Stumpf gefunden.

Bei der Analyse gesungener Vokale durch Resonanz kam Stumpf zu folgenden Hauptergebnissen: Es existiert eine überraschend große Zahl von Partialtönen (bis 30 und mehr). Sie sind alle harmonisch zum Grundtone. Die Inten-

sitätsmaxima liegen unabhängig von der Höhe des Grundtones stets in der gleichen Gegend des Tonbereiches. Die Ab- und Zunahme der Stärken innerhalb der einen Vokal zusammensetzenden Teiltonreihe erfolgt nicht ruckweise, so daß z. B. ein Maximum auf beiden Seiten von schwächsten Teiltönen oder Nullstrecken umgeben wäre, sondern allmählich. Der Formant ist daher überall nur das Zentrum einer Formantregion.

Mit Hilfe von Interferenzrohren (s. Interferenz) hat Stumpf auch gesungene Vokale allmählich abgebaut, indem die einzelnen Partialtöne, mit den höchsten angefangen, nacheinander durch immer mehr eingeschaltete Interferenzrohre beseitigt wurden. Umgekehrt wird der Vokal dann wieder aufgebaut. Hierbei durchläuft er bestimmte Stadien. Die Vokale U, O, A, Ö, Ä, Ü, E, J werden z. B. auf der Note c gesungen, so das c für jeden der tiefste Partialton (Grundton) ist. Sind alle anderen Partialtöne außer c ausgeschaltet, so haben sämtliche Vokale U-Charakter, und nun werden nacheinander (durch Ausschalten der betreffenden Interferenzrohre) die weiteren Teiltöne c', g' usw. hinzugefügt, so daß der Vokal von unten aus aufgebaut wird. Die folgende Tabelle zeigt das Nähere. In den Horizontalreihen ist der beim Aufbau bis zu dem betreffenden Partialton (erste Vertikalreihe) erreichte Klangcharakter angegeben. Das Hinzufügen eines kleinen Kreises zu einer Note bedeutet eine geringe Vertiefung derselben.

Note	U	O	A	Ö	Ä	Ü	E	J
$b^{\circ 4}$						Ü	E	J
$a^{\circ 4}$								Ju
g^4						ÖE		Ui
$fis^{\circ 4}$								Üu + i
e^4				Ö	Ä	Üu	Ö	Üu
d^4						UÜ		Üü
c^4				Öo	Äao	Üü	Öu	
$b^{\circ 3}$				Oö				
g^3					Ao			
e^3								
c^3			A	O				
$b^{\circ 2}$			Ao					
g^2			OA	OA				
e^2			Oa	Oa				
c^2			Ou	o				
g^1		O	OU	Ou	Oo	O		
c^1								
c	U	U	U	U	U	U	U	U

Stumpf hat dann auch aus reinen Pfeifentönen (durch Interferenz gereinigt) Vokale künstlich zusammengesetzt und nach seinen Angaben vorzügliche Resultate erhalten. Auch Helmholtz hatte schon ähnliche Versuche mit Hilfe von elektromagnetisch betriebenen Stimmgabeln und Resonatoren angestellt. Und schon früher sind vielfach Versuche zur Konstruktion von Sprechmaschinen (Wolfgang von Kempelen, 1788 usw.) gemacht worden.

Man hat nach Stumpf bei den meisten Vokalen Haupt- und Nebenformanten zu unterscheiden. Die Nebenformanten liegen bei den hellen Vokalen unterhalb der Hauptformanten, können also hier auch Unterformanten genannt werden. Beim U liegen die Verhältnisse so, daß der Grundton selbst die größte relative Stärke haben muß; er klingt schon für sich U-artig, solange er nicht über g' hinaufrückt. Dieser Hauptformant des U ist gleichzeitig (beweglicher) Nebenformant für Ü und J. Sämtliche Formanten liegen insoweit nicht völlig fest, als sämtliche Partialtöne der Vokale stets harmonisch zum Grundton sind. Stumpf gibt ungefähr folgende Lagen für die Formanten an:

Die Hauptformanten für U, O, A, Ö, Ä, Ü, E, J der Reihe nach bei g^1, g^1, as^2, g^3, b^3, b^3, d^4, b^4; die Nebenformanten für U bei f^2, für O keinen, für A keinen, für Ö bei g^1, für Ä bei as^2, für Ü bei g^1, für E bei g^1, für J bei g^1 und es^4.

Betreffs Demonstration von Vokalklängen s. Flammenapparat, Flammenrohr und Empfindliche Flammen. *E. Waetzmann.*

Näheres s. S. Stumpf, Die Struktur der Vokale. Berliner Akad. Ber. 1918.

Vokaltheorie s. Vokale.

Vollkommener Leiter bzw. Nichtleiter s. Leiter.

Voltameter. Diese Vorrichtung dient zur Messung eines Stromintegrals, also einer Elektrizitätsmenge (Einheit Coulomb), und wird deshalb auch Coulometer genannt. Wenn ein Strom durch einen Elektrolyten fließt, so werden nach dem Faradayschen Gesetz bei der hierbei stattfindenden chemischen Zersetzung der Verbindungen solche Mengen der Bestandteile (z. B. Kupfer, Wasserstoff usw.) ausgeschieden, daß sie im Verhältnis der Äquivalentgewichte stehen. In jedem Zeitelement dt ist die durch den Strom von der Stärke i ausgeschiedene Menge proportional i · dt. Bezeichnet man die mittlere Stromstärke während der Zeit t mit I, so ist $I = \dfrac{1}{t}\displaystyle\int i\,dt$, wobei i den Augenblickswert des Stromes bedeutet. Nennt man G die in der Zeit t von dem Strom zersetzte Gewichtsmenge bzw. die Menge des Zersetzungsproduktes, ferner A das elektrochemische Äquivalent, so ist I = G/At Ampere. Wird G in mg gemessen, t in Sek., so gelten für A z. B. folgende Werte: bei Silber 1,118, Kupfer 0,3294, Wasser 0,0933, Wasserstoff 0,0104, Sauerstoff 0,0830. D. h. ein Strom von 1 Ampere, der eine Sekunde lang gleichmäßig andauert, scheidet z. B. 1,118 mg Silber aus usw. Auf diese Weise kann man mittels des Voltameters die Elektrizitätsmenge bzw. wenn auch die Zeit gemessen wird, die mittlere Stromstärke in dieser Zeit bestimmen. Die Elektrode, an der das Metall, bzw. der Wasserstoff ausgeschieden wird (Kathode), muß mit dem negativen Pol, also bei Primärelementen mit dem Zinkpol, bei Akkumulatoren mit dem Bleipol verbunden werden. Die größte Bedeutung besitzt das Silbervoltameter (s. d.), da durch dasselbe die Einheit der Stromstärke, das Ampere, gesetzlich festgelegt ist. Die anderen Voltameter (s. Kupfer-, Wasser-, Knallgas-, Wasserstoff-, Quecksilbervoltameter, auch das Jodvoltameter gehört hierher) finden nur noch selten Anwendung, da man jetzt einfachere, bequemere und genauere Strommesser besitzt. In der Technik hat das Quecksilbervoltameter als Elektrizitätszähler Anwendung gefunden.

W. Jaeger.

Näheres s. Jaeger, Elektr. Meßtechnik. Leipzig 1917.

Voltasches Element. Kupfer als positiver Pol und Zink als Lösungselektrode tauchen in eine angesäuerte Flüssigkeit. Bei Schließung des äußeren Stromkreises geht Zink in Lösung, während am Kupfer Wasserstoffgas entwickelt wird (s. auch Galvanismus). Die von dem Wasserstoff als Gaselektrode herrührende elektromotorische Gegenkraft wird bei den neueren galvanischen Elementen (s. Kupron-Element, Leclanché-Element, Bunsenelement) durch geeignete Depolarisatoren paralysiert. *H. Cassel.*

Näheres in den Lehrbüchern der Elektrochemie; z. B. bei F. Foerster, Elektrochemie wässeriger Lösungen. Leipzig 1915.

Voltasche Reihe s. Spannungsreihe.

Voltmeter s. Spannungsmesser.

Volumenometer s. Raummessungen.

Volumeter s. Aräometer.

Voranstellung eines Flügels gegenüber einem anderen, s. Schränkung.

Vorfunken bzw. **Vorfunkenstrecken,** in einem elektrischen Oszillator, liegen meist symmetrisch in den beiden Zuleitungen von Funkeninduktor resp. sonstiger Hochspannungsquelle nach der Hauptfunkenstrecke. Sie haben den Zweck, das Übergreifen der Schwingungen auf die Induktorzuleitungen zu verhindern; ihre Überschlagspannung ist größer als die der Hauptfunkenstrecke, daher veranlassen sie gleichzeitig oft eine höhere Aufladung des Oszillators, als es der Überschlagspannung der Hauptfunkenstrecke entspricht und tragen so zur Steigerung der Leistung bei. *H. Rukop.*

Vorgeschichte, magnetische, s. Hysterese.

Vorperiode s. Kalorimetrie.

Vorwärmer. Vorwärmer sind Wärmeübertragungsapparate, welche die Abgase von Feuerungsanlagen oder den Abdampf von Dampfmaschinen zur Wärmeabgabe an Wasser oder Luft ausnützen. Die Wärmeübertragung ist im Gegenstrom der Wärme austauschenden Stoffe im allgemeinen besser als im Gleich- oder Querstrom. Große Geschwindigkeiten erhöhen die Wärmeübertragung. Gemessen wird die letztere durch die in einer Stunde durch 1 m² Heizfläche pro 1⁰ C mittlerer Temperaturdifferenz übertragenen Wärmeeinheiten. *L. Schneider.*

Näheres s. die Arbeiten von Josse, Nusselt, Wamsler, Soennecken, Poensgen, Schneider, meist veröffentlicht in der Zeitschrift des Vereins deutscher Ingenieure.

Vox humana s. Orgel.

Vreeland-Oszillator, Einrichtung zur Erzeugung kontinuierlicher elektrischer Schwingungen, bestehend aus einer Quecksilberlichtbogenröhre mit einer Kathode und zwei symmetrischen Anoden, in Verbindung mit einem zu der Kathode und den beiden Anoden symmetrisch geschalteten schwingungsfähigen Kreis aus mehreren Kapazitäten und Selbstinduktionen. Die Schwingungserzeugung geschieht dadurch, daß der Lichtbogen durch den Kreisstrom selbst vermittels Ablenkspulen (wie bei Braunscher Röhre) von der einen Anode wechselweise nach der anderen hinübergeworfen wird, wodurch in jeder Halbperiode phasewechselnd neue Energie dem Kreis zugeführt wird. Hohe Frequenzen werden hiermit nicht erreicht. *H. Rukop.*

Näheres s. W. H. Eccles, Wireless Telegr. u. Teleph. 2. Aufl. 1918, S. 260.

Vulkanismus. Ein Entgasungsprozeß des Erdinneren, der verschiedene endogene Vorgänge (s. diese), vor allem vulkanische Ausbrüche verursacht.

Erscheinungsformen. Als vulkanische Erscheinungen faßt man alle Vorgänge zusammen, die als Anzeichen des Vorhandenseins von glutflüssigen Massen im Erdinnern aufgefaßt werden können. Dazu gehören in erster Linie die Ausbrüche von glühenden Massen geschmolzenen Gesteins, des sog. Magma, und heißen Dämpfen. Dem Ausbruch pflegt ein unterirdisches, mit Erzittern des Bodens verbundenes Getöse vorauszugehen, das man dem kochenden Bewegungen des flüssigen Magmas zuschreibt. Ist die Spannung im Inneren des Magmaherdes dann so groß geworden, daß die darüber lastende Gesteinsdecke gesprengt werden kann, so erfolgt der, meist von explosionsartigen Erscheinungen begleitete Ausbruch. Die Gewalt der Explosionen ist mitunter enorm. So wurde durch den Ausbruch des Vulkans Tambora auf der Insel Sumbawa im April 1815 eine Gesteinsmasse von etwa 2,5 Billionen Tonnen in die Luft geblasen. Bei dem Krakatau-Ausbruch am 27. August 1883 konnte der Donner der Explosion 3500 km weit wahrgenommen werden, und der Ausbruch des Bandai-San in Japan sprengte am 15. Juli 1888 den ganzen, etwa 1213 Millionen Kubikmeter fassenden Nordteil des Berges in die Luft. Die Höhe der Eruptionswolken ist bis zu 20 000 m gemessen worden, so daß eine gewaltige Arbeit geleistet wird, die man für den Ausbruch des Coseguina im Jahre 1835 zu 3,75 Trillionen Kilogrammeter berechnet hat.

Durch die Ausbrüche wird das Magma in Form größerer oder kleinerer Bruchstücke in die Luft geblasen, die dann niederfallen und je nach ihrer Größe als vulkanische Blöcke, Bomben, Lapilli, Sand, Asche oder Staub bezeichnet werden. Die feinen Bestandteile bilden mit Wasser einen Schlamm, der zu Tuff oder Traß erhärtet. Das in zusammenhängenden Strömen ausströmende Magma bildet feurige Lavaströme, die eine Temperatur von mehr als 1000° besitzen, an den Hängen der Vulkanberge ruhig hinabfließen und sich nur langsam abkühlen. Sie bedecken manchmal Hunderte von Quadratkilometern und ihre Masse kann viele Milliarden Kubikmeter erreichen. Nicht immer haben die vulkanischen Ausbrüche einen explosiven Charakter (Locker-Eruptionen), sondern mitunter bestehen sie nur in einem ruhigen Ausfließen von Lava (Lava-Eruptionen), wie dies namentlich bei den Vulkanen der Insel Hawaii der Fall ist. Diese Unterschiede kommen auch in der Form und dem geologischen Aufbau der durch die Ausbrüche entstandenen Vulkanberge deutlich zum Ausdruck (s. Gebirge). Der absolut höchste Vulkan der Erde ist der 6310 m hohe Chimborazo, dessen Aufschüttung jedoch einem mehr als 3000 m hohen Plateau aufgelagert ist, so daß der vulkanische Kegel selbst nur etwa 2000 bis 3000 m Höhe hat. Die höchste vulkanische Aufschüttung von 4900 m ist bei der Kliutschewskaja Sopka auf Kamtschatka nachgewiesen worden.

Nach dem Erlöschen der Eruptionen gehen die Vulkane in das Solfataren-Stadium über (s. Quellen).

Durch die vulkanische Tätigkeit kommen nicht nur Veränderungen, oft von beträchtlichem Ausmaß an den Vulkanbergen, sondern auch vulkanische Neubildungen zustande. Bei Neapel wurde z. B. 1538 ein neuer Vulkanberg, der 142 m hohe Monte Nuovo in einer Nacht aufgeschüttet, und in Mexiko entstand 1759 der 480 m hohe Jorullo. Die Entstehung neuer vulkanischer Inseln

ist häufig bis in die Gegenwart hinein beobachtet worden.

Der Vulkanismus macht sich aber nicht nur in Ausbrüchen und dem Aufbau von Vulkanbergen geltend, sondern er wirkt auch in größeren Tiefen auf die Zusammensetzung der Erdkruste. Mitunter reicht seine Kraft nur aus, um die Gesteinsdecke gerade noch zu durchstoßen, ohne daß Magma an die Oberfläche gelangt. Solche Eruptionskanäle, die stellenweise, z. B. in der Schwäbischen Alb, in großer Zahl vorkommen, nennt man Vulkan-Embryonen. Bei anderen kryptovulkanischen Vorgängen wird das Magma zwischen die Gesteinsschichten hineingepreßt und führt zu einer Aufwölbung derselben. Solche Intrusionen entziehen sich der direkten Beobachtung, aber man findet die erstarrten Lavamassen in Gestalt großer kuchenförmiger Gebilde als sog. Lakkolithen, wenn die über ihnen lagernden Gesteinsschichten durch Denudation (s. diese) entfernt worden sind.

Ursache. Als Sitz des Vulkanismus nahm man früher den heißflüssigen Erdkern an, aus dem das Magma nach oben drängt. Neuere Beobachtungen haben jedoch der Anschauung zum Siege verholfen, daß die Magmaherde vereinzelt in verhältnismäßig geringen Tiefen liegen. Über die Art der Kraft, welche das Magma zum Aufsteigen zwingt und es befähigt, Gesteinsschichten von mehreren tausend Metern Mächtigkeit zu durchbrechen, liegen verschiedene Annahmen vor. Vielfach werden die Explosionserscheinungen als Wirkungen des im Magma absorbierten Wasserdampfes oder anderer, sich entwickelnder Gase angesehen. Chemische, plötzlich eintretende Reaktionen, Zutritt von Wasser zu den Magmaherden durch Spalten der Erdkruste, die Ausdehnung des Magmas, isostatische Bewegungen der Erdkruste, sowie zahlreiche andere, mehr oder minder wahrscheinliche Vorgänge sind als Ursachen vulkanischer Eruptionen in Anspruch genommen worden. Auch wird kosmischen Vorgängen, z. B. den Sonnenflecken, von manchen Forschern ein wesentlicher Einfluß auf die Äußerungen des Vulkanismus zugeschrieben.

Geographische Verbreitung. Die tätigen Vulkane treten meist gesellig, besonders häufig in reihenförmiger Anordnung auf und begleiten die großen tektonischen Linien der Erdoberfläche, die Küsten, Gebirgsränder, Verwerfungsspalten usw. Auffällig ist ihre Küstennähe. 81 % sämtlicher Vulkane gehören der Umrandung oder der Inselwelt des Pazifischen Ozeans an. Mit Ausnahme des Australischen Festlandes kommen tätige Vulkane in allen Kontinenten und allen Zonen der Erde vor.

O. Baschin.

Näheres s. A. Supan, Grundzüge der Physischen Erdkunde. 6. Aufl. 1916.

W

van der Waalssche Gleichung s. Zustandsgleichung.
Wägefläschchen s. Pyknometer.

Wägungen mit der gleicharmigen Wage (s. auch den Artikel Massenmessungen). Bei der Abwägung irgend welcher Materialien begnügt sich der Kaufmann damit, nachdem er die eine Seite der Wage entsprechend belastet hat, auf die andere so viel von seiner Ware zu schütten, bis die Zunge

der Wage auf einen Index oder auf den Nullpunkt einer Teilung einspielt, oder aber, wenn er das Gewicht eines Gegenstandes ermitteln will, so stellt er diesen auf die eine Wagschale und legt auf die andere so viel Gewichte, daß die Zunge über dem Index steht.

Handelswagen erreichen den Nullpunkt schnell; anders die besseren chemischen und vor allem diejenigen Wagen, die zu physikalischen Untersuchungen benutzt werden. Solche Wagen schwingen ebenso wie ein gut gearbeitetes Pendel sehr lange, und es würde sehr viel Zeit auf die Wägung verwendet werden müssen, wollte man jedesmal die Einstellung auf den Nullpunkt, die Gleichgewichtslage, abwarten.

Man leitet deshalb die Gleichgewichtslage aus den Schwingungen selbst ab. Die Schwingungsweiten einer Wage nehmen langsam ab; würde man die Wage lange genug schwingen lassen, so würde ja schließlich infolge von Reibung und Luftdämpfung die Schwingungsweite Null werden, d. h. die Wage würde zur Ruhe kommen. Aus diesem Grunde geht es nicht an, einfach die Mitte zwischen einem Ausschlag nach links und einem Ausschlag nach rechts als Gleichgewichtslage anzunehmen. Man verfährt folgendermaßen: Man beobachtet drei Ausschläge, etwa zwei nach links (l_1 und l_3) und einen dazwischen liegenden nach rechts (l_2). Dann würde nach dem eben Gesagten weder l_1 noch l_3 mit l_2 ohne weiteres kombiniert werden dürfen, denn l_1 liegt hierfür zu weit nach links, l_3 zu weit nach rechts, wohl aber würde der Mittelwert von l_1 und l_3, also $\frac{l_1 + l_3}{2}$, als Ausschlag nach links gedacht, genau dem gleichen Schwingungszustand der Wage entsprechen, wie l_2 nach rechts. Es würde also der weitere Mittelwert von $\frac{l_1 + l_3}{2}$ und l_2, also

$$\frac{1}{2}\left(\frac{l_1 + l_3}{2} + l_2\right) = \frac{1}{4}(l_1 + 2l_2 + l_3)$$ die Gleichgewichtslage der Wage darstellen. Seien beispielsweise $l_1 = 4,2$; $l_2 = 16,9$; $l_3 = 4,8$ beobachtet, so ist $\frac{1}{4}(4,2 + 33,8 + 4,8) = 10,7$ die Gleichgewichtslage der Wage, d. h. diejenige Einstellung, welche die Zunge nach Aufhören der Schwingungen auf der Skale einnehmen würde.

Denkt man sich die Gleichgewichtslage der Wage jedesmal wie hier beschrieben aus Schwingungen ermittelt, so verfahren auch der Chemiker und der Physiker beim Abwägen eines unbekannten Körpers genau so wie der Kaufmann. Doch ist zu bedenken, daß die physikalische Wage weit empfindlicher ist als eine Handelswage und dementsprechend bei einer Wägung auch eine viel größere Genauigkeit angestrebt wird. So kommt es, daß man selbst unter Zuhilfenahme der kleinsten Gewichtsstücke den abzuwägenden Körper nicht ganz ausgleichen kann. Befindet sich etwa der Körper auf der linken, die Gewichte auf der rechten Wagschale, so stellt ein Gewicht A, das als Summe mehrerer Einzelgewichte zu denken ist, die Zunge vielleicht noch nicht auf den Nullpunkt der Skale, sondern ergibt die Ablesung 3,2, während die Zufügung von 1 mg, also die Belastung der rechten Seite mit A + 1 mg, bereits den Nullpunkt überschreiten läßt und eine Ablesung —2,5 ergibt. Dann schließt man hieraus, daß der Körper ein Gewicht habe, das größer als A und kleiner als A + 1 mg ist, also zwischen diesen beiden Gewichten liegt. — Um das Gewicht selbst zu finden, überlege man sich, daß einer Belastungsänderung auf der rechten Seite eine Verschiebung der Zunge um 3,2 + 2,5 = 5,7 Skalenteilen entspricht. Man braucht aber zu A nur soviel hinzuzufügen, wie einer Verschiebung der Zunge um 3,2 Skalenteile entspricht; das würde $\frac{3,2}{5,7}$ mg = 0,56 mg sein. Das Gewicht des unbekannten Kör-

pers ist also A + 0,56 mg. — Man nennt ein solches Beobachtungs- und Rechnungsverfahren eine Interpolation.

Das soeben geschilderte einfache Wägungsverfahren der Abgleichung zwischen links und rechts, die Tariermethode, setzt die Gleicharmigkeit der Wage, d. h. gleichen Abstand der Endschneiden von der Mittelschneide voraus; diese Bedingung ist bei Handelswagen und den besseren chemischen Wagen innerhalb der Genauigkeitsgrenzen meist ausreichend erfüllt. Für physikalische Messungen muß man sich dagegen stets aufs neue von der Gleicharmigkeit überzeugen, selbst dann, wenn man sie schon mehrfach erprobt hat. Denn beispielsweise eine einseitige Erwärmung eines messingenen Wagebalkens um 0,1° würde schon einen Längenunterschied beider Hebelarme um zwei Milliontel ihres Wertes (bei 20 cm Hebellänge um 0,4 μ) herbeiführen. Dieser Betrag ist zwar absolut genommen sehr klein, er täuscht aber z. B. bei der Belastung der Wage mit 1 kg auf jeder Seite eine einseitige Gewichtsänderung von 2 mg vor. Um solche Fehlerquellen zu vermeiden, sucht man sich bei physikalischen Messungen von dem Einfluß der Ungleicharmigkeit einer Wage überhaupt frei zu machen. Hierzu dienen zwei Methoden.

a) Die Substitutionsmethode nach Borda. Der zu wägende Körper A und das ihm entsprechende Gewicht B werden nacheinander auf die gleiche Wagschale gebracht, während die andere Seite der Wage mit einer passenden Tara, deren Größe nicht bekannt zu sein braucht, also etwa mit Schrotkörnern, belastet ist. In beiden Fällen wird die Einstellung der Zunge auf der Wage beobachtet und es wird aus verschiedenen Zulagen zu B nach der Interpolationsmethode eine kleine Gewichtsgröße a ermittelt, welche zu B hinzugefügt werden müßte, damit sich für B + a die gleiche Einstellung der Zunge ergäbe wie für A. Dann ist A = B + a.

b) Die Vertauschungsmethode nach Gauß. Die beiden zu vergleichenden Körper A und B werden zuerst in der Stellung: A links, B rechts auf der Wage gewogen. Dann werden A und B miteinander vertauscht, so daß sich B links, A rechts befindet und aufs neue eine Wägung ausgeführt. Man wendet wieder die Interpolationsmethode an und findet, daß bei

A links und (B + b) rechts

und bei

B links und (A + a) rechts

beide Male die Zunge der Wage im Gleichgewichtszustand auf denselben Teilstrich der Wage zeigen würde. Dann ist, wie sich leicht aus den Gesetzen des zweiarmigen Hebels ableiten läßt,

$$A = B + \frac{1}{2}(b - a).$$

Als Nebenresultat findet man das Verhältnis der beiden Wagearme

$$\frac{h \text{ (links)}}{h \text{ (rechts)}} = 1 + \frac{a + b}{2\,A} = 1 + \frac{a + b}{2\,B}.$$

Scheel.

Näheres s. Scheel, Praktische Metronomie. Braunschweig 1911.

Wärme. Der Begriff Wärme stammt aus dem direkten Gefühl von warm und kalt. Damit ist indessen nur eine sehr mangelhafte Definition möglich, da der Mensch nur Differenzen zu empfinden imstande ist und unter gewissen Umständen einem bestimmten Körper das Prädikat warm erteilt, während er unter anderen Umständen denselben unveränderten Körper als kalt bezeichnet. Als Maß für den Wärmezustand eines Körpers kann man fast stets seine Dichte bzw. sein Volumen bei konstantem Druck ansehen. Bringt man Körper verschiedenen Wärmezustandes in Berührung, so tauschen sie ihre Wärmemengen so lange aus, bis zwischen ihnen Gleichgewicht besteht. Sie besitzen dann gleiche Temperatur. Dadurch ist es möglich, den Wärmezustand irgend eines Körpers aus dem Volumen einer Normalsubstanz (Quecksilberthermometer) zu bestimmen.

Die Temperatur mißt gewissermaßen die Niveauhöhe, bis zu der die Wärmemenge in einem Körper gestiegen ist. Die Wärmemenge selbst, welche in verschiedenen Körpern gleicher Temperatur enthalten ist, kann aber sehr verschieden sein. Sie hängt außer von der Temperatur noch mindestens von der Masse und der spezifischen Wärme des Körpers ab. Bei festen Körpern, deren Volumenänderung gering ist, ist der Wärmeinhalt meist genügend genau durch Temperatur, Masse und spezifische Wärme bei konstantem Druck definiert. Diese drei Bestimmungsstücke genügen aber nicht, um ganz allgemein, besonders bei Gasen, die Wärmedifferenz anzugeben, die einem Körper für zwei verschiedene Zustände zukommt. Zur genauen Ermittlung dieser Differenz muß der Weg bekannt sein, auf dem der Übergang vom Zustand 1 zum Zustand 2 erfolgt ist. Ganz allgemein gilt, daß der Unterschied der Wärmeinhalte kleiner ist bei unendlich langsamer, d. h. umkehrbarer Zustandsänderung, als bei einer nicht umkehrbaren Zustandsänderung, vorausgesetzt, daß in beiden Fällen die gleiche Energie zugeführt wird. Man erkennt dies folgendermaßen: Im ersteren Falle ist die Arbeitsgröße durch $\Delta A = \int_1^2 p dv$ gegeben, da der Druck p innerhalb des Körpers an allen Stellen gleich demjenigen an der Oberfläche ist (s. maximale Arbeit). Nach dem 1. Hauptsatz (s. d.) ist die Zunahme ΔQ der Wärmemenge des Systems durch $\Delta Q = \Delta U + \int_1^2 p dv$ für eine umkehrbare Zustandsänderung und durch $\Delta Q = \Delta U + \Delta A$ für eine nicht umkehrbare Zustandsänderung gegeben, wenn man mit ΔU den Zuwachs der inneren Energie (s. d.) des Systems bezeichnet. Es ist stets $\Delta A = \leqq \int_1^2 p dv$.

Die wichtigsten Zustandsänderungen sind diejenigen bei konstantem Druck und konstantem Volumen. Bei konstantem Druck ist die Bedingung völligen Druckausgleichs innerhalb des Körpers als Bedingung gegeben, also $\Delta A = \int_1^2 p dv = p (v_2 - v_1)$ und $\Delta Q = \Delta U + p (v_2 - v_1)$ ist eindeutig definiert. Bei konstantem Volumen ist $\Delta A = 0$ und also $\Delta Q = \Delta U$ ebenfalls eindeutig aus den Bestimmungsstücken des Anfangs- und Endzustandes 1 bzw. 2 gegeben, da die innere Energie eine eindeutige Funktion des Zustandes ist. Im allgemeinen ist aber ΔQ nicht durch die Zustandsgrößen bestimmbar und darum ist auch dQ im Gegensatz zu dU kein vollständiges Differential.

Die Einheit der Wärmemenge ist die Kalorie (cal). Sie ist definiert als diejenige Wärmemenge, welche erfordert wird, um 1 g Wasser bei konstantem Druck von 14,5 auf 15,5° zu erwärmen.

Nicht nur bei Veränderung der Temperatur eines Körpers, sondern auch bei sehr vielen isotherm verlaufenden Prozessen tritt Umsetzung von Wärme ein. Ganz besonders ist dies bei Änderung des Aggregatszustandes der Fall. Die zum Schmelzen, Verdampfen oder Sublimieren von 1 g Substanz verbrauchte Wärme heißt Schmelz-, Verdampfungs- oder Sublimationswärme. Sie kann in genau dem gleichen Betrage wieder gewonnen werden, wenn man den Körper kondensieren oder erstarren läßt. Die Wärmeänderungen, welche bei isothermer Herstellung einer Mischung oder Lösung und welche bei den chemischen Prozessen, zu denen auch die Dissoziation zu rechnen ist, auftreten, werden Wärmetönung genannt.

Nach der ältesten Auffassung, wie sie insbesondere Carnot in seinen Schriften vertrat, wurde die Wärme als ein unzerstörbarer Stoff angesehen. Je mehr von diesem Stoff einem Körper zugeführt wurde, desto höher sollte seine Temperatur steigen. Bei dieser Anschauung kam man vor große Schwierigkeiten bei der Erklärung der Temperaturerhöhung durch Kompression oder Reibung. Man suchte in der Annahme, daß sich bei diesen Vorgängen die Wärmekapazität (spezifische Wärme pro Masse 1) änderte, einen Ausweg. Nachdem aber Davy und Rumford gezeigt hatten, daß die spezifische Wärme durch die Reibungsversuche nicht modifiziert wurde und nachdem bewiesen war, daß ein komprimiertes Gas praktisch die gleiche spezifische Wärme besitzt, wie dasselbe Gas unter geringerem Druck, mußte man jene Auffassung vom Wesen der Wärme fallen lassen und sie durch die heute gültige Form ersetzen, derzufolge Wärme eine Form der Energie ist.

Besondere Annahmen über das Wesen der Wärme macht die kinetische Theorie.   *Henning.*

Wärmeäquivalent. Nach dem Satz von der Erhaltung der Energie ist jede Arbeitsgröße einer Wärmemenge äquivalent. Der Faktor, mit dem die Wärmemenge multipliziert werden muß, um die Arbeitsgröße zu erhalten, heißt das mechanische Wärmeäquivalent A. Sein Zahlenwert ist abhängig von der Wahl der Arbeits- und Wärmeeinheit. Es ist

$$A = 4{,}186_3 \cdot 10^7 \text{ Erg/cal}_{15} = 426{,}9 \frac{\text{g-Gew} \cdot \text{m}}{\text{cal}_{15}} =$$

$$4{,}184_2 \frac{\text{Wattsek}}{\text{cal}_{15}} = 4{,}1315 \cdot 10^{-2} \frac{\text{Liter Atm.}}{\text{cal}_{15}}.$$

Die Methoden zur Bestimmung des Wärmeäquivalents sind mannigfach. Die erste von Julius Robert Mayer ausgeführte Messung dieser Größe gründet sich auf die Beziehung, welche nach dem Energieprinzip zwischen den spezifischen Wärmen c_p (bei konstantem Druck) und c_v (bei konstantem Volumen) eines Gases und der Gaskonstanten R (bezogen auf 1 g) besteht. Hiernach ist $A \cdot (c_p - c_v) = R$. Für ein ideales Gas vom Molekulargewicht M ist $R = \frac{pv}{T} = \frac{0{,}08206}{M}$, wenn p in Atm. und v in Litern gemessen ist. Somit ist, wenn man das Verhältnis der spezifischen Wärmen mit $k = \frac{c_p}{c_v}$ bezeichnet, in der Gleichung

$$A = \frac{R}{c_p \left(1 - \dfrac{1}{k}\right)}$$

das Wärmeäquivalent A aus bekannten oder der Beobachtung zugänglichen Größen bestimmbar.

Joule hat eine ganze Reihe von Methoden benutzt, um das Wärmeäquivalent auf direkterem Wege zu ermitteln. Er betätigte durch herabsinkende Gewichte, deren Arbeitsleistung in Meterkilogrammen gemessen wurde, ein Rührwerk innerhalb eines mit Wasser oder Quecksilber gefüllten Kalorimeters von bekannter Kapazität. Die durch die mechanische Arbeit erzeugte Reibungswärme ermittelte er in kalorischem Maß aus dem Temperaturanstieg des Kalorimeters. In ähnlicher Weise maß Joule die Wärme, welche innerhalb eines Kalorimeters durch Reibung einer rotierenden Eisenplatte gegen eine feststehende erzeugt wurde. Rowland bestimmte ebenfalls das mechanische Wärmeäquivalent aus der mechanisch und kalorisch gemessenen Reibungsenergie des Wassers und vervollkommnete diese Methode so weitgehend, daß er eine Abhängigkeit des Beobachtungsergebnisses von der Temperatur des Wassers feststellen konnte. Hirn berechnete die Größe A aus der Temperaturerhöhung eines Bleizylinders bekannter Kapazität, die eintrat, wenn dieser von einem, aus etwa 1 Meter Höhe herabfallenden Eisenzylinder von 350 kg Gewicht getroffen würde. Auch aus der isothermen Kompression oder Dilatation eines genügend idealen Gases läßt sich nach Joule das mechanische Wärmeäquivalent herleiten. Man erhält nämlich, wenn die Kompression vom Druck p_1 auf den Druck p_2 erfolgt, und wenn das Endvolumen die Größe v_2 hat, für die Arbeitsleistung in mechanischen Einheiten den Betrag $p_2 v_2 \ln \frac{p_2}{p_1}$. Läßt man nun die Kompression in einem Gefäß stattfinden, das in ein Wasserkalorimeter bekannter Kapazität eingebaut ist und dessen Temperatur während der Kompression um wenige Zehntel Grad steigt, so sind die Bedingungen der Isothermie genügend erfüllt. Gleichzeitig ist die Arbeitsleistung kalorisch feststellbar. — Nach Joules Vorgang sind auch die Induktionsströme zur Bestimmung des Wärmeäquivalents wohl geeignet. Er ließ eine Drahtspule, die um einen Eisenkern gewickelt war, innerhalb eines Kalorimeters rotieren, das sich zwischen den Polen eines Elektromagneten befand. Der Stromwärme des Induktionsstromes, die im Kalorimeter zu messen ist, ist die mechanische Rotationsarbeit äquivalent, welche Joule durch herabsinkende Gewichte in mechanischen Einheiten ermittelte. Edlund leitete das Wärmeäquivalent aus der Temperaturabnahme $\varDelta l$ von Drähten ab, welche durch ein um die Strecke $\varDelta l$ Meter herabsinkendes Gewicht von G kg um das gleiche Stück $\varDelta t$ verlängert wurden. Bezeichnet man die Wärmekapazität des Drahtes mit C, so ist also in diesem Fall $A = \frac{\varDelta l \cdot G}{C \cdot \varDelta t} \; \frac{m \cdot kg}{cal}$. — Die wichtigste und genaueste Methode zur Bestimmung des Wärmeäquivalentes ist diejenige der Erwärmung eines Kalorimeters durch den elektrischen Strom. Fließt ein Strom der Stärke i Amp t Sekunden lang durch eine Spule vom Widerstand W Ohm, so ist nach dem Jouleschen Gesetz die dem Draht zugeführte Energie durch das Produkt $i^2 Wt$ in Wattsekunden oder Joule gegeben. Auf diese Weise erhält man also das Wärmeäquivalent zunächst in Joule/cal. Ein absolutes Joule ist 10^7 Erg, das internationale Joule, das sich aus der in Amp gemessenen Stromstärke und dem in Ohm gemessenen Widerstand berechnet, ist nach den neuesten Untersuchungen über diesen Gegenstand um $0,51^0/_{00}$

größer als das absolute Joule, so daß 1 internationales Joule $= 1,00051 \cdot 10^7$ Erg zu setzen ist. Dadurch ist die Umrechnung der elektrischen Messungen auf die mechanischen Einheiten in aller Strenge möglich.

Die elektrisch-kalorimetrische Methode hat sehr genaue Werte für die Abhängigkeit des Wärmeäquivalents von der Wassertemperatur geliefert. Die oben gegebenen Zahlen für das Wärmeäquivalent beziehen sich auf die Kalorie von 15^0, d. h. sie haben diejenige Wärmemenge als Einheit, welche erforderlich ist, um 1 g Wasser von 14,5 auf $15,5^0$ zu erwärmen. *Henning.*

Wärmeausdehnung s. Ausdehnung durch die Wärme.

Wärmediagramme. Da im Arbeits- oder Druck (p)-Volumen(v)-Diagramm (s. Dampfdruckdiagramm) die Wärmemenge nur auf Umwegen dargestellt werden kann, bedient man sich der Wärme- oder Entropiediagramme. Im gewöhnlichen Wärmediagramm wird als Ordinate die absolute Temperatur (T), als Abszisse die Entropie (S) aufgetragen (Fig. 1). Für umkehrbare Zustandsänderungen ist die zugeführte Wärme

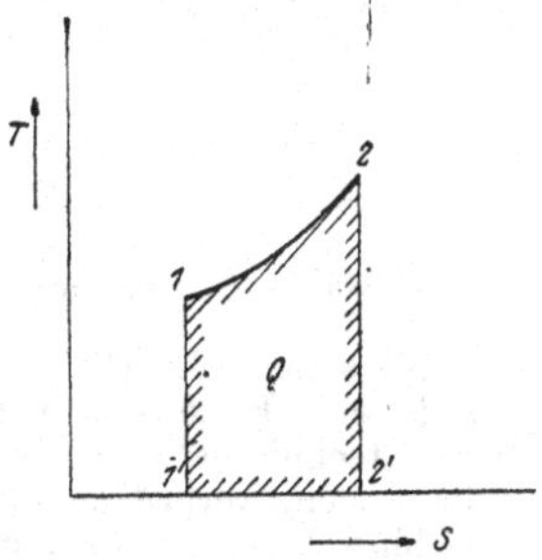

$$(1) \qquad Q = \int_1^2 T \, dS$$

gleich der Fläche 122'1' zwischen der Zustandskurve und der Abszissenachse. Für viele praktische Zwecke, so z. B. bei der Berechnung von Dampfkraft- und von Kältemaschinen, leistet das T—S-Diagramm vorzügliche Dienste. Fig. 2 stellt das

Fig. 1. Temperatur-Entropie-Diagramm.

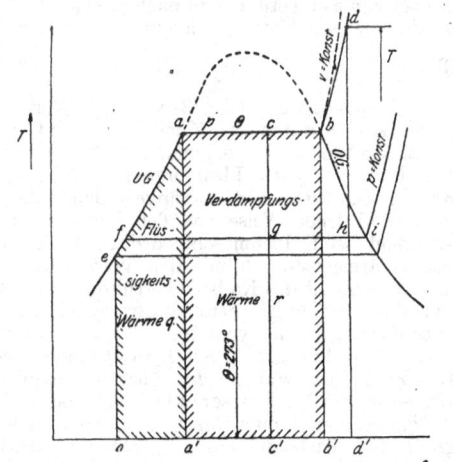

Fig. 2. Temperatur-Entropie-Diagramm für Wasserdampf.

Diagramm für Wasserdampf dar. U. G. und O. G. sind die untere und die obere Grenzkurve; die Flüssigkeitswärme q und die Verdampfungswärme r werden durch die schraffierten Flächen dargestellt. Technische Berechnungen lassen sich vielfach noch einfacher mittels des von Mollier vorgeschlagenen i S-Diagrammes durchführen. Hierbei wird auch die Entropie als Abszisse aufgetragen, als Ordinate dagegen die „Wärmefunktion bei konstantem Druck", in der Technik „Wärmeinhalt" genannt. Der Wärmeinhalt i = u + A p v, worin u die Energie, A den Wärmewert der Arbeitseinheit bedeutet. Fig. 3 zeigt das i S-Diagramm

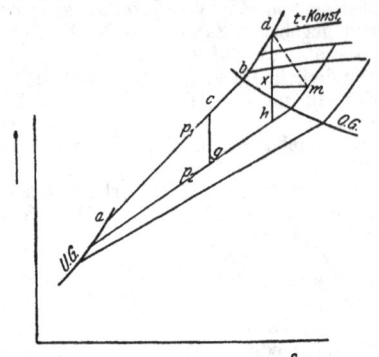

Fig. 3. Wärmeinhalt-Entropie-Diagramm für Wasserdampf.

für Wasserdampf. Die bei adiabatischer, widerstandsfreier Expansion von 1 kg Dampf erzielbare „technische" Arbeit L', die mittels einer vollkommen, verlustfrei arbeitenden Dampfkraftmaschine gewonnen werden kann, ergibt sich aus:

$$(2) \qquad A L' = i_1 - i'_2 = H'.$$

H' nennt man Wärmegefälle; es hat die gleiche Bedeutung wie das hydraulische Gefälle bei den Wasserkraftmaschinen. In Fig. 3 wird H' (im überhitzten Gebiet) durch die Strecke d h dargestellt. Es sei besonders bemerkt, daß die technische Arbeit nicht mit der äußeren Arbeit im Sinne von Clausius verwechselt werden darf; diese berechnet sich bei adiabatischer Expansion aus dem Unterschied der Energien. Der Unterschied erklärt sich dadurch, daß der Dampf in die Maschine eingeführt und nach geleisteter Arbeit aus ihr wieder entfernt werden muß. Demgemäß ist

$$(3) \qquad L' = \int_2^1 v\,dp.$$

Im T-S-Diagramm (Fig. 2) wird der Wärmewert dieser Arbeit durch die Fläche f a b d h f dargestellt. Kolbendampfmaschinen und Dampfturbinen sind hinsichtlich des Idealvorganges völlig gleichwertig. Die wirklichen Vorgänge weichen dagegen in verschiedener Weise von dem idealisierten ab. Während bei Kolbenmaschinen die Abweichungen vom Wärmeaustausch mit den Wandungen, von der Undichtheit des Kolbens herrühren, sind es bei Turbinen vor allem Strömungswiderstände. Infolge dieser „thermodynamischen" Verluste kommt statt L' lie kleinere Arbeit L in Betracht, wobei L = η; L' ist und η₁ den thermodynamischen Gütegrad oder Wirkungsgrad bedeutet; bei Kolbenmaschinen nennt man ihn auch indizierten Gütegrad. Bei Turbomaschinen weicht die wirkliche Zustandsänderung von der adiabatischen im Sinne zunehmender Entropie ab (d m in Fig. 3). Die „innere" Arbeit ist dann

$$(4) \qquad L = i_1 - i_2 = H.$$

In Fig. 3 wird H durch die Strecke d x dargestellt, Strecke x h entspricht dem Verluste infolge der Strömungswiderstände. Aus L ergibt sich die nach außen abgegebene effektive Arbeit Le, indem

man noch die mechanischen Verluste abzieht. Diese werden durch die Reibung im Triebwerk, in den Lagern u. dgl. hervorgerufen. Da die Größen i, H, v in den Diagrammen für die Gewichtseinheit angegeben sind (meist in Kilogramm, zuweilen in Molen), so muß zur Ermittlung der Leistung in P S noch die Gewichtsmenge des Treibmittels, etwa in kg/h eingeführt werden. Die effektive Leistung Ne in P S berechnet sich, wenn Gh das stündlich arbeitende Dampfgewicht ist:

$$(5) \qquad N_e = \frac{G_h\,H'\,\eta_e}{632} = \frac{G_h\,H\,\eta_m}{632}.$$

ηm ist der mechanische Gütegrad, ηe = ηi ηm der effektive thermodynamische Gütegrad oder Wirkungsgrad. ηm ist bei Turbinen sehr hoch, etwa 98 v. H., bei Kolbenmaschinen niedriger. Da aber ηi bei Kolbenmaschinen in der Regel größer ist als bei Turbinen, so wird ηe bei beiden Maschinenarten ungefähr gleich groß. Vom thermodynamischen Gütegrad ist der thermische Wirkungsgrad zu unterscheiden, da das Verhältnis der in Arbeit umgesetzten Wärme zu der zugeführten darstellt; s. a. „Dampfmaschine" und „Wärmeverbrauch" (vgl. Zerkowitz, Thermodynamik der Turbomaschinen. München 1913).   *G. Zerkowitz.*

Wärmedurchgang. (Lies zuerst Abschnitt: „Wärmeübertragung".)

Der Wärmedurchgang durch ebene Wände. Nach der unter „Wärmeübertragung" gegebenen Definition des Begriffes „Wärmedurchgang" ist es im Beharrungszustand die gleiche Wärmemenge, welche von der ersten Flüssigkeit an die Wand übergeht, diese durchsetzt und auf der anderen Seite in die zweite Flüssigkeit übertritt. Bezeichnet man mit ϑ_1 und ϑ_2 die Temperatur der heißeren bzw. der kälteren Flüssigkeit und mit Θ_1 und Θ_2 die Wandtemperaturen auf den entsprechenden Seiten, so erhält man für die Wärmemenge Q, welche durch die Wand geht, die drei Gleichungen:

$$Q = \alpha_1 \cdot F \cdot (\vartheta_1 - \Theta_1) \cdot t,$$

$$Q = \lambda \cdot F \cdot \frac{\Theta_1 - \Theta_2}{\varDelta} \cdot t,$$

$$Q = \alpha_2 \cdot F \cdot (\Theta_2 - \vartheta_2) \cdot t.$$

Eliminiert man aus diesen Gleichungen die Wandtemperaturen, so erhält man für Q die Beziehung:

$$Q = \frac{1}{\dfrac{1}{\alpha_1} + \dfrac{\varDelta}{\lambda} + \dfrac{1}{\alpha_2}} \cdot F \cdot (\vartheta_1 - \vartheta_2) \cdot t$$
$$= k \cdot F \cdot (\vartheta_1 - \vartheta_2) \cdot t.$$

In der zweiten Gleichung ist k zur Abkürzung für den Bruch gesetzt. k heißt die Wärmedurchgangszahl und ist von der Dimension

$$\left[\frac{\text{W. E.}}{\text{m}^2 \cdot \text{h} \cdot \text{grd.}} \right].$$

Der Wärmedurchgang durch Rohrwandungen. Derselbe Rechnungsgang, der oben für ebene Wände durchgeführt wurde, läßt sich auch auf Rohrwandungen anwenden; nur tritt eine Änderung dadurch ein, daß Eintrittsfläche und Austrittsfläche der Wärme nicht mehr gleich groß sind. Wir bezeichnen mit dem Zeiger „i" die Werte an der Innenseite des Rohres, mit dem Zeiger „a" diejenigen an der Außenseite. Dann erhalten wir — vgl. auch Absatz Wärmeleitung, Ziffer 1 — für die Wärmemenge, welche auf der Länge dL das Rohr durchsetzt, den Wert

$$Q = \frac{1}{\dfrac{1}{a_i \cdot d_i} + \dfrac{1}{2\,\lambda} \cdot \ln \dfrac{d_a}{d_i} + \dfrac{1}{a_a \cdot d_a}} \cdot \pi \cdot dL \cdot (\vartheta_i - \vartheta_a) \cdot t$$

$$= k_R \cdot \pi \cdot dL \cdot (\vartheta_i - \vartheta_a) \cdot t.$$

k_R heißt wieder die Wärmedurchgangszahl, bezieht sich aber jetzt nicht mehr auf die Flächeneinheit, sondern auf die Längeneinheit des Rohres. Es ist also k_R von der Dimension

$$\left[\frac{W.E.}{m \cdot h \cdot grd.} \right].$$

Bei diesen Ableitungen der Wärmedurchgangszahl hatten wir angenommen, daß auf jeder Seite der Wand nur eine einheitliche Flüssigkeitstemperatur herrscht. Dies wird aber in Wirklichkeit nicht eintreten; vielmehr werden sich die Flüssigkeiten in Richtung der Strömung längs der Wand abkühlen oder erwärmen. Je nachdem die Flüssigkeiten auf beiden Seiten der Wand in gleicher oder entgegengesetzter Richtung strömen, spricht man vom Wärmeübergang im Gleichstrom oder im Gegenstrom.

Zur Kennzeichnung der Flüssigkeitstemperaturen ϑ müssen wir 4 Zeiger einführen. Es gelte:

Zeiger 1 für die heißere Flüssigkeit,
  ,,   2 ,, die kältere Flüssigkeit,
  ,,   a ,, den Rohranfang,
  ,,   e ,, das Rohrende.

Ferner benötigen wir den Begriff des Wasserwertes W_1 bzw. W_2 jener beiden Flüssigkeitsmengen, welche in der Zeiteinheit der Wand entlang strömen. Man versteht darunter das Gewicht jener Wassermenge, welche zur Erwärmung um einen Grad die gleiche Wärme erfordert wie die entsprechende Flüssigkeit. Also

$$\frac{Wasserwert}{Zeiteinheit} = \frac{Flüss.\text{-}Vol.}{Zeiteinheit} \times spez.\ Gew. \times spez.\ W.$$

Wärmedurchgang im Gleichstrom. In nachstehender Figur ist als Abszisse die wärmeübertragende Fläche, als Ordinate die Flüssigkeitstemperatur aufgetragen.

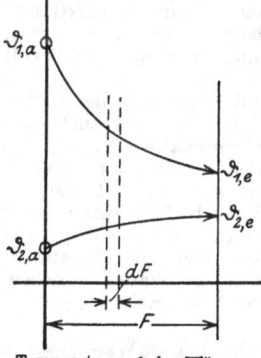

Zur Berechnung des Wärmeaustausches dient die Tatsache, daß dieselbe Wärmemenge Q, welche die erste Flüssigkeit auf dem Wege längs der Wand verliert, von der zweiten Flüssigkeit aufgenommen wird. Also gilt

$$Q = W_1 \cdot (\vartheta_{1,a} - \vartheta_{1,e}) =$$
$$= W_2 (\vartheta_{2,a} - \vartheta_{2,e}),$$

worin $\vartheta_{1,e}$ und $\vartheta_{2,e}$ unbekannt sind, also eliminiert werden müssen.

Temperaturen beim Wärmeaustausch im Gleichstrom.

Dazu dient dieselbe Überlegung, nun aber auf ein kurzes Stück dF der Fläche angewandt. Sie führt zur Gleichung

$$dQ = W_1 \cdot (-d\,\vartheta_1) = W_2 \cdot (+d\,\vartheta_2).$$

Ferner gilt noch $dQ = k \cdot (\vartheta_1 - \vartheta_2) \cdot dF.$
Aus diesen drei Gleichungen errechnet sich

$$Q = W_1 \cdot (\vartheta_{1,a} - \vartheta_{2,a}) \cdot \frac{1 - e^{-\left(1 + \frac{W_1}{W_2}\right) \cdot \frac{k \cdot F}{W_1}}}{1 + \frac{W_1}{W_2}}$$
Gleichstrom

Der erste Teil $W_1 \cdot (\vartheta_{1,a} - \vartheta_{2,a})$ des Ausdruckes stellt jene Wärmemenge dar, welche die heißere Flüssigkeit überhaupt verlieren würde, wenn sie sich ganz bis zur Anfangstemperatur der kälteren Flüssigkeit abkühlen könnte. — Der nachfolgende Bruch ist stets kleiner als „Eins" und gibt an, welcher Bruchteil dieser Wärmemenge wirklich ausgetauscht wird — ein Bruchteil, der nur von den beiden Größen

$$\frac{W_1}{W_2} \quad und \quad \frac{k \cdot F}{W_1}$$

abhängt.

Einige Werte dieses Bruches enthält nachstehende Tabelle:

Wärmeaustausch im Gleichstrom.

$\frac{k \cdot F}{W_1} =$	$^{1}/_{30}$	$^{1}/_{3}$	1	3	∞
$\frac{W_1}{W_2} = 0$	0,033	0,28	0,63	0,96	1,00
$= \,^{1}/_{20}$	0,033	0,28	0,62	0,91	0,95
$= \,^{1}/_{5}$	0,033	0,27	0,58	0,81	0,83
$= 1$	0,033	0,25	0,43	0,50	0,50
$= 5$	0,032	0,14	0,17	0,17	0,17
$= 20$	0,024	0,05	0,05	0,05	0,05
$= 100$	0,009	0,01	0,01	0,01	0,01

Wärmedurchgang im Gegenstrom. Die Wärmemenge, welche im Gegenstrom ausgetauscht wird, ergibt sich durch einen Rechnungsgang, der dem eben abgeleiteten durchaus ähnlich ist; es ist:

$$Q = W_1 \cdot (\vartheta_{1,a} - \vartheta_{2,a}) \cdot \frac{1 - e^{-\left(1 - \frac{W_1}{W_2}\right) \cdot \frac{k \cdot F}{W_1}}}{1 - \frac{W_1}{W_2} \cdot e^{-\left(1 - \frac{W_1}{W_2}\right) \cdot \frac{k \cdot F}{W_1}}}$$
Gegenstrom

Diese Gleichung ist ebenso wie die entsprechende Gleichung beim Gleichstrom zu deuten. Der Wert des Bruches ist wieder für einige Fälle nachstehend in einer Tabelle zusammengestellt:

Wärmeaustausch im Gegenstrom.

$\frac{k \cdot F}{W_1} =$	$^{1}/_{30}$	$^{1}/_{3}$	1	3	∞
$\frac{W_1}{W_2} = 0$	0,033	0,28	0,63	0,95	1,00
$= \,^{1}/_{20}$	0,033	0,28	0,62	0,94	1,00
$= \,^{1}/_{5}$	0,033	0,28	0,60	0,93	1,00
$= 1$	0,033	0,25	0,51	0,77	1,00
$= 5$	0,032	0,16	0,20	0,20	0,20
$= 20$	0,024	0,05	0,05	0,05	0,05
$= 100$	0,010	0,01	0,01	0,01	0,01

Vergleich zwischen Gleichstrom und Gegenstrom. Der Verlauf der beiden Flüssigkeitstemperaturen längs der Trennungswand ist in beiden Fällen ein sehr verschiedener. Die Kurven in den nachstehenden 4 Zeichnungen geben das Wesentliche dieses Temperaturverlaufes wieder, und zwar ist bei beiden Strömungsarten zu unterscheiden, ob die heißere oder die kältere Flüssigkeit den größeren Wasserwert besitzt.

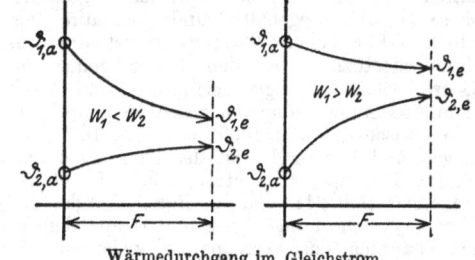

Wärmedurchgang im Gleichstrom.

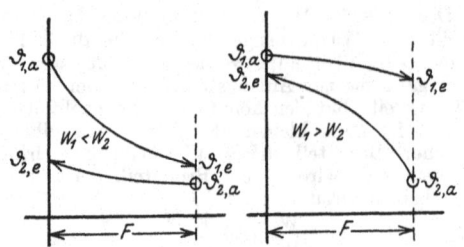

Wärmedurchgang im Gegenstrom.

Bei gegebenen Wasserwerten und gegebenen Anfangstemperaturen beider Flüssigkeiten werden Gleichstrom und Gegenstrom im allgemeinen verschieden starken Wärmeaustausch ergeben. Um dieses Verhältnis zu ermitteln, dividiert man beide Formeln für Q durcheinander. Der Wert $W_1 \cdot (\vartheta_{1,a} - \vartheta_{2,a})$ fällt heraus und es verbleibt noch das Verhältnis der Brüche; dies ist wieder nur eine Funktion der beiden Größen

$$\frac{k \cdot F}{W_1} \quad \text{und} \quad \frac{W_1}{W_2}.$$

Einige Werte sind in folgender Tabelle zusammengestellt:

$$\text{Verhältnis:} \quad \frac{Q_{\text{Gleichstrom}}}{Q_{\text{Gegenstrom}}}.$$

$\dfrac{k \cdot F}{W_1} =$	$^1/_{10}$	$^1/_3$	1	3	∞
$\dfrac{W_1}{W_2} = 0$	1,00	1,00	1,00	1,00	1,00
$= ^1/_{20}$	1,00	1,00	1,00	0,97	0,95
$= ^1/_5$	1,00	1,00	0,97	0,87	0,83
$= 1$	1,00	1,00	0,84	0,65	0,50
$= 5$	1,00	0,88	0,85	0,85	0,85
$= 20$	1,00	1,00	1,00	1,00	1,00

Man ersieht daraus, daß der Wärmeaustausch in beiden Fällen dann gleich ist, wenn beide Flüssigkeiten sehr verschiedenen Wasserwert haben, oder wenn das Produkt k · F klein ist gegen W_1, wenn also überhaupt nur geringe Temperaturänderungen eintreten. In allen anderen Fällen ist der Wärmeaustausch im Gleichstrom kleiner als im Gegenstrom, im Grenzfall gleich der Hälfte.

H. Gröber.

Näheres s. Hütte, Des Ingenieurs Taschenbuch. Bd. 1. Berlin.

Wärmeeigenschaften. Die Ausdehnung der in Wärme löst beim Glase größere Wirkungen aus, als bei den meisten anderen Stoffen (s. Spannung); sie ist um so größer, je höher der Ausdehnungskoeffizient. Die Werte für den mittleren Ausdehnungskoeffizienten zwischen 0^0 und 100^0 von Jenaer Gläsern, gemessen von Winkelmann u. a., bewegen sich von 110 bis 337×10^{-7}. Über die Abhängigkeit von der chemischen Zusammensetzung geben die unter Glaseigenschaften gegebenen Konstanten Auskunft; die Alkalien wirken vergrößernd, höhere Kieselsäuregehalte und Borsäure verkleinern. Für höhere Temperatur ist der Ausdehnungskoeffizient bei den bisher gemessenen Gläsern größer. Quarzglas zeichnet sich durch sehr kleine Ausdehnung aus: 3α zwischen 0 und 100^0 = 15, zwischen 0 und 1000^0 = $16,2 \times 10^{-7}$. Für Spiegel- und Fensterglas ist der Koeffizient etwa 250, für Thüringer Glas etwas höher, für Jenaer Normalglas 16^{III} 241 und für Borosilikatglas 59^{III} 177×10^{-7}. Die Länge eines Stabes aus dem zuletzt genannten Glase berechnet sich zwischen 0 und

500^0 nach Holborn und Grüneisen für die Temperatur t aus der Formel

$$l = l_0 + 0{,}_{5}5852 \, t + 0{,}_{9}959 \, t^2.$$

Die spezifische Wärme (mittlere, zwischen 0 und 100^0) wurde von Winkelmann an einer Anzahl von Jenaer Gläser bestimmt. Als kleinster Wert wurde gefunden 0,08174, der größte ist 0,2318. Jenaer Normalglas hat den Wert 0,1988. Die nach der unter Glaseigenschaften gegebenen Formel aus den spezifischen Wärmen der freien Oxyde berechneten Werte stimmen im allgemeinen mit den beobachteten gut überein.

Wärmeleitfähigkeit. Glas ist ein schlechter Wärmeleiter. Das absolute Leitungsvermögen Jenaer Gläser bewegt sich zwischen 0,0017 und 0,0028 g cal/cm sec. Schweres Bleiglas besitzt besonders kleines Leitungsvermögen; Quarzglas hat den Wert 0,00332.

Thermischer Widerstandskoeffizient. Winkelmann und Schott errechneten aus dem linearen Ausdehnungskoeffizienten α, dem Elastizitätsmodul E, der Zugfestigkeit P, dem absoluten Wärmeleitvermögen K, der spezifischen Wärme c und dem spezifischen Gewicht s nach der Formel

$$F = \frac{P}{\alpha E} \sqrt{\frac{K}{sc}}$$ den thermischen Widerstandskoeffizienten F, der dem höchsten Temperaturunterschied, den ein Glaskörper vertragen kann, proportional ist. Die experimentelle Prüfung an erwärmten Glaswürfeln, die in kaltes Wasser getaucht wurden, ergab im allgemeinen, daß dieser Koeffizient in der Tat die Widerstandsfähigkeit gegen Temperaturwechsel wiederzugeben vermag. *R. Schaller.*

Wärmeeinheiten. Eine Wärmemenge ist einer mechanischen Arbeit äquivalent, sie ist daher mit demselben Maße wie diese zu messen, und die naturgemäßen Wärmeeinheiten sind darum die Einheiten der Arbeit, d. h. das Erg, oder das 10^7fache des Erg, das Joule (Wattsekunde). Diese Wärmeeinheiten mechanischen Maßes wurden zuerst nur in der Wissenschaft benutzt, dringen aber allmählich auch in die Technik ein, für die elektrische Heizung z. B. sind sie bequem anwendbar, wenn Stromstärke und Spannung in Ampere und Volt bekannt sind.

Neben Erg und Joule sind noch immer die Wärmeeinheiten kalorischen Maßes im Gebrauch. Sie sind sämtlich mit den Eigenschaften des Wassers verknüpft und führen den gemeinsamen Namen Kalorie. In allen Fällen unterscheidet man die Grammkalorie (g-Kal, cal), auch kleine Kalorie oder Kalorie schlechtweg genannt, und die Kilogrammkalorie (kg-Kal, Kilokalorie, kcal), die sich auf die Veränderung von 1 g oder 1 kg Wasser beziehen. Die verschiedenen Arten der Kalorie sind so definiert:

1. Die 15^0-Kalorie (15^0-Kal, cal_{15}), die Wärmemenge, welche 1 g Wasser bei 15^0 (von $14{,}5^0$ auf $15{,}5^0$) um 1^0 erwärmt. Diese Kalorie (Warburg) ist jetzt fast allgemein zur Geltung gelangt; die genaue Temperaturangabe war erforderlich, weil sich die spezifische Wärme (s. d.) des Wassers mit der Temperatur etwas verändert.

2. Die lange Zeit gebrauchte Regnaultsche Kalorie, die Wärmemenge, die 1 g Wasser von 0^0 auf 1^0 erwärmt; sie ist nahezu gleich 1,008 cal_{15}.

3. Die mittlere Kalorie, der hundertste Teil der Wärmemenge, die 1 g Wasser von 0^0 auf 100^0 erwärmt; sie kann der 15^0-Kalorie als gleich erachtet werden.

4. Die Eiskalorie, die zum Schmelzen von 1 g Eis von 0^0 erforderliche Wärmemenge; sie ist gleich $80,0$ cal_{15}.

5. Die Dampfkalorie, die zur Verdampfung von 1 g Wasser von 100^0 erforderliche Wärmemenge; sie ist gleich 538 cal_{15}.

Die Beziehung zwischen den mechanischen und den kalorischen Wärmeeinheiten wird nach einer von den maßgebenden Kreisen getroffenen Vereinbarung in Deutschland allgemein wie folgt angenommen:

$$1\ cal_{15} = 4{,}186.10^7\ Erg = 4{,}184\ Wattsekunden$$
$$1\ Wattsekunde = 0{,}2390\ cal_{15}. \quad \textit{Scheel.}$$

Näheres s. Verh. d. Ausschusses für Einheiten und Formel- größen. 1907—1911. Elektrotechn. Zeitschr. 1922. S. 404.

Wärmeentwicklung radioaktiver Substanzen. Es war eine der vielen überraschenden Entdeckungen, die die Entwicklung der Radioaktivität mit sich brachte, als man in den radioaktiven Substanzen Körper kennen lernte, die dauernd und spontan relativ beträchtliche Wärmemengen entwickeln können, ohne daß für diese geleistete Arbeit eine äußerlich merkbare Energieverminderung des Systems aufzeigbar war. Es mußte diese Arbeit offenbar auf Kosten innerer, der Beobachtung nicht zugänglicher atomarer Energie-Vorräte geleistet worden sein.

Die Messung der Wärme-Entwicklung geschieht gewöhnlich nach einer Differentialmethode, deren Wesen aus beistehender Figur verständlich wird.

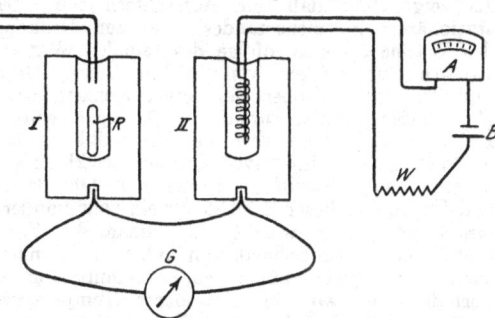

Differentialmethode zur Ermittlung der Wärmeentwicklung radioaktiver Substanzen.

I und II sind zwei identisch gebaute Kalori- metergefäße, von denen 1 das Ra-Präparat R, II eine, mit Hilfe von Batterie B, Regulierwiderstand W und Amperemeter A leicht meßbar zu erwärmende Heizspirale enthält. An jedem Kalorimeter ist ein Thermoelement angebracht, die beide am selben Stromkreis mit dem Galvanometer G hängen, dessen Ausschlag durch Regulierung der Wärme- zufuhr nach II konstant auf Null gehalten wird.

Es ist von hohem Interesse, den Prozeß der Wärmeabgabe rechnerisch zu verfolgen und mit dem experimentellen Ergebnis zu vergleichen. Beim Zerfall radioaktiver Atome werden drei Typen von Strahlungen, die α-, β- und γ-Strahlung ausgesendet. Für den Zerfall charakteristisch ist erstens, in welcher Kombination diese Strahlungen auftreten und zweitens ihre Qualität. Die α- Strahlen sind positiv geladene Heliumatome, die β-Strahlen negativ geladene Elektronen; bei beiden variiert je nach ihrer Provenienz die An- fangsgeschwindigkeit; die γ-Strahlung endlich ist eine Wellenstrahlung extrem kurzer Wellenlänge,

deren Geschwindigkeit gleich der des Lichtes ist und deren Wellenlänge vom Zerfallsprozeß abhängt. Betrachten wir Radium im stationären Gleich- gewicht mit seinen kurzlebigen Folgeprodukten Ra Em, Ra A, Ra B und Ra C. Die Gleichgewichts- bedingung sagt aus, daß in jeder dieser Substanzen pro Zeiteinheit gleichviel Atome — es seien pro Gramm Ra deren Z — zerfallen; da jedem α- strahlenden Zerfall die Entsendung eines α- Partikels entspricht und da unter obigen Sub- stanzen 4 α-Strahler, nämlich Ra, Ra Em, Ra A, Ra C sind, so werden insgesamt 4 Z α-Partikel in der Zeiteinheit abgestoßen. Jedes von ihnen hat die Masse eines He-Atomes und jeweilig die für die 4 Atomarten charakteristischen Geschwindigkeit v_1, v_2, v_3 oder v_4. — Die mitgeführte Gesamtenergie ist somit $\frac{1}{2} m Z (v_1^2 + v_2^2 + v_3^2 + v_4^2)$. — Außer- dem erleidet aber das zurückbleibende Atom infolge der α-Abstoßung einen Rückstoß (s. d.) und entwickelt nach einfachen Gesetzen der Mechanik eine Bewegungsenergie, die gegeben ist durch $\frac{1}{2} \frac{m}{m_1} mv^2$, wenn m die Masse des α-Partikels, m_1 die des Atomrestes und v die betreffende α- Geschwindigkeit ist. Da sich die Massen verhalten wie die Atomgewichte, also $\frac{m}{m_1} = \frac{A}{A_1}$ und letztere bekannt sind, so sind für jeden einzelnen Fall die Rückstoßenergien berechenbar und ergeben im ganzen $\frac{1}{2} m Z \left(v_1^2 \frac{m}{m_1} + v_2^2 \frac{m}{m_2} + v_3^2 \frac{m}{m_3} + v_4^2 \frac{m}{m_4} \right)$ und man erhält:

	$v \frac{cm}{Sek}$	v^2
Ra	$1{,}50 \cdot 10^9$	$2{,}25 \cdot 10^{18}$
Ra Em	$1{,}62 \cdot 10^9$	$2{,}624 \cdot 10^{18}$
Ra A	$1{,}69 \cdot 10^9$	$2{,}856 \cdot 10^{18}$
Ra C	$1{,}92 \cdot 10^9$	$3{,}689 \cdot 10^{18}$
für α-Strahlung		$11{,}416 \cdot 10^{18}$

	$\frac{m}{m_1}$	$\frac{m}{m_1} v^2$
Ra	$^4/_{222} = 0{,}0180$	$0{,}0405 \cdot 10^{18}$
Ra Em	$^4/_{218} = 0{,}0183$	$0{,}0480 \cdot 10^{18}$
Ra A	$^4/_{214} = 0{,}0187$	$0{,}0534 \cdot 10^{18}$
Ra C	$^4/_{210} = 0{,}0193$	$0{,}0712 \cdot 10^{18}$
für Rückstoß-Strahlung		$0{,}2131 \cdot 10^{18}$

Diese Ausdrücke sind mit $\frac{1}{2} m Z$ zu multi- plizieren und auf stündliche Wärmemenge (Um- rechnungsfaktor $8{,}595 \cdot 10^{-5}$) umzurechnen. Es wurde Z gefunden zu $Z = 3{,}72 \cdot 10^{-10}$, und $m = 6{,}52 \cdot 10^{-24}$. Für die α-Strahlung erhält man damit $120{,}1$, für die Rückstoßstrahlung $2{,}2 \frac{g\text{-}cal}{Stunde}$.

Die Berechnung für die β- und γ-Strahlung auf dem gleichen Wege durchzuführen gelingt nicht, da die Geschwindigkeits- und Wellenlängen- verteilungen zu wenig bekannt sind. Doch weiß man, daß die Gesamtenergie der völlig absorbierten β-Strahlung $3{,}8 \%$, die der γ-Strahlung $5{,}2 \%$, der gesamten soeben berechneten α-Energie aus- macht. Man erhält somit die folgende Bilanz, in der links die berechneten, rechts die tatsächlich beobachteten Zahlen stehen:

berechnet		beobachtet
120,1	α-Strahlung	} 123,6
2,2$_2$	Rückstoß-Strahlung	
4,5$_6$	β-Strahlung	4,7
6,2$_4$	γ-Strahlung	6,4
Summe 133,1$_2$		Summe 134,7

Ein anderer unabhängig durchgeführter Versuch ergab als Gesamtsumme 137 $\frac{\text{g-cal}}{\text{Stunde}}$. Man wird in Anbetracht der Schwierigkeit solcher Messungen die Übereinstimmung als befriedigend ansehen können. Die kleinen noch vorhandenen Unterschiede werden wohl bei sorgfältigen Neubestimmungen, insbesondere der v-Werte, verschwinden. — Für Uran und Thorium im Gleichgewicht mit ihren Zerfallsprodukten wurden die Werte $10-4$ resp. $2,4 \cdot 10-5 \frac{\text{g-cal}}{\text{Stunde}}$ pro Gramm Substanz beobachtet.

Es läßt sich weiter leicht berechnen, daß 1 g Ra im Gleichgewicht mit allen seinen Zerfallsprodukten bis inklusive Ra F stündlich 170 cal, und während seiner ganzen Lebensdauer $3,7 \cdot 10^9$ cal entwickelt. Nun erfordert der in der Atmosphäre beobachtete Gehalt an Ra Em bereits eine Menge von 10^5 kg Ra, die stündlich $170 \cdot 10^8$ cal erzeugen würden; welcher als untere Grenze anzusehende Betrag bereits eine nicht unwesentliche Rolle im Wärmehaushalt der Erde spielen muß.

K. W. F. Kohlrausch.

Wärmefunktion. Der Ausdruck „Wärmefunktion bei konstantem Druck" ist von Gibbs eingeführt. Er findet Anwendung zur Berechnung der Wärmetönung eines Prozesses, der unter konstantem Druck verläuft. Nach dem ersten Hauptsatz läßt sich die Energiezunahme $U_2 - U_1$ eines Systems darstellen als die Differenz der aufgenommenen Wärmemenge Q und der geleisteten Arbeit A. Bei konstantem Druck p_0 ist A berechenbar aus der Volumenvergrößerung $v_2 - v_1$ als $A = p_0 (v_2 - v_1)$, so daß die Energie-Gleichung lautet:

$$Q = U_2 - U_1 + p_0 (v_2 - v_1) = (U_2 + p_0 v_2) - (U_1 + p_0 v_1).$$

Als Wärmefunktion wird die Summe $U + p_0 v = W$ bezeichnet, so daß die vom System aufgenommene Wärme als $Q = W_2 - W_1$ darstellbar ist und die Größen W durch den Anfangs- und Endzustand des Prozesses eindeutig bestimmt sind, ohne daß über den Verlauf des Prozesses Festsetzungen zu treffen sind.

Bei vielen chemischen Prozessen, insbesondere bei solchen nicht gasförmiger Systeme, ist das Produkt $p_0 (v_2 - v_1)$ verschwindend klein gegen die Wärmetönung Q. Dann kann W mit U identifiziert werden.

Die Wärmemenge Q, welche gleich der negativ genommenen Wärmetönung K ist, hängt von der Temperatur ab. Man findet $\frac{dQ}{dT} = C_2 - C_1$, wobei sich die Größen C auf die Produkte der Massen und der spezifischen Wärmen konstanten Druckes bei den beiden Zuständen 1 und 2 beziehen.

Henning.

Wärmehaushalt der Erde. Aus Messungen des Temperaturgradienten in den der Beobachtung zugänglichen Tiefen der Erdrinde ergibt sich ein von innen nach außen gerichteter Wärmestrom, der einen beständigen Wärmeverlust $\left(1,2 \cdot 10-6 \frac{\text{cal}}{\text{cm}^2 \text{sec}}\right)$

bedingt. Daß damit gleichzeitig ein entsprechender Temperaturverlust eintreten muß, ist nicht gesagt, denn Hand in Hand mit der aus dem Wärmeverlust zunächst folgenden Abkühlung geht eine Kontraktion des Erdkörpers, deren Arbeitsleistung in Wärme umgesetzt den primären Temperaturverlust fast kompensieren kann. Abgesehen aber von dieser in älteren Überschlagsrechnungen nicht in Rücksicht gezogenen wesentlichen Verlangsamung der Abkühlungsgeschwindigkeit werden alle lediglich auf der Fourierschen Theorie der Wärmeleitung basierenden Schlüsse, die von der Abkühlung ausgehend auf die Ermittlung des Erdalters (Übergangszeit vom flüssigen zum jetzigen Zustand) sowie auf die noch verbleibende Lebensdauer (Zeitpunkt des Wärmetodes) gerichtet sind, hinfällig durch die Entdeckung der radioaktiven Substanzen und der in ihnen aufgespeicherten kolossalen Energiemengen. — Aus sehr vielen Stichproben ist der durchschnittliche Gehalt der die Erdoberfläche bildenden Gesteine an Uran und Thorium bekannt und beträgt für Uran $6 \cdot 10-6$, für Thorium $20 \cdot 10-6$ g pro Gramm Gestein. Da ein Gramm Uran im Gleichgewicht mit seinen Zerfallsprodukten $2,5 \cdot 10-8 \frac{\text{cal}}{\text{Sek}}$,

1 g Thorium $0,68 \cdot 10-8 \frac{\text{cal}}{\text{Sek}}$ Wärme entwickelt, so sind damit alle Daten gegeben, um durch entsprechende Annahmen über die Verteilung der radioaktiven Gesteine in der Erde den Gesamteffekt dieser spontanen Wärmequelle zu berechnen. Es zeigt sich, daß zur Aufrechterhaltung des stationären Wärmezustandes, also zur Deckung des Wärmeverlustes infolge des radialen Wärmestromes eine Schicht von 16 km Dicke, Uran und Thor in der oben gegebenen Konzentration gleichmäßig verteilt enthaltend, genügen würde. Es ergibt sich dann aber die Schwierigkeit, daß die durch die radioaktive Wärmeentwicklung erzeugte Temperaturdifferenz zwischen Oberfläche und Innenrand dieser Schicht nur ein paar hundert Grade ausmachen würde. Läßt man die Konzentration in der Schicht von außen nach innen nach einer e-Potenz abnehmen, so kommt man zu Verhältnissen, wo ein stationärer Temperaturzustand auch bei höheren Werten der Innentemperatur (1500^0) statthaben kann. Doch besteht kein zwingender Grund, gerade einen stationären Zustand zu postulieren. Wenn auch in Meteoriten fast kein Ra-Gehalt gefunden wird, ist dies noch kein Beweis, daß nicht das Erdinnere doch uran- und thorhaltig ist; würde aber der ganze Erdkörper, und nicht bloß die Rinde, radioaktives Material enthalten, dann ergibt sich unter den gleichen Annahmen wie früher eine Wärmeproduktion, die den Wärmeverlust überkompensiert und es würde eine jährliche Temperaturerhöhung von etwa $2,10-5$ Grad eintreten.   K. W. F. Kohlrausch.

Wärmekapazität s. Spezifische Wärme.

Wärmeleitung. (Lies zuerst Abschnitt: „Wärmeübertragung".)

Bezüglich des zeitlichen Verlaufes der Temperaturen haben wir drei Fälle zu unterscheiden. Entweder die Temperatur bleibt an jeder Stelle des untersuchten Körpers dauernd gleich (z. B. die Isolierung eines Dampfrohres bei Dauerbetrieb) oder die Temperaturen aller untersuchten Punkte streben einem festen Werte zu (z. B. Erwärmung eines Arbeitsstückes in einem Glühofen) oder alle Temperaturen erleiden periodische Schwankungen

(z. B. Wärmespeicherung in den Steinen eines Regenerativofens).

1. Temperaturverteilung zeitlich unveränderlich. Der einfachste Fall ist die Wärmeströmung durch eine ebene Platte, deren beide Seiten verschieden warm sind. Die Wärme Q, welche in einer bestimmten Zeit t die Platte durchsetzt, ist der Größe F der Platte, der Zeit t und dem Temperaturunterschied $\vartheta_1 - \vartheta_2$ beider Plattenseiten direkt proportional und der Dicke $\varDelta$ der Platte umgekehrt proportional. Es gilt also die Gleichung

$$Q = \lambda \cdot \frac{\vartheta_1 - \vartheta_2}{\varDelta} \cdot F \cdot t;$$

λ ist der Proportionalitätsfaktor; in ihm kommen die wärmeleitenden Eigenschaften des Stoffes, aus welchem die Platte besteht, zum Ausdruck. Er heißt deshalb die Wärmeleitzahl der Substanz.

Die Physik hat als Maßeinheiten das Zentimeter, die Sekunde, den Grad und die kleine Kalorie. Dementsprechend ist in der Physik λ von der Dimension

$$\left[\frac{cal.}{cm \cdot s \cdot grd}\right].$$

Die Technik dagegen rechnet nach Metern, Stunden, Graden und Wärmeeinheiten. In diesem Maßsystem ist λ von der Dimension

$$\left[\frac{W.E.}{m \cdot h \cdot grd.}\right].$$

Die Zahlenwerte für λ sind im physikalischen Maßsystem 360 mal kleiner als im technischen.

Der nächst einfache Fall ist die Wärmeleitung durch eine Rohrwandung. Bezeichnet L die Länge des untersuchten Rohrstückes, d_i den inneren und d_a den äußeren Rohrdurchmesser, ϑ_i und ϑ_a die entsprechenden Wandtemperaturen, so ist die Wärmemenge, welche die Rohrwand durchsetzt:

$$Q = \lambda \cdot \frac{2\pi \cdot L}{\ln \dfrac{d_a}{d_i}} \cdot (\vartheta_i - \vartheta_a) \cdot t;$$

Hierin ist ln der natürliche Logarithmus; sein Betrag für einige Werte d_a/d_i ist aus nachstehender Tabelle zu entnehmen.

$\dfrac{d_a}{d_i}$	$\ln \dfrac{d_a}{d_i}$	$\dfrac{d_a}{d_i}$	$\ln \dfrac{d_a}{d_i}$	$\dfrac{d_a}{d_i}$	$\ln \dfrac{d_a}{d_i}$
1,0	0,000	1,5	0,405	2,0	0,69
1,1	0,095	1,6	0,470	2,5	0,92
1,2	0,182	1,7	0,531	3,0	1,10
1,3	0,262	1,8	0,588	3,5	1,25
1,4	0,337	1,9	0,642	4,0	1,39

Für ein Rohr mit zwei Schichten (isoliertes Rohr) ergibt sich, wenn λ_i und λ_a die Wärmeleitzahlen beider Schichten und d_m der Durchmesser der Trennungsfläche sind, die Gleichung

$$Q = \frac{2 \cdot \pi \cdot L}{\dfrac{1}{\lambda_a} \cdot \ln \dfrac{d_a}{d_m} + \dfrac{1}{\lambda_i} \cdot \ln \dfrac{d_m}{d_i}} \cdot (\vartheta_i - \vartheta_a) \cdot t.$$

Hierbei ist jedoch vorausgesetzt, daß sich beide Schichten vollkommen innig berühren, damit zwischen ihnen kein Temperatursprung eintritt.

2. Temperaturverteilung zeitlich veränderlich. Die Aufgabe, den zeitlichen Verlauf solcher Temperaturfelder zu verfolgen, führt in das Gebiet der partiellen Differentialgleichungen. Die Grundgleichung der Wärmeleitung lautet:

$$\frac{\partial \vartheta}{\partial t} = a \cdot \varDelta \vartheta.$$

$\partial \vartheta / \partial t$ stellt die Änderung der Temperatur in einem untersuchten Punkt während einer unendlich kleinen Zeit dt vor. $\varDelta \vartheta$ ist ein Symbol für eine mathematische Operation, welche ermittelt, in welchem Sinne und um wieviel die Temperatur im untersuchten Punkt von der Temperatur der unmittelbar benachbarten Punkte abweicht. Für den Fall eines zweidimensionalen Temperaturfeldes kann man sich dies an dem Bild einer steilen Bergspitze ($\varDelta \vartheta$ stark negativ), einer flachen Kuppe ($\varDelta \vartheta$ schwach negativ), einer Ebene ($\varDelta \vartheta = 0$), einer Mulde ($\varDelta \vartheta$ positiv) und eines tiefen Kessels ($\varDelta \vartheta$ stark positiv) wenigstens ungefähr anschaulich machen.

Die Differentialgleichung besagt also, daß die Änderungs*geschwindigkeit* der Temperatur in einem Punkt einer Größe proportional ist, welche die Temperaturverteilung in unmittelbarer Nähe des untersuchten Punktes kennzeichnet. Der Proportionalitätsfaktor a ist ein reiner Stoffwert und heißt die Temperaturleitzahl des Stoffes. Sie setzt sich zusammen aus der Wärmeleitzahl λ, dem spez. Gewicht γ und der spez. Wärme c nach der Gleichung

$$a = \frac{\lambda}{c \cdot \gamma} \left[\frac{m^2}{h}\right].$$

Die Differentialgleichung stellt also eine Beziehung zwischen zeitlichen *Änderungen* und räumlichen *Änderungen* der Temperatur dar. Um daraus auf die *Temperatur selbst* schließen zu können, braucht man noch Angaben, von welcher Basis aus die Änderungen zu zählen sind. Man erkennt daraus die Notwendigkeit:

1. von Angaben über die Anfangstemperaturverteilung oder von zeitlichen Grenzbedingungen;

2. von Angaben über das Verhalten der Temperatur an der Oberfläche des untersuchten Körpers oder von räumlichen Grenzbedingungen.

Die zeitliche Grenzbedingung besteht in der Angabe der Temperaturverteilung zur Zeit t = 0.

Die räumliche Grenzbedingung kann dreifacher Art sein:

1. Es kann für jeden Punkt der Oberfläche die Temperatur vorgeschrieben sein und zwar kann diese Temperaturverteilung sowohl zeitlich konstant als auch zeitlich veränderlich sein.

2. Es kann für jedes Oberflächenelement angegeben sein, welche Wärmemenge in der Zeiteinheit durch dieses Element in den Körper eintritt oder ihn verläßt.

3. Es kann eine bestimmte Verteilung für die Umgebungstemperatur vorgeschrieben sein und zugleich ein Gesetz bestehen für den Wärmeaustausch zwischen Oberfläche und Umgebung. Die mathematische Physik nimmt als solches Gesetz an, daß die Wärmemenge, welche ein Oberflächenelement dF in der Zeit dt mit seiner Umgebung austauscht, proportional ist zu dF und dt und zum Unterschied $(\vartheta_0 - \vartheta_u)$ zwischen Oberflächen- und Umgebungstemperatur. Also

$$Q = \alpha \cdot (\vartheta_0 - \vartheta_u) \cdot dF \cdot dt.$$

Der Proportionalitätsfaktor α heißt die Wärmeübergangszahl; in der Physik ist dafür noch oft die ältere und irreführende Bezeichnung „äußere Wärmeleitfähigkeit" üblich. α ist kein reiner Stoffwert, sondern hängt von sehr vielen Umständen ab (vgl. unter *Wärmeübergang*).

Im technischen Maßsystem ist

$$\text{Dimension } \alpha = \left[\frac{W.E.}{m^2 \cdot h \cdot grd.}\right].$$

Durch die Differentialgleichung, die zeitliche Grenzbedingung und eine der räumlichen Grenzbedingungen ist jedes Problem eindeutig festgelegt. Die Aufgabe besteht entweder darin, irgend eine spätere Temperaturverteilung, oder Verlauf und Stärke der Wärmeströmungen zu berechnen. — Infolge rechnerischer Schwierigkeiten sind jedoch nur ganz besonders einfache Fälle wirklich berechenbar.

3. Die Abkühlung einer Kugel als Beispiel.
Wortlaut der Aufgabe: „Eine Kugel vom Radius R gebe durch ihre Oberfläche ihre Wärme an die Umgebung ab. Die Umgebungstemperatur sei gleich Null gesetzt. Zur Zeit $t = 0$ besitze die Kugel überall auf der Oberfläche und im ganzen Inneren die einheitliche Temperatur ϑ_c; ferner seien bekannt die Wärmeübergangszahl α und die Stoffwerte λ, γ und c. — Es ist der Betrag des Wärmeverlustes in seiner Abhängigkeit von der Zeit zu bestimmen!"

Der mathematische Ansatz besteht aus der Differentialgleichung:

$$\frac{\partial \vartheta}{\partial t} = a \cdot \left(\frac{\partial^2 \vartheta}{\partial r^2} + \frac{2}{r} \cdot \frac{\partial \vartheta}{\partial r} \right);$$

aus der Anfangsbedingung:

$$\vartheta_{t=0} = \vartheta_c \text{ für } 0 < r < R$$

und aus der Oberflächenbedingung:

$$\left(\frac{\partial \vartheta}{\partial r} \right)_{r=R} = -\frac{\alpha}{\lambda} \cdot \vartheta_{r=R}.$$

Die Lösung der Aufgabe heißt:

$$Q = \tfrac{4}{3} \cdot R^3 \cdot \pi \cdot c \cdot \gamma \cdot \vartheta_c \cdot$$

$$\cdot \sum_{k=1}^{k=\infty} 6 \cdot \frac{1}{\nu_k^3} \cdot \frac{(\sin \nu_k - \nu_k \cdot \cos \nu_k)^2}{\nu_k - \sin \nu_k \cdot \cos \nu_k} \cdot \left(1 - e^{-\nu_k^2 \cdot \frac{a \cdot t}{R^2}} \right)$$

worin ν_k eine der unendlich vielen Wurzeln der Gleichung:

$$\left(1 - \frac{\alpha}{\lambda} \cdot R \right) = \nu \cdot \operatorname{cotg} \nu \text{ ist.}$$

Dieses Ergebnis läßt sich trotz seiner scheinbaren Kompliziertheit doch recht einfach deuten. Der Ausdruck

$$\tfrac{4}{3} \cdot R^3 \cdot \pi \cdot c \cdot \gamma \cdot \vartheta_c$$

stellt den Wärmeinhalt der Kugel zur Zeit $t = 0$, gemessen über Umgebungstemperatur, dar. Die unendliche Summe ist immer kleiner als „Eins" und stellt jenen Bruchteil des ursprünglichen Wärmeinhaltes dar, welcher die Kugel zur Zeit t schon verlassen hat. Die Summe läßt sich zwar auf keine einfachere, analytische Form mehr bringen, aber da sie eine Funktion mit nur zwei Veränderlichen ist, nämlich

$$\frac{\alpha}{\lambda} \cdot R \text{ und } \frac{a \cdot t}{R^2},$$

kann man ihre Werte in einer einfachen Tabelle zusammenstellen, wie nachstehend geschehen:

$\frac{\alpha}{\lambda}$ R =	∞	50	10	1,0	0,5	0,1
$\frac{a \cdot t}{R^2}$ = 0,01	0,31	0,27	0,16	0,03	0,02	0,00
0,1	0,77	0,75	0,66	0,28	0,13	0,03
0,5	1,00	0,99	0,99	0,71	0,49	0,14
1,0	1,00	1,00	1,00	0,92	0,74	0,25
2,5	1,00	1,00	1,00	1,00	0,97	0,52
10,0	1,00	1,00	1,00	1,00	1,00	0,95

Zahlenbeispiel: Eine große, schmiedeeiserne Kugel von 50 cm Durchmesser habe zur Zeit $t = 0$ eine einheitliche, hohe Temperatur und werde dann in gewöhnliche Raumtemperatur gebracht. — Welchen Bruchteil ihres Wärmeinhaltes hat sie nach 5 Minuten, nach 1 Stunde und nach 10 Stunden verloren, wenn α zu 20 angenommen wird?

Aus physikalischen Tabellen wird entnommen: $\lambda = 50$, $c = 0,12$ und $\gamma = 7860$, also

$$a = \frac{50}{0,12 \cdot 7860} = 0,053;$$

damit wird

$$\frac{\alpha}{\lambda} \cdot R = \frac{20}{50} \cdot 0,25 = 0,1;$$

und

$$\frac{a \cdot t}{R^2} = 0,07 \text{ für } t = {}^5/_{60} \text{ Stunden}$$

$$= 0,86 \text{ „ } t = 1 \text{ „}$$

$$= 8,6 \text{ „ } t = 10 \text{ „}$$

Der Wert der unendlichen Summe ist aus der letzten Vertikalreihe der Tabelle durch Interpolation zu entnehmen. Die Kugel hat demgemäß von ihrem ursprünglichen Wärmeinhalt verloren:

nach 5 Minuten: 2%,
„ 1 Stunde: 22 „
„ 10 „ 91 „

H. Gröber.

Näheres s. Enzyklop. d. math. Wissensch. Bd. V. 4.

Wärmeleitung. Wir legen durch ein Gas ein rechtwinkeliges Koordinatensystem. In der Richtung der z-Achse bestehe eine konstante Temperaturzunahme, so daß $T = T_0 + \frac{dT}{dz} z$ die Temperatur in der Höhe z und T_0 die Temperatur in der xy-Ebene ist. Durch die Flächeneinheit einer zur xy-Ebene parallelen Ebene wird in der Sekunde die Wärmemenge $W = -k \frac{dT}{dz}$ gehen. Das negative Vorzeichen bedeutet, daß die Wärmeströmung von oben nach unten erfolgt. k ist die Wärmeleitungsfähigkeit des Gases. Nach der kinetischen Theorie haben wir uns das folgendermaßen vorzustellen. Die Molekeln, die von oben nach unten durch die Ebene fliegen, kommen aus wärmeren Schichten und gehen in kältere über, die von unten nach oben wandern, kommen aus kälteren Schichten und gehen in wärmere über. Es wird daher von oben nach unten mehr Energie durch die Ebene gehen als von unten nach oben. Der Unterschied liefert die von oben nach unten wandernde Wärme. Eine Formel dafür können wir in genau derselben Weise erlangen wie bei der Theorie der inneren Reibung (s. diese).

Wir nehmen $\frac{dT}{dz}$ gleich Eins an, dann wird $W = -k$, d. h. die von oben nach unten durch die Flächeneinheit in der Sekunde strömende Wärme ist k. Wir nehmen der Einfachheit halber an, von den N Molekeln der Volumeinheit bewegen sich je $\frac{N}{3}$ mit der Geschwindigkeit c parallel den Achsen des Koordinatensystems. Dann kommen die Molekeln, die eine bestimmte Ebene passieren, im Mittel aus einer Höhe λ über dieser Ebene und haben die Temperatur $T + \lambda$, wenn T die Temperatur in der Ebene ist. Jede besitzt die Wärmemenge $m \gamma (T + \lambda)$, wobei γ die spezifische Wärme des Gases bei konstantem Volumen bedeutet. In der Sekunde wird durch die Flächeneinheit die Wärmemenge $\frac{1}{6} N c m \gamma (T + \lambda)$ von oben nach unten und analog

$\frac{1}{6} N c m \gamma (T - \lambda)$ von unten nach oben getragen. Die nach unten wandernde Wärme ist gleich der Differenz dieser beiden Größen, also gleich $\frac{1}{3} N mc \lambda \gamma = k$. Da der Reibungskoeffizient (s. diesen) $\eta = \frac{1}{3} \varrho c \lambda$, so $k = \eta \cdot \gamma$. Es besteht also ein inniger Zusammenhang zwischen innerer Reibung und Wärmeleitung. Die Erfahrung zeigt allerdings, daß diese Beziehung nicht genau stimmt, daß sie aber der Größenordnung nach sich ausnahmslos bestätigt. Vor allem bestätigt sich die Unabhängigkeit der Wärmeleitung vom Druck und die Änderung derselben mit der Temperatur in genau derselben Weise wie bei der inneren Reibung. *G. Jäger.*

Näheres s. G. Jäger, Die Fortschr. d. kinet. Gastheorie. 2. Aufl. Braunschweig 1919.

Wärmeleitzahl. Die Wärmeleitzahl ist als reiner Stoffwert theoretischer Behandlung nur wenig zugänglich.

1. Für Metalle gelten das Gesetz von Wiedemann und Franz und das Gesetz von Lorenz. Beide Gesetze gelten jedoch bei allen Metallen nur angenähert und außerdem sind bei einigen wenigen Metallen, z. B. beim Eisen starke Abweichungen vorhanden.

Das Gesetz von Wiedemann und Franz besagt, daß für verschiedene Metalle die Wärmeleitzahlen im selben Verhältnis stehen, wie die elektrischen Leitfähigkeiten. Wählt man die Maßeinheiten so, daß sich für Silber die Wärmeleitfähigkeit λ und die elektrische Leitfähigkeit $\varkappa$, beide zu 100 ergeben, so gelten für die anderen Metalle folgende Werte:

Silber . . .	$\lambda = 100$	$\varkappa = 100$
Kupfer . . .	$= 91,2$	$= 93,0$
Gold	$= 69,6$	$= 67,2$
Aluminium .	$= 47,7$	$= 51,4$
Zink	$= 26,4$	$= 26,8$
Platin . . .	$= 16,6$	$= 15,0$
Zinn	$= 14,5$	$= 13,5$
Wismut . .	$= 1,9$	$= 1,3$

Das Gesetz von Lorenz sagt aus, daß für irgend ein Metall das Verhältnis von Wärmeleitfähigkeit zu elektrischer Leitfähigkeit sich mit der Temperatur ändert und zwar, daß es der absoluten Temperatur direkt proportional ist.

2. Für ideale Gase folgen aus der kinetischen Gastheorie zwei Gesetze:

Erstens ist für ideale Gase die Wärmeleitfähigkeit — ebenso wie die Zähigkeit und die Schallgeschwindigkeit — vom Druck innerhalb sehr weiter Grenzen unabhängig.

Zweitens gilt für diese Gase die Beziehung

$$\lambda = \varepsilon \cdot \mu \cdot c_{\mathrm{v}} \cdot g;$$

darin ist λ die Wärmeleitzahl, μ die Zähigkeit, c_{v} die spez. Wärme der Gewichtseinheit bei konstantem Volumen und g die Erdbeschleunigung. ε ist ein unbenannter Zahlenwert, der nur von der Atomzahl des Gases abhängt. Nach den bisherigen Messungen gilt folgende Abhängigkeit:

Atom- zahl =	1	2	3	4	5	6
$\varepsilon =$	2,50	1,74	1,51	1,23	1,28	1,24

3. Zahlenwerte für die Wärmeleitfähigkeit. Die in nachstehenden Tabellen angegebenen Zahlenwerte können nur geringen Anspruch auf Genauigkeit erheben, denn einerseits hängt die Wärmeleitzahl in hohem Grade von der Reinheit der Stoffe ab und andererseits bestehen selbst bei chemisch reinen Stoffen starke Widersprüche zwischen den einzelnen Literaturangaben.

Die Werte sind im technischen Maßsystem, also in Wärmeeinheiten pro Meter, Stunde und Grad angegeben. Die entsprechenden Werte im physikalischen System, also in cal. pro Zentimeter, Sekunde und Grad, sind 360 mal kleiner.

Wärmeleitfähigkeit von festen Körpern bei etwa 20—40° C.

Stoff	λ
Silber	360
Kupfer	260—340
Gold	250
Aluminium	175
Messing	74—97
Platin	60
Eisen	40—60
Blei	30
Glas	0,4—0,8
Porzellan	0,9
Eis	0,8
Granit	2,7—3,5
Kalkstein	0,6—0,8
Gips	0,32
Beton	0,66—0,76
Ziegelmauerwerk	0,35—0,82
Asbest	0,140
Gebrannter Kieselgurstein . .	0,07—0,08
Asphalt. Korkstein	0,04—0,06
Seide	0,04
Wolle	0,037
Korkmehl	0,04

Wärmeleitzahl von Flüssigkeiten u. Gasen bei etwa 20—40° C.

Flüssigkeit	λ
Wasser	0,52
Alkohol	0,15—0,20
Mineralisches Schmieröl . . .	0,1
Petroleum	0,13
Quecksilber	5,4—7,1
Luft	0,0203
Wasserstoff	0,13
Wasserdampf 100° C	0,0201

H. Gröber.

Näheres s. Landolt-Börnstein-Roth-Scheel, Physikalisch-chemische Tabellen. 5. Aufl. Julius Springer, Berlin 1923.

Wärmespeicher. Wärme wird aufgespeichert als Dampfwärme (s. auch Dampfspeicher), in heißem Wasser, Öl, Schamotte oder Beton. Wasser wird bis zu 190° oder 12 Atm. Überdruck erhitzt. Es gibt unter Druckerniedrigung Dampf ab. Ein praktisches Beispiel ist die feuerlose Lokomotive, deren Kessel zum größten Teil mit Heißwasser unter rund 12 Atm. angefüllt wird und die dann bis zu ½ Tag Dienst machen kann mit dem aus dem Wasser unter Drucksenkung entweichenden Dampf.

1 cbm Wasser von 190° C enthält gegenüber Zimmertemperatur 170 000 Kal. Öl, z. B. Petroleum, kann bis 320° C oder 6 Atm. Überdruck verwendet werden. Es nimmt bei höherer Temperatur weniger Druck auf als Wasser, ist aber feuergefährlich. 1 cbm Öl von 320° enthält gegenüber Zimmertemperatur 77 000 Kal. Zur Aufspeicherung der Wärme heißer Abgase verwendet man besonders Schamotte und Beton, die bis rund 350° C und darüber erhitzt werden. Ein praktisches Beispiel sind die Regenerativöfen. 1 cbm Beton von 350° C vermag gegenüber Zimmer-

temperatur 280 000 Kal. aufzuspeichern. In Ländern wo es nachts überschüssige Wasserkräfte gibt, wie die Schweiz, Skandinavien, Finnland, Österreich, Bayern ist die Aufspeicherung der elektrischen Energie in Form von Wärme wirtschaftlich bedeutungsvoll.   *L. Schneider.*

Wärmespektrum s. Ultrarot.

Wärmestrahlung. (Lies zuerst Abschnitt „Wärmeübertragung".)

Dieser Abschnitt bildet einen Teil des Aufsatzes „Wärmeübertragung" und befaßt sich als solcher nur mit denjenigen Erkenntnissen über die Wärmestrahlung, welche zur Berechnung des Wärmeaustausches bei technischen und ähnlichen Aufgaben notwendig sind. (Strahlungsaustausch zwischen Raumheizkörper und Zimmerwänden, zwischen glühendem Kohlenbett und Kesselwandung, zwischen Thermoelement und Ofenwandung u. a. m.) Die ausgestrahlte Energie wird im folgenden nach Wärmeeinheiten (W.E.), die Länge nach Metern (m) und die Zeit nach Stunden (h) gemessen.

Wenn sich zwei Körper im lufterfüllten Raum gegenüberstehen, so findet zwischen beiden ein Strahlungsaustausch statt, der sich aber bei genauer Betrachtung als so kompliziert erweist, daß seine rechnerische Verfolgung nicht möglich ist. Man muß deshalb eine Reihe von vereinfachenden Annahmen treffen, von denen die drei wichtigsten sind:

Erstens nimmt man die Luft, welche beide Körper trennt, als vollkommen strahlendurchlässig an, so daß sie den Strahlungsvorgang in keiner Weise beeinflußt.

Zweitens stellt man sich vor, daß beide Körper aus sehr stark absorbierenden Stoffen bestehen, so daß die Vorgänge der Emission, der Absorption und der Reflexion nur in den Oberflächen der Körper stattfinden. Man spricht dann von strahlenden, absorbierenden und reflektierenden Flächen.

Und drittens verzichtet man darauf die Verteilung der Energie auf die einzelnen Wellenlängen (spektrale Energieverteilung) zu berücksichtigen; man rechnet also nur mit der Gesamtstrahlung (integrale Strahlung). Durch diese letzte Annahme können allerdings ganz erhebliche Fehler im Ergebnis sich einstellen (vgl. unten: Ziffer 3).

1. **Die strahlungstheoretischen Eigenschaften der ausstrahlenden Flächen.** Diese Eigenschaften sind unter obigen vereinfachenden Annahmen vollständig gekennzeichnet durch das Emissionsvermögen E der Oberfläche. Es ist dies jene Größe, welche angibt, wieviel Energie die Einheit der strahlenden Oberfläche bei der betreffenden Temperatur in der Zeiteinheit nach allen Richtungen des Raumes, also unter dem Raumwinkel 2π in die Umgebung ausstrahlt. Es ist im technischen Maßsystem Dimension $E = \left[\dfrac{W.E.}{m^2 \cdot h}\right]$.

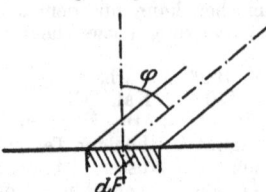

Zu: Lambertsches Gesetz.

2. **Das Lambertsche oder Cosinus-Gesetz.** Da jeder *Punkt* der Oberfläche nach allen Richtungen gleich intensiv strahlt, so gilt für jedes *Flächenelement* das Lambertsche Gesetz. Dieses besagt, daß die Energie, welche ein Flächenelement dF nach einer bestimmten Richtung hin aussendet, dem Cosinus desjenigen Winkels φ proportional ist, den die betreffende Richtung mit der Flächennormalen bildet.

3. **Die strahlungstheoretischen Eigenschaften der bestrahlten Flächen.** Die bestrahlte Fläche ist in erster Linie gekennzeichnet durch ihr Absorptionsvermögen A und ihr Reflexionsvermögen R. Man versteht darunter zwei echte Brüche, die angeben, welche Bruchteile der auf ein Flächenstück auftreffenden Energie absorbiert bzw. reflektiert werden. Sowohl A als R sind dimensionslose Größen (unbenannte Zahlen); sie sind durch die Gleichung $A + R = 1$ miteinander verbunden.

Der Zahlenwert A— und damit auch R— hängt nicht nur von den Eigenschaften der bestrahlten Oberfläche, sondern auch von der spektralen Verteilung der auftreffenden Strahlung ab. Es sind also A und R keine reinen Stoffwerte.

Außer dem Betrag der zurückgeworfenen Strahlung ist noch ihre Richtung von Bedeutung. Wir können hier zwei Grenzfälle unterscheiden. Entweder die Reflexion erfolgt *regelmäßig*, d. h. der zurückgeworfene Strahl liegt mit dem einfallenden Strahl und der Flächennormalen in einer Ebene und der Reflexionswinkel ist gleich dem Einfallwinkel. Eine solche Oberfläche heißt *glatt*. — Oder die Reflexion erfolgt *diffus*, d. h. der einfallende Strahl spaltet sich — bildlich gesprochen — in sehr viele reflektierte Strahlen, die gleichmäßig nach allen Richtungen des Raumes zurückgeworfen werden. Eine solche Oberfläche heißt *rauh*.

Die Benennungen, welche diese Eigenschaften der Oberflächen kennzeichnen, lassen sich in folgendem Schema zusammenstellen:

	Auftreffende Energie ganz reflektiert A = 0	Auftreffende Energie ganz absorbiert A = 1
Reflexion regelmäßig, Oberfläche glatt	spiegelnd	—
Reflexion diffus, Oberfläche rauh	weiß	schwarz

Eine glatte Oberfläche, welche alle auftreffenden Strahlen absorbiert, gibt es nicht.

4. **Der Kirchhoffsche Satz.** Wir wollen von diesem Satz nur jene Form besprechen, welche sich auf die Gesamtstrahlung bezieht.

Bezeichnen wir mit E_1, E_2, E_3 ... das Emissionsvermögen verschiedener Körper bei einer bestimmten Temperatur und mit A_1, A_2, A_3 ... deren Absorptionsvermögen bei derselben Temperatur, so gilt die Gleichung

$$E_1 : E_2 : E_3 : \ldots = A_1 : A_2 : A_3 : \ldots,$$

oder

$$\frac{E_1}{A_1} = \frac{E_2}{A_2} = \frac{E_3}{A_3} = \ldots,$$

d. h. eine Fläche strahlt um so stärker, je stärker sie absorbiert. Es gibt zwei Grenzfälle:

Eine Fläche, welche alle auftreffenden Strahlen zurückwirft und nichts absorbiert ($A_0 = 0$, spiegelnde oder weiße Fläche), sendet auch selbst keine Strahlen aus. ($E_0 = 0$.)

Eine Fläche, welche alle auftreffende Strahlung absorbiert ($A_{schw.} = 1$, absolut schwarze Fläche), strahlt auch ein Maximum von Energie aus ($E_{schw.}$ = max), und zwar ist diese Energie nur mehr eine Funktion der Temperatur. Es gilt also die Gleichung

$$\frac{E_1}{A_1} = \frac{E_2}{A_2} = \cdots = \frac{E_{schw.}}{1} = F(T).$$

5. Das Stefan-Boltzmannsche Gesetz für die absolut schwarze Strahlung. Dies Gesetz bezieht sich auf die Funktion F (T) in der letzten Gleichung und besagt, daß die von einer absolut schwarzen Fläche ausgestrahlte Energie der 4. Potenz der absoluten Temperatur proportional ist. Für eine strahlende Fläche von 1m² Größe und für die Stunde als Zeiteinheit ist

$$E_{schw.} = 4{,}76 \cdot 10^{-8} \cdot T^4 \left[\frac{W.E.}{m^2 \cdot h.}\right].$$

6. Die Strahlung der nicht absolut schwarzen Flächen. Für blankes Platin wurde gefunden, daß die ausgestrahlte Energie der 5. Potenz der absoluten Temperatur proportional ist. Bei den meisten anderen Stoffen konnten jedoch die Versuchsergebnisse auf die mit dem Stefan-Boltzmannschen Gesetz analoge Form gebracht werden:

$$E = \sigma \cdot T^4 = C \cdot \left(\frac{T}{100}\right)^4 \left[\frac{W.E.}{m^2 \cdot h.}\right].$$

Die letzte Form ist nur der einfacheren Zahlenrechnung wegen gewählt. Das rasche Anwachsen der ausgestrahlten Energie mit wachsender Temperatur erkennt man aus nachstehender Zusammenstellung:

t° C	T° abs.	$\left(\frac{T}{100}\right)^4$
— 273	0	0
— 100	173	8,95
0	273	55,5
+ 100	373	194
300	573	1 710
500	773	3 570
1 000	1 273	26 100
1 500	1 773	98 800
2 000	2 273	267 000

Der Proportionalitätsfaktor C heißt die Strahlungszahl. Die folgende Tabelle enthält für einige Stoffe die Werte von C.

Absol. schwarzer Körper	—	4,76
Lampenruß		4,40
Gußeisen	rauh, stark oxydiert	4,48
Schmiedeeisen	matt, oxydiert	4,40
„	blank	1,60
„	hochpoliert	1,33
Glas	glatt	4,40
Kalkmörtel	rauh, weiß	4,30
Wasser		3,20
Gesteine	glatt geschliffen	1,96—3,42
Kupfer	schwach poliert	0,79

7. Der Strahlungsaustausch zweier Flächen. Die Energie dQ_1, die das Flächenelement df_1 dem Flächenelement df_2 zustrahlt, ist

$$dQ_1 = \frac{E_1}{\pi} \cdot df_1 \cdot \cos\varphi_1 \cdot d\Omega_1;$$

hierbei ist $d\Omega_1$ der Raumwinkel, unter dem df_2 von df_1 aus erscheint. Mit

$$d\Omega_1 = \frac{df_2 \cdot \cos\varphi_2}{R^2}$$

wird

$$dQ_1 = \frac{E_1}{\pi} \cdot \frac{df_1 \cdot df_2}{R^2} \cdot \cos\varphi_1 \cdot \cos\varphi_2.$$

Unter Verwendung der dem Stefan-Boltzmannschen Gesetz analogen Formel ergibt sich

$$dQ_1 = \frac{C_1}{\pi} \cdot \left(\frac{T_1}{100}\right)^4 \cdot \frac{df_1 \cdot df_2}{R^2} \cdot \cos\varphi_1 \cdot \cos\varphi_2 \left[\frac{W.E.}{h.}\right].$$

Von dieser Energie dQ_1 nimmt aber das bestrahlte Flächenelement df_2 nur den Betrag $A_2 \cdot dQ_1$, der

seinem Absorptionsvermögen entspricht, auf. Den Rest $(1 - A_2) \cdot dQ_1$ wirft df_2 wieder zurück teils nach df_1 teils nach anderen Flächenelementen df_3, $df_4 \cdots$ der Raumwandung. An diesen Flächenelementen spielt sich der Vorgang der teilweisen Absorption und Reflexion von neuem ab.

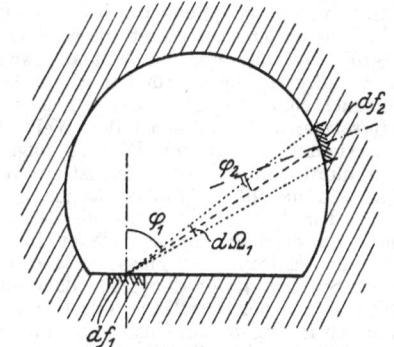

Gegenseitige Bestrahlung zweier Flächenelemente.
(R Abstand beider Flächenelemente.)

Außerdem strahlt das Flächenelement df_2 von sich aus Energie nach df_1, nämlich den Betrag:

$$dQ_2 = \frac{C_2}{\pi} \cdot \left(\frac{T_2}{100}\right)^4 \cdot \frac{df_1 \cdot df_2}{R^2} \cdot \cos\varphi_1 \cdot \cos\varphi_2 \left[\frac{W.E.}{h.}\right].$$

Die Berechnung des endgültig resultierenden Energieaustausches zwischen beiden Flächenelementen ist also eine äußerst mühevolle Arbeit.

Verhältnismäßig einfach wird das Ergebnis, wenn ein Körper mit der Oberfläche F_2 und der Temperatur T_2 von einem Hohlraum mit der Innenfläche F_1 und der Temperatur T_1 völlig umschlossen wird. Dann ist

$$Q = \frac{\left(\frac{T_1}{100}\right)^4 - \left(\frac{T_2}{100}\right)^4}{\frac{1}{C_2} + \frac{F_2}{F_1}\left(\frac{1}{C_1} - \frac{1}{C}\right)} \cdot F_2 \left[\frac{W.E.}{h.}\right].$$

Hierin sind noch C_1 und C_2 die Strahlungszahlen der beiden Flächen und $C = 4{,}76$ die Strahlungszahl des absolut schwarzen Körpers.

Die Formel wird abermals einfacher, wenn sich zwei ebene Flächen von der gleichen Größe F in sehr kleinem Abstand gegenüberstehen. Dann ist

$$Q = \frac{\left(\frac{T_1}{100}\right)^4 - \left(\frac{T_2}{100}\right)^4}{\frac{1}{C_2} + \frac{1}{C_1} - \frac{1}{C}} \cdot F \left[\frac{W.E.}{h.}\right].$$

H. Gröber.

Näheres s. Winkelmann, Handbuch der Physik, Bd. III, 1. Hälfte. Leipzig 1906.

Wärmestrahlung s. Ultrarot.

Wärmetod. Ausgehend von dem zweiten Hauptsatze der Thermodynamik, der besagt, daß ohne Aufwendung äußerer Arbeit ein Prozeß irgendwelcher Art fortlaufend nur vor sich gehen kann, wenn eine Temperaturdifferenz vorhanden ist, und daß ein solcher Prozeß stets im Sinne eines Ausgleiches dieser Temperaturdifferenz wirkt, gelangt man zu der Schlußfolgerung, daß in einem abgeschlossenen System schließlich alle Temperaturunterschiede verschwinden müssen und also ohne äußere Eingriffe innerhalb dieses Systems keine Prozesse mehr ablaufen können. Betrachtet man die ganze Welt als ein abgeschlossenes System von endlicher Ausdehnung, so muß auch sie schließlich in einen Zustand völlig gleichmäßiger Temperatur gelangen, in dem keinerlei Energieaustausch mehr stattfinden kann. Dieser Zustand heißt der Wärmetod der Welt. Zu bemerken ist indessen, daß der zweite Hauptsatz der Thermodynamik ein Erfahrungssatz ist, der aus der Beobachtung eng begrenzter Systeme gewonnen wurde. Man ist daher nicht ohne weiteres berechtigt, diesen Satz auch auf so große Systeme wie die Welt anzuwenden, über deren Begrenzung begründete Vorstellungen nicht möglich sind. Die Clausiussche Fassung des 2. Hauptsatzes: „Die Entropie der Welt strebt einem Maximum zu" ist von Planck folgendermaßen erläutert worden: Unter Welt ist ein System mit praktisch unendlich großem Radius zu verstehen, bei dem das Verhältnis von Oberfläche zum Volumen den denkbar kleinsten Wert hat. Da nun aber die Entropie der Masse bzw. dem Volumen des Systems proportional ist, dagegen die Entropieänderung der Oberfläche, durch die allein eine Wechselwirkung mit der Umgebung stattfinden kann, so fällt bei der „Welt" die Entropieänderung gegen die vorhandene Entropie selbst nicht ins Gewicht und kann also gänzlich vernachlässigt werden, falls endliche Zeiträume in Betracht kommen.   *Henning.*

Wärmeübergang. (Lies zuerst Abschnitt „Wärmeübertragung".)

Zur Berechnung der Wärmemenge dQ, welche von einer strömenden Flüssigkeit (oder Gas) an die feste Begrenzungswand der Strömung übergeht (oder umgekehrt von der Wand an die Strömung), geht man im allgemeinen von der Annahme aus, daß diese Wärmemenge proportional ist der Zeit dt, der Größe des Wandelementes dF und dem Unterschied zwischen Flüssigkeitstemperatur ϑ_F und Wandtemperatur ϑ_W. Man stützt sich also auf die Gleichung

$$dQ = a \cdot (\vartheta_F - \vartheta_W) \cdot dF \cdot dt.$$

Der Proportionalitätsfaktor a heißt die Wärmeübergangszahl. Sie ist von der Dimension

$$\left[\frac{\text{W.E.}}{\text{m}^2 \cdot \text{h} \cdot \text{grd.}}\right]$$

und hängt in ihrem Wert vor allem von der Art der strömenden Flüssigkeit und der Form der wärmeabgebenden Flächen ab, dann aber auch von der Strömungsgeschwindigkeit, der Rauhigkeit der Wand und vielen anderen Umständen. Erfahrungsgemäß ist

bei sogenannter ruhender Luft $a = \quad 3 - \quad 30$
„ bewegter Luft . . . . . $a = \quad 10 - \quad 500$
„ bewegten, nicht sied. Flüss. $a = \quad 200 - \quad 5\,000$
„ siedenden Flüssigkeiten . $a = 4\,000 - \quad 6\,000$
„ kondensierenden Dämpfen $a = 7\,000 - 12\,000$

Im physikalischen Maßsystem ist a von der Dimension cal/cm$^2 \cdot$ s $\cdot$ grd, weshalb die Zahlenwerte in diesem System 36 000 mal kleiner sind.

Auch die oben angegebenen sehr weiten Grenzen für a können in besonders gearteten Fällen noch überschritten werden. Es ist ungemein schwer, genauere Angaben über das a zu machen; nur zwei Fälle sind bisher durch übereinstimmende Forschungsergebnisse von Theorie und Versuch genauer bekannt, nämlich der Wärmeübergang im geraden Rohr und die Wärmeabgabe des wagrecht in Luft gelagerten Zylinders.

Wir beschränken uns bei den folgenden Betrachtungen auf den Beharrungszustand und auf Vorgänge, bei denen die Strömung nur durch äußere Ursachen bewirkt wird und keine Aggregatzustandsänderungen auftreten.

Den Ausgangspunkt für alle theoretischen Betrachtungen bildet nachstehendes System von Differentialgleichungen:

1. Die Kontinuitätsgleichung für raumbeständige Flüssigkeiten:

$$\text{div } \mathfrak{w} = 0.$$

2. Die Bewegungsgleichung der Hydrodynamik:

$$\varrho \cdot (\mathfrak{w}, \text{grad}) \, \mathfrak{w} = - \text{grad } p + \mu \cdot \varDelta \, \mathfrak{w}.$$

3. Die Grundgleichung der Wärmeleitung für bewegte Flüssigkeiten:

$$(\mathfrak{w}, \text{grad } \vartheta) = a \cdot \varDelta \, \vartheta.$$

In diesen Gleichungen bedeutet $\mathfrak{w}$ die Strömungsgeschwindigkeit nach Größe und Richtung, also als Vektor aufgefaßt, ϱ die Massendichte, p den Druck, μ die Zähigkeit und a die Temperaturleitzahl der Flüssigkeit.

Mit Hilfe des Prinzipes der Ähnlichkeit oder der Lehre von den Dimensionen läßt sich aus diesem Gleichungssatz ableiten, daß die Geschwindigkeitsverteilung und die Temperaturverteilung nur von den beiden Größen

$$\frac{\text{w} \cdot \text{l}_0 \cdot \varrho}{\mu} \quad \text{und} \quad \frac{\text{w} \cdot \text{l}_0}{a}$$

abhängen, wobei l_0 eine charakteristische Abmessung des strömungserfüllten Raumes ist, z. B. bei Röhren der Durchmesser.

Die beiden Größen, welche man Kenngrößen heißt, sind dimensionslos, wovon man sich durch Einsetzen der Dimensionen der einzelnen Größen w, ϱ usw. überzeugen kann.

Aus der Definition der Wärmeübergangszahl und aus dem Prinzip der Ähnlichkeit folgt, daß auch

die Größe $\qquad a \cdot \dfrac{\text{l}_0}{\lambda}$

nur von den beiden obigen Kenngrößen abhängt.

Das Gesetz für diese Abhängigkeit läßt sich rechnerisch nicht ermitteln, sondern kann nur durch den Versuch bestimmt werden.

Der Wärmeübergang im geraden Rohr. Schon das physikalische Gefühl einerseits, aber auch die Erfahrung andererseits besagen, daß die Intensität des Wärmeüberganges und damit die Wärmeübergangszahl selbst abhängig ist vom Strömungszustand der Flüssigkeit (ob über oder unter der kritischen Geschwindigkeit — siehe Hydrodynamik), vom speziellen Wert der Strömungsgeschwindigkeit, von der Weite und der Länge des Rohres, von der Rauhigkeit der Rohrwand und von den Eigenschaften der Flüssigkeit (Wärmeleitfähigkeit, spez. Gewicht, spez. Wärme und Zähigkeit).

Eine völlige Klärung all dieser Gesetzmäßigkeiten ist bis heute noch nicht erreicht. Auf Grund der oben angedeuteten Theorie und unter Benützung der bis jetzt vorliegenden Versuchswerte, läßt sich nachstehende Näherungsgleichung für a aufstellen:

$$a = 22,5 \cdot \frac{\lambda}{\text{d}} \cdot \left(\frac{\text{L}}{\text{d}}\right)^{-0,05} \cdot \left(\frac{\omega \cdot \text{d}}{a}\right)^{0,79} \left[\frac{\text{W.E.}}{\text{m}^2 \cdot \text{h} \cdot \text{grd.}}\right].$$

Hierin bedeutet, außer den schon bekannten Größen, L die Länge und d den Durchmesser des Rohres und ω die mittlere Strömungsgeschwindigkeit und zwar diesmal der einfacheren Zahlenrechnung wegen in Metern pro *Sekunde*.

Zur Berechnung des Temperaturverlaufes längs des Rohres, insbesondere der Endtemperatur, stellt man für ein unendlich kurzes Stück dL des Rohres die Wärmebilanz auf:

Mit der Strömung wird die Wärmemenge

$$dQ = -c_p \cdot \gamma \cdot \frac{d^2 \cdot \pi}{4} \cdot w \cdot d\vartheta_F$$

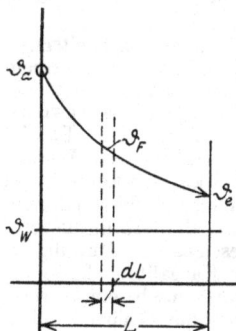

während der Zeiteinheit in den Raum hineingeschafft.

Ein gleicher Betrag an Wärme geht im Beharrungszustand in derselben Zeit an die Wand über, nämlich:

$$dQ = \alpha \cdot d \cdot \pi \cdot dL \cdot (\vartheta_F - \vartheta_W).$$

Durch Gleichsetzen beider Werte ergibt sich:

$$\frac{d\vartheta_F}{\vartheta_F - \vartheta_W} = -4 \cdot \frac{\alpha \cdot dL}{d \cdot w \cdot c_p \cdot \gamma}.$$

Temperaturverlauf im Rohr.

Wenn man noch für α den Wert aus der Näherungsgleichung einsetzt und über die ganze Rohrlänge integriert, so erhält man das Endergebnis:

$$\frac{\vartheta_e - \vartheta_W}{(\vartheta_a - \vartheta_W)} \cdot e^{-0,0263 \cdot \left(\frac{\omega \cdot d}{a}\right)^{-0,21} \cdot \left(\frac{L}{d}\right)^{+0,95}}.$$

Die Endtemperaturdifferenz ist also gleich einem Bruchteil der Anfangstemperaturdifferenz, der um so kleiner ist, je kleiner $\omega \cdot d/a$ ist und je größer L/d ist. *H. Gröber.*

Näheres s. Hausbrand, Verdampfen, Kondensieren und Kühlen. Berlin 1920; ferner Hencky, Die Wärmeverluste durch ebene Wände. München 1921.

Wärmeübertragung. Der Begriff Wärmeübertragung umfaßt jene große Gruppe von Erscheinungen, welche in der Überführung einer Wärmemenge von einer Stelle des Raumes nach einer anderen Stelle bestehen. Diese einzelnen Erscheinungen heißen: Wärmeleitung, Wärmestrahlung und Wärmekonvektion.

Wärmeleitung besteht in einem Wärmeaustausch zwischen nur unmittelbar benachbarten Teilchen eines Körpers und tritt bei festen, flüssigen und gasförmigen Körpern auf.

Wärmestrahlung ist ein Wärmetransport, welcher dadurch zustande kommt, daß ein erster Körper einen Teil seines Energieinhaltes in strahlende Energie verwandelt, welche dann den Raum durchmißt und beim Auftreffen auf einen zweiten Körper sich ganz oder teilweise in Wärme verwandelt. Das Entstehen und das Verschwinden der strahlenden Energie sind also an das Vorhandensein von Materie gebunden, dagegen kann die Übertragung der strahlenden Energie auch im vollkommen leeren Raum erfolgen. Theoretische Erklärung siehe unter „Wärmestrahlung".

Wärmekonvektion ist ein Wärmetransport, der eintritt, wenn materielle Teilchen eines Körpers ihre Stelle im Raum verändern und dabei ihren Wärmeinhalt mit sich fortführen. Diese Erscheinung spielt sich vor allem in strömenden Flüssigkeiten und Gasen ab, und zwar sind hier hinsichtlich der Ursachen der Strömung zwei Grenzfälle zu unterscheiden: Entweder wird die Strömung nur dadurch verursacht, daß die Temperaturunterschiede in der Flüssigkeit zu Dichteungleichheiten führen und diese dann die Bewegung bewirken und unterhalten; dann spricht man von einer freien Strömung oder einer Strömung aus inneren Ursachen.

— Oder es sind durch Einwirkung von außen her Druckunterschiede an verschiedenen Stellen der Flüssigkeit vorhanden, denen gegenüber die Dichteungleichheiten gar nicht zur Wirkung kommen; dann spricht man von einer aufgezwungenen Strömung oder einer Strömung aus äußeren Ursachen. Außerdem sind noch folgende Begriffe zu erklären:

Wärmeübergang heißt der Wärmeaustausch zwischen einer strömenden Flüssigkeit oder einem strömenden Gas und der festen Begrenzungswand der Strömung. Im allgemeinen handelt es sich nur um ein Erwärmen oder Abkühlen der Flüssigkeit. In zahlreichen anderen Fällen tritt aber auch eine Aggregatzustandsänderung der Flüssigkeit ein (Verdampfen, Kondensieren, Erstarren und Auftauen).

Diese Erscheinungen — Wärmeleitung, Wärmestrahlung und Wärmeübergang — treten selten allein auf, sondern meist in irgend einer Weise miteinander verbunden, z. B.

Gesamtabkühlung oder Gesamterwärmung heißt der gesamte Wärmeaustausch zwischen einem Körper und seiner Umgebung und zwar zusammengenommen sowohl durch Leitung und Konvektion seitens der umgebenden Luft als auch durch Strahlungsaustausch mit den umgebenden festen Körpern, insbesondere den Raumwänden.

Mit Wärmedurchgang bezeichnet man den ganzen Wärmetransport von einer ersten Flüssigkeit an ihre feste Begrenzungswand (Wärmeübergang), dann durch die ganze Dicke der Wand hindurch (Wärmeleitung) und endlich von der anderen Seite der Wand an eine zweite Flüssigkeit (Wärmeübergang).

Die Bedeutung des Gebietes „Wärmeübertragung" ist eine ganz überragende. Fast bei allen Vorgängen im Weltall tritt als Haupt- oder Nebenerscheinung Wärme auf, die dann von ihrer Entstehungsstelle nach Gegenden niederer Temperatur abwandert. In den meisten Gebieten der exakten Wissenschaften spielt deshalb die Wärmeübertragung eine Rolle. Es sei nur erwähnt: die Astrophysik, die physikalische Geographie, insbesondere die Lehre vom Klima, die Geologie, die Pflanzen- und Tierphysiologie und die Medizin, vor allem aber die Technik (Dampfkessel und Kondensatoren, Feuerungsanlagen der keramischen Industrien und des Hüttenwesens, Regeneratoren und Rekuperatoren, Heizungs- und Kühlanlagen — sodann die Kühlung von Lagern, von Zylinderwandungen und Kolben und von elektrischen Maschinen — und endlich der Wärmeschutz im Maschinenbau und im Hochbau).

Das Wesen der einzelnen Arten der Wärmeübertragung ist heute hinreichend geklärt, dagegen ist eine rechnerische Behandlung der Vorgänge nur in Fällen ausgesuchtester Einfachheit möglich. In allen anderen Fällen werden die mathematischen Schwierigkeiten derart große, daß die wissenschaftlich einwandfreien Methoden nicht zum Ziele führen. Und Näherungsmethoden mit genügender Sicherheit gegen schwere Irrtümer sind zur Zeit noch nicht bekannt. Was an Rechenverfahren in der Technik sich eingebürgert hat, ist lediglich aus der Erfahrung hervorgegangen und immer nur jeweils für ein ganz enges Anwendungsgebiet gültig. Vor einer Übertragung auf andere Gebiete ist dringend zu warnen.

Lies in nachstehender Reihenfolge die Aufsätze: Wärmeleitung, Wärmeleitzahl, Wärmeübergang, Wärmedurchgang und Wärmestrahlung. *H. Gröber.*

Näheres s. Gröber, Grundgesetze der Wärmeleitung und des Wärmeüberganges. Berlin 1921.

Wärmeverbrauch der Kraftmaschinen. Für die Wirtschaftlichkeit der Wärmekraftmaschinen ist mit maßgebend der Wärmeverbrauch. Allerdings ist er allein noch kein Maßstab, da die Betriebsstoffe der verschiedenen Maschinen verschieden teuer und Amortisation, Verzinsung, Auslagen für Bedienung, Schmier- und Putzmaterial zu berücksichtigen sind.

Es verbrauchen:

Dampfmaschinen mit Auspuffbetrieb	7000—10000 kcal/PS-St *)	
Dampfmaschinen mit Kondensationsbetrieb	3500— 7000 „ *)	
Explosionsmotoren	3500— 4500 „	
Sauggasmaschinen	2800— 3600 „ **)	
Großgasmaschinen	2300— 2600 „	
Dieselmotoren	1800— 2200 „	
Heizungskraftmaschinen (s. dort) bis herab zu	1200 „ *)	

Das theoretische Wärmeäquivalent einer Pferdekraftstunde ist 632 kcal. Daraus geht also hervor, daß der effektive thermische Wirkungsgrad unserer Wärmekraftanlagen 6 bis 50% beträgt.

L. Schneider.

Wärmeverluste s. Kalorimetrie.

Wage. Die Wage dient zur Vergleichung von Gewichten (Lasten), oder da die Gewichte an derselben Stelle der Erdoberfläche den Massen proportional sind, auch zur Vergleichung von Massen. Man unterscheidet Hebelwagen und Federwagen (s. d.). Die Hebelwagen zerfallen wieder in gleicharmige Wagen (s. d.) und ungleicharmige Wagen; unter den letzteren unterscheidet man einfache und zusammengesetzte Systeme. Der Hauptvertreter der ersteren Art ist die Schnellwage (s. d.), derjenige der zusammengesetzten Systeme die Brückenwage (s. d.). Scheel.

Wagen, elektrodynamische, s. Stromwagen.

Wahre Elektrizität s. Freie Elektrizität.

Wahrscheinlichkeit ist der Gegensatz zu Gewißheit. Während z. B. mathematische Sätze mit Gewißheit ausgesprochen werden können (notwendig oder apodiktisch geltend), können alle Aussagen über wirkliche Dinge nur mit Wahrscheinlichkeit behauptet werden. Allen Resultaten der Naturwissenschaften kommt daher nur wahrscheinliche Geltung zu, auch den allgemeinsten. Dies liegt in der Eigenart des Erkenntnisvorgangs begründet; aus verhältnismäßig unvollkommen Sinneswahrnehmungen müssen die Gesetze der Natur erst durch verwickelte logische Prozesse erschlossen werden. Darum hängt das philosophische Problem der Wahrscheinlichkeit eng mit dem Problem des induktiven Schlusses zusammen; man spricht auch von *philosophischer Wahrscheinlichkeit.*

Ihr steht die *mathematische Wahrscheinlichkeit* gegenüber, bei der es sich um quantitative Aussagen handelt. Sie ist Gegenstand einer besonderen mathematischen Disziplin, der Wahrscheinlichkeitsrechnung (s. d.), geworden; ihr klassisches Anwendungsgebiet sind die Glücksspiele. Aber darüber hinaus ist sie seit etwa einem Jahrhundert für die naturwissenschaftliche Forschung von Nutzen geworden: durch die Ausbildung der Fehlertheorie, der physikalischen und der sozialen Statistik. Das Merkwürdige dabei ist, daß man hier durch Anwendung von Wahrscheinlichkeitssätzen zur Aufdeckung von Naturgesetzen kommt, die nicht geringeren Wert haben als die kausalen Naturgesetze. Wesentlich ist dafür daß es sich um Massenerscheinungen handelt. Man stellt deshalb heute die *„statistische"* Gesetzlichkeit der kausalen oder *„dynamischen"* gegenüber (*Planck*).

Daß die mathematische Wahrscheinlichkeitsrechnung eine logisch strenge Disziplin ist, kann keinem Zweifel unterliegen. Sie bedeutet lediglich ein Rechenverfahren, das Folgerungen aus gewissen Voraussetzungen, Axiomen, zieht. Das Problematische beginnt erst mit der Geltung dieser Voraussetzungen für die Wirklichkeit; warum fügen sich gewisse Erscheinungsgebiete, wie die genannten, diesen Axiomen? Hier hat die erkenntnistheoretische Untersuchung angeschlossen. Auffällig ist ein gewisser Gegensatz zur Kausalität. Diese behauptet, daß jedes Ereignis durch ein vorhergehendes bestimmt sei; aber die Wahrscheinlichkeitsrechnung sieht gerade von dieser Bestimmtheit ab und betrachtet die Einzelereignisse (z. B. das Auftreffen der Würfelseite 5) als ursachlos, zufällig. Man hat daraus geschlossen, daß die Wahrscheinlichkeitsrechnung ein Ausweg sei, den man nur deshalb einschlägt, weil die kausale Verfolgung des Einzelfalls zu schwierig wird, obgleich sie prinzipiell möglich bleibt; die Wahrscheinlichkeitsrechnung erscheint dann als Notbehelf menschlicher Unwissenheit. Diese Auffassung ist aber nicht haltbar, weil durch Wahrscheinlichkeitsgesetze gewisse objektive Regelmäßigkeiten beschrieben werden, die sich aus der Kausalgesetzlichkeit nicht erklären lassen; auch ist in Wahrheit kein Widerspruch zur Kausalität vorhanden. Die Untersuchung dieser Fragen führt zu einem Zusammenhang zwischen der *mathematisch-physikalischen* und der *philosophischen Wahrscheinlichkeit*; die Sätze der Statistik sind nur die quantitative Anwendung eines *Verteilungsprinzips*, das auch bei der Aufstellung kausaler Gesetze vorausgesetzt werden muß. Reichenbach.

<small>Näheres bei Reichenbach, Philosophische Kritik der Wahrscheinlichkeits-Rechnung, Naturwiss. 1920, S. 146.</small>

Wahrscheinlichkeitsfunktion s. Wahrscheinlichkeitsrechnung.

Wahrscheinlichkeitsnachwirkung. Wenn man mit einem Würfel eine Reihe von Würfen ausführt, so ist im allgemeinen mit dem Auftreffen einer bestimmten Seite, etwa der 5, für den nächsten Wurf eine bestimmte andere Seite, etwa die 1, nicht bevorzugt oder benachteiligt. Das ändert sich, wenn der Würfel sehr wenig geschüttelt wird; dann ist die 1 unwahrscheinlicher, weil sie der 5 gegenüberliegt und daher den längsten Weg bis zum Auftreffen hat. Die einzelnen Ereignisse sind also nicht mehr unabhängig voneinander, wenn sie auch nicht völlig abhängig sind; nach einigen Ereignissen verliert sich bereits der Einfluß. Diese lose Verkettung der Einzelereignisse nennt man *Wahrscheinlichkeitsnachwirkung.* Sie wird z. B. bei der Brownschen Bewegung (s. d.) wichtig. Zählt man etwa alle 5 Sekunden die Zahl n der Teilchen, die sich im Gesichtsfeld des Mikroskops befinden, so werden die Teilchen in der Mitte in dieser Zeit das Gesichtsfeld noch nicht verlassen haben; ist einmal die Zahl der Teilchen besonders groß, so ist sie das nächste Mal auch noch groß, usw. Die Zahlen n werden deshalb keine reine Zufallsverteilung darstellen, sondern stetige Zusammenhänge aufweisen. Dadurch wird zwar nicht der Mittelwert der n, aber ihre *Dispersion* (s. d.) beeinflußt; umgekehrt kann man aus der

---

<small>*) einschl. Kessel.
**) einschl. Generator.</small>

beobachteten Dispersion auf etwaige Wahrscheinlichkeitsnachwirkung schließen. *Reichenbach.*

Näheres s. Fürth, Schwankungserscheinungen in der Physik, Braunschweig 1920.

Wahrscheinlichkeitsrechnung. Wenn ein Ereignis E nur eine Möglichkeit unter m Ereignissen (m = *mögliche Fälle*) ist, so ist seine Wahrscheinlichkeit $p = \frac{1}{m}$. Vorausgesetzt muß dabei werden, daß die m Ereignisse alle gleich wahrscheinlich sind. Die Bestimmung der gleich wahrscheinlichen Fälle erfolgt im allgemeinen auf Grund bestimmter Hypothesen; sie birgt jedoch auch ein philosophisches Problem (s. Wahrscheinlichkeit). Es kann auch sein, daß das Ereignis E in mehreren Fällen eintrifft; sei die Anzahl dieser *günstigen Fälle* = g, so ergibt sich die allgemeinere Definition des *Maßes der Wahrscheinlichkeit* zu $p = \frac{g}{m}$. Stets ist $0 < p < 1$. Die Rechengesetze solcher Wahrscheinlichkeitsmaße enthält die *Wahrscheinlichkeitsrechnung*; im Vordergrund stehen 2 Regeln:

Additionstheorem: Sind E_1 und E_2 zwei einander ausschließende mögliche Ereignisse mit den Wahrscheinlichkeiten p und q, so ist die Wahrscheinlichkeit w, daß E_1 *oder* E_2 eintrifft, $w = p + q$.

Multiplikationstheorem: Sind E_1 und E_2 zwei unabhängige mögliche Ereignisse mit den Wahrscheinlichkeiten p und q, so ist die Wahrscheinlichkeit w, daß E_1 und E_2 *kombiniert* eintreffen, $w = p \cdot q$.

Die Kombination kann in zeitlicher Aufeinanderfolge oder Gleichzeitigkeit (z. B. bei 2 Würfeln) bestehen.

Vergrößert man die Zahl der Wiederholungen (z. B. der Würfe) immer mehr, so werden schließlich alle möglichen Ereignisse annähernd ihrer Wahrscheinlichkeit p entsprechend eintreffen; darin besteht der objektive Sinn von p. Die Gesetze der dabei entstehenden Verteilung sind niedergelegt im Bernouillischen Theorem (s. d.).

Das genannte Maß der Wahrscheinlichkeit ist nur anwendbar, wenn es sich um eine endliche Anzahl diskreter möglicher Fälle handelt, also g und m endlich sind. Das ist nicht mehr erfüllt, wenn die möglichen Fälle eine stetige Mannigfaltigkeit bilden. Wirft man z. B. eine Nadel auf eine Tischplatte, die mit Quadraten bezeichnet ist, so ist die Anzahl der möglichen Lagen unendlich groß. Die Anzahl der Lagen, in welchen die Nadel im Innern eines bestimmten Quadrates liegt, ist aber auch unendlich groß, und so kann der Quotient aus beiden endlich sein, also eine endliche Wahrscheinlichkeit existieren. Jedoch läßt sich diese nicht mehr durch Auszählen, sondern nur durch Messen bestimmen. In dem genannten Beispiel wird die Wahrscheinlichkeit für alle Quadrate offenbar gleich groß; aber das gilt natürlich nur, wenn die einzelnen Quadrate selbst gleich groß sind. Die Wahrscheinlichkeit, ein Flächenstück von der Größe f zu treffen, wird dann = k·f, wo k eine Konstante ist. Dagegen wird die Wahrscheinlichkeit, einen bestimmten Punkt zu treffen, unendlich klein, weil für einen Punkt f = 0 ist; da aber stets gewisse Punkte dennoch getroffen werden, so ist die unendlich kleine Wahrscheinlichkeit nicht identisch mit Unmöglichkeit. Die Aussage, daß alle Punkte für die Nadel gleichwahrscheinlich sind, hat wörtlich keinen Sinn; sie kann nur bedeuten, daß gleiche Flächenstücke,

die irgend zwei Punkte umgeben, gleichwahrscheinlich sind, also daß k eine Konstante ist. Man spricht deshalb von *geometrischer* oder allgemeiner von *stetiger Wahrscheinlichkeit*. Ob die Behauptung k = konstant aber richtig ist, ist noch eine zweite Frage. Benutzt man anstatt der Tischplatte etwa einen großen Straßenplatz, und wird die Nadel von der Mitte des Platzes eingeworfen, so sind nicht alle Punkte des Platzes gleichwahrscheinlich, sondern ein mittleres Gebiet wird häufiger darankommen. Man kann jetzt aber die Wahrscheinlichkeit durch eine *Wahrscheinlichkeitsfunktion* φ messen. Für jeden Punkt des Platzes läßt sich eine Zahl φ bestimmen, die von Ort zu Ort sich stetig ändert, und die Wahrscheinlichkeit, daß ein den Punkt umgebendes kleines Flächenstück df getroffen wird, ist dann $= \varphi \cdot df$. Sie wächst also proportional der Größe df des Flächenstücks, solange dies klein ist, aber für größere Flächen F ist sie $= \int_F \varphi \, df$. Der Fall der Tischplatte ist nur ein Spezialfall hiervon; es wird dort nämlich $\varphi = k =$ konstant. Die Messung der Wahrscheinlichkeit stetig ausgedehnter Gebilde ist deshalb mit Hilfe der Wahrscheinlichkeitsfunktionen durchführbar. Sie brauchen sich nicht gerade auf Flächen zu beziehen, sondern können Funktionen von einer oder beliebig vielen Variablen sein. Sie sind so normiert, daß $\int_{-\infty}^{+\infty} \varphi(x)\,dx = 1$ wird. Dieses Integral bedeutet die Wahrscheinlichkeit, daß überhaupt irgend ein Punkt getroffen wird, und da dies mit Gewißheit stattfindet, muß die entsprechende Wahrscheinlichkeit = 1 sein. Die Bestimmung dieser Funktionen ist im allgemeinen eine empirische Aufgabe; in besonderen Fällen lassen sie sich aus allgemeineren Tatsachen berechnen.

Die Aufgabe der Wahrscheinlichkeitsrechnung ist es, aus gegebenen Wahrscheinlichkeiten, sei es für diskrete oder stetige Mannigfaltigkeiten, die Wahrscheinlichkeit komplizierterer Fälle zu berechnen. Dies führt rasch in komplizierte analytische Probleme, die ohne Benutzung mengentheoretischer Formulierungen nicht lösbar sind. Die am meisten bekannte Anwendung der Wahrscheinlichkeitsrechnung auf die Theorie der Glückspiele ist von ganz untergeordneter Bedeutung und dient gewöhnlich nur zur Exemplifikation; wichtig dagegen ist ihre Verwendung in der physikalischen Statistik, wo es sich um die Massenwirkungen von Molekülen, Atomen oder Elektronen handelt, und in der sozialen Statistik, die die Massenerscheinungen der menschlichen Gesellschaft gesetzmäßig erfaßt. Obgleich es sich in diesen Gebieten streng genommen um Probleme mit endlich vielen diskreten Einzelfällen handelt, werden sie dennoch häufig als Stetigkeitsprobleme mit Hilfe von Wahrscheinlichkeitsfunktionen behandelt, weil sie dadurch mathematisch zugänglicher werden. Ein Gebiet stetiger Wahrscheinlichkeiten ist die Theorie der Messungsfehler (s. Fehlertheorie). *Reichenbach.*

Wahrscheinlichste Geschwindigkeit s. Maxwells Gesetz.

Walzenbrücke (F. Kohlrausch). Eine Wheatstonesche Brücke (s. d.), bei welcher der Schleifdraht auf eine zylindrische Walze aufgewickelt ist, um ihm eine größere Länge zu geben und dadurch die Genauigkeit zu vergrößern. Der Schleifkontakt der Brücke wird gebildet durch ein mit Rille versehenes Rädchen, das auf einer Stange längs der Walze verschiebbar ist und von dem Brückendraht bei der Drehung der Walze mitgenommen wird. Zur weiteren Erhöhung der Meßgenauigkeit können an die Enden des Brückendrahtes noch feste Widerstände verschiedenen Betrages zugeschaltet werden. Die Stelle, an der sich das Kontakträdchen befindet, wird an einer am Umfang der Walze angebrachten Teilung abgelesen, die ganzen Umdrehungen der Walze an einer zur Walzenachse parallelen Skala. Der Meßdraht muß kalibriert sein.

W. Jaeger.

Wannersches Pyrometer s. Strahlungspyrometer.

Wasser. Das Wasser spielt in der Physik der Erde eine außerordentlich große Rolle, schon weil mehr als 70% der Erdoberfläche (s. diese) vom Meere (s. dieses) eingenommen werden. Das Süßwasser ist als Grundwasser (s. dieses), Quellwasser (s. Quellen) und Seewasser (s. Seen) von Wichtigkeit; auf die Umgestaltung der Erdoberfläche aber üben namentlich der Regen (s. diesen) und das fließende Wasser (s. Flüsse) den größten Einfluß aus. Im Inneren der Erdkruste wirkt das Wasser hauptsächlich als Lösungsmittel. Dazu kommt die Bedeutung des Wassers in Form von Wasserdampf (s. Luftfeuchtigkeit) und Wolken (s. diese) für die Atmosphäre (s. diese) und schließlich in Form von Eis für die verschiedenartigsten Vorgänge auf der Lithosphäre, sowie in der Hydrosphäre und Atmosphäre (s. Eis, Eisberge, Eishöhlen, Eiszeit, Glatteis, Gletscher, Graupeln, Grundeis, Hagel, Inlandeis, Meereis, Reif, Rauhfrost, Schnee, Schneegrenze).

In erster Linie beeinflußt das Wasser den Wärmehaushalt der Erde in maßgebender Weise, weil es sich unter dem Einfluß der Sonnenstrahlung (s. diese) beträchtlich langsamer und nicht so hoch erwärmt, wie das Land. Der Grund dafür ist die hohe Wärmekapazität des Wassers, seine mit der Erwärmung zunehmende Verdunstung, sowie der Umstand, daß die Wärmestrahlen tief in das Wasser einzudringen vermögen und somit nicht nur die Oberfläche, sondern eine Schicht von beträchtlicher Dicke erwärmen. Das Wasser speichert also im Sommer große Wärmemengen auf, die es im Winter nur langsam wieder abgibt. Auch der Kreislauf des Wassers durch die drei Aggregatzustände, Verdunstung, Kondensation und Gefrieren ist von großer Bedeutung für den Wärmeumsatz und wirkt daher ebenfalls in hohem Maße auf die klimatischen Verhältnisse ein. Nach der Herkunft unterscheidet man vadoses und juveniles Wasser (s. Quellen). Das in der Natur vorkommende Wasser enthält stets Salze und Gase gelöst und ist zudem durch Beimengungen aller Art verunreinigt. Namentlich der Salzgehalt verändert die physikalischen Eigenschaften, wie Dichte, Oberflächenspannung, innere Reibung, Wärmekapazität, Gefrierpunkt, elektrische Leitfähigkeit usw. zum Teil erheblich (s. Meerwasser). Von ganz besonderer Bedeutung ist die Tatsache, daß das Dichtemaximum des Wassers bei 4° liegt, die Eisbildung also an der Oberfläche einer Wasserschicht erfolgen muß. Auch für die Wärmeschichtung in Seen und im Meere ist diese Eigentümlichkeit des Wassers ausschlaggebend.

Die für die Geographie, Geologie und Meteorologie wichtigsten physikalischen Konstanten des reinen Wassers sind die folgenden:

	0°	4°	10°
Dichte	0,999 868	1,000 000	0,999 727
Absol. Zähigkeit	0,017 928	—	0,013 105

	20°	30°
Dichte . . .	0,998 230	0,995 673
Absol. Zähigkeit	0,010 06	0,008 00 CGS-Einheit.

Latente Wärme des Wasserdampfs = 540,4 Cal. Gewicht eines Liters Wasserdampf bei 100° und Normaldruck = 0,590 g.

Dampfdruck des Wassers	−25°	−20°	−15°	−10°	−5°	
	0,61	0.96	1.45	2,16	3,17	mm
	0°	5°	10°	15°	20°	
	4,58	6,54	9,21	12,79	17,54	mm
	25°	30°	40°	50°	100°	
	23,76	31,83	55,34	92,54	760,00	mm

Kritische Temperatur 374°.
Kritischer Druck 217 Atmosphären.
Schallgeschwindigkeit ca. 1450 m pro s.

O. Baschin.

Wasserdampfgehalt der atmosphärischen Luft. Die Menge des in feuchter Luft vorhandenen Wasserdampfes wird in der Meteorologie je nach dem besonderen Zwecke in verschiedenen Einheiten gemessen und ausgedrückt. Der Partialdruck (s. d.) des Wasserdampfes e, schlechthin Dampfdruck genannt, wird in Millimeter Quecksilbersäule angegeben. Die relative Feuchte R ist das Verhältnis des Dampfdruckes zum Sättigungsdruck (s. d.) E in Prozenten.

$$R = 100 \cdot \frac{e}{E}.$$

Die absolute Feuchte A ist das Gewicht in g des im m³ Luft enthaltenen Wasserdampfes:

$$A = \frac{1,060}{1 + \alpha t} \cdot e,$$

wo $\alpha = \frac{1}{273}$ und t die Temperatur ist.

Die spezifische Feuchte S ist das Gewicht in g des im kg feuchter Luft enthaltenen Wasserdampfes:

$$S = 623 \cdot \frac{e}{b - 0,377 \, e},$$

wo b der Luftdruck ist.

Das Mischungsverhältnis M ist das Verhältnis der Gewichte von Wasserdampf und trockener Luft.

$$M = 0,623 \cdot \frac{e}{b - e}. \qquad \textit{G. Stüve.}$$

Wasserglas. Unter Wasserglas versteht man die von Wasser zersetzbaren und darin löslichen Gläser, die aus Alkali (Kali oder Natron oder aus beiden zugleich) und Kieselsäure bestehen; meist nennt man die wässerige Lösung dieser Gläser so. Chemisch kann das Wasserglas als eine Schmelzlösung von Kieselsäure und Alkalisilikat angesehen werden. Es wird durch Zusammenschmelzen von Alkalikarbonat (oder -sulfat mit einem Zusatz von Kohle) und Quarzsand gewonnen. Die flüssige Schmelze läßt man in Wasser einfließen und darin erstarren. Nach dem Zerkleinern der durch das Wasser zermürbten Masse löst man sie in Wasser durch Erhitzen unter Druck zu einer dicken Flüssigkeit (über den Lösungsvorgang s. Glaseigenschaften, chemische Widerstandsfähigkeit). Der Wert der Wasserglaslösung liegt hauptsächlich in der kolloidalen Kieselsäure, die vom Alkalisilikat in Lösung gehalten wird. Sie trocknet an der Luft zu glasähnlichen Krusten ein. Wasserglas wird gebraucht als Anstrich- und Imprägniermittel; z. B. um Holz, Gewebe, Papier schwer verbrennlich zu machen, um Kalkmörtelputz zu dichten, ferner als Kitt- und Klebmittel.

Besonders guten Kitt gibt es im Gemisch mit Kalk, Magnesia oder Zinkoxyd. *R. Schaller.*

Wasserreinigung. Je nach Art der Verunreinigung des zur Kesselspeisung verwendeten Wassers wird dieses einer mechanischen oder einer chemischen Reinigung unterzogen. Lehm, Schlamm, Ton, ebenso Öl werden im Klärbassin oder mittels Filter aus dem Wasser ausgeschieden. Bei der chemischen Reinigung werden die im Wasser gelösten doppelkohlensauren Salze durch Einwirkung von Hitze oder von Chemikalien in unlösliche einfachkohlensaure Salze (Kalk, Magnesial zerlegt, bevor das Wasser in den Kessel) gelangt. Die so entstandenen unlöslichen Salze werden durch Absetzenlassen oder durch Filtration aus dem Wasser entfernt. Als Chemikalien verwendet man Kalkwasser oder Kalkmilch $Ca(OH)_2$, Soda Na_2CO_3 und Ätznatron $NaOH$. Die Bildung von kohlensaurem Kalk $CaCO_3$ und Magnesiumhydrat $Mg(OH)_2$ erfolgt nach folgenden Formeln:

$$H_2Ca(CO_3)_2 + Ca(OH)_2 = 2\ CaCO_3 + 2\ H_2O$$
$$H_2Mg(CO_3)_2 + 2Ca(OH)_2 = Mg(OH)_2 + 2CaCO_3 + 2H_2O$$

Bei Vermischung des Wassers mit kohlensaurem Natron (Soda) und Erwärmung des Wassers erfolgt die Zersetzung des doppelkohlensauren Kalkes nach der Formel:

$$H_2Ca(CO_3)_2 + Na_2CO_3 = CaCO_3 + 2\ HNaCO_3$$

Das doppelkohlensaure Natron wird beim Sieden im Kessel zerlegt in

$$2\ HNaCO_3 = Na_2CO_3 + H_2O + CO_2$$

Die Kohlensäure entweicht mit dem Dampfe, die Soda bleibt in Lösung.

Die Zersetzung des schwefelsauren Kalkes (Gips) erfolgt nach der Formel:

$$CaSO_4 + Na_2CO_3 = CaCO_3 + Na_2SO_4$$

Das schwefelsaure Natron bleibt in Lösung und ist unschädlich, da es erst bei sehr hoher Konzentration auskristallisiert.

Chlormagnesium wird durch Soda zersetzt nach der Formel:

$$MgCl_2 + Na_2CO_3 = MgCO_3 + 2\ NaCl$$

Die Abscheidung der kohlensauren Magnesia ist in der Praxis keine vollkommene, und da das unveränderte Chlormagnesium im Dampfkessel in Salzsäure und Magnesiumoxyd übergeführt wird, ist dessen restlose Entfernung mittels Ätznatron dringend zu empfehlen.

Die Umsetzungen des doppelkohlensauren Kalkes, der doppelkohlensauren Magnesia und des Chlormagnesium verlaufen mittels Ätznatron wie folgt:

$$H_2Ca(CO_3)_2 + 2\ NaOH = CaCO_3 + Na_2CO_3 + 2\ H_2O$$
$$H_2Mg(CO_3)_2 + 2\ NaOH = MgCO_3 + Na_2CO_3 + 2\ H_2O$$
$$MgCl_2 + 2\ NaOH = Mg(OH)_2 + 2\ NaCl$$

Ist im Wasser vorzugsweise Gips vorhanden, so genügt die Anwendung von Soda. Bei vorherrschend doppelkohlensaurem Kalk ist das billigere Fällungsmittel der Ätzkalk, in zweiter Linie Soda, während bei Gegenwart von Gips und doppelkohlensaurem Kalk oder Magnesiasalzen die Neutralisation mit Natronlauge und außerdem Zusatz von Soda notwendig ist.

Zur Herbeiführung der chemischen Reaktionen, Erwärmung und Filtration des Wassers dienen die Wasserreinigungsapparate verschiedener Systeme. *L. Schneider.*

Näheres s. F. Tetzner, Die Dampfkessel. Berlin, J. Springer.

Wasserscheide. Nach A. Philippson jede Linie, welche zwei verschiedene Richtungen des oberflächlichen Abflusses der Gewässer voneinander scheidet, oder jede Linie, in der sich zwei Gefälls-

richtungen der Erdoberfläche nach oben schneiden. Meist bezeichnet man jedoch als Wasserscheide nur die Trennungslinie größerer Flußsysteme. Im Gebirge sind die Wasserscheiden meist als Kammlinien leicht zu erkennen, doch finden sich in Längstälern mitunter auch sog. Talwasserscheiden, die unmerklich zwei Stromsysteme trennen. Eines der bekanntesten Beispiele von letzteren liegt im Pustertal, wo bei Toblach die Rienz nach Westen der Etsch, und damit dem Adriatischen Meere zufließt, während die Drau nach Osten sich in die Donau ergießt, die in das Schwarze Meer mündet. A. v. Tillo hat eine Hauptwasserscheide festgestellt, die das gesamte Festland mit Ausnahme des abseits liegenden Australien in eine atlantische und eine pazifisch-indische Abdachung teilt. Sie verläuft von der Südspitze Amerikas nahe der Westküste durch den ganzen Erdteil nach Norden bis zur Beringstraße, geht dort auf den asiatischen Kontinent über, den sie erst nach Südwesten, dann westwärts im Süden des großen Wüstengürtels durchzieht, um sich in Vorderasien nach Süden zu wenden und durch Syrien und die ostafrikanischen Gebirgsländer bis zur Südspitze Afrikas zu ziehen. Da diese Hauptwasserscheide zu einem großen Teile nahe an den Küsten des Stillen Ozeans liegt, so entwässern nur 12% der Festlandsfläche nach diesem, während dem Atlantischen Ozean die größere Hälfte des gesamten Festlandes, nämlich 53%, dem Indischen 13%, tributär sind. Mitunter kommt es vor, daß durch starke rückschreitende Erosion (s. Flußerosion) im Quellgebiet eines Flusses die Wasserscheide nach der Seite der schwächeren Erosion hin verschoben wird. In besonderen Fällen kann es dann auch zur Anzapfung eines anderen Flußsystems und zur Ableitung eines Nebenflusses in einen anderen Hauptfluß, ja sogar zur Umkehrung der Bewegungsrichtung eines größeren Flusses kommen. *O. Baschin.*

Wassersiedeapparat s. Bäder konstanter Temperatur.

Wassersiedepunkt s. Quecksilberthermometer.

Wasserstoffatommodell. Nach dem *Bohr-Rutherfordschen Atommodell* (s. d.) besteht das Wasserstoffatom aus einem *Proton* (s. d.), dem *Kern* des Wasserstoffatoms (Masse M, Ladung $+$ e), um welchen sich ein *einzelnes Elektron* (Masse m, Ladung $-$ e) bewegt. Bei Annahme *Coulombscher Wechselwirkungskräfte* beschreibt das Elektron offenbar eine *Ellipsenbahn* wie beim Planetenproblem (daher *Kepler-Ellipse* genannt, nach den *Keplerschen Gesetzen*, die hier ebenfalls Geltung haben); wenn der Kern festgehalten, d. h. unendlich schwer ($M = \infty$) gedacht wird, befindet er sich in einem der beiden Brennpunkte der Bahn. Als rein periodische Bewegung ist die Keplerbewegung ein *entartetes* Problem (s. bedingt periodische Systeme); die *stationären Zustände* (s. d.) des Wasserstoffatoms sind dann nach der *Quantentheorie* (s. d. und Bohrsche Theorie der Spektrallinien) durch eine *einzige Quantenbedingung* (s. d.) bestimmt, welche das Gesamtimpulsmoment des Atoms zu einem ganzzahligen Vielfachen von $h/2\,\pi$ (h Plancksches Wirkungsquantum, s. d.) festlegt. Wie die Rechnung zeigt, sind dadurch die große Achse der Ellipse 2 a und die Energie E des Modells eindeutig bestimmt, während die Exzentrizität der Ellipse beliebige Werte annehmen kann. Bedeutet n die durch die Quantenbedingung eingeführte Quantenzahl, so findet man:

$$2\,a_n = n^2 \cdot \frac{h^2}{2\,\pi^2\,m\,e^2}, \quad E_n = -\frac{2\,\pi^2\,m\,e^4}{h^2} \cdot \frac{1}{n^2};$$

bei Berücksichtigung der *Kern-Mitbewegung* ist der obige Ausdruck für E_n noch durch $1 + m/M$ zu dividieren.

Die Anwendung der *Bohrschen Frequenzbedingung* (s. d.) auf den gefundenen Energieausdruck ergibt, daß die Energiedifferenz $E_n - E_m$ zweier durch die Quantenzahlwerte m und n gekennzeichneter stationärer Zustände des Wasserstoffatoms bei der Ausführung eines vollständigen Überganges zwischen ihnen, von dem Atom als Spektrallinie von der Frequenz

$$\nu = \frac{2\,\pi^2 \cdot m \cdot e^4}{h^3} \frac{1}{1 + m/M} \left(\frac{1}{m^2} - \frac{1}{n^2}\right)$$

emittiert, bzw. absorbiert wird, je nachdem, ob $m < n$ oder $m > n$. Läßt man m und n variabel, so stellt obige Beziehung die vollständige *Serienformel* des Wasserstoffes dar; für $m = 1$, $n \geqq 2$ hat man insbesondere die ultraviolette Lyman-Serie, für $m = 2$, $n \geqq 3$ die sichtbare Balmer-Serie, für $m = 3$, $n \geqq 4$ die ultrarote Paschen-Serie. Der Koeffizient von $\left(\frac{1}{m^2} - \frac{1}{n^2}\right)$ in der *empirischen Balmer-Formel* des Wasserstoffes (s. Serienformeln) ist die *Rydbergsche Konstante* R_H (s. d.). Man findet also für sie

$$R_H = \frac{2\,\pi^2\,m \cdot e^4}{h^3\,(1 + m/M)} = R_\infty \frac{1}{1 + m/M}.$$

Die Übereinstimmung des spektroskopisch bestimmten und des berechneten Wertes von R_H, bzw. R_∞ ist so ausgezeichnet, daß man den ersteren direkt zur Berechnung von h hat heranziehen können. Setzt man $n = 1$, so erhält man den Quantenzustand geringster Energie für das H-Atom, seinen „Normalzustand" oder „untersten" Quantenzustand; für a_1 findet man hierbei numerisch $0,528 \cdot 10^{-8}$ cm. Die Arbeit, welche erforderlich ist um das Elektron von dieser Normalbahn bis ins Unendliche zu entfernen, ist gleich $R \cdot h = 2,152 \cdot 10^{-11}$ erg und entspricht einer *Ionisierungsspannung* des Wasserstoffatoms von 13,53 Volt, bzw. einer Wärmemenge von 312 kg Kal. pro Mol.

Werden die oben angedeuteten Rechnungen anstatt für einen Kern mit der Ladung $+ e$ für einen solchen mit der Ladung $+ Ze$ ausgeführt, so hat man in der obigen Serienformel bloß R durch $R \cdot Z^2$ zu ersetzen und für M die Masse des neuen Kernes einzuführen. Man erhält so direkt die Serienformeln für das Funkenspektrum 1. Art des *Heliums* (He+), das Funkenspektrum 2. Art des *Lithiums* (Li+ +) usf. Auf diesen Umstand gestützt, konnte Bohr bereits in seiner ersten Arbeit die Behauptung aufstellen, daß die beiden bis dahin dem Wasserstoff zugeschriebenen Serien

$$\nu = R \left(\frac{1}{1 \cdot 5^2} - \frac{1}{n^2}\right), \quad n = 2,\, 3,\, \ldots$$

(Fowler-Serie)

$$\nu = R \left(\frac{1}{2^2} - \frac{1}{(n + 1/2)^2}\right), \quad n = 2,\, 3,\, \ldots$$

(Pickering-Serie)

in Wahrheit dem He+ zuzuordnen sind. Erweitert man nämlich die angegebenen Serienformeln mit dem Faktor 4, so sieht man, daß die durch sie dargestellten Linien sämtlich unter den durch

$$\nu = 4\,R_{He} \left(\frac{1}{m^2} - \frac{1}{n^2}\right)$$

für $m = 3$, $n \geqq 4$, bzw. $m = 4$, $n \geqq 5$ bestimmten Frequenzen vorkommen. In der Tat haben spätere genauere Untersuchungen diese Auffassung *quantitativ* bestätigt und auch die zu erwartende Verschiedenheit von R_H und R_{He} ergeben.

Die angegebene einfache Serienformel des Wasserstoffes ist unter der hier nicht mehr ganz zutreffenden Annahme abgeleitet, daß die Geschwindigkeit des Elektrons *sehr klein ist gegen die Lichtgeschwindigkeit*. Benutzt man, um diesem Umstande Rechnung zu tragen, die Formeln der *speziellen Relativitätstheorie* zur angenäherten Beschreibung der stationären Zustände, so ergeben sich gegenüber dem Früheren Abweichungen von grundsätzlicher Bedeutung, welche quantitativ allerdings so geringfügig sind, daß ihre experimentelle Feststellung Spektralapparate von stärkstem Auflösungsvermögen erfordert. Das „relativistische Kepler-Problem" ist zwar noch immer ein *entartetes*, jedoch ist die Bahn des Elektrons nicht mehr einfach, sondern *bedingt periodisch* (s. bedingt periodische Systeme); sie geht aus der Ellipsenbahn des klassischen Problems hervor, indem man deren große Achse eine langsame, gleichförmige *Rotation* um den Kern ausführen läßt *(Ellipsenbahn mit Perihelbewegung)*. Zur Festlegung der stationären Zustände sind jetzt *zwei* Quantenzahlen erforderlich, was spektroskopisch einer Aufspaltung (s. d.) der früher berechneten Spektrallinien in mehrere Komponenten, also dem Auftreten einer *Feinstruktur* (s. Feinstrukturtheorie der Spektrallinien) entspricht. Werden leuchtende Wasserstoffatome einem *elektrischen* oder *magnetischen* Felde ausgesetzt, so wird die Elektronenbahn unter dem Einfluß der Feldkräfte *deformiert*. Sowohl beim Stark-Effekt (s. d.), als beim *Zeemann-Effekt* (s. d.) ist das mechanische Problem der Elektronenbewegung ein *nichtentartetes* und erfordert die Einführung *dreier* Quantenzahlen. Jede Spektrallinie der oben angeführten Wasserstoffserien wird dadurch in eine Anzahl von *Komponenten* aufgelöst, deren Lage sowie Intensitäts- und Polarisationsverhältnisse auf Grund des *Bohrschen Korrespondenzprinzipes* (s. d.) in ausgezeichneter Übereinstimmung mit dem experimentellen Ergebnis vorausberechnet werden konnten. Das Gleiche gilt für das einfach positiv geladene Heliumatom.   *A. Smekal.*

Näheres s. Sommerfeld, Atombau und Spektrallinien. 3. Aufl. Braunschweig 1922.

Wasserstoffdublett s. Feinstrukturtheorie der Spektrallinien und Wasserstoffatommodell.

Wasserstoffmolekülmodell s. Molekülmodelle.

Wasserstoffspektrum und Quantentheorie s. Wasserstoffatommodell.

Wasserstoff-Strahlen s. H-Strahlen.

Wasserstoffthermometer s. Temperaturskalen.

Wasserstoffvoltameter. Während beim Knallgasvoltameter (s. d.) die Zersetzungsprodukte beider Elektroden gemeinsam aufgefangen werden, wird bei dem für schwächeren Strom bestimmten Wasserstoffvoltameter nur der durch die Elektrolyse gebildete Wasserstoff gemessen. Das Voltameter besitzt daher zwei Schenkel, einen geschlossenen und einen offenen, von denen jeder eine Elektrode enthält. In dem geschlossenen Schenkel wird der Wasserstoff aufgefangen, während der Sauerstoff aus dem offenen Schenkel entweicht. Das Volumen des Wasserstoffs wird durch Multiplikation mit 3/2 auf dasjenige des Knallgases reduziert und die Stromstärke dann mit der beim

Knallgasvoltameter angegebenen Formel berechnet. *W. Jaeger.*

Wasservoltameter. Bei diesem Voltameter (s. d.) wird die Menge des durch den Strom zersetzten Wassers mittels Wägung gemessen. Als Elektrolyt dient eine 10—20%ige Schwefelsäure zwischen blanken Platinelektroden bei etwa 4 Volt Spannung. Ein Ampere zersetzt in der Sekunde 0,0933 mg Wasser; die Genauigkeit beträgt nur einige Promille. S. auch Knallgas- und Wasserstoffvoltameter. *W. Jaeger.*

Wasserwage s. Libelle.

Wasserwellen s. Oberflächenwellen.

Wasserwert s. Mischungsmethode.

Wasserwiderstand s. Bewegungswiderstand.

Watt, Einheit des Energiestromes (der Leistung) vgl. Energiestrom.

Wattmeter. Ein Elektrodynamometer (s. d.), bei dem an die bewegliche Spule die Spannung gelegt ist, während die feste von dem Strom durchflossen wird. Es dient zur Leistungsmessung bei Gleich- und Wechselstrom, da es das Produkt aus Spannung und Stromstärke anzeigt. Bei Wechselstrom erhält man den zeitlichen Mittelwert aus Strom und Spannung; beträgt die Phasenverschiebung zwischen beiden 90°, so ist die Wirkung Null, da dann der zeitliche Mittelwert Null wird. Da in der Spannungsspule des Wattmeters ein dem Widerstand derselben entsprechender Strom fließt, so verbraucht das Instrument selbst eine Leistung, die von der gemessenen Leistung in Abzug gebracht werden muß; näheres s. Leistungsmessung. Durch besondere Kompensationswicklungen kann es aber erreicht werden, daß der Eigenverbrauch nicht berücksichtigt zu werden braucht. Die technischen Zeigerinstrumente sind ähnlich wie die dynamometrischen Strom- und Spannungsmesser gebaut und in der Regel für mehrere Meßbereiche eingerichtet. Bei Wechselstrommessungen erfordert auch die Induktivität der Spulen mitunter besondere Korrektionen. *W. Jaeger.*

Näheres s. Jaeger, Elektr. Meßtechnik. Leipzig 1917.

Wattstundenzähler s. Elektrizitätszähler.

Wattwage (Lord Kelvin). Dieser Apparat besteht aus zwei kombinierten Rayleighschen Stromwagen (s. d.), die auf beiden Seiten eines Wagebalkens angebracht sind. Der die beiden Spulen in entgegengesetzter Richtung durchfließende Strom wird durch vertikale, weiche Kupferbänder zugeführt. Die Einwirkung des Erdmagnetismus wird durch die entgegengesetzte Stromrichtung aufgehoben. Die festen Spulen werden so geschaltet, daß der Drehsinn auf die beweglichen Spulen der gleiche ist. Das auf den Wagebalken ausgeübte Drehmoment wird durch einen auf dem Balken verschiebbaren Reiter kompensiert, der auf einer Skala direkt die Leistung angibt. Wenn die festen Spulen an Spannung gelegt sind, während der Strom durch die beweglichen Spulen fließt, liefert das Instrument die Leistung. Natürlich kann es auch, wenn alle Spulen vom Strom durchflossen werden, als Strommesser gebraucht werden. Wegen der Korrektionen infolge des Eigenverbrauchs vgl. Wattmeter. *W. Jaeger.*

Weber, L., Milchglas- und Relativphotometer s. Universalphotometer.

Webersches Gesetz. Das Webersche Gesetz ist aus Untersuchungen über die „Unterschiedsschwelle" der Empfindung unter den verschiedenen Bedingungen der Reizung hervorgegangen und spricht es als eine für alle Sinnesgebiete zutreffende Gesetzmäßigkeit an, daß der eben merkliche Reizzuwuchs immer einen bestimmten Bruchteil des schon bestehenden Reizes darstelle, bzw. daß zwei Reize, welche eben noch (oder eben nicht mehr) als verschieden erkannt werden, immer in einem bestimmten, von der absoluten Reizstärke unabhängigen Verhältnis stehen, bzw. daß wir nicht die Differenz zweier Reize, sondern ihr Verhältnis auffassen. Die buchstäbliche Richtigkeit des Gesetzes vorausgesetzt, könnte die nach der Unterschiedsempfindlichkeit zu bemessende Leistungsfähigkeit eines Sinnesorganes für einen bestimmten Zustand seiner Adaptation durch jenes Verhältnis der beiden Reizstärken hiernach als hinreichend charakterisiert betrachtet werden. Freilich mehren sich zusehends die Stimmen, nach denen das Webersche Gesetz den Tatsachen nur in erster Annäherung gerecht wird und höchstens in einem (gelegentlich allerdings ziemlich breiten) Mittelbereich der Reizstärken strenge Gültigkeit besitzt. Einzelne Autoren gehen (ob mit Recht, bleibe dahingestellt) neuerdings so weit, ihm die Bedeutung einer Gesetzmäßigkeit eigener Art ganz abzusprechen und in ihm lediglich den Spezialfall anderer gesetzmäßiger Beziehungen zu sehen. *Dittler.*

Näheres s. Fechner, Elemente d. Psychophysik, 3. Aufl., S. 134 ff. Leipzig 1907.

Wechselströme. Als Wechselströme bezeichnet man Ströme, deren Stärke und Richtung sich periodisch mit der Zeit ändern; die Zeit T, nach deren Ablauf die Stromstärke den gleichen Wert, ihre Richtung den gleichen Sinn wieder annimmt, heißt die Periode oder Periodendauer (s. Fig. 1).

Fig. 1. Kurve eines mehrwelligen reinen Wechselstroms.

In der Regel hat man es in der Technik mit Wechselströmen zu tun, die die weitere Bedingung erfüllen, daß die während einer Periode übertragene Elektrizitätsmenge gleich Null ist; die Flächeninhalte der oberhalb und unterhalb der Zeitachse liegenden Stromkurven sind dann gleich, der Mittelwert der Augenblickswerte des Stromes während einer Periode ist Null. Derartige Ströme bezeichnet man als reine Wechselströme.

Die rechnerische Behandlung von Wechselstromproblemen kann in den meisten Fällen unter der Voraussetzung durchgeführt werden, daß die periodische Funktion, nach der die zeitliche Änderung des Stromes

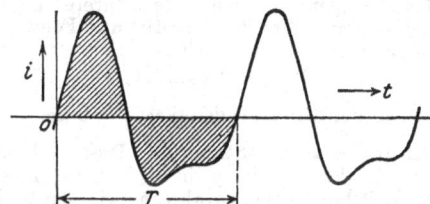

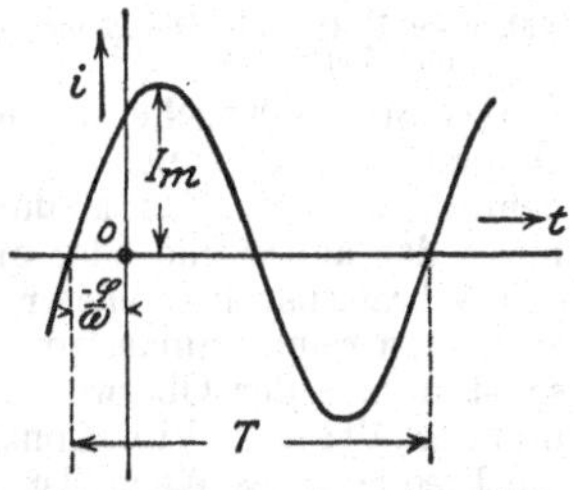

Fig. 2. Kurve eines einwelligen Wechselstroms.

erfolgt, die Sinusfunktion ist (einwellige Ströme). In Fig. 2 ist der Augenblickswert eines einwelligen Stromes als Ordinate, die Zeit als Abszisse aufgetragen. Der analytische Ausdruck für diese Kurve lautet

$$(1) \quad i = I_m \sin(\omega t + \varphi).$$

I_m nennt man den Höchstwert, Scheitelwert, oder die Amplitude des Stromes, t ist die Zeit; ω und φ sind Konstante, deren Bedeutung sich aus folgender Betrachtung ergibt: nach Ablauf der Periodendauer T muß i wieder gleiche Größe und Richtung wie am Anfang haben. Nach (1) ist das der Fall, wenn

$$\omega T = 2\pi \text{ oder}$$
$$\omega = \frac{2\pi}{T} \text{ ist.}$$

$\frac{1}{T}$, d. h. die Zahl der Perioden in der Sekunde, heißt die Frequenz; sie wird nach dem Vorschlage des AEF mit f (im Gegensatz zu der früheren Bezeichnungsweise n oder v) bezeichnet. Also

$$\frac{1}{T} = f, \text{ und}$$
$$\omega = 2\pi f.$$

Die Konstante ω wird die Kreisfrequenz genannt; sie ist die Zahl der Perioden in 2π Sekunden.

Der konstante Winkel φ hängt von der Wahl des Anfangspunktes für die Zeit ab. Zur Zeit

$$t = -\frac{\varphi}{\omega} = -\frac{\varphi}{2\pi} T$$

ist nach Gleichung (1) $i = 0$; i geht dabei von negativen Werten zu positiven über. φ nennt man den Phasenwinkel. Für die Betrachtung des zeitlichen Verlaufs von nur einem Strome kann man offenbar den Anfangspunkt der Zeit beliebig wählen; dagegen wird die Lage mehrerer Ströme zueinander durch ihre Phase bestimmt. Folgt z. B. ein zweiter Strom der Gleichung

$$(2) \quad i' = I_m \sin \omega t,$$

so erreicht der Strom (1) den Wert $i = 0$ um $\frac{\varphi}{\omega}$ Sekunden früher als der Strom (2). Dieser eilt dem ersten um den Winkel φ in der Phase nach; φ gibt die Phasenverschiebung zwischen beiden Strömen an.

Die vorstehenden Betrachtungen gelten sinngemäß für periodisch veränderliche Größe anderer Art, z. B. Wechselspannungen, Wechselfelder, Wechselflüsse.

Die in der Starkstromtechnik verwendeten Frequenzen liegen zwischen 40 und 60 für Licht- und Kraftanlagen; bei reinen Kraftanlagen, z. B. zum Betriebe elektrischer Bahnen, werden vielfach die Frequenzen 15, 16²/₃, 25 verwendet, weil die niedrigen Frequenzen für den Betrieb der Motoren günstiger sind. Höhere Frequenzen kommen nur bei Telephonströmen — bis 5000 — und in der drahtlosen Telegraphie mit einigen 100 000 Perioden in der Sekunde vor. *R. Schmidt.*

Näheres s. E. Orlich. Die Theorie der Wechselströme. Leipzig und Berlin 1912.

Wechselstrombrücke. Die Wheatstonesche Brücke (s. d.) kann auch zu Wechselstrommessungen benutzt werden. Als Meßinstrument dient dann meist das akustische oder optische Telephon oder das Vibrationsgalvanometer. Bei den Telephonen muß man reinen Sinusstrom verwenden, weil man sonst infolge der Oberwellen kein absolutes Minimum erhält; beim Vibrationsgalvanometer, das auf die Frequenz des Wechselstroms abgestimmt wird, ist kein reiner Sinusstrom erforderlich. Damit im Brückenzweig kein Strom fließt, sind bei Wechselstrom zwei Bedingungen gleichzeitig zu erfüllen, da nicht nur die Scheinwiderstände, sondern auch die Phasen der einzelnen Brückenzweige hierfür maßgebend sind. Werden die Zweige der Brücke (s.

Fig. 1 bei Wheatstonescher Brücke) mit 1, 2, 3, 4 bezeichnet, die Scheinwiderstände mit S, die Phasen mit φ, wobei der Brückenzweig durch einen entsprechenden Index gekennzeichnet wird, so ist die Nullbedingung erfüllt für $S_1 S_4 = S_2 S_3$ und $\varphi_1 + \varphi_4 = \varphi_2 + \varphi_3$. Das Meßinstrument ist mit g bezeichnet; der Strom wird bei A und B zugeleitet. Um die induktiven Einwirkungen der verschiedenen Brückenzweige aufeinander, und die Störungen, welche von den Erdkapazitäten herrühren, zu beseitigen, sind verschiedene Vorsichtsmaßregeln notwendig; s. hierüber Giebesche Brücke. Für bestimmte Zwecke werden auch noch andere Brückenanordnungen benutzt, wie z. B. bei der Methode von Anderson zur Vergleichung von Induktivität und Kapazität. Für die Technik werden besondere Brückenanordnungen gebaut (z. B. Kapazitätsbrücke von Seibt u. a.). *W. Jaeger.*

Näheres s. Jaeger, Elektr. Meßtechnik. Leipzig 1917.

Wechselstromgeneratoren. Die Technik unterscheidet zwischen synchronen und asynchronen Wechselstromerzeugern. Da erstere heute die weitaus wichtigste Gattung von elektrischen Energieerzeugern überhaupt sind, sollen sie im folgenden vornehmlich berücksichtigt werden; die Asynchrongeneratoren stellen z. Z. nur eine der verschiedenen Betriebsmöglichkeiten der asynchronen Drehfeldmaschine dar, deren weitaus wichtigeres Anwendungsgebiet im Motorbetrieb liegt (siehe unter „Asynchronmotoren").

Sieht man von den ersten, rein physikalischen Zwecken dienenden Versuchsapparaten, wie sie Faraday verwendete (siehe „Unipolarmaschinen"), ab, so ist der synchrone Wechselstromgenerator die älteste elektrische Maschine überhaupt, aus der erst durch Verwendung eines automatisch arbeitenden Umschalters (Kommutator!) die Gleichstrommaschine entstand (siehe „Kommutierende Gleichstromgeneratoren"). Die 1857 von Nollet und van Malderen für Leuchtfeuer mit Bogenlampe an der Kanalküste gebauten sog. „Alliance"-Maschinen unterschieden sich prinzipiell in keiner Weise von den auch heute noch üblichen, physikalischen Demonstrationsapparaten mit permanenten Magneten. Siemens Entdeckung des sog. dynamo-elektrischen Prinzips und die bessere Eignung des Gleichstroms für Bogenlicht und motorische Antriebe, die damals wichtigsten Verwendungen größerer elektrischer Energiemengen, bedingten die jahrzehntelange Bevorzugung des Baues von selbsterregenden, kommutierenden Gleichstromgeneratoren. Erst die Durchbildung der Theorie der Mehrphasensysteme bzw. der theoretische und praktische Nachweis ihrer unbedingten Überlegenheit über das Gleichstromsystem, sobald es sich um weitgehendste Energieverteilung handelt, brachten im letzten Jahrzehnt des 19. Jahrhunderts einen radikalen Umschwung, der rein praktisch entscheidend unterstützt wurde durch die ungefähr gleichzeitige Schaffung wirtschaftlich arbeitender Dampfturbinen. Die hohen Winkelgeschwindigkeiten, mit denen diese allein ökonomisch arbeiten können, steigern die Schwierigkeiten des Baues großer kommutierender Gleichstrommaschinen von vielen 1000 KW ganz unverhältnismäßig, während der Entwurf und Bau auch wesentlich größerer Wechselstromerzeuger Schwierigkeiten elektrotechnischer Art nur verhältnismäßig wenige bietet; die hervorragende Ingenieurleistung liegt hier mehr auf wärmetechnischem und rein maschinenbaulichem Gebiet. Generatorleistungen von 12000 kVA bei 3000 U.p.M. und 60000 kVA bei 1000 U.p.M. werden heute mit Sicherheit beherrscht und sind bereits überholt. Dampfturbine, evtl. in Zukunft Gasturbine, und Mehrphasengenerator ergänzen einander in glücklichster Weise und beginnen bereits in das zweite Hauptverwendungsgebiet der Großturbine, den Schiffsschraubenantrieb, erfolgreich einzudringen.

Als um das Jahr 1890 der mehrphasige Wechselstromerzeuger seinen Siegeslauf begann, besaß die Technik in den üblichen Wicklungssystemen für kommutierende Gleichstromgeneratoren (Trommelwicklungen) gleichzeitig brauchbare Wechselstromwicklungen, die für niedrige Spannungen noch heute verwendet werden. Erst das Bedürfnis, Wechselspannungen von mehreren KV unmittelbar im Generator erzeugen zu können, führte zu der Entwicklung der modernen Wickelsysteme. Eine normale Gleichstromtrommelwicklung (siehe „kommutierende Gleichstromgeneratoren"!) hat einen relativ niedrigen Spannungsfaktor (siehe „Klemmenspannung"), der sich zwar durch bestimmte Maßnahmen (Aufschneiden der Wicklung!) sehr wirksam erhöhen läßt, aber dann wiederum den isolationstechnischen Nachteil hat, daß ein bedeutender Teil der erzeugten Gesamtspannung zwischen unmittelbar benachbarten Wicklungsteilen auftritt. Diese sog. doppelt aufgeschnittenen Gleichstromwicklungen werden daher nur noch für Niederspannung von einigen 100 V verwendet, während für normale und höhere Spannungen die aus relativ wenigen Wickelelementen bestehenden sog. Spulenwicklungen unbedingt vorherrschen.

Eine weitere, sehr wesentliche, durch die übliche Wicklungsart und die hohen Spannungen bedingte Eigentümlichkeit des modernen Wechselstromerzeugers ist, daß er praktisch nie selbsterregend gebaut, sondern stets mit einer besonderen Erregermaschine ausgerüstet wird, die den zur Felderregung notwendigen Gleichstrom liefert. Die folgende Fig. 1 zeigt schematisch den Aufbau eines vierpoligen Dreiphasen-Turbogenerators.

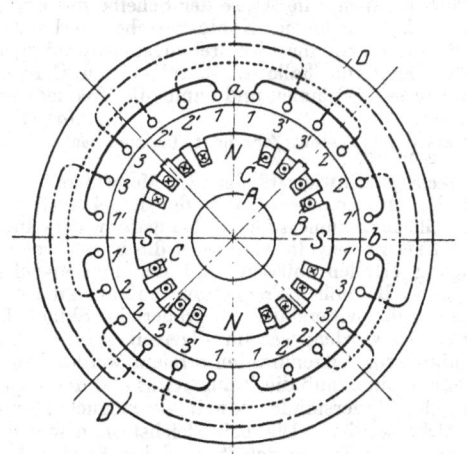

Aufbau eines vierpoligen Dreiphasen-Turbogenerators.

Der induzierende Teil (Feldmagnet, Läufer!) besteht aus einer aus hochwertigem Stahl gefertigten Volltrommel A, in die Nuten B gefräst sind, in denen die Erregerwicklung C liegt. Die Nuten werden durch Keile aus zäher Bronce geschlossen, die die Wicklung fest zusammenpressen und gegen die Wirkung der sehr hohen Zentrifugalkraft (Umfangsgeschwindigkeit > 100 m/sek!) schützen. Zwischen je zwei Spulenseiten bilden sich an den nicht genuteten Teilen des Trommelmantels und an den zwischen den Nuten stehengebliebenen Zähnen die induzierenden Pole aus.

Die induzierte, die elektrische Energie liefernde Wicklung liegt, ebenfalls in Nuten eingebettet, in dem in bekannter Weise aus dünnem Schmiedeeisenblech aufgebauten Ständer D. Der Einfachheit wegen sind im vorliegenden Schema die Nuten als runde Löcher dargestellt, und ihre Zahl ist auf 24 beschränkt, d. h. technisch gesprochen 2 Nuten pro Pol und Phase. In der Praxis werden nie weniger als 3, meistens mehr (4—6) vorgesehen aus magnetischen Gründen (Streuung!). Die in 2 um ungefähr eine Polteilung auseinander liegenden Nuten (z. B. a und b) eingebetteten Leiter (Stäbe!) können nach dem Induktionsgesetz hintereinander geschaltet werden wie in der Figur angedeutet. Nimmt man der Einfachheit wegen an, daß in jeder Nut nur 1 Stab liegt, was bei sehr großen Maschinen zutrifft, so entfallen im vorliegenden Fall auf Phase I 4 mit 1 und 4 mit 1' bezeichnete Stäbe, desgleichen auf Phase II bzw. III, die mit 2, 2', 3 und 3' bezeichneten. Die Stirnverbindungen der Phase I sind voll, der Phase II punktiert und der Phase III strichpunktiert angedeutet. Wie schon hiernach klar sein dürfte, ist der Wicklungsaufbau einer modernen Wechselstrommaschine von großer Einfachheit, die aber eine Grundforderung für den sicheren Betrieb großer Hochspannungsmaschinen ist, die nicht nur den elektrostatischen Wirkungen der hohen Spannungen, sondern auch den enormen mechanischen Beanspruchungen besonders der Stirnverbindungen bei gelegentlichen Kurzschlüssen standhalten müssen. Die nur bei Trommelmaschinen mögliche Verteilung der Erregerwicklung in mehrere Nuten pro Pol bringt den weiteren Vorteil, daß die Feldverteilung über dem Polbogen sich automatisch der erwünschten Sinusform nähert, die bei Maschinen der früheren Bauart mit ausgeprägten Polen wesentlich schwieriger zu erreichen ist.

Die im Ausland nicht seltenen Zweiphasenmaschinen sowie die für den Vollbahnbetrieb wichtigen Einphasengeneratoren unterscheiden sich in keiner Weise wesentlich von der beschriebenen dreiphasigen Ausführung.

Als Erregermaschine dient in der Regel ein unmittelbar gekuppelter, selbsterregender kleiner Gleichstromgenerator, bei dessen Entwurf nur die hohe Umdrehungszahl zu berücksichtigen ist. Die übliche Erregerspannung beträgt höchstens einige 100 Volt. *E. Rother.*

Näheres s. Pichelmayer, Wechselstromerzeuger.

Wechselstrom-Gleichstrom-Effekt. Ph. Lenard fand (1890), daß einige Metalle für Wechselstrom von höherer Frequenz einen kleineren Widerstand zeigen als für Gleichstrom. Der Effekt ließ sich am Wismut und in schwächerem Maße auch am Antimon und Tellur nachweisen. Ein dem Strom paralleles magnetisches Feld verstärkte (bei Wismut) diesen Unterschied, während ein dazu senkrechtes hin schwächte.

Die genauere Analyse der Vorgänge beim Wechselstrom zeigt, daß bei Wismut der Widerstand bei zunehmendem Strom kleiner, bei abnehmendem größer ist als bei konstantem Strom. Das Metall scheint also in der ersten Phase des Wechselstromes elektrische Energie aufzunehmen, die es in der

zweiten Phase wieder abgibt. Völlig geklärt ist jedoch der Vorgang noch nicht. *Hoffmann.*
Näheres s. K. Baedecker, Die elektrischen Erscheinungen in metallischen Leitern. Braunschweig 1911.

Wechselstromgrößen. Zwischen der Klemmenspannung v, dem Strome i und der Selbstinduktion L einer Spule vom Widerstande R besteht die Beziehung

$$v = R\,i + L\,\frac{di}{dt}.$$

Für eine einwellige Spannung erhält man durch Integration

$$v = R\,I_m \sin \omega t + \omega L\,I_m \sin \left(\omega t + \frac{\pi}{2}\right)$$
$$= V_m \sin (\omega t + \varphi).$$

Die Klemmenspannung v setzt sich aus 2 Komponenten zusammen, die erste in Phase mit dem Strom i, die zweite senkrecht dazu, um 90° voreilend.

Die Amplitude der Spannung ergibt sich zu

$$V_m = I_m\sqrt{R^2 + \omega^2 L^2},$$

und die Effektivwerte

$$V = I\sqrt{R^2 + \omega^2 L^2}.$$

Die Komponenten der Spannung $IR = V \cos \varphi$ und $I\omega L = V \sin \varphi$ heißen Wirkspannung bzw. Blindspannung (Reaktanzspannung) s. Fig. 1.

Die Phasenverschiebung φ zwischen Spannung und Strom ist gegeben durch tg $\varphi = \dfrac{\omega L}{R}$.

$\sqrt{R^2 + \omega^2 L^2}$ heißt Scheinwiderstand (Impedanz), R ist der Wirkwiderstand, ωL der induktive Blindwiderstand (Reaktanz).

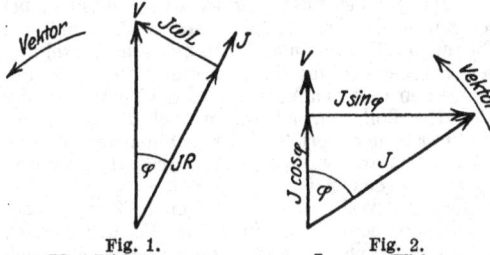

Fig. 1.   Fig. 2.
JR = Wirkspannung,   J cos φ = Wirkstrom,
JωL = Blindspannung.   J sin φ = Blindstrom.

Sind die Spannung V und der Wirk- und Blindwiderstand gegeben, so erhält man den Strom I aus

$$I = \frac{V}{\sqrt{R^2 + \omega^2 L^2}}.$$

Der reziproke Wert des Scheinwiderstandes heißt Scheinleitwert (Admittanz).

Ähnlich wie die Spannung oben kann nunmehr der Strom nach Figur 2 in zwei Komponenten zerlegt werden:

$$I \cos \varphi = \frac{V \cos \varphi}{\sqrt{R^2 + \omega^2 L^2}}$$

heißt der Wirkstrom,

$$I \sin \varphi = \frac{V \sin \varphi}{\sqrt{R^2 + \omega^2 L^2}}$$

der Blindstrom.

$$\frac{1}{\sqrt{R^2 + \omega^2 L^2}} \cos \varphi$$

bezeichnet man als Wirkleitwert (Konduktanz).

$$\frac{1}{\sqrt{R^2 + \omega^2 L^2}} \sin \varphi$$

als Blindleitwert (Suszeptanz).

Die Leistung ist $N = VI \cos \varphi$. Man nennt:

    VI die Scheinleistung,
    VI cos φ die Wirkleistung,
    VI sin φ die Blindleistung.

Bei Einschaltung einer Kapazität an Stelle der Induktivität gelten analoge Bezeichnungen, z. B. kapazitiver Blindwiderstand für den Ausdruck $\dfrac{1}{\omega C}$.   *R. Schmidt.*
Näheres s. A. Fraenkel, Theorie der Wechselströme. Berlin 1921.

Wechselstrominstrumente. Die zur Messung von Wechselstrom dienenden Instrumente können in solche eingeteilt werden, die auch für Gleichstrom benutzbar sind und daher auch im allgemeinen mit Gleichstrom geeicht werden können, wie die Elektrodynamometer, Wattmeter, die kalorischen Instrumente und andererseits solche, die nur auf Wechselstrom ansprechen, wie die Ferraris- und Induktionsinstrumente. Die Eichung der letzteren erfolgt in der Regel durch Instrumente der ersterwähnten Art. Näheres s. bei den einzelnen Artikeln.   *W. Jaeger.*
Näheres s. Jaeger, Elektr. Meßtechnik. Leipzig 1917.

Wechselstromsirene. Diese Vorrichtung dient zur Erzeugung nahe sinusförmigen Wechselstroms von einstellbarer Frequenz zu Meßzwecken. Sie besteht aus einer in Lagern drehbaren, durch einen Motor angetriebenen Scheibe, welche am Rande parallel zur Achse Eisenstücke in gleichen Abständen trägt, die bei der Drehung des Rades an den Polen eines Elektromagneten vorbeigeführt werden. Durch den hierbei periodisch veränderten Kraftlinienfluß im Eisen wird ein Wechselstrom in der Wicklung des Elektromagneten erzeugt. Nach diesem Prinzip werden jetzt auch große Maschinen (Hochfrequenzmaschinen) gebaut bis zu einer Frequenz von 1000/Sek. Wenn die Achse der Scheibe mit einem Zählwerk oder einem Kontaktmacher verbunden wird, kann man ihre Umdrehungsgeschwindigkeit — im letzteren Falle z. B. mit einem Chronographen — bestimmen und damit die Frequenz ermitteln.   *W. Jaeger.*
Näheres s. Dolezalek, Zeitschr. f. Instrumentenkunde 23. 240; 1908.

Wechselstromwiderstände. Zu Meßwiderständen bei Wechselstrom werden in der Regel auch wie bei Gleichstrommessungen Manganinwiderstände (s. d.) verwendet, die aber noch die besondere Bedingung erfüllen müssen, daß der Phasenwinkel klein ist. Bei hohen Frequenzen muß auch der den Ohmschen Widerstand vergrößernde Skineffekt vermieden werden, was im allgemeinen durch Anwendung von Litzendrähten erreicht werden kann. In erster Linie muß die Induktivität und die Kapazität des Widerstandes soweit als möglich herabgedrückt werden. Die bei Gleichstrommessungen benutzten bifilar gewickelten Widerstände haben zwar eine kleine Induktivität, aber ihre Kapazität ist erheblich. Daher werden andere Wicklungsmethoden für Wechselstromwiderstände benutzt. Bei kleinem Widerstandsbetrag ist besonders die Induktivität, bei großem die Kapazität wirksam. Die Kapazität wird durch die von Chaperon angegebene Wicklungsmethode erheblich herabgedrückt; dieses Verfahren besteht darin, daß eine gerade Anzahl unifilarer Lagen gewickelt wird, wobei der Wicklungssinn nach jeder Lage geändert wird. Um die Kapazität noch weiter herabzudrücken, wird die Wicklung aus kurzen Abteilungen zusammengesetzt (Wagner und Wertheimer). Eine andere Wicklungsart, bei der man den Abstand der Drahtstücke so wählen kann, daß Induktivität und Kapazität eine bestimmte Größe annehmen, ist von Orlich angegeben worden.

W. Jaeger.

Näheres s. z. B. Jaeger, Elektr. Meßtechnik. Leipzig 1917.

Wechselstromzähler s. Elektrizitätszähler.

Weglänge, molekulare s. Mittlere Weglänge.

Weicheiseninstrumente. Die Wirkung dieser meist zu Wechselstrommessungen benutzten Strommesser beruht darauf, daß ein Kern aus weichem Eisen in eine Spule, welche von dem zu messenden Strom durchflossen wird, hineingezogen wird. Die Gegenkraft wird durch ein Gewicht oder eine Feder gebildet; mit dem Kern ist direkt oder mit Übertragung ein Zeiger verbunden, welcher an einer geeichten Skala die Stromstärke anzeigt. Da bei einem Richtungswechsel des Stroms auch die Polarität des Eisens sich ändert, so bleibt die Kraftrichtung beim Stromwechsel ungeändert. Wegen der Hysteresis des Eisens ist die Einstellung aber von der Periodenzahl und auch von der Form der Stromkurve abhängig, so daß die Instrumente für genauere Messungen kaum benutzt werden. Gewöhnliche Nadelgalvanometer für Gleichstrom können in ähnlicher Weise Verwendung finden, wenn die Nadel unter 45° zur Windungsebene der Spule gestellt wird. *W. Jaeger.*

Weißvalenzen der homogenen Lichter s. Adaptation des Auges.

Weitwinkel-Objektive. Bei Aufnahmen, die einen sehr großen Bildwinkel erfordern, z. B. bei Innen-Aufnahmen, hat man sich der Weitwinkel-Objektive zu bedienen. Da die Größe des Bildwinkels und der Lichtstärke in einer gewissen gegensätzlichen Abhängigkeit stehen, besitzen diese Objektive meist eine geringere Lichtstärke. Als Vertreter seien hier genannt das Protar (C. Zeiß) mit der relativen Öffnung 1 : 18, das über einen Gesichtswinkel von über 110 Grad verfügt; ferner der Doppel-Anastigmat Hypergon (C. P. Goerz) mit der relativen Öffnung 1 : 22, der aus zwei halbkugelförmigen, sehr dünnen einfachen Linsen symmetrisch zusammengesetzt ist und in fast idealer Weise frei von Astigmatismus und Bildfeldkrümmung für den sehr großen Bildwinkel von etwa 140 Grad ist; dagegen ist eine Hebung der sphärischen und chromatischen Bildfehler nicht herbeigeführt.

W. Merté.

Wellenlänge (λ). In der Fortschreitungsrichtung von Wellen der doppelte Abstand zweier aufeinander folgender, im Ruhestand befindlicher Punkte oder die kürzeste Entfernung zwischen zwei Punkten gleicher Phase, ist gleich der Geschwindigkeit der Wellenausbreitung durch die Frequenz $= \frac{c}{n}$.

A. Meißner.

Wellenmesser. Ein auf verschiedene Frequenzen kontinuierlich einstellbarer und auf Wellenlängen geeichter schwach gedämpfter Resonator, der mit geringem Energieeigenverbrauch erregt wird und durch ein Hitzdraht-Instrument (Heliumröhre oder Detektor) die Resonanzabstimmung anzeigt. Die gesuchte Welle wird dann entweder direkt oder in Eichkurven abgelesen. Der ganze Wellenbereich (meist 100 bis 20 000 m) wird überbrückt durch

einen Drehkondensator und Stufenspulen (Dönitz-Wellenmesser). *A. Meißner.*

Wellenmesser. Diese hauptsächlich bei Messungen auf dem Gebiete der Hochfrequenz benutzten Apparate bestehen im wesentlichen aus einem Resonanzkreis, der durch eine Induktivität und Kapazität (Kondensator) gebildet wird. Von diesen ist die eine, meist der Kondensator, stetig variabel (Drehkondensator), während die andere stufenweise gestaffelt ist und zur Erzielung mehrerer Meßbereiche ausgewechselt wird; der Drehkondensator besitzt meist eine gleichmäßige Teilung und außerdem Teilungen direkt in Wellenlängen für die verschiedenen Meßbereiche, welche sich durch die auswechselbaren Induktionsspulen ergeben. Induktivität und Kapazität bilden einen Schwingungskreis von bestimmter Eigenfrequenz bzw. Wellenlänge, die sich nach der Formel $\lambda = 2\pi c \sqrt{LC} = 1{,}885 \times 10^9 \sqrt{LC}$ berechnet, worin λ die Wellenlänge in m, c die Lichtgeschwindigkeit in m, L und C die Induktivität und Kapazität in Henry und Farad bedeuten. Bei Einstellung des Schwingungskreises auf die zu messende Welle (Resonanz) ist die Amplitude der Schwingungen am größten; das Eintreten der Resonanz wird mit Hilfe eines aperiodischen Detekorkreises, der mit Telephon oder Galvanometer verbunden ist, oder durch einen Barettor bzw. eine Neonröhre usw. erkannt (vgl. drahtlose Telegraphie). Die käuflichen Wellenmesser sind meist auch mit einem Summer ausgestattet, durch den man den Schwingungskreis erregen kann, so daß man mit Hilfe des Wellenmessers auch imstande ist, bei anderen Schwingungskreisen eine gewünschte Wellenlänge einzustellen. Die Apparate werden in der Physikalisch-Technischen Reichsanstalt geeicht. *W. Jaeger.*

Wellenwiderstand s. Schiffswiderstand.

Wendepolmaschinen s. Kommutierung.

Wendespannung s. Kommutierung.

Wenigerdrehung s. Multirotation.

Westonelement. Das von Weston in Newark angegebene, analog dem Clarkelement zusammengesetzte Kadmiumelement ist dasjenige Normalelement (s. d.), das jetzt fast ausschließlich als Spannungsnormal bei elektrischen Messungen gebraucht wird. Zusammen mit den Normalwiderständen aus Manganin bildet es die praktische Grundlage, auf welche die meisten elektrischen Messungen zurückgeführt werden. Über seine Zusammensetzung siehe unter „Normalelement". Es sind zwei verschiedene Arten von Elementen im Gebrauch: das in seiner Zusammensetzung von der Physikalisch-Technischen Reichsanstalt angegebene, international als Spannungsnormal angenommene, eigentliche Normalelement mit gesättigter Lösung von Kadmiumsulfat und einem Überschuß von Kristallen des Hydrats dieses Salzes und die von der Weston-Co. als Gebrauchselement ausgegebene Form mit einer bei etwa 4° C gesättigten Lösung ohne feste Kristalle. Dieses Element ist nicht reproduzierbar; seine EMK wird durch Vergleich mit den Normalelementen festgestellt; es hat aber den Vorteil, daß seine EMK fast völlig unabhängig von der Temperatur ist, während beim Normalelement eine, wenn auch kleine Temperaturabhängigkeit vorhanden ist. Für das Normalelement ist international der Wert 1,0183 int. Volt bei 20° C angenommen worden; die Änderung der Spannung beträgt bei 20° für 1° Temperaturzunahme $-0{,}0000406$ Volt. Das Element mit ungesättigter

Lösung hat etwa den Wert 1,0187 int. Volt. Die Elemente werden in der Physikalisch-Technischen Reichsanstalt geeicht.   *W. Jaeger.*
Näheres s. Jaeger, Elektr. Meßtechnik. Leipzig 1917.

Westonzeiger s. Drehspulgalvanometer

Wetter. Unter Wetter versteht man die Gesamtheit aller meteorologischen Elemente zu einer bestimmten Zeit an einem bestimmten Ort, die nur selten längere Zeit hindurch konstant bleibt, vielmehr meist einem starken zeitlichen Wechsel unterworfen ist.

Zum Verständnis der Witterungsvorgänge bedient man sich synoptischer Kartendarstellungen, der sog. Wetterkarten, auf denen für eine bestimmte Tagesstunde in (Deutschland meist 7 a) die Werte der wichtigsten meteorologischen Elemente durch Zahlen oder Zeichen (s. Meteorologie) für eine genügende Anzahl von Stationen eingetragen sind. Durch Konstruktion von Isobaren (s. diese) gelingt es, die Beziehungen der anderen meteorologischen Elemente (s. Meteorologie) zur Luftdruckverteilung zu ermitteln. Als Ergänzung der eigentlichen Wetterkarten entwirft man auch mitunter Karten der Luftdruckverteilung in höheren Niveaus, die einen genaueren Einblick in die Dynamik der Luftbewegungen ermöglichen. Die Änderung des Wetters ist in der Regel die Folge einer Verschiebung der Luftdruckverteilung und hängt daher mit der Ortsveränderung der Zyklonen (s. diese) eng zusammen. Besonders kräftig ausgeprägte und beständige Tiefdruck- und Hochdruckgebiete, die mit der allgemeinen Zirkulation der Atmosphäre (s. Wind) in näherer Beziehung stehen und daher Aktionszentren der Atmosphäre genannt werden, sind für den Charakter der Witterung von hervorragender Bedeutung. Für Europa kommen in diesem Sinne in Betracht 1. das ständige Hochdruckgebiet bei den Azoren und Madeira (Azoren-Maximum), 2. das große beständige Tiefdruckgebiet über dem Nordatlantischen Ozean (Isländisches Minimum), 3. das umfangreiche winterliche Hochdruckgebiet Inner-Asiens, das einen Ausläufer nach Mitteleuropa verschiebt und mitunter über die Iberische Halbinsel hinweg mit dem Azoren-Maximum in Verbindung tritt; im Sommer wird es durch das südasiatische Minimum abgelöst, das seinen Einfluß ebenfalls bis nach Osteuropa ausdehnt. Die Energie zur Unterhaltung der Aktionszentra liefert die in den tropischen Gegenden in erhöhtem Maße zugeführte und durch Zirkulation in der Atmosphäre und den Meeren verbreitete Sonnenwirkung gegenüber der Vereisung der polaren Gegenden, insbesondere der höher gelegenen Landflächen Grönlands. Je nach dem Übergewicht, das eines dieser Haupt-Aktionszentren über Europa gewinnt, und nach dem davon abhängigen Charakter des Wetters über große Teile Europas unterscheidet man verschiedene Wettertypen. Die Hochdruckgebiete, die in der Regel ihre Lage langsam ändern und daher das stabile Element unter den Wetterfaktoren sind, lassen die für die Wettervorhersage so wichtige Tendenz zur Erhaltung des jeweiligen Witterungscharakters stärker hervortreten, als die Zyklonen, die das variable Element in der Luftdruckverteilung bilden.

Eine der wichtigsten Aufgaben der Wetterprognose ist es deshalb im voraus den Weg zu ermitteln, auf dem das, die jeweilige Wetterlage beherrschende Minimum wahrscheinlich fortschreiten wird. Die Erfahrung hat nun gezeigt, daß die Zyklonen besonders häufig gewisse Hauptbahnen, die Zugstraßen der Minima bevorzugen. Nur eine langjährige praktische Erfahrung ermöglicht es dem Meteorologen, aus den Wetterkarten, lokalen Beobachtungen, Vergleichung mit früheren ähnlichen Wetterlagen, bestimmten empirischen Regeln usw. eine wissenschaftlich begründete Wetterprognose aufzustellen. Als wichtige Hilfsmittel für dieselbe kommen neuerdings aerologische Beobachtungen, Konstruktionen von Stromlinien, die den augenblicklichen Zustand der Luftbewegung darstellen, sowie der von diesen verschiedenen wirklichen Luftbahnen oder Strömungslinien (Trajektorien) der Luft, ferner Karten der Isallobaren (Linien gleicher Luftdruckänderung innerhalb eines bestimmten Zeitintervalles) und manche andere Methoden in Betracht, die zum Teil gegenwärtig noch in der Entwicklung begriffen sind.

Die Vorhersage des Wetters gründet sich im allgemeinen auf die Vorausbestimmung der Luftdruckverteilung für den folgenden Tag, doch ist es in besonderen Fällen möglich, auch für spätere Termine, sowie für längere Zeiträume Prognosen aufzustellen.

Die Wettervorhersage ist bei allen Kulturvölkern in dem Wetterdienst staatlich organisiert. Die Einzelbeobachtungen werden telegraphisch, unter Benutzung eines internationalen Telegraphen-Schlüssels, einer Zentralstelle übermittelt, welche mit denen der Nachbarländer in Austauschverkehr steht und durch Sammeltelegramme das Material an die einzelnen Wetterdienststellen weitergibt, die unter Zuhilfenahme lokaler Beobachtungen für ihren Bezirk die Prognose aufstellen und verbreiten. Fernsprecher und Funkentelegraphie werden in ständig steigendem Maße für Zwecke des Wetterdienstes nutzbar gemacht.

Die Prognosen werden nach sorgfältig ausgearbeiteten Methoden einer Kritik unterworfen, die bei gut geleiteten Wetterdienststellen im Mittel 80 bis 85% Treffer ergeben hat.

Bei der großen Bedeutung des Wetters für zahlreiche Zweige des praktischen Lebens hat es nicht an Versuchen gefehlt, es künstlich zu beeinflussen. Hauptsächlich handelt es sich dabei um die willkürliche Erzeugung von Regen durch verschiedene Methoden und um die Verhinderung von Hagel durch Emporschießen von Luft-Wirbelringen aus Böllern in die Hagelwolken (Hagelschießen). Einwandfreie Resultate sind dabei bisher nicht erzielt worden.   *O. Baschin.*
Näheres s. A. Defant, Wetter und Wettervorhersage. 1918.

Wheatstonesche Brücke. Diese Brücke findet mannigfache Anwendung in der elektrischen Meßtechnik, sowohl bei Gleichstrom-, wie bei Wechselstrommessungen (s. Wechselstrombrücke). Sie besteht aus vier hintereinander verbundenen Widerständen R_1, R_2, R_3, R_4 der Zweige 1, 2, 3, 4 (Fig. 1). Bei A und B wird der Meßstrom zugeleitet, g bedeutet das Galvanometer. Das Meßinstrument im

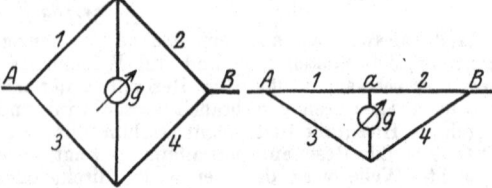

Fig. 1 und 2. Schaltungsschemata der Wheatstoneschen Brücke.

Brückenzweig wird stromlos, wenn für die Widerstände das Verhältnis besteht $R_1 : R_2 = R_3 : R_4$. Die Empfindlichkeit der Brücke ist proportional der Strombelastung des zu messenden Widerstandes und hängt außerdem ab von den Widerstandsverhältnissen der Zweige 1, 2 und 3, 4, sowie von dem Widerstandsverhältnis des Brückenzweiges zu dem zu messenden Widerstand. Für jede Brückenanordnung gibt es eine günstigste Schaltungsweise des Galvanometers. Für die Technik sind im Handel Brückenanordnungen zu beziehen, die eine bequeme Messung gestatten. In einfachster Weise können zwei Zweige, z. B. 1 und 2 in Fig. 2, als Schleifdraht AB ausgebildet sein (s. auch Walzenbrücke), auf dem ein Kontakt verschiebbar ist; der Draht muß dann mit Hilfe bekannter Widerstände kalibriert werden; die Stellung des Kontakts wird an einer Skala abgelesen, die entweder gleichmäßig geteilt ist oder derart, daß man direkt das Widerstandsverhältnis ablesen kann.

W. Jaeger.

Näheres s. Jaeger, Elektr. Meßtechnik. Leipzig 1917.

Wheatstone Schnelltelegraphie. Eine von Wheatstone angegebene Vorrichtung, zur Betätigung der Telegraphentaste auf maschinellem Wege, mittels deren die Telegraphiergeschwindigkeit weit über das mit Handbetätigung erreichbare Tempo bis zu vielen Hunderten von Worten in der Minute gesteigert werden kann. *A. Esau.*

Widerstand, dielektrischer. Die Gesetze verschiedener Teile eines Gebietes sucht man aus formalen Gründen möglichst ähnlich zu gestalten. So wird auch dem für Leiter gültigen Ohmschen Gesetz ein solches für Dielektrika gegenübergestellt. Ebenso wie der Ohmsche Widerstand eines Leiters proportional der Länge, umgekehrt proportional dem Querschnitt und einer Materialkonstante gesetzt wird, wird der dielektrische Widerstand folgendermaßen definiert: $W = l/\varepsilon S$, wo l wieder die Länge und S den Querschnitt bedeuten. Aber an Stelle des elektrischen Leitvermögens ist die Dielektrizitätskonstante ε getreten. Aus diesem Grunde wird sie mitunter auch dielektrisches Leitvermögen genannt. *R. Jaeger.*

Widerstand, magnetischer. Wie der in elektrischen Leitern fließende Strom nach dem Ohmschen Gesetz als Quotient von Spannung und elektrischem Widerstand ermittelt werden kann, so gelingt es auch angenähert, nach einem verallgemeinerten Ohmschen Gesetz den im magnetischen Kreis vorhandenen Kraftlinienfluß als Quotient der magnetomotorischen Kraft (Anzahl der Amperewindungen, „Durchflutung") und des magnetischen Widerstands zu berechnen. Dieser ist proportional der Länge und umgekehrt proportional dem Querschnitt und der Permeabilität des Materials; die letztere muß man, da sie sich mit der Induktion ändert, einer schon vorher aufgenommenen Permeabilitätskurve entnehmen. Hat man es mit magnetischen Kreisen aus verschiedenen Bestandteilen zu tun, also z. B. mit Eisenteilen verschiedener Beschaffenheit und verschiedenen Querschnitts, die gegebenenfalls auch noch durch Luftschlitze unterbrochen sein können, wie etwa bei der Dynamomaschine, so tritt an Stelle des einfachen Widerstandes die Summe der magnetischen Widerstände der einzelnen Teile. Diese Methode der Vorausberechnung des Kraftlinienflusses mit Hilfe des Widerstandes ist nicht genau, da sie die Streuung nicht berücksichtigt, gibt aber noch die Möglichkeit zur überschläglichen Berech-

nung der elektromagnetischen Apparate und Maschinen. *Gumlich.*

Widerstandsthermometer. Das Widerstandsthermometer beruht auf der Erscheinung, daß der elektrische Widerstand eines Metalldrahtes mit der Temperatur wächst. Bei den meisten reinen Metallen beträgt die Widerstandszunahme für 1^0 C etwa $^4/_{1000}$ des Widerstandes von 0^0, so daß ein Draht bei 250^0 etwa den doppelten Widerstand besitzt wie bei 0^0. Kennt man umgekehrt das Verhältnis des Widerstandes eines Drahtes zu seinem Widerstand bei 0^0, so kann man hieraus die Temperatur des Drahtes errechnen.

Man könnte also grundsätzlich jeden beliebigen Draht zur Herstellung eines Widerstandsthermometers benutzen. Am besten eignet sich indessen für diesen Zweck das Platin, weil es sich an der Luft nicht verändert und einen sehr hohen Schmelzpunkt hat. Ein besonderer Vorteil des Platins ist es, daß sein Widerstand oberhalb $- 40^0$ streng durch eine quadratische Formel darstellen läßt. Man erzielt also eine praktisch vollkommene Übereinstimmung verschiedener Platinthermometer untereinander und mit dem Gasthermometer, bzw. der thermodynamischen Skale (s. den Artikel Temperaturskalen), wenn man die Platinthermometer an drei Punkten eicht. Zwei dieser Eichpunkte sind wie bei Quecksilberthermometern der Eisschmelzpunkt (R_0) und der Wassersiedepunkt (R_{100}); irgend einem gemessenen Widerstande R entspricht dann analog wie beim Quecksilber- und Gasthermometer die Platintemperatur

$$t_p = 100 \frac{R - R_0}{R_{100} - R_0},$$

woraus sich die Temperatur t selbst als

$$t = t_p + \delta \left[\left(\frac{t}{100} \right)^2 - \left(\frac{t}{100} \right) \right]$$

berechnet. Die Konstante δ wird durch Beobachtung des Widerstandes beim dritten Eichpunkt, meist dem Schwefelsiedepunkt, oder auch dem Siedepunkt des Naphthalins oder Benzophenons oder endlich dem Schmelzpunkte von Zinn oder Cadmium oder Zink ermittelt (vgl. den Artikel Temperaturskalen).

Vor dem Gebrauch müssen die Widerstände ebenso wie Quecksilberthermometer gealtert werden (s. den Artikel Glas für thermometrische Zwecke), um spätere störende Änderungen zu vermeiden. Bei der hierfür notwendigen Erwärmung geht man zweckmäßigerweise nicht über die Grenze von 900 bis 1000^0 hinaus, um die Zerstäubung und Rekristallisation der Drähte zu vermeiden, womit auch eine Abnahme des Widerstandskoeffizienten $a = (R_{100} - R_0)/100 R_0$ verbunden wäre. Viel stärker als von der Anlaßtemperatur hängt jedoch der Wert a von der chemischen Reinheit des Platins ab; als Maximum ist bisher $a = 0,003\,92$ für das ausgeglühte Metall beobachtet, dem etwa 1,49 für δ entspricht. Mit zunehmender Unreinheit und Härte des Metalls fällt der Wert von a, während δ zunimmt. Sinkt der Wert von a unter 0,00388 oder wächst δ über 1,52, so ist der betreffende Platindraht für die Zwecke der Normalthermometrie unbrauchbar.

Eine für wissenschaftliche Zwecke geeignete Form des Platinthermometers ist in Fig. 1 dargestellt. Ein dünner Platindraht (etwa 0,1 mm Durchmesser) von etwa 10 Ohm Widerstand ist ohne mechanische Spannung auf ein gezahntes Glimmer- oder Porzellankreuz aufgewickelt; über das Ganze ist ein

passend langes Schutzrohr aus Glas, für höhere
Temperaturen aus Porzellan geschoben, das auch
die durch übergesteckte Glimmerscheiben voneinander isolierten Stromzuführungsdrähte aufnimmt. Die Zuführungsdrähte endigen im Kopf
des Thermometers in Anschlußklemmen. Ein solches Platinthermometer hat, wie man erkennt,
äußerlich eine gewisse Ähnlichkeit mit dem Quecksilberthermometer und läßt sich ebenso wie dieses
handhaben. Ein Unterschied besteht nur insofern,
als man am Quecksilberthermometer die Temperatur unmittelbar ablesen kann, während das Widerstandsthermometer die Verwendung besonderer
Meßinstrumente (Galvanometer, Widerstandskästen

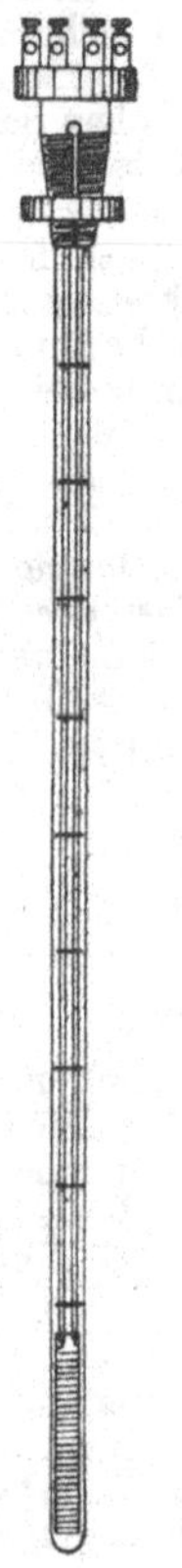

Fig. 1. Platin-
Widerstandsthermometer.

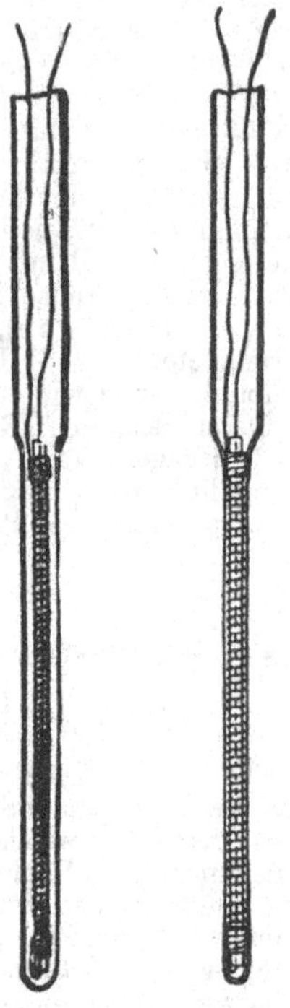

Fig. 2. Platinwiderstandsthermometer von Heraeus
aus Quarzglas.
a während der Herstellung,
b im fertigen Zustande.

u. a. m.) und zur Erzielung größerer Genauigkeit
einige Berechnungen erforderlich macht.

Ähnlich wie beim Quecksilberthermometer der
herausragende Faden (s. d.), würde bei dem
Platinthermometer der mit der Umgebungstemperatur veränderliche Widerstand der Zuleitungsdrähte, der sich zu dem Meßwiderstand addiert,
eine Quelle der Unsicherheit für die Temperaturmessung bedeuten. Man kann diese Fehlerquelle
dadurch vermeiden, daß man statt zweier Zuführ-
rungsdrähte deren vier verwendet und dann ein
besonderes Verfahren der Widerstandsmessung, die
Kompensationsmethode (s. d.) benutzt; nach
dieser Methode fallen die Widerstände der Zuführungsdrähte ganz heraus und nur noch der
Widerstand der Platindrahtspule tritt bei der
Messung in die Erscheinung. Diese völlige Ver-

meidung der Fehlerquelle des herausragenden Fadens
macht das Widerstandsthermometer dem Quecksilberthermometer überlegen.

Für technische Zwecke stellt die Firma W. C.
Heraeus in Hanau ein Platin-Widerstandsthermo-
meter in folgender Weise her. Auf ein etwa 6 cm
langes und 4 mm dickes Stäbchen aus Quarzglas
wird ein Draht aus reinem Platin in Spiralwindungen
aufgewickelt. Dann wird das Stäbchen in ein dünnwandiges Quarzglasröhrchen eingeschoben (Fig. 2 a)
und endlich dieses auf das Stäbchen aufgeschmolzen
(Fig. 2 b), so daß der Widerstandsdraht in das Quarzglas eingebettet nahe der Oberfläche zu liegen
kommt. Solche Thermometer nehmen die Temperatur der Umgebung sehr schnell an und vertragen
dank der bekannten Eigenschaften des Quarzglases
schroffe Temperaturwechsel. In der beschriebenen
Form ist das Quarzglas-Widerstandsthermometer
bis 900° brauchbar. — Zum Gebrauch in technischen
Betrieben wird dem Thermometer eine Meßanordnung beigegeben, welche in einfacher Weise statt
des Widerstandes unmittelbar die Temperatur abzulesen gestattet. An die Meßvorrichtungen können
mehrere Thermometer gleichzeitig angeschlossen
werden und durch Betätigung eines Umschalters
schnell hintereinander abgelesen werden.

In tiefer Temperatur, und zwar von etwa — 40°
an abwärts, verliert die quadratische Beziehung
zwischen Temperatur und Widerstand für das
Platinthermometer ihre Gültigkeit. Von hier an bis
jenseits der Temperatur der flüssigen Luft (— 193°)
sind die aus der quadratischen Formel gefolgerten
Temperaturen zu niedrig; der Unterschied wächst
mit abnehmender Temperatur beschleunigt und beträgt bei — 190° etwa 2°. Es ist bisher nicht gelungen, in diesem Bereich die quadratische Beziehung
durch einen anderen einfachen Ausdruck zu ersetzen, der zur Interpolation dienen könnte. Begnügt man sich mit einer Genauigkeit von $^1/_4$°, so
darf man eine Formel zweiten Grades verwenden,
deren Konstanten dadurch bestimmt werden, daß
man das Thermometer bei 0°, bei der Temperatur
der festen Kohlensäure (— 78°) und bei der Temperatur der flüssigen Luft (— 193°) eicht. — Für
genauere Untersuchungen muß man für die Eichung
des Platinwiderstandsthermometers die Hilfe der
Physikalisch-Technischen Reichsanstalt in Anspruch
nehmen, wo Platinthermometer, die sie jetzt als
Normale benutzt, mit dem Wasserstoffthermometer
konstanten Volumens direkt verglichen worden sind.
— In dem Bereich sehr tiefer Temperaturen herrschen noch große Unsicherheiten.

Für Blei liegt der Wendepunkt der Widerstandskurve, jenseits dessen die Extrapolation einer für
höhere Temperaturen gültigen Formel großen
Fehlern ausgesetzt ist, erheblich tiefer als für Platin
(— 40° vgl. oben). Auf diesen Vorzug fußend, hat
Nernst vorgeschlagen, für sehr tiefe Temperaturen
Thermometer aus Blei zu verwenden. Für reines
Blei ist zwischen 0° und 100° $\alpha = 0,004\,22$; sein
spezifischer Widerstand ist etwa doppelt so groß
wie derjenige des Platins. Es läßt sich aber nicht
in sehr dünne Drähte ausziehen: man verwendet
solche von 1 mm Durchmesser und erhält dann bei
50 cm Länge einen Widerstand von 0,15 Ohm bis 0°.
Die größere Dicke des Drahtes gestattet aber auch
eine stärkere Strombelastung, so daß die Messung
genau genug durchgeführt werden kann. Einige
Messungen Hennings, die sich von — 253° bis
hinauf zu + 100° erstreckten, zeigten, daß das Blei-
thermometer zwar an Zuverlässigkeit dem Platin-

thermometer deutlich nachsteht, daß es aber, wenn man von der ersten Erwärmung bzw. Abkühlung auf die extremste Temperatur absieht, auf einige hundertstel Grade sicher ist. *Scheel.*

Näheres s. Henning, Temperaturmessung. Braunschweig 1915.

Wiederkehreinwand s. Umkehreinwand.

Wiederkehrzeit s. Umkehreinwand.

Wiedervereinigung von Ionen, Wiedervereinigungskoeffizient. Sind in der Luft n Ionenpaare pro ccm vorhanden, und werden pro Sekunde im ccm q Ionenpaare frisch erzeugt (q heißt dann „Ionisierungsstärke"), so würde die Zahl der Ionen ins Ungemessene wachsen, wenn nicht die Tendenz jedes Ions, mit einem Ion des entgegengesetzten Vorzeichens sich zu einem elektrisch neutralen Komplex zu vereinigen, die Zahl der Ionen vermindern würde. Die Wahrscheinlichkeit dieser „Wiedervereinigung" für jedes einzelne Ion wächst proportional mit der Zahl der vorhandenen, entgegengesetzt geladenen Ionen. Sind n Ionen jedes Vorzeichens vorhanden, so muß die Zahl der durch Wiedervereinigung pro Sekunde verschwindenden Ionen somit proportional n^2 sein. Der Proportionalitätsfaktor a heißt „Wiedervereinigungskoeffizient" oder „Molisierungskoeffizient". Die Grundgleichung über die Änderung der Ionenzahl eines Gases läßt sich dann so formulieren, daß die Zunahme der Ionenzahl pro Sekunde gleich sein muß der Zahl der pro Sekunde frisch gebildeten Ionen weniger der Zahl der pro Sekunde durch Rekombination verschwindenden Ionen: $dn/dt = q - a \cdot n^2$. Sobald der stationäre Zustand erreicht ist, gilt dann $q = a \cdot n^2$. Da man praktisch nie die Ionenzahl selbst, sondern nur die an ihr haftende Ladung $n \cdot e$ beobachten kann, gilt für die experimentelle Bestimmung des Wiedervereinigungskoeffizienten a eigentlich die Gleichung $\frac{d(n \cdot e)}{dt} =$

$q \cdot e - \frac{a}{e} \cdot (ne)^2$. Man erhält also direkt den Quotienten a/e und so sieht man, daß bei Angabe des Wiedervereinigungskoeffizienten ein bestimmter Wert des Elementarquantums zugrundegelegt werden muß. Bei den weiter unten folgenden numerischen Werten ist $e = 4,8 \cdot 10^{-10}$ elektrostatische Einheiten angenommen (Millikans Wert). Die Versuche im Laboratorium werden gewöhnlich in der Weise ausgeführt, daß man in einem Zylinderkondensator Luft durchsaugt, die außerhalb z. B. in einem Vorsteckrohre künstlich ionisiert wurde und den Ionengehalt bei Variation der Entfernung vom Präparat mißt. Im Kondensator ist dann q praktisch gleich Null zu setzen und es gilt $dn/dt = -a \cdot n^2$. Nach dieser und ähnlichen Methoden ergaben sich für trockene, reine (staubfreie) Luft Werte des Wiedervereinigungskoeffizienten zwischen 1,5 und $2,0 \cdot 10^{-6}$. Für freie atmosphärische Luft wurden mehrfach höhere Werte erhalten. So fand A. Schuster $a = 3$ bis $4 \cdot 10^{-6}$, Mache und Rimmer $2,9 \cdot 10^{-6}$, Nur Kohlrausch fand auch in Freiluft Werte von etwa $a = 1,7 \cdot 10^{-6}$. Diese Erhöhung der Wiedervereinigung ist der Anwesenheit von größeren Zahlen von schwerbeweglichen („Langevin"-) Ionen und Staubkernen, Kondensationsprodukten und dgl. zuzuschreiben: sind solche neben den gewöhnlichen Molionen in der Luft anwesend, so muß zwischen diesen und den schwerbeweglichen Ionen sowie zwischen Molionen und ungeladenen Kernen eben-

falls eine Wiedervereinigung stattfinden. Nennt man die Zahl der im ccm anwesenden Langevin-Ionen samt sonstigen Kernen N, so kann man unter Einführung eines Rekombinationskoeffizienten zwischen diesen und den Molionen die Grundgleichung exakter in der erweiterten Form

$$dn/dt = q - a \cdot n^2 - \gamma \cdot n \cdot N$$

anschreiben. Für den stationären Zustand ist dann $q = (a \cdot n + \gamma \cdot N)n = \beta \cdot n$ (Schweidler), d. h. man kann in mit Adsorptionskernen erfüllter Luft die Zahl der pro Zeiteinheit verschwindenden Ionen mit genügender Genauigkeit der Ionenzahl selbst (nicht wie gewöhnlich dem Quadrat) proportional ansetzen. Schweidler nennt β die „Verschwindungskonstante". Bei sehr kleiner Ionisierungsstärke q, wie sie bei der natürlichen Ionisation in geschlossenen Gefäßen realisiert ist, kann nämlich $a \cdot n$ immer als sehr klein gegen $\gamma \cdot N$, somit β als nahezu konstant angesehen werden. Schweidler findet nach einer speziell ausgearbeiteten Methode in normaler Freiluft für β Werte von 16 bis $22 \cdot 10^{-3}$. Der „scheinbare" Wiedervereinigungskoeffizient a' ergibt sich entsprechend seiner Abhängigkeit von der Ionenzahl $(a' = \beta/n)$ ungefähr tausendfach kleiner, also von der Größenordnung $2 \cdot 10^{-5}$. Dieser Wert ist um eine Zehnerpotenz höher als die bisher angenommenen, oben angegebenen Werte des Wiedervereinigungskoeffizienten. Die Schweidlerschen Messungen, welche die Wiedervereinigung bei Anwesenheit schwerer Ionen und Staubteilchen berücksichtigen, sind für Freiluft (d. h. nicht gereinigte Luft) als die einzigen zuverlässigen zu betrachten. Durch sie ist auch das bisher bestehende Mißverhältnis zwischen den in Freiluft beobachteten Größen der Ionisierungsstärke und des Ionengehalts im Prinzip aufgeklärt (s. a. Elektrizitätsleitung in Gasen). *V. F. Hess.*

Näheres s. E. v. Schweidler und K. W. F. Kohlrausch, Atmosphärische Elektrizität in L. Grätz, Handb. d. Elektr. u. d. Magnetism. Bd. III. 1915.

Wiensches Strahlungsgesetz s. Strahlungsgesetze.

Wiensches Verschiebungsgesetz. Das Produkt aus der absoluten Temperatur T eines schwarzen Körpers und der Wellenlänge maximaler Emission λ_{max} ist konstant. Der Wert der Konstanten ist 0,287 cm-Grad. Näheres s. Strahlungsgesetze. Für die Strahlung von blankem Platin gilt das Gesetz ebenfalls mit dem Wert der Konstanten 0,258 cm-Grad. Das Gesetz dient zur Messung hoher Temperaturen (s. Strahlungstemperatur). *Gerlach.*

Wind. Wind nennt man bewegte Luft, wenn ihre Bewegung im wesentlichen parallel zur Erdoberfläche erfolgt.

Richtung und Geschwindigkeit. Die Luftbewegung unterscheidet sich von anderen meteorologischen Elementen dadurch, daß sie nach skalaren und Vektorgrößen gemessen werden muß. Die Richtung wird in der Regel nach der Himmelsgegend benannt, aus welcher der Wind herkommt. Sie variiert mit der Höhe zum Teil beträchtlich. Zu ihrer Bestimmung dienen Windfahnen, Wimpel, Rauch, Wolken, Pilotballone usw. Die Windgeschwindigkeit (v) wird nach empirischen Skalen geschätzt, meist nach der 12teiligen Beaufort-Skala, oder mit Anemometern (s. diese) gemessen und in m pro s oder km pro Stunde angegeben (1 m pro s = 3,6 km pro Stunde).

Beaufort-Skala	1	2	3	4	5	6
v in m pro s	0,4	2,0	4,0	6,3	8,9	11,7

Beaufort-Skala   7   8   9   10   11   12
v in m pro s   14,9 18,7 22,9 27,6 33,4 40bis50

Der Winddruck p in kg pro qm läßt sich für kleinere Flächen nach der empirischen Formel p = 0,125 v² berechnen. In heftigen Orkanen können die einzelnen Windstöße bis zu 90 m pro s erreichen. Die „Struktur" des Windes ist nämlich keine gleichmäßige, sondern gerade die heftigen Winde zeigen große Unstetigkeiten in ihrer Stärke. Im allgemeinen nimmt die Geschwindigkeit mit der Höhe zu, und sie ist über Wasser größer als über dem Lande, wo sie eine ausgesprochene tägliche Periode mit einem Maximum kurz nach Mittag aufweist. Auch die Windrichtung dreht sich während des Tages mit dem Laufe der Sonne.

Ursache. Die Entstehung des Windes zu erforschen ist die Aufgabe der dynamischen Meteorologie, welche erst durch die Untersuchung der höheren Luftschichten zu einem besonderen Zweige der Meteorologie ausgebaut werden konnte (s. Aerologie). Durch thermische Vorgänge wird die Gleichgewichtslage der Isobarenfläche gestört, wodurch Luftdruckgradienten (s. diesen) entstehen, welche die Luft zum Abströmen von kälteren nach wärmeren Gebieten veranlassen (Konvektions-

strömungen). Die ablenkende Kraft der Erdrotation bewirkt auf der nördlichen Halbkugel eine Abweichung der Bewegungsrichtung nach rechts, auf der südlichen eine solche nach links von der Richtung des Gradienten.

Geographische Verteilung. In den Tropen wehen mit großer Beständigkeit die Passate (s. diese) auf der nördlichen Halbkugel aus NE, auf der südlichen aus SE. Die beiden Passatzonen werden getrennt durch einen schmalen Streifen schwacher Winde, den Kalmengürtel oder Doldrum. An jeder Polargrenze der Passatzonen folgt ein Windstillengebiet, der Gürtel der Roßbreiten genannt. Jenseits derselben herrschen in Richtung wie Stärke veränderliche Winde, die jedoch auf der Nordhalbkugel vorwiegend aus SW und SSW, auf der Südhalbkugel aus NW und WNW wehen. In höheren Breiten der südlichen gemäßigten Zone herrschen starke, die sog. „braven" Westwinde mit großer Beständigkeit und umkreisen in einem geschlossenen Ring das Südpolargebiet.

Die Windzonen an der Erdoberfläche und die in engem Zusammenhange mit ihnen stehenden Luftdruckgürtel lassen sich durch folgendes Schema darstellen, das am reinsten über den Ozeanen ausgeprägt ist:

Breite	N 60°	30°	10°	0°	10°	30°	60° S
Windrichtung	WSW	NE	ENE	ESE	SE	WNW	
Windstillengürtel oder Mallungen		Roßbreiten		Doldrum		Roßbreiten	
Luftdruck	758	762,5	758	758	759	763,5	743

Diese Windverteilung ist das Resultat des großen Kreislaufes der Atmosphäre, bei dessen Betrachtung man die Unregelmäßigkeiten, welche durch die Verteilung von Wasser und Land hervorgerufen werden, vernachlässigen und nur die schematische zonale Anordnung zugrunde legen muß. Die analytische Behandlung dieser atmosphärischen Zirkulation ist nur möglich unter Hinzuziehung der Luftbewegungen in den höheren Schichten und daher eine Aufgabe der Aerologie. Eingeleitet wird die Bewegung durch Konvektionsströmungen zwischen den wärmsten und den kältesten Parallelkreisen. Durch die Erdrotation werden diese Luftbewegungen in der Weise modifiziert, daß auf jeder Halbkugel ein großer atmosphärischer Wirbel entsteht, in dessen innerem Gebiete die Rotation der Luftteilchen auf der südlichen Halbkugel im Sinne des Uhrzeigers, auf der nördlichen dagegen in umgekehrter Richtung erfolgt. Jeder Wirbel besitzt noch ein äußeres ringförmiges Gebiet mit entgegengesetzter Rotation. An der Grenze des äußeren und inneren Gebietes erfolgt durch die Zentrifugalkräfte eine Anhäufung von Luft und eine entsprechende Vergrößerung des Luftdruckes (Roßbreiten).

Lokale Winde. Während die Passate (s. diese) einen beständigen Teil der allgemeinen Luftzirkulation auf der Erde darstellen, werden die Monsune (s. diese) durch die ungleiche Erwärmung von Wasser und Land im Sommer und Winter hervorgerufen, sind also Konvektionsströmungen. Der gleichen Ursache verdankt der tägliche Wechsel zwischen Land- und Seewind seine Entstehung, und in ähnlicher Weise kommt auch in Gebirgsländern am Tage der an den Berghängen aufsteigende Talwind zustande, der bei Nacht von dem talabwärts wehenden Bergwinde abgelöst wird.

Lokale Winde von örtlich beschränkter Bedeutung sind die in Gebirgsländern aus größeren Höhen herabwehenden trockenen Fallwinde, von deren warmem Typus Föhn und Chinook (s. Föhn) die bekanntesten sind, während Bora (s. diese) und Mistral (s. diesen) den kalten Typus repräsentieren. Den Wüstengebieten eigentümliche, heiße und trockene Lokalwinde sind der Khamsin in Ägypten, der Harmattan in Oberguinea und der Samum in Arabien. Die Bezeichnung Scirocco wird in den Mittelmeerländern für Winde verschiedener Art angewendet, nämlich einmal für den wahren Scirocco, den normalen warmen und feuchten SE-Wind an der rechten Vorderseite von Luftdruckdepressionen, ferner aber auch für echte Föhnwinde, und in Süditalien, Sizilien und Griechenland sogar für einen aus Afrika herüberwehenden südlichen Wüstenwind.

Etesien nannten schon die alten Hellenen jene sommerlichen trockenen Schönwetter-Nordwinde des östlichen Mittelmeeres, die heute der Türke als Meltem bezeichnet.

In geographischer Hinsicht sind die Winde als erodierendes Agens (s. Winderosion) sowie als Erzeuger der Meeresströmungen (s. diese) von größter Bedeutung.   O. Baschin.

Näheres s. J. v. Hann, Lehrbuch der Meteorologie. 3. Aufl. 1915.

Winderosion. Die Winderosion unterscheidet sich von der Flußerosion (s. diese) und der Gletschererosion (s. diese) dadurch, daß sie nicht nur nach abwärts transportiert, sondern auch aufwärts wirkt. Sie ist daher in gewissem Grade unabhängig von der Schwerkraft und den Formen des Geländes. Bei der Winderosion überwiegt im allgemeinen die Deflation (s. diese) über die Korrasion (s. diese). Bei heftigen Winden aber werden die Gesteinspartikelchen wie Geschosse gegen das Hindernis geschleudert, so daß die Korrasion imstande ist, die seltsamsten Höhlungen in Felswänden zu schaffen und Felsformen die abenteuerlichsten Gestalten zu verleihen. Die Winderosion ist sogar imstande, ganze Gesteinsschichten, namentlich solche von geringer Festigkeit, im Laufe der Zeit völlig wegzublasen. Die Korrasion des Windes wirkt auf anstehendes Gestein wie auf lose Blöcke und Steine glättend und polierend (Windschliff). Sie schleift den am Boden liegenden Geröllen Facetten an, die bei uns meist eine Dreizahl aufweisen (Dreikanter) und deren Lage zueinander von den vorherrschenden Windrichtungen abhängig ist.

Eine ähnliche Wirkung, wie sie der sandbeladene Wind ausübt, ist übrigens auch in Polargegenden beobachtet worden, wo die, bei tiefer Temperatur sehr harten Schneekristalle, von heftigen Stürmen fortgepeitscht, eine starke Korrasion ausüben.

O. Baschin.

Winkelgeschwindigkeit s. Geschwindigkeit.

Winkelgleichung s. Netzausgleichung.

Winkelspiegel s. Reflexion des Lichts.

Wirbel s. Deformationszustand.

Wirbelbewegung. Eine Flüssigkeitsbewegung, bei welcher mehr oder minder ausgedehnte Gebiete der Flüssigkeit Drehungen um irgendeine Drehachse ausführen, wird in der Hydrodynamik Wirbelbewegung genannt. Dabei besteht eine gewisse Differenz mit dem alltäglichen Sprachgebrauch, indem bei diesem auch Bewegungen mit geschlossenen Stromlinien, also kreisende Flüssigkeitsteilchen als Wirbel bezeichnet werden, ohne daß eine derartige Bewegung (s. auch den Artikel unter Stromlinien) immer mit Drehbewegungen des kreisenden Flüssigkeitsteilchens verbunden zu sein braucht.

Sind u, v, w die Geschwindigkeitskomponenten einer Flüssigkeit am Punkte (x, y, z), so sind die Geschwindigkeitskomponenten der Drehbewegung, also die Wirbelgeschwindigkeitskomponenten an demselben Orte durch die Gleichungen gegeben

$$= \frac{1}{2}\left(\frac{\partial w}{\partial y} - \frac{\partial v}{\partial z}\right), \quad \eta = \frac{1}{2}\left(\frac{\partial u}{\partial z} - \frac{\partial w}{\partial x}\right),$$

$$(1) \qquad \zeta = \frac{1}{2}\left(\frac{\partial v}{\partial x} - \frac{\partial u}{\partial y}\right).$$

Die resultierende Wirbelgeschwindigkeit ist

$$(2) \qquad \omega = \sqrt{\xi^2 + \eta^2 + \zeta^2},$$

und die Wirbelachse schließt mit den Koordinatenachsen Winkel (ω, x), (ω, y), (ω, z) ein, welche durch die Gleichungen gegeben sind

$$(3) \quad \cos(\omega, x) = \frac{\xi}{\omega}, \quad \cos(\omega, y) = \frac{\eta}{\omega}, \quad \cos(\omega, z) = \frac{\zeta}{\omega}.$$

Falls die Geschwindigkeit ein Potential hat, so daß $u = -\dfrac{\partial \varphi}{\partial x}$, $v = -\dfrac{\partial \varphi}{\partial y}$, $w = -\dfrac{\partial \varphi}{\partial z}$ gesetzt werden kann, sind die Wirbelkomponenten $\xi = \eta = \zeta = 0$. Bei einer Wirbelbewegung existiert also kein Geschwindigkeitspotential, Wirbelbewegung und Potentialbewegung schließen einander aus.

Aus den Gleichungen 1) folgt die Beziehung

$$(4) \qquad \frac{\partial \xi}{\partial x} + \frac{\partial \eta}{\partial y} + \frac{\partial \zeta}{\partial z} = 0.$$

Die Wirbelbewegung in einer reibungslosen Flüssigkeit ist von Helmholtz eingehend untersucht worden.

Durch Umformung der Lagrangeschen Gleichungen (s. dort) erhält man die Beziehungen

$$(5) \quad \begin{aligned} \frac{d}{dt}\left(\frac{\xi}{\varrho}\right) &= \frac{\xi}{\varrho}\frac{\partial u}{\partial x} + \frac{\eta}{\varrho}\frac{\partial u}{\partial y} + \frac{\zeta}{\varrho}\frac{\partial u}{\partial z} \\[4pt] \frac{d}{dt}\left(\frac{\eta}{\varrho}\right) &= \frac{\xi}{\varrho}\frac{\partial v}{\partial x} + \frac{\eta}{\varrho}\frac{\partial v}{\partial y} + \frac{\zeta}{\varrho}\frac{\partial v}{\partial z} \\[4pt] \frac{d}{dt}\left(\frac{\zeta}{\varrho}\right) &= \frac{\xi}{\varrho}\frac{\partial w}{\partial x} + \frac{\eta}{\varrho}\frac{\partial w}{\partial y} + \frac{\zeta}{\varrho}\frac{\partial w}{\partial z}. \end{aligned}$$

Hier bedeuten die Differentialquotienten $\dfrac{d}{dt}$ die Änderungsgeschwindigkeiten ein und desselben Flüssigkeitsteilchens mit der Zeit. Aus diesen Gleichungen folgt, daß ein Flüssigkeitsteilchen, das anfangs nicht rotierte, niemals rotieren wird, und daß ein Flüssigkeitsteilchen, welches anfangs rotierte, stets rotieren muß. An einem bestimmten Punkte der Flüssigkeit kann indessen ein Wirbel sehr wohl bald vorhanden sein, bald auch nicht, indem sich die Wirbelbewegung mit den Flüssigkeitsteilchen durch die Flüssigkeit fortbewegt.

Zieht man eine Linie von Punkt zu Punkt so, daß ihre Richtung überall diejenige der augenblicklichen Rotationsachse der Flüssigkeit ist, so wird sie Wirbellinie genannt. Ziehen wir die Wirbellinien durch jeden Punkt einer geschlossenen kleinen Kurve, so schließen die Wirbellinien eine Wirbelröhre ein, und man nennt die Flüssigkeit, welche in solcher Röhre enthalten ist, einen Wirbelfaden oder kurz Wirbel. Für derartige Wirbellinien bestehen, wie Helmholtz zeigte, in einer reibungslosen Flüssigkeit einige bemerkenswerte Sätze:

1. Eine Wirbellinie und ein Wirbelfaden wird stets aus denselben Flüssigkeitsteilchen gebildet, es wandert demnach der Wirbelfaden mit der Flüssigkeit.

2. Das Produkt aus der Wirbelgeschwindigkeit und dem Querschnitt eines Wirbelfadens ist längs des ganzen Fadens und zu allen Zeiten gleich groß. Das doppelte Produkt wird die Stärke des Wirbels oder die Wirbelintensität genannt. Diese ist gleich der Zirkulation (s. dort) längs der Randkurve eines Querschnittes des Fadens senkrecht zu seiner Richtung.

3. Aus dem zweiten Satz ergibt sich, daß keine Wirbelfäden in der Flüssigkeit beginnen oder endigen können. Sie müssen entweder geschlossene Kurven bilden (s. Wirbelringe) oder die Flüssigkeit ganz von Grenze zu Grenze durchsetzen. Es kann infolgedessen auch kein Wirbelfaden durch einen anderen hindurchgehen, und zwei verkettete Wirbelringe bleiben stets verkettet.

4. Die Geschwindigkeiten der Wasserteilchen einer Wirbellinie verändern sich in demselben Verhältnis wie ihre Abstände auf der Wirbellinie.

Während die Gleichungen 1) die Wirbelgeschwindigkeiten bestimmen, wenn die Geschwindigkeiten u, v, w gegeben sind, kann man umgekehrt nach den Geschwindigkeiten u, v, w fragen, wenn die Werte der Wirbelgeschwindigkeiten ξ, η, ζ in der ganzen Flüssigkeit gegeben sind. Zu diesem Zwecke kann man nach Helmholtz setzen

$$(6) \quad \begin{aligned} u &= \frac{\partial P}{\partial x} + \frac{\partial N}{\partial y} - \frac{\partial M}{\partial z} \\[4pt] v &= \frac{\partial P}{\partial y} + \frac{\partial L}{\partial z} - \frac{\partial N}{\partial x} \\[4pt] w &= \frac{\partial P}{\partial z} + \frac{\partial M}{\partial x} - \frac{\partial L}{\partial y} \end{aligned}$$

In diesen Gleichungen müssen die Größen L, M, N, P den Gleichungen genügen

$$\Delta P = 0, \quad \Delta L = 2\,\xi, \quad \Delta M = 2\,\eta, \quad '\Delta N = 2\,\zeta$$

(7)
$$\frac{\partial L}{\partial x} + \frac{\partial M}{\partial y} + \frac{\partial N}{\partial z} = 0.$$

Die Bedeutung der Größen P, L, M, N ergibt sich aus folgendem: Wären $\xi = \eta = \zeta = 0$, wären also keine Wirbelbewegungen vorhanden, so wäre $u = \frac{\partial P}{\partial x}$, $v = \frac{\partial P}{\partial y}$, $w = \frac{\partial P}{\partial z}$; demnach ist P das negative Geschwindigkeitspotential, welches vorhanden wäre, wenn keine Wirbel existierten. Ist die Flüssigkeit von ruhenden festen Wänden eingeschlossen, und ruhen auch etwa in der Flüssigkeit befindliche feste Körper, so ist P in der Flüssigkeit konstant.

Aus den Gleichungen für L, M, N ergeben sich ferner für diese drei Größen die Werte:

(8)
$$L = -\frac{1}{2\,\pi} \int \frac{da \cdot db \cdot dc}{r}\, \xi_a,$$
$$M = -\frac{1}{2\,\pi} \int \frac{da \cdot db \cdot dc}{r}\, \eta_a,$$
$$N = -\frac{1}{2\,\pi} \int \frac{da \cdot db \cdot dc}{r}\, \zeta_a,$$

Hier sind ξ_a, η_a, ζ_a die Wirbelgeschwindigkeiten an einem Punkte A mit den Koordinaten a, b, c, welcher von dem Punkt (x, y, z), für welchen die Geschwindigkeiten u, v, w bestimmt werden sollen, den Abstand r hat. Es sind L, M, N offenbar die Potentiale einer den Raum erfüllenden Masse, dividiert durch $2\,\pi$, wenn diese im Raum die Dichte ξ resp. η resp. ζ hat.

Ein Volumenelement $d\tau$ an einem Orte (a, b, c), an welchem die Wirbelgeschwindigkeit ξ_a, η_a, ζ_a herrscht, bewirkt gemäß den Gleichungen 6) an einem Punkte (x, y, z) im Abstande r von dem Punkte (a, b, c) eine Geschwindigkeitserhöhung gemäß nachstehenden Gleichungen

(9)
$$d\,u = \frac{1}{2\,\pi\,r^3}\Big\{\zeta_a\,(y-b) - \eta_a\,(z-c)\Big\}$$
$$d\,v = \frac{1}{2\,\pi\,r^3}\Big\{\xi_a\,(z-c) - \zeta_a\,(x-a)\Big\}$$
$$d\,w = \frac{1}{2\,\pi\,r^3}\Big\{\eta_a\,(x-a) - \xi_a\,(y-b)\Big\}.$$

Die resultierende Geschwindigkeitserhöhung ist

(10)
$$d\,q = \frac{1}{2\,\pi\,r^2}\,\omega\,\sin\vartheta.$$

In dieser Gleichung ist ϑ der Winkel zwischen der Achse der resultierenden Wirbelgeschwindigkeit ω und der Strecke r; die Geschwindigkeit dq steht senkrecht auf r und der Achse von ω.

Es hat also den Anschein, als wenn von den im Punkte (a, b, c) wirbelnden Wasserteilchen eine Fernkraft ausginge, welche den Flüssigkeitsteilchen im Abstande r eine Geschwindigkeit erteilt. Dabei ist die Beziehung der erteilten Geschwindigkeit zur Stärke der Wirbelgeschwindigkeit die gleiche, welche nach dem Biot-Savartschen Gesetz (s. dort) für die Stärke des Magnetfeldes gilt, die ein Stromelement im Abstande r erzeugt.

Wenn P konstant ist, ergeben sich für die ganzen Geschwindigkeitskomponenten, welche durch die wirbelnden Wasserteilchen erzeugt werden, folgende Gleichungen

(11)
$$u = \frac{1}{2\,\pi} \int \frac{d\tau}{r^3} \big(\zeta_a\,(y-b) - \eta_a\,(z-c) \big)$$
$$v = \frac{1}{2\,\pi} \int \frac{d\tau}{r^3} \big(\xi_a\,(z-c) - \zeta_a\,(x-a) \big)$$
$$w = \frac{1}{2\,\pi} \int \frac{d\tau}{r^3} \big(\eta_a\,(x-a) - \xi_a\,(y-b) \big).$$

O. Martienssen.

Näheres s. Helmholtz, Wissenschaftliche Abhandlungen. Leipzig 1882.

Wirbelfaden s. Wirbelbewegung.

Wirbelintensität s. Wirbelbewegung.

Wirbellinie s. Wirbelbewegung.

Wirbelring. Da die Wirbellinien in einer reibungslosen Flüssigkeit weder beginnen noch endigen können, müssen sie die Flüssigkeit ganz durchsetzen oder geschlossene Kurven bilden. Im letzteren Falle spricht man von Wirbelringen, welche kreisförmig oder anders geformt sein können.

Wirbelringe erzeugt man nach Rensch am einfachsten mittels eines Kastens, welcher vorne eine kreisrunde oder anders geformte kleine Öffnung besitzt und dessen Rückseite durch eine biegsame Membran geschlossen ist. Durch Schläge auf die Membran treten Wirbelringe aus der Öffnung aus. Um diese in Luft sichtbar zu machen, bringt man in den Kasten Tabakrauch oder erzeugt nach den Angaben von Tait Chlorammoniumrauch durch Besprengen des Kasteninneren mit Ammoniaklösung und Einbringen eines Schälchens mit Kochsalz und Schwefelsäure.

Die Bewegungen der Wirbelringe in einer sonst nicht wirbelnden Flüssigkeit ergeben sich aus den von Helmholtz abgeleiteten Wirbelgleichungen (s. Wirbelbewegung). Nach diesen nimmt ein einzelner Wirbelring von kreisförmigem Querschnitt eine der Achse des Wirbelringes parallele Bewegung an, welche nach derselben Seite erfolgt, nach welcher die Flüssigkeit durch den Ring strömt, und die um so größer ist, je dünner der Wirbelfaden.

Haben wir zwei Wirbelringe mit gemeinsamer Achse, so nimmt jeder, abgesehen von seiner eigenen Fortbewegung, die Geschwindigkeit an, welche der andere an dem Orte des ersten hervorbringt. Haben beide Ringe gleiche Rotationsrichtungen, so schreiten sie im gleichen Sinne fort; dabei erweitert sich der vorangehende und verlangsamt seine Bewegung, der nachfolgende Ring dagegen verengert sich und wird beschleunigt. Der letztere wird daher nach einiger Zeit den ersteren einholen und durch ihn hindurchschlüpfen. Dann vertauschen die Ringe ihre Rollen, so daß sie abwechselnd einer durch den anderen hindurchgehen.

Haben die zwei Wirbelringe gleich große, aber entgegengesetzte Rotationsgeschwindigkeit, so nähern sie sich einander und erweitern sich beide. Dabei wird ihre Bewegung gegeneinander immer schwächer, die Erweiterung geschieht dagegen mit wachsender Geschwindigkeit. Ebenso verhält sich ein Wirbelring, welcher gegen eine feste Wand läuft.   *O. Martienssen.*

Näheres s. Helmholtz, Wissenschaftliche Abhandlungen 1882.

Wirbelröhre s. Wirbelbewegung.

Wirbelstrom, -verluste s. Eisenverluste.

Wirbelsturm. Die heftigen Orkane, deren Hauptentstehungsgebiet in den Tropen liegt, sind ihrem Wesen nach Wirbelstürme, die sich von den Zyklonen der höheren Breiten vor allem durch ihre größere Intensität bei sehr viel geringerem Durchmesser, ihr seltenes Auftreten und ihre

Bevorzugung bestimmter Gebiete, namentlich der Meere unterscheiden. Sie bewegen sich verhältnismäßig langsam vorwärts, und zwar innerhalb der Tropen hauptsächlich von Osten nach Westen, also entgegengesetzt der vorherrschenden Richtung außertropischer Stürme. Dabei zeigen sie jedoch eine „Polartendenz", biegen nach dem Überschreiten der Wendekreise nach Osten um und folgen nun den mittleren Bahnrichtungen der außertropischen Stürme, so daß ihre Bahnen Parabeln darstellen, deren Scheitel in der Nähe der Wendekreise liegen und nach Westen gekehrt sind. Im Zentrum pflegt Windstille und blauer Himmel (Auge des Sturmes) zu herrschen, bis nach längerer Pause der Orkan aus der entgegengesetzten Richtung wie vorher, mit voller Gewalt wieder einsetzt.

Am häufigsten kommen die tropischen Wirbelstürme im Sommer bei Westindien, im Indischen Ozean, in den Ostasiatischen Randmeeren und im südlichen Pazifischen Ozean vor, und zwar entstehen sie meist in der Nähe der Doldrumzone zwischen den beiden Passatgürteln (s. Winde). Sie sind auf die unteren Schichten der Atmosphäre beschränkt. In Amerika nennt man diese Wirbelstürme Hurrikane, in Ostasien Taifune, während man bei uns oft von dem Zyklon im Gegensatz zu der normalen Zyklone (s. diese) spricht.

O. Baschin.

Wirkspannung, -strom, -leitwert, -leistung, widerstand s. Wechselstromgrößen.

Wirkungsfunktion s. Impulssätze.

Wirkungsgrad η einer Maschine (d. h. einer Vorrichtung zur Übertragung oder zur Umwandlung von Energie) nennt man den echten Bruch, dessen Nenner die in die Maschine hineingeleitete Energie E_e, und dessen Zähler die ihr nutzbar wieder entnommene Energie E_n sind; die letztere ist gegenüber der ersteren um den Betrag der in der Maschine vergeudeten (d. h. in unbrauchbare Form umgewandelten, zumeist Wärme-) Energie E_w kleiner

$$\eta = \frac{E_n}{E_e} = \frac{E_e - E_w}{E_e} = 1 - \frac{E_w}{E_e}.$$

Sind n Maschinen mit den Wirkungsgraden η_1, $\eta_2 \ldots \eta_n$ unmittelbar hintereinander geschaltet, so ist der Gesamtwirkungsgrad

$$\eta = \eta_1 \cdot \eta_2 \cdot \eta_3 \ldots \eta_n. \quad \textit{R. Grammel.}$$

Wirkungsgrad. Unter Wirkungsgrad η versteht man allgemein das Verhältnis der gelieferten Arbeit zu der zugeführten Arbeit, beide in derselben Zeit gemessen. Dividiert man durch die Zeit, so erhält man $\eta = \dfrac{N_g}{N_z}$ als das Verhältnis der entsprechenden Leistungen. Bei elektrischen Generatoren z. B. ist demnach der Wirkungsgrad das Verhältnis der von dem Generator gelieferten äußeren elektrischen Leistung zu der ihr zugeführten mechanischen Leistung; die Verluste, die den Wirkungsgrad bestimmen, setzen sich im wesentlichen zusammen aus Stromwärme, Reibung, Hysterese und Wirbelströme im Eisen. *R. Schmidt.*

Wirkungsgrad, maximaler. Maximaler Wirkungsgrad heißt im Sinne der Thermodynamik der Maximalwert, den das Verhältnis zwischen der aufgewendeten und der in nutzbar Arbeit verwandelten Energie annehmen kann. —

Leistet eine thermodynamische Maschine (Dampfmaschine), welche zwischen den absoluten Temperaturen T_1 (Dampfkessel) und T_2 (Kondensator)

arbeitet, die mechanische Arbeit A und entnimmt sie gleichzeitig dem Wärmebehälter der Temperatur T_1 die Wärmemenge Q_1, so heißt der Quotient $n = \dfrac{A}{Q_1}$ der Wirkungsgrad des Prozesses. Erfolgt der Prozeß unter den theoretisch günstigsten Bedingungen, wie sie im Carnotschen Kreisprozeß (s. d.) vorausgesetzt werden, so erreicht A den Maximalwert, nämlich $A = \dfrac{T_1 - T_2}{T_1} Q_1$, und der maximale Wirkungsgrad ergibt sich zu $n = \dfrac{T_1 - T_2}{T_1}$. Dieser ist also um so größer, je größer die Temperaturdifferenz der Wärmebehälter und je tiefer die Temperatur des wärmeren der beiden Behälter ist. Ist z. B. die Temperatur des Dampfes $t_1 = 200^0$ oder $T_1 = 473^0$ und die Temperatur des Kühlers $t_2 = 0^0$ oder $T_2 = 273$, so ist ganz unabhängig von der Substanz, mit der die Maschine arbeitet (Wasser, Alkohol usw.) ihr maximaler

$$\text{Wirkungsgrad } n = \frac{200}{473} = 0,423.$$

Die Größe n wird auch ökonomischer Koeffizient des Carnotschen Prozesses genannt. *Henning.*

Wirkungsgrad, Verluste und Erwärmung elektrischer Maschinen. Die rasche Entwicklung der elektrotechnischen Meßtechnik und die relative Leichtigkeit ihrer Anwendung haben bewirkt, daß man nahezu von Beginn des modernen Elektromaschinenbaues an über die Größe wie die Bedeutung der einzelnen Verlustquellen in elektrischen Maschinen ganz unvergleichlich besser orientiert war als über äquivalente Vorgänge in den zum Teil der Entwicklung nach bedeutend älteren Wärme- wie Wasserkraftmaschinen. Dieser Zustand hat erstens die wirtschaftlich sehr wichtige Folge gehabt, daß seit langer Zeit in allen wichtigen Industriestaaten Regeln und Vorschriften bezüglich des Gütegrades der kleinsten wie der größten dynamoelektrischen Maschinen (in Deutschland z. B. verfaßt vom Verband deutscher Elektrotechniker!) bestehen, die, von allen Instanzen der öffentlichen wie der privaten Wirtschaft anerkannt, Käufer wie Verkäufer eine sichere Basis für einen Geschäftsabschluß gewähren bzw. jede unberechtigte Willkür ausschließen, und zweitens bewirkt, daß falsche Anschauungen, tatsächlich nicht haltbare Patentansprüche und ähnliche, den Fortschritt hemmende Umstände in der Praxis stets sehr bald erkannt und beseitigt werden können.

Als „Wirkungsgrad" schlechtweg wird das Verhältnis

$$\frac{\text{Abgabe}}{\text{Abgabe} + \text{meßbare Verluste}} = \frac{\text{Abgabe}}{\text{Aufnahme}}$$

bezeichnet, das auch entsprechend einer Änderung der Meßmethode ersetzt werden kann durch das Verhältnis

$$\frac{\text{Aufnahme} - \text{meßbare Verluste}}{\text{Aufnahme}} = \frac{\text{Abgabe}}{\text{Aufnahme}}.$$

Hierbei ist es prinzipiell völlig gleichgültig, ob mechanische oder elektrische Energieaufnahmen oder -abgaben oder auch beide gemessen werden, doch wählt die Praxis mit Vorliebe solche Methoden, die mechanische Leistungsmessungen mit Rücksicht auf ihre relative Ungenauigkeit vermeiden und mit ausschließlich elektrischen Messungen auskommen.

Die obige Definition des Wirkungsgrades deckt sich in Geldwert umgerechnet, wie ersichtlich, mit dem des „wirtschaftlichen Wirkungsgrades" des Wärmekraftmaschinenbaues und läßt hierdurch besonders die ungeheuere Überlegenheit des elektrischen Energietransportes gegenüber dem direkten Brennstofftransport erkennen. Ein moderner selbst kleiner Elektromotor beliebiger Stromart führt die Energietransformation zwischen Zähler und Riemenscheibe mit mehr als 80% Wirkungsgrad aus, (große Maschinen erreichen unschwer 95% und mehr!), während auch die hochwertigste Wärmekraftmaschine gleicher Leistung kaum 25 bis 30% des Wärmeinhalts, z. B. des Treiböles im Faß, auszunützen gestattet. Trotzdem wäre es aber falsch, aus diesen Verhältnissen einen Schluß auf die Leistungen des Elektromaschinenbaues einerseits, des Wärmekraftmaschinenbaues anderseits zu ziehen, denn bei dem heutigen Stande der Technik ist die elektrische Energieform stets die sekundäre, deren Vorzüge nur für die Verteilung zur Geltung kommen können. Das Streben der modernen Energiewirtschaft geht demnach folgerichtig auch dahin, die primäre Energieerzeugung in gewaltigen Zentralen mit infolge der zur Verfügung stehenden technischen Mittel und Möglichkeiten höchstem wirtschaftlichem Wirkungsgrad von 30—40% vorzunehmen, und die gewonnene Arbeit in der heute als hochwertigst erkannten elektrischen Form den Verbrauchern zuzuführen. Der Vollständigkeit wegen sei bemerkt, daß moderne Wasserkraftmaschinen 70—80% der hydraulischen Energie auszunützen gestatten. Die Wärme ist eben eine heute noch relativ schwer rationell ausnützbare Energieform.

Sämtliche Verluste elektrischer Maschinen erscheinen mittelbar in Form von Wärme; unmittelbare Verluste am Energieträger selbst (z. B. Ruß- und Ölteilchen in den Abgasen von Kesselanlagen und Verbrennungskraftmaschinen!) kommen praktisch nicht in Betracht. Dadurch ist zu einem sehr hohen Prozentsatz der richtige Entwurf von Dynamomaschinen jeder Art schon frühzeitig ein wärmetechnisches Problem geworden, dem gegenüber z. B. die Frage der dielektrischen Festigkeit, von ausgesprochenen Hochspannungsmaschinen abgesehen, eine relativ leicht zu beherrschende ist. Nach einiger Zeit eintretende Wicklungsdurchschläge sind nahezu stets die Folge von Herstellungs-, verkohlte Isolation dagegen von Konstruktionsfehlern.

Da also ständig in einer Dynamomaschine Wärme erzeugt wird, muß dieselbe auch ständig abgeführt werden, um im Dauerbetrieb eine der Isolation schädliche Temperaturerhöhung zu vermeiden. Wie hoch die Grenze der zulässigen Temperaturerhöhung liegen darf, hängt völlig von der Art der Isolation und der Umgebungstemperatur ab. Als Beispiel möge dienen, daß die meisten Faserstoffe (Baumwolle!) bei mehr als 80° C anfangen, brüchig zu werden, weshalb für sie bei einer höchsten Umgebungstemperatur von 30° nur 50° Übertemperatur zulässig sind. Bei relativ so niedrigen Temperaturgefällen und -werten spielt in den meisten Fällen die Strahlung für die Abfuhr der Verlustwärme eine sekundäre, die Konvektion eine primäre Rolle. Als Kühlmittel dient vorwiegend die atmosphärische Luft, die auf vom Konstrukteur genau vorgeschriebenen Bahnen mittels eingebauter Windflügel, evtl. auch eines besonderen Flügelrades oder Ventilators, durch die Maschine geführt wird. Da bei sehr großen Dynamomaschinen trotz ihres hohen Wirkungsgrades der absolute Wert der Ab-

wärme noch immer recht hoch ist, wird die austretende erwärmte Luft gern zu Heiz- und Trocknungszwecken verwendet. Wasser- oder Ölkühlung findet nur bei Transformatoren und Widerständen ausgedehnte Anwendung.

In der Elektrotechnik pflegt man die Gesamtverluste in 3 Hauptgruppen einzuteilen:

a) Verluste durch Joulessche Wärme in allen stromdurchflossenen Konstruktionselementen (Wicklungen, Kommutatoren, Schleifringe, Bürsten usw.), meist einfach als „Kupferverluste" bezeichnet.

b) Verluste durch Hysterese und Wirbelströme in allen vom magnetischen Kraftfluß durchsetzten Konstruktionselementen, also in erster Linie im Eisen des magnetischen Hauptkreises; hinzugerechnet werden meist auch alle, durch Streufelder im Eisen wie überhaupt in Metallteilen hervorgerufene (Wirbelstrom-!) Verluste. Die ganze Verlustgruppe wird unter dem Sammelnamen „Eisenverluste" zusammengefaßt.

c) Verluste durch mechanische Reibung in Lagern, an Schleifringen und Kommutatoren (Bürstenreibung!), sowie durch Luftreibung und -förderung (Ventilationsverluste!).

Die Verluste unter a) sind, soweit sie in der Wicklung selbst auftreten, bei kleinen und mittelgroßen Maschinen, solange es sich nicht um ungewöhnlich niedrige Spannungen und dementsprechend hohe Stromstärken handelt (Elektrolyse!), mit guter Genauigkeit berechenbar. Die Schwierigkeit liegt hier nur in der vorher nicht genau bekannten Widerstandserhöhung durch die unvermeidliche Erwärmung. Bei den sehr großen Synchron-Turbogeneratoren der Neuzeit, die nur wenige Stäbe pro Nut haben, hat ferner die Frage der Stromverdrängung in von Wechselstrom durchflossenen Leitern zeitweise recht störende Unsicherheiten in den Entwurf hineingebracht, die aber heute praktisch überwunden sind. Nur empirisch eingeschätzt werden können dagegen die Verluste in den Kontaktflächen der Stromabnehmer; die Vorgänge sind hier noch völlig ungeklärt.

Hinsichtlich der Eisenverluste ist zu beachten, daß alle magnetischen Eigenschaften der im Dynamobau verwendeten Eisensorten zwar als Materialkonstante dem Ingenieur mit leidlicher Genauigkeit bekannt sind, und ihre Größe vor Einbau durch stete Messungen im Laboratorium kontrolliert wird, daß aber einerseits die verschiedenen Bearbeitungsprozesse während der Herstellung einer Maschine, anderseits die Feldverzorrungen im Betrieb die Eigenschaften des magnetischen Kreises der fertigen Maschine gegenüber der Berechnung so völlig ändern können, daß von einer genauen Vorausberechnung der Eisenverluste nicht die Rede sein kann, abgesehen von Transformatoren, wo die Verhältnisse sehr einfach liegen. In der Praxis begnügt man sich daher damit, die sog. „theoretischen" Eisenverluste einer mit höchster Sorgfalt und Schonung des Materials hergestellten, gewissermaßen idealen Maschine vorauszuberechnen, und zu ihnen einen Zuschlag zu machen, der durch Prüffelderfahrungen bestimmt ist. Theoretische Schwierigkeiten bereiten gelegentlich die durch die Nutung hervorgerufenen Pulsationsverluste in den Oberflächen der Polschuhe und Zähne, da es sich hier um sehr hohe Frequenzen handelt.

Die Lager- und Kommutatorreibungs- sowie die Ventilationsverluste sind rein nach Erfahrung schätzbar, da eine mit dem Versuch gut übereinstimmende Theorie derzeit noch fehlt.

Bestimmte Regeln über die Verteilung der Gesamtverluste auf die 3 genannten Verlustgruppen sind allgemein gültig nicht angebbar, doch ist es z. B. klar, daß die 3. Gruppe bei kleinen, raschlaufenden Gleichstrommaschinen wichtig, bei großen, nicht allzu rasch laufenden dagegen nahezu vernachlässigbar ist. Das Streben des Konstrukteurs geht naturgemäß dahin, den Wirkungsgrad in einem möglichst großen Belastungsbereich annähernd konstant zu halten, was in gröbster Annäherung durch kleine Reibungs- und Ventilationsverluste und ungefähre Gleichheit der Eisen- und Kupferverluste erreichbar ist. Gute, normale Maschinen erreichen das Maximum des Wirkungsgrades meist zwischen $^3/_4$ und $^1/_1$-Last.

Allgemein gültige Werte des Wirkungsgrades sind relativ schwer anzugeben, da sie erstens stark von der Umdrehungszahl und zweitens von dem Verwendungszweck der Maschine abhängen. Die ziffernmäßig höchsten Werte werden naturgemäß von Generatoren wie Motoren verlangt, die bei mäßig schwankender Last lange Zeit ununterbrochen laufen, während z. B. bei Motoren für Hebezeug- oder Straßenbahnbetrieb infolge der ständig schwankenden Leistung einige Hundertteile auf oder ab keine wesentliche Rolle spielen. Sieht man von den höchsten, heute üblichen Umlaufzahlen pro Minute ab (> 3000!), so hat im allgemeinen die raschlaufende Maschine einen etwas besseren Wirkungsgrad als die langsamlaufende. Die folgenden Tabellen mögen zur ungefähren Orientierung über die Größenordnung dienen; zwischen Generatoren und Motoren bestehen keine prinzipiellen Unterschiede:

Tabelle 1.

Gleichstrommaschinen.

Leistung in KW	Wirkungsgrad bei Vollast in % der	
	Raschläufer	Langsamläufer
5	ca. 83	ca. 80
50	,, 90	,, 88
100 u. mehr	,, >91	,, >90

Tabelle 2.

Synchrone Mehrphasenmaschinen; 6-polig, Frequenz 50.

Leistung in KVA	Wirkungsgrad bei Vollast in % bei	
	cos = 1	cos = 0,8
5	ca. 84	ca. 80
50	,, 91	,, 88
100 u. mehr	,, >92	,, >90

Tabelle 3.

Asynchrone Mehrphasenmaschinen, Frequenz 50.

Leistung in KW	Wirkungsgrad bei Vollast in % der	
	Raschläufer	Langsamläufer
5	ca. 83	ca. 80
50	,, 91	,, 89
100 u. mehr	,, >92	,, >91

Aus den obigen Tabellen geht der sehr merkbare Einfluß hervor, den der Leistungsfaktor auf den Wirkungsgrad der Synchronmaschinen ausübt. Da

2% mehr oder weniger bei den sehr großen Leistungen moderner Zentralen im Verein mit den Kupferverlusten im Leitungsnetz durch den Blindstrom im Kohlenverbrauch des Werkes deutlich in Erscheinung treten, ist es begreiflich, daß man den Leistungsfaktor der Belastung, der heute häufig erheblich unter 0,8 liegt, da die Mehrzahl der zahllosen kleinen Asynchronmotoren, die in landwirtschaftlichen und gewerblichen Betrieben laufen, diesen Wert erst bei Dreiviertel- bis Vollast erreicht bzw. überschreitet, mit allen Mitteln, u. a. auf dem Wege der Normalisierung, zu heben bemüht ist (siehe auch „Asynchronmotoren").

E. Rother.

Näheres s. u. a. **Pichelmayer**, Dynamobau (Handb. d. Elektrotechnik. V. Bd.).

Wirkungsquantum s. Plancksches Wirkungsquantum.

Wirtschaftlichkeit von Lichtquellen. A. Sie wird vom photometrischen Standpunkte aus gewöhnlich durch eine der unter Nr. 1 bis 3 definierten, auseinander ableitbaren Größen, vom rein physikalischen Standpunkte aus durch die unter Nr. 4 definierten Größen bewertet. Es bedeute

P den stündlichen Effektverbrauch (in Gramm bzw. Liter für feste oder flüssige bzw. luftförmige Leuchtstoffe, in Wattstunden bei elektrischen Lampen);

Q die zur Unterhaltung des Leuchtens erforderliche Energie pro Zeiteinheit, also die zugeführte Leistung, in Watt;

J_0 die mittlere räumliche Lichtstärke, in Hefnerkerzen (HK);

$\Phi_0 (= 4\pi J_0)$ den in den ganzen Raum (Raumwinkel 4π) ausgestrahlten Lichtstrom, in Lumen (Lm);

G den in den ganzen Raum innerhalb aller Wellenlänge von O bis ∞ ausgestrahlten Energiestrom (Gesamtenergiestrom), also die ausgestrahlte Leistung, in Watt;

G_1 den in den ganzen Raum ausgestrahlten sichtbaren Energiestrom, also das objektive, den Sehnerven reizende Licht, in Watt;

G ist um den Verlust durch Leitung und Konvektion kleiner als Q, mithin für jede Lichtquelle ein bestimmter Bruchteil von Q, welcher der Einheit möglichst nahe kommen soll.

B. Wir verstehen dann für die in der *Praxis gebräuchlichen Lichtquellen:*

1. unter dem *spezifischen Effektverbrauch* $\mathfrak{C}_1$ die Verhältniszahl P/J_0, also den stündlichen Verbrauch für 1 HK mittlere räumliche Lichtstärke (für 1 sphärische Kerze, für 1 HK$_0$);

2. unter der *spezifischen Lichtleistung* $\mathfrak{C}_2$ die Verhältniszahl Q/J_0, also die zugeführte Leistung auf 1 HK$_0$;

3. unter der *Lichtausbeute* die Verhältniszahl $\mathfrak{C}_3 = J_0/Q \; (= 1/\mathfrak{C}_2)$ bzw. $\mathfrak{C}_3' = \Phi_0/Q \; (= 4\pi J_0/Q = 4\pi\mathfrak{C}_3)$, also die mittlere räumliche Lichtstärke auf 1 Watt der zugeführten Leistung bzw. den Gesamtlichtstrom auf 1 Watt der zugeführten Leistung;

4. unter dem optischen *Nutzeffekt* der zugeführten bzw. ausgestrahlten Leistung die Verhältniszahl $\mathfrak{C}_4 = G_1/Q$ bzw. $\mathfrak{C}_4' = G_1/G$, also den Bruchteil der zugeführten bzw. ausgestrahlten Leistung, der ins sichtbare Gebiet fällt.

Beispiele. Als Beispiele mögen dienen: a) eine Petroleumlampe, welche stündlich $P = 50$ g Petroleum verbraucht und $J_0 = 15$ HK besitzt; b) eine Vakuum-Metallfadenlampe mit zickzackförmig hin und her geführten Drähten, welche bei

110 Volt und 0,25 Ampere, also bei einem Verbrauch $P = 110 \times 0,25 = 27,5$ Wattstunden, $J_0 = 20$ HK besitzt.

ad 1. Es ergibt sich für die Petroleumlampe $\mathfrak{C}_1 = 50/15 = 3,3$ g/HK$_0$; für die Metallfadenlampe $\mathfrak{C}_1 = 27,5/20 = $ rund 1,4 Wattstunden/HK$_0$.

ad 2. Die Petroleumlampe erzeugt, da die Verbrennungswärme des Petroleums 11 000 kg-K al/kg beträgt, $0,050 \times 11000 = 550$ kg-Kal in der Stunde $= 640$ Wattstunden, da 1 kg-Kal $= 1,164$ Wattstunden ist; demnach wird $Q = 640$ Watt, mithin $\mathfrak{C}_2 = 640/15 = 43$ Watt/HK$_0$. Die Metallfadenlampe ergibt $\mathfrak{C}_2 = 1,4$ Watt/HK$_0$.

ad 3. Für die Petroleumlampe wird $\mathfrak{C}_3 = 1/43 = 0,023$ HK$_0$Watt bzw. $\mathfrak{C}_3' = 4\,\pi \cdot 0,023 = 0,30$ Lumen/Watt (Lm/Watt); für die Metallfadenlampe wird $\mathfrak{C}_3 = 0,73$ HK$_0$/Watt bzw. $\mathfrak{C}_3' = 91$ Lm/Watt.

ad 4. Bei der Flammenbogenlampe, welche, wie nachstehende Tabelle zeigt, von allen in der Praxis gebräuchlichen Lichtquellen in bezug auf Lichtausbeute an zweiter Stelle steht, wird $\mathfrak{C}_4 = $ rund 0,1; d. h. von der zugeführten Leistung entfallen nur rund 10% auf das sichtbare Gebiet, während rund 90% für die Lichterzeugung verloren gehen.

C. Für den schwarzen Körper und die beiden in „Energetisch-photometrische Beziehungen", Nr. 2 definierten Lichtquellen: den „*Idealstrahler*" und den „*Maximalstrahler*" tritt in den Definitionen 2 bis 4 ganz allgemein an Stelle der zugeführten Leistung Q die ausgestrahlte Leistung G, da für diese Strahler vom theoretischen Standpunkte aus nicht Q, sondern G von Interesse ist. Entsprechende Zahlenwerte für die drei Strahler s. unter dem oben angeführten Stichwort.

Nachstehende Tabelle gibt die spezifische Lichtleistung und die Lichtausbeute für eine Reihe von künstlichen, in der Praxis gebräuchlichen Lichtquellen; zum Vergleich sind auch noch die entsprechenden Werte für den schwarzen Körper und den Idealstrahler bei ihrer günstigsten Lichtwirkung sowie die sich für den Maximalstrahler ergebenden Werte hinzugefügt.

Lichtquelle	Spezifische Lichtleistung $\mathfrak{C}_2$ in Watt/HK$_0$	Lichtausbeute $\mathfrak{C}_2'$ in Lm/Watt
Leuchtgas-Schnittbrenner . . .	100	0,13
Petroleumlampe	43	0,30
Petroleumglühlicht	15	0,84
Hängegasglühlicht	8,9	1,4
Kohlenfadenlampe	3,4	3,7
Vakuum-Metallfadenlampe . .	1,4	9,0
Reinkohlenbogenlampe*	1,0	13
Gasgefüllte Metallfadenlampe .	0,7	18
Flammenbogenlampe*	0,4	31
Quarz-Hg-Lampe*	0,30	38
Schwarzer Körper bei 6500° abs.	0,14	90
Idealstrahler bei 4250° abs. . .	0,051	250
Maximalstrahler	0,020	620

Diese Zahlen geben einen ungefähren Überblick über den in den elektrischen Glühlampen und Bogenlampen erzielten bedeutenden Fortschritt; sie zeigen aber auch, daß selbst die am günstigsten abschneidende Quarzquecksilberlampe noch nicht die Hälfte der Ausbeute des schwarzen Körpers bei 6500° erreicht.

Die größere Lichtausbeute der Vakuum-Metallfadenlampe gegenüber der Kohlenfadenlampe rührt daher, daß der Wolframdraht sich dauernd auf eine höhere Temperatur (2335° gegen 2135° abs.) erhitzen läßt und nach Lummer einen günstigeren optischen Nutzeffekt der ausgestrahlten Leistung besitzt (s. „Energetisch-photometrische Beziehungen", Nr. 3). Die gasgefüllte Metallfadenlampe gestattet eine noch höhere Temperatur des Wolfram-

* bedeutet: ohne Berücksichtigung des Vorschaltwiderstandes.

drahtes (2745° abs.), da das (indifferente) Gas ein frühzeitiges Verdampfen des Metalls verhindert und der durch das Gas veranlaßte Konvektionsverlust durch Wickelung des Drahtes in engen Spiralen auf ein Mindestmaß zurückgeführt wird. Die Flammenbogenlampe verdankt ihre im Vergleich zur Reinkohlenbogenlampe günstige Lichtwirkung nach Lummer dem Umstande, daß sich der farbige Lichtbogen nahezu wie ein „Idealstrahler" von 4200° (der Kratertemperatur) verhält; die verhältnismäßig hohe Lichtausbeute der Quarz-Quecksilberlampe wird nach Conrad vorwiegend durch Lumineszenzstrahlung veranlaßt.

Für die Eignung einer Lichtquelle zu Beleuchtungszwecken sind aber außer der Wirtschaftlichkeit noch andere Faktoren, z. B. die Kosten für Anschaffung und Erneuerung, die absolute Größe der Lichtstärke, die räumliche Lichtverteilung, die Ruhe des Lichtes, die Farbe des Lichtes zu berücksichtigen. Was die Lichtfarbe anbelangt, entspricht der Maximalstrahler wegen seiner monochromatischen Strahlung durchaus nicht den Anforderungen an eine praktische Beleuchtungslampe. In dieser Beziehung sind sämtliche Lichtquellen vorzuziehen, deren Energieverteilung im sichtbaren Gebiet der des schwarzen Körpers beliebiger Temperatur entspricht. Als günstigster Grenzwert bei 4250° abs. ergibt sich nach obigem eine Lichtausbeute von 250 Lumen/Watt (entsprechend 19,7 HK$_0$/Watt), womit das (wohl schwer zu verwirklichende) Ideal einer in der Energieausbeutung denkbar günstigsten, in der Lichtfarbe etwa dem Tageslicht entsprechenden künstlichen Lichtquelle gekennzeichnet ist. *Liebenthal.*

Witzleben-Geschosse s. Geschosse.

Wolken. Entstehung. Die ersten Kondensationsprodukte des Wasserdampfes (s. Niederschlag) in der Atmosphäre sind Tröpfchen, deren Durchmesser man zu $4\,\mu$ bis $35\,\mu$ bestimmt hat. Aus ihnen bestehen die Wolken ebenso wie der Nebel (s. diesen), zwischen denen also kein materieller Unterschied besteht. Die Wolkenbildung kommt in der Regel durch dynamische Abkühlung feuchter Luftmassen zustande, die in aufsteigender Bewegung begriffen sind. Die fertigen, in der Atmosphäre schwimmenden Wolken folgen dem Winde, dessen Richtung und Stärke in höheren Schichten man aus dem Wolkenzuge zu ermitteln pflegt. Eine Wolke kann jedoch auch im Winde ihren Platz behaupten, wenn sie nämlich durch einen aufsteigenden Luftstrom gebildet wird, der an eine bestimmte Erdstelle gefesselt ist, wie dies z. B. für die an Berghängen aufsteigende Luft zutrifft. Dann zeigt uns die Wolke nur die Stelle im Luftmeer an, welcher ein Kondensationsprozeß stattfindet. An der Leeseite lösen sich die Wolkenelemente auf, an der Luvseite bilden sich fortwährend neue, so daß die Wolke nur den Indikator eines Kondensationsprozesses, nicht aber ein fertiges Gebilde darstellt. In der Natur gibt es natürlich zahlreiche Übergänge zwischen diesen beiden Extremen, so daß die meisten Wolken ständig in der Umbildung begriffen sind. In denjenigen Teilen, die scharf ausgeprägte Umrisse zeigen, überwiegt die Kondensation, in den zerfaserten und zerfetzten Randpartien dagegen die Auflösung. Das Schweben der Wolken wird durch den aufsteigenden Luftstrom ermöglicht, der schon bei einer Geschwindigkeit von 4 cm pro Sekunde Tröpfchen von $20\,\mu$ Durchmesser am Fallen zu verhindern vermag.

Erscheinungsform. Für die einzelnen Wolkenformen hat sich eine international befolgte Terminologie herausgebildet, deren Haupttypen sind: 1. Stratus (St), eine meist dünne Schichtwolke, die in ihrer gleichmäßigen Struktur keine wesentlichen Unterschiede erkennen läßt. 2. Nimbus (Nb), eine dicke, dunkle, formlose, dunkle Regenwolke mit zerfetzten Rändern. 3. Cumulus (Cu), scharf umgrenzte, unten meist flache, oben in mächtigen rundlichen Ballen hoch aufwärtsstrebende, im Sonnenschein blendend weiße Haufenwolken, die typischen Kennzeichen des aufsteigenden Luftstromes. 4. Cirrus (Ci), zarte, häufig federförmig verzweigte oder faserige, aus Eiskristallen bestehende Wolken.

Zwischen diesen vier Grundformen gibt es viele Übergangsformen, deren wichtigste Ci-St, Ci-Cu, Alto-St, Alto-Cu, St-Cu und Cu-Nb (letztere die eigentliche Gewitterwolke) sind. Bei einzelnen dieser Formen entsteht, wenn sie an der Grenze zweier Luftschichten mit verschiedener Bewegung liegen, eine wellenförmige Anordnung (s. Luft wogen), die auf das Gleitflächengesetz (s. dieses) zurückzuführen ist. Man bezeichnet sie dann als Wogenwolken.

Die Höhe der verschiedenen Wolkenformen ist in einer internationalen Zusammenarbeit während des „Wolkenjahres" 1896/1897 an zahlreichen, über die ganze Erde verteilten Stationen gemessen worden. Die höchsten Wolken sind die Zirren, die in 7 bis 13 km Höhe liegen, die niedrigsten der Stratus. Geographische Lage der Station und der Wechsel der Jahreszeiten sind von großem Einfluß auf die Höhenlage. Die Dicke der Wolken dürften in den Tropen bis 10 000 m erreichen können. Die höchsten Geschwindigkeiten des Wolkenzuges sind bei Zirruswolken mit 103 m pro s gemessen worden.

Über die Wolken als Himmelsbedeckung s. Bewölkung.

Der Gehalt der Wolken an flüssigem Wasser beträgt höchstens 8 g pro cbm; er ist stets geringer als der Gehalt der Wolkenluft an Wasserdampf. Durch die Vereinigung der kleinen Wolkenelemente zu größeren Tropfen, ein Vorgang, der noch manche Rätsel bietet, entsteht der Regen (s. diesen).

Verbreitung. Die geographische Verbreitung der einzelnen Wolkenformen ist noch wenig erforscht. Die Stratusformen sind am häufigsten in höheren, die Kumulusformen in niederen Breiten. Auf den Meeren tritt der Kumulus zurück gegen die Übergangsformen St-Cu und Ci-St.

Die gelegentlich am Nordhimmel beobachteten „leuchtenden Nachtwolken" sind Ansammlungen vulkanischen Staubes, die in Höhen von rund 85 km schweben, so daß sie in Sommernächten noch von der tief unter dem Horizont stehenden Sonne beleuchtet werden können.   O. Baschin.

Näheres s. J. v. Hann, Lehrbuch der Meteorologie. 3. Aufl. 1915.

Wolkenelektrizität. Beobachtungen des Potentialgefälles in der Atmosphäre zeigen, daß vorüberziehende Wolken sehr beträchtliche Änderungen, ja sogar Umkehrung des normalen Gradienten zur Folge haben können. Insbesondere gilt dies von Stratus, Cumulostratus und Nimbuswolken. Es ist klar, daß nur die in diesen Wolken angehäuften elektrischen Ladungen diese Feldstörungen bewirken können. Nachdem man die elektrische Ladung der Niederschläge ziemlich eingehend studiert hat (s.

„Niederschlagselektrizität"), ist man imstande, eine Schätzung der freien Ladungen in Wolken durchzuführen, wenn man die weitere, durchaus plausible Annahme macht, daß die Ladung pro Volumeinheit der Niederschläge von derselben Größenordnung ist, wie die der Wolkenelemente (V. Conrad). Die mittlere Ladung des Regens beträgt pro ccm etwa 1 elektrostatische Einheit, der maximale Wassergehalt einer Cumuluswolke (nach Arthur Wagner) etwa 5 ccm Wasser pro cbm Wolkenluft. Demnach wäre die in 1 cbm Wolkenluft an den Wasserteilchen haftende Ladung etwa 5 elektrostatische Einheiten $= 1,7 \cdot 10^{-9}$ Coulomb. Für eine Wolke von 1 km Radius ergibt sich dann eine Gesamtladung von etwa 6 Coulomb und eine solche Wolke würde, wenn ihr Mittelpunkt von der Erdoberfläche 3000 m entfernt angenommen wird, dort ein Potentialgefälle von mehr als 10 000 Volt/Meter hervorrufen (Gockel). Für eine Stratuswolke von 4 km Radius und 200 m Höhe ergäbe sich bei demselben Wassergehalt der Wolke auf der Erdoberfläche ein Potentialgefälle von 3000 Volt/Meter. Es sind dies Werte, die bei Gewittern und Böen tatsächlich sehr häufig vorkommen. Diese Übereinstimmung zeigt, daß die angegebene Schätzung der Wolkenladungen beiläufig richtig ist und daß diese ausreichen, um die bei Gewittern beobachteten hohen Werte des Potentialgradienten zu erzeugen. Über die Entstehung und Ursache der Wolkenladungen vgl. den Artikel „Gewitterelektrizität".   V. F. Hess.

Wucht s. Energie (mechanische).

Wüsten. Als Wüsten im weitesten Sinne bezeichnet man alle Teile der Erdoberfläche, die frei von Pflanzenwuchs sind. Nach dem Material der Oberfläche unterscheidet man Wasser-, Eis-, Schnee-, Salz-, Sand-, Lehm-, Kies-, Felswüsten. Im engeren Sinne versteht man unter Wüsten jene ausgedehnten, in der Regel ziemlich ebenen Sandflächen, die im Innern Afrikas, Australiens und Asiens meist in der Nähe der Wendekreise sowie im südlichen Teil der nördlichen gemäßigten Zone weite Gebiete einnehmen, während sie in Amerika nur kleinere Flächen bedecken und für Europa fast gar nicht in Betracht kommen. Das größte zusammenhängende typische Wüstengebiet ist die Sahara, die, selbst wenn man von ihren peripherischen Teilen absieht, immer noch mehr als 6 Mill. qkm umfaßt. Die Wüsten sind klimatisch gekennzeichnet durch geringe Bewölkung und relative Feuchtigkeit, Regenarmut, hohe Lufttemperaturen und Vorherrschen starker Winde, meist aus bestimmter Richtung. Durchlässiger Boden begünstigt das Versickern des spärlichen Regenwasser, so daß die Oberfläche der Wüste weniger die Formen der Erosion (s. diese) des fließenden Wassers, als vielmehr derjenigen des Windes aufweist, dessen eigentliches Reich immer die Wüste ist. Der Transport von Sand und Staub durch den Wind nimmt mitunter gewaltige Dimensionen an, und die Sandwüsten sind daher die Ursprungsgebiete ausgedehnter Staubfälle (s. diese).   O. Baschin.

Wurfbewegung. Wirft man einen Körper im luftleeren Raume mit der Anfangsgeschwindigkeit v_0 unter dem Elevationswinkel α_0 gegen die Wagerechte, so beschreibt sein Schwerpunkt, wenn man die Veränderlichkeit der Schwerebeschleunigung g außer acht läßt, eine Parabel mit lotrechter Achse. Die *Wurfhöhe* (d. h. der Höhenunterschied des Parabelscheitels gegenüber dem Anfangspunkt) ist

(1) $$h = \frac{v_0{}^2}{2\,g} \sin^2 \alpha_0;$$

die *Wurfweite* (d. h. die Entfernung des Treffpunkts auf der durch den Anfangspunkt gelegten
wagerechten Ebene vom Anfangspunkt) ist

(2) $$w = \frac{v_0{}^2}{g} \sin 2\,\alpha_0$$

mit dem Höchstwert $v_0{}^2/g$ bei der Elevation
$\alpha_0 = 45^0$. Die *Wurfdauer* (d. h. die Zeit bis zur
Erreichung jenes Treffpunkts) ist

$$T = \frac{2\,v_0}{g} \sin \alpha_0.$$

Die Wurfdauer t_0, die zur Erreichung eines beliebigen Zieles mit den Koordinaten x_0 (wagerechte Entfernung vom Anfangspunkt) und y_0
(Höhe über der wagerechten Ebene des Anfangspunktes) erforderlich ist, gehorcht zusammen mit
der Elevation α_0 der Abwurfsrichtung und der Ab-
wurfsgeschwindigkeit v_0 den Gleichungen

$$x_0 = v_0\, t_0 \cos \alpha_0,$$

$$y_0 = v_0\, t_0 \sin \alpha_0 - \frac{g}{2}\, t_0{}^2.$$

Aus diesen Gleichungen folgt beispielsweise, daß
innerhalb des *Wurfbereiches* (d. h. im Innern
eines Umdrehungsparaboloids, dessen Scheitel
senkrecht über dem Anfangspunkt in der Höhe
$v_0{}^2/2\,g$ liegt, und welches die wagerechte Ebene
des Anfangspunkts nach einem um diesen geschlagenen Kreise vom Halbmesser $v_0{}^2/g$ schneidet)
jedes Ziel (x_0, y_0) bei vorgeschriebener Elevation
α_0 durch einen Wert der Abwurfgeschwindigkeit
v_0, oder bei vorgeschriebener Abwurfgeschwindigkeit durch zwei Werte der Elevation erreicht
werden kann (Flachschuß und Bombenschuß).
Die auf dem Grenzparaboloid des Wurfbereichs
liegenden Punkte können nur mit einer Elevation
erreicht werden. Die Schwerpunktbahnen aller
vom Anfangspunkt aus mit gleich großer Geschwindigkeit geworfenen Körper berühren das Grenzparaboloid, allerdings z. T. erst unterhalb der
wagerechten Ebene des Anfangspunktes.

Alle diese Ergebnisse werden durch den Luftwiderstand ganz wesentlich verändert. Berücksichtigt man ihn, so wird bei großen Abwurf-
geschwindigkeiten sowohl die Wurfhöhe wie die
Wurfweite auch nicht angenähert so groß wie
(1) und (2); zur größten Wurfweite gehört eine
Elevation, die erheblich kleiner als 45^0 sein kann.
Die Wurfkurve ist gegenüber der Parabel in dem
Sinne verzerrt, daß ihr absteigender Ast steiler
als der aufsteigende verläuft und eine lotrechte

Asymptote in endlicher Entfernung vom Anfangspunkte besitzt. Ist α die Elevation der Kurven-
tangente an einer beliebigen Stelle, v die Geschwindigkeit daselbst und ϱ der dortige Krümmungshalbmesser der Kurve, so lauten die natürlichen Bewegungsgleichungen

$$\frac{dv}{dt} = - g \sin \alpha - f\,(v),$$

$$\frac{v^2}{\varrho} = g \cos \alpha,$$

wo $f(v)$ das Gesetz für die Verzögerung durch den
Luftwiderstand bedeutet. Insofern die analytische
Gestalt von $f(v)$ entweder nicht genau bekannt,
oder, soweit bekannt, sehr verwickelt ist, pflegt
man diese Gleichung intervallweise nach den Regeln
der Differenzenrechnung zu integrieren, indem
man für jedes Intervall einen Mittelwert des Luftwiderstands einsetzt. An dieser Rechnung, die man
unter dem Namen des *ballistischen Problems* zusammenfaßt, sind dann noch eine ganze Reihe von
Verbesserungen anzubringen, welche die folgenden
Punkte betreffen. Infolge der Erddrehung ω findet
eine Seitenablenkung statt, auf der nördlichen
Halbkugel stets nach rechts, auf der südlichen
stets nach links, und zwar in jeder Sekunde um
einen azimutalen Winkel, dessen analytisches Maß
in erster Annäherung durch

$$\omega \sin \varphi$$

angegeben wird, unter $\omega = 7{,}3 \,.\, 10^{-5}$ sek^{-1} die
Winkelgeschwindigkeit der Erddrehung und unter
φ die geographische Breite verstanden. Praktisch
macht diese Ablenkung am Ziel bis zu einigen
Metern aus. Ferner ist bei unsymmetrisch gestalteten oder unsymmetrisch fliegenden Geschossen
eine Seitenablenkung durch den Luftwiderstand
zu verzeichnen. Infolge der Eigendrehung (Drall),
die den Langgeschossen aus Stabilitätsgründen
mitgegeben werden muß, treten außerdem dynamische Luftkräfte auf (Seitentrieb durch Zirkulation) und endlich im Zusammenhang mit dem
Luftwiderstand Präzessionsdrehungen des alsdann
als Kreisel aufzufassenden Geschosses. Bei Rechtsdrall beschreibt so die Geschoßspitze auf einer
mitfliegenden lotrechten Ebene zykloidenartige
Kurven, die nach links offen sind und normalerweise zu einer weiteren Rechtsabweichung führen,
welche diejenige infolge der Erddrehung meist
übertönt.   *R. Grammel.*

Näheres über das ballistische Problem vgl. C. Cranz, Lehrb.
d. Ballistik, Leipzig und Berlin, namentlich Bd. 1,
3 und 4.

X

X's. Besonders in England vielfach gebrauchte
Bezeichnung für atmosphärische Störungen (s. dort).
A. Esau.

Xylophon s. Stabschwingungen.

Y

Youngsche Konstante s. Kritischer Koeffizient.

Youngsche Regel. Die Youngsche Regel bezieht
sich auf die Veränderung des Spannungskoeffi-
zienten $\left(\dfrac{\partial p}{d\,T}\right)_v$ eines Gases mit der Temperatur
und besagt, daß $\left(\dfrac{\partial^2 p}{d\,T^2}\right)_v$ für Volumina kleiner als

das kritische positiv, für Volumina größer als das
kritische negativ ist. Diese Regel wurde von
Sidney Young aus seinen Beobachtungen an
Isopentan abgeleitet und für Kohlensäure, Wasserstoff, Stickstoff, Sauerstoff, Äthylen bestätigt. Die
Gültigkeit der Regel für Flüssigkeiten ist noch
zweifelhaft.   *Henning.*

Z

Zähigkeit s. innere Reibung.

Zählung der radioaktiven Strahlung. Die radioaktive Experimentaltechnik verfügt derzeit über zwei ausgearbeitete Methoden, mit deren Hilfe es gelingt, den von einem einzelnen α-Partikel (s. d.) hervorgerufenen Effekt beobachtbar zu machen und damit die so wichtige Zählung der α-Partikel zu ermöglichen. Wichtig deshalb, weil man dadurch direkt die Zahl N der in einem radioaktiven Präparat pro Zeiteinheit aufbrechenden Atome erhält und weil durch Kombination dieser Messung mit einer gleichzeitigen Bestimmung des von den α-Teilchen bewirkten Ladungstransportes (N. E) die Ladung E eines α-Partikels und daher auch, da E ein ganzes Vielfaches des Elementarquantums sein muß, die letztere fundamentale Größe selbst erhalten wird.

Die eine Methode beruht darauf, die Ionisierungswirkung eines α-Teilchens durch Stoß-Ionisation (s. d.), bzw. durch Auslösung einer Spitzenentladung (3. d.) um ein mehrtausendfaches zu steigern; diese Methode gestattet nach neueren Erfahrungen auch den Effekt eines einzelnen in die Stoßkammer eintretenden β-Teilchens oder eines γ-Impulses zu messen und damit auch diese Strahlungen abzuzählen. Die zweite bisher nur auf α-Strahlen anwendbare Versuchsanordnung benützt die Tatsache, daß jedes α-Teilchen auf Sidot-Blende oder Diamant-Dünnschliff einen diskreten Lichtpunkt erzeugt, zur Zählung (vgl. den Artikel „Szintillation").

Als Resultat ergab sich: Jedes α-Partikel trägt zwei Elementarquanten; der Wert desselben wurde nach der ersten Beobachtungsart zu $4{,}69 \cdot 10^{-10}$, nach der zweiten zu $4{,}79 \cdot 10^{-10}$ st. E. erhalten, während eine andere direkte (Millikan-) Methode $4{,}77 \cdot 10^{-10}$ st. E. ergab. Weiters errechnet sich aus derartigen Messungen die Zahl der z. B. von einem Gramm Radium in der Zeiteinheit abgestoßenen α-Teilchen zu $(3{,}72 \cdot \pm 0{,}02) \cdot 10^{10}$. Endlich kann man auch entscheiden, ob nicht bei irgend einer zerfallenden Substanz gleichzeitig oder nahe gleichzeitig zwei α-Partikel ausgeschleudert werden. Ist dies der Fall, so ist, wenn man nicht beide α-Teilchen demselben Atomzerfall zuschreiben will, zu vermuten, daß ein Zerfallsprodukt vorhanden ist, das unmittelbar nach seiner Entstehung wieder α-strahlend zerfällt, durch seine große Instabilität bzw. Kurzlebigkeit sich anderweitigem Nachweis entzieht und die nahe gleichzeitige Entsendung zweier α-Partikel bei scheinbar nur einfachem Zerfall bewirkt. In der Tat konnten bei Actinium-Emanation und Thorium-Emanation solche Doppel-Szintillationen oder Doppel-Stöße konstatiert werden und in Verfolgung dieser Erscheinung gelang es, die Existenz der bis dahin unbekannten kurzlebigen Zerfallsprodukte Th A und Ac A durch sinnreiche Methoden sicherzustellen.

Bezüglich der γ-Strahlen ergaben Zählungen, daß Ra B und Ra C gleichviel γ-Impulse entsenden und daß sie im Gleichgewicht mit Ra stehend zusammen 2 bis 3 mal soviel γ-Impulse verursachen, als α-Partikel abgeschleudert werden.

K. W. F. Kohlrausch.

Zapfen, Netzhautelemente für Sehen bei größerer Helligkeit s. Augenempfindlichkeit für Licht verschiedener Wellenlänge, ferner Farbentheorie von Kries.

Zeemaneffekt (Z) ist in weiterem Sinne die Veränderung der Lichtemission und -absorption, die emittierende und absorbierende Körper in einem Magnetfeld erleiden, im engeren Sinne die durch ein äußeres Magnetfeld entstehende Aufspaltung von Spektrallinien. Im einfachsten Falle („normaler Z") beobachtet man in Richtung senkrecht zu den magnetischen Kraftlinien (Transversal- oder Quereffekt) 3 geradlinig polarisierte Teillinien oder „Komponenten" (K), die mittlere liegt am Ort der feldlosen Linie, die Schwingungsrichtung der elektrischen Kraft in ihr ist parallel dem Magnetfeld („p. K."), die beiden äußeren sind gleich viel (meist nur um Bruchteile einer Angströmeinheit $= 10^{-8}$ cm) nach größeren und kleineren Wellenlängen verschoben, ihre elektrische Kraft ist senkrecht zum Feld gerichtet („s. K."). In Richtung der Kraftlinien (Longitudinal- oder Längseffekt) treten 2 entgegengesetzt zirkularpolarisierte K. am Ort der s. K. auf, während die p. K. entsprechend den Grundlagen der Wellentheorie in Richtung ihrer Schwingungen nicht wahrgenommen werden kann. Der ganz analoge Effekt an Absorptionslinien wird als „inverser Z" bezeichnet (s. d.).

Der Drehungssinn geht aus Figur 1 hervor, in dem die positiven Kraftlinien und das zur Beobachtung gelangende Licht auf den Beobachter zu laufend gedacht sind, die Ströme in der felderzeugenden Wickelung bilden also mit diesem Licht

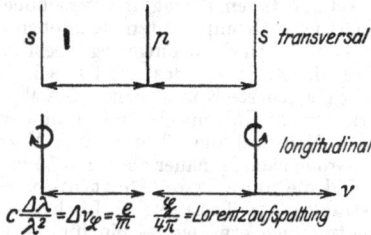

$$c\frac{\Delta\lambda}{\lambda^2} = \Delta\nu_{\mathcal{Q}} = \frac{e}{m} \quad \frac{\mathcal{Q}}{4\pi} = \text{Lorentzaufspaltung}$$

Fig. 1. **Lage der linear** (p u. s) **und zirkular-polarisierten Komponenten beim normalen Zeemaneffekt.**

eine Rechtsschraube und erscheinen in der Zeichnung entgegengesetzt dem Uhrzeigersinne rotierend, ebenso gerichtet ist der Sinn der Zirkularpolarisation in der kürzer welligen Komponente des „Dublets".

Die ersten grundlegenden Beobachtungen dieser wichtigsten (von Faraday vergeblich gesuchten) Erscheinung der Magnetooptik rühren von P. Zeeman (1896) her, dem trotz bescheidener Hilfsmittel auch die vollständige Aufspaltung in das longitudinale Dublet und das transversale Triplet gelang. Ohne Spektroskop wurde der Nachweis des Z. bald darauf durch König und Cotton erbracht, indem sie zwei mit gleichem Salze gefärbte Flammen hintereinander aufstellten und eine von ihnen zwischen die Pole eines Elektromagneten brachten. Bei Erregen des Feldes wird die Absorption des Lichtes der ersten in der zweiten Flamme verringert oder aufgehoben, indem die Wellenlänge der Emissions- oder der Absorptionslinien durch das Magnetfeld geändert wird. Für die Untersuchung der Einzelheiten des Z. werden möglichst starke Magnetfelder (bis über 50 000 Gauß bei kleinem Polabstand) und die stark auflösenden Apparate — Gitter Interferenzspektroskops s. d. — verwendet. Um zugleich die p und s zu erhalten, wird vor dem Spalt des Spektralapparates eine parallel zur Achse geschnittene Kalkspatplatte so angebracht, daß die zwei durch Doppelbrechung entstehenden Bilder senkrecht übereinander auf dem Spalt liegen.

Die theoretische Deutung des Z. gab Lorentz unmittelbar im Anschluß an die ersten Beobachtungen Z. auf Grund seiner Elektronentheorie (s. d.). Danach entstehen die Spektrallinien durch Schwingungen der „quasielastisch" an die Atome gebundenen negativen Elektronen, die elektromagnetische Wellen von der Frequenz ihrer Eigenschwingung ausstrahlen. Eine beliebig im Raum gelegene elliptische Schwingung ist zerlegbar in eine geradlinige in einer Ebene und eine elliptische in einer Ebene senkrecht dazu, und diese wieder in zwei sich entgegengesetzt kreisförmig drehende Schwingungen. Werden die zirkularpolarisierten Komponenten in dieser Ebene senkrecht zur Richtung des Magnetfeldes gelegt, ist a der Radius der Kreisbahn, m die Elektronenmasse, v die Bahn- und $\omega = v \cdot a$ bzw. ω' die Winkelgeschwindigkeit des Elektrons vor bzw. nach Einwirkung des Magnetfeldes, so tritt zur

Zentrifugalkraft $\dfrac{m v^2}{a} = m a \omega^2$ die Biot-Savartsche Kraft (s. d.) des Magnetfeldes $e \mathfrak{H} a \omega'$, so daß $m a \omega'^2 = m a \omega^2 \pm e \mathfrak{H} a \omega'$. Da $\omega' - \omega$ stets klein

gegen ω ist, entsteht $\Delta \omega = \omega' - \omega = \pm \dfrac{e}{2 m} \mathfrak{H}$. Ist

$\nu = \dfrac{c}{\lambda}$ die Schwingungszahl, so ist $\omega = 2 \pi \nu$ und

$\Delta \nu_\mathfrak{L} = - c \dfrac{\Delta \lambda}{\lambda^2} = \pm \dfrac{e}{4 \pi m} \mathfrak{H}$ (normale oder Lorentzsche Aufspaltung). Hierin ist $\mathfrak{H}$ in Gauß und e/m in absoluten elektromagnetischen Einheiten zu messen (nach Versuchen an Kathodenstrahlen $= 1 \cdot 77 \cdot 10^7$), also $\dfrac{\Delta \lambda}{\lambda^2} = 4,70 \cdot 10^{-5} \mathfrak{H}$, z. B. für $\mathfrak{H} = 10\,000$ Gauß (die größten Feldstärken sind heute etwa 5mal so groß) und $\lambda = 6 \cdot 10^{-5}$ cm (gelbes Licht) folgt $\Delta \lambda = 0,17$ Å (1 Å $= 10^{-8}$ cm).

Mithin müssen in einer Ebene senkrecht zum Felde zwei um diesen Betrag $\Delta \lambda$ verschobene zirkularpolarisierte Komponenten entstehen, deren Drehungssinn durch die 3 Fingerregel bestimmt ist, und eine in Richtung des Feldes schwingende geradlinig polarisierte Komponente. Die Messungen mit verfeinerten Hilfsmitteln haben in der überwiegenden Mehrzahl die Theorie dem Vorzeichen und der Größe nach (genauer als auf 1%) bestätigt. Damit sind die negativen Elektronen der Kathodenstrahlen als Träger der Lichtemission der Spektrallinien erwiesen — ein für die elektromagnetische Lichttheorie und unsere Vorstellungen über die Natur des Lichtes überhaupt grundlegendes Ergebnis.

Die die Elektronentheorie verdrängende Quantentheorie (s. d.) führt zum gleichen Ergebnis. Nach Bohr entsteht eine Spektrallinie beim Übergang des Elektrons aus einer „stationären" Bahn in eine andere von kleineren Dimensionen und kleinerer Energie. Der Energieunterschied $W_2 - W_1$ der beiden Zustände wird als Quantum $h \nu$ emittiert, wobei h das Plancksche elementare Wirkungsquantum ist. Unter dem Einfluß eines äußeren Magnetfeldes beschreibt die unveränderte Bahn des rotierenden Elektrons lediglich eine Präzessionsbewegung (s. d.) um die Richtung der Kraftlinien

als Achse mit der Geschwindigkeit $o = \dfrac{1}{2} \dfrac{e}{m} \mathfrak{H}$;

denn die bei dieser Präzession entstehende Coriolissche Kraft (s. d.) hebt gerade die Biot-Savartsche Kraft des Magnetfeldes auf. Die Energie des

Elektrons ändert sich dabei um $\dfrac{n \cdot o \cdot h}{2 \pi}$, wo n eine

ganze Zahl ist. Mithin wird der Unterschied der

Energie in der Anfangs- und Endbahn, zwischen denen die betrachtete Spektrallinie ausgestrahlt wird, $(n_a - n_e) \dfrac{o h}{2 \pi}$, wobei sich n_a auf die Anfangs-, n_e auf die Endbahn bezieht, und die durch das Magnetfeld bewirkte Änderung der betreffenden

Schwingungszahl wird $\Delta \nu \cdot h = \dfrac{(n_a - n_e)}{2 \pi} o h =$

$\dfrac{(n_a - n_e)}{4 \pi} \dfrac{e}{m} \mathfrak{H} \cdot h$, so daß sich die Plancksche Konstante h wieder heraushebt. Es ergibt sich also genau die Lorentzsche Formel der Elektronentheorie, falls man gemäß dem Auswahlprinzip der Quantentheorie (s. d.) $n_a - n_e = \pm 1$ oder 0 setzt. Nach dem gleichen Prinzip ergeben sich auch die Polarisationsverhältnisse ebenso wie in der Elektronentheorie. (Näheres vgl. z. B. Sommerfeld, Atombau und Spektrallinien. Braunschweig 1919, S. 422 ff.)

Allerdings werden meist an Stelle des einfachen normalen Z. anomale und komplizierte Effekte beobachtet. Erstens zeigt vielfach das entstehende Triplet beim Quereffekt nicht die normale Aufspaltung; man ist vorläufig gezwungen, diese Abweichungen durch innere Magnetfelder zu erklären, die unter der Einwirkung des äußeren Feldes auf die anderen Elektronen entstehen und das äußere Feld stärken oder schwächen können. Zweitens sind die Intensitätsverhältnisse häufig nicht normal, d. h. die p. K. ist nicht, wie zu erwarten, ebenso intensiv wie die zwei s. K. zusammen. Dies rührt vielfach von sekundären Ursachen her, von Absorption in der Lichtquelle und von besonderen Polarisationsverhältnissen der optischen Apparate, bisweilen aber haben abnorme Intensitätsverhältnisse auch eine unbekannte reelle Ursache. Drittens und vor allem aber entstehen, wenn die Spektrallinien an sich nicht einfach sind, an jeder Teillinie mehr als 3 bzw. beim Längseffekt mehr als 2 Komponenten. Einzelne der K. oder auch jede spaltet sich wieder, so daß 12, 15 und mehr K. beobachtet worden sind. In der unübersehbaren Fülle der Erscheinungen sind durch die Einordnung der Spektrallinien in Serien (s. d.) wichtige Gesetzmäßigkeiten aufgedeckt worden. Zunächst zeigen i. a. Linien der gleichen Serie sowie die Linien entsprechender Serien verschiedener Elemente nach Zahl der K. und nach Größe der Aufspaltung (in der Skala der Schwingungszahlen) den gleichen Effekt; das ist die sog. Prestonsche Regel, die häufig erst zur Auffindung von Serienlinien und zu ihrer Einordnung geführt hat. Und zwar ergeben sich die Aufspaltungen der verschiedenen Komponenten einer Linie als kleine ganzzahlige Vielfache eines ganzzahligen kleinen Teils der normalen Aufspaltung

(Rungesche Regel), d. h. gleich $\Delta \nu_\mathfrak{L} \cdot \dfrac{i}{r}$, wo r (die

„Rungesche Zahl") und i kleine ganze Zahlen sind. Diese Regel ist von größter Wichtigkeit: erstens deckt sie einen neuen Zusammenhang mit dem normalen Verhältnis e/m auf, ermöglicht vielfach erst dessen genaue Messung und läßt die „inneren Magnetfelder" als Ausnahmen erkennen. Zweitens weist sie durch ihre Ganzzahligkeit auf einen allerdings z. Zt. (1920) noch unbekannten Quanteneffekt hin. Die Rungesche Zahl r = 3 tritt bei allen Dublettlinien der Haupt- und der scharfen (II.) Nebenserie der Alkalien, der Bogenlinien der Erden und der Funkenlinien der Erdalkalien auf, das bekannteste Beispiel sind die D-Linien des Na (vgl. Fig. 2; z. B.

sind die äußersten s. K. des Sextetts der D_2-Linie um $\varDelta \nu_{\mathfrak{H}} \frac{5}{3}$ von der Mitte entfernt). Die Zahl r = 2 ist charakteristisch für den Triplettypus, sowohl in den Bogenlinien der Erdalkalien als in den Serien

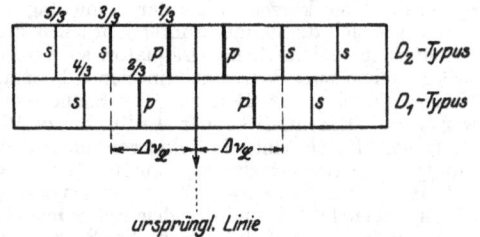

Fig. 2. Komplizierter Zeemaneffekt.

der O-, S-, Se-Gruppe. Alle Einfachlinien dagegen zeigen den normalen Z., ihnen entspricht also r = 1.

Eine gewisse Ausnahme von Prestons Regel offenbart sich in der Entdeckung von Paschen-Back (1912), daß bei genügend starken Feldern der komplizierte Z. vielfach in den normalen übergeht, anscheinend dann, wenn die magnetische Zerlegung groß gegen die natürliche Zerlegung der Teillinien ist (sog. Magnetische Umwandlung, s. a. d.). So zeigt das enge Dublet der roten Li-Linien schon in mäßigen Feldern ein normales Triplet. Gegenüber genügend starken äußeren magnetischen Kräften verschwindet also der Einfluß der übrigen Elektronen des Atoms, die in noch unbekannter Weise die natürliche Spaltung der Linien in Dublets und Triplets usw. bewirken.

Die komplizierten Z. und den Paschen-Backeffekt haben Lorentz und besonders Voigt im Rahmen der Elektronentheorie durch „Koppelung" zwischen den verschiedenen Elektronen eines Atoms zu erklären versucht: Neben der direkten Kraft des Magnetfeldes auf das schwingende und strahlende Elektron bewirkt auch die Bewegung der anderen Elektronen im Magnetfeld Kräfte auf das l. Elektron. Ebenso muß die Quantentheorie die komplizierten Z. auf die Wirkung der äußeren Elektronen im Atom zurückführen, doch sind Einzelheiten nicht bekannt, da eindeutig und zweifellos im Bohrschen Atom bisher (1920) nur die Bahnen eines einzelnen Elektrons berechenbar sind. *R. Ladenburg.*
Näheres s. Handb. d. Elektr. u. d. Magnet. IV, 2, S. 393—406, 1915. Bearbeitet von W. Voigt.

Zeemaneffekt an Banden. Man spricht von „Banden" im doppelten Sinn: erstens werden diffuse Absorptions- und Emissionsstreifen als Banden bezeichnet, wie sie an flüssigen und festen Körpern auftreten. Bei diesen beobachtet man Zeemaneffekte nur an einigen Kristallen (s. magnetooptische Erscheinungen an Kristallen). Hier werden die Banden durch Eintauchen des Kristalls in flüssige Luft in scharfe Absorptionslinien verwandelt, die denen der Dämpfe im Aussehen ähneln. Auch der Zeemaneffekt stimmt im allgemeinen Charakter mit dem Zeemaneffekt an Spektrallinien überein, so daß als Zentren dieser Banden ebenfalls Elektronen anzusehen sind.

Eine ganz andere Art von Banden sind die, vielen Gasen und Dämpfen eigentümlichen, größeren Emissions- und Absorptionsgebiete, die bei genügender optischer Auflösung in feine Linien mit gesetzmäßiger Anordnung zerfallen.

Der bei ihnen auftretende Zeemaneffekt ist zum Teil wegen der natürlichen engen Lage der Linien, zum Teil wegen der geringen Größe des Effektes nur schwer beobachtbar und erst 17 Jahre nach dem gewöhnlichen Zeemaneffekt entdeckt (Dufour 1908). Man unterscheidet den relativ großen Effekt

an den Kanten der Banden (s. d.) und einen nur in sehr starken Feldern (über 40000 Gauß) beobachtbaren kleinen Effekt an den Bandenlinien. Der erstere tritt besonders an Dämpfen der Erdalkalihalogen ($CaFl_2$, $SrCl_2$ usw.) und an denen von Yttriumsalzen auf. Kanten, die zu einer Gruppe von Banden gehören, werden gleich stark zerlegt, ähnlich wie Einzellinien beim normalen Zeemaneffekt (s. d.), und zwar werden transversal Quartetts beobachtet, longitudinal Dublets, wobei aber zum Teil der Drehungssinn der zirkular polarisierten Komponenten anomal ist, als ob positive Elektronen (von ähnlicher Masse wie die negativen) die Zentren wären. Da diese anderweitig durchaus nicht nachweisbar sind, ist man auf die Annahme innermolekularer oder atomarer Magnetfelder angewiesen, die durch das äußere Magnetfeld entstehen, ähnlich wie bei magnetooptischen Erscheinungen an Kristallen (s. d.).

An den Bandenlinien des C-Spektrums treten ähnliche magnetische Verwandlungen ein, wie sie Paschen und Back in starken Magnetfeldern an Dublets und Triplets von Serienlinien beobachtet haben (s. Zeemaneffekt und magnetische Umwandlung): die Dublets vereinigen sich zu einfachen Linien, die Triplets zeigen analoge Veränderungen (Fortrat 1913). Ist μ der natürliche Abstand der Dublets oder Triplets in Schwingungszahlen gemessen $\left(\mu = \varDelta \nu = \frac{\varDelta \lambda c}{\lambda^2} \right)$, $\delta \mu$ seine Verringerung durch das Magnetfeld $\mathfrak{H}$, so ist das Verhältnis $\frac{\mu \delta \mu}{\mathfrak{H}^2}$ für Glieder derselben Reihe konstant, solange $\delta \mu < \frac{2}{3} \mu$, — also besteht eine gewisse Analogie zum Zeemaneffekt an Serienlinien.

An anderen Bandenlinien treten weitere Analogien zum gewöhnlichen Zeemaneffekt auf — Zerlegungen mit üblicher Polarisation, doch stets in äußerst geringer Größe.

Eine Theorie dieser Erscheinungen steht noch aus, zumal die Ursache der Bandenspektren selbst noch nicht sichergestellt ist: aller Wahrscheinlichkeit nach rühren sie nicht von isolierten Atomen, sondern stets von Atomkomplexen her (Molekülen), die sich zum Teil vielleicht erst bei der optischen Erregung der Dämpfe und Gase bilden. *R. Ladenburg.*
Näheres s. Graetz, Handb. d. Elektr. u. d. Magn. Bd. IV, 2. S. 538—546. Leipzig 1915 (Magnetooptik, bearbeitet von W. Voigt).

Zeemaneffekt auf der Sonne. Manche Fraunhofersche Linien im Gebiet der Sonnenflecke zeigen Verbreiterungen, Verdoppelungen und vor allem Polarisationserscheinungen, die auf die Einwirkung von Magnetfeldern zurückgeführt werden (Hale 1908). Wenn der Sonnenfleck sich in der Mitte der Sonne befindet, sind die Ränder bzw. Teile dieser Linien wie bei einem longitudinalen Zeemaneffekt (s. d.) entgegengesetzt zirkular polarisiert, einem Magnetfeld entsprechend, dessen Kraftlinien radial senkrecht zur Sonnenoberfläche verlaufen. Beim Wandern des Sonnenflecks infolge der Sonnenrotation nach dem Rande zeigen sich die Änderungen, die bei schräg auf den Beobachter zulaufender Kraftlinien beim Zeemaneffekt an irdischen Lichtquellen bekannt sind. Am Sonnenrande selbst sind die Komponenten bzw. Teile der Linien geradlinig polarisiert. Als Ursache der Magnetfelder sind die gewaltigen Wirbel leuchtender und ionisierter Gase anzusehen, die in den Sonnenflecken auf Grund der spektroheliographischen Aufnahmen der Sonnenoberfläche im Lichte einzelner Spektrallinien (s. Physik der Sonne und Sonnenspektrum) angenommen werden. Bewegte geladene Teilchen wirken wie ein elektrischer Strom, so daß die Kraftlinien der Sonnenwirbel der Wirbelachse parallel laufen, gerade wie aus den Polarisationserscheinungen gefolgert wurde. Aus dem Drehungssinn der zirkularpolarisierten Komponenten ergibt sich durch Vergleich mit einem irdischen Zeemaneffekt, daß die negativen kreisenden Teilchen das wirksame Magnetfeld erzeugen. Benachbarte Sonnenflecken, auf denen aus den spektroheliographischen Aufnahmen entgegengesetzter Drehungssinne der Wirbel folgt, zeigen auch entgegengesetzten Drehungssinn der Zirkularpolarisation. Aus der Größe der Zerlegung bzw. Verbreiterung ergibt sich die Feldstärke der Sonnenmagnetfelder bis zu einigen Tausend Gauß, wie sie sich in der Tat zwanglos aus der Bewegung der Ionen in den Wirbeln errechnen lassen. Nähere Untersuchungen lassen freilich die Erscheinungen als ziemlich kompliziert erkennen, indem die Kraftlinien der Magnetfelder häufig geneigt zum Sonnenradius liegen und die Felder selbst sehr inhomogen sind. Man kann auf diese Weise magnetische Karten der Sonnenoberfläche anfertigen, die die Richtung und Stärke der magnetischen Feldstärke angeben.

R. Ladenburg.

Näheres s. Pringsheim, Physik der Sonne. S. 380ff. Leipzig 1910.

Zehndersche Röhre, eine Glimmentladungsröhre nach L. Zehnder, als Anzeiger für elektrische Schwingungen. Die Zehndersche Röhre hat vier Elektroden, von denen sich zwei sehr nahe gegenüberstehen. Die beiden anderen haben mehrere Zentimeter Abstand, in ihrer Verbindungslinie liegt die Lücke zwischen den zwei erstgenannten Elektroden. An die beiden entfernten wird eine solche Gleichspannung gelegt, daß die Glimmentladung sich eben noch nicht aufrecht erhalten kann. Wird an die beiden ersten die Hochfrequenzspannung zugeführt, die relativ kleine Amplitude haben kann, dann leuchtet unter der gemeinsamen Wirkung von Gleich- und Wechselspannung die Röhre auf. Es existieren mancherlei verschiedene Elektrodenanordnungen der Zehnderschen Röhre.

H. Rukop.

Näheres s. L. Zehnder, Ann. d. Phys. 12, 417, 1174. 1903.

Zeigerinstrumente. Bezeichnung für alle Instrumente, bei denen die Ablesung einer Ablenkung mittels eines materiellen Zeigers erfolgt, der über einer Skala angebracht ist (Gegensatz: Spiegelinstrumente). Zur Vermeidung der Parallaxe ist die Teilung der Skala auf einem Spiegel angebracht oder es befindet sich längs der Skala ein Spiegel. Die Ablesung wird so ausgeführt, daß sich der Zeiger mit seinem Spiegelbild deckt. *W. Jaeger.*

Zeit ist die unabhängige Variable in den Bewegungsgleichungen der Mechanik.

Gemessen wird die Zeit durch die Rotation der Erde um ihre Achse. Die Einheit ist der Tag, d. h. die Dauer einer vollen Umdrehung. Man unterscheidet Sternzeit und Sonnenzeit. Einheit der Sternzeit ist der Sterntag, d. h. die Zeit, welche zwischen zwei Kulminationen eines Fixsternes verstreicht, unter der Voraussetzung, daß der Fixstern seinen Ort am Himmel in der Zwischenzeit nicht geändert habe; das wäre die Dauer einer Umdrehung im Inertialsystem. Der Sonnentag, die Einheit der Sonnenzeit, ist die Zwischenzeit zwischen zwei Kulminationen der Sonne. Da sich

diese infolge der jährlichen Bewegung der Erde etwa um 1° pro Tag und zwar im Rotationssinn der Erde fortbewegt, so muß sich die Erde von einer Sonnenkulmination zur nächsten um etwa einen Grad mehr als 360° drehen. Das Jahr muß einen Sterntag mehr als Sonnentage haben, weswegen der Sterntag um etwa 3^m 56^s kürzer ist als der Sonnentag.

Bewegte sich die Sonne in ihrer jährlichen Bahn gleichförmig und im Himmelsäquator, so wäre die Zeit zwischen zwei Sonnenkulminationen konstant. Nun ist die scheinbare Bewegung der Sonne erstens wegen der Exzentrizität der Erdbahn, zweitens wegen der Ekliptikschiefe in Rektaszension ungleichförmig. Man fingiert eine sog. mittlere Sonne, die sich im Himmelsäquator mit gleichförmiger Geschwindigkeit bewegt und die gleichzeitig mit einer gleichförmig in der Ekliptik bewegten Sonne durch den Frühlingspunkt geht, so daß man zwischen mittlerer und wahrer Sonnenzeit unterscheiden muß.

Im bürgerlichen Leben bedient man sich der mittleren Zeit, die von allen Uhren angegeben wird. Nur die sog. Sonnenuhren zeigen wahre Sonnenzeit. Der Unterschied zwischen beiden heißt die Zeitgleichung, deren gegenwärtig gültige Werte im Sinne mittlerer Zeit minus wahre Zeit in folgende Tabelle angeführt sind.

Januar 1	. . . . + 2^m	Juli 1 .	. . . . . + 3^m
Februar 1	. . . . + 14	August 1	. . . . . + 6
März 1	. . . . + 13	September 1	 0
April 1	. . . . + 4	Oktober 1	. . . . . — 10
Mai 1	. . . . — 3	November 1	. . . . — 16
Juni 1	. . . . — 2	Dezember 1	. . . . — 11

Die wahre und mittlere Sonnenzeit sind der Stundenwinkel der wahren bzw. mittleren Sonne. Sternzeit ist Stundenwinkel des Frühlingspunktes s. Himmelskoordinaten). Da der Frühlingspunkt infolge der Präzession selbst veränderlich ist, stimmt die vorhin gemachte Feststellung, daß der Sterntag sich auf ein Inertialsystem beziehe, nicht genau. Doch ist der Unterschied erst in etwa 26 000 Jahren ein Tag.

Jeder Längegrad der Erde hat seine eigene Zeit. Im bürgerlichen Leben hat man für größere Länderstrecken Einheitszeit eingeführt und die Erde in 15° breite Zonen eingeteilt. Diese Zonen haben eine Zeitdifferenz von genau 1^h. Frankreich, Großbritannien, Belgien haben die Zeit des Meridians von Greenwich (West-Europäische Zeit), Deutschland, Schweiz, Italien, Österreich-Ungarn, Skandinavien haben die Zeit des 15. Längegrades östlich Greenwich, die sog. mitteleuropäische Zeit, der Balkan die des 30. Längegrades (osteuropäische Zeit). Viele Länder haben indes noch die Zeit des Meridians ihrer Hauptstadt. So hatte Rußland die Petersburger Zeit, die um 1 Minute gegen die osteuropäische differierte. *Bottlinger.*

Zeitgleichung s. Zeit.

Zeitsignal. Ein zu bestimmten Zeiten regelmäßig ausgesandtes Signal, das die Feststellung der genauen Uhrzeit gestattet und für die Seeschiffahrt von erheblicher praktischer Bedeutung ist.

A. Esau.

Zenit (Scheitelpunkt), der der Schwerkraftrichtung, der sog. Normalen entgegengesetzte Punkt an der Himmelskugel. Der Gegenpunkt des Zenits wird Nadir (Fußpunkt) genannt. *Bottlinger.*

Zenit, magnetischer. Der Ort am Himmelsgewölbe, auf den der von der Erde abgewandte Pol der Inklinationsnadel gerichtet ist. Am magnetischen Inklinationsäquator gibt es je einen magnetischen Zenit am Nord- und am Südhimmel.

A. Nippoldt.

Zenitdistanz s. Himmelskoordinaten.

Zenitdistanzen, gegenseitige s. Höhenmessung.

Zenitrefraktion. Bei normaler Schichtung der Luft liegen die Schichten horizontal. Die von einem Stern im Zenit kommenden Strahlen treffen somit alle Schichten normal und werden nicht gebrochen: die normale Refraktion im Zenit ist gleich Null. Dieser normale Zustand scheint aber nie einzutreten. Infolge ungleicher Erwärmung haben die Luftschichten immer eine gewisse Neigung, und damit ist eine, wenn auch sehr kleine Refraktion im Zenit verbunden. Dieselbe hat eine tägliche und eine jährliche Periode. Die erste hat zur Folge, daß man im Laufe einer Nacht den Winkel zwischen Pol und Zenit nicht konstant ansehen kann, woraus bei der Reduktion der Polhöhenbeobachtung große Schwierigkeiten entstehen. Die zweite kommt in dem sogenannten Kimuraschen z-Gliede zum Ausdruck, einem Gliede jährlicher Periode in den Resultaten der Polbewegung, deren Entstehung lange Zeit rätselhaft blieb (s. Polhöhenschwankung). *A. Prey.*

Zenitteleskop s. Vertikalkreis.

Zentesimalwage s. Brückenwage.

Zentralbewegung. Man versteht darunter die Bewegung eines als Massenpunkt anzusehenden Körpers unter dem Einflusse einer *Zentralkraft*, d. h. einer nach einem festen Punkt (*Zentrum*) hin gerichteten Kraft, die nur von der Entfernung r des Massenpunktes vom Zentrum abhängt. Für die Zentralbewegung gelten, unabhängig von der Form des Kraftgesetzes, folgende vier allgemeinen Sätze:

1. Die Bahn liegt in einer durch das Zentrum gelegten Ebene.

2. Der vom Zentrum nach dem Massenpunkt gezogene Fahrstrahl r überstreicht in gleichen Zeiten gleiche Flächen (Keplers II. Gesetz = Flächensatz).

3. Die Bahngeschwindigkeit ist ihrem Betrag nach die gleiche, so oft der Massenpunkt die gleiche Entfernung r vom Zentrum hat (Energiesatz), nämlich gleich dem Quotienten aus der doppelten Flächengeschwindigkeit (s. Impuls) und dem Lot vom Zentrum auf die augenblickliche Bahntangente.

4. Die Bahnkurve ist symmetrisch in bezug auf jeden größten und jeden kleinsten Fahrstrahl.

Weitere Gesetze hängen von der Form f(r) des Kraftgesetzes ab. Ist m die Masse des bewegten Punktes und h die doppelte Flächengeschwindigkeit, so lautet in Polarkoordinaten (r, φ) mit dem Zentrum als Pol die Differentialgleichung der Bahnkurve

$$(1) \qquad f(r) = \frac{m\,h^2}{r^2}\left[\frac{1}{r} + \frac{d^2\frac{1}{r}}{d\varphi^2}\right].$$

Diese Gleichung ist bei gegebener Funktion f(r) stets integrabel. Hat man somit die Bahnkurve ihrer Gestalt nach gefunden, so reguliert sich der zeitliche Ablauf der Bewegung nach dem Flächensatz

$$(2) \qquad r^2\frac{d\varphi}{dt} = h.$$

Insbesondere hängt die Flächenkonstante h mit der Umlaufszeit t_0 (d. h. der für die Drehung des Fahrstrahls r um einen vollen Winkel erforderlichen Zeit) zusammen durch

$$(3) \qquad h\,t_0 = \int_0^{2\pi} r^2\,d\varphi.$$

Das Integral bedeutet die doppelte, in der Zeit t_0 überstrichene Fläche.

Besondere Fälle.

1. **Quasielastische Zentralkraft:** $f(r) \equiv \lambda r$, wo λ eine Konstante sein soll. Die Bahn ist eine Ellipse, deren Mittelpunkt mit dem Zentrum der Kraft zusammenfällt. Die Umlaufsdauer ist

$$t_0 = 2\,\pi\sqrt{\frac{m}{\lambda}},$$

also unabhängig von der Größe der Halbachsen a und b. Die doppelte Flächengeschwindigkeit dagegen wird proportional mit dem Produkt der Halbachsen

$$h = a\,b\sqrt{\frac{\lambda}{m}}.$$

2. **Newtonsche Gravitationskraft:** $f(r) \equiv \dfrac{\varkappa\,m}{r^2}$, wo $\varkappa$ eine dem Kraftzentrum eigentümliche Zahl bedeutet, die im Falle des Planetensystems das Produkt aus der (unbeweglich gedachten) Sonnenmasse in die universelle Gravitationskonstante ist. Die Bahngleichung wird mit zwei Integrationskonstanten ε und φ_0

$$(1\,a) \qquad \frac{1}{r} = \frac{\varkappa}{h^2}\left[1 + \varepsilon\cos(\varphi - \varphi_0)\right];$$

dies ist ein Kegelschnitt mit der numerischen Exzentrizität ε und dem Zentrum als dem einen Brennpunkt (Keplers I. Gesetz). Im Falle, daß der Kegelschnitt eine Ellipse wird, findet man für das Quadrat der Umlaufsdauer t_0 in Verbindung mit der großen Halbachse

$$(3\,a) \qquad \varkappa\,T_0^2 = 4\,\pi^2\,a^3;$$

die Quadrate der Umlaufsdauern verhalten sich wie die Kuben der großen Achsen. (Keplers III. Gesetz). Das Wesentliche an diesem Gesetz besteht darin, daß seine experimentelle Bestätigung gleichbedeutend mit dem Nachweis ist, daß die Zahl $\varkappa$ dieselbe für das ganze Gravitationsfeld der Sonne ist.

3. **Einsteinsche Gravitationskraft:** In der Gravitationstheorie von Einstein ist die Wirkung zwischen zwei Massen im allgemeinen zwar überhaupt nicht durch eine Zentralkraft darstellbar; man erhält aber eine bei schwach exzentrischen Bahnen brauchbare erste Annäherung, wenn man die Kraft wie eine Zentralkraft ansieht, die sich nach fallenden Potenzen von r entwickeln läßt, und zwar indem man schon nach dem zweiten Gliede abbricht, in der Form

$$f(r) = \frac{m\,\varkappa}{r^2}\left(1 + \frac{6\,\varkappa}{c^2\,r}\right),$$

wo c die Lichtgeschwindigkeit bedeutet. Dann wird die Bahn mit der Abkürzung

$$p^2 = 1 - \frac{6\,\varkappa^2}{c^2 h^2}$$

dargestellt durch

$$(1\,b) \qquad \frac{1}{r} = \frac{\varkappa}{h^2 p^2}\left[1 + \varepsilon\cos p\,(\varphi - \varphi_0)\right];$$

sie ist also ein Kegelschnitt, der sich um das Zentrum als Brennpunkt dreht. Der Winkelbetrag dieser Drehung berechnet sich für jeden Umlauf zu

$$\varDelta\varphi_0 = 2\,\pi\left(\frac{1}{p} - 1\right)$$

oder in erster Annäherung (mit den Bezeichnungen von 2.) zu

$$\Delta \varphi_0 = \frac{6\,\pi\,\varkappa}{a\,c^2\,(1-\varepsilon^2)} = \frac{24\,\pi^3\,a^2}{c^2\,t_0{}^2\,(1-\varepsilon^2)}$$

und mißt, auf den Merkur angewandt, dessen Perihelbewegung von 43″ im Jahrhundert.

R. Grammel.

Zentralellipse s. Trägheitsmoment.
Zentralellipsoid s. Trägheitsmoment.
Zentralkraft s. Zentralbewegung.
Zentralspiegel s. Tripelspiegel.
Zentrierwulst s. Geschosse.
Zentrifugalkraft s. Trägheitskräfte.
Zentrifugalmoment s. Trägheitsmoment.
Zentrifugalpendel s. Pendel (math. Theorie).

Zerfallsgesetze der Radioaktivität (auch Des-aggregations- oder Transformationstheorie). — Die radioaktiven Atome sind, wie im Artikel „Atom-zerfall" auseinandergesetzt wird, nach der Ruther-fordschen Hypothese instabil und streben stabileren Zuständen zu. Irgendwelche äußere Bedingungen für das Eintreten des Zerfalles können nicht an-gegeben werden und auch aus theoretischen Über-legungen sind solche Ursachen nicht ableitbar, da hierzu die genaue Kenntnis der Innenkonstruktion eines Atomes fehlt. Der Zeitpunkt des Zerfalles ist anscheinend nur vom Zufall abhängig und tatsächlich gelingt es nach E. v. Schweidler, in Durchführung dieser Auffassung zu den experi-mentell beobachteten Zerfallsgesetzen zu gelangen. Die einzig zu machende Annahme besteht darin, daß die Wahrscheinlichkeit w für das Eintreten des Zerfalles innerhalb eines vorgegebenen Zeit-raumes Δ für alle gleichartigen Atome konstant und unabhängig von der Vorgeschichte ist. Und zwar wird für relativ kleine Zeiträume Δ diese Wahrscheinlichkeit w dem Δ proportional sein, also $w = \lambda\,\Delta$. Die sog. zusammengesetzte Wahr-scheinlichkeit, daß ein Atom während eines Viel-fachen von Δ nicht zerfalle, also die Zeit $t = k\,\Delta$ überlebe, ergibt sich zu $w_t = (1 - \lambda\,\Delta)^k$, welcher Ausdruck für $\lim \Delta = 0$ in $w_t = e^{-\lambda t}$ übergeht. Dies gilt zunächst für ein Atom; sind deren N_0 gleichartige vorhanden, die, nach Voraussetzung, alle demselben Gesetz gehorchen, so sind nach dem Gesetz der großen Zahlen $N_0\,w_t$ unverwandelt, d. h. nach der Zeit t sind von N_0 Atomen noch $N_t = N_0\,e^{-\lambda t}$ da, der Rest $N_0 - N_t = N_0$ $(1 - e^{-\lambda t})$ ist inzwischen zerfallen und umgewandelt in die anders gearteten Atome des „Zerfallspro-duktes", die einem gleichgebauten Zerfallsgesetz nur mit anderen Konstanten λ folgen. Somit ist die Zerfallskonstante λ die Wahrscheinlichkeit, daß ein Atom innerhalb einer Zeitspanne, die klein ist gegen die mittlere Lebensdauer, zerfalle. $N_t = N_0\,e^{-\lambda t}$ ist aber gerade das experimentell beobach-tete Abklingungsgesetz für die Präparatstärke, und führt, unabhängig vom Alter des Präparates, immer zum selben Wert für λ, womit die Voraus-setzung über die Unabhängigkeit des w von der Vorgeschichte gerechtfertigt wird. Beobachtet wird nun nicht die Zahl der noch vorhandenen Atome N_t, vielmehr die Zahl Z der in einem be-stimmten Zeitmoment pro Zeiteinheit zerfallenden Atome, die durch Differentiation des obigen Ge-setzes gegeben sind zu $Z = -\dfrac{d\,N_t}{d\,t} = \lambda\,N_t$ und somit der jeweils vorhandenen Atomzahl pro-portional sind. Bei Abzählung der von einem ein-heitlichen Präparat stammenden α-Partikel — jeder Zerfall ist von der Abstoßung eines α- oder eines β-Partikels begleitet — nach der Szintillations-methode, oder mit Hilfe von Stoßionisation (vgl. den Artikel „Zählung") wird direkt die Zahl Z bestimmt; bei Beobachtung an der durch die α- oder β-Strahlung hervorgerufenen Ionisierung wird ein Sättigungsstrom i gemessen, der dem Wert von Z proportional ist. Im letzteren, dem weitaus häufigeren Fall, muß daher, weil $i \sim Z$ und $Z \sim N_t$ ist, auch das Gesetz erfüllt sein: $J_t = J_0\,e^{-\lambda t}$. Trägt man nun die natürlichen Logarithmen der zu verschiedenen Zeiten gefundenen J_t-Werte als f (t) auf, so muß man nach: $\lg J_t = \lg J_0 - \lambda t$ eine Gerade erhalten, aus deren Neigung λ, aus deren Schnittpunkt mit der J_t-Achse J_0 berechen-bar ist.

Die bisherigen Überlegungen gelten für den ein-fachsten Fall, daß man es während der Versuchs-dauer mit nur einer Art von zerfallenden Atomen zu tun hat. (Daß also das betreffende Präparat von seiner Muttersubstanz entfernt ist und ein Folgeprodukt erzeugt, das inaktiv ist und nicht etwa selbst unter begleitenden Strahlungserschei-nungen in einem neuen Abklingungstempo zerfällt.) Anders werden die Erscheinungen, wenn man z. B. an einem Präparat B beobachtet, dessen Atome nach einer e-Potenz in inaktive Atome zerfallen, das aber von seiner Muttersubstanz A immer neue B-Atome, z. B. die konstante Zahl q pro Zeiteinheit nachgeliefert erhält. Die Bilanz ist nun: $\dfrac{d\,N_B}{d\,t} = -\lambda_B\,N_B + q$, woraus durch Inte-gration $N_{B,t} = \dfrac{q}{\lambda_B}\,(1 - e^{-\lambda_B t})$ folgt, wenn die Anfangsbedingung (Zahl der zur Zeit $t = 0$ vorhandenen B-Atome) gelautet hatte $N_{B,0} = 0$. Es nimmt somit die Zahl der B-Atome von Null an mit der Zeit zu, bis zu dem, offenbar das Maxi-mum darstellenden Endwert $N_{B,\infty} = \dfrac{q}{\lambda_B}$, dem sie sich asymptotisch nähert. Wiederum beobachtet man, wenn der Ionisationsstrom gemessen wird, nicht N_B selbst, sondern den ihrer α- oder β-Wirkung zuzuschreibenden Sättigungsstrom. Wenn der Zerfall der Muttersubstanz q B-Atome liefert, so liefert er auch in der Sekunde q α- oder β-Teilchen und einen konstanten Strom $J_A = k_A\,q$, wo k_A cet. par. ein von Strahlenart und Strahleneigen-schaften abhängiger Proportionalitätsfaktor ist. Analog liefert die Substanz B durch ihren Zerfall einen Strom $J_B = k_B \cdot \lambda_B\,N_B$, weil $\lambda_B\,N_B$-Atome in der Zeiteinheit aufbrechen und ebensoviele α- oder β-Teilchen frei werden. Der Gesamteffekt ist somit $J_t = J_A + J_B$, worin J_A in diesem Beispiele zeitlich konstant, J_B variabel ist. Da J_B zur Zeit $t = 0$ selbst Null ist, so beobachtet man zu diesem Zeitpunkt nur $J_0 = J_A = k_A\,q$. Bildet man für alle gemessenen Stromwerte die Differenz $J_t - J_0$, so erhält man J_B in seiner Abhängigkeit von der Zeit, nämlich $k_B\,\lambda_B\,N_{B,t}$, welches dem oben abgeleiteten Gesetz gehorchen muß, indem $J_t - J_0 = k_B\,\lambda_B\,N_{B,t} = k_B\,q$ $(1 - e^{-\lambda_B t})$ ist und in entsprechender graphischer Darstellung leicht die Ermittlung von λ_B gestattet.

Die beiden besprochenen Fälle bilden die ein-fachsten und fundamentalen Beispiele, betreffend „Zerfall" (1. Beispiel) und „Wiederanstieg" (2. Bei-spiel). Zur Realisierung des letzteren Falles mußte offenbar die Muttersubstanz A künstlich konstant gehalten werden, da sie sonst infolge ihres suppo-nierten Zerfalles abnehmen muß. Doch ist die Überlegung in allen jenen Fällen sehr nahe richtig, wo der Zerfall des primären Produktes so langsam ist, daß die Intensitätsabnahme an A in den zur Beobachtung für B nötigen Zeiten vernachlässigbar ist. Der „stationäre Zustand", d. h. eine mit der Zeit nicht veränderliche Stromstärke ist dann erreicht, wenn $\frac{d\,N_B}{d\,t} = 0$, d. h. wenn $q = \lambda_B N_B$ ist. Nun stellt q die Zahl der nacherzeugten B-Atome, also offenbar auch die pro Zeiteinheit zerfallenden A-Atome vor, demnach muß q auch gleich $\lambda_A N_A$ sein, oder im Gleichgewichtsfalle: $\lambda_B N_B = \lambda_A N_A$ (vgl. „Gleichgewichtsmenge"). — Im allgemeinen wird aber die Muttersubstanz nicht als konstant anzunehmen sein, sondern je nach den Umständen ab- oder auch zunehmen. Man braucht sich nur vorstellen, daß in dem früher behandelten Beispiele die Substanz B die Muttersubstanz ist, infolge des Zerfalles von A zunächst ansteigt und gleichzeitig selbst wieder eine instabile und strahlende Substanz C erzeugt; es kann ferner, was in der Praxis häufig der Fall ist, die Beobachtung in einem Zeitpunkt begonnen werden, wo einige Zerfallsprodukte, im Gleichgewicht mit einer Primärsubstanz, von dieser getrennt wurden. Und andere Beispiele mit oft sehr komplizierten Verhältnissen mehr. Diesbezüglich sei auf die Handbücher der „Radioaktivität" (s. d.) verwiesen.

K. W. F. Kohlrausch.

Zerfallskonstante, auch Umwandlungs- oder Radioaktivitäts-Konstante genannt, ist die für die Instabilität des radioaktiven Atomes charakteristische Konstante, bezeichnet mit λ, die die Wahrscheinlichkeit angibt, daß das betreffende Atom innerhalb eines gegebenen relativ kleinen Zeitintervalles zerfällt. Ihr reziproker Wert $\tau = \frac{1}{\lambda}$ wird als „mittlere Lebensdauer" bezeichnet, da, wie sich aus dem Zerfallsgesetz (s. d.) $N_t = N_0 e^{-\lambda t}$ ableiten läßt, die Summe S der Lebensdauern sämtlicher N_0 ursprünglich vorhandener Atome sich ergibt zu $S = \frac{N_0}{\lambda} = N_0 \tau$, so daß $\frac{S}{N_0}$ den mittleren Wert der Lebensdauer für ein Atom darstellt. Es ist jene Zeit, in der die Zahl der Atome auf den Bruchteil 0,3679 abnimmt, wovon man sich durch Einsetzen von $t = \tau = \frac{1}{\lambda}$ in das Zerfallsgesetz leicht überzeugt. $T = 0,6932\, \tau$ nennt man die Halbierungszeit (s. d.).

Der Wert der Zerfallskonstanten erweist sich als unabhängig von allen bisher versuchten äußeren Beeinflussungen, wie Änderung der Temperatur, des Druckes, der chemischen Verbindung, in dem das zerfallende Atom sich gerade befindet, des Aggregatszustandes, der Konzentration, unabhängig vom Alter der Substanz, von elektrischen, magnetischen oder Strahlungseinwirkungen. Ihre Bestimmung erfolgt, wenn es sich nicht um extrem lang- oder kurzlebige Substanzen, also um extrem kleine oder große Werte von λ handelt, am bequemsten durch Messung der zeitlichen Veränderlichkeit des von den Substanzen unterhaltenen Sättigungsstromes. Auch kompliziertere Fälle (z. B. gleichzeitiger Zerfall eines α- und eines β-Strahlers) kann man durch Kunstgriffe auf einfachere zurückführen. Geht das nicht, so wird eine eventuell schwierige Analyse der gemessenen Abfallkurven nötig. Die Zerfallskonstante radioaktiver Gase kann nach der Strömungsmethode bestimmt werden, wobei die bewegte Emanation an mehreren

hintereinander geschalteten Kondensatoren vorbeistreicht und in ihnen Wirkungen hervorruft, die nach Anbringung verschiedener Korrektionen, den an diesen Stellen noch vorhandenen Emanationsmengen proportional ist; wieviel noch vorhanden ist, hängt von der Strömungsgeschwindigkeit, von der Länge des zurückgelegten Weges (Distanz der Kondensatoren) und von der Lebensdauer ab, so daß letztere aus solchen Beobachtungen bei Kenntnis der Apparat-Konstanten bestimmbar ist. Vom gleichen Prinzip ist eine sinnreiche Methode zur Bestimmung der Zerfallskonstanten für die sehr kurzlebigen festen A-Produkte, wobei eine rotierende Scheibe zuerst eine mit Emanation gefüllte Kammer passiert, wobei sich die A-Substanz auf ihr niederschlägt und dann zwei Ionisierungskammern durchläuft, in denen der von den abgelagerten Teilchen unterhaltene Sättigungsstrom gemessen wird. Wieder hängt die Differenz der Stromwerte von Rotationsgeschwindigkeit, Wegstrecke und Zerfallskonstante ab. — Zur Bestimmung der Lebensdauer äußerst schnell oder langsam zerfallender Substanzen muß man zu indirekten Methoden greifen. Eine solche wird ermöglicht durch den Zusammenhang zwischen Reichweite (s. d.) und Lebensdauer, der durch empirische Formeln wie $\lg \lambda = A + B \lg R$, worin A und B innerhalb jeder Zerfallsreihe konstant sind, gegeben ist. Oder es gelingt, die Zahl Z der von der zu untersuchenden Substanz pro Gramm und Sekunde ausgesendeten Korpuskeln zu bestimmen; da diese Zahl gegeben ist durch $Z = \lambda N$, so wird dadurch λ ermittelt, wenn mit Hilfe der Loschmidtschen Zahl $(6,07 \cdot 10^{23}$ pro 1 Mol) und des bekannten Atomgewichtes noch die Atomzahl N berechnet wird.

Eine weitere Möglichkeit bietet die „Gleichgewichtsbeziehung" $\lambda_1 N_1 = \lambda_2 N_2 = \lambda_3 N_3 = \ldots$, wonach die Atomzahlen N_1, N_2, N_3 der einzelnen Glieder einer Zerfallsreihe, multipliziert mit den zugehörigen Zerfallskonstanten ein konstantes Produkt ergeben, falls die Substanzen untereinander im radioaktiven Gleichgewicht sind (s. d.). In Uranerzen z. B. sind wegen des hohen Alters Uran und sein Deszendent Ra jedenfalls im radioaktiven Gleichgewicht. Ermittelt man durch sorgfältige quantitative Aufschließung solcher Erzproben das Gewichtsverhältnis von U und Ra, also $\frac{m_{Ra}}{m_U}$, so stehen die Atomzahlen im Verhältnis $\frac{A_U\, m_{Ra}}{A_{Ra}\, m_U}$, wenn A_U und A_{Ra} die zugehörigen Atomgewichte eind. Ist nun noch die eine der beiden Zerfallskonstanten, z. B. λ_{Ra} bekannt, so kann die andere λ_U berechnet werden.

Da, wie erwähnt, die Zerfallskonstante ein Maß für die Zerfallswahrscheinlichkeit ist und mit der Reichweite der zugehörigen α-Strahlung schnell zunimmt, die Reichweite wiederum mit der Geschwindigkeit des α-Teilchens wächst und mit dieser die Energie, so kann man allgemein sagen, die Zerfallswahrscheinlichkeit des Atomes ist eine Funktion der beim Zerfall freiwerdenden Energie und steigt mit dieser schnell an. Zunächst nur für α-Strahlen bewiesen, scheint der Satz auch für β-Umwandlungen zu gelten. Auch andere bemerkenswerte Gesetzmäßigkeiten lassen sich angeben: Z. B. ist das Verhältnis der Zerfallskonstanten für die einander parallelen α-strahlenden Glieder zweier radioaktiver Familien angenähert konstant, und zwar:

$$\frac{\lambda_{\text{Ra}}\text{-Produkte}}{\lambda_{\text{Th}}\text{-Produkte}} = 4{,}8 \cdot 10^{-5};$$

$$\frac{\lambda_{\text{Ra}}\text{-Produkte}}{\lambda_{\text{Ac}}\text{-Produkte}} = 1{,}2 \cdot 10^{-5}.$$

Oder: Bei α-strahlenden Isotopen nimmt innerhalb einer Plejade (s. d.) die Lebensdauer mit dem Atomgewicht zu, bei β-Strahlern ab usw. — Das sind Anzeichen für Gesetzmäßigkeiten in den durch die Zerfallskonstante dargestellten Zerfallsbedingungen, die noch der Aufklärung harren.

K. W. F. Kohlrausch.

Zermelozyklus s. Umkehreinwand.

Zersetzungsspannung. Steigert man die von außen angelegte Spannung an den unangreifbaren Elektroden einer elektrolytischen Zelle, die mit wässeriger Lösung eines Metallsalzes, z. B. mit Zinkchlorid von bestimmter Konzentration, gefüllt ist, von Null an allmählich zu höheren Werten, so wächst die Stromstärke anfänglich nur sehr wenig (s. Reststrom), ohne daß der Beginn der Elektrolyse beobachtet werden kann. Ein eingeschaltetes Galvanometer zeigt einen ersten Stromstoß an und kehrt dann nahezu in die Ruhelage zurück. Erst wenn die Spannung einen gewissen für jeden Elektrolyten charakteristischen Wert, die Zersetzungsspannung, überschreitet, erfolgt ein größerer Ausschlag des Strommessers sowie deutliche und anhaltende Abscheidung von elektrolytischen Zersetzungsprodukten. Zeichnet man in ein rechtwinkliges Koordinatensystem als Ordinaten die Stromstärke und als Abszisse die zugehörige Spannung ein, so wird der Wert der Zersetzungsspannung an einem mehr oder weniger scharfen Knickpunkt der Stromspannungskurve erkenntlich.

Zum Verständnis dieses Sachverhaltes betrachten wir die Potentialsprünge an den Berührungsflächen der Elektroden und des Elektrolyten. Der erste Stromstoß überzieht den negativen Pol mit einer dünnen Schicht von metallischem Zink, am negativen kommen Spuren von Chlor zur Entwicklung, das an der Elektrode haften bleibt. Es bildet sich also einerseits eine Zinkelektrode, deren Elektrodenpotential (s. elektrolytisches Potential) durch die Konzentration der Lösung bestimmt ist, andererseits eine Chlorelektrode mit einer dem Druck des Chlorgases und dem osmotischen Druck der Chlorionen entsprechenden elektromotorischen Kraft (s. Galvanismus). Diese Kombination bildet ein galvanisches Element, dessen elektromotorische Kraft als Polarisationsspannung abgesehen vom Reststrom jeden Stromdurchgang verhindert, bis die angelegte Spannung den Wert der elektromotorischen Gegenkraft übertrifft. Da die Potentialsprünge an den Elektroden voneinander unabhängig sind, so setzt sich die Zersetzungsspannung aus den Einzelpotentialen der Elektroden additiv zusammen. Sofern bei der Elektrolyse der Salze, Säuren und Basen Wasserstoff und Sauerstoff als Zersetzungsprodukte abgeschieden werden, ist daher bei gleicher Verdünnung der Wert der Zersetzungsspannung gemeinsam. Bei der Elektrolyse eines Gemisches verschiedener Elektrolyte gelangen der Reihe nach diejenigen zur Abscheidung, bei denen der Übergang aus dem Ionenzustand in den metallischen den geringsten Arbeitsaufwand erfordert. In dem Maße, wie die Lösung an den Ionen des abgeschiedenen Stoffes verarmt, muß die angelegte Spannung die zur Zersetzung notwendig ist, wachsen, bis nach und nach auch die Zersetzungsspannung der unedleren Stoffe erreicht wird und diese in Freiheit setzt. *H. Cassel.*

Vgl. auch Überspannung und Passivität. — Näheres s. insbesondere bei M. Le Blanc, Lehrbuch der Elektrochemie. 7. Aufl. Leipzig 1920.

Zerstreuung, elektrische, in der Luft. Seit den grundlegenden Untersuchungen von Coulomb (1785) weiß man, daß Gase keine vollkommenen Isolatoren sind: er zeigte, daß eine isoliert aufgestellte Konduktorkugel ihre Ladung allmählich verliert; Coulomb zerlegte diesen Ladungsverlust in zwei Komponenten, in den Verlust durch Leitung der Elektrizität durch die isolierenden Stützen und in den Verlust durch Leitung der umgebenden Luft ("Zerstreuung"). Er stellte auch das nach ihm benannte Gesetz der Zerstreuung der Elektrizität auf, welches folgendermaßen lautet: Ist Q_0 die Ladung zur Zeit O, so ist die Ladung zu irgend einer späteren Zeit t Q_t gegeben durch die Formel $Q_t = Q_0 \cdot e^{-\alpha t}$, wobei α der Zerstreuungskoeffizient genannt wird. In Differentialform geschrieben lautet das Gesetz: $dQ/dt = \alpha \cdot Q$, d. h. der Ladungsverlust pro Zeiteinheit ist einfach proportional der jeweils vorhandenen Ladung. Der Proportionalitätsfaktor ist der Zerstreuungskoeffizient.

In freier Luft beträgt der Wert des Zerstreuungskoeffizienten nach den Untersuchungen von Linß und anderen etwa 0,01 min^{-1}, d. h. eine vorhandene Ladung verringert sich pro Minute um je 1%.

Elster und Geitel haben ein sehr bequemes und weitverbreitetes, transportables Instrumentarium zur Beobachtung der Zerstreuung der Elektrizität in der freien Atmosphäre angegeben. Dieses besteht aus einem Aluminiumblattelektroskop mit Innenisolation (staubgeschützter Bernsteinstopfen), in dessen Blättchenträger ein "Zerstreuungskörper", d. h. ein mattierter Messingzylinder von 10 cm Höhe und 5 cm Durchmesser mittels eines 6 cm langen Stiftes eingesteckt wird. Behufs Beobachtung in erdfeldfreiem Raume kann mittels eines seitlich angebrachten Stativs ein konzentrischer, unten offener Schutzzylinder von 18 cm Durchmesser über den Zerstreuungszylinder gestülpt werden. Man beobachtet 1. den Elektrizitätsverlust (ausgedrückt in Volt/min), der bei aufgestecktem Zerstreuungskörper vorhanden ist. 2. den (gewöhnlich dagegen sehr kleinen) Elektrizitätsverlust ohne Zerstreuungskörper, bei geschlossenem Elektroskop. Nach Umrechnung auf die Kapazität des Gesamtsystems wird dieser Normalverlust von dem Gesamtverlust 1. subtrahiert und dann unter Voraussetzung der Gültigkeit des Coulombschen Gesetzes der numerische Wert des Zerstreuungskoeffizienten berechnet. Man drückt diesen gewöhnlich in Prozent aus und bezeichnet den Wert dieses Koeffizienten bei positiver Ladung mit a_+, bei negativer Ladung mit a_-.

Da in freier Luft diese beiden Koeffizienten gewöhnlich ein wenig verschieden sind (Unipolarität), hat auch ihr Verhältnis ein Interesse. Man bezeichnet den Quotienten $a_- : a_+ = q$.

Wenn man mit freistehendem Zerstreuungskörper beobachtet, muß man darauf achten, daß der Apparat an einem Orte aufgestellt wird, wo er den direkten Einflüssen des elektrischen Feldes der Erde entzogen ist. Man stellt ihn am besten in einem überdachten, der Freiluft aber dennoch gut zugänglichen Gartenhäuschen, unter einer Laube oder dgl. auf. Wenn diese Vorsicht nicht beobachtet wird, können plötzliche Änderungen der Feldstärke des Erdfeldes durch Influenzwirkung erhebliche Fehler der Zerstreuungsmessung bewirken.

In Gasen hängt die Stromstärke von der Spannung bekanntlich in nicht so einfacher Weise ab, wie das Ohmsche Gesetz, das für feste und flüssige Leiter gilt, verlangt: das Ohmsche Gesetz gilt für Gase nur bei kleinen Feldstärken. Mit weiterer Steigerung der Spannung wächst die Stromstärke dann immer langsamer und strebt schließlich für hohe Spannungen einem Grenzwerte, dem sogenannten „Sättigungsstrome" zu. Beim Elster-Geitelschen Zerstreuungsapparat herrscht innerhalb des Elektroskopgehäuses und am Halse desselben, wo das geerdete Außengehäuse überall sehr nahe an die geladenen Teile (Blättchenträger) heranreicht, nahezu Sättigungsstrom. Weiter oben jedoch, wo der Zerstreuungszylinder frei in die Luft ragt, herrscht nach Scherings Resultaten Ohmscher Strom. Für diesen Teil des Apparates gilt das Ohmsche Gesetz, daher auch nach Rieckes Theorie das Coulombsche Zerstreuungsgesetz, welches man auch in der exakteren Form dQ/dt = −4 π λ Q schreiben kann (hier bedeutet λ die polare Leitfähigkeit; über den Begriff Leitfähigkeit vgl. dieses Stichwort). Da man in erster Annäherung (nach Versuchen von Schweidler) beim Elster-Geitelschen Apparat den gesättigten Teil des Stromes im unteren Teil des Apparats gegen den Ohmschen Strom am eigentlichen Zerstreuungszylinder vernachlässigen kann, so sieht man aus dem Vergleich der zuletzt geschriebenen Form des Coulombschen Gesetzes mit der oben angegebenen Formel für den Zerstreuungskoeffizienten, daß dieser der Leitfähigkeit angenähert proportional ist. Noch bessere Proportionalität zwischen Leitfähigkeit und Zerstreuungskoeffizient erhält man, wenn man den Stiel des Elster-Geitelschen Zerstreuungszylinders auf 25 cm verlängert (Schweidler). Die Messungen des Zerstreuungskoeffizienten können daher nach Ermittlung dieses Proportionalitäts- oder Reduktionsfaktors zu Bestimmungen der absoluten Leitfähigkeit der Atmosphäre benutzt werden. Nicht zu vergessen ist, daß der Zerstreuungskoeffizient bei negativer Ladung a− ein Maß für die von den positiven Ionen verursachte Leitfähigkeit λ+ ist und umgekehrt. Die Resultate der Zerstreuungsmessungen können daher gemeinsam mit denen der absoluten Leitfähigkeit abgehandelt werden (vgl. den Artikel „Leitfähigkeit der Atmosphäre").

Ganz anders verhält es sich bei den Messungen, welche mit Schutzzylinder ausgeführt worden sind. Da dieser den Zerstreuungskörper konzentrisch in wenigen Zentimetern Abstand umgibt, herrscht dann im ganzen Apparat praktisch Sättigungsstrom und die erhaltenen Ladungsverluste pro Zeiteinheit sind ein Maß für die Zahl der innerhalb des Schutzzylinders erzeugten sowie derjenigen Ionen, welche durch Luftbewegung in das Innere des Apparats hineingelangen. Es ist begreiflich, daß die Resultate der Messungen mit Schutzzylinder in hohem Grade von dem Grade der herrschenden Luftbewegung abhängig sich erweisen mußten. Die mit Schutzzylinder erhaltenen „Zerstreuungskoeffizienten" sind daher ziemlich undefiniert und man hat bald aufgehört, nach dieser Art Beobachtungen anzustellen. Die Werte der Zerstreuungskoeffizienten bei aufgesetztem Schutzzylinder liegen an den meisten Orten zwischen 0,5 und 5% pro Minute.

Der Quotient a−/a− ist meist größer als 1 (Überwiegen positiver Ionen). Auf Bergen erreicht der Quotient Werte von 10 und darüber (Anhäufung positiver Ionen an Orten, wo hohes Potentialgefälle herrscht). *V. F. Hess.*

Näheres s. E. v. Schweidler und K. W. F. Kohlrausch, Atmosphärische Elektrizität in L. Grätz, Handb. d. Elektr. u. d. Magnetism. Bd. III. 1915.

Zerstreuung der radioaktiven Strahlung. Alle drei Strahlenarten der Radioaktivität, also α-, β- und γ-Strahlen, erleiden beim Durchgang durch Materie eine Ablenkung aus ihrer Ursprungsrichtung derart, daß z. B. anfängliche Parallelbündel nach Verlassen der durchsetzten Schicht diffus werden und daher vergrößerte Querschnitte zeigen. Zu den Ablenkungen der korpuskularen und geladenen α- und β-Strahlen kann man sich ein anschauliches und teilweise auch quantitativ gut stimmendes Bild machen, wenn man berücksichtigt, daß die Teilchen beim Durchqueren eines Atomes, das zwischen Kern und Elektronenhülle bestehende starke elektrische Feld zu passieren haben und dabei als bewegte Träger von Elektrizität elektrostatische Bahnablenkungen erfahren müssen. Die Streuung der wellenartigen γ-Strahlung läßt sich in ihren Hauptzügen übersehen, wenn man die Elektronen des streuenden Mediums eine vom darüberstreichenden γ-Strahl aufgezwungene Pendelbewegung machen läßt, so daß sie selbst zu Strahlenzentren werden. Infolge der regelmäßigen Anordnung dieser Elektronen im einzelnen Atom können die von ihnen entsendeten Wellen Anlaß zu Interferenzerscheinungen geben, die auch dann nicht ganz verschwinden, wenn die Atome, wie im amorphen Körper, vollkommen regellos angeordnet liegen. Man erhält so die tatsächlich beobachtete Asymmetrie (Bevorzugung der Austrittsrichtung) der Streustrahlung sowie verschiedene andere Beobachtungsdetails, wenigstens in qualitativ richtiger Weise.

Am besten fundiert und ausgebaut ist die Theorie der α-Zerstreuung. Da die Größe der Ablenkung einerseits vom Ort abhängen muß, wo das α-Teilchen das inneratomige Feld passiert, und andrerseits von der Häufigkeit, mit der überhaupt solche Durchkreuzungen stattfinden, und da beide einflußgebenden Umstände bei vorgegebenem Medium nur vom Zufall abhängen, so führen Wahrscheinlichkeitsbetrachtungen zu dem Ergebnis, daß die Häufigkeit, in der eine Ablenkung um einen bestimmten Winkel φ eintritt, eine Funktion dieses Winkels φ ist, ferner direkt proportional der Dicke d des Mediums, dem Quadrate seiner Atomkernladung N, also auch ungefähr proportional dem Quadrate des Atomgewichtes und verkehrt proportional der 4. Potenz der Geschwindigkeit v des α-Teilchens. Alle diese Forderungen der Theorie, bei denen das Rutherfordsche Atommodell (positiver mit N·e geladener Kern, umgeben von N auf konzentrischen Ringen laufenden Elektronen) zugrunde gelegt ist, wurden experimentell verifiziert. Eine Folgerung der starken Abhängigkeit von v (v^{-4}!) ist, daß die α-Teilchen am Ende ihrer Reichweite, wo ihre Geschwindigkeit schon sehr abgenommen hat, dem Streuungseinfluß sehr unterliegen und große Ablenkungen erfahren, durch die eine zufällige und individuelle Verkürzung der Reichweite eintreten muß. Es vergrößert dieser Umstand die bereits wegen Schwankungen der kritischen Reichweite und anderen Ursachen bestehenden Reichweiteschwankungen (vgl. den Artikel „Reichweite").

Dieselbe Theorie auf β-Partikel übertragen gibt die gefundenen Erscheinungen nur in groß Zügen wieder. Exakt ist das durch die Geschwindigkeitsabnahme und die Absorption in ihren Wechselwirkungen komplizierte Problem für dickere Schichten noch nicht gelöst. Wie ja überhaupt die ganzen Absorptionserscheinungen (s. d.) an β-Teilchen der Theorie noch Schwierigkeiten bereiten.   *K. W. F. Kohlrausch.*

Z-Glied von Kimura. Der internationale Polhöhendienst (s. Polhöhenschwankung) hat gezeigt, daß an allen Stationen die geographische Breite eine kleine Schwankung von jährlicher Periode zeigt, deren Phase bei allen Stationen gleich ist. Die Breite erreicht also auf allen Stationen gleichzeitig ihr Maximum. Es kann sich somit nicht um eine Verschiebung des Poles handeln, weil diese an entgegengesetzten Punkten der Erde entgegengesetzt ausfallen muß. Die Ursache dieser Störung sucht man heute in der Zenitrefraktion (s. diese). *A. Prey.*

Ziehen der Schwingungen. Wird mit einem Erregerkreis, an welchem ein Lichtbogen oder Röhrensender arbeitet, ein anderes System fester als $3-5\%$ gekoppelt, so besteht an sich die Möglichkeit für das Auftreten von zwei Wellen. Will man das System, den Kreis, auf günstigste Energie-Übertragung in der einen Welle einstellen, und geht man über die Resonanzlage, so steigt die Energie, bis plötzlich ein Abfall eintritt und die Energieeinstellung auf die zweite Welle vorhanden ist, ohne daß durch Zurückgehen in die vorherige Abstimmung die alten Energieverhältnisse erreicht werden können, es entsteht also ein für Tasten der Schwingungen unstabiler Zustand. Beim Röhrensender kann durch Koppeln des Gitters mit der Antenne das Ziehen vermindert werden.
     A. Meißner.

Zielfernrohr. Das eigentliche Erdfernrohr und das Prismenfernrohr können als Zielfernrohr verwendet werden, wenn man in der Bildebene (und zwar beim Erdfernrohr fast immer in der Bildebene des eigentlichen Objektivs) eine Zielmarke anbringt und das Zusammenfallen des Bildpunktes mit einem bestimmten Punkt der Zielmarke als Kennzeichen für richtiges Anzielen des Zielpunktes benützt. Der Hauptvorteil bei der Benutzung eines Zielfernrohrs gegenüber dem Zielen über Kimme und Korn ist der, daß das Auge nur auf eine bestimmte Entfernung zu akkommodieren braucht gleichzeitig für das Zielbild und das Markenbild, während man beim Zielen über Kimme und Korn die Kimme, das Korn und das Ziel nicht gleichzeitig scharf sehen kann. Selbstverständlich muß die Befestigung oder die Verstellungsmöglichkeit des Zielfernrohrs in bezug auf die Seelenachse des Geschützes oder des Gewehrs der Bedingung genügen, daß entweder der Winkel zwischen der Ziellinie und der Seelenachse unveränderlich ist oder aber die Einstellung der Ziellinie auf eine bestimmte Schußentfernung wirklich erreicht ist, wenn der betreffende Punkt der Schußentfernungsteilung auf den Indexstrich eingestellt ist. Diese Teilung kann entweder im Gesichtsfeld sichtbar oder außen am Fernrohr angebracht sein oder an diesen beiden Stellen zugleich. Das Aussehen dieser Entfernungsteilung hängt von der Schußkurve, d. h. von der Art des Geschützes oder Gewehres und von der Geschoßform ab; außerdem sind, besonders bei Geschützen, Korrektionen wegen des Einflusses des Wetters auf die Schußkurve notwendig.

Die Ziellinie ist, solange es sich um scharf (richtiger ohne Parallaxe) eingestellte Zielpunkte handelt, durch die Verbindungslinie des bildseitigen Hauptpunktes (= Knotenpunktes) des Objektivs mit dem Punkt der Zielmarke, auf den das Bild des Zielpunktes fällt, gegeben. Durch Umschaltung oder Ortsveränderung von Linsen hinter dieser Zielmarke, entweder zum Zwecke der Scharfeinstellung der Zielmarke oder zum Zwecke des Vergrößerungswechsels wird also an der Lage der Ziellinie nichts geändert. Die Zielmarke, auch Absehen (oder Abkommen) genannt, kann in verschiedener Form ausgeführt werden. Als Ersatz für das bei Zielfernrohren nicht in Betracht kommende Fadenkreuz aus Spinnfäden, das man in den Theodolitfernrohren früher viel anwandte, wird bei den Zielfernrohren für Jagdgewehre meistens ein aus dünnen Drähten bestehendes Absehen eingebaut, für das schon viele Vorschläge gemacht worden sind. Bei den Geschützzielfernrohren wird fast ausnahmslos als Zielmarke die „Strichplatte" verwendet; es ist dies eine planparallele Platte; in ihre mit der Bildebene zusammenfallende Fläche wird die Zielmarke eingraviert oder geätzt oder als dünne photographische Schicht aufgebracht. Eine solche Strichmarke (es ist unter Strichmarke nicht nur ein Punkt, sondern das ganze Markenbild zu verstehen) kann auch durch ein Stück des Strichplattenrandes hindurch beleuchtet werden; der übrig bleibende nicht zum Lichteintritt dienende Teil des Plattenrandes wird versilbert.

Aus der Form der Schußkurve geht ohne weiteres hervor, daß die Ziellinie immer auf einen Punkt der Zielebene gerichtet sein muß, der tiefer liegt als der Punkt, in dem die Verlängerung der Seelenachse die Zielebene schneidet. Allerdings sind dabei feststehende Ziele angenommen. Für bewegliche Ziele — Flugzeuge, Schiffe — oder zum Schießen von bewegten Gegenständen aus auf feste (oder ebenfalls bewegte) Ziele müssen durch besondere Instrumente — Kommandoapparate, in Verbindung mit Entfernungsmessern — die notwendigen Abweichungen der Ziellinie in bezug auf Höhe und Seite entweder ermittelt und dem das Geschütz Bedienenden mitgeteilt werden oder die Einstellung der Geschütze muß von einer Zentrale aus nach den Angaben eines Richt- und Entfernungsmeßinstruments automatisch erfolgen. Dementsprechend muß man entweder das Absehen in der Objektivbrennebene nach oben verschieben (beim Prismenzielfernrohr wegen der bildumkehrenden Wirkung des Prismas nach unten!) oder das Objektiv nach unten oder das gesamte Zielfernrohr so kippen (Aufsatzstellung am Geschütz!), daß das Objektivende tiefer steht als in der Parallelstellung von Ziellinie und Seelenachse, damit bei Benutzung des Mittelpunktes der Zielmarke als Abkommpunkt das Geschoß wirklich den in diesem Zielmarkenmittelpunkt abgebildeten Zielpunkt trifft; selbstverständlich muß eine solche Verstellung dem aus der Schußkurve zu errechnenden Betrag entsprechen. Auch andere Mittel zur absichtlichen Verlagerung der Ziellinie, so die Einschaltung, Drehung oder Verschiebung eines Glaskeils, die Kippung eines Spiegelprismas zwischen Ziel und Zielmarke, sind anwendbar. Eine sehr bequeme Form der Vereinigung mehrerer Ziellinien bei unveränderlicher Lage des Zielfernrohrs und seiner Teile ist die Benutzung verschiedener Punkte einer senkrechten Geraden der Zielmarke als

Abkommpunkte, die überdies noch nach Schußentfernungen beziffert sein können.

Als Zielfernrohre geeignet sind alle Fernrohre, die ein höhen- und seitenrichtiges Bild ergeben, unter der Bedingung, daß die Lagerung der die Ziellinie bestimmenden Teile so fest ist, daß sie den Erschütterungen beim Schießen standhält. So sind bei Geschützen und teilweise auch bei Gewehren als Zielfernrohre Erdfernrohre mit einer einzigen und mit mehreren Vergrößerungen angewandt worden. Ebenso haben Prismenfernrohre als Zielfernrohre Verwendung gefunden, und zwar wurde bei Maschinengewehren als Umkehrprisma hauptsächlich der Porrosche Prismensatz und das Lemansche Prisma, bei Jagdgewehren das Lemansche Prisma und das Umkehrprisma nach König, bei Geschützzielfernrohren außer dem Porroschen Prismensatz erster Art das Lemansche Prisma und bei seitlichem Einblick oder Einblick von oben

ohne wesentliche Trennungslinie das Gesichtsfeld des freien Auges anschließt.

Siehe die Artikel „Umkehrprisma, Gebrochene Fernrohre, Erdfernrohr" und die dort angegebenen Quellen, außerdem:
Chr. von Hofe, Fernoptik. Leipzig, J. A. Barth, 1911. 8°. VI, 158 S. 117 Abb. (besonders S. 68—70, 86—91, 95—104)
A. Gleichen, Theorie der modernen optischen Instrumente. Stuttgart, Ferd. Enke, 1911. 8°. XII, 332 S., 260 Abb. (besonders S. 163—181).
Carl Leiß, Das Zielfernrohr, seine Einrichtung und Anwendung. 2. Aufl. Neudamm, J. Neumann, 1916. 8°, 88 S., 48 Abb., gibt Auskunft über die für das Jagdgewehrzielfernrohr in Betracht kommenden praktischen Fragen; die Abb. 1 bei Leiß, S. 10, die den Strahlengang in einem Zielfernrohr darstellen soll, ist jedoch nicht richtig; auch in der neuerdings erschienenen 3. Auflage ist dieser Fehler stehen geblieben.
L. Ambronn gibt im ersten Band seines 1899 im Verlag von J. Springer erschienenen Handbuchs der astronomischen Instrumentenkunde im Kapitel „Die Fadennetze und ihre Beleuchtung", S. 384—402, eine Darstellung, die sich zwar nicht auf Zielfernrohre bezieht, die aber doch manches für die Nachtbeleuchtung von Strichmarken Wissenswerte enthält. *H. Erfle.*

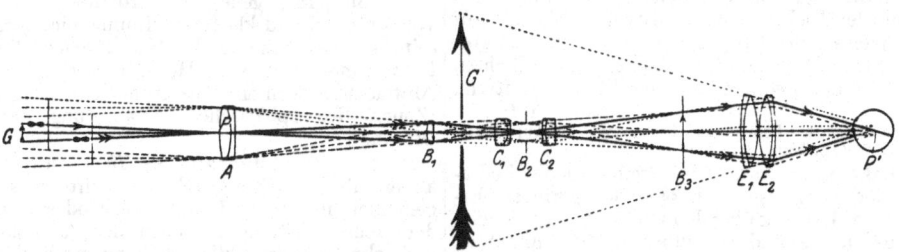

Linsenzielfernrohr. Das Bild G' hat man sich für ein auf unendlich eingestelltes Fernrohr im Unendlichen zu denken.

(s. den Artikel „Gebrochene Fernrohre") das Amicische Dachprisma mit einer Ablenkung um 90° (oder einem größeren Winkel) und das Schmidtsche Dreiecksprisma (s. den Artikel „Gebrochene Fernrohre") angewandt. Ferner sind als Prismenzielfernrohre das Panoramafernrohr, das Doppelblickzielfernrohr und das Rückblickzielfernrohr zu nennen, die in dem Artikel „Gebrochene Fernrohre" behandelt werden.

Zum Schlusse sei im Anschluß an die Figur noch die Zusammensetzung eines Erdfernrohres besprochen, das als „Zielfernrohr für Jagdgewehre" und bei genügend großer Länge als „Schartenzielfernrohr" für Geschütze Verwendung finden kann. Das Markenbild ist auf der ebenen Fläche der Feldlinse B_1 angebracht; der Augenabstand (= Abstand von der Außenfläche des Okulars bis zum Auge) ist so groß, daß durch den Rückstoß beim Schießen keine Augenverletzungen eintreten können. Ein pankratisches Geschützzielfernrohr, wie es von deutschen Firmen fast ausschließlich die Firma Carl Zeiß ausgeführt hat, sieht in seiner optischen Zusammensetzung im wesentlichen genau so aus, wie es in der Figur gezeichnet ist, man muß sich nur vorstellen, daß die Umkehrlinsen C_1 und C_2 derart bewegt werden, daß die Markenbildebene B_1 stets in B_3 abgebildet wird und nur die Fernrohrvergrößerung sich ändert; außerdem ändert sich das Gesichtsfeld und die Austrittspupille des Fernrohrs (s. auch den Abschnitt c des Artikels „Erdfernrohr"). Besonders erwähnt zu werden verdient ein von der Firma Carl Zeiß ausgeführtes Jagdgewehrzielfernrohr mit einfacher Vergrößerung nach dem D.R.P. 272 102 vom 23. 9. 1913 von W. Thorner, das deshalb ein bequemes Schießen auf flüchtiges Wild ermöglicht, weil das Fernrohrgesichtsfeld einfach einen Ausschnitt aus der Landschaft bildet, an den sich

Zinken s. Zungeninstrumente.

Zirkularpolarisation s. Drehvermögen, optisches.

Zirkulation. Wir denken uns zwei Punkte A und B innerhalb einer bewegten Flüssigkeit durch eine beliebige Raumkurve miteinander verbunden. Ein Element der Kurve sei mit ds bezeichnet und die Geschwindigkeit der Flüssigkeit am Orte von ds in Richtung von ds mit c_s. Wir bilden das Produkt $c_s \cdot ds$. Es wird dann das Integral $\int_B^A c_s \cdot ds$, erstreckt längs der Kurve, die Strömung längs AB genannt. Drücken wir c_s und ds durch ihre Komponenten. aus, so wird

$$\int_A^B c_s \cdot ds = \int_A^B (u\,dx + v\,dx + w\,dz).$$

Ist die Kurve AB geschlossen, d. h. fällt B mit A zusammen, so nennt man das Integral die „Zirkulation" längs der geschlossenen Kurve. Für die Zirkulation gilt der Stokessche Satz

$$\Gamma = \oint c_s\,ds = 2 \iint \omega_n\,dS,$$

wenn das rechte Integral über eine beliebige von der geschlossenen Kurve umrandete Fläche mit dem Flächenelement dS erstreckt wird und mit ω_n die Normalkomponente der Rotationsgeschwindigkeit auf dem Flächenelement dS bezeichnet wird. Herrscht in einem einfach zusammenhängenden Raum (s. dort) eine Potentialströmung, so ist in einem solchen Raume die Zirkulation längst jeder geschlossenen Kurve Null. Dieser Satz gilt aber nicht für mehrfach zusammenhängende Räume, da bei solchen Teile der Fläche S außerhalb der Potentialbewegung liegen können, wenn ihre Randkurve nicht reduzierbar ist und deswegen

einen von Null abweichenden Wert ω_n besitzen
können.   *O. Martienssen.*

Näheres s. Schäfer, Einführung in die theoretische Physik I.
    Leipzig 1914.

Zirkulation s. Vektor.

Zirrusbildung s. a. Polarlicht.

Zirruszug. Die Zyklonen schreiten gewöhnlich
in derselben Richtung vorwärts wie die Luft im
Zirrusniveau über ihrem Zentrum. Dasselbe gilt
von den beweglichen Antizyklonen. Der Zirruszug
besitzt daher prognostische Bedeutung. Die Fortpflanzungsgeschwindigkeit der Druckgebilde richtet
sich nach ihrer Intensität und beträgt im Mittel
etwa $^1/_3$ der Zirrusgeschwindigkeit. Die Achsen
der Zyklonen und der beweglichen Antizyklonen
stehen nicht vertikal, sondern bilden sehr kleine
Winkel mit dem Horizont. Sie stehen angenähert
senkrecht auf der Richtung des Zirrus über dem
Zentrum des Druckgebildes, und zwar bei Zyklonen
nach links, bei Antizyklonen nach rechts, wenn
man in der Richtung des Zirruszuges blickt. Auf
diese Weise läßt sich die Lage des Mittelpunktes
der Druckgebilde in den höheren Luftschichten
mit Hilfe der Beobachtung des Zirrus ermitteln.
                                        Tetens.

Näheres s. Hann, Lehrb. der Meteorologie, 3. Aufl. 1915,
    S. 528, S. 589.

Zodiakallicht. In höheren Breiten ist das Zodia-
kal- oder Tierkreislicht infolge der geringen Erhebung der Ekliptik über den Horizont nur zeitweise
(bei uns Oktober und November am Morgenhimmel,
Januar und Februar am Abendhimmel) gut sichtbar,
in äquatornahen und wolkenfreien Gegenden ist es
jederzeit eine auffällige Erscheinung. Es erhebt sich
vom Horizont, auf dem es mit breitem Fuße aufsitzt, in der Richtung der Ekliptik als diffus leuchtende Fläche von ungefähr elliptischer Begrenzung
(Mittelpunkt der Ellipse ist die unter dem Horizont
befindliche Sonne). Die Helligkeit übertrifft in
der Längsachse die der hellsten Milchstraßen-
wolken und nimmt zum Rande hin ab. Unter
günstigen Verhältnissen kann dem Zodiakallicht
gegenüber ein schwacher Schimmer, der Gegenschein, beobachtet werden, manchmal auch eine
beide verbindende Lichtbrücke.

Bis heute fehlt es an konsequenten exakten
photometrischen und spektralanalytischen Beobachtungen des Zodiakallichtes, so daß für seine
Deutung ein weiter Spielraum vorhanden ist. Die
größte Wahrscheinlichkeit besitzt die auch theoretisch gut begründete Annahme, daß das Zodiakallicht durch Reflexion der Sonnenstrahlung an den
Partikeln eines die Sonne umgebenden Meteor-
oder Staubringes zustande kommt.   *W. Kruse.*

Näheres s. Newcomb-Engelmann, Populäre Astronomie.

Zodiakus, Tierkreis, Gürtel der zwölf Sternbilder, deren Mittellinie die Ekliptik ist. Vgl. Präzession.   *Bottlinger.*

Mit **Zölostat** bezeichnet man eine verbesserte
Form des Heliostaten. Beide Apparate verfolgen
denselben Zweck, nämlich den, die Sonnenstrahlen
für längere Zeit in eine Richtung zu werfen und
das Sonnenlicht auf diese Weise einem ruhenden
Spektrographen zuzuführen. Da aber beim Heliostaten, unter Verwendung nur eines von einem Uhrwerk getriebenen Planspiegels, das erzeugte Sonnenbild sich dreht, es aber bei den großen Sonnen-
spektrographen jetzt sehr darauf ankommt, ein
ruhendes Sonnenbild zu gewinnen und auf den
Spalt zu projizieren, so ist man zur Konstruktion
des Zölostaten geschritten, der zwei Planspiegel ent-

hält. Der eine derselben wirft das Sonnenbild
auf den zweiten, den Hilfsspiegel, und dieser erst
in den ruhenden Spektrographen. Haupt- und Hilfsspiegel können in verschiedene Azimute und Höhen
zueinander verstellt werden, um gegenseitige Be-
strahlungen bei allen Richtungen des einfallenden
Sonnenlichtes zu vermeiden. Die Richtung zum
Himmelspol muß stets in die Ebene des Haupt-
spiegels fallen.   *E. Freundlich.*

Zone des Schweigens s. Brechung des Schalles.

Zonen (s. a. Sphärische Abweichung). Für die
sphärischen Abweichungen kommen außer den
Gliedern dritter Ordnung auch solche 5., 7. usw.
Ordnung vor, die man Zonenglieder (Zwischenfehler) nennt.

1. Man habe es so eingerichtet, daß für einen
Achsenpunkt nicht nur die in der Nähe der Achse
verlaufenden, sondern auch Strahlen von einer
bestimmten endlichen Öffnung durch den Gaußischen Bildpunkt gehen, so wird dies bei Strahlen
von größerer und kleinerer Öffnung nicht der Fall
sein, es wird also in der Gaußischen Bildebene
trotz einer gewissen Hebung der sphärischen
Abweichung noch eine Undeutlichkeit übrig bleiben
(Zonen der sphärischen Abweichung nach der
Öffnung).

2. Ist der Astigmatismus für einen Punkt
außerhalb der Achse gehoben, so wird er es im allgemeinen für einen Punkt näher oder ferner an
der Achse nicht sein (Zonen des Astigmatismus
und ebenso der Bildfeldwölbung nach dem Gesichtsfeld).

Für die Koma gibt es sowohl Zonen nach der
Öffnung wie nach dem Gesichtsfeld, auch für die
Farbenabweichungen in der Vergrößerung kommen
Zonen vor.

Die Hebung der Zonenfehler ist meist nur durch
verwickelte Linsenzusammenstellungen möglich.
                                 H. Boegehold.

Zonengesetze s. Luftwiderstand.

Zuckerquotient s. Saccharimetrie.

Zuckerskale s. Saccharimetrie.

Zufall nennt man gewöhnlich den Gegensatz zu
kausaler Abhängigkeit; doch bedarf dies einer genaueren Bestimmung. Streng ursachlose Ereignisse gibt es nicht; aber wenn kleine Ursachen
große Wirkungen erzeugen, so sind die Bedingungen für eine Zufallsverteilung gegeben. Beim
Roulettespiel etwa bewirkt eine kleine Änderung
in der Kraft, die den Zeiger fortschnellt, den Übergang von rot auf schwarz. Unter kausaler Unabhängigkeit versteht man aber gerade das Gegenteil hiervon, nämlich daß große Ursachen kleine
Wirkungen erzeugen. Z. B. nennt man die Lage
des Brennpunkts einer Linse unabhängig von
der Lichtstärke, weil große Änderungen der Lichtstärke nur kleine Änderungen des Brennpunkts
erzeugen (etwa durch Erwärmen der Linse). Es
gibt also zwei Gegensätze zur Kausalität, je nachdem man durch die großen oder kleinen Wirkungen
zur Grenze übergeht; die eine Grenze heißt *Zufall,*
die andere *Unabhängigkeit.*   *Reichenbach.*

Zugkraft von Magneten. Die erreichbare Zugkraft (Tragkraft) P von Magneten hat man
früher nach rein empirischen Formeln abgeschätzt;
so gab Bernoulli die Formel $P = a \sqrt[3]{m^2}$ kg an,
worin m die Masse des Magneten in Kilogramm
und a eine Zahl bedeutet, die für einen Pol etwa 10,
für zwei etwa 20 ist. Derartige Formeln, welche
der Beschaffenheit des Materials und der Form des

Magnets nicht Rechnung tragen, können natürlich keinen Anspruch auf Genauigkeit machen. Dagegen gilt wissenschaftlich streng die von Maxwell aufgestellte Formel, nach welcher $P = \dfrac{S \cdot \mathfrak{B}^2}{8\,\pi} \cdot$ Dyn,

also ungefähr $= \dfrac{S\,\mathfrak{B}^2}{2.000}$ g ist; hierbei bezeichnet S die Größe der Polfläche in cm² und $\mathfrak{B}$ die Anzahl der von den Polen zum Anker senkrecht übertretenden Kraftlinien je cm². Die Wirkung der ebenfalls stets vorhandenen schräg übertretenden Kraftlinien bedingt eine Korrektion der Formel, auf die hier nicht eingegangen werden kann. Setzen wir beispielsweise für einen permanenten Hufeisenmagneten mittlerer Güte $\mathfrak{B} = 5000$, so würde die Tragkraft für die zwei Pole von je 1 cm² $(S = 2)$ zu ungefähr 2 kg berechnen, bei Elektromagneten geeigneter Konstruktion, bei denen $\mathfrak{B}$ wohl auf das Vierfache steigen kann, würde sie also etwa 16 mal so groß sein; doch sind das hohe Grenzwerte, die wegen der stets vorhandenen Streuung in Wirklichkeit kaum erreicht werden. *Gumlich.*

Zugkraftmethode s. Präzisionswage.

Zugschraube heißt eine Luftschraube, welche vor dem Motor im Flugzeug angebracht ist.

Zugspannung s. Spannungszustand.

Zungen werden in der Akustik elastische Federn, Bänder u. dgl. genannt, welche das Strömen einer Luftmasse periodisch beeinflussen. In ihrer einfachsten Gestalt ist eine Zunge eine Lamelle, z. B. aus Stahl, von rechteckiger Form, die an einem Ende befestigt ist. Für ihre Schwingungen gelten die Gesetze ebener Platten (s. d.) von rechteckiger Gestalt mit drei freien und einer festen Randseite (s. Plattenschwingungen und Stabschwingungen).

Die Tonhöhe einer isolierten Zunge hängt von dem Material und den Dimensionen ab. Je größer die Elastizität und die Dicke (in der Schwingungsrichtung) und je kleiner die Länge der Zunge ist, um so höher der Grundton.

„Montiert" wird die Zunge, indem sie z. B. auf einer Messingplatte befestigt wird, in welcher unter der eigentlichen Zunge eine Öffnung von gleicher Form, wie sie die Zunge hat, angebracht ist. Ist die Zunge etwas kleiner als die zugehörige Öffnung, so daß sie sich in diese hineinbiegen kann, so nennt man sie „durchschlagend", ist sie dagegen größer als die Öffnung, so heißt sie „aufschlagend". Aufschlagende (Metall-) Zungen geben einen stark rasselnden Klang und werden deshalb fast gar nicht mehr benutzt.

Ähnlich wie die Metallzungen der Orgelpfeifen sind die aus elastischen Rohrplatten geschnittenen Zungen anderer Musikinstrumente, z. B. der Klarinette, konstruiert (s. Zungeninstrumente).

Die membranösen Zungen, wie z. B. die Stimmbänder oder Stimmlippen des menschlichen Kehlkopfes, sind in der Regel „Doppelzungen". Künstlich stellt man sie der Weise her, daß das eine Ende eines Zylinderrohres von zwei Seiten abgeschrägt wird, so daß es dachförmige Gestalt bekommt. Dann werden die schrägen Flächen mit schwach gespannten Gummistreifen bezogen, die oben einen schmalen Spalt bilden. Biegen sich die Gummihäute nach dem Inneren des Rohres, so schließen sie den Spalt und umgekehrt. Wenn sie bei der Bewegung gegen den Luftstrom den Spalt öffnen, so heißen sie „einschlagende" Zungen, schließen sie dagegen den Spalt, wenn sie sich gegen

den Luftstrom bewegen (beim Anblasen von dem nicht abgeschrägten Rohrende aus), so heißen sie „ausschlagende" Zungen.

Die Bewegung der Zungen beim Anblasen durch einen Luftstrom beruht hauptsächlich auf einer saugenden Wirkung desselben beim Durchtritt durch den von der Zunge gebildeten Spalt.

E. Waetzmann.

Näheres s. jedes größere Lehrbuch der Akustik.

Zungeninstrumente nennt man alle diejenigen Blasinstrumente, bei denen dem Luftstrom der Weg durch einen schwingenden elastischen Körper bald geöffnet, bald geschlossen wird. Also nicht die schwingende Zunge (s. d.) an sich gibt den Klang, sondern sie löst ihn nur aus, indem sie den zunächst kontinuierlichen Anblasestrom periodisch unterbricht, ähnlich wie das eine Lochsirene (s. Sirene) tut. Man kann folgende Gruppen von Zungeninstrumenten unterscheiden:

Erstens die Instrumente mit Metallzungen und auf die Zungen abgestimmten Ansatzröhren (Zungenpfeifen der Orgel). Bei ihnen werden die Schwingungen der Zunge durch die Schwingungen der Luftmasse des Ansatzrohres nur wenig beeinflußt (s. Pfeifen).

Zweitens die Instrumente mit Metallzungen ohne Ansatzrohr, wie Harmonium, Mundharmonika und Ziehharmonika. Sie geben einen viel schärferen Klang als die Instrumente der ersten Gruppe, weil jetzt die Auslese der Partialtöne durch die Resonanzwirkung des Ansatzrohres fehlt.

Drittens die Instrumente mit Rohrzungen, die sich im Gegensatz zu den Metallzungen jeder Luftschwingung des Ansatzrohres leicht anpassen. Solche Zungen werden auch als „weiche" bezeichnet im Gegensatz zu den „harten" metallenen. Hierher gehören namentlich Klarinette, Oboe und Fagott. Bei der Klarinette besteht die Zunge aus einem breiten Rohrblättchen, während die Zungen bei Oboe und Fagott „Doppelzungen" sind, also aus zwei (spitzwinkelig gegeneinander geneigten) Blättchen bestehen, welche den Spalt, durch welchen geblasen wird, zwischen sich bilden. Die Mundstellung des Bläsers und namentlich die schwingende Luftmasse der Ansatzrohre zwingen diesen Zungen jede beliebige Schwingungsperiode auf. Beim „Überblasen" geben Oboe und Fagott als ersten Oberton die Oktave des Grundtones, sie „oktavieren", während die Klarinette die dreifache Schwingungsanzahl des Grundtones, also die höhere Quinte der Oktave, als ersten Oberton gibt, sie „quintiert". Der Tonumfang der Klarinette in Es (Militärorchester) beträgt g bis b_3, der Klarinette in B dagegen d bis f_3, der Oboe etwa h bis f_3, des Fagott H_1 bis c_2. Man bezeichnet diese Instrumente als Holzblasinstrumente. Von anderen wichtigen Holzblasinstrumenten seien genannt die Flöten (s. Pfeifen) und das Englisch Horn (Althorn, Althoboe). Der Tonumfang des letzteren beträgt f bis h_2.

Viertens die (Metall-) Blasinstrumente (Trompeten, Hörner, Posaunen, sowie ihre Zwischen- und Abarten), bei denen die Lippen des Bläsers die Rolle einer Doppelzunge übernehmen, und zwar einer „ausschlagenden" Zunge (s. d.), im Gegensatz zu den „einschlagenden" Zungen bei den zuerst genannten drei Gruppen von Zungeninstrumenten. Die Schwierigkeit des Trompeteblasens liegt hauptsächlich darin, für jeden Ton sofort den richtigen „Ansatz" zu finden, d. h. die Lippen auf das richtige Schwingungstempo einzustellen. Als „Naturtöne" können neben dem Grundton der Luftsäule des Trompetenrohres noch die sämtlichen harmonischen Obertöne derselben erzeugt werden. Durch Einführen der Faust in den Schallbecher können die Naturtöne vertieft werden. Wegen der erforderlichen großen Länge des Rohres hat man demselben zwecks bequemerer Handhabung schon frühzeitig eine gebogene Gestalt gegeben (Naturhörner, wie Waldhorn, Signalhorn, Posthorn und Naturtrompete). Das einfachste Mittel zur Veränderung der Tonhöhe schien das Anbringen von Seitenlöchern mit Klappen (Klappentrompete) nach Art der Flöten oder der alten „Zinken" (Holztrompeten mit Tonlöchern) zu sein. Jedoch leidet hierdurch der prächtige, schmetternde Klang der Trompeten, der zum guten Teil auf einem Mitschwingen der Rohrwände beruht, sehr erheblich. Deshalb benutzt man lieber „posaunenartig" verschiebbare Rohre (Posaunen), oder ändert die Rohrlänge durch Ansatzstücke, welche mit Hilfe von Klappenventilen aus- oder eingeschaltet werden können (Ventilhörner, Kornette, Ventiltrompeten). Der Tonumfang einiger der wichtigeren Metallblasinstrumente beträgt: Für die C-Trompete: c bis c_3, für das Cornet à Pistons in C: e bis b_2, für das Horn in F: H_1 bis f_2, für die Tenorbaßposaune: C bis b_1, für die Tuba in B (Bombardon, Baßtuba): Es_1 bis b.

Fünftens gehört zu den Zungeninstrumenten das menschliche Stimmorgan (s. d.), indem die elastischen Stimmbänder oder Stimmlippen die Rolle membranöser Zungen spielen. Sie haben vor den künstlichen Zungen namentlich den Vorzug, daß sie in bezug auf Spannung und Form der Bänder und die Weite des Spaltes leicht und sicher verändert werden können. Berücksichtigt man noch, daß das durch die Mundhöhle usw. gebildete Ansatzrohr in seinen Eigentönen ebenfalls leicht verändert werden kann, so präsentiert sich das menschliche Stimmorgan als Zungeninstrument von großer Vollkommenheit.	*E. Waetzmann.*

Näheres s. R. Hofmann, Die Musikinstrumente. Leipzig 1903.

Zusatztransformator s. Spartransformator.

Zustand. Der Zustand eines homogenen isotropen Körpers ist, wenn man von der Oberfläche absieht, wo besondere Kräfte wirken können, durch seine chemische Natur, seine Masse, sein Volumen und seine Temperatur bestimmt. Als Funktion dieser Größen sind alle anderen Eigenschaften des Körpers, z. B. sein Druck, anzugeben. Handelt es sich um einen chemisch definierten Körper, so genügt zur Kennzeichnung seines Zustandes das Volumen v der Masseneinheit, das sog. spezifische Volumen und die Temperatur t. Dann kann man den Druck p unter dem der Körper steht, als $p = f_1(v, t)$ wieder geben. Benutzt man an Stelle von v, t die Wertepaare p, t oder p, v als unabhängige Veränderliche, so hat man entsprechend $v = f_2(p, t)$; $t = f_3(p\, v)$; die Veränderung einer der drei Größen p, v und t läßt sich als vollständiges Differential durch die beiden andern Größen als unabhängige Variable darstellen. Die Einführung von v und T als unabhängige Variable hat den Vorzug, daß dadurch auch das Sättigungsgebiet eindeutig bestimmbar ist, was durch p und T nicht möglich ist.

Allein aus den genannten Gleichungen folgt eine wichtige Beziehung zwischen der Ausdehnung $\left(\dfrac{\partial v}{\partial T}\right)_p$ bei konstantem Druck, der Druckerhöhung $\left(\dfrac{\partial p}{\partial T}\right)_v$ bei konstantem Volumen und der Druckerhöhung $\left(\dfrac{\partial p}{\partial v}\right)_T$ bei konstanter Temperatur. Es ist nämlich $\left(\dfrac{\partial v}{\partial T}\right)_p \cdot \left(\dfrac{\partial p}{\partial v}\right)_T = -\left(\dfrac{\partial p}{\partial T}\right)_v$. Die drei Größen: Ausdehnungskoeffizient $\alpha = \dfrac{1}{v}\left(\dfrac{\partial v}{\partial T}\right)_p$ Spannungskoeffizient $\beta = \dfrac{1}{p}\left(\dfrac{\partial p}{\partial T}\right)_v$ und Kompressibilitätskoeffizient $k = -\dfrac{1}{v}\left(\dfrac{\partial v}{\partial p}\right)_T$ einer Substanz sind somit nicht unabhängig voneinander, sondern durch die Beziehung $\alpha = p \cdot k \cdot \beta$ verknüpft.

Mit diesen physikalischen Merkmalen ist der Zustand einer Substanz keineswegs erschöpft. Die chemische Beschaffenheit spielt auch bei Fragen, die in das Gebiet der Thermodynamik gehören, eine bedeutende Rolle, so z. B. die Dissoziation eines Gases oder einer gelösten Substanz.

Physikalisch unterscheidet man gewöhnlich den gasförmigen, flüssigen oder festen Zustand oder Aggregatzustand.

Man nimmt an, daß sich im gasförmigen und flüssigen Zustand die Moleküle in völliger Unordnung befinden. Ein wesentlicher Unterschied hiergegen besteht nach Tammann nur im kristallisierten Zustand. Hier sind die Moleküle oder Atome in Raumgittern symmetrisch angeordnet. Nach Tammann sind daher nur die Kristalle feste Körper im eigentlichen Sinne. Diejenigen starren Körper, welche sich im amorphen Zustand (z. B. Glas) befinden, werden dagegen als unterkühlte Flüssigkeiten angesehen, welche beim Schmelzen kontinuierlich in den tropfbar flüssigen Zustand übergehen, wie sie beim Erstarren auch aus diesem auf kontinuierlichem Wege entstehen. Das Entstehen oder Verschwinden eines Kristalles sind dagegen diskontinuierliche Vorgänge. Aus diesem Grunde kann es beim Übergang vom flüssigen zum kristallinisch festen Zustand auch keinen kritischen Punkt geben, wie es bei dem kontinuierlichen Übergang zwischen Flüssigkeit und Dampf der Fall ist.

S. auch kritischer Zustand, sphäroidaler Zustand, Avogadroscher Zustand, übereinstimmende Zustände.	*Henning.*

Zustandsänderung heißt der Übergang einer Substanz von einem Zustand (s. d.) in irgend einen andern. Es kann sich dabei um Zustandsänderungen innerhalb desselben Aggregatzustandes (des gasförmigen, flüssigen oder festen) oder um solche von einem Aggregatzustand zum andern handeln. Die Art eines solchen Überganges kann sehr verschieden sein. Man unterscheidet umkehrbare (s. d.) und nicht umkehrbare, reversible (s. d.) und nicht reversible Zustandsänderungen, ferner adiabatische (unter Ausschluß von Wärmeaustausch mit der Umgebung) (s. d.), isotherme (bei konstanter Temperatur), polytropische (s. d.) usw. In der messenden Physik spielen die Zustandsänderungen des Schmelzens (s. d.) und Erstarrens, des Verdampfens (s. d.) und Kondensierens, sowie des Sublimierens (s. d.) besonders wichtige Rollen. Sie werden thermodynamisch in weitem Maße durch die Clausius-Clapeyronsche Gleichung (s. d.) bestimmt, die insbesondere über die Wärmeumsetzungen bei diesen Zustandsänderungen Aufschluß gibt.	*Henning.*

Zustandsgleichung. Zustandsgleichung im allgemeinen heißt die mathematische Verknüpfung der drei Größen: Temperatur T, Druck p und spezifisches Volumen v, durch die der Zustand einer chemisch homogenen Substanz charakterisiert werden kann. Für ein ideales Gas lautet die Zustandsgleichung $pv = RT$, sie ist der Ausdruck des Boyle-Mariotteschen und des Gay-Lussacschen Gesetzes. R heißt Gaskonstante. Van der Waals stellte als erster eine Zustandsgleichung auf, die in ziemlich weitgehender Näherung das Verhalten beliebiger Gase und Dämpfe, ja sogar der Flüssigkeiten wiederzugeben vermag. Sie lautet:

$$\left(p + \frac{a}{v^2} \right)(v - b) = RT.$$

a, b und R sind für jede Substanz charakteristische Konstanten. Vom Standpunkt der kinetischen Theorie aus, derzufolge der gemessene Druck p durch die Stöße der Moleküle gegen die Gefäßwandung zustande kommt, erläuterte van der Waals die Gründe für die Abweichung eines gewöhnlichen Gases vom idealen Zustand. Hiernach wirken im Innern des Gases neben den Kräften des äußeren Druckes noch andere Kräfte infolge der Anziehung der einzelnen Moleküle aufeinander. Diesen Kräften, welche um so stärker sein müssen, je größer die Gasdichte ist, wird durch das Glied $\frac{a}{v^2}$ Rechnung getragen. Ferner ist zu berücksichtigen, daß den Gasmolekülen eines reellen Gases zu ihrer freien Bewegung nicht das ganze direkt beobachtbare Volumen v zur Verfügung steht, sondern infolge der Ausdehnung der Moleküle ein kleinerer Raum, so daß von dem spezifischen Volumen v eine gewisse Größe b in Abzug zu bringen ist. Für den Fall sehr geringer Gasdichte oder eines großen spezifischen Volumens v kann $\frac{a}{v^2}$ gegen p und b gegen v vernachlässigt werden, so daß wieder die Zustandsgleichung eines idealen Gases resultiert. In konsequenterer Durchführung der van der Waalsschen Gedanken leitete L. Boltzmann unter Bezugnahme auf gewisse sehr allgemeine Entwicklungen von H. A. Lorentz und unter Annahme kugelförmiger Moleküle, die aufeinander anziehende Kräfte (nach dem Newtonschen Attraktionsgesetz) ausüben, folgende Gleichung für Flüssigkeiten und Gase ab:

$$\left(p + \frac{a}{v^2} \right) = \frac{RT}{v} : \left[1 - \frac{b}{v} + 0{,}375 \left(\frac{b}{v} \right)^2 \right.$$
$$\left. - 0{,}0369 \left(\frac{b}{v} \right)^3 \right].$$

Es handelt sich hier um eine Reihenentwicklung, die mit dem 3. Gliede abgebrochen wurde. Es ist leicht zu zeigen, daß diese Gleichung für große Volumina v mit der van der Waalsschen Zustandsgleichung übereinstimmt.

Die Größen a und b der van der Waalsschen Gleichung dürfen nur in erster Näherung als konstant betrachtet werden; indessen ist ihre Abhängigkeit von Temperatur und Dichte theoretisch nicht streng festzulegen.

Clausius änderte die van der Waalssche Gleichung ab und suchte durch Einführung einer dritten empirischen Konstante c eine bessere Annäherung an die Beobachtungen zu erreichen. Er setzte

$$\left[p + \frac{a}{T(v+c)^2} \right](v - b) = RT.$$

D. Berthelot gewann hieraus eine für geringe Gasdrucke gut brauchbare Form, indem er $c = 0$ setzte und also schrieb:

$$\left(p + \frac{a}{Tv^2} \right)(v - b) = RT.$$

Neben diesen Zustandsgleichungen sind zahlreiche andere mehr oder weniger auf rein empirischer Grundlage abgeleitet worden, von denen hier nur diejenige von Kamerlingh Onnes angeführt werden mag. Dieser Autor setzt

$$pv = A + Bd + Cd^2 + Dd^4 + Ed^6 + Fd^8,$$

indem er mit $d = \frac{1}{v}$ die Dichte und durch die Größen A bis F empirische Konstanten bezeichnet.

Für sehr tiefe Temperaturen tritt infolge der Gasentartung (s. d.) eine ganz andere Form der Zustandsgleichung auf.

Mit Hilfe einer Zustandsgleichung und der thermodynamischen Gesetze lassen sich alle physikalischen Eigenschaften des gasförmigen und flüssigen Zustandes einer Substanz numerisch ausdrücken — die kalorischen Größen sowie die Energie und Entropie allerdings nur bis auf eine empirische Konstante — wenn die Konstanten der Zustandsgleichung gegeben sind.

Diese kann man im Geltungsbereich des Gesetzes der korrespondierenden Zustände durch die kritischen Größen, nämlich die kritische Temperatur T_k, den kritischen Druck p_k und das kritische Volumen v_k darstellen. Für die van der Waalssche Gleichung ergibt sich $a = 3 p_k v_k^2$; $b = \frac{1}{3} v_k$; $R = \frac{8}{3} \frac{v_k p_k}{T_k}$. Daniel Berthelot setzt für die vereinfachte Clausiussche Zustandsgleichung $a = \frac{16}{3} v_k^2 p T_k$; $b = \frac{1}{4} v_k$; $R = \frac{32}{9} \frac{p_k v_k}{T_k}$. Man erhält die sog. reduzierte Zustandsgleichung, wenn man unter Einsetzung der Werte für die Konstanten gleichzeitig Temperatur, Druck und Volumen durch die reduzierten Größen $\Theta = \frac{T}{T_k}$; $\pi = \frac{p}{p_k}$; $v = \frac{v}{v_k}$ ersetzt. Die van der Waalssche Gleichung geht dann über in $\left(\pi + \frac{3}{v^2} \right) \left(v - \frac{1}{3} \right) = \frac{8}{3} \Theta$ und die vereinfachte Clausiussche Gleichung in $\left(\pi + \frac{16}{3} \cdot \frac{1}{\Theta v^2} \right) \left(v - \frac{1}{4} \right) = \frac{32}{9} \Theta$.

Aus diesen Beziehungen ist ersichtlich, daß bei konstantem Θ zu jedem Wert von π drei Werte v des reduzierten spezifischen Volumens gehören. Aus der graphischen Darstellung sowohl wie der analytischen Behandlung der Gleichungen folgt, daß oberhalb der kritischen Temperatur $T = T_k$ oder $\Theta = 1$ nur ein Wert von v reell ist. Für tiefere Temperaturen können zwar alle drei Werte von v reell sein, doch entspricht einem von diesem eine labile Gleichgewichtslage, so daß jenes spezifische Volumen sich experimentell nicht verwirklichen läßt. Die beiden andern spezifischen Volumina gehören der flüssigen und gasförmigen Phase im Sättigungsgebiet an.

Kalorische Zustandsgleichung. Um die kalorischen Größen einer Substanz, welche aus den bisher betrachteten thermisch-mechanischen Zustandsgleichungen nur bis auf eine Integrationskonstante zu ermitteln sind, vollständig angeben

57*

zu können, bedarf es noch der Kenntnis des Energie-inhaltes u als Funktion des Zustandes. Faßt man diesen Begriff sehr weitgehend, so wäre zu fordern, daß die kalorische Zustandsgleichung einer Substanz den Energieinhalt jeder Phase für jeden Zustands-punkt angeben muß, so daß aus ihr für jede Tem-peratur und jeden Druck, bei denen zwei Phasen bestehen, auch die Schmelz-, Verdampfungs- oder Sublimationswärme aus der Energiedifferenz beider Phasen zu entnehmen ist. Im allgemeinen wird man sich darauf beschränken, die kalorische Zustandsgleichung für eine Phase aufzustellen. In diesem Fall folgt aus der Thermodynamik

$$u - u_0 = \int\limits_0^T c_v\, dt + \int\limits_0^v \left[T\left(\frac{\partial p}{\partial T}\right)_v - p \right] dv.$$

Da die Energie unabhängig von dem Weg ist, auf dem die Zustandsänderung stattfindet, kann das erste der beiden Integrale sich auf das konstante Volumen $v = \infty$, das zweite auf die konstante Temperatur T beziehen. u_0 bedeutet dann die Energie beim absoluten Nullpunkt und bei der Dichte 0, während sich u auf die Temperatur T und das spezifische Volumen v bezieht. Ist $u - u_0$ bekannt, so gilt das gleiche von c_v, da die Thermodynamik

$$c_v = c_{v,o} + \int\limits_{v_0}^v T\left(\frac{\partial^2 p}{\partial T^2}\right)_v dv$$

liefert und also bei Ein-führung dieses Ausdrucks in obige Gleichung unter Benutzung der thermisch-mechanischen Zustands-gleichung die Größe $c_{v,o}$, d. h. die spezifische Wärme bei dem konstanten Volumen $v = v_0$ ab-zuleiten ist. Nach Kenntnis von c_v besteht keine Schwierigkeit, auch die spezifische Wärme c_p bei konstantem Druck und die Entropie (s. d.) zu er-mitteln. Jene Gleichung für die Energie u, welche über die kalorischen Eigenschaften des betrachteten Körpers Aufschluß gibt und als wichtige Ergän-zung zur eigentlichen Zustandsgleichung anzusehen ist, heißt die kalorische Zustandsgleichung.

Eine vollkommene Zustandsgleichung müßte sich nicht nur, wie es bei den meisten der genannten Gleichungen der Fall ist, auf die gasförmige und flüssige Phase, sondern auch die feste beziehen. Die darauf gerichteten Bemühungen haben bisher noch zu keinem Erfolg geführt. Die Gleichung von Kamerlingh Onnes beschränkt sich sogar nur auf den gasförmigen Zustand. Die Eigenschaften fester Körper werden bisher stets in einem eigenen Kapitel behandelt.

Für die Mischung gasförmiger Substanzen läßt sich mit Hilfe des Daltonschen Gesetzes eine Zustandsgleichung aufstellen, falls solche für die einzelnen Bestandteile der Mischung gegeben ist. Addiert man die Volumina $V_1, V_2 \ldots$, welche jedes Gas für sich bei gegebener Temperatur T und gegebenem Druck P besitzen würde, so ist die Summe dieser Volumina mit großer Näherung gleich dem Volumen der Mischung bei derselben Temperatur und demselben Druck.

Gilt das Daltonsche Gesetz nicht, so treten in der Zustandsgleichung des Gemisches noch gewisse Glieder auf, die von der gegenseitigen Beein-flussung der verschiedenartigen Moleküle herrühren (s. binäres Gemisch).

Über die Zustandsgleichung von Gasen bei sehr tiefer Temperatur s. Gasentartung. *Henning.*

Zustandskurve. Zeichnet man die meteorologi-schen Elemente Temperatur, Druck und Feuchte

nach einer aerologischen Messung als Funktionen der Höhe auf, so hat man die Zustandskurven der betreffenden Elemente. Da die Zustandskurve des Druckes stets einen kontinuierlichen und ein-deutigen Verlauf hat, kann man auch die Höhe, Temperatur und Feuchte als Funktionen des Druckes aufzeichnen. Die Zustandskurven der Temperatur und der Feuchte zeigen oft Knicke, z. B. bei Inversionen (s. diese), diese Knicke be-zeichnet man als markante Punkte der Zustands-kurven.   *G. Stüve.*

Zwang s. Prinzipe der Kinetik.

Zweidimensionale Flüssigkeitsbewegung. Unter einer zweidimensionalen Flüssigkeitsbewegung ver-steht man in der Hydrodynamik eine Strömung, bei welcher die Bewegungen nur in einer Ebene erfolgen und in allen parallelen Ebenen die gleichen sind. Nimmt man die Ebene der Bewegung als xy-Ebene, so sind die Geschwindigkeitskomponenten u und v bei der genannten Strömung nur von x und y abhängig, während die dritte Geschwindig-keitskomponente $w = 0$.

Die mathematische Untersuchung einer derartigen Bewegung einer inkompressiblen reibungslosen Flüssigkeit zeichnet sich durch gewisse analytische Eigentümlichkeiten aus, die zur vorzugsweisen Behandlung derartiger Probleme geführt haben.

Unter den gemachten Annahmen bekommen die Eulerschen Gleichungen, stationäre Strömung vor-ausgesetzt, die Form

$$1) \ldots p = p_0 - \frac{1}{2}\varrho \left\{ \left(\frac{\partial \varphi}{\partial x}\right)^2 + \left(\frac{\partial \varphi}{\partial y}\right)^2 \right.$$

$$2) \ldots \ldots \frac{\partial^2 \varphi}{\partial x^2} + \frac{\partial^2 \varphi}{\partial y^2} = 0,$$

wenn mit φ das Geschwindigkeitspotential und mit p der Druck bezeichnet wird.

Es handelt sich dann darum, Lösungen der Gleichungen 2 zu finden, welche den gegebenen Grenzbedingungen genügen. Der gefundene Wert von φ liefert dann aus den Gleichungen $u = -\dfrac{\partial \varphi}{\partial x}$, $v = -\dfrac{\partial \varphi}{\partial y}$ die Geschwindigkeitskomponenten, wäh-rend der Druck aus der Gleichung 1) bestimmt wird.

Bezeichnet man mit $f(x + iy)$ eine beliebige Funktion der komplexen Variablen $z = x + iy$, so kann ich sie in einen reellen und imaginären Be-standteil zerlegen, also schreiben

$$3) \ldots w = f(x + iy) = \varphi(x, y) + i\, \psi(x, y),$$

wo $i = \sqrt{-1}$ die imaginäre Einheit ist. Dann genügen φ und ψ den Gleichungen

$$4) \ldots \frac{\partial^2 \varphi}{\partial x^2} + \frac{\partial^2 \varphi}{\partial y^2} = 0, \quad \frac{\partial^2 \psi}{\partial x^2} + \frac{\partial^2 \psi}{\partial y^2} = 0.$$

$$5) \ldots \ldots \frac{\partial \varphi}{\partial x} \cdot \frac{\partial \psi}{\partial x} + \frac{\partial \varphi}{\partial y}\frac{\partial \psi}{\partial y} = 0.$$

Die letzte Gleichung sagt aus, daß sich die Kurven $\varphi = $ Konstant und $\psi = $ Konstant orthogonal schnei-den, während die ersten beiden Gleichungen ergeben, daß sowohl der reelle als auch der imaginäre Teil einer beliebigen Funktion komplexen Argu-mentes als Geschwindigkeitspotential angesehen werden kann. Wählen wir φ als Geschwindigkeits-potential, so werden die Linien $\psi = $ Konstant die Stromlinien (s. dort) sein, da ja diese die Äquipotentialflächen (s. dort) senkrecht schneiden.

Man geht nun bei der Lösung zweidimensionaler Aufgaben nicht von gegebenen Grenzbedingungen aus, sondern sucht geeignet erscheinende einfache

Funktionen f auf und konstruiert das der Funktion entsprechende Strömungsbild, aus welchem sich dann umgekehrt die Grenzbedingungen erkennen lassen, für welche die gewählte Funktion f paßt.

Wählt man z. B. $w = f(z) = z$, so wird $\varphi = x$, $\psi = y$ und die Äquipotentiallinien $\varphi =$ Konstanz sind Parallele zur y-Achse, während die Stromlinien $\psi =$ Konstanz Parallele zur x-Achse sind. Wir haben demnach eine Parallelströmung zur x-Achse, wie wir sie uns in einer geraden Rinne durch eine weitentfernte Quelle entstanden denken können.

Wählt man den Ansatz

$$w = f(z) = Az + \frac{B}{z}, \text{ so wird}$$

$$\varphi = Ax + \frac{Bx}{x^2 + y^2}, \qquad \psi = Ay - \frac{By}{x^2 + y^2}$$

und

$$-u = \frac{\partial \varphi}{\partial x} = A + \frac{B(y^2 - x^2)}{(x^2 + y^2)^2},$$

$$-v = \frac{\partial \varphi}{\partial y} = -\frac{2Bxy}{(x^2 + y^2)^2}$$

für $x = \infty$ ist $u = -A$, $v = 0$; der Ansatz liefert also eine Parallelströmung längs der x-Achse in großer Entfernung vom Koordinatenanfangspunkt. Andererseits gibt die Stromlinie $\psi = 0$ die Beziehung $A - \frac{B}{x^2 + y^2} = 0$. Dies ist die Gleichung eines Kreises mit dem Radius $\sqrt{\frac{B}{A}}$ um den Anfangspunkt. Da demnach keine Strömung senkrecht zu diesem Kreise stattfindet, können wir ihn als undurchlässig annehmen und bekommen durch den gewählten Ansatz die Strömung, welche entsteht, wenn in einer Parallelströmung ein Kreiszylinder gebracht wird. In der beistehenden Fig. I

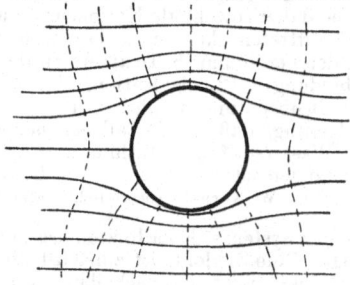

Fig. 1. Stromlinie (ausgezogene Linie) und Äquipotentiallinie (punktierte Linie).

geben die ausgezogenen Linien die Stromlinien, die punktierten die Äquipotentiallinien.

Wählen wir die Funktion $w = f(z)$ so, daß sie die Bedingung erfüllt $z = -f(z) + e^{-f(z)}$, so wird, wenn $f(z) = \varphi + i\psi$ gesetzt wird,
$x = -\varphi + e^{-\varphi} \cos \psi$, $y = -\psi - e^{-\varphi} \sin \psi$.
Diese Gleichungen ergeben ein Strömungsbild gemäß Fig. 2, wo die stark ausgezogenen Linien nicht von Stromlinien durchkreuzt werden, also als starre

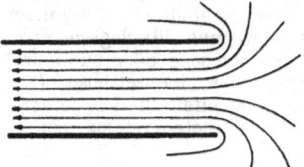

Fig. 2. Strömung einer Flüssigkeit aus einem unendlich weiten Reservoir durch einen in dasselbe hineinragenden Kanal (Bordasches Mundstück).

Wände aufgefaßt werden können. Wir erhalten somit die Strömung einer Flüssigkeit aus einem unendlich weiten Reservoir durch einen in dasselbe hineinragenden Kanal (Bordasches Mundstück). In Wirklichkeit sieht indessen die Strömung nicht so aus, vielmehr füllt sie den Kanal nur teilweise aus und bildet einen freien Strahl im Kanal (s. Diskontinuitätsflächen). *O. Martienssen.*

Näheres s. Schäfer, Einführung in die theoretische Physik I. Leipzig 1914.

Zweidruckturbine s. Abdampfturbine.

Zweikörperproblem s. n-Körperproblem.

Zwischenfehler (Zonen) s. Sphärische Abweichung.

Zwischenkreis. Ein zwischen dem eigentlichen Erzeuger (Sender) bzw. Verbraucher (Detektor) und das eigentliche Strahl- bzw. Empfangsgebilde geschaltetes abstimmfähiges Schwingungssystem.

a) Für Sender. 1. Löschfunkensender. Zur Verminderung der Dämpfung der ausgestrahlten Wellen (s. Stoßerregung).

2. Für Röhren- und Lichtbogensender. Zur Verhinderung der Ausstrahlung der im eigentlichen Senderkreis erzeugten Oberwellen wird die Röhre bzw. Lichtbogen an einen eigenen Erregerkreis gelegt, der durch Kopplung die Energie auf die Antenne überträgt. Der Wirkungsgrad des Zwischenkreissenders ergibt sich zu:

$$\eta = \frac{\dfrac{4\pi^2 \left(\dfrac{X}{d_2}\right)^2 + \dfrac{(1-\alpha)^2}{4}}{4\pi^2 \left(\dfrac{X}{d_2}\right)^2 + 1}}{\dfrac{4\pi^2 \left(\dfrac{X}{d^2}\right)^2 + \dfrac{(1-\alpha)^2}{4}}{4\pi^2 \left(\dfrac{X}{d^2}\right)^2 + 1} + \alpha}$$

wobei $\frac{d_1}{d_2}$ das Verhältnis der Dämpfungen der zwei Kreise bedeutet und K die Kopplung zwischen den beiden Kreisen, x die Verstimmung der beiden Kreise $x = \frac{\lambda^1 - \lambda}{\lambda}$.

b) Für Empfänger. Zwischen Empfangsantenne und Detektor eingeschaltete Schwingungskreise zwecks Erhöhung der Störungsfreiheit gegenüber fremden Störern, deren Wellen der zu empfangenden benachbarten sind. *A. Esau.*

Zwischenkreis-Sender. Generatoren (—Röhrensender oder Lichtbogen—), die auf eine sehr stark gedämpfte Atenne arbeiten und bei denen es darauf ankommt, wenig Oberschwingungen auszusenden, sind vielfach nicht direkt mit der Antenne verbunden, sondern sie liegen in einem eigenen Erregerkreis, der auf die Antenne induziert.

Hierdurch tritt meist freilich ein ziemlicher Energieverlust ein, der um so größer ist, je kleiner die Dämpfung der Antenne. Der Wirkungsgrad des Senders ergibt sich dann, wenn unter α das Verhältnis $\frac{\delta_I}{\delta_{II}}$ verstanden wird zu

$$\eta = \frac{\dfrac{4\pi^2 \left(\dfrac{x}{\delta_2}\right)^2 + \dfrac{(1-\alpha)^2}{4}}{4\pi^2 \left(\dfrac{x}{\delta_2}\right)^2 + 1}}{\dfrac{4\pi^2 \left(\dfrac{x}{\delta_2}\right)^2 + \dfrac{(1-\alpha)^2}{4}}{4\pi^2 \left(\dfrac{x}{\delta_2}\right)^2 + 1}}$$

$$x = \left[1 + \sqrt{k^2 - \frac{b_2 (1 + \alpha)^2}{4 \pi^2}} \right]^{1/2} - 1,$$

d. h. der Wirkungsgrad ist um so besser, je größer die Dämpfung des sekundären Systems gegenüber dem primären ist und je weniger gedämpft der Erregerkreis ist. Geht man zu festeren Kopplungen über, so wird der Zustand unstabil, d. h. der Zustand größter Energieübertragung läßt sich nicht beim Ein- und Aus- und wieder Einschalten aufrechterhalten, d. h. es tritt „Ziehen" der Energie bei Einstellung auf Maximal-Energie ein, d. h. wenn das Maximum erreicht ist (1. Partialwelle), tritt plötzlich bei weiterer Veränderung der Frequenz des einen Systemes ein Abfall der Energie ein (2. Partialwelle) und beim Zurückgehen auf die ursprüngliche Abstimmung des Energie-Maximums ist nicht wieder der volle Energiebetrag zu erreichen. Das System arbeitet jetzt mit einer anderen Welle.

Bei Sendern mit Stoßerregung wird unter Zwischenkreis-Sendern ein Sender verstanden, bei dem zur Dämpfungsverminderung der ausgestrahlten Wellen ein Zwischenkreis zwischen dem eigentlichen Erregerkreis und die Antenne gelegt wird (s. Löschwirkung).   *A. Meißner.*

Zwischenlichtquellen. Zu photometrischen Messungen verwendet man außer einer Einheitslampe auch noch Zwischenlichtquellen, und zwar als *Normallampen* und als *Vergleichslampen*.

Normallampen sind konstant in der Lichtstärke brennende, mittels einer Einheitslichtquelle ausgewertete Lampen, die man für technische Lichtmessungen vorzugsweise an Stelle der Einheitslampe benutzt. Die letztere ist für diese Zwecke wegen ihrer verhältnismäßig umständlichen Handhabung, außerdem noch wegen des teuren Brennstoffes im allgemeinen wenig geeignet.

Vergleichslampen benutzt man bei der Messung nach der Substitutionsmethode (s. „Photometrie gleichfarbiger Lichtquellen", Nr. 4, und „Universalphotometer"), also in der Weise, daß man mittels derselben dauernd das eine, mittels der zu messenden Lampe und der Normallampe nacheinander das andere Photometerfeld beleuchtet. Die Lichtstärke der Vergleichslampe braucht nicht bekannt zu sein; auch braucht die Lampe in bezug auf Konstanz meistens nicht allzuhohen Ansprüchen zu genügen.

Als Zwischenlichtquellen kommen Benzinkerzen (z. B. früher im Weberschen Photometer), Petroleumlampen, Argandlampen und Azetylenlampen mit ausgeblendeter Flamme (Methven, Jones), auf konstantem Gasverbrauch erhaltene Gasglühlichtapparate, insbesondere mit Akkumulatoren gespeiste, mit konstanter Spannung oder Stromstärke brennende *elektrische Glühlampen* in Betracht. In der Praxis ist es üblich, die als Normallampen benutzten elektrischen Lampen bei normaler Spannung anzuwenden. Zur Erzielung einer möglichst großen Konstanz in der Lichtstärke empfiehlt es sich, dieselben mit einer geringeren Spannung brennen zu lassen und sie vor der Konstanzprüfung und Auswertung hinreichend lange (mindestens 50 Stunden) altern zu lassen. Auch zu Vergleichslampen bestimmte elektrische Lampen sollte man aus demselben Grunde vor dem Gebrauche einige Zeit altern.

Zu Normallampen sind nur elektrische Glühlampen geeignet, während die auf einem Verbren-

nungsprozeß beruhenden Lichtquellen höchstens als Vergleichslampen zu verwenden sind.
                                              Liebenthal.
Näheres s. Liebenthal, Prakt. Photometrie. Braunschweig. Vieweg & Sohn, 1907.

Zwischentöne. Zwei in ihrer Schwingungszahl sehr nahe aneinander liegende Sinusschwingungen geben in der Empfindung einen einzigen Ton, den sog. Zwischenton. Das Intervall, bei welchem zwei Töne zu einem Zwischenton verschmelzen, scheint um so enger zu sein, je höher die Tonlage ist. S. Schwebungen.   *E. Waetzmann.*
Näheres s. C. Stumpf, Tonpsychologie. Leipzig 1883 und 1890.

Zwitter-Ionen. Wenn in einer elektrolytischen Lösung sich von einem elektrisch neutralen Molekül gleichzeitig ein negatives und positives Ion abspaltet, so bleibt ein im ganzen elektrisch neutrales Molekül zurück. Dieses ist aber insofern als Ion anzusprechen, als es freie sich gegenseitig kompensierende elektrische Ladungen enthalten muß. F. W. Küster hat hierfür den Namen „Zwitter-Ion" vorgeschlagen (Zeitschr. f. anorg. Chem. 13, 136, 1901). Ein Beispiel dafür bildet das Methylorange, sowie alle nach der Formel

$$N(CH_3)_2 - R - SO_3H$$

konstituierten Stoffe, die in Lösung zugleich als Basis (nämlich als Derivate des Ammoniaks) und als Säure (Sulfosäure) wirken können und daher das Zwitter-Ion $NH(CH_3)_2{}^+ - R - SO_3{}^-$ zu bilden vermögen.

Nach einer anderen Terminologie bezeichnet man als Zwitter-Ionen die Ionen derjenigen Stoffe, die in ihrem elektrolytischen Verhalten den Übergang herstellen zwischen den Kationen bildenden Metallen und den Anionen liefernden Nichtmetallen und welche daher sowohl als Kationen wie auch als Anionen auftreten können. So erscheint das Tellur in der Verbindung K_2Te als Anion, dagegen in der Verbindung $TeCl_2$ als Kation.

Neuere Beobachtungen führten übrigens zu der Schlußfolgerung, daß der im allgemeinen elektropositive Wasserstoff im Lithiumwasserstoff als Anion gebunden ist.   *H. Cassel.*
Näheres z. B. bei W. Nernst, Theoretische Chemie. Stuttgart 1921.

Zyklisches System s. Koordinaten der Bewegung.

Zykloide. Eine Zykloide ist zunächst die Kurve, die ein Punkt einer Kreisscheibe beim ebenen Abrollen auf einer Geraden beschreibt. Da diese Bewegung auch durch gleichförmige Translation des Mittelpunktes, verbunden mit einer gleichförmigen Rotation der Scheibe um den Mittelpunkt, entsteht, so treten Zykloiden, bzw. zykloidenartige Kurven, immer dann auf, wenn ein System eine stationäre Grundbewegung ausführt und dieser Bewegung harmonische Schwingungen (die bekanntlich als Kreis- oder elliptische Bewegungen dargestellt werden können) überlagert sind. Typisch ist der Fall der Kreiselkurven (Bahnkurven der Figurenachse des Kreisels), die Epizykloiden auf der Kugelfläche sind. Der reguläre Präzession als Grundbewegung überlagern sich Nutationen, das sind harmonische oder zumindest periodische Bewegungen der Kreiselachse (s. Präzession). Epizykloiden spielten in der geozentrischen Auffassung des Planetensystems eine grundlegende Rolle.   *F. Noether.*
Näheres s. Klein-Sommerfeld, Theorie des Kreisels. Heft II.

Zykloidenpendel s. Pendel (math. Theorie).

Zyklone. (Barometrisches Minimum, Depression, Tief.) Gebiet niedrigen Luftdrucks, in dem sich die Luft in aufsteigender Bewegung befindet, so daß sie in den unteren, der Erdoberfläche nahen Schichten dem Zentrum zuströmt, jedoch nicht in radialer Richtung, sondern mit der durch die Erdrotation hervorgerufenen Ablenkung. Auf der nördlichen Halbkugel umkreisen also die Winde das Zentrum der Zyklone entgegengesetzt der Drehung des Uhrzeigers. Da diese Winde jedoch meist stärker sind als in den Antizyklonen, so ist auch der Ablenkungswinkel größer und beträgt über dem Nordatlantischen Ozean im Mittel 80°. Die Form der Isobaren (s. diese) ist meist elliptisch, doch zeigen sie öfters Ausbuchtungen, die das Vorhandensein von sog. Teildepressionen andeuten. Die Depressionen bewegen sich meist, der Richtung des stärksten Windes folgend, mit einer ziemlich großen Geschwindigkeit, die im Mittel 7 bis 13 m pro s beträgt, aber bis zu mehr als 30 m pro s anwachsen kann, über große Flächen der Erdoberfläche hin.

In der Höhe geht die zyklonale Luftbewegung in die antizyklonale über (s. Antizyklone). Die Temperaturabnahme mit der Höhe ist am größten im zentralen Gebiete der Zyklone und auf der linken Seite ihrer Fortbewegungsrichtung.

Kein anderer atmosphärischer Vorgang bewirkt eine so starke Veränderung des Wetters als der Vorübergang einer Zyklone. Sie verursacht die stärksten Temperaturänderungen und hat Zunahme der Bewölkung, der Windstärke und der Niederschläge im Gefolge. Je nach der Lage des Beobachtungsortes zum Zentrum der Depression durchlaufen die Witterungserscheinungen verschiedene Phasen, so daß die Vorausbestimmung der Bahn des Minimums die wichtigste Aufgabe der Wetterprognose ist (s. Wetter).

Während die Zyklone eine alltägliche Erscheinung darstellt, ist der Zyklon ein heftiger Wirbelsturm (s. diesen). *O. Baschin.*

Näheres s. J. v. Hann, Lehrbuch der Meteorologie. 3. Aufl. Leipzig 1915.

Zyklopenauge s. Raumwerte der Netzhaut.

Zylinderglas. Von den verschiedenen Glassorten, die zu Lampengläsern verarbeitet werden, verdient ein Glas von besonders kleiner Wärmeausdehnung, das vom Jenaer Glaswerk angefertigt wird, Erwähnung. *R. Schaller.*

Zylinderkondensator s. Kondensator.

Zylinderspulen. Selbstinduktionsspulen, deren Windungen auf der Oberfläche eines Zylinders liegen und bei denen die Länge größer ist als der Durchmesser. Im Gegensatz hierzu werden Spulen, deren Länge klein ist gegenüber ihrem Durchmesser, als Flachspulen bezeichnet.

Der Selbstinduktionskoeffizient von einlagigen Zylinderspulen ist in einer Reihe von Fällen aus ihren Dimensionen berechenbar.

a) Spulen mit unendlich nahe beieinander liegenden Windungen (Solenoide):

$$L = \frac{4\,\pi^2\,m^2}{c}\,r^2;$$

m Windungszahl, 2r Spulendurchmesser, l Spulenlänge.

b) Spulen mit endlichem Windungsabstand $L = 4\,\pi\,r\,m\,S$, wo S ein Faktor ist, der von der Ganghöhe und der Windungszahl abhängt.

Flachspulen haben für die gleiche Drahtlänge, Windungszahl und mittleren Spulendurchmesser eine etwas kleinere Selbstinduktion als Zylinderspulen. *A. Esau.*

Zymbal s. Klavier.

Verlag von Julius Springer in Berlin W 9

Landolt-Börnstein
Physikalisch-Chemische Tabellen

Fünfte, umgearbeitete und vermehrte Auflage

Unter Mitwirkung von Fachgelehrten

herausgegeben von

Dr. Walther A. Roth   und   Dr. Karl Scheel

Professor an der Technischen Hochschule
in Braunschweig

Professor an der Physikalisch-Technischen
Reichsanstalt in Charlottenburg

Mit einem Bildnis. — In zwei Bänden. (XIX u. 1695 S.) 1923

Gebunden 106 Goldmark / Gebunden 45 Dollar

Die nunmehr vorliegende 5. Auflage dieses längere Zeit vergriffen gewesenen großen Tabellenwerkes stellt eine völlig neue Bearbeitung dar, die eine beträchtliche Umfangvermehrung zur Folge hatte, so daß sich auch die Notwendigkeit einer Teilung in zwei Bände ergab.

Die Redaktion des Werkes wurde, nachdem auch Geh. Reg.-Rat Prof. Dr. R. Börnstein aus dem Leben geschieden war, in die Hände der Herren Prof. Dr. Walther A. Roth und Prof. Dr. Karl Scheel gelegt, denen ein auserlesener Mitarbeiterstab hervorragender Fachgenossen zur Seite stand.

Die Herausgeber haben sich bemüht, in dieser 5. Auflage das Buch nicht nur im alten Sinne weiterzuführen, sondern es auch insbesondere entsprechend der seit 1912 gewachsenen Einsicht in den Feinaufbau der Materie auszugestalten.

Bei der Teilung in zwei Bände war weder eine strenge Trennung nach Chemie und Physik beabsichtigt noch durchführbar. Immerhin findet man im ersten Bande die wichtigsten chemischen Grundkonstanten und die wichtigsten Eigenschaften der gebräuchlichen anorganischen und organischen Verbindungen, sowie die Mineralien, während der zweite Band mit den wichtigsten Konstanten der Atomphysik beginnt, an welche sich optische, elektrische und thermische Daten anschließen. Auf den Ausbau des alphabetischen Registers ist großer Wert gelegt worden. In einem besonderen Verzeichnis findet man Hinweise auf die Eigenschaften der meist benutzten anorganischen und organischen Stoffe.

Um das Werk laufend auf der Höhe zu halten, ist geplant, in Abständen von rund zwei Jahren Ergänzungsbände herauszugeben, welche die inzwischen veröffentlichten Daten aufnehmen und etwa verbliebene Lücken ausfüllen sollen.

Inhaltsübersicht:

Atomgewichte und Radioaktivität. — Erdkonstanten, Schwerkraft, Geographische Lage, Erdmagnetismus. — Reduktion für Wägungen und Drucke. — Elastizität, Festigkeit, Härte, Reibung fester Körper. — Kompressibilität von Flüssigkeiten und Gasen, Gasmoleküle. — Zähigkeit von Flüssigkeiten. — Cappillarität. — Diffusion. — Kritische Daten und Zustandsgleichung. — Spezifisches Gewicht, Schmelz- nud Siedepunkte, Polymorphie von Elementen und Verbindungen. — Spezifisches Gewicht, und Ausdehnung von Lösungen. — Mineralien. — Schmelz- und Erstarrungserscheinungen bei zwei und drei Stoffen. Legierungen. — Chemisches Gleichgewicht (Löslichkeit und Absorption). — Maßsystem. Maßeinheiten, Energie, Lichtgeschwindigkeit. — Atomphysik, Spektrum. — Optik, Absorption, Reflexion, Brechung. — Optische Drehung. — Elektrizität, Elektrochemie. — Magnetismus. — Thermometrie und Joule-Thomson-Effekt. — Wärmeausdehnung. — Spezifische Wärme. — Wärmeleitfähigkeit. — Sättigungs- und Reaktionsdrucke. — Molekulargewichtsbestimmungen. — Thermochemie. — Akustik.

Verlag von Julius Springer in Berlin W 9

Ergebnisse
der exakten Naturwissenschaften

Herausgegeben von der

Schriftleitung der „Naturwissenschaften"

Die Bezieher der Naturwissenschaften erhalten die „Ergebnisse" zu einem dem Ladenpreis gegenüber um 10 %/₀ ermäßigten Vorzugspreise.

Die „Ergebnisse" sollen im wahren Sinne des Wortes das „Gewordene" schildern, den augenblicklichen Stand des Wissens auf den einzelnen Gebieten. Sie haben nicht die Aufgabe, jede einzelne Arbeit irgendwo und irgendwie einzuordnen, also eine Übersicht über Veröffentlichungen zu geben, sondern sie sollen eine Übersicht über die Sache geben. — Die „Ergebnisse" werden das in Zukunft von Jahr zu Jahr tun, ihr erster Band greift etwas weiter zurück.

Erster Band. Mit 35 Abbildungen. (IV und 403 S.) 1922.
12,50 Goldmark; gebunden 14 Goldmark / 3 Dollar; gebunden 3,35 Dollar

Inhaltsübersicht:

Die Fortschritte der Astronomie im Jahre 1921. Von Dr. R. Prager, Neubabelsberg. — Die Relativitätstheorie. Von Professor Dr. Hans Thirring, Wien. Mit 3 Abbildungen. — Statistische Mechanik. Von Professor Dr. Paul Hertz, Göttingen. — Neuere Untersuchungen über kritische Zustände rasch umlaufender Wellen. Von Professor Dr. R. Grammel, Stuttgart. Mit 15 Abbildungen. — Der Nernstsche Wärmesatz. Von Professor Dr. A. Eucken, Breslau. Mit 2 Abbildungen. — Wärmestrahlung. Von Professor Dr. F. Henning, Berlin-Lichterfelde. — Kontaktpotential. Von Professor Dr. Alfred Coehn, Göttingen. — Chemische Kinetik. Von Professor Dr. Max Bodenstein, Hannover. — Photochemie. Von Professor Dr. Max Bodenstein, Hannover. — Die neuen Wandlungen der Theorie der elektrolytischen Dissoziation. Von Oberregierungsrat Dr. Friedrich Auerbach, Berlin. Mit 1 Abbildung. — Röntgenstrahlenspektroskopie. Von Professor Dr. M. v. Laue, Berlin-Zehlendorf. Mit 1 Abbildung. — Fortschritte im Bereich der Kristallstruktur. Von Professor Dr. A. Johnsen, Berlin. — Fortschritte der Atom- und Spektraltheorie. Von Dr. Gregor Wentzel, München. Mit 3 Abbildungen. — Stand der Theorie der Bandenspektren. Von Professor Dr. A. Kratzer, Münster. Mit 4 Abbildungen. — Lichtelektrische Wirkung und Photolumineszenz. Von Professor Dr. Peter Pringsheim, Berlin. — Das periodische System der chemischen Elemente. Von Professor Dr. Fritz Paneth, Berlin. Mit 6 Abbildungen.

Zweiter Band. Mit 38 Abbildungen. (252 S.) 1923.
8,40 Goldmark; gebunden 9,65 Goldmark / 2 Dollar; gebunden 2,30 Dollar

Inhaltsübersicht:

Die Bewegungen der Fixsterne. Von Dr. J. Hopmann, Bonn. — Entwicklung und Stand der Parallaxenforschung. Von Dr. G. Schnauder, Potsdam. — Das Milchstraßensystem. Mit 1 Abbildung. Von Professor Dr. A. Kopff, Heidelberg. — Die Polhöhenschwankungen. Mit 1 Abbildung. Von Professor Dr. B. Wanach, Potsdam. — Erzeugung und Messung tiefer Temperaturen. Mit 2 Abbildungen. Von Professor Dr. F. v. Henning, Berlin-Lichterfelde. — Neuere Erfahrungen über quantenhaften Energieaustausch bei Zusammenstößen von Atomen und Molekülen. Mit 1 Abbildung. Von Professor J. Franck, Göttingen. — Magnetismus und Atombau. Mit 3 Abbildungen. Von Professor Dr. Walther Gerlach, Frankfurt a. M. — Fortschritte beim Zeemaneffekt. Mit 2 Abbildungen. Von Professor Dr. Alfred Landé, Tübingen. — Über das Element 72 (Hafnium). Mit 3 Abbildungen. Von Professor Dr. Fritz Paneth, Berlin. — Kaltreckung und Verfestigung. Mit 25 Abbildungen. Von Dr. G. Masing und Dr. M. Polanyi, Berlin.

Printed in the United States
By Bookmasters